U0276360

工程建设标准年册（2008）

（上）

住房和城乡建设部标准定额研究所　编

中国建筑工业出版社
中国计划出版社

图书在版编目（CIP）数据

工程建设标准年册（2008）/住房和城乡建设部标准定额研究所编. —北京：中国建筑工业出版社，2009
ISBN 978-7-112-11199-2

Ⅰ.工…　Ⅱ.住…　Ⅲ.建筑工程-标准-汇编-中国-2008　Ⅳ.TU-65

中国版本图书馆 CIP 数据核字（2009）第 151617 号

责任编辑：李　阳
责任设计：赵明霞

工程建设标准年册（2008）
住房和城乡建设部标准定额研究所　编

*

中国建筑工业出版社
中国计划出版社　出版
各地新华书店、建筑书店经销
北京红光制版公司制版
北京蓝海印刷有限公司印刷

*

开本：787×1092 毫米　1/16　印张：281　插页：2　字数：11220 千字
2009 年 11 月第一版　2009 年 11 月第一次印刷
定价：**580.00** 元（上、下）
ISBN 978-7-112-11199-2
（18498）

前　　言

建设工程，百年大计。认真贯彻执行工程建设标准，对保证建设工程质量和安全，推动技术进步，规范建设市场，加快建设速度，节约与合理利用资源，保障人民生命财产安全，改善与提高人民群众生活和工作环境质量，全面发挥投资效益，促进我国经济建设事业健康发展，具有十分重要的作用。当前，全国上下对认真贯彻执行标准已形成共识，企业执行标准的自觉性进一步增强，极大地推动了工程建设标准化工作的发展。

为了全面地配合工程建设标准的贯彻实施，适应各种不同用户的需要，更好地为大家服务，我们将2008年全年建设部批准发布并出版发行的工程建设国家标准66项（其中含2006年批准发布、2008年出版发行的国家标准1项），行业标准32项，共计98项，汇编成年册出版。

2008年，我部对2000年及以前的标准进行了复审，有的确认继续有效，有的废止，有的予以修订，为使大家掌握最新情况，本年册附工程建设国家标准与住房和城乡建设部行业标准最新目录，以便广大用户查阅。

广大用户在使用中有何建议与意见，请与住房和城乡建设部标准定额研究所联系。

联系电话：(010) 58934084

住房和城乡建设部标准定额研究所

2009 年 5 月

目 录

（上 册）

一、工程建设国家标准

（下　册）

二、工程建设行业标准

三、附录　工程建设国家标准与住房和城乡建设部行业标准目录

一、工程建设国家标准

中华人民共和国国家标准

建筑抗震设计规范

Code for seismic design of buildings

GB 50011—2001

（2008 年版）

主编部门：中华人民共和国建设部
批准部门：中华人民共和国建设部
施行日期：２００２年１月１日

中华人民共和国住房和城乡建设部
公　告

第 71 号

关于发布国家标准
《建筑抗震设计规范》局部修订的公告

现批准《建筑抗震设计规范》GB 50011—2001 局部修订的条文，自发布之日起实施。其中，第 3.1.1、3.1.3、3.3.1、3.4.1、3.7.4、3.9.2、3.9.4、3.9.6、4.1.8、5.4.3、7.1.2、7.3.1、7.3.6、7.3.8 条为强制性条文，必须严格执行。经此次修改的原条文同时废止。

局部修订的条文及具体内容，将刊登在我部有关网站和近期出版的《工程建设标准化》刊物上。

中华人民共和国住房和城乡建设部

2008 年 7 月 30 日

修 订 说 明

本次局部修订系根据住房和城乡建设部建标 [2008] 102 号文的要求，由中国建筑科学研究院会同有关单位对《建筑抗震设计规范》GB 50011—2001 进行修订而成。

汶川地震表明，严格按照现行规范进行设计、施工和使用的建筑，在遭遇比当地设防烈度高一度的地震作用下，没有出现倒塌破坏，有效地保护了人民的生命安全。说明我国在 1976 年唐山地震后，建设行政主管部门作出房屋从 6 度开始抗震设防和按高于设防烈度一度的"大震"不倒塌的设防目标进行抗震设计的决策是正确的。

根据住房和城乡建设部落实国务院《汶川地震灾后恢复重建条例》的要求，依据国家标准 GB 18306—2001《中国地震动参数区划图》第 1 号修改单，相应调整了灾区的设防烈度等，并对其他部分条文进行了修订。本次局部修订合计修订 31 条，其内容统计如下：

1. 灾区设防烈度等调整：涉及四川、陕西、甘肃三省，共 3 条。

2. 强制性条文 14 条：原有条文的文字调整 6 条，主要涉及设防分类和建筑方案设计；删去关于隔震、减震适用范围限制的规定 1 条；新增涉及山区场地、非结构构件、楼梯间、专门的施工要求 7 条。

3. 材料性能按产品标准修改：共 2 条，其中有强制性条文 1 条。

4. 其他修改 12 条：涉及结构构件基本要求、预制装配式楼盖、坡地、单跨框架、土木石民居构造措施，以及楼梯参与整体计算等。

本规范中下划线为修改的内容；用黑体字表示的条文为强制性条文，必须严格执行。

本次局部修订的主编单位：中国建筑科学研究院

本次局部修订的参编单位：北京市建筑设计研究院　中国电子工程设计院

本次局部修订的主要起草人：王亚勇　戴国莹（以下按姓氏笔画排列）

罗开海　周锡元　柯长华　娄　宇　黄世敏

关于发布国家标准
《建筑抗震设计规范》的通知

建标〔2001〕156 号

　　根据我部《关于印发 1997 年工程建设标准制订、修订计划的通知》（建标〔1997〕108 号）的要求，由建设部会同有关部门共同修订的《建筑抗震设计规范》，经有关部门会审，批准为国家标准，编号为 GB 50011—2001，自 2002 年 1 月 1 日起施行。其中，1.0.2、1.0.4、3.1.1、3.1.3、3.3.1、3.3.2、3.4.1、3.5.2、3.7.1、3.8.1、3.9.1、3.9.2、4.1.6、4.1.9、4.2.2、4.3.2、4.4.5、5.1.1、5.1.3、5.1.4、5.1.6、5.2.5、5.4.1、5.4.2、6.1.2、6.3.3、6.3.8、6.4.3、7.1.2、7.1.5、7.1.8、7.2.4、7.2.7、7.3.1、7.3.5、7.4.1、7.4.4、7.5.3、7.5.4、8.1.3、8.3.1、8.3.6、8.4.2、8.5.1、10.1.3、10.2.5、10.3.3、12.1.2、12.1.5、12.2.1、12.2.9 为强制性条文，必须严格执行。原《建筑抗震设计规范》GBJ 11—89 以及《工程建设国家标准局部修订公告》（第 1 号）于 2002 年 12 月 31 日废止。

　　本标准由建设部负责管理，中国建筑科学研究院负责具体解释工作，建设部标准定额研究所组织中国建筑工业出版社出版发行。

中华人民共和国建设部
2001 年 7 月 20 日

前　　言

　　本规范系根据建设部〔1997〕建标第 108 号文的要求，由中国建筑科学研究院会同有关的设计、勘察、研究和教学单位对《建筑抗震设计规范》GBJ 11—89 进行修订而成。

　　修订过程中，开展了专题研究和部分试验研究，调查总结了近年来国内外大地震的经验教训，采纳了地震工程的新科研成果，考虑了我国的经济条件和工程实践，并在全国范围内广泛征求了有关设计、勘察、科研、教学单位及抗震管理部门的意见，经反复讨论、修改、充实和试设计，最后经审查定稿。

　　本次修订后共有 13 章 11 个附录，主要修订内容是：调整了建筑的抗震设防分类，提出了按设计基本地震加速度进行抗震设计的要求，将原规范的设计近、远震改为设计地震分组；修改了建筑场地划分、液化判别、地震影响系数和扭转效应计算的规定；增补了不规则建筑结构的概念设计、结构抗震分析、楼层地震剪力控制和抗震变形验算的要求；改进了砌体结构、混凝土结构、底部框架房屋的抗震措施；增加了有关发震断裂、桩基、混凝土筒体结构、钢结构房屋、配筋砌块房屋、非结构等抗震设计的内容以及房屋隔震、消能减震设计的规定。还取消了有关单排柱内框架房屋、中型砌块房屋及烟囱、水塔等构筑物的抗震设计规定。

　　本规范将来可能需要进行局部修订，有关局部修订的信息和条文内容将刊登在《工程建设标准化》杂志上。

　　本规范中用黑体字表示的条文为强制性条文，必须严格执行。

　　本规范由住房和城乡建设部负责管理和对强制性条文的解释，中国建筑科学研究院工程抗震研究所负责具体技术内容的解释。在执行过程中，请各单位结合工程实践，认真总结经验，并将意见和建议寄交北京市北三环东路 30 号中国建筑科学研究院国家标准《建筑抗震设计规范》管理组（邮编：100013，E-mail：GB50011@cabr.com.cn）

　　本规范的主编单位：中国建筑科学研究院

　　参加单位：中国地震局工程力学研究所、中国建筑技术研究院、冶金工业部建筑研究总院、建设部建筑设计院、机械工业部设计研究院、中国轻工国际工程设计院（中国轻工业北京设计院）、北京市建筑设计研究院、上海建筑设计研究院、中南建筑设计院、中国建筑西北设计研究院、新疆建筑设计研究院、广东省建筑设计研究院、云南省设计院、辽宁省建筑设计研究院、深圳市建筑设计研究总院、北京勘察设计研究院、深圳大学建筑设计研究院、清华大学、同济大学、哈尔滨建筑大学、华中理工大学、重庆建筑大

学、云南工业大学、华南建设学院（西院）

主要起草人：徐正忠　王亚勇

（以下按姓氏笔画排列）

王迪民　王彦深　王骏孙

韦承基　叶燎原　刘惠珊

吕西林　孙平善　李国强

吴明舜　苏经宇　张前国

陈　健　陈富生　沙　安

欧进萍　周炳章　周锡元

周雍年　周福霖　胡庆昌

袁金西　秦　权　高小旺

容柏生　唐家祥　徐　建

徐永基　钱稼茹　龚思礼

董津城　傅学怡　赖　明

蔡益燕　樊小卿　潘凯云

戴国莹

目　次

1 总 则

1.0.1 为贯彻执行《中华人民共和国建筑法》和《中华人民共和国防震减灾法》并实行以预防为主的方针，使建筑经抗震设防后，减轻建筑的地震破坏，避免人员伤亡，减少经济损失，制定本规范。

按本规范进行抗震设计的建筑，其抗震设防目标是：当遭受低于本地区抗震设防烈度的多遇地震影响时，一般不受损坏或不需修理可继续使用，当遭受相当于本地区抗震设防烈度的地震影响时，可能损坏，经一般修理或不需修理仍可继续使用，当遭受高于本地区抗震设防烈度预估的罕遇地震影响时，不致倒塌或发生危及生命的严重破坏。

1.0.2 **抗震设防烈度为 6 度及以上地区的建筑，必须进行抗震设计。**

1.0.3 本规范适用于抗震设防烈度为 6、7、8 和 9 度地区建筑工程的抗震设计及隔震、消能减震设计。抗震设防烈度大于 9 度地区的建筑和行业有特殊要求的工业建筑，其抗震设计应按有关专门规定执行。

> 注：本规范一般略去"抗震设防烈度"字样，如"抗震设防烈度为 6 度、7 度、8 度、9 度"，简称为"6 度、7 度、8 度、9 度"。

1.0.4 **抗震设防烈度必须按国家规定的权限审批、颁发的文件（图件）确定。**

1.0.5 一般情况下，抗震设防烈度可采用中国地震动参数区划图的地震基本烈度（或与本规范设计基本地震加速度值对应的烈度值）。对已编制抗震设防区划的城市，可按批准的抗震设防烈度或设计地震动参数进行抗震设防。

1.0.6 建筑的抗震设计，除应符合本规范要求外，尚应符合国家现行的有关强制性标准的规定。

2 术 语 和 符 号

2.1 术 语

2.1.1 抗震设防烈度 seismic fortification intensity
按国家规定的权限批准作为一个地区抗震设防依据的地震烈度。

2.1.2 抗震设防标准 seismic fortification criterion
衡量抗震设防要求的尺度，由抗震设防烈度和建筑使用功能的重要性确定。

2.1.3 地震作用 earthquake action
由地震动引起的结构动态作用，包括水平地震作用和竖向地震作用。

2.1.4 设计地震动参数 design parameters of ground motion
抗震设计用的地震加速度（速度、位移）时程曲线、加速度反应谱和峰值加速度。

2.1.5 设计基本地震加速度 design basic acceleration of ground motion
50 年设计基准期超越概率 10% 的地震加速度的设计取值。

2.1.6 设计特征周期 design characteristic period of ground motion
抗震设计用的地震影响系数曲线中，反映地震震级、震中距和场地类别等因素的下降段起始点对应的周期值。

2.1.7 场地 site
工程群体所在地，具有相似的反应谱特征。其范围相当于厂区、居民小区和自然村或不小于 1.0km^2 的平面面积。

2.1.8 建筑抗震概念设计 seismic concept design of buildings
根据地震灾害和工程经验等所形成的基本设计原则和设计思想，进行建筑和结构总体布置并确定细部构造的过程。

2.1.9 抗震措施 seismic fortification measures
除地震作用计算和抗力计算以外的抗震设计内容，包括抗震构造措施。

2.1.10 抗震构造措施 details of seismic design
根据抗震概念设计原则，一般不需计算而对结构和非结构各部分必须采取的各种细部要求。

2.2 主 要 符 号

2.2.1 作用和作用效应

F_{Ek}、F_{Evk}——结构总水平、竖向地震作用标准值；

G_E、G_{eq}——地震时结构（构件）的重力荷载代表值、等效总重力荷载代表值；

w_k——风荷载标准值；

S_E——地震作用效应（弯矩、轴向力、剪力、应力和变形）；

S——地震作用效应与其他荷载效应的基本组合；

S_k——作用、荷载标准值的效应；

M——弯矩；

N——轴向压力；

V——剪力；

p——基础底面压力；

u——侧移；

θ——楼层位移角。

2.2.2 材料性能和抗力

K——结构（构件）的刚度；

R——结构构件承载力；

f、f_k、f_E——各种材料强度（含地基承载力）设计值、标准值和抗震设计值；

$[\theta]$——楼层位移角限值。

2.2.3 几何参数

    A——构件截面面积；

    A_s——钢筋截面面积；

    B——结构总宽度；

    H——结构总高度、柱高度；

    L——结构（单元）总长度；

    a——距离；

a_s、a_s'——纵向受拉钢筋合力点至截面边缘的最小距离；

    b——构件截面宽度；

    d——土层深度或厚度，钢筋直径；

    h——计算楼层层高，构件截面高度；

    l——构件长度或跨度；

    t——抗震墙厚度、楼板厚度。

2.2.4 计算系数

    α——水平地震影响系数；

    α_{max}——水平地震影响系数最大值；

    α_{vmax}——竖向地震影响系数最大值；

γ_G、γ_E、γ_w——作用分项系数；

    γ_{RE}——承载力抗震调整系数；

    ζ——计算系数；

    η——地震作用效应（内力和变形）的增大或调整系数；

    λ——构件长细比，比例系数；

    ξ_y——结构（构件）屈服强度系数；

    ρ——配筋率，比率；

    φ——构件受压稳定系数；

    ψ——组合值系数，影响系数。

2.2.5 其他

    T——结构自振周期；

    N——贯入锤击数；

    I_{lE}——地震时地基的液化指数；

    X_{ji}——位移振型坐标（j振型i质点的x方向相对位移）；

    Y_{ji}——位移振型坐标（j振型i质点的y方向相对位移）；

    n——总数，如楼层数、质点数、钢筋根数、跨数等；

    v_{se}——土层等效剪切波速；

    Φ_{ji}——转角振型坐标（j振型i质点的转角方向相对位移）。

3 抗震设计的基本要求

3.1 建筑抗震设防分类和设防标准

3.1.1 所有建筑应按现行国家标准《建筑工程抗震设防分类标准》GB 50223 确定其抗震设防类别。

3.1.2 （删除）

3.1.3 各抗震设防类别建筑的抗震设防标准，均应符合现行国家标准《建筑工程抗震设防分类标准》GB 50223 的要求。

3.1.4 抗震设防烈度为 6 度时，除本规范有具体规定外，对乙、丙、丁类建筑可不进行地震作用计算。

3.2 地 震 影 响

3.2.1 建筑所在地区遭受的地震影响，应采用相应于抗震设防烈度的设计基本地震加速度和设计特征周期或本规范第 1.0.5 条规定的设计地震动参数来表征。

3.2.2 抗震设防烈度和设计基本地震加速度取值的对应关系，应符合表 3.2.2 的规定。设计基本地震加速度为 0.15g 和 0.30g 地区内的建筑，除本规范另有规定外，应分别按抗震设防烈度 7 度和 8 度的要求进行抗震设计。

表 3.2.2 抗震设防烈度和设计基本地震加速度值的对应关系

抗震设防烈度	6	7	8	9
设计基本地震加速度值	0.05g	0.10(0.15)g	0.20(0.30)g	0.40g

    注：g 为重力加速度。

3.2.3 建筑的设计特征周期应根据其所在地的设计地震分组和场地类别确定。本规范的设计地震共分为三组。对 Ⅱ 类场地，第一组、第二组和第三组的设计特征周期，应分别按 0.35s、0.40s 和 0.45s 采用。

    注：本规范一般把"设计特征周期"简称为"特征周期"。

3.2.4 我国主要城镇（县级及县级以上城镇）中心地区的抗震设防烈度、设计基本地震加速度值和所属的设计地震分组，可按本规范附录 A 采用。

3.3 场 地 和 地 基

3.3.1 选择建筑场地时，应根据工程需要，掌握地震活动情况、工程地质和地震地质的有关资料，对抗震有利、不利和危险地段作出综合评价。对不利地段，应提出避开要求；当无法避开时应采取有效措施。对危险地段，严禁建造甲、乙类的建筑，不应建造丙类的建筑。

3.3.2 建筑场地为 Ⅰ 类时，甲、乙类建筑应允许仍按本地区抗震设防烈度的要求采取抗震构造措施；丙类建筑应允许按本地区抗震设防烈度降低一度的要求采取抗震构造措施，但抗震设防烈度为 6 度时仍应按本地区抗震设防烈度的要求采取抗震构造措施。

3.3.3 建筑场地为 Ⅲ、Ⅳ 类时，对设计基本地震加速度为 0.15g 和 0.30g 的地区，除本规范另有规定外，宜分别按抗震设防烈度8度（0.20g）和9度（0.40g）时各类建筑的要求采取抗震构造措施。

3.3.4 地基和基础设计应符合下列要求：

1 同一结构单元的基础不宜设置在性质截然不同的地基上；

2 同一结构单元不宜部分采用天然地基部分采用桩基；

3 地基为软弱黏性土、液化土、新近填土或严重不均匀土时，应估计地震时地基不均匀沉降或其他不利影响，并采取相应的措施。

3.3.5 山区建筑场地和地基基础设计应符合下列要求：

1 山区建筑场地应根据地质、地形条件和使用要求，因地制宜设置符合抗震设防要求的边坡工程；边坡应避免深挖高填，坡高大且稳定性差的边坡应采用后仰放坡或分阶放坡。

2 建筑基础与土质、强风化岩质边坡的边缘应留有足够的距离，其值应根据抗震设防烈度的高低确定，并采取措施避免地震时地基基础破坏。

3.4 建筑设计和建筑结构的规则性

3.4.1 建筑设计应符合抗震概念设计的要求，不规则的建筑方案应按规定采取加强措施；特别不规则的建筑方案应进行专门研究和论证，采取特别的加强措施；不应采用严重不规则的建筑方案。

3.4.2 建筑及其抗侧力结构的平面布置宜规则、对称，并应具有良好的整体性；建筑的立面和竖向剖面宜规则，结构的侧向刚度宜均匀变化，竖向抗侧力构件的截面尺寸和材料强度宜自下而上逐渐减小，避免抗侧力结构的侧向刚度和承载力突变。

当存在表3.4.2-1所列举的平面不规则类型或表3.4.2-2所列举的竖向不规则类型时，应符合本章第3.4.3条的有关规定。

表3.4.2-1 平面不规则的类型

不规则类型	定 义
扭转不规则	楼层的最大弹性水平位移（或层间位移），大于该楼层两端弹性水平位移（或层间位移）平均值的1.2倍
凹凸不规则	结构平面凹进的一侧尺寸，大于相应投影方向总尺寸的30%
楼板局部不连续	楼板的尺寸和平面刚度急剧变化，例如，有效楼板宽度小于该层楼板典型宽度的50%，或开洞面积大于该层楼面面积的30%，或较大的楼层错层

表3.4.2-2 竖向不规则的类型

不规则类型	定 义
侧向刚度不规则	该层的侧向刚度小于相邻上一层的70%，或小于其上相邻三个楼层侧向刚度平均值的80%；除顶层外，局部收进的水平向尺寸大于相邻下一层的25%
竖向抗侧力构件不连续	竖向抗侧力构件（柱、抗震墙、抗震支撑）的内力由水平转换构件（梁、桁架等）向下传递
楼层承载力突变	抗侧力结构的层间受剪承载力小于相邻上一楼层的80%

3.4.3 不规则的建筑结构，应按下列要求进行水平地震作用计算和内力调整，并应对薄弱部位采取有效的抗震构造措施：

1 平面不规则而竖向规则的建筑结构，应采用空间结构计算模型，并应符合下列要求：

1） 扭转不规则时，应计及扭转影响，且楼层竖向构件最大的弹性水平位移和层间位移分别不宜大于楼层两端弹性水平位移和层间位移平均值的1.5倍；

2） 凹凸不规则或楼板局部不连续时，应采用符合楼板平面内实际刚度变化的计算模型，当平面不对称时尚应计及扭转影响。

2 平面规则而竖向不规则的建筑结构，应采用空间结构计算模型，其薄弱层的地震剪力应乘以1.15的增大系数，应按本规范有关规定进行弹塑性变形分析，并应符合下列要求：

1） 竖向抗侧力构件不连续时，该构件传递给水平转换构件的地震内力应乘以1.25～1.5的增大系数；

2） 楼层承载力突变时，薄弱层抗侧力结构的受剪承载力不应小于相邻上一楼层的65%。

3 平面不规则且竖向不规则的建筑结构，应同时符合本条1、2款的要求。

3.4.4 砌体结构和单层工业厂房的平面不规则性和竖向不规则性，应分别符合本规范有关章节的规定。

3.4.5 体型复杂、平立面特别不规则的建筑结构，可按实际需要在适当部位设置防震缝，形成多个较规则的抗侧力结构单元。

3.4.6 防震缝应根据抗震设防烈度、结构材料种类、结构类型、结构单元的高度和高差情况，留有足够的宽度，其两侧的上部结构应完全分开。

当设置伸缩缝和沉降缝时，其宽度应符合防震缝的要求。

3.5 结 构 体 系

3.5.1 结构体系应根据建筑的抗震设防类别、抗震设防烈度、建筑高度、场地条件、地基、结构材料和施工等因素，经技术、经济和使用条件综合比较确定。

3.5.2 结构体系应符合下列各项要求：

1 应具有明确的计算简图和合理的地震作用传递途径。

2 应避免因部分结构或构件破坏而导致整个结构丧失抗震能力或对重力荷载的承载能力。

3 应具备必要的抗震承载力，良好的变形能力和消耗地震能量的能力。

4 对可能出现的薄弱部位，应采取措施提高抗震能力。

3.5.3 结构体系尚宜符合下列各项要求：

1 宜有多道抗震防线。

2 宜具有合理的刚度和承载力分布，避免因局部削弱或突变形成薄弱部位，产生过大的应力集中或塑性变形集中。

3 结构在两个主轴方向的动力特性宜相近。

3.5.4 结构构件应符合下列要求：

1 砌体结构应按规定设置钢筋混凝土圈梁和构造柱、芯柱，或采用配筋砌体等。

2 混凝土结构构件应控制截面尺寸和纵向受力钢筋与箍筋的设置，防止剪切破坏先于弯曲破坏、混凝土的压溃先于钢筋的屈服、钢筋的锚固先于构件破坏。

3 预应力混凝土构件，应配有足够的非预应力钢筋。

4 钢结构构件应避免局部失稳或整个构件失稳。

5 多、高层的混凝土楼、屋盖宜优先采用现浇混凝土板。当采用混凝土预制装配式楼、屋盖时，应从楼盖体系和构造上采取措施确保各预制板之间连接的整体性。

3.5.5 结构各构件之间的连接，应符合下列要求：

1 构件节点的破坏，不应先于其连接的构件。

2 预埋件的锚固破坏，不应先于连接件。

3 装配式结构构件的连接，应能保证结构的整体性。

4 预应力混凝土构件的预应力钢筋，宜在节点核心区以外锚固。

3.5.6 装配式单层厂房的各种抗震支撑系统，应保证地震时结构的稳定性。

3.6 结 构 分 析

3.6.1 除本规范特别规定者外，建筑结构应进行多遇地震作用下的内力和变形分析，此时，可假定结构与构件处于弹性工作状态，内力和变形分析可采用线性静力方法或线性动力方法。

3.6.2 不规则且具有明显薄弱部位可能导致地震时严重破坏的建筑结构，应按本规范有关规定进行罕遇地震作用下的弹塑性变形分析。此时，可根据结构特点采用静力弹塑性分析或弹塑性时程分析方法。

当本规范有具体规定时，尚可采用简化方法计算结构的弹塑性变形。

3.6.3 当结构在地震作用下的重力附加弯矩大于初始弯矩的10%时，应计入重力二阶效应的影响。

> 注：重力附加弯矩指任一楼层以上全部重力荷载与该楼层地震层间位移的乘积；初始弯矩指该楼层地震剪力与楼层层高的乘积。

3.6.4 结构抗震分析时，应按照楼、屋盖在平面内变形情况确定为刚性、半刚性和柔性的横隔板，再按抗侧力系统的布置确定抗侧力构件间的共同工作并进行各构件间的地震内力分析。

3.6.5 质量和侧向刚度分布接近对称且楼、屋盖可视为刚性横隔板的结构，以及本规范有关章节有具体规定的结构，可采用平面结构模型进行抗震分析。其他情况，应采用空间结构模型进行抗震分析。

3.6.6 利用计算机进行结构抗震分析，应符合下列要求：

1 计算模型的建立、必要的简化计算与处理，应符合结构的实际工作状况；计算中应考虑楼梯构件的影响。

2 计算软件的技术条件应符合本规范及有关标准的规定，并应阐明其特殊处理的内容和依据。

3 复杂结构进行多遇地震作用下的内力和变形分析时，应采用不少于两个的不同力学模型，并对其计算结果进行分析比较。

4 所有计算机计算结果，应经分析判断确认其合理、有效后方可用于工程设计。

3.7 非结构构件

3.7.1 非结构构件，包括建筑非结构构件和建筑附属机电设备，自身及其与结构主体的连接，应进行抗震设计。

3.7.2 非结构构件的抗震设计，应由相关专业人员分别负责进行。

3.7.3 附着于楼、屋面结构上的非结构构件，以及楼梯间的非承重墙体，应采取与主体结构可靠连接或锚固等避免地震时倒塌伤人或砸坏重要设备的措施。

3.7.4 框架结构的围护墙和隔墙，应考虑其设置对结构抗震的不利影响，避免不合理设置而导致主体结构的破坏。

3.7.5 幕墙、装饰贴面与主体结构应有可靠连接，避免地震时脱落伤人。

3.7.6 安装在建筑上的附属机械、电气设备系统的支座和连接，应符合地震时使用功能的要求，且不应导致相关部件的损坏。

3.8 隔震和消能减震设计

3.8.1 隔震与消能减震设计，应主要应用于使用功能有特殊要求的建筑及抗震设防烈度为 8、9 度的建筑。

3.8.2 采用隔震或消能减震设计的建筑，当遭遇到本地区的多遇地震影响、抗震设防烈度地震影响和罕遇地震影响时，其抗震设防目标应高于本规范第1.0.1 条的规定。

3.9 结构材料与施工

3.9.1 抗震结构对材料和施工质量的特别要求，应在设计文件上注明。

3.9.2 结构材料性能指标，应符合下列最低要求：

  1 砌体结构材料应符合下列规定：

    1）烧结普通砖和烧结多孔砖的强度等级不应低于 MU10，其砌筑砂浆强度等级不应低于 M5；

    2）混凝土小型空心砌块的强度等级不应低于 MU7.5，其砌筑砂浆强度等级不应低于 M7.5。

  2 混凝土结构材料应符合下列规定：

    1）混凝土的强度等级，框支梁、框支柱及抗震等级为一级的框架梁、柱、节点核芯区，不应低于 C30；构造柱、芯柱、圈梁及其他各类构件不应低于 C20；

    2）抗震等级为一、二级的框架结构，其纵向受力钢筋采用普通钢筋时，钢筋的抗拉强度实测值与屈服强度实测值的比值不应小于 1.25；钢筋的屈服强度实测值与强度标准值的比值不应大于 1.3；且钢筋在最大拉力下的总伸长率实测值不应小于 9%。

  3 钢结构的钢材应符合下列规定：

    1）钢材的屈服强度实测值与抗拉强度实测值的比值不应大于 0.85；

    2）钢材应有明显的屈服台阶，且伸长率不应小于 20%；

    3）钢材应有良好的焊接性和合格的冲击韧性。

3.9.3 结构材料性能指标，尚宜符合下列要求：

  1 普通钢筋宜优先采用延性、韧性和焊接性较好的钢筋；普通钢筋的强度等级，纵向受力钢筋宜选用符合抗震性能指标的 HRB400 级热轧钢筋，也可采用符合抗震性能指标的 HRB335 级热轧钢筋；箍筋宜选用符合抗震性能指标的 HRB335、HRB400 级热轧钢筋。

    注：钢筋的检验方法应符合现行国家标准《混凝土结构工程施工质量验收规范》GB 50204 的规定。

  2 混凝土结构的混凝土强度等级，9 度时不宜超过 C60，8 度时不宜超过 C70。

  3 钢结构的钢材宜采用 Q235 等级 B、C、D 的碳素结构钢及 Q345 等级 B、C、D、E 的低合金高强度结构钢；当有可靠依据时，尚可采用其他钢种和钢号。

3.9.4 当需要以强度等级较高的钢筋替代原设计中的纵向受力钢筋时，应按照钢筋承载力设计值相等的原则换算，并应满足最小配筋率、抗裂验算等要求。

3.9.5 采用焊接连接的钢结构，当钢板厚不小于40mm 且承受沿板厚方向的拉力时，受拉试件板厚方向截面收缩率，不应小于国家标准《厚度方向性能钢板》GB/T 5313 关于 Z15 级规定的容许值。

3.9.6 钢筋混凝土构造柱、芯柱和底部框架-抗震墙砖房中砖抗震墙的施工，应先砌墙后浇构造柱、芯柱和框架梁柱。

3.10 建筑的地震反应观测系统

3.10.1 抗震设防烈度为 7、8、9 度时，高度分别超过 160m，120m，80m 的高层建筑，应设置建筑结构的地震反应观测系统，建筑设计应留有观测仪器和线路的位置。

4 场地、地基和基础

4.1 场 地

4.1.1 选择建筑场地时，应按表 4.1.1 划分对建筑抗震有利、不利和危险的地段。

表 4.1.1 有利、不利和危险地段的划分

地段类别	地质、地形、地貌
有利地段	稳定基岩，坚硬土，开阔、平坦、密实、均匀的中硬土等
不利地段	软弱土，液化土，条状突出的山嘴，高耸孤立的山丘，非岩质的陡坡，河岸和边坡的边缘，平面分布上成因、岩性、状态明显不均匀的土层（如故河道、疏松的断层破碎带、暗埋的塘浜沟谷和半填半挖地基）等
危险地段	地震时可能发生滑坡、崩塌、地陷、地裂、泥石流等及发震断裂带上可能发生地表错位的部位

4.1.2 建筑场地的类别划分，应以土层等效剪切波速和场地覆盖层厚度为准。

4.1.3 土层剪切波速的测量，应符合下列要求：

  1 在场地初步勘察阶段，对大面积的同一地质单元，测量土层剪切波速的钻孔数量，应为控制性钻孔数量的 1/3～1/5，山间河谷地区可适量减少，但

不宜少于 3 个。

    2　在场地详细勘察阶段，对单幢建筑，测量土层剪切波速的钻孔数量不宜少于 2 个，数据变化较大时，可适量增加；对小区中处于同一地质单元的密集高层建筑群，测量土层剪切波速的钻孔数量可适量减少，但每幢高层建筑下不得少于一个。

    3　对丁类建筑及层数不超过 10 层且高度不超过 30m 的丙类建筑，当无实测剪切波速时，可根据岩土名称和性状，按表 4.1.3 划分土的类型，再利用当地经验在表 4.1.3 的剪切波速范围内估计各土层的剪切波速。

表 4.1.3　土的类型划分和剪切波速范围

土的类型	岩土名称和性状	土层剪切波速范围（m/s）
坚硬土或岩石	稳定岩石，密实的碎石土	$v_s > 500$
中硬土	中密、稍密的碎石土，密实、中密的砾、粗、中砂，$f_{ak} > 200$ 的黏性土和粉土，坚硬黄土	$500 \geqslant v_s > 250$
中软土	稍密的砾、粗、中砂，除松散外的细、粉砂，$f_{ak} \leqslant 200$ 的黏性土和粉土，$f_{ak} > 130$ 的填土，可塑黄土	$250 \geqslant v_s > 140$
软弱土	淤泥和淤泥质土，松散的砂，新近沉积的黏性土和粉土，$f_{ak} \leqslant 130$ 的填土，流塑黄土	$v_s \leqslant 140$

注：f_{ak} 为由载荷试验等方法得到的地基承载力特征值（kPa）；v_s 为岩土剪切波速。

4.1.4　建筑场地覆盖层厚度的确定，应符合下列要求：

    1　一般情况下，应按地面至剪切波速大于 500m/s 的土层顶面的距离确定。

    2　当地面 5m 以下存在剪切波速大于相邻上层土剪切波速 2.5 倍的土层，且其下卧岩土的剪切波速均不小于 400m/s 时，可按地面至该土层顶面的距离确定。

    3　剪切波速大于 500m/s 的孤石、透镜体，应视同周围土层。

    4　土层中的火山岩硬夹层，应视为刚体，其厚度应从覆盖土层中扣除。

4.1.5　土层的等效剪切波速，应按下列公式计算：

$$v_{se} = d_0 / t \quad (4.1.5-1)$$

$$t = \sum_{i=1}^{n} (d_i / v_{si}) \quad (4.1.5-2)$$

式中 v_{se}——土层等效剪切波速（m/s）；

    d_0——计算深度（m），取覆盖层厚度和 20m 二者的较小值；

    t——剪切波在地面至计算深度之间的传播时间；

    d_i——计算深度范围内第 i 土层的厚度（m）；

    v_{si}——计算深度范围内第 i 土层的剪切波速（m/s）；

    n——计算深度范围内土层的分层数。

4.1.6　建筑的场地类别，应根据土层等效剪切波速和场地覆盖层厚度按表 4.1.6 划分为四类。当有可靠的剪切波速和覆盖层厚度且其值处于表 4.1.6 所列场地类别的分界线附近时，应允许按插值方法确定地震作用计算所用的设计特征周期。

表 4.1.6　各类建筑场地的覆盖层厚度（m）

等效剪切波速（m/s）	场地类别			
	Ⅰ	Ⅱ	Ⅲ	Ⅳ
$v_{se} > 500$	0			
$500 \geqslant v_{se} > 250$	<5	≥5		
$250 \geqslant v_{se} > 140$	<3	3~50	>50	
$v_{se} \leqslant 140$	<3	3~15	>15~80	>80

4.1.7　场地内存在发震断裂时，应对断裂的工程影响进行评价，并应符合下列要求：

    1　对符合下列规定之一的情况，可忽略发震断裂错动对地面建筑的影响：

      1）抗震设防烈度小于 8 度；

      2）非全新世活动断裂；

      3）抗震设防烈度为 8 度和 9 度时，前第四纪基岩隐伏断裂的土层覆盖厚度分别大于 60m 和 90m。

    2　对不符合本条 1 款规定的情况，应避开主断裂带。其避让距离不宜小于表 4.1.7 对发震断裂最小避让距离的规定。

表 4.1.7　发震断裂的最小避让距离（m）

烈度	建筑抗震设防类别			
	甲	乙	丙	丁
8	专门研究	300m	200m	—
9	专门研究	500m	300m	—

4.1.8　当需要在条状突出的山嘴、高耸孤立的山丘、非岩石的陡坡、河岸和边坡边缘等不利地段建造丙类及丙类以上建筑时，除保证其在地震作用下的稳定性外，尚应估计不利地段对设计地震动参数可能产生的放大作用，其地震影响系数最大值应乘以增大系数。

其值可根据不利地段的具体情况确定，在 $1.1\sim1.6$ 范围内采用。

4.1.9 场地岩土工程勘察，应根据实际需要划分对建筑有利、不利和危险的地段，提供建筑的场地类别和岩土地震稳定性（如滑坡、崩塌、液化和震陷特性等）评价，对需要采用时程分析法补充计算的建筑，尚应根据设计要求提供土层剖面、场地覆盖层厚度和有关的动力参数。

4.2 天然地基和基础

4.2.1 下列建筑可不进行天然地基及基础的抗震承载力验算：

  1 砌体房屋。

  2 地基主要受力层范围内不存在软弱黏性土层的下列建筑：

  1）一般的单层厂房和单层空旷房屋；

  2）不超过 8 层且高度在 25m 以下的一般民用框架房屋；

  3）基础荷载与 2）项相当的多层框架厂房。

  3 本规范规定可不进行上部结构抗震验算的建筑。

  注：软弱黏性土层指 7 度、8 度和 9 度时，地基承载力特征值分别小于 80、100 和 120kPa 的土层。

4.2.2 天然地基基础抗震验算时，应采用地震作用效应标准组合，且地基抗震承载力应取地基承载力特征值乘以地基抗震承载力调整系数计算。

4.2.3 地基抗震承载力应按下式计算：

$$f_{aE}=\zeta_a f_a \qquad (4.2.3)$$

式中 f_{aE}——调整后的地基抗震承载力；

  ζ_a——地基抗震承载力调整系数，应按表 4.2.3 采用；

  f_a——深宽修正后的地基承载力特征值，应按现行国家标准《建筑地基基础设计规范》GB 50007 采用。

表 4.2.3 地基抗震承载力调整系数

岩 土 名 称 和 性 状	ζ_a
岩石，密实的碎石土，密实的砾、粗、中砂，$f_{ak}\geqslant300$kPa 的黏性土和粉土	1.5
中密、稍密的碎石土，中密和稍密的砾、粗、中砂，密实和中密的细、粉砂，150kPa$\leqslant f_{ak}<300$kPa 的黏性土和粉土，坚硬黄土	1.3
稍密的细、粉砂，100kPa$\leqslant f_{ak}<150$kPa 的黏性土和粉土，可塑黄土	1.1
淤泥，淤泥质土，松散的砂，杂填土，新近堆积黄土及流塑黄土	1.0

4.2.4 验算天然地基地震作用下的竖向承载力时，按地震作用效应标准组合的基础底面平均压力和边缘最大压力应符合下列各式要求：

$$p\leqslant f_{aE} \qquad (4.2.4-1)$$

$$p_{max}\leqslant1.2f_{aE} \qquad (4.2.4-2)$$

式中 p——地震作用效应标准组合的基础底面平均压力；

  p_{max}——地震作用效应标准组合的基础边缘的最大压力。

高宽比大于 4 的高层建筑，在地震作用下基础底面不宜出现拉应力；其他建筑，基础底面与地基土之间零应力区面积不应超过基础底面面积的 15%。

4.3 液化土和软土地基

4.3.1 饱和砂土和饱和粉土（不含黄土）的液化判别和地基处理，6 度时，一般情况下可不进行判别和处理，但对液化沉陷敏感的乙类建筑可按 7 度的要求进行判别和处理，$7\sim9$ 度时，乙类建筑可按本地区抗震设防烈度的要求进行判别和处理。

4.3.2 存在饱和砂土和饱和粉土（不含黄土）的地基，除 6 度设防外，应进行液化判别；存在液化土层的地基，应根据建筑的抗震设防类别、地基的液化等级，结合具体情况采取相应的措施。

4.3.3 饱和的砂土或粉土（不含黄土），当符合下列条件之一时，可初步判别为不液化或可不考虑液化影响：

  1 地质年代为第四纪晚更新世（Q_3）及其以前时，7、8 度时可判为不液化。

  2 粉土的黏粒（粒径小于 0.005mm 的颗粒）含量百分率，7 度、8 度和 9 度分别不小于 10、13 和 16 时，可判为不液化土。

  注：用于液化判别的黏粒含量系采用六偏磷酸钠作分散剂测定，采用其他方法时应有关规定换算。

  3 天然地基的建筑，当上覆非液化土层厚度和地下水位深度符合下列条件之一时，可不考虑液化影响：

$$d_u>d_0+d_b-2 \qquad (4.3.3-1)$$

$$d_w>d_0+d_b-3 \qquad (4.3.3-2)$$

$$d_u+d_w>1.5d_0+2d_b-4.5 \qquad (4.3.3-3)$$

式中 d_w——地下水位深度（m），宜按设计基准期内年平均最高水位采用，也可按近期内年最高水位采用；

  d_u——上覆盖非液化土层厚度（m），计算时宜将淤泥和淤泥质土层扣除；

  d_b——基础埋置深度（m），不超过 2m 时应采用 2m；

  d_0——液化土特征深度（m），可按表 4.3.3 采用。

表 4.3.3 液化土特征深度（m）

饱和土类别	7 度	8 度	9 度
粉　土	6	7	8
砂　土	7	8	9

4.3.4 当初步判别认为需进一步进行液化判别时，应采用标准贯入试验判别法判别地面下 15m 深度范围内的液化；当采用桩基或埋深大于 5m 的深基础时，尚应判别 15~20m 范围内土的液化。当饱和土标准贯入锤击数（未经杆长修正）小于液化判别标准贯入锤击数临界值时，应判为液化土。当有成熟经验时，尚可采用其他判别方法。

在地面下 15m 深度范围内，液化判别标准贯入锤击数临界值可按下式计算：

$$N_{cr} = N_0 [0.9 + 0.1(d_s - d_w)] \sqrt{3/\rho_c} \quad (d_s \leqslant 15)$$
$$(4.3.4-1)$$

在地面下 15~20m 范围内，液化判别标准贯入锤击数临界值可按下式计算：

$$N_{cr} = N_0 (2.4 - 0.1 d_w) \sqrt{3/\rho_c} \quad (15 \leqslant d_s \leqslant 20)$$
$$(4.3.4-2)$$

式中　N_{cr}——液化判别标准贯入锤击数临界值；

N_0——液化判别标准贯入锤击数基准值，应按表 4.3.4 采用；

d_s——饱和土标准贯入点深度（m）；

ρ_c——黏粒含量百分率，当小于 3 或为砂土时，应采用 3。

表 4.3.4 标准贯入锤击数基准值

设计地震分组	7 度	8 度	9 度
第一组	6 (8)	10 (13)	16
第二、三组	8 (10)	12 (15)	18

注：括号内数值用于设计基本地震加速度为 0.15g 和 0.30g 的地区。

4.3.5 对存在液化土层的地基，应探明各液化土层的深度和厚度，按下式计算每个钻孔的液化指数，并按表 4.3.5 综合划分地基的液化等级：

$$I_{lE} = \sum_{i=1}^{n} \left(1 - \frac{N_i}{N_{cri}}\right) d_i W_i \qquad (4.3.5)$$

式中　I_{lE}——液化指数；

n——在判别深度范围内每一个钻孔标准贯入试验点的总数；

N_i、N_{cri}——分别为 i 点标准贯入锤击数的实测值和临界值，当实测值大于临界值时应取临界值的数值；

d_i——i 点所代表的土层厚度（m），可采用与该标准贯入试验点相邻的上、下两标准贯入试验点深度差的一半，但上界不高于地下水位深度，下界不深于液

化深度；

W_i——i 土层单位土层厚度的层位影响权函数值（单位为 m^{-1}）。若判别深度为 15m，当该层中点深度不大于 5m 时应采用 10，等于 15m 时应采用零值，5~15m 时应按线性内插法取值；若判别深度为 20m，当该层中点深度不大于 5m 时应采用 10，等于 20m 时应采用零值，5~20m 时应按线性内插法取值。

表 4.3.5 液 化 等 级

液化等级	轻 微	中 等	严 重
判别深度为 15m 时的液化指数	$0 < I_{lE} \leqslant 5$	$5 < I_{lE} \leqslant 15$	$I_{lE} > 15$
判别深度为 20m 时的液化指数	$0 < I_{lE} \leqslant 6$	$6 < I_{lE} \leqslant 18$	$I_{lE} > 18$

4.3.6 当液化土层较平坦且均匀时，宜按表 4.3.6 选用地基抗液化措施；尚可计入上部结构重力荷载对液化危害的影响，根据液化震陷量的估计适当调整抗液化措施。

不宜将未经处理的液化土层作为天然地基持力层。

表 4.3.6 抗液化措施

建筑抗震设防类别	地基的液化等级		
	轻 微	中 等	严 重
乙类	部分消除液化沉陷，或对基础和上部结构处理	全部消除液化沉陷，或部分消除液化沉陷且对基础和上部结构处理	全部消除液化沉陷
丙类	基础和上部结构处理，亦可不采取措施	基础和上部结构处理，或更高要求的措施	全部消除液化沉陷，或部分消除液化沉陷且对基础和上部结构处理
丁类	可不采取措施	可不采取措施	基础和上部结构处理，或其他经济的措施

4.3.7 全部消除地基液化沉陷的措施，应符合下列要求：

1 采用桩基时，桩端伸入液化深度以下稳定土层中的长度（不包括桩尖部分），应按计算确定，且

对碎石土，砾、粗、中砂，坚硬黏性土和密实粉土尚不应小于 0.5m，对其他非岩石土尚不宜小于 1.5m。

2 采用深基础时，基础底面应埋入液化深度以下的稳定土层中，其深度不应小于 0.5m。

3 采用加密法（如振冲、振动加密、挤密碎石桩、强夯等）加固时，应处理至液化深度下界；振冲或挤密碎石桩加固后，桩间土的标准贯入锤击数不宜小于本节第 4.3.4 条规定的液化判别标准贯入锤击数临界值。

4 用非液化土替换全部液化土层。

5 采用加密法或换土法处理时，在基础边缘以外的处理宽度，应超过基础底面下处理深度的 1/2 且不小于基础宽度的 1/5。

4.3.8 部分消除地基液化沉陷的措施，应符合下列要求：

1 处理深度应使处理后的地基液化指数减少，当判别深度为 15m 时，其值不宜大于 4，当判别深度为 20m 时，其值不宜大于 5；对独立基础和条形基础，尚不应小于基础底面下液化土特征深度和基础宽度的较大值。

2 采用振冲或挤密碎石桩加固后，桩间土的标准贯入锤击数不宜小于按本节第 4.3.4 条规定的液化判别标准贯入锤击数临界值。

3 基础边缘以外的处理宽度，应符合本节第 4.3.7 条 5 款的要求。

4.3.9 减轻液化影响的基础和上部结构处理，可综合采用下列各项措施：

1 选择合适的基础埋置深度。

2 调整基础底面积，减少基础偏心。

3 加强基础的整体性和刚度，如采用箱基、筏基或钢筋混凝土交叉条形基础，加设基础圈梁等。

4 减轻荷载，增强上部结构的整体刚度和均匀对称性，合理设置沉降缝，避免采用对不均匀沉降敏感的结构形式等。

5 管道穿过建筑处应预留足够尺寸或采用柔性接头等。

4.3.10 液化等级为中等液化和严重液化的故河道、现代河滨、海滨，当有液化侧向扩展或流滑可能时，在距常时水线约 100m 以内不宜修建永久性建筑，否则应进行抗滑动验算、采取防土体滑动措施或结构抗裂措施。

注：常时水线宜按设计基准期内年平均最高水位采用，也可按近期年最高水位采用。

4.3.11 地基主要受力层范围内存在软弱黏性土层与湿陷性黄土时，应结合具体情况综合考虑，采用桩基、地基加固处理或本节第 4.3.9 条的各项措施，也可根据软土震陷量的估计，采取相应措施。

4.4 桩 基

4.4.1 承受竖向荷载为主的低承台桩基，当地面下无液化土层，且桩承台周围无淤泥、淤泥质土和地基承载力特征值不大于 100kPa 的填土时，下列建筑可不进行桩基抗震承载力验算：

1 本章第 4.2.1 条之 1、3 款规定的建筑；

2 7 度和 8 度时的下列建筑：

1）一般的单层厂房和单层空旷房屋；

2）不超过 8 层且高度在 25m 以下的一般民用框架房屋；

3）基础荷载与 2）项相当的多层框架厂房。

4.4.2 非液化土中低承台桩基的抗震验算，应符合下列规定：

1 单桩的竖向和水平向抗震承载力特征值，可均比非抗震设计时提高 25%。

2 当承台周围的回填土夯实至干密度不小于《建筑地基基础设计规范》对填土的要求时，可由承台正面填土与桩共同承担水平地震作用；但不应计入承台底面与地基土间的摩擦力。

4.4.3 存在液化土层的低承台桩基抗震验算，应符合下列规定：

1 对一般浅基础，不宜计入承台周围土的抗力或刚性地坪对水平地震作用的分担作用。

2 当桩承台底面上、下分别有厚度不小于 1.5m、1.0m 的非液化土层或非软弱土层时，可按下列二种情况进行桩的抗震验算，并按不利情况设计：

1）桩承受全部地震作用，桩承载力按本节第 4.4.2 条取用，液化土的桩周摩阻力及桩水平抗力均应乘以表 4.4.3 的折减系数。

表 4.4.3 土层液化影响折减系数

实际标准贯入锤击数/临界标准贯入锤击数	深度 d_s(m)	折减系数
≤0.6	$d_s \leq 10$	0
	$10 < d_s \leq 20$	1/3
>0.6~0.8	$d_s \leq 10$	1/3
	$10 < d_s \leq 20$	2/3
>0.8~1.0	$d_s \leq 10$	2/3
	$10 < d_s \leq 20$	1

2）地震作用按水平地震影响系数最大值的 10% 采用，桩承载力仍按本节第 4.4.2 条 1 款取用，但应扣除液化土层的全部摩阻力及桩承台下 2m 深度范围内非液化土的桩周摩阻力。

3 打入式预制桩及其他挤土桩，当平均桩距为 2.5~4 倍桩径且桩数不少于 5×5 时，可计入打桩对土的加密作用及桩身对液化土变形限制的有利影响。当打桩后桩间土的标准贯入锤击数值达到不液化的要求时，单桩承载力可不折减，但对桩尖持力层作强度校

核时,桩群外侧的应力扩散角应取为零。打桩后桩间土的标准贯入锤击数宜由试验确定,也可按下式计算:

$$N_1 = N_p + 100\rho(1 - e^{-0.3N_p}) \qquad (4.4.3)$$

式中 N_1——打桩后的标准贯入锤击数;

ρ——打入式预制桩的面积置换率;

N_p——打桩前的标准贯入锤击数。

4.4.4 处于液化土中的桩基承台周围,宜用非液化土填筑夯实,若用砂土或粉土则应使土层的标准贯入锤击数不小于本章第4.3.4条规定的液化判别标准贯入锤击数临界值。

4.4.5 液化土中桩的配筋范围,应自桩顶至液化深度以下符合全部消除液化沉陷所要求的深度,其纵向钢筋应与桩顶部相同,箍筋应加密。

4.4.6 在有液化侧向扩展的地段,距常时水线100m范围内的桩基应满足本节中的其他规定外,尚应考虑土流动时的侧向作用力,且承受侧向推力的面积应按边桩外缘间的宽度计算。

5 地震作用和结构抗震验算

5.1 一般规定

5.1.1 各类建筑结构的地震作用,应符合下列规定:

1 一般情况下,应允许在建筑结构的两个主轴方向分别计算水平地震作用并进行抗震验算,各方向的水平地震作用应由该方向抗侧力构件承担。

2 有斜交抗侧力构件的结构,当相交角度大于15°时,应分别计算各抗侧力构件方向的水平地震作用。

3 质量和刚度分布明显不对称的结构,应计入双向水平地震作用下的扭转影响;其他情况,应允许采用调整地震作用效应的方法计入扭转影响。

4 8、9度时的大跨度和长悬臂结构及9度时的高层建筑,应计算竖向地震作用。

注:8、9度时采用隔震设计的建筑结构,应按有关规定计算竖向地震作用。

5.1.2 各类建筑结构的抗震计算,应采用下列方法:

1 高度不超过40m、以剪切变形为主且质量和刚度沿高度分布比较均匀的结构,以及近似于单质点体系的结构,可采用底部剪力法等简化方法。

2 除1款外的建筑结构,宜采用振型分解反应谱法。

3 特别不规则的建筑、甲类建筑和表5.1.2-1所列高度范围的高层建筑,应采用时程分析法进行多遇地震下的补充计算,可取多条时程曲线计算结果的平均值与振型分解反应谱法计算结果的较大值。

采用时程分析法时,应按建筑场地类别和设计地震分组选用不少于二组的实际强震记录和一组人工模拟的加速度时程曲线,其平均地震影响系数曲线应与振型分解反应谱法所采用的地震影响系数曲线在统计意义上相符,其加速度时程的最大值可按表5.1.2-2采用。弹性时程分析时,每条时程曲线计算所得结构底部剪力不应小于振型分解反应谱法计算结果的65%,多条时程曲线计算所得结构底部剪力的平均值不应小于振型分解反应谱法计算结果的80%。

表 5.1.2-1 采用时程分析的房屋高度范围

烈度、场地类别	房屋高度范围(m)
8度Ⅰ、Ⅱ类场地和7度	>100
8度Ⅲ、Ⅳ类场地	>80
9度	>60

表 5.1.2-2 时程分析所用地震加速度时程曲线的最大值(cm/s²)

地震影响	6度	7度	8度	9度
多遇地震	18	35 (55)	70 (110)	140
罕遇地震	—	220 (310)	400 (510)	620

注:括号内数值分别用于设计基本地震加速度为0.15g和0.30g的地区。

4 计算罕遇地震下结构的变形,应按本章第5.5节规定,采用简化的弹塑性分析方法或弹塑性时程分析法。

注:建筑结构的隔震和消能减震设计,应采用本规范第12章规定的计算方法。

5.1.3 计算地震作用时,建筑的重力荷载代表值应取结构和构配件自重标准值和各可变荷载组合值之和。各可变荷载的组合值系数,应按表5.1.3采用。

表 5.1.3 组合值系数

可变荷载种类		组合值系数
雪荷载		0.5
屋面积灰荷载		0.5
屋面活荷载		不计入
按实际情况计算的楼面活荷载		1.0
按等效均布荷载计算的楼面活荷载	藏书库、档案库	0.8
	其他民用建筑	0.5
吊车悬吊物重力	硬钩吊车	0.3
	软钩吊车	不计入

注:硬钩吊车的吊重较大时,组合值系数应按实际情况采用。

5.1.4 建筑结构的地震影响系数应根据烈度、场地类别、设计地震分组和结构自振周期以及阻尼比确定。其水平地震影响系数最大值应按表 5.1.4-1 采用；特征周期应根据场地类别和设计地震分组按表 5.1.4-2 采用，计算 8、9 度罕遇地震作用时，特征周期应增加 0.05s。

注：1 周期大于 6.0s 的建筑结构所采用的地震影响系数应专门研究；

2 已编制抗震设防区划的城市，应允许按批准的设计地震动参数采用相应的地震影响系数。

表 5.1.4-1 水平地震影响系数最大值

地震影响	6 度	7 度	8 度	9 度
多遇地震	0.04	0.08 (0.12)	0.16 (0.24)	0.32
罕遇地震	—	0.50 (0.72)	0.90 (1.20)	1.40

注：括号中数值分别用于设计基本地震加速度为 0.15g 和 0.30g 的地区。

表 5.1.4-2 特征周期值（s）

设计地震分组	场 地 类 别			
	Ⅰ	Ⅱ	Ⅲ	Ⅳ
第一组	0.25	0.35	0.45	0.65
第二组	0.30	0.40	0.55	0.75
第三组	0.35	0.45	0.65	0.90

5.1.5 建筑结构地震影响系数曲线（图 5.1.5）的阻尼调整和形状参数应符合下列要求：

1 除有专门规定外，建筑结构的阻尼比应取 0.05，地震影响系数曲线的阻尼调整系数应按 1.0 采用，形状参数应符合下列规定：

1）直线上升段，周期小于 0.1s 的区段。

2）水平段，自 0.1s 至特征周期区段，应取最大值（α_{max}）。

3）曲线下降段，自特征周期至 5 倍特征周期区段，衰减指数取 0.9。

4）直线下降段，自 5 倍特征周期至 6s 区段，下降斜率调整系数应取 0.02。

2 当建筑结构的阻尼比按有关规定不等于 0.05 时，地震影响系数曲线的阻尼调整系数和形状参数应

符合下列规定：

1）曲线下降段的衰减指数应按下式确定：

$$\gamma = 0.9 + \frac{0.05 - \zeta}{0.5 + 5\zeta} \quad (5.1.5-1)$$

式中 γ——曲线下降段的衰减指数；

ζ——阻尼比。

2）直线下降段的下降斜率调整系数应按下式确定：

$$\eta_1 = 0.02 + (0.05 - \zeta)/8 \quad (5.1.5-2)$$

式中 η_1——直线下降段的下降斜率调整系数，小于 0 时取 0。

3）阻尼调整系数应按下式确定：

$$\eta_2 = 1 + \frac{0.05 - \zeta}{0.06 + 1.7\zeta} \quad (5.1.5-3)$$

式中 η_2——阻尼调整系数，当小于 0.55 时，应取 0.55。

5.1.6 结构抗震验算，应符合下列规定：

1 6 度时的建筑（建造于Ⅳ类场地上较高的高层建筑除外），以及生土房屋和木结构房屋等，应允许不进行截面抗震验算，但应符合有关的抗震措施要求。

2 6 度时建造于Ⅳ类场地上较高的高层建筑，7 度和 7 度以上的建筑结构（生土房屋和木结构房屋等除外），应进行多遇地震作用下的截面抗震验算。

注：采用隔震设计的建筑结构，其抗震验算应符合有关规定。

5.1.7 符合本章第 5.5 节规定的结构，除按规定进行多遇地震作用下的截面抗震验算外，尚应进行相应的变形验算。

5.2 水平地震作用计算

5.2.1 采用底部剪力法时，各楼层可仅取一个自由度，结构的水平地震作用标准值，应按下列公式确定（图 5.2.1）：

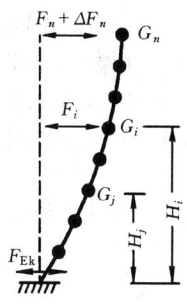

图 5.2.1 结构水平地震作用计算简图

$$F_{Ek} = \alpha_1 G_{eq} \quad (5.2.1-1)$$

$$F_i = \frac{G_i H_i}{\sum_{j=1}^{n} G_j H_j} F_{Ek}(1 - \delta_n) \quad (i = 1, 2 \cdots n)$$

$$(5.2.1-2)$$

$$\Delta F_n = \delta_n F_{Ek} \quad (5.2.1-3)$$

式中 F_{Ek}——结构总水平地震作用标准值；

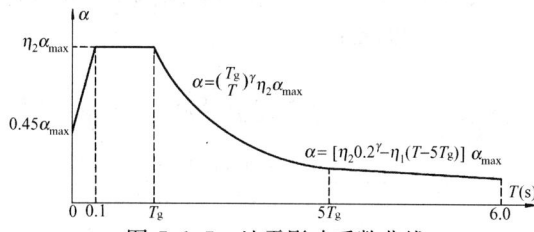

图 5.1.5 地震影响系数曲线

α—地震影响系数；α_{max}—地震影响系数最大值；η_1—直线下降段的下降斜率调整系数；γ—衰减指数；T_g—特征周期；η_2—阻尼调整系数；T—结构自振周期

α_1——相应于结构基本自振周期的水平地震影响系数值，应按本章第5.1.4条确定，多层砌体房屋、底部框架和多层内框架砖房，宜取水平地震影响系数最大值；

G_{eq}——结构等效总重力荷载，单质点应取总重力荷载代表值，多质点可取总重力荷载代表值的85%；

F_i——质点i的水平地震作用标准值；

G_i、G_j——分别为集中于质点i、j的重力荷载代表值，应按本章第5.1.3条确定；

H_i、H_j——分别为质点i、j的计算高度；

δ_n——顶部附加地震作用系数，多层钢筋混凝土和钢结构房屋可按表5.2.1采用，多层内框架砖房可采用0.2，其他房屋可采用0.0；

ΔF_n——顶部附加水平地震作用。

表5.2.1　顶部附加地震作用系数

T_g(s)	$T_1>1.4T_g$	$T_1\leqslant1.4T_g$
≤0.35	$0.08T_1+0.07$	
>0.35~0.55	$0.08T_1+0.01$	0.0
>0.55	$0.08T_1-0.02$	

注：T_1为结构基本自振周期。

5.2.2　采用振型分解反应谱法时，不进行扭转耦联计算的结构，应按下列规定计算其地震作用和作用效应：

1　结构j振型i质点的水平地震作用标准值，应按下列公式确定：

$$F_{ji}=\alpha_j\gamma_jX_{ji}G_i \quad (i=1,2,\cdots n,\ j=1,2,\cdots m)$$
$$(5.2.2-1)$$

$$\gamma_j=\sum_{i=1}^{n}X_{ji}G_i\Big/\sum_{i=1}^{n}X_{ji}^2G_i \quad (5.2.2-2)$$

式中　F_{ji}——j振型i质点的水平地震作用标准值；

α_j——相应于j振型自振周期的地震影响系数，应按本章第5.1.4条确定；

X_{ji}——j振型i质点的水平相对位移；

γ_j——j振型的参与系数。

2　水平地震作用效应（弯矩、剪力、轴向力和变形），应按下式确定：

$$S_{Ek}=\sqrt{\Sigma S_j^2} \quad (5.2.2-3)$$

式中　S_{Ek}——水平地震作用标准值的效应；

S_j——j振型水平地震作用标准值的效应，可只取前2~3个振型，当基本自振周期大于1.5s或房屋高宽比大于5时，振型个数适当增加。

5.2.3　建筑结构估计水平地震作用扭转影响时，应按下列规定计算其地震作用和作用效应：

1　规则结构不进行扭转耦联计算时，平行于地震作用方向的两个边榀，其地震作用效应应乘以增大系数。一般情况下，短边可按1.15采用，长边可按1.05采用；当扭转刚度较小时，宜按不小于1.3采用。

2　按扭转耦联振型分解法计算时，各楼层可取两个正交的水平位移和一个转角共三个自由度，并应按下列公式计算结构的地震作用和作用效应。确有依据时，尚可采用简化计算方法确定地震作用效应。

1）　j振型i层的水平地震作用标准值，应按下列公式确定：

$$F_{xji}=\alpha_j\gamma_{tj}X_{ji}G_i$$
$$F_{yji}=\alpha_j\gamma_{tj}Y_{ji}G_i \quad (i=1,2,\cdots n,\ j=1,2,\cdots m)$$
$$F_{tji}=\alpha_j\gamma_{tj}r_i^2\varphi_{ji}G_i$$
$$(5.2.3-1)$$

式中　F_{xji}、F_{yji}、F_{tji}——分别为j振型i层的x方向、y方向和转角方向的地震作用标准值；

X_{ji}、Y_{ji}——分别为j振型i层质心在x、y方向的水平相对位移；

φ_{ji}——j振型i层的相对扭转角；

r_i——i层转动半径，可取i层绕质心的转动惯量除以该层质量的商的正二次方根；

γ_{tj}——计入扭转的j振型的参与系数，可按下列公式确定：

当仅取x方向地震作用时

$$\gamma_{tj}=\sum_{i=1}^{n}X_{ji}G_i\Big/\sum_{i=1}^{n}(X_{ji}^2+Y_{ji}^2+\varphi_{ji}^2r_i^2)G_i$$
$$(5.2.3-2)$$

当仅取y方向地震作用时

$$\gamma_{tj}=\sum_{i=1}^{n}Y_{ji}G_i\Big/\sum_{i=1}^{n}(X_{ji}^2+Y_{ji}^2+\varphi_{ji}^2r_i^2)G_i$$
$$(5.2.3-3)$$

当取与x方向斜交的地震作用时，

$$\gamma_{tj}=\gamma_{xj}\cos\theta+\gamma_{yj}\sin\theta \quad (5.2.3-4)$$

式中　γ_{xj}、γ_{yj}——分别由式（5.2.3-2）、（5.2.3-3）求得的参与系数；

θ——地震作用方向与x方向的夹角。

2）　单向水平地震作用的扭转效应，可按下列公式确定：

$$S_{Ek}=\sqrt{\sum_{j=1}^{m}\sum_{k=1}^{m}\rho_{jk}S_jS_k} \quad (5.2.3-5)$$

$$\rho_{jk}=\frac{8\zeta_j\zeta_k(1+\lambda_T)\lambda_T^{1.5}}{(1-\lambda_T^2)^2+4\zeta_j\zeta_k(1+\lambda_T)^2\lambda_T} \quad (5.2.3-6)$$

式中　S_{Ek}——地震作用标准值的扭转效应；

S_j、S_k——分别为j、k振型地震作用标准值的效应，可取前9～15个振型；

ζ_j、ζ_k——分别为 j、k 振型的阻尼比；

ρ_{jk}——j 振型与 k 振型的耦联系数；

λ_T——k 振型与 j 振型的自振周期比。

3）双向水平地震作用的扭转效应，可按下列公式中的较大值确定：

$$S_{Ek} = \sqrt{S_x^2 + (0.85 S_y)^2} \quad (5.2.3-7)$$

或

$$S_{Ek} = \sqrt{S_y^2 + (0.85 S_x)^2} \quad (5.2.3-8)$$

式中 S_x、S_y 分别为 x 向、y 向单向水平地震作用按式（5.2.3-5）计算的扭转效应。

5.2.4 采用底部剪力法时，突出屋面的屋顶间、女儿墙、烟囱等的地震作用效应，宜乘以增大系数 3，此增大部分不应往下传递，但与该突出部分相连的构件应予计入；采用振型分解法时，突出屋面部分可作为一个质点；单层厂房突出屋面天窗架的地震作用效应的增大系数，应按本规范 9 章的有关规定采用。

5.2.5 抗震验算时，结构任一楼层的水平地震剪力应符合下式要求：

$$V_{Eki} > \lambda \sum_{j=i}^{n} G_j \quad (5.2.5)$$

式中 V_{Eki}——第 i 层对应于水平地震作用标准值的楼层剪力；

λ——剪力系数，不应小于表 5.2.5 规定的楼层最小地震剪力系数值，对竖向不规则结构的薄弱层，尚应乘以 1.15 的增大系数；

G_j——第 j 层的重力荷载代表值。

表 5.2.5　楼层最小地震剪力系数值

类　　别	7 度	8 度	9 度
扭转效应明显或基本周期小于 3.5s 的结构	0.016 (0.024)	0.032 (0.048)	0.064
基本周期大于 5.0s 的结构	0.012 (0.018)	0.024 (0.032)	0.040

注：1　基本周期介于 3.5s 和 5s 之间的结构，可插入取值；

　　2　括号内数值分别用于设计基本地震加速度为 0.15g 和 0.30g 的地区。

5.2.6 结构的楼层水平地震剪力，应按下列原则分配：

1 现浇和装配整体式混凝土楼、屋盖等刚性楼盖建筑，宜按抗侧力构件等效刚度的比例分配。

2 木楼盖、木屋盖等柔性楼盖建筑，宜按抗侧力构件从属面积上重力荷载代表值的比例分配。

3 普通的预制装配式混凝土楼、屋盖等半刚性楼、屋盖的建筑，可取上述两种分配结果的平均值。

4 计入空间作用、楼盖变形、墙体弹塑性变形

和扭转的影响时，可按本规范各有关规定对上述分配结果作适当调整。

5.2.7 结构抗震计算，一般情况下可不计入地基与结构相互作用的影响；8 度和 9 度时建造于 Ⅲ、Ⅳ 类场地，采用箱基、刚性较好的筏基和桩箱联合基础的钢筋混凝土高层建筑，当结构基本自振周期处于特征周期的 1.2 倍至 5 倍范围时，若计入地基与结构动力相互作用的影响，对刚性地基假定计算的水平地震剪力可按下列规定折减，其层间变形可按折减后的楼层剪力计算。

1 高宽比小于 3 的结构，各楼层水平地震剪力的折减系数，可按下式计算：

$$\psi = \left(\frac{T_1}{T_1 + \Delta T} \right)^{0.9} \quad (5.2.7)$$

式中 ψ——计入地基与结构动力相互作用后的地震剪力折减系数；

T_1——按刚性地基假定确定的结构基本自振周期（s）；

ΔT——计入地基与结构动力相互作用的附加周期（s），可按表 5.2.7 采用。

表 5.2.7　附加周期（s）

烈　　度	场　地　类　别	
	Ⅲ　类	Ⅳ　类
8	0.08	0.20
9	0.10	0.25

2 高宽比不小于 3 的结构，底部的地震剪力按 1 款规定折减，顶部不折减，中间各层按线性插入值折减。

3 折减后各楼层的水平地震剪力，应符合本章第 5.2.5 条的规定。

5.3　竖向地震作用计算

5.3.1 9 度时的高层建筑，其竖向地震作用标准值应按下列公式确定（图 5.3.1）；楼层的竖向地震作用效应可按各构件承受的重力荷载代表值的比例分配，并宜乘以增大系数 1.5。

$$F_{Evk} = \alpha_{vmax} G_{eq}$$

$$(5.3.1-1)$$

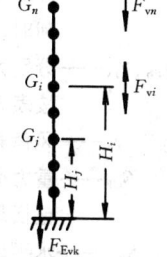

图 5.3.1　结构竖向地震作用计算简图

$$F_{vi} = \frac{G_i H_i}{\Sigma G_j H_j} F_{Evk}$$

$$(5.3.1-2)$$

式中 F_{Evk}——结构总竖向地震作用标准值；

F_{vi}——质点 i 的竖向地震作用标准值；

α_{vmax}——竖向地震影响系数的最大值，可取水

平地震影响系数最大值的 65%；

G_{eq}——结构等效总重力荷载，可取其重力荷载代表值的 75%。

5.3.2 平板型网架屋盖和跨度大于 24m 屋架的竖向地震作用标准值，宜取其重力荷载代表值和竖向地震作用系数的乘积；竖向地震作用系数可按表 5.3.2 采用。

表 5.3.2 竖向地震作用系数

结构类型	烈度	场地类别		
		I	II	III、IV
平板型网架、钢屋架	8	可不计算 (0.10)	0.08 (0.12)	0.10 (0.15)
	9	0.15	0.15	0.20
钢筋混凝土屋架	8	0.10 (0.15)	0.13 (0.19)	0.13 (0.19)
	9	0.20	0.25	0.25

注：括号中数值用于设计基本地震加速度为 0.30g 的地区。

5.3.3 长悬臂和其他大跨度结构的竖向地震作用标准值，8 度和 9 度可分别取该结构、构件重力荷载代表值的 10% 和 20%，设计基本地震加速度为 0.30g 时，可取该结构、构件重力荷载代表值的 15%。

5.4 截面抗震验算

5.4.1 结构构件的地震作用效应和其他荷载效应的基本组合，应按下式计算：

$$S = \gamma_G S_{GE} + \gamma_{Eh} S_{Ehk} + \gamma_{Ev} S_{Evk} + \psi_w \gamma_w S_{wk} \quad (5.4.1)$$

式中　S——结构构件内力组合的设计值，包括组合的弯矩、轴向力和剪力设计值；

γ_G——重力荷载分项系数，一般情况应采用 1.2，当重力荷载效应对构件承载能力有利时，不应大于 1.0；

γ_{Eh}、γ_{Ev}——分别为水平、竖向地震作用分项系数，应按表 5.4.1 采用；

γ_w——风荷载分项系数，应采用 1.4；

S_{GE}——重力荷载代表值的效应，有吊车时，尚应包括悬吊物重力标准值的效应；

S_{Ehk}——水平地震作用标准值的效应，尚应乘以相应的增大系数或调整系数；

S_{Evk}——竖向地震作用标准值的效应，尚应乘以相应的增大系数或调整系数；

S_{wk}——风荷载标准值的效应；

ψ_w——风荷载组合值系数，一般结构取 0.0，风荷载起控制作用的高层建筑应取 0.2。

注：本规范一般略去表示水平方向的下标。

表 5.4.1 地震作用分项系数

地 震 作 用	γ_{Eh}	γ_{Ev}
仅计算水平地震作用	1.3	0.0
仅计算竖向地震作用	0.0	1.3
同时计算水平与竖向地震作用	1.3	0.5

5.4.2 结构构件的截面抗震验算，应采用下列设计表达式：

$$S \leqslant R/\gamma_{RE} \quad (5.4.2)$$

式中　γ_{RE}——承载力抗震调整系数，除另有规定外，应按表 5.4.2 采用；

R——结构构件承载力设计值。

表 5.4.2 承载力抗震调整系数

材料	结构构件	受力状态	γ_{RE}
钢	柱，梁		0.75
	支撑		0.80
	节点板件，连接螺栓		0.85
	连接焊缝		0.90
砌体	两端均有构造柱、芯柱的抗震墙	受剪	0.9
	其他抗震墙	受剪	1.0
混凝土	梁	受弯	0.75
	轴压比小于 0.15 的柱	偏压	0.75
	轴压比不小于 0.15 的柱	偏压	0.80
	抗震墙	偏压	0.85
	各类构件	受剪、偏拉	0.85

5.4.3 当仅计算竖向地震作用时，各类结构构件的承载力抗震调整系数均应采用 1.0。

5.5 抗震变形验算

5.5.1 表 5.5.1 所列各类结构应进行多遇地震作用下的抗震变形验算，其楼层内最大的弹性层间位移应符合下式要求：

$$\Delta u_e \leqslant [\theta_e] h \quad (5.5.1)$$

式中　Δu_e——多遇地震作用标准值产生的楼层内最大的弹性层间位移；计算时，除以弯曲变形为主的高层建筑外，可不扣除结构整体弯曲变形；应计入扭转变形，各作用分项系数均应采用 1.0；钢筋混凝土结构构件的截面刚度可采用弹性刚度；

$[\theta_e]$——弹性层间位移角限值，宜按表 5.5.1 采用；

h——计算楼层层高。

表 5.5.1 弹性层间位移角限值

结　构　类　型	$[\theta_e]$
钢筋混凝土框架	1/550
钢筋混凝土框架-抗震墙、板柱-抗震墙、框架-核心筒	1/800
钢筋混凝土抗震墙、筒中筒	1/1000
钢筋混凝土框支层	1/1000
多、高层钢结构	1/300

5.5.2 结构在罕遇地震作用下薄弱层的弹塑性变形验算,应符合下列要求:

1 下列结构应进行弹塑性变形验算:

1)8 度Ⅲ、Ⅳ类场地和 9 度时,高大的单层钢筋混凝土柱厂房的横向排架;

2)7～9 度时楼层屈服强度系数小于 0.5 的钢筋混凝土框架结构;

3)高度大于 150m 的钢结构;

4)甲类建筑和 9 度时乙类建筑中的钢筋混凝土结构和钢结构;

5)采用隔震和消能减震设计的结构。

2 下列结构宜进行弹塑性变形验算:

1)表 5.1.2-1 所列高度范围且属于表 3.4.2-2 所列竖向不规则类型的高层建筑结构;

2)7 度Ⅲ、Ⅳ类场地和 8 度时乙类建筑中的钢筋混凝土结构和钢结构;

3)板柱-抗震墙结构和底部框架砖房;

4)高度不大于 150m 的高层钢结构。

注:楼层屈服强度系数为按构件实际配筋和材料强度标准值计算的楼层受剪承载力和按罕遇地震作用标准值计算的楼层弹性地震剪力的比值;对排架柱,指按实际配筋面积、材料强度标准值和轴向力计算的正截面受弯承载力与按罕遇地震作用标准值计算的弹性地震弯矩的比值。

5.5.3 结构在罕遇地震作用下薄弱层(部位)弹塑性变形计算,可采用下列方法:

1 不超过 12 层且层刚度无突变的钢筋混凝土框架结构、单层钢筋混凝土柱厂房可采用本节第 5.5.4 条的简化计算法;

2 除 1 款以外的建筑结构,可采用静力弹塑性分析方法或弹塑性时程分析法等;

3 规则结构可采用弯剪层模型或平面杆系模型,属于本规范第 3.4 节规定的不规则结构应采用空间结构模型。

5.5.4 结构薄弱层(部位)弹塑性层间位移的简化计算,宜符合下列要求:

1 结构薄弱层(部位)的位置可按下列情况确定:

1)楼层屈服强度系数沿高度分布均匀的结构,可取底层;

2)楼层屈服强度系数沿高度分布不均匀的结构,可取该系数最小的楼层(部位)和相对较小的楼层,一般不超过 2～3 处;

3)单层厂房,可取上柱。

2 弹塑性层间位移可按下列公式计算:

$$\Delta u_p = \eta_p \Delta u_e \qquad (5.5.4-1)$$

或

$$\Delta u_p = \mu \Delta u_y = \frac{\eta_p}{\xi_y} \Delta u_y \qquad (5.5.4-2)$$

式中 Δu_p——弹塑性层间位移;

Δu_y——层间屈服位移;

μ——楼层延性系数;

Δu_e——罕遇地震作用下按弹性分析的层间位移;

η_p——弹塑性层间位移增大系数,当薄弱层(部位)的屈服强度系数不小于相邻层(部位)该系数平均值的 0.8 时,可按表 5.5.4 采用;当不大于该平均值的 0.5 时,可按表内相应数值的 1.5 倍采用;其他情况可采用内插法取值;

ξ_y——楼层屈服强度系数。

表 5.5.4　弹塑性层间位移增大系数

结构类型	总层数 n 或部位	ξ_y		
		0.5	0.4	0.3
多层均匀框架结构	2～4	1.30	1.40	1.60
	5～7	1.50	1.65	1.80
	8～12	1.80	2.00	2.20
单层厂房	上　柱	1.30	1.60	2.00

5.5.5 结构薄弱层(部位)弹塑性层间位移应符合下式要求:

$$\Delta u_p \leqslant [\theta_p] h \qquad (5.5.5)$$

式中 $[\theta_p]$——弹塑性层间位移角限值,可按表 5.5.5 采用;对钢筋混凝土框架结构,当轴压比小于 0.40 时,可提高 10%;当柱子全高的箍筋构造比本规范表 6.3.12 条规定的最小配箍特征值大 30% 时,可提高 20%,但累计不超过 25%;

h——薄弱层楼层高度或单层厂房上柱高度。

表 5.5.5　弹塑性层间位移角限值

结　构　类　型	$[\theta_p]$
单层钢筋混凝土柱排架	1/30
钢筋混凝土框架	1/50
底部框架砖房中的框架-抗震墙	1/100
钢筋混凝土框架-抗震墙、板柱-抗震墙、框架-核心筒	1/100
钢筋混凝土抗震墙、筒中筒	1/120
多、高层钢结构	1/50

6 多层和高层钢筋混凝土房屋

6.1 一般规定

6.1.1 本章适用的现浇钢筋混凝土房屋的结构类型和最大高度应符合表 6.1.1 的要求。平面和竖向均不规则的结构或建造于Ⅳ类场地的结构，适用的最大高度应适当降低。

注：本章的"抗震墙"即国家标准《混凝土结构设计规范》GB 50010 中的剪力墙。

表 6.1.1 现浇钢筋混凝土房屋适用的最大高度（m）

结构类型	烈 度			
	6	7	8	9
框 架	60	55	45	25
框架-抗震墙	130	120	100	50
抗震墙	140	120	100	60
部分框支抗震墙	120	100	80	不应采用
框架-核心筒	150	130	100	70
筒中筒	180	150	120	80
板柱-抗震墙	40	35	30	不应采用

注：1 房屋高度指室外地面到主要屋面板板顶的高度（不包括局部突出屋顶部分）；

2 框架-核心筒结构指周边稀柱框架与核心筒组成的结构；

3 部分框支抗震墙结构指首层或底部两层框支抗震墙结构；

4 乙类建筑可按本地区抗震设防烈度确定适用的最大高度；

5 超过表内高度的房屋，应进行专门研究和论证，采取有效的加强措施。

6.1.2 钢筋混凝土房屋应根据烈度、结构类型和房屋高度采用不同的抗震等级，并应符合相应的计算和构造措施要求。丙类建筑的抗震等级应按表 6.1.2 确定。

表 6.1.2 现浇钢筋混凝土房屋的抗震等级

结构类型		烈 度						
		6		7		8		9
框架结构	高度(m)	≤30	>30	≤30	>30	≤30	>30	≤25
	框 架	四	三	三	二	二	一	一
	剧场、体育馆等大跨度公共建筑	三		二		一		一
框架-抗震墙结构	高度(m)	≤60	>60	≤60	>60	≤60	>60	≤50
	框 架	四	三	三	二	二	一	一
	抗震墙	三		二		一		一

续表 6.1.2

结构类型			烈 度					
			6		7		8	9
抗震墙结构	高 度(m)		≤80	>80	≤80	>80	≤80	>80	≤60
	抗震墙		四	三	三	二	二	一	一
部分框支抗震墙结构	抗震墙		三		二		一		
	框支层框架		二		二		一		
筒体结构	框架-核心筒	框架	三		二		一		
		核心筒	二		二		一		
	筒中筒	外筒	三		二		一		
		内筒	三		二		一		
板柱-抗震墙结构	板柱的柱		三		二		一		
	抗震墙		二		二		一		

注：1 建筑场地为Ⅰ类时，除 6 度外可按表内降低一度所对应的抗震等级采取抗震构造措施，但相应的计算要求不应降低；

2 接近或等于高度分界时，应允许结合房屋不规则程度及场地、地基条件确定抗震等级；

3 部分框支抗震墙结构中，抗震墙加强部位以上的一般部位，应允许按抗震墙结构确定其抗震等级。

6.1.3 钢筋混凝土房屋抗震等级的确定，尚应符合下列要求：

1 框架-抗震墙结构，在基本振型地震作用下，若框架部分承受的地震倾覆力矩大于结构总地震倾覆力矩的 50%，其框架部分的抗震等级应按框架结构确定，最大适用高度可比框架结构适当增加。

2 裙房与主楼相连，除应按裙房本身确定外，不应低于主楼的抗震等级；主楼结构在裙房顶层及相邻上下各一层应适当加强抗震构造措施。裙房与主楼分离时，应按裙房本身确定抗震等级。

3 当地下室顶板作为上部结构的嵌固部位时，地下一层的抗震等级应与上部结构相同，地下一层以下的抗震等级可根据具体情况采用三级或更低等级。地下室中无上部结构的部分，可根据具体情况采用三级或更低等级。

4 抗震设防类别为甲、乙、丁类的建筑，应按本规范第 3.1.3 条规定和表 6.1.2 确定抗震等级；其中，8 度乙类建筑高度超过表 6.1.2 规定的范围时，应经专门研究采取比一级更有效的抗震措施。

注：本章"一、二、三、四级"即"抗震等级为一、二、三、四级"的简称。

6.1.4 高层钢筋混凝土房屋宜避免采用本规范第 3.4 节规定的不规则建筑结构方案，不设防震缝；当需要设置防震缝时，应符合下列规定：

1 防震缝最小宽度应符合下列要求：

1）框架结构房屋的防震缝宽度，当高度不超过 15m 时可采用 70mm；超过 15m 时，6 度、7 度、8 度和 9 度相应每增加高度 5m、4m、3m 和 2m，宜加宽 20mm。

2）框架-抗震墙结构房屋的防震缝宽度可采用
   1）项规定数值的70%，抗震墙结构房屋
   的防震缝宽度可采用 1）项规定数值的
   50%；且均不小于70mm。

3）防震缝两侧结构类型不同时，宜按需要较
   宽防震缝的结构类型和较低房屋高度确定
   缝宽。

2 8、9度框架结构房屋防震缝两侧结构高度、
刚度或层高相差较大时，可在缝两侧房屋的尽端沿全
高设置垂直于防震缝的抗撞墙，每一侧抗撞墙的数量
不应少于两道，宜分别对称布置，墙肢长度可不大于
一个柱距，框架和抗撞墙的内力应按设置和不设置抗
撞墙两种情况分别进行分析，并按不利情况取值。防
震缝两侧抗撞墙的端柱和框架的边柱，箍筋应沿房屋
全高加密。

6.1.5 框架结构和框架-抗震墙结构中，框架和抗震
墙均应双向设置，柱中线与抗震墙中线、梁中线与柱
中线之间偏心距大于柱宽的 1/4 时，应计入偏心的影
响。高层的框架结构不应采用单跨框架结构，多层框
架结构不宜采用单跨框架结构。

6.1.6 框架-抗震墙和板柱-抗震墙结构中，抗震墙
之间无大洞口的楼、屋盖的长宽比，不宜超过表
6.1.6 的规定；超过时，应计入楼盖平面内变形的
影响。

表 6.1.6 抗震墙之间楼、屋盖的长宽比

楼、屋盖类型	烈	度		
	6	7	8	9
现浇、叠合梁板	4	4	3	2
装配式楼盖	3	3	2.5	不宜采用
框支层和板柱-抗震墙的现浇梁板	2.5	2.5	2	不应采用

6.1.7 采用装配式楼、屋盖时，应采取措施保证楼、
屋盖的整体性及其与抗震墙的可靠连接。采用配筋现
浇面层加强时，厚度不宜小于50mm。

6.1.8 框架-抗震墙结构中的抗震墙设置，宜符合下
列要求：

1 抗震墙宜贯通房屋全高，且横向与纵向的抗
震墙宜相连。

2 抗震墙宜设置在墙面不需要开大洞口的位置。

3 房屋较长时，刚度较大的纵向抗震墙不宜设
置在房屋的端开间。

4 抗震墙洞口宜上下对齐；洞边距端柱不宜小
于300mm。

5 一、二级抗震墙的洞口连梁，跨高比不宜大
于5，且梁截面高度不宜小于400mm。

6.1.9 抗震墙结构和部分框支抗震墙结构中的抗震
墙设置，应符合下列要求：

1 较长的抗震墙宜开设洞口，将一道抗震墙分

成长度较均匀的若干墙段，洞口连梁的跨高比宜大于
6，各墙段的高宽比不应小于2。

2 墙肢的长度沿结构全高不宜有突变；抗震墙
有较大洞口时，以及一、二级抗震墙的底部加强部
位，洞口宜上下对齐。

3 矩形平面的部分框支抗震墙结构，其框支层
的楼层侧向刚度不应小于相邻非框支层楼层侧向刚度
的50%；框支层落地抗震墙间距不宜大于24m，框
支层的平面布置宜对称，且宜设抗震筒体。

6.1.10 部分框支抗震墙结构的抗震墙，其底部加强
部位的高度，可取框支层加框支层以上二层的高度及
落地抗震墙总高度的 1/8 二者的较大值，且不大于
15m；其他结构的抗震墙，其底部加强部位的高度可
取墙肢总高度的 1/8 和底部二层二者的较大值，且
不大于15m。

6.1.11 框架单独柱基有下列情况之一时，宜沿两个
主轴方向设置基础系梁：

1 一级框架和Ⅳ类场地的二级框架；

2 各柱基承受的重力荷载代表值差别较大；

3 基础埋置较深，或各基础埋置深度差别较大；

4 地基主要受力层范围内存在软弱黏性土层、
液化土层和严重不均匀土层；

5 桩基承台之间。

6.1.12 框架-抗震墙结构中的抗震墙基础和部分框
支抗震墙结构的落地抗震墙基础，应有良好的整体性
和抗转动的能力。

6.1.13 主楼与裙房相连且采用天然地基，除应符合
本规范第 4.2.4 条的规定外，在地震作用下主楼基础
底面不宜出现零应力区。

6.1.14 地下室顶板作为上部结构的嵌固部位时，应
避免在地下室顶板开设大洞口，并应采用现浇梁板结
构，其楼板厚度不宜小于180mm，混凝土强度等级
不宜小于C30，应采用双层双向配筋，且每层每个方
向的配筋率不宜小于 0.25%；地下室结构的楼层侧
向刚度不宜小于相邻上部楼层侧向刚度的 2 倍，地下
室柱截面每侧的纵向钢筋面积，除应满足计算要求
外，不应少于地上一层对应柱每侧纵筋面积的 1.1
倍；地上一层的框架结构柱和抗震墙墙底截面的弯矩
设计值应符合本章第 6.2.3、6.2.6、6.2.7 条的规
定；位于地下室顶板的梁柱节点左右梁端截面实际受
弯承载力之和不宜小于上柱下端实际受弯承载力。

6.1.15 框架的填充墙应符合本规范第 13 章的规定。

6.1.16 高强混凝土结构抗震设计应符合本规范附录
B 的规定。

6.1.17 预应力混凝土结构抗震设计应符合本规范附
录 C 的规定。

6.2 计 算 要 点

6.2.1 钢筋混凝土结构应按本节规定调整构件的组

合内力设计值，其层间变形应符合本规范第5.5节有关规定；构件截面抗震验算时，凡本章和有关附录未作规定者，应符合现行有关结构设计规范的要求，但其非抗震的构件承载力设计值除以本规范规定的承载力抗震调整系数。

6.2.2 一、二、三级框架的梁柱节点处，除框架顶层和柱轴压比小于0.15者及框支梁与框支柱的节点外，柱端组合的弯矩设计值应符合下式要求：

$$\sum M_c = \eta_c \sum M_b \qquad (6.2.2-1)$$

一级框架结构及9度时尚应符合

$$\sum M_c = 1.2 \sum M_{bua} \qquad (6.2.2-2)$$

式中 $\sum M_c$——节点上下柱端截面顺时针或反时针方向组合的弯矩设计值之和，上下柱端的弯矩设计值，可按弹性分析分配；

$\sum M_b$——节点左右梁端截面反时针或顺时针方向组合的弯矩设计值之和，一级框架节点左右梁端均为负弯矩时，绝对值较小的弯矩应取零；

$\sum M_{bua}$——节点左右梁端截面反时针或顺时针方向实配的正截面抗震受弯承载力所对应的弯矩值之和，根据实配钢筋面积（计入受压筋）和材料强度标准值确定；

η_c——柱端弯矩增大系数，一级取1.4，二级取1.2，三级取1.1。

当反弯点不在柱的层高范围内时，柱端截面组合的弯矩设计值可乘以上述柱端弯矩增大系数。

6.2.3 一、二、三级框架结构的底层，柱下端截面组合的弯矩设计值，应分别乘以增大系数1.5、1.25和1.15。底层柱纵向钢筋宜按上下端的不利情况配置。

注：底层指无地下室的基础以上或地下室以上的首层。

6.2.4 一、二、三级的框架梁和抗震墙中跨高比大于2.5的连梁，其梁端截面组合的剪力设计值应按下式调整：

$$V = \eta_{vb} (M_b^l + M_b^r) / l_n + V_{Gb} \qquad (6.2.4-1)$$

一级框架结构及9度时尚应符合

$$V = 1.1 (M_{bua}^l + M_{bua}^r) / l_n + V_{Gb} \qquad (6.2.4-2)$$

式中 V——梁端截面组合的剪力设计值；

l_n——梁的净跨；

V_{Gb}——梁在重力荷载代表值（9度时高层建筑还应包括竖向地震作用标准值）作用下，按简支梁分析的梁端截面剪力设计值；

M_b^l、M_b^r——分别为梁左右端截面反时针或顺时针方向组合的弯矩设计值，一级框架两端弯矩均为负弯矩时，绝对值较小的弯矩应取零；

M_{bua}^l、M_{bua}^r——分别为梁左右端截面反时针或顺时针方

向实配的正截面抗震受弯承载力所对应的弯矩值，根据实配钢筋面积（计入受压筋）和材料强度标准值确定；

η_{vb}——梁端剪力增大系数，一级取1.3，二级取1.2，三级取1.1。

6.2.5 一、二、三级的框架柱和框支柱组合的剪力设计值应按下式调整：

$$V = \eta_{vc} (M_c^t + M_c^b) / H_n \qquad (6.2.5-1)$$

一级框架结构及9度时尚应符合

$$V = 1.2 (M_{cua}^t + M_{cua}^b) / H_n \qquad (6.2.5-2)$$

式中 V——柱端截面组合的剪力设计值；框支柱的剪力设计值尚应符合本节第6.2.10条的规定；

H_n——柱的净高；

M_c^t、M_c^b——分别为柱的上下端顺时针或反时针方向截面组合的弯矩设计值，应符合本节第6.2.2、6.2.3条的规定；框支柱的弯矩设计值尚应符合本节第6.2.10条的规定；

M_{cua}^t、M_{cua}^b——分别为偏心受压柱的上下端顺时针或反时针方向实配的正截面抗震受弯承载力所对应的弯矩值，根据实配钢筋面积、材料强度标准值和轴压力等确定；

η_{vc}——柱剪力增大系数，一级取1.4，二级取1.2，三级取1.1。

6.2.6 一、二、三级框架的角柱，经本节第6.2.2、6.2.3、6.2.5、6.2.10条调整后的组合弯矩设计值、剪力设计值尚应乘以不小于1.10的增大系数。

6.2.7 抗震墙各墙肢截面组合的弯矩设计值，应按下列规定采用：

1 一级抗震墙的底部加强部位及以上一层，应按墙肢底部截面组合弯矩设计值采用；其他部位，墙肢截面的组合弯矩设计值应乘以增大系数，其值可采用1.2。

2 部分框支抗震墙结构的落地抗震墙墙肢不宜出现小偏心受拉。

3 双肢抗震墙中，墙肢不宜出现小偏心受拉；当任一墙肢为大偏心受拉时，另一墙肢的剪力设计值、弯矩设计值应乘以增大系数1.25。

6.2.8 一、二、三级的抗震墙底部加强部位，其截面组合的剪力设计值应按下式调整：

$$V = \eta_{vw} V_w \qquad (6.2.8-1)$$

9度时尚应符合 $\quad V = 1.1 \dfrac{M_{wua}}{M_w} V_w \qquad (6.2.8-2)$

式中 V——抗震墙底部加强部位截面组合的剪力设计值；

V_w——抗震墙底部加强部位截面组合的剪力计算值；

M_{wua}——抗震墙底部截面实配的抗震受弯承载力所对应的弯矩值,根据实配纵向钢筋面积、材料强度标准值和轴力等计算;有翼墙时应计入墙两侧各一倍翼墙厚度范围内的纵向钢筋;

M_w——抗震墙底部截面组合的弯矩设计值;

η_{vw}——抗震墙剪力增大系数,一级为1.6,二级为1.4,三级为1.2。

6.2.9 钢筋混凝土结构的梁、柱、抗震墙和连梁,其截面组合的剪力设计值应符合下列要求:

跨高比大于2.5的梁和连梁及剪跨比大于2的柱和抗震墙:

$$V \leqslant \frac{1}{\gamma_{RE}}(0.20 f_c b h_0) \qquad (6.2.9-1)$$

跨高比不大于2.5的连梁、剪跨比不大于2的柱和抗震墙、部分框支抗震墙结构的框支柱和框支梁、以及落地抗震墙的底部加强部位:

$$V \leqslant \frac{1}{\gamma_{RE}}(0.15 f_c b h_0) \qquad (6.2.9-2)$$

剪跨比应按下式计算:

$$\lambda = M^c / (V^c h_0) \qquad (6.2.9-3)$$

式中 λ——剪跨比,应按柱端或墙端截面组合的弯矩计算值 M^c、对应的截面组合剪力计算值 V^c 及截面有效高度 h_0 确定,并取上下端计算结果的较大值;反弯点位于柱高中部的框架柱可按柱净高与2倍柱截面高度之比计算;

V——按本节第6.2.4、6.2.5、6.2.6、6.2.8、6.2.10条等规定调整后的梁端、柱端或墙端截面组合的剪力设计值;

f_c——混凝土轴心抗压强度设计值;

b——梁、柱截面宽度或抗震墙墙肢截面宽度,圆形截面柱可按面积相等的方形截面计算;

h_0——截面有效高度,抗震墙可取墙肢长度。

6.2.10 部分框支抗震墙结构的框支柱尚应满足下列要求:

1 框支柱承受的最小地震剪力,当框支柱的数目多于10根时,柱承受地震剪力之和不应小于该楼层地震剪力的20%;当少于10根时,每根柱承受的地震剪力不应小于该楼层地震剪力的2%。

2 一、二级框支柱由地震作用引起的附加轴力应分别乘以增大系数1.5、1.2;计算轴压比时,该附加轴力可不乘以增大系数。

3 一、二级框支柱的顶层柱上端和底层柱下端,其组合的弯矩设计值应分别乘以增大系数1.5和1.25,框支柱的中间节点应满足本节第6.2.2条的要求。

4 框支梁中线宜与框支柱中线重合。

6.2.11 部分框支抗震墙结构的一级落地抗震墙底部加强部位尚应满足下列要求:

1 验算抗震墙受剪承载力时不宜计入混凝土的受剪作用,若需计入混凝土的受剪作用,则墙肢在边缘构件以外的部位在两排钢筋间应设置直径不小于8mm的拉结筋,且水平和竖向间距分别不大于该方向分布筋间距两倍和400mm的较小值。

2 无地下室且墙肢底部截面出现偏心受拉时,宜在墙肢与基础交接面另设交叉防滑斜筋,防滑斜筋承担的拉力可按交接面处剪力设计值的30%采用。

6.2.12 部分框支抗震墙结构的框支层楼板应符合本规范附录E.1的规定。

6.2.13 钢筋混凝土结构抗震计算时,尚应符合下列要求:

1 侧向刚度沿竖向分布基本均匀的框架-抗震墙结构,任一层框架部分的地震剪力,不应小于结构底部总地震剪力的20%和按框架-抗震墙结构分析的框架部分各楼层地震剪力中最大值1.5倍二者的较小值。

2 抗震墙连梁的刚度可折减,折减系数不宜小于0.50。

3 抗震墙结构、部分框支抗震墙结构、框架-抗震墙结构、筒体结构、板柱-抗震墙结构计算内力和变形时,其抗震墙应计入端部翼墙的共同工作。翼墙的有效长度,每侧由墙面算起可取相邻抗震墙净间距的一半、至门窗洞口的墙长度及抗震墙总高度的15%三者的最小值。

6.2.14 一级抗震墙的施工缝截面受剪承载力,应采用下式验算:

$$V_{wj} \leqslant \frac{1}{\gamma_{RE}}(0.6 f_y A_s + 0.8N) \qquad (6.2.14)$$

式中 V_{wj}——抗震墙施工缝处组合的剪力设计值;

f_y——竖向钢筋抗拉强度设计值;

A_s——施工缝处抗震墙的竖向分布钢筋、竖向插筋和边缘构件(不包括边缘构件以外的两侧翼墙)纵向钢筋的总截面面积;

N——施工缝处不利组合的轴向力设计值,压力取正值,拉力取负值。

6.2.15 框架节点核芯区的抗震验算应符合下列要求:

1 一、二级框架的节点核芯区,应进行抗震验算;三、四级框架节点核芯区,可不进行抗震验算,但应符合抗震构造措施的要求。

2 核芯区截面抗震验算方法应符合本规范附录D的规定。

6.3 框架结构抗震构造措施

6.3.1 梁的截面尺寸,宜符合下列各项要求:

1 截面宽度不宜小于 200mm；

2 截面高宽比不宜大于 4；

3 净跨与截面高度之比不宜小于 4。

6.3.2 采用梁宽大于柱宽的扁梁时，楼板应现浇，梁中线宜与柱中线重合，扁梁应双向布置，且不宜用于一级框架结构。扁梁的截面尺寸应符合下列要求，并应满足现行有关规范对挠度和裂缝宽度的规定：

$$b_b \leqslant 2b_c \qquad (6.3.2-1)$$

$$b_b \leqslant b_c + h_b \qquad (6.3.2-2)$$

$$h_b \geqslant 16d \qquad (6.3.2-3)$$

式中 b_c——柱截面宽度，圆形截面取柱直径的 0.8 倍；

b_b、h_b——分别为梁截面宽度和高度；

d——柱纵筋直径。

6.3.3 梁的钢筋配置，应符合下列各项要求：

1 梁端纵向受拉钢筋的配筋率不应大于 2.5%，且计入受压钢筋的梁端混凝土受压区高度和有效高度之比，一级不应大于 0.25，二、三级不应大于 0.35。

2 梁端截面的底面和顶面纵向钢筋配筋量的比值，除按计算确定外，一级不应小于 0.5，二、三级不应小于 0.3。

3 梁端箍筋加密区的长度、箍筋最大间距和最小直径应按表 6.3.3 采用，当梁端纵向受拉钢筋配筋率大于 2% 时，表中箍筋最小直径数值应增大 2mm。

表 6.3.3 梁端箍筋加密区的长度、箍筋的最大间距和最小直径

抗震等级	加密区长度（采用较大值）(mm)	箍筋最大间距（采用最小值）(mm)	箍筋最小直径(mm)
一	$2h_b$，500	$h_b/4$，$6d$，100	10
二	$1.5h_b$，500	$h_b/4$，$8d$，100	8
三	$1.5h_b$，500	$h_b/4$，$8d$，150	8
四	$1.5h_b$，500	$h_b/4$，$8d$，150	6

注：d 为纵向钢筋直径，h_b 为梁截面高度。

6.3.4 梁的纵向钢筋配置，尚应符合下列各项要求：

1 沿梁全长顶面和底面的配筋，一、二级不应少于 $2\phi14$，且分别不应少于梁两端顶面和底面纵向配筋中较大截面面积的 1/4，三、四级不应少于 $2\phi12$；

2 一、二级框架梁内贯通中柱的每根纵向钢筋直径，对矩形截面柱，不宜大于柱在该方向截面尺寸的 1/20；对圆形截面柱，不宜大于纵向钢筋所在位

置柱截面弦长的 1/20。

6.3.5 梁端加密区的箍筋肢距，一级不宜大于 200mm 和 20 倍箍筋直径的较大值，二、三级不宜大于 250mm 和 20 倍箍筋直径的较大值，四级不宜大于 300mm。

6.3.6 柱的截面尺寸，宜符合下列各项要求：

1 截面的宽度和高度均不宜小于 300mm；圆柱直径不宜小于 350mm。

2 剪跨比宜大于 2。

3 截面长边与短边的边长比不宜大于 3。

6.3.7 柱轴压比不宜超过表 6.3.7 的规定；建造于 Ⅳ 类场地且较高的高层建筑，柱轴压比限值应适当减小。

表 6.3.7 柱轴压比限值

结　构　类　型	抗　震　等　级		
	一	二	三
框架结构	0.7	0.8	0.9
框架-抗震墙，板柱-抗震墙及筒体	0.75	0.85	0.95
部分框支抗震墙	0.6	0.7	—

注：1 轴压比指柱组合的轴压力设计值与柱的全截面面积和混凝土轴心抗压强度设计值乘积之比值；可不进行地震作用计算的结构，取无地震作用组合的轴力设计值；

　2 表内限值适用于剪跨比大于2、混凝土强度等级不高于C60的柱；剪跨比不大于2的柱轴压比限值应降低0.05；剪跨比小于1.5的柱，轴压比限值应专门研究并采取特殊构造措施；

　3 沿柱全高采用井字复合箍且箍筋肢距不大于200mm、间距不大于100mm、直径不小于12mm，或沿柱全高采用复合螺旋箍、螺旋间距不大于100mm、箍筋肢距不大于200mm、直径不小于12mm，或沿柱全高采用连续复合矩形螺旋箍、螺旋净距不大于80mm、箍筋肢距不大于200mm、直径不小于10mm，轴压比限值均可增加0.10；上述三种箍筋的配箍特征值应按增大的轴压比由本节表6.3.12确定；

　4 在柱的截面中部附加芯柱，其中另加的纵向钢筋的总面积不少于柱截面面积的0.8%，轴压比限值可增加0.05；此项措施与注3的措施共同采用时，轴压比限值可增加0.15，但箍筋的配箍特征值仍可按轴压比增加0.10的要求确定；

　5 柱轴压比不应大于1.05。

6.3.8 柱的钢筋配置，应符合下列各项要求：

1 柱纵向钢筋的最小总配筋率应按表 6.3.8-1 采用，同时每一侧配筋率不应小于 0.2%；对建造于 Ⅳ 类场地且较高的高层建筑，表中的数值应增加 0.1。

表 6.3.8-1 柱截面纵向钢筋的最小
总配筋率（百分率）

类 别	抗 震 等 级			
	一	二	三	四
中柱和边柱	1.0	0.8	0.7	0.6
角柱、框支柱	1.2	1.0	0.9	0.8

注：采用 HRB400 级热轧钢筋时应允许减少 0.1，混凝土强度等级高于 C60 时应增加 0.1。

2 柱箍筋在规定的范围内应加密，加密区的箍筋间距和直径，应符合下列要求：

1）一般情况下，箍筋的最大间距和最小直径，应按表 6.3.8-2 采用。

表 6.3.8-2 柱箍筋加密区的箍筋最大
间距和最小直径

抗震等级	箍筋最大间距（采用较小值，mm）	箍筋最小直径（mm）
一	6d, 100	10
二	8d, 100	8
三	8d, 150（柱根 100）	8
四	8d, 150（柱根 100）	6（柱根 8）

注：d 为柱纵筋最小直径；柱根指框架底层柱的嵌固部位。

2）二级框架柱的箍筋直径不小于 10mm 且箍筋肢距不大于 200mm 时，除柱根外最大间距应允许采用 150mm；三级框架柱的截面尺寸不大于 400mm 时，箍筋最小直径应允许采用 6mm；四级框架柱剪跨比不大于 2 时，箍筋直径不应小于 8mm。

3）框支柱和剪跨比不大于 2 的柱，箍筋间距不应大于 100mm。

6.3.9 柱的纵向钢筋配置，尚应符合下列各项要求：

1 宜对称配置。

2 截面尺寸大于 400mm 的柱，纵向钢筋间距不宜大于 200mm。

3 柱总配筋率不应大于 5%。

4 一级且剪跨比不大于 2 的柱，每侧纵向钢筋配筋率不宜大于 1.2%。

5 边柱、角柱及抗震墙端柱在地震作用组合产生小偏心受拉时，柱内纵筋总截面面积应比计算值增加 25%。

6 柱纵向钢筋的绑扎接头应避开柱端的箍筋加密区。

6.3.10 柱的箍筋加密范围，应按下列规定采用：

1 柱端，取截面高度（圆柱直径），柱净高的 1/6 和 500mm 三者的最大值。

2 底层柱，柱根不小于柱净高的 1/3；当有刚性地面时，除柱端外尚应取刚性地面上下各 500mm。

……的柱和因设置填充墙等形成的柱……不大于 4 的柱，取全高。

……取全高。

……向钢筋直……合箍时，拉……距，一级不宜大于……

6.3.12 柱箍筋……和 20 倍箍筋直径……至少每隔一根纵……；采用拉筋复……要求：……采用拉筋复……

$$\rho_v \geq \lambda_v \text{箍}$$
……应符合下列

(6.3.12)

式中 ρ_v——柱箍筋加密区的体……小于 0.8%，二级不应小……级不应小于 0.4%；计算复合……配箍率时，应扣除重叠部分的箍筋……

f_c——混凝土轴心抗压强度设计值；强度等……低于 C35 时，应按 C35 计算；

f_{yv}——箍筋或拉筋抗拉强度设计值，超过 360N/mm^2 时，应取 360N/mm^2 计算；

λ_v——最小配箍特征值，宜按表 6.3.12 采用。

表 6.3.12 柱箍筋加密区的箍筋最小配箍特征值

抗震等级	箍筋形式	柱 轴 压 比									
		≤0.3	0.4	0.5	0.6	0.7	0.8	0.9	1.0	1.05	
一	普通箍、复合箍	0.10	0.11	0.13	0.15	0.17	0.20	0.23			
	螺旋箍、复合或连续复合矩形螺旋箍	0.08	0.09	0.11	0.13	0.15	0.18	0.21			
二	普通箍、复合箍	0.08	0.09	0.11	0.13	0.15	0.17	0.19	0.22	0.24	
	螺旋箍、复合或连续复合矩形螺旋箍	0.06	0.07	0.09	0.11	0.13	0.15	0.17	0.20	0.22	
三	普通箍、复合箍	0.06	0.07	0.09	0.11	0.13	0.15	0.17	0.20	0.22	
	螺旋箍、复合或连续复合矩形螺旋箍	0.05	0.06	0.07	0.09	0.11	0.13	0.15	0.18	0.20	

注：1 普通箍指单个矩形箍和单个圆形箍；复合箍指由矩形、多边形、圆形或拉筋组成的箍筋；复合螺旋箍指由螺旋箍与矩形、多边形、圆形或拉筋组成的箍筋；连续复合矩形螺旋箍指全部螺旋箍为同一根钢筋加工而成的箍筋；

2 框支柱宜采用复合螺旋箍或井字复合箍，其最小配箍特征值应比表内数值增加 0.02，且体积配箍率不应小于 1.5%；

3 剪跨比不大于 2 的柱宜采用复合螺旋箍或井字复合箍，其体积配箍率不应小于 1.2%，9 度时不应小于 1.5%；

4 计算复合螺旋箍的体积配箍率时，其非螺旋箍的箍筋体积应乘以换算系数 0.8。

6.3.13 柱箍筋非加密区的体积配箍率不宜小于加密区的 50%；箍筋间距，一、二级框架柱不应大于 10 倍纵向钢筋直径，三、四级框架柱不应大于 15 倍纵向钢筋直径。

抗震墙厚度大于 140mm 时，竖向和横向分
布筋应双排布置；双排分布钢筋间拉筋的间距不应
于 600mm，直径不应小于 6mm；在底部加强部位，
边缘构件以外的拉筋间距应适当加密。

6.4.3 抗震墙竖向、横向分布钢筋的配筋，应符合
下列要求：

1   一、二、三级抗震墙的竖向和横向分布钢筋
最小配筋率均不应小于 0.25%；四级抗震墙不应小
于 0.20%；钢筋最大间距不应大于 300mm，最小直
径不应小于 8mm。

2   部分框支抗震墙结构的抗震墙底部加强部位，
竖向和横向分布钢筋配筋率均不应小于 0.3%，钢筋
间距不应大于 200mm。

6.4.4   抗震墙竖向、横向分布钢筋的钢筋直径不宜
大于墙厚的 1/10。

6.4.5   一级和二级抗震墙，底部加强部位在重力荷
载代表值作用下墙肢的轴压比，一级（9 度）时不宜
超过 0.4，一级（8 度）时不宜超过 0.5，二级不宜超
过 0.6。

6.4.6   抗震墙两端和洞口两侧应设置边缘构件，并
应符合下列要求：

1   抗震墙结构，一、二级抗震墙底部加强部位
及相邻的上一层应按本章第 6.4.7 条设置约束边缘构
件，但墙肢底截面在重力荷载代表值作用下的轴压比
小于表 6.4.6 的规定值时可按本章第 6.4.8 条设置构
造边缘构件。

表 6.4.6   抗震墙设置构造边缘构件的最大轴压比

等级或烈度	一级（9 度）	一级（8 度）	二　级
轴压比	0.1	0.2	0.3

2   部分框支抗震墙结构，一、二级落地抗震墙
底部加强部位及相邻的上一层的两端应设置符合约束
边缘构件要求的翼墙或端柱，洞口两侧应设置约束边

缘构件；不落地抗震墙应在底部加强部位及相邻的上
一层的墙肢两端设置约束边缘构件。

3   一、二级抗震墙的其他部位和三、四级抗震
墙，均应按本章 6.4.8 条设置构造边缘构件。

6.4.7   抗震墙的约束边缘构件包括暗柱、端柱和翼
墙（图 6.4.7）。约束边缘构件沿墙肢的长度和配箍
特征值宜符合表 6.4.7 的要求，一、二级抗震墙约束
边缘构件在设置箍筋范围内（即图 6.4.7 中阴影部
分）的纵向钢筋配筋率，分别不应小于 1.2%
和 1.0%。

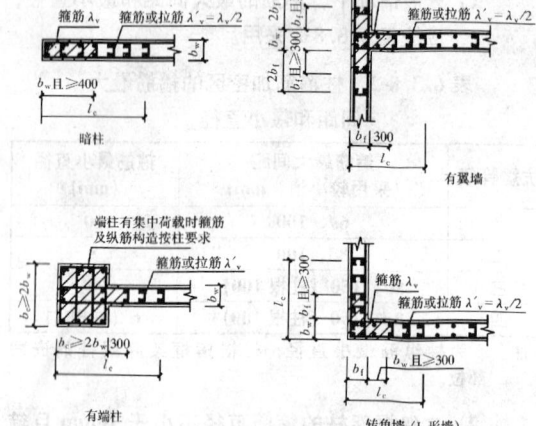

图 6.4.7   抗震墙的约束边缘构件

表 6.4.7   约束边缘构件范围 l_c
及其配箍特征值 λ_v

项　　目	一级（9 度）	一级（8 度）	二　级
λ_v	0.2	0.2	0.2
l_c（暗柱）	$0.25h_w$	$0.20h_w$	$0.20h_w$
l_c（有翼墙或端柱）	$0.20h_w$	$0.15h_w$	$0.15h_w$

注：1   抗震墙的翼墙长度小于其 3 倍厚度或端柱截面边
长小于 2 倍墙厚时，视为无翼墙、无端柱；

2   l_c 为约束边缘构件沿墙肢长度，不应小于表内数
值、$1.5b_w$ 和 450mm 三者的最大值；有翼墙或端
柱时尚不应小于翼墙厚度或端柱沿墙肢方向截面
高度加 300mm；

3   λ_v 为约束边缘构件的配箍特征值，计算配箍率
时，箍筋或拉筋抗拉强度设计值超过 360N/mm²，
应按 360N/mm² 计算；箍筋或拉筋沿竖向间距，
一级不宜大于 100mm，二级不宜大于 150mm；

4   h_w 为抗震墙墙肢长度。

6.4.8   抗震墙的构造边缘构件的范围，宜按图
6.4.8 采用；构造边缘构件的配筋应满足受弯承载力
要求，并宜符合表 6.4.8 的要求。

表 6.4.8　抗震墙构造边缘构件的配筋要求

抗震等级	底部加强部位			其 他 部 位		
	纵向钢筋最小量（取较大值）	箍筋		纵向钢筋最小量	拉筋	
		最小直径（mm）	沿竖向最大间距（mm）		最小直径（mm）	沿竖向最大间距（mm）
一	$0.010A_c$，$6\phi16$	8	100	$6\phi14$	8	150
二	$0.008A_c$，$6\phi14$	8	150	$6\phi12$	8	200
三	$0.005A_c$，$4\phi12$	6	150	$4\phi12$	6	200
四	$0.005A_c$，$4\phi12$	6	200	$4\phi12$	6	250

注：1　A_c 为计算边缘构件纵向构造钢筋的暗柱或端柱面积，即图 6.4.8 抗震墙截面的阴影部分；

2　对其他部位，拉筋的水平间距不应大于纵筋间距的 2 倍，转角处宜用箍筋；

3　当端柱承受集中荷载时，其纵向钢筋、箍筋直径和间距应满足柱的相应要求。

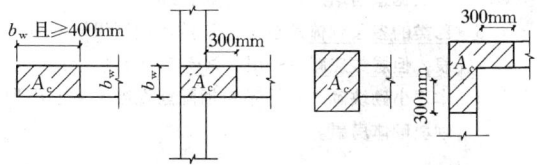

图 6.4.8　抗震墙的构造边缘构件范围

6.4.9　抗震墙的墙肢长度不大于墙厚的 3 倍时，应按柱的要求进行设计，箍筋应沿全高加密。

6.4.10　一、二级抗震墙跨高比不大于 2 且墙厚不小于 200mm 的连梁，除普通箍筋外宜另设斜向交叉构造钢筋。

6.4.11　顶层连梁的纵向钢筋锚固长度范围内，应设置箍筋。

6.5　框架-抗震墙结构抗震构造措施

6.5.1　抗震墙的厚度不应小于 160mm 且不应小于层高的 1/20，底部加强部位的抗震墙厚度不应小于 200mm 且不应小于层高的 1/16，抗震墙的周边应设置梁（或暗梁）和端柱组成的边框；端柱截面宜与同层框架柱相同，并应满足本章第 6.3 节对框架柱的要求；抗震墙底部加强部位的端柱和紧靠抗震墙洞口的端柱宜按柱箍筋加密区的要求沿全高加密箍筋。

6.5.2　抗震墙的竖向和横向分布钢筋，配筋率均不应小于 0.25%，并应双排布置，拉筋间距不应大于 600mm，直径不应小于 6mm。

6.5.3　框架-抗震墙结构的其他抗震构造措施，应符合本章第 6.3 节、6.4 节对框架和抗震墙的有关要求。

6.6　板柱-抗震墙结构抗震设计要求

6.6.1　板柱-抗震墙结构的抗震墙，其抗震构造措施应符合本章第 6.4 节的有关规定，且底部加强部位及相邻上一层应按本章第 6.4.7 条设置约束边缘构件，其他部位应按第 6.4.8 条设置构造边缘构件；柱（包括抗震墙端柱）的抗震构造措施应符合本章第 6.3 节对框架柱的有关规定。

6.6.2　房屋的周边和楼、电梯洞口周边应采用有梁框架。

6.6.3　8 度时宜采用有托板或柱帽的板柱节点，托板或柱帽根部的厚度（包括板厚）不宜小于柱纵筋直径的 16 倍。托板或柱帽的边长不宜小于 4 倍板厚及柱截面相应边长之和。

6.6.4　房屋的屋盖和地下一层顶板，宜采用梁板结构。

6.6.5　板柱-抗震墙结构的抗震墙，应承担结构的全部地震作用，各层板柱部分应满足计算要求，并应能承担不少于各层全部地震作用的 20%。

6.6.6　板柱结构在地震作用下按等代平面框架分析时，其等代梁的宽度宜采用垂直于等代平面框架方向柱距的 50%。

6.6.7　无柱帽平板宜在柱上板带中设构造暗梁，暗梁宽度可取柱宽及柱两侧各不大于 1.5 倍板厚。暗梁支座上部钢筋面积应不小于柱上板带钢筋面积的 50%，暗梁下部钢筋不宜少于上部钢筋的 1/2。

6.6.8　无柱帽柱上板带的板底钢筋，宜在距柱面为 2 倍纵筋锚固长度以外搭接，钢筋端部宜有垂直于板面的弯钩。

6.6.9　沿两个主轴方向通过柱截面的板底连续钢筋的总截面面积，应符合下式要求：

$$A_s \geqslant N_G / f_y \qquad (6.6.9)$$

式中　A_s——板底连续钢筋总截面面积；

N_G——在该层楼板重力荷载代表值作用下的柱轴压力（设计值）；

f_y——楼板钢筋的抗拉强度设计值。

6.7　筒体结构抗震设计要求

6.7.1　框架-核心筒结构应符合下列要求：

1　核心筒与框架之间的楼盖宜采用梁板体系。

2　低于 9 度采用加强层时，加强层的大梁或桁架应与核心筒内的墙肢贯通；大梁或桁架与周边框架柱的连接宜采用铰接或半刚性连接。

3　结构整体分析应计入加强层变形的影响。

4　9 度时不应采用加强层。

5　在施工程序及连接构造上，应采取措施减小结构竖向温度变形及轴向压缩对加强层的影响。

6.7.2 框架-核心筒结构的核心筒、筒中筒结构的内筒，其抗震墙应符合本章第6.4节的有关规定，且抗震墙的厚度、竖向和横向分布钢筋应符合本章第6.5节的规定；筒体底部加强部位及相邻上一层不应改变墙体厚度。一、二级筒体角部的边缘构件应按下列要求加强：底部加强部位，约束边缘构件沿墙肢的长度应取墙肢截面高度的1/4，且约束边缘构件范围内应全部采用箍筋；底部加强部位以上的全高范围内宜按本章图6.4.7的转角墙设置约束边缘构件，约束边缘构件沿墙肢的长度仍取墙肢截面高度的1/4。

6.7.3 内筒的门洞不宜靠近转角。

6.7.4 楼层梁不宜集中支承在内筒或核心筒的转角处，也不宜支承在洞口连梁上；内筒或核心筒支承楼层梁的位置宜设暗柱。

6.7.5 一、二级核心筒和内筒中跨高比不大于2的连梁，当梁截面宽度不小于400mm时，宜采用交叉暗柱配筋，全部剪力应由暗柱的配筋承担，并按框架梁构造要求设置普通箍筋；当梁截面宽度小于400mm且不小于200mm时，除普通箍筋外，宜另加设交叉的构造钢筋。

6.7.6 筒体结构转换层的抗震设计应符合本规范附录E.2的规定。

7 多层砌体房屋和底部框架、内框架房屋

7.1 一 般 规 定

7.1.1 本章适用于烧结普通黏土砖、烧结多孔黏土砖、混凝土小型空心砌块等砌体承重的多层房屋，底层或底部两层框架-抗震墙和多层的多排柱内框架砖砌体房屋。

配筋混凝土小型空心砌块抗震墙房屋的抗震设计，应符合本规范附录F的规定。

> 注：1 本章中"普通砖、多孔砖、小砌块"即"烧结普通黏土砖、烧结多孔黏土砖、混凝土小型空心砌块"的简称。采用其他烧结砖、蒸压砖的砌体房屋，块体的材料性能应有可靠的试验数据；当砌体抗剪强度不低于黏土砖砌体时，可按本章黏土砖房屋的相应规定执行；
>
> 2 6、7度时采用蒸压灰砂砖和蒸压粉煤灰砖砌体的房屋，当砌体的抗剪强度不低于黏土砖砌体的70%时，房屋的层数应比黏土砖房屋减少一层，高度应减少3m，且钢筋混凝土构造柱应按增加一层的层数所对应的黏土砖房屋设置，其他要求可按黏土砖房屋的相应规定执行。

7.1.2 多层房屋的层数和高度应符合下列要求：

1 一般情况下，房屋的层数和总高度不应超过表7.1.2的规定。

表 7.1.2 房屋的层数和总高度限值（m）

房屋类别		最小厚度(mm)	烈 度							
			6		7		8		9	
			高度	层数	高度	层数	高度	层数	高度	层数
多层砌体	普通砖	240	24	8	21	7	18	6	12	4
	多孔砖	240	21	7	21	7	18	6	12	4
	多孔砖	190	21	7	18	6	15	5	—	—
	小砌块	190	21	7	21	7	18	6	—	—
底部框架-抗震墙		240	22	7	22	7	19	6	—	—
多排柱内框架		240	16	5	16	5	13	4	—	—

> 注：1 房屋的总高度指室外地面到主要屋面板板顶或檐口的高度，半地下室从地下室室内地面算起，全地下室和嵌固条件好的半地下室应允许从室外地面算起；对带阁楼的坡屋面应算到山尖墙的1/2高度处；
>
> 2 室内外高差大于0.6m时，房屋总高度应允许比表中数据适当增加，但不应多于1m；
>
> 3 乙类的多层砌体房屋应允许按本地区设防烈度查表，但层数应减少一层且总高度应降低3m；
>
> 4 本表小砌块砌体房屋不包括配筋混凝土空心小型砌块砌体房屋。

2 对医院、教学楼等横墙较少的多层砌体房屋，总高度应比表7.1.2的规定降低3m，层数相应减少一层；各层横墙很少的多层砌体房屋，还应再减少一层。

> 注：横墙较少指同一楼层内开间大于4.20m的房间占该层总面积的40%以上。

3 横墙较少的多层砖砌体住宅楼，当按规定采取加强措施并满足抗震承载力要求时，其高度和层数应允许仍按表7.1.2的规定采用。

7.1.3 普通砖、多孔砖和小砌块砌体承重房屋的层高，不应超过3.6m；底部框架-抗震墙房屋的底部和内框架房屋的层高，不应超过4.5m。

> 注：当使用功能确有需要时，采用约束砌体等加强措施的普通砖墙体的层高不应超过3.9m。

7.1.4 多层砌体房屋总高度与总宽度的最大比值，宜符合表7.1.4的要求。

表 7.1.4 房屋最大高宽比

烈 度	6	7	8	9
最大高宽比	2.5	2.5	2.0	1.5

> 注：1 单面走廊房屋的总宽度不包括走廊宽度；
>
> 2 建筑平面接近正方形时，其高宽比宜适当减小。

7.1.5 房屋抗震横墙的间距，不应超过表7.1.5的要求：

表 7.1.5　房屋抗震横墙最大间距（m）

房屋类别		烈　　度			
		6	7	8	9
多层砌体	现浇或装配整体式钢筋混凝土楼、屋盖	18	18	15	11
	装配式钢筋混凝土楼、屋盖	15	15	11	7
	木楼、屋盖	11	11	7	4
底部框架-抗震墙	上部各层	同多层砌体房屋			—
	底层或底部两层	21	18	15	—
多排柱内框架		25	21	18	—

注：1　多层砌体房屋的顶层，最大横墙间距应允许适当放宽；
　　2　表中木楼、屋盖的规定，不适用于小砌块砌体房屋。

7.1.6　房屋中砌体墙段的局部尺寸限值，宜符合表 7.1.6 的要求：

表 7.1.6　房屋的局部尺寸限值（m）

部　　　位	6度	7度	8度	9度
承重窗间墙最小宽度	1.0	1.0	1.2	1.5
承重外墙尽端至门窗洞边的最小距离	1.0	1.0	1.2	1.5
非承重外墙尽端至门窗洞边的最小距离	1.0	1.0	1.0	1.0
内墙阳角至门窗洞边的最小距离	1.0	1.0	1.5	2.0
无锚固女儿墙（非出入口处）的最大高度	0.5	0.5	0.5	0.0

注：1　局部尺寸不足时应采取局部加强措施弥补；
　　2　出入口处的女儿墙应有锚固；
　　3　多层多排柱内框架房屋的纵向窗间墙宽度，不应小于1.5m。

7.1.7　多层砌体房屋的结构体系，应符合下列要求：

1　应优先采用横墙承重或纵横墙共同承重的结构体系。

2　纵横墙的布置宜均匀对称，沿平面内宜对齐，沿竖向应上下连续；同一轴线上的窗间墙宽度宜均匀。

3　房屋有下列情况之一时宜设置防震缝，缝两侧均应设置墙体，缝宽应根据烈度和房屋高度确定，可采用50～100mm：

1）房屋立面高差在6m以上；

2）房屋有错层，且楼板高差较大；

3）各部分结构刚度、质量截然不同。

4　楼梯间不宜设置在房屋的尽端和转角处。

5　烟道、风道、垃圾道等不应削弱墙体；当墙体被削弱时，应对墙体采取加强措施；不宜采用无竖向配筋的附墙烟囱及出屋面的烟囱。

6　教学楼、医院等横墙较少、跨度较大的房屋，宜采用现浇钢筋混凝土楼、屋盖。

7　不应采用无锚固的钢筋混凝土预制挑檐。

7.1.8　底部框架-抗震墙房屋的结构布置，应符合下列要求：

1　上部的砌体抗震墙与底部的框架梁或抗震墙应对齐或基本对齐。

2　房屋的底部，应沿纵横两方向设置一定数量的抗震墙，并应均匀对称布置或基本均匀对称布置。

6、7度且总层数不超过五层的底层框架-抗震墙房屋，应允许采用嵌砌于框架之间的砌体抗震墙，但应计入砌体墙对框架的附加轴力和附加剪力；其余情况应采用钢筋混凝土抗震墙。

3　底层框架-抗震墙房屋的纵横两个方向，第二层与底层侧向刚度的比值，6、7度时不应大于2.5，8度时不应大于2.0，且均不应小于1.0。

4　底部两层框架-抗震墙房屋的纵横两个方向，底层与底部第二层侧向刚度应接近，第三层与底部第二层侧向刚度的比值，6、7度时不应大于2.0，8度时不应大于1.5，且均不应小于1.0。

5　底部框架-抗震墙房屋的抗震墙应设置条形基础、筏形基础或桩基。

7.1.9　多层多排柱内框架房屋的结构布置，应符合下列要求：

1　房屋宜采用矩形平面，且立面宜规则；楼梯间横墙宜贯通房屋全宽。

2　7度时横墙间距大于18m或8度时横墙间距大于15m，外纵墙的窗间墙宜设置组合柱。

3　多排柱内框架房屋的抗震墙应设置条形基础、筏形基础或桩基。

7.1.10　底部框架-抗震墙房屋和多层多排柱内框架房屋的钢筋混凝土结构部分，除应符合本章规定外，尚应符合本规范第6章的有关要求；此时，底部框架-抗震墙房屋的框架和抗震墙的抗震等级，6、7、8度可分别按三、二、一级采用；多排柱内框架的抗震等级，6、7、8度可分别按四、三、二级采用。

7.2　计　算　要　点

7.2.1　多层砌体房屋、底部框架房屋和多层多排柱内框架房屋的抗震计算，可采用底部剪力法，并应按本节规定调整地震作用效应。

7.2.2　对砌体房屋，可只选择从属面积较大或竖向应力较小的墙段进行截面抗震承载力验算。

7.2.3　进行地震剪力分配和截面验算时，砌体墙段的层间等效侧向刚度应按下列原则确定：

1　刚度的计算应计及高宽比的影响。高宽比小于1时，可只计算剪切变形；高宽比不大于4且不小于1时，应同时计算弯曲和剪切变形；高宽比大于4时，等效侧向刚度可取0.0。

注：墙段的高宽比指层高与墙长之比，对门窗洞边的小墙段指洞净高与洞侧墙宽之比。

2　墙段宜按门窗洞口划分；对小开口墙段按毛墙面计算的刚度，可根据开洞率乘以表7.2.3的洞口影响系数；

表 7.2.3   墙段洞口影响系数

开洞率	0.10	0.20	0.30
影响系数	0.98	0.94	0.88

注：开洞率为洞口面积与墙段毛面积之比；窗洞高度大于层高 50％时，按门洞对待。

7.2.4 底部框架-抗震墙房屋的地震作用效应，应按下列规定调整：

1 对底层框架-抗震墙房屋，底层的纵向和横向地震剪力设计值均应乘以增大系数，其值应允许根据第二层与底层侧向刚度比值的大小在 1.2～1.5 范围内选用。

2 对底部两层框架-抗震墙房屋，底层和第二层的纵向和横向地震剪力设计值亦均应乘以增大系数，其值应允许根据侧向刚度比在 1.2～1.5 范围内选用。

3 底层或底部两层的纵向和横向地震剪力设计值应全部由该方向的抗震墙承担，并按各抗震墙侧向刚度比例分配。

7.2.5 底部框架-抗震墙房屋中，底部框架的地震作用效应宜采用下列方法确定：

1 底部框架柱的地震剪力和轴向力，宜按下列规定调整：

  1）框架柱承担的地震剪力设计值，可按各抗侧力构件有效侧向刚度比例分配确定；有效侧向刚度的取值，框架不折减，混凝土墙可乘以折减系数 0.30，砖墙可乘以折减系数 0.20。

  2）框架柱的轴力应计入地震倾覆力矩引起的附加轴力，上部砖房可视为刚体，底部各轴线承受的地震倾覆力矩，可近似按底部抗震墙和框架的侧向刚度的比例分配确定。

2 底部框架-抗震墙房屋的钢筋混凝土托墙梁计算地震组合内力时，应采用合适的计算简图。若考虑上部墙体与托墙梁的组合作用，应计入地震时墙体开裂对组合作用的不利影响，可调整有关的弯矩系数、轴力系数等计算参数。

7.2.6 多层多排柱内框架房屋各柱的地震剪力设计值，宜按下式确定：

$$V_c = \frac{\psi_c}{n_b \cdot n_s}(\zeta_1 + \zeta_2 \lambda)V \qquad (7.2.6)$$

式中 V_c——各柱地震剪力设计值；

  V——抗震横墙间的楼层地震剪力设计值；

  ψ_c——柱类型系数，钢筋混凝土内柱可采用 0.012，外墙组合砖柱可采用 0.0075；

  n_b——抗震横墙间的开间数；

  n_s——内框架的跨数；

  λ——抗震横墙间距与房屋总宽度的比值，当小于 0.75 时，按 0.75 采用；

  ζ_1、ζ_2——分别为计算系数，可按表 7.2.6 采用；

表 7.2.6   计 算 系 数

房屋总层数	2	3	4	5
ζ_1	2.0	3.0	5.0	7.5
ζ_2	7.5	7.0	6.5	6.0

7.2.7 各类砌体沿阶梯形截面破坏的抗震抗剪强度设计值，应按下式确定：

$$f_{vE} = \zeta_N f_v \qquad (7.2.7)$$

式中 f_{vE}——砌体沿阶梯形截面破坏的抗震抗剪强度设计值；

  f_v——非抗震设计的砌体抗剪强度设计值；

  ζ_N——砌体抗震抗剪强度的正应力影响系数，应按表 7.2.7 采用。

表 7.2.7   砌体抗震抗剪强度的正应力影响系数

砌体类别	σ_0/f_v							
	0.0	1.0	3.0	5.0	7.0	10.0	15.0	20.0
普通砖，多孔砖	0.80	1.00	1.28	1.50	1.70	1.95	2.32	
小砌块		1.25	1.75	2.25	2.60	3.10	3.95	4.80

注：σ_0 为对应于重力荷载代表值的砌体截面平均压应力。

7.2.8 普通砖、多孔砖墙体的截面抗震受剪承载力，应按下列规定验算：

1 一般情况下，应按下式验算：

$$V \leqslant f_{vE} A / \gamma_{RE} \qquad (7.2.8-1)$$

式中 V——墙体剪力设计值；

  f_{vE}——砖砌体沿阶梯形截面破坏的抗震抗剪强度设计值；

  A——墙体横截面面积，多孔砖取毛截面面积；

  γ_{RE}——承载力抗震调整系数，承重墙按本规范表 5.4.2 采用，自承重墙按 0.75 采用。

2 当按式（7.2.8-1）验算不满足要求时，可计入设置于墙段中部、截面不小于 240mm×240mm 且间距不大于 4m 的构造柱对受剪承载力的提高作用，按下列简化方法验算：

$$V \leqslant \frac{1}{\gamma_{RE}}\left[\eta_c f_{vE}(A-A_c) + \zeta f_t A_c + 0.08 f_y A_s\right]$$

$$(7.2.8-2)$$

式中 A_c——中部构造柱的横截面总面积（对横墙和内纵墙，$A_c > 0.15A$ 时，取 0.15A；对外纵墙，$A_c > 0.25A$ 时，取 0.25A）；

  f_t——中部构造柱的混凝土轴心抗拉强度设计值；

  A_s——中部构造柱的纵向钢筋截面总面积（配筋率不小于 0.6％，大于 1.4％ 时取 1.4％）；

  f_y——钢筋抗拉强度设计值；

  ζ——中部构造柱参与工作系数；居中设一根

时取 0.5，多于一根时取 0.4；

η_c——墙体约束修正系数；一般情况取 1.0，构造柱间距不大于 2.8m 时取 1.1。

7.2.9 水平配筋普通砖、多孔砖墙体的截面抗震受剪承载力，应按下式验算：

$$V \leqslant \frac{1}{\gamma_{RE}}(f_{vE}A + \zeta_s f_y A_s) \quad (7.2.9)$$

式中 A——墙体横截面面积，多孔砖取毛截面面积；

f_y——钢筋抗拉强度设计值；

A_s——层间墙体竖向截面的钢筋总截面面积，其配筋率应不小于 0.07% 且不大于 0.17%；

ζ_s——钢筋参与工作系数，可按表 7.2.9 采用。

表 7.2.9 钢筋参与工作系数

墙体高宽比	0.4	0.6	0.8	1.0	1.2
ζ_s	0.10	0.12	0.14	0.15	0.12

7.2.10 小砌块墙体的截面抗震受剪承载力，应按下式验算：

$$V \leqslant \frac{1}{\gamma_{RE}}[f_{vE}A + (0.3f_t A_c + 0.05f_y A_s)\zeta_c] \quad (7.2.10)$$

式中 f_t——芯柱混凝土轴心抗拉强度设计值；

A_c——芯柱截面总面积；

A_s——芯柱钢筋截面总面积；

ζ_c——芯柱参与工作系数，可按表 7.2.10 采用。

注：当同时设置芯柱和构造柱时，构造柱截面可作为芯柱截面，构造柱钢筋可作为芯柱钢筋。

表 7.2.10 芯柱参与工作系数

填孔率 ρ	$\rho < 0.15$	$0.15 \leqslant \rho < 0.25$	$0.25 \leqslant \rho < 0.5$	$\rho \geqslant 0.5$
ζ_c	0.0	1.0	1.10	1.15

注：填孔率指芯柱根数（含构造柱和填实孔洞数量）与孔洞总数之比。

7.2.11 底层框架-抗震墙房屋中嵌砌于框架之间的普通砖抗震墙，当符合本章第 7.5.6 条的构造要求时，其抗震验算应符合下列规定：

1 底层框架柱的轴向力和剪力，应计入砖抗震墙引起的附加轴向力和附加剪力，其值可按下列公式确定：

$$N_f = V_w H_f / l \quad (7.2.11-1)$$
$$V_f = V_w \quad (7.2.11-2)$$

式中 V_w——墙体承担的剪力设计值，柱两侧有墙时可取二者的较大值；

N_f——框架柱的附加轴压力设计值；

V_f——框架柱的附加剪力设计值；

H_f、l——分别为框架的层高和跨度。

2 嵌砌于框架之间的普通砖抗震墙及两端框架柱，其抗震受剪承载力应按下式验算：

$$V \leqslant \frac{1}{\gamma_{REc}}\Sigma(M_{yc}^u + M_{yc}^l)/H_0 + \frac{1}{\gamma_{REw}}\Sigma f_{vE}A_{w0}$$
$$(7.2.11-3)$$

式中 V——嵌砌普通砖抗震墙及两端框架柱剪力设计值；

A_{w0}——砖墙水平截面的计算面积，无洞口时取实际截面的 1.25 倍，有洞口时取截面净面积，但不计入宽度小于洞口高度 1/4 的墙肢截面面积；

M_{yc}^u、M_{yc}^l——分别为底层框架柱上下端的正截面受弯承载力设计值，可按现行国家标准《混凝土结构设计规范》GB 50010 非抗震设计的有关公式取等号计算；

H_0——底层框架柱的计算高度，两侧均有砖墙时取柱净高的 2/3，其余情况取柱净高；

γ_{REc}——底层框架柱承载力抗震调整系数，可采用 0.8；

γ_{REw}——嵌砌普通砖抗震墙承载力抗震调整系数，可采用 0.9。

7.2.12 多层内框架房屋的外墙组合砖柱，其抗震验算可按本规范第 9.3.9 条的规定执行。

7.3 多层黏土砖房抗震构造措施

7.3.1 多层普通砖、多孔砖房，应按下列要求设置现浇钢筋混凝土构造柱（以下简称构造柱）：

1 构造柱设置部位，一般情况下应符合表 7.3.1 的要求。

2 外廊式和单面走廊式的多层房屋，应根据房屋增加一层后的层数，按表 7.3.1 的要求设置构造柱，且单面走廊两侧的纵墙均应按外墙处理。

3 教学楼、医院等横墙较少的房屋，应根据房屋增加一层后的层数，按表 7.3.1 的要求设置构造柱；当教学楼、医院等横墙较少的房屋为外廊式或单面走廊时，应按 2 款要求设置构造柱，但 6 度不超过四层、7 度不超过三层和 8 度不超过二层时，应按增加二层后的层数对待。

表 7.3.1 砖房构造柱设置要求

房屋层数				设 置 部 位
6度	7度	8度	9度	
四、五	三、四	二、三		楼、电梯间四角，楼梯段上下端对应的墙体处；外墙四角和对应转角；错层部位横墙与外纵墙交接处，大房间内外墙交接处，较大洞口两侧	隔15m或单元横墙与外纵墙交接处
六、七	五	四	二		隔开间横墙（轴线）与外墙交接处，山墙与内纵墙交接处
八	六、七	五、六	三、四		内墙（轴线）与外墙交接处，内墙的局部较小墙垛处；9度时内纵墙与横墙（轴线）交接处

7.3.2 多层普通砖、多孔砖房屋的构造柱应符合下列要求：

1 构造柱最小截面可采用 240mm×180mm，纵向钢筋宜采用 4φ12，箍筋间距不宜大于 250mm，且在柱上下端宜适当加密；7 度时超过六层、8 度时超过五层和 9 度时，构造柱纵向钢筋宜采用 4φ14，箍筋间距不应大于 200mm；房屋四角的构造柱可适当加大截面及配筋。

2 构造柱与墙连接处应砌成马牙槎，并应沿墙高每隔 500mm 设 2φ6 拉结钢筋，每边伸入墙内不宜小于 1m。

3 构造柱与圈梁连接处，构造柱的纵筋应穿过圈梁，保证构造柱纵筋上下贯通。

4 构造柱可不单独设置基础，但应伸入室外地面下 500mm，或与埋深小于 500mm 的基础圈梁相连。

5 房屋高度和层数接近本章表 7.1.2 的限值时，纵、横墙内构造柱间距尚应符合下列要求：

　1）横墙内的构造柱间距不宜大于层高的二倍；下部 1/3 楼层的构造柱间距适当减小；

　2）当外纵墙开间大于 3.9m 时，应另设加强措施。内纵墙的构造柱间距不宜大于 4.2m。

7.3.3 多层普通砖、多孔砖房屋的现浇钢筋混凝土圈梁设置应符合下列要求：

1 装配式钢筋混凝土楼、屋盖或木楼、屋盖的砖房，横墙承重时应按表 7.3.3 的要求设置圈梁；纵墙承重时每层均应设置圈梁，且抗震横墙上的圈梁间距应比表内要求适当加密。

表 7.3.3　砖房现浇钢筋混凝土圈梁设置要求

墙　类	烈　　　　度		
	6、7	8	9
外墙和内纵墙	屋盖处及每层楼盖处	屋盖处及每层楼盖处	屋盖处及每层楼盖处
内横墙	同上；屋盖处间距不应大于 7m；楼盖处间距不应大于 15m；构造柱对应部位	同上；屋盖处沿所有横墙，且间距不应大于 7m；楼盖处间距不应大于 7m；构造柱对应部位	同上；各层所有横墙

2 现浇或装配整体式钢筋混凝土楼、屋盖与墙体有可靠连接的房屋，应允许不另设圈梁，但楼板沿墙体周边加强配筋并应与相应的构造柱钢筋可靠连接。

7.3.4 多层普通砖、多孔砖房屋的现浇钢筋混凝土圈梁构造应符合下列要求：

1 圈梁应闭合，遇有洞口圈梁应上下搭接。圈梁宜与预制板设在同一标高处或紧靠板底；

2 圈梁在本节第 7.3.3 条要求的间距内无横墙时，应利用梁或板缝中配筋替代圈梁；

3 圈梁的截面高度不应小于 120mm，配筋应符合表 7.3.4 的要求；按本规范第 3.3.4 条 3 款要求增设的基础圈梁，截面高度不应小于 180mm，配筋不应少于 4φ12。

表 7.3.4　砖房圈梁配筋要求

配　　筋	烈　　　　度		
	6、7	8	9
最小纵筋	4φ10	4φ12	4φ14
最大箍筋间距（mm）	250	200	150

7.3.5 多层普通砖、多孔砖房屋的楼、屋盖应符合下列要求：

1 现浇钢筋混凝土楼板或屋面板伸进纵、横墙内的长度，均不应小于 120mm。

2 装配式钢筋混凝土楼板或屋面板，当圈梁未设在板的同一标高时，板端伸进外墙的长度不应小于 120mm，伸进内墙的长度不应小于 100mm，在梁上不应小于 80mm。

3 当板的跨度大于 4.8m 并与外墙平行时，靠外墙的预制板侧边应与墙或圈梁拉结。

4 房屋端部大房间的楼盖，8 度时房屋的屋盖和 9 度时房屋的楼、屋盖，当圈梁设在板底时，钢筋混凝土预制板应相互拉结，并应与梁、墙或圈梁拉结。

7.3.6 楼、屋盖的钢筋混凝土梁或屋架应与墙、柱（包括构造柱）或圈梁可靠连接；6 度时，梁与砖柱的连接不应削弱柱截面，独立砖柱顶部应在两个方向均有可靠连接；7～9 度时不得采用独立砖柱。跨度不小于 6m 大梁的支承构件应采用组合砌体等加强措施，并满足承载力要求。

7.3.7 7 度时长度大于 7.2m 的大房间，及 8 度和 9 度时，外墙转角及内外墙交接处，应沿墙高每隔 500mm 配置 2φ6 拉结钢筋，并每边伸入墙内不宜小于 1m。

7.3.8 楼梯间应符合下列要求：

1 顶层楼梯间横墙和外墙应沿墙高每隔 500mm 设 2φ6 通长钢筋；7～9 度时其他各层楼梯间墙体应在休息平台或楼层半高处设置 60mm 厚的钢筋混凝土带或配筋砖带，其砂浆强度等级不应低于 M7.5，纵向钢筋不应少于 2φ10。

2 楼梯间及门厅内墙阳角处的大梁支承长度不应小于 500mm，并应与圈梁连接。

3 装配式楼梯段应与平台板的梁可靠连接；不应采用墙中悬挑式踏步或踏步竖肋插入墙体的楼梯，

不应采用无筋砖砌栏板。

4 突出屋顶的楼、电梯间，构造柱应伸到顶部，并与顶部圈梁连接，内外墙交接处应沿墙高每隔 500mm 设 2φ6 通长拉结钢筋。

7.3.9 坡屋顶房屋的屋架应与顶层圈梁可靠连接，檩条或屋面板应与墙及屋架可靠连接，房屋出入口处的檐口瓦应与屋面构件锚固；8 度和 9 度时，顶层内纵墙顶宜砌支承山墙的踏步式墙垛。

7.3.10 门窗洞处不应采用无筋砖砌过梁；过梁支承长度，6～8 度时不应小于 240mm，9 度时不应小于 360mm。

7.3.11 预制阳台应与圈梁和楼板的现浇板带可靠连接。

7.3.12 后砌的非承重砌体隔墙应符合本规范第 13.3 节的有关规定。

7.3.13 同一结构单元的基础（或桩承台），宜采用同一类型的基础，底面宜埋置在同一标高上，否则应增设基础圈梁并应按 1：2 的台阶逐步放坡。

7.3.14 横墙较少的多层普通砖、多孔砖住宅楼的总高度和层数接近或达到表 7.1.2 规定限值，应采取下列加强措施：

1 房屋的最大开间尺寸不宜大于 6.6m。

2 同一结构单元内横墙错位数量不宜超过横墙总数的 1/3，且连续错位不宜多于两道；错位的墙体交接处均应增设构造柱，且楼、屋面板采用现浇钢筋混凝土板。

3 横墙和内纵墙上洞口的宽度不宜大于 1.5m；外纵墙上洞口的宽度不宜大于 2.1m 或开间尺寸的一半；且内外墙上洞口位置不应影响内外墙与横墙的整体连接。

4 所有纵横墙均应在楼、屋盖标高处设置加强的现浇钢筋混凝土圈梁：圈梁的截面高度不宜小于 150mm，上下纵筋各不应少于 3φ10，箍筋不小于 φ6，间距不大于 300mm。

5 所有纵横墙交接处及横墙的中部，均应增设满足下列要求的构造柱：在横墙内的柱距不宜大于层高，在纵墙内的柱距不宜大于 4.2m，最小截面尺寸不宜小于 240mm×240mm，配筋宜符合表 7.3.14 的要求。

表 7.3.14 增设构造柱的纵筋和箍筋设置要求

| 位置 | 纵 向 钢 筋 | | | 箍 筋 | | |
	最大配筋率（%）	最小配筋率（%）	最小直径（mm）	加密区范围（mm）	加密区间距（mm）	最小直径（mm）
角柱	1.8	0.8	14	全高	100	6
边柱			14	上端 700 下端 500		
中柱	1.4	0.6	12			

6 同一结构单元的楼、屋面板应设置在同一标高处。

7 房屋底层和顶层的窗台标高处，宜设置沿纵横墙通长的水平现浇钢筋混凝土带；其截面高度不小于 60mm，宽度不小于 240mm，纵向钢筋不少于 3φ6。

7.4 多层砌块房屋抗震构造措施

7.4.1 小砌块房屋应按表 7.4.1 的要求设置钢筋混凝土芯柱，对医院、教学楼等横墙较少的房屋，应根据房屋增加一层后的层数，按表 7.4.1 的要求设置芯柱。

表 7.4.1 小砌块房屋芯柱设置要求

房屋层数			设置部位	设置数量
6 度	7 度	8 度		
四、五	三、四	二、三	外墙转角，楼梯间四角；大房间内外墙交接处；隔 15m 或单元横墙与外纵墙交接处	外墙转角，灌实 3 个孔；内外墙交接处，灌实 4 个孔
六	五	四	外墙转角，楼梯间四角，大房间内外墙交接处，山墙与内纵墙交接处，隔开间横墙（轴线）与外纵墙交接处	
七	六	五	外墙转角，楼梯间四角；各内墙（轴线）与外纵墙交接处；8、9 度时，内纵墙与横墙（轴线）交接处和洞口两侧	外墙转角，灌实 5 个孔；内外墙交接处，灌实 4 个孔；内墙交接处，灌实 4～5 个孔；洞口两侧各灌实 1 个孔
	七	六	同上；横墙内芯柱间距不宜大于 2m	外墙转角，灌实 7 个孔；内外墙交接处，灌实 5 个孔；内墙交接处，灌实 4～5 个孔；洞口两侧各灌实 1 个孔

注：外墙转角、内外墙交接处、楼电梯间四角等部位，应允许采用钢筋混凝土构造柱替代部分芯柱。

7.4.2 小砌块房屋的芯柱，应符合下列构造要求：

1 小砌块房屋芯柱截面不宜小于 120mm×120mm。

2 芯柱混凝土强度等级，不应低于 C20。

3 芯柱的竖向插筋应贯通墙身且与圈梁连接；插筋不应小于 1φ12，7 度时超过五层、8 度时超过四层时，插筋不应小于 1φ14。

4 芯柱应伸入室外地面下 500mm 或与埋深小于 500mm 的基础圈梁相连。

5 为提高墙体抗震受剪承载力而设置的芯柱，宜在墙体内均匀布置，最大净距不宜大于 2.0m。

7.4.3 小砌块房屋中替代芯柱的钢筋混凝土构造柱，应符合下列构造要求：

1 构造柱最小截面可采用 190mm×190mm，纵向钢筋宜采用 4φ12，箍筋间距不宜大于 250mm，且在柱上下端宜适当加密；7 度时超过五层、8 度时超过四层时，构造柱纵向钢筋宜采用 4φ14，箍筋间距不应大于 200mm；外墙转角的构造柱可适当加大截面及配筋。

2 构造柱与砌块墙连接处应砌成马牙槎，与构造柱相邻的砌块孔洞，6 度时宜填实，7 度时应填实，8 度时应填实并插筋；沿墙高每隔 600mm 应设拉结钢筋网片，每边伸入墙内不宜小于 1m。

3 构造柱与圈梁连接处，构造柱的纵筋应穿过圈梁，保证构造柱纵筋上下贯通。

4 构造柱可不单独设置基础，但应伸入室外地面下 500mm，或与埋深小于 500mm 的基础圈梁相连。

7.4.4 小砌块房屋的现浇钢筋混凝土圈梁应按表 7.4.4 的要求设置，圈梁宽度不应小于 190mm，配筋不应少于 4φ12，箍筋间距不应大于 200mm。

表 7.4.4　小砌块房屋现浇钢筋混凝土圈梁设置要求

墙　类	烈　　　　度	
	6、7	8
外墙和内纵墙	屋盖处及每层楼盖处	屋盖处及每层楼盖处
内横墙	同上；屋盖处沿所有横墙；楼盖处间距不应大于 7m；构造柱对应部位	同上；各层所有横墙

7.4.5 小砌块房屋墙体交接处或芯柱与墙体连接处应设置拉结钢筋网片，网片可采用直径 4mm 的钢筋点焊而成，沿墙高每隔 600mm 设置，每边伸入墙内不宜小于 1m。

7.4.6 小砌块房屋的层数，6 度时七层、7 度时超过五层、8 度时超过四层，在底层和顶层的窗台标高处，沿纵横墙应设置通长的水平现浇钢筋混凝土带；其截面高度不小于 60mm，纵筋不少于 2φ10，并应有分布拉结钢筋；其混凝土强度等级不应低于 C20。

7.4.7 小砌块房屋的其他抗震构造措施，应符合本章第 7.3.5 条至 7.3.13 条有关要求。

7.5　底部框架-抗震墙房屋抗震构造措施

7.5.1 底部框架-抗震墙房屋的上部应设置钢筋混凝土构造柱，并应符合下列要求：

1 钢筋混凝土构造柱的设置部位，应根据房屋的总层数按本章第 7.3.1 条的规定设置。过渡层尚应在底部框架柱对应位置处设置构造柱。

2 构造柱的截面，不宜小于 240mm×240mm。

3 构造柱的纵向钢筋不宜少于 4φ14，箍筋间距不宜大于 200mm。

4 过渡层构造柱的纵向钢筋，7 度时不宜少于 4φ16，8 度时不宜少于 6φ16。一般情况下，纵向钢筋应锚入下部的框架柱内；当纵向钢筋锚固在框架梁内时，框架梁的相应位置应加强。

5 构造柱应与每层圈梁连接，或与现浇楼板可靠拉结。

7.5.2 上部抗震墙的中心线宜同底部的框架梁、抗震墙的轴线相重合；构造柱宜与框架柱上下贯通。

7.5.3 底部框架-抗震墙房屋的楼盖应符合下列要求：

1 过渡层的底板应采用现浇钢筋混凝土板，板厚不应小于 120mm；并应少开洞、开小洞，当洞口尺寸大于 800mm 时，洞口周边应设置边梁。

2 其他楼层，采用装配式钢筋混凝土楼板时均应设现浇圈梁，采用现浇钢筋混凝土楼板时应允许不另设圈梁，但楼板沿墙体周边应加强配筋并应与相应的构造柱可靠连接。

7.5.4 底部框架-抗震墙房屋的钢筋混凝土托墙梁，其截面和构造应符合下列要求：

1 梁的截面宽度不应小于 300mm，梁的截面高度不应小于跨度的 1/10。

2 箍筋的直径不应小于 8mm，间距不应大于 200mm；梁端在 1.5 倍梁高且不小于 1/5 梁净跨范围内，以及上部墙体的洞口处和洞口两侧各 500mm 且不小于梁高的范围内，箍筋间距不应大于 100mm。

3 沿梁高应设腰筋，数量不应少于 2φ14，间距不应大于 200mm。

4 梁的主筋和腰筋应按受拉钢筋的要求锚固在柱内，且支座上部的纵向钢筋在柱内的锚固长度应符合钢筋混凝土框支梁的有关要求。

7.5.5 底部的钢筋混凝土抗震墙，其截面和构造应符合下列要求：

1 抗震墙周边应设置梁（或暗梁）和边框柱（或框架柱）组成的边框；边框梁的截面宽度不宜小于墙板厚度的 1.5 倍，截面高度不宜小于墙板厚度的 2.5 倍；边框柱的截面高度不宜小于墙板厚度的 2 倍。

2 抗震墙墙板的厚度不宜小于 160mm，且不应小于墙板净高的 1/20；抗震墙宜开设洞口形成若干墙段，各墙段的高宽比不宜小于 2。

3 抗震墙的竖向和横向分布钢筋配筋率均不应小于 0.25%，并应采用双排布置；双排分布钢筋间拉筋的间距不应大于600mm，直径不应小于6mm。

    4 抗震墙的边缘构件可按本规范第6.4节关于一般部位的规定设置。

7.5.6 底层框架-抗震墙房屋的底层采用普通砖抗震墙时，其构造应符合下列要求：

    1 墙厚不应小于240mm，砌筑砂浆强度等级不应低于M10，应先砌墙后浇框架。

    2 沿框架柱每隔500mm配置2φ6拉结钢筋，并沿砖墙全长设置；在墙体半高处尚应设置与框架柱相连的钢筋混凝土水平系梁。

    3 墙长大于5m时，应在墙内增设钢筋混凝土构造柱。

7.5.7 底部框架-抗震墙房屋的材料强度等级，应符合下列要求：

    1 框架柱、抗震墙和托墙梁的混凝土强度等级，不应低于C30。

    2 过渡层墙体的砌筑砂浆强度等级，不应低于M7.5。

7.5.8 底部框架-抗震墙房屋的其他抗震构造措施，应符合本章第7.3.5至7.3.14条有关要求。

7.6 多排柱内框架房屋抗震构造措施

7.6.1 多层多排柱内框架房屋的钢筋混凝土构造柱设置，应符合下列要求：

    1 下列部位应设置钢筋混凝土构造柱：

        1）外墙四角和楼、电梯间四角；楼梯休息平台梁的支承部位；

        2）抗震墙两端及未设置组合柱的外纵墙、外横墙上对应于中间柱列轴线的部位。

    2 构造柱的截面，不宜小于240mm×240mm。

    3 构造柱的纵向钢筋不宜少于4φ14，箍筋间距不宜大于200mm。

    4 构造柱应与每层圈梁连接，或与现浇楼板可靠拉结。

7.6.2 多层多排柱内框架房屋的楼、屋盖，应采用现浇或装配整体式钢筋混凝土板。采用现浇钢筋混凝土楼板时应允许不设圈梁，但楼板沿墙体周边应加强配筋并应与相应的构造柱可靠连接。

7.6.3 多排柱内框架梁在外纵墙、外横墙上的搁置长度不应小于300mm，且梁端应与圈梁或组合柱、构造柱连接。

7.6.4 多排柱内框架房屋的其他抗震构造措施应符合本章第7.3.5条至7.3.13条有关要求。

8 多层和高层钢结构房屋

8.1 一般规定

8.1.1 本章适用的钢结构民用房屋的结构类型和最大高度应符合表8.1.1的规定。平面和竖向均不规则或建造于Ⅳ类场地的钢结构，适用的最大高度应适当降低。

    注：多层钢结构厂房的抗震设计，应符合本规范附录G的规定。

表8.1.1 钢结构房屋适用的最大高度（m）

结 构 类 型	6、7度	8度	9度
框架	110	90	50
框架-支撑（抗震墙板）	220	200	140
筒体（框筒、筒中筒、桁架筒、束筒）和巨型框架	300	260	180

注：1 房屋高度指室外地面到主要屋面板板顶的高度（不包括局部突出屋顶部分）；

    2 超过表内高度的房屋，应进行专门研究和论证，采取有效的加强措施。

8.1.2 本章适用的钢结构民用房屋的最大高宽比不宜超过表8.1.2的规定。

表8.1.2 钢结构民用房屋适用的最大高宽比

烈 度	6、7	8	9
最大高宽比	6.5	6.0	5.5

注：计算高宽比的高度从室外地面算起。

8.1.3 钢结构房屋应根据烈度、结构类型和房屋高度，采用不同的地震作用效应调整系数，并采取不同的抗震构造措施。

8.1.4 钢结构房屋宜避免采用本规范第3.4节规定的不规则建筑结构方案，不设防震缝；需要设置防震缝时，缝宽应不小于相应钢筋混凝土结构房屋的1.5倍。

8.1.5 不超过12层的钢结构房屋可采用框架结构、框架-支撑结构或其他结构类型；超过12层的钢结构房屋，8、9度时，宜采用偏心支撑、带竖缝钢筋混凝土抗震墙板、内藏钢支撑钢筋混凝土墙板或其他消能支撑及筒体结构。

8.1.6 采用框架-支撑结构时，应符合下列规定：

    1 支撑框架在两个方向的布置均宜基本对称，支撑框架之间楼盖的长宽比不宜大于3。

    2 不超过12层的钢结构宜采用中心支撑，有条件时也可采用偏心支撑等消能支撑。超过12层的钢结构采用偏心支撑框架时，顶层可采用中心支撑。

    3 中心支撑框架宜采用交叉支撑，也可采用人字支撑或单斜杆支撑，不宜采用K形支撑；支撑的轴线应交汇于梁柱构件轴线的交点，确有困难时偏离中心不应超过支撑杆件宽度，并应计入由此产生的附加弯矩。

    4 偏心支撑框架的每根支撑应至少有一端与框架梁连接，并在支撑与梁交点和柱之间或同一跨内另一支撑与梁交点之间形成消能梁段。

8.1.7 钢结构的楼盖宜采用压型钢板现浇钢筋混凝

土组合楼板或非组合楼板。对不超过 12 层的钢结构尚可采用装配整体式钢筋混凝土楼板，亦可采用装配式楼板或其他轻型楼盖；对超过 12 层的钢结构，必要时可设置水平支撑。

采用压型钢板钢筋混凝土组合楼板和现浇钢筋混凝土楼板时，应与钢梁有可靠连接。采用装配式、装配整体式或轻型楼板时，应将楼板预埋件与钢梁焊接，或采取其他保证楼盖整体性的措施。

8.1.8 超过 12 层的钢框架-筒体结构，在必要时可设置由筒体外伸臂或外伸臂和周边桁架组成的加强层。

8.1.9 钢结构房屋设置地下室时，框架-支撑（抗震墙板）结构中竖向连续布置的支撑（抗震墙板）应延伸至基础；框架柱应至少延伸至地下一层。

8.1.10 超过 12 层的钢结构应设置地下室。其基础埋置深度，当采用天然地基时不宜小于房屋总高度的 1/15；当采用桩基时，桩承台埋深不宜小于房屋总高度的 1/20。

8.2 计算要点

8.2.1 钢结构应按本节规定调整地震作用效应，其层间变形应符合本规范第 5.5 节的有关规定；构件截面和连接的抗震验算时，凡本章未作规定者，应符合现行有关结构设计规范的要求，但其非抗震的构件、连接的承载力设计值应除以本规范规定的承载力抗震调整系数。

8.2.2 钢结构在多遇地震下的阻尼比，对不超过 12 层的钢结构可采用 0.035，对超过 12 层的钢结构可采用 0.02；在罕遇地震下的分析，阻尼比可采用 0.05。

8.2.3 钢结构在地震作用下的内力和变形分析，应符合下列规定：

1 钢结构应按本规范第 3.6.3 条规定计入重力二阶效应。对框架梁，可不按柱轴线处的内力而按梁端内力设计。对工字形截面柱，宜计入梁柱节点域剪切变形对结构侧移的影响；中心支撑框架和不超过 12 层的钢结构，其层间位移计算可不计入梁柱节点域剪切变形的影响。

2 钢框架-支撑结构的斜杆可按端部铰接杆计算；框架部分按计算得到的地震剪力应乘以调整系数，达到不小于结构底部总地震剪力的 25% 和框架部分地震剪力最大值 1.8 倍二者的较小者。

3 中心支撑框架的斜杆轴线偏离梁柱轴线交点不超过支撑杆件的宽度时，仍可按中心支撑框架分析，但应计及由此产生的附加弯矩；人字形和 V 形支撑组合的内力设计值应乘以增大系数，其值可采用 1.5。

4 偏心支撑框架构件的内力设计值，应按下列要求调整：

1） 支撑斜杆的轴力设计值，应取与支撑斜杆相连接的消能梁段达到受剪承载力时支撑斜杆轴力与增大系数的乘积，其值在 8 度及以下时不应小于 1.4，9 度时不应小于 1.5；

2） 位于消能梁段同一跨的框架梁内力设计值，应取消能梁段达到受剪承载力时框架梁内力与增大系数的乘积，其值在 8 度及以下时不应小于 1.5，9 度时不应小于 1.6；

3） 框架柱的内力设计值，应取消能梁段达到受剪承载力时柱内力与增大系数的乘积，其值在 8 度及以下时不应小于 1.5，9 度时不应小于 1.6。

5 内藏钢支撑钢筋混凝土墙板和带竖缝钢筋混凝土墙板应按有关规定计算，带竖缝钢筋混凝土墙板可仅承受水平荷载产生的剪力，不承受竖向荷载产生的压力。

6 钢结构转换层下的钢框架柱，地震内力应乘以增大系数，其值可采用 1.5。

8.2.4 钢框架梁的上翼缘采用抗剪连接件与组合楼板连接时，可不验算地震作用下的整体稳定。

8.2.5 钢框架构件及节点的抗震承载力验算，应符合下列规定：

1 节点左右梁端和上下柱端的全塑性承载力应符合式（8.2.5-1）要求。当柱所在楼层的受剪承载力比上一层的受剪承载力高出 25%，或柱轴向力设计值与柱全截面面积和钢材抗拉强度设计值乘积的比值不超过 0.4，或作为轴心受压构件在 2 倍地震力下稳定性得到保证时，可不按该式验算。

$$\Sigma W_{pc}(f_{yc} - N/A_c) \geqslant \eta \Sigma W_{pb} f_{yb} \qquad (8.2.5-1)$$

式中　W_{pc}、W_{pb}——分别为柱和梁的塑性截面模量；

N——柱轴向压力设计值；

A_c——柱截面面积；

f_{yc}、f_{yb}——分别为柱和梁的钢材屈服强度；

η——强柱系数，超过 6 层的钢框架，6 度 IV 类场地和 7 度时可取 1.0，8 度时可取 1.05，9 度时可取 1.15。

2 节点域的屈服承载力应符合下式要求：

$$\psi(M_{pb1} + M_{pb2})/V_p \leqslant (4/3) f_v \qquad (8.2.5-2)$$

工字形截面柱　　$V_p = h_b h_c t_w$　　（8.2.5-3）

箱形截面柱　　$V_p = 1.8 h_b h_c t_w$　　（8.2.5-4）

3 工字形截面柱和箱形截面柱的节点域应按下列公式验算：

$$t_w \geqslant (h_b + h_c)/90 \qquad (8.2.5-5)$$

$$(M_{b1} + M_{b2})/V_p \leqslant (4/3) f_v/\gamma_{RE} \qquad (8.2.5-6)$$

式中　M_{pb1}、M_{pb2}——分别为节点域两侧梁的全塑性受弯承载力；

V_p——节点域的体积；

f_v——钢材的抗剪强度设计值；

ψ——折减系数，6 度Ⅳ类场地和 7 度时可取 0.6，8、9 度时可取 0.7；

h_b、h_c——分别为梁腹板高度和柱腹板高度；

t_w——柱在节点域的腹板厚度；

M_{b1}、M_{b2}——分别为节点域两侧梁的弯矩设计值；

γ_{RE}——节点域承载力抗震调整系数，取 0.85。

注：当柱节点域腹板厚度不小于梁、柱截面高度之和的 1/70 时，可不验算节点域的稳定性。

8.2.6 中心支撑框架构件的抗震承载力验算，应符合下列规定：

1 支撑斜杆的受压承载力应按下式验算：

$$N/(\varphi A_{br})_i \leqslant \psi f/\gamma_{RE} \qquad (8.2.6\text{-}1)$$

$$\psi = 1/(1 + 0.35\lambda_n) \qquad (8.2.6\text{-}2)$$

$$\lambda_n = (\lambda/\pi)\sqrt{f_{ay}/E} \qquad (8.2.6\text{-}3)$$

式中 N——支撑斜杆的轴向力设计值；

A_{br}——支撑斜杆的截面面积；

φ——轴心受压构件的稳定系数；

ψ——受循环荷载时的强度降低系数；

λ_n——支撑斜杆的正则化长细比；

E——支撑斜杆材料的弹性模量；

f_{ay}——钢材屈服强度；

γ_{RE}——支撑承载力抗震调整系数。

2 人字支撑和 V 形支撑的横梁在支撑连接处应保持连续，该横梁应承受支撑斜杆传来的内力，并宜计入受压支撑屈服后产生的不平衡力，尚应按不计入支撑支点作用的简支梁验算重力荷载下的承载力。

注：顶层和塔屋的梁可不执行本款规定。

8.2.7 偏心支撑框架构件的抗震承载力验算，应符合下列规定：

1 偏心支撑框架消能梁段的受剪承载力应按下列公式验算：

当 $N \leqslant 0.15Af$ 时

$$V \leqslant \varphi V_l/\gamma_{RE} \qquad (8.2.7\text{-}1)$$

$$V_l = 0.58A_w f_{ay} \quad 或 \quad V_l = 2M_{lp}/a，取较小值$$

$$A_w = (h - 2t_f)t_w$$

$$M_{lp} = W_p f$$

当 $N > 0.15Af$ 时

$$V \leqslant \varphi V_{lc}/\gamma_{RE} \qquad (8.2.7\text{-}2)$$

$$V_{lc} = 0.58A_w f_{ay}\sqrt{1 - [N/(Af)]^2}$$

$$或 \quad V_{lc} = 2.4M_{lp}[1 - N/(Af)]/a，取较小值$$

式中 φ——系数，可取 0.9；

V、N——分别为消能梁段的剪力设计值和轴力设计值；

V_l、V_{lc}——分别为消能梁段的受剪承载力和计入轴力影响的受剪承载力；

M_{lp}——消能梁段的全塑性受弯承载力；

a、h、t_w、t_f——分别为消能梁段的长度、截面高度、腹板厚度和翼缘厚度；

A、A_w——分别为消能梁段的截面面积和腹板截面面积；

W_p——消能梁段的塑性截面模量；

f、f_{ay}——分别为消能梁段钢材的抗拉强度设计值和屈服强度；

γ_{RE}——消能梁段承载力抗震调整系数，取 0.85。

注：消能梁段指偏心支撑框架中斜杆与梁交点和柱之间的区段或同一跨内相邻两个斜杆与梁交点之间的区段，地震时消能梁段屈服而使其余区段仍处于弹性受力状态。

2 支撑斜杆与消能梁段连接的承载力不得小于支撑的承载力。若支撑需抵抗弯矩，支撑与梁的连接应按抗压弯连接设计。

8.2.8 钢结构构件连接应按地震组合内力进行弹性设计，并应进行极限承载力验算：

1 梁与柱连接弹性设计时，梁上下翼缘的端截面应满足连接的弹性设计要求，梁腹板应计入剪力和弯矩。梁与柱连接的极限受弯、受剪承载力，应符合下列要求：

$$M_u \geqslant 1.2M_p \qquad (8.2.8\text{-}1)$$

$$V_u \geqslant 1.3(2M_p/l_n) \text{ 且 } V_u \geqslant 0.58h_w t_w f_{ay} \qquad (8.2.8\text{-}2)$$

式中 M_u——梁上下翼缘全熔透坡口焊缝的极限受弯承载力；

V_u——梁腹板连接的极限受剪承载力；垂直于角焊缝受剪时，可提高 1.22 倍；

M_p——梁（梁贯通时为柱）的全塑性受弯承载力；

l_n——梁的净跨（梁贯通时取该楼层柱的净高）；

h_w、t_w——梁腹板的高度和厚度；

f_{ay}——钢材屈服强度。

2 支撑与框架的连接及支撑拼接的极限承载力，应符合下式要求：

$$N_{ubr} \geqslant 1.2 A_n f_{ay} \qquad (8.2.8\text{-}3)$$

式中 N_{ubr}——螺栓连接和节点板连接在支撑轴线方向的极限承载力；

A_n——支撑的截面净面积；

f_{ay}——支撑钢材的屈服强度。

3 梁、柱构件拼接的弹性设计时，腹板应计入弯矩，且受剪承载力不应小于构件截面受剪承载力的 50%；拼接的极限承载力，应符合下列要求：

$$V_u \geqslant 0.58h_w t_w f_{ay} \qquad (8.2.8\text{-}4)$$

无轴向力时

$$M_u \geqslant 1.2 M_p \qquad (8.2.8\text{-}5)$$

有轴向力时 $M_u \geqslant 1.2 M_{pc}$ (8.2.8-6)

式中 M_u、V_u——分别为构件拼接的极限受弯、受剪承载力;

          M_{pc}——构件有轴向力时的全截面受弯承载力;

        h_w、t_w——拼接构件截面腹板的高度和厚度;

          f_{ay}——被拼接构件的钢材屈服强度。

拼接采用螺栓连接时,尚应符合下列要求:

翼缘 $n N_{cu}^b \geqslant 1.2 A_f f_{ay}$

       且 $n N_{vu}^b \geqslant 1.2 A_f f_{ay}$ (8.2.8-7)

腹板 $N_{cu}^b \geqslant \sqrt{(V_u/n)^2 + (N_M^b)^2}$

     且 $N_{vu}^b \geqslant \sqrt{(V_u/n)^2 + (N_M^b)^2}$ (8.2.8-8)

式中 N_{vu}^b、N_{cu}^b——一个螺栓的极限受剪承载力和对应的板件极限承压力;

          A_f——翼缘的有效截面面积;

         N_M^b——腹板拼接中弯矩引起的一个螺栓的最大剪力;

          n——翼缘拼接或腹板拼接一侧的螺栓数。

4 梁、柱构件有轴力时的全截面受弯承载力,应按下列公式计算:

工字形截面(绕强轴)和箱形截面

  当 $N/N_y \leqslant 0.13$ 时 $M_{pc} = M_p$ (8.2.8-9)

  当 $N/N_y > 0.13$ 时 $M_{pc} = 1.15 (1 - N/N_y) M_p$

                                (8.2.8-10)

工字形截面(绕弱轴)

  当 $N/N_y \leqslant A_w/A$ 时 $M_{pc} = M_p$ (8.2.8-11)

  当 $N/N_y > A_w/A$ 时

  $M_{pc} = \{1 - [(N - A_w f_{ay})/(N_y - A_w f_{ay})]^2\} M_p$

                                (8.2.8-12)

式中 N_y——构件轴向屈服承载力,取 $N_y = A_n f_{ay}$。

5 焊缝的极限承载力应按下列公式计算:

对接焊缝受拉 $N_u = A_f^w f_u$ (8.2.8-13)

角焊缝受剪 $V_u = 0.58 A_f^w f_u$ (8.2.8-14)

式中 A_f^w——焊缝的有效受力面积;

          f_u——构件母材的抗拉强度最小值。

6 高强度螺栓连接的极限受剪承载力,应取下列二式计算的较小者:

    $N_{vu}^b = 0.58 n_f A_e^b f_u^b$ (8.2.8-15)

    $N_{cu}^b = d \Sigma t f_{cu}^b$ (8.2.8-16)

式中 N_{vu}^b、N_{cu}^b——分别为一个高强度螺栓的极限受剪承载力和对应的板件极限承压力;

          n_f——螺栓连接的剪切面数量;

          A_e^b——螺栓螺纹处的有效截面面积;

          f_u^b——螺栓钢材的抗拉强度最小值;

          d——螺栓杆直径;

          Σt——同一受力方向的钢板厚度之和;

          f_{cu}^b——螺栓连接板的极限承压强度,取 $1.5 f_u$。

8.3 钢框架结构抗震构造措施

8.3.1 框架柱的长细比,应符合下列规定:

1 不超过 12 层的钢框架柱的长细比,6~8 度时不应大于 $120 \sqrt{235/f_{ay}}$,9 度时不应大于 $100 \sqrt{235/f_{ay}}$。

2 超过 12 层的钢框架柱的长细比,应符合表 8.3.1 的规定:

表 8.3.1   超过 12 层框架的柱长细比限值

烈 度	6 度	7 度	8 度	9 度
长 细 比	120	80	60	60

注:表列数值适用于 Q235 钢,采用其他牌号钢材时,应乘以 $\sqrt{235/f_{ay}}$。

8.3.2 框架梁、柱板件宽厚比应符合下列规定:

1 不超过 12 层框架的梁、柱板件宽厚比应符合表 8.3.2-1 的要求:

表 8.3.2-1   不超过 12 层框架的梁柱板件宽厚比限值

	板 件 名 称	7 度	8 度	9 度
柱	工字形截面翼缘外伸部分	13	12	11
	箱形截面壁板	40	36	36
	工字形截面腹板	52	48	44
梁	工字形截面和箱形截面翼缘外伸部分	11	10	9
	箱形截面翼缘在两腹板间的部分	36	32	30
	工字形截面和箱形截面腹板 ($N_b/Af < 0.37$)	85~120 N_b/Af	80~110 N_b/Af	72~100 N_b/Af
	($N_b/Af \geqslant 0.37$)	40	39	35

注:表列数值适用于 Q235,当材料为其他牌号钢材时,应乘以 $\sqrt{235/f_{ay}}$。

2 超过 12 层框架梁、柱板件宽厚比应符合表 8.3.2-2 的规定:

表 8.3.2-2   超过 12 层框架的梁柱板件宽厚比限值

	板 件 名 称	6 度	7 度	8 度	9 度
柱	工字形截面翼缘外伸部分	13	11	10	9
	工字形截面腹板	43	43	43	43
	箱形截面壁板	39	37	35	33
梁	工字形截面和箱形截面翼缘外伸部分	11	10	9	9
	箱形截面翼缘在两腹板间的部分	36	32	30	30
	工字形截面和箱形截面腹板	85~120 N_b/Af	80~110 N_b/Af	72~100 N_b/Af	72~100 N_b/Af

注:表列数值适用于 Q235 钢,采用其他牌号钢材时,应乘以 $\sqrt{235/f_{ay}}$。

8.3.3 梁柱构件的侧向支承应符合下列要求：

1 梁柱构件在出现塑性铰的截面处，其上下翼缘均应设置侧向支承。

2 相邻两支承点间的构件长细比，应符合国家标准《钢结构设计规范》GB 50017关于塑性设计的有关规定。

8.3.4 梁与柱的连接构造，应符合下列要求：

1 梁与柱的连接宜采用柱贯通型。

2 柱在两个互相垂直的方向都与梁刚接时，宜采用箱形截面。当仅在一个方向刚接时，宜采用工字形截面，并将柱腹板置于刚接框架平面内。

3 工字形截面柱（翼缘）和箱形截面柱与梁刚接时，应符合下列要求（图8.3.4-1），有充分依据时也可采用其他构造形式。

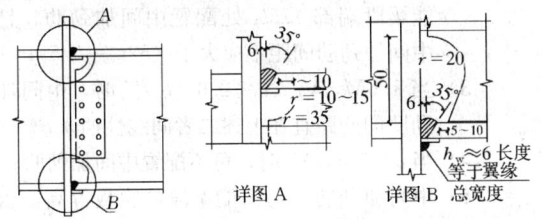

图8.3.4-1 框架梁与柱的现场连接

1）梁翼缘与柱翼缘间应采用全熔透坡口焊缝；8度乙类建筑和9度时，应检验V形切口的冲击韧性，其恰帕冲击韧性在−20℃时不低于27J；

2）柱在梁翼缘对应位置设置横向加劲肋，且加劲肋厚度不应小于梁翼缘厚度；

3）梁腹板宜采用摩擦型高强度螺栓通过连接板与柱连接；腹板角部宜设置扇形切角，其端部与梁翼缘的全熔透焊缝应隔开；

4）当梁翼缘的塑性截面模量小于梁全截面塑性截面模量的70%时，梁腹板与柱的连接螺栓不得少于二列；当计算仅需一列时，仍应布置二列，且此时螺栓总数不得少于计算值的1.5倍；

5）8度Ⅲ、Ⅳ类场地和9度时，宜采用能将塑性铰自梁端外移的骨形连接。

4 框架梁采用悬臂梁段与柱刚性连接时（图8.3.4-2），悬臂梁段与柱应预先采用全焊连接，梁的现场拼接可采用翼缘焊接腹板螺栓连接（a）或全部螺栓连接（b）。

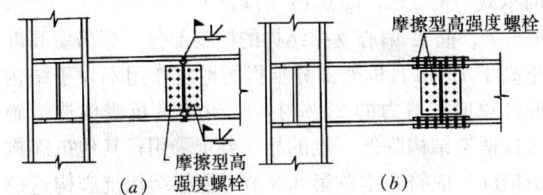

图8.3.4-2 框架梁与柱通过梁悬臂段的连接

5 箱形截面柱在与梁翼缘对应位置设置的隔板应采用全熔透对接焊缝与壁板相连。工字形截面柱的横向加劲肋与柱翼缘应采用全熔透对接焊缝连接，与腹板可采用角焊缝连接。

8.3.5 当节点域的体积不满足本章第8.2.5条3款的规定时，应采取加厚节点域或贴焊补强板的措施。补强板的厚度及其焊缝应按传递补强板所分担剪力的要求设计。

8.3.6 梁与柱刚性连接时，柱在梁翼缘上下各500mm的节点范围内，柱翼缘与柱腹板间或箱形柱壁板间的连接焊缝，应采用坡口全熔透焊缝。

8.3.7 框架柱接头宜位于框架梁上方1.3m附近。

上下柱的对接接头应采用全熔透焊缝，柱拼接接头上下各100mm范围内，工字形截面柱翼缘与腹板间及箱形截面柱角部壁板间的焊缝，应采用全熔透焊缝。

8.3.8 超过12层钢结构的刚接柱脚宜采用埋入式，6、7度时也可采用外包式。

8.4 钢框架-中心支撑结构抗震构造措施

8.4.1 当中心支撑采用只能受拉的单斜杆体系时，应同时设置不同倾斜方向的两组斜杆，且每组中不同方向单斜杆的截面面积在水平方向的投影面积之差不得大于10%。

8.4.2 中心支撑杆件的长细比和板件宽厚比应符合下列规定：

1 支撑杆件的长细比，不宜大于表8.4.2-1的限值。

表8.4.2-1 钢结构中心支撑杆件长细比限值

类　　型		6、7度	8度	9度
不超过12层	按压杆设计	150	120	120
	按拉杆设计	200	150	150
超过12层		120	90	60

注：表列数值适用于Q235钢，采用其他牌号钢材应乘以$\sqrt{235/f_{ay}}$。

2 支撑杆件的板件宽厚比，不应大于表8.4.2-2规定的限值。采用节点板连接时，应注意节点板的强度和稳定。

表8.4.2-2 钢结构中心支撑板件宽厚比限值

板件名称	不超过12层			超过12层			
	7度	8度	9度	6度	7度	8度	9度
翼缘外伸部分	13	11	9	9	8	8	7
工字形截面腹板	33	30	27	25	23	23	21
箱形截面腹板	31	28	25	23	21	21	19
圆管外径与壁厚比				42	40	40	38

注：表列数值适用于Q235钢，采用其他牌号钢材应乘以$\sqrt{235/f_{ay}}$。

8.4.3 中心支撑节点的构造应符合下列要求：

1 超过12层时，支撑宜采用轧制 H 型钢制作，两端与框架可采用刚接构造，梁柱与支撑连接处应设置加劲肋；8、9 度采用焊接工字形截面的支撑时，其翼缘与腹板的连接宜采用全熔透连续焊缝；

2 支撑与框架连接处，支撑杆端宜做成圆弧；

3 梁在其与 V 形支撑或人字支撑相交处，应设置侧向支承；该支承点与梁端支承点间的侧向长细比 (λ_y) 以及支承力，应符合国家标准《钢结构设计规范》GB 50017 关于塑性设计的规定；

4 不超过12层时，若支撑与框架采用节点板连接，应符合国家标准《钢结构设计规范》GB 50017 关于节点板在连接杆件每侧有不小于 30°夹角的规定；支撑端部至节点板嵌固点在沿支撑杆件方向的距离（由节点板与框架构件焊缝的起点垂直于支撑杆轴线的直线至支撑端部的距离），不应小于节点板厚度的 2 倍。

8.4.4 框架-中心支撑结构的框架部分，当房屋高度不高于 100m 且框架部分承担的地震作用不大于结构底部总地震剪力的 25%时，8、9 度的抗震构造措施可按框架结构降低一度的相应要求采用；其他抗震构造措施，应符合本章第 8.3 节对框架结构抗震构造措施的规定。

8.5 钢框架-偏心支撑结构抗震构造措施

8.5.1 偏心支撑框架消能梁段的钢材屈服强度不应大于 **345MPa**。消能梁段及与消能梁段同一跨内的非消能梁段，其板件的宽厚比不应大于表 **8.5.1** 规定的限值。

表 8.5.1 偏心支撑框架梁板件宽厚比限值

板 件 名 称		宽厚比限值
翼缘外伸部分		8
腹板	当 $N/Af \leqslant 0.14$ 时	90 [1－1.65N/(Af)]
	当 $N/Af > 0.14$ 时	33 [2.3－N/(Af)]

注：表列数值适用于 Q235 钢，当材料为其他钢号时，应乘以 $\sqrt{235/f_{ay}}$。

8.5.2 偏心支撑框架的支撑杆件的长细比不应大于 $120\sqrt{235/f_{ay}}$，支撑杆件的板件宽厚比不应超过国家标准《钢结构设计规范》GB 50017 规定的轴心受压构件在弹性设计时的宽厚比限值。

8.5.3 消能梁段的构造应符合下列要求：

1 当 $N>0.16Af$ 时，消能梁段的长度应符合下列规定：

当 $\rho(A_w/A) < 0.3$ 时，$a < 1.6 M_{lp}/V_l$

$$(8.5.3-1)$$

当 $\rho(A_w/A) \geqslant 0.3$ 时，

$$a \leqslant [1.15 - 0.5\rho(A_w/A)]1.6 M_{lp}/V_l \quad (8.5.3-2)$$

$$\rho = N/V \quad (8.5.3-3)$$

式中 a——消能梁段的长度；

ρ——消能梁段轴向力设计值与剪力设计值之比。

2 消能梁段的腹板不得贴焊补强板，也不得开洞。

3 消能梁段与支撑连接处，应在其腹板两侧配置加劲肋，加劲肋的高度应为梁腹板高度，一侧的加劲肋宽度不应小于 ($b_f/2-t_w$)，厚度不应小于 $0.75t_w$ 和 10mm 的较大值。

4 消能梁段应按下列要求在其腹板上设置中间加劲肋：

1) 当 $a \leqslant 1.6 M_{lp}/V_l$ 时，加劲肋间距不大于 ($30t_w-h/5$)；

2) 当 $2.6 M_{lp}/V_l < a \leqslant 5M_{lp}/V_l$ 时，应在距消能梁段端部 $1.5b_f$ 处配置中间加劲肋，且中间加劲肋间距不应大于 ($52t_w-h/5$)；

3) 当 $1.6M_{lp}/V_l < a \leqslant 2.6 M_{lp}/V_l$ 时，中间加劲肋的间距宜在上述二者间线性插入；

4) 当 $a>5M_{lp}/V_l$ 时，可不配置中间加劲肋；

5) 中间加劲肋应与消能梁段的腹板等高，当消能梁段截面高度不大于 640mm 时，可配置单侧加劲肋，消能梁段截面高度大于 640mm 时，应在两侧配置加劲肋，一侧加劲肋的宽度不应小于 ($b_f/2-t_w$)，厚度不应小于 t_w 和 10mm。

8.5.4 消能梁段与柱的连接应符合下列要求：

1 消能梁段与柱连接时，其长度不得大于 $1.6M_{lp}/V_l$，且应满足第 8.2.7 条的规定。

2 消能梁段翼缘与柱翼缘之间应采用坡口全熔透对接焊缝连接，消能梁段腹板与柱之间应采用角焊缝连接；角焊缝的承载力不得小于消能梁段腹板的轴向承载力、受剪承载力和受弯承载力。

3 消能梁段与柱腹板连接时，消能梁段翼缘与连接板间应采用坡口全熔透焊缝，消能梁段腹板与柱间应采用角焊缝；角焊缝的承载力不得小于消能梁段腹板的轴向承载力、受剪承载力和受弯承载力。

8.5.5 消能梁段两端上下翼缘应设置侧向支撑，支撑的轴力设计值不得小于消能梁段翼缘轴向承载力设计值（翼缘宽度、厚度和钢材受压承载力设计值三者的乘积）的 6%，即 $0.06b_ft_ff$。

8.5.6 偏心支撑框架梁的非消能梁段上下翼缘，应设置侧向支撑，支撑的轴力设计值不得小于梁翼缘轴向承载力的 2%，即 $0.02b_ft_ff$。

8.5.7 框架-偏心支撑结构的框架部分，当房屋高度不高于 100m 且框架部分承担的地震作用不大于结构底部总地震剪力的 25%时，8、9 度的抗震构造措施可按框架结构降低一度的相应要求采用；其他抗震构造措施，应符合本章第 8.3 节对框架结构抗震构造措施的规定。

9 单层工业厂房

9.1 单层钢筋混凝土柱厂房

（Ⅰ）一般规定

9.1.1 厂房的结构布置，应符合下列要求：

1 多跨厂房宜等高和等长。

2 厂房的贴建房屋和构筑物，不宜布置在厂房角部和紧邻防震缝处。

3 厂房体型复杂或有贴建的房屋和构筑物时，宜设防震缝；在厂房纵横跨交接处、大柱网厂房或不设柱间支撑的厂房，防震缝宽度可采用100～150mm，其他情况可采用50～90mm。

4 两个主厂房之间的过渡跨至少应有一侧采用防震缝与主厂房脱开。

5 厂房内上吊车的铁梯不应靠近防震缝设置；多跨厂房各跨上吊车的铁梯不宜设置在同一横向轴线附近。

6 工作平台宜与厂房主体结构脱开。

7 厂房的同一结构单元内，不应采用不同的结构形式；厂房端部应设屋架，不应采用山墙承重；厂房单元内不应采用横墙和排架混合承重。

8 厂房各柱列的侧移刚度宜均匀。

9.1.2 厂房天窗架的设置，应符合下列要求：

1 天窗宜采用突出屋面较小的避风型天窗，有条件或9度时宜采用下沉式天窗。

2 突出屋面的天窗宜采用钢天窗架；6～8度时，可采用矩形截面杆件的钢筋混凝土天窗架。

3 8度和9度时，天窗架宜从厂房单元端部第三柱间开始设置。

4 天窗屋盖、端壁板和侧板，宜采用轻型板材。

9.1.3 厂房屋架的设置，应符合下列要求：

1 厂房宜采用钢屋架或重心较低的预应力混凝土、钢筋混凝土屋架。

2 跨度不大于15m时，可采用钢筋混凝土屋面梁。

3 跨度大于24m，或8度Ⅲ、Ⅳ类场地和9度时，应优先采用钢屋架。

4 柱距为12m时，可采用预应力混凝土托架（梁）；当采用钢屋架时，亦可采用钢托架（梁）。

5 有突出屋面天窗架的屋盖不宜采用预应力混凝土或钢筋混凝土空腹屋架。

9.1.4 厂房柱的设置，应符合下列要求：

1 8度和9度时，宜采用矩形、工字形截面柱或斜腹杆双肢柱，不宜采用薄壁工字形柱、腹板开孔工字形柱、预制腹板的工字形柱和管柱。

2 柱底至室内地坪以上500mm范围内和阶形柱的上柱宜采用矩形截面。

9.1.5 厂房围护墙、女儿墙的布置和抗震构造措施，应符合本规范第13.3节对非结构构件的有关规定。

（Ⅱ）计算要点

9.1.6 7度Ⅰ、Ⅱ类场地，柱高不超过10m且结构单元两端均有山墙的单跨及等高多跨厂房（锯齿形厂房除外），当按本规范的规定采取抗震构造措施时，可不进行横向及纵向的截面抗震验算。

9.1.7 厂房的横向抗震计算，应采用下列方法：

1 混凝土无檩和有檩屋盖厂房，一般情况下，宜计及屋盖的横向弹性变形，按多质点空间结构分析；当符合本规范附录H的条件时，可按平面排架计算，并按附录H的规定对排架柱的地震剪力和弯矩进行调整。

2 轻型屋盖厂房，柱距相等时，可按平面排架计算。

注：本节轻型屋盖指屋面为压型钢板、瓦楞铁、石棉瓦等有檩屋盖。

9.1.8 厂房的纵向抗震计算，应采用下列方法：

1 混凝土无檩和有檩屋盖及有较完整支撑系统的轻型屋盖厂房，可采用下列方法：

1）一般情况下，宜计及屋盖的纵向弹性变形，围护墙与隔墙的有效刚度，不对称时尚宜计及扭转的影响，按多质点进行空间结构分析；

2）柱顶标高不大于15m且平均跨度不大于30m的单跨或等高多跨的钢筋混凝土柱厂房，宜采用本规范附录J规定的修正刚度法计算。

2 纵墙对称布置的单跨厂房和轻型屋盖的多跨厂房，可按柱列分片独立计算。

9.1.9 突出屋面天窗架的横向抗震计算，可采用下列方法：

1 有斜撑杆的三铰拱式钢筋混凝土和钢天窗架的横向抗震计算可采用底部剪力法；跨度大于9m或9度时，天窗架的地震作用效应应乘以增大系数，增大系数可采用1.5。

2 其他情况下天窗架的横向水平地震作用可用振型分解反应谱法。

9.1.10 突出屋面天窗架的纵向抗震计算，可采用下列方法：

1 天窗架的纵向抗震计算，可采用空间结构分析法，并计及屋盖平面弹性变形和纵墙的有效刚度。

2 柱高不超过15m的单跨和等高多跨混凝土无檩屋盖厂房的天窗架纵向地震作用计算，可采用底部剪力法，但天窗架的地震作用效应应乘以效应增大系数，其值可按下列规定采用：

1）单跨、边跨屋盖或有纵向内隔墙的中跨屋盖：

$$\eta = 1 + 0.5n \qquad (9.1.10\text{-}1)$$

2）其他中跨屋盖：

$$\eta = 0.5n \qquad (9.1.10\text{-}2)$$

式中　η——效应增大系数；

　　　n——厂房跨数，超过四跨时取四跨。

9.1.11　两个主轴方向柱距均不小于 12m、无桥式吊车且无柱间支撑的大柱网厂房，柱截面抗震验算应同时计算两个主轴方向的水平地震作用，并应计入位移引起的附加弯矩。

9.1.12　不等高厂房中，支承低跨屋盖的柱牛腿（柱肩）的纵向受拉钢筋截面面积，应按下式确定：

$$A_s \geqslant \left(\frac{N_G a}{0.85 h_0 f_y} + 1.2 \frac{N_E}{f_y} \right) \gamma_{RE} \qquad (9.1.12)$$

式中　A_s——纵向水平受拉钢筋的截面面积；

　　　N_G——柱牛腿面上重力荷载代表值产生的压力设计值；

　　　a——重力作用点至下柱近侧边缘的距离，当小于 $0.3 h_0$ 时采用 $0.3 h_0$；

　　　h_0——牛腿最大竖向截面的有效高度；

　　　N_E——柱牛腿面上地震组合的水平拉力设计值；

　　　γ_{RE}——承载力抗震调整系数，可采用 1.0。

9.1.13　柱间交叉支撑斜杆的地震作用效应及其与柱连接节点的抗震验算，可按本规范附录 J 的规定进行。

9.1.14　8 度和 9 度时，高大山墙的抗风柱应进行平面外的截面抗震验算。

9.1.15　当抗风柱与屋架下弦相连接时，连接点应设在下弦横向支撑节点处，下弦横向支撑杆件的截面和连接节点应进行抗震承载力验算。

9.1.16　当工作平台和刚性内隔墙与厂房主体结构连接时，应采用与厂房实际受力相适应的计算简图，计入工作平台和刚性内隔墙对厂房的附加地震作用影响，变位受约束且剪跨比不大于 2 的排架柱，其斜截面受剪承载力应按国家标准《混凝土结构设计规范》GB 50010 的规定计算，并采取相应的抗震措施。

9.1.17　8 度Ⅲ、Ⅳ类场地和 9 度时，带有小立柱的拱形和折线形屋架或上弦节间较长且矢高较大的屋架，屋架上弦宜进行抗扭验算。

（Ⅲ）抗震构造措施

9.1.18　有檩屋盖构件的连接及支撑布置，应符合下列要求：

　　1　檩条应与混凝土屋架（屋面梁）焊牢，并应有足够的支承长度。

　　2　双脊檩应在跨度 1/3 处相互拉结。

　　3　压型钢板应与檩条可靠连接，瓦楞铁、石棉瓦等应与檩条拉结。

　　4　支撑布置宜符合表 9.1.18 的要求。

表 9.1.18　有檩屋盖的支撑布置

支撑名称		烈　度		
		6、7	8	9
屋架支撑	上弦横向支撑	厂房单元端开间各设一道	厂房单元端开间及厂房单元长度大于 66m 的柱间支撑开间各设一道；天窗开洞范围的两端各增设局部的支撑一道	厂房单元端开间及厂房单元长度大于 42m 的柱间支撑开间各设一道；天窗开洞范围的两端各增设局部的上弦横向支撑一道
	下弦横向支撑	同非抗震设计		下弦横向支撑一道
	跨中竖向支撑			
	端部竖向支撑	屋架端部高度大于 900mm 时，厂房单元端开间及柱间支撑开间各设一道		
天窗架支撑	上弦横向支撑	厂房单元天窗端开间各设一道	厂房单元天窗端开间及每隔 30m 各设一道	厂房单元天窗端开间及每隔 18m 各设一道
	两侧竖向支撑	厂房单元天窗端开间及每隔 36m 各设一道		

9.1.19　无檩屋盖构件的连接及支撑布置，应符合下列要求：

　　1　大型屋面板应与屋架（屋面梁）焊牢，靠柱列的屋面板与屋架（屋面梁）的连接焊缝长度不宜小于 80mm。

　　2　6 度和 7 度时，有天窗厂房单元的端开间，或 8 度和 9 度时各开间，宜将垂直屋架方向两侧相邻的大型屋面板的顶面彼此焊牢。

　　3　8 度和 9 度时，大型屋面板端头底面的预埋件宜采用角钢并与主筋焊牢。

　　4　非标准屋面板宜采用装配整体式接头，或将板四角切掉后与屋架（屋面梁）焊牢。

　　5　屋架（屋面梁）端部顶面预埋件的锚筋，8 度时不宜少于 4ϕ10，9 度时不宜少于 4ϕ12。

　　6　支撑的布置宜符合表 9.1.19-1 的要求，有中间井式天窗时宜符合表 9.1.19-2 的要求；8 度和 9 度跨度不大于 15m 的屋面梁屋盖，可仅在厂房单元两端各设竖向支撑一道。

表 9.1.19-1　无檩屋盖的支撑布置

支撑名称			烈度		
			6、7	8	9
屋架支撑		上弦横向支撑	屋架跨度小于18m时同非抗震设计，跨度不小于18m时在厂房单元端开间各设一道	厂房单元端开间及柱间支撑开间各设一道，天窗开洞范围的两端各增设局部的支撑一道	
		上弦通长水平系杆	同非抗震设计	沿屋架跨度不大于15m设一道，但装配整体式屋面可不设；围护墙在屋架上弦高度有现浇圈梁时，其端部处可不另设	沿屋架跨度不大于12m设一道，但装配整体式屋面可不设；围护墙在屋架上弦高度有现浇圈梁时，其端部处可不另设
		下弦横向支撑		同非抗震设计	同上弦横向支撑
		跨中竖向支撑			
	两端竖向支撑	屋架端部高度≤900mm		厂房单元端开间各设一道	厂房单元端开间及每隔48m各设一道
		屋架端部高度>900mm	厂房单元端开间各设一道	厂房单元端开间及柱间支撑开间各设一道	厂房单元端开间、柱间支撑开间及每隔30m各设一道
		天窗两侧竖向支撑	厂房单元天窗端开间及每隔30m各设一道	厂房单元天窗端开间及每隔24m各设一道	厂房单元天窗端开间及每隔18m各设一道
		上弦横向支撑	同非抗震设计	天窗跨度≥9m时，厂房单元天窗端开间及柱间支撑开间各设一道	厂房单元端开间及柱间支撑开间各设一道

表 9.1.19-2　中间井式天窗无檩屋盖支撑布置

支撑名称	6、7度	8度	9度
上弦横向支撑 下弦横向支撑	厂房单元端开间各设一道	厂房单元端开间及柱间支撑开间各设一道	
上弦通长水平系杆	天窗范围内屋架跨中上弦节点处设置		
下弦通长水平系杆	天窗两侧及天窗范围内屋架下弦节点处设置		
跨中竖向支撑	有上弦横向支撑开间设置，位置与下弦通长系杆相对应		
两端竖向支撑　屋架端部高度≤900mm	同非抗震设计		有上弦横向支撑开间，且间距不大于48m
两端竖向支撑　屋架端部高度>900mm	厂房单元端开间各设一道	有上弦横向支撑开间，且间距不大于48m	有上弦横向支撑开间，且间距不大于30m

9.1.20　屋盖支撑尚应符合下列要求：

1　天窗开洞范围内，在屋架脊点处应设上弦通长水平压杆。

2　屋架跨中竖向支撑在跨度方向的间距，6～8度时不大于15m，9度时不大于12m；当仅在跨中设一道时，应设在跨中屋架屋脊处；当设二道时，应在跨度方向均匀布置。

3　屋架上、下弦通长水平系杆与竖向支撑宜配合设置。

4　柱距不小于12m且屋架间距6m的厂房，托架（梁）区段及其相邻开间应设下弦纵向水平支撑。

5　屋盖支撑杆件宜用型钢。

9.1.21　突出屋面的混凝土天窗架，其两侧墙板与天窗立柱宜采用螺栓连接。

9.1.22　混凝土屋架的截面和配筋，应符合下列要求：

1　屋架上弦第一节间和梯形屋架端竖杆的配筋，6度和7度时不宜少于4φ12，8度和9度时不宜少于4φ14。

2　梯形屋架的端竖杆截面宽度宜与上弦宽度相同。

3　拱形和折线形屋架上弦端部支撑屋面板的小

立柱，截面不宜小于 200mm×200mm，高度不宜大于 500mm，主筋宜采用Ⅱ形，6 度和 7 度时不宜少于 4φ12，8 度和 9 度时不宜少于 4φ14，箍筋可采用 φ6，间距宜为 100mm。

9.1.23 厂房柱子的箍筋，应符合下列要求：

 1 下列范围内柱的箍筋应加密：

  1）柱头，取柱顶以下 500mm 并不小于柱截面长边尺寸；

  2）上柱，取阶形柱自牛腿面至吊车梁顶面以上 300mm 高度范围内；

  3）牛腿（柱肩），取全高；

  4）柱根，取下柱柱底至室内地坪以上 500mm；

  5）柱间支撑与柱连接节点和柱变位受平台等约束的部位，取节点上、下各 300mm。

 2 加密区箍筋间距不应大于 100mm，箍筋肢距和最小直径应符合表 9.1.23 的规定：

表 9.1.23 柱加密区箍筋最大肢距和最小箍筋直径

烈度和场地类别	6 度和 7 度Ⅰ、Ⅱ类场地	7 度Ⅲ、Ⅳ类场地和 8 度Ⅰ、Ⅱ类场地	8 度Ⅲ、Ⅳ类场地和 9 度
箍筋最大肢距（mm）	300	250	200
箍筋最小直径：一般柱头和柱根	φ6	φ8	φ8（φ10）
箍筋最小直径：角柱柱头	φ8	φ10	φ10
箍筋最小直径：上柱牛腿和有支撑的柱根	φ8	φ8	φ10
箍筋最小直径：有支撑的柱头和柱变位受约束部位	φ8	φ10	φ10

注：括号内数值用于柱根。

9.1.24 山墙抗风柱的配筋，应符合下列要求：

 1 抗风柱柱顶以下 300mm 和牛腿（柱肩）面以上 300mm 范围内的箍筋，直径不宜小于 6mm，间距不应大于 100mm，肢距不宜大于 250mm。

 2 抗风柱的变截面牛腿（柱肩）处，宜设置纵向受拉钢筋。

9.1.25 大柱网厂房柱的截面和配筋构造，应符合下列要求：

 1 柱截面宜采用正方形或接近正方形的矩形，边长不宜小于柱全高的 1/18～1/16。

 2 重屋盖厂房地震组合的柱轴压比，6、7 度时不宜大于 0.8，8 度时不宜大于 0.7，9 度时不应大于 0.6。

 3 纵向钢筋宜沿柱截面周边对称配置，间距不宜大于 200mm，角部宜配置直径较大的钢筋。

 4 柱头和柱根的箍筋应加密，并应符合下列要求：

  1）加密范围，柱根取基础顶面至室内地坪以上 1m，且不小于柱全高的 1/6；柱头取柱顶以下 500mm，且不小于柱截面长边尺寸；

  2）箍筋直径、间距和肢距，应符合本章第 9.1.23 条的规定。

9.1.26 厂房柱间支撑的设置和构造，应符合下列要求：

 1 厂房柱间支撑的布置，应符合下列规定：

  1）一般情况下，应在厂房单元中部设置上、下柱间支撑，且下柱支撑应与上柱支撑配套设置；

  2）有吊车或 8 度和 9 度时，宜在厂房单元两端增设上柱支撑；

  3）厂房单元较长或 8 度Ⅲ、Ⅳ类场地和 9 度时，可在厂房单元中部 1/3 区段内设置两道柱间支撑。

 2 柱间支撑应采用型钢，支撑形式宜采用交叉式，其斜杆与水平面的交角不宜大于 55°。

 3 支撑杆件的长细比，不宜超过表 9.1.26 的规定。

 4 下柱支撑的下节点位置和构造措施，应保证将地震作用直接传给基础；当 6 度和 7 度不能直接传给基础时，应计及支撑对柱和基础的不利影响。

 5 交叉支撑在交叉点应设置节点板，其厚度不应小于 10mm，斜杆与交叉节点板应焊接，与端节点板宜焊接。

表 9.1.26 交叉支撑斜杆的最大长细比

位　置	烈　度			
	6 度和 7 度Ⅰ、Ⅱ类场地	7 度Ⅲ、Ⅳ类场地和 8 度Ⅰ、Ⅱ类场地	8 度Ⅲ、Ⅳ类场地和 9 度Ⅰ、Ⅱ类场地	9 度Ⅲ、Ⅳ类场地
上柱支撑	250	250	200	150
下柱支撑	200	200	150	150

9.1.27 8 度时跨度不小于 18m 的多跨厂房中柱和 9 度时多跨厂房各柱，柱顶宜设置通长水平压杆，此压杆可与梯形屋架支座处通长水平系杆合并设置，钢筋混凝土系杆端头与屋架间的空隙应采用混凝土填实。

9.1.28 厂房结构构件的连接节点，应符合下列要求：

 1 屋架（屋面梁）与柱顶的连接，8 度时宜采用螺栓，9 度时宜采用钢板铰，亦可采用螺栓；屋架（屋面梁）端部支承垫板的厚度不宜小于 16mm。

 2 柱顶预埋件的锚筋，8 度时不宜少于 4φ14，9 度时不宜少于 4φ16；有柱间支撑的柱子，柱顶预埋件尚应增设抗剪钢板。

 3 山墙抗风柱的柱顶，应设置预埋板，使柱顶与端屋架的上弦（屋面梁上翼缘）可靠连接。连接部位应位于上弦横向支撑与屋架的连接点处，不符合时可在支撑中增设次腹杆或设置型钢横梁，将水平地震作用传至节点部位。

4 支承低跨屋盖的中柱牛腿（柱肩）的预埋件，应与牛腿（柱肩）中按计算承受水平拉力部分的纵向钢筋焊接，且焊接的钢筋，6度和7度时不应少于 2ϕ12，8度时不应少于 2ϕ14，9度不应少于 2ϕ16。

5 柱间支撑与柱连接节点预埋件的锚件，8度 Ⅲ、Ⅳ类场地和9度时，宜采用角钢加端板，其他情况可采用 HRB335 级或 HRB400 级热轧钢筋，但锚固长度不应小于 30 倍锚筋直径或增设端板。

6 厂房中的吊车走道板、端屋架与山墙间的填充小屋面板、天沟板、天窗端壁板和天窗侧板下的填充砌体等构件应与支承结构有可靠的连接。

9.2 单层钢结构厂房

（Ⅰ）一般规定

9.2.1 本节主要适用于钢柱、钢屋架或实腹梁承重的单跨和多跨的单层厂房。不适用于单层轻型钢结构厂房。

9.2.2 厂房平面布置和钢筋混凝土屋面板的设置构造要求等，可参照本规范第9.1节单层钢筋混凝土柱厂房的有关规定。

9.2.3 厂房的结构体系应符合下列要求：

1 厂房的横向抗侧力体系，可采用屋盖横梁与柱顶刚接或铰接的框架、门式刚架、悬臂柱或其他结构体系。厂房纵向抗侧力体系宜采用柱间支撑，条件限制时也可采用刚架结构。

2 构件在可能产生塑性铰的最大应力区内，应避免焊接接头；对于厚度较大无法采用螺栓连接的构件，可采用对接焊缝等强度连接。

3 屋盖横梁与柱顶铰接时，宜采用螺栓连接。刚接框架的屋架上弦与柱相连的连接板，不应出现塑性变形。当横梁为实腹梁时，梁与柱的连接以及梁与梁拼接的受弯、受剪极限承载力，应能分别承受梁全截面屈服时受弯、受剪承载力的1.2倍。

4 柱间支撑杆件应采用整根材料，超过材料最大长度规格时可采用对接焊缝等强拼接；柱间支撑与构件的连接，不应小于支撑杆件塑性承载力的1.2倍。

（Ⅱ）计算要点

9.2.4 厂房抗震计算时，应根据屋盖高差和吊车设置情况，分别采用单质点、双质点或多质点模型计算地震作用。

9.2.5 厂房地震作用计算时，围护墙的自重与刚度应符合下列规定：

1 轻质墙板或与柱柔性连接的预制钢筋混凝土墙板，应计入墙体的全部自重，但不应计入刚度。

2 与柱贴砌且与柱拉结的砌体围护墙，应计入全部自重，在平行于墙体方向计算时可计入等效刚度，其

等效系数可采用0.4。

9.2.6 厂房横向抗震计算可采用下列方法：

1 一般情况下，宜计入屋盖变形进行空间分析。

2 采用轻型屋盖时，可按平面排架或框架计算。

9.2.7 厂房纵向抗震计算，可采用下列方法：

1 采用轻质墙板或与柱柔性连接的大型墙板的厂房，可按单质点计算，各柱列的地震作用应按以下原则分配：

　　1）钢筋混凝土无檩屋盖可按柱列刚度比例分配；

　　2）轻型屋盖可按柱列承受的重力荷载代表值的比例分配；

　　3）钢筋混凝土有檩屋盖可取上述两种分配结果的平均值。

2 采用与柱贴砌的烧结普通黏土砖围护墙厂房，可参照本规范第9.1.8条的规定。

9.2.8 屋盖竖向支撑桁架的腹杆应能承受和传递屋盖的水平地震作用，其连接的承载力应大于腹杆的内力，并满足构造要求。

9.2.9 柱间交叉支撑的地震作用及验算可按本规范附录J.2的规定按拉杆计算，并计及相交受压杆的影响。交叉支撑端部的连接，对单角钢支撑应计入强度折减，8、9度时不得采用单面偏心连接；交叉支撑有一杆中断时，交叉节点板应予以加强，其承载力不小于1.1倍杆件承载力。

（Ⅲ）抗震构造措施

9.2.10 屋盖的支撑布置，宜符合本规范第9.1节的有关要求。

9.2.11 柱的长细比不应大于 $120\sqrt{235/f_{ay}}$。

9.2.12 单层框架柱、梁截面板件的宽厚比限值，除应符合现行《钢结构设计规范》GB 50017对钢结构弹性阶段设计的有关规定外，尚应符合表9.2.12的规定：

表 9.2.12　单层钢结构厂房板件宽厚比限值

构件	板件名称	7度	8度	9度
柱	工形截面翼缘外伸部分	13	11	10
	箱形截面两腹板间翼缘	38	36	36
	工形、箱形截面腹板 （$N_c/Af<0.25$）	70	65	60
	（$N_c/Af\geq0.25$）	58	52	48
	圆管外径与壁厚比	60	55	50
梁	工形截面翼缘外伸部分	11	10	9
	箱形截面两腹板间翼缘	36	32	30
	工形、箱形截面腹板 （$N_b/Af<0.37$）	85—120ρ	80—110ρ	72—100ρ

续表 9.2.12

构件	板件名称	7度	8度	9度
梁	腹板（$N_b/Af \geqslant 0.37$）	40	39	35

注：1 表列数值适用于 Q235 钢，当材料为其他钢号时，应乘以 $\sqrt{235/f_{ay}}$；

2 N_c、N_b 分别为柱、梁轴向力；A 为相应构件截面面积；f 为钢材抗拉强度设计值；

3 ρ 指 N_b/Af 的值；

4 构件腹板宽厚比，可通过设置纵向加劲肋减小。

9.2.13 柱脚应采取保证能传递柱身承载力的插入式或埋入式柱脚。6、7 度时亦可采用外露式刚性柱脚，但柱脚螺栓的组合弯矩设计值应乘以增大系数 1.2。

实腹式钢柱采用插入式柱脚的埋入深度，不得小于钢柱截面高度的 2 倍；同时应满足下式要求：

$$d \geqslant \sqrt{6M/b_t f_c} \qquad (9.2.13)$$

式中 d——柱脚埋深；

M——柱脚全截面屈服时的极限弯矩；

b_f——柱在受弯方向截面的翼缘宽度；

f_c——基础混凝土轴心受压强度设计值。

9.2.14 柱间交叉支撑应符合下列要求：

1 有吊车时，应在厂房单元中部设置上下柱间支撑，并应在厂房单元两端增设上柱支撑；7 度时结构单元长度大于 120m，8、9 度时结构单元长度大于 90m，宜在单元中部 1/3 区段内设置两道上下柱间支撑。

2 柱间交叉支撑的长细比、支撑斜杆与水平面的夹角、支撑斜杆交叉点的节点板厚度，应符合本规范第 9.1.26 条的有关规定。

3 有条件时，可采用消能支撑。

9.3 单层砖柱厂房

（Ⅰ）一般规定

9.3.1 本节适用于下列范围内的烧结普通黏土砖柱（墙垛）承重的中小型厂房：

1 单跨和等高多跨且无桥式吊车的车间、仓库等。

2 6～8 度，跨度不大于 15m 且柱顶标高不大于 6.6m。

3 9 度，跨度不大于 12m 且柱顶标高不大于 4.5m。

9.3.2 厂房的平立面布置，宜符合本章第 9.1 节的有关规定，但防震缝的设置，应符合下列要求：

1 轻型屋盖厂房，可不设防震缝。

2 钢筋混凝土屋盖厂房与贴建的建（构）筑物间宜设防震缝，其宽度可采用 50～70mm。

3 防震缝处应设置双柱或双墙。

注：本节轻型屋盖指木屋盖和轻钢屋架、压型钢板、瓦楞铁、石棉瓦屋面的屋盖。

9.3.3 厂房两端均应设置承重山墙；天窗不应通至厂房单元的端开间，天窗不应采用端砖壁承重。

9.3.4 厂房的结构体系，尚应符合下列要求：

1 6～8 度时，宜采用轻型屋盖，9 度时，应采用轻型屋盖。

2 6 度和 7 度时，可采用十字形截面的无筋砖柱；8 度和 9 度时应采用组合砖柱，且中柱在 8 度Ⅲ、Ⅳ类场地和 9 度时宜采用钢筋混凝土柱。

3 厂房纵向的独立砖柱柱列，可在柱间设置与柱等高的抗震墙承受纵向地震作用，砖抗震墙应与柱同时咬槎砌筑，并应设置基础；无砖抗震墙的柱顶，应设通长水平压杆。

4 纵、横向隔墙宜做成抗震墙，非承重横隔墙和非整体砌筑且不到顶的纵向隔墙宜采用轻质墙，当采用非轻质墙时，应计及隔墙对柱及其与屋架（梁）连接节点的附加地震剪力。独立的纵、横内隔墙应采取措施保证其平面外的稳定性，且顶部应设置现浇钢筋混凝土压顶梁。

（Ⅱ）计算要点

9.3.5 按本节规定采取抗震构造措施的单层砖柱厂房，当符合下列条件时，可不进行横向或纵向截面抗震验算：

1 7 度Ⅰ、Ⅱ类场地，柱顶标高不超过 4.5m，且结构单元两端均有山墙的单跨及等高多跨砖柱厂房，可不进行横向和纵向抗震验算。

2 7 度Ⅰ、Ⅱ类场地，柱顶标高不超过 6.6m，两侧设有厚度不小于 240mm 且开洞截面面积不超过 50% 的外纵墙，结构单元两端均有山墙的单跨厂房，可不进行纵向抗震验算。

9.3.6 厂房的横向抗震计算，可采用下列方法：

1 轻型屋盖厂房可按平面排架进行计算。

2 钢筋混凝土屋盖厂房和密铺望板的瓦木屋盖厂房可按平面排架进行计算并计及空间工作，按本规范附录 H 调整地震作用效应。

9.3.7 厂房的纵向抗震计算，可采用下列方法：

1 钢筋混凝土屋盖厂房宜采用振型分解反应谱法进行计算。

2 钢筋混凝土屋盖的等高多跨砖柱厂房可按本规范附录 K 规定的修正刚度法进行计算。

3 纵墙对称布置的单跨厂房和轻型屋盖的多跨厂房，可采用柱列分片独立进行计算。

9.3.8 突出屋面天窗架的横向和纵向抗震计算应符合本章第 9.1.9 条和第 9.1.10 条的规定。

9.3.9 偏心受压砖柱的抗震验算，应符合下列要求：

1 无筋砖柱地震组合轴向力设计值的偏心距，

不宜超过 0.9 倍截面形心到轴向力所在方向截面边缘的距离；承载力抗震调整系数可采用 0.9。

　　2 组合砖柱的配筋应按计算确定，承载力抗震调整系数可采用 0.85。

（Ⅲ）抗震构造措施

9.3.10 木屋盖的支撑布置，宜符合表 9.3.10 的要求，钢屋架、瓦楞铁、石棉瓦等屋面的支撑，可按表中无望板屋盖的规定设置，不应在端开间设置下弦水平系杆与山墙连接；支撑与屋架或天窗架应采用螺栓连接；木天窗架的边柱，宜采用通长木夹板或铁板并通过螺栓加强边柱与屋架上弦的连接。

9.3.11 檩条与山墙卧梁应可靠连接，有条件时可采用檩条伸出山墙的屋面结构。

9.3.12 钢筋混凝土屋盖的构造措施，应符合本章第 9.1 节的有关规定。

9.3.13 厂房柱顶标高处应沿房屋外墙及承重内墙设置现浇闭合圈梁，8 度和 9 度时还应沿墙高每隔 3～4m 增设一道圈梁，圈梁的截面高度不应小于 180mm，配筋不应少于 4φ12；当地基为软弱黏性土、液化土、新近填土或严重不均匀土层时，尚应设置基础圈梁。当圈梁兼作门窗过梁或抵抗不均匀沉降影响时，其截面和配筋除满足抗震要求外，尚应根据实际受力计算确定。

表 9.3.10　木屋盖的支撑布置

支撑名称		烈　　　度				
		6、7	8			9
		各类屋盖	满铺望板		稀铺望板或无望板	满铺望板	稀铺望板或无望板
			无天窗	有天窗			
屋架支撑	上弦横向支撑	同非抗震设计	房屋单元两端天窗开洞范围内各设一道		屋架跨度大于 6m 时，房屋单元两端第二开间及每隔 20m 设一道	屋架跨度大于 6m 时，房屋单元两端第二开间各设一道	屋架跨度大于 6m 时，房屋单元两端第二开间及每隔 20m 设一道
	下弦横向支撑	同非抗震设计					屋架跨度大于 6m 时，房屋单元两端第二开间及每隔 20m 设一道
	跨中竖向支撑	同非抗震设计					隔间设置并加下弦通长水平系杆
天窗架支撑	天窗两侧竖向支撑	天窗两端第一开间各设一道			天窗两端第一开间及每隔 20m 左右设一道		
	上弦横向支撑	跨度较大的天窗，参照无天窗屋架的支撑布置					

9.3.14 山墙应沿屋面设置现浇钢筋混凝土卧梁，并应与屋盖构件锚拉；山墙壁柱的截面与配筋，不宜小于排架柱，壁柱应通到墙顶并与卧梁或屋盖构件连接。

9.3.15 屋架（屋面梁）与墙顶圈梁或柱顶垫块，应采用螺栓或焊接连接；柱顶垫块应现浇，其厚度不应小于 240mm，并应配置两层直径不小于 8mm 间距不大于 100mm 的钢筋网；墙顶圈梁应与柱顶垫块整浇，9 度时，在垫块两侧各 500mm 范围内，圈梁的箍筋间距不应大于 100mm。

9.3.16 砖柱的构造应符合下列要求：

　　1 砖的强度等级不应低于 MU10，砂浆的强度等级不应低于 M5；组合砖柱中的混凝土强度等级应采用 C20。

　　2 砖柱的防潮层应采用防水砂浆。

9.3.17 钢筋混凝土屋盖的砖柱厂房，山墙开洞的水平截面面积不宜超过总截面面积的 50%；8 度时，应在山、横墙两端设置钢筋混凝土构造柱；9 度时，应在山、横墙两端及高大的门洞两侧设置钢筋混凝土构造柱。

　　钢筋混凝土构造柱的截面尺寸，可采用 240mm×240mm；当为 9 度且山、横墙的厚度为 370mm 时，其截面宽度宜取 370mm；构造柱的竖向钢筋，8 度时不应少于 4φ12，9 度时不应少于 4φ14；箍筋可采用 φ6，间距宜采用 250～300mm。

9.3.18 砖砌体墙的构造应符合下列要求：

　　1 8 度和 9 度时，钢筋混凝土无檩屋盖砖柱厂房，砖围护墙顶部宜沿墙长每隔 1m 埋入 1φ8 竖向钢筋，并插入顶部圈梁内。

　　2 7 度且墙顶高度大于 4.8m 或 8 度和 9 度时，外墙转角及承重内横墙与外纵墙交接处，当不设置构造柱时，应沿墙高每 500mm 配置 2φ6 钢筋，每边伸入墙内不小于 1m。

　　3 出屋面女儿墙的抗震构造措施，应符合本规范第 13.3 节的有关规定。

10 单层空旷房屋

10.1 一般规定

10.1.1 本章适用于较空旷的单层大厅和附属房屋组成的公共建筑。

10.1.2 大厅、前厅、舞台之间,不宜设防震缝分开;大厅与两侧附属房屋之间可不设防震缝。但不设缝时应加强连接。

10.1.3 单层空旷房屋大厅,支承屋盖的承重结构,在下列情况下不应采用砖柱:

1 9度时与8度Ⅲ、Ⅳ类场地的建筑。

2 大厅内设有挑台。

3 8度Ⅰ、Ⅱ类场地和7度Ⅲ、Ⅳ类场地,大厅跨度大于15m或柱顶高度大于6m。

4 7度Ⅰ、Ⅱ类场地和6度Ⅲ、Ⅳ类场地,大厅跨度大于18m或柱顶高度大于8m。

10.1.4 单层空旷房屋大厅,支承屋盖的承重结构除第10.1.3条规定者外,可在大厅纵墙屋架支点下,增设钢筋混凝土-砖组合壁柱,不得采用无筋砖壁柱。

10.1.5 前厅结构布置应加强横向的侧向刚度,大门处壁柱,及前厅内独立柱应设计成钢筋混凝土柱。

10.1.6 前厅与大厅、大厅与舞台连接处的横墙,应加强侧向刚度,设置一定数量的钢筋混凝土抗震墙。

10.1.7 大厅部分其他要求可参照本规范第9章,附属房屋应符合本规范的有关规定。

10.2 计算要点

10.2.1 单层空旷房屋的抗震计算,可将房屋划分为前厅、舞台、大厅和附属房屋等若干独立结构,按本规范有关规定执行,但应计及相互影响。

10.2.2 单层空旷房屋的抗震计算,可采用底部剪力法,地震影响系数可取最大值。

10.2.3 大厅的纵向水平地震作用标准值,可按下式计算:

$$F_{Ek} = \alpha_{max} G_{eq} \qquad (10.2.3)$$

式中 F_{Ek}——大厅一侧纵墙或柱列的纵向水平地震作用标准值;

G_{eq}——等效重力荷载代表值。包括大厅屋盖和毗连附属房屋屋盖各一半的自重和50%雪荷载标准值,及一侧纵墙或柱列的折算自重。

10.2.4 大厅的横向抗震计算,宜符合下列原则:

1 两侧无附属房屋的大厅,有挑台部分和无挑台部分可各取一个典型开间计算;符合本规范第9章规定时,尚可计及空间工作。

2 两侧有附属房屋时,应根据附属房屋的结构类型,选择适当的计算方法。

10.2.5 8度和9度时,高大山墙的壁柱应进行平面外的截面抗震验算。

10.3 抗震构造措施

10.3.1 大厅的屋盖构造,应符合本规范第9章的规定。

10.3.2 大厅的钢筋混凝土柱和组合砖柱应符合下列要求:

1 组合砖柱纵向钢筋的上端应锚入屋架底部的钢筋混凝土圈梁内。组合柱的纵向钢筋,除按计算确定外,且6度Ⅲ、Ⅳ类场地和7度Ⅰ、Ⅱ类场地每侧不应少于4Φ14;7度Ⅲ、Ⅳ类场地和8度Ⅰ、Ⅱ类场地每侧不应少于4Φ16。

2 钢筋混凝土柱应按抗震等级为二级框架柱设计,其配筋量应按计算确定。

10.3.3 前厅与大厅,大厅与舞台间轴线上横墙,应符合下列要求:

1 应在横墙两端,纵向梁支点及大洞口两侧设置钢筋混凝土框架柱或构造柱。

2 嵌砌在框架柱间的横墙应有部分设计成抗震等级为二级的钢筋混凝土抗震墙。

3 舞台口的柱和梁应采用钢筋混凝土结构,舞台口大梁上承重砌体墙应设置间距不大于4m的立柱和间距不大于3m的圈梁,立柱、圈梁的截面尺寸、配筋及与周围砌体的拉结应符合多层砌体房屋要求。

4 9度时,舞台口大梁上的砖墙不应承重。

10.3.4 大厅柱(墙)顶标高处应设置现浇圈梁,并宜沿墙高每隔3m左右增设一道圈梁。梯形屋架端部高度大于900mm时还应在上弦标高处增设一道圈梁。圈梁的截面高度不宜小于180mm,宽度宜与墙厚相同,纵筋不应少于4Φ12,箍筋间距不宜大于200mm。

10.3.5 大厅与两侧附属房屋间不设防震缝时,应在同一标高处设置封闭圈梁并在交接处拉通,墙体交接处应沿墙高每隔500mm设置2Φ6拉结钢筋,且每边伸入墙内不宜小于1m。

10.3.6 悬挑式挑台应有可靠的锚固和防止倾覆的措施。

10.3.7 山墙应沿屋面设置钢筋混凝土卧梁,并应与屋盖构件锚拉;山墙应设置钢筋混凝土柱或组合柱,其截面和配筋分别不宜小于排架柱或纵墙组合柱,并应通到山墙的顶端与卧梁连接。

10.3.8 舞台后墙,大厅与前厅交接处的高大山墙,应利用工作平台或楼层作为水平支撑。

11 土、木、石结构房屋

11.1 村镇生土房屋

11.1.1 本节适用于6～8（0.20g）度未经焙烧的土坯、灰土和夯土承重墙体的房屋及土窑洞、土拱房。

> 注：1 灰土墙指掺石灰（或其他粘结材料）的土筑墙和掺石灰土坯墙；
> 2 土窑洞包括在未经扰动的原土中开挖而成的崖窑和由土坯砌筑拱顶的坑窑。

11.1.2 生土房屋宜建单层，6度和7度的灰土墙房屋可建二层，但总高度不应超过6m；单层生土房屋的檐口高度不宜大于2.5m，开间不宜大于3.2m；窑洞净跨不宜大于2.5m。

11.1.3 生土房屋开间均应有横墙，不宜采用土搁梁结构，同一房屋不宜采用不同材料的承重墙体。

11.1.4 应采用轻屋面材料；硬山搁檩的房屋宜采用双坡屋面或弧形屋面，檩条支承处应设垫木；檐口标高处（墙顶）应有木圈梁（或木垫板），端檩应出檐，内墙上檩条应满搭或采用夹板对接和燕尾。木屋盖各构件应采用圆钉、扒钉、钢丝等相互连接。

11.1.5 生土房屋内外墙体应同时分层交错夯筑或咬砌，外墙四角和内外墙交接处，应沿墙高每隔300mm左右放一层竹筋、木条、荆条等拉结材料。

11.1.6 各类生土房屋的地基应夯实，应做砖或石基础；宜作外墙裙防潮处理（墙脚宜设防潮层）。

11.1.7 土坯宜采用黏性土湿法成型并宜掺入草苇等拉结材料；土坯应卧砌并宜采用黏土浆或黏土石灰浆砌筑。

11.1.8 灰土墙房屋应每层设置圈梁，并在横墙上拉通；内纵墙顶面宜在山尖墙两侧增砌踏步式墙垛。

11.1.9 土拱房应多跨连接布置，各拱脚均应支承在稳固的崖体上或支承在人工土墙上；拱圈厚度宜为300～400mm，应支模砌筑，不应后倾贴砌；外侧支承墙和拱圈上不应布置门窗。

11.1.10 土窑洞应避开易产生滑坡、山崩的地段；开挖窑洞的崖体应土质密实、土体稳定、坡度较平缓、无明显的竖向节理；崖窑前不宜接砌土坯或其他材料的前脸；不宜开挖层窑，否则应保持足够的间距，且上、下不宜对齐。

11.2 木结构房屋

11.2.1 本节适用于穿斗木构架、木柱木屋架和木柱木梁等房屋。

11.2.2 木结构房屋的平面布置应避免拐角或突出；同一房屋不应采用木柱与砖柱或砖墙等混合承重。

11.2.3 木柱木屋架和穿斗木构架房屋不宜超过二层，总高度不宜超过6m。木柱木梁房屋宜建单层，高度不宜超过3m。

11.2.4 礼堂、剧院、粮仓等较大跨度的空旷房屋，宜采用四柱落地的三跨木排架。

11.2.5 木屋架屋盖的支撑布置，应符合本规范第9.3节的有关规定的要求，但房屋两端的屋架支撑，应设置在端开间。

11.2.6 柱顶应有暗榫插入屋架下弦，并用U形铁件连接；8度和9度时，柱脚应采用铁件或其他措施与基础锚固。

11.2.7 空旷房屋应在木柱与屋架（或梁）间设置斜撑；横隔墙较多的居住房屋应在非抗震隔墙内设斜撑，穿斗木构架房屋可不设斜撑；斜撑宜采用木夹板，并应通到屋架的上弦。

11.2.8 穿斗木构架房屋的横向和纵向均应在木柱的上、下柱端和楼层下部设置穿枋，并应在每一纵向柱列间设置1～2道剪刀撑或斜撑。

11.2.9 斜撑和屋盖支撑结构，均应采用螺栓与主体构件相连接；除穿斗木构件外，其他木构件宜采用螺栓连接。

11.2.10 椽与檩的搭接处应满钉，以增强屋盖的整体性。木构架中，宜在柱檐口以上沿房屋纵向设置竖向剪刀撑等措施，以增强纵向稳定性。

11.2.11 木构件应符合下列要求：

1 木柱的梢径不宜小于150mm；应避免在柱的同一高度处纵横向同时开槽，且在柱的同一截面开槽面积不应超过截面总面积的1/2。

2 柱子不能有接头。

3 穿枋应贯通木构架各柱。

11.2.12 围护墙应与木结构可靠拉结；土坯、砖等砌筑的围护墙不应将木柱完全包裹，应贴砌在木柱外侧。

11.3 石结构房屋

11.3.1 本节适用于6～8度，砂浆砌筑的料石砌体（包括有垫片或无垫片）承重的房屋。

11.3.2 多层石砌体房屋的总高度和层数不应超过表11.3.2的规定。

表11.3.2 多层石房总高度（m）和层数限值

墙 体 类 别	烈 度					
	6		7		8	
	高度	层数	高度	层数	高度	层数
细、半细料石砌体（无垫片）	16	五	13	四	10	三
粗料石及毛料石砌体（有垫片）	13	四	10	三	7	二

注：房屋总高度的计算同表7.1.2注。

11.3.3 多层石砌体房屋的层高不宜超过3m。

11.3.4 多层石砌体房屋的抗震横墙间距，不应超过表 11.3.4 的规定。

表 11.3.4 多层石房的抗震横墙间距（m）

楼、屋盖类型	烈 度		
	6	7	8
现浇及装配整体式钢筋混凝土	10	10	7
装配整体式钢筋混凝土	7	7	4

11.3.5 多层石房，宜采用现浇或装配整体式钢筋混凝土楼、屋盖。

11.3.6 石墙的截面抗震验算，可参照本规范第 7.2 节；其抗剪强度应根据试验数据确定。

11.3.7 多层石房的下列部位，应设置钢筋混凝土构造柱：

1　外墙四角和楼梯间四角。

2　6 度隔开间的内外墙交接处。

3　7 度和 8 度每开间的内外墙交接处。

11.3.8 抗震横墙洞口的水平截面面积，不应大于全截面面积的 1/3。

11.3.9 每层的纵横墙均应设置圈梁，其截面高度不应小于 120mm，宽度宜与墙厚相同，纵向钢筋不应小于 4φ10，箍筋间距不宜大于 200mm。

11.3.10 无构造柱的纵横墙交接处，应采用条石无垫片砌筑，且应沿墙高每隔 500mm 设置拉结钢筋网片，每边每侧伸入墙内不宜小于 1m。

11.3.11 其他有关抗震构造措施要求，参照本规范第 7 章的规定。

12 隔震和消能减震设计

12.1 一般规定

12.1.1 本章适用于在建筑上部结构与基础之间设置隔震层以隔离地震能量的房屋隔震设计，以及在抗侧力结构中设置消能器吸收与消耗地震能量的房屋消能减震设计。

采用隔震和消能减震设计的建筑结构，应符合本规范第 3.8.1 条的规定，其抗震设防目标应符合本规范第 3.8.2 条的规定。

> 注：1　本章隔震设计指在房屋底部设置的由橡胶隔震支座和阻尼器等部件组成的隔震层，以延长整个结构体系的自振周期、增大阻尼，减少输入上部结构的地震能量，达到预期防震要求。
> 2　消能减震设计指在房屋结构中设置消能装置，通过其局部变形提供附加阻尼，以消耗输入上部结构的地震能量，达到预期防震要求。

12.1.2 建筑结构的隔震设计和消能减震设计，应根据建筑抗震设防类别、抗震设防烈度、场地条件、建筑结构方案和建筑使用要求，与采用抗震设计的设计方案进行技术、经济可行性的对比分析后，确定其设计方案。

12.1.3 需要减少地震作用的多层砌体和钢筋混凝土框架等结构类型的房屋，采用隔震设计时应符合下列各项要求：

1　结构体型基本规则，不隔震时可在两个主轴方向分别采用本规范第 5.1.2 条规定的底部剪力法进行计算且结构基本周期小于 1.0s；体型复杂结构采用隔震设计，宜通过模型试验后确定。

2　建筑场地宜为 Ⅰ、Ⅱ、Ⅲ 类，并应选用稳定性较好的基础类型。

3　风荷载和其他非地震作用的水平荷载标准值产生的总水平力不宜超过结构总重力的 10%。

4　隔震层应提供必要的竖向承载力、侧向刚度和阻尼；穿过隔震层的设备配管、配线，应采用柔性连接或其他有效措施适应隔震层的罕遇地震水平位移。

12.1.4 需要减少地震水平位移的钢和钢筋混凝土等结构类型的房屋，宜采用消能减震设计。

消能部件应对结构提供足够的附加阻尼，尚应根据其结构类型分别符合本规范相应章节的设计要求。

12.1.5 隔震和消能减震设计时，隔震部件和消能减震部件应符合下列要求：

1　隔震部件和消能减震部件的耐久性和设计参数应由试验确定。

2　设置隔震部件和消能减震部件的部位，除按计算确定外，应采取便于检查和替换的措施。

3　设计文件上应注明对隔震部件和消能减震部件性能要求，安装前应对工程中所用的各种类型和规格的原型部件进行抽样检测，每种类型和每一规格的数量不应少于 3 个，抽样检测的合格率应为 100%。

12.1.6 建筑结构的隔震设计和消能减震设计，尚应符合相关专门标准的规定。

12.2 房屋隔震设计要点

12.2.1 隔震设计应根据预期的水平向减震系数和位移控制要求，选择适当的隔震支座（含阻尼器）及为抵抗地基微震动与风荷载提供初刚度的部件组成结构的隔震层。

隔震支座应进行竖向承载力的验算和罕遇地震下水平位移的验算。

隔震层以上结构的水平地震作用应根据水平向减震系数确定；其竖向地震作用标准值，8 度和 9 度时分别不应小于隔震层以上结构总重力荷载代表值的 20% 和 40%。

12.2.2 建筑结构隔震设计的计算分析，应符合下列规定：

1　隔震体系的计算简图可采用剪切型结构模型（图 12.2.2）；当上部结构的质心与隔震层刚度中心不重合时应计入扭转变形的影响。隔震层顶部的梁板结构，对钢筋混凝土结构应作为其上部结构的一部分进行计算和设计。

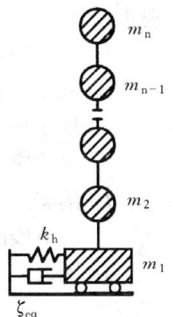

图 12.2.2　隔震结构计算简图

2　一般情况下，宜采用时程分析法进行计算；输入地震波的反应谱特性和数量，应符合本规范第 5.1.2 条的规定；计算结果宜取其平均值；当处于发震断层 10km 以内时，若输入地震波未计及近场影响，对甲、乙类建筑，计算结果尚应乘以下列近场影响系数：5km 以内取 1.5，5km 以外取 1.25。

3　砌体结构及基本周期与其相当的结构可按本规范附录 L 简化计算。

12.2.3　隔震层由橡胶和薄钢板相间层叠组成的橡胶隔震支座应符合下列要求：

1　隔震支座在表 12.2.3 所列的压应力下的极限水平变位，应大于其有效直径的 0.55 倍和各橡胶层总厚度 3.0 倍二者的较大值。

2　在经历相应设计基准期的耐久试验后，隔震支座刚度、阻尼特性变化不超过初期值的 ±20%；徐变量不超过各橡胶层总厚度的 5%。

3　各橡胶隔震支座的竖向平均压应力设计值，不应超过表 12.2.3 的规定。

表 12.2.3　橡胶隔震支座的竖向平均压应力限值

建　筑　类　别	甲类建筑	乙类建筑	丙类建筑
平均压应力限值（MPa）	10	12	15

注：1　平均压应力设计值应按永久荷载和可变荷载组合计算，对需验算倾覆的结构应包括水平地震作用效应组合；对需进行竖向地震作用计算的结构，尚应包括竖向地震作用效应组合；
　　2　当橡胶支座的第二形状系数（有效直径与各橡胶层总厚度之比）小于 5.0 时降低平均压应力限值：小于 5 不于 4 时降低 20%，小于 4 不小于 3 时降低 40%；
　　3　外径小于 300mm 的橡胶支座，其平均压应力限值对丙类建筑为 12MPa。

12.2.4　隔震层的布置、竖向承载力、侧向刚度和阻尼应符合下列规定：

1　隔震层宜设置在结构第一层以下的部位，其橡胶隔震支座应设置在受力较大的位置，间距不宜过大，其规格、数量和分布应根据竖向承载力、侧向刚度和阻尼的要求通过计算确定。隔震层在罕遇地震下应保持稳定，不宜出现不可恢复的变形。隔震层橡胶支座在罕遇地震作用下，不宜出现拉应力。

2　隔震层的水平动刚度和等效黏滞阻尼比可按下列公式计算：

$$K_h = \Sigma K_j \qquad (12.2.4-1)$$

$$\zeta_{eq} = \Sigma K_j \zeta_j / K_h \qquad (12.2.4-2)$$

式中　ζ_{eq}——隔震层等效黏滞阻尼比；

　　　K_h——隔震层水平动刚度；

　　　ζ_j—— j 隔震支座由试验确定的等效黏滞阻尼比，单独设置阻尼器时，应包括该阻尼器的相应阻尼比；

　　　K_j—— j 隔震支座（含阻尼器）由试验确定的水平动刚度，当试验发现动刚度与加载频率有关时，宜取相应于隔震体系基本自振周期的动刚度值。

3　隔震支座由试验确定设计参数时，竖向荷载应保持表 12.2.3 的平均压应力限值，对多遇地震验算，宜采用水平加载频率为 0.3Hz 且隔震支座剪切变形为 50% 的水平刚度和等效黏滞阻尼比；对罕遇地震验算，直径小于 600mm 的隔震支座宜采用水平加载频率为 0.1Hz 且隔震支座剪切变形不小于 250% 时的水平动刚度和等效黏滞阻尼比，直径不小于 600mm 的隔震支座可采用水平加载频率为 0.2Hz 且隔震支座剪切变形为 100% 时的水平动刚度和等效黏滞阻尼比。

12.2.5　隔震层以上结构的地震作用计算，应符合下列规定：

1　水平地震作用沿高度可采用矩形分布；水平地震影响系数的最大值可采用本规范第 5.1.4 条规定的水平地震影响系数最大值和水平向减震系数的乘积。水平向减震系数应根据结构隔震与非隔震两种情况下各层层间剪力的最大比值，按表 12.2.5 确定。

表 12.2.5　层间剪力最大比值与水平向减震系数的对应关系

层间剪力最大比值	0.53	0.35	0.26	0.18
水平向减震系数	0.75	0.50	0.38	0.25

2　水平向减震系数不宜低于 0.25，且隔震后结构的总水平地震作用不得低于非隔震的结构在 6 度设防时的总水平地震作用；各楼层的水平地震剪力尚应符合本规范第 5.2.5 条最小地震剪力系数的规定。

3　9 度时和 8 度且水平向减震系数为 0.25 时，隔震层以上的结构应进行竖向地震作用的计算；8 度且水平向减震系数不大于 0.5 时，宜进行竖向地震作用的计算。

隔震层以上结构竖向地震作用标准值计算时，各楼层可视为质点，并按本规范第 5.3 节公式（5.3.1-2）计算竖向地震作用标准值沿高度的分布。

12.2.6　隔震支座的水平剪力应根据隔震层在罕遇地震下的水平剪力按各隔震支座的水平刚度分配；当按扭转耦联计算时，尚应计及隔震支座的扭转刚度。

隔震支座对应于罕遇地震水平剪力的水平位移，应符合下列要求：

$$u_i \leqslant [u_i] \qquad (12.2.6-1)$$

$$u_i = \beta_i u_c \qquad (12.2.6-2)$$

u_i ——罕遇地震作用下，第 i 个隔震支座考虑扭转的水平位移；

$[u_i]$ ——第 i 个隔震支座的水平位移限值；对橡胶隔震支座，不应超过该支座有效直径的 0.55 倍和支座各橡胶层总厚度 3.0 倍二者的较小值；

u_c ——罕遇地震下隔震层质心处或不考虑扭转的水平位移；

β_i ——第 i 个隔震支座的扭转影响系数，应取考虑扭转和不考虑扭转时 i 支座计算位移的比值；当隔震层以上结构的质心与隔震层刚度中心在两个主轴方向均无偏心时，边支座的扭转影响系数不应小于 1.15；

12.2.7 隔震层以上结构的隔震措施，应符合下列规定：

1 隔震层以上结构应采取不阻碍隔震层在罕遇地震下发生大变形的下列措施：

1）上部结构的周边应设置防震缝，缝宽不宜小于各隔震支座在罕遇地震下的最大水平位移值的 1.2 倍。

2）上部结构（包括与其相连的任何构件）与地面（包括地下室和与其相连的构件）之间，宜设置明确的水平隔离缝；当设置水平隔离缝确有困难时，应设置可靠的水平滑移垫层。

3）在走廊、楼梯、电梯等部位，应无任何障碍物。

2 丙类建筑在隔震层以上结构的抗震措施，当水平向减震系数为 0.75 时不应降低非隔震时的有关要求；水平向减震系数不大于 0.50 时，可适当降低本规范有关章节对非隔震建筑的要求，但与抵抗竖向地震作用有关的抗震构造措施不应降低。此时，对砌体结构，可按本规范附录 L 采取抗震构造措施；对钢筋混凝土结构，柱和墙肢的轴压比控制应仍按非隔震的有关规定采用，其他计算和抗震构造措施要求，可按表 12.2.7 划分抗震等级，再按本规范第 6 章的有关规定采用。

表 12.2.7　隔震后现浇钢筋混凝土结构的抗震等级

结构类型		7 度		8 度		9 度	
框架	高度（m）	<20	>20	<20	>20	<20	>20
	一般框架	四	三	三	二	二	一
抗震墙	高度（m）	<25	>25	<25	>25	<25	>25
	一般抗震墙	四	三	三	二	二	一

12.2.8 隔震层与上部结构的连接，应符合下列规定：

1 隔震层顶部应设置梁板式楼盖，且应符合下列要求：

1）应采用现浇或装配整体式混凝土板。现浇板厚度不宜小于 140mm；配筋现浇面层厚度不应小于 50mm。隔震支座上方的纵、横梁应采用现浇钢筋混凝土结构。

2）隔震层顶部梁板的刚度和承载力，宜大于一般楼面梁板的刚度和承载力。

3）隔震支座附近的梁、柱应计算冲切和局部承压，加密箍筋并根据需要配置网状钢筋。

2 隔震支座和阻尼器的连接构造，应符合下列要求：

1）隔震支座和阻尼器应安装在便于维护人员接近的部位；

2）隔震支座与上部结构、基础结构之间的连接件，应能传递罕遇地震下支座的最大水平剪力；

3）抗震墙下隔震支座的间距不宜大于 2.0m；

4）外露的预埋件应有可靠的防锈措施。预埋件的锚固钢筋应与钢板牢固连接，锚固钢筋的锚固长度宜大于 20 倍锚固钢筋直径，且不应小于 250mm。

12.2.9 隔震层以下结构（包括地下室）的地震作用和抗震验算，应采用罕遇地震下隔震支座底部的竖向力、水平力和力矩进行计算。

隔震建筑地基基础的抗震验算和地基处理仍应按本地区抗震设防烈度进行，甲、乙类建筑的抗液化措施应按提高一个液化等级确定，直至全部消除液化沉陷。

12.3　房屋消能减震设计要点

12.3.1 消能减震设计时，应根据罕遇地震下的预期结构位移控制要求，设置适当的消能部件。消能部件可由消能器及斜撑、墙体、梁或节点等支承构件组成。消能器可采用速度相关型、位移相关型或其他类型。

注：1　速度相关型消能器指黏滞消能器和黏弹性消能器等；

2　位移相关型消能器指金属屈服消能器和摩擦消能器等。

12.3.2 消能部件可根据需要沿结构的两个主轴方向分别设置。消能部件宜设置在层间变形较大的位置，其数量和分布应通过综合分析合理确定，并有利于提高整个结构的消能减震能力，形成均匀合理的受力体系。

12.3.3 消能减震设计的计算分析，应符合下列规定：

1 一般情况下，宜采用静力非线性分析方法或非线性时程分析方法。

2 当主体结构基本处于弹性工作阶段时，可采用线性分析方法作简化估算，并根据结构的变形特征和高度等，按本规范第 5.1 节的规定分别采用底部剪力法、振型分解反应谱法和时程分析法。其地震影响系数可根据消能减震结构的总阻尼比按本规范第 5.1.5 条的规定采用。

3 消能减震结构的总刚度应为结构刚度和消能部件有效刚度的总和。

4 消能减震结构的总阻尼比应为结构阻尼比和消能部件附加给结构的有效阻尼比的总和。

5 消能减震结构的层间弹塑性位移角限值，框架结构宜采用 1/80。

12.3.4 消能部件附加给结构的有效阻尼比，可按下列方法确定：

1 消能部件附加的有效阻尼比可按下式估算：

$$\zeta_a = W_c/(4\pi W_s) \qquad (12.3.4\text{-}1)$$

式中 ζ_a——消能减震结构的附加有效阻尼比；
W_c——所有消能部件在结构预期位移下往复一周所消耗的能量；
W_s——设置消能部件的结构在预期位移下的总应变能。

2 不计及扭转影响时，消能减震结构在其水平地震作用下的总应变能，可按下式估算：

$$W_s = (1/2)\Sigma F_i u_i \qquad (12.3.4\text{-}2)$$

式中 F_i——质点 i 的水平地震作用标准值；
u_i——质点 i 对应于水平地震作用标准值的位移。

3 速度线性相关型消能器在水平地震作用下所消耗的能量，可按下式估算：

$$W_c = (2\pi^2/T_1)\Sigma C_j \cos^2\theta_j \Delta u_j^2 \qquad (12.3.4\text{-}3)$$

式中 T_1——消能减震结构的基本自振周期；
C_j——第 j 个消能器由试验确定的线性阻尼系数；
θ_j——第 j 个消能器的消能方向与水平面的夹角；
Δu_j——第 j 个消能器两端的相对水平位移。

当消能器的阻尼系数和有效刚度与结构振动周期有关时，可取相应于消能减震结构基本自振周期的值。

4 位移相关型、速度非线性相关型和其他类型消能器在水平地震作用下所消耗的能量，可按下式估算：

$$W_c = \Sigma A_j \qquad (12.3.4\text{-}4)$$

式中 A_j——第 j 个消能器的恢复力滞回环在相对水平位移 Δu_j 时的面积。

消能器的有效刚度可取消能器的恢复力滞回环在相对水平位移 Δu_j 时的割线刚度。

5 消能部件附加给结构的有效阻尼比超过 20% 时，宜按 20% 计算。

12.3.5 对非线性时程分析法，宜采用消能部件的恢复力模型计算；对静力非线性分析法，消能部件附加

给结构的有效阻尼比和有效刚度，可采用本章第 12.3.4 条的方法确定。

12.3.6 消能部件由试验确定的有效刚度、阻尼比和恢复力模型的设计参数，应符合下列规定：

1 速度相关型消能器应由试验提供设计容许位移、极限位移，以及设计容许位移幅值和不同环境温度条件下、加载频率为 0.1～4Hz 的滞回模型。速度线性相关型消能器与斜撑、墙体或梁等支承构件组成消能部件时，该支承构件在消能器消能方向的刚度可按下式计算：

$$K_b = (6\pi/T_1)C_v \qquad (12.3.6\text{-}1)$$

式中 K_b——支承构件在消能器方向的刚度；
C_v——消能器的由试验确定的相应于结构基本自振周期的线性阻尼系数；
T_1——消能减震结构的基本自振周期。

2 位移相关型消能器应由往复静力加载确定设计容许位移、极限位移和恢复力模型参数。位移相关型消能器与斜撑、墙体或梁等支承构件组成消能部件时，该部件的恢复力模型参数宜符合下列要求：

$$\Delta u_{py}/\Delta u_{sy} \leqslant 2/3 \qquad (12.3.6\text{-}2)$$
$$(K_p/K_s)(\Delta u_{py}/\Delta u_{sy}) \geqslant 0.8 \qquad (12.3.6\text{-}3)$$

式中 K_p——消能部件在水平方向的初始刚度；
Δu_{py}——消能部件的屈服位移；
K_s——设置消能部件的结构楼层侧向刚度；
Δu_{sy}——设置消能部件的结构层间屈服位移。

3 在最大设计允许位移幅值下，经往复周期循环 60 圈后，消能器的主要性能衰减量不应超过 10%、且不应有明显的低周疲劳现象。

12.3.7 消能器与斜撑、墙体、梁或节点等支承构件的连接，应符合钢构件连接或钢与钢筋混凝土构件连接的构造要求，并能承担消能器施加给连接节点的最大作用力。

12.3.8 与消能部件相连的结构构件，应计入消能部件传递的附加内力，并将其传递到基础。

12.3.9 消能器和连接构件应具有耐久性能和较好的易维护性。

13 非结构构件

13.1 一般规定

13.1.1 本章主要适用于非结构构件与建筑结构的连接。非结构构件包括持久性的建筑非结构构件和支承于建筑结构的附属机电设备。

注：1 建筑非结构构件指建筑中除承重骨架体系以外的固定构件和部件，主要包括非承重墙体，附着于楼面和屋面结构的构件、装饰构件和部件、固定于楼面的大型储物架等。

2 建筑附属机电设备指为现代建筑使用功能服务

的附属机械、电气构件、部件和系统，主要包括电梯，照明和应急电源、通信设备，管道系统，采暖和空气调节系统，烟火监测和消防系统，公用天线等。

13.1.2 非结构构件应根据所属建筑的抗震设防类别和非结构地震破坏的后果及其对整个建筑结构影响的范围，采取不同的抗震措施；当相关专门标准有具体要求时，尚应采用不同的功能系数、类别系数等进行抗震计算。

13.1.3 当计算和抗震措施要求不同的两个非结构构件连接在一起时，应按较高的要求进行抗震设计。

非结构构件连接损坏时，应不致引起与之相连接的有较高要求的非结构构件失效。

13.2 基本计算要求

13.2.1 建筑结构抗震计算时，应按下列规定计入非结构构件的影响：

1 地震作用计算时，应计入支承于结构构件的建筑构件和建筑附属机电设备的重力。

2 对柔性连接的建筑构件，可不计入刚度；对嵌入抗侧力构件平面内的刚性建筑非结构构件，可采用周期调整等简化方法计入其刚度影响；一般情况下不应计入其抗震承载力，当有专门的构造措施时，尚可按有关规定计入其抗震承载力。

3 对需要采用楼面谱计算的建筑附属机电设备，宜采用合适的简化计算模型计入设备与结构的相互作用。

4 支承非结构构件的结构构件，应将非结构构件地震作用效应作为附加作用对待，并满足连接件的锚固要求。

13.2.2 非结构构件的地震作用计算方法，应符合下列要求：

1 各构件和部件的地震力应施加于其重心，水平地震力应沿任一水平方向。

2 一般情况下，非结构构件自身重力产生的地震作用可采用等效侧力法计算；对支承于不同楼层或防震缝两侧的非结构构件，除自身重力产生的地震作用外，尚应同时计及地震时支承点之间相对位移产生的作用效应。

3 建筑附属设备（含支架）的体系自振周期大于 0.1s 且其重力超过所在楼层重力的 1%，或建筑附属设备的重力超过所在楼层重力的 10% 时，宜采用楼面反应谱方法。其中，与楼盖非弹性连接的设备，可直接将设备与楼盖作为一个质点计入整个结构的分析中得到设备所受的地震作用。

13.2.3 采用等效侧力法时，水平地震作用标准值宜按下列公式计算：

$$F = \eta \zeta_1 \zeta_2 \alpha_{max} G \qquad (13.2.3)$$

式中 F——沿最不利方向施加于非结构构件重心处的水平地震作用标准值；

γ——非结构构件功能系数，由相关标准根据建筑设防类别和使用要求等确定；

η——非结构构件类别系数，由相关标准根据构件材料性能等因素确定；

ζ_1——状态系数；对预制建筑构件、悬臂类构件、支承点低于质心的任何设备和柔性体系宜取 2.0，其余情况可取 1.0；

ζ_2——位置系数，建筑的顶点宜取 2.0，底部宜取 1.0，沿高度线性分布；对本规范第 5 章要求采用时程分析法补充计算的结构，应按其计算结果调整；

α_{max}——地震影响系数最大值；可按本规范第 5.1.4 条关于多遇地震的规定采用；

G——非结构构件的重力，应包括运行时有关的人员、容器和管道中的介质及储物柜中物品的重力。

13.2.4 非结构构件因支承点相对水平位移产生的内力，可按该构件在位移方向的刚度乘以规定的支承点相对水平位移计算。

非结构构件在位移方向的刚度，应根据其端部的实际连接状态，分别采用刚接、铰接、弹性连接或滑动连接等简化的力学模型。

相邻楼层的相对水平位移，可按本规范第 5.5 节规定的限值采用；防震缝两侧的相对水平位移，宜根据使用要求确定。

13.2.5 采用楼面反应谱法时，非结构构件的水平地震作用标准值宜按下列公式计算：

$$F = \eta \beta_s G \qquad (13.2.5)$$

式中 β_s——非结构构件的楼面反应谱值，取决于设防烈度、场地条件、非结构构件与结构体系之间的周期比、质量比和阻尼，以及非结构构件在结构的支承位置、数量和连接性质。通常将非结构构件简化为支承于结构的单质点体系，对支座间有相对位移的非结构构件则采用多支点体系，按专门方法计算。

13.2.6 非结构构件的地震作用效应（包括自身重力产生的效应和支座相对位移产生的效应）和其他荷载效应的基本组合，应按本规范第 5.4 节的规定计算；幕墙需计算地震作用效应与风荷载效应的组合；容器类尚应计及设备运转时的温度、工作压力等产生的作用效应。

非结构构件抗震验算时，摩擦力不得作为抵抗地震作用的抗力；承载力抗震调整系数，连接件可采用 1.0，其余可按相关标准的规定采用。

13.3 建筑非结构构件的基本抗震措施

13.3.1 建筑结构中，设置连接幕墙、围护墙、隔墙、女儿墙、雨篷、商标、广告牌、顶篷支架、大型储物架等建筑非结构构件的预埋件、锚固件的部位，应采取加强措施，以承受建筑非结构构件传给主体结构的地震作用。

13.3.2 非承重墙体的材料、选型和布置，应根据烈度、房屋高度、建筑体型、结构层间变形、墙体自身抗侧力性能的利用等因素，经综合分析后确定。

1 墙体材料的选用应符合下列要求：
    1）混凝土结构和钢结构的非承重墙体应优先采用轻质墙体材料；
    2）单层钢筋混凝土柱厂房的围护墙宜采用轻质墙板或钢筋混凝土大型墙板，外侧柱距为12m时应采用轻质墙板或钢筋混凝土大型墙板；不等高厂房的高跨封墙和纵横向厂房交接处的悬墙宜采用轻质墙板，8、9度时应采用轻质墙板；
    3）钢结构厂房的围护墙，7、8度时宜采用轻质墙板或与柱柔性连接的钢筋混凝土墙板，不应采用嵌砌砌体墙；9度时宜采用轻质墙板。

2 刚性非承重墙体的布置，应避免使结构形成刚度和强度分布上的突变。单层钢筋混凝土柱厂房的刚性围护墙沿纵向宜均匀对称布置。

3 墙体与主体结构应有可靠的拉结，应能适应主体结构不同方向的层间位移；8、9度时应具有满足层间变位的变形能力，与悬挑构件相连接时，尚应具有满足节点转动引起的竖向变形的能力。

4 外墙板的连接件应具有足够的延性和适当的转动能力，宜满足在设防烈度下主体结构层间变形的要求。

13.3.3 砌体墙应采取措施减少对主体结构的不利影响，并应设置拉结筋、水平系梁、圈梁、构造柱等与主体结构可靠拉结：

1 多层砌体结构中，后砌的非承重隔墙应沿墙高每隔500mm配置2φ6拉结钢筋与承重墙或柱拉结，每边伸入墙内不应少于500mm；8度和9度时，长度大于5m的后砌隔墙，墙顶尚应与楼板或梁拉结。

2 钢筋混凝土结构中的砌体填充墙，宜与柱脱开或采用柔性连接，并应符合下列要求：
    1）填充墙在平面和竖向的布置，宜均匀对称，宜避免形成薄弱层或短柱；
    2）砌体的砂浆强度等级不应低于M5，墙顶应与框架梁密切结合；
    3）填充墙应沿框架柱全高每隔500mm设2φ6拉筋，拉筋伸入墙内的长度，6、7度时不应小于墙长的1/5且不小于700mm，8、9度时宜沿墙全长贯通；
    4）墙长大于5m时，墙顶与梁宜有拉结；墙长超过层高2倍时，宜设置钢筋混凝土构造柱；墙高超过4m时，墙体半高宜设置

与柱连接且沿墙全长贯通的钢筋混凝土水平系梁。

3 单层钢筋混凝土柱厂房的砌体隔墙和围护墙应符合下列要求：
    1）砌体隔墙与柱宜脱开或柔性连接，并应采取措施使墙体稳定，隔墙顶部应设现浇钢筋混凝土压顶梁。
    2）厂房的砌体围护墙宜采用外贴式并与柱可靠拉结；不等高厂房的高跨封墙和纵横向厂房交接处的悬墙采用砌体时，不应直接砌在低跨屋盖上。
    3）砌体围护墙在下列部位应设置现浇钢筋混凝土圈梁：
      ——梯形屋架端部上弦和柱顶的标高处应各设一道，但屋架端部高度不大于900mm时可合并设置；
      ——8度和9度时，应按上密下稀的原则每隔4m左右在窗顶增设一道圈梁，不等高厂房的高低跨封墙和纵横跨交接处的悬墙，圈梁的竖向间距不应大于3m；
      ——山墙沿屋面应设钢筋混凝土卧梁，并应与屋架端部上弦标高处的圈梁连接。
    4）圈梁的构造应符合下列规定：
      ——圈梁宜闭合，圈梁截面宽度宜与墙厚相同，截面高度不应小于180mm；圈梁的纵筋，6～8度时不应少于4φ12，9度时不应少于4φ14；
      ——厂房转角处柱顶圈梁在端开间范围内的纵筋，6～8度时不宜少于4φ14，9度时不宜少于4φ16，转角两侧各1m范围内的箍筋直径不宜小于φ8，间距不宜大于100mm；圈梁转角处应增设不少于3根且直径与纵筋相同的水平斜筋；
      ——圈梁应与柱或屋架牢固连接，山墙卧梁应与屋面板拉结；顶部圈梁与柱或屋架连接的锚拉钢筋不宜少于4φ12，且锚固长度不宜少于35倍钢筋直径，防震缝处圈梁与柱或屋架的拉结宜加强。
    5）8度Ⅲ、Ⅳ类场地和9度时，砖围护墙下的预制基础梁应采用现浇接头；当另设条形基础时，在柱基础顶面标高处应设置连续的现浇钢筋混凝土圈梁，其配筋不应少于4φ12。
    6）墙梁宜采用现浇，当采用预制墙梁时，梁底应与砖墙顶面牢固拉结并应与柱锚拉；厂房转角处相邻的墙梁，应相互可靠连接。

4 单层钢结构厂房的砌体围护墙不应采用嵌砌式，8度时尚应采取措施使墙体不妨碍厂房柱列沿纵向的水平位移。

5 砌体女儿墙在人流出入口应与主体结构锚固；防震缝处应留有足够的宽度，缝两侧的自由端应予以加强。

13.3.4 各类顶棚的构件与楼板的连接件，应能承受顶棚、悬挂重物和有关机电设施的自重和地震附加作用；其锚固的承载力应大于连接件的承载力。

13.3.5 悬挑雨篷或一端由柱支承的雨篷，应与主体结构可靠连接。

13.3.6 玻璃幕墙、预制墙板、附属于楼屋面的悬臂构件和大型储物架的抗震构造，应符合相关专门标准的规定。

13.4 建筑附属机电设备支架的基本抗震措施

13.4.1 附属于建筑的电梯、照明和应急电源系统、烟火监测和消防系统、采暖和空气调节系统、通信系统、公用天线等与建筑结构的连接构件和部件的抗震措施，应根据设防烈度、建筑使用功能、房屋高度、结构类型和变形特征、附属设备所处的位置和运转要求等，按相关专门标准的要求经综合分析后确定。

下列附属机电设备的支架可无抗震设防要求：

——重力不超过 1.8kN 的设备；

——内径小于 25mm 的煤气管道和内径小于 60mm 的电气配管；

——矩形截面面积小于 0.38㎡ 和圆形直径小于 0.70m 的风管；

——吊杆计算长度不超过 300mm 的吊杆悬挂管道。

13.4.2 建筑附属设备不应设置在可能导致其使用功能发生障碍等二次灾害的部位；对于有隔振装置的设备，应注意其强烈振动对连接件的影响，并防止设备和建筑结构发生谐振现象。

建筑附属机电设备的支架应具有足够的刚度和承载力；其与建筑结构应有可靠的连接和锚固，应使设备在遭遇设防烈度地震影响后能迅速恢复运转。

13.4.3 管道、电缆、通风管和设备的洞口设置，应减少对主要承重结构构件的削弱；洞口边缘应有补强措施。

管道和设备与建筑结构的连接，应能允许二者间有一定的相对变位。

13.4.4 建筑附属机电设备的基座或连接件应能将设备承受的地震作用全部传递到建筑结构上。建筑结构中，用以固定建筑附属机电设备预埋件、锚固件的部位，应采取加强措施，以承受附属机电设备传给主体结构的地震作用。

13.4.5 建筑内的高位水箱应与所在的结构构件可靠连接；8、9度时按本规范第5.1.2条规定需采用时

程分析的高层建筑，尚宜计及水对建筑结构产生的附加地震作用效应。

13.4.6 在设防烈度地震下需要连续工作的附属设备，宜设置在建筑结构地震反应较小的部位；相关部位的结构构件应采取相应的加强措施。

附录 A 我国主要城镇抗震设防烈度、设计基本地震加速度和设计地震分组

本附录仅提供我国抗震设防区各县级及县级以上城镇的中心地区建筑工程抗震设计时所采用的抗震设防烈度、设计基本地震加速度值和所属的设计地震分组。

注：本附录一般把"设计地震第一、二、三组"简称为"第一组、第二组、第三组"。

A.0.1 首都和直辖市

1 抗震设防烈度为8度，设计基本地震加速度值为 0.20g：

北京（除昌平、门头沟外的 11 个市辖区），平谷，大兴，延庆，宁河，汉沽。

2 抗震设防烈度为7度，设计基本地震加速度值为 0.15g：

密云，怀柔，昌平，门头沟，天津（除汉沽、大港外的 12 个市辖区），蓟县，宝坻，静海。

3 抗震设防烈度为7度，设计基本地震加速度值为 0.10g：

大港，上海（除金山外的 15 个市辖区），南汇，奉贤

4 抗震设防烈度为6度，设计基本地震加速度值为 0.05g：

崇明，金山，重庆（14 个市辖区），巫山，奉节，云阳，忠县，丰都，长寿，壁山，合川，铜梁，大足，荣昌，永川，江津，綦江，南川，黔江，石柱，巫溪*

注：1 首都和直辖市的全部县级及县级以上设防城镇，设计地震分组均为第一组；

2 上标*指该城镇的中心位于本设防区和较低设防区的分界线，下同。

A.0.2 河北省

1 抗震设防烈度为8度，设计基本地震加速度值为 0.20g：

第一组：廊坊（2 个市辖区），唐山（5 个市辖区），三河，大厂，香河，丰南，丰润，怀来，涿鹿

2 抗震设防烈度为 7 度，设计基本地震加速度值为 0.15g：

第一组：邯郸（4 个市辖区），邯郸县，文安，任丘，河间，大城，涿州，高碑店，涞水，固安，永清，玉田，迁安，卢龙，滦县，滦南，唐海，乐亭，宣化，蔚县，阳原，成

安,磁县,临漳,大名,宁晋,下花园

3 抗震设防烈度为7度,设计基本地震加速度值为0.10g:

第一组:石家庄(6个市辖区),保定(3个市辖区),张家口(桥西区、桥东区),沧州(2个市辖区),衡水,邢台(2个市辖区),霸州,雄县,易县,沧县,张北,万全,怀安,兴隆,迁西,抚宁,昌黎,青县,献县,广宗,平乡,鸡泽,隆尧,新河,曲周,肥乡,馆陶,广平,高邑,内丘,邢台县,赵县,武安,涉县,赤城,涞源,定兴,容城,徐水,安新,高阳,博野,蠡县,肃宁,深泽,安平,饶阳,魏县,藁城,栾城,晋州,深州,武强,辛集,冀州,任县,柏乡,巨鹿,南和,沙河,临城,泊头,永年,崇礼,南宫*

第二组:秦皇岛(海港、北戴河),清苑,遵化,安国

4 抗震设防烈度为6度,设计基本地震加速度值为0.05g:

第一组:正定,围场,尚义,灵寿,无极,平山,鹿泉,井陉,元氏,南皮,吴桥,景县,东光

第二组:承德(除鹰手营子外的2个市辖区),隆化,承德县,宽城,青龙,阜平,满城,顺平,唐县,望都,曲阳,定州,行唐,赞皇,黄骅,海兴,孟村,盐山,阜城,故城,清河,山海关,沽源,新乐,武邑,枣强,威县

第三组:丰宁,滦平,鹰手营子,平泉,临西,邱县

A.0.3 山西省

1 抗震设防烈度为8度,设计基本地震加速度值为0.20g:

第一组:太原(6个市辖区),临汾,忻州,祁县,平遥,古县,代县,原平,定襄,阳曲,太谷,介休,灵石,汾西,霍州,洪洞,襄汾,晋中,浮山,永济,清徐

2 抗震设防烈度为7度,设计基本地震加速度值为0.15g:

第一组:大同(4个市辖区),朔州(朔城区),大同县,怀仁,浑源,广灵,应县,山阴,灵丘,繁峙,五台,古交,交城,文水,汾阳,曲沃,孝义,侯马,新绛,稷山,绛县,河津,闻喜,翼城,万荣,临猗,夏县,运城,芮城,平陆,沁源*,宁武*

3 抗震设防烈度为7度,设计基本地震加速度值为0.10g:

第一组:长治(2个市辖区),阳泉(3个市辖区),长治县,阳高,天镇,左云,右玉,神池,寿阳,昔阳,安泽,乡宁,垣曲,沁水,平定,和顺,黎城,潞城,壶关

第二组:平顺,榆社,武乡,娄烦,交口,隰县,蒲县,吉县,静乐,盂县,沁县,陵川,平鲁

4 抗震设防烈度为6度,设计基本地震加速度值为0.05g:

第二组:偏关,河曲,保德,兴县,临县,方山,柳林

第三组:晋城,离石,左权,襄垣,屯留,长子,高平,阳城,泽州,五寨,岢岚,岚县,中阳,石楼,永和,大宁

A.0.4 内蒙自治区

1 抗震设防烈度为8度,设计基本地震加速度值为0.30g:

第一组:土默特右旗,达拉特旗*

2 抗震设防烈度为8度,设计基本地震加速度值为0.20g:

第一组:包头(除白云矿区外的5个市辖区),呼和浩特(4个市辖区),土默特左旗,乌海(3个市辖区),杭锦后旗,磴口,宁城,托克托*

3 抗震设防烈度为7度,设计基本地震加速度值为0.15g:

第一组:喀喇沁旗,五原,乌拉特前旗,临河,固阳,武川,凉城,和林格尔,赤峰(红山*,元宝山区)

第二组:阿拉善左旗

4 抗震设防烈度为7度,设计基本地震加速度值为0.10g:

第一组:集宁,清水河,开鲁,傲汉旗,乌特拉后旗,卓资,察右前旗,丰镇,扎兰屯,乌特拉中旗,赤峰(松山区),通辽*

第三组:东胜,准格尔旗

5 抗震设防烈度为6度,设计基本地震加速度值为0.05g:

第一组:满洲里,新巴尔虎右旗,莫力达瓦旗,阿荣旗,扎赉特旗,翁牛特旗,兴和,商都,察右后旗,科左中旗,科左后旗,奈曼旗,库伦旗,乌审旗,苏尼特右旗

第二组:达尔罕茂明安联合旗,阿拉善右旗,鄂托克旗,鄂托克前旗,白云

第三组:伊金霍洛旗,杭锦旗,四王子旗,察右中旗

A.0.5 辽宁省

1 抗震设防烈度为8度,设计基本地震加速度值为0.20g:

普兰店,东港

2 抗震设防烈度为7度,设计基本地震加速度值为0.15g:

营口(4个市辖区),丹东(3个市辖区),海城,大石桥,瓦房店,盖州,金州

3 抗震设防烈度为7度,设计基本地震加速度值为0.10g:

沈阳(9个市辖区),鞍山(4个市辖区),大连

（除金州外的 5 个市辖区），朝阳（2 个市辖区），辽阳（5 个市辖区），抚顺（除顺城外的 3 个市辖区），铁岭（2 个市辖区），盘锦（2 个市辖区），盘山，朝阳县，辽阳县，岫岩，铁岭县，凌源，北票，建平，开原，抚顺县，灯塔，台安，大洼，辽中

4 抗震设防烈度为6度，设计基本地震加速度值为 0.05g：

本溪（4 个市辖区），阜新（5 个市辖区），锦州（3 个市辖区），葫芦岛（3 个市辖区），昌图，西丰，法库，彰武，铁法，阜新县，康平，新民，黑山，北宁，义县，喀喇沁，凌海，兴城，绥中，建昌，宽甸，凤城，庄河，长海，顺城

注：全省县级及县级以上设防城镇的设计地震分组，除兴城、绥中、建昌、南票为第二组外，均为第一组。

A.0.6 吉林省

1 抗震设防烈度为8度，设计基本地震加速度值为 0.20g：

前郭尔罗斯，松原

2 抗震设防烈度为7度，设计基本地震加速度值为 0.15g：

大安*

3 抗震设防烈度为7度，设计基本地震加速度值为 0.10g：

长春（6 个市辖区），吉林（除丰满外的 3 个市辖区），白城，乾安，舒兰，九台，永吉*

4 抗震设防烈度为6度，设计基本地震加速度值为 0.05g：

四平（2 个市辖区），辽源（2 个市辖区），镇赉，洮南，延吉，汪清，图们，珲春，龙井，和龙，安图，蛟河，桦甸，梨树，磐石，东丰，辉南，梅河口，东辽，榆树，靖宇，抚松，长岭，通榆*，德惠，农安，伊通，公主岭，扶余，丰满区

注：全省县级及县级以上设防城镇，设计地震分组均为第一组。

A.0.7 黑龙江省

1 抗震设防烈度为7度，设计基本地震加速度值为 0.10g：

绥化，萝北，泰来

2 抗震设防烈度为6度，设计基本地震加速度值为 0.05g：

哈尔滨（7 个市辖区），齐齐哈尔（7 个市辖区），大庆（5 个市辖区），鹤岗（6 个市辖区），牡丹江（4 个市辖区），鸡西（6 个市辖区），佳木斯（5 个市辖区），七台河（3 个市辖区），伊春（伊春区，乌马河区），鸡东，望奎，穆棱，绥芬河，东宁，宁安，五大连池，嘉荫，汤原，桦南，桦川，依兰，勃利，通河，方正，木兰，巴彦，延寿，尚志，宾县，安达，明水，绥棱，庆安，兰西，肇东，肇州，肇源，呼兰，阿城，双城，五常，讷河，北安，甘南，富裕，

龙江，黑河，青冈*，海林*

注：全省县级及县级以上设防城镇，设计地震分组均为第一组。

A.0.8 江苏省

1 抗震设防烈度为8度，设计基本地震加速度值为 0.30g：

第一组：宿迁，宿豫*

2 抗震设防烈度为8度，设计基本地震加速度值为 0.20g：

第一组：新沂，邳州，睢宁

3 抗震设防烈度为7度，设计基本地震加速度值为 0.15g：

第一组：扬州（3 个市辖区），镇江（2 个市辖区），东海，沭阳，泗洪，江都，大丰

4 抗震设防烈度为7度，设计基本地震加速度值为 0.10g：

第一组：南京（11 个市辖区），淮安（除楚州外的 3 个市辖区），徐州（5 个市辖区），铜山，沛县，常州（4 个市辖区），泰州（2 个市辖区），赣榆，泗阳，盱眙，射阳，江浦，武进，盐城，盐都，东台，海安，姜堰，如皋，如东，扬中，仪征，兴化，高邮，六合，句容，丹阳，金坛，丹徒，溧阳，溧水，昆山，太仓

第三组：连云港（4 个市辖区），灌云

5 抗震设防烈度为6度，设计基本地震加速度值为 0.05g：

第一组：南通（2 个市辖区），无锡（6 个市辖区），苏州（6 个市辖区），通州，宜兴，江阴，洪泽，建湖，常熟，吴江，靖江，泰兴，张家港，海门，启东，高淳，丰县

第二组：响水，滨海，阜宁，宝应，金湖

第三组：灌南，涟水，楚州

A.0.9 浙江省

1 抗震设防烈度为7度，设计基本地震加速度值为 0.10g：

岱山，嵊泗，舟山（2 个市辖区），镇海区，北仑区

2 抗震设防烈度为6度，设计基本地震加速度值为 0.05g：

杭州（6 个市辖区），宁波（3 个市辖区），湖州，嘉兴（2 个市辖区），温州（3 个市辖区），绍兴，绍兴县，长兴，安吉，临安，奉化，鄞县，象山，德清，嘉善，平湖，海盐，桐乡，余杭，海宁，萧山，上虞，慈溪，余姚，瑞安，富阳，平阳，苍南，乐清，永嘉，泰顺，景宁，云和，庆元，洞头

注：全省县级及县级以上设防城镇，设计地震分组均为第一组。

A.0.10 安徽省

1 抗震设防烈度为7度，设计基本地震加速度值

为0.15g：

第一组：五河，泗县

2 抗震设防烈度为7度，设计基本地震加速度值为0.10g：

第一组：合肥（4个市辖区），蚌埠（4个市辖区），阜阳（3个市辖区），淮南（5个市辖区），枞阳，怀远，长丰，六安（2个市辖区），灵璧，固镇，凤阳，明光，定远，肥东，肥西，舒城，庐江，桐城，霍山，涡阳，安庆（3个市辖区）*，铜陵县*

3 抗震设防烈度为6度，设计基本地震加速度值为0.05g：

第一组：铜陵（3个市辖区），芜湖（4个市辖区），巢湖，马鞍山（4个市辖区），滁州（2个市辖区），芜湖县，砀山，萧县，亳州，界首，太和，临泉，阜南，利辛，蒙城，凤台，寿县，颍上，霍丘，金寨，天长，来安，全椒，含山，和县，当涂，无为，繁昌，池州，岳西，潜山，太湖，怀宁，望江，东至，宿松，南陵，宣城，郎溪，广德，泾县，青阳，石台

第二组：濉溪，淮北

第三组：宿州

A. 0. 11　福建省

1 抗震设防烈度为8度，设计基本地震加速度值为0.20g：

第一组：金门*

2 抗震设防烈度为7度，设计基本地震加速度值为0.15g：

第一组：厦门（7个市辖区），漳州（2个市辖区），晋江，石狮，龙海，长泰，漳浦，东山，诏安

第二组：泉州（4个市辖区）

3 抗震设防烈度为7度，设计基本地震加速度值为0.10g：

第一组：福州（除马尾外的4个市辖区），安溪，南靖，华安，平和，云霄

第二组：莆田（2个市辖区），长乐，福清，莆田县，平潭，惠安，南安，马尾

4 抗震设防烈度为6度，设计基本地震加速度值为0.05g：

第一组：三明（2个市辖区），政和，屏南，霞浦，福鼎，福安，柘荣，寿宁，周宁，松溪，宁德，古田，罗源，沙县，尤溪，闽清，闽侯，南平，大田，漳平，龙岩，永定，泰宁，宁化，长汀，武平，建宁，将乐，明溪，清流，连城，上杭，永安，建瓯

第二组：连江，永泰，德化，永春，仙游，马祖

A. 0. 12　江西省

1 抗震设防烈度为7度，设计基本地震加速度值为0.10g：

寻乌，会昌

2 抗震设防烈度为6度，设计基本地震加速度

值为0.05g：

南昌（5个市辖区），九江（2个市辖区），南昌县，进贤，余干，九江县，彭泽，湖口，星子，瑞昌，德安，都昌，武宁，修水，靖安，铜鼓，宜丰，宁都，石城，瑞金，安远，定南，龙南，全南，大余

注：全省县级及县级以上设防城镇，设计地震分组均为第一组。

A. 0. 13　山东省

1 抗震设防烈度为8度，设计基本地震加速度值为0.20g：

第一组：郯城，临沭，莒南，莒县，沂水，安丘，阳谷

2 抗震设防烈度为7度，设计基本地震加速度值为0.15g：

第一组：临沂（3个市辖区），潍坊（4个市辖区），菏泽，东明，聊城，苍山，沂南，昌邑，昌乐，青州，临朐，诸城，五莲，长岛，蓬莱，龙口，莘县，鄄城，寿光*，台儿庄，东营（河口区）

3 抗震设防烈度为7度，设计基本地震加速度值为0.10g：

第一组：烟台（4个市辖区），威海，枣庄（4个市辖区），淄博（除博山外的4个市辖区），平原，高唐，茌平，东阿，平阴，梁山，郓城，定陶，巨野，成武，曹县，广饶，博兴，高青，桓台，文登，沂源，蒙阴，费县，微山，禹城，冠县，莱芜（2个市辖区）*，单县*，夏津*

第二组：东营（东营区），招远，新泰，栖霞，莱州，日照，平度，高密，垦利，博山，滨州*，平邑*

4 抗震设防烈度为6度，设计基本地震加速度值为0.05g：

第一组：德州，宁阳，陵县，曲阜，邹城，鱼台，乳山，荣成，兖州

第二组：济南（5个市辖区），青岛（7个市辖区），泰安（2个市辖区），济宁（2个市辖区），武城，乐陵，庆云，无棣，阳信，宁津，沾化，利津，惠民，商河，临邑，济阳，齐河，邹平，章丘，泗水，莱阳，海阳，金乡，滕州，莱西，即墨

第三组：胶南，胶州，东平，汶上，嘉祥，临清，长清，肥城

A. 0. 14　河南省

1 抗震设防烈度为8度，设计基本地震加速度值为0.20g：

第一组：新乡（4个市辖区），新乡县，安阳（4个市辖区），安阳县，鹤壁（3个市辖区），原阳，延津，汤阴，淇县，卫辉，获嘉，范县，辉县

2 抗震设防烈度为7度，设计基本地震加速度值为0.15g：

第一组：郑州（除上街外的5个市辖区），濮阳，濮阳县，长垣，封丘，修武，内黄，浚县，滑县，台前，南乐，清丰，灵宝，三门峡，陕县，林州*

3 抗震设防烈度为7度，设计基本地震加速度值为0.10g：

第一组：洛阳（6个市辖区），焦作（4个市辖区），开封（5个市辖区），南阳（2个市辖区），开封县，许昌县，沁阳，博爱，孟州，孟津，巩义，偃师，济源，新密，新郑，民权，兰考，长葛，温县，荥阳，中牟，杞县*，许昌*，上街

4 抗震设防烈度为6度，设计基本地震加速度值为0.05g：

第一组：商丘（2个市辖区），信阳（2个市辖区），漯河，平顶山（4个市辖区），登封，义马，虞城，夏邑，通许，尉氏，叶县，宁陵，柘城，新安，宜阳，嵩县，汝阳，伊川，禹州，郏县，宝丰，襄城，郾城，鄢陵，扶沟，太康，鹿邑，郸城，沈丘，项城，淮阳，周口，商水，上蔡，临颍，西华，西平，栾川，内乡，镇平，唐河，邓州，新野，社旗，平舆，新县，驻马店，泌阳，汝南，桐柏，淮滨，息县，正阳，遂平，光山，罗山，潢川，商城，固始，南召，舞阳*

第二组：汝州，睢县，永城

第三组：卢氏，洛宁，渑池

A.0.15 湖北省

1 抗震设防烈度为7度，设计基本地震加速度值为0.10g：

竹溪，竹山，房县

2 抗震设防烈度为6度，设计基本地震加速度值为0.05g：

武汉（13个市辖区），荆州（2个市辖区），荆门，襄樊（2个市辖区），襄阳，十堰（2个市辖区），宜昌（4个市辖区），宜昌县，黄石（4个市辖区），恩施，咸宁，麻城，团风，罗田，英山，黄冈，鄂州，浠水，蕲春，黄梅，武穴，郧西，郧县，丹江口，谷城，老河口，宜城，南漳，保康，神农架，钟祥，沙洋，远安，兴山，巴东，秭归，当阳，建始，利川，公安，宣恩，咸丰，长阳，宜都，枝江，松滋，江陵，石首，监利，洪湖，孝感，应城，云梦，天门，仙桃，红安，安陆，潜江，嘉鱼，大冶，通山，赤壁，崇阳，通城，五峰*，京山*

注：全省县级及县级以上设防城镇，设计地震分组均为第一组。

A.0.16 湖南省

1 抗震设防烈度为7度，设计基本地震加速度值为0.15g：

常德（2个市辖区）

2 抗震设防烈度为7度，设计基本地震加速度值为0.10g：

岳阳（2个市辖区），岳阳县，汨罗，湘阴，临澧，澧县，津市，桃源，安乡，汉寿

3 抗震设防烈度为6度，设计基本地震加速度值为0.05g：

长沙（5个市辖区），长沙县，益阳（2个市辖区），张家界（2个市辖区），郴州（2个市辖区），邵阳（3个市辖区），邵阳县，泸溪，沅陵，娄底，宜章，资兴，平江，宁乡，新化，冷水江，涟源，双峰，新邵，邵东，隆回，石门，慈利，华容，南县，临湘，沅江，桃江，望城，溆浦，会同，靖州，韶山，江华，宁远，道县，临武，湘乡*，安化*，中方*，洪江*，云溪

注：全省县级及县级以上设防城镇，设计地震分组均为第一组。

A.0.17 广东省

1 抗震设防烈度为8度，设计基本地震加速度值为0.20g：

汕头（5个市辖区），澄海，潮安，南澳，徐闻，潮州*

2 抗震设防烈度为7度，设计基本地震加速度值为0.15g：

揭阳，揭东，潮阳，饶平

3 抗震设防烈度为7度，设计基本地震加速度值为0.10g：

广州（除花都外的9个市辖区），深圳（6个市辖区），湛江（4个市辖区），汕尾，海丰，普宁，惠来，阳江，阳东，阳西，茂名，化州，廉江，遂溪，吴川，丰顺，南海，顺德，中山，珠海，斗门，电白，雷州，佛山（2个市辖区）*，江门（2个市辖区）*，新会*，陆丰*

4 抗震设防烈度为6度，设计基本地震加速度值为0.05g：

韶关（3个市辖区），肇庆（2个市辖区），花都，河源，揭西，东源，梅州，东莞，清远，清新，南雄，仁化，始兴，乳源，曲江，英德，佛冈，龙门，龙川，平远，大埔，从化，梅县，兴宁，五华，紫金，陆河，增城，博罗，惠州，惠阳，惠东，三水，四会，云浮，云安，高要，高明，鹤山，封开，郁南，罗定，信宜，新兴，开平，恩平，台山，阳春，高州，翁源，连平，和平，蕉岭，新丰*

注：全省县级及县级以上设防城镇，设计地震分组均为第一组。

A.0.18 广西自治区

1 抗震设防烈度为7度，设计基本地震加速度值为0.15g：

灵山，田东

2 抗震设防烈度为7度，设计基本地震加速度值为0.10g：

玉林，兴业，横县，北流，百色，田阳，平果，隆安，浦北，博白，乐业*

3 抗震设防烈度为6度，设计基本地震加速度值为0.05g：

南宁（6个市辖区），桂林（5个市辖区），柳州（5个市辖区），梧州（3个市辖区），钦州（2个市辖区），贵港（2个市辖区），防城港（2个市辖区），北海（2个市辖区），兴安，灵川，临桂，永福，鹿寨，天峨，东兰，巴马，都安，大化，马山，融安，象州，武宣，桂平，平南，上林，宾阳，武鸣，大新，扶绥，邕宁，东兴，合浦，钟山，贺州，藤县，苍梧，容县，岑溪，陆川，凤山，凌云，田林，隆林，西林，德保，靖西，那坡，天等，崇左，上思，龙州，宁明，融水，凭祥，全州

注：全自治区县级及县级以上设防城镇，设计地震分组均为第一组。

A.0.19 海南省

1 抗震设防烈度为8度，设计基本地震加速度值为0.30g：

海口（3个市辖区），琼山

2 抗震设防烈度为8度，设计基本地震加速度值为0.20g：

文昌，定安

3 抗震设防烈度为7度，设计基本地震加速度值为0.15g：

澄迈

4 抗震设防烈度为7度，设计基本地震加速度值为0.10g：

临高，琼海，儋州，屯昌

5 抗震设防烈度为6度，设计基本地震加速度值为0.05g：

三亚，万宁，琼中，昌江，白沙，保亭，陵水，东方，乐东，通什

注：全省县级及县级以上设防城镇，设计地震分组均为第一组。

A.0.20 四川省

1 抗震设防烈度不低于9度，设计基本地震加速度值不小于0.40g：

第一组：康定，西昌

2 抗震设防烈度为8度，设计基本地震加速度值为0.30g：

第一组：冕宁*

3 抗震设防烈度为8度，设计基本地震加速度值为0.20g：

第一组：道孚，泸定，甘孜，炉霍，石棉，喜德，普格，宁南，德昌，理塘，茂县，汶川，宝兴

第二组：松潘，平武，北川（震前），都江堰

第三组：九寨沟

4 抗震设防烈度为7度，设计基本地震加速度值为0.15g：

第一组：巴塘，德格，马边，雷波

第二组：越西，雅江，九龙，木里，盐源，会东，新龙，天全，芦山，丹巴，安县，青川，江油，绵竹，什邡，彭州，理县，剑阁*

第三组：荥经，汉源，昭觉，布拖，甘洛

5 抗震设防烈度为7度，设计基本地震加速度值为0.10g：

第一组：乐山（除金口河外的3个市辖区），自贡（4个市辖区），宜宾，宜宾县，峨边，沐川，屏山，得荣

第二组：攀枝花（3个市辖区），若尔盖，色达，壤塘，马尔康，石渠，白玉，盐边，米易，乡城，稻城，金口河，峨眉山，雅安，广元（3个市辖区），中江，德阳，罗江，绵阳（2个市辖区）

第三组：名山，美姑，金阳，小金，会理，黑水，金川，洪雅，夹江，邛崃，蒲江，彭山，丹棱，眉山，青神，郫县，温江，大邑，崇州，成都（8个市辖区），双流，新津，金堂，广汉

6 抗震设防烈度为6度，设计基本地震加速度值为0.05g：

第一组：泸州（3个市辖区），内江（2个市辖区），宣汉，达州，达县，大竹，邻水，渠县，广安，华蓥，隆昌，富顺，泸县，南溪，江安，长宁，高县，珙县，兴文，叙永，古蔺，资阳，仁寿，资中，犍为，荣县，威远，通江，万源，巴中，阆中，仪陇，西充，南部，射洪，大英，乐至

第二组：梓潼，筠连，井研，阿坝，南江，苍溪，旺苍，盐亭，三台，简阳

第三组：红原

A.0.21 贵州省

1 抗震设防烈度为7度，设计基本地震加速度值为0.10g：

第一组：望谟

第二组：威宁

2 抗震设防烈度为6度，设计基本地震加速度值为0.05g：

第一组：贵阳（除白云外的5个市辖区），凯里，毕节，安顺，都匀，六盘水，黄平，福泉，贵定，麻江，清镇，龙里，平坝，纳雍，织金，水城，普定，六枝，镇宁，惠水，长顺，关岭，紫云，罗甸，兴仁，贞丰，安龙，册亨，金沙，印江，赤水，习水，思南*

第二组：赫章，普安，晴隆，兴义

第三组：盘县

A.0.22 云南省

1 抗震设防烈度不低于9度，设计基本地震加速度值不小于0.40g：

第一组：寻甸，东川

第二组：澜沧

2 抗震设防烈度为8度，设计基本地震加速度值为0.30g：

第一组：剑川，嵩明，宜良，丽江，鹤庆，永胜，潞西，龙陵，石屏，建水

第二组：耿马，双江，沧源，勐海，西盟，孟连

3 抗震设防烈度为8度，设计基本地震加速度值为0.20g：

第一组：石林，玉溪，大理，永善，巧家，江川，华宁，峨山，通海，洱源，宾川，弥渡，祥云，会泽，南涧

第二组：昆明（除东川外的4个市辖区），思茅，保山，马龙，呈贡，澄江，晋宁，易门，漾濞，巍山，云县，腾冲，施甸，瑞丽，梁河，安宁，凤庆*，陇川*

第三组：景洪，永德，镇康，临沧

4 抗震设防烈度为7度，设计基本地震加速度值为0.15g：

第一组：中甸，泸水，大关，新平*

第二组：沾益，个旧，红河，元江，禄丰，双柏，开远，盈江，永平，昌宁，宁蒗，南华，楚雄，勐腊，华坪，景东*

第三组：曲靖，弥勒，陆良，富民，禄劝，武定，兰坪，云龙，景谷，普洱

5 抗震设防烈度为7度，设计基本地震加速度值为0.10g：

第一组：盐津，绥江，德钦，水富，贡山

第二组：昭通，彝良，鲁甸，福贡，永仁，大姚，元谋，姚安，牟定，墨江，绿春，镇沅，江城，金平

第三组：富源，师宗，泸西，蒙自，元阳，维西，宣威

6 抗震设防烈度为6度，设计基本地震加速度值为0.05g：

第一组：威信，镇雄，广南，富宁，西畴，麻栗坡，马关

第二组：丘北，砚山，屏边，河口，文山

第三组：罗平

A.0.23 西藏自治区

1 抗震设防烈度不低于9度，设计基本地震加速度值不小于0.40g：

第二组：当雄，墨脱

2 抗震设防烈度为8度，设计基本地震加速度值为0.30g：

第一组：申扎

第二组：米林，波密

3 抗震设防烈度为8度，设计基本地震加速度值为0.20g：

第一组：普兰，聂拉木，萨嘎

第二组：拉萨，堆龙德庆，尼木，仁布，尼玛，洛隆，隆子，错那，曲松

第三组：那曲，林芝（八一镇），林周

4 抗震设防烈度为7度，设计基本地震加速度值为0.15g：

第一组：札达，吉隆，拉孜，谢通门，亚东，洛扎，昂仁

第二组：日土，江孜，康马，白朗，扎囊，措美，桑日，加查，边坝，八宿，丁青，类乌齐，乃东，琼结，贡嘎，朗县，达孜，日喀则*，噶尔*

第三组：南木林，班戈，浪卡子，墨竹工卡，曲水，安多，聂荣

5 抗震设防烈度为7度，设计基本地震加速度值为0.10g：

第一组：改则，措勤，仲巴，定结，芒康

第二组：昌都，定日，萨迦，岗巴，巴青，工布江达，索县，比如，嘉黎，察雅，左贡，察隅，江达，贡觉

6 抗震设防烈度为6度，设计基本地震加速度值为0.05g：

第一组：革吉

A.0.24 陕西省

1 抗震设防烈度为8度，设计基本地震加速度值为0.20g：

第一组：西安（8个市辖区，长安区除外），渭南，华县，华阴，潼关，大荔

第二组：陇县

2 抗震设防烈度为7度，设计基本地震加速度值为0.15g：

第一组：咸阳（2个市辖区及杨凌特区），宝鸡（3个市辖区），高陵，千阳，岐山，凤翔，扶风，武功，兴平，周至，眉县，三原，富平，澄城，蒲城，泾阳，礼泉，长安，户县，蓝田，韩城，合阳

第二组：凤县，略阳

3 抗震设防烈度为7度，设计基本地震加速度值为0.10g：

第一组：安康，平利，乾县，洛南

第二组：白水，耀县，淳化，麟游，永寿，商州，铜川（2个市辖区）*，柞水*，勉县，宁强，南郑，汉中

第三组：太白，留坝

4 抗震设防烈度为6度，设计基本地震加速度值为0.05g：

第一组：延安，清涧，神木，佳县，米脂，绥德，安塞，延川，延长，定边，吴旗，志丹，甘泉，富县，商南，旬阳，紫阳，镇巴，白河，岚皋，镇坪，子长*，子洲*

第二组：府谷，吴堡，洛川，黄陵，旬邑，洋县，西乡，石泉，汉阴，宁陕，城固

第三组：宜川，黄龙，宜君，长武，彬县，佛坪，镇安，丹凤，山阳

A. 0. 25 甘肃省

1 抗震设防烈度不低于 9 度，设计基本地震加速度值不小于 0.40g：

第一组：古浪

2 抗震设防烈度为 8 度，设计基本地震加速度值为 0.30g：

第一组：天水（2 个市辖区），礼县

第二组：平川区，西和

3 抗震设防烈度为 8 度，设计基本地震加速度值为 0.20g：

第一组：宕昌，肃北

第二组：兰州（4 个市辖区），成县，徽县，康县，武威，永登，天祝，景泰，靖远，陇西，武山，秦安，清水，甘谷，漳县，会宁，静宁，庄浪，张家川，通渭，华亭，陇南，文县

第三组：两当，舟曲

4 抗震设防烈度为 7 度，设计基本地震加速度值为 0.15g：

第一组：康乐，嘉峪关，玉门，酒泉，高台，临泽，肃南

第二组：白银（白银区），永靖，岷县，东乡，和政，广河，临潭，卓尼，迭部，临洮，渭源，皋兰，崇信，榆中，定西，金昌，阿克塞，民乐，永昌，红古区

第三组：平凉

5 抗震设防烈度为 7 度，设计基本地震加速度值为 0.10g：

第一组：张掖，合作，玛曲，金塔，积石山

第二组：敦煌，安西，山丹，临夏，临夏县，夏河，碌曲，泾川，灵台

第三组：民勤，镇原，环县

6 抗震设防烈度为 6 度，设计基本地震加速度值为 0.05g：

第二组：华池，正宁，庆阳，合水，宁县

第三组：西峰

A. 0. 26 青海省

1 抗震设防烈度为 8 度，设计基本地震加速度值为 0.20g：

第一组：玛沁

第二组：玛多，达日

2 抗震设防烈度为 7 度，设计基本地震加速度值为 0.15g：

第一组：祁连，玉树

第二组：甘德，门源

3 抗震设防烈度为 7 度，设计基本地震加速度值为 0.10g：

第一组：乌兰，治多，称多，杂多，囊谦

第二组：西宁（4 个市辖区），同仁，共和，德令哈，海晏，湟源，湟中，平安，民和，化隆，贵德，尖扎，循化，格尔木，贵南，同德，河南，曲麻莱，久治，班玛，天峻，刚察

第三组：大通，互助，乐都，都兰，兴海

4 抗震设防烈度为 6 度，设计基本地震加速度值为 0.05g：

第二组：泽库

A. 0. 27 宁夏自治区

1 抗震设防烈度为 8 度，设计基本地震加速度值为 0.30g：

第一组：海原

2 抗震设防烈度为 8 度，设计基本地震加速度值为 0.20g：

第一组：银川（3 个市辖区），石嘴山（3 个市辖区），吴忠，惠农，平罗，贺兰，永宁，青铜峡，泾源，灵武，陶乐，固原

第二组：西吉，中卫，中宁，同心，隆德

3 抗震设防烈度为 7 度，设计基本地震加速度值为 0.15g：

第三组：彭阳

4 抗震设防烈度为 6 度，设计基本地震加速度值为 0.05g：

第三组：盐池

A. 0. 28 新疆自治区

1 抗震设防烈度不低于 9 度，设计基本地震加速度值不小于 0.40g：

第二组：乌恰，塔什库尔干

2 抗震设防烈度为 8 度，设计基本地震加速度值为 0.30g：

第二组：阿图什，喀什，疏附

3 抗震设防烈度为 8 度，设计基本地震加速度值为 0.20g：

第一组：乌鲁木齐（7 个市辖区），乌鲁木齐县，温宿，阿克苏，柯坪，米泉，昭苏，特克斯，库车，巴里坤，青河，富蕴，乌什*

第二组：尼勒克，新源，巩留，精河，乌苏，奎屯，沙湾，玛纳斯，石河子，独山子

第三组：疏勒，伽师，阿克陶，英吉沙

4 抗震设防烈度为 7 度，设计基本地震加速度值为 0.15g：

第一组：库尔勒，新和，轮台，和静，焉耆，博湖，巴楚，昌吉，拜城，阜康*，木垒*

第二组：伊宁，伊宁县，霍城，察布查尔，呼图壁

第三组：岳普湖

5 抗震设防烈度为 7 度，设计基本地震加速度值为 0.10g：

第一组：吐鲁番，和田，和田县，吉木萨尔，洛

浦，奇台，伊吾，鄯善，托克逊，和硕，尉犁，墨玉，策勒，哈密

第二组：克拉玛依（克拉玛依区），博乐，温泉，阿合奇，阿瓦提，沙雅

第三组：莎车，泽普，叶城，麦盖提，皮山

6 抗震设防烈度为 6 度，设计基本地震加速度值为 0.05g：

第一组：于田，哈巴河，塔城，额敏，福海，和布克赛尔，乌尔禾

第二组：阿勒泰，托里，民丰，若羌，布尔津，吉木乃，裕民，白碱滩

第三组：且末

A.0.29 港澳特区和台湾省

1 抗震设防烈度不低于 9 度，设计基本地震加速度值不小于 0.40g：

第一组：台中

第二组：苗栗，云林，嘉义，花莲

2 抗震设防烈度为 8 度，设计基本地震加速度值为 0.30g：

第二组：台北，桃园，台南，基隆，宜兰，台东，屏东

3 抗震设防烈度为 8 度，设计基本地震加速度值为 0.20g：

第二组：高雄，澎湖

4 抗震设防烈度为 7 度，设计基本地震加速度值为 0.15g：

第一组：香港

5 抗震设防烈度为 7 度，设计基本地震加速度值为 0.10g：

第一组：澳门

附录 B　高强混凝土结构抗震设计要求

B.0.1 高强混凝土结构所采用的混凝土强度等级应符合本规范第 3.9.3 条的规定；其抗震设计，除应符合普通混凝土结构抗震设计要求外，尚应符合本附录的规定。

B.0.2 结构构件截面剪力设计值的限值中含有混凝土轴心抗压强度设计值（f_c）的项乘以混凝土强度影响系数（β_c）。其值，混凝土强度等级为 C50 时取 1.0，C80 时取 0.8，介于 C50 和 C80 之间时取其内插值。

结构构件受压区高度计算和承载力验算时，公式中含有混凝土轴心抗压强度设计值（f_c）的项也应按国家标准《混凝土结构设计规范》GB 50010 的有关规定乘以相应的混凝土强度影响系数。

B.0.3 高强混凝土框架的抗震构造措施，应符合下列要求：

1 梁端纵向受拉钢筋的配筋率不宜大于 3%（HRB335 级钢筋）和 2.6%（HRB400 级钢筋）。梁端箍筋加密区的箍筋最小直径应比普通混凝土梁箍筋的最小直径增大 2mm。

2 柱的轴压比限值宜按下列规定采用：不超过 C60 混凝土的柱可与普通混凝土柱相同，C65～C70 混凝土的柱宜比普通混凝土柱减小 0.05，C75～C80 混凝土的柱宜比普通混凝土柱减小 0.1。

3 当混凝土强度等级大于 C60 时，柱纵向钢筋的最小总配筋率应比普通混凝土柱增大 0.1%。

4 柱加密区的最小配箍特征值宜按下列规定采用：混凝土强度等级高于 C60 时，箍筋宜采用复合箍、复合螺旋箍或连续复合矩形螺旋箍。

　　1）轴压比不大于 0.6 时，宜比普通混凝土柱大 0.02；

　　2）轴压比大于 0.6 时，宜比普通混凝土柱大 0.03。

B.0.4 当混凝土强度等级大于 C60 时，抗震墙约束边缘构件的配箍特征值宜比轴压比相同的普通混凝土抗震墙增加 0.02。

附录 C　预应力混凝土结构抗震设计要求

C.1　一　般　要　求

C.1.1 本附录适用于 6、7、8 度时先张法和后张有粘结预应力混凝土结构的抗震设计，9 度时应进行专门研究。

无粘结预应力混凝土结构的抗震设计，应符合专门的规定。

C.1.2 抗震设计时，框架的后张预应力构件宜采用有粘结预应力筋。

C.1.3 后张预应力筋的锚具不宜设置在梁柱节点核芯区。

C.2　预应力框架结构

C.2.1 预应力混凝土框架梁应符合下列规定：

1 后张预应力混凝土框架梁中应采用预应力筋和非预应力筋混合配筋方式，按下式计算的预应力强度比，一级不宜大于 0.60；二、三级不宜大于 0.75。

$$\lambda = \frac{A_p f_{py}}{A_p f_{py} + A_s f_y} \qquad (C.2.1)$$

式中　λ——预应力强度比；

A_p、A_s——分别为受拉区预应力筋、非预应力筋截面面积；

f_{py}——预应力筋的抗拉强度设计值；

f_y——非预应力筋的抗拉强度设计值。

2 预应力混凝土框架梁端纵向受拉钢筋按非预

应力钢筋抗拉强度设计值换算的配筋率不应大于 2.5%，且考虑受压钢筋的梁端混凝土受压区高度和有效高度之比，一级不应大于 0.25，二、三级不应大于 0.35。

3 梁端截面的底面和顶面非预应力钢筋配筋量的比值，除按计算确定外，一级不应小于 1.0，二、三级不应小于 0.8，同时，底面非预应力钢筋配筋量不应低于毛截面面积的 0.2%。

C.2.2 预应力混凝土悬臂梁应符合下列规定：

1 悬臂梁的预应力强度比可按本附录第 C.2.1 条 1 款的规定采用；考虑受压钢筋的混凝土受压区高度和有效高度之比可按本附录第 C.2.1 条 2 款的规定采用。

2 悬臂梁梁底和梁顶非预应力筋配筋量的比值，除按计算确定外，不应小于 1.0，且底面非预应力筋配筋量不应低于毛截面面积的 0.2%。

C.2.3 预应力混凝土框架柱应符合下列规定：

1 预应力混凝土大跨度框架顶层边柱宜采用非对称配筋，一侧采用混合配筋，另一侧仅配置普通钢筋。

2 预应力框架柱应符合本规范第 6.2 节调整框架柱内力组合设计值的相应要求。

3 预应力混凝土框架柱的截面受压区高度和有效高度之比，一级不宜大于 0.25，二、三级不宜大于 0.35。

4 预应力框架柱箍筋应沿柱全高加密。

附录 D 框架梁柱节点核芯区截面抗震验算

D.1 一般框架梁柱节点

D.1.1 一、二级框架梁柱节点核芯区组合的剪力设计值，应按下列公式确定：

$$V_j = \frac{\eta_{jb}\Sigma M_b}{h_{b0} - a'_s}\left(1 - \frac{h_{b0} - a'_s}{H_c - h_b}\right) \quad \text{(D.1.1-1)}$$

9 度时和一级框架结构尚应符合

$$V_j = \frac{1.15\Sigma M_{bua}}{h_{b0} - a'_s}\left(1 - \frac{h_{b0} - a'_s}{H_c - h_b}\right)$$
$$\text{(D.1.1-2)}$$

式中 V_j——梁柱节点核芯区组合的剪力设计值；

h_{b0}——梁截面的有效高度，节点两侧梁截面高度不等时可采用平均值；

a'_s——梁受压钢筋合力点至受压边缘的距离；

H_c——柱的计算高度，可采用节点上、下柱反弯点之间的距离；

h_b——梁的截面高度，节点两侧梁截面高度不等时可采用平均值；

η_{jb}——节点剪力增大系数，一级取 1.35，二级取 1.2；

ΣM_b——节点左右梁端反时针或顺时针方向组合弯矩设计值之和，一级时节点左右梁端均为负弯矩，绝对值较小的弯矩应取零；

ΣM_{bua}——节点左右梁端反时针或顺时针方向实配的正截面抗震受弯承载力所对应的弯矩值之和，根据实配钢筋面积（计入受压筋）和材料强度标准值确定。

D.1.2 核芯区截面有效验算宽度，应按下列规定采用：

1 核芯区截面有效验算宽度，当验算方向的梁截面宽度不小于该侧柱截面宽度的 1/2 时，可采用该侧柱截面宽度，当小于柱截面宽度的 1/2 时，可采用下列二者的较小值：

$$b_j = b_b + 0.5h_c \quad \text{(D.1.2-1)}$$
$$b_j = b_c \quad \text{(D.1.2-2)}$$

式中 b_j——节点核芯区的截面有效验算宽度；

b_b——梁截面宽度；

h_c——验算方向的柱截面高度；

b_c——验算方向的柱截面宽度。

2 当梁、柱的中线不重合且偏心距不大于柱宽的 1/4 时，核芯区的截面有效验算宽度可采用上款和下式计算结果的较小值。

$$b_j = 0.5(b_b + b_c) + 0.25h_c - e \, \text{(D.1.2-3)}$$

式中 e——梁与柱中线偏心距。

D.1.3 节点核芯区组合的剪力设计值，应符合下列要求：

$$V_j \leqslant \frac{1}{\gamma_{RE}}(0.30\eta_j f_c b_j h_j) \quad \text{(D.1.3)}$$

式中 η_j——正交梁的约束影响系数，楼板为现浇，梁柱中线重合，四周各梁截面宽度不小于该侧柱截面宽度的 1/2，且正交方向梁高度不小于框架梁高度的 3/4 时，可采用 1.5，9 度时宜采用 1.25，其他情况均采用 1.0；

h_j——节点核芯区的截面高度，可采用验算方向的柱截面高度；

γ_{RE}——承载力抗震调整系数，可采用 0.85。

D.1.4 节点核芯区截面抗震受剪承载力，应采用下列公式验算：

$$V_j \leqslant \frac{1}{\gamma_{RE}}\left(1.1\eta_j f_t b_j h_j + 0.05\eta_j N\frac{b_j}{b_c} + f_{yv}A_{svj}\frac{h_{b0} - a'_s}{s}\right)$$
$$\text{(D.1.4-1)}$$

9 度时 $V_j \leqslant \frac{1}{\gamma_{RE}}\left(0.9\eta_j f_t b_j h_j + f_{yv}A_{svj}\frac{h_{b0} - a'_s}{s}\right)$

$$\text{(D.1.4-2)}$$

式中 N——对应于组合剪力设计值的上柱组合轴向压力较小值，其取值不应大于柱的截面面积和混凝土轴心抗压强度设计值的乘积的 50%，当 N 为拉力时，取 $N=0$；

f_{yv}——箍筋的抗拉强度设计值；

f_t——混凝土轴心抗拉强度设计值；

A_{svj}——核芯区有效验算宽度范围内同一截面验算方向箍筋的总截面面积；

s——箍筋间距。

D. 2 扁梁框架的梁柱节点

D. 2. 1 扁梁框架的梁宽大于柱宽时，梁柱节点应符合本段的规定。

D. 2. 2 扁梁框架的梁柱节点核芯区应根据梁纵筋在柱宽范围内、外的截面面积比例，对柱宽以内和柱宽以外的范围分别验算受剪承载力。

D. 2. 3 核芯区验算方法除应符合一般框架梁柱节点的要求外，尚应符合下列要求：

1 按本附录式（D.1.3）验算核芯区剪力限值时，核芯区有效宽度可取梁宽与柱宽之和的平均值；

2 四边有梁的约束影响系数，验算柱宽范围内核芯区的受剪承载力时可取 1.5，验算柱宽范围外核芯区的受剪承载力时宜取 1.0；

3 验算核芯区受剪承载力时，在柱宽范围内的核芯区，轴向力的取值可与一般梁柱节点相同；柱宽以外的核芯区，可不考虑轴力对受剪承载力的有利作用；

4 锚入柱内的梁上部钢筋宜大于其全部截面面积的60%。

D. 3 圆柱框架的梁柱节点

D. 3. 1 梁中线与柱中线重合时，圆柱框架梁柱节点核芯区组合的剪力设计值应符合下列要求：

$$V_j \leqslant \frac{1}{\gamma_{RE}}(0.30\eta_j f_c A_j) \qquad (D. 3. 1)$$

式中 η_j——正交梁的约束影响系数，按本附录 D.1.3 确定，其中柱截面宽度按柱直径采用；

A_j——节点核芯区有效截面面积，梁宽（b_b）不小于柱直径（D）之半时，取 $A_j = 0.8D^2$；梁宽（b_b）小于柱直径（D）之半且不小于 $0.4D$ 时，取 $A_j = 0.8D(b_b + D/2)$。

D. 3. 2 梁中线与柱中线重合时，圆柱框架梁柱节点核芯区截面抗震受剪承载力应采用下列公式验算：

$$V_j \leqslant \frac{1}{\gamma_{RE}}\Big(1.5\eta_j f_t A_j + 0.05\eta_j \frac{N}{D^2}A_j$$
$$+ 1.57 f_{yv}A_{sh}\frac{h_{b0} - a'_s}{s} + f_{yv}A_{svj}\frac{h_{b0} - a'_s}{s}\Big)$$
$$(D. 3. 2-1)$$

9 度时 $V_j \leqslant \dfrac{1}{\gamma_{RE}}\Big(1.2\eta_j f_t A_j + 1.57 f_{yv}A_{sh}\dfrac{b_{b0} - a'_s}{s}$

$$+ f_{yv}A_{svj}\frac{h_{b0} - a'_s}{s}\Big) \qquad (D. 3. 2-2)$$

式中 A_{sh}——单根圆形箍筋的截面面积；

A_{svj}——同一截面验算方向的拉筋和非圆形箍筋的总截面面积；

D——圆柱截面直径；

N——轴向力设计值，按一般梁柱节点的规定取值。

附录 E 转换层结构抗震设计要求

E. 1 矩形平面抗震墙结构框支层楼板设计要求

E. 1. 1 框支层应采用现浇楼板，厚度不宜小于 180mm，混凝土强度等级不宜低于 C30，应采用双层双向配筋，且每层每个方向的配筋率不应小于 0.25%。

E. 1. 2 部分框支抗震墙结构的框支层楼板剪力设计值，应符合下列要求：

$$V_f \leqslant \frac{1}{\gamma_{RE}}(0.1 f_c b_f t_f) \qquad (E. 1. 2)$$

式中 V_f——由不落地抗震墙传到落地抗震墙处按刚性楼板计算的框支层楼板组合的剪力设计值，8 度时应乘以增大系数 2，7 度时应乘以增大系数 1.5；验算落地抗震墙时不考虑此项增大系数；

$b_f t_f$——分别为框支层楼板的宽度和厚度；

γ_{RE}——承载力抗震调整系数，可采用 0.85。

E. 1. 3 部分框支抗震墙结构的框支层楼板与落地抗震墙交接截面的受剪承载力，应按下列公式验算：

$$V_f \leqslant \frac{1}{\gamma_{RE}}(f_y A_s) \qquad (E. 1. 3)$$

式中 A_s——穿过落地抗震墙的框支层楼盖（包括梁和板）的全部钢筋的截面面积。

E. 1. 4 框支层楼板的边缘和较大洞口周边应设置边梁，其宽度不宜小于板厚的 2 倍，纵向钢筋配筋率不应小于 1%，钢筋接头宜采用机械连接或焊接，楼板的钢筋应锚固在边梁内。

E. 1. 5 对建筑平面较长或不规则及各抗震墙内力相差较大的框支层，必要时可采用简化方法验算楼板平面内的受弯、受剪承载力。

E. 2 筒体结构转换层抗震设计要求

E. 2. 1 转换层上下的结构质量中心宜接近重合（不包括裙房），转换层上下层的侧向刚度比不宜大于 2。

E. 2. 2 转换层上部的竖向抗侧力构件（墙、柱）宜直接落在转换层的主结构上。

E. 2. 3 厚板转换层结构不宜用于 7 度及 7 度以上的高层建筑。

E. 2. 4 转换层楼盖不应有大洞口，在平面内宜接近刚性。

E.2.5 转换层楼盖与筒体、抗震墙应有可靠的连接，转换层楼板的抗震验算和构造宜符合本附录 E.1 对框支层楼板的有关规定。

E.2.6 8 度时转换层结构应考虑竖向地震作用。

E.2.7 9 度时不应采用转换层结构。

附录 F 配筋混凝土小型空心砌块抗震墙房屋抗震设计要求

F.1 一 般 要 求

F.1.1 本附录适用的配筋混凝土小型空心砌块抗震墙房屋的最大高度应符合表 F.1.1-1 规定，且房屋总高度与总宽度的比值不宜超过表 F.1.1-2 的规定；对横墙较少或建造于 IV 类场地的房屋，适用的最大高度应适当降低。

表 F.1.1-1 配筋混凝土小型空心砌块抗震墙房屋适用的最大高度（m）

最小墙厚（mm）	6 度	7 度	8 度
190	54	45	30

注：房屋高度超过表内高度时，应根据专门研究，采取有效的加强措施。

表 F.1.1-2 配筋混凝土小型空心砌块抗震墙房屋的最大高宽比

烈 度	6 度	7 度	8 度
最大高宽比	5	4	3

F.1.2 配筋小型空心砌块抗震墙房屋应根据抗震设防分类、抗震设防烈度和房屋高度采用不同的抗震等级，并应符合相应的计算和构造措施要求。丙类建筑的抗震等级宜按表 F.1.2 确定：

表 F.1.2 配筋小型空心砌块抗震墙房屋的抗震等级

烈 度	6 度		7 度		8 度	
高度（m）	≤24	>24	≤24	>24	≤24	>24
抗震等级	四	三	三	二	二	一

注：接近或等于高度分界时，可结合房屋不规则程度及和场地、地基条件确定抗震等级。

F.1.3 房屋应避免采用本规范第 3.4 节规定的不规则建筑结构方案，并应符合下列要求：

　　1 平面形状宜简单、规则，凹凸不宜过大；竖向布置宜规则、均匀，避免过大的外挑和内收。

　　2 纵横向抗震墙宜拉通对直；每个墙段不宜太长，每个独立墙段的总高度与墙段长度之比不宜小于 2；门洞口宜上下对齐，成列布置。

　　3 房屋抗震横墙的最大间距，应符合表 F.1.3 的要求：

表 F.1.3 抗震横墙的最大间距

烈 度	6 度	7 度	8 度
最大间距（m）	15	15	11

F.1.4 房屋宜选用规则、合理的建筑结构方案不设防震缝，当需要防震缝时，其最小宽度应符合下列要求：

　　当房屋高度不超过 20m 时，可采用 70mm；当超过 20m 时，6 度、7 度、8 度相应每增加 6m、5m 和 4m，宜加宽 20mm。

F.2 计 算 要 点

F.2.1 配筋小型空心砌块抗震墙房屋抗震计算时，应按本节规定调整地震作用效应；6 度时可不作抗震验算。

F.2.2 配筋小型空心砌块抗震墙承载力计算时，底部加强部位截面的组合剪力设计值应按下列规定调整：

$$V = \eta_{vw} V_w \qquad (F.2.2)$$

式中　V——抗震墙底部加强部位截面组合的剪力设计值；

　　　V_w——抗震墙底部加强部位截面组合的剪力计算值；

　　　η_{vw}——剪力增大系数，一级取 1.6，二级取 1.4，三级取 1.2，四级取 1.0。

F.2.3 配筋小型空心砌块抗震墙截面组合的剪力设计值，应符合下列要求：

剪跨比大于 2

$$V \leqslant \frac{1}{\gamma_{RE}} (0.2 f_{gc} b_w h_w) \qquad (F.2.3-1)$$

剪跨比不大于 2

$$V \leqslant \frac{1}{\gamma_{RE}} (0.15 f_{gc} b_w h_w) \qquad (F.2.3-2)$$

式中　f_{gc}——灌芯小砌块砌体抗压强度设计值；满灌时可取 2 倍砌块砌体抗压强度设计值；

　　　b_w——抗震墙截面宽度；

　　　h_w——抗震墙截面高度；

　　　γ_{RE}——承载力抗震调整系数，取 0.85。

注：剪跨比应按本规范式 (6.2.9-3) 计算。

F.2.4 偏心受压配筋小型空心砌块抗震墙截面受剪承载力，应按下列公式验算：

$$V \leqslant \frac{1}{\gamma_{RE}} \left[\frac{1}{\lambda - 0.5} (0.48 f_{gv} b_w h_w + 0.1N) + 0.72 f_{yh} \frac{A_{sb}}{s} h_{w0} \right] \qquad (F.2.4-1)$$

$$0.5V \leqslant \frac{1}{\gamma_{RE}} \left(0.72 f_{yh} \frac{A_{sh}}{s} h_{w0} \right) \qquad (F.2.4-2)$$

式中　N——抗震墙轴向压力设计值；取值不大于 $0.2 f_{gc} b_w h_w$；

λ——计算截面处的剪跨比，取 $\lambda = M / V h_w$；当小于 1.5 时取 1.5，当大于 2.2 时取 2.2；

f_{gv}——灌芯小砌块砌体抗剪强度设计值；可取 $f_{gv} = 0.2 f_{gc}^{0.55}$；

A_{sh}——同一截面的水平钢筋截面面积；

s——水平分布筋间距；

f_{yh}——水平分布筋抗拉强度设计值；

h_{w0}——抗震墙截面有效高度；

γ_{RE}——承载力抗震调整系数，取 0.85。

F.2.5 配筋小型空心砌块抗震墙跨高比大于 2.5 的连梁宜采用钢筋混凝土连梁，其截面组合的剪力设计值和斜截面受剪承载力，应符合现行国家标准《混凝土结构设计规范》GB 50010 对连梁的有关规定。

F.3 抗震构造措施

F.3.1 配筋小型空心砌块抗震墙房屋的灌芯混凝土，应采用坍落度大、流动性和和易性好，并与砌块结合良好的混凝土，灌芯混凝土的强度等级不应低于 C20。

F.3.2 配筋小型空心砌块房屋的墙段底部（高度不小于房屋高度的 1/6 且不小于二层的高度），应按加强部位配置水平和竖向钢筋。

F.3.3 配筋小型空心砌块抗震墙横向和竖向分布钢筋的配置，应符合下列要求：

1 竖向钢筋可采用单排布置，最小直径 12mm；其最大间距 600mm，顶层和底层应适当减小。

2 水平钢筋宜双排布置，最小直径 8mm；其最大间距 600mm，顶层和底层不应大于 400mm。

3 竖向、横向的分布钢筋的最小配筋率，一级均不应小于 0.13%；二级的一般部位不应小于 0.10%，加强部位不宜小于 0.13%；三、四级均不应小于 0.10%。

F.3.4 配筋小型空心砌块抗震墙竖向和水平分布钢筋的搭接长度不应小于 48 倍钢筋直径，锚固长度不应小于 42 倍钢筋直径。

F.3.5 配筋小型空心砌块抗震墙在重力荷载代表值作用下的轴压比，一级不宜大于 0.5，二、三级不宜大于 0.6。

F.3.6 配筋小型空心砌块抗震墙的压应力大于 0.5 倍灌芯小砌块砌体抗压强度设计值（f_{gc}）时，在墙端应设置长度不小于 3 倍墙厚的边缘构件，其最小配筋应符合表 F.3.6 的要求：

F.3.7 配筋小型空心砌块抗震墙连梁的抗震构造，应符合下列要求：

1 连梁的纵向钢筋锚入墙内的长度，一、二级不应小于 1.15 倍锚固长度，三级不应小于 1.05 倍锚固长度，四级不应小于锚固长度且不应小于 600mm。

表 F.3.6 配筋小型空心砌块抗震墙边缘构件的配筋要求

抗震等级	加强部位纵向钢筋最小量	一般部位纵向钢筋最小量	箍筋最小直径	箍筋最大间距
一	$3\phi20$	$3\phi18$	$\phi8$	200mm
二	$3\phi18$	$3\phi16$	$\phi8$	200mm
三	$3\phi16$	$3\phi14$	$\phi8$	200mm
四	$3\phi14$	$3\phi12$	$\phi8$	200mm

2 连梁的箍筋设置，沿梁全长均应符合框架梁端箍筋加密区的构造要求。

3 顶层连梁的纵向钢筋锚固长度范围内，应设置间距不大于 200mm 的箍筋，直径与该连梁的箍筋直径相同。

4 跨高比不大于 2.5 的连梁，自梁顶面下 200mm 至梁底面上 200mm 的范围内应增设水平分布钢筋；其间距不大于 200mm；每层分布筋的数量，一级不少于 $2\phi12$，二～四级不少于 $2\phi10$；水平分布筋伸入墙内的长度，不应小于 30 倍钢筋直径和 300mm。

5 配筋小型空心砌块抗震墙的连梁内不宜开洞，需要开洞时应符合下列要求：

   1）在跨中梁高 1/3 处预埋外径不大于 200mm 的钢套管；

   2）洞口上下的有效高度不应小于 1/3 梁高，且不小于 200mm；

   3）洞口处应配置补强钢筋，被洞口削弱的截面应进行受剪承载力验算。

F.3.8 楼盖的构造应符合下列要求：

1 配筋小型空心砌块房屋的楼、屋盖宜采用现浇钢筋混凝土板；抗震等级为四级时，也可采用装配整体式钢筋混凝土楼盖。

2 各楼层均应设置现浇钢筋混凝土圈梁。其混凝土强度等级应为砌块强度等级的二倍；现浇楼板的圈梁截面高度不宜小于 200mm，装配整体式楼板的板底圈梁截面高度不宜小于 120mm；其纵向钢筋直径不应小于砌体的水平分布钢筋直径，箍筋直径不应小于 8mm，间距不应大于 200mm。

附录 G 多层钢结构厂房抗震设计要求

G.0.1 多层钢结构厂房的布置应符合本规范第 8.1.4～8.1.7 条的有关要求，尚应符合下列规定：

1 平面形状复杂、各部分框架高度差异大或楼层荷载相差悬殊时，应设防震缝或采取其他措施。

2 料斗等设备穿过楼层且支承在该楼层时，其运行装料后的设备总重心宜接近楼层的支点处。同一设备穿过两个以上楼层时，应选择其中的一层作为支座；必要时可另选一层加设水平支承点。

3 设备自承重时，厂房楼层应与设备分开。

表 G.0.1　楼层水平支撑设置要求

项次	楼面结构类型		楼面荷载标准值 ≤10kN/m²	楼面荷载标准值 >10kN/m² 或较大集中荷载
1	钢与混凝土组合楼面、现浇、装配整体式楼板与钢梁有可靠连接	仅有小孔楼板	不需设水平支撑	不需设水平支撑
		有大孔楼板	应在开孔周围柱网区格内设水平支撑	应在开孔周围柱网区格内设水平支撑
2	铺金属板（与主梁有可靠连接）		宜设水平支撑	应设水平支撑
3	铺活动格栅板		应设水平支撑	应设水平支撑

注：1 楼层荷载系指除结构自重外的活荷载、管道及电缆等；
　　2 各行业楼面板开孔不尽相同，大小孔的划分宜结合工程具体情况确定；
　　3 6、7度设防时，铺金属板与主梁有可靠连接，可不设置水平支撑。

4 厂房的支撑布置应符合下列要求：

1）柱间支撑宜布置在荷载较大的柱间，且在同一柱列上下贯通，不贯通时应错开开间后连续布置并宜适当增加相近楼层、屋面的水平支撑，确保支撑承担的水平地震作用能传递至基础。

2）有抽柱的结构，宜适当增加相近楼层、屋面的水平支撑并在相邻柱间设置竖向支撑。

3）柱间支撑杆件应采用整根材料，超过材料最大长度规格时可采用对接焊缝等强拼接；柱间支撑与构件的连接，不应小于支撑杆件塑性承载力的1.2倍。

5 厂房楼盖宜采用压型钢板与现浇钢筋混凝土的组合楼板，亦可采用钢铺板。

6 当各榀框架侧向刚度相差较大、柱间支撑布置又不规则时，应设楼层水平支撑；其他情况，楼层水平支撑的设置应按表 G.0.1 确定。

G.0.2 厂房的抗震计算，除应符合本规范第 8.2 节有关要求外，尚应符合下列规定：

1 地震作用计算时，重力荷载代表值和可变荷载组合值系数，除应符合本规范第 5 章规定外，尚应根据行业的特点，对楼面检修荷载、成品或原料堆积楼面荷载、设备和料斗及管道内的物料等，采用相应的组合值系数。

2 直接支承设备和料斗的构件及其连接，应计入设备等产生的地震作用：

1）设备与料斗对支承构件及其连接产生的水平地震作用，可按下式确定：

$$F_s = \alpha_{max}\lambda G_{eq} \qquad (G.0.2\text{-}1)$$

$$\lambda = 1.0 + H_x/H_n \qquad (G.0.2\text{-}2)$$

式中　F_s——设备或料斗重心处的水平地震作用标准值；

α_{max}——水平地震影响系数最大值；

G_{eq}——设备或料斗的重力荷载代表值；

λ——放大系数；

H_x——建筑基础至设备或料斗重心的距离；

H_n——建筑基础底至建筑物顶部的距离。

2）此水平地震作用对支承构件产生的弯矩、扭矩，取设备或料斗重心至支承构件形心距离计算。

3 有压型钢板的现浇钢筋混凝土楼板，板面开孔较小且用栓钉等抗剪连接件与钢梁连接时，可将楼盖视为刚性楼盖。

G.0.3 多层钢结构厂房的抗震构造措施，除应符合本规范第 8.3、8.4 节有关要求外，尚应符合下列要求：

1 多层厂房钢框架与支撑的连接可采用焊接或高强度螺栓连接，纵向柱间支撑和屋面水平支撑布置，应符合下列要求：

1）纵向柱间支撑宜设置于柱列中部附近；

2）屋面的横向水平支撑和顶层的柱间支撑，宜设置在厂房单元端部的同一柱间内；当厂房单元较长时，应每隔 3～5 个柱间设置一道。

2 厂房设置楼层水平支撑时，其构造宜符合下列要求：

1）水平支撑可设在次梁底部，但支撑杆端部应与楼层轴线上主梁的腹板和下翼缘同时相连；

2）楼层水平支撑的布置应与柱间支撑位置相协调；

3）楼层轴线上的主梁可作为水平支撑系统的弦杆，斜杆与弦杆夹角宜在 30°～60°之间；

4）在柱网区格内次梁承受较大的设备荷载时，应增设刚性系杆，将设备重力的地震作用传到水平支撑弦杆（轴线上的主梁）或节点上。

附录 H　单层厂房横向平面排架地震作用效应调整

H.1　基本自振周期的调整

H.1.1 按平面排架计算厂房的横向地震作用时，排架的基本自振周期应考虑纵墙及屋架与柱连接的固结作用，可按下列规定进行调整：

1 由钢筋混凝土屋架或钢屋架与钢筋混凝土柱组成的排架，有纵墙时取周期计算值的 80%，无纵墙时取 90%；

2 由钢筋混凝土屋架或钢屋架与砖柱组成的排架，取周期计算值的 90%；

3 由木屋架、钢木屋架或轻钢屋架与砖柱组成排架，取周期计算值。

H.2 排架柱地震剪力和弯矩的调整系数

H.2.1 钢筋混凝土屋盖的单层钢筋混凝土柱厂房，按 H.1.1 确定基本自振周期且按平面排架计算的排架柱地震剪力和弯矩，当符合下列要求时，可考虑空间工作和扭转影响，并按 H.2.3 的规定调整：

1 7 度和 8 度；

2 厂房单元屋盖长度与总跨度之比小于 8 或厂房总跨度大于 12m；

3 山墙的厚度不小于 240mm，开洞所占的水平截面积不超过总面积 50%，并与屋盖系统有良好的连接；

4 柱顶高度不大于 15m。

注：1. 屋盖长度指山墙到山墙的间距，仅一端有山墙时，应取所考虑排架至山墙的距离；
　　2. 高低跨相差较大的不等高厂房，总跨度可不包括低跨。

H.2.2 钢筋混凝土屋盖和密铺望板瓦木屋盖的单层砖柱厂房，按 H.1.1 确定基本自振周期且按平面排架计算的排架柱地震剪力和弯矩，当符合下列要求时，可考虑空间工作，并按第 H.2.3 条的规定调整：

1 7 度和 8 度；

2 两端均有承重山墙；

3 山墙或承重（抗震）横墙的厚度不小于 240mm，开洞所占的水平截面积不超过总面积 50%，并与屋盖系统有良好的连接；

4 山墙或承重（抗震）横墙的长度不宜小于其高度；

5 单元屋盖长度与总跨度之比小于 8 或厂房总跨度大于 12m。

注：屋盖长度指山墙到山墙或承重（抗震）横墙的间距。

H.2.3 排架柱的剪力和弯矩应分别乘以相应的调整系数，除高低跨度交接处上柱以外的钢筋混凝土柱，其值可按表 H.2.3-1 采用，两端均有山墙的砖柱，其值可按表 H.2.3-2 采用。

表 H.2.3-1　钢筋混凝土柱（除高低跨交接处上柱外）考虑空间工作和扭转影响的效应调整系数

屋盖	山　墙		屋　盖　长　度　（m）											
			≤30	36	42	48	54	60	66	72	78	84	90	96
钢筋混凝土无檩屋盖	两端山墙	等高厂房			0.75	0.75	0.75	0.8	0.8	0.8	0.85	0.85	0.85	0.9
		不等高厂房			0.85	0.85	0.85	0.9	0.9	0.9	0.95	0.95	0.95	1.0
	一端山墙		1.05	1.15	1.2	1.25	1.3	1.3	1.3	1.3	1.35	1.35	1.35	1.35
钢筋混凝土有檩屋盖	两端山墙	等高厂房			0.8	0.85	0.9	0.95	0.95	1.0	1.0	1.05	1.05	1.1
		不等高厂房			0.85	0.9	0.95	1.0	1.0	1.05	1.05	1.1	1.1	1.15
	一端山墙		1.0	1.05	1.1	1.1	1.15	1.15	1.15	1.2	1.2	1.2	1.25	1.25

表 H.2.3-2　砖柱考虑空间作用的效应调整系数

屋盖类型	山墙或承重（抗震）横墙间距（m）										
	≤12	18	24	30	36	42	48	54	60	66	72
钢筋混凝土无檩屋盖	0.60	0.65	0.70	0.75	0.80	0.85	0.85	0.90	0.95	0.95	1.00
钢筋混凝土有檩屋盖或密铺望板瓦木屋盖	0.65	0.70	0.75	0.80	0.90	0.95	0.95	1.00	1.00	1.05	1.10

H.2.4 高低跨交接处的钢筋混凝土柱的支承低跨屋盖牛腿以上各截面，按底部剪力法求得的地震剪力和弯矩应乘以增大系数，其值可按下式采用：

$$\eta = \zeta \left(1 + 1.7 \frac{n_h}{n_0} \cdot \frac{G_{EL}}{G_{Eh}} \right) \quad (H.2.4)$$

式中　η——地震剪力和弯矩的增大系数；
　　　ζ——不等高厂房低跨交接处的空间工作影响系数，可按表 H.2.4 采用；

n_h——高跨的跨数；
n_0——计算跨数，仅一侧有低跨时应取总跨数，两侧均有低跨时应取总跨数与高跨跨数之和；
G_{EL}——集中于交接处一侧各低跨屋盖标高处的总重力荷载代表值；
G_{Eh}——集中于高跨柱顶标高处的总重力荷载代表值。

屋盖	山墙	屋盖长度(m)										
		≤36	42	48	54	60	66	72	78	84	90	96
钢筋混凝土无檩屋盖	两端山墙	0.7	0.76	0.82	0.88	0.94	1.0	1.06	1.06	1.06	1.06	1.06
	一端山墙	1.25										
钢筋混凝土有檩屋盖	两端山墙	0.9	1.0	1.05	1.1	1.1	1.15	1.15	1.15	1.2	1.2	1.2
	一端山墙	1.05										

H.3 吊车桥架引起的地震作用效应的增大系数

H.3.1 钢筋混凝土柱单层厂房的吊车梁顶标高处的上柱截面，由吊车桥架引起的地震剪力和弯矩应乘以增大系数，当按底部剪力法等简化计算方法计算时，其值可按表 H.3.1 采用。

表 H.3.1 桥架引起的地震剪力和
弯矩增大系数

屋盖类型	山墙	边柱	高低跨柱	其他中柱
钢筋混凝土无檩屋盖	两端山墙	2.0	2.5	3.0
	一端山墙	1.5	2.0	2.5
钢筋混凝土有檩屋盖	两端山墙	1.5	2.0	2.5
	一端山墙	1.5	2.0	2.0

附录 J 单层钢筋混凝土柱厂房纵向抗震验算

J.1 厂房纵向抗震计算的修正刚度法

J.1.1 纵向基本自振周期的计算

按本附录计算单跨或等高多跨的钢筋混凝土柱厂房纵向地震作用时，在柱顶标高不大于 15m 且平均跨度不大于 30m 时，纵向基本周期可按下列公式确定：

1 砖围护墙厂房，可按下式计算：

$$T_1 = 0.23 + 0.00025\psi_1 l \sqrt{H^3} \quad \text{(J.1.1-1)}$$

式中 ψ_1——屋盖类型系数，大型屋面板钢筋混凝土屋架可采用 1.0，钢屋架采用 0.85；

l——厂房跨度（m），多跨厂房可取各跨的平均值；

H——基础顶面至柱顶的高度（m）。

2 敞开、半敞开或墙板与柱子柔性连接的厂房，可按第 1 款式（J.1.1-1）进行计算并乘以下列围护墙影响系数：

$$\psi_2 = 2.6 - 0.002 l \sqrt{H^3} \quad \text{(J.1.1-2)}$$

式中 ψ_2——围护墙影响系数，小于 1.0 时应采用 1.0。

J.1.2 柱列地震作用的计算

1 等高多跨钢筋混凝土屋盖的厂房，各纵向柱列的柱顶标高处的地震作用标准值，可按下列公式确定：

$$F_i = \alpha_1 G_{eq} \frac{K_{ai}}{\Sigma K_{ai}} \quad \text{(J.1.2-1)}$$

$$K_{ai} = \psi_3 \psi_4 K_i \quad \text{(J.1.2-2)}$$

式中 F_i——i 柱列柱顶标高处的纵向地震作用标准值；

α_1——相应于厂房纵向基本自振周期的水平地震影响系数，应按本规范第 5.1.5 条确定；

G_{eq}——厂房单元柱列总等效重力荷载代表值，应包括按本规范第 5.1.3 条确定的屋盖重力荷载代表值、70% 纵墙自重、50% 横墙与山墙自重及折算的柱自重（有吊车时采用 10% 柱自重，无吊车时采用 50% 柱自重）；

K_i——i 柱列柱顶的总侧移刚度，应包括 i 柱列内柱子和上、下柱间支撑的侧移刚度及纵墙的折减侧移刚度的总和，贴砌的砖围护墙侧移刚度的折减系数，可根据柱列侧移值的大小，采用 0.2～0.6；

K_{ai}——i 柱列柱顶的调整侧移刚度；

ψ_3——柱列侧移刚度的围护墙影响系数，可按表 J.1.2-1 采用；有纵向砖围护墙的四跨或五跨厂房，由边柱列数起的第三柱列，可按表内相应数值的 1.15 倍采用；

ψ_4——柱列侧移刚度的柱间支撑影响系数，纵向为砖围护墙时，边柱列可采用 1.0，中柱列可按表 J.1.2-2 采用。

表 J.1.2-1 围护墙影响系数

围护墙类别和烈度		柱列和屋盖类别				
		边柱列	中 柱 列			
			无檩屋盖		有檩屋盖	
240砖墙	370砖墙		边跨无天窗	边跨有天窗	边跨无天窗	边跨有天窗
	7度	0.85	1.7	1.8	1.8	1.9
7度	8度	0.85	1.5	1.6	1.6	1.7
8度	9度	0.85	1.3	1.4	1.4	1.5
9度		0.85	1.2	1.3	1.3	1.4
无墙、石棉瓦或挂板		0.90	1.1	1.1	1.2	1.2

表 J.1.2-2　纵向采用砖围护墙的中柱列柱间支撑影响系数

厂房单元内设置下柱支撑的柱间数	中柱列下柱支撑斜杆的长细比					中柱列无支撑
	≤40	41~80	81~120	121~150	>150	
一柱间	0.9	0.95	1.0	1.1	1.25	1.4
二柱间			0.9	0.95	1.0	

2　等高多跨钢筋混凝土屋盖厂房，柱列各吊车梁顶标高处的纵向地震作用标准值，可按下式确定：

$$F_{ci} = \alpha_1 G_{ci} \frac{H_{ci}}{H_i} \qquad (J.1.2-3)$$

式中　F_{ci}——i 柱列在吊车梁顶标高处的纵向地震作用标准值；

G_{ci}——集中于 i 柱列吊车梁顶标高处的等效重力荷载代表值，应包括按本规范第 5.1.3 条确定的吊车梁与悬吊物的重力荷载代表值和 40% 柱子自重；

H_{ci}——i 柱列吊车梁顶高度；

H_i——i 柱列柱顶高度。

J.2　柱间支撑地震作用效应及验算

J.2.1　斜杆长细比不大于 200 的柱间支撑在单位侧力作用下的水平位移，可按下式确定：

$$u = \sum \frac{1}{1+\varphi_i} u_{ti} \qquad (J.2.1)$$

式中　u——单位侧力作用点的位移；

φ_i——i 节间斜杆轴心受压稳定系数，应按现行国家标准《钢结构设计规范》采用；

u_{ti}——单位侧力作用下 i 节间仅考虑拉杆受力的相对位移。

J.2.2　长细比不大于 200 的斜杆截面可仅按抗拉验算，但应考虑压杆的卸载影响，其拉力可按下式确定：

$$N_t = \frac{l_i}{(1+\psi_c \varphi_i)s_c} V_{bi} \qquad (J.2.2)$$

式中　N_t——i 节间支撑斜杆抗拉验算时的轴向拉力设计值；

l_i——i 节间斜杆的全长；

ψ_c——压杆卸载系数，压杆长细比为 60、100 和 200 时，可分别采用 0.7、0.6 和 0.5；

V_{bi}——i 节间支撑承受的地震剪力设计值；

s_c——支撑所在柱间的净距。

J.2.3　无贴砌墙的纵向柱列，上柱支撑与同列下柱支撑宜等强设计。

J.3　柱间支撑端节点预埋件的截面抗震验算

J.3.1　柱间支撑与柱连接节点预埋件的锚件采用锚筋时，其截面抗震承载力宜按下列公式验算：

$$N \leqslant \frac{0.8 f_y A_s}{\gamma_{RE} \left(\frac{\cos\theta}{0.8 \zeta_m \psi} + \frac{\sin\theta}{\zeta_r \zeta_v} \right)} \qquad (J.3.1-1)$$

$$\psi = \frac{1}{1 + \frac{0.6 e_0}{\zeta_r s}} \qquad (J.3.1-2)$$

$$\zeta_m = 0.6 + 0.25 t/d \qquad (J.3.1-3)$$

$$\zeta_v = (4 - 0.08d)\sqrt{f_c/f_y} \qquad (J.3.1-4)$$

式中　A_s——锚筋总截面面积；

γ_{RE}——承载力抗震调整系数，可采用 1.0；

N——预埋板的斜向拉力，可采用全截面屈服点强度计算的支撑斜杆轴向力的 1.05 倍；

e_0——斜向拉力对锚筋合力作用线的偏心距，应小于外排锚筋之间距离的 20%（mm）；

θ——斜向拉力与其水平投影的夹角；

ψ——偏心影响系数；

s——外排锚筋之间的距离（mm）；

ζ_m——预埋板弯曲变形影响系数；

t——预埋板厚度（mm）；

d——锚筋直径（mm）；

ζ_r——验算方向锚筋排数的影响系数，二、三和四排可分别采用 1.0、0.9 和 0.85；

ζ_v——锚筋的受剪影响系数，大于 0.7 时应采用 0.7。

J.3.2　柱间支撑与柱连接节点预埋件的锚件采用角钢加端板时，其截面抗震承载力宜按下列公式验算：

$$N \leqslant \frac{0.7}{\gamma_{RE} \left(\frac{\sin\theta}{V_{u0}} + \frac{\cos\theta}{\psi N_{u0}} \right)} \qquad (J.3.2-1)$$

$$V_{u0} = 3n \zeta_r \sqrt{W_{min} b f_a f_c} \qquad (J.3.2-2)$$

$$N_{u0} = 0.8 n f_a A_s \qquad (J.3.2-3)$$

式中　n——角钢根数；

b——角钢肢宽；

W_{min}——与剪力方向垂直的角钢最小截面模量；

A_s——一根角钢的截面面积；

f_a——角钢抗拉强度设计值。

附录 K　单层砖柱厂房纵向抗震计算的修正刚度法

K.0.1　本附录适用于钢筋混凝土无檩或有檩屋盖等高多跨单层砖柱厂房的纵向抗震验算。

K.0.2　单层砖柱厂房的纵向基本自振周期可按下式计算：

$$T_1 = 2\psi_T \sqrt{\frac{\Sigma G_s}{\Sigma K_s}} \qquad (K.0.2)$$

式中　ψ_T——周期修正系数，按表 K.0.2 采用；

G_s——第 s 柱列的集中重力荷载，包括柱列左右各半跨的屋盖和山墙重力荷载，及按动能等效原则换算集中到柱顶或墙顶处的墙、柱重力荷载；

K_s——第 s 柱列的侧移刚度。

表 K.0.2　厂房纵向基本自振周期修正系数

屋盖类型	钢筋混凝土无檩屋盖		钢筋混凝土有檩屋盖	
	边跨无天窗	边跨有天窗	边跨无天窗	边跨有天窗
周期修正系数	1.3	1.35	1.4	1.45

K.0.3 单层砖柱厂房纵向总水平地震作用标准值可按下式计算：

$$F_{Ek} = \alpha_1 \Sigma G_s \qquad (K.0.3)$$

式中　α_1——相应于单层砖柱厂房纵向基本自振周期 T_1 的地震影响系数；

G_s——按照柱列底部剪力相等原则，第 s 柱列换算集中到墙顶处的重力荷载代表值。

K.0.4 沿厂房纵向第 s 柱列上端的水平地震作用可按下式计算：

$$F_s = \frac{\psi_s K_s}{\Sigma \psi_s K_s} F_{Ek} \qquad (K.0.4)$$

式中　ψ_s——反映屋盖水平变形影响的柱列刚度调整系数，根据屋盖类型和各柱列的纵墙设置情况，按表 K.0.4 采用。

表 K.0.4　柱列刚度调整系数

纵墙设置情况		屋　盖　类　型			
		钢筋混凝土无檩屋盖		钢筋混凝土有檩屋盖	
		边柱列	中柱列	边柱列	中柱列
砖柱敞棚		0.95	1.1	0.9	1.6
各柱列均为带壁柱砖墙		0.95	1.1	0.9	1.2
边柱列为带壁柱砖墙	中柱列的纵墙不少于 4 开间	0.7	1.4	0.75	1.5
	中柱列的纵墙少于 4 开间	0.6	1.8	0.65	1.9

附录 L　隔震设计简化计算和砌体结构隔震措施

L.1　隔震设计的简化计算

L.1.1 多层砌体结构及与砌体结构周期相当的结构采用隔震设计时，上部结构的总水平地震作用可按本规范第 5.2.1 条公式 (5.2.1-1) 简化计算，但应符合下列规定：

1 水平向减震系数，宜根据隔震后整个体系的基本周期，按下式确定：

$$\psi = \sqrt{2} \eta_2 (T_{gm}/T_1)^\gamma \qquad (L.1.1-1)$$

式中　ψ——水平向减震系数；

η_2——地震影响系数的阻尼调整系数，根据隔震层等效阻尼按本规范第 5.1.5 条确定；

γ——地震影响系数的曲线下降段衰减指数，根据隔震层等效阻尼按本规范第 5.1.5 条确定；

T_{gm}——砌体结构采用隔震方案时的设计特征周期，根据本地区所属的设计地震分组按本规范第 5.1.4 条确定，但小于 0.4s 时应按 0.4s 采用；

T_1——隔震后体系的基本周期，不应大于 2.0s 和 5 倍特征周期的较大值。

2 与砌体结构周期相当的结构，其水平向减震系数宜根据隔震后整个体系的基本周期，按下式确定：

$$\psi = \sqrt{2} \eta_2 (T_g/T_1)^\gamma (T_0/T_g)^{0.9} \quad (L.1.1-2)$$

式中　T_0——非隔震结构的计算周期，当小于特征周期时应采用特征周期的数值；

T_1——隔震后体系的基本周期，不应大于 5 倍特征周期值；

T_g——特征周期；其余符号同上。

3 砌体结构及与其基本周期相当的结构，隔震后体系的基本周期可按下式计算：

$$T_1 = 2\pi \sqrt{G/K_h g} \qquad (L.1.1-3)$$

式中　T_1——隔震体系的基本周期；

G——隔震层以上结构的重力荷载代表值；

K_h——隔震层的水平动刚度，可按本规范第 12.2.4 条的规定计算；

g——重力加速度。

L.1.2 砌体结构及与其基本周期相当的结构，隔震层在罕遇地震下的水平剪力可按下式计算：

$$V_c = \lambda_s \alpha_1(\zeta_{eq}) G \qquad (L.1.2)$$

式中　V_c——隔震层在罕遇地震下的水平剪力。

L.1.3 砌体结构及与其基本周期相当的结构，隔震层质心处在罕遇地震下的水平位移可按下式计算：

$$u_e = \lambda_s \alpha_1(\zeta_{eq}) G/K_h \qquad (L.1.3)$$

式中　λ_s——近场系数；甲、乙类建筑距发震断层 5km 以内取 1.5；5～10km 取 1.25；10km 以远取 1.0；丙类建筑可取 1.0；

$\alpha_1(\zeta_{eq})$——罕遇地震下的地震影响系数值，可根据隔震层参数，按本规范第 5.1.5 条的规定进行计算；

K_h——罕遇地震下隔震层的水平动刚度，应按本规范第12.2.4条的有关规定采用。

L.1.4 当隔震支座的平面布置为矩形或接近于矩形，但上部结构的质心与隔震层刚度中心不重合时，隔震支座扭转影响系数可按下列方法确定：

1 仅考虑单向地震作用的扭转时，扭转影响系数可按下列公式估计：

$$\beta_i = 1 + 12es_i/(a^2 + b^2) \quad (L.1.4\text{-}1)$$

式中 e——上部结构质心与隔震层刚度中心在垂直于地震作用方向的偏心距；

s_i——第 i 个隔震支座与隔震层刚度中心在垂直于地震作用方向的距离；

a、b——隔震层平面的两个边长。

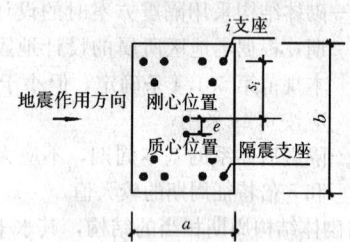

图 L.1.4 扭转计算示意图

对边支座，其扭转影响系数不宜小于 1.15；当隔震层和上部结构采取有效的抗扭措施后或扭转周期小于平动周期的 70%，扭转影响系数可取 1.15。

2 同时考虑双向地震作用的扭转时，扭转影响系数可仍按式（L.1.4-1）计算，但其中的偏心距值（e）应采用下列公式中的较大值替代：

$$e = \sqrt{e_x^2 + (0.85e_y)^2} \quad (L.1.4\text{-}2)$$

$$e = \sqrt{e_y^2 + (0.85e_x)^2} \quad (L.1.4\text{-}3)$$

式中 e_x——y 方向地震作用时的偏心距；

e_y——x 方向地震作用时的偏心距。

对边支座，其扭转影响系数不宜小于 1.2。

L.1.5 砌体结构按本规范第12.2.5条规定进行竖向地震作用下的抗震验算时，砌体抗震抗剪强度的正应力影响系数，宜按减去竖向地震作用效应后的平均压应力取值。

L.1.6 砌体结构的隔震层顶部各纵、横梁均可按承受均布荷载的单跨简支梁或多跨连续梁计算。均布荷载可按本规范第7.2.5条关于底部框架砖房的钢筋混凝土托墙梁的规定取值；当按连续梁算出的正弯矩小于单跨简支梁跨中弯矩的 0.8 倍时，应按 0.8 倍单跨简支梁跨中弯矩配筋。

L.2 砌体结构的隔震措施

L.2.1 当水平向减震系数不大于 0.50 时，丙类建筑的多层砌体结构，房屋的层数、总高度和高宽比限值，可按本规范第 7.1 节中降低一度的有关规定采用。

L.2.2 砌体结构隔震层的构造应符合下列规定：

1 多层砌体房屋的隔震层位于地下室顶部时，隔震支座不宜直接放置在砌体墙上，并应验算砌体的局部承压。

2 隔震层顶部纵、横梁的构造均应符合本规范第 7.5.4 条关于底部框架砖房的钢筋混凝土托墙梁的要求。

L.2.3 丙类建筑隔震后上部砌体结构的抗震构造措施应符合下列要求：

1 承重外墙尽端至门窗洞边的最小距离及圈梁的截面和配筋构造，仍应符合本规范第 7.1 节和第 7.3 节的有关规定。

2 多层烧结普通黏土砖和烧结多孔黏土砖房屋的钢筋混凝土构造柱设置，水平向减震系数为 0.75 时，仍应符合本规范表 7.3.1 的规定；7～9 度，水平向减震系数为 0.5 和 0.38 时，应符合表 L.2.3-1 的规定，水平向减震系数为 0.25 时，宜符合本规范表 7.3.1 降低一度的有关规定。

表 L.2.3-1 隔震后砖房构造柱设置要求

房屋层数			设 置 部 位	
7度	8度	9度		
三、四	二、三			每隔 15m 或单元横墙与外墙交接处
五	四	二	楼、电梯间四角，外墙四角，错层部位横墙与外纵墙交接处，较大洞口两侧，大房间内外墙交接处	每隔三开间的横墙与外墙交接处
六、七	五	三、四		隔开间横墙（轴线）与外墙交接处，山墙与内纵墙交接处；9 度四层，外纵墙与内墙（轴线）交接处
八	六、七	五		内墙（轴线）与外墙交接处，内墙局部较小墙垛处；8 度七层，内纵墙与隔开间横墙交接处，9 度时内纵墙与横墙（轴线）交接处

3 混凝土小型空心砌块房屋芯柱的设置，水平向减震系数为 0.75 时，仍应符合本规范表 7.4.1 的规定；7～9 度，当水平向减震系数为 0.5 和 0.38 时，应符合表 L.2.3-2 的规定，当水平向减震系数为 0.25 时，宜符合本规范表 7.4.1 降低一度的有关规定。

表 L.2.3-2　隔震后混凝土小型空心砌块房屋芯柱设置要求

房屋层数			设 置 部 位	设 置 数 量
7度	8度	9度		
三、四	二、三		外墙转角，楼梯间四角，大房间内外墙交接处；每隔16m或单元横墙与外墙交接处	外墙转角，灌实3个孔内外墙交接处，灌实4个孔
五	四	二	外墙转角，楼梯间四角，大房间内外墙交接处，山墙与内纵墙交接处，隔三开间横墙（轴线）与外纵墙交接处	
六	五	三	外墙转角，楼梯间四角，大房间内外墙交接处；隔开间横墙（轴线）与外纵墙交接处，山墙与内纵墙交接处；8、9度时，外纵墙与横墙（轴线）交接处，大洞口两侧	外墙转角，灌实5个孔内外墙交接处，灌实4个孔洞口两侧各灌实1个孔
七	六	四	外墙转角，楼梯间四角，各内墙（轴线）与外纵墙交接处；内纵墙与横墙（轴线）交接处；8、9度时洞口两侧	外墙转角，灌实7个孔内外墙交接处，灌实4个孔内墙交接处，灌实4～5个孔，洞口两侧各灌实1个孔

4 上部结构的其他抗震构造措施，水平向减震系数为0.75时仍按本规范第7章的相应规定采用；7～9度，水平向减震系数为0.50和0.38时，可按本规范第7章降低一度的相应规定采用；水平向减震系数为0.25时可按本规范第7章降低二度且不低于6度的相应规定采用。

本规范用词用语说明

1 为了便于在执行本规范条文时区别对待，对要求严格程度不同的用词说明如下：

　1）表示很严格，非这样做不可的用词：
　　正面词采用"必须"；反面词采用"严禁"。
　2）表示严格，在正常情况下均应这样做的用词：
　　正面词采用"应"；反面词采用"不应"或"不得"。
　3）表示允许稍有选择，在条件许可时首先这样做的用词：
　　正面词采用"宜"；反面词采用"不宜"；
　　表示有选择，在一定条件下可以这样做的，采用"可"。

2 规范中指定应按其他有关标准、规范执行时，写法为："应符合……的规定"或"应按……执行"。

中华人民共和国国家标准

建筑抗震设计规范

GB 50011—2001

（2008 年版）

条 文 说 明

目 次

1 总　则

1.0.1　本规范抗震设防的基本思想和原则同 GBJ 11—89 规范（以下简称 89 规范）一样，仍以"三个水准"为抗震设防目标。

抗震设防是以现有的科学水平和经济条件为前提。规范的科学依据只能是现有的经验和资料。目前对地震规律性的认识还很不足，随着科学水平的提高，规范的规定会有相应的突破，而且规范的编制要根据国家的经济条件，适当地考虑抗震设防水平，设防标准不能过高。

本次修订，继续保持 89 规范提出的抗震设防三个水准目标，即"小震不坏，大震不倒"的具体化。根据我国华北、西北和西南地区地震发生概率的统计分析，50 年内超越概率约为 63% 的地震烈度为众值烈度，比基本烈度约低一度半，规范取为第一水准烈度；50 年超越概率约 10% 的烈度即 1990 中国地震烈度区划图规定的地震基本烈度或新修订的中国地震动参数区划图规定的峰值加速度所对应的烈度，规范取为第二水准烈度；50 年超越概率 2%～3% 的烈度可作为罕遇地震的概率水准，规范取为第三水准烈度，当基本烈度 6 度时为 7 度强，7 度时为 8 度强，8 度时为 9 度弱，9 度时为 9 度强。

与各地震烈度水准相应的抗震设防目标是：一般情况下（不是所有情况下），遭遇第一水准烈度（众值烈度）时，建筑处于正常使用状态，从结构抗震分析角度，可以视为弹性体系，采用弹性反应谱进行弹性分析；遭遇第二水准烈度（基本烈度）时，结构进入非弹性工作阶段，但非弹性变形或结构体系的损坏控制在可修复的范围（与 89 规范相同，仍与 78 规范相当）；遭遇第三水准烈度（预估的罕遇地震）时，结构有较大的非弹性变形，但应控制在规定的范围内，以免倒塌。

还需说明的是：

1　抗震设防烈度为 6 度时，建筑按本规范采取相应的抗震措施之后，抗震能力比不设防时有实质性的提高，但其抗震能力仍是较低的，不能过高估计。

2　各类建筑按本规范规定采取不同的抗震措施之后，相应的抗震设防目标在程度上有所提高或降低。例如，丁类建筑在设防烈度地震下的损坏程度可能会重些，且其倒塌不危及人们的生命安全，在预估的罕遇地震下的表现会比一般的情况要差；甲类建筑在设防烈度地震下的损坏是轻微甚至是基本完好的，在预估的罕遇地震下的表现将会比一般的情况好些。

3　本次修订仍采用二阶段设计实现上述三个水准的设防目标：第一阶段设计是承载力验算，取第一水准的地震动参数计算结构的弹性地震作用标准值和相应的地震作用效应，继续保持其可靠度水平同 78 规范相当，采用《建筑结构可靠度设计统一标准》GB 50068 规定的分项系数设计表达式进行结构构件的截面承载力验算，这样，既满足了在第一水准下具有必要的承载力可靠度，又满足第二水准的损坏可修的目标。对大多数的结构，可只进行第一阶段设计，而通过概念设计和抗震构造措施来满足第三水准的设计要求。

第二阶段设计是弹塑性变形验算，对特殊要求的建筑、地震时易倒塌的结构以及有明显薄弱层的不规则结构，除进行第一阶段设计外，还要进行结构薄弱部位的弹塑性层间变形验算并采取相应的抗震构造措施，实现第三水准的设防要求。

1.0.2　本条是"强制性条文"，要求抗震设防区所有新建的建筑工程均必须进行抗震设计。以下，凡用粗体字表示的条文，均为建筑工程房屋建筑部分的《强制性条文》。

1.0.3　本规范的适用范围，继续保持 89 规范的规定，适用于 6～9 度一般的建筑工程。鉴于近数十年来，很多 6 度地震区发生了较大的地震，甚至特大地震，6 度地震区的建筑要适当考虑一些抗震要求，以减轻地震灾害。

工业建筑中，一些因生产工艺要求而造成的特殊问题的抗震设计，与一般的建筑工程不同，需由有关的专业标准予以规定。

因缺乏可靠的近场地震的资料和数据，抗震设防烈度大于 9 度地区的建筑抗震设计，仍没有条件列入规范。因此，在没有新的专门规定前，可仍按 1989 年建设部印发（89）建抗字第 426 号《地震基本烈度 X 度区建筑抗震设防暂行规定》的通知执行。

1.0.4　为适应《强制性条文》的要求，采用最严的规范用语"必须"。

1.0.5　本条体现了抗震设防依据的"双轨制"，即一般情况采用抗震设防烈度（作为一个地区抗震设防依据的地震烈度），在一定条件下，可采用抗震设防区划提供的地震动参数（如地面运动加速度峰值、反应谱值、地震影响系数曲线和地震加速度时程曲线）。

关于抗震设防烈度和抗震设防区划的审批权限，由国家有关主管部门规定。

89 规范的第 1.0.4 条和第 1.0.5 条，本次修订移至第 3 章第 3.1.1～3.1.3 条。

89 规范的第 1.0.6 条，本次修订不再出现。

2　术语和符号

本次修订，将 89 规范的附录一改为一章，并增加了一些术语。

抗震设防标准，是一种衡量对建筑抗震能力要求高低的综合尺度，既取决于地震强弱的不同，又取决于使用功能重要性的不同。

地震作用的涵义，强调了其动态作用的性质，不仅是加速度的作用，还应包括地震动的速度和位移的作用。

本次修订还明确了抗震措施和抗震构造措施的区别。抗震构造措施只是抗震措施的一个组成部分。

3 抗震设计的基本要求

3.1 建筑抗震设防分类和设防标准

3.1.1～3.1.3 【修订说明】

划分不同的抗震设防类别并采取不同的设计要求，是在现有技术和经济条件下减轻地震灾害的重要对策之一。

本规范 2001 年版 3.1.1 条～3.1.3 条的内容已经由分类标准 GB 50223 予以规定，本次修订可直接引用，不再重复规定。

3.2 地 震 影 响

近年来地震经验表明，在宏观烈度相似的情况下，处在大震级远震中距下的柔性建筑，其震害要比中、小震级近震中距的情况重得多；理论分析也发现，震中距不同时反应谱频谱特性并不相同。抗震设计时，对同样场地条件、同样烈度的地震，按震源机制、震级大小和震中距远近区别对待是必要的，建筑所受到的地震影响，需要采用设计地震动的强度及设计反应谱的特征周期来表征。

作为一种简化，89 规范主要藉助于当时的地震烈度区划，引入了设计近震和设计远震，后者可能遭遇近、远两种地震影响，设防烈度为 9 度时只考虑近震的地震影响；在水平地震作用计算时，设计近、远震用二组地震影响系数 α 曲线表达，按远震的曲线设计就已包含两种地震作用不利情况。

本次修订，明确引入了"设计基本地震加速度"和"设计特征周期"，可与新修订的中国地震动参数区划图（中国地震动峰值加速度区划图 A1 和中国地震动反应谱特征周期区划图 B1）相匹配。

"设计基本地震加速度"是根据建设部 1992 年 7 月 3 日颁发的建标［1992］419 号《关于统一抗震设计规范地面运动加速度设计取值的通知》而作出的。通知中有如下规定：

术语名称：设计基本地震加速度值。

定义：50 年设计基准期超越概率 10% 的地震加速度的设计取值。

取值：7 度 0.10g，8 度 0.20g，9 度 0.40g。

表 3.2.2 所列的设计基本地震加速度与抗震设防烈度的对应关系即来源于上述文件。这个取值与《中国地震动参数区划图 A1》所规定的"地震动峰值加

速度"相当：即在 0.10g 和 0.20g 之间有一个 0.15g 的区域，0.20g 和 0.40g 之间有一个 0.30g 的区域，在这二个区域内建筑的抗震设计要求，除另有具体规定外分别同 7 度和 8 度地区相当，在本规范表 3.2.2 中用括号内数值表示。表 3.2.2 中还引入了与 6 度相当的设计基本地震加速度值 0.05g。

"设计特征周期"即设计所用的地震影响系数特征周期（T_g）。89 规范规定，其取值根据设计近、远震和场地类别来确定，我国绝大多数地区只考虑设计近震，需要考虑设计远震的地区很少（约占县级城镇的 8%）。本次修订将设计近震、远震改称设计地震分组，可更好体现震级和震中距的影响，建筑工程的设计地震分为三组。在抗震设防决策上，为保持规范的延续性，设计地震的分组可在《中国地震动反应谱特征周期区划图 B1》基础上略做调整：

1 区划图 B1 中 0.35s 和 0.40s 的区域作为设计地震第一组；

2 区划图 B1 中 0.45s 的区域，多数作为设计地震第二组；其中，借用 89 规范按烈度衰减等震线确定"设计远震"的规定，取加速度衰减影响的下列区域作为设计地震第三组：

1）区划图 A1 中峰值加速度 0.2g 减至 0.05g 的影响区域和 0.3g 减至 0.1g 的影响区域；

2）区划图 B1 中 0.45s 且区划图 A1 中 ≥0.4g 的峰值加速度减至 0.2g 及以下的影响区域。

为便于设计单位使用，本规范在附录 A 规定了县级及县级以上城镇（按民政部编 2001 行政区划简册，包括地级市的市辖区）的中心地区（如城关地区）的抗震设防烈度、设计基本地震加速度和所属的设计地震分组。

3.3 场 地 和 地 基

3.3.1 地震造成建筑的破坏，除地震动直接引起结构破坏外，还有场地条件的原因，诸如：地震引起的地表错动与地裂，地基土的不均匀沉陷、滑坡和粉、砂土液化等，因此抗震设防区的建筑工程宜选择有利的地段，避开不利的地段并不在危险的地段建设。

【修订说明】

本次修订，对在危险地段建造房屋建筑的要求，作了局部的调整。

3.3.2 抗震构造措施不同于抗震措施。对Ⅰ类场地，仅降低抗震构造措施，不降低抗震措施中的其他要求，如按概念设计要求的内力调整措施。对于丁类建筑，其抗震措施已降低，不再重复降低。

3.3.4 对同一结构单元不宜部分采用天然地基部分采用桩基的要求，一般情况执行没有困难。在高层建

筑中，当主楼和裙房不分缝的情况下难以满足时，需仔细分析不同地基在地震下变形的差异及上部结构各部分地震反应差异的影响，采取相应措施。

3.3.5

【修订说明】

本条是新增的，针对山区房屋选址和地基基础设计，提出明确的抗震要求。

3.4 建筑设计和建筑结构的规则性

3.4.1 合理的建筑布置在抗震设计中是头等重要的，提倡平、立面简单对称。因为震害表明，简单、对称的建筑在地震时较不容易破坏。而且道理也很清楚，简单、对称的结构容易估计其地震时的反应，容易采取抗震构造措施和进行细部处理。"规则"包含了对建筑的平、立面外形尺寸，抗侧力构件布置、质量分布，直至承载力分布等诸多因素的综合要求。"规则"的具体界限随结构类型的不同而异，需要建筑师和结构工程师互相配合，才能设计出抗震性能良好的建筑。

本条主要对建筑师的建筑设计方案提出了要求。首先应符合合理的抗震概念设计原则，宜采用规则的建筑设计方案，强调应避免采用严重不规则的设计方案。

规则的建筑结构体现在体型（平面和立面的形状）简单，抗侧力体系的刚度和承载力上下变化连续、均匀，平面布置基本对称。即在平面、竖向图形或抗侧力体系上，没有明显的、实质的不连续（突变）。

规则与不规则的区分，本规范在第 3.4.2 条规定了一些定量的界限，但实际上引起建筑结构不规则的因素还有很多，特别是复杂的建筑体型，很难一一用若干简化的定量指标来划分不规则程度并规定限制范围，但是，有经验的、有抗震知识素养的建筑设计人员，应该对所设计的建筑的抗震性能有所估计，要区分不规则、特别不规则和严重不规则等不规则程度，避免采用抗震性能差的严重不规则的设计方案。

这里，"不规则"指的是超过表 3.4.2-1 和表 3.4.2-2 中一项及以上的不规则指标；特别不规则，指的是多项均超过表 3.4.2-1 和表 3.4.2-2 中不规则指标或某一项超过规定指标较多，具有较明显的抗震薄弱部位，将会引起不良后果者；严重不规则，指的是体型复杂，多项不规则指标超过第 3.4.3 条上限值或某一项大大超过规定值，具有严重的抗震薄弱环节，将会导致地震破坏的严重后果者。

【修订说明】

本次修订，对建筑方案的各种不规则性，分别给出处理对策，以提高建筑设计和结构设计的协调性。

3.4.2、3.4.3 本次修订考虑了《建筑抗震设计规范》GBJ 11—89 和《钢筋混凝土高层建筑结构设计与施工规程》JGJ 3—91 的相应规定，并参考了美国 UBC（1997）日本 BSL（1987 年版）和欧洲规范 8。上述五本规范对不规则结构的条文规定有以下三种方式：

1 规定了规则结构的准则，不规定不规则结构的相应设计规定，如《建筑抗震设计规范》和《钢筋混凝土高层建筑结构设计与施工规程》。

2 对结构的不规则性作出限制，如日本 BSL。

3 对规则与不规则结构作出了定量的划分，并规定了相应的设计计算要求，如美国 UBC 及欧洲规范 8。

本规范基本上采用了第 3 种方式，但对容易避免或危害性较小的不规则问题未作规定。

对于结构扭转不规则，按刚性楼盖计算，当最大层间位移与其平均值的比值为 1.2 时，相当于一端为 1.0，另一端为 1.45；当比值为 1.5 时，相当于一端为 1.0，另一端为 3。美国 FEMA 的 NEHRP 规定，限 1.4。按本规范 CQC 计算位移时，需注意合理确定符号。

对于较大错层，如超过梁高的错层，需按楼板开洞对待；当错层面积大于该层总面积 30% 时，则属于楼板局部不连续。楼板典型宽度按楼板外形的基本宽度计算。

上层缩进尺寸超过相邻下层对应尺寸的 1/4，属于用尺寸衡量的刚度不规则的范畴。侧向刚度可取地震作用下的层间剪力与层间位移之比值计算，刚度突变上限在有关章节规定。

除了表 3.4.2 所列的不规则，UBC 的规定中，对平面不规则尚有抗侧力构件上下错位、与主轴斜交或不对称布置，对竖向不规则尚有相邻楼层质量比大于 150% 或竖向抗侧力构件在平面内收进的尺寸大于构件的长度（如棋盘式布置）等。

图 3.4.2 为典型示例，以便理解表 3.4.2 中所列的不规则类型。

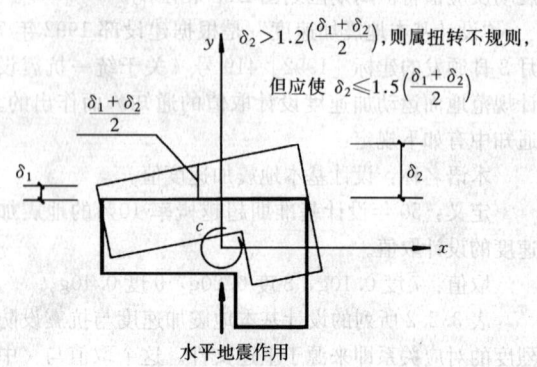

图 3.4.2-1　建筑结构平面的扭转不规则示例

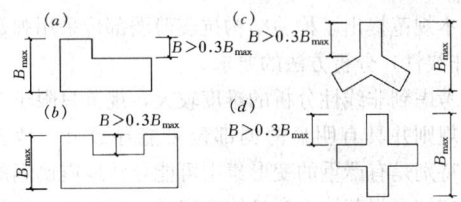

图 3.4.2-2 建筑结构平面的凹角或
凸角不规则示例

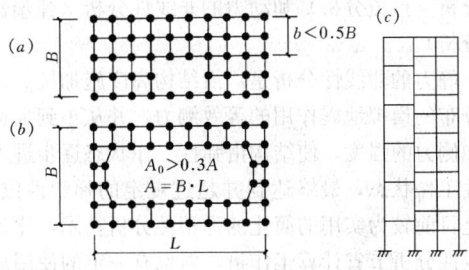

图 3.4.2-3 建筑结构平面的局部不连续示例
（大开洞及错层）

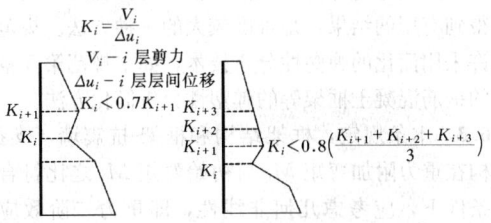

图 3.4.2-4 沿竖向的侧向刚度不规则
（有柔软层）

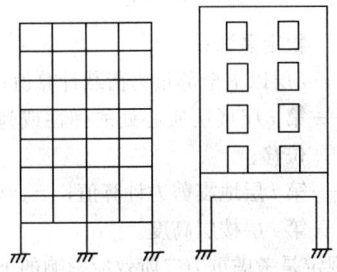

图 3.4.2-5 竖向抗侧力
构件不连续示例

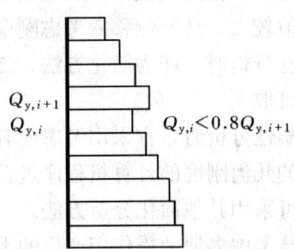

图 3.4.2-6 竖向抗侧力
结构屈服抗剪强度
非均匀化（有薄弱层）

3.4.4 本规范第3.4.2条和第3.4.3条的规定，主要针对钢筋混凝土和钢结构的多层和高层建筑所作的不规则性的限制，对砌体结构多层房屋和单层工业厂房的不规则性应符合本规范有关章节的专门规定。

3.4.5，3.4.6 体型复杂的建筑并不一概提倡设置防震缝。有些建筑结构，因建筑设计的需要或建筑场地的条件限制而不设防震缝，此时，应按第3.4.3条的规定进行抗震分析并采取加强延性的构造措施。防震缝宽度的规定，见本规范各有关章节并要便于施工。

3.5 结 构 体 系

3.5.1 抗震结构体系要通过综合分析，采用合理而经济的结构类型。结构的地震反应同场地的特性有密切关系，场地的地面运动特性又同地震震源机制、震级大小、震中的远近有关；建筑的重要性、装修的水准对结构的侧向变形大小有所限制，从而对结构选型提出要求；结构的选型又受结构材料和施工条件的制约以及经济条件的许可等。这是一个综合的技术经济问题，应周密加以考虑。

3.5.2，3.5.3 抗震结构体系要求受力明确、传力合理且传力路线不间断，使结构的抗震分析更符合结构在地震时的实际表现，对提高结构的抗震性能十分有利，是结构选型与布置结构抗侧力体系时首先考虑的因素之一。本次修订，将结构体系的要求分为强制性和非强制性两类。

多道抗震防线指的是：

第一，一个抗震结构体系，应由若干个延性较好的分体系组成，并由延性较好的结构构件连接起来协同工作，如框架-抗震墙体系是由延性框架和抗震墙二个系统组成；双肢或多肢抗震墙体系由若干个单肢墙分系统组成。

第二，抗震结构体系应有最大可能数量的内部、外部赘余度，有意识地建立起一系列分布的屈服区，以使结构能吸收和耗散大量的地震能量，一旦破坏也易于修复。

抗震薄弱层（部位）的概念，也是抗震设计中的重要概念，包括：

1 结构在强烈地震下不存在强度安全储备，构件的实际承载力分析（而不是承载力设计值的分析）是判断薄弱层（部位）的基础；

2 要使楼层（部位）的实际承载力和设计计算的弹性受力之比在总体上保持一个相对均匀的变化，一旦楼层（或部位）的这个比例有突变时，会由于塑性内力重分布导致塑性变形的集中；

3 要防止在局部上加强而忽视整个结构各部位刚度、强度的协调；

4 在抗震设计中有意识、有目的地控制薄弱层（部位），使之有足够的变形能力又不使薄弱层发生转移，这是提高结构总体抗震性能的有效手段。

本次修订，增加了结构两个主轴方向的动力特性（周期和振型）相近的抗震概念。

3.5.4 本条对各种不同材料的构件提出了改善其变形能力的原则和途径：

1 无筋砌体本身是脆性材料，只能利用约束条件（圈梁、构造柱、组合柱等来分割、包围）使砌体发生裂缝后不致崩塌和散落，地震时不致丧失对重力荷载的承载能力；

2 钢筋混凝土构件抗震性能与砌体相比是比较好的，但如处理不当，也会造成不可修复的脆性破坏。这种破坏包括：混凝土压碎、构件剪切破坏、钢筋锚固部分拉脱（粘结破坏），应力求避免；

3 钢结构杆件的压屈破坏（杆件失去稳定）或局部失稳也是一种脆性破坏，应予以防止；

4 本次修订增加了对预应力混凝土结构构件的要求。

【修订说明】

本条针对预制混凝土板在强烈地震中容易脱落导致人员伤亡的震害，增加了推荐采用现浇楼、屋盖，特别强调装配式楼、屋盖需加强整体性的基本要求。

3.5.5 本条指出了主体结构构件之间的连接应遵守的原则：通过连接的承载力来发挥各构件的承载力、变形能力，从而获得整个结构良好的抗震能力。

本次修订增加了对预应力混凝土及钢结构构件的连接要求。

3.5.6 本条支撑系统指屋盖支撑。支撑系统的不完善，往往导致屋盖系统失稳倒塌，使厂房发生灾难性的震害，因此在支撑系统布置上应特别注意保证屋盖系统的整体稳定性。

3.6 结 构 分 析

3.6.1 多遇地震作用下的内力和变形分析是本规范对结构地震反应、截面承载力验算和变形验算最基本的要求。按本规范第 1.0.1 条的规定，建筑物当遭受低于本地区抗震设防烈度的多遇地震影响时，一般不受损坏或不需修理可继续使用。与此相应，结构在多遇地震作用下的反应分析的方法，截面抗震验算（按照国家标准《建筑结构可靠度设计统一标准》GB 50068 的基本要求），以及层间弹性位移的验算，都是以线弹性理论为基础。因此本条规定，当建筑结构进行多遇地震作用下的内力和变形分析时，可假定结构与构件处于弹性工作状态。

3.6.2 按本规范第 1.0.1 条的规定：当建筑物遭受高于本地区抗震设防烈度的预估的罕遇地震影响时，不致倒塌或发生危及生命的严重破坏，这也是本规范的基本要求。特别是建筑物的体型和抗侧力系统复杂时，将在结构的薄弱部位发生应力集中和弹塑性变形集中，严重时会导致重大的破坏甚至有倒塌的危险。

因此本规范提出了检验结构抗震薄弱部位采用弹塑性（即非线性）分析方法的要求。

考虑到非线性分析的难度较大，规范只限于对特别不规则并具有明显薄弱部位可能导致重大地震破坏，特别是有严重的变形集中可能导致地震倒塌的结构，应按本规范第 5 章具体规定进行罕遇地震作用下的弹塑性变形分析。

本规范推荐了二种非线性分析方法：静力的非线性分析（推覆分析）和动力的非线性分析（弹塑性时程分析）。

静力的非线性分析是：沿结构高度施加按一定形式分布的模拟地震作用的等效侧力，并从小到大逐步增加侧力的强度，使结构由弹性工作状态逐步进入弹塑性工作状态，最终达到并超过规定的弹塑性位移。这是目前较为实用的简化的弹塑性分析技术，比动力非线性分析节省计算工作量，但也有一定的使用局限性和适用性，对计算结果需要工程经验判断。动力非线性分析，即弹塑性时程分析，是较为严格的分析方法，需要较好的计算机软件和很好的工程经验判断才能得到有用的结果，是难度较大的一种方法。规范还允许采用简化的弹塑性分析技术，如本规范第 5 章规定的钢筋混凝土框架等的弹塑性分析简化方法。

3.6.3 本条规定，框架结构和框架-抗震墙（支撑）结构在重力附加弯矩 M_a 与初始弯矩 M_0 之比符合下式条件下，应考虑几何非线性，即重力二阶效应的影响。

$$\theta_i = \frac{M_a}{M_0} = \frac{\Sigma G_i \cdot \Delta u_i}{V_i h_i} > 0.1 \qquad (3.6.3)$$

式中　θ_i——稳定系数；

ΣG_i——i 层以上全部重力荷载计算值；

Δu_i——第 i 层楼层质心处的弹性或弹塑性层间位移；

V_i——第 i 层地震剪力计算值；

h_i——第 i 层楼层高度。

上式规定是考虑重力二阶效应影响的下限，其上限则受弹性层间位移角限值控制。对混凝土结构，墙体弹性位移角限值较小，上述稳定系数一般均在 0.1 以下，可不考虑弹性阶段重力二阶效应影响；框架结构位移角限值较大，计算侧移需考虑刚度折减。

当在弹性分析时，作为简化方法，二阶效应的内力增大系数可取 $1/(1-\theta)$。

当在弹塑性分析时，宜采用考虑所有受轴向力的结构和构件的几何刚度的计算机程序进行重力二阶效应分析，亦可采用其他简化分析方法。

混凝土柱考虑多遇地震作用产生的重力二阶效应的内力时，不应与混凝土规范承载力计算时考虑的重力二阶效应重复。

砌体及混凝土墙结构可不考虑重力二阶效应。

3.6.4 刚性、半刚性、柔性横隔板分别指在平面内不考虑变形、考虑变形、不考虑刚度的楼、屋盖。

3.6.6 本条规定主要依据《建筑工程设计文件编制深度规定》，要求使用计算机进行结构抗震分析时，应对软件的功能有切实的了解，计算模型的选取必须符合结构的实际工作情况，计算软件的技术条件应符合本规范及有关强制性标准的规定，设计时应对所有计算结果进行判别，确认其合理有效后方可在设计中应用。

复杂结构应是计算模型复杂的结构，对不同的力学模型还应使用不同的计算机程序。

【修订说明】

本次修订，考虑到楼梯的梯板等具有斜撑的受力状态，对结构的整体刚度有较明显的影响。建议在结构计算中予以适当考虑。

3.7 非结构构件

非结构构件包括建筑非结构构件和建筑附属机电设备的支架等。建筑非结构构件在地震中的破坏允许大于结构构件，其抗震设防目标要低于本规范第1.0.1条的规定。非结构构件的地震破坏会影响安全和使用功能，需引起重视，应进行抗震设计。

建筑非结构构件一般指下列三类：①附属结构构件，如：女儿墙、高低跨封墙、雨篷等；②装饰物，如：贴面、顶棚、悬吊重物等；③围护墙和隔墙。处理好非结构构件和主体结构的关系，可防止附加灾害，减少损失。在第3.7.3条所列的非结构构件主要指在人流出入口、通道及重要设备附近的附属结构构件，其破坏往往伤人或砸坏设备，因此要求加强与主体结构的可靠锚固，在其他位置可以放宽要求。

砌体填充墙与框架或单层厂房柱的连接，影响整个结构的动力性能和抗震能力。两者之间的连接处理不同时，影响也不同。本次修订，建议两者之间采用柔性连接或彼此脱开，可只考虑填充墙的重量而不计其刚度和强度的影响。砌体填充墙的不合理设置，例如：框架或厂房，柱间的填充墙不到顶，或房屋外墙在混凝土柱间局部高度砌墙，使这些柱子处于短柱状态，许多震害表明，这些短柱破坏很多，应予注意。

本次修订增加了对幕墙、附属机械、电气设备系统支座和连接等需符合地震时对使用功能的要求。

3.7.3 【修订说明】

本条新增疏散通道的楼梯间墙体的抗震安全性要求，提高对生命的保护。

3.7.4 【修订说明】

本条新增为强制性条文，以加强围护墙、隔墙等建筑非结构构件的抗震安全性，提高对生命的保护。

3.8 隔震和消能减震设计

3.8.1 建筑结构采用隔震和消能减震设计是一种新技术，应考虑使用功能的要求、隔震与消能减震的效果、长期工作性能，以及经济性等问题。现阶段，这种新技术主要用于对使用功能有特别要求和高烈度地区的建筑，即用于投资方愿意通过增加投资来提高安全要求的建筑。

【修订说明】

近年来，隔震和减震技术比较成熟，本条改为非强制性条文。

3.8.2 本条对建筑结构隔震设计和消能减震设计的设防目标提出了原则要求。按本规范第12章规定进行隔震设计，还不能做到在设防烈度下上部结构不受损坏或主体结构处于弹性工作阶段的要求，但与非隔震或非消能减震建筑相比，应有所提高，大体上是：当遭受多遇地震影响时，将基本不受损坏和影响使用功能；当遭受设防烈度的地震影响时，不需修理仍可继续使用；当遭受高于本地区设防烈度的罕遇地震影响时，将不发生危及生命安全和丧失使用功能的破坏。

3.9 结构材料与施工

3.9.1 抗震结构在材料选用、施工程序特别是材料代用上有其特殊的要求，主要是指减少材料的脆性和贯彻原设计意图。

3.9.2、3.9.3 本规范对结构材料的要求分为强制性和非强制性两种。

对钢筋混凝土结构中的混凝土强度等级有所限制，这是因为高强度混凝土具有脆性性质，且随强度等级提高而增加，在抗震设计中应考虑此因素，故规定9度时不宜超过C60；8度时不宜超过C70。

本条还要求，对一、二级抗震等级的框架结构，规定其普通纵向受力钢筋的抗拉强度实测值与屈服强度实测值的比值不应小于1.25，这是为了保证当构件某个部位出现塑性铰以后，塑性铰处有足够的转动能力与耗能能力；同时还规定了屈服强度实测值与标准值的比值，否则本规范为实现强柱弱梁，强剪弱弯所规定的内力调整将难以奏效。

钢结构中用的钢材，应保证抗拉强度、屈服强度、冲击韧性合格及硫、磷和碳含量的限制值。高层钢结构的钢材，可按黑色冶金工业标准《高层建筑结构用钢板》YB 4104—2000选用。抗拉强度是实际上决定结构安全储备的关键，伸长率反映钢材能承受残余变形量的程度及塑性变形能力，钢材的屈服强度不宜过高，同时要求有明显的屈服台阶，伸长率应大于20%，以保证构件具有足够的塑性变形能力，冲击韧性是抗震结构的要求。当采用国外钢材时，亦应符合我国国家标准的要求。

国家标准《碳素结构钢》GB 700中，Q235钢分为A、B、C、D四个等级，其中A级钢不要求任何冲击试验值，并只在用户要求时才进行冷弯试验，且不保证焊接要求的含碳量，故不建议采用。国家标准《低合金高强度结构钢》GB/T 1591 中，Q345 钢分为 A、B、C、D、E 五个等级，其中 A 级钢不保证冲击韧性要求和延性性能的基本要求，故亦不建议采用。

【3.9.2 修订说明】

本条将烧结黏土砖改为烧结砖，适用范围更宽些。

新增加的钢筋伸长率的要求，是控制钢筋延性的重要性能指标。其取值依据产品标准《钢筋混凝土用钢 第 2 部分：热轧带肋钢筋》GB 1499.2—2007 规定的钢筋抗震性能指标提出。

结构钢材的性能指标，按钢材产品标准《建筑结构用钢板》GB/T 19879—2005 规定的性能指标，将分子、分母对换，改为屈服强度与抗拉强度的比值。

【3.9.3 修订说明】

本次修订，考虑到产品标准《钢筋混凝土用钢 第 2 部分：热轧带肋钢筋》GB 1499.2—2007 增加了抗震钢筋的性能指标（强度等级编号加字母 E），条文作了相应改动。

3.9.4 混凝土结构施工中，往往因缺乏设计规定的钢筋型号（规格）而采用另外型号（规格）的钢筋代替，此时应注意替代后的纵向钢筋的总承载力设计值不应高于原设计的纵向钢筋总承载力设计值，以免造成薄弱部位的转移，以及构件在有影响的部位发生混凝土的脆性破坏（混凝土压碎、剪切破坏等）。

本次修订还要求，除按照上述等承载力原则换算外，应注意由于钢筋的强度和直径改变会影响正常使用阶段的挠度和裂缝宽度，同时还应满足最小配筋率和钢筋间距等构造要求。

【修订说明】

本条新增为强制性条文，以加强对施工质量的监督和控制，实现预期的抗震设防目标。文字有所修改，将构造要求等具体化。

3.9.5 厚度较大的钢板在轧制过程中存在各向异性，由于在焊缝附近常形成约束，焊接时容易引起层状撕裂。国家标准《厚度方向性能钢板》GB 5313 将厚度方向的断面收缩率分为 Z15、Z25、Z35 三个等级，并规定了试件取材方法和试件尺寸等要求。本条规定钢结构采用的钢材，当钢材板厚大于或等于 40mm 时，至少应符合 Z15 级规定的受拉试件截面收缩率。

3.9.6 为确保砌体抗震墙与构造柱、底层框架柱的连接，以提高抗侧力砌体墙的变形能力，要求施工时先砌墙后浇筑。

【修订说明】

本条新增为强制性条文，以加强对施工质量的监督和控制，实现预期的抗震设防目标。

3.10 建筑物地震反应观测系统

3.10.1 本规范初次提出了在建筑物内设置建筑物地震反应观测系统的要求。建筑物地震反应观测是发展地震工程和工程抗震科学的必要手段，我国过去限于基建资金，发展不快，这次在规范中予以规定，以促进其发展。

4 场地、地基和基础

4.1 场 地

4.1.1 有利、不利和危险地段的划分，基本沿用历次规范的规定。本条中地形、地貌和岩土特性的影响是综合在一起加以评价的，这是因为由不同岩土构成的同样地形条件的地震影响是不同的。本条中只列出了有利、不利和危险地段的划分，其他地段可视为可进行建设的一般场地。

关于局部地形条件的影响，从国内几次大地震的宏观调查资料来看，岩质地形与非岩质地形有所不同。在云南通海地震的大量宏观调查中，表明非岩质地形对烈度的影响比岩质地形的影响更为明显。如通海和东川的许多岩石地基上很陡的山坡，震害也未见有明显的加重。因此对于岩石地基的陡坡、陡坎等，本规范未列为不利的地段。但对于岩石地基的高度达数十米的条状突出的山脊和高耸孤立的山丘，由于鞭鞘效应明显，振动有所加大，烈度仍有增高的趋势。因此本规范均将其列为不利的地形条件。

应该指出：有些资料中曾提出过有利和不利于抗震的地貌部位。本规范在编制过程中曾对抗震不利的地貌部位实例进行了分析，认为：地貌是研究不同地表形态形成的原因，其中包括组成不同地形的物质（即岩性）。也就是说地貌部位的影响意味着地表形态和岩性二者共同作用的结果，将场地土的影响包括进去了。但通过一些震害实例说明：当处于平坦的冲积平原和古河道不同地貌部位时，地表形态是基本相同的，造成古河道上房屋震害加重的原因主要是地基土质条件很差。因此本规范将地貌条件分别在地形条件与场地土中加以考虑，不再提出地貌部位这个概念。

4.1.2～4.1.6 89 规范中的场地分类，是在尽量保持抗震规范延续性的基础上，进一步考虑了覆盖层厚度的影响，从而形成了以平均剪切波速和覆盖层厚度作为评定指标的双参数分类方法。为了在保障安全的条件下尽可能减少设防投资，在保持技术上合理的前提下适当扩大了Ⅱ类场地的范围。另外，由于我国规范中Ⅰ、Ⅱ类场地的 T_g 值与国外抗震规范相比是偏小的，因此有意识地将Ⅰ类场地的范围划得比较小。

建筑抗震设计规范中的上述场地分类方法得到了我国工程界的普遍认同。但在使用过程中也提出了一些问题和意见。主要的意见是此分类方案呈阶梯状跳跃变化，在边界线上不大容易掌握，特别是在覆盖层厚度为 80m、平均剪切波速为 140m/s 的特定情况下，覆盖层厚度或平均剪切波速稍有变化，则场地类别有可能从Ⅳ类突变到Ⅱ类场地，地震作用的取值差异甚大。这主要是有意识扩大Ⅱ类场地造成的。为了解决场地类别的突变问题，可以通过对相应的特征周期进行插入计算来解决。本次修订主要有：

1 关于场地覆盖层厚度的定义，补充了当地下某一下卧土层的剪切波速大于或等于400m/s且不小于相邻的上层土的剪切波速的2.5倍时，覆盖层厚度可按地面至该下卧层顶面的距离取值的规定。需要注意的是，这一规定只适用于当下卧层硬土层顶面的埋深大于5m时的情况。

2 土层剪切波速的平均值采用更富有物理意义的等效剪切波速的公式计算，即：

$$v_{se} = d_0 / t$$

式中，d_0 为场地评定用的计算深度，取覆盖层厚度和20m两者中的较小值；t 为剪切波在地表与计算深度之间传播的时间。

3 Ⅲ类场地的范围稍有扩大，避免了Ⅱ类至Ⅳ类的跳跃。

4 当等效剪切波速 $v_{se} \leqslant 140$m/s 时，Ⅱ类和Ⅲ类场地的分界线从9m改为15m，在这一区间内适当扩大了Ⅱ类场地的范围。

5 为了保持与89规范的延续性以及与其他有关规范的协调，作为一种补充手段，当有充分依据时，允许使用插入方法确定边界线附近（指相差15%的范围）的 T_g 值。图4.1.6给出了一种连续化插入方案，可将原有场地分类及修订方案进行比较。该图在场地覆盖层厚度 d_{ov} 和等效剪切波速 v_{se} 平面上按本次修订的场地分类方法用等步长和按线性规则改变步长的方案进行连续化插入，相邻等值线的 T_g 值均相差0.01s。

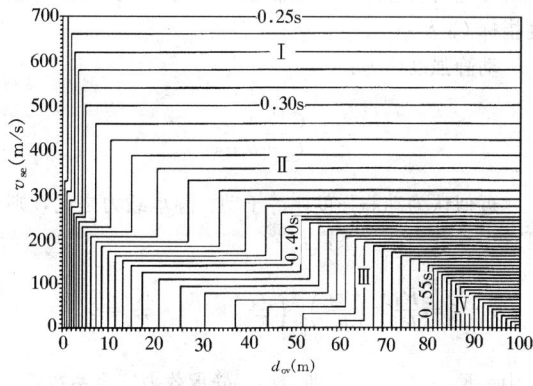

图 4.1.6 在 d_{ov}-v_{se} 平面上的 T_g 等值线图
（用于设计地震第一组，图中相邻 T_g 等值线的差值均为0.01s）

高层建筑的场地类别问题是工程界关心的问题。按理论及实测，一般土层中的加速度随距离地面深度而渐减，日本规范规定地下20m时的土中加速度为地面加速度的1/2～2/3，中间深度则插入。我国亦有

对高层建筑修正场地类别（由高层建筑基底起算）或折减地震力的建议。因高层建筑埋深常达10m以上，与浅基础相比，有利之处是：基底地震输入小了；埋深大抗摇摆好，但因目前尚未能总结出实用规律，暂不列入规范，高层建筑的场地类别仍按浅基础考虑。

本条中规定的场地分类方法主要适用于剪切波速随深度呈递增趋势的一般场地，对于有较厚软夹层的场地土层，由于其对短周期地震动具有抑制作用，可以根据分析结果适当调整场地类别和设计地震动参数。

4.1.7 断裂对工程影响的评价问题，长期以来，不同学科之间存在着不同看法。经过近些年来的不断研究与交流，认为需要考虑断裂影响，这主要是指地震时老断裂重新错动直通地表，在地面产生位错，对建在位错带上的建筑，其破坏是不易用工程措施加以避免的。因此规范中划为危险地段应予避开。至于地震强度，一般在确定抗震设防烈度时已给予考虑。

在活动断裂时间下限方面已取得了一致意见：即对一般的建筑工程只考虑1.0万年（全新世）以来活动过的断裂，在此地质时期以前的活动断裂可不予考虑。对于核电、水电等工程则应考虑10万年以来（晚更新世）活动过的断裂，晚更新世以前活动过的断裂亦可不予考虑。

另外一个较为一致的看法是，在地震烈度小于8度的地区，可不考虑断裂对工程的错动影响，因为多次国内外地震中的破坏现象均说明，在小于8度的地震区，地面一般不产生断裂错动。

目前尚有分歧的是关于隐伏断裂的评价问题，在基岩以上覆盖土层多厚，是什么土层，地面建筑就可以不考虑下部断裂的错动影响。根据我国近年来的地震宏观地表位错考察，学者们看法不够一致。有人认为30m厚土层就可以不考虑，有些学者认为是50m，还有人提出用基岩位错量大小来衡量，如土层厚度是基岩位错量的25～30倍以上就可不考虑等等。唐山地震震中区的地裂缝，经有关单位详细工作证明，不是沿地下岩石错动直通地表的构造断裂形成的，而是由于地面振动，表面应力形成的表层地裂。这种裂缝仅分布在地面以下3m左右，下部土层并未断开（挖探井证实），在采煤巷道中也未发现错动，对有一定深度基础的建筑物影响不大。

为了对问题更深入的研究，由北京市勘察设计研究院在建设部抗震办公室申请立项，开展了发震断裂上覆土层厚度对工程影响的专项研究。此项研究主要采用大型离心机模拟实验，可将缩小的模型通过提高加速度的办法达到与原型应力状况相同的状态；为了模拟断裂错动，专门加工了模拟断裂突然错动的装置，可实现垂直与水平二种错动，其位错量大小是根据国内外历次地震不同震级条件下位错量统计分析结果确定的；上覆土层则按不同岩性、不同厚度分为数

种情况。实验时的位错量为 1.0～4.0m，基本上包括了 8 度、9 度情况下的位错量；当离心机提高加速度达到与原型应力条件相同时，下部基岩突然错动，观察上部土层破裂高度，以便确定安全厚度。根据实验结果，考虑一定的安全储备和模拟实验与地震时震动特性的差异，安全系数取为 3，据此提出了 8 度、9 度地区上覆土层安全厚度的界限值。应当说这是初步的，可能有些因素尚未考虑。但毕竟是第一次以模拟实验为基础的定量提法，跟以往的分析和宏观经验是相近的，有一定的可信度。

本次修订中根据搜集到的国内外地震断裂破裂宽度的资料提出了避让距离，这是宏观的分析结果，随着地震资料的不断积累将会得到补充与完善。

4.1.8 本条考虑局部突出地形对地震动参数的放大作用，主要依据宏观震害调查的结果和对不同地形条件和岩土构成的形体所进行的二维地震反应分析结果。所谓局部突出地形主要是指山包、山梁和悬崖、陡坎等，情况比较复杂，对各种可能出现的情况的地震动参数的放大作用都做出具体的规定是很困难的。从宏观震害经验和地震反应分析结果所反映的总趋势，大致可以归纳为以下几点：①高突出地形距离基准面的高度愈大，高处的反应愈强烈；②离陡坎和边坡顶部边缘的距离愈大，反应相对减小；③从岩土构成方面看，在同样地形条件下，土质结构的反应比岩质结构大；④高突地形顶面愈开阔，远离边缘的中心部位的反应是明显减小的；⑤边坡愈陡，其顶部的放大效应相应加大。

基于以上变化趋势，以突出地形的高差 H，坡降角度的正切 H/L 以及场址距突出地形边缘的相对距离 L_1/H 为参数，归纳出各种地形的地震力放大作用如下：

$$\lambda = 1 + \xi\alpha \qquad (4.1.8)$$

式中　λ——局部突出地形顶部的地震影响系数的放大系数；

　　　α——局部突出地形地震动参数的增大幅度，按表 4.1.8 采用；

　　　ξ——附加调整系数，与建筑场地离突出台地边缘的距离 L_1 与相对高差 H 的比值有关。当 $L_1/H < 2.5$ 时，ξ 可取为 1.0；当 $2.5 \leqslant L_1/H < 5$ 时，ξ 可取为 0.6；当 $L_1/H \geqslant 5$ 时，ξ 可取为 0.3。L、L_1 均应按距离场地的最近点考虑。

表 4.1.8　局部突出地形地震影响系数的增大幅度

突出地形的高度 H（m）	非岩质地层	$H<5$	$5\leqslant H<15$	$15\leqslant H<25$	$H\geqslant 25$
	岩质地层	$H<20$	$20\leqslant H<40$	$40\leqslant H<60$	$H\geqslant 60$
局部突出台地边缘的侧向平均坡降（H/L）	$H/L<0.3$	0	0.1	0.2	0.3
	$0.3\leqslant H/L<0.6$	0.1	0.2	0.3	0.4
	$0.6\leqslant H/L<1.0$	0.2	0.3	0.4	0.5
	$H/L\geqslant 1.0$	0.3	0.4	0.5	0.6

条文中规定的最大增大幅度 0.6 是根据分析结果和综合判断给出的。本条的规定对各种地形，包括山包、山梁、悬崖、陡坡都可以应用。

【修订说明】

本条新增为强制性条文，以加强山区建筑的抗震能力。

4.2　天然地基和基础

4.2.1 我国多次强烈地震的震害经验表明，在遭受破坏的建筑中，因地基失效导致的破坏较上部结构惯性力的破坏为少，这些地基主要由饱和松砂、软弱黏性土和成因岩性状态严重不均匀的土层组成。大量的一般的天然地基都具有较好的抗震性能。因此 89 规范规定了天然地基可以不验算的范围。本次修订中将可不进行天然地基和基础抗震验算的框架房屋的层数和高度作了更明确的规定。

4.2.2 在天然地基抗震验算中，对地基土承载力特征值调整系数的规定，主要参考国内外资料和相关规范的规定，考虑了地基土在有限次循环动力作用下强度一般较静强度提高和在地震作用下结构可靠度容许有一定程度降低这两个因素。

在本次修订中，增加了对黄土地基的承载力调整系数的规定，此规定主要根据国内动、静强度对比试验结果。静强度是在预湿与固结不排水条件下进行的。破坏标准是：对软化型土取峰值强度，对硬化型土取应变为 15% 的对应强度，由此求得黄土静抗剪强度指标 C_s、φ_s 值。

动强度试验参数是：均压固结取双幅应变 5%，偏压固结取总应变为 10%；等效循环次数按 7、7.5 及 8 级地震分别对应 12、20 及 30 次循环。取等价循环数所对应的动应力 σ_d，绘制强度包线，得到动抗剪强度指标 C_d 及 φ_d。

动静强度比为：

$$\frac{\tau_d}{\tau_s} = \frac{C_d + \sigma_d \, \mathrm{tg}\varphi_d}{C_s + \sigma_s \, \mathrm{tg}\varphi_s}$$

近似认为动静强度比等于动、静承载力之比，则可求得承载力调整系数：

$$\zeta_a = \frac{R_d}{R_s} \cong \left(\frac{\tau_d}{K_d}\right) \Big/ \left(\frac{\tau_s}{K_s}\right) = \frac{\tau_d}{\tau_s} \cdot \frac{K_s}{K_d} = \zeta$$

式中　K_d、K_s——分别为动、静承载力安全系数；

　　　R_d、R_s——分别为动、静极限承载力。

试验结果见表 4.2.2，此试验大多考虑地基土处于偏压固结状态，实际的应力水平也不太大，故采用偏压固结、正应力 100～300kPa、震级 7～8 级条件下的调整系数平均值为宜。本条据上述试验，对坚硬黄土取 $\zeta = 1.3$，对可塑黄土取 1.1，对流塑黄土取 1.0。

表 4.2.2 ζ_a 的平均值

名称	西安黄土			兰州黄土	洛川黄土		
含水量 W	饱和状态		20%	饱和	饱和状态		
固结比 K_c	1.0	2.0	1.0	1.5	1.0	1.0	1.5	2.0
ζ_a 的平均值	0.608	1.271	0.607	1.415	0.378	0.721	1.14	1.438

注：固结比为轴压力 σ_1 与压力 σ_3 的比值。

4.2.4 地基基础的抗震验算，一般采用所谓"拟静力法"，此法假定地震作用如同静力，然后在这种条件下验算地基和基础的承载力和稳定性。所列的公式主要是参考相关规范的规定提出的，压力的计算应采用地震作用效应标准组合，即各作用分项系数均取1.0的组合。

4.3 液化土和软土地基

4.3.1 本条规定主要依据液化场地的震害调查结果。许多资料表明在6度区液化对房屋结构所造成的震害是比较轻的，因此本条规定除对液化沉陷敏感的乙类建筑外，6度区的一般建筑可不考虑液化影响。当然，6度的甲类建筑的液化问题也需要专门研究。

关于黄土的液化可能性及其危害在我国的历史地震中虽不乏报导，但缺乏较详细的评价资料，在建国以后的多次地震中，黄土液化现象很少见到，对黄土的液化判别尚缺乏经验，但值得重视。近年来的国内外震害与研究还表明，砾石在一定条件下也会液化，但是由于黄土与砾石液化研究资料还不够充分，暂不列入规范，有待进一步研究。

4.3.2 本条是有关液化判别和处理的强制性条文。

4.3.3 89规范初判的提法是根据建国以来历次地震对液化与非液化场地的实际考察、测试分析结果得出来的。从地貌单元来讲这些地震现场主要为河流冲洪积形成的地层，没有包括黄土分布区及其他沉积类型。如唐山地震震中区（路北区）为滦河二级阶地，地层年代为晚更新世（Q_3）地层，对地震烈度10度区考察，钻探测试表明，地下水位为3~4m，表层为3.0m左右的黏性土，其下即为饱和砂层，在10度情况下没有发生液化，而在一级阶地及高河漫滩等地分布的地质年代较新的地层，地震烈度虽然只有7度和8度却也发生了大面积液化，其他震区的河流冲积地层在地质年代较老的地层中也未发现液化实例。国外学者 Youd 和 Perkins 的研究结果表明：饱和松散的水力冲填土差不多总会液化，而且全新世的无黏性土沉积层对液化也是很敏感的，更新世沉积层发生液化的情况很罕见，前更新世沉积层发生液化则更是罕见。这些结论是根据1975年以前世界范围的地震液化资料得出的，并已被1978年日本的两次大地震以及1977年罗马尼亚地震液化现象所证实。

89规范颁发后，在执行中不断有单位和学者提

出液化初步判别中第1款在有些地区不适合。从举出的实例来看，多为高烈度区（10度以上）黄土高原的黄土状土，很多是古地震从描述等方面判定为液化的，没有现代地震液化与否的实际数据。有些例子是用现行公式判别的结果。

根据诸多现代地震液化资料分析认为，89规范中有关地质年代的判断条文除高烈度区中的黄土液化外都能适用，为慎重起见，将此款的适用范围改为局限于7、8度区。

4.3.4 89规范关于地基液化判别方法，在地震区工程项目地基勘察中已广泛应用。但随着高层及超高层建筑的不断发展，基础埋深越来越大。高大的建筑采用桩基和深基础，要求判别液化的深度也相应加大，89规范中判别深度为15m，已不能满足这些工程的需要，深层液化判别问题已提到日程上来。

由于15m以下深层液化资料较少，从实际液化与非液化资料中进行统计分析尚不具备条件。在50年代以来的历次地震中，尤其是唐山地震，液化资料均在15m以上，图4.3.4中15m下的曲线是根据统计得到的经验公式外推到的结果。国外虽有零星深层液化资料，但也不太确切。根据唐山地震资料及美国 H. B. Seed 教授资料进行分析的结果，其液化临界值沿深度变化均为非线性变化。为了解决15m以下液化判别，我们对唐山地震砂土液化研究资料、美国 H. B. Seed 教授研究资料和我国铁路工程抗震设计规范中的远震液化判别方法与89规范判别方法的液化临界值（N_{cr}）沿深度的变化情况，以8度区为例做了对比，见图4.3.4。

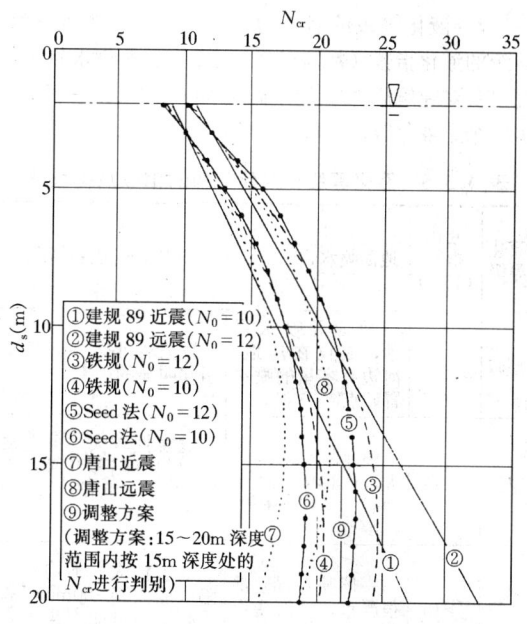

图 4.3.4 液化临界值随深度变化比较
（以8度区为例）

从图4.3.4可以明显看出：在设计地震第一组（或89规范的近震情况，$N_0=10$），深度为12m以上

时，临界锤击数较接近，相差不大；深度 15～20m 范围内，铁路抗震规范方法比 H. B. Seed 资料要大 1.2～1.5 击，89 规范由于是线性延伸，比铁路抗震规范方法要大 1.8～8.4 击，是偏于保守的。经过比较分析，本次修订考虑到本规范判别方法的延续性及广大工程技术人员熟悉程度，仍采用线性判别方法。建议 15～20m 深度范围内仍按 15m 深度处的 N_{cr} 值进行判别，这样处理与非线性判别方法也较为接近。目前铁路抗震规范判别液化时 N_0 值为 7 度、8 度、9 度时分别取 8、12、16，因此铁路抗震规范仍比本规范修订后的 N_{cr} 值在 15m～20m 范围内要大 2.2～2.5 击；如假定铁路抗震规范 N_0 值 8 度取 10，则比本规范修订后的 N_{cr} 值小 1.4～1.8 击。经过全面分析对比后，认为这样调整方案既简便又与其他方法接近。

考虑到大量的多层建筑基础埋深较浅，一律要求将液化判别深度加深到 20m 有些保守，也增加了不必要的工作量，因此，本次修订只要求将基础埋深大于 5m 的深基础和桩基工程的判别深度加深至 20m。

4.3.5 本条提供了一个简化的预估液化危害的方法，可对场地的喷水冒砂程度、一般浅基础建筑的可能损坏，做粗略的预估，以便为采取工程措施提供依据。

1 液化指数表达式的特点是：为使液化指数为无量纲参数，权函数 w 具有量纲 m^{-1}；权函数沿深度分布为梯形，其图形面积，判别深度 15m 时为 100，判别深度 20m 时为 125。

2 液化等级的名称为轻微、中等、严重三级；各级的液化指数（判别深度 15m）、地面喷水冒砂情况以及对建筑危害程度的描述见表 4.3.5，系根据我国百余个液化震害资料得出的。

表 4.3.5 液化等级和对建筑物的相应危害程度

液化等级	液化指数（15m）	地面喷水冒砂情况	对建筑的危害情况
轻微	<5	地面无喷水冒砂，或仅在注地、河边有零星的喷水冒砂点	危害性小，一般不至引起明显的震害
中等	5～15	喷水冒砂可能性大，从轻微到严重均有，多数属中等	危害性较大，可造成不均匀沉陷和开裂，有时不均匀沉陷可能达到 200mm
严重	>15	一般喷水冒砂都很严重，地面变形很明显	危害性大，不均匀沉陷可能大于 200mm，高重心结构可能产生不容许的倾斜

4.3.6 抗液化措施是对液化地基的综合治理，89 规范已说明要注意以下几点：

1 倾斜场地的土层液化往往带来大面积土体滑动，造成严重后果，而水平场地土层液化的后果一般只造成建筑的不均匀下沉和倾斜，本条的规定不适用于坡度大于 10° 的倾斜场地和液化土层严重不均的情况；

2 液化等级属于轻微者，除甲、乙类建筑由于其重要性需确保安全外，一般不作特殊处理，因为这类场地可能不发生喷水冒砂，即使发生也不致造成建筑的严重震害；

3 对于液化等级属于中等的场地，尽量多考虑采用较易实施的基础与上部结构处理的构造措施，不一定要加固处理液化土层；

4 在液化层深厚的情况下，消除部分液化沉陷的措施，即处理深度不一定达到液化下界而残留部分未经处理的液化层，从我国目前的技术、经济发展水平上看是较合适的。

本次修订的主要内容如下：

1 89 规范中不允许液化地基作持力层的规定有些偏严，本次修订改为不宜将未加处理的液化土层作为天然地基的持力层。因为：理论分析与振动台试验均已证明液化的主要危害来自基础外侧，液化持力层范围内位于基础直下方的部位其实最难液化，由于最先液化区域对基础直下方未液化部分的影响，使之失去侧边土压力支持。在外侧易液化区的影响得到控制的情况下，轻微液化的土层是可以作为基础的持力层的，例如：

（1）海城地震中营口宾馆筏基以液化土层为持力层，震后无震害，基础下液化层厚度为 4.2m，为筏基宽度的 1/3 左右，液化土层的标贯锤击数 N＝2～5，烈度为 7 度。在此情况下基础外侧液化对地基中间部分的影响很小。

（2）日本阪神地震中有数座建筑位于液化严重的六甲人工岛上，地基未加处理而未遭液化危害的工程实录（见松尾雅夫等人论文，载"基础工"1996 年 11 期，P54）：

1）仓库二栋，平面均为 36m×24m，设计中采用了补偿式基础，即使仓库满载时的基底压力也只是与移去的土自重相当。地基为欠固结的可液化砂砾，震后有震陷，但建筑物无损，据认为无震害的原因是：液化后的减震效果使输入基底的地震作用削弱；补偿式筏式基础防止了表层土砂喷冒水；良好的基础刚度可使不均匀沉降减小；采用了吊车轨道调平，地脚螺栓加长等构造措施以减少不均匀沉降的影响。

2）平面为 116.8m×54.5m 的仓库建在六甲人工岛厚 15m 的可液化土上，设计时预期建成后欠固结的黏土下卧层尚可能产生 1.1～1.4m 的沉降。为防止不均匀沉降及液化，设计中采用了三方面的措施：补偿式基础＋基础下 2m 深度内以水泥土加固液化层＋防止不均匀沉降的构造措施。地震使该房屋产生震陷，但情况良好。

（3）震害调查与有限元分析显示，当基础宽度与液化震陷厚之比大于 3 时，则液化震陷不超过液化层厚的 1%，不致引起结构严重破坏。

因此，将轻微和中等液化的土层作为持力层不是绝对不允许，但应经过严密的论证。

2 液化的危害主要来自震陷，特别是不均匀震陷。震陷量主要决定于土层的液化程度和上部结构的荷载。由于液化指数不能反映上部结构的荷载影响，因此有趋势直接采用震陷量来评价液化的危害程度。例如，对 4 层以下的民用建筑，当精细计算的平均震陷值 $S_E < 5cm$ 时，可不采取抗液化措施，当 $S_E = 5 \sim 15cm$ 时，可优先考虑采取结构和基础的构造措施，当 $S_E > 15cm$ 时需要进行地基处理，基本消除液化震陷；在同样震陷量下，乙类建筑应该采取较丙类建筑更高的抗液化措施。

本次修订过程中开展了估计液化震陷量的研究，依据实测震陷、振动台试验以及有限元法对一系列典型液化地基计算得出的震陷变化规律，发现震陷量取决于液化土的密度（或承载力）、基底压力、基底宽度、液化层底面和顶面的位置和地震震级等因素，曾提出估计砂土与粉土液化平均震陷量的经验方法如下：

砂土 $S_E = \dfrac{0.44}{B} \xi S_0 (d_1^2 - d_2^2)(0.01p)^{0.6} \left(\dfrac{1-D_r}{0.5}\right)^{1.5}$

$$（4.3.6-1）$$

粉土 $S_E = \dfrac{0.44}{B} \xi k S_0 (d_1^2 - d_2^2)(0.01p)^{0.6}$

$$（4.3.6-2）$$

式中 S_E——液化震陷量平均值；液化层为多层时，先按各层次分别计算后再相加；

B——基础宽度（m）；对住房等密集型基础取建筑平面宽度；当 $B \leqslant 0.44d_1$ 时，取 $B = 0.44d_1$；

S_0——经验系数，对 7、8、9 度分别取 0.05、0.15 及 0.3；

d_1——由地面算起的液化深度（m）；

d_2——由地面算起的上覆非液化土层深度（m）。液化层为持力层取 $d_2 = 0$；

p——宽度为 B 的基础底面地震作用效应标准组合的压力（kPa）；

D_r——砂土相对密实度（%），可依据标准贯入锤击数 N 取 $D_r = \left(\dfrac{N}{0.23\sigma'_v + 16}\right)^{0.5}$；

k——与粉土承载力有关的经验系数，当承载力特征值不大于 80kPa 时，取 0.30，当不小于 300kPa 时取 0.08，其余可内插取值；

ξ——修正系数，直接位于基础下的非液化厚度满足第 4.3.3 条第 3 款对上覆非液化土层厚度 d_u 的要求，$\xi = 0$；无非液化层，$\xi = 1$；中间情况内插确定。

采用以上经验方法计算得到的震陷值，与日本的实测震陷值基本符合；但与国内资料的符合程度较差，主要的原因可能是：国内资料中实测震陷值常常是相对值，如相对于车间某个柱子或相对于室外地面的震陷；地质剖面则往往是附近的，而不是针对所考察的基础的；有的震陷值（如天津上古林的场地）含有震前沉降及软土震陷；不明确沉降值是最大沉降或平均沉降。

鉴于震陷量的评价方法目前还不够成熟，因此本条只是给出了必要时可以根据液化震陷量的评价结果适当调整抗液化措施的原则规定。

4.3.7~4.3.9 在这几条中规定了消除液化震陷和减轻液化影响的具体措施，这些措施都是在震害调查和分析判断的基础上提出来的。

采用振冲加固或挤密碎石桩加固后构成复合地基。此时，如桩间土的实测标贯值仍低于本规范第 4.3.4 条规定的临界值，不能简单判为液化。许多文献或工程实践均已指出振冲桩或挤密碎石桩有挤密、排水和增大桩身刚度等多重作用，而实测的桩间土标贯值不能反映排水的作用。因此，89 规范要求加固后的桩间土的标贯值应大于临界标贯值是偏保守的。

近几年的研究成果与工程实践中，已提出了一些考虑桩身强度与排水效应的方法，以及根据桩的面积置换率和桩土应力比适当降低复合地基桩间土液化判别的临界标贯值的经验方法，故本次修订将"桩间土的实测标贯值不应小于临界标贯锤击数"的要求，改为"不宜"。

4.3.10 本条规定了有可能发生侧扩或流动时滑动土体的最危险范围并要求采取土体抗滑和结构抗裂措施。

1 液化侧扩地段的宽度来自海城地震、唐山地震及日本阪神地震对液化侧扩区的大量调查。根据对阪神地震的调查，在距水线 50m 范围内，水平位移及竖向位移均很大；在 50~150m 范围内，水平地面位移仍较显著；大于 150m 以后水平位移趋于减小，基本不构成震害。上述调查结果与我国海城、唐山地震后的调查结果基本一致：海河故道、滦运河、新滦河、陡河岸坡滑坍范围约距水线 100~150m，辽河、黄河等则可达 500m。

2 侧向流动土体对结构的侧向推力，根据阪神地震后对受害结构的反算结果得到：1）非液化上覆土层施加于结构的侧压相当于被动土压力，破坏土楔的运动方向是土楔向上滑而楔后土体向下，与被动土压发生时的运动方向一致；2）液化层中的侧压相当于竖向总压的 1/3；3）桩基承受侧压的面积相当于垂直于流动方向桩排的宽度。

3 减小地裂对结构影响的措施包括：1) 将建筑的主轴沿平行河流放置；2) 使建筑的长高比小于 3；3) 采用筏基或箱基，基础板内应根据需要加配抗拉裂钢筋，筏基内的抗弯钢筋可兼作抗拉裂钢筋，抗拉裂钢筋可由中部向基础边缘逐段减少。当土体产生引张裂缝并流向河心或海岸线时，基础底面的极限摩阻力形成对基础的撕拉力，理论上，其最大值等于建筑物重力荷载之半乘以土与基础间的摩擦系数，实际上常因基础底面与土有部分脱离接触而减少。

4.3.11 关于软土震陷，由于缺乏资料，各国都还未列入抗震规范。但从唐山地震中的破坏实例分析，软土震陷确是造成震害的重要原因，实有明确抗御措施之必要。

我国《构筑物抗震设计规范》根据唐山地震经验，规定 7 度区不考虑软土震陷；8 度区 f_{ak} 大于 100kPa，9 度区 f_{ak} 大于 120kPa 的土亦可不考虑。但上述规定有以下不足：

（1）缺少系统的震陷试验研究资料；

（2）震陷实录局限于津塘 8、9 度地区，7 度区是未知的空白；不少 7 度区的软土比津塘地区（唐山地震时为 8、9 度区）要差，津塘地区的多层建筑在 8、9 度地震时产生了 15～30cm 的震陷，比它们差的土在 7 度时是否会产生大于 5cm 的震陷？初步认为对 7 度区 f_k<70kPa 的软土还是应该考虑震陷的可能性并宜采用室内动三轴试验和 H. B. Seed 简化方法加以判定。

（3）对 8、9 度规定的 f_{ak} 值偏于保守。根据天津实际震陷资料并考虑地震的偶发性及所需的设防费用，暂时规定软土震陷量小于 5cm 者可不采取措施，则 8 度区 f_{ak}>90kPa 及 9 度区 f_{ak}>100kPa 的软土均可不考虑震陷的影响。

对自重湿陷性黄土或黄土状土，研究表明具有震陷性。若孔隙比大于 0.8，当含水量在缩限（指固体与半固体的界限）与 25% 之间时，应该根据需要评估其震陷量。对含水量在 25% 以上的黄土或黄土状土的震陷量可按一般软土评估。关于软土及黄土的可能震陷目前已有了一些研究成果可以参考。例如，当建筑基础底面以下非软土层厚度符合表 4.3.11 中的要求时，可不采取消除软土地基的震陷影响措施。

表 4.3.11 基础底面以下非软土层厚度

烈　　度	基础底面以下非软土层厚度（m）
7	≥0.5b 且≥3
8	≥b 且≥5
9	≥1.5b 且≥8

注：b 为基础底面宽度（m）。

4.4 桩　　基

4.4.1 根据桩基抗震性能一般比同类结构的天然地基要好的宏观经验，继续保留 89 规范关于桩基不验算范围的规定。

4.4.2 桩基抗震验算方法是新增加的，其基本内容已与构筑物抗震设计规范和建筑桩基技术规范等协调。

关于地下室外墙侧的被动土压与桩共同承担地震水平力问题，我国这方面的情况比较混乱，大致有以下做法：假定由桩承担全部地震水平力；假定由地下室外的土承担全部水平力；由桩、土分担水平力（或由经验公式求出分担比，或用 m 法求土抗力或由有限元法计算）。目前看来，桩完全不承担地震水平力的假定偏于不安全，因为从日本的资料来看，桩基的震害是相当多的，因此这种做法不宜采用；由桩承受全部地震力的假定又过于保守。日本 1984 年发布的"建筑基础抗震设计规程"提出下列估算桩所承担的地震剪力的公式：

$$V = 0.2V_0 \sqrt{H} / \sqrt[4]{d_f}$$

上述公式主要根据是对地上 3～10 层、地下 1～4 层、平面 14m×14m 的塔楼所作的一系列试算结果。在这些计算中假定抗地震水平的因素有桩、前方的被动土抗力，侧面土的摩擦力三部分。土性质为标贯值 N=10～20，q（单轴压强）为 0.5～1.0kg/cm² （黏土）。土的摩擦抗力与水平位移成以下弹塑性关系：位移≤1cm 时抗力呈线性变化，当位移>1cm 时抗力保持不变。被动土抗力最大值取朗金被动土压，达到最大值之前土抗力与水平位移呈线性关系。由于背景材料只包括高度 45m 以下的建筑，对 45m 以上的建筑没有相应的计算资料。但从计算结果的发展趋势推断，对更高的建筑其值估计不超过 0.9，因而桩负担的地震力宜在（0.3～0.9）V_0 之间取值。

关于不计桩基承台底面与土的摩阻力为抗地震水平力的组成部分问题：主要是因为这部分摩阻力不可靠：软弱黏性土有震陷问题，一般黏性土也可能因桩身摩擦力产生的桩间土在附加应力下的压缩使土与承台脱空；欠固结土有固结下沉问题；非液化的砂砾则有震密问题等。实践中不乏有静载下桩与土脱空的报导，地震情况下震后桩台与土脱空的报导也屡见不鲜。此外，计算摩阻力亦很困难，因为解答此问题须明确桩基在竖向荷载作用下的桩、土荷载分担比。出于上述考虑，为安全计，本条规定不应考虑承台与土的摩擦抗力。

对于目前大力推广应用的疏桩基础，如果桩的设计承载力按桩极限荷载取用则可以考虑承台与土间的摩阻力。因为此时承台与土不会脱空，且桩、土的竖向荷载分担比也比较明确。

4.4.3 本条中规定的液化土中桩的抗震验算原则和方法主要考虑了以下情况：

1 不计承台旁的土抗力或地坪的分担作用是出

于安全考虑，作为安全储备，因目前对液化土中桩的地震作用与土中液化进程的关系尚未清楚。

2 根据地震反应分析与振动台试验，地面加速度最大时刻出现在液化土的孔压比为小于1（常为0.5～0.6）时，此时土尚未充分液化，只是刚度比未液化时下降很多，因之建议对液化土的刚度作折减。折减系数的取值与构筑物抗震设计规范基本一致。

3 液化土中孔隙水压力的消散往往需要较长的时间。地震后土中孔压不会排泄消散完毕，往往于震后才出现喷砂冒水，这一过程通常持续几小时甚至一二天，其间常有沿桩与基础四周排水现象，这说明此时桩身摩阻力已大减，从而出现竖向承载力不足和缓慢的沉降，因此应按静力荷载组合校核桩身的强度与承载力。

式（4.4.3）的主要根据是工程实践中总结出来的打桩前后土性变化规律，并已在许多工程实例中得到验证。

4.4.5 本条在保证桩基安全方面是相当关键的。桩基理论分析已经证明，地震作用下的桩基在软、硬土层交界面处最易受到剪、弯损害。阪神地震后许多桩基的实际考查也证实了这一点，但在采用m法的桩身内力计算方法中却无法反映，目前除考虑桩土相互作用的地震反应分析可以较好地反映桩身受力情况外，还没有简便实用的计算方法保证桩在地震作用下的安全，因此必须采取有效的构造措施。本条的要点在于保证软土或液化土层附近桩身的抗弯和抗剪能力。

5 地震作用和结构抗震验算

5.1 一般规定

5.1.1 抗震设计时，结构所承受的"地震力"实际上是由于地震地面运动引起的动态作用，包括地震加速度、速度和动位移的作用，按照国家标准《建筑结构设计术语和符号标准》GB/T 50083 的规定，属于间接作用，不可称为"荷载"，应称"地震作用"。

89规范对结构应考虑的地震作用方向有以下规定：

1 考虑到地震可能来自任意方向，为此要求有斜交抗侧力构件的结构，应考虑对各构件的最不利方向的水平地震作用，一般即与该构件平行的方向。

2 不对称不均匀的结构是"不规则结构"的一种，同一建筑单元同一平面内质量、刚度布置不对称，或虽在本层平面内对称，但沿高度分布不对称的结构。需考虑扭转影响的结构，具有明显的不规则性。

3 研究表明，对于较高的高层建筑，其竖向地震作用产生的轴力在结构上部是不可忽略的，故要求

9度区高层建筑需考虑竖向地震作用。

本次修订，基本保留89规范的内容，所做的改进如下：

1 某一方向水平地震作用主要由该方向抗侧力构件承担，如该构件带有翼缘、翼墙等，尚应包括翼缘、翼墙的抗侧力作用；

2 参照混凝土高层规程的规定，明确交角大于15°时，应考虑斜向地震作用；

3 扭转计算改为"考虑双向地震作用下的扭转影响"。

关于大跨度和长悬臂结构，根据我国大陆和台湾地震的经验，9度和9度以上时，跨度大于18m的屋架、1.5m以上的悬挑阳台和走廊等震害严重甚至倒塌；8度时，跨度大于24m的屋架、2m以上的悬挑阳台和走廊等震害严重。

5.1.2 不同的结构采用不同的分析方法在各国抗震规范中均有体现，底部剪力法和振型分解反应谱法仍是基本方法，时程分析法作为补充计算方法，对特别不规则（参照表3.4.2规定）、特别重要的和较高的高层建筑才要求采用。

进行时程分析时，鉴于各条地震波输入进行时程分析的结果不同，本条规定根据小样本容量下的计算结果来估计地震效应值。通过大量地震加速度记录输入不同结构类型进行时程分析结果的统计分析，若选用不少于二条实际记录和一条人工模拟的加速度时程曲线作为输入，计算的平均地震效应值不小于大样本容量平均值的保证率在85%以上，而且一般也不会偏大很多。所谓"在统计意义上相符"指的是，其平均地震影响系数曲线与振型分解反应谱法所用的地震影响系数曲线相比，在各个周期点上相差不大于20%。计算结果的平均底部剪力一般不会小于振型分解反应谱法计算结果的80%。每条地震波输入的计算结果不会小于65%。

正确选择输入的地震加速度时程曲线，要满足地震动三要素的要求，即频谱特性、有效峰值和持续时间均要符合规定。

频谱特性可用地震影响系数曲线表征，依据所处的场地类别和设计地震分组确定。

加速度有效峰值按规范表 5.1.2-2 中所列地震加速度最大值采用，即以地震影响系数最大值除以放大系数（约2.25）得到。当结构采用三维空间模型等需要双向（二个水平向）或三向（二个水平和一个竖向）地震波输入时，其加速度最大值通常按1（水平1）∶0.85（水平2）∶0.65（竖向）的比例调整。选用的实际加速度记录，可以是同一组的三个分量，也可以是不同组的记录，但每条记录均应满足"在统计意义上相符"的要求；人工模拟的加速度时程曲线，也按上述要求生成。

输入的地震加速度时程曲线的持续时间，不论实

际的强震记录还是人工模拟波形，一般为结构基本周期的 5～10 倍。

5.1.3 按现行国家标准《建筑结构可靠度设计统一标准》的原则规定，地震发生时恒荷载与其他重力荷载可能的遇合结果总称为"抗震设计的重力荷载代表值 G_E"，即永久荷载标准值与有关可变荷载组合值之和。组合值系数基本上沿用 78 规范的取值，考虑到藏书库等活荷载在地震时遇合的概率较大，故按等效楼面均布荷载计算活荷载时，其组合值系数为 0.8。

表中硬钩吊车的组合值系数，只适用于一般情况，吊重较大时需按实际情况取值。

5.1.4、5.1.5 弹性反应谱理论仍是现阶段抗震设计的最基本理论，规范所采用的设计反应谱以地震影响系数曲线的形式给出。

89 规范的地震影响系数的特点是：

1 同样烈度、同样场地条件的反应谱形状，随着震源机制、震级大小、震中距远近等的变化，有较大的差别，影响因素很多。在继续保留烈度概念的基础上，把形成 6～8 度地震影响的地震，按震源远近分为设计近震和设计远震。远震水平反应谱曲线比近震向右移，体现了远震的反应谱特征。于是，按场地条件和震源远近，调整了地震影响系数的特征周期 T_g。

2 在 $T \leqslant 0.1s$ 的范围内，各类场地的地震影响系数一律采用同样的斜线，使之符合 $T=0$ 时（刚体）动力不放大的规律；在 $T \geqslant T_g$ 时，各曲线的递减指数为非整数；曲线下限仍按 78 规范取为 $0.2\alpha_{max}$；$T>3s$ 时，地震影响系数专门研究。

3 按二阶段设计要求，在截面承载力验算时的设计地震作用，取众值烈度下结构按完全弹性分析的数值，据此调整了本规范相应的地震影响系数，其取值与按 78 规范各结构影响系数 C 折减的平均值大致相当。

本次修订有如下重要改进：

1 地震影响系数的周期范围延长至 6s。根据地震学研究和强震观测资料统计分析，在周期 6s 范围内，有可能给出比较可靠的数据，也基本满足了国内绝大多数高层建筑和长周期结构的抗震设计需要。对于周期大于 6s 的结构，地震影响系数仍专门研究。

2 理论上，设计反应谱存在二个下降段，即：速度控制段和位移控制段，在加速度反应谱中，前者衰减指数为 1，后者衰减指数为 2。设计反应谱是用来预估建筑结构在其设计基准期内可能受的地震作用，通常根据大量实际地震记录的反应谱进行统计并结合工程经验判断加以规定。为保持规范的延续性，地震影响系数在 $T \leqslant 5T_g$ 范围内与 89 规范相同，在 $T>5T_g$ 的范围，把 89 规范的下平台改为倾斜下降段，不同场地类别的最小值不同，较符合实际反应谱的统计规律。在 $T=6T_g$ 附近，新的地震影响系数值比 89

规范约增加 15％，其余范围取值的变动更小。

3 为了与我国地震动参数区划图接轨，89 规范的设计近震和设计远震改为设计地震分组。地震影响系数的特征周期 T_g，即设计特征周期，不仅与场地类别有关，而且还与设计地震分组有关，可更好地反映震级大小、震中距和场地条件的影响。

4 为了适当调整和提高结构的抗震安全度，Ⅰ、Ⅱ、Ⅲ类场地的设计特征周期值较 89 规范的值约增大了 0.05s。同理，罕遇地震作用时，设计特征周期 T_g 值也适当延长。这样处理比较符合近年来得到的大量地震加速度资料的统计结果。与 89 规范相比，安全度有一定提高。

5 考虑到不同结构类型建筑的抗震设计需要，提供了不同阻尼比（0.01～0.20）地震影响系数曲线相对于标准的地震影响系数（阻尼比为 0.05）的修正方法。根据实际强震记录的统计分析结果，这种修正可分二段进行：在反应谱平台段（$\alpha = \alpha_{max}$），修正幅度最大；在反应谱上升段（$T<T_g$）和下降段（$T>T_g$），修正幅度变小；在曲线两端（0s 和 6s），不同阻尼比下的 α 系数趋向接近。表达式为：

上升段： $[0.45+10(\eta_2-0.45)T]\alpha_{max}$

水平段： $\eta_2\alpha_{max}$

曲线下降段： $(T_g/T)^\gamma\eta_2\alpha_{max}$

倾斜下降段： $[0.2^\gamma\eta_2-\eta_1(T-5T_g)]\alpha_{max}$

对应于不同阻尼比计算地震影响系数的调整系数如下，条文中规定，当 η_2 小于 0.55 时取 0.55；当 η_1 小于 0.0 时取 0.0。

地震影响系数

ζ	η_2	γ	η_1
0.01	1.52	0.97	0.025
0.02	1.32	0.95	0.024
0.05	1.00	0.90	0.020
0.10	0.78	0.85	0.014
0.20	0.63	0.80	0.001
0.30	0.56	0.78	0.000

6 现阶段仍采用抗震设防烈度所对应的水平地震影响系数最大值 α_{max}，多遇地震烈度和罕遇地震烈度分别对应于 50 年设计基准期内超越概率为 63％和 2％～3％的地震烈度，也就是通常所说的小震烈度和大震烈度。为了与中国地震动参数区划图接口，表 5.1.4 中的 α_{max} 除沿用 89 规范 6、7、8、9 度所对应的设计基本加速度值外，特于 7～8 度、8～9 度之间各增加一档，用括号内的数字表示，分别对应于设计基本地震加速度为 0.15g 和 0.30g。

5.1.6 在强烈地震下，结构和构件并不存在最大承载能力极限状态的可靠度。从根本上说，抗震验算应该是弹塑性变形能力极限状态的验算。研究表明，地震作用下结构和构件的变形及其最大承载能力有密切的联系，但因结构的不同而异。本次修订继续保持89规范关于不同的结构应采取不同验算方法的规定。

1 当地震作用在结构设计中基本上不起控制作用时，例如6度区的大多数建筑，以及被地震经验所证明者，可不作抗震验算，只需满足有关抗震构造要求。但"较高的高层建筑（以后各章同）"，诸如高于40m的钢筋混凝土框架、高于60m的其他钢筋混凝土民用房屋和类似的工业厂房，以及高层钢结构房屋，其基本周期可能大于Ⅳ类场地的设计特征周期T_g，则6度的地震作用值可能大于同一建筑在7度Ⅱ类场地下的取值，此时仍须进行抗震验算。

2 对于大部分结构，包括6度设防的上述较高的高层建筑，可以将设防烈度地震下的变形验算，转换为以众值烈度下按弹性分析获得的地震作用效应（内力）作为额定统计指标，进行承载力极限状态的验证，即只需满足第一阶段的设计要求，就可具有与78规范相同的抗震承载力的可靠度，保持了规范的延续性。

3 我国历次大地震的经验表明，发生高于基本烈度的地震是可能的，设计时考虑"大震不倒"是必要的，规范增加了对薄弱层进行罕遇地震下变形验算，即满足第二阶段设计的要求。89规范仅对框架、填充墙框架、高大单层厂房等（这些结构，由于存在明显的薄弱层，在唐山地震中倒塌较多）及特殊要求的建筑做了要求，本次修订增加了其他结构，如各类钢筋混凝土结构、钢结构、采用隔震和消能减震技术的结构，进行第二阶段设计的要求。

5.2 水平地震作用计算

5.2.1 底部剪力法视多质点体系为等效单质点系。根据大量的计算分析，89规范做了如下规定，本次修订未作修改：

1 引入等效质量系数0.85，它反映了多质点系底部剪力值与对应单质点系（质量等于多质点系总质量，周期等于多质点系基本周期）剪力值的差异。

2 地震作用沿高度倒三角形分布，在周期较长时顶部误差可达25%，故引入依赖于结构周期和场地类别的顶点附加集中地震予以调整。单层厂房沿高度分布在第9章中已另有规定，故本条不重复调整（取$\delta_n=0$）。对内框架房屋，根据震害的总结，并考虑到现有计算模型的不精确，建议取$\delta_n=0.2$。

5.2.2 对于振型分解法，由于时程分析法亦可利用振型分解法进行计算，故加上"反应谱"以示区别。为使高柔建筑的分析精度有所改进，其组合的振型个数适当增加。振型个数一般可以取振型参与质量达到总质量90%所需的振型数。

5.2.3 地震扭转反应是一个极其复杂的问题，一般情况，宜采用较规则的结构体型，以避免扭转效应。

体型复杂的建筑结构，即使楼层"计算刚心"和质心重合，往往仍然存在明显的扭转反应，因此，89规范规定，考虑结构扭转效应时，一般只能取各楼层质心为相对坐标原点，按多维振型分解法计算，其振型效应彼此耦联，组合用完全二次型方根法，可以由计算机运算。

89规范修订过程中，提出了许多简化计算方法，例如，扭转效应系数法，表示扭转时某榀抗侧力构件按平动分析的层剪力效应的增大，物理概念明确，而数值依赖于各类结构大量算例的统计。对低于40m的框架结构，当各层的质心和"计算刚心"接近于两串轴线时，根据上千个算例的分析，若偏心参数ε满足$0.1<\varepsilon<0.3$，则边榀框架的扭转效应增大系数$\eta=0.65+4.5\varepsilon$。偏心参数的计算公式是$\varepsilon=e_y S_y/(K_\phi/K_x)$，其中，$e_y$、$S_y$分别为$i$层刚心和$i$层边榀框架距$i$层以上总质心的距离（$y$方向），$K_x$、$K_\phi$分别为$i$层平动刚度和绕质心的扭转刚度。其他类型结构，如单层厂房也有相应的扭转效应系数。对单层结构，多用基于刚心和质心概念的动力偏心距法估算。这些简化方法各有一定的适用范围，故规范要求在确有依据时才可用来近似估计。

本次修订的主要改进如下：

1 即使对于平面规则的建筑结构，国外的多数抗震设计规范也考虑由于施工、使用等原因所产生的偶然偏心引起的地震扭转效应及地震地面运动扭转分量的影响。本次修订要求，规则结构不考虑扭转耦联计算时，应采用增大边榀结构地震内力的简化处理方法。

2 增加考虑双向水平地震作用下的地震效应组合。根据强震观测记录的统计分析，二个水平方向地震加速度的最大值不相等，二者之比约为1：0.85；而且两个方向的最大值不一定发生在同一时刻，因此采用平方和开方计算二个方向地震作用效应的组合。条文中的地震作用效应，系指两个正交方向地震作用在每个构件的同一局部坐标方向的地震作用效应，如x方向地震作用下在局部坐标x_i向的弯矩M_{xx}和y方向地震作用下在局部坐标x_i方向的弯矩M_{xy}；按不利情况考虑时，则取上述组合的最大弯矩与对应的剪力，或上述组合的最大剪力与对应的弯矩，或上述组合的最大轴力与对应的弯矩等等。

3 扭转刚度较小的结构，例如某些核心筒-外稀柱框架结构或类似的结构，第一振型周期为T_θ，或满足$T_\theta>0.7T_{x1}$，或$T_\theta>0.7T_{y1}$，对较高的高层建筑，$0.7T_\theta>T_{x2}$，或$0.7T_\theta>T_{y2}$，均应考虑地震扭转效应。但如果考虑扭转影响的地震作用效应小于考虑偶然偏心引起的地震效应时，应取后者以策安全。但二者不叠加计算。

4 增加了不同阻尼比时耦联系数的计算方法，以供高层钢结构等使用。

5.2.4 对于顶层带有空旷大房间或轻钢结构的房屋，不宜视为突出屋面的小屋并采用底部剪力法乘以增大系数的办法计算地震作用效应，而应视为结构体系一部分，用振型分解法等计算。

5.2.5 由于地震影响系数在长周期段下降较快，对于基本周期大于3.5s的结构，由此计算所得的水平地震作用下的结构效应可能太小。而对于长周期结构，地震动态作用中的地面运动速度和位移可能对结构的破坏具有更大影响，但是规范所采用的振型分解反应谱法尚无法对此作出估计。出于结构安全的考虑，增加了对各楼层水平地震剪力最小值的要求，规定了不同烈度下的剪力系数，结构水平地震作用效应应据此进行相应调整。

扭转效应明显与否一般可由考虑耦联的振型分解反应谱法分析结果判断，例如前三个振型中，二个水平方向的振型参与系数为同一个量级，即存在明显的扭转效应。对于扭转效应明显或基本周期小于3.5s的结构，剪力系数取$0.2\alpha_{max}$，保证足够的抗震安全度。对于存在竖向不规则的结构，突变部位的薄弱楼层，尚应按本规范第3.4.3条的规定，再乘以1.15的系数。

本条规定不考虑阻尼比的不同，是最低要求，各类结构，包括隔震和消能减震结构均需一律遵守。

5.2.7 由于地基和结构动力相互作用的影响，按刚性地基分析的水平地震作用在一定范围内有明显的折减。考虑到我国的地震作用取值与国外相比还较小，故仅在必要时才利用这一折减。研究表明，水平地震作用的折减系数主要与场地条件、结构自振周期、上部结构和地基的阻尼特性等因素有关，柔性地基上的建筑结构的折减系数随结构周期的增大而减小，结构越刚，水平地震作用的折减量越大。89规范在统计分析基础上建议，框架结构折减10%，抗震墙结构折减15%～20%。研究表明，折减量与上部结构的刚度有关，同样高度的框架结构，其刚度明显小于抗震墙结构，水平地震作用的折减量也减小，当地震作用很小时不宜再考虑水平地震作用的折减。据此规定了可考虑地基与结构动力相互作用的结构自振周期的范围和折减量。

研究表明，对于高宽比较大的高层建筑，考虑地基与结构动力相互作用后水平地震作用的折减系数并非各楼层均为同一常数，由于高振型的影响，结构上部几层的水平地震作用一般不宜折减。大量计算分析表明，折减系数沿楼层高度的变化较符合抛物线形分布，本条提供了建筑顶部和底部的折减系数的计算公式。对于中间楼层，为了简化，采用按高度线性插值方法计算折减系数。

5.3 竖向地震作用计算

5.3.1 高层建筑的竖向地震作用计算，是89规范增加的规定。根据输入竖向地震加速度波的时程反应分析发现，高层建筑由竖向地震引起的轴向力在结构的上部明显大于底部，是不可忽视的。作为简化方法，原则上与水平地震作用的底部剪力法类似，结构竖向振动的基本周期较短，总竖向地震作用可表示为竖向地震影响系数最大值和等效总重力荷载代表值的乘积，沿高度分布按第一振型考虑，也采用倒三角形分布，在楼层平面内的分布，则按构件所承受的重力荷载代表值分配，只是等效质量系数取0.75。

根据台湾921大地震的经验，本次修订要求，高层建筑楼层的竖向地震作用效应，应乘以增大系数1.5，使结构总竖向地震作用标准值，8、9度分别略大于重力荷载代表值的10%和20%。

隔震设计时，由于隔震垫不隔离竖向地震作用，与隔震后结构的水平地震作用相比，竖向地震作用往往不可忽视，计算方法在本规范第12章具体规定。

5.3.2 用反应谱法、时程分析法等进行结构竖向地震反应的计算分析研究表明，对平板型网架和大跨度屋架各主要杆件，竖向地震内力和重力荷载下的内力之比值，彼此相差一般不太大，此比值随烈度和场地条件而异，且当周期大于设计特征周期时，随跨度的增大，比值反而有所下降，由于在目前常用的跨度范围内，这个下降还不很大，为了简化，略去跨度的影响。

5.3.3 对长悬臂等大跨度结构的竖向地震作用计算，本次修订未修改，仍采用78规范的静力法。

5.4 截面抗震验算

本节基本同89规范，仅按《建筑结构可靠度设计统一标准》的修订，对符号表达做了修改，并补充了钢结构的γ_{RE}。

5.4.1 在设防烈度的地震作用下，结构构件承载力的可靠指标ρ是负值，难于按《统一标准》分析，本规范第一阶段的抗震设计取相当于众值烈度下的弹性地震作用作为额定指标，此时的设计表达式可按《统一标准》处理。

1 地震作用分项系数的确定

在众值烈度下的地震作用，应视为可变作用而不是偶然作用。这样，根据《统一标准》中确定直接作用（荷载）分项系数的方法，通过综合比较，本规范对水平地震作用，确定$\gamma_{Eh}=1.2$，至于竖向地震作用分项系数，则参照水平地震作用，也取$\gamma_{Ev}=1.3$。当竖向与水平地震作用同时考虑时，根据加速度峰值记录和反应谱的分析，二者的组合比为1：0.4，故此时$\gamma_{Eh}=1.3$，$\gamma_{Ev}=0.4\times1.3\approx0.5$。

此外，按照《统一标准》的规定，当重力荷载对结构构件承载力有利时，取$\gamma_G=1.0$。

2 抗震验算中作用组合值系数的确定

本规范在计算地震作用时，已经考虑了地震作用与各种重力荷载（恒荷载与活荷载、雪荷载等）的组合问题，在第5.1.3条中规定了一组组合值系数，形成了抗震设计的重力荷载代表值，本规范继续沿用78规范在验算和计算地震作用时（除吊车悬吊重力外）对重力荷载均采用相同的组合值系数的规定，可简化计算，并避免有两种不同的组合值系数。因此，本条中仅出现风荷载的组合值系数，并按《统一标准》的方法，将78规范的取值予以转换得到。这里，所谓风荷载起控制作用，指风荷载和地震作用产生的总剪力和倾覆力矩相当的情况。

　　3　地震作用标准值的效应

　　规范的作用效应组合是建立在弹性分析叠加原理基础上的，考虑到抗震计算模型的简化和塑性内力分布与弹性内力分布的差异等因素，本条中还规定，对地震作用效应，当本规范各章有规定时尚应乘以相应的效应调整系数 η，如突出屋面小建筑、天窗架、高低跨厂房交接处的柱子、框架柱、底层框架-抗震墙结构的柱子、梁端和抗震墙底部加强部位的剪力等的增大系数。

　　4　关于重要性系数

　　根据地震作用的特点、抗震设计的现状，以及抗震重要性分类与《统一标准》中安全等级的差异，重要性系数对抗震设计的实际意义不大，本规范对建筑重要性的处理仍采用抗震措施的改变来实现，不考虑此项系数。

5.4.2　结构在设防烈度下的抗震验算根本上应该是弹塑性变形验算，但为减少验算工作量并符合设计习惯，对大部分结构，将变形验算转换为众值烈度地震作用下构件承载能力验算的形式来表现。按照《统一标准》的原则，89规范与78规范在众值烈度下有基本相同的可靠指标，本次修订略有提高。基于此前提，在确定地震作用分项系数的同时，则可得到与抗力标准值 R_k 相应的最优抗力分项系数，并进一步转换为抗震的抗力函数（即抗震承载力设计值 R_{dE}），使抗力分项系数取1.0或不出现。本规范砌体结构的截面抗震验算，就是这样处理的。

　　现阶段大部分结构构件截面抗震验算时，采用了各有关规范的承载力设计值 R_d，因此，抗震设计的抗力分项系数，就相应地变为承载力设计值的抗震调整系数 γ_{RE}，即 $\gamma_{RE} = R_d/R_{dE}$ 或 $R_{dE} = R_d/\gamma_{RE}$。还需注意，地震作用下结构的弹塑性变形直接依赖于结构实际的屈服强度（承载力），本节的承载力是设计值，不可误以标准值来进行本章第5节要求的弹塑性变形验算。

5.4.3　【修订说明】

　　本条新增为强制性条文。

5.5　抗震变形验算

5.5.1　根据本规范所提出的抗震设防三个水准的要求，采用二阶段设计方法来实现，即：在多遇地震作用下，建筑主体结构不受损坏，非结构构件（包括围护墙、隔墙、幕墙、内外装修等）没有过重破坏并导致人员伤亡，保证建筑的正常使用功能；在罕遇地震作用下，建筑主体结构遭受破坏或严重破坏但不倒塌。根据各国规范的规定、震害经验和实验研究结果及工程实例分析，当前采用层间位移角作为衡量结构变形能力从而判别是否满足建筑功能要求的指标是合理的。

　　本次修订，扩大了弹性变形验算的范围。对各类钢筋混凝土结构和钢结构要求进行多遇地震作用下的弹性变形验算，实现第一水准下的设防要求。弹性变形验算属于正常使用极限状态的验算，各作用分项系数均取1.0。钢筋混凝土结构构件的刚度，一般可取弹性刚度；当计算的变形较大时，宜适当考虑截面开裂的刚度折减，如取 $0.85E_c I_0$。

　　第一阶段设计，变形验算以弹性层间位移角表示。不同结构类型给出弹性层间位移限值范围，主要依据国内外大量的试验研究和有限元分析的结果，以钢筋混凝土构件（框架柱、抗震墙等）开裂时的层间位移角作为多遇地震下结构弹性层间位移角限值。

　　计算时，一般不扣除由于结构平面不对称引起的扭转效应和重力 P—Δ 效应所产生的水平相对位移；高度超过150m或 $H/B>6$ 的高层建筑，可以扣除结构整体弯曲所产生的楼层水平绝对位移值，因为以弯曲变形为主的高层建筑结构，这部分位移在计算的层间位移中占有相当的比例，加以扣除比较合理。如未扣除时，位移角限值可有所放宽。

　　框架结构试验结果表明，对于开裂层间位移角，不开洞填充墙框架为1/2500，开洞填充墙框架为1/926；有限元分析结果表明，不带填充墙时为1/800，不开洞填充墙时为1/2000。不再区分有填充墙和无填充墙，均按89规范的1/550采用，并仍按构件截面弹性刚度计算。

　　对于框架-抗震墙结构的抗震墙，其开裂层间位移角：试验结果为1/3300～1/1100，有限元分析结果为1/4000～1/2500，取二者的平均值约为1/3000～1/1600。统计了我国近十年来建成的124幢钢筋混凝土框-墙、框-筒、抗震墙、筒结构高层建筑的结构抗震计算结果，在多遇地震作用下的最大弹性层间位移均小于1/800，其中85%小于1/1200。因此对框-墙、板柱-墙、框-筒结构的弹性位移角限值范围为1/800；对抗震墙和筒中筒结构层间弹性位移角限值范围为1/1000，与现行的混凝土高层规程相当；对框支层要求较严，取1/1000。

　　钢结构在弹性阶段的层间位移限值，日本建筑法施行令定为层高的1/200。参照美国加州规范（1988）对基本自振周期大于0.7s的结构的规定，取1/300。

5.5.2 震害经验表明，如果建筑结构中存在薄弱层或薄弱部位，在强烈地震作用下，由于结构薄弱部位产生了弹塑性变形，结构构件严重破坏甚至引起结构倒塌；属于乙类建筑的生命线工程中的关键部位在强烈地震作用下一旦遭受破坏将带来严重后果，或产生次生灾害或对救灾、恢复重建及生产、生活造成很大影响。除了 89 规范所规定的高大的单层工业厂房的横向排架、楼层屈服强度系数小于 0.5 的框架结构、底部框架砖房等之外，板柱-抗震墙及结构体系不规则的某些高层建筑结构和乙类建筑也要求进行罕遇地震作用下的抗震变形验算。采用隔震和消能减震技术的建筑结构，对隔震和消能减震部件应有位移限制要求，在罕遇地震作用下隔震和消能减震部件应能起到降低地震效应和保护主体结构的作用，因此要求进行抗震变形验算。但考虑到弹塑性变形计算的复杂性和缺乏实用计算软件，对不同的建筑结构提出不同的要求。

5.5.3 对建筑结构在罕遇地震作用下薄弱层（部位）弹塑性变形计算，12 层以下且层刚度无突变的框架结构及单层钢筋混凝土柱厂房可采用规范的简化方法计算；较为精确的结构弹塑性分析方法，可以是三维的静力弹塑性（如 push-over 方法）或弹塑性时程分析方法；有时尚可采用塑性内力重分布的分析方法等。

5.5.4 钢筋混凝土框架结构及高大单层钢筋混凝土柱厂房等结构，在大地震中往往受到严重破坏甚至倒塌。实际震害分析及实验研究表明，除了这些结构刚度相对较小而变形较大外，更主要的是存在承载力验算所没有发现的薄弱部位——其承载力本身虽满足设计地震作用下抗震承载力的要求，却比相邻部位要弱得多。对于单层厂房，这种破坏多发生在 8 度 III、IV 类场地和 9 度区，破坏部位是上柱，因为上柱的承载力一般相对较小且其下端的支承条件不如下柱。对于底部框架-抗震墙结构，则底部是明显的薄弱部位。

目前各国规范的变形估计公式有三种：一是按假想的完全弹性体计算；二是将额定的地震作用下的弹性变形乘以放大系数，即 $\Delta u_p = \eta_p \Delta u_e$；三是按时程分析法等专门程序计算。其中采用第二种的最多，本次修订继续保持 89 规范所采用的方法。

1 89 规范修订过程中，根据数千个 1~15 层剪切型结构采用理想弹塑性恢复力模型进行弹塑性时程分析的计算结果，获得如下统计规律：

1) 多层结构存在"塑性变形集中"的薄弱层是一种普遍现象，其位置，对屈服强度系数 ξ_y 分布均匀的结构多在底层，分布不均匀结构则在 ξ_y 最小处和相对较小处，单层厂房往往在上柱。

2) 多层剪切型结构薄弱层的弹塑性变形与弹性变形之间有相对稳定的关系。

对于屈服强度系数 ξ_y 均匀的多层结构，其最大的层间弹塑变形增大系数 η_p 可按层数和 ξ_y 的差异用表

格形式给出；对于 ξ_y 不均匀的结构，其情况复杂，在弹性刚度沿高度变化较平缓时，可近似用均匀结构的 η_p 适当放大取值；对其他情况，一般需要用静力弹塑性分析、弹塑性时程分析法或内力重分布法等予以估计。

2 本规范的设计反应谱是在大量单质点系的弹性反应分析基础上统计得到的"平均值"，弹塑性变形增大系数也在统计平均意义下有一定的可靠性。当然，还应注意简化方法都有其适用范围。

此外，如采用延性系数来表示多层结构的层间变形，可用 $\mu = \eta_p / \xi_y$ 计算。

3 计算结构楼层或构件的屈服强度系数时，实际承载力应按截面的实际配筋和材料强度标准值计算，钢筋混凝土梁柱的正截面受弯实际承载力公式如下：

梁：$M^a_{byk} = f_{yk} A^a_{sb} (h_{b0} - a'_s)$

柱：轴向力满足 $N_G / (f_{ck} b_c h_c) \leqslant 0.5$ 时，

$M^a_{cyk} = f_{yk} A^a_{sc} (h_0 - a'_s) + 0.5 N_G h_c (1 - N_G / f_{ck} b_c h_c)$

式中 N_G 为对应于重力荷载代表值的柱轴压力（分项系数取 1.0）。

注：上角 a 表示"实际的"。

4 本次修订过程中，对不超过 20 层的钢框架和框架-支撑结构的薄弱层层间弹塑性位移的简化计算公式开展了研究。利用 DRAIN—2D 程序对三跨的平面钢框架和中跨为交叉支撑的三跨钢结构进行了不同层数钢结构的弹塑性地震反应分析。主要计算参数如下：结构周期，框架取 0.1N（层数），支撑框架取 0.09N；恢复力模型，框架取屈服后刚度为弹性刚度 0.02 的不退化双线性模型，支撑框架的恢复力模型同时考虑了压屈后的强度退化和刚度退化；楼层屈服剪力，框架的一般层约为底层的 0.7，支撑框架的一般层约为底层的 0.9；底层的屈服强度系数为 0.7~0.3；在支撑框架中，支撑承担的地震剪力为总地震剪力的 75%，框架部分承担 25%；地震波取 80 条天然波。

根据计算结果的统计分析发现：①纯框架结构的弹塑性位移反应与弹性位移反应差不多，弹塑性位移增大系数接近 1；②随着屈服强度系数的减小，弹塑性位移增大系数增大；③楼层屈服强度系数较小时，由于支撑的屈曲失效效应，支撑框架的弹塑性位移增大系数大于框架结构。

以下是 15 层和 20 层钢结构的弹塑性增大系数的统计数值（平均值加一倍方差）：

屈服强度系数	15 层框架	20 层框架	15 层支撑框架	20 层支撑框架
0.50	1.15	1.20	1.05	1.15
0.40	1.20	1.30	1.15	1.25
0.30	1.30	1.50	1.65	1.90

上述统计值与 89 规范对剪切型结构的统计值有一定的差异，可能与钢结构基本周期较长、弯曲变形所占比重较大，采用杆模型的楼层屈服强度系数计算，以及钢结构恢复力模型的屈服后刚度取为初始刚度的 0.02 而不是理想弹塑性恢复力模型等有关。

5.5.5 在罕遇地震作用下，结构要进入弹塑性变形状态。根据震害经验、试验研究和计算分析结果，提出以构件（梁、柱、墙）和节点达到极限变形时的层间极限位移角作为罕遇地震作用下结构弹塑性层间位移角限值的依据。

国内外许多研究结果表明，不同结构类型的不同结构构件的弹塑性变形能力是不同的，钢筋混凝土结构的弹塑性变形主要由构件关键受力区的弯曲变形、剪切变形和节点区受拉钢筋的滑移变形等三部分非线性变形组成。影响结构层间极限位移角的因素很多，包括：梁柱的相对强弱关系、配箍率、轴压比、剪跨比、混凝土强度等级、配筋率等，其中轴压比和配箍率是最主要的因素。

钢筋混凝土框架结构的层间位移是楼层梁、柱、节点弹塑性变形的综合结果，美国对 36 个梁-柱组合试件试验结果表明，极限侧移角的分布为 $1/27 \sim 1/8$，我国对数十榀填充墙框架的试验结果表明，不开洞填充墙和开洞填充墙框架的极限侧移角平均分别为 $1/30$ 和 $1/38$。本条规定框架和板柱-框架的位移角限值为 $1/50$ 是留有安全储备的。

由于底部框架砖房沿竖向存在刚度突变，因此对框架部分适当从严；同时，考虑到底部框架一般均带一定数量的抗震墙，故类比框架-抗震墙结构，取位移角限值为 $1/100$。

钢筋混凝土结构在罕遇地震作用下，抗震墙要比框架柱先进入弹塑性状态，而且最终破坏也相对集中在抗震墙单元。日本对 176 个带边框柱抗震墙的试验研究表明，抗震墙的极限位移角的分布为 $1/333 \sim 1/125$，国内对 11 个带边框低矮抗震墙试验所得到的极限位移角分布为 $1/192 \sim 1/112$。在上述试验研究结果的基础上，取 $1/120$ 作为抗震墙和筒中筒结构的弹塑性层间位移角限值。考虑到框架-抗震墙结构、板柱-抗震墙和框架-核心筒结构中大部分水平地震作用由抗震墙承担，弹塑性层间位移角限值可比框架结构的框架柱严，但比抗震墙和筒中筒结构要松，故取 $1/100$。高层钢结构具有较高的变形能力，美国 ATC3-06 规定，Ⅱ类地区危险性的建筑（容纳人数较多），层间最大位移角限值为 $1/67$；美国 AISC《房屋钢结构抗震规定》（1997）中规定，与小震相比，大震时的位移角放大系数，对双重抗侧力体系中的框架-中心支撑结构取 5，对框架-偏心支撑结构，取 4。如果弹性位移角限值为 $1/300$，则对应的弹塑性位移角限值分别大于 $1/60$ 和 $1/75$。考虑到钢结构具有较好的延性，弹塑性层间位移角限值适当放宽至

$1/50$。

鉴于甲类建筑在抗震安全性上的特殊要求，其层间位移角限值应专门研究确定。

6 多层和高层钢筋混凝土房屋

6.1 一般规定

6.1.1 本章适用范围，除了 89 规范已有的框架结构、框架-抗震墙结构和抗震墙（包括有一、二层框支墙的抗震墙）结构外，增加了筒体结构和板柱-抗震墙结构。

对采用钢筋混凝土材料的高层建筑，从安全和经济诸方面综合考虑，其适用高度应有限制。框架结构、框架-抗震墙结构和抗震墙结构的最大适用高度仍按 89 规范采用。筒体结构包括框架-核心筒和筒中筒结构，在高层建筑中应用较多。框架-核心筒存在抗扭不利及加强层刚度突变问题，其适用高度略低于筒中筒。板柱体系有利于节约建筑空间及平面布置的灵活性，但板柱节点较弱，不利于抗震。1988 年墨西哥地震充分说明板柱结构的弱点。本规范对板柱结构的应用范围限于板柱-抗震墙体系，对节点构造有较严格的要求。框架-核心筒结构中，带有一部分仅承受竖向荷载的无梁楼盖时，不作为板柱-抗震墙结构。

不规则或Ⅳ类场地的结构，其最大适用高度一般降低 20% 左右。

当钢筋混凝土结构的房屋高度超过最大适用高度时，应通过专门研究，采取有效加强措施，必要时需采用型钢混凝土结构等，并按建设部部长令的有关规定上报审批。

6.1.2，6.1.3 钢筋混凝土结构的抗震措施，包括内力调整和抗震构造措施，不仅要按建筑抗震设防类别区别对待，而且要按抗震等级划分，是因为同样烈度下不同结构体系、不同高度有不同的抗震要求。例如：次要抗侧力构件的抗震要求可低于主要抗侧力构件；较高的房屋地震反应大，位移延性的要求也较高，墙肢底部塑性铰区的曲率延性要求也较高。场地不同时抗震构造措施也有区别，如Ⅰ类场地的所有建筑及Ⅳ类场地较高的高层建筑。

本章条文中，"×级框架"包括框架结构、框架-抗震墙结构、框支层和框架-核心筒结构、板柱-抗震墙结构中的框架，"×级框架结构"仅对框架结构的框架而言，"×级抗震墙"包括抗震墙结构、框架-抗震墙结构、筒体结构和板柱-抗震墙结构中的抗震墙。

本次修订，淡化了高度对抗震等级的影响，6 度至 8 度均采用同样的高度分界，使同样高度的房屋，抗震设防烈度不同时有不同的抗震等级。对 8 度设防的框架和框架-抗震墙结构，抗震等级的高度分界较

89规范略有降低,适当扩大一、二级范围。

当框架-抗震墙结构有足够的抗震墙时,其框架部分是次要抗侧力构件,可按框架-抗震墙结构中的框架确定抗震等级。89规范要求抗震墙底部承受的地震倾覆力矩不小于结构底部总地震倾覆力矩的50%。为了便于操作,本次修订改为在基本振型地震作用下,框架承受的地震倾覆力矩小于结构总地震倾覆力矩的50%时,其框架部分的抗震等级按框架-抗震墙结构的规定划分。

框架承受的地震倾覆力矩可按下式计算:

$$M_c = \sum_{i=1}^{n} \sum_{j=1}^{m} V_{ij} h_i$$

式中　M_c——框架-抗震墙结构在基本振型地震作用下框架部分承受的地震倾覆力矩;

　　　n——结构层数;

　　　m——框架i层的柱根数;

　　　V_{ij}——第i层j根框架柱的计算地震剪力;

　　　h_i——第i层层高。

裙房与主楼相连,裙房屋面部位的主楼上下各一层受刚度与承载力突变影响较大,抗震措施需要适当加强。裙房与主楼之间设防震缝,在大震作用下可能发生碰撞,也需要采取加强措施。

带地下室的多层和高层建筑,当地下室结构的刚度和受剪承载力比上部楼层相对较大时(参见第6.1.14条),地下室顶板可视作嵌固部位,在地震作用下的屈服部位将发生在地上楼层,同时将影响到地下一层。地面以下地震响应虽然逐渐减小,但地下一层的抗震等级不能降低,根据具体情况,地下二层的抗震等级可按三级或更低等级。

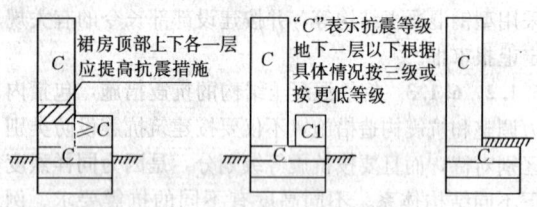

图 6.1.3　裙房和地下室的抗震等级

6.1.4　震害表明,本条规定的防震缝宽度,在强烈地震下相邻结构仍可能局部碰撞而损坏,但宽度过大会给立面处理造成困难。因此,高层建筑宜选用合理的建筑结构方案而不设置防震缝,同时采用合适的计算方法和有效的措施,以消除不设防震缝带来的不利影响。

防震缝可以结合沉降缝要求贯通到地基,当无沉降问题时也可以从基础或地下室以上贯通。当有多层地下室形成大底盘,上部结构为带裙房的单塔或多塔结构时,可将裙房用防震缝自地下室以上分隔,地下室顶板应有良好的整体性和刚度,能将上部结构地震作用分布到地下室结构。

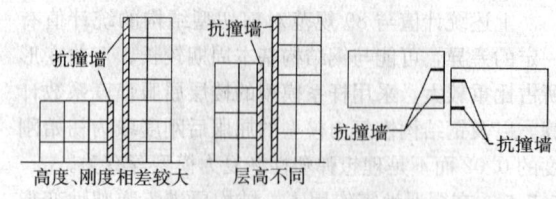

图 6.1.4　抗撞墙示意图

8、9度框架结构房屋防震缝两侧结构高度、刚度或层高相差较大时,可在防震缝两侧房屋的尽端沿全高设置垂直于防震缝的抗撞墙,以减少防震缝两侧碰撞时的破坏。

6.1.5　梁中线与柱中线之间、柱中线与抗震墙中线之间有较大偏心距时,在地震作用下可能导致核芯区受剪面积不足,对柱带来不利的扭转效应。当偏心距超过1/4柱宽时,应进行具体分析并采取有效措施,如采用水平加腋梁及加强柱的箍筋等。

【修订说明】

本条补充了控制单跨框架结构适用范围的要求。

6.1.6　楼、屋盖平面内的变形,将影响楼层水平地震作用在各抗侧力构件之间的分配。为使楼、屋盖具有传递水平地震作用的刚度,从78规范起,就提出了不同烈度下抗震墙之间不同楼、屋盖类型的长宽比限值。超过该限值时,需考虑楼、屋盖平面内变形对楼层水平地震作用分配的影响。

6.1.8　在框架-抗震墙结构中,抗震墙是主要抗侧力构件,竖向布置应连续,墙中不宜开设大洞口,防止刚度突变或承载力削弱。抗震墙的连梁作为第一道防线,应具备一定耗能能力,连梁截面宜具有适当的刚度和承载能力。89规范判别连梁的强弱采用约束弯矩比值法,取地震作用下楼层墙肢截面总弯矩是否大于该楼层及以上各层连梁总约束弯矩的5倍为界。为了便于操作,本次修订改用跨高比和截面高度的规定。

6.1.9　较长的抗震墙,要开设洞口分成较均匀的若干墙段,使各墙段的高宽比大于2,避免剪切破坏,提高变形能力。

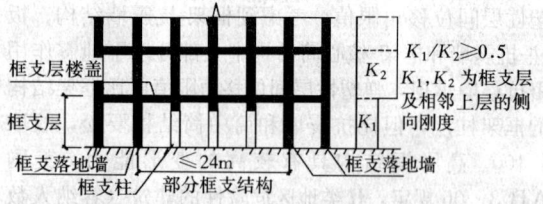

图 6.1.9　框支结构示意图

部分框支抗震墙属于抗震不利的结构体系,本规范的抗震措施限于框支层不超过两层。

6.1.10　抗震墙的底部加强部位包括底部塑性铰范围及其上部的一定范围,其目的是在此范围内采取增加边缘构件箍筋和墙体横向钢筋等必要的抗震加强措施，避免脆性的剪切破坏，改善整个结构的抗震性能。89规范的底部加强部位考虑了墙肢高度和长度，由于墙肢长度不同，将导致加强部位不一致。为了简化抗震构造，本次修订改为只考虑高度因素。当墙肢总高度小于50m时，参考欧洲规范，取墙肢总高度的1/6，相当于2层的高度；当墙肢总高度大于50m时，取墙肢总高度的1/8；当墙肢总高度大于150m时，《高层建筑混凝土结构设计规程》要求取总高度的1/10。为了相互衔接，增加一项不超过15m的规定。

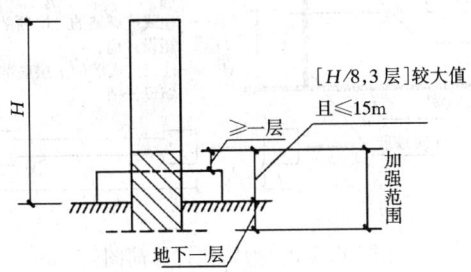

图 6.1.10 抗震墙底部加强部位

带有大底盘的高层抗震墙（包括筒体）结构，抗震墙（筒体）墙肢的底部加强部位可取地下室顶板以上H/8，加强范围应向下延伸到地下一层，在大底盘顶板以上至少包括一层。裙房与主楼相连时，加强范围也宜高出裙房至少一层。

6.1.12 当地基土较弱，基础刚度和整体性较差，在地震作用下抗震墙基础将产生较大的转动，从而降低了抗震墙的抗侧力刚度，对内力和位移都将产生不利影响。

6.1.14 地下室顶板作为上部结构的嵌固部位时，地下室层数不宜小于2层，应能将上部结构的地震剪力传递到全部地下室结构。地下室顶板不宜有较大洞口。地下室结构应能承受上部结构屈服超强及地下室本身的地震作用，为此近似考虑地下室结构的侧向刚度与上部结构侧向刚度之比不宜小于2，地下室柱截面每一侧的纵向钢筋面积，除满足计算要求外，不应小于地上一层对应柱每侧纵筋面积的1.1倍。当进行方案设计时，侧向刚度比可用下列剪切刚度比 γ 估计。

$$\gamma = \frac{G_0 A_0 h_1}{G_1 A_1 h_0}$$ (6.1.14-1)

$$[A_0, A_1] = A_w + 0.12 A_c$$ (6.1.14-2)

式中 G_0，G_1——地下室及地上一层的混凝土剪变模量；

       A_0，A_1——地下室及地上一层的折算受剪面积；

       A_w——在计算方向上，抗震墙全部有效面积；

       A_c——全部柱截面面积；

       h_0，h_1——地下室及地上一层的层高。

6.2 计算要点

6.2.2 框架结构的变形能力与框架的破坏机制密切相关。试验研究表明，梁先屈服，可使整个框架有较大的内力重分布和能量消耗能力，极限层间位移增大，抗震性能较好。

在强震作用下结构构件不存在强度储备，梁端实际达到的弯矩与其受弯承载力是相等的，柱端实际达到的弯矩也与其偏压下的受弯承载力相等。这是地震作用效应的一个特点。因此，所谓"强柱弱梁"指的是：节点处梁端实际受弯承载力 M_{by}^c 和柱端实际受弯承载力 M_{cy}^c 之间满足下列不等式：

$$\Sigma M_{cy}^c > \Sigma M_{by}^c$$

这种概念设计，由于地震的复杂性、楼板的影响和钢筋屈服强度的超强，难以通过精确的计算真正实现。国外的抗震规范多以设计承载力衡量或将钢筋抗拉强度乘以超强系数。

本规范的规定只在一定程度上减缓柱端的屈服。一般采用增大柱端弯矩设计值的方法。在梁端实配钢筋不超过计算配筋10%的前提下，将承载力不等式转为内力设计值的关系式，并使不同抗震等级的柱端弯矩设计值有不同程度的差异。

对于一级，89规范除了用增大系数的方法外，还提出了采用梁端实配钢筋面积和材料强度标准值计算的抗震受弯承载力所对应的弯矩值来提高的方法。这里，抗震承载力即本规范5章的 $R_E = R/\gamma_{RE}$，此时必须将抗震承载力验算公式取等号转换为对应的内力，即 $S = R/\gamma_{RE}$。当计算梁端抗震承载力时，若计入楼板的钢筋，且材料强度标准值考虑一定的超强系数，则可提高框架结构"强柱弱梁"的程度。89规范规定，一级的增大系数可根据工程经验估计节点左右梁端顺时针或反时针方向受拉钢筋的实际截面面积与计算面积的比值 λ_s，取 $1.1\lambda_s$ 作为弯矩增大系数 η_c 的近似估计。其值可参考 λ_s 的可能变化范围确定。

本次修订提高了强柱弱梁的弯矩增大系数 η_c，9度时及一级框架结构仍考虑框架梁的实际受弯承载力；其他情况，弯矩增大系数 η_c 考虑了一定的超配钢筋和钢筋超强。

当框架底部若干层的柱反弯点不在楼层内时，说明该若干层的框架梁相对较弱，为避免在竖向荷载和地震共同作用下变形集中，压屈失稳，柱端弯矩也应乘以增大系数。

对于轴压比小于0.15的柱，包括顶层柱在内，因其具有与梁相近的变形能力，可不满足上述要求；对框支柱，在第6.2.10条另有规定，此处不重复。

由于地震是往复作用，两个方向的弯矩设计值均要满足要求。当柱子考虑顺时针方向之和时，梁考虑反时针方向之和；反之亦然。

6.2.3 框架结构的底层柱底过早出现塑性屈服，将影响整个结构的变形能力。底层柱下端乘以弯矩增大系数是为了避免框架结构柱脚过早屈服。对框架-抗震墙结构的框架，其主要抗侧力构件为抗震墙，对其框架部分的底层柱底，可不作要求。

6.2.4、6.2.5、6.2.8 防止梁、柱和抗震墙底部在弯曲屈服前出现剪切破坏是抗震概念设计的要求，它意味着构件的受剪承载力要大于构件弯曲时实际达到的剪力，即按实际配筋面积和材料强度标准值计算的承载力之间满足下列不等式：

$$V_{bu} > (M_{bc}^l + M_{bu}^r)/l_{bo} + V_{Gb}$$

$$V_{cu} > (M_{cu}^b + M_{cu}^t)/H_{cn}$$

$$V_{wu} > (M_{wu}^b - M_{wu}^t)/H_{wn}$$

规范在超配钢筋不超过计算配筋 10% 的前提下，将承载力不等式转为内力设计表达式，仍采用不同的剪力增大系数，使"强剪弱弯"的程度有所差别。该系数同样考虑了材料实际强度和钢筋实际面积这两个因素的影响，对柱和墙还考虑了轴向力的影响，并简化计算。

一级的剪力增大系数，需从上述不等式中导出。直接取实配钢筋面积 A_s^a 与计算实配筋面积 A_s^c 之比 λ_s 的 1.1 倍，是 η_v 最简单的近似，对梁和节点的"强剪"能满足工程的要求，对柱和墙偏于保守。89 规范在条文说明中给出较为复杂的近似计算公式如下：

$$\eta_{vc} \approx \frac{1.1\lambda_s + 0.58\lambda_N(1-0.56\lambda_N)(f_c/f_y\rho_t)}{1.1 + 0.58\lambda_N(1-0.75\lambda_N)(f_c/f_y\rho_t)}$$

$$\eta_{vw} \approx \frac{1.1\lambda_{sw} + 0.58\lambda_N(1-0.56\lambda_N\zeta)(f_c/f_y\rho_{tw})}{1.1 + 0.58\lambda_N(1-0.75\lambda_N\zeta)(f_c/f_y\rho_{tw})}$$

式中，λ_N 为轴压比，λ_{sw} 为墙体实际受拉钢筋（分布筋和集中筋）截面面积与计算面积之比，ζ 为考虑墙体边缘构件影响的系数，ρ_{tw} 为墙体受拉钢筋配筋率。

当柱 $\lambda_s \leq 1.8$，$\lambda_N \geq 0.2$ 且 $\rho_t = 0.5\% \sim 2.5\%$，墙 $\lambda_{sw} \leq 1.8$，$\lambda_N \leq 0.3$ 且 $\rho_{tw} = 0.4\% \sim 1.2\%$ 时，通过数百个算例的统计分析，能满足工程要求的剪力增大系数 η_v 的进一步简化计算公式如下：

$$\eta_{vc} \approx 0.15 + 0.7 [\lambda_s + 1/(2.5 - \lambda_N)]$$

$$\eta_{vw} \approx 1.2 + (\lambda_{sw} - 1)(0.6 + 0.02/\lambda_N)$$

本次修订，框架柱、抗震墙的剪力增大系数 η_{vc}、η_{vw}，即参考上述近似公式确定。

注意：柱和抗震墙的弯矩设计值系经本节有关规定调整后的取值；梁端、柱端弯矩设计值之和须取顺时针方向之和以及反时针方向之和两者的较大值；梁端纵向受拉钢筋也按顺时针及反时针方向考虑。

6.2.7 对一级抗震墙规定调整各截面的组合弯矩设计值，目的是通过配筋方式迫使塑性铰区位于墙肢的底部加强部位。89 规范要求底部加强部位以上的组合弯矩设计值按线性变化，对于较高的房屋，会导致弯矩取值过大。为简化设计，本次修订改为：底部加强部位的弯矩设计值均取墙底部截面的组合弯矩设计

值，底部加强部位以上，均采用各墙肢截面的组合弯矩设计值乘以增大系数。

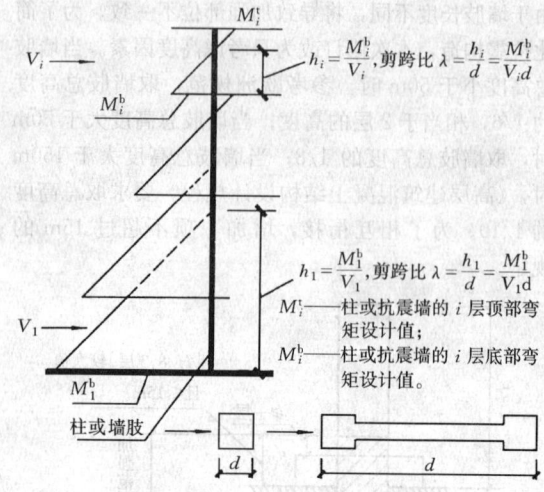

$h_i = \dfrac{M_i^b}{V_i}$，剪跨比 $\lambda = \dfrac{h_i}{d} = \dfrac{M_i^b}{V_i d}$

$h_1 = \dfrac{M_1^b}{V_1}$，剪跨比 $\lambda = \dfrac{h_1}{d} = \dfrac{M_1^b}{V_1 d}$

M_i^t——柱或抗震墙的 i 层顶部弯矩设计值；

M_i^b——柱或抗震墙的 i 层底部弯矩设计值。

图 6.2.9　剪跨比计算简图

底部加强部位的纵向钢筋宜延伸到相邻上层的顶板处，以满足锚固要求并保证加强部位以上墙肢截面的受弯承载力不低于加强部位顶截面的受弯承载力。

双肢抗震墙的某个墙肢一旦出现全截面受拉开裂，则其刚度退化严重，大部分地震作用将转移到受压墙肢，因此，受压肢需适当增加弯矩和剪力。注意到地震是往复的作用，实际上双肢墙的每个墙肢，都可能要按增大后的内力配筋。

6.2.9 框架柱和抗震墙的剪跨比可按图 6.2.9 及公式进行计算。

6.2.11 框支结构落地墙，在转换层以下的部位是保证框支结构抗震性能的关键部位，这部位的剪力传递还存在矮墙效应。为了保证抗震墙在大震时的受剪承载力，只考虑有拉筋约束部分的混凝土受剪承载力。

无地下室的单层框支结构的落地墙，特别是联肢或双肢墙，当考虑不利荷载组合出现偏心受拉时，为了防止墙与基础交接处产生滑移，除满足本规范（6.2.14）公式的要求外，宜按总剪力的 30% 设置 45°交叉防滑斜筋，斜筋可按单排设在墙截面中部并应满足锚固要求。

6.2.13 本条规定了在结构整体分析中的内力调整：

1　框架-抗震墙结构在强烈地震中，墙体开裂而刚度退化，引起框架和抗震墙之间塑性内力重分布，需调整框架部分承担的地震剪力。调整后，框架部分各层的剪力设计值均相同。其取值既体现了多道抗震设防的原则，又考虑了当前的经济条件。

此项规定不适用于部分框架柱不到顶，使上部框架柱数量较少的楼层。

2　抗震墙连梁内力由风荷载控制时，连梁刚度

不宜折减。地震作用控制时，抗震墙的连梁考虑刚度折减后，如部分连梁尚不能满足剪压比限值，可按剪压比要求降低连梁剪力设计值及弯矩，并相应调整抗震墙的墙肢内力。

3 对翼墙有效宽度，89 规范规定不大于抗震墙总高度的 1/10，这一规定低估了有效长度，特别是对于较低房屋，本次修订，参考 UBC97 的有关规定，改为抗震墙总高度的 15%。

6.2.14 抗震墙的水平施工缝处，由于混凝土结合不良，可能形成抗震薄弱部位。故规定一级抗震墙要进行水平施工缝处的受剪承载力验算。

验算公式依据于试验资料，忽略了混凝土的作用，但考虑轴向压力的摩擦作用和轴向拉力的不利影响。穿过施工缝处的钢筋处于复合受力状态，其强度采用 0.6 的折减系数。还需注意，在轴向力设计值计算中，重力荷载的分项系数，受压时为有利，取 1.0；受拉时取 1.2。

6.2.15 节点核芯区是保证框架承载力和延性的关键部位，为避免三级到二级承载力的突然变化，三级框架高度接近二级框架高度下限时，明显不规则或场地、地基条件不利时，可采用二级并进行节点核芯区受剪承载力的验算。

本次修订，增加了梁宽大于柱宽的框架和圆柱框架的节点核芯区验算方法。梁宽大于柱宽时，按柱宽范围内外分别计算。圆柱的计算公式依据国外资料和国内试验结果提出：

$$V_j \leqslant$$

$$\frac{1}{\gamma_{\mathrm{RE}}} \left(1.5\eta_j f_t A_j + 0.05\eta_j \frac{N}{D^2} A_j + 1.57 f_{yv} A_{sh} \frac{h_{b0} - a_s'}{s} \right)$$

上式中 A_j 为圆柱截面面积，A_{sh} 为核芯区环形箍筋的单根截面面积。去掉 γ_{RE} 及 η_j 附加系数，上式可写为：

$$V_j \leqslant 1.5 f_t A_j + 0.05 \frac{N}{D^2} A_j + 1.57 f_{yv} A_{sh} \frac{h_{b0} - a_s'}{s}$$

上式中最后一项系参考 ACI Structural Journal Jan-Feb. 1989 Priestley and Paulay 的文章：Seismic strength of Circular Reinforced Concrete Columns.

圆形截面柱受剪，环形箍筋所承受的剪力可用下式表达：

$$V_s = \frac{\pi A_{sh} f_{yv} D'}{2s} = 1.57 f_{yv} A_{sh} \frac{D'}{s} \approx 1.57 f_{yv} A_{sh} \frac{h_{b0} - a_s'}{s}$$

式中 A_{sh}——环形箍单肢截面面积；
D'——纵向钢筋所在圆周的直径；
h_{b0}——框架梁截面有效高度；
s——环形箍筋间距。

根据重庆建筑大学 2000 年完成的 4 个圆柱梁柱节点试验，对比了计算和试验的节点核芯区受剪承载力，计算值与试验之比约为 85%，说明此计算公式的可靠性有一定保证。

6.3 框架结构抗震构造要求

6.3.2 为了避免或减小扭转的不利影响，宽扁梁框架的梁柱中线宜重合，并应采用整体现浇楼盖。为了使宽扁梁端部在柱外的纵向钢筋有足够的锚固，应在两个主轴方向都设置宽扁梁。

6.3.3~6.3.5 梁的变形能力主要取决于梁端的塑性转动量，而梁的塑性转动量与截面混凝土受压区相对高度有关。当相对受压区高度为 0.25 至 0.35 范围时，梁的位移延性系数可到达 3~4。计算梁端受拉钢筋时宜考虑梁端受压钢筋的作用，计算梁端受压区高度时宜按梁端截面实际受拉和受压钢筋面积进行计算。

梁端底面和顶面纵向钢筋的比值，同样对梁的变形能力有较大影响。梁底面的钢筋可增加负弯矩时的塑性转动能力，还能防止在地震中梁底出现正弯矩时过早屈服或破坏过重，从而影响承载力和变形能力的正常发挥。

根据试验和震害经验，随着剪跨比的不同，梁端的破坏主要集中在 1.5~2.0 倍梁高的长度范围内，当箍筋间距小于 $6d$~$8d$（d 为纵筋直径）时，混凝土压溃前受压钢筋一般不致压屈，延性较好。因此规定了箍筋加密范围，限制了箍筋最大肢距；当纵向受拉钢筋的配筋率超过 2% 时，箍筋的要求相应提高。

6.3.7 限制框架柱的轴压比主要为了保证框架结构的延性要求。抗震设计时，除了预计不可能进入屈服的柱外，通常希望柱子处于大偏心受压的弯曲破坏状态。由于柱轴压比直接影响柱的截面设计，本次修订仍以 89 规范的限值为依据，根据不同情况进行适当调整，同时控制轴压比最大值。在框架-抗震墙、板柱-抗震墙及筒体结构中，框架属于第二道防线，其中框架的柱与框架结构的柱相比，所承受的地震作用也相对较低，为此可以适当增大轴压比限值。利用箍筋对柱加强约束可以提高柱的混凝土抗压强度，从而降低轴压比要求。早在 1928 年美国 F. E. Richart 通过试验提出混凝土在三向受压状态下的抗压强度表达式，从而得出混凝土柱在箍筋约束条件下的混凝土抗压强度。

我国清华大学研究成果和日本 AIJ 钢筋混凝土房屋设计指南都提出考虑箍筋提高混凝土强度作用时，复合箍筋肢距不宜大于 200mm，箍筋间距不宜大于 100mm，箍筋直径不宜小于 ϕ10mm 的构造要求。参考美国 ACI 资料，考虑螺旋箍筋提高混凝土强度作用时，箍筋直径不宜小于 ϕ10mm，净螺距不宜大于 75mm。考虑便于施工，采用螺旋间距不大于 100mm，箍筋直径不小于 ϕ12mm。矩形截面柱采用连续矩形复合螺旋箍是一种非常有效的提高延性措施，这已被西安建筑科技大学的试验研究所证实。根据日本川铁株式会社 1998 年发表的试验报告，相同柱截面、相同配筋、配箍率、箍距及箍筋肢距，采用连续复合螺旋箍比一般复合箍筋可提高柱的极限变形角 25%。采用连续复合矩形螺旋箍可按圆形复合螺旋箍对待。用上述方法提高柱的轴压比后，应按增大的轴压比由表 6.3.12 确定配箍量，且沿柱全高采用相同的配箍特征值。

试验研究和工程经验都证明在矩形或圆形截面柱内设置矩形核芯柱，不但可以提高柱的受压承载力，还可以提高柱的变形能力。在压、弯、剪作用下，当柱出现弯、剪裂缝，在大变形情况下芯柱可以有效地减小柱的压缩，保持柱的外形和截面承载力，特别对于承受高轴压的短柱，更有利于提高变形能力，延缓倒塌。

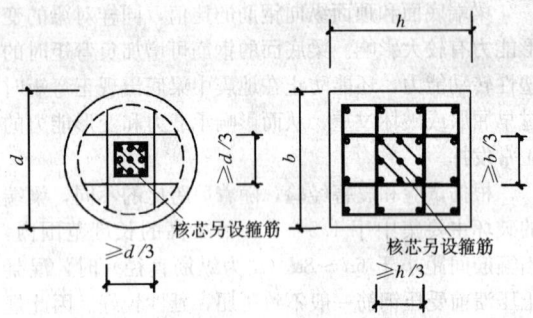

图 6.3.7　芯柱尺寸示意图

为了便于梁筋通过，芯柱边长不宜小于柱边长或直径的 1/3，且不宜小于 250mm。

6.3.8　试验表明，柱的屈服位移角主要受纵向受拉钢筋配筋率支配，并大致随拉筋配筋率的增大呈线性增大。89 规范的柱截面最小总配筋率比 78 规范有所提高，但仍偏低，很多情况小于非抗震配筋率，本次修订再次适当调整。

当柱子在地震作用组合时处于全截面受拉状态，规定柱纵筋总截面面积计算值增加 25%，是为了避免柱的受拉纵筋屈服后再受压时，由于包兴格效应，导致纵筋压屈。

6.3.9~6.3.12　柱箍筋的约束作用，与柱轴压比、配箍量、箍筋形式、箍筋肢距，以及混凝土强度与箍筋强度的比值等因素有关。

89 规范的体积配箍率，是在配箍特征值基础上，对箍筋屈服强度和混凝土轴心抗压强度的关系做了一定简化得到的，仅适用于混凝土强度在 C35 以下和 HPB235 级钢箍筋。本次修订直接给出配箍特征值，能够经济合理地反映箍筋对混凝土的约束作用。为了避免配箍率过小还规定了最小体积配箍率。

箍筋类别参见图 6.3.12：

6.3.13　考虑到柱子在层高范围内剪力不变及可能的扭转影响，为避免柱子非加密区的受剪能力突然降低很多，导致柱子中段破坏，对非加密区的最小箍筋量也做了规定。

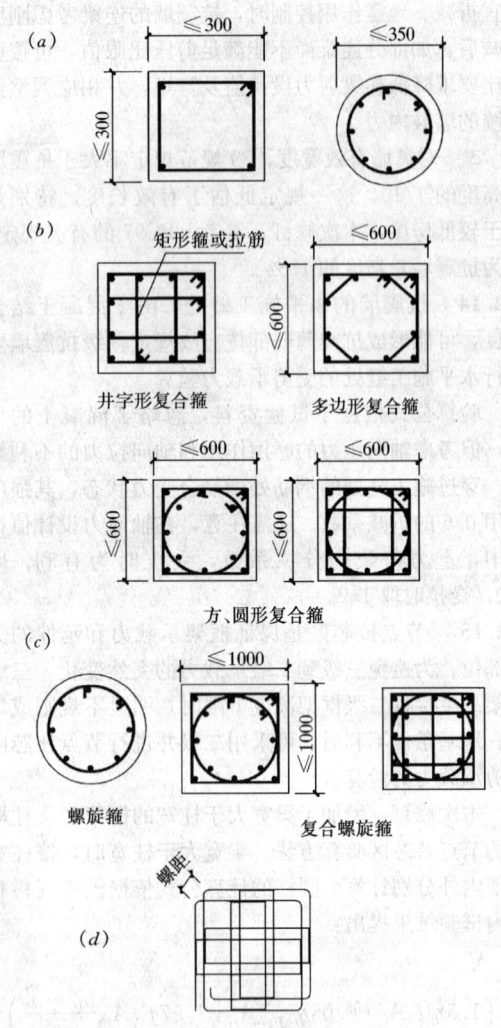

图 6.3.12　各类箍筋示意图
(a)普通箍；(b)复合箍；(c)螺旋箍；
(d)连续复合螺旋箍(用于矩形截面柱)

6.3.14　为使框架的梁柱纵向钢筋有可靠的锚固条件，框架梁柱节点核芯区的混凝土要具有良好的约束。考虑到核芯区内箍筋的作用与柱端有所不同，其构造要求与柱端有所区别。

6.4　抗震墙结构构造措施

6.4.1　试验表明，有约束边缘构件的矩形截面抗震墙与无约束边缘构件的矩形截面抗震墙相比，极限承载力约提高 40%，极限层间位移角约增加一倍，对地震能量的消耗能力增大 20% 左右，且有利于墙板的稳定。对一、二级抗震墙底部加强部位，当无端柱或翼墙时，墙厚需适当增加。

6.4.3　为控制墙板因温度收缩或剪力引起的裂缝宽度，二、三、四级抗震墙一般部位分布钢筋的配筋率，比 89 规范有所增加，与加强部位相同。

6.4.4~6.4.8　抗震墙的塑性变形能力，除了与纵向配筋等有关外，还与截面形状、截面相对受压区高度或轴压比、墙两端的约束范围、约束范围内配箍特征值有关。当截面相对受压区高度或轴压比较小时，即使不设约束边缘构件，抗震墙也具有较好的延性和耗能能力。当截面相对受压区高度或轴压比超过一定值时，就需设较大范围的约束边缘构件，配置较多的箍筋，即使如此，抗震墙不一定具有良好的延性，因此本次修订对设置有抗震墙的各类结构提出了一、二级抗震墙在重力荷载下的轴压比限值。

对于一般抗震墙结构、部分框支抗震墙结构等的开洞抗震墙，以及核心筒和内筒中开洞的抗震墙，地震作用下连梁首先屈服破坏，然后墙肢的底部钢筋屈服、混凝土压碎。因此，规定了一、二级抗震墙的底部加强部位的轴压比超过一定值时，墙的两端及洞口两侧应设置约束边缘构件，使底部加强部位有良好的延性和耗能能力；考虑到底部加强部位以上相邻层的抗震墙，其轴压比可能仍较大，为此，将约束边缘构件向上延伸一层。其他情况，墙的两端及洞口两侧可仅设置构造边缘构件。

为了发挥约束边缘构件的作用，国外规范对约束边缘构件的箍筋设置还作了下列规定：箍筋的长边不大于短边的 3 倍，且相邻两个箍筋应至少相互搭接 1/3 长边的距离。

6.4.9 当墙肢长度小于墙厚的三倍时，要求按柱设计，对三级的墙肢也应控制轴压比。

6.4.10 试验表明，配置斜向交叉钢筋的连梁具有更好的抗剪性能。跨高比小于 2 的连梁，难以满足强剪弱弯的要求。配置斜向交叉钢筋作为改善连梁抗剪性能的构造措施，不计入受剪承载力。

6.5 框架-抗震墙结构抗震构造措施

本节针对框架-抗震墙结构不同于抗震墙结构的特点，补充了作为主要抗侧力构件的抗震墙的一些规定：

抗震墙是框架-抗震墙结构中起第一道防线的主要抗侧力构件，对墙板厚度、最小配筋率和端柱设置等做了较严的规定，以提高其变形和耗能能力。

门洞边的端柱，受力复杂且轴压比大，适当增加其箍筋构造要求。

6.6 板柱-抗震墙结构抗震设计要求

本规范的规定仅限于设置抗震墙的板柱体系。主要规定如下：

按柱纵筋直径 16 倍控制板厚是为了保证板柱节点的抗弯刚度。

按多道设防的原则，要求板柱结构中的抗震墙承担全部地震作用。

为了防止无柱帽板柱结构的柱边开裂以后楼板脱落，穿过柱截面板底两个方向钢筋的受拉承载力应满足该层柱承担的重力荷载代表值的轴压力设计值。

无柱帽平板在柱上板带中按本规范要求设置构造暗梁时，不可把平板作为有边梁的双向板进行设计。

6.7 筒体结构抗震设计要求

框架-核心筒结构的核心筒、筒中筒结构的内筒，都是由抗震墙组成的，也都是结构的主要抗侧力竖向构件，其抗震构造措施应符合本章第 6.4 节和第 6.5 节的规定，包括墙体的厚度、分布钢筋的配筋率、轴压比限值、边缘构件和连梁配置斜交叉暗柱的要求等，以使筒体有良好的抗震性能。

筒体的连梁，跨高比一般较小，墙肢的整体作用较强。因此，筒体角部的抗震构造措施应予以加强，约束边缘构件宜沿全高设置；约束边缘构件沿墙肢的长度适当增大，不小于墙肢截面高度的 1/4；在底部加强部位，在约束边缘构件范围内均应采用箍筋；在底部加强部位以上的一般部位，按本规范图 6.4.7 中 L 形墙的规定取箍筋约束范围。

框架-核心筒结构的核心筒与周边框架之间采用梁板结构时，各层梁对核心筒有适当的约束，可不设加强层，梁与核心筒连接应避开核心筒的连梁。当楼层采用平板结构且核心筒较柔，在地震作用下不能满足变形要求，或筒体由于受弯产生拉力时，宜设置加强层，其部位应结合建筑功能设置。为了避免加强层周边框架柱在地震作用下由于强梁带来的不利影响，加强层与周边框架不宜刚性连接。9 度时不应采用加强层。核心筒的轴向压缩及外框架的竖向温度变形对加强层产生很大的附加内力，在加强层与周边框架柱之间采取必要的后浇连接及有效的外保温措施是必要的。

筒体结构的外筒设计时，可采取提高延性的下列措施：

1 外筒为梁柱式框架或框筒时，宜用非结构幕墙，当采用钢筋混凝土裙墙时，可在裙墙与柱连接处设置受剪控制缝。

2 外筒为壁式筒体时，在裙墙与窗间墙连接处设置受剪控制缝，外筒按联肢抗震墙设计；三级的壁式筒体可按壁式框架设计，但壁式框架柱除满足计算要求外，尚需满足条文第 6.4.8 条的构造要求；支承大梁的壁式筒体在大梁支座宜设置壁柱，一级时，由壁柱承担大梁传来的全部轴力，但验算轴压比时仍取全部截面。

3 受剪控制缝的构造如下图：

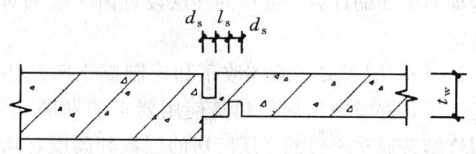

图 6.7.2 外筒裙墙受剪控制缝构造

缝宽 d_s 大于 5mm；两缝间距 l_s 不小于 50mm

7 多层砌体房屋和底部框架、内框架房屋

7.1 一 般 规 定

7.1.1 本次修订，将89规范的多层砌体房屋与底层框架、内框架砖房合并为一章。

按目前常用砌体房屋的结构类型，增加了烧结多孔黏土砖的内容，删去了混凝土中型砌块和粉煤灰中型砌块房屋的内容。考虑到内框架结构中单排柱内框架的震害较重，取消了有关单排柱内框架房屋的规定。

适应砌体结构发展的需要，增加了其他烧结砖和蒸压砖房屋参照黏土砖房屋抗震设计的条件，并在附录F列入配筋混凝土小型空心砌块抗震墙房屋抗震设计的有关要求。

7.1.2 砌体房屋的高度限制，是十分敏感且深受关注的规定。基于砌体材料的脆性性质和震害经验，限制其层数和高度是主要的抗震措施。

多层砖房的抗震能力，除依赖于横墙间距、砖和砂浆强度等级、结构的整体性和施工质量等因素外，还与房屋的总高度有直接的联系。

历次地震的宏观调查资料说明：二、三层砖房在不同烈度区的震害，比四、五层的震害轻得多，六层及六层以上的砖房在地震时震害明显加重。海城和唐山地震中，相邻的砖房，四、五层的比二、三层的破坏严重，倒塌的百分比亦高得多。

国外在地震区对砖结构房屋的高度限制较严。不少国家在7度及以上地震区不允许用无筋砖结构，前苏联等国对配筋和无筋砖结构的高度和层数作了相应的限制。结合我国具体情况，修订后的高度限制是指设置了构造柱的房屋高度。

多层砌块房屋的总高度限制，主要是依据计算分析、部分震害调查和足尺模型试验，并参照多层砖房确定的。

对各层横墙间距均接近规范最大间距的砌体房屋，其总高尚应比医院、教学楼再适当降低。

本次修订对高度限制的主要变动如下：

1 调整了限制的规定。层数为整数，限制应严格遵守；总高度按有效数字取整控制，当室内外高差大于0.6m时，限值有所松动。

2 半地下室的计算高度按其嵌固条件区别对待，并增加斜屋面的计算高度按阁楼层设置情况区别对待的规定。

3 按照国家关于墙体改革和控制黏土砖使用范围的政策，并考虑到居住建筑使用要求的发展趋势，采用烧结普通黏土砖的多层砖房的层数和高度，均不再增加。还需注意，按照国家关于办公建筑和住宅建筑的强制性标准的要求，超过规定的层数和高度时，

必须设置电梯，采用砌体结构也必须遵守有关规定。

4 烧结多孔黏土砖房屋的高度和层数，在行业标准JGJ 68—90规程的基础上，根据墙厚略为调整。

5 混凝土小型空心砌块房屋作为墙体改革的方向之一，根据小砌块生产技术发展的情况，其高度和层数的限制，参照行业标准JGJ/T 14—95规程的规定，按本次修订的要求采取加强措施后，基本上可与烧结普通黏土砖房有同样的层数和高度。

6 底层框架房屋的总高度和底框的层数，吸收了经鉴定的主要研究成果，按本次修订采取一系列措施后，底部框架可有两层，总层数和总高度，7、8度时可与普通砌体房屋相当。注意到台湾921大地震中上刚下柔的房屋成片倒塌，对9度设防，本规范规定部分框支的混凝土结构不应采用，底框砖房也需专门研究。

7 明确了横墙较少的多层砌体房屋的定义，并专门提供了横墙较少的住宅不降低总层数和总高度时所需采取的计算方法和抗震措施。

【修订说明】

本条补充了属于乙类的多层砌体结构房屋的高度和层数控制要求。

7.1.3 **【修订说明】**

作为例外，本条补充了砌体结构层高采用3.9m的条件。

7.1.4 若考虑砌体房屋的整体弯曲验算，目前的方法即使在7度时，超过三层就不满足要求，与大量的地震宏观调查结果不符。实际上，多层砌体房屋一般可以不做整体弯曲验算，但为了保证房屋的稳定性，限制了其高宽比。

7.1.5 多层砌体房屋的横向地震力主要由横墙承担，不仅横墙须具有足够的承载力，而且楼盖须具有传递地震力给横墙的水平刚度，本条规定是为了满足楼盖对传递水平地震力所需的刚度要求。

对于多层砖房，沿用了78规范的规定；对砌块房屋则参照多层砖房给出，且不宜采用木楼屋盖。

纵墙承重的房屋，横墙间距同样应满足本条规定。

7.1.6 砌体房屋局部尺寸的限制，在于防止因这些部位的失效，而造成整栋结构的破坏甚至倒塌，本条系根据地震区的宏观调查资料分析规定的，如采用另增设构造柱等措施，可适当放宽。

7.1.7 本条沿用89规范的规定，是对本规范3章关于建筑结构规则布置的补充。

1 根据邢台、东川、阳江、乌鲁木齐、海城及唐山大地震调查统计，纵墙承重的结构布置方案，因横向支承较少，纵墙较易受弯曲破坏而导致倒塌，为此，要优先采用横墙承重的结构布置方案。

2 纵横墙均匀对称布置，可使各墙垛受力基本相同，避免薄弱部位的破坏。

3 震害调查表明，不设防震缝造成的房屋破坏，一般多只是局部的，在 7 度和 8 度地区，一些平面较复杂的一、二层房屋，其震害与平面规则的同类房屋相比，并无明显的差别，同时，考虑到设置防震缝所耗的投资较多，所以 89 规范对设置防震缝的要求比过去有所放宽。

4 楼梯间墙体缺少各层楼板的侧向支承，有时还因为楼梯踏步削弱楼梯间的墙体，尤其是楼梯间顶层，墙体有一层半楼层的高度，震害加重。因此，在建筑布置时尽量不设在尽端，或对尽端开间采取特殊措施。

5 在墙体内设置烟道、风道、垃圾道等洞口，大多因留洞而减薄了墙体的厚度，往往仅剩 120mm，由于墙体刚度变化和应力集中，一旦遇到地震则首先破坏，为此要求这些部位的墙体不应削弱，或采取在砌体中加配筋、预制管道构件等加强措施。

【修订说明】

本条补充了对教学楼、医院等横墙较少砌体房屋的楼、屋盖体系的要求，以加强横墙较少、跨度较大房屋的楼、屋盖的整体性。

7.1.8 本次修订，允许底部框架房屋的总层数和高度与普通的多层砌体房屋相当。相应的要求是：严格控制相邻层侧移刚度，合理布置上下楼层的墙体，加强托墙梁和过渡楼层的墙体，并提高了底部框架的抗震等级。对底部的抗震墙，一般要求采用钢筋混凝土墙，缩小了 6、7 度时采用砖抗震墙的范围，并规定底层砖抗震墙的专门构造。

7.1.9 参照抗震设计手册，增加了多排柱内框架房屋布置的规定。

7.1.10 底部框架-抗震墙房屋和多层多排柱内框架房屋的钢筋混凝土结构部分，其抗震要求原则上均应符合本规范 6 章的要求。考虑到底部框架-抗震墙房屋高度较低，底部的钢筋混凝土抗震墙应按低矮墙或开竖缝墙设计，其抗震等级可比钢筋混凝土抗震墙结构的框支层有所放宽。

7.2 计 算 要 点

7.2.1 砌体房屋层数不多，刚度沿高度分布一般比较均匀，并以剪切变形为主，因此可采用底部剪力法计算。

自承重墙体（如横墙承重方案中的纵墙等），如按常规方法做抗侧力验算，往往比承重墙还要厚，但抗震安全性的要求可以考虑降低，为此，利用 γ_{RE} 适当调整。

底部框架—抗震墙房屋属于上刚下柔结构，层数不多，仍可采用底部剪力法简化计算，但应考虑一系列的地震作用效应调整，使之较符合实际。

内框架房屋的震害表现为上部重下部轻的特点，试验也证实其上部的动力反应较大。因此，采用底部

剪力法简化计算时，顶层需附加 20% 总地震作用的集中地震作用。其余 80% 仍按倒三角形分布。

7.2.2 根据一般的经验，抗震设计时，只需对纵、横向的不利墙段进行截面验算，不利墙段为①承担地震作用较大的墙段；②竖向压应力较小的墙段；③局部截面较小的墙段。

7.2.3 在楼层各墙段间进行地震剪力的分配和截面验算时，根据层间墙段的不同高宽比（一般墙段和门窗洞边的小墙段，高宽比按本条"注"的方法分别计算），分别按剪切或弯剪变形同时考虑，较符合实际情况。

本次修订明确，砌体的墙段按门窗洞口划分，新增小开口墙等效刚度的计算方法。

7.2.4，7.2.5 底部框架—抗震墙房屋是我国现阶段经济条件下特有的一种结构。大地震的震害表明，底层框架砖房在地震时，底层将发生变形集中，出现过大的侧移而严重破坏，甚至坍塌。近十多年来，各地进行了许多试验研究和分析计算，对这类结构有进一步的认识，本次修订，放宽了 89 规范的高度限制，当采取相应措施后底部框架可有两层。但总体上仍需持谨慎的态度。其抗震计算上需注意：

1 继续保持 89 规范对底层框架-抗震墙房屋地震作用效应调整的要求。按第二层与底层侧移刚度的比例相应地增大底层的地震剪力，比例越大，增加越多，以减少底层的薄弱程度；底层框架砖房，二层以上全部为砖墙承重结构，仅底层为框架—抗震墙结构，水平地震剪力要根据对应的单层的框架—抗震墙结构中各构件的侧移刚度比例，并考虑塑性内力重分布来分配；作用于房屋二层以上的各楼层水平地震力对底层引起的倾覆力矩，将使底层抗震墙产生附加弯矩，并使底层框架柱产生附加轴力。倾覆力矩引起构件变形的性质与水平剪力不同，本次修订，考虑实际运算的可操作性，近似地将倾覆力矩在底层框架和抗震墙之间按它们的侧移刚度比例分配。

2 增加了底部两层框架—抗震墙的地震作用效应调整规定。

3 新增了底部框架房屋托墙梁在抗震设计中的组合弯矩计算方法。

考虑到大震时墙体严重开裂，托墙梁与非抗震的墙梁受力状态有所差异，当按静力的方法考虑有框架柱落地的托梁与上部墙体组合作用时，若计算系数不变会导致不安全，应调整计算参数。作为简化计算，偏于安全，在托墙梁上部各层墙体不开洞和跨中 1/3 范围内开一个洞口的情况，也可采用折减荷载的方法：托墙梁弯矩计算时，由重力荷载代表值产生的弯矩，四层以下全部计入组合，四层以上可有所折减，取不小于四层的数值计入组合；对托墙梁剪力计算时，由重力荷载产生的剪力不折减。

7.2.6 多排柱内框架房屋的内力调整，继续保持 89

规范的规定。

内框架房屋的抗侧力构件有砖墙及钢筋混凝土柱与砖柱组合的混合框架两类构件。砖墙弹性极限变形较小，在水平力作用下，随着墙面裂缝的发展，侧移刚度迅速降低；框架则具有相当大的延性，在较大变形情况下侧移刚度才开始下降，而且下降的速度较缓。

混合框架各种柱子承担的地震剪力公式，是考虑楼盖水平变形、高阶空间振型及砖墙刚度退化的影响，对不同横墙间距、不同层数的大量算例进行统计得到的。

7.2.7 砌体材料抗震强度设计值的计算，继续保持89规范的规定。

地震作用下砌体材料的强度指标，因不同于静力，宜单独给出。其中砖砌体强度是按震害调查资料综合估算并参照部分试验给出的，砌块砌体强度则依据试验。为了方便，当前仍继续沿用静力指标。但是，强度设计值和标准值的关系则是针对抗震设计的特点按《统一标准》可靠度分析得到的，并采用调整静强度设计值的形式。

当前砌体结构抗剪承载力的计算，有两种半理论半经验的方法——主拉和剪摩。在砂浆等级＞M2.5且在$1<\sigma_0/f_v \leqslant 4$时，两种方法结果相近。本规范采用正应力影响系数的统一表达形式。

对砖砌体，此系数继续沿用78规范的方法，采用在震害统计基础上的主拉公式得到，以保持规范的延续性：

$$\zeta_N = \frac{1}{1.2}\sqrt{1+0.45\sigma_0/f_v} \quad (7.2.7-1)$$

对于混凝土小砌块砌体，其f_v较低，σ_0/f_v相对较大，两种方法差异也大，震害经验又较少，根据试验资料，正应力影响系数由剪摩公式得到：

$$\zeta_N = \begin{cases} 1+0.25\sigma_0/f_v & (\sigma_0/f_v \leqslant 5) \\ 2.25+0.17(\sigma_0/f_v-5) & (\sigma_0/f_v > 5) \end{cases}$$
$$(7.2.7-2)$$

7.2.8 本次修订，部分修改了设置构造柱墙段抗震承载力验算方法：

一般情况下，构造柱仍不以显式计入受剪承载力计算中，抗震承载力验算的公式与89规范完全相同。

当构造柱的截面和配筋满足一定要求后，必要时可采用显式计入墙段中部位置处构造柱对抗震承载力的提高作用。现行构造柱规程、地方规程和有关的资料，对计入构造柱承载力的计算方法有三种：其一，换算截面法，根据混凝土和砌体的弹性模量比折算，刚度和承载力均按同一比例换算，并忽略钢筋的作用；其二，并联叠加法，构造柱和砌体分别计算刚度和承载力，再将二者相加，构造柱的受剪承载力分别考虑了混凝土和钢筋的承载力，砌体的受剪承载力还考虑了小间距构造柱的约束提高作用；其三，混合

法，构造柱混凝土的承载力以换算截面并入砌体截面计算受剪承载力，钢筋的作用单独计算后再叠加。在三种方法中，对承载力抗震调整系数γ_{RE}的取值各有不同。由于不同的方法均根据试验成果引入不同的经验修正系数，使计算结果彼此相差不大，但计算基本假定和概念在理论上不够理想。

本次修订，收集了国内许多单位所进行的一系列两端设置、中间设置1～3根及开洞砖墙体并有不同截面、不同配筋、不同材料强度的试验成果，通过累计百余个试验结果的统计分析，结合混凝土构件抗剪计算方法，提出了新的抗震承载力简化计算公式。此简化公式的主要特点是：

（1）墙段两端的构造柱对承载力的影响，仍按89规范仅采用承载力抗震调整系数γ_{RE}反映其约束作用，忽略构造柱对墙段刚度的影响，仍按门窗洞口划分墙段，使之与现行国家标准的方法有延续性；

（2）引入中部构造柱参与工作及构造柱间距不大于2.8m的墙体约束修正系数；

（3）构造柱的承载力分别考虑了混凝土和钢筋的抗剪作用，但不能随意加大混凝土的截面和钢筋的用量，还根据修订中的混凝土规范，对混凝土的受剪承载力改用抗拉强度表示；

（4）该公式是简化方法，计算的结果与试验结果相比偏于保守，在必要时才可利用。横墙较少房屋及外纵墙的墙段计入其中部构造柱参与工作，抗震验算问题有所改善。

7.2.9 砖砌体横向配筋的抗剪验算公式是根据试验资料得到的。本次修订调整了钢筋的效应系数，由定值0.15改为随墙段高宽比在0.07～0.15之间变化，并明确水平配筋的适用范围是0.07%～0.17%。

7.2.10 混凝土小砌块的验算公式，系根据小砌块设计施工规程的基础资料，无芯柱时取$\gamma_{RE}=1.0$和$\zeta_c=0.0$，有芯柱时取$\gamma_{RE}=0.9$，按《统一标准》的原则要求分析得到的。本次修订，按混凝土规范修订的要求，芯柱受剪承载力的表达式中，将混凝土抗压强度设计值改为混凝土抗拉强度设计值，系数的取值，由0.03相应换算为0.3。

7.2.11 底层框架-抗震墙房屋中采用砖砌体作为抗震墙时，砖墙和框架成为组合的抗侧力构件，直接引用89规范在试验和震害调查基础上提出的抗侧力砖填充墙的承载力计算方法。由底层抗震墙-周边框架所承担的地震作用，将通过周边框架向下传递，故底层砖抗震墙周边的框架柱还需考虑砖墙的附加轴向力和附加剪力。

7.3 多层黏土砖房屋抗震构造措施

7.3.1，7.3.2 钢筋混凝土构造柱在多层砖砌体结构中的应用，根据唐山地震的经验和大量试验研究，得到了比较一致的结论，即：①构造柱能够提高砌体的

受剪承载力 10%～30% 左右，提高幅度与墙体高宽比、竖向压力和开洞情况有关；②构造柱主要是对砌体起约束作用，使之有较高的变形能力；③构造柱应当设置在震害较重、连接构造比较薄弱和易于应力集中的部位。

本次修订继续保持 89 规范的规定，根据房屋的用途、结构部位、烈度和承担地震作用的大小来设置构造柱。并增加了内外墙交接处间距 15m（大致是单元式住宅楼的分隔墙与外墙交接处）设置构造柱的要求；调整了 6 度设防时八层砖房的构造柱设置要求；当房屋高度接近本规范表 7.1.2 的总高度和层数限值时，增加了纵、横墙中构造柱间距的要求。对较长的纵、横墙需有构造柱来加强墙体的约束和抗倒塌能力。

由于钢筋混凝土构造柱的作用主要在于对墙体的约束，构造上截面不必很大，但须与各层纵横墙的圈梁或现浇楼板连接，才能发挥约束作用。

为保证钢筋混凝土构造柱的施工质量，构造柱须有外露面。一般利用马牙槎外露即可。

【7.3.1 修订说明】

本条增加了 6 度设防时楼梯间四角以及不规则平面的外墙对应转角（凸角）处设置构造柱的要求。楼梯段上下端对应墙体处增加四根构造柱，与在楼梯间四角设置的构造柱合计有八根构造柱，再与 7.3.8 条规定楼层半高的钢筋混凝土带等可构成应急疏散安全岛。

7.3.3，7.3.4 圈梁能增强房屋的整体性，提高房屋的抗震能力，是抗震的有效措施，本次修订，取消了 89 规范对砖配筋圈梁的有关规定，6、7 度时，圈梁由隔层设置改为每层设置。

现浇楼板允许不设圈梁，楼板内须有足够的钢筋（沿墙体周边加强配筋）伸入构造柱内并满足锚固要求。

圈梁的截面和配筋等构造要求，与 89 规范保持一致。

7.3.5，7.3.6 砌体房屋楼、屋盖的抗震构造要求，包括楼板搁置长度，楼板与圈梁、墙体的拉结，屋架（梁）与墙、柱的锚固、拉结等等，是保证楼、屋盖与墙体整体性的重要措施。基本沿用了 89 规范的规定。

【7.3.6 修订说明】

本条新增为强制性条文，并依据砌体结构规范对大跨度梁支座的规定，补充了大跨混凝土梁支承构件的构造和承载力要求，不允许采用一般的砖柱或砖墙。

7.3.7 由于砌体材料的特性，较大的房间在地震中会加重破坏程度，需要局部加强墙体的连接构造要求。

7.3.8 历次地震震害表明，楼梯间由于比较空旷常常

破坏严重，必须采取一系列有效措施，本条的规定也基本上保持 89 规范的要求。

突出屋顶的楼、电梯间，地震中受到较大的地震作用，因此在构造措施上也应当特别加强。

【修订说明】

本条新增为强制性条文，楼梯间作为地震疏散通道，而且地震时受力比较复杂，容易造成破坏，故提高了砌体结构楼梯间的构造要求。

7.3.9 坡屋顶与平屋顶相比，震害有明显差别。硬山搁檩的做法不利于抗震。屋架的支撑应保证屋架的纵向稳定。出入口处要加强屋盖构件的连接和锚固，以防脱落伤人。

7.3.10 砌体结构中的过梁应采用钢筋混凝土过梁，条件不具备时至少采用配筋过梁，不得采用无筋过梁。

7.3.11 预制的悬挑构件，特别是较大跨度时，需要加强与现浇构件的连接，以增强稳定性。

7.3.13 房屋的同一独立单元中，基础底面最好处于同一标高，否则易因地面运动传递到基础不同标高处而造成震害。如有困难时，则应设基础圈梁并放坡逐步过渡，不宜有高差上的过大突变。

对于软弱地基上的房屋，按本规范第 3 章的原则，应在外墙及所有承重墙下设置基础圈梁，以增强抵抗不均匀沉陷和加强房屋基础部分的整体性。

7.3.14 本条是新增加的条文。对于横墙间距大于 4.2m 的房间超过楼层总面积 40% 且房屋总高度和层数接近本章表 7.1.2 规定限值的黏土砖住宅，其抗震设计方法大致包括以下方面：

（1）墙体的布置和开洞大小不妨碍纵横墙的整体连接的要求；

（2）楼、屋盖结构采用现浇钢筋混凝土板等加强整体性的构造要求；

（3）增设满足截面和配筋要求的钢筋混凝土构造柱并控制其间距，在房屋底层和顶层沿楼层半高处设置现浇钢筋混凝土带，并增大配筋数量，以形成约束砌体墙段的要求；

（4）按本章第 7.2.8 条 2 款计入墙段中部钢筋混凝土构造柱的承载力。

7.4 多层砌块房屋抗震构造措施

7.4.1，7.4.2 为了增加混凝土小型空心砌块砌体房屋的整体性和延性，提高其抗震能力，结合空心砌块的特点，规定了在墙体的适当部位设置钢筋混凝土芯柱的构造措施。这些芯柱设置要求均比砖房构造柱设置严格，且芯柱与墙体的连接要采用钢筋网片。

芯柱伸入室外地面下 500mm，地下部分为砖砌体时，可采用类似于构造柱的方法。

本次修订，芯柱的设置数量略有增加，并补充规定，在外墙转角、内外墙交接处等部位，可采用钢筋

混凝土构造柱替代芯柱。

7.4.3 本条是新增加的，规定了替代芯柱的构造柱的基本要求，与砖房的构造柱规定大致相同。小砌块墙体在马牙槎部位浇灌混凝土后，需形成无插筋的芯柱。

试验表明。在墙体交接处用构造柱代替芯柱，可较大程度地提高对砌块砌体的约束能力，也为施工带来方便。

7.4.4 考虑到砌块的竖缝高，砂浆不易饱满且墙体受剪承载力低于黏土砖砌体，适当提高砌块砌体房屋的圈梁设置要求。

7.4.5 砌块房屋墙体交接处、墙体与构造柱、芯柱的连接，均应设钢筋网片，保证连接的有效性。

7.4.6 根据振动台模拟试验的结果，作为砌块房屋的层数和高度增加的加强措施之一，在房屋的底层和顶层，沿楼层半高处增设一道通长的现浇钢筋混凝土带，以增强结构抗震的整体性。

7.4.7 砌块砌体房屋楼盖、屋盖、楼梯间、门窗过梁和基础等的抗震构造要求，则基本上与多层砖房相同。

7.5 底部框架房屋抗震构造措施

7.5.1、7.5.2 总体上看，底部框架砖房比多层砖房抗震性能稍弱，因此构造柱的设置要求更严格。本次修订，考虑到过渡层刚度变化和应力集中，增加了过渡层构造柱设置的专门要求，包括截面、配筋和锚固等要求。

7.5.3 底层框架-抗震墙房屋的底层与上部各层的抗侧力结构体系不同，为使楼盖具有传递水平地震力的刚度，要求底层顶板为现浇钢筋混凝土板。

底层框架-抗震墙和多层内框架房屋的整体性较差，层高较高，又比较空旷，为了增强结构的整体性，要求各装配式楼盖处均设置钢筋混凝土圈梁。现浇楼盖与构造柱的连接要求，同多层砖房。

7.5.4 底部框架的托墙梁是其重要的受力构件，根据有关试验资料和工程经验，对其构造做了较多的规定。

7.5.5 底部框架房屋中的钢筋混凝土抗震墙，是底部的主要抗侧力构件，而且往往为低矮抗震墙。对其构造上提出了具体的要求，以加强抗震能力。

7.5.6 对6、7度时底层仍采用黏土砖抗震墙的底部框架房屋，补充了砖抗震墙的构造要求，确实加强砖抗震墙的抗震能力，并在使用中不致随意拆除更换。

7.5.7 针对底部框架房屋在结构上的特殊性，提出了有别于一般多层房屋的材料强度等级要求。

7.6 多层内框架房屋构造措施

多层内框架结构的震害，主要和首先发生在抗震横墙上，其次发生在外纵墙上，故专门规定了外纵墙

的抗震措施。

本节保留了89规范第7.3节中的有关规定，主要修改是：按照外墙砖柱应有组合砖柱的要求对个别规定作了调整；增加了楼梯间休息板梁支承部位设置构造柱的要求。

附录F 配筋混凝土小型空心砌块抗震墙房屋抗震设计要求

1 配筋混凝土小砌块抗震墙的分布钢筋仅需混凝土抗震墙的一半就有一定的延性，但其地震力大于框架结构且变形能力不如框架结构。从安全、经济诸方面综合考虑，本规范的规定仅适用于房屋高度不超过表F.1.1的配筋混凝土小砌块房屋。当经过专门研究，有可靠技术依据，采取必要的加强措施后，房屋高度可适当增加。

2 配筋混凝土小砌块房屋高宽比限制在一定范围内时，有利于房屋的稳定性，减少房屋发生整体弯曲破坏的可能性，一般可不做整体弯曲验算。

3 参照钢筋混凝土房屋的抗震设计要求，也根据抗震设防分类、烈度和房屋高度等划分不同的抗震等级。

4 根据本规范第3.4节的规则性要求，提出配筋混凝土小砌块房屋平面和竖向布置简单、规则、抗震墙拉通对直的要求。为提高变形能力，要求墙段不宜过长。

5 选用合理的结构布置，采取有效的结构措施，保证结构整体性，避免扭转等不利因素，可以不设置防震缝。当房屋各部分高差较大，建筑结构不规则等需要设置防震缝时，为减少强烈地震下相邻结构局部碰撞造成破坏，防震缝必须保证一定的宽度。此时，缝宽可按两侧较低房屋的高度计算。

6 配筋混凝土小砌块房屋的抗震计算分析，包括整体分析、内力调整和截面验算方法，大多参照钢筋混凝土结构的规定，并针对砌体结构的特点做了修正。其中：

配筋混凝土小砌块墙体截面剪应力控制和受剪承载力，基本形式与混凝土墙体相同，仅需把混凝土抗压、抗拉强度设计值改为"灌芯小砌块砌体"的抗压、抗剪强度。

配筋混凝土小砌块墙体截面受剪承载力由砌体、竖向力和水平分布筋三者共同承担，为使水平分布钢筋不致过小，要求水平分布钢筋应承担一半以上的水平剪力。

7 配筋混凝土小砌块抗震墙的连梁，宜采用钢筋混凝土连梁。

8 多层和高层钢结构房屋

8.1 一般规定

8.1.1 混凝土核心筒—钢框架混合结构，在美国主

要用于非抗震区，且认为不宜大于 150m。在日本，1992 年建了两幢，其高度分别为 78m 和 107m，结合这两项工程开展了一些研究，但并未推广。据报道，日本规定今后采用这类体系要经建筑中心评定和建设大臣批准，至今尚未出现第三幢。

我国自 80 年代在不设防的上海希尔顿酒店采用混合结构以来，应用较多，但对其抗震性能和合理高度尚缺乏研究。由于这种体系主要由混凝土核心筒承担地震作用，钢框架和混凝土筒的侧向刚度差异较大，国内对其抗震性能尚未进行系统的研究，故本次修订，不列入混凝土核心筒—钢框架结构。

本章主要适用于民用建筑，多层工业建筑不同于民用建筑的部分，由附录 G 予以规定。

本章不适用于上层为钢结构下层为钢筋混凝土结构的混合型多层结构。用冷弯薄壁型钢作主要承重结构的房屋，构件截面较小，自重较轻，可不执行本章的规定。

8.1.2 国外 70 年代及以前建造的高层钢结构，高宽比较大的，如纽约世界贸易中心双塔，为 6.6，其他建筑很少超过此值。注意到美国东部的地震烈度很小，《高层民用建筑钢结构技术规程》据此对高宽比作了规定。本规范考虑到市场经济发展的现实，在合理的前提下比高层钢结构规程适当放宽高宽比要求。

8.1.5 本章对钢结构房屋的抗震措施，一般以 12 层为界区分。凡未注明的规定，则各种高度的钢结构房屋均要遵守。

8.1.6 不超过 12 层的钢结构房屋宜优先采用交叉支撑，它可按拉杆设计，较经济。若采用受压支撑，其长细比及板件宽厚比应符合有关规定。

大量研究表明，偏心支撑具有弹性阶段刚度接近中心支撑框架，弹塑性阶段的延性和消能能力接近延性框架的特点，是一种良好的抗震结构。常用的偏心支撑形式如图 8.1.6 所示。

偏心支撑框架的设计原则是强柱、强支撑和弱消

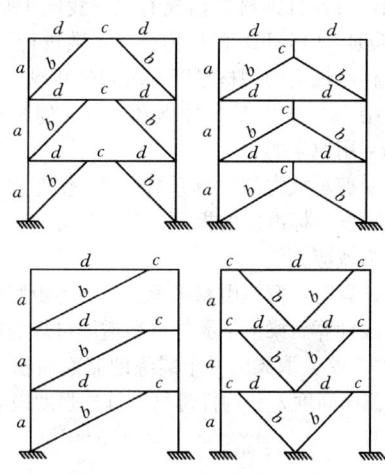

图 8.1.6 偏心支撑示意图
（a—柱；b—支撑；c—消能梁段；d—其他梁段）

能梁段，即在大震时消能梁段屈服形成塑性铰，且具有稳定的滞回性能，即使消能梁段进入应变硬化阶段，支撑斜杆、柱和其余梁段仍保持弹性。因此，每根斜杆只能在一端与消能梁段连接，若两端均与消能梁段相连，则可能一端的消能梁段屈服，另一端消能梁段不屈服，使偏心支撑的承载力和消能能力降低。

8.1.9 支撑桁架沿竖向连续布置，可使层间刚度变化较均匀。支撑桁架需延伸到地下室，不可因建筑方面的要求而在地下室移动位置。支撑在地下室是否改为混凝土抗震墙形式，与是否设置钢骨混凝土结构层有关，设置钢骨混凝土结构层时采用混凝土墙较协调。该抗震墙是否由钢支撑外包混凝土构成还是采用混凝土墙，由设计确定。

日本在高层钢结构的下部（地下室）设钢骨混凝土结构层，目的是使内力传递平稳，保证柱脚的嵌固性，增加建筑底部刚度、整体性和抗倾覆稳定性。而美国无此要求，故本规范对此不作规定。

多层钢结构与高层钢结构不同，根据工程情况可设置或不设置地下室。当设置地下室时，房屋一般较高，钢框架柱宜伸至地下一层。

8.1.10 钢结构的基础埋置深度，参照高层混凝土结构的规定和上海的工程经验确定。

8.2 计 算 要 点

8.2.1 钢结构构件按地震组合内力设计值进行抗震验算时，钢材的各种强度设计值需除以本规范规定的承载力抗震调整系数 γ_{RE}，以体现钢材动静强度和抗震设计与非抗震设计可靠指标的不同。国外采用许用应力设计的规范中，考虑地震组合时钢材的强度通常规定提高 1/3 或 30%，与本规范 γ_{RE} 的作用类似。

8.2.2 多层和高层钢结构房屋的阻尼比，实测表明小于钢筋混凝土结构，本规范对多于 12 层拟取 0.02，对不超过 12 层拟取 0.035，对单层仍取 0.05。采用该阻尼比后，地震影响系数均按本规范 5 章的规定采用，不再采用高层钢结构规程的规定。

8.2.3 本条规定了钢结构内力和变形分析的一些原则要求。

箱形截面柱节点域变形较小，其对框架位移的影响可略去不计。

国外规范规定，框架-支撑结构等双重抗侧力体系，框架部分应按 25% 的结构底部剪力进行设计。这一规定体现了多道设防的原则，抗震分析时可通过框架部分的楼层剪力调整系数来实现，也可采用删去支撑的框架进行计算实现。

为使偏心支撑框架仅在消能梁段屈服，支撑斜杆、柱和非消能梁段的内力设计值应根据消能梁段屈服时的内力确定并考虑消能梁段的实际有效超强系数，再根据各构件的承载力抗震调整系数，确定了斜杆、柱和非消能梁段保持弹性所需的承载力。

偏心支撑主要用于高烈度，故仅对 8 度和 9 度时的内力调整系数作出规定。

本款消能梁段的受剪承载力按本规范第 8.2.7 条确定，即 V_l 或 V_{lc}，需取剪切屈服和弯曲屈服二者的较小值：

当 $N \leqslant 0.15Af$ 时，取 $V_l = 0.58A_w f_{ay}$ 和 $V_l = 2M_{lp}/a$ 的较小值；

当 $N > 0.15Af$ 时，取

$$V_{lc} = 0.58A_w f_{ay} \sqrt{1 - [N/(Af)]^2}$$

和 $V_{lc} = 2.4M_{lp}[1 - N/(Af)]/a$ 的较小值。

支撑轴向力、框架柱的弯矩和轴向力同跨框架梁的弯矩、剪力和轴向力的设计值，需先乘以消能梁段受剪承载力与剪力设计值的比值（V_l/V 或 V_{lc}/V，小于 1.0 时取 1.0），再乘以本款规定考虑钢材实际超强的增大系数。该增大系数依据国产钢材给出，当采用进口钢材时，需适当提高。

8.2.5 强柱弱梁是抗震设计的基本要求，本条强柱系数 η 是为了提高柱的承载力。

由于钢结构塑性设计时（GBJ 17—88 第 9.2.3 条），压弯构件本身已含有 1.15 的增强系数，因此，若系数 η 取得过大，将使柱的钢材用量增加过多，不利于推广钢结构，故本规范规定 6、7 度取 1.0，8 度时取 1.05，9 度时取 1.15。

研究表明，节点域既不能太厚，也不能太薄，太厚了使节点域不能发挥其耗能作用，太薄了将使框架的侧向位移太大；规范采用折减系数 ψ 来设计。日本的研究表明，取节点域的屈服承载力为该节点梁的总屈服承载力的 0.7 倍是适合的。本规范为了避免 7 度时普遍加厚节点域，在 7 度时取 0.6，但不满足本条 3 款的规定时，仍需按第 8.3.5 条的方法加厚。

按本条规定，在大震时节点域首先屈服，其次才是梁出现塑性铰。

不需验算强柱弱梁的条件，是参考 AISC 的 1992 年和 1997 年抗震设计规程中的有关规定，并考虑我国情况规定的。所谓 2 倍地震力作用下保持稳定，即地震作用加大一倍后的组合轴向力设计值 N_1，满足 $N_1 < \varphi f A_c$ 的柱。

节点域稳定性计算公式，参考高层钢结构规程、冶金部抗震规程和上海市抗震规程取值（1/90）。节点域强度计算公式右侧的 4/3，是考虑左侧省去了剪力引起的剪应力项以及考虑节点域在周边构件影响下承载力的提高。

8.2.6 支撑斜杆在反复拉压荷载作用下承载力要降低，适用于支撑屈曲前的情况。

当人字支撑的腹杆在大震下受压屈曲后，其承载力将下降，导致横梁在支撑连接处出现向下的不平衡集中力，可能引起横梁破坏和楼板下陷，并在横梁两端出现塑性铰；此不平衡集中力取受拉支撑的竖向分量减去受压支撑屈曲压力竖向分量的 30%。V 形支撑的情况类似，仅当斜杆失稳时楼板不是下陷而是向上隆起；不平衡力方向相反。

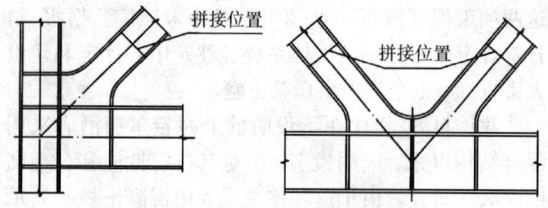

图 8.2.6 支撑端部刚接构造示意图

8.2.7 偏心支撑框架的设计计算，主要参考 AISC 于 1997 年颁布的《钢结构房屋抗震规程》并根据我国情况作了适当调整。

当消能梁段的轴力设计值不超过 $0.15Af$ 时，按 AISC 规定，忽略轴力影响，消能梁段的受剪承载力取腹板屈服时的剪力和梁段两端形成塑性铰时的剪力两者的较小值。本规范根据我国钢结构设计规范关于钢材拉、压、弯强度设计值与屈服强度的关系，取承载力抗震调整系数为 1.0，计算结果与 AISC 相当；当轴力设计值超过 $0.15Af$ 时，则降低梁段的受剪承载力，以保证该梁段具有稳定的滞回性能。

为使支撑斜杆能承受消能梁段的梁端弯矩，支撑与梁段的连接应设计成刚接。

8.2.8 本条按强连接弱构件的原则规定，按地震组合内力（不是构件截面乘强度设计值）计算时体现在 γ_{RE} 的不同，按承载力验算即构件达到屈服（流限）时连接不受破坏。由于 γ_{RE} 的取值对构件低于连接，仅对连接的极限承载力进行验算，可能在弹性阶段就出现螺栓连接滑移，因此，连接的弹性设计是十分重要的。

1 梁与柱连接极限受弯承载力的计算系数 1.2，是考虑钢材实际屈服强度对其标准值的提高。各国钢材的情况不同，取值也有所不同。美国 AISC—97 抗震规定和日本 1998 年钢结构极限状态设计规范对该系数作了调整，有的提高，有的降低，不同牌号钢材也不相同，与各自钢材的情况有关。我国 1998 年对 Q235 和 Q345（16Mn）的抗力分项系数进行了调查，并按国家标准规定的钢材厚度等级划分新规定进行了统计，其结果与过去对 3 号钢和 16Mn 的统计很接近，故仍采用原来的 1.2。

极限受剪承载力的计算系数 1.2，仅考虑了钢材实际屈服强度对标准值的提高，并另外考虑了该跨内荷载的剪力效应。

连接计算时，弯矩由翼缘承受和剪力由腹板承受的近似方法计算。梁上下翼缘全熔透坡口焊缝的极限受弯承载力 M_u，取梁的一个翼缘的截面面积 A_f、厚度 t_f、梁截面高度 h 和构件母材的抗拉强度最小值 f_u 按下式计算：

$$M_u = A_f(h - t_f)f_u$$

角焊缝的强度高于母材的抗剪强度，参考日本

1998 年规范，梁腹板连接的极限受剪承载力 V_u，取不高于母材的极限抗剪强度和角焊缝的有效受剪面积 A_f^w 按下式计算：

$$V_u = 0.58 A_f^w f_u$$

2 支撑与框架的连接及支撑的拼接，需采用螺栓连接。连接在支撑轴线方向的极限承载力应不小于支撑净截面屈服承载力的 1.2 倍。

3 梁、柱构件拼接处，除少数情况外，在大震时都将进入塑性区，故拼接按承受构件全截面屈服时的内力设计。梁的拼接，考虑构件运输，通常位于距节点不远处，在大震时将进入塑性，其连接承载力要求与梁端连接类似。梁拼接的极限剪力取拼接截面腹板屈服时的剪力乘 1.3。

4 工字形截面（绕强轴）和箱形截面有轴力时的塑性受弯承载力，按 GBJ 17—88 的规定采用。工字形截面（绕弱轴）有轴力时的塑性受弯承载力，参考日本《钢结构塑性设计指南》的规定采用。

5 对接焊缝的极限强度高于母材的抗拉强度，计算时取其等于母材的抗拉强度最小值。角焊缝的极限抗剪强度也高于母材的极限抗剪强度，参考日本规定，梁腹板连接的角焊缝极限受剪承载力 V_u，取母材的极限抗剪强度乘角焊缝的有效受剪面积。

6 高强度螺栓的极限抗剪强度，根据原哈尔滨建筑工程学院的试验结果，螺栓剪切破坏强度与抗拉强度之比大于 0.59，本规范偏于安全地取 0.58。螺栓连接的极限承压强度，GBJ 17—88 修订时曾做过大量试验，螺栓连接的端距取 $2d$，就是考虑 $f_{cu} = 1.5 f_u$ 得出的。因此，连接的极限承压强度取 $f_{cu}^b = 1.5 f_u$，以便与相关标准相协调。对螺栓受剪和钢板承压得出的承载力，应取二者的较小值。

8.3 钢框架结构的抗震构造措施

8.3.1 框架柱的长细比关系到钢结构的整体稳定，研究表明，钢结构高度很大时，轴向力大，竖向地震对框架柱的影响很大，本规范的数值参考国外标准，对 6、7 度时适当放宽。

8.3.2 框架梁柱板件宽厚比的规定，是以结构符合强柱弱梁为前提，考虑柱仅在后期出现少量塑性，不需要很高的转动能力，综合考虑美国和日本的规定制定的。当不能做到强柱弱梁，即不满足规范 8.2.5-1 要求时，表 8.3.2-2 中工字形柱翼缘悬伸部分的 11 和 10 应分别改为 10 和 9，工字形柱腹板的 43 应分别改为 40（7 度）和 36（8、9 度）。

8.3.4 本条规定了梁柱连接的构造要求。

梁与柱刚性连接的两种方法，在工程中应用都很多。通过与柱焊接的梁悬臂段进行连接的方式对结构制作要求较高，可根据具体情况选用。

震害表明，梁翼缘对应位置的柱加劲肋规定与梁翼缘等厚是十分必要的。6 度时加劲肋厚度可适当减小，但应通过承载力计算确定，且不得小于梁翼缘厚度的一半。

当梁腹板的截面模量较大时，腹板将承受部分弯矩。美国规定翼缘截面模量小于全截面模量 70% 时要考虑腹板受弯。本规范要求此时将腹板的连接适当加强。

美国加州 1994 年诺斯里奇地震和日本 1995 年阪神地震，钢框架梁柱节点受严重破坏，但两国的节点构造不同，破坏特点和所采取的改进措施也不完全相同。

（1）美国通常采用工字形柱，日本主要采用箱形柱；

（2）在梁翼缘对应位置的柱加劲肋厚度，美国按传递设计内力设计，一般为梁翼缘厚度之半，而日本要比梁翼缘厚一个等级；

（3）梁端腹板的下翼缘切角，美国采用矩形，高度较小，使下翼缘焊缝在施焊时实际上要中断，并使探伤操作困难，致使梁下翼缘焊缝出现了较大缺陷，日本梁端下翼缘切角接近三角形，高度稍大，允许施焊时焊条通过，虽然施焊仍不很方便，但情况要好些；

（4）对于梁腹板与连接板的连接，美国除螺栓外，当梁翼缘的塑性截面模量小于梁全截面塑性截面模量的 70% 时，在连接板的角部要用焊缝连接，日本只用螺栓连接，但规定应按保有耐力计算，且不少于 2～3 排。

这两种不同构造所遭受破坏的主要区别是，日本的节点震害仅出现在梁端，柱无损伤，而美国的节点震害是梁柱均遭受破坏。

震后，日本仅对梁端构造作了改进，并消除焊接衬板引起的缺口效应；美国除采取措施消除焊接衬板的缺口效应外，主要致力于采取措施将塑性铰外移。

我国高层钢结构，初期由日本设计的较多，现行高钢规程的节点构造基本上参考了日本的规定，表现为：普遍采用箱形柱，梁翼缘与柱的加劲肋等厚。因此，节点的改进主要参考日本 1996 年《钢结构工程技术指南——工场制作篇》中的"新技术和新工法"的规定。其中，梁腹板上下端的扇形切角采用了日本的规定：

（1）腹板角部设置半径为 35mm 的扇形切角，与梁翼缘连接处作成半径 10～15mm 的圆弧，其端部与梁翼缘的全熔透焊缝隔开 10mm 以上；

（2）下翼缘焊接衬板的反面与柱翼缘或壁板相连处，应采用角焊缝连接；角焊缝应沿衬板全长焊接，焊脚尺寸宜取 6mm。

美日两国都发现梁翼缘焊缝的焊接衬板边缘缺口效应的危害，并采取了对策。根据我国的情况，梁上翼缘有楼板加强，并施焊条件较好，震害较少，不做处理；仅规定对梁下翼缘的焊接衬板边缘施焊。也可采用割除衬板，然后清根补焊的方法，但国外实践表明，此法费用较高。此外参考美国规定，给出了腹板设双排螺栓的必要条件。

将塑性铰外移的措施可采取梁-柱骨形连接，如图 8.3.4 所示。该法是在距梁端一定距离处，将翼缘两侧做月牙切削，形成薄弱截面，使强烈地震时梁的塑性铰自柱面外移，从而避免脆性破坏。月牙形切削的切削面应刨光，起点可位于距梁端约 150mm，宜对上下翼缘均进行切削。切削后的梁翼缘截面不宜大于原截面面积的 90%，应能承受按弹性设计的多遇地震下的组合内力。其节点延性可得到充分保证，能产生较大转角。建议 8 度Ⅲ、Ⅳ类场地和 9 度时采用。

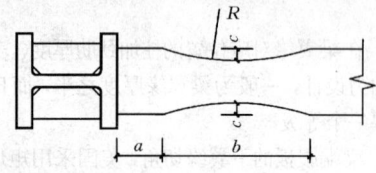

图 8.3.4　骨形连接

美国加州 1994 年诺斯里奇地震中，梁与柱铰接点破坏较多，建议适当加强。

8.3.5 当节点域的体积不满足第 8.2.5 条有关规定时，参考日本规定和美国 AISC 钢结构抗震规程 1997 年版的规定，提出了加厚节点域和贴焊补强板的加强措施：

（1）对焊接组合柱，宜加厚节点板，将柱腹板在节点域范围更换为较厚板件。加厚板件应伸出柱横向加劲肋之外各 150mm，并采用对接焊缝与柱腹板相连；

（2）对轧制 H 型柱，可贴焊补强板加强。补强板上下边缘可不伸过横向加劲肋或伸过柱横向加劲肋之外各 150mm。当补强板不伸过横向加劲肋时，加劲肋应与柱腹板焊接，补强板与加劲肋之间的角焊缝应能传递补强板所分担的剪力，且厚度不小于 5mm；当补强板伸过加劲肋时，加劲肋仅与补强板焊接，此焊缝应能将加劲肋传来的力传递给补强板，补强板的厚度及其焊缝应按传递该力的要求设计。补强板侧边可采用角焊缝与柱翼缘相连，其板面尚应采用塞焊与柱腹板连成整体。塞焊点之间的距离，不应大于相连板件中较薄板件厚度的 $21\sqrt{235/f_y}$ 倍。

8.3.6 罕遇地震下，框架节点将进入塑性区，保证结构在塑性区的整体性是很必要的。参考国外关于高层钢结构的设计要求，提出相应规定。

8.3.8 外包式柱脚在日本阪神地震中性能欠佳，故不宜在 8、9 度时采用。

8.4　钢框架-中心支撑结构的抗震措施

本节规定了中心支撑框架的构造要求。

8.4.2 支撑杆件的宽厚比和径厚比要求，本规范综合

参考了美国 1994 年诺斯里奇地震、日本 1995 年阪神地震后发表的资料及其他研究成果拟定。支撑采用节点板连接时，应注意该节点板的稳定。

8.4.3 美国规定，强震区的支撑框架结构中，梁与柱连接不应采用铰接。考虑到双重抗侧力体系对高层建筑抗震很重要，且梁与柱铰接将使结构位移增大，故规定 7 度及以上不应铰接。

支撑与节点板嵌固点保留一个小距离，可使节点板在大震时产生平面外屈曲，从而减轻对支撑的破坏，这是 AISC—97（补充）的规定，如图 8.4.3 所示。

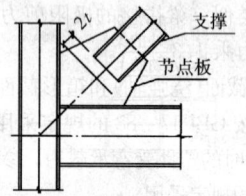

图 8.4.3　支撑端部节点板构造示意图

8.5　钢框架-偏心支撑结构的抗震措施

本节规定了保证消能梁段发挥作用的一系列构造要求。

8.5.1 为使消能梁段有良好的延性和消能能力，其钢材应采用 Q235 或 Q345。

板件宽厚比，参考 AISC 规定作了适当调整。当梁上翼缘与楼板固定但不能表明其下翼缘侧向固定时，仍需置侧向支撑。

8.5.3 为使消能梁段在反复荷载下具有良好的滞回性能，需采取合适的构造并加强对腹板的约束：

1 支撑斜杆轴力的水平分量成为消能梁段的轴向力，当此轴向力较大时，除降低此梁段的受剪承载力外，还需减少该梁段的长度，以保证它具有良好的滞回性能。

2 由于腹板上贴焊的补强板不能进入弹塑性变形，因此不能采用补强板；腹板上开洞也会影响其弹塑性变形能力。

3 消能梁段与支撑斜杆的连接处，需设置与腹板等高的加劲肋，以传递梁段的剪力并防止连梁腹板屈曲。

4 消能梁段腹板的中间加劲肋，需按梁段的长度区别对待，较短时为剪切屈服型，加劲肋间距小些；较长时为弯曲屈服型，需在距端部 1.5 倍的翼缘宽度处配置加劲肋；中等长度时需同时满足剪切屈服型和弯曲屈服型的要求。

偏心支撑的斜杆中心线与梁中心线的交点，一般在消能梁段的端部，也允许在消能梁段内（图 8.5.3），此时将产生与消能梁段端部弯矩方向相反的

附加弯矩，从而减少消能梁段和支撑杆的弯矩，对抗震有利；但交点不应在消能梁段以外，因此时将增大支撑和消能梁段的弯矩，于抗震不利。

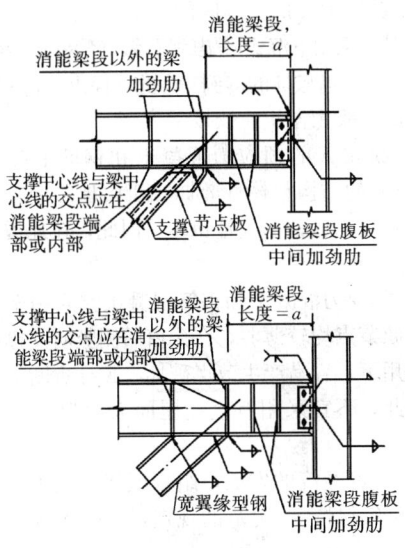

图 8.5.3　偏心支撑构造

8.5.5　消能梁段两端设置翼缘的侧向隅撑，是为了承受平面外扭转。

8.5.6　与消能梁段处于同一跨内的框架梁，同样承受轴力和弯矩，为保持其稳定，也需设置翼缘的侧向隅撑。

附录 G　多层钢结构厂房抗震设计要求

　　多层钢结构厂房的抗震设计，在不少方面与多层钢结构民用建筑是相同的，而后者又与高层钢结构的抗震设计有很多共同之处。本附录给出仅用于多层厂房的规定。

　　1　多层厂房宜优先采用交叉支撑，支撑布置在荷载较大的柱间，有利于荷载直接传递，上下贯通有利于结构刚度沿高度变化均匀。

　　2　设备或料斗（包括下料的主要管道）穿过楼层时，若分层支承，不但各层楼层梁的挠度难以同步，使各层结构传力不明确，同时在地震作用下，由于层间位移会给设备、料斗产生附加效应，严重的可能损坏旋转设备，因此同一台设备一般不能采用分层支承的方式。装料后的设备或料斗重心接近楼层的支承点，是力求降低穿过楼层布置的设备或料斗的地震作用对支承结构的附加影响。

　　3　采用钢铺板时，钢铺板应与钢梁有可靠连接。

　　4　厂房楼层检修、安装荷载代表值行业性强，大的可达 $45kN/m^2$，但属短期荷载，检修结束后的楼面仅有少量替换下来的零件和操作荷载。这类荷载在地震时遇合的概率较低，按实际情况采用较为合适。
楼层堆积荷载要考虑运输通道等因素。

设备、料斗和保温材料的重力荷载，可不乘动力系数。

　　5　震害调查表明，设备或料斗的支承结构的破坏，将危及下层的设备和人身安全，所以直接支承设备和料斗的结构必须考虑地震作用。设备与料斗的水平地震作用的标准值 F_s，设备对支承结构产生的地震作用参照美国《建筑抗震设计暂行条例》（1978）的规定给出。实测与计算表明，楼层加速度反应比输入的地面加速度大，且在同一座建筑内高部位的反应要大于低部位的反应，所以置于楼层的设备底部水平地震作用相应地要增大。当不用动力分析时，以 λ 值来反应楼层 F_s 值变化的近似规律。

　　6　多层厂房的纵向柱间支撑对提高厂房的纵向抗震能力很重要，给出了纵向支撑的设计要求。

　　7　适应厂房屋盖开洞的情况，规定了楼层水平支撑设计要求，系根据近年国内外工程设计经验提出的。水平支撑的作用，主要是传递水平地震作用和风荷载，控制柱的计算长度和保证结构构件安装时的稳定。

9　单层工业厂房

9.1　单层钢筋混凝土柱厂房

（Ⅰ）一　般　规　定

9.1.1　根据震害经验，厂房结构布置应注意的问题是：

　　1　历次地震的震害表明，不等高多跨厂房有高振型反应，不等长多跨厂房有扭转效应，破坏较重，均对抗震不利，故多跨厂房宜采用等高和等长。

　　2　唐山地震的震害表明，单层厂房的毗邻建筑任意布置是不利的，在厂房纵墙与山墙交汇的角部是不允许布置的。在地震作用下，防震缝处排架柱的侧移量大，当有毗邻建筑时，相互碰撞或变位受约束的情况严重；唐山地震中有不少倒塌、严重破坏等加重震害的震例，因此，在防震缝附近不宜布置毗邻建筑。

　　3　大柱网厂房和其他不设柱间支撑的厂房，在地震作用下侧移量较设置柱间支撑的厂房大，防震缝的宽度需适当加大。

　　4　地震作用下，相邻两个独立的主厂房的振动变形可能不同步协调，与之相连接的过渡跨的屋盖常倒塌破坏；为此过渡跨至少应有一侧采用防震缝与主厂房脱开。

　　5　上吊车的铁梯，晚间停放吊车时，增大该处排架侧移刚度，加大地震反应，特别是多跨厂房各跨上吊车的铁梯集中在同一横向轴线时，会导致震害破坏，应避免。

6 工作平台或刚性内隔墙与厂房主体结构连接时，改变了主体结构的工作性状，加大地震反应，导致应力集中，可能造成短柱效应，不仅影响排架柱，还可能涉及柱顶的连接和相邻的屋盖结构，计算和加强措施均较困难，故以脱开为佳。

7 不同形式的结构，振动特性不同，材料强度不同，侧移刚度不同。在地震作用下，往往由于荷载、位移、强度的不均衡，而造成结构破坏。山墙承重和中间有横墙承重的单层钢筋混凝土柱厂房和端砖壁承重的天窗架，在唐山地震中均有较重破坏，为此，厂房的一个结构单元内，不宜采用不同的结构形式。

8 两侧为嵌砌墙，中柱列设柱间支撑；一侧为外贴墙或嵌砌墙，另一侧为开敞；一侧为嵌砌墙，另一侧为外贴墙等各柱列纵向刚度严重不均匀的厂房，由于各柱列的地震作用分配不均匀，变形不协调，常导致柱列和屋盖的纵向破坏，在7度区就有这种震害反映，在8度和大于8度区，破坏就更普遍且严重，不少厂房柱倒屋塌，在设计中应予以避免。

9.1.2 根据震害经验，天窗架的设置应注意下列问题：

1 突出屋面的天窗架对厂房的抗震带来很不利的影响，因此，宜采用突出屋面较小的避风型天窗。采用下沉式天窗的屋盖有良好的抗震性能，唐山地震中甚至经受了10度地震的考验，不仅是8度区，有条件时均可采用。

2 第二开间起开设天窗，将使端开间每块屋面板与屋架无法焊接或焊连的可靠性大大降低而导致地震时掉落，同时也大大降低屋面纵向水平刚度。所以，如果山墙能够开窗，或者采光要求不太高时，天窗从第三开间起设置。

天窗架从厂房单元端第三柱间开始设置，虽增强屋面纵向水平刚度，但对建筑通风、采光不利，考虑到6度和7度区的地震作用效应较小，且很少有屋盖破坏的震例，本次修订改为对6度和7度区不做此要求。

3 历次地震经验表明，不仅是天窗屋盖和端壁板，就是天窗侧板也宜采用轻型板材。

9.1.3 根据震害经验，厂房屋盖结构的设置应注意下列问题：

1 轻型大型屋面板无檩屋盖和钢筋混凝土有檩屋盖的抗震性能好，经过8~10度强烈地震考验，有条件时可采用。

2 唐山地震震害统计分析表明，屋盖的震害破坏程度与屋盖承重结构的形式密切相关，根据8~11度地震的震害调查统计发现：梯形屋架屋盖共调查91跨，全部或大部倒塌41跨，部分或局部倒塌11跨，共计52跨，占56.7%。拱形屋架屋盖共调查

151跨：全部或大部倒塌13跨，部分或局部倒塌16跨，共计29跨，占19.2%。屋面梁屋盖共调查168跨：全部或大部倒塌11跨，部分或局部倒塌17跨，共计28跨，占16.7%。

另外，采用下沉式屋架的屋盖，经8~10度强烈地震的考验，没有破坏的震例。为此，提出厂房宜采用低重心的屋盖承重结构。

3 拼块式的预应力混凝土和钢筋混凝土屋架（屋面梁）的结构整体性差，在唐山地震中其破坏率和破坏程度均较整榀式重得多。因此，在地震区不宜采用。

4 预应力混凝土和钢筋混凝土空腹桁架的腹杆及其上弦节点均较薄弱，在天窗两侧竖向支撑的附加地震作用下，容易产生节点破坏、腹杆折断的严重破坏，因此，不宜采用有突出屋面天窗架的空腹桁架屋盖。

5 随着经济的发展，组合屋架已很少采用，本次修订继续保持89规范的规定，不列入这种屋架的规定。

9.1.4 不开孔的薄壁工字形柱、腹板开孔的普通工字形柱以及管柱，均存在抗震薄弱环节，故规定不宜采用。

（Ⅱ）计 算 要 点

9.1.7，9.1.8 对厂房的纵横向抗震分析，本次修订明确规定，一般情况下，采用多质点空间结构分析方法；当符合附录H的条件时可采用平面排架简化方法，但计算所得的排架地震内力应考虑各种效应调整。附录H的调整系数有以下特点：

1 适用于7~8度柱顶标高不超过15m且砖墙刚度较大等情况的厂房，9度时砖墙开裂严重，空间工作影响明显减弱，一般不考虑调整。

2 计算地震作用时，采用经过调整的排架计算周期。

3 调整系数采用了考虑屋盖平面内剪切刚度、扭转和砖墙开裂后刚度下降影响的空间模型，用振型分解法进行分析，取不同屋盖类型、各种山墙间距、各种厂房跨度、高度和单元长度，得出了统计规律，给出了较为合理的调整系数。因排架计算周期偏长，地震作用偏小，当山墙间距较大或仅一端有山墙时，按排架分析的地震内力需要增大而不是减小。对一端山墙的厂房，所考虑的排架一般指无山墙端的第二榀，而不是端榀。

4 研究发现，对不等高厂房高低跨交接处支承低跨屋盖牛腿以上的中柱截面，其地震作用效应的调整系数随高、低跨屋盖重力的比值是线性下降，要由公式计算。公式中的空间工作影响系数与其他各截面（包括上述中柱的下柱截面）的作用效应调整系数含义不同，分别列于不同的表格，要避免混淆。

5 唐山地震中，吊车桥架造成了厂房局部的严重破坏。为此，把吊车桥架作为移动质点，进行了大量的多质点空间结构分析，并与平面排架简化分析比较，得出其放大系数。使用时，只乘以吊车桥架重力荷载在吊车梁顶标高处产生的地震作用，而不乘以截面的总地震作用。

历次地震，特别是海城、唐山地震，厂房沿纵向发生破坏的例子很多，而且中柱列的破坏普遍比边柱列严重得多。在计算分析和震害总结的基础上，规范提出了厂房纵向抗震计算原则和简化方法。

钢筋混凝土屋盖厂房的纵向抗震计算，要考虑围护墙有效刚度、强度和屋盖的变形，采用空间分析模型。附录J的实用计算方法，仅适用于柱顶标高不超过15m且有纵向砖围护墙的等高厂房，是选取多种简化方法与空间分析计算结果比较而得到的。其中，要用经验公式计算基本周期。考虑到随着烈度的提高，厂房纵向侧移加大，围护墙开裂加重，刚度降低明显，故一般情况，围护墙的有效刚度折减系数，在7、8、9度时可近似取 0.6、0.4 和 0.2。不等高和纵向不对称厂房，还需考虑厂房扭转的影响，现阶段尚无合适的简化方法。

9.1.9，9.1.10 地震震害表明，没有考虑抗震设防的一般钢筋混凝土天窗架，其横向受损并不明显，而纵向破坏却相当普遍。计算分析表明，常用的钢筋混凝土带斜腹杆的天窗架，横向刚度很大，基本上随屋盖平移，可以直接采用底部剪力法的计算结果，但纵向则要按跨数和位置调整。

有斜撑杆的三铰拱式钢天窗架的横向刚度也较厂房屋盖的横向刚度大很多，也是基本上随屋盖平移，故其横向抗震计算方法可与混凝土天窗架一样采用底部剪力法。由于钢天窗架的强度和延性优于混凝土天窗架，且可靠度高，故当跨度大于9m或9度时，钢天窗架的地震作用效应不必乘以增大系数1.5。

本次修订，明确关于突出屋面天窗架简化计算的适用范围为有斜杆的三铰拱式天窗架，避免与其他桁架式天窗架混淆。

9.1.11 关于大柱网厂房的双向水平地震作用，89规范规定取一个主轴方向100%加上相应垂直方向的30%的不利组合，相当于两个方向的地震作用效应完全相同时按第5.2节规定计算的结果，因此是一种略偏安全的简化方法。为避免与第5.2节的规定不协调，不再专门列出。

位移引起的附加弯矩，即"P-Δ"效应，按本规范第3.6节的规定计算。

9.1.12 不等高厂房支承低跨屋盖的柱牛腿在地震作用下开裂较多，甚至牛腿面预埋板向外位移破坏。在重力荷载和水平地震作用下的柱牛腿纵向水平受拉钢筋的计算公式，第一项为承受重力荷载纵向钢筋的计算，第二项为承受水平拉力纵向钢筋的计算。

9.1.13 震害和试验研究表明：交叉支撑杆件的最大长细比小于200时，斜拉杆和斜压杆在支撑桁架中是共同工作的。支撑中的最大作用相当于单压杆的临界状态值。据此，在规范的附录J中规定了柱间支撑的设计原则和简化方法：

1 支撑侧移的计算：按剪切构件考虑，支撑任一点的侧移等于该点以下各节间相对侧移值的叠加。它可用以确定厂房纵向柱列的侧移刚度及上、下支撑地震作用的分配。

2 支撑斜杆抗震验算：试验结果发现，支撑的水平承载力，相当于拉杆承载力与压杆承载力乘以折减系数之和的水平分量。此折减系数即条文中的"压杆卸载系数"，可以线性内插，亦可直接用下列公式确定斜拉杆的净截面 A_n：

$$A_n \geqslant \gamma_{RE} l_i V_{bi} / \left[(1+\psi_c \varphi_i) \, s_c f_{at} \right]$$

3 唐山地震中，单层钢筋混凝土柱厂房的柱间支撑虽有一定数量的破坏，但这些厂房大多数未考虑抗震设防。据计算分析，抗震验算的柱间支撑斜杆内力大于非抗震设计时的内力几倍。

4 柱间支撑与柱的连接节点在地震反复荷载作用下承受拉弯剪和压弯剪，试验表明其承载力比单调荷载作用下有所降低；在抗震安全性综合分析基础上，提出了确定预埋板钢筋截面面积的计算公式，适用于符合本规范第9.1.28条5款构造规定的情况。

5 补充了柱间支撑节点预埋件采用角钢时的验算方法。

9.1.14 唐山地震震害表明：8度和9度区，不少抗风柱的上柱和下柱根部开裂、折断，导致山尖墙倒塌，严重的抗风柱连同山墙全部向外倾倒。抗风柱虽非单层厂房的主要承重构件，但它却是厂房纵向抗震中的重要构件，对保证厂房的纵向抗震安全，具有不可忽视的作用，补充规定8、9度时需进行平面外的截面抗震验算。

9.1.15 当抗风柱与屋架下弦相连接时，虽然此类厂房均在厂房两端第一开间设置下弦横向支撑，但当厂房遭到地震作用时，高大山墙引起的纵向水平地震作用具有较大的数值，由于阶形抗风柱的下柱刚度远大于上柱刚度，大部分水平地震作用将通过下柱的上端连接传至屋架下弦，但屋架下弦支撑的强度和刚度往往不能满足要求，从而导致屋架下弦支撑杆件压曲。1966年邢台地震6度区、1975年海城地震8度区均出现过这种震害。故要求进行相应的抗震验算。

9.1.16 当工作平台、刚性内隔墙与厂房主体结构相连时，将提高排架的侧移刚度，改变其动力特性，加大地震作用，还可能造成应力和变形集中，加重厂房的震害。唐山地震中由此造成排架柱折断或屋盖倒塌，其严重程度因具体条件而异，很难作出统一规定。因此，抗震计算时，需采用符合实际的结构计算简图，并采取相应的措施。

9.1.17 震害表明，上弦有小立柱的拱形和折线形屋架及上弦节间长和间距矢高较大的屋架，在地震作用下屋架上弦将产生附加扭矩，导致屋架上弦破坏。为此，8、9度在这种情况下需进行截面抗扭验算。

（Ⅲ）抗震构造措施

9.1.18 本节所指有檩屋盖，主要是波形瓦（包括石棉瓦及槽瓦）屋盖。这类屋盖只要设置保证整体刚度的支撑体系，屋面瓦与檩条间以及檩条与屋架间有牢固的拉结，一般均具有一定的抗震能力，甚至在唐山10度地震区也基本完好地保存下来。但是，如果屋面瓦与檩条或檩条与屋架拉结不牢，在7度地震区也会出现严重震害，海城地震和唐山地震中均有这种例子。

89规范对有檩屋盖的规定，系针对钢筋混凝土体系而言。本次修订，增加了对钢结构有檩体系的要求。

9.1.19 无檩屋盖指的是各类不用檩条的钢筋混凝土屋面板与屋架（梁）组成的屋盖。屋盖的各构件相互间联成整体是厂房抗震的重要保证，这是根据唐山、海城震害经验提出的总要求。鉴于我国目前仍大量采用钢筋混凝土大型屋面板，故重点对大型屋面板与屋架（梁）焊连的屋盖体系作了具体规定。

这些规定中，屋面板和屋架（梁）可靠焊连是第一道防线，为保证焊连强度，要求屋面板端头底面预埋板和屋架端部顶面预埋件均应加强锚固；相邻屋面板吊钩或四角顶面预埋铁件间的焊连是第二道防线；当制作非标准屋面板时，也应采取相应的措施。

设置屋盖支撑是保证屋盖整体性的重要抗震措施，沿用了89规范的规定。

根据震害经验，8度区天窗跨度等于或大于9m和9度区天窗架宜设置上弦横向支撑。

9.1.20 在进一步总结唐山地震经验的基础上，对屋盖支撑布置的规定作适当的补充。

9.1.21 唐山地震震害表明，采用刚性焊连构造时，天窗立柱普遍在下档和侧板连接处出现开裂和破坏，甚至倒塌，刚性连接仅在支撑很强的情况下才是可行的措施，故规定一般单层厂房宜用螺栓连接。

9.1.22 屋架端竖杆和第一节间上弦杆，静力分析中常作为非受力杆件而采用构造配筋，截面受弯、受剪承载力不足，需适当加强。对折线形屋架为调整屋面坡度而在端节间上弦顶面设置的小立柱，也要适当增大配筋和加密箍筋，以提高其拉弯剪能力。

9.1.23 根据震害经验，排架柱的抗震构造，增加了箍筋肢距的要求，并提高了角柱柱头的箍筋构造要求。

1 柱子在变位受约束的部位容易出现剪切破坏，要增加箍筋。变位受约束的部位包括：设有柱间支撑的部位、嵌砌内隔墙、侧边贴建坡屋、靠山墙的角柱、平台连接处等。

2 唐山地震震害表明：当排架柱的变位受平台、刚性横隔墙等约束，其影响的严重程度和部位，因约束条件而异，有的仅在约束部位的柱身出现裂缝；有的造成屋架上弦折断、屋盖坍落（如天津拖拉机厂冲压车间）；有的导致柱头和连接破坏、屋盖倒塌（如天津第一机床厂铸工车间配砂间）。必须区别情况从设计计算和构造上采取相应的有效措施，不能统一采用局部加强排架柱的箍筋，如高低跨柱的上柱的剪跨比较小时就应全高加密箍筋，并加强柱头与屋架的连接。

3 为了保证排架柱箍筋加密区的延性和抗剪强度，除箍筋的最小直径和最大间距外，增加对箍筋最大肢距的要求。

4 在地震作用下，排架柱的柱头由于构造上的原因，不是完全的铰接，而是处于压弯剪的复杂受力状态，在高烈度地区，这种情况更为严重。唐山地震中高烈度地区的排架柱头破坏较重，加密区的箍筋直径需适当加大。

5 厂房角柱的柱头处于双向地震作用，侧向变形受约束和压弯剪的复杂受力状态，其抗震强度和延性较中间排架柱头弱得多，唐山地震中，6度区就有角柱顶开裂的破坏；8度和大于8度时，震害就更多，严重的柱头折断，端屋架塌落，为此，厂房角柱的柱头加密箍筋宜提高一度配置。

9.1.24 对抗风柱，除了提出验算要求外，还提出纵筋和箍筋的构造规定。

唐山地震中，抗风柱的柱头和上、下柱的根部都有产生裂缝、甚至折断的震害，另外，柱肩产生劈裂的情况也不少。为此，柱头和上、下柱根部需加强箍筋的配置，并在柱肩处设置纵向受拉钢筋，以提高其抗震能力。

9.1.25 大柱网厂房的抗震性能是唐山地震中发现的新问题，其震害特征是：①柱根出现对角破坏，混凝土酥碎剥落，纵筋压曲，说明主要是纵、横两个方向或斜向地震作用的影响，柱根的强度和延性不足；②中柱的破坏率和破坏程度均大于边柱，说明与柱的轴压比有关。

89规范对大柱网厂房的抗震验算作了规定，本次修订，进一步补充了轴压比和相应的箍筋构造要求。其中的轴压比限值，考虑到柱子承受双向压弯剪和 P-Δ 效应的影响，受力复杂，参照了钢筋混凝土框支柱的要求，以保证延性；大柱网厂房柱仅承受屋盖（包括屋面、屋架、托架、悬挂吊车）和柱的自重，尚不致因控制轴压比而给设计带来困难。

9.1.26 柱间支撑的抗震构造，比89规范改进如下：①支撑杆件的长细比限值随烈度和场地类别而变化；②进一步明确了支撑柱子连接节点的位置和相应的构造；③增加了关于交叉支撑节点板及其连接的构造要求。

柱间支撑是单层钢筋混凝土柱厂房的纵向主要抗侧力构件，当厂房单元较长或8度Ⅲ、Ⅳ类场地和9度时，纵向地震作用效应较大，设置一道下柱支撑不能满足要求时，可设置两道下柱支撑，但应注意：两道下柱支撑宜设置在厂房单元中间三分之一区段内，不宜设置在厂房单元的两端，以避免温度应力过大；在满足工艺条件的前提下，两者靠近设置时，温度应力小；在厂房单元中部三分之一区段内，适当拉开设置则有利于缩短地震作用的传递路线，设计中可根据具体情况确定。

交叉式柱间支撑的侧移刚度大，对保证单层钢筋混凝土柱厂房在纵向地震作用下的稳定性有良好的效果，但在与下柱连接的节点处理时，会遇到一些困难。

9.1.28 本条规定厂房各构件连接节点的要求，具体贯彻了本规范第3.5节的原则规定，包括屋架与柱的连接，柱顶锚固；抗风柱、牛腿（柱肩）、柱与柱间支撑连接处的预埋件：

1 柱顶与屋架采用钢板铰，在前苏联的地震中经受了考验，效果较好，建议在9度时采用。

2 为加强柱牛腿（柱肩）预埋板的锚固，要把相当于承受水平拉力的纵向钢筋（即本节第9.1.12条中的第2项）与预埋板焊连。

3 在设置柱间支撑的截面处（包括柱顶、柱底等），为加强锚固，发挥支撑的作用，提出了节点预埋件采用角钢加端板锚固的要求，埋板与锚件的焊接，通常用埋弧焊或开锥形孔塞焊。

4 抗风柱的柱顶与屋架上弦的连接节点，要具有传递纵向水平地震力的承载力和延性。抗风柱顶与屋架（屋面梁）上弦可靠连接，不仅保证抗风柱的强度和稳定，同时也保证山墙产生的纵向地震作用的可靠传递，但连接点必须在上弦横向支撑与屋架的连接点，否则将使屋架上弦产生附加的节间平面外弯矩。由于现在的预应力混凝土和钢筋混凝土屋架，一般均不符合抗风柱布置间距的要求，故补充规定以引起注意，当遇到这样情况时，可以采用在屋架横向支撑中加设次腹杆或型钢横梁，使抗风柱顶的水平力传递至上弦横向支撑的节点。

9.2 单层钢结构厂房

（Ⅰ）一 般 规 定

9.2.1 钢结构的抗震性能一般比较好，未设防的钢结构厂房，地震中损坏不重，主要承重结构一般无损坏。

但是，1978年日本宫城县地震中，有5栋钢结构建筑倒塌，1976年唐山机车车辆厂等的钢结构厂房破坏甚至倒塌，因此，普通型钢的钢结构厂房仍需进行抗震设计。

轻型钢结构厂房的自重轻，钢材的截面特性与普通型钢不同，本次修订未纳入。

9.2.3 本条规定了厂房结构体系的要求：

1 多跨厂房的横向刚度较大，不要求各跨屋架均与柱刚接。采用门式刚架、悬臂柱等体系的结构在实际工程中也不少见。对厂房纵向的布置要求，本条规定与单层钢结构厂房的实际情况是一致的。

2 厚度较大无法进行螺栓连接的构件，需采用对接焊缝等强连接，并遵守厚板的焊接工艺，确保焊接质量。

3 实践表明，屋架上弦杆与柱连接处出现塑性铰的传统做法，往往引起过大变形，导致房屋出现功能障碍，故规定了此处连接板不应出现塑性铰。当横梁为实腹梁时，则应符合抗震连接的一般要求。

4 钢骨架的最大应力区在地震时可能产生塑性铰，导致构件失去整体和局部稳定，故在最大应力区不能设置焊接接头。为保证节点具有足够的承载能力，还规定了节点在构件全截面屈服时不发生破坏的要求。

（Ⅱ）计 算 要 点

9.2.4 根据单层厂房的实际情况，对抗震计算模型分别作了规定。

9.2.5 厂房排架抗震分析时，要根据围护墙的类型和墙与柱的连接方式来决定其质量与刚度的取值原则，使计算较合理。

9.2.6 单层钢结构厂房的横向抗震计算，大体上与钢筋混凝土柱厂房相同，但因围护墙类型较多，故分别对待。参照钢筋混凝土柱厂房做简化计算时，地震弯矩和剪力的调整系数未作规定。

9.2.7 等高多跨钢结构厂房的纵向抗震计算，与钢筋混凝土厂房不同，主要由于厂房的围护墙与柱是柔性连接或不妨碍柱子侧移，各纵向柱列变位基本相同。因此，对无檩屋盖可按柱列刚度分配；对有檩屋盖可按柱列承受重力荷载代表值比例分配和按单柱列计算，再取二者的较大值。

9.2.8 本条对屋盖支撑设计作了规定。主要是连接承载力的要求和腹杆设计的要求。

对于按长细比决定截面的支撑构件，其与弦杆的连接可不要求等强连接，只要不小于构件的内力即可；屋盖竖向支撑承受的作用力包括屋盖自重产生的地震力，还要将其传给主框架，杆件截面需由计算确定。

（Ⅲ）抗震构造措施

9.2.11 钢结构设计的习用规定，长细比限值与柱的轴压比无关，但与材料的屈服强度有关。修改后的表示方式与《钢结构设计规范》中的表示方式是一致的。

9.2.12 单层厂房柱、梁的板件宽厚比，应较静力弹性设计为严。本条参考了冶金部门的设计规定，它来自试算和工程经验分析。其中，考虑到梁可能出现塑性铰，按《钢结构设计规范》中关于塑性设计的要求控制。圆钢管的径厚比来自日本资料。

9.2.13 能传递柱全截面屈服承载力的柱脚，可采用如下形式：

（1）埋入式柱脚，埋深的近似计算公式，来自日本早期的设计规定和英国钢结构设计手册；

（2）外包式柱脚；

（3）外露式柱脚，底板与基础顶面间用无收缩砂浆进行二次灌浆，剪力较大时需设置抗剪键。

9.2.14 设置柱间支撑要兼顾减小温度应力的要求。

在厂房中部设置上下柱间支撑，仅适用于有吊车的厂房，其目的是避免吊车梁等纵向构件的温度应力；温度区间长度较大时，需在中部设置两道柱间支撑。上柱支撑按受拉配置，其截面一般较小，设在两端对纵向构件胀缩影响不大，无论烈度大小均需设置。

无吊车厂房纵向构件截面较小，柱支撑不一定必需设在中部。

此外，89规范关于焊缝严禁立体交叉的规定，属于非抗震设计的基本要求，本次修订不再专门列出。

9.3 单层砖柱厂房

（Ⅰ）一般规定

9.3.1 本次修订明确本节适用范围为烧结普通黏土砖砌体。

在历次大地震中，变截面砖柱的上柱震害严重又不易修复，故规定砖柱厂房的适用范围为等高的中小型工业厂房。超出此范围的砖柱厂房，要采取比本节规定更有效的措施。

9.3.2 针对中小型工业厂房的特点，对钢筋混凝土无檩屋盖的砖柱厂房，要求设置防震缝。对钢、木等有檩屋盖的砖柱厂房，则明确可不设防震缝。

防震缝处需设置双柱或双墙，以保证结构的整体稳定性和刚性。

9.3.3 本次修订规定，屋盖设置天窗时，天窗不应通到端开间，以免过多削弱屋盖的整体性。天窗采用端砖壁时，地震中较多严重破坏，甚至倒塌，不应采用。

9.3.4 厂房的结构选型应注意：

1 历次大地震中，均有相当数量不配筋的无阶形柱的单层砖柱厂房，经受8度地震仍基本完好或轻微损坏。分析认为，当砖柱厂房山墙的间距、开洞率

和高宽比均符合砌体结构静力计算的"刚性方案"条件且山墙的厚度不小于240mm时，即：

（1）厂房两端均设有承重山墙且山墙和横墙间距，对钢筋混凝土无檩屋盖不大于32m，对钢筋混凝土有檩屋盖、轻型屋盖和有密铺望板的木屋盖不大于20m；

（2）山墙或横墙上洞口的水平截面面积不应超过山墙或横墙截面面积的50%；

（3）山墙和横墙的长度不小于其高度。

不配筋的砖排架柱仍可满足8度的抗震承载力要求。仅从承载力方面，8度地震时可不配筋；但历次的震害表明，当遭遇9度地震时，不配筋的砖大多数倒塌，按照"大震不倒"的设计原则，本次修订仍保留78规范、89规范关于8度设防时应设置"组合砖柱"的规定。同时进一步明确，多跨厂房在8度Ⅲ、Ⅳ类场地和9度设防时，中柱宜采用钢筋混凝土柱，仅边柱可略放宽为采用组合砖柱。

2 震害表明，单层砖柱厂房的纵向也要有足够的承载力和刚度，单靠独立砖柱是不够的，像钢筋混凝土柱厂房那样设置交叉支撑也不妥，因为支撑吸引来的地震剪力很大，将会剪断砖柱。比较经济有效的办法是，在柱间砌筑与柱整体连接的纵向砖墙并设置砖墙基础，以代替柱间支撑加强厂房的纵向抗震能力。

8度Ⅲ、Ⅳ类场地且采用钢筋混凝土屋盖时，由于纵向水平地震作用较大，不能单靠屋盖中的一般纵向构件传递，所以要求在无上述抗震墙的砖柱顶部处设压杆（或用满足压杆构造的圈梁、天沟或檩条等代替）。

3 强调隔墙与抗震墙合并设置，目的在于充分利用墙体的功能，并避免非承重墙对柱及屋架与柱连接点的不利影响。当不能合并设置时，隔墙要采用轻质材料。

单层砖柱厂房的纵向隔墙与横向内隔墙一样，也宜做成抗震墙，否则会导致主体结构的破坏，独立的纵向、横向内隔墙，受震后容易倒塌，需采取保证其平面外稳定性的措施。

（Ⅱ）计算要点

9.3.5 本次修订增加了7度Ⅰ、Ⅱ类场地柱高不超过6.6m时，可不进行纵向抗震验算的条件。

9.3.6，9.3.7 在本节适用范围内的砖柱厂房，纵、横向抗震计算原则与钢筋混凝土柱厂房基本相同，故可参照本章第9.1节所提供的方法进行计算。其中，纵向简化计算的附录J不适用，而屋盖为钢筋混凝土或密铺望板的瓦木屋盖时，横向平面排架计算同样按附录H考虑厂房的空间作用影响。理由如下：

根据现行国家标准《砌体结构设计规范》的规定：密铺望板瓦木屋盖与钢筋混凝土有檩屋盖属于同

一种屋盖类型，静力计算中，符合刚弹性方案的条件时（20～48m）均可考虑空间工作，但89抗震规范规定：钢筋混凝土有檩屋盖可以考虑空间工作，而密铺望板的瓦木屋盖不可以考虑空间工作，二者不协调。

1 历次地震，特别是辽南地震和唐山地震中，不少密铺望板瓦木屋盖单层砖柱厂房反映了明显的空间工作特性。

2 根据王光远教授《建筑结构的振动》的分析结论，不仅仅钢筋混凝土无檩屋盖和有檩屋盖（大波瓦、槽瓦）厂房，就是石棉瓦和黏土瓦屋盖厂房在地震作用下，也有明显的空间工作。

3 从具有木望板的瓦木屋盖单层砖柱厂房的实测可以看出：实测厂房的基本周期均比按排架计算周期为短，同时其横向振型与钢筋混凝土屋盖的振型基本一致。

4 山墙间距小于24m时，其空间工作更明显，且排架柱的剪力和弯矩的折减有更大的趋势，而单层砖柱厂房山墙间距小于24m的情况，在工程建设中也是常见的。

5 根据以上分析，对单层砖柱厂房的空间工作问题作如下修订：

（1）7度和8度时，符合砌体结构刚弹性方案（20～48m）的密铺望板瓦木屋盖单层砖柱厂房与钢筋混凝土有檩屋盖单层砖柱厂房一样，也可考虑地震作用下的空间工作。

（2）附录H"砖柱考虑空间工作的调整系数"中的"两端山墙间距"改为"山墙、承重（抗震）横墙的间距"；并将<24m分为24m、18m、12m。

（3）单层砖柱厂房考虑空间工作的条件与单层钢筋混凝土柱厂房不同，在附录H中加以区别和修正。

9.3.9 砖柱的抗震验算，在现行国家标准《砌体结构设计规范》的基础上，按可靠度分析，同样引入承载力调整系数后进行验算。

（Ⅲ）抗震构造措施

9.3.10 砖柱厂房一般多采用瓦木屋盖，89规范关于木屋盖的规定是合理的，基本上未作改动。

木屋盖的支撑布置中，如端开间下弦水平系杆与山墙连接，地震后容易将山墙顶坏，故不宜采用。

木天窗架需加强与屋架的连接，防止受震后倾倒。

9.3.11 檩条与山墙连接不好，地震时将使支承处的砌体错动，甚至造成山尖墙倒塌，檩条伸出山墙的出山屋面有利于加强檩条与山墙的连接，对抗震有利，可以采用。

9.3.13 震害调查发现，预制圈梁的抗震性能较差，故规定在屋架底部标高处设置现浇钢筋混凝土圈梁。为加强圈梁的功能，规定圈梁的截面高度不应小于

180mm；宽度习惯上与砖墙同宽。

9.3.14 震害还表明，山墙是砖柱厂房抗震的薄弱部位之一，外倾、局部倒塌较多，甚至有全部倒塌的。为此，要求采用卧梁并加强锚拉的措施。

9.3.15 屋架（屋面梁）与柱顶或墙顶的圈梁锚固的修订如下：

1 震害表明：屋架（屋面梁）和柱子可用螺栓连接，也可采用焊接连接。

2 对垫块的厚度和配筋作了具体规定。垫块厚度太薄或配筋太少时，本身可能局部承压破坏，且埋件锚固不足。

3 9度时屋盖的地震作用及位移较大；圈梁与垫块相连的部位要受到较大的扭转作用，故其箍筋适当加密。

9.3.16 根据设计需要，本次修订规定了砖柱的抗震要求。

9.3.17 钢筋混凝土屋盖单层砖柱厂房，在横向水平地震作用下，由于空间工作的因素，山墙、横墙将负担较大的水平地震剪力，为了减轻山墙、横墙的剪切破坏，保证房屋的空间工作，对山墙、横墙的开洞面积加以限制，8度时宜在山墙、横墙的两端，9度时尚应在高大门洞两侧设置构造柱。

9.3.18 采用钢筋混凝土无檩屋盖等刚性屋盖的单层砖柱厂房，地震时砖墙往往在屋盖处圈梁底面下一至四皮砖范围内出现周围水平裂缝。为此，对于高烈度地区刚性屋盖的单层砖柱厂房，在砖墙顶部沿墙长每隔1m左右埋设一根 φ8 竖向钢筋，并插入顶部圈梁内，以防止柱周围水平裂缝，甚至墙体错动破坏的产生。

此外，本次修订取消了双曲砖拱屋盖的有关内容。

10 单层空旷房屋

10.1 一般规定

单层空旷房屋是一组不同类型的结构组成的建筑，包含有单层的观众厅和多层的前后左右的附属用房。无侧厅的食堂，可参照第9章设计。

观众厅与前后厅之间、观众厅与两侧厅之间一般不设缝，而震害较轻；个别房屋在观众厅与侧厅处留缝，反而破坏较重。因此，在单层空旷房屋中的观众厅与侧厅、前后厅之间可不设防震缝，但根据第3章的要求，布置要对称，避免扭转，并按本章采取措施，使整组建筑形成相互支持和有良好联系的空间结构体系。

本次修订，根据震害分析，进一步明确各部分之间应加强连接而不设置防震缝。

大厅人员密集，抗震要求较高，故观众厅有挑台，或房屋高、跨度大，或烈度高，要采用钢筋混凝土框架

式门式刚架结构等。本次修订为提高其抗震安全性，适当增加了采用钢筋混凝土结构的范畴。对前厅、大厅、舞台等的连接部位及受力集中的部位，也需采取加强措施或采用钢筋混凝土构件。

本章主要规定了单层空旷房屋大厅抗震设计中有别于单层厂房的要求，对屋盖选型、构造、非承重隔墙及各种结构类型的附属房屋的要求，见各有关章节。

10.2 计 算 要 点

单层空旷房屋的平面和体型均较复杂，按目前分析水平，尚难进行整体计算分析。为了简化，可将整个房屋划为若干个部分，分别进行计算，然后从构造上和荷载的局部影响上加以考虑，互相协调。例如，通过周期的经验修正，使各部分的计算周期趋于一致；横向抗震分析时，考虑附属房屋的结构类型及其与大厅的连接方式，选用排架、框排架或排架—抗震墙的计算简图，条件合适时亦可考虑空间工作的影响，交接处的柱子要考虑高振型的影响；纵向抗震分析时，考虑屋盖的类型和前后厅等影响，选用单列或空间协同分析模型。

根据宏观震害调查，单层空旷房屋中，舞台后山墙等高大山墙的壁柱，要进行出平面的抗震验算，验算要求参考第 9 章。

本次修订，修改了关于空旷房屋自振周期计算的规定，改为直接取地震影响系数最大值计算地震作用。

10.3 抗震构造措施

单层空旷房屋的主要抗震构造措施如下：

1 6、7 度时，中、小型单层空旷房屋的大厅，无筋的纵墙壁柱虽可满足承载力的设计要求，但考虑到大厅使用上的重要性，仍要求采用配筋砖柱或组合砖柱。

2 前厅与大厅、大厅与舞台之间的墙体是单层空旷房屋的主要抗侧力构件，承担横向地震作用。因此，应根据抗震设防烈度及房屋的跨度、高度等因素，设置一定数量的抗震墙。与此同时，还应加强墙上的大梁及其连接的构造措施。

舞台口梁为悬梁，上部支承有舞台上的屋架，受力复杂，而且舞台口两侧墙体为一端自由的高大悬墙，在舞台口处不能形成一个门架式的抗震横墙，在地震作用下破坏较多。因此，舞台口要加强与大厅屋盖体系的拉结，用钢筋混凝土立柱和水平圈梁来加强自身的整体性和稳定性。9 度时不要采用舞台口砌体悬墙。

3 大厅四周的墙体一般较高，需增设多道水平圈梁来加强整体性和稳定性，特别是墙顶标高处的圈梁更为重要。

4 大厅与两侧的附属房屋之间一般不设防震缝，其交接处受力较大，故要加强相互间的连接，以增强房屋的整体性。

5 二层悬挑式挑台不但荷载大，而且悬挑跨度也较大，需要进行专门的抗震设计计算分析。

本次修订，增加了钢筋混凝土柱按抗震等级二级进行设计的要求，增加了关于大厅和前厅相连横墙的构造要求。增加了部分横墙采用钢筋混凝土抗震墙并按二级抗震等级设计的要求。

11 土、木、石结构房屋

11.1 村镇生土房屋

本节内容未做修订。89 规范对生土建筑作了分类，并就其适用范围以及设计施工方面的注意事项作了一般性规定。因地区特点、建筑习惯的不同和名称的不统一，分类不可能全面。灰土墙承重房屋目前在我国仍有建造，故列入有关要求。

生土房屋的层数，因其抗震能力有限，仅以一、二层为宜。

11.1.1 【修订说明】

本条进一步明确本规范的规定所适用的生土房屋的范围。

11.1.3 各类生土房屋，由于材料强度较低，在平立面布置上更要求简单，一般每开间均要有抗震横墙，不采用外廊为砖柱、石柱承重，或四角用砖柱、石柱承重的作法，也不要将大梁搁置在土墙上。房屋立面要避免错层、突变，同一栋房屋的高度和层数必须相同。这些措施都是为了避免在房屋各部分出现应力集中。

11.1.4 生土房屋的屋面采用轻质材料，可减轻地震作用；提倡用双坡和弧形屋面，可降低山墙高度，增加其稳定性；单坡屋面山墙过高，平屋面防水有问题，不宜采用。

由于是土墙，一切支承点均应有垫板或圈梁。檩条要满搭在墙上或椽子上，端檩要出檐，以使外墙受荷均匀，增加接触面积。

11.1.5～11.1.7 对生土房屋中的墙体砌筑的要求，大致同砌体结构，即内外墙交接处要采取简易又有效的拉结措施，土坯要卧砌。

土坯的土质和成型方法，决定了土坯的好坏并最终决定土墙的承载力，应予以重视。

生土房屋的地基要求夯实，并设置防潮层以防止生土墙体酥落。

【11.1.5 修订说明】

本条修改规范执行严格程度用词，强调生土房屋墙体之间加强拉结，提高结构整体性。

11.1.8 为加强灰土墙房屋的整体性，要求设置圈梁。圈梁可用配筋砖带或木圈梁。

11.1.9 提高土拱房的抗震性能，主要是拱脚的稳定、拱圈的牢固和整体性。若一侧为崖体一侧为人工土墙，会因软硬不同导致破坏。

11.1.10 土窑洞有一定的抗震能力，在宏观震害调查时看到，土体稳定、土质密实、坡度较平缓的土窑洞在 7 度区有较完好的例子。因此，对土窑洞来说，首先要选择良好的建筑场地，应避开易产生滑坡、山崩的地段。

崖窑前不要接砌土坯或其他材料的前脸，否则前脸部分将极易遭到破坏。

有些地区习惯开挖层窑，一般来说比较危险，如需要时应注意间隔足够的距离，避免一旦土体破坏时发生连锁反应，造成大面积坍塌。

11.2 木结构房屋

本节主要是依据 1981 年道孚 6.9 级地震的经验。

11.2.1 本节所规定的木结构房屋，不适用于木柱与屋架（梁）铰接的房屋。因其柱子上、下端均为铰接，是不稳定的结构体系。

11.2.3 木柱房屋限高二层，是为了避免木柱有接头。震害表明，木柱无接头的旧房损坏较轻，而新建的有接头的房屋却倒塌。

11.2.4 四柱三跨木排架指的是中间有一个较大的主跨，两侧各有一个较小边跨的结构，是大跨空旷木房屋较为经济合理的方案。

震害表明，15～18m 宽的木柱房屋，若仅用单跨，破坏严重，甚至倒塌；而采用四柱三跨的结构形式，甚至出现地裂缝，主跨也安然无恙。

11.2.5 木结构房屋无承重山墙，故本规范第 9.3 节规定的房屋两端第二开间设置屋盖支撑的要求需向外移到端开间。

11.2.6～11.2.8 木柱与屋架（梁）设置斜撑，目的控制横向侧移和加强整体性，穿斗木构架房屋整体性较好，有相当的抗倒力和变形能力，故可不必采用斜撑来限制侧移，但平面外的稳定性还需采用纵向支撑来加强。

震害表明，木柱与木屋架的斜撑若用夹板形式，通过螺栓与屋架下弦节点和上弦处紧密连结，则基本完好，而斜撑连接于下弦任意部位时，往往倒塌或严重破坏。

为保证排架的稳定性，加强柱脚和基础的锚固是十分必要的，可采用拉结铁件和螺栓连接的方式。

11.2.11 本条是新增的，提出了关于木构件截面尺寸、开榫、接头等的构造要求。

11.2.12 砌体围护墙不应把木柱完全包裹，目的是消除下列不利因素：

　　1 木柱不通风，极易腐蚀，且难于检查木柱的变质；

　　2 地震时木柱变形大，不能共同工作，反而把砌体推坏，造成砌体倒塌伤人。

【修订说明】

本条修改规范执行严格程度用词，强调了木结构房屋的围护墙与主体的拉结，以避免土坯等倒塌伤人。

11.3 石结构房屋

11.3.1，11.3.2 多层石房震害经验不多，唐山地区多数是二层，少数三、四层，而昭通地区大部分是二、三层，仅泉州石结构古塔高达 48.24m，经过 1604 年 8 级地震（泉州烈度为 8 度）的考验至今犹存。

多层石房高度限值相对于砖房是较小的，这是考虑到石块加工不平整，性能差别很大，且目前石结构的经验还不足。使用"不宜"，可理解为通过试验或有其他依据时，可适当增减。

【11.3.2 修订说明】

本条修改规范执行严格程度用词，以严格控制石砌体民居的适用范围。

11.3.6 从宏观震害和实验情况来看，石墙体的破坏特征和砖结构相近，石墙体的抗剪承载力验算可与多层砌体结构采用同样的方法。但其承载力设计值应由试验确定。

11.3.7 石结构房屋的构造柱设置要求，系参照 89 规范混凝土中型砌块房屋对芯柱的设置要求规定的，而构造柱的配筋构造等要求，需参照多层黏土砖房的规定。

本次修订提高了 7 度时石结构房屋构造柱设置的要求。

11.3.8 洞口是石墙体的薄弱环节，因此需对其洞口的面积加以限制。

11.3.9 多层石房每层设置钢筋混凝土圈梁，能够提高其抗震能力，减轻震害，例如，唐山地震中，10 度区有 5 栋设置了圈梁的二层石房，震后基本完好，或仅轻微破坏。

与多层砖房相比，石墙体房屋圈梁的截面加大，配筋略有增加，因为石墙体材料重量较大。在每开间及每道墙上，均设置现浇圈梁是为了加强墙体间的连接和整体性。

11.3.10 石墙在交接处用条石无垫片砌筑，并设置拉结钢筋网片，是根据石墙材料的特点，为加强房屋整体性而采取的措施。

12 隔震和消能减震设计

12.1 一般规定

12.1.1 隔震和消能减震是建筑结构减轻地震灾害的新技术。

隔震体系通过延长结构的自振周期能够减少结构的水平地震作用，已被国外强震记录所证实。国内外的大量试验和工程经验表明：隔震一般可使结构的水平地震加速度反应降低60%左右，从而消除或有效地减轻结构和非结构的地震损坏，提高建筑物及其内部设施和人员的地震安全性，增加了震后建筑物继续使用的功能。

采用消能减震的方案，通过消能器增加结构阻尼来减少结构在风作用下的位移是公认的事实，对减少结构水平和竖向的地震反应也是有效的。

适应我国经济发展的需要，有条件地利用隔震和消能减震来减轻建筑结构的地震灾害，是完全可能的。本章主要吸收国内外研究成果中较成熟的内容，目前仅列入橡胶隔震支座的隔震技术和关于消能减震设计的基本要求。

12.1.2 隔震技术和消能减震技术的主要使用范围，是可增加投资来提高抗震安全的建筑，除了重要机关、医院等地震时不能中断使用的建筑外，一般建筑经方案比较和论证后，也可采用。进行方案比较时，需对建筑的抗震设防分类、抗震设防烈度、场地条件、使用功能及建筑、结构的方案，从安全和经济两方面进行综合分析对比，论证其合理性和可行性。

12.1.3 现阶段对隔震技术的采用，按照积极稳妥推广的方针，首先在使用有特殊要求和8、9度地区的多层砌体、混凝土框架和抗震墙房屋中运用。论证隔震设计的可行性时需注意：

1 隔震技术对低层和多层建筑比较合适。日本和美国的经验表明，不隔震时基本周期小于1.0s的建筑结构效果最佳；对于高层建筑效果不大。此时，建筑结构基本周期的估计，普通的砌体房屋可取0.4s，钢筋混凝土框架取 $T_1 = 0.075H^{3/4}$，钢筋混凝土抗震墙结构取 $T_1 = 0.05H^{3/4}$。

2 根据橡胶隔震支座抗拉性能差的特点，需限制非地震作用的水平荷载，结构的变形特点需符合剪切变形为主的要求，即满足本规范第5.1.2条规定的高度不超过40m可采用底部剪力法计算的结构，以利于结构的整体稳定性。对高宽比大的结构，需进行整体倾覆验算，防止支座压屈或出现拉应力。

3 国外对隔震工程的许多考察发现：硬土场地较适合于隔震房屋；软弱场地滤掉了地震波的中高频分量，延长结构的周期将增大而不是减小其地震反应，墨西哥地震就是一个典型的例子。日本的隔震标准草案规定，隔震房屋只适用于一、二类场地。我国大部分地区（第一组）Ⅰ、Ⅱ、Ⅲ类场地的设计特征周期均较小，故除Ⅳ类场地外均可建造隔震房屋。

4 隔震层防火措施和穿越隔震层的配管、配线，有与其特性相关的专门要求。

12.1.4 消能减震房屋最基本的特点是：

1 消能装置可同时减少结构的水平和竖向的地震作用，适用范围较广，结构类型和高度均不受限制；

2 消能装置应使结构具有足够的附加阻尼，以

满足罕遇地震下预期的结构位移要求；

3 由于消能装置不改变结构的基本形式，除消能部件和相关部件外的结构设计仍可按本规范各章对相应结构类型的要求执行。这样，消能减震房屋的抗震构造，与普通房屋相比不降低，其抗震安全性可有明显的提高。

12.1.5 隔震支座、阻尼器和消能减震部件在长期使用过程中需要检查和维护。因此，其安装位置应便于维护人员接近和操作。

为了确保隔震和消能减震的效果，隔震支座、阻尼器和消能减震部件的性能参数应严格检验。

12.2 房屋隔震设计要点

12.2.1 本规范对隔震的基本要求是：通过隔震层的大变形来减少其上部结构的地震作用，从而减少地震破坏。隔震设计需解决的主要问题是：隔震层位置的确定，隔震垫的数量、规格和布置，隔震支座平均压应力验算，隔震层在罕遇地震下的承载力和变形控制，隔震层不隔离竖向地震作用的影响，上部结构的水平向减震系数及其与隔震层的连接构造等。

隔震层的位置需布置在第一层以下。当位于第一层及以上时，隔震体系的特点与普通隔震结构可有较大差异，隔震层以下的结构设计计算也更复杂，需作专门研究。

为便于我国设计人员掌握隔震设计方法，本章提出了"水平向减震系数"的概念。按减震系数进行设计，隔震层以上结构的水平地震作用和抗震验算，构件承载力大致留有0.5度的安全储备。因此，对于丙类建筑，相应的构造要求也可有所降低。但必须注意，结构所受的地震作用，既有水平向也有竖向，目前的橡胶隔震支座只具有隔离水平地震的功能，对竖向地震没有隔震效果，隔震后结构的竖向地震力可能大于水平地震力，应予以重视并做相应的验算，采取适当的措施。

12.2.2 本条规定了隔震体系的计算模型，且一般要求采用时程分析法进行设计计算。在附录L中提供了简化计算方法。

12.2.3、12.2.4 规定了隔震层设计的基本要求。

1 关于橡胶隔震支座的平均压应力和最大拉应力限值。

（1）根据Haring弹性理论，按稳定要求，以压缩荷载下叠层橡胶水平刚度为零的压应力作为屈曲应力 σ_{cr}，该屈曲应力取决于橡胶的硬度、钢板厚度与橡胶厚度的比值、第一形状参数 s_1（有效直径与中央孔洞直径之差 $D-D_0$ 与橡胶层4倍厚度 $4t_r$ 之比）和第二形状参数 s_2（有效直径 D 与橡胶层总厚度 nt_r 之比）等。

通常，隔震支座中间钢板厚度是单层橡胶厚度的一半，取比值为0.5。对硬度为30~60共七种橡胶，以及 $s_1 = 11$、13、15、17、19、20 和 $s_2 = 3$、4、5、

6、7，累计 210 种组合进行了计算。结果表明：满足 $s_1 \geqslant 15$ 和 $s_2 \geqslant 5$ 且橡胶硬度不小于 40 时，最小的屈曲应力值为 34.0MPa。

将橡胶支座在地震下发生剪切变形后上下钢板投影的重叠部分作为有效受压面积，以该有效受压面积得到的平均应力达到最小屈曲应力作为控制橡胶支座稳定的条件，取容许剪切变形为 0.55D（D 为支座有效直径），则可得本条规定的丙类建筑的平均压应力限值

$$\sigma_{max} = 0.45\sigma_{cr} = 15.0\text{MPa}$$

对 $s_2 < 5$ 且橡胶硬度不小于 40 的支座，当 $s_2 = 4$，$\sigma_{max} = 12.0\text{MPa}$；当 $s_2 = 3$，$\sigma_{max} = 9.0\text{MPa}$。因此规定，当 $s_2 < 5$ 时，平均压应力限值需予以降低。

（2）规定隔震支座不出现拉应力，主要考虑下列三个因素：

1）橡胶受拉后内部有损伤，降低了支座的弹性性能；

2）隔震支座出现拉应力，意味着上部结构存在倾覆危险；

3）橡胶隔震支座在拉伸应力下滞回特性的实物试验尚不充分。

2 关于隔震层水平刚度和等效黏滞阻尼比的计算方法，系根据振动方程的复阻尼理论得到的。其实部为水平刚度，虚部为等效黏滞阻尼比。

还需注意，橡胶材料是非线性弹性体，橡胶隔震支座的有效刚度与振动周期有关，动静刚度的差别甚大。因此，为了保证隔震的有效性，至少需要取相应于隔振体系基本周期的动刚度进行计算，隔震支座的产品应提供有关的性能参数。

12.2.5 隔震后，隔震层以上结构的水平地震作用需乘以水平向减震系数。隔震层以上结构的水平地震作用，仅有该结构对应于减震系数的水平地震作用的 70%。结构的层间剪力代表了水平地震作用取值及其分布，可用来识别结构的水平向减震系数。

考虑到隔震层不能隔离结构的竖向地震作用，隔震结构的竖向地震力可能大于其水平地震力，竖向地震的影响不可忽略，故至少要求 9 度时和 8 度水平向减震系数为 0.25 时应进行竖向地震作用验算。

12.2.8 为了保证隔震层能够整体协调工作，隔震层顶部应设置平面内刚度足够大的梁板体系。当采用装配整体式钢筋混凝土板时，为使纵横梁体系能传递竖向荷载并协调横向剪力在每个隔震支座的分配，支座上方的纵横梁体系应为现浇。为增大隔震层顶部梁板的平面内刚度，需加大梁的截面尺寸和配筋。

隔震支座附近的梁、柱受力状态复杂，地震时还会受到冲切，应加密箍筋，必要时配置网状钢筋。

考虑到隔震层对竖向地震作用没有隔振效果，上部结构的抗震构造措施应保留与竖向抗力有关的要求。

12.2.9 上部结构的底部剪力通过隔震支座传给基础结构。因此，上部结构与隔震支座的连接件、隔震支座与基础的连接件应具有传递上部结构最大底部剪力的能力。

12.3 房屋消能减震设计要点

12.3.1 本规范对消能减震的基本要求是：通过消能器的设置来控制预期的结构变形，从而使主体结构构件在罕遇地震下不发生严重破坏。消能减震设计需解决的主要问题是：消能器和消能部件的选型，消能部件在结构中的分布和数量，消能部件附加给结构的阻尼比估算，消能减震体系在罕遇地震下的位移计算，以及消能部件与主体结构的连接构造和其附加的作用等等。

罕遇地震下预期结构位移的控制值，取决于使用要求，本规范第 5.5 节的限值是针对非消能减震结构"大震不倒"的规定。采用消能减震技术后，结构位移的控制应明显小于第 5.5 节的规定。

消能器的类型甚多，按 ATC—33.03 的划分，主要分为位移相关型、速度相关型和其他类型。金属屈服型和摩擦型属于位移相关型，当位移达到预定的起动限才能发挥消能作用，有些摩擦型消能器的性能有时不够稳定。黏滞型和黏弹性型属于速度相关型。消能器的性能主要用恢复力模型表示，应通过试验确定，并需根据结构预期位移控制等因素合理选用。位移要求愈严，附加阻尼愈大，消能部件的要求愈高。

12.3.2 消能部件的布置需经分析确定。设置在结构的两个主轴方向，可使两方向均有附加阻尼和刚度；设置于结构变形较大的部位，可更好发挥消耗地震能量的作用。

12.3.3 消能减震设计计算的基本内容是：预估结构的位移，并与未采用消能减震结构的位移相比，求出所需的附加阻尼，选择消能部件的数量、布置和所能提供的阻尼大小，设计相应的消能部件，然后对消能减震体系进行整体分析，确认其是否满足位移控制要求。

消能减震结构的计算方法，与消能部件的类型、数量、布置及所提供的阻尼大小有关。理论上，大阻尼比的阻尼矩阵不满足振型分解的正交性条件，需直接采用恢复力模型进行非线性静力分析或非线性时程分析计算。从实用的角度，ATC—33 建议适当简化，特别是主体结构基本控制在弹性工作范围内时，可采用线性计算方法估计。

12.3.4 采用底部剪力法或振型分解反应谱法计算消能减震结构时，需要通过强行解耦，然后计算消能减震结构的自振周期、振型和阻尼比。此时，消能部件附加给结构的阻尼，参照 ATC—33，用消能部件本身在地震下变形所吸收的能量与设置消能器后结构总地震变形能的比值来表征。

消能减震结构的总刚度取为结构刚度和消能部件刚度之和，消能减震结构的阻尼比按下列公式近似估算：

$$\zeta_j = \zeta_{sj} + \zeta_{cj}$$

$$\zeta_{cj} = \frac{T_j}{4\pi M_j} \Phi_j^T C_c \Phi_j$$

式中　ζ_j、ζ_{sj}、ζ_{cj}——分别为消能减震结构的 j 振型阻尼比、原结构的 j 振型阻尼比和消能器附加的 j 振型阻尼比；

T_j、Φ_j、M_j——分别为消能减震结构第 j 自振周期、振型和广义质量；

C_c——消能器产生的结构附加阻尼矩阵。

国内外的一些研究表明，当消能部件较均匀分布且阻尼比不大于 0.20 时，强行解耦与精确解的误差，大多数可控制在 5% 以内。

附录 L　隔震设计简化计算和砌体结构隔震措施

1　对于剪切型结构，可根据基本周期和规范的地震影响系数曲线估计其隔震和不隔震的水平地震作用。此时，分别考虑结构基本周期不大于设计特征周期和大于设计特征周期两种情况，在每一种情况中又以 5 倍特征周期为界加以区分。

（1）不隔震结构的基本周期不大于设计特征周期 T_g 的情况：

设隔震结构的地震影响系数为 α，不隔震结构的地震影响系数为 α'，则

对隔震结构，整个体系的基本周期为 T_1，当不大于 $5T_g$ 时地震影响系数

$$\alpha = \eta_2 (T_g/T_1)^\gamma \alpha_{max} \qquad (L.1.1-1)$$

不隔震结构的基本周期小于或等于设计特征周期时，地震影响系数

$$\alpha' = \alpha_{max} \qquad (L.1.1-2)$$

式中　α_{max}——阻尼比 0.05 的不隔震结构的水平地震影响系数最大值；

η_2、γ——分别为与阻尼比有关的最大值调整系数和曲线下降段衰减指数，见第 5.1 节条文说明。

按照减震系数的定义，若水平向减震系数为 ψ，则隔震后结构的总水平地震作用为不隔震结构总水平地震作用的 ψ 倍乘以 70%，即

$$\alpha \leq 0.7\psi\alpha'$$

于是　　　$\psi \geq (1/0.7) \eta_2 (T_g/T_1)^\gamma$

近似取　　$\psi = \sqrt{2} \eta_2 (T_g/T_1)^\gamma \qquad (L.1.1-3)$

当隔震后结构基本周期 $T_1 > 5T_g$ 时，地震影响系数为倾斜下降段且要求不小于 $0.2\alpha_{max}$，确定水平向减震系数需专门研究，往往不易实现。例如要使水平向减震系数为 0.25，需有：

$$T_1/T_g = 5 + (\eta_2 0.2^\gamma - 0.175)/(\eta_1 T_g)$$

对 II 类场地 $T_g = 0.35s$，阻尼比 0.05 和 0.10，相应

的 T_1 分别为 4.7s 和 2.9s

但此时　　$\alpha = 0.175\alpha_{max}$，不满足 $\alpha \geq 0.2\alpha_{max}$ 的要求。

（2）结构基本周期大于设计特征周期的情况：

不隔震结构的基本周期 T_0 大于设计特征周期 T_g 时，地震影响系数为

$$\alpha' = (T_g/T_0)^{0.9} \alpha_{max} \qquad (L.1.1-4)$$

为使隔震结构的水平向减震系数达到 ψ，需有

$$\psi = \sqrt{2} \eta_2 (T_g/T_1)^\gamma (T_0/T_g)^{0.9} \qquad (L.1.1-5)$$

当隔震后结构基本周期 $T_1 > 5T_g$ 时，也需专门研究。

注意，若在 $T_0 \leq T_g$ 时，取 $T_0 = T_g$，则式（L.1.1-5）可转化为式（L.1.1-3），意味着也适用于结构基本周期不大于设计特征周期的情况。

多层砌体结构的自振周期较短，对多层砌体结构及与其基本周期相当的结构，本规范按不隔震时基本周期不大于 0.4s 考虑。于是，在上述公式中引入"不隔震结构的计算周期 T_0"表示不隔震的基本周期，并规定多层砌体取 0.4s 和设计特征周期二者的较大值，其他结构取计算基本周期和设计特征周期的较大值，即得到规范条文中的公式：砌体结构用式（L.1.1-3）表达；与砌体周期相当的结构用式（L.1.1-5）表达。

2　本条提出的隔震层扭转影响系数是简化计算。在隔震层顶板为刚性的假定下，由几何关系，第 i 支座的水平位移可写为：

$$u_i = \sqrt{(u_c + u_{ti}\sin\alpha_i)^2 + (u_{ti}\cos\alpha_i)^2}$$
$$= \sqrt{u_c^2 + 2u_c u_{ti}\sin\alpha_i + u_{ti}^2}$$

略去高阶量，可得：

$$u_i = \beta_i u_c$$
$$\beta_i = 1 + (u_{ti}/u_c)\sin\alpha_i$$

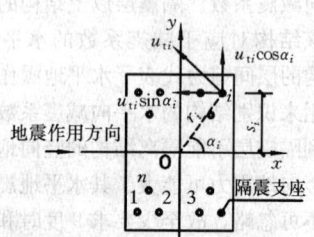

图 L.2　隔震层扭转计算简图

另一方面，在水平地震下 i 支座的附加位移可根据楼层的扭转角与支座至隔震层刚度中心的距离得到，

$$\frac{u_{ti}}{u_c} = \frac{k_h}{\sum k_j r_j^2} r_i e$$

$$\beta_i = 1 + \frac{k_h}{\sum k_j r_j^2} r_i e \sin\alpha_i$$

如果将隔震层平移刚度和扭转刚度用隔震层平面的几何尺寸表述，并设隔震层平面为矩形且隔震支座均匀布置，可得

$$k_h \propto ab$$

于是 $\qquad \beta_{\mathrm{t}}=1+12es_i/(a^2+b^2)$

对于同时考虑双向水平地震作用的扭转影响的情况，由于隔震层在两个水平方向的刚度和阻尼特性相同，若两方向隔震层顶部的水平力近似认为相等，均取为 F_{Ek}，可有地震扭矩

$$M_{tx}=F_{Ek}e_y,\quad M_{ty}=F_{Ek}e_x$$

同时作用的地震扭矩取下列二者的较大值：

$$M_t=\sqrt{M_{tx}^2+(0.85M_{ty})^2} \text{ 和 } M_t=\sqrt{M_{ty}^2+(0.85M_{tx})^2}$$

记为 $\qquad M_{tx}=F_{Ek}e$

其中，偏心距 e 为下列二式的较大值：

$$e=\sqrt{e_x^2+(0.85e_y)^2} \text{ 和 } e=\sqrt{e_y^2+(0.85e_x)^2}$$

考虑到施工的误差，地震剪力的偏心距 e 宜计入偶然偏心距的影响，与本规范第 5.2 节的规定相同，隔震层也采用限制扭转影响系数最小值的方法处理。

3 对于砌体结构，其竖向抗震验算可简化为墙体抗震承载力验算时在墙体的平均正应力 σ_0 计入竖向地震应力的不利影响。

4 考虑到隔震层对竖向地震作用没有隔振效果，上部砌体结构的构造应保留与竖向抗力有关的要求。对砌体结构的局部尺寸、圈梁配筋和构造柱、芯柱的最大间距作了原则规定。

13 非结构构件

13.1 一般规定

13.1.1 非结构的抗震设计所涉及的设计领域较多，本章主要涉及与主体结构设计有关的内容，即非结构构件与主体结构的连接件及其锚固的设计。

非结构构件（如墙板、幕墙、广告牌、机电设备等）自身的抗震，系以其不受损坏为前提的，本章不直接涉及这方面的内容。

本章所列的建筑附属设备，不包括工业建筑中的生产设备和相关设施。

13.1.2 非结构构件的抗震设防目标列于本规范第3.7 节。与主体结构三水准设防目标相协调，容许建筑非结构构件的损坏程度略大于主体结构，但不得危及生命。

建筑非结构构件和建筑附属机电设备支架的抗震设防分类，各国的抗震规范、标准有不同的规定（参见附表），本规范大致分为高、中、低三个层次：

高要求时，外观可能损坏而不影响使用功能和防火能力，安全玻璃可能裂缝，可经受相连结构构件出现 1.4 倍以上设计挠度的变形，即功能系数取≥1.4；

中等要求时，使用功能基本正常或可很快恢复，耐火时间减少 1/4，强化玻璃破碎，其他玻璃无下落，可经受相连结构构件出现设计挠度的变形，功能系数取 1.0；

一般要求，多数构件基本处于原位，但系统可能损坏，需修理才能恢复功能，耐火时间明显降低，容许玻璃破碎下落，只能经受相连结构构件出现 0.6 倍设计挠度的变形，功能系数取 0.6。

世界各国的抗震规范、规定中，要求对非结构的地震作用进行计算的有 60%，而仅有 28% 对非结构的构造做出规定。考虑到我国设计人员的习惯，首先要求采取抗震措施，对于抗震计算的范围由相关标准规定，一般情况下，除了本规范第 5 章有明确规定的非结构构件，如出屋面女儿墙、长悬臂构件（雨篷等）外，尽量减少非结构构件地震作用计算和构件抗震验算的范围。例如，需要进行抗震验算的非结构构件大致如下：

1 7～9 度时，基本上为脆性材料制作的幕墙及各类幕墙的连接；

2 8、9 度时，悬挂重物的支座及其连接、出屋面广告牌和类似构件的锚固；

3 高层建筑上重型商标、标志、信号等的支架；

4 8、9 度时，乙类建筑的文物陈列柜的支座及其连接；

5 7～9 度时，电梯提升设备的锚固件、高层建筑上的电梯构件及其锚固；

6 7～9 度时，建筑附属设备自重超过 1.8kN 或其体系自振周期大于 0.1s 的设备支架、基座及其锚固。

13.1.3 很多情况下，同一部位有多个非结构构件，如出入口通道可包括非承重墙体、悬吊顶棚、应急照明和出入信号四个非结构构件；电气转换开关可能安装在非承重隔墙上等。当抗震设防要求不同的非结构构件连接在一起时，要求低的构件也需按较高的要求设计，以确保较高设防要求的构件能满足规定。

13.2 基本计算要求

13.2.1 本条明确了结构专业所需考虑的非结构构件的影响，包括如何在结构设计中计入相关的重力、刚度、承载力和必要的相互作用。结构构件设计时仅计入支承非结构部位的集中作用并验算连接件的锚固。

13.2.2 非结构构件的地震作用，除了自身质量产生的惯性力外，还有支座间相对位移产生的附加作用，二者需同时组合计算。

非结构构件的地震作用，除了本规范第 5 章规定的长悬臂构件外，只考虑水平方向。其基本的计算方法是对应于"地面反应谱"的"楼面谱"，即反映支承非结构构件的主体结构体系自身动力特性、非结构构件所在楼层位置和支点数量、结构和非结构阻尼特性对地面地震运动的放大作用；当非结构构件的质量较大时或非结构体系的自振特性与主结构体系的某一振型的振动特性相近时，非结构体系还将与主结构体系的地震反应产生相互影响。一般情况下，可采用简

化方法，即等效侧力法计算；同时计入支座间相对位移产生的附加内力。对刚性连接于楼盖上的设备，当与楼层并为一个质点参与整个结构的计算分析时，也不必另外用楼面谱进行其他地震作用计算。

13.2.3 非结构构件的抗震计算，最早见于 ATC—3，采用了静力法。

等效侧力法在第一代楼面谱（以建筑的楼面运动作为地震输入，将非结构构件作为单自由度系统，将其最大反应的均值作为楼面谱，不考虑非结构构件对楼层的反作用）基础上做了简化。各国抗震规范的非结构构件的等效侧力法，一般由设计加速度、功能（或重要）系数、构件类别系数、位置系数、动力放大系数和构件重力六个因素所决定。

设计加速度一般取相当于设防烈度的地面运动加速度，与本规范各章协调，这里仍取多遇地震对应的加速度。

功能系数，UBC97分1.5和1.0两档，欧洲规范分1.5、1.4、1.2、1.0和0.8五档，日本取1.0、2/3、1/2三档。我国由有关的非结构设计标准按设防类别和使用要求确定，一般分为三档，取≥1.4、1.0和0.6。

构件类别系数，美国早期的 ATC—3 分 0.6、0.9、1.5、2.0、3.0五档，UBC97称反应修正系数，无延性材料或采用胶粘剂的锚固为1.0，其余分为2/3、1/3、1/4三档，欧洲规范分 1.0 和 1/2 两档。我国由有关非结构标准确定，一般分 0.6、0.9、1.0 和 1.2四档。

部分非结构构件的功能系数和类别系数参见表13.2.3。

表 13.2.3-1 建筑非结构构件的类别系数和功能系数

构件、部件名称	类别系数	功能系数	
		乙类建筑	丙类建筑
非承重外墙：			
围护墙	0.9	1.4	1.0
玻璃幕墙等	0.9	1.4	1.4
连接：			
墙体连接件	1.0	1.4	1.0
饰面连接件	1.0	1.0	0.6
防火顶棚连接件	0.9	1.0	1.0
非防火顶棚连接件	0.6	1.0	0.6
附属构件：			
标志或广告牌等	1.2	1.0	1.0
高于2.4m储物柜支架：			
货架（柜）文件柜	0.6		0.6
文物柜	1.0	1.4	1.0

表 13.2.3-2 建筑附属设备构件的类别系数和功能系数

构件、部件所属系统	类别系数	功能系数	
		乙类	丙类
应急电源的主控系统、发电机、冷冻机等	1.0	1.4	1.4
电梯的支承结构、导轨、支架、轿箱导向构件等	1.0	1.0	1.0
悬挂式或摇摆式灯具	0.9	1.0	0.6
其他灯具	0.6	1.0	0.6
柜式设备支座	0.6	1.0	0.6
水箱、冷却塔支座	1.2	1.0	1.0
锅炉、压力容器支座	1.0	1.0	1.0
公用天线支座	1.2	1.0	1.0

位置系数，一般沿高度为线性分布，顶点的取值，UBC97 为 4.0，欧洲规范为 2.0，日本取 3.3。根据强震观测记录的分析，对多层和一般的高层建筑，顶部的加速度约为底层的二倍；当结构有明显的扭转效应或高宽比较大时，房屋顶部和底部的加速度比例大于2.0。因此，凡采用时程分析法补充计算的建筑结构，此比值应依据时程分析法相应调整。

状态系数，取决于非结构体系的自振周期，UBC97 在不同场地条件下，以周期 1s 时的动力放大系数为基础再乘以 2.5 和 1.0 两档，欧洲规范要求计算非结构体系的自振周期 T_a，取值为 $3/[1+(1-T_a/T_1)^2]$，日本取 1.0、1.5 和 2.0 三档。本规范不要求计算体系的周期，简化为两种极端情况，1.0 适用于非结构的体系自振周期不大于 0.06s 等体系刚度较大的情况，其余按 T_a 接近于 T_1 的情况取值。当计算非结构体系的自振周期时，则可按 $2/[1+(1-T_a/T_1)^2]$ 采用。

由此得到的地震作用系数（取位置、状态和构件类别三个系数的乘积）的取值范围，与主体结构体系相比，UBC97 按场地为 0.7～4.0 倍（若以硬土条件下结构周期 1.0s 为 1.0，则为 0.5～5.6 倍），欧洲规范为 0.75～6.0 倍（若以硬土条件下结构周期 1.0s 为 1.0，则为 1.2～10 倍）。我国一般为 0.6～4.8 倍（若以 $T_g=0.4s$、结构周期 1.0s 为 1.0，则为 1.3～11 倍）。

13.2.4 非结构构件支座间相对位移的取值，凡需验算层间位移者，除有关标准的规定外，一般按本规范规定的位移限值采用。

对建筑非结构构件，其变形能力相差较大。砌体材料构成的非结构构件，由于变形能力较差而限制在要求高的场所使用，国外的规范也只有构造要求而不要求进行抗震计算；金属幕墙和高级装修材料具有较大的变形能力，国外通常由生产厂家按主体结构设计的变形要求提供相应的材料，而不是由材料决定结构的变形要求；对玻璃幕墙，《建筑幕墙》标准中已规定其平面内变形分为五个等级，最大 1/100，最小 1/400。

对设备支架，支座间相对位移的取值与使用要求有直接联系。例如，要求在设防烈度地震下保持使用功能（如管道不破碎等），取设防烈度下的变形，即功能系数可取 2~3，相应的变形限值取多遇地震的 3~4 倍；要求在罕遇地震下不造成次生灾害，则取罕遇地震下的变形限值。

13.2.5 要求进行楼面谱计算的非结构构件，主要是建筑附属设备，如巨大的高位水箱、出屋面的大型塔架等。采用第二代楼面谱计算可反映非结构构件对所在建筑结构的反作用，不仅导致结构本身地震反应的变化，固定在其上的非结构的地震反应也明显不同。

计算楼面谱的基本方法是随机振动法和时程分析法，当非结构构件的材料与结构体系相同时，可直接利用一般的时程分析软件得到；当非结构构件的质量较大，或材料阻尼特性明显不同，或在不同楼层上有支点，需采用第二代楼面谱的方法进行验算。此时，可考虑非结构与主体结构的相互作用，包括"吸振效应"，计算结果更加可靠。采用时程分析法和随机振动法计算楼面谱需有专门的计算软件。

13.3 建筑非结构构件的基本抗震措施

89 规范各章中有关建筑非结构构件的构造要求如下：

1 砌体房屋中，后砌隔墙、楼梯间砖砌栏板的规定；

2 多层钢筋混凝土房屋中，围护墙和隔墙材料、砖填充墙布置和连接的规定；

3 单层钢筋混凝土柱厂房中，天窗端壁板、围护墙、高低跨封墙和纵横跨悬墙的材料和布置的规定，砌体隔墙和围护墙、墙梁、大型墙板等与排架柱、抗风柱的连接构造要求；

4 单层砖柱厂房中，隔墙的选型和连接构造规定；

5 单层钢结构厂房中，围护墙选型和连接要求。

本节将上述规定加以合并整理，形成建筑非结构构件材料、选型、布置和锚固的基本抗震要求。还补充了吊车走道板、天沟板、端屋架与山墙间的填充小屋面板，天窗端壁板和天窗侧板下的填充砌体等非结

构构件与支承结构可靠连接的规定。

玻璃幕墙已有专门的规程，预制墙板、顶棚及女儿墙、雨篷等附属构件的规定，也由专门的非结构抗震设计规程加以规定。

13.4 附属机电设备支架的基本抗震措施

本规范仅规定对附属机电设备支架的基本要求。并参照美国 UBC 规范的规定，给出了可不作抗震设防要求的一些小型设备和小直径的管道。

建筑附属机电设备的种类繁多，参照美国 UBC97 规范，要求自重超过 1.8kN（400 磅）或自振周期大于 0.1s 时，要进行抗震计算。计算自振周期时，一般采用单质点模型。对于支承条件复杂的机电设备，其计算模型应符合相关设备标准的要求。

附录 A 我国主要城镇抗震设防烈度、设计基本地震加速度和设计地震分组

A.0.20，A.0.24，A.0.25 【修订说明】

根据国家标准 GB 18306—2001《中国地震动参数区划图》第 1 号修改单（国标委服务函［2008］57 号）对四川、甘肃、陕西部分地区地震动参数的相关规定，对汶川地震后相关地区县级及县级以上城镇的中心地区建筑工程抗震设计时所采用的抗震设防烈度、设计基本地震加速度值和所属的设计地震分组加以调整。

本附录局部修订所调整的城镇涉及四川省、陕西省和甘肃省的 70 个城镇，其变化情况如下：

1. 新增为 8 度 0.20g 的城镇有 7 个：

四川省平武、茂县、宝兴和甘肃省的两当由 0.15g 提高为 0.20g，北川（震前）、汶川、都江堰由 0.10g 提高为 0.20g。

2. 新增为 7 度 0.15g 的城镇有 9 个：

四川省安县、青川、江油、绵竹、什邡、彭州、理县，陕西省略阳，均由 0.10g 提高为 0.15g。四川省剑阁由 0.05g 提高为 0.15g 附近。

3. 新增为 7 度 0.10g 的城镇有 15 个：

四川省广元（3 个市辖区）、绵阳（2 个市辖区）、罗江、德阳、中江、广汉、金堂、成都市的 2 个市辖区，陕西省宁强、南郑、汉中，均由 0.05g 提高为 0.10g。

4. 设防烈度不变而设计地震分组改变的城镇有 39 个（对砌体结构，其地震作用取值不变；对混凝土结构、钢结构等，其地震作用取值略有增加或减少）：

四川省 8 度 0.20g 的九寨沟、松潘，7 度 0.15g 的天全、芦山、丹巴，7 度 0.10g 的成都（6 个市辖区）、双流、新津、黑水、金川、雅安、名山、洪雅、

夹江、郫县、温江、大邑、崇州、邛崃、蒲江、彭山、丹棱、眉山，6 度 0.05g 的苍溪、盐亭、三台、简阳、旺苍、南江。

陕西省 7 度 0.10g 的勉县。

甘肃省 8 度 0.30g 的西和，8 度 0.20g 的文县、陇南、舟曲。

此外，部分乡镇的设防烈度与该县级城镇中心地区不同，需按区划图修改单确定：

四川省广元东南、剑阁东南、梓潼东北、中江东南、金堂东南、简阳西北、绵竹西北、什邡西北、彭州西北、汶川西南、理县东部、茂县西部、黑水东部；陕西省宁强西部、南郑东南；甘肃省文县东南、陇南东南角、康县东南。

中华人民共和国国家标准

锅 炉 房 设 计 规 范

Code for design of boiler plant

GB 50041—2008

主编部门：中国机械工业联合会
批准部门：中华人民共和国建设部
施行日期：2008 年 8 月 1 日

中华人民共和国建设部
公　告

第 803 号

建设部关于发布国家标准
《锅炉房设计规范》的公告

　　现批准《锅炉房设计规范》为国家标准，编号为 GB 50041—2008，自 2008 年 8 月 1 日起实施。其中，第 3.0.3（3）、3.0.4、4.1.3、4.3.7、6.1.5、6.1.7、6.1.9、6.1.14、7.0.3、7.0.5、11.1.1、13.2.21、13.3.15、15.1.1、15.1.2、15.1.3、15.2.2、15.3.7、16.1.1、16.2.1、16.3.1、18.2.6、18.3.12 条（款）为强制性条文，必须严格执行。原《锅炉房设计规范》GB 50041—92 同时废止。

　　本规范由建设部标准定额研究所组织中国计划出版社出版发行。

中华人民共和国建设部
二○○八年二月三日

前　　言

　　本规范是根据建设部建标〔2002〕85 号文《关于印发"2001～2002 年度工程建设国家标准制订、修订计划"的通知》要求，由中国联合工程公司会同有关设计研究单位共同修订完成的。

　　在修订过程中，修订组在研究了原规范内容后，以节能与环保为重点，特别对锅炉房设置在其他建筑物内的情况进行了广泛的调查与研究，并与有关部门协调，广泛征求全国各有关单位意见，经过征求意见稿、送审稿、报批稿等阶段，最后经有关部门审查定稿。

　　修订后的规范共分 18 章和 1 个附录，修订的主要内容有：

　　1. 蒸汽锅炉的单台额定蒸发量由原来的 1～65t/h 扩大为 1～75t/h；热水锅炉的单台额定热功率由原来的 0.7～58MW 扩大为 0.7～70MW；

　　2. 对设在其他建筑物内的锅炉房，对燃料、位置选择与布置、燃油燃气系统与管道、消防与自动控制、土建与公用设施及噪声与振动等特殊要求，在本规范中作了明确而严格的规定；

　　3. 调整并加强了节能与环保的条款；

　　4. 增设了"消防"篇章及调整了章节的编排。

　　本规范以黑体字标志的条文为强制性条文，必须严格执行。

　　本规范由建设部负责管理和对强制性条文的解释，中国机械工业联合会负责日常管理，中国联合工程公司负责具体技术内容的解释。

　　为不断完善本规范，使其适应经济与技术的发展，敬请各单位在执行本规范过程中，注意总结经验，积累资料，并及时将意见和有关资料寄往中国联合工程公司（地址：浙江省杭州市石桥路 338 号，邮编：310022，电子信箱：zhangzm@chinacuc.com 或 shihg@chinacuc.com），以供今后修订时参考。

　　本规范组织单位、主编单位、参编单位和主要起草人：

　　组 织 单 位：中国机械工业勘察设计协会

　　主 编 单 位：中国联合工程公司

　　参 编 单 位：中国中元兴华工程公司
　　　　　　　　　　中国新时代国际工程公司
　　　　　　　　　　中机国际工程设计研究院
　　　　　　　　　　中船公司第九设计研究院
　　　　　　　　　　上海市机电设计研究院有限公司
　　　　　　　　　　北京新元瑞普科技发展公司

　　主要起草人：史华光　章增明　舒世安　何晓平
　　　　　　　　　　李　磊　戴綦文　张泉根　王建中
　　　　　　　　　　熊维熔　叶全乐　王天龙　张秋耀
　　　　　　　　　　徐　辉　孔祥伟　陈济良　穆聚生
　　　　　　　　　　徐佩玺

目　次

1 总 则

1.0.1 为使锅炉房设计贯彻执行国家的有关法律、法规和规定，达到节约能源、保护环境、安全生产、技术先进、经济合理和确保质量的要求，制定本规范。

1.0.2 本规范适用于下列范围内的工业、民用、区域锅炉房及其室外热力管道设计：

　　1 以水为介质的蒸汽锅炉锅炉房，其单台锅炉额定蒸发量为 1～75t/h、额定出口蒸汽压力为 0.10～3.82MPa（表压）、额定出口蒸汽温度小于等于 450℃；

　　2 热水锅炉锅炉房，其单台锅炉额定热功率为 0.7～70MW、额定出口水压为 0.10～2.50MPa（表压）、额定出口水温小于等于 180℃；

　　3 符合本条第 1、2 款参数的室外蒸汽管道、凝结水管道和闭式循环热水系统。

1.0.3 本规范不适用于余热锅炉、垃圾焚烧锅炉和其他特殊类型锅炉的锅炉房和城市热力网设计。

1.0.4 锅炉房设计除应符合本规范外，尚应符合国家现行的有关强制性标准的规定。

2 术 语

2.0.1 锅炉房 boiler plant
　　锅炉以及保证锅炉正常运行的辅助设备和设施的综合体。

2.0.2 工业锅炉房 industrial boiler plant
　　指企业所附属的自备锅炉房。它的任务是满足本企业供热（蒸汽、热水）需要。

2.0.3 民用锅炉房 living boiler plant
　　指用于供应人们生活用热（汽）的锅炉房。

2.0.4 区域锅炉房 regional boiler plant
　　指为某个区域服务的锅炉房。在这个区域内，可以有数个企业、数个民用建筑和公共建筑等建筑设施。

2.0.5 独立锅炉房 independent boiler plant
　　四周与其他建筑没有任何结构联系的锅炉房。

2.0.6 非独立锅炉房 dependent boiler plant
　　与其他建筑物毗邻或设在其他建筑物内的锅炉房。

2.0.7 地下锅炉房 underground boiler plant
　　设置在地面以下的锅炉房。

2.0.8 半地下锅炉房 semi-underground boiler plant
　　设置在地面以下的高度超过锅炉间净高 1/3，且不超过锅炉间高度的锅炉房。

2.0.9 地下室锅炉房 basement boiler plant
　　设置在其他建筑物内，锅炉间地面低于室外地面的高度超过锅炉间净高 1/2 的锅炉房。

2.0.10 半地下室锅炉房 semi-basement boiler plant
　　设置在其他建筑物内，锅炉间地面低于室外地面的高度超过锅炉间净高 1/3，且不超过 1/2 的锅炉房。

2.0.11 室外热力（含蒸汽、凝结水及热水，下同）管道 outdoor thermal piping
　　系指企业（含机关、团体、学校等，下同）所属锅炉房，在企业范围内的室外热力管道，以及区域锅炉房其界线范围内的室外热力管道。

2.0.12 大气式燃烧器 atmosfheric burner
　　空气由高速喷射的燃气吸入的燃烧器。

2.0.13 管道 piping
　　由管道组成件、管道支吊架等组成，用以输送、分配、混合、分离、排放、计量或控制流体流动。

2.0.14 管道系统 piping system
　　按流体与设计条件划分的多根管道连接成的一组管道。

2.0.15 管道支座 pipe support
　　直接支承管道并承受管道作用力的管路附件。

2.0.16 固定支座 fixing support
　　不允许管道和支承结构有相对位移的管道支座。

2.0.17 活动支座 movable support
　　允许管道和支承结构有相对位移的管道支座。

2.0.18 滑动支座 sliding support
　　管托在支承结构上作相对滑动的管道活动支座。

2.0.19 滚动支座 roller support
　　管托在支承结构上作相对滚动的管道活动支座。

2.0.20 管道支吊架 pipeline trestle and hanging hook
　　将管道或支座所承受的作用力传到建筑结构或地面的管道构件。

2.0.21 高支架 high trestle
　　地上敷设管道保温结构底净高大于等于 4m 以上的管道支架。

2.0.22 中支架 wedium-height trestle
　　地上敷设管道保温结构底净高大于等于 2m、小于 4m 的管道支架。

2.0.23 低支架 low trestle
　　地上敷设管道保温结构底净高大于等于 0.3m、小于 2m 的管道支架。

2.0.24 固定支架 fixing trestle
　　不允许管道与其有相对位移的管道支架。

2.0.25 活动支架 movable trestle
　　允许管道与其有相对位移的管道支架。

2.0.26 滑动支架 sliding trestle
　　允许管道与其有相对滑动的管道支架。

2.0.27 悬臂支架 cantilever trestle
　　采用悬臂式结构支承管道的支架。

2.0.28 导向支架 guiding trestle

允许管道轴向位移的活动支架。

2.0.29 滚动支架 roller trestle

管托在支承结构上作滚动的管道活动支架。

2.0.30 桁架式支架 trussed trestle

支架之间用沿管轴纵向桁架联成整体的管道支架。

2.0.31 常年不间断供汽（热）year-round steam (heat) supply

指锅炉房向热用户的供汽（热）全年不能中断，当中断供汽（热）时将导致其人员的生命危险或重大的经济损失。

2.0.32 人员密集场所 people close-packed area

指会议室、观众厅、教室、公共浴室、餐厅、医院、商场、托儿所和候车室等。

2.0.33 重要部门 important area

指机要档案室、通信站和贵宾室等。

2.0.34 锅炉间 boiler room

指安装锅炉本体的场所。

2.0.35 辅助间 auxiliary room

指除锅炉间以外的所有安装辅机、辅助设备及生产操作的场所，如水处理间、风机间、水泵间、机修间、化验室、仪表控制室等。

2.0.36 生活间 service room

指供职工生活或办公的场所，如值班更衣室、休息室、办公室、自用浴室、厕所等。

2.0.37 值班更衣室 duty room

指供工人上下班更衣、存衣的场所（非指浴室存衣）。

2.0.38 休息室 rest room

指在二、三班制的锅炉房，供工人倒班休息的场所。

2.0.39 常用给水泵 operation feed water pump

指锅炉在运行中正常使用的给水泵。

2.0.40 工作备用给水泵 standby feed water pump

指当常用给水泵发生故障时，向锅炉给水的泵。

2.0.41 事故备用给水泵 emergency feed water pump

指停电时电动给水泵停止运行，为防止锅炉发生缺水事故的给水泵，一般为汽动给水泵。

2.0.42 间隙机械化 interval mechanical

指装卸与运煤作业为间断性的。这些设备较为简易、实用和可靠，一般需辅以一定的人力，效率较低，如铲车、移动式皮带机等。

2.0.43 连续机械化 continuous mechanical

指装卸与运煤作业为连续性的。设备之间互相衔接，煤自堆场装卸，直至运到锅炉房煤斗，连接成一条不间断的输送流水线，如抓斗吊车、门式螺旋卸料机、皮带输送机、多斗提升机和埋刮板输送机。

2.0.44 净距 net distance

指两个物体最突出相邻部位外缘之间的距离。

2.0.45 相对密度 relative density

气体密度与空气密度的比值。

3 基本规定

3.0.1 锅炉房设计应根据批准的城市（地区）或企业总体规划和供热规划进行，做到远近结合，以近期为主，并宜留有扩建余地。对扩建和改建锅炉房，应取得原有工艺设备和管道的原始资料，并应合理利用原有建筑物、构筑物、设备和管道，同时应与原有生产系统、设备和管道的布置、建筑物和构筑物形式相协调。

3.0.2 锅炉房设计应取得热负荷、燃料和水质资料，并应取得当地的气象、地质、水文、电力和供水等有关基础资料。

3.0.3 锅炉房燃料的选用，应做到合理利用能源和节约能源，并与安全生产、经济效益和环境保护相协调，选用的燃料应有其产地、元素成分分析等资料和相应的燃料供应协议，并应符合下列规定：

　　1 设在其他建筑物内的锅炉房，应选用燃油或燃气燃料；

　　2 选用燃油作燃料时，不宜选用重油或渣油；

　　3 地下、半地下、地下室和半地下室锅炉房，严禁选用液化石油气或相对密度大于或等于 0.75 的气体燃料；

　　4 燃气锅炉房的备用燃料，应根据供热系统的安全性、重要性、供气部门的保证程度和备用燃料的可能性等因素确定。

3.0.4 锅炉房设计必须采取减轻废气、废水、固体废渣和噪声对环境影响的有效措施，排出的有害物和噪声应符合国家现行有关标准、规范的规定。

3.0.5 企业所需热负荷的供应，应根据所在区域的供热规划确定。当企业热负荷不能由区域热电站、区域锅炉房或其他企业的锅炉房供应，且不具备热电联产的条件时，宜自设锅炉房。

3.0.6 区域所需热负荷的供应，应根据所在城市（地区）的供热规划确定。当符合下列条件之一时，可设置区域锅炉房：

　　1 居住区和公共建筑设施的采暖和生活热负荷，不属于热电站供应范围的；

　　2 用户的生产、采暖通风和生活热负荷较小，负荷不稳定，年使用时数较低，或由于场地、资金等原因，不具备热电联产条件的；

　　3 根据城市供热规划和用户先期用热的要求，需要过渡性供热，以后可作为热电站的调峰或备用热源的。

3.0.7 锅炉房的容量应根据设计热负荷确定。设计热负荷宜在绘制出热负荷曲线或热平衡系统图，并计入各项热损失、锅炉房自用热量和可供利用的余热量后进行计算确定。

当缺少热负荷曲线或热平衡系统图时，设计热负荷可根据生产、采暖通风和空调、生活小时最大耗热量，并分别计入各项热损失、余热利用量和同时使用系数后确定。

3.0.8 当热用户的热负荷变化较大且较频繁，或为周期性变化时，在经济合理的原则下，宜设置蒸汽蓄热器。设有蒸汽蓄热器的锅炉房，其设计容量应按平衡后的热负荷进行计算确定。

3.0.9 锅炉供热介质的选择，应符合下列要求：

    1 供采暖、通风、空气调节和生活用热的锅炉房，宜采用热水作为供热介质；

    2 以生产用汽为主的锅炉房，应采用蒸汽作为供热介质；

    3 同时供生产用汽及采暖、通风、空调和生活用热的锅炉房，经技术经济比较后，可选用蒸汽或蒸汽和热水作为供热介质。

3.0.10 锅炉供热介质参数的选择，应符合下列要求：

    1 供生产用蒸汽压力和温度的选择，应满足生产工艺的要求；

    2 热水热力网设计供水温度、回水温度，应根据工程具体条件，并综合锅炉房、管网、热力站、热用户二次供热系统等因素，进行技术经济比较后确定。

3.0.11 锅炉的选择除应符合本规范 3.0.9 条和 3.0.10 条的规定外，尚应符合下列要求：

    1 应能有效地燃烧所采用的燃料，有较高热效率和能适应热负荷变化；

    2 应有利于保护环境；

    3 应能降低基建投资和减少运行管理费用；

    4 应选用机械化、自动化程度较高的锅炉；

    5 宜选用容量和燃烧设备相同的锅炉，当选用不同容量和不同类型的锅炉时，其容量和类型均不宜超过 2 种；

    6 其结构应与该地区抗震设防烈度相适应；

    7 对燃油、燃气锅炉，除应符合本条上述规定外，并应符合全自动运行要求和具有可靠的燃烧安全保护装置。

3.0.12 锅炉台数和容量的确定，应符合下列要求：

    1 锅炉台数和容量应按所有运行锅炉在额定蒸发量或热功率时，能满足锅炉房最大计算热负荷；

    2 应保证锅炉房在较高或较低热负荷运行工况下能安全运行，并应使锅炉台数、额定蒸发量或热功率和其他运行性能均能有效地适应热负荷变化，且应考虑全年热负荷低峰期锅炉机组的运行工况；

    3 锅炉房的锅炉台数不宜少于 2 台，但当选用 1 台锅炉能满足热负荷和检修需要时，可只设置 1 台；

    4 锅炉房的锅炉总台数，对新建锅炉房不宜超过 5 台；扩建和改建时，总台数不宜超过 7 台；非独立锅炉房，不宜超过 4 台；

    5 锅炉房有多台锅炉时，当其中 1 台额定蒸发量或热功率最大的锅炉检修时，其余锅炉应能满足下列要求：

        1) 连续生产用热所需的最低热负荷；

        2) 采暖通风、空调和生活用热所需的最低热负荷。

3.0.13 在抗震设防烈度为 6 度至 9 度地区建设锅炉房时，其建筑物、构筑物和管道设计，均应采取符合该地区抗震设防标准的措施。

3.0.14 锅炉房宜设置必要的修理、运输和生活设施，当可与所属企业或邻近的企业协作时，可不单独设置。

4 锅炉房的布置

4.1 位置的选择

4.1.1 锅炉房位置的选择，应根据下列因素分析后确定：

    1 应靠近热负荷比较集中的地区，并应使引出热力管道和室外管网的布置在技术、经济上合理；

    2 应便于燃料贮运和灰渣的排送，并宜使人流和燃料、灰渣运输的物流分开；

    3 扩建端宜留有扩建余地；

    4 应有利于自然通风和采光；

    5 应位于地质条件较好的地区；

    6 应有利于减少烟尘、有害气体、噪声和灰渣对居民区和主要环境保护区的影响，全年运行的锅炉房应设置于总体最小频率风向的上风侧，季节性运行的锅炉房应设置于该季节最大频率风向的下风侧，并应符合环境影响评价报告提出的各项要求；

    7 燃煤锅炉房和煤气发生站宜布置在同一区域内；

    8 应有利于凝结水的回收；

    9 区域锅炉房尚应符合城市总体规划、区域供热规划的要求；

    10 易燃、易爆物品生产企业锅炉房的位置，除应满足本条上述要求外，还应符合有关专业规范的规定。

4.1.2 锅炉房宜为独立的建筑物。

4.1.3 当锅炉房和其他建筑物相连或设置在其内部时，严禁设置在人员密集场所和重要部门的上一层、下一层、贴邻位置以及主要通道、疏散口的两旁，并应设置在首层或地下室一层靠建筑物外墙部位。

4.1.4 住宅建筑物内，不宜设置锅炉房。

4.1.5 采用煤粉锅炉的锅炉房，不应设置在居民区、风景名胜区和其他主要环境保护区内。

4.1.6 采用循环流化床锅炉的锅炉房，不宜设置在居民区。

4.2 建筑物、构筑物和场地的布置

4.2.1 独立锅炉房区域内的各建筑物、构筑物的平面布置和空间组合，应紧凑合理、功能分区明确、建筑简洁协调、满足工艺流程顺畅、安全运行、方便运输、有利安装和检修的要求。

4.2.2 新建区域锅炉房的厂前区规划，应与所在区域规划相协调。锅炉房的主体建筑和附属建筑，宜采用整体布置。锅炉房区域内的建筑物主立面，宜面向主要道路，且整体布局应合理、美观。

4.2.3 工业锅炉房的建筑形式和布局，应与所在企业的建筑风格相协调；民用锅炉房、区域锅炉房的建筑形式和布局，应与所在城市（区域）的建筑风格相协调。

4.2.4 锅炉房区域内的各建筑物、构筑物与场地的布置，应充分利用地形，使挖方和填方量最小，排水顺畅，且应防止水流入地下室和管沟。

4.2.5 锅炉间、煤场、灰渣场、贮油罐、燃气调压站之间以及和其他建筑物、构筑物之间的间距，应符合现行国家标准《建筑设计防火规范》GB 50016、《城镇燃气设计规范》GB 50028 及有关标准规定，并满足安装、运行和检修的要求。

4.2.6 运煤系统的布置应利用地形，使提升高度小、运输距离短。煤场、灰渣场宜位于主要建筑物的全年最小频率风向的上风侧。

4.2.7 锅炉房建筑物室内底层标高和构筑物基础顶面标高，应高出室外地坪或周围地坪 0.15m 及以上。锅炉间和同层的辅助间地面标高应一致。

4.3 锅炉间、辅助间和生活间的布置

4.3.1 单台蒸汽锅炉额定蒸发量为 1～20t/h 或单台热水锅炉额定热功率为 0.7～14MW 的锅炉房，其辅助间和生活间宜贴邻锅炉间固定端一侧布置。单台蒸汽锅炉额定蒸发量为 35～75t/h 或单台热水锅炉额定热功率为 29～70MW 的锅炉房，其辅助间和生活间根据具体情况，可贴邻锅炉间布置，或单独布置。

4.3.2 锅炉房集中仪表控制室，应符合下列要求：

　　1 应与锅炉间运行层同层布置；

　　2 宜布置在便于司炉人员观察和操作的炉前适中地段；

　　3 室内光线应柔和；

　　4 朝锅炉操作面方向应采用隔声玻璃大观察窗；

　　5 控制室采用隔声门；

　　6 布置在热力除氧器和给水箱下面及水泵间上面时，应采取有效的防振和防水措施。

4.3.3 容量大的水处理系统、热交换系统、运煤系统和油泵房，宜分别设置各系统的就地机柜室。

4.3.4 锅炉房宜设置修理间、仪表校验间、化验室等生产辅助间，并宜设置值班室、更衣室、浴室、厕所等生活间。当就近有生活间可利用时，可不设置。二、三班制的锅炉房可设置休息室或与值班更衣室合并设置。锅炉房按车间、工段设置时，可设置办公室。

4.3.5 化验室应布置在采光较好、噪声和振动影响较小处，并使取样方便。

4.3.6 锅炉房运煤系统的布置宜使煤自固定端运入锅炉炉前。

4.3.7 锅炉房出入口的设置，必须符合下列规定：

　　1 出入口不应少于 2 个。但对独立锅炉房，当炉前走道总长度小于 12m，且总建筑面积小于 200m² 时，其出入口可设 1 个；

　　2 非独立锅炉房，其人员出入口必须有 1 个直通室外；

　　3 锅炉房为多层布置时，其各层的人员出入口不应少于 2 个。楼层上的人员出入口，应有直接通向地面的安全楼梯。

4.3.8 锅炉房通向室外的门应向室外开启，锅炉房内的工作间或生活间直通锅炉间的门应向锅炉间内开启。

4.4 工艺布置

4.4.1 锅炉房工艺布置应确保设备安装、操作运行、维护检修的安全和方便，并应使各种管线流程短、结构简单，使锅炉房面积和空间使用合理、紧凑。

4.4.2 建筑气候年日平均气温大于等于 25℃ 的日数在 80d 以上、雨水相对较少的地区，锅炉可采用露天或半露天布置。当锅炉采用露天或半露天布置时，除应符合本规范第 4.4.1 条的规定外，尚应符合下列要求：

　　1 应选择适合露天布置的锅炉本体及其附属设备；

　　2 管道、阀门、仪表附件等应有防雨、防风、防冻、防腐和减少热损失的措施；

　　3 应将锅炉水位、锅炉压力等测量控制仪表，集中设置在控制室内。

4.4.3 风机、水箱、除氧装置、加热装置、除尘装置、蓄热器、水处理装置等辅助设备和测量仪表露天布置时，应有防雨、防风、防冻、防腐和防噪声等措施。

居民区内锅炉房的风机不应露天布置。

4.4.4 锅炉之间的操作平台宜连通。锅炉房内所有高位布置的辅助设备及监测、控制装置和管道阀门等需操作和维修的场所，应设置方便操作的安全平台和扶梯。阀门可设置传动装置引至楼（地）面进行

操作。

4.4.5 锅炉操作地点和通道的净空高度不应小于2m，并应符合起吊设备操作高度的要求。在锅筒、省煤器及其他发热部位的上方，当不需操作和通行时，其净空高度可为 0.7m。

4.4.6 锅炉与建筑物的净距，不应小于表4.4.6 的规定，并应符合下列规定：

　　1 当需在炉前更换锅管时，炉前净距应能满足操作要求。大于6t/h 的蒸汽锅炉或大于4.2MW 的热水锅炉，当炉前设置仪表控制室时，锅炉前端到仪表控制室的净距可减小 3m；

　　2 当锅炉需吹灰、拨火、除渣、安装或检修螺旋除渣机时，通道净距应能满足操作的要求；装有快装锅炉的锅炉房，应有更新整装锅炉时能顺利通过的通道；锅炉后部通道的距离应根据后烟箱能否旋转开启确定。

表 4.4.6　锅炉与建筑物的净距

单台锅炉容量		炉前（m）		锅炉两侧和后部通道(m)
蒸汽锅炉（t/h）	热水锅炉（MW）	燃煤锅炉	燃气（油）锅炉	
1～4	0.7～2.8	3.00	2.50	0.80
6～20	4.2～14	4.00	3.00	1.50
≥35	≥29	5.00	4.00	1.80

5　燃煤系统

5.1　燃煤设施

5.1.1 锅炉的燃烧设备应与所采用的煤种相适应，并应符合下列要求：

　　1 方便调节，能较好地适应热负荷变化；

　　2 应较好地节约能源；

　　3 有利于环境保护。

5.1.2 选用层式燃烧设备时，宜采用链条炉排；当采用结焦性强的煤种及碎焦时，其燃烧设备不应采用链条炉排。

5.1.3 当原煤块度不能符合锅炉燃烧要求时，应设置煤块破碎装置，在破碎装置之前宜设置煤的磁选和筛选设备。当锅炉给煤装置、煤粉制备设施和燃烧设备有要求时，尚宜设置煤的二次破碎和二次磁选装置。

5.1.4 经破碎筛选后的煤块粒度，应满足不同型式锅炉或磨煤机的要求，并应符合下列规定：

　　1 煤粉炉、抛煤炉不宜大于 30mm；

　　2 链条炉不宜大于 50mm；

　　3 循环流化床炉不宜大于 13mm。

5.1.5 煤粉锅炉磨煤机型式的选择，应符合下列

要求：

　　1 燃用无烟煤、低挥发分贫煤、磨损性很强的煤或煤种、煤质难固定时，宜选用钢球磨煤机；

　　2 燃用磨损性不强、水分较高、灰分较低及挥发分较高的褐煤时，宜选用风扇磨煤机；

　　3 煤质适宜时，宜选用中速磨煤机。

5.1.6 给煤机应按下列要求确定：

　　1 循环流化床锅炉给煤机的台数不宜少于2台，当1台给煤机发生故障时，其余给煤机的总出力，应能满足锅炉额定蒸发量100%的给煤量；

　　2 制粉系统给煤机的型式，应根据设备的布置、给煤机的调节性能和运行的可靠性等要求进行选择，并应与磨煤机型式匹配；

　　3 制粉系统给煤机的台数，应与磨煤机的台数相同。其计算出力，埋刮板式、刮板式、胶带式给煤机不应小于磨煤机计算出力的110%，振动式给煤机不应小于磨煤机计算出力的120%。

5.1.7 煤粉锅炉给粉机的台数和最大出力，宜符合下列要求：

　　1 给粉机的台数应与锅炉燃烧器一次风口的接口数相同；

　　2 每台给粉机最大出力不宜小于与其连接的燃烧器最大出力的130%。

5.1.8 原煤仓、煤粉仓、落煤管的设计，应根据煤的水分和颗粒组成等条件确定，并应符合下列要求：

　　1 原煤仓和煤粉仓的内壁应光滑、耐磨，壁面倾角不宜小于 60°；斗的相邻两壁的交线与水平面的夹角不应小于55°；相邻壁交角的内侧应做成圆弧形，圆弧半径不应小于 200mm；

　　2 原煤仓出口的截面，不应小于 500mm×500mm，其下部宜设置圆形双曲线或锥形金属小煤斗；

　　3 落煤管宜垂直布置，且应为圆形；倾斜布置时，其与水平面的倾角不宜小于 60°；当条件受限制时，应根据煤的水分、颗粒组成、黏结性等因素，采用消堵措施，此时落煤管的倾斜角也不应小于 55°；可设置监视煤流装置和单台锅炉燃煤计量装置；

　　4 煤粉仓及其顶盖应坚固严密和有测量粉位的设施。煤粉仓应防止受热和受潮。在严寒地区，金属煤粉仓应保温。每个煤粉仓上设置的防爆门不应少于2个。防爆门的面积，应按煤粉仓几何容积 0.0025m²/m³ 计算，且总面积不得小于 0.50m²。

5.1.9 圆形双曲线或圆锥形金属小煤斗下部，宜设置振动式给煤机1台，其计算出力应符合本规范5.1.6条第3款的要求。

5.1.10 2台相邻锅炉之间的煤粉仓应采用可逆式螺旋输粉机连通。螺旋输粉机的出力，应与磨煤机的计算出力相同。

5.1.11 制粉系统，除燃料全部为无烟煤外，必须设

置防爆设施。

5.1.12 制粉系统排粉机的选择，应符合下列要求：

1 台数应与磨煤机台数相同；

2 风量裕量宜为5%～10%；

3 风压裕量宜为10%～20%。

5.2 煤、灰渣和石灰石的贮运

5.2.1 锅炉房煤场卸煤及转堆设备的设置，应根据锅炉房的耗煤量和来煤运输方式确定，并应符合下列要求：

1 火车运煤时，应采用机械化方式卸煤；

2 船舶运煤时，应采用机械抓取设备卸煤，卸煤机械总额定出力宜为锅炉房总耗煤量的300%，卸煤机械台数不应少于2台；

3 汽车运煤时，应利用社会运力，当无条件时，应设置自备汽车及卸煤的辅助设施。

5.2.2 火车运煤时，一次进煤的车皮数量和卸车时间，应与铁路部门协商确定。车皮数量宜为5～8节，卸车时间不宜超过3h。

5.2.3 煤场设计应贯彻节约用地和环境保护的原则，其贮煤量应根据煤源远近、供应的均衡性和交通运输方式等因素确定，并宜符合下列要求：

1 火车和船舶运煤，宜为10～25d的锅炉房最大计算耗煤量；

2 汽车运煤，宜为5～10d的锅炉房最大计算耗煤量。

5.2.4 在建筑气候经常性连续降雨地区，对露天设置的煤场，宜将其一部分设为干煤棚，其贮煤量宜为4～8d的锅炉房最大计算耗煤量。对环境要求高的燃煤锅炉房应设闭式贮煤仓。

5.2.5 有自燃性的煤堆，应有压实、洒水或其他防止自燃的措施。

5.2.6 煤场的地面应根据装卸方式进行处理，并应有排水坡度和排水措施。受煤沟应有防水和排水措施。

5.2.7 锅炉房燃用多种煤并需混煤时，应设置混煤设施。

5.2.8 运煤系统小时运煤量的计算，应根据锅炉房昼夜最大计算耗煤量、扩建时增加的煤量、运煤系统昼夜的作业时间和1.1～1.2不平衡系数等因素确定。

5.2.9 运煤系统宜按一班或两班运煤工作制运行。运煤系统昼夜的作业时间，宜符合下列要求：

1 一班运煤工作制，不宜大于6h；

2 两班运煤工作制，不宜大于11h；

3 三班运煤工作制，不宜大于16h。

5.2.10 从煤场到锅炉房和锅炉房内部的运煤，宜采用下列方式：

1 总耗煤量小于等于1t/h时，采用人工装卸和手推车运煤；

2 总耗煤量大于1t/h，且小于等于6t/h时，采用间歇机械化设备装卸和间歇或连续机械化设备运煤；

3 总耗煤量大于6t/h，且小于等于15t/h时，采用连续机械化设备装卸和运煤；

4 总耗煤量大于15t/h，且小于等于60t/h时，宜采用单路带式输送机运煤；

5 总耗煤量大于60t/h时，可采用双路带式输送机运煤。

注：当采用单路带式输送机运煤时，其驱动装置宜有备用。

5.2.11 锅炉炉前煤（粉）仓的贮量，宜符合下列要求：

1 一班运煤工作制为16～20h的锅炉额定耗煤量；

2 二班运煤工作制为10～12h的锅炉额定耗煤量；

3 三班运煤工作制为1～6h的锅炉额定耗煤量。

5.2.12 在锅炉房外设置集中煤仓时，其贮量宜符合下列要求：

1 一班运煤工作制为16～18h的锅炉房额定耗煤量；

2 二班运煤工作制为8～10h的锅炉房额定耗煤量。

5.2.13 采用带式输送机运煤，应符合下列要求：

1 胶带的宽度不宜小于500mm；

2 采用普通胶带的带式输送机的倾角，运送破碎前的原煤时，不应大于16°；运送破碎后的细煤时，不应大于18°；

3 在倾斜胶带上卸料时，其倾角不宜大于12°；

4 卸料段长度超过30m时，应设置人行过桥。

5.2.14 带式输送机栈桥的设置，在寒冷或风沙地区应采用封闭式，其他地区可采用敞开式、半封闭式或轻型封闭式，并应符合下列要求：

1 敞开式栈桥的运煤胶带上应设置防雨罩；

2 在寒冷地区的封闭式栈桥内，应有采暖设施；

3 封闭式栈桥和地下栈道的净高不应小于2.5m，运行通道的净宽不应小于1m，检修通道的净宽不应小于0.7m；

4 倾斜栈桥上的人行通道应有防滑措施，倾角超过12°的通道应做成踏步；

5 输送机钢结构栈桥应封底。

5.2.15 采用多斗提升机运煤，应有不小于连续8h的检修时间。当不能满足其检修时间时，应设置备用设备。

5.2.16 从受煤斗卸料到带式输送机、多斗提升机或埋刮板输送机之间，宜设置均匀给料装置。

5.2.17 运煤系统的地下构筑物应防水，地坑内应有排除积水的措施。

5.2.18 除灰渣系统的选择，应根据锅炉除渣机和除尘器型式、灰渣量及其特性、输送距离、工程所在地区的地势、气象条件、运输条件以及环境保护、综合利用等因素确定。循环流化床锅炉排出的高温渣，应经冷渣机冷却到200℃以下后排除，并宜采用机械或气力干式方式输送。

5.2.19 灰渣场的贮量，宜为3~5d锅炉房最大计算排灰渣量。

5.2.20 采用集中灰渣斗时，不宜设置灰渣场。灰渣斗的设计应符合下列要求：

　　1 灰渣斗的总容量，宜为1~2d锅炉房最大计算排灰渣量；

　　2 灰渣斗的出口尺寸，不应小于0.6m×0.6m；

　　3 严寒地区的灰渣斗，应有排水和防冻措施；

　　4 灰渣斗的内壁面应光滑、耐磨，壁面倾角不宜小于60°；灰渣斗相邻两壁的交线与水平面的夹角不应小于55°；相邻壁交角的内侧应做成圆弧形，圆弧半径不应小于200mm；

　　5 灰渣斗排出口与地面的净高，汽车运灰渣不应小于2.3m；火车运灰渣不应小于5.3m，当机车不通过灰渣斗下部时，其净高可为3.5m；

　　6 干式除灰渣系统的灰渣斗底部宜设置库底汽化装置。

5.2.21 除灰渣系统小时排灰渣量的计算，应根据锅炉房昼夜的最大计算灰渣量、扩建时增加的灰渣量、除灰渣系统昼夜的作业时间和1.1~1.2不平衡系数等因素确定。

5.2.22 锅炉房最大计算灰渣量大于等于1t/h时，宜采用机械、气力除灰渣系统或水力除灰渣系统。

5.2.23 锅炉采用水力除渣方式时，除尘器收集下来的灰，可利用锅炉除灰渣系统排除。循环流化床锅炉除灰系统，宜采用气力输送方式。

5.2.24 水力除灰渣系统的设计，应符合下列要求：

　　1 灰渣池的有效容积，宜根据1~2d锅炉房最大计算排灰渣量设计；

　　2 灰渣池应有机械抓取装置；

　　3 灰渣泵应有备用；

　　4 灰渣沟设置激流喷嘴时，灰渣沟坡度不应小于1%；锅炉固态排渣时，渣沟坡度不应小于1.5%；锅炉液态排渣时，渣沟坡度不应小于2%；输送高浓度灰浆或不设激流喷嘴的灰渣沟，沟底宜采用铸石镶板或用耐磨材料衬砌；

　　5 冲灰渣水应循环使用；

　　6 灰渣沟的布置，应力求短而直，其布置走向和标高，不应影响扩建。

5.2.25 用于循环流化床锅炉炉内脱硫的石灰石粉，宜采用符合锅炉性能和粒度分布的成品。

5.2.26 石灰石粉中间仓的容量，应按锅炉房所有运行锅炉在额定工况下3d石灰石消耗量计算确定；石

灰石粉日用仓的容量，应按锅炉房所有运行锅炉在额定工况下12h石灰石消耗量计算确定。

5.2.27 循环流化床锅炉采用的石灰石粉，其输送应采用气力方式。

6 燃油系统

6.1 燃油设施

6.1.1 燃油锅炉所配置的燃烧器，应与燃油的性质和燃烧室的型式相适应，并应符合下列要求：

　　1 油的雾化性能好；

　　2 能较好地适应负荷变化；

　　3 火焰形状与炉膛结构相适应；

　　4 对大气污染少；

　　5 噪声较低。

6.1.2 燃用重油的锅炉房，当冷炉启动点火缺少蒸汽加热重油时，应采用重油电加热器或设置轻油、燃气的辅助燃料系统。

6.1.3 燃油锅炉房采用电热式油加热器时，应限于启动点火或临时加热，不宜作为经常加热燃油的设备。

6.1.4 集中设置的供油泵，应符合下列要求：

　　1 供油泵的台数不应少于2台。当其中任何1台停止运行时，其余的总容量，不应少于锅炉房最大计算耗油量和回油量之和；

　　2 供油泵的扬程，不应小于下列各项的代数和：

　　　1）供油系统的压力降；

　　　2）供油系统的油位差；

　　　3）燃烧器前所需的油压；

　　　4）本款上述3项和的10%~20%富裕量。

6.1.5 不带安全阀的容积式供油泵，在其出口的阀门前靠近油泵处的管段上，必须装设安全阀。

6.1.6 集中设置的重油加热器，应符合下列要求：

　　1 加热面应根据锅炉房要求加热的油量和油温计算确定，并有10%的富裕量；

　　2 加热面组宜能进行调节；

　　3 应装设旁通管；

　　4 常年不间断供热的锅炉房，应设置备用油加热器。

6.1.7 燃油锅炉房室内油箱的总容量，重油不应超过5m³，轻柴油不应超过1m³。室内油箱应安装在单独的房间内。当锅炉房总蒸发量大于等于30t/h，或总热功率大于等于21MW时，室内油箱应采用连续进油的自动控制装置。当锅炉房发生火灾事故时，室内油箱应自动停止进油。

6.1.8 设置在锅炉房外的中间油箱，其总容量不宜超过锅炉房1d的计算耗油量。

6.1.9 室内油箱应采用闭式油箱。油箱上应装设直

通室外的通气管，通气管上应设置阻火器和防雨设施。油箱上不应采用玻璃管式油位表。

6.1.10 油箱的布置高度，宜使供油泵有足够的灌注头。

6.1.11 室内油箱应装设将油排放到室外贮油罐或事故贮油罐的紧急排放管。排放管上应并列装设手动和自动紧急排油阀。排放管上的阀门应装设在安全和便于操作的地点。对地下（室）锅炉房，室内油箱直接排油有困难时，应设事故排油泵。

　　非独立锅炉房，自动紧急排油阀应有就地启动、集中控制室遥控启动或消防防灾中心遥控启动的功能。

6.1.12 室外事故贮油罐的容积应大于等于室内油箱的容积，且宜埋地安装。

6.1.13 室内重油箱的油加热后的温度，不应超过 90℃。

6.1.14 燃油锅炉房点火用的液化气罐，不应存放在锅炉间，应存放在专用房间内。气罐的总容积应小于 1m³。

6.1.15 燃用重油的锅炉尾部受热面和烟道，宜设置蒸汽吹灰和蒸汽灭火装置。

6.1.16 煤粉锅炉和循环流化床锅炉的点火及助燃采用轻油时，油罐宜采用直接埋地布置的卧式油罐。油罐的数量及容量宜符合下列要求：

　　1 当单台锅炉容量小于等于 35t/h 时，宜设置 1 个 20m³ 油罐；

　　2 当单台锅炉容量大于 35t/h 时，宜设置 2 个大于等于 20m³ 油罐。

6.1.17 煤粉锅炉和循环流化床锅炉点火油系统供油泵的出力和台数，宜符合下列要求：

　　1 供油泵的出力，宜按容量最大 1 台锅炉在额定蒸发量时所需燃油量的 20%～30% 确定；

　　2 供油泵的台数，宜为 2 台，其中 1 台备用。

6.2 燃油的贮运

6.2.1 锅炉房贮油罐的总容量，宜符合下列要求：

　　1 火车或船舶运输，为 20～30d 的锅炉房最大计算耗油量；

　　2 汽车油槽车运输，为 3～7d 的锅炉房最大计算耗油量；

　　3 油管输送，为 3～5d 的锅炉房最大计算耗油量。

6.2.2 当企业设有总油库时，锅炉房燃用的重油或轻柴油，应由总油库统一贮存。

6.2.3 油库内重油贮油罐不应少于 2 个，轻油贮油罐不宜少于 2 个。

6.2.4 重油贮油罐内油被加热后的温度，应低于当地大气压力下水沸点 5℃，且应低于罐内油闪点 10℃，并应按两者中的较低值确定。

6.2.5 地下、半地下贮油罐或贮油罐组区，应设置防火堤。防火堤的设计应符合现行国家标准《建筑设计防火规范》GB 50016 的规定。

　　轻油贮油罐与重油贮油罐不应布置在同一个防火堤内。

6.2.6 设置轻油罐的场所，宜设有防止轻油流失的设施。

6.2.7 从锅炉房贮油罐输油到室内油箱的输油泵，不应少于 2 台，其中 1 台应为备用。输油泵的容量不应小于锅炉房小时最大计算耗油量的 110%。

6.2.8 在输油泵进口母管上应设置油过滤器 2 台，其中 1 台应为备用。油过滤器的滤网网孔宜为 8～12 目/cm，滤网流通截面积宜为其进口管截面积的 8～10 倍。

6.2.9 油泵房至贮油罐之间的管道宜采用地上敷设。当采用地沟敷设时，地沟与建筑物外墙连接处应填砂或用耐火材料隔断。

6.2.10 接入锅炉房的室外油管道，宜采用地上敷设。当采用地沟敷设时，地沟与建筑物的外墙连接处应填砂或用耐火材料隔断。

7　燃气系统

7.0.1 燃烧器的选择应适应气体燃料特性，并应符合下列要求：

　　1 能适应燃气成分在一定范围内的改变；

　　2 能较好地适应负荷变化；

　　3 具有微正压燃烧特性；

　　4 火焰形状与炉膛结构相适应；

　　5 噪声较低。

7.0.2 设有备用燃料的锅炉房，其锅炉燃烧器的选用应能适应燃用相应的备用燃料。

7.0.3 燃用液化石油气的锅炉间和有液化石油气管道穿越的室内地面处，严禁设有能通向室外的管沟（井）或地道等设施。

7.0.4 锅炉房燃气质量、贮配、净化、调压站、调压装置和计量装置设计，应符合现行国家标准《城镇燃气设计规范》GB 50028 的有关规定。

　　当燃气质量不符合燃烧要求时，应在调压装置前或在燃气母管的总关闭阀前设置除尘器、油水分离器和排水管。

7.0.5 燃气调压装置应设置在有围护的露天场地上或地上独立的建、构筑物内，不应设置在地下建、构筑物内。

8　锅炉烟风系统

8.0.1 锅炉的鼓风机、引风机宜单炉配置。当需要集中配置时，每台锅炉的风道、烟道与总风道、总烟道的连接处，应设置密封性好的风道、烟道门。

8.0.2 锅炉风机的配置和选择，应符合下列要求：

1 应选用高效、节能和低噪声风机；

2 风机的计算风量和风压，应根据锅炉额定蒸发量或额定热功率、燃料品种、燃烧方式和通风系统的阻力计算确定，并按当地气压及空气、烟气的温度和密度对风机特性进行修正；

3 炉排锅炉和循环流化床锅炉的风机，宜按1台炉配置1台鼓风机和1台引风机，其风量的富裕量，不宜小于计算风量的10%，风压的富裕量不宜小于计算风压的20%。煤粉锅炉风量和风压的富裕量应符合现行国家标准《小型火力发电厂设计规范》GB 50049的规定；

4 单台额定蒸发量大于等于35t/h的蒸汽锅炉或单台额定热功率大于等于29MW的热水锅炉，其鼓风机和引风机的电机宜具有调速功能；

5 满足风机在正常运行条件下处于较高的效率范围。

8.0.3 循环流化床锅炉的返料风机配置，除应符合本规范8.0.2条的要求外，尚宜按1台炉配置2台，其中1台返料风机宜为备用。

8.0.4 锅炉风道、烟道系统的设计，应符合下列要求：

1 应使风道、烟道短捷、平直且气密性好，附件少和阻力小；

2 单台锅炉配置两侧风道或2条烟道时，宜对称布置，且使每侧风道或每条烟道的阻力均衡；

3 当多台锅炉共用1座烟囱时，每台锅炉宜采用单独烟道接入烟囱，每个烟道应安装密封可靠的烟道门；

4 当多台锅炉合用1条总烟道时，应保证每台锅炉排烟时互不影响，并宜使每台锅炉的通风力均衡。每台锅炉支烟道出口应安装密封可靠的烟道门；

5 宜采用地上烟道，并应在其适当位置设置清扫人孔；

6 对烟道和热风道的热膨胀应采取补偿措施。当采用补偿器进行热补偿时，宜选用非金属补偿器；

7 应在适当位置设置必要的热工和环保等测点。

8.0.5 燃油、燃气和煤粉锅炉烟道和烟囱的设计，除应符合8.0.4条的规定外，尚应符合下列要求：

1 燃油、燃气锅炉烟囱，宜单台炉配置。当多台锅炉共用1座烟囱时，除每台锅炉宜采用单独烟道接入烟囱外，每条烟道尚应安装密封可靠的烟道门；

2 在烟气容易集聚的地方，以及当多台锅炉共用1座烟囱或1条总烟道时，每台锅炉烟道出口处应装设防爆装置，其位置应有利于泄压。当爆炸气体有可能危及操作人员的安全时，防爆装置上应装设泄压导向管；

3 燃油、燃气锅炉烟囱和烟道应采用钢制或钢筋混凝土构筑。燃气锅炉的烟道和烟囱最低点，应设置水封式冷凝水排水管道；

4 燃油、燃气锅炉不得与使用固体燃料的设备共用烟道和烟囱；

5 水平烟道长度，应根据现场情况和烟囱抽力确定，且应使燃油、燃气锅炉能维持微正压燃烧的要求；

6 水平烟道宜有1‰坡向锅炉或排水点的坡度；

7 钢制烟囱出口的排烟温度宜高于烟气露点，且宜高于15℃。

8.0.6 锅炉房烟囱高度应符合现行国家标准《锅炉大气污染物排放标准》GB 13271和所在地的相关规定。

锅炉房在机场附近时，烟囱高度应符合航空净空的要求。

9 锅炉给水设备和水处理

9.1 锅炉给水设备

9.1.1 给水泵台数的选择，应能适应锅炉房全年热负荷变化的要求，并应设置备用。

9.1.2 当流量最大的1台给水泵停止运行时，其余给水泵的总流量，应能满足所有运行锅炉在额定蒸发量时所需给水量的110%；当锅炉房设有减温装置或蓄热器时，给水泵的总流量尚应计入其用水量。

9.1.3 当给水泵的特性允许并联运行时，可采用同一给水母管；当给水泵的特性不能并联运行时，应采用不同的给水母管。

9.1.4 采用非一级电力负荷的锅炉房，在停电后可能会造成锅炉事故时，应采用汽动给水泵为事故备用泵。事故备用泵的流量，应能满足所有运行锅炉在额定蒸发量时所需给水量的20%~40%。

9.1.5 给水泵的扬程，不应小于下列各项的代数和：

1 锅炉锅筒在实际的使用压力下安全阀的开启压力；

2 省煤器和给水系统的压力损失；

3 给水系统的水位差；

4 本条上述3项和的10%富裕量。

9.1.6 锅炉房宜设置1个给水箱或1个匹配有除氧器的除氧水箱。常年不间断供热的锅炉房应设置2个给水箱或2个匹配有除氧器的除氧水箱。给水箱或除氧水箱的总有效容量，宜为所有运行锅炉在额定蒸发量工况条件下所需20~60min的给水量。

9.1.7 锅炉给水箱或除氧水箱的布置高度，应使锅炉给水泵有足够的灌注头，并不应小于下列各项的代数和：

1 给水泵进水口处水的汽化压力和给水箱的工作压力之差；

2 给水泵的汽蚀余量；

3 给水泵进水管的压力损失；

4 附加 3～5kPa 的富裕量。

9.1.8 采用特殊锅炉给水泵或加装增压泵时，热力除氧水箱宜低位布置，其高度应按设备要求确定。

9.1.9 当单台蒸汽锅炉额定蒸发量大于等于 35t/h、额定出口蒸汽压力大于等于 2.5MPa（表压）、热负荷较为连续而稳定，且给水泵的排汽可以利用时，宜采用工业汽轮机驱动的给水泵作为工作用给水泵，电动给水泵作为工作备用泵。

9.2 水 处 理

9.2.1 水处理设计，应符合锅炉安全和经济运行的要求。

水处理方法的选择，应根据原水水质、对锅炉给水和锅水的质量要求、补给水量、锅炉排污率和水处理设备的设计出力等因素确定。

经处理后的锅炉给水，不应使锅炉的蒸汽对生产和生活造成有害的影响。

9.2.2 额定出口压力小于等于 2.5MPa（表压）的蒸汽锅炉和热水锅炉的水质，应符合现行国家标准《工业锅炉水质》GB 1576 的规定。

额定出口压力大于 2.5MPa（表压）的蒸汽锅炉汽水质量，除应符合锅炉产品和用户对汽水质量要求外，尚应符合现行国家标准《火力发电机组及蒸汽动力设备汽水质量》GB/T 12145 的有关规定。

9.2.3 原水悬浮物的处理，应符合下列要求：

1 悬浮物的含量大于 5mg/L 的原水，在进入顺流再生固定床离子交换器前，应过滤；

2 悬浮物的含量大于 2mg/L 的原水，在进入逆流再生固定床或浮动床离子交换器前，应过滤；

3 悬浮物的含量大于 20mg/L 的原水或经石灰水处理后的水，应经混凝、澄清和过滤。

9.2.4 用于过滤原水的压力式机械过滤器，宜符合下列要求：

1 不宜少于 2 台，其中 1 台备用；

2 每台每昼夜反洗次数可按 1 次或 2 次设计；

3 可采用反洗水箱的水进行反洗或采用压缩空气和水进行混合反洗；

4 原水经混凝、澄清后，可用石英砂或无烟煤作单层过滤滤料，或用无烟煤和石英砂作双层过滤滤料；原水经石灰水处理后，可用无烟煤或大理石等作单层过滤滤料。

9.2.5 当原水水压不能满足水处理工艺要求时，应设置原水加压设施。

9.2.6 蒸汽锅炉、汽水两用锅炉的给水和热水锅炉的补给水，应采用锅外化学水处理。符合下列情况之一的锅炉可采用锅内加药处理：

1 单台额定蒸发量小于等于 2t/h，且额定蒸汽

压力小于等于 1.0MPa（表压）的对汽、水品质无特殊要求的蒸汽锅炉和汽水两用锅炉；

2 单台额定热功率小于等于 4.2MW 非管架式热水锅炉。

9.2.7 采用锅内加药水处理时，应符合下列要求：

1 给水悬浮物含量不应大于 20mg/L；

2 蒸汽锅炉给水总硬度不应大于 4mmol/L，热水锅炉给水总硬度不应大于 6mmol/L；

3 应设置自动加药设施；

4 应设有锅炉排泥渣和清洗的设施。

9.2.8 采用锅外化学水处理时，蒸汽锅炉的排污率应符合下列要求：

1 蒸汽压力小于等于 2.5MPa（表压）时，排污率不宜大于 10%；

2 蒸汽压力大于 2.5MPa（表压）时，排污率不宜大于 5%；

3 锅炉产生的蒸汽供供热式汽轮发电机组使用，且采用化学软化水为补给水时，排污率不宜大于 5%；采用化学除盐水为补给水时，排污率不宜大于 2%。

9.2.9 蒸汽锅炉连续排污水的热量应合理利用，且宜根据锅炉房总连续排污量设置连续排污膨胀器和排污水换热器。

9.2.10 化学水处理设备的出力，应按下列各项损失和消耗量计算：

1 蒸汽用户的凝结水损失；

2 锅炉房自用蒸汽的凝结水损失；

3 锅炉排污水损失；

4 室外蒸汽管道和凝结水管道的漏损；

5 采暖热水系统的补给水；

6 水处理系统的自用化学水；

7 其他用途的化学水。

9.2.11 化学软化水处理设备的型式，可按下列要求选择：

1 原水总硬度小于等于 6.5mmol/L 时，宜采用固定床逆流再生离子交换器；原水总硬度小于 2mmol/L 时，可采用固定床顺流再生离子交换器；

2 原水总硬度小于 4mmol/L、水质稳定、软化水消耗量变化不大且设备能连续不间断运行时，可采用浮动床、流动床或移动床离子交换器。

9.2.12 固定床离子交换器的设置不宜少于 2 台，其中 1 台为再生备用，每台再生周期宜按 12～24h 设计。当软化水的消耗量较小时，可设置 1 台，但其设计出力应满足离子交换器运行和再生时的软化水消耗量的需要。

出力小于 10t/h 的固定床离子交换器，宜选用全自动软水装置，其再生周期宜为 6～8h。

9.2.13 原水总硬度大于 6.5mmol/L，当一级钠离子交换器出水达不到水质标准时，可采用两级串联的钠

离子交换系统。

9.2.14 原水碳酸盐硬度较高，且允许软化水残留碱度为 1.0～1.4mmol/L 时，可采用钠离子交换后加酸处理。加酸处理后的软化水应经除二氧化碳器脱气，软化水的 pH 值应能进行连续监测。

9.2.15 原水碳酸盐硬度较高，且允许软化水残留碱度为 0.35～0.5mmol/L 时，可采用弱酸性阳离子交换树脂或不足量再生氢离子交换剂的氢-钠离子串联系统处理。氢离子交换器应采用固定床顺流再生；氢离子交换器出水应经除二氧化碳器脱气。氢离子交换器及其出水、排水管道应防腐。

9.2.16 除二氧化碳器的填料层高度，应根据填料品种和尺寸、进出水中二氧化碳含量、水温和所选定淋水密度下的实际解析系数等确定。

除二氧化碳器风机的通风量，可按每立方米水耗用 15～20m³ 空气计算。

9.2.17 当化学软化水处理不能满足锅炉给水水质要求时，应采用离子交换、反渗透或电渗析等方式的除盐水处理系统。

除盐水处理系统排出的清洗水宜回收利用；酸、碱废水应经中和处理达标后排放。

9.2.18 锅炉的锅筒与锅炉管束为胀接时，化学水处理系统应能维持蒸汽锅炉锅水的相对碱度小于 20%，当不能达到这一要求时，应设置向锅水中加入缓蚀剂的设施。

9.2.19 锅炉给水的除氧宜采用大气式喷雾热力除氧器。除氧水箱下部宜装设再沸腾用的蒸汽管。

9.2.20 当要求除氧后的水温不高于 60℃ 时，可采用真空除氧、解析除氧或其他低温除氧系统。

9.2.21 热水系统补给水的除氧，可采用真空除氧、解析除氧或化学除氧。当采用亚硫酸钠加药除氧时，应监测锅水中亚硫酸根的含量。

9.2.22 磷酸盐溶液的制备设施，宜采用溶解器和溶液箱。溶解器应设置搅拌和过滤装置，溶液箱的有效容量不宜小于锅炉房 1d 的药液消耗量。磷酸盐可采用干法贮存。磷酸盐溶液制备用水应采用软化水或除盐水。

9.2.23 磷酸盐加药设备宜采用计量泵。每台锅炉宜设置 1 台计量泵；当有数台锅炉时，尚宜设置 1 台备用计量泵。磷酸盐加药设备宜布置在锅炉间运转层。

9.2.24 凝结水箱、软化或除盐水箱和中间水箱的设置和有效容量，应符合下列要求：

1 凝结水箱宜设 1 个；当锅炉房常年不间断供热时，宜设 2 个或 1 个中间带隔板分为 2 格的凝结水箱。水箱的总有效容量宜按 20～40min 的凝结水回收量确定；

2 软化或除盐水箱的总有效容量，应根据水处理设备的设计出力和运行方式确定。当设有再生备用设备时，软化或除盐水箱的总有效容量应按 30～

60min 的软化或除盐水消耗量确定；

3 中间水箱总有效容量宜按水处理设备设计出力 15～30min 的水量确定。中间水箱的内壁应采取防腐蚀措施。

9.2.25 凝结水泵、软化或除盐水泵以及中间水泵的选择，应符合下列要求：

1 应有 1 台备用，当其中 1 台停止运行时，其余的总流量应满足系统水量要求；

2 有条件时，凝结水泵和软化或除盐水泵可合用 1 台备用泵；

3 中间水泵应选用耐腐蚀泵。

9.2.26 钠离子交换再生用的食盐可采用干法或湿法贮存，其贮量应根据运输条件确定。当采用湿法贮存时，应符合下列要求：

1 浓盐液池和稀盐液池宜各设 1 个，且宜采用混凝土建造，内壁贴防腐材料内衬；

2 浓盐液池的有效容积宜为 5～10d 食盐消耗量，其底部应设置慢滤层或设置过滤器；

3 稀盐液池的有效容积不应小于最大 1 台钠离子交换器 1 次再生盐液的消耗量；

4 宜设装卸平台和起吊设备。

9.2.27 酸、碱再生系统的设计，应符合下列要求：

1 酸、碱槽的贮量应按酸、碱液每昼夜的消耗量、交通运输条件和供应情况等因素确定，宜按贮存 15～30d 的消耗量设计；

2 酸、碱计量箱的有效容积，不应小于最大 1 台离子交换器 1 次再生酸、碱液的消耗量；

3 输酸、碱泵宜各设 1 台，并应选用耐酸、碱腐蚀泵。卸酸、碱宜利用自流或采用输酸、碱泵抽吸。

4 输送并稀释再生用酸、碱液宜采用酸、碱喷射器；

5 贮存和输送酸、碱液的设备、管道、阀门及其附件，应采取防腐和防护措施；

6 酸、碱贮存设备布置应靠近水处理间。贮存罐地上布置时，其周围应设有能容纳最大贮存罐 110% 容积的防护堰，当围堰有排放设施时，其容积可适当减小；

7 酸贮存罐和计量箱应采用液面密封设施，排气应接入酸雾吸收器；

8 酸、碱贮存区内应设操作人员安全冲洗设施。

9.2.28 氨溶液制备和输送的设备、管道、阀门及其附件，不应采用铜质材料制品。

9.2.29 汽水系统中应装设必要的取样点。汽水取样冷却器宜相对集中布置。汽水取样头的型式、引出点和管材，应满足样品具有代表性和不受污染的要求。汽水样品的温度宜小于 30℃。

9.2.30 水处理设备的布置，应根据工艺流程和同类设备宜集中的原则确定，并应便于操作、维修和减少主操作区的噪声。

9.2.31 水处理间主要操作通道的净距不应小于 1.5m，辅助设备操作通道的净距不宜小于 0.8m，其他通道均应适应检修的需要。

10 供热热水制备

10.1 热水锅炉及附属设施

10.1.1 热水锅炉的出口水压，不应小于锅炉最高供水温度加 20℃ 相应的饱和压力。

注：用锅炉自生蒸汽定压的热水系统除外。

10.1.2 热水锅炉应有防止或减轻因热水系统的循环水泵突然停运后造成锅水汽化和水击的措施。

10.1.3 在热水系统循环水泵的进、出口母管之间，应装设带止回阀的旁通管，旁通管截面积不宜小于母管的 1/2；在进口母管上，应装设除污器和安全阀，安全阀宜安装在除污器出水一侧；当采用气体加压膨胀水箱时，其连通管宜接在循环水泵进口母管上；在循环水泵进口母管上，宜装设高于系统静压的泄压放气管。

10.1.4 热水热力网采用集中质调时，循环水泵的选择应符合下列要求：

1 循环水泵的流量应根据锅炉进、出水的设计温差、各用户的耗热量和管网损失等因素确定。在锅炉出口母管与循环水泵进口母管之间装设旁通管时，尚应计入流经旁通管的循环水量；

2 循环水泵的扬程，不应小于下列各项之和：

1）热水锅炉房或热交换站中设备及其管道的压力降；

2）热网供、回水干管的压力降；

3）最不利的用户内部系统的压力降。

3 循环水泵台数不应少于 2 台，当其中 1 台停止运行时，其余水泵的总流量应满足最大循环水量的需要；

4 并联循环水泵的特性曲线宜平缓、相同或近似；

5 循环水泵的承压、耐温性能应满足热力网设计参数的要求。

10.1.5 热水热力网采用分阶段改变流量调节时，循环水泵不宜少于 3 台，可不设备用，其流量、扬程不宜相同。

10.1.6 热水热力网采用改变流量的中央质-量调节时，宜选用调速水泵。调速水泵的特性应满足不同工况下流量和扬程的要求。

10.1.7 补给水泵的选择，应符合下列要求：

1 补给水泵的流量，应根据热水系统的正常补给水量和事故补给水量确定，并宜为正常补给水量的 4～5 倍；

2 补给水泵的扬程，不应小于补水点压力加 30～50kPa 的富裕量；

3 补给水泵的台数不宜少于 2 台，其中 1 台备用；

4 补给水泵宜带有变频调速措施。

10.1.8 热水系统的小时泄漏量，应根据系统的规模和供水温度等条件确定，宜为系统循环水量的 1%。

10.1.9 采用氮气或蒸汽加压膨胀水箱作恒压装置的热水系统，应符合下列要求：

1 恒压点设在循环水泵进口端，循环水泵运行时，应使系统内水不汽化；循环水泵停止运行时，宜使系统内水不汽化；

2 恒压点设在循环水泵出口端，循环水泵运行时，应使系统内水不汽化。

10.1.10 热水系统恒压点设在循环水泵进口端时，补水点位置宜设在循环水泵进口侧。

10.1.11 采用补给水泵作恒压装置的热水系统，应符合下列要求：

1 除突然停电的情况外，应符合本规范第 10.1.9 条的要求；

2 当引入锅炉房的给水压力高于热水系统静压线，在循环水泵停止运行时，宜采用给水保持热水系统静压；

3 采用间歇补水的热水系统，在补给水泵停止运行期间，热水系统压力降低时，不应使系统内水汽化；

4 系统中应设置泄压装置，泄压排水宜排入补给水箱。

10.1.12 采用高位膨胀水箱作恒压装置时，应符合下列要求：

1 高位膨胀水箱与热水系统连接的位置，宜设置在循环水泵进口母管上；

2 高位膨胀水箱的最低水位，应高于热水系统最高点 1m 以上，并宜使循环水泵停止运行时系统内水不汽化；

3 设置在露天的高位膨胀水箱及其管道应采取防冻措施；

4 高位膨胀水箱与热水系统的连接管上，不应装设阀门。

10.1.13 热水系统内水的总容量小于或等于 500m³ 时，可采用隔膜式气压水罐作为定压补水装置。定压补水点宜设在循环水泵进水母管上。补给水泵的选择应符合本规范第 10.1.7 条的要求，设定的启动压力，应使系统内水不汽化。隔膜式气压水罐不宜超过 2 台。

10.2 热水制备设施

10.2.1 换热器的容量，应根据生产、采暖通风和生活热负荷确定，换热器可不设备用。采用 2 台或 2 台以上换热器时，当其中 1 台停止运行，其余换热器的容量宜满足 75% 总计算热负荷的需要。

10.2.2 换热器间，应符合下列要求：

1 应有检修和抽出换热排管的场地；

2 与换热器连接的阀门应便于操作和拆卸；

3 换热器间的高度应满足设备安装、运行和检修时起吊搬运的要求；

4 通道的宽度不宜小于 0.7m。

10.2.3 加热介质为蒸汽的换热系统，应符合下列要求：

1 宜采用排出的凝结水温度不超过 80℃ 的过冷式汽水换热器；

2 当一级汽水换热器排出的凝结水温度高于 80℃ 时，换热系统宜为汽水换热器和水水换热器两级串联，且宜使水水换热器排出的凝结水温度不超过 80℃。水水换热器接至凝结水箱的管道应装设防止倒空的上反管段。

10.2.4 加热介质为蒸汽且热负荷较小时，热水系统可采用下列汽水直接加热设备：

1 蒸汽喷射加热器；

2 汽水混合加热器。

热水系统的溢流水应回收。

10.2.5 设有蒸汽喷射加热器的热水系统，应符合下列要求：

1 蒸汽压力宜保持稳定；

2 设备宜集中布置；

3 设备并联运行时，应在每个喷射器的出、入口装设闸阀，并在出口装设止回阀；

4 热水系统的静压，宜采用连接在回水管上的膨胀水箱进行控制。

10.2.6 全自动组合式换热机组选择时，应结合热力网系统的情况，对机组的换热量、热力网系统的水力工况、循环水泵和补给水泵的流量、扬程进行校核计算。

11 监测和控制

11.1 监 测

11.1.1 蒸汽锅炉必须装设指示仪表监测下列安全运行参数：

1 锅筒蒸汽压力；

2 锅筒水位；

3 锅筒进口给水压力；

4 过热器出口蒸汽压力和温度；

5 省煤器进、出口水温和水压。

6 单台额定蒸发量大于等于 **20t/h** 的蒸汽锅炉，除应装设本条 1、2、4 款参数的指示仪表外，尚应装设记录仪表。

注：**1** 采用的水位计中，应有双色水位计或电接点水

2 锅炉有省煤器时，可不监测给水压力。

11.1.2 每台蒸汽锅炉应按表 11.1.2 的规定装设监测经济运行参数的仪表。

表 11.1.2 蒸汽锅炉装设监测经济运行参数的仪表

监 测 项 目	单台锅炉额定蒸发量(t/h)						
	≤4		>4~<20		≥20		
	指示	积算	指示	积算	指示	积算	记录
燃料量(煤、油、燃气)	—	✓	—	✓	—	✓	—
蒸汽流量	✓	✓	✓	✓	✓	✓	✓
给水流量	—	✓	—	✓	—	✓	—
排烟温度	✓	—	✓	—	✓	—	—
排烟含 O₂ 量或含 CO₂ 量	—	—	✓	—	✓	—	✓
排烟烟气流速	—	—	—	—	✓	—	✓
排烟烟尘浓度	—	—	—	—	✓	—	✓
排烟 SO₂ 浓度	—	—	—	—	✓	—	✓
炉膛出口烟气温度	—	—	✓	—	✓	—	—
对流受热面进、出口烟气温度	—	—	✓	—	✓	—	—
省煤器出口烟气温度	—	—	✓	—	✓	—	—
湿式除尘器出口烟气温度	—	—	✓	—	✓	—	—
空气预热器出口热风温度	—	—	✓	—	✓	—	—
炉膛烟气压力	—	—	✓	—	✓	—	—
对流受热面进、出口烟气压力	—	—	✓	—	✓	—	—
省煤器出口烟气压力	—	—	✓	—	✓	—	—
空气预热器出口烟气压力	—	—	✓	—	✓	—	—
除尘器出口烟气压力	—	—	✓	—	✓	—	—
一次风压及风室风压	—	—	✓	—	✓	—	—
二次风压	—	—	✓	—	✓	—	—
给水调节阀开度	—	—	✓	—	✓	—	—
给煤(粉)机转速	—	—	✓	—	✓	—	—
鼓、引风机进口挡板开度或调速风机转速	—	—	✓	—	✓	—	—
鼓、引风机负荷电流	—	—	✓	—	✓	—	—

注：**1** 表中符号："✓"为需装设，"—"为可不装设。

2 大于 4t/h 至小于 20t/h 火管锅炉或水火管组合锅炉，当不便装设烟风系统参数测点时，可不装设。

3 带空气预热器时，排烟温度是指空气预热器出口烟气温度。

4 大于 4t/h 至小于 20t/h 锅炉无条件时，可不装设检测排烟含氧量的仪表。

11.1.3 热水锅炉应装设指示仪表监测下列安全及经济运行参数：

    1 锅炉进、出口水温和水压；

    2 锅炉循环水流量；

    3 风、烟系统各段压力、温度和排烟污染物浓度；

    4 应装设煤量、油量或燃气量积算仪表；

    5 单台额定热功率大于或等于 14MW 的热水锅炉，出口水温和循环水流量仪表应选用记录式仪表；

    6 风、烟系统的压力和温度仪表，可按本规范表 11.1.2 的规定设置。

11.1.4 循环流化床锅炉、煤粉锅炉、燃油和燃气锅炉，除应符合本规范第 11.1.1 条、第 11.1.2 条和第 11.1.3 条规定外，尚应装设指示仪表监测下列参数：

    1 循环流化床锅炉：

        1）炉床密相区和稀相区温度；

        2）料层压差；

        3）分离器出口烟气温度；

        4）返料器温度；

        5）一次风量；

        6）二次风量；

        7）石灰石给料量。

    2 煤粉锅炉的制粉设备出口处气、粉混合物的温度。

    3 燃油锅炉：

        1）燃烧器前的油温和油压；

        2）带中间回油燃烧器的回油油压；

        3）蒸汽雾化燃烧器前的蒸汽压力或空气雾化燃烧器前的空气压力；

        4）锅炉后或锅炉尾部受热面后的烟气温度。

    4 燃气锅炉：

        1）燃烧器前的燃气压力；

        2）锅炉后或锅炉尾部受热面后的烟气温度。

11.1.5 锅炉房各辅助部分装设监测参数的仪表，应符合表 11.1.5 的规定。

表 11.1.5　锅炉房辅助部分装设监测参数仪表

辅助部分	监测项目	监测仪表		
		指示	积算	记录
水泵油泵	水泵、油泵出口压力	√	—	—
	循环水泵进、出口水压	√	—	—
	汽动水泵进汽压力	√	—	—
	水泵、油泵负荷电流	√	—	—
热力除氧器	除氧器工作压力	√	—	—
	除氧水箱水位	√	—	—
	除氧水箱水温	√	—	—
	除氧器进水温度	√	—	—
	蒸汽压力调节器前、后蒸汽压力	√	+	—

续表 11.1.5

辅助部分	监测项目	监测仪表		
		指示	积算	记录
真空除氧器	除氧器进水温度	√	—	—
	除氧器真空度	√	—	—
	除氧水箱水位	√	—	—
	除氧水箱水温	√	—	—
	射水抽气器进口水压	√	—	—
解析除氧器	喷射器进口水压	√	—	—
	解析器水温	√	—	—
离子交换水处理	离子交换器进、出口水压	√	—	—
	离子交换器进水温度	√	—	—
	软化或除盐水流量	√	√	—
	再生液流量	√	—	—
	阴离子交换器出口水的 SiO_2 和 pH 值	√	—	√
	出水电导率	√	—	√
反渗透水处理	进、出口水压力	√	—	—
	进、出口水流量	√	√	—
	进口水温度	√	—	—
	进、出口水 pH 值	√	—	—
	进、出口水电导率	√	—	—
减温减压器	高压、低压侧蒸汽压力和温度	√	—	—
	减温水压力、温度和水量	√	—	—
	高压侧蒸汽流量	√	—	—
	低压侧蒸汽流量	√	√	√
热交换器	被加热介质进、出口总管流量	√	√	—
	被加热介质进、出口总管压力、温度	√	—	—
	加热介质进、出口总管压力、温度	√	—	—
	加热蒸汽压力和温度	√	—	—
	每台换热器加热介质进、出口压力和温度	√	—	—
	每台换热器被加热介质进、出口压力和温度	√	—	—
蒸汽蓄热器	蓄热器工作压力	√	—	—
	蓄热器水位	√	—	—
	蓄热器水温	√	—	—
蒸汽凝结水	凝结水水质电导率	√	—	—
	凝结水 pH 值	√	—	—
	凝结水流量	√	√	√
	凝结水温度	√	—	—
燃煤系统	磨煤机热风进风温度	√	—	—
	煤粉仓中煤粉温度	√	—	—
	气、粉混合物温度	√	—	—
	煤斗、煤（粉）仓料位	√	—	—
石灰石制备	石灰石输送量	√	—	—
	石灰石仓料位	√	—	—

辅助部分	监测项目	监测仪表		
		指示	积算	记录
其他	水箱、油箱液位和温度	√	—	—
	酸、碱贮罐液位	√	—	—
	连续排污膨胀器工作压力和液位	√	—	—
	热水系统加压膨胀箱压力和液位	√	—	—
	热水系统供、回水总管压力和温度	√	—	√
	燃油加热器前后油压和油温	√	—	—

注：1　表中符号："√"为需装设，"—"为可不装设。

　　2　水泵和油泵电流负荷仪表，在无集中仪表箱及功率小于20kW时，可不装设。

　　3　除氧器工作压力、除氧器真空度和除氧水箱水位的监测仪表信号，宜在水处理控制室或锅炉控制室显示。

11.1.6　锅炉房应装设供经济核算用的下列计量仪表：

1　蒸汽量指示和积算；

2　过热蒸汽温度记录；

3　供热量积算；

4　煤、油、燃气和石灰石总耗量；

5　原水总耗量；

6　凝结水回收量；

7　热水系统补给水量；

8　总电耗量指示和积算。

11.1.7　锅炉房的报警信号，必须按表11.1.7的规定装设。

表 11.1.7　锅炉房装设报警信号表

报警项目名称	报警信号		
	设备故障停运	参数过高	参数过低
锅筒水位	—	√	√
锅筒出口蒸汽压力	—	√	
省煤器出口水温	—	√	
热水锅炉出口水温	—	√	
过热蒸汽温度	—		√
连续给水调节系统给水泵	√	—	—
炉排	√	—	—
给煤（粉）系统	√	—	—
循环流化床、煤粉、燃油和燃气锅炉的风机	√	—	—
煤粉、燃油和燃气锅炉炉膛熄火	√	—	—
燃油锅炉房贮油罐和中间油箱油位		√	√

报警项目名称	报警信号		
	设备故障停运	参数过高	参数过低
燃油锅炉房贮油罐和中间油箱油温	—	√	√
燃气锅炉燃烧器前燃气干管压力	—	√	√
煤粉锅炉制粉设备出口气、粉混合物温度	—	√	—
煤粉锅炉炉膛负压	—	√	√
循环流化床锅炉炉床温度	—	√	√
循环流化床锅炉返料器温度	—	√	—
循环流化床锅炉返料器堵塞	√	—	—
热水系统的循环水泵	√	—	—
热交换器出水温度	—	√	√
热水系统中高位膨胀水箱水位	—		√
热水系统中蒸汽、氮气加压膨胀水箱压力和水位	—	√	√
除氧水箱水位	—	√	√
自动保护装置动作	√	—	—
燃气调压间、燃气锅炉间、油泵间的可燃气体浓度	—	√	—

注：表中符号："√"为需装设，"—"为可不装设。

11.1.8　燃气调压间、燃气锅炉间可燃气体浓度报警装置，应与燃气供气母管总切断阀和排风扇联动。设有防灾中心时，应将信号传至防灾中心。

11.1.9　油泵间的可燃气体浓度报警装置应与燃油供油母管总切断阀和排风扇联动。设有防灾中心时，应将信号传至防灾中心。

11.2　控　　制

11.2.1　蒸汽锅炉应设置给水自动调节装置，单台额定蒸发量小于等于4t/h的蒸汽锅炉可设置位式给水自动调节装置，大于等于6t/h的蒸汽锅炉宜设置连续给水自动调节装置。

　　采用给水自动调节时，备用电动给水泵宜装设自动投入装置。

11.2.2　蒸汽锅炉应设置极限低水位保护装置，当单台额定蒸发量大于等于6t/h时，尚应设置蒸汽超压保护装置。

11.2.3　热水锅炉应设置当锅炉的压力降低到热水可

能发生汽化、水温升高超过规定值，或循环水泵突然停止运行时的自动切断燃料供应和停止鼓风机、引风机运行的保护装置。

11.2.4 热水系统应设置自动补水装置并宜设置自动排气装置，加压膨胀水箱应设置水位和压力自动调节装置。

11.2.5 热交换站应设置加热介质的流量自动调节装置。

11.2.6 燃用煤粉、油、气体的锅炉和单台额定蒸发量大于等于 10t/h 的蒸汽锅炉或单台额定热功率大于等于 7MW 的热水锅炉，当热负荷变化幅度在调节装置的可调范围内，且经济上合理时，宜装设燃烧过程自动调节装置。

11.2.7 循环流化床锅炉应设置炉床温度控制装置，并宜设置料层差压控制装置。

11.2.8 锅炉燃烧过程自动调节，宜采用微机控制；锅炉机组的自动控制或者同一锅炉房内多台锅炉综合协调自动控制，宜采用集散控制系统。

11.2.9 热力除氧设备应设置水位自动调节装置和蒸汽压力自动调节装置。

11.2.10 真空除氧设备应设置水位自动调节装置和进水温度自动调节装置。

11.2.11 解析除氧设备应设置喷射器进水压力自动调节装置和进水温度自动调节装置。

11.2.12 燃用煤粉、油或气体的锅炉，应设置点火程序控制和熄火保护装置。

11.2.13 层燃锅炉的引风机、鼓风机和锅炉抛煤机、炉排减速箱等加煤设备之间，应装设电气联锁装置。

11.2.14 燃用煤粉、油或气体的锅炉，应设置下列电气联锁装置：

　　1　引风机故障时，自动切断鼓风机和燃料供应；

　　2　鼓风机故障时，自动切断燃料供应；

　　3　燃油、燃气压力低于规定值时，自动切断燃油、燃气供应；

　　4　室内空气中可燃气体浓度高于规定值时，自动切断燃气供应和开启事故排气扇。

11.2.15 制粉系统各设备之间，应设置电气联锁装置。

11.2.16 连续机械化运煤系统、除灰渣系统中，各运煤设备之间、除灰渣设备之间，均应设置电气联锁装置，并使在正常工作时能按顺序停车，且其延时时间应能达到空载再启动。

11.2.17 运煤和煤的制备设备应与其局部排风和除尘装置联锁。

11.2.18 喷水式减温的锅炉过热器，宜设置过热蒸汽温度自动调节装置。

11.2.19 减压减温装置宜设置蒸汽压力和温度自动调节装置。

11.2.20 单台蒸汽锅炉额定蒸发量大于等于 6t/h 或

单台热水锅炉额定热功率大于等于 4.2MW 的锅炉房，当风机布置在司炉不便操作的地点时，宜设置风机进风门的远距离控制装置和风门开度指示。

11.2.21 电动设备、阀门和烟、风道门，宜设置远距离控制装置。

11.2.22 单台蒸汽锅炉额定蒸发量大于等于 10t/h 或单台热水锅炉额定热功率大于等于 7MW 的锅炉房，宜设集中控制系统。

11.2.23 控制系统的供电，应设置不间断电源供电方式，并应留有裕量。

12　化验和检修

12.1　化　验

12.1.1 锅炉房宜设置化验室，化验锅炉运行中需经常检测的项目，对不需经常化验的项目，宜通过协作解决。

　　锅炉房符合下列条件时，可只设化验场地，进行硬度、碱度、pH 值和溶解氧等简单的水质分析：

　　1　单台蒸汽锅炉额定蒸发量小于 6t/h 或总蒸发量小于 10t/h 的锅炉房及单台热水锅炉额定热功率小于 4.2MW 或总功率小于 7MW 的锅炉房；

　　2　本企业有中心试验室或其他化验部门，可为锅炉房配置水质分析用的化学试剂，并可化验锅炉房需经常检测的其他项目。

12.1.2 锅炉房化验室化验水、汽项目的能力，应符合下列要求：

　　1　蒸汽锅炉房的化验室应具备对悬浮物、总硬度、总碱度、pH 值、溶解氧、溶解固形物、硫酸根和氯化物等项目的化验能力；采用磷酸盐锅内水处理时，应有化验磷酸根含量的能力；额定出口蒸汽压力大于 2.5MPa（表压），且供汽轮机用汽时，宜能测定二氧化硅及电导率；

　　2　热水锅炉房的化验室应具备对悬浮物、总硬度和 pH 值的化验能力；采用锅外化学水处理时，应能化验溶解氧。

12.1.3 总蒸发量大于 20t/h 或总热功率大于 14MW 的锅炉房，其化验室除应符合本规范第 12.1.2 条的规定外，尚宜具备下列分析化验能力：

　　1　煤为燃料时，宜能对燃煤进行工业分析及发热量测定，对飞灰和炉渣进行可燃物含量的测定；煤粉为燃料时，尚宜能分析煤的可磨性和煤粉细度；

　　2　油为燃料时，宜能测定其黏度和闪点。

12.1.4 总蒸发量大于等于 60t/h 或总热功率大于等于 42MW 的锅炉房，其化验室除应符合本规范第 12.1.3 条规定外，尚宜能进行燃料元素分析。

12.1.5 锅炉房化验室，除应符合本规范第 12.1.2 条、第 12.1.3 条和第 12.1.4 条的要求外，尚应能测定烟气含氧量或二氧化碳和一氧化碳含量;燃油、燃气锅炉房宜能测定烟气中氢、碳氢化合物等可燃物的含量。

12.2 检 修

12.2.1 锅炉房宜设置对锅炉、辅助设备、管道、阀门及附件进行维护、保养和小修的检修间。

单台蒸汽锅炉额定蒸发量小于等于 6t/h 或单台热水锅炉额定热功率小于等于 4.2MW 的锅炉房,可只设置检修场地和工具室。

锅炉的中修、大修,宜协作解决。

12.2.2 锅炉房检修间可配备钳工桌、砂轮机、台钻、洗管器、手动试压泵和焊、割等设备或工具。

单台蒸汽锅炉额定蒸发量大于等于 35t/h 或单台热水锅炉额定热功率大于等于 29MW 的锅炉房检修间,根据检修需要可配置必要的机床等机修设备,亦可协作解决。

12.2.3 总蒸发量大于等于 60t/h 或总热功率大于等于 42MW 的锅炉房,宜设置电气保养室。当所在企业有集中的电工值班室时,可不单独设置。

电气的检修宜由所在企业统一安排或地区协作解决。

12.2.4 单台蒸汽锅炉额定蒸发量大于等于 10t/h 或单台热水锅炉额定热功率大于等于 7MW 的锅炉房,宜设置仪表保养室。当所在企业有集中的维修条件时,可不单独设置。

仪表的检修宜由所在企业统一安排或地区协作解决。

12.2.5 双层布置的锅炉房和单台蒸汽锅炉额定蒸发量大于等于 10t/h 或单台热水锅炉额定热功率大于等于 7MW 的单层布置锅炉房,在其锅炉上方应设置可将物件从底层地面提升至锅炉顶部的吊装设施。需穿越楼板时,应开设吊装孔。

12.2.6 单台蒸汽锅炉额定蒸发量大于 4t/h 或单台热水锅炉额定热功率大于 2.8MW 的锅炉房,鼓风机、引风机、给水泵、磨煤机和煤处理设备的上方,宜设置起吊装置或吊装措施。

热力除氧器、换热器和带有简体法兰的离子交换器等大型辅助设备的上方,宜有吊装检修措施。

13 锅炉房管道

13.1 汽水管道

13.1.1 汽水管道设计应根据热力系统和锅炉房工艺布置进行,并应符合下列要求:

1 应便于安装、操作和检修;

2 管道宜沿墙和柱敷设;

3 管道敷设在通道上方时,管道(包括保温层

或支架)最低点与通道地面的净高不应小于 2m;

4 管道不应妨碍门、窗的启闭与影响室内采光;

5 应满足装设仪表的要求;

6 管道布置宜短捷、整齐。

13.1.2 采用多管供汽(热)的锅炉房,宜设置分汽(分水)缸。分汽(分水)缸的设置,应根据用汽(热)需要和管理方便的原则确定。

13.1.3 供汽系统中的蒸汽蓄热器,应符合下列要求:

1 应设置蓄热器的旁路阀门;

2 并联运行的蒸汽蓄热器蒸汽进、出口管上应装设止回阀,串联运行的蒸汽蓄热器进汽管上宜装设止回阀;

3 蒸汽蓄热器进水管上,应装设止回阀;

4 锅炉额定工作压力大于蒸汽蓄热器额定工作压力时,蓄热器上应装设安全阀;

5 蒸汽蓄热器运行时的充水应采用锅炉给水,利用锅炉给水泵补水;

6 蒸汽蓄热器运行放水管,应接至锅炉给水箱或除氧水箱。

13.1.4 锅炉房内连接相同参数锅炉的蒸汽(热水)管,宜采用单母管;对常年不间断供汽(热)的锅炉房,宜采用双母管。

13.1.5 每台蒸汽(热水)锅炉与蒸汽(热水)母管或分汽(分水)缸之间的锅炉主蒸汽(供水)管上,均应装设 2 个阀门,其中 1 个应紧靠锅炉汽包或过热器(供水集箱)出口,另 1 个宜装在靠近蒸汽(供水)母管处或分汽(分水)缸上。

13.1.6 蒸汽锅炉房的锅炉给水母管应采用单母管;对常年不间断供汽的锅炉房和给水泵不能并联运行的锅炉房,锅炉给水母管宜采用双母管或采用单元制锅炉给水系统。

13.1.7 锅炉给水泵进水母管或除氧水箱出水母管,宜采用不分段的单母管;对常年不间断供汽,且除氧水箱台数大于等于 2 台时,宜采用分段的单母管。

13.1.8 锅炉房除氧器的台数大于等于 2 台时,除氧器加热用蒸汽管宜采用母管制系统。

13.1.9 热水锅炉房内与热水锅炉、水加热装置和循环水泵相连接的供水和回水母管应采用单母管,对需要保证连续供热的热水锅炉房,宜采用双母管。

13.1.10 每台热水锅炉与热水供、回水母管连接时,在锅炉的进水管和出水管上,应装设切断阀;在进水管的切断阀前,宜装设止回阀。

13.1.11 每台锅炉宜采用独立的定期排污管道,并分别接至排污膨胀器或排污降温池;当几台锅炉合用排污母管时,在每台锅炉接至排污母管的干管上必须装设切断阀,在切断阀前尚宜装设止回阀。

13.1.12 每台蒸汽锅炉的连续排污管道,应分别接至连续排污膨胀器。在锅炉出口的连续排污管道上,

应装设节流阀。在锅炉出口和连续排污膨胀器进口处，应各设1个切断阀。

2~4台锅炉宜合设1台连续排污膨胀器。连续排污膨胀器上应装设安全阀。

13.1.13 锅炉的排污阀及其管道不应采用螺纹连接。锅炉排污管道应减少弯头，保证排污畅通。

13.1.14 蒸汽锅炉给水管上的手动给水调节装置及热水锅炉手动控制补水装置，宜设置在便于司炉操作的地点。

13.1.15 锅炉本体、除氧器和减压减温器上的放汽管、安全阀的排汽管应接至室外安全处，2个独立安全阀的排汽管不应相连。

13.1.16 热力管道热膨胀的补偿，应充分利用管道的自然补偿，当自然补偿不能满足热膨胀的要求时，应设置补偿器。

13.1.17 汽水管道的支、吊架设计，应计入管道、阀门与附件、管内水、保温结构等的重量以及管道热膨胀而作用在支、吊架上的力。

对于采用弹簧支、吊架的蒸汽管道，不应计入管内水的重量，但进行水压试验时，对公称直径大于等于250mm的管道应有临时支撑措施。

13.1.18 汽水管道的低点和可能积水处，应装设疏、放水阀。放水阀的公称直径不应小于20mm。

汽水管道的高点应装设放气阀，放气阀公称直径可取15~20mm。

13.2 燃油管道

13.2.1 锅炉房的供油管道宜采用单母管；常年不间断供热时，宜采用双母管。回油管道宜采用单母管。

采用双母管时，每一母管的流量宜按锅炉房最大计算耗油量和回油量之和的75%计算。

13.2.2 重油供油系统，宜采用经锅炉燃烧器的单管循环系统。

13.2.3 重油供油管道应保温。当重油在输送过程中，由于温度降低不能满足生产要求时，尚应伴热。在重油回油管道可能引起烫伤人员或凝固的部位，应采取隔热或保温措施。

13.2.4 通过油加热器及其后管道内油的流速，不应小于0.7m/s。

13.2.5 油管道宜采用顺坡敷设，但接入燃烧器的重油管道不宜坡向燃烧器。轻柴油管道的坡度不应小于0.3%，重油管道的坡度不应小于0.4%。

13.2.6 采用单机组配套的全自动燃油锅炉，应保持其燃烧自控的独立性，并按其要求配置燃油管道系统。

13.2.7 在重油供油系统的设备和管道上，应装吹扫口。吹扫口位置应能够吹净设备和管道内的重油。

吹扫介质宜采用蒸汽，亦可采用轻油置换，吹扫用蒸汽压力宜为0.6~1MPa（表压）。

13.2.8 固定连接的蒸汽吹扫口，应有防止重油倒灌的措施。

13.2.9 每台锅炉的供油干管上，应装设关闭阀和快速切断阀。每个燃烧器前的燃油支管上，应装设关闭阀。当设置2台或2台以上锅炉时，尚应在每台锅炉的回油总管上装设止回阀。

13.2.10 在供油泵进口母管上，应设置油过滤器2台，其中1台备用。滤网流通面积宜为其进口管截面积的8~10倍。油过滤器的滤网网孔，宜符合下列要求：

　1　离心泵、蒸汽往复泵为8~12目/cm；

　2　螺杆泵、齿轮泵为16~32目/cm。

13.2.11 采用机械雾化燃烧器（不包括转杯式）时，在油加热器和燃烧器之间的管段上，应设置油过滤器。

油过滤器滤网的网孔，不宜小于20目/cm。滤网的流通面积，不宜小于其进口管截面积的2倍。

13.2.12 燃油管道应采用输送流体的无缝钢管，并应符合现行国家标准《流体输送用无缝钢管》GB/T 8163的有关规定；燃油管道除与设备、阀门附件等处可用法兰连接外，其余宜采用氩弧焊打底的焊接连接。

13.2.13 室内油箱间至锅炉燃烧器的供油管和回油管宜采用地沟敷设，地沟内宜填砂，地沟上面应采用非燃材料封盖。

13.2.14 燃油管道垂直穿越建筑物楼层时，应设置在管道井内，并宜靠外墙敷设；管道井的检查门应采用丙级防火门；燃油管道穿越各层楼板处，应设置相当于楼板耐火极限的防火隔断；管道井底部，应设深度为300mm填砂集油坑。

13.2.15 油箱（罐）的进油管和回油管，应从油箱（罐）体顶部插入，管口应位于油液面下，并应距离箱（罐）底200mm。

13.2.16 当室内油箱与贮油罐的油位有高差时，应有防止虹吸的设施。

13.2.17 燃油管道穿越楼板、隔墙时应敷设在套管内，套管的内径与油管的外径四周间隙不应小于20mm。套管内管段不得有接头，管道与套管之间的空隙应用麻丝填实，并应用不燃材料封口。管道穿越楼板的套管，上端应高出楼板60~80mm，套管下端与楼板底面（吊顶底面）平齐。

13.2.18 燃油管道与蒸汽管道上下平行布置时，燃油管道应位于蒸汽管道的下方。

13.2.19 燃油管道采用法兰连接时，宜设有防止漏油事故的集油措施。

13.2.20 煤粉锅炉和循环流化床锅炉点火供油系统的管道设计，宜符合本规范13.2.1条和13.2.9条的规定。

13.2.21 **燃油系统附件严禁采用能被燃油腐蚀或溶**

解的材料。

13.3 燃气管道

13.3.1 锅炉房燃气管道宜采用单母管，常年不间断供热时，宜采用从不同燃气调压箱接来的2路供气的双母管。

13.3.2 在引入锅炉房的室外燃气母管上，在安全和便于操作的地点，应装设与锅炉房燃气浓度报警装置联动的总切断阀，阀后应装设气体压力表。

13.3.3 锅炉房燃气管道宜架空敷设。输送相对密度小于0.75的燃气管道，应设在空气流通的高处；输送相对密度大于0.75的燃气管道，宜装设在锅炉房外墙和便于检测的位置。

13.3.4 燃气管道上应装设放散管、取样口和吹扫口，其位置应能满足将管道与附件内的燃气或空气吹净的要求。

放散管可汇合成总管引至室外，其排出口应高出锅炉房屋脊2m以上，并使放出的气体不致窜入邻近的建筑物和被通风装置吸入。

密度比空气大的燃气放散，应采用高空或火炬排放，并满足最小频率上风侧区域的安全和环境保护要求。当工厂有火炬放空系统时，宜将放散气体排入该系统中。

13.3.5 燃气放散管管径，应根据吹扫段的容积和吹扫时间确定。吹扫量可按吹扫段容积的10～20倍计算，吹扫时间可采用15～20min。吹扫气体可采用氮气或其他惰性气体。

13.3.6 锅炉房内燃气管道不应穿越易燃或易爆品仓库、值班室、配变电室、电缆沟（井）、通风沟、风道、烟道和具有腐蚀性质的场所；当必需穿越防火墙时，其穿孔间隙应采用非燃烧物填实。

13.3.7 每台锅炉燃气干管上，应配套性能可靠的燃气阀组，阀组前燃气供气压力和阀组规格应满足燃烧器最大负荷需要。阀组基本组成和顺序应为：切断阀、压力表、过滤器、稳压阀、波纹接管、2级或组合式检漏电磁阀、阀前后压力开关和流量调节蝶阀。点火用的燃气管道，宜从燃烧器前燃气干管上的2级或组合式检漏电磁阀前引出，且应在其上装设切断阀和2级电磁阀。

13.3.8 锅炉燃气阀组切断阀前的燃气供气压力应根据燃烧器要求确定，并宜设定在5～20kPa之间，燃气阀组供气质量流量应能使锅炉在额定负荷运行时，燃烧器稳定燃烧。

13.3.9 锅炉房燃气宜从城市中压供气主管上铺设专用管道供给，并应经过滤、调压后使用。单台调压装置低压侧供气流量不宜大于3000m³/h（标态），撬装式调压装置低压侧单台供气量宜为5000m³/h（标态）。

13.3.10 锅炉房内燃气管道设计，应符合现行国家标准《城镇燃气设计规范》GB 50028和《工业金属管道设计规范》GB 50316的有关规定。

13.3.11 燃气管道应采用输送流体的无缝钢管，并应符合现行国家标准《流体输送用无缝钢管》GB/T 8163的有关规定；燃气管道的连接，除与设备、阀门附件等处可用法兰连接外，其余宜采用氩弧焊打底的焊接连接。

13.3.12 燃气管道穿越楼板或隔墙时，应符合本规范第13.2.17条的规定。

13.3.13 燃气管道垂直穿越建筑物楼层时，应设置在独立的管道井内，并应靠外墙敷设；穿越建筑物楼层的管道井每隔2层或3层，应设置相当于楼板耐火极限的防火隔断；相邻2个防火隔断的下部，应设置丙级防火检修门；建筑物底层管道井防火检修门的下部，应设置带有电动防火阀的进风百叶；管道井顶部应设置通大气的百叶窗；管道井应采用自然通风。

13.3.14 管道井内的燃气立管上，不应设置阀门。

13.3.15 燃气管道与附件严禁使用铸铁件。在防火区内使用的阀门，应具有耐火性能。

14 保温和防腐蚀

14.1 保 温

14.1.1 下列情况的热力设备、热力管道、阀门及附件均应保温：

　　1 外表面温度高于50℃时；

　　2 外表面温度低于等于50℃，需要回收热能时。

14.1.2 保温层厚度应根据现行国家标准《设备和管道保温技术通则》GB/T 4272和《设备及管道保温设计导则》GB/T 8175中的经济厚度计算方法确定。当散热损失超过规定值时，可根据最大允许散热损失计算方法复核确定。

14.1.3 不需保温或要求散热，且外表面温度高于60℃的裸露设备及管道，在下列范围内应采取防烫伤的隔热措施：

　　1 距地面或操作平台的高度小于2m时；

　　2 距操作平台周边水平距离小于等于0.75m时。

　　注：本条中的管道系指排汽管、放空管，以及燃油、燃气锅炉烟道防爆门的泄压导向管等。

14.1.4 保温材料的选择，应符合下列要求：

　　1 宜采用成型制品；

　　2 保温材料及其制品的允许使用温度，应高于正常操作时设备和管道内介质的最高温度；

　　3 宜选用导热系数低、吸湿性小、密度低、强度高、耐用、价格低、便于施工和维护的保温材料及其制品。

14.1.5 保温层外的保护层应具有阻燃性能。当热力设备和架空热力管道布置在室外时，其保护层应具有防水、防晒和防锈性能。

14.1.6 采用复合保温材料及其制品时，应选用耐高温且导热系数较低的材料作内保温层，其厚度可按表面温度法确定。内层保温材料及其制品的外表面温度应小于等于外层保温材料及其制品的允许最高使用温度的0.9倍。

14.1.7 采用软质或半硬质保温材料时，应按施工压缩后的密度选取导热系数。保温层的厚度，应为施工压缩后的保温层厚度。

14.1.8 阀门及附件和其他需要经常维修的设备和管道，宜采用便于拆装的成型保温结构。

14.1.9 立式热力设备和热力立管的高度超过3m时，应按管径大小和保温层重量，设置保温材料的支撑圈或其他支撑设施。

注：本条中的热力立管，包括与水平夹角大于45°的热力管道。

14.1.10 室外直埋敷设管道的保温，宜符合国家现行标准《城镇直埋供热管道工程技术规程》CJJ/T 81和《城镇供热直埋蒸汽管道技术规程》CJJ 104的有关规定。

14.2 防 腐 蚀

14.2.1 敷设保温层前，设备和管道的表面应清除干净，并刷防锈漆或防腐涂料，其耐温性能应满足介质设计温度的要求。

14.2.2 介质温度低于120℃时，设备和管道的表面应刷防锈漆。介质温度高于120℃时，设备和管道的表面宜刷高温防锈漆。凝结水箱、给水箱、中间水箱和除盐水箱等设备的内壁应刷防腐涂料，涂料性应满足贮存介质品质的要求。

14.2.3 室外布置的热力设备和架空敷设的热力管道，采用玻璃布或不耐腐蚀的材料作保护层时，其表面应刷油漆或防腐涂料。采用薄铝板或镀锌薄钢板作保护层时，其表面可不刷油漆或防腐涂料。

14.2.4 埋地设备和管道的外表面应做防腐处理，防腐层材料和防腐层层数应根据设备和管道的防腐要求及土壤的腐蚀性确定。对不便检修的设备和管道，可增加阴极保护措施。

14.2.5 锅炉房设备和管道的表面或保温保护层表面的涂色和标志应符合现行国家标准《工业管路的基本识别色和识别符号》GB 7231和有关标准的规定。

15 土建、电气、采暖通风和给水排水

15.1 土 建

15.1.1 锅炉房的火灾危险性分类和耐火等级应符合下列要求：

1 锅炉间应属于丁类生产厂房，单台蒸汽锅炉额定蒸发量大于4t/h或单台热水锅炉额定热功率大于2.8MW时，锅炉间建筑不应低于二级耐火等级；单台蒸汽锅炉额定蒸发量小于等于4t/h或单台热水锅炉额定热功率小于等于2.8MW时，锅炉间建筑不应低于三级耐火等级。

设在其他建筑物内的锅炉房，锅炉间的耐火等级，均不应低于二级耐火等级；

2 重油油箱间、油泵间和油加热器及轻柴油的油箱间和油泵间应属于丙类生产厂房，其建筑均不应低于二级耐火等级，上述房间布置在锅炉房辅助间内时，应设置防火墙与其他房间隔开；

3 燃气调压间应属于甲类生产厂房，其建筑不应低于二级耐火等级，与锅炉房贴邻的调压间应设置防火墙与锅炉房隔开，其门窗应向外开启并不应直接通向锅炉房，地面应采用不产生火花地坪。

15.1.2 锅炉房的外墙、楼地面或屋面，应有相应的防爆措施，并应有相当于锅炉间占地面积10%的泄压面积，泄压方向不得朝向人员聚集的场所、房间和人行通道，泄压处也不得与这些地方相邻。地下锅炉房采用竖井泄爆方式时，竖井的净横断面积，应满足泄压面积的要求。

当泄压面积不能满足上述要求时，可采用在锅炉房的内墙和顶部（顶棚）敷设金属爆炸减压板作补充。

注：泄压面积可将玻璃窗、天窗、质量小于等于120kg/m²的轻质屋顶和薄弱墙等面积包括在内。

15.1.3 燃油、燃气锅炉房锅炉间与相邻的辅助间之间的隔墙，应为防火墙；隔墙上开设的门应为甲级防火门；朝锅炉操作面方向开设的玻璃大观察窗，应采用具有抗爆能力的固定窗。

15.1.4 锅炉房为多层布置时，锅炉基础与楼地面接缝处应采取适应沉降的措施。

15.1.5 锅炉房应预留能通过设备最大搬运件的安装洞，安装洞可结合门窗洞或非承重墙处设置。

15.1.6 钢筋混凝土烟囱和砖烟道的混凝土底板等内表面，其设计计算温度高于100℃的部位应有隔热措施。

15.1.7 锅炉房的柱距、跨度和室内地坪至柱顶的高度，在满足工艺要求的前提下，宜符合现行国家标准《厂房建筑模数协调标准》GB 50006的规定。

15.1.8 需要扩建的锅炉房，土建应留有扩建的措施。

15.1.9 锅炉房内装有磨煤机、鼓风机、水泵等振动较大的设备时，应采取隔振措施。

15.1.10 钢筋混凝土煤仓壁的内表面应光滑耐磨，壁交角处应做成圆弧形，并应设置有盖人孔和爬梯。

15.1.11 设备吊装孔、灰渣池及高位平台周围，应设置防护栏杆。

15.1.12 烟囱和烟道连接处，应设置沉降缝。

15.1.13 锅炉间外墙的开窗面积，除应满足泄压要求外，还应满足通风和采光的要求。

15.1.14 锅炉房和其他建筑物相邻时，其相邻的墙应为防火墙。

15.1.15 油泵房的地面应有防油措施。对有酸、碱侵蚀的水处理间地面、地沟、混凝土水箱和水池等建、构筑物的设计，应符合现行国家标准《工业建筑防腐蚀设计规范》GB 50046 的规定。

15.1.16 化验室的地面和化验台的防腐蚀设计，应符合现行国家标准《工业建筑防腐蚀设计规范》GB 50046 的规定，其地面应有防滑措施。

化验室的墙面应为白色、不反光，窗户宜防尘，化验台应有洗涤设施，化验场地应做防尘、防噪处理。

15.1.17 锅炉房生活间的卫生设施设计，应符合国家现行职业卫生标准《工业企业设计卫生标准》GBZ 1 的有关规定。

15.1.18 平台和扶梯应选用不燃烧的防滑材料。操作平台宽度不应小于 800mm，扶梯宽度不应小于 600mm。平台和扶梯上净高不应小于 2m。经常使用的钢梯坡度不宜大于 45°。

15.1.19 干煤棚挡煤墙上部敞开部分，应有防雨措施，但不应妨碍桥式起重机通过。

15.1.20 锅炉房楼面、地面和屋面的活荷载，应根据工艺设备安装和检修的荷载要求确定，亦可按表 15.1.20 的规定确定。

表 15.1.20　楼面、地面和屋面的活荷载

名　称	活荷载（kN/m²）
锅炉间楼面	6～12
辅助间楼面	4～8
运煤层楼面	4
除氧层楼面	4
锅炉间及辅助间屋面	0.5～1
锅炉间地面	10

注：1 表中未列的其他荷载应按现行国家标准《建筑结构荷载设计规范》GB 50009 的规定选用。

　　2 表中不包括设备的集中荷载。

　　3 运煤层楼面有皮带头部装置的部分应由工艺提供荷载或可按 10kN/m² 计算。

　　4 锅炉间地面设有运输通道时，通道部分的地坪和地沟盖板可按 20kN/m² 计算。

15.2　电　气

15.2.1 锅炉房的供电负荷级别和供电方式，应根据工艺要求、锅炉容量、热负荷的重要性和环境特征等因素，按现行国家标准《供配电系统设计规范》GB 50052 的有关规定确定。

15.2.2 电动机、启动控制设备、灯具和导线型式的选择，应与锅炉房各个不同的建筑物和构筑物的环境分类相适应。

燃油、燃气锅炉房的锅炉间、燃气调压间、燃油泵房、煤粉制备间、碎煤机间和运煤走廊等有爆炸和火灾危险场所的等级划分，必须符合现行国家标准《爆炸和火灾危险环境电力装置设计规范》GB 50058 的有关规定。

15.2.3 单台蒸汽锅炉额定蒸发量大于等于 6t/h 或单台热水锅炉额定热功率大于等于 4.2MW 的锅炉房，宜设置低压配电室。当有 6kV 或 10kV 高压用电设备时，尚宜设置高压配电室。

15.2.4 锅炉房的配电宜采用放射式为主的方式。当有数台锅炉机组时，宜按锅炉机组为单元分组配电。

15.2.5 单台蒸汽锅炉额定蒸发量小于等于 4t/h 或单台热水锅炉额定热功率小于等于 2.8MW，锅炉的控制屏或控制箱宜采用与锅炉成套的设备，并宜装在炉前或便于操作的地方。

15.2.6 锅炉机组采用集中控制时，在远离操作屏的电动机旁，宜设置事故停机按钮。

当需要在不能观察电动机或机械的地点进行控制时，应在控制点装设指示电动机工作状态的灯光信号或仪表。电动机的测量仪表应符合现行国家标准《电力装置的电气测量仪表装置设计规范》GB 50063 的规定。

自动控制或联锁的电动机，应有手动控制和解除自动控制或联锁控制的措施；远程控制的电动机，应有就地控制和解除远程控制的措施；当突然启动可能危及周围人员安全时，应在机械旁装设启动预告信号和应急断电开关或自锁按钮。

15.2.7 电气线路宜采用穿金属管或电缆布线，并不应沿锅炉热风道、烟道、热水箱和其他载热体表面敷设。当需要沿载热体表面敷设时，应采取隔热措施。

在煤场下及构筑物内不宜有电缆通过。

15.2.8 控制室、变压器室和高、低压配电室，不应设在潮湿的生产房间、淋浴室、卫生间、用热水加热空气的通风室和输送有腐蚀性介质管道的下面。

15.2.9 锅炉房各房间及构筑物地面上人工照明标准照度值、显示指数及功率密度值，应符合现行国家标准《建筑照明设计标准》GB 50034 的规定。

15.2.10 锅炉水位表、锅炉压力表、仪表屏和其他照度要求较高的部位，应设置局部照明。

15.2.11 在装设锅炉水位表、锅炉压力表、给水泵以及其他主要操作的地点和通道，宜设置事故照明。事故照明的电源选择，应按锅炉房的容量、生产用汽的重要性和锅炉房附近供电设施的设置情况等因素确定。

15.2.12 照明装置电源的电压，应符合下列要求：

1 地下凝结水箱间、出灰渣地点和安装热水箱、锅炉本体、金属平台等设备和构件处的灯具，当距地面和平台工作面小于2.5m时，应有防止触电的措施或采用不超过36V的电压。

2 手提行灯的电压不应超过36V。在本条第1款中所述场所的狭窄地点和接触良好的金属面上工作时，所用手提行灯的电压不应超过12V。

15.2.13 烟囱顶端上装设的飞行标志障碍灯，应根据锅炉房所在地航空部门的要求确定。障碍灯应采用红色，且不应少于2盏。

15.2.14 砖砌或钢筋混凝土烟囱应设置接闪（避雷）针或接闪带，可利用烟囱爬梯作为其引下线，但必须有可靠的连接。

15.2.15 燃气放散管的防雷设施，应符合现行国家标准《建筑物防雷设计规范》GB 50057的规定。

15.2.16 燃油锅炉房贮存重油和轻柴油的金属油罐，当其顶板厚度不小于4mm时，可不装设接闪针，但必须接地，接地点不应少于2处。

当油罐装有呼吸阀和放散管时，其防雷设施应符合现行国家标准《石油库设计规范》GB 50074的规定。

覆土在0.5m以上的地下油罐，可不设防雷设施。但当有通气管引出地面时，在通气管处应做局部防雷处理。

15.2.17 气体和液体燃料管道应有静电接地装置。当其管道为金属材料，且与防雷或电气系统接地保护线相连时，可不设静电接地装置。

15.2.18 锅炉房应设置通信设施。

15.3 采暖通风

15.3.1 锅炉房内工作地点的夏季空气温度，应根据设备散热量的大小，按国家现行职业卫生标准《工业企业设计卫生标准》GBZ 1 的有关规定确定。

15.3.2 锅炉间、凝结水箱间、水泵间和油泵间等房间的余热，宜采用有组织的自然通风排除。当自然通风不能满足要求时，应设置机械通风。

15.3.3 锅炉间锅炉操作区等经常有人工作的地点，在热辐射照度大于等于350W/m²的地点，应设置局部送风。

15.3.4 夏季运行的地下、半地下、地下室和半地下室锅炉房控制室，应设有空气调节装置，其他锅炉房的控制室、化验室的仪器分析间，宜设空气调节装置。

15.3.5 设置集中采暖的锅炉房，各生产房间生产时间的冬季室内计算温度，宜符合表15.3.5的规定。在非生产时间的冬季室内计算温度宜为5℃。

表15.3.5 各生产房间生产时间的冬季室内计算温度

房 间 名 称		温度（℃）
燃煤、燃油、燃气锅炉间	经常有人操作时	12
	设有控制室，经常无操作人员时	5
控制室、化验室、办公室		16～18
水处理间、值班室		15
燃气调压间、油泵房、化学品库、出渣间、风机间、水箱间、运煤走廊		5
水泵房	在单独房间内经常有人操作时	15
	在单独房间内经常无操作人员时	5
碎煤间及单独的煤粉制备装置间		12
更衣室		23
浴室		25～27

15.3.6 在有设备散热的房间内，应对工作地点的温度进行热平衡计算，当其散热量不能保证本规范规定工作地点的采暖温度时，应设置采暖设备。

15.3.7 设在其他建筑物内的燃油、燃气锅炉房的锅炉间，应设置独立的送排风系统，其通风装置应防爆，新风量必须符合下列要求：

1 锅炉房设置在首层时，对采用燃油作燃料的，其正常换气次数每小时不应少于3次，事故换气次数每小时不应少于6次；对采用燃气作燃料的，其正常换气次数每小时不应少于6次，事故换气次数每小时不应少于12次；

2 锅炉房设置在半地下或半地下室时，其正常换气次数每小时不应少于6次，事故换气次数每小时不应少于12次；

3 锅炉房设置在地下或地下室时，其换气次数每小时不应少于12次；

4 送入锅炉房的新风总量，必须大于锅炉房3次的换气量；

5 送入控制室的新风量，应按最大班操作人员计算。

注：换气量中不包括锅炉燃烧所需空气量。

15.3.8 燃气调压间等有爆炸危险的房间，应有每小时不少于3次的换气量。当自然通风不能满足要求时，应设置机械通风装置，并应设每小时换气不少于12次的事故通风装置。通风装置应防爆。

15.3.9 燃油泵房和贮存闪点小于等于45℃的易燃油品的地下油库，除采用自然通风外，燃油泵房应有每小时换气12次的机械通风装置，油库应有每小时换气6次的机械通风装置。

计算换气量时，房间高度可按4m计算。

设置在地面上的易燃油泵房，当建筑物外墙下部设有百叶窗、花格墙等对外常开孔口时，可不设置机械通风装置。

易燃油泵房和易燃油库的通风装置应防爆。

15.3.10 机械通风房间内吸风口的位置，应根据油气和燃气的密度大小，按现行国家标准《采暖通风与空气调节设计规范》GB 50019 中的有关规定确定。

15.4 给水排水

15.4.1 锅炉房的给水宜采用 1 根进水管。当中断给水造成停炉会引起生产上的重大损失时，应采用 2 根从室外环网的不同管段或不同水源分别接入的进水管。

当采用 1 根进水管时，应设置为排除故障期间用水的水箱或水池。其总容量应包括原水箱、软化或除盐水箱、除氧水箱和中间水箱等的容量，并不应小于 2h 锅炉房的计算用水量。

15.4.2 煤场和灰渣场，应设有防止粉尘飞扬的洒水设施和防止煤屑和灰渣被冲走以及积水的设施。煤场尚应设置消除煤堆自燃用的给水点。

15.4.3 化学水处理的贮存酸、碱设备处，应有人身和地面沾溅后简易的冲洗措施。

15.4.4 锅炉及辅机冷却水，宜利用作为锅炉除渣机用水及冲灰渣补充水。

15.4.5 锅炉房冷却用水量大于等于 8m³/h 时，应循环使用。

15.4.6 锅炉房操作层、出灰层和水泵间等地面宜有排水措施。

16 环境保护

16.1 大气污染物防治

16.1.1 锅炉房排放的大气污染物，应符合现行国家标准《锅炉大气污染物排放标准》GB 13271、《大气污染物综合排放标准》GB 16297 和所在地有关大气污染物排放标准的规定。

16.1.2 除尘器的选择，应根据锅炉在额定蒸发量或额定热功率下的出口烟尘初始排放浓度、燃料成分、烟尘性质和除尘对负荷适应性等技术经济因素确定。

16.1.3 除尘器及其附属设施，应符合下列要求：

　　1 应有防腐蚀和防磨损的措施；

　　2 应设置可靠的密封排灰装置；

　　3 应设置密闭输送和密闭存放灰尘的设施，收集的灰尘宜综合利用。

16.1.4 单台额定蒸发量小于等于 6t/h 或单台额定热功率小于等于 4.2MW 的层式燃煤锅炉，宜采用干式除尘器。

16.1.5 燃煤锅炉在采用干式旋风除尘器达不到烟尘排放标准时，应采用湿式、静电或袋式除尘装置。

16.1.6 有碱性工业废水可利用的企业或采用水力冲灰渣的燃煤锅炉房，宜采用除尘和脱硫功能一体化的除尘脱硫装置。一体化除尘脱硫装置，应符合下列要求：

　　1 应有防腐措施；

　　2 应采用闭式循环系统，并设置灰水分离设施，外排废液应经无害化处理；

　　3 应采取防止烟气带水和在后部烟道及引风机结露的措施；

　　4 严寒地区的装置和系统应有防冻措施；

　　5 应有 pH 值、液气比和 SO_2 出口浓度的检测和自控装置。

16.1.7 循环流化床锅炉，应采用炉内脱硫。

16.1.8 锅炉烟气排放中氮氧化物浓度超过标准时，应采取治理措施。

16.1.9 锅炉房烟气排放系统中采样孔、监测孔的设置，应符合现行国家标准《锅炉大气污染物排放标准》GB 13271 的规定，并宜设置工作平台。单台额定蒸发量大于等于 20t/h 或单台额定热功率大于等于 14MW 的燃煤锅炉和燃油锅炉，必须安装固定的连续监测烟气中烟尘、SO_2 排放浓度的仪器。

16.1.10 运煤系统的转运处、破碎筛选处和锅炉干式机械除灰渣处等产生粉尘的设备和地点，应有防止粉尘扩散的封闭措施和设置局部通风除尘装置。

16.2 噪声与振动的防治

16.2.1 位于城市的锅炉房，其噪声控制应符合现行国家标准《城市区域环境噪声标准》GB 3096 的规定。

锅炉房噪声对厂界的影响，应符合现行国家标准《工业企业厂界噪声标准》GB 12348 的规定。

16.2.2 锅炉房内各工作场所噪声声级的卫生限值，应符合国家现行职业卫生标准《工业企业设计卫生标准》GBZ 1 的规定。锅炉房操作层和水处理间操作地点的噪声，不应大于 85dB（A）；仪表控制室和化验室的噪声，不应大于 70dB（A）。

16.2.3 锅炉房的风机、多级水泵、燃油、燃气燃烧器和煤的破碎、制粉、筛选装置等设备，应选用低噪声产品，并应采取降噪和减振措施。

16.2.4 锅炉房的球磨机宜布置在隔声室内，隔声室应按防爆要求设置通风设施。

16.2.5 锅炉鼓风机的吸风口、各设备隔声室和隔声罩的进风口宜设置消声器。

16.2.6 额定出口压力为 1.27～3.82MPa（表压）的蒸汽锅炉本体和减温减压装置的放汽管上，宜设置消声器。

16.2.7 非独立锅炉房及宾馆、医院和精密仪器车间附近的锅炉房，其风机、多级水泵等设备与其基础之间应设置隔振器,设备与管道连接应采用柔性接头连接,管道支承宜采用弹性支吊架。

16.2.8 非独立锅炉房的墙、楼板、隔声门窗的隔声量,不应小于35dB(A)。

16.3 废 水 治 理

16.3.1 锅炉房排放的各类废水,应符合现行国家标准《污水综合排放标准》GB 8978 和《地表水环境质量标准》GB 3838 的规定,并应符合受纳水系的接纳要求。

16.3.2 锅炉房排放的各类废水,应按水质、水量分类进行处理,合理回收,重复利用。

16.3.3 湿式除尘脱硫装置、水力除灰渣系统和锅炉清洗产生的废水应经过沉淀、中和处理达标后排放;锅炉排污水应降温至小于40℃后排放;化学水处理的酸、碱废水应经过中和处理达标后排放。

16.3.4 油罐清洗废水和液化石油气残液严禁直接排放;油罐区应设置汇水明沟和隔油池;液化石油气残液应委托国家认可的专业部门处理。

16.3.5 煤场和灰渣场应设置防止煤屑和灰渣冲走和积水的设施,积水处理排放应符合本规范第 16.3.1 条的要求,同时应有防治煤灰水渗漏对地下水、饮用水源污染的措施。

16.4 固体废弃物治理

16.4.1 燃煤锅炉房的灰渣应综合利用,烟气脱硫装置的脱硫副产品宜综合利用。

16.4.2 化学水处理系统的固体废弃物,应按危险废弃物分类要求处理。

16.5 绿 化

16.5.1 锅炉房区域的场地应进行绿化。区域锅炉房的绿地率宜为 20%,非区域锅炉房的绿化面积应在总体设计时统一规划。

16.5.2 锅炉房干煤棚和露天煤场及灰渣场周围,宜设置绿化隔离带。

17 消 防

17.0.1 锅炉房的消防设计,应符合现行国家标准《建筑设计防火规范》GB 50016 和《高层民用建筑设计防火规范》GB 50045 的有关规定。

17.0.2 锅炉房内灭火器的配置,应符合现行国家标准《建筑灭火器配置设计规范》GB 50140 的规定。

17.0.3 燃油泵房、燃油罐区宜采用泡沫灭火,其系统设计应符合现行国家标准《低倍数泡沫灭火系统设计规范》GB 50151 的有关规定。

17.0.4 燃油及燃气的非独立锅炉房的灭火系统,当建筑物设有防灾中心时,该系统应由防灾中心集中监控。

17.0.5 非独立锅炉房和单台蒸汽锅炉额定蒸发量大于等于 10t/h 或总额定蒸发量大于等于 40t/h 及单台热水锅炉额定热功率大于等于 7MW 或总额定热功率大于等于 28MW 的独立锅炉房,应设置火灾探测器和自动报警装置。火灾探测器的选择及其设置的位置,火灾自动报警系统的设计和消防控制设备及其功能,应符合现行国家标准《火灾自动报警系统设计规范》GB 50116 的有关规定。

17.0.6 消防集中控制盘,宜设在仪表控制室内。

17.0.7 锅炉房、运煤栈桥、转运站、碎煤机室等处,宜设置室内消防给水点,其相连接处并宜设置水幕防火隔离设施。

18 室外热力管道

18.1 管道的设计参数

18.1.1 热力管道的设计流量,应根据热负荷的计算确定。热负荷应包括近期发展的需要量。

18.1.2 热水管网的设计流量,应按下列规定计算:

    1 应按用户的采暖通风小时最大耗热量计算,不宜考虑同时使用系数和管网热损失;

    2 当采用中央质调节时,闭式热水管网干管和支管的设计流量,应按采暖通风小时最大耗热量计算;

    3 当热水管网兼供生活热水时,干管的设计流量,应计入按生活热水小时平均耗热量计算的设计流量。支管的设计流量,当生活热水用户有贮水箱时,可按生活热水小时平均耗热量计算;当生活热水用户无贮水箱时,可按其小时最大耗热量计算。

18.1.3 蒸汽管网的设计流量,应按生产、采暖通风和生活小时最大耗热量,并计入同时使用系数和管网热损失计算。

18.1.4 凝结水管网的设计流量,应按蒸汽管网的设计流量减去不回收的凝结水量计算。

18.1.5 蒸汽管道起始蒸汽参数的确定,可按用户的蒸汽最大工作参数和热源至用户的管网压力损失及温度降进行计算。

18.2 管 道 系 统

18.2.1 当用汽参数相差不大,蒸汽干管宜采用单管系统。当用汽有特殊要求或用汽参数相差较大时,蒸汽干管宜采用双管或多管系统。

18.2.2 蒸汽管网宜采用枝状管道系统。当用汽量较小且管网较短,为满足生产用汽的不同要求和便于控制,可采用由热源直接通往各用户的辐射状管道系统。

18.2.3 双管热水系统宜采用异程式(逆流式),供水管与回水管的相应管段宜采用相同的管径；通向热用户的供、回水支管宜为同一出入口。

18.2.4 采用闭式双管高温热水系统，应符合下列要求：

1 系统静压线的压力值，宜为直接连接用户系统中的最高充水高度及设计供水温度下相应的汽化压力之和，并应有 10~30kPa 的富裕量；

2 系统运行时，系统任一处的压力应高于该处相应的汽化压力；

3 系统回水压力，在任何情况下不应超过用户设备的工作压力，且任一点的压力不应低于 50kPa；

4 用户入口处的分布压头大于该用户系统的总阻力时，应采用孔板、小口径管段、球阀、节流阀等消除剩余压头的可靠措施。

18.2.5 热水系统设计宜在水力计算的基础上绘制水压图，以确定与用户的连接方式和用户入口装置处供、回水管的减压值。

18.2.6 蒸汽供热系统的凝结水应回收利用，但加热有强腐蚀性物质的凝结水不应回收利用。加热油槽和有毒物质的凝结水，严禁回收利用，并应在处理达标后排放。

18.2.7 高温凝结水宜利用或利用其二次蒸汽。不予回收的凝结水宜利用其热量。

18.2.8 回收的凝结水应符合本规范第 9.2.2 条中对锅炉给水水质标准的要求。对可能被污染的凝结水，应装设水质监测仪器和净化装置，经处理合格后予以回收。

18.2.9 凝结水的回收系统宜采用闭式系统。当输送距离较远或架空敷设利用余压难以使凝结水返回时，宜采用加压凝结水回收系统。

18.2.10 采用闭式满管系统回收凝结水时，应进行水力计算和绘制水压图，以确定二次蒸发箱的高度和二次蒸汽的压力，并使所有用户的凝结水能返回锅炉房。

18.2.11 采用余压系统回收凝结水时，凝结水管的管径应按汽水混合状态进行计算。

18.2.12 采用加压系统回收凝结水时，应符合下列要求：

1 凝结水泵站的位置应按全厂用户分布状况确定；

2 当 1 个凝结水系统有几个凝结水泵站时，凝结水泵的选择应符合并联运行的要求；

3 每个凝结水泵站内的水泵宜设置 2 台，其中 1 台备用。每台凝结水泵的流量应满足每小时最大凝结水回收量，其扬程应按凝结水系统的压力损失、泵站至凝结水箱的提升高度和凝结水箱的压力进行计算；

4 凝结水泵应设置自动启动和停止运行的装置；

5 每个凝结水泵站中的凝结水箱宜设置 1 个，

常年不间断运行的系统宜设置 2 个，凝结水有被污染的可能时应设置 2 个，其总有效容积宜为 15~20min 的小时最大凝结水回收量。

18.2.13 采用疏水加压器作为加压泵时，在各用汽设备的凝结水管道上应装设疏水阀，当疏水加压器兼有疏水阀和加压泵两种作用时，其装设位置应接近用汽设备，并使其上部水箱低于系统的最低点。

18.3 管道布置和敷设

18.3.1 热力管道的布置，应根据建、构筑物布置的方向与位置、热负荷分布情况、总平面布置要求和与其他管道的关系等因素确定，并应符合下列要求：

1 热力管道主干线应通过热负荷集中的区域，其走向宜与干道或建筑物平行；

2 热力管道不应穿越由于汽、水泄漏将引起事故的场所，应少穿越厂区主要干道，并不宜穿越建筑扩建地和物料堆场；

3 山区热力管道，应因地制宜地布置，并应避开地质灾害和山洪的影响。

18.3.2 热力管道的敷设方式，应根据气象、水文、地质、地形等条件和施工、运行、维修方便等因素确定。居住区的热力管道，宜采用地沟敷设或直埋敷设。符合下列情况之一时，宜采用架空敷设：

1 地下水位高或年降雨量大；

2 土壤具有较强的腐蚀性；

3 地下管线密集；

4 地形复杂或有河沟、岩层、溶洞等特殊障碍。

18.3.3 室外热力管道、管沟与建筑物、构筑物、道路、铁路和其他管线之间的最小净距，宜符合本规范附录 A 的规定。

18.3.4 架空热力管道沿原有建、构筑物敷设时，应核对原有建、构筑物对管道负载的支承能力。

18.3.5 架空热力管道与输送强腐蚀性介质的管道和易燃、易爆介质管道共架时，应有避免其相互产生安全影响的措施。

18.3.6 当室外有架空的工艺和其他动力等管道时，热力管道宜与之共架敷设，其排列方式和布置尺寸应使所有管道便于安装和维修，并使管架负载分布合理。

18.3.7 架空热力管道在不妨碍交通的地段宜采用低支架敷设，在人行道地段宜采用中支架敷设，在车辆通行地段应采用高支架敷设。管道（包括保温层、支座和桁架式支架）最低点与地面的净距，应符合下列规定：

1 低支架敷设，不宜小于 0.5m；

2 中支架敷设，不宜小于 2.5m；

3 高支架敷设，与道路、铁路的交叉净距，应符合本规范附录 A 的有关规定。

18.3.8 地沟的敷设方式，宜符合下列要求：

1 管道数量少且管径小时，宜采用不通行地沟，地沟内管道宜采用单排布置；

2 管道通过不允许经常开挖的地段或管道数量较多，采用不通行地沟敷设的沟宽受到限制时，宜采用半通行地沟；

3 管道通过不允许经常开挖的地段或管道数量多，且任一侧管道的排列高度（包括保温层在内）大于等于1.5m时，可采用通行地沟。

18.3.9 半通行地沟的净高宜为1.2~1.4m，通道净宽宜为0.5~0.6m；通行地沟的净高不宜小于1.8m，通道净宽不宜小于0.7m。

18.3.10 地沟内管道保温表面与沟壁、沟底和沟顶的净距，宜符合下列要求：

1 与沟壁宜为100~200mm；

2 与沟底宜为150~200mm；

3 与沟顶：不通行地沟宜为50~200mm；

半通行和通行地沟宜为200~300mm。

管道（包括保温层）间的净距应根据管道安装和维修的需要确定。

18.3.11 热力管道可与重油管、润滑油管、压力小于等于1.6MPa（表压）的压缩空气管、给水管敷设在同一地沟内。给水管敷设在热力管道地沟内时，应单排布置或安装在热力管道下方。

18.3.12 热力管道严禁与输送易挥发、易爆、有害、有腐蚀性介质的管道和输送易燃液体、可燃气体、惰性气体的管道敷设在同一地沟内。

18.3.13 直埋热力管道应符合国家现行标准《城镇直埋供热管道工程技术规程》CJJ/T 81和《城镇供热直埋蒸汽管道技术规程》CJJ 104的规定，并应符合下列要求：

1 管道底部高于最高地下水位高度0.5m；当布置在地下水位以下时，管道应有可靠的防水性能，并应进行抗浮计算；

2 对有可能产生电化学腐蚀的管道，可采取牺牲阳极的阴极保护防腐措施。

18.3.14 热力管道地沟和直埋敷设管道在地面和路面下的埋设深度，应符合下列要求：

1 地沟盖板顶部埋深不宜小于0.3m；

2 检查井顶部埋深不宜小于0.3m；

3 直埋管道外壳顶部埋深应符合国家现行标准《城镇直埋供热管道工程技术规程》CJJ/T 81和《城镇供热直埋蒸汽管道技术规程》CJJ 104的有关规定。当直埋管道穿道路时，宜加套管或采用管沟进行防护，管沟上应设钢筋混凝土盖板。

18.3.15 地下敷设热力管道的分支点装有阀门、仪表、放气、排水、疏水等附件时，应设置检查井，并应符合下列要求：

1 检查井的大小、井内管道和附件的布置，应满足安装、操作和维修的要求，其净高不应小于1.8m；

2 检查井面积大于等于4m²时，人孔不应少于2个，其直径不应小于0.7m，人孔口高出地面不应小于0.15m；

3 检查井内应设置积水坑，其尺寸不宜小于0.4m×0.4m×0.3m，并宜设置在人孔之下。

18.3.16 通行地沟的人孔间距不宜大于200m，装有蒸汽管道时，不宜大于100m；半通行地沟的人孔间距不宜大于100m，装有蒸汽管道时，不宜大于60m。人孔口高出地面不应小于0.15m。

18.3.17 地沟的设计除应符合本规范第18.3.8条~第18.3.12条及第18.3.14条~第18.3.16条的规定外，尚应符合下列要求：

1 宜将地沟设置在最高地下水位以上，并应采取措施防止地面水渗入沟内，地沟盖上面宜覆土；

2 地沟沟底宜有顺地面坡向的纵向坡度；

3 通行地沟内的照明电压不应大于36V；

4 半通行地沟和通行地沟应有较好的自然通风。

18.3.18 直埋热力管道的沟槽尺寸，宜符合下列要求：

1 管道与管道之间（包括保温、外保护层）净距200~250mm；

2 管道（包括保温、外保护层）与沟槽壁之间净距100~150mm；

3 管道（包括保温、外保护层）与沟槽底之间净距150mm。

18.3.19 地下敷设的热力管道穿越铁路或公路时，宜采用垂直交叉。斜交叉时，交叉角不宜小于45°，交叉处宜采用通行地沟、半通行地沟或套管，其长度应伸出路基每边不小于1m。

18.3.20 采用中、高支架敷设的管道，在管道上装有阀门和附件处应设置操作平台，平台尺寸应保证操作方便。对于只装疏水、放水、放气等附件处，可不设置操作平台，将附件装设于地面上可以操作的位置，其引下管应保温。

18.3.21 架空敷设管道与地沟敷设管道连接处，地沟的连接口应高出地面不小于0.3m，并应有防止雨水进入地沟的措施。直埋管道伸出地面处应设竖井，并应有防止雨水进入竖井的措施，竖井的断面尺寸应满足管道横向位移的要求。

18.4 管道和附件

18.4.1 管道材料的选用，应符合下列要求：

1 压力大于1.0MPa表压和温度大于200℃的蒸汽管道、压力大于1.6MPa（表压）和温度小于等于180℃的热水管道，应采用无缝钢管。压力小于1.6MPa（表压）和温度小于200℃的蒸汽管道、热水和凝结水管道，可采用无缝钢管或焊接钢管；

2 热力管道当采用不通行地沟或直接埋地敷设

时，应采用无缝钢管。当采用架空、半通行或通行地沟敷设时，可采用无缝钢管或焊接钢管，并应符合本条第1款的规定。

18.4.2 室外热力管道的公称直径不应小于25mm。

18.4.3 热水、蒸汽和凝结水管道通向每一用户的支管上均应装设阀门。当支管的长度小于20m时可不装设。

18.4.4 热水、蒸汽和凝结水管道的高点和低点，应分别装设放气阀和放水阀。

18.4.5 蒸汽管道的直线管段，顺坡时每隔400～500m、逆坡时每隔200～300m，均应设启动疏水装置。在蒸汽管道的低点和垂直升高之前，应设置经常疏水装置。

18.4.6 蒸汽管道的经常疏水，在有条件时，应排入凝结水管道。

18.4.7 装设疏水阀处应装有检查疏水阀用的检查阀，或其他检查附件。在不带过滤器装置的疏水阀前应设置过滤器。

18.4.8 室外采暖计算温度小于-5℃的地区，架空敷设的不连续运行的管道上，以及室外采暖计算温度小于-10℃的地区，架空敷设的管道上，均不应装设灰铸铁的设备和附件。室外采暖计算温度小于等于-30℃的地区，架空敷设的管道上，装设的阀门和附件应为钢制。

18.5 管道热补偿和管道支架

18.5.1 管道的热膨胀补偿，应符合下列要求：

　　1 管道公称直径小于300mm时，宜利用自然补偿。当自然补偿不能满足要求时，应采用补偿器补偿；

　　2 管道公称直径大于等于300mm时，宜采用补偿器补偿。

18.5.2 热力管道补偿器在补偿管道轴向热位移时，宜采用约束型补偿器。但地沟敷设的热力管道，当无足够的横向位移空间时，不宜采用约束型补偿器。

18.5.3 管道热伸长量的计算温差，应为热介质的工作温度和管道安装温度之差。室外管道的安装温度，可按室外采暖计算温度取用。

18.5.4 采用弯管补偿器时，应预拉伸管道。预拉伸量宜取管道热伸长量的50%。当输送热介质温度大于380℃时，预拉伸量宜取管道热伸长量的70%。

18.5.5 套管补偿器应设置在固定支架一侧的平直管段上，并应在其活动侧装设导向支架。

18.5.6 当采用波形补偿器时，应计算安装温度下的补偿器安装长度，根据安装温度进行预拉伸。采用非约束型波形补偿器时，应在补偿器两侧的管道上装设导向支架。

18.5.7 采用球形补偿器时，宜装设在便于检修的地方。当水平装设大直径的球形补偿器时，两个球形补偿器下应装设滚动支架，或采用低摩擦系数材料的滑动支架，在直管段上应设置导向支架。

18.5.8 管道的转角可采用弯曲半径不小于1倍管径的热压弯头，或采用煨制弯曲半径不小于4倍管径的弯管，介质压力小于等于1.6MPa表压的管道可采用焊接弯头。

18.5.9 管道的活动支座宜采用滑动支座。当敷设在高支架、悬臂支架或通行地沟内的管道，其公称直径大于等于300mm时，宜采用滚动（滚轮、滚架、滚柱）支座或采用低摩擦系数材料的滑动支座。

18.5.10 不通行地沟内每根热力管道的滑动支座及其混凝土支墩应错开布置。

18.5.11 当管道直接敷设在另一管道上时，在计算管道的支座尺寸和补偿器的补偿能力时，应计入上、下管道产生的位移量所造成的影响。

18.5.12 计算共架敷设管道的推力时，应计入牵制系数。

附录A 室外热力管道、管沟与建筑物、构筑物、道路、铁路和其他管线之间的净距

A.0.1 架空热力管道与建筑物、构筑物、道路、铁路和架空导线之间的最小净距，宜符合表A.0.1的规定。

表A.0.1 架空热力管道与建筑物、构筑物、道路、铁路和架空导线之间的最小净距（m）

名　　称			水平净距	交叉净距
一、二级耐火等级的建筑物			允许沿外墙	—
铁路钢轨			外侧边缘3.0	跨铁路钢轨面5.5①
道路路面边缘、排水沟边缘或路堤坡脚			1.0	距路面5.0②
人行道路边			0.5	距路面2.5
架空导线（导线在热力管道上方）	电压等级（kV）	<1	外侧边缘1.5	1.5
		1～10	外侧边缘2.0	1.0
		35～110	外侧边缘4.0	3.0

　　注：1 跨越电气化铁路的交叉净距，应符合有关规范的规定。当有困难时，在保证安全的前提下，可减至4.5m。

　　　　2 道路交叉净距，应从路拱面算起。

A.0.2 埋地热力管道、热力管沟外壁与建筑物、构筑物的最小净距，宜符合表A.0.2的规定。

表 A.0.2　埋地热力管道、热力管沟外壁与建筑物、构筑物的最小净距（m）

名　　　称	水平净距
建筑物基础边	1.5
铁路钢轨外侧边缘	3.0
道路路面边缘	0.8
铁路、道路的边沟或单独的雨水明沟边	0.8
照明、通信电杆中心	1.0
架空管架基础边缘	0.8
围墙篱栅基础边缘	1.0
乔木或灌木丛中心	2.0

注：1　当管线埋深大于邻近建筑物、构筑物基础深度时，应用土壤内摩擦角校正表中数值。

　　2　管线与铁路、道路间的水平净距除应符合表中规定外，当管线埋深大于1.5m时，管线外壁至路基坡脚净距不应小于管线埋深。

　　3　本表不适用于湿陷性黄土地区。

A.0.3　埋地热力管道、热力管沟外壁与其他各种地下管线之间的最小净距，宜符合表 A.0.3 的规定。

表 A.0.3　埋地热力管道、热力管沟外壁与其他各种地下管线之间的最小净距（m）

名　　　称			水平净距	交叉净距
给水管			1.5	0.15
排水管			1.5	0.15
燃气管道	压力 （kPa）	≤400	1.0	0.15
		400<~≤800	1.5	0.15
		800<~≤1600	2.0	0.15
乙炔、氧气管			1.5	0.25
压缩空气或二氧化碳管			1.0	0.15

续表 A.0.3

名　　　称		水平净距	交叉净距
电力电缆		2.0	0.50
电力电缆	直埋电缆	1.0	0.50
	电缆管道	1.0	0.25
排水暗渠		1.5	0.50
铁路轨面		—	1.20
道路路面		—	0.50

注：1　热力管道与电力电缆间不能保持2.0m水平净距时，应采取隔热措施。

　　2　表中数值为1m而相邻两管线间埋设标高差大于0.5m以及表中数值为1.5m而相邻两管线间埋设标高差大于1m时，表中数值应适当增加。

　　3　当压缩空气管道平行敷设在热力管沟基础上时，其净距可减小至0.15m。

本规范用词说明

1　为便于在执行本规范条文时区别对待，对要求严格程度不同的用词说明如下：

　　1）表示很严格，非这样做不可的用词：

　　　　正面词采用"必须"，反面词采用"严禁"。

　　2）表示严格，在正常情况下均应这样做的用词：

　　　　正面词采用"应"，反面词采用"不应"或"不得"。

　　3）表示允许稍有选择，在条件许可时首先应这样做的用词：

　　　　正面词采用"宜"，反面词采用"不宜"；

　　　　表示有选择，在一定条件下可以这样做的用词，采用"可"。

2　本规范中指明应按其他有关标准、规范执行的写法为"应符合……的规定"或"应按……执行"。

中华人民共和国国家标准

锅 炉 房 设 计 规 范

GB 50041—2008

条 文 说 明

目　　次

1 总　则

1.0.1 本条是原规范第1.0.1条的修订条文。

本条文阐明制定本规范的宗旨。其内容与原《锅炉房设计规范》GB 50041—92（以下简称"原规范"）第1.0.1条相同，仅将"贯彻执行国家的方针政策，符合安全规定"改写为"贯彻执行国家有关法律、法规和规定"。

1.0.2 本条是原规范第1.0.2条的修订条文。

本条主要叙述本规范适用范围，对原规范第1.0.2条的适用范围，按照国家最新锅炉产品参数系列予以调整：

　　1 以水为介质的蒸汽锅炉的锅炉房，其单台锅炉的额定蒸发量由原来1～65t/h，改为1～75t/h，压力及温度不变。

　　2 热水锅炉的锅炉房，其单台锅炉的额定热功率由原来0.7～58MW，改为0.7～70MW，其他参数不变。

　　3 符合本条第1、2款参数的室外蒸汽管道、凝结水管道和闭式循环热水系统。

1.0.3 本条是原规范第1.0.3条的修订条文。

本规范不适用余热锅炉、垃圾焚烧锅炉和其他特殊类型锅炉（如电热锅炉、导热油炉、直燃机炉等）的锅炉房和城市热力管道设计，特别要指出的是垃圾焚烧锅炉的锅炉房设计问题，近年来虽然垃圾焚烧锅炉的设计与应用发展较快，但因垃圾焚烧锅炉的锅炉房设计有其特殊要求，本规范难以适用，故不包括在内。

城市热力管道设计可按国家现行标准《城市热力网设计规范》CJJ 34 的规定进行。

1.0.4 本条是原规范第1.0.4条的条文。

本条指出锅炉房设计，除应遵守本规范外，尚应符合国家现行的有关标准、规范的规定。主要内容有：

　　1 《城市热力网设计规范》CJJ 34—2002；

　　2 《建筑设计防火规范》GBJ 16；

　　3 《高层民用建筑设计防火规范》GB 50045；

　　4 《锅炉大气污染物排放标准》GB 13271；

　　5 《工业企业设计卫生标准》GBZ 1；

　　6 《湿陷性黄土地区建筑规范》GBJ 25；

　　7 《建筑抗震设计规范》GB 50011 等。

3　基本规定

3.0.1 本条是原规范第2.0.2条第一部分的修订条文。

锅炉房设计首先应从城市（地区）或企业的总体规划和热力规划着手，以确定锅炉房供热范围、规模

大小、发展容量及锅炉房位置等设计原则。本条为设计锅炉房的主要原则问题，所以列入基本规定第一条。

对于扩建和改建的锅炉房设计，需要收集的有关设计资料内容较多，本条文强调了应取得原有工艺设备和管道的原始资料，包括设备和管道的布置、原有建筑物和构筑物的土建及公用系统专业的设计图纸等有关资料。这样做可以使改、扩建的锅炉房设计既能充分利用原有工艺设施，又可与原有锅炉房协调一致和节约投资。

3.0.2 本条是原规范第2.0.1条的修订条文。

锅炉房设计应该取得的设计基础资料与原规范条文一致，包括热负荷、燃料、水质资料和当地气象、地质、水文、电力和供水等有关基础资料。

3.0.3 本条是原规范第2.0.3条的修订条文。

原规范第2.0.3条条文内容限于当时形势，锅炉房燃料只能以煤为主。随着我国改革开放政策的不断深入，我国对环境保护政策的重视和不断加强环保执法力度，原条文已不适应当前形势发展的要求，锅炉房燃料选用要按新的环保要求和技术要求考虑。现在国内不少大、中城市对所属区域内使用的锅炉燃料作出许多限制，如不准使用燃煤作燃料等。随着我国"西气东输"政策的实施，以燃气、燃油作锅炉燃料得到快速发展。所以本条文对锅炉的燃料选用规定作了较大修改。同时本条文去除了"锅炉房设计应以煤为燃料，应落实煤的供应"等内容。

当燃气锅炉燃用密度比空气大的燃气时，由于燃气密度大，不利扩散，且随地势往下流动，安全性差，故不应设置在地下和半地下建、构筑物内。根据现行国家标准《城镇燃气设计规范》GB 50028 规定气体燃料相对密度大于等于 0.75 时就不得设在地下、半地下或地下室，故本规范也采用此数据，以保证锅炉房安全运行。

对于燃气锅炉房的备用燃料选择，亦应按上述原则进行确定，并应根据供热系统的安全性、重要性、供气部门的保证程度和备用燃料的可能性等因素确定。

3.0.4 本条是原规范第2.0.4条的修订条文。

环境保护是我国的基本国策。锅炉房既是一个一次能源消耗大户，又是一个有害物排放、环境污染的源头。因此，锅炉房设计中对环境治理要求较高。锅炉房有害物除烟气中含有的烟尘、二氧化硫、氧化氮等有害气体外，尚有废水、排气（汽）、废渣和噪声等对环境造成的影响，必须对其进行积极的治理，以减少对周围环境的影响。同时对污染物的排放量也应加以治理，使其最终排放量符合国家和当地有关环境保护、劳动安全和工业企业卫生等方面的标准、规范的规定。

防治污染的工程还应贯彻和主体工程同时设计的

要求。

3.0.5 本条是原规范第2.0.5条的修订条文。

本条为设置锅炉房的基本条件，条文内容与原规范相比没有变化，仅对原条文"热电合产"一词改为"热电联产"。

热用户所需热负荷的供应，应根据当地的供热规划确定。首先应考虑由区域热电站、区域锅炉房或其他单位的锅炉房协作供应，在不具备上述条件之一时，才应考虑设置锅炉房。

3.0.6 本条是原规范第2.0.6条的修订条文。

采用集中供热时，究竟是建设热电站，还是区域性锅炉房，牵涉到各方面的因素，需要根据国家热电政策、城市供热规划和通过技术经济比较后确定。本条文为设置区域锅炉房的基本条件，与原规范条文没有太大变化，仅作个别词句上的改动。在一般情况下，建设区域锅炉房的条件为：

1 对居住区和公用建筑设施所需的采暖和生活负荷的供热，如其市区内无大型热电站或热用户离热电站较远，不属热电站的供热范围时，一般以建设区域锅炉房为宜。鉴于我国的地理环境状况，除东北、西北地区外，采暖期均较短，采用热电联产，以热定电方式集中供热，显然很不经济；即使在东北、西北寒冷地区，采暖时间虽然较长，但如采用热电联产，一般也难以发挥机组的效益。故在此情况下，以建设区域锅炉房进行供热为宜。

2 供各用户生产、采暖通风和生活用热，如本期热负荷不够大、负荷不稳定或年利用时数较低，则以建设区域锅炉房为宜。如果采用热电联产方式进行供热，将会导致发电困难，且经济性差。国务院4部委文件 急计基建（2000）1268号文 关于印发《关于发展热电联产的规定》的通知中规定："供热锅炉单台容量20t/h及以上者，热负荷年利用大于4000h，经技术经济论证具有明显经济效益的，应改造为热电联产"。根据这一规定精神，应该对本地区热负荷情况进行技术经济分析后再作确定。

3 根据城市供热规划，某些区域的企业（单位）虽属热电站的供热范围，但因热电站的建设有时与企业（单位）的建设不能同步进行，而用户又急需用热，在热电站建成前，必须先建锅炉房以满足该企业（单位）用热要求，当热电站建成后将改由热电站供热，所建锅炉房可作为热电站的调峰或备用的供热热源。

3.0.7 本条是原规范第2.0.7条的修订条文。

按照锅炉房设计程序，在设计外部条件确定后，即进行锅炉房总的容量和单台锅炉容量的确定、锅炉及附属设备的选型和工艺设计。而锅炉房总的容量和单台锅炉容量、锅炉选型和工艺设计的基础是设计热负荷，所以应高度重视设计热负荷的落实工作。实践证明，热负荷的正确与否，会直接影响到锅炉房今后运行的经济性和安全性，而热负荷的核实工作设计单位应负有主要责任。

为正确确定锅炉房的设计热负荷，应取得热用户的热负荷曲线和热平衡系统图，并计入各项热损失、锅炉房自用热量和可供利用的余热后来确定设计热负荷。

当缺少热负荷曲线或热平衡系统图时，热负荷可根据生产、采暖通风和空调、生活小时最大耗热量，并分别计入各项热损失和同时使用系数后，再加上锅炉房自用热量和可供利用的余热量确定。

3.0.8 本条是原规范第2.0.8条的修订条文。

本条为锅炉房设置蓄热器的基本条件，锅炉房设置蓄热器是一项节能措施，在国内外运行的锅炉房中设置蓄热器的数量较多，它具有使锅炉负荷平稳，改善运行状态，提高锅炉运行的经济性与安全性。蓄热器用以平衡不均匀负荷时，外界热负荷低时可蓄热，热负荷高时可放热。所以，当热用户的热负荷变化较大且较频繁，或为周期性变化时，经技术经济比较后，在可能条件下，应首先考虑调整生产班次或错开热用户的用热时间等方法，使热负荷曲线趋于平稳。如在采用以上方法仍无法达到使热负荷平衡情况时，则经热平衡计算后确有需要才设置蒸汽蓄热器。设置蒸汽蓄热器的锅炉房，其设计容量应按平衡后的各项热负荷进行计算确定。

3.0.9 本条是原规范第2.0.9条的条文。

本条文与原规范第2.0.9条的条文相同，仅作个别名词的增改。

条文中规定，专供采暖通风用热的锅炉房，宜选用热水锅炉，以热水作为供热介质，这是就一般情况而言。但对于原有采暖为供汽系统的改扩建工程，或高大厂房的采暖通风以及剧院、娱乐场、学校等公共建筑设施，是否一律改为或采用热水采暖，需视具体情况，经过技术经济比较后确定，不能硬性规定均应改为热水采暖。

供生产用汽的锅炉房，应选用蒸汽锅炉，所生产的蒸汽，直接供生产上应用。

同时供生产用汽及采暖通风和生活用热的锅炉房，是选用蒸汽锅炉、汽水两用锅炉，还是蒸汽、热水两种类型的锅炉，需经技术经济比较后确定。一般的讲，对于主要为生产用汽而少量为热水的负荷，宜选用蒸汽锅炉，所需的少量热水，由换热器制备；主要为热水而少量为蒸汽的负荷，可选用蒸汽、热水锅炉或汽、水两用锅炉。如选用蒸汽锅炉时热水由换热器制备；如选用热水锅炉时，少量蒸汽可由蒸发器产生，但所产生的蒸汽应能满足用户用汽参数的要求；选用汽、水两用锅炉时，同时供应所需的蒸汽和热水。如生产用蒸汽与热水负荷均较大，或所需的两种热介质用一种类型的锅炉无法解决，或虽然解决但却不合理，也可选用蒸汽和热水两种类型的锅炉。

3.0.10 本条是原规范第 2.0.10 条的修订条文。

锅炉房的供热参数，以满足各用户用热参数的要求为原则。但在选择锅炉时，不宜使锅炉的额定出口压力和温度与用户使用的压力和温度相差过大，以免造成投资高、热效率低等情况。同时，在选择锅炉参数时，应视供热系统的情况，做到合理用热。因此在本条文中增加了"供生产用蒸汽压力和温度的选择应以能满足热用户生产工艺的要求为准"。热水热力网最佳设计供、回水温度应根据工程的具体条件，作技术经济比较后确定。

在锅炉房的设计中，当用户所需热负荷波动较大时，应采用蓄热器以平衡不均匀负荷，有条件时尽量做到从高参数到低参数热能的梯级利用，这是合理用能、节约能源的一种有效方法。

3.0.11 本条是原规范第 2.0.11 条的修订条文。

原规范对锅炉选择除上述第 3.0.9 条、第 3.0.10 条的条文规定外，尚应符合下列要求，即：应能有效地燃烧所采用的燃料、有较高的热效率、能适应热负荷变化、有利于环境保护、投资较低、能减少运行成本和提高机械化自动化水平等要求。

所谓不同容量与不同类型的锅炉不宜超过 2 种，是指在需要时，锅炉房内可设置同一类型的锅炉而有两种不同的容量，或是选用两种类型的锅炉，但每种类型只能是同一容量。这样的规定是为了尽量减少设备布置和维护管理的复杂性。本条规定是选择锅炉时应注意的问题，以便能满足热负荷、节能、环保和投资的要求。

近年来我国的燃油燃气锅炉制造技术、燃烧设备的配套水平、控制元件和系统设置等，现在都有了显著的进步，有些产品已可以替代进口，这给工程选用带来了方便条件。本条中的关键是全自动运行和可靠的燃烧安全保护。全自动可避免人为误操作，可靠的燃烧安全保护装置指启动、熄火、燃气压力、检漏、热力系统等保护性操作程序和执行的要求，必须准确可靠。

3.0.12 本条是原规范第 2.0.12 条和第 2.0.13 条的修订条文。

锅炉台数和容量的选择，原规范条文比较原则，本次修订时将锅炉台数和容量的选择作了更加明确与详细的规定，便于遵循执行。

本条文规定的锅炉房锅炉总台数：新建锅炉房一般不宜超过 5 台；扩建和改建锅炉房的锅炉总台数一般不宜超过 7 台，与原规范一致仍保持原条文没有变化。锅炉房的锅炉台数决定尚应根据热负荷的调度、锅炉检修和扩建可能性来确定。一般锅炉房的锅炉台数不宜少于 2 台，这里已考虑到备用因素在内。但在特殊情况下，如当 1 台锅炉能满足热负荷要求，同时又能满足检修需要时，尤其是当这台锅炉因停运而对外停止供汽（热）时，如不对生产造成影响，可只设

置 1 台锅炉。

本条文增加了对非独立锅炉房锅炉台数的限制，规定不宜超过 4 台。这一方面可以控制锅炉房的面积，另一方面也是为安全的需要，台数越多，对安全措施要求越多。

3.0.13 本条是原规范第 2.0.15 条的条文。

在地震烈度为 6 度到 9 度地区设置锅炉房，锅炉及锅炉房均应考虑抗震设防，以减少地震对它的破坏。锅炉本体抗震措施由锅炉制造厂考虑，锅炉房建筑物和构筑物的抗震措施，按现行国家标准《建筑抗震设计规范》GB 50011 执行，在锅炉房管道设计中，管道支座与管道间应加设管夹等防止管道从管架上脱落措施，同时在管道的连接处应采用橡胶柔性接头等抗震措施。

3.0.14 本条是原规范第 2.0.17 条的修订条文。

锅炉房（包括区域锅炉房）需设置必要的修理、运输和生活设施。锅炉房的规模越大，其必要性也越大，当所属企业或邻近企业有条件可协作时，为避免重复建设，可不单独设置。

4 锅炉房的布置

4.1 位置的选择

4.1.1 本条是原规范第 5.1.1 条、第 5.1.2 条和第 5.1.3 条合并后的修订条文。

原规范条文中锅炉房位置的选择应考虑的要求共 8 款，本次修订后改为 10 款，在内容上也作了修改，各款的主要修改内容如下：

1 为原规范第 5.1.1 条的第一、二款的合并条款，因热负荷及管道布置为一个统一的内容，即锅炉房位置的选择要考虑在热负荷中心，同时这样做可使热力管道的布置短捷，在技术、经济上比较合理。

2 为原规范第 5.1.1 条的第三款，锅炉房应尽可能位于交通便利的地方，以有利于燃料、灰渣的贮运和排送，并宜使人流、车流分开。

3 为原规范第 5.1.2 条的内容，为锅炉房扩建原则。

4 为原规范第 5.1.1 条的第四款内容。

5 为原规范第 5.1.1 条的第五款内容，目的是尽量避免地基做特殊处理，保证锅炉房的安全和节省投资。

6 本款前半段与原规范第 5.1.1 条的第六款一致，去除后半段有关"全年最小频率风向的上风侧和盛行风向的下风侧"内容，改为"全年运行的锅炉房应设置于总体主导风向的下风侧，季节性运行的锅炉房应设置于该季节最大频率风向的下风侧，"以免引起误解。

7、8 与原规范第 5.1.1 条的第七、八款一致。

9 为原规范第5.1.3条的内容，为区域锅炉房位置选择的原则。

10 对易燃、易爆物品的生产企业，为确保安全，其所需建设的锅炉房位置，除应满足本条上述要求外，尚应符合有关专业规范的规定。

4.1.2 本条是原规范第5.1.4条的修订条文之一。

由于锅炉房是具有一定爆炸性危险的建筑，其对周围的危害性极大，因此对新建锅炉房的位置原则上规定宜设置在独立的建筑物内。

4.1.3 本条是原规范第5.1.4条的修订条文之一。

锅炉房作为独立的建筑物布置有困难，需要与其他建筑物相连或设置在其内部时，为确保安全，特规定不应布置在人员密集场所和重要部门（如公共浴室、教室、餐厅、影剧院的观众厅、会议室、候车室、档案室、商店、银行、候诊室）的上一层、下一层、贴邻位置和主要通道、疏散口的两旁。

锅炉房设置在首层、地下一层，对泄爆、安全和消防比较有利。

这里需要说明的是：锅炉房本身高度超过1层楼的高度，设在其他建筑物内时，可能要占2层楼的高度，对这样的锅炉房，只要本身是为1层布置，中间并没有楼板隔成2层，不论它是否已深入到该建筑物地下第二层或地面第二层，本规范仍将其作为地下一层或首层。

另外，对锅炉房必须要设置在其他建筑物内部时，本规范还规定了应靠建筑物外墙部位设置的规定，这是考虑到，如锅炉房发生事故，可使危害减少。

4.1.4 本条是原规范第5.1.4条的修订条文之一。

在住宅建筑物内设置锅炉，不仅存在安全问题，而且还有环保问题，无论从大气污染还是噪声污染等方面看，都不宜将锅炉房设置在住宅建筑物内。

4.1.5 本条是原规范第5.1.6条的修订条文。

煤粉锅炉不适宜使用在居民区、风景名胜区和其他主要环境保护区内，因为这些地区对环保要求较高，煤粉锅炉房难以满足当地环保要求。在这些地区现在使用燃煤锅炉的数量已越来越少，使用煤粉锅炉的几乎没有，它们已逐步被油、气锅炉所代替。为此本规范对煤粉锅炉的使用作出一定的限制，这主要是从保护环境角度考虑。至于沸腾床锅炉目前在这类地区基本上已不再使用，所以在本规范中不再论述。

4.1.6 本条是新增的条文。

循环流化床（CFB）锅炉是近10多年发展起来的一种环保节能型锅炉，它采用低温燃烧，有利于炉内脱硫脱硝；由于该类型的锅炉燃烧完善和具有燃烧劣质煤的功能，因此能起到节约能源的作用。但是这种锅炉排烟含尘量高，对城市环境卫生带来一定影响。这种锅炉炉型虽然可以使用各种高效除尘设施，如静电除尘器或布袋除尘器等来进行除尘，使烟气排放的污染物浓度达到国家规定的要求，但这些设备价格较高。因此在本规范条文中规定，既要鼓励采用环保节能型锅炉，同时在使用上又要加以适当限制，规定居民区不宜使用循环流化床锅炉。

4.2 建筑物、构筑物和场地的布置

4.2.1 本条是新增的条文。

根据近年来国内锅炉房总体设计的发展趋势逐渐向简洁及空间组合相协调的方向发展。过去人们对锅炉房的概念，一般都与脏、乱、劳动强度大等联系在一起，在锅炉房的设计中往往会忽视其整洁的一面，把锅炉房选型和场地布置放在一个从属地位，因此以往不少锅炉房建筑造型简陋，场地紧张杂乱，安全运行和安装检修存在较多隐患。随着改革开放的深入，城市的扩大和供热工程的发展，对锅炉房设计提出了更新的理念，因此本条文结合目前国内锅炉房发展要求，增订了对锅炉房总体设计方面的规定。

4.2.2 本条是新增的条文。

新建区域锅炉房厂前区的规划应与所在地区的总体规划相协调，协调内容应包括交通、物料运输和人流、物流的出入口等。

根据国内外城市发展规划要求，锅炉房的辅助厂房与附属建筑物，宜尽量采用联合建筑物，并应注意锅炉房立面和朝向，使整体布局合理、美观，这也是适应城市和小区的发展而新增的条文。

4.2.3 本条是新增的条文。

本条为对锅炉房建筑造型和整体布局方面的要求，对工业锅炉房而言，其建筑造型应与所在企业（单位）的建筑风格相协调；对区域锅炉房而言，应与所在城市（区域）的建筑风格相协调。这也是适应城镇和工业企业的发展而新增的条文。

4.2.4 本条基本上是原规范第5.2.1条的条文，仅作个别文字修改。

本条提出充分利用地形，这可使挖方和填方量最小。在山区布置时，对规模和建筑面积较大的锅炉房，可采用阶梯式布置，以减少挖方和填方量。同时，锅炉房设计应注意排水顺畅，且应防止水流入地下室和管沟。

4.2.5 本条是原规范第5.2.2条的修订条文。

锅炉房、煤场、灰渣场、贮油罐、燃气调压站之间，以及和其他建筑物、构筑物之间的间距，因涉及安全和卫生方面的问题，在锅炉房的总体布置上应予以充分重视。在本条文中除列出主要的现行国家标准规范外，尚应执行当地的有关标准和规定。

4.2.6 本条是原规范第5.2.3条的条文。

对运煤量较大的输煤系统，一般采用皮带输送机居多，如能利用地形的自然高差，将煤场或煤库布置在较高的位置，可减少提升高度、缩短运输走廊和减少占地面积，节约投资。同时，煤场、灰场的布置应

注意风向，以减少煤、灰对主要建筑物的影响。

4.2.7 本条是新增的条文。

锅炉房建筑物和构筑物的室内底层标高应高出室外地坪或周围地坪 0.15m 及以上，这是建筑物防水和排水的需要，可避免大雨时室外雨水向锅炉房内部倾注或浸蚀构筑物，而造成不利影响。锅炉间和同层的辅助间地面标高则要求一致，以使操作行走安全。

4.3 锅炉间、辅助间和生活间的布置

4.3.1 本条是原规范第 5.3.1 条的修订条文。

锅炉间、辅助间和生活间布置在同一建筑物内或分别单独设置，应根据当地自然条件、锅炉间布置及通风采光要求等来确定，本条规定系根据目前国内锅炉房布置的现状，作推荐性的规定。

对于水处理、水泵间、热力站等设备可布置在锅炉间炉前底层，也可布置在辅助楼（间）底层，这要视工艺管道的布置是否便捷、噪声和振动等的影响来确定。

4.3.2 本条是原规范第 5.3.2 条的修订条文。

原规范对锅炉房为多层布置时，对仪表控制室的设置位置提出了要求。本次规范修订时，考虑到目前国内技术水平的发展，单层布置的锅炉房也有可能设置仪表控制室，故本次规范修订中不提出以锅炉房为多层布置作为设置仪表室设置的先决条件，而只提出仪表控制室设置中应考虑的问题。

仪表控制室的布置位置应根据锅炉房总的蒸发量（热功率）考虑，原则上宜布置在锅炉间运行层上。此时对仪表控制室的朝向、采光、布置地点及司炉人员的观察、操作有一定的要求。同时，应采取措施避免因振动（机械设备或除氧器等）而造成影响。

4.3.3 本条是原规范第 5.3.2 条的修订条文之一。

对容量大的水处理系统、热交换系统、运煤系统和油泵房，由于系统的仪表和电气表计和控制柜内容比较多，为保证这些设备的使用运行安全，故提出宜分别设置控制室。

当仪表控制室布置在热力除氧器和给水箱的下面时，应考虑到除氧器荷重和除氧器加热振动而造成对土建的安全性以及对建筑防水措施的影响，确保仪表控制室安全。

4.3.4 本条是原规范第 5.3.4 条的修订条文。

锅炉房对生产辅助间（修理间、仪表校验间、化验室等）和生活间（值班室、更衣室、浴室、厕所等）的设置问题，应根据国家现行职业卫生标准《工业企业设计卫生标准》GBZ 1 和当地的具体条件，因地制宜地加以设置。根据国内现行锅炉房大量调查统计，各单位的生产辅助间和生活间的设置情况不尽一致，难以统一。因此本内容仅为一般推荐性条文，供锅炉房设计时参考。

4.3.5 本条是原规范第 5.3.5 条的条文。

采光、噪声和振动对化验室的分析工作有较大影响，因此，在设置锅炉房化验室时，应考虑上述影响。同时，由于锅炉房的取样、化验工作比较频繁，因此，也尽量考虑其便利。

4.3.6 本条是原规范第 5.3.3 条的修改条文。

锅炉房一般都需考虑扩建，运煤系统应从锅炉房固定端，即设有辅助间的一端接入炉前，以免影响以后锅炉房的扩建。

4.3.7 本条是原规范第 5.3.6 条的修订条文。

本条的规定是为保证锅炉房工作人员出入的安全，或遇紧急状况时便于工作人员迅速离开现场。

4.3.8 本条是原规范第 5.3.7 条的条文。

锅炉房通向室外的门应向外开启，这是为了方便锅炉房工作人员的出入，同时当锅炉房发生事故时，便于人员疏散；锅炉房内部隔间门，应向锅炉间开启，这是当锅炉房发生事故时，使门趋向自动关闭，减少其他房间因锅炉爆炸而带来的损害，这也有利于其他房间的人员方便进入锅炉间抢险。

4.4 工艺布置

4.4.1 本条是原规范第 5.4.1 条的修订条文。

本条文是对锅炉房工艺设计的基本要求，是在锅炉房设计中应贯彻的原则。本条文所叙述的各种管线系包括输送汽、水、风、烟、油、气和灰渣等介质的管线，对这些管线应能合理、紧凑地予以布置。

4.4.2 本条是原规范第 5.4.6 条的修订条文。

锅炉露天、半露天布置或锅炉室内布置问题，经过多年的实践和大量事实的验证，对平均气温较高，常年雨水不多的地区，可以采用露天或半露天布置，至于露天或半露天布置锅炉房容量的划分，从气象条件来看，认为在建筑气候年日平均气温大于等于 25℃的日数在 80d 以上，雨水相对较少的地区，锅炉可采用露天或半露天布置。从目前国内情况来看，一般以单台锅炉容量在 35t/h 及以上为宜，尤其在我国南方地区，单台锅炉容量大于等于 35t/h 的锅炉房采用露天或半露天布置的较多。

当锅炉房采用露天或半露天布置时，要求锅炉制造厂在锅炉产品制造时，应提供适合于露天或半露天布置的设施，如锅炉应设置防护顶盖，有顶盖的锅炉钢架应考虑承受顶盖的承载力和当地台风风力的影响，并要考虑负载对锅炉基础设计的影响。锅炉房的仪表、阀门等附件应有防雨、防冻、防风、防腐等措施，在锅炉的工艺布置中，仪表控制室应置于锅炉间室内操作层便于观察操作的地方。

4.4.3 本条是原规范第 5.4.7 条的条文。

据调查，在非严寒地区锅炉房的风机、水箱、除氧及加热装置、除尘装置、蓄热器、水处理设备等辅助设施和测量仪表，采用露天或半露天布置的较多，但一般都有较好的防护措施，且操作、检修方便，运

行安全可靠。对设在居住区内的风机，因噪声大，为防止噪声对居民休息造成影响，故不应露天布置，一般采取密闭小室或安装隔声罩以减轻噪声对周围的影响。

4.4.4 本条是原规范第 5.4.5 条的修订条文。

锅炉制造厂一般仅提供单台锅炉的平台和扶梯，而锅炉房往往是由多台同型锅炉组成，有时需要将相邻锅炉的平台加以连接；同样，对锅炉房辅助设施、监测和控制装置、主要阀门等需要操作、维修的场所，亦应设置平台和扶梯。如有可能，对管道阀门的开启亦可设置传动装置引至楼（地）面进行远距离操作。

4.4.5 本条是原规范第 5.4.2 条的条文。

锅炉操作地点和通道的净空高度，规定不应小于 2m，这是为便于操作人员能安全通过。但要注意对于双层布置的锅炉房和单台锅炉容量较大（一般为大于等于 10t/h）的锅炉房，需要在锅炉上部设起吊装置者，其净空高度应满足起吊设备操作高度的要求。在锅炉、省煤器及其他发热部位的上方，当不需操作和通行的地方，其净空高度可缩为 0.7m，这个高度已能使人低身通过。

4.4.6 本条是原规范第 5.4.3 条的修订条文。

根据规范总则的要求，本规范的适用范围，蒸汽锅炉的锅炉房，其单台锅炉额定蒸发量为 1～75t/h；热水锅炉的锅炉房，其单台锅炉额定热功率为 0.7～70MW，适用范围较广，所以需按不同类型的锅炉分档规定；这些数据系经大量调查后选取的，表 4.4.6 所列数据，都是最小值，采用时应以满足所选锅炉的操作、安装、检修等需要为准，设计者可根据锅炉房工艺特点，适当增加。当锅炉在操作、安装、检修等方面有特殊要求时，其通道净距应以能满足其实际需要为准。

5 燃 煤 系 统

5.1 燃 煤 设 施

5.1.1 本条是原规范第 3.1.2 条的条文。

节约能源，保护环境是我国的基本国策。锅炉房是主要耗能大户，而锅炉是主要用煤设备。据统计，我国环境污染的 80% 是来自燃料的燃烧，燃煤对环境的污染尤其严重。为此，本条文针对燃煤锅炉房，提出对锅炉燃烧设备选择的要求，首先应根据燃料的品种来确定，并应根据所选煤种来选择锅炉燃烧设备，使其达到对热负荷的适应性强、热效率高、燃烧完善、烟气污染物排放量少以及辅机耗电量低的目的。

5.1.2 本条是原规范第 3.1.3 条和第 3.1.4 条合并后的修订条文。

小型燃煤锅炉的锅炉房，一般选用层式燃烧设备的锅炉。层式燃烧设备锅炉排放的烟气通常较其他燃烧设备锅炉排放的烟气含尘量低，有利于环境保护。层式燃烧设备锅炉又以链条炉排锅炉的烟气含尘量为低，因此宜优先采用链条炉排锅炉。

由于结焦性强的煤会破坏链条炉排锅炉的正常运行，而碎焦末不能在链条炉排上正常燃烧，因此这两种燃料不应在链条炉排锅炉上使用。

5.1.3 本条是原规范第 8.1.15 条的条文。

燃煤块度不符合燃烧要求时，必须经过破碎，并在破碎之前将煤进行磁选和筛选，否则会使燃烧情况不良和损坏设备。当锅炉给煤装置、煤的制备实施和燃烧设备有要求时（如煤粉锅炉和循环流化床锅炉），宜设置煤的二次破碎和二次磁选装置。

5.1.4 本条为新增的条文。

不同型式的燃用固体燃料的锅炉，对入炉燃料的粒度要求是不一样的。本条列出了几种主要燃用固体燃料的锅炉炉型对入炉燃料粒径的要求。

煤粉炉的煤块粒度是考虑了磨煤机对进入煤块粒度的要求。

循环流化床锅炉对入炉燃料粒度规定是考虑到进入循环流化床锅炉的燃料需要在炉内经过多次循环，并在循环中烧透燃尽，整个燃烧系统，只有通过锅炉本体的精心设计，运行中控制流化速度、循环倍率、物料颗粒合理搭配才可能在总体性能上获得最佳效果。循环流化床锅炉的型式不同，燃料性质不同，所要求的燃料粒度也不相同，一般对入炉煤颗粒要求最大为 10～13mm。因此，必须在设计中特别注意制造厂提出的对燃料颗粒的要求，以便合理确定破碎设备的型式。

5.1.5 本条是新增的条文。

磨煤机形式的选择对锅炉房安全运行和经济性影响较大，所以本条规定磨煤机的选型，首先应根据煤种、煤质来确定，同时对具体煤种的选择应符合下列要求：

1 当燃用无烟煤、低挥发分贫煤、磨损性很强的煤或煤种、煤质难固定的煤时，宜选用钢球磨煤机。

2 当燃用磨损性不强，水分较高，灰分较低，挥发分较高的褐煤时，宜选用风扇磨煤机。

3 当燃用较强磨损性以下的中、高挥发分（$V_{daf}=27\%～40\%$）、高水分（$M_{ad}≤15\%$）以下的烟煤或燃烧性能较好的贫煤时，宜采用中速磨煤机。中速磨煤机具有设备紧凑、金属耗量少、噪音较低、调节灵活和运行经济性高的优点，所以在煤质适宜时宜优先选用。

5.1.6 本条是新增的条文。

1 循环流化床锅炉给煤机是保证锅炉正常、安全运行的重要设备。给煤机的出力应能保证 1 台给煤机故障停运时，其他给煤机的能力应能满足锅炉额定蒸发量的100％的给煤量需要。

2　制粉系统给煤机的形式较多，有振动式、胶带式、埋刮板式和圆盘式等。其中圆盘式给煤机的容量较小，且输送距离小，目前已很少采用。胶带式给煤机在运行中易打滑、跑偏、漏煤和漏风。振动式给煤机在运行中漏煤、漏风较大，调节性能较差，当煤质较黏时易堵塞。埋刮板给煤机调节、密封性能均较好，且有较长的输送距离，故此种形式的给煤机使用较多。在工程设计中应根据制粉系统的形式、布置、调节性能和运行可靠性要求选择给煤机。

给煤机的形式应与磨煤机的形式相匹配。钢球磨煤机中间贮仓式制粉系统，可采用埋刮板式、刮板式、胶带式或振动式给煤机；直吹式制粉系统，要求给煤机有较好的密封和调节性能，以采用埋刮板给煤机为最合适。

3　给煤机的台数应与磨煤机的台数相同。为使给煤机具有一定的调节性能，给煤机出力应有一定的裕量。

5.1.7　本条是原规范第3.1.9条的条文。

运行经验表明，给粉机的台数与锅炉燃烧器一次风口数相同，可提高锅炉运行的可靠性。这样做也方便燃烧调节。给粉机的出力贮备（出力130％）主要是考虑不使给粉机经常处于最高转速下运转。

5.1.8　本条是原规范第3.1.7条的修订条文。

本条文参照现行国家标准《小型火力发电厂设计规范》GB 50049—94有关原煤仓、煤粉仓和落煤管的设计方面的条文，结合锅炉房设计特点，作局部补充修改。其中对煤粉仓的防潮问题，根据使用经验可考虑设置防潮管等措施。

5.1.9　本条是原规范第3.1.8条的条文。

在圆形双曲线金属小煤斗下部设置振动式给煤机，可使给煤系统运行正常，不会造成堵塞。该种给煤机结构简单、体积小、耗电省、维修方便。给煤机的计算出力不应小于磨煤机计算出力的120％。

5.1.10　本条是原规范第3.1.10条的条文。

为使锅炉房各单元制粉系统能互相调节使用，增加锅炉运行的灵活性，应设置可逆式螺旋输粉机。由于螺旋输粉机是备用设备，故不考虑富裕出力。

5.1.11　本条是原规范第3.1.11条的修订条文。

本条文在原有条文基础上，根据现行国家标准《小型火力发电厂设计规范》GB 50049—94有关章节要求作了调整。除当锅炉燃用的燃料全部是无烟煤以外，燃用其他煤种时，锅炉的制粉系统及设备都应设置防爆设施。

5.1.12　本条是原规范第3.1.12条的条文。

锅炉房磨煤机和排粉机的台数应是一一对应配置，风量与风压应留有一定的裕量。

5.2　煤、灰渣和石灰石的贮运

5.2.1　本条是原规范第8.1.1条的修订条文。

本条文是按原规范第8.1.1条并结合《小型火力发电厂设计规范》GB 50049—94有关内容的修改条文。锅炉房煤场应有卸煤及转堆的设备，需根据锅炉房的规模和来煤的运输方式并结合当地条件，因地制宜地确定。

对大中型锅炉房的用煤，一般为火车或船舶运煤，其卸煤及转堆操作较为频繁，需采用机械化方式来卸煤、转运和堆高。主要设备有抓斗起重机、装载机和码头上煤机械等设备来完成这些作业。

对中小型锅炉房的用煤，一般由当地煤炭公司或附近煤矿供煤，用汽车运煤，中型锅炉房则采用自卸汽车，小型锅炉房采用人工卸煤。

不同的运煤方式，采用不同的卸煤及转堆设备，采用哪一种卸煤及转堆设备，应与当地运输部门协商确定，同时应根据当地具体条件，因地制宜地来选择卸煤方式。

5.2.2　本条是原规范第8.1.2条的条文。

铁路卸煤线的长度是根据运煤车皮数量而定。大型锅炉房一次进煤的车皮数量不会超过8节，车皮长度一般均小于15m，以此可以决定卸煤线的长度。

铁路部门规定，卸车时间不宜超过3h，如超过规定，则要处以罚款。

5.2.3　本条是原规范第8.1.3条的条文。

本条文基本与原规范条文相同，但对个别地区的煤场规模可结合气象条件和市场煤价影响等情况，适当增加贮煤量。本条文规定的两点系经过大量调查后的统计值，故在条文的用词上采用"宜按"，以留一定灵活性。锅炉房煤场贮煤量的大小，固然与运输方式有关，但从现实情况来看，锅炉房煤场贮煤量的大小，还与当地气象条件，如冰雪封路、航道冰冻、黄梅雨季及大风停航等影响有关；同时也与供煤季节（如旺季或淡季）、市场煤价、建设地点的基本条件（如旧城锅炉房改造，受条件所限，无地扩建）等因素有关，所以在条文制订时留有适当的灵活性。

5.2.4　本条是原规范第8.1.4条的修订条文。

锅炉房位于经常性多雨地区时，应根据煤的特性、燃烧系统、煤场设备形式等条件来设置一定贮量的干煤棚，以保证锅炉房正常、安全运行。干煤棚容量的确定，原规范为3～5d的锅炉房最大计算耗煤量，《小型火力发电厂设计规范》GB 50049—94中规定采用4～8d总耗煤量，为使两个规范一致，本规范亦改为4～8d总耗煤量。

对环境要求高的燃煤锅炉房可设贮煤仓，如在市区建锅炉房可减少占地面积和防止煤尘飞扬。

5.2.5　本条是原规范第8.1.5条的内容。

为防止煤堆的自燃而造成煤场火险，本条文规定对自燃性的煤堆，应有防止煤堆自燃的措施。其措施可为将贮煤压实、定期洒水或其他防止自燃措施，如留通风孔散热等。

5.2.6 本条是原规范第8.1.6条的内容。

贮煤场地坪应做必要的处理，一般为将地坪进行平整、垫石、压实或做混凝土地坪等处理。煤场应有一定坡度并应设置煤场的排水措施，这样可以避免日后煤场塌陷、积水流淌、贮煤流失而影响周围环境等问题。据调查，国内一些锅炉房较少采用这类措施，以致锅炉房周围的环境很差，给锅炉房用煤的贮存造成一定影响。

5.2.7 本条是原规范第8.1.7条的条文。

一般锅炉房用煤都是根据市场供应情况而变，无固定煤种，燃煤使用前将几种来煤进行混合，以改善锅炉燃烧状况。所以在设计时需考虑设置混煤装置及必要的混煤场地。

5.2.8 本条是原规范第8.1.8条的内容。

运煤系统小时运煤量的计算应根据锅炉房昼夜最大计算耗煤量（应考虑扩建增加量）、运煤系统的昼夜作业时间和不平衡系数（1.1～1.2）等因素确定，其中运煤系统昼夜作业时间与工作班次有关，不同的工作班次，取用不同的工作时间。

5.2.9 本条是原规范第8.1.9条的修订条文。

原规范两班运煤工作制与三班运煤工作制的昼夜作业时间分别为不宜大于12h和18h。根据现行国家标准《小型火力发电厂设计规范》GB 50049—94的规定，两班运煤工作制与三班运煤工作制的昼夜作业时间分别为不宜大于11h和16h，为取得一致，取用后者，故改为不宜大于11h和16h。

5.2.10 本条是原规范第8.1.10条的修订条文。

本条文为对锅炉房运煤设备选择的原则性规定：

1 总耗煤量小于1t/h时，采用人工装卸和手推车运煤方式。因为小于1t/h耗煤量的锅炉房，一般锅炉容量较小，采用人工方式进入炉前翻斗上煤形式，已能满足锅炉上煤要求。

2 总耗煤量为1～6t/h时，一般为中小型锅炉房（锅炉房总容量小于40t/h），以采用间隙式机械化设备为主（斗式提升机或埋刮板机），亦可采用连续机械化运输设备（如带式输送机），可与用户商定。

3 总耗煤量为6～15t/h时，宜采用连续机械化运输设备（带式输送机）运煤。

4 总耗煤量为15～60t/h时，锅炉房容量较大（锅炉房总容量一般大于等于100t/h），宜采用单路带式输送机运煤，驱动装置宜有备用。

5 总耗煤量在60t/h以上时，可采用双路运煤系统，因为这种锅炉房属大型锅炉房，本条文参照现行国家标准《小型火力发电厂设计规范》GB 50049—94的规定确定，以便两个规范取得一致。

5.2.11 本条是原规范第8.1.11条的条文。

锅炉炉前煤仓，通常系指在锅炉本体炉前煤斗的前上方，设在锅炉房建筑物上的煤仓。

本条规定的锅炉炉前煤仓的贮存容量，是通过对各地锅炉房煤仓的贮量和常用运煤机械设备事故检修所需时间的调查和统计而制订出的，其内容与原规范条文一致。在制订炉前煤仓的容量时，已考虑到设备有2～4h的紧急检修时间。对目前使用的1～4t/h快装锅炉，在锅炉房设计时一般为单层建筑，锅炉房不设炉前煤仓，而锅炉本体炉前煤斗的贮量一般较小，考虑到这类锅炉可打开锅炉煤闸门后，用人工加煤，因此，将三班运煤的锅炉炉前煤仓（此处即为锅炉本体炉前煤斗）贮量改为1～6h锅炉额定耗煤量。

5.2.12 本条是原规范第8.1.12条的修订条文。

本条所述的锅炉房集中煤仓，系指对锅炉容量不大的锅炉房，此时锅炉台数也不多，为降低锅炉房建筑高度，节约土建费用，把每台锅炉分散设置的炉前煤仓取消，而在锅炉房外设置集中的锅炉房煤仓，该集中煤仓的贮量应按锅炉房额定耗煤量及运煤班次确定，并配备运煤设施。条文中所推荐的煤仓贮量系参照目前一般常用的数据，与原规范8.1.12条一致。

5.2.13 本条是原规范第8.1.16条的修订条文。

如运煤胶带宽度太窄，煤在运输过程中易溢出，造成安全事故，故规定带宽不宜小于500mm。

带式输送机胶带倾角大于16°时，使用中煤块容易滚落，易造成安全事故，故规定胶带倾角不宜大于16°，但输送破碎后的煤时，其倾角可加大到18°。

胶带倾角大于12°时，在倾角段上不宜卸料，因有一定的带速，用刮板卸料，煤将从旁边溢出，故最好是从水平段上卸料。

5.2.14 本条文为原规范第8.1.17条的修订条文，主要参照《小型火力发电厂设计规范》GB 50049—94中有关条文进行修改和补充，如封闭式栈桥和地下栈道的净高从原来的2.2m改为2.5m；栈桥运行通道由原来的0.8m改为1.0m；检修通道的净宽由原来的0.6m改为0.7m，并增加在寒冷地区的栈桥内应有采暖设施的内容。

5.2.15 本条是原规范第8.1.18条的条文。

由于多斗提升机的链条与斗容易磨损，或因煤中没有清除出来的铁片等杂物卡住链条，造成链条断裂，从而造成设备停车抢修或清理。据调查，采用多斗提升机的锅炉房，都反映发生断链较难处理的问题，同时，链条断裂处理的时间较长，一般需要有1个班次的时间才能修复，如有条件能备用1台最好，故仍维持原条文内容。

5.2.16 本条是原规范第8.1.19条的条文。

从受煤斗卸料到带式输送机、多斗提升机或埋刮板输送机之间，极易发生燃料的卡、堵现象，因此，在受煤斗到输煤机之间需要设置均匀给料装置，以防止卡堵现象的发生。

5.2.17 本条是原规范第8.1.20条的条文。

运煤系统的地下构筑物如未采取防水措施或防水措施不好，或地坑内没有排除积水的措施，都将造成地下构筑物积水和积水无法排除的问题，直接影响运煤设施的正常运行甚至带来无法工作的事故，因此，在运煤系统的地下构筑物必须要有防水和排除积水的措施，尤其在地下水位高和多雨地区。

5.2.18 本条是原规范第8.1.22条的修订条文。

为使锅炉房灰渣系统设计合理，经济效益好，应对灰渣系统有关资料如灰渣数量、灰渣特性、除尘器形式、输送距离、当地的地形地势、气象条件、交通运输、环保及综合利用等多种因素分析研究而定，较难具体划分各种系统的适用范围，故在本条文中仅作原则性的规定。

为使循环流化床锅炉排渣能更好地加以综合利用，一般排渣采用干式除渣，为方便输送此渣，应将该渣冷却到200℃以下。故本条提出"循环流化床锅炉排出的高温渣，应经冷渣机冷却到200℃以下后排除"。实际上循环流化床锅炉除渣系统均设有冷渣设备。

5.2.19 本条是原规范第8.1.23条的条文。

随着国家对环境保护和综合利用政策执法力度的加强，国内大多数锅炉房的灰渣都能得到不同程度的综合利用。据调查，多数锅炉房都留有可以贮存3～5d的灰渣堆场作为周转场地，故本条文仍保留原规范灰渣场的贮量。

5.2.20 本条文与原规范第8.1.24条基本相同，仅作局部修改，主要修改内容如下：

1 早期锅炉房规范对该倾角的规定为不宜小于55°，1993年版规范改为不宜小于60°。灰渣的流通除与灰渣斗壁面倾角有关外，还与诸多因素有关，如灰渣的含水量、灰渣的粒度等。但也不是说倾角越大越好，因为这样会增加建筑高度，造成建筑造价的上升。经调查综合认为仍以维持内壁倾角不宜小于60°为好。同时，要求灰渣斗的内壁应光滑、耐磨，以尽量避免灰渣黏结在侧壁下不来，而造成所谓"搭桥"现象。

2 关于灰渣斗排出口与地面的净空高度问题。原规范为：汽车运灰渣时，灰渣斗排出口与地面的净高不应小于2.1m。这是没有考虑运灰渣汽车驾驶室通过排灰渣口，利用倒车至受灰渣斗，再卸入车中。本次修订中将灰渣斗排出口与地面的净高改为不应小于2.3m。主要原因是，据查核，解放牌国产4t自卸汽车（实际载重量为3.5t）的全高（即驾驶室高度）为2.18m，因此将高度改为2.3m，这样常用的解放牌国产4t自卸汽车可以在灰渣斗下自由装卸。同时，考虑到其他型号车辆（如黄河牌7t自卸汽车的车身卸料部分高度为2.1m），亦可利用汽车后退来卸运灰渣的灵活性。

5.2.21 本条是原规范第8.1.25条的条文。

本条文为按常规小时灰渣量的计算方法，其不平衡系数1.1～1.2亦维持原规范不做修改。

5.2.22 本条是原规范第8.1.26条的条文。

灰渣量大于等于1t/h的锅炉房，其锅炉房总容量约为2台额定蒸发量为4t/h及以上的锅炉房，为减轻劳动强度，改善环境条件，这类容量的锅炉房宜采用机械、气力除灰渣（如刮板或埋刮板输送机等）或水力除灰渣方式（如配置水磨除尘器及水力冲灰渣等）。这类形式的锅炉房国内较多，从实际运行情况来看，使用效果较好，予以保留。

5.2.23 本条是原规范第8.1.27条的条文。

除尘器排出的灰应采用密闭式输送系统，以防止二次污染，也可利用锅炉的水力除灰渣系统一起排除，这样既节约投资，又简化布置，在技术和经济上均较合理。但当除尘器排出的灰可以综合利用时（如制空心砖、加气混凝土等），则亦可分别排除，综合利用。

5.2.24 本条是原规范第8.1.28条的修订条文。

根据运行经验，常规装有激流喷嘴并敷设镶板的锅炉房灰渣沟，灰沟坡度不应小于1%，渣沟不应小于1.5%，液态排渣沟不应小于2%，在运行中一般都能满足要求，故本条仍保留原规范这部分内容。对输送高浓度灰渣浆或不设激流喷嘴的灰渣沟，其坡度应适当加大。为了节约用水，冲灰沟的水应循环使用，尤其是从水膜除尘器下来的冲灰水，pH值较低，未中和处理前不应排放，应循环使用，这也有利于防止污染。

灰渣沟的布置，应力求短而直，以节约灰渣沟的投资和减少灰渣沟沿途阻力，使灰渣流动顺畅。同时，在锅炉房设计时，必须要考虑到灰渣沟的布置，不影响锅炉房今后的扩建，尽量布置在锅炉房后面或布置在不影响锅炉房今后扩建的地方。

5.2.25 本条是新增的条文。

用于循环流化床锅炉炉内脱硫的石灰石粉，其化学成分和粒度一般按锅炉制造厂的技术要求从市场采购。

一些工厂的实践表明，厂内自制石灰石粉不仅增加了初投资，且厂内环境粉尘污染大，难以治理，因此，应尽量从市场采购成品粉。目前许多工厂采用了这一方式，证明是可行的。

5.2.26 本条是新增的条文。

循环流化床锅炉石灰石粉添加系统是保证锅炉烟气中SO_2排放量达标的一个重要系统，为保证运行中石灰石粉的正常供应，确保烟气脱硫效果，特规定有关石灰石贮仓的容量要求。对于厂内设仓的方法可以根据锅炉房的规模和用户的具体要求确定。一般可以按以下方法考虑。

1 中间仓/日用仓系统。本系统是利用石灰石粉密封罐车自带的风机将石灰石粉卸至全厂公用的中间仓，然后将中间仓内石灰石粉通过仓泵及正压密相气力输送系统送至每台锅炉的炉前日用仓，再通过炉前石灰石粉给料机及石灰石粉输送风机将石灰石粉送进每台锅炉的炉膛。该系统较正规，系统复杂，投资大，较适用于锅炉台数多，单炉容量大的场合。

2 中间仓直接进炉系统。该系统没有炉前日用仓系统，利用专用仓泵直接将中间仓内石灰石粉送至每台锅炉的炉膛。该系统相对简单，但由于受仓泵扬程限制，较适合于锅炉台数为1～2台的场合。

3 炉前直接与煤混合系统。该系统一般在每台锅炉的炉前煤仓附近设石灰石粉仓，厂外来的石灰石粉打包后由单轨吊卸至炉前石灰石粉仓，然后直接由给料机将石灰石粉随煤一起进入锅炉。该系统最简单，投资最省，但工人劳动强度大，脱硫效果最差，不推荐采用这一系统。

石灰石粉一般采用公路运输，故规定了中间仓为3d的容量。

5.2.27 本条是新增的条文。

石灰石粉的厂内输送，采用气力方式，可以保证石灰石粉的质量和防止对环境造成污染。

6 燃 油 系 统

6.1 燃 油 设 施

6.1.1 本条是原规范第3.2.8条的修订条文。

燃油锅炉燃烧器的选择应根据燃油特性和燃烧室的结构特点进行，同时要考虑燃烧的雾化性能好和对负荷变化的适应性，要考虑其燃烧烟气对大气污染及噪声对周围环境的影响。

6.1.2 本条是原规范第3.2.6条的条文。

重油温度低时，黏度大，用管道输送困难，更不能满足雾化燃烧要求。因此锅炉在冷炉启动点火时，必须把重油加热到满足输送和雾化燃烧所需的温度。当锅炉房缺乏加热汽源时，则需要采用其他加热重油的措施。现在常用电加热或轻油系统、燃气系统置换等作为辅助办法，待锅炉产汽后再切换成蒸汽加热。

6.1.3 本条是原规范第3.2.15条的条文。

燃油锅炉房采用蒸汽为热源，加热重油进行雾化燃烧，较为经济合理，适合国情。采用电热式油加热器作为锅炉房冷炉启动点火或临时性加热重油是可取的，但不应作为加热重油的常用设备。

6.1.4 本条是原规范第3.2.12条的修订条文。

供油泵是燃油锅炉房的心脏，若供油泵停止运行，锅炉房生产运行便会中断。因此供油泵在台数上应有备用，而且在容量上应有一定的富裕量。原条文扬程富裕量不够具体，此次修订中将扬程的富裕量具体为10%～20%。

6.1.5 本条是原规范第3.2.13条的条文。

燃油锅炉房中常用容积式供油泵和螺杆泵，泵体上一般都带有超压安全阀，但也有部分本体上不带安全阀。为避免因油泵出口阀门关闭而导致油泵超压，必须在出口阀前靠近油泵处的管道上另装设超压安全阀。由于各油泵厂生产的油泵产品结构不一致，为了供油管道系统的安全运行，当采用容积式供油泵时，必须在泵体和出口管段上装设超压安全阀。

6.1.6 本条是原规范第3.2.14条的修订条文。

根据以前对100多个单位的调查统计，约有2/3的燃油锅炉房油加热器不设置备用，仅有1/3的燃油锅炉房油加热器设置备用。不设置备用的锅炉房，利用停运和假期进行油加热器的清理和检修，而常年不间断供热的锅炉房没有清理和检修机会，一旦发生故障将会影响生产。为保证正常供热要求，对常年不间断供热的锅炉房，应装设备用油加热器。考虑到原条文加热面富裕量不够具体，此次修订中将加热面适当的富裕量具体为10%。

6.1.7 本条是原规范第3.2.22条的修订条文。本条在原条文的内容上增加了3点内容：

1 明确了日用油箱应安装在独立的房间内。

2 当锅炉房总蒸发量大于等于30t/h或总热功率大于等于21MW时，由于室内油箱容积不够，故应采用连续进油的自动控制装置。

3 当锅炉房发生火灾事故时，室内油箱应自动停止进油。

日用油箱油位，一般采用高低油位位式控制，但当锅炉房容量较大时，日用油箱低油位，贮油量不足锅炉房20min耗油量时，应采用油位连续自动控制，30t/h锅炉房耗油量约为2000kg/h，20min耗油量约为670kg，因此本规范按锅炉房总蒸发量30t/h耗油量作为界线。

6.1.8 本条是原规范第6.2.23条的条文。

通过调查，燃油锅炉房装设在室外的中间油箱的容量，约有90%以上的锅炉房不超过1d的耗油量就可满足锅炉房正常运行的要求，而且设计上一般也按此执行，未发现不正常现象。

6.1.9 本条是原规范第3.2.20条的修订条文。

锅炉房内的油箱应采用闭式油箱，避免箱内逸出的油气散发到室内。否则，不但影响工人的身体健康，而且油气长期聚存在室内，有可能形成可燃爆炸性气体的危险。闭式油箱上应装设通气管接至室外。通气管的管口位置方向不应靠近有火星散发的部位。通气管上应设置阻火器和防止雨水从管口流入油箱的设施。

6.1.10 本条是原规范第3.2.18条的条文。

在布置油箱的时候，宜使油箱的高度高于油泵的吸入口，形成灌注头，使油能自流入油泵，避免油泵空转而不出油。

6.1.11 本条是原规范第3.2.19条的条文。

设在室内的油箱应有防火措施，当发生危急事故时，应把油箱内的油迅速排出，放到室外事故油箱或具有安全贮存的地方。

紧急排油管上的阀门，应设在安全的地点，当事故发生，采取紧急排放操作时，不应危急人身的安全。

从安全角度考虑，排油管上明确并列装设手动和自动紧急排油阀，同时结合民用建筑锅炉房的特点，自动紧急排油阀应有就地启动和防灾中心遥控启动的功能。

6.1.12 本条是新增的条文。

室外事故贮油罐的容积大于等于室内油箱的容积，可以保证在室内油箱需要放空时可以放空，保证安全。室外事故贮油罐采用埋地布置，可以使室内日用油箱事故排空方便，本身也安全和有利于图布置。

6.1.13 本条是原规范第3.2.21条的条文。

室内重油箱被加热的温度，按适合沉淀脱水和黏度的需要，60号重油为50～74℃；100号重油为57～81℃；200号重油为65～80℃。如超过90℃易发生冒顶事故。

6.1.14 本条是原规范第3.2.24条的条文。

燃油锅炉房的锅炉点火用的液化气，如用罐装液化气，则贮罐不应设在锅炉间内，因液化气属于易燃易爆气体，应存放在用非燃烧体隔开的专用房间内。

6.1.15 本条是原规范第3.2.25条的条文。

根据用户反映，由于锅炉燃烧器雾化性能不良，未燃尽的油气可能逸到锅炉尾部，凝聚在受热面上成为油垢，当这种油气聚积到一定程度，即可着火燃烧，形成尾部二次燃烧现象。这种情况发生后，往往对装有空气预热器的锅炉，会把空气预热器烧坏；对未装空气预热器的锅炉，当二次燃烧发生时，亦影响锅炉的正常运行。为了解决二次燃烧问题，采用蒸汽吹灰或灭火是比较方便有效的防止措施。

6.1.16 本条是新增的条文。

煤粉锅炉和循环流化床锅炉一般采用燃油点火及助燃。如点火及助燃的总的燃油耗量不大，为简化系统，往往采用轻油点火及助燃。根据了解油罐的数量：当单台锅炉容量小于等于35t/h时，设置1个20m³油罐即可满足要求；当单台锅炉容量大于35t/h时，设置2个20m³油罐即可满足要求。

6.1.17 本条是新增的条文。

煤粉锅炉和循环流化床锅炉点火油系统供油泵的出力和台数，参照现行国家标准《小型火力发电厂设计规范》GB 50049—94规定。

6.2 燃油的贮运

6.2.1 本条是原规范第8.2.1条的修订条文。

贮油罐的容量，主要取决于油源供应情况，应根据油源远近以及供油部门对用户贮油量要求等因素考虑，同时应根据不同的运输方式而有所差异。从以前对燃油锅炉房的调研中看，大部分的燃油锅炉房的贮油量符合本条的要求：铁路运输一般为20～30d锅炉房的最大计算耗油量；油驳运输考虑到热带风暴及其他停航原因以及装卸因素等，最大计算耗油量也是按20～30d锅炉房的最大计算耗油量考虑。

汽车油槽车运油，一般距油源供应点较近，运输比较方便，贮油量可以相应减少。但考虑到应有必要的库存及汽车检修和节日等情况，贮油罐考虑一定的贮存量是需要的。根据调查，在条件好的地区，采用3～5d的贮油量就可满足要求，而在一些地区则需要1个多星期的贮油量。为此，本条以前规定汽车运油一般为5～10d的锅炉房最大计算耗油量。但考虑到非独立的民用建筑锅炉房场地紧张的特点，且目前汽车油槽车供油方便，贮油罐从5～10d减少到3～7d。

管道输油比较可靠，但也要考虑到设备和管道的检修要求，一般按3～5d的锅炉房最大计算耗油量确定贮油罐的容量。

6.2.2 本条是原规范第8.2.2条的条文。

对锅炉房燃用重油或柴油，应考虑在全厂总油库中统一贮存，以节约投资。当由总油库供油在技术、经济上不合理时，方宜设置锅炉房的专用油库。

6.2.3 本条是原规范第8.2.3条的修订条文。

燃油锅炉房的重油贮油罐一般均采用不少于2个，1个沉淀脱水，1个工作供油，互相交替使用，且便于倒换清理。本条在原来的条文上增加了轻油罐不宜少于2个的内容，其原因也是如此。

6.2.4 本条是原规范第8.2.4条的条文。

为了防止重油罐的冒顶事故，重油被加热后的温度应比当地大气压下水的沸点温度至少低5℃；为了保证安全，且规定油温应低于罐内油的闪点10℃。设计时应取这两者的较低值作为油加热时应控制的温度指标。

6.2.5 本条是原规范第8.2.5条的条文。

防火堤的设计应符合现行国家标准《建筑设计防火规范》GB 50016的要求。

根据现行国家标准《建筑设计防火规范》GB 50016第4.4.8条的规定，沸溢性与非沸溢性液体贮罐或地下贮罐与地上、半地下贮罐，不应布置在同一防火堤范围内。沸溢性油品系含水率在0.3%～4.0%的原油、渣油、重油等的油品。重油的含水率均在0.3%～4.0%的范围内，属沸溢性油品；而轻柴油属非沸溢性油品，两者不应布置在同一防火堤内。

6.2.6 本条是原规范第8.2.6条的条文。

在以前调研中看到，有些单位在设置轻油罐的场所没有采取防止轻油滴、漏流失的措施，以致周围地面浸透轻油，房间油气浓厚，很不安全；而有些单位采用油槽或装砂油槽，定期清埋，效果很好。

6.2.7 本条是原规范第 8.2.7 条的条文。

按经验和常规做法，输油泵均应设置 2 台或 2 台以上，其中有 1 台备用。如果该油泵是总油库的输油泵，则不必设专用输油泵，但必须保证满足室内油箱耗油量的要求。

6.2.8 本条是原规范第 8.2.8 条的条文。

为了保证输油泵的安全正常运行，泵的吸入口的管段上应装设油过滤器。油过滤器应设置 2 台，清洗时可相互替换备用。滤网网孔的要求，按油泵的需要考虑，一般采用 8～12 目/cm。滤网的流通面积，一般为过滤器进口管截面积的 8～10 倍，便可满足油泵的使用要求。

6.2.9 本条是原规范第 8.2.9 条的条文。

油泵房至油罐的管道地沟必须隔断，以免油罐发生着火爆炸事故时，油品顺着地沟流至油泵房，造成火灾蔓延至油泵房的危险。以前在燃油锅炉房的运行中，曾出现过油罐爆炸起火，火随着燃油流动蔓延到油泵房，将油泵房也烧掉的实例，因此在地沟中应以非燃烧材料砌筑隔断或填砂隔断。

6.2.10 本条是原规范第 8.2.10 条的条文。

油管道采用地上敷设，维修管理方便，出现事故时，能及时发现，抢修快。

油管道采用地沟敷设时，在地沟进锅炉房建筑物处应填砂或设置耐火材料密封隔断，以防事故蔓延和发展。

7 燃 气 系 统

7.0.1 本条是原规范第 3.3.4 条的修订条文之一。

燃烧器型号规格由设计确定时，本条提出选择燃烧器的主要技术要求，同时还应考虑价格因素和环保要求。

7.0.2 本条是原规范第 3.3.4 条的修订条文之一。

考虑到锅炉房的备用燃料，与正常使用的燃料性质有所不同，为使锅炉燃烧系统在使用备用燃料时也能正常运行，规定对锅炉燃烧器的选用应能适应燃用相应的备用燃料是必要的。

7.0.3 本条是新增的条文。

由于液化石油气密度约是空气密度的 2.5 倍，为防止可能泄漏的气体随地面流入室外地道、管沟（井）等设施聚积而发生危险，增加此强制性条文规定。

7.0.4 本条是新增的条文。

现行国家标准《城镇燃气设计规范》GB 50028 对燃气净化、调压箱（站）和计量装置设计等有明确规定，锅炉房设计遵照该规范进行。

7.0.5 本条是原规范第 3.3.8 条的修订条文。

调压箱露天布置或设置在通风良好的地上独立构筑物内，即使系统有泄漏也较安全。东南亚地区小

型燃气调压箱设置在建筑物地下室比较普遍，其产品也已进入我国，但由于技术管理水平差异较大，放在地下建、构筑物内仍不适合我国国情。

8 锅炉烟风系统

8.0.1 本条是原规范第 6.1.1 条的条文。

单炉配置鼓风机、引风机有漏风少、省电、便于操作的优点。目前锅炉厂对单台额定蒸发量（热功率）大于等于 1t/h（0.7MPa）的锅炉，都是单炉配置鼓风机、引风机。在某些情况下，也不排斥采用集中配置鼓风机、引风机的可能，但为了防止漏风量过大，在每台锅炉的风道、烟道与总风道、烟道的连接处，应装设严密性好的风道、烟道门。

这里要指出，因在使用循环流化床锅炉时，鼓风机往往由一、二次风机代替，抛煤机链条炉送风部分设有二次风机，对此本规范有关条文所指的鼓风机包含循环流化床锅炉使用的一、二次风机和抛煤机链条炉的二次风机。

8.0.2 本条是原规范第 6.1.2 条修订条文。

选用高效、节能和低噪声风机是锅炉房设计中体现国家有关节能、环境保护政策的最基本要求。国内新型风机产品的不断涌现，也为设计提供了选用的条件。

风机性能的选用，与所配置的锅炉出力、燃料品种、燃烧方式和烟风系统的阻力等因素有关，应进行设计校核计算确定，同时要计入当地的气压和空气、烟气的温度、密度的变化对所选风机性能的修正。

第 3 款是原规范第 6.1.2 条第三款的修订条文，原规范对风机的风量、风压的富裕量的规定是合适的，只是增加了近年来涌现的循环流化床锅炉配置风机的风量、风压富裕量规定，与炉排锅炉等同。

第 4 款是新增的条文。考虑到单台容量大于等于 35t/h 或 29MW 锅炉配置的风机其电机功率较大，采用调速风机可取得好的节电效果。如果技术经济分析的结果合理，小于等于 35t/h 或 29MW 锅炉的风机也可采用调速风机。

8.0.3 本条是新增的条文。

循环流化床锅炉的返料运行工况如何，是保证循环流化床锅炉能否维持正常运行的关键。为确保循环流化床锅炉的安全正常运行，对返料风机应配置 2 台，1 台正常使用 1 台备用。

8.0.4 本条是原规范第 6.1.3 条的修订条文。

1 这是一般要求，这样可以使风道、烟道阻力小。

2 风道、烟道的阻力均衡可以使燃烧工况好。

3、4 多台锅炉合用 1 座烟囱或 1 个总烟道时，烟道设计应使各台锅炉引力均衡，并可防止各台锅炉在不同工况运行时，发生烟气回流和聚集情况。烟道

设计应按本条规定进行，以确保安全。

5 地下烟道清灰困难，容易积水。地上烟道有便于施工、易清灰等优点，故推荐采用地上烟道。

6 因烟道和热风道存在热膨胀，故应采取补偿措施。近10多年来非金属补偿器由于耐温性能和隔音性能等诸多优点，发展很快，推荐使用。

7 设计风道、烟道时，应在适当位置设置必要的测点，并满足测试仪表及测点对装设位置的技术要求。

8.0.5 本条是新增的条文。

1 燃油、燃气和煤粉锅炉的锅炉房发生爆炸的事故较多，需要注意防范。对燃油、燃气锅炉的烟囱宜单炉配置，以防止数台锅炉共用总烟道时，烟道死角积存的可燃气体爆炸和烟气系统互相影响。为了满足当地对烟囱数量的要求，多根烟囱可采用集束式或组合套筒的方式。为避免单台锅炉烟道爆炸影响到其他锅炉的正常运行故提出本款规定。

当锅炉容量较大、因布置限制或其他原因，几台炉只能集中设置1座烟囱时，必须在锅炉烟气出口处装设密封可靠的烟道门，以防烟气倒入停运的锅炉。烟道门应有可靠的固定装置，确保运行时，处于全开位置并不得自行关闭。

2 燃油、燃气和煤粉锅炉的未燃尽介质，往往会在烟道和烟囱中产生爆炸，为使这类爆炸造成的损失降到最小，故要求在烟气容易集聚的地方装设防爆装置。

3 砖砌烟囱或烟道会吸附一定量烟气，而燃油、燃气锅炉的烟气中往往有可燃气体存在，他们被砖砌烟囱或烟道吸附，在一定条件下可能会造成爆炸。砖砌烟囱或烟道的承压能力差，所以要求钢制或混凝土构筑。

由于燃气锅炉的烟气中水分含量较高，故提出在烟道和烟囱最低点，设置水封式冷凝水排水管道的要求。

4 使用固体燃料的锅炉，当停止使用时，烟道系统中可能有明火存在，所以它和燃油、燃气锅炉不得共用1个烟囱，以免烟气中夹带的可燃气体遇明火造成爆炸。

5 水平烟道长度过长，将增加烟气的流动阻力，应尽量缩短其长度。

6 烟气中的冷凝水宜排向锅炉，也可在适当位置设排水装置将冷凝水排出。

7 此条是考虑到钢制烟囱的腐蚀问题。

8.0.6 本条是原规范第6.1.4条的修订条文。

锅炉烟囱的高度除应符合现行国家标准《锅炉大气污染物排放标准》GB 13271规定外，还应符合当地政府颁布的锅炉排放地方标准的规定。

对机场附近的锅炉房烟囱高度还应征得航空管理部门和当地市政规划部门的同意。

9 锅炉给水设备和水处理

9.1 锅炉给水设备

9.1.1 本条是原规范第7.1.1条的条文。

锅炉房供汽的特点是负荷变化比较大，在选择电动给水泵时，应按热负荷变化的情况，对给水泵的单台容量和台数进行合理的配置，才能保证给水泵正常、经济地运行。

9.1.2 本条是原规范第7.1.2条的条文。

给水泵应有备用，以便在检修时，启动备用给水泵以保证锅炉房的正常供汽。在同一给水母管系统中，给水泵的总流量，应当在最大1台给水泵停止运行时，仍能满足所有运行锅炉在额定蒸发量时所需给水量的110%。给水量包括蒸发量和排污量。有些锅炉房采用减温装置或蓄热器设备，这些设备的用水量应予考虑，在给水泵的总流量中应计入其量。减温水耗量可根据热平衡计算确定。

9.1.3 本条是原规范第7.1.3条的条文。

对同类型的给水泵且扬程、流量的特性曲线相同或相似时，才允许并联运行，各个泵出水管段宜连接到同一给水母管上。对不同类型的给水泵（如电动给水泵与汽动往复式给水泵）及虽同类型但不同特性的给水泵均不能作并联运行，因此，应按不能并联运行的情况采用不同的给水母管。

9.1.4 本条是原规范第7.1.4条和第7.1.5条合并后的修订条文。

根据多年来锅炉房给水泵备用的实际使用情况，由于汽动给水泵的噪声和振动严重，且日常维护困难，已不再用汽动给水泵作为电动给水泵的工作备用泵，而采用同类型的电动给水泵为工作备用泵。只有当锅炉房为非一级电力负荷、停电后会造成锅炉事故时，才应采用汽动给水泵为电动给水泵的事故备用泵（一般为自备用），规定汽动给水泵的流量应满足所有运行锅炉在额定蒸发量时所需给水量的20%~40%，是为保证运行锅炉不缺水，不会造成安全事故。

9.1.5 本条是原规范第7.1.7条的修订条文。

条文将原条文中给水泵扬程计算中"适当的富裕量"作了具体的量化。

9.1.6 本条是原规范第7.1.8条的条文。

锅炉房一般设置1个给水箱，对常年不间断供热的锅炉房，应设置2个给水箱或除氧水箱，以便其中1个给水箱进行检修时，还有另1个水箱运行，不致影响锅炉的连续运行。根据以往调研给水箱或除氧水箱的总有效容量宜为所有运行锅炉在额定蒸发量时所需20~60min的给水量是合适的，小容量锅炉房可取上限值。

9.1.7 本条是原规范第7.1.9条的条文。

为防止锅炉给水泵产生汽蚀，必须保证锅炉给水泵有足够的灌注头，使给水泵进水口处的静压力高于此处给水的汽化压力。给水泵进水口处的静压与给水箱水位和给水泵中心标高差的代数和值有关，对于闭式给水系统的热力除氧器，还与给水箱的工作压力、给水泵的汽蚀余量、给水泵进水管段的压力损失有关。因此，灌注头不应小于条文中给出的各项代数和，其中包括 3~5kPa 的富裕量。

9.1.8 本条是新增的条文。

随着多种新型的低汽蚀余量的给水泵的研制成功，成套的低位布置的热力除氧设备获得应用。其热力除氧水箱的布置高度应符合设备的要求，以保证给水泵运行时进口处不发生汽化。

9.1.9 本条是原规范第 7.1.10 条的条文。

锅炉房用工业汽轮机驱动代替电力驱动锅炉给水泵，是降低能耗、合理利用热能的一种有效措施。结合我国目前工业汽轮机产品的供应情况，锅炉房的维修管理水平，以及实际的经济效果等因素考虑，对于单台锅炉额定蒸发量大于等于 35t/h，额定出口压力为 2.5~3.82MPa 表压、热负荷连续而稳定，且所采用蒸汽驱动的给水泵其排汽可作为除氧器或原水加热等用途时，一般可考虑采用工业汽轮机驱动的给水泵作为常用给水泵，而用电力给水泵作为备用泵。对于其他情况的锅炉房，是否宜于采用工业汽轮机驱动的给水泵作为常用给水泵，应经技术经济比较确定。

9.2 水 处 理

9.2.1 本条是原规范第 7.2.1 条的条文。

本条对锅炉房水处理工艺设计提出明确的原则和要求。

9.2.2 本条是原规范第 7.2.2 条的修订条文。

额定出口压力小于等于 2.5MPa（表压）的蒸汽锅炉、热水锅炉的水质，应符合现行国家标准《工业锅炉水质》GB 1576 的规定。

额定出口压力大于 2.5MPa（表压）、小于等于 3.82MPa（表压）的蒸汽锅炉，其汽水质量标准，国家未作统一规定。本次修订明确对这类锅炉的汽水质量，除应符合锅炉产品和用户对汽水质量的要求外，并应符合现行国家标准《火力发电机组及蒸汽动力设备汽水质量》GB/T 12145 的有关规定。

9.2.3 本条是原规范第 7.2.3 条的条文。

锅炉房原水悬浮物含量如果超过离子交换设备进水指标要求，会造成离子交换器内交换剂的污染，结块严重，致使交换剂失效而使水质恶化，出力降低。为此，条文规定当原水悬浮物含量大于 5mg/L 时，进入顺流再生固定床离子交换器前，应过滤；当原水悬浮物含量大于 2mg/L 时，进入逆流再生固定床离子交换器前，应过滤；对于原水悬浮物含量大于 20mg/L 或经石灰水处理的原水，需先经混凝、澄

清，再经过滤处理。

9.2.4 本条是原规范第 7.2.4 条的条文。

压力式机械过滤器是锅炉房原水过滤的常用设备，选择过滤器的要求是容易做到的。

9.2.5 本条是原规范第 7.2.5 条的条文。

原水水压不能满足水处理工艺系统要求时，应设置原水加压设施，具体做法要根据水处理系统的要求和现场情况确定。

9.2.6 本条是原规范第 7.2.6 条的修订条文。

根据现行国家标准《工业锅炉水质》GB 1576 的规定，对原条文作了相应修改。

除条文根据现行国家标准规定蒸汽锅炉、汽水两用锅炉和热水锅炉的给水应采用锅外化学水处理系统，第 1、2 款规定了可采用锅内加药水处理的蒸汽锅炉和热水锅炉的范围。不属于所述范围的蒸汽锅炉和热水锅炉，不应采用锅内加药水处理。凡采用锅内加药水处理的蒸汽锅炉和热水锅炉，应加强对其锅炉的结垢、腐蚀和水质的监督，做好运行操作工作。

9.2.7 本条是原规范第 7.2.7 条的修订条文。

根据现行国家标准《工业锅炉水质》GB 1576 的规定，采用锅内加药水处理除应符合本规范 9.2.6 条规定的锅炉范围外，还应符合本条规定。

本条第 1、2 款由原条文中的对"原水"悬浮物和总硬度的要求，改为对"给水"悬浮物和总硬度的要求，符合《工业锅炉水质》GB 1576 的要求。其中第 2 款相应改为蒸汽锅炉和热水锅炉的给水总硬度有不同的要求。

本条第 3、4 款是当采用锅内加药水处理时，应从设计上保证有使锅炉不结垢或少结垢的措施。

9.2.8 本条是原规范第 7.2.8 条的修订条文。

采用锅外化学水处理时，锅炉排污率主要是指蒸汽锅炉，而锅内加药水处理和热水锅炉的排污率可不受本条规定限制。

近年来，蒸汽锅炉已由单纯用于供热发展为用于中小型供热电厂。对于单纯供热和用于供热电厂的蒸汽锅炉。无论对汽水品质的标准和经济性的要求都是不同的。结合原规范条文的规定和现行国家标准《小型火力发电厂设计规范》GB 50049 有关条文的规定，将原条文对蒸汽锅炉排污率的规定由 2 款改为 3 款，前 2 款是对单纯供热的蒸汽锅炉，与原条文相同。第 3 款是对供热式汽轮机组的蒸汽锅炉，按不同的水处理方式规定了不同的排污率。

9.2.9 本条是原规范第 7.2.9 条的条文。

本条规定了蒸汽锅炉连续排污水的热量应合理利用，连续排污水的热量利用方法很多，这既能提高热能利用率，又可节省排污水降温的水耗。

9.2.10 本条是原规范第 7.2.10 条的条文。

本条文明确规定了计算化学水处理设备出力时应包括的各项损失和消耗量。

9.2.11 本条是原规范第 7.2.11 条的条文。

本条文将原条文中水硬度单位改为摩尔硬度单位。

本条所述化学软化水处理设备在锅炉房设计中均有选用，根据多年试验和运行总结如下：

固定床逆流再生离子交换器与顺流再生相比，由于再生条件好，效率高，故再生剂耗量和清洗水耗量低，且进水总硬度可以较高（一般为 6.5mmol/L 以下），出水质量好，可以达到标准要求。是当前锅炉房设计中应用的量大面广、可推荐的水处理设备。

固定床顺流再生离子交换器，由于再生条件差，故再生剂耗量和清洗水耗量均较大，且出水质量较差，要保证出水质量达到标准要求，进水的总硬度不宜过高（一般在 2mmol/L 以下），目前小容量锅炉房尚有应用，因此对固定床顺流再生离子交换器应有条件地使用。

浮动床、流动床或移动床离子交换器与固定床逆流再生相比，既具有再生剂、清洗水用量低的优点，又减小了操作阀门多的缺点，一次调整便可连续自动运行。但这类设备的选用条件是：进水总硬度一般不大于 4mmol/L，原水水质稳定，软化水出力变化不大，且连续不间断运行。上述条件中连续不间断、稳定出力运行是关键，符合条件时方可采用。

9.2.12 本条是原规范第 7.2.12 条的修订条文。

目前 10t/h 以下小型全自动软水装置的技术经济较优于一般手动操作的固定床离子交换器，因此本规范中给予推广。本条文对固定床离子交换器设置的台数、再生备用的要求以及再生周期作了规定。

9.2.13 本条是原规范第 7.2.13 条的修订条文。

钠离子交换法是锅炉房软化水处理的常用方法。钠离子交换软化水处理系统有一级（单级）和两级（双级）串联两种系统。本条规定了采用两级串联系统的摩尔硬度的界限。

9.2.14 本条是原规范第 7.2.16 的修订条文。

本条文仅对原条文中软化水残余碱度单位改为摩尔碱度单位。

对于碳酸盐硬度也高的用水，采用钠离子交换后加酸水处理系统是除硬度降碱度的方法之一。其特点是设备简单、占地少、投资省。但加酸过量对锅炉不安全，为此，宜控制残余碱度为 1.0～1.4mmol/L。

加酸处理后的软化水中会产生二氧化碳，因此软化水应经除二氧化碳设施。

9.2.15 本条是原规范第 7.2.17 条的修订条文。

本条文仅对原条文中软化水残余碱度单位改为摩尔碱度单位。

氢—钠离子交换软化水处理系统也是除硬度降碱度的方法之一。氢—钠水处理有串联、并联、综合、不足量酸再生串联四种系统。理论酸量再生弱酸性阳离子交换树脂或不足量酸再生树脂交换剂的氢—钠串联系统是锅炉房常用的一种系统。该系统是将全部原水通过不足量酸再生氢离子交换器，除去水中的二氧化碳，再进入钠离子交换器。该系统的特点是操作、控制简单，再生废液不呈酸性，可不处理排放，软化水的残余碱度可降至 0.35～0.50mmol/L。因采用不足量酸再生，故氢离子交换器应用固定床顺流再生。氢离子交换器出水中含有二氧化碳，呈酸性，故出水应经除二氧化碳器，氢离子交换器及出水、排水管道应防腐。

9.2.16 本条是原规范第 7.2.18 条的条文。

本条文明确了选用或设计除二氧化碳器时需考虑的因素。

9.2.17 本条是原规范第 7.2.20 条的修订条文。

对于原水的含盐量很高，采用化学软化（包括软化降碱度）水处理工艺不能满足锅炉水质标准和汽水质量标准的要求时，除可采用原条文的离子交换化学除盐水处理系统外，还可采用电渗析和反渗透等方法除盐。

9.2.18 本条是原规范第 7.2.21 条的修订条文。

根据现行国家标准《工业锅炉水质》GB 1576 的规定，对全焊接结构的锅炉，锅水的相对碱度可不控制，本条文也作了相应的修订；对锅筒与锅炉管束为胀管连接的锅炉，化学水处理系统应能维持蒸汽锅炉锅水相对碱度小于 20%，以防止锅炉的苛性脆化。

9.2.19 本条是原规范第 7.2.22 条的修订条文。

大气式喷雾热力除氧器具有负荷适应性强、进水温度允许低、体积小、金属耗量少、除氧效果好等优点。因此锅炉房设计中，锅炉给水除氧设备大多采用大气式喷雾热力除氧器。现有的大气式喷雾热力除氧器产品中均带有沸腾蒸汽管，供启动和辅助加热，可保证除氧水箱的水温达到除氧温度。

9.2.20 本条是原规范第 7.2.23 条的修订条文。

真空除氧系统是利用蒸汽喷射器、水喷射器或真空泵抽真空，使系统达到除氧的效果。真空除氧系统的特点是除氧温度低，除氧水温一般不高于 60℃。此外，近年来又研制成功新一代解析除氧器和化学除氧装置（包括加药除氧和钢屑除氧），均属低温除氧系统。在锅炉给水需要除氧且给水温度不高于 60℃时，可采用这些低温除氧系统。

9.2.21 本条是原规范第 7.2.24 条的修订条文。

根据现行国家标准《工业锅炉水质》GB 1576 的规定，单台锅炉额定热功率大于等于 4.2MW 的承压热水锅炉给水应除氧，额定热功率小于 4.2MW 的承压热水锅炉和常压热水锅炉给水应尽量除氧。

热水系统如果没有蒸汽来源，采用热力除氧是不可行的，应采用本规范第 9.2.20 条的低温除氧系统，可达到除氧要求。当采用亚硫酸钠加药除氧时，应监测锅水中亚硫酸根的含量在规定的 10～30mg/L 范围内。

9.2.22 本条是原规范第 7.2.26 条的修订条文。

磷酸盐溶解器和溶液箱是磷酸溶液的制备设备，溶解器应设有搅拌和过滤设施。磷酸盐可采用干法贮存。配制磷酸盐溶液应用软化水或除盐水。

9.2.23 本条是原规范第 7.2.27 条的修订条文。

本条文规定了磷酸盐加药设备的选用和备用配置的原则，为便于运行人员的操作和管理，加药设备宜布置在锅炉间运转层。

9.2.24 本条是原规范第 7.2.28 条的修订条文。

本条文对凝结水箱、软化或除盐水箱及中间水箱等各类水箱的总有效容量和设置要求作了规定，可保证各类水箱均能安全运行。中间水箱一般贮存氢离子交换器或阳离子交换器的出水，该水呈酸性，有腐蚀性，故中间水箱的内壁应有防腐措施。

9.2.25 本条是原规范第 7.2.29 条的条文。

凝结水泵、软化或除盐水泵、中间水泵均为系统中间环节的加压水泵，其流量和扬程均应满足系统的要求。水泵容量和台数的配置和备用泵的设置均应保证系统的安全运行。除中间水泵输送的水是阳离子水外，其余水泵输送的水均呈酸性，有腐蚀性，故应选用耐腐蚀泵。

9.2.26 本条是原规范第 7.2.30 条的修订条文。

食盐是钠离子交换的再生剂，其贮存方式有干法和湿法两种。湿法贮存通常采用混凝土盐池，分为浓盐池和稀盐池。浓盐池是用来贮存食盐和配制饱和溶液的，其有效容积可按汽车运输条件考虑，一般为 5～15d 食盐消耗量，因食盐中含有泥沙，故盐池下部应设置慢滤层或另设过滤器。稀盐液池的有效容积至少要满足最大 1 台离子交换器再生 1 次用的盐液量。由于食盐对混凝土有腐蚀性，故混凝土盐液池内壁应有防腐措施。

9.2.27 本条是原规范第 7.2.31 条的修订条文。

除盐或氢离子交换化学水处理系统，均应设有酸、碱再生系统。本条对酸、碱再生系统设计的 8 款规定，前面 5 款为原规范条文，均为设计中对设备和管道及附件的一般要求；后面 3 款为新增加的，是考虑职业安全卫生需要。

9.2.28 本条是原规范第 7.2.32 条的修订条文。

氨对铜和铜合金材料有腐蚀性，故制备氨溶液的设备管道及附件不应使用铜质材料制品。

9.2.29 本条是原规范第 7.2.33 条的修订条文。

汽水系统应装设必要的取样点，取样系统的取样冷却器宜相对集中布置，以便于运行人员操作。为保证汽水样品的代表性，取样管路不宜过长，以免产生样品品质的变化，取样管路及设备应采用耐腐蚀的材质。汽水样品温度宜小于 30℃，可保证样品的质量和取样的安全。

9.2.30 本条是原规范第 7.2.34 条的条文。

本条是水处理设备的布置原则。水处理设备按工艺流程顺序将离子交换器、水泵、贮槽等设备分区集中布置，除安装、操作和维修管理方便及噪声小以外，还具有管线短、减少投资和整齐美观的优点。

9.2.31 本条是原规范第 7.2.35 条的条文。

本条是水处理设备布置的具体要求。所规定的主操作通道和辅助设备间的最小净距，可满足操作、化验取样、检修管道阀门及更换补充树脂等工作的要求。

10 供热热水制备

10.1 热水锅炉及附属设施

10.1.1 本条是原规范第 4.1.1 条的条文。

热水锅炉运行时，当锅炉出力与外部热负荷不相适应，或因锅炉本身的热力或水力的不均匀性，都将使锅炉的出水温度或局部受热面中的水温超出设计的出水温度。运行实践证明，温度裕度低于 20℃，锅炉就有汽化的危险，为防止汽化的发生，本条规定热水锅炉的温度裕度不应小于 20℃。

利用自生蒸汽定压的热水锅炉（如锅筒内蒸汽定压）、汽水两用锅炉，因其炉水的温度始终是和蒸汽压力下的饱和温度相对应的，故不能满足 20℃ 温度裕度的要求，因此本条不适用于锅炉自生蒸汽定压的热水锅炉。

10.1.2 本条是原规范第 4.1.2 条的条文。

当突然停电时，循环水泵停运，锅炉内的热水循环停止，此时锅内压力下降，锅水沸点降低，而锅水温度因炉膛余热加热而连续上升，将导致锅水产生汽化。对锅炉水容量大的，因突然停电造成锅水汽化，一般不会造成事故，但如处理不当，也会造成暖气片爆裂等情况。对于水容量小的锅炉，突然停电所造成的锅炉汽化情况比较严重。汽化时锅内会发生汽水撞击，锅炉进出水管和炉体剧烈震动，甚至把仪表震坏。

减轻和防止热水锅炉汽化的措施，国内多采用向锅内加自来水，并在锅炉出水管上的放汽管缓慢放汽，使锅水一面流动，一面降温，直至消除炉膛余热为止；此外，有的工厂安装了由内燃机带动的备用循环水泵，当突然停电时，使锅水连续循环；有的工厂设置备用电源或自备发电机组。这些措施各地都有实际运行经验，在设计时可根据具体情况，予以采用。

10.1.3 本条是原规范第 4.1.3 条的修订条文。

热水系统因停泵水击而被破坏的现象是存在的，循环水量在 180t/h 以下的低温热水系统基本上不会造成破坏事故；循环水量在 500～800t/h 的低温热水系统会造成破坏事故；高温热水系统中，即使循环水量不太大的，其停泵水击更具有破坏性。

停泵产生水击，属热水系统的安全问题，应认真对待。现在常用的防止水击破坏的有效措施如下：

1 在循环水泵进、出口母管之间装设带止回阀的旁通管做法。实践证明，当这些旁通管的截面积达到母管截面积的 1/2 时，可有效防止循环水泵突然停运时产生水击现象。

2 在循环水泵进口母管上装设除污器和安全阀。本条将原规范第 11.0.11 条关于热水循环水泵进口侧的回水母管上应装设除污器的规定合并在本条内。为防止安全阀启闭时，热水系统中的污物堵在安全阀的阀芯和阀座之间，造成安全阀关闭不严而大量泄漏，因此规定安全阀宜安装在除污器的出水一侧。

3 当采用气体加压膨胀水箱作恒压装置时，其连通管宜接在循环水泵进口母管上。

4 在循环水泵进口母管上，装设高于系统静压的泄压放气管。

以上措施中前两种一般为应考虑的设施，后两种可根据个别条件选定。

10.1.4 本条是原规范第 4.1.4 条的修订条文。

1 国内集中质调的供热系统，大多处于小温差、大流量的工况下运行，在经济效益上是不合理的。流量过大的原因很多，但主要是由于设计上造成的。如采暖通风负荷计算偏大，循环水泵的流量是按采暖室外计算温度下用户的耗热量总和确定的，而整个采暖期内，室外气温达到采暖室外计算温度的时间很短，致使在大部分时间内水泵流量偏大。

2 供热系统的水力计算缺乏切合实际的资料，往往计算出的系统阻力偏高，设计时难以选到按计算的扬程流量完全一致的循环水泵，一般都选用大一号的。考虑到上述因素，因此对循环水泵的流量扬程不必另加富裕量。

3 对循环水泵的台数规定了不少于 2 台，且规定了当 1 台停止运行时，其余循环水泵的总流量应满足最大循环水量。对备用泵未作出明确规定。

4 为使循环水泵的运行效率较高，各并联运行的循环水泵的特性曲线要平缓，而且宜相同或近似。

5 本款是新增的条款。考虑到在某些情况下（例如高层建筑的高温热水系统），由于系统的定压压力会高出循环水泵扬程几倍，因此在选择循环水泵时，必须考虑其承压、耐温性能要与相应的热网系统参数相适应。

10.1.5 本条是原规范第 4.1.5 条的条文。

采用分阶段改变流量的质调节的运行方式，可大量节约循环水泵的耗电量。把整个采暖期按室外温度的高低分为若干阶段，当室外温度较高时开启小流量的泵；室外温度较低时开启大流量的泵。在每一阶段内维持一定流量不变，并采用热网供水温度的质调节，以满足供热需要。实际上这种运行方式很多单位都使用过，运行效果较好。

在中小型供热系统中，一般采用两种不同规格的

循环水泵，如水泵的流量和扬程选择合适，能使循环水泵的运行电耗减少 40%。

对大型供热系统，流量变化可分成 3 个或更多的阶段，不同阶段采用不同流量的泵，这样可使循环水泵的运行耗电量减少 50% 以上。

这种分阶段改变流量的质调节方式，网络的水力工况产生了等比失调，可采用平衡阀及时调整水力工况，不致影响用户要求。

为了分阶段运行的可靠性和调节方便，循环水泵的台数不宜少于 3 台。

10.1.6 本条是新增的条文。

随着程序控制的调速水泵的技术日益成熟，采用调速水泵实现连续改变流量的调节可最大限度地节约循环水泵的耗电量，但对热网水力平衡的自控水平要求很高，目前量调在我国基本还是作为辅助调节手段。

10.1.7 本条是原规范第 4.1.6 条的条文。

1 本条文对热水热力网中补给水泵的流量、扬程和备用补给水泵的设置作了规定。结合我国的实际情况，补给水泵的流量按热水网正常补给水量的 4~5 倍选择是够用的。

2 补给水泵的扬程应有补水点压力加 30~50kPa 的富裕量，以保证安全。

3 这是为补给水的安全供应考虑的。

4 补给水泵采用调速的方式，可以节能，也利于调节，保证系统的安全和稳定运行。因其功率一般不大，采用变频调速较好。

10.1.8 本条是原规范第 4.1.7 条的修订条文。

热水系统的小时泄漏量，与系统规模、供水温度和运行管理有密切关系。据对调查结果的分析，造成补水量大的原因主要是不合理的取水。规范对热水系统的小时泄漏量作出规定，对加强热网管理、减小补水量有促进作用。降低补给水量不但有节约意义，而且对热水锅炉及其系统的防腐有重要作用。

将系统的小时泄漏量定为小于系统循环水量的 1%，实践证明也是可以达到的。

10.1.9 本条是原规范第 4.1.8 条的条文。

供水温度高于 100℃ 的热水系统，要求恒压装置满足系统停运时不汽化的要求是必要的。其好处是：

1 避免用户最高点汽化冷凝后吸进空气，加剧管道腐蚀。

2 减少再次启动时的放气工作量。

3 避免汽化后因误操作造成暖气片爆破事故。

但是，要求系统在停运时不汽化将产生以下问题：

1 运行时系统各点压力相对较高，容易发生超压事故。

2 铸铁暖气片的使用范围受到限制。

3 采用补给水泵作恒压装置时，如遇突然停电，

且没有其他补救措施时，往往无法保证系统停运时不汽化。

因此，硬性规定供水温度高于100℃的热水系统，都要确保停运时不汽化，只能采取其他在停电时能保持热水系统压力的措施，故采用了"宜"的说法。

采用氮气或蒸汽加压膨胀水箱作恒压装置不受停电的影响，在一般情况下均能满足系统停运时不汽化的要求。当此类恒压装置安装在循环水泵出口端时，设计是以系统运行时不汽化为出发点，系统停运时肯定不会汽化，故必须保证运行时不汽化。当此类恒压装置安装在循环水泵进口端时，设计是以系统停运时不汽化为出发点，则系统运行时肯定不会汽化，但对于"降压运行"的热水系统，仍需要求运行时不汽化。

10.1.10 本条是原规范第4.1.10条的条文。

供热系统的定压点和补水点均设在循环水泵的吸水侧，即进口母管上，在实际运行中采用最普遍，其优点是：压力波动较小，当循环水泵停止运行时，整个供热系统将处于较低的压力之下，如用电动水泵保持定压时，扬程较小，所耗电能较经济，如用气体压力箱定压时，则水箱所受的压力较低。总之定压点设在循环水泵的进口母管上时，补水点亦宜设在循环水泵的同一进口母管上。

10.1.11 本条是原规范第4.1.11条的修订条文。

1 采用补给水泵作恒压装置时，一遇突然停电，就不能向系统补水。而在目前条件下突然停电很难避免，为此本条规定："除突然停电的情况外，应符合本规范第10.1.9条的要求"。

2 为了在有条件时弥补因停电造成的缺陷，当给水（自来水）压力高于系统静压线时，停运时宜用给水（自来水）保持静压，以避免系统汽化。

3 补给水泵用间歇补水时，热水系统在运行中的动压线是变化的，其变化范围在补水点最高压力和最低压力之间。间歇补水时，在补给水泵停止补水期间，热水系统出现过汽化现象，这是因为补水点最低压力（补给水泵启动时的补水点压力）定得太低或是电触点压力表灵敏度较差等原因造成的。为避免发生这种情况，本条规定在补给水泵停止运行期间系统的压力下降，不应导致系统汽化，即要求设计确定的补给水泵启动时的补水点压力，必须保证系统不发生汽化。

4 用补给水泵作恒压装置的热水系统，不具备吸收水容积膨胀的能力。因此，必须在系统中装设泄压装置，以防止水容积膨胀引起超压事故。

10.1.12 本条是原规范第4.1.12条的条文。

1 供水温度低于100℃的热水系统，国内多数采用高位膨胀水箱作恒压装置。这种恒压装置简单、可靠、稳定、省电，对低温热水系统比较适合。条件

许可时，高温热水系统也可以采用这种装置。

高位膨胀水箱与系统连接的位置是可以选择的，可以在循环水泵的进、出口母管上，也可以在锅炉出口。目前国内基本上是连接在循环水泵进口母管上，这样可以使水箱的安装高度低一些，在经济上是合理的。因此，本条规定，高位膨胀水箱与系统连接的位置，宜设在循环水泵进口母管上。

2 为防止热水系统停运时产生倒空，致使系统吸空气，加剧管道腐蚀，增加再次启动时的放气工作量，有必要规定高位膨胀水箱的最低水位，必须高于用户系统的最高点。目前国内高位膨胀水箱的安装高度，对供水温度低于100℃的热水系统，一般高于用户系统最高点1m以上。对供水温度高于100℃的热水系统，不仅必须要求水箱的安装高度高于用户系统最高点，而且还需要满足系统停运时最好能不汽化的要求。

3 为防止设置在露天的高位膨胀水箱被冻裂，故规定应有防冻措施。

4 为避免因误操作造成系统超压事故，规定高位膨胀水箱与热水系统的连接管上不应装设阀门。

10.1.13 本条是新增的条文。

隔膜式气压水罐是利用隔膜密闭技术，依靠罐内气体的压缩和膨胀，在补给水泵停运时，仍保持系统压力在允许的波动范围内，使系统不汽化，实现补给水泵间断运行。隔膜式气压水罐可落地布置。受该装置的罐体容积和热水系统补水量的限制，隔膜式气压水罐适用于系统总水容量小于500m³的小型热水系统。

选择隔膜式气压水罐作为热水系统定压补水装置时，仍应符合本规范第10.1.7条1、2款的要求。为防止占地过大，总台数不宜超过2台。

10.2 热水制备设施

10.2.1 本条是原规范第4.2.1条的条文。

换热器事故率较低，一般供应采暖及生活用热，有一定的检修时间，为了减少投资，可以不设置备用。根据使用情况，为保证供热的可靠性，可采取几台换热器并联的办法，当其中1台停止运行时，其余换热器的换热量能满足75%总计算热负荷的需要。

10.2.2 本条是原规范第4.2.2条的条文。

管式换热器检修时需抽出管束，另外与换热器本体连接的管道阀门也较多，以及设备较笨重等原因，所以换热器间应有一定的检修场地、建筑高度以及具备吊装条件等，以保证维修的需要。

10.2.3 本条是原规范第4.2.3条的条文。

以蒸汽为加热介质的汽水换热系统中，推荐使用"过冷式"汽水换热器，可不串联水水换热器，系统简化。若汽水换热器排出的凝结水温超过80℃，为减少热损失，宜在汽水换热器之后，串联一级水水换

热器，以便把上一级的凝结水温度降低下来之后予以回收。水水换热器后的排水管应有一定的上反管段，以保证热交换介质充满整个容器，充分发挥设备的能力。

10.2.4 本条是原规范第4.2.5条的条文。

采用蒸汽喷射加热器和汽水混合加热器的热水系统，可以满足加热介质为蒸汽且热负荷较小的用户。

蒸汽喷射加热器代替了热水采暖系统中热交换器的循环水泵，它本身既能推动热水在采暖系统中的循环流动，同时又能将水加热。但采用蒸汽喷射器加热，必须具备一定的条件，供汽压力不能波动太大，应有一定的范围，否则就会使喷射器不能正常工作。

汽水混合加热器，具有体积小、制造简单、安装方便、调节灵敏和加热温差大等优点，但在系统中需设循环水泵。

以上两种加热设备都是用蒸汽与水直接混合加热的，正常运行时加入系统多少蒸汽量，应从系统中排出多少冷凝水量，这些水具有一定的热量且经过水质处理，故规定应予以回收。

淋水式加热器已基本不使用，因此不再推荐。

10.2.5 本条是原规范第4.2.6条的修订条文。

1 蒸汽压力保持稳定是蒸汽喷射加热器低噪声、稳定运行的主要保障条件。

2 蒸汽喷射加热器的开关和调节均需有人管理，设备的集中布置既可减少人员，又有利于系统溢流水的回收利用。

3 并联运行的蒸汽喷射加热器，为便于其中单个设备的启动和停运，防止造成倒灌现象，应在每个喷射器的出、入口装设闸阀，并在出口装设止回阀。

4 采用膨胀水箱控制喷射器入口水压，具有管理方便、压力稳定等优点，故推荐使用。

10.2.6 本条是新增的条文。

近年来小型全自动组合式换热机组是已实现工厂化生产的定型产品，是一种集热交换、热水循环、补给水和系统定压于一体的换热装置，可以根据用户热水系统的要求进行多种组合，适用于小型换热站选用，可缩短设计和施工周期，节约投资。但在选用小型全自动组合式换热机组时，应结合用户热力网的具体情况，对换热机组的换热量、热力网系统的水力工况、循环水泵和补给水泵的特性进行校核计算。

11 监测和控制

11.1 监 测

11.1.1 本条是原规范第9.1.1条的条文。

根据原规范条文结合目前国内锅炉房监测的现状，并按现行《蒸汽锅炉安全技术监察规程》的有关规定，为保证蒸汽锅炉机组的安全运行，必须装设监测下列主要参数的指示仪表：

1 锅筒蒸汽压力。

2 锅筒水位。

3 锅筒进口给水压力。

4 过热器出口的蒸汽压力和温度。

5 省煤器进、出口的水温和水压。

对于大于等于20t/h的蒸汽锅炉，除了应装设上列保证安全运行参数的指示仪表外，尚应装设记录其锅筒蒸汽压力、水位和过热器出口蒸汽压力和温度的仪表。

控制非沸腾式（铸铁）省煤器出口水温可防止汽化，确保省煤器安全运行；对沸腾式省煤器，需控制进口水温，以防止钢管外壁受含硫酸烟气的低温腐蚀。

此外，通过对省煤器进、出口水压的监测，可以及时发现省煤器的堵塞，及时清理，以利于省煤器的安全运行。

11.1.2 本条是原规范第9.1.2条的修订条文。

本条是在原条文的基础上，为了保证蒸汽锅炉能经济地运行，使对有关参数检测所需装设的仪表更直观清晰，将原条文按单台锅炉额定蒸发量和监测仪表的功能，予以分档表格化。

实现蒸汽锅炉经济运行对提高锅炉热效率，节约能源，有着重要的意义。近年来锅炉房仪表装设水平已有较大的提高，这给锅炉的经济运行和经济核算提供了可能和方便。

对于单台锅炉额定蒸发量大于4t/h而小于20t/h的火管锅炉或水火管组合锅炉，当不便装设烟风系统参数测点时，可不监测。

本次修订增加了给水调节阀开度指示和鼓、引风机进口挡板开度指示，以及给煤（粉）机转速和调速风机转速指示，使锅炉运行人员及时了解设备的运行状态并根据机组的负荷进行随机调节，保证锅炉机组处于最佳运行状态。

11.1.3 本条是原规范第9.1.3条的修订条文。

根据原规范条文，结合目前国内锅炉房监测的现状，为保证热水锅炉机组的安全、经济运行，必须装设监测锅炉进、出口水温和水压、循环水流量以及风、烟系统的各段的压力和温度参数等的指示仪表。对于单台额定热功率大于等于14MW的热水锅炉，尚应增加锅炉出口水温和循环水流量的记录仪表。

热水锅炉的燃料量和风、烟系统的压力和温度仪表，可按本规范表11.1.2中容量相应的蒸汽锅炉的监测项目设置。

11.1.4 本条是原规范第9.1.4条的修订条文。

本条规定了对不同类型锅炉所装仪表除应遵守本规范第11.1.1条、第11.1.2条和第11.1.3条的规定外，还必须装设监测有关参数的指示仪表。

1 循环流化床锅炉的正常运行，主要是通过对其炉床密相区和稀相区温度及料层差压的控制和调整，以保证燃烧的稳定；通过对炉床温度、分离器烟温和返料器温度的控制和调整，防止发生结渣和结焦；通过一次风量、二次风量、石灰石给料量及炉床温度的控制和调整，实现低氮氧化物和二氧化硫的排放，有利于环境保护。

2 煤粉锅炉为防止制粉系统自燃和爆炸，对制粉设备出口处煤粉和空气混合物的温度应予以控制，控制温度的高低主要与煤种有关。因此为了煤粉锅炉安全运行，必须对此参数进行监测。

3 对燃油锅炉，除了供油系统需监测一些必需的温度压力参数外，为了防止炉膛熄火，保证安全运行，雾化好，燃烧完全，还必须监测燃烧器前的油温和油压，带中间回油燃烧器的回油油压、蒸汽或空气进雾化器前的压力，以及锅炉后或锅炉尾部受热面后的烟气温度。对锅炉或锅炉尾部受热面后的烟气温度的监测，也是为防止含硫烟气对设备的低温腐蚀和发生烟气再燃烧。

4 燃气锅炉运行中，燃烧器前的燃气压力如果过低，可能发生回火，导致燃气管道爆炸；燃气压力如果过高，可能发生脱火或炉膛熄火，导致炉膛爆炸。

11.1.5 本条是原规范第9.1.5条的修订条文。

为方便执行，本次修订以表格化形式将原条文按锅炉房辅助部分分为泵、除氧（包括热力、真空、解析）、水处理（包括离子交换、反渗透）、减压减温、热交换、蓄热器、凝结水回收、制粉系统、石灰石制备、其他（包括箱罐容器、排污膨胀器、加压膨胀箱、燃油加热器等）分别订出具体的监测项目，所监测项目详细分类（指示、积算和记录）。与原规范相比，增加了解析除氧、反渗透水处理、循环流化床锅炉的石灰石制备等部分的监测项目。

11.1.6 本条是原规范第9.1.6条的条文。

实行经济核算是企业管理的一项重要内容，本条所列锅炉房应装设的蒸汽流量、燃料消耗量、原水消耗量、电耗量等计量仪表有利于加强锅炉房经济考核，杜绝浪费，节约成本，提高经济效益。

11.1.7 本条是原规范第9.1.7条的修订条文。

为了保证锅炉房的安全运行，必须装设必要的报警信号。本次修订增加了循环流化床锅炉的内容，并将竖井磨煤机竖井出口和风扇磨煤机分离出口改为煤粉锅炉制粉设备出口气、粉混合物温度的报警信号。为了方便执行，本次修改也将锅炉房必须装设的报警信号表格化，分项列出，报警信号分为设备故障停用和参数过高或过低，比较直观清晰。

1 锅筒水位在锅炉安全运行中至关重要，1～75t/h蒸汽锅炉均应设置高低水位报警信号。

2 锅筒均设有安全阀作超压保护，增加压力过

高报警信号，以便进一步提高安全性。

3 省煤器出口水温信号起到及时提醒运行人员调节省煤器旁路分流水量，以保护省煤器安全，尤其是对非沸腾式省煤器更为重要。

4 热水锅炉出口水温过高会导致锅炉汽化和热水系统汽化，酿成事故，应装设超温报警信号。

5 过热器出口装设温度信号，可及时提醒运行人员进行调整。

6、7 给水泵和炉排停运均应提醒运行人员及时处置故障。

8 给煤（粉）系统的故障停运，会造成燃烧中断，甚至熄火，影响锅炉的安全运行，应设报警信号，提醒运行人员采取相应措施。

9 运行中的循环流化床锅炉、燃油、燃气锅炉和煤粉锅炉，当风机的电机事故跳闸或故障停运时，可能导致锅炉事故。装设风机停运信号，可及时提醒运行人员尽早采取安全措施。

10 燃油、燃气锅炉和煤粉锅炉在运行中熄火，可能导致炉膛爆炸，"熄火爆炸"是油、气、煤粉锅炉常见的事故之一。所以该类锅炉熄火时，应立即切断燃料供应。为此需要及时地发现熄火，应该装设火焰监测装置。

11、12 在贮油罐和中间油罐上装设油位、油温信号，可及时提醒运行人员采取措施，尤其当贮油罐和中间油箱油温过高或油位过高可导致油罐（箱）冒顶。

13 燃气锅炉进气压力波动是造成燃烧器回火、炉膛熄火的常见原因，运行中的回火和熄火可能导致燃烧器或炉膛爆炸。在锅炉的燃气进气干管上装设压力信号装置，可以在燃气压力高于或低于允许值时发出警报，以便操作人员及早采取措施，防止炉膛熄火。

14 为防止制粉系统自燃和爆炸，对制粉设备出口处煤粉和空气混合物的温度应予以控制。装设温度过高信号，可以使操作人员及时发现，及时处理，避免煤粉爆炸。

15 煤粉锅炉炉膛负压是反映锅炉燃烧系统通风平衡状况，保持正常运行的重要数据。

16 循环流化床锅炉要保持稳定的运行，关键是控制炉床温度的稳定，炉床温度的过高或过低，会造成结焦或堵塞。装设温度过高和过低信号，可以使操作人员及时采取措施，维护锅炉的稳定燃烧。

17 控制循环流化床锅炉返料器处温度不应过高，这是为了防止锅炉返料口发生结焦，如在此处结焦现象未能得到及时处理，则将会造成返料器的堵塞，最终导致循环流化床锅炉停止运行。

18 循环流化床锅炉返料器如堵塞，则锅炉将要停运。

19 当热水系统的循环水泵因故障停运时，如不

及时处理会加重热水锅炉的汽化程度。特别是水容量较小的热水锅炉，更可能造成事故。因此，有必要在循环水泵停运时给司炉发出信号，以便及时处理。

20 热水系统中热交换器出水温度过高，将可能引起热水供水管在运行中产生汽化，造成管网水冲击，必须注意及时调整加热程度，以降低出水温度。

21 当热水系统的高位膨胀水箱水位大幅度降低时，必须及时补水，否则会危及系统运行的安全。当水位过高时，大量的溢流会造成水量和热量的损失。装设水位信号器不仅可以给出水位警报，而且可以通过电气控制回路控制补给水泵自动补水。

22 加压膨胀水箱工作压力过低或由于水位大幅度降低而引起系统压力下降，均可能导致系统汽化，从而危及系统运行的安全。相反，加压膨胀水箱工作压力过高，会使热水系统超压，危及系统安全。水箱水位过高时，将减少或失去吸收系统膨胀的能力。装设压力报警信号，可以保证系统的安全性。装设水位信号器不仅可以给出水位警报，而且可以通过电气控制回路控制补给水泵自动补水。

23 除氧水箱往往没有专门操作人员，一旦水箱缺水，将危及锅炉安全和影响锅炉房正常供汽；当水箱水位过高又会造成大量溢流，损失软化水和热量。因此，必须装设水位报警信号，以便及时进行处理。

24 自动保护装置动作意味着在设备运行的程序中出现了不适当的动作（例如误操作或有关设备跳闸和故障），或在运行中出现了危及设备及人身安全的条件。此时应给出信号，以表明可能导致事故的原因，并表明设备已经得到安全保护，使运行人员心中有数。

25 燃气调压间、燃气锅炉间和油泵间，由于油气和燃气可能泄漏，与空气混合达到爆炸浓度，遇明火会爆炸，这些房间均是可能发生火灾的场所，因此应装设可燃气体浓度报警装置，以防止火灾的发生。

11.2 控　制

11.2.1 本条是原规范第9.2.1条的条文。

设置给水自动调节装置，是保护蒸汽锅炉机组安全运行、减轻操作人员劳动强度的重要措施之一。4t/h及以下的小容量锅炉可设较为简便的位式给水自动调节装置；大于等于6t/h的锅炉应设调节性能好的连续给水自动调节装置，其信号可视锅炉容量大小采用双冲量或三冲量。

11.2.2 本条是原规范第9.2.2条的条文。

蒸汽锅炉运行压力和锅筒水位是涉及锅炉安全的两个重要参数，设置极限低水位保护和蒸汽超压保护能起到自动停炉的保护作用。水位和压力两个参数中以水位参数更为重要，故对于极限低水位保护不再划分锅炉容量界限。而对于蒸汽超压保护则以单台锅炉额定蒸发量大于等于6t/h的蒸汽锅炉为界限。

11.2.3 本条是原规范第9.2.3条的条文。

热水锅炉在运行中，当出现水温升高、压力降低或循环水泵突然停止运行等情况时，会出现锅水汽化现象。而这种汽化现象将危及锅炉安全，可能造成事故。因此，应设置自动切断燃料供应和自动切断鼓、引风机的保护装置，以防止热水锅炉发生汽化。

11.2.4 本条是原规范第9.2.4条的条文。

热水系统装设自动补水装置可以防止出现倒空和汽化现象，保证安全运行。

加压膨胀水箱的压力偏高，会造成系统超压，压力偏低会引起系统汽化。而水位偏低也会引起系统汽化，水位偏高则失去吸收膨胀的能力，均将危及系统安全运行。因此应装设加压膨胀水箱的压力、水位自动调节装置，保护系统安全运行。

11.2.5 本条是原规范第9.2.5条的修订条文。

热交换站装设加热介质流量自动调节装置，可保证供热介质的参数适应供热系统热负荷的变化，节约能源。调节装置可为电动、气动调节阀或自力式温度调节阀。

11.2.6 本条是原规范第9.2.6条的修订条文。

燃油、燃气锅炉实现燃烧过程自动调节，对于提高锅炉机组热效率、节约燃料和减轻劳动强度有很重要的意义。燃油、燃气锅炉较容易实现燃烧过程自动调节。

近年来随着微机控制在锅炉机组方面的应用日益广泛，更为其他燃烧方式的锅炉实现燃烧过程自动调节开辟了方便的途径。所以将原条文修改为"单台额定蒸发量大于等于10t/h的蒸汽锅炉或单台额定热功率大于等于7MW的热水锅炉，宜装设燃烧过程自动调节装置"。不但锅炉容量限值降低，而且由蒸汽锅炉扩大到相应容量的热水锅炉。

11.2.7 本条是新增的条文。

循环流化床锅炉的安全、经济运行，取决于对炉床温度的控制，只有将炉床温度控制在一个合理的范围内，才能稳定燃烧，避免结焦或熄火，也有利于炉内烟气脱硫和烟气的低氮氧化物的排放。作为另一个反映料层厚度的重要运行参数"料层压差"，可视锅炉采用排渣方式的不同，采用连续调节或间隙调节。

11.2.8 本条是原规范第9.2.7条的修订条文。

计算机控制技术应用日益广泛且价格越来越低，不仅能解决以往的单回路智能调节，也适用于整套锅炉的综合协调控制。特别是随着锅炉容量的增大和数量的增加，采用基于现场总线的集散控制系统，解决多台锅炉的协调、经济运行，是以往的运行模式所无法比拟的。

11.2.9 本条是原规范第9.2.8条的条文。

热力除氧器产品一般都配有水位自动调节阀（浮球自力式），基本上能满足运行要求。但由于浮球波动和破损，容易失误。装设蒸汽压力自动调节器对控制除氧器的工作压力，特别是在负荷波动的情况下，藉以使残余含氧量达到水质标准是很需要的。对大容量、要求高的除氧器亦可采用电动（气动）水位自动调节器。

11.2.10 本条是原规范第9.2.9条的条文。

鉴于真空除氧设备不用蒸汽加热的特点和低位布置真空除氧设备的优点，小型的真空除氧设备的应用日渐增多。除氧水箱水位关系到锅炉安全运行，除氧器进水温度关系到除氧效果，因此，应装设水位和进水温度自动调节装置。

11.2.11 本条是新增的条文。

由于解析除氧设备不需蒸汽加热和可低位布置等优点，小型的解析除氧设备的应用也日渐增多。解析除氧设备的喷射器进水压力和进水温度的控制，直接关系到除氧效果，因此，应装设喷射器进水压力和进水温度的自动调节装置。

11.2.12 本条是原规范第9.2.10条的条文。

熄火保护对用煤粉、油或气体作燃料的锅炉十分重要。实践证明，凡是装了熄火保护装置的锅炉未曾发生过熄火爆炸，凡是未设熄火保护装置的则炉膛爆炸事故较为频繁，损失严重。

熄火保护装置是由火焰监测装置和电磁阀等元件组成的，它的功能是：能够在锅炉运行的全部时间内不断地监视火焰的情况；当火焰熄灭或不稳定时，能够及时给出警报信号并自动快速切断燃料，有效地防止熄火爆炸。因此，对用煤粉、油、气体作燃料的锅炉装设熄火保护装置是必要的。

一个设计合理的点火程序控制系统，最低限度应具备如下的功能：

1 只有当风机完成清炉任务后，炉膛中方能建立点火火焰。

2 只有当点火火焰建立起来（经火焰监测装置证实）并经过预定的时间后，喷燃器的燃料控制阀门才能打开。

3 点火火焰保持预定的时间后应能自动熄灭。

4 当喷燃器未能在预定的时间内被点燃时，喷燃器的燃料控制阀门能够在点火火焰熄灭的同时自动快速关闭。

具备上述功能的点火程序控制系统，基本上可以保证点火的安全。因此，条文规定应装设点火程序控制和熄火保护装置。

点火程序控制系统由熄火保护装置、电气点火装置和程序控制器等元件组成。

11.2.13 本条是原规范第9.2.11条的条文。

层燃锅炉的引风机、鼓风机和抛煤机、炉排减速箱等设备之间应设电气联锁装置，以免操作失误。

层燃锅炉在启动时，应依次开启引风机、鼓风机、炉排减速箱和抛煤机；停炉时应依次关闭抛煤机、炉排减速箱、鼓风机和引风机。

11.2.14 本条是原规范第9.2.12条的修订条文。

1、2 严格地按照预定的程序控制风机的启停和燃料阀门的开关，是保证油、气、煤粉锅炉运行安全的关键。由于未开引风机（或鼓风机）而进行点火造成的爆炸事例很多。考虑到操作人员的疏忽、记忆差错等因素很难完全排除，锅炉运行中风机故障停运也很难完全避免，当锅炉装有控制燃料的自动快速切断阀时，设计应使鼓风机、引风机的电动机和控制燃料的自动快速切断阀之间有可靠的电气联锁。

3 当燃油压力低于规定值时，会影响雾化效果，甚至造成炉膛熄火；燃气压力低于规定值时，会引起回火事故，所以应装设当燃油、燃气压力低于规定值时自动切断燃油、燃气供应的联锁装置。

4 本条增加了当燃油、燃气压力高于规定值时自动切断燃油、燃气供应的联锁装置，燃油、燃气压力高于规定值时也同样影响燃烧工况和影响安全运行。本款是增加的条文，是防止引起爆炸事故的安全措施。

11.2.15 本条是原规范第9.2.13条的条文。

制粉系统中给煤机、磨煤机、一次风机和排粉机等设备之间，需设置启、停机及事故停机时的顺序联锁，以防止煤在设备内堆积堵塞。

11.2.16 本条是原规范第9.2.15条的条文。

连续机械化运煤系统、除灰渣系统中，各运煤、除灰渣设备之间均应设置设备启、停机的顺序联锁，以防止煤或渣在设备上堆积堵塞；并且设置停机延时联锁，以便在正常情况下，达到再启动时为空载启动，事故停机例外。

11.2.17 本条是原规范第9.2.16条的条文。

运煤和煤的制备设备（包括煤粉制备和煤的破碎、筛分设备）与局部排风和除尘装置设置联锁，启动时先开排风和除尘系统的风机，后启动煤和煤的制备机械，停止时顺序相反，以达到除尘效果，保护操作环境。

11.2.18 本条是原规范第9.2.17条的条文。

过热蒸汽温度为蒸汽锅炉运行时的重要参数之一，带喷水减温的过热器宜装设热蒸汽温度自动调节装置，通过调节喷水量控制过热蒸汽温度。

11.2.19 本条是原规范第9.2.18条的条文。

经减温减压装置供汽的压力和温度参数随外界负荷而变化，需随时根据外界负荷进行调节。宜设置蒸汽压力和温度自动调节装置，以保证供汽质量。

11.2.20 本条是原规范第9.2.19条条文。

锅炉的操作值班地点，一般在炉前，主要的监测仪表也集中在这里。司炉根据仪表的指示和燃烧的情况进行操作。当锅炉为楼层布置时，风机一般布置在底层，操作风门不方便；当锅炉单层布置而风机远离炉前时，风门操作也不方便。在上述情况下均宜设置遥控风门，并指示风门的开度。远距离控制装置可以是电动、气动或液动的执行机构。

11.2.21 本条是原规范第9.2.20条的条文。

条文所指的电动设备、阀门和烟、风门，一般配置于单台容量较大的锅炉和总容量较大的锅炉房。此时，根据本规范的规定，这类锅炉或锅炉房均已设置了较完善的供安全运行和经济运行所需要的监测仪表和控制装置，并设置了集中仪表控制室。上述诸参数以外的电动设备、阀门和烟风门可按需要采用远距离控制装置，并统一设在有关的仪表控制室内。

11.2.22 本条是新增的条文。

随着我国近年来经济和技术的发展，对锅炉房的控制水平要求也相应提高，对单台蒸汽锅炉额定蒸发量大于等于10t/h或单台热水锅炉额定热功率大于等于7MW的锅炉房宜设置微机集中控制系统，有利于提高锅炉房的经济效益，减轻人员的劳动强度，改善操作环境。而采用微机集中控制系统的投资也与采用常规仪表的投资相当。

11.2.23 本条是新增的条文。

随着锅炉房控制系统大量采用计算机控制系统，为确保控制系统的可靠性，应设置不间断（UPS）电源供电方式，利用UPS的不间断供电特性，保证计算机控制系统在外部供电发生故障时，仍能进行部分操作，并将重要信息进行存贮、传输、打印，以便及时分析处理。

12 化验和检修

12.1 化 验

12.1.1 本条是原规范第10.1.1条的修订条文。

本条第1款是当额定蒸发量为2台4t/h或4台2t/h的蒸汽锅炉、额定热功率为2台2.8MW或4台1.4MW的热水锅炉锅炉房，均只需设置化验场地，而不设化验室。所谓化验场地是指在该处设置简易的化验设施和化验桌，以便进行简单的水质分析。但为了能保证锅炉在运行过程中，满足所需日常检测的其他项目（包括燃煤、灰渣和烟气分析等项目）的化验要求，在第2款中还规定在本单位需有协作化验及配置试剂的条件。这两点必须同时满足，才可不设置化验室而仅设置化验场地。

12.1.2 本条是原规范第10.1.2条的修订条文。

条文中第1、2款均是根据现行国家标准《工业锅炉水质》GB 1576中第2条所列控制的项目。由于锅炉参数不同，水处理方法不同，所要求的化验项目也不同。

12.1.3 本条是原规范第10.1.3条和第10.1.4条的修订条文之一。

原规范两条条文都是燃料燃烧所需控制的项目，均是现行国家标准《评价企业合理用热技术导则》GB 3486中有关条文规定的分析项目。但导则中未规定锅炉的容量、参数和检测的时间间隔要求。调研资料表明，小型燃煤锅炉房化验室一般都无燃料成分分析和灰渣含碳量分析的条件，大部分由中央实验室或其他单位协作解决。故本条文规定了不同规模的锅炉房，其化验室需具备的测定相应检测项目的能力。

12.1.4 本条是原规范第10.1.3条和第10.1.4条的修订条文之一。

本条是对本规范第12.1.3条条文的补充。对锅炉房总蒸发量大于等于60t/h或总热功率大于等于42MW的锅炉房的燃料分析提出更高的要求，以使锅炉房从设计开始到投入运行都能保证经济、安全可靠。

12.1.5 本条是原规范第10.1.5条的条文。

条文中的检测项目均为国家标准《评价企业合理用热技术导则》GB 3486中第1.2.2条所规定的测定项目。

12.2 检 修

12.2.1 本条是原规范第10.2.1条和第10.2.2条合并后的修订条文。

本条文规定了锅炉房检修间的工作范围和检修间、检修场地的设置原则。我国锅炉产品系列中额定蒸发量小于等于6t/h和额定热功率小于等于4.2MW的锅炉已实现了快装化、零部件标准化，部件通用程度很高，备品备件容易更换。因此将原条文规定的设置检修场地的条件适当放宽。当锅炉房只设置检修场地时，为便于检修工具和备品的管理和存放，仍需要设置工具室。

12.2.2 本条是原规范第10.2.3条的修订条文。

锅炉房检修间配备的基本机修设备包括钳工桌、砂轮机、台钻、洗管器、手动试压泵和焊割等。大型锅炉房检修用的机床设备（包括车床、钻床、刨床和小型移动式空压机等），是采取自行配置或地区协作，宜作技术经济比较确定。

12.2.3 本条是原规范第10.2.4条的条文。

总蒸发量大于等于60t/h或总热功率大于等于42MW的锅炉房，电气设备一般较多，需要有专人负责日常的维修保养，以便设备能正常运行。故条文中规定宜设置电气保养室，负责这项工作。但如本单位有集中的电工值班室时，则可不在锅炉房内设置电气保养室。

对电气设备的检修工作，原则上宜由本单位统一安排，或由本地区协作解决，但不排除大型锅炉房自行设置电气修理间，以对锅炉房电气设备进行中、小修工作。

12.2.4 本条是原规范第10.2.5条的条文。

单台蒸汽锅炉额定蒸发量大于等于10t/h或单台热水锅炉额定热功率大于或等于7MW的锅炉房，控制和检测仪表较齐全，且精密度高，应当有专人负责日常的维护保养，故条文规定宜设置仪表保养室。但有些单位设有集中的仪表维修部门，并有巡回仪表保养人员，则可以不在锅炉房设置仪表保养室。

对仪表的检修工作，原则上通过协作解决，但不排除大型锅炉房或区域锅炉房自行设置仪表检修间，以对锅炉房仪表进行中、小修工作。

12.2.5 本条是原规范第10.2.6条的条文。

为便于锅炉房设备和管道阀件的搬运和检修，在双层布置锅炉房和单台蒸汽锅炉额定蒸发量大于等于10t/h、单台热水锅炉额定热功率大于等于7MW的单层布置锅炉房设计时，对吊装条件的考虑至关重要。但吊装方式及起吊荷载，应根据设备大小、起吊件质量、起吊的频繁程度，由设计人员确定。

12.2.6 本条是原规范第10.2.7条的修订条文。

对鼓风机、引风机、给水泵、磨煤机和煤处理设备等锅炉辅机，也需要考虑检修时的吊装条件。吊装方式及起吊荷载应根据设备大小、起吊件质量、起吊的频繁程度，由设计人员确定。如果场地条件允许，也可采取架设临时吊装措施。

13 锅炉房管道

13.1 汽 水 管 道

13.1.1 本条是原规范第11.0.1条的修订条文。

锅炉房热力系统和工艺设备布置是汽水管道设计的依据，设计时据此进行。本条是对锅炉房汽水管道布置提出的一些具体要求，增加了对管道布置应短捷、整齐的要求。

13.1.2 本条是原规范第11.0.2条的条文。

对于多管供汽的锅炉房，各热用户的热负荷或因用汽（热）的季节不同或因一种用汽（热）时间的不同，宜用多管按不同负荷送汽（热），有利于控制和节省能源，因此宜设置分汽（分水）缸，便于接出多种供汽（热）管。对于用热时间相同，不需要分别控制的供热系统，如采暖系统，一般不宜设分汽（分水）缸。

13.1.3 本条是原规范第11.0.3条的条文。

装设蒸汽蓄热器作为一项有效的节能措施，已在负荷波动的供汽系统中推广应用。

1 设置蒸汽蓄热器旁通，是考虑蓄热器出现事故或进行检修时仍能保证锅炉房对外供汽。

2、3 与锅炉并联连接的蒸汽蓄热器，如出口不装设止回阀，会造成蓄热器充热不完善，达不到应有的蓄热效果；如进口不装设止回阀，会使蓄热器中热水倒流至供汽管中，造成水击事故。

4 蓄热器工作压力通常与用户的使用压力及送汽管网压力损失之和相适应，但往往低于锅炉的额定

工作压力。因此，当锅炉额定工作压力大于蒸汽蓄热器的额定工作压力时，为确保蓄热器安全运行，蓄热器上应装安全阀。

5 蓄热器运行时的充水，其水质应和锅炉给水相同，以保证供汽的品质和防止蓄热器结垢。其进水可利用锅炉给水系统，用调节阀进行水位调节。

6 饱和蒸汽系统中的蒸汽蓄热器，在运行过程中水位会逐渐增高，故需定期放水。这部分洁净的热水应予回收利用，因此放水应接至锅炉给水箱或除氧水箱。

13.1.4 本条是原规范第11.0.4条的修订条文。

为使系统简单，节省投资，锅炉房内连接相同参数锅炉的蒸汽（热水）母管一般宜采用单母管；但对常年不间断供汽（热）的锅炉宜采用双母管，以便当某一母管出现事故或进行检修时，另一母管仍可保证供汽。

13.1.5 本条是原规范第11.0.5条的条文。

每台蒸汽（热水）锅炉与蒸汽（热水）母管或分汽（分水）缸之间的各台锅炉主蒸汽（供水）管上均应装设2个切断阀，是考虑到锅炉停运检修时，其中1个阀门泄漏，另1个阀门还可关闭，避免母管或分汽（分水）缸中的蒸汽（热水）倒流，以确保安全。

13.1.6 本条是原规范第11.0.6条的条文。

当锅炉房装设的锅炉台数在3台及以下时，锅炉给水应采用单母管，也可采用单元制系统（即1泵对1炉，另加1台公共备用泵），比采用双母管方便。但当锅炉台数大于3台以上时，如仍采用单元制加公用备用泵的给水方式，则给水泵台数过多，故以采用双母管较为合理。对常年不间断供汽的蒸汽锅炉房和给水泵不能并联运行的锅炉房，锅炉给水母管宜采用双母管或采用单元制锅炉给水系统。

13.1.7 本条是原规范第11.0.7条的条文。

锅炉给水泵进水母管一般应采用不分段的单母管；但对常年不间断供汽的锅炉房，且除氧水箱大于等于2台时，则宜采用单母管分段制。当其中一段管道出现事故时，另一段仍可保证正常供水。

13.1.8 本条是原规范第11.0.8条的条文。

为了简化管道、节省投资，当除氧器大于等于2台时，除氧器加热用蒸汽管道推荐采用母管系统。

13.1.9 本条是原规范第11.0.9条的条文。

参照本规范第13.1.4条和第13.1.6条的规定，热水锅炉房内与热水锅炉、加水加热装置和循环水泵相连接的供水和回水母管，应采用单母管制，对必须保证连续供热的热水锅炉房宜采用双母管。

13.1.10 本条是原规范第11.0.10条的条文。

本条是保证热水锅炉与热水系统之间的安全连接所必需的。当几台热水锅炉并联运行时，可保证每台锅炉正常安全地切换。

13.1.11 本条是原规范第11.0.12条的条文。

设置独立的定期排污管道，有利于锅炉安全运行。但当几台锅炉合用排污母管时，必须考虑安全措施：在接至排污母管的每台锅炉的排污干管上必须装设切断阀，以备锅炉停运检修时关闭，保证安全；装设止回阀可避免因合用排污母管在锅炉排污时相互干扰。

13.1.12 本条是原规范第 11.0.13 条的条文。

连续排污膨胀器的工作压力低于锅炉工作压力，为了防止连续排污膨胀器超压发生危险，在锅炉出口的连续排污管道上，必须装设节流减压阀。当数台锅炉合用 1 台连续排污膨胀器时，为安全起见，应在每台锅炉的连续排污管出口端和连续排污膨胀器进口端，各装设 1 个切断阀。连续排污膨胀器上必须装设安全阀。

考虑到投资和布置上的合理性，推荐 2～4 台锅炉合设 1 台连续排污膨胀器。

13.1.13 本条是原规范第 11.0.14 条的条文。

螺纹连接的阀门和管道容易产生泄漏，故规定不应采用螺纹连接。排污管道中的弯头，容易造成污物的积聚，导致排污管堵塞，故应减少弯头，保证管道的畅通。

13.1.14 本条是原规范第 11.0.15 条的条文。

蒸汽锅炉自动给水调节器上设手动控制给水装置，热水锅炉的自动补水装置上设手动控制装置，并设置在司炉便于操作的地点是考虑到运行的安全需要。

13.1.15 本条是原规范第 11.0.16 条的条文。

锅炉本体、除氧器和减压减温器的放汽管和安全阀的排汽管应独立接至室外安全处，可保证人员的安全，又避免排汽时污染室内环境，影响运行操作。2 个独立安全阀的排汽管不应相连，可避免串汽和易于识别超压排汽点。

13.1.16 本条是原规范第 11.0.17 条的条文。

为了保证安全运行，热力管道必须考虑热膨胀的补偿。从节省投资等角度着眼，应尽量利用管道的自然补偿。当自然补偿不能满足要求时，则应设置合适的补偿器，如方形或波纹管等补偿器。

13.1.17 本条是原规范第 11.0.18 条的修订条文。

管道支吊架荷载计算除应考虑管道自身重量外，还应考虑其他各种荷载，以保证安全。

13.1.18 本条是原规范第 11.0.19 条的条文。

本条是参考国家现行标准《火力发电厂汽水管道设计技术规定》DL/T 5054 制订的，并推荐出放水阀和放汽阀的公称通径。

13.2 燃油管道

13.2.1 本条是原规范第 3.2.2 条的修订条文。

锅炉房为常年不间断供热时，所采用的双母管当其中一根在检修时，另一根供油管可满足 75% 锅炉

房最大计算耗油量（包括回油量），在一般情况下可满足其负荷要求。根据调研，回油管目前设计有不采用母管制的，因此本次修订中，将"应采用单母管"改成"宜采用单母管"。

13.2.2 本条是原规范第 3.2.1 条的条文。

经锅炉燃烧器的循环系统，是指重油通过供油泵加压后，经油加热器送至锅炉燃烧器进行雾化燃烧，尚有部分重油通过循环回油管回到油箱的系统。这种系统在燃油锅炉房中被广泛采用，它具有油压稳定、调节方便的特点。在运行中能使整个管道系统保持重油流动通畅，避免因部分锅炉停运或局部管道滞流而发生重油凝固堵塞现象。在锅炉启动前，冷油可以通过循环迅速加热到雾化燃烧所需要的油温，以利于燃烧。

13.2.3 本条是原规范第 3.2.3 条的条文。

重油凝固点较高，大部分在 20～40℃ 之间，当冬季气温较低时，容易在管道中凝固。为了保证管道内油的正常流动，供油管道应进行保温，如保温后仍不能保证油的正常流动时，尚应用蒸汽管伴热。

在锅炉房的重油回油管道系统中，如不保温则有可能发生烫伤事故。为此要求对可能引起人员烫伤的部位，应采取隔热或保温措施。

13.2.4 本条是原规范第 3.2.4 条的条文。

根据燃重油的经验，当重油油温较高，而管内流速较低时(0.5～0.7m/s)，经长期运行后管道内会产生油垢沉积，使管道的阻力增加，影响油管正常运行。

13.2.5 本条是原规范第 3.2.5 条的条文。

油管道敷设一般都宜设置一定的坡度，而且多采用顺坡。轻柴油管道采用 0.3% 和重油管道采用 0.4％ 的坡度是最小的坡度要求。但接入燃烧器的重油管道不宜坡向燃烧器，否则在点火启动前易于发生堵塞想象，或漏油流进锅炉燃烧室。

13.2.6 本条是原规范第 3.2.7 条的条文。

全自动燃油锅炉采用单机组配套装置，其整体性和独立性比较强。对这类燃油锅炉按其装备特点要求，配置燃油管道系统，便可满足锅炉房燃油的要求，不必调整其配套装置，以免产生不必要的混乱。

13.2.7 本条是原规范第 3.2.9 条的修订条文。

重油含蜡多，易凝固，当锅炉停运或检修时，需要把管道和设备中的存油吹扫干净，否则重油会在设备和管道中凝固而堵塞管道。

13.2.8 本条是原规范第 3.2.10 条的条文。

蒸汽吹扫采用固定接法时，吹扫口必须有防止重油倒灌的措施，常用带有支管检查阀的双阀连接装置，并在蒸汽吹扫管上装设止回阀。

13.2.9 本条是原规范第 3.2.11 条的条文。

燃油锅炉在点火和熄火时引起爆炸的事例颇多，原因是未能及时迅速地切断油源而造成的。如连接阀

门采用丝扣阀门，则有可能由于阀门关闭太慢，在关闭了第一个阀门后，第二个阀门还没来得及关闭便爆炸了。为此，规定每台锅炉供油干管上应装设快速切断阀。

2台或2台以上的锅炉，在每台锅炉的回油干管上装设止回阀，可防止回油倒窜至炉膛中，避免事故的发生。

13.2.10 本条是原规范第3.2.16条的条文。

供油泵进口母管上装设油过滤器，对除去油中杂质，防止油泵磨损和堵塞，保证安全正常运行都十分必要。油过滤器应设置2台，其中1台为备用。

离心油泵和蒸汽往复油泵，由于设备结构的特点，对油中杂质的颗粒度大小限制不严，其过滤器网孔一般采用8～12目/cm。

齿轮油泵对油中杂质的颗粒度大小限制比较严，但国内生产厂家尚无明确的要求，根据调查，如过滤器网孔采用16～32目/cm即可满足要求。

过滤器网的流通面积，按常用的规定，一般为油过滤器进口管截面积的8～10倍。

13.2.11 本条是原规范第3.2.17条的条文。

机械雾化燃烧器的雾化片槽孔较小，当油在加温后，析出的碳化物和沥青的固体颗粒，对燃烧器会造成堵塞，影响正常燃烧。凡燃油锅炉在机械雾化燃烧器前装设过滤器，运行中燃烧器不易被堵塞。因此，在机械雾化燃烧器前，宜装设油过滤器。

油过滤器的滤网网孔要求，与燃烧器的结构型式有关。滤网的网孔，普遍采用不少于20目/cm。滤网的流通面积，一般不小于过滤器进口管截面积的2倍。

13.2.12 本条是新增的条文。

燃油管道泄漏易发生火灾，故应采用无缝钢管，并需保证焊接连接质量。

13.2.13 本条是新增的条文。

室内油箱间至锅炉燃烧器的供油管和回油管宜采用地沟敷设，避免操作人员脚碰和保证安全。

13.2.14 本条是新增的条文。

为保证燃油管道垂直穿越建筑物楼层时，对建筑物的防火不带来隐患，故要求建筑物设置管道井，燃油管道在管道井内沿靠外墙敷设，并设置相关的防火设施，这是确保安全所需要的。

13.2.15 本条是新增的条文。

油箱、油罐进油，从液面上进入时，易使液位扰动溅起油滴，从而可能发生火灾。故规定管口应位于油液面下，且应距箱（罐）底200mm。

13.2.16 本条是新增的条文。

日用油箱与贮油罐的油位高差，会导致产生虹吸使日用油箱倒空，故应防止虹吸产生。

13.2.17 本条是新增的条文。

燃油管道穿越楼板、隔墙时，应敷设在保护套管内，这是一种安全措施。

13.2.18 本条是新增的条文。

油滴落在蒸汽管上会引发火灾，故蒸汽管应布置在油管上方。

13.2.19 本条是新增的条文。

当油管采用法兰连接，应在其下方设挡油措施，避免发生火灾。

13.2.20 本条是新增的条文。

本条是考虑到，对煤粉锅炉和循环流化床锅炉的点火供油系统干管与一般的燃油系统干管应有同样的要求，才可以保证系统运行正常，所以提出此要求。

13.2.21 本条是新增的条文。

为保证燃油管道的使用安全和使用寿命，故提出此要求。

13.3 燃气管道

13.3.1 本条是原规范第3.3.3条的修订条文。

通常情况下，宜采用单母管，连续不间断供热的锅炉房可采用双调压箱或源于不同调压箱的双供气母管，以提高供气安全性。

13.3.2 本条是原规范第3.3.12条的修订条文。

进入锅炉房的燃气供气母管上，装设总切断阀是为了在事故状态下，迅速关闭气源而设置的，该切断阀还应与燃气浓度报警装置联动，阀后气体压力表便于就地观察供气压力和了解锅炉房内供气系统的压降。

13.3.3 本条是原规范第3.3.13条的修订条文。

锅炉房燃气管道应明装，按燃气密度大小，有高架和低架的区别，无特殊情况，锅炉房内燃气管道不允许暗设（直埋或在管沟和竖井内），使用燃气密度比空气大的燃气锅炉房还应考虑室内燃气管道泄漏时，避免燃气窜入地下管沟（井）等措施。

13.3.4 本条是原规范第3.3.16条的修订条文。

日常维修和停运时，燃气管道应进行吹扫放散，系统设置以吹净为目的，不留死角。密度比空气大的燃气一定采用火炬排放不实际，因此改为"应采用高空或火炬排放"。

13.3.5 本条是原规范第3.3.17条的条文。

吹扫量和吹扫时间是经验数据，工程实践中确认可以满足要求。

13.3.6 本条是原规范第3.3.11条文的修订条文。

燃气管道一旦发生泄漏有可能造成灾害，所以作了严格规定。

13.3.7 本条是原规范第3.3.14条和第3.3.15条合并后的修订条文。

近年来，燃气管道系统阀组的配置已趋于完善和标准化，阀组规格、性能和燃气压力，应满足燃烧器在锅炉额定热负荷下稳定燃烧的要求。阀组的基本组成，应按本条规定配置，并应配备锅炉点火和熄火保护程序，以满足燃气压力保护、燃气流量自动调节和燃气检漏等功能要求。

13.3.8 本条是原规范第3.3.5条的修订条文。

本条文经技术经济比较后确定,进口燃气阀组与整体式燃烧器标准配置时,阀组接口处燃气供气压力要求在12~15kPa之间,分体式燃烧器要求20kPa,如燃气压力偏低,阀组通径要放大,投资增加较多,2t/h以下小锅炉的燃气供气压力可以低一些,但也不宜低于5kPa。

本条文规定的前提是,燃气供气压力和流量应能满足燃烧器稳定燃烧要求,供气压力稍偏高一些为好,但超过20kPa,泄漏可能性增加,不安全。

13.3.9 本条是新增的条文。

燃气锅炉耗气量折合约80m³/t(蒸汽,标态)。耗气量相对较大,供气压力与民用也有差异,应从城市中压管道上铺设专用管道供给。民用燃气锅炉房大多采用露天布置的调压装置,经降压、稳压、过滤后使用。调压装置的设置和数量应根据锅炉房规模和供气要求确定。但单台调压装置低压侧供气量不宜太大,宜控制在能满足总容量40t/h锅炉房的规模,使供气母管管径不致过大。

13.3.10 本条是新增的条文。

现行国家标准《城镇燃气设计规范》GB 50028和《工业金属管道设计规范》GB 50316,对燃气净化、调压箱(站)工艺设计,以及对燃气管道附件的选用和施工验收要求都有明确的规定,锅炉房设计应遵照相关要求进行。

13.3.11 本条是新增的条文。

锅炉房内的燃气管道必须采用焊接连接,氩弧焊打底是为了确保焊接质量。

13.3.12 本条是新增的条文。

燃气和燃油管道一样,在穿越楼板、隔墙时,应敷设在保护套管内,并应有封堵措施,以防燃气流窜其他区域。

13.3.13 本条是新增的条文。

燃气管道井应有一定量的自然通风条件,同时在火灾发生时,应能阻止管道井的引风作用。

13.3.14 本条是新增的条文。

由于阀门存在严密性问题,为确保管道井内的安全,防止有可燃气体从阀门处泄漏,从而带来事故,故规定在管道井内的燃气立管上,不应设置阀门。

13.3.15 本条是新增的条文。

因铸铁件相对强度较差,为保证管道与附件不致因碎裂造成泄漏,从而带来事故,故严禁燃气管道与附件使用铸铁件。为安全原因,本规范要求在防火区内使用的阀门,应具有耐火性能。

14 保温和防腐蚀

14.1 保　温

14.1.1 本条为原规范的第12.1.1条的修订条文。

凡外表面温度高于50℃,或虽外表面温度低于等于50℃,但需回收热量的锅炉房热力设备及热力管道为节约能源,均应保温。原条文第1款中设备和管道种类不再一一列出。原条文第3款"需要保温的凝结水管道"也属于"需要回收热量"的管道,故将原条文的第2、3款合并。

14.1.2 本条为原规范第12.1.2条的条文。

保温层厚度原则上应按经济厚度计算方法确定。但针对我国现状,能源价格中主要是各地的煤价、热价等波动幅度较大,如采用的热价偏高,计算出的保温层经济厚度就偏厚;如采用的热价偏低,计算出保温层经济厚度就偏薄。故当热损失超过允许值时,可按最大允许散热损失方法复核,当两者计算结果不相等时,取其最小值为保温层设计厚度。

14.1.3 本条为原规范第12.1.3条的条文。

外表面温度大于60℃的锅炉房热力设备及热力管道,如排汽管、放空管、燃油、燃气锅炉和烟道的防爆门泄压导向管等,虽不需保温,但在操作人员可能触及的部分应设有防烫伤的隔热措施,以保护操作人员的安全。

14.1.4 本条为原规范第12.1.4条的修订条文。

鉴于国内保温材料及其制品日益丰富,供货渠道的市场化,采用就近保温材料已不是造成不合理的长途运输和影响保温工程经济性的主要因素,所以将原条文第1款取消。在各种不同的保温材料及其制品中,应优先采用性能良好、允许使用温度高于正常操作时设备及管道内介质的最高工作温度、价格便宜和施工方便的成型制品,这是使保温结构经久耐用,满足生产要求所必需的。

14.1.5 本条为原规范第12.1.5条的条文。

国内外实际工程中,保温材料的外保护层均是阻燃材料。用金属作外保护层一般采用0.3~0.8mm厚的铝板或镀锌薄钢板;用玻璃布作外保护层一般供室内使用,用玻璃布作外保护层时,在其施工完毕后必须涂刷油漆,并需经常维修。其他如石棉水泥、乳化再生胶等也可做保护层。

凡室外布置的热力设备及室外架空敷设的热力管道的保温层外表面应设防水层,是为了防止下雨时雨水渗入保温层。当保温层被浸湿后,不仅增大保温材料的导热系数,使设备和管道内介质的热损失增加,而且当设备和管道停止运行时,水分通过保温层进入到设备和管道外壁,引起锈蚀,所以室外布置的热力设备和架空敷设的热力管道的保温层外表面的保护层应具有防水性能。

14.1.6 本条为原规范第12.1.6条的修订条文。

当采用复合保温材料时,通常选用耐温高、导热系数低者做内保温层。内外层界面处温度应按外层保温材料最高使用温度的0.9倍计算。

14.1.7 本条为原规范第12.1.7条的条文。

软质或半硬质保温材料在施工捆扎时，由于受到压缩，厚度必然减小，密度增大，故应按压缩后的容重选取保温材料的导热系数，其设计厚度也应当是压缩后的保温材料厚度，这样才较为切合实际。

14.1.8 本条为原规范第12.1.8条的条文。

阀门及附件和经常需维修的设备和管道，宜采用可拆卸的保温结构，以便于维修阀门及附件，并使保温结构可重复使用。

14.1.9 本条为原规范12.1.9条的条文。

对于立式热力设备或夹角大于45°的热力管道，为了保护保温层，维持保温层厚度上下均匀一致，应按保温层质量，每隔一定高度设置支撑圈或其他支撑设施，避免管道使用一定时间后，由于保温材料的自重或其他附加重量引起的坍落，破坏保温结构。

14.1.10 本条为原第12.1.10条的修订条文。

经多年推广应用，供热管道的直埋敷设技术已经成熟，对其保温计算、保温层结构设计、保温材料的选择及敷设要求，都已在《城镇直埋供热管道工程技术规程》CJJ/T 81 和《城镇供热直埋蒸汽管道技术规程》CJJ 104 中作了规定，可遵照执行。

14.2 防 腐 蚀

14.2.1 本条为原规范第12.2.1条的条文。

设备及管道在敷设保温层前，应将其外表面的脏污、铁锈等清刷干净，然后涂刷红丹防锈漆或其他防腐涂料，以延长管道使用寿命，而且其防锈漆或防腐涂料的耐温性能应能满足介质设计温度的要求，以免失去防锈或防腐性能。这是一种常规而行之有效的做法。

14.2.2 本条为原规范第12.2.2条的修订条文。

介质温度低于120℃时，设备和管道表面所刷的防锈漆一般为红丹防锈漆。如介质温度超过120℃时，红丹防锈漆会被氧化成粉末状，不能再起防锈漆的作用，而应涂高温防锈漆。锅炉房内各种贮存锅炉给水的水箱，均应在其内壁刷防腐涂料，而且防腐涂料不会引起水质的品质变化，以保护水箱免于锈蚀和保证给水水质。

14.2.3 本条为原规范第12.2.3条的条文。

为了保护保护层，增加其耐腐蚀性能和延长使用寿命，当采用玻璃布或其他不耐腐蚀的材料做保护层时，其外表面应涂刷油漆或其他防腐蚀涂料。当采用薄铝板或镀锌薄钢板作保护层时，其外表面可不再涂刷油漆或防腐蚀涂料。

14.2.4 本条为新增的条文。

对锅炉房的埋地设备和管道应根据设备和管道的防腐要求和土壤的腐蚀性等级，进行相应等级的防腐处理，必要时可以对不便检查维修部分的设备和管道增加阴极保护措施。

14.2.5 本条为原规范第12.2.4条的修订条文。

在锅炉房设备和管道的表面或保温保护层的外表面应涂色或色环，并作出箭头标志，以区别内部介质种类和介质的流向，便于操作。涂色和标志应统一按有关国家标准和行业标准的规定执行。

15 土建、电气、采暖通风和给水排水

15.1 土 建

15.1.1 本条是原规范第13.1.1条的条文。

本条是按现行国家标准《建筑设计防火规范》GBJ 16 和《高层民用建筑设计防火规范》GB 50045 的有关规定，结合锅炉房的具体情况，将锅炉房的火灾危险性加以分类，并确定其耐火等级，以便在设计中贯彻执行。

1 本规范燃料可为煤、重油、轻油或天然气、城市煤气等，其锅炉间属于丁类生产厂房。对于非独立的锅炉房，为保护主体建筑不因锅炉房火灾而烧毁，故对其火灾危险性分类和耐火等级比独立的锅炉房的锅炉间提高要求，应均按不低于二级耐火等级设计。

2 用于锅炉燃料的燃油闪点应为60～120℃，它们的油箱间、油泵间和油加热器间属于丙类生产厂房。

3 天然气主要成分是甲烷（CH_4），其相对密度（与空气密度比值）为0.57，与空气混合的体积爆炸极限为5％，按规定爆炸下限小于10％的可燃气体的生产类别为甲类，故天然气调压间属甲类生产厂房。

15.1.2 本条是原规范第13.1.11条的修订条文。

锅炉房应考虑防爆问题，特别是对非独立锅炉房，要求有足够的泄压面积。泄压面积可利用对外墙、楼地面或屋面采取相应的防爆措施办法来解决，泄压地点也要确保安全。如泄压面积不能满足条文提出的要求时，可考虑在锅炉房的内墙和顶部（顶棚）敷设金属爆炸减压板。

15.1.3 本条是新增的条文。

燃油、燃气锅炉房的锅炉间是可能发生闪爆的场所，用甲级防火门隔开后，辅助间相对安全，可按非防爆环境对待。

考虑到燃油、燃气锅炉房的防火、防爆要求较高，为此对燃油、燃气锅炉房的控制室与锅炉间的隔墙要求应为防火墙，观察窗也应为具有一定防爆能力的固定玻璃窗。

15.1.4 本条是原规范第13.1.2条的条文。

本条主要考虑锅炉基础与锅炉房建筑基础沉降不一致时，避免楼地面产生裂缝。

15.1.5 本条是原规范第13.1.3条的条文。

锅炉房建筑的锅炉间、水处理间和水箱间均应考虑安装在其中的设备最大件的搬入问题，特别是设备

最大件大于门窗洞口的情况，应在墙、楼板上预留洞或结合承重墙先安装设备后砌墙。

15.1.6 本条是原规范第13.1.4条的条文。

本条主要考虑对钢筋混凝土烟囱和砖砌烟道的混凝土底板等内表面设计计算温度高于100℃的部位应采取隔热措施，以便减少高温烟气对混凝土和钢筋设计强度的影响，避免混凝土开裂形成混凝土底板漏水。

15.1.7 本条是原规范第13.1.5条的条文。

由于锅炉本体的外形尺寸不同，其四周的操作与通道尺寸有其具体的要求，因此锅炉房建筑设计要满足工艺设计这一前提。但为了使锅炉房的土建设计能够采用预制构件，主要尺寸能统一协调，故锅炉房的柱距、跨度、室内地坪至柱顶高度尚宜符合现行《建筑模数协调统一标准》GB 50006的有关规定。

15.1.8 本条是原规范第13.1.6条的条文。

锅炉房近期的扩建一般是在锅炉间内预留锅炉台位及其基础，远期的扩建则锅炉房建筑宜预留扩建条件。如扩建端不设永久性楼梯和辅助间，生产、办公面积适当放宽；扩建端的墙和挡风柱考虑有拆除的可能性。

15.1.9 本条是原规范第13.1.7条的修订条文。

本条考虑当锅炉房内安装有振动较大的设备（如磨煤机、鼓风机、水泵等）时，其基础应与锅炉房基础脱开，并且在地坪与基础接缝处应填砂和浇灌沥青，以减少对锅炉房的振动影响。

15.1.10 本条是原规范第13.1.8条的条文。

本条中钢筋混凝土煤斗壁的内表面应光滑耐磨，壁交角处做成圆弧形，目的是为了保证落煤畅通。设置有盖人孔和爬梯是为了安全和方便检修。

15.1.11 本条是原规范第13.1.9条的条文。

本条是为了保护运行和维修人员的人身安全。

15.1.12 本条是原规范第13.1.10条的条文。

本条主要是为防止烟囱基础和烟道基础沉降不一致时拉裂烟道。

15.1.13 本条是原规范第13.1.11条的条文。

锅炉房的外墙开窗除要符合本规范第15.1.2条的防爆要求外，还应满足通风需要和Ⅴ级采光等级的需要。

15.1.14 本条是原规范第13.1.12条的修订条文。

锅炉房若必须与其他建筑相邻，为防火安全，应采用防火墙与相邻建筑隔开。

15.1.15 本条是原规范第13.1.13条的条文。

油泵房的地面一般有油腻，设计时应考虑地面防油和防滑措施。采用酸、碱还原的水处理间，其地面、地沟和中和池等均有可能受到酸碱的侵蚀，因此应考虑防酸、防碱措施。

15.1.16 本条是新增的条文。

锅炉房的化验室里的化学药品中的酸、碱性物质具有一定的腐蚀性，在操作过程中由于泄漏，会给建、构筑物带来腐蚀，为此需要进行相关的防腐蚀设计。防腐蚀设计应按现行国家标准《工业建筑防腐蚀设计规范》GB 50046的规定执行。

另外，为有利于工作人员正常工作和安全、环保起见，故提出化验室的地面应有防滑措施，墙面应为白色、不反光，设洗涤设施，场地要求做防尘、防噪处理。

15.1.17 本条是新增的条文。

锅炉房的设计应执行国家现行职业卫生标准《工业企业设计卫生标准》GBZ 1。生活间的卫生设施应按该标准中有关规定执行。

15.1.18 本条是原规范第13.1.15条的修订条文。

本条是根据人员在巡视操作和检修时要求的最小宽度和净空高度尺寸而制定的，根据实际使用情况和用户反映，为确保安全，对经常使用的钢梯坡度不宜大于45°。

15.1.19 本条是原规范第13.1.16条的条文。

干煤棚的围护结构设计要求既要开敞又要挡雨，因此围护结构的上部开敞部分应采取挡雨措施，如设置挡雨板，但不应妨碍起吊设备通过。

15.1.20 本条是原规范第13.1.17条的条文。

工艺要求指设备安装、检修的具体要求，经核定可按条文中表列的范围进行选用。荷载超过表列范围时，工艺设计应另行提出。

锅炉间的楼面荷载关键是考虑锅炉砌砖时砖堆积的高度（耐火砖及红砖等）和炉前堆放链条、炉排片的荷重。不同型号的锅炉，其用砖量不同。砖的堆放位置、堆放方法都影响楼板的荷载。因此，对楼板的荷载应区分对待，应由设计人员根据锅炉型号及安装、检修和操作要求来确定，但最低不宜小于$6kN/m^2$，最大不宜超过$12kN/m^2$。

15.2 电　气

15.2.1 本条是原规范第13.2.1条的条文。

锅炉房停电的直接后果是中断供热。因此，在本条中规定锅炉房用电设备的负荷级别，应按停电导致锅炉中断供热对生产造成的损失程度来确定，并相应决定其供电方式。

从以前调研情况分析，冶金、化工、机械、轻工等各部门不同规模的厂，其对供热要求保证程度不同，停止供热造成的损失差异极大，因而各厂对锅炉房电源的处理也不同。如炼油厂一旦中断供汽，将打乱正常的生产秩序，造成大量减产，大量废品，因而对电源作重要负荷处理，设有可靠的二回路电源供电……因此，对锅炉房用电设备的负荷级别不宜统一规定。

15.2.2 本条是原规范第13.2.2条的条文。

燃气中如天然气的主要成分为甲烷，与空气形成

5%～15%浓度的混合气体时易着火爆炸。因而天然气调压间属防爆建筑物。

燃油泵房、煤粉制备间、碎煤机间和运煤走廊等均属有火灾危险场所。而燃煤锅炉间则属于多尘环境，水泵房属于潮湿环境。

上述不同环境的建筑物和构筑物内所选用的电机和电气设备，均应与各个不同环境相适应。

15.2.3 本条是原规范第13.2.3条的条文。

由于这类容量的锅炉房，其电气设备容量约达100kW及以上，电机台数近10台，低压配电屏将在2屏以上，而且锅炉台数往往不止1台，如不将低压配电屏设于专门的低压配电室内，而直接安装在锅炉间，则环境条件较差，因此宜设专门的低压配电室。当单台锅炉额定蒸发量或热功率小于上述容量，且锅炉台数较少时，则可不设低压配电室。

当有6kV或10kV高压用电设备时，尚宜设立高压配电室。

15.2.4 本条是原规范第13.2.4条的条文。

按锅炉机组单元分组配电是指配电箱配电回路的布置应尽可能结合工艺要求，按锅炉机组分配，以减少电气线路和设备由于故障或检修对生产带来的影响。

15.2.5 本条是原规范第13.2.5条的条文。

考虑到锅炉厂成套供应电气控制屏的情况较多，对蒸汽锅炉单台额定蒸发量小于4t/h、热水锅炉单台额定热功率小于等于2.8MW的锅炉，配套控制箱较为成熟，成套供应是发展方向，应予推广，成套供应控制屏既可减少设计工作量，又有利于迅速安装。

15.2.6 本条是原规范第13.2.6条的修订条文。

经过调研，单台蒸汽锅炉额定蒸发量小于等于4t/h单层布置的锅炉房，当锅炉辅机采用集中控制时，就地均不设启动控制按钮，运行人员也无此要求。双层布置的锅炉房有鼓风机、引风机设就地停机按钮。电厂锅炉房典型设计规定就地无启动权，仅设紧急停机按钮。当锅炉辅机采用集中控制时，按操作规程规定，锅炉启动前由运行人员巡视，操作有关阀门，掌握全面情况，然后在操作屏集中控制。因此本条不规定设2套控制按钮。当集中控制辅机的电动机操作层不在同一层，距离较远时，为便于在运行中就地发现故障及时加以排除，在条文中规定，宜在电动机旁设置事故停机按钮。

15.2.7 本条是原规范第13.2.7条的条文。

锅炉房用电设备较少时，宜采用以放射式为主的配电方式；而如果锅炉热力和其他各种管道布置繁多，电力线路则不宜采用裸线或绝缘明敷。现在各厂的锅炉房电力线路基本上是采用穿金属管或电缆布置方式。因锅炉表面、烟道表面、热风道及热水箱等的表面温度在40～50℃或以上，为避免线路绝缘过热而加速绝缘损坏，电力线路应尽量避免沿上述表面敷设；当沿上述热表面敷设线路时，应采用支架使线路与热表面保持一定的距离，或采用其他隔热措施，不宜直敷布线。

在煤场下及构筑物内不宜有电缆通过是为了保证用电安全及维护方便。

15.2.8 本条是原规范第13.2.8条的条文。

控制室、变压器室及高低压配电室内均有较为集中的电气设备，为了防止水管或其他有腐蚀性介质管道的泄漏和损坏，从而影响电气设备的正常运行，特作此规定。

15.2.9 本条是原规范第13.2.9条的条文。

这是国家对照明规定的基本要求，应予以执行。

15.2.10 本条是原规范第13.2.10条的条文。

在锅炉房操作地点及水位表、压力表、温度计、流量计等处设置局部照明，有利于锅炉运行人员的监察。锅炉的平台扶梯处，当一般照明不能满足其照度要求时，也应设置局部照明。

15.2.11 本条是原规范第13.2.11条的条文。

当工作照明因故熄灭，为保证锅炉继续运行或操作停炉，必须严密注意水位、压力及操作有关阀门，启动事故备用汽动给水泵，以保持锅炉汽包一定的水位，因此宜设有事故照明。如因电源条件限制，锅炉房也应备有手电筒或其他照明设备作临时光源，以确保停电时对锅炉房的设备进行安全处理。

15.2.12 本条是原规范第13.2.12条的条文。

地下凝结水箱间的温度一般超过40℃，相对湿度超过95%，属高温高潮湿场所；热水箱、锅炉本体附近的温度一般超过40℃，属高温场所；出灰渣地点为高温多灰场所。这些地点的照明灯具如安装高度低于2.5m时，为安全起见，应考虑防触电措施或采用不超过36V的低电压。当在这些地点的狭窄处或在煤粉制备设备和锅炉锅筒内工作使用手提行灯时，则安全要求更高，照明电压不应超过12V。因此，锅炉房照明装置的电源应使用不同电压等级。

15.2.13 本条是原规范第13.2.13条的条文。

由于锅炉房烟囱往往是工厂或民用建筑中最高的构筑物，因而需与当地航空部门联系，确定是否装设飞行标志障碍灯。如需装设则应为红色，装在烟囱顶端，不应少于2盏，并应使其维修方便。

15.2.14 本条是原规范第13.2.14条的条文。

《建筑物防雷设计规范》GB 50057中，对烟囱的防雷保护明确规定："雷电活动较强的地区或郊区15m高的烟囱和雷电活动较弱的地区20m高的烟囱，按第Ⅲ类工业建筑物考虑防雷设施"，"高耸的砖砌烟囱、钢筋混凝土烟囱，应采用避雷针或避雷带保护。采用避雷针时，保护范围按有关规定执行，多根避雷针应连接于闭合环上，钢筋混凝土烟囱宜在其顶部和底部与引下线相连，金属烟囱应利用作为接闪器或引下线"。

15.2.15 本条是原规范第13.2.15条的修订条文。

燃气放散管的防雷设施，国家标准《建筑物防雷设计规范》GB 50057有明确规定，应遵照执行。

15.2.16 本条是原规范第13.2.16条的条文。

根据国际电工委员会（IEC）《建筑物防雷标准》规定，用作接闪器的钢铁金属板的最小厚度为4mm，与我国运行经验相同。埋设在地下的油罐，当覆土高于0.5m时，可不考虑防雷设施，当地下油罐有通气管引出地面时，该通气管应做防雷处理。

15.2.17 本条是原规范第13.2.17条的修订条文。

气体和液体燃料流动时产生的静电应有泄放通道，接地点间距应在30m以内，但条文不作规定，由工程设计确定。管道连接处如有绝缘体间隔时应设有导电跨接措施。在管道布置需要时，还应设避雷装置。

15.2.18 本条是原规范第13.2.18条的修订条文。

锅炉房一般均应有电话分机，以便与本单位各部门通信联系。

有些大型企业（单位）设有动力中心调度通信系统，则锅炉房也应纳入该调度通信系统，设置调度通信分机；而某些大、中型区域锅炉房有较多供汽用户，为联系方便，则宜设置1台调度通信总机。

锅炉房与其他某些供热用户之间有特殊需要时，可设置对讲电话。以便于锅炉房可以按该用户的特殊情况调度供汽和安排生产。

15.3 采暖通风

15.3.1 本条是原规范第13.3.1条的条文。

锅炉房的锅炉间、凝结水箱间、水泵间和油泵间等房间均有大量的余热。按锅炉房的散热量核算，不论锅炉房容量的大小，均大于$23W/m^2$。因此工作区的空气温度，应根据设备散热量的大小，按国家现行职业卫生标准《工业企业设计卫生标准》GBZ 1确定。

15.3.2 本条是原规范第13.3.2条的条文。

对锅炉间、凝结水箱间、水泵间和油泵间等房间的自然通风，强调了"有组织"，以保证有效的排除余热和降低工作区的温度。在受工艺布置和建筑形式的限制，自然通风不能满足要求时，就应采用机械通风。

15.3.3 本条是原规范第13.3.3条的条文。

操作时间较长的工作地点，当其温度达不到卫生要求，或辐射照度大于$350W/m^2$时，应设置局部通风。

15.3.4 本条是新增的条文。

对非独立锅炉房，当锅炉房设置在地下（室）、半地下（室）时，其锅炉房控制室和化验室的仪器分析间通风条件均较差，在夏天工作条件更差，为改善劳动条件，故提出设置空气调节装置的要求。对一般锅炉房的控制室和化验室的仪器分析间，为改善劳动条件，提出宜设空气调节装置。

15.3.5 本条是原规范第13.3.4条的条文。

本条规定了碎煤间及单独的煤粉制备装置间的温度为12℃，控制室、化验室、办公室为16～18℃，化学品库为5℃，更衣室为23℃，浴室为25～27℃等。这是为了满足劳动安全卫生的要求。

15.3.6 本条是原规范第13.3.5条的条文。

在有设备放热的房间，由于设备的放热特性、工艺布置和建筑形式不同，即使设备大量放热，且放热量大于建筑采暖热负荷，但由于空气流动上升，建筑维护结构下部又有从门窗等处渗入的冷空气，以致设备放散到工作区的热量尚不能保证工作区所需的采暖热负荷时，将会使工作区的温度偏低。在一些地区调查时，也有反映冬天炉前操作区的温度偏低的情况，因此规定要根据具体情况，对工作区的温度进行热平衡计算。必要时在某些部位适当布置散热器。

15.3.7 本条是原规范第13.3.6条的修订条文。

设在其他建筑物内的燃气锅炉房的锅炉间，往往受建筑条件限制，自然通风条件比独立的锅炉和贴近其他建筑物的锅炉房要差，又难免有燃气自管路系统附件泄漏，通风不良时，易于聚积而产生爆炸危险。故本规范规定换气次数每小时不少于3次。为安全起见，通风装置应考虑防爆。

半地下（室）燃油燃气锅炉房由于进、排风条件比地上的条件差，锅炉房空间内可能存在可燃气体，换气量相应提高。

地下（室）燃油燃气锅炉房由于进、排风条件更差，必须设置强制送排风系统来满足燃烧所需空气量和操作人员正常需要，锅炉房空间内可能存在可燃气体，因此，送排风系统应与建筑物送排风系统分开独立设置，且送风量应略大于排风量，使锅炉房空间维持微正压条件。

15.3.8 本条是原规范第13.3.7条的条文。

燃气调压间内难免有燃气自管道附件泄漏出来，这容易产生爆炸或中毒危险，燃气调压间内气体的泄漏量尚无参考数据，参照现行国家标准《城镇燃气设计规范》GB 50028"对有爆炸危险的房间的换气次数"的有关规定，本规范规定换气次数不少于每小时3次。

调压间室内余热，主要依靠自然通风排除，当限于条件自然通风不能满足要求时，应设置机械通风。

为防止燃气突然大量泄漏造成爆炸危险，应设置事故通风装置。根据现行国家标准《采暖通风与空气调节设计规范》GB 50019的规定，对可能突然产生大量有害气体或爆炸危险气体的生产厂房，应设置事故排风装置。事故排风的风量，应根据工艺设计所提供的资料通过计算确定。当工艺设计不能提供有关计算资料时，应按每小时不小于房间全部容积的12次换气量计算。通风装置应考虑防爆。

15.3.9 本条是原规范第13.3.8条的条文。

我国现行国家标准《石油库设计规范》GB 50074中规定："易燃油品的泵房和油罐间，除采用自然通风外，尚应设置排风机组进行定期排风，其换气次数不应小于每小时10次。计算换气量按房高4m计算。输送易燃油品的地上泵房，当外墙下部设有百叶窗、花格墙等常开孔口时，可不设置排风机组"。本规范为协调一致，规定燃油泵房每小时换气12次（包括易燃油泵房），易燃油库每小时换气6次。同时采用了计算换气量的房高为4m，以及当地上设置的易燃油泵房、外墙下部有通风用常开孔口时，可不设机械通风的规定。

除35#以上柴油外，各种柴油闪点温度均大于65℃，各种重油闪点温度均大于80℃，他们均属丙类防火等级。一般油房内温度不会超出65℃，不致产生爆炸危险，故通风装置可不防爆。但易燃油品的闪点温度小于等于45℃，属乙类防火等级，有爆炸危险，故对输送和贮存易燃油品的泵房和油库，其通风装置应防爆。

15.3.10 本条是原规范第13.3.9条的条文。

燃气中液化石油气的密度较空气大，气体沉积在房间下部。煤气的密度较空气小，浮在房间上部。为有利于泄漏气体的排除，通风吸风口的位置应按照油气的密度大小，按现行国家标准《采暖通风与空气调节设计规范》GB 50019中的规定考虑吸风口的设置位置。

15.4 给水排水

15.4.1 本条是原规范第13.4.1条的条文。

在以前规范编制中调研了许多企业，情况表明：只设1根进水管的企业和设2根进水管的企业基本上一样多。仅有上海××厂曾因给水管故障发生过停水，其余均未发生过问题。据征求意见，认为进水管是1根还是2根不是主要问题，关键是供水的外部管网和水源要有保证。

本条文对采用1根进水管方案，提出应考虑为排除故障期间用水而设立水箱或水池的规定，并规定了有关水箱、水池的总容量。据统计，绝大部分锅炉房的水箱和水池总容量大于2h锅炉房的计算用水量。

15.4.2 本条是原规范第13.4.3条的条文。

为使煤场煤堆保持一定的湿度，在必要时需要适当加水，在装卸煤时，为防止煤粉飞扬，也宜适当加些水，故要求在煤场设置供洒水用的给水点。至于煤堆自燃问题，北方地区干燥，自燃较易发生；上海等南方地区，由于工业、民用及区域锅炉房一般贮煤量不大，周转快，且气候潮湿，故自燃现象很少。所以本规范规定，对贮煤量不大的锅炉房煤场，只需要设灭火降温的洒水给水点即可，不必要设消火栓。

15.4.3 本条是原规范第13.4.4条的条文。

从调研情况分析，对规模较大的水处理辅助设施常有酸碱贮存设备，而且有些已设有"冲洗"设施，以便发生人身和地面受到沾溅后，用大量水冲走酸碱和稀释酸碱液。为加强劳动保护，故作此规定。

15.4.4 本条是原规范第13.4.5条的条文。

单台蒸汽锅炉额定蒸发量为6～75t/h、单台热水锅炉额定热功率为4.2～70MW的引风机及炉排均有冷却水，为节约用水，建议这部分水可以用来作为锅炉除灰渣机用水或冲灰渣补充水，实现一水多用。

15.4.5 本条是原规范第13.4.6条的条文。

当单台蒸汽锅炉额定蒸发量大于等于20t/h、单台热水锅炉额定热功率大于等于14MW的锅炉房，多台锅炉工作时，其冷却水量大于等于8m³/h，而8m³/h的玻璃钢冷却塔产品很普遍，为节约用水宜采用循环冷却系统。当为自备水源又是分质供水时，是否循环使用应经技术经济比较确定。

15.4.6 本条是原规范第13.4.10条的条文。

一般单位对锅炉房操作层楼面及出灰层地面多用水冲洗，而锅炉间出灰层及水泵间因设备渗漏均易使地坪积水。因此，各层地面需做成坡度，并安装地漏向室外排水。为防止操作层冲洗水从楼层孔洞向下层滴漏，对楼板上的开孔应做成翻口。

16 环境保护

16.1 大气污染物防治

16.1.1 本条是原规范第6.2.1条的修订条文。

锅炉房排放的大气污染物包括燃料燃烧产生的烟尘、二氧化硫和氮氧化物等有害气体及非燃烧产生的工艺粉尘等，对这些污染物均应采取综合治理措施。经处理后的污染物排放量除应符合现行国家标准《环境空气质量标准》GB 3095、《锅炉大气污染物排放标准》GB 13271、《大气污染物综合排放标准》GB 16297和国家现行职业卫生标准《工作场所有害因素职业接触限值》GBZ 2的规定外，尚应符合省、自治区、直辖市等地方政府颁布的地方标准的规定。

16.1.2 本条是原规范第6.2.2条的修订条文。

本条细化了对除尘器选型的具体要求，便于在设计中掌握。各种新增的除尘设备正在不断研制和生产。除旋风除尘器外，尚有布袋、除尘脱硫一体化装置和静电除尘器等可供选用。近年又有多种型号的多管旋风除尘器经过省、部、级鉴定通过，投入批量生产。为取得更好的环保效果，设计中应在高效、低阻、低钢耗和价廉等方面进行技术经济比较后择优选用。

16.1.3 本条是原规范第6.2.4条的修订条文。

为了延长使用寿命，除尘器及附属设施应有防止腐蚀和磨损的措施。

密封可靠的排灰机构，是保证除尘器正常运行的必要条件。

对于除尘器收集下的烟尘，应有密封排放，妥善存放和运输的设施，以避免烟尘的二次飞扬，影响环境卫生。除尘器收集的烟尘综合利用的工艺技术已较成熟，宜综合利用。

16.1.4 本条是新增的条文。

随着新型旋风除尘器的研制和开发应用，多管旋风除尘器从装置的除尘效率、对负荷的适应性、占地面积、运行管理、投资费用和对环境的影响等方面，对单台蒸汽锅炉额定蒸发量小于等于 6t/h 或单台热水锅炉额定热功率小于等于 4.2MW 的层式燃煤锅炉还是适宜的。

16.1.5 本条是新增的条文。

条文对其他容量和燃烧方式的燃煤锅炉，仍优先选用干式旋风除尘器，是基于技术经济上较适宜。当采用干式旋风除尘器仍达不到烟尘排放标准时，才应根据锅炉容量、环保要求、场地情况和投资费用等因素进行技术经济比较后确定采用其他除尘装置。

16.1.6 本条是原规范第 6.2.3 条的修订条文。

随着现行国家标准《锅炉大气污染物排放标准》GB 13271 中对燃煤锅炉二氧化硫允许排放浓度的标准愈来愈严格，对燃煤锅炉烟气脱硫的要求也日益突出，原有的湿式除尘器也已不能满足要求，被具备除尘和脱硫功能的一体化湿式除尘脱硫装置所代替。本条文规定了采用一体化湿式除尘脱硫装置的适用条件，并提出了对该装置的要求，保证装置的使用寿命和正常运行，防止污染物的二次转移，在装置中设置 pH 值，液气比和 SO_2 出口浓度的检测和自控装置可保证一体化湿式除尘脱硫装置的脱硫效果。

16.1.7 本条是新增的条文。

经多年运行研究，在循环流化床锅炉中采用炉内添加石灰石等固硫剂，降低烟气中 SO_2 的排放浓度，使排放烟气达到排放标准的规定，已是一项成熟的技术，应予推广使用。

16.1.8 本条是新增的条文。

近年来随着我国使用燃油，燃气锅炉日益增多，氮氧化物对大气环境质量造成的污染也逐渐引起重视，现行国家标准《锅炉大气污染物排放标准》GB 13271 中对氮氧化物最高允许排放浓度作出了规定。因此，如果锅炉烟气排放中氮氧化物浓度超过标准规定时，应采取治理措施。

当锅炉烟气排放中氮氧化物浓度超过标准规定时，对于燃油、燃气锅炉，减少氮氧化物排放量的最佳途径是从源头上进行控制，其方法有选用低氮燃烧器、选用炉内带有烟气再循环方式进行低氮燃烧的锅炉、采用烟气再循环等，具体可根据锅炉房现状、环保要求及投资费用等因素进行技术经济比较后确定。

16.1.9 本条是新增的条文。

根据现行国家标准《锅炉大气污染物排放标准》GB 13271 的规定，单台锅炉额定蒸发量大于等于 1t/h 或热功率大于等于 0.7MW 的锅炉应设置便于永久采样监测孔，单台锅炉额定蒸发量大于等于 20t/h 或热功率大于等于 14MW 的锅炉，必须安装固定的连续监测烟气中烟尘、SO_2 排放浓度的仪器。为操作和检修方便，必要时可在采样监测孔处设置工作平台。

16.1.10 本条是原规范第 13.3.10 条的条文。

运煤系统的转运处、破碎筛选处和锅炉干式机械除灰渣处，在运行中均是严重产生粉尘的地点，应当设置防止粉尘扩散的封闭罩或局部抽风罩，以进行局部除尘。此装置与运煤系统应按本规范第 11.2.16 条要求实现联锁自动开停。

16.2 噪声与振动的防治

16.2.1 本条是原规范第 6.3.1 条的修订条文。

现行国家标准《城市区域环境噪声标准》GB 3096 规定的城市各类环境噪声标准值列于表 1。

表 1 城市各类区域环境噪声标准值 [dB（A）]

类　别	昼　间	夜　间
0	50	40
1	55	45
2	60	50
3	65	55
4	70	55

注：0 类标准适用于疗养区、高级别墅区、高级宾馆区等特别需要安静的区域。位于城郊和乡村的这一类区域分别按 0 类标准 50dB 执行。1 类标准适用于以居住、文教机关为主的区域。乡村居住环境可参照执行该类标准。2 类标准适用于居住、商业、工业混杂区。3 类标准适用工业区。4 类标准适用于城市中的道路交通干线、道路两侧区域，穿越城区的内河航道两侧区域，穿越城区的铁路主、次干线两侧区域的背景噪声（指不通过列车时的噪声水平）限值也执行该类标准。

本条在原文基础上增加了锅炉房噪声对厂界的影响应符合现行国家标准《工业企业厂界噪声标准》GB 12348 规定的锅炉房所处的工作单位界外 1m 处的厂界噪声标准，见表 2。该标准适用于工厂及其可能造成噪声污染的企事业单位的边界。

表 2 厂界噪声标准限值 [dB（A）]

类　别	昼　间	夜　间
Ⅰ	55	45
Ⅱ	60	50
Ⅲ	65	55
Ⅳ	70	55

注：Ⅰ 类标准适用于居住、文教机关为主的区域；Ⅱ 类标准适用于居住、商业、工业混杂区及商业中心区；Ⅲ 类标准适用于工业区；Ⅳ 类标准适用于交通干线道路两侧区域。

夜间频繁突发的噪声〔如排气噪声，其峰值不准超过标准值10dB（A）〕，夜间偶然发出的噪声（如短促鸣笛声），其峰值不准超过标准值15dB（A）。

16.2.2 本条是原规范第6.3.2条的修订条文。

在锅炉房设计时，为了防止工作场所的噪声对人员的损伤，改善劳动条件以保障职工的身体健康，应遵照国家现行职业卫生标准《工业企业设计卫生标准》GBZ 1的规定，对生产过程中的噪声采取综合预防、治理措施，使设计符合标准的规定。

《工业企业设计卫生标准》GBZ 1的5.2.3.5条规定：工作场所操作人员每天连续接触噪声8h，噪声声级卫生限值为85dB（A）。对于操作人员每天接触噪声不足8h的场所，可根据实际接触噪声的时间，按接触时间减半，噪声声级卫生限值增加3dB（A）的原则，确定其噪声声级限值。但最高限值不得超过115dB（A）。锅炉房操作层和水处理间操作地点属工作场所，应按此条规定执行。锅炉房的噪声由风机、水泵、电机等噪声源组成，要合理布置这些设备，并对噪声源采取一定的隔声、消声和隔振措施，锅炉房噪声就能得以有效地控制。从实际情况看，多数锅炉房能达到标准的规定，为此，条文中仍规定锅炉房操作层和水处理间操作地点的噪声不应大于85dB（A）。

《工业企业设计卫生标准》GBZ 1的5.2.3.6条规定：生产性噪声传播至非噪声作业地点的噪声声级的卫生限制不得超过表3的规定：

表3 非噪声工作地点噪声声级的卫生限值〔dB(A)〕

地点名称	卫生限值
噪声车间办公室	75
非噪声车间办公室	60
会议室	60
计算机室、精密加工室	70

锅炉房仪表控制室和化验室的室内环境与表3中的计算机室、精密度加工室相似，也与原条文所依据的《工业企业噪声控制设计规范》第2.0.1条规定中的高噪声车间设置的值班室、观察室、休息室相似，所以条文仍规定锅炉房仪表控制室和化验室的噪声不应大于70dB（A）。

16.2.3 本条是原规范第6.3.3条和第6.3.4条合并后的修订条文。

对于生产较强烈噪声的设备，采用一定措施以降低噪声，这对于改善锅炉房的工作环境，保证操作人员的身体健康，有着重大的意义。国内锅炉房常用的降低噪声的技术措施有：将噪声量大的设备布置在单独房间内或用转墙间隔的同一房间内；采用专门制作的设备隔声罩。隔声室和隔声罩均有较好的隔声效果，在锅炉房设计时，可根据具体情况采用。隔声罩可向生产厂订购或自行制作，隔声罩应便于设备的操作维修和通风散热。

降低噪声的技术措施中也包括采取设备的减振，可减少固体声传播，同样可以降低噪声，设计人员可根据实际情况采用。

16.2.4 本条是原规范第6.3.5条的修订条文。

锅炉房的钢球磨煤机是一种噪声大、体积大、工作温度高、粉尘多的设备，严重影响周围工作环境，为此，宜将磨煤机房建为隔声室。

由于球磨机隔声室内气温高、粉尘浓度大，应按照防爆要求设置通风设施，以便散热，并在隔声室的进排气口上装置消声器，以保证隔声室的隔声效果。

16.2.5 本条是原规范第6.3.6条的修订条文。

为降低不设在隔声室或隔声罩内的鼓风机吸风口的气流噪声，应在其吸风口装设消声器。同时，在各设备的隔声室或隔声罩的通风口上，应设置消声器，以防止噪声自通风口处向外传出。

消声器的额定风量应等于或稍大于风机的实际风量。通过消声器的气流速度应小于等于设计速度，以防止产生较高的再生噪声。消声器的消声量以20dB（A）为宜。消声器的实际阻力应小于等于设备的允许阻力。

16.2.6 本条是原规范第6.3.7条的修订条文。

锅炉排汽噪声与排汽压力有关。压力越高，排汽时产生的噪声越大，影响的范围也越大。实测表明，当锅炉额定蒸汽压力为3.82MPa（表压）时，未设排汽消声器，在距排汽口8m处噪声级高达130dB（A）；当锅炉额定蒸汽压力为1.27MPa（表压）时，未设排汽消声器，在距排汽口10m处噪声级也高达121dB（A）。为减少对周围环境噪声的影响，将排汽消声器设置的压力等级扩大到1.27～3.82MPa（表压）是必要的，考虑到蒸汽锅炉的启动排汽发生概率较高，且启动排汽时间也较长，将条文改为启动排汽管应设置消声器是适宜的。而安全阀排汽只是偶发事故，概率较低，且一旦发生也会很快采取措施，故条文仍维持原有的安全阀排汽管宜设置消声器。

16.2.7 本条是原规范第6.3.8条的修订条文。

原条文仅要求邻近宾馆、医院和精密仪器车间等处的锅炉房内宜设置设备隔振器、管道连接采用柔性接头和管道支架采用弹性支吊架。随着隔振器、柔性接头和弹性支吊架的应用日益普及，周围环境对降低锅炉房噪声的要求提高，扩大设备隔振器、管道柔性接头和弹性支吊架的使用范围是适宜的。

16.2.8 本条是新增的条文。

非独立锅炉房，其周围环境对噪声特别敏感。锅炉房内操作地点的噪声声级卫生限值为85dB（A），如果锅炉房的墙、楼板、隔声门窗的隔声量不小于35dB（A），锅炉房外界噪声可控制在50dB（A）以内，可使锅炉房所处的楼宇夜间噪声达到《城市区域环境噪声标准》GB 3096中规定的2类标准。如要达到0类或1类标准，还需详细计算锅炉房内部的噪声声级和隔声量。

对墙、楼板、隔声门窗的隔声效果，墙和楼板比较容易达到本条所提出的隔声量要求，而隔声门窗略有困难，故楼内设置的锅炉房设计时应减少门窗的使用。

16.3 废水治理

16.3.1 本条是新增的条文。

锅炉排放的各类废水应符合现行国家标准《污水综合排放标准》GB 8978 和《地表水环境质量标准》GB 3838 的规定，还要符合锅炉房所在地受纳水系的接纳要求。受纳水系可以是天然的江、河、湖、海水系，也可以是城市污水处理厂等。

16.3.2 本条是新增的条文。

水资源的合理开发、循环利用，减少污水排放，保护环境是必须遵循的设计原则。

16.3.3 本条是原规范第 13.4.7 条和第 13.4.9 条合并后的修订条文。

本条是指锅炉房水环境影响的主要废水污染源及其治理原则。

湿式除尘脱硫、水力冲灰渣和锅炉情况产生的废水中的污染因子有固体悬浮物和 pH 值，应经过沉淀、中和处理后排放；锅炉排污水会造成热污染，应降温后排放；化学水处理的废水污染因子是 pH 值，应采取中和处理后排放。

在一般情况下需将锅炉房的排水温度降至 40℃以下，但企业锅炉房如在所属企业范围内的排水上游且排水管材料及接口材质无温度要求时，可以略高于40℃，这样更符合使用情况。

16.3.4 本条是原规范第 13.4.9 条的修订条文。

油罐清洗的含油废水直接排放会造成严重的污染；液化石油气残液的直接排放会造成火灾危险，均严禁直接排放。为防止含油废水的排放造成的污染，油罐区应设置汇水阴沟和隔油池。液化石油气残液处理的难度很大，不应自行处理，必须委托有资质的专业企业处理。

16.3.5 本条是原规范第 13.4.8 条的修订条文。

煤作为一种能源需要节约和因环保要求防止水体对周围的污染，故在坡地煤场和较大煤场的周围要求设置"防止煤屑冲走"的设施，如在四周设渗漏沟排水及沉煤屑池，将煤屑截留后，再对废水加以处理达标后排放。

当煤场、灰渣场位于饮用水源保护区范围附近时，应有防止贮灰场灰水渗漏时地下水饮用水源污染的措施。

16.4 固体废弃物治理

16.4.1 本条是新增的条文。

我国对燃煤锅炉的灰渣综合利用已有成熟的技术

和办法。灰渣被大量用于制作建筑材料和铺筑道路，各地都建立了灰渣的综合利用工厂。

烟气脱硫装置在建设时，应同时考虑其副产品的回收和综合利用，减少废弃物的产生量和排放量。脱硫副产品的利用不得产生有害影响。对不能回收利用的脱硫副产品应集中进行安全填埋处理，并达到相应的填埋污染控制标准。

16.4.2 本条是新增的条文。

根据《国家危险废物名录》，废树脂属危险废弃物。

16.5 绿 化

16.5.1 本条是原规范第 2.0.18 条的修订条文。

绿化是保护环境的一项重要措施，它有滤尘、吸收有害气体和调节局部小气候的作用，改善生产和生活条件，因此锅炉房周围的绿化应受到足够的重视。锅炉房地区的绿化程度要区别对待，对相对独立的区域锅炉房，其绿化系数应根据当地规划，一般宜为20%；对非区域锅炉房，其绿化面积应在总体设计时统一规划。

16.5.2 本条是新增的条文。

在锅炉房区域内，对环境条件较差的干煤棚和露天煤、渣场周围，应进行重点绿化，建立隔离缓冲带，以减少扬尘对周围环境的影响。

17 消 防

17.0.1 本条是新增的条文。

本条是消防政策，必须遵照执行。

17.0.2 本条是新增的条文。

目前在实践中，锅炉房的建筑物、构筑物和设备的灭火设施采用移动式灭火器及消火栓，是完全可行的。锅炉房内灭火器的配置，应按现行国家标准《建筑灭火器配置设计规范》GB 50140 执行。

17.0.3 本条是新增的条文。

本条是考虑到燃油泵房、燃油罐区的燃料特点而提出的消防措施，泡沫灭火系统的设计应符合现行国家标准《低倍数泡沫灭火系统设计规范》GB 50151的有关规定。

17.0.4 本条是新增的条文。

燃油及燃气的非独立锅炉房，因其是设置在其他的建筑物内，为保证锅炉房及其他建筑物的安全，在有条件时，锅炉房的灭火系统应受建筑物的防灾中心集中监控。

17.0.5 本条是新增的条文。

非独立锅炉房，单台蒸汽锅炉额定蒸发量大于等于 10t/h 或总额定蒸发量大于等于 40t/h 及单台热水锅炉热功率大于等于 7MW 或总热功率大于等于

28MW 时，应在火灾易发生部位设置火灾探测和自动报警装置。火灾探测器的选择及设置位置，应符合现行国家标准《火灾自动报警系统设计规范》GB 50116 的有关规定。

17.0.6 本条是新增的条文。

锅炉房的操作指挥系统一般设在仪表控制室内，为方便管理，故要求消防集中控制盘也设在仪表控制室内。

17.0.7 本条是新增的条文。

由于防火的要求，对容量较大锅炉房需要采用栈桥输送燃料时，对锅炉房、运煤栈桥、转运站、碎煤机室相连接处，宜设置水幕防火隔离设施，这对防止火焰蔓延是很重要的。

18 室外热力管道

18.1 管道的设计参数

18.1.1 本条是原规范第 14.2.1 条的条文。

热力管道建成后，将运行数十年。在这期间，对于每一个企业来说，所需热负荷一般都在逐步地发展，因此，在热力管道设计时，除按当时的设计热负荷进行外，对于近期已明确的发展热负荷，包括其种类、数量、位置等，在设计中也应予以考虑。

18.1.2 本条是原规范第 14.2.2 条的修订条文。

在计算热水管网的设计流量时，应按采暖、通风负荷的小时最大耗热量计算。闭式热水管网，当采用中央质调节时，通风负荷的设计流量与采暖负荷一样，按其小时最大耗热量换算，因为通风机运行与否，热水工况是一样的，所以不考虑同时使用系数。由于计算中常有富裕量，此富裕量足以补偿管道热损失，因此支管和干管的设计流量不考虑同时使用系数和热损失，是较为简便和合理的。即使在只有采暖负荷的情况下也不必考虑热损失，因为中央质调节时供求温度是根据室外气温调节的。为考虑管道热损失，运行中适当提高供水温度就可以了。这样做，可不增加设计流量和由此而增加循环水泵的能耗，是符合节能原则的。

兼供生活热水干管的设计流量，其中生活热水负荷可按其小时平均耗热量计算。其理由：一是生活热水用户数多，最大热负荷同时出现的可能性小；二是目前生活热水负荷占总热负荷的比例较小。而支管情况则不同，故支管设计流量应根据生活热水用户有无贮水箱，按实际可能出现的小时最大耗热量进行计算。

18.1.3 本条是原规范第 14.2.3 条的条文。

蒸汽管网的设计流量，干管是按各用户各种热负荷小时最大耗热量，分别乘以同时使用系数和管网热损失进行计算；支管则按用户的各种热负荷小时最大耗热量计算。

18.1.4 本条是原规范第 14.2.4 条的条文。

凝结水管道的设计流量，即为相应的蒸汽管道设计流量减去不回收的凝结水量。

18.1.5 本条是原规范第 14.1.4 条的条文。

锅炉的运行压力一般是按照热用户的蒸汽最大工作参数（压力、温度），再考虑管网压力损失和温度降而确定的，以这样来确定蒸汽管网的蒸汽起始参数是切合实际的。这样做，管道的直径可能会大一些，初次投资要大一些，但从长远看，可以适应较大热负荷的增长，从实际运行来说，一般情况下，可以满足用户的压力和温度要求，是较为节能的运行方式。

18.2 管 道 系 统

18.2.1 本条是原规范第 14.3.1 条的修订条文。

生产、采暖、通风和生活多种用汽参数相差不大，或生产用汽无特殊要求时，采用单管系统可以节约投资，减少管网热损失。当生产用汽有特殊要求时，采用双管系统能确保供汽的可靠性。如多种用汽参数相差较大时，采用多管系统有利于用汽的分别控制和设备的安全，同时可做到合理用能。

18.2.2 本条是原规范第 14.3.2 条的条文。

蒸汽管网一般采用枝状系统。对于用汽点较少且管网较短、用汽量不大的企业，为满足生产用汽的不同要求（例如一些用汽用户要求汽压不同或生产工艺加热次序有先有后等情况）和为了便于控制，可采用由锅炉房直接通往各用户的辐射状管道系统。

18.2.3 本条是原规范第 14.3.3 条的条文。

以往国内一些高温热水系统运行不正常，大流量小温差的运行较普遍，水力工况失调。其原因之一是用户入口没有可靠、准确的减压措施，以致各用户的流量没有按设计应有的流量分配。于是有些单位采取了干管同程布置，取得了一定效果。这是由于各用户的供、回水温差大体上是相等的。但这样做并不能完全消除水力失调，因为支管和支干管的压力损失以及每个用户内部的压力损失并不都是相等的。要完全解决水力失调，必须从各用户入口处采取减压措施。如采用同程布置方式，将相应增加管网投资，所以应采用正常的异程（逆流）式系统。

在双管热水系统的设计中，有的是为了将室内的采暖系统采取同程式系统，有的是为了将室内采暖系统的回水就近通向室外热水管网，甚至几路回水分别通向室外热水管网，以致供水管与回水管完全不对应。这不仅搞乱了正常的热水系统，也给热水系统的调试和运行管理带来很大的困难。例如室内采暖系统的入口装置上、供水和回水管上，均有压力表、温度计，这对了解运行工况和调试是方便的。如果供水管从用户一边进，而回水管却从用户另一边出，这样供、回水管上压力表和温度计将分设两处，给了解系统运行情况和调试均增加了困难。因此本条文作了规定：通向热用户的供、回水支管宜为同一出入口。对于大的厂房，为避免室内采暖系统管线太长，可以分为几个系统，每个系统的供、回水管各为同一出入口。

18.2.4 本条是原规范第 14.3.4 的条文。

1 当热水系统的循环水泵停止运行时，应有维持系统静压的措施。其静压线的确定一般为直接连接用户系统中的最高充水高度与供水温度相应的汽化压力之和，并应有 10～30kPa 的富裕量，以保证用户系统最高点的过热水不致汽化。如因条件所限或为了降低高度适应较低用户的设备所能承受的压力，也可将静压线定在不低于系统的最高充水高度，但将因此造成系统再次投入运行时的充水和放气工作量。

2 循环水泵运行时，系统中任何一处的压力不应低于该处水温下的汽化压力，以保证系统运行时不致产生汽化。

3 热水回水管的最大运行压力，以及循环水泵停运时所保持的静压，均不应超过用户设备的允许压力。回水管上任何一处的压力不应低于 50kPa，是为了当回水管内水的压力波动时，不致产生负压而造成汽化。

4 供、回水管之间的压差应满足系统的正常运行，当用户入口处的分布压头大于用户系统的总阻力时，应采取消除剩余压头的可靠措施。如采用孔板、小口径管段、球阀、节流阀等。

18.2.5 本条是原规范第 14.3.5 条的条文。

在热力系统设计中，水压图能形象直观地反映水力工况。为了合理地确定与用户的连接方式（特别是在地形复杂的条件下），以及准确地确定用户入口装置供、回水管的减压值，宜在水力计算基础上绘制水压图。

18.2.6 本条是原规范第 14.3.6 条的修订条文。

要求蒸汽间接加热的凝结水应予以回收是节约能源和有效利用水资源的重要措施。也是国家相关法律、法规的基本要求。

加热有强腐蚀性物质的凝结水，可能会因渗漏使凝结水含有强腐蚀性物质，该水进入锅炉会使锅炉腐蚀，故不应回收。加热油槽和有毒物质的凝结水，也会对锅炉不利，即使锅炉不供生活用汽，不危及人身安全，出于安全的综合考虑，也不应回收。当锅炉供生活用汽时，为避免发生人身中毒事故，则加热有毒物质的凝结水严禁回收。

18.2.7 本条是原规范第 14.3.7 条的条文。

高温凝结水从用汽设备中经疏水阀排出时，压力会降低，和产生的二次汽混在凝结水中，从而增大凝结水管的阻力。二次汽最后又排入大气，造成热量损失。所以采取利用饱和凝结水或将二次汽引出利用，不仅直接利用了这部分热量，还有利于凝结水回收。

18.2.8 本条是原规范第 14.3.8 的条文。

为提高凝结水回收率，对可能被污染的凝结水，应设置水质监督仪器和净化设备，当回收的凝结水不符合锅炉给水水质标准时，需进行处理合格后才能作为锅炉给水使用。

18.2.9 本条是原规范第 14.3.9 条的条文。

凝结水回收系统现在绝大多数为开式系统，且运行不正常，二次汽和漏汽大量排放，热量和凝结水损失很大，并由于空气进入管道内，引起凝结水管内腐蚀，因此宜改为闭式系统，以有利于二次汽的利用，节约能源，也有利于延长凝结水管道的寿命。当输送距离较远或管道架空敷设时，因阻力较大，靠余压难以使凝结水返回时，则宜采用加压凝结水回收系统，借蒸汽或水泵将凝结水压回。

18.2.10 本条是原规范第 14.3.10 条的条文。

当采用闭式满管系统回收凝结水时，为使所有用户的凝结水能返回锅炉房，在进行凝结水管水力计算的基础上绘制水压图是必要的，以便根据各用户的室内地面标高、管道的阻力、锅炉房凝结水箱的标高及其中的汽压等因素，通过水压图以合理确定二次蒸发箱的安装高度及二次汽的压力等。

18.2.11 本条是原规范第 14.3.11 条的条文。

在余压凝结水系统的凝结水管内，饱和凝结水在流动过程中不断降低压力而产生二次汽，还有少量经疏水阀漏入的蒸汽。虽然因凝结水管的热损失而减少了一些蒸汽，但凝结水管内仍为水、汽两相流动，所以应按汽、水混合物计算。但两相流动有多种不同的流动状态，现尚无科学的计算方法。目前通用的方法是把汽水混合物假定为乳状混合物进行计算。至于含汽率大小因各种情况不同而不同，难以确定。

18.2.12 本条是原规范第 14.3.12 条的条文。

选择加压凝结水系统时，应首先根据用户分布的情况，分片合理地布置凝结水泵站。条文中是按自动启闭水泵的运行方式考虑水箱容积的。为避免水泵频繁的启闭，凝结水泵的流量不宜过大。根据目前凝结水回收率的水平，凝结水泵的流量按每小时最大凝结水量计算。当泵站并联运行时，凝结水泵的选择应符合并联运行的要求。

每一个凝结水泵站中，一般设置 2 台凝结水泵，其中 1 台备用，其扬程应能克服系统的阻力、泵出口至回收水箱的标高差以及回收水箱的压力。凝结水泵应能自动开停。每一个凝结水泵站，一般设置 1 个凝结水箱，但常年不间断供热的系统和凝结水有可能被污染的系统，则应设置 2 个凝结水箱，以便轮换检修和监测处理。

18.2.13 本条是原规范第 14.3.13 条的条文。

疏水加压器构造简单，不用电动机作动力，自动启停，运行可靠，使用方便，有较好的节能效果。

当采用疏水加压器作为加压泵时，如该疏水加压器不具备阻汽作用时，则各用汽设备的凝结水管道在接入疏水泵加压器之前应分别安装疏水阀。如当疏水加压器兼有疏水阀和加压泵两种作用时，则用汽设备的凝结水管道上可不另安装疏水阀，但疏水加压器的设置位置应靠近用汽设备，并应使疏水加压器的上部水箱低于凝结水系统，以利用汽设备的凝结水顺畅地流入该疏水加压器的集水箱。

18.3 管道布置和敷设

18.3.1 本条是原规范第 14.4.1 条的条文。

热力管道的布置和敷设有着密切的关系。不同的敷设方式对布置的要求也不同。选择管道的敷设方式，应根据当地的气象、水文、地质和地形等因素考虑。管道的布置，应按用户分布情况、建筑物和构筑物的密集程度、用户对供热的要求，结合区域总平面布置等因素综合考虑。管道及其附件布置的不合理，对施工、生产、操作和维修都有影响，在设计中应予以注意。

1 主干管的布置，应使其既满足生产要求，又节约管材。

2 当采用架空敷设时，为减少支吊架数量和尽量减少其热损失，可穿越建筑物，但不应穿越配、变电所和危险品仓库等建筑物。这是由于介质散热和可能的泄漏，会使电气裸线短路，或使电石遇水产生乙炔气，以致发生爆炸事故。管道穿越建筑扩建地和永久性物料堆场会导致日后返工浪费或难于维修，一旦管道发生故障，将影响有关用户正常供热，故亦不宜穿越这些场地。此外，还应少穿越厂区主要干道，因为如架空敷设将影响美观，且因干道宽，布管的跨度大，造成支吊困难；如地下敷设，则因不宜开挖主干道而难于维修。

3 在山区敷设管道，应依山就势、因地制宜地布置管线。当管道通过山脚时，应考虑到地质滑坡的隐患；当跨越沟谷时，应考虑山洪对管架基础的冲击。

18.3.2 本条是原规范第 14.4.2 条的修订条文。

根据以前的调研，一些热力管道过去都采用地沟敷设，后因地沟泡水，管道受潮后腐蚀严重，现已全部改为架空敷设。

因此本规范建议在下列地区采用架空敷设：

1 对地下水位高或年降雨量大的地区。

2 土壤带有腐蚀性时。如采用地下敷设，则地下管线易受腐蚀。

3 在地下管线密集的地区。这可以避免管沟之间的相互交叉，尤其是改建和扩建的项目，如原有地下管线布置很复杂时，热力管道采用地下敷设更有困难。

4 地形复杂的地区。采用地下敷设难度大，投资也大。

架空敷设具有维修方便、造价低等优点，适宜于敷设热力管线。

本条有关管道敷设方式的建议是从困难一个方面考虑的。但在设计中也要考虑到现在直埋管道技术的发展现状，对地下水位高或年降雨量大以及土壤具有较强的腐蚀性的地区的管道，如采取一定的措施，也是可以采用地沟和直埋敷设的。为此本条要求，在居民区等对环境美观的要求越来越高地点，在人员密集的地点，同时也出于安全的考虑，宜采用地沟或直埋敷设方式。

18.3.3 本条是原规范第 14.4.3 条的条文。

本规范附录 A 的规定，是参照设计中普遍采用的规定编写的。其数据与压缩空气站、氧气站等设计规范是一致的，并与现行国家标准《工厂企业总平面设计规范》GB 50182 的规定相协调。

18.3.4 本条是原规范第 14.4.4 条的条文。

当管道沿建筑物和构筑物敷设时，加在其上的荷载（包括垂直荷重及热膨胀推力）应提出资料，由土建专业予以计算和校核，以确保建筑物或构筑物的安全。

18.3.5 本条是原规范第 14.4.5 条的修订条文。

架空热力管道与输送强腐蚀性介质的管道和易燃、易爆介质管道共架时，宜布置在腐蚀性介质管道和易燃、易爆介质管道的上方，或宜水平布置在腐蚀性介质管道和易燃、易爆介质管道的内（里）侧。这样能够保证腐蚀性介质和易燃、易爆介质不会滴漏到热力管道上，从而避免引起热力管道的腐蚀和发生火灾的危险，同时也可避免热力管道的散热量对其他管道的安全影响。热力管道与腐蚀性介质管道和易燃、易爆介质管道水平布置时，将腐蚀性介质管道和易燃、易爆介质管道布置在外侧是为了让最危险的管道更方便进行检修和维护。

18.3.6 本条是原规范第 14.4.6 条的条文。

多管共架敷设，当支架两侧的荷载不均衡时，将会引起支架荷载重心发生偏移，故设计时应考虑管架两侧荷载的均衡。热力管道宜与室外架空的工艺或动力管道共架敷设，这是为了节省管架投资和便于总图布置等。

18.3.7 本条是原规范第 14.4.7 条的条文。

在不妨碍交通的地段采用低支架敷设，可节约支架费用，又便于管理维修。对保温层与地面净空距离定为 0.5m，这不仅是为了避免雨季时地面积水有可能使管道保温层泡水，且方便在管道底部安装放水阀，还可避免支架低，行人在管道上行走，踩坏保温层。

中支架敷设时，管道保温层距地面净空距离不宜小于 2.5m，是为了便于人的通行。

高支架敷设的高度要求是为了保证车辆的通行。

18.3.8 本条是原规范第 14.4.8 条的条文。

地沟内部管道采用单排（行）布置是考虑维修方便。地沟型式应考虑经济合理及运行维修方便等因素。不通行地沟内部管道如发生事故时，必须挖开地面后方可进行检修。因此，在管道通过铁路线或主要交通要道等地面不允许开挖的地段处，即使管道的数量不多，管径也很小，也不宜采用不通行地沟敷设。对于仅在采暖期使用的低压、低温管道，当管道数量较多时，也可以采用半通行地沟敷设，这主要是考虑在非采暖期可以进行管道的检查和保温层的维修。

18.3.9 本条是原规范第14.4.9条的条文。

对半通行地沟及通行地沟的净空高度及通道宽度的规定，是根据工厂的实际使用情况和安装单位的建议，以及参考原苏联1967年编制的"热网工艺设计标准"中有关规定等制定的。

考虑到企业（单位）地下管线较多，避让困难，并从建造地沟的经济方面着眼，条文规定：半通行地沟的净空高宜为1.2～1.4m，通道净宽宜为0.5～0.6m；通行地沟的净高不宜小于1.8m，通道净宽不宜小于0.7m。

18.3.10 本条是原规范第14.4.10条的条文。

对通行及半通行地沟，自管道保温层外表面至地沟顶部距离，根据安装公司方便安装的意见、实际使用情况和大多数设计院的设计经验，本规范规定采用50～300mm。

18.3.11 本条是原规范第14.4.11条的条文。

重油管、润滑油管、压缩空气管和上水管都不是易挥发、易爆、易燃、有腐蚀性介质的管道，为了节约占地和投资，可以与热力管道共同敷设在同一地沟内。在地沟内，将给水管安排在热力管的下方，是为了避免因给水管在湿热的沟内空气中管外结露，使水滴在热力管道保温层上从而破坏保温。

18.3.12 本条是原规范第14.4.12条的条文。

为确保安全，热力管道不允许与易挥发、易爆、易燃、有害、有腐蚀性介质的管道共同敷设在同一地沟内。也不能与惰性气体敷设在同一地沟内，是为了避免造成检修人员窒息。

18.3.13 本条是新增的条文。

管道直埋技术在我国发展较快，目前基本可归纳为无补偿敷设方式和有补偿敷设方式。采用以弹性分析理论为基础的无补偿方式，按管道预热方式的不同又可分为敞开式和覆盖式，敞开式不设固定点，没有补偿器，投资较低；覆盖式需安装一次性管道补偿器。当热力管道的介质温度较高，或安装时无热源预热，可采用有补偿方式。有补偿方式中可分为有固定点方式和无固定点方式，无固定点方式计算要求高，但占地小，运行相对可靠，投资小而优于有固定点方式。根据国内外理论和实践的经验表明，无补偿方式优于有补偿方式，无补偿方式中敞开式优于覆盖式。

直埋管道品种较多，特别是外保护层的结构大不相同，采用玻璃钢等强度和抗老化性能较差的材料作外保护层时，管道（包括保温层）底外壁高于最高地下水位高度0.5m是较安全可靠的；采用高密度聚乙烯管和钢套管等作外保护层时允许在地下水位以下敷设，但将管道泡在水里会降低管道的安全性和经济性。

直埋管道的查漏是一个需高度重视的问题，如何及时准确地查找泄漏部位，防止盲目开挖，设计时考虑设置泄漏报警系统是可行的，也是必要的。

考虑阀门等可能暴露在外，在强电流地区，管道会引起电化学腐蚀，因此宜采取一定的措施。

18.3.14 本条是原规范第14.4.13条的修订条文。

直埋敷设管道外壳顶部埋深应在冰冻线以下，这是对直埋管道敷设的基本要求。直埋管道纵向稳定最小覆土深度在《城镇直埋供热管道工程技术规程》CJJ/T 81和《城镇供热直埋蒸汽管道技术规程》CJJ 104有详细规定，应遵照执行。为确保安全起见，直埋管道穿行车道时，应有必要的保护措施，若管道有足够的埋深距离，足以保证安全，可以不考虑防护措施，所以本规范规定"宜加套管或采用管沟进行防护，管沟上应设钢筋混凝土盖板"。

18.3.15 本条是原规范第14.4.14条的条文。

检查井的尺寸和技术要求是从便于操作和保证人员安全考虑的。检查井的净空高度不应小于1.8m，是保证操作人员能不碰到头部。设置2个人孔是为了采光、通风和人员安全的需要。检查井的人孔口高出地面0.15m，是为了防止地面水进入。要求积水坑设置在人孔之下，是为了打开人孔盖即可直接从人孔口抽除井内积水。

18.3.16 本条是原规范第14.4.15条的条文。

原苏联《热力网设计规范》规定，通行地沟上的人孔间距在有蒸汽管道的情况下为100m，在无蒸汽管道的情况下不大于200m；半通行地沟人孔间距在有蒸汽管道的情况下为60m，在无蒸汽管道的情况下不大于100m。人孔口高出地面不应小于0.15m是为了防止地面水流入地沟。

18.3.17 本条是原规范第14.4.16的条文。

由于热力管道散热，地沟内的温度一般比较高。在保温层损坏或阀门等附件有泄漏时，温度会更高。如地沟渗水，在较高温度下，水分蒸发，造成地沟内湿度增大，易使保温层损坏，甚至腐蚀管道和附件。因此，在设计地沟时，应尽可能防止地下水和地面水的渗入，并应考虑地沟有排水的坡度。如地面有高差，地沟坡度宜顺地面坡度，使地沟覆土均匀。

由于地沟内热力管道散热量较大，如不考虑通风，则其散发出的热量将会使地沟内的温度升高。对于通行和半通行地沟，如不考虑通风，在管网运行期间操作维修人员根本无法进入地沟内工作。根据使用单位的经验，在地沟或检查井上装设自然通风装置是降温的一个可靠措施，并可驱除沟内潮气，减少沟内管道及附件的锈蚀。

18.3.18 本条是新增的条文。

直埋管道敷设应开挖梯形沟槽，在沟槽内管道的四周应填满距管道外壁不小于 200mm 厚的细沙，以保证管道四周具有良好的透水层，同时也可减少管道与土壤的摩擦力，并使管道与土壤的摩擦力均匀分布。

18.3.19 本条是原规范第 14.4.18 条的条文。

为了尽量减少地下敷设热力管道与铁路或公路交叉管道的长度，以减少施工和日常维护的困难，其交叉角不宜小于 45°。单管或小口径管与之交叉时，宜采用套管；多管或大口径管与之交叉时，则按具体情况可采用半通行或通行地沟。

18.3.20 本条是原规范第 14.4.19 条的条文。

中、高支架敷设的管道在干管和分支管上装有阀门和附件时，需要操作、维修，故应设置操作平台及栏杆。在只装疏水、放水和放气（汽）等附件时，可将这些附件降低安装，省去操作平台以节约投资。其引下管中积水，在寒冷地区应保温，以防管道因内部积水冻结而破坏。

18.3.21 本条是原规范第 14.4.20 条的修订条文。

为防止雨水和地面水进入地沟，避免地沟内湿度增高，甚至管道和保温层泡水，从而保证热力管道正常运行、维修和延长使用寿命。因此，在架空敷设管道与地沟敷设管道连接处，即管道穿入地沟的洞口应有防止雨水进入的措施，如使洞口高出地面 0.3m，在管道进入洞口处设防雨罩等。直埋管道伸出地面处设竖井，是为了保护伸出地面垂直管道部分，同时也是要留有水平管道自由端热位移的空间。

18.4 管道和附件

18.4.1 本条是原规范第 14.5.1 条的修订条文。

根据热介质的参数、无缝钢管的生产供应情况以及热力管道不同敷设方式提出的选用原则。

18.4.2 本条是原规范第 14.5.2 条的条文。

管径太小的管道，运行时易为管内脏物堵塞，不易清理。设计中采用管道的最小公称直径一般为 25mm。

18.4.3 本条是原规范第 14.5.3 条的条文。

在热力管道通向每一个用户的支管上，原则上均应装设关闭阀门。考虑到有些支管比较短（小于 20m），发生破损事故的可能性比较小，故在这种较短的支管上，可不设关闭阀门。

18.4.4 本条是原规范第 14.5.4 条的条文。

热水、蒸汽和凝结水管道的最高点装设放气阀，用以排放管道中的空气。此放气阀在管道安装时可作为水压试验放水用；而在投运后此放气阀放气是为了保证正常运行及维修。热水、蒸汽和凝结水管道的最低点装设放水阀，用以放水和排污，以保证正常运行和维修，或作为事故排水用。

18.4.5 本条是原规范第 14.5.5 条的条文。

蒸汽管道开始启动暖管时，会产生大量的凝结水，为了防止水击应及时排水。在直线管段上，顺坡时蒸汽与凝结水流向相同，每隔 400～500m 应设启动疏水，逆坡时蒸汽与凝结水流向相反，每隔 200～300m 应设启动疏水。当蒸汽管道启动时，将启动疏水阀开启，启动结束后将此阀关闭。在蒸汽管道的低点和垂直升高之前，启动及正常运行时均有凝结水结集，为避免水击，需要连续地、及时地将凝结水排走，故应装设经常疏水附件。

18.4.6 本条是原规范第 14.5.6 条的条文。

本条主要考虑减少凝结水损失，以降低化学补充水的消耗量。

18.4.7 本条是原规范第 14.5.7 条的条文。

为了能检查疏水阀的正常工作情况，在疏水阀后安装检查阀是简单有效的办法，否则难于检查疏水阀是否运行正常。为保证疏水阀的正常运行，在不具备过滤装置的疏水阀前安装过滤器是必要的。

18.4.8 本条是原规范第 14.5.8 条的条文。

根据调研，在连续运行的条件下，在室外采暖计算温度为 -10℃ 以下的地区架空敷设的灰铸铁阀门易发生冻裂事故，而室外采暖计算温度在 -9℃ 及以上的地区未发现架空敷设的灰铸铁阀门冻裂的情况。但如不是连续运行情况，则室外采暖计算温度在 -9℃ 及以上的地区也会发生灰铸铁阀门冻裂的情况，故对间断运行露天敷设管道灰铸铁放水阀的禁用界限划在室外采暖计算温度在 -5℃ 以下地区。

18.5 管道热补偿和管道支架

18.5.1 本条是原规范第 14.6.1 条的修订条文。

自然补偿是最可靠的热补偿方式，但当管径较大时（一般指公称直径大于等于 300mm），虽然采用自然补偿也能满足要求，但与采用补偿器补偿比较就可能不经济了。国内目前在补偿器的制造质量上已有较高的水平，补偿器的可靠性和使用寿命都大大提高，对大管径热力管道的布置推荐采用补偿器，可节约投资，占地小，同时也美观，敷设方便。

18.5.2 本条是新增的条文。

热力管道补偿器一般是管道系统中最薄弱环节之一，约束型补偿器结构简单、造价低，同时对管系不产生盲板推力。对架空敷设的管道而言，因有足够的横向位移空间，根据管道的自然走向或关系结构，优先采用约束型补偿器是合理的。当采用约束型补偿器不能满足要求时，可考虑局部采用非约束型补偿器。地沟敷设的管道因没有足够的横向位移空间，不宜采用约束型补偿器，但在设计中有条件的话，建议仍优先采用约束型补偿器。

18.5.3 本条是原规范第14.6.2条的条文。

在工程设计阶段，一般不知道其管道的安装温度，此时可以将室外计算温度作为管道的安装温度，虽然其实际安装温度较此为高，但即使安装温度与介质工作温度之差加大，也可以使热补偿留有富裕量。

18.5.4 本条是原规范第14.6.3条的条文。

本规范的适用范围，热介质温度小于等于450℃。室外热力管道一般在非蠕变条件下工作（碳钢380℃以下），管道的预拉伸一般按热伸长的50%计算。当输送热介质的温度大于380℃而小于450℃时预拉伸量取管道热伸长量的70%。

18.5.5 本条是原规范第14.6.4条的修订条文。

套管补偿器运行时对两端管子的同心度有一定要求，如果偏移量超过一定范围，热胀冷缩时补偿器容易被卡住，并且还会泄漏。因此本条规定，应在套管补偿器的活动侧装设导向支架。

18.5.6 本条是原规范第14.6.5条的修订条文。

波形补偿器因其强度较差，补偿能力小，轴向推力大，因而在热力管道上不常使用。为了补偿管道径向、轴向的热伸长，可采用不同的布置方式。并根据波形补偿器的布置情况，在两侧装设导向支架。采用波形补偿器时，应计算其工作时的热补偿量，并应规定安装时的预拉伸量。

18.5.7 本条是原规范第14.6.6条的条文。

球形补偿器补偿能力大，由于直线管段长，为了降低管道对固定支座的推力，宜采用滚动支座或低摩擦系数材料的滑动支座，并应在补偿器处和管段中间设置导向支座，防止管道纵向失稳。

18.5.8 本条是原规范第14.6.7条的条文。

热压弯头质量有保证，造价便宜，而正常煨制的弯管，特别是大管径的管子，煨制工作量大，质量不容易保证。因此，在有条件的情况下应优先采用热压弯头。

18.5.9 本条是原规范第14.6.8条的条文。

管道的活动支座一般情况下宜采用滑动支座因为它制作简单，造价较低。在敷设在高支架、悬臂支架或通行地沟内的公称直径大于等于300mm的管道上，宜采用滚动（滚轮、滚架、滚柱）支座，或用低摩擦系数材料的滑动支座，这是为了减少摩擦力，从而减少对固定支架的推力，以利于减小支架土建结构的断面，从而降低造价。这对于高支架敷设的柱子尤为重要。

18.5.10 本条是原规范第14.6.9条的条文。

为了使热力管道的渗漏水以及外部进入地沟的水能够较通畅地顺地沟的坡向流至检查井，管子滑动支架的混凝土支墩应错开布置。

18.5.11 本条是原规范第14.6.10条的条文。

这种将管道敷设在另一管道上的敷设方式可节省投资和用地，但在计算管道支座尺寸和补偿器补偿能力时，应考虑上、下管道的位移所造成的影响，以免发生上面管道滑落的事故。

18.5.12 本条是原规范第14.6.11条的条文。

多管共架敷设时，由于管道数量、重量、布置方式和输送介质参数不同，以及投入运行的先后次序不一等原因，将使支架的实际受力情况受到一定程度的制约。因此，在计算作用于支架上的摩擦推力时，应充分考虑这些相互牵制的因素。牵制系数的采用，可通过分析计算或参照有关资料和手册的规定。

中华人民共和国国家标准

工业建筑防腐蚀设计规范

Code for anticorrosion design of industrial constructions

GB 50046—2008

主编部门：中国工程建设标准化协会化工分会
批准部门：中 华 人 民 共 和 国 建 设 部
施行日期：2 0 0 8 年 8 月 1 日

中华人民共和国建设部
公 告

第 827 号

建设部关于发布国家标准
《工业建筑防腐蚀设计规范》的公告

现批准《工业建筑防腐蚀设计规范》为国家标准，编号为GB 50046—2008，自 2008 年 8 月 1 日起实施。其中，第 4.2.3、4.2.5、4.3.1、4.3.3、4.8.2、4.8.3、6.1.10 条为强制性条文，必须严格执行。原《工业建筑防腐蚀设计规范》GB 50046—95 同时废止。

本规范由建设部标准定额研究所组织中国计划出版社出版发行。

中华人民共和国建设部
二○○八年三月十日

前 言

本规范是根据建设部《关于印发"二○○四年工程建设国家标准制订、修订计划"的通知》（建标〔2004〕第 67 号）的要求，由中国工程建设标准化协会化工分会为主编部门，中国寰球工程公司为主编单位，会同有关设计、科研、施工、生产企业对原国家标准《工业建筑防腐蚀设计规范》GB 50046—95（以下简称原规范）进行全面修订。

在修订过程中，规范修编组进行了广泛的调查，开展了专题讨论和试验研究，总结了近年来我国工业建筑防腐蚀设计的实践经验，与国内相关的规范进行了协调，并借鉴了有关的国际标准。在此基础上以多种方式广泛征求了全国有关单位的意见，经反复讨论、修改，最后经审查定稿。

本规范共分 7 章和 3 个附录。主要内容有：总则，术语，基本规定，结构，建筑防护，构筑物，材料等。

本次修订的主要内容有：

1. 对气态、液态、固态介质的腐蚀性等级进行了局部修订；删去原规范腐蚀性水和污染土对建筑材料的腐蚀性等级，改为按现行国家标准《岩土工程勘察规范》GB 50021 的有关规定确定；把原规范腐蚀性等级的"无腐蚀"改为"微腐蚀"。

2. 结构章增加了两节：一是"一般规定"，二是"钢与混凝土组合结构"。

3. 混凝土结构充实了预应力混凝土结构内容；适当地提高了结构混凝土的基本要求；将原规范"受力钢筋的混凝土保护层最小厚度"改为"钢筋的混凝

土保护层最小厚度"。

4. 增加了门式刚架、网架和高强螺栓等内容。

5. 增加了预应力混凝土管桩和混凝土灌注桩等内容。

6. 增加了地面和涂层等防护层的使用年限。

7. 增加了树脂细石混凝土和树脂自流平涂层地面；适当地提高了地面垫层、结合层的设防标准。

8. 适当地提高了储槽、污水处理池的衬里标准，增加了玻璃钢内衬的厚度要求，并对玻璃钢提出了含胶量的规定。

9. 删去了原规范砖砌排气筒、半铰接活动管架等内容。

10. 增加了环氧乳液水泥砂浆、抗硫酸盐的外加剂、矿物掺和料、环氧自流平涂料、丙烯酸环氧涂料、丙烯酸聚氨酯涂料、高氯化聚乙烯涂料等新材料，删去了原规范聚氯乙烯胶泥、环氧煤焦油类材料、过氯乙烯涂料、聚苯乙烯涂料、氯乙烯醋酸乙烯共聚涂料等不常用的或不符合环保要求的材料。

本规范由建设部负责管理和对强制性条文的解释，中国寰球工程公司负责具体技术内容的解释。在执行过程中，请各单位结合工程实践，认真总结经验，如发现需要修改或补充之处，请将意见和建议寄中国寰球工程公司《工业建筑防腐蚀设计规范》国家标准管理组（地址：北京市朝阳区樱花园东街 7 号，邮编：100029），以供今后修订时参考。

本规范主编单位、参编单位和主要起草人：

主 编 单 位：中国寰球工程公司

参 编 单 位：化学工业第二设计院　　　　　　　　张家港顺昌化工有限公司
　　　　　　中广电广播电影电视设计研究院　　　临海市龙岭化工厂
　　　　　　中国航空工业规划设计研究院　　　　上海正臣防腐科技有限公司
　　　　　　华东理工大学华昌聚合物有限公司　　浙江星岛防腐工程有限公司
　　　　　　中冶集团建筑研究总院　　　　　　　河北太行花岗岩防腐装饰有限公司
　　　　　　中国有色工程设计研究总院　　　　　河南省沁阳市太华防腐材料厂
　　　　　　中国石化工程建设公司　　　　　主要起草人：范迪恩　何进源　杨文君　熊　威
　　　　　　上海富晨化工有限公司　　　　　　　　曾晓庄　马洪娥　侯锐钢　王东林
　　　　　　中国建筑材料科学研究总院　　　　　　王香国　方　芳　陆士平　刘光华
　　　　　　黄石市汇波防腐技术有限公司　　　　　白　月　余　波　卞大荣　陈春源
　　　　　　扬州美涂士金陵特种涂料有限公司　　　顾长春　钱计兴　刘文慧　林松新
　　　　　　江苏兰陵化工集团有限公司　　　　　　田志民　杨南方

目　次

1 总　则

1.0.1 为保证受腐蚀性介质作用的工业建筑物、构筑物在设计使用年限内的正常使用，特制定本规范。

1.0.2 本规范适用于受腐蚀性介质作用的工业建筑物和构筑物防腐蚀设计。

1.0.3 工业建筑防腐蚀设计应遵循预防为主和防护结合的原则，根据生产过程中产生介质的腐蚀性、环境条件、生产操作管理水平和施工维修条件等，因地制宜，区别对待，综合选择防腐蚀措施。对危及人身安全和维修困难的部位，以及重要的承重结构和构件应加强防护。

1.0.4 工业建筑防腐蚀设计，除应符合本规范的规定外，尚应符合国家现行有关标准的规定。

2 术　语

2.0.1 腐蚀性分级　corrosiveness classification

在腐蚀性介质长期作用下，根据其对建筑材料劣化的程度，即外观变化、重量变化、强度损失以及腐蚀速度等因素，综合评定腐蚀性等级，并划分为：强腐蚀、中腐蚀、弱腐蚀、微腐蚀 4 个等级。

2.0.2 防护层使用年限　service life of protective layer

在合理设计、正确施工和正常使用和维护的条件下，防腐蚀地面、涂层等防护层预估的使用年限。

2.0.3 树脂玻璃鳞片胶泥　resin-bonded glass flake mastic

以树脂为胶结料，加入固化剂、玻璃鳞片和各种助剂、填料等，配制而成的、可采用刮抹施工的混合材料。

2.0.4 密实型水玻璃类材料　dence type water glass bonded materials

抗渗等级大于或等于 1.2MPa 的水玻璃耐酸胶泥、砂浆、混凝土等材料。

2.0.5 树脂细石混凝土　resin fine aggregate concrete

以树脂为胶结料，加入固化剂和耐酸集料等配制而成的细石混凝土。

3 基 本 规 定

3.1 腐蚀性分级

3.1.1 腐蚀性介质按其存在形态可分为气态介质、液态介质和固态介质；各种介质应按其性质、含量和环境条件划分类别。

生产部位的腐蚀性介质类别，应根据生产条件确定。

3.1.2 各种介质对建筑材料长期作用下的腐蚀性，可分为强腐蚀、中腐蚀、弱腐蚀、微腐蚀 4 个等级。

同一形态的多种介质同时作用同一部位时，腐蚀性等级应取最高者。

3.1.3 环境相对湿度应采用构配件所处部位的实际相对湿度；生产条件对环境相对湿度影响较小时，可采用工程所在地区的年平均相对湿度；经常处于潮湿状态或不可避免结露的部位，环境相对湿度应取大于 75%。

3.1.4 常温下，气态介质对建筑材料的腐蚀性等级应按表 3.1.4 确定。

表 3.1.4　气态介质对建筑材料的腐蚀性等级

介质类别	介质名称	介质含量（mg/m³）	环境相对湿度（%）	钢筋混凝土、预应力混凝土	水泥砂浆、素混凝土	普通碳钢	烧结砖砌体	木	铝
Q1	氯	1.00～5.00	>75	强	弱	强	弱	弱	强
			60～75	中	弱	中	弱	微	中
			<60	弱	微	中	微	微	中
Q2		0.10～1.00	>75	中	微	中	微	微	中
			60～75	弱	微	中	微	微	中
			<60	微	微	弱	微	微	弱
Q3	氯化氢	1.00～10.00	>75	强	中	强	中	弱	强
			60～75	强	弱	强	弱	弱	强
			<60	中	微	中	微	微	中
Q4		0.05～1.00	>75	中	弱	强	弱	弱	强
			60～75	中	弱	中	微	微	中
			<60	弱	微	弱	微	微	弱

介质类别	介质名称	介质含量（mg/m³）	环境相对湿度（%）	钢筋混凝土、预应力混凝土	水泥砂浆、素混凝土	普通碳钢	烧结砖砌体	木	铝
Q5	氮氧化物（折合二氧化氮）	5.00~25.00	>75	强	中	强	中	中	弱
			60~75	中	弱	中	弱	弱	弱
			<60	弱	微	中	微	微	微
Q6		0.10~5.00	>75	中	弱	强	弱	弱	弱
			60~75	弱	微	中	微	微	微
			<60	微	微	弱	微	微	微
Q7	硫化氢	5.00~100.00	>75	强	弱	强	弱	弱	弱
			60~75	中	微	中	微	微	弱
			<60	弱	微	中	微	微	微
Q8		0.01~5.00	>75	中	微	中	微	弱	弱
			60~75	弱	微	中	微	微	微
			<60	微	微	弱	微	微	微
Q9	氟化氢	1~10	>75	中	弱	强	微	弱	中
			60~75	弱	微	中	微	微	中
			<60	微	微	中	微	微	弱
Q10	二氧化硫	10.00~200.00	>75	强	弱	强	弱	弱	强
			60~75	中	弱	强	微	微	中
			<60	弱	微	中	微	微	弱
Q11		0.50~10.00	>75	中	微	中	微	微	中
			60~75	弱	微	中	微	微	弱
			<60	微	微	弱	微	微	微
Q12	硫酸酸雾	经常作用	>75	强	强	强	中	中	强
Q13		偶尔作用	>75	中	中	强	弱	弱	中
			≤75	弱	弱	中	弱	弱	弱
Q14	醋酸酸雾	经常作用	>75	强	中	强	中	弱	弱
Q15		偶尔作用	>75	中	弱	强	弱	微	微
			≤75	弱	弱	中	微	微	微
Q16	二氧化碳	>2000	>75	中	微	中	微	微	弱
			60~75	弱	微	弱	微	微	微
			<60	微	微	弱	微	微	微
Q17	氨	>20	>75	弱	微	中	微	弱	弱
			60~75	弱	微	中	微	微	微
			<60	微	微	弱	微	微	微
Q18	碱雾	偶尔作用	—	弱	弱	弱	中	中	中

3.1.5 常温下，液态介质对建筑材料的腐蚀性等级　　应按表3.1.5确定。

表3.1.5　液态介质对建筑材料的腐蚀性等级

介质类别	介质名称		pH 值或浓度	钢筋混凝土、预应力混凝土	水泥砂浆、素混凝土	烧结砖砌体
Y1	无机酸	硫酸、盐酸、硝酸、铬酸、磷酸、各种酸洗液、电镀液、电解液、酸性水（pH 值）	＜4.0	强	强	强
Y2			4.0～5.0	中	中	中
Y3			5.0～6.5	弱	弱	弱
Y4		氢氟酸（％）	≥2	强	强	强
Y5	有机酸	醋酸、柠檬酸（％）	≥2	强	强	强
Y6		乳酸、C_5-C_{20} 脂肪酸（％）	≥2	中	中	中
Y7	碱	氢氧化钠（％）	≥15	中	中	强
Y8			8～15	弱	弱	强
Y9		氨水（％）	≥10	弱	微	强
Y10	盐	钠、钾、铵的碳酸盐和碳酸氢盐（％）	≥2	强	弱	中
Y11		钠、钾、铵、镁、铜、镉、铁的硫酸盐（％）	≥1	强	强	强
Y12		钠、钾的亚硫酸盐、亚硝酸盐（％）	≥1	中	中	中
Y13		硝酸铵（％）	≥1	强	强	强
Y14		钠、钾的硝酸盐（％）	≥2	弱	弱	中
Y15		铵、铝、铁的氯化物（％）	≥1	强	强	强
Y16		钙、镁、钾、钠的氯化物（％）	≥2	强	弱	强
Y17		尿素（％）	≥10	中	中	中

注：1　表中的浓度系指质量百分比，以"％"表示。

　　2　当生产用水采用离子浓度分类时，其腐蚀性等级可按现行国家标准《岩土工程勘察规范》GB 50021 的有关规定确定。

3.1.6　常温下，固态介质（含气溶胶）对建筑材料的腐蚀性等级应按表3.1.6确定。　　当固态介质有可能被溶解或易溶盐作用于室外构配件时，腐蚀性等级应按本规范第3.1.5条确定。

表3.1.6　固态介质（含气溶胶）对建筑材料的腐蚀性等级

介质类别	溶解性	吸湿性	介质名称	环境相对湿度（％）	钢筋混凝土、预应力混凝土	水泥砂浆、素混凝土	普通碳钢	烧结砖砌体	木
G1	难溶	—	硅酸铝，磷酸钙、钙、钡、铅的碳酸盐和硫酸盐，镁、铁、铬、铝、硅的氧化物和氢氧化物	＞75	弱	微	弱	微	弱
				60～75	微	微	弱	微	微
				＜60	微	微	弱	微	微

介质类别	溶解性	吸湿性	介质名称	环境相对湿度（%）	钢筋混凝土、预应力混凝土	水泥砂浆、素混凝土	普通碳钢	烧结砖砌体	木
G2			钠、钾的氯化物	>75	中	弱	强	弱	弱
				60~75	中	微	强	弱	弱
				<60	弱	微	中	弱	微
G3		难吸湿	钠、钾、铵、锂的硫酸盐和亚硫酸盐，硝酸铵，氯化铵	>75	中	中	强	中	中
				60~75	中	中	中	中	弱
				<60	弱	弱	弱	弱	微
G4			钠、钡、铅的硝酸盐	>75	弱	弱	中	中	弱
	易溶			60~75	弱	弱	中	中	弱
				<60	微	微	弱	微	微
G5			钠、钾、铵的碳酸盐和碳酸氢盐	>75	弱	弱	中	中	中
				60~75	弱	弱	弱	中	中
				<60	微	微	微	微	弱
G6			钙、镁、锌、铁、铝的氯化物	>75	强	中	强	中	中
				60~75	中	弱	中	弱	中
				<60	中	微	中	微	微
G7		易吸湿	镉、镁、镍、锰、铜、铁的硫酸盐	>75	中	中	强	中	中
				60~75	中	中	中	弱	中
				<60	弱	弱	中	弱	微
G8			钠、钾的亚硝酸盐，尿素	>75	弱	弱	中	弱	弱
				60~75	弱	弱	中	弱	中
				<60	微	微	弱	微	微
G9			钠、钾的氢氧化物	>75	中	中	中	强	强
				60~75	弱	弱	中	中	中
				<60	弱	弱	弱	弱	弱

注：1 在 1L 水中，盐、碱类固态介质的溶解度小于 2g 时为难溶的，大于或等于 2g 时为易溶的。

2 在温度 20℃时，盐、碱类固态介质的平衡时相对湿度小于 60%时为易吸湿的，大于或等于 60%时为难吸湿的。

3.1.7 地下水、土对建筑材料的腐蚀性等级，应按现行国家标准《岩土工程勘察规范》GB 50021 的有关规定确定。

3.1.8 建筑物和构筑物处于干湿交替环境中的部位，应加强防护。

3.1.9 微腐蚀环境可按正常环境进行设计。

3.2 总平面及建筑布置

3.2.1 总平面布置中，宜减少相邻装置或工厂之间的腐蚀影响。生产过程中大量散发腐蚀性气体或粉尘的生产装置，应布置在厂区全年最小频率风向的上风侧。

3.2.2 生产或储存腐蚀性溶液的大型设备，宜布置在室外，并不宜邻近厂房基础。储罐、储槽的周围宜设围堤，酸储罐、酸储槽的周围应设围堤。

3.2.3 淋洒式冷却排管宜布置在室外，位于建筑物全年最小频率风向的上风侧。冷却水池壁外缘距离建筑物外墙面不应小于 4m。

3.2.4 在有利于减轻腐蚀、防止腐蚀性介质扩散和满足生产及检修要求的前提下，建筑的形式以及设备、门窗的布置，应有利于厂房的自然通风。设备、管道与建筑构配件之间的距离，应满足防腐蚀工程施工和维修的要求。

3.2.5 控制室和配电室不得直接布置在有腐蚀性液态介质作用的楼层下；其出入口不应直接通向产生腐蚀性介质的场所。

3.2.6 生产或储存腐蚀性介质的设备，宜按介质的性质分类集中布置，并不宜布置在地下室。

3.2.7 建筑物或构筑物局部受腐蚀性介质作用时，应采取局部防护措施。

3.2.8 输送强腐蚀介质的地下管道，应设置在管沟内；管沟与厂房或重要设备的基础的水平净距离，不宜小于1m。

3.2.9 穿越楼面的管道和电缆，宜集中设置。不耐腐蚀的管道或电缆，不应埋设在有腐蚀性液态介质作用的底层地面下。

4 结 构

4.1 一般规定

4.1.1 在腐蚀环境下，结构设计应符合下列规定：

　　1 根据各类材料对不同介质的适应性，合理选择结构材料。

　　2 结构类型、布置和构造的选择，应有利于提高结构自身的抗腐蚀能力，能有效地避免腐蚀性介质在构件表面的积聚或能够及时排除，便于防护层的设置和维护。

　　3 当某些次要构件的设计使用年限不能与主体结构的设计使用年限相同时，应设计成便于更换的构件。

4.1.2 在腐蚀环境下，超静定结构构件的内力不应采用塑性内力重分布的分析方法。

4.2 混凝土结构

4.2.1 混凝土结构及构件的选择，应符合下列规定：

　　1 框架宜采用现浇结构。

　　2 屋架、屋面梁和工作级别等于或大于 A4 的吊车梁，宜选用预应力混凝土结构。

　　3 腐蚀性等级为强、中时，柱截面宜采用实腹式，不应采用腹板开孔的工形截面。

4.2.2 预应力混凝土结构的设计应符合下列规定：

　　1 腐蚀性等级为强、中时，宜采用先张法或无粘结预应力混凝土结构。

　　2 预应力混凝土结构应采用整体结构，不应采用块体拼装式结构。

　　3 无粘结预应力混凝土结构中，无粘结预应力锚固系统应采用连续封闭的防腐蚀体系。

　　4 先张法预应力混凝土构件不应采用直径小于6mm的钢筋和钢丝作预应力筋。用于预应力混凝土构件的钢绞线，单丝直径不应小于 4mm。

　　5 后张法预应力混凝土结构应采用密封和防腐蚀性能优良的孔道管，不应采用抽芯成形孔道和金属套管。

　　6 后张法预应力混凝土结构的锚固端，宜采用埋入式构造。

4.2.3 在腐蚀环境下，结构混凝土的基本要求应符合表 4.2.3 的规定。

表 4.2.3 结构混凝土的基本要求

项 目	腐蚀性等级		
	强	中	弱
最低混凝土强度等级	C40	C35	C30
最小水泥用量（kg/m³）	340	320	300
最大水灰比	0.40	0.45	0.50
最大氯离子含量（水泥用量的百分比）	0.80	0.10	0.10

注：1 预应力混凝土构件最低混凝土强度等级应按表中提高一个等级；最大氯离子含量为水泥用量的 0.06%。

　　2 当混凝土中掺入矿物掺和料时，表中"水泥用量"为"胶凝材料用量"，"水灰比"为"水胶比"（下同）。

4.2.4 钢筋混凝土和预应力混凝土结构构件的裂缝控制等级和最大裂缝宽度允许值，应符合表 4.2.4 的规定。

表 4.2.4 裂缝控制等级和最大裂缝宽度允许值

结构种类	强腐蚀	中腐蚀	弱腐蚀
钢筋混凝土结构	三级 0.15mm	三级 0.20mm	三级 0.20mm
预应力混凝土结构	一级	一级	二级

注：裂缝控制等级的划分应符合现行国家标准《混凝土结构设计规范》GB 50010 的规定。

4.2.5 钢筋的混凝土保护层最小厚度，应符合表 4.2.5 的规定。

　　后张法预应力混凝土构件的预应力钢筋保护层厚度为护套或孔道管外缘至混凝土表面的距离，除应符合表 4.2.5 的规定外，尚应不小于护套或孔道直径的 1/2。

表 4.2.5 混凝土保护层最小厚度（mm）

构件类别	强腐蚀	中、弱腐蚀
板、墙等面形构件	35	30
梁、柱等条形构件	40	35
基础	50	50
地下室外墙及底板	50	50

4.2.6 当楼板上的管道、设备留孔有可能受泄漏液态介质或有冲洗水作用时，孔洞的边梁与孔洞边缘的距离不宜小于 200mm。

　　当工艺要求必须将边梁布置在孔洞边缘时，梁底面及侧面应按本规范第 5.2.7 条的规定进行防护。

4.2.7 主要承重构件的纵向受力钢筋直径不宜小于 16mm。

4.2.8 浇筑在混凝土中并部分暴露在外的吊环、支架、紧固件、连接件等预埋件，宜与受力钢筋隔离。需在梁上设置起重吊点时，应预埋耐腐蚀套管。

4.2.9 混凝土结构外露的钢制预埋件、连接件的防护，应根据腐蚀性等级、重要性和检查维修困难程度分别采取以下措施：

　　1 采用树脂或聚合物水泥的混凝土包裹，混凝土的厚度 30～50mm。

　　2 采用树脂或聚合物水泥的砂浆抹面，砂浆的厚度 10～20mm。

　　3 采用树脂玻璃鳞片胶泥防护，胶泥的厚度 1～2mm。

　　4 采用防腐蚀涂层防护，涂层的厚度 200～320μm。

　　5 改用耐腐蚀金属制作。

4.2.10 先张法外露的预应力筋应采用树脂或聚合物水泥的混凝土进行封闭，保护层厚度不应小于 50mm。

　　后张法预应力混凝土的锚固端，当采用暴露式布置时，应采用树脂或聚合物水泥的混凝土包裹，保护层厚度不小于 50mm，且锚固端部位应防止腐蚀性介质和水积聚。

4.3 钢 结 构

4.3.1 **腐蚀性等级为强、中时，桁架、柱、主梁等重要受力构件不应采用格构式和冷弯薄壁型钢。**

4.3.2 钢结构杆件截面的选择，应符合下列规定：

　　1 杆件应采用实腹式或闭口截面，闭口截面端部应进行封闭；对封闭截面进行热镀浸锌时，应采取开孔防爆措施。

　　2 腐蚀性等级为强、中时，不应采用由双角钢组成的 T 形截面或由双槽钢组成的工形截面；腐蚀性等级为弱时，不宜采用上述 T 形或工形截面。

　　3 当采用型钢组合的杆件时，型钢间的空隙宽度应满足防护层施工和维修的要求。

4.3.3 **钢结构杆件截面的厚度应符合下列规定：**

　　1 **钢板组合的杆件，不小于 6mm。**

　　2 **闭口截面杆件，不小于 4mm。**

　　3 **角钢截面的厚度不小于 5mm。**

4.3.4 门式刚架构件宜采用热轧 H 型钢，当采用 T 型钢或钢板组合时，应采用双面连续焊缝。

4.3.5 网架结构宜采用管形截面、球型节点，并应符合下列规定：

　　1 腐蚀性等级为强、中时，应采用焊接连接的空心球节点。

　　2 当采用螺栓球节点时，杆件与螺栓球的接缝应采用密封材料填嵌严密，多余螺栓孔应封堵。

4.3.6 不同金属材料接触的部位，应采取隔离措施。

4.3.7 桁架、柱、主梁等重要钢构件和闭口截面杆件的焊缝，应采用连续焊缝。角焊缝的焊脚尺寸不应小于 8mm；当杆件厚度小于 8mm 时，焊脚尺寸不应小于杆件厚度。

　　加劲肋应切角；切角的尺寸应满足排水、施工维修要求。

4.3.8 焊条、螺栓、垫圈、节点板等连接构件的耐腐蚀性能，不应低于主体材料。螺栓直径不应小于 12mm。垫圈不应采用弹簧垫圈。螺栓、螺母和垫圈应采用热镀浸锌防护，安装后再采用与主体结构相同的防腐蚀措施。

4.3.9 高强螺栓构件连接处的接触面的除锈等级，不应低于 Sa2 $\frac{1}{2}$，并宜涂无机富锌涂料；连接处的缝隙，应嵌刮耐腐蚀密封膏。

4.3.10 钢柱柱脚应置于混凝土基础上，基础顶面宜高出地面不小于 300mm。

4.3.11 当腐蚀性等级为强时，重要构件宜选用耐候钢制作。

4.4 钢与混凝土组合结构

4.4.1 在腐蚀环境下，不应采用下列结构：

　　1 钢与混凝土组合的屋架和吊车梁。

　　2 以压型钢板为模板兼配筋的混凝土组合结构。

4.4.2 当采用钢与混凝土的组合梁结构时，应符合下列规定：

　　1 可用于气态介质的弱腐蚀环境，且楼面无液态介质作用。

　　2 混凝土翼板与钢梁的结合处应密封。

4.5 砌 体 结 构

4.5.1 承重砌体结构的材料选择，应符合下列规定：

　　1 砖砌体宜采用烧结普通砖、烧结多孔砖，强度等级不宜低于 MU15。

　　2 砌块砌体应采用混凝土小型空心砌块，强度等级不宜低于 MU10。

　　3 砌筑砂浆宜采用水泥砂浆，强度等级不应低于 M10。

4.5.2 承重砌体结构的设计应符合下列规定：

　　1 受大量易溶固态介质作用且干湿交替时，不应采用砌体结构。

　　2 腐蚀性等级为强、中时，不应采用独立砖柱。

　　3 腐蚀性等级为强、中时，不应采用多孔砖和混凝土空心砌块。

　　4 对钢的腐蚀性等级为强、中时，不应采用配筋砌体构件。

4.6 木 结 构

4.6.1 木结构用材宜选用针叶材，有条件时亦可选用胶合木。

4.6.2 木结构的连接件宜采用非金属耐腐蚀材料或耐腐蚀金属材料制作。

4.7 地 基

4.7.1 污染土的勘察，应按现行国家标准《岩土工程勘察规范》GB 50021 的有关规定进行评价。

当地基土存在溶陷性、盐胀性时，应按现行国家行业标准《盐渍土地区建筑规范》SY/T 0317 的有关规定进行评价。

当拟建生产装置的泄漏介质可能对污染土产生影响时，应进行评估。

4.7.2 已污染或可能污染场地的地基处理方法，应符合下列规定：

1 当土中含有氢离子或硫酸根离子介质时，不应采用灰土垫层、石灰桩、灰土挤密桩等加固方法。

2 当土中含有腐蚀性液态介质时，垫层材料不应采用矿渣、粉煤灰。

3 当土中含有酸性液态介质时，振冲桩、砂石桩的填料不应采用碳酸盐类材料。

4 当污染土对水泥类材料的腐蚀性等级为强、中时，不宜采用水泥粉煤灰碎石桩、夯实水泥土桩、水泥土搅拌法等含有水泥的加固方法。但硫酸根离子介质腐蚀时，可采用抗硫酸盐硅酸盐水泥。

5 当土中含有酸性介质或硫酸盐类介质时，不应采用碱液法。

6 污染土或地下水的 pH 值小于 7，或生产过程中有碱性溶液作用时，不应采用单液硅化法。

4.7.3 当污染土层厚度不大，且溶陷性或盐胀性较大时，宜采用换土垫层法；垫层材料宜采用非污染土或砂石类材料。

当污染土层较厚、采用换土垫层法不合理时，可采用桩基础或墩式基础穿越污染土层。

4.8 基 础

4.8.1 基础、基础梁的腐蚀性等级，应按下列规定确定：

1 位于受污染的场地时，应按现行国家标准《岩土工程勘察规范》GB 50021 的有关规定确定。

2 生产过程中泄漏的介质对基础、基础梁的腐蚀性等级，可按本规范表 3.1.5 降低一级确定。

3 当污染土、地下水和生产过程中泄漏的介质共同作用时，应按腐蚀性等级高的确定。

4.8.2 基础材料的选择应符合下列规定：

1 基础应采用素混凝土、钢筋混凝土或毛石混凝土。

2 素混凝土和毛石混凝土的强度等级不应低于 C25。

3 钢筋混凝土的混凝土强度等级宜符合本规范表 4.2.3 的要求。

4.8.3 基础的埋置深度应符合下列规定：

1 生产过程中，当有硫酸、氢氧化钠、硫酸钠等介质泄漏作用，能使地基土产生膨胀时，埋置深度不应小于 2m。

2 生产过程中，当有腐蚀性液态介质泄漏作用时，埋置深度不应小于 1.5m。

4.8.4 基础附近有腐蚀性溶液的储槽或储罐的地坑时，基础的底面应低于储槽或地坑的底面不小于 500mm。

4.8.5 基础应设垫层。基础与垫层的防护要求应符合表 4.8.5-1 的规定，基础梁的防护要求应符合表 4.8.5-2 的规定。

表 4.8.5-1 基础与垫层的防护要求

腐蚀性等级	垫层材料	基础的表面防护
强	耐腐蚀材料	1. 环氧沥青或聚氨酯沥青涂层，厚度≥500μm 2. 聚合物水泥砂浆，厚度≥10mm 3. 树脂玻璃鳞片涂层，厚度≥300μm 4. 环氧沥青、聚氨酯沥青贴玻璃布，厚度≥1mm
中	耐腐蚀材料	1. 沥青冷底子油两遍，沥青胶泥涂层，厚度≥500μm 2. 聚合物水泥砂浆，厚度≥5mm 3. 环氧沥青或聚氨酯沥青涂层，厚度≥300μm
弱	混凝土 C20，厚度 100mm	1. 表面不做防护 2. 沥青冷底子油两遍，沥青胶泥涂层，厚度≥300μm 3. 聚合物水泥浆两遍

注：1 当表中有多种防护措施时，可根据腐蚀性介质的性质和作用程度、基础的重要性等因素选用其中一种。

2 埋入土中的混凝土结构或砌体结构，其表面应按本表进行防护。砌体结构表面应先用 1：2 水泥砂浆抹面。

3 垫层的耐腐蚀材料可采用沥青混凝土（厚100mm）、碎石灌沥青（厚 150mm）、聚合物水泥混凝土（厚 100mm）等。

表 4.8.5-2 基础梁的防护要求

腐蚀性等级	基础梁的表面防护
强	1. 环氧沥青、聚氨酯沥青贴玻璃布，厚度≥1mm 2. 树脂玻璃鳞片涂层，厚度≥500μm 3. 聚合物水泥砂浆，厚度≥15mm
中	1. 环氧沥青或聚氨酯沥青涂层，厚度≥500μm 2. 聚合物水泥砂浆，厚度≥10mm 3. 树脂玻璃鳞片涂层，厚度≥300μm

续表 4.8.5-2

腐蚀性等级	基础梁的表面防护
弱	1. 环氧沥青或聚氨酯沥青涂层，厚度≥300μm 2. 聚合物水泥砂浆，厚度≥5mm 3. 聚合物水泥浆两遍

注：当表中有多种防护措施时，可根据腐蚀性介质的性质和作用程度、基础梁的重要性等因素选用其中一种。

4.8.6 采用掺入抗硫酸盐的外加剂、钢筋阻锈剂、矿物掺和料的混凝土，其性能满足防腐蚀要求时，可用于制作垫层、基础、基础梁，并可不做表面防护。

4.8.7 地沟穿越条形基础时，基础应留洞，洞边应加强防护。

4.9 桩 基 础

4.9.1 污染土和地下水对钢筋混凝土桩和预应力混凝土桩的腐蚀性等级，应按现行国家标准《岩土工程勘察规范》GB 50021 的有关规定确定。

4.9.2 桩基础的选择宜符合下列规定：

　　1 腐蚀环境下宜选用预制钢筋混凝土桩。

　　2 腐蚀性等级为中、弱时，可采用预应力混凝土管桩或混凝土灌注桩。

4.9.3 桩承台的埋深不宜小于2.5m；当承台埋深小于2.5m时，桩身处于2.5m以上的部位宜加强防护。

4.9.4 混凝土桩基础的结构设计应符合下列规定：

　　1 预制钢筋混凝土桩的混凝土强度等级不应低于C40，水灰比不应大于0.4；腐蚀性等级为中、弱时，抗渗等级不应低于S8；腐蚀性等级为强时，抗渗等级不应低于S10；钢筋的混凝土保护层厚度不应小于45mm。

　　2 预应力混凝土管桩的混凝土强度等级不应低于C60，抗渗等级不应低于S10；钢筋的混凝土保护层厚度不应小于35mm；桩尖宜采用闭口型。

　　3 混凝土灌注桩的混凝土强度等级不应低于C35，水灰比不宜大于0.45，抗渗等级不应低于S8；钢筋的混凝土保护层厚度不应小于55mm。

4.9.5 混凝土桩身的防护应符合表 4.9.5 的规定。

表 4.9.5　混凝土桩身的防护

桩基础类型	防护措施	腐蚀性等级								
		SO_4^{2-}			Cl^-			pH值		
		强	中	弱	强	中	弱	强	中	弱
预制钢筋混凝土桩	1. 提高桩身混凝土的耐腐蚀性能	采用抗硫酸盐硅酸盐水泥、掺入抗硫酸盐的外加剂、掺入矿物掺和料		可不防护	掺入钢筋阻锈剂、掺入矿物掺和料		可不防护	—	—	可不防护
	2. 增加混凝土腐蚀裕量（mm）	≥30	≥20		—	—		≥30	≥20	
	3. 表面涂刷防腐蚀涂层（μm）	厚度≥500	厚度≥300		厚度≥500	厚度≥300		厚度≥500	厚度≥300	
预应力混凝土管桩	1. 提高桩身混凝土的耐腐蚀性能	不应采用此类桩型	采用抗硫酸盐硅酸盐水泥、掺入抗硫酸盐的外加剂、掺入矿物掺和料	可不防护	不宜采用此类桩型	掺入钢筋阻锈剂、掺入矿物掺和料	可不防护	不应采用此类桩型	—	可不防护
	2. 表面涂刷防腐蚀涂层（μm）		厚度≥300			厚度≥300			厚度≥300	

桩基础类型	防护措施	腐蚀性等级								
		SO$_4^{2-}$			Cl$^-$			pH 值		
		强	中	弱	强	中	弱	强	中	弱
混凝土灌注桩	1. 提高桩身混凝土的耐腐蚀性能	不应采用此类桩型	采用抗硫酸盐硅酸盐水泥、掺入抗硫酸盐的外加剂、掺入矿物掺和料		不宜采用此类桩型	掺入钢筋阻锈剂、掺入矿物掺和料		不应采用此类桩型	—	—
	2. 增加混凝土腐蚀裕量（mm）		≥40	≥20		—	—		≥40	≥20

注：1 在 SO$_4^{2-}$、Cl$^-$ 的介质作用下，桩身混凝土材料应根据防腐蚀要求，采用或掺入表中 1～2 种耐腐蚀材料；当桩身混凝土采用或掺入耐腐蚀材料后已能满足防腐蚀性能要求时，不再采用增加混凝土腐蚀裕量和表面涂层的措施。

2 当桩身采用的混凝土不能满足防腐蚀性能时，可采用增加混凝土腐蚀裕量或表面涂刷防腐蚀涂层的措施。

3 在预应力混凝土管桩中，不得采用亚硝酸盐类的阻锈剂。

4 桩身涂刷防腐蚀涂层的长度，应大于污染土层的厚度。

5 当有两类介质同时作用时，应分别满足各自防护要求，但相同的防护措施不叠加。

6 在强腐蚀环境下必须选用预应力混凝土管桩时，应经试验论证，并采取可靠措施，确能满足防腐蚀要求时方可使用。

7 表中"—"表示不应采用此类防护措施。

4.9.6 混凝土预制桩应减少接桩数量，接头宜位于非污染土层中。

预制钢筋混凝土桩和预应力混凝土管桩的接桩，可采用焊接接桩或法兰接桩；预应力混凝土管桩的接桩也可采用机械啮合接头接桩或机械快速螺纹接桩。

位于污染土层中的桩接头，接桩钢零件应涂刷防腐蚀耐磨涂层或增加钢零件厚度的腐蚀裕量不小于 2mm，有条件时也可采用热收缩聚乙烯套膜保护。

4.9.7 当桩的表面涂有防腐蚀涂料时，桩的竖向极限承载力应通过试验确定；在确定承载力时，亦可不计入涂层范围内的桩侧阻力。

4.9.8 桩基承台的垫层和表面防护，应符合本规范表 4.8.5-1 的规定。

5 建筑防护

5.1 地 面

5.1.1 地面面层材料应根据腐蚀性介质的类别及作用情况、防护层使用年限和使用过程中对面层材料耐腐蚀性能和物理力学性能的要求，结合施工、维修的条件，按表 5.1.1 选用，并应符合下列规定：

1 整体面层材料、块材及灰缝材料，应对介质具有耐腐蚀性能。常用面层材料在常温下的耐腐蚀性能宜按本规范附录 A 确定。

2 有大型设备且检修频繁和有冲击磨损作用的地面，应采用厚度不小于 60mm 的块材面层或水玻璃混凝土、树脂细石混凝土、密实混凝土等整体面层。

设备较小和使用小型运输工具的地面，可采用厚度不小于 20mm 的块材面层或树脂砂浆、聚合物水泥砂浆、沥青砂浆等整体面层。

无运输工具的地面可采用树脂自流平涂料或防腐蚀耐磨涂料等整体面层。

3 树脂砂浆、树脂细石混凝土、沥青砂浆、水玻璃混凝土和涂料等整体面层以及采用沥青胶泥砌筑的块材面层，不宜用于室外。

4 面层材料应满足使用环境的温度要求；树脂砂浆、树脂细石混凝土、沥青砂浆和涂料等整体面层，不得用于有明火作用的部位。

5 操作平台可采用玻璃钢格栅地面。

表 5.1.1 地面面层材料选择

介质			块材面层					整体面层					
			块材	灰缝									
类别	名称	pH值或浓度	耐酸石材	水玻璃胶泥或砂浆	树脂胶泥或砂浆	沥青胶泥	聚合物水泥砂浆	水玻璃混凝土	树脂细石混凝土	树脂砂浆	防腐蚀耐磨涂料	树脂自流平涂料	聚合物水泥砂浆	密实混凝土
Y1	硫酸(%)	>70	√	√	√	○	×	×	√	×	×	×	×	×
	硝酸(%)	>40												
	铬酸(%)	>20												
Y5	醋酸(%)	>40												

类别	名称	pH值或浓度	块材面层		灰缝				整体面层						
			耐酸砖	耐酸石材	水玻璃胶泥或砂浆	树脂胶泥或砂浆	沥青胶泥	聚合物水泥砂浆	水玻璃混凝土	树脂细石混凝土	树脂砂浆	树脂自流平涂料	防腐蚀耐磨涂料	聚合物水泥砂浆	密实混凝土
Y1	硫酸(%) 50~70 盐酸(%) ≥20 硝酸(%) 5~40 铬酸(%) 5~20		√	√	√	√	×	×	√	√	×	√		×	×
Y1	硫酸(%) <50 盐酸(%) <20 硝酸(%) <5 铬酸(%) <5 酸洗液、电镀液、电解液(pH值) <1		√	√	√	√	○	√	√	√	√	○		○	×
Y5	醋酸(%)	2~40													
Y1	酸性水(pH值)	1.0~4.0	√	√	○	√	√	√	○	—	√	√	√	○	×
Y2	酸性水(pH值)	4.0~5.0				√			√						
Y3	酸性水(pH值)	5.0~6.5													
Y4	氢氟酸(%)	5~40	改用炭砖	×		×		×		×	×	×	×	×	×
Y4	氢氟酸(%)	<5	○	×		√		×		√	×	×	×	×	×
Y5	柠檬酸(%)	≥2	√	√	√	√	—	○	√	√	√	√		○	○
Y6	乳酸、C5~C20脂肪酸(%)	≥2	√	√	√	√	√	○	√	√	√	√		○	○
Y7	氢氧化钠(%)	≥15	√	√	×	√	√	√	×	—	√	√		√	√
Y8	氢氧化钠(%)	8~15	—	—	×	√	√	√	×	√	√	√		√	√
Y9	氨水(%)	≥10	√	√	×	√	×	○	×	√	√	√		√	√
Y10	钠、钾、铵的碳酸盐、碳酸氢盐(%)	≥2	√	√	×	√	×	○	×	√	√	√		√	√
Y11	钠、钾、铵、镁、铜、镉、铁的硫酸盐(%)	≥1	√	√	○	√	○	○	○	√	√	√	×	√	√
Y12	钠、钾的亚硫酸盐、亚硝酸盐(%)	≥1	√	√	×	√	×	○	×	√	√	√	×	√	√
Y13	硝酸铵	≥1	√	√	○	√	○	○	○	—	√	√	√	○	×
Y14	钠、钾的硝酸盐	≥2	—	○	—	○	—	×	—	√	√	√	√	√	
Y15	铵、铝、铁的氯化物(%)	≥1	√	√	○	○	○	○	○	—	√	√	○	×	
Y16	钙、镁、钾、钠的氯化物(%)	≥2													
Y17	尿素(%)	≥10	√	√	○	√	○	○	○	—	√	√	○	○	
G1	难溶盐	任意													
G2,G3,G4,G6,G7	固态盐	任意													
G5,G8,G9	碱性固态盐	任意	—	—	×	—	—	×	—	√	√	√	√	√	

注：1　表中"√"表示可用；"○"表示少量或偶尔作用时可用；"×"表示不可使用；"—"表示不推荐使用。

2　聚合物水泥砂浆、树脂类材料和涂料等耐腐蚀材料因品种和牌号的差异，耐腐蚀的指标也不同，选用时应核对后使用。

3　当固态介质处于潮湿状态时，应按相应类别的液态介质进行选用。

5.1.2　地面面层厚度和使用年限宜符合表 5.1.2 的规定。

表 5.1.2　地面面层厚度和使用年限

名　　　称		厚度(mm)	使用年限(a)
耐酸石材	用于底层	30~100	≥15(灰缝采用树脂、水玻璃、聚合物水泥砂浆等材料) ≥10(灰缝采用沥青材料)
	用于楼层	20~60	
耐酸砖	用于底层	30~65	
	用于楼层	20~65	
防腐蚀耐磨涂料		0.5~1	≥5
树脂自流平涂料		1~2(无隔离层)	≥5
		2~3(含隔离层厚度)	≥5
树脂砂浆		4~7	≥10
树脂细石混凝土		30~50	≥15
水玻璃混凝土		60~80	≥15
沥青砂浆		20~40	≥5
聚合物水泥砂浆		15~20	≥15
密实混凝土		60~80	≥15

注：选用本表的使用年限时，地面的构造应满足本节的有关规定。

5.1.3 块材面层的结合层材料,应符合表 5.1.3 的规定。

表 5.1.3 块材面层的结合层材料

块材		灰缝材料	结合层材料
耐酸砖		各种胶泥或砂浆	同灰缝材料
耐酸石材	厚度≤30mm	水玻璃胶泥或砂浆	水玻璃砂浆
		聚合物水泥砂浆	聚合物水泥砂浆
	厚度>30mm	树脂胶泥	酸性介质作用时,采用水玻璃砂浆或树脂砂浆
			酸碱介质交替作用时,采用树脂砂浆或聚合物水泥砂浆
			碱、盐类介质作用时,采用聚合物水泥砂浆或树脂砂浆

5.1.4 地面隔离层的设置,应符合下列规定:

1 受腐蚀性介质作用且经常冲洗的楼层地面,应设置隔离层。

2 受强、中腐蚀性介质作用且经常冲洗的底层地面,应设置隔离层。

3 受大量易溶盐类介质作用且腐蚀性等级为强、中时,地面应设置隔离层。

4 受氯离子介质作用的楼层地面和苛性碱作用的底层地面,应设隔离层。

5 水玻璃混凝土地面和采用水玻璃胶泥或砂浆砌筑的块材地面,应设置隔离层。

5.1.5 地面隔离层的材料,应符合下列规定:

1 当面层厚度小于 30mm 且结合层为刚性材料时,隔离层不应选用柔性材料。

2 沥青砂浆地面和采用沥青胶泥或砂浆砌筑的块材地面,其隔离层可采用高聚物改性沥青防水卷材或沥青基聚氨酯厚涂层等材料。

3 树脂砂浆、树脂细石混凝土、树脂自流平涂料等整体地面和采用树脂胶泥或砂浆砌筑的块材地面,其隔离层应采用厚度不小于 1mm、含胶量不小于 45%的玻璃钢。

5.1.6 树脂砂浆、树脂细石混凝土、涂料等整体地面的找平层材料,应采用强度等级不低于 C30 的细石混凝土。

5.1.7 地面垫层材料及构造,应符合下列规定:

1 垫层材料应采用混凝土。地面地基的加强层在酸性介质或硫酸根离子介质作用下,不得采用三合土、四合土、灰土和矿渣等材料。压实填土地基的要求应符合现行国家标准《建筑地面设计规范》GB 50037 的有关规定。

2 室内地面垫层的混凝土强度等级不应低于 C20,厚度不宜小于 120mm。室外地面垫层的混凝土强度等级不应低于 C25,厚度不宜小于 150mm。

树脂砂浆、树脂细石混凝土、涂料等整体地面垫层的混凝土强度等级不宜低于 C30,厚度不宜小于 200mm。

3 室外地面、面积较大的地面、树脂细石混凝土地面、树脂砂浆地面、树脂自流平涂料地面、有大型运输工具冲击磨损作用的地面或地基可能产生不均匀变形时,宜采用配筋的混凝土垫层。配筋应采用直径不小于 6mm、间距不大于 150mm 的双向钢筋网。

垫层配筋当采用单层配筋时,钢筋距上表面宜为 50mm;当采用双层配筋时,上层钢筋距上表面宜为 50mm,下层钢筋距下表面宜为 30mm。

4 配筋混凝土垫层应分段配筋和浇灌,每段的长度、宽度不宜大于 30m。

5 室外土壤有冻结的地区,室外地面垫层下应设置防冻胀层,其厚度不应小于 300mm;室内防冻胀层的设置应符合现行国家标准《建筑地面设计规范》GB 50037 的有关规定。

6 在树脂砂浆、树脂细石混凝土和涂料等整体地面的垫层下,应设防潮层;当地下水位较高时,应设防水层。

5.1.8 当楼板为预制时,必须在预制板上设置配筋的细石混凝土整浇层。细石混凝土的强度等级不应低于 C30,厚度不应小于 40mm,并应配置直径不小于 6mm、间距不大于 150mm 的双向钢筋网(距上表面宜为 20mm)。

5.1.9 地面排水应符合下列规定:

1 受液态介质作用的地面,应设朝向排水沟或地漏的排泄坡面。底层地面排泄坡面的坡度不宜小于 2‰;楼层地面排泄坡面的坡度不宜小于 1‰。

底层地面宜采用基土找坡,楼层地面宜采用找平层找坡。

2 排水沟和地漏应布置在能迅速排除液体的位置,排泄坡面长度不宜大于 9m,各个方向的排泄坡面长度不宜相差太大。

3 排水沟内壁与墙边、柱边的距离,不应小于 300mm。

4 地漏中心与墙、柱、梁等结构边缘的距离,不应小于 400mm。地漏的上口直径不宜小于 150mm。地漏应采用耐腐蚀材料制作,与地面的连接应严密。

5.1.10 有液态介质作用的地面的下列部位应设挡水:

1 不同材料的地面面层交界处。

2 楼层地面、平台的孔洞边缘和平台边缘。

3 地坑四周、排风沟出口与地面交接处及变形缝两侧。

5.1.11 地面与墙、柱交接处,应设置耐腐蚀的踢脚板；踢脚板的高度不宜小于 250mm。

5.1.12 支承在地面上的钢构件，应设置耐腐蚀的底座。钢支架的底座高度不宜小于 300mm；钢梯、钢栏杆的底座高度不应小于 100mm。

5.1.13 地面变形缝的构造应严密。嵌缝材料应采用弹性耐腐蚀密封材料。伸缩片应采用橡胶、塑料、耐腐蚀的金属等材料制作。

5.1.14 设备基础的防护，应符合下列规定：

1 设备基础顶面高出地面面层不应小于 100mm。

2 设备基础的地上部分，应根据介质的腐蚀性等级、设备安装、检修和使用要求，结合基础的型式及大小等因素，选择防腐蚀材料和构造。当基础顶面与所在地面的高差小于 300mm 时，基础的防护面层宜与地面一致。

泵基础宜采用整体的或大块石材等耐冲击、抗振动的面层材料。

3 液态介质作用较多的设备基础，其基础顶面及四周地面宜采取集液、排液措施。

4 设备基础锚固螺栓孔的灌浆材料，上部应采用耐腐蚀材料，其深度不宜小于 50mm。

5 重要设备基础地下部分的设计，应符合本规范第 4.8 节的规定。

5.1.15 地沟和地坑的防护，应符合下列规定：

1 地沟和地坑的材料应采用混凝土或钢筋混凝土；混凝土的强度等级不应低于地面垫层混凝土的强度等级。

2 建筑物的墙、柱、基础不得兼作地沟和地坑的底板和侧壁。

3 管沟不应兼作排水沟。

4 地沟和地坑的底面应坡向集水坑或地漏。地沟底面的纵向坡度宜为 0.5%～1%；地坑底面的坡度不宜小于 2%。

5 当有地下水或滞水作用时，地沟和地坑应设外防水；当位于潮湿土中时，应设置防潮层。

6 排水沟和集水坑的面层材料和构造，除应满足防腐蚀要求外，尚应满足清污工作的要求。排水沟和集水坑应设置隔离层，并与地面隔离层连成整体；当地面无隔离层时，排水沟的隔离层伸入地面面层下的宽度不应小于 300mm。

7 排水沟宜采用明沟。沟宽超过 300mm 时，应设置耐腐蚀的箅子板或沟盖板。

8 地下排风沟应根据作用介质的性质及作用条件设防，内表面可选用涂料、玻璃钢或其他面层防护。

9 地沟穿越厂房基础时，基础应预留洞孔；沟盖板与洞顶、沟侧壁与洞边，均应留有不小于 50mm 的净空。

地沟的变形缝不得设置在穿越厂房基础的部位，

离开基础的距离不宜小于 1m。

5.2 结构及构件的表面防护

5.2.1 在气态介质和固态粉尘介质作用下，混凝土结构、钢结构和砌体结构的表面涂层，应根据介质的腐蚀性等级和防护层使用年限等因素综合确定。

涂层系统应由底层、中间层、面层或底层、面层配套组成。涂料的选择和配套要求应符合本规范第 7.10 节的规定。

5.2.2 混凝土结构的表面防护，应符合表 5.2.2 的规定。

表 5.2.2　混凝土结构的表面防护

强腐蚀	中腐蚀	弱腐蚀	防护层使用年限（a）
防腐蚀涂层，厚度≥200μm	防腐蚀涂层，厚度≥160μm	防腐蚀涂层，厚度≥120μm	10～15
防腐蚀涂层，厚度≥160μm	防腐蚀涂层，厚度≥120μm	1. 防腐蚀涂层，厚度≥80μm 2. 聚合物水泥浆两遍 3. 普通内外墙涂料两遍	5～10
防腐蚀涂层，厚度≥120μm	1. 防腐蚀涂层，厚度≥80μm 2. 聚合物水泥浆两遍 3. 普通内外墙涂料两遍	1. 普通内外墙涂料两遍 2. 不做表面防护	2～5

注：1 防腐蚀涂料的品种，应按本规范第 7.10 节确定。

2 混凝土表面不平时，宜采用聚合物水泥砂浆局部找平。

3 室外工程的涂层厚度宜增加 20～40μm。

4 当表中有多种防护措施时，可根据腐蚀性介质及作用程度以及构件的重要性等因素选用其中一种。

5.2.3 钢结构的表面防护，应符合表 5.2.3 的规定。

表 5.2.3　钢结构的表面防护

防腐蚀涂层最小厚度（μm）			防护层使用年限（a）
强腐蚀	中腐蚀	弱腐蚀	
280	240	200	10～15
240	200	160	5～10
200	160	120	2～5

注：1 防腐蚀涂料的品种，应按本规范第 7.10 节确定。

2 涂层厚度包括涂料层的厚度或金属层与涂料层复合的厚度。

3 采用喷锌、铝及其合金时，金属层厚度不宜小于 120μm；采用热镀浸锌时，锌的厚度不宜小于 85μm。

4 室外工程的涂层厚度宜增加 20～40μm。

5.2.4 钢铁基层的除锈等级，应符合表 5.2.4 的规定。

表 5.2.4　钢铁基层的除锈等级

项　目	最低除锈等级
富锌底涂料	Sa2 $\frac{1}{2}$
乙烯磷化底涂料	
环氧或乙烯基酯玻璃鳞片底涂料	Sa2
氯化橡胶、聚氨酯、环氧、聚氯乙烯萤丹、高氯化聚乙烯、氯磺化聚乙烯、醇酸、丙烯酸环氧、丙烯酸聚氨酯等底涂料	Sa2 或 St3
环氧沥青、聚氨酯沥青底涂料	St2
喷铝及其合金	Sa3
喷锌及其合金	Sa2 $\frac{1}{2}$
热镀浸锌	Be

注：1　新建工程重要构件的除锈等级不应低于 Sa2 $\frac{1}{2}$。

　　2　喷射或抛射除锈后的表面粗糙度宜为 40～75μm，并不应大于涂层厚度的 $\frac{1}{3}$。

5.2.5 砌体结构的表面防护，应符合表 5.2.5 的规定。

表 5.2.5　砌体结构的表面防护

强腐蚀	中腐蚀	弱腐蚀	防护层使用年限（a）
防腐蚀涂层，厚度≥160μm	防腐蚀涂层，厚度≥120μm	防腐蚀涂层，厚度≥80μm	10～15
防腐蚀涂层，厚度≥120μm	防腐蚀涂层，厚度≥80μm	1. 聚合物水泥浆两遍 2. 普通内外墙涂料两遍	5～10
防腐蚀涂层，厚度≥80μm	1. 聚合物水泥浆两遍 2. 普通内外墙涂料两遍	1. 普通内外墙涂料两遍 2. 不做表面防护	2～5

注：1　防腐蚀涂料的品种，应按本规范第 7.10 节确定。

　　2　混凝土砌块、烧结普通砖和烧结多孔砖等墙、柱砌体的表面，应先用 1：2 水泥砂浆抹面，然后再做防护面层。

　　3　当表中有多种防护措施时，可根据腐蚀性介质和作用程度以及构件的重要性等因素选用其中一种。

5.2.6 当地面需经常冲洗或堆放固态介质时，墙、柱面应设置墙裙，其面层材料的选用应符合下列要求：

　　1　腐蚀性介质为酸性时，宜采用玻璃钢、树脂玻璃鳞片涂层、树脂砂浆或耐腐蚀块材。

　　2　腐蚀性介质为碱性或中性时，宜采用聚合物水泥砂浆、防腐蚀涂层或玻璃钢。

5.2.7 孔洞周围的边梁和板受到液态介质作用时，宜设置玻璃钢或树脂玻璃鳞片涂层。

5.2.8 厂房围护结构设计应防止结露，不可避免结露的部位应加强防护。

5.3　门　　窗

5.3.1 对钢的腐蚀性等级为强时，宜采用平开门。

5.3.2 在氯、氯化氢、氟化氢、硫酸酸雾等气体或碳酸钠粉尘作用下，不应采用铝合金门窗。

5.3.3 当生产过程中有碱性粉尘作用时，不应采用木门窗。

5.3.4 硬聚氯乙烯塑钢门窗、玻璃钢门窗，应选用防腐蚀型的。

5.3.5 钢门窗、木门窗应根据环境的腐蚀性等级涂刷防腐蚀涂料。

5.3.6 对钢的腐蚀性等级为强、中时，侧窗、天窗的开窗机应选用防腐蚀型的。

5.4　屋　　面

5.4.1 屋面形式应简单，宜采用有组织外排水。生产过程中散发腐蚀性粉尘较多的建筑物，不宜设女儿墙。

5.4.2 屋面材料的选择，应符合下列规定：

　　1　轻型屋面应根据腐蚀性介质的性质等条件，选用铝合金板、彩涂压型钢板、玻璃钢瓦及塑料瓦等材料。

　　2　在氯、氯化氢、氟化氢气体、碱性粉尘或煤、铜、汞、锡、镍、铅等金属及其化合物的粉尘作用下，不应采用铝合金板。

　　3　在腐蚀性粉尘的作用下，不应采用刚性防水屋面和水泥、混凝土的瓦屋面。当采用彩涂压型钢板屋面时，屋面坡度不应小于 10%。

　　4　屋面配件宜采用混凝土、玻璃钢、工程塑料或不锈钢等材料制作，不宜采用薄钢板或镀锌薄钢板制作。

5.4.3 金属板屋面的连接件，应采取防止不同金属接触腐蚀的隔离措施。

5.4.4 雨水管和水斗宜选用硬聚氯乙烯塑料、聚乙烯塑料、玻璃钢、不锈钢等材料制作。

5.4.5 受液态介质或固态介质作用的屋面，应按防腐蚀楼层地面设计，并应设置耐腐蚀的排水设施。

5.4.6 腐蚀性气体、气溶胶或粉尘排放口周围的屋面，应加强防护。

5.5　墙　　体

5.5.1 承重或非承重的砌体墙材料，应符合本规范第 4.5.1 条的规定；其表面防护应符合本规范第 5.2.5 条的规定。

5.5.2 内隔墙可选用纤维增强水泥条板、轻质混凝土条板、铝合金玻璃隔墙、不锈钢玻璃隔墙、塑钢玻璃隔墙、复合彩钢板和轻钢龙骨墙板体系。

纤维增强水泥条板、轻质混凝土条板的表面防护，可按本规范第 5.2.5 条的规定确定。

5.5.3 轻钢龙骨墙板体系材料的选择，应符合下列规定：

1 轻钢龙骨应采用厚度不小于 1mm 的冷轧镀锌薄钢板。

2 墙板应具有防水性和耐腐蚀性能，不得采用石膏板。

6 构 筑 物

6.1 储槽、污水处理池

6.1.1 本节适用于常温、常压下储存或处理腐蚀性液态介质的钢筋混凝土储槽和污水处理池。

6.1.2 储槽的槽体设计，应符合下列规定：

1 槽体应采用现浇钢筋混凝土。

2 槽体不应设置伸缩缝。

3 槽体宜采用条形或环形基础架空设置，当工艺要求布置在地下时，宜设置在地坑内。

4 容积大于 100m³ 的矩形储槽宜分格。

6.1.3 污水处理池的池体应采用现浇钢筋混凝土。池体不宜设置伸缩缝，必须设置时，构造应严密，并应满足防腐蚀和变形的要求。

6.1.4 储槽、污水处理池的钢筋混凝土结构设计除应符合本规范第 4.2 节规定外，尚应符合下列规定：

1 混凝土抗渗等级不应低于 S8。

2 侧壁和底板的厚度不应小于 200mm。混凝土内表面应平整，侧壁可采用聚合物水泥砂浆局部抹平，底板可采用细石混凝土找平并找坡。

3 受力钢筋直径不宜小于 10mm，间距不应大于 200mm，钢筋的混凝土保护层厚度不应小于 35mm。

6.1.5 储槽、污水处理池的内表面防护宜符合表 6.1.5 的规定，并应符合下列规定：

1 块材宜采用厚度不小于 30mm 的耐酸砖和耐酸石材。砌筑材料可采用树脂类材料、水玻璃类材料，不得采用沥青类材料。

2 水玻璃混凝土应采用密实型材料，其厚度不应小于 80mm。

3 玻璃钢的增强材料应采用玻璃纤维毡或玻璃纤维毡与玻璃纤维布复合；复合时的富胶层厚度不应小于玻璃钢厚度的 1/3。玻璃纤维布的含胶量不小于 45%，玻璃纤维短切毡的含胶量不小于 70%，玻璃纤维表面毡的含胶量不小于 90%。

4 采用块材、水玻璃混凝土衬里时，应设玻璃钢隔离层；玻璃钢的毡或布不应少于 2 层，厚度不应小于 1mm。

5 采用玻璃钢或涂层防护的储槽、污水处理池，在受冲刷和磨损的部位宜增设块材或树脂砂浆层。

表 6.1.5 储槽、污水处理池的内表面防护

腐蚀性等级	侧壁和池底		钢筋混凝土顶盖的底面
	储槽	污水处理池	
强	1. 块材 2. 水玻璃混凝土 3. 玻璃钢，厚度≥5mm	1. 块材 2. 玻璃钢，厚度≥3mm	1. 玻璃钢，厚度≥3mm 2. 树脂玻璃鳞片胶泥，厚度≥2mm
中	1. 块材 2. 玻璃钢，厚度≥3mm	1. 玻璃钢，厚度≥2mm 2. 树脂玻璃鳞片胶泥，厚度≥2mm 3. 聚合物水泥砂浆，厚度20mm	1. 树脂玻璃鳞片胶泥，厚度≥2mm 2. 树脂玻璃鳞片涂层，厚度≥250μm 3. 厚浆型防腐蚀涂层，厚度≥300μm
弱	1. 树脂玻璃鳞片胶泥，厚度≥2mm 2. 聚合物水泥砂浆，厚度20mm 3. 玻璃钢，厚度≥1mm	1. 树脂玻璃鳞片涂层，厚度≥250μm 2. 厚浆型防腐蚀涂层，厚度≥300μm 3. 聚合物水泥砂浆，厚度10mm	防腐蚀涂层，厚度≥200μm

注：1 当表中有多种防护措施时，表面防护层的种类，可根据腐蚀性介质的性质和作用程度以及储槽、污水处理池的重要性等因素选用其中一种。

2 在满足防腐蚀性能要求时，腐蚀性等级为弱的污水处理池可采用掺入抗硫酸盐的外加剂、矿物掺和料或钢筋阻锈剂的钢筋混凝土制作，其表面可不作防护。

6.1.6 储槽、污水处理池地上部分的外表面和地坑的内表面，应根据腐蚀性介质的作用条件，按本规范第 3.1 节确定腐蚀性等级，按本规范第 5.1 和 5.2 节的有关规定采取表面防护措施。

6.1.7 储槽、污水处理池与土壤接触的表面，应设置防水层。

6.1.8 管道出入口宜设置在储槽、污水处理池的顶部。当确需在侧壁设置时，应预埋耐腐蚀的套管；套管与管道间的缝隙应采用耐腐蚀材料填封。

6.1.9 腐蚀性等级为强时，储槽、污水处理池的内表面不应埋设钢制预埋件。储槽的栏杆和池内的爬梯、支架等，宜采用玻璃钢型材或耐腐蚀的金属制作。

6.1.10 当衬里施工过程中可能产生有害气体时，储槽、污水处理池的顶盖应采用装配式或设置不少于两个供施工通风用的孔洞。

6.2 室外管架

6.2.1 室外管架应采用钢筋混凝土结构、预应力混凝土结构或钢结构。

6.2.2 对钢的腐蚀性等级为强、中时，不宜采用吊索式、悬索式管架。

6.2.3 钢筋混凝土管架的设计除应符合本规范第4.2节的规定外，尚应符合下列规定：

  1 柱宜采用矩形截面。

  2 跨度大于或等于12m的梁，宜采用预应力混凝土梁。

  3 混凝土构件的表面防护，应符合本规范第5.2节的规定。

6.2.4 钢管架的设计除应符合本规范第4.3节的规定外，尚应符合下列规定：

  1 柱、桁架、梁宜采用H型截面和管型截面。

  2 圆钢吊杆或拉杆的直径不应小于20mm。

  3 钢构件的表面防护，应符合本规范第5.2节的规定。

6.2.5 防腐蚀地面范围内的管架柱下部以及有腐蚀性液体作用的检修平台或走道，应加强防护。

6.3 排 气 筒

6.3.1 排气筒型式的选择，应符合下列规定：

  1 排放的气体中含有酸性冷凝液时，宜采用套筒式或塔架式排气筒。

  2 排放的气体或粉尘对钢筋混凝土的腐蚀性等级为弱时，可采用单筒式排气筒。

6.3.2 单筒式排气筒应符合下列规定：

  1 筒壁应采用钢筋混凝土；筒壁的厚度不宜小于160mm，混凝土的抗渗等级不宜低于S8；钢筋混凝土的结构设计应符合本规范第4.2节的规定，筒首20m范围内的最大裂缝宽度不应大于0.15mm。

  2 筒壁可能结露时，应沿筒壁全高设耐腐蚀材料的内衬，筒壁内表面宜预先涂刷厚度不小于$100\mu m$的防腐蚀涂料或树脂胶料。

  3 当筒壁不可能结露时，筒壁内表面应沿全高涂刷厚度不小于$250\mu m$的防腐蚀涂料。

6.3.3 套筒式排气筒应符合下列规定：

  1 外筒应采用钢筋混凝土；外筒的厚度不宜小于160mm，混凝土的抗渗等级不宜低于S8；钢筋混凝土的结构设计，应符合本规范第4.2节的规定。筒首20m范围内的最大裂缝宽度，不应大于0.15mm。外筒内表面及支承内筒的梁、柱及平台、楼梯等构件的表面防护，应符合本规范第5.2节的规定。

  2 内筒应根据排放气体的腐蚀性采用耐腐蚀材料制作。

6.3.4 塔架式排气筒应符合下列规定：

  1 塔架应采用钢结构，并应符合本规范第4.3节的规定。

  2 塔架结构主要杆件应选用管型截面。

  3 塔架顶部10m范围内的钢材厚度，可增加腐蚀裕量1mm。

  4 筒体应根据排放气体的腐蚀性采用耐腐蚀材料制作。

  5 钢塔架基础应高出地面不小于500mm。

6.3.5 气体进口、转折及出口部位，应加强防护；可能产生气体结露的部位，应采取防止冷凝液积聚和沿筒身流下的措施。

6.3.6 单筒式筒壁的外表面、套筒式外筒的外表面和塔架，应根据排出气体和周围大气中气态、固态介质的类别，按本规范第5.2节的规定进行防护。筒首部位10m范围内应加强防护。

6.3.7 排气筒内部和外部地面受液态介质作用时，应根据介质的种类、浓度，按本规范第5.1节的规定设置防腐蚀地面。

6.3.8 爬梯、平台和栏杆宜采用耐候钢制作。表面防护宜采用厚度不小于$300\mu m$耐候性优良的防腐蚀涂层或喷、镀、浸金属层上再涂防腐蚀涂料的复合面层。预埋件和连接螺栓宜采用耐候钢或不锈钢制作。

有条件时，爬梯和栏杆可采用不锈钢制作。

7 材 料

7.1 一般规定

7.1.1 材料的选择，应根据腐蚀介质的性质、浓度和作用条件，结合材料的耐腐蚀性能和物理力学性能、使用部位的重要性、施工的可操作性、材料供应状况等因素综合确定。

7.1.2 常温下，常用材料的耐腐蚀性能宜按本规范附录A确定；常用材料的物理力学性能宜按本规范附录B确定。

当材料受多种介质混合作用、交替作用及非常温介质作用时，其耐腐蚀性能除确有使用经验外，应通过试验确定。

当采用新型材料时，应经科学试验和工程实践证明行之有效方可采用。

7.1.3 耐腐蚀材料的施工配合比，应符合现行国家标准《建筑防腐蚀工程施工及验收规范》GB 50212

的有关规定。

7.2 水泥砂浆和混凝土

7.2.1 水泥品种的选择，应符合下列规定：

1 混凝土和水泥砂浆宜选用硅酸盐水泥、普通硅酸盐水泥，地下结构或在弱腐蚀条件下，也可选用矿渣硅酸盐水泥或火山灰质硅酸盐水泥。

硅酸盐水泥宜掺入矿物掺和料；普通硅酸盐水泥可掺入矿物掺和料。

2 受碱液作用的混凝土和水泥砂浆，应选用普通硅酸盐水泥或硅酸盐水泥，不得选用高铝水泥或以铝酸盐成分为主的膨胀水泥，并不得采用铝酸盐类膨胀剂。

3 中抗硫酸盐硅酸盐水泥，可用于硫酸根离子含量不大于 2500mg/l 的液态介质；高抗硫酸盐硅酸盐水泥，可用于硫酸根离子含量不大于 8000mg/l 的液态介质。

在下列环境下，抗硫酸盐硅酸盐水泥的耐腐蚀性能除确有使用经验外，尚应经过试验确定：

    1）介质的硫酸根离子含量大于上述指标；

    2）介质除含有硫酸根离子外，还含有其他腐蚀性离子；

    3）构件一个侧面与硫酸根离子液态介质接触，另一个侧面暴露在大气中。

7.2.2 掺入混凝土中的外加剂，应符合下列规定：

1 外加剂对混凝土的性能应无不利影响，对钢筋不得有腐蚀作用。

2 在混凝土中掺入矿物掺和料、钢筋阻锈剂或抗硫酸盐的外加剂时，其掺量、使用方法和耐腐蚀性能可按相应产品的使用说明并经验证后确定。

7.2.3 混凝土的砂、石应致密，可采用花岗石、石英石或石灰石，但不得采用有碱骨料反应的活性骨料。

7.2.4 强度等级不低于 C20 的混凝土和 1：2 水泥砂浆，可用于浓度不大于 8%氢氧化钠作用的部位。

抗渗等级不低于 S8 的密实混凝土，可用于浓度不大于 15%氢氧化钠作用的部位。

采用铝酸三钙含量不大于 9%的普通硅酸盐水泥或硅酸盐水泥，且抗渗等级不低于 S12 的密实混凝土，可用于浓度不大于 22%氢氧化钠作用的部位。

7.2.5 聚合物水泥砂浆的品种可选用氯丁胶乳水泥砂浆、聚丙烯酸酯乳液水泥砂浆和环氧乳液水泥砂浆。聚合物水泥砂浆可用于盐类介质、中等浓度的碱液和酸性水等介质作用的部位。

7.3 耐腐蚀块材

7.3.1 耐酸砖、耐酸耐温砖可用于酸、碱、盐类介质作用的部位，但不得用于含氟酸、熔融碱作用的部位。

7.3.2 耐酸砖应选用素面砖，其吸水率不应大于0.5%。当用于受高温气态介质作用时，应选用耐酸耐温砖。

7.3.3 耐酸石材宜用于酸性介质作用的部位，也可用于碱、盐类介质作用的部位，但不得用于含氟酸、熔融碱和骤冷骤热介质作用的部位。

7.3.4 耐碱石材可用于碱性介质作用的部位，不得用于酸性介质作用的部位。

7.3.5 炭砖可用于含氟酸作用的部位。

7.4 金 属

7.4.1 铸铁和碳素钢常温时可用于氢氧化钠或硫化钠溶液作用的部位。

7.4.2 铝和铝合金可用于有机酸、浓硝酸、硝酸铵、尿素等介质作用的部位。

7.4.3 锌、铝及其合金，以及喷、镀、浸锌、铝金属层的钢材，不应用于下列介质作用频繁的部位：

1 碳酸钠粉尘、碱或呈碱性反应的盐类介质。

2 氯、氯化氢、氟化氢等气体。

3 铜、汞、锡、镍、铅等金属的化合物。

7.4.4 不锈钢不得用于含氯离子介质作用的部位。

7.4.5 铝和铝合金与水泥类材料或钢材接触时，应采取隔离措施。

7.5 塑 料

7.5.1 聚氯乙烯、聚乙烯和聚丙烯塑料，不得用于高浓度氧化性酸作用的部位。

7.5.2 聚氯乙烯、聚乙烯和聚丙烯塑料，不得用于有明火作用或受机械冲击作用的部位。

7.6 木 材

7.6.1 木材可用于醋酸酸雾、氟化氢、氯、二氧化硫等气态介质作用的部位，不得用于硝酸、铬酸、硫酸、氢氧化钠等液态介质作用的部位。

7.6.2 木材不宜用于介质干湿交替频繁作用的部位。

7.7 树脂类材料

7.7.1 树脂品种可选用环氧树脂、不饱和聚酯树脂、乙烯基酯树脂、呋喃树脂和酚醛树脂，但不得采用酚醛树脂配制树脂砂浆和树脂混凝土。

7.7.2 在酸（含氟酸除外）、碱、盐类介质作用下，集料应选用石英石、花岗石、石英砂等骨料和石英粉、瓷粉、铸石粉等粉料。玻璃钢的增强材料宜选用玻璃纤维布和玻璃纤维毡。

在含氟酸作用下，集料应选用重晶石的石、砂和粉料；玻璃钢的增强材料宜选用有机纤维布和有机纤维毡，也可选用麻布或脱脂纱布，但不得选用玻璃纤维布和玻璃纤维毡。

7.7.3 不饱和聚酯树脂材料和乙烯基酯树脂材料，不应选用有阻聚作用或有促进作用的颜料、粉料。

7.7.4 当树脂类材料用于潮湿基层时，应选用湿固化的环氧树脂胶料封底。

7.8 水玻璃类材料

7.8.1 水玻璃品种可选用钾水玻璃和钠水玻璃。水玻璃类材料可用于酸性介质作用的部位，不宜用于盐类介质干湿交替作用频繁的部位，不得用于碱和呈碱性反应的介质以及含氟酸作用的部位。

7.8.2 常温介质作用时，宜选用密实型水玻璃类材料；当介质温度高于100℃时，不应选用密实型水玻璃类材料。

经常有稀酸或水作用的部位，应选用密实型水玻璃类材料。

7.8.3 钠水玻璃材料不得与水泥砂浆、混凝土等呈碱性反应的基层直接接触。

7.8.4 配筋水玻璃混凝土的钢筋表面，应涂刷防腐蚀涂料。

7.9 沥青类材料

7.9.1 沥青类材料可用于中等浓度及以下的酸、碱和盐类介质作用的部位，不得用于有机溶剂作用的部位，不得用于高温和有明火作用的部位。

7.9.2 沥青类材料宜用于室内和地下工程。

7.10 防腐蚀涂料

7.10.1 防腐蚀面涂料的选择，应符合下列规定：

1 用于酸性介质环境时，宜选用氯化橡胶、聚氨酯、环氧、聚氯乙烯萤丹、高氯化聚乙烯、氯磺化聚乙烯、丙烯酸聚氨酯、丙烯酸环氧和环氧沥青、聚氨酯沥青等涂料。

用于弱酸性介质环境时，可选用醇酸涂料。

2 用于碱性介质环境时，宜选用环氧涂料，也可选用本条第1款所列的其他涂料，但不得选用醇酸涂料。

3 用于室外环境时，可选用氯化橡胶、脂肪族聚

氨酯、聚氯乙烯萤丹、氯磺化聚乙烯、高氯化聚乙烯、丙烯酸聚氨酯、丙烯酸环氧和醇酸等涂料，不应选用环氧、环氧沥青、聚氨酯沥青和芳香族聚氨酯等涂料。

4 用于地下工程时，宜采用环氧沥青、聚氨酯沥青等涂料。

5 对涂层的耐磨、耐久和抗渗性能有较高要求时，宜选用树脂玻璃鳞片涂料。

7.10.2 底涂料的选择，应符合下列规定：

1 锌、铝和含锌、铝金属层的钢材，其表面应采用环氧底涂料封闭；底涂料的颜料应采用锌黄类，不得采用红丹类。

2 在有机富锌或无机富锌底涂料上，宜采用环氧云铁或环氧铁红的涂料，不得采用醇酸涂料。

3 在水泥砂浆或混凝土表面上，应选用耐碱的底涂料。

7.10.3 防腐蚀涂料的底涂料、中间涂料和面涂料等，应选用相互间结合良好的涂层配套。

涂层与钢铁基层的附着力不宜低于5MPa；涂层与水泥基层的附着力不宜低于1.5MPa；附着力的测试方法为拉开法，应符合现行国家标准《涂层附着力的测定拉开法》GB/T 5210的规定。

当涂层与基层的附着力采用拉开法测试确有困难时，可采用划格法进行测试，其附着力不宜低于1级；划格法应符合现行国家标准《漆膜的划格试验》GB/T 9286的规定。

常用防腐蚀涂层配套可按本规范附录C选用。

附录 A 常用材料的耐腐蚀性能

A.0.1 耐腐蚀块材、塑料、聚合物水泥砂浆、沥青类、水玻璃类材料和弹性嵌缝材料的耐腐蚀性能，宜按表A.0.1确定。

表 A.0.1 耐腐蚀块材、塑料、聚合物水泥砂浆、沥青类、水玻璃类材料和弹性嵌缝材料的耐腐蚀性能

介质名称	花岗石	耐酸砖	硬聚氯乙烯板	氯丁胶乳水泥砂浆	聚丙烯酸酯乳液水泥砂浆	环氧乳液水泥砂浆	沥青类材料	水玻璃类材料	氯磺化聚乙烯胶泥
硫酸（%）	耐	耐	≤70，耐	不耐	≤2，尚耐	≤10，尚耐	≤50，耐	耐	≤40，耐
盐酸（%）	耐	耐	耐	≤2，尚耐	≤5，尚耐	≤10，尚耐	≤20，耐	耐	≤20，耐
硝酸（%）	耐	耐	≤50，耐	≤2，尚耐	≤5，尚耐	≤5，尚耐	≤10，耐	耐	≤15，耐
醋酸（%）	耐	耐	≤60，耐	≤2，尚耐	≤5，尚耐	≤10，尚耐	≤40，耐	耐	—
铬酸（%）	耐	耐	≤50，耐	≤2，尚耐	≤5，尚耐	≤5，尚耐	≤5，尚耐	耐	—
氢氟酸（%）	不耐	不耐	≤40，耐	≤2，尚耐	≤5，尚耐	≤5，尚耐	≤5，耐	不耐	≤15，耐
氢氧化钠（%）	≤30，耐	耐	耐	≤20，耐	≤20，尚耐	≤30，尚耐	≤25，耐	不耐	≤20，耐
碳酸钠	耐	耐	耐	尚耐	尚耐	耐	耐	不耐	耐
氨水	耐	耐	耐	耐	耐	耐	耐	不耐	—
尿素	耐	耐	耐	耐	耐	耐	耐	不耐	耐

续表 A.0.1

介质名称	花岗石	耐酸砖	硬聚氯乙烯板	氯丁胶乳水泥砂浆	聚丙烯酸酯乳液水泥砂浆	环氧乳液水泥砂浆	沥青类材料	水玻璃类材料	氯磺化聚乙烯胶泥
氯化铵	耐	耐	耐	尚耐	尚耐	耐	耐	尚耐	—
硝酸铵	耐	耐	耐	尚耐	尚耐	尚耐	耐	尚耐	—
硫酸钠	耐	耐	耐	尚耐	尚耐	耐	耐	尚耐	—
丙酮	耐	耐	不耐	耐	尚耐	耐	不耐	有渗透作用	—
乙醇	耐	耐	耐	耐	耐	耐	不耐		—
汽油	耐	耐	耐	耐	尚耐	耐	不耐		—
苯	耐	耐	不耐	耐	不耐	耐	不耐		—
5%硫酸和5%氢氧化钠交替作用	耐	耐	耐	不耐	不耐	尚耐	耐	不耐	耐

注：1 表中介质为常温，%系指介质的质量浓度百分比。
　　2 表中水玻璃类材料对氯化铵、硝酸铵、硫酸钠的"尚耐"，仅适用于密实型水玻璃类材料。

A.0.2 树脂类材料的耐腐蚀性能，宜按表 A.0.2 确定。

表 A.0.2 树脂类材料的耐腐蚀性能

介质名称	环氧类材料	酚醛类材料	不饱和聚酯类材料				乙烯基酯类材料	糠醇糠醛型呋喃类材料
			双酚A型	邻苯型	间苯型	二甲苯型		
硫酸（%）	≤60，耐	≤70，耐	≤70，耐	≤50，耐	≤50，耐	≤70，耐	≤70，耐	≤60，耐
盐酸（%）	≤31，耐	耐	≤20，耐	≤31，耐	≤31，耐	耐	≤20，耐
硝酸（%）	≤10，尚耐	≤10，尚耐	≤40，耐	≤5，耐	≤20，耐	≤40，耐	≤40，耐	≤10，耐
醋酸（%）	≤10，耐	耐	≤40，耐	≤30，耐	≤40，耐	≤40，耐	≤40，耐	≤20，耐
铬酸（%）	≤10，尚耐	≤20，耐	≤20，耐	≤5，耐	≤10，耐	≤20，耐	≤20，耐	≤5，耐
氢氟酸（%）	≤5，尚耐	≤40，耐	≤40，耐	≤20，耐	≤30，耐	≤30，尚耐	≤30，耐	≤20，耐
氢氧化钠	耐	不耐	尚耐	不耐	尚耐	尚耐	尚耐	尚耐
碳酸钠（%）	耐	尚耐	≤20，耐	不耐	尚耐	耐	耐	耐
氨水	耐	不耐	不耐	不耐	不耐	不耐	尚耐	尚耐
尿素	耐	耐	耐	耐	耐	尚耐	耐	耐
氯化铵	耐	耐	耐	耐	耐	耐	耐	耐
硝酸铵	耐	耐	耐	耐	耐	耐	耐	耐
硫酸钠	耐	尚耐	尚耐	尚耐	尚耐	尚耐	耐	耐
丙酮	尚耐	不耐	不耐	不耐	不耐	不耐	不耐	不耐

介质名称	环氧类材料	酚醛类材料	不饱和聚酯类材料				乙烯基酯类材料	糠醇糠醛型呋喃类材料
			双酚A型	邻苯型	间苯型	二甲苯型		
乙醇	耐	尚耐	尚耐	不耐	尚耐	尚耐	尚耐	尚耐
汽油	耐	耐	耐	耐	耐	尚耐	耐	耐
苯	耐	耐	尚耐	不耐	尚耐	不耐	尚耐	耐
5%硫酸和5%氢氧化钠交替作用	耐	不耐	尚耐	不耐	尚耐	耐	耐	耐

注：表中介质为常温,%系指介质的质量浓度百分比。

B.0.1 聚合物水泥砂浆、沥青类和水玻璃类材料的物理力学性能，宜按表B.0.1确定。

附录 B 常用材料的物理力学性能

表 B.0.1 聚合物水泥砂浆、沥青类和水玻璃类材料的物理力学性能

项目	氯丁胶乳水泥砂浆	聚丙烯酸酯乳液水泥砂浆	环氧乳液水泥砂浆	沥青类材料	钾水玻璃材料		钠水玻璃材料	
					普通型	密实型	普通型	密实型
抗压强度（MPa）不小于	20	30	35	砂浆、混凝土在50℃时1.0	砂浆20混凝土20	砂浆25混凝土25	砂浆15混凝土20	砂浆20混凝土25
抗拉强度（MPa）不小于	3.0	4.5	5.0	—	胶泥、砂浆3.0	胶泥、砂浆2.5	胶泥、砂浆2.5	胶泥、砂浆2.5
粘结强度（MPa）不小于	与水泥基层1.2 与钢铁基层2.0	与水泥基层1.2 与钢铁基层1.5	与水泥基层2.0 与钢铁基层2.0	胶泥与耐酸砖0.5	胶泥、砂浆与耐酸砖1.2 砂浆与水泥基层1.0		胶泥、砂浆与耐酸砖1.0	
抗渗等级（MPa）不小于	1.5	1.5	1.5	—	0.4	1.2	0.2	1.2
吸水率（%）不大于	4.0	5.5	4.0	砂浆1.5	10	3	15	—
使用温度（℃）不大于	60	60	80	50	300	100	300	100

注：1 水玻璃胶泥的吸水率系采用煤油吸收法测定。

2 表中使用温度系指无腐蚀条件下的温度。

3 普通型水玻璃类材料采用耐火集料时，其使用温度可以提高。

B.0.2 树脂类材料的物理力学性能，宜按表B.0.2 确定。

表 B.0.2　树脂类材料的物理力学性能

项　　目		环氧类材料	酚醛类材料	不饱和聚酯类材料				乙烯基酯类材料	糠醇糠醛型呋喃类材料
				双酚A型	邻苯型	间苯型	二甲苯型		
抗压强度(MPa)不小于	胶泥	80	70	70	80	80	80	80	70
	砂浆	70	—	70	70	70	70	70	60
抗拉强度(MPa)不小于	胶泥	9	6	9	9	9	9	9	6
	砂浆	7	—	7	7	7	7	7	6
	玻璃钢	100	60	100	90	90	100	100	80
胶泥粘结强度(MPa)不小于	与耐酸砖	3	1	2.5	1.5	1.5	3	2.5	2.5
	与花岗石	2.5	2.0	2.5	2.5	2.5	2.5	2.5	2.5
	与水泥基层	2.0	—	1.5	1.5	1.5	1.5	1.5	—
收缩率不大于(%)	胶泥	0.2	0.5	0.9	0.9	0.9	0.4	0.8	0.4
	砂浆	0.2	—	0.7	0.7	0.7	0.3	0.6	0.3
胶泥使用温度(℃)不大于		80	120	100	60	100	—	—	140

注：1　各种树脂胶泥、玻璃钢的吸水率不大于0.2%，砂浆的吸水率不大于0.5%。

　　2　表中使用温度是指无腐蚀条件下的温度。

　　3　乙烯基酯树脂胶泥的使用温度与品种有关，为80～120℃。

　　4　二甲苯型不饱和聚酯树脂胶泥的使用温度与品种有关，为65～85℃。

附录 C　防腐蚀涂层配套

涂层的配套可按表C.0.1选用；当涂层用于室外时，涂料的品种应符合本规范第7.10节的规定，且涂层的总厚度宜增加20～40μm。

C.0.1　在气态和固态粉尘介质作用下，常用防腐蚀

表 C.0.1　防腐蚀涂层配套

基层材料	除锈等级	涂层构造									涂层总厚度(μm)	使用年限(a)		
		底层			中间层			面层				强腐蚀	中腐蚀	弱腐蚀
		涂料名称	遍数	厚度(μm)	涂料名称	遍数	厚度(μm)	涂料名称	遍数	厚度(μm)				
钢材	Sa2或St3	醇酸底涂料	2	60	—			醇酸面涂料	2	60	120	—	—	2～5
									3	100	160	—	2～5	5～10
		与面层同品种的底涂料或环氧铁红底涂料	2	60				氯化橡胶、高氯化聚乙烯、氯磺化聚乙烯等面涂料	2	60	120	—	—	2～5
			2	60					3	100	160	—	2～5	5～10
			3	100					3	100	200	2～5	5～10	10～15
			2	60	环氧云铁中间涂料	1	70		2	70	200	2～5	5～10	10～15
			2	60		1	80		3	100	240	5～10	10～15	>15
			2	60	环氧云铁中间涂料	1	70	环氧、聚氨酯、丙烯酸环氧、丙烯酸聚氨酯等面涂料	2	70	200	2～5	5～10	10～15
			2	60		1	80		3	100	240	5～10	10～15	>15
			2	60		2	120		3	100	280	10～15	>15	>15
	Sa2½	环氧铁红底涂料	2	60	环氧云铁中间涂料	1	70	环氧、聚氨酯、丙烯酸环氧、丙烯酸聚氨酯等厚膜型面涂料	2	150	280	10～15	>15	>15
			2	60				环氧、聚氨酯等玻璃鳞片面涂料	3	260	320	>15	>15	>15
								乙烯基酯玻璃鳞片面涂料	2					

基层材料	除锈等级	底层 涂料名称	底层 遍数	底层 厚度(μm)	中间层 涂料名称	中间层 遍数	中间层 厚度(μm)	面层 涂料名称	面层 遍数	面层 厚度(μm)	涂层总厚度(μm)	使用年限(a) 强腐蚀	使用年限(a) 中腐蚀	使用年限(a) 弱腐蚀
钢材	Sa2 或 St3	聚氯乙烯萤丹底涂料	3	100	—			聚氯乙烯萤丹面涂料	2	60	160	5~10	10~15	>15
			3	100				聚氯乙烯萤丹面涂料	3	100	200	10~15	>15	>15
	Sa2½		2	80				聚氯乙烯含氟萤丹面涂料	2	60	140	5~10	10~15	>15
			3	110				聚氯乙烯含氟萤丹面涂料	2	60	170	10~15	>15	>15
			3	100				聚氯乙烯含氟萤丹面涂料	3	100	200	>15	>15	>15
	Sa2½	富锌底涂料	见表注	70	环氧云铁中间涂料	1	60	环氧、聚氨酯、丙烯酸环氧、丙烯酸聚氨酯等面涂料	2	70	200	5~10	10~15	>15
				70		1	70		3	100	240	>15	>15	>15
				70		2	110		3	100	280	>15	>15	>15
				70		1	60	环氧、聚氨酯丙烯酸环氧、丙烯酸聚氨酯等厚膜型面涂料	2	150	280	>15	>15	>15
	Sa3（用于铝层）、Sa2½（用于锌层）	喷涂锌、铝及其合金的金属覆盖层120μm，其上再涂环氧密封底涂料20μm			环氧云铁中间涂料	1	40	环氧、聚氨酯、丙烯酸环氧、丙烯酸聚氨酯等面涂料	2	60	240	10~15	>15	>15
									3	100	280	>15	>15	>15
						1	40	环氧、聚氨酯、丙烯酸环氧、丙烯酸聚氨酯等厚膜型面涂料	1	100	280	>15	>15	>15
混凝土	—	与面层同品种的底涂料	1	30	—			氯化橡胶、高氯化聚乙烯、氯磺化聚乙烯等面涂料	2	60	90	—	2~5	5~10
			2	60					2	60	120	2~5	5~10	10~15
			2	60					3	100	160	5~10	10~15	>15
			3	100					3	100	200	10~15	>15	>15
		环氧底涂料或与面层同品种的底涂料	1	30				环氧、聚氨酯、丙烯酸环氧、丙烯酸聚氨酯、聚氯乙烯萤丹等面涂料	2	60	90	2~5	5~10	10~15
			2	60					2	60	120	5~10	10~15	>15
			2	60					3	100	160	10~15	>15	>15
			3	100					3	100	200	>15	>15	>15

注：1　涂层厚度系指干膜的厚度。

　　2　富锌底涂料的遍数与品种有关，当采用正硅酸乙酯富锌底涂料、硅酸锂富锌底涂料、硅酸钾富锌底涂料时，宜为1遍；当采用环氧富锌底涂料、聚氨酯富锌底涂料、硅酸钠富锌底涂料和冷涂锌底涂料时，宜为2遍。

　　3　在混凝土涂刷底涂料之前，宜先涂刷稀释的环氧涂料或稀释的面涂料一遍（无厚度要求），并用腻子局部找平。

本规范用词说明

1 为便于在执行本规范条文时区别对待，对要求严格程度不同的用词说明如下：

1）表示很严格，非这样做不可的用词：

正面词采用"必须"，反面词采用"严禁"。

2）表示严格，在正常情况下均应这样做的用词：

正面词采用"应"，反面词采用"不应"或"不得"。

3）表示允许稍有选择，在条件许可时首先应这样做的用词：

正面词采用"宜"，反面词采用"不宜"；

表示有选择，在一定条件下可以这样做的用词，采用"可"。

2 本规范中指明应按其他有关标准、规范执行的写法为"应符合……的规定"或"应按……执行"。

中华人民共和国国家标准

工业建筑防腐蚀设计规范

GB 50046—2008

条 文 说 明

目　次

1 总　则

1.0.1 在化工、冶金、石油、化纤、机械、医药、轻工等许多工业部门的生产中，普遍存在着各种酸、碱、盐类腐蚀性介质；这些介质对建筑物和构筑物的构配件有不同程度的腐蚀破坏作用。本规范是从设计的角度对建筑、结构的布置和选型直至表面防护等采取一系列合理有效的措施，保证建筑结构的安全性、耐久性。

结构的设计使用年限，应按现行国家标准《建筑结构可靠度设计统一标准》GB 50068确定。建筑防腐蚀措施主要采取提高结构自身耐久性和采取附加措施。有些附加措施（如：钢结构的涂层）需根据防护层的使用年限，进行多次修复或更换才能满足设计使用年限的要求。

1.0.2 腐蚀的范围很广，介质种类繁多，腐蚀形式多种多样。本规范是针对工业生产常见的介质对建筑结构的防腐蚀设计。

1.0.3 "预防为主"是指采取先进的工艺技术措施，采用密闭性好的设备和管道，做到工艺流程中无泄漏或少泄漏，并通过合理地布置生产设备和对腐蚀性介质进行有组织的回收或排放等技术，避免或减轻腐蚀性介质对建筑、结构的腐蚀。

"防护结合"是腐蚀性介质不可避免对建筑物、构筑物产生作用时，防腐蚀设计应根据介质的性质、含量、作用程度和防护层使用年限等因素，因地制宜采取各种有效的保护措施，并在使用中经常维护。

建筑防腐蚀设计考虑的因素比较多，除了介质的种类、作用量、温度、环境条件等因素外，还要预估生产以后的管理水平和维修条件等，而且还应和工艺、设备、通风、排水等专业一起采取综合措施，才能取得较好的效果。

由于构配件的表面防护比一般装修昂贵得多，因此，对重要构件和次要构件应区别对待，重要构件和维修困难、危及人身安全的部位应采用耐久性较高的保护措施。

1.0.4 本规范与现行国家标准《建筑防腐蚀工程施工及验收规范》GB 50212配套使用。与其他建筑结构规范配合使用时，凡处于工业腐蚀条件下，应遵守本规范的设计规定。

有些腐蚀环境，如杂散电流的腐蚀以及酸雨、冻融、海洋环境等自然环境介质的腐蚀，尚应符合国家现行有关标准的规定。

2 术　语

2.0.1 在国内外有关的防腐蚀标准中，腐蚀性介质对建筑材料劣化的程度（即腐蚀性程度），有的分为

3级，有的分为4、5、6、7级。

本规范仍按原规范的规定，将腐蚀性程度分为4级（即：强、中、弱、微）。其理由是既可与国内一些规范配套使用，而且便于操作。从现代科学的防腐蚀技术水平来看，对于某一腐蚀环境下的防护手段，无非只有几种。因此如果级别分得太多，其相应的防护措施并不可能分得那么细。

本规范将原规范腐蚀性等级的"无腐蚀"改为"微腐蚀"。使用词更科学、更准确。在自然界中，材料在任何情况下都会有腐蚀，只是腐蚀的程度不同，无腐蚀是不存在的。微腐蚀并不是一点腐蚀都没有，而是指腐蚀很轻微、可忽略。

腐蚀性分级，尤其是对非金属材料的腐蚀性分级，至今尚无国内外的统一标准。因此除有约定外，不同规范中的"强腐蚀"，其内容也不尽相同。

2.0.2 防护层使用年限是预估的使用年限，应在设计、施工、使用、维护等各个环节上得到保证。

"合理设计"是指建筑防腐蚀设计应以本规范为依据，正确分析设计条件，采取合理的防护措施。如果设计不合理，实际使用效果一定很差。例如：某肉类加工厂的地面为了防止脂肪酸的腐蚀作用而采用了耐酸混凝土（即水玻璃耐酸混凝土）；这种地面是耐脂肪酸的。但设计人员忽略了清洗地面时需要用碱水去掉油脂的要求，而水玻璃类材料是不耐碱性介质的，所以这块地面使用不久就被腐蚀破坏了。

"正确施工"是指建筑防腐蚀工程应以现行的国家标准《建筑防腐蚀工程施工及验收规范》GB 50212为依据，精心施工，确保工程质量。防腐蚀工程的施工与一般建筑装饰工程的施工是有区别的。某防腐蚀工程在混凝土面上施工防腐蚀涂层时采用普通装饰工程的油灰打底，虽然表面很平整，但使用不到3年，就成片脱落。

"正常使用和维护"是指防腐蚀工程的使用单位应提倡文明生产，制定相应的生产、管理制度。例如：某硝铵车间地面上的固态硝铵，应干扫去除，但却采用自来水冲洗，造成液态介质干湿交替作用腐蚀，使厂房破坏严重。

根据国家标准《建筑结构可靠度设计统一标准》GB 50068—2001的规定，"正常维护"应包括必要的检测、防护及维修。

防护层使用年限是预估的年限，不是防护层的实际使用年限。当使用年限超过预估年限时，应对防护层进行全面评估，以确定是否需要大修或继续使用。

3 基本规定

3.1 腐蚀性分级

3.1.1 腐蚀性介质按其存在形态可分为三大类：气

态介质、液态介质和固态介质。将原规范的腐蚀性水和酸碱盐溶液并为液态介质。各种介质再按其性质、含量和环境条件进行腐蚀性等级分类。

凡规范中未列入的介质，由设计人员根据介质的性质和含量等情况按相近的介质确定类别。

设计时应根据生产工艺条件确定腐蚀性介质的类别。为了便于使用，表1列举了各行业有腐蚀性生产装置部位以及室外大气的腐蚀性介质类别。但由于生产工艺、设备的不断更新以及管理水平的差异，可能导致腐蚀的介质浓度以及泄漏程度等会有所变化，因此腐蚀类别还应根据实际条件确定。

表1　生产部位腐蚀性介质类别举例

行业	生产部位名称	环境相对湿度（%）	气态介质		液态介质		固态介质	
			名称	类别	名称	类别	名称	类别
化工	硫酸净化工段、吸收工段	—	二氧化硫	Q10	硫酸	Y1	—	—
	硫酸街区大气	—	二氧化硫	Q11	—	—	—	—
	稀硝酸泵房	—	氮氧化物	Q6	硝酸	Y1	—	—
	浓硝酸厂房	—	氮氧化物	Q5	硝酸	Y1	—	—
	食盐离子膜电解厂房	—	氯	Q2	氢氧化钠、氯化钠	Y7、16	—	—
	盐酸吸收、盐酸脱吸	>75	氯化氢	Q3	盐酸	Y1	—	—
	氯碱街区大气	—	氯、氯化氢	Q2、4	—	—	—	—
	碳酸钠碳化工段	—	二氧化碳、氨	Q16、17	碳酸钠、氯化钠	Y10、16	碳酸钠	G5
	氯化铵滤铵机、离心机部位	—	氨	Q17	氯化铵母液	Y15	—	—
	硫酸铵饱和部位	>75	硫酸酸雾、氨	Q12、17	硫酸、硫铵母液	Y1、11	—	—
	硝酸铵中和工段	—	氮氧化物、氨	Q6、17	硝酸、硝酸铵	Y1、13	—	—
	尿素散装仓库	60~75	氨	Q17	—	—	尿素	G8
	醋酸氧化工段、精馏工段	—	醋酸酸雾	Q14	醋酸	Y5	—	—
	氢氟酸反应工段	—	氟化氢	Q9	硫酸	Y1	—	—
石油化工	己内酰胺车间（环己酮羟胺法）	—	—	—	亚硝酸钠	Y12	亚硝酸钠	G8
	氯乙烯工段	—	氯化氢	Q4	盐酸	Y1	—	—
	精对苯二甲酸生产PTA工段	—	醋酸酸雾	Q15	醋酸	Y5	—	—
有色冶金	铜电解、铜电积、铜净液	>75	硫酸酸雾	Q12	硫酸、硫酸铜	Y1、11	—	—
	铜浸出	>75	硫酸酸雾	Q12	硫酸	Y1	硫酸铜	G7
	锌浸出、压滤、锌电解	>75	硫酸酸雾	Q12	硫酸、硫酸锌	Y1 参Y11	—	—
	镍电解、镍净液、镍电积	>75	氯、氯化氢、硫酸酸雾	Q2、4、12	硫酸、盐酸	Y1	—	—
	钴电解、钴电积	>75	氯、硫酸酸雾	Q2、12	硫酸	Y1	—	—
	铅电解	60~75	硅氟酸酸雾	参Q9	硅氟酸	参Y4	—	—
	氟化盐制酸车间吸收塔部位	—	—	—	氢氟酸	Y4	—	—
	氧化铝叶滤厂房、分解过滤厂房	—	碱雾	Q18	氢氧化钠、碳酸钠	Y7、10	—	—
	镁浸出	—	氯、氯化氢	Q1、3	—	—	氯化镁	G6

续表 1

行业	生产部位名称		环境相对湿度（%）	气态介质		液态介质		固态介质	
				名称	类别	名称	类别	名称	类别
机械	各种金属件的酸洗		>75	酸雾、碱雾	Q12、18	酸洗液、氢氧化钠	Y1、7	—	—
	电镀		>75	酸雾、碱雾	Q12、18	酸洗液、氢氧化钠	Y1、7	—	—
医药	氯霉素生产的反应釜部位		—	氯、氯化氢	Q1、3	盐酸	Y1		
	阿斯匹林生产的离心机、反应釜部位		—	醋酸酸雾	Q14	醋酸	Y5		
农药	甲基异氰酸酯合成、精制		—	氯化氢	Q4				
	杀螟松生产的氯化物		—	氯化氢	Q3	氯化盐	Y15		
化纤	粘胶纤维	熟成工段	—	硫化氢	Q7	氢氧化钠	Y8		
		酸站	—	氯、硫化氢	Q2、7	硫酸	Y1		
		纺丝间	>75	氯、硫化氢	Q2、7	硫酸	Y1		
印染	漂炼		>75	氯化氢、二氧化硫、碱雾	Q4、11、18	氢氧化钠、次氯酸钠、亚硫酸钠	Y8、12		
	染色调配、印花调浆		>75	醋酸酸雾、碱雾	Q15、18	醋酸、氢氧化钠、硫化碱	Y5、8		
钢铁	酸洗		>75	氯化氢	Q3	硫酸	Y1		
	半连轧酸洗槽		>75	硫酸酸雾	Q12	盐酸	Y1		
制盐	硫酸钠溶解槽、蒸发部位		—			硫酸钠	Y11	硫酸钠	G3
	氯化钠蒸发、干燥		—			氯化钠	Y16	氯化钠	G2
制糖	糖汁硫熏器及燃硫炉		—	二氧化硫	Q11				
日用化工	洗衣粉生产的磺化部位、尾气排空管屋面附近		—	二氧化硫	Q11	硫酸、苯磺酸	Y1		
	肥皂生产的化油槽、煮皂锅部位		>75	—	—	脂肪酸、氢氧化钠	Y6、7		
造纸	碱法、硫酸盐法化浆	蒸煮、洗选工段	—	硫化氢	Q8	硫化钠、氢氧化钠、硫酸钠	Y8、11		
		漂白、制漂工段	—	氯、二氧化硫	Q1、11	硫酸、氢氧化钠、硫酸镁	Y1、7、11	硫酸镁、氧化钙	G7
		苛化工段	—	碱雾	Q18	氢氧化钠、碳酸钠	Y7、10	碳酸钙、氧化钙	G1
	化学机械浆	化机浆车间	—	—	—	氢氧化钠、亚硫酸钠	Y7、12		
食品	乳制品收乳与预处理工段、酸牛乳车间、冰淇淋车间		—			硝酸、乳酸、氢氧化钠	Y1、6、8		
	味精提取车间		—	氯化氢	Q4	盐酸、氢氧化钠	Y1、8		

行业	生产部位名称	环境相对湿度（%）	气态介质		液态介质		固态介质	
			名称	类别	名称	类别	名称	类别
制革	鞣制车间	>75	硫化氢、铬酸气	Q7、参Q12	铬酸	Y1	—	—
其他	脱盐水站的酸储槽及投配排放部位	—	—	—	盐酸、硫酸	Y1	—	—

注：环境相对湿度表中未注明者，可按地区年平均相对湿度确定。

3.1.2 在介质环境中，建筑材料的腐蚀性等级与污染介质的成分、含量或浓度、潮润时间等综合因素有关。本规范仍按原规范的规定分为4级：强、中、弱、微，将原规范的"无腐蚀"改为"微腐蚀"。

一般从概念上可理解为：在强腐蚀条件下，材料腐蚀速度较快，构配件必须采取附加的防腐蚀措施，如有可能宜改用其他耐腐蚀性材料；在中等腐蚀条件下，材料有一定的腐蚀，可采用附加的防腐蚀措施；在弱腐蚀条件下，材料腐蚀较慢，可采用提高构件的自身质量，个别情况也可采取简易的附加防腐蚀措施；微腐蚀条件时，材料无明显腐蚀。

建筑材料是指建筑结构或构配件的常用材料：钢筋混凝土、素混凝土、钢、铝、烧结砖砌体、木。其中烧结砖砌体的腐蚀性等级是综合烧结粘土砖和水泥砂浆的耐腐蚀性能而定的。预应力混凝土与钢筋混凝土的耐腐蚀性，虽有差异，但基本相同。

同一形态的多种介质同时作用同一部位时，腐蚀性等级应取最高者，但防护措施应综合满足各种不同的要求。例如：有酸碱作用的地面，一般说来，酸为强腐蚀，碱可能是中腐蚀，因此该地面的腐蚀性等级为强腐蚀，但该地面的防护要求，不但需要满足酸（强腐蚀）作用的要求，还需满足碱（中腐蚀）作用的要求。

3.1.3 环境相对湿度，是指在某一温度下空气中的水蒸气含量与该温度下空气中所能容纳的水蒸气最大含量的比值，以百分比表示。环境相对湿度应采用构配件所处部位的实际相对湿度，不能不加区别都采用工程所在地区年平均大气相对湿度值。例如：湿法冶炼车间的相对湿度常大于地区年平均相对湿度，而有热源辐射反应炉附近的相对湿度常小于地区年平均相对湿度。因此，在生产条件对相对湿度影响较小时才可采用工程所在地区的年平均相对湿度。

对于大气中水分的吸附能力，不同物质或同一物质的不同表面状态是不同的。当空气中相对湿度达到某一临界值时，水分在其表面形成水膜，从而促进了电化学过程的发展，表现出腐蚀速度剧增，此时的相对湿度值就称为某物质的临界相对湿度。值得注意的是金属的临界相对湿度还往往随金属表面状态不同而变化，如：金属表面越粗糙，裂缝与小孔愈多，其临界相对湿度也愈低；当金属表面上沾有易于吸潮的盐类或灰尘等，其临界值也会随之降低。

表3.1.4和表3.1.6中环境相对湿度的取值主要依据碳钢的腐蚀临界湿度确定，其他材料略有差异。

3.1.4 气态介质指各种腐蚀性气体、酸雾和碱雾（含碱水蒸气），主要作用于室内外的上部建筑结构及构配件，其腐蚀性与介质的性质、含量以及环境相对湿度有关。

酸雾和碱雾本是以液体为分散相的气溶胶，但其腐蚀特征和作用部位更接近气态介质，因此列入气态介质范围内。酸雾、碱雾的含量仍以定性描述，目前尚不具备定量的条件。

这次修编，将原规范Q3氯化氢的含量1～15 mg/m³改为1～10 mg/m³，理由：①国内几十个工程调查表明，Q3氯化氢含量一般仅为1～2 mg/m³，不超过10 mg/m³；②与国外一些标准匹配。

另外，将原规范Q9氟化氢的含量5～50 mg/m³改为1～10 mg/m³，理由：①某电解车间室内氟化氢含量为1.84 mg/m³，对厂房已有腐蚀；②某厂氟化氢洗涤塔，净化前的含量为20～30mg/m³，净化后的含量为1.40～2.24 mg/m³，所以厂房内不会达到50 mg/m³那么高的浓度。

表3.1.4中Q12、Q13、Q14、Q15、Q18所在行第三列介质含量原为"大量"或"少量"作用，不够准确，现改为"经常"或"偶尔"作用。这里经常作用是指在一定的浓度范围内，同种腐蚀性介质经常或周期性作用下，对建筑结构的腐蚀较大；偶尔作用是指同种腐蚀性介质不经常或间断作用，对建筑结构的腐蚀较小。

3.1.5 液态介质指的是生产过程中直接作用或泄漏的液态介质，多作用于池、槽、地面和墙裙，是以介质不同性质和pH值或浓度进行分类的。

硫酸、盐酸、硝酸等无机酸的pH值为1时，其浓度约为0.4%～0.6%。

当生产用水（包括污水）采用离子浓度分类时，其腐蚀性等级可按现行国家标准《岩土工程勘察规范》GB 50021地下水的离子浓度进行分类。

3.1.6 固态介质包括碱、盐、腐蚀性粉尘和以固体为分散相的气溶胶，主要作用于地面、墙面和地面以上的建筑结构及构配件。固态介质只在溶解后才对建筑材料产生腐蚀，因此，腐蚀程度与水和环境相对湿度有关。不溶和难溶的固体基本上不具腐蚀性，完全溶解后的易溶固体按液态介质进行腐蚀性评定；处于户外部分的易溶固体因有雨水作用，按液态介质考虑。在无水环境中，固体吸湿性大小与环境相对湿度有关。易吸湿的固体在环境相对湿度大于 60％时通常都会有不同程度地吸湿后潮解成半液体状或局部溶解。

这次修编将 G1 的"硅酸盐"，改为"硅酸铝"，因为硅酸钠、硅酸钾是溶于水的；删去 G1 的"铝酸盐"，因为铝酸钠是溶于水的。

这次修编将表 3.1.6 中 G2 的氯化锂删除，因其平衡时相对湿度为 12％，属易吸湿介质，不是难吸湿介质。

3.1.7 为了与现行国家标准《岩土工程勘察规范》GB 50021 协调一致，本规范不再另列入水、土对建筑材料的腐蚀性等级。

3.1.8 干湿交替作用的情况有多种多样。地面受液态介质作用，时干时湿属于干湿交替作用；基础和桩基础在地下水位变化的部位，有干湿交替作用；储槽、污水池、排水沟在液面变化的部位，也有干湿交替作用。

在介质的干湿交替作用下，材料会加速腐蚀；但不同的干湿交替作用情况，加速腐蚀的程度是不同的。如果干湿交替作用能产生介质的积聚、浓缩（如：构件一个侧面与硫酸根离子液态介质接触，而另一个侧面暴露在大气中），则腐蚀速度快。如果干湿交替作用基本上不能产生介质的积聚、浓缩（如：土壤深处地下水位的变化对桩身的腐蚀），则腐蚀速度慢。由于干湿交替作用的情况不同，因此其加强防护的措施也有区别。

3.1.9 微腐蚀环境下，材料腐蚀很缓慢，因此构配件可按正常环境下进行设计，即可以不采取本规范所规定的防护措施。

3.2 总平面及建筑布置

3.2.1 工程实践表明，大量散发腐蚀性气体或粉尘的生产装置对邻近建筑物和装置的设备仪表均有影响，总平面布置合理对减轻腐蚀极为有利，其中风向和风频是主要考虑因素；由于有一些地区的最大风频与次风频是正对的，所以这些生产装置应布置在厂区全年最小频率风向的上风侧，而不应是最大风频的下风侧。总平面布置时，除了考虑厂区内各街区之间的影响外，也要考虑相邻工厂之间的相互影响。实践证明，在正常情况下，地下水的扩散影响较小，因此没有强调提出。

3.2.2 "设备"也包括储罐、储槽等。腐蚀性溶液的大型储罐发生过泄漏事故，这类储罐如果设在厂房内或靠近基础，一旦发生泄漏，腐蚀严重，其后果往往会造成地基沉陷或膨胀，很难维修加固。

设围堤是针对突发性大量腐蚀性液体外漏事故时防止造成次生灾害的措施。围堤也可以不采用耐腐蚀材料，但要能保持溶液在短时间内不致大量流失，能及时采取回收措施。

3.2.3 淋洒式冷却排管和水池所在的环境水雾弥漫，遍地是水。凡设在室内而且在有腐蚀介质作用条件时，严重加剧腐蚀。近年来设计已吸取经验将排管和水池移到室外，但是过于靠近厂房，水雾对墙面仍有明显腐蚀作用。水池距离建筑物外墙面不小于 4m，可以减少影响。

3.2.4 建筑的形式，如厂房开敞和半开敞的问题，虽然从厂房而言是有利于稀释腐蚀性气体而减轻了腐蚀，但是开敞除应符合环保和生产、检修条件外，还应注意当厂房开敞后的雨水作用，特别是有腐蚀性粉尘条件下，反而会加剧腐蚀。

3.2.5 调查表明，在液态介质作用的楼层，容易因渗漏（尤其是在孔洞周围和地漏附近）对下层的顶棚、墙面，甚至设备和电线等造成腐蚀。控制室和配电室若与具有腐蚀性的场所直接相通，气体、粉尘会逸入室内，液体会被带入（如从鞋底）。控制室和配电室内的仪表和配线对腐蚀比较敏感，一旦腐蚀，后果严重。

3.2.6 将同类腐蚀性介质的设备相应集中，能减少或避免不同腐蚀性介质的交替作用，简化设防，减少选材上的困难。

地下室的地面标高较低，排除地面上腐蚀性液体困难较大，而且通风条件差，难以排除腐蚀性气体或粉尘。因此，将有腐蚀性介质的设备布置在地下室，客观上给防腐蚀造成困难。

3.2.7 局部设防是为了缩小腐蚀影响，减少设防范围。气态介质和固态粉尘主要用隔墙隔开，液态介质主要在地面设置挡水。

3.2.8 大量实例表明，强腐蚀性介质渗入厂房地基后，容易引起地基变形，厂房开裂。为避免这一现象发生，要求输送上述液体的管道设在管沟内，离厂房基础的水平距离不小于 1m。

3.2.9 楼面开孔是遭受液态介质腐蚀的薄弱部位，墙面开孔也对防护不利。将各类管线相对集中，减少开孔，有利于防护。

4 结　构

本章提出了各类结构设计的规定；地面以下的构件（基础和桩基等）应按本章的规定进行防护，地面以上的构件（柱、梁、板等）应按本规范第 5 章的规定进行防护。

4.1 一般规定

4.1.1 本条提出了在腐蚀环境下结构耐久性设计的基本原则，从材料的选择、结构的布置、选型、构造及构件更换等诸方面提出要求，这种"概念性"设计对提高结构防腐蚀能力是十分重要的。

选材要扬长避短，充分发挥材料的特性。如混凝土耐氯气的腐蚀比钢强；密实性较高的材料抗结晶腐蚀比孔隙多的材料好。

在腐蚀条件下，结构设计应从布置、截面形状、连接方式及构造上力求简洁，尽量减少构件的外表面积、棱角和缝隙，以避免水和腐蚀性介质在结构表面的积聚并利于其迅速排除。

钢结构杆件放置方向不能积水；构件表面平整与否以及杆件节点和布置，要利于腐蚀性介质、灰尘和积水的排除。

设计时要考虑固定走道、升降平台等设施和照明，以便于防护层的施工、检查和维修，不能出现无法施工和维修的区域。

彩涂压型钢板、檩条等次要构件，往往不能与主体结构的使用年限相同，因此，当业主要求使用时，应采取便于更换的措施。

4.1.2 在腐蚀环境下，超静定结构构件内力若采用塑性内力重分布的分析方法，要求某些截面形成塑性铰并能产生所需的转动，在混凝土结构中会产生裂缝，在腐蚀环境中不利于结构的耐久使用；由于裂缝处变形较大，也可造成表面防护层的开裂。

对于钢结构，截面内塑性发展会引起内力重分配，变形加大，造成应力集中，电化学腐蚀严重。

4.2 混凝土结构

4.2.1 混凝土结构的耐久性，除了在材料上应有保证以外，还应由结构和构件的选型、裂缝控制和构造措施以及表面防护来保证，其中结构和构件的选型有时会起主导作用。规范吸取了国内外的经验教训，提出若干要求。

1 现浇钢筋混凝土框架结构具有整体性好和便于防护的优点，没有钢埋件和装配节点可能形成的薄弱环节，因此其耐久性相对较好。

本次规范修订，对钢筋混凝土框架结构只推荐现浇式。因装配整体式在国内实践中已很少采用，而现浇式已具备速度快、质量好的优势，配套设施相当完善，施工经验十分丰富。

2 预应力混凝土构件具有强度等级高、密实性和抗裂性较好的特点。混凝土在应力条件下的腐蚀性，根据一些试验表明，受拉部分要比受压部分严重，因此从耐久性角度来讲，预应力混凝土构件要比钢筋混凝土构件优越。

3 柱截面的形式宜采用实腹式，其目的是为了减少受腐蚀的外露面积，同时规整的截面也便于防护。腹板开孔的工字形柱的表面积大，容易遭受腐蚀，所以在腐蚀性等级为强、中时不应采用。

4.2.2 近年来，随着施工水平的提高，国内预应力混凝土的应用得到较大发展，其中使用最为广泛的是后张整体式。

1 先张法预应力混凝土结构在预制工厂完成，质量较易保证，混凝土密实度较高，预应力筋的保护较为严密，在工业腐蚀环境中，耐久性能较强。前苏联《建筑防腐蚀设计规范》（73版、85版）均推荐先张法。

2 预应力混凝土结构推荐采用整体结构。因块体拼装式结构存在拼接缝隙，此缝隙难以密封，腐蚀性介质会从缝隙渗入，腐蚀预应力钢筋。某厂21m跨度的拼装式梯形屋架，因腐蚀性介质从拼缝中渗入腐蚀预应力钢筋，使用10年后，预应力钢筋蚀断而突然掉落。所以块体拼装后张法预应力构件在腐蚀的条件下不应使用。

3 无粘结预应力混凝土结构采用多重手段防护且施工方便，可检测，可更换。目前国内科研、设计、施工水平逐步提高，应用也愈趋广泛。根据国家行业标准《无粘结预应力混凝土结构技术规程》JGJ 92—2004和国内外的应用经验表明，对处于腐蚀条件下的无粘结预应力锚固系统应采用连续封闭体系，经过10kPa静水压力下不透水试验，可保证其耐久性。

4 由于预应力筋处于高应力状态，容易产生应力腐蚀，若钢丝（或钢筋）直径较细（$\phi < 6mm$），稍有腐蚀，其截面面积损失比例较大，故不应使用直径小于6mm的钢筋和钢丝作预应力筋。

预应力混凝土构件的钢绞线应控制单丝直径。

5 后张法预应力混凝土结构的预应力筋要密封防锈。抽芯成形的预应力钢筋孔道密封性能差，金属套管的耐腐蚀性能不佳，均不应采用；可选用耐老化性能较好的塑料波纹管。

6 后张法预应力混凝土结构的锚具及预应力筋外露部分，均为防腐蚀薄弱环节，它的失效将导致整个结构的破坏。因此要进行严格封闭，宜采用埋入式构造，可按国家行业标准《无粘结预应力混凝土结构技术规程》JGJ 92—2004第4.2.5条的有关规定执行。

4.2.3 保证结构混凝土的耐久性是防腐蚀设计的重要环节。与原规范相比较，本规范在最低混凝土强度等级、最小水泥用量、最大水灰比等方面的要求均有所提高，并根据腐蚀性等级的不同区别对待。这是由于国内对这些问题已有共识（海港、铁路等行业标准都提高了对结构混凝土的基本要求），本规范与国际标准不能差距过大，适当进行了调整。

本次修订还增加了对最大氯离子含量的规定，与国家标准《混凝土结构设计规范》GB 50010—2002接轨。

某些试验表明，原200号混凝土的密实性较差，它的抗碳化能力约为原300号混凝土的1/2、原400号混凝土的1/8。国家标准《混凝土结构设计规范》GB 50010—2002规定，处于环境类别为三类的结构混凝土强度等级不应低于C30。所以本规范规定在弱腐蚀等级时，最低混凝土强度等级为C30。

腐蚀性介质对构件的腐蚀，一般是由外表向内部逐渐进行的。混凝土的抗渗性能对腐蚀速度起重要影响。混凝土的抗渗性能主要决定于混凝土的密实度，而对混凝土密实度起控制作用的是水灰比和水泥用量，其中水灰比起主要作用。水灰比与碳化系数之间有近似的线性关系；水泥用量与碳化系数之间也近似呈线性关系，但水泥用量小于 $300kg/m^3$ 时，系数明显增加。国内外关于混凝土耐久性的设计规定中都对最大水灰比和最小水泥用量有明确规定，结构混凝土水灰比一般控制在 0.55（抗渗等级相当于0.6MPa）以内，预应力混凝土为 0.45（抗渗等级相当于0.8MPa）以内。本条按国家标准《混凝土结构设计规范》GB 50010—2002，处于环境类别为三类的结构混凝土最大水灰比和最小水泥用量限值的规定作为弱腐蚀等级的取值。

在结构混凝土的基本要求中规定"最低混凝土强度等级"（而非抗渗标号），便于设计人员采用较高强度的混凝土，且施工中利于控制。预应力混凝土构件最大氯离子含量 0.06%指水溶性试验方法，不能采用酸溶性试验方法。

当混凝土中需要掺入矿物掺和料时，应符合国家现行有关标准规范的规定。表4.2.3注2中的"胶凝材料"是水泥和掺入的矿物掺和料的总称；"水胶比"即为水与胶凝材料之比。

4.2.4 本条所指"裂缝"均为受力产生的横向裂缝。构件的横向裂缝宽度对耐久性有一定的影响，宽度过大将导致钢筋的锈蚀。

控制裂缝及裂缝宽度也是防腐蚀设计的一个要点。与原规范相比较，本次修订控制级别严了一些，并与国家标准《混凝土结构设计规范》GB 50010—2002、行业标准《无粘结预应力混凝土结构技术规程》JGJ 92—2004接轨。

预应力混凝土构件中的配筋，处于高应力工作状态，而又大都采用高强钢材，对腐蚀比较敏感，在腐蚀性介质和拉应力共同作用下，容易产生应力腐蚀倾向。如果混凝土裂缝过大，预应力混凝土构件的腐蚀程度要比钢筋混凝土构件严重，所以应从严控制。

4.2.5 混凝土对钢筋的保护，除需要一定密实度的混凝土外，还需要有一定厚度的保护层，这是提高混凝土结构耐久性的重要措施。根据调查，保护层厚度若减少1/4，则混凝土中性化层到达钢筋表面的时间

可缩短一半。

本条混凝土保护层的厚度针对所有钢筋，即纵筋、钢箍、分布筋均要满足该表的要求。因为从防腐蚀机理出发，钢箍锈蚀不仅会导致构件抗剪能力的下降，而且钢箍的锈蚀会诱导纵向受力钢筋锈蚀，从而导致构件丧失承载能力。国际上的观点都很明确，必须包括全部钢筋。

表4.2.5面形构件中只提板、墙，取消了壳。因壳体较薄，混凝土保护层厚度一般不能满足要求，且在腐蚀条件下应用很少。

混凝土保护层厚度的增加对防腐蚀设计十分重要，目前国际上都有加厚保护层的趋势。但厚度也不能增加过多，因为保护层太厚时，受弯构件横向裂缝会加大，涂料防护层也易脱落。

4.2.6 有液态介质或有冲洗水作用时，设备或管道留孔周围的梁板可能经常受到液态介质的作用，腐蚀情况较为严重。为了保护边梁不受腐蚀，可将边梁离开孔洞边缘布置而将板挑出，这种布置方法在铜电解厂房中取得了良好的效果。

4.2.7 主要承重构件纵向受力钢筋不要采用多而细的钢筋，防止细钢筋较快被腐蚀而丧失承载力。

4.2.8 固定管道、设备支架的预埋件和吊环，部分暴露在外。当腐蚀性介质作用时，在混凝土内、外形成阴极和阳极，其腐蚀情况比较严重。如果预埋件与受力钢筋接触，会引起受力钢筋的腐蚀。

直接预埋在梁上的起重用吊点，其腐蚀情况也较为严重，会造成吊点周围混凝土的开裂。在梁上预埋耐腐蚀的套管，钢吊索便可穿过套管固定，既便于更换，对梁又无不良影响，效果较好。

4.2.9 钢预埋件腐蚀后，很难修复，也无法更换，造成许多隐患，甚至还可能影响到构件本身。对预埋件的防护，根据工程经验可采用树脂或聚合物水泥的砂浆、混凝土包裹，也可采用防腐蚀涂层、树脂玻璃鳞片胶泥等防护。防腐蚀涂层包括涂料层或涂料和金属的复合涂层。复合涂层防护（即在喷、镀、浸的铝、锌金属覆盖层上再涂刷涂料层），可在腐蚀较为严重时采用；屋架支座和设备地脚螺栓可采用树脂砂浆、树脂混凝土包裹；非常重要且检修困难的预埋件推荐采用耐腐蚀金属，如不锈钢制作。

在装配式结构中，构件之间的连接件，如大型屋面板与屋架或梁的连接节点、天窗架与屋架的节点、屋架与柱的节点，是保证结构整体性的关键部件。调查时，发现焊缝与埋件均有不同程度的锈蚀，如太原市某水厂安装两年后网架支座（未做镀锌处理，未用混凝土包裹）就发生锈蚀，严重的甚至全部锈蚀，所以必须认真保护。

4.2.10 后张法预应力混凝土的外露金属锚具，先张法端部钢筋的外露部分，都是关键部位，采用树脂或聚合物水泥的混凝土包裹，以确保其可靠。

4.3 钢 结 构

4.3.1 钢结构构件和杆件形式，对结构或杆件的腐蚀速度有重大影响。如山西某化肥厂散装仓库为三铰拱结构（角钢格构式），某厂酸洗车间采用格构柱，均腐蚀严重。

按照材料集中原则的观点，截面的周长与面积之比愈小，则抗腐蚀性能愈高。薄壁型钢壁较薄，稍有腐蚀对承载力影响较大；格构式结构杆件的截面较小，加上缀条、缀板较多，表面积大，不利于防腐。

本条中"格构式"系指杆件截面不满足本规范第4.3.3条厚度要求的格构式构件。

4.3.2 一些试验表明，由两根角钢组成的T形截面，其腐蚀速度为管形的2倍或普通工字钢的1.5倍，而且两角钢之间的缝隙很难进行防护，形成腐蚀的集中点。因此规范对上述结构和杆件，均限制了使用范围。杆件截面的选择应以实腹式或闭口截面较好。

当必须采用型钢组合截面的杆件时，其型钢间的空隙宽度应满足防护层施工检查和维修的要求。国际标准《涂料与清漆—用防护涂料系统对钢结构进行防腐蚀保护》ISO 12944中提出：对于型钢组合截面，型钢间的空隙宽度应满足图1的要求。

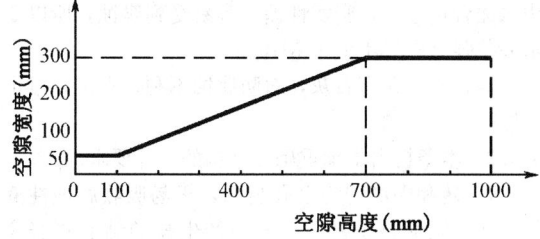

图1 型钢间的空隙宽度的要求

闭口截面杆件端部封闭是防腐蚀要求。闭口截面的杆件采用热镀浸锌工艺防护时，杆件端部不应封闭，应采取开孔防爆措施，以保证安全。若端部封闭后再进行热浸镀锌处理，则可能会因高温引起爆炸。

本规范取消了轻型钢结构的条文。因国家标准《钢结构设计规范》GB 50017—2003中已取消了轻型钢结构的章节，且本规范第4.3.3条对角钢截面已作了截面厚度不小于5mm的规定。

4.3.3 为保证钢构件的耐久性，必须有一定的截面厚度要求。太薄的杆件一旦腐蚀便很快丧失承载力。规范中规定的最小限值，是根据使用经验确定的。

4.3.4 门式刚架是近年来使用较多的钢结构，它造型简捷，受力合理。在腐蚀条件下推荐采用热轧H型钢。因整体轧制，表面平整，无焊缝，可达到较好的耐腐蚀性能。

采用双面连续焊缝，使焊缝的正反面均被堵死，密封性能好。

4.3.5 网架结构能够实现大跨度空间且造型美观，近年发展迅速，应用于许多工业与民用建筑。本次规

范修订增加了防腐设计的专门条款。

钢管截面、球型节点是各类网架中杆件外表面积小、防腐蚀性能好又便于施工的空间结构型式，也是工业建筑中广泛应用的型式。

焊接连接的空心球节点虽然比较笨重，施工难度大，但其防腐蚀性能好，承载力高，连接相对灵活。在强、中腐蚀条件下不推荐螺栓球节点，因钢管与球节点螺栓连接时，接缝处难以保持严密，工程中曾出现倒塌事故。

网架作为大跨度结构构件，防腐蚀非常重要，本条提出螺栓球接缝处理和多余螺栓孔封堵问题是防止腐蚀气体进入的重要措施。

4.3.6 不同金属材料接触时会发生接触反应，腐蚀严重，故要在接触部位采取隔离措施。如采用硅橡胶垫做隔离层并加密封措施。

4.3.7 焊接连接的防腐性能优于螺栓连接和铆接，但焊缝的缺陷会使涂层难以覆盖，且焊缝表面常夹有焊渣又不平整，容易吸附腐蚀性介质，同时焊缝处一般均有残余应力存在，所以，焊缝常常先于主体材料腐蚀。焊缝是传力和保证结构整体性的关键部位，对其焊脚尺寸必须有最小要求。断续焊缝容易产生缝隙腐蚀，若闭口截面的连接焊缝采用断续焊缝，腐蚀介质和水气容易从焊缝空隙中渗入内部。所以对重要构件和闭口截面杆件的焊缝应采用连续焊缝。

加劲肋切角的目的是排水，避免积水和积灰加重腐蚀，也便于涂装。焊缝不得把切角堵死。国际标准《涂料与清漆—用防护涂料系统对钢结构进行防腐蚀保护》ISO 12944中提出加劲肋切角半径不应小于50mm。

4.3.8 构件的连接材料，如焊条、螺栓、节点板等，其耐腐蚀性能（包括防护措施）应不低于主体材料，以保证结构的整体性。

本次修订增加了螺栓直径和螺栓、螺母、垫圈的外防护要求等。

弹簧垫圈（如防松垫圈、齿状垫圈）容易产生缝隙腐蚀。

4.3.9 高强螺栓自20世纪60～70年代开始在国内铁道桥梁上应用以来，已达40年。

连接处接触面在采取其他涂料防护时，要保证摩擦系数的要求。

4.3.10 钢柱柱脚均应置置于混凝土基础上，不允许采用钢柱插入地下再包裹混凝土的做法。钢柱于地上、地下形成阴阳极，雨季环境温度高或积水时。电化学腐蚀严重。大连某化工厂曾采用这种构造，腐蚀严重。

另外，室内外地坪常因排水不畅而积水，所以本规范规定钢柱基础顶面宜高出地面不小于300mm，以避免柱脚积水锈蚀。

4.3.11 耐候钢即耐大气腐蚀钢，是在钢中加入少量

的合金元素，如铜、铬、镍等，使其在工业大气中形成致密的氧化层，即金属基体的保护层，以提高钢材的耐候性能，同时保持钢材具有良好的焊接性能。耐候钢宜采用可焊接低合金耐候钢，其质量应满足现行国家标准《焊接结构用耐候钢》GB/T 4172 的规定。

在工业气态介质环境下，耐候钢表面也需要采用涂料防腐。耐候钢表面的钝化层增强了与涂料附着力。另外，耐候钢的锈层结构致密，不易脱落，腐蚀速度减缓。故涂装后的耐候钢与普通钢材相比，有优越的耐蚀性，适宜室外环境使用。

国家标准《钢结构设计规范》GB 50017—2003 第 3.3.7 条规定："对处于外露环境，且对耐腐蚀有特殊要求的或在腐蚀性气态和固态介质作用下的承重结构，宜采用耐候钢"。国家标准《烟囱设计规范》GB 50051—2002 第 3.3 节中已给出耐候钢的计算指标。

经调查，耐候钢已在上海几个钢厂生产，价格比一般碳素钢约贵 10%，具备了推广使用的条件。

4.4 钢与混凝土组合结构

4.4.1 钢与混凝土的组合屋架和吊车梁，虽然能发挥两种材料的各自长处，具有节省材料和方便施工的优点。但在腐蚀环境中，由于不同材料对腐蚀性介质的敏感性不同，因此这种结构具有特殊的腐蚀特征。据某些工厂的调查，组合结构的腐蚀有时会比单独的钢筋混凝土或钢结构更严重，特别是在混凝土与钢接触的界面上。在现行国家标准图目录中，已没有钢与混凝土组合的屋架和吊车梁标准图。

以压型钢板为模板兼配筋的混凝土组合结构（也称整合板），在钢与混凝土的接触面处形成的缝隙腐蚀，使金属腐蚀加剧，耐久性能差，压型钢板又无法更换，故不允许采用。

4.4.2 钢与混凝土组合梁系指由混凝土翼板与钢梁通过抗剪连接件组合而成能整体受力的梁。这种结构在一般建筑中应用较广，但在调查中发现在钢梁顶面与混凝土板接触处腐蚀严重，也属缝隙腐蚀，故采取限制使用的规定。

东海某桥的大跨度叠合梁斜拉桥中，对叠合梁采取了提高混凝土板抗渗、抗裂、抗冲击能力，改进构造细节并采取辅助措施，加强混凝土与钢梁结合部位密封性能，提高结合部位钢结构耐蚀能力以确保剪力钉完好。

4.5 砌体结构

4.5.1 为提高砌体结构的耐久性，本次规范修订分别对各类砌体和水泥砂浆标号予以提高。

石砌体目前在工程中极少采用，本次规范修订中予以取消。

1 根据国家标准《砌体结构设计规范》GB 50003—2001 和防腐蚀需要，本规范在腐蚀条件下，推荐采用烧结普通砖和烧结多孔砖。烧结砖分烧结粘土砖、烧结页岩砖、烧结煤矸石砖、烧结粉煤灰砖。经烧结后材料陶瓷化，稳定性好，可用于腐蚀环境。为贯彻国家政策节省粘土，宜采用后几种砖。由自燃煤矸石烧结的多孔砖，烧结后陶体裂缝较多，腐蚀环境中或地下应用时，要在孔洞中浇灌混凝土、抹面或提高标号。

蒸压灰砂砖和蒸压粉煤灰砖均含一定量的石灰胶结料，同时由于其孔隙率大，吸水率高，在腐蚀条件下承重结构不应采用。

为提高砌体的耐久性，国家标准《砌体结构设计规范》GB 50003—2001 对潮湿房间或层高大于 6m 的墙，要求砖的最低强度等级为 MU10。因此本规范要求在承重结构中烧结砖的强度等级不宜低于 MU15。

2 混凝土中型空心砌块因重量大不便施工，已在国家标准《砌体结构设计规范》GB 50003—2001 中取消。

轻骨料混凝土砌体在腐蚀环境中无使用经验，不建议使用。

3 由于目前水泥的标号较高，低强度等级砂浆中水泥含量过少，密实性差，容易受到腐蚀，所以要求砂浆强度等级不低于 M10。

混合砂浆含有石灰，对防腐蚀不利，本次修编予以删除。

4.5.2 本条提出了承重砌体结构的设计要求。

1 砖和砌块均为多孔材料，极易吸收腐蚀性液体，在干湿交替条件下，容易产生盐的结晶膨胀腐蚀，使砌体迅速破坏，在上述条件下不应使用。

2 独立砖柱截面较小，受力单一，并由于四面遭受腐蚀，在强、中腐蚀条件下使用不够安全，故限制使用。

3 烧结多孔砖孔洞率达 25% 以上，孔的尺寸小而数量多，孔洞增加了与腐蚀性介质接触的表面积，在强、中腐蚀条件下，不允许采用。

对于混凝土空心砌块，在对混凝土为强、中腐蚀时，也不应采用。

4 配筋砖砌体和配筋砌块砌体，均在砌体（砖）缝中配有钢筋，砌筑砂浆的密实度和厚度不足，钢筋很容易遭受腐蚀，故在对钢为强、中腐蚀时，不应采用配筋砌体构件。

4.6 木 结 构

4.6.1 针叶类木材比较致密，胶合木无钢构件，均对防腐蚀有利，故本条推荐使用。

4.6.2 木结构构件的节点是防护的薄弱环节，节点和接头处又极易集聚腐蚀性介质，往往腐蚀严重，所以应尽量减少钢连接件的使用。

4.7 地　基

4.7.1 已污染土的评价应按现行国家标准《岩土工程勘察规范》GB 50021 的有关规定执行。还应按现行国家行业标准《盐渍土地区建筑规范》SY/T 0317 确定土的溶陷性和盐胀性。土的溶陷性和盐胀性会造成基础上升或下降，致使结构开裂，是个很值得关注的问题。

拟建生产装置可能泄漏的介质是否会对污染土产生影响，产生什么样的影响？应进行分析和评估，必要时要进行一些试验。

下面列举几类腐蚀性液态介质对土壤的作用可能产生的影响：

①硫酸、氢氧化钠、硫酸钠、硫酸铵等介质，与土壤中的一些成分发生作用后，生成了新的盐类，或由于离子交换作用改变了土壤的物理性能。这种反应的结果，一般会使土壤具有膨胀性；另一种情况是介质在土壤孔隙中结晶，使土体膨胀。这两种情况都会使上部结构上升变形、开裂。

②腐蚀性介质（如盐酸）与土壤作用后所产生的易溶性腐蚀产物的流失，使土壤的孔隙增大；或者土壤中某些胶结盐类的溶蚀，使土壤的化学粘聚力丧失。这样可能导致土壤的物理、力学性能发生变化，孔隙比增大，颗粒变细，承载力、压缩模量可能降低，而导致基础下沉，上部结构开裂。

③在污染场地上新建厂房时，由于生产条件的变化，可能导致水文地质条件的改变，而破坏原来的平衡条件，使已污染土层产生膨胀或溶陷。

在工程设计中，尤其是旧厂改造时，根据污染土的评价结论，可请有关单位（如《岩土工程勘察规范》编制组等）结合建筑物的具体情况、腐蚀性介质的性质和浓度、生产环境等因素，依照已有经验，结合上述影响，采取措施，必要时要进行试验后做出评估。

4.7.2 已污染地基和生产中可能受泄漏液态介质污染的地基，在选择地基加固方法时，应考虑下列因素：

1 石灰类材料在酸或硫酸盐作用下所产生的盐类，有的具有膨胀性质，有的使石灰土不能固结失去加固作用。

2 国家行业标准《建筑地基处理技术规范》JGJ 79—2002 第 4.2.5 条指出"易受酸、碱影响的基础或地下管网不得采用矿渣垫层"。

矿渣、粉煤灰含碱性物质，若作为垫层，使地下水呈现弱碱性，对基础、管道均不利；若有液态腐蚀介质作用，则会发生反应。

3 酸性液态介质会与碳酸盐发生反应，降低振冲桩、砂石桩的承载能力，故在选择加固材料时，不应采用碳酸盐类材料。

5 当有酸性介质或硫酸盐类介质作用时，若采用碱液法处理地基，则会发生反应，使加固方法失去作用。

6 单液硅化法在施工中采用碱性的水玻璃类材料，若土中或地下水中存在酸性介质，则会发生反应，影响加固效果。

单液硅化法加固地基后形成 SiO_2，是一种不耐碱的物质。所以若生产过程中有碱性介质泄漏的话，则会降低加固后的地基承载力。

4.7.3 已污染土地基的处理，目前在工程上常用的较成熟的方法有下列几种：

1 换土垫层法：可挖去污染且溶陷或盐胀性较大的土，采用非污染土或砂石类材料压实。这是最有效和可靠的方法，设计及施工要求可见国家行业标准《建筑地基处理技术规范》JGJ 79—2002 第 4 章。

2 当污染土层较厚，不能全部挖除，而建筑物又较重要时，可采用桩基础或墩式基础穿越污染土层，支承于未污染土层上。桩基础和墩式基础的设计度防护见本规范第 4.8 节和第 4.9 节。

设计时应进行技术经济比较后确定地基处理方案。

4.8 基　础

4.8.1 作用于地面上的介质，有可能通过地面、地沟和排水设施渗入地基，对基础形成腐蚀。但其渗入量是受到限制的，所以其腐蚀性等级按本规范表 3.1.5 降低一级确定。

4.8.2 基础耐久性是结构安全使用的关键。毛石混凝土、素混凝土和钢筋混凝土，有较高的密实性和整体性，表面平整易于防护，所以推荐采用。砖基础耐久性较差，大放脚曲折较多，不易防护，不适合作为腐蚀介质作用的基础材料。本次修订提高了素混凝土和毛石混凝土的强度等级，以利于基础的耐久性。

钢筋混凝土基础、基础梁的结构设计要求见本规范第 4.2 节。

4.8.3 硫酸、氢氧化钠、硫酸钠等介质渗入土壤后，能使地基土膨胀，造成上部结构开裂、倒塌。基础适当深埋，可减轻或消除这种影响。

某冶炼厂生产 30 多年，渗漏的介质使污染土层深达 1.5m。拆迁时采用挖去 1.5～2m 已污染土的换土处理方法。

4.8.4 储槽或储罐的地坑，一般难以保证完全不泄漏，为使基础下的土层不受腐蚀，基础底面应低于储槽或储罐的地坑底面。

4.8.5 基础是建筑物的重要构件，且又深埋于地下，很难定期进行检查和维修，为确保安全，在强、中腐蚀等级下应进行表面防护。

基础设垫层可使防护层封闭，故有表面防护的素混凝土和毛石混凝土基础也要设垫层。

采用沥青胶泥的表面防护层，已有多年的使用经验，效果良好。规范组曾在天津某碱厂、大连某氯碱厂检查基础上30年前涂刷的沥青胶泥（二底二面），发现仍完好如初。为解决热施工和在潮湿基层上施工的困难，可采用湿固化型的环氧沥青和聚氨酯沥青涂层。

聚合物水泥浆和聚合物水泥砂浆，也可以在潮湿基层上施工，且附着力优良。

采用树脂玻璃鳞片涂层价格较高，可在强腐蚀条件下的重要基础上采用。

基础梁在地面附近，易处于干湿交替环境，腐蚀情况较为严重，加之截面又较小，其防护要求比基础适当提高。本次修订增加了树脂玻璃鳞片涂层、聚合物水泥类材料、聚氨酯沥青涂层，给设计人员更多的选择。

4.8.6 当基础垫层采用掺入抗硫酸盐的外加剂或矿物掺和料的混凝土制作，评定其性能满足防腐要求时，可不再采取其他防腐措施。

当基础和基础梁采用掺入抗硫酸盐的外加剂、钢筋阻锈剂、矿物掺和料的混凝土时，其性能若能满足防腐蚀要求，则可不做表面防护。

4.9 桩 基 础

4.9.1 桩顶离地面一般为2~2.5m，且有承台保护，所以桩基础只考虑污染土和地下水的腐蚀作用，而不考虑地面介质渗漏对其的腐蚀作用。

4.9.2 预制钢筋混凝土桩（实心桩）的混凝土密实性高，质量容易控制，也容易进行防护。

近10年来由于离心成型施工方法的完善及高强混凝土的发展，预应力混凝土管桩在沿海地区的工业与民用建筑中逐步得到推广使用。管桩具有强度高、耐打性好、工期短、造价低等优势，已成为沿海地区常用的桩基础形式之一。本规范适应这一形势，将预应力混凝土管桩列入。但目前因考虑管壁较薄，预应力筋对腐蚀敏感，使用经验还不足，故仅限在中、弱腐蚀条件下使用。

在强腐蚀环境下（尤其pH值为强腐蚀时），预应力混凝土管桩再高的抗渗性能也无法抵御酸性介质的侵蚀。薄壁结构内外受介质侵蚀，对其受力是很不利的。因此，工程中，在强腐蚀条件下，只有经试验论证，采用有效的防护措施（如加大保护层厚度，掺入耐腐蚀材料，表面涂刷防腐蚀涂层等）且确有保证时方可采用。

灌注桩在混凝土未硬化的情况下就与介质接触，同时防护较为困难。但随着灌注桩在工程上广泛使用且施工水平日臻成熟，本规范列入灌注桩并限其使用于中、弱腐蚀条件下。

钢桩缺乏在腐蚀条件下的使用经验，腐蚀裕度难以确定，且价格比混凝土桩贵2~3倍，所以未予列

入。木桩由于使用很少，为节约木材，也不列入。

4.9.3 桩承台埋深较浅时，生产中泄漏的介质会腐蚀桩身，且桩可能处于干湿交替和冻融等因素作用强烈的环境，故埋深2.5m以上的桩身要加强防护措施。

4.9.4 钢筋混凝土桩的自身耐久性能对桩的耐久性有重要作用，所以对混凝土的强度等级、水灰比、抗渗等级和钢筋的混凝土保护层均有较高的要求。本规范提出的数值与国内外的有关规定基本相当。

若桩身混凝土中掺入矿物掺和料时，本条文中的水灰比应改为"水胶比"。

4.9.5 本规范对混凝土桩身的防护提出2~3种可行的措施。

在硫酸根离子、氯离子介质腐蚀条件下，首先推荐桩身采用耐腐蚀材料制作的措施是个治本的办法，当已能满足防腐蚀性能要求时，可以不再考虑其他防护措施。

采用抗硫酸盐硅酸盐水泥和掺入抗硫酸盐的外加剂、钢筋阻锈剂、矿物掺和料等外加剂，详见本规范第7.2.1和7.2.2条的条文及说明。

本规范对于混凝土桩采用增加混凝土腐蚀裕量的方法，即为了保证桩基在腐蚀环境下的使用安全，在结构计算或构造所需要的截面尺寸以外增加的腐蚀损耗预见量。欧洲规范称之为"牺牲层"。结构计算时不能考虑。

腐蚀裕量是一种传统的方法，目前钢桩就是采用此法。本表数值参照国内外有关资料确定，是最小下限要求。

硫酸根离子和酸性介质（pH值）是对混凝土的腐蚀，本规范采用了增加混凝土腐蚀裕量的措施；而氯离子是对钢筋的腐蚀，不推荐采用增加混凝土腐蚀裕量的措施。

当预制桩需要采取表面防护措施时，桩表面可采用环氧沥青、聚氨酯（氰凝）的涂层。这些涂层在国内均有使用经验，在细粒土的地层中，打桩时一般不会磨损。

表4.9.5注2所述的混凝土包括普通混凝土和掺入表中耐腐蚀材料的混凝土。

4.9.6 预制桩的接桩处是耐久性的薄弱环节，故接桩数量应减少，位置应位于非污染土层且构造应严密，防止腐蚀性介质进入桩内，对管桩形成管壁内外双面受腐蚀作用的不利情况。

接桩方式不能采用硫黄胶泥连接，对抗地震不利。

接桩钢零件采用耐磨涂层防护时，可选用"快干型"的涂料。采用"热收缩聚乙烯套膜保护"是新的工艺，可保证质量，但费用较高且工艺较复杂，可用于重要工程。

5 建筑防护

5.1 地　面

5.1.1　各种面层材料都具有各自的特性。水玻璃混凝土具有耐酸性好、机械强度高、亦可耐较高的温度，不耐氢氟酸、不耐碱性介质、抗渗性较差。树脂类材料具有耐中等浓度的酸、耐碱、抗渗性好、强度高等优点，不耐浓的氧化性酸、不耐高温。

地面的面层材料，除受到腐蚀性介质的作用外，还可能受到各种物理作用。面层材料除应满足耐蚀性外，同时还要满足冲击强度、耐磨性、耐候性和耐温性等方面的要求。

因此，设计者要根据腐蚀性介质的性质、地面使用等条件，扬长避短，正确选择面层材料。

5.1.2　"耐酸石材"包括花岗石、石英石等，这些石材均有优良的耐蚀性及物理机械性能，工程中使用颇多，规范中统称为"耐酸石材"。

耐酸石材的厚度：由于石材工业的发展，机械切割工艺已为许多石材厂采用，故石材的厚度范围可以从20mm到100mm，设计者可根据地面的使用情况，合理确定石材厚度。目前由于使用机械切割，石材的表面平整度亦大大提高，不仅可减少砌筑胶泥的使用量，降低造价，而且能提高地面的质量。

树脂自流平涂料在施工中有一定的流展性，干燥后没有施工痕迹。这种地面具有耐腐蚀、不积灰尘、易清洁和整体无缝等特点，常用于轻度腐蚀并有洁净要求的地面。

树脂玻璃鳞片胶泥的地面具有很好的抗渗性，但机械强度稍低，而且工程实例不多，所以没有列入地面面层。

5.1.3　耐酸砖的尺寸较小，一般采用挤浆铺砌法施工，不推荐结合层材料与灰缝材料不同的"勾缝"法施工。

耐酸石材的尺寸较大，当灰缝材料为树脂胶泥时，为了节约费用，允许结合层材料采用较便宜的其他材料（如：水玻璃类材料或聚合物水泥砂浆等）。

5.1.4　地面隔离层可提高地面的抗渗能力和弥补面层的不足，从整体上提高防腐蚀地面工程的可靠性。

水玻璃混凝土面层和采用水玻璃胶泥或砂浆作结合层的块材面层，由于抗渗性较差，而且钠水玻璃材料不能与混凝土直接接触，所以应设置隔离层。

5.1.5　当面层厚度小于30mm且结合层为刚性材料时，隔离层不应选用柔性的材料，否则当地面受到重力冲击时，会造成灰缝开裂。

5.1.6　由于水泥砂浆抹面容易产生裂缝、裂纹和脱层等缺陷，所以树脂砂浆、树脂混凝土和涂料等整体面层的找平层材料应采用细石混凝土。

5.1.7　混凝土垫层质量的好坏，直接影响到防腐蚀面层的使用效果。因此，规定室内地面的混凝土垫层的强度等级不应低于C20，厚度不宜小于120mm；室外地面的混凝土垫层的强度等级不应低于C25，厚度不宜小于150mm；树脂整体地面的垫层混凝土强度等级不宜低于C30，厚度不宜小于200mm。

室外地面、面积较大或有大型运输工具的地面，受温度应力和较大可变作用的影响，容易开裂变形。树脂类整体地面，由于面层材料固化收缩应力较大，对垫层的要求更高，故要求配置钢筋。

国家标准《混凝土结构设计规范》GB 50010—2002 的规定：在室内或土中现浇钢筋混凝土结构伸缩缝的最大间距不宜大于30m。所以本规范规定：配筋混凝土垫层应分段配筋和浇灌，每段的长度、宽度不宜大于30m，当采取有效措施时（如：补偿收缩、加膨胀剂、采用纤维混凝土、设置滑动层、后浇带等）分段的长、宽可适当增大（如采用钢纤维混凝土时可增大到45m）。

室外地面，按地面规范在地下冻深大于600mm时，才要求设置防冻层。但是防腐蚀地面对防裂要求较高，为了防止冻胀，凡室外土壤有冻结地区的室外地面，均应设厚度不小于300mm的防冻层。

树脂砂浆、树脂自流平涂料等整体面层，常常会发生起壳现象，这与地下水的毛细渗透作用有关，由于基层表面的潮湿，使面层与基层的黏结力降低。所以要求对垫层采取防水或防潮措施。"地下水位较高"指毛细作用上升高度可达地面垫层的底部。设计时应考虑生产后地下水位可能上升的情况。

5.1.8　在预制板上直接铺设面层，极易在板缝处产生裂纹，故规定设置配筋的整浇层以保证其整体性。

5.1.9　有腐蚀性液体作用的地面，应设有坡度，使介质迅速排除，保持地面不积液，减少腐蚀。地面坡度大对防腐蚀有利，但太大了也有各种缺点。根据工程调查，楼层地面坡度大于或等于1‰、底层地面坡度大于或等于2‰较合理。楼层地面坡度如小于1‰则排水不畅，坡度太大则找坡层太厚。如生产介质中有泥砂或废渣，地面流水不畅，且厂房内无车辆行驶时，底层地面坡度也可适当加大到3‰～4‰。

通常底层地面都用基土找坡，这样做最简单合理；楼层地面一般用找平层找坡，但用料较多，荷重较大；用结构找坡，材料省，荷重轻，但结构设计及施工较复杂，有条件时可采用。

实际调查表明，排水沟及地漏均易渗漏，对附近的结构造成明显腐蚀。为避免殃及附近重要构件，故规定了排水沟与墙、柱边的最小距离，以及地漏中心与墙、柱、梁等结构边缘的最小距离。

地漏是楼层地面或底层地面的重要配件。据调查，在生产厂房中有效而完整的地漏极少，95%以上的地漏残缺不全，使用中还有堵塞、渗漏现象，使周围的楼板受到严重腐蚀。因此地漏要选择耐腐蚀且有一定强度的材料，尺寸比普通排水地漏适当加大，在构造上要严密，防止连接处的渗漏。

5.1.10 为了防止腐蚀性液体的扩散或向下层的溢流，所有的孔洞均要设置挡水。挡水的高度应根据实际情况确定。在一般情况下，孔洞边缘的挡水高度为150mm，但有车辆行驶的变形缝两侧的斜坡挡水高差可为50mm，室内外交界处的挡水高度也不应太高，所以本规范不作硬性规定。

5.1.11 为了防止地面腐蚀性液体对墙、柱根部的腐蚀，地面与柱、墙交接处均需设置踢脚板，其高度应根据液体可能滴溅高度，并考虑块材的尺寸确定，不宜小于250mm。

5.1.12 钢柱、钢梯及栏杆的底部设防腐蚀的底座是为了避免地面上的腐蚀介质对钢构件的直接作用。

5.1.13 地面变形缝是防腐蚀的薄弱环节，腐蚀性介质极易在此处渗漏造成腐蚀，故必须作严密的防渗漏处理。一般在缝底设置能变形的伸缩片，其上嵌入耐腐蚀、有弹性且粘结性能好的材料。过去曾用沥青胶泥，但耐久性很差，因此不再推荐。聚氯乙烯胶泥的主要成分煤焦油，由于环保的要求，不再推荐使用。嵌缝材料可采用氯磺化聚乙烯胶泥和聚氨酯密封膏等。伸缩片也有可能接触腐蚀性介质，因此也应选用耐腐蚀的材料。

5.1.14 设备基础的螺栓孔用耐腐蚀胶泥封填，主要是防止腐蚀介质的渗入，同时也要保证螺栓的锚固力。

5.1.15 地沟和地坑内一般均有腐蚀性液体长期作用，也常有渗漏现象。为保证承重结构的安全，不受腐蚀，规定墙、柱、基础不得兼作沟、坑的侧壁和底板。

管沟一般只有较简单的防腐措施，达不到排水沟的要求。若在排水沟内铺设管道，则管道会受腐蚀，管道的固定节点也会破坏防腐层的完整性。所以管沟不应兼作排水沟。

排水沟和集水坑有液态介质长期作用且有泥砂等沉积需要清理，易产生机械损伤，其使用条件比地面更为恶劣，设隔离层是为了提高其抗渗性。

排水沟采用明沟的形式是便于清理，加盖板是安全及生产操作的需要。

地沟穿越厂房基础时，如在基础附近设缝，则介质渗漏后会腐蚀基础。沟与基础之间预留50mm的净空是为了防止厂房沉降时使地沟受力而断裂。

5.2 结构及构件的表面防护

5.2.3 用于钢结构的防腐蚀涂层一般分为三大类：第一类是喷、镀金属层上加防腐蚀涂料的复合面层；第二类是含富锌底漆的防腐蚀涂层；第三类是不含金属层，也不含富锌底漆的防腐蚀涂层。

钢结构涂层的厚度，应根据构件的防护层使用年限及其腐蚀性等级确定。本条所规定的涂层厚度比目前一般建筑防腐蚀工程上的实际涂层稍厚，因为防护层使用年限增大到10～15a；与国际标准ISO 12944相比较，本规范"弱腐蚀"的室内涂层厚度近似于ISO的C3，"中腐蚀"的室内涂层厚度近似于ISO的C4，而"强腐蚀"的室内涂层厚度近似于ISO的C5；但从腐蚀程度分类来看，本规范的"弱、中、强"分别比ISO的"C3、C4、C5"严重一些。

室外构件应适当增加涂层厚度。

5.2.4 钢结构采用涂料防护的效果与基层除锈有很大关系。除锈效果不同的基层，其涂层使用寿命的差别达2～3倍。钢材的锈蚀等级及除锈等级按现行国家标准《涂装前钢材表面锈蚀等级和除锈等级》GB/T 8923—1988的规定。除锈等级的要求与涂料的品种以及构件的重要性有关。

5.2.5 砌体在气态介质作用下，腐蚀性等级一般只有中、弱、微腐蚀，如砌体表面结露导致形成液态介质腐蚀，其腐蚀性等级可能变成强腐蚀。

5.2.6 墙裙一般受到液态介质作用，但作用比地面轻，尤其是液态介质，不可能长期作用，故对防护材料及构造的要求较低。在酸性介质作用下，可用厚度不大于20mm的耐酸块材或玻璃钢、树脂砂浆、玻璃鳞片涂层等便可满足防腐要求；在碱性介质作用下，用聚合物水泥砂浆、玻璃钢或涂料已可满足要求。

5.2.7 孔洞周围的边梁和板，当受到液态介质作用时，应加强防护。

5.2.8 厂房围护结构的结露，容易发生在多雨地区和寒冷地区的建筑物内部，结露的部位会使气态或固态介质转化为液态介质而加重腐蚀。如某镍电解厂房，侧窗四周的墙面经常结露，墙体受到干湿交替作用及硫酸盐的结晶作用而破坏严重。

对少数经常有蒸汽作用和湿度很大的厂房要完全避免结露是很难的，故规范中提出对可能结露的部位要加强防护。

5.3 门 窗

5.3.1 推拉门、金属卷帘门、提升门或悬挂式折叠门，其金属零件腐蚀后容易造成无法开启，故宜采用平开门。

5.3.4 塑钢门窗、玻璃钢门窗具有优良的耐蚀性。塑钢门窗、玻璃钢门窗已有标准图，许多有腐蚀厂房中已采用，故纳入规范，并要求塑钢门窗、玻璃钢门窗所有配套的五金件应采用防腐型的金属配件、优质工程塑料及特制的紧固件。

5.4 屋 面

5.4.1 采用有组织排水的目的是为了避免带有腐蚀性介质的雨水漫流而腐蚀墙面。调查表明，散发腐蚀性粉尘较多的建筑物屋面上设置女儿墙后,在女儿墙处大量积聚粉尘,不易排除,加重腐蚀。

5.4.2 屋面材料的选择应结合环境中的腐蚀性介质综合考虑,选择合适的耐腐蚀材料。

许多工程实例表明,在强腐蚀和高湿度的环境下,彩涂压型钢板使用时间一般仅为 1~2 年,弱腐蚀环境下一般可使用 5~10 年。在腐蚀环境下,尤其是在强腐蚀环境下采用彩涂压型钢板时,应采取必要的防腐蚀措施。

①压型钢板必须采用耐腐蚀优良的基板、镀层和涂层,并有足够的厚度。单层压型钢板屋面板的反面彩涂面漆、道数、厚度等应与正面相同。

②当为单层压型钢板与玻璃棉或岩棉等保温材料组成的复合保温板时,应设置隔气层防止湿气的聚集。

③压型钢板屋面应采用隐藏式的紧固件连接、搭接构造。

④在腐蚀性粉尘的作用下,压型钢板屋面坡度不宜小于 10%,腐蚀性等级为强、中时屋面坡度不宜小于 8%。

⑤铝锌合金镀层钢板应避免与混凝土、铜和铅接触。

⑥压型钢板屋面工程在使用过程中应有定期的检查、维修措施。

⑦不能与主体结构的设计使用年限相同时,应设计成便于更换的构件。

5.5 墙 体

5.5.2 工业建筑的内隔墙多指厂房内的控制室、生活室等功能房间的围护墙体,可以使用轻质隔墙。这类隔墙应具有良好的耐腐蚀性。各类多孔材料、加气材料,因其疏松、膨胀、含水率高,不适用于防腐蚀厂房。

5.5.3 轻钢龙骨墙板体系中,外挂板应具有高防水性,质密,材质中的成分应具有耐酸、碱性腐蚀,如二氧化硅、石英、硅酸盐等。各类普通石膏板不适用于防腐蚀厂房。

6 构 筑 物

6.1 储槽、污水处理池

6.1.1 本节所列储槽、污水处理池规定为常温、常压。因为当温度和压力很高时,结构和防护材料需经必要的试验才能确定。

本节所列储槽、污水处理池仅限于钢筋混凝土结构,不推荐下述材料:

①砖砌体。因耐久性、抗渗性差,不应采用。

②素混凝土。在工程上很少采用,为抵抗温度应

力,必须配置一些构造钢筋。

③花岗石块材砌筑的储槽和整体花岗石储槽。花岗岩有较好的耐腐蚀性能,但整体花岗石储槽容积很小($2m^3$ 以下),实用价值不大,制作、加工、运输困难,不易保证质量,价格也较高;花岗石块材砌筑的储槽,因整体性差,构造复杂、施工不便,难以保证灰缝密实,故未列入。

④金属储槽、有衬里的金属储槽、整体树脂混凝土储槽、整体水玻璃混凝土储槽等以上储槽属化工设备,制造和安装有特殊要求,故未列入。

6.1.2 储槽的结构应采用现浇钢筋混凝土,这种结构整体性好,不易开裂且便于防腐衬里的施工。

储槽的密闭性和整体性是保证腐蚀性介质不泄漏的基本要求,目前伸缩缝的材料和构造尚无足够保证,槽内介质一般腐蚀性较强,一旦泄漏,不仅造成浪费,而且污染地基和地下水,所以储槽不应设置伸缩缝,以确保使用。

储槽架空设置的目的在于能够及时检漏,检查衬里使用情况并及时修复。地下储罐设置在地坑内时,地坑应设置集水坑,以利于将地坑的地面水抽出。

容积较大的矩形储槽,槽壁刚度较差,易产生裂缝,而且内衬大面积施工变形较大,不利于检查和维修,故规定容积大于 $100m^3$ 的矩形储槽宜设分格。

6.1.3 污水处理池的结构宜采用现浇钢筋混凝土结构,这是比较经济稳妥的。污水处理池的平面尺寸,主要取决于工艺需要。为防止渗漏,应采取措施,尽量加大伸缩缝的距离。但由于池子的尺寸有时比较大,必须设置变形伸缩缝时,构造应严密。

6.1.4 储槽、污水处理池的衬里因水泥砂浆抹面层的起壳、脱落而导致损坏的事例时有发生,为保证槽体与内衬(特别是树脂玻璃钢内衬)的良好粘结,储槽、污水处理池内表面不采用水泥砂浆层找平。

6.1.5 钢筋混凝土储槽、污水处理池内表面的防护,应采取区别对待的原则。

根据腐蚀性介质的性质和浓度指标,确定介质对钢筋混凝土结构的腐蚀性等级,然后采取不同标准的防护措施。

在同一腐蚀等级中,对储槽的防护标准应比污水处理池相对高一些。这是由于在生产上储槽比污水处理池重要,而且内部常常是"强腐蚀等级"的介质,储槽中溶液浓度比较高。

内表面防护材料保留了原规范中效果良好的块材、玻璃钢、水玻璃混凝土、玻璃鳞片涂料及胶泥、厚浆型防腐蚀涂料和聚合物水泥砂浆。

玻璃鳞片涂料和胶泥:抗渗性能高,而且施工简便。

玻璃钢的质量应控制厚度和含胶量。玻璃钢的增强材料采用毡或毡和布的复合,可发挥玻璃纤维毡含胶量高、粘结力强、耐腐蚀性能好的优势。本规范规

定了玻璃钢外表面的富胶层厚度不应小于玻璃钢厚度的1/3，因此取消了原规范在玻璃钢表面上需要再覆盖树脂玻璃鳞片涂料的做法。

聚合物水泥砂浆具有良好的抗渗性、抗裂性和粘结力，可耐弱酸、中等浓度的碱和盐类介质，可在潮湿的混凝土表面上施工，而且价格又低于一般防护内衬，可用于腐蚀性较弱的储槽、污水处理池。

厚浆型防腐蚀涂料：近年来厚浆型涂料发展较快，品种较多。其涂膜厚，抗渗性能较好，价格相对便宜，可用于腐蚀性较弱的储槽、污水处理池。

块材厚度不应小于30mm，以达到防腐蚀要求；目前花岗石和石英石均可采用机械切割，可以加工成较薄的尺寸。块材的砌筑材料，应根据腐蚀性介质的性能，结合储槽、污水处理池使用条件，按本规范附录A选用。由于沥青类材料与块材的粘结强度低，对温度敏感，故砌筑材料不得采用沥青类材料。

普通型水玻璃混凝土的抗渗性较差，因此推荐密实型水玻璃混凝土。这类材料不耐碱性介质，钠水玻璃类材料又不能与水泥砂浆、混凝土等碱性基层直接接触，因此，应设置隔离层。块材内衬的灰缝多，容易造成渗漏，也应设置隔离层。

由于硬聚氯乙烯板易老化，热膨胀系数大，而且工程实例不多，所以本规范未列入池槽的衬里。

6.1.7 储槽、污水处理池地下部分与土壤接触的外表面（若有地坑，则指地坑外表面），应设防水层，这是吸取了工程教训，为了保证储槽、污水处理池的使用和内衬的质量而采取的措施。

6.1.8 储槽、污水处理池的防腐蚀内衬是一道封闭式的整体，当管道穿过槽壁和底板，势必造成薄弱环节，很容易引起渗漏，所以应预埋耐腐蚀套管。

6.1.9 储槽、污水处理池壁上预埋件连接各类构件后，很难再使块材、玻璃钢内衬严密，是个薄弱环节。污水池内的爬梯、支架和储槽顶部的安全栏杆，过去一般为钢结构加涂料防护，使用寿命均不长。

目前国内已可以生产机械成型的工字型、槽型、角型等各种截面形状的玻璃钢型材、玻璃钢管材、玻璃钢格栅板，这些型材具有很好的耐腐蚀性能，同时具有强度高、重量轻等优点，可用于槽池内的爬梯、支架和槽顶的栏杆。

6.1.10 储槽、污水处理池内表面防护内衬施工时，会产生对人体有害或会发生爆炸的气体，为保证安全，顶盖的设计应采用装配式或设置不少于2个人孔，以利于通风。

6.2 室外管架

6.2.1 钢筋混凝土结构的管架包括预制钢筋混凝土结构和现浇钢筋混凝土结构。钢结构管架形式灵活多样，可适应扩建、改建要求，目前国内已广泛应用。砖结构、木结构因耐久性差，故不推荐使用。

6.2.2 吊索式、悬索式管架，因主要受力构件均为钢拉杆，一旦破坏，会发生很严重的后果。所以在对钢的腐蚀性等级为强、中的条件下不宜采用。

钢筋混凝土半铰接管架因工程应用极少，所以取消。

6.2.3 混凝土管架构件与厂房构件相比较，其特点是截面积小、表面积大，故应以结构自身防护为主，并辅以必要的表面防护措施。

钢筋混凝土管架柱在选型上宜采用表面积较小的矩形截面；对跨度较大的梁，推荐采用预应力混凝土结构。这些都是提高混凝土自身防护能力的措施。离心管柱因工程应用很少，不予推荐。

6.2.4 钢管架的柱子宜采用表面积较小的 H 型钢和管型截面；某些构件控制截面最小尺寸，均是为了提高自身防护能力和利于表面防护。

6.2.5 在防腐蚀地面范围内的管架柱下部，常遭受液态腐蚀性介质的滴溅或冲洗作用，故应根据实际的腐蚀情况，采取相应的防护措施。如：钢筋混凝土管架柱可按踢脚或墙裙的做法，钢管架基础露出地面部分可按地面进行防护。

在管架上的检修平台或走道，检修时可能有腐蚀性液体流出，所以，应当根据腐蚀性液体的特性，对平台或走道采取加强防护的措施。

6.3 排 气 筒

6.3.1 排气筒的型式分单筒式、套筒式和塔架式。单筒式的内衬紧靠筒壁设置；套筒式为外筒内设置单个或多个内筒；塔架式则用塔架支承排气筒。

型式的确定是工艺设计的首要问题，而防腐蚀措施主要取决于对排放气体的腐蚀性。不同型式的排气筒造价相差很大，但若设防不当造成停产检修，后果会很严重。

排气筒设计首先应具备以下技术资料：

①排放气体的化学成分、浓度，排放气体中所含尘粒和盐类的成分和含量，由此可根据本规范表3.1.4～表3.1.6确定其对筒壁或外筒的腐蚀性等级。

②排放气体的温度、含水量、冷凝温度，由此可确定是否含冷凝液。

③在内衬或筒壁内表面是否结露，结露后形成冷凝液的化学成分，是判定对筒壁的腐蚀性等级的重要依据。

④筒内气体的流速和静压；决定是否需要采取措施（如合理的筒体曲线或对内外筒间隙内空气层采取强制通风），使排气筒高度的任何标高处都处于负压工作，以保证排放气体不致渗入内衬。

⑤工艺专业对排气筒型式的要求。

由上述资料可综合分析排放气体或粉尘是否含冷凝液，是否会渗入内衬，是否会结露并确定其对筒壁支承结构的腐蚀性等级。

鉴于确定排气筒的型式是较复杂的问题，况且各行业习惯不同，故本规范对型式的确定仅提出下列两条比较成熟的规定：

①排放气体中含酸性冷凝液（通常是在温度低、湿度大的条件下出现），冷凝液会顺内衬或内筒壁向下流淌，并可能通过块材砌体内衬的灰缝渗入外筒壁内表面时，推荐采用套筒式或塔架式。

②当排放气体或粉尘对筒壁的腐蚀性等级为弱腐蚀时，则可采用既简单又价廉的单筒式。

6.3.2、6.3.3 由于排气筒属特殊重要而又难以维修的高耸构筑物，因此，支承结构应选用整体性及耐久性较好的材料。

现浇钢筋混凝土筒壁或外筒，即使局部受到腐蚀，但由于其整体刚度较大，还能坚持使用，故推荐采用。

砖筒由于灰缝太多，尤其竖缝不易饱满，局部遭受腐蚀破坏会引起整体失稳，不易修复，而且砖的孔隙比较多，介质容易渗透到结构内部，故在本规范中不推荐使用。

6.3.4 由于钢塔架的重要性，基础应高出地面500mm，以防止地面积水腐蚀钢塔架柱根部。

6.3.5 在气体进口、转折和出口部位，排放的气体容易聚集，尤其出口处易冷凝，这些地方均是腐蚀严重的部位，因此，设计时在进口、转折处可做成斜角，出口处可设铸铁、耐酸混凝土或陶瓷等耐酸材料的压顶，钢内筒的筒首部位可衬铝板或不锈钢。滴水板可采用耐酸混凝土或铸石板制作成带凸檐的构件，并完全覆盖下一节内衬。

6.3.6 单筒式的筒壁、套筒式外筒的外表面和塔架的防护，首先根据排出气体和大气环境中气态或固态介质的种类、浓度、环境相对湿度，确定腐蚀性等级，然后按本规范第5.2节采取防护措施。

筒首部位易受排出气体或相邻排出气体的作用，腐蚀比较严重，故在防护时可提高设防标准。

6.3.7 排气筒内部、外部的地面，应根据实际腐蚀情况进行防护。排气筒内的冷凝液一般由漏斗聚集并由排出管排除，但有些行业的烟囱冷凝液或烟灰直接落到内部地面，此时应按耐酸地面防护。

6.3.8 由于排气筒的爬梯、平台和栏杆位置很高，维修极其困难，故宜采用耐候钢制作，有条件时也可采用耐腐蚀材料制作，以减少维修次数。

7 材 料

7.1 一般规定

7.1.1 腐蚀性介质对建筑材料的腐蚀作用，与介质的性质、浓度、温度、湿度以及作用情况都有密切关系。各种材料在不同条件作用下的耐腐蚀性能是不同的。对一般材料而言，腐蚀性介质的浓度愈高则腐蚀性愈强，但对少数材料则不然；水玻璃类材料耐浓酸性能比耐稀酸的性能好，某些不饱和聚酯树脂材料耐稀碱的性能比耐浓碱的性能差。因此，耐腐蚀材料的选择应进行综合分析，要充分发挥材料所长，物尽其用，扬长避短，区别对待，避免材料在其不利条件下采用。

7.1.2 本规范所列材料的耐腐蚀性能是在常温介质作用下的性能评定。一般的规律是：介质温度升高，腐蚀性增强。有的材料在高温介质作用下会完全失去耐蚀能力。耐酸砖在常温下可耐任何浓度的氢氧化钠，但却不耐高温状态的氢氧化钠。介质的温度变化与材料的耐蚀性的关系十分复杂，所以在非常温的情况下，材料的耐蚀指标应经过试验或有可靠的使用经验才能确定。

材料的耐蚀性不能按简单的逻辑推理。材料能耐几种单一介质，并不等于也耐这几种介质的混合作用或交替作用。

对于本规范未列入的新型防腐蚀材料，应慎重采用。

7.1.3 耐腐蚀材料的配合比，应符合现行国家标准《建筑防腐蚀工程施工及验收规范》GB 50212的规定。由于本规范与上述规范的修编时间不是同步进行，所以本规范增加的新材料（如：环乳水泥砂浆），其配合比仅在规范的专题报告中予以介绍，这样可避免设计与施工这两本规范产生不必要的矛盾。

7.2 水泥砂浆和混凝土

7.2.1 关于水泥品种的选择，说明如下：

1 硅酸盐水泥和普通硅酸盐水泥具有早期强度高、凝结硬化快、碱度高、碳化慢等特点。在普通硅酸盐水泥和硅酸盐混凝土中，掺入矿物掺和料，可改善混凝土的微孔结构，降低混凝土的渗透性，从而提高混凝土的耐久性。

掺入矿物掺和料的用量和方法可参见现行国家行业标准《海港工程混凝土结构防腐蚀技术规范》JTJ 275、《铁路混凝土结构耐久性设计暂行规定》铁建设[2005] 157号、《公路工程混凝土结构防腐蚀技术规范》JTG/TB 07等标准的有关规定。

矿渣硅酸盐水泥和火山灰质硅酸盐水泥的早期强度低，干缩性大，有泌水现象，而且其碱度较低，所以在一定条件下才可使用。

2 在碱液作用下，混凝土和水泥砂浆应对水泥中的铝酸三钙含量加以限制。

高铝水泥由于含有较多不耐碱的酸性氧化物，所以不得用于受碱液作用的部位。同理，在碱液作用下也不得采用以铝酸盐成分为主的膨胀水泥，并不得采用铝酸盐类膨胀剂。

3 硫酸盐溶液对混凝土的腐蚀，主要表现为结晶膨胀腐蚀。硫酸根离子与混凝土中的游离氢氧化钙作用，生成二水硫酸钙；与水化铝酸钙作用，生成硫铝酸钙。每次反应都使固相体积增大一倍多。所以受硫酸盐腐蚀的水泥砂浆、混凝土普遍出现体积膨胀。

中、高抗硫酸盐硅酸盐水泥，由于其铝酸三钙的含量分别不大于 5%、3%，硅酸三钙的含量分别不大于 55%、50%，这对于上述膨胀反应是有抑制作用的，所以具有较好的抗硫酸盐性能。

原国家标准《抗硫酸盐硅酸盐水泥》GB 748—1996 建议：中、高抗硫酸盐硅酸盐水泥可分别用于硫酸根离子含量不超过 2500mg/L、8000 mg/L 的纯硫酸盐的腐蚀。虽然国家标准《抗硫酸盐硅酸盐水泥》GB 748—2005 没有列入这一建议，但从水泥中硅酸三钙和铝酸三钙含量分析，这两个版本是相同的。所以本规范沿用了这一建议。当含量超过这一指标时，应进行耐腐蚀性的复核试验。

由于抗硫酸盐硅酸盐水泥的抗蚀性试验是采用 Na_2SO_4 介质，这里的 Na^+ 离子不具备腐蚀作用，当介质为 $MgSO_4$、$(NH_4)_2SO_4$ 等介质时，Mg^{2+}、NH_4^+ 离子是有腐蚀性的，此时抗硫酸盐硅酸盐水泥的耐蚀性应经试验确定。

当构件的一个侧面与硫酸根离子液态介质接触而另一个侧面暴露在大气中时（如水池的侧壁），属频繁的干湿交替，混凝土外壁由于蒸发作用，使盐的浓度增大，产生盐结晶腐蚀，应慎重对待。

近几年，发现除了上述钙矾石型腐蚀外，碳硫硅钙石型腐蚀也是混凝土受硫酸盐腐蚀的另一种形式。对于碳硫硅钙石型腐蚀，仍处于研讨阶段，所以本规范未列入。

7.2.2 外加剂的使用主要是为了提高混凝土的密实性或对钢筋的阻锈能力，从而提高混凝土结构的耐久性。外加剂的使用，应对混凝土的性能无不利影响，对钢筋不得有腐蚀作用。

抗硫酸盐的外加剂目前国内种类较多，某建筑材料科学研究院研制的"混凝土抗硫酸盐类侵蚀防腐剂"是比较成熟的材料。掺入该类材料配制的混凝土，在价格上略低于采用抗硫酸盐水泥配制的混凝土；在性能上也不低于高抗硫酸盐水泥，并能改善水泥的某些性能，还可弥补抗硫酸盐水泥产量较少的问题。

国家行业标准《混凝土抗硫酸盐类侵蚀防腐剂》JC/T 1011—2006 规定：掺入适量这种防腐剂的混凝土，其抗蚀系数（K）应≥0.85，膨胀系数（E）≤1.5。抗蚀系数试验方法采用国家标准《水泥抗硫酸盐侵蚀快速试验方法》GB 2421—1981。膨胀系数试验方法采用国家行业推荐标准《膨胀水泥膨胀率检验方法》JC/T 313—1996，介质有：5% Na_2SO_4、NaCl 60g/l、$MgSO_4$ 4.8g/l、$MgCl_2$ 5.6g/l、$CaSO_4$ 2.4g/l、$KHCO_3$ 0.4g/l 等水溶液，E 值（即：在介质中的膨胀率与淡水中的膨胀率之比）均不大于 1.50。

钢筋阻锈剂可以推迟钢筋开始生锈的时间和减缓钢筋腐蚀发展的速度，从而达到延长结构使用寿命的目的。

掺入适量的矿物掺和料可以提高混凝土的耐久性，但由于矿物掺和料的品种较多，而且耐腐蚀性的定量试验数据不多，因此亦应经验证后确定。

7.2.3 关于受酸性气态介质作用的混凝土可采用致密的石灰石问题。试验表明：将石灰石和石英石骨料分别制成的混凝土试件浸入 0.5% 的硫酸溶液 12 个月，在试件的外观、重量变化和强度变化等指标方面，以石英石为骨料的试件不仅没有表现出优越性，而且在某些性能上还不如以石灰石为骨料的试件。工程实践表明：某厂抹灰层在氯和氯化氢作用下，采用石英石骨料的抹灰层，虽然骨料没有腐蚀，但骨料周围的水泥石已被腐蚀，形成凹槽，许多骨料自行脱落；而采用碳酸盐骨料的抹灰层，虽然骨料已随砂浆一起被腐蚀了一部分，但骨料与水泥黏结仍很好，不易取下。因此，在酸性气态介质作用下可以采用致密的石灰石。

关于在碱液介质作用下的混凝土可采用致密的石英石、花岗石问题。试验表明：石英石虽然在理论上可与氢氧化钠发生作用，但由于它具有整齐的结晶形态，很高的强度、硬度和密实度，因此在氢氧化钠溶液作用下化学腐蚀过程很缓慢，结晶腐蚀极少；用石英砂配制的耐碱混凝土，在 20% 和 30% 氢氧化钠溶液中浸泡 10 个月的耐蚀性较好，而用不够洁净的石灰石配制的耐碱混凝土的性能反而较差。所以，在碱液介质直接作用下是可以采用致密的石英石、花岗石的。

碱骨料反应会影响混凝土的耐久性。混凝土碱骨料反应是指混凝土中来自水泥、外加剂等的可溶性碱在有水的作用下和骨料中某些组分之间的反应。一般把碱骨料反应分为两类：一类为碱—硅酸反应，是指碱与骨料中活性 SiO_2 反应，生成碱硅凝胶，凝胶吸水导致混凝土膨胀或开裂；另一类为碱—碳酸盐反应，是指碱与骨料中微晶白云石反应生成水镁石和方解石，在白云石表面和周围基质之间的有限空间内结晶生长，使骨料膨胀，进而使混凝土膨胀开裂。

形成碱骨料反应的三大条件是：①高含碱量的水泥；②采用活性集料；③水。为了避免碱骨料反应，混凝土的砂、石不得采用有碱骨料反应的活性骨料。

7.2.4 试验表明：强度等级为 C20 的混凝土当水灰比在 0.58 以下时，对浓度小于 10% 的氢氧化钠有一定耐蚀性。考虑到试验与施工的差异，以及实际生产作用条件的差异，采用 8% 的浓度值。

密实混凝土只提出关键的直接指标，即抗渗等级不应低于 S8。抗压强度、水泥用量和水灰比等属于间接指标，它虽与直接指标有一定关系，但不是相互对应的关系。控制指标提多了，有时反而不能相互协调，所以只控制直接指标。

7.2.5 氯丁胶乳水泥砂浆、聚丙烯酸酯乳液水泥砂浆和环氧乳液水泥砂浆，具有耐稀酸，耐中等浓度以下的氢氧化钠和盐类介质的性能，而且与各种基层粘结力强，可在潮湿的水泥基层上施工。

关于环氧乳液水泥砂浆的性能，主要是引用某建筑材料科学研究院的科研成果和工程实例的总结。

7.3 耐腐蚀块材

7.3.1 耐酸砖的主要成分是二氧化硅，它在高温焙烧下形成大量的多铝红柱石，这是一种耐酸性能很高的物质，因此，耐酸砖具有优良的耐酸性能。由于耐酸砖结构致密，吸水率小，所以常温下可耐任何浓度碱性介质，但不耐热碱和熔融碱。

含氟酸能溶解陶瓷制品中的二氧化硅。

7.3.2 有釉的砖板表面光滑、性脆易掉釉，与胶泥粘结力差，且釉面耐蚀性差异很大（有好有差的），所以应选用素面的耐酸砖。

7.4 金 属

7.4.1 铸铁和碳素钢，在氢氧化钠作用下能生成不溶性氢氧化亚铁及氢氧化铁，这些腐蚀产物与金属紧密结合，能起保护作用。

7.4.2 铝易氧化成氧化铝，使表面覆盖一层致密的保护膜，在醋酸、浓硝酸、尿素等介质作用下，是稳定的。

7.4.3 铝、锌材料不耐碱性介质，不耐氯、氯化氢和氟化氢；由于电位差的原理，也不应用于铜、汞、铅等金属化合物粉尘作用的部位。

7.4.4 不锈钢不耐盐酸、氯气、氯化氢等含氯离子的介质。

7.4.5 未硬化的水泥类材料的碱性 pH 值大于 12，已硬化的水泥类材料也有一定碱性。因此，铝材与水泥类材料接触面应采用隔离措施。

7.5 塑 料

7.5.1、7.5.2 本次修编，除保留聚氯乙烯塑料外，还增加聚乙烯、聚丙烯塑料。这些塑料对大多数酸、碱、盐介质均有良好的耐腐蚀性能，但不耐高浓度氧化性酸。

7.6 木 材

7.6.1 硝酸、铬酸对木材的半纤维素产生硝化作用，氢氧化钠能溶解木材的半纤维素和木质素，所以木材不得用于这些介质作用的部位。

7.6.2 木材在干湿交替频繁作用下，腐蚀速度加快。

7.7 树脂类材料

7.7.1 由于环保要求，删去环氧煤焦油（5∶5）树脂类材料。由于多年来无防腐蚀工程使用实例，所以删去糠酮糠醛型呋喃树脂类材料。

酚醛树脂配制的树脂砂浆、树脂混凝土因性能脆、强度低、收缩率大，故不得采用。

7.7.2 玻璃纤维毡的主要特点是纤维无定向分布，铺覆性和浸渍性能好，易增厚，含胶量高；用玻璃纤维毡作增强材料制得的玻璃钢，抗渗性能好，但强度较低，可与玻璃纤维布混合使用。

7.7.3 在颜料、粉料中，某些微量的金属可能会对不饱和聚酯树脂和乙烯基酯树脂的引发剂或促进剂产生阻聚作用或促进作用。试验表明：加入氧化锌、铁兰颜料时，会产生阻聚作用（即会起阻止不饱和聚酯树脂类材料发生聚合反应的作用）；石墨粉如果含铁量大，则铁能与酸性的引发剂或促进剂反应，消耗了部分引发剂、促进剂的数量，产生阻聚作用；但试验又表明：有些石墨粉对不饱和聚酯树脂反而会产生促进作用，使固化加快。

关于产生阻聚作用或促进作用的规律，至今尚未搞清楚。这需要大量试验数据和工程实践总结才能确定。

7.7.4 环氧树脂湿固化剂解决了树脂在潮湿基层上的推广应用。酚醛树脂、呋喃树脂、乙烯基酯树脂、不饱和聚酯树脂目前尚未解决湿固化的问题，故采用树脂类材料用于潮湿基层时，应选用湿固化的环氧树脂胶料打底，以增加与基层的结合力。在工程应用中，有些单位提出环氧树脂湿固化剂虽然能固化，但其与基层的结合力有所下降的意见。为此，修编组组织有关单位进行复核试验。试验结果证明，一些湿固化的环氧树脂封底料与饱和含水率的混凝土之间的粘结力可达 2.5MPa 以上。

7.8 水玻璃类材料

7.8.1 水玻璃类材料具有优良的耐酸性能，尤其是可耐高浓度的氧化性酸。这类材料的反应生成物主要是硅酸凝胶，所以不耐含氟酸，也不耐碱性介质。

7.8.2 与普通型水玻璃类材料相比，密实型水玻璃类材料具有较好的抗渗性。试验表明：普通型钠水玻璃类材料的抗渗等级为 0.2MPa，普通型钾水玻璃类材料的抗渗等级为 0.4~0.8MPa，而密实型的钠、钾水玻璃类材料的抗渗等级大于 1.2MPa，所以用于常温介质时宜选用密实型水玻璃类材料。

普通型水玻璃类材料的气孔率大，经常有稀酸或水作用的部位不应选用。但在高温作用时应选用普通型水玻璃类材料，不应选用气孔率小的密实型水玻璃类材料。

7.8.3 工程实践和试验表明，钠水玻璃类材料不耐碱性，与水泥基层的黏结力差，黏结试件自然脱落。钾水玻璃胶泥和砂浆与水泥基层的黏结力较好，与新浇混凝土试件的粘结强度可达 1.0MPa。

7.8.4 水玻璃混凝土抗渗性较差，埋入的钢筋表面应刷涂料保护。试验表明，刷环氧涂料的钢筋与水玻璃混凝土的握裹力为4.7MPa。

7.9 沥青类材料

7.9.1 有机溶剂能溶解沥青类材料。

7.9.2 沥青类材料对温度敏感性强，温度大于50℃时易软化流淌，温度低于−5℃时易收缩开裂，而且在紫外线照射下易老化，所以沥青类材料宜用于室内工程和地下工程。

7.10 防腐蚀涂料

7.10.1 与原规范相比，面层涂料增加的品种有：高氯化聚乙烯涂料和丙烯酸环氧、丙烯酸聚氨酯等涂料。

删去的品种有：过氯乙烯涂料、氯乙烯醋酸乙烯共聚涂料、聚苯乙烯涂料和沥青涂料。前三类涂料主要是由于挥发性有机溶剂（VOC）含量较高，每道涂膜厚度较薄。沥青涂料因性能较差，工程上已被环氧沥青、聚氨酯沥青等涂料取代。

氯磺化聚乙烯涂料具有较好的耐酸、耐碱、耐氧化剂及臭氧、耐户外大气等性能，但以往这种涂料存在与金属基层附着力较低，VOC含量较高和每遍涂层的厚度较薄等问题。近几年来，一些单位经过改性研究，已降低了VOC的含量，涂层与钢铁基层的附着力已达10MPa（超过本规范不低于5MPa的规定），每遍涂层的厚度可达30～35μm，中间涂层的每遍厚度甚至不少于50μm。所以本规范保留这种涂料。

高氯化聚乙烯涂料是一种单组分溶剂型防腐蚀涂料，对多数酸、碱、盐都具有较好的耐蚀性，并有较好的附着力和耐候性，可在较低的温度环境下施工。

环氧涂料对基层（特别是对钢铁基层）具有优良的附着力，耐碱性好，也耐中等浓度以下的大多数酸性介质。环氧涂层的耐候性较差，涂膜易粉化、失光，所以不宜用于室外。以丙烯酸树脂改性的丙烯酸环氧涂料，可用于室外。

聚氨酯涂料是聚氨基甲酸酯树脂涂料的简称。聚氨酯涂料的耐候性与型号有关，脂肪族的耐候性好，而芳香族的耐候性差。聚氨酯是取代乙烯互穿网络涂料属于耐候性聚氨酯涂料，本规范不作为单一品种列入。含羟基丙烯酸酯与脂肪族多异氰酸酯反应而成的丙烯酸聚氨酯涂料，具有很好的耐候性和耐腐蚀性能。

本规范所列的"聚氯乙烯萤丹涂料"，即原规范所述的"聚氯乙烯含氟涂料"。这种涂料含有萤丹颜料成分，对被涂覆的基层表面起到较好的屏蔽和隔离介质作用，而且对金属基层具有磷化、钝化作用。该涂料对盐酸及中等浓度的硫酸、硝酸、醋酸、碱和大多数的盐类等介质，具有较好的耐腐蚀性能。不含萤丹的聚氯乙烯涂料的性能很差，所以该涂料不能没有"萤丹"。另外，一些单位通过试验和工程实践表明，若在聚氯乙烯萤丹涂料中加入适量的氟树脂，其耐温、耐老化和耐腐蚀性能更好。

树脂玻璃鳞片涂料可否用于室外取决于树脂的耐候性。

7.10.2 锌黄的化学成分是铬酸锌，由它配制而成的锌黄底涂料既适用于钢铁表面上，也适用于轻金属表面上。

7.10.3 关于涂层与基层的附着力，主要有两种方法：

①国家标准《漆膜的划格试验》GB/T 9286—88，这种测试方法比较简单。

②国家标准《涂层附着力的测定法拉开法》GB/T 5210—85，这种方法适用于单层或复合涂层与底衬间或涂层间附着力的定量测定。

以往国内常用的是划格法，而现在国外都使用拉开法，国内重点工程也大都采用拉开法。本规范结合国情，首先推荐拉开法，确有困难时也可采用划格法。根据规范修编组对十多个单位几十个涂层试件的测定结果，绝大多数涂层与钢铁基层的附着力（拉开法）都不低于6MPa，考虑留有余地，所以本规范规定不宜低于5MPa。涂层与水泥基层的附着力（拉开法）不宜低于1.5MPa，是沿用国家行业标准《海港工程混凝土结构防腐蚀技术规范》JTJ 275—2000的规定。

本规范取消了原规范钢铁基层表面上，底漆附着力（划圈法）的规定，因为这仅是涂层中某一过程的要求。

中华人民共和国国家标准

3～110kV 高压配电装置设计规范

Code for design of high voltage electrical installation
(3～110kV)

GB 50060—2008

主编部门：中 国 电 力 企 业 联 合 会
批准部门：中华人民共和国住房和城乡建设部
施行日期：２ ０ ０ ９ 年 ６ 月 １ 日

中华人民共和国住房和城乡建设部
公 告

第 194 号

关于发布国家标准《3～110kV
高压配电装置设计规范》的公告

现批准《3～110kV 高压配电装置设计规范》为国家标准，编号为 GB 50060—2008，自 2009 年 6 月 1 日起实施。其中，第2.0.10、4.1.9、5.1.1、5.1.3、5.1.4、5.1.7、7.1.3、7.1.4 条为强制性条文，必须严格执行。原《3～110kV 高压配电装置设计规范》GB 50060—92 同时废止。

本规范由我部标准定额研究所组织中国计划出版社出版发行。

中华人民共和国住房和城乡建设部
二〇〇八年十二月十五日

前 言

本规范是根据建设部"关于印发《二〇〇四年工程建设国家标准制订、修订计划》的通知"（建标〔2004〕67 号）的要求，由中国电力工程顾问集团西北电力设计院对原国家标准《3～110kV 高压配电装置设计规范》GB 50060—1992 进行修订的基础上编制而成的。

在修订过程中，编写组进行了广泛的调查研究，认真总结了原规范执行以来的经验，征求了全国各有关单位的意见，吸收了国内外先进设计思想，除保留了原《3～110kV 高压配电装置设计规范》适用的条文外，补充增加了一些新的内容。

本规范共分 7 章和 2 个附录。主要内容有：总则、一般规定、环境条件、导体和电器的选择、配电装置、气体绝缘金属封闭开关设备配电装置、配电装置对建筑物及构筑物的要求等。

本规范中以黑体字标志的条文为强制性条文，必须严格执行。

本规范由住房和城乡建设部负责管理和对强制性条文的解释，由中国电力工程顾问集团西北电力设计院负责具体技术内容的解释。本规范在执行过程中，请各单位结合工程实践，认真总结经验，如发现需要修改或补充之处，请将意见和建议寄交中国电力工程顾问集团西北电力设计院（地址：西安市高新技术产业开发区团结南路 22 号，邮政编码：710075），以供今后修订时参考。

本规范主编单位和主要起草人：

主 编 单 位：中国电力工程顾问集团西北电力设计院

主要起草人：张蜂蜜　曹永振　张晓江
　　　　　　　杨月红　史 东　孙 进
　　　　　　　欧阳册飞

目　　次

1 总 则

1.0.1 为使 3～110kV 高压配电装置（简称配电装置）的设计做到安全可靠、技术先进、经济合理、便于检修和维护，制定本规范。

1.0.2 本规范适用于新建和扩建 3～110kV 高压配电装置工程的设计。

1.0.3 配电装置的设计，应根据电力负荷性质、容量、环境条件和运行、安装、维护等要求，合理地选用设备和制定布置方案。在技术经济合理时应选用效率高、能耗小的电气设备和材料。

1.0.4 配电装置的设计应根据工程特点、规模和发展规划，做到远、近期结合，并应以近期为主，同时应适当留有扩建的余地。

1.0.5 配电装置的设计必须坚持节约用地的原则。

1.0.6 配电装置的设计除应执行本规范外，尚应符合国家现行有关标准的规定。

2 一般规定

2.0.1 配电装置的布置、导体、电气设备以及架构的选择，应满足在当地环境条件下正常运行、安装检修、短路和过电压时的安全要求，并应满足系统 10～15 年规划容量的要求。

2.0.2 配电装置各回路的相序排列宜一致。可按面对出线，自左至右、由远而近、从上到下的顺序，相序排列为 A、B、C。对屋内硬导体及屋外母线桥应有相色标志，A、B、C 相色标志应分别为黄、绿、红三色。对于扩建工程应与原有配电装置相序一致。

2.0.3 66～110kV 配电装置内的母线排列顺序，宜为靠变压器侧布置的母线为Ⅰ母、靠线路侧布置的母线为Ⅱ母；双层布置的配电装置内的母线排列顺序，宜为下层布置的母线为Ⅰ母、上层布置的母线为Ⅱ母。

2.0.4 110kV 屋外敞开式配电装置不应带电检修。

2.0.5 66～110kV 敞开式配电装置，母线避雷器和电压互感器宜合用一组隔离开关。

2.0.6 66～110kV 敞开式配电装置，断路器两侧隔离开关的断路器侧、线路隔离开关的线路侧，宜配置接地开关。气体绝缘金属封闭开关设备宜设隔离断口。

2.0.7 66～110kV 敞开式配电装置，每段母线上应配置接地开关。

2.0.8 66～110kV 敞开式配电装置，每组主母线的三相上宜装设电压互感器。当需要监视和检测线路侧有无电压时，出线侧的一相上宜装设电压互感器。

2.0.9 66～110kV 配电装置，凡装有断路器的回路均应配置电流互感器。

2.0.10 屋内、屋外配电装置的隔离开关与相应的断路器和接地刀闸之间应装设闭锁装置。屋内配电装置设备低式布置时，还应设置防止误入带电间隔的闭锁装置。

2.0.11 配电装置内充油电气设备的布置，应满足带电观察油位油温时安全方便的要求，并应便于抽取油样。

3 环境条件

3.0.1 屋外配电装置中的电气设备和绝缘子，应根据当地的污秽分级等级采取相应的外绝缘标准及其他防尘、防腐措施，并应便于清扫。发电厂、变电所污秽分级标准应符合本规范附录 B 的规定。

3.0.2 配电装置中裸导体和电器的环境温度应符合表 3.0.2 的规定。

表 3.0.2 裸导体和电器的环境温度

类别	安装场所	环境温度（℃）	
		最高	最低
裸导体	屋外	最热月平均最高温度	—
	屋内	该处通风设计温度	—
电器	屋外	年最高温度	年最低温度
	屋内电抗器	该处通风设计最高排风温度	—
	屋内其他位置	该处通风设计温度	—

注：1 年最高（或最低）温度为一年中所测得的最高（或最低）温度的多年平均值。

2 最热月平均最高温度为最热月每日最高温度的月平均值，取多年平均值。

3 选择屋内裸导体及其他电器的环境温度，若该处无通风设计温度资料时，可取最热月平均最高温度加 5℃。

3.0.3 导体和电器的环境相对湿度，应采用当地湿度最高月份的平均相对湿度。在湿热带地区应采用湿热带型电器产品。在亚湿热带地区可采用普通电器产品，但应根据当地运行经验采取防护措施。

3.0.4 周围环境温度低于电器、仪表和继电器的最低允许温度时，应装设有自动温控的加热装置或采取其他保温措施。

在积雪、覆冰严重地区，应采取防止冰雪引起事故的措施。

隔离开关的破冰厚度，不应小于安装场所的最大覆冰厚度。

3.0.5 设计屋外配电装置及导体和电器时的最大风速，可采用离地 10m 高，30 年一遇 10min 平均最大风速。最大设计风速超过 35m/s 的地区，在屋外配电装置的布置中，宜采取降低电气设备的安装高度、加强设备与基础的固定等措施。

3.0.6 配电装置的抗震设计应符合现行国家标准《电力设施抗震设计规范》GB 50260 的有关规定。

3.0.7 海拔超过 1000m 的地区，配电装置应选择适用于该海拔高度的电器和电瓷产品。其外部绝缘的冲击和工频试验电压应符合现行国家标准《高压输变电设备的绝缘配合》GB 311.1 的有关规定。

3.0.8 配电装置设计应降低有关运行场所的连续噪声级。配电装置紧邻居民区时，居民区围墙外侧的噪声标准应符合现行国家标准《城市区域环境噪声标准》GB 3096 和《工业企业厂界噪声标准》GB 12348 的有关规定。

3.0.9 110kV 的电器及金具，在 1.1 倍最高相电压下，晴天夜晚不应出现可见电晕。

110kV 导体的电晕临界电压应大于导体安装处的最高工作电压。

4 导体和电器的选择

4.1 一般规定

4.1.1 选用电器的最高工作电压不得低于所在系统的系统最高运行电压值，电压值的选取应符合现行国家标准《标准电压》GB 156 的有关规定。

4.1.2 选用导体的长期允许电流不得小于该回路的持续工作电流。屋外导体应计其日照对载流量的影响。长期工作制电器，在选择其额定电流时，应满足各种可能运行方式下回路持续工作电流的要求。

4.1.3 验算导体和电器动稳定、热稳定以及电器开断电流所用的短路电流，应按系统 10～15 年规划容量计算。

确定短路电流时，应按可能发生最大短路电流的正常接线方式计算。可按三相短路验算，当单相或两相接地短路电流大于三相短路电流时，应按严重情况验算。

4.1.4 验算导体短路电流热效应的计算时间，宜采用主保护动作时间加相应的断路器全分闸时间。当主保护有死区时，应采用对该死区起作用的后备保护动作时间，并应采用相应的短路电流值。

验算电器短路热效应的计算时间，宜采用后备保护动作时间加相应的断路器全分闸时间。

4.1.5 采用熔断器保护的导体和电器可不验算热稳定；除采用具有限流作用的熔断器保护外，导体和电器应验算动稳定。

采用熔断器保护的电压互感器回路，可不验算动稳定和热稳定。

4.1.6 裸导体的正常最高工作温度不应大于 70℃，在计及日照影响时，钢芯铝线及管形导体不宜大于 80℃。

特种耐热导体的最高工作温度可根据制造厂提供的数据选择使用，但应计其高温导体对连接设备的影响，并应采取防护措施。

4.1.7 验算额定短时耐受电流时，裸导体的最高允许温度，硬铝及铝合金可取 200℃，硬铜可取 300℃，短路前的导体温度应采用额定负荷下的工作温度。

4.1.8 按回路正常工作电流选择裸导体截面时，导体的长期允许载流量，应按所在地区的海拔高度及环境温度进行修正。

导体采用多导体结构时，应计及邻近效应和热屏蔽对载流量的影响。

4.1.9 正常运行和短路时，电气设备引线的最大作用力不应大于电气设备端子允许的荷载。屋外配电装置的导体、套管、绝缘子和金具，应根据当地气象条件和不同受力状态进行力学计算。导体、套管、绝缘子和金具的安全系数不应小于表 4.1.9 的规定。

表 4.1.9 导体、套管、绝缘子和金具的安全系数

类　　别	荷载长期作用时	荷载短时作用时
套管、支持绝缘子	2.50	1.67
悬式绝缘子及其金具	4.00	2.50
软导体	4.00	2.50
硬导体	2.00	1.67

注：1　表中悬式绝缘子的安全系数对应于 1h 机电试验荷载；若对应于破坏荷载，安全系数应分别为 5.3 和 3.3。

2　硬导体的安全系数对应于破坏应力；若对应于屈服点应力，安全系数应分别为 1.6 和 1.4。

4.1.10 配电装置中的绝缘水平应符合现行国家标准《工业与民用电力装置的过电压保护设计规范》GBJ 64 的有关规定。

4.2 导体的选择

4.2.1 110kV 及以下软导线宜选用钢芯铝绞线。

4.2.2 在空气中含盐量较大的沿海地区或周围气体对铝有明显腐蚀的场所，宜选用防腐型铝绞线或铜绞线。

4.2.3 硬导体可选用矩形、双槽形和管形。矩形铝导体的允许载流量应符合本规范附录 A 的规定。

4.2.4 硬导体的设计应满足不均匀沉陷、温度变化和振动等因素的要求。

4.3 电器的选择

4.3.1 电气设备的绝缘耐受水平应符合现行国家标准《高压输变电设备的绝缘配合》GB 311.1 的有关规定。高压电气设备电瓷爬电距离应满足安装地点的污秽条件要求。

4.3.2 35kV 及以下电压等级的断路器，宜选用真空断路器或 SF₆ 断路器；66kV 和 110kV 电压等级的断路器宜选用 SF₆ 断路器。

4.3.3 隔离开关应根据正常运行条件和短路故障条件的要求选择。

4.3.4 3～35kV 配电装置的电流互感器、电压互感器宜选用树脂浇注绝缘结构；66～110kV 配电装置的电流互感器、电压互感器可根据安装使用条件及产品制造水平选择。

4.3.5 35kV 及以下采用真空断路器的回路，宜根据被操作回路的负载性质（容性或感性负载），选用金属氧化物避雷器或阻容吸收器进行过电压保护。

4.3.6 66～110kV 配电装置，宜采用金属氧化物避雷器进行过电压保护。

4.3.7 装设在屋外的消弧线圈宜选用油浸式；装设在屋内的消弧线圈宜选用干式。

4.3.8 35kV 及以下电压等级的配电装置宜采用金属封闭开关设备，金属成套开关设备应具备下列功能：

  1 防止误分、误合断路器。

  2 防止带负荷拉合隔离开关。

  3 防止带电挂接地线（合接地开关）。

  4 防止带接地线关（合）断路器（隔离开关）。

  5 防止误入带电间隔。

4.3.9 3～20kV 屋外支柱绝缘子和穿墙套管的爬电距离，应满足安装地点污秽等级的要求。当不能满足时，可按提高一级或两级电压等级的支柱绝缘子和穿墙套管选择。

5 配电装置

5.1 配电装置内安全净距

5.1.1 屋外配电装置的安全净距不应小于表 5.1.1 所列数值。电气设备外绝缘体最低部位距地小于 2500mm 时，应装设固定遮栏。

5.1.2 屋外配电装置的安全净距，应按图 5.1.2-1、图 5.1.2-2 和图5.1.2-3校验。

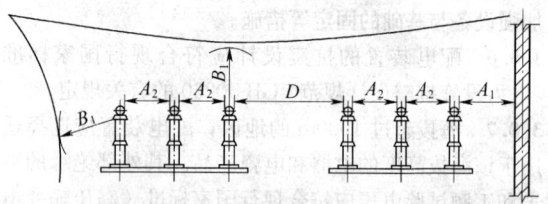

图 5.1.2-1 屋外 A_1、A_2、B_1、D 值校验

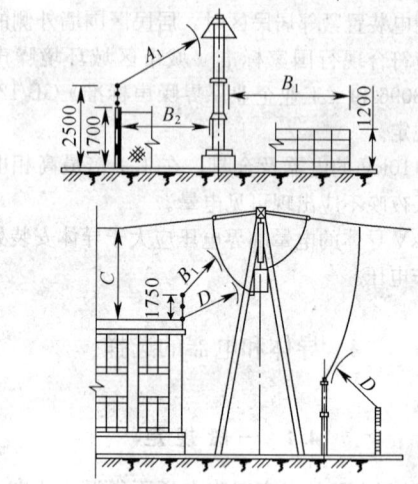

图 5.1.2-2 屋外 A_1、B_1、B_2、C、D 值校验

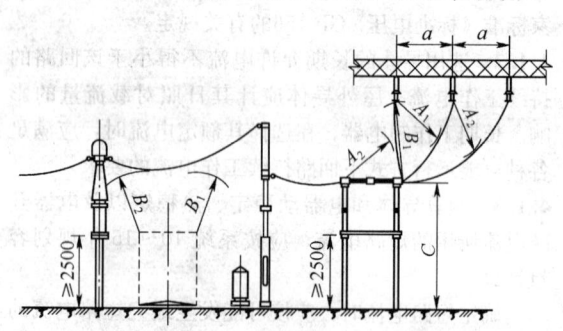

图 5.1.2-3 屋外 A_2、B_1、C 值校验

注：a 为不同相带电部分之间的距离。

表 5.1.1 屋外配电装置的安全净距（mm）

符号	适应范围	系统标称电压（kV）					
		3～10	15～20	35	66	110J	110
A_1	1. 带电部分至接地部分之间 2. 网状遮栏向上延伸线距地 2.5m 处与遮栏上方带电部分之间	200	300	400	650	900	1000
A_2	1. 不同相的带电部分之间 2. 断路器和隔离开关的断口两侧引线带电部分之间	200	300	400	650	1000	1100
B_1	1. 设备运输时，其设备外廓至无遮栏带电部分之间 2. 交叉的不同时停电检修的无遮栏带电部分之间 3. 栅状遮栏至绝缘体和带电部分之间 4. 带电作业时带电部分至接地部分之间	950	1050	1150	1400	1650	1750

符号	适 应 范 围	系统标称电压（kV）					
		3～10	15～20	35	66	110J	110
B_2	网状遮栏至带电部分之间	300	400	500	750	1000	1100
C	1. 无遮栏裸导体至地面之间 2. 无遮栏裸导体至建筑物、构筑物顶部之间	2700	2800	2900	3100	3400	3500
D	1. 平行的不同时停电检修的无遮栏带电部分之间 2. 带电部分与建筑物、构筑物的边沿部分之间	2200	2300	2400	2600	2900	3000

注：1 110J 指中性点有效接地系统。
　　2 海拔超过 1000m 时，A 值应进行修正。
　　3 本表所列各值不适用于制造厂的成套配电装置。
　　4 带电作业时，不同相或交叉的不同回路带电部分之间，其 B_1 值可在 A_2 值上加 750mm。

5.1.3 屋外配电装置使用软导线时，在不同条件下，带电部分至接地部分和不同相带电部分之间的最小安全净距，应根据表5.1.3进行校验，并应采用最大值。

表 5.1.3 带电部分至接地部分和不同相带电部分之间的最小安全净距（mm）

条件	校验条件	设计风速（m/s）	A值	系统标称电压（kV）			
				35	66	110J	110
雷电过电压	雷电过电压和风偏	10（注）	A_1	400	650	900	1000
			A_2	400	650	1000	1100
工频过电压	1. 最大工作电压、短路和风偏（取10m/s风速） 2. 最大工作电压和风偏（取最大设计风速）	10 或最大设计风速	A_1	150	300	300	450
			A_2	150	300	500	500

注：在最大设计风速为 35m/s 及以上，以及雷暴时风速较大等气象条件恶劣的地区应采用 15m/s。

5.1.4 屋内配电装置的安全净距不应小于表 5.1.4 所列数值。电气设备外绝缘体最低部位距地小于 2300mm 时，应装设固定遮栏。

5.1.5 屋外配电装置的安全净距应按图 5.1.5-1 和图 5.1.5-2 校验。

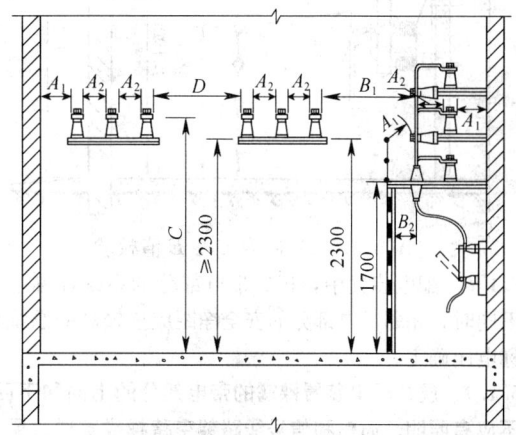

图5.1.5-1　屋内 A_1、A_2、B_1、B_2、C、D 值校验

表 5.1.4 屋内配电装置的安全净距（mm）

符号	适 应 范 围	系统标称电压（kV）								
		3	6	10	15	20	35	66	110J	110
A_1	1. 带电部分至接地部分之间 2. 网状和板状遮栏向上延伸线距地2300mm 处与遮栏上方带电部分之间	75	100	125	150	180	300	550	850	950
A_2	1. 不同相的带电部分之间 2. 断路器和隔离开关的断口两侧引线带电部分之间	75	100	125	150	180	300	550	900	1000
B_1	1. 栅状遮栏至带电部分之间 2. 交叉的不同时停电检修的无遮栏带电部分之间	825	850	875	900	930	1050	1300	1600	1700
B_2	网状遮栏至带电部分之间	175	200	225	250	280	400	650	950	1050

续表 5.1.4

符号	适应范围	系统标称电压（kV）								
		3	6	10	15	20	35	66	110J	110
C	无遮栏裸导体至地（楼）面之间	2500	2500	2500	2500	2500	2600	2850	3150	3250
D	平行的不同时停电检修的无遮栏裸导体之间	1875	1900	1925	1950	1980	2100	2350	2650	2750
E	通向屋外的出线套管至屋外通道的路面	4000	4000	4000	4000	4000	4000	4500	5000	5000

注：1 110J 指中性点有效接地系统。
    2 海拔超过 1000m 时，A 值应进行修正。
    3 当为板状遮栏时，B_2 值可在 A_1 值上加 30mm。
    4 通向屋外配电装置的出线套管至屋外地面的距离，不应小于表 5.1.1 中所列屋外部分的 C 值。
    5 本表所列各值不适用于制造厂的产品设计。

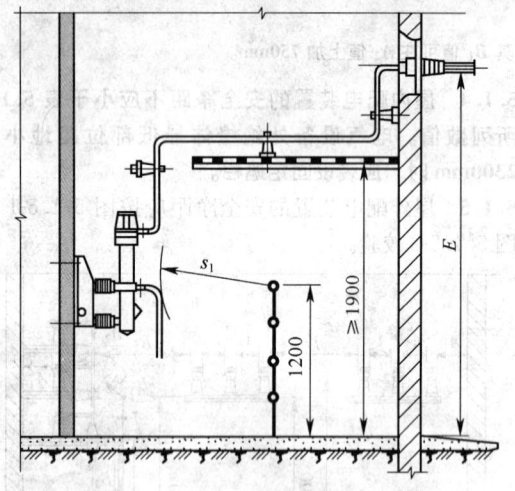

图 5.1.5-2 屋内 B_1、E 值校验

5.1.6 配电装置中，相邻带电部分的系统标称电压不同时，相邻带电部分的安全净距应按较高的系统标称电压确定。

5.1.7 屋外配电装置裸露的带电部分的上面和下面，不应有照明、通信和信号线路架空跨越或穿过；屋内配电装置裸露的带电部分上面不应有明敷的照明、动力线路或管线跨越。

5.2 配电装置型式选择

5.2.1 配电装置型式的选择，应根据设备选型及进出线方式，结合工程实际情况，并与工程总体布置协调，通过技术经济比较确定。在技术经济合理时，应采用占地少的配电装置型式。

5.2.2 66～110kV 配电装置宜采用敞开式中型配电装置或敞开式半高型配电装置。

5.2.3 Ⅳ级污秽地区、大城市中心地区、土石方开挖工程量大的山区，66～110kV 配电装置，宜采用屋内敞开式配电装置；当技术经济合理时，也可采用气体绝缘金属封闭开关设备配电装置。

5.2.4 地震烈度为 9 度及以上地区的 110kV 配电装

置宜采用气体绝缘金属封闭开关设备配电装置。

5.3 配电装置布置

5.3.1 配电装置的布置应结合接线方式、设备型式以及工程总体布置综合因素确定。

5.3.2 3～35kV 配电装置采用金属封闭高压开关设备时，应采用屋内布置。

5.3.3 35～110kV 配电装置，双母线接线，当采用软母线配普通双柱式或单柱式隔离开关时，屋外敞开式配电装置宜采用中型布置，断路器宜采用单列式布置或双列式布置。

110kV 配电装置，双母线接线，当采用管型母线配双柱式隔离开关时，屋外敞开式配电装置宜采用半高型布置，断路器宜采用单列式布置。

5.3.4 35～110kV 配电装置，单母线接线，当采用软母线配普通双柱式隔离开关时，屋外敞开式配电装置应采用中型布置，断路器宜采用单列式布置或双列式布置。

5.3.5 110kV 配电装置，双母线接线，当采用管型母线配双柱式隔离开关时，屋内敞开式配电装置应采用双层布置，断路器宜采用双列式布置。

5.3.6 110kV 配电装置，气体绝缘金属封闭开关设备配电装置可采用户内或户外布置。

5.3.7 110kV 配电装置，当采用管型母线时，管型母线宜选用单管结构。管型母线固定方式可采用支持式。当地震烈度为 8 度及以上时，管型母线固定方式宜采用悬吊式。

支持式管型母线在无冰无风状态下的跨中挠度不宜大于管型母线外直径的 0.5～1.0 倍，悬吊式管型母线的挠度可放宽。

采用支持式管型母线时，应采取加装动力双环阻尼消振器、管内加装阻尼线，以及改变支持方式等措施消除母线对端部效应、微风振动及热胀冷缩对支持绝缘子产生的内应力。

5.4 配电装置内的通道与围栏

5.4.1 配电装置的布置,应便于设备的操作、搬运、检修和试验。

5.4.2 中型布置的屋外配电装置内的检修、维护用环形道路宽度不宜小于3000mm。成环有困难时,应具备回车条件。

5.4.3 屋外配电装置应设置巡视和操作道路。可利用地面电缆沟的布置作为巡视路线。

5.4.4 屋内配电装置采用金属封闭开关设备时,屋内各种通道的最小宽度(净距),宜符合表5.4.4的规定。

表5.4.4 配电装置屋内各种通道的最小宽度(净距)(mm)

通道分类 布置方式	维护通道	操作通道	
		固定式	移开式
设备单列布置时	800	1500	单车长+1200
设备双列布置时	1000	2000	双车长+900

注:1 通道宽度在建筑物的墙柱个别突出处,可缩小200mm。

2 移开式开关柜不需进行就地检修时,其通道宽度可适当减小。

3 固定式开关柜靠墙布置时,柜背离墙距离宜取50mm。

4 当采用35kV开关柜时,柜后通道不宜小于1000mm。

5.4.5 室内油浸变压器外廓与变压器室四周墙壁的最小净距应符合表5.4.5的规定。就地检修的室内油浸变压器,室内高度可按吊芯所需的最小高度再加700mm,宽度可按变压器两侧各加800mm。

表5.4.5 屋内油浸变压器外廓与变压器室四壁的最小净距(mm)

变压器容量	1000kV·A及以下	1250kV·A及以上
变压器与后壁、 侧壁之间	600	800
变压器与门之间	800	1000

5.4.6 设置于屋内的无外壳干式变压器,其外廓与四周墙壁的净距不应小于600mm。干式变压器之间的距离不应小于1000mm,并应满足巡视维修的要求。

5.4.7 66～110kV屋外配电装置,其周围宜设置高度不低于1500mm的围栏,并应在围栏醒目地方设置警示牌。

5.4.8 配电装置中电气设备的栅状遮栏高度不应小于1200mm,栅状遮栏最低栏杆至地面的净距不应大于200mm。

5.4.9 配电装置中电气设备的网状遮栏高度不应小于1700mm,网状遮栏网孔不应大于40mm×40mm。围栏门应装锁。

5.4.10 在安装有油断路器的屋内间隔内应设置遮栏,就地操作的油断路器及隔离开关,应在其操作机构处设置防护隔板,防护隔板的宽度应满足人员操作的范围要求,高度不应小于1900mm。

5.4.11 屋外裸导体母线桥,当外物有可能落在母线上时,应根据具体情况采取防护措施。

5.5 防火与蓄油设施

5.5.1 35kV屋内敞开式配电装置的充油设备应安装在两侧有隔墙(板)的间隔内;66～110kV屋内敞开式配电装置的充油设备应安装在有防爆隔墙的间隔内。

总油量超过100kg的屋内油浸电力变压器,应安装在单独的变压器间内,并应设置灭火设施。

5.5.2 屋内单台电气设备的油量在100kg以上时,应设置贮油设施或挡油设施。挡油设施的容积应按容纳20%油量设计,并应有将事故油排至安全处的设施;当不能满足上述要求时,应设置能容纳100%油量的贮油设施。

排油管的内径不应小于150mm,管口应加装铁栅滤网。

5.5.3 屋外单台电气设备的油量在1000kg以上时,应设置贮油或挡油设施。当设置有容纳20%油量的贮油或挡油设施时,应设置将油排到安全处所的设施,且不应引起污染危害。

当不能满足上述要求时,应设置能容纳100%油量的贮油或挡油设施。贮油和挡油设施应大于设备外廓每边各1000mm,四周应高出地面100mm。贮油设施内应铺设卵石层,卵石层厚度不应小于250mm,卵石直径为50～80mm。

当设置有油水分离措施的总事故贮油池时,贮油池容量宜按最大一个油箱容量的60%确定。

5.5.4 油量为2500kg及以上的屋外油浸变压器之间的最小净距应符合表5.5.4的规定。

表5.5.4 屋外油浸变压器之间的最小净距(m)

电压等级	最小净距
35kV及以下	5
66kV	6
110kV	8

5.5.5 油量为2500kg及以上的屋外油浸变压器之间的防火间距不能满足表5.5.4的要求时,应设置防火墙。

防火墙的耐火极限不宜小于4h。防火墙的高度应高于变压器油枕,其长度应大于变压器贮油池两侧各 1000mm。

5.5.6 油量在 2500kg 及以上的屋外油浸变压器或电抗器与本回路油量为 600～2500kg 的充油电气设备之间的防火间距,不应小于 5000mm。

5.5.7 在防火要求较高的场所,有条件时宜选用非油绝缘的电气设备。

6 气体绝缘金属封闭开关设备配电装置

6.0.1 采用气体绝缘金属封闭开关设备的配电装置,接地开关的配置应满足运行检修的要求。

6.0.2 与气体绝缘金属封闭开关设备配电装置连接并需单独检修的电气设备、母线和出线,均应配置接地开关。

出线回路的线路侧接地开关应采用具有关合动稳定电流能力的快速接地开关。

6.0.3 气体绝缘金属封闭开关设备配电装置母线需装设避雷器时,避雷器和电压互感器可合设一组隔离开关或隔离断口。

6.0.4 气体绝缘金属封闭开关设备配电装置,应在气体绝缘金属封闭开关设备套管与架空线路连接处装设避雷器,避雷器宜采用敞开式金属氧化物避雷器。

6.0.5 气体绝缘金属封闭开关设备配电装置宜采用多点接地方式。外壳和支架上的感应电压,正常运行条件下不应大于 24V,故障条件下不应大于 100V。

6.0.6 在气体绝缘金属封闭开关设备配电装置内,应设置一条贯穿所有气体绝缘金属封闭开关设备间隔的接地母线或环形接地母线。

6.0.7 气体绝缘金属封闭开关设备配电装置每间隔应分为若干个隔室,隔室的分隔应满足正常运行条件和间隔元件设备检修要求。

7 配电装置对建筑物及构筑物的要求

7.1 屋内配电装置对建筑物的要求

7.1.1 长度大于 7000mm 的配电装置室,应设置 2 个出口。长度大于 60000mm 的配电装置室,宜设置 3 个出口;当配电装置室有楼层时,一个出口可设置在通往屋外楼梯的平台处。

7.1.2 屋内敞开式配电装置的母线分段处,宜设置带有门洞的隔墙。

7.1.3 充油电气设备间的门开向不属配电装置范围的建筑物内时,应采用非燃烧体或难燃烧体的实体门。

7.1.4 配电装置室的门应设置向外开启的防火门,并应装弹簧锁,严禁采用门闩;相邻配电装置室之间有门时,应能双向开启。

7.1.5 配电装置室可开固定窗采光,并应采取防止

玻璃破碎时小动物进入的措施。

7.1.6 配电装置室的顶棚和内墙应做耐火处理,耐火等级不应低于二级。地(楼)面应采用耐磨、防滑、高硬度地面。

7.1.7 配电装置室有楼层时,楼层楼面应有防渗水措施。

7.1.8 配电装置室应按事故排烟要求装设事故通风装置。

7.1.9 配电装置屋内通道应保证畅通无阻,不得设立门槛,不应有与配电装置无关的管道通过。

7.1.10 布置在屋外配电装置区域内的继电器小室,宜采取防尘、防潮、防强电磁干扰和静电干扰的措施。

7.1.11 建筑物与户外油浸变压器的外廊间距不宜小于 10000mm;当其间距小于 10000mm,且在 5000mm 以内时,在变压器外轮廓投影范围外侧各 3000mm 内的屋内配电装置楼、主控制楼及网络控制楼面向油浸变压器的外墙不应开设门、窗和通风孔;当其间距在 5000～10000mm 时,在上述外墙上可设甲级防火门。变压器高度以上可设防火窗,其耐火极限不应小于 0.90h。

7.2 屋外配电装置对构筑物的要求

7.2.1 计算用气象条件应按当地的气象资料确定。

7.2.2 独立架构应按终端架构设计,连续架构可根据实际受力条件分别按终端或中间架构设计。架构设计时不计算断线受力情况。

7.2.3 架构设计应计算其正常运行、安装、检修时的各种荷载组合。正常运行时,应取设计最大风速、最低气温、最厚覆冰三种情况中最严重者;安装紧线时,不计算导线上人荷载,但应计算安装引起的附加垂直荷载和横梁上人的 2000N 集中荷载;检修时,对导线跨中有引下线的 110kV 电压的架构,应计算导线上人荷载,并分别验算单相作业和三相作业的受力状态。此时,导线集中荷载应符合下列规定:

 1 单相作业:110kV 应取 1500N。

 2 三相作业:110kV 每相应取 1000N。

7.2.4 半高型配电装置的架构横梁应计其适当的起吊荷载。

7.3 屋内气体绝缘金属封闭开关设备配电装置对建筑物的要求

7.3.1 屋内气体绝缘金属封闭开关设备配电装置屋内地面宜采用耐磨、防滑、高硬度地面,并应满足气体绝缘金属封闭开关设备对基础不均匀沉降的要求。同一间隔气体绝缘金属封闭开关设备的布置应避免跨土建结构缝。

7.3.2 屋内气体绝缘金属封闭开关设备配电装置的设计,应根据其扩建、安装、检修、运行、维护以及

气体回收确定所需的空间和通道。

7.3.3 屋内气体绝缘金属封闭开关设备配电装置两侧应设置安装、检修和巡视的通道。主通道宜靠近断路器侧，宽度宜为 2000mm；巡视通道宽度不应小于 1000mm。

7.3.4 屋内气体绝缘金属封闭开关设备配电装置应设置起吊设备，起吊设备的容量应满足起吊最大检修单元，以及设备检修的要求。

7.3.5 屋内气体绝缘金属封闭开关设备配电装置宜配备 SF_6 气体回收装置，低位区应配备 SF_6 泄露报警仪及事故排风装置。

附录 A 矩形铝导体长期允许载流量

表 A 矩形铝导体长期允许载流量 (A)

导体尺寸 $h \times b$ (mm×mm)	单条 平放	单条 竖放	双条 平放	双条 竖放	三条 平放	三条 竖放	四条 平放	四条 竖放
40×4	480	503	—	—	—	—	—	—
40×5	542	562	—	—	—	—	—	—
50×4	586	613	—	—	—	—	—	—
50×5	661	692	—	—	—	—	—	—
63×6.3	910	952	1409	1547	1866	2111	—	—
63×8	1038	1085	1623	1777	2113	2379	—	—
63×10	1168	1221	1825	1994	2381	2665	—	—
80×6.3	1128	1178	1724	1892	2211	2505	2558	3411
80×8	1274	1330	1946	2131	2491	2809	2863	3817
80×10	1472	1490	2175	2373	2774	3114	3167	4222
100×6.3	1371	1430	2054	2253	2633	2985	3032	4043
100×8	1542	1609	2298	2516	2933	3311	3359	4479
100×10	1278	1803	2558	2796	3181	3578	3622	4829
125×6.3	1674	1744	2446	2680	2079	3490	3525	4700
125×8	1876	1955	2725	2982	3375	3813	3847	5129
125×10	2089	2177	3005	3282	3725	4194	4225	5633

注：1 载流量是按最高允许温度＋70℃、基准环境温度＋25℃、无风、无日照条件计算。
2 表中导体尺寸：h 为宽度，b 为厚度。
3 表中当导体为 4 条时，平放、竖放时第二、三片间距皆为 50mm。

附录 B 线路和发电厂、变电所污秽分级标准

B.0.1 线路和发电厂、变电所污秽分级，应符合表 B.0.1 的规定。

表 B.0.1 线路和发电厂、变电所污秽分级标准

污秽等级	污秽特征	盐密 (mg/cm²) 线路	盐密 (mg/cm²) 发电厂、变电所
0	大气清洁地区及离海岸盐场 50km 以上无明显污秽地区	≤0.03	—
I	大气轻度污秽地区，工业区和人口低密集区，离海岸盐场 10～50km 地区，在污闪季节中干燥少雾（含毛毛雨）或雨量较多时	>0.03～0.06	≤0.06
II	大气中等污秽地区，轻盐碱和炉烟污秽地区，离海岸盐场 3～10km 地区，在污闪季节中潮湿多雾（含毛毛雨）但雨量较少时	>0.06～0.10	>0.06～0.10
III	大气污染较严重地区，重雾和重盐碱地区，近海岸盐场 1～3km 地区，工业与人口密度较大地区，离化学污染源和炉烟污秽 300～1500m 的较严重污秽地区	>0.10～0.25	>0.10～0.25
IV	大气特别严重污染地区，离海岸盐场 1km 以内，离化学污染源和炉烟污秽 300m 以内的地区	>0.25～0.35	>0.25～0.35

B.0.2 各级污秽等级下的爬电比距分级，应符合表 B.0.2 的规定。

表 B.0.2 各级污秽等级下的爬电比距分级数值

污秽等级	爬电比距 (cm/kV) 线路 110kV 及以下	爬电比距 (cm/kV) 发电厂、变电所 110kV 及以下
0	1.39 (1.60)	—
I	1.39～1.74 (1.60～2.00)	1.60 (1.84)
II	1.74～2.17 (2.00～2.50)	2.00 (2.30)

续表 B. 0. 2

| 污秽等级 | 爬电比距（cm/kV） | |
| | 线　路 | 发电厂、变电所 |
	110kV 及以下	110kV 及以下
Ⅲ	2.17～2.78 (2.50～3.20)	2.50 (2.88)
Ⅳ	2.78～3.30 (3.20～3.80)	3.10 (3.57)

注：1　线路和发电厂、变电所爬电比距计算时取系统最
　　　高工作电压。表中括号内数字为按额定电压计
　　　算值。
　　2　对电站设备 0 级（110kV 及以下爬电比距为
　　　1.48cm/kV），目前保留作为过渡时期的污秽
　　　等级。
　　3　对处于污秽环境中用于中性点绝缘和经消弧线圈
　　　接地系统的电力设备，其外绝缘水平可按高一级
　　　选取。

本规范用词说明

　　1　为便于在执行本规范条文时区别对待，对要
求严格程度不同的用词说明如下：
　　1）表示很严格，非这样做不可的用词：
　　　正面词采用"必须"，反面词采用"严禁"。
　　2）表示严格，在正常情况下均应这样做的用词：
　　　正面词采用"应"，反面词采用"不应"或
"不得"。
　　3）表示允许稍有选择，在条件许可时首先应这
样做的用词：
　　　正面词采用"宜"，反面词采用"不宜"；
　　　表示有选择，在一定条件下可以这样做的用
词，采用"可"。
　　2　本规范中指明应按其他有关标准、规范执行
的写法为"应符合……的规定"或"应按……执行"。

中华人民共和国国家标准

3～110kV 高压配电装置设计规范

GB 50060—2008

条 文 说 明

目　次

1 总 则

1.0.1～1.0.6 原规范第 1.0.1、1.0.3、1.0.4 条的修改补充。

高压配电装置的设计首先应执行国家的建设方针和技术经济政策。根据电力系统条件、自然环境条件和运行、安装维修等要求,合理地选用设备和确定布置方案。

随着经济的发展,耕地面积逐年减少,而人口却逐年增多,故节约用地政策必须长期坚持。在积极慎重地采用行之有效的新技术、新设备和新材料的同时,为保证设备的安全运行,产品必须符合现行的国家或行业部门的标准。新技术及新设备,必须经过正式鉴定,以保证质量。

在技术经济合理时应首先选用效率高、能耗小的设备和材料。

2 一 般 规 定

2.0.1 原规范第 2.0.1 条的修改条文。考虑近年来电力负荷发展速度较快,工程多为分期建设的特点,配电装置的设计应综合考虑本期建设及远期扩建的情况。

2.0.2 原规范第 2.0.2 条的修改条文。考虑到各配电装置布置中相序的一致性,规定了一般情况下相序的排列顺序和相色标志。相色标志可根据不同的导体型式采取不同的方式:屋内硬导体及屋外母线桥一般均涂相色油漆(涂漆既能保持相色的永久性,又能对母线起防腐作用,还能降低导体温升),屋外铝管母线及屋内外软导线则仅在导体的显著部位做出相色标志。

2.0.3 新增条文。鉴于敞开式配电装置布置时母线排列编号不尽一致,本条规定了母线平行布置、上下布置时的编号顺序。

2.0.4 新增条文。110kV 的输变电设备停电的影响面较小,一般不考虑带电检修。

2.0.5 新增条文。明确了 66～110kV 电压等级配电装置中母线避雷器、电压互感器的引接方式。

2.0.6 新增条文。检修时装接携带型接地线,既不方便又不安全。故规定了断路器两侧的隔离开关的断路器侧、线路隔离开关的线路侧以及变压器进线隔离开关的变压器侧应配置接地开关,以保证设备和线路检修时的人身安全。

2.0.7 新增条文。为了保证检修时的人身安全,母线上应装设接地开关或接地器,母线上接地开关和接地器的安装原则,应根据母线上电磁感应电压和平行母线的长度以及间隔距离进行计算确定。

2.0.8、2.0.9 新增条文。电压互感器和电流互感器的配置应以满足测量、保护、同期和自动装置的要求,并能保证在运行方式改变时,保护装置不得失电,同期点的两侧都能提取到电压为原则。

2.0.10 原规范第 2.0.4 条的修改条文。目前国内外生产的高压开关柜均实现了"五防"功能,对户外敞开式布置的高压配电装置也都配置了"微机五防"操作系统。因此,本条文仅强调了屋内配电装置中设备低式布置时应设置防止误入带电间隔的闭锁装置。

2.0.11 原规范第 2.0.5 条的修改条文。目前已运行的 110kV 及以下配电装置大多采用无油设备,但还有少部分配电装置和一些扩建工程采用充油设备,本条保留了对有充油设备的配电装置设计时应考虑观察油位及油温的方便。

3 环 境 条 件

3.0.1 原规范第 3.0.1 条的修改条文。为了防腐,对于架构、金具、导线等也应采取相应措施,如混凝土杆应加厚保护层,钢材、金具等应刷漆或镀锌。对于导线则可采用耐腐型铝绞线。对屋外防污一般采用耐污型电瓷。

3.0.2 原规范 3.0.2 条的修改条文。年最高(或最低)温度为一年中所测得的最高(或最低)温度的多年平均值;最热月平均最高温度为最热月每日最高温度的月平均值,取多年平均值。根据调查测算不宜采用少于 10 年的平均值。

对于屋外裸导体,如钢芯铝绞线允许在 +90℃时运行,而据实测新制金具接点温度一般为导线温度的 50%～70%,从未超过导线温度,故本规范对屋外裸导体的环境最高温度取最热月平均最高温度。

选择屋外裸导体和电气设备的环境最高温度时,应尽量采用该处的通风设计温度,当无资料时,才可取最热月平均最高温度加 5℃。

对于屋外电气设备环境最高温度的选择,广州电器科学研究所认为,极端最高温度是自有气象记录以来的最高温度,在几十年内可能出现一次,持续时间很短,一般电器无需如此严格要求。最热月平均最高温度是每日最高温度的平均值,持续时间最长 7～8h,每年累计 100h,若用此值选择高压电器,难以保证可靠运行,采用两年一遇的年最高温度则可保证一般电器的安全运行。两年一遇的年最高温度接近年最高温度的多年平均值。另外,西安高压电器研究所的有关研究报告亦认为,电器产品中的开断电器如断路器、隔离开关等是带有可动接触的电器,一旦触头过热氧化,势必引起严重后果。故应当着眼于短至几个小时的气象参数变动情况。基于上述原因,本规范对屋外电器的环境最高温度采用年最高温度的多年平均值。

3.0.3 原规范 3.0.3 条的修改条文。《电工电子产品

自然环境条件 温度和湿度》GB/T 4797.1—2005 中采用 IEC 标准作为新的工业气候分类方法，标准将我国气候按温度和湿度的年极值的平均值分为六种类型，见表 1。湿热带仅包括广东省的雷州半岛、云南省的西双版纳地区、台湾南端和海南省等地。

表 1　按年极值划分的各种气候类型

气候类型	温度和湿度的年极值			
	低温（℃）	高温（℃）	相对湿度≥95%时最高温度（℃）	最大绝对湿度（g/m³）
寒冷	−50	35	20	18
寒温Ⅰ	−33	37	23	21
寒温Ⅱ	−33	31	12	11
暖温	−20	38	26	26
干热	−22	40	27	27
亚湿热	−10	40	27	27
湿热	5	40	28	28

据调查，在我国湿热带地区如海南岛，采用普通高压电器产品问题较多（因产品受潮、长霉、虫害、锈蚀严重等引起的故障较多），今后应采用湿热带型高压电器。

亚湿热带地区（包括贵州、湖南、湖北、江西、福建、浙江、广东、广西、安徽和江苏中南部、四川和云南东部以及台湾中北部）建国 60 年来全都使用普通高压电器产品。经过上述地区的调查，在外绝缘和发热方面未出过重大问题。其中，"湿"与"热"相对较重的雷州半岛和海南省，高压电器运行中主要问题是由于密封不良引起进水和受潮，以及外表锈蚀和虫害等。这些问题可以通过对普通产品加强质量管理及采取相应的措施来解决。因此，应允许亚热带地区采用普通高压电器，但应根据当地运行经验加强防潮、防水、防锈、防霉及防虫害等措施。

3.0.4　原规范第 3.0.4 条的修改条文。根据运行调查，电气设备在低温下运行易发生一些不利于安全运行的问题，例如：变压器油一般采用 25# 油，当气温在 −25℃ 以下时，一旦变压器停止运行后再恢复供电就有困难；当变压器负载轻、气温低时，由于油的运动黏度增大，导致油循环不畅，潜油泵供油不足，因而会出现轻瓦斯误动现象；各型断路器在冬季运行时，密封件普遍渗油；隔离开关瓷棒断头、触头合不严等。

现在国内制造厂通常采用的气温标准为 −30～+40℃。在严寒地区建议制造厂将气温下限值再适当降低。

据调查，东北某变电所 220kV 破冰式隔离开关因降雪覆冰，使刀闸嘴部和底部转动部分结冰而拉不开，另一变电所一组同类型隔离开关，因刀闸嘴部覆冰而合不上，故本规范要求隔离开关的破冰厚度应大于安装场所实测的最大覆冰厚度。

3.0.5　原规范第 3.0.5 条的修改条文。风速的重现

期一般采用设计建筑物的使用年限。日本、英、美及澳大利亚等国家多采用 50 年，我国《建筑结构荷载规范》GB 50009—2001（2006 年版）从安全可靠性考虑将 30 年修改为 50 年，由于导体和电气设备的尺寸和惯性都远较建筑物小，故本规范仍沿用 30 年一遇。

屋外 35～110kV 电压的电气设备和导线一般均安装在 10m 以下（只有 110kV 高型布置的隔离开关和上层母线安装在 10m 以上），故一般采用离地 10m 高的风速是可以满足要求的（校核高层母线时，可将离地 10m 高的风速，根据母线高度用高度变化系数进行换算）。

现行国家标准《建筑结构荷载规范》GB 50009—2001（2006 年版）规定建筑物采用 10min 平均最大风速，主要是考虑除建筑物体个别构件外，对于整体建筑物而言，一般质量比较大，因而它的阻尼也较大，故风压对建筑物的作用，从开始到破坏需要一定的时间。我国有许多瞬时风速大于 35m/s，而 10min 平均最大风速较小，对建筑物亦未造成任何破坏实例。证明建筑物采用 10min 平均最大风速设计是合理的。据调查，由于导体和电器的尺寸和惯性都远较建筑物小，则在阵风作用下，导体和电器可能因过载而损坏，所以对风速特别敏感的 110kV 支柱绝缘子、隔离开关、普阀避雷器及其他细高电瓷产品，要求制造部门在产品设计中考虑阵风的影响。

3.0.6　原规范第 3.0.6 条的保留条文。

3.0.7　原规范第 3.0.7 条的保留条文。对安装在海拔高度超过 1000m 地区的电气设备外绝缘一般应予加强，当海拔高度在 4000m 以下时，其试验电压应乘以系数 K。这是因为高海拔地区的低气压条件使外绝缘强度降低。高海拔地区空气间隙的击穿电压、绝缘子的干闪、湿闪和污闪电压都低于平原地区，海拔越高，绝缘强度的降低越严重。高海拔地区输变电设备的电晕起始电压也明显低于平原地区。电晕放电会造成无线电干扰、噪声干扰、烧蚀、腐蚀、电能损耗等一系列问题。因此高海拔地区电气设备外绝缘应予以修正。

依据《高电压输变电设备的绝缘配合》GB 311.1规定：对用于海拔超过 1000m，但不超过 4000m 处的设备的外绝缘及干式变压器的绝缘，海拔每升高 100m，绝缘强度约降低 1%。在海拔不高于 1000m 的地点试验时，其试验电压应按设备的额定耐受电压乘以海拔修正系数 K_a。海拔修正系数 K_a 按式（1）计算。

$$K_a = \frac{1}{1.1 - H \times 10^{-4}} \qquad (1)$$

式中　K_a——海拔修正系数；

　　　H——海拔高度。

由于现有 110kV 及以下大多数电器的外绝缘有

一定的裕度，故可使用在海拔2000m以下地区。

3.0.8 原规范第3.0.9条的修改条文。配电装置中的主要噪声源是主变压器、电抗器及电晕放电，其中以前者为最严重，因此，在设计时必须注意主变与控制室、通讯室及办公室等的相对布置位置及距离，使变电所内各建筑物的室内连续噪声水平不超过国家相关标准要求。噪声限制值见表2、表3。

表2 工业企业噪声控制标准

工 作 场 所	噪声限制值〔dB(A)〕
计算机房（正常工作状态）	70
主控制室、集中控制室、通讯室	60
办公室、会议室	60
生产车间及作业场所（工人每日连续接触噪声8h）	90

表3 厂界噪声限制值

厂界毗邻区域的环境类别	噪声限制值〔dB(A)〕	
	昼 间	夜 间
特殊住宅区	45	35
居民、文教区	50	40
商业中心区	60	50

电器的连续性噪声水平不应大于85dB，断路器的非连续性噪声水平，屋内不应大于90dB，屋外不应大于110dB（测试位置距声源设备外沿垂直面的水平距离为2m，离地高度1～1.5m处）。

3.0.9 原规范第3.0.8条的保留条文。

4 导体和电器的选择

4.1 一 般 规 定

4.1.1 原规范第4.0.1条的部分修改条文。在按电压选择电器时，在中性点非有效接地系统中，应满足线电压的要求。

4.1.2 原规范第4.0.1条的部分修改条文。导体、电气设备的选择，应满足在当地环境条件下正常运行、安装维修、短路和过电压工况的安全要求。

在按电流选择导体和电气设备时，确定回路的持续工作电流，应考虑检修时和事故时转移过来的负荷，可不计及在切换过程中短时可能增加的负荷电流。

选择屋外导体时，应考虑日照的影响，计算导体日照的附加温升时，日照强度取0.1W/cm²，风速取0.5m/s。

日照对屋外高压电气设备的影响：在制造部门已明确高压电气设备用于屋外时，可按电气设备额定电流选择设备；当未明确高压电气设备用于屋外时，可

按电气设备额定电流的80％选择设备。

4.1.3 原规范第4.0.4条的修改条文。《国家电网公司电网规划设计内容深度规定》（试行）规定："电网规划设计包括近期、中期、长期三个阶段，并遵循'近细远粗、远近结合'的思路开展工作。设计年限宜与国民经济和社会发展规划的年限相一致，近期规划5年左右，中期规划5～15年左右，长期规划15年以上。近期规划侧重于对近期输变电建设项目的优化和调整；中期规划侧重于对电网网架进行多方案的比选论证，推荐电网方案和输变电建设项目，提出合理的电网结构；长期规划侧重于对主网架进行战略性、框架性及结构性的研究和展望。"

根据上述规定，考虑多年来的运行实践，本规范对原条文作了修改，仅提出应考虑系统的远景发展规划。即《国家电网公司电网规划设计内容深度规定》（试行）中的规定：一般情况下可按本工程预期投产后5～15年的发展规划考虑。

在一般情况下，三相短路电流较单相、两相短路电流为大，但发电机出口的两相短路或在中性点有效接地系统、自耦变压器等回路中，单相、两相接地短路可能比三相短路严重。因此，本条规定了当单相或两相接地短路电流大于三相短路电流时，应按严重情况验算。

4.1.4 原规范第4.0.7条的修改条文。据对断路器和继电保护装置运行情况的不完全调查，主保护拒动、断路器和操作机构拒动以及继电保护装置因扩建、调试、检修等原因停用的情况时有发生。因此，对电气设备的热稳定校验，应尽量用后备保护动作时间加相应的断路器全分闸时间。对裸导体的热效应计算时间，取主保护动作时间加相应的断路器全分闸时间。

4.1.5 原规范第4.0.8条的修改条文。目前使用的高压熔断器大多为带限流作用的熔断器，用限流熔断器保护导体和电气设备时，应根据限流熔断器的切断电流特性来校验额定峰值耐受电流，并根据熔断器的最大动作焦耳积分来校验额定短时耐受电流。当弧前时间较长时，亦可直接用熔断器的时间-电流特性曲线来进行校验。

对电压互感器回路不验算动、热稳定的原因是：回路额定电流很小，熔丝截面小，熔断时间极快，且电压互感器绝缘结构比较可靠，回路内的裸导体和电气设备发生相间短路概率较低。

4.1.6 原规范第4.0.11条的修改条文。随着材料技术的发展，新型高强度和高导电特种耐热导体得到越来越广泛的应用，但该新型导体允许连续工作温度随合金材料的不同而不同，因此本条增加了选用特种耐热导体的最高工作温度可根据制造厂提供的数据选用使用。

4.1.7 原规范第4.0.12条的保留条文。

4.1.8 原规范第 4.0.13 条的修改条文。环境温度影响导体的对流和辐射散热，载流量应按环境温度修正。经分析，屋内导体的环境温度修正系数仍可按原使用的公式计算，即：

$$K_t = \sqrt{\frac{t_c - t_a}{t_c - t_n}} \qquad (2)$$

式中 K_t——环境温度修正系数；

t_c——导体最高允许温度（℃）；

t_a——实际环境温度（℃）；

t_n——基准环境温度（℃）。

对屋外导体，由于风速和日照的影响，按上式计算误差较大，尤其是大直径导体在高环境温度时相差更大。环境温度修正系数不仅与气象条件有关，也与导体外径有关。可根据《导体和电器选择设计技术规定》DL/T 5222 中的有关要求进行修正。

海拔对导体载流量也颇有影响。随着海拔高度的提高，环境温度有所降低，但日照的增强和空气密度降低（后者使对流散热减弱）影响了屋外导体的热平衡，故也应予以修正。

导体采用多导体结构时，因为电流分布不均匀，间隙的散热条件恶化，将影响载流量。另外，若导体的相间距离太小，由于邻近效应将增加交流电阻，从而也要降低载流量，故需考虑邻近效应和热屏蔽对载流量的影响。

4.1.9 原规范第 4.0.15 条的保留条文。短时作用的荷载，系指在正常状态下长期作用的荷载与在安装、检修、短路、地震等状态下短时增加的荷载的综合。

管型母线的支柱绝缘子，除校验抗弯机械强度外，尚需校验抗扭机械强度。其安全系数可取正文所列数值。

4.1.10 原规范第 4.0.3 条的保留条文。

4.2 导体的选择

4.2.1 新增条文。对于 110kV 及以下的配电装置，电晕对选择导线截面一般不起决定作用，故可根据负荷电流选择导线截面，导线的结构型式可采用钢芯铝绞线。

4.2.2、4.2.3 新增条文。引自《导体和电器选择设计技术规定》DL/T 5222—2005。裸导体的长期允许载流量参见《导体和电器选择设计技术规定》DL/T 5222—2005 的附录 D。

4.2.4 原规范第 4.0.18 条的修改条文。在有可能发生不均匀沉陷或振动的场所，硬导体和电气设备连接处，应装设伸缩接头或采取防振措施。为了消除由于温度变化引起的危险应力，矩形硬铝导体的直线段一般每隔 20m 左右设置一个伸缩接头。对滑动支持式铝管母线一般每隔 30～40m 设置一个伸缩接头；对滚动支持式铝管母线应根据计算确定。导体伸缩接头可采用定型伸缩接头产品，其截面应大于所连接导体的截面。

除了硬母线与发电机端子、主变压器端子等处应装伸缩接头外，对于其他电器，由于端子不能承受大的应力，是否需装伸缩接头，决定于电器端子前母线有无卡死的固定点以及电器端子允许承受的拉力。

4.3 电器的选择

4.3.1 新增条文。配电装置中电气设备的绝缘耐受水平应满足绝缘配合的要求。设备的电瓷爬电距离应满足各地区污秽等级的要求。

4.3.2～4.3.4 新增条文。目前 35kV 及以下断路器以真空断路器和 SF_6 断路器为主，66kV 及以上的断路器以 SF_6 断路器为主。真空断路器和 SF_6 断路器在技术性能及运行维护方面都比油断路器具有优势。虽然油断路器具有一定的价格优势，但由于技术性能差及运行维护不便等原因，近年来的工程设计已很少选用，因此不再推荐。

35kV 及以下屋内配电装置中选用的电流互感器，以往多采用瓷绝缘结构型，现在则较多地使用环氧树脂浇注绝缘型。后者体积小、重量轻、动稳定性能较好，但热稳定则比瓷绝缘型差，这是因为浇注体本身的散热情况较差。随着浇注工艺技术水平的提高，浇注式电流互感器应用范围越来越广，考虑到 35kV 及以下配电装置多为开关柜式结构，空间比较小，因此，35kV 及以下电流互感器宜采用浇注式。

对 66kV 及以上电流互感器，考虑到现有电流互感器制造技术的发展，SF_6 气体绝缘结构和光纤式绝缘结构的独立式电流互感器已有产品问世，条件许可时，也可考虑选择。

由于 3～35kV 配电装置多采用户内柜式结构，因柜内设备布置比较紧凑，要求互感器体积小。浇注式电压互感器经多年运行经验证明是可靠的，体积比油浸式小，适用于开关柜内使用。同时浇注式电压互感器的使用也满足开关柜向无油化方向发展的要求。因此，推荐采用树脂浇注式电压互感器。

66kV 及以上配电装置中电压互感器的选择问题，由于电容式电压互感器冲击绝缘水平高，且电容分压装置的电容较大，从而对冲击波的波头能起到缓冲作用。其次，还可以代替耦合电容器兼作载波通信用。在结构上，电容式电压互感器对误差的调整比较灵活，利用调整电抗器和中间变压器一次线圈的抽头来改变电感，使互感器的电抗尽量与容抗相等，使互感器内阻抗最小，从而达到调整准确度的比值差和相角差。

电容式电压互感器的容量较电磁式小，但一般都能满足要求。电磁式电压互感器的励磁特性为非线性特性，与电力网中的分布电容或杂散电容在一定条件下可能形成铁磁谐振。通常是电磁式电压互感器的感性电抗大于电容的容性电抗，当电力系统操作或其他暂态过程引起互感器暂态饱和而感抗降低就可能出现铁磁谐振。这种谐振可能发生于不接地系统，也可能发生于直接接地系统。随着电容值的不同，谐振频率可以是工频和较高和较低的谐振。铁磁谐振产生的过电流和（或）高电压可能造成互感器损坏，特别是低频谐振时，互感器相应的励磁阻抗大为降低而导致铁芯深度饱和，励磁电流急剧增大，高达额定值的数十倍至百倍以上，从而严重损坏互感器。因此，对110kV及以上电压，当电容式电压互感器容量满足要求时，考虑其优点较多，建议优先采用电容式电压互感器。

对气体绝缘金属封闭组合电器的电压互感器由于制造技术的原因，目前生产电磁式电压互感器，国外某些公司正在研制电容式气体绝缘全封闭组合电器用电压互感器，但造价较高，不适合工程中采用，故推荐气体绝缘全封闭组合电器用电压互感器宜采用电磁式。

4.3.5、4.3.6 新增条文。对3～35kV的保护设备宜针对不同形式的操作过电压和不同的操作对象"对症下药"。保护电容器组产生的高频振荡过电压，当采用金属氧化物避雷器保护时，应按《交流电气装置的过电压保护和绝缘配合》DL/T 620—1997 第4.2.5条规定接线，重点保护电容器极间过电压。在开断高压感应电动机时，因断路器的截流、三相同时开断和高频重复重击穿等会产生过电压（后两种仅出现于真空断路器开断时）。过电压幅值与断路器熄弧性能、电动机和回路元件参数等有关。采用真空断路器或采用的少油断路器截流值较高时，宜在断路器与电动机之间装设旋转电机金属氧化物避雷器。

66～110kV采用金属氧化锌避雷器已成为国内外公认的技术方向。在条件允许时，首先应选择无间隙金属氧化锌避雷器。

4.3.7 新增条文。在电容电流变化较大的场所，采用自动跟踪动态补偿式消弧线圈，可以将电容电流补偿到残流很小，使瞬时性接地故障自动消除而不影响供电。所以在电容电流变化较大的场所，宜选用自动跟踪动态补偿式消弧线圈。消弧线圈可根据装设位置采用油浸式或干式。

4.3.8 新增条文。

4.3.9 原规范第4.0.14条的修改条文。本条主要针对污秽等级为Ⅱ级及以上的配电装置，当配电装置有污染或冰雪时，宜提高产品电压等级。我国南方地区配电装置没有污染或冰雪时，则可不采用高一级电压的产品。

5 配电装置

5.1 配电装置内安全净距

5.1.1 原规范第5.1.1条的部分修改条文。

1 本条主要依据《交流电气装置的过电压保护和绝缘配合》DL/T 620中的方法，计算作用在空气间隙上的放电电压值，以避雷器的保护水平为基础，依据计算分析结果确定了最小安全距离。

2 对原表中63kV电压等级按《标准电压》GB 156—2003改为66kV。

3 A值是基本带电距离。110kV及以下配电装置的A值采用惯用法确定。隔离开关和断路器等开断电器的断口两侧引线带电部分之间，应满足A_2值的要求。

4 B_1值是指带电部分至栅栏的距离和可移动设备在移动中至无遮栏带电部分的净距，$B_1 = A_1 + 750mm$。一般运行人员手臂误入栅栏时手臂长不大于750mm，设备运输或移动时摆动也不会大于此值。交叉的不同时停电检修的无遮栏带电部分之间，检修人员在导线（体）上下活动范围也为此值。

5 B_2值是指带电部分至网状遮栏的净距，$B_2 = A_1 + 70mm + 30mm$。一般运行人员手指误入网状遮栏时手指长不大于70mm，另外考虑了30mm的施工误差。

6 C值是保证人举手时，手与带电裸导体之间的净距不小于A_1值，$C = A_1 + 2300mm + 200mm$。一般运行人员举手后总高度不超过2300mm，另外考虑屋外配电装置施工误差200mm。在积雪严重地区还应考虑积雪的影响，该距离可适当加大。规定遮栏向上延伸距地2500mm处与遮栏上方带电部分的净距，不应小于A_1值；以及电气设备外绝缘体最低部位距地小于2500mm时，应装设固定遮栏，都是为了防止人举手时触电。

7 D值是保证配电装置检修时，人和带电裸导体之间净距不小于A_1值，$D = A_1 + 1800mm + 200mm$。一般检修人员和工具的活动范围不超过1800mm，屋外条件较差，另增加200mm的裕度。

规定带电部分至围墙顶部的净距和带电部分至配电装置以外的建筑物等的净距，不应小于D值，也是考虑检修人员的安全。

5.1.3 原规范第5.1.2条的修改条文。

1 对原表中63kV电压等级按《标准电压》GB 156—2003改为66kV。

2 过去在最大工作电压条件下，进行短路加风偏的校验时，计算方法不太明确，有时采用短路叠加最大设计风速的风偏，相间距离常常由此条件控制，考虑到短路与最大设计风速同时出现的几率甚小，故本规范对校验条件明确分为两种情况：①最大工作电压下的最小安全净距与最大设计风速；②最大工作电压下的最小安全净距与短路摇摆加10m/s风速。

3 本次修编，取消了35～110kV不同条件下的计算风速和安全净距表中操作过电压和风偏值。主要考虑在35～110kV系统中操作过电压不起主要作用。

并且，国内缺少35~110kV内过电压和工频过电压试验曲线。

5.1.4 原规范第5.1.3条的修改条文。

1 对原表中63kV电压等级按《标准电压》GB 156—2003改为66kV。

2 B_2 值是指带电部分至网状遮栏的净距，$B_2 = A_1 + 30\text{mm} + 70\text{mm}$。70mm是考虑运行人员手指长度不大于70mm，30mm是考虑施工误差。若为板状遮栏，则因运行人员手指无法伸入，只需考虑施工误差30mm，故此时 $B_2 = A_1 + 30\text{mm}$。

3 35~110kV栏目中 C 值的含义与屋外相同，考虑到屋内条件比屋外为好，20kV及以下 C 值取2500mm，35kV及以上 $C = A_1 + 2300\text{mm}$。

4 D 值的含义与屋外相同，考虑屋内条件比屋外为好，无需再增加裕度，因此 $D = A_1 + 1800\text{mm}$。

5 E 值指由出线套管中心线至屋外通道路面的净距，考虑人站在载重汽车车箱中举手高度不大于3500mm，因此将 E 值定为在35kV及以下时为4000mm，66kV为4500mm，110kV为5000mm。若明确为经出线套管直接引线至屋外配电装置时，则出线套管至屋外地面的距离可不按 E 值校验，但不应低于同等电压级的屋外 C 值。

6 110kV及以下屋内配电装置的 A 值普遍比屋外 A 值小50~100mm。这主要考虑到屋内的环境条件略优于屋外，对造价影响亦较大，因而所取裕度相对较小。

上海交通大学曾进行了真型试验。试验表明，由于电场分布的影响，屋内的条件要比屋外恶化。有墙又有顶时，空气间隙的放电电压较低，分散性也较大。但考虑到温度的影响，他们建议屋内与屋外取相同的数值。

5.1.6 原规范第5.1.4条的修改条文。

5.1.7 原规范第5.1.5条的保留条文。照明、通信和信号线路绝缘强度很低，不应在屋外配电装置带电部分上面和下面架空跨越或穿过，以防感应电压或断线时造成严重恶果，或因维修照明等线路时误触带电高压设备。屋内配电装置内不应有明敷的照明或动力线路跨越裸露带电部分上面，防止明线脱落造成事故，同时照明灯具的安装位置选择亦应考虑维护人员维修时的安全。

5.2 配电装置型式选择

5.2.1 原规范第5.2.1条的修改条文。

5.2.2~5.2.4 新增条文。对于66~110kV屋外配电装置一般选用敞开式，为了减少占地也可采用紧凑型或智能型设备；考虑气体绝缘金属封闭开关设备（GIS）制造水平的提高和造价的降低，如计及土建费用和安装运行费用后与敞开式经济指标接近时，Ⅳ级及以上污秽地区、大城市中心地区、土石方开挖工程量大的山地区、地震烈度9度及以上地区推荐采用GIS配电装置。

5.3 配电装置布置

5.3.1 新增条文。

5.3.2 新增条文。对于3~35kV电压等级配电装置，因为成套式高压开关柜设备技术上已经成熟，工程中得到广泛应用，故推荐选用。

5.3.3~5.3.6 新增条文。普通中型布置的配电装置，一般母线下不布置电气设备，这种方式检修维护比较方便，但相对来讲，占地面积较大。地方比较狭小时，配电装置可采用半高型布置，母线可采用管型母线。

5.3.7 原规范第5.2.3条的修改条文。管型母线的固定方式可分为支持式和悬吊式两种。从减小母线跨度、防止微风振动出发，支持式管型母线又可分为带长托架和不带长托架两种。但由于长托架式管型母线给安装带来不便，一般使用较少，不带长托架的支持式管型母线则使用较多。而悬吊式管型母线一般在超高压配电装置且考虑地震的地方才予以采用。

支持式母线要控制正常状态的挠度，这主要考虑铝管支持金具的滑动范围和隔离开关的扑放范围的限制，在满足机械强度、刚度要求时，必须对跨度进行限制。同时单管母线需考虑微风振动及温差对支持绝缘子应力作用。而悬吊式母线适用地震烈度8度及以上地区，由于悬式绝缘子的阻尼作用，不考虑微风振动问题。采用管型母线都要考虑端部效应。

单根铝管母线的挠度，日本、加拿大、英国和前苏联都是以铝管母线的直径为控制条件。我国从20世纪70年代至今设计的110kV、220kV采用的铝管母线挠度都是用直径来控制的，即规定无冰无风时，管型母线自重产生的跨中挠度值应小于0.5~1.0D，（D 为铝管母线外径）。也有一些国家以采用母线跨度的比例来控制母线的挠度，如德国、法国和美国。我国已运行的110kV、220kV铝管母线挠度都是按小于0.5~1.0D设计的，通过几十年的运行，没有发现绝缘子断裂和挠度加大等不良现象。因此，本次修编仍维持原规范不变。

关于悬吊管型母线的挠度允许标准，没有支持式管型母线严格，因为它的两端用金具悬吊起来，是固定连接，没有因为管母线挠度过大造成支持金具滑动失常的问题。挠度是由单柱式隔离开关的要求和适当考虑美观等其他因素控制，所以对挠度的要求可以放松一些。结合国外工程实践，悬吊式铝管母线挠度允许标准，可按在自重作用下母线的挠度不超过铝管外径的2倍（2D）考虑。

圆形单管母线在微风中会产生卡曼旋涡，因此在设计中还必须考虑消除微风振动的措施。消除的措施一般采用下列方法：①加装动力双环阻尼消振器；

②管内加装阻尼线；③改变支持方式。

5.4 配电装置内的通道与围栏

5.4.1、5.4.3 原规范第 5.3.1 条的修改条文。屋外配电装置的巡视道路应根据运行巡视的需要设置，并宜结合地面电缆沟的布置确定路径，以节约投资。巡视道路面宽宜为 700～1000mm；当巡视道路坡度大于 8％时，宜有防滑措施或做成踏步。

5.4.2 新增条文。道路的设置除需满足运行、检修要求外，尚应符合消防要求。中型布置的屋外配电装置，其道路应力求环形贯通，尽量减少尽头死道，以提供良好的行车条件；当无法贯通时则应具有回车条件，如在道路的近端设回车道，或在附近设 T 形或十字形路口，以取代回车道。

5.4.4 原规范第 5.3.2 条保留条文。配电装置屋内各种通道的最小宽度，基本沿用原规范规定。由于电压等级不同，设备型式各异，具体应用时还需按设备搬运时所需的宽度进行校核，如不能满足要求，则应适当增大。

关于手车式开关柜的通道宽度，不少运行单位反映，认为原规范数值偏小，根据目前各单位进行设备大修时的情况，将最小宽度放大至单车加 1200mm 及双车加 900mm。这两种尺寸与《火力发电厂厂用电设计技术规定》DL/T 5153 中手车式高压开关柜操作通道的最小宽度是一致的。该规定单列布置最小宽度为 2000mm，双列布置为 2500mm，而小车长度为 800mm，分别加上 1200mm 及 900mm 后，其最小宽度也是 2000mm 及 2500mm。

对 35kV 手车式开关柜的操作通道最小宽度，据对部分地区的调查，采用宽度一般为 2000～3000mm。但运行单位普遍反映，由于这种断路器检修工作量不大，在操作通道内检修，既方便又解决问题，很少推到检修间检修过，要求将宽度加宽到 3000mm。一般 35kV 手车式配电装置以单列为多，采用本条规定即单车长加 1200mm 是满足要求的。

5.4.5、5.4.6 原规范第 5.3.4 条、第 5.3.5 条的保留条文。干式变压器可与高、低压配电装置布置于同一屋内，也可单独布置于变压器屋内，其防护类型有网型、箱型及有机械通风的箱型，也可作敞开式布置（此时也需有防护触及接线端子的遮栏，或布置于单独小屋内）。根据干式变压器的特点，安装地点要求通风良好。故设置于屋内的干式变压器，其外廓与墙壁距离不应小于 600mm，干式变压器之间的距离不应小于 1000mm，通道设置及其宽度尚应满足巡视维修的要求。

5.4.7 原规范第 5.3.6 条的修改条文。目前发电厂的屋外配电装置均有与外界隔开的围栏，而变电所特别是工矿企业的变电所，尚有的屋外配电装置未设置与外界隔离的围栏，非运行人员进大门后可直接进入屋外配电装置场地，影响安全运行。故本规范规定厂区内的屋外配电装置宜设置高度不低于 1500mm 的围栏。当屋外配电装置的出线侧或旁侧紧靠发电厂、变电所或工矿企业的围墙时，则围墙可作为围栏的一部分。

另外，近年来多有发生小孩攀登或翻越围栏误入配电装置触电事故发生，因此本规范规定了应在其醒目的地方设置警示牌。

5.4.8、5.4.9 原规范第 5.3.7 条的保留条文。屋外配电装置的栅状遮栏（简称栅栏）高度 1200mm 是最低要求，因栅栏对带电体的距离 B_1 值是以 750mm 加 A_1 值验算的，在 1200mm 高度时，人已不能弯腰探入栅栏内，当手臂误入栅栏内时，不会超过 750mm，故不致发生危险。

围栏指栅状遮栏、网状遮栏或板状遮栏。

5.4.10 原规范第 5.3.8 条的保留条文。屋内配电装置油断路器间隔靠操作走廊侧，一般均为网状遮栏，运行人员担心在巡视及就地操作时，可能受断路器爆炸或喷油燃烧等的威胁。为防止在就地操作时的断路器事故及隔离开关误操作事故等对人员的危险，增加运行人员的安全感，以及经济性及通风等条件，所以本条规定在进行操作的范围内设置人身防护实体隔板，隔板一般采用厚度不小于 2mm 的钢板，宽度以 500～600mm 为宜，高度则不低于 1900mm。

5.4.11 原规范第 5.3.9 条的保留条文。防护措施一般是指在母线桥顶上做无孔防护罩，两侧是否装设防护罩，可根据具体情况确定。

防护罩的设置一般是从厂房外墙开始，至母线桥离厂房 6～10m 处。

5.5 防火与蓄油设施

5.5.1 原规范第 5.4.2 条的修改条文。对于油断路器、油浸电压互感器和电压互感器等带油电气设备，按电压等级来划分设防标准，既在一定程度上考虑到油量的多少，又比较直观，使用方便，能满足运行安全的要求。例如 20kV 及以下的少油断路器油量均在 60kg 以下，绝大部分只有 5～10kg，虽然火灾爆炸事故较多，爆炸时的破坏力也不小（能使房屋建筑受到一定损伤、两侧间隔隔板破碎或变形、门窗炸出、危及操作人员安全等），但爆炸时向上扩展的较多，事故损害基本上局限在间隔范围内。因此，只要将两侧的隔板采用非燃烧材料的实体隔板或墙，从结构上改进加强是可以防止出现这类事故的。

5.5.2 原规范第 5.4.3 条的修改条文。为尽快将事故油排至安全处，排油管内径以 150mm 为宜。

5.5.3 原规范第 5.4.5 条的修改条文。本次修订，对屋外单台油量在 1000kg 的充油设备的贮油设施分为三种情况作了规定：一种是有排油设施时，贮油设施的容积为单台设备油量的 20％；一种是无排油设施时，贮油设施的容积为单台设备油量的100%；另一种是设有事故油池，并且有油水分离措施时贮油设施的容积为单台设备油量的60%。

贮油池内铺设卵石层，可起隔火降温作用，防止绝缘油燃烧扩散。若当地无卵石，也可采用无孔碎石。为防止雨水泥沙流入贮油池，堵塞卵石孔隙，贮油池周围应高出地面。

5.5.4 原规范第5.4.6条的修改条文。变压器之间的最小防火净距应按变压器容量、油量、电压等级的不同而有所区别。考虑到油浸变压器内部贮有大量绝缘油，其闪点在130～140℃之间，它与可燃液体贮罐很相似，因此可以把油浸变压器之间防火净距近似于地上可燃液体贮罐之间的最小防火净距来考虑。按《建筑设计防火规范》GB 50016—2006 表4.2.2规定，可燃液体贮罐之间的最小防火净距为0.75D（D为两相邻贮罐中较大罐的直径），可设想变压器的长度为可燃液体贮罐的直径，通过对不同电压、不同容量（油量均在2500kg以上）的变压器之间最小防火净距按0.75D计算得出：电压为110kV，容量为31.5～150MV·A的变压器之间最小防火净距约在6360～6990mm范围内；电压为35kV及以下，容量为5.6～31.5MV·A的变压器之间最小防火净距约在2880～4210mm范围内。因为油浸变压器的火灾危险性比可燃液体贮罐大，它又是变电设备中的核心设备，其重要性远远大于可燃液体贮罐，所以变压器之间最小防火净距应大于0.75D计算数值。

根据变压器着火后其四周对人的影响情况来看，对地面最大辐射强度是在与地面大致成45°的夹角范围内，要避开最大辐射温度，变压器之间的水平净距必须大于变压器的高度。

综上所述，将变压器之间最小防火净距按电压等级分为5m、6m及8m是合适的。

5.5.5 原规范第5.4.7条的修改条文。由于变压器事故中，不少是高压套管爆炸喷油燃烧，一般火焰都是垂直上升，故防火墙不宜太低。考虑到目前我国各工程中变压器间防火墙高度一般均低于高压套管顶部，但略高于油枕高度，故本规范规定防火墙高度不宜低于油枕顶端高程。对电压较低、容量较小的变压器，套管离地高度不太高时，防火墙高度宜尽量与套管顶部取齐。

考虑到贮油池比变压器两侧各长1000mm，为了防止贮油池中的热气流影响，防火墙长度应大于贮油池长度。设置防火墙将影响变压器的通风及散热，考虑到变压器散热、运行维护方便及事故的消防灭火需要，防火墙离变压器外廓距离不应小于1000mm。

5.5.6 新增条文。为了保证变压器的安全运行，对油量超过600kg的消弧线圈及其他充油电气设备至本回路油量在2500kg的充油设备间距离作了规定。

5.5.7 原规范第5.4.4条的修改条文。随着电气设备制造工艺的提高，一些由油绝缘的设备如电流互感器、电压互感器等已逐步被非油绝缘的材质所取代。因此，本规范规定了在防火要求较高的场所，宜选用非油绝缘的电气设备。

6 气体绝缘金属封闭开关设备配电装置

6.0.1、6.0.2 新增条文。在GIS配电装置中有两种接地开关，一种是仅作安全检修用的接地开关；另一种相当于接地短路器，又称快速接地开关。检修用的接地开关，只能切断电容电流和电感电流。而快速接地隔离开关能合上接地短路电流。这是因为当GIS设备内部发生接地短路时，在母线管里会产生强烈的电弧，它可以在很短的时间里将外壳烧穿，或者发生母线管爆炸。为了能及时切断电弧电源，人为地使电路直接接地，通过继电保护装置将断路器跳闸，从而切断故障电流，保护设备不致损伤过大。

线路侧的接地开关与出线相连接，尤其是同杆架设的架空线路，其电磁感应和静电感应电流较大，装于该处的接地开关必须具备切、合上述电流的能力。一般情况下，如不能预先确定回路不带电，出线侧宜装设快速接地开关；如能预先确定回路不带电，则设置一般接地开关。

6.0.3 新增条文。

6.0.4 新增条文。GIS与架空线连接处，应装设金属氧化锌避雷器，该避雷器宜采用敞开式。主要考虑敞开式避雷器的接地端与GIS金属外壳连接后可增大GIS内部波阻抗，提高避雷器的保护效果。

6.0.5～6.0.7 新增条文。GIS设备的母线和外壳是一对同轴的两个电极，构成稍不均匀电场。当电流通过母线时，外壳感应电压使外壳产生涡流而发热，使GIS设备容量减少，当运行人员接触时会触电危及人身安全。因此，要使GIS设备外壳的感应电压在安全规定的范围之内，外壳也不发热。另外，GIS设备的支架、管道，电缆外皮与外壳连接之后，也有感应电压和环流产生。外壳与上述零件接触不良的地方，还会产生火花，使管道、电缆外皮产生电腐蚀。

为了解决上述问题，目前用两种方法解决。一种在GIS设备外壳用全链多点接地的方法，它的优点是GIS外壳的感应电压为零，但会引起环流，金属外壳仍然发热，输送容量还要下降；另一种方法是将GIS外壳分段绝缘，每一段只有一个接地点，这样GIS外壳不产生环流，但有感应电压。

1. 三相共筒式母线的GIS外壳接地。三相母线共同安装在一个母线管里，正常运行情况下，三相电流在外壳的感应电压为零，外壳也没有涡流，所以不会危及运行人员的安全，外壳也不会发热。但在故障时，三相电压失去平衡，在外壳上产生感应电压，产生环流，虽然时间不长，但也会危及运行人员的安全。所以 GIS 外壳及其金属结构都要多点接地。接地线的截面按流过的故障电流计算。

2. 离相式母线的 GIS 外壳接地。由于离相式母线的 GIS 设备，三相母线分别装于不同的母线管里，在正常运行时，外壳有感应电流，其值为主回路电流的 70%～90%，根据外壳的材料而定。这么大的感应电流会引起外壳及其金属结构发热，并使 GIS 设备的额定容量减少，使二次回路受到干扰。为此用下面的措施进行解决。

（1）安装接地线，其截面按 GIS 设备的热稳定要求进行计算。接地线必须直接接到主地网，不允许元件的接地线串联之后接地。当 GIS 的间隔较多时，可设置两条接地母线，接地母线与主电网连接点不少于 2 处。

（2）由于离相母线管的三相感应电流相位相差为 120 度，因此在接地前，用一块短金属板，将三相母线管的接地线连在一起然后接地。此时，通过接地线的接地电流只是三相不平衡电流，其值较小。

（3）为了防止 GIS 设备外壳的感应电流通过设备支架、运行平台、楼梯、扶手和金属管道，其外壳均应多点接地。在外壳与金属结构之间应绝缘，以防产生环流。

（4）为了防止感应电流通过控制电缆和电力电缆的外皮，只允许电缆外皮一点接地，以不致使电缆外皮产生环流，而影响电缆的传输容量。GIS 屋内的所有金属管道也只允许一点接地。

（5）GIS 设备与主变压器连接时，GIS 设备的外壳与 SF_6/油套管之间应绝缘。

（6）三相联动的隔离开关、接地隔离开关的连杆之间应绝缘。

7 配电装置对建筑物及构筑物的要求

7.1 屋内配电装置对建筑物的要求

7.1.1～7.1.9 原规范第 6.0.1 条的保留条文。

7.1.10 新增条文。随着变电所、升压站控制水平的提高，现场总线的应用，大量的电子设备布置在高压配电装置内。为了抑制低频磁场对电子设备的干扰，本条规定了对布置在配电装置内的二次设备间应采取屏蔽措施。

7.1.11 原规范第 5.4.8 条的修改条文。

7.2 屋外配电装置对构筑物的要求

7.2.1～7.2.3 原规范第 6.0.2 条的修改条文。考虑到预制、组装、就位的方便，架构的标准化和便于扩建改建，对独立构架均按终端条件设计为宜；对于连续的构架，可根据实际的受力条件，并预计将来的发展，因地制宜地确定按中间或终端构架设计。

安装紧线时，各级电压施工经验均证明，采用上滑轮挂线方案不但可以减少过牵引拉力，若滑轮扎缚位置恰当，过牵引拉力还有可能小于导线的正常拉力。所以，只要施工方法恰当，安装时过牵引拉力不是构架控制条件。在更换绝缘子串时，通常采用紧线器，使被更换的绝缘子串脱离受力状态，过牵引值在 30～50mm 左右，试验也表明，它也不是构架的控制条件。因此规定，不应把过牵引作为控制条件。

检修时考虑导线上人，主要指电压为 110kV 及以上的构架。在构架较低时，导线的检修工作完全可以用靠梯进行。导线集中荷载系沿用《火力发电厂土建结构设计技术规定》DL 5022。

7.2.4 新增条文。半高型配电装置的平台、走道的均布活荷载值取自《建筑结构荷载规范》GB 50009 中上人的屋面活荷载数值。起吊荷载主要考虑隔离开关高位布置时的安装起吊及支持绝缘子等母线材料的吊装。

7.3 屋内气体绝缘金属封闭开关设备配电装置对建筑物的要求

7.3.1 新增条文。对 GIS 屋内地面的要求，是为了保证 GIS 配电装置安装的顺利和安全运行。因 GIS 配电装置是管状式的空间结构，刚度相对较大，密封性能要求高，如基础发生不均匀下沉将会导致设备性能难以保证。因此，基础设计时应满足 GIS 配电装置对不均匀沉陷的要求，并应避免同一间隔的布置跨土建结构缝。

7.3.2、7.3.3 新增条文。为满足安装、检修、运行巡视的要求，在 GIS 配电装置总布置的两侧应设通道。主通道宜设置在靠断路器的一侧，其通道宽度应满足检修 GIS 配电装置中最大设备单元搬运所需的空间和 SF_6 气体回收装置所需宽度，一般情况宽度不宜小于 2000mm。另一侧的通道供运行巡视用，其宽度应满足操作巡视和补气装置对每个隔室补气的要求，一般不小于 1000mm；对花很大代价才能做到的特殊情况，可适当缩小，但不能小于 800mm。

7.3.4 新增条文。

7.3.5 新增条文。由于 GIS 配电装置多少有一些微量 SF_6 气体泄漏出来。该气体为惰性气体，比重为空气的 5 倍左右，故屋内要求有正常的通风、排风装置，且其排风取气口位置一般应布置在 GIS 屋内下部，或将轴流风机布置在对应的断路器部位的墙上，或距地面 0.5m 左右处。有条件的配电装置，可设置进风装置，进风口设在屋内上部。此外，若装置间隔较多时，还可设置专用的安装检修场。

GIS 配电屋内宜配置 SF_6 气体泄露报警仪，以确保人身安全。

中华人民共和国国家标准

电力装置的继电保护和自动装置
设计规范

Code for design of relaying protection and automatic device
of electric power installations

GB/T 50062—2008

主编部门：中 国 电 力 企 业 联 合 会
批准部门：中华人民共和国住房和城乡建设部
施行日期：２ ０ ０ ９ 年 ６ 月 １ 日

中华人民共和国住房和城乡建设部
公　告

第 196 号

关于发布国家标准《电力装置的
继电保护和自动装置设计规范》的公告

现批准《电力装置的继电保护和自动装置设计规范》为国家标准，编号为 GB/T 50062—2008，自 2009 年 6 月 1 日起实施。原《电力装置的继电保护和自动装置设计规范》GB 50062—92 同时废止。

本规范由我部标准定额研究所组织中国计划出版社出版发行。

中华人民共和国住房和城乡建设部

二〇〇八年十二月十五日

前　言

本规范是根据建设部"关于印发《二〇〇四年工程建设国家标准制订、修订计划》的通知"（建标〔2004〕67 号）的要求，由中国电力工程顾问集团东北电力设计院对原国家标准《电力装置的继电保护和自动装置设计规范》GB 50062—92 进行修订的基础上编制而成的。

本规范共分 15 章和 2 个附录，主要内容包括：总则、一般规定、发电机保护、电力变压器保护、3～66kV 电力线路保护、110kV 电力线路保护、母线保护、电力电容器和电抗器保护、3kV 及以上电动机保护、自动重合闸、备用电源和备用设备的自动投入装置、自动低频低压减负荷装置、同步并列、自动调节励磁及自动灭磁、二次回路及相关设备。

本次修订的主要内容有：

1. 扩大了规范的适用范围：由单机容量 25MW 及以下改为 50MW 及以下。

2. 增加了经电阻接地的变压器和接地变压器保护。

3. 增加了并联电抗器保护。

4. 自动低频减载装置改为自动低频低压减负荷装置。

5. 同步并列及解列改为同步并列，取消解列内容。

6. 增加了自动调节励磁及自动灭磁内容。

7. 增加了二次回路相关设备内容。

本规范由住房和城乡建设部负责管理，由中国电力工程顾问集团东北电力设计院负责具体技术内容的解释。本规范在执行过程中，请各单位结合工程实践，认真总结经验，如发现需要修改或补充之处，请将意见和建议寄交中国电力工程顾问集团东北电力设计院（地址：吉林省长春市人民大街 4368 号，邮政编码：130021），以供今后修订时参考。

本规范主编单位和主要起草人：

主编单位：中国电力工程顾问集团东北电力设计院

主要起草人：李岩山　王　颖　张福生　刘　钢　安力群　傅　光　魏显安

目　　次

1　总　　则

1.0.1 为在电力装置的继电保护和自动装置设计中，贯彻执行国家的技术经济政策，做到安全可靠、技术先进、经济合理，制定本规范。

1.0.2 本规范适用于3～110kV电力线路和设备、单机容量为50MW及以下发电机、63MV·A及以下电力变压器等电力装置的继电保护和自动装置的设计。

1.0.3 电力装置的继电保护和自动装置的设计，除应符合本规范外，尚应符合国家现行有关标准、规范的规定。

2　一般规定

2.0.1 电力设备和线路应装设反应短路故障和异常运行的继电保护和自动装置。继电保护和自动装置应能及时反应设备和线路的故障和异常运行状态，并应尽快切除故障和恢复供电。

2.0.2 电力设备和线路应有主保护、后备保护和异常运行保护，必要时可增设辅助保护。

2.0.3 继电保护和自动装置应满足可靠性、选择性、灵敏性和速动性的要求，并应符合下列规定：

　　1 继电保护和自动装置应具有自动在线检测、闭锁和装置异常或故障报警功能。

　　2 对相邻设备和线路有配合要求时，上下两级之间的灵敏系数和动作时间应相互配合。

　　3 当被保护设备和线路在保护范围内发生故障时，应具有必要的灵敏系数。

　　4 保护装置应能尽快地切除短路故障。当需要加速切除短路故障时，可允许保护装置无选择性地动作，但应利用自动重合闸或备用电源和备用设备的自动投入装置缩小停电范围。

2.0.4 保护装置的灵敏系数，应根据不利正常运行方式和不利故障类型进行计算。必要时，应计及短路电流衰减的影响。各类继电保护的最小灵敏系数，应满足本规范附录B的要求。

3　发电机保护

3.0.1 电压在3kV及以上，容量在50MW及以下的发电机，对下列故障及异常运行方式应装设相应的保护装置：

　　1 定子绕组相间短路。

　　2 定子绕组接地。

　　3 定子绕组匝间短路。

　　4 发电机外部短路。

　　5 定子绕组过负荷。

　　6 定子绕组过电压。

　　7 转子表层（负序）过负荷。

　　8 励磁回路接地。

　　9 励磁电流异常下降或消失。

　　10 逆功率。

3.0.2 保护装置出口动作可分为下列方式：

　　1 停机：断开发电机（或发电变压器）断路器、灭磁。对汽轮发电机，关闭主汽门；对水轮发电机，关闭导水叶。

　　2 解列灭磁：断开发电机（或发电变压器）断路器、灭磁，汽（水）轮机甩负荷。

　　3 解列：断开发电机（或发电机变压器）断路器。

　　4 缩小故障影响范围。

　　5 信号：发出声光信号。

3.0.3 对发电机定子绕组及引出线的相间短路故障，应装设相应的保护装置作为发电机的主保护。保护装置应动作于停机，并应符合下列规定：

　　1 1MW及以下单独运行的发电机，如中性点侧有引出线，应在中性点侧装设过电流保护；如中性点侧无引出线，应在发电机端装设低电压保护。

　　2 1MW及以下与其他发电机或与电力系统并列运行的发电机，应在发电机端装设电流速断保护。当电流速断保护灵敏性不符合要求时，可装设纵联差动保护；对中性点侧没有引出线的发电机，可装设低电压闭锁过流保护。

　　3 对1MW以上的发电机，应装设纵联差动保护。对发电机变压器组，当发电机与变压器之间有断路器时，发电机与变压器应单独装设纵联差动保护；当发电机与变压器之间没有断路器时，可装设发电机变压器组共用的纵联差动保护。

3.0.4 发电机定子接地保护应符合下列规定：

　　1 发电机定子绕组单相接地故障电流允许值应采用制造厂的规定值。如无制造厂规定值，可按表3.0.4执行。

表 3.0.4　发电机定子绕组单相接地故障电流允许值

发电机额定电压（kV）	发电机额定容量（MW）		接地电流允许值（A）
6.3	≤50		4
10.5	汽轮发电机	50	3
	水轮发电机	10～50	
13.8	水轮发电机	40～50	2

注：对额定电压为13.8kV的氢冷发电机，发电机定子绕组单相接地故障电流允许值应为2.5A。

　　2 对直接接于母线的发电机，当定子绕组单相接地故障电流（不计消弧线圈的补偿作用）大于允许值时，应装设有选择性的接地保护装置，其出口应动作于信号。但当消弧线圈退出运行或其他原因导致上述故障电流大于允许值时，应动作于停机。

保护装置应接于机端的零序电流互感器。其整定值应躲过不平衡电流和外部单相接地时发电机稳态电容电流，并宜设置外部短路闭锁装置。

未装设接地保护时，应在发电机电压母线上装设接地监视装置，其出口应动作于信号。

保护装置或接地监视装置应能监视发电机零序电压值。

3 发电机变压器组应装设保护区不小于 90% 的定子接地保护。保护装置应带时限动作于信号，也可根据系统情况和发电机绝缘状态作用于停机。

保护装置应能监视发电机零序电压值。

3.0.5 发电机的定子匝间短路保护应符合下列规定：

1 对定子绕组星形接线，每相有并联分支，且中性点有分支引出端子的发电机，应装设零序电流型横差保护和裂相横差保护。

横差保护或裂相横差保护应瞬时动作于停机。在汽轮发电机励磁回路一点接地后，可切换为带短时限动作于停机。

2 对 50MW 的发电机，当定子绕组为星形接线，中性点只有三个引出端子时，也可装设匝间短路保护。

匝间短路保护应瞬时动作于停机。

3.0.6 对发电机外部相间短路故障和作为发电机主保护的后备，其装设的保护应符合下列规定：

1 对 1MW 及以下且与其他发电机或与电力系统并列运行的发电机，应装设过电流保护。保护装置宜配置在发电机的中性点侧，动作电流应按躲过最大负荷电流整定；对中性点没有引出线的发电机，保护装置应配置在发电机端。

2 对 1MW 以上的发电机，宜装设低压启动或复合电压启动的过电流保护。电流元件的动作电流，可取发电机额定值的 1.3～1.4 倍；低电压元件接线电压的动作电压，汽轮发电机可取额定电压值的 0.6 倍，水轮发电机可取额定电压值的 0.7 倍。负序电压元件的动作电压，可取额定电压值的 0.06～0.12 倍。

3 对 50MW 的发电机，可装设负序过电流保护和低压启动过电流保护。负序电流元件的动作电流可取发电机额定电流值的 0.5～0.6 倍；电流元件的动作电流和低电压元件的动作电压可按本条第 2 款规定取值。

4 对发电机变压器组，当发电机与变压器之间没有断路器时，应利用发电机反应外部短路的保护作为后备保护，在变压器低压侧不应另设保护装置；当发电机与变压器之间有断路器时，变压器的后备保护可按本规范第 4.0.5 条执行。在厂用分支线上应装设单独的保护装置。

5 对自并励发电机，宜采用带电流保持的低电压过流保护。

6 发电机后备保护宜带有二段时限。

3.0.7 对发电机定子绕组过负荷，应装设过负荷保护。保护宜带时限动作于信号。

3.0.8 对水轮发电机定子绕组的过电压，应装设过电压保护。动作电压可取额定电压的 1.3～1.5 倍，动作时限可取 0.5s。过电压保护宜动作于解列灭磁。

3.0.9 对不对称负荷、非全相运行以及不对称短路引起的转子表层过负荷，且容量为 50MW、A 值大于 10 的发电机，应装设定时限负序过负荷保护。保护装置的动作电流应按发电机长期允许的负序电流和躲过最大负荷下负序电流滤过器的不平衡电流值整定，并应延时动作于信号。

3.0.10 对发电机励磁回路接地故障，应装设接地保护或接地检测装置，并应符合下列规定：

1 1MW 及以下的水轮发电机，对一点接地故障，宜装设定期检测装置；1MW 以上的水轮发电机，应装设一点接地保护装置，并应延时动作于信号，有条件时也可动作于停机。

2 对汽轮发电机一点接地故障，应装设接地检测装置。装置可设二段定值。装置宜采用连续检测。

3.0.11 对励磁电流异常下降或完全消失的失磁故障，应装设失磁保护，并应符合下列规定：

1 不允许失磁运行的发电机或失磁对系统有重大影响的发电机，应装设专用的失磁保护。

2 汽轮发电机的失磁保护宜瞬时动作于信号。失磁后发电机电压低于允许值时，宜带时限动作于解列。

3 水轮发电机的失磁保护宜带时限动作于解列。

3.0.12 燃汽轮发电机应装设逆功率保护。保护宜带时限动作于信号，并应延时动作于解列。

3.0.13 自并励发电机的励磁变压器宜采用电流速断保护作为主保护，过电流保护作为后备保护。

4 电力变压器保护

4.0.1 电压为 3～110kV，容量为 63MV·A 及以下的电力变压器，对下列故障及异常运行方式，应装设相应的保护装置：

1 绕组及其引出线的相间短路和在中性点直接接地或经小电阻接地侧的单相接地短路。

2 绕组的匝间短路。

3 外部相间短路引起的过电流。

4 中性点直接接地或经小电阻接地的电力网中外部接地短路引起的过电流及中性点过电压。

5 过负荷。

6 油面降低。

7 变压器油温过高、绕组温度过高、油箱压力过高、产生瓦斯或冷却系统故障。

4.0.2 容量为 0.4MV·A 及以上的车间内油浸式变压器、容量为 0.8MV·A 及以上的油浸式变压器，以及带负荷调压变压器的充油调压开关均应装设瓦斯保护，当壳内故障产生轻微瓦斯或油面下降时，应瞬时动作于信号；当产生大量瓦斯时，应动作于断开变压器各侧断路器。

瓦斯保护应采取防止因震动、瓦斯继电器的引线故障等引起瓦斯保护误动作的措施。

当变压器安装处电源侧无断路器或短路开关时，保护动作后应作用于信号并发出远跳命令，同时应断开线路对侧断路器。

4.0.3 对变压器引出线、套管及内部的短路故障，应装设下列保护作为主保护，且应瞬时动作于断开变压器的各侧断路器，并应符合下列规定：

1 电压为 10kV 及以下、容量为 10MV·A 以下单独运行的变压器，应采用电流速断保护。

2 电压为 10kV 以上、容量为 10MV·A 及以上单独运行的变压器，以及容量为 6.3MV·A 及以上并列运行的变压器，应采用纵联差动保护。

3 容量为 10MV·A 以下单独运行的重要变压器，可装设纵联差动保护。

4 电压为 10kV 的重要变压器或容量为 2MV·A 及以上的变压器，当电流速断保护灵敏度不符合要求时，宜采用纵联差动保护。

5 容量为 0.4MV·A 及以上、一次电压为 10kV 及以下，且绕组为三角-星形连接的变压器，可采用两相三继电器式的电流速断保护。

4.0.4 变压器的纵联差动保护应符合下列要求：

1 应能躲过励磁涌流和外部短路产生的不平衡电流。

2 应具有电流回路断线的判别功能，并应能选择报警或允许差动保护动作跳闸。

3 差动保护范围应包括变压器套管及其引出线，如不能包括引出线时，应采取快速切除故障的辅助措施。但在 63kV 或 110kV 电压等级的终端变电站和分支变电站，以及具有旁路母线的变电站在变压器断路器退出工作由旁路断路器代替时，纵联差动保护可短时利用变压器套管内的电流互感器，此时套管和引线故障可由后备保护动作切除；如电网安全稳定运行有要求时，应将纵联差动保护切至旁路断路器的电流互感器。

4.0.5 对由外部相间短路引起的变压器过电流，应装设下列保护作为后备保护，并应带时限动作于断开相应的断路器，同时应符合下列规定：

1 过电流保护宜用于降压变压器。

2 复合电压启动的过电流保护或低电压闭锁的过电流保护，宜用于升压变压器、系统联络变压器和过电流保护不符合灵敏性要求的降压变压器。

4.0.6 外部相间短路保护应符合下列规定：

1 单侧电源双绕组变压器和三绕组变压器，相间短路后备保护宜装于各侧；非电源侧保护可带两段或三段时限；电源侧保护可带一段时限。

2 两侧或三侧有电源的双绕组变压器和三绕组变压器，相间短路应根据选择性的要求装设方向元件，方向宜指向本侧母线，但断开变压器各侧断路器的后备保护不应带方向。

3 低压侧有分支，且接至分开运行母线段的降压变压器，应在每个分支装设相间短路后备保护。

4 当变压器低压侧无专用母线保护，高压侧相间短路后备保护对低压侧母线间短路灵敏度不够时，应在低压侧配置相间短路后备保护。

4.0.7 三绕组变压器的外部相间短路保护，可按下列原则进行简化：

1 除主电源侧外，其他各侧保护可仅作本侧相邻电力设备和线路的后备保护。

2 保护装置作为本侧相邻电力设备和线路保护的后备时，灵敏系数可适当降低，但对本侧母线上的各类短路应符合灵敏性要求。

4.0.8 中性点直接接地的 110kV 电力网中，当低压侧有电源的变压器中性点直接接地运行时，对外部单相接地引起的过电流，应装设零序电流保护，并应符合下列规定：

1 零序电流保护可由两段组成，其动作电流与相关线路零序过电流保护相配合，每段各应带两个时限，并均应以较短的时限动作于缩小故障影响范围，或动作于断开本侧断路器，同时应以较长的时限动作于断开变压器各侧断路器。

2 双绕组及三绕组变压器的零序电流保护应接到中性点引出线上的电流互感器上。

4.0.9 110kV 中性点直接接地的电力网中，当低压侧有电源的变压器中性点可能接地运行或不接地运行时，对外部单相接地引起的过电流，以及对因失去中性点接地引起的电压升高，应装设后备保护，并应符合下列规定：

1 全绝缘变压器的零序保护应按本规范第 4.0.8 条装设零序电流保护，并应增设零序过电压保护。当变压器所连接的电力网选择断开变压器中性点接地时，零序过电压保护应经 0.3~0.5s 时限动作于断开变压器各侧断路器。

2 分级绝缘变压器的零序保护，应在变压器中性点装设放电间隙。应装设用于中性点直接接地和经放电间隙接地的两套零序过电流保护，并应增设零序过电压保护。用于中性点直接接地运行的变压器应按本规范第 4.0.8 条装设零序电流保护；用于经间隙接地的变压器，应装设反应间隙放电的零序电流保护和零序过电压保护。当变压器所接的电力网失去接地中性点，且发生单相接地故障时，此零序电流电压保护应经 0.3~0.5s 时限动作于断开变压器各侧断路器。

4.0.10 当变压器低压侧中性点经小电阻接地时，低压侧应配置三相式过电流保护，同时应在变压器低压侧装设零序过电流保护，保护应设置两个时限。零序过电流保护宜接在变压器低压侧中性点回路的零序电流互感器上。

4.0.11 专用接地变压器应按本规范第4.0.3条配置主保护，并应配置过电流保护和零序过电流保护作为后备保护。

4.0.12 当变压器中性点经消弧线圈接地时，应在中性点设置零序过电流或过电压保护，并应动作于信号。

4.0.13 容量在0.4MV·A及以上、绕组为星形-星形接线，且低压侧中性点直接接地的变压器，对低压侧单相接地短路应选择下列保护方式，保护装置应带时限动作于跳闸：

　　1 利用高压侧的过电流保护时，保护装置宜采用三相式。

　　2 在低压侧中性线上装设零序电流保护。

　　3 在低压侧装设三相过电流保护。

4.0.14 容量在0.4MV·A及以上、一次电压为10kV及以下、绕组为三角-星形接线，且低压侧中性点直接接地的变压器，对低压侧单相接地短路，可利用高压侧的过电流保护，当灵敏度符合要求时，保护装置应带时限动作于跳闸；当灵敏度不符合要求时，可按本规范第4.0.13条第2款和第3款装设保护装置，并应带时限动作于跳闸。

4.0.15 容量在0.4MV·A及以上并列运行的变压器或作为其他负荷备用电源的单独运行的变压器，应装设过负荷保护。对多绕组变压器，保护装置应能反应变压器各侧的过负荷。过负荷保护应带时限动作于信号。

　　在无经常值班人员的变电站，过负荷保护可动作于跳闸或断开部分负荷。

4.0.16 对变压器油温度过高、绕组温度过高、油面过低、油箱内压力过高、产生瓦斯和冷却系统故障，应装设可作用于信号或动作于跳闸的装置。

5 3～66kV电力线路保护

5.0.1 3～66kV线路的下列故障或异常运行，应装设相应的保护装置：

　　1 相间短路。

　　2 单相接地。

　　3 过负荷。

5.0.2 3～10kV线路装设相间短路保护装置，宜符合下列要求：

　　1 电流保护装置应接于两相电流互感器上，同一网络的保护装置应装在相同的两相上。

　　2 后备保护应采用远后备方式。

　　3 下列情况应快速切除故障：

　　　　1）当线路短路使发电厂厂用母线或重要用户母线电压低于额定电压的60%时；

　　　　2）线路导线截面过小，线路的热稳定不允许带时限切除短路时。

　　4 当过电流保护的时限不大于0.5～0.7s时，且无本条第3款所列的情况，或无配合上的要求时，可不装设瞬动的电流速断保护。

5.0.3 3～10kV线路装设相间短路保护装置，应符合下列规定：

　　1 对单侧电源线路可装设两段电流保护，第一段应为不带时限的电流速断保护，第二段应为带时限的电流速断保护。两段保护均可采用定时限或反时限特性的继电器。对单侧电源带电抗器的线路，当其断路器不能切断电抗器前的短路时，不应装设电流速断保护，此时，应由母线保护或其他保护切除电抗器前的故障。

　　保护装置应仅在线路的电源侧装设。

　　2 对双侧电源线路，可装设带方向或不带方向的电流速断和过电流保护。当采用带方向或不带方向的电流速断和过电流保护不能满足选择性、灵敏性或速动性的要求时，应采用光纤纵联差动保护作主保护，并应装设带方向或不带方向的电流保护作后备保护。

　　对并列运行的平行线路可装设横联差动作主保护，并应以接于两回线路电流之和的电流保护作为两回线路同时运行的后备保护及一回线路断开后的主保护及后备保护。

5.0.4 3～10kV经低电阻接地单侧电源线路，除应配置相间故障保护外，还应配置零序电流保护。零序电流保护应设二段，第一段应为零序电流速断保护，时限应与相间速断保护相同；第二段应为零序过电流保护，时限应与相间过电流保护相同。当零序电流速断保护不能满足选择性要求时，也可配置两套零序过电流保护。零序电流可取自三相电流互感器组成的零序电流滤过器，也可取自加装的独立零序电流互感器，应根据接地电阻阻值、接地电流和整定值大小确定。

5.0.5 35～66kV线路装设相间短路保护装置，应符合下列要求：

　　1 电流保护装置应接于两相电流互感器上，同一网络的保护装置应装在相同的两相上。

　　2 后备保护应采用远后备方式。

　　3 下列情况应快速切除故障：

　　　　1）当线路短路使发电厂厂用母线或重要用户母线电压低于额定电压的60%时；

　　　　2）线路导线截面过小，线路的热稳定不允许带时限切除短路时；

　　　　3）切除故障时间长，可能导致高压电网产生电力系统稳定问题时；

　　　　4）为保证供电质量需要时。

5.0.6 35～66kV线路装设相间短路保护装置，应符合下列要求：

　　1 对单侧电源线路可采用一段或两段电流速断

或电压闭锁过电流保护作主保护，并应以带时限的过电流保护作后备保护。

当线路发生短路时，使发电厂厂用母线或重要用户母线电压低于额定电压的 60% 时，应快速切除故障。

2 对双侧电源线路，可装设带方向或不带方向的电流电压保护。

当采用电流电压保护不能满足选择性、灵敏性或速动性的要求时，可采用距离保护或光纤纵联差动保护装置作主保护，应装设带方向或不带方向的电流电压保护作后备保护。

3 对并列运行的平行线路可装设横联差动作主保护，并应以接于两回线路电流之和的电流保护作为两回线路同时运行的后备保护及一回线路断开后的主保护及后备保护。

4 经低电阻接地单侧电源线路，可装设一段或两段三相式电流保护；装设一段或两段零序电流保护，作为接地故障的主保护和后备保护。

5.0.7 3～66kV 中性点非直接接地电网中线路的单相接地故障，应装设接地保护装置，并应符合下列规定：

1 在发电厂和变电所母线上，应装设接地监视装置，并应动作于信号。

2 线路上宜装设有选择性的接地保护，并应动作于信号。当危及人身和设备安全时，保护装置应动作于跳闸。

3 在出线回路数不多，或难以装设选择性单相接地保护时，可采用依次断开线路的方法寻找故障线路。

4 经低电阻接地单侧电源线路，应装设一段或两段零序电流保护。

5.0.8 电缆线路或电缆架空混合线路，应装设过负荷保护。保护装置宜带时限动作于信号；当危及设备安全时，可动作于跳闸。

6 110kV 电力线路保护

6.0.1 110kV 线路的下列故障，应装设相应的保护装置：

1 单相接地短路。

2 相间短路。

3 过负荷。

6.0.2 110kV 线路后备保护配置宜采用远后备方式。

6.0.3 接地短路，应装设相应的保护装置，并应符合下列规定：

1 宜装设带方向或不带方向的阶段式零序电流保护。

2 对零序电流保护不能满足要求的线路，可装设接地距离保护，并应装设一段或二段零序电流保护

作后备保护。

6.0.4 相间短路，应装设相应的保护装置，并应符合下列规定：

1 单侧电源线路，应装设三相多段式电流或电流电压保护，当不能满足要求时，可装设相间距离保护。

2 双侧电源线路，应装设阶段式相间距离保护。

6.0.5 下列情况，应装设全线速动保护：

1 系统安全稳定有要求时。

2 线路发生三相短路，使发电厂厂用母线或重要用户母线电压低于额定电压的 60%，且其他保护不能无时限和有选择性地切除短路时。

3 当线路采用全线速动保护，不仅改善本线路保护性能，且能改善电网保护性能时。

6.0.6 并列运行的平行线路，可装设相间横联差动及零序横联差动保护作主保护。后备保护可按和电流方式连接。

6.0.7 对用于电气化铁路的二相式供电线路，应装设相间距离保护作主保护，接于和电流的过电流保护或相电流保护应作后备保护。

6.0.8 电缆线路或电缆架空混合线路应装设过负荷保护。保护装置宜动作于信号。当危及设备安全时，可动作于跳闸。

7 母线保护

7.0.1 发电厂和主要变电所的 3～10kV 母线及并列运行的双母线，宜由发电机和变压器的后备保护实现对母线的保护，下列情况应装置专用母线保护：

1 需快速且选择性地切除一段或一组母线上的故障，保证发电厂及电力系统安全运行和重要负荷的可靠供电时。

2 当线路断路器不允许切除线路电抗器前的短路时。

7.0.2 发电厂和变电所的 35～110kV 母线，下列情况应装置专用母线保护：

1 110kV 双母线。

2 110kV 单母线、重要的发电厂和变电所 35～66kV 母线，根据系统稳定或为保证重要用户最低允许电压要求，需快速切除母线上的故障时。

7.0.3 专用母线保护，应符合下列要求：

1 双母线的母线保护宜先跳开母联及分段断路器。

2 应具有简单可靠的闭锁装置或采用两个以上元件同时动作作为判别条件。

3 对于母线差动保护应采取减少外部短路产生的不平衡电流影响的措施，并应装设电流回路断线闭锁装置。当交流电流回路断线时，应闭锁母线保护，并应发出告警信号。

4 在一组母线或某一段母线充电合闸时,应能快速且有选择性地断开有故障的母线。

5 双母线情况下母线保护动作时,应闭锁平行双回线路的横联差动保护。

7.0.4 3～10kV 分段母线宜采用不完全电流差动保护,保护装置应接入有电源支路的电流。保护装置应由两段组成,第一段可采用无时限或带时限的电流速断,当灵敏系数不符合要求时,可采用电压闭锁电流速断;第二段可采用过电流保护。当灵敏系数不符合要求时,可将一部分负荷较大的配电线路接入差动回路。

7.0.5 旁路断路器和兼作旁路的母联或分段断路器上,应装设可代替线路保护的保护装置。在专用母联或分段断路器上,可装设相电流或零序电流保护。

8 电力电容器和电抗器保护

8.1 电力电容器保护

8.1.1 3kV 及以上的并联补偿电容器组的下列故障及异常运行状态,应装设相应的保护:

1 电容器内部故障及其引出线短路。

2 电容器组和断路器之间连接线短路。

3 电容器组中某一故障电容器切除后所引起的剩余电容器的过电压。

4 电容器组的单相接地故障。

5 电容器组过电压。

6 电容器组所连接的母线失压。

7 中性点不接地的电容器组,各相对中性点的单相短路。

8.1.2 并联补偿电容器组应装设相应的保护,并应符合下列规定:

1 电容器组和断路器之间连接线的短路,可装设带有短时限的电流速断和过电流保护,并应动作于跳闸。速断保护的动作电流,应按最小运行方式下,电容器端部引线发生两相短路时有足够的灵敏度,保护的动作时限应确保电容器充电产生涌流时不误动。过电流保护装置的动作电流,应按躲过电容器组长期允许的最大工作电流整定。

2 电容器内部故障及其引出线的短路,宜对每台电容器分别装设专用的熔断器。熔丝的额定电流可为电容器额定电流的1.5～2.0倍。

3 当电容器组中的故障电容器切除到一定数量后,引起剩余电容器组端电压超过 105% 额定电压时,保护应带时限动作于信号;过电压超过 110% 额定电压时,保护应将整组电容器断开,对不同接线的电容器组,可采用下列保护之一:

    1) 中性点不接地单星形接线的电容器组,可装设中性点电压不平衡保护;

    2) 中性点接地单星形接线的电容器组,可装设中性点电流不平衡保护;

    3) 中性点不接地双星形接线的电容器组,可装设中性点间电流或电压不平衡保护;

    4) 中性点接地双星形接线的电容器组,可装设中性点回路电流差的不平衡保护;

    5) 多段串联单星形接线的电容器组,可装设段间电压差动或桥式差电流保护;

    6) 三角形接线的电容器组,可装设零序电流保护;

4 不平衡保护应带有短延时的防误动的措施。

8.1.3 电容器组单相接地故障,可利用电容器组所连接母线上的绝缘监察装置检出;当电容器组所连接母线有引出线路时,可装设有选择性的接地保护,并应动作于信号;必要时,保护应动作于跳闸。安装在绝缘支架上的电容器组,可不再装设单相接地保护。

8.1.4 电容器组应装设过电压保护,并应带时限动作于信号或跳闸。

8.1.5 电容器组应装设失压保护,当母线失压时,应带时限跳开所有接于母线上的电容器。

8.1.6 电网中出现的高次谐波可能导致电容器过负荷时,电容器组宜装设过负荷保护,并应带时限动作于信号或跳闸。

8.2 并联电抗器保护

8.2.1 3～110kV 的并联电抗器的下列故障及异常运行状态,应装设相应的保护:

1 绕组的单相接地和匝间短路。

2 绕组及其引出线的相间短路和单相接地短路。

3 过负荷。

4 油面过低(油浸式)。

5 油温过高(油浸式)或冷却系统故障。

8.2.2 油浸式电抗器应装设瓦斯保护,当壳内故障产生轻微瓦斯或油面下降时,应瞬时动作于信号;当产生大量瓦斯时,应动作于跳闸。

8.2.3 油浸式或干式并联电抗器应装设电流速断保护,并应动作于跳闸。

8.2.4 油浸式或干式并联电抗器应装设过电流保护,保护整定值应按躲过最大负荷电流整定,并应带延时动作于跳闸。

8.2.5 并联电抗器可装设过负荷保护,并应带延时动作于信号。

8.2.6 并联电抗器可装设零序过电压保护,并应带延时动作于信号或跳闸。

8.2.7 双星形接线的低压干式空心并联电抗器可装设中性点不平衡电流保护。保护应设两段,第一段应动作于信号,第二段应带时限跳开并联电抗器的断路器。

9 3kV 及以上电动机保护

9.0.1 对 3kV 及以上的异步电动机和同步电动机的下列故障及异常运行方式，应装设相应的保护装置：

1 定子绕组相间短路。

2 定子绕组单相接地。

3 定子绕组过负荷。

4 定子绕组低电压。

5 同步电动机失步。

6 同步电动机失磁。

7 同步电动机出现非同步冲击电流。

8 相电流不平衡及断相。

9.0.2 对电动机绕组及引出线的相间短路，应装设相应的保护装置，并应符合下列规定：

1 2MW 以下的电动机，宜采用电流速断保护；2MW 及以上的电动机，或电流速断保护灵敏系数不符合要求的 2MW 以下的电动机，应装设纵联差动保护。

保护装置可采用两相或三相式接线，并应瞬时动作于跳闸。具有自动灭磁装置的同步电动机，保护装置尚应瞬时动作于灭磁。

2 作为纵联差动保护的后备，宜装设过电流保护。

保护装置可采用两相或三相式接线，并应延时动作于跳闸。具有自动灭磁装置的同步电动机，保护装置尚应延时动作于灭磁。

9.0.3 对电动机单相接地故障，当接地电流大于 5A 时，应装设有选择性的单相接地保护；当接地电流小于 5A 时，可装设接地检测装置。

单相接地电流为 10A 及以上时，保护装置应动作于跳闸；单相接地电流为 10A 以下时，保护装置宜动作于信号。

9.0.4 对电动机的过负荷应装设过负荷保护，并应符合下列规定：

1 生产过程中易发生过负荷的电动机应装设过负荷保护。保护装置应根据负荷特性，带时限动作于信号或跳闸。

2 启动或自启动困难、需防止启动或自启动时间过长的电动机，应装设过负荷保护，并应动作于跳闸。

9.0.5 对母线电压短时降低或中断，应装设电动机低电压保护，并应符合下列规定：

1 下列电动机应装设 0.5s 时限的低电压保护，保护动作电压应为额定电压的 65%～70%。

　1）当电源电压短时降低或短时中断又恢复时，需断开的次要电动机；

　2）根据生产过程不允许或不需自启动的电动机。

2 下列电动机应装设 9s 时限的低电压保护，保护动作电压应为额定电压的 45%～50%：

　1）有备用自动投入机械的Ⅰ类负荷电动机；

　2）在电源电压长时间消失后需自动断开的电动机。

3 保护装置应动作于跳闸。

9.0.6 对同步电动机的失步应装设失步保护。

失步保护宜带时限动作，对重要电动机应动作于再同步控制回路；不能再同步或根据生产过程不需再同步的电动机，应动作于跳闸。

9.0.7 对同步电动机的失磁，宜装设失磁保护。同步电动机的失磁保护应带时限动作于跳闸。

9.0.8 2MW 及以上以及不允许非同步的同步电动机，应装设防止电源短时中断再恢复时造成非同步冲击的保护。

保护装置应确保在电源恢复前动作。重要电动机的保护装置，应动作于再同步控制回路；不能再同步或根据生产过程不需再同步的电动机，保护装置应动作于跳闸。

9.0.9 2MW 及以上重要电动机，可装设负序电流保护。保护装置应动作于跳闸或信号。

9.0.10 当一台或一组设备由 2 台及以上电动机共同拖动时，电动机的保护装置应实现对每台电动机的保护。由双电源供电的双速电动机，其保护应按供电回路分别装设。

10 自动重合闸

10.0.1 在 3～110kV 电网中，下列情况应装设自动重合闸装置：

1 3kV 及以上的架空线路和电缆与架空的混合线路，当用电设备允许且无备用电源自动投入时。

2 旁路断路器和兼作旁路的母联或分段断路器。

10.0.2 35MV·A 及以下容量且低压侧无电源接于供电线路的变压器，可装设自动重合闸装置。

10.0.3 单侧电源线路的自动重合闸方式的选择应符合下列规定：

1 应采用一次重合闸。

2 当几段线路串联时，宜采用重合闸前加速保护动作或顺序自动重合闸。

10.0.4 双侧电源线路的自动重合闸方式的选择应符合下列规定：

1 并列运行的发电厂或电力网之间，具有四条及以上联系的线路或三条紧密联系的线路，可采用不检同期的三相自动重合闸。

2 并列运行的发电厂或电力网之间，具有两条联系的线路或三条不紧密联系的线路，可采用下列重合闸方式：

　1）当非同步合闸的最大冲击电流超过本规范

附表 A.0.1 中规定的允许值时，可采用同期检定和无压检定的三相自动重合闸；

    2) 当非同步合闸的最大冲击电流不超过本规范附表 A.0.1 中规定的允许值时，可采用不检同期的三相自动重合闸；

    3) 无其他联系的并列运行双回线，当不能采用非同期重合闸时，可采用检查另一回线路有电流的三相自动重合闸。

    3 双侧电源的单回线路，可采用下列重合闸方式：

    1) 可采用解列重合闸；

    2) 当水电厂条件许可时，可采用自同步重合闸；

    3) 可采用一侧无压检定，另一侧同期检定的三相自动重合闸。

10.0.5 自动重合闸装置应符合下列规定：

    1 自动重合闸装置可由保护装置或断路器控制状态与位置不对应启动。

    2 手动或通过遥控装置将断路器断开或将断路器投入故障线路上而随即由保护装置将其断开时，自动重合闸均不应动作。

    3 在任何情况下，自动重合闸的动作次数应符合预先的规定。

    4 当断路器处于不正常状态不允许实现自动重合闸时，应将重合闸装置闭锁。

11 备用电源和备用设备的自动投入装置

11.0.1 下列情况，应装设备用电源或备用设备的自动投入装置：

    1 由双电源供电的变电站和配电站，其中一个电源经常断开作为备用。

    2 发电厂、变电站内有备用变压器。

    3 接有 I 类负荷的由双电源供电的母线段。

    4 含有 I 类负荷的由双电源供电的成套装置。

    5 某些重要机械的备用设备。

11.0.2 备用电源或备用设备的自动投入装置，应符合下列要求：

    1 应保证在工作电源断开后投入备用电源。

    2 工作电源故障或断路器被错误断开时，自动投入装置应延时动作。

    3 手动断开工作电源、电压互感器回路断线和备用电源无电压情况下，不应启动自动投入装置。

    4 应保证自动投入装置只动作一次。

    5 自动投入装置动作后，如备用电源或设备投到故障上，应使保护加速动作而跳闸。

    6 自动投入装置中，可设置工作电源的电流闭锁回路。

    7 一个备用电源或设备同时作为几个电源或设备的备用时，自动投入装置应保证在同一时间备用电源或设备只能作为一个电源或设备的备用。

11.0.3 自动投入装置可采用带母线残压闭锁或延时切换方式，也可采用带同步检定的快速切换方式。

12 自动低频低压减负荷装置

12.0.1 在变电站和配电站，应根据电力网安全稳定运行的要求装设自动低频低压减负荷装置。当电力网发生故障导致功率缺额，使频率和电压降低时，应由自动低频低压减负荷装置断开一部分次要负荷，并应将频率和电压降低限制在短时允许范围内，同时应使其在允许时间内恢复至长时间允许值。

12.0.2 自动低频低压减负荷装置的配置及所断开负荷的容量，应根据电力系统最不利运行方式下发生故障时，可能发生的最大功率缺额确定。

12.0.3 自动低频低压减负荷装置应按频率、电压分为若干级，并应根据电力系统运行方式和故障时功率缺额分轮次动作。

12.0.4 在电力系统发生短路、进行自动重合闸或备用自动投入装置动作时电源中断的过程中，当自动低频低压减负荷装置可能误动作时，应采取相应的防止误动作的措施。

13 同 步 并 列

13.0.1 在发电厂和变电站内，对有可能发生非同步合闸的断路器，应能进行同步并列，并应符合下列规定：

    1 单机容量为 6MW 及以下的汽轮发电机，可装设自动同步装置；单机容量为 6MW 以上的汽轮发电机，应装设自动同步装置。

    2 水轮发电机可装设自动自同步装置或自动同步装置。

    3 发电厂开关站及变电站的断路器宜装设自动同步装置。

    4 发电厂和变电站同步装置宜采用单相式接线。

13.0.2 采用自同步方式的发电机，应符合下列要求：

    1 定子绕组的绝缘及端部固定情况应良好，端部接头不应有不良现象。

    2 自同步并列时，定子超瞬变电流的周期分量不应超过允许值。当无专门规定时，可按本规范附录 A 执行。

14 自动调节励磁及自动灭磁

14.1 自动调节励磁

14.1.1 发电机自动调节励磁装置应具有下列功能：

1 正常运行情况下，维持发电机端或系统电压在给定水平上。

2 合理、稳定地分配并列运行的发电机之间的无功功率。

3 在正常运行和事故情况下，提高系统运行的稳定性。

14.1.2 发电机自动电压调节器应具有下列功能：

1 发电机自动电压调节器应保证励磁系统顶值倍数不低于 1.6 倍、强励时间不小于 10s。50MW 水轮发电机自动电压调节器应保证励磁系统顶值倍数不低于 2 倍。

2 50MW 水轮发电机励磁系统标称响应不应低于 2 单位/秒；50MW 以下水轮发电机及汽轮发电机励磁系统标称响应不应低于 1 单位/秒。

3 发电机自动电压调节器应保证发电机在空载电压的 70%～110%稳定、平滑调节。

4 发电机在空载运行状态下，发电机自动电压调节器和手动控制单元给定电压变化速度每秒不应大于发电机额定电压的 1%，且不应小于 0.3%。

5 发电机自动电压调节器应保证发电机端电压调差率不超过±10%。

6 发电机自动电压调节器应保证发电机端电压静差率不超过±1%。

7 发电机自动电压调节器应保证发电机在空载运行情况下，频率变化 1%时，端电压变化率不超过±0.25%。

8 在空载额定电压情况下，当发电机给定阶跃为±10%时，发电机自动电压调节器应保证发电机电压超调量不大于阶跃量的 50%，摆摆次数不超过 3 次，调节时间不超过 10s。

9 当发电机突然零起升压时，发电机自动电压调节器应保证其端电压超调量不大于额定值的 15%，摆摆次数不超过 3 次，调节时间不超过 10s。

14.1.3 发电机自动电压调节器尚应具有下列附加功能：

1 远方或就地给定装置。

2 负载电流补偿。

3 过励限制。

4 欠励限制。

5 电压互感器断线保护及闭锁。

6 电压频率比限制。

14.2 自动灭磁

14.2.1 发电机励磁系统应具有自动灭磁功能，并应保证发电机在空载、负载运行、短路情况下可靠灭磁。

14.2.2 发电机自动灭磁装置，应符合下列规定：

1 灭磁可采用发电机励磁绕组对电阻放电的灭磁方式，也可采用对消弧栅放电的灭磁方式；在励磁

机励磁回路可采用串联接入灭磁电阻的方式。

2 当为可控硅整流桥，事故继电保护动作灭磁时，应采用继电保护跳灭磁开关灭磁；正常停机时可采用逆变灭磁。

14.2.3 发电机励磁回路的灭磁电阻，其阻值可为励磁绕组热状态电阻值的 4～5 倍。电阻长期热稳定电流宜为发电机额定励磁电流的 0.1～0.2 倍。

采用消弧栅放电的灭磁方式时，在灭磁过程基本结束时，应将消弧栅并联电阻投入。该电阻的参数可与发电机励磁回路的灭磁电阻相同。

14.2.4 励磁机励磁回路串联接入的灭磁电阻可为励磁机励磁绕组热状态电阻值的 10 倍。电阻长期热稳定电流宜为励磁机额定励磁电流的 0.05～0.1 倍。

15 二次回路及相关设备

15.1 二次回路

15.1.1 二次回路的工作电压不宜超过 250V，最高不应超过 500V。

15.1.2 互感器二次回路连接的负荷，不应超过继电保护和自动装置工作准确等级所规定的负荷范围。

15.1.3 二次回路应采用铜芯控制电缆和绝缘导线。在绝缘可能受到油侵蚀的地方，应采用耐油的绝缘导线或电缆。

15.1.4 控制电缆的绝缘水平宜选用 450V/750V。

15.1.5 强电控制回路铜芯控制电缆和绝缘导线的线芯最小截面不应小于 1.5mm²；弱电控制回路铜芯控制电缆和绝缘导线的线芯最小截面不应小于 0.5mm²。

电缆芯线截面的选择应符合下列要求：

1 电流互感器的工作准确等级应符合稳态比误差的要求。短路电流倍数无可靠数据时，可按断路器的额定开断电流确定最大短路电流。

2 当全部保护和自动装置动作时，电压互感器至保护和自动装置屏的电缆压降不应超过额定电压的 3%。

3 在最大负荷下，操作母线至设备的电压降，不应超过额定电压的 10%。

15.1.6 控制电缆宜选用多芯电缆，并应留有适当的备用芯。不同截面的电缆，电缆芯数应符合下列规定：

1 6mm² 电缆，不应超过 6 芯。

2 4mm² 电缆，不应超过 10 芯。

3 2.5mm² 电缆，不应超过 24 芯。

4 1.5mm² 电缆，不应超过 37 芯。

5 弱电回路，不应超过 50 芯。

15.1.7 不同安装单位的回路不应共用同一根电缆。

15.1.8 同一根电缆的芯线不宜接至屏两侧的端子排；端子排的一个端子宜只接一根导线，导线最大截

面不应超过 6mm²。

15.1.9 屏内设备与屏外设备以及屏内不同安装单位设备之间连接均应经端子排。

15.1.10 在可能出现操作过电压的二次回路内，应采取降低操作过电压的措施。

15.1.11 继电保护和自动装置供电电源，应有监视其完好性的措施；供电电源侧的保护设备应与装置内保护设备相互配合。

15.2 电流互感器和电压互感器

15.2.1 电流互感器应符合下列规定：

1 继电保护和自动装置用电流互感器应满足误差和保护动作特性要求，宜选用 P 类产品。

2 电流互感器二次绕组额定电流，可根据工程实际选 5A 或 1A。

3 用于差动保护各侧的电流互感器宜具有相同或相似的特性。

4 继电保护用电流互感器的安装位置、二次绕组分配应考虑消除保护死区。

5 有效接地系统和重要设备回路用电流互感器，宜按三相配置；非有效接地系统用电流互感器，可根据具体情况按两相或三相配置。

6 当受条件限制、测量仪表和保护或自动装置共用电流互感器的同一个二次绕组时，应将保护或自动装置接在测量仪表之前。

7 电流互感器的二次回路应只有一点接地，宜在就地端子箱接地。几组电流互感器有电路直接联系的保护回路，应在保护屏上经端子排接地。

15.2.2 电压互感器应符合下列规定：

1 继电保护和自动装置用电压互感器主二次绕组的准确级应为 3P，剩余绕组准确级为 6P。

2 电压互感器剩余绕组额定电压，有效接地系统应为 100V；非有效接地系统应为 100/3V。

3 当受条件限制、测量仪表和保护或自动装置共用电压互感器的同一个二次绕组时，应选用保护用电压互感器。此时，保护或自动装置和测量仪表应分别经各自的熔断器或自动开关接入。

4 电压互感器的一次侧隔离开关断开后，其二次回路应有防止电压反馈的措施。

5 电压互感器二次侧中性点或线圈引出端之一应接地。对有效接地系统，应采用二次侧中性点接地方式；对非有效接地系统宜采用 B 相接地方式，也可采用中性点接地方式；对 V—V 接线的电压互感器，宜采用 B 相接地方式。

电压互感器剩余绕组的引出端之一应接地。

电压互感器接地点宜设在保护室。

向交流操作的保护装置和自动装置供电的电压互感器，应通过击穿保险器接地。采用 B 相接地的电压互感器，其二次中性点也应通过击穿保险器接地。

6 在电压互感器二次回路中，除剩余绕组和另有规定者外，应装设熔断器或自动开关。在接地线上不应安装有开断可能的设备。当采用 B 相接地时，熔断器或自动开关应安装在线圈引出端与接地点之间。

电压互感器剩余绕组的试验用引出线上应装设熔断器或自动开关。

15.3 直流电源

15.3.1 继电保护和自动装置应由可靠的直流电源装置（系统）供电。直流母线电压允许波动范围应为额定电压的 85%～110%，波纹系数不应大于 1%。

15.3.2 继电保护和自动装置电源回路保护设备的配置，应符合下列规定：

1 当一个安装单位只有一台断路器时，继电保护和自动装置可与控制回路共用一组熔断器或自动开关。

2 当一个安装单位有几台断路器时，该安装单位的保护和自动装置回路应设置单独的熔断器或自动开关。各断路器控制回路熔断器或自动开关可单独设置，也可接于公用保护回路熔断器或自动开关之下。

3 两个及以上安装单位的公用保护和自动装置回路，应设置单独的熔断器或自动开关。

4 发电机出口断路器及灭磁开关控制回路，可合用一组熔断器或自动开关。

5 电源回路的熔断器或自动开关均应加以监视。

15.3.3 继电保护和自动装置信号回路保护设备的配置，应符合下列规定：

1 继电保护和自动装置信号回路均应设置熔断器或自动开关。

2 公用信号回路应设置单独的熔断器或自动开关。

3 信号回路的熔断器或自动开关应加以监视。

15.4 抗干扰措施

15.4.1 继电保护和自动装置应具有抗干扰性能，并应符合国家现行有关电磁兼容及抗干扰标准的要求。

15.4.2 继电保护和自动装置屏柜下应敷设截面积不小于 100mm² 的接地铜排，接地铜排应首尾相连形成接地网，接地网应与主接地网可靠连接。

15.4.3 长电缆跳闸回路，应采取防止长电缆分布电容影响和防止出口继电器误动的措施。

15.4.4 继电保护和自动装置的控制电缆应选用屏蔽电缆，并应符合下列规定：

1 电缆屏蔽层宜在两端接地。

2 电缆应远离干扰源敷设，必要时采取隔离抗干扰措施。

3 弱电回路和强电回路不应共用同一根电缆；低电平回路和高电平回路不应共用同一根电缆，交流回路和直流回路不应共用同一根电缆。

附录 A 同步电机和变压器在自同步和非同步合闸时允许的冲击电流倍数

A.0.1 表面冷却的同步电机和变压器，在自同步和非同步合闸时，冲击电流允许值应符合下列规定：

　　1 3MW 及以上与母线直接连接的汽轮发电机，当自同步合闸时，其超瞬变电流周期分量不应超过额定电流的 0.74/纵轴超瞬变电抗倍。

　　2 当非同步合闸时（不包括非同步重合闸），最大冲击电流周期分量与额定电流之比不应超过表 A.0.1 所列数值。

表 A.0.1　自同步和非同步合闸时允许的冲击电流倍数

机组类型		允许倍数
汽轮发电机		$0.65/X_d''$
水轮发电机	有阻尼回路	$0.6/X_d''$
	无阻尼回路	$0.6/X_d'$
同步调相机		$0.84/X_d''$
电力变压器		$1/X_B$

注：1　表中 X_d'' 为同步电机的纵轴超瞬变电抗，标么值；X_d' 为同步电机的纵轴瞬变电抗，标么值；X_B 为电力变压器的短路电抗，标么值。

　　2　计算最大冲击电流时，应计及实际上可能出现的对同步电机或电力变压器为最严重的运行方式，同步电机的电动势取 1.05 倍额定电压，两侧电源电动势的相角差取 180°，并可不计及负荷的影响，但当计算结果接近或超过允许倍数时，可计及负荷影响进行较精确计算。

　　3　表中所列同步发电机的冲击电流允许倍数，系根据允许冲击力矩求得。汽轮发电机在两侧电动势相角差约为 120° 时合闸，冲击力矩最严重；水轮发电机约在 135° 时合闸最严重。因此，当两侧电动势的相差取大于 120°～135° 时，均应按本表注 2 所述条件计算。其超瞬变电流周期分量不超过额定电流的 $0.74/X_d''$ 倍。

附录 B 继电保护的最小灵敏系数

B.0.1 继电保护的最小灵敏系数应符合表 B.0.1 的规定。

表 B.0.1　继电保护的最小灵敏系数

保护分类	保护类型	组成元件	计算条件	最小灵敏系数
主保护	带方向和不带方向的电流保护或电压保护	零序、负序方向元件	按被保护区末端金属性短路计算	电流和电压元件1.3～1.5；零序或负序方向元件1.5

续表 B.0.1

保护分类	保护类型	组成元件	计算条件	最小灵敏系数
主保护	电流保护和电压保护	电流元件和电压元件	按被保护区末端金属性短路计算	2
	平行线路横差方向和电流平衡保护	电流或电压启动元件	线路两侧均未断开前，其中一侧保护按线路中点金属性短路计算	2
			线路一侧断开后，另一侧保护按对侧短路计算	1.5
		零序方向元件	线路两侧均未断开前，其中一侧保护按线路中间金属性短路计算	2
			线路自一侧断开后，另一侧保护按对侧金属性短路计算	2.5
	距离保护	距离元件	按被保护区末端金属性短路计算	1.3～1.5
		电流和阻抗启动元件		1.5
		负序和零序增量或负序分量启动元件、相电流突变量启动元件		4
	发电机、变压器及电动机纵联差动保护	差电流元件	按被保护区末端金属性短路计算	1.5
	母线不完全差动保护	差电流元件	按金属性短路计算	1.5
	母线完全差动保护	差电流元件	按金属性短路计算	1.5
	线路纵联差动保护	跳闸元件	—	2.0
		对高阻接地故障测量元件		1.5

续表 B.0.1

保护分类	保护类型	组成元件	计算条件	最小灵敏系数
后备保护	远后备保护	电流、电压和阻抗元件	按相邻电力设备和线路末端金属性短路计算	1.2
		零序或负序方向元件		1.5
	近后备保护	电流、电压和阻抗元件	按电力设备和线路末端金属性短路计算	1.3
				2.0
		零序或负序方向元件		
辅助保护	电流速断保护	—	按正常运行方式保护安装处金属性短路计算	1.2

本规范用词说明

1 为便于在执行本规范条文时区别对待，对要求严格程度不同的用词说明如下：

1) 表示很严格，非这样做不可的用词：
   正面词采用"必须"，反面词采用"严禁"。
2) 表示严格，在正常情况下均应这样做的用词：
   正面词采用"应"，反面词采用"不应"或"不得"。
3) 表示允许稍有选择，在条件许可时首先应这样做的用词：
   正面词采用"宜"，反面词采用"不宜"。
   表示有选择，在一定条件下可以这样做的用词，采用"可"。

2 本规范中指明应按其他有关标准、规范执行的写法为"应符合……的规定"或"应按……执行"。

中华人民共和国国家标准

电力装置的继电保护和自动装置设计规范

GB/T 50062—2008

条 文 说 明

目　次

1 总　则

1.0.1 制定本规范的目的，即在电力装置的继电保护和自动装置设计中，必须贯彻执行国家的技术经济政策，做到安全可靠、技术先进、经济合理。

1.0.2 本规范的适用范围在原规范基础上有所扩大。原规范适用于 3～110kV 电力线路和设备，单机容量为 25MW 及以下发电机和 63MV·A 及以下电力变压器。随着国民经济和电力建设的发展，有些工矿企业的自备发电机容量已达 50MW，个别企业达 100MW（125MW、135MW），与此相适应，本次修订将发电机容量的上限提高到 50MW。没有把上限定为 100MW（125MW、135MW）是考虑本规范侧重适用于小机组，且这样容量的发电机在电力系统外属少数。100MW（125MW、135MW）发电机继电保护和自动装置设计可参照现行国家标准《继电保护和安全自动装置技术规程》GB/T 14285 执行。

2 一般规定

2.0.1 本条规定了电力设备和线路装设继电保护和自动装置的必要性和主要作用。作用是应能及时报告设备和线路异常运行情况、尽快切除故障和恢复供电。原规范条文没有报告设备和线路异常运行情况内容，本次修订补充进去；原规范条文切除短路故障本次修订改成切除故障，因为短路故障外的其他故障如低电压等，继电保护也应切除。

2.0.4 本条规定校验保护装置的灵敏系数，应根据不利正常运行方式和不利故障类型进行计算。

不利正常运行方式，系指正常情况下的不利运行方式和正常检修方式。

正常情况下的不利运行方式，通常指在非故障和检修方式下，电厂中因机组停运等，引起继电保护灵敏系数降低的不利运行方式。

例如：夏季丰水期，水电厂应尽量多开机，而火电厂相应的减少开机。这种方式下，安装在火电厂侧的继电保护装置的灵敏系数可能降低。校验火电厂侧的继电保护装置的灵敏系数应取这种不利运行方式。反之，在冬季枯水期，水电厂减少开机，火电厂相应的多开机。在这种情况下，安装在水电厂侧的继电保护装置的灵敏系数可能降低。校验水电厂侧的继电保护装置的灵敏系数应取这种不利运行方式。

正常检修方式，系指一条线路或一台电力设备检修的运行方式。继电保护的整定计算中，可不考虑两个及以上电力设备或线路同时检修情况。

本条又规定，校验保护装置的灵敏系数，必要时，应计及短路电流衰减的影响。对低压电网，尤其是安装在发电厂附近的低压线路或电力设备的继电保护装置，如果保护动作时间长，在保护动作时，短路电流已经衰减，将会影响保护装置的灵敏系数。对此，需考虑短路电流衰减的影响。

3 发电机保护

3.0.1 本条说明对发电机的哪些故障或异常运行方式应装设相应的保护。

本次修订增加了转子表层过负荷和逆功率两项，前者主要是针对 50MW 发电机，与现行国家标准《继电保护和安全自动装置技术规程》GB/T 14285—2006 相一致；后者适用于燃汽轮发电机。

原规范条文失磁故障一项本次修订改为励磁电流异常下降或消失，与现行国家标准《继电保护和安全自动装置技术规程》GB/T 14285—2006 的表述统一。

3.0.2 与原规范条文相比，增加解列灭磁一项，因为对有些保护如定子绕组过电压保护动作于解列灭磁。

缩小故障影响范围的例子，如双母线系统断开母联断路器等。

3.0.3 本条说明对发电机定子绕组及其引出线的相间短路故障应装设的保护装置。

作为发电机的主保护，对不同容量和运行方式的发电机应配置相应的保护装置。对于 1MW 以上的发电机，规定应装设纵联差动保护；对于 1MW 及以下的发电机，根据不同情况选择下列保护中的一种：过电流、低电压、电流速断、低压过流、纵联差动保护等。

3.0.4 本条第 1 款为新增加内容：发电机定子绕组单相接地故障电流允许值首先应按制造厂规定执行。如制造厂不能给出规定值，可参照表 3.0.4 执行。

原规范条文规定定子绕组单相接地故障电流（不计消弧线圈的补偿作用）大于 4A 时，装设接地保护装置，本次修订改为大于允许值装设接地保护装置。因为不同机型、不同容量、不同电压的发电机单相接地故障电流允许值是不同的，从 2A 到 4A 不等。

3.0.5 本条第 2 款为新增加内容。50MW 发电机通常不具备装设横联差动保护或裂相横联差动保护条件，对不具备装设横联差动保护或裂相横联差动保护条件的发电机，是否装设匝间短路，观点不一。如用户和制造厂有要求，可装设专门的匝间短路保护。

3.0.6 本条 1～4 款所提出的四个后备保护方案，一般说来可满足小型发电机各种接线方式或系统参数情况下对后备保护的要求，不需要装设距离保护作为后备保护。具体工程设计选择方案时，应首先考虑相对最简单的过电流保护，其次是低电压启动或复合电压启动的过电流保护。

后备保护宜带二段时限，首先跳母联或分段断路器，之后以第二时限动作于停机。

对于自并励发电机，考虑到发电机及其引出线上的短路故障在持续一段时间（如1s左右）后，发电机的短路电流会有不同程度的下降，不宜用一般的过电流保护作为后备，故本条规定宜采用带电流保持的低电压过流保护。

3.0.7 定子绕组过负荷指对称过负荷。对非对称过负荷情况，装设负序过负荷保护。

3.0.8 本条规定水轮发电机应装设定子绕组过电压保护，小型汽轮发电机不必要装设。

3.0.9 本条为新增加内容，规定额定容量为50MW且A值大于10的发电机装设负序过负荷保护，对于小于50MW的发电机，不考虑装设该保护。

3.0.11 发电机失磁不仅会对发电机本身造成危害，对电力系统也有影响。故规定不允许失磁运行的发电机或失磁对电力系统有重大影响的发电机，应装设专用的失磁保护。

实际运行中曾发生发电机电压低而母线电压不低情况，故第2款改为失磁后发电机电压低于允许值时，宜带时限动作于解列。对发电机变压器组设发电机出口断路器情况，解列应理解为断开发电机出口断路器。

3.0.12 本条系根据燃汽轮机特点新增内容。

4 电力变压器保护

4.0.1 本条列举了应装设保护装置的电力变压器的故障类型及异常运行方式。本次修订，将原规范第4.0.1条中的"中性点直接接地电力网中"改为"中性点直接接地或经小电阻接地电力网中"，"温度升高"、"压力升高"等改为"温度过高"、"压力过高"。

4.0.2 与原规范第4.0.2条的条文比较，增加了"带负荷调压变压器的充油调压开关"应装设瓦斯保护，"瓦斯保护应采取防止因振动、瓦斯继电器的引线故障等引起瓦斯保护误动作的措施"等内容。

4.0.3 原规范第4.0.3条的修改条文，以与《继电保护和安全自动装置技术规程》GB/T 14285—2006相协调。

4.0.4 本条对变压器的纵联差动保护提出了具体要求。

1 关于差动保护的整定值问题。以往变压器的差动保护整定值要躲开电流互感器二次回路断线和外部故障不平衡电流值，一般灵敏系数较低。特别是变压器匝间短路（这是常见的故障）时灵敏系数更低。目前微机型差动保护对变压器各侧均有制动，如不考虑电流互感器二次回路断线情况，整定值可以降低，以提高灵敏性。但应尽量不在差动回路内连接其他元件，以减少或防止电流互感器二次回路故障的可能性。

2 关于差动保护使用变压器套管电流互感器的

问题。变压器高压侧使用套管电流互感器而不另装互感器，可节省投资。通常在63kV和110kV级容量分别为20000kV·A和31500kV·A及以上的变压器可供给套管型电流互感器。但当差动保护使用变压器套管电流互感器时，则变压器该侧套管或引线故障相当于母线故障，将切除较多的系统元件或使切断的时间过长。而目前国内变压器高压侧套管引线的故障，在变压器总故障次数中所占比例还是不少的；另外，套管电流互感器的二次绕组组数是三组，使用时有一定困难：差动保护用一组，母线保护用一组，后备保护与仪表共用一组。一组互感器上连接元件过多，不仅负担可能过大而且降低了可靠性，后备保护和仪表共用一组互感器保护准确级和测量精度都难以保证。此外变压器套管电流互感器试验时也存在一些困难，例如无法通入大电流做变比试验。

根据上述情况，条文规定差动保护范围一般包括套管及其引出线，即一般不使用变压器套管电流互感器构成差动保护。仅在某些情况下，例如63kV和110kV电压等级的终端变电站和分支变电站；63kV和110kV变压器高压侧未装断路器的线路变压器组，其变压器容量分别为20000kV·A和31500kV·A及以上时，才利用变压器套管电流互感器构成差动保护。

此外，当变压器回路的一次设备由于检修或其他原因退出运行而用旁路回路代替时，作为临时性措施，差动保护亦可利用变压器套管电流互感器。与原规范4.0.4条比较，增加了CT断线允许保护动作的内容，但在实际工程中应区别对待，对给重要负荷供电的变压器，当变压器退出可能造成重大损失的，可按只发出信号考虑。

4.0.5 本条保留原规范第4.0.5条的条文。本条对由外部相间短路引起的变压器过电流应装设的保护装置作了规定。过电流保护装置的整定值应考虑变压器区外故障时可能出现的过负荷，而不能按避越变压器的额定电流来整定。

4.0.6 本条在原规范第4.0.6条基础上作了若干修订。据微机保护的特点将后备保护由原规范条文的装于主变的主电源侧和主负荷侧，修改为装于主变各侧。非电源侧保护可带两段或三段时限，第一时限用于缩小故障范围，即断开本侧母联或分段断路器，第二时限断开本侧断路器，第三时限断开变压器各侧断路器；电源侧保护可带一段时限，断开变压器各侧断路器；增加了变压器低压侧有分支的后备保护的配置，以及变压器低压侧无专用母线保护时，相应后备保护配置的方式。

4.0.7 本条保留原规范第4.0.7条的条文。

目前运行的双线圈变压器和三线圈变压器的外部短路过电流保护一般比较复杂，设计和运行单位建议加以简化。但在具体工程设计时，由于对一些出现机会很少的故障情况考虑过多，往往还是得不到简化。因此，条文中集中各地的意见和经验提出了简化原则和保护的具体配置原则。

4.0.8 本条保留原规范第 4.0.8 条的条文。

本条是直接接地电力网中关于中性点直接接地变压器零序电流保护的规定。指出双线圈及三线圈变压器的零序电流保护应接于中性点引出线的电流互感器上，这种方式在变压器外部和内部发生单相接地短路时均能起保护作用。

4.0.9 本条为原规范第 4.0.9 条的修改条文。本条对经常不接地运行的变压器采取的特殊保护措施作了明确规定。

110kV 直接接地电力网中低压侧有电源的变压器，中性点可能直接接地运行，也可能不接地运行。对这类变压器，应当装设反应单相接地的零序电流保护，用以在中性点接地运行时切除故障；还应当装设专门的零序电流电压保护，用以在中性点不接地运行时切除故障。保护方式对不同类型的变压器又有所不同，说明如下：

当变压器低压侧有电源且中性点可能不接地运行时，应增设零序过电压保护。

1 对全绝缘变压器：装设零序过电压保护，对于直接接地系统的全绝缘变压器，内过电压计算一般为 $3.0U_{xg}$（U_{xg} 为最高运行相电压）。当电力网中失去接地中性点并且发生弧光接地时，过电压值可达到 $3.0U_{xg}$，因此一般不会使变压器中性点绝缘受到损害；但在个别情况下，弧光接地过电压值可达到 $3.5U_{xg}$，如持续时间过长，仍有损坏变压器的危险。由于一分钟工频耐压大于等于 $3.0U_{xg}$，所以在 $3.5U_{xg}$ 电压下仍允许一定时间，装设零序过电压保护经 0.5s 延时切除变压器，可以防止变压器遭受弧光接地过电压的损害。其次，在非直接接地电力网中，切除单相接地空载线路产生的操作过电压，可能达到 $4.0U_{xg}$ 及以上。电力网中失去接地中性点且单相接地时，以 0.5s 延时迅速切除低压侧有电源的变压器，还可以在某些情况下避免电力设备遭受上述操作过电压的袭击。此外，当电力网中电容电流较大时，如不及时切除单相接地故障，有发展成相间短路的可能，因此，装设零序过电压保护也是必要的。

在电力网存在接地中性点且发生单相接地时，零序过电压保护不应动作。动作值应按这一条件整定。当接地系数 $X_0/X_1 \leqslant 3$ 时，故障点零序电压小于等于 $0.6U_{xg}$，因此，一般可取动作电压为 180V。当实际系统中 $X_0/X_1 < 3$ 时，也可取与实际 X_0/X_1 值相对应的低于 180V 的整定值。

2 分级绝缘的变压器：对于中性点可能接地或不接地运行的变压器，一般装设放电间隙，但也有极个别的低压终端变电站的变压器不装设放电间隙。对这两种接地方式的变压器，其零序保护可按下述方式处理：

1）中性点装设放电间隙。放电间隙的选择条件是：在一定的 X_0/X_1 值下，躲过单相接地暂态电压；一般在 $X_0/X_1 \leqslant 3$ 时，按躲过单相接地暂态电压整定的间隙值，能够保护变压器中性点绝缘免遭内过电压的损害；当电力网中失去接地中性点且单相接地时，间隙放电。

对于中性点装设放电间隙的变压器，要按本规范 4.0.8 的规定装设零序电流保护。用于在中性点接地运行时切除故障。

此外，还应当装设零序电流电压保护，用于在间隙放电时及时切除变压器，并作为间隙的后备，当间隙拒动时用以切除变压器。

零序电流电压保护由电压和电流元件组成，当间隙放电时，电流元件动作；放电拒动时，电压元件动作。电流或电压元件动作后，均经 0.5s 延时切除变压器。

零序电压元件动作值的整定与本条第 1 款零序过电压保护相同。

零序电流元件按间隙放电最小电流整定，一般取一次动作电流为 100A。

采用上述零序电流保护和零序电流电压保护时，首先切除中性点接地变压器，当电力网中失去接地中性点时，靠间隙放电保护变压器中性点绝缘，经 0.5s 延时再由零序电流电压保护切除中性点不接地的变压器。采用这种保护方式，好处是比较简单，但当间隙拒动时，则靠零序电流电压保护变压器，在 0.5s 内，变压器要承受内过电压，如系间歇电弧接地，一般过电压值可达 $3.0U_{xg}$，个别情况下可达 $3.5U_{xg}$，变压器有遭受损害的可能性。

2）中性点不装设放电间隙。对于中性点不装设放电间隙的变压器，零序保护应首先切除中性点不接地变压器。此时，可能有两种不同的运行方式：一是任一组母线上至少有一台中性点接地变压器，二是一组母线上只有中性点不接地变压器。对这两种运行方式，保护方式也有所不同：

当任一组母线上至少有一台中性点接地变压器时，零序电流保护也是由两段组成，与本规范第 4.0.8 条的不同之处，是 I 段只带一个时限，仅动作于断开母线联络断路器；II 段设置两个时限，第一时限动作于断开母线联络断路器，第二时限动作于切除中性点接地的变压器。此外，还要装设零序电流电压保护，它在中性点接地变压器有零序电流、中性点不接地变压器没有零序电流和母线上有零序电压的条件下动作，经延时动作于切除中性点不接地的变压器。零序电流电压保护的时限与零序电流保护 II 段的两个时限相配合，以保证先切除中性点不接地变压器，后切除中性点接地变压器。零序电流 I 段只设置一个时限，而不设置两个时限，是为了避免与零序电流电压保护的时限配合使接线复杂化。

当一组母线上只有中性点不接地变压器时，为保证首先切除中性点不接地运行的变压器，则不能用上述首先断开母线联络断路器的方法。在条文中规定，采用比较简单的办法：反应中性点接地变压器有零序电流；反应中性点不接地变压器没有零序电流和母线上有零序电压的零序电流电压保护，其动作时限与相邻元件单相接地保护配合；零序电流保护只设置一段，带一个时限，时限与零序电流电压保护配合，以保证首先切除中性点不接地变压器。

当一组母线上只有中性点不接地变压器时，为了尽快缩小故障影响范围，减少全停的机会，若也采用首先断开母线联络断路器的保护方式，则将在约0.5s的时间内，使中性点不接地变压器遭受内过电压袭击，这与中性点装设放电间隙而间隙拒动的情况类似（只是后者几率小一些）。为设备安全计，在条文中没有推荐采用这种保护方式。

测量母线零序电压的电压元件，一般应比零序电流元件灵敏，但应躲过可能出现的最大不平衡电压，一般可取5V。

4.0.10 本条比原规范第4.0.10条增加了变压器中性点经小电阻接地的保护配置的内容。

目前，国内变电站主变压器低压侧中性点有部分是经小电阻接地，应配置低压侧三相和中性点零序过电流保护。在变压器低压侧装设零序过电流保护，应设置两个时限，该保护与低压侧出线的接地保护在灵敏度和动作时间上配合，以较短的时限动作于缩小故障影响范围，断开母联或分段断路器；以较长的时限动作于断开变压器各侧断路器。

取消了原规范第4.0.10条"高压侧为单电源，低压侧无电源的降压变压器，不宜装设专门的零序保护"的规定。理由是，对双绕组变压器，高压侧为三角形接线，低压侧为星形接线且中性点直接接地的变压器，均在变压器中性线上装设零序过流保护。

4.0.11 新增条文，对专用接地变压器的保护作了规定。

参照常规变压器保护配置电流及零序过电流保护。

4.0.12 新增条文，对变压器中性点经消弧线圈接地时的保护作了规定。

4.0.13 本条保留原规范第4.0.11条的条文。

4.0.14 本条对原规范第4.0.12的条文进行了修改。

4.0.15 本条根据目前微机保护的全面采用，对原规范第4.0.13条的条文作了修改。

4.0.16 本条保留原规范第4.0.14条的条文。

国家现行标准《电力变压器运行规程》DL/T 572—1995，第4.4.3条规定："强油循环风冷和强油循环水冷变压器，当冷却系统故障切除全部冷却器时，允许带额定负载运行20min。如20min后顶层油温尚未达到75℃，则允许上升到75℃，但在这种状态下运行的最长时间不得超过1h。"其第3.1.6条规定：

"变压器应按下列规定装设温度测量装置：

1 应有测量顶层油温的温度计（柱上变压器可不装），无人值班变电站内的变压器应装设指示顶层油温最高值的温度计。

2 1000kV·A及以上的油浸式变压器、800kV·A及以上的油浸式和630kV·A及以上的干式厂用变压器，应将信号温度计接远方信号。

3 8000kV·A及以上的变压器应装有远方测温装置。"

其第3.1.7条规定："无人值班变电站内20000kV·A及以上的变压器，应装设远方监视负载电流和顶层油温的装置。无人值班的变电站内安装的强油循环冷却的变压器，应有保证在冷却系统失去电源时，变压器温度不超过规定值的可靠措施"。

按上述规定，油面温度尚未到达75℃时，允许上升到75℃，在允许的时间内保护装置动作应作用于信号；当超过允许的时间时，保护装置动作应作用于跳闸，将变压器断开。

压力释放装置、绕组温度过高、油温过高等，应按运行要求作用于信号或动作于跳闸。

5 3～66kV 电力线路保护

5.0.2 本条第1款规定的电流保护装置，宜接于两相电流互感器上，同一个网络的保护装置应装在相同的两相上，是为了保证在不同线路发生两点接地故障时，有2/3的机会只切除一条线路，另一条线路可照常供电，以提高供电可靠性。

5.0.3 本条第2款：采用光纤纵联差动保护作主保护时，要考虑光缆的敷设或利用通信光缆的纤芯。

5.0.7 本条是对3～66kV中性点非直接接地电网中线路的单相接地故障，继电保护配置原则的具体规定。

1 在发电厂和变电所母线上，应装设接地监视装置，当电网中发生单相接地故障时，信号装置动作告警，以便通告运行人员及时处理及寻找故障点。

2 对有零序电流互感器的线路，宜装设有选择性的接地保护。不能安装零序电流互感器，而单相接地保护能够躲过电流回路中不平衡电流的影响，也可将保护装置接于三相电流互感器构成的零序回路中。

3 在出线回路数不多，线路又不是特别重要，或装设接地保护也难以保证有选择性时，可采用依次断开线路的方法寻找故障线路。

6 110kV 电力线路保护

6.0.2 本条规定110kV线路后备保护配置宜采用远

后备方式。主要基于以下理由：

1 简化保护。

2 一般110kV线路断路器不专门设置断路器失灵保护，也需要线路保护实现远后备方式。

3 一般电网中的110kV线路，其远后备保护装置具有足够的灵敏度，实现远后备方式亦能满足要求。

6.0.5 本条规定了110kV线路需要配置全线速动保护的条件。110kV线路一般不配置全线速动保护，但在下列情况下，应装置全线速动保护：

1 系统安全稳定要求必须装设。对复杂电网中的110kV线路，尤其是短线路，当线路上发生故障时，如果线路保护带时限动作切除故障，将会引起电网稳定破坏事故。

2 线路发生三相短路，使发电厂厂用母线或重要用户母线电压低于额定电压的60%，若线路保护不能快速动作切除故障，会造成大面积停电，或甩掉大量重要用户。

3 当复杂电网中，由于线路成环，尤其是短线成环，会使相邻线路保护整定配合困难，难以满足要求，如线路装设全线速动保护，不仅能快速切除本线故障，而且能改善相邻线路保护整定配合关系，改善电网保护性能时。

7 母线保护

7.0.1 本条是对发电厂和变电站需要装设专用母线保护的规定。对于不装置专用母线保护情况，可由发电机和变压器的后备保护来实现对母线的保护。

7.0.5 本条是对旁路断路器、兼作旁路的母联或分段断路器及专用母联或分段断路器装设保护的具体规定。本条内容不属于母线保护，但由于条文简单，不必要专设一章节。另外，在这些专用母联或分段断路器上，可装设相电流或零序电流保护，作母线充电合闸时的保护。

8 电力电容器和电抗器保护

8.1 电力电容器保护

8.1.1 本条对原规范第8.0.1条进行了修改，列出了并联电容器组的故障类型。

8.1.2 本条对原规范第8.0.2条进行了修改。

按上一条提出的故障类型，配置相应的保护。修改内容包括速断保护动作时间应躲过电容器充电涌流时的时间；分述中性点接地和不接地的单星形、中性点接地和不接地的双星形以及三角形接线的电容器组的保护配置。

第2款明确提出熔丝的额定电流的选择原则，条文强调每台电容器装设专用的熔断器进行保护。如果电容器组由若干电容器并联构成并共用一个熔断器，则当电容器组中任一电容器发生内部短路时，组内健全的电容器要向故障的电容器放电，从而易使健全的电容器损坏；在熔断器熔断后使整个并联在一起的电容器均断开，甚至有可能使全组电容器均断开，这是很不恰当的。

熔丝额定电流，按电容器的电容允许偏差±10%，电容器按允许在1.3倍额定电流下长期工作的条件选择，即熔丝额定电流计算值为 $1.1 \times 1.3 = 1.43$，故可按1.5～2.0倍电容器额定电流选用。

电容器发生故障以后，将引起电容器组三相电容不平衡，第三款所列的各种保护方式都是从这个基本点出发来确定的。电容器耐受过电压的能力较低，这是由电容器本身的特点决定的。当一组电容器中个别电容器损坏切除或内部击穿，使串联的电容器之间的电压分布发生变化，剩余的电容器将承受过电压。国际电工委员会（IEC）标准和我国的国家标准规定，电容器连续运行的工频过电压不超过1.1倍额定电压，因此，本款规定，故障引起电容器端电压超过110%额定电压时，保护应将整组电容器断开。

第3款第1项修改为中性点不接地单星形接线的电容器组可采用中性线对地电压不平衡保护。其原理如下：电容器组各相上并接有作为放电线圈的电压互感器，其一次侧不接地，将其二次线圈接成开口三角形，接一电压继电器，当任一相中有电容器故障时，三相电容不对称，在开口三角中出现电压，使继电器动作。由于一次侧中性点不接地，故不论系统中出现三次谐波电压或系统发生单相接地故障对保护都没有影响。

第3款第2项修改为中性点接地单星形接线的电容器组可采用中性线电流不平衡保护。其原理如下：电容器组中性线上接一电流继电器，当任一相中有电容器故障时，三相电容不对称，在中性点出现不平衡电压，产生不平衡电流，使继电器动作。

第3款第3项修改为对中性点不接地双星形接线的电容器组，采用中性线不平衡电压或不平衡电流保护，这种保护在国内各地区都有成功的运行经验。但这种方式也有一定缺点，例如由于制造的误差每台电容器的电容值不能完全相等，要保持两组电容器的正常电容值完全平衡比较困难。

第3款第4项修改为对中性点接地双星形接线的电容器组，采用中性点回路电流差的不平衡保护，这种保护在国内各地区都有成功的运行经验。这种保护方式的缺点同第3款第3项。

第3款第5项规定对多段串联单星形接线的电容器组，可采用段间电压差动或桥式差电流保护，也是利用作为放电线圈的电压互感器，每段一台，互感器的二次侧按差接接线。

第 4 款为新增内容。

8.1.3 本条保留了原规范第 8.0.2 条第 4 款的条文。

8.1.4 本条保留了原规范第 8.0.2 条第 5 款的条文。电力电容器可能承受的过电压除本规范第 8.1.2 条第 3 款中所述原因外，还可能由于系统出现工频过电压（一是轻负荷状态出现的工频过电压，二是操作过电压和雷过电压），电容器所在的母线电压升高，当此电压超过电容器的最高容许电压时，内部游离增大，可能发生局部放电，因此应保持电容器组在不超过 1.1 倍额定电压下运行。

8.1.5 本条保留了原规范第 8.0.2 条第 6 款的条文。从电容器本身的特点来看，运行中的电容器如果失去电压，电容器本身并不会损坏。但运行中的电容器突然失压可能产生以下两个后果：其一，如变电站因电源侧瞬时跳开或主变压器断开，而电容器仍接在母线上，当电源重合闸或备用电源自动投入时，母线电压很快恢复，而电容器上的残余电压还未来得及放电降到 0.1 倍额定电压以下，这就有可能使电容器承受高于 1.1 倍的额定电压，而造成损坏。其二，当变电站失电后，电压恢复，电容器不切除，就可能造成变压器带电容器合闸，而产生谐振过电压损坏变压器的电容器。此外，当变电站停电后，电压恢复的初期，变压器还未带上负荷，母线电压较高，这也可能引起电容器过电压。所以，条文中规定了电容器应装设失压保护，该保护的整定值既要保证在失压后电容器尚有残压时能可靠动作，又要防止在系统瞬间电压下降时误动作。一般电压继电器的动作值可整定为 0.5～0.6 倍的额定电压，动作时间需根据系统接线和电容器结构而定。一般可取 0.5～1s。

8.1.6 本条对原规范第 8.0.3 条进行了修改。

8.2 并联电抗器保护

本节为新增条文，对 3～110kV 的油浸式和干式并联电抗器的保护做出了相应的规定。

8.2.1 列出了并联电抗器组的故障类型。

8.2.2 针对前一节提出的故障类型，配置相应的保护。对瓦斯保护、油面下降等做出了规定。

8.2.3 针对绕组短路、相间短路的故障类型，配置相应的保护。对配置电气主保护做出了规定。

8.2.4 针对绕组短路、相间短路的故障类型，配置相应的后备保护。对配置电气后备保护做出了规定。

8.2.5 针对可能出现的过负荷，配置电气过负荷保护。

8.2.6 针对接地短路的故障类型，配置相应的后备保护。

8.2.7 针对双星形接线的低压干式空心并联电抗器，对装设中性点不平衡电流保护做出了规定。

9 3kV 及以上电动机保护

9.0.1 本条给出八种电动机的故障及异常运行方式，与原规范条文相比，增加相电流不平衡及断相一项，详见本规范第 9.0.9 条。

9.0.2 本条第 1 款，2MW 以下的电动机，宜采用电流速断保护。电流速断保护是最简单而有效的保护形式，2MW 以下的电动机一般都可满足灵敏度要求（灵敏系数大于 2）。对个别电缆线路长不能满足灵敏度要求的，可装设纵联差动保护。

第 2 款系新增条文。在有些情况下，电动机回路电流超过额定电流（如 1.2 倍额定电流），差动保护不能反应，需要装设电流保护作为其后备保护。

9.0.4 电动机在运行过程中和启动或自启动时都有可能导致过负荷，对这两种过负荷，都应装设过负荷保护。

9.0.7 同步电动机失磁的危害主要是：同步电动机失磁即失去同步转矩，电机将进入失步状态，一般电机的异步转矩不能与负载转矩相平衡；电机定子绕组将产生很大的脉振电流，电流幅值有可能超过允许值；失磁后的同步电动机将从电源吸取大量无功，在某些情况下有可能使机端母线电压严重降低。为此，有必要装设失磁保护。

9.0.8 电源短时中断再恢复时，同步电动机有可能造成非同步冲击。而较大同步电动机和某些中小型同步电动机不允许非同步冲击，因此需采取措施即装设防止非同步冲击的保护。同步电动机在非同步合闸时允许的冲击电流倍数为 $0.84/X_d''$，X_d'' 为同步电机的纵轴超瞬变电抗，标幺值。

9.0.9 负序电流保护用以反应相电流不平衡及断相，同时作为纵联差动保护的后备。

9.0.10 设备由 2 台及以上电机拖动，这些电机可能由一个回路供电，也可能分别供电，对后者电动机的保护装置也应分别装设。

10 自动重合闸

10.0.2 本条规定为提高供电可靠性，35MV·A 及以下容量的变压器可装设自动重合闸装置。主要考虑当下一级线路发生瞬时故障越级跳闸时，通过变压器的自动重合闸还能恢复供电。当变压器差动保护和瓦斯保护动作时，应闭锁重合闸。

11 备用电源和备用设备的自动投入装置

11.0.1 本条与原规范条文相比，取消了"发电厂、变电站和配电站内有互为备用母线段"和"变电站内有两台所用变压器"两项内容。事实上，这两种情况通常都是手动投入的。

增加了"接有Ⅰ类负荷的由双电源供电的母线段"和"含有Ⅰ类负荷的由双电源供电的成套装置"两项内容。按照Ⅰ类负荷的定义，为其供电的双电源当工作电源故障时，备用电源应自动投入运行。

原规范条文最后一项"生产过程中某些重要机组有备用机组"，本次修订改为"某些重要机械有备用设备"。

11.0.2 原规范条文中第2款"工作回路上的电压，不论因何原因消失时，自动投入装置均应延时工作"，本次修订改为"工作电源故障或断路器被错误断开时，自动投入装置应延时动作"。因为正常手动跳开断路器，工作回路上的电压也会消失。

条文中的第7款为本次修订新增内容，强调备用电源或设备一次只能作为一个工作电源或设备的备用。

条文中给出的只是对备用电源或备用设备的基本要求，其他还有一些要求，如装置应有投入与停用功能、装置的动作时间应保证负荷断电时间最短、应有装置的监视和动作、故障信号等，条文中没有一一列出。

11.0.3 本条系新增条文。给出自动投入装置采用的几种切换方式，供工程选用。

12 自动低频低压减负荷装置

12.0.1 本条规定在变电站和配电站，应根据电力系统安全稳定运行的要求装设自动低频低压减负荷装置。当电力系统发生扰动导致系统稳定要被破坏时，低频低压减负荷是有效控制手段之一。因此，应根据电力系统调度部门的同一安排，确定在哪些变电站和配电站装设自动低频低压减负荷装置。

12.0.3 本条规定是指自动低频低压减负荷装置应按频率、电压分为若干级，根据电力系统运行方式和故障时功率缺额多少以及负荷重要程度的不同，分轮次按时限切除负荷。

13 同步并列

13.0.1 对本条各款说明如下：

1 原规范条文"对单机容量6MW及以下的火力发电厂，可装设带相位闭锁的手动准同步装置"代之以"对单机容量为6MW及以下的汽轮发电机，可装设自动同步装置"。手动准同步装置操作复杂，成功与否受人为因素影响较大，可靠性差，随着自动同步装置的成熟应用，代替手动同步装置已成必然。

原规范条文"对单机容量6MW以上的火力发电厂，应装设自动准同步装置和带相位闭锁的手动准同步装置"代之以"单机容量为6MW以上的汽轮发电

机，应装设自动同步装置"。

2 原条文"水力发电厂"改为"水轮发电机"，"自动自同步装置"改为"自动同步装置或自动同步装置"。后者主要是考虑目前在水轮发电机上自动同步装置也有很多应用。

3 本款系新增内容。

本条前3款内容是按先机组后网络顺序编写的。

14 自动调节励磁及自动灭磁

14.1 自动调节励磁

14.1.1 本条对发电机自动调节励磁装置的基本功能作了规定。

14.1.2 本条列出了发电机自动电压调节器的九项功能，这些都是基本功能，也是下限要求。

14.1.3 本条中列出的附加功能均属基本附加功能，此外AVR还有其他附加功能，如具有在线参数整定功能等，具体工程可根据实际情况全部或部分装设。

14.2 自动灭磁

14.2.1 规定发电机励磁系统应有自动灭磁功能，该功能主要通过灭磁开关实现。

14.2.2 本条给出了发电机励磁系统的灭磁方式，其中第2款规定：当为可控硅整流桥时，机组故障采用灭磁开关灭磁；正常停机时可采用逆变灭磁。这主要是考虑逆变灭磁时间较长，对迅速消除故障不利。

15 二次回路及相关设备

15.1 二次回路

15.1.1 鉴于机组励磁回路电压有的已超过400V，因此，规定二次回路的工作电压最高不应超过500V。

15.1.2 由于互感器二次回路连接的负荷实际是由连接电缆和继电保护及自动装置组成，因此条文是指电缆和继电保护及自动装置的总负荷不应超过互感器工作准确等级所规定的负荷范围。

15.1.3 鉴于二次回路的重要性且铝芯控制电缆和绝缘导线存在易折断、易腐蚀等问题，故条文规定二次回路应采用铜芯控制电缆和绝缘导线。

15.1.5 本条是关于控制电缆和绝缘导线最小截面的规定以及选择电流回路、电压回路和操作回路电缆的条件。

15.1.8 条文规定端子排的一个端子一般只接一根导线，最多不超过两根导线。如需接更多导线，可通过连接端子实现。

15.2 电流互感器和电压互感器

15.2.1 本条是对电流互感器的规定：

1 由于110kV及以下系统和小机组回路时间常数较小，短路电流很快进入稳定状态，而保护动作直至断路器跳闸时间较长，因此满足稳态要求的电流互感器（P类）即可满足要求。

3 不同特性的电流互感器励磁电流不同，将导致正常运行时大的不平衡电流。鉴于工程中要求电流互感器具有相同或相似的特性很困难（如变压器各侧电流互感器），故条文用词为"宜"。

6 将保护或自动装置接在测量仪表之前，主要是避免校验测量仪表时失去保护。

7 从安全角度考虑，电流互感器的二次回路应有接地点，应是一点接地。如果采用两点或多点接地，由于接地点可能存在电位差，会产生地电流。对有几组电路直接联系的电流互感器连接在一起的保护装置在保护屏上接地，可避免地电流与互感器二次电流耦合对保护装置形成干扰。

15.2.2 本条是对电压互感器的规定。

3 由于测量仪表和保护或自动装置对电压互感器要求不同，也为避免相互影响，一般不共用同一个二次绕组。当受条件限制共用一个二次绕组时，应选用保护用电压互感器。在这种情况下，互感器的二次绕组需同时满足测量和保护准确级要求。

4 防止电压反馈的措施通常是将一次侧隔离开关的常开辅助触点串接在二次回路中。

5 从安全角度考虑，电压互感器二次回路应有一处接地。本条对电压互感器二次侧接地点接地方式作出规定。

15.3 直 流 电 源

15.3.1 直流母线电压允许波动范围取值参考了国家现行标准《电力工程直流系统设计技术规程》DL/T 5044—2004中4.2节系统电压的相关规定；规定波纹系数小于1%，主要是因为无论是晶闸管充电装置还是高频开关电源充电装置都能满足波纹系数小于1%的要求。

15.3.2 对本条作如下说明：

2 适用于本款的例子有三绕组变压器、自耦变压器等。

3 适用于本款的例子有母线保护等。

5 熔断器或自动开关的监视可通过自动开关的辅助触点、加装监视继电器等方式实现。

15.4 抗 干 扰 措 施

15.4.1 本条对继电保护和自动装置的抗干扰性能，提出原则要求。

15.4.4 本条第2款措施包括不同用途的电缆分开布置、增加出口继电器的动作功率等。

中华人民共和国国家标准

电力装置的电测量仪表装置设计规范

Code for design of electrical measuring device of power system

GB/T 50063—2008

主编部门：中 国 电 力 企 业 联 合 会
批准部门：中华人民共和国住房和城乡建设部
施行日期：2 0 0 8 年 1 1 月 1 日

中华人民共和国住房和城乡建设部
公　告

第 30 号

关于发布国家标准
《电力装置的电测量仪表装置设计规范》的公告

现批准《电力装置的电测量仪表装置设计规范》为国家标准，编号为 GB/T 50063—2008，自 2008 年 11 月 1 日起实施。原《电力装置的电测量仪表装置设计规范》GBJ 63—90 同时废止。

本规范由我部标准定额研究所组织中国计划出版社出版发行。

中华人民共和国住房和城乡建设部
二〇〇八年五月五日

前　言

本规范是根据建设部《关于印发"二〇〇一～二〇〇二年度工程建设国家标准制订、修订计划"的通知》（建标〔2002〕85 号）的要求，由中国电力工程顾问集团西南电力设计院会同有关单位对原国家标准《电力装置的电测量仪表装置设计规范》GBJ 63—90 进行修订的基础上编制完成的。

在修订过程中，规范修订组进行了广泛的调查研究，认真总结了原规范执行以来的经验，广泛征求了全国有关单位的意见，最后经审查定稿。

本规范共分 10 章和 3 个附录，主要内容包括：总则、术语、符号，电测量装置，电能计量，直流换流站的电测量，计算机监控系统的测量，电测量变送器，测量用电流、电压互感器，测量二次接线，仪表装置安装条件等。

本规范修订的主要内容有：调整了规范的适用范围；增加了采用计算机监控系统和综合装置后对电测量和电能计量新的要求；增加了静止补偿串联补偿装置的电测量内容；增加了公用电网的谐波监测内容；增加了直流换流站的电测量内容。

本规范由中华人民共和国住房和城乡建设部负责管理，由中国电力企业联合会标准化中心负责日常管理工作，由中国电力工程顾问集团西南电力设计院负责具体技术内容的解释。本规范在执行过程中，请各单位结合工程实践，认真总结经验，注意积累资料，随时将意见和建议反馈给中国电力工程顾问集团西南电力设计院（地址：四川省成都市东风路 18 号，邮编：610021），以供今后修改时参考。

本规范主编单位、参编单位和主要起草人：

主 编 单 位：中国电力工程顾问集团
西南电力设计院

参 编 单 位：中国电力工程顾问集团
中南电力设计院
国家电力公司成都勘测设计研究院
铁道部第二设计研究院
南京南自电力仪表有限公司

主要起草人：关江桥　齐　春　张巧玲　陈　东
李宗明　管光彦　汪秋宾　楚振宇
唐　建

目　　次

1 总 则

1.0.1 为了在电测量及电能计量装置设计中贯彻执行国家的技术经济政策，做到准确可靠、技术先进、经济合理，制定本规范。

1.0.2 本规范适用于新建或扩建的单机容量为25MW及以上的汽轮发电机及燃气轮机发电厂、单机容量为200kW及以上的水力发电厂（含抽水蓄能发电厂）、核电站的常规岛部分、交流额定电压为10kV及以上的变（配）电所，以及直流额定电压为100kV及以上的直流换流站的电测量及电能计量装置的设计。

1.0.3 电测量及电能计量装置的设计除应符合本规范外，尚应符合国家现行有关标准、规范的规定。

2 术语、符号

2.1 术 语

2.1.1 电测量 electrical measuring
用电的方法对电气实时参数进行的测量。

2.1.2 电能计量 energy metering
对电能参数进行的计量。

2.1.3 常用电测量仪表 general electrical measuring meter
指对电力装置回路的电气运行参数作经常测量、选择测量、记录用的仪表。

2.1.4 指针式仪表 pointer-type meter
按指针与标度尺之间的关系指示被测量值的仪表。

2.1.5 数字式仪表 digital-type meter
在显示器上用数字直接显示被测量值的仪表。

2.1.6 电能表 energy meter
计量有功（无功）电能数据的仪器。

2.1.7 脉冲式电能表 impulse enerny meter
电能测量部件和脉冲装置的组合。

2.1.8 多功能电能表 multifunction energy meter
由测量单元和数据处理单元等组成，除计量单向或双向有功（无功）电能外，还具有分时、分方向需量等两种以上功能，并能显示、储存和输出数据的电能表。

2.1.9 电压失压计时器 voltage loss time counter
积算并显示电能表电压回路失压时间的专用仪器。

2.1.10 电能关口计量点 energy tariff point
指发电企业、电网经营企业之间进行电能结算的计量点。

2.1.11 电测量变送器 electrical measuring transducers
将被测量转换为直流电流、直流电压或数字信号的装置。

2.1.12 变送器校准值 calibration value for transducers
根据用户具体需要，通过调整来改变变送器标称值而得到的某一量的值。

2.1.13 仪表准确度等级 measuring instrument accuracy class
满足旨在保证允许误差和改变量在规定限值内的一定计量要求的测量仪表和（或）附件的级别。

2.1.14 仪表基本误差 measuring instrument intrinsic error
指仪表和（或）附件在参比条件下的误差。

2.1.15 测量综合误差 total measuring error
指测量仪表、互感器及其测量二次回路等所引起的合成误差。

2.1.16 关口电能计量装置 energy tariff equipment
在电能关口计量点进行电能参数计量的装置。包含各种类型的电能表、计量用电压、电流互感器及其二次回路、电能计量柜（箱）等。

2.1.17 关口电能表 energy tariff meter
指关口电能计量装置配置的电能表。

2.2 符 号

I——电流；

f——频率；

P——有功功率；

PF——功率因素；

Q——无功功率；

R——电阻；

S——视在功率；

U——电压；

W_P——有功电能；

W_Q——无功电能；

X——电抗；

Z——阻抗。

3 电测量装置

3.1 一般规定

3.1.1 电测量装置的配置应正确反映电力装置的电气运行参数和绝缘状况。

3.1.2 电测量装置宜包括计算机监控系统的测量部分、常用电测量仪表，以及其他综合装置中的测量部分。

3.1.3 电测量装置可采用直接仪表测量、一次仪表测量或二次仪表测量。

3.1.4 电测量装置的准确度要求不应低于表 3.1.4 的规定。

表 3.1.4 电测量装置的准确度要求

电测量装置类型名称		准确度（级）
计算机监控系统的测量部分（交流采样）		误差不大于 0.5%，其中电网频率测量误差不大于 0.01Hz
常用电测量仪表、综合装置中的测量部分	指针式交流仪表	1.5
	指针式直流仪表	1.0（经变送器二次测量）
	指针式直流仪表	1.5
	数字式仪表	0.5
	记录型仪表	应满足测量对象的准确度要求

3.1.5 交流回路指示仪表的综合准确度不应低于 2.5 级，直流回路指示仪表的综合准确度不应低于 1.5 级，接于电测量变送器二次侧仪表的准确度不应低于 1.0 级。用于电测量装置的电流、电压互感器及附件、配件的准确度不应低于表 3.1.5 的规定。

表 3.1.5 电测量装置电流、电压互感器及附件、配件的准确度要求（级）

电测量装置准确度	附件、配件准确度			
	电流、电压互感器	变送器	分流器	中间互感器
0.5	0.5	0.5	0.5	0.2
1.0	0.5	0.5	0.5	0.2
1.5	1.0	0.5	0.5	0.2
2.5	1.0	0.5	0.5	0.5

3.1.6 指针式测量仪表测量范围的选择，宜保证电力设备额定值指示在仪表标度尺的 2/3 处。有可能过负荷运行的电力设备和回路，测量仪表宜选用过负荷仪表。

3.1.7 多个同类型电力设备和回路的电测量可采用选择测量方式。

3.1.8 经变送器的二次测量，其满刻度值应与变送器的校准值相匹配，可按本规范附录 A 和附录 B 计算。

3.1.9 双向电流的直流回路和双向功率的交流回路，应采用具有双向标度的电流表和功率表。具有极性的直流电流和电压回路，应采用具有极性的仪表。

3.1.10 重载启动的电动机和有可能出现短时冲击电流的电力设备和回路，宜采用具有过负荷标度尺的电流表。

3.1.11 发电厂和变（配）电所装设远动遥测、计算机监控系统，且采用直流系统采样时，二次测量仪表、计算机和远动遥测系统宜共用一套变送器。

3.1.12 励磁回路仪表的上限值不得低于额定工况的 1.3 倍，仪表的综合误差不得超过 1.5%。

3.1.13 无功补偿装置的测量仪表量程应满足设备允许通过的最大电流和允许耐受的最高电压的要求。并联电容器组的电流测量应按并联电容器组持续通过的电流为其额定电流的 1.35 倍设计。

3.1.14 计算机监控系统中的测量部分、综合装置中的测量部分，当其精度满足要求时，可取代相应的常用电测量仪表。

3.1.15 直接仪表测量中配置的电测量装置，应满足相应一次回路动热稳定的要求。

3.2 电流测量

3.2.1 下列回路，应测量交流电流：

1 同步发电机和发电/电动机的定子回路。

2 双绕组主变压器的一侧，三绕组主变压器的三侧，自耦变压器的三侧，自耦变压器公共绕组回路。

3 双绕组厂（所）用变压器的一侧及各分支回路，三绕组厂（所）用变压器的三侧，发电机励磁变压器的高压侧。

4 柴油发电机接至低压保安段进线及交流不停电电源的进线回路。

5 1200V 及以上的线路，1200V 以下的供电、配电和用电网络的总干线路。

6 220kV 及以上电压等级断路器 3/2 接线、4/3 接线和角型接线的各断路器回路。

7 母线联络断路器、母线分段断路器、旁路断路器和桥断路器回路。

8 330kV 及以上电压等级并联电抗器组及其中性点小电抗，10～66kV 低压并联电抗器和并联电容器回路。

9 50kV·A 及以上的照明变压器和消弧线圈回路。

10 55kW 及以上的电动机，55kW 以下保安用电动机。

3.2.2 下列回路除应符合本规范第 3.2.1 条的规定外，尚应测量三相交流电流：

1 同步发电机和发电/电动机的定子回路。

2 110kV 及以上电压等级输电线路和变压器回路。

3 330kV 及以上电压等级并联电抗器组，变压器低压侧装有无功补偿装置的总回路。

4 照明变压器、照明与动力共用的变压器，照明负荷占 15% 及以上的动力与照明混合供电的 3kV 以下的线路。

5 三相负荷不平衡率大于 10% 的 1200V 及以上的电力用户线路，三相负荷不平衡率大于 15% 的

1200V以下的供电线路。

3.2.3 下列回路，宜测量负序电流，且负序电流测量仪表的准确度不应低于1.0级。

1 承受负序电流过负荷能力A值小于10的大容量汽轮发电机。

2 负荷不平衡率超过额定电流10%的发电机。

3 负荷不平衡率超过0.1倍额定电流的1200V及以上线路。

3.2.4 下列回路，应测量直流电流：

1 同步发电机、发电/电动机和同步电动机的励磁回路，自动及手动调整励磁的输出回路。

2 直流发电机及其励磁回路，直流电动机及其励磁回路。

3 蓄电池组的输出回路，充电及浮充电整流装置的输出回路。

4 重要电力整流装置的直流输出回路。

3.2.5 整流装置的电流测量宜包含谐波监测。

3.3 电压测量和绝缘监测

3.3.1 下列回路，应测量交流电压：

1 同步发电机和发电/电动机的定子回路。

2 各电压等级的交流主母线。

3 电力系统联络线（线路侧）。

4 配置电压互感器的其他回路。

3.3.2 电力系统电压质量监视点和容量为50MW及以上的汽轮发电机电压母线，应测量并记录交流电压。

3.3.3 110kV及以上中性点有效接地系统的主母线、变压器回路应测量三个线电压，66kV及以下中性点有效接地系统的主母线、变压器回路可只测量一个线电压。单电压互感器接线的主母线、变压器回路可只测量单相电压或一个线电压。

3.3.4 下列回路，应监测交流系统的绝缘：

1 同步发电机和发电/电动机的定子回路。

2 中性点非有效接地系统的母线和回路。

3.3.5 中性点非有效接地系统的主母线，宜测量母线的一个线电压和监测绝缘的三个相电压。

3.3.6 发电机定子回路的绝缘监测，可采用测量发电机电压互感器辅助二次绕组的零序电压方式，也可采用测量发电机的三个相电压方式。

3.3.7 下列回路，应测量直流电压：

1 同步发电机和发电/电动机的励磁回路，相应的自动及手动调整励磁的输出回路。

2 同步电动机的励磁回路。

3 直流发电机回路。

4 直流系统的主母线，蓄电池组、充电及浮充电整流装置的直流输出回路。

5 重要电力整流装置的输出回路。

3.3.8 下列回路，应监测直流系统的绝缘：

1 同步发电机和发电/电动机的励磁回路。

2 同步电动机的励磁回路。

3 直流系统的主母线和重要的直流回路。

4 重要电力整流装置的输出回路。

3.3.9 直流系统应装设直接测量绝缘电阻值的绝缘监测装置，其测量准确度不应低于1.5级。

3.4 功率测量

3.4.1 下列回路，应测量有功功率：

1 同步发电机和发电/电动机的定子回路。

2 双绕组主变压器的一侧，三绕组主变压器的三侧，以及自耦变压器的三侧。

3 厂（所）用变压器：双绕组变压器的高压侧，三绕组变压器的三侧。

4 3kV及以上输配电线路和用电线路。

5 旁路断路器、母联（或分段）兼旁路断路器回路和35kV及以上的外桥断路器回路。

6 发电机励磁变压器高压侧。

3.4.2 同步发电机和发电/电动机的机旁控制屏应测量发电机有功功率。

3.4.3 双向送、受电运行的输配电线路、水轮发电机、发电/电动机和主变压器等设备，应测量双方向有功功率。

3.4.4 下列回路，应测量无功功率：

1 同步发电机和发电/电动机的定子回路。

2 双绕组主变压器的一侧，三绕组主变压器的三侧，以及自耦变压器的三侧。

3 3kV及以上的输配电线路和用电线路。

4 旁路断路器、母联（或分段）兼旁路断路器回路和35kV及以上的外桥断路器回路。

5 330kV及以上并联电抗器。

6 10～66kV低压并联电容器和电抗器组。

7 发电机励磁变压器高压侧。

3.4.5 下列回路，应测量双方向的无功功率：

1 具有进相、滞相运行要求的同步发电机、发电/电动机。

2 主变压器低压侧装设并联电容器和电抗器的总回路。

3 10kV及以上用电线路。

3.4.6 发电机、发电/电动机宜测量功率因数。

3.5 频率测量

3.5.1 频率测量范围应为45～55Hz，准确度不应低于0.2级。

3.5.2 下列回路，应测量频率：

1 接有发电机变压器组的各段母线。

2 发电机。

3 电网有可能解列运行的各段母线。

3.5.3 同步发电机和发电/电动机的机旁控制屏上，

应测量发电机的频率。

3.6 发电厂（变电所）公用电气测量

3.6.1 总装机容量为 300MW 及以上的火力发电厂，以及调频或调峰的火力发电厂，宜监视并记录下列电气参数：

1 主控制室（网络控制室）和单元控制室应监视主电网的频率。调频或调峰发电厂尚应记录主电网的频率。

2 调频或调峰发电厂，当采用主控方式时，热控屏上应监视主电网的频率。

3 主控制室（网络控制室）应监视并记录全厂总和有功功率。主控制室控制的热控屏上尚应监视全厂总和有功功率。

4 主控制室（网络控制室）应监视全厂厂用电率。

3.6.2 总装机容量为 300MW 及以上的水力发电厂，以及调频或调峰的水力发电厂，中央控制室宜监视并记录下列电气参数：

1 主电网的频率。

2 全厂总和有功功率。

3.6.3 220kV 及以上的系统枢纽变电所，主控制室宜监视主电网的频率。

3.6.4 当采用常测方式时，发电厂（变电所）公用电气测量仪表宜采用数字式仪表。

3.7 静止补偿及串联补偿装置的测量

3.7.1 静止补偿装置宜测量并记录下列参数：

1 一个系统参考线电压。

2 静止补偿装置所接母线的一个线电压。

3 静止补偿装置用中间变压器高压侧的三相电流。

4 分组并联电容器和电抗器回路的单相电流和无功功率。

5 分组晶闸管控制电抗器和晶闸管投切电容器回路的单相电流和无功功率。

6 分组谐波滤波器组回路的单相电流和无功功率。

7 总回路的三相电流、无功功率和无功电能。

8 当总回路下装设并联电容器和电抗器时，应测量双方向的无功功率，并应分别计量进相、滞相运行的无功电能。

3.7.2 固定串联补偿装置宜测量并记录下列参数：

1 串补线路电流。

2 电容器电流。

3 电容器不平衡电流。

4 金属氧化物避雷器电流。

5 金属氧化物避雷器温度。

6 旁路断路器电流。

7 串补无功功率。

3.7.3 可控串联补偿装置宜测量并记录下列参数：

1 串补线路电流。

2 串补线路电压。

3 电容器电压。

4 电容器不平衡电流。

5 金属氧化物避雷器电流。

6 金属氧化物避雷器温度。

7 旁路断路器电流。

8 晶闸管阀电流。

9 触发角。

10 等值容抗。

11 补偿度。

12 串补无功功率。

3.8 公用电网谐波的监测

3.8.1 公用电网谐波的监测可采用连续监测或专项监测。

3.8.2 在谐波监测点，宜装设谐波电压和谐波电流测量仪表。谐波监测点应结合谐波源的分布布置，并应覆盖主网及全部供电电压等级。

3.8.3 下列回路，宜设置谐波监测点：

1 系统指定谐波监测点（母线）。

2 10～66kV 无功补偿装置所连接母线的谐波电压。

3 向谐波源用户供电的线路送电端。

4 一条供电线路上接有两个及以上不同部门的谐波源用户时，谐波源用户受电端。

5 特殊用户所要求的回路。

6 其他有必要监测的回路。

3.8.4 用于谐波测量的电流互感器和电压互感器的准确度不宜低于 0.5 级。

3.8.5 谐波测量的次数不应少于 2～15 次。

3.8.6 谐波电流和电压的测量可采用数字式仪表，测量仪表的准确度不宜低于 1.0 级。

4 电 能 计 量

4.1 一 般 规 定

4.1.1 电能计量装置应满足发电、供电、用电准确计量的要求。

4.1.2 电能计量装置应按其所计量对象的重要程度和计量电能的多少分类，并应符合下列规定：

1 月平均用电量 5000MW·h 及以上或变压器容量为 10MV·A 及以上的高压计费用户、200MW 及以上发电机或发电/电动机、发电企业上网电量、电网经营企业之间的电量交换点，以及省级电网经营企业与其供电企业的供电关口计量点的电能计量装置，应为Ⅰ类电能计量装置。

2 月平均用电量 1000MW·h 及以上或变压器容量为 2MV·A 及以上的高压计费用户、100MW 及以上发电机或发电/电动机，以及供电企业之间的电量交换点的电能计量装置，应为Ⅱ类电能计量装置。

3 月平均用电量 100MW·h 以上或负荷容量为 315kV·A 及以上的计费用户、100MW 以下发电机、发电企业厂（站）用电量、供电企业内部用于承包考核的计量点、考核有功电量平衡的 110kV 及以上电压等级的送电线路，以及无功补偿装置的电能计量装置，应为Ⅲ类电能计量装置。

4 负荷容量为 315kV·A 以下的计费用户、供电企业内部经济技术指标分析，以及考核用的电能计量装置，应为Ⅳ类电能计量装置。

5 单相电力用户计费用电能计量装置，应为Ⅴ类电能计量装置。

4.1.3 电能计量装置的准确度不应低于表 4.1.3 的规定。

表 4.1.3 电能计量装置的准确度要求

电能计量装置类别	准确度（级）			
	有功电能表	无功电能表	电压互感器	电流互感器
Ⅰ类	0.2S	2.0	0.2	0.2S 或 0.2
Ⅱ类	0.5S	2.0	0.2	0.2S 或 0.2
Ⅲ类	1.0	2.0	0.5	0.5S
Ⅳ类	2.0	2.0	0.5	0.5S
Ⅴ类	2.0	—	—	0.5S

注：0.2 级电流互感器仅用于发电机计量回路。

4.1.4 电能表的电流和电压回路应分别装设电流和电压专用试验接线盒。

4.1.5 执行功率因数调整电费的用户，应装设具有计量有功电能、感性和容性无功电能功能的电能计量装置；按最大需量计收基本电费的用户应装设具有最大需量功能的电能表；实行分时电价的用户应装设复费率电能表或多功能电能表。

4.1.6 具有正向和反向输电的线路计量点，应装设计量正向和反向有功电能及四象限无功电能的电能表。

4.1.7 进相和滞相运行的发电机回路，应分别计量进相和滞相的无功电能。

4.1.8 中性点有效接地系统的电能计量装置应采用三相四线的接线方式；中性点非有效接地系统的电能计量装置宜采用三相三线的接线方式。经消弧线圈等接地的计费用户且年平均中性点电流大于 0.1% 额定电流时，应采用三相四线的接线方式；照明变压器、照明与动力共用的变压器、照明负荷占 15% 及以上的动力与照明混合供电的 1200V 及以上的供电线路，以及三相负荷不平衡率大于 10% 的 1200V 及以上的电力用户线路，应采用三相四线的接线方式。

4.1.9 应选用过载 4 倍及以上的电能表。经电流互感器接入的电能表，标定电流不宜超过电流互感器额定二次电流的 30%（对 S 级为 20%），额定最大电流宜为额定二次电流的 120%。直接接入式电能表的标定电流应按正常运行负荷电流的 30% 选择。

4.1.10 当发电厂和变（配）电所装设远动遥测和计算机监控时，电能计量、计算机和远动遥测宜共用一套电能表。电能表应具有数据输出或脉冲输出功能，也可同时具有两种输出功能。电能表脉冲输出参数应满足计算机和远动遥测的要求，数据输出的通信规约应符合国家现行标准《多功能电能表通信规约》DL/T 645 的有关规定。

4.1.11 发电电能关口计量点和省级及以上电网公司之间电能关口计量点，应设装两套准确度相同的主、副电能表。发电企业上网线路的对侧应设置备用和考核计量点，并应配置与对侧相同规格、等级的电能计量装置。

4.1.12 Ⅰ类电能计量装置应在关口点根据进线电源设置单独的计量装置。

4.1.13 低压供电且负荷电流为 50A 及以下时，宜采用直接接入式电能表；负荷低压供电且电流为 50A 以上时，宜采用经电流互感器接入式的接线方式。

4.1.14 Ⅰ、Ⅱ、Ⅲ类电能计量装置应具有电压失压计时功能。

4.2 有功、无功电能的计量

4.2.1 下列回路，应计量有功电能：

1 同步发电机和发电/电动机的定子回路。

2 双绕组主变压器的一侧，三绕组主变压器的三侧，以及自耦变压器的三侧。

3 1200V 及以上的线路，1200V 以下网络的总干线路。

4 旁路断路器、母联（或分段）兼旁路断路器回路。

5 双绕组厂（所）用变压器的高压侧，三绕组厂（所）用变压器的三侧。

6 厂用、所用电源线路及厂外用电线路。

7 外接保安电源的进线回路。

8 3kV 及以上高压电动机回路。

4.2.2 下列回路，应计量无功电能：

1 同步发电机和发电/电动机的定子回路。

2 双绕组主变压器的一侧，三绕组主变压器的三侧，以及自耦变压器的三侧。

3 10kV 及以上的线路。

4 旁路断路器、母联（或分段）兼旁路断路器回路。

5 330kV 及以上并联电抗器。

6 66kV 及以下低压并联电容器和并联电抗器组。

5 直流换流站的电测量

5.1 一般规定

5.1.1 直流换流站电测量的数据采集应包括交流部分和直流部分。直流部分的数据应按极采集，双极参数可通过计算机计算或采集获得；交流部分的数据采集应符合本规范第3、4、6章的有关规定。

5.1.2 直流换流站除应采集本端站的运行参数外，还应采集对端站的主要参数信息数据。

5.1.3 直流电流测量装置的综合误差应为±0.5%，直流电压测量装置的综合误差应为±1.0%。

5.1.4 双方向的电流、功率回路和有极性的直流电压回路，采集量应具有方向或极性。当双方向的电流、功率回路和有极性的直流电压回路选用仪表测量时，应采用具有方向或极性的仪表。

5.1.5 直流换流站主控制室内不宜设模拟屏。当设有模拟屏时常用电测量仪表应精简。

5.2 直流参数监测

5.2.1 下列回路，应采集直流电流：
1 本端换流站每极直流电流。
2 本端换流站的接地极线。
3 投入运行时的本端换流站的临时接地回路。

5.2.2 下列回路，应采集直流电压：
1 本端换流站每极的极母线。
2 本端换流站每极的中性母线。
3 对端换流站每极的极母线。

5.2.3 下列回路，应采集直流功率：
1 本端换流站每极直流功率。
2 本端换流站双极直流功率。
3 对端换流站每极直流功率。
4 对端换流站双极直流功率。

5.2.4 换流站的换流阀应采集下列电角度：
1 整流站的触发角。
2 逆变站的熄弧角。

5.3 交流参数监测

5.3.1 下列回路，应采集交流电流：
1 本端换流变压器交流侧。
2 本端换流变压器阀侧。
3 本端交流滤波器各大组。
4 本端交流滤波器、并联电容器或电抗器各分组。

5.3.2 下列回路，应采集交流电压：
1 本端换流变压器交流侧。
2 本端换流变压器阀侧。
3 本端交流滤波器各大组的母线。

5.3.3 下列回路，应采集交流功率：
1 本端换流变压器交流侧有功功率。
2 本端换流变压器交流侧无功功率。
3 本端交流滤波器各大组无功功率。
4 本端交流滤波器、并联电容器或电抗器各分组无功功率。
5 换流站与站外交流系统交换的总无功功率。

5.3.4 换流站应采集换流变压器交流侧的频率。

5.4 谐波参数监测

5.4.1 下列回路，宜采集直流侧谐波参数：
1 本端换流站每极直流线路谐波电流、电压。
2 接地极线路谐波电流。
3 本端换流站直流滤波器各分组谐波电流。

5.4.2 下列回路，宜采集交流侧谐波参数：
1 本端换流变压器交流侧谐波电流、电压。
2 本端换流变压器中性点侧谐波电流及直流偏磁。
3 本端换流站交流滤波器各分组谐波电流。
4 本端换流站至系统主要交流联络线的谐波电流、电压。

5.5 电能计量

5.5.1 下列回路，应装设电能表：
1 换流变压器交流侧。
2 交流滤波器（并联电容器或电抗器）各分组。
3 直流输电线路当有条件时，宜装设直流电能表。

5.5.2 正向和反向送电的换流变压器交流侧，应装设计量正向和反向有功电能及四象限无功电能的电能表。

5.5.3 换流变压器交流侧应装设两套准确度等级相同的主、副电能表。

6 计算机监控系统的测量

6.1 一般规定

6.1.1 计算机监控系统数据采集应符合本规范第3~5章的有关规定，计算机监控系统采集的模拟量及电能数据量可按本规范附录C配置。

6.1.2 电气参数可通过计算机监控系统进行监测和记录，可不单独装设记录型仪表。

6.1.3 当采用计算机监控系统时，就地厂（所）用配电盘上应保留必要的测量表计或监测单元。

6.2 计算机监控系统的数据采集

6.2.1 计算机监控系统的电测量数据采集应包括模拟量和电能数据量。

6.2.2 模拟量的采集宜采用交流采样，也可采用直流采样。

6.2.3 交流采样的模拟量可根据运行需要适当增加电气计算量。

6.3 计算机监控时常用电测量仪表

6.3.1 计算机监控不设模拟屏时，控制室常用电测量仪表宜取消。计算机监控设模拟屏时，模拟屏上的常用电测量仪表应精简，并可采用计算机驱动的数字式仪表。

6.3.2 当发电厂采用计算机监控系统时，机组后备屏或机旁屏上发电机部分的常用电测量仪表可按本规范附录C装设。

7 电测量变送器

7.0.1 变送器的输入参数应与电流互感器和电压互感器的参数相符合，输出参数应满足测量仪表和计算机监控系统的要求。

7.0.2 变送器的输出可为电流输出、电压输出，或数字信号输出。变送器的电流输出宜选用 4～20mA。

7.0.3 变送器模拟量输出回路所接入的负荷不应超过变送器输出的二次负荷值。

7.0.4 变送器的校准值应与二次测量仪表的满刻度值相匹配，可按本规范附录A和附录B计算。

7.0.5 变送器的辅助电源宜由交流不停电电源或直流电源供给。

8 测量用电流、电压互感器

8.1 电流互感器

8.1.1 用于Ⅰ、Ⅱ、Ⅲ类贸易结算的电能计量装置，应按计量点设置专用电流互感器或专用二次绕组。

8.1.2 电流互感器额定一次电流的选择，宜满足正常运行的实际负荷电流达到额定值的 60%，且不应小于 30%（S级为 20%）的要求，也可选用较小变比或二次绕组带抽头的电流互感器。电流互感器额定二次负荷的功率因数应为 0.8～1.0。

8.1.3 1%～120%额定电流回路，宜选用S级的电流互感器。

8.1.4 电流互感器的额定二次电流可选用 5A 或 1A。110kV 及以上电压等级电流互感器宜选用1A。

8.1.5 电流互感器二次绕组中所接入的负荷，应保证在额定二次负荷的 25%～100%。

8.2 电压互感器

8.2.1 用于Ⅰ、Ⅱ、Ⅲ类贸易结算的电能计量装置，应按计量点设置专用电压互感器或专用二次绕组。

8.2.2 电压互感器二次绕组中所接入的负荷，应保证在额定二次负荷的 25%～100%，实际二次负荷的功率因数应与额定二次负荷功率因数相接近。

9 测量二次接线

9.1 交流电流回路

9.1.1 电流互感器的二次绕组接线，宜先接常用电测量仪表，后接测控装置。

9.1.2 电流互感器二次绕组应采取防止开路的保护措施。

9.1.3 测量表计和继电保护不宜共用电流互感器的同一个二次绕组。如受条件限制，仪表和保护共用一个二次绕组时，宜采取下列措施：

　　1 保护装置接在仪表前，中间加装电流试验部件。

　　2 中间电流互感器的技术特性应满足仪表和保护的要求。

9.1.4 电流互感器的二次绕组的中性点应有一个接地点。用于测量的二次绕组应在配电装置处接地。和电流的两个二次绕组的中性点应并接和一点接地，接地点应在和电流处。

9.1.5 电流互感器二次电流回路的电缆芯线截面，应按电流互感器的额定二次负荷计算，5A 的计量回路不宜小于 4 mm²，1A 的计量回路不宜小于 2.5 mm²，其他测量回路不宜小于 2.5 mm²。

9.1.6 三相三线制接线的电能计量装置，其两台电流互感器二次绕组与电能表间宜采用四线连接。三相四线制接线的电能计量装置，其三台电流互感器二次绕组与电能表间宜采用六线连接。

9.1.7 用于Ⅰ、Ⅱ、Ⅲ类贸易结算的电能计量装置专用的电流互感器或二次绕组，以及相应的二次回路不应接入与电能计量无关的设备。

9.2 交流电压回路

9.2.1 用于测量的电压互感器的二次回路允许电压降，应符合下列规定：

　　1 计算机监控系统中的测量部分、常用电测量仪表和综合装置的测量部分，二次回路电压降不应大于额定二次电压的 3%。

　　2 Ⅰ、Ⅱ类电能计量装置的二次回路电压降不应大于额定二次电压的 0.2%。

　　3 其他电能计量装置的二次回路电压降不应大于额定二次电压的 0.5%。

9.2.2 35kV 及以上电压等级单独设置专用电压互感器或专用二次绕组时，Ⅰ、Ⅱ、Ⅲ类电能计量装置的电压回路宜经电压互感器端子箱引接至试验接线盒。

9.2.3 用于贸易结算的电能计量装置的二次电压回路，35kV 及以下不宜接入隔离开关辅助接点，且不宜装设熔断器或自动开关；35kV 以上不宜接入隔离开关辅助接点，但可装设快速熔断器或自动开关，控制室应具有该电压回路完整性的监视信号。

9.2.4 电压互感器的二次绕组应有一个接地点。对于中性点有效接地或非有效接地系统，星形接线的电压互感器主二次绕组应采用中性点一点接地；对于中性点非有效接地系统，V 形接线的电压互感器主二次绕组应采用 B 相一点接地。

9.2.5 电能表屏可布置在配电装置附近的小室内。

9.2.6 电压互感器二次电压回路的电缆芯线截面，应按本规范第 9.2.1 条的要求计算，一般计量回路不应小于 4mm²，其他测量回路不应小于 2.5 mm²。

9.2.7 用于Ⅰ、Ⅱ、Ⅲ类贸易结算的电能计量装置专用的电压互感器或二次绕组，以及相应的二次回路不得接入与电能计量无关的设备。

9.2.8 用于贸易结算的电能计量装置回路的互感器，其二次回路接线端子应设防护罩，防护罩应可靠铅封，也可采用无二次接线端子的互感器。

9.3 二次测量回路

9.3.1 变送器电流输出回路接线宜先接二次测量仪表，再接计算机监控系统。

9.3.2 接至计算机监控或遥测系统的弱电信号回路或数据通信回路，应选用专用的计算机屏蔽电缆或光纤通信电缆。

9.3.3 变送器模拟量输出回路和电能表脉冲量输出回路，宜选用对绞芯分屏蔽加总屏蔽的铜芯电缆，芯线截面不应小于 0.75mm²。

9.3.4 数字式仪表辅助电源宜采用交流不停电电源或直流电源。

10 仪表装置安装条件

10.0.1 发电厂和变（配）电所的屏、台、柜上的电气仪表装置的安装，应满足仪表正常工作、运行监视、抄表和现场调试的要求。

10.0.2 测量仪表装置宜采用垂直安装，表中心线向各方向的倾斜角度不应大于 1°，测量仪表装置的安装高度应符合下列要求：

　　1　常用电测量仪表应为 1200～2000mm。

　　2　电能表室内应为 800～1800mm，室外不应小于 1200mm；计量箱底边距地面室内不应小于 1200mm，室外不应小于 1600mm。

　　3　变送器应为 800～1800mm。

10.0.3 控制屏（台）宜选用后设门的屏（台）式结构，电能表屏、变送器屏宜选用前后设门的柜式结构。一般屏的尺寸应为 2200mm×800mm×600mm（高×宽×深）。

10.0.4 所有屏、台、柜内的电流回路端子排应采用电流试验端子，连接导线宜采用铜芯绝缘软导线，电流回路导线截面不应小于 2.5 mm²，电压回路不应小于 1.5 mm²。

10.0.5 电能表屏（柜）内试验端子盒宜布置于屏（柜）的正面。

附录 A　测量仪表满刻度值的计算

A.0.1 设定变送器的校准值为 $I_{bx}=5A$ 或 1A，$U_{bx}=100V$，$P_{bx}=866W$（5A）或 173.2W（1A），$Q_{bx}=866var$（5A）或 173.2var（1A）时，可采用下列公式计算测量仪表的满刻度值。计算机监控系统测量值量程的计算也可采用下列公式。

　　1　电流表满刻度值应按下式计算：

$$I_{bl}=I_{1e} \qquad (A.0.1\text{-}1)$$

式中　I_{bl}——电流表满刻度值（A）；
　　　　I_{1e}——电流互感器一次额定电流（A）。

　　2　电压表满刻度值应按下式计算：

$$U_{bl}=K\times U_{1e} \qquad (A.0.1\text{-}2)$$

式中　U_{bl}——电压表满刻度值（V）；
　　　　U_{1e}——电压互感器一次额定电压（V）；
　　　　K——电压变送器的输入电压倍数，宜取 1.2～1.5。K 值的选择应与变送器的输入范围协调。

　　3　有功功率表满刻度值应按下式计算，对量限明确的设备，其满刻度值可根据量限确定。

$$P_{bl}=\sqrt{3}\times U_{1e}\times I_{1e} \qquad (A.0.1\text{-}3)$$

式中　P_{bl}——有功功率表满刻度值（V·A）；

　　4　无功功率表满刻度值应按下式计算，对量限明确的设备，其满刻度值可根据量限确定。

$$Q_{bl}=\sqrt{3}\times U_{1e}\times I_{1e} \qquad (A.0.1\text{-}4)$$

式中　Q_{bl}——无功功率表满刻度值（V·A）；

　　5　有功电能表应按下式换算：

$$W_{P1}=W_{P2}\times(N_u\times N_i) \qquad (A.0.1\text{-}5)$$

式中　W_{P1}——有功电能表一次电能值（kW·h）；
　　　　W_{P2}——有功电能表的读数（kW·h）；
　　　　N_i——电流互感器变比；
　　　　N_u——电压互感器变比。

　　6　无功电能表应按下式换算：

$$W_{Q1}=W_{Q2}\times(N_u\times N_i) \qquad (A.0.1\text{-}6)$$

式中　W_{Q1}——无功电能表一次电能值（kvarh）；
　　　　W_{Q2}——无功电能表的读数（kvarh）。

附录 B 电测量变送器校准值的计算

B.0.1 变送器的校准值可根据二次测量仪表的满刻度值，采用下列公式计算：

1 电流变送器校准值应按下式计算：

$$I_{bx} = I_{bl} / N_i \qquad (B.0.1-1)$$

式中 I_{bx}——电流变送器校准值（A）。

2 电压变送器校准值应按下式计算：

$$U_{bx} = U_{bl} / N_u \qquad (B.0.1-2)$$

式中 U_{bx}——电压变送器校准值（V）。

3 有功功率变送器校准值应按下式计算：

$$P_{bx} = P_{bl} / (N_u \times N_i) \qquad (B.0.1-3)$$

式中 P_{bx}——有功功率变送器校准值（W）。

4 无功功率变送器校准值应按下式计算：

$$Q_{bx} = Q_{bl} / (N_u \times N_i) \qquad (B.0.1-4)$$

式中 Q_{bx}——无功功率变送器校准值（var）。

5 有功电能表应按下式换算：

$$W_{Pl} = A(N_u \times N_i) / C \qquad (B.0.1-5)$$

式中 A——有功电能表的累计脉冲计数值（脉冲）；

C——有功电能表的电能常数（脉冲/kW·h）。

6 无功电能表应按下式换算：

$$W_{Ql} = A(N_u \times N_i) / C \qquad (B.0.1-6)$$

A——无功电能表的累计脉冲计数值（脉冲）；

C——无功电能表的电能常数（脉冲/kvarh）。

附录 C 电测量及电能计量的测量图表

C.0.1 本附录表 C.0.2-1～表 C.0.2-16 所用符号见表 C.0.1。

表 C.0.1 电测量及电能计量的测量图表用符号

参数符号	参数名称	参数符号	参数名称
I_A、I_B、I_C	A,B,C 相电流(线)	I	单相电流(线)
U_{AB}、U_{BC}、U_{CA}	AB,BC,CA 线电压	U_A、U_B、U_C	A,B,C 相电压
U	线电压	U_0	零序电压
P	单向三相有功功率	Q	单向三相无功功率
$\underline{P}$	双向三相有功功率	$\underline{Q}$	双向三相无功功率
P_0	单相有功功率	$\cos\phi$	功率因数
W_1	正向三相有功电能	W_{Q1}	正向三相无功电能
W_2	反向三相有功电能	W_{Q2}	反向三相无功电能
W	三相有功电能	W_{ph}	单相有功电能
f	频率	$\underline{U}$	直流电压
$\underline{I}$	直流电流	$\underline{W}$	直流有功电能
$\underline{P}$	直流有功功率	—	—

注：除本表所列符号外，其他符号将在相应的测量图表中说明。

C.0.2 电测量及电能计量的测量图表见表 C.0.2-1～表 C.0.2-16。

表 C.0.2-1 火力发电厂发电机励磁系统的测量图表

名称		控制室计算机监控系统	励磁屏	热控屏
直流励磁机励磁系统	励磁回路	I_1、U_1	I_1、U_1、U_{bl}	I_1
	调整装置回路	I_{tz}	I_{tz}	
交流励磁机-静止或可控整流器系统	励磁回路	I_1、U_1、I_{z1}、$\underline{U}_{z1}$、U_f	I_1、U_1、I_{z1}、$\underline{U}_{z1}$、U_f	I_1
	调整装置回路	U_{tz}、U_{ts}	U_{tz}、U_{ts}	
电压源或复励可控整流器励磁系统	励磁回路	I_1、U_1	I_1、U_1	I_1
	调整装置回路	λ		
交流励磁机-旋转励磁系统	励磁回路	I_1、U_1、I_{z1}、$\underline{U}_{z1}$、U_f	I_1、U_1、I_{z1}、$\underline{U}_{z1}$、U_f、U_1、U_{bl}、I_{bl}	I_1
	调整装置回路	U_{tz}、U_{ts}	U_{tz}、U_{ts}	
励磁变高压侧		I、P、Q		

注：1 I_1、U_1——发电机转子电流、电压；

$\underline{U}_{bl}$、I_{bl}——备用励磁机侧电压、电流；

I_{z1}、U_{z1}——励磁机励磁电流、电压；

U_f——副励磁机电压；

I_{tz}——励磁调整装置输出电流；

U_{tz}——自动励磁调整装置输出电压；

U_{ts}——手动励磁调整装置输出电压；

λ——功率因数设定值。

2 本表控制系统采用计算机监控系统，热控屏上表计为硬接线后备表计。当采用常规控制屏方式时，参照此表设计，同时应取消热控屏上设备。

3 励磁系统至控制室计算机监控系统的电测量信号为最低要求。

4 当交流励磁机励磁系统没有副励磁机时，取消副励磁机励磁电流、电压，取消励磁机电压。

5 交流励磁机-旋转励磁系统厂家应提供监视旋转二极管故障的转子接地检测装置和间接测量转子电流、电压的装置。

表 C.0.2-2 火力发电厂发电机及发电机-变压器组的测量图表

名称		控制室计算机监控系统	热控屏	电能计量
母线发电机	发电机侧	I_A、I_B、I_C、P、Q、U_{AB}、U_{BC}、U_{CA}、U_0、f、I_2、$\cos\phi$	I_B、U_{CA}	W_1、W_{Q1}
发电机-变压器-线路组	发电机侧	I_A、I_B、I_C、P、Q、U_{AB}、U_{BC}、U_{CA}、U_0、f、I_2、$\cos\phi$	I_B、U_{CA}	W_1、W_{Q1}
	高压侧	U_{AB}、U_{BC}、U_{CA}、U_X、I_A、I_B、I_C、P、Q		W_1、W_{Q1}

续表 C.0.2-2

名　称		控制室计算机监控系统	热控屏	电能计量
发电机-双绕组变压器组	发电机侧	I_A、I_B、I_C、P、Q、U_{AB}、U_{BC}、U_{CA}、U_0、f、I_2、PF	I_B、U_{CA}	W_1、W_{Q1}
	高压侧	I_A、I_B、I_C、P、Q		W_1、W_{Q1}
发电机-三绕组(自耦)变压器组	发电机侧	I_A、I_B、I_C、P、Q、U_{AB}、U_{BC}、U_{CA}、U_0、f、I_2、$\cos\phi$	I_B、U_{CA}	W_1、W_{Q1}
	中压侧	I_A、I_B、I_C、P、Q	—	W_1、W_{Q1}
	高压侧	I_A、I_B、I_C、P、Q	—	W_1、W_{Q1}
	公共绕组	I(自耦变压器)	—	—

注：1 U_{AB}、U_{BC}、U_{CA}——发电机定子电压；

　　　U_X——线路侧电压；

　　　f——发电机频率；

　　　U_0——发电机零序电压（绝缘监测）；

　　　I_2——发电机定子负序电流。

2 本表控制系统采用计算机监控系统，热控屏上为硬接线后备计表。当采用常规控制屏方式时参照此表设计，同时取消热控屏上设备。

3 负序电流的测量应符合本规范第3.2.3条的规定。有功功率和无功功率测量应符合本规范第3.4节的规定。

4 当三绕组变压器作为系统联络时，高、中压侧应测量正反向有功、无功功率，并计量送、受的有功和无功电能。

5 当变压器高、中压侧电压为110kV以下时，所测量的三相电流应改为单相电流。

6 当发变组高压侧/中压侧配置有独立的PT时，应按照本规范第3.3.1和第3.3.3条的要求测量交流电压。

表 C.0.2-3　水力发电厂发电机励磁系统的测量图表

名　称		控制室计算机监控系统	励磁屏
自并励静止整流励磁系统	励磁回路	I_1、U_1	I_1、U_1
	整流回路	—	I_{gz}、I_g、U_g
励磁变高压侧		I、P、Q	

注：1 I_1、U_1——发电机转子电流、电压；

　　　I_g、U_g——功率整流柜交流输入电流、电压；

　　　I_{gz}——功率整流柜直流输出电流。

2 本表仅列出水力发电厂目前广泛采用的自并励磁系统，其他励磁方式可按本附录表C.0.2-1执行。

3 本表适用于采用计算机监控系统的控制方式，当采用常规控制屏方式时，控制台上可选测发电机转子电压。

4 励磁系统至控制室计算机监控系统的电测量信号为最低要求。

表 C.0.2-4　水力发电厂发电机及发电机-变压器组的测量图表

名　称		控制室计算机监控系统	机旁屏	电能计量
母线发电机	发电机侧	I_A、I_B、I_C、P、Q、U_{AB}、U_{BC}、U_{CA}、U_0、f、$\cos\phi$	P、f	W_1、W_{Q1}
扩大单元机组	发电机侧	I_A、I_B、I_C、P、Q、U_{AB}、U_{BC}、U_{CA}、U_0、f、$\cos\phi$	P、f	W_1、W_{Q1}
发电机-变压器-线路组	发电机侧	I_A、I_B、I_C、P、Q、U_{AB}、U_{BC}、U_{CA}、U_0、f、$\cos\phi$	P、f	W_1、W_{Q1}
	高压侧	U_{AB}、U_{BC}、U_{CA}、U_X、I_A、I_B、I_C、P、Q	—	W_1、W_{Q1}
发电机-双绕组变压器组	发电机侧	I_A、I_B、I_C、P、Q、U_{AB}、U_{BC}、U_{CA}、U_0、f、$\cos\phi$	P、f	W_1、W_{Q1}
	高压侧	I_A、I_B、I_C、P、Q	—	W_1、W_{Q1}
发电机-三绕组自耦变压器组	发电机侧	I_A、I_B、I_C、P、Q、U_{AB}、U_{BC}、U_{CA}、U_0、f、$\cos\phi$	P、f	W_1、W_{Q1}
	中压侧	I_A、I_B、I_C、P、Q	—	W_1、W_{Q1}
	高压侧	I_A、I_B、I_C、P、Q	—	W_1、W_{Q1}
	公共绕组	I(自耦变压器)	—	—

注：1 U_{AB}、U_{BC}、U_{CA}——发电机定子电压；

　　　U_X——线路侧电压；

　　　f——发电机频率；

　　　U_0——发电机零序电压（绝缘监测）。

2 抽水蓄能机组和水轮发电作调相运行时，应测量正反向有功、无功功率和计量送、受的有功、无功电能。发电机的有功和无功电能表可装在机旁屏或中央控制室。

3 当三绕组(自耦变压器)作为系统联络时，高、中压侧应测量正反向有功、无功功率和计量送、受的有功、无功电能。

4 在机旁屏上可增设发电机定子电流表三个，或在中央控制室选测三相电流。

5 本表控制系统为计算机监控系统，当采用常规控制屏方式时，控制台上的变压器高、中压交流电流和定子电压表可作为选测量。

6 当变压器高、中压侧电压为110kV以下时，所测量的三相电流应改为单相电流。

7 当发变组高压侧/中压侧配置有独立的PT时，应按照本规范第3.3.1和3.3.3条的要求测量交流电压。

表 C.0.2-5　发电厂双绕组及三绕组变压器组的测量图表

名　称		计算机监控系统	电能计量
双绕组变压器	高压侧	I_A、I_B、I_C、P、Q	W_1、W_{Q1}
	低压侧	—	—

续表 C.0.2-5

名　　称		计算机监控系统	电能计量
三绕组(自耦) 变压器	高压侧	I_A、I_B、I_C、P、Q	W_1、W_{Q1}
	中压侧	I_A、I_B、I_C、P、Q	W_1、W_{Q1}
	低压侧	I_A、I_B、I_C、P、Q	W_1、W_{Q1}
	公共绕组	I(自耦变压器)	—
三绕组(自耦) 联络变压器	高压侧	I_A、I_B、I_C、$\underline{P}$、$\underline{Q}$	W_1、W_{Q1}、W_2、W_{Q2}
	中压侧	I_A、I_B、I_C、$\underline{P}$、$\underline{Q}$	W_1、W_{Q1}、W_2、W_{Q2}
	低压侧	I_A、I_B、I_C、P、Q	W_1、W_{Q1}
	公共绕组	I(自耦变压器)	—

注：1　如有困难或需要时，双绕组变压器可在低压侧测量。

2　变压器高、中、低压侧如有送、受电运行时，应测量正反向有功功率和计量送、受的有功电能。如进相、滞相运行时，应测量正反向无功功率和计量进相、滞相的无功电能。

3　当变压器高、中、低压侧电压为 110kV 以下时，所测量的三相电流应改为单相电流。

4　本表控制系统采用计算机监控系统，当采用常规控制屏方式时参照此表设计。

5　当变压器各侧配置有独立的 PT 时，应按本规范第 3.3.1 和 3.3.3 条的要求测量交流电压。

表 C.0.2-6　变电所双绕组及三绕组变压器组的测量图表

名　　称		计算机监控系统	电能计量
双绕组降 压变压器	高压侧	I_A、I_B、I_C、P、Q	W_1、W_{Q1}
	低压侧	—	—
三绕组(自耦) 变压器	高压侧	I_A、I_B、I_C、P、Q	W_1、W_{Q1}
	中压侧	I_A、I_B、I_C、P、Q	W_1、W_{Q1}
	低压侧	I、P、Q	W_1、W_{Q1}
		I_A、I_B、I_C、P、Q	W_1、W_{Q1}、W_{Q2}
	公共绕组	I(自耦变压器)	—
三绕组(自耦) 联络变压器	高压侧	I_A、I_B、I_C、$\underline{P}$、$\underline{Q}$	W_1、W_{Q1}、W_2、W_{Q2}
	中压侧	I_A、I_B、I_C、$\underline{P}$、$\underline{Q}$	W_1、W_{Q1}、W_2、W_{Q2}
	低压侧	I、P、Q	W_1、W_{Q1}
		I_A、I_B、I_C、P、Q	W_1、W_{Q1}、W_{Q2}
	公共绕组	I(自耦变压器)	—

注：1　双卷变压器一般在电源侧测量，如电源侧测量有困难或需要时，可在另一侧测量。对于联络变压器，可在两侧均进行测量；对于终端变电所的降压变压器、升压变压器、配电变压器，可根据需要在低压侧测量。

2　三绕组(自耦)变压器低压侧测量有两种情况：前者没有并联电容器及电抗器，后者装有并联电容器及电抗器。后者应测量三相电流及正反向无功功率，以及计量进相、滞相的无功电能。

3　当变压器高、中、低压侧电压为 110kV 及以上时，所测量的三相电流应改为单相电流。

4　当变压器各侧配置有独立的 PT 时，应按照本规范第 3.3.1 和 3.3.3 条的要求测量交流电压。

表 C.0.2-7　送电线路测量图表

名　　称		计算机监控系统	电能计量
1200V 以下	供电、配电总干线路	I	
1200V	供电、配电线路	I	
3~66kV	用户线路	I、P、$\underline{Q}$	W_1、W_{Q1}、W_{Q2}
	单侧电源线路	I、P、Q	W_1、W_{Q1}
	双侧电源线路	I、$\underline{P}$、Q、U_X	W_1、W_{Q1}、W_2、W_{Q2}
110~220kV	用户线路	I_A、I_B、I_C、P、$\underline{Q}$	W_1、W_{Q1}、W_{Q2}
	单侧电源线路	I_A、I_B、I_C、P、Q	W_1、W_{Q1}
	双侧电源线路	I_A、I_B、I_C、$\underline{P}$、Q、U_X	W_1、W_{Q1}、W_2、W_{Q2}
330~750kV	单侧电源线路	I_A、I_B、I_C、P、Q	W_1、W_{Q1}
	双侧电源线路	I_A、I_B、I_C、$\underline{P}$、Q、U_{AB}、U_{BC}、U_{CA}	W_1、W_{Q1}、W_2、W_{Q2}

注：1　本表控制系统采用计算机监控系统，当采用常规控制屏方式时宜参照此表设计。

2　对于 10kV 及以下配电装置，如未单独设置控制系统，测量装置宜安装在配电装置内。

表 C.0.2-8　发电厂、变(配)电所母线设备的测量图表

名　　称		计算机监控系统
3~66kV	旁路断路器	与所带线路配置相同
	母联/分段断路器	I
	内桥断路器	I
	外桥断路器	I、$\underline{P}$
	母线电压互感器	U、(f)
	母线绝缘监测	U_A、U_B、U_C
	消弧线圈	I
110kV 及以上	旁路断路器	与所带线路配置相同
	母联/分段断路器	I_A、I_B、I_C
	内桥断路器	I_A、I_B、I_C
	外桥断路器	I_A、I_B、I_C、$\underline{P}$、$\underline{Q}$
	3/2接线、4/3接线、角形接线断路器	I
	母线电压互感器(三相)	U_{AB}、U_{BC}、U_{CA}、(f)
	母线电压互感器(单相)	U、(f)

注：1　10~66kV、110~220kV 以及 330kV 及以上母线频率测量应符合本规范第 3.5.2 条的规定。

2　本表控制系统采用计算机监控系统，当采用常规控制屏方式时宜参照此表设计。

表 C. 0. 2-9　变电所无功补偿装置的测量图表

名　称		计算机监控系统	电能计量
10~66kV 低压并联电容器和并联电抗器	总回路	I_A、I_B、I_C、$\underline{Q}$	W_{Q1}、W_{Q2}
	各分组回路	I、Q	W_{Q1}
330~750kV 并联电抗器及其中性点小电抗	并联电抗器	I_A、I_B、I_C、Q	—
	中性点小电抗	I_0	—
0.8~35kV 静态补偿装置	总回路	I_A、I_B、I_C、$\underline{Q}$	W_{Q1}、W_{Q2}
	变压器高压侧	I、U	—
	变压器低压侧	U	—
	并联电容器	I	—
	并联电抗器	I	—

注：1　当无功补偿装置装有并联电容器和电抗器时，总回路应测量双方向无功功率和分别计量进相、滞相的无功电能。

2　本表控制系统采用计算机监控系统，当采用常规控制屏方式时宜参照此表设计。

表 C. 0. 2-10　直流换流站直流部分的测量图表

名　称		计算机监控系统		电能计量
		本端	对端	
直流配电装置	极 1/极 2	I、U、P、I_X、U_X	$\underline{U}$、P	—
	双极	$\underline{P}$	$\underline{P}$	—
	中性母线（极 1/极 2）	$\underline{U}$	—	—
	地接线	I、I_X	—	—
	站内临时接地线	I	—	—
	直流滤波器	I_X	—	—
换流阀	整流	α	γ	—
	逆变	γ	α	—
换流变压器	阀侧	I、U	—	—
	交流侧	I_A、I_B、I_C、U_A、U_B、U_C、P、Q、f、I_X、U_X	—	W_1、W_{Q1}、W_2、W_{Q2}
交流滤波器	各大组	I_A、I_B、I_C、U_A、U_B、U_C、Q	—	—
	各分组	I_A、I_B、I_C、Q、I_X	Q	W_{Q1}
与站外交流系统交换的总无功功率		Q	—	—

注：1　I、U、P——直流电流、电压、有功功率；
　　I_X、U_X——直流侧谐波电流、电压；
　　I_X、U_X——交流侧谐波电流、电压；
　　W_1、W_{Q1}——正向有功电能、无功电能；
　　W_2、W_{Q2}——反向有功电能、无功电能；
　　$\underline{P}$、$\underline{Q}$——双向三相有功功率、双向三相无功功率；
　　α——整流侧换流阀触发角；
　　γ——逆变侧换流阀熄弧角。

2　地极线作为阳极运行时，测量其安培小时（A·h）数。

3　直流换流站采用计算机监控，其成套供货的控制装置所配置的仪表由厂家确定。

4　本表按双极并能双向送电的高压直流系统表示。当用于为单极或单向送电直流系统时，测点可相应简化。

5　本表中记录的参数和谐波参数的测量，可根据工程需要选择。

表 C. 0. 2-11　火力发电厂厂用高、低压电源的测量图表

名　称			计算机监控系统		配电装置	
			电源侧	用电侧	电源侧	用电侧
厂用高压电源	单分支工作电源		I、P、W	—	—	—
	双分支工作电源	Ⅰ段	I、P、W	I	—	—
		Ⅱ段		I	—	—
	多分支备用电源	1 分支	I、P、W	I	—	—
		n 分支		I	—	—
	母线 PT		U		U	
	车间高压电源		I、P、W	—	—	—
厂用低压电源	单分支工作电源		I、P、W	—	—	—
	双分支工作电源	Ⅰ段	I、P、W	I	—	—
		Ⅱ段		I	—	—
	多分支备用电源	1 分支	I、P、W	I	—	—
		n 分支		I	—	—
	母线分段断路器		I		—	
	柴油发电机电源回路		I		—	
	母线 PT		U		U	
	PC 至 MCC 电源线		I	—	—	—

注：1　对车间高压电源及 PC 至 MCC 电源线，应按照本规范第 3.2.2 条第 4、5 款和第 4.1.8 条确定是否测量三相电流和采用三相四线电能表。

2　本表车间高压电源的控制地点在计算机监控系统，如车间高压电源的控制地点在就地开关柜，则测量仪表布置在开关柜上。

3　厂用低压电源的有功功率及有功电量可在配电装置处进行测量。

4　表中厂用高压电源高压侧电压为 110kV 及以上时，应测三相电流；如其高压侧和低压侧配置有独立的 PT 时，应按本规范第 3.3.1 和第 3.3.3 条的要求测量交流电压。

表 C. 0. 2-12　水力发电厂厂用高、低压电源的测量图表

名　称			计算机监控系统		配电装置	
			电源侧	用电侧	电源侧	用电侧
厂用高压电源	单分支工作电源		I、P、W	—	—	—
	双分支工作电源	Ⅰ段	I、P、W	I	—	—
		Ⅱ段		I	—	—
	厂用工作母线 TV		U		U	
	厂区供电线路		I、P、W	—	I、W	I、U

名称		计算机监控系统		配电装置	
		电源侧	用电侧	电源侧	用电侧
厂用低压电源	单分支工作电源	—	—	I、W	—
	双分支工作电源 Ⅰ段	—	—	I、W	I
	双分支工作电源 Ⅱ段	—	—		I
	母线分段断路器	I		I	
	厂用工作母线 TV	U		U	
	动力照明检修变压器	—	—	I、W	I_A、I_B、I_C

注：1 厂用高压、低压电源的电能表一般装在电源侧，如计量困难或需要时可装在用电侧。

2 对动力照明变压器或厂区供电线路，应按本规范第 3.2.2 条第 4、5 款和第 4.1.8 条确定是否测量三相电流和采用三相四线电度表。

3 表中厂用高压电源高压侧电压为 110kV 及以上时，应测三相电流；如其高压侧和低压侧配置有独立的 PT 时，应按本规范第 3.3.1 和第 3.3.3 的要求测量交流电压。

表 C.0.2-13　发电厂厂用高、低压电动机的测量图表

名称		计算机监控系统	开关柜/配电屏动力箱/控制箱
火力发电厂	高压电动机	I	W
	低压电动机(55kW及以上) Ⅰ类	I	—
	Ⅱ类	I（注2）	
	Ⅲ类	I（注2）	
	低压电动机(55kW及以下) 保安	I	—
水力发电厂	高压电动机		I、W
	低压电动机(55kW及以上)		I

注：1 火力发电厂 380V 电动机分类应符合国家现行标准《火力发电厂厂用电设计技术规定》DL/T 5153 的规定。

2 Ⅱ类及Ⅲ类低压电动机（55kW 及以上）的电流测量地点与电动机的控制地点相同。

3 本表控制方式为计算机监控，当采用常规控制方式时宜参照此表设计。

表 C.0.2-14　变电所所用电源及电动机的测量图表

名称		计算机监控系统		配电装置	
		电源侧	用电侧	电源侧	用电侧
所用低压电源	单分支工作电源	I_A、I_B、I_C、W			
	双分支备用电源 Ⅰ段	I_A、I_B、		I	
	双分支备用电源 Ⅱ段	I_C、W		I	
	母线分段			I	
	所用工作母线 TV	U		U	
	低压电动机(55kW及以上)	I		—	

注：1 所用备用电源的电能表一般装在电源侧，如计量困难或需要可装在用电侧。

2 本表控制方式为计算机监控，当采用常规控制方式时宜参照此表设计。

表 C.0.2-15　发电厂、变电所直流电源及电动机的测量图表

名称		直流屏/控制屏	直流分屏	备注
直流系统	蓄电池进线	I、U	—	正、反向电流
	充电进线	I、U		
	浮充电进线	I、U		
	直流母线	U	U	
	绝缘监视	R		按 3.3.8 条规定
直流电动机			I	

注：　I、U——直流电流、电压；

R——绝缘电阻值；

I_{b1}、U_{b1}——备用直流励磁机直流电流、电压。

表 C.0.2-16　发电厂、变电所公用部分的测量图表

安装地点		300MW以下发电厂	300MW及以上发电厂	调频或调峰发电厂
火力发电厂	单元控制系统	f	f	
	网络控制系统（主控制系统）	f	f、ΣP、$\Sigma P\%$	f、ΣP、$\Sigma P\%$
	水力发电厂中央控制系统	f、ΣP	ΣP	
	系统枢纽变电所主控制室	f		

注：1 ΣP——全厂总和有功功率；

$\Sigma P\%$——全厂厂用电率；

f——系统频率。

2 热工控制屏的仪表仅用于主控制室控制方式。

本规范用词说明

1 为便于在执行本规范条文时区别对待，对要求严格程度不同的用词说明如下：

1）表示很严格，非这样做不可的用词：

正面词采用"必须"，反面词采用"严禁"。

2）表示严格，在正常情况下均应这样做的用词：

正面词采用"应"，反面词采用"不应"或"不得"。

3）表示允许稍有选择，在条件许可时首先应这样做的用词：

正面词采用"宜"，反面词采用"不宜"；

表示有选择，在一定条件下可以这样做的用词，采用"可"。

2 本规范中指明应按其他有关标准、规范执行的写法为"应符合……的规定"或"应按……执行"。

中华人民共和国国家标准

电力装置的电测量仪表装置设计规范

GB/T 50063—2008

条 文 说 明

目　次

1 总　则

1.0.1　本条系原国标 1.0.1 条的修改条文，说明本规范制定的目的。

1.0.2　本条说明本规范的适用范围，参见原国标条文 1.0.2 条和原行标（《电测量及电能计量装置设计规程》DL/T 5137—2001）第 1 章。与原国标和行标相比，主要修改内容和需要说明的部分如下：

1) 火力发电厂发电机单机容量改为 25MW 及以上。除部分自备电厂或供热电厂有 25MW 的机组外，目前国家已不提倡建设小机组火电项目，已有的项目也在逐步撤除；水电厂单机容量改为 200kW 及以上，以适应于目前的工程实际情况；增加了核电站的常规部分。

2) 变（配）电所的电压等级改为"10kV 及以上"，增加了对直流换流站要求。

3) 本规范规定了发电厂、变（配）电所电测量及电能计量装置设计的基本原则、内容和要求。但不包括电气实验室的试验仪表装置。

4) 本规范仅规定计算机监控系统电测量及电能计量数据的采集范围，以及采用计算机监控时常用电测量仪表的配置。

5) 对于发电厂、变（配）电所的计算机监控系统、远动遥测及电量计费系统、电压质量监测装置等，除应执行本规范的规定外，还应执行相关的规程和规定。

6) 本规范范围之外的其他电气设备的电测量及电能计量可根据具体情况参照本规范执行。

1.0.3　本条系原国标 1.0.3 条的修改条文。

2 术语、符号

原国际无此章内容。

2.1 术　语

2.1.1　系原行标 4.2.1 条的修改条文。本次修订对电测量和电能计量分别进行了定义。

2.1.2　本条系新增。

2.1.3　系原行标 4.2.2 条的修改条文。为了区别其他仪表，本次修订将原行标的"常用测量仪表"改为"常用电测量仪表"，同时相应的英文名称由"general measuring meter"改为"general electrical measuring meter"。

2.1.4、2.1.5　系原行标 4.2.3、4.2.4 条的保留条文。

2.1.6　系原行标 4.2.5 条的修改条文。本条将原行标中电能表的英文名称由"watthour meter"修正为"energy meter"。

2.1.7　系原行标 4.2.6 条的修改条文。本条将原行标中脉冲式电能表的英文名称由"impulse watthour meter"修正为"impulse energy meter"。

2.1.8　系原行标 4.2.7 条的修改条文。原行标的定义为"由测量单元和数据处理单元等组成，除计量有功（无功）电能外，还具有分时、分方向需量等两种以上功能，并能显示、储存和输出数据的电能表"。原行标中多功能电能表的英文名称由"multifunction watthour meter"修正为"multifunction energy meter"。

2.1.9　系原行标 4.2.8 条的保留条文。

2.1.10　系原行标 4.2.9 条的修改条文。电能关口计量点原定义为"指发电企业、电网经营企业以及用电企业之间进行电能结算的计量点"。

2.1.11～2.1.15　系原行标 4.2.10～4.2.14 条的保留条文。

2.1.16　本条系新增。术语"关口电能计量装置"在实际工程中应用较多，有必要进行定义。

2.1.17　本条系新增。术语"关口电能表"在实际工程中应用较多，有必要进行定义。

2.2 符　号

系原行标的修改章节。取消了原文中的序号、单位名称、单位符号，符号按照字母顺序编排。

3 电测量装置

本章在原国标第二章"常用测量仪表"、原行标第 5 章"常用测量仪表"的基础上修订。由于原国标在条文顺序和内容上的编排均不如原行标，故本次修订主要参照原行标进行，在修订过程中注意吸纳了原国标的内容。

本章名称原为"常用测量仪表"，该名称定义范围太窄，本次修订改为"电测量装置"。

3.1 一般规定

3.1.1　系原行标 5.1.1 条的修改条文。参见原国标 2.1.2 条。

3.1.2　原国标无此内容，系原行标 5.1.2 条的修改条文。条文中常用电测量仪表指装设在屏、台、柜上的电测量表计，包括指针式仪表、数字式仪表、记录型仪表及仪表的附件和配件等。

3.1.3　原国标无此内容，系原行标 5.1.3 条的修改条文。

需要注意的是为了防止电力回路开路，工程中对测量仪表的电流回路一般不宜采用直接仪表测量方式。

直接仪表测量方式指直接接入一次电力回路的测量方式，直接仪表的参数应与电力回路的电流、电压的参数相配合；一次仪表测量方式指经电流、电压互感器的仪表测量方式。一次仪表的参数应与测量回路的电流、电压互感器的参数相配合；二次仪表测量方式指经变送器或中间互感器的仪表测量方式。二次仪表的参数应与变送器或中间互感器的参数和校准值相匹配。

3.1.4 系原行标 5.1.4 条的修改条文。参见原国标 2.1.3 条。本次修订新增了对"计算机监控系统的测量部分（交流采样）"的准确度最低要求，即"误差不大于 0.5%，其中电网频率测量误差不大于 0.01Hz"；对"指针式交流仪表"、"指针式直流仪表"、"数字式仪表"、"记录型仪表"则归类到"常用电测量仪表、综合装置中的测量部分"。

3.1.5 系原行标 5.1.5 条的修改条文。参见原国标 2.1.4～2.1.6 条。本次修订取消了原行标中表 5.1.5 的备注，同时在本条开头部分增加了下述内容："交流回路指示仪表综合准确度不应低于 2.5 级，直流回路指示仪表的综合准确度不应低于 1.5 级，接于电测量变送器二次侧仪表的准确度不应低于 1.0 级"。

3.1.6 系原行标 5.1.6 条的保留条文。参见原国标 2.1.7 条。

3.1.7 系原行标 5.1.7 条的修改条文。参见原国标 2.1.8 条。选测参数的种类及数量，可根据生产工艺和运行监测的需要确定。选测回路可采用变送器、切换装置和公用二次仪表组成的选测接线。

3.1.8 原国标无此内容，系原行标 5.1.8 条的修改条文。

3.1.9 原国标无此内容，系原行标 5.1.9 条的修改条文。

3.1.10 系原行标 5.1.10 条的修改条文。参见原国标 2.1.7 条。

3.1.11 原国标无此内容，系原行标 5.1.11 条的修改条文。原行标条文为"当发电厂和变电所装设有远动遥测、计算机监控（测）系统时，二次测量仪表、计算机、远动遥测系统三者宜共用一套变送器"。

3.1.12 本条系新增。

3.1.13 本条系新增。本条参照《330～500kV 变电所无功补偿装置设计技术规定》DL 5014—92 中 6.4.2 条编写。

3.1.14 本条系新增。测量装置会越来越多地以"计算机监控系统中的测量部分"和"综合装置中的测量部分"的形式出现，当其测量精度满足要求，应能取代相应的常用电测量仪表。

3.1.15 本条系新增。原行标未对直接仪表测量方式中配置的仪表提出要求，本次修订进行了补充。

3.2 电流测量

3.2.1 系原行标 5.2.1 条的修改条文。参见原国标 2.2.1 条。

第 3 款：在原行标基础上增加了"发电机励磁变压器的高压侧"。

第 5 款：原行标条文为"10kV 及以上的输配电线路和用电线路，以及 6kV 及以下供电、配电和用电网络的总干线路"，本次修订为"1200V 及以上的线路，1200V 以下的供电、配电和用电网络的总干线路"。

第 6 款：在原行标基础上，本次修订将电压等级改为"220kV 及以上"，同时增加了对 4/3 接线和角型接线的要求。

第 8 款：在原行标基础上，本次修订将电压等级改为"330kV 及以上"，同时增加了对中性点小电抗的要求。

第 10 款：由于 55kW 以下易过负荷电动机不易分辨，且并非全部需要进行电流测量，故在原行标基础上，本次修订取消了对此类电动机的测量要求，同时增加了对 55kW 以下保安用电动机的测量要求。

3.2.2 系原行标 5.2.2 条的修改条文。参见原国标 2.2.3 条。

第 1 款：由原行标中的"汽轮发电机的定子回路"修改为"同步发电机和发电/电动机的定子回路"。

第 2 款：在原行标基础上，电压等级改为"110kV 及以上"。

第 3 款：在原行标基础上，电压等级改为"330kV 及以上"。

第 5 款：参照原国标 2.2.3 条第四项和第五项编写。

3.2.3 系原行标 5.2.3 条的修改条文。参见原国标 2.2.2 条。原行标中"对负序电流的测量，可采用指针式或数字式负序电流表，或者负序电流记录表。仪表测量的准确度应不低于 2.5 级"的内容，本次修订为"负序电流测量仪表的准确度不应低于 1.0 级"。

第 1 款：为使标准明确，发电机承受负序电流的能力由原行标规定的"$A<10$ 或 $I_2<0.1I_e$"，修订为"A 值小于 10"。

第 2 款：原行标条文为"向显著不平衡负荷（如电气机车和冶炼电炉等，负荷不平衡率超过 $0.1I_e$ 者）供电的发电机"，本次修订简化为"负荷不平衡率超过额定电流 10% 的发电机"。

第 3 款：由原行标条文"3kV"改为"1200V"；

3.2.4 系原行标 5.2.4 条的修改条文。参见原国标 2.2.4 条。

第 2 款：原行标条文为"直流发电机和直流电动机"，本次修订为"直流发电机及其励磁回路，直流电动机及其励磁回路"。

3.2.5 本条系新增。谐波电流的测量要求参见本规范 3.8 节。

3.3 电压测量和绝缘监测

3.3.1 系原行标 5.3.1 条的修改条文。参见原国标 2.3.1 条。

第 3 款：由原行标"330kV～500kV 系统联络线路（线路侧）"改为"电力系统联络线（线路侧）"。

第 4 款：原行标"根据生产工艺的要求，需要监视交流电压的其他回路"随意性比较大，难于掌握，故本次修订予以取消。本款新增内容为"配置电压互感器的其他回路"。

3.3.2 本条系新增。

3.3.3 原国标无此内容，系原行标 5.3.3 条的修改条文。原行标条文为"中性点有效接地系统的发电厂和变电所的主母线，应测量母线的三个线电压，也可用一只电压表和切换开关选测母线的三个线电压。对于一个半断路器接线的主母线和 6kV 以下的配电母线，可只测量一个线电压"。

3.3.4 系原行标 5.3.2 条的保留条文。参见原国标 2.3.3 条。

3.3.5 原国标无此内容，系原行标 5.3.4 条的修改条文。原行标条文为"中性点非有效接地系统的发电厂和变电所的主母线，宜测量母线的一个线电压和监测绝缘的三个相电压，或者使用一只电压表和切换开关选测母线的一个线电压和三个相电压"。

3.3.6 原国标无此内容，系原行标 5.3.5 条的修改条文。原行标条文为"发电机定子回路的绝缘监测装置，可用一只电压表和按钮测量发电机电压互感器辅助二次绕组的零序电压，或者用一只电压表和切换开关选测发电机的三个相电压来监视发电机的绝缘状况"。

3.3.7 系原行标 5.3.6 条的修改条文。参见原国标 2.3.2 条。

3.3.8 系原行标 5.3.7 条的保留条文。参见原国标 2.3.4 条。

3.3.9 原国标无此内容，系原行标 5.3.8 条的修改条文。原行标条文为"直流系统应装设专用的并能直接测量绝缘电阻值的绝缘监测装置或微机型直流绝缘检测装置，也可装设简易的绝缘监测装置。直流系统绝缘监测装置的测量准确度不应低于 1.5 级"。

3.4 功率测量

3.4.1 系原行标 5.4.1 条的修改条文。参见原国标 2.4.1 条。

第 2 款：双绕组变压器一般在电源侧测量，如有需要或困难时可装在另一侧；三绕组变压器（自耦变压器）不升压、降压变压器或联络变压器，均要求三侧测量。

第 3 款：对于厂（所）用双绕组变压器，一般应在高压侧测量。如有困难或需要时，可在低压侧测量。

第 4 款：将原行标中的"35kV"修订为"3kV"；

第 6 款：新增。

3.4.2 原国标无此内容，系原行标 5.4.2 条的修改条文。原条文为"主控制室控制的汽轮发电机的机旁控制屏和水轮发电机的机旁控制屏，应装设发电机有功功率表"。

3.4.3 原国标无此内容，系原行标 5.4.3 条的保留条文。

3.4.4 系原行标 5.4.5 条的修改条文。参见原国标 2.4.2 条。

第 2 款：双绕组变压器一般在电源侧测量，如有需要或困难时可装在另一侧。

第 3 款：将原行标中的"66kV"修订为"3kV"。

第 4 款：将原行标中的"66kV"修订为"35kV"。

第 5 款：将原行标中的"330kV～500kV"修订为"330kV 及以上"。

第 6 款：新增。

第 7 款：新增。

3.4.5 原国标无此内容，系原行标 5.4.6 条的修改条文。

3.4.6 本条系新增。

3.5 频 率 测 量

3.5.1 原国标无此内容，系原行标 5.5.1 条的修改条文。原行标条文为"频率测量宜采用数字式频率表，测量范围为 45Hz～55Hz，准确度等级不应低于 0.2 级"。

3.5.2 系原行标 5.5.2 条的修改条文。参见原国标 2.5.1 条。

第 2 款：原行标条文为"发电机电压的各段母线"，本次修订为"发电机"。

第 3 款：原行标条文为"有可能解列运行的各段母线"，本次修订为"电网有可能解列运行的各段母线"。

3.5.3 原国标无此内容，系原行标 5.5.3 条的修改条文。原条文为"汽轮发电机的机旁控制屏和水轮发电机的机旁控制屏上，应测量发电机的频率"。

3.6 发电厂（变电所）公用电气测量

原国标无此内容，本次修订取消了原行标 5.6 节"同步并列测量"（原国标 2.6 节），将原行标 5.7 节的内容提前至本节。

3.6.1 系原行标第 5.7.1 条的修改条文。本次修订将总装机容量由"200MW"修改为"300MW"。

3.6.2 系原行标第 5.7.2 条的修改条文。本次修订将总装机容量由"200MW"修改为"300MW"。

3.6.3 系原行标第 5.7.3 条的保留条文。

3.6.4 系原行标第 5.7.4 条的修改条文。原行标条文为"为了方便准确监视运行参数的变化,全厂(所)公用电气测量仪表宜采用数字式仪表"。

3.7 静止补偿及串联补偿装置的测量

原国标无此内容,本节参照原行标修订。

3.7.1 系原行标 5.8 节的修改条文。说明如下:

1 本条适用于 10～35kV 静态补偿装置。

2 静态补偿装置的监测地点包括静补装置就地小室和变电站主控制室

3 原行标 5.8 节静止补偿装置的测量主要针对 20 世纪 90 年代我国在 500kV 输电系统上从欧洲大型电气制造公司引进的大容量静止补偿装置(SVC),均为基于分离器件的模拟控制测量技术。但目前国内由电科院成套提供的已投运或将投运的 10～35kV 静止补偿装置,均已采用计算机监控方式,其监测地点包括静补站就地小室和变电站主控制室,不设置常规测量表计。因此本次修订不再按就地和主控制室分别规定静止补偿装置的测量参数,而是统一为一个要求。

4 根据国内目前已投运的静止补偿装置的接线,归纳综合了原行标 5.8.1、5.8.2 条的测量参数,主要修订如下:

(1)增加了第 5 款:晶闸管控制电抗器(TCR)、晶闸管投切电容器(TSC)分组回路;第 6 款:谐波滤波器组分组回路的测量要求。

(2)本次修订将原行标 5.8.1 的第 1 款:一个参考线电压;第 2 款:主变压器中压侧的一个线电压合并修订为本条文第 1 款:一个系统参考线电压。

(3)由于目前的晶闸管已能承受较高的工作电压,静止补偿装置可不必再配置静补中间变压器降压为晶闸管提供工作电压用,但考虑到原进口的静止补偿装置的现状,本条文仍保留了静止补偿装置用中间变压器的测量要求。

(4)考虑目前静止补偿装置一般采用计算机监控方式,无功功率是通过计算机计算得到,不会增加测点,因此各电容器、电抗器分组回路增加了无功功率测量参数。

3.7.2、3.7.3 系新增条文。说明如下:

1 这两条适用于安装在 220kV 及以上交流线路上的串联补偿装置。主要阐明串补装置电气测量的内容及要求,其相应 220kV 及以上交流线路的电气测量见本规范的相关章节。

2 串联补偿装置包括固定串补和可控串补,其电气测量宜分别采集。

3 串联补偿装置的监测地点包括串补站就地小室和变电站(或串补站)主控制室。

4 串联补偿装置的电气测量一般按相分别采集。

5 目前国内已投运的安装在 220～750kV 交流线路上的串补装置,主要有 SIEMENS、ABB、GE、NOKIAN 及电科院等公司的产品,一般采用计算机监控方式,其监测地点包括串补站就地小室和变电站(或串补站)主控制室,不设置常规测量表计,因此条文中将需装设测量仪表进行监测的点用测量参数替代。

6 本规范固定串联补偿装置按金属氧化物避雷器(MOV)和火花放电间隙进行保护考虑,可控串联补偿装置按金属氧化物避雷器(MOV)和晶闸管阀进行保护考虑。其他保护方案参照执行。

7 电流、电压参数一般是通过电流、电压测量装置直接采集,而无功功率、MOV 温度、触发角和串补度等参数,一般是通过计算机计算得到。

8 第 3.7.2 条主要说明如下:

第 2 款:电容器电流亦可用电容器电压替代,但需将电容器回路电流互感器 CT 替换为分压器 VD。由于固定串补(FSC)一般容量较大,电容器组两端额定电压相对较高,按全额定电压选择分压器 VD 其费用较高,按部分额定电压选择分压器 VD 再换算为全压,其测量精度难于保证。因此对于固定串补(FSC),一般推荐测量电容器电流。

有些公司或工程的监测参数中还包括串补线路电压、电容器不平衡率、金属氧化物避雷器(MOV)能量、放电间隙电流、平台故障电流等,设计时可根据具体工程取舍。

9 第 3.7.3 条主要说明如下:

第 2 款:可控串补(TCSC)除测量线路电流外,增加了测量线路电压,主要用于可控串补的闭环控制。

第 3 款:对于可控串补(TCSC),一般推荐测量电容器电压,其电容器电流可通过电压、阻抗计算得到。原因之一为对于可控串补(TCSC),由于其容量一般较小,电容器组两端额定电压相对较低,可采用分压器按全额定电压测量电容器电压。另一原因是由于可控串补(TCSC)存在使其运行不稳定的直流分量,因此 TCSC 的闭环控制系统需要测量直流分量,使其控制在允许范围内,而电容器电流中不含直流分量或直流分量会使电流互感器饱和,因而采用含滤波器回路的分压器 VD 得到直流分量。

有些公司或工程的监测参数中还包括串补线路频率(有阻尼低频振荡功能时需要)、金属氧化物避雷器(MOV)能量、平台故障电流等,设计时可根据具体工程取舍。

3.8 公用电网谐波的监测

参见原国标 2.7 节。原国标内容太简单,本次修订在原行标基础上进行了较大的补充。

3.8.1 本条系新增。谐波源用户负荷的变化并不一定有规律性,而且电力系统运行方式的变化也会影响电网内谐波电压和谐波电流的分配，因此有必要进行长期的连续监测。当新用户接入、用户协议容量发生变化或用户采取谐波治理措施时，可以考虑进行谐波的专项监测，用以确定电网谐波的背景状况和谐波注入的实际量，或验证技术措施效果。

连续监测：在谐波监测点设置固定装置对电网谐波电压、电流进行监测；

专项监测：用于各种非线性用电设备接入电网（或容量变化）前后的监测。

3.8.2 本条系在原国标 2.7.1 条的基础上修订。谐波监测点是为了保证发、供、用电设备安全经济运行而需要经常监测电网谐波电压和电流的测量点。谐波监测点覆盖全部电压等级，并在有条件时联网，将有助于进一步展开对谐波问题的分析和治理。有条件时亦可纳入电能质量综合监测网。

3.8.3 原国标无此内容，系原行标 5.9.1 条的修改条文。特殊用户指对电网谐波有特殊要求的用户。

3.8.4 本条系新增。

3.8.5 本条系新增。测量的谐波次数一般为 2～15 次。当谐波源谐波特征明显或根据有关测试分析结果，可以适当变动谐波次数测量的范围。

3.8.6 原国标无此内容，系原行标 5.9.2 条的修改条文。

4 电 能 计 量

本章在原国标第三章"电能计量"，原行标第 5 章"电能计量"的基础上修订。由于原国标是在 1990 年出版的，其很多内容已严重滞后于目前市场经济的发展和技术的进步，而原行标的修订较新，与国内当前的实际需要较为接近，故本次修订主要以行标为蓝本，在修订过程中注意吸纳了原国标的内容。

4.1 一般规定

4.1.1 原国标无此内容，系原行标 6.1.1 条的修改条文。原行标条文为"电能计量装置应满足发电、供电、用电的准确计量的要求，以作为考核电力系统技术经济指标和实现贸易结算的计量依据"。

4.1.2 原国标无此内容，系原行标 6.1.2 条的修改条文。第 3 款：原行标条文为"……110kV 及以上电压等级的送电线路有功电量平衡的考核用、无功补偿装置的电能计量装置"。

4.1.3 系原行标 6.1.3 条的修改条文。参见原国标 3.2.1～3.2.4 条。本条参照《电能计量装置技术管理规程》DL/T 448—2000 的 5.3 节进行了修订，对Ⅰ类电能计量装置所配置的有功电能表的准确级由"0.5S 或 0.5"修改为"0.2S"。

另外考虑到有功电能表 0.5S 级与 0.5 级之间、无功电能表 2.0 级与 3.0 级之间价格差异不明显，本

次修订将原行标对Ⅱ类电能计量装置有功电能表的准确级由"0.5S 或 0.5"修改为"0.5S"，对Ⅳ类电能计量装置无功电能表的准确级由"3.0"级修改为"2.0"级。

原行标表 6.1.3 内的注"0.2S，0.5S 级指特殊用途的电流互感器，适用于负荷电流小，变化范围大（1%～120%）的计量回路"，本次修订为"0.2 级电流互感器仅用于发电机计量回路"。

4.1.4 原国标无此内容，系原行标 6.1.4 条的修改条文。原行标条文为"电能计量装置应采用感应式或电子式电能表。为方便电能表试验和检修，电能表的电流、电压回路可装设电流、电压专用试验接线盒"。

4.1.5 原国标无此内容，系原行标 6.1.5 条的修改条文。原行标条文为"对执行峰谷电价或考核峰谷电量的计量点，应装设复费率电能表；对执行峰谷电价和功率因数调整的计量点，应装设相应的电能表；对按最大需量计收基本电费的计量点，应装设最大需量电能表"。

4.1.6 原国标无此内容，系原行标 6.1.6 条的修改条文。原行标条文为"对于双向送、受电的回路，应分别计量送、受的有功电能和无功电流，感应式电能表应带有逆止机构"。

4.1.7 原国标无此内容，系原行标 6.1.7 条的修改条文。原行标条文为"对有可能进相和滞相运行的回路，应分别计量进相、滞相的无功电能，感应式电能表应带有逆止机构"。

4.1.8 原国标无此内容，系原行标 6.1.8 条的修改条文。原行标条文为"中性点有效接地的电能计量装置应采用三相四线的有功、无功电能表。中性点非有效接地的电能计量装置应采用三相三线的有功、无功电能表"。

4.1.9 原国标无此内容，系原行标 6.1.9 条的修改条文。原行标条文为"为提高低负荷时的计量准确性，应选用过载 4 倍及以上的电能表。对经电流互感器接入的电能表，其标定电流宜不低于电流互感器额定二次电流的 30%（对 S 级为 20%），额定最大电流为额定二次电流的 120% 左右"。

4.1.10 原国标无此内容，系原行标 6.1.10 条的修改条文。原行标条文为"当发电厂和变电所装设有远动遥测、计算机监测（控）时，电能计量、计算机、远动遥测三者宜共用一套电能表。电能表应具有脉冲输出或数据输出，或者同时具有两种输出的功能。脉冲输出参数和数据通信口输出的物理特性及通信规约，应满足计算机和远动遥测的要求"。

4.1.11 原国标无此内容，系原行标 6.1.11 条的修改条文。原行标条文为"当电能计量电能表不能满足关口电能计量系统的要求时，应单独装设关口电能表，并设置专用的电能关口计量装置屏"。

4.1.12 原国标无此内容，系原行标 6.1.12 条的修

改条文。原行标条文为"发电电能关口计量点和系统电能关口计量点当采用电子型电能表时，宜装设两套准确度等级相同的主、副电能表，且电压回路宜装设电压失压计时器"。

4.1.13 本条系新增。是参照《电能计量装置技术管理规程》DL/T 448—2000 的 5.2 条 c 项进行修订。

4.1.14 本条系新增。是参照《电能计量装置技术管理规程》DL/T 448—2000 的 5.4 条 f 项进行修订。

4.2 有功、无功电能的计量

4.2.1 系原行标 6.2.1 条的修改条文。参见原国标 3.1.1 条。修订内容说明如下：

第 2 款：双绕组主变压器一般在电源侧测量，如有需要或困难时可装在另一侧。

第 3 款：原行标条文为"10kV 及以上的线路"，本次修订为"1200V 及以上的线路，1200V 以下网络的总干线路"。

第 5 款：双绕组厂（所）用变压器一般在电源侧测量，如有需要或困难时可装在另一侧。

第 8 款：原行标条文为"需要进行技术经济考核的高压电动机回路"，本次修订为"3kV 及以上高压电动机回路"。

4.2.2 系原行标 6.2.1 条的修改条文。参见原国标 3.1.2 条。修订内容说明如下：

第 2 款：双绕组主变压器一般在电源侧测量，如有需要或困难时可装在另一侧。

第 5 款：原行标中的"300kV～500kV"修订为"330kV 及以上"。

第 6 款：本款为新增。

5 直流换流站的电测量

原国标无此章内容。本章主要阐述具有直流输电线路的双端直流换流站（包括整流站和逆变站）的电气监测内容及要求。背靠背换流站或多端直流换流站可参照执行。直流换流站的非电量测量请参照相应直流规定或规程。

5.1 一般规定

5.1.1 系原行标 7.1.1 条的保留条文。

1 直流换流站必须采用计算机监控系统的控制方式。直流换流站的电气监测与交流变电所的电气监测明显不同，但是其基本原则也应符合本规范的有关规定。

2 直流电流、电压参数一般是通过直流电流、电压测量装置直接采集，而直流功率、直流电能和触发角/熄弧角等参数，一般是通过计算机计算得到。

5.1.2 系原行标 7.1.2 条的保留条文。根据高压直流输电系统的运行特点，为了全面了解整个系统的运行情况，电气监测除本端换流站的运行参数外，还应监测对端站的相关运行参数。当两站之间通信系统故障时，可暂不自动采集对端站的信息，但此时直流运行方式可能会受到限制。

5.1.3 系原行标 7.1.3 条的保留条文。

5.1.4 系原行标 7.1.4 条的保留条文。直流参数除具有方向性外，还有极性的区别。对有正、负极配置的换流站，接地极线电流同样具有方向性。

5.2 直流参数监测

直流参数的采集除本节所规定内容以外，还包括许多重要的高压直流运行参数，如：直流电流参考值、直流电流变化率、直流功率参考值、直流功率变化率、无功功率控制最高电压限制值、无功功率控制最大无功交换量定值、极降压运行定值等，但这些参数都是从直流极控柜、保护柜中采集，工程设计可根据工程具体情况决定。

5.2.1 系原行标 7.2.1 条的修改条文。

1 换流站的临时接地回路仅在接地极因故障退出或检修时，且双极平衡运行时才允许投入。本条第 3 款只针对本端换流站的临时接地回路投入运行时才要求采集该参数。

2 将原条文"本端"改为"本端换流站"，并将"采集每极直流线路电流"改为"采集每极直流电流"，因为采集极电流更能反映每极换流器的运行参数，目前已投运的直流换流站均采集的是极电流。

5.2.2 系原行标 7.2.2 条的保留条文。

5.2.3 系原行标 7.2.3 条的修改条文。将原条文"本端"改为"本端换流站"，并将采集每极直流线路功率、双极直流线路功率改为采集每极直流功率、双极直流功率，目前已投运的直流换流站均采集的是极直流功率。

5.2.4 系原行标 7.2.4 条的保留条文。

5.3 交流参数监测

本节只针对直流换流站特有的交流设备（如：换流变压器、交流滤波器等）交流参数的监测，对于换流站中常规的交流设备应执行本章的有关规定。

5.3.1 系原行标 7.3.1 条的保留条文。

5.3.2 系原行标 7.3.2 条的保留条文。

5.3.3 系原行标 7.3.3 条的修改条文。取消原行标 7.3.3 条第 5 项：对端交流滤波器（或并联电容器或电抗器）各分组无功功率。

将原行标 7.3.4 条有关功率的内容"换流站与站外交流系统交换的总无功功率"移至此条。

5.3.4 系原行标 7.3.4 条的修改条文。将原行标 7.3.4 条有关功率的内容归纳至本条，仅保留有关频率的内容。对于含双极的直流换流站，当双极有可能分裂运行时，应分别采集极 1、极 2 换流变压器交流侧频率。

5.4 谐波参数监测

直流换流站的谐波参数是通过测量装置采样，经计算机进行谐波分析计算得到的。主要包括各次谐波电压、各次谐波电流的统计值（一般为 $1\sim50$ 次谐波）；换流母线各次谐波电压畸变率 D_n；换流母线谐波电压总畸变率 D_{eft}；电话谐波波形系数 T.H.E.F 和直流侧等效干扰电流 I_{eq} 等。工程中可根据实际需要采集相关参数，本规范对此暂不加限制。

5.4.1 系原行标 7.4.1 条的修改条文。

5.4.2 系原行标 7.4.2 条的修改条文。

1 增加了第 2 款换流变压器中性点侧谐波电流及直流偏磁、第 4 款换流站至系统主要交流联络线的谐波电流及电压的采集。

2 特别指出，换流变压器的中性点侧电流是一个重要的参数，它可能同时包含有直流分量、交流基波分量及谐波分量，如果中性点侧电流过大，可能会给直流系统的运行和人身造成危害。工程设计时应注意中性点电流测量装置的配置及选择。

5.5 电 能 计 量

直流换流站采用计算机监控系统，具有检测和记录各种电气运行参数实时数据和历史数据的功能，可不装设记录型仪表，故本次修订取消原行标 7.5 节"电气参数记录"，将原行标 7.6 节的内容提至本节。

5.5.1 系原行标 7.6.1 条的修改条文。

1 直流输电的电能计量点理论上设在换流站的直流线路侧更为合理，但工程实际中均无法达到该要求。目前国内、外直流工程的普遍做法是：由直流极控系统采集直流线路上的直流电流、电压，再转换成电度脉冲量信号后驱动电能表计，作为直流线路电能测量显示。因此直流工程的实际电能计量点应设在换流变交流侧。

2 换流变交流侧有功电能表的准确级宜采用 0.2S，无功电能表的准确级宜采用 2.0；交流滤波器各分组无功电能表准确级宜采用 2.0；直流线路有功电能表准确级宜采用 0.5S，无功电能表准确级宜采用 2.0。目前直流电能表还没有 0.2S 级的产品，直流输电工程的电能计量点还不能设在换流站的直流线路侧。

5.5.2 系原行标 7.6.2 条的修改条文。原行标条文为"对有可能双向送、受电的直流线路和换流变压器交流侧，应分别装设送、受电的电能表，并带有逆止机构"。

5.5.3 系原行标 7.6.3 条的保留条文。因直流工程的实际电能计量点设在换流变交流侧，故换流变交流侧按主、副双表配置。

6 计算机监控系统的测量

原国标无此章内容。

6.1 一 般 规 定

6.1.1 系原行标 8.1.2 条的修改条文。本条阐述计算机监控数据采集的基本要求，同常用电测量仪表的测量一样，都应符合本规范 3~5 章的要求。

6.1.2 系原行标 8.1.3 条的修改条文。由于计算机监控系统具有检测和记录各种电气运行参数实时数据和历史数据的功能，所以可不装设记录型仪表，但如果运行管理需要也可装设，视工程情况确定。

6.1.3 系原行标 8.1.3 条的修改条文。采用计算机监控后，就地保留必要的测量表计或监测单元，应能满足在设备投产时安装调试的方便，以及运行时的监视或检修及事故处理的需要。

6.2 计算机监控系统的数据采集

6.2.1 系原行标 8.2.1 条的修改条文。本条阐明电测量数据采集的范围（只包括模拟量和电能数据量），数字量（又称开关量）不属本规定的内容。

6.2.2 系原行标第 8.2.2 条的保留条文。本条阐述模拟量的数据采集方式。不论交流或直流采样方式，本规定的模拟量应包括计算机监测（控）输入的量和计算机计算的量。

6.2.3 系原行标 8.2.3 条的修改条文。

6.3 计算机监控时常用电测量仪表

6.3.1 系原行标 8.4.1 条的保留条文。计算机监控条件下，控制室内一般不设模拟屏，并取消所有的常用电测量仪表。但是在考虑运行的习惯和需要设置模拟屏时，常用电测量仪表应精简，并可采用计算机驱动的数字式仪表。

6.3.2 系原行标 8.4.2 条的修改条文。本条主要阐述发电厂采用计算机监控时，机组后备屏或机旁屏上常用电测量仪表的测量要求。为了确保发电机组的安全可靠，后备屏上保留发电机部分的常规电测量仪表，以保证监控系统故障时运行监视的可靠。

7 电测量变送器

原国标无此章内容。

7.0.1 系原行标 9.0.1 条的修改条文。本条阐述变送器的输入和输出参数的基本要求，对某些特殊要求的变送器，视具体情况而定。

7.0.2 系原行标 9.0.2 条的修改条文。本条阐述变送器输出参数的具体要求，电流或电压输出是根据测量仪表、计算机和远动遥测的需要来确定的。过去计算机或远动遥测曾使用电压并联接线方式相对独立，现在趋向于电流串联接线方式同一性好，所以推荐变送器采用电流输出。变送器的电流输出有多种，根据工程经验，选用 4～20mA 的比较合适。

7.0.3 系原行标 9.0.3 条的保留条文。当接入变送器输出回路的二次负荷超过其输出负荷额定值时，将会导致测量误差的增大。

7.0.4 系原行标 9.0.4 条的修改条文。变送器的校准值是一个比较重要的参数，过去不少工程选用变送器不注意与测量参数（包括测量仪表和计算机）的配合，造成测量的不必要误差，有的甚至导致设备更换，所以在变送器或测量仪表选择时，必须要注意两者之间的配合。本规范附录 A、附录 B 给出了它们的计算方法，供设计参考。

7.0.5 系原行标 9.0.5 条的修改条文。变送器是电气测量的一个中间环节，变送器辅助交流电源消失将会导致变送器工作停止，测量仪表失控。所以辅助电源必须可靠。一般情况下，辅助电源采用交流不停电电源是比较恰当的，特殊情况下，如采用交流不停电电源比较困难，可以采用直流电源。

8 测量用电流、电压互感器

原国标无此章内容。

8.1 电流互感器

8.1.1 系原行标 10.1.1 条的修改条文。本次修订参照了《电能计量装置技术管理规程》DL/T 448—2000 中 5.4 条 b 项的要求。原行标条文为"对于Ⅰ、Ⅱ类计费用的电能计量装置，宜按计量点设置专用电流互感器或二次绕组"。

8.1.2 系原行标 10.1.2 条的修改条文。本条阐述电流互感器额定一次电流的选择要求。为了保证电气测量的准确度，电流互感器一次工作电流限定在一定范围是必要的，选用较小变比或二次绕组带抽头的电流互感器也是一个有效的方法。

原行标条文为"电流互感器额定一次电流宜按正常运行的实际负荷电流达到额定值的 2/3 左右，至少不小于 30%（对 S 级为 20%）。也可选用较小变比或二次绕组带抽头的电流互感器"。

8.1.3 系原行标 10.1.3 条的修改条文。S 级电流互感器是针对一些需要准确测量的正常负荷小、变化范围大的回路而生产的一种电流互感器。目前国内已能批量生产。详见国标《电流互感器》GB 1208 的规定。

8.1.4 系原行标 10.1.4 条的修改条文。本次修订将原行标中的"220kV"修订为"110kV"。110kV 及以上电压等级推荐选用 1A 的电流互感器，但是对出线回路较少的发电厂或变电所 110kV 部分，对扩建工

程与原 CT 参数一样或经技术经济比较合理时也可选用 5A 的电流互感器。

8.1.5 系原行标 10.1.5 条的保留条文。本条明确电流互感器二次负荷的要求，二次负荷超限有可能导致测量误差的增大。

8.2 电压互感器

8.2.1 系原行标 10.2.1 条的修改条文。本次修订参照了《电能计量装置技术管理规程》DL/T 448—2000 中 5.4 条 b 项的要求。原行标条文为"对于Ⅰ、Ⅱ类计费用途的电能计量装置，宜按计量点设置专用电压互感器或二次绕组"。

8.2.2 系原行标 10.2.3 条的修改条文。原行标 10.2.3 条的内容经修改后并入本条。原行标条文为"电压互感器二次绕组中所接入的负荷（包括测量仪表、电能计量装置、继电保护和连接导线等），应保证实际二次负荷在 25%～100% 额定二次负荷范围内，额定二次负荷功率因数与实际二次负荷的功率因数（0.3～0.5）相接近"。

原行标条文规定电压互感器主二次绕组的额定电压为 100V，此内容在国标《电压互感器》GB 1208 中有规定，故本次修订予以取消。

9 测量二次接线

本章在原国标第四章"二次回路"，原行标第 11 章"测量二次接线"的基础上修订。由于原国标此部分内容与原行标相比过于简单，故本次修订主要以行标为蓝本，在修订过程中注意吸纳了原国标的内容。

9.1 交流电流回路

9.1.1 原国标无此内容，系原行标 11.1.1 条的修改条文。本条阐述电流互感器二次绕组所接测量装置顺序的基本要求，以保证仪表接线的可靠和方便仪表的检修及调试。由于现在测量装置的形式有所变化，故本条作了调整。

9.1.2 原国标无此内容，系原行标 11.1.3 条的修改条文。原行标条文根据现有情况作了精简，只保留了"电流互感器二次绕组应有防止开路的保护措施"的内容。

9.1.3 原国标无此内容，系原行标 11.1.4 条的修改条文。

9.1.4 原国标无此内容，系原行标 11.1.5 条的修改条文。本条阐明电流互感器二次绕组中性点的接地要求，一般在配电装置处一点接地最为安全。对于和电流的两个二次绕组的中心点应并接，并要求在和电流处一点接地。

9.1.5 原国标无此内容，系原行标 11.1.6 条的修改条文。本条阐明电流互感器二次电流回路电缆芯线截

面的选择要求。

9.1.6 本条系新增。依据《电能计量装置技术管理规程》DL/T 448—2000 中 5.2 条 d 项的要求编写。

9.1.7 本条系新增。依据《电能计量装置技术管理规程》DL/T 448—2000 中 5.4 条 b 项的要求编写。

9.2 交流电压回路

9.2.1 系原行标 11.2.1 条的修改条文。参见原国标 4.0.1 条。本条阐明测量用电压互感器二次回路允许电压降的要求。说明如下：

第 1 款：增加了计算机监控系统中的测量部分、综合装置的测量部分的压降要求。

第 2 款：依据《电能计量装置技术管理规程》DL/T 448—2000 中 5.3 条 b 项的要求，Ⅰ、Ⅱ 类电能计量装置的额定二次压降由"0.25 ％"改为"0.2 ％"。

第 3 款：由"Ⅲ、Ⅳ 类电能计量装置"改为"其他电能计量装置"。

9.2.2 原国标无此内容，系原行标 11.2.2 条的修改条文。本条阐述 Ⅰ、Ⅱ、Ⅲ 类电能计量装置二次电压回路的接线要求，主要保证计量电压的可靠和降低电压降。将原行标"110kV"修订为"35kV"。

9.2.3 原国标无此内容，系原行标 11.2.3 条的修改条文。本条阐述贸易结算用电能计量装置中电压互感器二次回路的接线要求，与标准《电能计量装置技术管理规程》DL/T 448—2000 的规定相协调一致。原行标条文为"对贸易结算用的电能计量装置的二次电压回路，35kV 以下不应接入隔离开关辅助接点和熔断器；35kV 及以上不应接入隔离开关辅助接点，但可装设熔断器或自动开关，并监视电压回路完整性"。

9.2.4 原国标无此内容，系原行标 11.2.4 条的保留条文。本条阐述电压互感器二次绕组的接地要求，这是现工程的惯用做法。

9.2.5 原国标无此内容，系原行标 11.2.5 条的保留条文。电能表屏布置在配电装置附近的小室内，是减少电压互感器二次电压降和提高电能计量准确度的一种方法，有条件时这种做法是合理的。

9.2.6 原国标无此内容，系原行标 11.2.6 条的修改条文。本条阐明电压互感器二次电压回路电缆芯线截面的选择要求。

9.2.7 本条系新增。依据《电能计量装置技术管理规程》DL/T 448—2000 中 5.4 条 b 项的要求编写。

9.2.8 本条系新增。依据《电能计量装置安装接线规则》DL/T 825—2002 的要求编写。

9.3 二次测量回路

9.3.1 原国标无此内容，系原行标 11.3.1 条的修改条文。本条按照现有工程的实际情况进行了调整。

9.3.2 原国标无此内容，系原行标 11.3.3 条的修改条文。本次修订取消了原行标条文对电缆屏蔽层的具体要求。

9.3.3 原国标无此内容，系原行标 11.3.4 条的保留条文。本条阐述模拟量和脉冲量选用电缆的要求，主要是抗干扰的需要。

9.3.4 本条系新增。在条件允许时，数字式仪表辅助电源应尽量采用交流不停电电源，以保证回路的可靠性。特殊情况下，如采用交流不停电电源比较困难，可以采用直流电源。

10 仪表装置安装条件

10.0.1 系原行标 12.0.1 条的修改条文。参见原国标 5.0.1 条。原行标条文中的"变电所"修订为"变（配）"电所。

10.0.2 系原行标 12.0.2 条的修改条文。参见原国标 5.0.2 条。主要修订如下：

1 增加了"表中心线向各方向的倾斜角度不应大于 1°"的要求；

2 原条文中的第 2 项为"电能表和变送器为 1200～1800 mm"，本次修订为"电能表室内应为 800～1800mm，室外不应小于 1200mm；计量箱底边距地面室内不应小于 1200mm，室外不应小于 1600mm"。

3 原条文中的第 4 项"开关柜和配电盘上的电能表为 800～1800 mm"，本次修订为"变送器应为 800～1800 mm"。

4 取消了对记录型表屏的要求。

10.0.3 原国标无此内容，系原行标 12.0.3 条的修改条文。本次修订取消了对记录型表屏的要求。

10.0.4 原国标无此内容，系原行标 12.0.4 条的保留条文。

10.0.5 本条系新增。

中华人民共和国国家标准

烟囱工程施工及验收规范

Code for construction and acceptance of
chimney engineering

GB 50078—2008

主编部门：中 国 冶 金 建 设 协 会
批准部门：中华人民共和国住房和城乡建设部
施行日期：２ ０ ０ ９ 年 ２ 月 １ 日

中华人民共和国住房和城乡建设部
公 告

第 118 号

关于发布国家标准
《烟囱工程施工及验收规范》的公告

现批准《烟囱工程施工及验收规范》为国家标准，编号为GB 50078—2008，自2009年2月1日起实施。其中，第3.0.8、3.0.9、4.1.3、6.1.4、6.1.5、6.3.1、8.1.2、11.0.5、13.0.5、13.0.11条为强制性条文，必须严格执行。原《烟囱工程施工及验收规范》GBJ 78—85同时废止。

本规范由我部标准定额研究所组织中国计划出版社出版发行。

二〇〇八年九月二十四日

前 言

本规范是根据建设部建标〔2004〕67号"关于印发《二〇〇四年工程建设国家标准制订、修订计划》的通知"的要求，由中冶京唐建设有限公司会同有关单位，对原国家标准《烟囱工程施工及验收规范》GBJ 78—85进行修订的基础上编制完成的。

在修订过程中，编制组认真总结了烟囱工程设计、施工、科研和生产使用等方面的经验，广泛征求了全国各有关单位和专家意见，经反复讨论和修改，最后经审查定稿。

修订后的本规范共分15章和5个附录，修订的主要内容有：

1. 增加了质量检验的相关内容，将主控项目和一般项目列于同一表中；

2. 增加了"术语"一章，入选的术语主要是涉及烟囱工程的关键词；

3. 增加了"基本规定"一章，将烟囱工程施工及验收的共性规定置于此章中；

4. 取消了截锥组合壳基础和M型组合壳基础的内容；

5. 增加了大体积混凝土的相关内容；

6. 烟囱筒身中心线允许偏差标准提高幅度较大；

7. 增加了"钢烟囱和钢内筒"、"烟囱平台"、"烟囱的防腐蚀"等有关章节的内容；

8. "内衬和隔热层"一章中，增加了不定型材料内衬的内容；

9. 取消了部分对施工方法一般性规定的内容；

10. 增加了钢结构和不定型材料的冬期施工内容。

本规范中以黑体字标志的条文为强制性条文，必须严格执行。

本规范由建设部负责管理和对强制性条文的解释，由中冶京唐建设有限公司负责具体技术内容的解释。本规范在执行过程中，请各单位结合工程实践，认真总结经验，如发现需要修改和补充之处，请将意见和有关资料寄交中冶京唐建设有限公司《烟囱工程施工及验收规范》管理组（地址：唐山市丰润区幸福道16号，邮编064000），以供今后修订时参考。

本规范主编单位、参编单位和主要起草人：

主 编 单 位：中冶京唐建设有限公司

参 编 单 位：中冶东方工程技术有限公司
西北电力建设第四工程公司
上海电力建筑工程公司
中国第二冶金建设公司
上海富晨化工有限公司
浙江省开元安装集团有限公司
湖北孝感广场建设有限公司

主要起草人：许嘉庆　牛春良　冯佳昱　史耀辉
翁　林　狄玉璞　陆士平　张　锋
李永民

目　　次

1 总 则

1.0.1 为规范烟囱工程施工及验收行为，保证烟囱工程施工质量，做到技术先进、安全适用、经济合理，制定本规范。

1.0.2 本规范适用于砖烟囱、钢筋混凝土烟囱和钢烟囱工程的施工及验收。

1.0.3 烟囱工程应按设计文件施工。

1.0.4 在烟囱工程施工中应积极采用新技术。新技术应经过试验和鉴定，并应制定专门规程后方可推广使用。

1.0.5 烟囱工程的施工及验收除应符合本规范外，尚应符合国家现行有关标准的规定。

2 术 语

2.0.1 封闭层 confining bed

套筒式和多管式烟囱砖内筒的最外层，用于封闭烟气的部分。

2.0.2 内筒 inside tube

套筒式和多管式烟囱筒身内的排烟筒。

2.0.3 航空标志 warning sign

用于标识高耸构筑物或高层建筑外形轮廓与高度，并对飞行器起警示作用的航空障碍灯和色标。

2.0.4 液压滑模 hydraulic sliding form

以筒（墙）壁预埋支撑杆为支点，利用液压千斤顶提升工作平台和滑动模板，连续施工的工艺。

2.0.5 电动（液压）提模 motor-driven (hydraulic) promote form

以筒（墙）壁预留孔或预埋支撑杆为支点，利用电动机或液压千斤顶提升工作平台和模板，倒模间歇性施工的工艺。

2.0.6 双滑 two-side sliding form

同时进行筒壁和内衬液压滑模施工的工艺。

2.0.7 液压顶升法 hydraulic jacking

利用液压顶升设备进行钢烟囱或钢内筒从上至下逐段（节）安装的方法。

2.0.8 液压提升法 hydraulic lifting

利用液压提升设备进行钢烟囱或钢内筒从上至下逐段（节）安装的方法。

2.0.9 气顶倒装法 pneumatic jacking

利用气压顶升设备进行钢烟囱或钢内筒从上至下逐段（节）安装的方法。

3 基 本 规 定

3.0.1 在工程建设项目中，烟囱可划分为单位工程或子单位工程。烟囱的分部工程可按基础、筒身、烟囱平台、烟囱防腐蚀、附属工程等划分。塔架式钢烟囱可将塔架和筒身划分为两个分部工程。筒身可根据不同烟囱型式划分为多个子分部工程。当一个分部工程中仅有一个分项工程时，则该分项工程应为分部工程，可按表3.0.1规定具体划分。

表 3.0.1 烟囱工程分部工程、子分部工程和分项工程划分

序号	分部工程	子分部工程	分项工程
1	基础	土方工程	土方开挖、土方回填
		钢筋混凝土基础或桩承台	垫层、模板、钢筋、混凝土、基础防腐蚀
		无筋扩展基础	砖砌体、石砌体、混凝土与毛石混凝土
2	筒身	钢筋混凝土筒壁	模板、钢筋、混凝土
		砖筒壁	砖砌体、钢筋
		砖内筒	耐酸砖砌体、耐酸砂浆封闭层、钢筋
		钢筒壁或钢内筒	筒体制作、筒体预拼装、焊接、筒体安装
		塔架	塔架制作、塔架预拼装、焊接、塔架安装
		内衬与隔热层	砌筑类内衬与隔热层、浇筑类内衬与隔热层、喷涂类内衬与隔热层
3	烟囱平台	钢平台	钢平台制作、钢平台安装、焊接
		组合平台	钢构件制作、钢构件安装、焊接、压型钢板、钢筋、栓钉、混凝土、混凝土预制构件
		混凝土平台	模板、钢筋、混凝土、金属灰斗制作与安装
4	烟囱防腐蚀	涂料类防腐蚀工程	基层、涂装
		耐酸砖和水玻璃类防腐蚀工程	耐酸砖、水玻璃耐酸胶泥和耐酸砂浆、水玻璃轻质耐酸混凝土
5	烟囱附属工程	—	爬梯与平台、航空障碍灯、航空色标漆、避雷设施

3.0.2 烟囱的分项工程应由一个或若干个检验批组成，各分项工程的检验批应按本规范有关规定划分。

3.0.3 检验批合格质量标准应符合下列规定：

1 主控项目的质量应符合本规范的有关规定。当没有注明检查数量时，均应全数检查；

2 一般项目的质量应经抽样检验合格。当采用计数检验时，除有专门规定外，其检验结果应有80%及以上符合本规范所规定的合格质量标准的要求，且不得有严重缺陷或最大偏差不得超过允许偏差值的1.2倍；

3 应具有完整的施工操作依据、质量检查记录文件及证明文件等资料。

3.0.4 分项工程合格质量标准应符合下列规定：

1 分项工程所含的各检验批均应符合合格质量的规定；

2 质量控制资料应完整。

3.0.5 分部和子分部工程合格质量标准应符合下列规定：

1 分部和子分部工程所含的各分项工程的质量均应验收合格；

2 质量控制资料应完整；

3 有关安全及功能的检验和抽样检测结果应符合本规范的有关规定；

4 观感质量验收应符合要求。

3.0.6 烟囱工程合格质量标准应符合下列规定：

1 烟囱工程所含的各分部和子分部工程的质量均应验收合格；

2 质量控制资料应完整；

3 烟囱工程所含的各分部和子分部工程有关安全及功能的检测资料应完整；

4 观感质量验收应符合要求。

3.0.7 当烟囱工程质量不符合要求时，应按下列规定处理：

1 经返工重做或更换器具、设备的检验批，应重新进行验收；

2 经有资质的检测单位检测鉴定达到设计要求的检验批，应予以验收；

3 经有资质的检测单位检测鉴定不能达到设计要求时，但经原设计单位核算认可能满足结构安全和使用功能的检验批，可予以验收；

4 经返修或加固处理的分部或分项工程，当外形尺寸改变且仍能满足安全使用要求时，可按技术处理方案和协商文件验收。

3.0.8 经返修或加固处理仍不能满足烟囱安全使用要求的分部工程和单位工程，严禁验收。

3.0.9 烟囱工程所用的材料应有产品合格证书或产品性能检测报告。水泥、砂石、钢筋、外加剂、耐酸材料等尚应有材料主要性能的复验报告。钢材的复检应符合现行国家标准《钢结构工程施工质量验收规范》GB 50205 的有关规定。

3.0.10 烟囱施工单位应具备相应的资质。施工现场质量管理应有相应的施工技术标准、质量管理体系、施工质量控制和质量检验制度。

3.0.11 普通黏土砖内衬和砖烟囱筒壁，其施工质量控制等级不应低于现行国家标准《砌体工程施工质量验

收规范》GB 50203 的 B 级要求。耐火砖内衬、砌筑类防腐蚀内衬和砖内筒，其施工质量控制等级应满足现行国家标准《砌体工程施工质量验收规范》GB 50203的 A 级要求。

4 基　础

4.1　土方和基坑工程

4.1.1 烟囱基础的基坑挖好后，应由施工单位会同建设、设计和监理等单位检查基坑的中心坐标、基底尺寸、标高和水平度是否符合设计要求，以及基底的土质是否符合设计所采用的勘察资料；当不符合时，应由建设单位和设计单位提出处理方案。

4.1.2 当基坑处在地下水位以下时，开挖基坑前，应根据水文地质情况，采取降水或排水措施，并应保持地下水位在施工底面最低标高以下，同时应采取防止地表水流入基坑的措施。基坑的降水或排水措施，应持续至回填土回填到地下水位以上时方可停止。

4.1.3 天然地基基底表面应平整，严禁采用填土的方法找平基坑底面。

4.1.4 基坑验收合格后，应及时进行基础施工。当停顿时间较长，应重新复查无误后才可施工。对个别低于设计标高的低凹处，可采用垫层混凝土找平。当基坑表面被水浸泡或扰动时，被浸泡或扰动的土应除尽，并应采取加厚垫层的方法使其达到设计标高。当基土破坏严重时，应由建设、设计和监理单位确定相应的补救措施。

4.1.5 基础完成后，应及时进行基础的验收和基坑的回填，回填土应分层夯实，压实系数应符合设计要求；当设计无要求时，压实系数不应小于 0.92。

4.2　钢筋工程

4.2.1 HPB235 级钢筋绑扎接头的末端应做弯钩，HRB335、HRB400 和 RRB400 级钢筋可不做弯钩。钢筋的弯钩及绑扎后的铁丝头应背向保护层。

4.2.2 采用绑扎接头时，钢筋搭接长度应符合设计要求；当设计无规定时，钢筋的搭接长度应为钢筋直径的 40 倍。采用焊接接头时，钢筋接头的构造和技术要求应符合国家现行标准《钢筋焊接及验收规程》JGJ 18 的有关规定。

4.2.3 环壁内纵向钢筋当长度不足时应焊接，也可采用机械连接。钢筋机械连接应符合国家现行标准《钢筋机械连接通用技术规程》JGJ 107 和《钢筋锥螺纹接头技术规程》JGJ 109 的有关规定。

4.2.4 钢筋的接头应交错布置，在同一连接区段内绑扎接头的根数不应多于钢筋总数的 25%，焊接和机械连接接头的根数不应多于钢筋总数的 50%。

4.2.5 钢筋的交叉点应用铁丝绑扎牢。底板钢筋网，

除靠近外围两行钢筋的交叉点应全部绑扎牢外，中间部分交叉点可间隔交错绑扎牢，但应保证受力钢筋不产生位置偏移。

4.2.6 插入环壁内的筒壁竖向钢筋，应按设计要求进行分组，并应与基础钢筋绑扎或焊接牢固，同时应有防止钢筋位移的措施。

4.3 模板工程

4.3.1 环壁的模板当采用分节支模时，各节模板应在同一锥面上，相邻模板间高低偏差不应超过5mm。

4.3.2 模板与混凝土的接触面应涂刷隔离剂，隔离剂不得污染钢筋表面。

4.3.3 预留洞口处的模板支设应采取防止变形的加固措施。洞口处弧顶模板及支撑设计应满足上部混凝土自重、钢筋自重、模板及支架自重、振捣混凝土产生的荷载作用下的安全要求。

4.3.4 当模板间缝隙较大时，应采取防止漏浆的措施。

4.4 混凝土工程

4.4.1 底板混凝土应分层浇筑，并应一次连续浇筑完成。

浇筑环壁混凝土时，应沿环壁圆周均匀地分层进行；有地下烟道时，烟道两侧混凝土应对称浇筑。

4.4.2 基础施工缝留设位置（图4.4.2），应符合下列规定：

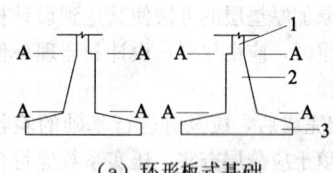

（a）环形板式基础

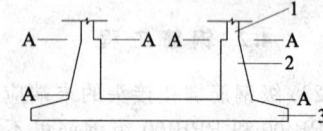

（b）圆形板式基础

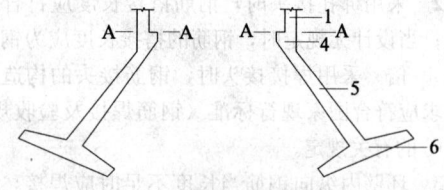

（c）正倒锥组合壳基础

图4.4.2 基础施工缝留设位置

1—筒壁；2—环壁；3—底板；4—环梁；5—壳体；6—环板；A—A施工缝

1 环形和圆形板式基础的施工缝可留设在底板与环壁的连接处；

2 壳体基础混凝土应按水平分层一次连续浇筑完成，不得留设施工缝；当施工确有困难时，施工缝的留设位置应由施工单位与设计单位、监理单位商定。

4.4.3 大体积混凝土施工应符合下列规定：

1 大体积混凝土基础应通过计算确定混凝土内的温度应力，并应根据计算结果确定混凝土的浇筑、养护措施；

2 应设计合理的配合比，并应掺加高效减水剂和矿物掺和料，同时应减少水泥用量。应选用连续级配的粗骨料，含泥量及石粉含量不应大于1%。砂子含泥量不应大于3%；

3 应选用火山灰质硅酸盐水泥、矿渣硅酸盐水泥等水化热低和凝固时间长的水泥品种；

4 应采取降低混凝土入模温度的措施。混凝土可采用分层浇筑或薄层推移浇筑工艺，应控制混凝土浇筑时间和速度，在不出现冷缝的条件下，宜扩大浇筑范围，降低混凝土内部温度。浇筑过程中可加入不超过15%的毛石，毛石强度不应低于混凝土中粗骨料的强度，毛石表面应无污物；

5 应进行温度监测，测温点不应少于3组，每组应设置不少于3个不同深度的测点，每组间距应根据实际情况确定，测温及记录应由专人负责。测温可采用温度计或传感器监测，使用前应统一校核；内表温差不应大于25℃，降温速度不应大于1.5℃/d；

6 混凝土养护应选用保温保湿法，保温层的厚度应按测温参数确定。拆除模板后应立即回填土；

7 环壁混凝土应在底板混凝土降温的早期浇筑。

4.5 质量检验

4.5.1 烟囱基础钢筋工程的质量标准及检验方法应符合表4.5.1的规定。

表4.5.1 烟囱基础钢筋工程的质量标准及检验方法

类别	序号	项目	质量标准/允许偏差	单位	检验方法
主控项目	1	钢筋的品种、级别、规格和数量	应符合设计要求和现行国家标准《混凝土结构工程施工质量验收规范》GB 50204的有关规定	—	检查质量合格证明文件、标志及检验报告
	2	纵向受力钢筋的连接方式	应符合设计要求	—	观察
	3	接头试件	应做力学性能检验，其质量应符合国家现行标准《钢筋焊接及验收规程》JGJ 18和《钢筋机械连接通用技术规程》JGJ 107的有关规定	—	检查产品合格证、试验报告

类别	序号	项目	质量标准/允许偏差	单位	检验方法
一般项目	1	接头位置和数量	宜设在受力较小处。同一竖向受力钢筋不宜设置2个或2个以上接头。接头末端至钢筋弯起点距离不应小于钢筋直径的10倍	—	观察,钢尺检查
	2	接头外观质量	应符合国家现行标准《钢筋焊接及验收规程》JGJ 18的有关规定	—	观察
	3	钢筋绑扎、焊接和机械连接接头设置	应符合本规范第4.2.3条和第4.2.4条的规定	—	观察,钢尺检查
	4	主筋间距	±20	mm	尺量检查,抽查数量不少于10处
	5	钢筋保护层	+15 −5		
	6	预留插筋 中心位移	10		
		外露长度	+30 0		

4.5.2 混凝土烟囱基础模板安装质量标准及检验方法应符合表4.5.2的规定。一般项目检查数量不应少于10处。

表 4.5.2　混凝土烟囱基础模板安装质量标准及检验方法

类别	序号	项目	质量标准/允许偏差	单位	检验方法
主控项目	1	模板及其支撑结构与加固措施	应根据工程结构形式、荷载大小、地基土类别、施工设备和材料供应等条件设计,应具有足够的承载能力、刚度和稳定性	—	
	2	避免隔离剂玷污	在涂刷模板隔离剂时不得玷污钢筋和混凝土接搓处		
一般项目	1	模板安装的一般要求	1. 模板的接缝不应漏浆,在浇筑混凝土前木模板应浇水湿润,模板内不应有积水。 2. 模板与混凝土接触面应清理干净并涂刷隔离剂,不得采用影响结构性能或妨碍装饰工程施工的隔离剂。 3. 浇筑前,模板内杂物应清理干净		观察检查
	2	用作模板的地坪、胎膜质量	应平整光洁,不得产生影响混凝土质量的下沉、裂缝、起砂或起鼓	—	

续表 4.5.2

类别	序号	项目	质量标准/允许偏差	单位	检验方法
一般项目	3	烟道模板起拱高度(大于半径)	+10 +5		钢尺检查
	4	预埋件、预留孔洞	预埋钢板中心线位置　3		
			预埋管、预留孔中心线位置　3		
			预埋螺栓 中心线位置　2		
			预埋螺栓 外露长度　+10 0		
			预留孔洞 中心线位置　10		
			预留孔洞 尺寸　+10 0	mm	
	5	模板安装	基础中心点相对设计坐标的位移　10		线纬经尺仪检查
			底板或环板的外半径　外半径的1%,且≤50		
			环壁或壳体的内半径　内半径的1%,且≤40		
			烟道口中心线　10		尺量检查
			烟道口标高　±15		
			烟道口的高度和宽度　+20 −5		
			相邻模板高低差　5		

4.5.3 烟囱基础混凝土质量标准及检验方法应符合表4.5.3的规定。一般项目检查数量不应少于10处。

表4.5.3　烟囱基础混凝土质量标准及检验方法

类别	序号	项目	质量标准/允许偏差	单位	检验方法
主控项目	1	混凝土组成材料的品种、规格和质量	应符合设计要求和现行国家标准《混凝土结构工程施工质量验收规范》GB 50204的有关规定	—	检查合格证和检验报告
	2	配合比设计	应根据混凝土强度等级、耐久性和工作性等进行配合比设计，并应符合国家现行标准《普通混凝土配合比设计规程》JGJ 55的有关规定	—	检查配合比设计资料
	3	混凝土强度等级及试件的取样和留置	应符合现行国家标准《混凝土结构工程施工质量验收规范》GB 50204的有关规定	—	检查施工记录及试件检验报告
	4	原材料每盘称量的偏差	应符合现行国家标准《混凝土结构工程施工质量验收规范》GB 50204的有关规定	—	检查衡器计量合格证和复称
一般项目	1	基础中心点相对设计坐标的位移	15	mm	线坠、钢尺或经纬仪
	2	环壁或环梁上表面标高	±20		水准仪检查
	3	环壁的厚度	±20		尺量检查
	4	壳体的厚度	+20 −5		
	5	环壁或壳体的内半径	内半径的1%，且≤40		
	6	环壁或壳体内表面局部凹凸不平（沿半径方向）	内半径的1%，且≤40		
	7	底板或环板的外半径	外半径的1%，且≤50		
	8	底板或环板的厚度	+20 0		
	9	烟道口 中心线	15		
		烟道口 标高	±20		
		烟道口 高度和宽度	+30 −10		

5　砖烟囱筒壁

5.1　一般规定

5.1.1 砌筑筒壁前，应先检查基础环壁或环梁上表面的平整度，并应采用1:2水泥砂浆找平，其表面平整度不得超过20mm，砂浆找平层的厚度不得超过30mm。

5.1.2 砌筑筒壁前应设置皮数杆和坡度尺。

5.1.3 筒壁的中心及半径，应每砌筑1.25m高检查一次，并应纠正检查出的偏差。

5.1.4 砌筑筒壁时，每5m高应取一组砂浆试块，在砂浆强度等级或配合比变更时应另取试块。

5.1.5 筒壁配置钢筋的位置、接头和锚固长度等应符合设计要求。

5.1.6 筒壁外安装的环箍应水平，接头的位置应沿筒壁高度互相错开；环箍在安装前应涂刷防锈剂，安装时，应在砌筑砂浆强度达到40%后方可拧紧螺栓，并应使环箍紧贴筒壁。

5.1.7 埋设环向钢筋的砖缝厚度，应大于钢筋直径4mm，钢筋上下应至少各有2mm厚的砂浆层。

5.2　砌体工程

5.2.1 砖烟囱筒壁应采用标准型或异型的一等烧结普通黏土砖砌筑，其强度等级应符合设计要求。当有抗冻要求时，砖的抗冻性指标应符合设计要求。砌筑在筒壁外表面的砖应无裂缝且至少有一端棱角完整。

5.2.2 在常温下施工时，应提前将砖浇水润湿，其含水率宜为10%～15%。

5.2.3 筒壁应采用顶砖砌筑，当筒壁外径大于5m时，也可采用顺砖和顶砖交错砌筑。

5.2.4 当筒壁厚度不小于一砖半时，内外砖层可使用1/2砖，但小于1/2砖的碎块不得使用。

5.2.5 砌体上下层环缝应交错1/2砖，辐射缝应交错1/4砖，异型砖应交错其宽度的1/2。

5.2.6 将普通烧结黏土砖加工成顶砌的异型砖时，应在砖的一个侧面进行，加工后小头的宽度不宜小于原宽度的2/3。砌筑后的筒壁外表面，砖角错牙不得超过5mm。

5.2.7 砌体砖层可砌成水平，也可砌成向烟囱中心倾斜，其倾斜度应与筒壁外表面的坡度相垂直。砖层的倾斜度应经常检查。

5.2.8 砂浆用砂宜采用中砂，并应过筛，不得含草根等杂物。强度等级不小于M5的水泥混合砂浆，其砂的含泥量不应超过1%；强度等级小于M5的水泥混合砂浆，其砂的含泥量不应超过3%。

5.2.9 砌筑砂浆的配合比应采用重量比，其稠度应为80～100mm。砂浆应随拌随用，初凝前应使用完毕。

5.2.10 筒壁砌体砖缝的砂浆应饱满，砂浆饱满度不得低于80%。不得用水冲浆灌缝。筒壁外部砖缝均应勾缝，勾缝砂浆宜采用细砂拌制的1:1.5水泥砂浆。

5.3　质量检验

5.3.1 砖烟囱筒壁应每10m划分为一个检验批。

5.3.2 砖烟囱筒壁质量标准及检验方法应符合表 5.3.2 的规定。

表 5.3.2 砖烟囱筒壁质量标准及检验方法

类别	序号	项目			质量标准/允许偏差	单位	检验方法
主控项目	1	砖烟囱筒壁材料质量			应符合设计要求和现行国家标准《砌体工程施工质量验收规范》GB 50203 的有关规定		检查进场合格证和试验报告
	2	砂浆饱满度			≥80%		抽查 3 处，每处掀起 3 块砖，用百格网检查粘结面积，取平均值
一般项目	1	筒壁中心线垂直度	筒壁高度	20m	35	mm	尺量、线坠或经纬仪检查
				40m	50		
				60m	65		
	2	筒壁砖缝厚度			10		在 5m² 的表面上抽查 10 处，用塞尺检查，其中允许有 5 处砖厚度的偏差为 +5mm
	3	筒壁高度			筒壁全高的 0.15%		尺量检查或水准仪
	4	筒壁任何截面上的半径			该截面筒壁半径的 1%，且≤30		尺量检查
	5	筒壁内外表面的局部的凹凸不平（沿半径方向）			该截面筒壁半径的 1%，且≤30		
	6	烟道口中心线			15		
	7	烟道口标高			+30 −20		尺量检查或水准仪
	8	烟道口高度和宽度			+30 −20		尺量检查

（抽查数量不少于 10 处）

注：1 筒壁中心线垂直度允许偏差值系指一座烟囱在不同标高的允许偏差。

2 中间值用插入法计算。

6 钢筋混凝土烟囱筒壁

6.1 一般规定

6.1.1 钢筋混凝土烟囱筒壁施工时，可根据具体条件采用电动（液压）提模工艺、滑模工艺、移置模板工艺或其他工艺。

6.1.2 采用滑动模板工艺施工时，除应按本规范执行外，尚应符合现行国家标准《滑动模板工程技术规范》GB 50113 的有关规定。

6.1.3 采用滑动模板工艺施工时，筒壁的厚度不宜

小于 160mm；采用电动（液压）提模工艺或移置模板工艺施工时，筒壁厚度不宜小于 140mm。

6.1.4 采用滑动模板工艺施工时，混凝土在脱模后不应坍落，不应拉裂，其脱模强度不得低于 0.2MPa。

6.1.5 采用电动（液压）提模工艺施工时，受力层混凝土的强度值应根据平台荷载经过计算确定，低于该值时不得提升平台。

6.1.6 烟道口、门洞、灰斗平台等处的承重模板，应在混凝土强度达到现行国家标准《混凝土结构工程施工质量验收规范》GB 50204 的要求后拆除。

6.1.7 烟囱施工应设置沉降观测点，设置后应做首次沉降观测，施工过程中应每 50m 做一次沉降观测。筒壁施工完后，应按国家现行标准《建筑变形测量规范》JGJ 8 的要求继续进行观测。

6.2 钢筋工程

6.2.1 钢筋的端头、接头应符合本规范第 4.2.1～4.2.4 条的规定。

6.2.2 竖向钢筋应沿筒壁圆周均匀布置，在施工平台辐射梁分布处，钢筋间距可适当增大。环向钢筋应配置在竖向钢筋的外侧。

6.2.3 筒壁半径、高度变化时，竖向钢筋的直径或根数应按设计要求调整，调整后的钢筋间距不得大于设计要求，并应在筒壁的全圆周内均匀布置。

6.2.4 高出模板的竖向钢筋应临时固定。每层混凝土浇筑后，在其上面至少应有一道绑扎好的环向钢筋。

6.2.5 滑动模板支承杆的长度宜为 3～5m。第一批插入的支承杆应有四种以上的不同长度，相邻高差不得小于支承杆直径的 20 倍。

6.2.6 滑动模板支承杆的接头应连接牢固，支承杆应与筒壁的环向钢筋间隔点焊。环向钢筋的接头应焊接。

6.2.7 在滑升过程中应检查支承杆是否倾斜。当支承杆有失稳或被千斤顶带起时，应及时进行处理。

6.2.8 穿过较高的烟道口、采光窗及模板滑空时，除应加固支承杆外，还应采取其他的稳定措施。

6.2.9 当采用滑动模板工艺施工时，可利用支承杆等强度代替结构的受力钢筋，接头强度应符合现行国家标准《滑动模板工程技术规范》GB 50113 的规定。

6.3 模板工程

6.3.1 模板及其支撑结构必须满足承载能力、刚度和稳定性的要求。

6.3.2 滑动模板在滑升中出现扭转时，应及时纠正，其环向扭转值，应按筒壁外表面的弧长计算，在任意 10m 高度内不得超过 100mm，全高范围不得超过 500mm。

6.3.3 滑动模板中心偏移时，应及时、逐渐地进行

纠正。当利用工作台的倾斜度来纠正中心偏移时，其倾斜度宜控制在 1‰ 以内。

6.3.4 采用电动（液压）提模工艺安装模板时，内外模板应设置对拉螺杆，对拉螺杆的间距、规格、位置应经计算确定。上下层模板宜采用承插方式连接，模板上口应设置对撑。内外均应设置收分模板，外模板应捆紧，缝隙应堵严，内模板应支顶牢固。

6.3.5 采用电动（液压）提模工艺施工时，平台系统应每提升一次检查一次中心偏移。

6.4 混凝土工程

6.4.1 筒壁混凝土宜选用同一生产厂家、同一品种、同一强度等级的普通硅酸盐水泥或矿渣硅酸盐水泥配制；当平均气温在 10℃ 以下时，不得使用矿渣硅酸盐水泥。每立方米混凝土最大水泥用量不得超过 450kg，水胶比不宜大于 0.5，混凝土宜掺用减水剂。

6.4.2 用于改善混凝土性能所采用的掺和料、外加剂等，应符合国家现行标准《粉煤灰混凝土应用技术规范》GBJ 146 和《混凝土减水剂质量标准和试验方法》JGJ 56 的有关规定。

6.4.3 混凝土粗骨料的粒径，不应超过筒壁厚度的 1/5 和钢筋净距的 3/4，最大粒径不应超过 60mm；泵送混凝土时最大粒径不应超过 40mm。宜选用连续级配的粗骨料。

6.4.4 单筒式烟囱筒壁顶部 10m 高度范围内和采用双滑或内砌外滑方法施工的环形悬臂，不宜采用石灰岩作粗骨料。

6.4.5 采用滑模工艺施工时，浇筑混凝土应沿筒壁圆周均匀地分层进行，每层厚度宜为 250～300mm；在浇筑上层混凝土时，应对称地变换浇筑方向。

采用电动（液压）提模工艺浇筑混凝土时，可从一点开始沿环向向两个方向连续浇筑至闭合。相邻两节筒壁的混凝土起始浇筑点应错开 1/4 圆周长度。

6.4.6 采用滑模工艺施工时，用于振捣混凝土的振动棒不得触动支承杆、钢筋和模板。振动棒的插入深度不应超过前一层混凝土内 50mm。在提升模板时，不得振捣混凝土。

6.4.7 筒壁施工时应减少施工缝。对施工缝的处理，应先清除松动的石子，冲洗干净并浇水充分润湿，再铺 20～30mm 厚的与混凝土内浆体成分相同的水泥砂浆层，然后继续浇筑上层混凝土。当混凝土和钢筋被油污染时，应清理干净。

6.4.8 采用双滑施工方法时，应采取保证筒壁和内衬厚度的措施，并应防止筒壁混凝土与内衬混凝土相互渗透和混淆。

6.4.9 烟囱施工时，应每 10m 留置一组混凝土试块；当 10m 混凝土量超过 100m³ 时，应按每 100m³ 留置一组混凝土试块。当需检验其他龄期的强度或当

原材料、配合比变更时，则应另取混凝土试块。混凝土试块的制作、养护和检验应有专人负责。施工时应留置同条件的试块。

6.4.10 筒壁混凝土的养护可采用养护液。

6.5 质量检验

6.5.1 钢筋混凝土烟囱筒壁应每 10m 划分为一个检验批。

6.5.2 钢筋混凝土烟囱筒壁模板安装质量标准及检验方法应符合表 6.5.2 的规定。一般项目抽查数量均不应少于 10 处。

表 6.5.2 钢筋混凝土烟囱筒壁模板安装质量标准及检验方法

类别	序号	项目		质量标准/允许偏差	单位	检验方法
主控项目	1	模板的外观质量		应四角方正、板面平整，无卷边、翘曲、孔洞及毛刺等	—	观察检查
	2	钢模板几何尺寸		应符合现行国家标准《组合钢模板技术规范》GB 50214 的要求		尺量检查
	3	烟囱中心引测点与基准点的偏差		5	mm	激光经纬仪或吊线锤
	4	任何截面上的半径		±20		尺量检查
一般项目	1	模板内部清理		干净无杂物	—	观察检查
	2	模板与混凝土接触面		无粘浆、隔离剂涂刷均匀		
	3	内外模板半径差		10		尺量检查
	4	相邻模板高低差		3		直尺和楔形塞尺检查
	5	同层模板上口标高差		20		水准仪和尺量检查
	6	预留洞口起拱度（l≥4m）		应符合设计要求或全跨长的 1‰～3‰		尺量检查
	7	围圈安装的水平度		1‰		水平直尺
	8	预留孔洞、烟道口	中心线	10	mm	经纬仪和尺量检查
			标高	±15		水准仪和尺量检查
			截面尺寸	+15 0		尺量检查
	9	预埋铁件中心		10		水准仪和尺量检查
	10	预埋暗榫中心		20		经纬仪和尺量检查
	11	预埋螺栓中心		3		
	12	预埋螺栓外露长度		+20 0		尺量检查

6.5.3 钢筋混凝土烟囱筒壁钢筋安装质量标准及检验方法应符合表 6.5.3 的规定。一般项目检查数量均不应少于 10 处。

表 6.5.3 钢筋混凝土烟囱筒壁钢筋安装质量标准及检验方法

类别	序号	项目		质量标准/允许偏差	单位	检验方法
主控项目	1	钢筋的品种、级别、规格、数量和质量		应符合设计要求和现行国家标准《混凝土结构工程施工质量验收规范》GB 50204 的规定	—	检查质量合格证明文件、标识及检验报告
	2	竖向受力钢筋的连接方式		应符合设计要求	—	观察
	3	钢筋焊接质量		应符合国家现行标准《钢筋焊接及验收规程》JGJ 18 的规定	—	检查外观及接头力学性能试验报告
	4	接头试件		应作力学性能检验，其质量应符合国家现行标准《钢筋焊接及验收规程》JGJ 18 和《钢筋机械连接通用技术规程》JGJ 107 的规定	—	检查接头力学性能试验报告
一般项目	1	钢筋表面质量		应平直、洁净，不应有损伤、油渍、漆污、片状老锈和麻点，不应有变形	—	观察
	2	钢筋机械连接或焊接接头位置		接头应相互错开；在同一连接区段内接头的根数不应多于钢筋总数的 50%	—	观察
	3	钢筋绑扎搭接接头位置		相邻受力钢筋的绑扎搭接接头应相互错开。在同一连接区段内绑扎接头的根数不应多于钢筋总数的 25%，搭接长度应符合设计和现行国家标准《混凝土结构工程施工质量验收规范》GB 50204 的规定		观察，钢尺检查
	4	钢筋间距		±20	mm	尺量检查，抽查数量不少于 10 处
	5	钢筋保护层		+10 −5		
	6	预留插筋	中心位移	10		
			外露长度	+30 0		

6.5.4 钢筋混凝土烟囱筒壁混凝土质量标准及检验方法应符合表 6.5.4 的规定。一般项目检查数量均不应少于 10 处。

表 6.5.4 钢筋混凝土烟囱筒壁混凝土质量标准及检验方法

类别	序号	项目		质量标准/允许偏差	单位	检验方法
主控项目	1	混凝土组成材料的品种、规格和质量		应符合设计要求和现行国家标准《混凝土结构工程施工质量验收规范》GB 50204 的规定	—	检查合格证和检验报告
	2	混凝土配合比及组成材料计量偏差		应符合现行国家标准《混凝土结构工程施工质量验收规范》GB 50204 的规定	—	检查混凝土搅拌记录
	3	混凝土强度评定和试块组数		应符合现行国家标准《混凝土结构工程施工质量验收规范》GB 50204 的规定	—	检查试验记录
一般项目	1	混凝土外观质量	露筋、蜂窝、拉裂、明显凹痕	不应有露筋、蜂窝、拉裂和明显凹痕	—	观察
	2	轴线位移		3		经纬仪和尺量检查
	3	表面平整度		5		尺量检查
	4	相邻两板面高低差		3		靠尺和楔形塞尺检查
	5	筒壁厚度偏差		±20		尺量检查
	6	任何截面上的半径		±25		
	7	筒壁内外表面局部凸凹不平（沿半径方向）		25		
	8	预埋暗榫中心		20		经纬仪和尺量检查
	9	预埋螺栓中心		3		
	10	预埋螺栓外露长度		+20 0	mm	尺量检查
	11	筒壁的扭转（滑模）	10m	100		经纬仪和尺量检查，测量筒壁外表面的弧长
			全高程内	500		
	12	预留洞口、烟道口	中心线	15		经纬仪和尺量检查
			标高	±20		水准仪检查
			截面尺寸	±20		尺量检查
	13	筒壁高度偏差		±0.1%（筒身全高）		尺量、仪器检查

续表 6.5.4

类别	序号	项目		质量标准/允许偏差	单位	检验方法
一般项目	14	筒身中心线的垂直度偏差	高度20m	25	mm	仪器、线锤及尺量检查
			高度40m	35		
			高度60m	45		
			高度80m	55		
			高度100m	60		
			高度120m	65		
			高度150m	75		
			高度180m	85		
			高度210m	95		
			高度240m	105		
			高度270m	115		
			高度300m	125		

注: 1 允许偏差值指一座烟囱在不同标高的允许偏差。
　　2 中间值用插入法计算。
　　3 烟囱中心线的测定工作,应在风荷和日照温差较小的情况下进行。

7 钢烟囱和钢内筒

7.1 一般规定

7.1.1 钢烟囱应包括塔架式、自立式和拉索式;钢内筒应包括自立式、整体悬挂式和分段悬挂式。施工时可根据具体条件选择施工方法。

7.1.2 钢烟囱和钢内筒施工和质量检验除应符合本章的规定外,尚应符合国家现行标准《钢结构工程施工质量验收规范》GB 50205、《建筑钢结构焊接技术规程》JGJ 81 和《钢结构高强度螺栓连接的设计施工及验收规程》JGJ 82 的有关规定。

7.2 钢烟囱和钢内筒制作、预拼装工程

7.2.1 钢烟囱和钢内筒制作宜在工厂内进行,当在现场施工时,应采取防雨和防风措施。

7.2.2 钢烟囱和钢内筒制作、运输过程中,应采取防止变形的措施,并应保证预拼装或安装质量。

7.2.3 钢烟囱和钢内筒的基准线、点等标记应清晰准确。

7.2.4 预拼装应做好标志和记录,验收合格后,记录应随构件提供给施工单位。

7.3 焊接工程

7.3.1 从事钛复合板焊接作业的焊工必须经过考试合格并取得合格证书。持证焊工必须在其考试合格项目及其认可范围内施焊。

7.3.2 设计要求全焊透的一、二级焊缝应采用超声波探伤进行内部缺陷的检验,超声波探伤不能对缺陷做出判断时,应采用射线探伤,其内部缺陷分级及探伤方法应符合现行国家标准《钢焊缝手工超声波探伤方法和探伤结果分级》GB 11345 或《钢熔化焊对接接头射线照相和质量分级》GB 3323 的有关规定。一、二级焊缝的质量等级及缺陷分级应符合表 7.3.2 的规定。

表 7.3.2 一、二级焊缝的质量等级及缺陷分级

焊缝质量等级		一级	二级
内部缺陷超声波探伤	评定等级	II	III
	检验等级	B 级	B 级
	探伤比例	100%	20%
内部缺陷射线探伤	评定等级	II	III
	检验等级	AB 级	AB 级
	探伤比例	100%	20%

7.3.3 探伤比例的计算方法应按下列原则确定:

　　1 对工厂焊缝,应按每条焊缝计算百分比,且探伤长度不应小于 200mm,当焊缝长度不足 200mm 时,应对整条焊缝进行探伤;

　　2 对现场安装焊缝,应按同一类型、同一施焊条件的焊缝条数计算百分比,探伤长度不应小于 200mm,且不应少于 1 条焊缝。

7.3.4 采用钛复合板的钢内筒焊接应符合下列规定:

　　1 钛复合板宜选用定尺材料,坡口形式和尺寸应根据设计图纸选用;

　　2 钛材焊接前应根据国家现行标准《钛制焊接容器》JB/T 4745 的有关规定进行焊接工艺评定;

　　3 焊丝应符合国家现行标准《钛制焊接容器》JB/T 4745 的有关规定;

　　4 钛钢复合板复层除筒体对接的焊缝外其他部位不得进行焊接工作。复合板基层焊接时,应采取保护复层的措施;

　　5 钛钢复合板基层进行焊接工作应控制层间温度;

　　6 钛钢复合板基层焊缝应采用超声波探伤进行内部缺陷的检验,焊缝质量等级应为二级;

　　7 钛钢复合板复层焊缝应采用液体渗透探伤进行表面缺陷的检验,检验比例应为 100%;

　　8 施焊后的钛焊缝和热影响区表面的颜色应为银白色。

7.4 钢烟囱和钢内筒安装工程

7.4.1 钢烟囱和钢内筒安装应在基础轴线、标高、地脚螺栓、构件制作等检验合格后进行。

7.4.2 钢烟囱和钢内筒采用起重机械吊装法安装时,起重吊装机械应有安全检验合格证件,起重吊装机械基础应符合设计文件规定的承载能力。

7.4.3 钢烟囱和钢内筒采用液压顶升法或提升法安装时,单台液压顶升或提升设备应在额定压力下工作;多台顶升或提升设备同时工作时,应选用性能相

同的设备，最大荷载不得超过设备允许总额定荷载的80%。顶升或提升前，液压顶升或提升设备应按操作规程进行调试。

7.4.4 采用液压顶升法安装顶升时，应在筒体上设置导向止晃装置。

7.4.5 钢烟囱和钢内筒采用气顶倒装法安装时，应计算逐节顶升时所需压力。气顶前，气顶设备应进行调试。

7.4.6 用于提升的钢绞线和钢丝绳应符合现行国家标准《预应力混凝土用钢绞线》GB/T 5224 和《钢丝绳》GB/T 8918 的有关规定。

7.5 质 量 检 验

7.5.1 钢烟囱和钢内筒可按结构制作或安装，应每20m 高划分为一个检验批。

7.5.2 钢烟囱和钢内筒零部件制作质量标准及检验方法应符合表 7.5.2 的规定。

表 7.5.2 钢烟囱和钢内筒零部件制作质量标准及检验方法

类别	序号	项目			质量标准/允许偏差	单位	检验方法
主控项目	1	钢材的品种、规格、性能等			应符合设计要求和国家现行有关材料标准的规定	—	检查出厂检验报告和标志
	2	钢材切割面或剪切面			应无裂纹、夹渣、分层和大于 1mm 的缺棱	—	观察或用放大镜
	3	制孔	A、B级	孔壁表面粗糙度	12.5	μm	用游标卡尺及孔径量规、粗糙度测量仪检查，抽查 10%，且不少于 3 处
				孔径 10～18	+0.18 0.00	mm	
				孔径 18～30	+0.21 0.00		
				孔径 30～50	+0.25 0.00		
				孔壁表面粗糙度	25	μm	
			C级	直径	+1.0 0.00	mm	
				圆度	2.0		
				垂直度	0.03t，且≤2.0		
一般项目	1	钢材的规格尺寸及允许偏差			应符合国家现行有关材料标准的规定	—	用游标卡尺检查，每种规格抽查数不少于 10 处
	2	钢材的外观质量			应符合国家现行有关材料标准的规定	—	观察检查
	3	切割	气割	零件宽度、长度	±3.0	mm	观察检查或使用放大镜、焊缝量规和钢尺检查，抽查 10%，且不少于 3 处
				切割面平面度	0.05t，且≤2.0		
				割纹深度	0.3		
				局部缺口深度	1.0		
			机械剪切	零件宽度、长度	±3.0		
				边缘缺棱	1.0		
				型钢端部垂直度	2.0		

类别	序号	项目		质量标准/允许偏差	单位	检验方法
一般项目	4	矫正	钢板局部平整度 t≤14	1.5	mm	观察检查和实测检查
			钢板局部平整度 t>14	1.0		
			型钢弯曲矢高	L/1000，且≤5.0		
			角钢肢垂直度	b/100，≤90°（双肢栓接）		
			翼缘对腹板垂直度 槽钢	b/80		
			翼缘对腹板垂直度 工字钢、H 型钢	b/100，且≤2.0		
	5	边缘加工	零件宽度、长度	±1.0	mm	
			加工边直线度	L/3000，且≤2.0		
			相邻两边夹角	±6′	—	
			加工面垂直度	0.025t，且≤0.5	mm	
			加工面表面粗糙度	50	μm	
	6	螺栓孔距	一组内任意两孔间距离 ≤500	±1.0	mm	钢尺检查，抽查数不少于 10 处
			一组内任意两孔间距离 501～1200	±1.2		
			相邻两组的端孔间距离 ≤500	±1.2		
			相邻两组的端孔间距离 501～1200	±1.5		
			相邻两组的端孔间距离 1201～3000	±2.0		
			相邻两组的端孔间距离 >3000	±3.0		

注：b 为宽度或板的自由外伸宽度，t 为板的厚度，L 为构件的长度。

7.5.3 钢烟囱和钢内筒制作、安装焊接质量标准及检验方法应符合表 7.5.3 的规定。

表 7.5.3 钢烟囱和钢内筒制作、安装焊接质量标准及检验方法

类别	序号	项目	质量标准/允许偏差	单位	检验方法
主控项目	1	焊接材料的品种、规格、性能等	应符合设计要求和国家现行有关材料标准的规定	—	检查质量合格证明文件、中文标记及检验报告
	2	焊工	必须经考试合格并取得合格证书且在其考试合格项目及其认可范围内施焊	—	检查焊工合格证书及其认可范围、有效期
	3	设计要求全焊透的一、二级焊缝	探伤检验应符合现行国家标准《钢焊缝手工超声波探伤方法和探伤结果分级》GB 11345 和《钢熔化焊对接接头射线照相和质量分级》GB 3323 的规定	—	检查探伤报告
	4	焊缝质量等级及缺陷分级	应符合本规范第 7.3.2 条的规定	—	

类别	序号	项目		质量标准/允许偏差	单位	检验方法
主控项目	5	焊接材料与母材的匹配		应符合设计要求和国家现行标准《建筑钢结构焊接技术规程》JGJ 81 的规定	—	检查质量证明文件
	6	首次采用的钢材、焊接材料、焊接方法、焊后热处理等		应进行焊接工艺评定，并应根据评定报告确定焊接工艺	—	检查焊接工艺评定报告
	7	焊缝表面质量		不得有裂纹、焊瘤等缺陷。一、二级焊缝不得有表面气孔、夹渣、弧坑裂纹、电弧擦伤等缺陷；且一级焊缝不得有咬边、未焊满、根部收缩等缺陷	—	观察检查或使用放大镜、焊缝量规和钢尺检查，抽查10%，且不少于3处
	8	要求焊透的组合焊缝焊脚尺寸		+4 / 0	mm	观察检查，用焊缝量规测量，抽查数不少于10处
一般项目	1	焊条外观质量		不应有药皮脱落、焊芯生锈等缺陷；焊剂不应受潮结块	—	观察检查
		对于需要进行焊前预热或焊后热处理的焊缝		应符合国家现行标准《建筑钢结构焊接技术规程》JGJ 81 的规定或通过工艺试验确定	—	检查预、后热施工记录和工艺试验报告
		凹形的角焊缝		焊出凹形的角焊缝应过渡平缓；加工成凹形的角焊缝，不得有切痕	—	观察检查，抽查10%，且不少于3处
		焊缝感观		外形均匀、成型较好，焊渣和飞溅物基本清除干净	—	观察检查
		二、三级焊缝外观质量	未焊满 二级	$0.2+0.02t$，且≤1.0	mm	观察检查或使用放大镜、焊缝量规和钢尺检查，抽查数不少于10处
			未焊满 三级	$0.2+0.04t$，且≤2.0		
			根部收缩 二级	$0.2+0.02t$，且≤1.0		
			根部收缩 三级	$0.2+0.04t$，且≤2.0		
			咬边 二级	$0.05t$，且≤0.5，连续长度≤100.0		
			咬边 三级	$0.1t$，且≤1.0		
			弧坑裂纹 三级	允许存在个别长度≤5.0		
			电弧擦伤 三级	允许个别存在		
			接头不良 二级	缺口深度$0.05t$，且≤0.5		
			接头不良 三级	缺口深度$0.1t$，且≤1.0		
			表面夹渣 三级	深度$0.2t$，长$0.5t$，且≤2.0		
			表面气孔 三级	每50.0mm焊缝长度允许直径$0.4t$，且≤3.0，数量不多于2个，孔距≥6倍孔径		

类别	序号	项目			质量标准/允许偏差	单位	检验方法
一般项目	2	对接焊缝尺寸	焊缝余高	$B<20$ 一级	+2.0 / +0.5	mm	焊缝量规检查，抽查数不少于10处
				$B<20$ 二级	+2.5 / +0.5		
				$B<20$ 三级	+3.5 / +0.5		
				$B\geqslant20$ 一级	+3.0 / +0.5		
				$B\geqslant20$ 二级	+3.5 / +0.5		
				$B\geqslant20$ 三级	+3.5 / 0.0		
			焊缝错边	一级、二级	$0.1t$，且≤2.0		
				三级	$0.15t$，且≤3.0		
	3	焊透组合焊缝尺寸	焊脚尺寸	$h_f\leqslant6$	+1.5 / 0.0		
				$h_f>6$	+3.0 / 0.0		
			角焊缝余高	$h_f\leqslant6$	+1.5 / 0.0		
				$h_f>6$	+3.0 / 0.0		

注: t为板的厚度，h_f为焊脚尺寸。

7.5.4 钢烟囱和钢内筒组装质量标准及检验方法应符合表7.5.4的规定。

表7.5.4 钢烟囱和钢内筒组装质量标准及检验方法

类别	序号	项目		质量标准/允许偏差	单位	检验方法
主控项目	1	外观表面		表面不应有焊疤、明显凹面，划痕应小于0.5mm	—	观察检查
	2	标记		基准线、点、标高及编号应完备、清楚	—	
	3	椭圆度	筒直径$D\leqslant5m$	10	mm	钢尺检查，抽查数不少于10处
			筒直径$D>5m$	20		
	4	焊接		应符合本规范表7.5.3的规定	—	查看焊接评定表
一般项目	1	外径周长偏差		+6 / 0	mm	钢尺检查
	2	对口错边				直尺和塞尺检查
	3	两端面与轴线的垂直度		3		吊线和钢尺检查
	4	相邻两节焊缝错开		≥300		钢尺检查
	5	直线度		1		1m钢尺和塞尺检查
	6	圆弧度		2		用≥1.5弦长样板和塞尺检查
	7	表面平整度		1.5		1m钢尺和塞尺检查
	8	高度偏差		$\pm H/2000$，且±50		钢尺检查

注: H为组装段的高度。

7.5.5 钢烟囱和钢内筒安装质量标准及检验方法应符合表7.5.5的规定。

表7.5.5 钢烟囱和钢内筒安装质量标准及检验方法

类别	序号	项目		质量标准/允许偏差	单位	检验方法
主控项目	1	钢构件验收		应符合设计要求和现行国家标准《钢结构工程施工质量验收规范》GB 50205 的规定，无变形及涂层脱落	—	拉线、钢尺现场实测或观察检查
	2	焊接		应符合本规范表7.5.3的规定	—	查看焊接检验表
一般项目	3	椭圆度	筒直径 D≤5m	10	mm	钢尺检查
			筒直径 D>5m	20		
	1	与支座环同心度	D≤5m	10	mm	抽查数不少于10处
			D>5m	20		塞尺检查
	2	与支座环间隙		1.5		
	3	相邻两节焊缝错开		≥300		钢尺检查
	4	对口错边		1		直尺和塞尺检查
	5	止晃点标高		±10		钢尺检查
	6	中心偏差		H/1000，且≤100		吊线，用钢尺或全站仪检查
	7	总高度		±100		钢卷尺或测距仪检查
	8	烟道口中心		≤15		经纬仪检查
	9	烟道口标高		±20		钢尺检查
	10	烟道口高和宽		±20		

注：H 为钢烟囱和钢内筒的安装高度。

7.5.6 高强度螺栓连接质量标准及检验方法应符合表7.5.6的规定。

表7.5.6 高强度螺栓连接质量标准及检验方法

类别	序号	项目	质量标准/允许偏差	检验方法
主控项目	1	高强度螺栓的品种、规格、性能	应符合设计要求和国家现行有关材料标准的规定	检查产品的质量合格证明文件、中文标记及检验报告
	2	摩擦面的抗滑移系数	应符合设计要求	检查摩擦面的抗滑移系数试验报告
	3	高强度大六角头螺栓的连接副扭矩系数或扭剪高强度螺栓连接副预拉力复验	应符合国家现行标准《钢结构高强度螺栓连接的设计施工及验收规程》JGJ 82的规定	检查复验报告
	4	终拧扭矩	应符合国家现行标准《钢结构高强度螺栓连接的设计施工及验收规程》JGJ 82的规定	扭矩法、转角法或观察检查，按节点数抽查10%，且每个被抽查节点按螺栓数抽查10%，且不少于2个

续表7.5.6

类别	序号	项目	质量标准/允许偏差	检验方法
一般项目	1	螺母、螺栓、垫圈外观表面	应涂油保护，不应出现生锈和沾染脏物等现象，螺纹不应损伤	观察检查，全数检查
	2	高强度螺栓表面硬度试验	高强度螺栓不得有裂纹或损伤，表面硬度试验应符合国家现行标准《钢结构高强度螺栓连接的设计施工及验收规程》JGJ 82的规定	检查质量合格证明文件
	3	高强度螺栓连接副的施拧顺序和初拧、复拧扭矩	应符合国家现行标准《钢结构高强度螺栓连接的设计施工及验收规程》JGJ 82的规定	检查扳手标定记录和螺栓施工记录
	4	摩擦面外观	应干燥、整洁，不应有飞边、毛刺、焊接飞溅物、焊疤、氧化铁皮等，且不得涂油漆（设计要求除外）	观察检查，全数检查
	5	连接外观质量	丝扣外露2~3扣，允许丝扣外露1扣或4扣数量不大于10%	观察检查，按节点数抽查5%，且不少于10个
	6	扩孔孔径	1.2d	观察及卡尺检查，全数检查

8 烟囱平台

8.1 平台制作和安装工程

8.1.1 钢平台、钢梯、栏杆制作和安装除应符合本规范外，尚应符合国家现行标准《钢结构工程施工质量验收规范》GB 50205、《建筑钢结构焊接技术规程》JGJ 81 和《焊接H型钢》YB 3301 的有关规定。

8.1.2 当烟囱平台作为吊装平台时，烟囱平台应进行承载能力、变形和稳定性验算。

8.1.3 平台梁翼缘板、腹板拼接接头位置宜设置在距支座1/3跨度的范围内，翼缘板和腹板的拼接缝间距不应小于200mm。

8.1.4 预制的钢平台构件尺寸应根据筒壁预埋件的实际尺寸进行复核调整。

8.1.5 组合平台中的压型钢板施工应在钢平台验收合格后进行，施工时应摆放整齐，并应分散放置。

8.1.6 混凝土平台施工和质量检验除应符合本章的规定外，尚应符合现行国家标准《混凝土结构工程施工质量验收规范》GB 50204的有关规定；钢筋安装和混凝土质量标准及检验方法应符合本规范第6.5.3条和第6.5.4条的规定。

8.1.7 混凝土平台施工应根据施工工艺,确定与筒壁的施工顺序。

8.2 质量检验

8.2.1 焊接钢梁制作质量标准及检验方法除应符合表7.5.2的规定外,还应符合表8.2.1的规定。一般项目检查数量不应少于10处。

表 8.2.1 焊接钢梁制作的质量标准及检验方法

类别	序号	项目			质量标准/允许偏差	单位	检验方法
主控项目	1	钢材品种、规格和性能			应符合设计要求和国家现行有关材料标准的规定	—	检查出厂合格证和试验报告
	2	切割面或剪切面			应无裂纹、夹层和不大于1mm缺棱		观察和钢尺检查,必要时做超声波检查
	3	制孔	A、B级	孔壁表面粗糙度	12.5	μm	用游标卡尺或孔径量规、粗糙度测量仪检查,抽查10%,且不少于3处
				孔径 10~18mm	+0.18 0.00	mm	
				18~30mm	+0.21 0.00		
				30~50mm	+0.25 0.00		
			C级	孔壁表面粗糙度	12.5	μm	
				直径	+1.0 0.0	mm	
				圆度	2.0		
				垂直度	0.03t,且≤2.0		
一般项目	1	梁长度	端部凸缘支座板		0 −5	mm	尺量检查
			其他形式		+L/2500,且≤+10 −L/2500,且≥−10		
	2	端部高度	H≤2m		±2		
			H>2m		±3		
	3	侧向弯曲矢高			L/2000,且≤10		拉线和尺量检查
	4	扭曲			H/250,且≤10		
	5	腹板局部平面度	t≤14mm		5.0		1m直尺和尺量检查
			t>14mm		4.0		
	6	翼缘板对腹板的垂直度			b/100,且≤3.0		直角尺和尺量检查
	7	腹板中心线偏移					拉线和尺量检查
	8	翼缘板宽度偏差			±3		
	9	箱形截面对角线差			5.0		尺量检查
	10	箱形截面两腹板至翼缘板中心线距离	连接处		±1.0		
			其他处		±1.5		

注:L为梁长度,H为梁高度,t为钢板厚度,b为翼缘板宽度。

8.2.2 钢平台和钢梯安装质量标准及检验方法除应符合表7.5.2的规定外,尚应符合表8.2.2的规定。一般项目检查数量不应少于10处。

表 8.2.2 钢平台和钢梯安装质量标准及检验方法

类别	序号	项目		质量标准/允许偏差	单位	检验方法
主控项目	1	基础验收		应符合设计要求和现行国家标准《钢结构工程施工质量验收规范》GB 50205的规定		检查资料复测尺寸
	2	构件验收		应符合设计要求和现行国家标准《钢结构工程施工质量验收规范》GB 50205的规定,无变形及涂层脱落		拉线,钢尺现场实测或观察检查
一般项目	1	外观质量		所有构件表面应光滑、无毛刺,不应有歪斜、扭曲、变形及其他缺陷	—	观察检查
	2	平台垂直度		h/250,且≤10		
	3	平台梁侧向弯曲		L/1000,且≤10		尺量检查
	4	主体结构的整体平面弯曲		总长度的1/1500,且≤25		
	5	平台	支柱垂直度	支柱高度的1/1000		垂线和尺量检查
			长度、宽度	±4		尺量检查
			两对角线差	6		
			支柱长度	±5		尺量检查
			平台表面平面度	3		1m靠尺检查
	6	格栅板	栅板片间距	±3	mm	尺量检查
			对角线差 板长>3m	6		
			板长≤3m	3		
			栅板平面度	3		2m靠尺和钢尺检查
	7	钢梯	梯梁纵向挠曲矢高	梯梁长度的1/1000		拉线和尺量检查
			梯梁长度	±5		尺量检查
			梯安装孔距	±3		
			梯宽	±5		
			踏步平面度	b/100		
			踏步间距	±5		
	8	栏杆	栏杆高度	±5		
			栏杆立柱间距	±10		

注:L为平台梁长度,b为钢梯宽度,h为平台梁高度。

8.2.3 压型钢板质量标准及检验方法应符合表8.2.3的规定。

表 8.2.3　压型钢板质量标准及检验方法

类别	序号	项目	质量标准/允许偏差	单位	检验方法
主控项目	1	压型钢板品种、规格和质量	应符合设计要求和国家现行有关材料标准的规定	—	检查出厂质量证明文件
	2	外观质量	无涂层损伤、变形和颜色不匀	—	观察检查
	3	连接	应符合设计要求和现行国家标准《钢结构工程施工质量验收规范》GB 50205 的规定，连接处应严密、不漏浆		
一般项目	1	铺设缝	相邻两排长边的搭接缝应错开		观察检查
	2	孔洞加固	应满足设计要求，位置准确、牢固		观察和钢尺检查
	3	压型钢板固定质量	焊钉（栓钉）施工应符合设计要求和现行国家标准《钢结构工程施工质量验收规范》GB 50205 的规定		检查焊接工艺评定、现场焊接参数
	4	搭接长度　纵向	应符合设计要求或不小于 20	mm	钢尺检查
		搭接长度　横向	应符合设计要求或不小于 1 波		

8.2.4 混凝土平台模板安装质量标准及检验方法应符合表 8.2.4 的规定。

表 8.2.4　混凝土平台模板安装质量标准及检验方法

类别	序号	项目	质量标准/允许偏差	单位	检验方法
主控项目	1	模板及其支架	应具有足够的承载能力、刚度和稳定性，能可靠地承受浇筑混凝土的重量、侧压力以及施工荷载	—	检查计算书，观察和手摇动检查
	2	隔离剂	不得玷污钢筋与混凝土接合处	—	观察检查
一般项目	1	预埋件、预埋孔（洞）	应齐全、正确、牢固		
	2	起拱度（长度≥4m）　设计有要求	应符合设计要求		水准仪或钢尺检查
		起拱度（长度≥4m）　设计无要求	应为全跨长的 1/1000～3/1000		抽查数量不少于 10 处
	3	底模上表面标高	±5	mm	水准仪、拉线或钢尺检查
	4	相邻两模板表面高低差	2		钢尺检查

续表 8.2.4

类别	序号	项目	质量标准/允许偏差	单位	检验方法
一般项目	5	表面平整度	5	mm	2m 靠尺和塞尺检查
	6	预埋件中线位置	3		抽查数量不少于 10 处
	7	预埋孔（洞）　中心线位置	10		钢尺检查
		预埋孔（洞）　尺寸	+10, 0		

8.2.5 高强螺栓的连接应符合本规范第 7.5.6 条的规定。

9　内衬和隔热层

9.1　一般规定

9.1.1 内衬和隔热层材料的运输、贮存和施工应采取防雨、防湿和防潮措施。有防冻要求的材料，应采取防冻措施。

9.1.2 钢内筒和钢烟囱内衬采用浇注料、喷涂料时，筒壁应进行基层处理，除锈应符合设计要求。锚固件设置应符合设计要求，焊接应牢固。

9.1.3 施工中不得任意改变不定形材料的配合比。不得在搅拌好的不定形材料内任意加水或其他物料。

9.2　砖内衬（筒）和隔热层

9.2.1 支承砖内衬（筒）的环形悬臂表面应用 1:2 水泥砂浆抹平。有防腐要求时，水泥砂浆找平层施工后，应按设计要求进行防腐处理。

9.2.2 内衬（筒）应分层砌筑，不应留直槎，砌体砖缝灰浆应饱满。内衬内表面和内筒表面均应勾缝。
　　砌筑用水泥砂浆应每 10m 留置一组试块。

9.2.3 内衬（筒）厚度为 1/2 砖时，应采用顺砖砌筑，并应互相交错半砖；厚度为 1 砖时，应采用顶砖砌筑，并应互相交错 1/4 砖；异型砖应交错其宽度的 1/2。

9.2.4 采用空气隔热层的单筒烟囱，砌筑内衬应从内衬向烟囱筒壁方向挑出顶砖。顶砖应按梅花形布置，并应按竖向间距 1m、环向间距 0.5m 挑出一块顶砖，顶砖与筒壁之间应留设 10mm 膨胀缝。当设计有规定时，应按设计规定留设。

9.2.5 筒壁与内衬之间的空隙内，应防止落入泥浆或砖屑。当设计规定填充隔热材料时，应在内衬每砌好 10 层砖后填充一次，隔热层应填充饱满。当隔热层为松散隔热材料时，应按设计规定留设防沉带。
　　施工时，应经常检查隔热层厚度以及防沉带下部隔热层是否填充饱满。

9.2.6 防沉带在高度方向的间距宜为 1.5～2.5m。

防沉带与筒壁之间，应留设 10mm 膨胀缝。当设计有规定时，应按设计规定留设。

9.3 不定形材料内衬

9.3.1 搅拌材料用水，应采用洁净水。沿海地区搅拌用水应经化验，其氯离子浓度不应大于 300mg/L。

9.3.2 用于浇筑的模板应有足够的刚度和强度，支模尺寸应准确，并应防止在施工过程中变形。模板接缝应严密，不应漏浆。模板表面应采取防粘措施。

与浇注料接触的隔热衬体表面，应采取防水措施。

9.3.3 浇注料和喷涂料应采用强制式搅拌机搅拌。配合比、搅拌时间和养护方法应按设计要求或使用说明书执行。浇注料和喷涂料在养护期间，不得受外力及振动。

9.3.4 浇注料的浇筑应连续进行。在前层浇注料凝结前，应将次层浇注料浇筑完毕。间歇超过凝结时间，应按施工缝要求处理。浇注料内衬表面不得有剥落、裂缝或孔洞等缺陷。

9.3.5 非承重模板，应在浇注料强度保证其表面和棱角不因拆模而受损坏或变形时，方可拆除；承重模板应在浇注料达到设计强度 70% 后，方可拆除。

9.3.6 现场施工的浇注料，对每一种牌号或配合比，应每 20m³ 为一批留置试块检验，不足此数也作一批检验。

9.3.7 喷涂料施工前，应按喷涂料牌号规定的施工方法或说明进行试喷，并应确定各项参数。

9.3.8 喷涂前应检查金属支承件的位置、尺寸及焊接质量，焊渣应清理干净。

支承架有钢丝网时，网与网之间应搭接一个格。但重叠不得超过 3 层，绑扣应朝向非工作面。

9.3.9 喷涂料应采用半干法喷涂。喷涂时，料和水应均匀连续喷射，喷涂面上不得出现干料和流淌。

9.3.10 喷涂应分段连续进行，并应一次喷到设计厚度。内衬设计较厚需分层喷涂时，应在前层喷涂料凝结前喷完次层。施工中断时，宜将接槎处做成直槎，继续喷涂前应将接槎处用水湿润。

附着在支承件上的回弹料和散射料，应及时清除。

9.3.11 喷涂层厚度应及时检查，过厚部分应削平。检查喷涂层可用小锤轻轻敲打，发现空洞或夹层应及时处理。

9.4 质量检验

9.4.1 砖内衬（筒）应每 10m 高为一个检验批。

9.4.2 砖内衬（筒）和隔热层质量标准及检验方法应符合表 9.4.2 的规定。

表 9.4.2 砖内衬（筒）和隔热层质量标准及检验方法

类别	序号	检验项目		质量标准/允许偏差		单位	检验方法
主控项目	1	内衬、隔热层材料品种、牌号、配合比		应符合设计要求和国家现行有关材料标准的规定		—	检查出厂合格证和试验报告
	2	灰浆饱满度	烧结普通黏土砖	≥80%		—	每次检查不少于3处。每处掀起3块砖，用百格网检查粘结面积，取平均值
			黏土质耐火砖、轻质隔热砖	≥90%			
	3	隔热层的隔热材料填充		应符合设计要求，填充饱满			观察检查
一般项目	1	内衬（筒）砖缝	烧结普通黏土砖 8mm	+4 0	合格≥80		在 5m² 的表面上抽查10处，用塞尺检查
			黏土质耐火砖、轻质隔热砖 4mm	±2	合格≥90		
			耐火混凝土预制块 6mm	+3 −1	合格≥80		
	2	内衬表面凹凸不平		半径方向30		mm	半径方向尺量，竖向2m靠尺、楔形塞尺检查
				竖向8			
	3	砖内筒	半径	±20			尺量和仪器检查
			高度	±0.1%			
	4	砖内筒烟道口	中心线	15			检查10处
			标高	±20			
			截面尺寸	±20			
	5	隔热层厚度		±5			尺量检查
	6	支承内衬的环形悬臂上表面平整度		5			2m水平尺、楔形塞尺检查

9.4.3 不定形材料内衬质量标准及检验方法应符合表 9.4.3 的规定。

表 9.4.3 不定形材料内衬质量标准及检验方法

类别	序号	检验项目	质量标准/允许偏差	单位	检验方法
主控项目	1	原材料品种、牌号、配合比	应符合设计要求和国家现行有关材料标准的规定	—	检查出厂合格证和试验报告
	2	内衬结构层间	应各层紧贴或填充饱满，表面平整、圆弧均匀，无环形断裂、裂缝和空洞松散现象		观察检查

类别	序号	检验项目		质量标准/允许偏差	单位	检验方法
主控项目	3	浇注料试块		应符合设计要求	—	检查试块检验报告
	4	锚固件和支承件		应符合设计要求,焊接应牢固	—	观察检查
一般项目	1	内衬表面凹凸不平	半径方向	20	mm	半径方向尺量检查,竖向2m靠尺和楔形塞尺检查 检查10处
			竖向	8		
	2	内衬厚度		+10 −5		测针和尺量检查
	3	不定形材料与结合面基层处理		应符合设计要求	—	观察检查

10 烟囱的防腐蚀

10.1 一般规定

10.1.1 酸烟气的烟囱防腐蚀形式应包括涂料类、水玻璃耐酸胶泥和耐酸砂浆、耐酸砖、水玻璃轻质耐酸混凝土等。

10.1.2 用于烟囱防腐蚀施工的材料必须具有产品质量证明文件,其质量应符合设计要求和国家现行烟囱防腐蚀材料标准的有关规定,并应提供产品质量技术指标的检测方法。

10.1.3 烟囱防腐蚀材料的供应方应提供材料施工使用指南。材料施工使用指南应包括:

　　1 烟囱防腐蚀施工前的基层和材料的处理要求和处理工艺;

　　2 烟囱防腐蚀材料的施工工艺;

　　3 烟囱防腐蚀工程施工质量的检测标准和手段。

10.1.4 水玻璃类材料防腐蚀工程,养护后的酸化处理应符合现行国家标准《建筑防腐蚀工程施工及验收规范》GB 50212 的有关规定。

10.2 涂料类防腐蚀

10.2.1 在防腐蚀涂料施工前,应对被涂烟囱基面进行检查与表面处理。

10.2.2 钢筋混凝土烟囱筒壁内表面应坚固、密实和平整,不得有起灰砂、裂缝和油污等现象,并应符合下列规定:

　　1 混凝土表面应干燥,在深度为 20mm 的厚度内,含水率不应大于 6%;当采用湿固化型材料时,含水率可不受上述限制,但表面不得有渗水;当设计对湿度有特殊要求时,应按设计要求施工。

　　2 当采用钢模板浇筑钢筋混凝土烟囱时,选用

的脱模剂不应污染基层。

10.2.3 钢烟囱或钢内筒筒壁表面的焊渣、毛刺和油污等应清除干净。经除锈处理的筒壁表面,应及时涂刷底层涂料,间隔时间不宜超过 4h。当受到二次污染时,应再次进行表面处理。

10.2.4 防腐蚀涂料使用前应先试涂,合格后方可大面积施工。

10.2.5 单组分厚浆型烟囱排烟筒内表面防腐蚀涂料的施工,应符合下列规定:

　　1 施工环境温度和相对湿度应满足涂料的施工要求;

　　2 底层涂料应涂刷均匀,不得漏涂;

　　3 当面层涂料设计厚度达到或超过 3mm 时,应分层施工;分层施工应在规定的涂抹间隔时间内进行;

　　4 涂抹厚涂料面层时,应沿烟囱圆周等距离留设不少于三条 5～10mm 的纵向施工缝,每隔 2m 留设一条 5～10mm 的横向施工缝。施工缝宜留斜槎。应在涂抹完的面层达到规定的干燥时间后,再用面层涂料将施工缝抹平。

10.2.6 双组分薄型烟囱排烟筒内表面防腐蚀涂料的施工,应符合下列规定:

　　1 当施工环境温度在 5℃ 以下时,不宜施工;

　　2 应在混凝土筒壁终凝后施工;

　　3 涂装间隔时间应按产品使用要求执行。

10.2.7 施工后的烟囱防腐蚀涂料面层,应按规定的条件进行养护。

10.2.8 烟囱排烟筒内表面防腐蚀涂料质量标准及检验方法,应符合表10.2.8的规定。

表 10.2.8 烟囱排烟筒内表面防腐蚀涂料质量标准及检验方法

类别	序号	项目	质量标准	检验方法
主控项目	1	涂料的品种、规格、性能	应符合设计要求和国家现行标准《烟囱混凝土耐酸防腐蚀涂料》DL/T 693 的有关规定	检查出厂产品质量证明文件和现场取样检测
	2	涂料的配合比	应符合设计要求	检查出厂产品施工指南和现场试验报告
	3	基层表面处理	应符合设计要求和本规范的规定	观察、对比或仪器检查
	4	涂料的厚度及遍数	应符合设计要求	厚度检测:碳钢表面可用测厚仪;混凝土表面可用无损探测仪,也可用铁针插入法。遍数:观察各遍不同色涂层
	5	涂料的外观质量	应涂刷均匀、颜色一致,表面应平整密实,与基层粘结良好,不应起皮、起壳、开裂。不应有漏涂、露底等缺陷	观察检查

10.2.9 钢烟囱、钢内筒及钢构件防腐蚀涂料工程质量标准及检验方法应符合表10.2.9的规定。

表 10.2.9　钢烟囱、钢内筒及钢构件防腐蚀涂料工程质量标准及检验方法

类别	序号	项目	质量标准/允许偏差	单位	检验方法
主控项目	1	防腐蚀涂料、稀释剂、固化剂材料品种、规格、性能等	应符合设计要求	—	检查出厂资料、合格证
	2	涂装前钢材表面除锈	应符合设计要求和现行国家标准《涂装前钢材表面锈蚀等级和除锈等级》GB 8923 的有关规定		铲刀、观察检查
	3	涂料、涂装遍数、厚度	应符合设计要求	—	
	4	每遍涂层厚度偏差	≥-5		采用漆膜测厚仪检查
	5	涂层总厚度偏差（设计无要求时）	室外 150μm　≥-25	μm	
			室内 125μm　≥-25		
一般项目	1	防腐蚀涂料的型号、名称、颜色及有效期	应与其质量证明文件相符	—	观察检查
	2	构件表面	不应漏涂、涂层应均匀，无脱皮、返锈且无明显皱纹、流坠、针眼和气泡等	—	
	3	涂层附着力测试	应符合现行国家标准《涂层附着力测定法 拉开法》GB/T 5210 的有关规定	—	划格检查
	4	构件的标志、标记、编号	应清晰完整	—	观察检查

10.3　水玻璃耐酸胶泥和耐酸砂浆防腐蚀

10.3.1　水玻璃耐酸胶泥和耐酸砂浆制成品的抗压强度、耐酸性、耐热性、耐水性、体积吸水率和抗渗性能，应符合设计规定。

10.3.2　水玻璃类材料的施工环境温度宜为15～30℃，相对湿度不宜大于80%。钠水玻璃材料的施工环境温度不应低于10℃，钾水玻璃材料的施工环境温度不应低于15℃；原材料使用时的温度，钠水玻璃材料不应低于15℃，钾水玻璃材料不应低于20℃。当达不到以上温度要求时，应采取加热保温措施。

10.3.3　施工前，应根据环境温度和初凝时间的要求确定水玻璃耐酸胶泥和耐酸砂浆的材料配合比。

10.3.4　当配制密实型水玻璃耐酸胶泥和耐酸砂浆时，可将水玻璃与外加剂一起加入，并应搅拌均匀。

10.3.5　拌制完后的水玻璃耐酸胶泥和耐酸砂浆内，不得加入任何物料，并应在初凝前使用完。

10.3.6　使用水玻璃耐酸胶泥和耐酸砂浆砌筑烟囱内衬时，应符合下列规定：

　　1　施工前应将烟囱内衬用砖的表面清理干净；

　　2　宜采用挤浆法砌筑，灰浆应饱满密实，砖缝厚度应为3～5mm；

　　3　砌体应错缝砌筑；

　　4　在水玻璃耐酸胶泥和耐酸砂浆终凝前，一次砌筑的高度应以不变形为限，并应待凝固后再继续施工。

10.3.7　水玻璃类材料的养护期，应符合表10.3.7的规定；当烟囱内衬采用烟囱烘干工艺时，养护期可不按表10.3.7的规定执行。

表 10.3.7　水玻璃类材料的养护期

材料名称		养护期 (d)			
		10～15℃	16～20℃	21～30℃	31～35℃
钠水玻璃材料	普通型	≥12	≥9	≥6	≥3
	密实型	≥25	≥20	≥12	≥6
钾水玻璃材料	普通型	—	≥14	≥8	≥4
	密实型	—	≥28	≥15	≥8

10.3.8　水玻璃耐酸胶泥和耐酸砂浆砌筑的内衬质量标准及检验方法，应符合表10.3.8的规定。

表 10.3.8　水玻璃耐酸胶泥和耐酸砂浆砌筑的内衬质量标准及检验方法

类别	序号	项目	质量标准	单位	检验方法
主控项目	1	水玻璃类材料的品种、规格、性能	应符合设计要求和国家现行标准《火力发电厂烟囱（烟道）内衬防腐材料》DL/T 901 的有关规定	—	检查产品出厂质量证明文件和现场取样检验
	2	水玻璃类材料的施工配合比	应符合设计要求	—	检查材料施工使用指南、现场试验和搅拌记录
一般项目	1	表面平整度	沿半径方向不大于30	mm	半径方向尺量检查，检查10点
	2	厚度	不小于设计厚度		测针和尺量检查，检查10点
	3	外观	填充饱满，表面平整，圆弧均匀。无环形断裂、裂缝和空壳松散现象		检查数量50m²一处

10.4　耐酸砖防腐蚀

10.4.1　烟囱用耐酸砖的品种、规格和等级，应符合设计要求；耐酸砖的抗压强度、体积吸水率、耐酸性、耐热性和耐水性，应符合设计要求。

10.4.2 砌筑耐酸砖采用的水玻璃耐酸胶泥的质量要求和检验方法，应符合本规范第10章第3节的规定。

10.4.3 耐酸砖防腐蚀内衬质量标准及检验方法应符合表10.4.3的规定。

表10.4.3 耐酸砖防腐蚀内衬质量标准及检验方法

类别	序号	项目		质量标准/允许偏差	单位	检验方法
主控项目	1	耐酸砖的品种、规格、性能		应符合设计要求和国家现行标准《火力发电厂烟囱（烟道）内衬防腐材料》DL/T 901的有关规定		检查出厂质量证明文件和现场取样检测
	2	耐酸砖的外观质量	裂纹	宽度小于0.2，长度不限	mm	塞尺量测
				宽度0.2～0.5，长度小于50		
				宽度大于0.5，不允许有裂纹		
			釉面（工作面）	不允许有开裂和釉裂		目测
			变形	翘曲：大面1.0	mm	直尺和塞尺量测
				大小头：大面2.5		
				条面、顶面：1.0		
一般项目	1	砖缝	胶泥饱满度	≥90%	—	用百格网检查，抽查3处，每处检查3块，取平均值
			厚度4mm	允许增大量为2	mm	塞尺检查，在5m²表面抽取10点，允许增大不超过5点

10.5 水玻璃轻质耐酸混凝土防腐蚀

10.5.1 水玻璃轻质耐酸混凝土制成品的抗压强度、耐酸性、耐热性、自然干燥线性收缩率和抗渗性能应符合设计要求。

10.5.2 当配制密实型水玻璃轻质耐酸混凝土时，可将水玻璃与外加剂一起加入，并应搅拌均匀。

10.5.3 水玻璃轻质耐酸混凝土内的铁件、铁丝网格或钢筋网均应在施工前除锈，并应涂刷防腐蚀涂料。

10.5.4 水玻璃轻质耐酸混凝土的浇筑施工，应符合下列规定：

　　1 模板应支撑牢固，拼缝应严密，表面应平整，并应涂脱模剂；

　　2 当采用插入式振动器时，每层的浇筑高度不宜大于200mm，插点间距不应大于作用半径的1.5倍，振动器应缓慢拔出，不得留有孔洞。当采用平板振动器或人工捣实时，每层浇筑的高度不宜大于100mm；

　　3 当浇筑高度大于本条第2款的规定时，应分

层连续浇筑。分层浇筑时，上一层应在下一层初凝前完成；

　　4 当需留设施工缝时，在继续浇筑前应将该处打毛清理干净，并应薄涂一层水玻璃胶泥，稍干后再继续浇筑；

　　5 水玻璃轻质耐酸混凝土在不同环境温度下的立面拆模时间应根据使用材料特性在现场通过实验确定，也可按表10.5.4的规定执行。拆模后不得有蜂窝麻面和裂纹等缺陷。当有大量蜂窝麻面和裂纹等缺陷时应返工；少量缺陷时应将该处清理干净，并应用同型号的水玻璃耐酸胶泥或耐酸砂浆进行修补。

表10.5.4 水玻璃轻质耐酸混凝土的立面拆模时间

材料名称		拆模时间（d）			
		10～15℃	16～20℃	21～30℃	31～35℃
钠水玻璃混凝土	普通型	≥5	≥3	≥2	≥1
	密实型	≥7	≥5	≥4	≥2
钾水玻璃混凝土	普通型	—	≥5	≥4	≥3
	密实型	—	≥7	≥6	≥5

10.5.5 水玻璃轻质耐酸混凝土的养护应符合本规范第10.3.7条的规定。

10.5.6 水玻璃轻质耐酸混凝土质量标准及检验方法应符合表10.5.6的规定。

表10.5.6 水玻璃轻质耐酸混凝土质量标准及检验方法

类别	序号	项目		质量标准	单位	检验方法
主控项目	1	材料的品种、规格、性能		应符合设计要求和国家现行标准《火力发电厂烟囱（烟道）内衬防腐材料》DL/T 901的有关规定	—	检查出厂产品质量证明文件和现场取样检测
	2	水玻璃轻质混凝土的施工配合比		应符合设计要求	—	检查材料施工使用指南、现场试验和搅拌记录
一般项目	1	内表面	平整度	沿半径方向不大于30	mm	尺量
	2		厚度	不小于设计厚度		测针和尺量检查
	3		外观	应平整、无裂缝和蜂窝麻面，无起壳、脱层		检查数量50m²一处，目测检查

11 附属工程

11.0.1 烟囱的爬梯、围栏、避雷器导线及其他埋设件，应在筒壁施工过程中安装，埋设件深度应符合设计要求。

11.0.2 爬梯和信号台等金属零件，应在安装前将外露部分涂刷防锈剂；安装后，连接处应补刷。

11.0.3 烟囱附件中的螺栓均应拧紧，不得遗漏。爬梯及其围栏应上下对正。

11.0.4 电气系统的安装应符合现行国家标准《建筑电气工程施工质量验收规范》GB 50303 的有关规定。烟囱避雷器的零件应焊接牢固。避雷器的接地极宜在基坑回填土前安装。

11.0.5 避雷器安装完成后，应检查接地电阻，接地电阻的数值应符合设计要求。

11.0.6 安装烟囱筒首保护罩时，应用水泥砂浆找平，并应粘结牢固。

11.0.7 烟囱航空色标漆涂刷应符合设计要求和现行国家标准《建筑防腐蚀工程施工及验收规范》GB 50212 和《建筑涂饰工程施工及验收规程》JGJ/T 29 的规定。

11.0.8 烟囱排水管的安装应符合现行国家标准《建筑给水排水及采暖工程施工质量验收规范》GB 50242 的有关规定。

11.0.9 烟囱工程应按设计要求设置沉降、倾斜观测点、测温孔和烟气检测孔，并应定期进行观测。

11.0.10 避雷设施安装质量标准及检验方法应符合表 11.0.10 的规定。

表 11.0.10　避雷设施安装质量标准及检验方法

类别	序号	项　目	质量标准	检验方法
主控项目	1	避雷设施的材料	应符合设计要求和现行国家标准《建筑电气工程施工质量验收规范》GB 50303 的规定	观察并核对技术资料
	2	接地极、接地电阻	应符合设计要求	兆欧表测定，全数检查
一般项目	1	避雷设施的安装	应符合设计要求和现行国家标准《建筑电气工程施工质量验收规范》GB 50303 的规定	观察并用兆欧表和尺量检查

11.0.11 航空标志质量标准及检验方法应符合表 11.0.11 的规定。

表 11.0.11　航空标志质量标准及检验方法

类别	序号	项　目	质量标准	检验方法
主控项目	1	航空标志的材料和设备的规格、型号、性能	应符合设计要求和现行国家标准《建筑电气工程施工质量验收规范》GB 50303 的规定	检查出厂证明文件和试验资料
	2	色标漆厚度或道数	应符合设计要求和国家现行标准《建筑涂饰工程施工及验收规程》JGJ/T 29	观察检查
	3	航空障碍灯具和线路的安装	应符合设计要求和现行国家标准《建筑电气工程施工质量验收规范》GB 50303 的规定	

续表 11.0.11

类别	序号	项　目	质量标准	检验方法
一般项目	1	基层表面	应平整、清洁，无起砂、起壳和油污等现象，基层含水率应符合现行国家标准《建筑防腐蚀工程施工及验收规范》GB 50212 的有关规定	观察检查
	2	外观质量	均匀、颜色一致，无露底、脱皮、裂缝和起砂等缺陷	

11.0.12 烟囱照明设施安装质量标准应符合现行国家标准《建筑电气工程施工质量验收规范》GB 50303 的有关规定。

12　冬期施工

12.1　一般规定

12.1.1 当室外日平均气温连续 5d 稳定低于 5℃时，应为烟囱工程冬期施工。

12.1.2 当烟囱工程冬期施工时，应根据工程结构和气温条件，制定冬期施工方案。

12.1.3 冬期施工时，应做专门的施工温度记录。

12.1.4 烟囱工程冬期施工时，砖烟囱筒壁应进行强度验算。钢筋混凝土烟囱基础和筒壁应进行热工计算。

12.2　基　础

12.2.1 冬期进行土方施工前，应具有地质勘察资料及地基土的主要冻土性能资料。

12.2.2 当挖好的基坑需越冬后浇筑基础时，基坑应采取防止基土受冻的保温措施。

12.2.3 烟囱基础冬期施工时，可采用下列方法：

　　1 环形和圆形板式基础当最低气温高于－10℃时，宜采用综合蓄热法，低于－10℃时宜采用暖棚法。

　　2 薄壳基础在气温低于 0℃时宜采用暖棚法。

12.2.4 在基础施工中，施工场地周围应设置排水设施，不得使地基和基础被水浸泡。

12.2.5 基础施工完毕，应及时将回填土填至设计标高。在基础底板下的基土遭受冻害前，除应回填好基坑外，并应在环壁内采取铺设保温材料的防护措施，铺设厚度应由热工计算确定。

12.3　砖烟囱筒壁

12.3.1 砖烟囱筒壁冬期施工时，可采用下列方法：

　　1 活动暖棚法；

　　2 半冻结法；

3 冻结法。

注：1 采用冻结法或半冻结法时，筒壁有洞口的砌体部分，应在暖棚内砌筑，并在温度不低于15℃的条件下保持7d以上。

2 采用半冻结法和外工作台施工时，筒壁内应设置保温盖板，并随砌筑随提升。

12.3.2 采用冻结法砌筑时，筒壁水平截面的计算应力不应超过砌体融解的抗压强度。砌体融解期的抗压强度可按表12.3.2采用。

表 12.3.2 冻结法砌体融解期的抗压强度值（MPa）

砌体种类	砖的强度等级		
	MU20	MU15	MU10
烧结普通黏土砖	0.94	0.82	0.67

注：30m以下的砖烟囱筒壁，采用冻结法砌筑时，可不核算筒壁水平截面的计算应力。

12.3.3 当筒壁截面的计算应力超过冻结法砌体融解期的抗压强度时，可采用半冻结法砌筑，其砌体的抗压强度可用表12.3.2的值乘以表12.3.3的砌体加强系数求得。

表 12.3.3 采用半冻结法砌体加强系数

砂浆强度等级	砌体加热时的融解深度		
	20%～40%壁厚	41%～60%壁厚	≥61%壁厚
M2.5	1.15	1.4	1.7
M5	1.2	1.6	1.9

12.3.4 砌体加热时的融解深度可按表12.3.4采用。

表 12.3.4 砌体加热时融解深度（%）

项次	平均气温（℃）		融解时间（d）											
	筒壁外部	筒壁内部	2砖				2 1/2砖				3砖			
			5	10	15	28	5	10	15	28	5	10	15	28
1	−5	+15	50	60	65	70	40	55	60	70	35	50	55	70
2	−5	+25	65	70	80	80	55	70	75	80	50	65	70	80
3	−15	+15	30	30	30	35	25	30	30	35	20	30	30	35
4	−15	+25	40	40	45	45	30	40	40	45	30	40	40	45
5	−25	+15	10	15	15	20	10	15	15	20	10	15	20	20
6	−25	+25	30	30	30	30	30	30	30	30	20	30	30	30

12.3.5 烧结普通黏土砖在正温度条件下砌筑时，应浇水湿润；在负温度条件下砌筑时，应增大砂浆的稠度，不得浇水。

12.3.6 采用冻结法或半冻结法砌筑时，砖可不加热。砌筑前，应清除表面污物和冰雪等。不得使用水浸受冻的砖。砌筑后的砌体表面应覆盖保温材料。当采用暖棚法砌筑时，砖的预热温度不应低于5℃。

12.3.7 砌筑时砂浆的最低温度，可按表12.3.7采用。

表 12.3.7 砌筑时砂浆的最低温度

项次	外部气温（℃）	砂浆的最低温度（℃）
1	0～−10	10
2	−11～−15	15
3	−15以下	20

12.3.8 当冬期砌筑筒壁设计无要求，且当日最低气温高于−25℃时，砂浆强度等级应比设计规定提高一级；当日最低气温低于−25℃时，则应提高二级。

12.3.9 冬期施工时，可在砂浆内添加早强剂。当添加早强剂中含有氯离子时，砌体中配置的钢筋应做防腐处理。

12.3.10 采用半冻结法砌筑时，筒壁内工作台以下的最低温度应符合表12.3.10的规定。

表 12.3.10 筒壁内工作台以下的最低温度

项次	外部气温（℃）	筒壁内的最低温度（℃）
1	0～−10	15
2	−11～−20	20
3	−21以下	25

12.3.11 采用冻结法砌筑结束后，应立即在筒壁内部加热。加热时，应沿全圆周均匀、缓慢地进行。加热时间应持续至砌体达到所需的强度为止，宜为7～14d。

筒壁加热时，应观察其下沉量和垂直度。当出现设计不允许的变形时，应停止加热，并应查明原因，将其消除。

12.3.12 筒壁上的环箍应在加热前安装完毕。

12.4 钢筋混凝土烟囱筒壁

12.4.1 钢筋混凝土烟囱筒壁采用电动（液压）提模工艺和移置模板工艺冬期施工时，可采用活动暖棚法或电热法。

钢筋混凝土烟囱筒壁采用滑动模板工艺施工时，不宜冬期施工。当气温低于0℃继续施工时，应采取保证安全和质量的措施，否则不得继续施工。

12.4.2 冬期施工时，混凝土的强度等级应比设计规定提高一级。

12.4.3 混凝土的入模温度不应低于5℃。

12.4.4 筒壁混凝土持续加热养护后的强度，1/2高度以下部分应达到设计强度70%以上，1/2高度以上部分应达到设计强度50%以上。

12.4.5 采用活动暖棚法施工时，暖棚内的温度不应低于15℃。

12.5 钢烟囱、钢内筒和钢构件

12.5.1 在工作温度等于或低于−20℃的地区，结构施工宜符合下列要求：

1 安装连接宜采用螺栓连接；

2 受拉构件的钢材边缘宜为轧制边或自动气割边。对厚度大于10mm的钢材采用手工气割或剪切边时，应沿全长刨边；

3 应采用钻成孔或先冲后扩钻孔；

4 对接焊缝的质量等级不得低于二级。

12.5.2 在负温度下安装的测量校正、高强度螺栓安装、施工及焊接工艺等，应在安装前进行工艺试验或评定，并应在此基础上制定相应的施工工艺或方案。

12.5.3 负温度下钢构件焊接选用的焊条和焊丝，在满足设计强度要求的前提下，应选择屈服强度较低、冲击韧性较好的低氢型焊条，重要部位采用高韧性超低氢型焊条。

12.5.4 在负温度下露天焊接时，宜搭设临时防护棚，雨水或雪花不得飘落在炽热的焊缝上。

12.5.5 钢构件上使用的涂料应符合负温度下涂刷的性能要求，不得使用水基涂料。

12.5.6 在负温度下的钢构件上涂刷防腐涂层前，应进行涂刷工艺试验，并应保持构件表面干燥。

12.6 内　衬

12.6.1 砌筑烧结普通黏土砖和其他材质耐火砖内衬时，工作地点及砌体周围的温度均不应低于5℃。

12.6.2 使用水泥混合砂浆或水泥砂浆砌筑烧结普通黏土砖内衬时，可采用冻结法施工，并应按冻结法砌筑规定执行。

12.6.3 采用冻结法或半冻结法砌筑的砖烟囱，其内衬应在筒壁砌筑完成并加热后再进行砌筑。

12.6.4 采用耐火砖砌筑的内衬，应在砌筑前将砖预热至正温度。采用喷涂料或浇注料材料施工的内衬，施工时材料的温度不宜低于10℃。

12.6.5 调制浇注料的水可加热，硅酸盐水泥浇注料的水温不得超过60℃，高铝水泥耐火浇注料的水温不得超过30℃。水泥不得直接加热。

12.6.6 水泥浇注料的养护，可采用蓄热法或加热法。加热硅酸盐水泥浇注料的温度不得超过80℃，加热高铝水泥耐火浇注料的温度不得超过30℃。

12.6.7 喷涂施工，应对骨料和水在装入搅拌机前加热，并应对喷涂料管、水管及受喷部位采取保温措施。

13 施 工 安 全

13.0.1 烟囱工程施工前，应制定安全操作规程、岗位责任制和安全技术措施。

13.0.2 凡高处作业人员，应经医生身体检查合格，并应经安全技术培训和考试合格。

13.0.3 烟囱周围应设立施工危险区，100m以下的烟囱距筒壁不宜少于10m；100m以上的烟囱距筒壁不宜少于烟囱高度的1/10。施工危险区应设立明显标志。在危险区内的通道应搭设保护棚。

13.0.4 在烟囱内部距地面2.5～5m处应搭设保护棚。采用移置模板连续施工至第一层烟囱平台，继续施工时，可利用该平台作为保护棚。

13.0.5 工作台周围应设置围栏和安全网，内外吊梯的外侧和底部以及工作台底部均应设置安全网。

钢管竖井架人行出入口的四周应设置金属保护网。

13.0.6 提升罐笼的卷扬机应设置防止冒顶和蹾罐的限位开关以及行程高度指示器，电磁抱闸应工作可靠。

13.0.7 乘人和上料罐笼应设置断绳安全卡，并应增设保险钢丝绳。使用前应进行安全试验，使用过程中应经常检查。在烟囱底部罐笼停放处应设置缓冲装置。

13.0.8 垂直运输系统上下滑轮应设置防止钢丝绳脱槽的装置，并应有专人检查和维护。

13.0.9 安装钢管竖井架时，应每15～20m高安装一道风缆绳。

13.0.10 施工筒壁时，在筒壁与钢管竖井架之间，每10m应安装一道柔性连接器，每20m高度应搭设一层保护棚。在内保护棚处，可不安装柔性连接器。

13.0.11 采用电动（液压）提模或滑动模板工艺施工时，提模或滑升前应做1.25倍的满负荷静载试验和1.1倍的满负荷滑升试验。

13.0.12 采用滑动模板工艺施工时，外爬梯应随筒壁的升高及时安装。

13.0.13 无井架滑动模板提升时，应先放松滑道绳后提升工作台，并应使滑道绳放松的长度大于工作台一次提升的高度。滑道绳宜设置测力装置，拉紧力应符合施工方案的要求。

13.0.14 采用滑动模板工艺施工时，应注意模板和围圈收分受阻、平台倾斜、扭转和漂移、支撑杆失稳和漏焊、局部塌落等异常现象，并应及时查明原因进行处理。

13.0.15 采用电动（液压）提模或滑动模板工艺施工时，混凝土未达到规定的强度，不得提升或滑升模板。

13.0.16 筒壁施工过程中，直径随筒壁的增高而变小时，应缩小工作台。

13.0.17 当钢烟囱和钢内筒采用液压提升法施工时，钢绞线切割应采用砂轮切割机，不得采用火焰切割；钢绞线切割后应采取防止油渍、铁屑和泥沙污染的保护措施。

钢筒焊接时应采取可靠的接地措施，并应采取防止电焊机把线与钢绞线相接的措施。

13.0.18 套筒式或多管式烟囱平台上的堆放荷载不得超过允许荷载，荷载应沿平台周围均匀分布。

13.0.19 内衬与筒壁立体交叉作业时，应采取安全防护措施。

13.0.20 在烟囱底部、工作台上与卷扬机房之间，应安装声光信号及通信联络设备。

13.0.21 拆除工作台前，应制定拆除方案，并应在统一指挥下作业。

13.0.22 工作台上应设置配电箱，开关、漏电保护器及供电线路等的设置应符合国家现行标准《施工现场临时用电安全技术规范》JGJ 46 的有关规定；高处作业的照明、信号灯及电铃用电应采用 36V 安全电压。

13.0.23 夜间施工时，在工作台、内外吊梯、钢管竖井架、卷扬机房、搅拌站以及各运输通道等处，应设置充足的照明。

13.0.24 烟囱施工时，应设置临时避雷接地装置，接地电阻不得大于 10Ω。

13.0.25 烟囱施工时，临时航空障碍灯的设置应符合现行国家标准《烟囱设计规范》GB 50051 的有关规定。

13.0.26 当遇到六级或六级以上大风、沙尘暴或雷雨时，所有高处作业应停止，施工人员应迅速下到地面，并应切断电源。

13.0.27 工作台和烟囱底部均应配备灭火器。含有易燃易爆的材料存放处严禁明火。

14 工程质量验收

14.0.1 烟囱工程质量验收记录应包括下列内容：

1 施工现场质量管理检查记录（附录 A）；

2 检验批质量验收记录（附录 B）；

3 分项工程质量验收记录（附录 C）；

4 分部（子分部）工程质量验收记录（附录 D）；

5 单位（子单位）工程质量竣工验收记录（附录 E）；

6 单位（子单位）工程质量控制资料核查记录（附录 E）；

7 单位（子单位）工程安全和功能检验资料核查及主要功能抽查记录（附录 E）；

8 单位（子单位）工程观感质量检查记录（附录 E）。

14.0.2 烟囱工程验收时，应提供下列技术资料：

1 竣工图、设计变更、洽商记录及其他相关设计文件；

2 材料代用证件；

3 原材料、半成品和成品的出厂合格证、检验报告单；

4 混凝土和砂浆试块的性能检验报告；

5 钢筋接头试验报告；

6 焊缝无损检测报告；

7 混凝土及砂浆配合比通知单；

8 混凝土工程施工记录；

9 防腐蚀工程施工记录；

10 新材料、新工艺施工记录；

11 施工现场质量管理检查记录；

12 有关安全及功能的检验和见证检测项目检查记录；

13 有关观感质量检验项目的检查记录；

14 单位（子单位）工程所含各分部工程质量验收记录；

15 分部（子分部）工程所含各分项工程质量验收记录；

16 分项工程所含各检验批质量验收记录；

17 强制性条文检验项目检查记录及证明文件；

18 隐蔽工程检验项目检查验收记录；

19 不合格项的处理记录及验收记录；

20 工程质量事故及事故调查处理资料；

21 重大质量、技术问题实施方案及验收记录；

22 工程测量结果，包括沉降观测记录；

23 其他有关文件和记录。

15 烟囱烘干

15.0.1 常温季节施工的烟囱，使用前可烘干；采用冻结法砌筑的砖烟囱，在砌筑结束后，应立即加热和烘干；通风烟囱可不烘干。

15.0.2 烟囱烘干前，应根据烟囱的结构和施工季节等制定烘干温度曲线和操作规程。烘干温度曲线和操作规程的主要内容应包括烘干期限、升温速度、恒温时间、最高温度、烘干措施和操作要点等。

烘干后不立即投入生产的烟囱，在烘干温度曲线中还应注明降温速度。当降到 100℃ 时，应将烟道口堵死。

15.0.3 烟囱的烘干温度曲线和烘干时间应按有关要求确定；当无要求时，烟囱的烘干时间可按表 15.0.3 采用。

表 15.0.3 烟囱的烘干时间 (d)

项次	烟囱高度 (m)	砖烟囱				钢筋混凝土烟囱	
		常温施工		冬期施工		常温施工	冬期施工
		无内衬	有内衬	无内衬	有内衬	有内衬	有内衬
1	40 以下	3	4	5	7	—	—
2	41～60	4	5	6	8	3	4
3	61～80	5	6	8	10	4	5
4	81～100	7	8	10	13	5	6
5	101～150	—	—	—	—	6	8
6	151～200	—	—	—	—	8	10
7	200 以上	—	—	—	—	10	12

注：1 采用冻结法砌筑的砖烟囱，烘干后不立即投入生产的，其烘干时间应增加 2～3d。在此时间内，应保持在烘干温度曲线内所规定的最高温度。

2 冬期已烘干过的，但到生产前相隔了两个月以上的烟囱，应在第二次烘干后再投入生产，其烘干时间可减少一半。

15.0.4 烟囱烘干时，应逐渐地升高温度，其最高温度可按表 15.0.4 采用。

表 15.0.4　烘干最高温度

烟囱分类	砖 烟 囱		钢筋混凝土烟囱
烘干最高温度（℃）	无内衬	有内衬	有内衬
	250	300	200

15.0.5 从工业炉往烟囱内排放烟气时，在最初阶段应系统地检查烟气的成分，并应调整燃烧过程，不得有燃烧不完全的气体通过缝隙和闸板流入烟囱。

15.0.6 当烟囱烘干后出现裂缝时，应进行修理。已烘干的砖烟囱，当筒壁上有环箍时，应在冷却后再次拧紧筒壁上环箍的螺栓。

附录 A　施工现场质量管理检查记录

施工现场质量管理检查记录应由施工单位按表 A 填写，总监理工程师（建设单位项目负责人）进行检查，并做出检查结论。

表 A　施工现场质量管理检查记录

开工日期：

工程名称		施工许可证（开工证）	
建设单位		项目负责人	
设计单位		项目负责人	
监理单位		总监理工程师	
施工单位		项目经理	
		项目技术负责人	
序号	项 目	内 容	
1	现场项目质量管理制度		
2	质量责任制		
3	主要专业工种操作上岗证书		
4	分包方资质与对分包单位的管理制度		
5	施工图审查情况		
6	地质勘察资料		
7	施工组织设计、施工方案及审批		
8	施工技术标准		
9	工程质量检验制度		
10	搅拌站及计量设置		
11	现场材料、设备存放与管理		

检查结论：

总监理工程师
（建设单位项目负责人）　　　年　月　日

附录 B　检验批质量验收记录

检验批的质量验收记录应由施工项目专业质量检查员按本规范相关章节要求填写，监理工程师（建设单位项目专业技术负责人）组织项目专业质量检查员等进行验收，并按表 B 记录。

表 B　＿＿＿＿＿检验批质量验收记录

工程名称		分项工程名称		验收部位	
施工单位		专业工长		项目经理	
施工执行标准名称及编号					
分包单位		分包项目经理		施工班组长	
		质量验收规范的规定	施工单位检查评定记录	监理（建设）单位验收记录	
主控项目	1				
	2				
	3				
	4				
	5				
	6				
	7				
	8				
	9				
一般项目	1				
	2				
	3				
	4				
施工单位检查评定结果		项目专业质量检查员： 　　　年　月　日			
监理（建设）单位验收结论		监理工程师（建设单位项目专业技术负责人）： 　　　年　月　日			

附录 C　分项工程质量验收记录

分项工程质量应由监理工程师（建设单位项目专业技术负责人）组织项目专业技术负责人等进行验收，并按表 C 记录。

表 C ＿＿＿＿＿＿＿**分项工程质量验收记录**

工程名称		结构类型		检验批数	
施工单位		项目经理		项目技术负责人	
分包单位		分包单位负责人		分包项目经理	

序号	检验批	施工单位检查评定结果	监理（建设）单位验收结论
1			
2			
3			
4			
5			
6			
7			
8			
9			
10			
11			
12			
13			
14			
15			
16			

检查结论	项目专业技术负责人： 年 月 日	验收结论	监理工程师 （建设单位项目专业技术负责人）： 年 月 日

附录 D　分部（子分部）工程质量验收记录

分部（子分部）工程质量应由总监理工程师（建设单位项目专业负责人）组织施工项目经理和有关勘察、设计单位项目负责人进行验收，并按表 D 记录。

表 D ＿＿＿＿＿＿＿**分部（子分部）工程质量验收记录**

工程名称		结构类型		烟囱高度	
施工单位		技术部门负责人		质量部门负责人	
分包单位		分包单位负责人		分包技术负责人	

序号	分项工程名称	检验批数	施工单位检查评定	验收意见
1				
2				
3				
4				
5				
6				
质量控制资料				
安全和功能检验（检测）报告				
观感质量验收				

验收单位	分包单位： 项目经理：　年 月 日
	施工单位： 项目经理：　年 月 日
	勘察单位： 项目负责人：　年 月 日
	设计单位： 项目负责人：　年 月 日
	监理（建设）单位： 总监理工程师（建设单位项目专业负责人）：　年 月 日

附录 E　单位（子单位）工程质量竣工验收记录

单位（子单位）工程质量竣工验收记录应由施工单位填写，验收结论由监理（建设单位）填写。综合验收结论由参加验收各方共同商定，建设单位填写，应对工程质量是否符合设计和规范要求及总体质量水平做出评价，按表 E-1 记录。

表 E-1 为单位（子单位）工程质量竣工验收的汇总表，与表 D 和表 E-2～表 E-4 配合使用。

表 E-1　单位（子单位）工程质量竣工验收记录

工程名称		结构类型		烟囱高度	
施工单位		技术负责人		开工日期	
项目经理		项目技术负责人		竣工日期	

序号	项目	验收记录	验收结论
1	分部工程	共　分部，经查　分部 符合标准及设计要求　分部	
2	质量控制资料核查	共　项，经审查符合要求　项 经核定符合规范要求　项	
3	安全和主要使用功能核查及抽查结果	共核查　项，符合要求　项 共抽查　项，符合要求　项 经返工处理符合要求　项	
4	观感质量验收	共抽查　项，符合要求　项 不符合要求　项	
5	综合验收结论		

参加验收单位	建设单位	监理单位	施工单位	设计单位
	（公章） 单位（项目）负责人 年 月 日	（公章） 单位（项目）负责人 年 月 日	（公章） 单位（项目）负责人 年 月 日	（公章） 单位（项目）负责人 年 月 日

表 E-2　单位（子单位）工程质量控制资料核查记录

工程名称		施工单位	

序号	资料名称	份数	核查意见	核查人
1	图纸会审、设计变更、洽商记录			
2	工程定位测量、放线记录（包括沉降记录）			
3	原材料、半成品和成品的出厂合格证、检（试）验报告			
4	施工试验报告及见证检测报告			
5	隐蔽工程验收记录			
6	施工记录			
7	分项、分部工程质量验收记录			
8	工程质量事故及事故调查处理资料			
9	新材料、新工艺施工记录			
10	材料代用证件			

工程名称			施工单位		
序号	资 料 名 称		份数	核查意见	核查人
11	混凝土及砂浆配合比通知单				
12	施工现场质量管理检查记录				
13	有关安全及功能的检验和见证检验项目检查记录				
14	强制性条文检验项目检查记录及证明文件				
15	不合格项的处理记录及验收记录				
16	重大质量、技术问题实施方案及验收记录				
17	设备、电气调试记录				
18	有关观感质量检验项目的检查记录				

检查结论：

施工单位项目经理　　　　　　　总监理工程师
　　　　　　　　　　　　　　（建设单位项目负责人）

　　　　　　年 月 日　　　　　　　年 月 日

表 E-3　单位（子单位）工程安全和功能
检验资料核查及主要功能抽查记录

工程名称			施工单位		
序号	安全和功能检查项目	份数	核查意见	抽查结果	核查（抽查）人
1	烟囱垂直度、高度测量记录				
2	烟囱顶部内、外直径测量记录				
3	烟道口的位置和尺寸检查记录				
4	保温（隔热）测试记录				
5	烟囱沉降观测记录				
6	障碍灯安装质量检查记录				
7	照明、障碍灯全负荷试验记录				
8	色标涂装质量检查记录				
9	接地、绝缘电阻测试记录				

检查结论：

施工单位项目经理　　　　　　　总监理工程师
　　　　　　　　　　　　　　（建设单位项目负责人）

　　　　　　年 月 日　　　　　　　年 月 日

注：抽查项目由验收组协商确定。

表 E-4　单位（子单位）工程观感质量检查记录

工程名称			施工单位			
序号	项目	抽查质量状况		质量评价		
				好	一般	差
1	烟囱表面					
2	烟囱轮廓线					
3	平台、爬梯、踏步、护栏					
4	门窗					
5	配电箱、盘、板、接线盒					
6	设备、灯具、开关					
7	避雷接地系统					
8	障碍灯					
9	色标					
观感质量综合评价						

检查结论：

施工单位项目经理　　　　　　　总监理工程师
　　　　　　　　　　　　　　（建设单位项目负责人）

　　　　　　年 月 日　　　　　　　年 月 日

本规范用词说明

1 为便于在执行本规范条文时区别对待，对要求严格程度不同的用词说明如下：

1）表示很严格，非这样做不可的用词：

正面词采用"必须"，反面词采用"严禁"。

2）表示严格，在正常情况下均应这样做的用词：

正面词采用"应"，反面词采用"不应"或"不得"。

3）表示允许稍有选择，在条件许可时首先应这样做的用词：

正面词采用"宜"，反面词采用"不宜"；

表示有选择，在一定条件下可以这样做的用词，采用"可"。

2 本规范中指明应按其他有关标准、规范执行的写法为"应符合……的规定"或"应按……执行"。

中华人民共和国国家标准

烟囱工程施工及验收规范

GB 50078—2008

条 文 说 明

目　　次

1 总 则

1.0.1、1.0.2 明确了本规范制定的目的和适用范围,其中钢烟囱包括了塔架式的钢烟囱、套筒式和多管式的钢烟囱以及钢内筒。

1.0.3 工程项目的工艺要求是由设计具体规定,设计文件是施工生产的必要条件,按设计施工是基本建设程序的规定。设计文件包括图纸、说明书、材料明细表及标准图等。

1.0.4 对新技术的采用,应采取积极和慎重的态度,新技术未经试验和鉴定,可以试点,但不得推广使用。推广使用的新技术,应建立在科学的基础上,已经成熟并经过鉴定。

1.0.5 烟囱工程涉及多个专业,所涉及的专业施工,应符合该专业国家现行有关规范的要求。

2 术 语

为了统一本规范中所使用的术语,使本规范使用更方便,此次修订增加了"术语"一章。本规范给出了 9 个有关烟囱工程施工及验收方面的术语,这些术语主要是从烟囱工程施工及验收的角度赋予其含义的,但含义不一定是术语的定义。本规范同时给出了相应的推荐性英文术语,该英文术语不一定是国际上的标准术语,仅供参考。《烟囱设计规范》GB 50051 已给定的术语,本规范不再赘述。

3 基本规定

3.0.1 烟囱是一个具备独立施工条件并能形成独立使用功能的构筑物,因此可以划分为单位工程。同其他专业标准相比,烟囱具有若干个分部(子分部)工程,因此,本条给出了分部(子分部)工程划分的规定。

3.0.3 主控项目对检验批的基本质量具有决定性影响,因此应全部合格。当采用计数检验时,除有专门规定外,一般项目其检验结果应有 80% 及以上符合本规范或国家有关标准所规定的合格质量标准的要求。其中"80% 及以上"的含义是指,通常合格率控制在大于或等于 80%,而个别项目(如梁类、板类构件纵向钢筋的保护层厚度)应达到 90% 及以上,这种情况应符合具体规定。

3.0.4～3.0.7 根据《建筑工程施工质量验收统一标准》GB 50300的规定,对烟囱工程质量要求提出具体规定。

3.0.8 分部工程和单位工程存在的严重缺陷,经返修或加固处理仍不能满足烟囱安全使用要求的,严禁验收。

3.0.9 由于烟囱工作条件较为恶劣,因此,构成烟囱的原材料质量对烟囱的安全性和耐久性的影响作用较一般建筑更大。要求工程所用的材料除了应有产品的合格证书或产品性能检测报告外,还要对水泥、砂石、钢筋、钢材、外加剂、耐酸材料等原材料的主要性能进行复验。这里的性能检测报告主要是针对新型防腐蚀材料。近几年,随着环保要求的提高,我国烟气脱硫发展非常快,对防腐蚀材料性能要求越来越高。目前,防腐蚀材料虽种类繁多,但性能差异很大,缺乏统一的国家标准。因此,应用新型材料时须提供国家权威部门出具的检测报告。

3.0.10 烟囱属于高耸结构,要求施工单位应具备相应的专业资质。

3.0.11 砖烟囱强度指标设计值一般是按施工质量控制等级为 B 级情况下取值的。砖烟囱及砖内衬的砌筑质量较一般砌体工程要求更高,因此,要求其施工质量控制等级不应低于 B 级。砌筑类防腐蚀内衬或砖内筒,其密闭性对于防腐蚀具有重要影响,因此规定施工质量控制等级应满足 A 级要求。

4 基 础

4.1 土方和基坑工程

4.1.1 基坑挖完后,由施工单位会同设计单位、建设单位和监理单位(有的还有地质勘探单位参加)到现场进行检查。如土质的实际情况与设计资料相符合,便签证验收,进行下道工序施工。如土质与设计资料不符合时,由建设单位、设计单位等相关单位提出处理方案。另外原规范中没有涉及监理单位,而实际现在施工中,监理单位经常参与各项工序的检查和监督,因此增加了监理单位。

4.2 钢筋工程

4.2.2 采用绑扎接头时,钢筋的搭接长度应满足设计要求。

4.2.3 环壁内的纵向钢筋有时由于环壁过高,导致钢筋下料长度不够,因环壁是将整个烟囱的力传递到基础的关键部位,故受力筋应焊接。套筒挤压连接、直螺纹和锥螺纹套筒连接已普遍应用到建筑工程,某单位在 120m 烟囱基础施工中进行了应用,不但施工方便,而且抗拉性能大于母材的抗拉性能,取得良好效果。

4.3 模板工程

4.3.3 预留洞口处的上部荷载比较大,在浇筑混凝土后,易产生变形,同时造成接口处模板拆除困难,因此应对模板进行加固。洞口两侧混凝土对称浇筑也至关重要。

4.4 混凝土工程

4.4.1 环壁混凝土浇筑是烟囱施工中关键的部分，因为整个模板、钢筋一次成型，要求混凝土连续一次浇筑完毕，加之筒壁有预插筋，施工时，有一定难度，容易出现一些混凝土通病，所以分层浇筑，防止混凝土离析，成为至关重要的步骤。根据施工需要，在不影响受力的情况下，征求监理单位同意，环壁可以开口。

4.4.2 基础或环板混凝土应连续一次浇筑完成，以保证结构的整体性。在底板与环壁的连接处［图4.4.2（a）、（b）］可留设施工缝。对于正倒锥组合壳基础［图4.4.2（c）］如一次浇完确有困难需要留施工缝时，其位置宜留设在壳体的反弯点处，但反弯点随壳体的高度与环板内外侧的宽度不同而变化。因此，在施工某具体工程时，由施工单位、监理单位和设计单位商定。

根据受力分析，壳体根部内侧的最大弯矩与其径向力之比很小，同时壳体根部的厚度对环板的厚度相对来说很薄，实质上近乎铰接，其弯矩值很小。所以，施工缝以设在壳体与环板的连接处为好，也便于施工。实际上，以往施工的这类壳体基础，施工缝的位置都是留设在壳体与环板的连接处的，经过几十年生产使用没有发现什么问题。

4.5 质量检验

4.5.3 控制好环壁或环梁上表面的标高允许偏差，目的是要求环壁顶部一节或环梁在浇筑混凝土时，应控制好标高，以便为筒壁施工创造好条件，否则，由于环壁或环梁上表面的标高相差较多，不但增加了找平层的厚度，还影响工程质量。

5 砖烟囱筒壁

5.1 一般规定

5.1.1 在筒壁砌筑前，为了便于放线和保持砖层的水平，在基础环壁或环梁的上表面，应先用1：2水泥砂浆抹平。其水平偏差，在全圆周内不得大于20mm，砂浆找平层的厚度最大不得超过30mm。

5.1.2 增加坡度尺检查，可随时检查砌体的收分，及时发现偏差，及时纠正。

5.1.3 经调研，目前各施工单位都是每砌筑完1.25m检查一次，这样对出现的偏差得以及时纠正，有利于保证工程质量。同时每砌筑完3～5层砖，使用坡度尺检查一次筒壁外表面的坡度，如出现偏差应及时纠正。

5.1.4 砌筑用的砂浆，设计时规定了砂浆强度等级，为检查施工时砌体砂浆的实际强度等级是否符合设计要求，应从施工现场取样制作砂浆试块，用于抗压强度试验，以供复核。关于砂浆试块制作的数量是根据大多数施工单位的意见确定的，而砂浆试块的制作、养护及抗压强度取值应按《砌体工程施工及验收规范》GB 50203的有关规定执行。

5.1.5 近年来，我国各地建造了一些筒壁配筋的砖烟囱。施工时砖烟囱筒壁内配置钢筋的技术要求与钢筋混凝土烟囱筒壁内的钢筋基本相同。如果设计有要求，按设计施工，如果设计无要求，则纵向钢筋的接头数量在任意截面内不应超过总数的1/4，搭接长度为45d。其次，纵向钢筋的锚固，其下端应锚固在基础环壁或环梁混凝土中，锚固长度为35d。环向钢筋的接头应错开，搭接长度为45d，保护层为30mm。

注：d 为钢筋直径。

5.1.6 砖烟囱筒壁上的环箍是承受温度应力的，属于受力构件。环箍的安装质量应以螺栓拧紧到环箍紧贴筒壁并对筒壁产生压力为止。根据施工经验，拧紧螺栓应在砌体砂浆强度达到40%后才不致把砖挤压进去。

5.1.7 环向钢筋一般为 $\phi 6 \sim 8$ 的钢筋，钢筋上下有2mm的砂浆层，这样可以使钢筋和砌体形成一体，起到应有的作用。

5.2 砌体工程

5.2.2 普通黏土砖在浇筑前浇水润湿，对砂浆强度的正常增长、增强砖面与砂浆之间的粘结、保证砌体砂浆的饱满度和砌筑效率等都有直接的影响。

根据某建筑公司对普通黏土砖所做的在不同含水率情况下的小砌体抗剪强度对比试验，其结果是：砌体抗剪强度随砖的含水率增加而提高，含水饱和的砖约为含水率为零时的2倍。砌体抗压强度也随含水率增加而提高，含水率为5%～10%和水饱和的砖，其抗压强度比含水率为零的砖，分别提高20%和30%左右。但是，如果将砖浇到饱和或接近饱和状态，除了施工现场难以做到外，同时由于砂浆稠度增大，往往使砌体产生滑动变形，并且因砂浆流淌而使墙面不能保持清洁。因此，含水率的确定应考虑对砌体强度的影响和实际操作的要求。故针对我国普通黏土砖吸水率（即饱和含水率）一般在20%左右的实际情况，规定其含水率宜为10%～15%。经测定，10%～15%的含水率相当于普通黏土砖断面四周的吸水深度为10～20mm。因此，在现场检查时可将整砖打断，断面四周的吸水深度不小于15mm时，即认为合格。

5.2.3 为保持筒壁截面外圆周的弧形和砖缝的适宜宽度，应采用顶砖砌筑。根据计算，当砖缝宽度不能满足规范要求时，便应相间地配置楔形砖。只有在筒壁外径大于5m时，才可采用顺砖与顶砖交错砌筑。

5.2.8 砖烟囱筒壁砌筑过程中应避免用细砂，因为可能影响筒身强度，而粗砂过筛太浪费，用中砂过筛，既不影响施工，又能保证砌体质量。

5.2.9 根据试验结果表明：砂浆强度随着使用时间的延长而降低，所有砂浆在初凝前应使用完毕。

5.2.10 关于水平砖缝的砂浆饱满度与砌体抗压强度的关系，某研究所通过试验得出：当水平砖缝砂浆饱满度达到73％时，砌体的抗压强度就能满足设计规范中规定的数值。垂直砖缝的砂浆饱满度对砌体的抗剪强度也有明显的影响，垂直砖缝中无砂浆的砌体，其水平破坏荷载比砂浆饱满的砌体低23％。在实际施工中，砖缝的砂浆饱满度采用挤浆和加浆等砌筑方法来保证。

6 钢筋混凝土烟囱筒壁

6.1 一般规定

6.1.1 由于国内烟囱施工技术的快速发展，从20世纪80年代后期逐步发展并相对成熟的烟囱电动（液压）提模工艺，逐渐在全国广泛应用，大大提高了烟囱的施工质量。

6.1.3 移置模板施工时的最小厚度，根据薄壁结构在高处作业时可能做到的最小厚度，并参考烟囱设计规范的最小壁厚，规定为140mm。

6.1.4 滑动模板的混凝土脱模强度，据某研究院施工室的资料介绍：具有0.1MPa强度已脱模的混凝土，在受到1～1.2m高混凝土自重的压力下，会发生较大的塑性变形，并且28d强度平均损失16％。当混凝土强度大于0.2MPa时，不仅塑性变形小，且对28d强度无影响，对摩擦力的影响也不大。在滑动模板施工时，应根据具体应用的混凝土配合比和当时当地的气温条件，测定混凝土强度增长曲线，以便确保滑升速度，确保施工安全。

6.1.5 由于烟囱电动（液压）提模工艺与滑动模板工艺方法不同，因此对混凝土的出模时间或平台提升时混凝土的强度要求有所不同。根据理论计算及工程实践，采用电动（液压）提模工艺，在平台提升时，从上到下各层混凝土的强度分别不小于2、6、8MPa。但是，由于每项工程的情况如门架的间距、筒壁的厚度、筒壁的半径、剪力环的直径和长度、有无内吊平台以及施工的季节、混凝土早期强度等因素不同，为确保施工安全，应针对具体工程计算确定其平台提升时的混凝土强度。通过剪力环传递的荷载对混凝土局部产生的挤压强度应低于混凝土的实际承压力，安全系数取为1.4。

烟囱电动（液压）提模工艺所采用的平台系统、电梯系统与滑模工艺完全相同，所以有关平台及电梯系统的要求应完全按照液压滑模工艺国家现行有关标准执行。整套设备应设计计算，保证整体的刚度、强度、足够的安全性以及整体的稳定。整套设备的制造

应符合现行钢结构制作的有关规程的规定，安装后应做1.2倍的满负荷静载试验以及1.1倍的满负荷动载试验。

采用移置模板施工时，混凝土的脱模强度不小于0.8MPa。

6.2 钢筋工程

6.2.2 相邻受力钢筋的绑扎搭接接头应相互错开，同一连接区段内，竖向钢筋搭接长度应符合设计要求及国家现行有关标准的规定。竖向钢筋的间距在提升架或滑升用千斤顶附近可以适当放大，但钢筋的平均间距不得大于设计要求。钢筋的保护层应严格控制，特别是单筒式烟囱。

6.2.4 筒壁的竖向钢筋，因高出施工面，在施工中容易产生摇摆，影响钢筋与混凝土之间的粘结。此要求将高出模板的竖向钢筋采用1～2道环筋予以临时固定。环向钢筋至少应保证有一环露出在混凝土表面之上，目的是防止漏绑和保持其间距的均匀，以及混凝土浇筑面钢筋的稳定。

6.2.6 为改善支承杆的工作条件和施工的安全，支承杆的接头应焊接牢固。这样，支承杆与筒壁结构环筋便连接成一个整体。

6.2.7 支承杆承担全部滑模装置的自重和施工荷载以及混凝土与模板的摩擦力所传递的荷载。在进行滑模工程施工设计时，一般都应验算支承杆的承载能力和布置的数量。以$\phi25mm$的HPB325圆钢做支承杆时，其允许承载能力每根不应大于1.5t。施工经验证明，这个数值是安全可靠的。但在滑升过程中，由于平台荷载不均或相邻千斤顶的不同步而产生升差，使个别支承杆的实际荷载超过了它的承载能力，往往发生弯曲等失稳现象。如出现这种现象时，首先应分析原因，采取措施，消除产生失稳的因素。其次，对已失稳的支承杆应及时处理，以免弯曲程度发展或多根弯曲，造成加固的困难，甚至影响施工的正常进行。

6.2.8 穿过较高的烟道口、采光窗及模板滑空时，对支承杆的加固要求更牢靠。同时还应采取其他的整体加固措施，以保证模板系统的稳定及施工的安全。

6.2.9 采用滑动模板施工时，当利用支承杆等强度代替结构的受力钢筋，应征得设计同意，且支承杆应布置在筒壁纵向钢筋的位置，接头强度应符合国家现行有关标准的规定。

6.3 模板工程

6.3.1 模板及其支撑结构必须经过计算确定其强度、刚度和稳定性。

6.3.2 滑动模板扭转是导致支撑杆承载能力降低的重要因素，从施工安全考虑，滑动模板扭转量应有一个限制，当筒壁任意10m高度内的环向扭转值为

100mm 时，支撑杆的极限承载能力约降低 14%～20%，考虑支撑杆的安全储备还是允许的，再从外观质量考虑，规定筒壁全高范围内不得超过 500mm。

6.3.3 利用工作平台的倾斜度来校正中心偏移时，应特别注意平台面的平整度，防止局部支撑杆的高低不平造成支撑杆的受力不均匀而发生危险；另一方面，利用工作平台的倾斜度进行纠偏时，使其自重及荷载向纠偏方向产生一个水平推力，此时模板内混凝土还处于塑性状态，通过模板传递到混凝土的部分水平力，不会破坏混凝土。但是通过千斤顶作用在支撑杆上端的水平力，将使其工作条件变坏。据某建筑研究总院的计算结果：如工作台的倾斜度为 1% 时，则支撑杆的承载能力约降低 21%～24%。为避免支撑杆承载能力损失过大，故规定工作台的倾斜度不宜大于 1%。同时规定纠偏应及时、逐渐地进行，避免在筒壁上出现急弯，影响工程质量与美观。

6.3.5 烟囱中心偏差，由于采用的施工工艺不同，其精度的控制水平有所不同。根据国内近几年采用电动（液压）升模工艺施工的烟囱垂直度的调查，240m 烟囱的平均误差仅有 40mm 左右，大大高于原规范 140mm 的要求，考虑到目前我国多种工艺均在采用，此次对烟囱中心偏差的要求作了适当的调整。

中心线每次应从基础向上引测。为减少风对测中的影响，套筒式烟囱的门窗洞口应加设挡风板。每次测量时应安排在早上或下午，避免早上 10：00 至下午 16：00 测量中心线。

6.4　混凝土工程

6.4.2 用于烟囱混凝土的外加剂应严格测试，特别是影响混凝土耐久性的外加剂，如含有氯盐、硫酸根的外加剂不得使用。

6.4.4 由于烟囱顶部的烟气温度降低，在顶部容易结露，对烟囱的腐蚀加剧，因此单筒式烟囱筒壁顶部 10m 高度范围内和烟气直接作用的筒壁部分如采用双滑或内砌外滑方法施工的环形悬臂不宜采用石灰岩作粗骨料，但是套筒式烟囱的外筒不受此限制，主要原因是烟囱外筒不直接接触烟气。

6.4.5 由于电动（液压）提模工艺其竖向整体刚度较大，因此浇筑混凝土时，可从一点开始沿环向向两个方向连续浇筑至闭合，防止模板向一个方向倾斜和扭转。但相邻两节筒壁的混凝土起始浇筑点应错开 1/4 圆周长度，防止累计误差造成平台位移。

6.4.6 筒壁混凝土的振捣，一般是采用插入式振动器。为防止振捣混凝土时影响下层混凝土的正常凝结，要求操作时应遵守技术操作规程，避免振动棒触碰支承杆、钢筋和模板，也不得过深插入下层混凝土中。另外，在提升滑动模板时，如振捣混凝土，因受振动力的影响筒壁会发生胀模，不但增大了壁厚，表面还会出现"眼皮"，刚脱模的混凝土还可能发生坍塌等，故规定了在提升模板时不得振捣混凝土。

6.4.7 施工缝处理方法较多，但应结合施工的季节、混凝土的性能及时对施工工艺调整，防止出现冷缝，加强对施工现场的管理，防止施工垃圾污染施工缝以及混凝土的表面。

6.4.8 采用双滑方法施工时，筒壁的混凝土与内衬的浇注料（轻质浇注料、耐酸浇注料等）同时浇注时，除了应采取措施，保证筒壁和内衬的厚度外，同时为防止两种不同的混凝土通过隔热层的缝隙互相渗透和混淆，还应采取隔离措施，以保证工程质量。

6.4.9 关于混凝土的试块留置，基本的原则是每一个检验批应有不少于 2 组的试块，这其中不包括同条件试块以及施工过程检测用的试块。试块应在现场留置，不是在混凝土搅拌机出口留置，特别是在夏季应注意混凝土入模时的条件。

6.5　质量检验

6.5.4 近几年来，采用激光准直仪测定烟囱中心线，配合滑模施工，随滑升随检查，精度进一步提高，因此本次对烟囱的中心线垂直度偏差作了较大幅度的调整，但要指出：烟囱中心线垂直度的允许偏差，是指同一座烟囱在不同标高处的允许偏差，而不是仅指筒首中心线垂直度的允许偏差。

烟囱中心线的测定工作，应在风荷和日照温差较小的情况下进行，以免测得的数字失真，尤其是高烟囱更应注意。

以某工程为例来说明这个问题，据计算：

当风荷为 500N/m² ，日照温差为 20℃ 时，合成后的中心线总位移为：

标高 190m，位移 132mm；
标高 226m，位移 261mm；
标高 260m，位移 561mm。

当风荷为 200N/m² ，日照温差为 15℃ 时，合成后的中心线总位移为：

标高 190m，位移 66mm；
标高 226m，位移 136mm；
标高 260m，位移 284mm。

7　钢烟囱和钢内筒

7.2　钢烟囱和钢内筒制作、预拼装工程

7.2.2 在制作、运输、吊装过程中如有变形、涂层脱落现象，应进行矫正和修补。

7.3　焊接工程

7.3.1 在钢烟囱、钢内筒施工中，焊工的操作技能

和资格对工程质量起到保证作用，应充分予以重视。焊工证书上必须有考试合格项目或施焊范围。本条根据现行国家标准《钢结构工程施工质量验收规范》GB 50205编写。

钛钢复合板分为基层和复层，基层为普通碳钢，复层为钛。基层焊接要求同普通碳素钢，复层焊接的人员、工艺、材料应符合《钛制焊接容器》JB/T 4745的规定。

7.3.2 射线探伤对裂纹、未融合等危害性缺陷的检出率低。而超声波探伤则正好相反，操作程序简单、快速，对各种接头形式的适应性好，对裂纹、未融合的检测灵敏度高。因此，世界上很多国家对钢结构内部质量控制采用超声波探伤，一般不采用射线探伤。本规定考虑优先采用超声波探伤。本条根据现行国家标准《钢结构工程施工质量验收规范》GB 50205编写。

7.3.4 钛钢复合板是应用到烟囱钢内筒的新材料，在应用过程中，材料的标准为《钛－钢复合板》GB 8547，施工标准为《钛制焊接容器》JB/T 4745，但和设计、业主沟通中一致认为烟囱钢内筒不是容器，因此当设计无要求时，基层焊接质量检验标准定为二级，复层焊接采用液体渗透探伤（PT）。

钛钢复合板基层进行焊接工作应控制层间温度，是为了避免复层受温度影响而氧化。

在施工过程中，可采取以下措施对复层进行保护。主要方法有：①起吊钢板时夹具和复层接触处用木板保护；②卷板机滚轴上包绕铜皮或其他软物品；③焊接检验合格后，用专用清洗液清洗铁离子。

7.4 钢烟囱和钢内筒安装工程

7.4.3～7.4.6 根据调查，目前国内使用的液压提升、液压顶升、气顶设备为自制或购买，多为非标准设备，所以施工单位应制定安全操作规程和调试方案。设备投入使用前，施工单位应按照制定的调试方案进行调试，确保设备运转正常；设备使用时，施工单位应按制定的设备安全操作规程进行操作，确保施工安全。

多台设备顶升或提升的最大荷载不得超过设备允许总额定荷载的80%，是参照行业现行标准《建筑机械使用安全技术规程》JGJ 33中关于双机抬吊的规定，目前使用的顶升或提升设备的同步性强于吊机设备，所以规定80%是合理的。

8 烟囱平台

8.1 平台制作和安装工程

8.1.1 由于国内烟囱施工技术的快速发展，烟囱平台的设计和施工成为烟囱工程的一个重要部分，因此

在本规范的修订过程中，增加了烟囱平台这一章。

8.1.2 当烟囱平台作为吊装平台使用时，其承受的荷载发生了变化，因此需要对其重新进行验算。

9 内衬和隔热层

9.1 一般规定

9.1.1 某些受潮易变质的材料（如水泥、不定形耐火材料、轻质砖等）在运输、贮存的过程中都应采取措施防雨、防湿、防潮。对受冻后性能改变或失去作用材料（如某些结合剂），应采取防冻措施。

受到污染或潮湿变质的不定形材料若不剔除，在施工中和好料相混，会造成内衬质量低劣的事故。包装袋中的物料，若有一部分泄出，留下的物料颗粒级配就不准确，不可使用。

9.1.2 为了使钢构件与不定形材料（浇注料、喷涂料）之间有很好的粘着力，应将其表面的浮锈除去，基层处理达到设计要求。

9.1.3 额外加入某些物料（或水）虽能使施工容易，但材料性能会受到影响，因此而规定。

9.2 砖内衬（筒）和隔热层

9.2.2 通过对已投产使用的烟囱调查证明，有些烟囱筒壁出现裂缝，其原因之一是内衬砌体质量差，灰（砂）浆不饱满，致使烟气通过内衬缝隙传到筒壁，使筒壁受热和侵蚀引起开裂，因此为了保证砖内衬体的质量保留原条文。

9.2.4 挑出顶砖的作用，是保证内衬砌体的整体稳定性。

9.2.5 筒壁与内衬之间空隙内，如落入灰（砂）浆或砖屑，烟囱投产使用后，内衬和落入的砖屑等物受热膨胀，使内衬整体性受到破坏，所以，应防止落入砖屑等物。

隔热层材料填充不饱满，在防沉带下形成空隙，隔热性能降低致使筒壁受热，影响使用寿命，所以要求每次填充隔热材料时，应保证防沉带下部填充饱满。

9.3 不定形材料内衬

9.3.1 使用污水、海水和含有害杂质的水，一方面会影响耐火浇注料和喷涂料的硬化过程，另一方面，会使其高温特性下降，达不到原物料的指标。沿海地区其搅拌用水，由于水中氯离子（Cl⁻）增高而使浇注料剪切强度和抗折强度降低，300mg/L为转折点，一般可控制在300mg/L以内，故规定氯离子（CL⁻）浓度不应大于300mg/L。

9.3.2 为保证与隔热层砌体接触的浇注料不被吸走大量水分和隔热材料含水率升高，造成质量下降，规

定隔热砌体表面应采取防水措施。

9.3.4 本条规定在于保证施工后浇注体有良好的整体性。

9.3.5 浇注料的硬化，与温度等关系很大，所以不宜规定拆除时间。对于承重模板，规定浇注料强度达到设计强度的 70％ 才允许拆模，因为在此强度下，浇注体才能承受本身荷载。

9.3.6 本条是浇注料施工时留置试样的规定，以保证所留试样的代表性。关于试样的检验，在正常情况下，一般只检验烘干的强度。

9.3.7 喷涂料施工会因输送管道的弯曲、管内壁摩擦、喷涂点的高程等情况不同，而喷涂工艺参数（如风压、用水量等）也不同，这些参数只能在现场试验确定。

9.3.8 喷涂料的附着是否牢固，金属支件的焊接、架设稳固与否和表面清洁度有很大关系，故作了本条规定。

9.3.9 半干法喷涂是先将喷涂料稍加湿润，然后将物料压送至喷涂部位，再加水喷涂。这样在喷涂施工作业时喷涂料中的中细粉不致在喷出时飞散过多，造成物料损失及环境污染和降低喷涂质量。

9.3.10 本条规定是为了保证喷涂内衬的整体性，避免分层。

9.3.11 大多数喷涂料具有水硬性，因此应在完全硬化之前用探针测量厚度及尺寸误差，并及时修整，过迟则修整困难。

10 烟囱的防腐蚀

10.1 一般规定

10.1.1 根据现行国家标准《烟囱设计规范》GB 50051 的相关规定，确定以酸烟气作为烟囱防腐蚀的适用范围，罗列了 4 种常用的烟囱防腐蚀工程的最后面层形式。烟囱的建造和维修与其他建（构）筑物相比，存在着许多特殊性，所以烟囱的防腐蚀措施需要考虑它的有效性、耐久性、经济性和难维修等特点。这几种形式之间既有区别又有联系，而烟囱的防腐蚀措施往往是几种形式的组合，为编写需要，采用以最后面层的形式来分类。其中后三种形式只适用于排烟筒内壁的防腐蚀。

10.1.2 烟囱防腐蚀工程采用原材料的优劣是工程质量好坏的决定因素之一。现在国内防腐蚀材料的生产单位众多，有的产品质量得不到保证，因产品质量不合格而导致的质量事故时有发生。烟囱防腐蚀工程所用的材料种类多，同一种类的产品各生产企业又有众多的牌号，其性能也各有差异。特别是脱硫烟囱的出现，使烟气对排烟筒内壁的腐蚀性加大，从而使得能满足脱硫烟气防腐蚀要求的新产品、新材料不断出现

和应用，其效果如何尚待实践检验和总结。为防止不合格材料或不符合设计要求的材料用于工程施工，本条规定了烟囱防腐蚀工程所用的材料必须具有"产品质量证明文件"。

10.1.3 本条主要是针对材料供应商的。即供应商应针对自己的产品，提供符合国家现行标准的材料施工使用指南。其主要目的是对材料的施工过程、质量检验过程提供指导与帮助。这些内容既是设计选材的主要参考依据，同时也是正确施工的有效保证。

10.1.4 通过酸化处理可以提高水玻璃类材料的耐腐蚀性能和抗水性能。此工序应在水玻璃类材料养护后进行。

10.2 涂料类防腐蚀

10.2.1 烟囱防腐蚀涂料施工质量的好坏与基面的检查和处理的程度有着非常密切的关系，目的是使得涂层对基面有良好的附着力，并形成致密的防腐蚀抗渗层。

10.2.5 该单组分厚浆型涂料是烟囱排烟筒内壁专用涂料，是在 20 世纪 80 年代中期为替代进口材料而由某科研单位研发成功，并最先在某有色金属冶炼厂的钢筋混凝土烟囱内使用，使用寿命已超过 15 年的设计使用年限。它具有耐酸、耐磨、耐热等特性。

10.2.6 该双组分薄型涂料最先在火力发电厂钢筋混凝土烟囱内使用，至今已有 10 多年使用历史，属湿固化型涂料，施工不受基层含水率影响，在混凝土终凝后即可涂刷。

10.2.7 一定的养护时间是为了保证涂层满足防腐蚀的性能要求。养护时间应根据涂料的特点和环境条件等来确定。

10.2.8 排烟筒内壁涂层表面测厚仪器品种较多，应用较为普遍。金属结构表面可以采用测厚仪检测，目前实用型的测厚仪有许多类型如磁性、超声波等，可及时进行无损探测。对混凝土表面也可以采用超声波等仪器探测。应用这类方法较之传统的"样板对比法"更准确、更实用、操作更简便。采用仪器测试厚行业度时应注意：

1 测试干膜厚度主要是对涂层最终结果检查，也可以采取湿膜测厚仪对涂装过程检查。每层涂装都能准确控制。

2 测厚仪使用过程应及时调整"零点"，检测时应科学选择检测点。如果涂层厚度检测超出测厚仪器的使用范围，则可采用铁针插入法。

10.2.9 本条对钢烟囱和钢内筒非烟气腐蚀的筒壁部分以及烟囱的其他钢结构构件（如平台、爬梯等）的防腐蚀涂装，提出了质量要求和检验方法。

10.3 水玻璃耐酸胶泥和耐酸砂浆防腐蚀

10.3.2 水玻璃类材料施工的环境温度宜为 15～

30℃，高于 30℃ 时，水玻璃的黏稠度显著增加，不易于施工，配制的水玻璃材料易过早脱水硬化反应不完全，易造成质量指标降低。钠水玻璃材料施工的环境温度低于 10℃，钾水玻璃材料施工的环境温度低于 15℃ 时，水玻璃的黏度增大不利于施工，也易造成质量指标降低。低于施工环境温度时，虽然养护期达到 28d 或更长时间，但浸水 28d 或更长时间实验，均会有溶解溃裂，这是水玻璃类材料的通性。采取防止曝晒和过早脱水措施，在保证原配合比的质量情况下水玻璃比重降低，是可以满足大于 30℃ 以上施工的；低于施工环境温度，采取加热保温措施，亦是可以满足施工的要求，所以本条采用"宜为 15～30℃"。

如果水玻璃受冻，冻结部分无法与混合料混合，在使用前将冻结的水玻璃加热熔化搅拌，即能得到与冻结前相同的溶液。

10.3.3～10.3.5 对水玻璃类材料的配合比要求比较严格，稍有变动，则直接影响物理化学性能，因此施工前应做试验来确定配合比和初凝时间。拌和好的水玻璃类材料更不允许随便加入任何物料，包括水和水玻璃，以免改变原计算的组成比例。

10.3.6 块材砌筑方法有两种：一种是挤浆法，一种是用木槌敲打法。后一种容易使砌筑的相邻部分在凝固阶段的泥浆受到振动，产生微小裂缝或松动，垂直面也易成中空，因此推荐采用挤浆法。在砌筑块材时，应保证结合层和泥浆的密实程度，密实程度良好的，强度高、抗渗性能优良。不得采用勾缝施工方法，勾缝既不牢固，也不抗渗。

10.3.7 根据调查研究和试验资料证实，养护温度对水玻璃类材料的各项性能指标有较大影响，特别是耐水、耐稀酸性能。在工程实践中，产生不耐水、不耐稀酸的情况有两种：一是原材料质量，配合比选择不合适，施工后不管在早期或后期遇水或稀酸都遭到破坏；二是当水玻璃与固化剂正在水解反应期间，尚未充分反应形成稳定的 Si—O 键时，正在反应和硬化的水玻璃类材料中尚未反应的部分，遇水被溶解析出而遭到破坏。因此，合理的配合比和适当提高养护温度，特别是早期固化阶段，能为水玻璃和固化剂充分反应创造有利条件，同时还可以大大提高其机械强度和抗水、抗稀酸破坏的能力。

10.4 耐酸砖防腐蚀

10.4.1 近年来耐酸砖的种类繁多。传统的内衬耐酸砖多为烧结型，体积密度较大、强度较高。为使内衬耐酸砖兼有防腐蚀抗裂功能，适应软地基及地震区，适应套筒式、多管式烟囱构造，逐渐发展了轻质、超轻质内衬耐酸砖。湿式运行的烟囱又要求内衬砖、耐酸胶结料除具有一定强度、良好的耐酸性、耐热性外，还具有吸水率低、耐水性好、抗渗密封性能好

的功能。从结构稳定、保证内衬整体性、提高抗震能力，对烟气密封隔绝的角度考虑，砖则由普通型发展为异型启口式的密封型。对轻质砖来说，由于体积密度轻，可在不增加单重的情况下，增大砖的体积，通常是增加砖的高度，这将有利于提高砌筑速度，缩短砌筑时间，减轻劳动强度；同时可减少胶结料用量，减少砖缝（防腐蚀、密封的薄弱环节），提高内衬质量。

10.5 水玻璃轻质耐酸混凝土防腐蚀

10.5.1 水玻璃轻质耐酸混凝土，在电力行业也有叫做"轻质耐酸浇注料"。它是由水玻璃、固化剂、耐酸轻集料、耐酸粉料及外加剂等按比例混合，采用浇注成型方法来制作烟囱内衬。水玻璃轻质耐酸混凝土的强度高低与其体积密度大小密切相关，强度越高，体积密度越大；水玻璃轻质耐酸混凝土成型硬化后，在自然干燥养护过程中会产生收缩，因此应将收缩率控制在允许范围内，以确保内衬质量。

10.5.3 由于水玻璃耐酸混凝土有一定的渗透性，当烟气中的酸性腐蚀介质渗透到铁件、钢筋网、铁丝网格部位时，将产生钢筋的锈蚀或电化学腐蚀。因此对水玻璃耐酸混凝土内的铁件等应该在施工前进行除锈，并涂刷防腐蚀涂料。

10.5.4 对模板的要求与普通混凝土对模板的要求相同，只是脱模剂不能采用碱性材料，如肥皂水等，以防碱性物质破坏水玻璃混凝土。

捣实方法与普通混凝土相同，由于水玻璃黏度大，用插入式振动器振捣时，拔出稍快时极易留下孔洞，造成不密实，因此振动后特别强调应慢慢拔出，振动器振动头宜采用较小的规格。

为了保证施工缝处的粘结质量，应根据现场实际制订接缝措施。

水玻璃耐酸混凝土的固化需要一定的时间，过早拆模强度达不到要求，容易使制品因重力的作用而发生变形。

修补水玻璃耐酸混凝土的缺陷时，采用的水玻璃耐酸胶泥或水玻璃耐酸砂浆应与水玻璃耐酸混凝土同型号。如修补密实型水玻璃耐酸混凝土时，应采用密实型水玻璃耐酸胶泥或密实型水玻璃耐酸砂浆。

11 附属工程

11.0.4 避雷器和航空障碍灯安装均包括在电气系统的安装质量标准中。

11.0.5 烟囱是一个高耸的建筑物，其安全要求高，避雷器安装完成后应检测接地电阻，接地电阻应符合设计要求。当不能满足设计要求时，应同设计单位协商增设接地极数量或采取其他措施。

11.0.7 烟囱对空中航空飞行器视为障碍物，是造成

飞行安全的隐患，因此，航空色标的选型和施工应符合设计和国家现行有关标准要求。

11.0.9 在烟囱施工期间及建成以后，为保证结构的稳定与安全生产，应对基础的下沉量及沉降差、筒身的倾斜度、投产后的烟气情况等进行系统的观测，便于发现问题及时处理。在工程交工前，观测工作由施工单位负责，交工后由生产单位负责。

12 冬 期 施 工

12.1 一 般 规 定

12.1.1 本条是参照《建筑工程冬期施工规程》JGJ 104制定，其目的是界定烟囱工程冬期施工开始时间和结束时间。

12.1.2 烟囱工程冬期施工时，应根据工程结构形式和当地、当时气温条件，通过技术经济比较，因地制宜地确定合理的冬期施工方案，并进行周密的施工准备工作，以保证工程质量和取得较好的技术经济效果。

12.1.3 冬期施工时，室外气温对烟囱工程的质量影响较大，对此应给予足够的重视，逐日、定时地做好温度方面的原始记录，是加强施工管理的一部分。如果出现质量事故的时候，可以此为依据进行分析，找出原因。

12.2 基 础

12.2.1 根据工程需要，查验经勘察提出地基土的主要冻土指标如：冻土层实际厚度与分布，各层冻土的含水量、冻胀或融沉系数等。

12.2.2 因各种原因如资金、材料、技术等，满足不了连续施工的要求而中途停工，应采取措施保温，防止地基土冻胀。

12.2.3 采用蓄热法进行冬期施工是利用混凝土的初温和水泥的发热量，并以保温材料覆盖表面，使混凝土在养护过程中保持一定的温度，达到所需要的强度。一般当最低气温在−10℃以上，表面系数不大于6的情况下，环形和圆形板式基础，可采用蓄热法施工。当施工条件和气温条件不利时，蓄热法还可和其他施工方法结合使用，如掺用早强剂或早强型防冻剂等。蓄热法是一个施工简便而又经济的方法，应优先采用。当气温过低，经计算采用蓄热法和其他技术措施还不能保证混凝土质量时，则应采取暖棚法施工。

薄壳基础因其表面系数大，施工复杂和工期较长，所以一般采用暖棚法施工。

12.2.4、12.2.5 主要是防止地基土、基础受冻，而使基础产生结构性的破坏。

12.3 砖烟囱筒壁

12.3.1 砖烟囱筒壁冬期施工时，为保证结构质量和施工安全，宜采用活动暖棚法、半冻结法施工。在稳定的负温度下，可采用冻结法施工。不推荐冻结法施工，当受条件约束确需采用冻结法施工，应严格按规范规定执行。

1 活动暖棚法：在筒壁内部加热，使砌体温度在不低于15℃的暖棚内保持4～5d。

2 半冻结法：在工作台以下的筒壁内部进行加热，其上部砌体允许暂时冻结，待工作台移至上一段后再进行加热。

12.3.2 表12.3.2条中所列的冻结法砌体融解期的抗压强度，是根据原规范修改的，根据国家现行有关标准，取消MU7.5强度等级。

条文规定砖烟囱筒壁在稳定的负温度下，可以采用冻结法砌筑，但筒壁水平截面的计算应力不应超过表12.3.2的数值。因此，采用冻结法施工时应进行强度验算。将筒壁按不同壁厚划分成若干段，根据结构自重和风荷载计算出各段的最大应力（冬期施工时设计单位应提供此值），再对照表12.3.2所列的冻结法砌体融解期的抗压强度，如不超过表12.3.2的数值，便可采用冻结法施工砌筑。如超过了便不能采用冻结法，而采用半冻结法砌筑。

例如：烟囱某段筒壁为2砖厚，砌体水平截面的计算应力为0.75MPa，当砖的强度等级为MU10，砌体砂浆强度等级为M5时，根据表12.3.2查得冻结法砌体融解期的抗压强度为0.67MPa＜0.75MPa，因此，不能采用冻结法砌筑。然后再验算是否可以采用半冻结法砌筑，当外界气温为−15℃时，筒壁内部加热为15℃，查表12.3.4，当2砖厚的筒壁加热5d时，砌体的融解为30％，再查表12.3.3得知砌体加强系数为1.2，故融解时砌体的抗压强度为0.67×1.2MPa＝0.80MPa＞0.75MPa。因此，可以采用半冻结砌筑，也就是在筒壁砌筑过程中，从里面进行加热。

表12.3.2注：即设计在30m以下的砖烟囱筒壁，其计算应力基本上不超过表12.3.2冻结法砌体融解期的抗压强度值。有些施工单位有这方面的实践经验，故做了此规定。

12.3.5 主要是考虑我国抗震设防地区所占比重大。从几十年地震的教训看，冬期施工未浇水、干砖上墙的建筑物基本倒塌。相反，常温季节施工，砖浇了水而砌筑的建筑物，则倒塌的数量相对少些。这说明了砖浇水润湿后，对增强砖与砖之间的粘结，提高砌体强度和抗震性能具有明显的效果。因此，在正温条件下砌筑时，砖应浇水润湿。但在负温条件下砌筑时，砖浇水会结冰，故采取适当增大砂浆的稠度来弥补。

12.3.6 采用冻结法和半冻结法砌筑时，砖不需要加热，如砖上附有冰雪时，则应扫除干净。采用暖棚法砌筑时，砖应预热至不低于5℃，现在仍按此规定执行，故保留。实践证明，每日砌筑后在砌体表面覆盖保温材料，一方面起到了保温作用，有利于砂浆强度的增长，另一方面也可避免砌体表面出现冰霜现象，影响继续砌筑时上下层的粘结。

12.3.8 采用冻结法或半冻结法施工，虽然解冻后砂浆强度仍然可以增长，但后期强度比常温条件下低。在气温特别低时，降低值可达 50%。所以规定，如设计无要求，当日低气温高于 −25℃ 时，砂浆强度应比设计规定的提高一级；当日最低气温低于 −25℃ 时，则应提高二级，以弥补砂浆早期受冻而造成的后期强度损失。采用暖棚法施工时，为提高砂浆的早期强度，加快施工进度，也可提高一级砂浆强度。

12.3.11 采用冻结法砌筑时，为保持烟囱的稳定性，当砌砖结束后，应立即在筒壁内部加热。加热时，应按专门制订的加热温度曲线表进行。编制这种加热温度曲线表时，需考虑到筒壁的冻结段厚度、砌体内的计算应力和融解时砌体的抗压强度等。加热时间应持续至砌体获得所需要的强度为止。

12.3.12 用冻结法砌筑的砖烟囱，加热前应将环箍安装好，以避免筒壁出现裂缝。

12.4 钢筋混凝土烟囱筒壁

12.4.4 钢筋混凝土烟囱的冬期施工，其混凝土的养护强度，只按混凝土受冻临界强度考虑是不够的，应按承载能力来考虑，即能承受筒壁的自重、风荷载和施工荷载等所产生的应力时，才能停止加热养护。

根据《烟囱设计规范》编制组对 75/2.5-700、120/2.75-700、180/6-500、210/7-500〔烟囱高度（m）/上口内径（m）－基本风压值（N/m²）〕四座已投产使用的烟囱进行了施工阶段的强度验算。即在筒壁自重（无内衬）、施工平台荷载、风荷载和附加弯矩的共同作用下，当混凝土强度为 50% 时，验算烟囱各截面的强度。

1 计算原则

1）混凝土强度为 50% 时，取材料设计强度为：

C20 混凝土：$f_c = 4.80$ MPa，$E_c = 1.76 \times 10^4$ N/mm²

C25 混凝土：$f_c = 5.95$ MPa，$E_c = 2.01 \times 10^4$ N/mm²

C30 混凝土：$f_c = 7.15$ MPa，$E_c = 2.20 \times 10^4$ N/mm²

C35 混凝土：$f_c = 8.35$ MPa，$E_c = 2.39 \times 10^4$ N/mm²

C40 混凝土：$f_c = 9.55$ MPa，$E_c = 2.55 \times 10^4$ N/mm²

HRB335 级钢筋：$f_y = 300$ MPa，$E_s = 2.0 \times 10^5$ N/mm²

2）计算时仅考虑自重（无内衬）、施工平台荷载、风荷载、附加弯矩（包括风荷载、日照、地基倾斜引起烟囱挠曲后，由筒壁自重、施工平台荷载产生的弯矩）。按最不利荷载组合，即施工平台已到烟囱顶部，烟囱各截面的混凝土强度为 50% 的情况下进行验算。不考虑地震力及温度应力的影响。

3）上述四座烟囱均为已投产使用，设计时均为先假定截面尺寸和钢筋面积，然后复核其应力。

2 结论

1）从计算结果来看，当混凝土强度为 50% 时，烟囱高度 1/2 以下部分截面出现强度不足的情况。

2）烟囱 1/2 以上的截面均能满足强度计算要求。

3）上述四座烟囱均已投产使用，配筋都有一定富裕，如今后采用优化设计，强度不足的截面会出现更多些。

另据某炼钢厂 100m 烟囱冬期施工时，对筒壁进行强度验算的结果，在最下部 10m 一段，混凝土的养护强度需达到设计强度的 70%（该混凝土设计强度等级为 C20），才能承受上述荷重。

因此，根据强度验算结果和施工经验以及参考国外资料，规定为：混凝土的加热养护强度，在筒壁 1/2 高度以下部分应达到设计强度的 70%，1/2 高度以上部分为 50%。

12.5 钢烟囱、钢内筒和钢构件

12.5.1 本条是引用《钢结构设计规范》GB 50017 中的相关条款。

12.5.2 编制钢烟囱冬期施工工艺和安装施工方案是一项重要工作，应根据其特点、技术复杂程度、现场施工条件等具体情况进行编制，施工中应认真执行。

12.5.3 负温度下钢构件安装使用的材料应有产品出厂证明书，在重要部位使用的应进行抽验，合格后才能使用。

负温度下焊接用的焊条，首先应满足设计强度的要求，应选用屈服强度较低，冲击韧性好的低氢型焊条，重要部位采用超低氢型焊条，这样可以保证焊缝不产生冷脆。

12.5.5 市场供应的涂料，一般要求在正温度下使用。在温度低于 0℃ 时，涂料的附着力、干燥时间、涂层强度、冲击强度都会受到影响，因此，涂刷前应进行工艺试验，各项指标符合正温度下施工质量标准，才能进行施工。

负温度下，水基涂料易冻结，禁止使用。

12.6 内 衬

12.6.1 本条与《工业炉砌筑工程施工及验收规范》GB 50211 的规定相一致。

12.6.2 烧结普通黏土砖冻结法砌筑请参见《建筑工程冬期施工规程》JGJ 104 中 5.3 冻结法的规定。

12.6.4 用耐火砖砌筑内衬时，所用的砖也需预热。使用 0℃ 以下的耐火砖砌筑会产生冻结。

用喷涂料或其他散料材料施工内衬，规定施工时材料的较高温度，有利于强度的增长。

12.6.5 为了使浇注料在冬期施工浇注、养护时具有必要的温度，故对水的加热温度也做了规定。

12.6.7 喷涂施工时，由于搅拌机至喷涂点有一定的距离和高度，因此在冬期，输料管和输水管也应予以保温，不致使喷涂料和水本身的温度降低过多。

13 施工安全

本章所涉及的安全条款是针对烟囱施工的特殊要求提出的,考虑烟囱工程高处作业多,危险性大,将主要的安全技术措施规定若干条,以便有所遵循。它是几十年来,烟囱工程施工的经验和教训的总结。

对于涉及的其他专业施工安全要求,应符合国家现行有关标准的规定,本章不再重复。

13.0.5 烟囱工程属高处作业,平台上下操作区域的周围均应搭设安全网,防止人员及物品高处坠落而导致事故的发生。

钢管竖井架人行出入口四周采用金属保护网主要是利用金属的刚性大、变形性小的特性,防止落物伤人。

13.0.11 采用电动(液压)提模或滑动模板工艺施工时,整个系统是在现场组装而成,且在运行中会出现操作平台上的堆载不均匀和提升或滑升过程中设备不同步等现象,使系统的上升阻力和设备的负荷增大,为保证整个系统安全使用,应在提模或滑升前做1.25倍的满负荷静载试验和1.1倍的满负荷滑升试验。

14 工程质量验收

14.0.1 原规范对现场主要的质量验收记录要求没有作明确规定,给烟囱工程验收带来了很大的不便。为此,本规范增加了这一内容。

14.0.2 随着本规范适用范围的扩大和内容的增加,在原规范相应要求的基础上,增加了钢结构工程、防腐蚀工程质量验收的相关要求;增加了新材料、新工艺施工记录的要求;增加了强制性条文检验项目检查记录及证明文件的要求;增加了质量管理、安全、功能、观感质量验收的要求。

15 烟囱烘干

15.0.1 原规范规定常温季节施工的烟囱,可于临近生产前烘干;用冻结法砌筑的砖烟囱,为保持烟囱的稳定性,在砌砖结束后,应立即加热和烘干,防止气温转暖时日照温差的影响,使筒壁发生不均匀的沉陷,故保留此规定。另外通风烟囱不烘干一项,是因为通风烟囱大都没有内衬,即使有内衬,高度也很低,一般与烟道口的标高等同,故不需要烘干。

15.0.3 关于烟囱烘干时间,表中所列的数字是沿用了原规范的规定。对 151~200m 和 200m 以上的钢筋混凝土烟囱的烘干时间,以及 41~60m 和 61~80m 钢筋混凝土烟囱的烘干时间,都是根据 80~100m、100m 以上两项烘干时间引申出来的。

15.0.4 关于烟囱烘干的最高温度,目前仍按原规范执行,故保留。但如烟囱的设计温度低于烘干最高温度时,则烘干最高温度不应超过设计温度,否则会增加筒壁的温度应力而产生裂缝。

15.0.5 工业炉尤其是焦炉往烟囱内排放烟气时,在最初阶段,容易产生燃烧不完的气体通过缝隙和闸板流入烟囱,应及时检查和检验,以免气体在烟囱内燃烧和爆炸。

15.0.6 烟囱烘干后,有的产生裂缝,但裂缝宽度一般都在 10mm 以内,可用水泥砂浆填塞。填塞时,每次从外面用水泥砂浆涂抹裂缝高 150~300mm,再用水泥浆通过漏斗或注射器,从上面注入裂缝中,以后用同样方法进行其上部裂缝的修补。已烘干的烟囱如不立即投产使用,在冷却后,筒壁上的环箍会松动,应再次拧紧其螺栓。

中华人民共和国国家标准

地下工程防水技术规范

Technical code for waterproofing of
underground works

GB 50108—2008

主编部门：国 家 人 民 防 空 办 公 室
批准部门：中华人民共和国住房和城乡建设部
施行日期：２ ０ ０ ９ 年 ４ 月 １ 日

中华人民共和国住房和城乡建设部
公　告

第 172 号

住房和城乡建设部关于发布国家标准
《地下工程防水技术规范》的公告

现批准《地下工程防水技术规范》为国家标准，编号为 GB 50108—2008，自 2009 年 4 月 1 日起实施。其中，第 3.1.4、3.2.1、3.2.2、4.1.22、4.1.26（1、2）、5.1.3 条（款）为强制性条文，必须严格执行。原《地下工程防水技术规范》GB 50108—2001 同时废止。

本规范由我部标准定额研究所组织中国计划出版社出版发行。

中华人民共和国住房和城乡建设部
二〇〇八年十一月二十七日

前　言

本规范是根据建设部"关于印发《2005 年工程建设标准规范制定、修订计划（第一批）》的通知"建标函〔2005〕84 号的要求，由总参工程兵科研三所会同有关单位，对国家标准《地下工程防水技术规范》GB 50108—2001 进行修订的基础上编制完成的。

本规范共分 10 章，主要内容包括：总则；术语；地下工程防水设计；地下工程混凝土结构主体防水；地下工程混凝土结构细部构造防水；地下工程排水；注浆防水；特殊施工法的结构防水；地下工程渗漏水治理；其他规定。

本次修编的主要内容是：提高了防水等级为二级的地下工程防水标准；增加新的防水材料和防水施工技术；与国内外相关规范协调与接轨；重视结构耐久性和环境保护；淘汰落后的防水材料，对不适应国家发展要求的条文进行修改。

本规范中以黑体字标志的条文为强制性条文，必须严格执行。

本规范由住房和城乡建设部负责管理和对强制性条文的解释，由国家人民防空办公室负责日常管理，由总参工程兵科研三所负责具体技术内容的解释。本规范在执行过程中，请各单位结合工程实践，认真总结经验，注意积累资料，随时将意见和建议反馈给总参工程兵科研三所（地址：河南洛阳，总参工程兵科研三所，邮政编码：471023），以供今后修订时参考。

本规范主编单位、参编单位和主要起草人：

主 编 单 位： 总参工程兵科研三所

参 编 单 位： 山西建筑工程（集团）总公司
中冶集团建筑研究总院
上海市隧道工程轨道交通设计研究院
中铁工程设计咨询集团有限公司
中国建筑科学研究院
中铁隧道集团有限公司科研所
深圳大学建筑设计研究院
中国建筑业协会建筑防水分会
北京城建设计研究总院有限责任公司
中国建筑防水材料工业协会

主要起草人： 冀文政　朱忠厚　张玉玲　朱祖熹
姚源道　李承刚　李治国　蔡庆华
雷志梁　张道真　曲　慧　郭德友
卓　越　哈成德　沈秀芳　潘水艳

目　次

1 总　则

1.0.1　为使地下工程防水的设计和施工符合确保质量、技术先进、经济合理、安全适用的要求，制定本规范。

1.0.2　本规范适用于工业与民用建筑地下工程、防护工程、市政隧道、山岭及水底隧道、地下铁道、公路隧道等地下工程防水的设计和施工。

1.0.3　地下工程防水的设计和施工应遵循"防、排、截、堵相结合，刚柔相济，因地制宜，综合治理"的原则。

1.0.4　地下工程防水的设计和施工应符合环境保护的要求，并应采取相应措施。

1.0.5　地下工程的防水，应积极采用经过试验、检测和鉴定并经实践检验质量可靠的新材料、新技术、新工艺。

1.0.6　地下工程防水的设计和施工，除应符合本规范外，尚应符合国家现行有关标准的规定。

2 术　语

2.0.1　胶凝材料　cementitious material，or binder
　　用于配制混凝土的硅酸盐水泥及粉煤灰、磨细矿渣、硅粉等矿物掺合料的总称。

2.0.2　水胶比　water to binder ratio
　　混凝土配制时的用水量与胶凝材料总量之比。

2.0.3　可操作时间　operational time
　　单组分材料从容器打开或多组分材料从混合起，至不适宜施工的时间。

2.0.4　涂膜抗渗性　impermeability of film coating
　　涂料固化后的膜体抵抗地下水渗透的能力。

2.0.5　涂膜耐水性　water resistance of film coating
　　涂料固化后的膜体在水长期浸泡下保持各种性能指标的能力。

2.0.6　聚合物水泥防水涂料　polymer cement water proof coating
　　以聚合物乳液和水泥为主要原料，加入其他添加剂制成的双组分防水涂料。

2.0.7　高分子自粘胶膜防水卷材　self-adhesive wateroofing membrane with macromolecular carrier
　　以合成高分子片材为底膜，单面覆有高分子自粘胶膜层，用于预铺反粘法施工的防水卷材。

2.0.8　预铺反粘法　pre-applied full bonding installation
　　将覆有高分子自粘胶膜层的防水卷材空铺在基面上，然后浇筑结构混凝土，使混凝土浆料与卷材胶膜层紧密结合的施工方法。

2.0.9　自粘聚合物改性沥青防水卷材　self-adbering polymer modified bituinous worteroof sheet
以高聚物改性沥青为主体材料，整体具有自粘性的防水卷材。

2.0.10　暗钉圈　concealed nail washer
　　设置于基层表面，并由与塑料防水板相热焊的材料组成，用于固定塑料防水板的垫圈。

2.0.11　无钉铺设　non-nails layouts
　　将塑料防水板通过热焊固定于暗钉圈或悬挂在基层上的一种铺设方法。

2.0.12　背衬材料　backing material
　　用于控制密封材料的嵌缝深度，防止密封材料和接缝底部粘结而设置的可变形材料。

2.0.13　预注浆　pre-grouting
　　工程开挖前使浆液预先充填围岩裂隙，以达到堵塞水流、加固围岩的目的所进行的注浆。

2.0.14　衬砌前围岩注浆　surrounding ground grouting before lining
　　工程开挖后，在衬砌前对毛洞的围岩加固和止水所进行的注浆。

2.0.15　回填注浆　back-fill grouting
　　在工程衬砌完成后，为充填衬砌和围岩间空隙所进行的注浆。

2.0.16　衬砌后围岩注浆　surrounding ground grouting after lining
　　在回填注浆后需要增强衬砌的防水能力时，对围岩进行的注浆。

2.0.17　凝胶时间　gel time
　　浆液自配制或混合时起至不流动时的时间。

2.0.18　复合管片　composite segment
　　钢板与混凝土复合制成的管片。

2.0.19　密封垫　gasket
　　由工厂加工预制，在现场粘贴于管片密封垫沟槽内，用于管片接缝防水的密封材料。

2.0.20　螺孔密封圈　bolt hole sealing washer
　　为防止管片螺栓孔渗漏水而设置的密封垫圈。

3 地下工程防水设计

3.1 一般规定

3.1.1　地下工程应进行防水设计，并应做到定级准确、方案可靠、施工简便、耐久适用、经济合理。

3.1.2　地下工程防水方案应根据工程规划、结构设计、材料选择、结构耐久性和施工工艺等确定。

3.1.3　地下工程的防水设计，应根据地表水、地下水、毛细管水等的作用，以及由于人为因素引起的附近水文地质改变的影响确定。单建式的地下工程，宜采用全封闭、部分封闭的防排水设计；附建式的全地下或半地下工程的防水设防高度，应高出室外地坪高程500mm以上。

3.1.4 地下工程迎水面主体结构应采用防水混凝土，并应根据防水等级的要求采取其他防水措施。

3.1.5 地下工程的变形缝（诱导缝）、施工缝、后浇带、穿墙管（盒）、预埋件、预留通道接头、桩头等细部构造，应加强防水措施。

3.1.6 地下工程的排水管沟、地漏、出入口、窗井、风井等，应采取防倒灌措施；寒冷及严寒地区的排水沟应采取防冻措施。

3.1.7 地下工程的防水设计，应根据工程的特点和需要搜集下列资料：

　　1 最高地下水位的高程、出现的年代，近几年的实际水位高程和随季节变化情况；

　　2 地下水类型、补给来源、水质、流量、流向、压力；

　　3 工程地质构造，包括岩层走向、倾角、节理及裂隙，含水地层的特性、分布情况和渗透系数，溶洞和陷穴、填土区、湿陷性土和膨胀土层等情况；

　　4 历年气温变化情况、降水量、地层冻结深度；

　　5 区域地形、地貌、天然水流、水库、废弃坑井以及地表水、洪水和给水排水系统资料；

　　6 工程所在区域的地震烈度、地热，含瓦斯等有害物质的资料；

　　7 施工技术水平和材料来源。

3.1.8 地下工程防水设计，应包括下列内容：

　　1 防水等级和设防要求；

　　2 防水混凝土的抗渗等级和其他技术指标、质量保证措施；

　　3 其他防水层选用的材料及其技术指标、质量保证措施；

　　4 工程细部构造的防水措施，选用的材料及其技术指标、质量保证措施；

　　5 工程的防排水系统、地面挡水、截水系统及工程各种洞口的防倒灌措施。

3.2 防 水 等 级

3.2.1 地下工程的防水等级应分为四级，各等级防水标准应符合表 3.2.1 的规定。

表 3.2.1 地下工程防水标准

防水等级	防水标准
一级	不允许渗水，结构表面无湿渍
二级	不允许漏水，结构表面可有少量湿渍； 工业与民用建筑：总湿渍面积不应大于总防水面积（包括顶板、墙面、地面）的 1/1000；任意 100m² 防水面积上的湿渍不超过 2 处，单个湿渍的最大面积不大于 0.1m²； 其他地下工程：总湿渍面积不应大于总防水面积的 2/1000；任意 100m² 防水面积上的湿渍不超过 3 处，单个湿渍的最大面积不大于 0.2m²；其中，隧道工程还要求平均渗水量不大于 0.05L/（m²·d），任意 100m² 防水面积上的渗水量不大于 0.15L/（m²·d）

续表 3.2.1

防水等级	防水标准
三级	有少量漏水点，不得有线流和漏泥砂； 任意 100m² 防水面积上的漏水或湿渍点数不超过 7 处，单个漏水点的最大漏水量不大于 2.5L/d，单个湿渍的最大面积不大于 0.3m²
四级	有漏水点，不得有线流和漏泥砂； 整个工程平均漏水量不大于 2L/（m²·d）；任意 100m² 防水面积上的平均漏水量不大于 4L/（m²·d）

3.2.2 地下工程不同防水等级的适用范围，应根据工程的重要性和使用中对防水的要求按表 3.2.2 选定。

表 3.2.2 不同防水等级的适用范围

防水等级	适用范围
一级	人员长期停留的场所；因有少量湿渍会使物品变质、失效的贮物场所及严重影响设备正常运转和危及工程安全运营的部位；极重要的战备工程、地铁车站
二级	人员经常活动的场所；在有少量湿渍的情况下不会使物品变质、失效的贮物场所及基本不影响设备正常运转和工程安全运营的部位；重要的战备工程
三级	人员临时活动的场所；一般战备工程
四级	对渗漏水无严格要求的工程

3.3 防水设防要求

3.3.1 地下工程的防水设防要求，应根据使用功能、使用年限、水文地质、结构形式、环境条件、施工方法及材料性能等因素确定。

　　1 明挖法地下工程的防水设防要求应按表 3.3.1-1 选用；

　　2 暗挖法地下工程的防水设防要求应按表 3.3.1-2 选用。

3.3.2 处于侵蚀性介质中的工程，应采用耐侵蚀的防水混凝土、防水砂浆、防水卷材或防水涂料等防水材料。

3.3.3 处于冻融侵蚀环境中的地下工程，其混凝土抗冻融循环不得少于 300 次。

3.3.4 结构刚度较差或受振动作用的工程，宜采用延伸率较大的卷材、涂料等柔性防水材料。

表 3.3.1-1　明挖法地下工程防水设防要求

工程部位	主体结构							施工缝							后浇带					变形缝（诱导缝）					
防水措施＼防水等级	防水混凝土	防水卷材	防水涂料	塑料防水板	膨润土防水材料	防水砂浆	金属防水板	遇水膨胀止水条（胶）	外贴式止水带	中埋式止水带	外抹防水砂浆	外涂防水涂料	水泥基渗透结晶型防水涂料	预埋注浆管	补偿收缩混凝土	外贴式止水带	遇水膨胀止水条（胶）	预埋注浆管	防水密封材料	中埋式止水带	外贴式止水带	可卸式止水带	防水密封材料	外贴防水卷材	外涂防水涂料
一级	应选	应选一至二种						应选二种							应选	应选二种			应选	应选一至二种					
二级	应选	应选一种						应选一至二种							应选	应选一至二种			应选	应选一至二种					
三级	应选	宜选一种						宜选一至二种							应选	宜选一至二种			应选	宜选一至二种					
四级	宜选	—						宜选一种							应选	宜选一种			应选	宜选一种					

表 3.3.1-2　暗挖法地下工程防水设防要求

工程部位	衬砌结构						内衬砌施工缝						内衬砌变形缝（诱导缝）				
防水措施＼防水等级	防水混凝土	塑料防水板	防水砂浆	防水涂料	防水卷材	金属防水层	外贴式止水带	预埋注浆管	遇水膨胀止水条（胶）	防水密封材料	中埋式止水带	水泥基渗透结晶型防水涂料	中埋式止水带	外贴式止水带	可卸式止水带	防水密封材料	遇水膨胀止水条（胶）
一级	必选	应选一至二种					应选一至二种						应选	应选一至二种			
二级	应选	应选一种					应选一种						应选	应选一种			
三级	宜选	宜选一种					宜选一种						应选	宜选一种			
四级	宜选	宜选一种					宜选一种						应选	宜选一种			

4　地下工程混凝土结构主体防水

4.1　防水混凝土

Ⅰ　一般规定

4.1.1　防水混凝土可通过调整配合比，或掺加外加剂、掺合料等措施配制而成，其抗渗等级不得小于 P6。

4.1.2　防水混凝土的施工配合比应通过试验确定，试配混凝土的抗渗等级应比设计要求提高 0.2MPa。

4.1.3　防水混凝土应满足抗渗等级要求，并应根据地下工程所处的环境和工作条件，满足抗压、抗冻和抗侵蚀性等耐久性要求。

Ⅱ　设　计

4.1.4　防水混凝土的设计抗渗等级，应符合表 4.1.4 的规定。

表 4.1.4　防水混凝土设计抗渗等级

工程埋置深度 H（m）	设计抗渗等级
$H<10$	P6
$10 \leqslant H<20$	P8
$20 \leqslant H<30$	P10
$H \geqslant 30$	P12

注：1　本表适用于Ⅰ、Ⅱ、Ⅲ类围岩（土层及软弱围岩）。

　　2　山岭隧道防水混凝土的抗渗等级可按国家现行有关标准执行。

4.1.5 防水混凝土的环境温度不得高于 80℃；处于侵蚀性介质中防水混凝土的耐侵蚀要求应根据介质的性质按有关标准执行。

4.1.6 防水混凝土结构底板的混凝土垫层，强度等级不应小于 C15，厚度不应小于 100mm，在软弱土层中不应小于 150mm。

4.1.7 防水混凝土结构，应符合下列规定：

  1 结构厚度不应小于 250mm；

  2 裂缝宽度不得大于 0.2mm，并不得贯通；

  3 钢筋保护层厚度应根据结构的耐久性和工程环境选用，迎水面钢筋保护层厚度不应小于 50mm。

Ⅲ 材　料

4.1.8 用于防水混凝土的水泥应符合下列规定：

  1 水泥品种宜采用硅酸盐水泥、普通硅酸盐水泥，采用其他品种水泥时应经试验确定；

  2 在受侵蚀性介质作用时，应按介质的性质选用相应的水泥品种；

  3 不得使用过期或受潮结块的水泥，并不得将不同品种或强度等级的水泥混合使用。

4.1.9 防水混凝土选用矿物掺合料时，应符合下列规定：

  1 粉煤灰的品质应符合现行国家标准《用于水泥和混凝土中的粉煤灰》GB 1596 的有关规定，粉煤灰的级别不应低于 Ⅱ 级，烧失量不应大于 5%，用量宜为胶凝材料总量的 20%～30%，当水胶比小于 0.45 时，粉煤灰用量可适当提高；

  2 硅粉的品质应符合表 4.1.9 的要求，用量宜为胶凝材料总量的 2%～5%；

表 4.1.9　硅粉品质要求

项　目	指　标
比表面积（m²/kg）	≥15000
二氧化硅含量（%）	≥85

  3 粒化高炉矿渣粉的品质要求应符合现行国家标准《用于水泥和混凝土中的粒化高炉矿渣粉》GB/T 18046 的有关规定；

  4 使用复合掺合料时，其品种和用量应通过试验确定。

4.1.10 用于防水混凝土的砂、石，应符合下列规定：

  1 宜选用坚固耐久、粒形良好的洁净石子；最大粒径不宜大于 40mm，泵送时其最大粒径不应大于输送管径的 1/4；吸水率不应大于 1.5%；不得使用碱活性骨料；石子的质量要求应符合国家现行标准《普通混凝土用碎石或卵石质量标准及检验方法》JGJ 53 的有关规定；

  2 砂宜选用坚硬、抗风化性强、洁净的中粗砂，不宜使用海砂；砂的质量要求应符合国家现行标准《普通混凝土用砂质量标准及检验方法》JGJ 52 的有

关规定。

4.1.11 用于拌制混凝土的水，应符合国家现行标准《混凝土用水标准》JGJ 63 的有关规定。

4.1.12 防水混凝土可根据工程需要掺入减水剂、膨胀剂、防水剂、密实剂、引气剂、复合型外加剂及水泥基渗透结晶型材料，其品种和用量应经试验确定，所用外加剂的技术性能应符合国家现行有关标准的质量要求。

4.1.13 防水混凝土可根据工程抗裂需要掺入合成纤维或钢纤维，纤维的品种及掺量应通过试验确定。

4.1.14 防水混凝土中各类材料的总碱量（Na_2O 当量）不得大于 $3kg/m^3$；氯离子含量不应超过胶凝材料总量的 0.1%。

Ⅳ 施　工

4.1.15 防水混凝土施工前应做好降排水工作，不得在有积水的环境中浇筑混凝土。

4.1.16 防水混凝土的配合比，应符合下列规定：

  1 胶凝材料用量应根据混凝土的抗渗等级和强度等级等选用，其总用量不宜小于 $320kg/m^3$；当强度要求较高或地下水有腐蚀性时，胶凝材料用量可通过试验调整。

  2 在满足混凝土抗渗等级、强度等级和耐久性条件下，水泥用量不宜小于 $260kg/m^3$。

  3 砂率宜为 35%～40%，泵送时可增至 45%。

  4 灰砂比宜为 1：1.5～1：2.5。

  5 水胶比不得大于 0.50，有侵蚀性介质时水胶比不宜大于 0.45。

  6 防水混凝土采用预拌混凝土时，入泵坍落度宜控制在 120～160mm，坍落度每小时损失值不应大于 20mm，坍落度总损失值不应大于 40mm。

  7 掺加引气剂或引气型减水剂时，混凝土含气量应控制在 3%～5%。

  8 预拌混凝土的初凝时间宜为 6～8h。

4.1.17 防水混凝土配料应按配合比准确称量，其计量允许偏差应符合表 4.1.17 的规定。

表 4.1.17　防水混凝土配料计量允许偏差

混凝土组成材料	每盘计量（%）	累计计量（%）
水泥、掺合料	±2	±1
粗、细骨料	±3	±2
水、外加剂	±2	±1

  注：累计计量仅适用于微机控制计量的搅拌站。

4.1.18 使用减水剂时，减水剂宜配制成一定浓度的溶液。

4.1.19 防水混凝土应分层连续浇筑，分层厚度不得大于 500mm。

4.1.20 用于防水混凝土的模板应拼缝严密、支撑牢固。

4.1.21 防水混凝土拌合物应采用机械搅拌，搅拌时间不宜小于 2min。掺外加剂时，搅拌时间应根据外

加剂的技术要求确定。

4.1.22 防水混凝土拌合物在运输后如出现离析，必须进行二次搅拌。当坍落度损失后不能满足施工要求时，应加入原水胶比的水泥浆或掺加同品种的减水剂进行搅拌，严禁直接加水。

4.1.23 防水混凝土应采用机械振捣，避免漏振、欠振和超振。

4.1.24 防水混凝土应连续浇筑，宜少留施工缝。当留设施工缝时，应符合下列规定：

1 墙体水平施工缝不应留在剪力最大处或底板与侧墙的交接处，应留在高出底板表面不小于300mm的墙体上。拱（板）墙结合的水平施工缝，宜留在拱（板）墙接缝线以下150～300mm处。墙体有预留孔洞时，施工缝距孔洞边缘不应小于300mm。

2 垂直施工缝应避开地下水和裂隙水较多的地段，并宜与变形缝相结合。

4.1.25 施工缝防水构造形式宜按图4.1.25-1、4.1.25-2、4.1.25-3、4.1.25-4选用，当采用两种以上构造措施时可进行有效组合。

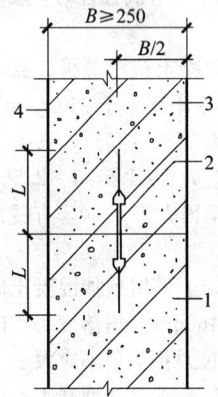

图 4.1.25-1　施工缝防水构造（一）

钢板止水带 L≥150；橡胶止水带 L≥200；钢边橡胶止水带 L≥120；1—先浇混凝土；2—中埋止水带；3—后浇混凝土；4—结构迎水面

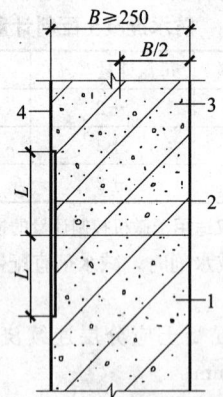

图 4.1.25-2　施工缝防水构造（二）

外贴止水带 L≥150；外涂防水涂料 L=200；外抹防水砂浆 L=200；1—先浇混凝土；2—外贴止水带；3—后浇混凝土；4—结构迎水面

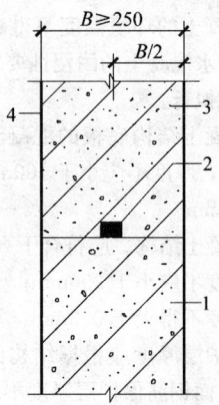

图 4.1.25-3　施工缝防水构造（三）

1—先浇混凝土；2—遇水膨胀止水条（胶）；3—后浇混凝土；4—结构迎水面

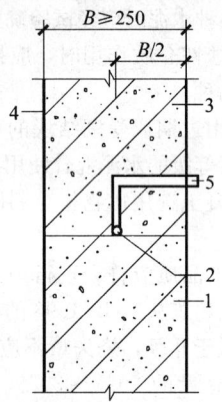

图 4.1.25-4　施工缝防水构造（四）

1—先浇混凝土；2—预埋注浆管；3—后浇混凝土；4—结构迎水面；5—注浆导管

4.1.26 施工缝的施工应符合下列规定：

1 水平施工缝浇筑混凝土前，应将其表面浮浆和杂物清除，然后铺设净浆或涂刷混凝土界面处理剂、水泥基渗透结晶型防水涂料等材料，再铺30～50mm厚的1∶1水泥砂浆，并应及时浇筑混凝土；

2 垂直施工缝浇筑混凝土前，应将其表面清理干净，再涂刷混凝土界面处理剂或水泥基渗透结晶型防水涂料，并应及时浇筑混凝土；

3 遇水膨胀止水条（胶）应与接缝表面密贴；

4 选用的遇水膨胀止水条（胶）应具有缓胀性能，7d的净膨胀率不宜大于最终膨胀率的60%，最终膨胀率宜大于220%；

5 采用中埋式止水带或预埋式注浆管时，应定位准确、固定牢靠。

4.1.27 大体积防水混凝土的施工，应符合下列规定：

1 在设计许可的情况下，掺粉煤灰混凝土设计强度等级的龄期宜为60d或90d。

2 宜选用水化热低和凝结时间长的水泥。

3 宜掺入减水剂、缓凝剂等外加剂和粉煤灰、磨细矿渣粉等掺合料。

　　4 炎热季节施工时，应采取降低原材料温度、减少混凝土运输时吸收外界热量等降温措施，入模温度不应大于 30℃。

　　5 混凝土内部预埋管道，宜进行水冷散热。

　　6 应采取保温保湿养护。混凝土中心温度与表面温度的差值不应大于 25℃，表面温度与大气温度的差值不应大于 20℃，温降梯度不得大于 3℃/d，养护时间不应少于 14d。

4.1.28　防水混凝土结构内部设置的各种钢筋或绑扎铁丝，不得接触模板。用于固定模板的螺栓必须穿过混凝土结构时，可采用工具式螺栓或螺栓加堵头，螺栓上应加焊方形止水环。拆模后应将留下的凹槽用密封材料封堵密实，并应用聚合物水泥砂浆抹平（图 4.1.28）。

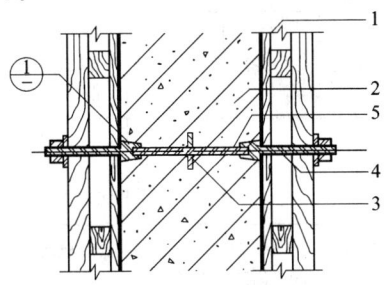

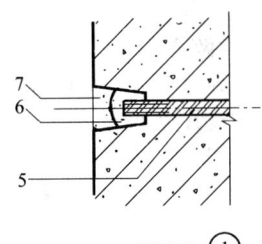

(拆模后) ①

图 4.1.28　固定模板用螺栓的防水构造
1—模板；2—结构混凝土；3—止水环；4—工具式螺栓；5—固定模板用螺栓；6—密封材料；7—聚合物水泥砂浆

4.1.29　防水混凝土终凝后应立即进行养护，养护时间不得少于 14d。

4.1.30　防水混凝土的冬期施工，应符合下列规定：

　　1 混凝土入模温度不应低于 5℃；

　　2 混凝土养护应采用综合蓄热法、蓄热法、暖棚法、掺化学外加剂等方法，不得采用电热法或蒸气直接加热法；

　　3 应采取保湿保温措施。

4.2　水泥砂浆防水层

Ⅰ　一般规定

4.2.1　防水砂浆应包括聚合物水泥防水砂浆、掺外加剂或掺合料的防水砂浆，宜采用多层抹压法施工。

4.2.2　水泥砂浆防水层可用于地下工程主体结构的迎水面或背水面，不应用于受持续振动或温度高于 80℃的地下工程防水。

4.2.3　水泥砂浆防水层应在基础垫层、初期支护、围护结构及内衬结构验收合格后施工。

Ⅱ　设　计

4.2.4　水泥砂浆的品种和配合比设计应根据防水工程要求确定。

4.2.5　聚合物水泥防水砂浆厚度单层施工宜为 6～8mm，双层施工宜为 10～12mm；掺外加剂或掺合料的水泥防水砂浆厚度宜为 18～20mm。

4.2.6　水泥砂浆防水层的基层混凝土强度或砌体用的砂浆强度均不应低于设计值的 80%。

Ⅲ　材　料

4.2.7　用于水泥砂浆防水层的材料，应符合下列规定：

　　1 应使用硅酸盐水泥、普通硅酸盐水泥或特种水泥，不得使用过期或受潮结块的水泥；

　　2 砂宜采用中砂，含泥量不应大于 1%，硫化物和硫酸盐含量不应大于 1%；

　　3 拌制水泥砂浆用水，应符合国家现行标准《混凝土用水标准》JGJ 63 的有关规定；

　　4 聚合物乳液的外观：应为均匀液体，无杂质、无沉淀、不分层。聚合物乳液的质量要求应符合国家现行标准《建筑防水涂料用聚合物乳液》JC/T 1017 的有关规定；

　　5 外加剂的技术性能应符合现行国家有关标准的质量要求。

4.2.8　防水砂浆主要性能应符合表 4.2.8 的要求。

表 4.2.8　防水砂浆主要性能要求

防水砂浆种类	粘结强度（MPa）	抗渗性（MPa）	抗折强度（MPa）	干缩率（%）
掺外加剂、掺合料的防水砂浆	>0.6	≥0.8	同普通砂浆	同普通砂浆
聚合物水泥防水砂浆	>1.2	≥1.5	≥8.0	≤0.15

防水砂浆种类	吸水率（%）	冻融循环（次）	耐碱性	耐水性（%）
掺外加剂、掺合料的防水砂浆	≤3	>50	10%NaOH溶液浸泡14d无变化	—
聚合物水泥防水砂浆	≤4	>50	—	≥80

　　注：耐水性指标是指砂浆浸水 168h 后材料的粘结强度及抗渗性的保持率。

4.2.9 基层表面应平整、坚实、清洁，并应充分湿润、无明水。

4.2.10 基层表面的孔洞、缝隙，应采用与防水层相同的防水砂浆堵塞并抹平。

4.2.11 施工前应将预埋件、穿墙管预留凹槽内嵌填密封材料后，再施工水泥砂浆防水层。

4.2.12 防水砂浆的配合比和施工方法应符合所掺材料的规定，其中聚合物水泥防水砂浆的用水量应包括乳液中的含水量。

4.2.13 水泥砂浆防水层应分层铺抹或喷射，铺抹时应压实、抹平，最后一层表面应提浆压光。

4.2.14 聚合物水泥防水砂浆拌合后应在规定时间内用完，施工中不得任意加水。

4.2.15 水泥砂浆防水层各层应紧密粘合，每层宜连续施工；必须留设施工缝时，应采用阶梯坡形槎，但离阴阳角处的距离不得小于200mm。

4.2.16 水泥砂浆防水层不得在雨天、五级及以上大风中施工。冬期施工时，气温不应低于5℃。夏季不宜在30℃以上或烈日照射下施工。

4.2.17 水泥砂浆防水层终凝后，应及时进行养护，养护温度不宜低于5℃，并应保持砂浆表面湿润，养护时间不得少于14d。

聚合物水泥防水砂浆未达到硬化状态时，不得浇水养护或直接受雨水冲刷，硬化后应采用干湿交替的养护方法。潮湿环境中，可在自然条件下养护。

4.3 卷材防水层

Ⅰ 一般规定

4.3.1 卷材防水层宜用于经常处在地下水环境，且受侵蚀性介质作用或受振动作用的地下工程。

4.3.2 卷材防水层应铺设在混凝土结构的迎水面。

4.3.3 卷材防水层用于建筑物地下室时，应铺设在结构底板垫层至墙体防水设防高度的结构基面上；用于单建式的地下工程时，应从结构底板垫层铺设至顶板基面，并应在外围形成封闭的防水层。

Ⅱ 设　计

4.3.4 防水卷材的品种规格和层数，应根据地下工程防水等级、地下水位高低及水压力作用状况、结构构造形式和施工工艺等因素确定。

4.3.5 卷材防水层的卷材品种可按表4.3.5选用，并应符合下列规定：

1 卷材外观质量、品种规格应符合国家现行有关标准的规定；

2 卷材及其胶粘剂应具有良好的耐水性、耐久性、耐刺穿性、耐腐蚀性和耐菌性。

4.3.6 卷材防水层的厚度应符合表4.3.6的规定。

表4.3.5　卷材防水层的卷材品种

类　别	品 种 名 称
高聚物改性沥青类 防水卷材	弹性体改性沥青防水卷材
	改性沥青聚乙烯胎防水卷材
	自粘聚合物改性沥青防水卷材
合成高分子类 防水卷材	三元乙丙橡胶防水卷材
	聚氯乙烯防水卷材
	聚乙烯丙纶复合防水卷材
	高分子自粘胶膜防水卷材

表4.3.6　不同品种卷材的厚度

卷材品种	高聚物改性沥青类防水卷材			合成高分子类防水卷材			
	弹性体改性沥青防水卷材、改性沥青聚乙烯胎防水卷材	自粘聚合物改性沥青防水卷材		三元乙丙橡胶防水卷材	聚氯乙烯防水卷材	聚乙烯丙纶复合防水卷材	高分子自粘胶膜防水卷材
		聚酯毡胎体	无胎体				
单层厚度 (mm)	≥4	≥3	≥1.5	≥1.5	≥1.5	卷材≥0.9 粘结料≥1.3 芯材厚度≥0.6	≥1.2
双层总厚度 (mm)	≥(4+3)	≥(3+3)	≥(1.5+1.5)	≥(1.2+1.2)	≥(1.2+1.2)	卷材≥(0.7+0.7) 粘结料≥(1.3+1.3) 芯材厚度≥0.5	—

注：1 带有聚酯毡胎体的自粘聚合物改性沥青防水卷材应执行国家现行标准《自粘聚合物改性沥青聚酯胎防水卷材》JC 898；

　　2 无胎体的自粘聚合物改性沥青防水卷材应执行国家现行标准《自粘橡胶沥青防水卷材》JC 840。

4.3.7 阴阳角处应做成圆弧或45°坡角，其尺寸应根据卷材品种确定。在阴阳角等特殊部位，应增做卷材加强层，加强层宽度宜为300～500mm。

Ⅲ 材　料

4.3.8 高聚物改性沥青类防水卷材的主要物理性能，应符合表4.3.8的要求。

表4.3.8　高聚物改性沥青类防水卷材的主要物理性能

项　目		性能要求				
		弹性体改性沥青防水卷材			自粘聚合物改性沥青防水卷材	
		聚酯毡胎体	玻纤毡胎体	聚乙烯膜胎体	聚酯毡胎体	无胎体
可溶物含量 (g/m²)		3mm厚≥2100 4mm厚≥2900			3mm厚 ≥2100	—
拉伸性能	拉力 (N/50mm)	≥800 (纵横向)	≥500 (纵向)	≥140 (纵向) ≥120 (横向)	≥450 (纵横向)	≥180 (纵横向)
	延伸率 (%)	最大拉力时 ≥40 (纵横向)	—	断裂时 ≥250 (纵横向)	最大拉力时 ≥30 (纵横向)	断裂时≥200 (纵横向)
低温柔度(℃)		−25，无裂纹				
热老化后低温柔度(℃)		−20，无裂缝			−22，无裂纹	
不透水性		压力0.3MPa，保持时间120min，不透水				

4.3.9 合成高分子类防水卷材的主要物理性能，应符合表4.3.9的要求。

表4.3.9 合成高分子类防水卷材的主要物理性能

项　目	性能要求			
	三元乙丙橡胶防水卷材	聚氯乙烯防水卷材	聚乙烯丙纶复合防水卷材	高分子自粘胶膜防水卷材
断裂拉伸强度	≥7.5MPa	≥12MPa	≥60N/10mm	≥100N/10mm
断裂伸长率	≥450%	≥250%	≥300%	≥400%
低温弯折性	−40℃，无裂纹	−20℃，无裂纹	−20℃，无裂纹	−20℃，无裂纹
不透水性	压力0.3MPa，保持时间120min，不透水			
撕裂强度	≥25kN/m	≥40kN/m	≥20N/10mm	≥120N/10mm
复合强度（表层与芯层）	—	—	≥1.2N/mm	—

4.3.10 粘贴各类防水卷材应采用与卷材材性相容的胶粘材料，其粘结质量应符合表4.3.10的要求。

表4.3.10 防水卷材粘结质量要求

项　目		自粘聚合物改性沥青防水卷材粘合面		三元乙丙橡胶和聚氯乙烯防水卷材胶粘剂	合成橡胶胶粘带	高分子自粘胶膜防水卷材粘合面
		聚酯毡胎体	无胎体			
剪切状态下的粘合性（卷材-卷材）	标准试验条件（N/10mm）≥	40或卷材断裂	20或卷材断裂	20或卷材断裂	20或卷材断裂	40或卷材断裂
粘结剥离强度（卷材-卷材）	标准试验条件（N/10mm）≥	15或卷材断裂		15或卷材断裂	4或卷材断裂	—
	浸水168h后保持率（%）	70		70	80	
与混凝土粘结强度（卷材-混凝土）	标准试验条件（N/10mm）≥	15或卷材断裂		15或卷材断裂	6或卷材断裂	20或卷材断裂

4.3.11 聚乙烯丙纶复合防水卷材应采用聚合物水泥防水粘结材料，其物理性能应符合表4.3.11的要求。

表4.3.11 聚合物水泥防水粘结材料物理性能

项　目		性能要求
与水泥基面的粘结拉伸强度（MPa）	常温7d	≥0.6
	耐水性	≥0.4
	耐冻性	≥0.4
可操作时间（h）		≥2
抗渗性（MPa，7d）		≥1.0
剪切状态下的粘合性（N/mm，常温）	卷材与卷材	≥2.0或卷材断裂
	卷材与基面	≥1.8或卷材断裂

Ⅳ　施　工

4.3.12 卷材防水层的基面应坚实、平整、清洁，阴阳角处应做圆弧或折角，并应符合所用卷材的施工要求。

4.3.13 铺贴卷材严禁在雨天、雪天、五级及以上大风中施工；冷粘法、自粘法施工的环境气温不宜低于5℃，热熔法、焊接法施工的环境气温不宜低于−10℃。施工过程中下雨或下雪时，应做好已铺卷材的防护工作。

4.3.14 不同品种防水卷材的搭接宽度，应符合表4.3.14的要求。

表4.3.14 防水卷材搭接宽度

卷材品种	搭接宽度（mm）
弹性体改性沥青防水卷材	100
改性沥青聚乙烯胎防水卷材	100
自粘聚合物改性沥青防水卷材	80
三元乙丙橡胶防水卷材	100/60（胶粘剂/胶粘带）
聚氯乙烯防水卷材	60/80（单焊缝/双焊缝）
	100（胶粘剂）
聚乙烯丙纶复合防水卷材	100（粘结料）
高分子自粘胶膜防水卷材	70/80（自粘胶/胶粘带）

4.3.15 防水卷材施工前，基面应干净、干燥，并应涂刷基层处理剂；当基面潮湿时，应涂刷湿固化型胶粘剂或潮湿界面隔离剂。基层处理剂的配制与施工应符合下列要求：

1 基层处理剂应与卷材及其粘结材料的材性相容；

2 基层处理剂喷涂或刷涂应均匀一致，不应露底，表面干燥后方可铺贴卷材。

4.3.16 铺贴各类防水卷材应符合下列规定：

1 应铺设卷材加强层。

2 结构底板垫层混凝土部位的卷材可采用空铺法或点粘法施工，其粘结位置、点粘面积应按设计要求确定；侧墙采用外防外贴法的卷材及顶板部位的卷材应采用满粘法施工。

3 卷材与基面、卷材与卷材间的粘结应紧密、牢固；铺贴完成的卷材应平整顺直，搭接尺寸应准确，不得产生扭曲和皱折。

4 卷材搭接处和接头部位应粘贴牢固，接缝口应封严或采用材性相容的密封材料封缝。

5 铺贴立面卷材防水层时，应采取防止卷材下滑的措施。

6 铺贴双层卷材时，上下两层和相邻两幅卷材的接缝应错开1/3～1/2幅宽，且两层卷材不得相互垂直铺贴。

4.3.17 弹性体改性沥青防水卷材和改性沥青聚乙烯胎防水卷材采用热熔法施工应加热均匀，不得加热不足或烧穿卷材，搭接部位应溢出热熔的改性沥青。

4.3.18 铺贴自粘聚合物改性沥青防水卷材应符合下列规定：

1 基层表面应平整、干净、干燥、无尖锐突起物或孔隙；

2 排除卷材下面的空气，应辊压粘贴牢固，卷材表面不得有扭曲、皱折和起泡现象；

3 立面卷材铺贴完成后，应将卷材端头固定或嵌入墙体顶部的凹槽内，并应用密封材料封严；

4 低温施工时，宜对卷材和基面适当加热，然后铺贴卷材。

4.3.19 铺贴三元乙丙橡胶防水卷材应采用冷粘法施工，并应符合下列规定：

1 基底胶粘剂应涂刷均匀，不应露底、堆积；

2 胶粘剂涂刷与卷材铺贴的间隔时间应根据胶粘剂的性能控制；

3 铺贴卷材时，应辊压粘贴牢固；

4 搭接部位的粘合面应清理干净，并应采用接缝专用胶粘剂或胶粘带粘结。

4.3.20 铺贴聚氯乙烯防水卷材，接缝采用焊接法施工时，应符合下列规定：

1 卷材的搭接缝可采用单焊缝或双焊缝。单焊缝搭接宽度应为 60mm，有效焊接宽度不应小于30mm；双焊缝搭接宽度应为 80mm，中间应留设10～20mm 的空腔，有效焊接宽度不宜小于10mm。

2 焊接缝的结合面应清理干净，焊接应严密；

3 应先焊长边搭接缝，后焊短边搭接缝。

4.3.21 铺贴聚乙烯丙纶复合防水卷材应符合下列规定：

1 应采用配套的聚合物水泥防水粘结材料；

2 卷材与基层粘贴应采用满粘法，粘结面积不应小于90%，刮涂粘结料应均匀，不应露底、堆积；

3 固化后的粘结料厚度不应小于1.3mm；

4 施工完的防水层应及时做保护层。

4.3.22 高分子自粘胶膜防水卷材宜采用预铺反粘法施工，并应符合下列规定：

1 卷材宜单层铺设；

2 在潮湿基面铺设时，基面应平整坚固、无明显积水；

3 卷材长边应采用自粘边搭接，短边应采用胶粘带搭接，卷材端部搭接区应相互错开；

4 立面施工时，在自粘边位置距离卷材边缘10～20mm 内，应每隔 400～600mm 进行机械固定，并应保证固定位置被卷材完全覆盖；

5 浇筑结构混凝土时不得损伤防水层。

4.3.23 采用外防外贴法铺贴卷材防水层时，应符合下列规定：

1 应先铺平面，后铺立面，交接处应交叉搭接。

2 临时性保护墙宜采用石灰砂浆砌筑，内表面宜做找平层。

3 从底面折向立面的卷材与永久性保护墙的接触部位，应采用空铺法施工；卷材与临时性保护墙或围护结构模板的接触部位，应将卷材临时贴附在该墙

上或模板上，并应将顶端临时固定。

4 当不设保护墙时，从底面折向立面的卷材接槎部位应采取可靠的保护措施。

5 混凝土结构完成，铺贴立面卷材时，应先将接槎部位的各层卷材揭开，并应将其表面清理干净，如卷材有局部损伤，应及时进行修补；卷材接槎的搭接长度，高聚物改性沥青类卷材应为 150mm，合成高分子类卷材应为 100mm；当使用两层卷材时，卷材应错槎接缝，上层卷材应盖过下层卷材。

卷材防水层甩槎、接槎构造见图 4.3.23。

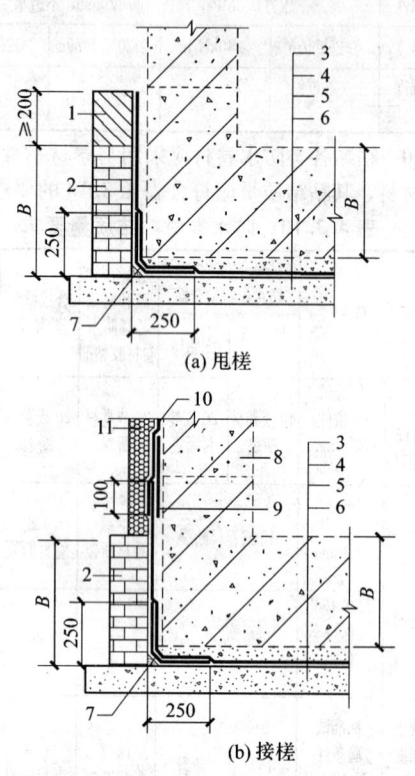

(a) 甩槎

(b) 接槎

图 4.3.23 卷材防水层甩槎、接槎构造

1—临时保护墙；2—永久保护墙；3—细石混凝土保护层；4—卷材防水层；5—水泥砂浆找平层；6—混凝土垫层；7—卷材加强层；8—结构墙体；9—卷材加强层；10—卷材防水层；11—卷材保护层

4.3.24 采用外防内贴法铺贴卷材防水层时，应符合下列规定：

1 混凝土结构的保护墙内表面应抹厚度为20mm 的1:3 水泥砂浆找平层，然后铺贴卷材。

2 卷材宜先铺立面，后铺平面；铺贴立面时，应先铺转角，后铺大面。

4.3.25 卷材防水层经检查合格后，应及时做保护层，保护层应符合下列规定：

1 顶板卷材防水层上的细石混凝土保护层，应符合下列规定：

1）采用机械碾压回填土时，保护层厚度不宜小于70mm；

2）采用人工回填土时，保护层厚度不宜小于50mm；

3）防水层与保护层之间宜设置隔离层。

2 底板卷材防水层上的细石混凝土保护层厚度不应小于50mm。

3 侧墙卷材防水层宜采用软质保护材料或铺抹20mm厚1：2.5水泥砂浆层。

4.4 涂料防水层

Ⅰ 一般规定

4.4.1 涂料防水层应包括无机防水涂料和有机防水涂料。无机防水涂料可选用掺外加剂、掺合料的水泥基防水涂料、水泥基渗透结晶型防水涂料。有机防水涂料可选用反应型、水乳型、聚合物水泥等涂料。

4.4.2 无机防水涂料宜用于结构主体的背水面，有机防水涂料宜用于地下工程主体结构的迎水面，用于背水面的有机防水涂料应具有较高的抗渗性，且与基层有较好的粘结性。

Ⅱ 设 计

4.4.3 防水涂料品种的选择应符合下列规定：

1 潮湿基层宜选用与潮湿基面粘结力大的无机防水涂料或有机防水涂料，也可采用先涂无机防水涂料而后再涂有机防水涂料构成复合防水涂层；

2 冬期施工宜选用反应型涂料；

3 埋置深度较深的重要工程、有振动或有较大变形的工程，宜选用高弹性防水涂料；

4 有腐蚀性的地下环境宜选用耐腐蚀性较好的有机防水涂料，并应做刚性保护层；

5 聚合物水泥防水涂料应选用Ⅱ型产品。

4.4.4 采用有机防水涂料时，基层阴阳角应做成圆弧形，阴角直径宜大于50mm，阳角直径宜大于10mm，在底板转角部位应增加胎体增强材料，并应增涂防水涂料。

4.4.5 防水涂料宜采用外防外涂或外防内涂（图4.4.5-1、4.4.5-2）。

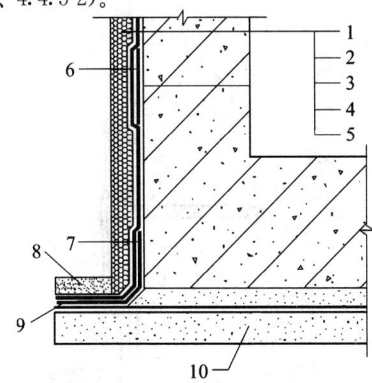

图 4.4.5-1 防水涂料外防外涂构造
1—保护墙；2—砂浆保护层；3—涂料防水层；4—砂浆找平层；5—结构墙体；6—涂料防水层加强层；7—涂料防水加强层；8—涂料防水层搭接部位保护层；9—涂料防水层搭接部位；10—混凝土垫层

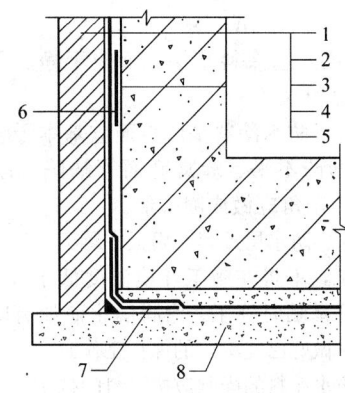

图 4.4.5-2 防水涂料外防内涂构造
1—保护墙；2—涂料保护层；3—涂料防水层；4—找平层；5—结构墙体；6—涂料防水层加强层；7—涂料防水加强层；8—混凝土垫层

4.4.6 掺外加剂、掺合料的水泥基防水涂料厚度不得小于3.0mm；水泥基渗透结晶型防水涂料的用量不应小于1.5kg/m²，且厚度不应小于1.0mm；有机防水涂料的厚度不得小于1.2mm。

Ⅲ 材 料

4.4.7 涂料防水层所选用的涂料应符合下列规定：

1 应具有良好的耐水性、耐久性、耐腐蚀性及耐菌性；

2 应无毒、难燃、低污染；

3 无机防水涂料应具有良好的湿干粘结性和耐磨性，有机防水涂料应具有较好的延伸性及较大适应基层变形能力。

4.4.8 无机防水涂料的性能指标应符合表4.4.8-1的规定，有机防水涂料的性能指标应符合表4.4.8-2的规定。

表 4.4.8-1 无机防水涂料的性能指标

涂料种类	抗折强度（MPa）	粘结强度（MPa）	一次抗渗性（MPa）	二次抗渗性（MPa）	冻融循环（次）
掺外加剂、掺合料水泥基防水涂料	>4	≥1.0	≥0.8	—	>50
水泥基渗透结晶型防水涂料	≥4	≥1.0	≥1.0	≥0.8	>50

表 4.4.8-2 有机防水涂料的性能指标

涂料种类	可操作时间（min）	潮湿基面粘结强度（MPa）	抗渗性（MPa）			浸水168h后拉伸强度（MPa）	浸水168h后断裂伸长率（%）	耐水性（%）	表干（h）	实干（h）
			涂膜（120min）	砂浆迎水面	砂浆背水面					
反应型	≥20	≥0.5	≥0.3	≥0.8	≥0.3	≥1.7	≥400	≥80	≤12	≤24
水乳型	≥50	≥0.2	≥0.3	≥0.8	≥0.3	≥0.5	≥350	≥80	≤4	≤12
聚合物水泥	≥30	≥1.0	≥0.3	≥0.8	≥0.6	≥1.5	≥80	≥80	≤4	≤12

注：1 浸水168h后的拉伸强度和断裂伸长率是在浸水取出后只经擦干即进行试验所得的值；

2 耐水性指标是指材料浸水168h后取出擦干即进行试验，其粘结强度及抗渗性的保持率。

Ⅳ 施 工

4.4.9 无机防水涂料基层表面应干净、平整、无浮浆和明显积水。

4.4.10 有机防水涂料基层表面应基本干燥，不应有气孔、凹凸不平、蜂窝麻面等缺陷。涂料施工前，基层阴阳角应做成圆弧形。

4.4.11 涂料防水层严禁在雨天、雾天、五级及以上大风时施工，不得在施工环境温度低于 5℃ 及高于 35℃ 或烈日暴晒时施工。涂膜固化前如有降雨可能时，应及时做好已完涂层的保护工作。

4.4.12 防水涂料的配制应按涂料的技术要求进行。

4.4.13 防水涂料应分层刷涂或喷涂，涂层应均匀，不得漏刷漏涂；接槎宽度不应小于100mm。

4.4.14 铺贴胎体增强材料时，应使胎体层充分浸透防水涂料，不得有露槎及褶皱。

4.4.15 有机防水涂料施工完后应及时做保护层，保护层应符合下列规定：

1 底板、顶板应采用20mm厚1：2.5水泥砂浆层和40～50mm厚的细石混凝土保护层，防水层与保护层之间宜设置隔离层；

2 侧墙背水面保护层应采用20mm厚1：2.5水泥砂浆；

3 侧墙迎水面保护层宜选用软质保护材料或20mm厚1：2.5水泥砂浆。

4.5 塑料防水板防水层

Ⅰ 一般规定

4.5.1 塑料防水板防水层宜用于经常受水压、侵蚀性介质或受振动作用的地下工程防水。

4.5.2 塑料防水板防水层宜铺设在复合式衬砌的初期支护和二次衬砌之间。

4.5.3 塑料防水板防水层宜在初期支护结构趋于基本稳定后铺设。

Ⅱ 设 计

4.5.4 塑料防水板防水层应由塑料防水板与缓冲层组成。

4.5.5 塑料防水板防水层可根据工程地质、水文地质条件和工程防水要求，采用全封闭、半封闭或局部封闭铺设。

4.5.6 塑料防水板防水层应牢固地固定在基面上，固定点的间距应根据基面平整情况确定，拱部宜为0.5～0.8m、边墙宜为1.0～1.5m、底部宜为1.5～2.0m。局部凹凸较大时，应在凹处加密固定点。

Ⅲ 材 料

4.5.7 塑料防水板可选用乙烯-醋酸乙烯共聚物、乙烯-沥青共混聚合物、聚氯乙烯、高密度聚乙烯类或其他性能相近的材料。

4.5.8 塑料防水板应符合下列规定：

1 幅宽宜为2～4m；

2 厚度不得小于1.2mm；

3 应具有良好的耐刺穿性、耐久性、耐水性、耐腐蚀性、耐菌性；

4 塑料防水板主要性能指标应符合表4.5.8的规定。

表4.5.8 塑料防水板主要性能指标

项 目	性能指标			
	乙烯-醋酸乙烯共聚物	乙烯-沥青共混聚合物	聚氯乙烯	高密度聚乙烯
拉伸强度（MPa）	≥16	≥14	≥10	≥16
断裂延伸率（%）	≥550	≥500	≥200	≥550
不透水性，120min（MPa）	≥0.3	≥0.3	≥0.3	≥0.3
低温弯折性	−35℃无裂纹	−35℃无裂纹	−20℃无裂纹	−35℃无裂纹
热处理尺寸变化率（%）	≤2.0	≤2.5	≤2.0	≤2.0

4.5.9 缓冲层宜采用无纺布或聚乙烯泡沫塑料，缓冲层材料的性能指标应符合表4.5.9的规定。

表4.5.9 缓冲层材料性能指标

材料名称 \ 性能指标	抗拉强度（N/50mm）	伸长率（%）	质量（g/m²）	顶破强度（kN）	厚度（mm）
聚乙烯泡沫塑料	>0.4	≥100	—	≥5	≥5
无纺布	纵横向≥700	纵横向≥50	>300	—	—

4.5.10 暗钉圈应采用与塑料防水板相容的材料制作，直径不应小于80mm。

Ⅳ 施 工

4.5.11 塑料防水板防水层的基面应平整、无尖锐突出物；基面平整度 D/L 不应大于1/6。

注：D 为初期支护基面相邻两凸面间凹进去的深度；L 为初期支护基面相邻两凸面间的距离。

4.5.12 铺设塑料防水板前应先铺缓冲层，缓冲层应采用暗钉圈固定在基面上（图4.5.12）。钉距应符合

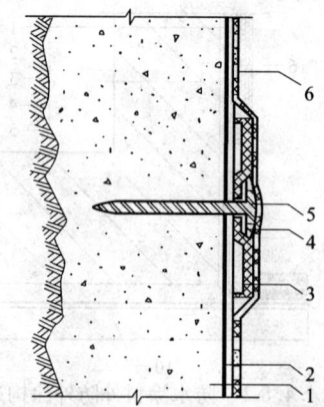

图4.5.12 暗钉圈固定缓冲层
1—初期支护；2—缓冲层；3—热塑性暗钉圈；4—金属垫圈；5—射钉；6—塑料防水板

本规范第 4.5.6 条的规定。

4.5.13 塑料防水板的铺设应符合下列规定：

1 铺设塑料防水板时，宜由拱顶向两侧展铺，并应边铺边用压焊机将塑料板与暗钉圈焊接牢靠，不得有漏焊、假焊和焊穿现象。两幅塑料防水板的搭接宽度不应小于 100mm。搭接缝应为热熔双焊缝，每条焊缝的有效宽度不应小于 10mm；

2 环向铺设时，应先拱后墙，下部防水板应压住上部防水板；

3 塑料防水板铺设时宜设置分区预埋注浆系统；

4 分段设置塑料防水板防水层时，两端应采取封闭措施。

4.5.14 接缝焊接时，塑料板的搭接层数不得超过三层。

4.5.15 塑料防水板铺设时应少留或不留接头，当留设接头时，应对接头进行保护。再次焊接时应将接头处的塑料防水板擦拭干净。

4.5.16 铺设塑料防水板时，不应绷得太紧，宜根据基面的平整度留有充分的余地。

4.5.17 防水板的铺设应超前混凝土施工，超前距离宜为 5～20m，并应设临时挡板防止机械损伤和电火花灼伤防水板。

4.5.18 二次衬砌混凝土施工时应符合下列规定：

1 绑扎、焊接钢筋时应采取防刺穿、灼伤防水板的措施；

2 混凝土出料口和振捣棒不得直接接触塑料防水板。

4.5.19 塑料防水板防水层铺设完毕后，应进行质量检查，并应在验收合格后进行下道工序的施工。

4.6 金属防水层

4.6.1 金属防水层可用于长期浸水、水压较大的水工及过水隧道，所用的金属板和焊条的规格及材料性能，应符合设计要求。

4.6.2 金属板的拼接应采用焊接，拼接焊缝应严密。竖向金属板的垂直接缝，应相互错开。

4.6.3 主体结构内侧设置金属防水层时，金属板应与结构内的钢筋焊牢，也可在金属防水层上焊接一定数量的锚固件（图 4.6.3）。

4.6.4 主体结构外侧设置金属防水层时，金属板应焊在混凝土结构的预埋件上。金属板经焊缝检查合格后，应将其与结构间的空隙用水泥砂浆灌实（图 4.6.4）。

4.6.5 金属板防水层应用临时支撑加固。金属板防水层底板上应预留浇捣孔，并应保证混凝土浇筑密实，待底板混凝土浇筑完后应补焊严密。

4.6.6 金属板防水层如先焊成箱体，再整体吊装就位时，应在其内部加设临时支撑。

4.6.7 金属板防水层应采取防锈措施。

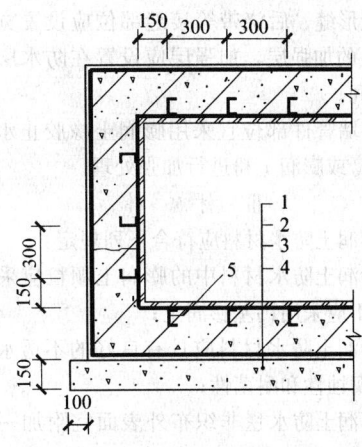

图 4.6.3　金属板防水层
1—金属板；2—主体结构；3—防水砂浆；4—垫层；5—锚固筋

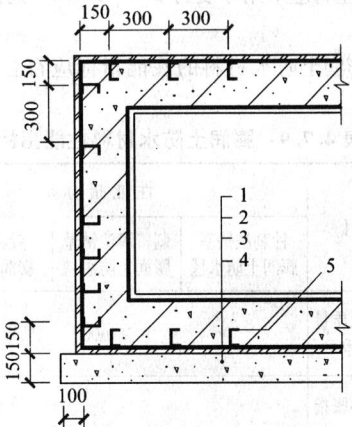

图 4.6.4　金属板防水层
1—防水砂浆；2—主体结构；3—金属板；4—垫层；5—锚固筋

4.7 膨润土防水材料防水层

Ⅰ 一般规定

4.7.1 膨润土防水材料包括膨润土防水毯和膨润土防水板及其配套材料，采用机械固定法铺设。

4.7.2 膨润土防水材料防水层应用于 pH 值为 4～10 的地下环境，含盐量较高的地下环境应采用经过改性处理的膨润土，并应经检测合格后使用。

4.7.3 膨润土防水材料防水层应用于地下工程主体结构的迎水面，防水层两侧应具有一定的夹持力。

Ⅱ 设计

4.7.4 铺设膨润土防水材料防水层的基层混凝土强度等级不得小于 C15，水泥砂浆强度等级不得低于 M7.5。

4.7.5 阴、阳角部位应做成直径不小于 30mm 的圆弧或 30mm×30mm 的坡角。

4.7.6 变形缝、后浇带等接缝部位应设置宽度不小于 500mm 的加强层，加强层应设置在防水层与结构外表面之间。

4.7.7 穿墙管件部位宜采用膨润土橡胶止水条、膨润土密封膏或膨润土粉进行加强处理。

Ⅲ 材 料

4.7.8 膨润土防水材料应符合下列规定：

  1 膨润土防水材料中的膨润土颗粒采用钠基膨润土，不应采用钙基膨润土；

  2 膨润土防水材料应具有良好的不透水性、耐久性、耐腐蚀性和耐菌性；

  3 膨润土防水毯非织布外表面宜附加一层高密度聚乙烯膜；

  4 膨润土防水毯的织布层和非织布层之间应连结紧密、牢固，膨润土颗粒应分布均匀；

  5 膨润土防水板的膨润土颗粒应分布均匀、粘贴牢固，基材应采用厚度为 0.6～1.0mm 的高密度聚乙烯片材。

4.7.9 膨润土防水材料的性能指标应符合表 4.7.9 的要求。

表 4.7.9　膨润土防水材料性能指标

项　目		性能指标		
		针刺法钠基膨润土防水毯	刺覆膜法钠基膨润土防水毯	胶粘法钠基膨润土防水毯
单位面积质量（g/m²，干重）		≥4000		
膨润土膨胀指数（ml/2g）		≥24		
拉伸强度（N/100 mm）		≥600	≥700	≥600
最大负荷下伸长率（%）		≥10	≥10	≥8
剥离强度	非制造布-编织布（N/10cm）	≥40	≥40	—
	PE 膜-非制造布（N/10cm）	—	≥30	—
渗透系数（cm/s）		≤5×10⁻¹¹	≤5×10⁻¹²	≤1×10⁻¹³
滤失量（ml）		≤18		
膨润土耐久性（ml/2g）		≥20		

Ⅳ 施 工

4.7.10 基层应坚实、清洁，不得有明水和积水。平整度应符合本规范第 4.5.11 条的规定。

4.7.11 膨润土防水材料应采用水泥钉和垫片固定。立面和斜面上的固定间距宜为 400～500mm，平面上应在搭接缝处固定。

4.7.12 膨润土防水毯的织布面应与结构外表面或底板垫层混凝土密贴；膨润土防水板的膨润土面应与结构外表面或底板垫层密贴。

4.7.13 膨润土防水材料应采用搭接法连接，搭接宽度应大于 100mm。搭接部位的固定位置距搭接边缘的距离宜为 25～30mm，搭接处涂膨润土密封膏。平面搭接缝可干撒膨润土颗粒，用量宜为 0.3～0.5kg/m。

4.7.14 立面和斜面铺设膨润土防水材料时，应上层压着下层，卷材与基层、卷材与卷材之间应密贴，并应平整无褶皱。

4.7.15 膨润土防水材料分段铺设时，应采取临时防护措施。

4.7.16 甩槎与下幅防水材料连接时，应将收口压板、临时保护膜等去掉，并应将搭接部位清理干净，涂抹膨润土密封膏，然后搭接固定。

4.7.17 膨润土防水材料的永久收口部位应用收口压条和水泥钉固定，并应用膨润土密封膏覆盖。

4.7.18 膨润土防水材料与其他防水材料过渡时，过渡搭接宽度应大于 400mm，搭接范围内应涂抹膨润土密封膏或铺撒膨润土粉。

4.7.19 破损部位应采用与防水层相同的材料进行修补，补丁边缘与破损部位边缘的距离不应小于 100mm；膨润土防水板表面膨润土颗粒损失严重时应涂抹膨润土密封膏。

4.8 地下工程种植顶板防水

Ⅰ 一般规定

4.8.1 地下工程种植顶板的防水等级应为一级。

4.8.2 种植土与周边自然土体不相连，且高于周边地坪时，应按种植屋面要求设计。

4.8.3 地下工程种植顶板结构应符合下列规定：

  1 种植顶板应为现浇防水混凝土，结构找坡，坡度宜为 1%～2%；

  2 种植顶板厚度不应小于 250mm，最大裂缝宽度不应大于 0.2mm，并不得贯通；

  3 种植顶板的结构荷载设计应按国家现行标准《种植屋面工程技术规程》JGJ 155 的有关规定执行。

4.8.4 地下室顶板面积较大时，应设计蓄水装置；寒冷地区的设计，冬秋季时宜将种植土中的积水排出。

Ⅱ 设 计

4.8.5 种植顶板防水设计应包括主体结构防水、管线、花池、排水沟、通风井和亭、台、架、柱等构配件的防排水、泛水设计。

4.8.6 地下室顶板为车道或硬铺地面时，应根据工程所在地区现行建筑节能标准进行绝热（保温）层的设计。

4.8.7 少雨地区的地下工程顶板种植土宜与大于1/2周边的自然土体相连，若低于周边土体时，宜设置蓄排水层。

4.8.8 种植土中的积水宜通过盲沟排至周边土体或建筑排水系统。

4.8.9 地下工程种植顶板的防排水构造应符合下列要求：

1 耐根穿刺防水层应铺设在普通防水层上面。

2 耐根穿刺防水层表面应设置保护层，保护层与防水层之间应设置隔离层。

3 排（蓄）水层应根据渗水性、储水量、稳定性、抗生物性和碳酸盐含量等因素进行设计；排（蓄）水层应设置在保护层上面，并应结合排水沟分区设置。

4 排（蓄）水层上应设置过滤层，过滤层材料的搭接宽度不应小于200mm。

5 种植土层与植被层应符合国家现行标准《种植屋面工程技术规程》JGJ 155的有关规定。

4.8.10 地下工程种植顶板防水材料应符合下列要求：

1 绝热（保温）层应选用密度小、压缩强度大、吸水率低的绝热材料，不得选用散状绝热材料；

2 耐根穿刺层防水材料的选用应符合国家相关标准的规定或具有相关权威检测机构出具的材料性能检测报告；

3 排（蓄）水层应选用抗压强度大且耐久性好的塑料排水板、网状交织排水板或轻质陶粒等轻质材料。

Ⅲ 绿 化 改 造

4.8.11 已建地下工程顶板的绿化改造应经结构验算，在安全允许的范围内进行。

4.8.12 种植顶板应根据原有结构体系合理布置绿化。

4.8.13 原有建筑不能满足绿化防水要求时，应进行防水改造。加设的绿化工程不得破坏原有防水层及其保护层。

Ⅳ 细 部 构 造

4.8.14 防水层下不得埋设水平管线。垂直穿越的管线应预埋套管，套管超过种植土的高度应大于150mm。

4.8.15 变形缝应作为种植分区边界，不得跨缝种植。

4.8.16 种植顶板的泛水部位应采用现浇钢筋混凝土，泛水处防水层高出种植土应大于250mm。

4.8.17 泛水部位、水落口及穿顶板管道四周宜设置200～300mm宽的卵石隔离带。

5 地下工程混凝土结构细部构造防水

5.1 变 形 缝

Ⅰ 一 般 规 定

5.1.1 变形缝应满足密封防水、适应变形、施工方便、检修容易等要求。

5.1.2 用于伸缩的变形缝宜少设，可根据不同的工程结构类别、工程地质情况采用后浇带、加强带、诱导缝等替代措施。

5.1.3 **变形缝处混凝土结构的厚度不应小于300mm。**

Ⅱ 设 计

5.1.4 用于沉降的变形缝最大允许沉降差值不应大于30mm。

5.1.5 变形缝的宽度宜为20～30mm。

5.1.6 变形缝的防水措施可根据工程开挖方法、防水等级按本规范表3.3.1-1、3.3.1-2选用。变形缝的几种复合防水构造形式，见图5.1.6-1～5.1.6-3。

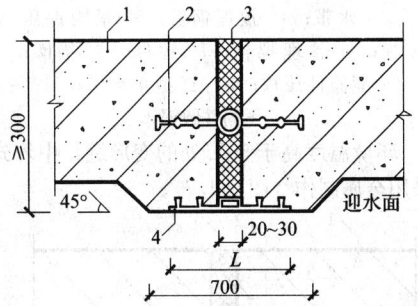

图 5.1.6-1 中埋式止水带与外贴
防水层复合使用
外贴式止水带 L≥300
外贴防水卷材 L≥400
外涂防水涂层 L≥400
1—混凝土结构；2—中埋式止水带；
3—填缝材料；4—外贴止水带

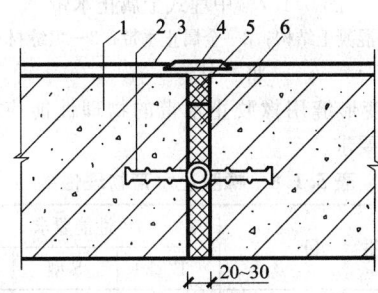

图 5.1.6-2 中埋式止水带与嵌缝
材料复合使用
1—混凝土结构；2—中埋式止水带；
3—防水层；4—隔离层；5—密封
材料；6—填缝材料

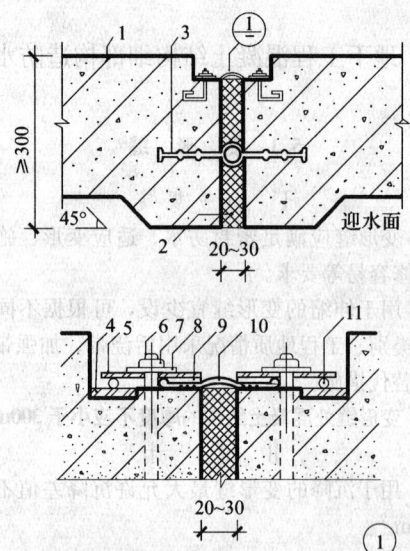

图 5.1.6-3 中埋式止水带与可卸式止水
带复合使用

1—混凝土结构；2—填缝材料；3—中埋
式止水带；4—预埋钢板；5—紧固件压
板；6—预埋螺栓；7—螺母；8—垫圈；
9—紧固件压块；10—Ω 型止水带；11—
紧固件圆钢

5.1.7 环境温度高于 50℃ 处的变形缝，中埋式止水带可采用金属制作（图 5.1.7）。

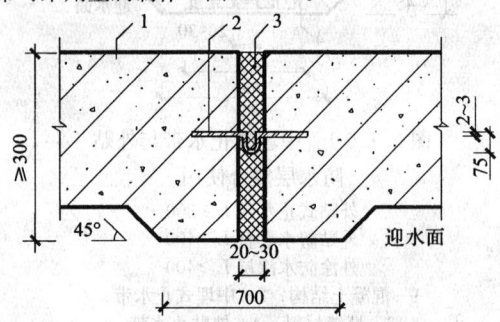

图 5.1.7 中埋式金属止水带

1—混凝土结构；2—金属止水带；3—填缝材料

Ⅲ 材 料

5.1.8 变形缝用橡胶止水带的物理性能应符合表 5.1.8 的要求。

表 5.1.8 橡胶止水带物理性能

项 目		性能要求		
		B 型	S 型	J 型
硬度（邵尔 A，度）		60±5	60±5	60±5
拉伸强度（MPa）		≥15	≥12	≥10
扯断伸长率（%）		≥380	≥380	≥300
压缩永久变形	70℃×24h，%	≤35	≤35	≤25
	23℃×168h，%	≤20	≤20	≤20
撕裂强度（kN/m）		≥30	≥25	≥25
脆性温度（℃）		≤-45	≤-40	≤-40

续表 5.1.8

项 目			性能要求		
			B 型	S 型	J 型
热空气老化	70℃×168h	硬度变化（邵尔 A，度）	+8	+8	—
		拉伸强度（MPa）	≥12	≥10	—
		扯断伸长率（%）	≥300	≥300	—
	100℃×168h	硬度变化（邵尔 A，度）	—	—	+8
		拉伸强度（MPa）	—	—	≥9
		扯断伸长率（%）	—	—	≥250
橡胶与金属粘合			断面在弹性体内		

注：1 B 型适用于变形缝用止水带，S 型适用于施工缝用止水带，J 型适用于有特殊耐老化要求的接缝用止水带；
2 橡胶与金属粘合指标仅适用于具有钢边的止水带。

5.1.9 密封材料应采用混凝土建筑接缝用密封胶，不同模量的建筑接缝用密封胶的物理性能应符合表 5.1.9 的要求。

表 5.1.9 建筑接缝用密封胶物理性能

项 目			性能要求			
			25（低模量）	25（高模量）	20（低模量）	20（高模量）
流动性	下垂度（N 型）	垂直（mm）	≤3			
		水平（mm）	≤3			
	流平性（S 型）		光滑平整			
挤出性（ml/min）			≥80			
弹性恢复率（%）			≥80		≥60	
拉伸模量（MPa）	23℃ -20℃		≤0.4 和 ≤0.6	>0.4 或 >0.6	≤0.4 和 ≤0.6	>0.4 或 >0.6
定伸粘结性			无破坏			
浸水后定伸粘结性			无破坏			
热压冷拉后粘结性			无破坏			
体积收缩率（%）			≤25			

注：体积收缩率仅适用于乳胶型和溶剂型产品。

Ⅳ 施 工

5.1.10 中埋式止水带施工应符合下列规定：

1 止水带埋设位置应准确，其中间空心圆环应与变形缝的中心线重合；

2 止水带应固定，顶、底板内止水带应成盆状安设；

3 中埋式止水带先施工一侧混凝土时，其端模应支撑牢固，并应严防漏浆；

4 止水带的接缝宜为一处，应设在边墙较高位置上，不得设在结构转角处，接头宜采用热压焊接；

5 中埋式止水带在转弯处应做成圆弧形，（钢边）橡胶止水带的转角半径不应小于 200mm，转角半径应随止水带的宽度增大而相应加大。

5.1.11 安设于结构内侧的可卸式止水带施工时应符合下列规定：

1 所需配件应一次配齐；

2 转角处应做成 45°折角，并应增加紧固件的数量。

5.1.12 变形缝与施工缝均用外贴式止水带（中埋式）时，其相交部位宜采用十字配件（图 5.1.12-1）。变形缝用外贴式止水带的转角部位宜采用直角配件（图 5.1.12-2）。

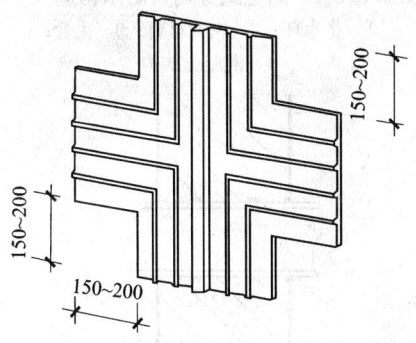

图 5.1.12-1 外贴式止水带在施工缝与变形缝相交处的十字配件

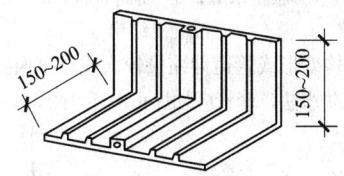

图 5.1.12-2 外贴式止水带在转角处的直角配件

5.1.13 密封材料嵌填施工时，应符合下列规定：

1 缝内两侧基面应平整干净、干燥，并应刷涂与密封材料相容的基层处理剂；

2 嵌缝底部应设置背衬材料；

3 嵌填应密实连续、饱满，并应粘结牢固。

5.1.14 在缝表面粘贴卷材或涂刷涂料前，应在缝上设置隔离层。卷材防水层、涂料防水层的施工应符合本规范第 4.3 和 4.4 节的有关规定。

5.2 后 浇 带

Ⅰ 一般规定

5.2.1 后浇带宜用于不允许留设变形缝的工程部位。

5.2.2 后浇带应在其两侧混凝土龄期达到 42d 后再施工；高层建筑的后浇带施工应按规定时间进行。

5.2.3 后浇带应采用补偿收缩混凝土浇筑，其抗渗和抗压强度等级不应低于两侧混凝土。

Ⅱ 设 计

5.2.4 后浇带应设在受力和变形较小的部位，其间距和位置应按结构设计要求确定，宽度宜为 700~1000mm。

5.2.5 后浇带两侧可做成平直缝或阶梯缝，其防水构造形式宜采用图 5.2.5-1~5.2.5-3。

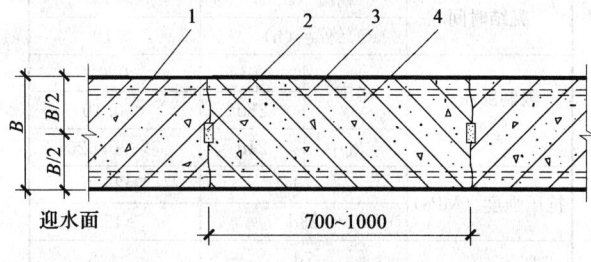

图 5.2.5-1 后浇带防水构造（一）
1—先浇混凝土；2—遇水膨胀止水条（胶）；3—结构主筋；
4—后浇补偿收缩混凝土

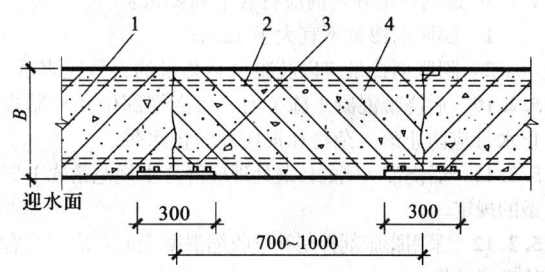

图 5.2.5-2 后浇带防水构造（二）
1—先浇混凝土；2—结构主筋；3—外贴式止水带；
4—后浇补偿收缩混凝土

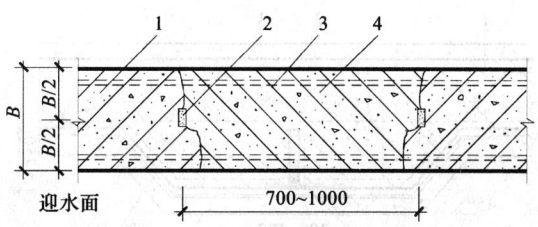

图 5.2.5-3 后浇带防水构造（三）
1—先浇混凝土；2—遇水膨胀止水条（胶）；
3—结构主筋；4—后浇补偿收缩混凝土

5.2.6 采用掺膨胀剂的补偿收缩混凝土，水中养护 14d 后的限制膨胀率不应小于 0.015%，膨胀剂的掺量应根据不同部位的限制膨胀率设定值经试验确定。

Ⅲ 材 料

5.2.7 用于补偿收缩混凝土的水泥、砂、石、拌合水及外加剂、掺合料等应符合本规范第 4.1 节的有关规定。

5.2.8 混凝土膨胀剂的物理性能应符合表 5.2.8 的要求。

表 5.2.8　混凝土膨胀剂物理性能

项　目		性能指标
细度	比表面积（m²/kg）	≥250
	0.08mm 筛余（%）	≤12
	1.25mm 筛余（%）	≤0.5
凝结时间	初凝（min）	≥45
	终凝（h）	≤10
限制膨胀率（%）	水中　　7d	≥0.025
	28d	≤0.10
	空气中　21d	≥-0.020
抗压强度（MPa）	7d	≥25.0
	28d	≥45.0
抗折强度（MPa）	7d	≥4.5
	28d	≥6.5

Ⅳ　施　工

5.2.9 补偿收缩混凝土的配合比除应符合本规范第4.1.16 条的规定外，尚应符合下列要求：

　　1 膨胀剂掺量不宜大于 12%；

　　2 膨胀剂掺量应以胶凝材料总量的百分比表示。

5.2.10 后浇带混凝土施工前，后浇带部位和外贴式止水带应防止落入杂物和损伤外贴止水带。

5.2.11 后浇带两侧的接缝处理应符合本规范第4.1.26 条的规定。

5.2.12 采用膨胀剂拌制补偿收缩混凝土时，应按配合比准确计量。

5.2.13 后浇带混凝土应一次浇筑，不得留设施工缝；混凝土浇筑后应及时养护，养护时间不得少于28d。

5.2.14 后浇带需超前止水时，后浇带部位的混凝土应局部加厚，并应增设外贴式或中埋式止水带（图 5.2.14）。

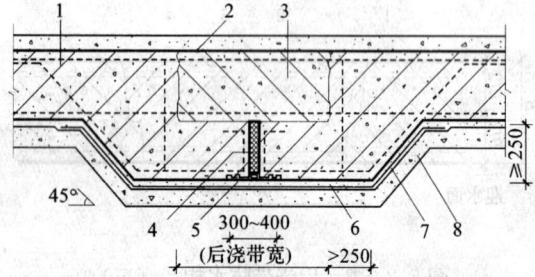

图 5.2.14　后浇带超前止水构造

1—混凝土结构；2—钢丝网片；3—后浇带；4—填缝材料；
5—外贴式止水带；6—细石混凝土保护层；7—卷材防水层；
8—垫层混凝土

5.3　穿墙管（盒）

5.3.1 穿墙管（盒）应在浇筑混凝土前预埋。

5.3.2 穿墙管与内墙角、凹凸部位的距离应大于250mm。

5.3.3 结构变形或管道伸缩量较小时，穿墙管可采用主管直接埋入混凝土内的固定式防水法，主管应加焊止水环或环绕遇水膨胀止水圈，并应在迎水面预留

凹槽，槽内应采用密封材料嵌填密实。其防水构造形式宜采用图 5.3.3-1 和 5.3.3-2。

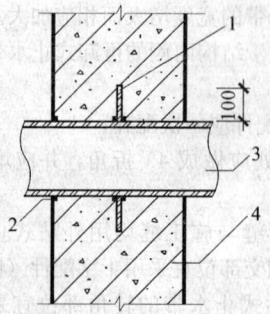

图 5.3.3-1　固定式穿墙管防水构造（一）

1—止水环；2—密封材料；3—主管；
4—混凝土结构

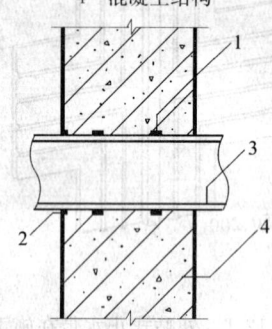

图 5.3.3-2　固定式穿墙管防水构造（二）

1—遇水膨胀止水圈；2—密封材料；3—主管；
4—混凝土结构

5.3.4 结构变形或管道伸缩量较大或有更换要求时，应采用套管式防水法，套管应加焊止水环（图 5.3.4）。

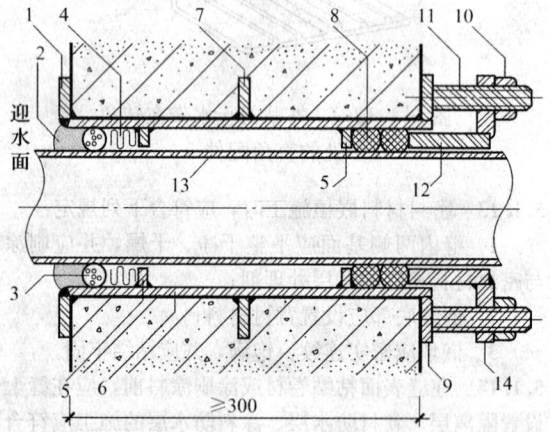

图 5.3.4　套管式穿墙管防水构造

1—翼环；2—密封材料；3—背衬材料；4—充填材料；
5—挡圈；6—套管；7—止水环；8—橡胶圈；9—翼盘；
10—螺母；11—双头螺栓；12—短管；13—主管；
14—法兰盘

5.3.5 穿墙管防水施工时应符合下列要求：

　　1 金属止水环应与主管或套管满焊密实，采用套管式穿墙防水构造时，翼环与套管应满焊密实，并应在施工前将套管内表面清理干净；

2 相邻穿墙管间的间距应大于300mm；

3 采用遇水膨胀止水圈的穿墙管，管径宜小于50mm，止水圈应采用胶粘剂满粘固定于管上，并应涂缓胀剂或采用缓胀型遇水膨胀止水圈。

5.3.6 穿墙管线较多时，宜相对集中，并应采用穿墙盒方法。穿墙盒的封口钢板应与墙上的预埋角钢焊严，并应从钢板上的预留浇注孔注入柔性密封材料或细石混凝土（图5.3.6）。

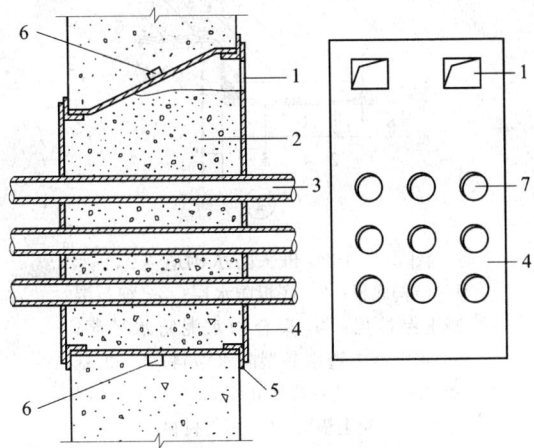

图 5.3.6 穿墙群管防水构造

1—浇注孔；2—柔性材料或细石混凝土；3—穿墙管；
4—封口钢板；5—固定角钢；6—遇水膨胀止水条；
7—预留孔

5.3.7 当工程有防护要求时，穿墙管除应采取防水措施外，尚应采取满足防护要求的措施。

5.3.8 穿墙管伸出外墙的部位，应采取防止回填时将管体损坏的措施。

5.4 埋 设 件

5.4.1 结构上的埋设件应采用预埋或预留孔（槽）等。

5.4.2 埋设件端部或预留孔（槽）底部的混凝土厚度不得小于250mm，当厚度小于250mm时，应采取局部加厚或其他防水措施（图5.4.2）。

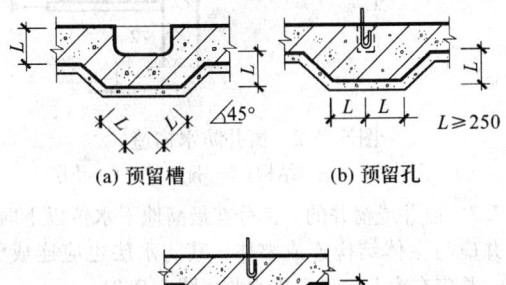

图 5.4.2 预埋件或预留孔（槽）处理

5.4.3 预留孔（槽）内的防水层，宜与孔（槽）外的结构防水层保持连续。

5.5 预留通道接头

5.5.1 预留通道接头处的最大沉降差值不得大于30mm。

5.5.2 预留通道接头应采取变形缝防水构造形式（图5.5.2-1、5.5.2-2）。

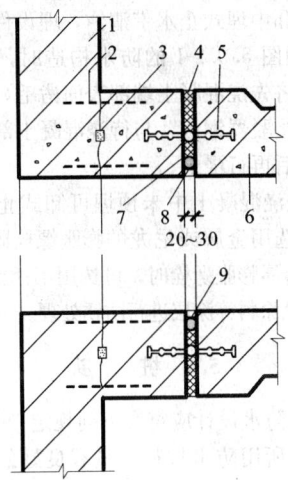

图 5.5.2-1 预留通道接头防水构造（一）

1—先浇混凝土结构；2—连接钢筋；3—遇水膨胀
止水条（胶）；4—填缝材料；5—中埋式止水带；
6—后浇混凝土结构；7—遇水膨胀橡胶条（胶）；
8—密封材料；9—填充材料

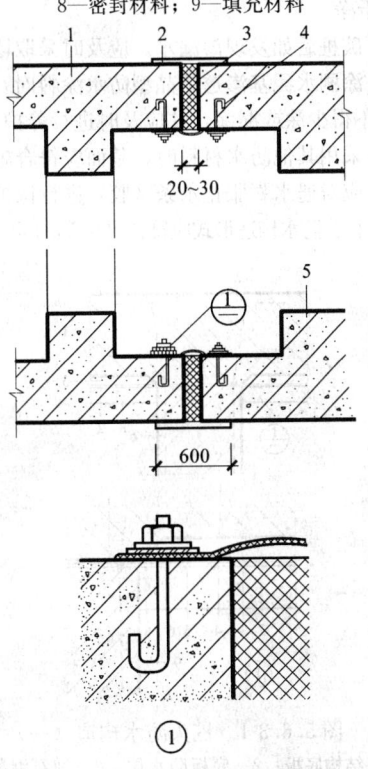

图 5.5.2-2 预留通道接头防水构造（二）

1—先浇混凝土结构；2—防水涂料；3—填缝材料；
4—可卸式止水带；5—后浇混凝土结构

5.5.3 预留通道接头的防水施工应符合下列规定：

1 中埋式止水带、遇水膨胀橡胶条（胶）、预埋注浆管、密封材料、可卸式止水带的施工应符合本规范第5.1节的有关规定；

2 预留通道先施工部位的混凝土、中埋式止水带和防水相关的预埋件等应及时保护，并应确保端部表面混凝土和中埋式止水带清洁，埋设件不得锈蚀；

3 采用图5.5.2-1的防水构造时，在接头混凝土施工前应将先浇混凝土端部表面凿毛，露出钢筋或预埋的钢筋接驳器钢板，与待浇混凝土部位的钢筋焊接或连接好后再行浇筑；

4 当先浇混凝土中未预埋可卸式止水带的预埋螺栓时，可选用金属或尼龙的膨胀螺栓固定可卸式止水带。采用金属膨胀螺栓时，可选用不锈钢材料或用金属涂膜、环氧涂料等涂层进行防锈处理。

5.6 桩 头

5.6.1 桩头防水设计应符合下列规定：

1 桩头所用防水材料应具有良好的粘结性、湿固化性；

2 桩头防水材料应与垫层防水层连为一体。

5.6.2 桩头防水施工应符合下列规定：

1 应按设计要求将桩顶剔凿至混凝土密实处，并应清洗干净；

2 破桩后如发现渗漏水，应及时采取堵漏措施；

3 涂刷水泥基渗透结晶型防水涂料时，应连续、均匀，不得少涂或漏涂，并应及时进行养护；

4 采用其他防水材料时，基面应符合施工要求；

5 应对遇水膨胀止水条（胶）进行保护。

5.6.3 桩头防水构造形式应符合图5.6.3-1和5.6.3-2的规定。

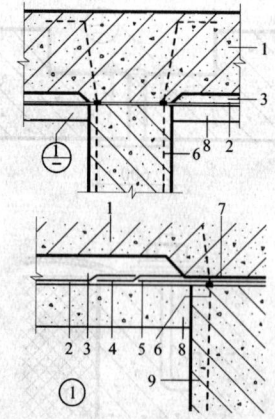

图 5.6.3-1 桩头防水构造（一）

1—结构底板；2—底板防水层；3—细石混凝土保护层；4—防水层；5—水泥基渗透结晶型防水涂料；6—桩基受力筋；7—遇水膨胀止水条（胶）；8—混凝土垫层；9—桩基混凝土

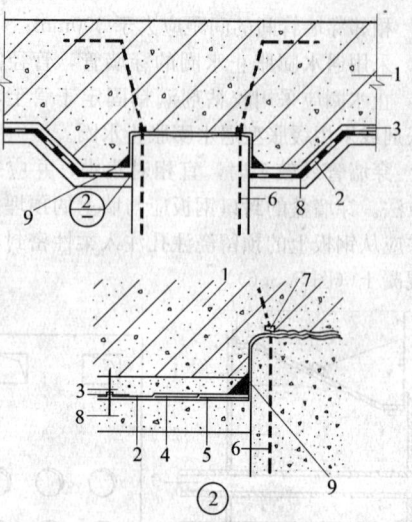

图 5.6.3-2 桩头防水构造（二）

1—结构底板；2—底板防水层；3—细石混凝土保护层；4—聚合物水泥防水砂浆；5—水泥基渗透结晶型防水涂料；6—桩基受力筋；7—遇水膨胀止水条（胶）；8—混凝土垫层；9—密封材料

5.7 孔 口

5.7.1 地下工程通向地面的各种孔口应采取防地面水倒灌的措施。人员出入口高出地面的高度宜为500mm，汽车出入口设置明沟排水时，其高度宜为150mm，并应采取防雨措施。

5.7.2 窗井的底部在最高地下水位以上时，窗井的底板和墙应做防水处理，并宜与主体结构断开（图5.7.2）。

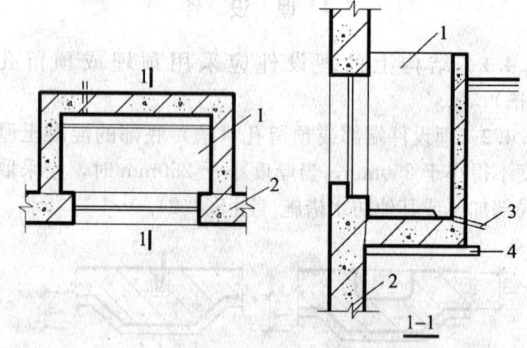

图 5.7.2 窗井防水构造

1—窗井；2—主体结构；3—排水管；4—垫层

5.7.3 窗井或窗井的一部分在最高地下水位以下时，窗井应与主体结构连成整体，其防水层也应连成整体，并应在窗井内设置集水井（图5.7.3）。

5.7.4 无论地下水位高低，窗台下部的墙体和底板应做防水层。

5.7.5 窗井内的底板，应低于窗下缘300mm。窗井墙高出地面不得小于500mm。窗井外地面应做散水，

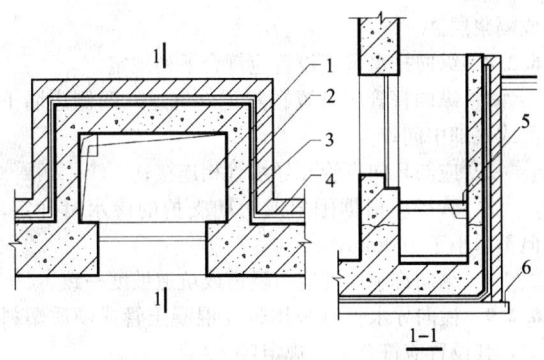

图 5.7.3 窗井防水构造

1—窗井；2—防水层；3—主体结构；4—防

水层保护层；5—集水井；6—垫层

散水与墙面间应采用密封材料嵌填。

5.7.6 通风口应与窗井同样处理，竖井窗下缘离室外地面高度不得小于500mm。

5.8 坑、池

5.8.1 坑、池、储水库宜采用防水混凝土整体浇筑，内部应设防水层。受振动作用时应设柔性防水层。

5.8.2 底板以下的坑、池，其局部底板应相应降低，并应使防水层保持连续（图5.8.2）。

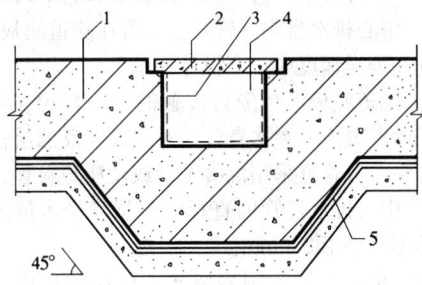

图 5.8.2 底板下坑、池的防水构造

1—底板；2—盖板；3—坑、池防水层；

4—坑、池；5—主体结构防水层

6 地下工程排水

6.1 一般规定

6.1.1 制定地下工程防水方案时，应根据工程情况选用合理的排水措施。

6.1.2 有自流排水条件的地下工程，应采用自流排水法。无自流排水条件且防水要求较高的地下工程，可采用渗排水、盲沟排水、盲管排水、塑料排水板排水或机械抽水等排水方法。但应防止由于排水造成水土流失危及地面建筑物及农田水利设施。

通向江、河、湖、海的排水口高程，低于洪（潮）水位时，应采取防倒灌措施。

6.1.3 隧道、坑道工程应采用贴壁式衬砌，对防水防潮要求较高的工程应采用复合式衬砌，也可采用离壁式衬砌或衬套。

6.2 设 计

6.2.1 地下工程的排水应形成汇集、流径和排出等完整的排水系统。

6.2.2 地下工程应根据工程地质、水文地质及周围环境保护要求进行排水设计。

6.2.3 地下工程采用渗排水法时应符合下列规定：

1 宜用于无自流排水条件、防水要求较高且有抗浮要求的地下工程；

2 渗排水层应设置在工程结构底板以下，并应由粗砂过滤层与集水管组成（图6.2.3）；

3 粗砂过滤层总厚度宜为300mm，如较厚时应分层铺填，过滤层与基坑土层接触处，应采用厚度100~150mm、粒径5~10mm的石子铺填；过滤层顶面与结构底面之间，宜干铺一层卷材或30~50mm厚的1:3水泥砂浆作隔浆层；

4 集水管应设置在粗砂过滤层下部，坡度不宜小于1‰，且不得有倒坡现象。集水管之间的距离宜为5~10m。渗入集水管的地下水导入集水井后应用泵排走。

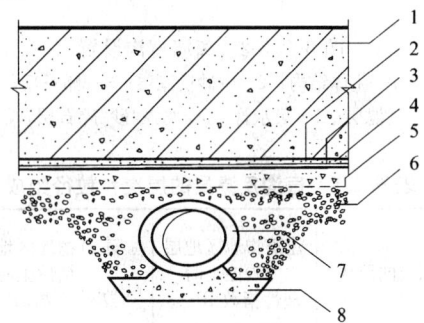

图 6.2.3 渗排水层构造

1—结构底板；2—细石混凝土；3—底板防水层；

4—混凝土垫层；5—隔浆层；6—粗砂过滤层；

7—集水管；8—集水管座

6.2.4 盲沟排水宜用于地基为弱透水性土层、地下水量不大或排水面积较小，地下水位在建筑底板以下或在丰水期地下水位高于建筑底板的地下工程，也可用于贴壁式衬砌的边墙及结构底部排水。

盲沟排水应设计为自流排水形式，当不具备自流排水条件时，应采取机械排水措施。

6.2.5 盲沟排水应符合下列要求：

1 宜将基坑开挖时的施工排水明沟与永久盲沟结合。

2 盲沟与基础最小距离的设计应根据工程地质情况选定；盲沟设置应符合图6.2.5-1和图6.2.5-2的规定。

3 盲沟反滤层的层次和粒径组成应符合表6.2.5的规定。

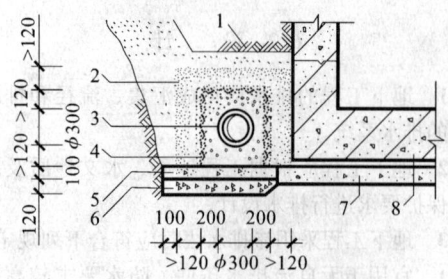

图 6.2.5-1 贴墙盲沟设置

1—素土夯实；2—中砂反滤层；3—集水管；
4—卵石反滤层；5—水泥/砂/碎石层；6—碎石夯实层；
7—混凝土垫层；8—主体结构

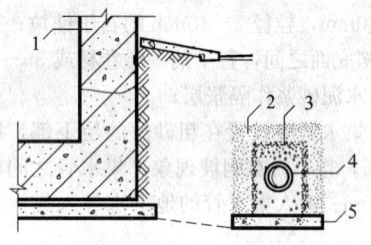

图 6.2.5-2 离墙盲沟设置

1—主体结构；2—中砂反滤层；3—卵石反
滤层；4—集水管；5—水泥/砂/碎石层

表 6.2.5 盲沟反滤层的层次和粒径组成

反滤层的层次	建筑物地区地层为砂性土时（塑性指数 IP<3）	建筑物地区地层为粘性土时（塑性指数 IP>3）
第一层（贴天然土）	用 1～3mm 粒径砂子组成	用 2～5mm 粒径砂子组成
第二层	用 3～10mm 粒径小卵石组成	用 5～10mm 粒径小卵石组成

4 渗排水管宜采用无砂混凝土管；

5 渗排水管应在转角处和直线段每隔一定距离设置检查井，井底距渗排水管底应留设 200～300mm 的沉淀部分，井盖应采取密封措施。

6.2.6 盲管排水宜用于隧道结构贴壁式衬砌、复合式衬砌结构的排水，排水体系应由环向排水盲管、纵向排水盲管或明沟等组成。

6.2.7 环向排水盲沟（管）设置应符合下列规定：

1 应沿隧道、坑道的周边固定于围岩或初期支护表面；

2 纵向间距宜为 5～20m，在水量较大或集中出水点应加密布置；

3 应与纵向排水盲管相连；

4 盲管与混凝土衬砌接触部位应外包无纺布形

成隔浆层。

6.2.8 纵向排水盲管设置应符合下列规定：

1 纵向盲管应设置在隧道（坑道）两侧边墙下部或底部中间；

2 应与环向盲管和导水管相连接；

3 管径应根据围岩或初期支护的渗水量确定，但不得小于 100mm；

4 纵向排水坡度应与隧道或坑道坡度一致。

6.2.9 横向导水管宜采用带孔混凝土管或硬质塑料管，其设置应符合下列规定：

1 横向导水管应与纵向盲管、排水明沟或中心排水盲沟（管）相连；

2 横向导水管的间距宜为 5～25m，坡度宜为 2%；

3 横向导水管的直径应根据排水量大小确定，但内径不得小于 50mm。

6.2.10 排水明沟的设置应符合下列规定：

1 排水明沟的纵向坡度应与隧道或坑道坡度一致，但不得小于 0.2%；

2 排水明沟应设置盖板和检查井；

3 寒冷及严寒地区应采取防冻措施。

6.2.11 中心排水盲沟（管）设置应符合下列规定：

1 中心排水盲沟（管）宜设置在隧道底板以下，其坡度和埋设深度应符合设计要求。

2 隧道底板下与围岩接触的中心盲沟（管）宜采用无砂混凝土或渗水盲管，并应设置反滤层；仰拱以上的中心盲管宜采用混凝土管或硬质塑料管。

3 中心排水盲管的直径应根据渗排水量大小确定，但不宜小于 250mm。

6.2.12 贴壁式衬砌围岩渗水，可通过盲沟（管）、暗沟导入底部排水系统，其排水系统构造应符合图 6.2.12 的规定。

6.2.13 离壁式衬砌的排水应符合下列规定：

1 围岩稳定和防潮要求高的工程可设置离壁式衬砌，衬砌与岩壁间的距离，拱顶上部宜为 600～800mm，侧墙处不应小于 500mm；

2 衬砌拱部宜作卷材、塑料防水板、水泥砂浆等防水层；拱肩应设置排水沟，沟底应预埋排水管或设置排水孔，直径宜为 50～100mm，间距不宜大于 6m；在侧墙和拱肩处应设置检查孔（图 6.2.13）；

3 侧墙外排水沟应做成明沟，其纵向坡度不应小于 0.5%。

6.2.14 衬套排水应符合下列规定：

1 衬套外形应有利于排水，底板宜架空；

2 离壁衬套与衬砌或围岩的间距不应小于 150mm，在衬套外侧应设置明沟；半离壁衬套应在拱肩处设置排水沟。

3 衬套应采用防火、隔热性能好的材料制作，接缝宜采用嵌缝、粘结、焊接等方法密封。

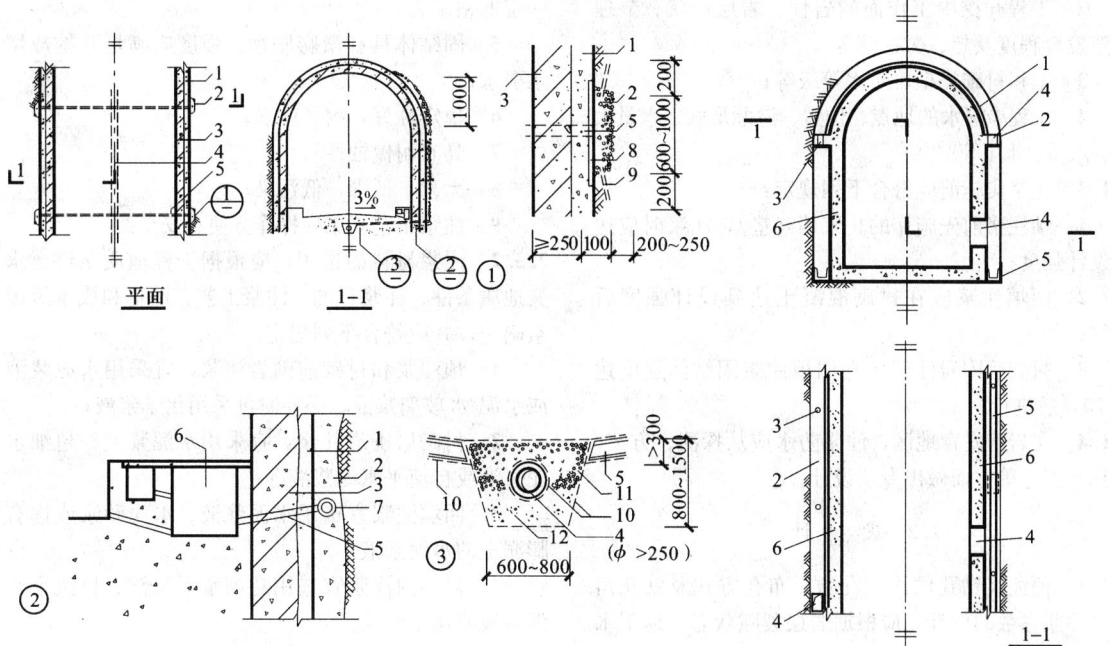

图 6.2.12　贴壁式衬砌排水构造
1—初期支护；2—盲沟；3—主体结构；4—中心排水盲管；
5—横向排水管；6—排水明沟；7—纵向集水盲管；8—隔浆层；
9—引流孔；10—无纺布；11—无砂混凝土；12—管座混凝土

图 6.2.13　离壁式衬砌
排水构造
1—防水层；2—拱肩排水沟；3—排水孔；
4—检查孔；5—外排水沟；6—内衬混凝土

6.3　材　料

6.3.1　环、纵向盲沟（管）宜采用塑料丝盲沟，其规格、性能应符合国家现行标准《软式透水管》JC 937 的有关规定。

6.3.2　中心盲沟（管）宜采用预制无砂混凝土管，强度不应小于 3MPa。

6.3.3　塑料排水板的规格和性能应符合国家现行标准《塑料排水板质量检验标准》JTJ/T 257 和本规范第 4.5 节的有关规定。

6.4　施　工

6.4.1　纵向盲沟铺设前，应将基坑底铲平，并应按设计要求铺设碎砖（石）混凝土层。

6.4.2　集水管应放置在过滤层中间。

6.4.3　盲管应采用塑料（无纺布）带、水泥钉等固定在基层上，固定点拱部间距宜为 300～500mm，边墙宜为 1000～1200mm，在不平处应增加固定点。

6.4.4　环向盲管宜整条铺设，需要有接头时，宜采用与盲管相配套的标准接头及标准三通连接。

6.4.5　铺设于贴壁式衬砌、复合式衬砌隧道或坑道中的盲沟（管），在浇灌混凝土前，应采用无纺布包裹。

6.4.6　无砂混凝土管连接时，可采用套接或插接，连接应牢固，不得扭曲变形和错位。

6.4.7　隧道或坑道内的排水明沟及离壁式衬砌夹层内的排水沟断面，应符合设计要求，排水沟表面应平整、光滑。

6.4.8　不同沟、槽、管应连接牢固，必要时可外加无纺布包裹。

7　注 浆 防 水

7.1　一 般 规 定

7.1.1　注浆方案应根据工程地质及水文地质条件制定，并应符合下列要求：

1　工程开挖前，预计涌水量大的地段、断层破碎带和软弱地层，应采用预注浆；

2　开挖后有大股涌水或大面积渗漏水时，应采用衬砌前围岩注浆；

3　衬砌后渗漏水严重的地段或充填壁后的空隙地段，应进行回填注浆；

4　衬砌后或回填注浆后仍有渗漏水时，宜采用衬砌内注浆或衬砌后围岩注浆。

7.1.2　注浆施工前应搜集下列资料：

1　工程地质纵横剖面图及工程地质、水文地质资料，如围岩孔隙率、渗透系数、节理裂隙发育情况、涌水量、水压和软土地层颗粒级配、土壤标准贯入试验值及其物理力学指标等；

2 工程开挖中工作面的岩性、岩层产状、节理裂隙发育程度及超、欠挖值等；

3 工程衬砌类型、防水等级等；

4 工程渗漏水的地点、位置、渗漏形式、水量大小、水质、水压等。

7.1.3 注浆实施前应符合下列规定：

1 预注浆前先施作的止浆墙（垫），注浆时应达到设计强度；

2 回填注浆应在衬砌混凝土达到设计强度后进行；

3 衬砌后围岩注浆应在回填注浆固结体强度达到70%后进行。

7.1.4 在岩溶发育地区，注浆防水应从探测、方案、机具、工艺等方面做出专项设计。

7.2 设　计

7.2.1 预注浆钻孔的注浆孔数、布孔方式及钻孔角度等注浆参数的设计，应根据岩层裂隙状态、地下水情况、设备能力、浆液有效扩散半径、钻孔偏斜率和对注浆效果的要求等确定。

7.2.2 预注浆的段长，应根据工程地质、水文地质条件、钻孔设备及工期要求确定，宜为10～50m，但掘进时应保留止水岩垫（墙）的厚度。注浆孔底距开挖轮廓的边缘，宜为毛洞高度（直径）的0.5～1倍，特殊工程可按计算和试验确定。

7.2.3 衬砌前围岩注浆应符合下列规定：

1 注浆深度宜为3～5m；

2 应在软弱地层或水量较大处布孔；

3 大面积渗漏时，布孔宜密，钻孔宜浅；

4 裂隙渗漏时，布孔宜疏，钻孔宜深；

5 大股涌水时，布孔应在水流上游，且自涌水点四周由远到近布设。

7.2.4 回填注浆孔的孔径，不宜小于40mm，间距宜为5～10m，并应按梅花形排列。

7.2.5 衬砌后围岩注浆钻孔深入围岩不应大于1m，孔径不宜小于40mm，孔距可根据渗漏水情况确定。

7.2.6 岩石地层预注浆或衬砌后围岩注浆的压力，应大于静水压力0.5～1.5MPa，回填注浆及衬砌内注浆的压力应小于0.5MPa。

7.2.7 衬砌内注浆钻孔应根据衬砌渗漏水情况布置，孔深宜为衬砌厚度的1/3～2/3，注浆压力宜为0.5～0.8MPa。

7.3 材　料

7.3.1 注浆材料应符合下列规定：

1 原料来源广，价格适宜；

2 具有良好的可灌性；

3 凝胶时间可根据需要调节；

4 固化时收缩小，与围岩、混凝土、砂土等有一定的粘结力；

5 固结体具有微膨胀性，强度应满足开挖或堵水要求；

6 稳定性好，耐久性强；

7 具有耐侵蚀性；

8 无毒、低毒、低污染；

9 注浆工艺简单，操作方便、安全。

7.3.2 注浆材料的选用，应根据工程地质条件、水文地质条件、注浆目的、注浆工艺、设备和成本等因素确定，并应符合下列规定：

1 预注浆和衬砌前围岩注浆，宜采用水泥浆液或水泥-水玻璃浆液，必要时可采用化学浆液；

2 衬砌后围岩注浆，宜采用水泥浆液、超细水泥浆液或自流平水泥浆液等；

3 回填注浆宜选用水泥浆液、水泥砂浆或掺有膨润土的水泥浆液；

4 衬砌内注浆宜选用超细水泥浆液、自流平水泥浆液或化学浆液。

7.3.3 水泥类浆液宜选用普通硅酸盐水泥，其他浆液材料应符合有关规定。浆液的配合比，应经现场试验后确定。

7.4 施　工

7.4.1 注浆孔数量、布置间距、钻孔深度除应符合设计要求外，尚应符合下列规定：

1 注浆孔深小于10m时，孔位最大允许偏差应为100mm，钻孔偏斜率最大允许偏差应为1%；

2 注浆孔深大于10m时，孔位最大允许偏差应为50mm，钻孔偏斜率最大允许偏差应为0.5%。

7.4.2 岩石地层或衬砌内注浆前，应将钻孔冲洗干净。

7.4.3 注浆前，应进行测定注浆孔吸水率和地层吸浆速度等参数的压水试验。

7.4.4 回填注浆时，对岩石破碎、渗漏水量较大的地段，宜在衬砌与围岩间采用定量、重复注浆法分段设置隔水墙。

7.4.5 回填注浆、衬砌后围岩注浆施工顺序，应符合下列规定：

1 应沿工程轴线由低到高，由下往上，从少水处到多水处；

2 在多水地段，应先两头，后中间；

3 对竖井应由上往下分段注浆，在本段内应从下往上注浆。

7.4.6 注浆过程中应加强监测，当发生围岩或衬砌变形、堵塞排水系统、窜浆、危及地面建筑物等异常情况时，可采取下列措施：

1 降低注浆压力或采用间歇注浆，直到停止注浆；

2 改变注浆材料或缩短浆液凝胶时间；

3 调整注浆实施方案。

7.4.7 单孔注浆结束的条件,应符合下列规定:

1 预注浆各孔段均应达到设计要求并应稳定10min,且进浆速度应为开始进浆速度的1/4或注浆量达到设计注浆量的80%;

2 衬砌后回填注浆及围岩注浆应达到设计终压;

3 其他各类注浆,应满足设计要求。

7.4.8 预注浆和衬砌后围岩注浆结束前,应在分析资料的基础上,采取钻孔取芯法对注浆效果进行检查,必要时应进行压(抽)水试验。当检查孔的吸水量大于 1.0L/min·m 时,应进行补充注浆。

7.4.9 注浆结束后,应将注浆孔及检查孔封填密实。

8 特殊施工法的结构防水

8.1 盾构法隧道

8.1.1 盾构法施工的隧道,宜采用钢筋混凝土管片、复合管片等装配式衬砌或现浇混凝土衬砌。衬砌管片应采用防水混凝土制作。当隧道处于侵蚀性介质的地层时,应采取相应的耐侵蚀混凝土或外涂耐侵蚀的外防水涂层的措施。当处于严重腐蚀地层时,可同时采取耐侵蚀混凝土和外涂耐侵蚀的外防水涂层措施。

8.1.2 不同防水等级盾构隧道衬砌防水措施应符合表 8.1.2 的要求。

表 8.1.2 不同防水等级盾构隧道的衬砌防水措施

防水等级	高精度管片	接缝防水				混凝土内衬或其他内衬	外防水涂料
		密封垫	嵌缝	注入密封剂	螺孔密封圈		
一级	必选	必选	全隧道或部分区段应选	可选	必选	宜选	对混凝土有中等以上腐蚀的地层应选,在非腐蚀地层宜选
二级	必选	必选	部分区段宜选	可选	必选	局部宜选	对混凝土有中等以上腐蚀的地层宜选
三级	应选	必选	部分区段宜选	—	应选	—	对混凝土有中等以上腐蚀的地层宜选
四级	可选	宜选	可选	—	—	—	—

8.1.3 钢筋混凝土管片应采用高精度钢模制作,钢模宽度及弧、弦长允许偏差宜为±0.4mm。

钢筋混凝土管片制作尺寸的允许偏差应符合下列规定:

1 宽度应为±1mm;

2 弧、弦长应为±1mm;

3 厚度应为+3mm,−1mm。

8.1.4 管片防水混凝土的抗渗等级应符合本规范表4.1.4 的规定,且不得小于 P8。管片应进行混凝土氯离子扩散系数或混凝土渗透系数的检测,并宜进行管片的单块抗渗检漏。

8.1.5 管片应至少设置一道密封垫沟槽。接缝密封垫宜选择具有合理构造形式、良好弹性或遇水膨胀性、耐久性、耐水性的橡胶类材料,其外形应与沟槽相匹配。弹性橡胶密封垫材料、遇水膨胀橡胶密封垫胶料的物理性能应符合表 8.1.5-1 和表 8.1.5-2 的规定。

表 8.1.5-1 弹性橡胶密封垫材料物理性能

序号	项目		指标	
			氯丁橡胶	三元乙丙胶
1	硬度(邵尔 A,度)		45±5～60±5	55±5～70±5
2	伸长率(%)		≥350	≥330
3	拉伸强度(MPa)		≥10.5	≥9.5
4	热空气老化 70℃×96h	硬度变化值(邵尔 A,度)	≤+8	≤+6
		拉伸强度变化率(%)	≥−20	≥−15
		扯断伸长率变化率(%)	≥−30	≥−30
5	压缩永久变形(70℃×24h)(%)		≤35	≤28
6	防霉等级		达到与优于 2 级	达到与优于 2 级

注:以上指标均为成品切片测试的数据,若只能以胶料制成试样测试,则其伸长率、拉伸强度的性能数据应达到本规定的120%。

表 8.1.5-2 遇水膨胀橡胶密封垫胶料物理性能

序号	项目		性能要求		
			PZ-150	PZ-250	PZ-400
1	硬度(邵尔 A,度)		42±7	42±7	45±7
2	拉伸强度(MPa)		≥3.5	≥3.5	≥3
3	扯断伸长率(%)		≥450	≥450	≥350
4	体积膨胀倍率(%)		≥150	≥250	≥400
5	反复浸水试验	拉伸强度(MPa)	≥3	≥3	≥2
		扯断伸长率(%)	≥350	≥350	≥250
		体积膨胀倍率(%)	≥150	≥250	≥300
6	低温弯折(−20℃×2h)		无裂纹		
7	防霉等级		达到与优于 2 级		

注:1 成品切片测试应达到本指标的80%;

2 接头部位的拉伸强度指标不得低于本指标的50%;

3 体积膨胀倍率是浸泡前后的试样质量的比率。

8.1.6 管片接缝密封垫应被完全压入密封垫沟槽内，密封垫沟槽的截面积应大于或等于密封垫的截面积，其关系宜符合下式：

$$A=(1\sim1.15)A_0 \qquad (8.1.6)$$

式中 A——密封垫沟槽截面积；

$\quad\quad A_0$——密封垫截面积。

管片接缝密封垫应满足在计算的接缝最大张开量和估算的错位量下、埋深水头的 2～3 倍水压下不渗漏的技术要求；重要工程中选用的接缝密封垫，应进行一字缝或十字缝水密性的试验检测。

8.1.7 螺孔防水应符合下列规定：

1 管片肋腔的螺孔口应设置锥形倒角的螺孔密封圈沟槽；

2 螺孔密封圈的外形应与沟槽相匹配，并应有利于压密止水或膨胀止水。在满足止水的要求下，螺孔密封圈的断面宜小。

螺孔密封圈应为合成橡胶或遇水膨胀橡胶制品，其技术指标要求应符合本规范表 8.1.5-1 和表 8.1.5-2 的规定。

8.1.8 嵌缝防水应符合下列规定：

1 在管片内侧环纵向边沿设置嵌缝槽，其深宽比不应小于 2.5，槽深宜为 25～55mm，单面槽宽宜为 5～10mm；嵌缝槽断面构造形状应符合图 8.1.8 的规定。

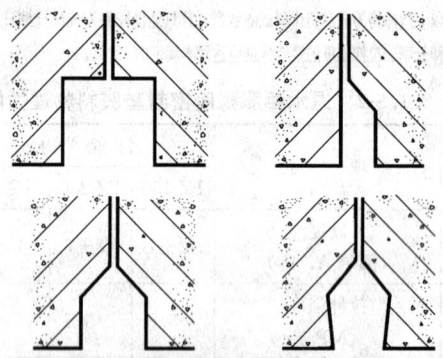

图 8.1.8 管片嵌缝槽断面构造形式

2 嵌缝材料应有良好的不透水性、潮湿基面粘结性、耐久性、弹性和抗下坠性。

3 应根据隧道使用功能和本规范表 8.1.2 中的防水等级要求，确定嵌缝作业区的范围与嵌填嵌缝槽的部位，并采取嵌缝堵水或引排水措施。

4 嵌缝防水施工应在盾构千斤顶顶力影响范围外进行。同时，应根据盾构施工方法、隧道的稳定性确定嵌缝作业开始的时间。

5 嵌缝作业应在接缝堵漏和无明显渗水后进行，嵌缝槽表面混凝土如有缺损，应采用聚合物水泥砂浆或特种水泥修补，强度应达到或超过混凝土本体的强度。嵌缝材料嵌填时，应先刷涂基层处理剂，嵌填应密实、平整。

8.1.9 复合式衬砌的内层衬砌混凝土浇筑前，应将外层管片的渗漏水引排或封堵。采用塑料防水板等夹层防水层的复合式衬砌，应根据隧道排水情况选用相应的缓冲层和防水板材料，并应按本规范第 4.5 和 6.4 节的有关规定执行。

8.1.10 管片外防水涂料宜采用环氧或改性环氧涂料等封闭型材料、水泥基渗透结晶型或硅氧烷类等渗透自愈型材料，并应符合下列规定：

1 耐化学腐蚀性、抗微生物侵蚀性、耐水性、耐磨性应良好，且应无毒或低毒；

2 在管片外弧面混凝土裂缝宽度达到 0.3mm 时，应仍能在最大埋深处水压下不渗漏；

3 应具有分杂散电流的功能，体积电阻率应高。

8.1.11 竖井与隧道结合处，可用刚性接头，但接缝宜采用柔性材料密封处理，并宜加固竖井洞圈周围土体。在软土地层距竖井结合处一定范围内的衬砌段，宜增设变形缝。变形缝环面应贴设垫片，同时应采用适应变形量大的弹性密封垫。

8.1.12 盾构隧道的连接通道及其与隧道接缝的防水应符合下列规定：

1 采用双层衬砌的连接通道，内衬应采用防水混凝土。衬砌支护与内衬间宜设塑料防水板与土工织物组成的夹层防水层，并宜配以分区注浆系统加强防水。

2 当采用内防水层时，内防水层宜为聚合物水泥砂浆等抗裂防渗材料。

3 连接通道与盾构隧道接头应选用缓膨胀型遇水膨胀类止水条（胶）、预留注浆管以及接头密封材料。

8.2 沉　井

8.2.1 沉井主体应采用防水混凝土浇筑，分段制作时，施工缝的防水措施应根据其防水等级按本规范表 3.3.1-1 选用。

8.2.2 沉井施工缝的施工应符合本规范第 4.1.25 条的规定。固定模板的螺栓穿过混凝土井壁时，螺栓部位的防水处理应符合本规范第 4.1.28 条的规定。

8.2.3 沉井的干封底应符合下列规定：

1 地下水位应降至底板底高程 500mm 以下，降水作业应在底板混凝土达到设计强度，且沉井内部结构完成并满足抗浮要求后，方可停止；

2 封底前井壁与底板连接部位应凿毛或涂刷界面处理剂，并应清洗干净；

3 待垫层混凝土达到 50% 设计强度后，浇筑混凝土底板，应一次浇筑，并应分格连续对称进行；

4 降水用的集水井应采用微膨胀混凝土填筑密实。

8.2.4 沉井水下封底应符合下列规定：

1 水下封底宜采用水下不分散混凝土，其坍落度宜为200±20mm；

2 封底混凝土应在沉井全部底面积上连续均匀浇筑，浇筑时导管插入混凝土深度不宜小于1.5m；

3 封底混凝土应达到设计强度后，方可从井内抽水，并应检查封底质量，对渗漏水部位应进行堵漏处理；

4 防水混凝土底板应连续浇筑，不得留设施工缝，底板与井壁接缝处的防水措施应按本规范表3.3.1-1选用，施工要求应符合本规范第4.1.25条的规定。

8.2.5 当沉井与位于不透水层内的地下工程连接时，应先封住井壁外侧含水层的渗水通道。

8.3 地下连续墙

8.3.1 地下连续墙应根据工程要求和施工条件划分单元槽段，宜减少槽段数量。墙体幅间接缝应避开拐角部位。

8.3.2 地下连续墙用作主体结构时，应符合下列规定：

1 单层地下连续墙不应直接用于防水等级为一级的地下工程墙体。单墙用于地下工程墙体时，应使用高分子聚合物泥浆护壁材料。

2 墙的厚度宜大于600mm。

3 应根据地质条件选择护壁泥浆及配合比，遇有地下水含盐或受化学污染时，泥浆配合比应进行调整。

4 单元槽段整修后墙面平整度的允许偏差不宜大于50mm。

5 浇筑混凝土前应清槽、置换泥浆和清除沉渣，沉渣厚度不应大于100mm，并应将接缝面的泥皮、杂物清理干净。

6 钢筋笼浸泡泥浆时间不应超过10h，钢筋保护层厚度不应小于70mm。

7 幅间接缝应采用工字钢或十字钢板接头，锁口管应能承受混凝土浇筑时的侧压力，浇筑混凝土时不得发生位移和混凝土绕管。

8 胶凝材料用量不应少于400kg/m³，水胶比应小于0.55，坍落度不得小于180mm，石子粒径不宜大于导管直径的1/8。浇筑导管埋入混凝土深度宜为1.5～3m，在槽段端部的浇筑导管与端部的距离宜为1～1.5m，混凝土浇筑应连续进行。冬期施工时应采取保温措施，墙顶混凝土未达到设计强度50%时，不得受冻。

9 支撑的预埋件应设置止水片或遇水膨胀止水条（胶），支撑部位及墙体的裂缝、孔洞等缺陷应采用防水砂浆及时修补；墙体幅间接缝如有渗漏，应采用注浆、嵌填弹性密封材料等进行防水处理，并应采取引排措施。

10 底板混凝土应达到设计强度后方可停止降水，并应将降水井封堵密实。

11 墙体与工程顶板、底板、中楼板的连接处均应凿毛，并应清洗干净，同时应设置1～2道遇水膨胀止水条（胶）；接驳器处宜喷涂水泥基渗透结晶型防水涂料或涂抹聚合物水泥防水砂浆。

8.3.3 地下连续墙与内衬构成的复合式衬砌，应符合下列规定：

1 应用作防水等级为一、二级的工程；

2 应根据基坑基础形式、支撑方式内衬构造特点选择防水层；

3 墙体施工应符合本规范第8.3.2条第3～10款的规定，并应按设计规定对墙面、墙缝渗漏水进行处理，并应在基面找平满足设计要求后施工防水层及浇筑内衬混凝土；

4 内衬墙应采用防水混凝土浇筑，施工缝、变形缝和诱导缝的防水措施应按本规范表3.3.1-1选用，并应与地下连续墙墙缝互相错开。施工要求应符合本规范第4.1和5.1节的有关规定。

8.3.4 地下连续墙作为围护并与内衬墙构成叠合结构时，其抗渗等级要求可比本规范第4.1.4条规定的抗渗等级降低一级；地下连续墙与内衬墙构成分离式结构时，可不要求地下连续墙的混凝土抗渗等级。

8.4 逆筑结构

8.4.1 直接采用地下连续墙作围护的逆筑结构，应符合本规范第8.3.1和8.3.2条的规定。

8.4.2 采用地下连续墙和防水混凝土内衬的复合式逆筑结构，应符合下列规定：

1 可用于防水等级为一、二级的工程。

2 地下连续墙的施工应符合本规范第8.3.2条第3～8、10款的规定。

3 顶板、楼板及下部500mm的墙体应同时浇筑，墙体的下部应做成斜坡形；斜坡形下部预留300～500mm空间，并应待下部先浇混凝土施工14d后再行浇筑；浇筑前所有缝面应凿毛、清理干净，并应设置遇水膨胀止水条（胶）和预埋注浆管。上部施工缝设置遇水膨胀止水条时，应使用胶粘剂和射钉（或水泥钉）固定牢靠。浇筑混凝土应采用补偿收缩混凝土（图8.4.2）。

4 底板应连续浇筑，不宜留设施工缝，底板与桩头相交处的防水处理应符合本规范第5.6节的有关规定。

8.4.3 采用桩基支护逆筑法施工时，应符合下列规定：

1 应用于各防水等级的工程；

2 侧墙水平、垂直施工缝，应采取二道防水措施；

3 逆筑施工缝、底板、底板与桩头的接缝做法应符合本规范第8.4.2条第3、4款的规定。

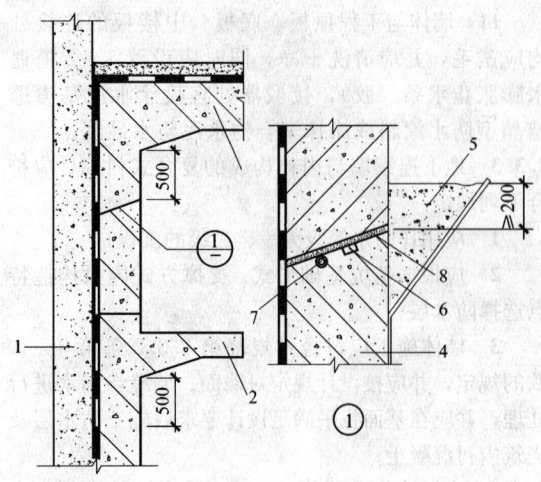

图 8.4.2　逆筑法施工接缝防水构造

1—地下连续墙；2—楼板；3—顶板；4—补偿收缩混凝土；5—应凿去的混凝土；6—遇水膨胀止水条或预埋注浆管；7—遇水膨胀止水胶；8—粘结剂

8.5　锚喷支护

8.5.1　喷射混凝土施工前，应根据围岩裂隙及渗漏水的情况，预先采用引排或注浆堵水。

采用引排措施时，应采用耐侵蚀、耐久性好的塑料丝盲沟或弹塑性软式导水管等导水材料。

8.5.2　锚喷支护用作工程内衬墙时，应符合下列规定：

1　宜用于防水等级为三级的工程；

2　喷射混凝土宜掺入速凝剂、膨胀剂或复合型外加剂、钢纤维与合成纤维等材料，其品种及掺量应通过试验确定；

3　喷射混凝土的厚度应大于80mm，对地下工程变截面或轴线转折点的阳角部位，应增加50mm以上厚度的喷射混凝土；

4　喷射混凝土设置预埋件时，应采取防水处理；

5　喷射混凝土终凝2h后，应喷水养护，养护时间不得少于14d。

8.5.3　锚喷支护作为复合式衬砌的一部分时，应符合下列规定：

1　宜用于防水等级为一、二级工程的初期支护；

2　锚喷支护的施工应符合本规范第8.5.2条第2～5款的规定。

8.5.4　锚喷支护、塑料防水板、防水混凝土内衬的复合式衬砌，应根据工程情况选用，也可将锚喷支护和离壁式衬砌、衬套结合使用。

9　地下工程渗漏水治理

9.1　一般规定

9.1.1　渗漏水治理前应掌握工程原防水、排水系统

的设计、施工、验收资料。

9.1.2　渗漏水治理施工时应按先顶（拱）后墙而后底板的顺序进行，宜少破坏原结构和防水层。

9.1.3　有降水和排水条件的地下工程，治理前应做好降水、排水工作。

9.1.4　治理过程中应选用无毒、低污染的材料。

9.1.5　治理过程中的安全措施、劳动保护应符合有关安全施工技术规定。

9.1.6　地下工程渗漏水治理，应由防水专业设计人员和有防水资质的专业施工队伍承担。

9.2　方案设计

9.2.1　渗漏水治理方案设计前应搜集下列资料：

1　原设计、施工资料，包括防水设计等级、防排水系统及使用的防水材料性能、试验数据；

2　工程所在位置周围环境的变化；

3　渗漏水的现状、水源及影响范围；

4　渗漏水的变化规律；

5　衬砌结构的损害程度；

6　运营条件、季节变化、自然灾害对工程的影响；

7　结构稳定情况及监测资料。

9.2.2　大面积严重渗漏水可采取下列措施：

1　衬砌后和衬砌内注浆止水或引水，待基面无明水或干燥后，用掺外加剂防水砂浆、聚合物水泥砂浆、挂网水泥砂浆或防水涂料等加强处理；

2　引水孔最后封闭；

3　必要时采用贴壁混凝土衬砌。

9.2.3　大面积轻微渗漏水和漏水点，可先采用速凝材料堵水，再做防水砂浆抹面或防水涂层等永久性防水层加强处理。

9.2.4　渗漏水较大的裂缝，宜采用钻斜孔法或凿缝法注浆处理，干燥或潮湿的裂缝宜采用骑缝注浆法处理。注浆压力及浆液凝结时间应按裂缝宽度、深度进行调整。

9.2.5　结构仍在变形、未稳定的裂缝，应待结构稳定后再进行处理。

9.2.6　需要补强的渗漏水部位，应选用强度较高的注浆材料，如水泥浆、超细水泥浆、自流平水泥灌浆材料、改性环氧树脂、聚氨酯等浆液，必要时可在止水后再做混凝土衬砌。

9.2.7　锚喷支护工程渗漏水部位，可采用引水带或导管排水，也可喷涂快凝材料及化学注浆堵水。

9.2.8　细部构造部位渗漏水处理可采取下列措施：

1　变形缝和新旧结构接头，应先注浆堵水或排水，再采用嵌填遇水膨胀止水条、密封材料，也可设置可卸式止水带等方法处理；

2　穿墙管和预埋件可先采用快速堵漏材料止水，再采用嵌填密封材料、涂抹防水涂料、水泥砂浆等措

施处理；

3 施工缝可根据渗水情况采用注浆、嵌填密封防水材料及设置排水暗槽等方法处理，表面应增设水泥砂浆、涂料防水层等加强措施。

9.3 治理材料

9.3.1 衬砌后注浆宜选用特种水泥浆，掺有膨润土、粉煤灰等掺合料的水泥浆或水泥砂浆。

9.3.2 工程结构注浆宜选用水泥类浆液，有补强要求时可选用改性环氧树脂注浆材料；裂缝堵水注浆宜选用聚氨酯或丙烯酸盐等化学浆液。

9.3.3 防水抹面材料宜选用掺各种外加剂、防水剂、聚合物乳液的水泥砂浆。

9.3.4 防水涂料宜选用与基面粘结强度高和抗渗性好的材料。

9.3.5 导水、排水材料宜选用排水板、金属排水槽或渗水盲管等。

9.3.6 密封材料宜选用硅酮、聚硫橡胶类、聚氨酯类等柔性密封材料，也可选用遇水膨胀止水条(胶)。

9.4 施 工

9.4.1 地下工程渗漏水治理施工应按制订的方案进行。

9.4.2 治理过程中应严格每道工序的操作，上道工序未经验收合格，不得进行下道工序施工。

9.4.3 治理过程中应随时检查治理效果，并应做好隐蔽施工记录。

9.4.4 地下工程渗漏水治理除应做好防水措施外，尚应采取排水措施。

9.4.5 竣工验收应符合下列规定：

1 施工质量应符合设计要求；

2 施工资料应包括施工技术总结报告、所用材料的技术资料、施工图纸等。

10 其 他 规 定

10.0.1 地下工程与城市给、排水管道的水平距离宜大于 2.5m，当不能满足时，地下工程应采取有效的防水措施。

10.0.2 地下工程在施工期间对工程周围的地表水，应采取截水、排水、挡水和防洪措施。

10.0.3 地下工程雨季进行防水混凝土和其他防水层施工时，应采取防雨措施。

10.0.4 明挖法地下工程的结构自重应大于静水压力造成的浮力，在自重不足时应采取锚桩或其他抗浮措施。

10.0.5 明挖法地下工程防水施工时，应符合下列规定：

1 地下水位应降至工程底部最低高程 500mm 以下，降水作业应持续至回填完毕；

2 工程底板范围内的集水井，在施工排水结束后应采用微膨胀混凝土填筑密实；

3 工程顶板、侧墙留设大型孔洞时，应采取临时封闭、遮盖措施。

10.0.6 明挖法地下工程的混凝土和防水层的保护层验收合格后，应及时回填，并应符合下列规定：

1 基坑内杂物应清理干净、无积水。

2 工程周围 800mm 以内宜采用灰土、粘土或亚粘土回填，其中不得含有石块、碎砖、灰渣、有机杂物以及冻土。

3 回填施工应均匀对称进行，并应分层夯实。人工夯实每层厚度不应大于 250mm，机械夯实每层厚度不应大于 300mm，并应采取保护措施；工程顶部回填土厚度超过 500mm 时，可采用机械回填碾压。

10.0.7 地下工程上的地面建筑物周围应做散水，宽度不宜小于 800mm，散水坡度宜为 5%。

10.0.8 地下工程建成后，其地面应进行整修，地质勘察和施工留下的探坑等应回填密实，不得积水。工程顶部不宜设置蓄水池或修建水渠。

附录 A 安全与环境保护

A.0.1 防水工程中不得采用现行国家标准《职业性接触毒物危害程度分级》GB 5044—8 中划分为Ⅲ级（中度危害）和Ⅲ级以上毒物的材料。

A.0.2 当配制和使用有毒材料时，现场必须采取通风措施，操作人员必须穿防护服、戴口罩、手套和防护眼镜，严禁毒性材料与皮肤接触和入口。

A.0.3 有毒材料和挥发性材料应密封贮存，妥善保管和处理，不得随意倾倒。

A.0.4 使用易燃材料时，应严禁烟火。

A.0.5 使用有毒材料时，作业人员应按规定享受劳保福利和营养补助，并应定期检查身体。

本规范用词说明

1 为便于在执行本规范条文时区别对待，对要求严格程度不同的用词说明如下：

1) 表示很严格，非这样做不可的用词：

正面词采用"必须"，反面词采用"严禁"。

2) 表示严格，在正常情况下均应这样做的用词：

正面词采用"应"，反面词采用"不应"或"不得"。

3）表示允许稍有选择，在条件许可时首先应这
样做的用词：

正面词采用"宜"，反面词采用"不宜"；

表示有选择，在一定条件下可以这样做的用

词，采用"可"。

2 本规范中指明应按其他有关标准、规范执行
的写法为"应符合……的规定"或"应按……
执行"。

中华人民共和国国家标准

地下工程防水技术规范

GB 50108—2008

条 文 说 明

前　言

《地下工程防水技术规范》GB 50108—2008 的修编，对参编单位和参编人员进行了调整，得到北京圣洁防水材料有限公司、深圳卓宝科技股份有限公司、广东科顺化工实业有限公司、成都赛特防水材料有限责任公司、格雷斯中国有限公司、捷高科技（苏州）有限公司、上海渗克防水材料有限公司、深圳港创建材股份有限公司的协助与支持。

为便于广大设计、施工、科研、学校等单位有关人员在使用规范时能正确理解和执行条文规定，《地下工程防水技术规范》编制组按章、节、条顺序编制了规范的条文说明，供使用者参考。在使用过程中如发现本条文说明有不妥之处，请将意见函寄总参工程兵科研三所（地址：河南洛阳市总参工程兵科研三所，邮政编码：471023）。

目　　次

1 总　则

1.0.1 地下工程由于深埋在地下，时刻受地下水的渗透作用，如防水问题处理不好，致使地下水渗漏到工程内部，将会带来一系列问题：影响人员在工程内正常的工作和生活；使工程内部装修和设备加快锈蚀。使用机械排除工程内部渗漏水，需要耗费大量能源和经费，而且大量的排水还可能引起地面和地面建筑物不均匀沉降和破坏等。另外，据有关资料记载，美国有 20％左右的地下室存在氡污染，而氡是通过地下水渗漏渗入到工程内部聚积在内表面的。我国地下工程内部氡污染的情况如何，尚未见到相关报道，但如地下工程存在渗漏水则会使氡污染的可能性增加。

为适应我国地下工程建设的需要，使新建、续建、改建的地下工程能合理正常地使用，充分发挥其经济效益、社会效益、战备效益，因此对地下工程的防水设计、施工内容做出相应规定是极为必要的。在防水设计和施工中，要贯彻质量第一的思想，把确保质量放在首位。

1.0.2 本规范适用于普遍性的、带有共性要求的新建、改建和续建的地下工程防水，包括：

　　1 工业与民用建筑地下工程，如医院、旅馆、商场、影剧院、洞库、电站、生产车间等；

　　2 市政地下工程，如城市共同沟、城市公路隧道、人行过街道、水工涵管等；

　　3 地下铁道，如城市地铁区间隧道、地下铁道车站等；

　　4 防护工程，为战时防护要求而修建的国防和人防工程，如指挥工程、人员掩蔽工程、疏散通道等；

　　5 铁路、公路隧道、山岭及水底隧道等。

1.0.3 防水原则既要考虑如何适应地下工程种类的多样性问题，也要考虑如何适应地下工程所处地域的复杂性的问题，同时还要使每个工程的防水设计者在符合总的原则的基础上可根据各自工程的特点有适当选择的自由。原规范提出的防水原则基本符合上述要求，从修编过程中征求的意见来看，使用单位对这一原则也是基本满意的。

规范从材性角度要求在地下工程防水中刚性防水材料和柔性防水材料结合使用。实际上目前地下工程不仅大量使用刚性防水材料，如结构主体采用防水混凝土，也大量使用柔性防水材料，如细部构造处的一些部位、主体结构加强防水层也采取柔性防水材料。因此地下工程防水方案设计时要结合工程使用情况和地质环境条件等因素综合考虑。

1.0.4 保护环境是我国的基本国策，考虑到地下工程防水施工中的噪音、材料、施工废弃物等会对周围生态环境造成不利影响，因此地下工程防水设计、施工时必须从选择施工方法、材料等方面事先考虑其对周围环境的影响程度，并有针对性地采取措施，使对周围生态环境的影响减至最小。

1.0.5 由于防水材料是保证地下工程防水质量的关键，因此，在推广应用新材料、新技术、新工艺时应优先采用经国家权威检测部门检验合格且具有一定生产规模和应用效果较好的产品。

3　地下工程防水设计

3.1　一般规定

3.1.1 地下工程种类繁多，其重要性和使用要求各有不同，有的工程对防水有特殊要求，有的工程在少量渗水情况下并不影响使用，在同一工程中其主要部位要求不渗水，但次要部位可允许有少量渗水。为避免过分要求高指标或片面降低防水标准，造成工程造价高或维修使用困难，因此地下工程防水应做到定级准确、方案可靠、经济合理。

3.1.2 地下工程的耐久性很大程度上取决于结构施工过程中的质量控制、质量保证以及使用过程中的维修与管理，为此建设部出版了《混凝土结构耐久性设计与施工指南》。该指南根据耐久性要求将结构设计使用年限分为 100 年、50 年、30 年三个等级，地下工程的设计寿命一般超过 50 年，因此本条增加了"应根据结构耐久性"做好防水方案的规定。

3.1.3 地下工程不仅受地下水、上层滞水、毛细管水等作用，也受地表水的作用，同时随着人们对水资源保护意识的加强，合理开发利用水资源的人为活动将会引起水文地质条件的改变，也会对地下工程造成影响，因此地下工程不能单纯以地下最高水位来确定工程防水标高。对单建式地下工程应采用全封闭、部分封闭的防排水设计（全封闭、部分封闭系指防水层的封闭程度）。对附建式的全地下或半地下工程的设防高度，应高出室外地坪高程 500mm 以上，确保地下工程的正常使用。

3.1.4 防水混凝土自防水结构作为工程主体的防水措施已普遍为地下工程界所接受，根据各地的意见，修编时将原规范中的"地下工程的钢筋混凝土结构应采用防水混凝土浇筑"改为"地下工程迎水面主体结构应采用防水混凝土浇筑"，其意思是地下工程除直接与地下水接触的围护结构采用防水混凝土浇筑外，内部隔墙可以不采用防水混凝土，如民用建筑地下室，其内隔墙可以不采用防水混凝土。

3.2　防水等级

3.2.1、3.2.2 原规范规定的防水等级划分为四级，经过五年来的使用，从防水工程界的反映来看基本上是符合实际、切实可行的。因此这次修编仍保留原防水等级的划分，但对二级防水等级标准进行了局部修改，理由如下：

1 二级防水等级标准是按湿渍来反映的，这是它合理的一面。与"工业与民用建筑……任意 $100m^2$ 防水面积的湿渍不超过 2 处，单个湿渍的最大面积不大于 $0.1m^2$"的规定是匹配的。理由是"任意 $100m^2$"是指包括建筑中渗水最集中区，因此与整个建筑总湿面积为总防水面积的 1/1000 绝不应对等，更何况以上的表述还意味着任意 $100m^2$ 防水面积的湿渍还小于建筑总湿面积的平均值。理论上讲，"任意 $100m^2$ 防水面积上的湿渍比例"应是"建筑总湿面积的比例的"2 倍。

2 关于隧道渗漏水量的比较和检测，国内外早已达成的共识是：规定单位面积的渗水量（或包括单位时间），如：渗水量 $L/(m^2 \cdot d)$、湿渍面积×湿渍数 $/100m^2$，这样就撇开了工程断面和长度，可比性强，也比较客观。

3 隧道工程还要求"平均渗水量不大于 $0.05L/(m^2 \cdot d)$，任意 $100m^2$ 防水面积上的渗水量不大于 $0.15L/(m^2 \cdot d)$"，基本是合理的。"整体"与"任意"的关系，与其他地下工程一样分别为 2~4 倍，考虑到隧道的总内表面积通常较大，故定为 3 倍。

4 考虑到国外的有关隧道等级标准（包括二级）都与渗水量挂钩〔$L/(m^2 \cdot d)$〕，目前国内设计上，防水等级为二级的隧道工程，尤其是圆形隧道或房屋建筑的地下建筑的渗水量的提法有所差别，即隧道工程已按国际惯例提出 $L/(m^2 \cdot d)$ 的指标，包括整体与局部，其倍数关系，应与湿迹一致，因此，这次修编时增补了这方面的内容。

在进行防水设计时，可根据表中规定的适用范围，结合工程的实际情况合理确定工程的防水等级。如办公用房属人员长期停留场所，档案库、文物库属少量湿迹会使物品变质、失效的贮物场所，配电间、地下铁道车站顶部属少量湿迹会严重影响设备正常运转和危及工程安全运营的场所或部位，指挥工程属极重要的战备工程，故都应定为一级；而一般生产车间属人员经常活动的场所，地下车库属有少量湿迹不会使物品变质、失效的场所，电气化隧道、地铁隧道、城市公路隧道、公路隧道侧墙属有少量湿迹基本不影响设备正常运转和工程安全运营的场所或部位，人员掩蔽工程属重要的战备工程，故应定为二级；城市地下公共管线沟属人员临时活动场所，战备交通隧道和疏散干道属一般战备工程，可定为三级。对于一个工程（特别是大型工程），因工程内部各部分的用途不同，其防水等级可以有所差别，设计时可根据表中适用范围的原则分别予以确定。但设计时要防止防水等级低的部位的渗漏水影响防水等级高的部位的情况。

3.3 防水设防要求

3.3.1 地下工程的防水可分为两部分，一是结构主体防水，二是细部构造特别是施工缝、变形缝、诱导缝、后浇带的防水。目前结构主体采用防水混凝土结构自防水其防水效果尚好，而细部构造，特别是施工缝、变形缝的渗漏水现象较多。针对目前存在的这种情况，明挖法施工时不同防水等级的地下工程防水方案分为四部分内容，即主体、施工缝、后浇带、变形缝（诱导缝）。对于结构主体，目前普遍应用的是防水混凝土自防水结构，当工程的防水等级为一级时，应再增设两道其他防水层，当工程的防水等级为二级时，可视工程所处的水文地质条件、环境条件、工程设计使用年限等不同情况，应再增设一道其他防水层。之所以做这样的规定，除了确保工程的防水要求外，还考虑到下面的因素：即混凝土材料过去人们一直认为是永久性材料，但通过长期实践，人们逐渐认识到混凝土在地下工程中会受地下水侵蚀，其耐久性会受到影响。现在我国地下水特别是浅层地下水受污染比较严重，而防水混凝土又不是绝对不透水的材料，据测定抗渗等级为 P8 的防水混凝土的渗透系数为 $(5\sim8)\times10^{-10}$ cm/s。所以地下水对地下工程的混凝土结构、钢筋的侵蚀破坏已是一个不容忽视的问题。防水等级为一、二级的工程，多是一些比较重要、投资较大、要求使用年限长的工程，为确保这些工程的使用寿命，单靠防水混凝土来抵抗地下水的侵蚀其效果是有限的，而防水混凝土和其他防水层结合使用则可较好地解决这一矛盾。对于施工缝、后浇带、变形缝，应根据不同防水等级选用不同的防水措施，防水等级越高，拟采用的措施越多，一方面是为了解决目前缝隙渗漏率高的状况，另一方面是由于缝的工程量相对于结构主体来说要小得多，采用多种措施也能做到精心施工，容易保证工程质量。暗挖法与明挖法不同处是工程内垂直施工缝多，其防水做法与水平施工缝有所区别。

这次修编在表 3.3.1-1 主体结构防水措施中增加了膨润土防水材料，施工缝防水措施中增加了预埋注浆管和水泥基渗透结晶型防水材料。之所以这样修改，是因为近年来膨润土防水材料在地下工程尤其是城市地铁、房建地下室防水中的应用实例越来越多，如北京地铁、南京地铁、成都地铁、上海金茂大厦等，取得了较好的防水效果和实践经验，并制定了行业标准《钠基膨润土防水毯》JG/T 193。预埋注浆管也是近年来处理施工缝渗漏水的新增措施。施工缝在使用过程中如果发生渗漏水，可通过预埋注浆管直接注浆。从应用实例来看，效果比较理想，因此增补了这方面的内容。水泥基渗透结晶型防水材料在施工缝中的应用也比较多，普遍反映防水效果较好。但值得注意的是二级及以上防水工程中单独采用水泥基渗透结晶型防水涂料防水要慎重对待。

调研过程中，设计、施工单位普遍反映遇水膨胀止水条在新建工程变形缝使用时，防水效果不明显，因此在变形缝防水措施中取消了"遇水膨胀止水条"，保留了原有的其他防水措施。

调研过程中，专家和施工单位反映，防水砂浆不能单独用于防水等级为一至二级的地下工程的主体防水，因为防水砂浆是刚性防水材料，一旦结构发生变形，砂浆防水层将随结构开裂而开裂，从而失去防水作用，因此应在主体结构防水措施中将防水砂浆删除。考虑到国内在地下工程防水中，基本上采用聚合物防水砂浆和掺外加剂、掺合料的防水砂浆，与普通砂浆相比，防水性能有较大提高，因此将"防水砂浆"这一措施保留。2006 年 11 月，建设部科技发展促进中心向全国推行了"FS₁₀₁、FS₁₀₂ 刚性防水技术"项目，这项成果是在掺 FS₁₀₁ 防水混凝土主体结构的基础上抹掺 FS₁₀₂ 的防水砂浆，近几年在北方地区多项地下工程防水中应用，取得了较好的防水效果。但在选用这项技术时要根据工程地质情况、工期要求综合考虑。

暗挖法地下工程主体结构包括复合式衬砌（叠合式）、离壁式（分离式）衬砌、贴壁式（复合式）衬砌、喷射混凝土衬砌和衬套等几种形式。原规范表 3.3.1-2 主体防水一栏中，是按衬砌结构形式来考虑防水措施的，容易产生误解，这次修编主体结构防水措施是按防水材料选用，一是与表 3.3.1-1 协调，二是便于操作，使设计者对防水措施一目了然。

在选用两表进行地下工程防水设计时，应符合"防、排、截、堵相结合，刚柔相济，因地制宜，综合治理"的原则，两种以上防水措施的复合使用，要根据结构特点、材料性能、施工可操作性进行有选择性的复合使用，达到有效互补、增强防水的目的。

此条只讲了明挖法和暗挖法施工的地下工程的不同防水等级的防水措施，采用其他施工方法施工的地下工程不同防水等级的防水措施拟结合其施工特点放在本规范第 8 章各节内叙述。

需要指出的是，由于我国南北地区环境条件差异较大，对干旱少雨和土壤渗透性较好的地区，在进行地下工程防水设计和防水材料选择时，可根据实际情况酌情考虑。

3.3.4 当地下工程长宽比较大时，工程结构的横向刚度较大，纵向刚度较小，如不适当加大结构的纵向刚度则结构容易开裂形成渗漏水通道。另外，由于工程较长，混凝土干燥收缩、温度变化收缩导致混凝土开裂的可能性也大大增加，因此设计时对以上两个方面要特别重视。当基坑支护结构（如地下连续墙）与各结构的内衬墙共同受力时，设计时应采取措施控制两者的不均匀沉降，以减少不均匀沉降对结构的不利影响；在结构设计时还可通过适当增加内衬墙的厚度、底板纵向梁的刚度来提高整个地下工程纵向刚度；对于防止干缩、温度引起混凝土开裂等问题，在设计时可采用合理设置诱导缝、后浇带、适当增加纵向构造钢筋等措施来解决。在防水材料选择时，要根据计算的结构变形量选用延伸率大的卷材、涂料等柔性防水材料。

4 地下工程混凝土结构主体防水

4.1 防水混凝土

I 一般规定

4.1.1 防水混凝土是通过调整配合比、掺加外加剂、掺合料等方法配制而成的一种混凝土，其抗渗等级是根据素混凝土试验室内试验测得，而地下工程结构主体中钢筋密布，对混凝土的抗渗性有不利影响，为确保地下工程结构主体的防水效果，故将地下工程结构主体的防水混凝土抗渗等级定为不小于 P6。

4.1.2 规定试配防水混凝土的抗渗压力应比设计要求高 0.2MPa，是因为混凝土抗渗压力是试验室得出的数值，而施工现场条件比试验室差，其影响混凝土抗渗性能的因素有些难以控制，因此抗渗等级应提高一个等级（0.2MPa）。

本条修编时在抗渗等级前面增加了"试配混凝土的"几个字，目的是明确抗渗等级提高一级是对试配混凝土的抗渗性试验而言的。

4.1.3 在建筑工程中，混凝土的配制一般是以抗压强度要求作为主要设计依据的，20 世纪 70 年代后期由于环境劣化，混凝土质量不良，导致工程事故时有发生，因此混凝土的耐久性、安全性问题引起了国内外的关注，对有耐久性要求的工程提出了混凝土以耐久性、可靠性作为主要的设计理念。地下工程所处的环境较复杂、恶劣，结构主体长期浸泡在水中或受到各种侵蚀介质的侵蚀以及冻融、干湿交替的作用，易使混凝土结构随着时间的推移，逐渐产生劣化，因此地下工程混凝土的防水性有时比强度更为重要。各种侵蚀介质对混凝土的破坏与混凝土自身的透水性和吸水性密切相关。故防水混凝土的配制首先应以满足抗渗等级要求作为主要设计依据，同时也应根据工程所处环境条件和工作条件需要，相应满足抗压、抗冻和耐腐蚀性要求。

II 设 计

4.1.4 防水混凝土抗渗等级选用表是参照各地工程实践经验制定的，通过几年来的应用，效果较好，这次修编，为与其他相关规范或标准协调，将防水混凝土抗渗等级表示方法由原来的"S"改为"P"，并增加了埋置深度的上下限值，便于设计时选用。

4.1.5 当防水混凝土用于具有一定温度的工作环境时，其抗渗性随着温度提高而降低，温度越高则降低越显著，当温度超过 250℃ 时，混凝土几乎失去抗渗能力（表 1），因此规定，最高使用温度不得超过 80℃。

这次修编将原来的"处于侵蚀性介质中防水混凝土的耐侵蚀系数，不应小于 0.8"，修改为"处于侵蚀性介质中防水混凝土的耐侵蚀要求应根据介质的性质按有关标准执行"。之所以这样修改，是因为地下工程的环境比较复杂，每个工程的水文地质条件不尽相同，侵蚀破坏途径也不一样，耐侵蚀系数也不好测试，因此，作了修改。

表 1 不同加热温度的防水混凝土抗渗性能表

加热温度（℃）	抗渗压力（MPa）
常温	1.8
100	1.1
150	0.8
200	0.7
250	0.6
300	0.4

4.1.6 目前地下工程中普遍采用预拌混凝土。对于预拌混凝土来说，很难配出低于 C15 的混凝土，根据调研搜集的这种情况，对此条不做修改。

4.1.7 本条说明如下：

1 关于防水混凝土衬砌厚度。防水混凝土能防水，除了混凝土致密、孔隙率小、开放性孔隙少以外，还需要一定的厚度，这样就使地下水从混凝土中渗透的距离增大，也就是阻水截面加大，当混凝土内部的阻力大于外部水压力时，地下水就只能渗透到混凝土中一定距离而停下来，因此防水混凝土结构必须有一定厚度才能抵抗地下水的渗透。考虑到现场施工的不利因素及钢筋混凝土中钢筋的引水作用，把防水混凝土衬砌的最小厚度定为 250mm，通过这几年的使用来看，防水效果明显，这次修编予以保留。

2 关于防水混凝土裂缝宽度。一般钢筋混凝土工程，都是以混凝土裂缝宽度 0.2mm 进行设计的，在地下工程中宽度小于 0.2mm 的裂缝多数可以自行愈合，所以规定裂缝宽度不得大于 0.2mm，并不得贯通。

3 关于钢筋混凝土保护层厚度。我国地下工程建设正在持续不断地发展，由于地下工程所处环境的复杂多变所引发材料性能的劣化，影响结构安全性与适用性的现象日益突出，此外，有关单位还提出了工程结构须满足 50～100 年的安全使用年限要求，因此，在修改规范时，对钢筋保护层厚度慎重地进行了审核。

钢筋保护层的厚度对提高混凝土结构的耐久性、抗渗性极为重要。据有关资料介绍，一般氯盐或碳化从混凝土表面扩散到钢筋表面引起钢筋锈蚀的时间与

混凝土保护层厚度的平方成正比。当保护层厚度分别为 40mm、30mm、20mm 时，钢筋产生移位或保护层厚度发生负偏差时，5mm 的误差就能使钢筋锈蚀的时间分别缩短 24%、30%、44%，由此可见保护层越薄其受到的损害越大，因此保护层必须具有足够的厚度。此外，国内外有关标准，均对混凝土结构的钢筋保护层作了明确的规定，内容如下：

1）英国混凝土结构设计规范 BS 8110 规定，设计寿命为 60 年的工程 C40 混凝土要求钢筋保护层厚度不小于 40mm。

2）美国 ACI 规范中规定，钢筋直径大于 16mm 时保护层的厚度应为 50mm。

3）日本建筑学会有关标准中规定，室外的承重墙保护层厚度为 50mm，室内为 40mm。该学会 2003 年出版的钢筋混凝土建筑物设计施工指南中对使用寿命为 30 年的楼板、屋面板、非承重墙主筋最小保护层厚度分别为室内 30mm 和室外 40mm。使用年限为 100 年的工程，楼板、屋面板、非承重墙室内为 40mm，室外为 50mm；梁、柱和承重墙室内为 50mm，室外为 60mm。对与水接触的承重梁、柱与挡土墙无年限要求，保护层厚度分别为 50mm 和 70mm。

4）我国《混凝土结构耐久性规范》GB 50010—2002 规定，基础中纵向钢筋保护层厚度（钢筋外边缘至混凝土表面距离）不应小于 40mm。此外还应考虑施工负误差 Δ 之和（现浇构件 Δ 取 5～10mm）及箍筋与主筋应具有同样厚度的保护层要求，故最终保护层厚度约为 50mm 左右。

钢筋保护层厚度对提高混凝土结构耐久性和抗渗性极为重要，为与国内外有关规范协调一致，并与国际标准接轨，规范规定的迎水面钢筋保护层厚度不应小于 50mm 是适宜的。

在海水环境或其他腐蚀介质环境中，可参照有关规范规定适当提高混凝土的保护层厚度。

钢筋保护层厚度的确定，除在结构上应保证钢筋与混凝土共同作用外，在耐久性方面还应有效地保护钢筋，使其在设计使用年限内，不因自然因素的影响而出现钢筋锈蚀的现象。

Ⅲ 材 料

4.1.8 本条作了两处修改，一是取消了"水泥的强度等级不应低于 32.5MPa"的规定，二是规定防水混凝土只采用普通硅酸盐水泥和硅酸盐水泥，取消了其他品种的水泥。

关于防水混凝土水泥品种的选用，原规范规定，在不受侵蚀介质作用时，宜采用硅酸盐水泥、普通硅酸盐水泥、火山灰质硅酸盐水泥、粉煤灰硅酸盐水泥、矿渣硅酸盐水泥五个品种，这次修为"水泥品种宜采用硅酸盐水泥、普通硅酸盐水泥，使用其他品种水泥时应经试验确定"。这是因为硅酸盐水泥无任

何矿物混合料，普通硅酸盐水泥掺有 5%～15% 的掺合料，而其他三个品种的水泥生产时均掺有大量的矿物掺合料取代等量的硅酸盐熟料，如，矿渣硅酸盐水泥允许掺有 20%～70% 的粒化高炉矿渣粉，火山灰质硅酸盐水泥掺有 20%～50% 的火山灰质材料；粉煤灰硅酸盐水泥掺有 20%～40% 的粉煤灰。由于所掺入的矿物掺合料品种、质量、数量的不同，生产出的水泥性能有很大差异。近年来一般工程特别是防水工程，混凝土主要采用硅酸盐水泥或普通硅酸盐水泥，掺入矿物掺合料进行配制，工程中已很少采用火山灰硅酸盐、矿渣硅酸盐和粉煤灰硅酸盐等水泥，故采用上述三种水泥时，应通过试验确定其配合比，以确保防水混凝土的质量。

在受侵蚀性介质或冻融作用时，可以根据侵蚀介质的不同，选择相应的水泥品种或矿物掺合料。

4.1.9 矿物掺合料品种很多，但用于配制防水混凝土的矿物掺合料主要是粉煤灰、硅粉及粒化高炉矿渣粉。掺合料的品质对防水混凝土性能影响较大，掺量必须严格控制。

粉煤灰可以有效地改善混凝土的抗化学侵蚀性（如氯化物侵蚀、碱-骨料反应、硫酸盐侵蚀等）其最佳掺量一般在 20% 以上，但掺粉煤灰后混凝土的强度发展较慢，故掺量不宜过多，以 20%～30% 为宜。另外粉煤灰对水胶比非常敏感，在低水胶比（0.40～0.45）时，粉煤灰的作用才能发挥得较充分。

掺入硅粉可明显提高混凝土强度及抗化学腐蚀性，但随着硅粉掺量的增加其需水量随之增加，混凝土的收缩也明显加大，当掺量大于 8% 时强度会降低，因此硅灰掺量不宜过高，以 2%～5% 为宜。

4.1.10 本条说明如下：

1　关于骨料粒径。混凝土孔隙大小，对其本身的抗渗性能的影响是显著的。混凝土的空隙可分为施工孔隙和构造孔隙两大类。构造孔隙是由于配比问题引起的，它主要包括胶孔、毛细孔和沉降缝隙等。沉降缝隙是在混凝土结构形成时，骨料与水泥因各自的比重和粒径大小不一致，在重力作用下，产生不同程度的相对沉降所引起的。混凝土浇灌后，粗骨料沉降较快，并较早地固定下来，而水泥砂浆则在粗骨料间继续沉降，水被析出，其中一部分沿着毛细管通道析出至混凝土表面，另一部分则聚集在粗骨料下表面形成积水层。水蒸发后形成沉降缝隙，粗骨料粒径越大，则这种沉降越大，也就越不利于防水。

在混凝土硬化过程中，石子不收缩，石子周围的水泥浆则收缩，两者变形不一致。石子越大，周长越大，与砂浆收缩的差值越大，使砂浆与石子间产生微细裂缝。这些缝隙的存在使混凝土的有效阻水截面显著减少，压力水容易透过。因此，防水混凝土的石子粒径不宜过大，以不超过 40mm 为宜。

泵送防水混凝土的石子最大粒径应根据输送管的

管径决定，其石子最大粒径不应大于管径的 1/4，否则将影响泵送。

2　由于防水混凝土水泥用量相对较高，使用粉细砂更易产生裂缝，因此应优先选用中砂。

3　砂、石子含泥量对混凝土抗渗性影响很大，粘土降低水泥与骨料的粘结力，尤其是颗粒粘土，体积不稳定，干燥时收缩，潮湿时膨胀，对混凝土有很大的破坏作用。因此防水混凝土施工时，对骨料含泥量应严格控制。

与原规范相比，本条增加了"不宜使用海砂"的规定，这是因为海砂含有氯离子（Cl^-），会对混凝土产生破坏，在没有河沙的条件时，对海砂进行处理后才能使用。

4.1.12 掺外加剂是提高防水混凝土的密实性的手段之一，根据目前工程中应用外加剂种类的情况，新增了渗透结晶型外加剂的内容。另外根据国产外加剂质量情况，增加了对外加剂质量指标的要求。

4.1.13 防水混凝土要起到防水作用，除混凝土本身具有较高的密实性、抗渗性以外，还要求混凝土施工完后不开裂，特别是不能产生贯穿性裂缝。为了防止或减少混凝土裂缝的产生，在配制混凝土时加入一定量的钢纤维或合成纤维，可有效提高混凝土的抗裂性，近年来的工程实践已证明了这一点。可用于防水混凝土的纤维种类很多，掺加纤维后混凝土的成本相应提高，故条文中增加了"所用纤维的品种及掺量应通过试验确定"这一使用条件。

4.1.14 本条在原条文控制总碱量的基础上又增加了对 Cl^- 含量的控制要求。

碱骨料反应引起混凝土破坏已成为一个世界性普遍存在的问题。由于地下工程长期受地下水、地表水的作用，如果混凝土中水泥和外加剂中含碱量高，遇到混凝土中的集料具有碱活性时，即有引起碱骨料反应的危险，因此在地下工程中应对所用的水泥和外加剂的含碱量有所控制，以避免碱骨料反应的发生。国内外对混凝土中含碱量的规定各不相同，英国规定混凝土每立方米含碱量不超过 3kg，对不重要工程可放宽至 4.5kg；南非一些国家认为混凝土每立方米含碱量小于 1.8kg 时较安全，1.8～3.8kg 时为可疑危害，大于 3.8kg 时为有害；北京市建委于 1995 年 3 月 1 日规定：对于应用于桥梁、地下铁道、人防、自来水厂大型水池、承压输水管、水坝、深基础、桩基等外露或地下结构以及经常处于潮湿环境的建筑结构工程（包括构筑物）必须选用低碱外加剂，每立方米混凝土含碱量不得超过 1kg。根据以上资料，规范建议每立方米防水混凝土中各类材料的总碱量（Na_2O 当量）不得大于 3kg。

Cl^- 含量高会导致混凝土中的钢筋锈蚀，是影响结构耐久性的主要危害之一，应给予足够的重视。为了减少氯盐的危害，在配制防水混凝土时，首先应严格控制混凝土各种原材料（水泥、矿物掺合料、骨料、拌合水和外加剂等）中的 Cl⁻ 含量。

当 Cl⁻ 在混凝土内达到一定浓度时，钢筋才会发生锈蚀，此时的浓度称为临界浓度。许多国家的有关标准对混凝土中的 Cl⁻ 含量均有不同限量规定，具体量值也不完全一致。

美国 ACI 混凝土结构设计规范规定处于海水等氯盐环境下的混凝土，Cl⁻ 含量不应超过 0.15%。

日本土木学会编制的规范中规定，对耐久性要求较高的钢筋混凝土，Cl⁻ 含量不超过 $0.3kg/m^3$，一般钢筋混凝土 Cl⁻ 含量不超过 $0.6kg/m^3$。若按每立方米混凝土采用 400kg 胶凝材料计算，$0.3kg/m^3$ Cl⁻ 含量约占胶凝材料的 0.15% 左右。与美国规定大致相同。

国内《混凝土结构耐久性设计与施工指南》中限定混凝土原材料（水泥、矿物掺合料、集料、外加剂、拌合水等）中引入的氯离子总量，应不超过胶凝材料重量的 0.1%。

引发钢筋锈蚀的 Cl⁻ 临界浓度变化很大（约在 0.10%～2.5% 之间），对混凝土的影响与混凝土自身的质量、配比、保护层厚度，环境条件等因素有关，很难准确地提出一个统一的限值。在参照国内外有关资料的基础上，结合地下工程的特点，提出 Cl⁻ 含量不应超过胶凝材料总量的 0.1% 的规定。

Ⅳ 施 工

4.1.15 防水混凝土施工前及时排除基坑内的积水十分重要，施工过程还应保证基坑处于无水状态。

大气降雨、地面水的流入以及施工用水的积存都将影响防水混凝土拌合物的配比，增大其坍落度，延长凝结硬化时间，直接影响混凝土的密实性、抗渗性和抗压强度。

4.1.16 本条有较大修改，在混凝土配制的理念及材料组成上均与原规范有较大不同，引用了当前普遍采用的胶凝材料的概念。

混凝土的配制一直是以 28d 抗压强度作为衡量其质量的主要指标，并片面认为只有极具活性的水泥才能赋予混凝土足够的强度，常常以增加水泥用量或提高水泥强度等级作为获得理想强度的手段，却忽略了由于水泥产生大量的水化热使混凝土开裂，耐久性降低的弊病。

随着混凝土技术的发展，现代混凝土的设计理念也在更新，尽可能减少硅酸盐水泥用量而掺入一定量且具有活性的粉煤灰、粒化高炉矿渣、硅灰等矿物掺合料，使混凝土在获得所需抗压强度的同时，能获得良好的耐久性、抗渗性、抗化学侵蚀性、抗裂性等技术性能，并可降低成本，获得明显的经济效益。但水泥用量也不能过低，经大量试验研究和工程实践，配制防水混凝土时水泥用量不应小于 $260kg/m^3$ 和胶凝材料的总用量不宜小于 $320kg/m^3$，当地下水有侵蚀

性介质和对耐久性有较高要求时，水泥和胶凝材料用量可适当调整。

随着混凝土技术的发展，为了适应混凝土性能的要求，包括防水混凝土在内的混凝土原材料组成也在发生变化。作为胶凝材料的主角——水泥固然仍占主导地位，但其他胶凝材料（粉煤灰、矿渣粉、硅粉等）的用量正在大幅提升，其用量约占混凝土全部胶凝材料的 25%～35%，甚至更多。

水泥以外的其他胶凝材料，它们均具有不同程度的活性，对改善混凝土性能起着重要作用。胶凝材料活性的激发，同样要依赖其与水的结合反应，因此必须有足够的水分才能使混凝土充分水化。

基于以上原因，修编后的规范条文中，以胶凝材料的用量取代传统的水泥用量，并以水胶比（即水与胶凝材料之比）取代传统的水灰比，并提出水胶比不得大于 0.5 的要求。

4.1.22 针对施工中遇到坍落度不满足施工要求时有随意加水的现象，本条做了严禁直接加水的规定。因随意加水将改变原有规定的水灰比，而水灰比的增大将不仅影响混凝土的强度，而且对混凝土的抗渗性影响极大，将会造成渗漏水的隐患。

4.1.25 用于施工缝的防水措施有很多种，如外贴止水带、外贴防水卷材、外涂防水涂料等，虽造价高，但防水效果好。施工缝上敷设腻子型遇水膨胀止水条或遇水膨胀橡胶止水条的做法也较为普遍，且随着缓胀问题的解决，此法的效果会更好。中埋式止水带用于施工缝的防水效果一直不错，中埋式止水带从材质上看，有钢板和橡胶两种，从防水角度上这两种材料均可使用。防护工程中，宜采用钢板止水带，以确保工程的防护效果。目前预埋注浆管用于施工缝的防水做法应用较多，防水效果明显，故这次修改将其列入，但采用此种方法时要注意注浆时机，一般在混凝土浇灌 28d 后、结构装饰施工前注浆或使用过程中施工缝出现漏水时注浆更好。

4.1.26 施工缝的防水质量除了与选用的构造措施有关外，还与施工质量有很大的关系，本条根据各地的实践经验，对原条文进行了修改。

1 水平施工缝防水措施中增加了涂刷水泥基渗透结晶型防水涂料的内容，做法是在混凝土终凝后（一般来说，夏季在混凝土浇筑后 24h，冬季则在 36～48h，具体视气温、混凝土强度等级而定，气温高、混凝土强度等级高者可短些），立即用钢丝刷将表面浮浆刷除，边刷边用水冲洗干净，并保持湿润，然后涂刷水泥基渗透结晶型防水涂料或界面处理剂，目的是使新老混凝土结合得更好。如不先铺水泥砂浆层或铺的厚度不够，将会出现工程界俗称的"烂根"现象，极易造成施工缝的渗漏水。还应注意铺水泥砂浆层或刷界面处理剂、水泥基渗透结晶型防水涂料后，应及时浇筑混凝土，若时间间隔过久，水泥砂浆

已凝固，则起不到使新老混凝土紧密结合的作用，仍会留下渗漏水的隐患。

施工缝凿毛也是增强新老混凝土结合力的有效方法，但在垂直施工缝中凿毛作业难度较大，不宜提倡。

本条规定的施工缝防水措施，对于具体工程而言，并不是所列的方法都采用，而是根据具体情况灵活掌握，如采用水泥基渗透结晶型防水涂料，就不一定采用界面处理剂，但水泥砂浆是要采用的，这是保证新老混凝土结合的主要措施。

2 遇水膨胀止水条（胶），国内常用的有腻子型和制品型两种。腻子型止水条必须具有一定柔软性，与混凝土基面结合紧密，在完全包裹的状态下使用才能更好地发挥作用，达到理想的止水效果。工程实践和试验证明，腻子型止水条的硬度（用C型微孔材料硬度计测试）小于40度（相当邵氏硬度10度左右）时，其柔软度方符合工程使用要求，如硬度过大，安装时与混凝土基面很难粘贴，浇注混凝土后止水条与混凝土界面间留下缝隙造成渗水隐患。

关于遇水膨胀止水条的缓胀性，目前有两种解决方法，一是采用自身具有缓胀性的橡胶制作，二是在遇水膨胀止水条表面涂缓胀剂。在选用遇水膨胀止水条时，可将21d的膨胀率视为最终膨胀率。

在完全包裹约束状态的（施工缝、后浇带、穿墙管等）部位，可使用腻子型的遇水膨胀止水条，腻子型的遇水膨胀止水条在水温23℃±2℃和蒸馏水中测得的技术性能如表2所示。

表2 腻子型遇水膨胀止水条技术性能

项　　目	技术指标
硬度（C型微孔材料硬度计）	≤40度
7d膨胀率	≤最终膨胀率的60%
最终膨胀率（21d）	≥220%
耐热性（80℃×2h）	无流淌
低温柔性（－20℃×2h，绕φ10圆棒）	无裂纹
耐水性（浸泡15h）	整体膨胀无碎块

目前，国内应用较多的遇水膨胀止水条（胶）产品，其膨胀率大多在200%左右。

3 中埋式止水带只有位置埋设准确、固定牢固才能起到止水作用。

4.1.27 大体积混凝土与普通混凝土的区别表面上看是厚度不同，但实质的区别是大体积混凝土内部的热量不如表面的热量散失得快，容易造成内外温差过大，所产生的温度应力使混凝土开裂。因此判断是否属于大体积混凝土既要考虑混凝土的浇筑厚度，又要考虑水泥品种、强度等级、每立方米水泥用量等因素，比较准确的方法是通过计算水泥水化热所引起的

混凝土的温升值与环境温度的差值大小来判别。一般来说，当其差值小于25℃时，所产生的温度应力将会小于混凝土本身的抗拉强度，不会造成混凝土的开裂，当差值大于25℃时，所产生的温度应力有可能大于混凝土本身的抗拉强度，造成混凝土的开裂，此时就可判定该混凝土属大体积混凝土，并应按条文中规定的措施进行施工，以确保混凝土不开裂。

通过水泥水化热来计算温升值比较麻烦，《工程结构裂缝控制》（王铁梦著）中根据最近几年来的现场实测降温曲线及实测数据，经统计整理水化热温升值，可直接应用于相类似的工程。

表3中的数据是在下列试验条件下获得的，供设计施工单位参考。①水泥品种：矿渣水泥；②水泥强度等级：42.5MPa；③水泥用量：275kg/m³；④模板：钢模板；⑤养护条件：两层草包保温养护。

当使用其他品种水泥、强度等级、模板、水泥用量有变化时，应将表3中的数值乘以修正系数：

$$T_{max} = T \cdot k_1 \cdot k_2 \cdot k_3 \cdot k_4 \qquad (1)$$

各修正系数的值见表4。

表3 混凝土结构物水化热温升值（T）

壁厚(m)	温升 T(℃)	夏季（气温32～38℃）		壁厚(m)	温升 T(℃)	冬季（气温－5～3℃）	
		入模温度(℃)	最高温度(℃)			入模温度(℃)	最高温度(℃)
0.5	6	30～35	36～41	0.5	5	10～15	15～20
1.0	10	30～35	40～45	1.0	9	10～15	19～24
2.0	20	30～35	50～55	2.0	18	10～15	28～33
3.0	30	30～35	60～65	3.0	27	10～15	37～42
4.0	40	30～35	70～75	4.0	36	10～15	46～51

表4 修正系数

水泥强度等级修正系数 k_1	水泥品种修正系数 k_2	水泥用量修正系数 k_3	模板修正系数 k_4
32.5MPa 1.00 42.5MPa 1.13	矿渣水泥 1.00 普通硅酸盐水泥 1.20	$k_3 = w/275$ w 为实际水泥用量(kg/m³)	钢模板 1.0 木模板 1.4 其他保温模板 1.4

表4中如遇有中间状态可用插入法确定。

现举例说明表3、表4两表的具体用法。某工程混凝土厚度2m，采用强度等级为42.5MPa的普通硅酸盐525号水泥，水泥用量360kg/m³，木模板，夏季施工，试计算最高温升。

$$\begin{aligned} T_{max} &= T \cdot k_1 \cdot k_2 \cdot k_3 \cdot k_4 \\ &= 20 \times 1.13 \times 1.2 \times 360/275 \times 1.4 \\ &= 49.7℃ \end{aligned}$$

夏季入模温度为32.5℃，则混凝土的最高温度可达49.7℃＋32.5℃＝82.2℃。而有一类似工程的实测温度记录为80℃，故以上两表直接用于相似的工程中，是比较切合实际的。

根据各地大体积混凝土施工的经验，增补了大体

积混凝土施工时防止裂缝产生的有关技术措施。大体积混凝土施工时，一是要尽量减少水泥水化热，推迟放热高峰出现的时间，如采用60d龄期的混凝土强度作为设计强度（此点必须征得设计单位的同意），以降低水泥用量，掺粉煤灰可替代部分水泥，既可降低水泥用量，且由于粉煤灰的水化反应较慢，可推迟放热高峰的出现时间；掺外加剂也可减少水泥、水的用量，推迟放热高峰出现的时间；夏季施工时采用冰水拌合、砂石料场遮阳等措施可降低混凝土的出机和入模温度。以上这些措施可减少混凝土硬化过程中的温度应力值。二是进行保温保湿养护，使混凝土硬化过程中产生的温差应力小于混凝土本身的抗拉强度，从而可避免混凝土产生贯穿性的有害裂缝。

大体积混凝土开裂主要是水泥水化热使混凝土温度升高引起的，采取掺加矿物掺合料或采用水化热低的水泥等措施控制混凝土温度升高和温度变化速度在一定范围内，就可以避免出现裂缝。低热或中热水泥，因产量满足不了所有大体积混凝土工程的需求，故在水利工程大坝工程等用的较多，而一般工业民用建筑工程大多采用掺加粉煤灰、磨细矿渣粉等矿物掺合料的措施，可获得很好的效果。

4.1.28 在采用螺栓加堵头的方法时，人们创造出一种工具式螺栓，可简化施工操作并可反复使用，因此重点介绍了这种构造做法。

4.1.29 防水混凝土的养护是至关重要的。在浇筑后，如混凝土养护不及时，混凝土内部的水分将迅速蒸发，使水泥水化不完全。而水分蒸发会造成毛细管网彼此连通，形成渗水通道，同时混凝土收缩增大，出现龟裂，抗渗性急剧下降，甚至完全丧失抗渗能力。若养护及时，防水混凝土在潮湿的环境中或水中硬化，能使混凝土内的游离水分蒸发缓慢，水泥水化充分，水泥水化生成物堵塞毛细孔隙，因而形成不连通的毛细孔，提高混凝土的抗渗性。表5给出了不同养护龄期的混凝土的抗渗性能，供参考。

表5 不同养护龄期的混凝土抗渗性能

养护方式	雾室养护			备注
龄期（d）	7	14	23	水灰比为0.5，砂率为35%
坍落度（cm）	7.1	7.1	7.1	
抗渗压力（MPa）	1.1	>3.5	>3.5	

4.1.30 地下工程进行冬期施工时，必须采取一定的技术措施。因为混凝土温度在4℃时，强度增长速度仅为15℃时的1/2。当混凝土温度降到-4℃时，水泥水化作用停止，混凝土强度也停止增长。水冻结后，体积膨胀8%～9%，使混凝土内部产生很大的冻胀应力。如果此时混凝土的强度较低，就会被冻裂，使混凝土内部结构破坏，造成强度、抗渗性显著下降。

冬期施工措施，既要便于施工、成本低，又要保证混凝土质量，具体应根据施工现场条件选择。

化学外加剂主要是防冻剂。在混凝土拌合物拌合用水中加入防冻剂能降低水溶液的冰点，保证混凝土在低温或负温下硬化。如掺亚硝酸钠-三乙醇胺防冻剂的防水混凝土，可在外界温度不低于-10℃的条件下硬化。但由于防冻剂的掺入会使溶液的导电能力倍增，故此不得在高压电源和大型直流电源的工程中应用。在施工时，还要适当延长混凝土的搅拌时间，混凝土入模温度应为正温，振捣要密实，并要注意早期养护。

暖棚法是采取暖棚加温，使混凝土在正温下硬化，当建筑物体积不大或混凝土工程量集中的工程，宜采用此法。暖棚法施工时，暖棚内可以采用蒸汽管片或低压电阻片加热，使暖棚保持在5℃以上，混凝土入模温度也应为正温。在室外平均气温为-15℃以下的结构，应优先采用蓄热法。采用蓄热法需经热工计算，根据每立方米混凝土从浇筑完毕的温度降到0℃的过程中，透过模板及覆盖的保温材料所放出的热量与混凝土所含的热量及水泥在此期间所放出的水化热之和相平衡，与此同时混凝土的强度也正好达到临界强度。当利用水泥水化热不能满足热量平衡时，可采用原材料加热法（分别加热水、砂、石）或增加保温材料的热阻。

蒸汽加热法和电加热法，由于易使混凝土局部热量集中，故不宜在防水混凝土冬期施工中使用。

4.2 水泥砂浆防水层

Ⅰ 一般规定

4.2.1 根据目前国内外刚性防水材料发展趋势及近10年来国内防水工程实践的情况，掺外加剂、防水剂、掺合料的防水砂浆和聚合物水泥防水砂浆的应用越来越多，由于普通水泥砂浆操作程序较多，在地下工程防水中的应用相应减少，所以这次修编中，取消了有关普通防水砂浆的条文。

Ⅱ 设计

4.2.5 根据防水砂浆的特性及目前应用的实际情况，对砂浆防水层的厚度进行了规定，对掺外加剂、防水剂和掺合料的水泥砂浆防水层，其厚度定为18～20mm，对聚合物水泥砂浆防水层单层使用厚度为6～8mm，双层使用厚度为10～12mm。

Ⅲ 材料

4.2.7 在砂浆中掺用聚合物进行改性的做法越来越普遍，所以有必要列出对聚合物乳液和外加剂的主要技术要求。目前使用的聚合物种类较多，在地下工程中常用的聚合物有：乙烯-醋酸乙烯共聚物、聚丙烯酸酯、有机硅、丁苯胶乳、氯丁胶乳等。

4.2.8 由于取消了普通水泥砂浆防水层，只保留了掺外加剂、掺合料防水砂浆和聚合物水泥防水砂浆，因此本条修改为"防水砂浆的性能应符合表 4.2.8"的规定，表中数据结合地下工程的特点和有关新的材料标准（如《聚合物水泥、渗透结晶型防水材料应用技术规程 CECS 195：2006》）进行了修改。

目前掺各种外加剂、掺合料、聚合物的防水砂浆品种繁多，给设计、施工单位选用这些材料带来一定的困难，但规范中又不可能一一列出。为便于设计、施工单位选用，根据地下工程防水的要求，列出选用这些材料所配制的防水砂浆应满足的主要技术性能指标要求。凡符合这些指标要求的材料，设计和施工单位方可使用。

Ⅳ 施　工

4.2.17 本条规定了聚合物水泥砂浆应采用干湿交替养护的方法。聚合物水泥砂浆早期（硬化后 7d 内）采用潮湿养护的目的是为了使水泥充分水化而获得一定的强度，后期采用自然养护的目的是使胶乳在干燥状态下使水分尽快挥发而固化形成连续的防水膜，赋予聚合物水泥砂浆良好的防水性能。

4.3　卷材防水层

Ⅰ 一般规定

4.3.1　本条明确提出卷材防水层的适用范围，这是根据地下工程所处特定环境需要和卷材性能提出的。

与原规范相比，本条增加了"卷材防水层宜用于经常处在地下水环境"这句话，更具针对性，亦指处于干旱少雨地区或在地下水位以上的工程，可以采取其他防水措施。

4.3.2　本条提出卷材防水层应铺设在结构迎水面的基面上，其作用有三：一是保护结构不受侵蚀性介质侵蚀，二是防止外部压力水渗入到结构内部引起锈蚀钢筋，三是克服卷材与混凝土基面的粘结力小的缺点。

4.3.3　在渗漏治理工程中，经常遇到有些工程地下室的卷材防水层只铺设外墙，底板部位不做，防水层不交圈，导致产生渗漏水。因此本条强调：

1　附建式地下室采用卷材防水层时，卷材应从结构底板垫层连续铺设至外墙顶部防水设防高度的基面上。

2　外墙顶部的防水设防高度，应符合规范第 3.1.3 条的规定，即高出室外地坪高程 500mm 以上。

3　单建式地下室的卷材防水层应铺设至顶板的表面，在外围形成封闭的防水层。

Ⅱ 设　计

4.3.4　本条较原规范进一步明确：采用卷材防水层应根据哪些原则选择防水卷材和适宜的卷材层数。

4.3.5　通过近 10 年来政府建设行政主管部门制订的防水材料发展技术政策和总结地下工程卷材防水的设计和施工经验，本条归纳了在地下工程广泛采用的高

聚物改性沥青类防水卷材和合成高分子类防水卷材的主要品种，便于设计时按规范第 4.3.4 条的原则选用。表 4.3.5 列出的卷材为推荐品种。根据地下工程防水施工技术，可选用的其他类别防水卷材有："带有自粘层的防水卷材"和"预铺/湿铺防水卷材"。这次修订中取消了塑性体（APP）改性沥青防水卷材，这是因为塑性体（APP）改性沥青防水卷材的主要特性表现在耐热度较高等方面，更适合在屋面工程防水中使用。

4.3.6　卷材防水层必须具有足够的厚度，才能保证防水的可靠性和耐久性。地下防水工程对卷材厚度的要求是根据卷材的原材料性质、生产工艺、物理性能与使用环境等因素决定的。本条列表中，按卷材品种和使用卷材的层数，分别给出了卷材的最小厚度要求，供设计卷材防水层时选用。

按照此表选择卷材防水层的厚度时要注意以下问题：

1　弹性体（SBS）改性沥青防水卷材单层使用时，应选用聚酯毡胎，不宜选用玻纤胎；双层使用时，必须有一层聚酯毡胎。

2　《中华人民共和国建设部公告》第 218 号规定："聚乙烯膜厚度在 0.5mm 以下的聚乙烯丙纶复合防水卷材，不得用于房屋建筑的屋面工程和地下防水工程"。因此，本条对聚乙烯丙纶复合防水卷材的聚乙烯膜芯材的厚度进行了规定。

3　高分子自粘胶膜防水卷材厚度宜采用 1.2mm 的品种，在地下防水工程中应用时，一般采用单层铺设。

4　自粘类防水卷材现执行的是国家现行标准《自粘聚合物改性沥青聚酯胎防水卷材》JC 898 和国家现行标准《自粘橡胶沥青防水卷材》JC 840，目前这两个标准正在修订，将合并统一命名为"自粘聚合物改性沥青防水卷材"，分为聚酯毡胎体、无胎体两类，届时可按新的材料标准执行。

4.3.7　由于卷材质量的提高，适当放宽增贴加强层的数量与宽度，改为加强层可铺设一层，宽度为 300～500mm。

Ⅲ 材　料

4.3.8、4.3.9　由于防水卷材产品标准的某些技术指标不能满足地下工程的需要，考虑到地下工程使用年限长，质量要求高，工程渗漏维修无法更换材料等特点，故规范除列出两大类可供选用的卷材品种外，并以其产品标准为基础，结合地下工程的特点和需要，经研究比较，制订出适应于地下工程要求的防水卷材物理性能，分别列于表 4.3.8、4.3.9 中。设计选用和对卷材进行质量检验时均应按两表的要求执行。

在制定两表防水卷材物理性能指标时，参考了下列标准：

弹性体改性沥青防水卷材 GB 18242；

改性沥青聚乙烯胎防水卷材 GB 18967；

自粘聚合物改性沥青聚酯胎防水卷材 JC 898；

自粘橡胶沥青防水卷材 JC 840；

三元乙丙橡胶防水卷材 GB 18173.1（代号 JL₁）；

聚氯乙烯防水卷材 GB 12952；

聚乙烯丙纶复合防水卷材 GB 18173.1（代号 FS₂）；

高分子自粘胶膜防水卷材 GB 18173.1（代号 FS₂）。

在市场推出的产品中，有些品种是新产品，与传统的防水材料及施工技术有很大不同，因此选用这些材料应根据工程特点和施工条件而定。现对这些防水卷材的特性表述如下：

1 自粘改性沥青类防水卷材。

1）"自粘聚合物改性沥青聚酯胎防水卷材"，是"弹性体改性沥青防水卷材"的延伸产品，因卷材的沥青涂盖料具有自粘性能，故称本体自粘卷材，其特点是采用冷粘法施工。

2）自粘橡胶沥青防水卷材是一种以 SBS 等弹性体和沥青为基料，无胎体，以树脂膜为上表面材料或无膜（双面自粘），采用防粘隔离层的卷材，厚度以选择 1.5mm 或 2.0mm 为宜。这种卷材具有良好的接缝不透水性、低温柔性、延伸性、自愈性、粘结性，以及冷粘法施工等特点。

3）"带自粘层的防水卷材"系近年来国内研发的新产品，是一类在高聚物改性沥青防水卷材、合成高分子防水卷材的表面涂有一层自粘橡胶沥青胶料，或在胎体两面涂盖自粘胶料混合层的卷材，采用水泥砂浆或聚合物水泥砂浆与基层粘结（湿铺法施工），构成自粘卷材复合防水系统，其特点是：使胶料中的高聚物与水泥砂浆及后续浇筑的混凝土结合，产生较强的粘结力；可在潮湿基面上施工，简化防水层施工工序；采用"对接附加自粘封口条连接工艺"，可使卷材接缝实现胶粘胶"的模式。

2 聚乙烯丙纶复合防水卷材。

该卷材归类于高分子防水卷材复合片中树脂类品种，其特点是：由卷材与聚合物水泥防水粘结材料复合构成防水层，可在潮湿基面上施工。需要指出的是：聚乙烯丙纶复合防水卷材生产使用的聚乙烯必须是成品原生料；卷材两面热覆的丙纶纤维必须采用长纤维无纺布；卷材必须采用一次成型工艺生产；在现场配制用于粘结卷材的聚合物水泥防水粘结材料应是以聚合物乳液或聚合物再分散性粉末等材料和水泥为主要材料组成，不得使用水泥净浆或水泥与聚乙烯醇缩合物混合的材料。

表 4.3.9 项目及性能要求中的复合强度指标依据国家标准《高分子防水材料 第一部分：片材》GB 18173.1—2006 的 FS₂ 规定设置，该标准目前正在修订，标准修订后，此项指标及检测方法按新标准要求

执行。

3 高分子自粘胶膜防水卷材。

该卷材系在一定厚度的高密度聚乙烯膜面上涂覆一层高分子胶料复合制成的一种自粘性防水卷材，归类于高分子防水卷材复合片中树脂类品种（FS₂），其特点是具有较高的断裂拉伸强度和撕裂强度，胶膜的耐水性好，一、二级的防水工程单层使用时也能达到防水要求，采用预铺反粘施工，由卷材表面的胶膜与结构混凝土发生粘结作用。

需要指出的是，卷材的搭接缝和接头要采用配套的粘结材料。

4.3.10 卷材的粘结质量是保证卷材防水层不产生渗漏的关键之一。表 4.3.10 根据不同品种卷材的特性分别列出要求达到的粘结性能。

4.3.11 聚乙烯丙纶复合防水卷材的防水性能依靠卷材和聚合物水泥防水粘结材料复合提供，因此要求粘结材料不仅要有粘结性，还应具有防水性能。为保证现场配制粘结材料的质量，本条根据《聚乙烯丙纶卷材复合防水工程技术规程》CECS 199：2006，列出了聚合物水泥防水胶结料的物理性能指标，供设计施工时参考。

Ⅳ 施 工

4.3.14 为保证防水层卷材接缝的粘结质量，根据地下工程防水的特点，提出了铺贴各种卷材搭接宽度的要求。

4.3.15 本条是为提高卷材与基面的粘结力而提出的统一要求。铺贴沥青类防水卷材前，为保证粘结质量，基面应涂刷基层处理剂（过去称"冷底子油"），这是一种传统做法。近几年研发的自粘聚合物改性沥青防水卷材和自粘橡胶沥青防水卷材，均为冷粘法铺贴，亦有必要采用基层处理剂。合成高分子防水卷材采用胶粘剂冷粘法铺贴，当基层较潮湿时，有必要选用湿固化型胶粘剂或潮湿界面隔离剂。

4.3.16 本条归纳了铺贴各类卷材防水层应遵守的基本规定。本条中的第 2 款：结构底板垫层混凝土部位的卷材可采用空铺法或点粘施工，主要是考虑地下工程的工期一般较紧，要求基层干燥达到符合卷材铺设要求需时较长，以及防水层上压有较厚的底板防水混凝土等因素，因此允许该部位卷材采用空铺或点粘施工。

4.3.17 铺贴弹性体改性沥青防水卷材的特点是采用热熔法施工，比较适合地下工程基面较潮湿和工期较紧的情况。为满足粘结性的基本要求，宜选用现行国家标准《弹性体改性沥青防水卷材》GB 18242 规定的表面隔离材料为细砂，规格为 PY-S 的 SBS 改性沥青防水卷材Ⅱ型的产品。

4.3.18 自粘聚合物改性沥青防水卷材的特点是冷粘法施工，符合环保节能要求。铺贴自粘聚合物改性沥青防水卷材，为了提高卷材与基面的粘结性，涂刷基

层处理剂和在铺贴卷材时将搭接部位适当加热是十分必要的。

铺贴自粘聚合物改性沥青防水卷材（无胎体）的施工工艺要求较高，施工前应制订操作要点和技术措施。

4.3.19 采用胶粘剂冷粘法铺贴三元乙丙橡胶防水卷材，施工质量要求较高。由于硫化橡胶类卷材表面具有惰性，影响粘结质量，因此本条强调卷材接缝应采用配套的专用胶粘材料，包括胶粘剂、胶粘带和密封胶等。

4.3.20 以聚氯乙烯防水卷材为代表的合成树脂类热塑性卷材，其特点是卷材搭接采用焊接法（本体焊接）施工，可以保证卷材接缝的粘结质量，提高防水层密封的可靠性。

4.3.21 本条规定了聚乙烯丙纶复合防水卷材的施工基本要点，为保证防水工程质量，除应选择具有这方面施工经验的单位外，还应按照《聚乙烯丙纶卷材复合防水工程技术规程》CECS 199：2006 的规定施工。

4.3.22 本条规定了高分子自粘胶膜防水卷材施工的基本要点，为保证防水工程质量，应选择具有这方面施工经验的单位，按照该卷材应用技术规程或工法的规定施工。

4.3.23 本条对甩槎、接槎图进行了修改，使其更适合当前地下工程的防水做法。

4.3.24 采用外防内贴法铺设卷材防水层，混凝土结构的保护墙也可为支护结构（如喷锚支护或灌注桩）。近年来研发的预铺反粘施工技术是针对外防内贴施工的一项新技术，可以保证卷材与结构全粘结，若防水层局部受到破坏，渗水不会在卷材防水层与结构之间到处窜流。

4.3.25 与原规范相比，本条分别规定了工程顶板采用机械或人工回填土时的混凝土保护层厚度，便于施工时操作。在防水层和保护层之间宜设置隔离层，如采用干铺油毡，以防止保护层伸缩破坏防水层。

侧墙采用软质材料保护层是为避免回填土时损伤防水层。软质保护材料可采用沥青基防水保护板、塑料排水板或聚苯乙烯泡沫板等材料。

卷材防水层采用预铺反粘法施工时，可不作保护层。

4.4 涂料防水层

Ⅰ 一般规定

4.4.1 地下工程应用的防水涂料既有有机类涂料，也有无机类涂料。

有机类涂料主要为高分子合成橡胶及合成树脂乳液类涂料。无机类涂料主要是水泥类无机活性涂料，水泥基防水涂料中可掺入外加剂、防水剂、掺合料等，水泥基渗透结晶型防水涂料是一种以水泥、石英砂等为基材，掺入各种活性化学物质配制的一种新型

刚性防水材料。它既可作为防水剂直接加入混凝土中，也可作为防水涂层涂刷在混凝土基面上。该材料借助其中的载体不断向混凝土内部渗透，并与混凝土中某种组分形成不溶于水的结晶体充填毛细孔道，大大提高混凝土的密实性和防水性，在地下工程防水中应用日益增多。聚合物水泥防水涂料，是以有机高分子聚合物为主要基料，加入少量无机活性粉料，具有比一般有机涂料干燥快、弹性模量低、体积收缩小、抗渗性好的优点。

4.4.2 有机防水涂料常用于工程的迎水面，这是充分发挥有机防水涂料在一定厚度时有较好的抗渗性，在基面上（特别是在各种复杂表面上）能形成无接缝的完整的防水膜的长处，又能避免涂料与基面粘结力较小的弱点。目前有些有机涂料的粘结性、抗渗性均较高，已用在埋深 10～20m 地下工程的背水面。

无机防水涂料由于凝固快，与基面有较强的粘结力，最宜用于背水面混凝土基层上做防水过渡层。

Ⅱ 设 计

4.4.3 地下工程由于受施工工期的限制，要想使基面达到比较干燥的程度较难，因此在潮湿基面上施作涂料防水层是地下工程常遇到的问题之一。目前一些有机或无机涂料在潮湿基面上均有一定的粘结力，可从中选用粘结力较大的涂料。在过于潮湿的基面上还可采用两种涂料复合使用的方法，即先涂无基防水涂料，利用其凝固快和与其他涂层防水层粘结好的特点，作成防水过渡层，而后再涂反应型、水乳型、聚合物水泥涂料。

冬期施工时，由于气温低，用水乳型涂料已不适宜，此时宜选用反应型涂料。溶剂型涂料也适于在冬期施工使用，但由于涂料中溶剂挥发会给环境造成污染，故不宜在封闭的地下工程中使用。

聚合物水泥防水涂料分为Ⅰ型和Ⅱ型两个产品，Ⅱ型是以水泥为主的防水涂料，主要用于长期浸水环境下的建筑防水工程。与原规范相比，本条增加了在地下工程防水中应选用聚合物水泥防水涂料为Ⅱ型产品的规定。

聚合物水泥防水涂料，是以丙烯酸酯等聚合物乳液和水泥为主要原料，加入其他外加剂制得的双组分水性建筑防水涂料。

聚合物水泥防水涂料发展很快，1990 年上海从日本大关化学有限公司引进的自闭型聚合物水泥防水涂料，除具有聚合物水泥防水涂料良好的柔韧性、粘结性、安全环保的特点外，还有独特的龟裂自封闭特性。目前国内已有 200 多项地下工程应用此种涂料，防水面积达 $1.8 \times 10^6 m^2$，最早施工的防水工程已有 10 年之久。国家现行标准《聚合物水泥防水涂料》JC/T 894—2001 标准即将修订，此涂料将被纳入其中。

4.4.4 阴阳角处因不好涂刷，故要在这些部位设置

增强材料，并增加涂刷遍数，以确保这些部位的施工质量。底板相对工程的其他部位来说承受水压力较大，且后续工序有可能损坏涂层 防水层，故也应予以加强。

4.4.5 在地下工程中，防水涂料既有外防外涂、也有外防内涂施工做法，本条推荐了这两种做法的构造做法供参考。

4.4.6 防水涂料必须具有一定的厚度才能保证其防水功能，所以本条对各类涂料的厚度作了相应修改，便于设计时选用。

从水泥基渗透结晶型防水涂料的应用情况看，反映了不少问题，一是涂层厚度不好控制，二是单位用量与抗渗性的关系，再加上该产品标准中存在的问题，使这类材料目前市场比较混乱，产品质量良莠不齐，假冒伪劣产品时常出现，严重影响了地下工程的防水质量。水泥基渗透结晶型防水涂料中活性成分的拥有量是一定的，要想得到更多的生成物堵塞混凝土结构的毛细孔隙，必须有一定的厚度或单位面积用量。所以本次修编除将水泥基渗透结晶型防水涂料的涂层厚度由原来的 0.8mm 改为 1.0mm 外，又规定其用量不得少于 1.5kg/m²。

Ⅲ 材 料

4.4.7、4.4.8 这两条是对材料的要求，是根据地下工程对材料的基本要求和目前材料性能的现状提出来的。

防水涂料品种较多，既给设计和施工单位在材料选择上有较大余地，又给如何选择适合于地下工程防水要求的材料造成一定难度。根据地下工程防水对涂料的要求及现有涂料的性能，在表 4.4.8-1、表 4.4.8-2 中分无机涂料和有机涂料两大类分别规定了其性能指标要求。要想在地下工程中充分发挥防水涂料的防水作用，一是要有可操作时间，可操作时间过短的涂料将不利于大面积防水涂料施工；二是要有一定的粘结强度，特别是在潮湿基面（基面饱和但无渗漏水）上，粘结强度一定要高，因地下工程施工工期较紧，不允许基面干燥后再进行防水涂料施工。抗渗性是防水涂料最重要的性能，尤其是水泥基渗透结晶型防水涂料的二次抗渗性能，充分体现了这类材料堵塞混凝土结构孔隙的能力。对有机涂料表中分别规定涂膜在砂浆迎水面、背水面所应达到的值；有机防水涂料的特点是有较好的延伸率，根据目前在地下工程中应用较广的几种防水涂料提出了这一指标值，考虑地下工程的使用要求，此处提出的是浸水后的延伸率值；耐水性也是用于地下工程中的涂料需要强调的一个指标，因地下工程处于地下水的包围之中，如涂料遇水产生溶胀现象，性能降低，就会失去其应有的防水功能。目前国内尚无适用于地下工程防水涂料耐水性试验的方法和标准，表中的方法和标准是根据地下工程使用要求制定的；实干时间也是实际

施工中应注意的指标，它也是根据目前材料的实际情况提出的。

在进行两表数据的制定时，参考了下列标准：

聚氨酯防水涂料 GB/T 19250；

聚合物乳液建筑防水涂料 JC/T 864；

聚合物水泥防水涂料 JC/T 894；

聚氯乙烯弹性防水涂料 JC 674；

水泥基渗透结晶型防水材料 GB 18445。

Ⅳ 施 工

4.4.9 涂料施工前必须对基层表面的缺陷和渗水进行认真处理。因为涂料尚未凝固时，如受到水压力的作用会使涂料无法凝固或形成空洞，形成渗漏水的隐患。基面干净、无浮浆，有利于涂料均匀涂敷，并与基面有一定的粘结力。基面干燥在地下工程中很难做到，所以此条只提出无水珠、不渗水的要求。

本次修编，保留了原来的内容，只是将部分文字进行了修改。

4.4.10 基层阴阳角涂布较难，根据工程实践，规定阴阳角做成圆弧形，以确保这些部位的涂布质量。

4.4.15 涂料防水层的施工只是地下工程施工过程中的一道工序，其后续工序，如回填、底板及侧墙绑扎钢筋、浇筑混凝土等均有可能损伤已做好的涂料防水层，特别是有机防水涂料防水层。所以本条对涂料防水层的保护层作法做出了明确的规定。

4.5 塑料防水板防水层

Ⅰ 一 般 规 定

4.5.1 本条明确提出塑料防水板防水层的适用范围，这是根据地下工程施工方法（如矿山法施工）与所处特定环境需要结合塑料防水板性能提出的。

4.5.2 塑料防水板防水层属外防水结构，铺设在初期支护与二次衬砌之间。防水板不仅起防水作用，而且对初期支护和二次衬砌还起到隔离和润滑作用，防止二次衬砌混凝土因初期支护表面不平而出现开裂，保护和发挥二次衬砌的防水效果。

4.5.3 一般情况下，为保护塑料防水板防水层的完整性，防水层铺设宜超前二次衬砌 1~2 个衬砌循环，即初期支护基本稳定后，二次衬砌要提前施做，亦应按设计要求铺设塑料防水板防水层。初期支护结构基本稳定的条件是：隧道净空变形速度为 0.2mm/d。

Ⅱ 设 计

4.5.4 塑料防水板防水层由缓冲层与塑料防水板组成。铺设前，必须先铺设缓冲层，这样一方面有利于无钉铺设工艺的实施，另一方面防止防水板被刺穿。

4.5.5 全封闭铺设适合于以堵为主的工程，半封闭铺设适合于排堵结合型的工程，局部铺设适合于地下水不发育，且防水要求不高的隧道。水量大、水压高的工程，不宜进行全封闭防水，应采取排堵结合或限量排放的防水形式。

4.5.8 本条修改时，参考了现行国家标准《地下防水工程质量验收规范》GB 50208，结合地下工程防水的特点和不同材质制作的塑料防水板的要求，依据《高分子防水材料》GB 18173.1 的标准规定，提出了塑料防水板的物理力学性能，便于在设计施工中选用。

防水板的幅宽应尽量宽些，这样防水板的搭接缝数量就会少些，如 1m 宽的防水板的搭接缝数量是 4m 宽板的 4 倍，而搭接缝又是防水板防水的薄弱环节。但防水板的幅宽又不能过宽，否则防水板的重量变大，会造成铺设困难。

根据近年来工程实践来看，防水板的幅宽以 2～4m 为宜。

防水板的厚度与板的重量、造价、防水性能有关，板过厚则较重，于铺设不利，且造价较高，但过薄又不易保证防水施工质量，根据我国目前的使用情况，在地下工程防水中应用时，塑料防水板的厚度不得小于 1.2mm。

防水板铺设于初期支护与二次衬砌之间，在二次衬砌浇筑时会受到一定的拉力，故应有足够的抗拉强度。

初期支护为锚喷支护时，支护后围岩仍在变形，即使整个工程建成后，由于使用或地质等方面的原因，工程结构也存在着变形问题，故防水板应有较高的延伸率。

耐刺穿性是施工中对材料提出的要求，因二次衬砌时有的地段需要采用钢筋混凝土结构，在绑扎钢筋时会对防水板造成损伤，故要求防水板有一定的耐刺穿性，以免被刺破使其完整的防水性能遭到破坏。

防水板因长期处于地下并要长期发挥其防水性能，故应具有良好的耐久性、耐腐蚀性、耐菌性。

抗渗性是防水板非常重要的性能。但目前的试验方法不能反映防水板处于地下受水长期作用这一条件，而要制定一套符合地下工程使用环境的试验方法也不是短期能解决的问题，故只好沿用现在工程界公认的试验方法所测得的数据。

防水板的物理力学性能是根据现在使用较多的几种防水板的性能综合考虑提出的，有些防水板的某些指标值可能远远大于表中的规定值，设计选用时可根据工程的要求及投资等情况合理选用。

4.5.9 本条规定了地下工程中常用的塑料防水板防水层缓冲层材料的种类和技术性能。

Ⅳ 施 工

4.5.11 铺设基面要求比较平整，是为了保证防水板的铺设和焊接质量。不平整的处理方法是，当喷射混凝土厚度达到设计要求时，可在低凹处涂抹水泥砂浆；如喷射混凝土厚度小于设计厚度时，必须用喷射混凝土找平。

防水板系在初期支护如喷射混凝土、地下连续墙上铺设，要求初期支护基层表面十分平整则费时费力，故条文中只提宜平整，并根据工程实践的经验提出平整度的定量指标，以便于铺设防水板。但基层表面上伸出的钢筋头、铁丝等坚硬物体必须予以清除，以免损伤防水板。

4.5.12 设缓冲层，一是因基层表面不太平整，铺设缓冲层后便于铺设防水板；二是能避免基层表面的坚硬物体清除不彻底时刺破防水板；三是有的缓冲层（如土工布）有渗排水性能，能起到引排水的作用。

目前，市场上出现了无纺布和塑料板结合在一起的复合防水板，其铺设一般采用吊铺或撑铺，质量难以保证，为保证防水层施工质量，应先铺垫层，再铺设防水板，真正达到无钉铺设。

4.5.13 本条增加了"塑料防水板铺设时的分区注浆系统"。

1 两幅塑料板的搭接宽度应视开挖面（基石）的平整度确定，铁路隧道设计规范确定，不应小于 150mm，搭接太宽造成浪费，因此仍保持原规范搭接宽度为 100mm 的规定。

为确保防水板的整体性，搭接缝不宜采用粘结法，因胶粘剂在地下长期使用很难确保其性能不变。采用焊接法时，应采用双焊缝，一方面能确保焊接效果，另一方面也便于充气检查焊缝质量。

2 下部防水板压住上部防水板这一规定是为了使防水板外侧上部的渗漏水能顺利流下，不至于积聚在防水板的搭接处而形成渗漏水的隐患。

3 设置分区注浆的目的是防止渗水到处乱窜。

4 分段设置防水板时，若两侧封闭不好，则地下水会从此处流出。由于防水板与混凝土粘结性不好，工程上一般采用设过渡层的方法，即选用一种既能与防水板焊接，又能与混凝土结合的材料作为过渡层，以保证防水板两侧封闭严密。

4.5.14 层数太多，焊接后太厚，焊接机无法施焊，采用焊枪大面积焊接质量难以保证，但从工艺要求上难以避免三层，超过三层时，应采取措施避开。

4.5.16 防水层绷得太紧，一是与基面不密贴，难以保证二次衬砌厚度；二是浇筑混凝土时，固定点容易拉脱。至于预留多少合适，应根据基面平整度决定。当然也不能太松，一则浪费材料，二则防水层容易打折。

4.5.17 防水板的铺设和内衬混凝土的施工是交叉作业，如两者施工距离过近，则相互间易受干扰，但过远，有时受施工条件限制达不到规定的要求，且过远铺好的防水板会因自重造成脱落。根据现在施工的经验，两者施工距离宜为 5～20m。

4.5.18 混凝土施工时，应对塑料防水板防水层进行保护，本条提出了两项保护措施，其他措施可根据需要在施工细则中规定。

4.5.19 本条是自检内容，二次衬砌前还应按验收标准进行隐蔽工程检查验收。

4.6 金属防水层

4.6.1、4.6.2 金属板防水层由于重量大，造价高，一般的下防水工程中很少采用，但对于一些抗渗要求较高、且面积较小的工程，如冶炼厂的浇铸坑、电炉基坑等，可采用金属防水层。在一些受施工工艺限制并兼有防水防冲撞等功能需要的地下工程也采用金属板防水层。作为传统的防水层，早期的沉管隧道外包防水层几乎均由它包揽。其厚度与材质，由沉管所处的水下地层水文地质等环境作用条件经试验后，确定不同钢板的腐蚀速率，进而设计选定，同时也可加涂防锈涂层或设阴极保护。钢板防水层可与混凝土中的钢筋连接成一体。

如今随着工程塑料，高分子防水材料的不断面世，它的应用在减少，但由于它有可以替代模板，强度高等长处，故仍在很多海底沉管隧道工程的底板使用（包括我国香港、广州新建的沉管隧道）。同时，为防止海水腐蚀，往往还设阴极保护。

金属板包括钢板、铜板、铝板、合金钢板等。金属板和焊条应由设计部门根据工艺要求及具体情况确定，故对选材问题规范不作限制。

金属板防水层采用焊接拼接，检验焊缝质量是至关重要的。对外观检查和无损检验不合格的焊缝，应予以修整或补焊。

4.6.5 在内防水做法时，金属防水层是预先设置的，因此金属防水层底板上应预留浇捣孔，以便于底板混凝土的浇捣、排气，确保底板混凝土的浇捣质量。

4.6.6 有些炉坑金属防水层，系焊接成型后整体吊装，应采取内部加设临时支撑和防止箱体变形措施。

4.6.7 防水层应加保护，规范只提到了防锈，对金属板需用的其他保护材料应按设计规定使用。

4.7 膨润土防水材料防水层

Ⅰ 一般规定

4.7.1 国内的膨润土防水材料目前有三种产品，一是针刺法钠基膨润土防水毯，由两层土工布包裹钠基膨润土颗粒针刺而成的毯状材料，如图1（a）所示，表示代号为GCL-ZP。二是针刺覆膜法钠基膨润土防水毯，是在针刺法钠基膨润土防水毯的非织造土工布外表面上复合一层高密度聚乙烯薄膜，如图1（b）所示，表示代号为GCL-0F。三是胶粘法钠基膨润土防水毯（也称为防水板），是用胶粘剂把膨润土颗粒粘结到高密度聚乙烯板上，压缩生产的一种钠基膨润土防水毯，如图1（c）所示，表示代号为GCL-AH。一般采用机械固定法固定在结构的迎水面上。

4.7.2 膨润土与淡水反应后，膨胀为自身重量的5

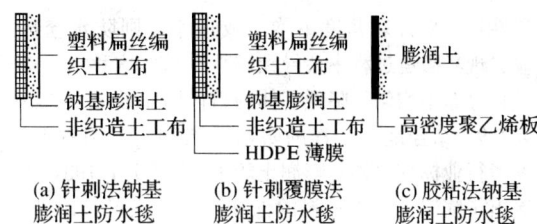

(a) 针刺法钠基膨润土防水毯　(b) 针刺覆膜法钠基膨润土防水毯　(c) 胶粘法钠基膨润土防水毯

图1　钠基膨润土防水毯

倍、自身体积的13倍左右，靠粘结性和膨胀性发挥止水功能，这里的淡水是指不会降低膨润土膨胀功能且不含有害物质的水。当地下水不是淡水而是污水时，膨润土难以发挥防水功能，不能使用普通的天然钠基膨润土，而应该使用防污膨润土。地下水是否是污水，可通过测定电子传导度（EC）、总污度（TDS）或PH来确定。而盐水的电导度都比较高，必须使用防污膨润土。

4.7.3 膨润土防水材料在有限的空间内吸水膨胀才能防水，膨润土材料防水层两侧的夹持力不应小于0.014MPa，如果膨润土材料防水层两侧的密实度（一般85%以上）不够，膨润土不能正常发挥止水功能。另外膨润土材料防水层两侧不能有影响密实度的其他物质，比如聚苯板、聚乙烯泡沫塑料等柔性材料。另外，膨润土材料防水层应与结构物外表面密贴才会在结构物表面形成胶体隔膜，从而达到防水的目的。

Ⅱ 设　计

4.7.5 膨润土防水毯在阴、阳角部位应采用膨润土颗粒、膨润土棒材、水泥砂浆进行倒角处理，倒角时阴角可做成30～50mm的坡角或圆角，阳角可做成30mm坡角或圆角，根据工程具体情况确定。如不进行倒角处理，会导致转角部位出现剪切破坏或膨润土颗粒损失，影响整体防水质量。

Ⅲ 材　料

4.7.8 钠基膨润土颗粒或粉剂是生产膨润土防水材料的主材。钠基膨润土分为天然钠基膨润土和人工钠化处理的膨润土，两种膨润土的物性指标差距不大，均可作为防水材料。一般情况下天然钠基膨润土的性能高于人工钠化处理的膨润土的性能，但由于国内的天然钠基膨润土储量有限，在保证防水性能不变的情况下也可采用人工钠化处理的膨润土。人工钠化处理的膨润土是对其他种类的膨润土进行合理的加工，具有与天然钠基膨润土相同的物理性能，技术性能特别是耐久性符合行业标准《钠基膨润土防水毯》JG/T 193，同样可以在地下工程防水中使用。钙基膨润土的稳定性差，膨胀倍率低，一般用于铸造、泥浆护壁等，不能作为防水材料使用。

膨润土颗粒通过针刺法固定在编织布和无纺布之间，针刺的密度、均匀度会影响膨润土颗粒的分散均匀性，如果针刺密度不均匀或过小，则防水毯在运输、现场搬运过程中会导致颗粒在毯体内移动，造成颗粒分布不均匀，降低毯体的整体防水效果。

4.7.9 结合地下工程的防水特点和对材料的要求，参考行业标准《钠基膨润土防水毯》JG/T 193，本条提出了膨润土防水材料的性能指标，供设计时选用，其性能指标的检验可按行业标准《钠基膨润土防水毯》JG/T 193规定的方法进行。

Ⅳ 施 工

4.7.12 膨润土防水材料只有与现浇混凝土结构表面密贴，才能遇水膨胀后对结构裂缝、疏松部位起到封堵修补作用，也不易出现窜水现象。

膨润土防水材料铺设在底板垫层表面时，由于后续绑扎、焊接钢筋对膨润土防水材料防水层的破坏较多，雨天容易出现积水，会大大降低膨润土防水材料的整体防水效果。

4.7.15 膨润土防水材料分段铺设完毕后，由于绑扎钢筋等后续工程施工需要一定的时间，膨润土材料长时间暴露，会影响防水效果，因此应在膨润土防水材料表面覆盖塑料薄膜等挡水材料，避免下雨或施工用水导致膨润土材料提前膨胀。雨水直接淋在膨润土防水材料表面时导致膨润土颗粒提前膨胀，并在雨水的冲刷过程中出现流失的现象，在地下工程中经常发生，严重降低了膨润土防水材料的防水性能。特别是在雨季施工时，应采取临时遮挡措施对膨润土防水材料进行有效的保护。

4.7.16 在预留通道部位，膨润土防水毯的甩槎需要经过几个星期或几个月的长时间暴露，编织布和无纺布长期在阳光暴晒下逐渐老化变脆，造成甩槎部分缓慢断裂脱落，影响后期膨润土防水材料的搭接。因此对于膨润土防水毯需要长时间甩槎的部位应采取遮挡措施，避免阳光直射在膨润土防水材料表面。

4.8 地下工程种植顶板防水

Ⅰ 一般规定

4.8.1 地下工程顶板种植通常作为景观设计而成为公众活动场所，一旦渗漏维修，会在较大范围内影响正常使用。特别是顶板种植规模较大，土层厚，维修困难，因此，规定其防水等级为一级（主要是顶板防水）。若整体防水选两种，则要有一层耐根穿刺层。

4.8.2 种植土与周边自然土体不相连，且高于周边地坪时，应按种植屋面要求，设计蓄排水层，并将植土表面的水及植土中的积水通过暗沟排出。

顶板种植土与周边土体相连，积水会渗入周边土体，一般可不设蓄排水层。

4.8.3 本条说明如下：

1 排水坡度（结构找坡）可以减少构造层次，是提高防水可靠程度的有力措施之一。实际上，很难找到理想的找坡材料（既坚实、耐久，又轻而不裂）。

特别是随着小锅炉的日渐淘汰，传统的找坡材料（炉渣混凝土）已渐被陶粒混凝土取代，但陶粒混凝土贵，工艺要求严，做不好易开裂；加气混凝土、水泥有同样的问题。至于水泥膨胀珍珠岩、水泥膨胀蛭石，更因其强度低、含水率高，尤其不适用于种植屋面。如用水泥砂浆、细石混凝土找坡，是明显不合理的做法，落后、浪费、易裂，荷重大增。结构找坡，为防水层直接提供了坚实的基础，也消除了防水失败后形成的永久蓄水层。

2 标准叙述应为"裂缝控制等级为三级，ω_{max} <0.2mm"。裂缝表述为裂缝宽度不应大于0.2mm。

3 种植顶板结构荷载包括活荷载、构造荷载和植物荷载等，不同的行业设计要求不同，设计时应按实际设计进行计算。《种植屋面工程防水技术规程》JGJ 155中叙述了种植植物与荷载的关系，列于表6，供设计时参考选用。

表6 初栽植物荷重及种植荷载参考值

植物类型	小乔木（带土球）	大灌木	小灌木	地被或草坪
植物高度（m）或面积	2.0～2.5	1.5～2.0	1.0～1.5	1.0 (m²)
植物重量（kg/株）	80～120	60～80	30～60	5～30 (kg/m²)
种植荷载（kg/m²）	250～300	150～250	100～150	50～100

表6中选择植物应考虑植物生长产生的活荷载变化，一般情况下，树高增加2倍，其重量增加8倍，需10年时间；种植荷载包括种植区构造层自然状态下的整体荷载。

4.8.4 我国大部分城市缺水，收集雨水，符合可持续发展战略思想，不可忽视。对于年降水量少于1000mm的地区应设置雨水收集系统。实际上，有时降水量与城市是否缺水并不一定完全对应；因此，本条文只规定了面积较大时，应设计蓄水装置，并按工程实际条件确定。

最简单的雨水收集系统就是设置蓄水池，将多余的雨水收集过滤后再用于浇灌。这就要求排水设施必须能够收集来自雨水管和绿地表面的积水，并能使雨水汇入蓄水池。

Ⅱ 设 计

4.8.5 顶板种植，特别是花园式的种植，因种植部分及池、亭、路、阶，高低错落，节点千变万化，必须使防排水、耐根穿刺均在变化处有可靠的连接才能形成系统的连续密封防水。因此将构造设计的内容统一综合考虑就显得十分重要。

4.8.6 顶板局部为车道或硬铺地时，应设计绝热（保温）层，避免温度变化产生裂缝，也是防止产生冷凝水的重要措施之一。需要设置绝热（保温）层的顶板，种植土以外的其他部分也应设置绝热层。两部分绝热层应综合起来考虑。

4.8.7 顶板种植在多雨地区应避免低于周边土体。少雨地区的顶板种植，与土体相连，且低于土体，可更好的积蓄水分。

4.8.8 种植顶板有时因降水形成滞水，当积水上升到一定高度，并浸没植物根系时，可能会造成根系的腐烂。因此，设置排水层就非常必要。排水层与盲沟配套使用，可使构造简单，也不减少植株种植面积。

本条还有一层含义，就是种植土中的积水应纳入总平面各部分的排水系统中综合考虑。

4.8.9 本条说明如下：

1 耐根穿刺防水层设置在普通防水层上面的目的是防止植物根系刺破防水层。严格说，只有在混凝土中加纤维，减少终凝前后的裂缝，增加其防水性、抗裂性（韧性），并处理好分格缝处的耐根穿刺才能为耐根穿刺做出贡献。《种植屋面工程防水技术规程》JGJ 155中规定了耐根穿刺防水材料的种类和物理性能指标，在进行防水设计时可参照选用。

2 主要考虑园艺操作对耐根穿刺防水层的损坏。

3 主要考虑蓄排水材料的有效使用寿命。粒料蓄水量小，排水性能与总体厚度及粒料粒径有关，应作好滤水，才能保证其有效使用。

4 有些简易种植，可能采用毯状专用蓄排水层，并兼作滤水层。其搭接不需要重叠。

4.8.10 本条说明如下：

1 保温隔热材料品种较多，密度大小悬殊，模压聚苯乙烯板材密度为15~30kg/m³，而加气混凝土类板材密度为400~600kg/m³。为了减轻荷载，隔热材料一般选用喷涂硬泡聚氨酯和聚苯乙烯泡沫塑料板，也可采用其他保温隔热材料。

2 目前国内耐根穿刺防水材料有十多种，有铅锡锑合金防水卷材、复合铜胎基SBS改性沥青防水卷材、铜箔胎SBS改性沥青防水卷材、铝箔胎SBS改性沥青防水卷材、聚乙烯胎高聚物改性沥青防水卷材、聚氯乙烯防水卷材（内增强型）等品种，《种植屋面工程防水技术规程》JGJ 155列出了这几种材料的物理性能，设计选用时可参考。

目前，我国正在编制耐根穿刺防水材料试验方法标准，待发布后应按标准规定执行；在发布前，设计选用耐根穿刺防水材料时，生产厂家需提供相应的检验报告或三年以上的种植工程证明。

3 排水材料的品种较多，为了减轻荷载，应尽量选用轻质材料。本条列举了两种排水材料，供参考。这两种排水材料的性能见表7、表8。

表7 凸凹型排水板物理性能

项目	单位面积质量（g/m²）	凸凹高度（mm）	抗压强度（kN/m²）	抗拉强度（N/10mm）	延伸率（%）
性能要求	500~900	≥7.5	≥150	≥200	≥25

表8 网状交织排水板物理性能

项目	抗压强度（kN/m²）	表面开孔率（%）	空隙率（%）	通水量（cm³/s）	耐酸碱稳定性
性能要求	50	95~97	85~90	389	稳定

Ⅲ 绿化改造

4.8.11 已建地下室顶板，应经结构专业复核计算，满足强度安全要求后，方可进行绿化改造。

4.8.13 为满足绿化要求而加砌的花台、水池，埋设管线等，不得打开或破坏原有防水层及其保护层。不能满足防水要求而进行防水改造时，应充分考虑防水层、耐根穿刺层、保护层、蓄排水层的设置。

Ⅳ 细部构造

4.8.14 钢管在植土中很快就会锈蚀，应采取防腐措施。

4.8.15 顶板平缝防排水，国内外均无简单可靠的构造。因此，顶板种植不应跨缝设计。但缝两侧上翻，形成钢筋混凝土泛水，将通常设置的混凝土压盖板变成现浇混凝土花池，并生根于一侧，出挑形成盖缝，则不算作跨缝种植。

4.8.16 泛水部位设计钢筋混凝土反梁或翻边是传统的防水构造措施。用于种植顶板，应一次整浇，不留施工缝。若分次浇，应凿毛、植筋，按地下室水平缝作防水处理。

4.8.17 局部设置隔离带，可以方便维修，特别是水落口，一定不能被植物遮蔽或被植土覆盖，以确保任何情况下，水落口都畅通无阻。其他有关局部也应防止植物蔓延造成泛水边缘的侵蚀。

有些情况下卵石隔离带可兼做排水明沟，有很好的装饰效果，也方便维修。卵石隔离带的宽度，一般为200~400mm宽，顶板种植规模较大时，可为300~500mm宽。

5 地下工程混凝土结构细部构造防水

5.1 变 形 缝

Ⅰ 一般规定

5.1.1 设置变形缝的目的是为了适应地下工程由于温度、湿度作用及混凝土收缩、徐变而产生的水平变位，以及地基不均匀沉降而产生的垂直变位，以保证工程结构的安全和满足密封防水的要求。在这个前提下，还应考虑其构造合理、材料易得、工艺简单、检修方便等要求。

5.1.2 伸缩缝的设置距离一直是防水工程界关心的问题，目前就这一问题的探索和实践一直十分活跃，但尚未取得一致的看法。国外对伸缩缝间距的规定有三种情况，一是前苏联、东欧、法国等国家，规定室内和土中的伸缩缝间距约为 30～40m，而英国规定处于露天条件下连续浇筑钢筋混凝土构造物最小伸缩缝间距为 7m；二是美国，没有明确规定伸缩缝的间距，而只要求设计者根据结构温度应力计算和配筋，自己确定合理的伸缩缝间距；三是日本，虽有要求，如伸缩缝间距不大于 30m，施工缝间距为 9m，但设计人员往往按自己的经验和各公司的内部规定进行设计。国内规定伸缩缝间距为 30m，但由于地下工程的规模越来越大，而在城市中建设的地下工程工期往往有一定的要求，加上多设缝以后缝的防水处理难度较大，因此工程界采取了不少措施，如设置后浇带、加强带、诱导缝等，以取消伸缩缝或延长伸缩缝的间距。后浇带是过去常用的一种措施，这种措施对减少混凝土干缩和温度变化收缩产生的裂缝起到较好的抑制作用，但由于后浇带需待一定时间后才能浇筑混凝土，故对工期要求较紧的工程应用时受到一定限制。加强带是工程界使用的一种新的方法，它是在原规定的伸缩缝间距上，留出 1m 左右的距离，浇筑混凝土时缝间和其他地方同时浇筑，但缝间浇筑掺有膨胀剂的补偿收缩混凝土。宝鸡、沧州、济南等地采用这种方法后，伸缩缝间距可延长至 60～80m。哈尔滨在混凝土中采用掺 FS101 外加剂措施后，伸缩缝间距达到 80～100m。诱导缝是上海地铁采用的一种方法，在原设置伸缩缝的地方作好防水处理，并在结构受力许可的条件下减少这部分（1m 左右）位置上的结构配筋，有意削弱这部分结构的强度，使混凝土伸缩应力造成的裂缝尽量在这一位置上产生。采用这一措施后，其他部位混凝土裂缝明显减少，这一方法虽有一定效果，但尚不能令人满意。

根据上述情况，条文作了相应规定。

5.1.3 因变形缝处是防水的薄弱环节，特别是采用中埋式止水带时，止水带将此处的混凝土分为两部分，会对变形缝处的混凝土造成不利影响，因此条文作了变形缝处混凝土局部加厚的规定。

Ⅱ 设 计

5.1.4 沉降缝和伸缩缝统称变形缝，由于两者防水做法有很多相同之处，故一般不细加区分。但实际上两者是有一定区别的，沉降缝主要用在上部建筑变化明显的部位及地基差异较大的部位，而伸缩缝是为了解决因干缩变形和温度变化所引起的变形以避免产生裂缝而设置的，因此修编时针对这一点对两种缝作了相应的规定。沉降缝的渗漏水比较多，除了选材、施工

等诸多因素外，沉降量过大也是一个重要原因。目前常用的止水带中，带钢边的橡胶止水带虽大大增加了与混凝土的粘结力，但如沉降量过大，也会造成钢边止水带与混凝土脱开，使工程渗漏。根据现有材料适应变形能力的情况，本条规定了沉降缝最大允许沉降差值。

5.1.5 对防水要求来说，如果用于沉降的变形缝宽度过大，则会使处理变形缝的材料在同一水头作用下所承受的压力增加，这对防水是不利的，但如变形缝宽度过小，在采取一些防水措施时施工有一定难度，无法按设计要求施工。根据目前工程实践，本条规定了变形缝宽度的取值范围，如果工程有特殊要求，可根据实际需要确定宽度。用于伸缩的变形缝在板、墙等处往往留有剪力杆、凹凸榫处，接缝宽了不利于结构受力与控制沉降。

5.1.6 随着地下空间的开发利用，地下工程的数量越来越多，埋置深度越来越深，由于变形缝是防水薄弱环节，因此变形缝的渗漏成为地下工程的通病之一。规范表 3.3.1-1、3.3.1-2 根据防水等级和工程开挖方法对变形缝的防水措施作了相应的规定，本条只列举几种复合形式作为例子。

5.1.7 中埋式金属止水带一般可选择不锈钢、紫铜等材料制作，厚度宜为 2～3mm。由于其防腐、造价、加工、适应变形能力小等原因，目前应用很少，但在环境温度较高场合使用较为合适。综合上述情况，本条规定对环境温度高于 50℃ 处的变形缝，宜采用 2mm 厚的不锈钢片或紫铜片止水带。不锈钢片或紫铜片止水带应是整条的，接缝应采用焊接方式，焊接应严密平整，并经检验合格后方可安装。

Ⅲ 材 料

5.1.8 止水带一般分为刚性（金属）止水带和柔性（橡胶或塑料）止水带两类。目前，由于生产塑料及橡塑止水带的挤出成型工艺问题，造成外观尺寸误差较大，其物理力学性能不如橡胶止水带；橡胶止水带的材质是以氯丁橡胶、三元乙丙橡胶为主，其质量稳定、适应能力强，国内外采用较普遍。

表 5.1.8 给出的变形缝用止水带物理性能的技术性能指标，主要是参考《高分子防水材料 第二部分 止水带》GB 18173.2 提出的，施工时应抽样复检拉伸强度、扯断伸长率和撕裂强度等项目。

钢边橡胶止水带是在止水带的两边加有钢板，使用时可起到增加止水带的渗水长度和加强止水带与混凝土的锚固作用，多在重要的地下工程中使用。表 5.1.8 所列橡胶与金属粘合指标，适用于具有钢边的橡胶止水带。

5.1.9 原规范只规定了密封材料的最大拉伸强度、最大伸长率和拉伸压缩循环，给设计施工时的选材带来不便，这次修编，根据变形缝的使用功能和密封材料的弹性模量提出了一些性能指标，比较符合工

实际。

变形缝所用密封材料，必须经受得起长期的压缩和拉伸、振动及疲劳等作用。本条规定密封材料应采用混凝土接缝用密封胶，密封胶应具有一定弹性、粘结性、耐候性和位移能力。同时，由于密封胶是不定型的膏状体，因此还应具有一定的流动性和挤出性。表5.1.9给出的密封胶的物理性能，主要是参考《混凝土建筑接缝用密封胶》JC/T 881—2001提出的。密封胶按位移能力分为25和20两个级别，按拉伸模量分为低模量（LM）和高模量（HM）两个次级别，也称为弹性密封胶。施工现场应抽样复检拉伸模量、定伸粘结性和断裂伸长率等项目。

选用时应注意，迎水面宜采用低模量的密封材料、背水面宜采用高模量的密封材料。

Ⅳ 施 工

5.1.10 变形缝的渗漏水除设计不合理的原因之外，施工不合理也是一个重要的原因，针对目前存在的一些问题，本条做了相关规定。

中埋式止水带施工时常存在以下问题：一是顶、底板止水带下部的混凝土不易振捣密实，气泡也不易排出，且混凝土凝固时产生的收缩易使止水带与下面的混凝土产生缝隙，从而导致变形缝漏水。根据这种情况，条文中规定顶、底板中的止水带安装成盆形，有助于消除上述弊端。二是中埋式止水带的安装，在先浇一侧混凝土时，端模被止水带分为两块，给模板固定造成困难，故条文中规定端模要支撑牢固，防止漏浆。施工时由于端模支撑不牢，不仅造成漏浆，而且也不敢按规定要求进行振捣，致使变形缝处的混凝土密实性较差，从而导致渗漏水。三是止水带的接缝是止水带本身的防水薄弱处，因此接缝愈少愈好，考虑到工程规模不同，缝的长度不一，故对接缝数量未做严格的限定。四是转角处止水带不能折成直角，故条文规定转角处应做成圆弧形，以便于止水带的安设。

5.1.11 可卸式止水带全靠其配件压紧橡胶止水带止水，故配件质量是保证防水的一个重要因素，因此要求配件一次配齐，特别是在两侧混凝土浇筑时间有一定间隔时，更要确保配件质量。另外，金属配件的防腐蚀很重要，是保证配件可卸的关键。

另外，转角处的可卸式止水带还存在不易密贴的问题，故在转角除要做成45°折角外，还应增加紧固件的数量，以确保此处的防水施工质量。

5.1.12 当采用外贴式止水带时，在变形缝与施工缝相交处，由于止水带的型式不同，现场进行热压接头有一定困难；在转角部位，由于过大的弯曲半径会造成齿牙不同的绕曲和扭转，同时减少转角部位钢筋的混凝土保护层。故本条规定变形缝与施工缝的相交部位宜采用十字配件，变形缝的转角部位宜采用直角配件。

5.1.13 要使嵌填的密封材料具有良好的防水性能，除了嵌填的密封材料要密实外，缝两侧的基面处理也十分重要，否则密封材料与基面粘结不紧密，就起不到防水作用。另外，嵌缝材料下面的背衬材料不可忽视，否则会使密封材料三向受力，对密封材料的耐久性和防水性都有不利影响。

由于基层处理剂涂刷完毕后再铺设背衬材料，将会对两侧基面的基面处理剂一定的破坏，削弱基层处理剂的作用，故本条还规定基层处理剂应在铺设背衬材料后进行。

5.1.14 密封材料变形时的应变值大小不仅与材料变形量的绝对值大小成正比，而且与缝的原始宽度成反比，在缝上设置隔离层后，比如在缝上先放置 $\phi 40 \sim 60mm$ 聚乙烯泡沫棒，可起到增加缝的原始宽度的作用，这使得在缝变形大小相同的情况下，材料变形的应变值大小不相同，增加了隔离层后，材料变形的应变值可以减小，使材料更能适应缝间的变形。

5.2 后 浇 带

Ⅰ 一 般 规 定

5.2.1 后浇带是在地下工程不允许留设变形缝，而实际长度超过了伸缩缝的最大间距，所设置的一种刚性接缝。虽然先后浇筑混凝土的接缝形式和防水混凝土施工缝大致相同，但后浇带位置与结构形式、地质情况、荷载差异等有很大关系，故后浇带应按设计要求留设。

5.2.2 后浇带应在两侧混凝土干缩变形基本稳定后施工，混凝土的收缩变形一般在龄期为6周后才能基本稳定，在条件许可时，间隔时间越长越好。

高层建筑后浇带的施工除满足上述条件外，尚应符合国家现行标准《高层建筑混凝土结构技术规程》JGJ 3—2002第13.5.9条的要求，对高层建筑后浇带的施工应按规定时间进行。这里所指按规定时间应通过地基变形计算和建筑物沉降观测，并在地基变形基本稳定情况下才可以确定。

高层建筑一般是按照上部结构、基础与地基的共同作用进行变形计算，其计算值不应大于地基变形允许值；必要时，还需要分别预估建筑物在施工期间和使用期间的地基变形值。测定建筑地基沉降量、沉降差及沉降速度，是一种十分直观的方法。一般情况下，若沉降速度小于 $0.01 \sim 0.04m/d$ 时，可认为已进入稳定阶段，具体取值宜根据各地区地基土的压缩性确定。如工程需要适当提前浇筑后浇带混凝土，应采取有效措施，并取得设计单位同意。

5.2.3 补偿收缩混凝土是在混凝土中加入一定量的膨胀剂，使混凝土产生微膨胀，在有配筋的情况下，能够补偿混凝土的收缩，提高混凝土抗裂性和抗渗性。后浇带采用补偿收缩混凝土，是为了使新旧混凝土粘结牢固，避免出现新的收缩裂缝造成工程渗漏水的隐患。补偿收缩混凝土配合比设计，尚应满足防水混凝土的抗渗和强度等级要求，故规定补偿收缩混凝土的抗渗和强度等级不应低于两侧混凝土。

Ⅱ 设 计

5.2.4 后浇带部位在结构中实际形成了两条施工缝，对结构在该处的受力有些影响，所以应设在变形较小的部位。

后浇带的间距是根据近年来工程实践总结出来的。采用补偿收缩混凝土时，底板后浇带的最大间距可延长至60m；超过60m时，可用膨胀加强带代替后浇带。加强带宽度宜为1～2m，加强带外用限制膨胀率大于0.015%的补偿收缩混凝土浇筑，带内用限制膨胀率大于0.03%、强度等级提高5MPa的膨胀混凝土浇筑。

后浇带的宽度主要考虑：一是对后浇带部位和外贴式止水带的保护，二是对落入后浇带内的杂物清理，三是对施工缝处理和埋设遇水膨胀止水条，故后浇带宽度宜为700～1000mm。

5.2.5 本条取消了原规范对钢筋主盘断开的规定，因为这一规定是结构方面的问题，与防水无关。

后浇带两侧的留缝形式，根据施工条件可做成平直缝或阶梯缝。选用的遇水膨胀止水条应具有缓胀性能，其7d的膨胀率不应大于最终膨胀率的60%，当不符合时应采取表面涂缓胀剂的措施。

5.2.6 采用膨胀剂的补偿收缩混凝土，其性能指标的确定：一是在不影响抗压强度条件下膨胀率要尽量增大；二是干缩落差要小。现行国家标准《混凝土外加剂应用技术规范》GB 50119—2003 第8.3.1条已明确指出：补偿收缩混凝土收缩受到限制才会产生裂缝，而混凝土膨胀在限制条件下才能产生预压应力。

假设预压应力 σ_c 为0.2MPa，根据公式 $\sigma_c = \mu \cdot E_s \cdot \varepsilon_2$（$\mu$——配筋率；$E_s$——钢筋弹性模量；$\varepsilon_2$——限制膨胀率），就可以确定 ε_2 值。补偿收缩混凝土膨胀率应按现行国家标准《混凝土外加剂应用技术规范》GB 50119—2003 附录B的规定，通过计算得出：当 σ_c 为0.2～0.7MPa时，其限制膨胀率 ε_2 的最大值为0.05%，最小值为0.015%。因此，本条规定补偿收缩混凝土水中养护14d的限制膨胀率应不小于0.015%。由资料表明：美国规定限制膨胀率为0.03%，日本规范为0.015%以上。我国大量试验结果，认为限制膨胀率在0.025%～0.040%范围内，其补偿效果较好。鉴于测定补偿收缩混凝土干缩率的养护期太长，不利于在工程中应用，故本条不予规定。

我国膨胀剂品种有10多种，按国家现行标准《混凝土膨胀剂》JC 476的规定，膨胀剂最大掺量（替代水泥率）不宜超过12%；近年来我国已研制生产低碱掺量的膨胀剂，用于补偿收缩混凝土时，膨胀剂推荐最低掺量不宜小于6%。由于膨胀剂的品种不同，掺量不同，它与水泥、外加剂和掺合料存在适应性问题，同时应根据不同结构部位的约束条件，设定限制膨胀剂，进行补偿收缩混凝土配合比设计，经试验确定膨胀剂的掺量。

Ⅲ 材 料

5.2.8 混凝土膨胀剂是指与水泥、水拌合后经水化反应生成钙矾石或氢氧化钙，使混凝土产生膨胀的一种外加剂。膨胀剂种类较多，从国内外应用效果和可靠性来看，以形成钙矾石和氢氧化钙的膨胀剂性能较为稳定。现行行业标准《混凝土膨胀剂》JC 476中把混凝土膨胀剂分为三类：硫铝酸钙类、氧化钙类和复合膨胀剂类。鉴于我国的混凝土中大多掺入粉煤灰、矿渣粉等掺合料，膨胀剂也可视为特殊掺合料。表5.2.8规定的混凝土膨胀剂的物理性能，主要是参考《混凝土膨胀剂》JC 476中的有关物理性能指标。施工现场应抽样复检细度、凝结时间、水中7d限制膨胀率、抗压强度和抗折强度等项目。

Ⅳ 施 工

5.2.9 按现行国家标准《混凝土外加剂应用技术规范》GB 50119—2003中的规定，补偿收缩混凝土中膨胀剂的掺量宜为6%～12%。混凝土配合比中膨胀剂的掺量多少合适，应根据限制膨胀率的设定值经试验确定。

近年来，混凝土除水泥作为胶凝材料外，尚有粉煤灰、硅粉等掺合料作为胶凝材料；膨胀剂可和水泥、掺合料共同作为胶凝材料，因此规定膨胀剂掺量应以胶凝材料总量的百分比表示。

补偿收缩混凝土配合比设计与普通混凝土配合比设计基本相同，所不同的是膨胀剂掺量（替代胶凝材料率），应符合下列规定：

1 以水泥和膨胀剂为胶凝材料的混凝土。

设基准混凝土配合比中水泥用量为 m_s，膨胀剂取代水泥率为 K，则膨胀剂用量为：

$$m_s = m_{c0} \cdot K \qquad (2)$$

水泥用量为：

$$m_c = m_{c0} - m_e \qquad (3)$$

2 以水泥、掺合料膨胀剂为胶凝材料的混凝土。

设基准混凝土配合比中水泥用量为 m_c'，掺合料用量为 m_E'，膨胀剂取代胶凝材料率为 K，则膨胀剂用量为：

$$m_s = (m_c + m_E') K \qquad (4)$$

掺合料用量为：

$$m_E = m_E' (1-K) \qquad (5)$$

水泥用量为：

$$m_c = m_c' (1-K) \qquad (6)$$

5.2.10 为了保证后浇带部位的防水质量，必须保证带内清洁，同时也应对预设的防水设施进行有效保护，否则很难保证防水质量。

5.2.11 后浇带的两条接缝实际是两条施工缝，因此缝的处理应符合防水混凝土施工缝的处理规定。

5.2.12 掺膨胀剂的补偿收缩混凝土，大多用于控制有害裂缝的钢筋混凝土结构工程，以往绝大多数设计图纸只写混凝土掺入膨胀剂、强度等级和抗渗等级，而对混凝土的限制膨胀率没有提出具体要求，造成膨胀剂少掺或误掺，起不到补偿收缩的作用，从而出现有害裂缝。施工单位或混凝土搅拌站，应根据设计要求确定膨胀剂的最佳掺量，在满足混凝土强度和抗渗要求的同时，达到补偿收缩混凝土的限制膨胀率。只有这样，才能达到控制结构出现裂缝的效果。

5.2.13 后浇带采用补偿收缩混凝土，可以避免出现新的收缩裂缝造成工程渗漏水的隐患，如果后浇带施工留设施工缝，就会大大降低后浇带的抗渗性，因此强调后浇带混凝土应一次浇筑。

混凝土养护时间对混凝土的抗渗性尤为重要，混凝土早期脱水或养护过程中缺少必要的水分和温度，则抗渗性将大幅度降低甚至完全消失，其影响远较强度敏感。因此，当混凝土进入终凝以后即应开始浇水养护，使混凝土外露表面始终保持湿润状态。后浇带混凝土必须充分湿润地养护 6 周，以避免后浇带混凝土的收缩，使混凝土接缝更严密。

5.2.14 后浇带如在有水情况下施工，很难把缝清理干净，不能保证接缝的防水质量，因此在地下水分较高，需要进行超前止水时，可采用本条所推荐的方法。

底板后浇带部位混凝土的局部加厚，主要是用于坑底排水，并使钢筋保护层不受建筑的垃圾影响。当有降水条件时，后浇带部位混凝土也可局部加厚，此时，可不设外贴式止水带。

5.3 穿墙管（盒）

5.3.1 预先埋设穿墙管（盒），主要是为了避免浇筑混凝土完成后，再重新凿洞破坏防水层，以形成工程渗漏水的隐患。

5.3.2 本条规定的距离要求是为了便于防水施工和管道安装施工操作。

5.3.3 穿墙管外壁与混凝土交界处是防水薄弱环节，穿墙管中部加上止水环可改变水的渗透路径，延长水的渗透路线，加遇水膨胀橡胶则可堵塞渗水通道，从而达到防水目的。针对目前穿墙管部位渗漏水较多的情况再增设一道嵌缝防水层，以确保穿墙管部位的防水性能。另外，止水环的形状以方形为宜，以避免管道安装时所加外力引起穿墙管的转动。

5.3.4 当穿墙管与混凝土的相对变形较大或有更换要求时，管道外壁交界处会产生间隙而渗漏，此时采用套管式穿墙管，可使穿墙管与套管发生相对位移时不致渗漏。

5.3.5 止水环的作用是改变地下水的渗透路径，延长渗透路线。如果止水环与管不满焊，或满焊而不密实，则止水环与管接触处仍是防水薄弱环节，故止水环与管一定要满焊密实。套管内因还需采用其他防水措施，故其内壁表面应清理干净，以保证防水施工的质量。

管间距离过小，防水混凝土在此处不易振捣密实，同时采用其他防水措施时，因操作空间太小，易影响其他防水措施的质量，故对管间距做了相应规定。

5.3.7 对有防护要求的地下工程，穿墙管部位不仅是防水薄弱环节，也是防护薄弱环节，因此此时的措施要兼顾防水和防护两方面的要求。

5.3.8 伸出迎水面外的穿墙管可能在回填时被损坏，一旦损坏不仅影响使用，而且可能形成渗漏水通道，故应采取可靠措施，如施工时在管的下部加支撑的方法，回填时在管的周围细心操作等，以杜绝此类现象发生。

5.4 埋 设 件

5.4.1 埋设件的预先埋设是为了避免破坏工程的防水层，如采用滑模式钢模施工确无预埋条件时，方可后埋，但必须采用有效的防水措施。

5.5 预留通道接头

5.5.1 参见规范第5.1.4条的条文说明。

5.5.2 本条取消了原规范图 5.5.2-1 的防水构造形式，原因是这种做法在地下工程防水中的应用较少，且此做法只起防潮作用，不起防水作用，故予以取消。

预留通道接头是防水的薄弱环节之一，这不仅由于接头两边的结构重量及荷载可能有较大差异，从而可能产生较大的沉降变形，而且由于接头两边的施工时间先后不一，其间隔可达几年之久。条文中的两种防水构造做法，既能适应较大沉降变形，同时由于遇水膨胀止水条、可卸式止水带、嵌缝材料等均是在通道接头完成后才设置的，所以比较适合通道接头防水这种特殊情况。

5.5.3 由于预留通道接头两边施工时间先后不一，因此特别要强调中埋式止水带的保护，以免止水带受老化影响降低其性能，同时也要保持先浇部分混凝土端部表面平整、清洁，使遇水膨胀止水条和可卸式止水带有良好的接触面。而预埋件的锈蚀将严重影响后续工序的施工，故应保护好。

5.6 桩 头

5.6.1 近年来因桩头处理不好引起工程渗漏水的情况时有发生，分析其原因，主要是在以下几个部位形成的：

1 桩头钢筋与混凝土间；

2 底板与桩头间的施工缝；

3 混凝土桩身与地基土两者膨胀收缩不一致形成缝隙。

因此本条规定了桩头所用防水材料的性能,并强调桩头防水应与主体防水连成一体,形成整体防水性。

5.6.3 本条列举的桩头防水构造是近年来应用较好的几种做法,供桩头防水设计时参考。

5.7 孔 口

5.7.1 十年来的实践表明,原定的出入口高出地面的高度偏低,时常造成孔口倒灌现象,现予以适当加高。

5.7.2 窗井的底部在最高地下水位以上时,为了方便施工,降低造价,利于泄水,窗井的底板和墙宜与主体断开,以免窗井底部积水流入窗内。

6 地下工程排水

6.1 一般规定

6.1.1 排水是指采用疏导的方法将地下水有组织地经排水系统排出,以削弱水对地下结构的压力,减小水对结构的渗透,从而辅助地下工程达到防水的目的。因此,地下工程在进行防水方案选择时,可根据工程所处的环境地质条件,适当考虑排水措施。

6.1.2 当排水口标高确定无法高于最高洪(潮)水位标高时,为使地下工程的地下水能顺利排出,必须采取防倒灌措施。

6.2 设 计

6.2.1 地下工程种类繁多,施工方法各异,但除了全封闭防水结构以外,都应该根据自身的特点,设置完整的排水体系,有自流排水条件的工程和山岭隧道、坑道,应通过明沟或暗沟(管)将水排出工程以外,无自流排水条件的工程,如地铁、地下室、水底隧道等,应设置集水坑或集水井,将汇入坑(井)中的水用机械排出。

渗排水、盲沟排水适用于无自流排水条件的地下工程,具体采用时应对地下水文及地质情况分析后确定。

本章所指的盲沟是指具有过滤层的盲沟。热塑性塑料丝盲沟因其过滤与排水一体化,故纳入盲管范畴中。

6.2.3 与原规范相比,本条增加了渗排水方法的适用范围。对地下水较丰富、土层属于透水性砂质土的地基,应设置渗排水层;对常年地下水位低于建筑物底板,只有丰水期内水位较高、土层为弱透水性的地基,可考虑盲沟排水。

本条介绍了渗排水层的构造、施工程序及要求。

设计渗排水层时,应合理选择排水材料。

渗排水法是将排水层渗出的水,通过集水管流入集水井内,然后采用专用水泵机械排水。集水管可采用无砂混凝土集水管或软塑盲管,可根据工程的排水量大小、造价等因素进行选用。

6.2.4、6.2.5 盲沟排水,一般设在建筑物周围,使地下水流入盲沟内,根据地形使水自动排走。如受地形限制,没有自流排水条件,则可设集水井,再由水泵抽走。

盲沟排水适用于地基为弱透水性土层,地下水量不大、排水面积较小或常年地下水位低于地下建筑室内地坪,只有雨季丰水期的短期内稍高于地下建筑室内地坪的地下防水工程。

6.2.6 本条增加了盲管排水的适用范围。

纵向排水盲管汇集拱顶、侧墙围岩表面下渗的地下水,而后通过排水明沟将水排至工程外。横向排水沟是将衬砌后排水明沟未排走的水及底板下部水引至中心排水盲管排走。

6.2.7 盲管(导水管)即弹塑软式透水管,是以高强弹簧钢丝为骨架,经特殊防腐处理绕成的弹簧圈,外包无纺布和高强涤纶丝而成。它具有良好的透水性且不易堵塞,能随围岩基面紧贴铺设。导水管铺设的位置和每处铺设的数量应根据现场围岩的渗漏水具体情况确定。

6.2.10 地下工程种类较多,所处位置的环境条件和渗水大小不尽相同,因此排水量也不尽相同,与原规范相比,本条取消了"排水明沟断面尺寸表",使设计者可根据工程具体条件灵活确定。

6.2.12 贴壁式衬砌在隧道、坑道应用较多,由于多数有自流排水条件,因此在做好衬砌本体防水的同时,也要充分利用自流排水条件,形成完整的防排水系统。

贴壁式衬砌的排水系统分为两部分:一部分是将围岩的渗漏水从拱顶、侧墙引至基底即本条介绍的盲沟、盲管(导水管)、暗沟等几种方法;一部分是将水引至工程的基底排水系统。盲沟所用的材料来源广泛,造价低,但施工较麻烦,特别是拱顶部分。而拱顶部分采用钻孔引流措施时,由于拱部钻孔较困难,还需先设钻孔室,投资较大,所以只作为一种措施以供选择。

6.2.13 离壁式衬砌在国防工程中应用较多,其衬砌与围岩间的距离主要是为便于人员检查、维修而定的最小尺寸。

为加强离壁式衬砌拱部防水效果,工程上一般采用防水砂浆、铺设塑料防水板或防水卷材加强防水。在选择防水卷材时,由于拱部湿度较大,应选用湿基面粘结的防水卷材,如聚乙烯丙纶复合防水卷材,也可采用水泥基渗透结晶型防水涂料。

6.2.14 本条说明如下:

1 衬套外形要有利于排水，一般可用人字形坡或拱形，底板架空则有利于防潮。

2 为便于设置排水沟，保证一定的空气隔离层厚度，以提高防潮效果，因此规定离壁衬套与衬砌或围岩的间距。

3 早期的衬套材料一般采用普通玻璃钢或塑料布，这两种材料防火性能不能满足地下工程防火对材料的要求，而金属板因其导热系数大，在衬套内外温差较大时容易结露，影响衬套内部的使用功能。故本条对衬套材料性能只作原则性的规定，以避免产生目前工程应用中的弊端。

6.3 材 料

6.3.1 国家发改委 2004 年发布的《软式透水管》JC 937 建材行业标准规定弹簧盲管的主要性能指标如下：

1 外径尺寸允许偏差应符合表 9 要求；

表 9 外径尺寸允许偏差

规 格	FH50	FH80	FH100	FH150	FH200	FH250	FH300
外径尺寸允许偏差	±2.0	±2.5	±3.0	±3.5	±4.0	±6.0	±8.0

2 构造要求：包括钢丝直径、间距和保护层厚度应符合表 10 要求。

表 10 构造要求

项 目		规 格						
		FH50	FH80	FH100	FH150	FH200	FH250	FH300
钢丝	直径 (mm)	≥1.6	≥2.0	≥2.6	≥3.5	≥4.5	≥5.0	≥5.5
	间距 (圈/m)	≥55	≥40	≥34	≥25	≥19	≥19	≥17
	保护层厚度 (mm)	≥0.30	≥0.34	≥0.36	≥0.38	≥0.42	≥0.60	≥0.60

表 10 中，钢丝直径可加大并减少每米的圈数，但应保证能满足表 12 所列耐压扁平率的要求。

3 滤布要求：滤布性能应符合表 11 要求；

表 11 盲管滤布性能

项 目	性能指标						
	FH50	FH80	FH100	FH150	FH200	FH250	FH300
纵向抗拉强度 (kN/5cm)	≥1.0						
纵向伸长率 (%)	≥12						
横向抗拉强度 (kN/5cm)	≥0.8						
横向伸长率 (%)	≥12						

续表 11

项 目	性能指标						
	FH50	FH80	FH100	FH150	FH200	FH250	FH300
圆球顶破强度 (kN)	≥1.1						
CBR 顶破强力 (kN)	≥2.8						
渗透系数 K_{20} (cm/s)	≥0.1						
等效孔径 O_{95} (mm)	≥0.06~0.25						

表 11 中，圆球顶破强度试验及 CBR 顶破强力试验只需进行其中的一项，FH50 由于滤布面积较小，应采用圆球顶破强度试验；FH80 及以上建议采用 CBR 顶破强力试验。

4 耐压扁平率：应符合表 12 要求。

表 12 耐压扁平率

规 格		FH50	FH80	FH100	FH150	FH200	FH250	FH300
耐压扁平率	1%	≥400	≥720	≥1600	≥3120	≥4000	≥4800	≥5600
	2%	≥720	≥1600	≥3120	≥4000	≥4800	≥5600	≥6400
	3%	≥1480	≥3120	≥4800	≥6400	≥6800	≥7200	≥7600
	4%	≥2640	≥4800	≥6000	≥7200	≥8400	≥8800	≥9600
	5%	≥4400	≥6000	≥7200	≥8000	≥9200	≥10400	≥12000

6.3.2 规定无砂混凝土排水管强度的目的是防止施工或使用过程中被压扁而缩小排水空间。

6.4 施 工

6.4.1 纵向盲沟兼渗水和排水两项功能，铺设前必须将底部铲平，并按设计要求铺设碎砖（石）混凝土层，以防止盲沟在使用过程中局部沉降，造成排水不畅。

6.4.2 集水管在汇集地下水过程中，泥砂和水一道进入集水管中，造成泥砂沉积。因此，必须将其置入过滤层中间，地下水过滤后再进入集水管中。

6.4.3 盲管应与岩壁密贴，集排水功能才能很好发挥，同时，为防止后序工种施工时盲管脱离，必须固定牢固，并在不平处加设固定点。

6.4.4 环向、纵向盲管接头部位要连接好，使汇集的地下水顺利排出。目前盲管生产厂家都配套生产了标准接头、异径接头和三通等，为施工创造了条件，施工中尽量采用标准接头，以提高排水质量。

6.4.5 在贴壁式、复合式（无塑料板防水层段）铺设的盲管，在施工混凝土前，应用塑料布、无纺布等包裹起来，以防混凝土中的水泥砂浆进入盲管中堵塞盲管。

7 注浆防水

7.1 一般规定

7.1.1 注浆分类方法很多，按施工顺序可分为预注浆和后注浆；按注浆目的可分为加固注浆和堵水注浆；按浆液扩散形态可分为渗透注浆和劈裂注浆等等。

高压喷射注浆属于结构加固的内容，和防水无太大关系，所以修改时将此删除。

本条所列条款可单独进行，也可按工程情况采用几种注浆方法，确保工程达到要求的防水等级。

7.1.2 收集资料的目的是为了更好地确定注浆方案。本条规定了资料搜集的内容，包括工程防水等级、水文地质条件等，因工程的防水等级与注浆所采用的方法、材料及造价密切相关。

7.1.3 预注浆（特别是工作面预注浆）时为防止浆液从工作面漏出，必须施作止浆墙。止浆墙有平底式或单级球面式，其厚度按以下经验公式求得：

（1）单级球面形止浆墙

$$B = \frac{P_0(r^2+h^2)^2}{4r^2h^2[\sigma]} \approx \frac{P_0r}{[\sigma]} \qquad (7)$$

式中 B——单面球形止浆墙厚（m）；

P_0——注浆终压（MPa）；

r——开挖半径（m）；

h——球面矢高（m）；

$[\sigma]$——混凝土允许抗压强度（MPa），即止浆墙设计强度。

（2）平底式止浆墙：

$$B_n = \frac{P_0r}{[\sigma]} + 0.3r \qquad (8)$$

式中 B_n——平底式止浆墙厚度（m），其他符号意义同前。

由于止浆墙厚度是按止浆墙混凝土设计强度计算的，预注浆时混凝土止浆墙必须达到设计强度才可进行。

为保证注浆安全和质量，一般止浆墙的安全系数取2～3。

7.2 设 计

7.2.2 预注浆的段长，不仅要考虑工程地质和水文地质条件（主要是把相同孔隙率或裂隙宽度的地层放在同一注浆段内，以便浆液均匀扩散），而且要考虑工作实际和钻孔时间，充分发挥钻机效率，缩短工程建设工期。

随着液压凿岩台车的引进，凿岩能力加大，因此，注浆段长以10～50m为宜。由于开挖后要留2～3m止浆岩墙，注浆段越长，开挖也越长，工期越短；但钻孔越深，钻孔速度越低，进度越慢。因此，合理选择段长是加快注浆工期的关键。

7.2.6 注浆压力是浆液在裂隙中扩散、充填、压实、脱水的动力。注浆压力太低，浆液就不能充填裂隙，扩散范围也有限，注浆质量也差。注浆压力太高，会引起裂隙扩大，岩层移动和抬升，浆液易扩散到预定注浆范围之外，造成浪费。特别在浅埋隧道，会引起地表隆起，破坏地面设施，造成事故，因此，合理选择注浆压力，是注浆成败的关键。因此规范规定预注浆比静水压力大0.5～1.5MPa，回填注浆及衬砌内注浆压力应小于0.5MPa。

7.2.7 衬砌内注浆通常用于处理结构渗漏水，为防止壁后泥砂涌入影响注浆效果或浆液流失，因此规定孔深宜为壁厚的1/3～2/3。

7.3 材 料

7.3.2 注浆材料的品种很多，且某种材料不能完全符合所有条件，因此必须根据工程水文地质条件、注浆目的、注浆工艺及设备、成本等因素综合考虑，合理选择注浆材料。

1 预注浆、衬砌前围岩注浆，注浆情况比较复杂，裂隙孔隙有大有小，裂隙宽度大于0.2mm的岩层或砂子平均粒径大于1.0mm的粗砂地层可采用水泥浆、水泥—水玻璃浆；裂隙宽度小于0.2mm的岩层或平均粒径小于1.0mm的中细砂层，且堵水要求较高，可采用超细水泥浆、超细水泥-水玻璃浆，特殊情况下可采用化学浆液。也可将水泥浆和化学浆配合使用。

2 防水混凝土衬砌一般孔隙小、裂缝细微，普通水泥浆颗粒大，难以注入，必须选用特种水泥浆或化学浆。

特种水泥浆是除普通水泥浆之外的其他水泥浆，如超细水泥浆、自流平水泥浆、硫铝酸盐水泥浆等。

7.4 施 工

7.4.1 钻孔精确度是注浆效果好坏的关键，因此，要尽量保证开孔误差和钻孔偏斜率。

一般孔按规范条文控制，但对堵水要求较高的孔或单排注浆帷幕孔，可按设计要求，不受此限。

7.4.4 根据近年来的实践，条文中规定了设置隔水墙的做法。

7.4.7 注浆要求、注浆目的不同，注浆结束标准也不相同，因此本次保留了原规范规定的注浆结束标准的要求。

7.4.8 注浆结束前，为了检验注浆效果，防止开挖时发生坍塌涌水事故，必须进行注浆效果检查。通常是在分析资料的基础上采取钻孔取芯法进行检查。有条件时，还可采用物探进行检查。

分析资料时要结合注浆设计、注浆记录、注浆结束标准，分析各注浆孔的注浆效果，看哪些达到了标准，哪些是薄弱环节，有无漏注或未达到结束标准的孔，原因何在，如何补救等。

钻孔取芯法是按设计要求在注浆薄弱地方，钻检查孔，检查浆液扩散、固结情况，并进行压水（抽）水试验，检查地层的吸水率（透水率），计算渗透系数及开挖时的出水量。

8 特殊施工法的结构防水

8.1 盾构法隧道

8.1.1 盾构隧道开挖掘进中用现浇混凝土成为隧道衬砌的方式虽然还存在，但国内工程中极少使用，绝大部分都采用预制衬砌。故规范取消了这方面的提法。

随着对混凝土结构耐久性的重视，管片混凝土采用耐侵蚀混凝土的技术已很成熟，因此，当隧道处于侵蚀性介质的地层时，首先应考虑耐侵蚀混凝土措施；也可采用外防水涂层来抵御侵蚀性离子侵入的措施。对于严重腐蚀地层，两项耐侵蚀措施一起采用更为可靠。

8.1.2 根据多年来的工程实践，对原规范"不同等级的盾构隧道衬砌防水设防措施表"进行了修改。修改内容如下：

1 修改了外防水涂料的使用范围。外防水涂料的品种，包括了水泥基渗透结晶型、硅氧烷类渗透型材料与环氧类封闭型材料。不仅有防腐蚀作用，也能起到防渗作用，在工程实践中都有使用，故均列入。在一级防水等级中，从加强耐久性着眼，即使非侵蚀地层也"宜选"，对混凝土有中等以上腐蚀的地层则"应选"。在二、三级防水等级中，因并非隧道经过的全部地段都有侵蚀性介质，并且各地段埋深差异也可能很大，因而要求也不尽相同，故用"对混凝土有中等以上腐蚀的地层宜选"。

2 对防水等级二、三级的隧道工程，明确不要求采用全隧道嵌缝措施。局部区段也只是"宜"嵌缝。总之，反映了国内外盾构隧道弱化嵌缝防水的趋势。

3 取消了混凝土内衬的使用范围。盾构隧道设计与施工内衬的做法，总体上在不断减少。盾构隧道如果施作内衬，则主要根据使用功能的需要，设计全内衬砌或局部内衬，如输水隧道为了减少输水壁面阻力、大型公路隧道为路面以下空间的利用，盾构隧道为加强防水能力；包括防止地下水渗入或输水盾构隧道内水的流失而施作内衬的。正因为如此，按防水等级来确定是否选择内衬就欠科学，故表8.1.2中删去

了这一项。

8.1.3 管片的精度直接影响拼装后隧道衬砌接缝缝隙的防水。因此本条对钢筋混凝土管片的制作钢模及管片本身的尺寸误差作了相应规定，以保证管片拼装后隧道衬砌接缝缝隙的防水性能。

8.1.4 管片防水混凝土抗渗等级应符合规范第4.1.4条的规定，且不得小于P8的理由是：

1 目前盾构法隧道管片防水混凝土≥C30时，混凝土试块的抗渗等级都大于P8，通常达到P10。

2 国内施工的盾构隧道管片混凝土试块抗渗等级均大于P8。

3 根据国内外地下工程对密封材料的抗水压要求，有不少是按抗实际水压力的3倍进行设计，显然管片抗渗等级至少应与接缝抗水压能力相当。

本条增加了对管片进行Cl^-扩散系数或渗透系数检测的规定，这是因为对管片进行Cl^-扩散系数或渗透系数检测是判断其耐久性的主要手段，尤其是对处于侵蚀性地层的隧道衬砌而言。鉴于国内对有关检测的设备、方法（如检测Cl^-扩散系数的自然扩散法、RCM法、NEL法以及电量法等等）要求不一，检测标准尚无正式规定，因而条文中也不做具体规定（包括定量要求）。

8.1.5 密封垫是衬砌防水的首要防线，应对其技术性能指标做出规定。由于目前密封垫的材质以氯丁橡胶、三元乙丙橡胶为主，这里将弹性密封垫分为氯丁橡胶与三元乙丙橡胶。遇水膨胀橡胶应用较多，技术也较为成熟，所以通过表8.1.5-1、8.1.5-2将这三种（包括以它们为主、适量加入其他橡胶为辅的混合胶）材料的部分性能作为检验项目。所列性能指标中的防霉、热老化等性能检测较繁杂，可列入形式检验项目。遇水膨胀橡胶的技术性能指标及测试方法，这里按国家规定列出。溶出物量是一项反映耐久性的重要指标，它受试件断面、浸泡时间、浸泡量、试件是否受约束等影响，故此指标可作试验时比较，未作正式指标列入。按规定，密封垫应直接从成品切片制成试样测试，由于遇水膨胀橡胶密封垫的断面尺寸一般较小，难以由成品切片检测，故宜从胶料制取试样。

表中数据的制定参考了现行国家标准《高分子防水材料 第3部分 遇水膨胀橡胶》GB/T 18173.3。

8.1.6 本条对文字的表述做了一些修改，以便表达得更明确。国外近年设计弹性橡胶密封垫时，对原规范公式（8.1.6）有所突破，即密封垫断面中的孔有越来越多、呈蜂窝状的趋势。这时，规范公式（8.1.6）$A = (1 \sim 1.15)A_0$，其中的系数远大于"1～1.15"。由于尚未成为主流，这次对此将"应"改为"宜"，更为确切。

另外，需要补充的是：由于对深（浅）埋隧道要求的埋深水头分别为实际埋深水头的2倍和3倍，故

设计时应规定密封垫的技术要求，即它能适应的最大接缝张开量、错位量和埋深水头。而这些技术要求又应通过目前已普遍确认的模拟管片一字缝、十字缝水密性试验检测验证。

8.1.7 早期的螺孔密封圈是直接设在环向纵面螺孔口的，目的是防水与防腐，由于固定困难等问题，现几乎不再使用。在管片肋腔螺孔口加工成锥形的沟槽较方便，也利于螺孔密封圈的固定与压密，因而成为普遍的做法。

螺孔密封圈与沟槽相匹配的含义是它的外形与构造最利于在沟槽中压密与固定，最利于防水。

螺孔密封圈虽也有石棉沥青、塑料等制品，但最多的还是橡胶类制品（包括遇水膨胀橡胶），故条文中加以突出。

8.1.8 鉴于目前嵌缝槽的形式已趋于集中，可以归结成图 8.1.8 所示的几类，并对槽的深、宽尺寸及其关系加以定量的规定。

与地面建筑、道路工程变形缝嵌缝槽不同，因隧道衬砌嵌缝材料在背水面防水，故嵌缝槽深应大于槽宽，又由于盾构隧道衬砌承受水压较大，相对变形较小，因而嵌缝材料应是：

1 中、高弹性模量类的防水密封材料，如聚硫、聚氨酯、改性环氧类材料，也可以是有限制膨胀措施下的遇水膨胀类腻子或密封材料等未定型类材料。

2 特殊外形的预制密封件为主，辅以柔性密封材料或扩展型材料构成复合密封件。

根据我国常用的定型与不定型两类材料特性以及施工的要求，参考德国 STUVA、美国盾构隧道接缝密封膏应用指南及日本有关实践，提出的嵌缝槽深宽比为>2.5。

3 之所以作出本条第 3 款的规定，是因为一方面底部嵌缝对避免隧道，尤其是铁路隧道沉降是有一定功效的；整环嵌缝对水工隧道减少流动阻力是有利的；顶部嵌缝对防止渗漏影响公路隧道、地铁隧道的运营安全与防腐蚀是需要的；另一方面，随着盾构隧道防水技术的发展和隧道渗漏水量的减少，嵌缝在根本上不能防水、止水，只是起到疏引作用，故目前国内外越来越少进行管片整体嵌缝。目前的嵌缝更多的是起的堵水与引排水的功效。

8.1.9 复合式衬砌在盾构隧道中也有使用，根据实际工程的做法增加了缓冲层、防水板的应用等规定。

8.1.10 对有侵蚀性介质的地层，或埋深显著增加的地段等需要增强衬砌防腐蚀、防水能力时，需要采用外防水涂料。

上海地铁一号线、新加坡地铁线、香港地铁二号线采用的分别是环氧-焦油氯磺化聚乙烯、环氧-聚氨酯、环氧-焦油、改性沥青类，在埃及哈迈德·哈姆迪水下公路隧道管片外背面也有类似材料采用，在委内瑞拉加拉加斯地铁以及国内几条地铁新线将部分采

用水泥基渗透结晶型防水涂料。环氧类防腐蚀涂料封闭性好，水泥基渗透结晶型涂料、硅氧烷类涂料渗透性好，具有潮湿面施工的特性。两类材料各有所长，均可选择。

8.1.11 为满足环缝变形要求，变形缝环面上需设置垫片，因而变形缝密封垫的高度应加厚。通常是在原密封垫表面用同样材料的橡胶薄片，或遇水膨胀橡胶薄片叠合或复合，作为适应变形量大的密封垫。

8.1.12 本条中新增了盾构隧道的连接通道及其与隧道接缝防水的三项规定。这是由于地铁盾构隧道、公路盾构隧道等盾构隧道为安全逃生等多种需要往往设置连接通道，这方面的防水已成为盾构隧道防水的重要组成部分。规定主要针对连接通道广泛采用的矿山法施工，强调了复合式对砌夹层防水层，也点到了分区注浆系统。考虑到承压水地层施工风险大，不排除采用内防水层。另外，连接通道与盾构隧道接头是防水难点，提出了几种较有效的防水材料设防。

8.2 沉　井

8.2.1 各种沉井因用途不同对防水的要求也不同。由于沉井施工的环境与明挖法相近，故不同防水等级的沉井施工缝防水措施可参照明挖法的防水措施。

8.3 地下连续墙

8.3.2 采用地下连续墙既做工程周围土体的支护，又兼做地下工程的内衬时，作为永久性结构的一部分，无疑对降低工程造价、缩短工程周期、充分利用地下空间都极为有利。但由于地下连续墙的钢筋混凝土是在泥浆中浇筑，影响混凝土质量的因素较多，从耐久性考虑较不利，加上连续墙幅间接缝的防水处理难度较大，从耐久性要求，通常不适合防水等级为一级的地下工程。但也不强行限制，因为不少地铁车站已采用单层地下墙为主体结构，且防水效果尚好，尤其在强调采用高分子稳定浆液作为护壁泥浆时，混凝土的质量，包括耐久性得到提高，故规定为不宜用作防水等级为一级的地下工程中。根据修改后防水等级适用范围的规定，有的工程各部位防水等级可有差别，故不能说采用地下连续墙做内衬的整个工程均为防水等级为二级以下的工程。当其工程顶、底板的防水等级要求较高，而墙面防水等级较低或受施工环境限制时，则可使用地下连续墙直接作主体结构的墙体。

地下连续墙直接作为主体结构的墙体时，需要有一定的厚度才能保证工程达到所要求的防水等级。根据近年来工程实践经验，其厚度以不小于 0.6m 为宜。

成槽精度越高，对防水越有利，但施工难度加大，根据目前的施工水平提出"整修后墙面平整度的允许偏差不宜大于 50mm"的要求。

幅间接缝是防水的薄弱环节，根据工程实践提出两种较好的形式。锁口管的质量也是影响幅间接缝防水质量的一个因素，所以条文中也对此作了相应要求。

在强调工程耐久性与设计使用寿命的今天，单层地下连续墙直接用于防水等级为一级的地下工程的墙体的做法是不符合耐久性设计要求的，因此将"不宜"改为"不应"，并规定只有用"高分子聚合物作为护壁泥浆"才可以采用地下连续墙作为单墙结构墙体。

有关水泥用量的提法已不合适，应提胶凝材料才合理。由于水泥可以是纯硅，也可以为普硅，强度等级可以为42.5级、52.5级（尤其沿海地区）。原规定水泥用量超 400kg/m³，绝对没必要，强度会太高。实践表明，胶凝材料≥400kg/m³ 较为合适，原先坍落度规定 200±20mm，应取消上限，目前为配置高流态的混凝土，坍落度可以大于 250mm，使其流动性、保水性都好，且宜提扩展度指标，而随着未来深基础工程增多，地下墙超深时必须使用高坍落度、大扩展度的自密实混凝土。

顶板，底板的防水措施与本节关系不大，故作删除。

8.3.3 地下连续墙作为复合衬砌的一部分，不直接作为主体结构的墙体使用，而主体结构用防水混凝土浇筑时，可用做防水等级为一、二级工程。但应指出，由于地下连续墙和直接作主体结构的墙体在板的位置上的钢筋连为一体，此处防水如处理不好，极易形成渗漏水通道，而一旦直接作主体结构的墙体渗漏，很难找出渗漏水点，因此直接作主体结构的墙体，特别是这些细部构造的施工更要精心。

为了解决地下连续墙与直接作主体结构的墙体因钢筋相连造成防水难度加大这一问题，目前有些工程直接作主体结构的墙体与地下连续墙已不相连，在两者之间的塑料防水板防水层可以连续铺设形成一个完整的防水层，防水效果很好，故本条第 3 款对此做了相应的规定。

8.3.4 针对地下墙与内衬墙构成叠合结构墙，且埋设较深（至结构底板长过 20m）时，若完全按照4.1.4 条中混凝土抗渗等级与埋深的对应关系来要求混凝土的抗渗等级，势必会因追求混凝土高的抗渗等级而降低它的坍落度或扩展度（除非用代价很高的高效减水剂等措施），影响实际的浇筑密实性，显然是不合理的。在结合诸多工程实践和广泛征求专家意见的基础上提出"抗渗等级降低一级"的规定。至于地下墙作为分离式结构的临时围护墙时，显然就不能按防水混凝土那样要求其抗渗等级。

8.4 逆筑结构

8.4.1 逆筑法是由上而下逐层进行地下工程结构施工的一种方法。近十年来采用此种方法施工的工程日渐增多，无论是单建式地下工程还是附建式地下工程均有采用。除地下连续墙不用再加设临时支撑外，其他做法均与 8.3.2 条相同。

8.4.2 当采用地下连续墙和防水混凝土内衬的复合式衬砌的逆筑法施工时，为确保整个工程的防水等级达到一、二级要求，必须处理好逆接施工缝的防水。逆接施工缝与顶板、中楼板的距离要大些，否则不便于逆接施工缝处的混凝土浇筑施工；逆接施工缝采用土胎模，容易做成斜坡形，目前工程中也常用这种形式，故本条予以推荐；在浇筑侧墙混凝土时，一次浇筑至逆接施工缝在施工时要方便快速，但不利于防水，因逆接施工缝本身就是防水薄弱环节，一次浇至逆接施工缝时，由于混凝土沉降收缩、干燥收缩等原因会在逆接施工缝处形成裂缝，造成渗漏水隐患，又因整个侧墙的工程量较大，如全部用补偿收缩混凝土浇筑则会使工程造价增加，故本条规定逆接施工缝处采用二次浇筑，待先浇混凝土收缩大部分完成后再进行浇筑，以确保逆接施工缝处的防水质量。这些年在逆接施工缝部位采用单组分遇水膨胀密封胶和预埋注浆管作为防水措施较为成功，因此在逆作法结构施工缝处补入了这两项防水措施。

8.4.3 在城市地下工程的建设中，特别是处于闹市区和交通繁忙地带的单建式地下工程建设中，为了尽量减少施工对城市生活的影响，在地下水位较低（低于地下工程底部标高）的区域，也常采用不用地下连续墙的逆筑法施工。这种方法施工时顶板的防水处理较容易，可参照明挖法施工的做法，逆接施工缝的做法可参照第 8.4.2 条的规定。比较难办的是由于没有地下连续墙这一初期支护，而施工时为了安全不可能把结构内的土体一次挖除，而需边挖边浇筑混凝土侧墙，这就会留一些垂直施工缝，而垂直施工缝又与水平施工缝、逆接施工缝相交，给防水处理带来较大难度。故施工时在保证安全的前提下应尽量少留垂直施工缝，需要留设时一方面要做好垂直施工缝本身的防水，同时也要做好垂直施工缝与水平施工缝、逆接施工缝相交处的防水处理，确保工程的防水要求。逆筑法的底板应一次浇筑，同时按防水等级的要求做好底板与侧墙、桩柱相交处的防水处理。

8.5 锚喷支护

8.5.2 锚喷支护的混凝土因是喷射施工，影响混凝土质量的因素较多，因此不宜直接单独用于防水等级高的工程的主体结构。

因影响喷射混凝土抗渗性能的因素较多，故取消了喷射混凝土抗渗等级的要求。外加剂和掺合料等对喷射混凝土的抗渗性能影响较大，特别是对收缩开裂及后期强度下降有较大影响，故喷射混凝土中可掺入纤维作为抗裂措施，各种外加剂的掺量应通过试验确定。

地下工程变截面及曲线转折点的阳角，即突出部位，喷射混凝土的质量往往不易保证，因此规定此处喷射混凝土的厚度应在原设计的基础上增加 50mm。

8.5.3 复合式衬砌既有防水板防水层，又有内衬防水混凝土，故可用于防水等级为一、二级的工程。

9 地下工程渗漏水治理

9.1 一般规定

9.1.1 在渗漏水治理前，熟悉掌握工程的原防排水设计、施工记录和验收资料，对原防排水的位置，施工中的防水设计变更，材料选择做到心中有数，可为治理时的方案制定带来帮助。

9.1.3 地下工程渗漏水治理中要重视排水工作，主要是将水量大的渗漏水排走，目的是减小渗漏水压，给防水创造条件。排水的方法通常有两种，一种是自流排水，另一种是机械排水，当地形条件允许时尽可能采取自流排水，只有受到地形条件限制的时候，才将渗漏水通过排水沟引至集水井内，用水泵定期将水排出。

9.1.4 防水堵漏时，应尽量选用无毒或低毒的防水材料，以保护施工人员身体和周围环境。为防止污染环境，除了对现场废水、废液妥善处理外，施工时还应对周围饮用水源加强监测。

9.1.6 防水施工是技术性强、标准要求较高的防水材料再加工过程，应由有资质等级证书的防水专业施工队伍来承担，操作人员必须经过专业培训，考核合格，并取得建设行政管理部门所发的上岗证方可进行施工。虽然我国的建筑防水从业人员迅猛发展，各类防水专业施工队伍形成了一定规模，但在市场经济发展过程中存在着施工队伍良莠不齐的问题，不少从业人员中，真正了解建筑防水工程的构造、材料特点、使用方法以及具备施工操作技能的人员很少，并且民工队伍较多，很难确保堵漏工程的质量，有的工程经过几个施工队伍处理后还存在着渗水的现象。为保证国家财产不受重大损失和确保堵漏工程的质量，防水工作应由专业设计人员和具有防水资质的专业队伍来完成。

9.2 方案设计

9.2.2、9.2.3 大面积的渗漏水是地下工程渗漏水的主要表现形式之一，它在渗水的工程中所占比例高达95％以上，几乎所有的渗水工程都存在这类问题。造成这类渗水的原因来自设计与施工两方面。表现特征为：渗水基面多为麻面；渗水点有大有小，且分布密集；渗水面积大。

大面积严重渗漏水一般采用综合治理的方法，即刚柔结合多道防线。首先疏通漏水孔洞，引水泄压，在分散低压力渗水基面上涂抹速凝防水材料，然后涂抹刚柔性防水材料，最后封闭引水孔洞。并根据工程结构破坏程度和需要采用贴壁混凝土衬砌加强处理。其处理顺序是：

大漏引水—小漏止水—涂抹快凝止水材料—柔性防水—刚性防水—注浆堵水—必要时贴壁混凝土衬砌加强。

大面积的轻微渗漏水和漏水点是指漏水不十分明显，只有湿迹和少量滴水的点。这种形式的渗水处理一般采用速凝材料直接封堵，也可对漏水点注浆堵漏，然后做防水砂浆抹面或涂抹柔性防水材料、水泥基渗透结晶型防水涂料等。当采用涂料防水时防水层表面要采取保护措施。

9.2.4 裂缝渗漏水一般根据漏水量和水压力来采取堵漏措施。对于水压较小和渗水量不大的裂缝或空洞，可将裂缝按设计要求剔成较小深度和宽度的"V"形槽，槽内用速凝材料填压密实。对于水压和渗水量都较大的裂缝常采用注浆方法处理。注浆材料有环氧树脂、聚氨酯等，也可采用超细水泥浆液。裂缝渗漏水处理完毕后，表面用掺外加剂防水砂浆、聚合物防水砂浆或涂料等防水材料加强防水。

近年来，采用"骑缝"和"钻斜孔"的方法处理裂缝渗水的实例越来越多，效果也比较明显，因此增加了这方面的内容。

9.2.7 喷射混凝土和锚杆联合支护，不仅是安全可靠的支护形式，而且是在岩层中构筑地下工程最为优越的衬砌形式，这种方法在铁路隧道、矿山工程等地下工程中都已大量采用。喷锚支护一般作为临时支护来考虑，要想作为永久衬砌必须解决防水问题。

喷射混凝土施工前，要对围岩渗水情况进行调查，对不同的渗水形式采用不同的防水方法。明显的裂隙渗漏水和点漏水，可采用下弹簧管、半圆铁皮、钻孔引流等方法将渗漏水排走。大面积的片状渗漏水，可用玻璃棉等做引水带，紧贴岩壁渗水处，将水引到排水沟内。无明显渗漏水或间歇性渗水地段，可在两层喷射混凝土层间用快凝材料做防水层。当喷射混凝土层有明显的渗漏水时，可采用注浆的方法堵水，注浆孔深度根据裂隙情况而定，一般为 1.8～2.0m，常用的注浆材料有水泥-水玻璃、聚氨酯等，注浆压力 0.3～0.5MPa。

9.2.8 在地下工程渗漏水中细部构造部位占主要部分，尤其是变形缝几乎是十缝九漏。由于该部位的防水操作困难，质量难以保证，经常出现止水带固定不牢，位置不准确，石子过分集中于止水带附近或止水带两侧混凝土振捣不密实等现象，致使防水失败。施工缝和穿墙管的渗漏水在地下工程中也比较常见。对于这些部位的渗漏水处理可采用以下方法：施工缝、变形缝一般是采用综合治理的措施即注浆防水与嵌缝和抹面保护相结合，具体做法是将变形缝内的原密封材料清除，深度约 100mm，施工缝沿缝凿槽，清洗干净，漏水较大部位埋设引水管，把缝内主要漏水引出缝外，对其余较小的渗漏水用快凝材料封堵。然后嵌填密封防水材料，并抹水泥砂浆保护层或压上保护钢板，待这些工序做完后，注浆堵水。

穿墙管与预埋件的渗水处理步骤是：将穿墙管或预埋件周围的混凝土凿开，找出最大漏水点后，用快凝胶浆或注浆的方法堵水，然后涂刷防水涂料或嵌填密封防水材料，最后用掺外加剂水泥砂浆或聚合物水泥砂浆进行表面保护。

9.3 治理材料

9.3.1 在地下工程中，围岩与衬砌之间存在有一定的间隙，这种间隙有大有小。为防止围岩漏水危及衬砌结构，往往根据工程的需要进行注浆处理。注浆时为节省材料，一般是注入水泥浆液，掺有膨润土、粉煤灰等掺合料的水泥浆，水泥砂浆等粗颗粒材料。

9.3.2 壁内注浆的目的是堵水与加固，封堵混凝土衬砌由于施工缺陷所造成的渗漏水。混凝土毕竟是密实性的材料，壁内缺陷很小，粗颗粒的材料如水泥浆液很难达到预期的堵水目的。因此必须选择渗透性能好的灌浆材料，使其在一定压力下渗入衬砌结构内起到堵水加固的作用。超细水泥由于其对环境不存在污染，可以灌入细度模数 $M_K = 0.86$ 的特细和粉细砂层以及宽度小于 $30\mu m$ 的裂隙中，并在一些地下工程渗漏水治理中应用，取得了较好的防水效果。所以本条推荐超细水泥和目前常用的环氧树脂、聚氨酯等浆液。

9.3.3 在地下工程结构的内表面和外表面做防水砂浆抹面防水，是我国传统的简便有效的防水方法，特别是在结构自防水或外贴卷材防水失败后，往往用这种方法补救。防水砂浆做法很多，五层抹面是最普通的方法，它不使用任何防水外加剂，仅利用不同配比的素浆和砂浆分层次交错压抹而成连续封闭的整体防水层，这种方法上世纪 40 年代就已应用，具有几十年的历史。随着防水技术的发展，普通防水抹面已被掺有各种外加剂、防水剂和聚合物乳液的砂浆所代替，且技术性能有很大进步，施工程序也有所简化。

在国外，防水砂浆的使用也很普遍，表 13 列举日本防水砂浆在各种工程上的应用情况，从表中可以看到，砂浆防水在日本地下防水中无论新建工程还是旧有工程渗漏水补修中的使用比例都很大，且有逐年上升的趋势。

用于防水砂浆的外加剂品种主要有萘磺酸盐、三聚氰胺磺酸盐、松香皂、氯化物金属盐、无机铝盐、有机硅和 FS_{102} 渗透结晶型等。

表 13　日本防水砂浆使用情况

年度	地下防水		屋面防水		外墙防水		室内防水	
	新工程	旧工程	新工程	旧工程	新工程	旧工程	新工程	旧工程
1981	17.5%	—	1%	—	19.5%	—	—	—
1983	19.6%	9.2%	—	0	9.5%	3.6%	25.2%	24.4%
1984	23%	16.1%	0.6%	—	7.8%	5.1%	30.4%	20.3%

聚合物乳液的种类有很多种，但国内常用的主要是聚醋酸乙烯乳液、苯丙乳液、丙烯酸酯共聚乳液、环氧树脂和氯丁胶乳液等。

9.3.4 涂料由于可在各种形状的部位进行涂布施工，因此在地下工程渗漏水治理中也常用到。目前，防水涂料的种类很多，每种涂料有其一定的使用范围，由于渗漏水治理是在背水面作业，对防水涂料的粘结性有较高要求，因此这次修改时，只提选择"与基面粘结强度高和抗渗性好的材料"，不具体提出涂料的种类，使用时应根据地下工程防水特点、材料性能和近年来的施工实践，灵活选用。

9.3.6 密封材料按材性可分为合成高分子密封材料、高聚物改性沥青密封材料及定型密封材料，地下工程中使用的密封材料为合成高分子密封材料和定型密封材料。

合成高分子密封材料多采用硅酮、聚硫橡胶类、聚氨酯类等材料，它们的性能应符合规范第 5.1.9 条的规定。

定型密封材料的主要品种有遇水膨胀橡胶条、自粘性橡胶止水条等。遇水膨胀橡胶条是以改性橡胶为基料而制成的一种新型防水材料，它一方面具有橡胶制品的优良弹性和延展性，起到弹性密封作用；另一方面当结构变形量超过材料的弹性复原率时，在膨胀倍率范围内具有遇水膨胀的特性。起到以水止水的功能，这种双重止水机理提高了防水效果，目前这种防水材料有各种定型产品。自粘性橡胶是由特种合成橡胶掺入各种助剂加工而成的弹塑性腻子状聚合物，它具有橡胶腻子充填空隙的性能，同时在一定压力下又具有与混凝土良好的粘着性能。它们主要用于地下工程的变形缝、施工缝、穿墙管等接缝的防水。

地下工程中由于经常受水侵蚀，使用密封防水材料时要注意以下问题：

1 密封材料经常承受水压作用易产生较大拉伸变形，不宜使用圆形或方形背衬材料，应用薄片背衬材料，并防止三面粘结。

2 材料不能因长期受水浸泡而产生胀溶，污染水质。

3 受振动、温差、结构变形等影响接缝并产生活动时，要选用弹性或弹塑性好的密封材料。

4 密封材料与基层的粘结，不能因为长期浸水而造成粘结老化，发生粘结剥离破坏，因此应选择适当的耐水基层处理剂。

9.4 施　工

9.4.2　在渗漏水治理的各道工序中，有的属于隐蔽工程，如嵌缝作业的基面处理、注浆工程等，它关系到防水的质量好坏，必须做好施工中的记录工作，随时进行检查，发现问题及时处理，上道工序未经验收合格，不得进行下道工序施工，确保堵漏工作的质量。

10　其他规定

10.0.4　明挖法地下工程在回填前，由于地下水位上升，工程浮起破坏事故曾多次发生。例如，武汉某工程位于亚粘土地区，埋深6.75m，地下水位−1.0m，建筑面积850.39m²，工程为三跨结构。1980年工程主体完工后，尚未回填，大雨将工程全部淹没，工程上浮1.8m，造成工程底板断裂破坏。因此工程应有抗浮力措施。

10.0.5　根据各地工程实践，地下水位应降到工程底部最低标高500mm以下较为合理。如控制距离较小，往往会造成基础施工困难，而影响地下工程防水质量。

由于一般工程的抗浮力均考虑工程上部覆土的重量，如在防水工程完工而尚未回填时就停止抽水，则有可能由于水位上升而造成工程上浮，导致工程防水

层破坏，因此规范规定降水作业直至回填作业完毕为止。

10.0.6　工程实践证明，密实的回填是工程防水的一道防线，而疏松的回填不仅起不到防水作用，还使得回填区成为一个积水区。回填密实程度与回填土的质量有很大关系，因此对土质也相应提出了要求。为此规范规定在工程范围800mm以内宜采用灰土、粘土、亚粘土、黄土回填，考虑到有的地区取土困难，可采用原土，但不得夹有石块、碎砖、灰渣及有机物等，也不得用冻土。

采用机械进行回填碾压时，土中产生的压应力随着深度增加而逐渐减少，超过一定深度后，工程受机械回填碾压影响减小，其深度与施工机械、土质、土的含水量等因素有关。

1　《铁路工程技术规范》条文说明："涵顶具有不少于1m的填土厚度时，机械才能越过涵顶"。因为涵顶填土厚度1m以上时，一般说来涵洞可以消除机械冲击影响，并可将机械压力匀散减小。

2　10t压路机碾压最佳含水量状态下的轻亚粘土，其压实影响可达0.45m，若为重粘土，则只能达到0.3m。

3　北京地铁规定：回填厚度超过0.6m，才允许采用机械回填碾压。

综合上述数据，规范规定允许机械回填碾压时的回填厚度值。

中华人民共和国国家标准

工业设备及管道绝热工程施工规范

Code for construction of industrial equipment and
pipeline insulation engineering

GB 50126—2008

主编部门：中国工程建设标准化协会化工分会
批准部门：中　华　人　民　共　和　国　建　设　部
施行日期：２００８　年　８　月　１　日

中华人民共和国建设部

公 告

第 829 号

建设部关于发布国家标准
《工业设备及管道绝热工程施工规范》的公告

现批准《工业设备及管道绝热工程施工规范》为国家标准，编号为 GB 50126—2008，自 2008 年 8 月 1 日起实施。其中，第 1.0.4、3.1.3（3）、3.2.1、4.1.3、4.3.1、4.3.6、5.1.10、5.8.2（2，6）、5.8.3（6）、5.9.4（2）、5.11.10、5.13.6、5.13.11（2）、5.13.12、7.1.14、7.1.16、8.0.1、8.0.3、8.0.7（1、4）条（款）为强制性条文，必须严格执行。原《工业设备

及管道绝热工程施工规范》GBJ 126—89 同时废止。

本规范由建设部标准定额研究所组织中国计划出版社出版发行。

中华人民共和国建设部
二〇〇八年三月十日

前 言

本规范是根据建设部《关于印发"2004 年工程建设国家标准制定、修订计划"的通知》（建标［2004］67 号）的要求，由全国化工施工标准化管理中心站会同化工、电力、石化、建材等行业的有关单位，对《工业设备及管道绝热工程施工及验收规范》GBJ 126—89 进行修订而成。

在修订过程中，修编组进行了广泛的调查研究，认真总结了我国近十年来绝热工程设计、施工、工程应用和科研等方面的经验，同时参考了国内外绝热工程的大量标准和资料，广泛征求了国内化工、石化、电力、冶金、机械等行业的工程设计、施工、绝热材料生产、质量检测等单位对规范修订稿的意见，经修编组反复讨论、修改，最后经审查定稿。

本规范共分 9 章和 4 个附录，主要内容包括总则、术语、材料、施工的准备和要求、绝热层的施工、防潮层的施工、保护层的施工、安全技术、工程交接等。

本次修订的主要内容如下：

1. 增加了术语一章；

2. 增加了运输存放和保管一节；

3. 修改了绝热材料的导热系数值、密度、抗压强度、纤维类绝热材料的渣球粒径和渣球含量等技术参数；

4. 增加了嵌装层铺敷设法、涂抹法和金属反射绝热结构等施工方法；

5. 增加了具有绝热效果优良、防腐性能可靠、维护费用低等优点的管中管结构的施工要求；

6. 删除了对大口径高温管道弯头中部留设伸缩缝的规定，增加了允许在法兰下留设伸缩缝的内容；

7. 删除了沥青胶、防水冷胶料玻璃布防潮层的内容，增加了防潮层采用卷材的施工规定；

8. 增加了对复合保护层材料的施工规定；

9. 交工文件中增加了开工报告、隐蔽工程记录、绝热工程交工报告等。

本规范以黑体字标志的条文为强制性条文，必须严格执行。

本规范由建设部负责管理和对强制性条文的解释，全国化工施工标准化管理中心站负责具体技术内容的解释。在执行过程中，请各单位结合工程实践，认真总结经验，注意积累资料，如发现本规范有需要修改和补充之处，请将意见和建议寄至全国化工施工标准化管理中心站（地址：石家庄市槐中路 253 号，邮编：050021）。

本规范主编单位、参编单位和主要起草人：

主 编 单 位：全国化工施工标准化管理中心站

参 编 单 位：西北电力建设第一工程公司
上海化坚隔热防腐工程有限公司
北新集团建材股份有限公司
上海市能源研究会绝热工程应用专业委员会
中国化学工程第三建设公司
杭州岩珊镁钢保护层有限公司
河北国美新型建材有限公司

江苏明江工程有限公司
无锡市明江保温材料有限公司
浙江振申绝热科技有限公司
中国石化集团上海工程有限公司

主要起草人：赵远洋　邵振德　赵庆辉　芦　天
　　　　　　蔡子明　李相仁　陈品山　高建国
　　　　　　包建平　戴惠君　张春华　陈懿洲

目　次

1 总　　则

1.0.1 为提高绝热工程的施工水平，加强绝热工程施工过程的质量控制，保证工业设备及管道绝热工程施工质量，制定本规范。

1.0.2 本规范适用于新建、扩建和改建的外表面温度为-196～+850℃的工业设备及管道绝热工程的施工。

　　本规范不适用于设备和管道的内隔热衬里和有特殊要求（核能辐射装置、航空工业、航天工业等）的设备和管道，以及埋地长输管道和临时设施的绝热工程的施工。

1.0.3 工业设备及管道绝热工程的施工，应按设计文件及本规范的规定执行。

1.0.4 当需要修改设计、材料代用或采用新材料时，必须经原设计单位同意。

1.0.5 绝热工程的施工，除应执行本规范的规定外，尚应符合国家现行有关标准、规范的规定。

2 术　　语

2.0.1 绝热　insulation
　　保温与保冷的统称。

2.0.2 绝热层　thermal insulation layer
　　对维护介质温度稳定起主要作用的绝热材料及其制品。

2.0.3 防潮层　vapor barrier
　　为防止水蒸气迁移的结构层。

2.0.4 保护层　cladding
　　为防止绝热层和防潮层受外界损坏所设置的外护结构。

2.0.5 固定件　fastener
　　固定绝热层及保护层用的构件，包括螺栓、螺母、销钉、钩钉、自锁紧板、箍环箍带、活动环、固定环等。

2.0.6 支承件　supporting elements
　　支承绝热层及保护层用的构件，包括托架、支承环、支承板等。

2.0.7 环向接缝　circumferential joint
　　垂直于设备和管道轴线的接缝，也指方形设备的横缝、水平缝。

2.0.8 纵向接缝　longitudinal joint
　　平行于设备和管道轴线的接缝。

2.0.9 硬质绝热制品　rigid insulation
　　制品使用时能基本保持其原状，在$2×10^{-3}$MPa荷重下，其可压缩性小于6%，制品不能弯曲。

2.0.10 半硬质绝热制品　semi-rigid insulation
　　制品在$2×10^{-3}$MPa荷重下，可压缩性为6%～

30%，弯曲90°以下尚能恢复其原状。

2.0.11 软质绝热制品　soft insulation
　　制品在$2×10^{-3}$MPa荷重下，可压缩性为30%以上，可弯曲至90°以上而不损坏。

2.0.12 伸缩缝　expansion joint
　　为使绝热结构中因温度变化而产生的应力给予有规律集中的结构形式。

2.0.13 膨胀间隙　expansion clearance
　　随同管道、设备壁面移动的保温结构与相邻的固定物件之间，或热位移方向与保温结构不一致的转动物件之间所设置的空间。

2.0.14 管中管　pipe in pipe
　　由内工作管和外护管组成，在两者形成的环形空间进行绝热的一种绝热结构形式。

3 材　　料

3.1 质 量 要 求

3.1.1 绝热层材料的质量，应符合下列规定：

　　1 绝热层材料应有随温度变化的导热系数方程式或图表。当用于保温层的绝热材料及其制品，其平均温度小于或等于623K（350℃）时，导热系数值不得大于0.10W/(m·K)；当用于保冷层的绝热材料及其制品，其平均温度小于300K（27℃）时，导热系数值不得大于0.064W/(m·K)。

　　2 用于保温的绝热材料及其制品，硬质绝热制品密度不得大于220kg/m³，半硬质绝热制品密度不得大于200kg/m³，软质绝热制品密度不得大于150kg/m³；用于保冷的绝热材料及其制品，其密度不得大于180kg/m³。

　　3 用于保温的硬质无机成型绝热制品，其抗压强度不得小于0.3MPa，有机成型绝热制品的抗压强度不得小于0.2MPa；用于保冷的硬质无机成型绝热制品，其抗压强度不得小于0.3MPa，有机成型绝热制品的抗压强度不得小于0.15MPa。

　　4 绝热材料及其制品的技术参数及性能，应符合设计文件的规定。

　　5 绝热材料及其制品的化学性能应稳定，对金属不得有腐蚀作用。当用于奥氏体不锈钢设备或管道上时，其氯化物、氟化物、硅酸盐、钠离子的含量应符合现行国家标准《覆盖奥氏体不锈钢用绝热材料规范》GB/T 17393的有关规定。

　　6 用于填充结构的散装绝热材料，不得混有杂物及尘土。不宜采用直径小于0.3mm的多孔性颗粒类绝热材料。纤维类绝热材料的渣球含量应符合国家现行产品标准及设计文件的规定。

3.1.2 防潮层材料的质量，应符合下列规定：

　　1 应具有良好的抗蒸汽渗透性、密封性、黏结性、防水性、防潮性，并对人体应无害。

2 应耐大气腐蚀及生物侵袭，不得发生虫蛀、霉变等现象。

3 应具有良好的化学稳定性，不得对其他材料产生腐蚀和溶解作用。

4 在高温情况下不应软化、流淌或起泡，在低温时不应脆裂或脱落，在气温变化与振动情况下应保持完好的稳定性。

5 干燥时间应短，在常温下可施工，并应保证操作方便。

3.1.3 保护层材料的质量，除应符合本规范第 3.1.2 条的有关规定外，尚应符合下列规定：

1 应采用不燃性或难燃性材料。

2 应抗大气腐蚀、抗老化，使用年限应长；强度应高，在环境使用温度及振动变化情况下不应软化、脆裂或开裂。

3 贮存或输送易燃、易爆物料的设备及管道，以及与此类管道架设在同一支架上或相交叉处的其他管道，其保护层必须采用不燃性材料。

4 外表应美观、无毒，并应便于施工。

5 金属保护层的表面涂料应具有防火性能。

3.2 质 量 检 查

3.2.1 绝热材料及其制品，必须具有产品质量检验报告和出厂合格证，其规格、性能等技术指标应符合相关技术标准及设计文件的规定。

3.2.2 绝热材料及其制品到达现场后应对产品的外观、几何尺寸进行抽样检查；当对产品的内在质量有疑义时，应抽样送具有国家认证的检测机构检验。

3.2.3 受潮的绝热材料及其制品，当经过干燥处理后仍不能恢复合格性能时，不得使用。用于保温的绝热材料及其制品，含水率应小于 7.5%；用于保冷的绝热材料及其制品，含水率应小于 1%。

3.2.4 对防潮层、保护层材料及其制品的抽检，应符合设计文件的规定。

3.2.5 对超过保管期限的绝热层、防潮层、外护层材料及其制品，应重新进行抽检，合格后方可使用。

3.3 运输存放和保管

3.3.1 硬质绝热制品在装卸时不得抛掷，在运输过程中应减少振动；矿纤类绝热制品在装卸时不得挤压、抛掷；长途运输应采取防雨水的措施。

3.3.2 绝热材料应存放在仓库或棚库内。

3.3.3 绝热材料应按材质分类存放。在保管中应根据材料品种的不同，分别设置防潮、防水、防冻、防成型制品挤压变形及防火等设施。

3.3.4 软质及半硬质材料堆放高度不应超过 2m。

3.3.5 对有毒、易燃易爆及沸点低的溶剂材料应存放在通风良好的室内，并采取防火、防毒措施。

4 施工的准备和要求

4.1 一 般 规 定

4.1.1 绝热工程施工前应对绝热材料及其制品的质检资料进行核查。

4.1.2 工业设备及管道的绝热工程施工，宜在工业设备及管道压力强度试验、严密性试验及防腐工程完工合格后进行。

4.1.3 在有防腐、衬里的工业设备及管道上焊接绝热层的固定件时，焊接及焊后热处理必须在防腐、衬里和试压之前进行。

4.1.4 雨雪天不宜进行室外绝热工程的施工。当在雨雪天、寒冷季节进行室外绝热工程施工时，应采取防雨雪和防冻措施。

4.2 施工前的准备和要求

4.2.1 工业设备及管道绝热工程施工前，应具备下列条件：

1 设计文件及有关技术文件齐全，施工图纸已经会审。

2 施工组织设计或施工方案已批准，技术及安全交底已经完成。

3 施工人员已进行安全教育和技术培训，且经考核合格。

4 已办理绝热工程开工手续。

5 已制定相应的安全应急预案。

4.2.2 绝热工程施工人员应配备完善的劳动保护用品。

4.2.3 应配备绝热层、防潮层、保护层和预制品加工的施工机具。

4.2.4 施工场地应设置临时供水、供电、消防等设施，道路应通畅，且应有相应的加工场地，施工机具应匹配合理。

4.2.5 绝热层、防潮层、保护层材料及其制品所使用的辅助材料应准备齐全。

4.2.6 绝热层施工前，应具备下列条件：

1 支承件及固定件就位齐备。

2 设备、管道的支吊架和结构附件、仪表接管部件等均已安装完毕。

3 电伴热或热介质伴热管均已安装就绪，并经过通电或试压合格。

4 绝热设备及管道表面的油污、铁锈已清除干净。

5 对设备、管道的安装及焊接、防腐等工序办妥中间工序交接手续。

6 奥氏体不锈钢设备或管道绝热施工前宜根据设计或图纸要求对其采用油漆或铝箔进行隔离防腐。

4.3 附件安装

4.3.1 用于绝热结构的固定件和支承件的材质和品种必须与设备及管道的材质相匹配。

4.3.2 钩钉或销钉的安装，应符合下列规定：

1 用于保温层的钩钉或销钉，可采用 $\phi 3 \sim \phi 6mm$ 的镀锌铁丝或低碳圆钢制作，可直接焊装在碳钢制设备或管道上。当不允许直接焊接时，可焊在设备或管道所布置的包箍体上。当保温材料及其制品无法固定时，应焊接"L"形、"Ω"形保温钩钉或设置活动环。裙座式立式设备的底封头，应根据保温层的厚度，将钩钉或固定环焊接在裙座内的适当位置上。

2 钩钉或销钉的安装间距不应大于 350mm。每平方米面积上钩钉或销钉的数量，侧面不宜少于 6 个，底部不宜少于 8 个。

3 当焊接钩钉或销钉时，应先用粉线在设备或管道壁上错行、对行、米字形或网形划出每个钩钉、销钉的位置。

4 当保冷结构采用钩钉或销钉固定时，不得穿透保冷层，其长度应小于保冷层厚度 10mm，且最小不得小于 20mm。当采用塑料销钉时应用黏结剂粘贴，黏结剂应与塑料销钉的材质相匹配。粘贴时应先进行试粘。每块保冷材料制品上的销钉用量宜为 4 个。

4.3.3 对立式设备、管道、平壁面和卧式设备的底面绝热层，应设支承件。支承件的布置和安装除应符合现行国家标准《工业设备及管道绝热工程设计规范》GB 50264 的有关规定外，尚应符合下列规定：

1 支承件的材质应根据设备、管道材质确定，宜采用普通碳钢板或型钢制作。

2 支承件不得设在有附件的位置上，环面应水平设置，各托架筋板之间安装偏差不应大于 10mm。

3 当不允许直接焊于设备上时，应采用抱箍型支承件。

4 支承件的承面宽度应小于绝热层厚度 10~20mm。

5 立式设备和公称直径大于 100mm，且水平夹角大于 45°的管道支承件的安装间距，应符合下列规定：

　　1）对保温平壁应为 1.5~2m。

　　2）对保温圆筒：

　　　——当为高温介质时，应为 2~3m。

　　　——当为中低温介质时，应为 3~5m。

　　3）对保冷平壁和保冷圆筒，均不得大于 5m。

4.3.4 壁上有加强筋板的方形设备、烟道、风道的绝热层，应利用其加强筋板代替支承件，也可在筋板边沿上加焊弯钩。

4.3.5 当设备和管道采用软质绝热制品保温且使用金属保护层时，宜设置支撑环。

4.3.6 **直接焊于不锈钢设备、管道上的固定件，必**须采用不锈钢制作。当固定件采用碳钢制作时，应加焊不锈钢垫板。

4.3.7 抱箍式固定件与设备、管道之间，有下列情况之一时，应设置隔垫：

1 介质温度大于或等于 200℃。

2 保冷结构。

3 设备、管道系非铁素体碳钢。

4.3.8 设备振动部位的绝热层固定件，当壳体上已设有固定螺母时，应在螺杆拧紧丝扣后点焊固定。

4.3.9 设备封头处固定件的安装，应符合下列规定：

1 当采用焊接时，可在封头与筒体相交的切点处焊设支承环，并应在支承环上断续焊设固定环。

2 当设备不允许焊接时，支承环应改用包箍型。

3 多层绝热层应逐层设置活动环。

4 多层保冷里层应采用不锈钢制的活动环、固定环、钢丝或钢带。

5 绝热层的施工

5.1 一般规定

5.1.1 当采用一种绝热制品，保温层厚度大于或等于 100mm，且保冷层厚度大于或等于 80mm 时，应分为两层或多层逐层施工，各层的厚度宜接近。

5.1.2 当采用两种或多种绝热材料复合结构的绝热层时，每种材料的厚度应符合设计文件的规定。

5.1.3 当采用软质或半硬质可压缩性的绝热制品时，安装厚度应符合设计文件的规定。

5.1.4 硬质或半硬质绝热制品的拼缝宽度，当作为保温层时，不应大于 5mm；当作为保冷层时，不应大于 2mm。

5.1.5 绝热层施工时，同层应错缝，上下层应压缝，其搭接的长度不宜小于 100mm。

5.1.6 水平管道的纵向接缝位置，不得布置在管道垂直中心线 45°范围内（见图 5.1.6）。当采用大管径的多块硬质成型绝热制品时，绝热层的纵向接缝位置可不受此限制，但应偏离管道垂直中心线位置。

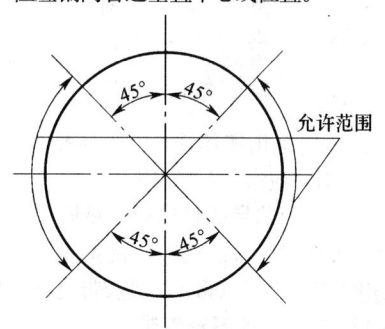

图 5.1.6 纵向接缝位置

5.1.7 方形设备、方形管道四角的绝热层采用绝热制品敷设时，其四角角缝应采用封盖式搭缝，不得采

5.1.8 绝热层各层表面均应做严缝处理。干拼缝应采用性能相近的矿物棉填塞严密，填缝前，应清除缝内杂物。湿砌灰浆胶泥应采用相同于砌体材质的材料拼砌，灰缝应饱满。

5.1.9 保温设备及管道上的裙座、支座、吊耳、仪表管座、支吊架等附件，应进行保温，当设计无规定时，可不必保温。

5.1.10 保冷设备及管道上的裙座、支座、吊耳、仪表管座、支吊架等附件，必须进行保冷，其保冷层长度不得小于保冷层厚度的 4 倍或敷设至垫块处，保冷层厚度应为邻近保冷层厚度的 1/2，但不得小于 40mm。设备裙座里外均应进行保冷。

5.1.11 管道端部或有盲板的部位，应敷设绝热层，并应密封。

5.1.12 施工后的保温层不得覆盖设备铭牌。当保温层厚度高于设备铭牌时，可将铭牌周围的保温层切割成喇叭形开口，开口处应规整，并应设置密封的防雨水盖。施工后的保冷层应将设备铭牌处覆盖，设备铭牌应粘贴在保冷系统的外表面，粘贴铭牌时不得刺穿防潮层。

5.2 嵌装层铺法施工

5.2.1 当大平面或平壁设备绝热层采用嵌装层铺法施工时，绝热材料宜采用软质或半硬质制品。

5.2.2 绝热层的敷设宜嵌装穿挂于保温销钉上，外层可敷设一层铁丝网形成一个整体。销钉应用自锁紧板将绝热层和铁丝网紧固，并应将绝热层压下 4～5mm。自锁紧板应紧锁于销钉上，销钉露出部分应折弯成 90°埋头。

5.2.3 当绝热层外采用活络铁丝网时，活络铁丝网应张紧并紧贴绝热层，接口处应连接牢固并压平，活络铁丝网下料尺寸应小于实际安装尺寸 15～20mm。

5.2.4 当双层或多层绝热层嵌装层铺敷设时，除应符合本规范第 5.1.1 条和第 5.1.5 条的规定外，尚应对软质及半硬质绝热制品的缝隙处进行挤缝，下料后材料的尺寸应大于施工部位尺寸 10～20mm，并层挤压敷设。

5.3 捆扎法施工

5.3.1 绝热层采用镀锌铁丝、不锈钢丝、金属带、黏胶带捆扎时，应符合下列规定：

1 应根据绝热层的材料和绝热后设备、管径的大小选用 $\phi0.8～\phi2.5$mm 的镀锌铁丝或不锈钢丝，保温应采用宽度不小于 40mm 的黏胶带进行捆扎，保冷应采用 12～25mm 的不锈钢带和宽度不小于 25mm 的黏胶带或感压丝带进行捆扎。对泡沫玻璃、聚氨酯、酚醛泡沫塑料等脆性材料不宜采用镀锌铁丝、不锈钢丝捆扎，宜采用感压丝带捆扎，分层施工的内层可采用黏胶带捆扎。

2 捆扎间距：对硬质绝热制品不应大于 400mm；对半硬质绝热制品不应大于 300mm；对软质绝热制品宜为 200mm。

3 每块绝热制品上的捆扎件不得少于两道；对有振动的部位应加强捆扎。

4 不得采用螺旋式缠绕捆扎。

5.3.2 软质绝热制品的保温层厚度和密度应均匀，外形应规整，经压实捆扎后必须符合本规范第 5.1.3 条的规定。

5.3.3 双层或多层绝热层的绝热制品，应逐层捆扎，并应对各层表面进行找平和严缝处理。

5.3.4 不允许穿孔的硬质绝热制品，钩钉位置应布置在制品的拼缝处；钻孔穿挂的硬质绝热制品，其孔缝应采用矿物棉填塞。

5.3.5 立式设备或垂直管道的绝热层采用硬质、半硬质绝热制品施工时，应从支承件开始，自下而上拼装。保温应采用镀锌铁丝或包装钢带进行环向捆扎，保冷应采用不锈钢丝或不锈钢带进行环向捆扎。

5.3.6 当卧式设备有托架时，绝热层应从托架开始拼装，保温宜采用镀锌铁丝网状捆扎，保冷宜采用不锈钢带环向或纵向捆扎。

5.3.7 公称直径小于或等于 100mm，且未装设固定件的保温垂直管道，应采用 $\phi4.0$mm 镀锌铁丝，并应在管壁上拧成扭辫箍环，同时应利用扭辫索挂镀锌铁丝固定保温层。

5.3.8 敷设异径管的绝热层时，应将绝热制品加工成扇形块，并应采用环向或网状捆扎，其捆扎铁丝应与大直径管段的捆扎铁丝纵向拉连。

5.3.9 当弯头部位的绝热层无成型制品时，应将直管壳加工成多节弯形敷设。公称直径小于或等于 80mm 的中、低温管道上的短半径弯头部位的绝热层，当加工成多节弯形施工有困难时，宜将管壳加工成 45°对角形敷设，也可采用软质绝热制品捆扎敷设。

5.3.10 封头绝热层的施工，可将制品板按封头尺寸加工成扇形块错缝敷设，也可将制品板按"十"字形相互交叉辐射敷设。捆扎材料一端应系在活动环上，另一端应系在切点位置的固定环或托架上，并应捆扎成辐射形拉条，相邻拉条应用扎紧条拉连，扎紧条应与拉条呈"十"字扭结扎紧。当封头绝热层为双层结构时，应分层捆扎。当进行底封头保温施工时，宜采用带铁丝网的保温材料。

5.3.11 当球形容器的保冷层采用捆扎法施工时，应先在球形容器外用扁钢圈和不锈钢带组成保冷支架网格，然后把保冷制品衬砌到支架内，再将其捆扎到支架的不锈钢带上。

5.3.12 伴热管管道保温层的施工，应符合下列规定：

1 当蒸汽伴热管采用软质绝热制品保温时，应先采用镀锌铁丝网或"V"形金属伴热罩将伴热管包裹在主管上并扎紧，不得将加热空间堵塞，然后再进行保温。

2 当电伴热管采用硬质绝热制品保温时，可根据伴热管的多少现场适当放大制品规格进行保温。

5.3.13 当采用泡沫玻璃制品进行绝热施工时，应符合下列规定：

1 应先在制品靠金属面侧涂抹耐磨剂，或将耐磨剂直接涂在金属面上，待耐磨剂固化后再进行安装。耐磨剂应符合使用温度的要求，并应和保冷层材料相匹配，不得对金属壁产生腐蚀。

2 深冷保冷时，宜在其制品层间增加一层隔气层。

5.4 拼砌法施工

5.4.1 绝热灰浆在绝热制品的对接或敷设面上应涂抹均匀、饱满，并应符合本规范第 5.1.8 条的规定。

5.4.2 当用绝热灰浆拼砌硬质保温制品时，拼缝不严及砌块的破损处应用绝热灰浆填补。拼砌时，可采用橡胶带或铁丝临时捆扎。

5.4.3 绝热灰浆的耐热温度不应低于被绝热对象的介质温度，且应具有良好的可塑性和黏结性能，对金属不应产生腐蚀。

5.5 缠绕法施工

5.5.1 当用绝热绳缠绕施工时，各层缠绳应拉紧，第二层应与第一层反向缠绕并应压缝。绳的两端应用镀锌铁丝捆扎在管道上。

5.5.2 当采用绝热带缠绕时，绝热带应采用规格制品。当现场加工时，其带宽应小于 150mm，可制带成卷，敷设时应螺旋缠绕，其搭接尺寸应为带宽的 1/2。

5.6 填充法施工

5.6.1 绝热层的填料，应按设计的规定进行预处理。对于不通行地沟中的管道采用粒状绝热材料施工时，宜将粒状绝热材料用沥青拌和或憎水剂浸渍并经烘干，趁微温时填充。

5.6.2 当局部施工部位困难，无成型的绝热制品时，可采用矿物散棉填充。

5.6.3 填料的填充密度应密实、平整、均匀，不得出现空洞。同一设备和管道填充物料的填充密度应均匀。

5.6.4 绝热层的填充结构，应设置固形层，固形层可直接采用金属或部分非金属保护层。填充施工中应采取防止漏料和固形层变形的措施。

5.6.5 在立式设备上进行填充法施工时，应分层填充，层间应均匀、对称，每层高度宜为 400～600mm。

5.7 粘贴法施工

5.7.1 黏结剂应符合下列规定：

1 黏结剂应符合使用温度的要求，并应和绝热层材料相匹配，不得对金属壁产生腐蚀。

2 黏结剂应固化时间短、黏结力强。在使用前，应进行实地试粘。

3 黏结剂贮存应符合产品使用说明书的要求。施工中黏结剂取用后，应及时密封。

5.7.2 粘贴操作时应符合下列规定：

1 连续粘贴的层高，应根据黏结剂固化时间确定。绝热制品可随粘随用卡具或橡胶带临时固定，应待黏结剂干固后拆除。

2 黏结剂的涂抹厚度，宜为 2.5～3mm，并应涂满、挤紧和粘牢。

5.7.3 粘贴在管道上的绝热制品的内径，应略大于管道外径。保冷制品的缺棱掉角部分，应事先修补完整后粘贴。保温制品可在粘贴时填补。

5.7.4 球形容器的保冷层宜采用预制成型的弧型板，粘贴前黏结剂应点状涂抹在预制板上，并应与壁面贴紧。

5.7.5 当球形容器的保冷层采用预制弧型板材料时，应先粘贴一圈赤道带作为定位，然后再向上、向下顺序粘贴。如容器直径较大时，可在南、北温带加二圈定位带，也可在南半球加粘一个纵向定位带。粘贴后，应在南、北极处的活动环及赤道上的拉紧环之间，用不锈钢带拉紧，间距不应大于 300mm。

5.7.6 当采用泡沫玻璃制品进行粘贴施工时，除应符合本规范第 5.3.13 条的有关规定外，尚应在制品端、侧、结合面涂黏结剂相互黏合。

5.7.7 大型异型设备和管道的绝热层，采用半硬质、软质绝热制品粘贴时，应符合下列规定：

1 应采用层铺法施工，各层绝热制品应逐层错缝、压缝粘贴。每层厚度宜为 10～30mm。

2 仰面施工的绝热层，保温时应采用固定螺栓、固定销钉和自锁紧板、铁丝网等方法进行加固，保冷时应采用销钉进行加固；当绝热层厚度大于 80mm时，可在绝热层厚度层间和外层加设铁丝网固定。

3 异型和弯曲的表面，不得采用半硬质绝热制品。

5.8 浇注法施工

5.8.1 浇注法施工的模具，应符合下列规定：

1 当采用加工模具（木模或钢模）浇注绝热层时，模具结构和形状应根据绝热层用料情况、施工程序、设备和管道的形状等进行设计。

2 模具在安装过程中，应设置临时固定设施。模板应平整、拼缝严密、尺寸准确、支点稳定，并应在模具内涂刷脱模剂。浇注发泡型材料时，可在模具内铺衬一层聚乙烯薄膜。

3 浇注直管道的绝热层，应采用钢制滑模，模具长应为 1.2～1.5m。

4 当以绝热层的外护壳代替浇注模具时，其外护壳应根据施工要求分段分片装设，必要时应采取加固措施。

5.8.2 聚氨酯、酚醛等泡沫塑料的浇注，应符合下列规定：

1 正式浇注前应进行试浇，并应观测发泡速度、孔径大小、颜色变化、无裂纹和变形。试浇试块的有关技术指标应符合产品说明书的要求。

2 浇注料温度、环境温度必须符合产品使用规定。

3 配料应准确，混合料应均匀。搅拌剂料应顺一个方向转动。每次配料应在规定时间内用完。

4 浇注时应轻轻敲打金属模具两侧并随时观察发泡情况，浇注时应均匀，并应用聚乙烯薄膜封口。浇注的施工表面，应保持干燥。

5 大面积浇注应对称多点浇口，分段分片进行。浇注应均匀，并应迅速封口。

6 浇注不得有发泡不良、脱落、发酥发脆、发软、开裂、孔径过大等缺陷；当出现以上缺陷时必须查清原因，重新浇注。

5.8.3 预制成型管中管绝热结构及其在现场的安装补口，应符合下列规定：

1 当工厂连续化预制成型绝热管采用聚氨酯、酚醛等发泡成型工艺时，应确保内管与外护管的同轴度，并应在两者形成的环形空间内整体浇注成型。管中管浇注发泡后的高分子材料绝热层的密度和厚度应均匀一致。

2 凡外护层采用非金属结构的预制绝热管道的运输、吊装、布管和焊接应采取相应的防护措施。

3 预留裸管段的绝热层和外护层在补口前，除应符合本规范第4.1.2条和第4.2.6条的规定外，并宜在此处涂刷一道防腐层。

4 补口处应采用与预制管段相同的绝热材料和绝热厚度。

5 在补口处按设计文件的要求安装外护结构的注塑模具，宜采用专用的注塑机从模具留孔定量的往里注入混拌充分的料液，也可采用手工充分搅拌后往里浇注。

6 施工完毕后，补口处绝热层必须整体严密。

5.8.4 轻质粒料保温混凝土及浇注料的浇注，应符合下列规定：

1 当采用成品轻质粒料保温浇注料时，可直接将浇注料浇注于需进行绝热的区域，并应拍实。

2 保温混凝土应按设计规定的比例配制，并应先将不同粒度的骨料进行干拌，再与胶结料拌和均匀。当胶结料为水泥时，水泥与骨料应先一起干拌后，再加水拌和。

3 当保温混凝土需用水配制时，应采用洁净水，其用水量应按规定的水料比或胶结料稀释后的密度确定。

4 以水泥胶结的保温混凝土，每次配料量应在规定时间内用完。夏季应为1h，冬季应为1～2h。施工的环境温度宜为5～30℃。干固硬结的混凝土，不得使用。

5 浇注时应按产品说明书的要求注意掌握材料的压缩比，并应一次浇注成形。当间断浇注时，施工缝宜留在伸缩缝的位置上。

5.8.5 试块的制作，应在浇注绝热层的同时进行。

5.8.6 以水玻璃胶结的轻质粒料保温混凝土在未固结前应采取防水措施。以水泥胶结的轻质粒料保温混凝土应进行养护，夏季应用潮湿的草袋、编织袋、塑料彩条布等遮盖，并应经常保持湿润；冬季可自然干燥，但不得受冻。

5.9 喷涂法施工

5.9.1 绝热层喷涂施工前应将喷涂机械安装、调试合格并进行试喷，经确认无误后，方可开始操作。施工时应在一旁另立一块试板，与工程喷涂层一起喷涂。试块可从试板上切取，当更换配比时，应另做试块。

5.9.2 喷涂施工时，应根据设备、材料性能及环境条件调节喷射压力和喷射距离。喷涂时，应均匀连续喷射，喷涂面上不应出现干料或流淌。喷涂方向应垂直于受喷面，喷枪应不断地进行螺旋式移动。喷涂物料混合后的雾化程度及喷涂层成分的均匀性应符合工艺要求。

5.9.3 当喷涂聚氨酯、酚醛等泡沫塑料时，其试喷、配料和拌制等要求，应符合本规范第5.8.2条的有关规定。

5.9.4 喷涂施工应符合下列规定：

1 可在伸缩缝嵌条上划出标志或用硬质绝热制品拼砌边框等方法控制喷涂层厚度。

2 喷涂时应由下而上，分层进行。大面积喷涂时，应分段分片进行。接茬处必须结合良好，喷涂层应均匀。

3 喷涂矿物纤维材料及聚氨酯、酚醛等泡沫塑料时，应分层喷涂，依次完成。第一次喷涂厚度不应大于40mm。应待第一层固化后再喷第二层，直至达到要求厚度。

4 喷涂轻质粒料保温混凝土时，施工应连续进行，并应一次达到设计厚度。当保温层较厚需分层喷涂时，应在上层喷涂料凝结前喷涂次层，直至达到设计厚度。

5 在风力大于三级、酷暑、雾天或雨天环境下，不宜进行室外喷涂施工。

5.9.5 当喷涂的聚氨酯、酚醛等泡沫塑料有缺陷时，应按本规范第5.8.2条的规定进行处理。

5.9.6 喷涂轻质粒料保温混凝土时，对散落的物料不得回收再用。停喷时，应先停物料，后停喷机。

5.9.7 水泥黏结的粒料喷涂层施工完毕后，应进行湿养护。

5.10 涂抹法施工

5.10.1 涂抹法可在被绝热对象处于运行状态下进行施工。

5.10.2 绝热层涂抹时，应分层涂敷。待上层干燥后再涂敷下层，每层的厚度不宜过厚。

5.10.3 绝热涂料分层涂敷施工时，可根据具体情况加设铁丝网。

5.11 可拆卸式绝热层的施工

5.11.1 设备或管道上的观察孔、检测点、维修处的保温，应采用可拆卸式结构。

5.11.2 设备或管道上的法兰、阀门、人孔、手孔和管件等经常拆卸和检修部位的保冷，当介质温度较低或采用硬质、半硬质材料时，宜为内保冷层固定，外保护层宜为可拆卸式的保冷结构（见图 5.11.2-1 和图 5.11.2-2）。

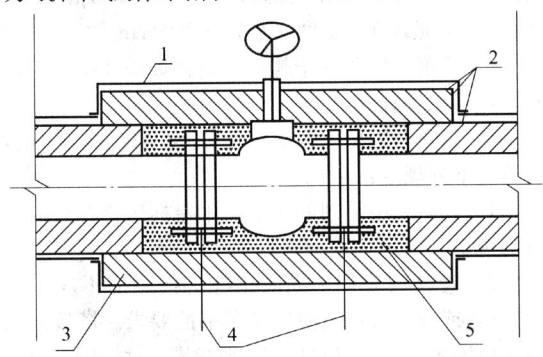

图 5.11.2-1 阀门保冷金属盒
1—保护层；2—防潮层；3—保冷层；
4—导凝管；5—软质材料

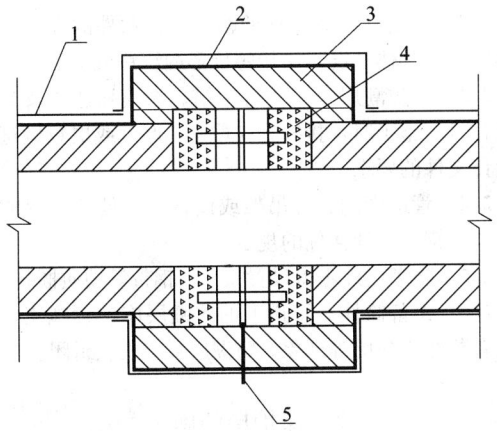

图 5.11.2-2 法兰保冷金属盒
1—保护层；2—防潮层；3—保冷层；
4—软质材料；5—导凝管

5.11.3 与人孔等盖式可拆卸式结构相邻位置上的绝热结构，当绝热层厚度影响部件的拆卸时，绝热结构应做成 45°的斜坡，并应留出部件拆卸时的螺栓间距。

5.11.4 设备或管道在法兰绝热断开处的绝热结构，应留出螺栓的拆卸距离。设备法兰的两侧均应留出 3 倍螺母厚度的距离；管道法兰螺母的一侧应留出 3 倍螺母厚度的距离，另一侧应留出螺栓长度加 25mm 的距离。

5.11.5 可拆卸式结构保冷层的厚度应与设备或管道保冷层的厚度相同。

5.11.6 金属保护盒下料尺寸的确定应保证其最低保冷层厚度不小于管道或设备主体的保冷层厚度。

5.11.7 可拆卸式的绝热结构，宜为两部分的金属绝热盒组合形式，其尺寸应与实物相适应，两部分宜采用搭扣进行连接。

5.11.8 管道法兰金属绝热盒宜制作成两个半圆形；管道阀门金属绝热盒宜为两个上方、下半圆形式，并应上至阀杆密封处、下至阀体最低点。当安装保冷金属盒时，金属盒应两端搭接在保冷层上。

5.11.9 金属或非金属盒内的绝热层，采用软质绝热制品衬装时，下料尺寸应略大于壳体尺寸，衬装应平整、挤实，制品应紧贴在护壳上。当进行保温层安装时，宜加设一层铁丝网，应将软质制品保温层压实后，将尖钉倒扣铁丝网或采用销钉和自锁紧板固定保温层；当进行保冷层安装时，宜采用不锈钢丝网固定保冷层，也可采用塑料销钉和自锁紧板固定保冷层。

5.11.10 保冷的设备或管道，其可拆卸式结构与固定结构之间必须密封。

5.12 金属反射绝热结构的施工

5.12.1 金属反射绝热结构的部件可由内板、外板、反射板、端面支承、外包带和间隔垫组成。端面支承与内、外板的固定，可采用焊接或铆接。

5.12.2 设备及管道表面与金属反射绝热结构内板之间的空气层间隙应按设计文件的要求确定。间隙的留设应采用间隔垫。

5.12.3 应在外板的接缝处加一条比外板稍厚一点的外包带；当使用外板延伸时，其搭接不应小于 50mm，外板应顺水流方向搭接。

5.12.4 当金属反射绝热结构为不需拆除的固定板时，可用铆钉或螺钉把外包带固定连接在外板上；当其为需经常拆卸的可拆卸板时，可在其外包带和外板上安装皮带扣式的固定卡后，再组装固定。

5.13 伸缩缝及膨胀间隙的留设

5.13.1 设备或管道采用硬质绝热制品时，应留设伸缩缝。

5.13.2 两固定管架间水平管道绝热层的伸缩缝，至少应留设一道。

5.13.3 立式设备及垂直管道，应在支承件、法兰下面留设伸缩缝。

5.13.4 弯头两端的直管段上，可各留一道伸缩缝；当两弯头之间的间距较小时，其直管段上的伸缩缝可根据介质温度确定仅留一道或不留设。

5.13.5 当方形设备壳体上有加强筋板时，其绝热层可不留设伸缩缝。

5.13.6 球形容器的伸缩缝，必须按设计规定留设。当设计对伸缩缝的做法无规定时，浇注或喷涂的绝热层可用嵌条留设。

5.13.7 伸缩缝留设的宽度，设备宜为25mm，管道宜为20mm。

5.13.8 填充前应将伸缩缝或膨胀间隙内杂质清除干净。

5.13.9 保温层的伸缩缝，应采用矿物纤维毡条、绳等填塞严密，并应捆扎固定。高温设备及管道保温层的伸缩缝外，应再进行保温。

5.13.10 保冷层的伸缩缝，应采用软质绝热制品填塞严密或挤入发泡型黏结剂，外面应用50mm宽的不干性胶带粘贴密封。保冷层的伸缩缝外应再进行保冷。

5.13.11 多层绝热层伸缩缝的留设，应符合下列规定：

1 中、低温保温层的各层伸缩缝，可不错开。

2 保冷层及高温保温层的各层伸缩缝，必须错开，错开距离应大于100mm。

5.13.12 膨胀间隙的施工，有下列情况之一时，必须在膨胀移动方向的另一侧留有膨胀间隙：

1 填料式补偿器和波形补偿器。

2 当滑动支座高度小于绝热层厚度时。

3 相邻管道的绝热结构之间。

4 绝热结构与墙、梁、栏杆、平台、支撑等固定构件和管道所通过的孔洞之间。

6 防潮层的施工

6.1 一般规定

6.1.1 设备或管道的保冷层和敷设在地沟内管道的保温层，其外表面均应设置防潮层。防潮层应采用粘贴、包缠、涂抹或涂膜等结构。

6.1.2 设置防潮层的绝热层外表面，应清理干净、保持干燥，并应平整、均匀，不得有突角、凹坑或起砂现象。

6.1.3 防潮层应紧密粘贴在绝热层上，并应封闭良好，不得有虚粘、气泡、褶皱或裂缝等缺陷。

6.1.4 室外施工不宜在雨雪天或阳光暴晒中进行。施工时的环境温度应符合设计文件和产品说明书的规定。

6.1.5 防潮层胶泥涂抹结构所采用的玻璃纤维布宜选用经纬密度不应小于8×8根$/cm^2$、厚度应为0.10～0.20mm的中碱粗格平纹布，也可采用塑料网格布。

6.1.6 防潮层胶泥涂抹的厚度每层宜为2～3mm，也可根据设计文件的要求确定。沥青玛瑞脂、沥青胶

的配合比，应符合设计文件和产品标准的规定。

6.2 施 工

6.2.1 当防潮层采用玻璃纤维布复合胶泥涂抹施工时，应符合下列规定：

1 胶泥应涂抹至规定厚度，其表面应均匀平整。

2 立式设备和垂直管道的环向接缝，应为上搭下。卧式设备和水平管道的纵向接缝位置，应在两侧搭接，并应缝口向下。

3 玻璃纤维布应随第一层胶泥层边涂边贴，其环向、纵向缝的搭接宽度不应小于50mm，搭接处应粘贴密实，不得出现气泡或空鼓。

4 粘贴的方式，可采用螺旋形缠绕法或平铺法。公称直径小于800mm的设备或管道，玻璃布粘贴宜采用螺旋形缠绕法，玻璃布的宽度宜为120～350mm；公称直径大于或等于800mm的设备或管道，玻璃布粘贴可采用平铺法，玻璃布的宽度宜为500～1000mm。

5 待第一层胶泥干燥后，应在玻璃纤维布表面再涂抹第二层胶泥。

6.2.2 当防潮层采用聚氨酯或聚氯乙烯卷材施工时，应符合下列规定：

1 卷材和黏结剂的质量技术指标应符合设计文件的规定。

2 卷材的环向、纵向接缝搭接宽度不应小于50mm，或应符合产品使用说明书的要求。搭接处黏结剂应饱满密实。对卷材产品要求满涂粘贴的，应按产品使用说明书的要求进行施工。

3 立式设备和垂直管道的环向接缝应符合本规范第6.2.1条第2款的规定。

4 粘贴可根据卷材的幅宽、粘贴件的大小和现场施工的具体状况，采用螺旋形缠绕法或平铺法。

6.2.3 当防潮层采用复合铝箔、涂膜弹性体及其他复合材料施工时，接缝处应严密，厚度或层数应符合设计文件的要求。

6.2.4 管道阀门、支吊架或设备支座处防潮层的施工，应符合设计文件的规定。

6.2.5 防潮层外不得设置铁丝、钢带等硬质捆扎件。

6.2.6 设备筒体、管道上的防潮层应连续施工，不得有断开或断层等现象。防潮层封口处应封闭。

7 保护层的施工

7.1 金属保护层

7.1.1 金属保护层材料宜采用薄铝合金板、彩钢板、镀锌薄钢板、不锈钢薄板等。

7.1.2 直管段金属护壳外圆周长的下料，应比绝热层外圆周长加长30～50mm。护壳环向及纵向搭接一边应压出凸筋，环向搭接尺寸不得少于50mm，纵向

搭接尺寸不得少于 30mm。

7.1.3 管道弯头部位金属护壳环向与纵向接缝及三通部位金属护壳接缝的下料裕量，应根据接缝形式计算确定，并应符合下列规定：

1 绝热层外径小于 200mm 的弯头，金属保护层可做成直角弯头。

2 绝热层外径大于或等于 200mm 的弯头，金属保护层应做成分节弯头。

3 弯头保护层安装，其纵向接口应采用钉口形式，环向接口可采用咬接形式。纵向接口固定时，每节分片上固定螺钉不宜少于 2 个，并应顺水搭接，搭接宽度宜为 30～50mm。

7.1.4 弯头与直管段上金属护壳的搭接尺寸，高温管道应为 75～150mm；中、低温管道应为 50～70mm；保冷管道应为 30～50mm。搭接部位不得固定。

7.1.5 水平管道金属保护层的环向接缝应沿管道坡向，搭向低处，其纵向接缝宜布置在水平中心线下方的 15°～45°处，并应缝口朝下。

当侧面或底部有障碍物时，纵向接缝可移至管道水平中心线上方 60°以内。

7.1.6 管道金属保护层的纵向接缝，当为保冷结构时，应采用金属包装带抱箍固定，间距宜为 250～300mm；当为保温结构时，可采用自攻螺丝或抽芯铆钉固定，间距宜为 150～200mm，间距应均匀一致。

7.1.7 管道绝热在法兰断开处金属保护层端部的封堵，应符合下列规定：

1 水平管道保温在法兰断开处的金属保护层应环向压凸筋，并应用合适的金属圆环片卡在凸筋内封堵，圆环片不得与奥氏体不锈钢管材或高温管道相接触。

2 垂直管道保温在法兰断开处法兰上部的金属保护层应环向压凸筋，并应用合适的金属圆环片卡在凸筋内封堵，法兰下部的端面应用防水胶泥抹成 10°～20°的圆锥形状抹面保护层。

3 管道保冷在法兰断开处的端面应用防潮层做成封闭的防潮防水结构或用防水胶泥抹成 10°～20°的圆锥形状抹面保护层。

7.1.8 管道三通部位金属保护层的安装（见图 7.1.8），支管与主管相交部位宜翻边固定，顺水搭

接。垂直管与水平直通管在水平管下部相交，应先包垂直管，后包水平管；垂直管与水平直通管在水平管上部相交，应先包水平管，后包垂直管。

7.1.9 垂直管道或设备金属保护层的敷设，应由下而上进行施工，接缝应上搭下。

7.1.10 设备及大型贮罐金属保护层的接缝和凸筋，应呈棋盘形错列布置。金属护壳的下料，应按设备外形先行排版画线，并应留出 20～50mm 的裕量。

7.1.11 方形设备金属护壳下料的长度，不宜超过 1m。当超过 1m 时，应在金属薄板上压出对角筋线。

7.1.12 圆形设备的封头金属保护层可采用平盖式或橘瓣式，并应符合下列规定：

1 绝热层外径小于 600mm 时，封头可做成平盖式。

2 绝热层外径大于或等于 600mm 时，封头应做成橘瓣式。

3 橘瓣式封头的分片连接可采用搭接或插接。搭接时，每片应一边压出凸筋，另一边可为直边搭接，并应用自攻螺丝或抽芯铆钉固定。

7.1.13 金属保护层的接缝可选用搭接、咬接、插接及嵌接的形式。保护层安装应紧贴保温层或防潮层。金属保护层纵向接缝可采用搭接或咬接；环向接缝可采用插接或搭接。室内的外保护层结构，宜采用搭接形式。

7.1.14 当固定保冷结构的金属保护层时，严禁损坏防潮层。

7.1.15 立式设备、垂直管道或斜度大于 45°的斜立管道上的金属保护层，应分段将其固定在支承件上。

7.1.16 当有下列情况之一时，金属保护层必须按照规定嵌填密封剂或在接缝处包缠密封带：

1 露天、潮湿环境中的保温设备、管道和室内外的保冷设备、管道与其附件的金属保护层。

2 保冷管道的直管段与其附件的金属保护层接缝部位，以及管道支吊架穿出金属护壳的部位。

7.1.17 当金属保护层采用支撑环固定时，支撑环的布置间距应和金属保护层的环向搭接位置相一致，钻孔应对准支撑环。

7.1.18 当大截面平壁的金属保护层采用压型板结构时，应先根据设备的形状和压型板的尺寸布设支承骨架，每张压型板的固定不应少于两道支承骨架。

压型板结构的上下角部可采用包角板进行封闭，室外宜采用阴角的包角形式，室内宜采用阳角的包角形式。

7.1.19 压型板的下料，应按设备外形和压型板的尺寸进行排版拼样，并应采用机械切割，不得用火焰切割。

7.1.20 压型板应由下而上进行安装。压型板可采用螺栓与胶垫、自攻螺丝或抽芯铆钉固定。

7.1.21 静置设备和转动机械的绝热层，其金属保护

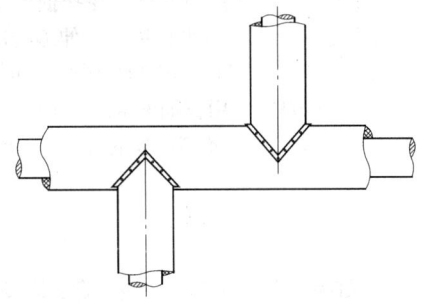

图 7.1.8　管道三通外保护层结构

层应自下而上进行敷设。

环向接缝宜采用搭接或插接，纵向接缝可咬接或搭接，搭接或插接尺寸应为30~50mm。

平顶设备顶部绝热层的金属保护层，应按设计规定的斜度进行施工。

7.1.22 管道金属保护层膨胀部位的环向接缝，静置设备及转动机械金属保护层的膨胀部位均应采用活动接缝，接缝应满足热膨胀的要求，不得固定。其间距应符合下列规定：

1 硬质绝热制品的活动接缝，应与保温层伸缩缝的位置相一致。

2 半硬质和软质绝热制品的活动接缝间距：中低温管道应为4000~6000mm，高温管道应为3000~4000mm。

7.1.23 绝热层留有膨胀间隙的部位，金属护壳亦应留设。

7.1.24 大型设备、贮罐绝热层的金属护壳，宜采用压型板或做出垂直凸筋，并应采用弹簧连接的金属箍带环向加固。伸缩缝部位应加设"S"形挂钩，并应采用活动搭接，不得用自攻螺丝或抽芯铆钉固定。风力较大地区的大型设备、贮罐应设加固金属箍带，加固金属箍带之间的间距不应大于450mm，金属箍带可采用"J"形挂钩固定。

7.1.25 球形金属容器保护层安装时应采用帆布紧箍作临时固定，并应由赤道带开始，沿环向敷设，然后再分别向上温带或下温带敷设，纵向接缝应上下错缝1/2，环缝应与水平一致，搭接缝应上口压下口，纵向接缝宜采用搭接式或插接式。

7.1.26 在已安装的金属护壳上，严禁踩踏和堆放物品。对于不可避免的踩踏部位，应采取临时防护措施。

7.2 非金属保护层

7.2.1 当采用箔、毡、布类包缠型保护层时，应符合下列规定：

1 保护层包缠施工前，应对所采用的黏结剂按使用说明书做试样检验。

2 当在绝热层上直接包缠时，应清除绝热层表面的灰尘、泥污，并应修饰平整。当在抹面层上包缠时，应在抹面层表面干燥后进行。

3 包缠施工应层层压缝，压缝宜为30~50mm，且必须在其起点和终端有捆紧等固定措施。

7.2.2 当采用阻燃型防水卷材及涂膜弹性体做保护层时，应符合下列规定：

1 防水涂料的配制应按产品说明书的要求进行。

2 当施工防水涂料时，绝热层表面的处理除应符合本规范第7.2.1条第2款的有关规定外，接缝处尚应嵌平、光滑，并不得高出绝热层表面。

3 卷材包扎的环向、纵向接缝的搭接尺寸不应小于50mm。接缝处可采用专用涂料粘贴封口。

7.2.3 当采用玻璃钢保护层时，应符合下列规定：

1 玻璃钢可分为预制成型和现场制作（现绕），可采用粘贴、铆接、组装的方法进行连接。

2 玻璃钢的配制应严格按设计文件及产品说明书的要求进行。

3 当现场制作玻璃钢时，铺衬的基布应紧密贴合，并应顺次排净气泡。胶料涂刷应饱满，并应达到设计要求的层数和厚度。

4 对已安装的玻璃钢保护层，除不应被利器碰撞外，尚应符合本规范第7.1.26条的规定。

7.2.4 当在管道、弯头和特殊部位采用真空铝复合防护材料和铝箔玻璃钢薄板等复合材料进行保护层施工时，下料应准确，缝隙处宜采用密封胶带固定。环向、纵向接缝的施工应符合本规范第7.1.5条的规定。

7.2.5 当采用玻璃钢、铝箔复合材料及其他复合保护层分段包缠时，其接缝可采用专用胶带粘贴密封。

7.2.6 当采用抹面类涂抹型保护层时，应符合下列规定：

1 抹面材料应符合下列规定：

1) 密度不得大于800kg/m³。

2) 抗压强度不得小于0.8MPa。

3) 烧失量（包括有机物和可燃物）不得大于12%。

4) 干燥后（冷状态下）不得产生裂缝、脱壳等现象。

5) 不得对金属产生腐蚀。

2 露天的绝热结构，不宜采用抹面保护层。如需采用时，应在抹面层上包缠毡、箔、布类保护层，并应在包缠层表面涂敷防水、耐候性的涂料。

3 保温抹面保护层施工前，除局部接茬外，不应将保温层淋湿，应采用两遍操作，一次成形的施工工艺。接茬应良好，并应消除外观缺陷。

4 在抹面保护层未硬化前，应采取措施防止雨淋水冲。当昼夜室外平均温度低于+5℃且最低温度低于-3℃时，应按冬季施工方案采取防寒措施。

5 高温管道的抹面保护层和铁丝网的断缝，应与保温层的伸缩缝留在同一部位，缝内应填充软质矿物棉材料。室外的高温管道，应在伸缩缝部位加设金属护壳。

6 当进行大型设备抹面时，应在抹面保护层上留出纵横交错的方格形或环形伸缩缝。伸缩缝应做成凹槽，其深度应为5~8mm，宽度应为8~12mm。

7 当采用硅酸钙专用抹面灰浆材料时，应进行试抹，并应符合第7.2.6条第1款的规定。

8 安全技术

8.0.1 绝热工程的施工人员，应按规定佩戴安全帽、安全带、工作服、工作鞋、防护镜等防护用品。对接触有毒及腐蚀性材料的操作人员，必须佩戴防护工作服、防护（防毒）面具、防护鞋、防护手套等。

8.0.2 施工现场应备有应急药物和用具。

8.0.3 绝热工程安装高度超过 2m 时，高空作业的施工人员必须系好安全带，当安全带无处悬挂时，应设置安全绳。

8.0.4 临时支撑应在固定构件安装牢固后拆除。

8.0.5 拧紧绑扎铁丝时，不得用力过猛，并应将铁丝头嵌入绝热层内。

8.0.6 当施工含有纤维、粉尘的绝热材料或制品时，应符合下列规定：

1 高空输送散状材料时，应用袋、筐或箱装运，不得采用绳索绑吊。

2 在脚手架和网格板上加工绝热制品时，应采取避免粉尘飞扬的措施。

3 在矿物棉毡的缝合过程中，应防止钢针及铁丝伤人。

8.0.7 易燃、易挥发、有毒及腐蚀性材料的施工，应符合下列规定：

1 **易燃、易挥发物品，必须避免阳光暴晒，存放处严禁烟火。**

2 对易发生毒性、刺激性、感染性物质的场所，应配备通风装置。

3 盛装有毒和腐蚀性剂液的容器应封闭严密。当发现损坏或破漏时，必须立即采取制止剂液流淌的措施。

4 **制剂在配制加热过程中，不得超过规定的加热温度，必须防止液体崩沸，严禁直接使用蒸汽或明火加热。**

5 当熬制沥青胶料时，应采取防止沥青飞溅、起火等措施。

6 泡沫塑料制品，当采用电阻丝切割时，其电压不得大于 36V。

8.0.8 施工现场的易燃、有毒物品应存放在专用库房内，并应设有消防器材。

8.0.9 当进行喷涂施工时，如发现喷头堵塞，应先停物料，后停风，再检修喷头。

8.0.10 在设备或地沟内进行绝热工程施工时，应预先检测内部气体，并应设置送风排气设施，同时应在确认无毒或无窒息气体后进入。施工应在排除内部不安全的物体或设施后进行，同时应备有 36V 低压照明。

8.0.11 绝热施工的电动设备及工器具，应设专人进行管理，并应由电气专业人员进行电动机械的电源接设；电动机械的布置应有防雨设施；电动机械应配备漏电保护设施，并应有防触电的措施。

8.0.12 施工完毕后，应防止施工成果的二次污染。

8.0.13 当施工完毕或告一段落时，应将工器具及施工场地清理干净。

8.0.14 作业现场环境应符合现行国家标准《工业企业设计卫生标准》GBZ1 的有关规定；作业现场粉尘和有害气体的最高容许浓度，应符合现行国家标准《工作场所有害因素职业接触限值》GBZ2 的有关规定。

8.0.15 绝热施工人员应定期检查身体。

9 工 程 交 接

9.0.1 当施工单位按合同规定的范围完成全部绝热工程项目后，应及时与建设单位或总承包单位办理交接手续。

9.0.2 绝热工程交接前，建设单位或总承包单位应对其进行检查和验收，并应确认下列内容：

1 施工范围和内容符合合同规定。

2 工程质量符合设计文件及本规范的规定。

9.0.3 绝热工程交接时，施工单位应向建设单位或总承包单位提交下列文件：

1 绝热材料的合格证和理化性能检验报告。

2 抹面保护层材料的技术性能检验报告。

3 浇注、喷涂绝热层的施工配料及其技术性能检验报告。

4 设计变更和材料代用通知。

5 工程开工报告（附录 A）。

6 隐蔽工程记录（附录 B）。

7 设备及管道绝热工程交工汇总表（附录 C）。

8 绝热工程交接报告（附录 D）。

附录 A 工程开工报告

表 A.0.1 工程开工报告

建设单位（或总承包）：		监理单位：		施工单位：
工程编号：			工程名称：	
工程地点：			工程造价：	
开工条件：				
工程内容				
计划开工日期：			年 月 日	
计划竣工日期：			年 月 日	
建设单位（或总承包）		监理单位		施工单位
单位代表：		单位代表：		单位代表：
年 月 日		年 月 日		年 月 日

附录B 隐蔽工程记录

表 B.0.1 隐蔽工程记录

工程名称		分部分项名称		
图 号		隐蔽日期		年 月 日
隐蔽内容				
简图或说明				
检查意见				
建设单位(或总承包): 现场代表:		监理单位: 现场代表:	施工单位: 施工技术负责人: 质量检查员: 施工班组长:	
年 月 日		年 月 日	年 月 日	

附录C 设备及管道绝热工程交工汇总表

表 C.0.1 设备及管道绝热工程交工汇总表

工程名称:			工程编号:				
设备号或管线号	名称	规格	数量(米或台)	保温或保冷			
				材料名称	厚度(mm)	防潮层结构	保护层材料
						材料	层数	

项目负责人: 年 月 日

施工班组: 年 月 日

检查员: 年 月 日

附录D 绝热工程交接报告

表 D.0.1 绝热工程交接报告

工程名称				
开工日期	年 月 日	移交日期	年 月 日	
工程简要内容:				
交工情况:(符合设计的程度,主要缺陷及处理意见)				
工程质量评定:				
工程接收意见:				
建设单位(或总承包): 代表:	监理单位: 代表:	施工单位: 技术质量负责人: 项目负责人:		
年 月 日	年 月 日	年 月 日		

本规范用词说明

1 为便于在执行本规范条文时区别对待,对要求严格程度不同的用词说明如下:

1) 表示很严格,非这样做不可的用词:
正面词采用"必须",反面词采用"严禁"。

2) 表示严格,在正常情况下均应这样做的用词:
正面词采用"应",反面词采用"不应"或"不得"。

3) 表示允许稍有选择,在条件许可时首先应这样做的用词:
正面词采用"宜",反面词采用"不宜";
表示有选择,在一定条件下可以这样做的用词,采用"可"。

2 本规范中指明应按其他有关标准、规范执行的写法为"应符合……的规定"或"应按……执行"。

中华人民共和国国家标准

工业设备及管道绝热工程施工规范

GB 50126—2008

条 文 说 明

目 次

1 总 则

1.0.2 系修改条文。适用范围增加了对新建、扩建和改建的规定；将不适用于工业炉窑的炉墙隔热工程内容删去，此条与《工业设备及管道绝热工程设计规范》GB 50264—97 的规定相符。

对核能领域中与核安全有关以及航空工业、航天工业等有特殊要求的设备及管道的绝热不适用本规范，其他与其配套的常规工程（如核电站的常规岛等）仍可按本规范的有关规定执行。

1.0.4 随着科学技术的发展，新材料的应用日益增多，由于规范的制定往往滞后于材料技术，为保证新材料得到应用，并及时反映当今科技成果，在试验和实践证明确实成熟可靠的前提下，必须征得设计部门的同意，方可采用。并应追补设计变更通知单。

2 术 语

将原规范的附录一"名词解释"删去，新增加"术语"一章。

2.0.1 系修改条文。因"绝热结构"和"绝热工程"的概念均为"绝热"概念的延伸，因而未再对其进行定义。

2.0.2 系修改条文。"绝热层"的定义与《工业设备及管道绝热工程设计规范》GB 50264—97 的定义相一致。

2.0.3 系修改条文。将"在特定条件下"删去。

2.0.4 系修改条文。删除了原条文对保护层的描述，对保护层重新进行了定义。

2.0.5、2.0.6 本规范不再对原规范中托架、销钉、钩钉、固定螺母和支承环进行定义，分别将其涵盖于"固定件"和"支承件"的定义中。

2.0.8 系修改条文。删除了原条文对纵向接缝的描述，对纵向接缝重新进行了定义。

2.0.9～2.0.11 系修改条文。将刚性及柔性绝热制品属于习惯用法的词语删除，并分别对其从特性进行描述。

2.0.12、2.0.13 系修改条文。均将原条文中所阐述的目的删除。

2.0.14 系新增加条文。增加了"管中管"的定义。

本规范将原规范中的"严缝"、"充填容重"、"浇注法施工"、"喷涂法施工"、"沥青胶"、"产品标准容重"及"高、中、低温"的定义删除。

删掉"高、中、低温"的定义是因为绝热工程这个专业涉及多个行业，而各行业对于高、中、低温温度区域的划分又不尽一致。原规范中的高、中温介质温度以 320℃为界限划分，介质温度小于 150℃为低温。电力行业《火力发电厂保温油漆设计规程》DL/T 5072—2007 的附录 H 则规定介质温度大于 350℃为高温，介质温度 150～350℃为中温，介质温度小

于 150℃为低温。也有行业按介质温度大于 350℃为高温，介质温度 250～350℃为中温，介质温度小于 250℃为低温的划分。

保冷温度区域的划分一般以 7～0℃为常冷，0～-20℃为普冷，-20～-60℃为中冷，-60～-196℃为深冷。7℃是以中央空调冷冻水供水系统的温度确定的。常冷的温度上限值也有以 30℃或 20℃为界限划分的。

3 材 料

3.1 质量要求

3.1.1 系修改条文。

1 均为材料导热系数的上限值（以浇注或喷涂法施工的粒状保温浇注料或保温混凝土不在此列）。保温材料导热系数的取值比原规范及《设备及管道保温技术通则》GB 4272—92 中规定的 0.12W/(m·K) 低，而《火力发电厂保温油漆设计规程》DL/T 5072—2007 和《火力发电厂保温材料技术条件》DL/T 776—2001 中规定的导热系数值在介质温度小于 450℃下不得大于 0.09W/(m·K)。要求有所提高是因为此举可促使厂家采取各种措施来提高保温材料耐高温的性能，同时也符合国家的节能政策。保冷材料导热系数和密度的取值主要是依据《泡沫玻璃绝热制品》JC/T 647—2005 中 180# 产品在 298K（25℃）下的导热系数值的性能指标确定的。

2 保温材料密度比《设备及管道保温技术通则》GB 4272—92 的密度低，并分别将硬质、半硬质、软质材料的密度进行规定（但以浇注或喷涂法施工的粒状保温浇注料或保温混凝土不在此列）。硬质材料的密度取 220kg/m³、软质材料的密度取 150kg/m³，与《火力发电厂保温油漆设计规程》DL/T 5072—2007 和《火力发电厂保温材料技术条件》DL/T 776—2001 的有关规定相符；半硬质材料的密度取 200kg/m³与《工业设备及管道绝热工程设计规范》GB 50264—97 和《火力发电厂保温材料技术条件》DL/T 776—2001 的有关规定相一致。保冷材料的密度取 180kg/m³，比《设备及管道保冷设计导则》GB/T 15586—1995 和《工业设备及管道绝热工程设计规范》GB 50264—97 规定的 200kg/m³ 低，与《设备及管道保冷技术通则》GB/T 11790—1996 的有关规定相一致。因为大量绝热材料性能表明，当导热系数满足本规范第 3.1.1 条 1 款的要求时，其密度不可能很高。这也是按对绝热材料性能指标采用中上水平产品性能数据的原则确定的，其目的是淘汰过于落后的产品，又考虑到对中级产品的利用。

3 把无机材料和有机材料分开进行规定，并与《设备及管道保温技术通则》GB 4272—92 和《设备

及管道保冷设计导则》GB/T 15586—1995 的规定相一致。

4 绝热材料及其制品的技术参数及性能还包括产品的允许使用温度和不燃性、难燃性、可燃性性能；对保冷材料尚有吸水性、吸湿性、憎水性性能；对硬质绝热材料还有线膨胀或收缩率的数据要求等。

5 取消了原规范绝热材料氯离子含量允许范围的图表和验证公式，增加了对用在奥氏体不锈钢设备及管道上的氯化物、氟化物、硅酸盐、钠离子的含量符合《覆盖奥氏体不锈钢用绝热材料规范》GB/T 17393—1998 的有关规定。《覆盖奥氏体不锈钢用绝热材料规范》对氯化物、氟化物、硅酸盐、钠离子的含量规定如下：

$$\lg(y \times 10^4) \leqslant 0.188 + 0.655 \lg(x \times 10^4) \quad (1)$$

式中 y —— 测得的（Cl^- ＋ F^-）离子含量，
               $< 0.060\%$；

       x —— 测得的（Na^+ ＋ SiO_3^{-2}）离子含量，
               $> 0.005\%$。

离子含量的对应关系对照表如表 1。

表 1 离子含量的对应关系对照表

$Cl^- + F^-$ （y）		$Na^+ + SiO_3^{-2}$ （x）	
%	ppm	%	ppm
0.0020	20	0.0050	50
0.0030	30	0.010	100
0.0040	40	0.015	150
0.0050	50	0.020	200
0.0060	60	0.026	260
0.0070	70	0.034	340
0.0080	80	0.042	420
0.0090	90	0.050	500
0.010	100	0.060	600
0.020	200	0.18	1800
0.030	300	0.30	3000
0.040	400	0.50	5000
0.050	500	0.70	7000
0.060	600	0.90	9000

表 1 按《覆盖奥氏体不锈钢用绝热材料规范》GB/T 17393—1998 中表 1 的数值转化而得，以便于现场施工技术人员的使用。

氯离子、氟离子会引起奥氏体不锈钢产生应力腐蚀裂纹，而硅酸盐、钠离子的存在则会对其应力腐蚀起到局部的抑制作用。

6 删除了原规范中关于纤维类绝热材料渣球含量的数值，增加了其渣球含量应符合国家现行产品标准及设计文件的规定。原规范中纤维类绝热材料为粒径大于或等于 0.5mm 的渣球含量数值。现行国家标准《绝热用岩棉、矿渣棉及其制品》GB/T 11835—2007 规定岩棉、矿渣棉粒径大于 0.25mm 的渣球含

量小于或等于 12%；《建筑用岩棉、矿渣棉绝热制品》GB/T 19686—2005 规定粒径大于 0.25mm 的渣球含量小于或等于 10%；《绝热用玻璃棉及其制品》GB/T 13350—2000 规定离心法玻璃棉粒径大于 0.25mm 的渣球含量小于或等于 0.3%；《绝热用硅酸铝棉及其制品》GB/T 16400—2003 规定硅酸铝纤维棉粒径大于 0.21mm 的渣球含量小于或等于 20%。

3.1.2 系修改条文。将防湿改为防潮，增加了抗蒸汽渗透性、黏结、密封和化学稳定性的要求。

不得对其他材料产生腐蚀或溶解作用是因为在使用聚苯乙烯泡沫塑料作保冷层时，有可能出现与防潮层起化学反应的现象。

3.1.3 系修改条文。将阻燃改为难燃，增加了抗大气腐蚀和在环境变化情况下的有关规定。对金属保护层表面涂料的防火性能应符合现行国家标准《钢结构防火涂料》GB 14907—2002 的有关规定。

贮存或输送易燃、易爆物料的设备或管道，其防火要求严格，故规定保护层必须采用不燃性材料。

3.2 质量检查

3.2.1 系修改条文。将证明书改为检验报告。绝热工程采用的绝热材料的优劣是工程质量好坏的主要因素之一。现在国内绝热材料的生产企业较多，因产品质量不合格而导致的质量事故时有发生。由于新材料、新产品不断出现，很多产品目前尚无国家标准或行业标准。为防止不合格材料或不符合设计要求的材料用于工程中，故规定了绝热材料及其制品必须具有产品质量检验报告和出厂合格证。

3.2.2 系修改条文。将怀疑改为疑义。删除了原规范中对复检内容条文的规定和对材料检验所采用的测试方法及仪器的规定。产品的外观还应包括对包装、标识及生产日期的检查。产品的内在质量主要指现场不具备检查条件的理化性能指标，此部分性能指标应按有关产品标准或设计要求的内容进行检测。抽检包括两方面的含义：一是现场对材料进行抽样检查，二是抽样送交国家认证的检测机构进行检验。

3.2.3 系修改条文。删除了原规范中对软木制品的有关规定。增加了对保温工程采用绝热材料质量含水率的规定。

3.2.4 系修改条文。删除了原规范中对复检内容条文的规定，将其修改为按设计文件的要求进行检测。对于绝热结构用的金属材料的技术指标，可按现行国家标准《铝及铝合金轧制板材》GB/T 3880—1997、《铝及铝合金板、带材的尺寸允许偏差》GB/T 3194—1998、《连续热镀锌薄钢板和钢带》GB/T 2518—2004 等标准的要求执行。

3.2.5 系新增加条文。对绝热工程采用的材料及制品超过保管期限的不宜在工程中使用。增加了当使用时应重新进行抽检，合格后方可使用的规定。

3.3 运输存放和保管

施工中对大量的绝热材料，如在验收、存放和保管上不把好关，必将造成施工用料的混乱，导致绝热工程质量的低劣。而材料保管是继材料验收后保证材料质量的第二个重要环节。因而对材料的运输、存放和保管新增加一节。

绝热材料的材质有有机和无机之分，对有机材料要严防火种并有防火的措施。

4 施工的准备和要求

4.1 一般规定

4.1.1 系修改条文。绝热材料到货后要进行抽检和验收。重大绝热工程使用的材料品种繁多，规格不一，可能影响施工质量，因而在绝热施工前应对所使用的材料的质检资料文件进行各项技术指标的查验工作，以确保绝热材料及其制品的性能符合设计要求。

将原规范条文中有关材料保管及存放的内容调整到本规范第3.3节的"运输存放和保管"中。

4.1.2 系修改条文。某些部位如法兰的最终绝热是应该在螺栓固定件热紧后进行的，但冷紧后在设备及管道试车前仍需进行绝热预处理。

施工单位有时为了抢进度赶工期，不等设备、管道安装完毕绝热工程就提前开始，进行交叉作业。尽管留出焊接部位待各项试验完成后再补做绝热，但容易造成差错和混乱，不宜大力推广。

预制绝热管现场分段焊接，试压合格后再进行补口的绝热方法也可行，但一般情况下仍需遵照本条规定的施工程序。对于某些设备的焊接部位在渗油试验合格后进行绝热也是可行的，因而将原规范条文中的气密性改为严密性。

4.1.3 如果在防腐蚀衬里后再进行绝热层固定件的焊接，将造成防腐蚀衬里层的破坏，影响防腐蚀衬里工程的质量，故规定了固定件的焊接等必须在防腐衬里和试压之前进行。

4.1.4 系修改条文。室外露天绝热工程雨雪天施工，因防护措施往往不是很理想，容易造成质量隐患。在外护层未安装前，雨雪天施工而无防护措施，绝热层容易淋湿受潮或产生冻裂现象，影响绝热效果，破坏绝热结构。

4.2 施工前的准备和要求

4.2.1 系原规范第1.0.4条的修改条文。将其从总则调整到施工前的准备和要求一节，增加了须办理开工手续及有关安全方面的内容。

绝热工程的施工组织设计或施工方案、施工技术措施和安全技术措施的交底、安全应急预案，是确保

该工程的进度、质量、安全的重要手段，应该认真编制，多考虑一些不利因素。

随着目前各行各业对安全工作的日益重视，本着以人为本和人性化管理的思想，在绝热工程施工前对所有进入现场的施工人员必须进行安全教育或培训，使施工人员能够充分的掌握和遵守各项安全要求。

对所有进入现场的施工人员应进行技术措施的交底，使施工人员能够充分的掌握和达到各项要求；对每个施工项目在施工前应进行有针对性的安全措施交底，以便对安全措施的有关内容进行充分的落实和检查以消除安全隐患。

4.2.3~4.2.5 在一些基建和改造工程中，绝热工程往往是其他主体工程完成后才允许进行的，工期进度要求也不尽科学。事实证明，施工工器具的配备，材料的到位情况和施工场所各项环境要求等的准备工作越充分，施工质量越有保证。

4.2.6 条文中第5款鉴于现场经常发生设备、管道安装焊接时损坏防腐层、绝热层或影响绝热层施工的现象，故强调办妥中间工序交接手续，以防交叉作业所引起的混乱。第6款增加了对奥氏体不锈钢设备或管道绝热施工前进行隔离防腐的有关要求，目的是减少绝热材料及其制品中含有的氯化物、氟化物、硅酸盐、钠离子对奥氏体不锈钢的腐蚀。

4.3 附件安装

将原规范中绝热层施工一章的第2节"固定件、支承件安装"调整到本章作为第3节"附件安装"。

4.3.1 系新增加条文。绝热结构中常用的固定件和支承件有：钩钉、销钉、自锁紧板、螺杆、托架、浮动环和支撑环等。其设置必须与使用部位的结构相匹配，材质相符。

4.3.2 系修改条文。钩钉或销钉的安装和布设与《工业设备及管道绝热工程设计规范》GB 50264—97的第5.2.10条、《火力发电厂保温油漆设计规程》DL/T 5072—2007的第8.2.9条相对应。

保温材料及其制品无法固定的部位，如卧式设备的筒体、设备的封头、公称直径大于或等于800mm的管道封头等，对其用焊接"L"形、"Ω"形保温钩钉或设置活动环的方式来固定。

保冷层一般多采用硬质制品粘贴或现浇，对圆筒面设备用捆扎法已可将其固定，可不需钩钉，因而《工业设备及管道绝热工程设计规范》GB 50264—97的第5.2.10.2款条文中已将有关保冷结构采用钩钉、销钉的内容删去。但因目前施工中钩钉和销钉仍在保冷结构中有所采用，尤其在通风系统的保冷结构中，因而将此条修改用"当采用"的措词来表述。

将原规范第4.2.5条"球形容器的保冷层固定件采用销钉粘贴"的有关规定删除。

4.3.3 系修改条文。绝热结构的支承件与固定件是

绝热结构的重要组成部分，是保证绝热结构有足够的机械强度，在自重和外力附加荷载的作用下不致被破坏的重要措施。

支承件制作材质的规定是由于金属的电极电位不同。不同金属接触时，将产生静电位差，从而导致接触腐蚀。所以规定绝热层固定件的材质应与绝热对象的材质相匹配。

支承件承面的制作宽度与《工业设备及管道绝热工程设计规范》GB 50264—97 的第 5.2.9.1 款、《火力发电厂保温油漆设计规程》DL/T 5072—2007 的第 8.2.8.7 款相对应。

具备支承件安装的条件与《工业设备及管道绝热工程设计规范》GB 50264—97 的第 5.2.9.2 款、《火力发电厂保温油漆设计规程》DL/T 5072—2007 的第 8.2.8.8 款相对应。

当立式设备、垂直管道的绝热层高度很大时，由于绝热制品自身重量的作用，底部的绝热制品将受到很大的压力，当此压力超过绝热层捆扎件的紧度和该制品的耐压强度时，绝热层将出现向下滑坠，发生脱落。所以在施工中必须保证支承件安装的间距正确。

4.3.5 系修改条文。设置支撑环主要是为了保证软质制品绝热层厚度及外形达到设计要求。当采用金属保护层时还可以起到固定金属护壳及加强其刚度的作用。

4.3.6 由于金属的电极电位不同，不同的金属接触时，将产生静电位差，从而导致接触腐蚀，故对不锈钢设备或管道上固定件的焊接作出了强制规定。

4.3.9 系修改条文。考虑到施工现场的可操作性，将原规范第 3 款的"及固定环"删除。

5 绝热层的施工

5.1 一般规定

本规范绝热层的施工方法以绝热结构的施工工艺特点进行分类，区别不同的施工方法应采取相应的作业要求。绝热层施工方法的划分有其不尽合理之处，某些绝热结构的施工方法是相互配合和相互交叉并存的，不能片面性的将其归结于哪一种施工方法。

5.1.1 系修改条文。绝热层厚度一般按 10mm 分档，厚度分层便于施工，捆扎容易，有利于错缝、压缝的封缝工作，对绝热层结构的质量及使用寿命有益。但喷涂、浇注、填充法施工的绝热层可不在此限制范围之内。绝热层的厚度，对于纤维类材料所制成的制品不必有最小厚度的限制，但对硬质绝热制品的最薄厚度应能满足制造、运输与施工中的抗折强度等要求。

将原规范中的"大于"修改为"大于或等于"。保温层厚度仍按大于或等于 100mm 时分层，此条与《工业设备及管道绝热工程设计规范》GB 50264—97

的 5.2.8.1 款"绝热层总厚度大于或等于 80mm 时应分层敷设"有出入。

5.1.2 系修改条文。由于绝热材料的使用温度范围、导热系数、密度、价格等的差异以及对绝热结构的特殊要求等因素，可采用复合预制品或复合绝热层进行绝热，其材料厚度由设计计算确定，使其达到内外层间界面温度在外层绝热材料的允许使用温度范围以内，此条规定与《工业设备及管道绝热工程设计规范》GB 50264—97 的 5.2.8.3 款相对应。

5.1.3 系新增加条文。软质及半硬质可压缩性的绝热制品，安装厚度其实与订货厚度是有区别的，因而规定了其安装厚度应满足设计文件的规定。

5.1.4、5.1.5 系修改条文。拼缝主要是针对硬质材料而言的。试验表明，缝隙部位的散热量可增大 50% 以上，特别是保冷结构，除对冷量损失之外，湿气还会由此渗入，出现结冰现象，造成保冷结构破损，影响保冷效果。故规定缝宽和错缝压缝以弥补直通缝的弱点。

将原规范条文搭接长度不宜小于 50mm 改为 100mm，此条系根据《工业设备及管道绝热工程设计规范》GB 50264—97 的 5.2.8.6 款确定的。

删除原规范中条文当外层管壳绝热层采用黏胶带封缝时，可不错缝的规定。

5.1.7 其目的主要是为了在同一面上的两角不形成空气直流通缝，特别要避免垂直通缝。

5.1.8 系修改条文。为避免大量热量从缝隙处散失掉而增加了散热损失，无论干砌、湿砌均不得有半缝、空缝以及漏填塞的缝隙。因而规定了缝隙灰浆应饱满和各层表面需严缝。严缝处理就是将保温层中存在的缝隙和孔洞填充严实。

5.1.9 系修改条文。为了贯彻国家的节能政策，提高绝热工程施工工艺水平，减少工艺设备、管道及其附件的能量损失，提高经济效益，应该对保温设备及管道上的裙座、支座、吊耳、仪表管座、支吊架等附件进行保温。除了设计或工艺上另有要求外（取样管、取样阀等），此条与《工业设备及管道绝热工程设计规范》GB 50264—97 的有关规定相一致。

5.1.10 系修改条文。保冷设备、管道上的附件也应保冷。实践证明，凡与保冷设备、管道相连的附件，如不进行保冷，均会结有白霜。这些白霜的形成是由于设备、管道壁面上的冷量通过串联的环节将冷量传递到附件部位。当传递温差逐渐减少，传递强度逐渐减弱，直至不结白霜，这段距离大约为保冷层厚度的 4 倍左右。如在这段距离内装有垫块（将原规范条文中的垫木改为垫块），垫块可采用经防水、防腐、防火处理的木块或高密度的聚氨酯和酚醛泡沫制品等），即用垫块绝热，故保至垫块处即可。

5.1.12 系修改条文。施工后的绝热层，往往难以避免的会覆盖设备铭牌，若留出铭牌则此处无疑又是绝热质量的隐患处，故规定当施工后的绝热层覆盖设备铭牌时应采取相应的措施。

5.2 嵌装层铺法施工

5.2.1 系新增加条文。目前的绝热工程中，平壁及大平面设备多采用此法，原规范未列此种施工方法，因而将此方法的内容单列一节。

5.2.2、5.2.3 系新增加条文。主要是针对保温而言。销钉露出部分埋头，是安全和外护层安装工艺的需要。自锁紧板、铁丝网主要是考虑将绝热层紧固，以便形成一个整体，防止松动。

保温层外是否用铁丝网由设计而定，铁丝网分活络网、拧花网等，均可用在绝热层外。活络铁丝网下料尺寸小于实际尺寸15~20mm，是为了使活络铁丝网在接口处张紧。

5.2.4 系新增加条文。嵌装层铺法施工由于大多采用保温销钉，拼装时定位不是十分准确，为保证绝热层相互间缝隙的严密所采取的挤缝措施，在现场施工的工艺要求大多也是这样做的。

5.3 捆扎法施工

5.3.1 系修改条文。捆扎用材料规格和捆扎间距是参照《工业设备及管道绝热工程设计规范》GB 50264—97 的第5.2.11条和《火力发电厂保温油漆设计规程》DL/T 5072—2007 的第8.2.10条适当修改制定的。其对绝热层捆扎件的范围规定见表2。

绝热层的材料主要是指硬质、半硬质及软质绝热制品。硬质绝热制品可选用φ0.8~φ2.5mm的镀锌铁丝、半硬质及软质绝热制品可选φ1.0~φ2.5mm的镀锌铁丝进行捆扎，对泡沫玻璃、聚氨酯、酚醛泡沫塑料等脆性材料不宜使用镀锌铁丝、不锈钢丝捆扎，宜使用感压丝带捆扎，分层施工的内层可使用黏胶带捆扎。

表2 绝热层捆扎件规格规定（mm）

管道绝热层外径	《火力发电厂保温油漆设计规程》DL/T 5072—2007		《工业设备及管道绝热工程设计规范》GB 50264—97	
	硬质绝热制品	软质制品及半硬质制品	管道公称直径	绝热制品
	镀锌铁丝或镀锌钢带	镀锌铁丝或镀锌钢带		镀锌铁丝或镀锌钢带
<200	φ0.8~φ1.0	φ1.0~φ1.2	≤100	φ0.8
200~600	φ1.0~φ1.2	φ1.2~φ2.0	100~600	φ1.0~φ1.2
600~1000	φ1.2~φ2.0	φ2.0~φ2.5 12×0.5	600~1000	φ1.6~φ2.5 12×0.5
>1000	φ2.0~φ2.5 12×0.5	12×0.5	>1000	20×0.5
平面	φ0.8~φ1.0 12×0.5	φ0.8~φ1.0 20×0.5	设备	20×0.5

5.3.2 系修改条文。软质可压缩性的绝热制品，参见5.1.3的条文说明。

5.3.3 找平处理就是将内层保温层表面凹凸不平之处修平，鼓起的铁丝应埋头，以便内外保温层结合严密。

5.3.5、5.3.6 系修改条文。将原规范中的拼砌改为拼装。删去了原规范有关抹面保护层采用铁丝网和图示的内容。

5.3.9 系修改条文。用"多节弯形"代替原规范中的习惯用语"虾米腰"，下同。

《火力发电厂保温油漆设计规程》DL/T 5072—1997规定外径小于φ76mm的管道可采用45°对角弯头。由于弯头内侧半径很小，为便于施工并参考现场的实际现状，允许管道外径φ89mm（因φ89mm以上的常规规格管径为φ108mm，两者间隔尺寸较大，同时允许φ89mm以下也是根据目前现场施工的实际状况而定的）以下的管道弯头可用对角加工成45°接缝截面型的瓦块施工，也可采用软质绝热制品替代绑扎。

5.3.10 系修改条文。封头绝热层采用扇形块主要是为了绝热制品材料能紧贴封头，便于捆扎。封头绝热的另一种施工方法是"十"字形捆扎法，绝热制品按"十"字形相互交叉对称辐射捆扎敷设，在逐渐缩小的楔形空间内再敷设楔形绝热块，直至全部敷设完成。目前此两种方法也是封头绝热层采用硬质及半硬质制品最常用的方法。删去了原规范图示的内容。

5.3.11 系新增加条文。增加了当球形容器绝热层采用捆扎法时的施工方法。

5.3.12 系修改条文。删除原规范中的第一款，因其属于伴热管安装的有关规定。增加了电伴热和蒸汽伴热绝热的有关规定。

5.3.13 系新增加条文。泡沫玻璃是一种体轻、质脆、易磨损的多孔型材料。用于设备、管道绝热层时，为避免泡沫玻璃与设备、管道产生摩擦，涂耐磨剂可起隔离层的作用。为防止其制品因振动而产生碎裂，对有剧烈振动的部位不宜采用。耐磨剂应在温度变化或机械振动的情况下，能防止材料与金属壁或材料相互接触面间发生磨损。

5.4 拼砌法施工

本节是经原规范有关条文修改后新设立的一节。拼砌法分干砌和湿砌。对某些硬质绝热制品湿砌法保温不但严密性好，结构强度也好。有缝隙部位比无缝隙部位的散热量显著增大，因而灰缝灰浆要涂抹均匀、饱满，以免干燥后形成明显的干缩裂缝。绝热灰浆的种类有很多，包括原规范中的水性胶泥。

5.5 缠绕法施工

本节是经原规范有关条文修改后新设立的一节。

绝热层采用矿物纤维绳、带类制品的缠绕法施工仅适用于设计允许的小口径管道和施工困难的管道与管束。各行业设计对允许缠绕采用的小口径管道的公称直径不尽一致，如《火力发电厂保温油漆设计规程》DL/T 5072—2007 规定外径小于 38mm 的管道可采用绝热绳缠绕法施工。

小口径管道用缠绕法施工，此种方法施工简单，检修方便，使用辅助材料少，并且适用于不规则的管道。如用于大口径管道，施工不便，不易拉紧，易产生滑脱。另外一些零星布置的小管道或由若干小管道组成的管束（如热工仪表管、取样及加药管等）也可采用缠绕法施工。

5.6 填充法施工

5.6.1 填充绝热结构是直接将松散的矿物棉或多孔颗粒材料填塞、充填到设备、管道周围形成绝热层及可拆卸式结构的绝热层。当用于地沟部位的填充料，为防止地下水渗透和浸湿，常将绝热填充料用憎水剂浸渍处理，经烘干后使用，其目的是使填料本身具有一定的防水能力。

5.6.2 系新增加条文。增加了一条用矿物散棉进行填充法施工的规定。

5.6.3 系修改条文。删去了原规范中设计无规定时填料填充密度定量的范围值，是因为在实际施工中的可操作性不强，无法测定，因而对其只作定性规定。

绝热层填充密度直接影响绝热层的导热系数。同一设备、管道的绝热层出现两种填充密度，其绝热效果是不一致的。

5.6.4 系修改条文。填充结构由于采用散状材料（粒状材料或散棉），施加一定压力使其形成一定密度和重量的绝热层整体，所以需固形层作为外护结构。固形层可直接采用金属或玻璃钢等非金属保护层充当。当填料施压的同时，固形层即承受一定的压力，所以应施压均匀，防止固形层变形。

5.6.5 系新增加条文。对高度的要求，目的是使填料的填充密实、平整、均匀。

5.7 粘贴法施工

5.7.1 系修改条文。目前黏结材料品种繁多，为防止错用及使用期内因受冻、封盖不严而变质，要求在使用前进行试粘以检查其黏结的牢固性。一些黏结剂要求防高温、防冻、防潮、防紫外线，因而要求其贮存应符合使用说明的要求。

5.7.2 黏结剂因品种不同，黏结性能也不同。因环境气温的影响，其固化时间差异较大，故粘贴各种绝热成型制品的层高不做具体规定。

涂抹黏结剂的厚度除与黏结剂的稠度有关外，还与粘贴面的粗糙程度有关。过厚则制品吸收水分过多而软脱，过薄则制品粘不牢，涂抹 2.5～3mm 较为合适。

5.7.3 由于管道制造存在着壁厚和椭圆度的偏差，生产运行中管道还将产生膨胀或收缩。为此绝热层采用粘贴法施工的管壳制品，其内径能适应管道膨胀收缩的变化要求和黏结剂涂刷层占有的厚度位置。

对缺损而又可以修整的绝热制品，保冷时修整后可使用，保温则可随粘贴时补齐。

5.7.4、5.7.5 系修改条文。由于目前已有按要求生产预制成型的弧形绝热板，因而将原规范中平板开"V"型槽做法的有关内容和图示删去。

塑料销钉本身的黏结强度有限，易老化脱落。当保冷材料制品向已定位的塑料销钉穿挂时，常因易裂和缝隙难以对准，造成空穴和间隙过大而影响绝热效果，因此尽可能少用。

5.8 浇注法施工

5.8.1 绝热工程的模具分固定式和滑动式两种。固定式可用绝热层的金属或非金属保护层代替，亦可另设模具浇注，但均需支设稳固，尤其是浇注聚氨酯泡沫塑料，模具更应有足够的强度或刚度来承受其发泡过程中产生的应力。

模板的安装应首先要求支点稳定。浇注发泡型材料时，于模具内铺设一层聚乙烯薄膜，一方面便于脱模，另一方面使绝热层表面形成平整的面层，使表面孔隙成为闭孔型。

5.8.2 系修改条文。聚氨酯等（目前酚醛泡沫塑料亦可在现场浇注，但要具备一定的客观条件，如对温度等的要求）泡沫塑料原料的配料，是一项技术性较强的工作。材料用量的正确、温度、拌料均匀，常用试浇方法观察和掌握原料在不同条件下的反应性能。

浇注料温度和环境温度也是浇注质量的好坏的一项重要指标，各单位生产的浇注料的技术指标各有差异，故浇注料温度和环境温度必须符合产品使用规定。

将原规范的试浇试块的容重、自熄性改为产品的有关技术指标。

每次拌料不宜过多，且必须在规定的时间内用完。由于其有快速发泡的特性要求，若不按规定施工，则会出现所指的不良质量问题。

5.8.3 系新增加条文。增加了预制成型管中管绝热结构及其补口施工的有关规定。

管中管连续化预制成型，绝热效果优异，防腐性能可靠，寿命长，维护费用低。

确保内管与外护管的同轴度是为了使两者之间的环形空间内喷注的泡沫塑料绝热层厚度均匀一致。要求整体浇注成型是为了防止绝热层出现过多接缝，并有利于把绝热层和外护层拢为一体，提高复合绝热结构的整体强度、刚度和防水能力。

管中管的外护层一般采用玻璃钢等复合结构，也有采用钢管作保护层。与钢管相比，复合结构的强度和刚度毕竟较差。预制绝热层和外护层多属有机高分子材料，在焊接时或为防止在运输、起吊和布管的过程中因摩擦、振动等因素损坏绝热层或外护层，均需采取防护措施。

管中管的预制一般在管端留有约 200mm 长的裸管，以便运至现场焊接安装。实践证明，绝热层的质量隐患往往出现在补口处。例如补口处的绝热质量差，补口外护层与预制段外护层黏结不牢靠，可能在补口处渗水造成绝热失效，甚至钢管腐蚀。由于补口段是外护防水的薄弱环节，因而要求必须确保补口处的整体严密性。

5.8.4 系修改条文。增加了保温浇注料和水玻璃保温混凝土的有关规定。

目前市场上出现了诸多已配制好的轻质保温浇注料品种，现场施工直接浇注于绝热区域拍实即可。

轻质粒料保温混凝土常以粒状料为骨料。它们都是按不同的粒度级配成混合料。

有些保温混凝土的配制是不需要用水的。当需要用水拌制混凝土时，不能使用污水、海水和含有有害杂质的水。

水泥胶结料的初凝时间，夏季一般为 30～45min，冬天为 60～90min。水玻璃的凝固时间，则因环境温度高低而不同。超过凝结时间的胶结料不能再用，不然会降低混凝土的强度。

轻质粒料保温混凝土一般均可压缩，压缩比在现场浇注时较难掌握，其根据材料和设计的要求而不同，因而未对其做出定量的规定。施工缝留在伸缩缝处，可减少施工接茬的处理工作。

5.8.6 系修改条文。水玻璃保温混凝土属气硬性胶凝材料，因而以水玻璃胶结的轻质粒料保温混凝土在未固结前要采取防水措施，以防水玻璃流出造成污染和质量隐患。

5.9 喷涂法施工

喷涂法绝热是现代射流技术在绝热工程上的应用。采用喷涂法绝热，有利于克服施工位置狭小、曲面不易施工等困难。喷涂法在绝热材料的严密性、黏结性能上都有较好的优点。

5.9.1 喷涂前均需通过试喷这一工序。施工前的试喷，应按正式喷涂工艺及条件进行。试喷的目的是让操作人员了解喷涂工艺，熟悉和掌握材料和机具的性能，选择适宜的喷枪口径，以及最佳的喷距等。喷涂施工中出现问题时，为查明问题产生的原因和验证问题处理的措施也应进行试喷。

试喷方法可为正式喷涂提供可靠的工艺参数。

通过制作试板制取试样，进行试验及检查工程喷层的各项技术性能，所以试板制作，应与工程的喷层同时进行。

5.9.2 系新增加条文。喷涂施工时的喷射压力、喷射距离（平喷、立喷、仰喷）与设备、材料及现场施工条件等因素有关。

由压缩空气直接输送拌制湿料的称为湿式喷涂法。此种方法喷涂施工进度慢，功效低，且喷涂系统易造成阻塞，目前在施工中已较少采用。干式喷涂法的优点是取代了人工拌制料的过程和运输，降低了劳动强度和减少了原材料的损耗，具有施工进度快、效率高、质量好的特点。干式和湿式喷涂法主要是由喷涂设备的性能决定的。

喷射角度不适和喷距过小、过大，均会造成回弹损耗增加。

干料和液料混合雾化后的喷射压力应适中，过高的喷射压力会使密度和回弹损耗增大。

干料和液料在膛外混合后的雾化程度越好，喷涂后的绝热层越均匀，密度越小。

所谓喷涂层成分的均匀性是指经混合雾化后喷涂料应成雾状，且干湿程度一致，避免产生泥团现象。

5.9.3 系修改条文。参见本规范第 5.8.2 条的条文说明。

5.9.4 用醒目的标志在模板或其他结构上划出厚度，便于操作人员掌握喷料的堆积高度来控制喷层厚度，以减少补喷和刮料。经这样处理的面层能做到大致平整的要求。

喷涂法从使用的材料分矿物纤维类、颗粒状类和泡沫类。对大面积且喷层较厚或受施工条件限制无法一次喷涂的部位，往往分片分层进行。立喷层又因物料自重，借助下层支承上层的重量，故采用由下往上喷的操作程序。

考虑到聚氨酯、酚醛等泡沫塑料有发泡的特性，规定分层喷涂时，待第一层固化后再喷第二层。而分层喷涂轻质粒料保温混凝土时，规定应在前层喷涂料凝结前喷涂次层，是为了避免保温混凝土形成施工缝，影响保温层的施工质量。

刮风、酷暑、雨雾天等气候环境下操作，将会造成物料飞散、干燥过快、能见度差、水分增加等不利因素，会增加材料的损耗，也影响喷层的质量。

5.9.5 系修改条文。参见本规范第 5.8.2 条的条文说明。

5.9.6 用控制散落物的方法要求操作人员在不同的作业面上均能熟练地进行喷涂。避免了因工艺设施和操作不当造成的喷层脱落等浪费现象。

5.10 涂抹法施工

原规范中未列此种施工方法，因近年来市场上陆续推出了多种绝热涂料，因而将此施工方法单列一节。

5.10.1 系新增加条文。涂抹法施工的绝热涂料可不受绝热表面形状的限制，常用于一些异型体、阀门及大型表面等处。若条件允许，在保证安全的前提下，亦可在被绝热对象处于运行状态或热态下施工。

5.10.2 系新增条文。涂抹层分层涂敷时，不宜过厚。在上一层未干燥就施工会造成次层的黏附力不强，不易黏结和固化。未对层厚做具体规定是由于与产品的性能、施工要求及现场施工的条件有关。

5.10.3 系新增条文。为加强涂料绝热层的整体性，可根据具体情况在涂敷层内加设铁丝网作为骨架。

5.11 可拆卸式绝热层的施工

5.11.1 系修改条文。可拆卸式结构又称活动式绝热结构。一般因其部位形状特殊，且具有可拆可装的特点，因而被广泛应用于要经常维护、方便检查或生产中需监视和测试的部位。设备及管道的特殊部位，主要有法兰阀门、管道蠕胀测点、流量测量装置以及箱罐设备的人孔门、检查门、胀缩节等。

5.11.2 系新增条文。《设备及管道保冷技术通则》GB/T 11790—1996 的第 6.3.2.3 款规定保冷结构一般不考虑可拆卸性，因此规定当介质温度较低或采用硬质、半硬质材料时，保冷层宜做成固定结构，即与设备或管道的保冷结构做成一体，确保保冷效果良好。

5.11.3 设备、管道的绝热层作成 45°斜坡，主要是考虑到可拆卸结构体要经常拆除和安装，如与其相邻部位不作成斜坡形，既影响拆卸或安装的操作，同时又易被碰坏。

5.11.4 系修改条文。主要参考了美国凯洛格公司保温规范而编制，阀门、法兰在绝热断开处留足螺栓拆卸距离既方便了上述配件的更换，又起到了保护两端绝热层的作用。同时参考了《石油化工设备和管道隔热技术规范》SH 3010—2000 的有关规定。

5.11.5、5.11.6 系新增条文。规定可拆卸式结构的保冷层厚度不小于设备及管道主体保冷层的厚度，是为了保证保冷结构的完整性，确保其保冷效果良好。但装置区内可能存在局部地方空间不够，无法保证绝热层厚度，可更换绝热效果更好的材料，适当降低厚度。

5.11.7 系修改条文。金属绝热盒可采用插条连接、钢带捆扎、搭扣连接、自攻螺丝固定等方法安装固定。采用搭扣进行连接，便于拆卸。在空间条件许可的情况下，尤其是在进行保温时，尽可能做成两部分的金属绝热盒组合形式，尺寸应与实物相适应而不浪费材料。

5.11.8 系新增条文。阀门、法兰金属绝热盒的外观结构形式应同阀门、法兰相适应，阀门金属绝热盒的上部应包到阀杆密封处，下至阀体最低点，以减少热损；安装保冷金属盒时金属盒应两端搭接在保冷层上，使拆卸结构的防潮层和主体的防潮层成为一个整体，提高防潮和保冷效果；保温金属盒安装可以将金属盒的两端搭接在外保护层外面。

5.11.9 系修改条文。可拆卸式绝热层的外护层，有金属、非金属等。外护层内的绝热层为了便于敷设和衬装，常采用矿物棉制品等软质材料。其下料尺寸量大于计算量，使拼缝相互挤紧，但又不能过大而无法衬装平整。保冷结构容易结露，宜采用不锈钢丝网或采用塑料销钉固定。

5.11.10 保冷的设备或管道，其可拆卸式结构与固定结构之间必须密封是为了防止空气进入保冷层。

5.12 金属反射绝热结构的施工

原规范中未列此种施工方法，因近年来此方法在高温和易频繁振动的区域有所采用，因而将此施工方法单列一节。

金属反射绝热是利用高反射、低辐射的金属材料（如铝箔、抛光不锈钢、电镀板等）组成的反射型绝热结构。其绝热原理主要是降低辐射与对流的传热，使其充分地发挥热屏隔热的作用，为一般常规材料所不及。

5.12.1～5.12.4 系新增条文。由于使用的部位不同，设计的结构和安装的方法也不尽相同。因而要求金属反射绝热结构的施工严格按设计文件的要求执行。

内板是距绝热面最近的板；外板是距绝热面最远的板；反射板是放入内板和外板之间的层状金属板；端面支承在端面使内板与外板保持一定的间距，同时又是增加强度的构件；外包带是起固定和密封作用的；间隔垫是使绝热面与绝热材料之间保持一定间隙的构件。

5.13 伸缩缝及膨胀间隙的留设

5.13.1 设备、管道绝热层采用硬质绝热制品时，应根据介质温度与实际情况在绝热层上留设伸缩缝。因为任何固体材料在不同温度影响下，有不同线膨胀或收缩率。软质材料的线膨胀能自身吸收，硬质材料则不能。因此伸缩缝仅对硬质材料的绝热层留设。

5.13.3、5.13.4 系修改条文。对伸缩缝间距的留设应符合设计文件的要求或国家现行标准《工业设备及管道绝热工程设计规范》GB 50264—97 及《火力发电厂保温油漆设计规程》DL/T 5072—2007 的有关规定。伸缩缝对高温和深冷可设密一些，反之则设稀一点。

将原规范中的支承环改为支承件是因为支承件包括支承环，增加了允许在法兰下留设伸缩缝的内容。

删除了原规范中对大口径高温管道弯头中部留设伸缩缝的规定。因为根据力学分析，弯头的变形也是不允许超过虎克定律允许值的，因而弯头处过多地设置伸缩缝有害无益。

5.13.6 因球形容器的内部介质温度不同，形状大小各异而采取的加固方式不同。绝热层的结构、采用的材料和采取的施工方法不同，其膨胀是不尽相同的。因而要求其伸缩缝的留设和做法必须符合设计的规定。

5.13.11 多层保冷层及高温保温层的各层伸缩缝，必须错开，是因为内外介质温度温差太大，避免形成直通缝隙而增加热损失。

5.13.12 膨胀间隙是指随同管道、设备壁面移动的绝热结构与相邻的固定物件之间，或热位移方向与绝热结构不一致的转动物件之间所设置的空间。要求膨胀间隙的施工在条文所列情况时必须在膨胀移动方向的另一侧留有膨胀间隙，是为了防止绝热结构在热位移中受到挤压而遭到破坏。

6 防潮层的施工

6.1 一般规定

6.1.1 空气中的水分渗入保冷层后会结露甚至结冰，破坏保冷结构。被破坏的保冷结构将导致更多的湿空气进入，如此恶性循环将严重损害保冷效果。所以保冷层外必须设置防潮层。

地沟大多潮湿并有不同程度的进水现象，保温管道常被浸湿，所以地沟内的管道保温层外表面应设置防潮层。

列出了防潮层施工采用的一般结构。

6.1.2 为使防潮层厚度均匀且有较好的粘贴力而提出本条要求。

6.1.3 系新增加条文。防潮层施工的一般工艺要求。

6.1.5 系新增加条文。目前市场上的防潮层材料较多，如聚氨酯、聚氯乙烯等合成高分子防水卷材和沥青类胶泥中间加玻璃纤维布现场涂抹等。本条列出了涂抹防潮层一般采用的材料和玻璃纤维布的规格。

沥青类胶泥包括阻燃玛蹄脂、沥青胶、防水冷胶料等；中碱玻璃纤维布的含碱量一般不超过12%。

6.1.6 系新增加条文。将原规范中"沥青胶、沥青玻璃布防潮层"一节删除，将其有关内容整理修改后列入本条。

6.2 施 工

6.2.2、6.2.3 系新增加条文。增加了防潮层采用卷材及复合材料时的施工内容。要求防潮层搭接适度，厚薄均匀，完整严密，无开裂等缺陷。

卷材采用的黏结剂应和防潮层、保冷层及保冷物表面的特性相适应，对保护层和防潮层材料不溶解，对金属壁不腐蚀。黏结剂还应具有固化时间短、黏结力强、密封性好等特点。

涂膜防水涂料是一种在常温下呈黏稠状液体的高分子合成材料。涂刷在绝热层表面后，经过溶剂的挥发或水分的蒸发或各组分间的化学反应，形成坚韧的防水膜，起到防水、防潮的作用。涂膜防水层完整、

无接缝、自重轻、施工简单方便、易于修补、使用寿命长。防水涂料按液态的组分不同，分为单组分防水涂料和双组分防水涂料两类。其中单组分防水涂料按液态类型不同，分为溶剂型和水乳型两种，双组分防水涂料属于反应型。防水涂料按基料组成材料的不同，分为沥青基类防水涂料、高聚物改性沥青防水涂料和合成高分子防水涂料三大类。

涂膜弹性体如 CPU 新型防水防腐敷面材料。CPU 是一种聚氨酯橡胶体，可用作设备和管道的防潮层或保护层、埋地管的防腐层。

CPU 聚氨酯阻燃防水涂料是一种无溶剂的双组分反应材料，即 A 料和 B 料。施工时按一定比例混合搅拌均匀，涂抹干燥后即具有弹性的整体胶状敷面层。该涂层具有黏结强度高、伸长性好、耐腐蚀性强、阻燃性能好、流淌性差等特点。

6.2.4 管道阀门、支吊架、设备支座处，是最易出现冷桥现象和其他较难密封的薄弱环节。因而规定了应按设计文件或有关技术说明施工。

6.2.5、6.2.6 系新增加条文。防潮层外不得设置铁丝、钢带等硬质捆扎件是为了防止对防潮层的破坏。防潮层在施工时不得有断层和在不能连续施工的地方应封口，形成封闭是为了使防潮层形成一个整体。

7 保护层的施工

绝热结构的保护层有两种基本形式：金属保护层与非金属保护层。非金属保护层包括毡、箔、布、卷材类包缠型保护层、玻璃钢及复合材料保护层、抹面及涂膜弹性体涂料涂抹型保护层等。

金属保护层近年来得到大力推广，与其他保护层相比，它具有重量轻、外观整齐美观、无裂缝、刚度大、不易变形、防水防油性能好，拆卸后可重复使用，相对经济的优点，有条件的地方应优先采用。

7.1 金属保护层

鉴于目前施工的工艺和方法在不断改进，原规范中的一些要求和做法已不适宜采用，故将原规范中第6.1.9条的内容删除，对部分内容作了修改，对原规范未涉及的内容作了增补。

7.1.1 系修改条文。近年来铝合金薄板、镀锌薄钢板、薄彩钢板及不锈钢薄板作为绝热层的外保护层已得到了大量的使用。至于金属压型板则是铝合金薄板或镀锌薄钢板的另一种形式。将原规范中的采用普通薄钢板表面涂漆的有关内容删除。

7.1.2 系修改条文。补充了纵向搭接的有关规定。删掉了"较大直径管道的护壳纵向搭接也应压出凸筋"的规定。

7.1.3 系修改条文。补充了管道"三通部位金属护壳接缝"的有关规定。因为弯头及三通部位的搭接接

缝有多种形式，不同接缝形式的下料裕量，应根据接缝形式计算确定。

绝热层外径小于 200mm，且弯头弯曲半径较小的，外保护层弯头可以做成直角形式（《石油化工设备和管道隔热技术规范》SH 3010—2000 中第 5.4.16 条规定：绝热层外径小于 200mm 的弯头，金属保护层可做成直角弯头），直角弯头要注意防水；绝热层外径大于或等于 200mm 的不同外径的分节弯头保护层分节数可参见表 3。

表 3　弯头保护层分节数

序号	绝热层外径（mm）	保护层弯头分节数（个）		弯头弯曲半径 R
		中节	边节	
1	200～300	3	2	
2	301～400	5	2	R=1.5DN
3	401～500	7	2	
4	>500	11	2	

注：DN 为管子公称直径，其他弯曲半径应视具体情况增加分节数或减少分节数。

7.1.4 对高温管道弯头部位搭接尺寸增大的规定是主要考虑到高温管道在生产工艺过程中的热膨胀量较大。

7.1.6 系修改条文。此条根据目前施工中采用的工艺和做法，对原规范中的条文进行了适当的增删和修改，调整了有关间距的规定，并加入了保冷结构固定措施的规定。

7.1.7 系新增加条文。由于阀门、法兰金属盒安装必须在设备、管道试压、气密性试验结束合格后进行，且平常检修时，设备、管道在法兰断开处的绝热层端部，若不采取防水措施容易进水，破坏绝热层结构，影响绝热效果；高温管道防止传热，奥氏体不锈钢防止渗碳均不得采用金属圆环片与管道直接相接触，保冷结构可采用防潮层直接做成防水层。

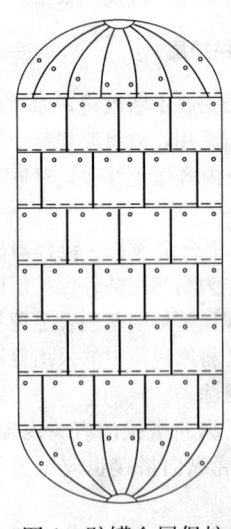

图 1　贮罐金属保护层接缝布置

7.1.8 系新增加条文。因管道有室内及室外布置的情况，三通部位金属保护层的搭接也存在泛水和顺水现象。因而规定应根据具体情况，使三通部位金属保护层的支管与主管相交部位翻边固定，顺水搭接。

7.1.10 设备及大型贮罐金属保护层的接缝和凸筋，应呈棋盘形错列布置，可参见图 1。

7.1.12 系新增加条文。当绝热层直径小于 600mm 时，做成平盖式，这种结

构更容易实现咬口连接，不易在拆卸中损坏，可以增加封头的防水性能，而采用分瓣式弧形部位应力较大，连接处不易贴合，防水效果不好；绝热层外径较大，封头做成平盖式上面容易积水，应做成橘瓣式，当采用搭接时，每片可两边都压出凸筋，也可一边压出凸筋，另一边可为直边搭接，并用自攻螺丝或抽芯铆钉固定。

7.1.13 系修改条文。增补了金属保护层的接缝可选用的基本形式。

搭接接缝：搭接分为固定搭接和活动搭接，圆线的圆弧直径可根据保温层的外径而确定，其形式主要有单筋搭接（上搭接及下搭接）、双筋搭接（叠缝）等。

咬接接缝：咬接最常用的为单平咬口，装配时，需经敲打咬合。

插接接缝：插接分为固定插接和活动插接。

嵌接接缝：嵌接（双筋搭接的正反扣）一般用在管道金属保护层的弯头环向接缝处。

设备纵向接缝宜采用咬接形式，可增加外保护层强度和防水效果，环向接缝根据需要做成搭接或插接形式。沿海地区大型贮罐的环向接缝宜做成插接形式，室内外保护层的纵、环向接缝均可采用搭接形式以降低工程成本；管道纵向和环向接缝均采用搭接形式。金属保护层的几种常用接缝形式如图 2 所示。

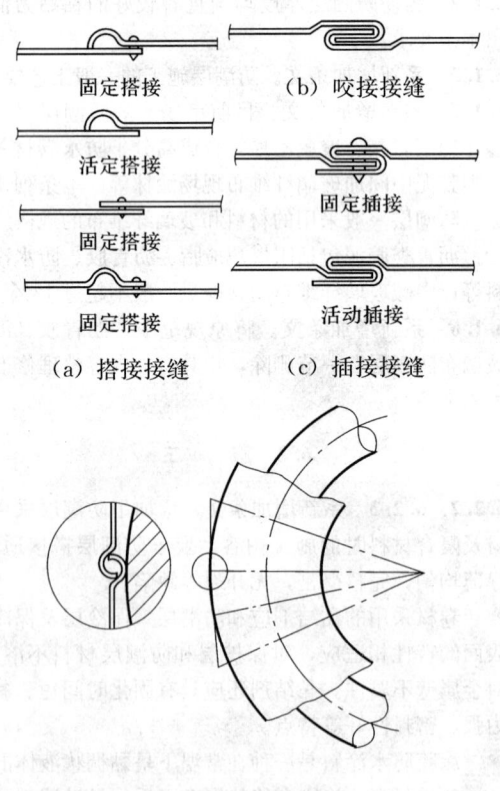

（a）搭接接缝　（b）咬接接缝　（c）插接接缝　（d）嵌接接缝

图 2　金属保护层的几种常用接缝形式

7.1.14 固定保冷结构的金属保护层时为了防止损坏防潮层，可采取如下措施：当管道或设备筒体金属保护层采用钢带直接固定时，不允许使用自攻螺丝或铆钉；当管道的弯头或保冷设备封头无法采用钢带固定时，可在防潮层外敷设一层 20～30mm 厚的隔离层等。

7.1.16 关于金属保护层的接缝密封问题，一般应由设计单位提出具体的密封措施。如设计无规定时，施工单位应按照本条要求自行选用密封方案，如嵌填密封带（剂）、螺栓加胶垫等。

  1 规定是指金属护壳自身的密封。

  2 指管道金属护壳与相邻管道附件如法兰、阀门金属护壳相连接部位的密封。

7.1.18 系新增加条文。增加了当大截面平壁采用压型板结构时的有关规定。压型板用固定件固定在支承骨架上，为保证其刚度和强度，规定每张压型板的固定不应少于两道支承骨架。支承骨架应根据设备的形状和压型板的尺寸进行布设。室外采用阴角的包角形式是为了防水，顺水搭接的考虑。包角板采用阴角包角时，顶部和侧部的压型板一端可稍长一点，将包角板的一边压在底部固定；包角板采用阳角包角时，顶部、侧部及底部的压型板用包角板的两边压在底部固定。

7.1.22 系修改条文。对管道金属保护层膨胀部位的环向接缝的有关规定进行了修改和补充。

7.1.24 系修改条文。大型设备、贮罐绝热层采用金属保护层，由于设备、贮罐金属壁面与绝热材料二者的热膨胀差值较大，或由于受风力或振动等的影响，造成铆钉、自攻螺丝松脱，使金属护壳开缝、脱落、雨水浸入、损坏绝热层。为防止以上现象的出现而采取的加固措施。

7.1.25 系新增加条文。球形金属容器外保护层应根据球的直径大小排版下料，板材的高度为 500～800mm，以板材的高度为带高，然后根据每带板所处的球体周长计算出每块板的实际尺寸，并按接缝形式留出 30～50mm 裕量。若球形容器本身没有支撑圈，应在赤道带做一道抱箍固定支撑圈，上、下温带处做成活动支撑圈，安装时由赤道带开始沿环向敷设，并固定在支撑圈上，然后再分别向上温带或下温带敷设，纵向接缝采用搭接形式，环向接缝搭接或咬接。

7.2 非金属保护层

本节系新增加内容，将原规范中"毡、箔、布类保护层"的有关内容整理修改后纳于本节中。复合材料中的铝箔、真空铝复合防护材料等属于金属材料，因其施工具有本节有关内容的工艺特性，因而将其列入本节进行描述。

目前市场上的复合保护层材料很多，如铝箔玻纤布、复合铝箔玻璃钢、真空铝复合防护材料、复合牛皮纸铝箔、单面（双面）复合夹筋铝箔、防水阻燃耐老化聚氨酯保护层及各类玻璃钢保护层等。鉴于复合保护层材料的品种繁多、质量良莠不齐，为保证施工质量，要求其技术性能应符合本规范和设计文件的要求。

7.2.1 系修改条文。铝箔缠绕包缠时，起点和终端也可采用热敏、压敏胶带绑扎固定等措施。

7.2.2 系新增加条文。涂膜弹性体的有关内容见本规范第 6.2.3 条的条文说明。

绝热层表面去除粉尘、灰尘等是为了提高保护层材料的黏结强度。

7.2.3 系新增加条文。玻璃钢作为绝热层的保护层，具有耐腐蚀性好，防水、防潮、不生锈和阻燃等特点，而且成型方便，施工简单，并能在环境较为恶劣的情况下使用。

玻璃钢按材质可分为有机和无机两种。无机玻璃钢是以玻璃纤维及其织物和以无机胶凝材料为主体的基体所组成的复合材料。无机玻璃钢按其胶凝材料性能分为：以硫酸盐类为胶凝材料与玻璃纤维网格布制成的水硬性无机玻璃钢和以改性氯氧镁水泥为胶凝材料与玻璃纤维网格布制成的气硬性改性氯氧镁水泥无机玻璃钢（如近年来使用的环保镁钢等，环保镁钢作为一种新型的无机保护层材料已在一些电力和化工行业得到了成功的应用）两种类型。

预制成型的玻璃钢具有装拆连接方便，外形整齐美观的特点，在一些可拆卸的部位如阀门、法兰处常用作保温罩。

消除气泡是因为气泡所在处必将造成应力集中，会降低玻璃钢的性能。

7.2.4 系新增加条文。基于有些施工特性具有金属保护层特点的复合保护层材料，同时又具备非金属保护层施工的诸多特性。

7.2.5 系新增加条文。有些复合保护层材料配备了其各自的专用胶黏带，且各自具备不同的施工特性和优点。

7.2.6 系修改条文。将原规范中的密度由不得大于 1000kg/m³ 改为不得大于 800kg/m³，与《火力发电厂保温材料技术条件》DL/T 776—2001 的规定相符。

8 安 全 技 术

8.0.1 系修改条文。强调了按有关规定需配备的劳动保护用品和安全保护措施。

8.0.2 系修改条文。强调了在施工过程中施工现场应备有应急药物和用具而非原规范中的防护药物。

8.0.3 系新增加条文。与安全规范高空作业的定义和采取安全作业措施的规定相符。

8.0.5 拧紧绑扎铁丝时，不得用力过猛，防止因铁丝断裂而使紧固工具或铁丝弹起伤人。

8.0.6 矿物棉粉尘及短纤维是硅酸盐类物质，吸入肺内对人体的危害极大，所以施工现场必须最大限度地减少粉尘飞扬。

8.0.7 系修改条文。易燃、易爆材料或剂液，要求在适宜的温度中保管，避免阳光暴晒，其目的是防止环境温度过高引起的爆炸或自燃。

从事绝热工程的施工人员，往往在配制黏接、防潮、密封涂料等所产生的一氧化碳、苯、甲醛、丙酮、沥青烟及喷涂聚氨酯作业中产生的氰化物气体等对人体均有毒害的场所。这些气体或物质在施工过程中虽一次进入人体的量很少，但长久毒物在人体内逐渐蓄积，当达到中毒程度后，人即失去正常的抵抗能力，易患职业病。所以必须加强有毒物质施工场所的通风，以减少空气中有毒物质的含量。

物质毒性的大小，与其化学结构中的某些元素的数量和饱和度有关，除此之外，毒性还和毒物的溶解度、分散度、挥发性有关。盛装剂液的容器如有坏漏，要求及时处理更换，以免腐蚀邻近物品或污染环境。

对配液加热过程中要仔细搅拌，多数固体溶质的溶解度随温度升高而增大，少数固体溶质的溶解度随温度的升高而减少，有的发生复分解反应，析出沉淀。如不及时对配液进行仔细的搅拌，配液中因析出的沉淀物而出现密度不同，再加上化学分子的内能变化，以至产生崩沸。此时加强搅拌工作，防止沉淀的产生，使反应趋于完全，即可避免。

在熬制沥青胶料时，可采取容器盖、砂覆盖等措施来防止沥青在搅拌过程中着火、崩沸、飞溅等烫伤人现象的发生。

8.0.10 系修改条文。施工人员在设备或地沟内因呼吸到有毒或窒息气体而晕倒的现象时有发生，所以提出应预先检测内部气体的要求。排除不安全的物体或设施有两种含义，既可排除该物体或设施，亦可排除其不安全因素。

8.0.11 系新增加条文。电动机械应由专业人员进行电源的接接和操作，并应做好防雨、防触电的措施。

8.0.12 系新增加条文。安全及文明施工的内容。施工现场提倡文明施工，以避免造成有关施工成果的二次污染，也是出于对成品保护的考虑。

8.0.13 系修改条文。安全及文明施工的内容。绝热工程所用的材料、制品或药剂，往往含有纤维、粉尘、刺激性气味或毒性，对人体有不同程度的危害，所以施工后将工具和施工现场清理干净，以减少对环境的污染和扩散。

8.0.14、8.0.15 系修改条文。是对环境及职业安全健康管理的有关要求。

9 工程交接

9.0.1 系新增加条文。阐明工程交接验收是指建设单位或总承包单位对施工单位所承包的工程全部完成后进行的验收。

9.0.2 系新增加条文。将具体的检查项目归纳为如下两条：

1 按合同全部完工。

2 质量合格。

9.0.3 系修改条文。修改后的条文将原条文的内容进行了归纳和补充，列出了施工单位向建设单位或总承包单位提交的资料名称。

交工文件是绝热工程竣工后施工单位向建设单位或总承包单位交接的资料，它是生产运行、设备及管道等检修的原始依据。本条是结合绝热工程专业特性和施工的具体情况制定的。

绝热材料的合格证和理化性能检验报告应按本规范第3.2节的要求。

抹面保护层材料由于目前基本上均为已配制好的成品材料，因而不再要求其灰浆材料的配合比，只要求其技术性能及检验项目按本规范第7.2.6条第1款进行。

浇注、喷涂绝热层的施工配料及其技术性能检验项目按照国家规定的同类产品的技术条件或设计部门提供的技术要求进行检验。

设计变更有两种情况：一是设计人员变更设计，另一种是在施工中碰到疑难问题或要求采用新材料、新工艺、新结构，由施工人员提出设计变更，但必须征得设计方同意。

材料代用往往是因国家或地区的某些材料产品或规格不符合设计要求，需用其他产品或规格代用。此工作必须征得设计方的同意方可实施。

第5至8款的内容是在工程开工前、施工过程中及竣工后的原始记录资料文件。

中华人民共和国国家标准

给水排水构筑物工程
施工及验收规范

Code for construction and acceptance of
water and sewerage structures

GB 50141—2008

主编部门：中华人民共和国住房和城乡建设部
批准部门：中华人民共和国住房和城乡建设部
施行日期：２００９年５月１日

中华人民共和国住房和城乡建设部
公　告

第 133 号

关于发布国家标准《给水排水构筑物
工程施工及验收规范》的公告

现批准《给水排水构筑物工程施工及验收规范》为国家标准，编号为 GB 50141—2008，自 2009 年 5 月 1 日起实施。其中，第 1.0.3、3.1.10、3.1.16、3.2.8、6.1.4、7.3.12（4）、8.1.6 条（款）为强制性条文，必须严格执行。原《给水排水构筑物施工及验收规范》GBJ 141—90 同时废止。

本规范由我部标准定额研究所组织中国建筑工业出版社出版发行。

中华人民共和国住房和城乡建设部

2008 年 10 月 15 日

前　言

本规范根据建设部"关于印发《二零零四年工程建设国家标准制定、修订计划》的通知"（建标[2004] 67 号）的要求，由北京市政建设集团有限责任公司会同有关单位对《给水排水构筑物施工及验收规范》GBJ 141—90 进行修订而成。

在修订过程中，编制组进行了深入的调查研究和专题研讨，总结了我国各地给水排水构筑物工程施工与质量验收的实践经验，坚持了"验评分离、强化验收、完善手段、过程控制"的指导原则，参考了有关国内外相关规范，并以多种形式广泛征求了有关单位的意见，最后经审查定稿。

本规范规定的主要内容有：给水排水构筑物工程及其分项工程施工技术、质量、施工安全方面规定；施工质量验收的标准、内容和程序。

本规范中以黑体字标志的条文为强制性条文，必须严格执行。

本规范由住房和城乡建设部负责管理和对强制性条文的解释，由北京市政建设集团有限责任公司负责具体技术内容的解释。为了提高规范质量，请各单位在执行本规范的过程中，总结经验和积累资料，随时将发现的问题和意见寄北京市政建设集团有限责任公司。地址：北京市海淀区三虎桥路 6 号，邮编：100044；E-mail: kjb@bmec.cn；以供今后修订时参考。

本规范主编单位、参编单位和主要起草人：

主 编 单 位：北京市政建设集团有限责任公司

参 编 单 位：北京市市政四建设工程有限责任公司

上海市建设工程质量监督站公用事业分站

天津市市政公路管理局

北京市自来水设计公司

北京城市排水集团有限责任公司

天津市自来水集团有限公司

北京市市政工程管理处

上海市第二市政工程有限公司

北京建筑工程学院

西安市市政设计研究院

重庆大学

广东工业大学

武汉市水务局

武汉市给排水工程设计院有限公司

主要起草人：焦永达　于清军　苏耀军

王洪臣　杨　毅　姚慧健

曹洪林　张　勤　李俊奇

蔡　达　范曙明　袁观洁

王金良　包安文　岳秀平

王和平　吴进科　游青城

葛金科　孙连元　刘　青

目　次

1 总 则

1.0.1 为加强给水、排水（以下简称给排水）构筑物工程施工管理，规范施工技术，统一施工质量检验、验收标准，确保工程质量，制定本规范。

1.0.2 本规范适用于新建、扩建和改建城镇公用设施和工业企业中常规的给排水构筑物工程的施工与验收。不适用于工业企业中具有特殊要求的给排水构筑物工程施工与验收。

1.0.3 给排水构筑物工程所用的原材料、半成品、成品等产品的品种、规格、性能必须符合国家有关标准的规定和设计要求；接触饮用水的产品必须符合有关卫生要求。严禁使用国家明令淘汰、禁用的产品。

1.0.4 给排水构筑物工程施工与验收，除应符合本规范的规定外，尚应符合国家现行有关标准的规定。

2 术 语

2.0.1 围堰 cofferdam

在施工期间围护基坑，挡住河（江、海、湖）水，避免主体构筑物直接在水体中施工的导流挡水设施。

2.0.2 施工降排水 construction drainage

在进行土方开挖或构筑物施工时，为保持基坑或沟槽内在无水影响的环境条件下施工，而进行的降排水工作。常用方法有明排水和井点降排水两种。

2.0.3 明排水 drainage by open channel

将流入基坑或沟槽内的地表或地下水汇集到集水井，然后用水泵抽走的排水方式。

2.0.4 井点降排水 drainage by well points

又称井点降水。在基坑内或沟槽周边设置滤水管（井），在基坑（沟槽）开挖前和开挖过程中，用抽吸设备不断从滤水管（井）中抽水，使地下水位降低至坑（槽）底以下，满足干地施工条件的、人工降低地下水位的排水方式。井点类型包括轻型井点、喷射井点、电渗井点、管井井点和深水泵井点等。

2.0.5 施工缝 construction joint

混凝土浇筑施工时，由于技术或施工组织上的原因，不能一次连续浇筑时，而在预先选定的停歇位置留置的搭接面或后浇带。

2.0.6 后浇带 post-placed strip

在浇筑大体积混凝土构筑物时设置的后浇筑的施工缝。

2.0.7 变形缝 deformation joint

为适应温度变化作用、地基沉陷作用和地震破坏作用引起水平和竖向变位而设置的构造缝。包括伸缩缝、沉降缝和防震缝。

2.0.8 止水带 water stopping band; water

sealing band

在构筑物或管渠相邻部分或分段接缝间，用以防止接缝面产生渗漏的带状设施，其材质类型有金属、橡胶、塑料等。

2.0.9 沉井 open caisson

在地面上先制作井筒（井室），然后在井筒（井室）内挖土，使井筒（井室）靠自重或外力下沉至设计标高，再实施封底和内部工程的施工方法。

2.0.10 装配式混凝土构筑物 prefabricated concrete cistern

以预制钢筋混凝土池壁等构件或半成品为主，拼装而成的钢筋混凝土构筑物。

2.0.11 预应力混凝土构筑物 prestressed concrete cistern

由配置受力的预应力钢筋通过张拉或其他方法在外荷载作用前预先施加内应力的混凝土构筑物。

2.0.12 塘体构筑物 ponding cistern

以防渗膜或土为主进行防渗处理的水处理或调蓄构筑物。包括稳定塘、湿地、暴雨滞留塘等。

2.0.13 取水构筑物 intake structure

给水系统中，取集、输送原水而设置的各种构筑物的总称。

2.0.14 排放构筑物 outlet structure

排水系统中，处置、排放污水而设置的各种构筑物的总称。

2.0.15 水处理构筑物 water（waste water）treatment structure

给水（排水）系统中，对原水（污水）进行水质处理、污泥处置而设置的各种构筑物的总称。

2.0.16 调蓄池构筑物 adjusting structure

给水（排水）系统中，平衡调配（调节）与输送、分配处理水量而设置的各种构筑物的总称。

2.0.17 满水试验 watering test

水池结构施工完毕后，以水为介质对其进行的严密性试验。

2.0.18 气密性试验 air tightness test

消化池满水试验合格后，在设计水位条件下以空气为介质对其进行的气密性试验。

3 基 本 规 定

3.1 施工基本规定

3.1.1 施工单位应具备相应的施工资质，施工人员应具有相应资格。施工项目质量控制应有相应的施工技术标准、质量管理体系、质量控制和检验制度。

3.1.2 施工前应熟悉和审查施工图纸，掌握设计意图与要求。实行自审、会审（交底）和签证制度；对施工图有疑问或发现差错时，应及时提出意见和建议。需变更设计时，应按照相应程序报审，经相关单位签证认定后实施。

3.1.3 施工前应根据工程需要进行下列调查研究：

    1 现场地形、地貌、建（构）筑物、各种管线、其他设施及障碍物情况；

    2 工程地质和水文地质资料；

    3 气象资料；

    4 工程用地、交通运输、疏导及其环境条件；

    5 施工供水、排水、通信、供电和其他动力条件；

    6 工程材料、施工机械、主要设备和特种物资情况；

    7 在地表水水体中或岸边施工时，应掌握地表水的水文和航运资料；在寒冷地区施工时，尚应掌握地表水的冻结资料和土层冰冻资料；

    8 与施工有关的其他情况和资料。

3.1.4 开工前应编制施工组织设计，关键的分项、分部工程应分别编制专项施工方案。施工组织设计和专项施工方案必须按规定程序审批后执行，有变更时应办理变更审批。

3.1.5 施工组织设计应包括保证工程质量、安全、工期，保护环境，降低成本的措施，并应根据施工特点，采取下列特殊措施：

    1 地下、半地下构筑物应采取防止地表水流进基坑和地下水排水中断的措施；必要时应对构筑物采取抗浮的应急措施；

    2 特殊气候条件下应采取相应施工措施；

    3 在地表水水体中或岸边施工时，应采取防汛、防冲刷、防漂浮物、防冰凌的措施以及对防洪堤的保护措施；

    4 沉井和基坑施工降排水，应对其影响范围内的原有建（构）筑物进行沉降观测，必要时采取防护措施。

3.1.6 给排水构筑物施工时，应按"先地下后地上、先深后浅"的顺序施工，并应防止各构筑物交叉施工相互干扰。

对建在地表水水体中、岸边及地下水位以下的构筑物，其主体结构宜在枯水期施工；抗渗混凝土宜避开低温及高温季节施工。

3.1.7 施工临时设施应根据工程特点合理设置，并有总体布置方案。对不宜间断施工的项目，应有备用动力和设备。

3.1.8 施工测量应实行施工单位复核制、监理单位复测制，填写相关记录，并符合下列规定：

    1 施工前，建设单位应组织有关单位进行现场交桩，施工单位对所交桩复核测量；原测桩有遗失或变位时，应补钉桩校正，并应经相应的技术质量管理部门和人员认定；

    2 临时水准点和构筑物轴线控制桩的设置应便于观测且必须牢固，并应采取保护措施；临时水准点的数量不得少于2个；

    3 临时水准点、轴线桩及构筑物施工的定位桩、高程桩，必须经过复核方可使用，并应经常校核；

    4 与拟建工程衔接的已建构筑物平面位置和高程，开工前必须校测；

    5 给排水构筑物工程测量应满足当地规划部门的有关规定。

3.1.9 施工测量的允许偏差应符合表3.1.9的规定，并应满足国家现行标准《工程测量规范》GB 50026和《城市测量规范》CJJ 8的有关规定。有特定要求的构筑物施工测量还应遵守其特殊规定。

表3.1.9 施工测量允许偏差

序号	项 目		允许偏差
1	水准测量高程闭合差	平 地	$\pm 20\sqrt{L}$(mm)
		山 地	$\pm 6\sqrt{n}$(mm)
2	导线测量方位角闭合差		$24\sqrt{n}$(")
3	导线测量相对闭合差		1/5000
4	直接丈量测距的两次较差		1/5000

注：1 L为水准测量闭合线路的长度（km）；

    2 n为水准或导线测量的测站数。

3.1.10 工程所用主要原材料、半成品、构（配）件、设备等产品，进入施工现场时必须进行进场验收。

进场验收时应检查每批产品的订购合同、质量合格证书、性能检验报告、使用说明书、进口产品的商检报告及证件等，并按国家有关标准规定进行复验，验收合格后方可使用。

混凝土、砂浆、防水涂料等现场配制的材料应经检测合格后使用。

3.1.11 在质量检查、验收中使用的计量器具和检测设备，应经计量检定、校准合格后方可使用；承担材料和设备检测的单位，应具备相应的资质。

3.1.12 所用材料、半成品、构（配）件、设备等在运输、保管和施工过程中，必须采取有效措施防止损坏、锈蚀或变质。

3.1.13 构筑物的防渗、防腐、防冻层施工应符合国家有关标准的规定和设计要求。

3.1.14 施工单位应做好文明施工，遵守有关环境保护的法律、法规，采取有效措施控制施工现场的各种粉尘、废气、废弃物以及噪声、振动等对环境造成的污染和危害。

3.1.15 施工单位必须取得安全生产许可证，并应遵守有关施工安全、劳动保护、防火、防毒的法律、法规，建立安全管理体系和安全生产责任制，确保安全施工。对高空作业、井下作业、水上作业、水下作业、压力容器等特殊作业，制定专项施工方案。

3.1.16 工程施工质量控制应符合下列规定：

1 各分项工程应按照施工技术标准进行质量控制，分项工程完成后，应进行检验；

2 相关各分项工程之间，应进行交接检验；所有隐蔽分项工程应进行隐蔽验收；未经检验或验收不合格不得进行下道分项工程施工；

3 设备安装前应对有关的设备基础、预埋件、预留孔的位置、高程、尺寸等进行复核。

3.1.17 工程应经过竣工验收合格后，方可投入使用。

3.2 质量验收基本规定

3.2.1 给排水构筑物工程施工质量验收应在施工单位自检合格基础上，按分项工程（验收批）、分部（子分部）工程、单位（子单位）工程的顺序进行，并符合下列规定：

1 工程施工质量应符合本规范和相关专业验收规范的规定；

2 工程施工应符合工程勘察、设计文件的要求；

3 参加工程施工质量验收的各方人员应具备相应的资格；

4 工程质量的验收应在施工单位自行检查、评定合格的基础上进行；

5 隐蔽工程在隐蔽前应由施工单位通知监理单位进行验收，并形成验收文件；

6 涉及结构安全和使用功能的试块、试件和现场检测项目，应按规定进行平行检测或见证取样检测；

7 分项工程（验收批）的质量应按主控项目和一般项目进行验收；每个检查项目的检查数量，除本规范有关条款有明确规定外，应全数检查；

8 对涉及结构安全和使用功能的分部工程应进行试验或检测；

9 承担试验检测的单位应具有相应资质；

10 工程的外观质量应由质量验收人员通过现场检查共同确认。

3.2.2 单位（子单位）工程、分部（子分部）工程、分项工程（验收批）的划分可按本规范附录 A 确定，质量验收记录应按本规范附录 B 填写。

3.2.3 分项工程（验收批）质量合格应符合下列规定：

1 主控项目的质量经抽样检验合格；

2 一般项目中的实测（允许偏差）项目抽样检验的合格率应达到 80%，且超差点的最大偏差值应在允许偏差值的 1.5 倍范围内；

3 主要工程材料的进场验收和复验合格，试块、试件检验合格；

4 主要工程材料的质量保证资料以及相关试验检测资料齐全、正确；具有完整的施工操作依据和质量检查记录。

3.2.4 分部（子分部）工程质量验收合格应符合下列规定：

1 分部（子分部）工程所含全部分项工程的质量合格；

2 质量控制资料应完整；

3 分部（子分部）工程中，混凝土强度、混凝土抗渗、地基基础处理、桩基础检测、位置及高程、回填压实等的检验和抽样检测结果应符合本规范有关规定；

4 外观质量验收应符合要求。

3.2.5 单位（子单位）工程质量合格应符合下列规定，必要时应在设备安装、调试后进行单位工程验收：

1 单位（子单位）工程所含全部分部（子分部）工程的质量合格；

2 质量控制资料应完整；

3 单位（子单位）工程所含分部工程有关结构安全及使用功能的检测资料应完整；

4 涉及构筑物水池位置与高程、满水试验、气密性试验、压力管道水压试验、无压管渠严密性试验以及地下水取水构筑物的抽水清洗和产水量测定、地表水活动式取水构筑物的试运行等有关结构安全及使用功能的试验检测、抽查结果应符合规定；

5 外观质量验收应符合要求。

3.2.6 管渠工程的质量验收应符合现行国家标准《给水排水管道工程施工及验收规范》GB 50268 的有关规定。

3.2.7 工程质量验收不合格时，应按下列规定处理：

1 经返工返修或更换材料、构件、设备等的分项工程，应重新进行验收；

2 经有相应资质的检测单位检测鉴定能够达到设计要求的分项工程，应予以验收；

3 经有相应资质的检测单位检测鉴定达不到设计要求、但经原设计单位核算认可能够满足结构安全和使用功能要求的分项工程，可予以验收；

4 经返修或加固处理的分项工程、分部（子分部）工程，改变外形尺寸但仍能满足使用要求，可按技术处理方案和协商文件进行验收。

3.2.8 通过返修或加固处理仍不能满足结构安全和使用功能要求的分部（子分部）工程、单位（子单位）工程，严禁验收。

3.2.9 分项工程（验收批）应由专业监理工程师组织施工项目质量负责人等进行验收。

3.2.10 分部工程（子分部）应由总监理工程师组织施工项目负责人及其技术、质量负责人等进行验收。

对于涉及重要部位的地基基础、主体结构、主要设备等分部（子分部）工程，设计和勘察单位工程项目负责人、施工单位技术质量部门负责人应参加验收。

3.2.11 单位工程经施工单位自行检验合格后，应向建设单位提出验收申请。单位工程有分包单位施工时，分包单位对所承包的工程应按本规范的规定进行验收，总承包单位应派人参加，并对分包单位进行管理；分包工程完成后，应及时地将有关资料移交总承包单位。

3.2.12 对符合竣工验收条件的单位（子单位）工程，应由建设单位按规定组织验收。施工、勘察、设计、监理等单位有关负责人应参加验收，该工程的管理或使用单位有关人员也应参加验收。

3.2.13 参加验收各方对工程质量验收意见不一致时，可由工程所在地建设行政主管部门或工程质量监督机构协调解决。

3.2.14 单位工程质量验收合格后，建设单位应按规定将单位工程竣工验收报告和有关文件，报送工程所在地建设行政主管部门备案。

3.2.15 工程竣工验收后，建设单位应将有关文件和技术资料归档。

4 土石方与地基基础

4.1 一般规定

4.1.1 建设单位应向施工单位提供施工影响范围内的地下管线、建（构）筑物及其他公共设施资料，施工单位应采取措施加以保护。

4.1.2 施工前应进行挖、填方的平衡计算，综合考虑土石方运距最短、运程最合理和各个工程项目的合理施工顺序等，做好土石方平衡调配，减少重复挖运。

4.1.3 降排水系统应经检查和试运转，一切正常后方可开始施工。

4.1.4 平整场地的表面坡度应符合设计要求，设计无要求时，流水方向的坡度大于或等于0.2%。

4.1.5 基坑（槽）开挖前，应根据围堰或围护结构的类型、工程水文地质条件、施工工艺和地面荷载等因素制定施工方案，经审批后方可施工。

4.1.6 围堰、围护结构应经验收合格后方可进行基坑开挖。挖至设计高程后应及时组织验收，合格后进入下道工序施工，并应减少基坑裸露时间。基坑验收后应予保护，防止扰动。

4.1.7 深基坑应做好上、下基坑的坡道，保证车辆行驶及施工人员通行安全。

4.1.8 有防汛、防台风要求的基坑必须制定应急措施，确保安全。

4.1.9 施工中应对支撑结构、周围环境进行观察和监测，出现异常情况应及时处理，恢复正常后方可继续施工。

4.1.10 基坑开挖至设计高程后应由建设单位会同设计、勘察、施工、监理等单位共同验收；发现岩、土质与勘察报告不符或有其他异常情况时，由建设单位会同上述单位研究确定处理措施。

4.1.11 土石方爆破必须按国家有关部门规定，由具有相应资质的单位进行施工。

4.2 围　堰

4.2.1 围堰施工方案应包括以下主要内容：
1　围堰平面布置图；
2　水体缩窄后的水面曲线和波浪高度验算；
3　围堰的强度和稳定性计算；
4　围堰断面施工图；
5　板桩加工图；
6　围堰施工方法与要求，施工材料和机具选定；
7　拆除围堰方法与要求；
8　堰内排水安全措施。

4.2.2 围堰结构应满足设计要求，构造简单，便于施工、维护和拆除。围堰与构筑物外缘之间，应留有满足施工排水与施工作业要求的宽度。

4.2.3 围堰类型的选择应根据基坑及河道的水文地质、施工方法和装备、环境保护等因素，经技术经济比较后确定。不同围堰类型的适用条件应符合表4.2.3的规定。

表4.2.3　围堰适用条件

序号	围堰类型	适用条件	
		最大水深（m）	最大流速（m/s）
1	土围堰	2.0	0.5
2	草捆土围堰	5.0	3.0
3	袋装土围堰	3.5	2.0
4	木板桩围堰	5.0	3.0
5	双层型钢板桩填芯围堰	10.0	3.0
6	止水钢板桩抛石围堰	—	3.0
7	钻孔桩围堰	—	3.0
8	抛石夯筑芯墙止水围堰	—	3.0

4.2.4 土、袋装土、钢板桩围堰的顶面高程，宜高出施工期间的最高水位0.5~0.7m；草捆土围堰堰顶面高程宜高出施工期的最高水位1.0~1.5m；临近通航水体尚应考虑涌浪高度。

4.2.5 围堰施工和拆除，不得影响航运和污染临近取水水源的水质。

4.2.6 围堰内基坑排水过程中必须随时对围堰进行检查，并应符合下列规定：
1　围堰坑内积水、渗水量应进行测算，并应绘制排水量与下降水位值之间的关系曲线，在堰内设置水位观测标尺进行观测与记录；

2 排水量与水位下降发生异常时，应停止排水，查明原因进行处理后，再重新进行排水；

3 排水后堰内水位不下降，甚至上升时，必须立即停止排水，进行检查；如发现围堰变形、结构不稳定，必须立即向堰内注水，使其恢复至平衡水位后，查明原因并经处理合格后方能抽除堰内水并重新排水。

4.2.7 土、袋装土围堰施工应符合下列规定：

1 填筑前必须清理基底；

2 填筑材料应以黏性土为主；

3 填筑顺序应自岸边起始，双向合拢时，拢口应设置于水深较浅区域；

4 围堰填筑完成后，堰内应进行压渗处理，堰外迎水面进行防冲刷加固；

5 土、袋装土围堰结构尺寸应符合表 4.2.7 的规定。

表 4.2.7 土、袋装土围堰结构尺寸

序号	围堰形式	断面尺寸			堰顶超高（施工期最高水位以上）（m）
		堰顶宽（m）	边坡坡度		
			堰内侧	堰外侧	
1	土围堰	≥1.5	1:1~1:3	—	0.5~0.7
2	袋装土围堰	1~2	1:0.2~1:1	1:0.5~1:1	0.5~0.7

注：表中堰顶宽度指不行驶机动车时的宽度。

4.2.8 钢板桩围堰施工应符合下列规定：

1 选用的钢板桩材质、型号和性能应满足设计要求；

2 悬臂钢板桩，其埋设深度、强度、刚度、稳定性均应经计算、验算；

3 钢板桩搬运起吊时，应防止锁口损坏和由于自重导致变形；在存放期间应防止变形及锁口内积水；

4 钢板桩的接长应以同规格、等强度的材料焊接；焊接时应用夹具夹紧，先焊钢板桩接头，后焊连接钢板；

5 钢板桩的插、打与拆除应符合下列规定：

　1）插、打前在锁口内应涂抹防水涂料；

　2）吊装钢板桩的吊点结构牢固安全、位置准确；

　3）钢板桩在黏土中不宜采用射水法沉桩，锤击时应设桩帽；

　4）应设插、打导向装置，最初插、打的钢板桩，应详细检查其平面位置和垂直度；

　5）需要接长的钢板桩，其相邻两钢板桩的接头位置，应上下错开不少于 1m；

　6）钢板桩的转角及封闭，可用焊接连接或骑缝搭接；

　7）拆除钢板桩前，堰内外水位应相同，拔桩应由下游开始。

4.2.9 在通航河道上的围堰布置要满足航行的要求，并设置警告标志和警示灯。

4.3 施工降排水

4.3.1 下列工程施工应采取降排水措施：

1 受地表水、地下动水压力作用影响的地下结构工程；

2 采用排水法下沉和封底的沉井工程；

3 基坑底部存在承压含水层，且经验算基底开挖面至承压含水层顶板之间的土体重力不足以平衡承压水水头压力，需要减压降水的工程；

4 基坑位于承压水层中，必须降低承压水水位的工程。

4.3.2 降排水施工准备工作应符合下列规定：

1 收集工程地质、水文地质勘测资料；

2 确定土层稳定性计算参数；

3 制定施工降排水方案，确定施工降排水方法、机具选型及数量；

4 对基坑渗透性的评定和渗水量的估算，以及地基沉降变形的计算；

5 确定变形观测点，水位观测孔（井）的布置；

6 必要时应作抽水试验，验证渗透系数及水力坡降曲线，以保证基坑地下水位降至坑底以下；

7 基坑受承压水影响时，应进行承压水降压计算，对承压水降压的影响进行评估。

4.3.3 施工降排水系统的排水应输送至抽水影响半径范围以外的河道或排水管道。

4.3.4 降排水施工必须采取有效的措施，控制施工降排水对周围构筑物和环境的不良影响。

4.3.5 施工过程中不得间断降排水，并应对降排水系统进行检查和维护；构筑物未具备抗浮条件时，严禁停止降排水。

4.3.6 冬期施工应对降排水系统采取防冻措施，停止抽水时应及时将泵体及进出水管内的存水放空。

4.3.7 明排水施工应符合下列规定：

1 适用于排除地表水或土质坚实、土层渗透系数较小、地下水位较低、水量较少、降水深度在 5m 以内的基坑（槽）排水；

2 依据工程实际情况按表 4.3.7 选择具体方式；

表 4.3.7 明排水方式选择

序号	排水方式	适用条件
1	明沟与集水井排水	小型及中等面积的基坑（槽）
2	分层明沟排水	可分层施工的较深基坑（槽）
3	深沟排水	大面积场区施工

3 施工时应保证基坑边坡的稳定和地基不被扰动；

4 集水井施工应符合下列规定：

1) 宜布置在构筑物基础范围以外，且不得影响基坑的开挖及构筑物施工；

2) 基坑面积较大或基坑底部呈倒锥形时，可在基础范围内设置，集水井筒与基础紧密连接，便于封堵；

3) 井壁宜加支护；土层稳定且井深不大于1.2m时，可不加支护；

4) 处于细砂、粉砂、粉土或粉质黏土等土层时，应采取过滤或封闭措施；封底后的井底高程应低于基坑底，且不宜小于1.2m；

5 排水沟施工应符合下列规定：

1) 配合基坑的开挖及时降低深度，其深度不宜小于0.3m；

2) 基坑挖至设计高程，渗水量较少时，宜采用盲沟排水；

3) 基坑挖至设计高程，渗水量较大时，宜在排水沟内埋设直径150～200mm设有滤水孔的排水管，且排水管两侧和上部应回填卵石或碎石。

4.3.8 井点降水施工应符合下列规定：

1 设计降水深度在基坑（槽）范围内不宜小于基坑（槽）底面以下0.5m，软土地层的设计降水深度宜适当加大；受承压水层影响时，设计降水深度应符合施工方案要求；

2 应根据设计降水深度、地下静水位、土层渗透系数及涌水量按表4.3.8选用井点系统；

3 井点孔的直径应为井点管外径加2倍管外滤层厚度，滤层厚度宜为100～150mm；井点孔应垂直，其深度可略大于井点管所需深度，超深部分可用滤料回填；

4 井点管应居中安装且保持垂直；填滤料时井点管口应临时封堵，滤料沿井点管周围均匀灌入，灌填高度应高出地下静水位；

表4.3.8 井点系统选用条件

序号	井点类别	土层渗透系数（m/d）	降水深度（m）
1	单级轻型井点	0.1～50	3～6
2	多级轻型井点	0.1～50	6～12（由井点层数而定）
3	喷射井点	0.1～2	8～20
4	电渗井点	<0.1	根据选用的井点确定
5	管井井点	20～200	8～30
6	深井井点	10～250	>15

注：多级井点必须注意各级之间设置重复抽吸降水区间。

5 井点管安装后，可进行单井、分组试抽水；根据试抽水的结果，可对井点设计作必要的调整；

6 轻型井点的集水总管底面及抽水设备基座的高程宜尽量降低；

7 井壁管长度允许偏差为±100mm，井点管安装高程的允许偏差为±100mm。

4.3.9 施工降排水终止抽水后，排水井及拔除井点管所留的孔洞，应及时用砂、石等填实；地下静水位以上部分，可用黏土填实。

4.4 基坑开挖与支护

4.4.1 基坑开挖与支护施工方案应包括以下主要内容：

1 施工平面布置图及开挖断面图；

2 挖、运土石方的机械型号、数量；

3 土石方开挖的施工方法；

4 围护与支撑的结构形式，支设、拆除方法及安全措施；

5 基坑边坡以外堆土石方的位置及数量，弃运土石方运输路线及土石方挖运平衡表；

6 开挖机械、运输车辆的行驶线路及斜道设置；

7 支护结构、周围环境的监控量测措施。

4.4.2 施工除符合本章规定外，还应满足现行国家标准《建筑地基基础工程施工质量验收规范》GB 50202、《建筑边坡工程技术规范》GB 50330的相关规定。

4.4.3 基坑底部为倒锥形时，坡度变换处增设控制桩；同时沿圆弧方向的控制桩也应加密。

4.4.4 基坑的边坡应经稳定性验算确定。土质条件良好、地下水位低于基坑底面高程、周围环境条件允许时，深度在5m以内边坡不加支撑时，边坡最陡坡度应符合表4.4.4的规定：

表4.4.4 深度在5m以内的基坑边坡的最陡坡度

序号	土的类别	边坡坡度（高：宽）		
		坡顶无荷载	坡顶有静载	坡顶有动载
1	中密的砂土	1：1.00	1：1.25	1：1.50
2	中密的碎石类土（充填物为砂土）	1：0.75	1：1.00	1：1.25
3	硬塑的粉土	1：0.67	1：0.75	1：1.00
4	中密的碎石类土（充填物为黏性土）	1：0.50	1：0.67	1：0.75
5	硬塑的粉质黏土、黏土	1：0.33	1：0.50	1：0.67
6	老黄土	1：0.10	1：0.25	1：0.33
7	软土（经井点降水后）	1：1.25	—	—

4.4.5 土石方应随挖、随运，宜将适用于回填的土分类堆放备用。

4.4.6 基坑开挖的顺序、方法应符合设计要求，并应遵循"对称平衡、分层分段（块）、限时挖土、限时支撑"的原则。

4.4.7 采用明排水的基坑，当边坡岩土出现裂缝、沉降失稳等征兆时，必须立即停止开挖，进行加固、削坡等处理。

　　雨期施工基坑边坡不稳定时，其坡度应适度放缓；并应采取保护措施。

4.4.8 设有支撑的基坑，应遵循"开槽支撑、先撑后挖、分层开挖和严禁超挖"的原则开挖，并应按施工方案在基坑边置土方；基坑边堆置土方不得超过设计的堆置高度。

4.4.9 基坑的降排水应符合下列规定：

　　1　降排水系统应于开挖前 2～3 周运行；对深度较大，或对土体有一定固结要求的基坑，运行时间还应适当提前；

　　2　及时排除基坑积水，有效地防止雨水进入基坑；

　　3　基坑受承压水影响时，应在开挖前检查承压水的降压情况。

4.4.10 软土地层或地下水位高、承压水水压大、易发生流砂、管涌地区的基坑，必须确保降排水系统有效运行；如发现涌水、流砂、管涌现象，必须立即停止开挖，查明原因并妥善处理后方能继续开挖。

4.4.11 基坑施工中，地基不得扰动或超挖，局部扰动或超挖，并超出允许偏差时，应与设计商定或采取下列处理措施：

　　1　排水不良发生扰动时，应全部清除扰动部分，用卵石、碎石或级配砾石回填；

　　2　岩土地基局部超挖时，应全部清除基底碎渣，回填低强度混凝土或碎石。

4.4.12 超固结岩土复合边坡遇水结冰冻融易产生坍滑时，应及时采取措施防止坍塌与滑坡。

4.4.13 开挖深度大于 5m，或地基为软弱土层，地下水渗透系数较大或受场地限制不能放坡开挖时，应采取支护措施。

4.4.14 基坑支护应综合考虑基坑深度及平面尺寸、施工场地及周围环境要求、施工装备、工艺能力及施工工期等因素，并应按照表 4.4.14 选用支护结构。

4.4.15 基坑支护应符合下列规定：

　　1　支护结构应具有足够的强度、刚度和稳定性；

　　2　支护部件的型号、尺寸，支撑点的布设位置，各类桩的入土深度及锚杆的长度和直径等应经计算确定；

　　3　围护墙体、支撑围檩、支撑端头处设置传力构造，围檩及支撑不应偏心受力，围檩集中受力部位应加肋板；

表 4.4.14　支护结构形式及其适用条件

序号	类别	结构形式	适用条件	备　注
1	水泥土类	粉喷桩	基坑深度≤6m，土质较密实，侧壁安全等级二、三级基坑	采用单排、多排布置成连续墙体，亦可结合土钉喷射混凝土
		深层搅拌桩	基坑深度≤7m，土层渗透系数较大，侧壁安全等级二、三级基坑	组合成土钉墙，加固边坡同时起隔渗作用
2	钢筋混凝土类	预制桩	基坑深度≤7m，软土层，侧壁安全等级二、三级基坑；周围环境对振动敏感的应采用静力压桩	与粉喷桩、深层搅拌桩结合使用
		钻孔桩	基坑深度14m，侧壁安全等级一、二、三级基坑	与锁口梁、围檩、锚杆组合成支护体系，亦可与粉喷、搅拌桩结合
		地下连续墙	基坑深度大于12m，有降水要求，土层及软土层，侧壁安全等级一、二、三级基坑	与地下结构外墙结合，以及楼板梁等结合形成支护体系
3	钢板桩类	型钢组合桩	基坑深度小于8m，软土地基，有降水要求时应与搅拌桩等结合，侧壁安全等级一、二、三级基坑；不宜用于周围环境对沉降敏感的基坑	用单排或双排布置，与锁口梁、围檩、锚杆组成支护体系
		拉森式专用钢板桩	基坑深度小于11m，能满足降水要求，适用侧壁安全等级一、二、三级基坑；不宜用于周围环境对沉降敏感的基坑	布置成弧形、拱形，自行止水
4	木板桩类	木桩	基坑深小于6m，侧壁安全等级三级基坑	木材强度满足要求
		企口板桩	基坑深度小于5m，侧壁安全等级二、三级基坑	木材强度满足要求

4 支护结构设计应根据表 4.4.15 选用相应的侧壁安全等级及重要性系数；

表 4.4.15 基坑侧壁安全等级及重要性系数

序号	安全等级	破坏后果	重要性系数 (y_0)
1	一级	支护结构破坏、土体失稳或过大变形对环境及地下结构的影响严重	1.10
2	二级	支护结构破坏、土体失稳或过大变形对环境及地下结构的影响一般	1.00
3	三级	支护结构破坏、土体失稳或过大变形对环境及结构影响轻微	0.90

5 支护不得妨碍基坑开挖及构筑物的施工；

6 支护安装和拆除方便、安全、可靠。

4.4.16 支护的设置应符合下列规定：

1 开挖到规定深度时，应及时安装支护构件；

2 设在基坑中下层的支撑梁及土锚杆，应在挖土至规定深度后及时安装；

3 支护的连接点必须牢固可靠。

4.4.17 支护系统的维护、加固应符合下列规定：

1 土方开挖和结构施工时，不得碰撞或损坏边坡、支护构件、降排水设施等；

2 施工机具设备、材料，应按施工方案均匀堆（停）放；

3 重型施工机械的行驶及停置必须在基坑安全距离以外；

4 做好基坑周边地表水的排泄和地下水的疏导；

5 雨期应覆盖土边坡，防止冲刷、浸润下滑，冬期应防止冻融。

4.4.18 支护出现险情时，必须立即进行处理，并应符合下列规定：

1 支护结构变形过大、变形速率过快时，应在坑底与坑壁间增设斜撑、角撑等；

2 边坡土体裂缝呈现加速趋势，必须立即采取反压坡脚、减载、削坡等安全措施，保持稳定后再行全面加固；

3 坑壁漏水、流砂时，应采取措施进行封堵，封堵失效时必须立即灌注速凝浆液固结土体，阻止水土流失，保护基坑的安全与稳定；

4 基坑周边构筑物出现沉降失稳、裂缝、倾斜等征兆时，必须及时加固处理并采取其他安全措施。

4.4.19 基坑开挖与支护施工应进行量测监控，监测项目、监测控制值应根据设计要求及基坑侧壁安全等级进行选择，并应符合表 4.4.19 的规定。

表 4.4.19 基坑开挖监测项目

侧壁安全等级	地下管线位移	地表土体沉降	周围建(构)筑物沉降	围护结构顶位移	围护结构墙体测斜	支撑轴力	地下水位	支撑立柱隆沉	土压力	孔隙水压力	坑底隆起	土体水平位移	土体分层沉降
一级	✓	✓	✓	✓	✓	✓	✓	◇	◇	◇	◇	◇	◇
二级	✓	✓	✓	✓	✓	✓	✓	◇	◇	◇	◇	◇	◇
三级	✓	✓	✓	◇	◇	◇	✓	◇	◇	◇	◇	◇	◇

注："✓"为必选项目，"◇"为可选项目，可按设计要求选择。

4.5 地基基础

4.5.1 地基基础施工除应执行本规范的规定外，尚应符合国家现行标准《建筑地基基础工程施工质量验收规范》GB 50202、《建筑地基处理技术规范》JGJ 79、《建筑基桩检测技术规范》JGJ 106 的有关规定。

4.5.2 构筑物垫层、基础、底板施工前应对下列项目进行复验，符合设计要求和有关规定后方可进行施工：

1 基底标高及基坑几何尺寸、轴线位置；

2 天然岩土地基及地基处理；

3 复合地基、桩基工程；

4 降排水系统。

4.5.3 地基基础的施工方案应包括下列主要内容：

1 地基处理方式的选择，材料、配比、施工工艺和顺序，施工参数，施工机具，地基强度及承载力检验方法；

2 复合地基桩成桩工艺，材料、配比，施工参数，施工机具，承载力检测要求；

3 工程基础桩成桩施工工艺，材料、配比，施工参数，施工机具，承载力检测要求。

4.5.4 施工前应进行施工场地的整理，满足施工机具的作业要求；并应复核施工测量的轴线、水准点；所有施工机具、仪器仪表应进场验收合格，运行正常、安全可靠。

4.5.5 地基处理施工应符合下列规定：

1 灰土地基、砂石地基和粉煤灰地基：应将表层的浮土清除，并应控制材料配比、含水量、分层厚度及压实度，混合料应搅拌均匀；地层遇有局部软弱土层或孔穴，挖除后用素土或灰土分层填实；

2 强夯处理地基：应将施工场地的积水及时排除，地下水位降低到夯层面以下 2m；施工应控制夯锤落距、次数、夯击位置和夯击范围；强夯处理的范围宜超出构筑物基础，超出范围为加固深度的 1/3～1/2，且不小于 3m；对地基透水性差、含水量高的土层，前后两遍夯击应有 2～4 周的间歇期；

3 注浆加固地基：应根据设计要求及工程具体情况选用浆液材料，并应进行现场试验，确定浆液配比、施工参数及注浆顺序；浆液应搅拌充分、筛网过滤；施工中应严格控制施工参数和注浆顺序；地基承载力、注浆体强度合格率达不到80％时，应进行二次注浆。

4.5.6 复合地基施工应符合下列规定：

1 复合地基桩，应按设计要求进行工艺性试桩，以验证或调整设计参数，并确定施工工艺、技术参数；

2 复合地基桩，应控制所用材料配比，以及桩（孔）位、桩（孔）径、桩长（孔深）、桩（孔）身垂直度的偏差；

3 水泥土搅拌桩，应控制水泥浆注入量、机头喷浆提升速度、搅拌次数；停浆（灰）面宜比设计桩顶高300～500mm；

4 高压旋喷桩，应控制水泥用量、压力、相邻桩位间距、提升速度和旋转速度；并应合理安排成桩施工顺序，详细记录成孔情况；需要扩大加固范围或提高强度时应采取复喷措施；

5 振冲桩，应控制填料粒径、填料用量、水压、振密电流、留振时间和振冲点位置顺序，防止漏振；

6 水泥粉煤灰碎石桩，应控制桩身混合料的配比、坍落度、灌入量和提拔钻杆（或套管）速度、成孔深度；成桩顶标高宜高于设计标高500mm以上；

7 砂桩，应选择适当的成桩方法，控制灌砂量、标高；合理安排成桩施工顺序；

8 土和灰土挤密桩，应控制填料含水量和夯击次数；并应合理安排成桩施工顺序；成桩预留覆盖土层厚度：沉管（锤击、振动）成孔宜为0.50～0.70m，冲击成孔宜为1.20～1.50m；

9 预制桩及灌注桩，应按本规范第4.5.7条的规定执行；

10 复合地基桩施工完成后，应按现行国家标准《建筑地基基础工程施工质量验收规范》GB 50202规定和设计要求，检验桩体强度和地基承载力。

4.5.7 工程基础桩施工应符合下列规定：

1 成桩工艺、技术参数应满足设计要求；必要时应进行承力或成桩工艺的试桩；

2 所用的工程材料、预制混凝土桩及钢桩、灌注桩的预制钢筋笼及混凝土进场验收合格；

3 混凝土灌注桩，应控制成孔、清渣、钢筋笼放置、灌注混凝土施工，防止坍（缩）孔和钻孔灌注桩护筒周围冒浆现象；端承桩应复验持力层的岩土性能，或按设计要求对桩底进行处理；

4 沉入桩，应控制沉桩的垂直度、贯入度、标高、桩顶的完整性；接桩施工的间歇时间应符合规定，焊接接桩应做10%的焊缝探伤检验；应按施工工艺、技术参数和地形地貌安排施工顺序；施加桩顶的作用力与桩帽、桩垫、桩身的中心轴线应重合；

5 沉入斜桩时，其倾斜角应符合设计要求，并避免影响后沉入桩施工。

4.5.8 抗浮锚杆、抗浮桩施工应符合下列规定：

1 抗浮锚杆，应采取打入式工艺或压浆工艺；成孔机具符合要求；

2 预制抗浮桩，应按设计要求进行桩身抗裂性能检验；

3 抗浮锚杆、抗浮桩，应按设计要求进行抗拔检验。

4.5.9 构筑物的垫层、基础及底板施工应符合下列规定：

1 对地基面层进行清理；

2 清除成桩顶端的预留高出部分和松散部分；

3 对桩顶的钢筋进行整形、处理；

4 按设计要求或有关规定设置变形缝。

4.6 基 坑 回 填

4.6.1 基坑回填应在构筑物的地下部分验收合格后及时进行。不需做满水试验的构筑物，在墙体的强度未达到设计强度以前进行基坑回填时，其允许回填高度应与设计商定。

4.6.2 回填材料应符合设计要求或有关规范规定。

4.6.3 回填前应清除基坑内的杂物、建筑垃圾，并将积水排除干净。

4.6.4 每层回填厚度及压实遍数，应根据土质情况及所用机具，经过现场试验确定，层厚差不得超出100mm。

4.6.5 应均匀回填、分层压实，其压实度应符合本规范表4.7.7的规定和设计要求。

4.6.6 钢、木板桩支撑的基坑回填，支撑的拆除应自下而上逐层进行。基坑土压实高度达到支撑或土锚杆的高度时，方可拆除该层支撑。拆除后的孔洞及拔出板桩后的孔洞宜用砂填实。

4.6.7 雨期应经常检验回填土的含水量，随填、随压，防止松土淋雨；填土时基坑四周被破坏的土堤及排水沟应及时修复；雨天不宜填土。

4.6.8 冬期在道路或管道通过的部位不得回填冻土，其他部位可均匀掺入冻土，其数量不应超过填土总体积的15％，但冻土的块径不得大于150mm。

4.6.9 基坑回填后，必须保持原有的测量控制桩点和沉降观测桩点；并应继续进行观测直至确认沉降趋于稳定，四周建（构）筑物安全为止。

4.6.10 基坑回填土表面应略高于地面，整平，并利于排水。

4.7 质量验收标准

4.7.1 围堰应符合下列规定：

主 控 项 目

1 围堰结构形式和围堰高度、堰底宽度、堰顶宽度以及悬臂桩式围堰板桩入土深度符合设计要求；

检查方法：观察，检查施工记录、测量记录。

2 堰体稳固，变位、沉降在限定值内，无开裂、塌方、滑坡现象，背水面无线流；

检查方法：观察，检查施工记录、监测记录。

一般项目

3 所用钢板桩、木桩、填筑土石方、围堰用袋等材料符合设计要求和有关标准的规定；

检查方法：观察；检查钢板桩、编织袋、石料等的出厂合格证；检查材料进场验收记录、土质鉴定报告。

4 土、袋装土围堰的边坡应稳定、密实，堰内边坡平整、堰外边坡耐水流冲刷；双层桩填芯围堰的内外桩排列紧密一致，芯内填筑材料应分层压实；止水钢板桩垂直，相邻板桩锁口咬合紧密；

检查方法：观察；检查施工记录。

5 围堰施工允许偏差应符合表4.7.1的规定。

表 4.7.1 围堰施工允许偏差

检查项目	允许偏差（mm）	检查数量		检查方法
		范围	点数	
1 围堰中心轴线位置	50	每10m	1	用经纬仪、钢尺量
2 堰顶高程	不低于设计要求			水准仪测量
3 堰顶宽度	不低于设计要求			钢尺量
4 边坡	不陡于设计要求			钢尺量
5 钢板桩、木桩轴线位置	陆上：100；水上200	每20根	1	用经纬仪、钢尺量
6 钢板桩顶标高	陆上：100；水上200			水准仪测量
7 钢板桩、木桩长度	±100			钢尺量
8 钢板桩垂直度	1.0%H，且不大于100			线锤及直尺量

注：H指钢板桩的总长度，mm。

4.7.2 基坑开挖应符合下列规定：

主控项目

1 基底不应受浸泡或受冻；天然地基不得扰动、超挖；

检查方法：观察；检查地基处理资料、施工记录。

2 地基承载力应符合设计要求；

检查方法：检查验基（槽）记录；检查地基处理或承载力检验报告、复合地基承载力检验报告、工程桩承载力检验报告。

检查数量：

1）同类型、同处理工艺的地基：不应少于3点；1000m² 以上工程，每100m² 至少应有1点；3000m² 以上工程，每300m² 至少应有1点；每个独立基础下不应少于1

点，条形基础槽，每20延米应有1点；

2）同类型、同工艺的复合地基：不少于总数的1%，且不应少于3处；有单桩检验要求时，不少于总数的1%，且至少3根；

3）同类型、同工艺的工程基础桩承载力和桩身质量：承载力：采用静载荷试验时，不少于总数的1%，且不应少于3根；当总数少于50根时，不应少于2根；采用高应变动力检测时，不少于总数的2%，且不应少于5根；桩身质量：灌注桩，不少于总数的30%，且不应少于20根；其他桩，不少于总数的20%，且不应少于10根。

3 基坑边坡稳定、围护结构安全可靠，无变形、沉降、位移，无线流现象；基底无隆起、沉陷、涌水（砂）等现象；

检查方法：观察；检查监测记录、施工记录。

一般项目

4 基坑边坡护坡完整，无明显渗水现象；围护墙体排列整齐，钢板桩咬合紧密，混凝土墙体结构密实、接缝严密，围檩与支撑牢固可靠；

检查方法：观察；检查施工记录、监测记录。

5 基坑开挖允许偏差应符合表4.7.2的规定。

表 4.7.2 基坑开挖允许偏差

检查项目		允许偏差（mm）	检查数量		检查方法
			范围	点数	
1 平面位置		≤50	每轴	4	经纬仪测量，纵横各二点
2 高程	土方	±20	每25m²	1	5m×5m方格网挂线尺量
	石方	+20，−200			
3 平面尺寸		满足设计要求	每座	8	用钢尺量测，坑底、坑顶各4点
4 放坡开挖的边坡坡度		满足设计要求	每边	4	用钢尺或坡度尺量测
5 多级放坡的平台宽度		+100，−50	每级	每边2	用钢尺量测
6 基底表面平整度		20	每25m²	1	用2m靠尺、塞尺量测

4.7.3 基坑围护结构与支撑系统的质量验收应符合现行国家标准《建筑地基基础工程施工质量验收规范》GB 50202 的相关规定及本规范第4.7.2条的规定。

4.7.4 地基基础的地基处理、复合地基、工程基础桩的质量验收应符合现行国家标准《建筑地基基础工程施工质量验收规范》GB 50202 的相关规定及本规范第 4.7.2 条的规定。有抗浮、抗侧向力要求的桩基应按设计要求进行试验。

4.7.5 抗浮锚杆应符合下列规定：

一般项目中

主控项目

1 钢杆件（钢筋、钢绞线等）以及焊接材料、锚头、压浆材料等的材质、规格应符合设计要求；

检查方法：观察，检查出厂质量合格证明、性能检验报告和有关复验报告。

2 锚杆的结构、数量、深度等应符合设计要求；

检查方法：观察，检查施工记录。

3 锚杆抗拔能力、压浆强度等应符合设计要求；

检查方法：检查锚杆的抗拔试验报告、浆液试块强度试验报告。

一般项目

4 锚杆施工允许偏差应符合表 4.7.5 的规定。

表 4.7.5　锚杆施工允许偏差

检查项目	允许偏差 (mm)	检查数量		检查方法
		范围	点数	
1	锚固段长度	±30	1根	1	钢尺量测
2	锚杆式锚固体位置	±100	1根	1	钢尺量测
3	钻孔倾斜角度	±1%	10根	1	量测钻机倾角
4	锚杆与构筑物锁定	按设计要求	1根	1	观察、试拔

4.7.6 钢筋混凝土基础工程的模板、钢筋、混凝土及分项工程质量验收应分别符合本规范第 6.8.1、6.8.2、6.8.3、6.8.7 条的规定。

4.7.7 基坑回填应符合下列规定：

主控项目

1 回填材料应符合设计要求；回填土中不应含有淤泥、腐殖土、有机物、砖、石、木块等杂物，超过本规范第 4.6.8 条规定的冻土块应清除干净；

检查方法：观察，检查施工记录。

2 回填高度符合设计要求；沟槽不得带水回填，回填应分层夯实；

检查方法：观察，用水准仪检查，检查施工记录。

3 回填时构筑物无损伤、沉降、位移；

检查方法：观察，检查沉降观测记录。

一般项目

4 回填土压实度应符合设计要求，设计无要求时，应符合表 4.7.7 的规定。

表 4.7.7　回填土压实度

	检查项目	压实度 (%)	检查频率		检查方法
			范围	组数	
1	一般情况下	≥90	构筑物四周回填按 50 延米/层；大面积回填按 500m²/层	1(三点)	环刀法
2	地面有散水等	≥95		1(三点)	环刀法
3	当年回填土上修路、铺设管道	≥93注 ≥95		1(三点)	环刀法

注：表中压实度除标注者外均为轻型击实标准。

5 压实后表面平整、无松散、起皮、裂纹；粗细颗粒分配均匀，不得有砂窝及梅花现象；

检查方式：观察，检查施工记录。

6 回填表面平整度宜为 20mm；

检查方法：观察，用靠尺和楔形塞尺量测；检查施工记录。

5　取水与排放构筑物

5.1　一般规定

5.1.1 本章适用于地下水取水构筑物（含大口井、渗渠和管井）、固定式地表水取水构筑物（含岸边式和河床式）、活动式地表水取水构筑物以及岸边和水中排放构筑物的施工与验收。

5.1.2 取水与排放构物的施工除符合本章规定外，还应符合下列规定：

1 固定式取水及排放泵房应符合本规范第 7 章的规定；

2 管井应符合现行国家标准《供水管井技术规范》GB 50296 的规定；

3 土石方与地基基础工程应符合本规范第 4 章的相关规定；

4 混凝土结构工程的钢筋、模板、混凝土分项工程应符合本规范第 6 章的相关规定；

5 进、出水管渠中，现浇钢筋混凝土管渠工程应符合本规范第 6.7 节的相关规定；预制管铺设的管渠工程应符合现行国家标准《给水排水管道工程施工及验收规范》GB 50268 的相关规定。

5.1.3 施工前应编制施工方案，涉及水上作业时还应征求相关河道、航道和堤防管理部门的意见。

5.1.4 施工场地布置、土石方堆弃、排泥、排废弃物等，不得影响水源环境、水体水质、航运航道，也不得影响堤岸及附近建（构）筑物的正常使用。施工中产生的废料、废液等应妥善处理。

5.1.5 施工应满足下列规定：

1 施工前应建立施工测量控制系统，对施工范围内的河道地形进行校测，并可根据需要设置地面、水上及水下控制桩点；

2 施工船舶、设备的停靠、锚泊及预制件驳运、浮运和施工作业时，应符合河道、航道等管理部门的有关规定，并有专人指挥；施工期间对航运有影响时应设置警告标志和警示灯，夜间施工应有保证通航的照明；

3 水下开挖基坑或沟槽应根据河道的水文、地质、航运等条件，确定水下挖泥、出泥及水下爆破、出渣等施工方案，必要时可进行试挖或试爆；

4 完工后应及时拆除全部施工设施，清理现场，修复原有护堤、护岸等；

5 应按国家航运部门有关规定和设计要求，设置水下构筑物及管道警示标志、水中及水面构筑物的防冲撞设施；

6 宜利用枯水季节进行施工，同时应考虑冰冻影响。

5.1.6 应根据工程环境、施工特点，做好构筑物结构和周围环境监控量测。

5.2 地下水取水构筑物

5.2.1 施工期间应避免地面污水及非取水层水渗入取水层。

5.2.2 施工完毕并经检验合格后，应按下列规定进行抽水清洗：

1 抽水清洗前应将构筑物中的泥沙和其他杂物清除干净；

2 抽水清洗时，大口井应在井中水位降到设计最低动水位以下停止抽水；渗渠应在集水井中水位降到集水管底以下停止抽水，待水位回升至静水位左右应再行抽水；抽水时应取水样，测定含砂量；设备能力已经超过设计产水量而水位未达到上述要求时，可按实际抽水设备的能力抽水清洗；

3 水中的含砂量小于或等于1/200000（体积比）时，停止抽水清洗；

4 应及时记录抽水清洗时的静水位、水位下降值、含砂量测定结果。

5.2.3 抽水清洗后，应按下列规定测定产水量：

1 测定大口井或渗渠集水井中的静水位；

2 抽出的水应排至降水影响半径范围以外；

3 按设计产水量进行抽水，并测定井中的相应动水位；含水层的水文地质情况与设计不符时，应测定实际产水量及相应的水位；

4 测定产水量时，水位和水量的稳定延续时间应符合设计要求；设计无要求时，岩石地区不少于8h，松散层地区不少于4h；

5 宜采用薄壁堰测定产水量；

6 及时记录产水量及其相应的水位下降值检测结果；

7 宜在枯水期测定产水量。

5.2.4 大口井、渗渠施工所用的管节、滤料应符合下列规定：

1 管节的规格、性能及尺寸公差应符合国家相关产品标准的规定；

2 井筒混凝土无漏筋、孔洞、夹渣、疏松现象；

3 辐射管管节的外观应直顺、无残缺、无裂缝，管端光洁平齐且与管节轴线垂直；

4 有裂缝、缺口、露筋的集水管不得使用，进水孔眼数量和总面积的允许偏差应为设计值的±5%；

5 滤料的制备应符合下列规定：

1）滤料的粒径、不均匀系数及性质符合设计要求；

2）严禁使用风化的岩石质滤料；

3）滤料经过筛选检验合格后，按不同规格堆放在干净的场地上，并防止杂物混入；

4）标明堆放的滤料的规格、数量和铺设的层次；

5）滤料在铺设前应冲洗干净；其含泥量不应大于1.0%（重量比）；

6 铺设大口井或渗渠的反滤层前，应将大口井中或渗渠沟槽中的杂物全部清除，并经检查合格后，方可铺设反滤层；反滤层、滤料层均匀度应符合设计要求；

7 滤料在运输和铺设过程中，应防止不同规格的滤料或其他杂物混入；冬期施工，滤料中不得含有冻块；

8 滤料铺设时，应采用溜槽或其他方法将滤料送至大口井井底或渗渠槽底，不得直接由高处向下倾倒。

5.2.5 大口井施工应符合本规范第7.3节规定，并符合下列规定：

1 井筒施工应符合下列规定：

1）井壁进水孔的反滤层必须按设计要求分层铺设，层次分明，装填密实；

2）采用沉井法下沉大口井井筒，在下沉前铺设进水孔反滤层时，应在井壁的内侧将进水孔临时封闭；不得采用泥浆套润滑减阻；

3）井筒下沉就位后应按设计要求整修井底，经检验合格后方可进行下一道工序；

4）井底超挖时应回填，并填至井底设计高程，其中井底进水的大口井，可采用与基底相同的砂砾料或与基底相近的滤料回填，封底的大口井，宜采用粗砂、砾石或卵石等粗颗粒材料回填；

2 井底反滤层铺设应符合下列规定：

1）宜将井中水位降到井底以下；

2）在前一层铺设完毕并经检验合格后，方

可铺设次层；

3）每层厚度不得小于该层的设计厚度；

3 大口井周围散水下回填黏土应符合下列规定：

1）黏土应呈现松散状态，不含有大于50mm的硬土块，且不含有卵石、木块等杂物；

2）不得使用冻土；

3）分层铺设压实，压实度不小于95%；

4）黏土与井壁贴紧，且不漏夯；

4 新建复合井应先施工管井，建成的管井井口应临时封闭牢固；大口井施工时不得碰撞管井，且不得将管井作任何支撑使用。

5.2.6 辐射管施工应符合下列规定：

1 应根据含水层的土质、辐射管的直径、长度、管材以及设备条件等确定施工方法；

2 每根辐射管的施工应连续作业，不宜中断；埋入含水层中，辐射管向出水口应有不小于4‰的坡度；

3 辐射管施工完毕，应采用高压水冲洗；辐射管与预留孔（管）之间的缝隙应封闭牢固，且不得漏砂；

4 锤打法或顶管法施工应符合下列规定：

1）辐射管的入土端应安装顶帽，施力端应安装管帽；

2）锤打施力或顶进千斤顶的作用中心线，与辐射管的中心线同轴；

3）千斤顶的支架应与底板固定；

4）千斤顶的后背布置应符合设计要求；

5 机械钻进法施工应符合下列规定：

1）大口井井壁强度达到设计要求后，方可安装钻机设备；

2）钻机应可靠地固定；

3）钻孔均匀进尺，遇坚硬地层，钻进速度不宜过大；

4）钻进和喷水必须同步，及时冲出钻屑；

6 水射法施工应符合下列规定：

1）水射设备连接牢固，过水通畅，安全可靠，且不得漏水；

2）水压不小于0.3MPa，水枪的喷口流速：中、粗砂层，宜采用15m/s；卵石层，宜采用30m/s；

3）辐射管开始推进时，其入土端宜稍低于外露端；

4）辐射管随水枪射水，缓缓推进。

5.2.7 渗渠施工应符合下列规定：

1 渗渠沟槽施工应符合下列规定：

1）沟槽底及槽壁应平整，槽底中心线至沟槽壁的宽度不得小于中心线至设计反滤层外缘的宽度；

2）采用弧形基础时，其弧形曲线应与集水

管的弧度基本吻合；

3）集水管与弧形基础之间的空隙，宜用砂石填充；

2 预制混凝土枕基的现场安装应符合下列规定：

1）枕基应与槽底接触稳定；

2）枕基间铺设的滤料应捣实，并按枕基的弧面最低点整平；

3）枕基位置及其标高应符合设计要求；

3 预制混凝土条形基础现浇管座应符合下列规定：

1）条形基础与槽底接触稳定；

2）条形基础的位置及其标高应符合设计要求；

3）条形基础的上表面凿毛，并冲刷干净；

4）浇筑管座时，在集水管两侧同时浇筑，集水管与条形基础间的三角区应填实，且不得使集水管位移；

4 集水管铺设应符合下列规定：

1）下管前应对集水管作外观检查，下管时不得损伤集水管；

2）铺设前应将管内外清扫干净，且不得有堵塞进水孔眼现象；铺设时应使集水管无进水孔眼部分的中线位于管底，并将集水管固定；

3）集水管铺设的坡度必须符合设计要求；

5 反滤层铺设应符合下列规定：

1）现场浇筑管座混凝土的强度应达到5MPa以上方可铺设反滤层；

2）集水管两侧的反滤层应对称分层铺设，每层厚度不宜超过300mm，且不得使集水管产生位移；

3）每层滤料应厚度均匀，其厚度不得小于该层的设计厚度，各层间层次清晰；

4）分段铺设时，相邻滤层的留茬应呈阶梯形，铺设接头时应层次分明；

5）反滤层铺设完毕应采取保护措施，严禁车辆、行人通行或堆放材料，抛掷杂物；

6 沟槽回填应符合下列规定：

1）反滤层以上的回填土应符合设计要求；当设计无要求时，宜选用不含有害物质、不易堵塞反滤层的砂类土；

2）若槽底以上原土成层分布，宜按原土层顺序回填；

3）回填土时，宜对称于集水管中心线分层回填，并不得破坏反滤层和损伤集水管；

4）冬期回填土时，反滤层以上0.5m范围内，不得回填冻土；

5）回填土应分层夯实；

7 渗渠施工完毕，应清除现场遗留的土方及其他杂物，恢复施工前的河床地形。

5.3 地表水固定式取水构筑物

5.3.1 施工方案应包括以下主要内容：

1 施工平面布置图及纵、横断面图；

2 水中及岸边构物、管渠的围堰或基坑（基槽）、沉井施工方案；

3 水下基础工程的施工方法；

4 取水头部等采用预制拼装时，其构件制作、下水与浮运，下沉，定位及固定，水下拼装的技术措施；

5 进水管渠的施工方法以及与构筑物连接的技术措施；

6 施工设备机具的数量、型号以及安全性能要求；

7 水上、水下作业和深基坑作业的安全措施；

8 周围环境、航运安全等的技术措施。

5.3.2 施工方法应根据设计要求和工程具体情况，经技术经济比较后确定。

5.3.3 采用预制取水头部进行浮运沉放施工应符合下列规定：

1 取水头部预制的场地应符合下列规定：

1）场地周围应有足够供堆料、锚固、下滑、牵引以及安装施工机具、机电设备、牵引绳索的地段；

2）地基承载力应满足取水头部的荷载要求，达不到荷载要求时，应对地基进行加固处理；

2 混凝土预制构件的制作应按本规范第 6 章的有关规定执行；

3 预制钢构件的加工、制作、拼装应按现行国家标准《钢结构工程施工质量验收规范》GB 50205 的有关规定执行；

4 预制构件沉放完成后，应按设计要求进行底部结构施工，其混凝土底板宜采用水下混凝土封底。

5.3.4 取水头部水上打桩应符合表 5.3.4 的规定。

表 5.3.4 取水头部水上打桩的尺寸要求

序号	项　　目		允许偏差(mm)
1	上面有盖梁的轴线位置	垂直于盖梁中心线	150
2		平行于盖梁中心线	200
3	上面无纵横梁的桩轴线位置		1/2 桩径或边长
4	桩顶高程		+100，−50

5.3.5 取水头部浮运前应设置下列测量标志：

1 取水头部中心线的测量标志；

2 取水头部进水管口的中心测量标志；

3 取水头部各角吃水深度的标尺，圆形时为相互垂直两中心线与圆周交点吃水深度的标尺；

4 取水头部基坑定位的水上标志；

5 下沉后，测量标志应仍露出水面。

5.3.6 取水头部浮运前准备工作应符合下列规定：

1 取水头部的混凝土强度达到设计要求，并经验收合格；

2 取水头部清扫干净，水下孔洞全部封闭，不得漏水；

3 拖曳缆绳绑扎牢固；

4 下滑机具安装完毕，并经过试运转；

5 检查取水头部下水后的吃水平衡，不平衡时，应采取浮托或配重措施；

6 浮运拖轮、导向船及测量定位人员均做好准备工作；

7 必要时应进行封航管理。

5.3.7 取水头部的定位，应采用经纬仪三点交叉定位法。岸边的测量标志，应设在水位上涨不被淹没的稳固地段。

5.3.8 取水头部沉放前准备工作应符合下列规定：

1 拆除构件拖航时保护用的临时措施；

2 对构件底面外形轮廓尺寸和基坑坐标、标高进行复测；

3 备好注水、灌浆、接管工作所需的材料，做好预埋螺栓的修整工作；

4 所有操作人员应持证上岗，指挥通信系统应清晰畅通。

5.3.9 取水头部定位后，应进行测量检查，及时按设计要求进行固定。施工期间应对取水头部、进水间等构筑物的进水孔口位置、标高进行测量复核。

5.3.10 水中构筑物施工完成后，应按本规范第5.4节的规定和设计要求进行回填、抛石等稳定结构的施工。

5.3.11 河床式取水进水口从进水管道内垂直顶升法施工，应按本规范第5.5.5条的规定执行。其取水头部装置应按设计要求进行安装，且位置准确、安装稳固。

5.3.12 岸边取水构筑物的进水口施工应按本规范第5.5节规定和设计要求执行。

5.4 地表水活动式取水构筑物

5.4.1 施工方案应包括以下主要内容：

1 取水构筑物施工平面布置图及纵、横断面图；

2 水下抛石方法；

3 浇筑混凝土及预制构件现场组装；

4 缆车或浮船及其联络管组装和试运转；

5 水下打桩；

6 水下安装；

7 水上、水下作业的安全措施。

5.4.2 水下抛石施工应符合下列规定：

1 抛石顶宽不得小于设计要求；

2 抛石时应采用标控位置；宜通过试抛确定水流流速、水深及抛石方法对抛石位置的影响；

3 所用抛石应有良好的级配；

4 抛石施工应由深处向岸堤进行；

5 抛石时应测水深，测量的频率应能指导抛石的正确作业；

6 宜采用断面方格网法控制定点抛石。

5.4.3 水下抛石预留沉量数值宜为抛石厚度的 10%～20%；可按当地经验或现场试验确定；在水面附近应进行铺砌或人工抛埋。

5.4.4 对易受水流、波浪、冲淤影响的部位，基床平整后应及时进行下道工序。

5.4.5 斜坡道应自下而上进行施工，现浇混凝土坡度较陡时，应采取防止混凝土下滑的措施。

5.4.6 水位以下的轨道枕、梁、底板采用预制混凝土构件时，应预埋安装测量标志的辅助铁件。

5.4.7 缆车、浮船的接管车斜坡道、斜坡道上框架等结构的施工以及斜坡道上轨枕、轨梁、轨道的铺设，应按设计要求和国家有关规范执行。

5.4.8 缆车、浮船接管车的制作应符合设计要求，并应符合下列规定：

1 钢制构件焊接过程应采取防止变形措施；

2 钢制构件加工完毕应及时进行防腐处理。

5.4.9 摇臂管的钢筋混凝土支墩，应在水位上涨至平台前完成。

5.4.10 摇臂管安装前应及时测量挠度；如挠度超过设计要求，应会同设计单位采取补强措施，复测合格后方可安装。

5.4.11 摇臂管及摇臂接头在安装前应水压试验合格，其试验压力应为设计压力的 1.5 倍，且不小于 0.4MPa。

5.4.12 摇臂接头的铸件材质及零部件加工尺寸应符合设计要求。铸件切削加工后，不得进行导致部位变形的任何补焊。

5.4.13 摇臂接头应在岸上进行试组装调试，使接头能转动灵活。

5.4.14 摇臂管安装应符合下列规定：

1 摇臂接头的岸、船两端组装就位，调试完成；

2 浮船上、下游锚固妥当，并能按施工要求移动泊位；

3 江河流速超过 1m/s 时应采取安全措施；

4 避开雨天、雪天和五级风以上的天气。

5.4.15 浮船与摇臂管联合试运行前，浮船应验收合格并符合下列规定方可试运行：

1 船上机电设备应按国家有关规范规定安装完毕，且安装检验与设备联动调试应合格；

2 进水口处应有防漂浮物的装置及清理设备；船舷外侧应有防撞击设施；

3 安全设施及防火器材应配置合理、完备，符合船舶管理的有关规定；

4 各水密舱的密封性能良好，所安装的管道、电缆等设施未破坏水密舱的密封效果；

5 抛锚位置应正确，锚链和缆绳强度的安全系数应符合规定，工作正常可靠。

5.4.16 浮船与摇臂管应按下列步骤联动试运行，并做好记录：

1 空载试运行应符合下列规定：

　1）配电设备，所有用电设备试运转；

　2）测定摇臂管的空载挠度；

　3）移动浮船泊位，检查摇臂管水平移动；

　4）测定浮船四角干舷高度；

2 满载试运行应符合下列规定：

　1）机组应按设计要求连续试运转 24h；

　2）测定浮船四角干舷高度，船体倾斜度应符合设计要求；设计无要求时，不允许船体向摇臂管方向倾斜；船体向水泵吸水管方向的倾斜度不得超过船宽的 2%，且不大于 100mm；超过时，应会同有关单位协商处理；船舱底部应无漏水；

　3）测定摇臂管的挠度；

　4）移动浮船泊位，检查摇臂管的水平移动；

　5）检查摇臂接头，有渗漏时应首先调整压盖的紧力；调整压盖无效时，再检查、调整填料涵的尺寸。

5.4.17 缆车、浮船接管车应按下列步骤试运行，并做好记录：

1 配电设备，所有用电设备试运转；

2 移动缆车、浮船接管车行走平稳，出水管与斜坡管连接正常；

3 起重设备试吊合格；

4 水泵机组按设计要求的负荷连续试运转 24h；

5 水泵机组运行时，缆车、浮船的振动值应在设计允许的范围内。

5.5 排放构筑物

5.5.1 施工方案应根据工程水文地质条件、设计文件的要求编制，主要内容宜符合本规范第 5.3.1 条的有关规定，并应包括岸边排放的出水口护坡及护坦、水中排放出水涵渠（管道）和出水口的施工方法。

5.5.2 土石方与地基基础、砌体及混凝土结构施工应符合本规范第 4 章和第 6 章的相关规定，并应符合下列规定：

1 基础应建在原状土上，地基松软或被扰动时，应按设计要求处理；

2 排放出水口的泄水孔应畅通，不得倒流；

3 翼墙变形缝应按设计要求设置、施工，位置准确，设缝顺直，上下贯通；

4 翼墙临水面与岸边排放口端面应平顺连接；

5 管道出水口防潮闸井的混凝土浇筑前，其预埋件安装应符合防潮门产品的安装要求。

5.5.3 翼墙背后填土应符合本规范第4.6节的规定，并应符合下列规定：

1 在混凝土或砌筑砂浆达到设计抗压强度后，方可进行；

2 填土时，墙后不得有积水；

3 墙后反滤层与填土应同时进行；

4 回填土分层压实。

5.5.4 岸边排放的出水口护坡、护坦施工应符合下列规定：

1 石砌体铺浆砌筑应符合下列规定：

  1）水泥砂浆或细石混凝土应按设计强度提高15%，水泥强度等级不低于32.5，细石混凝土的石子粒径不宜大于20mm，并应随拌随用；

  2）封砌整齐、坚固，灰浆饱满、嵌缝严密，无掏空、松动现象；

2 石砌体干砌砌筑应符合下列规定：

  1）底部应垫稳、填实，严禁架空；

  2）砌紧口缝，不得叠砌和浮塞；

3 护坡砌筑的施工顺序应自下而上、分段上升；石块间相互交错，砌体缝隙严密，无通缝；

4 具有框格的砌筑工程，宜先修筑框格，然后砌筑；

5 护坡勾缝应自上而下进行，并应符合本规范第6.5.14条规定；

6 混凝土浇筑护坦应符合下列规定：

  1）砂浆、混凝土宜分块、间隔浇筑；

  2）砂浆、混凝土在达到设计强度前，不得堆放重物和受强外力；

7 如遇中雨或大雨，应停止施工并有保护措施；

8 水下抛石施工时，按本规范第5.4节的相关规定进行。

5.5.5 水中排放出水口从出水管道内垂直顶升施工，应符合现行国家标准《给水排水管道工程施工及验收规范》GB 50268的规定，并应符合下列规定：

1 顶升立管完成后，应按设计要求稳管、保护；

2 在水下揭去帽盖前，管道内必须灌满水；

3 揭帽盖的安全措施准备就绪；

4 排放头部装置应按设计要求进行安装，且位置准确、安装稳固。

5.5.6 砌筑水泥砂浆、细石混凝土以及混凝土结构的试块验收合格标准应符合下列规定：

1 水泥砂浆应符合本规范第6.5.2、6.5.3条的规定；

2 细石混凝土，每100m³的砌体为一个验收批，应至少检验一次强度；每次应制作试块一组，每组三块；并符合本规范第6.2.8条第6款的规定；

3 混凝土结构的混凝土应符合本规范第6.2.8条的规定。

5.5.7 排放构筑物的施工应符合本规范第5.3节的相关规定。

5.6 进、出水管渠

5.6.1 取水构筑物进水管渠、排放构筑物的出水管渠的施工方案主要内容应包括管渠的施工方法、施工技术措施、水上及水下作业和深基槽作业的安全措施。

5.6.2 进、出水管施工符合现行国家标准《给水排水管道工程施工及验收规范》GB 50268的相关规定，并应符合下列规定：

1 现浇钢筋混凝土结构管渠施工应符合本规范第6.7.7条规定；

2 砌体结构管渠施工应符合本规范第6.7.6条规定；

3 取水构筑物的水下进水管渠，与取水头部连接段设有弯（折）管时，宜采用围堰开槽或沉管法施工；条件允许时，直线段采用顶管法施工，弯（折）管段采用围堰开槽或沉管法施工；

4 水中架空管道应符合下列规定：

  1）排架宜采用预制构件进行装配施工，严格控制排架位置及顶面标高；

  2）可采用浮运法、船吊法等进行管道就位；预制管段的拖运、浮运、吊运及下沉按现行国家标准《给水排水管道工程施工及验收规范》GB 50268的相关规定执行；

5 水下管道接口采用管箍连接时，应先在陆地或船上试接和校正；管道在水下连接后，由潜水员检查接头质量，并做好质量检查记录。

5.6.3 沉管采用分段下沉时，应严格控制管段长度；最后一节管段下沉前应进行管位及长度复核。

5.6.4 水下顶管施工应符合现行国家标准《给水排水管道工程施工及验收规范》GB 50268的相关规定，并符合下列规定：

1 利用进水间、出水井等构筑物作为顶管工作井，并采用井壁作顶管后背时，后背设计应获得有关单位同意；

2 后背与千斤顶接触的平面应与管段轴线垂直，其垂直偏差不得超过5mm；

3 顶管机穿墙时应采取防止水、砂涌入工作坑的措施，并宜将工具管前端微微抬高；

4 顶管过程中应保持顶进进尺土方量与出土量的平衡，并严禁超量排土。

5.6.5 进、出水管渠的位置、坡度符合设计要求，流水通畅。

5.6.6 管渠穿越构筑物的墙体间隙，应按设计要求处理，封填密实、不渗漏。

5.7 质量验收标准

5.7.1 取水与排放构筑物结构中有关钢筋混凝土结构、砖石砌体结构工程的各分项工程质量验收应符合本规范第 6.8.1～6.8.9 条的有关规定。取水与排放泵房工程的质量验收应符合本规范第 7.4 节的有关规定。

5.7.2 进、出水管渠中现浇钢筋混凝土、砌体结构的管渠工程质量验收应符合本规范第 6.8.11、6.8.12 条的规定；预制管铺设的管渠工程质量验收应符合现行国家标准《给水排水管道工程施工及验收规范》GB 50268 的相关规定。

5.7.3 大口井应符合下列规定：

主控项目

1 预制管节、滤料的规格、性能应符合国家有关标准、设计要求和本规范第 5.2.4 条相关规定；

检查方法：观察，检查每批的产品出厂质量合格证明、性能检验报告及有关的复验报告。

2 井筒位置及深度、辐射管布置应符合设计要求；

检查方法：检查施工记录、测量记录。

3 反滤层铺设范围、高度应符合设计要求；

检查方法：观察，检查施工记录、测量记录、滤料用量。

4 抽水清洗、产水量的测定应符合本规范第 5.2.2、5.2.3 条的规定；

检查方法：检查抽水清洗、产水量的测定记录。

一般项目

5 井筒应平整、洁净、边角整齐、无变形；混凝土表面不得出现有害裂缝，蜂窝麻面面积不得超过总面积的 1%；

检查方法：观察，量测表面缺陷。

6 辐射管坡向正确、线形直顺、接口平顺，管内洁净；管与预留孔（管）之间无渗漏水现象；

检查方法：观察。

7 反滤层层数和每层厚度应符合设计要求；

检查方法：观察，检查施工记录。

8 大口井外四周封填材料、厚度等应符合设计要求和本规范第 5.2.5 条第 3 款的规定，封填密实；

检查方法：观察，检查封填材料的质量保证资料。

9 预制井筒的制作尺寸允许偏差，应符合表 5.7.3-1 的规定。

表 5.7.3-1 预制井筒的允许偏差

	检查项目	允许偏差（mm）	检查数量 范围	检查数量 点数	检查方法
1	筒平面尺寸 长、宽（L）	±0.5%L，且≤100	每座	长、宽各3	用钢尺量测
2	筒平面尺寸 曲线部分半径（R）	±0.5%R，且≤50	每对应30°圆心角	1	用钢尺量测
3	筒平面尺寸 两对角线差	不超过对角线长的1%	每座	2	用钢尺量测
4	井壁厚度	±15	每座		用钢尺量测

10 大口井施工的允许偏差应符合表 5.7.3-2 的规定。

表 5.7.3-2 大口井施工的允许偏差

	检查项目	允许偏差（mm）	检查数量 范围	检查数量 点数	检查方法
1	井筒中心位置	30	每座	1	用经纬仪测量
2	井筒井底高程	±30	每座	1	用水准仪测量
3	井筒倾斜	符合设计要求，且≤50	每座	1	垂线、钢尺量，取最大值
4	表面平整度	≤10	10m	1	用钢尺量测
5	预埋件、预埋管的中心位置	≤5	每件	1	用水准仪测量
6	预留洞的中心位置	≤10	每洞	1	用水准仪测量
7	辐射管坡度	符合设计要求，且≥4‰	每根	1	用水准仪或水平尺测量

5.7.4 渗渠应符合下列规定：

主控项目

1 预制管材、滤料及原材料的规格、性能应符合国家有关标准、设计要求和本规范第 5.2.4 条相关规定；

检查方法：观察；检查每批的产品出厂质量合格证明、性能检验报告及有关的复验报告。

2 集水管安装的进水孔方向正确，且无堵塞；管道坡度必须符合设计要求；

检查方法：观察；检查施工记录、测量记录。

3 抽水清洗、产水量的测定应符合本规范第 5.2.2、5.2.3 条的规定；

检查方法：检查抽水清洗、产水量的测定记录。

4 集水管道应坡向正确、线形直顺、接口平顺，管内洁净；管道应垫稳，管口间隙应均匀；

检查方法：观察，检查施工记录、测量记录。

5 集水管施工允许偏差应符合表 5.7.4 的规定。

表 5.7.4 渗渠集水管道施工的允许偏差

	检查项目		允许偏差(mm)	检查数量		检查方法
				范围	点数	
1	沟槽	高程	±20			用水准仪测量
2		槽底中心线每侧宽	不小于设计宽度			用钢尺量测
3	基础	高程（弧型基础底面、枕基顶面、条形基础顶面）	±15	20m	1	用水准仪测量
4		中心轴线	20			用经纬仪或挂中线钢尺量测
5		相邻枕基的中心距离	20			用钢尺量
6		轴线位置	10			用经纬仪或挂中线钢尺量测
7	管道	内底高程	±20			用水准仪测量
8		对口间隙	±5	每处		用钢尺量测
9		相邻两管节错口	5			用钢尺量测

注：对口间隙不得大于相邻滤层中的滤料最小直径。

5.7.5 管井应符合下列规定：

1 井管、过滤器的类型、规格、性能应符合国家有关标准规定和设计要求；

检查方法：观察；检查每批的产品出厂质量合格证明、性能检验报告。

2 滤料的规格应符合设计要求，其中不符合规格的数量不得超过设计数量的 15%；滤料应不含土或杂物，严禁使用棱角碎石；

检查方法：观察，检查滤料的筛分报告等。

3 井身应圆正、竖直，其直径不得小于设计要求；

检查方法：观察，检查钻井记录、探井检查记录。

4 井管安装稳固，并直立于井口中心、上端口水平；井管安装的偏斜度：小于或等于 100m 的井段，其顶角的偏斜不得超过 1°；大于 100m 的井段，每百米顶角偏斜的递增速度不得超过 1.5°；

检查方法：检查安装记录；用经纬仪、水准仪、垂线等测量。

5 洗井、出水量和水质测定符合国家有关标准的规定和设计要求；

检查方法：按现行国家标准《供水管井技术规范》GB 50296 的有关规定执行，检查抽水试验资料和水质检验资料。

6 井身的偏斜度应符合本条第 4 款的相关规定；井段的顶角和方位角不得有突变；

检查方法：观察；检查钻井记录、探井检查记录。

7 过滤管安装深度的允许偏差为 ±300mm；

检查方法：检查安装记录；用水准仪、钢尺测量。

8 填砾的数量及深度符合设计要求；

检查方法：观察，检查施工记录、用料记录。

9 洗井后井内沉淀物的高度应小于井深的 5‰；

检查方法：观察，用水准仪、钢尺测量。

10 管井封闭位置、厚度、封闭材料以及封闭效果符合设计要求；

检查方法：观察；检查施工记录、用料记录。

5.7.6 预制取水头部的制作应符合下列规定：

1 工程原材料、预制构件等的产品质量保证资料应齐全，每批的出厂质量合格证明书及各项性能检验报告应符合国家有关标准规定和设计要求；

检查方法：检查产品质量合格证、出厂检验报告和进场复验报告。

2 混凝土结构的强度、抗渗、抗冻性能应符合设计要求；外观无严重质量缺陷；钢制结构的拼接、防腐性能应符合设计要求；结构无变形现象；

检查方法：观察，检查混凝土结构的抗压、抗渗、抗冻试块试验报告，钢制结构的焊接（栓接）质量检验报告、防腐层检测记录；检查技术处理资料。

3 预制构件试拼装经检验合格，进水孔、预留孔及预埋件位置正确；

检查方法：观察，检查试拼装记录、施工记录、隐蔽验收记录。

4 混凝土结构表面应光洁平整，洁净，边角整齐；外观质量不宜有一般缺陷；

检查方法：观察；检查技术处理资料。

5 钢制结构防腐层完整，涂装均匀；

检查方法：观察。

6 拼装、沉放的吊环、定位件、测量标记等满足安装要求；

检查方法：观察，检查施工记录。

7 取水头部制作允许偏差应分别符合表 5.7.6-1 和表 5.7.6-2 的规定。

表 5.7.6-1 预制箱式和筒式钢筋混凝土取水头部的允许偏差

检查项目		允许偏差(mm)	检查数量 范围	检查数量 点数	检查方法
1	长、宽(直径)、高度	±20	每构件	各4	用钢尺量各边
2 变形	方形的两对角线差值	对角线长0.5%		2	用钢尺量上下两端面
	圆形的椭圆度	$D_0/200$ 且≤20		2	
3	厚度	+10,-5		8	用钢尺量测
4	表面平整度	10		4	用2m直尺、塞尺量测
5	端面垂直度	8		4	
6 中心位置	预埋件、预埋管	5	每处	1	用钢尺量测
	预留洞	10	每洞	1	

注: D_0 为外径(mm)。

表 5.7.6-2 预制箱式和筒式钢结构取水头部制作的允许偏差

检查项目		允许偏差(mm) 箱式	管式	检查数量 范围	点数	检查方法
1	椭圆度	$D_0/200$ 且≤20	$D_0/200$ 且≤10	每构件	1	用钢尺量测
2 周长	D_0≤1600	±8	±8		1	用钢尺量测
	D_0>1600	±12	±12		1	用钢尺量测
3	长、宽(多边形边长)、直径、高度	1/200 且≤20	$D_0/200$		长、宽(多边形边长)、直径、高度各1	用钢尺量测
4	端面垂直度	4	5		1	用钢尺量测
5 中心位置	进水管	10	10	每处	1	用钢尺量测
	进水孔	20	20	每洞	1	用钢尺量测

注: D_0 为外径(mm)。

5.7.7 预制取水头部的沉放应符合下列规定:

主 控 项 目

1 沉放安装中所用的原材料、配件等的等级、规格、性能应符合国家有关标准规定和设计要求;

检查方法:检查产品的出厂质量合格证、出厂检验报告和进场复验报告。

2 取水头部的沉放位置、高度以及预制构件之间的连接方式等符合设计要求,拼装位置准确、连接稳固;

检查方法:观察;检查施工记录、测量记录,检查拼接连接的施工检验记录、试验报告;用钢尺、水准仪、经纬仪测量拼接位置。

3 进水孔、进水管口的中心位置符合设计要求;结构无变形、裂缝、歪斜;

检查方法:观察;检查施工记录、测量记录。

一 般 项 目

4 底板结构层厚度、封底混凝土强度应符合设计要求;

检查方法:观察;检查封底混凝土强度报告、施工记录。

5 基坑回填、抛石的范围、高度应符合设计要求;

检查方法:观察,潜水员水下检查;检查施工记录。

6 进水工艺布置、装置安装符合设计要求;钢制结构防腐层无损伤;

检查方法:观察;检查施工记录。

7 警告、警示标志及安全保护设施设置齐全;

检查方法:观察;检查施工记录。

8 取水头部安装的允许偏差应符合表5.7.7的规定。

5.7.8 缆车、浮船式取水构筑物工程的混凝土及砌体结构应符合下列规定:

表 5.7.7 取水头部安装的允许偏差

检查项目		允许偏差	检查数量 范围	点数	检查方法
1	轴线位置	150mm	每座	2	用经纬仪测量
2	顶面高程	±100mm	每座	4	用水准仪测量
3	水平扭转	1°	每座	1	用经纬仪测量
4	垂直度	1.5‰H 且≤30mm	每座	1	用经纬仪、垂球测量

注: H 为底板至顶面的总高度(mm)。

主 控 项 目

1 所用的原材料、砖石砌块、构件应符合国家有关标准规定和设计要求;

检查方法:检查产品的出厂质量合格证、出厂检验报告和进场复验报告。

2 混凝土强度、砌筑砂浆强度应符合设计要求;

检查方法:检查混凝土结构的抗压、抗冻试块报告,检查砌筑砂浆的抗压强度试块报告。

3 水下基床抛石、反滤层和垫层的铺设范围、厚度应符合设计要求;构筑物结构类型、斜坡道上预制框架装配连接形式、摇臂管支墩数量与布置方式等应符合设计要求;结构稳定、位置正确,无沉降、位移、变形等现象;

检查方法:观察(水下部分潜水员检查);检查施工记录、测量记录、监测记录。

4 混凝土结构外光内实,外观质量无严重缺陷;砌体结构砌筑完整、灰缝饱满,无明显裂缝、通缝等现象；斜坡道的坡度、水平度满足铺轨要求；

检查方法：观察；检查施工资料。

一般项目

5 混凝土结构外观质量不宜有一般缺陷，砌体结构砌筑齐整，缝宽均匀一致；

检查方法：观察；检查技术资料。

6 缆车、浮船接管车斜坡道现浇混凝土及砌体结构施工的允许偏差应符合表5.7.8-1的规定。

表5.7.8-1 缆车、浮船接管车斜坡道的现浇混凝土和砌体结构施工允许偏差

	检查项目		允许偏差（mm）	检查数量		检查方法
				范围	点数	
1	轴线位置		20	每10m	2	用经纬仪测量
2	长度		$\pm L/200$		2	用钢尺量测
3	宽度		± 20		1	用钢尺量测
4	厚度		± 10		2	用钢尺量测
5	高程	设计枯水位以上	± 10		2	用水准仪测量
6		设计枯水位以下	± 30		2	用水准仪测量
7	中心位置	预埋件	5	每处	1	用钢尺量测
8		预留件	10		1	用钢尺量测
9	表面平整度		10	每10m	1	用2m直尺、塞尺量测

注：L 为斜坡道总长度（mm）。

7 缆车、浮船接管车斜坡道上现浇钢筋混凝土框架施工的允许偏差应符合表5.7.8-2的规定。

表5.7.8-2 缆车、浮船接管车斜坡道上现浇钢筋混凝土框架施工允许偏差

	检查项目		允许偏差（mm）	检查数量		检查方法
				范围	点数	
1	轴线位置		20	每座	2	用经纬仪测量
2	长、宽		± 10	每座	各3	用钢尺量长、宽
3	高程		± 10	每座	4	用水准仪测量
4	垂直度		$H/200$，且$\leqslant 15$	每座	4	铅垂配合钢尺量测
5	水平度		$L/200$，且$\leqslant 15$	每座	4	用钢尺量测
6	表面平整度		10	每座	4	用2m直尺、塞尺检查
7	中心位置	预埋件	5	每件	1	用钢尺量测
8		预留孔	10	每洞	1	用钢尺量测

注：1 H 为柱的高度（mm）；
　　2 L 为单梁或板的长度（mm）。

8 缆车、浮船接管车斜坡道上预制钢筋混凝土框架施工的允许偏差应符合表5.7.8-3的规定。

表5.7.8-3 缆车、浮船接管车斜坡道上预制钢筋混凝土框架施工允许偏差

	检查项目		允许偏差（mm）			检查数量		检查方法
			板	梁	柱	范围	点数	
1	长度		$+10$，-5	$+10$，-5	$+5$，-10	每件	1	用钢尺量测
2	宽度、高度或厚度		± 5	± 5	± 5	每件	各1	用钢尺量宽度、高度或厚度
3	直顺度		$L/1000$，且$\leqslant 20$	$L/750$，且$\leqslant 20$	$L/750$，且$\leqslant 20$	每件	1	用钢尺量测
4	表面平整度		5	5	5	每件	1	用2m直尺、塞尺量测
5	中心位置	预埋件	5	5	5	每件	1	用钢尺量测
		预留孔	10	10	10	每洞	1	用钢尺量测

注：L 为构件长度（mm）。

9 缆车、浮船接管车斜坡道上预制框架安装的允许偏差应符合表5.7.8-4的规定。

10 缆车、浮船接管车斜坡道上钢筋混凝土轨枕、梁及轨道安装应符合表5.7.8-5的规定。

表5.7.8-4 缆车、浮船接管车斜坡道上预制框架安装允许偏差

	检查项目	允许偏差（mm）	检查数量		检查方法
			范围	点数	
1	轴线位置	20	每座	2	用经纬仪测量
2	长、宽、高	± 10	每座	各2	用钢尺量长、宽、高
3	高程（柱基、柱顶）	± 10	每柱	2	用水准仪测量
4	垂直度	$H/200$，且$\leqslant 10$	每座	4	垂球配合钢尺检查
5	水平度	$L/200$，且$\leqslant 10$	每座	4	用钢尺量测

注：1 H 为柱的高度（mm）；
　　2 L 为单梁或板的长度（mm）。

表 5.7.8-5　缆车、浮船接管车斜坡道上轨枕、梁及轨道安装尺寸要求

检查项目		允许偏差（mm）	检查数量 范围	检查数量 点数	检查方法
钢筋混凝土轨枕、轨梁	轴线位置	10		2	用经纬仪量测
	高程	+2，−5	每10m	2	用水准仪量测
	中心线间距	±5		1	用钢尺量测
	接头高差	5	每处	1	用靠尺量测
	轨梁柱跨间对角线差	15	每跨	2	用钢尺量测
轨道	轴线位置	5		2	用经纬仪量测
	高程	±2		2	用水准仪量测
	同一横截面上两轨高差		每根轨	2	用水准仪量测
	两轨内距	±2		2	用钢尺量测
	钢轨接头左、右、上三面错位	1		3	用靠尺、钢尺量

11　摇臂管钢筋混凝土支墩施工的允许偏差应符合表5.7.8-6的规定。

表 5.7.8-6　摇臂管钢筋混凝土支墩施工允许偏差

检查项目		允许偏差（mm）	检查数量 范围	检查数量 点数	检查方法
1	轴线位置	20	每墩	1	用经纬仪测量
2	长、宽或直径	±20	每墩	1	用钢尺量测
3	曲线部分的半径	±10	每墩	1	用钢尺量测
4	顶面高程	±10	每墩	1	用水准仪测量
5	顶面平整度	10	每墩	1	用水准仪测量
6	中心位置 预埋件	5	每件	1	用钢尺量测
7	中心位置 预留孔	10	每洞	1	用钢尺量测

5.7.9　缆车、浮船式取水构筑物的接管车与浮船应符合下列规定：

主控项目

1　机电设备、仪器仪表应符合国家有关标准规定和设计要求，浮船接管车、摇臂管等构件、附件应符合本规范第5.4.8～5.4.13条的规定和设计要求；

检查方法：观察；检查产品出厂质量报告、进口产品的商检报告及证件等；检查摇臂管及摇臂接头的现场检验记录。

2　缆车、浮船接管车以及浮船上的设备布置、数量应符合设计要求，安装牢固、防腐层完整、构件无变形、各水密舱的密封性能良好；且安装检测、联动调试合格；

检查方法：观察；检查安装记录、检测记录、联动调试记录及报告。

3　摇臂管及摇臂接头的岸、船两端组装就位符合设计要求，调试合格；

检查方法：观察；检查摇臂接头岸上试组装调试记录，安装记录、调试记录。

4　浮船与摇臂管联合试运行以及缆车、浮船接管车试运转符合本规范第5.4.16～5.4.17条的规定，各种设备运行情况正常，并符合设计要求；

检查方法：检查试运行报告。

一般项目

5　进水口处的防漂浮物装置及清理设备安装正确；

检查方法：观察，检查安装记录。

6　船舷外侧防撞击设施、锚链和缆绳、安全及消防器材等设置齐全、配备正确；

检查方法：观察，检查安装记录。

7　浮船各部尺寸允许偏差应符合表5.7.9-1的规定。

表 5.7.9-1　浮船各部尺寸允许偏差

检查项目		允许偏差（mm） 钢船	允许偏差（mm） 钢筋混凝土船	允许偏差（mm） 木船	检查数量 范围	检查数量 点数	检查方法
1	长、宽	±15	±20	±20	每船	各2	用钢尺量测
2	高度	±10	±15	±15	每船	2	用钢尺量测
3	板梁、横隔梁 高度	±5	±5	±5	每件	1	用钢尺量测
4	板梁、横隔梁 间距	±5	±10	±10	每件	1	用钢尺量测
5	接头外边缘高差	δ/5，且不大于2	3	2	每件	1	用钢尺量测
6	机组与设备位置	10	10	10	每件	1	用钢尺量测
7	摇臂管支座中心位置	10	10	10	每支座	1	用钢尺量测

注：δ为板厚（mm）。

8 缆车、浮船接管车的尺寸允许偏差应符合表5.7.9-2的规定。

表 5.7.9-2 缆车、浮船接管车尺寸允许偏差

检查项目	允许偏差	检查数量		检查方法
		范围	点数	
1 轮中心距	±1mm	每轮	1	用钢尺量测
2 两对角轮距差	2mm	每组	1	用钢尺量测
3 同侧滚轮直顺偏差	±1mm	每侧	1	用钢尺量测
4 外形尺寸	±5mm	每车	1	用钢尺量测
5 倾斜角	±30′	每车	1	用经纬仪量
6 机组与设备位置	10mm	每件	1	用钢尺量测
7 出水管中心位置	10mm	每管	1	用钢尺量测

注：倾斜角为轮轨接触平面与水平面的倾角。

5.7.10 岸边排放构筑物的出水口应符合下列规定：

主 控 项 目

1 所用原材料、石料、防渗材料符合国家有关标准的规定和设计要求；

检查方法：观察；检查每批的产品出厂质量合格证明、性能检验报告及有关的复验报告。

2 混凝土强度、砌筑砂浆（细石混凝土）强度应符合设计要求；其试块的留置及质量评定应符合本规范第5.5.6条的相关规定；

检查方法：检查混凝土结构的抗压、抗渗、抗冻试块试验报告，检查灌浆砂浆（或细石混凝土）的抗压强度试块试验报告。

3 构筑物结构稳定、位置正确，出水口无倒坡现象；翼墙、护坡等混凝土或砌筑结构的沉降量、位移量应符合设计要求；

检查方法：观察；检查施工记录、测量记录、监测记录。

4 混凝土结构外光内实，外观质量无严重缺陷；砌体结构砌筑完整、灌浆密实，无裂缝、通缝、翘动等现象；

检查方法：观察；检查施工资料。

一 般 项 目

5 混凝土结构外观质量不宜有一般缺陷；砌体结构砌筑齐整，勾缝平整、缝宽均匀一致；抛石的范围、高度应符合设计要求；

检查方法：观察；检查技术处理资料。

6 翼墙反滤层铺筑断面不得小于设计要求，其后背的回填土的压实度不应小于95%；

检查方法：观察；检查回填土的压实度试验报告，检查施工记录。

7 变形缝位置应准确，安设顺直，上下贯通，

变形缝的宽度允许偏差为0~5mm；

检查方法：观察；用钢尺随机量测。

8 所有预埋件、预留孔洞、排水孔位置正确；

检查方法：观察。

9 施工允许偏差应符合表5.7.10的规定。

表 5.7.10 岸边排放构筑物的出水口的施工允许偏差

检查项目			允许偏差(mm)	检查数量		检查方法
				范围	点数	
1	轴线位置	混凝土结构	±10	每段或每10m长	1点	用经纬仪测量
		砌石结构 料石	±10			
		砌石结构 块石、卵石	±15			
2	翼墙	顶面高程 混凝土结构	±10	每段或每10m长	2点	用水准仪测量
		顶面高程 砌石结构	±15			
		断面尺寸、厚度 混凝土结构	+10, -5			用钢尺量测
		断面尺寸、厚度 砌石结构 料石	±15			
		断面尺寸、厚度 砌石结构 块石	+30, -20			
		墙面垂直度 混凝土结构	1.5%H			用垂线量测
		墙面垂直度 砌石结构	0.5%H			
3	护坡、护坦	坡面、坡底顶面高程 砌石结构 块石、卵石	±20	每段或每10m长	1点	用水准仪测量
		坡面、坡底顶面高程 砌石结构 料石	±15			
		坡面、坡底顶面高程 混凝土结构	±10			
		净空尺寸 砌石结构 块石、卵石	±20		2点	用钢尺量测
		净空尺寸 砌石结构 料石	±15			
		净空尺寸 混凝土结构	±10			
		护坡坡度	不大于设计要求			用水准仪测量
		结构厚度	不小于设计要求		2点	用钢尺量测
		坡面、坡底平整度 砌石结构 块石、卵石	20			用2m直尺、塞尺量测
		坡面、坡底平整度 砌石结构 料石	15			
		坡面、坡底平整度 混凝土结构	12			
4	预埋件中心位置		5	每处	1	用钢尺量测
5	预留孔洞中心位置		10	每处	1	用钢尺量测

注：H系指墙全高（mm）。

5.7.11 水中排放构筑物的出水口应符合下列规定：

主 控 项 目

1 所用预制构件、配件、抛石料符合国家有关标准规定和设计要求；

检查方法：观察；检查每批的产品出厂质量合格证明、性能检验报告及有关的复验报告。

2 出水口的位置、相邻间距及顶面高程应符合

设计要求;

检查方法:检查施工记录、测量记录。

3 出水口顶部的出水装置安装牢固、位置正确、出水通畅;

检查方法:观察(潜水员检查);检查施工记录。

一般项目

4 垂直顶升立管周围采用抛石等稳管保护措施的范围、高度符合设计要求;

检查方法:观察(潜水员检查);检查施工记录。

5 警告、警示标志及安全保护设施符合设计要求,设置齐全;

检查方法:观察;检查施工记录。

6 钢制构件的防腐措施符合设计要求;

检查方法:观察;检查施工记录、防腐检验记录。

7 施工允许偏差应符合表 5.7.11 的规定。

表 5.7.11 水中排放构筑物的出水口的施工允许偏差

检查项目		允许偏差(mm)	检查数量		检查方法
			范围	点数	
1	出水口顶面高程	±20	每座	1点	用水准仪测量
2	出水口垂直度	0.5%H			用垂线、钢尺量测
3	出水口中心轴线	沿水平出水管纵向 30			用经纬仪、钢尺测量
		沿水平出水管横向 20			用测距仪测量
4	相邻出水口间距	40			

注:H 为垂直顶升管节的总长度(mm)。

5.7.12 固定式岸边取水构筑物的进水口质量验收可按本规范第 5.7.10 条的规定执行。

5.7.13 固定式河床取水构筑物的进水口进水管道内垂直顶升法施工时,其进水口质量验收可参照本规范第 5.7.11 条的规定执行。

6 水处理构筑物

6.1 一般规定

6.1.1 本章适用于净水、污水处理构筑物结构工程施工及验收,亦适用于本规范的其他相关章节的结构工程。

6.1.2 水处理构筑物施工应符合下列规定:

1 编制施工方案时,应根据设计要求和工程实际情况,综合考虑各单体构筑物施工方法和技术措施,合理安排施工顺序,确保各单体构筑物

之间的衔接、联系满足设计工艺要求;

2 应做好各单体构筑物不同施工工况条件下的沉降观测;

3 涉及设备安装的预埋件、预留孔洞以及设备基础等有关结构施工,在隐蔽前安装单位应参与复核;设备安装前还应进行交接验收;

4 水处理构筑物底板位于地下水位以下时,应进行抗浮稳定验算;当不能满足要求时,必须采取抗浮措施;

5 满足其相应的工艺设计、运行功能、设备安装的要求。

6.1.3 水处理构筑物的满水试验应符合本规范第 9.2 节的规定,并应符合下列规定:

1 编制试验方案;

2 混凝土或砌筑砂浆强度已达到设计要求;与所试验构筑物连接的已建管道、构筑物的强度符合设计要求;

3 混凝土结构,试验应在防水层、防腐层施工前进行;

4 装配式预应力混凝土结构,试验应在保护层喷涂前进行;

5 砌体结构,设有防水层时,试验应在防水层施工以后;不设有防水层时,试验应在勾缝以后;

6 与构筑物连接的管道、相邻构筑物,应采取相应的防差异沉降的措施;有伸缩补偿装置的,应保持松弛、自由状态;

7 在试验的同时应进行构筑物的外观检查,并对构筑物及连接管道进行沉降量监测;

8 满水试验合格后,应及时按规定进行池壁外和池顶的回填土方等项施工。

6.1.4 水处理构筑物施工完毕必须进行满水试验。消化池满水试验合格后,还应进行气密性试验。

6.1.5 水处理构筑物的防水、防腐、保温层应按设计要求进行施工,施工前应进行基层表面处理。

6.1.6 构筑物的防水、防腐蚀施工应按现行国家标准《地下工程防水技术规范》GB 50108、《建筑防腐蚀工程施工及验收规范》GB 50212 等的相关规定执行。

6.1.7 普通水泥砂浆、掺外加剂水泥砂浆的防水层施工应符合下列规定:

1 宜采用普通硅酸盐水泥、膨胀水泥或矿渣硅酸盐水泥和质地坚硬、级配良好的中砂,砂的含泥量不得超过 1%;

2 施工应符合下列规定:

1)基层表面应清洁、平整、坚实、粗糙;

2)施作水泥砂浆防水层前,基层表面应充分湿润,但不得有积水;

3)水泥砂浆的稠度宜控制在 70～80mm,采用机械喷涂时,水泥砂浆的稠度应经试配确定;

4）掺外加剂的水泥砂浆防水层厚度应符合设计要求，但不宜小于 20mm；

5）多层做法刚性防水层宜连续操作，不留施工缝；必须留施工缝时，应留成阶梯茬，按层次顺序，层层搭接；接茬部位距阴阳角的距离不应小于 200mm；

6）水泥砂浆应随拌随用；

7）防水层的阴、阳角应为圆弧形；

3 水泥砂浆防水层的操作环境温度不应低于 5℃，基层表面应保持 0℃以上；

4 水泥砂浆防水层宜在凝结后覆盖并洒水养护 14d；冬期应采取防冻措施。

6.1.8 位于构筑物基坑施工影响范围内的管道施工应符合下列规定：

1 应在沟槽回填前进行隐蔽验收，合格后方可进行回填施工；

2 位于基坑中或受基坑施工影响的管道，管道下方的填土或松土必须按设计要求进行夯实，必要时应按设计要求进行地基处理或提高管道结构强度；

3 位于构筑物底板下的管道，沟槽回填应按设计要求进行；回填处理材料可采用灰土、级配砂石或混凝土等。

6.1.9 管道穿过水处理构筑物墙体时，穿墙部位施工应符合设计要求；设计无要求时可预埋防水套管，防水套管的直径应至少比管道直径大 50mm。待管道穿过防水套管后，套管与管道空隙应进行防水处理。

6.1.10 构筑物变形缝的止水带应按设计要求选用，并应符合下列规定：

1 塑料或橡胶止水带的形状、尺寸及其材质的物理性能，均应符合国家有关标准规定，且无裂纹、气泡、孔洞；

2 塑料或橡胶止水带对接接头应采用热接，不得采用叠接；接缝应平整牢固，不得有裂口、脱胶现象；T 字接头、十字接头和 Y 字接头，应在工厂加工成型；

3 金属止水带应平整、尺寸准确，其表面的铁锈、油污应清除干净，不得有砂眼、钉孔；

4 金属止水带接头应视其厚度，采用咬接或搭接方式；搭接长度不得小于 20mm，咬接或搭接必须采用双面焊接；

5 金属止水带在伸缩缝中的部分应涂防锈和防腐涂料；

6 钢边橡胶止水带等复合止水带应在工厂加工成型。

6.2 现浇钢筋混凝土结构

6.2.1 模板施工前，应根据结构形式、施工工艺、设备和材料供应等条件进行模板及其支架设计。模板及其支架的强度、刚度及稳定性必须满足受力要求。

模板设计应包括以下主要内容：

1 模板的形式和材质的选择；

2 模板及其支架的强度、刚度及稳定性计算，其中包括支杆支承面积的计算，受力铁件的垫板厚度及与木材接触面积的计算；

3 防止吊模变形和位移的预防措施；

4 模板及其支架在风载作用下防止倾倒的措施；

5 各部分模板的结构设计，各结合部位的构造，以及预埋件、止水板等的固定方法；

6 隔离剂的选用；

7 模板及其支架的拆除顺序、方法及保证安全措施。

6.2.2 混凝土模板安装应按现行国家标准《混凝土结构工程施工质量验收规范》GB 50204 的相关规定执行，并应符合下列规定：

1 池壁与顶板连续施工时，池壁内模立柱不得同时作为顶板模板立柱；顶板支架的斜杆或横向连杆不得与池壁模板的杆件相连接；

2 池壁模板可先安装一侧，绑完钢筋后，随浇筑混凝土随分层安装另一侧模板，或采用一次安装到顶而分层预留操作窗口的施工方法；采用这种方法时，应符合下列规定：

1）分层安装模板，其每层层高不宜超过 1.5m；分层留置窗口时，窗口的层高不宜超过 3m，水平净距不宜超过 1.5m；斜壁的模板及窗口的分层高度应适当减小；

2）有预留孔洞或预埋管时，宜在孔口或管口外径 1/4～1/3 高度处分层；孔径或管外径小于 200mm 时，可不受此限制；

3）事先做好分层模板及窗口模板的连接装置，以便迅速安装；安装一层模板或窗口模板的时间不应超过混凝土的初凝时间；

4）分层安装模板或安装窗口模板时，应防止杂物落入模内；

3 安装池壁的最下一层模板时，应在适当位置预留清扫杂物用的窗口；在浇筑混凝土前，应将模板内部清扫干净，经检验合格后，再将窗口封闭。

4 池壁模板施工时，应设置确保墙体直顺和防止浇筑混凝土时模板倾覆的装置；

5 池壁的整体式内模施工，木模板为竖向木纹使用时，除应在浇筑前将模板充分湿透外，并应在模板适当间隔处设置八字缝板；拆模时，应先拆内模；

6 采用穿墙螺栓来平衡混凝土浇筑对模板的侧压力时，应选用两端能拆卸的螺栓，并应符合下列规定：

1）两端能拆卸的螺栓中部宜加焊止水环，且止水环不宜采用圆形；

2）螺栓拆卸后混凝土壁面应留有 40~50mm 深的锥形槽；

3）在池壁形成的螺栓锥形槽，应采用无收缩、易密实、具有足够强度、与池壁混凝土颜色一致或接近的材料封堵，封堵完毕的穿墙螺栓孔不得有收缩裂缝和湿渍现象；

7 跨度不小于 4m 的现浇钢筋混凝土梁、板，其模板应按设计要求起拱；设计无具体要求时，起拱度宜为跨度的 1/1000~3/1000；

8 设有变形缝的构筑物，其变形缝处的端面模板安装还应符合下列规定：

1）变形缝止水带安装应固定牢固、线形平顺、位置准确；

2）止水带面中心线应与变形缝中心线对正，嵌入混凝土结构端面的位置应符合设计要求；

3）止水带和模板安装中，不得损伤带面，不得在止水带上穿孔或用铁钉固定就位；

4）端面模板安装位置应正确，支撑牢固，无变形、松动、漏缝等现象；

9 固定在模板上的预埋管、预埋件的安装必须牢固，位置准确；安装前应清除铁锈和油污，安装后应做标志；

10 模板支架的立杆和斜杆的支点应垫木板或方木。

6.2.3 混凝土模板的拆除应符合下列规定：

1 整体现浇混凝土的模板支架拆除应符合下列规定：

1）侧模板，应在混凝土强度能保证其表面及棱角不因拆除模板而受损坏时，方可拆除；

2）底模板，应在与结构同条件养护的混凝土试块达到表 6.2.3 规定强度，方可拆除；

表 6.2.3 整体现浇混凝土底模板
拆模时所需的混凝土强度

序号	构件类型	构件跨度 L（m）	达到设计的混凝土立方体抗压强度的百分率（%）
1	板	≤2	≥50
		2<L≤8	≥75
		>8	≥100
2	梁、拱、壳	≤8	≥75
		>8	≥100
3	悬臂构件	—	≥100

2 模板拆除时，不应对顶板形成冲击荷载；拆下的模板和支架不得撞击底板顶面和池壁墙面；

3 冬期施工时，池壁模板应在混凝土表面温度与周围气温温差较小时拆除，温差不宜超过 15℃，拆模后应立即覆盖保温。

6.2.4 钢筋进场检验以及钢筋加工、连接、安装等应按现行国家标准《混凝土结构工程施工质量验收规范》GB 50204 的相关规定执行，并应符合下列规定：

1 浇筑混凝土之前，应进行钢筋隐蔽工程验收，钢筋隐蔽工程验收应包括下列内容：

1）钢筋的品种、规格、数量、位置等；

2）钢筋的连接方式、接头位置、接头数量、接头面积百分率等；

3）预埋件的规格、数量、位置等；

2 受力钢筋的连接方式应符合设计要求，设计无要求时，应优先选择机械连接、焊接；不具备机械连接、焊接连接条件时，可采用绑扎搭接连接；

3 相邻纵向受力钢筋的绑扎接头宜相互错开，绑扎搭接接头中钢筋的横向净距不应小于钢筋直径，且不小于 25mm；并符合以下规定：

1）钢筋搭接处，应在中心和两端用钢丝扎牢；

2）钢筋绑扎搭接接头连接区段长度为 1.3L₁（L₁ 为搭接长度），凡搭接接头中点位于连接区段长度内的搭接接头均属于同一连接区段；同一连接区段内，纵向钢筋搭接接头面积百分率为该区段内有搭接接头的纵向受力钢筋截面面积的比值（图 6.2.4）；

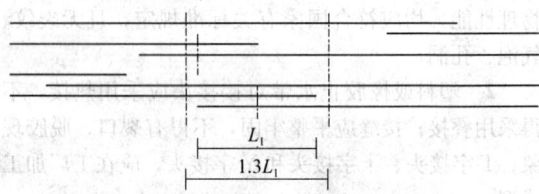

图 6.2.4 钢筋绑扎搭接接头连接区段及
接头面积百分率确定方式示意图

3）同一连接区段内，纵向受力钢筋搭接接头面积百分率应符合设计要求；设计无具体要求时，受压区不得超过 50%；受拉区不得超过 25%；池壁底部和顶部与顶板施工缝处的预埋竖向钢筋可按 50% 控制，并应按本规范规定的受拉区钢筋搭接长度增加 30%；

4）设计无要求时，纵向受力钢筋绑扎搭接接头的最小搭接长度应按表 6.2.4 的规定执行；

表 6.2.4 钢筋绑扎接头的最小搭接长度

序　号	钢筋级别	受拉区	受压区
1	HPB235	$35d_0$	$30d_0$
2	HRB335	$45d_0$	$40d_0$
3	HRB400	$55d_0$	$50d_0$
4	低碳冷拔钢丝	300mm	200mm

注：d_0 为钢筋直径，单位 mm。

　　4 受力钢筋采取机械连接、焊接连接时，应按设计要求及现行国家标准《混凝土结构工程施工质量验收规范》GB 50204 的相关规定执行；

　　5 钢筋安装时的保护层厚度应符合现行国家标准《给水排水工程构筑物结构设计规范》GB 50069 的相关规定；保护层厚度尺寸的控制应符合下列规定：

　　1）钢筋的加工尺寸、模板和钢筋的安装位置应正确；

　　2）模板支撑体系、钢筋骨架等应安装固定且牢固，确保在施工荷载下不变形、走动；

　　3）控制保护层的垫块、杆件等尺寸正确、布置合理、支垫稳固；

　　6 基础、顶板钢筋采取焊接排架的方法固定时，排架固定的间距应根据钢筋的刚度选择；

　　7 成型的网片或骨架必须稳定牢固，不得有滑动、折断、位移、伸出等情况；

　　8 变形缝止水带安装部位、预留开孔等处的钢筋应预先制作成型，安装位置准确、尺寸正确、安装牢固；

　　9 预埋件、预埋螺栓及插筋等，其埋入部分不得超过混凝土结构厚度的 3/4。

6.2.5 混凝土浇筑的施工方案应包括以下主要内容：

　　1 混凝土配合比设计及外加剂的选择；

　　2 混凝土的搅拌及运输；

　　3 混凝土的分仓布置、浇筑顺序、速度及振捣方法；

　　4 预留施工缝后浇带的位置及要求；

　　5 预防混凝土施工裂缝的措施；

　　6 季节性施工的特殊措施；

　　7 控制工程质量的措施；

　　8 搅拌、运输及振捣机械的型号与数量。

6.2.6 混凝土原材料的质量控制应按现行国家标准《混凝土结构工程施工质量验收规范》GB 50204 的相关规定执行，并应符合下列规定：

　　1 主体结构的混凝土宜使用同品种、同强度等级的水泥拌制；也可按底板、池壁、顶板等分别采用同品种、同强度等级的水泥；

　　2 配制现浇混凝土的水泥应符合下列规定：

　　1）宜采用普通硅酸盐水泥、火山灰质硅酸盐水泥；掺用外加剂时，可采用矿渣硅酸盐水泥；

　　2）冬期施工宜采用普通硅酸盐水泥；

　　3）有抗冻要求的混凝土，宜采用普通硅酸盐水泥，不宜采用火山灰质硅酸盐水泥和粉煤灰硅酸盐水泥；

　　4）水泥进场时应进行性能指标复验，其质量必须符合现行国家标准《通用硅酸盐水泥》GB 175 等的规定；严禁使用含氯化物的水泥；

　　5）对水泥质量有怀疑或水泥出厂超过三个月（快硬硅酸盐水泥超过一个月）时，应进行复验，并按复验结果使用；

　　3 粗、细骨料的质量应符合国家现行标准《混凝土用砂、石质量及检验方法标准》JGJ 52 的规定，且符合下列规定：

　　1）粗骨料最大颗粒粒径不得大于结构截面最小尺寸的 1/4，不得大于钢筋最小净距的 3/4，同时不宜大于 40mm；采用多级级配时，其规格及级配应通过试验确定；

　　2）粗骨料的含泥量不应大于 1%，吸水率不应大于 1.5%；

　　3）混凝土的细骨料，宜采用中、粗砂，其含泥量不应大于 3%；

　　4 拌制混凝土宜采用对钢筋混凝土的强度及耐久性无影响的洁净水；

　　5 外加剂的质量及技术指标应符合现行国家标准《混凝土外加剂》GB 8076、《混凝土外加剂应用技术规范》GB 50119 和有关环境保护的规定，并通过试验确定其适用性和用量；不得掺入含有氯盐成分的外加剂；

　　6 掺用矿物掺合料时，其质量应符合国家有关标准，且矿物掺合料的掺量应通过试验确定；

　　7 混凝土中碱的总含量应符合现行国家标准《给水排水工程构筑物结构设计规范》GB 50069 的规定和设计要求。

6.2.7 混凝土配合比及拌制应符合下列规定：

　　1 配合比的设计，应保证结构设计要求的强度和抗渗、抗冻性能，并满足施工的要求；

　　2 配合比应通过计算和试配确定；

　　3 宜选择具有一定自补偿性能的材料配比；或在满足设计和施工要求的前提下，应适量降低水泥用量；

　　4 混凝土拌制前，应测定砂、石含水率并根据测试结果调整材料用量，提出施工配合比；

5 首次使用的混凝土配合比应进行开盘鉴定，其工作性质满足设计配合比的要求；开始生产时应至少留置一组标准养护试件，作为验证配合比的依据；

6 混凝土原材料每盘称量的偏差应符合表6.2.7的规定。

表 6.2.7 原材料每盘称量的允许偏差

序　号	材料名称	允许偏差（%）
1	水泥、掺合料	±2
2	粗、细骨料	±3
3	水、外加剂	±2

注：1 各种衡器应定期校验，每次使用前应进行零点校核，保持计量准确；
　　2 雨期或含水率有显著变化时，应增加含水率检测次数，并及时调整水和骨料用量。

6.2.8 混凝土试块的留置及混凝土试块验收合格标准应符合下列规定：

1 混凝土试块应在混凝土的浇筑地点随机抽取；

2 混凝土抗压强度试块的留置应符合下列规定：

　　1）标准试块：每构筑物的同一配合比的混凝土，每工作班、每拌制100m³混凝土为一个验收批，应留置一组，每组三块；当同一部位、同一配合比的混凝土一次连续浇筑超过1000m³时，每拌制200m³混凝土为一个验收批，应留置一组，每组三块；

　　2）与结构同条件养护的试块：根据施工方案要求，按拆模、施加预应力和施工期间临时荷载等需要的数量留置；

3 抗渗试块的留置应符合下列规定：

　　1）同一配合比的混凝土，每构筑物按底板、池壁和顶板等部位，每一部位每浇筑500m³混凝土为一个验收批，留置一组，每组六块；

　　2）同一部位混凝土一次连续浇筑超过2000m³时，每浇筑1000m³混凝土为一个验收批，留置一组，每组六块；

4 抗冻试块的留置应符合下列规定：

　　1）同一抗冻等级的抗冻混凝土试块每构筑物留置不少于一组；

　　2）同一个构筑物中，同一抗冻等级抗冻混凝土用量大于2000m³时，每增加1000m³混凝土增加留置一组试块；

5 冬期施工，应增置与结构同条件养护的抗压强度试块两组，一组用于检验混凝土受冻前的强度，另一组用于检验解冻后转入标准养护28d的强度；并应增置抗渗试块一组，用于检验解冻后转入标准养护28d的抗渗性能；

6 混凝土的抗压、抗渗、抗冻试块符合下列要求的，应判定为验收合格：

　　1）同批混凝土抗压试块的强度应按现行国家标准《混凝土强度检验评定标准》GBJ 107的规定评定，评定结果必须符合设计要求；

　　2）抗渗试块的抗渗性能不得低于设计要求；

　　3）抗冻试块在按设计要求的循环次数进行冻融后，其抗压极限强度同检验用的相当龄期的试块抗压极限强度相比较，其降低值不得超过25%；其重量损失不得超过5%。

6.2.9 混凝土的浇筑必须在模板和支架检验符合施工方案要求后，方可进行；入模时应防止离析，连续浇筑时每层浇筑高度应满足振捣密实的要求。

6.2.10 采用振捣器捣实混凝土应符合下列规定：

1 振捣时间，应使混凝土表面呈现浮浆并不再沉落；

2 插入式振捣器的移动间距，不宜大于作用半径的1.5倍；振捣器距离模板不宜大于振捣器作用半径的1/2；并应尽量避免碰撞钢筋、模板、止水带、预埋管（件）等；振捣器宜插入下层混凝土50mm；

3 表面振动器的移动间距，应能使振动器的平板覆盖已振实部分的边缘；

4 浇筑预留孔洞、预埋管、预埋件及止水带等周边混凝土时，应辅以人工插捣。

6.2.11 变形缝处止水带下部以及腋角下部的混凝土浇筑作业，应确保混凝土密实，且止水带不发生位移。

6.2.12 混凝土运输、浇筑及间歇时间不应超过混凝土的初凝时间。同一施工段的混凝土应连续浇筑，并应在底层混凝土初凝之前将上一层混凝土浇筑完毕。底层混凝土初凝后浇筑上一层混凝土时，应留置施工缝。

6.2.13 混凝土底板和顶板，应连续浇筑不得留置施工缝；设计有变形缝时，应按变形缝分仓浇筑。

6.2.14 构筑物池壁的施工缝设置应符合设计要求，设计无要求时，应符合下列规定：

1 池壁与底部相接处的施工缝，宜留在底板上面不小于200mm处；底板与池壁连接有腋角时，宜留在腋角上面不小于200mm处；

2 池壁与顶部相接处的施工缝，宜留在顶板下面不小于200mm处；有腋角时，宜留在腋角下部。

3 构筑物处地下水位或设计运行水位高于底板顶面8m时，施工缝处宜设置高度不小于200mm、厚度不小于3mm的止水钢板。

6.2.15 浇筑施工缝处混凝土应符合下列规定：

1 已浇筑混凝土的抗压强度不应小于2.5MPa；

2 在已硬化的混凝土表面上浇筑时，应凿毛和冲洗干净，并保持湿润，但不得积水；

3 浇筑前，施工缝处应先铺一层与混凝土强度等级相同的水泥砂浆，其厚度宜为 15～30mm；

4 混凝土应细致捣实，使新旧混凝土紧密结合。

6.2.16 后浇带浇筑应在两侧混凝土养护不少于 42d 以后进行，其混凝土技术指标不得低于其两侧混凝土。

6.2.17 浇筑倒锥壳底板或拱顶混凝土时，应由低向高、分层交圈、连续浇筑。

6.2.18 浇筑池壁混凝土时，应分层交圈、连续浇筑。

6.2.19 混凝土浇筑完成后，应按施工方案及时采取有效的养护措施，并应符合下列规定：

1 应在浇筑完成后的 12h 以内，对混凝土加以覆盖并保湿养护；

2 混凝土浇水养护的时间不得少于 14d，保持混凝土处于湿润状态；

3 用塑料布覆盖养护时，敞露的混凝土表面应覆盖严密，并应保持塑料布内有凝结水；

4 混凝土强度达到 1.2MPa 前，不得在其上踩踏或安装模板及支架；

5 环境最低气温不低于 −15℃ 时，可采用蓄热法养护；对预留孔、洞以及迎风面等容易受冻部位，应加强保温措施。

6.2.20 蒸汽养护时，应使用低压饱和蒸汽均匀加热，最高温度不宜大于 30℃；升温速度不宜大于 10℃/h；降温速度不宜大于 5℃/h。

掺加引气剂的混凝土严禁采取蒸汽养护。

6.2.21 池内加热养护时，池内温度不得低于 5℃，且不宜高于 15℃，并应洒水养护，保持湿润。池壁外侧应覆盖保温。

6.2.22 水处理构筑物现浇钢筋混凝土不宜采用电热养护。

6.2.23 日最高气温高于 30℃ 施工时，可选用下列措施：

1 骨料经常洒水降温，或加棚盖防晒；

2 掺入缓凝剂；

3 适当增大混凝土的坍落度；

4 利用早晚气温较低的时间浇筑混凝土；

5 混凝土浇筑完毕后及时覆盖养护，防止暴晒，并应增加洒水次数，保持混凝土表面湿润。

6.2.24 冬期浇筑的混凝土冷却前应达到设计要求的临界强度。在满足临界强度情况下，宜降低入模温度。

6.2.25 浇筑大体积混凝土结构时，应有专项施工方案和相应的技术措施。

6.3 装配式混凝土结构

6.3.1 预制装配式混凝土结构施工应符合下列规定：

1 后张法预应力的施工应符合本规范第 6.4 节的相关规定和设计要求；

2 除按本节规定施工外，还应符合现行国家标准《混凝土结构工程施工质量验收规范》GB 50204 的相关规定和设计要求。

6.3.2 构件的堆放应符合下列规定：

1 应按构件的安装部位，配套就近堆放；

2 堆放时，应按设计受力条件支垫并保持稳定；曲梁应采用三点支承；

3 堆放构件的场地，应平整夯实，并有排水措施；

4 构件的标识应朝向外侧。

6.3.3 构件运输及吊装时的混凝土强度应符合设计要求，当设计无要求时，不应低于设计强度的 75%。

6.3.4 预制构件与现浇结构之间、预制构件之间的连接应按设计要求进行施工。

6.3.5 现浇混凝土底板的杯槽、杯口安装模板前，应复测杯槽、杯口中心线位置；杯槽、杯口模板必须安装牢固。

6.3.6 杯槽内壁与底板的混凝土应同时浇筑，不应留置施工缝；宜后浇筑杯槽外壁混凝土。

6.3.7 预制构件安装前，应复验合格；有裂缝的构件应进行鉴定。

6.3.8 预制柱、梁及壁板等在安装前应标注中心线，并在杯槽、杯口上标出中心线。

6.3.9 预制构件安装前应将不同类别的构件按预定位置顺序编号，并将与混凝土连接的部位进行凿毛，清除浮渣、松动的混凝土。

6.3.10 构件应按设计位置起吊，曲梁宜采用三点吊装。吊绳与构件平面的交角不应小于 45°；小于 45° 时，应进行强度验算。

6.3.11 构件安装就位后，应采取临时固定措施。曲梁应在梁的跨中设临时支撑，待二次混凝土达到设计强度的 75% 及以上时，方可拆除支撑。

6.3.12 安装的构件，必须在轴线位置及高程进行校正后焊接或浇筑接头混凝土。

6.3.13 构筑物壁板的接缝施工应符合下列规定：

1 壁板接缝的内模在保证混凝土不离析的条件下，宜一次安装到顶；分段浇筑时，外模应随浇、随支，分段支模高度不宜超过 1.5m；

2 浇筑前，接缝的壁板表面应洒水保持湿润，模内应洁净；

3 壁板间的接缝宽度，不宜超过板宽的 1/10；缝内浇筑细石混凝土或膨胀性混凝土，其强度等级应符合设计要求；设计无要求时，应比壁板混凝土强度等级提高一级；

4 应根据气温和混凝土温度，选择壁板缝宽较大时进行浇筑；

5 混凝土如有离析现象，应进行二次拌合；

6 混凝土分层浇筑厚度不宜超过 250mm，并应采用机械振捣，配合人工捣固。

6.4 预应力混凝土结构

6.4.1 本节适用于下列后张法预应力混凝土结构施工：

1 装配式或现浇预应力混凝土圆形水处理构筑物；

2 不设变形缝、设计附加预应力的现浇混凝土矩形水处理构筑物。

6.4.2 预应力筋、锚具、夹具和连接器的进场检验应按现行国家标准《混凝土结构工程施工质量验收规范》GB 50204 的相关规定和设计要求执行，并应符合下列规定：

1 按设计要求选用预应力筋、锚具、夹具和连接器；

2 无粘结预应力筋应符合下列规定：

1）预应力筋外包层材料，应采用聚乙烯或聚丙烯，严禁使用聚氯乙烯；外包层材料性能应满足国家现行标准《无粘结预应力混凝土结构技术规程》JGJ 92 的要求；

2）预应力筋涂料层应采用专用防腐油脂，其性能应满足国家现行标准《无粘结预应力混凝土结构技术规程》JGJ 92 的要求；

3）必须采用 I 类锚具，锚具规格应根据无粘结预应力筋的品种、张拉吨位以及工程使用情况选用；

3 测定钢丝、钢筋预应力值的仪器和张拉设备应在使用前进行校验、标定；张拉设备的校验期限，不应超过半年；张拉设备出现反常现象或在千斤顶检修后，应重新校检；

4 预应力筋下料应符合下列规定：

1）应采用砂轮锯和切断机切断，不得采用电弧切断；

2）钢丝束两端采用镦头锚具时，同一束中各根钢丝长度差异不应大于钢丝长度的 1/5000，且不应大于 5mm；成组张拉长度不大于 10m 的钢丝时，同组钢丝长度差异不得大于 2mm。

6.4.3 施工过程中应避免电火花损伤预应力筋，受损伤的预应力筋应予以更换；无粘结预应力筋外包层不应破损。

6.4.4 圆形构筑物的环向预应力钢筋的布置和锚固位置应符合设计要求。采用缠丝张拉时，锚具槽应沿构筑物的周长均匀布置，其数量应不少于下列规定：

1 直径小于或等于 25m 时，可采用 4 条；

2 直径大于 25m，小于或等于 50m 时，可采用 6 条；

3 直径大于 50m 可采用 8 条；

4 构筑物底端不能缠丝的部位，应在附近局部加密环向预应力筋。

6.4.5 后张法有粘结预应力筋预留孔道安装和无粘结预应力筋铺设应符合下列规定：

1 应按现行国家标准《混凝土结构工程施工质量验收规范》GB 50204 的相关规定和设计要求执行；

2 有粘结预应力筋的预留孔道，其产品尺寸和性能应符合国家有关标准规定和设计要求；波纹管孔道，安装前其表面应清洁、无锈蚀和油污，安装应稳固；安装后无孔洞、裂缝、变形，接口不应开裂或脱口；

3 无粘结预应力筋施工应符合下列规定：

1）锚固肋数量和布置，应符合设计要求；设计无要求时，应保证张拉段无粘结预应力筋长不超过 50m，且锚固肋数量为双数；

2）安装时，上下相邻两环无粘结预应力筋锚固位置应错开一个锚固肋；以锚固肋数量的一半为无粘结预应力筋分段（张拉段）数量；每段无粘结预应力筋的计算长度应考虑加入一个锚固肋宽度及两端张拉工作长度和锚具长度；

3）应在浇筑混凝土前安装、放置；浇筑混凝土时，严禁踏压撞碰无粘结预应力筋、支撑架以及端部预埋件；

4）无粘结预应力筋不应有死弯，有死弯时必须切断；

5）无粘结预应力筋中严禁有接头；

4 在预留孔洞套管位置的预应力筋布置应符合设计要求。

6.4.6 预应力筋安装完毕，应进行预应力筋隐蔽工程验收，其内容包括：

1 预应力筋的品种、规格、数量、位置等；

2 锚具、连接器的品种、规格、位置、数量等；

3 锚垫板、锚固槽的位置、数量等；

4 预留孔道的规格、数量、位置、形状及灌浆孔、排气兼泌水管设置等；

5 锚固区局部加强构造等。

6.4.7 预应力筋张拉或放张应制定专项施工方案，明确施工组织、确定施工方法、施工顺序、控制应力、安全措施等。

6.4.8 预应力筋张拉或放张时，混凝土强度应符合设计要求；设计无具体要求时，不得低于设计强度的 75%。

6.4.9 圆形构筑物缠丝张拉应符合下列规定：

1 缠丝施加预应力前，应先清除池壁外表面的混凝土浮粒、污物，壁板外侧接缝处宜采用水泥砂浆抹平压光，洒水养护；

2 施加预应力前，应在池壁上标记预应力钢丝、钢筋的位置和次序号；

3 缠绕环向预应力钢丝施工应符合下列规定：

　1）预应力钢丝接头应密排绑扎牢固，其搭接长度不应小于 250mm；

　2）缠绕预应力钢丝，应由池壁顶向下进行，第一圈距池顶的距离应按设计要求或按缠丝机性能确定，并不宜大于 500mm；

　3）池壁两端不能用绕丝机缠绕的部位，应在顶端和底端附近局部加密或改用电热张拉；

　4）池壁缠丝前，在池壁周围，必须设置防护栏杆；已缠绕的钢丝，不得用尖硬或重物撞击；

4 施加预应力时，每缠一盘钢丝应测定一次钢丝应力，并应按本规范附录表 C.0.2 的规定做记录。

6.4.10 圆形构筑物电热张拉钢筋施工应符合下列规定：

1 张拉前，应根据电工、热工等参数计算伸长值，并应取一环作试张拉，进行验证；

2 预应力筋的弹性模量应由试验确定；

3 张拉可采用螺丝端杆，墩粗头插 U 形垫板，帮条锚具 U 形垫板或其他锚具；

4 张拉作业应符合下列规定：

　1）张拉顺序，设计无要求时，可由池壁顶端开始，逐环向下；

　2）与锚固肋相交处的钢筋应有良好的绝缘处理；

　3）端杆螺栓接电源处应除锈，并保持接触紧密；

　4）通电前，钢筋应测定初应力，张拉端应刻画伸长标记；

　5）通电后，应进行机具、设备、线路绝缘检查，测定电流、电压及通电时间；

　6）电热温度不应超过 350℃；

　7）张拉过程中应采用木锤连续敲打各段钢筋；

　8）伸长值控制允许偏差为±6%；经电热达到规定的伸长值后，应立即进行锚固，锚固必须牢固可靠；

　9）每一环预应力筋应对称张拉，并不得间断；

　10）张拉应一次完成；必须重复张拉时，同一根钢筋的重复次数不得超过 3 次，当发生裂纹时，应更换预应力筋；

　11）张拉过程中，发现钢筋伸长时间超过预计时间过多时，应立即停电检查；

5 应在每环钢筋中选一根钢筋，在其两端和中间附近各设一处测点进行应力值测定；初读数应在钢

筋初应力建立后通电前测量，末读数应在断电并冷却后测量；

6 电热张拉应按本规范附录表 C.0.3 和表 C.0.4 的规定做记录。

6.4.11 预应力筋保护层的施工应在满水试验合格后、池内满水条件下进行喷浆。喷浆层的厚度，应满足预应力钢筋的净保护层厚度且不应小于 20mm。

6.4.12 喷射水泥砂浆预应力筋保护层施工应符合下列规定：

1 水泥砂浆的配制应符合下列规定：

　1）砂子粒径不得大于 5mm；细度模数应为 2.3～3.7，最优含水率应经试验确定；

　2）配合比应符合设计要求，或经试验确定；无条件试验时，其灰砂比宜为 1：2～ 1：3；水灰比宜为 0.25～0.35；

　3）水泥砂浆强度等级应符合设计要求；设计无要求时不应低于 M30；

　4）砂浆应拌合均匀，随拌随喷；存放时间不得超过 2h；

2 喷浆作业应符合下列规定：

　1）喷浆前，必须对工作面进行除污、去油、清洗等处理；

　2）喷浆机罐内压力宜为 0.5MPa，供水压力应相适应；输料管长不宜小于 10m；管径不宜小于 25mm；

　3）应沿池壁的圆周方向自下向上喷浆；喷口至工作面的距离应视回弹及喷层密实情况确定；

　4）喷枪应与喷射面保持垂直，受障碍物影响时，喷枪与喷射面夹角不应大于 15°；

　5）喷浆时应连续，层厚均匀密实；

　6）喷浆宜在气温高于 15℃时进行，大风、冰冻、降雨或当日气温低于 0℃时，不得进行喷浆作业；

3 水泥砂浆保护层凝结后应加遮盖，保持湿润并不应少于 14d；

4 在进行下一道分项工程前，应对水泥砂浆保护层进行外观和粘结情况的检查，有空鼓、开裂等缺陷现象时，应凿开检查并修补密实；

5 水泥砂浆试块强度验收应符合本规范第 6.5.3 条规定，试块留置：喷射作业开始、中间、结束时各留置一组试块，共三组，每组六块；每构筑物、每工作班为一个验收批。

6.4.13 有粘结、无粘结预应力筋的后张法张拉施工应符合下列规定：

1 张拉前，应清理承压板面，检查承压板后面的混凝土质量；

2 张拉顺序应符合设计要求；设计无要求时，可分批、分阶段对称张拉或依次张拉；

3 张拉程序应符合设计要求；设计无要求时，宜符合下列规定：

　　1）采用具有自锚性能的锚具、普通松弛力筋时，张拉程序为 $0 \rightarrow$ 初应力 $\rightarrow 1.03\sigma_{con}$ （锚固）；

　　2）采用具有自锚性能的锚具、低松弛力筋时，张拉程序为 $0 \rightarrow$ 初应力 $\rightarrow \sigma_{con}$ （持荷 2min 锚固）；

　　3）采用其他锚具时，张拉程序为 $0 \rightarrow$ 初应力 $\rightarrow 1.05\sigma_{con}$ （持荷 2min） $\rightarrow \sigma_{con}$ （锚固）；

4 预应力筋张拉时，应采用张拉应力和伸长值双控法，其预应力筋实际伸长值与计算伸长值的允许偏差为 $\pm 6\%$，张拉锚固后预应力值与规定的检验值的允许偏差为 $\pm 5\%$；

5 张拉过程中应避免预应力筋断裂或滑脱，断裂或滑脱的数量严禁超过同一截面预应力筋总根数的 3%，且每束钢丝不得超过一根；

6 张拉端预应力筋的内缩量限值应符合表 6.4.13 的规定；

表 6.4.13 张拉端预应力筋的内缩量限值

锚 具 类 别		内缩量限值（mm）
支承式锚具（镦头锚具等）	螺帽缝隙	1
	每块后加垫板的缝隙	1
锥塞式锚具		5
夹片式锚具	有顶压	5
	无顶压	6～8

7 张拉过程应按本规范附录表 C.0.1 的规定填写张拉记录。

8 预应力筋张拉完毕，宜采用砂轮锯或其他机械方法切断超长部分，严禁采用电弧切断；

9 无粘结预应力张拉应符合下列规定：

　　1）张拉段无粘结预应力筋长度小于 25m 时，宜采用一端张拉；张拉段无粘结预应力筋长度大于 25m 而小于 50m 时，宜采用两端张拉；张拉段无粘结预应力筋长度大于 50m 时，宜采用分段张拉和锚固；

　　2）安装张拉设备时，直线的无粘结预应力筋，应使张拉力的作用线与预应力筋中心重合；曲线的无粘结预应力筋，应使张拉力的作用线与预应力筋中心线末端重合；

10 封锚应符合设计要求；设计无要求时应符合下列规定：

　　1）凸出式锚固端锚具的保护层厚度不应小于 50mm；

　　2）外露预应力筋的保护层厚度不应小于 50mm；

　　3）封锚混凝土强度不得低于相应结构混凝土强度，且不得低于 C40。

6.4.14 有粘结预应力筋张拉后应尽早进行孔道灌浆；孔道水泥浆灌浆应符合下列规定：

1 孔道内水泥浆应饱满、密实，宜采用真空灌浆法；

2 水灰比宜为 0.4～0.45，宜掺入 0.01% 水泥用量的铝粉；搅拌后 3h 泌水率不宜大于 2%，泌水应能在 24h 内全部重新被水泥浆吸收；

3 水泥浆的抗压强度应符合设计要求；设计无要求时不应小于 30MPa；

4 水泥浆抗压强度的试块留置：每工作班为一个验收批，至少留置一组，每组六块；试块强度验收应符合本规范第 6.5.3 条规定。

6.4.15 预应力筋保护层、孔道灌浆和封锚等所用的水泥砂浆、水泥浆、混凝土，均不得含有氯化物。

6.5 砌 体 结 构

6.5.1 砌体所用的材料，应符合下列规定：

1 机制烧结砖的强度等级不应低于 MU10，其外观质量应符合现行国家标准《烧结普通砖》GB/T 5101 一等品的要求；

2 石材强度等级不应低于 MU30，且质地坚实，无风化剥层和裂纹；

3 砌块的强度等级应符合设计要求；

4 进入现场砖、石等砌块应符合现行国家标准《砌体工程施工质量验收规范》GB 50203 的相关规定，水泥、砂应符合本规范第 6.2.6 条的相关规定；

5 砌筑砂浆应采用水泥砂浆，其强度等级应符合设计要求，且不应低于 M10；

6 应采用机械搅拌砂浆，搅拌时间不得少于 2min，并应在初凝前使用；出现泌水时应拌合均匀后再用。

6.5.2 砌筑砂浆试块留置及验收批：每座砌体水处理构筑物的同一类型、强度等级砂浆，每砌筑 $100m^3$ 砌体的砂浆作为一个验收批，强度值应至少检查一次，每次应留置试块一组；砂浆组成材料有变化时，应增加试块留置数量。

6.5.3 砌筑砂浆试块强度验收时其强度合格标准应符合下列规定：

1 每个构筑物各组试块的抗压强度平均值不得低于设计强度等级所对应的立方体抗压强度；

2 各组试块中的任意一组的强度平均值不得低于设计强度等级所对应的立方体抗压强度的 75%。

6.5.4 砌体结构的砌筑施工除符合本节规定外，还应符合现行国家标准《砌体工程施工质量验收规范》GB 50203 的相关规定和设计要求。

6.5.5 砌筑前应将砖石、砌块表面上的污物和水锈清除。砌石（块）应浇水湿润，砖应用水浸透。

6.5.6 砌体中的预埋管洞口结构应加强，并有防渗措施；设计无要求时，可采用管外包封混凝土法（对于金属管还应加焊止水环后包封）；包封的混凝土抗压强度等级不小于 C25，管外浇筑厚度不应小于 150mm。

6.5.7 砌筑池壁不得用于脚手架支搭。

6.5.8 砌体砌筑完毕，应即进行养护，养护时间不应少于 7d。

6.5.9 砖砌水处理构筑物冬期不宜施工。

6.5.10 砖砌池壁施工应符合下列规定：

　　1 各砖层间应上下错缝，内外搭砌，灰缝均匀一致；

　　2 水平灰缝厚度和竖向灰缝宽度宜为 10mm，且不小于 8mm、不大于 12mm；圆形池壁，里口灰缝宽度不应小于 5mm；

　　3 转角或交接处应同时砌筑，对不能同时砌筑而需留置的临时间断处应砌成斜槎，斜槎水平投影长度不得小于高度的 2/3。

6.5.11 砌砖时砂浆应满铺满挤，挤出的砂浆应随时刮平，严禁用水冲浆灌缝，严禁用敲击砌体的方法纠正偏差。

6.5.12 石砌池壁施工应符合下列规定：

　　1 分皮砌筑，上下错缝，丁、顺搭砌，分层找齐；

　　2 灰缝厚度：细料石砌体不宜大于 10mm，粗料石砌体不宜大于 20mm；

　　3 水平缝，宜采用坐浆法；竖向缝，宜采用灌浆法。

6.5.13 砌石位置偏移时，应将料石提起，刮除灰浆后再砌；并应防止碰动邻近料石，不得撬动或敲击。

6.5.14 石砌体的勾缝应符合下列规定：

　　1 勾缝前，应清扫干净砌体表面上粘结的灰浆、泥污等，并洒水湿润；

　　2 勾缝灰浆宜采用细砂拌制的 1∶1.5 水泥砂浆；砂浆嵌入深度不应小于 20mm；

　　3 勾缝宽窄均匀、深浅一致，不得有假缝、通缝、丢缝、断裂和粘结不牢等现象；

　　4 勾缝完毕应清扫砌体表面粘附的灰浆；

　　5 勾缝砂浆凝结后，应及时养护。

6.6 塘 体 结 构

6.6.1 塘体基槽施工应符合本规范第 4 章的相关规定和设计要求，并应符合下列规定：

　　1 开挖时，应严格控制基底高程和边坡坡度；采用机械开挖时，基底和边坡应至少留出 150mm，由人工挖至设计标高和边坡坡度；如局部出现超挖，必须按设计要求进行处理；

　　2 基底和边坡不得有树根、石块、草皮等杂物，避免受水浸泡和受冻；发现有与勘察报告不符合的土质时，应进行清除，按设计要求处理；

　　3 基底坡脚线和边坡上口线应修边整齐、顺直；基底应平整，不得有反坡；边坡顶面不得随意堆土。

6.6.2 塘体的衬里、护坡结构施工前，应将施工影响范围的基底面、坡面、坡顶面清理干净，并整平；基底和边坡的土体应密实，其密实度应达到设计要求；坡脚结构应按设计要求进行施工，稳定牢固。

6.6.3 塘体护坡、护坦施工应符合下列规定：

　　1 护坡类型、结构形式等应按设计要求确定；

　　2 应由坡底向坡顶依次进行施工；

　　3 施工应按本规范第 5.5.4 条的相关规定执行。

6.6.4 塘体衬里的类型、结构层应按设计要求进行施工；衬里应完整、平顺、稳定；衬里的施工质量检验应符合设计要求和国家有关规范规定。

6.6.5 塘体防渗施工应符合下列规定：

　　1 防渗材料性能、规格、质量应按设计要求严格控制；

　　2 防渗材料应按国家有关标准、规定进行检验；

　　3 防渗部位应按设计要求进行施工；

　　4 预埋管的防渗措施应符合设计要求。

6.6.6 塘体混凝土、砌体结构工程施工应符合本规范第 6.2～6.5 节和 6.7 节的相关规定。

6.6.7 与塘体连接的预制管道铺设应符合现行国家标准《给水排水管道工程施工及验收规范》GB 50268 的相关规定。

6.7 附属构筑物

6.7.1 主体构筑物的走道平台、梯道、设备基础、导流墙（槽）、支架、盖板、栏杆等的细部结构工程，各类工艺井（如吸水井、泄空井、浮渣井）、管廊桥架、闸槽、水槽（廊）、堰口、穿孔、孔口等的工艺辅助构筑物工程，以及连接管道、管渠工程等的施工应符合本节的规定。

6.7.2 附属构筑物工程施工应符合下列规定：

　　1 应合理安排与其相关的构筑物施工顺序，确保结构和施工安全；

　　2 地基基础受到已建构筑物的施工影响或处于已建构筑物的基坑范围内时，应按设计要求进行地基处理；

　　3 施工前，应对与其相关的已建构筑物进行测量复核；

　　4 有关土石方、地基基础、结构等工程施工应按本规范第 4、6 章等的规定进行；

　　5 应做好相邻构筑物的沉降观测工作。

6.7.3 细部结构、工艺辅助构筑物工程施工应符合下列规定：

　　1 构筑物水平位置、高程、结构尺寸、工艺尺寸等应符合设计要求；

2 对薄壁混凝土结构或外形复杂的构筑物，采取相应的施工技术措施，确保模板及支架稳固、拼接严密，防止钢筋变形、走动，避免混凝土缺陷的出现；

3 施工中应严格控制过水的堰、口、孔、槽等高程和线形；

4 细部结构与主体结构刚性连接，其变形缝设置应一致、贯通；

5 与已浇筑结构衔接施工时，应调正预留钢筋、插筋，钢筋接头应符合本规范第6.2.4条的相关规定；混凝土结合面应按施工缝要求处置；

6 设备基础、穿墙管道、闸槽等采用二次混凝土或灌浆施工时应密实不渗，宜选择具有流动性好、早强快凝的微膨胀混凝土或灌浆材料；

7 穿墙部位施工，其接缝填料、止水措施应符合设计要求。

6.7.4 混凝土试块的留置及混凝土试块验收合格标准应符合本规范第6.2.8条的规定，其验收批的确定应符合下列规定：

1 相继连续浇筑，同一混凝土配比、且均一次浇筑成型的若干个附属构筑物，抗压试块每次累计浇筑100m³作为一个验收批留置，无需区分构筑物；抗渗试块亦按每次累计浇筑500m³作为一个验收批留置，无需区分底板、侧墙和顶板；

2 同一混凝土配比的主体和附属构筑物同时浇筑时，应以主体结构为主设验收批，该附属构筑物无需再单独留置试块；

3 设置施工缝、分次浇筑的较大型混凝土附属构筑物，验收批仍应按本规范第6.2.8条的规定执行；

4 现浇钢筋混凝土管渠，应按本规范第6.2.8条的规定执行；连续浇筑若干节管渠，可按不超过4节或100m的施工段作为一个验收批留置。

6.7.5 砌筑砂浆试块留置及砂浆试块验收合格标准应符合本规范第6.5.2、6.5.3条的规定，其验收批的确定应符合下列规定：

1 构筑物类型相同且单个砌体不足30m³时，该类型构筑物每次累计砌筑100m³作为一个验收批；

2 砌体结构管渠可按两道变形缝之间的施工段作为一个验收批。

6.7.6 砌体结构管渠的施工应符合本规范第6.5节的相关规定和设计要求，并应符合下列规定：

1 管渠变形缝施工应符合下列规定：
　1）变形缝内应清除干净，两侧应涂刷冷底子油一道；
　2）缝内填料应填塞密实；
　3）灌注沥青等填料应灌注底板缝的沥青冷却后，再灌注墙缝，并应连续灌满

灌实；
　4）缝外墙面铺贴沥青卷材时，应将底层抹平，铺贴平整，不得有拥包现象；

2 砌筑拱圈应符合下列规定：
　1）拱胎的模板尺寸应符合施工方案要求，并留出模板伸胀缝，板缝应严实平整；
　2）拱胎的安装应稳固，高程准确，拆装简易；
　3）砌筑前，拱胎应充分湿润，冲洗干净，并均匀涂刷隔离剂；
　4）砌筑应自两侧向拱中心对称进行，灰缝匀称，拱中心位置正确，灰缝砂浆饱满严密；
　5）应采用退茬法砌筑，每块砌块退半块留茬，拱圈应在24h内封顶，两侧拱圈之间应满铺砂浆，拱顶上不得堆置器材；

3 采用混凝土砌块砌筑拱形管渠或管渠的弯道时，宜采用楔形或扇形砌块；砌体垂直灰缝宽度大于30mm时，应采用细石混凝土灌实，混凝土强度等级不应小于C20；

4 反拱砌筑应符合下列规定：
　1）砌筑前，应按设计要求的弧度制作反拱的样板，沿设计轴线每隔10m设一块；
　2）根据样板挂线，先砌中心的一列砖、石，并找准高程后接砌两侧，灰缝不得凸出砖面，反拱砌筑完成后，应待砂浆强度达到设计抗压强度的75%时，方可踩压；
　3）反拱表面应光滑平顺，高程允许偏差为±10mm；

5 拱形管渠侧墙砌筑养护完毕安装拱胎前，两侧墙外回填土时，墙内应采取措施，保持墙体稳定；

6 砌筑后的砌体应及时进行养护，并不得遭受冲刷、振动或撞击；砂浆强度达到设计抗压强度的75%时，方可在无振动条件下拆除拱胎；

7 砌筑结构管渠抹面应符合下列规定：
　1）渠体表面粘接的杂物应清理干净，并洒水湿润；
　2）水泥砂浆抹面宜分两道，第一道抹面应刮平使表面造成粗糙纹，第二道抹平后，应分两次压实抹光；
　3）抹面应压实抹平，施工缝留成阶梯形；接茬时，应先将留茬均匀涂刷水泥浆一道，并依次抹压，使接茬严密，阴阳角应抹成圆角；
　4）抹面砂浆终凝后，应及时保持湿润养护，养护时间不宜少于14d；

8 安装矩形管渠钢筋混凝土盖板应符合下列规定：
　1）安装前，墙顶应清扫干净，洒水湿润；

2）安装的板缝宽度应均匀一致，吊装时应轻放，不得碰撞；

3）盖板就位后，相邻板底错台不应大于10mm，板端压墙长度，允许偏差为±10mm；板缝及板端的三角灰，采用水泥砂浆填实。

6.7.7 现浇钢筋混凝土结构管渠施工应符合本规范第6.2节的规定和设计要求，并应符合下列规定：

　　1 现浇拱形管渠模板支设时，拱架结构应简单、坚固，便于制作与拆装，倒拱形渠底流水面部分，应使内模略低于设计高程，且拱面模板应圆整光滑；采用木模时，拱面中心宜设置八字缝板一块；

　　2 现浇圆形钢筋混凝土结构管渠模板的支设应符合下列规定：

　　　1）浇筑混凝土基础时，应埋设固定钢筋骨架的架立筋、内模箍筋地锚和外模地锚；

　　　2）基础混凝土抗压强度达到1.2MPa后，应固定钢筋骨架及管内模；

　　　3）管内模尺寸不应小于设计要求，并便于拆装；采用木模时，应在圆内对称位置各设八字缝板一块；浇筑前模板应洒水湿透；

　　　4）管外模直面部分和堵头板应一次支设，直面部分应设八字缝板，弧面部分宜在浇筑过程中支设；外模采用框架固定时，应防止整体结构的纵向扭曲变形；

　　3 管渠变形缝内止水带的设置位置应准确牢固，与变形缝垂直，与墙体中心对正；架立止水带的钢筋应预先制作成型；

　　4 管渠钢筋骨架的安设与定位，应在基础混凝土抗压强度达到规定要求后，将钢筋骨架放在预埋架立筋的预定位置，使其平直后与架立筋焊牢；钢筋骨架的段与段之间的纵向钢筋应相间地焊接与绑扎；

　　5 管渠基础下的砂垫层铺平拍实后，混凝土浇筑前不得踩踏；浇筑管渠基础垫层时，基础面高程宜低于设计基础面，其允许偏差应为0～−10mm；

　　6 现浇钢筋混凝土矩形管渠的施工缝应留在墙底腋角以上不小于200mm处；侧墙与顶板宜连续浇筑，浇筑至墙顶时，宜间歇1～1.5h后，再继续浇筑顶板；

　　7 混凝土浇筑不得发生离析现象，管渠两侧应对称浇筑，高差不宜大于300mm；

　　8 圆形管渠两侧混凝土的浇筑，浇筑到管径之半的高度时，宜间歇1～1.5h后再继续浇筑；

　　9 现浇钢筋混凝土结构管渠，除应遵守常规的混凝土浇筑与养护要求外，并应符合下列规定：

　　　1）管渠顶及拱顶混凝土的坍落度宜降低10～20mm；

　　　2）宜选用碎石作混凝土的粗骨料；

　　　3）增加二次振捣，顶部厚度不得小于设计值；

　　　4）初凝后抹平压光；

　　10 浇筑管渠混凝土时，应经常观察模板、支架、钢筋骨架预埋件和预留孔洞，有变形或位移时，应立即修整。

6.7.8 装配式钢筋混凝土结构管渠施工应符合本规范第6.3节的规定和设计要求，并应符合下列规定：

　　1 装配式管渠的基础与墙体等上部构件采用杯口连接时，杯口宜与基础一次连续浇筑；采用分期浇筑时，其基础面应凿毛并清洗干净后方可浇筑；

　　2 矩形或拱形构件的安装应符合下列规定：

　　　1）基础杯口混凝土达到设计强度的75%以后，方可进行安装；

　　　2）安装前应将与构件连接部位凿毛清洗，杯底应铺设水泥砂浆；

　　　3）安装时应使构件稳固、接缝间隙符合设计的要求；

　　3 管渠侧墙两板间的竖向接缝应采用设计要求的材料填实；设计无要求时，宜采用细石混凝土或水泥砂浆填实；

　　4 后浇杯口混凝土的浇筑，宜在墙体构件间接缝填筑完毕，杯口钢筋绑扎后进行；后浇杯口混凝土达到设计抗压强度的75%以后方可回填土；

　　5 矩形或拱形构件进行装配施工时，其水平接缝应铺满水泥砂浆，使接缝咬合，且安装后应及时勾抹压实接缝内外面；

　　6 矩形或拱形构件的填缝或勾缝应先做外缝，后做内缝，并适时洒水养护；内部填缝或勾缝，应在管渠外部回填土后进行；

　　7 管渠顶板的安装应轻放，不得振裂接缝，并应使顶板缝与墙板缝错开。

6.7.9 管渠的功能性试验应符合现行国家标准《给水排水管道工程施工及验收规范》GB 50268的相关规定。压力管渠水压试验时，其允许渗水量应符合式（6.7.9-1）的规定：

　　压力管渠：$Q_1 = 0.014D_i = 0.014\dfrac{S}{\pi}$　（6.7.9-1）

　　无压管渠闭水试验时，其允许渗水量应符合式（6.7.9-2）的规定：

　　无压管渠：$Q_2 = 1.25\sqrt{D_i} = 1.25\sqrt{\dfrac{S}{\pi}}$

（6.7.9-2）

式中　Q_1——压力管渠允许渗水量[L/(min·km)]；

　　　Q_2——无压管渠允许渗水量[m³/(24h·km)]；

　　　D_i——管道内径（mm）；

　　　S——管渠的湿周周长（mm）。

6.8　质量验收标准

6.8.1 模板应符合下列规定：

主控项目

1 模板及其支架应满足浇筑混凝土时的承载能力、刚度和稳定性要求，且应安装牢固；

检查方法：观察；检查模板支架设计、验算。

2 各部位的模板安装位置正确、拼缝紧密不漏浆；对拉螺栓、垫块等安装稳固；模板上的预埋件、预留孔洞不得遗漏，且安装牢固；

检查方法：观察；检查模板设计、施工方案。

3 模板清洁、脱模剂涂刷均匀，钢筋和混凝土接茬处无污渍；

检查方法：观察。

一般项目

4 浇筑混凝土前，模板内的杂物应清理干净；钢模板板面不应有明显锈渍；

检查方法：观察。

5 对清水混凝土工程及装饰混凝土工程，应使用能达到设计效果的模板；

检查方法：观察。

6 整体现浇混凝土模板安装允许偏差应符合表 6.8.1 的规定。

表 6.8.1 整体现浇混凝土水处理构筑物模板安装允许偏差

检查项目			允许偏差（mm）	检查数量		检查方法
				范围	点数	
1	相邻板差		2	每20m	1	用靠尺量测
2	表面平整度		3	每20m	1	用2m直尺配合塞尺检查
3	高程		±5	每10m	1	用水准仪测量
4	垂直度	池壁、柱	$H \leqslant 5m$	5	每10m（每柱）	1	用垂线或经纬仪测量
			$5m < H \leqslant 15m$	0.1%H，且≤6		2	
5	平面尺寸		$L \leqslant 20m$	±10	每池（每仓）	4	用钢尺量测
			$20m \leqslant L \leqslant 50m$	±L/2000		6	
			$L \geqslant 50m$	±25		8	
6	截面尺寸	池壁、顶板	±3	每池（每仓）	4	用钢尺量测
		梁、柱	±3	每梁柱	1	
		洞净空	±5	每洞	1	
		槽、沟净空	±5	每10m	1	

续表 6.8.1

检查项目		允许偏差（mm）	检查数量		检查方法
			范围	点数	
7	轴线位移	底板	10	每侧面	1	用经纬仪测量
		墙	5	每10m	1	
		梁、柱	5	每柱	1	
		预埋件、预埋管	3	每件	1	
8	中心位置	预留洞	5	每洞	1	用钢尺量测
9	止水带	中心位移	5	每5m	1	用钢尺量测
		垂直度	5	每5m	1	用垂线配合钢尺量测

注：1 L 为混凝土底板和池体的长、宽或直径，H 为池壁、柱的高度；

2 止水带指设计为防止变形缝渗水或漏水而设置的阻水装置，不包括施工单位为防止混凝土施工缝漏水而加的止水板；

3 仓指构筑物由中变形缝、施工缝分隔而成的一次浇筑成型的结构单元。

6.8.2 钢筋应符合下列规定：

主控项目

1 进场钢筋的质量保证资料应齐全，每批的出厂质量合格证明书及各项性能检验报告应符合国家有关标准规定和设计要求；受力钢筋的品种、级别、规格和数量必须符合设计要求；钢筋的力学性能检验、化学成分检验等应符合现行国家标准《混凝土结构工程施工质量验收规范》GB 50204 的相关规定；

检查方法：观察；检查每批的产品出厂质量合格证明、性能检验报告及有关的复验报告。

2 钢筋加工时，受力钢筋的弯钩和弯折、箍筋的末端弯钩形式等应符合现行国家标准《混凝土结构工程施工质量验收规范》GB 50204 的相关规定和设计要求；

检查方法：观察；检查施工记录，用钢尺量测。

3 纵向受力钢筋的连接方式应符合设计要求；受力钢筋采用机械连接接头或焊接接头时，其接头应按现行国家标准《混凝土结构工程施工质量验收规范》GB 50204 的相关规定进行力学性能检验；

检查方法：观察；检查施工记录，检查连接材料的产品质量合格证及接头力学性能检验报告。

4 同一连接区段内的受力钢筋，采用机械连接或焊接接头时，接头面积百分率应符合现行国家标准《混凝土结构工程施工质量验收规范》GB 50204 的相关规定；采用绑扎接头时，接头面积百分率及最小搭接长度应符合本规范第 6.2.4 条第 3 款的规定；

检查方法：观察；检查施工记录；用钢尺量测（检查数量：底板、侧墙、顶板以及柱、梁、独立基础等部位抽测均不少于20％）。

一 般 项 目

5 钢筋应平直、无损伤，表面不得有裂纹、油污、颗粒状或片状老锈；

检查方法：观察；检查施工记录。

6 成型的网片或骨架应稳定牢固，不得有滑动、折断、位移、伸出等情况；绑扎接头应扎紧并向内折；

检查方法：观察。

7 钢筋安装就位后应稳固，无变形、走动、松散等现象；保护层符合要求；

检查方法：观察。

8 钢筋加工的形状、尺寸应符合设计要求，其偏差应符合表6.8.2-1的规定；

表6.8.2-1 钢筋加工的允许偏差

	检查项目		允许偏差（mm）	检查数量		检查方法
				范围	点数	
1	受力钢筋成型长度		+5，-10	每批、每一类型抽查1%且不少于3根	1	用钢尺量测
2	弯起钢筋	弯起点位置	±20		1	用钢尺量测
		弯起点高度	0，-10		1	
3	箍筋尺寸		±5		2	用钢尺量测，宽、高各量1点

9 钢筋安装的允许偏差应符合表6.8.2-2的规定。

表6.8.2-2 钢筋安装位置允许偏差

	检查项目		允许偏差（mm）	检查数量		检查方法
				范围	点数	
1	受力钢筋的间距		±10	每5m	1	用钢尺量测
2	受力钢筋的排距		±5	每5m	1	
3	钢筋弯起点位置		20	每5m	1	
4	箍筋、横向钢筋间距	绑扎骨架	±20	每5m	1	
		焊接骨架	±10	每5m	1	
5	圆环钢筋同心度（直径小于3m管状结构）		±10	每3m	1	
6	焊接预埋件	中心线位置	3	每件	1	
		水平高差	±3	每件	1	
7	受力钢筋的保护层	基础	0~+10	每5m	4	
		柱、梁	0~+5	每柱、梁	4	
		板、墙、拱	0~+3	每5m	1	

6.8.3 现浇混凝土应符合下列规定：

主 控 项 目

1 现浇混凝土所用的水泥、细骨料、粗骨料、外加剂等原材料的产品质量保证资料应齐全，每批的出厂质量合格证明书及各项性能检验报告应符合本规范第6.2.6条的规定和设计要求；

检查方法：观察；检查每批的产品出厂质量合格证明、性能检验报告及有关的复验报告。

2 混凝土配合比应满足施工和设计要求；

检查方法：观察；检查混凝土配合比设计，检查试配混凝土的强度、抗渗、抗冻等试验报告；对于商品混凝土还应检查出厂质量合格证明等。

3 结构混凝土的强度、抗渗和抗冻性能应符合设计要求；其试块的留置及质量评定应符合本规范第6.2.8条的相关规定；

检查方法：检查施工记录；检查混凝土试块的试验报告、混凝土质量评定统计报告。

4 混凝土结构应外光内实；施工缝后浇带部位应表面密实，无冷缝、蜂窝、露筋现象，否则应修理补强；

检查方法：观察；检查施工缝处理方案，检查技术处理资料。

5 拆模时的混凝土结构强度应符合本规范第6.2.3条的相关规定和设计要求；

检查方法：观察；检查同条件养护下的混凝土强度试块报告。

一 般 项 目

6 浇筑现场的混凝土坍落度或维勃稠度符合配合比设计要求；

检查方法：观察；检查混凝土坍落度或维勃稠度检验记录，检查施工配合比；检查现场搅拌混凝土原材料的称量记录。

7 模板在浇筑中无变位、变形、漏浆等现象，拆模后无粘模、缺棱掉角或损伤表面等现象；

检查方法：观察；检查施工记录。

8 施工缝后浇带位置应符合设计要求，表面平顺，无明显漏浆、错台、色差等现象；

检查方法：观察；检查施工记录。

9 混凝土表面无明显收缩裂缝；

检查方法：观察；检查混凝土记录。

10 对拉螺栓孔的填封应密实、平整，无收缩现象；

检查方法：观察；检查填封材料的配合比。

6.8.4 装配式混凝土结构的构件安装应符合下列规定：

主 控 项 目

1 装配式混凝土所用的原材料、预制构件等的产品质量保证资料应齐全，每批的出厂质量合格证明书及各项性能检验报告应符合国家有关标准规定和设计要求；

检查方法：观察；检查每批的原材料、构件出厂质量合格证明、性能检验报告及有关的复验报告；对于现场制作的混凝土构件应按本规范第6.8.3条的规定执行。

2 预制构件上的预埋件、插筋、预留孔洞的规格、位置和数量应符合设计要求；

检查方法：观察。

3 预制构件的外观质量不应有严重质量缺陷，且不应有影响结构性能和安装、使用功能的尺寸偏差；

检查方法：观察；检查技术处理方案、资料；用钢尺量测。

4 预制构件与结构之间、预制构件之间的连接应符合设计要求；构件安装应位置准确，垂直、稳固；相邻构件湿接缝及杯口、杯槽填充部位混凝土应密实，无漏筋、孔洞、夹渣、疏松现象；钢筋机械或焊接接头连接可靠；

检查方法：观察；检查预留钢筋机械或焊接接头连接的力学性能检验报告，检查混凝土强度试块试验报告。

5 安装后的构筑物尺寸、表面平整度应满足设计和设备安装及运行的要求；

检查方法：观察；检查安装记录；用钢尺等量测。

一 般 项 目

6 预制构件的混凝土表面应平整、洁净，边角整齐；外观质量不宜有一般缺陷；

检查方法：观察；检查技术处理方案、资料。

7 构件安装时，应将杯口、杯槽内及构件连接面的杂物、污物清理干净，界面处理满足安装要求；

检查方法：观察。

8 现浇混凝土杯口、杯槽内表面应平整、密实；预制构件安装不应出现扭曲、损坏、明显错台等现象；

检查方法：观察。

9 预制构件制作的允许偏差应符合表6.8.4-1的规定；

10 钢筋混凝土池底板及杯口、杯槽的允许偏差应符合表6.8.4-2的规定；

11 预制混凝土构件安装允许偏差应符合表6.8.4-3的规定。

表 6.8.4-1 预制构件制作的允许偏差

	检查项目		允许偏差（mm）		检查数量		检查方法
			板	梁、柱	范围	点数	
1	长度		±5	−10	每构件	2	用钢尺量测
2	横截面尺寸	宽	−8	±5		2	用钢尺量测
		高	±5	±5			
		肋宽	+4，−2	—			
		厚	+4，−2	—			
3	板对角线差		10	—		2	用钢尺量测
4	直顺度（或曲梁的曲度）		L/1000，且不大于20	L/750，且不大于20		2	用小线（弧形板）、钢尺量测
5	表面平整度		5	—		2	用2m直尺、塞尺量测
6	预埋件	中心线位置	5	5	每处	1	用钢尺量测
		螺栓位置	5	5			
		螺栓明露长度	+10，−5	+10，−5			
7	预留孔洞中心线位置		5	5		1	用钢尺量测
8	受力钢筋的保护层		+5，−3	+10，−5	每构件	4	用钢尺量测

注：1 L为构件长度（mm）；
　　2 受力钢筋的保护层偏差，仅在必要时进行检查；
　　3 横截面尺寸栏内的高，对板系指其肋高。

表 6.8.4-2 装配式钢筋混凝土水处理构筑物底板及杯口、杯槽的允许偏差

	检查项目		允许偏差（mm）	检查数量		检查方法
				范围	点数	
1	圆池半径		±20	每座池	6	用钢尺量测
2	底板轴线位移		10	每座池	2	用经纬仪测量横纵各1点
3	预留杯口、杯槽	轴线位置	8	每5m	1	用钢尺量测
		内底面高程	0，−5	每5m	1	用水准仪测量
		底宽、顶宽	+10，−5	每5m	1	用钢尺量测
4	中心位置偏移	预埋件、预埋管	5	每件	1	用钢尺量测
		预留洞	10	每洞	1	用钢尺量测

表 6.8.4-3　预制壁板（构件）安装允许偏差

	检查项目	允许偏差（mm）	检查数量		检查方法
			范围	点数	
1	壁板、墙板、梁、柱中心轴线	5	每块板（每梁、柱）	1	用钢尺量测
2	壁板、墙板、柱高程	±5	每块板（每柱）	1	用水准仪测量测
3	壁板、墙板及柱垂直度	$H\leqslant5m$　5	每块板（每梁、柱）	1	用垂球配合钢尺量测
		$H>5m$　8	每块板（每梁、柱）	1	
4	挑梁高程	-5，0	每梁	1	用水准仪量测
5	壁板、墙板与定位中线半径	±10	每块板	1	用钢尺量测
6	壁板、墙板、拱构件间隙	±10	每处	2	用钢尺量测

注：H 为壁板及柱的全高。

6.8.5 圆形构筑物缠丝张拉预应力混凝土应符合下列规定：

主控项目

1 预应力筋和预应力锚具、夹具、连接器以及保护层所用水泥、砂、外加剂等的产品质量保证资料应齐全，每批的出厂质量合格证明书及各项性能检验报告应符合本规范第 6.4.2 条的相关规定和设计要求；

检查方法：观察；检查每批的原材料出厂质量合格证明、性能检验报告及有关的复验报告。

2 预应力筋的品种、级别、规格、数量、下料、墩头加工以及环向预应力筋和锚具槽的布置、锚固位置必须符合设计要求；

检查方法：观察。

3 缠丝时，构件及拼接处的混凝土强度应符合本规范第 6.4.8 条的规定；

检查方法：观察；检查混凝土强度试块试验报告。

4 缠丝应力应符合设计要求；缠丝过程中预应力筋应无断裂，发生断裂时应将钢丝接好，并在断裂位置左右相邻锚固槽各增加一个锚具；

检查方法：观察；检查张拉记录、应力测量记录，技术处理资料。

5 保护层砂浆的配合比计量准确，其强度、厚度应符合设计要求，并应与预应力筋（钢丝）粘结紧密，无漏喷、脱落现象；

检查方法：观察；检查水泥砂浆强度试块试验报告，检查喷浆施工记录。

一般项目

6 预应力筋展开后应平顺，不得有弯折，表面

不应有裂纹、刺、机械损伤、氧化铁皮和油污；

检查方法：观察。

7 预应力锚具、夹具、连接器等的表面应无污物、锈蚀、机械损伤和裂纹；

检查方法：观察。

8 缠丝顺序应符合设计和施工方案要求；各圈预应力筋缠绕与设计位置的偏差不得大于 15mm；

检查方法：观察；检查张拉记录、应力测量记录；每圈预应力筋的位置用钢尺量，并不少于 1 点。

9 保护层表面应密实、平整，无空鼓、开裂等缺陷现象；

检查方法：观察；检查技术处理方案、资料。

10 预应力筋保护层允许偏差应符合表 6.8.5规定。

表 6.8.5　预应力筋保护层允许偏差

	检查项目	允许偏差（mm）	检查数量		检查方法
			范围	点数	
1	平整度	30	每 50m²	1	用 2m 直尺配合塞尺量测
2	厚度	不小于设计值	每 50m²	1	喷浆前埋厚度标记

6.8.6 后张法预应力混凝土应符合下列规定：

主控项目

1 预应力筋和预应力锚具、夹具、连接器以及有粘结预应力筋孔道灌浆所用水泥、砂、外加剂、波纹管等的产品质量保证资料应齐全，每批的出厂质量合格证明书及各项性能检验报告应符合本规范第 6.4.2 条的相关规定和设计要求；

检查方法：观察；检查每批的原材料出厂质量合格证明、性能检验报告及有关的复验报告。

2 预应力筋的品种、级别、规格、数量下料加工必须符合设计要求；

检查方法：观察。

3 张拉时混凝土强度应符合本规范第 6.4.8 条的规定；

检查方法：观察；检查混凝土试块的试验报告。

4 后张法张拉应力和伸长值、断裂或滑脱数量、内缩量等应符合本规范 6.4.13 条第 4、5、6 款的规定和设计要求；

检查方法：观察；检查张拉记录。

5 有粘结预应力筋孔道灌浆应饱满、密实；灌浆水泥砂浆强度应符合设计要求；

检查方法：观察；检查水泥砂浆试块的试验报告。

一般项目

6 有粘结预应力筋应平顺，不得有弯折，表面

不应有裂纹、刺、机械损伤、氧化铁皮和油污；无粘结预应力筋护套应光滑，无裂缝和明显褶皱；

检查方法：观察。

7 预应力锚具、夹具、连接器等的表面应无污物、锈蚀、机械损伤和裂纹；波纹管外观应符合本规范第 6.4.5 条第 2 款的规定；

检查方法：观察。

8 后张法有粘结预应力筋预留孔道的规格、数量、位置和形状应符合设计要求，并应符合下列规定：

　　1）预留孔道的位置应牢固，浇筑混凝土时不应出现位移和变形；

　　2）孔道应平顺，端部的预埋锚垫板应垂直于孔道中心线；

　　3）成孔用管道应封闭良好，接头应严密且不得漏浆；

　　4）灌浆孔的间距：预埋波纹管不宜大于 30m；抽芯成型孔道不宜大于 12m；

　　5）曲线孔道的曲线波峰部位应设排气（泌水）管，必要时可在最低点设置排水孔；

　　6）灌浆孔及泌水管的孔径应能保证浆液畅通；

检查方法：观察；用钢尺量。

9 无粘结预应力筋的铺设应符合下列规定：

　　1）无粘结预应力筋的定位牢固，浇筑混凝土时不应出现移位和变形；

　　2）端部的预埋锚垫板应垂直于预应力筋；

　　3）内埋式固定端垫板不应重叠，锚具与垫板应贴紧；

　　4）无粘结预应力筋成束布置时应能保证混凝土密实并能裹住预应力筋；

　　5）无粘结预应力筋的护套应完整，局部破损处应采用防水胶带缠绕紧密；

检查方法：观察。

10 预应力筋张拉后与设计位置的偏差不得大于 5mm，且不得大于池壁截面短边边长的 4‰；

检查方法：每工作班检查 3%、且不少于 3 束预应力筋，用钢尺量。

11 封锚的保护层厚度、外露预应力筋的保护层厚度、封锚混凝土强度应符合本规范第 6.4.13 条第 10 款的规定；

检查方法：观察；检查封锚混凝土试块的试验报告，检查 5%、且不少于 5 处；预应力筋保护层厚度，用钢尺量。

6.8.7 混凝土结构水处理构筑物应符合下列规定：

主　控　项　目

1 水处理构筑物结构类型、结构尺寸以及预埋件、预留孔洞、止水带等规格、尺寸应符合设计要求；

检查方法：观察；检查施工记录、测量记录、隐蔽验收记录。

2 混凝土强度符合设计要求；混凝土抗渗、抗冻性能符合设计要求；

检查方法：检查配合比报告；检查混凝土抗压、抗渗、抗冻试块试验报告。

3 混凝土结构外观无严重质量缺陷；

检查方法：观察，检查技术处理方案、资料。

4 构筑物外壁不得渗水；

检查方法：观察，检查技术处理方案、资料。

5 构筑物各部位以及预埋件、预留孔洞、止水带等的尺寸、位置、高程、线形等的偏差，不得影响结构性能和水处理工艺平面布置、设备安装、水力条件；

检查方法：观察；检查施工记录、测量放样记录。

一　般　项　目

6 混凝土结构外观不宜有一般质量缺陷；

检查方法：观察；检查技术处理方案、资料。

7 结构无明显湿渍现象；

检查方法：观察。

8 结构表面应光洁和顺、线形流畅；

检查方法：观察。

9 混凝土结构水处理构筑物允许偏差应符合表 6.8.7 的规定。

表 6.8.7　混凝土结构水处理构筑物允许偏差

检查项目		允许偏差 (mm)	检查数量		检查方法
			范围	点数	
1	轴线位移	池壁、柱、梁	8	每池壁、柱、梁	2	用经纬仪测量纵横轴线各计 1 点
2	高程	池壁顶	±10	每 10m	1	用水准仪测量
		底板顶		每 25m²	1	
		顶板		每 25m²	1	
		柱、梁		每柱、梁	1	
3	平面尺寸（池体的长、宽或直径）	$L \leqslant 20m$	±20	长、宽各 2；直径各 4		用钢尺量测
		$20m < L \leqslant 50m$	±L/1000			
		$L > 50m$	±50			
4	截面尺寸	池壁	+10，−5	每 10m	1	用钢尺量测
		底板		每 10m	1	
		柱、梁		每柱、梁	1	
		孔、洞、槽内净空	±10	每孔、洞、槽	1	用钢尺量测

检查项目		允许偏差（mm）	检查数量		检查方法
			范围	点数	
5	表面平整度	一般平面	8	每25m²	1	用2m直尺配合塞尺检查
		轮轨面	5	每10m	1	用水准仪测量
6	墙面垂直度	H≤5m	8	每10m	1	用垂线检查
		5m<H≤20m	1.5H/1000	每10m	1	
7	中心线位置偏移	预埋件、预埋管	5	每件	1	用钢尺量测
		预留洞	10	每洞	1	
		水槽	±5	每10m	2	用经纬仪测量纵横轴线各1点
8	坡度		0.15%	每10m	1	水准仪测量

注：1 H为池壁全高，L为池体的长、宽或直径；
    2 检查轴线、中心线位置时，应沿纵、横两个方向测量，并取其中的较大值；
    3 水处理构筑物所安装的设备有严于本条规定的特殊要求时，应按特殊要求执行，但在水处理构筑物施工前，设计单位必须给予明确。

6.8.8 砖石砌体结构水处理构筑物应符合下列规定：

主 控 项 目

1 砖、石以及砌筑、抹面用的水泥、砂等材料的产品质量保证资料应齐全，每批的出厂质量合格证明书及各项性能检验报告应符合本规范第6.5.1条的相关规定和设计要求；

检查方法：观察；检查产品质量合格证、出厂检验报告和及有关的进场复验报告。

2 砌筑、抹面砂浆配合比应满足施工和本规范第6.5.1条的相关规定；

检查方法：观察；检查砌筑砂浆配合比单及记录；对于商品砌筑砂浆还应检查出厂质量合格证明等。

3 砌筑、抹面砂浆的强度应符合设计要求；其试块的留置及质量评定应符合本规范第6.5.2、6.5.3条的相关规定；

检查方法：检查施工记录；检查砌筑砂浆试块的试验报告。

4 砌体结构各部位的构造形式以及预埋件、预留孔洞、变形缝位置、构造等应符合设计要求；

检查方法：观察；检查施工记录、测量放样记录。

5 砌筑应垂直稳固、位置正确；灰缝必须饱满、密实、完整，无透缝、通缝、开裂等现象；砖砌抹面时，砂浆与基层及各层间应粘结紧密牢固，不得有空鼓及裂纹等现象；

检查方法：观察；检查施工记录，检查技术处理资料。

一 般 项 目

6 砌筑前，砖、石表面应洁净，并充分湿润；

检查方法：观察。

7 砌筑砂浆应灰缝均匀一致、横平竖直，灰缝宽度的允许偏差为±2mm；

检查方法：观察；每20m用钢尺量10皮砖、石砌体进行折算。

8 抹面时，抹面接茬应平整，阴阳角清晰顺直；

检查方法：观察。

9 勾缝应密实，线形平整、深度一致；

检查方法：观察。

10 砖砌体水处理构筑物施工允许偏差应符合表6.8.8-1的规定；

表 6.8.8-1 砖砌体水处理构筑物施工允许偏差

检查项目		允许偏差（mm）	检查数量		检查方法
			范围	点数	
1	轴线位置（池壁、隔墙、柱）		10	各池壁、隔墙、柱	1	用经纬仪测量
2	高程（池壁、隔墙、柱的顶面）		±15	每5m	1	用水准仪测量
3	平面尺寸（池体长、宽或直径）	L≤20m	±20	每池	4	用钢尺量测
		20<L≤50m	±L/1000	每池	4	用钢尺量测
4	垂直度（池壁、隔墙、柱）	H≤5m	8	每5m	1	经纬仪测量或吊线配合钢尺量测
		H>5m	1.5H/1000	每5m	1	
5	表面平整度	清水	5	每5m	1	用2m直尺配合塞尺量测
		混水	8	每5m	1	
6	中心位置	预埋件、预埋管	5	每件	1	用钢尺量测
		预埋洞	10	每洞	1	用钢尺量测

注：1 L为池体长、宽或直径；
    2 H为池壁、隔墙或柱的高度。

11 石砌体水处理构筑物施工允许偏差应符合表6.8.8-2的规定。

表 6.8.8-2 石砌体水处理构筑物施工允许偏差

检查项目		允许偏差（mm）	检查数量		检查方法
			范围	点数	
1	轴线位置（池壁）		10	各池壁	1	用经纬仪测量
2	高程（池壁顶面）		±15	每5m	1	用水准仪测量
3	平面尺寸（池体长、宽或直径）	L≤20m	±20	每5m	1	用钢尺量测
		20<L≤50m	±L/1000	每5m	1	

续表6.8.8-2

检查项目		允许偏差(mm)	检查数量		检查方法
			范围	点数	
4	砌体厚度	+10，-5	每5m	1	用钢尺量测
5	垂直度(池壁)	$H \leqslant 5m$　10	每5m	1	经纬仪或吊线、钢尺量
		$H>5m$　2H/1000	每5m	1	
6	表面平整度	清水　10	每5m	1	用2m直尺配合塞尺量测
		混水　15	每5m	1	
7	中心位置	预埋件、预埋管　5	每件	1	用钢尺量测
		预埋洞　10	每洞	1	用钢尺量测

注：1　L为池体长、宽或直径；
　　2　H为池壁高度。

6.8.9　构筑物变形缝应符合下列规定：

主控项目

1　构筑物变形缝的止水带、柔性密封材料等的产品质量保证资料应齐全，每批的出厂质量合格证明书及各项性能检验报告应符合本规范第6.1.10条的相关规定和设计要求；

检查方法：观察；检查产品质量合格证、出厂检验报告和及有关的进场复验报告。

2　止水带位置应符合设计要求；安装固定稳固，无孔洞、撕裂、扭曲、褶皱等现象；

检查方法：观察，检查施工记录。

3　先行施工一侧的变形缝结构端面应平整、垂直，混凝土或砌筑砂浆应密实，止水带与结构咬合紧密；端面混凝土外观严禁出现严重质量缺陷，且无明显一般质量缺陷；

检查方法：观察。

4　变形缝应贯通，缝宽均匀一致；柔性密封材料嵌填应完整、饱满、密实；

检查方法：观察。

一般项目

5　变形缝结构端面部位施工完成后，止水带应完整，线形直顺，无损坏、走动、褶皱等现象；

检查方法：观察。

6　变形缝内的填缝板应完整，无脱落、缺损现象；

检查方法：观察。

7　柔性密封材料嵌填前缝内应清洁杂物、污物；嵌填表面平整，其深度应符合设计要求，并与两侧端面粘结紧密；

检查方法：观察。

8　构筑物变形缝施工允许偏差应符合表6.8.9的规定。

表6.8.9　构筑物变形缝施工的允许偏差

检查项目		允许偏差(mm)	检查数量		检查方法
			范围	点数	
1	结构端面平整度	8	每处	1	用2m直尺配合塞尺量测
2	结构端面垂直度	2H/1000，且不大于8	每处	1	用垂线量测
3	变形缝宽度	±3	每处每2m	1	用钢尺量测
4	止水带长度	不小于设计要求	每根	1	用钢尺量测
5	止水带位置	结构端面　±5	每处每2m	1	用钢尺量测
		止水带中心　±5			
6	相邻错缝	±5	每处	4	用钢尺量测

注：H为结构全高（mm）。

6.8.10　塘体结构应符合下列规定：

1　基槽应符合本规范第4.7.2、4.7.4条等的规定，且基槽开挖允许偏差应符合表6.8.10的规定；

表6.8.10　塘体结构基槽开挖允许偏差

检查项目	允许偏差(mm)	检查数量		检查方法
		范围	点数	
1	轴线位移	20	每10m	1	用经纬仪测量
2	基底高程	±20	每10m	1	用水准仪测量
3	平面尺寸	±20	每10m	1	用钢尺量测
4	边坡	设计边坡的0~3%范围	每10m	1	用坡度尺测量

2　塘体结构质量应符合本规范第5.7.10条等的规定；对于钢筋混凝土工程，其模板、钢筋、混凝土、混凝土结构构筑物还应分别符合本规范第6.8.1、6.8.2、6.8.3和6.8.7条的规定。

6.8.11　现浇钢筋混凝土、装配式钢筋混凝土管渠应符合下列规定：

1　模板、钢筋、混凝土、构件安装、变形缝应分别符合本规范第6.8.1~6.8.4条和6.8.9条的规定；

2　混凝土结构管渠应符合本规范第6.8.7条的规定，且其允许偏差应符合表6.8.11的规定。

表 6.8.11　混凝土结构管渠允许偏差

检查项目	允许偏差(mm)	检查数量 范围	检查数量 点数	检查方法
1	轴线位置	15	每5m	1	用经纬仪测量
2	渠底高程	±10	每5m	1	用水准仪测量
3	管、拱圈断面尺寸	不小于设计要求	每5m	1	用钢尺量测
4	盖板断面尺寸	不小于设计要求	每5m	1	用钢尺量测
5	墙高	±10	每5m	1	用钢尺量测
6	渠底中线每侧宽度	±10	每5m	2	用钢尺量测
7	墙面垂直度	10	每5m	2	经纬仪或吊线、钢尺检查
8	墙面平整度	10	每5m	2	用2m靠尺检查
9	墙厚	+10，0	每5m	2	用钢尺量测

注：渠底高程在竣工后的贯通测量允许偏差可按±20mm执行。

6.8.12　砖石砌体管渠工程的变形缝、砖石砌体结构管渠质量验收应分别符合本规范第6.8.8、6.8.9条的规定，且砖石砌体结构管渠的允许偏差应符合表6.8.12的规定。

表 6.8.12　砌体管渠施工质量允许偏差

检查项目		允许偏差（mm）砖	料石	块石	混凝土砌块	检查数量 范围	检查数量 点数	检查方法
1	轴线位置	15	15	20	15	每5m	1	用经纬仪测量
2	渠底 高程	±10	±20	±10		每5m	1	用水准仪测量
	渠底 中心线每侧宽	±10	±10	±20		每5m	2	用钢尺量测
3	墙高	±20	±20	±10		每5m	2	用钢尺量测
4	墙厚	不小于设计要求				每5m	2	用钢尺量测
5	墙面垂直度	15	15	15		每5m	2	经纬仪或吊线、钢尺量测
6	墙面平整度	10	20	30	10	每5m	2	用2m靠尺量测
7	拱圈断面尺寸	不小于设计要求				每5m	2	用钢尺量测

6.8.13　水处理工艺的辅助构筑物工程中，涉及钢筋混凝土结构的模板、钢筋、混凝土、构件安装等的质量验收应分别符合本规范第6.8.1～6.8.4条的规定，涉及砖石砌体结构的质量验收应符合本规范第6.8.8条的规定。工艺辅助构筑物的质量验收应符合下列规定：

主控项目

1　有关工程材料、型材等的产品质量保证资料应齐全，并符合国家有关标准的规定和设计要求；

检查方法：观察；检查产品质量合格证、出厂检验报告及有关的进场复验报告。

2　位置、高程、结构和工艺线形尺寸、数量等应符合设计要求，满足运行功能；

检查方法：观察；检查施工记录、测量放样记录。

3　混凝土、水泥砂浆抹面等光洁密实、线形和顺，无阻水、滞水现象；

检查方法：观察。

4　堰板、槽板、孔板等安装应平整、牢固，安装位置及高程应准确，接缝应严密；堰顶、穿孔槽、孔眼的底缘在同一水平面上；

检查方法：观察；检查安装记录；用钢尺、水准仪等量测检查。

一般项目

5　工艺辅助构筑物施工允许偏差应符合表6.8.13的规定。

表 6.8.13　工艺辅助构筑物施工的允许偏差

检查项目			允许偏差(mm)	检查数量 范围	检查数量 点数	检查方法
1	轴线位置	工艺井	15	每座	1	用经纬仪测量
		板、堰、槽、孔、眼（混凝土结构）	5	每3m	1	
2	高程	工艺井井底	±10	每座	1	用水准仪测量
		板、堰顶、槽底、孔眼中心 混凝土结构	±5	每3m	1	
		型板安装	±2			
3	净尺寸	工艺井	不小于设计要求	每座		用钢尺量测
		槽、孔、眼 混凝土结构	±5	每3m		
		型板安装	±3			
4	墙面垂直度	工艺井	10	每座	2	经纬仪或吊线、钢尺量测
		堰、槽、孔、眼 混凝土结构	$1.5H/1000$	每3m	2	
		型板安装	$1.0H/1000$			
5	墙面平整度	工艺井	10	每座	2	用2m靠尺量测；堰顶、槽底用水平仪测量
		板、堰、槽、孔、眼 混凝土结构	5	每3m		
		型板安装				
6	墙厚	工艺井	+10，0	每座	2	用钢尺量测
		板、堰、槽、孔、眼的结构	+5，0	每3m		
7	孔眼间距		±5	每处	1	用钢尺量测

注：H为全高（mm）。

6.8.14　水处理的细部结构工程中涉及模板、钢筋、混凝土、构件安装、砌筑等质量验收应分别符合本规范第6.8.1～6.8.4条和6.8.8条的规定；混凝土设备基础、闸槽等的质量应符合本规范第7.4.3条的规定；梯道、平台、栏杆、盖板、走道板、设备行走的钢轨轨道等细部结构应符合下列规定：

主控项目

1 原材料、成品构件、配件等的产品质量保证资料应齐全，并符合国家有关标准的规定和设计要求；

检查方法：观察；检查产品质量合格证、出厂检验报告及有关的进场复验报告。

2 位置和高程、线形尺寸、数量等应符合设计要求，安装应稳固可靠；

检查方法：观察；检查施工记录、测量放样记录。

3 固定构件与结构预埋件应连接牢固；活动构件安装平稳可靠、尺寸匹配，无走动、翘动等现象；混凝土结构外观质量无严重缺陷；

检查方法：观察；检查施工记录和有关的检验记录。

4 安全设施应符合国家有关安全生产的规定；

检查方法：观察；检查施工安全技术方案。

一般项目

5 混凝土结构外观质量不宜有一般缺陷，钢制构件防腐完整，活动走道板无变形、松动等现象；

检查方法：观察。

6 梯道、平台、栏杆、盖板（走道板）安装的允许偏差应符合表6.8.14-1的规定；

表6.8.14-1 梯道、平台、栏杆、盖板（走道板）安装的允许偏差

	检查项目		允许偏差（mm）	检查数量		检查方法
				范围	点数	
1	楼梯	长、宽	±5	每座	各2	用钢尺量测
		踏步间距	±3	每处	1	用钢尺量测，取最大值
2	平台	长、宽	±5	每处每5m	各1	用钢尺量测
		局部凸凹度	3	每处	1	用1m直尺量测
3	栏杆	直顺度	5	每10m	1	20m小线量测，取最大值
		垂直度	3	每10m	1	用垂线、钢尺量测
4	盖板（走道板）	混凝土盖板 直顺度	10	每5m	1	用20m小线量测，取最大值
		混凝土盖板 相邻高差	8	每5m	1	用直尺量测，取最大值
		非混凝土盖板 直顺度	5	每5m	1	用20m小线量测，取最大值
		非混凝土盖板 相邻高差	2	每5m	1	用直尺量测，取最大值

7 构筑物上行走的清污设备轨道铺设的允许偏差应符合表6.8.14-2的规定。

表6.8.14-2 轨道铺设的允许偏差

	检查项目	允许偏差（mm）	检查数量		检查方法
			范围	点数	
1	轴线位置	5	每10m	1	用经纬仪测量
2	轨顶高程	±2	每10m	1	用水准仪测量
3	两轨间距或圆形轨道的半径	±2	每10m	1	用钢尺量测
4	轨道接头间隙	±0.5	每处	1	用塞尺测量
5	轨道接头左、右、上三面错位	1	每处	1	用靠尺测量

注：1 轴线位置：对平行两直线轨道，应为两平行轨道之间的中线；对圆形轨道，为其圆心位置；

2 平行两直线轨道接头的位置应错开，其错开距离不应等于行走设备前后轮的轮距。

6.8.15 水处理构筑物的水泥砂浆防水层的质量验收应符合现行国家标准《地下防水工程质量验收规范》GB 50208的相关规定。

6.8.16 水处理构筑物的防腐层质量验收应按现行国家标准《建筑防腐蚀工程施工及验收规范》GB 50212的相关规定执行。

6.8.17 水处理构筑物的钢结构工程，应按现行国家标准《钢结构工程施工质量验收规范》GB 50205的相关规定执行。

7 泵 房

7.1 一般规定

7.1.1 本章适用于给排水工程中的固定式取水（排放）、输送、提升、增压泵房结构工程施工与验收。小型泵房可参照执行。

7.1.2 泵房施工前准备工作应符合下列规定：

1 施工前应对其施工影响范围内的各类建（构）筑物、河岸和管线的基础等情况进行实地详勘调查，根据安全需要采取相应保护措施；

2 复核泵站内泵房以及各单体构筑物的位置坐标、控制点和水准点；泵房及进出水流道、泵房与泵站内进出水构筑物、其他单体构筑物连接的管道或构筑物，其位置、走向、坡度和标高应符合设计要求；

3 分建式泵站施工应与泵站内进出水构筑物、其他单体构筑物、连接管道兼顾，合理安排单体构筑物的施工顺序；合建式泵站，其泵房施工应包括进出水构筑物等。

4 岸边泵房宜在枯水期施工，并应在汛前施工至安全部位；需度汛时，对已建部分应有防护措施。

7.1.3 泵房施工应符合下列规定：

1 土石方与地基基础工程应按本规范第 4 章的相关规定执行；

2 泵房地下部分的混凝土及砌筑结构工程应按本规范第 6 章的有关规定执行；

3 泵房地下部分采用沉井法施工时，应符合本规范第 7.3 节的规定；水中泵房沉井采用浮运法施工时可按本规范第 5.3 节的相关规定执行；

4 泵房地面建筑部分的结构工程应符合现行国家标准《建筑地面工程施工质量验收规范》GB 50209 及其相关专业规范的规定；

5 泵站内与泵房有关的进出水构筑物、其他单体构筑物以及管渠等工程的施工，应按本规范的相关章节规定执行；

6 预制成品管铺设的管道工程应符合现行国家标准《给水排水管道工程施工及验收规范》GB 50268 的相关规定。

7.1.4 应采取措施控制泵房与进、出水构筑物和管道之间的不均匀沉降，满足设计要求。

7.1.5 泵房的主体结构、内部装饰工程施工完毕，现场清理干净，且经检验满足设备安装要求后，方可进行设备安装。

7.1.6 泵房施工应制定高空、起重作业及基坑、模板工程等安全技术措施。

7.2 泵 房 结 构

7.2.1 结构施工前应会同设备安装单位，对相关的设备锚栓或锚板的预埋位置、预留孔洞、预埋件等进行检查核对。

7.2.2 底板混凝土施工应符合下列规定：

1 施工前，地基基础验收合格；

2 设计无要求时，垫层厚度不应小于 100mm，平面尺寸宜大于底板，混凝土强度等级不应低于 C10；

3 混凝土应连续浇筑，不宜分层浇筑或浇筑面较大时，可采用多层阶梯推进法浇筑，其上下两层前后距离不宜小于 1.5m，同层的接头部位应充分振捣，不得漏振；

4 在斜面基底上浇筑混凝土时，应从低处开始，逐层升高，并采取措施保持水平分层，防止混凝土向低处流动；

5 混凝土表面应抹平、压实，防止出现浮层和干缩裂缝。

7.2.3 混凝土结构的高、大模板以及流道、渐变段等外形复杂的模板架设与支撑、脚手架搭设、拆除等，应编制专项施工方案并符合设计要求。模板安装中不得遗漏相关的预埋件和预留孔洞，且应安装牢

固、位置准确。

7.2.4 与水接触的混凝土结构施工应符合下列规定：

1 应采取技术措施，提高混凝土质量，避免混凝土缺陷的产生；

2 混凝土原材料、配合比、混凝土浇筑及养护等应符合本规范第 6.2 节的规定；

3 应按设计要求设置施工缝，并宜少设施工缝；

4 混凝土浇筑应从低处开始，按顺序逐层进行，入模混凝土上升高度应一致平衡；

5 混凝土浇筑完毕应及时养护。

7.2.5 钢筋混凝土进、出水流道施工还应符合下列规定：

1 流道模板安装前宜进行预拼装检验；流道的模板、钢筋安装与绑扎应作统一安排，互相协调；

2 曲面、倾斜面层模板底部混凝土应振捣充分，模板面积较大时，应在适当位置开设便于进料和振捣的窗口；

3 变径流道的线形、断面尺寸应按设计要求施工。

7.2.6 平台、楼层、梁、柱、墙等混凝土结构施工缝的设置应符合下列规定：

1 墙、柱底端的施工缝宜设在底板或基础已有混凝土顶面，其上端施工缝宜设在楼层或大梁的下面；与其嵌固连接的楼层板、梁或附墙楼梯等需要分期浇筑时，其施工缝的位置及插筋、嵌槽应会同设计单位商定；

2 与板连成整体的大断面梁，宜整体浇筑；如需分期浇筑，其施工缝宜设在板底面以下 20～30mm 处，板下有梁托时，应设在梁托下面；

3 有主、次梁的楼板，施工缝应设在次梁跨中 1/3 范围内；

4 结构复杂的施工缝位置，应按设计要求留置。

7.2.7 水泵与电机等设备基础施工应符合下列规定：

1 钢筋混凝土基础工程应符合本规范第 6 章的相关规定和设计要求；

2 水泵和电动机的基础与底板混凝土不同时浇筑时，其接触面除应按施工缝处理外，底板应按设计要求预埋钢筋；

7.2.8 水泵与电机安装进行基座二次混凝土及地脚螺栓预留孔灌浆时，应遵守下列规定：

1 浇筑二次混凝土前，应对一次混凝土表面凿毛清理，刷洗干净；

2 地脚螺栓埋入混凝土部分的油污应清除干净；灌浆前应清除灌浆部位全部杂物；

3 地脚螺栓的弯钩底端不应接触孔底，外缘距离孔壁不应小于 15mm；振捣密实，不得撞击地脚螺栓；

4 混凝土或砂浆配比应通过试验确定；浇筑厚度大于或等于 40mm 时，宜采用细石混凝土灌注；小

于 40mm 时，宜采用水泥砂浆灌注；其强度等级均应比基座混凝土设计强度等级提高一级；

5 混凝土或砂浆达到设计强度的 75％以后，方可将螺栓对称拧紧；

6 地脚螺栓预理采用植筋时，应通过试验确定。

7.2.9 平板闸的闸槽安装位置应准确。闸槽定位及埋件固定检查合格后，应及时浇筑混凝土。

7.2.10 采用转动螺旋泵成型螺旋泵槽时，应将槽面压实抹光。槽面与螺旋叶片外缘间的空隙应均匀一致，并不得小于 5mm。

7.2.11 泵房进、出水管道穿过墙体时，穿墙管部位应设置防水套管。套管与管道的间隙，应待泵房沉降稳定后再按设计要求进行填封。

7.2.12 在施工的不同阶段，应经常对泵房以及泵站内其他各单体构筑物进行沉降、位移监测。

7.3 沉 井

7.3.1 泵房沉井施工方案应包括以下主要内容：

1 施工平面布置图及剖面（包括地质剖面）图；

2 采用分节制作或一次制作，分节下沉或一次下沉的措施；

3 沉井制作的地基处理要求及施工方法；

4 刃脚的承垫及抽除的方案设计；

5 沉井制作的模板设计；

6 沉井制作的混凝土施工方案；

7 分阶段计算下沉系数，制定减阻、加荷、防止突沉和超沉措施；

8 排水下沉或不排水下沉的措施；

9 沉井下沉遇到障碍物的处理措施；

10 沉井下沉中的纠偏、控制措施；

11 挖土、出土、运输、堆土或泥浆处理的方法及其设备的选用；

12 封底方法及质量控制的措施；

13 施工安全措施。

7.3.2 沉井施工应有详细的工程地质及水文地质资料和剖面图，并查勘沉井周围有无地下障碍物或其他建（构）筑物、管线等情况；地质勘探钻孔深度应根据施工需要确定，但不得小于沉井刃脚设计高程以下 5m。

7.3.3 沉井制作前应做好下列准备工作：

1 按施工方案要求，进行施工平面布置，设定沉井中心桩，轴线控制桩，基坑开挖深度及边坡；

2 沉井施工影响附近建（构）筑物、管线或河岸设施时，应采取控制措施，并应进行沉降和位移监测，测点应设在不受施工干扰和方便测量地方；

3 地下水位应控制在沉井基坑以下 0.5m，基坑内的水应及时排除；采用沉井筑岛法制作时，岛面标高应比施工期最高水位高出 0.5m 以上；

4 基坑开挖应分层有序进行，保持平整和疏干状态。

7.3.4 制作沉井的地基应具有足够的承载力，地基承载力不能满足沉井制作阶段的荷载时，除对地基进行加固等措施外，刃脚的垫层可采用砂垫层上铺垫木或素混凝土，且应符合下列规定：

1 垫层的结构厚度和宽度应根据土体地基承载力、沉井下沉结构高度和结构形式，经计算确定；素混凝土垫层的厚度还应便于沉井下沉前凿除；

2 砂垫层分布在刃脚中心线的两侧范围，应考虑方便抽除垫木；砂垫层宜采用中粗砂，并应分层铺设、分层夯实；

3 垫木铺设应使刃脚底面在同一水平面上，并符合设计起沉标高的要求；平面布置要均匀对称，每根垫木的长度中心应与刃脚底面中心线重合，定位垫木的布置应使沉井有对称的着力点；

4 采用素混凝土垫层时，其强度等级应符合设计要求，表面平整。

7.3.5 沉井刃脚采用砖模时，其底模和斜面部分可采用砂浆、砖砌筑；每隔适当距离砌成垂直缝。砖模表面可采用水泥砂浆抹面，并应涂一层隔离剂。

7.3.6 沉井结构的钢筋、模板、混凝土工程施工应符合本规范第 6 章的有关规定和设计要求；混凝土应对称、均匀、水平连续分层浇筑，并应防止沉井偏斜。

7.3.7 分节制作沉井时还应符合下列规定：

1 每节制作高度应符合施工方案要求，且第一节制作高度必须高于刃脚部分；井内设有底梁或支撑梁时应与刃脚部分整体浇筑捣实；

2 设计无要求时，混凝土强度应达到设计强度的 75％后，方可拆除模板或浇筑后节混凝土；

3 混凝土施工缝处理应采用凹凸缝或设置钢板止水带，施工缝应凿毛并清理干净；内外模板采用对拉螺栓固定时，其对拉螺栓的中间应设置防渗止水片；钢筋密集部位和预留孔底部应辅以人工振捣，保证结构密实；

4 沉井每次接高时各部位的轴线位置应一致、重合，及时做好沉降和位移监测；必要时应对刃脚地基承载力进行验算，并采取相应措施确保地基及结构的稳定；

5 分节制作、分次下沉的沉井，前次下沉后进行后续接高施工应符合下列规定：

　　1） 应验算接高后稳定系数等，并应及时检查沉井的沉降变化情况，严禁在接高施工过程中沉井发生倾斜和突然下沉；

　　2） 后续各节的模板不应支撑于地面上，模板底部距地面不小于 1m。

7.3.8 沉井下沉及封底施工必须严格控制，实施信息化施工；各阶段的下沉系数与稳定系数等应符合施工方案的要求，必要时还应进行涌土和流砂的验算。

7.3.9 沉井下沉方式应根据沉井下沉穿过的工程地质和水文地质条件、下沉深度、周围环境等情况进行确定；施工过程中改变下沉方式时，应与设计协商。

7.3.10 沉井下沉前应做下列准备工作：

1 将井壁、隔墙、底梁等与封底及底板连接部位凿毛；

2 预留孔、洞和预埋管临时封堵，防止渗漏水；

3 在沉井井壁上设置下沉观测标尺、中线和垂线；

4 采用排水下沉需要降低地下水位时，地下水位降水高度应满足下沉施工要求；

5 第一节混凝土强度应达到设计强度，其余各节应达到设计强度的70%；对于分节制作分次下沉的沉井，后续下沉、接高部分混凝土强度应达到设计强度的70%。

7.3.11 凿除混凝土垫层或抽除垫木应符合下列规定：

1 凿除或抽除时，沉井混凝土强度应达到设计要求；

2 凿除混凝土垫层应分区域按顺序对称、均匀、同步凿除；凿断线应与刃脚底边齐平，定位支撑点最后凿除，不得漏凿；凿除的碎块应及时清除，并及时用砂或砂石回填；

3 抽除垫木宜分组、依次、对称、同步进行，每抽出一组，即用砂填实；定位垫木应最后抽除，不得遗漏；

4 第一节沉井设有混凝土底梁或支撑梁时，应先将底梁下的垫层除去。

7.3.12 排水下沉施工应符合下列规定：

1 应采取措施，确保下沉和降低地下水过程中不危及周围建（构）筑物、道路或地下管线，并保证下沉过程和终沉时的坑底稳定；

2 下沉过程中应进行连续排水，保证沉井范围内地层水疏干；

3 挖土应分层、均匀、对称进行；对于有底梁或支撑梁的沉井，其相邻格仓高差不宜超过0.5m；开挖顺序应根据地质条件、下沉阶段、下沉情况综合确定，不得超挖；

4 用抓斗取土时，沉井内严禁站人；对于有底梁或支撑梁的沉井，严禁人员在底梁下穿越。

7.3.13 不排水下沉施工应符合下列规定：

1 沉井内水位应符合施工方案控制水位；下沉有困难时，应根据内外水位、井底开挖几何形状、下沉量及速率、地表沉降等监测资料综合分析调整井内外的水位差；

2 机械设备的配备应满足沉井下沉以及水中开挖、出土等要求，运行正常；废弃土方、泥浆应专门处置，不得随意排放；

3 水中开挖、出土方式应根据井内水深、周围环境控制要求等因素选择。

7.3.14 沉井下沉控制应符合下列规定：

1 下沉应平稳、均衡、缓慢，发生偏斜应通过调整开挖顺序和方式"随挖随纠、动中纠偏"；

2 应按施工方案规定的顺序和方式开挖；

3 沉井下沉影响范围内的地面四周不得堆放任何东西，车辆来往要减少振动；

4 沉井下沉监控测量应符合下列规定：

1）下沉时标高、轴线位移每班至少测量一次，每次下沉稳定后应进行高差和中心位移量的计算；

2）终沉时，每小时测一次，严格控制超沉，沉井封底前自沉速率应小于10mm/8h；

3）如发生异常情况应加密量测；

4）大型沉井应进行结构变形和裂缝观测。

7.3.15 沉井采用辅助方法下沉时，应符合下列规定：

1 沉井外壁采用阶梯形以减少下沉摩擦阻力时，在井外壁与土体之间应有专人随时用黄砂均匀灌入，四周灌入黄砂的高差不应超过500mm；

2 采用触变泥浆套助沉时，应采用自流渗入、管路强制压注补给等方法；触变泥浆的性能应满足施工要求，泥浆补给应及时以保证泥浆液面高度；施工中应采取措施防止泥浆套损坏失效，下沉到位后应进行泥浆置换；

3 采用空气幕助沉时，管路和喷气孔、压气设备及系统装置的设置应满足施工要求；开气应自上而下，停气应缓慢减压，压气与挖土应交替作业；确保施工安全。

7.3.16 沉井采用爆破方法开挖下沉时，应符合国家有关爆破安全的规定。

7.3.17 沉井采用干封底时，应符合下列规定：

1 在井点降水条件下施工的沉井应继续降水，并稳定保持地下水位距坑底不小于0.5m；在沉井封底前应用大石块将刃脚下垫实；

2 封底前应整理好坑底和清除浮泥，对超挖部分应回填砂石至规定标高；

3 采用全断面封底时，混凝土垫层应一次性连续浇筑；有底梁或支撑梁分格封底时，应对称逐格浇筑；

4 钢筋混凝土底板施工前，井内应无渗漏水，且新、老混凝土接触部位凿毛处理，并清理干净；

5 封底前应设置泄水井，底板混凝土强度达到设计强度且满足抗浮要求时，方可封填泄水井、停止降水。

7.3.18 水下封底应符合下列规定：

1 基底的浮泥、沉积物和风化岩块等应清除干净；软土地基应铺设碎石或卵石垫层；

2 混凝土凿毛部位应洗刷干净；

3 浇筑混凝土的导管加工、设置应满足施工要求;

4 浇筑前,每根导管应有足够量的混凝土,浇筑时能一次将导管底埋住;

5 水下混凝土封底的浇筑顺序,应从低处开始,逐渐向周围扩大;井内有隔墙、底梁或混凝土供应量受到限制时,应分格对称浇筑;

6 每根导管的混凝土应连续浇筑,且导管埋入混凝土的深度不宜小于 1.0m;各导管间混凝土浇筑面的平均上升速度不应小于 0.25m/h;相邻导管间混凝土上升速度宜相近,最终浇筑成的混凝土面应略高于设计高程;

7 水下封底混凝土强度达到设计强度,沉井能满足抗浮要求时,方可将井内水抽除,并凿除表面松散混凝土进行钢筋混凝土底板施工。

7.4 质量验收标准

7.4.1 泵房结构、设备基础、沉井以及沉井封底施工中有关混凝土、砌体结构工程、附属构筑物工程的各分项工程质量验收应符合本规范第 6.8 节的相关规定。

7.4.2 混凝土及砌体结构泵房应符合下列规定:

主 控 项 目

1 泵房结构类型、结构尺寸、工艺布置平面尺寸及高程等应符合设计要求;

检查方法:观察;检查施工记录、测量记录、隐蔽验收记录。

2 混凝土、砌筑砂浆抗压强度符合设计要求;混凝土抗渗、抗冻性能应符合设计要求;混凝土试块的留置及质量验收应符合本规范第 6.2.8 条的相关规定,砌筑砂浆试块的留置及质量验收应符合本规范第 6.5.2、6.5.3 条的相关规定;

检查方法:检查配合比报告;检查混凝土试块抗压、抗渗、抗冻试验报告,检查砌筑砂浆试块抗压试验报告。

3 混凝土结构外观无严重质量缺陷;砌体结构砌筑完整、灌浆密实,无裂缝、通缝等现象;

检查方法:观察;检查施工技术处理资料。

4 井壁、隔墙及底板均不得渗水;电缆沟内不得有湿渍现象;

检查方法:观察。

5 变径流道应线形和顺、表面光洁,断面尺寸不得小于设计要求;

检查方法:观察。

一 般 项 目

6 混凝土结构外观不宜有一般的质量缺陷;砌体结构砌筑齐整,勾缝平整,缝宽一致;

检查方法:观察。

7 结构无明显湿渍现象;

检查方法:观察。

8 导流墙、板、槽、坎及挡水墙、板、墩等表面应光洁和顺、线形流畅;

检查方法:观察。

9 现浇钢筋混凝土及砖石砌筑泵房允许偏差应符合表 7.4.2 的相关规定。

表 7.4.2 现浇钢筋混凝土及砖石砌筑泵房允许偏差

检查项目		允许偏差(mm)				检查数量		检查方法
		混凝土	砖砌体	石砌体		范围	点数	
				毛料石	粗、细料石			
1	轴线位置	底板、墙基	15	10	20	15	每部位	横、纵向各1点	用钢尺、经纬仪测量
		墙、柱、梁	8	5	10				
2	高程	垫层、底板、墙、柱、梁	±10	±15			不少于1点		用水准仪测量
		吊装的支承面	−5						
3	截面尺寸	墙、柱、梁、顶板	+10, −5		+20, −10	+10, −5	每部位	横、纵向各1点	用钢尺量测
		洞、槽、沟净空	±10	±20					
4	中心位置	预埋件、预埋管	5				每处	横、纵向各1点	用钢尺、水准仪测量
		预留洞	10						
5	平面尺寸(长宽或直径)	L≤20m	±20				每部位	横、纵向各1点	用钢尺量测
		20m<L ≤50m	±L/1000						
		50m<L ≤250m	±50						
6	垂直度	H≤5m	8	10				1点	用垂球、钢尺量测
		5m<H ≤20m	1.5H/1000	2H/1000					
		H>20m	30						
7	表面平整度	垫层、底板、顶板	10					1点	用2m直尺、塞尺量测
		墙、柱、梁	清水5 混水8	清水5 混水8	20	清水10 混水15			

注:L 为泵房的长、宽或直径;H 为墙、柱等的高度。

7.4.3 泵房设备的混凝土基础及闸槽应符合下列规定:

	检查项目	允许偏差（mm）	检查数量		检查方法
			范围	点数	
6	基础外形	平面尺寸	±10	每座	横、纵向各1点	用钢尺量测
		水平度	$L/200$，且不大于10	每处	1点	用水平仪量测
		垂直度	$H/200$，且不大于10	每处	1点	用垂线、钢尺量测
7	地脚螺栓预留孔	中心位置	8	每处	横、纵向各1点	用经纬仪测量
		深度	+20	每处	1点	用探尺量测
		孔壁垂直度	10	每处	1点	用垂线、钢尺量测
8	闸槽底槛	水平度	3	每处	1点	用水平仪量测
		平整度	2	每处	1点	挂线量测

注：1 L 为基础的长或宽（mm）；H 为基础、闸槽的高度（mm）；

2 轴线位置允许偏差，对管井是指与管井实际中心的偏差。

7.4.4 沉井制作应符合下列规定：

主控项目

1 所用工程材料的等级、规格、性能应符合国家有关标准的规定和设计要求；

检查方法：检查产品的出厂质量合格证、出厂检验报告和进场复验报告。

2 混凝土强度以及抗渗、抗冻性能应符合设计要求；

检查方法：检查沉井结构混凝土的抗压、抗渗、抗冻试块的试验报告。

3 混凝土外观无严重质量缺陷；

检查方法：观察，检查技术处理资料。

4 制作过程中沉井无变形、开裂现象；

检查方法：观察；检查施工记录、监测记录，检查技术处理资料。

一般项目

5 混凝土外观不宜有一般质量缺陷；

检查方法：观察。

6 垫层厚度、宽度，垫木的规格、数量应符合施工方案的要求；

检查方法：观察；检查施工记录，检查地基承载力检验记录、砂垫层压实度检验记录、混凝土垫层强度试验报告。

7 沉井制作尺寸的允许偏差应符合表 7.4.4 的规定。

7.4.5 沉井下沉及封底应符合下列规定：

主控项目

1 所用工程材料的等级、规格、性能应符合国家有关标准的规定和设计要求；

检查方法：检查产品的出厂质量合格证、出厂检验报告和进场复验报告。

2 基础、闸槽以及预埋件、预留孔的位置、尺寸应符合设计要求；水泵和电机分装在两个层间时，各层间板的高程允许偏差为 ±10mm；上下层间板安装机电和水泵的预留洞中心位置应在同一垂直线上，其相对偏差应为 5mm；

检查方法：观察；检查施工记录、测量记录；用水准仪、经纬仪量测允许偏差。

3 二次混凝土或灌浆材料的强度符合设计要求；采用植筋方式时，其抗拔试验应符合设计要求；

检查方法：检查二次混凝土或灌浆材料的试块强度报告，检查试件试验报告。

4 混凝土外观无严重质量缺陷；

检查方法：观察；检查技术处理资料。

一般项目

5 混凝土外观不宜有一般质量缺陷；表面平整，外光内实；

检查方法：观察；检查技术处理资料。

6 允许偏差应符合表 7.4.3 的相关规定。

表 7.4.3 设备基础及闸槽的允许偏差

	检查项目	允许偏差（mm）	检查数量		检查方法
			范围	点数	
1	轴线位置	水泵与电动机	8	每座	横、纵向各测1点	用经纬仪量测
		闸槽	5			
2	高程	设备基础	−20	每座	1点	用水准仪量测
		闸槽底槛	±10			
3	闸槽	垂直度	$H/1000$，且不大于20	每座	两槽各1点	用垂线、钢尺量测
		两闸槽间净距	±5	每座	2点	用钢尺量测
		闸槽扭曲（自身及两槽相对）	2	每座	2点	用垂线、钢尺量测
4	预埋地脚螺栓	顶端高程	+20	每处	1点	用水准仪量测
		中心距	±2	每处	根部、顶部各1点	用钢尺量测
5	预埋活动地脚螺栓锚板	中心位置	5	每处	横、纵向各1点	用经纬仪量测
		高程	+20	每处	1点	用水准仪量测
		水平度（槽的锚板）	5	每处	1点	用水平尺量测
		水平度（带螺纹的锚板）	5	每处	1点	用水平尺量测

表7.4.5-1　沉井下沉阶段的允许偏差

主控项目

1　封底所用工程材料应符合国家有关标准规定和设计要求；

检查方法：检查产品的出厂质量合格证、出厂检验报告和进场复验报告。

2　封底混凝土强度以及抗渗、抗冻性能应符合设计要求；

检查方法：检查封底混凝土的抗压、抗渗、抗冻试块的试验报告。

表7.4.4　沉井制作尺寸的允许偏差

检查项目		允许偏差（mm）	检查数量		检验方法
			范围	点数	
1	长度	±0.5%L，且≤100	每座	每边1点	用钢尺量测
2	宽度	±0.5%B，且≤50		1	用钢尺量测
3	平面尺寸 高度	±30		方形每边1点 圆形4点	用钢尺量测
4	直径（圆形）	±0.5%D₀，且≤100		2	用钢尺量测（相互垂直）
5	两对角线差	对角线长1%，且≤100		2	用钢尺量测
6	井壁厚度	±15		每10m延长1点	用钢尺量测
7	井壁、隔墙垂直度	≤1%H		方形每边1点 圆形4点	用经纬仪测量，垂线、直尺量测
8	预埋件中心线位置	±10	每件	1点	用钢尺量测
9	预留孔（洞）位移	±10	每处	1点	用钢尺量测

注：L 为沉井长度（mm）；
　　B 为沉井宽度（mm）；
　　H 为沉井高度（mm）；
　　D_0 为沉井外径（mm）。

3　封底前坑底标高应符合设计要求；封底后混凝土底板厚度不得小于设计要求；

检查方法：检查沉井下沉记录、终沉后的沉降监测记录；用水准仪、钢尺或测绳量测坑底和混凝土底板顶面高程。

4　下沉过程及封底时沉井无变形、倾斜、开裂现象；沉井结构无线流现象，底板无渗水现象；

检查方法：观察；检查沉井下沉记录。

一般项目

5　沉井结构无明显渗水现象；底板混凝土外观质量不宜有一般缺陷；

检查方法：观察。

6　沉井下沉阶段的允许偏差应符合表7.4.5-1规定。

表7.4.5-1　沉井下沉阶段的允许偏差

检查项目	允许偏差（mm）	检查数量		检查方法
		范围	点数	
1 沉井四角高差	不大于下沉总深度的1.5%～2.0%，且不大于500	每座	取方井四角或圆井相互垂直处	用水准仪测量（下沉阶段：不少于2次/8h；终沉阶段：1次/h）
2 顶面中心位移	不大于下沉总深度的1.5%，且不大于300		1点	用经纬仪测量（下沉阶段不少于1次/8h；终沉阶段2次/8h）

注：下沉速度较快时应适当增加测量频率。

7　沉井的终沉允许偏差应符合表7.4.5-2的相关规定。

表7.4.5-2　沉井终沉的允许偏差

检查项目	允许偏差（mm）	检查数量		检查方法
		范围	点数	
1 下沉到位后，刃脚平面中心位置	不大于下沉总深度的1%；下沉总深度小于10m时应不大于100	每座	取方井四角或圆井相互垂直处各1点	用经纬仪测量
2 下沉到位后，沉井四角（圆形为相互垂直两直径与周围的交点）中任何两角的刃脚底面高差	不大于该两角间水平距离的1%，且不大于300；两角间水平距离小于10m时应不大于100			用水准仪测量
3 刃脚平均高程	不大于100；地层为软土层时可根据使用条件和施工条件确定		取方井四角或圆井相互垂直处，共4点，取平均值	用水准仪测量

注：下沉总高度，系指下沉前与下沉后刃脚高程之差。

8　调蓄构筑物

8.1　一般规定

8.1.1　本章适用于水塔、水柜、调蓄池（清水池、调节水池、调蓄水池）等给排水调蓄构筑物的施工与验收。

8.1.2　调蓄构筑物工程除按本章规定和设计要求执行外，还应符合下列规定：

1　土石方与地基基础应按本规范第4章的相关规定执行；

2　水柜、调蓄池等贮水构筑物的混凝土和砌体工程应按本规范第6章的有关规定执行；

3　与调蓄构筑物有关的管道、进出水构筑物和砌体工程等应按本规范的相关章节规定执行。

8.1.3 调蓄构筑物施工前应根据设计要求，复核已建的与调蓄构筑物有关的管道、进出水构筑物的位置坐标、控制点和水准点。施工时应采取相应技术措施、合理安排各构筑物的施工顺序，避免新、老管道、构筑物之间出现影响结构安全、运行功能的差异沉降。

8.1.4 调蓄构筑物施工过程中应编制施工方案，并应包括施工过程中施工影响范围内的建（构）筑物、地下管线等监控量测方案。

8.1.5 调蓄构筑物施工应制定高空、起重作业及基坑支护、模板支架工程等的安全技术措施。

8.1.6 施工完毕的贮水调蓄构筑物必须进行满水试验。

8.1.7 贮水调蓄构筑物的满水试验应符合本规范第6.1.3条的规定，并应编制测定沉降变形的方案，在满水试验过程中，应根据方案测定水池的沉降变形量。

8.2 水 塔

8.2.1 水塔的基础施工应遵守下列规定：

1 地基处理、工程基础桩应按本规范第4.5节规定和设计要求，进行承载力检测和桩身质量检验；

2 "M"形、球形等组合壳体基础应符合下列规定：

1）基础下的土基应避免扰动；

2）挖土胎时宜按"十"字或"米"字形布置，用特制的靠尺控制，先挖成标准槽，然后向两侧扩挖成型；

3）土胎表面的保护层宜采用1:3水泥砂浆抹面，其厚度宜为15～20mm，表面应平整密实；浇筑混凝土时不得破坏；

4）混凝土浇筑厚度的允许偏差应为+5、−3mm，混凝土表面应抹压密实；

3 基础的预埋螺栓及滑模支承杆，位置应准确，并必须采取防止发生位移的固定措施。

8.2.2 水塔所有预埋件位置应符合设计要求，设置牢固。

8.2.3 现浇钢筋混凝土圆筒、框架结构的塔身施工应符合下列规定：

1 模板支架安装应符合下列规定：

1）制定模板支架安装、拆卸的专项施工方案；

2）采用滑升模板或"三节模板倒模施工法"时，应符合国家有关规范规定，支撑体系安全可靠；

3）支模前，应核对圆筒或框架基础预埋竖向钢筋的规格、基面的轴线和高程；

4）有控制圆筒或框架垂直度或倾斜度的

措施；

5）每节模板的高度不宜超过1.5m；

2 混凝土浇筑应符合下列规定：

1）制定混凝土浇筑工程的专项施工方案；

2）浇筑前，模板、钢筋安装质量应检验合格；混凝土配比符合设计要求；

3）混凝土输送满足浇筑要求，整个浇筑过程中应经常检查模板支撑体系情况；

4）施工缝应凿毛，清理干净；

5）混凝土浇筑完成后应进行养护；

3 模板支架拆卸应符合国家有关规范的规定。

8.2.4 预制钢筋混凝土圆筒结构的塔身装配应符合下列规定：

1 装配前，每节预制塔身的质量验收合格；

2 采用上、下节预埋钢环对接时，其圆度应一致；钢环应设临时拉、撑控制点，上下口调平并找正后，与钢环焊接；采用预留钢筋搭接时，上下节的预留钢筋应错开；

3 圆筒或框架塔身上口，应标出控制的中心位置；

4 圆筒两端钢环对接的接缝应按设计要求处理；设计无要求时，可采用1:2水泥砂浆抹压平整；

5 圆筒或框架塔身采用预留钢筋搭接时，其接缝混凝土强度高于主体混凝土一级，表面应抹压平整。

8.2.5 钢架、钢圆筒结构的塔身施工应符合下列规定：

1 制定专项方案，并应有施工安全措施；

2 钢构件的制作、预拼装经验收合格后方可安装；现场拼接组装应符合国家相应规范的规定和设计要求；

3 安装前，钢架或钢圆筒塔身的主杆上应有中线标志；

4 钢构件采用螺栓连接时，应符合下列规定：

1）螺栓孔位不正需扩孔时，扩孔部分应不超过2mm；不得用气割进行穿孔或扩孔；

2）钢架或钢圆筒构件在交叉处遇有间隙时，应装设相应厚度的垫圈或垫板；

3）用螺栓连接构件时，螺杆应与构件面垂直；螺母紧固后，外露丝扣应不少于两扣；剪力的螺栓，其丝扣不得位于连接构件的剪力面内；必须加垫时，每端垫圈不应超过两个；

4）螺栓穿入的方向，水平螺栓应由内向外；垂直螺栓应由下向上；

5）钢架或钢圆筒塔身的全部螺栓应紧固，水柜等设备、装置全部安装以后还应全部复拧；

5 钢构件焊接作业应符合国家有关标准规定和

设计要求；

6 钢构件安装时，螺栓连接、焊接的检验应按设计要求执行；

7 钢结构防腐应按设计要求施工。

8.2.6 预制砌块和砖、石砌体结构的塔身施工还应符合本规范第 6.5 节的规定和设计要求。

8.2.7 水塔的贮水设施施工应按本规范第 8.3 节的规定执行。

8.2.8 水塔避雷针的安装应符合下列规定：

1 避雷针安装应垂直，位置准确，安装牢固；

2 接地体和接地线的安装位置应准确，焊接牢固，并应检验接地体的接地电阻；

3 利用塔身钢筋作导线时，应作标志，接头必须焊接牢固，并应检验接地电阻。

8.3 水　柜

8.3.1 水柜在地面预制或装配时应符合下列规定：

1 地基处理符合设计要求；

2 水柜下环梁设置吊杆的预留孔应与塔顶提升装置的吊杆孔位置一致，并垂直对应；

3 水柜满水试验应符合下列规定：

　1) 水柜在地面进行满水试验时，应对地下室底板及内墙采取防渗漏措施；

　2) 保温水柜试验，应在保温层施工前进行；

　3) 充水应分三次进行，每次充水宜为设计水深的 1/3，且静置时间不少于 3h；

　4) 充水至设计水深后的观测时间：钢丝网水泥水柜不应少于 72h；钢筋混凝土水柜不应少于 48h；

　5) 水柜及其配管穿越部分，均不得渗水、漏水。

8.3.2 水柜的保温层施工应符合下列规定：

1 应在水柜的满水试验合格后进行喷涂或安装；

2 采用装配式保温层时，保温罩上的固定装置应与水柜上预埋件位置一致；

3 采用空气层保温时，保温罩接缝处的水泥砂浆必须填塞密实。

8.3.3 水柜吊装应制定施工方案，并应包括以下主要内容：

1 吊装方式的选定及需用机械的规格、数量；

2 吊装架的设计；

3 吊装杆件的材质、尺寸、构造及数量；

4 保证平稳吊装的措施；

5 吊装安全技术措施。

8.3.4 钢丝网水泥及钢筋混凝土倒锥壳水柜的吊装应符合下列规定：

1 水柜中环梁及其以下部分结构强度达到规定后方可吊装；

2 吊装前应在塔身外壁周围标明水柜底面的坐

落位置，并检查吊装架及机电设备等，必须保持完好；

3 应先作吊装试验，将水柜提升至离地面 0.2m 左右，对各部位进行详细检查，确认完全正常后方可正式吊装；

4 水柜应平稳吊装；

5 吊装水柜下环梁底超过设计高程 0.2m；及时垫入支座调平并固定后，使水柜就位与支座焊接牢固。

8.3.5 钢丝网水泥倒锥壳水柜的制作应符合下列规定：

1 施工材料应符合下列规定：

　1) 宜采用普通硅酸盐水泥，不宜采用矿渣硅酸盐水泥或火山灰质硅酸盐水泥；

　2) 宜采用细度模量 2.0～3.5，最大粒径不宜超过 4mm 砂，含泥量不得大于 2%，云母含量不得大于 0.5%；

　3) 钢丝网的规格应符合设计要求，其网格尺寸应均匀，且网面平直。

2 模板安装可按本规范有关规定执行，其安装允许偏差应符合表 8.3.5-1、表 8.3.5-2 的规定；

表 8.3.5-1　钢丝网水泥倒锥壳水柜整体现浇模板安装允许偏差

项　　目	允许偏差（mm）
轴线位置（对塔身轴线）	5
高度	±5
平面尺寸	±5
表面平整度（用弧长 2m 的弧形尺检查）	3

表 8.3.5-2　钢丝网水泥倒锥壳水柜预制构件模板安装允许偏差

项　　目	允许偏差（mm）
长度	±3
宽度	±2
厚度	±1
预留孔中心位置	2
表面平整度（用 2m 直尺检查）	3

3 筋网绑扎应符合下列规定：

　1) 筋网的表面应洁净，无油污和锈蚀；

　2) 低碳冷拔钢丝的连接不应采用焊接；绑扎时搭接长度不宜小于 250mm；

　3) 纵筋宜用整根钢筋，绑扎须平直，间距均匀；

　4) 钢丝网应铺平绷紧，不得有波浪、束腰、网泡、丝头外翘等现象；

5）钢丝网的搭接长度，环向不小于 100mm，竖向不小于 50mm；上下层搭接位置应错开；

6）绑扎结点应按梅花形排列，其间距不宜大于 100mm（网边处不大于 50mm）；

7）严禁在网面上走动和抛掷物件；

8）绑扎完成后应进行全面检查；

4 水泥砂浆的拌制与使用应符合下列规定：

1）水灰比宜为 0.32～0.40；灰砂比宜为 1:1.5～1:1.7；

2）应拌合均匀，拌合时间不得小于 3min；

3）应随拌随用，不宜超过 1h，初凝后的砂浆不得使用；

4）抹压中砂浆不得加水稀释或撒干水泥吸水；

5 钢丝网水泥砂浆施工应符合下列规定：

1）抹压砂浆前，应将网层内清理干净；

2）施工顺序应自下而上，由中间向两边（或一边）环圈进行；

3）手工施浆，钢丝网内砂浆应压实抹平，待每个网孔均充满砂浆并稍突出时，方可加抹保护层砂浆并压实抹平；砂浆施工缝及环梁交角处冷缝处应细致操作，交角处宜抹成圆角；

4）机械振动时，应根据构件形状选用适宜的振动器；砂浆应振捣至不再有明显下沉，无气泡逸出，表面出现稀浆时为止；

5）喷浆法施工应符合本规范第 6.4.12 条的规定；

6）水泥砂浆表面压光应待砂浆的游离水析出后进行；压光宜进行三遍，最后一遍在接近终凝时完成；

7）钢丝网保护层厚度应符合设计要求；设计无要求时，宜为 3～5mm；

8）水泥砂浆的抹压宜一次连续成活；不能一次成活时，接头处应在砂浆终凝前拉毛，接茬前应把该处浮渣清除，用水冲洗干净；

6 砂浆试块留置及验收批：每个水柜作为一个验收批，强度值应至少检查一次；每次应在现场制作标准试块三组，其中一组作标准养护，用以检验强度；两组随壳体养护，用以检验脱模、出厂或吊装时的强度；

7 压光成活后及时进行养护，并应符合下列规定：

1）自然养护：应保持砂浆表面充分湿润，养护时间不应少于 14d；

2）蒸汽养护：温度与时间应符合表 8.3.5-3 的规定；

表 8.3.5-3　蒸汽养护温度与时间

序　号	项　　目		温度与时间
1	静置期	室温 10℃ 以下	>12h
		室温 10～25℃	>8h
		室温 25℃ 以上	>6h
2	升温速度		10～15℃/h
3	恒温		65～70℃，6～8h
4	降温速度		10～15℃/h
5	降温后浸水或覆盖洒水养护		不少于 10d

8 水泥砂浆应达到设计强度的 70%方可脱模。

8.3.6 预制装配式钢丝网水泥倒锥壳水柜的装配应符合下列规定：

1 预制的钢丝网水泥扇形板构件宜侧放，支架垫木应牢固稳定；

2 装配准备应符合下列规定：

1）下环梁企口面上，应测定每块壳体构件安装的中心位置，并检查其高程；

2）应根据水塔中心线设置构件装配的控制桩，用以控制构件的起立高度及其顶部距水柜中心距离；

3）构件接缝处表面必须凿毛，伸出的连接钢环应调整平顺，灌缝前应冲洗干净，并使接茬面湿润；

3 装配应符合下列规定：

1）吊装时，吊绳与构件接触处应设木垫板；起吊时严禁猛起；吊离地面后应立即检查，确认平稳后，方准提升；

2）宜按一个方向顺序进行装配；构件下端与下环梁拼接的三角缝应衬垫；三角缝的上面缝口应临时封堵，构件的临时支撑点应加垫木板；

3）构件全部装配并经调整就位后，方可固定穿筋；插入预留钢筋环内的两根穿筋，应各与预留钢环靠紧，并使用短钢筋，在接缝中每隔 0.5m 处与穿筋焊接；

4）中环梁安装模板前，应检查已安装固定的倒锥壳壳体顶部高程，按实测高程作为安装模板控制水平的依据；混凝土浇筑前，应先埋设塔顶栏杆的预埋件和伸入顶盖接缝内的预留钢筋，并采取措施控制其位置；

5）倒锥壳壳体的接缝宜在中环梁混凝土浇筑后进行；接缝宜从下向上浇筑、振动、抹压密实，并应由其中一缝向两边方向进行；

4 水柜顶盖装配前，应先安装和固定上环梁底模，其装配、穿筋、接缝等施工可按照本条的规定执行，但接缝插入穿筋前必须将塔顶栏杆安装好。

8.3.7 钢筋混凝土水柜的施工应符合下列规定：

1 钢筋混凝土水柜的制作应按本规范第6章的相关规定执行，并应符合设计要求；

2 钢筋混凝土倒锥壳水柜的混凝土施工缝宜留在中环梁内；

3 正锥壳顶盖模板的支撑点应与倒锥壳模板的支撑点相对应。

8.3.8 钢水柜的安装应符合下列规定：

1 钢水柜的制作、检验及安装应符合现行国家标准《钢结构工程施工质量验收规范》GB 50205的相关规定和设计要求；对于球形钢水柜还应符合现行国家标准《球形储罐施工及验收规范》GB 50094的相关规定；

2 水柜吊装应视吊装机械性能选用一次吊装，或分柜底、柜壁及顶盖三组吊装；

3 吊装前应先将吊机定位，并试吊；经试吊检验合格后，方可正式吊装；

4 水柜内应在与吊点的相应位置加十字支撑，防止水柜起吊后变形；

5 整体吊装单支筒全钢水塔还应符合下列规定：

　1）吊装前，对吊装机具设备及地锚规格，必须指定专人进行检查；

　2）主牵引地锚、水塔中心、吊绳、止动地锚四点必须在同一垂直面上；

　3）吊装离地时，应作一次全面检查，如发现问题，应落地调整，符合要求后，方可正式吊装；

　4）水塔必须一次立起，不得中途停下；立起至70°后，牵引速度应减缓；

　5）吊装过程中，现场人员均应远离塔高1.2倍的距离以外；

　6）水塔吊装完成，必须紧固地脚螺栓，并安装拉线后，方可上塔解除钢丝绳。

8.4 调 蓄 池

8.4.1 调蓄池工程施工应制定专项施工方案，主要内容应包括基坑开挖与支护、模板支架、混凝土等施工方法及地层变形、周围环境的监测。

8.4.2 相关构筑物、各工艺管道等的施工顺序应先深后浅；地基受扰动或承载力不满足要求时，应按设计要求进行加固处理。

8.4.3 应做好基坑降、排水，施工阶段构筑物的抗浮稳定性不能满足要求时，必须采取抗浮措施。

8.4.4 构筑物的导流、消能、排气、排空等设施应按设计要求施工。

8.4.5 水池、顶板上部表面的防水、防渗、保温等措施应符合本规范第6章的相关规定和设计要求。

8.4.6 地下式构筑物水池满水试验合格后，方可进行防水层施工，并及时进行池壁外和池顶的土方回填施工。

8.4.7 回填土作业应均匀对称，防止不均匀沉降、位移。

8.5 质量验收标准

8.5.1 调蓄构筑物中有关混凝土、砌体结构工程、附属构筑物工程的各分项工程质量验收应符合本规范第6.8节的相关规定。

8.5.2 钢筋混凝土圆筒、框架结构水塔塔身应符合下列规定：

主 控 项 目

1 水塔塔身的结构类型、结构尺寸以及预埋件、预留孔洞等规格应符合设计要求；

检查方法：观察；检查施工记录、测量记录、隐蔽验收记录。

2 混凝土的强度、抗冻性能必须符合设计要求；其试块的留置及质量评定应符合本规范第6.2.8条的相关规定。

检查方法：检查配合比报告；检查混凝土抗压、抗冻试块的试验报告。

3 塔身混凝土结构外观质量无严重缺陷；

检查方法：观察；检查处理方案、资料。

4 塔身各部位的构造形式以及预埋件、预留孔洞位置、构造等符合设计要求，其尺寸偏差不得影响结构性能和相关构件、设备的安装；

检查方法：观察；检查施工记录、测量放样记录。

一 般 项 目

5 混凝土结构外观质量不宜有一般缺陷；

检查方法：观察；检查处理方案、资料。

6 混凝土表面应平整密实，边角整齐；

检查方法：观察。

7 装配式塔身的预制构件之间的连接应符合设计要求，钢筋连接质量符合国家相关标准的规定；

检查方法：检查施工记录、钢筋接头检验报告。

8 钢筋混凝土圆筒或框架塔身施工的允许偏差应符合表8.5.2的规定。

表8.5.2 钢筋混凝土圆筒或框架塔身施工允许偏差

	检查项目	允许偏差（mm）		检查数量		检查方法
		圆筒塔身	框架塔身	范围	点数	
1	中心垂直度	1.5H/1000，且不大于30	1.5H/1000，且不大于30	每座	1	钢尺配合垂球量测
2	壁厚	−3，+10	−3，+10	每3m高度	4	用钢尺量测
3	框架塔身柱间距和对角线	—	L/500	每柱	1	用钢尺量测

检查项目	允许偏差(mm)		检查数量		检查方法
	圆筒塔身	框架塔身	范围	点数	
4	圆筒塔身直径或框架节点距塔身中心距离	±20	±5	圆筒塔身4;框架塔身每节点1	用钢尺量测
5	内外表面平整度	10	10	每3m高度	2	用弧长为2m的弧形尺量测
6	框架塔身每节柱顶水平高差	—	5	每柱	1	用钢尺量测
7	预埋管、预埋件中心位置	5	5	每件	1	用钢尺测量
8	预留孔洞中心位置	10	10	每洞	1	用钢尺量测

注：H 为圆筒塔身高度（mm）；L 为柱间距或对角线长（mm）。

8.5.3 钢架、钢圆筒结构水塔塔身应符合下列规定：

主 控 项 目

1 钢材、连接材料、钢构件、防腐材料等的产品质量保证资料应齐全，每批的出厂质量合格证明书及各项性能检验报告应符合国家有关标准规定和设计要求；

检查方法：检查产品质量合格证、出厂检验报告和进场复验报告。

2 钢构件的预拼装质量经检验合格；

检查方法：观察；检查预拼装及检验记录。

3 钢构件之间的连接方式、连接检验等符合设计要求，组装应紧密牢固；

检查方法：观察；检查施工记录，检查螺栓连接的力学性能检验记录或焊接质量检验报告。

4 塔身各部位的结构形式以及预埋件、预留孔洞位置、构造等应符合设计要求，其尺寸偏差不得影响结构性能和相关构件、设备的安装；

检查方法：观察；检查施工记录、测量放样记录。

一 般 项 目

5 采用螺栓连接构件时，螺头平面与构件间不得有间隙；螺栓应全部穿入，其穿入的方向符合规范要求；

检查方法：观察；检查施工记录。

6 采用焊接连接构件时，焊缝表面质量符合设计要求；

检查方法：观察；检查焊缝外观质量检验记录。

7 钢结构表面涂层厚度及附着力符合设计要求；涂层外观应均匀，无褶皱、空泡、凝块、透底等现象，

与钢构件表面附着紧密；

检查方法：观察；检查厚度及附着力检测记录。

8 钢架及钢圆筒塔身施工的允许偏差应符合表8.5.3 的规定。

表 8.5.3 钢架及钢圆筒塔身施工允许偏差

检查项目	允许偏差（mm）		检查数量		检查方法
	钢架塔身	钢圆筒塔身	范围	点数	
1	中心垂直度	1.5H/1000,且不大于30	1.5H/1000,且不大于30	每座	1	垂球配合钢尺量测
2	柱间距和对角线差	L/1000	—	两柱	1	用钢尺量测
3	钢架节点距塔身中心距离	5		每节点	1	用钢尺量测
4 塔身直径	$D_0 \leq 2m$	—	$+D_0/200$	每座	4	用钢尺量测
	$D_0 > 2m$	—	+10	每座	4	用钢尺量测
5	内外表面平整度	—	10	每3m高度	2	用弧长为2m的弧形尺量测
6	焊接附件及预留孔洞中心位置	5	5	每件（每洞）	1	用钢尺量测

注：H 为钢架或圆筒塔身高度（mm）；
　　L 为柱间距或对角线长（mm）；
　　D_0 为圆筒塔外径。

8.5.4 预制砌块和砖、石砌体结构水塔塔身应符合下列规定：

主 控 项 目

1 预制砌块、砖、石、水泥、砂等材料的产品质量保证资料应齐全，每批的出厂质量合格证明书及各项性能检验报告应符合国家有关标准规定和设计要求；

检查方法：观察；检查产品质量合格证、出厂检验报告和进场复验报告。

2 砌筑砂浆配比及强度符合设计要求；其试块的留置及质量评定应符合本规范第6.5.2、6.5.3 条的相关规定；

检查方法：检查施工记录，检查砂浆配合比记录、砂浆试块试验报告。

3 砌块砌筑应垂直稳固、位置正确；灰缝或灌缝饱满、严密，无透缝、通缝、开裂现象；

检查方法：观察；检查施工记录，检查技术处理资料。

4 塔身各部位的构造形式以及预埋件、预留孔洞位置、构造等应符合设计要求，其尺寸偏差不得影响结构性能和相关构件、设备的安装；

检查方法：观察；检查施工记录、测量放样记录。

一 般 项 目

5 砌筑前，预制砌块、砖、石表面应洁净，并

充分湿润；

检查方法：观察。

6 预制砌块和砖的砌筑砂浆灰缝应均匀一致、横平竖直，灰缝宽度的允许偏差为±2mm；

检查方法：观察；用钢尺随机抽测10皮砖、石砌体进行折算。

7 砌筑进行勾缝时，勾缝应密实、线形平整、深度一致；

检查方法：观察。

8 预制砌块和砖、石砌体塔身施工的允许偏差应符合表8.5.4的规定。

表8.5.4 预制砌块和砖、石砌体塔身
施工允许偏差

检查项目		允许偏差（mm）		检查数量		检查方法
		预制砌块、砖砌塔身	石砌塔身	范围	点数	
1	中心垂直度	1.5H/1000	2H/1000	每座	1	垂球配合钢尺量测
2	壁厚	不小于设计要求	+20 −10	每3m高度	4	用钢尺量测
3	塔身直径 $D_0 \leqslant 5m$	$\pm D_0/100$	$\pm D_0/100$	每座	4	用钢尺量测
	$D_0 > 5m$	±50	±50	每座	4	用钢尺量测
4	内外表面平整度	20	25	每3m高度	2	用弧长为2m的弧形尺检查
5	预埋管、预埋件中心位置	5	5	每件	1	用钢尺量测
6	预留洞中心位置	10	10	每洞	1	用钢尺量测

注：H为塔身高度（mm）；

D_0 为塔身截面外径（mm）。

8.5.5 钢丝网水泥、钢筋混凝土倒锥壳水柜和圆筒水柜制作应符合下列规定：

主控项目

1 原材料的产品质量保证资料应齐全，每批的出厂质量合格证明书及各项性能检验报告应符合国家有关标准规定和设计要求；

检查方法：检查产品质量合格证、出厂检验报告和进场复验报告。

2 水柜钢丝网或钢筋的规格数量、各部位结构尺寸和净尺寸以及预埋件、预留孔洞位置、构造等应符合设计要求；其尺寸偏差不得影响结构性能和相关构件、设备的安装；

检查方法：观察；检查施工记录、测量放样记录。

3 砂浆或混凝土强度以及混凝土抗渗、抗冻性能应符合设计要求；砂浆试块的留置应符合本规范

第8.3.5条第6款的规定，混凝土试块的留置应符合本规范第6.2.8条的相关规定；

检查方法：检查砂浆抗压强度试块的试验报告，混凝土抗压、抗渗、抗冻试块试验报告。

4 水柜外观质量无严重缺陷；

检查方法：观察；检查加固补强技术资料。

一般项目

5 钢丝网或钢筋安装平整，表面无污物；

检查方法：观察。

6 混凝土水柜外观质量不宜有一般缺陷，钢丝网水柜壳体砂浆不得有空鼓和缺棱掉角，表面不得有露丝、露网、印网和气泡；

检查方法：观察。

7 水柜制作的允许偏差应符合表8.5.5的规定。

表8.5.5 水柜制作的允许偏差

检查项目		允许偏差（mm）	检查数量		检查方法
			范围	点数	
1	轴线位置（对塔身轴线）	10	每座	2	钢尺配合、垂球量测
2	结构厚度	+10，−3	每座	4	用钢尺量测
3	净高度	±10	每座	2	用钢尺量测
4	平面净尺寸	±20	每座	4	用钢尺量测
5	表面平整度	5	每座	2	用弧长为2m的弧形尺检查
6	预埋管、预埋件中心位置	5	每处	1	用钢尺量测
7	预留孔洞中心位置	10	每洞	1	用钢尺量测

8.5.6 钢丝网水泥、钢筋混凝土倒锥壳水柜和圆筒水柜吊装应符合下列规定：

主控项目

1 预制水柜、水柜预制构件等的成品质量经检验、验收符合设计要求；拼装连接所用材料的产品质量保证资料应齐全，每批的出厂质量合格证明书及各项性能检验报告应符合国家有关标准规定和设计要求；

检查方法：观察；检查预制件成品制作的质量保证资料和相关施工检验资料；检查每批原材料的出厂质量合格证明、性能检验报告及有关的复验报告。

2 预制水柜经满水试验合格，水柜预制构件经试拼装检验合格；

检查方法：观察；检查预制水柜的满水试验记录，检查水柜预制构件经试拼装检验记录。

3 钢筋、预埋件、预留孔洞的规格、位置和数量应符合设计要求；

检查方法：观察。

4 水柜与塔身、预制构件之间的拼接方式符合设计要求；构件安装应位置准确，垂直、稳固；相邻构件的钢筋接头连接可靠，湿接缝的混凝土应密实；

检查方法：观察；检查施工记录，检查预留钢筋机械或焊接接头连接的力学性能检验报告，检查混凝土强度试块的试验报告。

5 安装后的水柜位置、高程等应满足设计要求；

检查方法：观察；检查安装记录；用钢尺、水准仪等测量检查。

一 般 项 目

6 构件安装时，应将连接面的杂物、污物清理干净，界面处理满足安装要求；

检查方法：观察。

7 吊装完成后，水柜无变形、裂缝现象，表面应平整、洁净，边角整齐；

检查方法：观察；检查加固补强技术资料。

8 各拼接部位严密、平顺，无损伤、明显错台等现象；

检查方法：观察。

9 防水、防腐、保温层应符合设计要求；表面应完整，无破损等现象；

检查方法：观察；检查施工记录，检查相关的施工检验资料。

10 水柜的吊装施工允许偏差应符合表8.5.6的规定。

表 8.5.6 水柜吊装施工允许偏差

	检查项目	允许偏差（mm）	检查数量		检查方法
			范围	点数	
1	轴线位置（对塔身轴线）	10	每座	1	垂球、钢尺量测
2	底部高程	±10	每座	1	用水准仪测量
3	装配式水柜净尺寸	±20	每座	4	用钢尺量测
4	装配式水柜表面平整度	10	每2m高度	2	用弧长为2m的弧形尺检查
5	预埋管、预埋件中心位置	5	每件	1	用钢尺量测
6	预留孔洞中心位置	10	每洞	1	用钢尺量测

8.5.7 钢水柜制作及安装的质量验收应按现行国家标准《钢结构工程施工质量验收规范》GB 50205的相关规定执行；对于球形钢水柜还应符合现行国家标准《球形储罐施工及验收规范》GB 50094的相关

规定。

8.5.8 清水、调蓄（调节）水池混凝土结构的质量验收应符合本规范第6.8.7条的规定。

9 功能性试验

9.1 一 般 规 定

9.1.1 水处理、调蓄构筑物施工完毕后，均应按照设计要求进行功能性试验。

9.1.2 功能性试验须满足本规范第6.1.3条的规定，同时还应符合下列条件：

1 池内清理洁净，水池内外壁的缺陷修补完毕；

2 设计预留孔洞、预埋管口及进出水口等已做临时封堵，且经验算能安全承受试验压力；

3 池体抗浮稳定性满足设计要求；

4 试验用充水、充气和排水系统已准备就绪，经检查充水、充气及排水闸门不得渗漏；

5 各项保证试验安全的措施已满足要求；

6 满足设计的其他特殊要求。

9.1.3 功能性试验所需的各种仪器设备应为合格产品，并经具有合法资质的相关部门检验合格。

9.1.4 各种功能性试验应按附录D、附录E填写试验记录。

9.2 满 水 试 验

9.2.1 满水试验的准备应符合下列规定：

1 选定洁净、充足的水源；注水和放水系统设施及安全措施准备完毕；

2 有盖池体顶部的通气孔、人孔盖已安装完毕，必要的防护设施和照明等标志已配备齐全；

3 安装水位观测标尺，标定水位测针；

4 现场测定蒸发量的设备应选用不透水材料制成，试验时固定在水池中；

5 对池体有观测沉降要求时，应选定观测点，并测量记录池体各观测点初始高程。

9.2.2 池内注水应符合下列规定：

1 向池内注水应分三次进行，每次注水为设计水深的1/3；对大、中型池体，可先注水至池壁底部施工缝以上，检查底板抗渗质量，无明显渗漏时，再继续注水至第一次注水深度；

2 注水时水位上升速度不宜超过2m/d；相邻两次注水的间隔时间不应小于24h；

3 每次注水应读24h的水位下降值，计算渗水量，在注水过程中和注水以后，应对池体作外观和沉降量检测；发现渗水量或沉降量过大时，应停止注水，待作出妥善处理后方可继续注水；

4 设计有特殊要求时，应按设计要求执行。

9.2.3 水位观测应符合下列规定：

1 利用水位标尺测针观测、记录注水时的水位值；

2 注水至设计水深进行水量测定时，应采用水位测针测定水位，水位测针的读数精确度应达1/10mm；

3 注水至设计水深24h后，开始测读水位测针的初读数；

4 测读水位的初读数与末读数之间的间隔时间应不少于24h；

5 测定时间必须连续。测定的渗水量符合标准时，须连续测定两次以上；测定的渗水量超过允许标准，而以后的渗水量逐渐减少时，可继续延长观测，延长观测的时间应在渗水量符合标准止。

9.2.4 蒸发量测定应符合下列规定：

1 池体有盖时蒸发量忽略不计；

2 池体无盖时，必须进行蒸发量测定；

3 每次测定水池中水位时，同时测定水箱中的水位。

9.2.5 渗水量计算应符合下列规定：

水池渗水量按下式计算：

$$q = \frac{A_1}{A_2}[(E_1 - E_2) - (e_1 - e_2)] \quad (9.2.5)$$

式中　q——渗水量 [L/(m²·d)]；

A_1——水池的水面面积（m²）；

A_2——水池的浸湿总面积（m²）；

E_1——水池中水位测针的初读数（mm）；

E_2——测读 E_1 后24h水池中水位测针的末读数（mm）；

e_1——测读 E_1 时水箱中水位测针的读数（mm）；

e_2——测读 E_2 时水箱中水位测针的读数（mm）。

9.2.6 满水试验合格标准应符合下列规定：

1 水池渗水量计算应按池壁（不含内隔墙）和池底的浸湿面积计算；

2 钢筋混凝土结构水池渗水量不得超过2L/(m²·d)；砌体结构水池渗水量不得超过3L/(m²·d)。

9.3 气密性试验

9.3.1 气密性试验应符合下列要求：

1 需进行满水试验和气密性试验的池体，应在满水试验合格后，再进行气密性试验；

2 工艺测温孔的加堵封闭、池顶盖板的封闭、安装测温仪、测压仪及充气截门等均已完成；

3 所需的空气压缩机等设备已准备就绪。

9.3.2 试验精度应符合下列规定：

1 测气压的U形管刻度精确至毫米水柱；

2 测气温的温度计刻度精确至1℃；

3 测量池外大气压力的大气压力计刻度精确

至10Pa。

9.3.3 测读气压应符合下列规定：

1 测读池内气压值的初读数与末读数之间的间隔时间应不少于24h；

2 每次测读池内气压的同时，测读池内气温和池外大气压力，并换算成同于池内气压的单位。

9.3.4 池内气压降应按下式计算：

$$P = (P_{d1} + P_{a1}) - (P_{d2} + P_{a2}) \times \frac{273 + t_1}{273 + t_2}$$

$$(9.3.4)$$

式中　P——池内气压降（Pa）；

P_{d1}——池内气压初读数（Pa）；

P_{d2}——池内气压末读数（Pa）；

P_{a1}——测量 P_{d1} 时的相应大气压力（Pa）；

P_{a2}——测量 P_{d2} 时的相应大气压力（Pa）；

t_1——测量 P_{d1} 时的相应池内气温（℃）；

t_2——测量 P_{d2} 时的相应池内气温（℃）。

9.3.5 气密性试验达到下列要求时，应判定为合格：

1 试验压力宜为池体工作压力的1.5倍；

2 24h的气压降不超过试验压力的20%。

附录A　给排水构筑物单位工程、分部工程、分项工程划分

表A　给排水构筑物单位工程、分部工程、分项工程划分表

分部（子分部）工程 ＼ 分项工程 ＼ 单位（子单位）工程		构筑物工程或按独立合同承建的水处理构筑物、管渠、调蓄构筑物、取水构筑物、排放构筑物	
		分项工程	验收批
地基与基础工程	土石方	围堰、基坑支护结构（各类围护）、基坑开挖（无支护基坑开挖、有支护基坑开挖）、基坑回填	1 按不同单体构筑物分别设置分项工程（不设验收批时）； 2 单体构筑物分项工程视需要可设验收批；
	地基基础	地基处理、混凝土基础、桩基础	
主体结构工程	现浇混凝土结构	底板（钢筋、模板、混凝土）、墙体及内部结构（钢筋、模板、混凝土）、顶板（钢筋、模板、混凝土）、预应力混凝土（后张法预应力混凝土）、变形缝、表面层（防腐层、防水层、保温层等的基面处理、涂衬）、各类单体构筑物	

续表A

分部（子分部）工程 / 分项工程 / 单位（子单位）工程	构筑物工程或按独立合同承建的水处理构筑物、管渠、调蓄构筑物、取水构筑物、排放构筑物	
	分项工程	验收批
主体结构工程 装配式混凝土结构	预制构件现场制作（钢筋、模板、混凝土）、预制构件安装、圆形构筑物缠丝张拉预应力混凝土、变形缝、表面层（防腐层、防水层、保温层等的基面处理、涂衬）、各类单体构筑物	1 按不同单体构筑物分别设置分项工程（不设验收批时）；
主体结构工程 砌体结构	砌体（砖、石、预制砌体）、变形缝、表面层（防腐层、防水层、保温层等的基面处理、涂衬）、护坡与护坦、各类单体构筑物	2 单体构筑物分项工程视需要可设验收批；
主体结构工程 钢结构	钢结构现场制作、钢结构预拼装、钢结构安装（焊接、栓接等）、防腐层（基面处理、涂衬）、各类单体构筑物	
附属构筑物工程 细部结构	现浇混凝土结构（钢筋、模板、混凝土）、钢制构件（现场制作、安装、防腐层）、细部结构	3 其他分项工程可按变形缝位置、施工作业面、标高等分为若干个验收批；
附属构筑物工程 工艺辅助构筑物	混凝土结构（钢筋、模板、混凝土）、砌体结构、钢结构（现场制作、安装、防腐层）、工艺辅助构筑物	
附属构筑物工程 管渠	同主体结构工程的"现浇混凝土结构、装配式混凝土结构、砌体结构"	
进、出水管渠 混凝土结构	同附属构筑物工程的"管渠"	
进、出水管渠 预制管铺设	同现行国家标准《给水排水管道工程施工与验收规范》GB 50268	

注：1 单体构筑物工程包括：取水构筑物（取水头部、进水涵渠、进水间、取水泵房等单体构筑物），排放构筑物（排放口、出水涵渠、出水井、排放泵房等单体构筑物），水处理构筑物（泵房、调节配水池、蓄水池、清水池、沉砂池、工艺沉淀池、曝气池、澄清池、滤池、浓缩池、消化池、稳定塘、涵渠等单体构筑物），管渠，调蓄构筑物（增压泵房、提升泵房、调蓄池、水塔、水柜等单体构筑物）；
2 细部结构指主体构筑物的走道平台、梯道、设备基础、导流墙（槽）、支架、盖板等的现浇混凝土或钢结构；对于混凝土结构，与主体结构工程同时连续浇筑施工时，其钢筋、模板、混凝土等分项工程验收，可与主体结构工程合并；
3 各类工艺辅助构筑物指各类工艺井、管廊桥架、闸槽、水槽（廊）、堰口、穿孔、孔口、斜板、导流墙（板）等；对于混凝土和砌体结构，与主体结构工程同时连续浇筑、砌筑施工时，其钢筋、模板、混凝土、砌体等分项工程验收，可与主体结构工程合并；
4 长输管渠的分项工程应按管段长度划分成若干个验收批分项工程，验收批、分项工程质量验收记录表式同现行国家标准《给水排水管道工程施工与验收规范》GB 50268—2008表B.0.1和表B.0.2；
5 管理用房、配电房、脱水机房、鼓风机房、泵房等的地面建筑工程同现行国家标准《建筑工程施工质量验收统一标准》GB 50300—2001附录B规定。

附录B 分项、分部、单位工程质量验收记录

B.0.1 分项工程（验收批）的质量验收记录由施工项目部专业质量检查员填写，监理工程师（建设项目专业技术负责人）组织项目部专业质量检查员进行验收，并按表B.0.1记录。

表B.0.1 分项工程（验收批）质量验收记录表

编号：_____

工程名称		分部工程名称		分项工程名称	
施工单位		专业工长		项目经理	
验收批名称、部位					
分包单位		分包项目经理		施工班组长	

	质量验收规范规定的检查项目及验收标准	施工单位检查评定记录	监理（建设）单位验收记录
主控项目	1		
	2		
	3		
	4		
	5		合格率
	6		合格率
一般项目	1		
	2		
	3		
	4		合格率
	5		合格率
	6		合格率
施工单位检查评定结果	项目专业质量检查员　　　　　年 月 日		
监理（建设）单位验收结论	监理工程师（建设单位项目专业技术负责人）　　　　　年 月 日		

B.0.2 分部（子分部）工程质量应由总监理工程师（建设项目专业负责人）组织施工项目经理和有关勘察、设计项目负责人进行验收，并按表B.0.2记录。

表 B.0.2 分部（子分部）工程质量验收记录表

编号：＿＿＿＿＿＿＿

工程名称			分部工程名称	
施工单位		技术部门负责人		质量部门负责人
分包单位		分包单位负责人		分包技术负责人

序号	分项工程名称	验收批数	施工单位检查评定	验收意见
1				
2				
3				
4				
5				
6				

质量控制资料	
安全和功能检验（检测）报告	
观感质量验收	

验收单位	分包单位	项目经理	年 月 日
	施工单位	项目经理	年 月 日
	勘察单位	项目负责人	年 月 日
	设计单位	项目负责人	年 月 日
	监理（建设）单位	总监理工程师 （建设单位项目专业负责人）	年 月 日

B.0.3 单位（子单位）工程质量竣工验收记录由施工单位填写，验收结论由监理（建设）单位填写，综合验收结论由参加验收各方共同商定，建设单位填写，应对工程质量是否符合设计和规范要求及总体质量水平作出评价，并按表 B.0.3-1～表 B.0.3-4 记录。

表 B.0.3-1 单位（子单位）工程质量竣工验收记录表

编号：＿＿＿＿＿＿＿

工程名称		工程类型		工程造价	
施工单位		技术负责人		开工日期	
项目经理		项目技术负责人		竣工日期	

序号	项目	验收记录	验收结论
1	分部工程	共＿＿＿分部； 经查符合标准及设计要求＿＿＿分部	
2	质量控制资料核查	共＿＿＿项； 经审查符合要求＿＿＿项； 经核定符合规范要求＿＿＿项	
3	安全和主要使用功能核查及抽查结果	共核查＿＿＿项，符合要求＿＿＿项； 共抽查＿＿＿项，符合要求＿＿＿项； 经返工处理符合要求＿＿＿项	
4	观感质量检验	共抽查＿＿＿项； 符合要求＿＿＿项； 不符合要求＿＿＿项	
5	综合验收结论		

参加验收单位	建设单位	监理单位	施工单位	设计单位
	（公章）	（公章）	（公章）	（公章）
	单位（项目）负责人 年 月 日	总监理工程师 年 月 日	单位负责人 年 月 日	单位（项目）负责人 年 月 日

表 B.0.3-2 单位（子单位）工程质量控制
资料核查表

工程名称		施工单位		
序号	资料名称		份数	核查意见
1	材质质量保证资料	原材料（钢筋、钢绞线、焊材、水泥、砂石、混凝土外加剂、防腐材料、保温材料等）、半成品与成品（橡胶止水带（圈）、预拌商品混凝土、预拌商品砂浆、砌体、钢制构件、混凝土预制构件、预应力锚具等）、设备及配件等的出厂质量合格证明及性能检验报告（进口产品的商检报告）、进场复验报告等		
2	施工检测	①混凝土强度、混凝土抗渗、混凝土抗冻、砂浆强度、钢筋焊接、钢结构焊接、钢结构栓接；②桩基完整性检测、地基处理检测；③回填土压实度；④防腐层、防水层、保温层检验；⑤构筑物沉降、变形观测；⑥围护、围堰监测等		

续表 B.0.3-2

工程名称			施工单位	
序号	资料名称		份数	核查意见
3	结构安全和使用功能性检测	①桩基础动载测试及静载试验、基础承载力检测；②构筑物满水试验、气密性试验；③压力管渠水压试验、无压管渠严密性试验记录；④地下水取水构筑物抽水清洗、产水量测定；⑤地表水取水构筑物的试运行；⑥构筑物位置及高程等		
4	施工测量	①控制桩（副桩）、永久（临时）水准点测量复核；②施工放样复核；③竣工测量		
5	施工技术管理	①施工组织设计（施工大纲）、专题施工方案及批复；②图纸会审、施工技术交底；③设计变更、技术联系单；④质量事故（问题）处理；⑤材料、设备进场验收、计量仪器校核报告；⑥工程会议纪要、洽商记录；⑦施工日记		
6	验收记录	①分项、分部（子分部）、单位（子单位）工程质量验收记录；②隐蔽验收记录		
7	施工记录	①地基基础、地层等加固处理以及降排水；②桩基成桩；③支护结构施工；④沉井下沉；⑤混凝土浇筑；⑥预应力张拉及灌浆；⑦预制构件吊（浮）运、安装；⑧钢结构预拼装；⑨焊条烘焙、焊接热处理；⑩预埋、预留；⑪防腐、防水、保温层基面处理等		
8	竣工图			

结论：

结论：

施工项目经理　　　　　　　　　总监理工程师
　　　　　　年 月 日　　　　　　　　年 月 日

表 B.0.3-3　单位（子单位）工程观感质量核查表

工程名称			施工单位			
序号	检查项目		抽查质量情况	好	中	差
1	主体构筑物	现浇混凝土结构				
2		装配式混凝土结构				
3		钢结构				
4		砌体结构				
5	附属构筑物	管渠、涵渠、管道				
6		细部结构				
7		工艺辅助结构				
8	变形缝					
9	设备基础					
10	防水、防腐、保温层					
11	预埋件、预留孔（洞）					
12	回填土					
13	装饰					
14	地面建筑：按《建筑工程施工质量验收统一标准》GB 50300—2001 中附录 G.0.1—3 的规定执行					
15	总体布置					
16						

观感质量综合评价

结论：

结论：

施工项目经理

总监理工程师

　　　　　　　年 月 日　　　　　　　年 月 日

表 B.0.3-4 单位（子单位）工程结构安全和使用功能性检测记录表

工程名称		施工单位		
序号	安全和功能检查项目		资料核查意见	功能抽查结果
1	满水试验、气密性试验记录			—
2	压力管渠水压试验、无压管渠严密性试验记录			—
3	主体构筑物位置及高程测量汇总和抽查检验			
4	工艺辅助构筑物位置及高程测量汇总及抽查检验			
5	混凝土试块抗压强度试验汇总			—
6	水泥砂浆试块抗压强度汇总			—
7	混凝土试块抗渗试验汇总			—
8	混凝土试块抗冻试验汇总			—
9	钢结构焊接无损检测报告汇总			
10	主体结构实体的混凝土强度抽查检验	按《混凝土结构工施程工质量验收规范》GB 50204—2002 第10.1节的规定执行		
11	主体结构实体的钢筋保护层厚度抽查检验			
12	桩基础动测或静载试验报告			—
13	地基基础加固检测报告			—
14	防腐、防水、保温层检测汇总及抽查检验			—
15	地下水取水构筑物抽水清洗、产水量测定			—
16	地表水取水构筑物的试运行记录及抽查检验			—
17	地面建筑：按《建筑工程施工质量验收统一标准》GB 50300—2001 中附录 G.0.1—3 的规定执行			

结论：
 	
施工项目经理
 	
         年 月 日
			结论：
			
			总监理工程师
			
			     年 月 日	

附录 C 预应力筋张拉记录

C.0.1 预应力筋张拉应按表 C.0.1 记录。

表 C.0.1 预应力筋张拉记录表

预应力筋张拉记录表			编号	
构筑物名称		预应力束编号	张拉日期	年 月 日
预应力钢筋种类		规格	标准抗拉强度（MPa）	张拉时混凝土强度 MPa
张拉控制应力 $\sigma_k=$		$f_{ptk}=$ MPa	张拉时混凝土构件龄期	d
张拉机具设备编号	A端 B端	千斤顶	油泵	压力表
压力值（MPa）		初始应力阶段	控制应力阶段	超张拉应力阶段
张拉力（kN）				
压力表读数（MPa）	A端 B端			
理论伸长值（mm）		计算伸长值（mm）	顶楔时压力表理论读数（MPa）	
实测伸长值（mm）				

阶段	A端		B端	
	活塞伸出量（mm）	油表读数（MPa）	活塞伸出量（mm）	油表读数（MPa）
初始应力阶段（σ_0）				
相邻级别阶段（$2\sigma_0$）				
倒 顶				
二次张拉				
超张拉应力阶段				
控制应力阶段				
伸出量差值（mm）	$\Delta L_A=$		$\Delta L_B=$	
顶楔时压力表读数				
实测伸长值（mm）	$\Sigma\Delta=$		伸长值偏差（mm）	
张拉应力偏差（%）				
滑丝、断丝情况				
监理（建设）单位	施工项目			
	技术负责人	施工员		记录人

C.0.2 缠绕钢丝应力测量应按表 C.0.2 记录。

表 C.0.2 缠绕钢丝应力测量记录表

缠绕钢丝应力测量记录表		编号	
工程名称		构筑物名称	
施工单位		施工日期	年 月 日
构筑物外径		壁板施工	
锚固肋数		钢丝直径	
钢丝环数		每段钢筋长度（m）	
环号	肋号	平均应力 (N/mm²)	应力损失 (N/mm²)	应力损失率 (%)
监理（建设）单位	施工项目		
	技术负责人	质检员	测量人

C.0.3 电热张拉钢筋应按表 C.0.3 记录。

表 C.0.3 电热张拉钢筋记录表

电热张拉钢筋记录表		编号		
工程名称		构筑物名称		
施工单位		施工日期	年 月 日	
构筑物外径		壁板施工		
锚固肋数		钢筋直径		
钢丝环数		每段钢筋长度（m）		
日期（年、月、日）	气温（℃）	环号	肋号	一次电压（V）	一次电流（A）	二次电压（V）	二次电流（A）	钢筋表面温度（℃）	伸长值（mm）
监理（建设）单位	施工项目			
	技术负责人	质检员	测量人	

C.0.4 电热张拉钢筋应力测量应按表 C.0.4 记录。

表 C.0.4 电热张拉钢筋应力测量记录表

电热张拉钢筋应力测量记录表		编号		
工程名称		构筑物名称		
施工单位		施工日期	年 月 日	
构筑物外径		壁板施工		
锚固肋数		钢筋直径		
钢丝环数		每段钢筋长度（m）		
日期（年、月、日）	环号	肋号	测点	应变（mm） 初读数	应变（mm） 末读数	应力（N/mm²）
监理（建设）单位	施工项目			
	技术负责人	质检员	测量人	

附录 D 满水试验记录

表 D 满水试验记录表

构筑物满水试验记录表	编号	
工程名称		
施工单位		
构筑物名称	注水日期	年 月 日
构筑物结构	允许渗水量	L/(m²·d)
构筑物平面尺寸	水面面积 A_1	m²
水深	湿润面积 A_2	m²
测读记录	初读数	末读数	两次读数差
测读时间（年 月 日 时 分）			
构筑物水位 E（mm）			
蒸发水箱水位 e（mm）			
大气温度（℃）			
水温（℃）			
实际渗水量 q	m³/d L/(m²·d)	占允许量的百分率（%）	
试验结论：		
监理（建设）单位	施工项目		
	技术负责人	质检员	测量人

名称	现　　象	严重缺陷	一般缺陷
孔洞	混凝土中孔穴深度和长度超过保护层厚度	结构主要受力部位	其他部位有少量
夹渣	混凝土中夹有杂物且深度超过保护层厚度	结构主要受力部位	其他部位有少量
疏松	混凝土中局部不密实	结构主要受力部位	其他部位有少量
裂缝	缝隙从混凝土表面延伸至混凝土内部	结构主要受力部位有影响结构性能或使用功能的裂缝	其他部位有少量不影响结构性能或使用功能的裂缝
连接部位	结构连接处混凝土缺陷及连接钢筋、连接件松动	连接部位有影响结构传力性能的缺陷	连接部位基础不影响结构传力性能的缺陷
外形	缺棱掉角、棱角不直、翘曲不平、飞边凸肋等	清水混凝土结构有影响使用功能或装饰效果的缺陷	其他混凝土结构不影响使用功能的缺陷
外表	结构表面麻面、掉皮、起砂、沾污等	具有重要装饰效果的清水混凝土结构缺陷	其他混凝土结构不影响使用功能的缺陷

附录E　气密性试验记录

表E　气密性试验记录表

气密性试验记录表		编　号		
工程名称				
施工单位				
池　号		试验日期	年　月　日	
气室顶面直径（m）		顶面面积（m²）		
气室底面直径（m）		底面面积（m²）		
气室高度（m）		气室体积（m³）		
测读记录	初读数	末读数		两次读数差
测读时间（年月日时分）				
池内气压（Pa）				
大气压力（Pa）				
池内气温（℃）				
池内水位 E（mm）				
压力降（Pa）				
压力降占试验压力（%）				
备注				
试验结论：				

监理（建设）单位	施工项目		
	技术负责人	质检员	测量人

附录F　钢筋混凝土结构外观质量缺陷评定方法

F.0.1 钢筋混凝土结构外观质量缺陷，应根据其对结构性能和使用功能影响的严重程度，按表F.0.1的规定进行评定。

表F.0.1　钢筋混凝土结构外观质量缺陷评定

名称	现　　象	严重缺陷	一般缺陷
露筋	钢筋未被混凝土包裹而外露	纵向受力钢筋部位	其他钢筋有少量
蜂窝	混凝土表面缺少水泥砂浆而形成石子外露	结构主要受力部位	其他部位有少量

附录G　混凝土构筑物渗漏水程度评定方法

G.0.1 渗漏水程度应按表G.0.1规定进行评定。

表G.0.1　渗漏水程度评定

术语	状况描述与定义	标识符号
湿渍	混凝土构筑物侧壁，呈现明显色泽变化的潮湿斑；在通风条件下潮湿斑可消失，即蒸发量大于渗入量的状态	♯
渗水	水从混凝土构筑物侧壁渗出，在外壁上可观察到明显的流挂水膜范围；在通风条件下水膜也不会消失，即渗入量大于蒸发量的状态	○
水珠	悬挂在混凝土构筑物侧壁顶部的水珠、构筑物侧壁渗漏水用细棒引流并悬挂在其底部的水珠，其滴落间隔时间超过1min；渗漏水用干棉纱能够擦干，但短时间内可观察到擦拭部位从湿润至水渗出的变化	◇
滴漏	悬挂在混凝土构筑物侧壁顶部的水珠、构筑物侧壁渗漏水用细棒引流并悬挂在其底部的水珠，其滴落速度每分钟至少1滴；渗漏水用干棉纱不易擦干，且短时间内可明显观察到擦拭部位有水渗出和集聚的变化	▽
线流	指渗漏水呈线流、流淌或喷水状态	↓

本规范用词说明

1 为了便于在执行本规范条文时区别对待，对要求严格程度不同的用词说明如下：

表示很严格，非这样做不可的用词：

正面词采用"必须"，反面词采用"严禁"；

表示严格，在正常情况下均应这样做的用词：

正面词采用"应"，反面词采用"不应"或"不得"；

表示允许稍有选择，在条件许可时首先应这样做的用词：

正面词采用"宜"，反面词采用"不宜"；

表示有选择，在一定条件下可以这样做的，采用"可"。

2 规范中指定应按其他有关标准、规范执行时，写法为："应符合……的规定"或"应按……执行"。

中华人民共和国国家标准

给水排水构筑物工程
施工及验收规范

GB 50141—2008

条 文 说 明

目　次

1 总　则

1.0.1　《给水排水构筑物施工及验收规范》GBJ 141—90)（以下简称原规范）颁布执行已有 18 年之久，对我国给水排水（以下简称给排水）构筑物工程建设起到了积极作用。近些年随着国民经济和城市建设的飞速发展，给排水构筑物工程技术的提高，施工机械与材料设备的更新，原规范内容已不能满足当前给排水工程建设的需要。为了规范施工技术，统一施工质量检验、验收标准，确保工程质量，特对原规范进行修订。

修订后的《给水排水构筑物施工及验收规范》称为《给水排水构筑物工程施工及验收规范》（以下简称本规范）定位于指导全国各地区进行给排水构筑物工程施工与验收工作的通用性标准，需确定施工技术、质量、安全要求，并规定检验与验收内容、合格标准及程序，以便指导给排水构筑物工程施工与验收工作。

1.0.2　本规范适用于新建、扩建和改建的城镇公用设施和工业区常用给排水构筑物工程施工及验收，工业企业中具有特殊要求的给排水构筑工程施工及验收，除特殊要求部分外，可参照本规范的规定执行。

1.0.3　本条为强制性条文。给排水构筑物工程所使用的原材料、半成品、成品等产品质量会直接影响工程结构安全、使用功能及环境保护，因此必须符合国家有关的产品标准。为保障人民身体健康，接触生活饮用水产品的卫生性能必须符合国家标准《生活饮用输配水设备及防护材料的安全性评价标准》GB/T 17219 规定。本规范推广应用新材料、新技术、新工艺，严禁使用国家明令淘汰、禁用的产品。

1.0.4　给排水构筑物工程建设与施工必须遵守国家的法令法规。工程有具体要求而本规范又无规定时，应执行国家相关规范、标准，或由建设、设计、施工、监理等有关方面协商解决。

2 术　语

本章给出的 18 个术语（专用名词），均为本规范有关章节中所引用的。本规范从给排水构筑物工程施工过程和质量验收实际应用的角度，参照《中国土木建筑百科辞典：工程施工》，全国科学技术名词审定委员会公布《土木工程名词》（科学出版社，2003版）及有关标准、规程的术语赋予其涵义，但涵义不一定是术语的定义。同时还分别给出了相应的推荐性英文术语，该英文术语也不一定是国际通用的标准术语，仅供参考。

3 基本规定

3.1　施工基本规定

3.1.4　本条规定了用于指导工程施工的施工组织设计以及关键的分项、分部工程专项施工方案编制要求和审批的规定。

施工组织设计的核心是施工方案，本规范对施工方案编制主要内容作出规定；对于施工组织设计和施工方案的审批程序，各地、各行业均有不同的具体规定；本规范不便对此进行统一的规定，而强调其内容要求和"按规定程序"审批后执行。

3.1.8、**3.1.9**　此两条文保留了原规范关于施工测量的规定，没有增补内容；主要考虑施工测量已有《工程测量规范》GB 50026 和《城市测量规范》CJJ 8 等专业规范的具体规定，本规范不便摘录，仅列出行业或专业的基本规定。

3.1.10　本条为强制性条文，规定给排水构筑物工程所用的主要原材料、半成品、构（配）件和设备等产品进入施工现场时必须进行进场验收，并按国家有关标准规定进行复验，验收合格后方可使用。施工现场配制的混凝土、砂浆、防水涂料等应经检测合格后使用。

3.1.16　本条为强制性条文，给出了工程施工质量控制基本规定：

第 1 款强调工程施工中各分项工程应按照施工技术标准进行质量控制，且在完成后进行检验（自检）；

第 2 款强调各分项工程之间应进行交接检验（互检），所有隐蔽分项工程应进行隐蔽验收，规定未经检验或验收不合格不得进行其后分项工程或下道工序。分项工程和工序在概念上应有所不同的，一项分项工程由一道或若干工序组成，不应视同使用。

第 3 款规定设备安装前必须对基础性工作进行复核检验。

3.2　质量验收基本规定

3.2.1　本条规定给排水构筑物工程施工质量验收基础条件是施工单位自检合格，并应按验收批、分项工程、分部（子分部）工程、单位（子单位）工程依序进行。

本条第 7 款规定分项工程（验收批）是工程项目验收的基础，分项工程（验收批）验收分为主控项目和一般项目：主控项目，即在构筑工程中的对结构安全和使用功能起决定性作用的检验项目；一般项目，即除主控项目以外的检验项目，通常为现场实测实量的检验项目又称为允许偏差项目。检查方法和检查数量在相关条文中规定，检查数量未规定者，即为全数检查。

本条第 10 款强调工程的外观质量应由质量验收人员通过现场检查共同确认，这是考虑外观通常是定性的结论，需要验收人员共同确认。

3.2.2 本规范依据各地的工程实践经验将给排水构筑物单位（子单位）工程、分部（子分部）工程、分项工程（验收批）的原则划分列入附录 A，有关的质量验收记录表式样列入附录 B，以供工程使用时参考。

3.2.3 本条规定了分项工程（验收批）质量验收合格的 4 项条件：

第 1 款主控项目，抽样检验或全数检查 100% 合格。

第 2 款一般项目，抽样检验的合格率应达到 80%，且超差点的最大偏差值应在允许偏差值的 1.5 倍范围内。

"合格率"的计算公式为：

$$合格率 = \frac{同一实测项目中的合格点（组）数}{同一实测项目的应检点（组数）} \times 100\%$$

抽样检查必须按照规定的抽样方案（依据本规范所给出的检查数量），随机地从进场材料、构配件、设备或工程检验项目中，按验收批抽取一定数量的样本所进行的检查。

第 3 款主要工程材料的进场验收和复验合格，试块、试件检验合格。

第 4 款主要工程材料的质量保证资料以及相关试验、检测资料齐全、正确；具有完整的施工操作依据和质量检查记录。

3.2.4 本规范规定按不同单体构筑物分别设置分项工程；单体构筑物分项工程视需要可设验收批；其他分项工程可按变形缝位置、施工作业面、标高等分为若干个验收批。

不设验收批时，分项工程为施工质量验收的基础；分部（子分部）工程质量验收合格的基础是分部（子分部）工程所含的分项工程均验收合格。

3.2.7 本条规定了给排水构筑物工程质量验收不合格品处理的具体规定：返修，系指对工程不符合标准的部位采取整修等措施；返工，系指对不符合标准的部位采取的重新制作、重新施工等措施。返修或返工的验收批或分项工程可以重新验收和评定质量合格。正常情况下，不合格品应在验收批检验或验收时发现，并应及时得到处理，否则将影响后续验收批和相关的分项、分部工程的验收。本规范从"强化验收"促进"过程控制"原则出发，规定施工中所有质量隐患必须消灭在萌芽状态。

但是，由于特定原因在验收批检验或验收时未能及时发现质量不符合标准规定，且未能及时处理或为了避免更大的经济损失时，在不影响结构安全和使用功能条件下，可根据不符合规定的程度按本条规定进行处理。采用本条第 4 款时，验收结论必须说明原因

和附相关单位出具的书面文件资料，并且该单位工程不应评定质量合格，只能写明"通过验收"，责任方应承担相应的经济责任。

4 土石方与地基基础

4.1 一般规定

4.1.9 本条强调基坑（槽）土方施工中应对支护结构、周围环境进行监测，出现异常情况应及时处理，待恢复正常后方可继续施工。本条中监测是指沉降观测、变形测量等工程施工安全监测项目。

4.1.10 本条参考了《建筑地基基础工程施工质量验收规范》GB 50202—2002 附录 A.1.1 条"所有建（构）筑物均应进行施工验槽"的规定，基坑开挖中发现岩、土质与建设单位提供的设计勘测资料不符或有其他异常情况时，应由建设单位会同建设、监理、设计、勘测等有关单位共同研究处理，由设计单位提出变更设计。

4.2 围 堰

4.2.3 本规范在原规范基础上增加了工程常用的围堰类型，如双层型钢板桩填芯围堰、止水钢板桩、抛石围堰、钻孔桩围堰、抛石夯筑芯墙止水围堰。土、草捆土、袋装土围堰适用于土质透水性较小的河床；袋装土围堰用袋可根据实际情况选用草袋、麻袋、编织袋等。

4.3 施工降排水

4.3.2 地下水位降低，底层结构会受到一定影响。如果降水期间有泥沙带出，还会引起地层下沉，影响建筑物安全。本条第 5 款规定设置变形观测点；水位观测是掌握降水效果，保证施工顺利进行的重要环节；因此在设计井点时应同时考虑观测孔的设置。本条第 6 款规定基坑地下水位应降至坑底以下，通常应不小于 500mm。

4.3.7 本条第 4 款，集水井处于细砂、粉砂、粉土或粉质黏土等土层时，应采取过滤或封闭措施，井壁过滤可采用无砂混凝土管等措施，井底封闭可用木盘或水下浇筑混凝土等措施。

4.3.8 本条文中表 4.3.8 给出了井点系统选用的主要条件，井点通常分为真空井点、喷射井点、管井三类进行设计，降排水施工应根据设计降水深度（或基坑开挖深度）、地下静水位、土层渗透系数及涌水量等因素，综合考虑选用经济合理、技术可靠、施工方便的降水方法。

4.3.9 本条强调了施工降排水终止抽水后，应及时用砂、石等材料填充排水井及拔除井点管所留的孔洞，防止人、动物不慎坠落。

4.4 基坑开挖与支护

4.4.4 本条的表 4.4.4 给出开挖深度在 5m 以内的基坑可不加支撑时的坡度控制值，以便施工时参考；有成熟施工经验时，可不受本表限制。

本条强调开挖基坑的边坡应通过稳定性分析计算来确定，而不能仅依据施工经验确定；在软土基坑坡顶不宜设置静载或动载，需要设置时，应对土的承载力和边坡的稳定性进行验算。

4.4.8 土质条件或工程环境条件较差设有支撑的基坑，开挖时应遵循"开槽支撑、先撑后挖、分层开挖和严禁超挖"的施工原则。施工过程中，应特别注意基坑边堆置土方不得超过施工方案的设计荷载和堆置高度，以保证支撑结构的安全。

4.4.9 本条规定了基坑开挖前的降排水时限和基本要求：一般情况下应提前 2～3 周；对深度较大，或对土体有一定固结要求的基坑，降排水运行的提前时间还应适当增加。

4.4.14 基坑支护结构应根据工程的具体情况，参照表 4.4.14 依据基坑深度、土质、侧壁安全等级选用支护结构形式。护坡桩一般分为四大类，即水泥土类：粉喷桩、深层搅拌桩；钢筋混凝土类：预制桩、钻孔桩、地下连续墙；钢板桩类：钢组合桩、拉森式专用钢板桩；木板桩类：木桩、企口板桩。除此之外，目前已在工程中应用的还有 SMW 桩等形式。

4.4.15 鉴于工程实践中支护结构设计有时由施工单位进行具体设计，本条对此作出规定。表 4.4.15 参考了《建筑基坑支护技术规程》JGJ 120—99 表 3.1.3。

4.4.19 本条强调围护结构应进行测量监控，表 4.4.19 基坑开挖监测项目是依据本规范第 4.4.15 条基坑边坡（侧壁）安全等级及重要性系数规定的；表 4.4.19 参考了《建筑基坑支护技术规程》JGJ 120—99 表 3.8.3。

4.5 地 基 基 础

4.5.3 工程基础桩通常称为"基桩"，本规范指不需与地基共同承载的桩。

4.5.6 本规范规定了复合地基和桩基施工具体规定，如水泥土搅拌桩、高压旋喷桩、振冲桩、水泥粉煤灰碎石桩、砂桩、土和灰土挤密桩、预制桩及灌注桩，参考了《建筑地基基础工程施工质量验收规范》GB 50202 相关内容。

4.6 基 坑 回 填

4.6.4 回填作业技术参数，如每层填筑厚度及压实遍数，应根据土质情况及所用机具，经过现场试验确定，以保证回填压实满足要求。

4.6.5 压实度，有的规范称为"压实系数"；本规范

中的压实度除注明者外，皆以轻型击实试验法求得的最大干密度为 100%。

4.6.6 钢、木板桩支护的基坑回填时，应按本条规定拆除钢、木板桩，并对拆除后孔洞及拔出板桩后的孔洞应用砂填实。

4.6.9 本条强调基坑回填后，必须保持原有的测量控制桩点以及沉降观测桩点；并应继续进行观测直至确认沉降趋于稳定，四周建（构）筑物安全无损为止。

4.7 质量验收标准

4.7.1 本条第 2 款规定围堰必须稳固，但工程实践表明：土体变位、沉降也会发生，必须加以限定；无开裂、塌方、滑坡现象，背水面无线漏是堰体安全的基本要求。

4.7.2 本条对基坑开挖和地基处理的质量验收作出具体规定，主控项目的检查方法系指验收时，多数为现场观察或检查施工方案、施工记录、试验报告或检测报告等文件资料；检查数量则指工程项目在隐蔽前的抽查数量。

4.7.7 回填材料为土时，土质应均匀，其含水量应接近最佳含水量（误差不超过 3%）；灰土应严格控制配合比，搅拌均匀，颜色基本一致，压实后表面平整、无松散、起皮、裂纹；天然砂石级配良好，粗细颗粒分配均匀，压实后不得有砂窝及梅花现象。

表 4.7.7 回填土压实度的规定，系在原规范第 4.3.5 条文基础上补充。本规范中压实度的检验点数根据各地工程实践来确定。相对《建筑地基基础工程施工质量验收规范》GB 50202—2002 第 4.1.5 条（强制性条文）控制较为严格。

5 取水与排放构筑物

5.1 一 般 规 定

5.1.2 取水与排放构筑物中进、出水管渠工程，包括现浇钢筋混凝土管渠、涵渠和预制管铺设的管渠、涵渠；本规范统称为管渠。

5.1.5 本条规定了工程施工前应具备的基本条件，特别是临近水体作业，施工船舶、设备的停靠、锚泊及预制件驳运、浮运和施工作业时，应制定水下开挖基坑或沟槽施工方案，必要时可进行试挖或试爆；设置水下构筑物及管道警示标志，水中及水面构筑物的防冲撞设施。

5.2 地下水取水构筑物

5.2.1 地下水取水构筑物施工期间应避免地面污水及非取水层水渗入取水层。如不慎造成取水层污染，应及时采取补救措施。

5.2.2 地下水取水构筑物大口井施工完毕并经检验合格后，应按本条规定进行抽水清洗至水中的含砂量小于或等于1/200000（体积比），方可停止抽水清洗。

5.2.4 本条第1款管节为工厂预制的成品管节；采用无砂混凝土现场制作大口井井筒或渗渠集水管时，应经试验确定其骨料粒径、灰石比和水灰比，并应制定搅拌、浇筑和养护的施工措施，其渗透系数、阻砂能力和强度应不低于设计要求。

5.2.6 本条第1款施工方法有锤打法、顶管法、机械水平钻进法、水射法、水射法与锤打法或顶管法的联合以及其他方法；第4款（2）要求锤打施力中心线或顶进千斤顶的合力作用中心线与所施做的辐射管的中心线同轴。

5.3 地表水固定式取水构筑物

5.3.1 本条第3款水下基坑（槽）开挖，可采用挖泥船、空气吸泥机或爆破法开挖；主体结构施工，可采用围堰法、沉井法等方法；沉井法施工，可采用筑岛法、浮运法施工；沉井的制作、下沉及封底应符合本规范第7.3节的要求。

5.4 地表水活动式取水构筑物

5.4.2 本条对水下抛石作业作出具体规定。由于地表水活动式取水构筑物所处河段都是冲刷河段，河岸受水流冲击很大，为保证取水设施的安全，一般都要抛石护岸。护岸区是有一定范围的，施工中要根据设计要求在岸上设置控制标杆，抛石船对着岸上的标杆来控制抛石的位置。

5.4.11 水压试验应按《给水排水管道工程施工及验收规范》GB 50268的相关规定执行。

5.5 排放构筑物

5.5.3 本条对翼墙背后填土规定：在混凝土或砌筑砂浆达到设计抗压强度后方可进行；填土时，墙后不得有积水；墙后反滤层与填土应同时进行。

5.5.4 本条对岸边排放的出水口护坡、护坦砌筑施工作出规定。石料不得有翘口石、飞口石，翘口石系指顶面不平的砌石，飞口石系指外棱不齐的砌石。浆砌法一般指铺浆法砌筑，要求灰浆饱满、嵌缝严密、无掏空、松动现象；干砌即不用砂浆铺砌，大多采用立砌法，要求砌体缝口紧固，底部应垫稳、填实，严禁架空。

通缝指砌体中上下皮块材搭接长度小于规定数值的竖向灰缝；假缝指砌体仅在表面做灰缝处理的灰缝；丢缝指砌体未做灰缝处理的灰缝。

5.5.6 本条对砌筑细石混凝土结构的试块留置及验收批进行了规定：浆砌石采用细石混凝土，每100m³的砌体为一个验收批，应至少检验一次强度；每次应制作试块一组，每组三块。

5.6 进、出水管渠

5.6.2 进、出水管渠铺设可采用开槽法、沉管法或非开槽法施工。沉管法施工可采用浮拖法、船吊法等进行管道就位；预制管段的拖运、浮运、吊运及下沉应按《给水排水管道工程施工及验收规范》GB 50268的相关规定执行。

5.7 质量验收标准

5.7.1 本规范将钢筋混凝土结构、砖石砌体结构工程的各分项工程质量验收具体规定列入第6.8.1～6.8.9条；各单体构筑物工程的质量验收仅列出其专项规定。

5.7.3 第5款规定混凝土表面不得出现有害裂缝。有害裂缝应指附录表F.0.1中的严重缺陷的裂缝；本规范中允许偏差按构筑物尺寸，如长（L）、高（H）、半径（R）等的百分比控制时，构筑物尺寸与允许偏差计量单位必须相同。

5.7.6 本条第4款参照《混凝土结构工程施工质量验收规范》GB 50204—2002第8.2节规定：一般项目中，外观质量不宜有一般缺陷；已出现的一般缺陷应按技术方案进行处理后重新验收。一般缺陷见本规范附录表F.0.1规定。

本规范中D_o表示管道或圆形构筑物的外径，D_i表示内径。预制管铺设的管渠工程质量验收应符合《给水排水管道工程施工及验收规范》GB 50268的相关规定。

5.7.8 本规范参照《混凝土结构工程施工质量验收规范》GB 50204—2002第8.2节规定：混凝土结构主控项目中，外观质量无严重缺陷；给排水构筑物混凝土结构应比其他构（建）筑物要求严格。

6 水处理构筑物

6.1 一般规定

6.1.1 水处理包括给水处理和污水处理，由于工艺要求，每个单体构筑物都有其相应的、专一的功能要求，并在土建工程结构结束后安装相应处理装置和设备。本章依照分项工程（工序）施工顺序对水处理构筑物施工及验收作出详细的规定。

6.1.3 本条规定了水处理构筑物的满水试验前应具备的基本要求，并规定了混凝土结构、装配式预应力混凝土结构、砌体结构等水处理构筑物满水试验、池壁外和池顶的回填土方等施工顺序；如需倒序施工，必须征得设计等方面同意方可进行。

6.1.4 本条为强制性条文，规定水处理构筑物施工完毕必须进行满水试验，消化池满水试验合格后，还应按本规范第9.3节的规定进行气密性试验。

6.1.7 砂浆的流动性也称为稠度，现场测试采用10s的沉入深度。

6.1.8 本条规定了位于构筑物基坑影响范围内的管道施工应符合的具体要求，强调应在回填前进行隐蔽验收，合格后方可进行回填施工；为保证管道地基承载能力，必要时经过设计的同意，可进行地基加固处理或提高管道结构的强度。

6.1.9 管道穿墙部位的处理应符合设计要求，当设计无具体要求时应按本条规定处理。

6.2 现浇钢筋混凝土结构

6.2.2 本条规定了水处理构筑物的混凝土模板安装不同于其他行业的具体要求。第6款强调了池体混凝土模板对拉螺栓设置的要求。

本条第7款系《混凝土结构工程施工质量验收规范》GB 50204—2002第4.2.5条内容。

6.2.3 本条参考了《混凝土结构工程施工质量验收规范》GB 50204—2002第4.3节的内容，在本规范第6.8.3条第5款进行规定；混凝土模板的拆除施工过程控制应参照《混凝土结构工程施工质量验收规范》GB 50204—2002第4.3节规定执行。

6.2.4 水处理构筑物的钢筋进场检验以及钢筋加工应参照《混凝土结构工程施工质量验收规范》GB 50204—2002第5.1、5.2、5.3节的规定执行。本条仅对钢筋的连接、安装给出具体规定。

钢筋绑扎接头的搭接长度，除应符合本规范表6.2.4要求外，在受拉区不得小于300mm，在受压区不得小于200mm；混凝土设计强度大于15MPa时，其最小搭接长度应按本规范表6.2.4的规定执行；混凝土设计强度为15MPa时，除低碳冷拔钢丝外，最小搭接长度应按表中数值增加$5d_0$；直径大于25mm的带肋钢筋，其最小搭接长度应按表中相应数值乘以系数1.1取用；对环氧树脂涂层的带肋钢筋，其最小搭接长度应按表中相应数值乘以系数1.25取用。

本条第5款强调了钢筋保护层厚度的控制，钢筋保护层最小厚度参见《给水排水工程构筑物结构设计规范》GB 50069—2002第6.1.3条规定；鉴于水处理构筑物的特点，施工过程中从钢筋的加工尺寸到钢筋和模板的安装都必须严格加以控制。

6.2.6 本条参考了《混凝土结构工程施工质量验收规范》GB 50204—2002第7.2节内容，对给排水构筑物工程的混凝土原材料及外加剂、掺合料选择与使用作出规定。特别是强调水池混凝土不得掺入含有氯盐成分的外加剂，外加剂和矿物掺合料的掺量应通过试验确定。混凝土中的碱含量控制参见《混凝土结构设计规范》GB 50010—2002第3.4.2条结构混凝土的基本要求；C25、C30强度等级混凝土的最大碱含量3.0kg/m³；使用非碱活性骨料时，对混凝土中的

碱含量可不作限制。拌合用水的水质应符合《混凝土用水标准》JGJ 63规定。

6.2.7 本条规定了混凝土配合比及拌制要求，参考了《混凝土结构工程施工质量验收规范》GB 50204—2002第7.3.2条规定：首次使用的混凝土配合比应进行开盘鉴定，其工作性质满足设计配合比的要求；开始生产时应至少留置一组标准养护试件，作为验证配合比的依据。混凝土试块的尺寸及强度换算系数应按《混凝土结构工程施工质量验收规范》（GB 50204—2002）表7.1.2的规定选用。

6.2.8 本规范结合行业特点，在总结工程实践经验基础上，并参考了北京、上海等地方标准给出了混凝土试块的留置、混凝土试块的验收批和混凝土试块的抗压强度、抗渗性能、抗冻性能的评定应遵循的具体规定；其中试块留置和验收批的规定视不同结构或不同构筑物有所变化；但是试块的抗压强度、抗渗性能、抗冻性能的评定验收应按照本条的规定执行。

6.2.19 水工构筑物混凝土浇筑完毕后，应按施工方案及时采取有效的养护措施。当日平均气温低于5℃时，不得浇水；通常采用塑料布或土工布覆盖洒水养护的方法；混凝土表面不便浇水或使用塑料布时，宜涂刷养护剂；对大体积混凝土的养护，应根据气候条件按施工技术方案采用控温措施；冬期施工环境最低温度不低于−15℃时，可采取蓄热法养护或带模养护等措施。

6.3 装配式混凝土结构

6.3.7 有裂缝的构件应进行技术鉴定，判定其是否属于严重质量缺陷，经过有关处理后能否使用。施工单位提出的技术处理方案，需有关方面进行确认。

6.4 预应力混凝土结构

6.4.2 预应力筋、锚具、夹具和连接器的进场检验应按《混凝土结构工程施工质量验收规范》GB 50204—2002第6.1节和第6.2节规定和设计要求执行；预应力筋端部锚具的制作还应执行其第6.3.5条的规定。

6.4.9 预应力钢丝接头应采用18～20号绑丝绑扎牢固。

6.4.12 本条第5款对喷射水泥砂浆试块留置、验收批作出了具体规定；其质量验收评定应按本规范第6.5.2条和第6.5.3条的规定执行。喷射水泥砂浆试块应采用边长为70.7mm的立方体，每组六块。第1款水泥砂浆用砂的含水率宜为1.5%～5.0%，最优含水率应经试验确定。含泥量小于3%。

6.4.13 本条第3款张拉程序的规定参考了《公路桥涵施工技术规范》JTJ 041—2000第12.10.3条内容。

第4、5、6款参考了《混凝土结构施工质量验收规范》GB 50204—2002第6.4节内容；过程控制时，

检查数量应参照执行。

6.4.14 本条第 4 款水泥浆抗压强度试块制作的具体规定，试块应标准养护 28d；试块抗压强度的采用值（代表值）应为一组试块的平均值；当一组试块中的最大值或最小值与平均值相差大于 20％时，应取中间 4 个试块强度的平均值。

6.5 砌 体 结 构

6.5.1 第 6 款规定砂浆应在初凝前使用，已凝结的砂浆不得使用，且不得掺入新拌制砂浆使用。

6.5.2 本条参考了《砌体工程施工质量验收规范》GB 50203—2002 第 4.0.12 条，规定了砌体水处理构筑物砂浆试块强度的验收批和试块留置数量的规定：同类型、同强度等级的砂浆试块，每砌筑 100m³ 的砌体作为一个验收批，不足 100m³ 也应作为一个验收批；每验收批应留置试块一组，每组六块。当砂浆组成材料有变化时，应增块留置数量。

6.5.3 本条参考了《砌体工程施工质量验收规范》GB 50203—2002 第 4.0.12 条，规定了砌筑砂浆试块验收其强度合格的标准规定：统一验收批各组试块抗压强度的平均值不得低于设计强度等级所对应的立方体抗压强度；各组试块中任意一组的强度平均值不得低于设计强度等级所对应的立方体抗压强度的 75％。本规范中除砌筑砂浆试块外，预应力筋保护层、孔道灌浆和封锚等所用的水泥砂浆、水泥浆等试块验收其强度合格的标准也必须执行本条规定；只是试块留置及验收批规定有所不同。

6.5.5 砌筑砌体时，砌石应保持湿润，砖应提前 1～2d 浇水湿润。

6.5.10 本条第 3 款的规定参照了《砌体工程施工质量验收规范》GB 50203—2002 第 5.2.3 条（强制性条文）。

6.5.12 本条第 1 款参考《砌体工程施工质量验收规范》GB 50203—2002 第 7.1.7 条，规定分层找平；每砌 3～4 皮为一个分层高度，每个分层高度应找平一次。

6.6 塘 体 结 构

6.6.1 塘体构筑物因其施工简便、造价低，近些年来在工程实践中应用较多，如 BIOLAKE 工艺中的氧化塘；本规范在总结工程实践的基础上作出了规定。基槽施工是塘体构筑物施工关键的分项工程，必须按照本规范第 4 章的相关规定和设计要求做好基础处理和边坡修整。本条第 2 款对此进行了规定，边坡应为符合设计要求的原状土，不得人工贴补。

6.6.5 塘体结构水工构筑物防渗施工是塘体结构施工的关键环节，首先应按设计要求控制防渗材料类型、规格、性能、质量；进场的防渗材料应按国家相关标准的规定进行检验，防渗材料施工应按设计要求

或参照《城市生活垃圾卫生填埋技术规范》CJJ 17 有关规定对连接、焊接部位的施工质量严格控制、检验与验收。

6.7 附属构筑物

6.7.1 本规范的附属构筑物涵盖了主体构筑物以外的所有细部结构、各类工艺井、工艺辅助构筑物工程，以及连接管道、管渠工程等。

6.7.3 本条对细部结构、工艺辅助构筑物工程施工作出具体规定，特别是对薄壁混凝土结构或外形复杂的构筑物，必须采取相应的施工技术措施，确保二次浇筑混凝土的模板及支架稳固、拼接严密，防止钢筋、模板发生变形、走动，避免混凝土出现质量缺陷。第 5 款规定拟浇筑的细部结构、工艺辅助构筑物混凝土和已浇筑的混凝土主体结构衔接按施工缝处理。

6.7.4 细部结构、工艺辅助构筑物混凝土一次连续浇筑量相对于水处理构筑物要少得多，本节在总结工程实践的基础上对试块的留置及其验收批进行了规定。

6.7.5 参考了相关规范，本节对细部结构、工艺辅助构筑物砌筑砂浆试块留置及其验收批进行了规定。

6.7.6 本条第 7 款水泥砂浆抹面宜分为两道，是指设计无具体要求，抹面厚度为 20mm 时，第一道宜厚 12～13mm，第二道宜厚 7～8mm，两道抹面间隔时间应不小于 48h。

6.7.7 本条第 1 款中规定当使用木模板时，应在适当位置，如拱中心设八字缝板，以消除模板和混凝土的应力。

6.8 质量验收标准

6.8.1 本条所列模板支架质量验收主控项目第 2 项"各部位的模板安装位置正确、拼缝紧密不漏浆；对拉螺栓、垫块等安装稳固；模板上的预埋件、预留孔洞不得遗漏，且安装牢固；"参考了《混凝土结构工程施工质量验收规范》GB 50204—2002 第 4.2.6 条的规定，在过程控制时，可参照该条规定的检查数量。

6.8.2 进场钢筋的质量检验、钢筋加工应参照《混凝土结构工程施工质量验收规范》GB 50204—2002 第 5.2 节和 5.3 节的相关规定执行；在过程控制时，可参照该节规定的检查数量。

6.8.5 本条第 2 款规定圆形构筑物缠丝张拉预应力筋下料、墩头加工必须符合设计要求，设计无具体要求时，应参照《混凝土结构工程施工质量验收规范》GB 50204—2002 第 6.3 节规定执行。

6.8.6 本条第 2 款规定预应力钢绞线下料加工必须符合设计要求，设计无具体要求时，应参照《混凝土结构工程施工质量验收规范》GB 50204—2002 第 6.3 节规定执行。

6.8.7 本条第 4 款规定构筑物外壁不得渗水，术语渗水的描述见附录 G。

7 泵 房

7.2 泵 房 结 构

7.2.4 本条第 4 款规定混凝土应分层顺序进行，浇筑时入模混凝土上升高度应一致平衡，并使混凝土能输送到位，不得采用振捣棒的振动长距离驱使混凝土流向低处。

7.2.8 本条第 6 款规定地脚螺栓预埋采用植筋时，应通过试验确定其技术参数。

7.3 沉 井

7.3.1 近些年来，采用沉井法施工泵房等给排水地下构筑物较多，本规范在总结上海等地实践经验的基础上，对泵房沉井法施工作出较详细的技术规定。

7.3.12 本文第 4 款为强制条文，是基于近年工程实践经验而作出的规定。

7.3.13 本条第 3 款规定水中开挖、出土方式应根据井内水深、周围环境控制要求等因素选择。用抓斗水中挖土时，坑底应保持"中心深、四周浅"，并应符合"锅底"状的要求；采用水力机械挖土时，水力吸泥装置应抽取汇流至集泥坑中的泥浆，防止直接抽取土层或局部吸泥过深；当井内水深超过 10m、周围环境控制要求较高时，可采用空气吸泥法或水力钻吸法出土。

7.3.14 本条第 2 款规定应按施工方案规定的顺序和方式开挖，基本要求如下：

　　1 下沉阶段，应"先中后边"，形成"锅底"状，并控制"锅底"深度；

　　2 终沉阶段，应"先边后中"，形成"反锅底"状，并随"反锅底"的平缓开挖使沉井缓慢到位。

7.3.15 沉井施工当下沉量及速率（系数）偏小时，应按本条规定的辅助方法助沉。

7.3.18 水下封底浇筑混凝土导管采用直径为 200～300mm 的钢管制作，并应有足够的强度和刚度；导管内壁应光滑，管段的接头应密封良好并便于拆装。

　　导管的数量应由计算确定；导管的有效作用半径可取 3～4m，其布置应使各导管的浇筑面积互相覆盖，对边沿或拐角处，可加设导管。

　　导管设置的位置应准确；每根导管上端应装有数节 1.0m 长的短管；导管中应设球塞或隔板等隔水装置；导管底端部应尽量靠近坑底，但应保证球塞顺利地放出或隔板完全打开。

7.4 质量验收标准

7.4.5 沉井四角高度差指顶面测得的高差，中心位移指轴心。

8 调蓄构筑物

8.1 一 般 规 定

8.1.1 本规范将水塔、水柜和调蓄池（清水池、调节水池、调蓄水池）等给排水构筑物归类为"调蓄构筑物"。

　　近年来我国大城市供水系统中采用水塔和钢水柜较少，普遍采用变频高压供水系统。但鉴于各地的发展不均衡，一些地区仍在采用水塔和钢水柜供水系统，本章保留了原规范第九章水塔部分内容。

8.1.6 本条为强制性条文，规定调蓄构筑物施工完成后必须按本规范第 9 章规定进行满水试验。

8.2 水 塔

8.2.1 内倒锥外正锥组合壳俗称"M"形壳，"M"形和球形等组合壳体基础施工首先控制好土模成型，其次是控制好壳体混凝土厚度；特制的靠尺是指事先放样制成的板靠尺，用来检查控制混凝土厚度。

8.3 水 柜

8.3.1 水柜在地面进行满水试验时，水柜尚无底板，故需对地下室底板及内墙采取防渗漏措施。竣工后可不必再进行满水试验。

8.3.3 水柜吊装应制定施工方案和安全技术方案，以保证施工安全。

8.3.5 本条第 3 款筋网绑扎可采用 22 号钢丝或退火钢丝绑扎。

9 功能性试验

9.2 满 水 试 验

9.2.1 本条第 5 款规定满水试验时，如对池体有沉降观测要求时应设置观测点。

9.2.3 本条第 5 款规定了渗水量测定符合标准要求时必须测量两次以上，以验证准确性；观测的渗水量超过允许标准要求时，应继续观测；如其后的渗水量逐渐减少，应继续延长观测时间至渗水量符合标准时止。

9.2.4 蒸发量的检测具体要求：①现场测定蒸发量的设备，可采用直径为 500mm，高 300mm 的敞口钢板水箱，并设有测定水位的测针。水箱应经检验，不得渗漏；②水箱应固定在水池中，水箱中充水深度可在 200mm 左右；③测定水池中水位的同时，测定水箱中的水位；④现场测定蒸发量时，其设备型号、形式、材质等都将对蒸发量产生不同程度的影响，因此，当采用其他方法测定蒸发量时，须经严格试验后确定。

9.2.5 采用式（9.2.5）计算水池渗水量，连续观测时，前次的 E_2、e_2 即为下次的 E_1 及 e_1；按式（9.2.5）计算的结果，渗水量如超过本规范第 9.2.6 条第 2 款的规定标准，应检查出原因所在，处理后重新进行测定。雨天时，不应进行满水试验渗水量的测定。

9.3 气密性试验

9.3.1 本条第 1 款规定试验水池满水试验和气密性试验的顺序，污水处理构筑物中消化池应进行满水试验和气密性试验。

附录 A 给排水构筑物单位工程、分部工程、分项工程划分

给排水构筑物工程检验与验收项目应依照工程合同划分为工程项目、单位工程、单体工程；单位工程可划分为：验收批、分项工程、分部工程。且应按不同单体构筑物分别设置分项工程，单体构筑物分项工程视需要可设验收批；其他分项工程可按变形缝位置、施工作业面、标高等分为若干个验收部位。

本表供工程施工使用，具体验收批、子分部、子

单位工程设置应根据工程的具体情况，由施工单位会同建设、设计和监理等单位商定。

附录 B 分项、分部、单位工程质量验收记录

验收批、子分部工程、子单位工程可分别使用分项工程、分部工程和单位工程的质量验收记录表。

附录 F 钢筋混凝土结构外观质量缺陷评定方法

给排水构筑物工程质量验收中观感质量评定，需对钢筋混凝土结构外观质量缺陷较科学地进行评定，表 F.0.1 参考了《混凝土结构工程施工质量验收规范》GB 50204—2002 第 8.1.1 条的相关规定。

附录 G 混凝土构筑物渗漏水程度评定方法

本附录根据工程实践，并参考了相关规范对给排水构筑物渗漏水程度评定的术语和定义进行了规定，以供使用时参考。

中华人民共和国国家标准

工业建筑可靠性鉴定标准

Standard for appraisal of reliability
of industrial buildings and structures

GB 50144—2008

主编部门：中 国 冶 金 建 设 协 会
批准部门：中华人民共和国住房和城乡建设部
施行日期：２ ０ ０ ９ 年 ５ 月 １ 日

中华人民共和国住房和城乡建设部
公　告

第 157 号

<hr>

关于发布国家标准
《工业建筑可靠性鉴定标准》的公告

现批准《工业建筑可靠性鉴定标准》为国家标准，编号为 GB 50144—2008，自 2009 年 5 月 1 日起实施。其中，第 3.1.1 (1)、6.2.1、6.2.2、6.2.3、6.3.1、6.3.3、6.4.1、6.4.2、6.4.3 条（款）为强制性条文，必须严格执行。原《工业厂房可靠性鉴定标准》GB 50144—90 同时废止。

本标准由我部标准定额研究所组织中国计划出版社出版发行。

中华人民共和国住房和城乡建设部
二〇〇八年十一月十二日

前　言

本标准是根据住房和城乡建设部"关于印发《二〇〇〇至二〇〇一年度工程建设国家标准制订、修订计划》的通知"（建标函〔2001〕87 号）的要求，由中冶建筑研究总院有限公司（原冶金工业部建筑研究总院）会同高校、科研、设计和企业等单位共同对原《工业厂房可靠性鉴定标准》GBJ 144—90（以下简称"原标准"）进行了全面修订。

在修订过程中，编制组开展了专题研究，进行了广泛的调查分析，总结了十余年来我国工业建筑可靠性鉴定方面的实践经验，与国际先进的相关标准作了比较和借鉴，与国内相关鉴定标准和现行标准规范进行了协调。在此基础上以多种方式广泛征求了全国有关单位和专家的意见，并进行了工程试点应用和多次讨论修改，最后经审查定稿。

本标准修订后共有 10 章 6 个附录，主要修订内容是：

1. 为了适应工业建筑可靠性鉴定的发展和需要，扩大了原标准的适用范围，将钢结构鉴定从原来的单层厂房扩大到多层厂房，并增加了常见工业构筑物可靠性鉴定的内容。

2. 增加了术语，明确了含义，特别在基本规定中根据工业建筑的特点和鉴定需要，新增加了工业建筑在什么情况下应或宜进行常规的可靠性鉴定、结构存在哪些问题可进行深化的专项鉴定，以及鉴定对象和目标使用年限等规定，进一步明确了可靠性鉴定的基本要求和相关规定。

3. 对工业建筑物的原鉴定程序及其工作内容，评级层次、等级划分及评定项目等进行了补充和修改，特别是将构件和结构系统两个层次改为进行安全性评定和正常使用性评定，需要时可由此综合进行可靠性等级评定，以满足结构鉴定能够分清问题和实际具体处理的需要；并对原鉴定评级标准作了调整和修改，提高了分级标准的实际水准。

4. 在调查与检测中，对原标准"使用条件的调查"一章中的条文作了局部修订和补充，特别是补充了建、构筑物使用环境的调查内容，使结构工作环境分类进一步细化，以便于在实际鉴定中应用；并增加了工业建筑的调查与检测的规定，以加强对可靠性鉴定的基础性工作的要求。

5. 将原标准中关于结构或构件验算分析的条文作了局部修订和补充，并单列一章"结构分析与校核"，进一步明确了结构或构件按结构的承载能力极限状态和正常使用极限状态进行校核、分析的要求。

6. 在构件的鉴定评级中，对原标准的有关评级规定进行了适当补充和修改，特别是增加了构件安全性等级和使用性等级的几种评定方法及其适用条件的规定，增加了因构件的适用性或耐久性问题严重而影响其安全性的评级规定。

7. 在结构系统的鉴定评级中，对原标准的有关评级规定作了适当补充和修改，根据地基基础的特点，进一步明确了地基基础的安全性以地基变形观测资料和建、构筑物现状为主的评定原则，修改了需要按承载力评定其安全性时的评级方法；对原有的单层厂房承重结构系统的近似评级方法进行适当修改后，还增补了多层厂房上部承重结构评级的原则规定等。

8. 对行业标准《钢铁工业建（构）筑物可靠性鉴定规程》YBJ 219—89 中的构筑物（包括烟囱、贮仓、通廊）鉴定评级的相关条文进行了修订，增加了水池鉴定评级的内容，根据工业构筑物的特点，规定了可靠性鉴定评级的层次、结构系统划分及检测评定项目等，并单列一章"工业构筑物的鉴定评级"。

9. 将原标准中有关鉴定报告所包括的内容作了局部修订，又补充了鉴定报告编写应符合的要求，并专门列为一章，以满足实际鉴定和维修管理的需要。

10. 为适应可靠性鉴定工作的深入和发展，在总结工程鉴定实践经验和近年来科研成果的基础上，增加了有关结构耐久性评估、疲劳寿命评估、振动影响和监测评定等几个附录，可用于可靠性鉴定特别是专项鉴定。

本标准以黑体字标志的条文为强制性条文，必须严格执行。

本标准由住房和城乡建设部负责管理和对强制性条文的解释，由中冶建筑研究总院有限公司负责具体内容解释。在执行过程中，请各单位结合工程实践，认真总结经验，并将意见和建议寄交中冶建筑研究总院有限公司（地址：北京市海淀区西土城路 33 号，邮政编码：100088）。

本标准主编单位、参编单位和主要起草人：

主 编 单 位：中冶建筑研究总院有限公司（原冶金工业部建 筑研究总院）

参 编 单 位：西安建筑科技大学
国家工业建筑诊断与改造工程技术研究中心
中国机械工业集团公司
中国京冶工程技术有限公司
北京钢铁设计研究总院
中冶京诚工程技术有限公司
重庆钢铁设计研究总院
中冶赛迪工程技术股份有限公司
中国航空工业规划设计研究院
中国电子工程设计院
上海宝钢工业检测公司
宝山钢铁股份有限公司
武汉钢铁股份有限公司
第一汽车集团公司

主要起草人：惠云玲　张家启　李　宁　林志伸
岳清瑞　陆贻杰　姚继涛　姜迎秋
杨建平　辛鸿博　牛荻涛　徐　建
弓俊青　常好诵　王立军　李书本
娄　宇　幸坤涛　姜　华　徐名涛
李京一　佟晓利　李小瑞　张长青
王　发　郑　云　王　罡　徐克利
黄新豪　程海波

目　　次

1 总　则

1.0.1 为了适应工业建筑可靠性鉴定的发展和需要，加强对既有工业建筑的安全与合理使用的技术管理，制定本标准。

1.0.2 本标准适用于下列既有工业建筑的可靠性鉴定：

　　1 以混凝土结构、钢结构、砌体结构为承重结构的单层和多层厂房等建筑物。

　　2 烟囱、贮仓、通廊、水池等构筑物。

1.0.3 工业建筑的可靠性鉴定，应由有相应资质的鉴定单位承担。

1.0.4 地震区、特殊地基土地区、特殊环境中或灾害后的工业建筑的可靠性鉴定，除应执行本标准外，尚应遵守国家现行有关标准规范的规定。

2　术语、符号

2.1　术　语

2.1.1 既有工业建筑　existing industrial buildings and structures

　　已存在的、为工业生产服务，可以进行和实现各种生产工艺过程的建筑物和构筑物。

2.1.2 既有结构　existing structure

　　既有工业建筑中的各类承重结构。

2.1.3 可靠性鉴定　appraisal of reliability

　　对既有工业建筑的安全性、正常使用性（包括适用性和耐久性）所进行的调查、检测、分析验算和评定等一系列活动。

2.1.4 专项鉴定　special appraisal

　　针对既有结构的专项问题或按照特定要求所进行的鉴定。

2.1.5 目标使用年限　target working life

　　既有工业建筑鉴定所期望的使用年限。

2.1.6 调查　investigation

　　通过查阅文件，进行现场观察和询问等手段进行的信息收集。

2.1.7 检测　inspection

　　对既有结构的状况或性能所进行的检查、测量和检验等工作。

2.1.8 监测　monitoring

　　对结构状况或作用所进行的经常性或连续性的观察或测量。

2.1.9 评定　assessment

　　根据调查、检测和分析验算结果，对既有结构的安全性和正常使用性按照规定的标准和方法所进行的评价。

2.1.10 鉴定单元　appraisal unit

　　根据被鉴定建、构筑物的结构体系、构造特点、工艺布置等不同所划分的可以独立进行可靠性评定的区段，每一区段为一鉴定单元。

2.1.11 结构系统　structure system

　　鉴定单元中根据建筑结构的不同使用功能所细分的鉴定单位，对工业建筑物一般可按地基基础、上部承重结构、围护结构划分为三个结构系统。

2.1.12 构件　member

　　结构系统中进一步细分的基本鉴定单位，一般是指承受各种作用的单个结构构件，个别是指一种承重结构的一个组成部分。

2.1.13 评定项目　items of assessment

　　用于评定建、构筑物及其组成部分可靠性的项目。简称项目。

2.1.14 重要构件　important member

　　其自身失效将导致其他构件失效并危及承重结构系统安全工作的构件，或直接影响生产设备运行的构件。

2.1.15 次要构件　less important member

　　其自身失效为孤立事件不会导致其他构件失效，并不直接影响生产设备运行的构件。

2.2　符　号

2.2.1 结构性能及作用效应：

　　R——结构或构件的抗力；

　　S——结构或构件的作用效应；

　　γ_0——结构重要性系数；

　　l_0——构件的计算跨度或计算长度；

　　h——框架层高或多层厂房层间高度；

　　H——自基础顶面到柱顶的总高度；

　　H_c——基础顶面至吊车梁或吊车桁架顶面的高度。

2.2.2 鉴定评级：

　　a、b、c、d——构件的可靠性评定等级；

　　A、B、C、D——结构系统的可靠性评定等级；

　　一、二、三、四——鉴定单元的可靠性评定等级。

3　基本规定

3.1　一般规定

3.1.1 工业建筑的可靠性鉴定，应符合下列要求：

　　1 在下列情况下，应进行可靠性鉴定：

　　　1）达到设计使用年限拟继续使用时；

　　　2）用途或使用环境改变时；

　　　3）进行改造或增容、改建或扩建时；

　　　4）遭受灾害或事故时；

　　　5）存在较严重的质量缺陷或者出现较严重的

腐蚀、损伤、变形时。

2 在下列情况下，宜进行可靠性鉴定：

  1）使用维护中需要进行常规检测鉴定时；

  2）需要进行全面、大规模维修时；

  3）其他需要掌握结构可靠性水平时。

3.1.2 当结构存在下列问题且仅为局部的不影响建、构筑物整体时，可根据需要进行专项鉴定：

1 结构进行维修改造有专门要求时；

2 结构存在耐久性损伤影响其耐久年限时；

3 结构存在疲劳问题影响其疲劳寿命时；

4 结构存在明显振动影响时；

5 结构需要进行长期监测时；

6 结构受到一般腐蚀或存在其他问题时。

3.1.3 鉴定对象可以是工业建、构筑物整体或所划分的相对独立的鉴定单元，亦可是结构系统或结构。

3.1.4 鉴定的目标使用年限，应根据工业建筑的使用历史、当前的技术状况和今后的维修使用计划，由委托方和鉴定方共同商定。

    对鉴定对象的不同鉴定单元，可确定不同的目标使用年限。

3.2 鉴定程序及其工作内容

3.2.1 工业建筑可靠性鉴定，应按下列规定的程序（图3.2.1）进行。

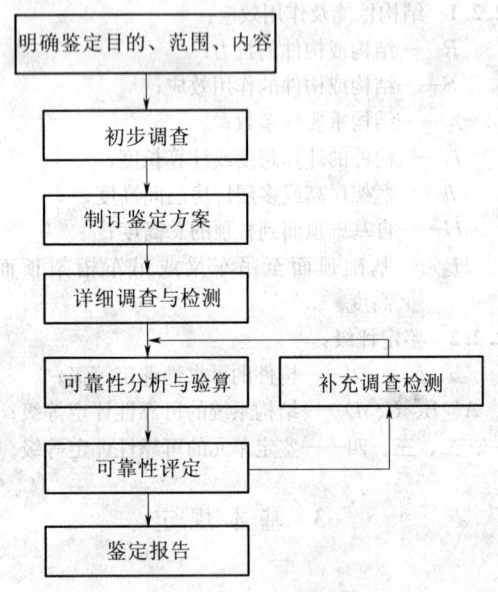

图 3.2.1 可靠性鉴定程序

3.2.2 鉴定的目的、范围和内容，应在接受鉴定委托时根据委托方提出的鉴定原因和要求，经协商后确定。

3.2.3 初步调查宜包括下列基本工作内容：

1 查阅图纸资料，包括工程地质勘察报告、设计图、竣工资料、检查观测记录、历次加固和改造图

纸和资料、事故处理报告等。

2 调查工业建筑的历史情况，包括施工、维修、加固、改造、用途变更、使用条件改变以及受灾害等情况。

3 考察现场，调查工业建筑的实际状况、使用条件、内外环境，以及目前存在的问题。

4 确定详细调查与检测的工作大纲，拟订鉴定方案。

3.2.4 鉴定方案应根据鉴定对象的特点和初步调查结果、鉴定目的和要求制订。内容应包括检测鉴定的依据、详细调查与检测的工作内容、检测方案和主要检测方法、工作进度计划及需由委托方完成的准备工作等。

3.2.5 详细调查与检测宜根据实际需要选择下列工作内容：

1 详细研究相关文件资料。

2 详细调查结构上的作用和环境中的不利因素，以及它们在目标使用年限内可能发生的变化，必要时测试结构上的作用或作用效应。

3 检查结构布置和构造、支撑系统、结构构件及连接情况，详细检测结构存在的缺陷和损伤，包括承重结构或构件、支撑杆件及其连接节点存在的缺陷和损伤。

4 检查或测量承重结构或构件的裂缝、位移或变形，当有较大动荷载时测试结构或构件的动力反应和动力特性。

5 调查或测量地基的变形，检查地基变形对上部承重结构、围护结构系统及吊车运行等的影响。必要时可开挖基础检查，也可补充勘察或进行现场荷载试验。

6 检测结构材料的实际性能和构件的几何参数，必要时通过荷载试验检验结构或构件的实际性能。

7 检查围护结构系统的安全状况和使用功能。

3.2.6 可靠性分析与验算，应根据详细调查与检测结果，对建、构筑物的整体和各个组成部分的可靠度水平进行分析与验算，包括结构分析、结构或构件安全性和正常使用性校核分析、所存在问题的原因分析等。

3.2.7 在工业建筑可靠性鉴定过程中，若发现调查检测资料不足或不准确时，应及时进行补充调查、检测。

3.2.8 工业建筑物的可靠性鉴定评级，应划分为构件、结构系统、鉴定单元三个层次；其中结构系统和构件两个层次的鉴定评级，应包括安全性等级和使用性等级评定，需要时可由此综合评定其可靠性等级；安全性分四个等级，使用性分三个等级，各层次的可靠性分四个等级，并应按表3.2.8规定的评定项目分层次进行评定。当不要求评定可靠性等级时，可直接给出安全性和正常使用性评定结果。

表 3.2.8　工业建筑物可靠性鉴定评级的层次、等级划分及项目内容

层次	I	II		III
层名	鉴定单元	结构系统		构件
可靠性鉴定	可靠性等级 一、二、三、四	等级	A、B、C、D	a、b、c、d
	建筑物整体或某一区段	安全性评定 地基基础	地基变形、斜坡稳定性	—
			承载力	—
		上部承重结构	整体性	—
			承载功能	承载能力 构造和连接
		围护结构	承载功能 构造连接	—
		正常使用性评定 地基基础	等级 A、B、C	a、b、c
			影响上部结构正常使用的地基变形	—
		上部承重结构	使用状况	变形裂缝 缺陷、损伤腐蚀
			水平位移	—
		围护系统	功能与状况	—

注：1　单个构件可按本标准附录 A 划分。

　　2　若上部承重结构整体或局部有明显振动时，尚应考虑振动对上部承重结构安全性、正常使用性的影响进行评定。

3.2.9　专项鉴定的鉴定程序可按可靠性鉴定程序，但鉴定程序的工作内容应符合专项鉴定的要求。

3.2.10　工业建筑可靠性鉴定（包括专项鉴定）工作完成后，应提出鉴定报告。鉴定报告的编写应符合本标准第 10 章的要求。

3.3　鉴定评级标准

3.3.1　工业建筑可靠性鉴定的构件、结构系统、鉴定单元应按下列规定评定等级：

1　构件（包括构件本身及构件间的连接节点）。

　1）构件的安全性评级标准：

　　a 级：符合国家现行标准规范的安全性要求，安全，不必采取措施；

　　b 级：略低于国家现行标准规范的安全性要求，仍能满足结构安全性的下限水平要求，不影响安全，可不采取措施；

　　c 级：不符合国家现行标准规范的安全性要求，影响安全，应采取措施；

　　d 级：极不符合国家现行标准规范的安全性要求，已严重影响安全，必须及时或立即采取措施。

　2）构件的使用性评级标准：

　　a 级：符合国家现行标准规范的正常使用要求，在目标使用年限内能正常使用，不必采取措施；

　　b 级：略低于国家现行标准规范的正常使用要求，在目标使用年限内尚不明显影响正常使用，可不采取措施；

　　c 级：不符合国家现行标准规范的正常使用要求，在目标使用年限内明显影响正常使用，应采取措施。

　3）构件的可靠性评级标准：

　　a 级：符合国家现行标准规范的可靠性要求，安全，在目标使用年限内能正常使用或尚不明显影响正常使用，不必采取措施；

　　b 级：略低于国家现行标准规范的可靠性要求，仍能满足结构可靠性的下限水平要求，不影响安全，在目标使用年限内能正常使用或尚不明显影响正常使用，可不采取措施；

　　c 级：不符合国家现行标准规范的可靠性要求，或影响安全，或在目标使用年限内明显影响正常使用，应采取措施；

　　d 级：极不符合国家现行标准规范的可靠性要求，已严重影响安全，必须立即采取措施。

2　结构系统。

　1）结构系统的安全性评级标准：

　　A 级：符合国家现行标准规范的安全性要求，不影响整体安全，可能有个别次要构件宜采取适当措施；

　　B 级：略低于国家现行标准规范的安全性要求，仍能满足结构安全性的下限水平要求，尚不明显影响整体安全，可能有极少数构件应采取措施；

　　C 级：不符合国家现行标准规范的安全性要求，影响整体安全，应采取措施，且可能有极少数构件必须立即采取措施；

　　D 级：极不符合国家现行标准规范的安全性要求，已严重影响整体安全，必须立即采取措施。

　2）结构系统的使用性评级标准：

　　A 级：符合国家现行标准规范的正常使用要求，在目标使用年限内不影响整体正常使用，可能有个别次要构件宜采取适当措施；

　　B 级：略低于国家现行标准规范的正常使用要求，在目标使用年限内尚不明显影响整体正常使用，可能有极少数构件应采取措施；

　　C 级：不符合国家现行标准规范的正常使用要求，在目标使用年限内明显影响整体正常使用，应采取措施。

　3）结构系统的可靠性评级标准：

A级：符合国家现行标准规范的可靠性要求，不影响整体安全，在目标使用年限内不影响或尚不明显影响整体正常使用，可能有个别次要构件宜采取适当措施；

B级：略低于国家现行标准规范的可靠性要求，仍能满足结构可靠性的下限水平要求，尚不明显影响整体安全，在目标使用年限内不影响或尚不明显影响整体正常使用，可能有极少数构件应采取措施；

C级：不符合国家现行标准规范的可靠性要求，或影响整体安全，或在目标使用年限内明显影响整体正常使用，应采取措施，且可能有极少数构件必须立即采取措施；

D级：极不符合国家现行标准规范的可靠性要求，已严重影响整体安全，必须立即采取措施。

3 鉴定单元。

一级：符合国家现行标准规范的可靠性要求，不影响整体安全，在目标使用年限内不影响整体正常使用，可能有极少数次要构件宜采取适当措施；

二级：略低于国家现行标准规范的可靠性要求，仍能满足结构可靠性的下限水平要求，尚不明显影响整体安全，在目标使用年限内不影响或尚不明显影响整体正常使用，可能有极少数构件应采取措施、极个别次要构件必须立即采取措施；

三级：不符合国家现行标准规范的可靠性要求，影响整体安全，在目标使用年限内明显影响整体正常使用，应采取措施，且可能有极少数构件必须立即采取措施；

四级：极不符合国家现行标准规范的可靠性要求，已严重影响整体安全，必须立即采取措施。

4 调查与检测

4.1 使用条件的调查与检测

4.1.1 使用条件的调查和检测应包括结构上的作用、使用环境和使用历史三个部分，调查中应考虑使用条件在目标使用年限内可能发生的变化。

4.1.2 结构上作用的调查和检测，可根据建、构筑物的具体情况以及鉴定的内容和要求，选择表4.1.2中的调查项目。

4.1.3 结构上的作用标准值应按下列规定取值：

1 经调查符合现行国家标准《建筑结构荷载规范》GB 50009规定取值者，应按规范选用。

2 当现行国家标准《建筑结构荷载规范》GB 50009未作规定或按实际情况难以直接选用时，可根据现行国家标准《建筑结构可靠度设计统一标准》GB 50068有关的原则规定确定。

表4.1.2 结构上的作用调查

作用类别	调查项目
永久作用	1. 结构构件、建筑配件、固定设备等自重； 2. 预应力、土压力、水压力、地基变形等作用
可变作用	1. 楼面活荷载； 2. 屋面活荷载； 3. 屋面、楼面、平台积灰荷载； 4. 吊车荷载； 5. 雪、冰荷载； 6. 风荷载； 7. 温度作用； 8. 动力荷载
偶然作用	1. 地震作用； 2. 火灾、爆炸、撞击等

4.1.4 当结构构件、建筑配件或构造层的自重在结构总荷载中起重要作用且与设计差异较大时，应对其自重进行测试。测试的自重标准值可按构件的实测尺寸和国家现行荷载规范规定的重力密度确定；当自重变异较大或国家现行荷载规范尚无规定时，可按本标准第4.1.3条第2款的规定确定。

4.1.5 当屋面、楼面、平台的积灰荷载在结构总荷载中起重要作用时，应调查积灰范围、厚度分布、积灰速度和清灰制度等，测试积灰厚度及干、湿容重，并结合调查情况确定积灰荷载。

4.1.6 吊车荷载、相关参数和使用条件应按下列规定进行调查和检测：

1 当吊车及吊车梁系统运行使用状况正常，吊车梁系统无损坏且相关资料齐全符合实际时，宜进行常规调查和检测。

2 当吊车及吊车梁系统运行使用状况不正常，吊车梁系统有损坏或无吊车资料或对已有资料有怀疑时，除应进行常规调查和检测外，还应根据实际状况和鉴定要求进行专项调查和检测。

4.1.7 设备荷载的调查，应查阅设备和物料运输荷载资料，了解工艺和实际使用情况，同时还应考虑设备检修和生产不正常时，物料和设备的堆积荷载。当设备振动对结构影响较大时，尚应了解设备的扰力特性及其制作和安装质量，必要时应进行测试。

4.1.8 建、构筑物的使用环境应包括气象条件、地理环境和结构工作环境三项内容，可按表4.1.8所列的项目进行调查。

表4.1.8 建、构筑物使用环境调查

项次	环境条件	调查项目
1	气象条件	大气气温、大气湿度、干湿交替、降雨量、降雪量、霜冻期、冻融交替、风向、风玫瑰图、土壤冻结深度、建、构筑物方位等
2	地理环境	地形、地貌、工程地质、周围建、构筑物等
3	结构工作环境	结构、构件所处的局部环境：厂区大气环境、车间大气环境、结构所处侵蚀性气体、液体、固体环境等

注：结构工作环境是指结构所处的环境，可根据所处的环境类别和环境作用等级按本标准第4.1.9条的规定进行调查。

4.1.9 建、构筑物结构和结构构件所处的环境类别和环境作用等级，可按表4.1.9的规定进行调查。

表4.1.9 结构所处环境类别和作用等级

环境类别	作用等级	环境条件	说明和结构构件示例
I 一般环境	A	室内干燥环境	室内正常环境
	B	露天环境、室内潮湿环境	一般露天环境、室内潮湿环境
	C	干湿交替环境	频繁与水或冷凝水接触的室内、外构件
II 冻融环境	C	轻度	微冻地区混凝土高度饱水；严寒和寒冷地区混凝土中度饱水、无盐环境
	D	中度	微冻地区盐冻；严寒和寒冷地区混凝土高度饱水，无盐；混凝土中度饱水，有盐环境
	E	重度	严寒和寒冷地区的盐冻环境；混凝土高度饱水，有盐环境
III 海洋氯化环境	C	水下区和土中区	桥墩、基础
	D	大气区（轻度盐雾）	涨潮岸线100～300m陆上室外靠海陆上室外构件、桥梁上部构件
	E	大气区（重度盐雾）；非热带潮汐区、浪溅区	涨潮岸线100m以内陆上室外靠海陆上室外构件、桥梁上部构件、桥墩、码头
	F	炎热地区潮汐区、浪溅区	桥墩、码头
IV 除冰盐等其他氯化物环境	C	轻度	受除冰盐雾轻度作用混凝土构件
	D	中度	受除冰盐水溶液轻度溅射作用混凝土构件
	E	重度	直接接触除冰盐溶液混凝土构件
V 化学腐蚀环境	C	轻度（气体、液体、固体）	一般大气污染环境；汽车或机车废气；弱腐蚀液体、固体
	D	中度（气体、液体、固体）	酸雨pH>4.5；中等腐蚀气体、液体、固体
	E	重度（气体、液体、固体）	酸雨pH<4.5；强腐蚀气体、液体、固体

注：1 当需要评估混凝土构件的耐久年限时，对大气环境普通混凝土结构可按本标准附录B的规定确定环境类别、环境作用等级和计算参数。其他环境可按国家现行标准《混凝土结构耐久性评定标准》CECS 220的规定根据评定需要确定环境类别、环境作用等级和计算参数。

2 本表中化学腐蚀环境，可根据工业建筑鉴定的需要按照现行国家标准《工业建筑防腐蚀设计规范》GB 50046或《岩土工程勘察规范》GB 50021（对地基基础和地下结构），进一步详细确定环境类别和环境作用等级。

4.1.10 建、构筑物的使用历史调查应包括建、构筑物的设计与施工、用途和使用时间、维修与加固、用途变更与改扩建、超载历史、动荷载作用历史以及受灾害和事故等情况。

4.2 工业建筑的调查与检测

4.2.1 对工业建筑物的调查和检测应包括地基基础、上部承重结构和围护结构三个部分。

4.2.2 对地基基础的调查，除应查阅岩土工程勘察报告及有关图纸资料外，尚应调查工业建筑现状、实际使用荷载、沉降量和沉降稳定情况、沉降差、上部结构倾斜、扭曲和裂损情况，以及临近建筑、地下工程和管线等情况。当地基基础资料不足时，可根据国家现行有关标准的规定，对场地地基进行补充勘察或进行沉降观测。

4.2.3 地基的岩土性能标准值和地基承载力特征值，应根据调查和补充勘察结果按国家现行有关标准的规定取值。

基础的种类和材料性能，应通过查阅图纸资料确定；当资料不足时，可开挖基础检查，验证基础的种类、材料、尺寸及埋深，检查基础变位、开裂、腐蚀或损坏程度等，并通过检测评定基础材料的强度等级。

4.2.4 对上部承重结构的调查，可根据建筑物的具体情况以及鉴定的内容和要求，选择表4.2.4中的调查项目。

表4.2.4 上部承重结构的调查

调查项目	调查细目
结构整体性	结构布置，支撑系统，圈梁和构造柱，结构单元的连接构造
结构和材料性能	材料强度，结构或构件几何尺寸，构件承载性能、抗裂性能和刚度，结构动力特性
结构缺陷、损伤和腐蚀	制作和安装偏差，材料和施工缺陷，构件及其节点的裂缝、损伤和腐蚀
结构变形和振动	结构顶点和层间位移，柱倾斜，受弯构件的挠度和侧弯，结构和结构构件的动力特性和动态反应
构件的构造	保证构件承载能力、稳定性、延性、抗裂性能、刚度等的有关构造措施

注：1 结构振动的调查和检测内容和要求，应按本标准附录F确定。

2 检查中应注意对旧有规范设计的建筑结构在结构布置、节点构造、材料强度等方面存在的差异。

4.2.5 结构和材料性能、几何尺寸和变形、缺陷和损伤等检测，可按下列原则进行：

1 结构材料性能的检验，当图纸资料有明确说明且无怀疑时，可进行现场抽检验证；当无图纸资料或存在问题有怀疑时，应按国家现行有关检测技术标准的规定，通过现场取样或现场测试进行检测。

2 结构或构件几何尺寸的检测，当图纸资料齐全完整时，可进行现场抽检复核；当图纸资料残缺不全或无图纸资料时，应通过对结构布置和结构体系的分析，对重要的有代表性的结构或构件进行现场详细测量。

3 结构顶点和层间位移、柱倾斜、受弯构件的挠度和侧弯的观测，应在结构或构件变形状况普遍观察的基础上，对其中有明显变形的结构或构件，可按照国家现行有关检测技术标准的规定进行检测。

4 制作和安装偏差，材料和施工缺陷，应依据国家现行有关建筑材料、施工质量验收标准和本标准第6章、第7章有关规定进行检测。

构件及其节点的损伤，应在其外观全数检查的基础上，对其中损伤相对严重的构件和节点进行详细检测。

5 当需要进行构件结构性能、结构动力特性和动力反应的测试时，可根据国家现行有关结构性能检验或检测技术标准，通过现场试验进行检测。

构件的结构性能现场载荷试验，应根据同类构件的使用状况、荷载状况和检验目的选择有代表性的构件。

动力特性和动力反应测试，应根据结构的特点和检测的目的选择相应的测试方法，仪器宜布置于质量集中、刚度突变、损伤严重以及能够反映结构动力特征的部位。

4.2.6 当需对混凝土结构构件进行材质及有关耐久性检测时，除应按本标准第4.2.5条规定外，尚应符合下列要求：

1 混凝土强度的检验宜采用取芯、超声、回弹或其他有效方法综合确定，并应符合国家现行有关检测技术标准、规程的规定。

2 混凝土构件的老化可通过外观状况检查，混凝土中性化测试和钢筋锈蚀状况等检测确定。必要时应进行劣化混凝土岩相及化学分析，混凝土表层渗透性测定等。

3 从混凝土构件中截取的钢筋力学性能和化学成分，应按国家现行有关标准的规定进行检验。

4.2.7 当需对钢结构构件进行钢材性能检验时，应按本标准第4.2.5条的规定执行，以同类结构构件同一规格的钢材为一批进行检验。

4.2.8 当需对砌体结构构件进行砌筑质量和砌体强度检测时，除应按本标准第4.2.5条的规定执行外，尚应符合下列要求：

1 砌体强度检测，应根据国家现行砌体工程检测技术标准选择适当的检测方法检测。

2 对于砌筑质量明显较差不满足现行国家标准《砌体工程施工质量验收规范》GB 50203要求的结构构件，应增加抽样数量。

4.2.9 围护结构的调查，除应查阅有关图纸资料外，

尚应现场核实围护结构系统的布置，调查该系统中围护构件和非承重墙体及其构造连接的实际状况、对主体结构的不利影响，以及围护系统的使用功能、老化损伤、破坏失效等情况。

4.2.10 对工业构筑物的调查与检测，可根据构筑物的结构布置和组成参照建筑物的规定进行。

5 结构分析与校核

5.0.1 结构或构件应按承载能力极限状态进行校核，需要时还应按正常使用极限状态进行校核。

5.0.2 结构分析与校核应符合下列规定：

1 结构分析与结构或构件的校核方法，应符合国家现行设计规范的规定。

2 结构分析与结构或构件的校核所采用的计算模型，应符合结构的实际受力和构造状况。

3 结构上的作用标准值应按本标准第4.1.3条的规定取值。

4 作用效应的分项系数和组合系数，应按现行国家标准《建筑结构荷载规范》GB 50009的规定确定。根据不同期间内具有相同安全概率的原则，可对风荷载、雪荷载的荷载分项系数按目标使用年限予以适当折减。

5 当结构构件受到不可忽略的温度、地基变形等作用时，应考虑它们产生的附加作用效应。

6 材料强度的标准值，应根据构件的实际状况和已获得的检测数据按下列原则取值：

　　1) 当材料的种类和性能符合原设计要求时，可按原设计标准值取值；

　　2) 当材料的种类和性能与原设计不符或材料性能已显著退化时，应根据实测数据按国家现行有关检测技术标准的规定取值。

7 当混凝土结构表面温度长期高于60℃，钢结构表面温度长期高于150℃时，应按有关的现行国家标准规范计入由温度产生的附加内力。

8 结构或构件的几何参数应取实测值，并结合结构实际的变形、施工偏差以及裂缝、缺陷、损伤、腐蚀等影响确定。

5.0.3 当需要通过结构构件载荷试验检验其承载性能和使用性能时，应按有关的现行国家标准规范执行。

6 构件的鉴定评级

6.1 一 般 规 定

6.1.1 单个构件的鉴定评级，应对其安全性等级和使用性等级进行评定，需要评定其可靠性等级时，应根据安全性等级和使用性等级评定结果按下列原则

确定:

1 当构件的使用性等级为 c 级、安全性等级不低于 b 级时,宜定为 c 级;其他情况,应按安全性等级确定。

2 位于生产工艺流程关键部位的构件,可按安全性等级和使用性等级中的较低等级确定或调整。

6.1.2 构件的安全性等级和使用性等级,应根据实际情况按下列规定评定:

1 构件的安全性等级应通过承载能力项目(构件的抗力 R 与作用效应 $\gamma_0 S$ 的比值 $R/\gamma_0 S$)的校核和连接构造项目分析评定,构件的使用性等级应通过裂缝、变形、缺陷和损伤、腐蚀等项目对构件正常使用的影响分析评定。混凝土构件、钢构件和砌体构件的安全性等级和使用性等级的校核分析评定,应分别按本标准第 6.2 节至第 6.4 节的规定进行。

2 当构件的状态或条件符合下列规定时,可直接评定其安全性等级或使用性等级:

1) 已确定构件处于危险状态时,构件的安全性等级应评定为 d 级;
2) 已确定构件符合本标准第 6.1.4 条或第 6.1.5 条规定的条件时,构件的安全性等级或使用性等级可分别按第 6.1.4 条或第 6.1.5 条的规定评定。

3 当构件不具备分析验算条件且结构载荷试验对结构性能的影响能控制在可接受的范围时,构件的安全性等级和使用性等级可通过载荷试验按本标准第 6.1.3 条的规定评定。

4 当构件的变形过大、裂缝过宽、腐蚀以及缺陷和损伤严重时,除应对使用性等级评为 c 级外,尚应结合实际工程经验、严重程度以及承载能力验算结果等综合分析对其安全性评级的影响。

6.1.3 当构件按结构载荷试验评定其安全性等级和使用性等级时,应根据试验目的和检验结果、构件的实际状况和使用条件,按国家现行有关检测技术标准的规定进行评定。

6.1.4 当同时符合下列条件时,构件的安全性等级可根据实际情况评定为 a 级或 b 级:

1 经详细检查未发现有明显的变形、缺陷、损伤、腐蚀,无疲劳或其他累积损伤。

2 构件受力明确、构造合理,在传力方面不存在影响其承载性能的缺陷,无脆性破坏倾向。

3 经过长时间的使用,构件对曾出现的最不利作用和环境影响仍具有良好的性能。

4 在目标使用年限内,构件上的作用和环境条件与过去相比不会发生变化。

5 构件在目标使用年限内仍具有足够的耐久性能。

6.1.5 当同时符合下列条件时,构件的使用性等级可根据实际使用状况评定为 a 级或 b 级:

1 经详细检查未发现构件有明显的变形、缺陷、损伤、腐蚀,也没有累积损伤。

2 经过长时间的使用,构件状态仍然良好或基本良好,能够满足目标使用年限内的正常使用要求。

3 在目标使用年限内,构件上的作用和环境条件与过去相比不会发生变化。

4 构件在目标使用年限内可保证有足够的耐久性能。

6.1.6 需评估混凝土构件的耐久年限时,对大气环境普通混凝土结构可按本标准附录 B 的方法进行,其他情况可按国家现行标准《混凝土结构耐久性评定标准》CECS 220 进行评估。

6.1.7 对于重级工作制钢吊车梁和中级以上工作制钢吊车桁架,需要评估残余疲劳寿命时,可按本标准附录 C 的方法进行。

6.2 混凝土构件

6.2.1 混凝土构件的安全性等级应按承载能力、构造和连接二个项目评定,并取其中较低等级作为构件的安全性等级。

6.2.2 混凝土构件的承载能力项目应按表 6.2.2 评定等级。

表 6.2.2 混凝土构件承载能力评定等级

构件种类	$R/\gamma_0 S$			
	a	b	c	d
重要构件	≥1.0	<1.0 ≥0.90	<0.90 ≥0.85	<0.85
次要构件	≥1.0	<1.0 ≥0.87	<0.87 ≥0.82	<0.82

注:**1** 混凝土构件的抗力 R 与作用效应 $\gamma_0 S$ 的比值 $R/\gamma_0 S$,应取各受力状态验算结果中的最低值;γ_0 为现行国家标准《建筑结构可靠度设计统一标准》GB 50068 中规定的结构重要性系数。

2 当构件出现受压及斜压裂缝时,视其严重程度,承载能力项目直接评为 c 级或 d 级;当出现过宽的受拉裂缝、过度的变形、严重的缺陷损伤及腐蚀情况时,应按本标准第 6.1.2 条的有关规定考虑其对承载能力的影响,且承载能力项目评定等级不应高于 b 级。

6.2.3 混凝土构件的构造和连接项目包括构造、预埋件、连接节点的焊缝或螺栓等,应根据对构件安全使用的影响按下列规定评定等级:

1 当结构构件的构造合理,满足国家现行标准要求时评为 a 级;基本满足国家现行标准要求时评为 b 级;当结构构件的构造不满足国家现行标准要求时,根据其不符合的程度评为 c 级或 d 级。

2 当预埋件的锚板和锚筋的构造合理、受力可靠,经检查无变形或位移等异常情况时,可视具体情况按本标准第3.3.1条原则评为a级或b级；当预埋件的构造有缺陷，锚板有变形或锚板、锚筋与混凝土之间有滑移、拔脱现象时，可根据其严重程度按本标准第3.3.1条原则评为c级或d级。

  3　当连接节点的焊缝或螺栓连接方式正确，构造符合国家现行规范规定和使用要求时，或仅有局部表面缺陷，工作无异常时，可视具体情况按本标准第3.3.1条原则评为a级或b级；当节点焊缝或螺栓连接方式不当，有局部拉脱、剪断、破损或滑移时，可根据其严重程度按本标准第3.3.1条原则评为c级或d级。

  4　应取本条第1、2、3款中较低等级作为构造和连接项目的评定等级。

6.2.4　混凝土构件的使用性等级应按裂缝、变形、缺陷和损伤、腐蚀四个项目评定，并取其中的最低等级作为构件的使用性等级。

6.2.5　混凝土构件的裂缝项目可按下列规定评定等级：

  1　混凝土构件的受力裂缝宽度可按表6.2.5-1～表6.2.5-3评定等级；

  2　混凝土构件因钢筋锈蚀产生的沿筋裂缝在腐蚀项目中评定，其他非受力裂缝应查明原因，判定裂缝对结构的影响，可根据具体情况进行评定。

表6.2.5-1　钢筋混凝土构件裂缝宽度评定等级

环境类别与作用等级	构件种类与工作条件		裂缝宽度（mm）		
			a	b	c
I-A	室内正常环境	次要构件	＜0.3	＞0.3，≤0.4	＞0.4
		重要构件	≤0.2	＞0.2，≤0.3	＞0.3
I-B，I-C	露天或室内高湿度环境，干湿交替环境		≤0.2	＞0.2，≤0.3	＞0.3
III，IV	使用除冰盐环境，滨海室外环境		≤0.1	＞0.1，≤0.2	＞0.2

表6.2.5-2　采用热轧钢筋配筋的预应力混凝土构件裂缝宽度评定等级

环境类别与作用等级	构件种类与工作条件	裂缝宽度（mm）		
		a	b	c
I-A	室内正常环境　次要构件　重要构件	≤0.20 ≤0.05	＞0.20，≤0.35 ＞0.05，≤0.10	＞0.35 ＞0.10
I-B，I-C	露天或室内高湿度环境，干湿交替环境	无裂缝	≤0.05	＞0.05
III，IV	使用除冰盐环境，滨海室外环境	无裂缝	≤0.02	＞0.02

表6.2.5-3　采用钢绞线、热处理钢筋、预应力钢丝配筋的预应力混凝土构件裂缝宽度评定等级

环境类别与作用等级	构件种类与工作条件	裂缝宽度（mm）		
		a	b	c
I-A	室内正常环境　次要构件　重要构件	≤0.02 无裂缝	＞0.02，≤0.10 ≤0.05	＞0.10 ＞0.05
I-B，I-C	露天或室内高湿度环境，干湿交替环境	无裂缝	≤0.02	＞0.02
III，IV	使用除冰盐环境，滨海室外环境	无裂缝	—	有裂缝

  注：1　当构件出现受压及斜压裂缝时，裂缝项目直接评为c级。

   2　对于采用冷拔低碳钢丝配筋的预应力混凝土构件裂缝宽度的评定等级，可按表6.2.5-3和有关技术规程评定。

   3　表中环境类别与作用等级的划分，应符合本标准第4.1.9条的规定。

6.2.6　混凝土构件的变形项目应按表6.2.6评定等级。

表6.2.6　混凝土构件变形评定等级

构件类别		a	b	c
单层厂房托架、屋架		≤$l_0/500$	＞$l_0/500$，≤$l_0/450$	＞$l_0/450$
多层框架主梁		≤$l_0/400$	＞$l_0/400$，≤$l_0/350$	＞$l_0/350$
屋盖、楼盖及楼梯构件	$l_0＞9m$	≤$l_0/300$	＞$l_0/300$，≤$l_0/250$	＞$l_0/250$
	$7m≤l_0≤9m$	≤$l_0/250$	＞$l_0/250$，≤$l_0/200$	＞$l_0/200$
	$l_0＜7m$	≤$l_0/200$	＞$l_0/200$，≤$l_0/175$	＞$l_0/175$
吊车梁	电动吊车	≤$l_0/600$	＞$l_0/600$，≤$l_0/500$	＞$l_0/500$
	手动吊车	≤$l_0/500$	＞$l_0/500$，≤$l_0/450$	＞$l_0/450$

  注：1　表中l_0为构件的计算跨度。

   2　本表所列的为按荷载效应的标准组合并考虑荷载长期作用影响的挠度值，应减去或加上制作反拱或下挠值。

6.2.7　混凝土构件缺陷和损伤项目应按表6.2.7评定等级。

表 6.2.7　混凝土构件缺陷和损伤评定等级

a	b	c
完好	局部有缺陷和损伤，缺损深度小于保护层厚度	有较大范围的缺陷和损伤，或者局部有严重的缺陷和损伤，缺损深度大于保护层厚度

注：1　表中缺陷一般指构件外观存在的缺陷，当施工质量较差或有特殊要求时，尚应包括构件内部可能存在的缺陷。
　　2　表中的损伤主要指机械磨损或碰撞等引起的损伤。

6.2.8　混凝土构件腐蚀项目包括钢筋锈蚀和混凝土腐蚀，应按表 6.2.8 的规定评定，其等级应取钢筋锈蚀和混凝土腐蚀评定结果中的较低等级。

表 6.2.8　混凝土构件腐蚀评定等级

评定等级	a	b	c
钢筋锈蚀	无锈蚀现象	有锈蚀可能和轻微锈蚀现象	外观有沿筋裂缝或明显锈迹
混凝土腐蚀	无腐蚀损伤	表面有轻度腐蚀损伤	表面有明显腐蚀损伤

注：对于墙板类和梁柱构件中的钢筋及箍筋，当钢筋锈蚀状况符合表中 b 级标准时，钢筋截面锈蚀损伤不应大于 5%，否则应评为 c 级。

6.3　钢　构　件

6.3.1　钢构件的安全性等级应按承载能力（包括构造和连接）项目评定，并取其中最低等级作为构件的安全性等级。

6.3.2　承重构件的钢材应符合建造当时钢结构设计规范和相应产品标准的要求，如果构件的使用条件发生根本的改变，还应符合国家现行标准规范的要求，否则，应在确定承载能力和评级时考虑其不利影响。

6.3.3　钢构件的承载能力项目，应根据结构构件的抗力 R 和作用效应 S 及结构重要性系数 γ_0 按表 6.3.3 评定等级。在确定构件抗力时，应考虑实际的材料性能和结构构造，以及缺陷损伤、腐蚀、过大变形和偏差的影响。

表 6.3.3　构件承载能力评定等级

构件种类	$R/\gamma_0 S$			
	a	b	c	d
重要构件、连接	≥1.00	<1.00, ≥0.95	<0.95, ≥0.90	<0.90
次要构件	≥1.00	<1.00, ≥0.92	<0.92, ≥0.87	<0.87

注：1　当结构构造和施工质量满足国家现行规范要求，或虽不满足要求但在确定抗力和荷载作用效应已考虑了这种不利因素时，否则不应按表中数值评级，可根据经验按照对承载能力的影响程度，评为 b 级、c 级或 d 级。
　　2　构件有裂缝、断裂、存在不适于继续承载的变形时，应评为 c 级或 d 级。
　　3　吊车梁受拉区或吊车桁架受拉杆及其节点板有裂缝时，应评为 d 级。
　　4　构件存在严重、较大面积的均匀腐蚀并使截面有明显削弱或对材料力学性能有不利影响时，可按本标准附录 D 的方法进行检测验算并按表中规定评定其承载能力项目的等级。
　　5　吊车梁的疲劳性能应根据疲劳强度验算结果、已使用年限和吊车梁系统的损伤程度进行评级，不受表中数值的限制。

6.3.4　钢桁架中有整体弯曲缺陷但无明显局部缺陷的双角钢受压腹杆，其整体弯曲不超过表 6.3.4 中的限值时，其承载能力可评为 a 级或 b 级；若整体弯曲严重已超过表中限值时，可根据实际情况和对其承载能力影响的严重程度，评为 c 级或 d 级。

表 6.3.4　双角钢受压腹杆的双向弯曲缺陷的容许限值

所受轴压力设计值与无缺陷时的抗压承载力之比	双向弯曲的限值							
	方向	弯曲矢高与杆件长度之比						
1.0	平面外	1/400	1/500	1/700	1/800	—	—	—
	平面内	0	1/1000	1/900	1/800	—	—	—
0.9	平面外	1/250	1/300	1/400	1/500	1/600	1/700	1/800
	平面内	0	1/1000	1/750	1/650	1/600	1/550	1/500
0.8	平面外	1/150	1/200	1/300	1/400	1/400	1/800	
	平面内	0	1/1000	1/750	1/550	1/450	1/400	1/350
0.7	平面外	1/100	1/150	1/200	1/250	1/300	1/400	1/800
	平面内	0	1/750	1/450	1/350	1/300	1/250	1/250
0.6	平面外	1/100	1/150	1/200	1/250	1/500	1/700	1/800
	平面内	0	1/300	1/250	1/180	1/170	1/170	

6.3.5　钢构件的使用性等级应按变形、偏差、一般构造和腐蚀等项目进行评定，并取其中最低等级作为构件的使用性等级。

6.3.6　钢构件的变形是指荷载作用下梁、板等受弯构件的挠度，应按下列规定评定构件变形项目的等级：

　　a 级：满足国家现行相关设计规范和设计要求；

　　b 级：超过 a 级要求，尚不明显影响正常使用；

　　c 级：超过 a 级要求，对正常使用有明显影响。

6.3.7　钢构件的偏差包括施工过程中存在的偏差和使用过程中出现的永久性变形，应按下列规定评定构件偏差项目的等级：

　　a 级：满足国家现行相关施工验收规范和产品标准的要求；

　　b 级：超过 a 级要求，尚不明显影响正常使用；

　　c 级：超过 a 级要求，对正常使用有明显影响。

6.3.8　钢构件的腐蚀和防腐项目应按下列规定评定等级：

　　a 级：没有腐蚀且防腐措施完备；

　　b 级：已出现腐蚀但截面还没有明显削弱，或防腐措施不完备；

　　c 级：已出现较大面积腐蚀并使截面有明显削

弱,或防腐措施已破坏失效。

6.3.9 与构件正常使用性有关的一般构造要求,满足设计规范要求时应评为 a 级,否则应评为 b 或 c 级。

6.4 砌体构件

6.4.1 砌体构件的安全性等级应按承载能力、构造和连接两个项目评定,并取其中的较低等级作为构件的安全性等级。

6.4.2 砌体构件的承载能力项目应根据承载能力的校核结果按表 6.4.2 的规定评定。

表 6.4.2 砌体构件承载能力评定等级

构件种类	$R/\gamma_0 S$			
	a	b	c	d
重要构件	≥1.0	<1.0 ≥0.90	<0.90 ≥0.85	<0.85
次要构件	≥1.0	<1.0 ≥0.87	<0.87 ≥0.82	<0.82

注:1 表中 R 和 S 分别为结构构件的抗力和作用效应,γ_0 为现行国家标准《建筑结构可靠度设计统一标准》GB 50068 中规定的结构重要性系数。

2 当砌体构件出现受压、受弯、受剪、受拉等受力裂缝时,应按本标准第 6.1.2 条的有关规定考虑其对承载能力的影响,且承载能力项目评定等级不应高于 b 级。

3 当构件受到较大面积腐蚀并使截面严重削弱时,应评定为 c 级或 d 级。

6.4.3 砌体构件构造与连接项目的等级应根据墙、柱的高厚比,墙、柱、梁的连接构造,砌筑方式等涉及构件安全性的因素,按下列规定的原则评定:

a 级:墙、柱高厚比不大于国家现行设计规范允许值,连接和构造符合国家现行规范的要求;

b 级:墙、柱高厚比大于国家现行设计规范允许值,但不超过 10%;或连接和构造局部不符合国家现行规范的要求,但不影响构件的安全使用;

c 级:墙、柱高厚比大于国家现行设计规范允许值,但不超过 20%;或连接和构造不符合国家现行规范的要求,已影响构件的安全使用;

d 级:墙、柱高厚比大于国家现行设计规范允许值,且超过 20%;或连接和构造严重不符合国家现行规范的要求,已危及构件的安全。

6.4.4 砌体构件的使用性等级应按裂缝、缺陷和损伤、腐蚀三个项目评定,并取其中的最低等级作为构件的使用性等级。

6.4.5 砌体构件的裂缝项目应根据裂缝的性质,按表 6.4.5 的规定评定。裂缝项目的等级应取各类裂缝评定结果中的较低等级。

表 6.4.5 砌体构件裂缝评定等级

类型	等级	a	b	c
变形裂缝、温度裂缝	独立柱	无裂缝	—	有裂缝
	墙	无裂缝	小范围开裂,最大裂缝宽度不大于 1.5mm,且无发展趋势	较大范围开裂,或最大裂缝宽度大于 1.5mm,或裂缝有继续发展的趋势
受力裂缝		无裂缝	—	有裂缝

注:1 本表仅适用于砖砌体构件,其他砌体构件的裂缝项目可参考本表评定。

2 墙包带壁柱墙。

3 对砌体构件的裂缝有严格要求的建筑,表中的裂缝宽度限值可乘以 0.4。

6.4.6 砌体构件的缺陷和损伤项目应按表 6.4.6 规定评定。缺陷和损伤项目的等级应取各种缺陷、损伤评定结果中的较低等级。

表 6.4.6 砌体构件缺陷和损伤评定等级

类型	等级	a	b	c
缺陷		无缺陷	有较小缺陷,尚明显不影响正常使用	缺陷对正常使用有明显影响
损伤		无损伤	有轻微损伤,尚不明显影响正常使用	损伤对正常使用有明显影响

注:1 缺陷指现行国家标准《砌体工程施工质量验收规范》GB 50203 控制的质量缺陷。

2 损伤指开裂、腐蚀之外的撞伤、烧伤等。

6.4.7 砌体构件的腐蚀项目应根据砌体构件的材料类型,按表 6.4.7 规定评定。腐蚀项目的等级应取各材料评定结果中的较低等级。

表 6.4.7 砌体构件腐蚀评定等级

类型	等级	a	b	c
块材		无腐蚀现象	小范围出现腐蚀现象,最大腐蚀深度不大于 5mm,且无发展趋势,不明显影响使用功能	较大范围出现腐蚀现象,或最大腐蚀深度大于 5mm,或腐蚀有发展趋势,或明显影响使用功能
砂浆		无腐蚀现象	小范围出现腐蚀现象,且最大腐蚀深度不大于 10mm,且无发展趋势,不明显影响使用功能	非小范围出现腐蚀现象,或最大腐蚀深度大于 10mm,或腐蚀有发展趋势,或明显影响使用功能

续表6.4.7

类型 \ 等级	a	b	c
钢筋	无锈蚀现象	出现锈蚀现象，但锈蚀钢筋的截面损失率不大于5%，尚不明显影响使用功能	锈蚀钢筋的截面损失率大于5%，或锈蚀有发展趋势，或明显影响使用功能

注：1 本表仅适用于砖砌体，其他砌体构件的腐蚀项目可参考本表评定。

2 对砌体构件的块材风化和砂浆粉化现象可参考表中对腐蚀现象的评定，但风化和粉化的最大深度宜比表中相应的最大腐蚀深度从严控制。

7 结构系统的鉴定评级

7.1 一般规定

7.1.1 工业建筑物鉴定第二层次结构系统的鉴定评级，应对其安全性等级和使用性等级进行评定，需要评定其可靠性等级时，应按本标准第7.1.2条规定的原则确定。地基基础、上部承重结构和围护结构三个结构系统的安全性等级和使用性等级，应分别按本标准第7.2节至第7.4节的规定评定。

7.1.2 结构系统的可靠性等级，应分别根据每个结构系统的安全性等级和使用性等级评定结果，按下列原则确定：

1 当系统的使用性等级为C级、安全性等级不低于B级时，宜定为C级；其他情况，应按安全性等级确定。

2 位于生产工艺流程重要区域的结构系统，可按安全性等级和使用性等级中的较低等级确定或调整。

7.1.3 当需要对上部承重结构系统中的某个子系统进行鉴定评级时，其安全性等级和使用性等级可按本标准第7.3节的有关规定评定，其可靠性等级可按本标准第7.1.2条规定的原则确定。

7.1.4 当振动对上部承重结构整体或局部的安全、正常使用有明显影响时，可按本标准附录E规定的方法进行评定。

7.1.5 当需要对结构工作状况进行监测与评定时，可按本标准附录F规定的方法进行。

7.2 地基基础

7.2.1 地基基础的安全性等级评定应遵循下列原则：

1 宜根据地基变形观测资料和建、构筑物现状进行评定。必要时，可按地基基础的承载力进行评定。

2 建在斜坡场地上的工业建筑，应对边坡场地的稳定性进行检测评定。

3 对有大面积地面荷载或软弱地基上的工业建筑，应评价地面荷载、相邻建筑以及循环工作荷载引起的附加沉降或桩基侧移对工业建筑安全使用的影响。

7.2.2 当地基基础的安全性按地基变形观测资料和建、构筑物现状的检测结果评定时，应按下列规定评定等级：

A级：地基变形小于现行国家标准《建筑地基基础设计规范》GB 50007规定的允许值，沉降速率小于0.01mm/d，建、构筑物使用状况良好，无沉降裂缝、变形或位移，吊车等机械设备运行正常。

B级：地基变形不大于现行国家标准《建筑地基基础设计规范》GB 50007规定的允许值，沉降速率小于0.05mm/d，半年内的沉降量小于5mm，建、构筑物有轻微沉降裂缝出现，但无进一步发展趋势，沉降对吊车等机械设备的正常运行基本没有影响。

C级：地基变形大于现行国家标准《建筑地基基础设计规范》GB 50007规定的允许值，沉降速率大于0.05mm/d，建、构筑物的沉降裂缝有进一步发展趋势，沉降已影响到吊车等机械设备的正常运行，但尚有调整余地。

D级：地基变形大于现行国家标准《建筑地基基础设计规范》GB 50007规定的允许值，沉降速率大于0.05mm/d，建、构筑物的沉降裂缝发展显著，沉降已使吊车等机械设备不能正常运行。

7.2.3 当地基基础的安全性需要按承载力项目评定时，应根据地基和基础的检测、验算结果，按下列规定评定等级：

A级：地基基础的承载力满足现行国家标准《建筑地基基础设计规范》GB 50007规定的要求，建、构筑物完好无损。

B级：地基基础的承载力略低于现行国家标准《建筑地基基础设计规范》GB 50007规定的要求，建、构筑物可能局部有轻微损伤。

C级：地基基础的承载力不满足现行国家标准《建筑地基基础设计规范》GB 50007规定的要求，建、构筑物有开裂损伤。

D级：地基基础的承载力不满足现行国家标准《建筑地基基础设计规范》GB 50007规定的要求，建、构筑物有严重开裂损伤。

7.2.4 当场地地下水位、水质或土压力等有较大改变时，应对此类变化产生的不利影响进行评价。

7.2.5 地基基础的安全性等级，应根据本标准第7.2.2条至7.2.4条关于地基基础和场地的评定结果按最低等级确定。

7.2.6 地基基础的使用性等级宜根据上部承重结构和围护结构使用状况评定。

7.2.7 根据上部承重结构和围护结构使用状况评定地基基础使用性等级时，应按下列规定评定等级：

A级：上部承重结构和围护结构的使用状况良好，或所出现的问题与地基基础无关。

B级：上部承重结构或围护结构的使用状况基本正常，结构或连接因地基基础变形有个别损伤。

C级：上部承重结构和围护结构的使用状况不完全正常，结构或连接因地基变形有局部或大面积损伤。

7.3 上部承重结构

7.3.1 上部承重结构的安全性等级，应按结构整体性和承载功能两个项目评定，并取其中较低的评定等级作为上部承重结构的安全性等级，必要时应考虑过大水平位移或明显振动对该结构系统或其中部分结构安全性的影响。

7.3.2 结构整体性的评定应根据结构布置和构造、支撑系统两个项目，按表7.3.2的要求进行评定，并取结构布置和构造、支撑系统两个项目中的较低等级作为结构整体性的评定等级。

表7.3.2　结构整体性评定等级

评定等级	A 或 B	C 或 D
结构布置和构造	结构布置合理，形成完整的体系；传力路径明确或基本明确；结构形式和构件选型、整体性构造和连接等符合或基本符合国家现行标准规范的规定，满足安全要求或不影响安全	结构布置不合理，基本上未形成或未形成完整的体系；传力路径不明确或不当；结构形式和构件选型、整体性构造和连接等不符合或严重不符合国家现行标准规范的规定，影响安全或严重影响安全
支撑系统	支撑系统布置合理，形成完整的支撑系统；支承杆件长细比及节点构造符合或基本符合现行国家标准规范的要求，无明显缺陷或损伤	支撑系统布置不合理，基本上未形成或未形成完整的支撑系统；支承杆件长细比及节点构造不符合或严重不符合现行国家标准规范的要求，有明显缺陷或损坏

注：表中结构布置和构造、支撑系统的 A 级或 B 级，可根据其实际完好程度确定；C 级或 D 级可根据其实际严重程度确定。

7.3.3 上部承重结构承载功能的评定等级，精确的评定应根据结构体系的类型及空间作用等，按照国家现行标准规范规定的结构分析原则和方法以及结构的实际构造和结构上的作用确定合理的计算模型，通过结构作用效应分析和结构抗力分析，并结合该体系以往的承载状况和工程经验进行。在进行结构抗力分析时还应考虑结构、构件的损伤、材料劣化对结构承载能力的影响。

7.3.4 当单层厂房上部承重结构是由平面排架或平面框架组成的结构体系时，其承载功能的等级可按下列规定近似评定：

1　根据结构布置和荷载分布将上部承重结构分为若干框排架平面计算单元。

2　将平面计算单元中的每种构件按构件的集合及其重要性区分为：重要构件集（同一种重要构件的集合）或次要构件集（同一种次要构件的集合）。平面计算单元中每种构件集的安全性等级，以该种构件集中所含构件的各个安全性等级所占的百分比按下列规定确定：

1）重要构件集：

A级：构件集中不含 c 级、d 级构件，可含 b 级构件且含量不多于30%；

B级：构件集中不含 d 级构件，可含 c 级构件且含量不多于20%；

C级：构件集中含 c 级构件且含量不多于50%，或含 d 级构件且含量少于10%（竖向构件）或15%（水平构件）；

D级：构件集中含 c 级构件且含量多于50%，或含 d 级构件且含量不少于10%（竖向构件）或15%（水平构件）。

2）次要构件集：

A级：构件集中不含 c 级、d 级构件，可含 b 级构件且含量不多于35%；

B级：构件集中不含 d 级构件，可含 c 级构件且含量不多于25%；

C级：构件集中含 c 级构件且含量不多于50%，或含 d 级构件且含量少于20%；

D级：构件集中含 c 级构件且含量多于50%，或含 d 级构件且含量不少于20%。

3　各平面计算单元的安全性等级，宜按该平面计算单元内各重要构件集中的最低等级确定。当平面计算单元中次要构件集的最低安全性等级比重要构件集的最低安全性等级低二级或三级时，其安全性等级可按重要构件集的最低安全性等级降一级或降二级确定。

4　上部承重结构承载功能的评定等级可按下列规定确定：

A级：不含 C 级和 D 级平面计算单元，可含 B 级平面计算单元且含量不多于30%；

B级：不含 D 级平面计算单元，可含 C 级平面计算单元且含量不多于10%；

C级：可含 D 级平面计算单元且含量少于5%；

D级：含 D 级平面计算单元且含量不少于5%。

7.3.5 多层厂房上部承重结构承载功能的评定等级可按下列规定评定：

1　沿厂房的高度方向将厂房划分为若干单层子结构，宜以每层楼板及其下部相连的柱子、梁为一个子结构；子结构上的作用除本子结构直接承受的作用外还应考虑其上部各子结构传到本子结构上的荷载作用。

2 子结构承载功能的等级应按本标准第 7.3.4 条的规定确定；

3 整个多层厂房的上部承重结构承载功能的评定等级可按子结构中的最低等级确定。

7.3.6 上部承重结构的使用性等级应按上部承重结构使用状况和结构水平位移两个项目评定，并取其中较低的评定等级作为上部承重结构的使用性等级，必要时尚应考虑振动对该结构系统或其中部分结构正常使用性的影响。

7.3.7 单层厂房上部承重结构使用状况的评定等级，可按屋盖系统、厂房柱、吊车梁三个子系统中的最低使用性等级确定；当厂房中采用轻级工作制吊车时，可按屋盖系统和厂房柱两个子系统的较低等级确定。子系统的使用性等级应根据其所含构件使用性等级的百分数确定：

A 级：子系统中不含 c 级构件，可含 b 级构件且含量不多于 35%；

B 级：子系统中可含 c 级构件且含量不多于 25%；

C 级：系统中含 c 级构件且含量多于 25%。

注：屋盖系统、吊车梁系统包含相关构件和附属设施，包括吊车检修平台、走道板、爬梯等。

7.3.8 多层厂房上部承重结构使用状况的评定等级，可按本标准第 7.3.5 条规定的原则和方法划分若干单层子结构，单层子结构使用状况的等级可按本标准第 7.3.7 条的规定评定，整个多层厂房上部承重结构使用状况的评定等级按下列规定评级：

1 若不含 C 级子结构，含 B 级子结构且含量多于 30% 时定为 B 级，不多于 30% 时可定为 A 级。

2 若含 C 级子结构且含量多于 20% 定为 C 级，不多于 20% 可定为 B 级。

7.3.9 当上部承重结构的使用性等级评定需考虑结构水平位移影响时，可采用检测或计算分析的方法，按表 7.3.9 的规定进行评定。当结构水平位移过大达到 C 级标准的严重情况时，应考虑水平位移引起的附加内力对结构承载能力的影响，并参与相关结构的承载功能等级评定。

7.3.10 当鉴定评级中需要考虑明显振动对上部承重结构整体或局部的影响时，可按附录 E 的规定进行评定。若评定结果对结构的安全性有影响，应在上部承重承载功能的评定等级中予以考虑；若评定结果对结构的正常使用性有影响，则应在上部结构使用状况的评定等级中予以考虑。

7.3.11 当需要对上部承重结构的某个子系统进行安全性等级和使用性等级评定时，应根据该子系统在上部承重结构系统中的地位及作用按本标准第 7.3.4 条和第 7.3.5 条的有关规定评定该子系统的安全性等级，按本标准第 7.3.7 条和第 7.3.8 条的规定评定该子系统的使用性等级。

表 7.3.9　结构侧向（水平）位移评定等级

结构类别	评定项目		位移或倾斜值（mm）		
			A 级	B 级	C 级
混凝土结构或钢结构	单层厂房	有吊车厂房柱位移	$\leq H_c/1250$	>A 级限值，但不影响吊车运行	>A 级限值，影响吊车运行
		无吊车厂房柱倾斜：混凝土柱	$\leq H/1000$，$H>10$m 时≤20	$>H/1000$，$\leq H/750$；$H>10$m 时>20，≤30	$>H/750$ 或 $H>10$m 时>30
		无吊车厂房柱倾斜：钢柱	$\leq H/1000$，$H>10$m 时≤25	$>H/1000$，$\leq H/700$；$H>10$m 时>25，≤35	$>H/700$ 或 $H>10$m 时>35
	多层厂房	层间位移	$\leq h/400$	$>h/400$，$\leq h/350$	$>h/350$
		顶点位移	$\leq H/500$	$>H/500$，$\leq H/450$	$>H/450$
		厂房柱倾斜：混凝土柱	$\leq H/1000$，$H>10$m 时≤30	$>H/1000$，$\leq H/750$；$H>10$m 时>30，≤40	$>H/750$ 或 $H>10$m 时>40
		厂房柱倾斜：钢柱	$\leq H/1000$，$H>10$m 时≤35	$>H/1000$，$\leq H/700$；$H>10$m 时>35，≤45	$>H/700$ 或 $H>10$m 时>45
砌体结构	单层厂房	有吊车厂房墙、柱位移	$\leq H_c/1250$	>A 级限值，但不影响吊车运行	>A 级限值，影响吊车运行
		无吊车厂房位移或倾斜：独立柱	≤10	>10，≤15 和 $1.5H/1000$ 中的较大值	>15 和 $1.5H/1000$ 中的较大值
		无吊车厂房位移或倾斜：墙	≤10	>10，≤30 和 $3H/1000$ 中的较大值	>30 和 $3H/1000$ 中的较大值
	多层厂房	层间位移或倾斜	≤5	>5，≤20	>20
		顶点位移或倾斜	≤15	>15，≤30 和 $3H/1000$ 中的较大值	>30 和 $3H/1000$ 中的较大值

注：1　表中 H 为自基础顶面至柱顶总高度；h 为层高；H_c 为基础顶面至吊车梁顶面的高度。

2　表中有吊车厂房柱的水平位移 A 级限值，是在吊车水平荷载作用下按平面结构图形计算的厂房柱的横向位移。

3　在砌体结构中，墙包括带壁柱墙，多层厂房是以墙为主要承重结构的厂房。

4　多层厂房中，可取层间位移和结构顶点总位移中的较低等级作为结构侧移项目的评定等级。

5　当结构安全性无问题，倾斜超过表中 B 级的规定值但不影响使用功能时，可对 B 级规定值适当放宽。

7.4　围护结构系统

7.4.1 围护结构系统的安全性等级，应按承重围护结构的承载功能和非承重围护结构的构造连接两个项目进行评定，并取两个项目中较低的评定等级作为该围护结构系统的安全性等级。

承重围护结构承载功能的评定等级，应根据其结构类别按本标准第6章相应构件和本标准第7.3.4条相关构件集的评级规定评定。

非承重围护结构构造连接项目的评定等级，可按表7.4.1评定，并取其中最低等级作为该项目的安全性等级。

表7.4.1 非承重围护结构构造连接评定等级

项目	A级或B级	C级或D级
构造	构造合理，符合或基本符合国家现行标准规范要求，无变形或无损坏	构造不合理，不符合或严重不符合国家现行标准规范要求，有明显变形或损坏
连接	连接方式正确，连接构造符合或基本符合国家现行标准规范要求，无缺陷或仅有局部的表面缺陷或损伤，工作无异常	连接方式不当，连接构造有缺陷或有严重缺陷，已有明显变形、松动、局部脱落、裂缝或损坏
对主体结构安全的影响	构件选型及布置合理，对主体结构的安全没有或有较轻的不利影响	构件选型及布置不合理，对主体结构的安全有较大或严重的不利影响

注：1 表中的构造指围护系统自身的构造，如砌体围护墙的高厚比、墙板的配筋、防水层的构造等；连接指系统本身的连接及其与主体结构的连接；对主体结构安全的影响主要指围护结构是否对主体结构的安全造成不利影响或使其受力方式发生改变等。

2 对表中的各项目评定时，可根据其实际完好程度评为A级或B级，根据其实际严重程度评为C级或D级。

7.4.2 围护结构系统的使用性等级，应根据承重围护结构的使用状况、围护系统的使用功能两个项目评定，并取两个项目中较低评定等级作为该围护结构系统的使用性等级。

承重围护结构使用状况的评定等级，应根据其结构类别按本标准第6章相应构件和本标准第7.3.7条有关子系统的评级规定评定。

围护系统（包括非承重围护结构和建筑功能配件）使用功能的评定等级，宜根据表7.4.2中各项目对建筑物使用寿命和生产的影响程度确定出主要项目和次要项目逐项评定，并按下列原则确定：

1 系统的使用功能等级可取主要项目的最低等级。

2 若主要项目为A级或B级，次要项目一个以上为C级，宜根据需要的维修量大小将使用功能等级降为B级或C级。

表7.4.2 围护系统使用功能评定等级

项目	A级	B级	C级
屋面系统	构造层、防水层完好，排水畅通	构造基本完好，防水层有个别老化、鼓泡、开裂或轻微损坏，排水有个别堵塞现象，但不漏水	构造层有损坏，防水层多处老化、鼓泡、开裂、腐蚀或局部损坏、穿孔，排水有局部严重堵塞或漏水现象
墙体及门窗	墙体完好，无开裂、变形或渗水现象；门窗完好	墙体有轻微开裂、变形，局部破损或轻微渗水，但不明显影响使用功能；门窗框、扇完好，连接或玻璃等轻微损坏	墙体已开裂、变形、渗水，明显影响使用功能；门窗或连接局部破坏，已影响使用功能
地下防水	完好	基本完好，虽有较大潮湿现象，但无明显渗漏	局部损坏或有渗漏现象
其他防护设施	完好	有轻微损坏，但不影响防护功能	局部损坏已影响防护功能

注：1 表中的墙体指非承重墙体。

2 其他防护设施系指为了隔热、隔冷、隔尘、防湿、防腐、防撞、防爆和安全而设置的各种设施及爬梯、天棚吊顶等。

8 工业建筑物的综合鉴定评级

8.0.1 工业建筑物的可靠性综合鉴定评级，可按所划分的鉴定单元进行可靠性等级评定，综合鉴定评级结果宜列入表8.0.1。

表8.0.1 工业建筑物的可靠性综合鉴定评级

鉴定单元	结构系统名称	结构系统可靠性等级 A、B、C、D	鉴定单元可靠性等级 一、二、三、四	备注
I	地基基础			
	上部承重结构			
	围护结构系统			
II	地基基础			
	上部承重结构			
	围护结构系统			
⋮	⋮			

8.0.2 鉴定单元的可靠性等级，应根据其地基基础、上部承重结构和围护结构系统的可靠性等级评定结果，以地基基础、上部承重结构为主，按下列原则确定：

1 当围护结构系统与地基基础和上部承重结构的等级相差不大于一级时，可按地基基础和上部承重结构中的较低等级作为该鉴定单元的可靠性等级。

2 当围护结构系统比地基基础和上部承重结构中的较低等级低二级时，可按地基基础和上部承重结构中的较低等级降一级作为该鉴定单元的可靠性等级。

3 当围护结构系统比地基基础和上部承重结构中的较低等级低三级时，可根据本条第2款的原则和实际情况，按地基基础和上部承重结构中的较低等级降一级或降二级作为该鉴定单元的可靠性等级。

9 工业构筑物的鉴定评级

9.1 一般规定

9.1.1 本章条文适用于既有工业构筑物的可靠性鉴定评级。

9.1.2 工业构筑物的可靠性鉴定，应将构筑物整体作为一个鉴定单元，并根据构筑物的结构布置及组成划分为若干结构系统进行可靠性等级评定，构筑物鉴定单元的可靠性等级以主要结构系统的最低评定等级确定；当非主要结构系统的最低评定等级低于主要结构系统的最低评定等级两级时，鉴定单元的可靠性等级应以主要结构系统的最低评定等级降低一级确定。

9.1.3 构筑物结构系统的可靠性评定等级，应包括安全性等级和使用性等级评定，结构系统的可靠性等级应根据安全性等级和使用性等级评定结果以及使用功能的特殊要求，可按本标准第7.1.2条规定的原则确定。

9.1.4 结构系统的安全性等级和使用性等级，应综合考虑构筑物特殊的使用功能要求，可按本标准第7章有关规定评定。

9.1.5 结构构件的安全性等级和使用性等级，应根据结构类型按本标准第6.2节至第6.4节的有关规定评定。

9.1.6 构筑物结构分析，应在调查的基础上，遵循其专门设计规范标准的有关规定。

9.1.7 烟囱、贮仓、通廊、水池等工业构筑物的鉴定评级层次、结构系统划分、检测评定项目、可靠性等级宜符合表9.1.7的要求。

表 9.1.7 工业构筑物可靠性鉴定评级层次、结构系统划分及检测评定项目

层次	I	II		III
层名	鉴定单元	结构系统		结构或构件
可靠性等级	一、二、三、四	A、B、C、D		a、b、c、d
鉴定评级内容	鉴定评级内容	烟囱	地基基础	—
			筒壁及支承结构	承载能力、损伤、裂缝、倾斜
			隔热层和内衬	—
			附属设施	—
		贮仓	地基基础	—
			仓体与支承结构 · 整体性	—
			仓体与支承结构 · 承载功能	承载能力
			仓体与支承结构 · 使用状况	变形、损伤、裂缝
			仓体与支承结构 · 侧移（倾斜）	—
			附属设施	—
		通廊	地基基础	—
			通廊承重结构	同厂房上部承重结构
			围护结构	同厂房围护结构
		水池	地基基础	—
			池体	承载能力、损漏
			附属设施	—

9.2 烟 囱

9.2.1 烟囱的可靠性鉴定，应分为地基基础、筒壁及支承结构、隔热层和内衬、附属设施四个结构系统进行评定。其中，地基基础、筒壁及支承结构、隔热层和内衬为主要结构系统应进行可靠性等级评定，附属设施可根据实际状况评定。

9.2.2 地基基础的安全性等级及使用性等级应按本标准第7.2节有关规定进行评定，其可靠性等级可按安全性等级和使用性等级中的较低等级确定。

9.2.3 烟囱筒壁及支承结构的安全性等级应按承载能力项目的评定等级确定；使用性等级应按损伤、裂缝和倾斜三个项目的最低评定等级确定；可靠性等级可按安全性等级和使用性等级中的较低等级确定。

9.2.4 烟囱筒壁及支承结构承载能力项目应根据结构类型按照本标准第6.2节至第6.4节规定的重要结构构件的分级标准评定等级，并应符合下列规定：

1 作用效应计算时应考虑烟囱筒身实际倾斜所产生的附加弯矩。

2 当砖烟囱筒身出现环向水平裂缝或斜裂缝时，应根据其严重程度评定为c级或d级。

9.2.5 筒壁损伤项目应按下列规定评定等级：

a级：筒壁结构对大气环境及烟气耐受性良好，或者，筒壁结构防护层性能和状况良好，无明显腐蚀现象，受热温度在结构材料允许范围内；

b级：除a级、c级之外的情况；

c级：在目标使用年限内可能因腐蚀或温度作用，影响结构安全使用。

9.2.6 钢筋混凝土烟囱及砖烟囱筒壁的最大裂缝宽度项目应按表9.2.6评定等级。

表9.2.6 钢筋混凝土及砖烟囱筒壁
裂缝宽度评定等级

烟囱分类	高度分区	裂缝宽度（mm）		
		a	b	c
砖烟囱	全高	无明显裂缝	≤1.0	>1.0
钢筋混凝土烟囱（单管）	顶端20m以内	≤0.15		
	顶端20m以外 I-B环境	≤0.30	≤0.5	>0.5
	I-C环境	≤0.20		
	III、IV类环境	≤0.20		

注：表中环境类别与作用等级的划分，符合本标准第4.1.9条的规定。

9.2.7 烟囱筒身及支承结构倾斜项目应按表9.2.7评定等级。

表9.2.7 烟囱筒身及支承结构倾斜评定等级

高度（m）	评定标准		
	a	b	c
≤20	≤0.0033	倾斜变形稳定，或者，目标使用年限内倾斜发展不会大于0.013	倾斜有继续发展趋势，且目标使用年限内倾斜发展将大于0.013
20~50	≤0.0017	倾斜变形稳定，或者，目标使用年限内倾斜发展不会大于0.013	倾斜有继续发展趋势，且目标使用年限内倾斜发展将大于0.013
50~100	≤0.0012	倾斜变形稳定，或者，目标使用年限内倾斜发展不会大于0.011	倾斜有继续发展趋势，且目标使用年限内倾斜发展将大于0.011
100~150	≤0.0010	倾斜变形稳定，或者，目标使用年限内倾斜发展不会大于0.008	倾斜有继续发展趋势，且目标使用年限内倾斜发展将大于0.008
150~200	≤0.0009	倾斜变形稳定，或者，目标使用年限内倾斜发展不会大于0.006	倾斜有继续发展趋势，且目标使用年限内倾斜发展将大于0.006

注：倾斜指烟囱顶部侧移变位与高度的比值。当前的侧移变位为实测值，目标使用年限内的为预估值。

9.2.8 烟囱隔热层和内衬的安全性等级应根据构造连接和损坏情况按本标准第7.4.1条有关规定评定，使用性等级应根据使用功能的实际状况按本标准第7.4.2条有关其他防护设施的规定评定，可靠性等级可按安全性等级和使用性等级中的较低等级确定。

9.2.9 囱帽、烟道口、爬梯、信号平台、避雷装置、航空标志等烟囱附属设施，可根据实际状况按下列规定评定：

完好的：无损坏，工作性能良好；

适合工作的：轻微损坏，但不影响使用；

部分适合工作的：损坏较严重，影响使用；

不适合工作的：损坏严重，不能继续使用。

9.2.10 烟囱鉴定单元的可靠性鉴定评级，应按地基基础、筒壁及支承结构、隔热层和内衬三个结构系统中可靠性等级的最低等级确定。

囱帽、烟道口、爬梯、信号平台、避雷装置、航空标志等附属设施评定可不参与烟囱鉴定单元的评级，但在鉴定报告中应包括其检查评定结果及处理建议。

9.3 贮　仓

9.3.1 贮仓的可靠性鉴定，应分为地基基础、仓体与支承结构、附属设施三个结构系统进行评定。地基基础、仓体与支承结构为主要结构系统应进行可靠性等级评定，附属设施可根据实际状况评定。

9.3.2 地基基础的安全性等级及使用性等级应按本标准第7.2节有关规定进行评定，其可靠性等级可按安全性等级和使用性等级中的较低等级确定。

9.3.3 仓体与支承结构的安全性等级应按结构整体性和承载能力两个项目评定等级中的较低等级确定；使用性等级应按使用状况和整体侧移（倾斜）变形两个项目评定等级中的较低等级确定；可靠性等级可按安全性等级和使用性等级中的较低等级确定。

仓体与支承结构整体性等级可按本标准第7.3节的有关规定评定；使用状况等级可按变形和损伤、裂缝两个项目中的较低等级确定。

9.3.4 仓体及支承结构承载能力项目应根据结构类型按照本标准第6.2节至第6.4节规定的重要结构构件的分级标准评定等级，对于高耸贮仓，结构作用效应计算时尚应考虑倾斜所产生的附加内力。

9.3.5 仓体结构的变形和损伤应按表9.3.5评定等级。

9.3.6 对于仓体及支承结构为钢筋混凝土结构或砌体结构的裂缝项目，应根据结构类型按本标准第6.2节或第6.4节有关规定评定等级。

9.3.7 仓体与支承结构整体侧移（倾斜）应根据贮仓满载状态或正常贮料状态的倾斜值按表9.3.7评定等级。

表 9.3.5 仓体结构的变形和损伤评定等级

结构分类	评定标准		
	a	b	c
砌体结构	内衬或其他防护设施完好,仓体结构无明显变形和损伤现象	内衬或其他防护设施磨损或仓体结构一定程度磨损;构件变形≤1/250	内衬或其他防护设施破损或仓体结构严重磨损;构件变形>1/250
钢筋混凝土结构	内衬或其他防护设施完好,仓体结构无明显变形和损伤现象	内衬或其他防护设施磨损或仓体结构一定程度磨损;构件变形≤1/200	内衬或其他防护设施破损或仓体结构严重磨损露筋;构件变形>1/200
钢结构	仓体外壁腐蚀防护层完好或无腐蚀现象,内衬或其他防护设施完好,仓体结构无明显变形和损伤现象,仓体与支承结构连接可靠	仓体外壁腐蚀防护层损坏且伴有一定程度腐蚀;内衬或其他防护设施磨损或仓体结构一定程度磨损;构件变形≤1/150;仓体与支承结构连接可靠	内衬或其他防护设施破损,仓体结构一定程度磨损或严重腐蚀;构件变形>1/150;仓体与支承结构连接尚无明显损坏

表 9.3.7 仓体与支承结构整体侧移(倾斜)评定等级

结构类别	高度(m)	评定标准		
		a	b	c
砌体结构	>10	倾斜侧移值不大于50mm	倾斜变形稳定,或者目标使用年限内倾斜发展不会大于0.006	倾斜有继续发展趋势,且目标使用年限内倾斜发展将大于0.006
钢筋混凝土支筒结构	>10	倾斜不大于0.002		
钢筋混凝土框架结构	>10	倾斜侧移值不大于45mm		
钢塔架结构	>10	倾斜侧移值不大于35mm		

注:结构倾斜应取贮仓顶端侧移与高度之比。当前的侧移为实测值,目标使用年限内的为预估值。

9.3.8 贮仓附属设施包括进出料口及连接、爬梯、避雷装置等,可根据实际状况按下列规定评定:

完好的:无损坏,工作性能良好;

适合工作的:轻微损坏,但不影响使用;

部分适合工作的:损坏较严重,影响使用;

不适合工作的:损坏严重,不能继续使用。

9.3.9 贮仓鉴定单元的可靠性鉴定评级,应按地基基础、仓体与支承结构两个结构系统中可靠性等级的较低等级确定。

进出料口及连接、爬梯、避雷装置等附属设施评定可不参与鉴定单元的评级,但在鉴定报告中应包括其检查评定结果及处理建议。

9.3.10 对于建筑于贮仓顶的布料通廊、贮仓下部的出料通廊等附属建筑,应按本标准有关规定分别进行鉴定评级。

9.4 通 廊

9.4.1 通廊的可靠性鉴定,应分为地基基础、通廊承重结构、围护结构三个结构系统进行评定。地基基础、通廊承重结构应为主要结构系统。

9.4.2 地基基础的安全性等级及使用性等级应按本标准第7.2节有关规定进行评定,其可靠性等级可按安全性等级和使用性等级中的较低等级确定。

9.4.3 通廊承重结构可按本标准第7.3.4条和第7.3.7条的规定进行安全性等级和使用性等级评定,当通廊结构主要连接部位有严重变形开裂或高架斜通廊两端连接部位出现滑移错动现象时,应根据潜在的危害程度安全性等级评定为C级或D级。可靠性等级宜按本标准第7.1.2条第1款规定的原则确定。

9.4.4 通廊围护结构应按本标准第7.4.1条和第7.4.2条的规定进行安全性等级和使用性等级评定,可靠性等级宜按本标准第7.1.2条第1款规定的原则确定。

9.4.5 通廊结构构件应根据结构种类按本标准第6.2节至第6.4节有关规定进行安全性等级和使用性等级评定。

9.4.6 通廊鉴定单元的可靠性鉴定评级,应按地基基础、通廊承重结构两个结构系统中可靠性等级的较低等级确定;当围护结构的评定等级低于上述评定等级二级时,通廊鉴定单元的可靠性等级可按上述评定等级降低一级确定。

9.4.7 当通廊结构存在明显振动变形反应,或者振动变形明显影响皮带机正常运行时,应按本标准附录E进行检测鉴定。

9.4.8 当通廊端部支承于其他建筑物时,通廊的鉴定范围应包括支承构件及连接。

9.5 水 池

9.5.1 水池的可靠性鉴定,应分为地基基础、池体、附属设施三个结构系统进行评定。地基基础、池体为主要结构系统应进行可靠性等级评定,附属设施可根据实际状况评定。

9.5.2 地基基础的安全性等级及使用性等级应按本标准第7.2节有关规定进行评定,其可靠性等级可按安全性等级和使用性等级中的较低等级确定。

9.5.3 池体结构的安全性等级应按承载能力项目的评定等级确定,使用性等级应按损漏项目的评定等级确定,可靠性等级可按安全性等级和使用性等级中的较低等级确定。

9.5.4 池体结构承载能力项目应根据结构类型按照本标准第6.2节至第6.4节规定的重要结构构件的分级标准评定等级。

9.5.5 池体损漏应对浸水与不浸水部分分别评定等级，池体损漏等级按浸水及不浸水部分评定等级中的较低等级确定。

1 对于浸水部分池体结构应按表 9.5.5 对渗漏损坏评定等级。

2 对于池盖及其他不浸水部分池体结构应根据结构材料类别按本标准第 6.2 节至第 6.4 节对变形、裂缝、缺陷损伤、腐蚀等有关规定评定等级。

表 9.5.5　水池池体结构的渗漏损坏评定等级

结构分类	评定标准		
	a	b	c
砌体结构	无裂损，无渗漏痕迹	表面或表面粉刷层有风化，表面有老化裂损现象，但无渗漏现象	有渗漏现象或有新近渗漏痕迹
钢筋混凝土结构	无裂损，无渗漏痕迹	表面或表面粉刷层有老化，表面有开裂现象，但无渗漏现象	有渗漏现象或有新近渗漏痕迹
钢结构	腐蚀防护层完好或无腐蚀现象，无渗漏痕迹	腐蚀防护层损坏且伴有一定程度腐蚀，但无渗漏现象	严重腐蚀或局部有渗漏

注：对地下或半地下水池，当渗漏可能对结构或正常使用产生不可忽略影响时，应进行试水检验。

9.5.6 水池附属设施包括水位指示装置、管道接口、爬梯、操作平台等，可根据实际状况按下列规定评定：

完好的：无损坏，工作性能良好；

适合工作的：轻微损坏，但不影响使用；

部分适合工作的：损坏较严重，影响使用；

不适合工作的：损坏严重，不能继续使用。

9.5.7 水池鉴定单元的可靠性鉴定评级，应按地基基础、池体两个结构系统中可靠性等级的较低等级确定。

水位指示装置、管道接口、爬梯、操作平台等附属设施评定可不参与鉴定单元的评级，但在鉴定报告中应包括其检查评定结果及处理建议。

10 鉴定报告

10.0.1 工业建筑可靠性鉴定报告宜包括下列内容：

1 工程概况。

2 鉴定的目的、内容、范围及依据。

3 调查、检测、分析的结果。

4 评定等级或评定结果。

5 结论与建议。

6 附件。

注：对于专项鉴定，鉴定报告应包括有关专项问题或特定要求的检测评定内容。

10.0.2 鉴定报告编写应符合下列要求：

1 鉴定报告中应明确目标使用年限，指出被鉴定建、构筑物各鉴定单元在目标使用年限内所存在的问题及产生的原因。

2 鉴定报告中应明确总体鉴定结果，指明被鉴定建、构筑物各鉴定单元的最终评定等级或评定结果，作为技术管理或制订维修计划的依据。

3 鉴定报告中应明确处理对象，对各鉴定单元的安全性评为 c 级和 d 级构件及 C 级和 D 级结构系统的数量、所处位置作出详细说明，并提出处理措施；若在结构系统或构件正常使用性评定中有 c 级构件或 C 级结构系统时，也应按上述要求作出详细说明，并根据实际情况提出措施建议。

附录 A　单个构件的划分

A.0.1 工业建筑的单个构件，应按表 A.0.1 划分。

表 A.0.1　单个构件的划分

构件类型			构件划分
基础	独立基础		一个基础为一个构件
	柱下条形基础		一个柱间的基础为一构件
	墙下条形基础		一个自然间的基础为一构件
	带壁柱墙下条形基础		按计算单元的划分确定
	柱基础	单桩	一根为一构件
		群桩	一个承台及其所含的基桩为一构件
	筏形基础	梁板式筏基	一个计算单元的底板或基础梁
		平板式筏基	一个计算单元的底板
柱	实腹柱		一层、一根为一构件
	组合柱		一层、一根为一构件
	双肢或多肢柱		一整根（即含所有柱肢）为一构件，如混凝土双肢柱、格构式钢柱
	分离式柱		一肢为一构件
	混合柱		一整根柱为一构件，如下柱为混凝土柱、上柱为钢柱
桁架、拱架			一榀为一构件
梁式构件	简支梁		一跨、一根为一构件
	连续梁		一整根为一构件

续表 A.0.1

构件类型		构件划分
墙	砌筑的横墙	一层高、一自然间的一横轴线与纵轴线间的一个墙段为一构件
	砌筑的纵墙（不带壁柱）	一层高、一自然间的一纵轴线或横轴线间的一个墙段为一构件
	带壁柱的墙	按计算单元的划分确定
板（瓦）	预制板	一块为一构件
	现浇板	按计算单元的划分确定
	组合楼板	一个柱间为一构件
	轻型屋面（彩色钢板瓦、瓦楞铁、石棉板瓦等）	一个柱间为一构件
折板、壳		一个计算单元为一构件
网架（壳）		一个计算杆件或节点

A.0.2 本附录所划分的单个构件，应包括构件本身及其连接、节点。

附录 B 大气环境混凝土结构耐久年限评估

B.1 一般规定

B.1.1 在进行混凝土结构或构件耐久年限评估时，应进行下列项目的现场调查与检测：

1 环境温、湿度调查与测试；

2 混凝土强度检测；

3 混凝土保护层厚度检测；

4 混凝土碳化深度检测；

5 混凝土中钢筋锈蚀状况检测。

B.1.2 混凝土结构或构件考虑钢筋锈蚀损伤的耐久年限应根据其重要性、所处环境条件以及现场调查与检测结果，按下列规定进行评估：

1 对外观要求严格的工业建筑物，可将混凝土保护层锈胀开裂作为耐久性失效的标志。

2 对外观要求一般的工业建筑物，或允许出现锈胀裂缝或局部破损的构件，可将结构性能退化作为耐久性失效的标志。

B.1.3 环境等级和局部环境系数可按表 B.1.3 取用。

表 B.1.3 环境等级及局部环境系数

环境类别		环境等级	局部环境系数 m
一般大气环境（Ⅰ）	Ⅰ a	一般室内环境；一般室外不淋雨环境	1.0
	Ⅰ b	室内潮湿环境（湿度≥80%或变异较大）	1.5~2.0
	Ⅰ c	室内高温、高湿度变化环境	2.0~2.5
	Ⅰ d	室内干湿交替环境（表面淋水或结露）	3.0~3.5
	Ⅰ e	干燥地区室外环境（室外淋雨）	3.5~4.0
	Ⅰ f	潮湿地区室外环境（室外淋雨）、室外大气污染环境	4.0~4.5
大气污染环境（Ⅱ）	Ⅱ a	室内轻微污染环境Ⅰ类（机修等厂房）	1.2~2.0
	Ⅱ b	室内轻微污染环境Ⅱ类（炼钢等厂房）	2.0~3.0
	Ⅱ c	室内轻微污染环境Ⅲ类（焦化、化工等厂房）	3.0~4.0

注：工业大气环境条件复杂，局部环境系数尚应考虑有无干湿交替、有害介质含量等具体情况合理取用。

B.1.4 符合下列条件时应进行承载力验算。

1 杆件（角部钢筋），当按结构性能严重退化预测的剩余寿命小于目标使用期，且钢筋直径小于 18mm。

2 墙板（非角部钢筋），当按混凝土保护层锈胀开裂预测的剩余寿命小于目标使用期，且钢筋直径小于 8mm。

3 构件锈蚀损伤严重，钢筋截面损失率超过 6%。

B.2 大气环境混凝土结构耐久年限评估

B.2.1 保护层锈胀开裂时间可按下式估算：

$$t_{cr} = t_i + t_c \qquad (B.2.1)$$

式中 t_i——结构建成至钢筋开始锈蚀的时间（a）；

t_c——钢筋开始锈蚀至保护层胀裂的时间（a）。

B.2.2 钢筋开始锈蚀时间可按下式估算：

$$t_i = 15.2 K_k \cdot K_c \cdot K_m \qquad (B.2.2)$$

式中 K_k、K_c、K_m——碳化速度、保护层厚度、局部环境对钢筋开始锈蚀时间的影响系数，分别按表 B.2.2-1~表 B.2.2-3 取用。

表 B.2.2-1 碳化速度影响系数 K_k

碳化系数 k (mm/$\sqrt{a}$)	1.0	2.0	3.0	4.5	6.0	7.5	9.0
K_k	2.27	1.54	1.20	0.94	0.80	0.71	0.64

表 B.2.2-2　保护层厚度影响系数 K_c

保护层厚度 c (mm)	5	10	15	20	25	30	40
K_c	0.54	0.75	1.00	1.29	1.62	1.96	2.67

表 B.2.2-3　局部环境影响系数 K_m

局部环境系数 m	1.0	1.5	2.0	2.5	3.0	3.5	4.5
K_m	1.51	1.24	1.06	0.94	0.85	0.78	0.68

注：局部环境系数按表 B.1.4 取用。

B.2.3　碳化系数 k 应按下式计算：

$$k=\frac{x_c}{\sqrt{t_0}} \tag{B.2.3}$$

式中　x_c——实测碳化深度（mm）；

　　　t_0——结构建成至检测时的时间（a）。

注：1　碳化深度测区应与评定钢筋锈蚀部位一致，测区不在构件角部时，角部的碳化深度可取非角部的 1.4 倍。

　　2　构件有覆盖层时，应考虑覆盖层的作用。

B.2.4　钢筋开始锈蚀至保护层胀裂的时间可按下式估算：

$$t_c=A\cdot H_c\cdot H_f\cdot H_d\cdot H_T\cdot H_{RH}\cdot H_m \tag{B.2.4}$$

式中　A——特定条件下（各项影响系数为 1.0 时）构件自钢筋开始锈蚀到保护层胀裂的时间，对室外杆件取 $A=1.9$，室外墙、板取 $A=4.9$；对室内杆件取 $A=3.8$，室内墙、板取 $A=11.0$；

　　H_c、H_f、H_d、H_T、H_{RH}、H_m——保护层厚度、混凝土强度、钢筋直径、环境温度、环境湿度、局部环境对锈胀开裂时间的影响系数，分别按表 B.2.4-1～表 B.2.4-6 取用。

表 B.2.4-1　保护层厚度影响系数 H_c

保护层厚度 (mm)		5	10	15	20	25	30	40
室外	杆件	0.38	0.68	1.00	1.34	1.70	2.09	2.93
	墙、板	0.33	0.62	1.00	1.48	2.07	2.79	4.62
室内	杆件	0.37	0.68	1.00	1.35	1.73	2.13	3.02
	墙、板	0.31	0.61	1.00	1.51	2.14	2.92	4.91

表 B.2.4-2　混凝土强度影响系数 H_f

混凝土强度 (MPa)		10	15	20	25	30	35	40
室外	杆件	0.21	0.47	0.86	1.39	2.08	2.94	3.99
	墙、板	0.17	0.41	0.76	1.26	1.92	2.76	3.79
室内	杆件	0.21	0.48	0.89	1.44	2.15	3.04	4.13
	墙、板	0.17	0.41	0.77	1.27	1.94	2.79	3.83

表 B.2.4-3　钢筋直径影响系数 H_d

钢筋直径 (mm)		4	8	12	16	20	25	28
室外	杆件	2.43	1.66	1.40	1.27	1.19	1.13	1.10
	墙、板	4.65	2.11	1.50	1.25	1.12	1.02	0.99
室内	杆件	2.23	1.52	1.29	1.17	1.10	1.04	1.02
	墙、板	4.10	1.87	1.34	1.11	1.00	0.92	0.88

表 B.2.4-4　环境温度影响系数 H_T

环境温度 (℃)		4	8	12	16	20	24	28
室外	杆件	1.50	1.42	1.34	1.27	1.20	1.15	1.09
	墙、板	1.39	1.31	1.24	1.17	1.11	1.06	1.01
室内	杆件	1.39	1.31	1.24	1.17	1.11	1.06	1.01
	墙、板	1.25	1.18	1.19	1.11	1.05	0.95	0.91

表 B.2.4-5　环境湿度影响系数 H_{RH}

环境湿度		0.55	0.60	0.65	0.70	0.75	0.80	0.85
室外	杆件	2.40	1.83	1.51	1.30	1.15	1.041	1.041
	墙、板	2.23	1.70	1.40	1.21	1.07	0.97	0.97
室内	杆件	3.04	1.91	1.46	1.21	1.04	0.92	0.92
	墙、板	2.75	1.73	1.32	1.09	0.94	0.83	0.83

表 B.2.4-6　局部环境影响系数 H_m

局部环境系数 m		1.0	1.5	2.0	2.5	3.0	3.5	4.5
室外	杆件	3.74	2.49	1.87	1.50	1.25	1.07	0.83
	墙、板	3.50	2.33	1.75	1.40	1.17	1.00	0.78
室内	杆件	3.40	2.27	1.70	1.36	1.13	0.97	0.76
	墙、板	3.09	2.06	1.55	1.24	1.03	0.88	0.69

B.2.5　结构性能严重退化的时间可按下式估算：

$$t_d=t_i+t_{cl} \tag{B.2.5-1}$$

$$t_{cl}=B\cdot F_c\cdot F_f\cdot F_d\cdot F_T\cdot F_{RH}\cdot F_m \tag{B.2.5-2}$$

式中

t_{cl}——钢筋开始锈蚀至结构性能严重退化的时间（a）；

B——特定条件下（各项影响系数为 1.0 时）自钢筋开始锈蚀至结构性能严重退化的时间，对室外杆件取 $B=7.04$，室外墙、板取 $B=8.09$；对室内杆件取 $B=8.84$，室内墙、板取 $B=14.48$；

F_c、F_f、F_d、F_T、F_{RH}、F_m——保护层厚度、混凝土强度、钢筋直径、环境温度、环境湿度、局部环境对结构性能严重退化时间的影响系数，按表 B.2.5-1~表 B.2.5-6 取用。

表 B.2.5-1 保护层厚度影响系数 F_c

保护层厚度（mm）		5	10	15	20	25	30	40
室外	杆件	0.57	0.87	1.00	1.17	1.36	1.54	1.91
	墙、板	0.58	0.77	1.00	1.24	1.49	1.76	2.35
室内	杆件	0.59	0.78	1.00	1.23	1.48	1.69	2.13
	墙、板	0.47	0.74	1.00	1.26	1.53	1.82	2.45

表 B.2.5-2 混凝土强度影响系数 F_f

混凝土强度（MPa）		10	15	20	25	30	35	40
室外	杆件	0.29	0.60	0.92	1.25	1.64	2.16	2.78
	墙、板	0.31	0.59	0.89	1.29	1.81	2.46	3.24
室内	杆件	0.34	0.62	0.93	1.33	1.85	2.49	3.24
	墙、板	0.31	0.56	0.89	1.35	1.94	2.66	3.52

表 B.2.5-3 钢筋直径影响系数 F_d

钢筋直径（mm）		4	8	12	16	20	25	28
室外	杆件	0.86	1.11	1.33	1.29	1.26	1.23	1.22
	墙、板	0.91	1.44	1.47	1.36	1.30	1.26	1.24
室内	杆件	0.94	1.14	1.32	1.27	1.24	1.21	1.20
	墙、板	0.92	1.40	1.41	1.29	1.23	1.19	1.17

表 B.2.5-4 环境温度影响系数 F_T

环境温度（℃）		4	8	12	16	20	24	28
室外	杆件	1.39	1.33	1.27	1.22	1.18	1.13	1.10
	墙、板	1.48	1.41	1.34	1.27	1.22	1.16	1.12
室内	杆件	1.42	1.34	1.28	1.22	1.16	1.12	1.07
	墙、板	1.43	1.35	1.28	1.22	1.16	1.11	1.06

表 B.2.5-5 环境湿度影响系数 F_{RH}

环境湿度		0.55	0.60	0.65	0.70	0.75	0.80	0.85
室外	杆件	2.07	1.64	1.40	1.24	1.13	1.06	1.06
	墙、板	2.30	1.79	1.50	1.31	1.18	1.08	1.08
室内	杆件	2.95	1.91	1.49	1.26	1.11	1.00	1.00
	墙、板	3.08	1.96	1.51	1.26	1.10	0.98	0.98

表 B.2.5-6 局部环境影响系数 F_m

局部环境系数 m		1.0	1.5	2.0	2.5	3.0	3.5	4.5
室外	杆件	3.10	2.14	1.67	1.38	1.20	1.06	0.88
	墙、板	3.53	2.39	1.82	1.49	1.26	1.10	0.89
室内	杆件	3.27	2.23	1.71	1.40	1.19	1.05	0.85
	墙、板	3.43	2.30	1.75	1.41	1.19	1.03	0.82

B.2.6 混凝土结构或构件的剩余耐久年限 t_{re} 可按下式计算：

$$t_{re}=t_d-t_0 \qquad (B.2.6-1)$$

或

$$t_{re}=t_{cr}-t_0 \qquad (B.2.6-2)$$

式中 t_0——结构建成至检测时的时间（a）；

t_d——结构性能严重退化的时间（a）；

t_{cr}——保护层锈胀开裂时间（a）。

附录 C 钢吊车梁残余疲劳寿命评估

C.0.1 重级工作制钢吊车梁和中级以上工作制钢吊车桁架，疲劳验算不满足要求或在检查中发现疲劳破坏的迹象时，可根据控制部位实测的应力-时间变化关系进行残余疲劳寿命评估。

C.0.2 应力-时间变化关系的测量应在正常生产状态下进行，每次连续测量时间应至少包括一个完整的生产循环过程，测量总时间不宜少于 24h。

C.0.3 测量仪器可采用动态电阻应变仪或更高级的仪器。测量结果应为连续的应力-时间变化曲线。

C.0.4 测量部位残余疲劳寿命的评估值按下式计算：

$$T=\frac{C \cdot T^*}{\varphi \sum n_i^* \Delta \sigma_i^\beta}-T_0 \qquad (C.0.4)$$

式中 T^*——测量总时间；

C 和 β——与构件和连接类别有关的参数，按照现行国家标准《钢结构设计规范》GB 50017确定；

T_0——该结构已经使用过的时间；

φ——附加安全系数，取为1.5~3.0，测量总时间较长时可取较低值，冶金工厂炼钢、连铸车间吊车梁的测量总时间为24h可取为2.0；

$\Delta\sigma_i$——根据应力-时间曲线用雨流法统计得到的测量部位第 i 个级别的应力幅值（N/mm²）；

n_i^*——在测量时间 T^* 内，$\Delta\sigma_i$ 的循环次数；

T——残余疲劳寿命的评估时间，其单位应与 T^*、T_0 一致。

C.0.5 钢吊车梁系统的残余疲劳寿命评估，应结合实际损伤情况、结构形式、检查制度、生产发展等方面的因素综合考虑。

附录 D　钢构件均匀腐蚀的检测

D.1　腐蚀情况检测

D.1.1 钢结构构件全面均匀腐蚀是指在大气条件下相对均匀的腐蚀，构件整个表面具有大致相同的腐蚀速度。

D.1.2 检测腐蚀损伤程度时，应清除积灰、油污、锈皮等。对需要量测的部位，应采用钢丝刷等工具进行清理，直到露出金属光泽。

D.1.3 量测腐蚀损伤构件的厚度时，应沿其长度方向至少选取3个腐蚀较严重的区段，每个区段选取8~10个测点，采用测厚仪量测构件厚度。腐蚀严重时，测点数应适当增加。取各区段算术平均量测厚度的最小值作为构件实际厚度。

D.1.4 腐蚀损伤量按照初始厚度减去实际厚度来确定。初始厚度应根据构件未腐蚀部分实测确定。在没有未腐蚀部分的情况下，初始厚度取下列两个计算数值的较大者：

　　1　所有区段全部测点的算术平均值加上3倍的标准差。

　　2　公称厚度减去允许负公差的绝对值。

D.2　承载能力计算

D.2.1 构件承载能力按现行国家标准《钢结构设计规范》GB 50017计算，其截面积和抵抗矩的取值应考虑腐蚀损伤对截面的削弱，稳定系数可不考虑腐蚀损伤的影响。

D.2.2 构件承载能力计算时，截面几何性质按实际厚度和公称厚度的较小者计算。

D.3　腐蚀损伤钢材性能的影响

D.3.1 当腐蚀后的残余厚度不大于5mm或腐蚀损伤量超过初始厚度的25%时，钢材质量等级应按降低一级考虑。

附录 E　振动对上部承重结构影响的鉴定

E.0.1 当振动对上部承重结构的安全、正常使用有明显影响需要进行鉴定时，应按下列要求进行现场调查检测：

　　1　调查振动对上部承重结构的影响范围。

　　2　检查振动对人员正常活动、设备仪器正常工作以及结构和装饰层的影响情况。

　　3　需要时进行振动响应和结构动力特性测试。

E.0.2 当振动对上部承重结构的影响存在下列情况之一时，应进行安全性等级评定：

　　1　结构产生共振现象。

　　2　结构振动幅值较大，或疲劳强度不足，影响结构安全。

E.0.3 当进行振动对上部承重结构的安全性等级评定时，应按国家现行有关标准的规定，确定由于振动产生的动力荷载进行结构分析和验算，根据检测和验算分析结果按本标准第3.3.1条的规定评定等级，并应符合下列规定：

　　1　当仅进行振动对结构安全影响评定而未做常规可靠性鉴定时，若振动影响涉及整个结构体系或其中某种构件，其评定结果即为振动对上部承重结构影响的安全性等级。

　　2　当考虑振动对结构安全的影响且参与上部承重结构的常规鉴定评级时，可将其影响评定结果参与本标准第7.3节上部承重结构安全性等级的相应规定评定等级。

E.0.4 当上部承重结构产生的振动对人体健康、设备仪器正常工作以及结构正常使用产生不利影响时，应进行结构振动的使用性等级评定。

E.0.5 当进行振动对上部承重结构的使用性等级评定时，应按国家现行有关标准的规定，进行必要的振动影响分析，根据检测和分析结果按本标准第3.3.1条的规定评定等级，并应符合下列规定：

　　1　结构振动的使用性等级可按表E.0.5进行评定，并取其中最低等级作为结构振动的使用性等级。

　　2　当仅进行振动对结构正常使用影响评定而未做常规可靠性鉴定时，若振动影响涉及整个结构体系或其中某种构件，其评定结果即为振动对上部承重结构影响的使用性等级。

　　3　当考虑振动影响结构正常使用且参与上部承重结构的常规鉴定评级时，可将其影响评定结果参与本标准第7.3节有关上部承重结构使用性等级的相关规定评定等级。

表 E.0.5　结构振动使用性等级评定

评定项目	评定标准		
	A级	B级	C级
对人体健康的影响	人体在振动环境下无不舒适感	人体在振动环境下有不舒适感，生产工效降低	振动对人体健康产生有害影响
对设备仪器的影响	振动对设备仪器的正常运行无影响，振动响应不超过设备仪器的容许振动值	振动对设备仪器的正常运行有影响，振动响应超过设备仪器的容许振动值，但采取适当措施后可正常运行	振动使设备仪器无法正常工作或直接损害设备仪器
对结构和装饰层的影响	结构和装饰层无振动导致的表面损伤、裂缝等	结构及装饰层存在由于振动产生的表面损伤、裂缝等，但不影响结构的正常使用	结构及装饰层由于振动产生严重损伤，影响结构的正常使用

注：1　振动对人体健康与设备仪器的影响按国家现行有关标准规范执行。
　　2　评定时，可根据振动对结构影响的严重程度进行调整，但调整不应超过一个等级。

附录 F　结构工作状况监测与评定

F.0.1　当存在下列情况之一时，应根据结构状况和生产使用要求等对结构工作状况进行监测或实时监控：

1　基础沉降或结构变形不稳定且变化趋势不明确。

2　结构荷载与受力状态复杂，在一般鉴定期间无法确定结构安全性和正常使用性评定所需要的参数范围与变化规律。

3　为保障结构安全和生产使用要求，需要对结构关键部位工作状态进行实时监控，或需要根据监测数据对结构进行维护、处理等。

F.0.2　进行结构状态的监测时，应按下列要求制订监测方案：

1　根据结构特点和鉴定评级需要，选择确定监测参量、监测点数量、位置与监测时间。

2　根据结构上的作用特性、对可能出现的受力与变形状态进行预分析。需要时，宜按照本标准第3.3.1条规定的鉴定评级标准，确定结构安全性和使用性级别所对应的监测数据范围。

3　根据监测量可能的变化或实时监测要求、监测环境、监测时间等选择合适的监测传感系统。

注：监测系统的传感器、仪器等安装使用及测量精度范围要求按国家现行有关标准执行。

F.0.3　监测系统安装完毕后，应对监测网络系统与监测软件的工作性能和稳定性进行调试，系统的调试运行时间不少于2个额定生产工作日与监测时间10%的较小者。

F.0.4　需要利用监测数据对结构的安全性、正常使用性进行评定时，应根据监测数据参照本标准第5章的规定进行计算分析与验算，并按照下列规定进行评定：

1　当仅对结构进行专门监测评定而未做常规可靠性鉴定时，其评定结果即为所监测结构的安全性等级和使用性等级，宜符合下列要求：

　　1）当对结构工作状态进行实时监测（控）时，监测系统宜实时给出监测评定结果；

　　2）当结构上的作用具有明显的周期性时，应通过一个作用周期和不同周期间的监测数据及其变化对结构进行评定；

　　3）对不具有周期性作用的结构进行监测评定时，宜根据监测数据的变化速率及其极值对结构进行评定。

2　当监测数据参与结构的常规鉴定评级时，可将其监测数据参与本标准第6章和第7章的有关规定，进行结构的安全性等级、使用性等级评定，以及可靠性等级的综合评定。

3　当考虑荷载工况实际可能存在最不利状态时，可对本条第2款的评定等级进行适当调整。

本标准用词说明

1　为便于在执行本标准条文时区别对待，对要求严格程度不同的用词说明如下：

　　1）表示很严格，非这样做不可的用词：
　　　　正面词采用"必须"，反面词采用"严禁"。

　　2）表示严格，在正常情况下均应这样做的用词：
　　　　正面词采用"应"，反面词采用"不应"或"不得"。

　　3）表示允许稍有选择，在条件许可时首先应这样做的用词：
　　　　正面词采用"宜"，反面词采用"不宜"；
　　　　表示有选择，在一定条件下可以这样做的用词，采用"可"。

2　本标准中指明应按其他有关标准、规范执行的写法为"应符合……的规定"或"应按……执行"。

中华人民共和国国家标准

工业建筑可靠性鉴定标准

GB 50144—2008

条 文 说 明

目　　次

1 总　则

1.0.1 工业建、构筑物是工业企业的重要组成部分。为了适应工业建筑安全使用和维修改造的需要，加强对既有工业建筑的技术管理，不仅要进行经常性的管理与维护，而且还要进行定期或应急的可靠性鉴定，以对存在的缺陷和损伤、遭受事故或灾害、达到设计使用年限、改变用途和使用条件等问题进行鉴定，并提出安全适用、经济合理的处理措施，给出可依据的鉴定方法和评定标准。在原《工业厂房可靠性鉴定标准》GBJ 144—90 实施的十几年里，工业建筑的可靠性鉴定有了很大发展，并对原鉴定标准提出了一些新问题和更高的要求，为了适应工业建筑可靠性鉴定的发展和需要，在总结十几年来工程鉴定实践经验和科研成果的基础上，对原鉴定标准进行了全面修订，制定了本标准。

需要特别说明的是，当工程施工质量不符合要求需要进行检测鉴定时，本标准只作为检测鉴定的技术依据，但不能代替工程施工质量验收。

1.0.2 本次修订，扩大了对既有工业建筑可靠性鉴定的适用范围。将原《工业厂房可靠性鉴定标准》GBJ 144—90 中的钢结构从原来的单层厂房扩充到多层厂房，并增加了烟囱、贮仓、通廊、水池等一般工业构筑物的可靠性鉴定，使本标准的适用范围由原来的工业厂房扩大到工业建、构筑物。

1.0.4 本条中的有关地区或使用环境等主要是指以下几种情况：

1 地震区系指抗震设防烈度不低于 6 度的地区。对于修建在地震区的工业建筑进行可靠性鉴定和抗震鉴定时，应与现行国家标准《建筑抗震鉴定标准》GB 50023 的抗震鉴定结合进行，鉴定后的处理措施也应与抗震加固措施同时提出。

2 特殊地基土地区系指湿陷性黄土、膨胀岩土、多年冻土等需要特殊处理的地基土地区。如修建在湿陷性黄土地区的工业建筑，鉴定与处理应结合现行国家标准《湿陷性黄土地区建筑规范》GB 50025 的有关规定进行。

3 特殊环境主要指有腐蚀性介质环境和高温、高湿环境等。如工业建筑处于有腐蚀性介质的使用环境，鉴定与处理应结合现行国家标准《工业建筑防腐蚀设计规范》GB 50046 的有关规定进行。

4 灾害后主要指火灾后、风灾后或爆炸后等。如工业建筑火灾后的可靠性鉴定，鉴定与处理应结合有关火灾后建筑结构鉴定标准的规定进行。

2　术语、符号

2.1　术　语

本节所给出的术语，为本标准有关章节中所引用

的、用于检测鉴定的专用术语，是从本标准的角度赋予其含义，但含义不一定是术语的定义；同时又分别给出了相应的英文术语，仅供参考，不一定是国际上的标准术语。在编写本节术语时，还参考了现行国家标准《建筑结构设计术语和符号标准》GB/T 50083 等国家标准中的相关术语。

2.2　符　号

本节的符号符合现行国家标准《建筑结构设计术语和符号标准》GB/T 50083 的规定。

3　基本规定

3.1　一般规定

3.1.1、3.1.2 从分析大量工业建筑工程技术鉴定（包括工程技术服务和技术咨询）项目来看，其中95％以上的鉴定项目是以解决安全性（包括整体稳定性）问题为主并注重适用性和耐久性问题，包括工程事故处理或满足技术改造、增产增容的需要以及抗震加固，还有一部分为维持延长工作寿命，需要解决安全性和耐久性问题等，以确保工业生产的安全正常运行；只有不到 5％的工程项目仅为了解决结构的裂缝或变形等适用性问题进行鉴定。这个分析结果是由于工业生产的使用要求，工业建筑的荷载条件、使用环境、结构类型（以杆系结构居多）等决定的。实践表明：对既有工业建筑的可靠性鉴定不必再分为安全性鉴定和正常使用性鉴定，应统一进行以安全性为主并注重正常使用性的可靠性鉴定（即常规鉴定）；对于结构存在的某些方面的突出问题（包括结构剩余耐久年限评估问题等），可就这些问题采用比常规的可靠性鉴定更深入、更细致、更有针对性的专项鉴定（深化鉴定）来解决。为此，本次标准修订，在总结以往工程鉴定的基础上，为了适应工业建筑使用管理和实际鉴定的需要，根据工业建筑的特点，分别规定了工业建筑应进行可靠性鉴定（强制性条款）和宜进行可靠性鉴定的几种情况，同时又针对结构存在的某些方面的突出问题或按照特定的要求进行专项鉴定的几种情况。

3.1.3 本条中所说的相对独立的鉴定单元，是根据被鉴定建、构筑物的结构体系、构造特点、工艺布置等不同所划分的可以独立进行可靠性评定的区段，每个区段称为一个鉴定单元，如通常按建筑物的变形缝所划分的一个或多个区段作为一个或多个鉴定单元；结构系统包括子系统，如地基基础、上部承重结构、围护结构系统，以及屋盖系统、柱子系统、吊车梁系统等子系统；结构是指各类承重结构或结构构件。

3.1.4 工程鉴定实践表明，既有建、构筑物的可靠

性鉴定需要明确经过鉴定希望达到的使用年限，本次修订增加了目标使用年限这个术语，并给出了确定目标使用年限的原则规定。需要说明的是，这里引入的目标使用年限是在安全的基础上可满足使用要求的年限。在实际工程鉴定中，鉴定的目标使用年限通常是在签订鉴定技术合同时，根据本条规定的原则由业主和鉴定方共同商定。如鉴定对象建成使用时间较短、环境条件较好或需要进行改建、扩建，目标使用年限可考虑取较长时间，20～30 年；如鉴定对象已使用时间较长、环境条件较差需再维持很短时间即进行全面维修或工艺改造和设备更新，目标使用年限可考虑取较短时间，3～5 年；对于其他情况，目标使用年限一般可考虑不超过 10 年。

3.2 鉴定程序及其工作内容

3.2.1 本次修订，在总结十几年来实施《工业厂房可靠性鉴定标准》GBJ 144—90（以下简称原标准）进行工程鉴定实践的基础上，对常规的可靠性鉴定程序主要作了以下几个方面的补充和修改：

1 取消了原标准鉴定程序中"专门鉴定机构或成立专业鉴定组"部分。随着我国市场经济的发展，鉴定技术合同应为委托与受托关系，受托单位（即鉴定方）当然是有资质的专业鉴定机构，所以不必再注明，成立专业鉴定组的提法也不合适。

2 原"详细调查"部分改为"详细调查与检测"，明确了现场详细调查、检测的工作内容，并在"初步调查"与"详细调查与检测"两部分之间增加了"制订鉴定方案"部分。大量的工程鉴定实践表明，在进行现场详细调查与检测之前制订出鉴定方案，是保证现场详细调查、检测工作能够顺利进行并获得足够的、可靠的信息资料之前提，而增加了此部分要求。

3 原"可靠性鉴定评级"部分改为"可靠性评定"适当放松了原标准的可靠性鉴定必须鉴定评级的要求，即一般应进行鉴定评级，也允许不要求鉴定评级的工程项目以给出评定结果表示，并在"详细调查与检测"与"可靠性评定"两部分之间增加了"可靠性分析与验算"部分。工程鉴定实践表明，可靠性分析与验算是进行可靠性评定的基础，为此，本次修订将原标准混在"可靠性鉴定评级"中的此部分分离出来作为新增加的一部分，以明确要求并加以强调。

这里需要说明的是：对于存在问题十分明且特别严重、通过状态分析与初步校核能作出明确判断的工程项目，实际应用鉴定程序时可以根据实际情况和鉴定要求作适当简化。

3.2.2～3.2.4 这三条规定的内容和要求，是搞好以下各部分工作的前提条件，是进入现场进行详细调查、检测需要做好的准备工作。事实上，接受鉴定委托，不仅要明确鉴定目的、范围和内容，同时还要按

规定要求搞好初步调查，特别是对比较复杂或陌生的工程项目更要做好初步调查工作，才能起草制订出符合实际、符合要求的鉴定方案，确定下一步工作大纲并指导以下的工作。

3.2.5 本条是在原标准"详细调查"工作内容的基础上作了适当补充，规定了详细调查与检测的工作内容。这些工作内容，可根据实际鉴定需要进行选择，其中绝大部分是需要在现场完成的。工程鉴定实践表明，搞好现场详细调查与检测工作，才能获得可靠的数据、必要的资料，是进行下一步可靠性分析、验算与评定工作的基础，也就是说，确保详细调查与检测工作的质量，是决定可靠性鉴定工作好坏的关键之一，为此，本次修订对该部分工作内容作了部分补充或明确规定。

3.2.6 本条是本次修订新增加的内容，是确保正确进行结构可靠性评定的基础。需要说明的是：

1 可靠性分析与验算，其中一个重要组成部分是结构分析、结构或构件的校核分析，即对结构进行作用效应分析和结构抗力及其他性能分析，以及对结构或构件按两个极限状态进行校核分析。

2 另一个重要组成部分是对结构所存在问题的原因和影响分析，如对结构存在的缺陷和损伤，要分析产生的原因和对结构性能的影响。

3.2.8 本条规定了工业建筑可靠性鉴定的评定体系，仍然采用纵向分层横向分级逐步综合的鉴定评级模式。本次修订，对评定体系主要有以下几个方面修改和补充：

1 工业建筑物可靠性鉴定评级仍划分为三个层次，最高层次为鉴定单元，但中间层次由原来的"项目或组合项目"改为"结构系统"，最低层次（即基础层次）由原来的"子项"改为"构件"。

2 中间层次原来为结构布置和支撑系统、承重结构系统（含地基基础和上部承重结构）及围护结构系统。考虑到地基基础的问题性质、评定项目内容等与上部承重结构有许多不同，结构布置和支撑系统属于上部承重结构范畴并起到加强整体性的作用，所以本次修订将地基基础与上部承重结构分开，将结构布置和支撑系统归入上部承重结构中作为整体性的评定项目，从而形成地基基础、上部承重结构和围护结构三个结构系统。

3 最高层次鉴定单元仍保持原来的可靠性鉴定评级，以满足业主整体技术管理的需要，并沿用以往行之有效的工业建筑管理模式，中间层次和基础层次，即结构系统和构件的可靠性鉴定评级，包括安全性等级和使用性等级的评定，以满足结构实际技术处理上能分清问题（是安全问题还是正常使用问题）进行具体处理的需要。

4 补充了部分评定项目，如构件正常使用性评定中增加了缺陷和损伤、腐蚀两个评定项目，上部承

重结构正常使用性评定中增加了水平位移评定项目，并且还注明：若上部承重结构整体或局部有明显振动时，还应将振动影响作为评定项目参与其安全性和使用性评定。

3.2.9 专项鉴定的鉴定程序未另行给出，原则上可以按可靠性鉴定程序，仅需对其中的部分工作内容作适当调整，如"可靠性分析与验算"部分可调整为"分析与计算"，"可靠性评定"部分可调整为"评定"等，并且各个部分的工作内容均要围绕鉴定的专项问题或符合鉴定的特定要求。

3.3 鉴定评级标准

3.3.1 本条规定的三个层次的鉴定评级标准，是在回顾总结和调整修订原《工业厂房可靠性鉴定标准》GBJ 144—90 中鉴定分级标准的基础上提出来的。

原《工业厂房可靠性鉴定标准》GBJ 144—90 在制定鉴定分级标准（以下简称原鉴定分级标准）的过程中，分析整理了大量工程鉴定实例和事故处理资料，特别是国内外数百例重大结构倒塌和工程事故的资料，开展了专题研究，对倒塌结构进行了垮塌原因分析和可靠指标较全面复核；走访了设计院、高等院校、科学院所、企业单位的数百位专家，开展了七次有关结构可靠性尺度标准方面的国内专家意见调查；分析了我国各个历史时期建筑结构标准规范可靠度的设置水准与发展变化，考虑了新旧规范的差异，并按拟定的鉴定分级标准对我国工业建筑十余种典型结构构件的可靠度进行了校核，给出了结构构件各等级评定标准相应的可靠度水准。经过十几年的工程鉴定应用和实践检验，原鉴定分级标准所采用的分级评定方法是可行的，规定的鉴定分级标准总体上是合理的，是符合我国当时综合国力和工业建筑实际的。

本次修订，在回顾和总结原鉴定分级标准制定依据和应用实践的基础上，又开展了"工业建筑结构安全指标与分级标准"的研究和对原鉴定分级标准的调整与修订，主要说明如下：

1 分析了我国 21 世纪初建筑结构设计标准规范对结构可靠度设置水准的调整与提高，并结合历史规范进一步回顾和分析了我国建筑结构设计标准规范对结构安全度的设置水准呈马鞍形发展变化，即：20 世纪 50 年代的水准不低，60 年代设计革命和 70 年代的水准降低，80 年代的水准有所提高，特别是 21 世纪初的水准又有一定幅度提高。因此，对既有工业建筑结构鉴定，不能脱离和隔断这个马鞍形的发展历史，既要顺应我国目前结构可靠度提高的趋势，又要联系历史，结合工程实际，不可按现行结构设计规范的水准一刀切，应该区别对待，在现阶段仍需继续采用分级评定的方法。

2 随着我国综合国力的提高和 21 世纪初标准规范修订对结构可靠度设置水准的调整，为确保既有工业建筑的安全正常使用，并适应我国工业建筑当前和今后使用与发展的要求，需要对原鉴定分级标准进行调整和修订。通过对新旧规范的对比分析以及工业建筑鉴定的工程实例分析，确定了对原鉴定分级标准调整、修订的原则，即：适当提高鉴定评级标准的水准，适当扩大处理面，不保留低水准或落后的既有结构，并在结构系统和构件两个层次中补充规定安全性等级和使用性等级的评级标准，在三个层次的可靠性评级标准中考虑安全的基础上又补充在目标使用年限内能否正常使用的规定。

3 本次对原鉴定分级标准所进行的调整与修订。按照上述确定的调整、修订原则，首先，在基础层次即结构构件的鉴定评级标准中，先后考虑了八种调整方案，分别按原分级标准和新调整的评级标准对工业建筑十余种典型结构构件在不同分级标准下的可靠度（可靠指标）进行了校核，经过对比分析和征求专家意见，最后确定了一种提高标准水准和扩大处理面相对比较合适的调整方案，作为结构构件安全性、正常使用性和可靠性的鉴定评级标准（即本条以文字形式给出的评级标准和本标准第 6 章有关构件评定等级的具体规定），并在工程试点和上百个按旧设计规范编制的结构标准图中的构件进行试评检验。其次，对本条规定的结构系统和鉴定单元的评级标准以及本标准第 7 章、第 8 章的有关评级标准，也在原分级标准相关规定的基础上进行了调整和修订，如对结构系统整体性的要求和规定严了，对地基基础和上部承重结构评级标准中的有关控制指标与结构系统中 c 级、d 级构件含量等方面规定也严了，水准要求也提高了，等等。

4 本次新调整修订的鉴定评级标准的水准比原鉴定分级标准有适当提高。例如，按照本条和本标准第 6 章关于构件的评级标准，对安全等级划为二级的工业建筑（即整个结构安全等级为二级），其三种结构（混凝土结构、钢结构和砌体结构）的十余种典型构件的承载能力（构件抗力与作用效应的比值 $R/\gamma_0 S$），按新旧两种鉴定评级标准，在各等级界限下的可靠指标 β 值对比校核结果列于表 1。

表中的对比校核结果表明：a 级标准符合现行设计标准规范的要求，其水准随着现行结构设计规范设置水准的提高而提高，a 级和 b 级界限水准比原分级标准平均提高约 10%，b 级和 c 级界限水准包括重要构件和次要构件平均提高约 7%，c 级和 d 级界限水准相应平均提高 7%。三种结构的重要构件 b 级标准的下界限总体水准（平均 β 值）符合现行国家标准《建筑结构可靠度设计统一标准》GB 50068 对安全等级为二级构件的规定值，次要构件略低于该统一标准对安全等级为二级构件的规定值，但满足该统一标准允许对其中部分结构构件比整个结构的安全等级降一级（即安全等级可调至三级）的规定值，也满足原国家标

表 1 构件承载能力 ($R/\gamma_0 S$) 在各等级界限下的 β 平均值

类 别	破坏类型		a级和b级界限	b级和c级界限	c级和d级界限
原鉴定分级标准	延性破坏		$\dfrac{2.98\sim3.47}{3.20}$	$\dfrac{2.78\sim3.16}{2.96}$	$\dfrac{2.64\sim2.98}{2.79}$
	脆性破坏		$\dfrac{3.46\sim4.04}{3.72}$	$\dfrac{3.15\sim3.72}{3.42}$	$\dfrac{2.98\sim3.51}{3.23}$
新修订的鉴定评级标准	重要构件	延性破坏	$\dfrac{3.04\sim4.08}{3.50}$	$\dfrac{2.89\sim3.67}{3.24}$	$\dfrac{2.73\sim3.47}{3.07}$
		脆性破坏	$\dfrac{3.70\sim4.70}{4.11}$	$\dfrac{3.33\sim4.23}{3.70}$	$\dfrac{3.14\sim3.99}{3.49}$
	次要构件	延性破坏	$\dfrac{3.04\sim4.08}{3.50}$	$\dfrac{2.79\sim3.55}{3.14}$	$\dfrac{2.64\sim3.34}{2.96}$
		脆性破坏	$\dfrac{3.70\sim4.70}{4.11}$	$\dfrac{3.22\sim4.09}{3.57}$	$\dfrac{3.03\sim3.85}{3.37}$

注：表中分子数值表示十余种典型构件在各等级界限下的可靠指标 β 值，分母数值为相应的 β 平均值；原鉴定分级标准中未分重要构件与次要构件，为二者的平均情况。

准《建筑结构设计统一标准》GBJ 68—84 对安全等级为二级构件的下限值要求。也就是说，新调整修订的构件评级标准不仅比原鉴定分级标准的水准在各等级下有适当提高，而且 b 级构件的水准总体上重要构件符合国家现行标准要求，当然是安全、可靠的，次要构件总体上不低于国家现行标准关于结构安全的下限水平（不得低于三级）的要求，并满足 20 世纪 80 年代建筑结构设计标准规范的下限值要求，在正常设计、正常施工和正常使用和维护情况下仍是安全的，这已被工程实践所证实。因此，本标准将重要构件和次要构件安全性评级标准中的 b 级水准定为：略低于国家现行标准规范的安全性要求，仍能满足结构安全性的下限水平要求，不影响安全，可不采取措施。并且，随着新修订的 b 级水准的提高，既可将那些低水准或落后的结构构件划到 c 级甚至个别划到 d 级进行处理，又可使既有结构的处理面扩大到比较适当但又不至于过大。

4 调查与检测

4.1 使用条件的调查与检测

4.1.1 既有建筑结构鉴定与新结构设计不同。新设计主要考虑在设计基准期内结构上可能受到的作用、规定的使用环境条件。而既有建筑结构鉴定，除应考虑下一目标使用期内可能受到的作用和使用环境条件外，还要考虑结构已受到的各种作用和结构工作环境，以及使用历史上受到设计中未考虑的作用。例如地基基础不均匀沉陷、曾经受到的超载作用、灾害作用等造成结构附加内力和损伤等也应在调查之列。

4.1.2 本条结构上的作用是根据现行国家标准《建筑结构可靠度设计统一标准》GB 50068 和国际标准《结构上的作用》ISO/TR 6116 进行分类的。

4.1.3～4.1.7 既有建筑结构鉴定验算，在无特殊情况下，结构的作用标准值尽量采用现行国家标准《建筑结构荷载规范》GB 50009 的规定值。但是，在工业建筑结构鉴定中有些情况下结构验算荷载，例如某些重型屋盖的屋面荷载、积灰严重的屋面积灰荷载、运行不正常的吊车竖向和水平荷载、生产工艺荷载等难以选用《建筑结构荷载规范》GB 50009 的规定值时，则需要根据《建筑结构可靠度设计统一标准》GB 50068 的原则采用实测统计的方法确定。第 4.1.4～4.1.7 条给出了具体检测项目和测试方法。其中第 4.1.6 条为吊车荷载、相关参数和条件的调查与检测：

1 当吊车及吊车梁系统运行使用状况正常、资料齐全时，宜进行常规调查和检测，包括收集有关设计资料、吊车产品规格资料，并进行现场核实，调查吊车布置、实际起重量、运行范围和运行状况等。此时，吊车竖向荷载包括吊车自重和吊车轮压，可按对应的吊车资料取值；吊车横向水平荷载为小车制动力，可按国家现行荷载规范取值。

2 当吊车及吊车梁系统运行使用状况不正常、资料不全或对已有资料有怀疑时，还应根据实际状况和鉴定要求进行专项调查和检测，包括吊车轨道平直度和轨距的测量、调查吊车运行振动或晃动异常的原因以及对厂房结构安全使用的影响，吊车自重、吊车轮压以及结构应力和变形的测试等。此时，吊车竖向荷载可取吊车资料与实测中的较大值；吊车横向水平荷载，除应考虑小车横行制动力之外，尚应考虑大车纵向运行由吊车摆动引起的横向水平力造成的影响。

4.1.8、4.1.9 在工业建筑检测鉴定中业主（委托方）最关心的是建筑结构是否安全、适用，结构的寿命是否满足下一目标使用年限的要求。如果建筑结构出现病态（老化、局部破坏、严重变形、裂缝、疲劳裂纹等）要求查找原因、分析危害程度和提出处理方法。为检测鉴定中掌握结构使用环境、结构所处环境类别和作用等级，解决上述问题提供调查纲要和技术依据特制定这两条。

其中第 4.1.9 条为一般混凝土结构耐久性判定、混凝土结构裂缝宽度评定等级等所需的结构所处环境类别和作用等级。对钢结构和砌体结构上述规定也基本适用。如果需要评估混凝土构件的耐久性年限时，仅掌握本条所规定的结构所处环境类别和作用等级还是不够的，还需要掌握更详细的环境指标参数。遇到这种情况，对大气环境普通混凝土结构可按本标准附录 B 的表 B.1.3 的规定确定更详细的环境类别、详细划分环境作用等级，并确定计算中需要的相关参数和局部环境系数。其他情况则要按国家现行标准《混凝土结构耐久性评定标准》CECS 220 的规定根据评定需要进一步详细确定环境类别、环境作用等级及相关计算参数和系数。

本标准第 4.1.9 条结构所处环境分类和环境作用等级主要是根据现行国家标准《混凝土结构耐久性设计规范》GB/T 50476、《混凝土结构设计规范》GB 50010、《工业建筑防腐蚀设计规范》GB 50046 和《岩土工程勘察规范》GB 50021（对地基基础和地下结构），并结合工业建筑的实际情况制定的。根据工业建筑鉴定的特点和需要，对其中很少遇到的情况如冻融环境，本条对上述规范条文和表格作了适当的简化和取舍。其中化学腐蚀环境比较复杂，工业建筑上部结构、地下地基基础中又经常遇到酸、碱、盐、有机物，生物的气态、液态、固态腐蚀介质，这部分内容本条文根据需要列入表格。检测鉴定时遇到化学腐蚀环境，应根据鉴定需要做详细检测分析，用于结构和地基基础的鉴定评级。一般工业建筑则可直接根据第 4.1.9 条，确定结构所处环境类别和环境作用等级用于建、构筑物的可靠性鉴定，结构安全性评定和正常使用性评定。

4.2 工业建筑的调查与检测

4.2.3 地基承载力的大小按现行国家标准《建筑地基基础设计规范》GB 50007 中规定的方法进行确定。当评定的建、构筑物使用年限超过 10 年时，可适当考虑地基承载力在长期荷载作用下的提高效应。

4.2.4 本条调查项目是在原《工业厂房可靠性鉴定标准》GBJ 144—90 和《钢铁工业建（构）筑物可靠性鉴定规程》YBJ 219—89 基础上总结大量工程检测鉴定实践经验提出的。

4.2.5～4.2.8 提出了混凝土结构、钢结构、砌体结构的结构材料、几何尺寸、制作安装偏差、结构构件性能、混凝土结构耐久性检测的具体检测方法。近年来，我国陆续制定了《建筑结构检测技术标准》GB/T 50344、《砌体工程现场检测技术标准》GB/T 50315 等，为既有建筑结构鉴定提供了标准检测方法的依据。这些检测标准主要规定了检测的标准做法，具体到工业建筑检测鉴定中什么情况下怎样检测，这几条作了具体规定。

5 结构分析与校核

5.0.1 本标准结构分析与校核所采用的是极限状态分析方法。结构作用效应分析，是确定结构或截面上

的作用效应，通常包括截面内力以及变形和裂缝。结构或构件校核应进行承载能力极限状态的校核，当结构构件的变形或裂缝较大或对其有怀疑时，还应进行正常使用极限状态的校核。承载能力极限状态的校核是将截面内力与结构抗力相比较，以验证结构或构件是否安全可靠；正常使用极限状态的校核是变形和裂缝与规定的限值相比较，以验证结构或构件能否正常使用。

5.0.2 在工业建筑的可靠性鉴定中，结构分析与结构构件的校核，是一项十分重要的工作。为了力求得到科学和合理的结果，有必要在分析与校核所需的数据和资料采集及利用上，作出统一的规定。现就本标准在这一方面的规定摘要说明如下：

1 关于结构分析与结构或构件校核采用的方法问题。

结构构件分析与校核所采用的分析方法，应符合国家现行设计规范的规定。对于受力复杂或国家现行设计规范没有明确规定时，可根据国家现行设计规范规定的原则进行分析验算。计算分析模型应符合结构的实际受力和构造状况。

2 关于结构上作用（荷载）取值的问题。

对已有建筑物的结构构件进行分析与校核，其首先要考虑的问题，是如何确定符合实际情况的作用（荷载）。因此，要准确确定施加于结构上的作用（荷载），首先要经过现场调查、检测和核实。经调查符合现行国家标准《建筑结构荷载规范》GB 50009 的规定者，应按规范选用；当现行国家标准《建筑结构荷载规范》GB 50009 未作规定或按实际情况难以直接选用时，可根据现行国家标准《建筑结构可靠度设计统一标准》GB 50068 的有关原则规定确定。作用效应的分项系数和组合系数一般应按现行国家标准《建筑结构荷载规范》GB 50009 的规定确定。当现行荷载规范没有明确规定，且有充分工程经验和理论依据时，也可以结合实际按《建筑结构可靠度设计统一标准》GB 50068 的原则规定进行分析判断。

同时要考虑既有建筑物在时间参数上不同于新建建筑物的特点和今后不同的目标使用年限，风荷载和雪荷载是随着时间参数变化的，一般鉴定的目标使用年限比新建的结构设计使用年限短，按照不同期间内具有相同安全概率的原则，对风荷载和雪荷载的荷载分项系数进行适当折减，经过编制组的计算分析，采用的折减系数如表 2：

表 2 风（雪）荷载折减系数

目标使用年限 t（年）	10	20	30～50
折减系数	0.90	0.95	1.0

注：对表中未列出的中间值，允许按插值法确定，当 $t<10$ 时，按 $t=10$ 确定。

楼面活荷载是依据工艺条件和实际使用情况确定

的，与时间参数变化小，因此对于楼面活荷载不需折减。

3 关于结构构件材料强度的取值问题。

对已有建筑物的结构构件进行分析与校核，其另一个需要考虑的问题，是确定符合实际的构件材料强度取值。为此，编制组参照国际标准《结构可靠性总原则》ISO 2394—1998 的规定，提出两条确定原则：当材料的种类和性能符合原设计要求时，可取原设计标准值；当材料的种类和性能与原设计不符或材料性能已显著退化时，应根据实测数据按国家现行有关检测技术标准的规定确定，例如《建筑结构检测技术标准》GB/T 50344、《回弹法检测混凝土抗压强度技术规程》JGJ/T 23 等。

当混凝土结构表面温度长期高于 60℃，这时材料性能会有所降低，应考虑温度对材质的影响，可参照相关的标准规范取值。例如，根据国家现行标准《冶金工业厂房钢筋混凝土结构抗热设计规程》YS 12—79，温度在 80℃和 80℃以上时，应考虑温度对强度的影响。在温度为 100℃时，混凝土轴心、抗压设计强度的折减系数分别为 0.85、0.75，混凝土弹性模量折减系数为 0.75。钢结构表面温度长期高于 150℃时，应当采取措施进行隔热处理，以避免钢结构表面温度超过 150℃。采取隔热措施后钢结构的计算可按常规进行分析。

5.0.3 当结构分析条件不充分时，可通过结构构件的载荷试验验证其承载性能和使用性能。结构构件的载荷试验应按专门标准进行，例如现行国家标准《建筑结构检测技术标准》GB/T 50344、《混凝土结构试验方法标准》GB 50152 等。当没有结构试验方法标准可依据时，可参照国外标准或按自行设计的方法进行检验，但务必慎重考虑，因为国外所采用的检验参数或自行设计方法不一定能与本标准有关规定接轨，这一点应特别注意。

6 构件的鉴定评级

6.1 一般规定

6.1.1 本条规定了单个构件的鉴定评级包括对其安全性等级和使用性等级的评定，以及需要时的可靠性等级由此进行综合评定的原则。这个综合评定的原则是根据本标准第 3.3.1 条关于构件的可靠性评级标准提出来的，是在构件可靠性评级中体现结构可靠性鉴定以安全性为主并注重正常使用性这一总原则的具体规定。即：即使构件的安全性不存在问题或不至于造成问题，而构件的使用性存在问题（使用性等级为 c级），也需要进行修复处理使其可正常使用，结构可靠性等级宜定为 C级；其他情况，包括构件的安全性存在问题，构件的可靠性等级要以安全性等级确定，

以便采取措施处理确保安全。对位于生产工艺流程关键部位的构件，考虑生产和使用上的高要求，可以安全性等级和使用性等级中较低等级直接确定，或对本条第 1 款评定结果按此进行调整。

构件的安全性等级和使用性等级要根据实际情况原则上按本标准第 6.1.2 条的相应规定评定，一般情况下，应按本标准第 6.2 节至第 6.4 节的具体规定评定。此外，在实际工程鉴定中，当遇到对某些构件的安全性或使用性要求进行鉴定的情况时，也可按照上述三节的规定进行鉴定评级。

6.1.2 本条给出了评定构件安全性等级和使用性等级的三个原则性规定，即按校核分析评定、按状态评定和按结构载荷试验评定的规定。在校核分析评定中，构件的承载能力校核、裂缝及变形等项目的正常使用性校核，系采用国家现行设计规范规定的方法，通过作用效应分析和抗力分析确定，要符合本标准第 5.0.2 条的具体规定要求，其等级评定要按照本标准第 6.2 节至第 6.4 节的具体规定进行。

6.1.3 这里所指的国家现行有关检测技术标准的规定，主要是指《建筑结构检测技术标准》GB/T 50344 中有关混凝土结构"构件性能实荷检验"、钢结构"结构性能实荷检验"的规定进行检验与评定。

6.1.4、6.1.5 这两条是总结工程鉴定实际经验，分析以往历史技术标准规范的应用情况，并参考国际标准《结构设计基础——已有结构的评定》ISO 13822—2001 有关规定提出来的。根据本标准总则第 1.0.3 条的规定，这两条所规定的条件不包含偶然荷载作用，如地震作用、爆炸力、撞击力等。

6.2 混凝土构件

6.2.2 原《工业厂房可靠性鉴定标准》GBJ 144—90 中的混凝土结构构件承载能力评定等级标准是根据我国当时的整体国力和工业建筑的实际，在大量工程实践总结和工程倒塌事故统计分析、可靠度校核分析与尺度控制以及专家意见调查的基础上制定的。总体上反映了我国当时标准规范和实际工程结构的可靠度水准。当时实施的规范主要为原《混凝土结构设计规范》GBJ 10—89 和原《建筑结构荷载规范》GBJ 9—87 等相应的规范。实践证明原鉴定分级标准满足了当时工业建筑保障安全和使用的需要，未发现鉴定评级的工程失误。目前我国正在使用的现行国家标准《混凝土结构设计规范》GB 50010、《建筑结构荷载规范》GB 50009 等规范是经过新一轮修订的，其主要特点是对我国建筑结构安全度做了调整，总体上提高了结构安全度的设置水准。针对工业建筑，新修订规范对钢筋混凝土结构安全度的调整，主要是由于下面因素引起：①新规范补充了永久荷载效应起控制作用的设计表达式，其中永久荷载分项系数 γ_G 取为 1.35；②Ⅱ级钢筋的强度设计值 f_y 由 310N/mm² 调

整为 300N/mm²；③正截面受压承载力计算公式中，将抗力部分乘以系数 0.9；④采用混凝土的"轴心抗压强度"取代了原规范中混凝土"弯曲抗压强度"的设计指标。经过分析比较，采用新规范后可靠指标比旧规范平均提高 12%。《工业厂房可靠性鉴定标准》修订时评级标准的水准如果继续沿用原评级标准的分级界限，即对于重要结构构件和次要构件，a 级和 b 级的界限值均为 1；b 级和 c 级的界限值分别为 0.92、0.90，c 级和 d 级的界限值分别为 0.87、0.85，则对已有工业建筑结构可靠性鉴定而言，要求有些过严，扩大了处理面和立即处理面，不符合我国工业建筑的历史和现实情况。随着我国综合国力的提高和 21 世纪初标准规范修订对结构可靠度的调整，为适应我国工业建筑当前和今后使用与发展的要求，对工业建筑结构鉴定的分级标准需要进行适当的调整。

本次工业建筑可靠性鉴定是在保持原分级原则不变的情况下，对其各等级的可靠性标准进行适当调高。由于 a 级标准仍然为符合国家现行标准规范，其水准随着新一轮标准规范对工业建筑可靠度设置水准的提高而提高，并使各等级界限的水准也随之提高。经过大量计算和分析对比，对于混凝土结构重要构件和次要构件，新修订的构件承载能力项目评级标准建议 a 级和 b 级的界限值定为 1，b 级和 c 级的界限值分别定为 0.90、0.87，c 级和 d 级的界限值分别定为 0.85、0.82，此时各等级界限的可靠指标与原评级标准相比，其水准都有一定的提高，a 级和 b 级界限提高约 13%，b 级和 c 级界限提高 9% 以上，c 级和 d 级界限提高 9% 以上。其中，a 级和 b 级界限的水准提高较多，是由于现行国家标准《混凝土结构设计规范》GB 50010 比旧规范可靠度设置水准提高较多决定的；b 级和 c 级、c 级和 d 级界限的水准提高，从安全和扩大处理面等方面分析和工程试点验证，均表明其提高幅度是适当的。

本条所指的重要构件和次要构件，鉴定者可根据本标准第 2 章规定的术语含义和工程实际情况确定。一般情况下，重要构件指屋架、托架、屋面梁、无梁楼盖、梁、柱、吊车梁；次要构件指板、过梁等。

在承载能力项目评定中，由于过宽的裂缝、过度的变形、严重的缺陷损伤及腐蚀会降低构件的承载能力，因而在承载能力校核及评定中，应考虑其影响。

6.2.3 混凝土构件的构造要求一般包括最小配筋率、最小配箍率、最低强度等级及箍筋间距等，应根据现行国家标准《混凝土结构设计规范》GB 50010 及有关抗震鉴定标准的规定进行评定。

6.2.4 十余年来在对原《工业厂房可靠性鉴定标准》GBJ 144—90 的执行应用中，大家认为工业建筑正常使用性评定中仅考虑裂缝、变形项目不全面，本次修编在使用性等级评定中增加了缺陷和损伤及腐蚀两个评定项目。

6.2.5 表 6.2.5-1～表 6.2.5-3 中混凝土构件的受力裂缝通常是指受拉、受弯及大偏压构件等的受拉区主筋处的裂缝。当混凝土构件中出现剪力引起的斜裂缝时，应进行承载力分析，根据具体情况进行评定，可参考表 6.2.5-1～表 6.2.5-3 从严掌握。当出现受压裂缝时，如轴压、偏压、斜压等，表明构件已处于危险状态，应引起特别重视。

本次裂缝项目评定中考虑了下列因素：①结构的功能要求，结构所处的环境条件，钢筋种类对腐蚀的敏感性；②现行设计规范的裂缝控制等级；③国内外试验资料和国内外规范的有关规定；④工程实践和调查，原《工业厂房可靠性鉴定标准》GBJ 144—90 工程鉴定的应用经验。本标准规定裂缝宽度符合现行设计规范要求的构件，评为 a 级，但考虑到表 6.2.5-1～表 6.2.5-3 中的裂缝宽度为检测时测试的裂缝宽度，实际作用荷载不一定达到设计规范规定的验算荷载，因而在表 6.2.5-1 中对处于环境条件较恶劣的 Ⅲ、Ⅳ 类环境中的构件，其 a 级标准相对严于现行国家标准《混凝土结构设计规范》GB 50010；而对设计规范中裂缝控制等级为二级但处于 I-A（Ⅰ 类 A 级）室内正常环境下的结构构件，因其在荷载效应标准组合计算时允许出现拉应力，在短期内可能出现很微小的裂缝，因而结构构件裂缝宽度适当放宽。当现场裂缝检测较困难，或者检测时的荷载作用差异较大时，也可通过裂缝宽度验算，根据裂缝计算结果及工程经验综合判断后进行裂缝项目评定。

由于温度、收缩及其他作用引起的裂缝，可根据具体情况进行评定。由于裂缝的情况复杂，周围使用环境差异往往亦很大，裂缝的危害性和发展速度会有很大差别，故允许有实践经验者根据具体情况适当从宽掌握。

6.2.6 混凝土结构或构件的变形，受其荷载、跨度、截面形式、截面高度及配筋率等多方面因素的影响，而相对变形的限值又受其使用要求及其构件的重要程度而确定。

混凝土结构或构件变形分级标准中，a 级是按照国家现行有关规范的要求提出的。对于 b、c 级的分级标准，是在分析受弯梁因荷载变化，引起构件变形钢筋应力的递增及承载能力降低间的关系，并结合工程及鉴定经验予以确定的。

对挠度有一般要求的屋盖、楼盖及楼梯构件变形按表 6.2.6 评定等级，对挠度有较高要求的构件可按现行国家标准《混凝土结构设计规范》GB 50010 的规定从严掌握。

6.2.7 混凝土构件的缺陷和损伤也会影响构件的正常使用，本次修编中增加了此项内容。混凝土缺陷和损伤严重时会影响构件承载能力，鉴定者评定时需根据其严重程度进行构件承载能力项目的分析评定。

6.2.8 当出现钢筋锈蚀和混凝土腐蚀时，将会影响混凝土构件的使用性，因此本次修编中此项内容单独作为一项列出。根据工程调查及试验资料，因钢筋锈蚀而导致构件表面出现沿筋纵向裂缝时，钢筋已发生中、轻度锈蚀，影响结构性能。如果周围使用环境处于不利条件，情况将迅速劣化。因此对具有上述裂缝的构件，将影响其长期的正常使用性，建议根据具体情况进行处理。根据已有的试验研究结果，混凝土开裂时钢筋的锈蚀程度因钢筋所处位置、钢筋类型和直径的不同而差别很大，表3列举了几种钢筋在同一环境下刚刚锈蚀开裂时的重量损失率，可以看出，钢筋锈蚀混凝土刚刚开裂时位于角部的Φ18钢筋重量损失率小于2%，而位于箍筋位置处的Φ6.5钢筋重量损失率却大于15%。因而对于墙板类及梁柱构件中的钢筋及箍筋除考虑外观外，也需要考虑钢筋截面损失状况。

表3　几种钢筋在同一环境下刚开裂时的重量损失率

钢筋直径 (mm)		位于角部圆钢			位于角部螺纹钢			箍筋位置（板）圆钢	
		φ8	φ10	φ14	φ14	φ16	φ18	φ6.5	φ8
刚开裂时重量损失率（%）	计算85%保证率时	9.56	9.15	5.83	2.64	3.39	1.75	16.1	15.4
	实际最大	8.2	6.0	6.2	3.0	2.0	0.4	15.2	—

6.3　钢　构　件

6.3.1　钢构件的安全性等级按承载能力项目评定，包括构件连接的承载能力。承载能力可通过计算或试验确定，相对于荷载效应进行检验就是承载能力项目的评定。满足构造要求是保证构件预期承载能力的前提条件，构造不满足要求时，意味着承载能力的降低，可直接评定安全等级。这样，构件的承载能力项目包括承载能力、连接和构造三个方面，取其中最低等级作为构件的安全性等级。

6.3.2　承重构件的钢材符合建造当年钢结构设计规范和相应产品标准的要求时，说明当时的材料选用和产品质量是合格的，即使不符合现行标准规范的要求，考虑到经过多年使用没有出现问题，在构件使用条件没有发生变化时，应该认为材料是可靠的。如果构件的使用条件发生根本的改变，比如承受静载的构件改成承受动力荷载、保温厂房改成非保温厂房、所承受的荷载有较大的增加等，这相当于用旧构件建造一个新结构，在这种情况下材料还应符合现行标准规范的要求。如果材料达不到上述要求，应进行专门论证，在确定承载能力和评级时应考虑其不利影响。钢材产品的质量包括力学性能、化学成分、冶炼方法、尺寸外形偏差等。

上述要求同样适用于连接材料和紧固件。

6.3.3　钢构件的承载能力项目根据构件的抗力 R 和荷载作用效应 S 及结构构件重要性系数 γ_0 评定等级。构件的抗力 R 一般按照现行钢结构设计规范（包括《钢结构设计规范》GB 50017、《冷弯薄壁型钢结构技术规范》GB 50018、《网架结构设计与施工规程》JGJ 7、《门式刚架轻型房屋钢结构技术规程》CECS 102等）确定，与设计新构件不同，在计算已有构件抗力时，应考虑实际的材料性能和结构构造，以及缺陷损伤、腐蚀、过大变形和偏差的影响。这是因为新构件是先设计后施工，在施工和使用过程中控制这些影响因素，设计时不必考虑；但已有构件的这些因素是客观存在，必须予以考虑。另一方面，已有构件的各种特性和所受荷载作用是比较明确的，变异性较小，因此，其承载能力即使有所降低，在一定范围内也是可以接受的。荷载作用效应 S 一般按现行国家标准《建筑结构荷载规范》GB 50009 和相关设计规范结合实测结果计算确定。结构构件重要性系数 γ_0 按现行国家标准《建筑结构可靠度设计统一标准》GB 50068确定。

过大的变形、偏差以及严重的腐蚀会降低构件的承载能力，此时，应按承载能力项目评定其安全性等级。其中，严重腐蚀的影响有两个方面，一是使构件截面积减少，二是腐蚀降低材料的韧性。本标准附录E参考了国外资料，对严重均匀腐蚀在这两个方面提出了检测评估方法。

吊车梁的疲劳强度与静力承载能力相比有很大不同，即使验算结果表明疲劳强度不足，但对于比较新的吊车梁来说，在一定的期限内可以是安全的；相反，对于已经出现疲劳损伤或者已使用很长年限的吊车梁，不论验算结果如何，都有可能存在安全隐患。所以吊车梁疲劳性能的评级，表6.3.3不完全适用，应根据疲劳强度验算结果、已使用的年限和吊车梁系统的损伤程度进行评级。

本条所指的重要构件和次要构件，鉴定者可根据本标准第2章规定的术语含义并结合工程实际情况具体确定。通常情况下，重要构件指屋架、托架、梁、柱、吊车梁（吊车桁架）等；次要构件指板、墙架构件等。

6.3.4　工业厂房钢屋架等桁架结构，经过长期使用后，会发生各类杆件弯曲现象，尤以其中腹杆最普遍。对这种有双向弯曲缺陷的压杆，经常需要确定其剩余承载力问题。为此，表6.3.4是在借鉴国外资料基础上通过计算分析和试验研究得以证实后推荐使用的，列入了行业标准《钢结构检测评定及加固技术规程》YB 9257—1996，冶建院在多项工程中采用过这种方法，取得了很好的效果。

6.3.5　钢构件影响正常使用性的因素，包括变形、偏差、一般构造和防腐等。其中变形可分为两类，一类是荷载作用下的弹性变形，与荷载和构件的刚度有关；另一类是使用过程中出现的永久性变形，和施工过程中的偏差性质上相同，因此永久性变形应归入偏差项目进行评定。有些一般构造要求与正常使用性有关，如受拉杆件的长细比，长细比太大会产生振动。防腐措施是否完备影响构件的耐久性，已经出现锈蚀的，说明防腐措施不到位。对这几个项目进行评级，取其中最低等级作为构件的使用性等级。

6.3.6 本条所指的构件变形是荷载作用下钢构件的弹性变形，为梁、板等受弯构件的挠度。对于框架柱柱顶水平位移和层间相对位移、吊车梁或吊车桁架顶面处柱子的水平位移等，因属于框架结构的水平位移，而放到本标准第 7 章 7.3 节上部承重结构中给出评级规定。这些变形在结构设计时一般是要进行验算，不需验算的变形一般也就不需要评级。在国家现行相关设计规范中，包括《钢结构设计规范》GB 50017、《冷弯薄壁型钢结构技术规范》GB 50018、《网架结构设计与施工规程》JGJ 7、《门式刚架轻型房屋钢结构技术规程》CECS 102 等，规定有详细的变形控制项目、容许值和计算方法。构件变形项目评为 a 级的，应满足这些设计规范的要求（即规范容许值）；如果工艺上对构件变形有特别设计要求，还应满足设计要求。

构件变形影响正常使用性，主要是指可能导致设备不能正常运行、非结构构件受损以及让人感到不安全等，这些都是很难定量考虑的。规范的容许值是多年实际经验的总结，能满足规范要求一般不会有什么问题，但超出规范容许值的，也不一定影响正常使用。现行国家标准《钢结构设计规范》GB 50017 对构件变形的规定较老规范做了改动，着重提出，在有实践经验或有特殊要求时可根据不影响正常使用和观感的原则进行适当地调整。对已有构件来说，是否影响正常使用的问题基本上已经暴露出来，所以在评定构件变形项目的等级时应特别注意是否真的影响正常使用，如果不影响正常使用，即使超过规范中所列容许值，也可以评为 b 级。

6.3.7 钢构件的偏差具体所指项目可参见国家现行相关施工验收规范和产品标准并按这些规范标准确定是否满足要求，满足要求的使用等级评为 a 级。现行施工验收规范包括《钢结构工程施工质量验收规范》GB 50205、《冷弯薄壁型钢结构技术规范》GB 50018、《网架结构设计与施工规程》JGJ 7、《门式刚架轻型房屋钢结构技术规程》CECS 102 等，产品标准包括《热轧等边角钢尺寸、外形、重量及允许偏差》GB/T 9787、《热轧不等边角钢尺寸、外形、重量及允许偏差》GB/T 9788、《热轧工字钢尺寸、外形、重量及允许偏差》GB/T 706、《热轧槽钢尺寸、外形、重量及允许偏差》GB/T 707、《热轧 H 型钢和剖分 T 型钢》GB/T 11263、《冷弯型钢》GB/T 6725、《结构用冷弯空心型钢尺寸、外形、重量及允

许偏差》GB/T 6728、《通用冷弯开口型钢尺寸、外形、重量及允许偏差》GB/T 6723、《热轧钢板和钢带的尺寸、外形、重量及允许偏差》GB/T 709、《建筑用压型钢板》GB/T 12755、《无缝钢管尺寸、外形、重量及允许偏差》GB/T 17395、《直缝电焊钢管》GB/T 13793 等。

使用过程中出现的永久性变形在性质上与施工过程中的某些偏差相同，所以也按构件偏差项目评定使用性等级。与上一条构件变形项目评定相似，偏差项目的评定也要特别注意是否真的影响正常使用，不影响正常使用的可评较高等级。需要注意的是，偏差较大有可能导致承载能力的降低，此时应按承载能力评级。

6.3.8 构件的腐蚀和防腐措施影响结构的耐久性，越是新构件越是应该注意耐久性问题，对已经出现严重腐蚀致使截面削弱材料性能降低的构件，应考虑其承载能力问题。

6.3.9 与构件正常使用性有关的一般构造要求，具体是指拉杆长细比、螺栓最大间距、最小板厚、型钢最小截面等。限制拉杆长细比是要防止出现过大的振动；螺栓间距过大容易造成板与板之间的锈蚀，板厚太小、型钢截面太小对锈蚀、碰撞、磨损敏感，都有耐久性问题。设计规范中还有其他一些保证使用性的构造要求。满足设计规范要求时应评为 a 级，否则应根据实际对使用性影响评为 b 级或 c 级。

6.4 砌 体 构 件

6.4.2 原《工业厂房可靠性鉴定标准》GBJ 144—90 在制定构件承载能力项目的分级标准时，分析整理了大量工程鉴定实例和事故处理资料，特别是国内外数百例重大结构倒塌和工程事故的资料，走访了设计院、高等院校、科研院所、企业单位的数百位专家，开展了七次结构可靠性尺度标准方面的国内专家调查，并对倒塌结构的可靠指标进行了较全面的复核，按拟定的分级标准对十余种典型结构构件的可靠度进行了校核。经过 16 年工程实践的检验，原《工业厂房可靠性鉴定标准》GBJ 144—90 所制定的构件承载能力项目的分级标准总体上是合理、可行的。本次对砌体构件承载能力项目分级标准的修订，主要考虑的是《砌体结构设计规范》由 GBJ 3—88 修订为 GB 5003—2001、《建筑结构荷载规范》由 GBJ 9—87 修订为 GB 50009—2001 所引起的变化，包括砌体构件抗力分项系数、荷载基本组合方式、楼面活荷载标准值、风荷载标准值等的变化。修订中仍以满足现行国家标准的规定作为 a 级的分级原则，以抗力与荷载效应比值等于 1 作为 a、b 级的界限。在确定 b、c 级的界限时，对砌体构件在轴压、偏压、弯拉、受剪、局压等各种受力状态下的安全性进行了相关规范修订前后的对比分析，并按目标使用年限对风荷载、雪荷载

的分项系数进行修正。根据分析结果，适当提高了b、c级和c、d级界限的可靠度水平（相当于将过去的抗力与荷载效应比值由0.92提高到0.96左右，由0.87提高到0.90左右），以顺应我国目前可靠度水平提高的趋势，同时保证原先属于a级的大多数构件不因规范的修订而落入c级，避免大幅增加既有结构加固的规模。对于自承重墙，与原先的可靠度水平相当。

本条所指的重要构件和次要构件，鉴定者可根据本标准第2章规定的术语含义和工程实际情况确定。重要构件通常指承重墙、带壁柱墙、独立柱等；次要构件指自承重墙。

6.4.3 工程实践表明，当墙、柱高厚比过大，或墙、柱、梁的连接构造失当时，同样可能发生工程倒塌事故，因而控制墙、柱的高厚比，或对墙、柱的连接和构造规定要求，与构件的承载能力项目同等重要，都关系到构件的安全性。对于砌体构件而言，涉及构件安全性的构造和连接项目主要包括墙、柱的高厚比、墙与柱、梁与墙或柱、纵墙与横墙之间的连接方式和状态、墙、柱的砌筑方式等。

6.4.4 工程鉴定实践表明，砌体构件的缺陷和损伤、腐蚀也是影响其正常使用性的重要因素，故本次修订在其使用性等级评定中增加了这两个评定项目。另外，砌体墙和柱的位移或倾斜往往影响上部整体结构，已不属于构件的变形，且墙梁、过梁等砌体构件不是由变形而是由承载能力和构造控制，因此砌体构件的使用性等级评定不包括变形，由裂缝、缺陷和损伤、腐蚀三个项目评定。

6.4.5 原《工业厂房可靠性鉴定标准》GBJ 144—90 按"墙、有壁柱墙"和"独立柱"两类构件规定裂缝项目的分级标准，本次修订时则按"变形裂缝、温度裂缝"和"受力裂缝"两项内容制定分级标准，对裂缝的性质予以考虑，更为合理一些。对于变形裂缝、温度裂缝，构件被划分为独立柱和墙，制定不同的分级标准。对于受力裂缝，则不区分构件类型，对分级标准作出统一规定。按照本次修订的总体原则，砌体构件的使用性等级统一被划分为三级，因此修订中取消了原先的d级。对于独立柱的变形、温度裂缝以及各类构件的受力裂缝，鉴于它们的危害性，均按两级来评定：无裂缝时，评定为a级；一旦出现裂缝，均评定为c级。对于独立柱以外的其他构件的变形、温度裂缝，其分级标准基本沿用了原标准的规定，只是在评定条件中增加了对开裂范围和裂缝发展趋势的考虑。

6.4.6 砌体构件在施工过程中可能存在灰缝不匀、竖缝缺浆、水平灰缝厚度和竖向灰缝宽度过大或过小、砂浆饱满度不足等质量缺陷，在使用过程中可能出现开裂以外的撞伤、烧伤等其他损伤，这些都会影响构件的使用性，甚至安全性。原《工业厂房可靠性鉴定标准》GBJ 144—90 对此未作单独考虑，本次修订时增设缺陷与损伤项目，以突出其重要性。由于砌体构件缺陷与损伤所涉及的内容较多，这里只是原则性地给出了分级标准，评定中需要根据实际情况和工程经验判定其等级。

6.4.7 腐蚀是与开裂、撞伤、烧伤等性质不同的损伤，本次修订中将其作为一个单独的项目列出。在制定腐蚀项目的分级标准时，对不同的材料作出了不同的规定。对于块材和砂浆，主要考虑了腐蚀的范围、最大腐蚀深度和发展趋势，其中最大腐蚀深度的限值是根据工程经验而制定的。

对于大气环境下砌体构件的块材风化和砂浆粉化现象，根据以往工程鉴定经验可以参考表 6.4.7 中对腐蚀现象的规定，针对风化范围、深度、有无发展趋势和是否明显影响使用功能等因素进行评定。但考虑到块材风化会影响外观，严重时甚至导致砌体截面削弱以及砂浆粉化后没有强度，故风化和粉化的最大深度比相应的最大腐蚀深度宜从严控制，如控制在最大腐蚀深度的60%以内，此时b级标准为：块材最大风化深度不超过3mm，砂浆最大粉化深度不超过6mm，其他评定因素均可参考表中对腐蚀现象的规定进行评定。

对于钢筋，包括砌体内的构造钢筋以及配筋砌体中的受力钢筋，其分级标准主要是根据锈蚀钢筋的截面损失率和发展趋势而制定的，具体数值的规定参考了钢筋混凝土构件耐久性研究的成果。

7 结构系统的鉴定评级

7.1 一般规定

7.1.1 工业建筑物鉴定第二层次结构系统的鉴定评级是在构件鉴定评级的基础上进行，根据工业建筑物的特点，考虑到鉴定评级的可操作性及评级结果能准确地反映建筑结构状况，本标准将结构系统划分为地基基础、上部承重结构和围护结构三个结构系统。在实际鉴定工作中，由于工业建筑结构鉴定目的与内容的不同，鉴定评级的内容可能有所不同，在结构系统鉴定评级中包括安全性、使用性和可靠性等级评定，对于要求进行安全性和使用性鉴定评级的情况，可按本标准第7.2节至第7.4节的规定进行评级；需要进行结构系统可靠性评级时，则利用结构系统的安全性和使用性评级结果按本标准第7.1.2条规定的原则进行评级。

7.1.2 本条规定了结构系统可靠性等级评定的方法和原则，其所规定的主要原则为：

1 结构系统的可靠性评级以该系统的安全性为主，并注重正常使用性。考虑到当结构的使用性等级较低时，为保证正常的安全生产，也需要对结构进行处理使其能正常使用，因此在系统的使用性等级为 C 级、安全性等级不低于 B 级时，确定为 C 级；其他情况，要以安全性等级确定，以便采取措施处理确保安全。

2 对位于生产工艺流程重要区域的结构系统，除考虑结构系统自身的可靠性外，还应充分考虑生产和使用上的高要求以及对人员安全和生产的影响，其可靠性评级，可以安全性等级和使用性等级中的较低等级直接确定，或对本条第 1 款评定结果按此进行调整。

7.1.3 本条规定了只对上部承重结构系统的子系统，如屋盖系统、柱子系统、吊车梁系统等，进行单独鉴定评级的评定规定。

7.1.4 在工业建筑上部承重结构中，经常会出现因振动引起的疲劳、共振等安全问题和因振动影响结构正常使用甚至导致人员工作效率降低、影响人体健康等，需要对振动影响进行鉴定，为满足此要求，本标准附录 E 专门规定了进行振动影响鉴定的具体要求和评定规定。

7.1.5 结构在使用过程中，由于受使用荷载、累积损伤、疲劳、沉降等因素的影响，结构的可靠性状态在不断变化，对于一些复杂的结构体系，实际受力、变形状况与计算模型的出入较大；一般的鉴定工作基本在短时间内完成，对于随时间变化较明显的一些重要评级参数（应力状态、变形等）在鉴定期间无法确定，需要经过长时间的观测时，宜进行结构可靠性监测，并通过监测数据对结构可靠性进行评定，一般应通过监测系统进行一定时期的监测再进行相应的可靠性评定。为满足工业建筑结构工作状况监测的要求，本标准附录 F 专门规定了进行结构工作状况监测和评定的具体规定。

7.2 地基基础

7.2.1 由于上部建筑物的存在，地基基础承载力的检验、确定不像变形观测那样简便、直观和可操作，并且，多年的实践经验表明，用地基变形观测资料评价地基基础的安全性是合理、可行的。因此，在进行地基基础的安全性评定时，宜首选按地基变形观测资料的方法评定。当地基变形观测资料不足或结构存在的问题怀疑是由地基基础承载力不足所致时，其等级评定可按承载力项目进行。

在进行斜坡场地上的工业建筑评定时，边坡的抗滑稳定计算可采用瑞典圆弧法和改进的条分法，对场地的检测评价可参照现行国家标准《建筑边坡工程技术规范》GB 50330 的有关规定。

由于大面积地面荷载、周边新建建筑以及循环工作荷载会使深厚软弱场地上的建、构筑物地基产生附加沉降，因此，在评定深厚软弱地基上的建、构筑物时，需要对附加沉降产生的影响进行分析评价。

7.2.2 观测资料和理论研究表明，当沉降速率小于每天 0.01mm 时，从工程意义上讲可以认为地基沉降进入了稳定变形阶段，一般来说，地基不会再因后续变形而产生明显的差异沉降。但对建在深厚软弱覆盖层上的建、构筑物，地基变形速率的控制标准需要根据建筑结构和设备对变形的敏感程度进行专门研究。

7.2.3 在需要按承载能力评定地基基础的安全性时，考虑到基础隐蔽难于检测等实际情况，不再将基础与地基分开评定，而视为一个共同工作的系统进行整体综合评定。对地基承载力的确定应考虑基础埋深、宽度以及建筑荷载长期作用的影响；对于基础，可通过局部开挖检测，分析验算其受冲切、受剪、抗弯和局部承压的能力；地基基础的安全性等级应综合地基和基础的检测分析结果确定其承载功能，并考虑与地基基础问题相关的建、构筑物实际开裂损伤状况及工程经验，按本条规定的分级标准进行综合评定。在验算地基基础承载力时，建、构筑物的荷载大小按结构荷载效应的标准组合取值。

由于基础隐蔽于地下，在进行基础承载力评定时，无论是对独立基础还是连续基础、浅基础还是深基础，目前不可能做到逐个、全面的检测。因此，此次修订取消了原《工业厂房可靠性鉴定标准》GBJ 144—90 中按百分比评定基础的相关条款。

7.3 上部承重结构

7.3.1 过大的水平位移或振动，除了会对结构的使用性能造成影响外，甚至会对结构或构件的内力造成影响，从而影响对上部结构承载功能最终的评定，因而当结构存在过大的变形或振动时，应当考虑这些因素对结构安全性的影响。

7.3.2 表 7.3.2 中的整体性构造和连接是指建筑总高度、层高、高宽比、变形缝设置、砌体结构圈梁和构造柱设置、构造和连接等。

7.3.4、7.3.7 这两条是对单层厂房由平面框排架组成的上部承重结构其承载功能和使用状况评定等级的规定，原则上是沿用原《工业厂房可靠性鉴定标准》GBJ 144—90 给出的单层厂房承重结构系统的近似评定方法，本次对其中某些术语及构件集中所含各等级构件的百分比含量作了适当调整。第 7.3.4 条中每种构件是指屋面板、屋架、柱子、吊车梁等。

7.3.5、7.3.8 这两条是对多层厂房上部承重结构的承载功能和使用状况等级评定给出的原则规定，是以上述单层厂房上部承重结构的评级规定为基础，将多层厂房整个上部承重结构按层划分为若干单层子结构，每个子结构按单层厂房的规定评级，再对各层评级结果进行综合评定的思路和原则规定的。在不违背结构构成原则的情况下，也可采用其他的方法来划分子结构进行相应的评定。对于单层子结构中楼盖结构的评级，可参照单层厂房中屋盖结构的规定评定。

7.3.9 本条是对厂房上部承重结构在吊车荷载、风荷载作用下产生的结构水平位移或地基不均匀沉降和施工偏差产生的倾斜进行评级的规定，是根据原《工业厂房可靠性鉴定标准》GBJ 144—90 中的相关条款和国家现行结构设计规范或施工质量验收规范的有关规定给出的，本次修订对原标准的其中部分规定作了补充和调整。当水平位移过大即达到 C 级标准的严重情况时，会对结构产生不可忽略的附加内力，此时除了对其使用状况评级外，还应考虑水平位移对结构承载功能的影响，对结构进行承载能力验算或结合工程经验进行分析，并根据验算分析结果参与相关结构的承载功能的等级评定。

7.4　围护结构系统

7.4.1 工业建筑的围护结构系统构成复杂、种类繁多，本着简化鉴定程序的原则，本标准根据其是否承重将围护结构系统分为承重围护结构和围护系统，其中围护系统又分为非承重围护结构和建筑功能配件。

承重围护结构包括墙架（目前使用的墙架主要是钢墙架）、墙梁、过梁和挑梁等。

围护系统中的非承重结构包括轻质墙、砌体自承重墙及自承重的混凝土墙板等，建筑功能配件包括屋面系统、门窗、地下防水、防护设施等。

1 屋面系统：包括防水、排水及保温隔热构造层和连接等；

2 墙体：包括非承重围护墙体（含女儿墙）及其连接、内外面装饰等；

3 门窗（含天窗部件）：包括框、扇、玻璃和开启机构及其连接等；

4 地下防水：包括防水层、滤水层及其保护层、抹面装饰层、伸缩缝、管道安装孔和排水管等；

5 防护设施：包括各种隔热、保温、防腐、隔尘密封、防潮、防爆设施和安全防护板、保护栅栏、防护吊顶和吊挂设施、走道、过桥、斜梯、爬梯、平台等。

7.4.2 在实际鉴定中，围护系统使用功能的评定等级可以根据表 7.4.2 中各项目对建筑物使用寿命和生产的影响程度确定一个或两个为主要项目，其余为次要项目，然后逐项进行评定；一般情况宜将屋面系统确定为主要项目，墙体及门窗、地下防水和其他防护设施确定为次要项目。

一般情况下，系统的使用功能等级可取主要项目的最低等级，特殊情况下可根据次要项目实际维修量的大小进行适当调整。

8　工业建筑物的综合鉴定评级

8.0.1 根据以往的工程鉴定经验和实际需要，由于实际结构所处地基情况和使用荷载环境等因素的不同，结构的损伤程度、影响安全和使用等因素会有所不同，存在按整体建筑物可靠性评级结果不能准确反映实际状况的情况，因此，工业建筑物综合鉴定根据建筑的结构类型特点、生产工艺布置及使用要求、损伤情况等，将工业建筑物按整体、区段（如通常按变形缝所划分的一个或多个区段）进行划分，每个区段作为一个鉴定单元，并按鉴定单元给出鉴定评级结果。这样，综合鉴定评级比较灵活、实用，既能评定出准确反映结构实际状况的结果，同时又不使鉴定评级的工作量过大。

8.0.2 工业建筑物鉴定单元的可靠性综合鉴定评级是在该鉴定单元结构系统可靠性评级的基础上进行的，其中，鉴定单元结构系统的评级结果 A、B、C、D 四个级别分别对应鉴定单元的综合鉴定结果一、二、三、四 4 个级别。按照工业建筑结构的特点，参照一些企业的工业建筑管理条例的有关规定，确定综合评级的原则以地基基础和上部承重结构为主，兼顾围护结构进行综合判定，以确保工业建筑结构的正常使用，满足既有工业建筑技术管理的需要。

9　工业构筑物的鉴定评级

9.1　一般规定

9.1.1 规定了本章的适用范围。即适用于已建的，一般情况下人们不直接在里面进行生产和生活活动的工业建（构）筑物的可靠性鉴定评级。有些企业从生产管理角度出发，将一些构筑物列为设备，实际上是按照建筑结构标准进行设计、制造和安装的，有些虽然按设备专业设计，但其结构的工作条件类似于建筑结构，对于此类结构物均可参照本章规定进行鉴定。

9.1.2 构筑物鉴定评级层次的基本规定及评级标准。基于系统完备性考虑，一般应当将整个构筑物定义为一个鉴定单元，其结构系统一般应根据构筑物结构组成划分地基基础、支承结构系统、构筑物特种结构系统和附属设施四部分。根据鉴定目的要求或业主要求可以仅对构筑物的部分功能系统进行鉴定，如：支承结构系统、转运站仓体结构、烟囱内衬等。此时的鉴定单元即为指定的结构系统。

9.1.3 本条为构筑物结构系统可靠性评级的基本规定，即：在结构系统的安全性等级和使用性等级评定的基础上，以系统的"安全性为主并注重正常使用性"的可靠性综合评级原则。考虑到有些构筑物在使用功能上有特殊要求，如烟囱耐高温、耐腐蚀要求，贮仓耐磨损、抗冲击要求，水池抗渗要求等。对于这些特殊的使用要求，在参照本标准第 7.1.2 条综合评定时，要充分考虑，其可靠性等级可以安全性等级和使用性等级中的较低等级确定。实际工程中经常会遇到要求进行耐久性有关的鉴定评估问题，此时，应根据鉴定评估问题的属性，按照安全性或正常使用性标准评定等级。例如：对于混凝土劣化、开裂以及结构防护层（预留腐蚀牺牲层）腐蚀等，属于正常使用的极限状态指标，应按照正常使用性标准评定等级；对于结构腐蚀损坏，则属于结构承载能力极限状态指标，应按照安全性标准评定等级。

9.1.4、9.1.5 通常情况下，构筑物结构系统（如：地基基础、支承结构系统等）的安全性和正常使用性等级可以按照厂房结构系统的鉴定评级规定执行，但是，对于有特殊使用要求的构筑物，由于其特殊的使用要求是厂房结构所没有的，如容器形结构的密闭性要求、仓储结构的耐磨蚀要求、高耸结构的变形要求等，完全按照厂房结构评定等级是不妥的，故为合理评定结构可靠性，要求综合考虑构筑物特殊的使用功能要求，参照本标准第 7 章有关规定评定等级。对于结构构件，可以根据结构类型按照本标准第 6.2 节至第 6.4 节的有关规定评定等级。

9.1.6 结构分析，包括结构作用分析、结构抗力及其他性能分析，一般应按照相关构筑物设计规范标准规定进行，但是，有些构筑物尚没有专门的设计规范标准，此时，如果构筑物现状无明显的劣化损坏现象或迹象，可按照原设计分析方法进行鉴定分析，否则应按照现行国家标准《工程结构可靠度设计统一标准》GB 50153 的有关规定进行结构鉴定分析。

9.1.7 本条规定了常见构筑物鉴定评级层次及分级。

9.2 烟 囱

本节条文，系在原《钢铁工业建（构）筑物可靠性鉴定规程》YBJ 219—89（以下简称"原《规程》"）有关条文的基础上，按照本标准的鉴定评级层次及评级标准规定，修编制订；与原《规程》条文相比，主要有以下几个方面进行了修订。

1 修订了钢筋混凝土结构烟囱筒壁及支承结构承载能力项目评级标准。原《规程》考虑了现行国家标准《烟囱设计规范》GB 50051 进行结构分析时已经考虑烟囱结构的特殊性，适当提高了结构的安全储备，采用了次要构件的评级标准，而本标准采用重要构件的分级标准，不同种类结构横向比较，标准稍有提高。

2 增加了筒壁损伤评定标准。

3 修订了砖烟囱和钢筋混凝土结构烟囱筒壁裂缝宽度项目评级标准。原《规程》a 级标准基于与烟囱设计规范允许的裂缝宽度一致制定，b 级、c 级主要基于当初的烟囱筒壁开裂调查资料，考虑人们的可接受程度，在保证结构安全的前提下，控制处理面不宜太大，制定评级标准。当时的生产使用情况是普遍超温超负荷使用，这种适当从宽的标准为发展生产创造了较好的条件，收到了较好的效果。目前，生产超温超负荷使用的情况已经大大缓解，特别是烟气余热

的利用，环保要求的提高，导致烟气温度普遍降低，甚至导致烟气的腐蚀性加强，为适应这一情况的变化，将裂缝的评级标准予以适当提高。提高后的标准，a 级与现行设计规范允许值一致；b 级钢筋无明显腐蚀风险、裂缝未贯穿筒壁，原则上不予处理；取消 d 级。

4 修订了烟囱筒壁及支承结构倾斜项目评级标准。原《规程》a 级标准基于与烟囱设计规范允许的基础倾斜变形值一致制定，b 级、c 级主要基于当初的烟囱筒身倾斜调查资料，基于与筒壁开裂同样的原因，制定评级标准。

修订后的评级标准，a 级与现行施工验收规范允许的倾斜偏差（考虑极限偏差，允许的中心倾斜偏差和截面尺寸偏差可能产生的累加）基本一致，修订后的标准比原规程规定偏于严格，b 级与原规程规定基本一致，取消 d 级。当烟囱倾斜超过 b 级限值时，如果烟囱没有倾覆危险或致筒身及支承结构损坏的可能，一般可以通过倾斜变形监测来维持继续使用，属于 c 级采取措施的范畴。

9.3 贮 仓

本节条文，系在原《钢铁工业建（构）筑物可靠性鉴定规程》YBJ 219—89（以下简称"原《规程》"）有关条文的基础上，按照本标准的鉴定评级层次及评级标准规定，修编制订；与原《规程》条文相比，主要对以下几个方面进行了修订。

1 在功能系统划分上，将原《规程》的"仓体承重结构系统"改称"仓体与支承结构系统"。

2 修订了贮仓仓体承重结构体系结构损坏评级标准。原《规程》为了便于现场使用，在制定损坏评级标准时，考虑了深梁、承重墙及板的结构断面损伤对结构承载能力影响，隐含了结构安全性评级内容，现标准仅仅考虑使用性，有关结构损伤对承载能力的影响，应在结构承载能力评级时予以考虑。

3 增加了整体倾斜评定项目。分级标准制订的原则同烟囱倾斜项目，其中，a 级与现行施工验收规范允许的倾斜偏差（极限偏差，允许的中心倾斜偏差和截面尺寸偏差累加值）基本一致，b 级与现行有关设计规范允许的基础倾斜变形值一致。关于倾斜代表值，对于高耸贮仓可取贮仓顶端侧移与高度之比，对于群仓，应综合考虑顶端偏差侧移和不均匀沉降的影响后确定。

9.4 通 廊

本节条文，系在原《钢铁工业建（构）筑物可靠性鉴定规程》YBJ 219—89 有关条文的基础上，按照本标准的鉴定评级层次及评级标准规定，修编制订。

9.5 水 池

本节条文主要针对一般落地水池的鉴定评级

制订。

对于高架水池，鉴定单元尚应包括支承结构系统，此时可参照贮仓结构的有关规定，对支承结构进行等级评定。

对于储存具有腐蚀性液体的池（槽）结构，除符合本节规定外，还应检查评定腐蚀防护层的完整性和有效性，或者检查评定池（槽）结构对储液的耐受性。

10 鉴 定 报 告

10.1 本标准不对鉴定报告的格式作统一规定，但其内容应当满足本标准的规定。

10.2 本文在上一条规定鉴定报告包括的内容的基础上，又明确规定了鉴定报告编写应符合的要求，以保证鉴定报告的质量。

中华人民共和国国家标准

工程结构可靠性设计统一标准

Unified standard for reliability design of
engineering structures

GB 50153—2008

主编部门：中华人民共和国住房和城乡建设部
批准部门：中华人民共和国住房和城乡建设部
施行日期：２ ０ ０ ９ 年 ７ 月 １ 日

中华人民共和国住房和城乡建设部
公　　告

第 156 号

关于发布国家标准
《工程结构可靠性设计统一标准》的公告

现批准《工程结构可靠性设计统一标准》为国家标准，编号为 GB 50153—2008，自 2009 年 7 月 1 日起实施。其中，第 3.2.1、3.3.1 条为强制性条文，必须严格执行。原《工程结构可靠度设计统一标准》GB 50153—92 同时废止。

本标准由我部标准定额研究所组织中国建筑工业出版社出版发行。

中华人民共和国住房和城乡建设部
2008 年 11 月 12 日

前　　言

根据建设部《关于印发〈二○○二～二○○三年度工程建设国家标准制订、修订计划〉的通知》（建标〔2003〕102 号）的要求，中国建筑科学研究院会同有关单位共同对国家标准《工程结构可靠度设计统一标准》GB 50153—92 进行了全面修订。

本标准在修订过程中，积极借鉴了国际标准化组织 ISO 发布的国际标准《结构可靠性总原则》ISO 2394：1998 和欧洲标准化委员会 CEN 批准通过的欧洲规范《结构设计基础》EN 1990：2002，同时认真贯彻了从中国实际出发的方针，总结了我国大规模工程实践的经验，贯彻了可持续发展的指导原则。修订后的新标准比原标准在内容上有所扩展，涵盖了工程结构设计基础的基本内容，是一项工程结构设计的基础标准。

修订后的新标准对建筑工程、铁路工程、公路工程、港口工程、水利水电工程等土木工程各领域工程结构设计的共性问题，即工程结构设计的基本原则、基本要求和基本方法作出了统一规定，以使我国土木工程各领域之间在处理结构可靠性问题上具有统一性和协调性，并与国际接轨。本标准把土木工程各领域工程结构设计的共性要求列入了正文；而将专门领域的具体规定和对专门问题的规定列入了附录。主要内容包括：总则、术语、符号、基本规定、极限状态设计原则、结构上的作用和环境影响、材料和岩土的性能及几何参数、结构分析和试验辅助设计、分项系数设计方法等。

本标准以黑体字标志的条文为强制性条文，必须严格执行。

本标准由住房和城乡建设部负责对强制性条文的管理和解释，由中国建筑科学研究院负责具体技术内容的解释。为了提高标准质量，请各单位在执行本标准的过程中，注意总结经验，积累资料，随时将有关的意见和建议寄给中国建筑科学研究院（地址：北京市北三环东路 30 号；邮政编码：100013），以供今后修订时参考。

本标准主编单位：中国建筑科学研究院

本标准参编单位：中国铁道科学研究院、铁道第三勘察设计院集团有限公司、中交公路规划设计院有限公司、中交水运规划设计院有限公司、水电水利规划设计总院、水利部水利水电规划设计总院、大连理工大学、西安建筑科技大学、上海交通大学、中国工程建设标准化协会

本标准主要起草人：袁振隆、史志华、李明顺、胡德炘、陈基发、李云贵、邸小坛、刘晓光、李铁夫、张玉玲、赵君黎、杜廷瑞、杨松泉、沈义生、周建平、雷兴顺、贡金鑫、姚继涛、鲍卫刚、姚明初、刘西拉、邵卓民、赵国藩

目　次

1 总　则

1.0.1 为统一房屋建筑、铁路、公路、港口、水利水电等各类工程结构设计的基本原则、基本要求和基本方法，使结构符合可持续发展的要求，并符合安全可靠、经济合理、技术先进、确保质量的要求，制定本标准。

1.0.2 本标准适用于整个结构、组成结构的构件以及地基基础的设计；适用于结构施工阶段和使用阶段的设计；适用于既有结构的可靠性评定。

1.0.3 工程结构设计宜采用以概率理论为基础、以分项系数表达的极限状态设计方法；当缺乏统计资料时，工程结构设计可根据可靠的工程经验或必要的试验研究进行，也可采用容许应力或单一安全系数等经验方法进行。

1.0.4 各类工程结构设计标准和其他相关标准应遵守本标准规定的基本准则，并应制定相应的具体规定。

1.0.5 工程结构设计除应遵守本标准的规定外，尚应遵守国家现行有关标准的规定。

2　术语、符号

2.1　术　语

2.1.1　结构　structure

能承受作用并具有适当刚度的由各连接部件有机组合而成的系统。

2.1.2　结构构件　structural member

结构在物理上可以区分出的部件。

2.1.3　结构体系　structural system

结构中的所有承重构件及其共同工作的方式。

2.1.4　结构模型　structural model

用于结构分析、设计等的理想化的结构体系。

2.1.5　设计使用年限　design working life

设计规定的结构或结构构件不需进行大修即可按预定目的使用的年限。

2.1.6　设计状况　design situations

代表一定时段内实际情况的一组设计条件，设计应做到在该组条件下结构不超越有关的极限状态。

2.1.7　持久设计状况　persistent design situation

在结构使用过程中一定出现，且持续期很长的设计状况，其持续期一般与设计使用年限为同一数量级。

2.1.8　短暂设计状况　transient design situation

在结构施工和使用过程中出现概率较大，而与设计使用年限相比，其持续期很短的设计状况。

2.1.9　偶然设计状况　accidental design situation

在结构使用过程中出现概率很小，且持续期很短的设计状况。

2.1.10　地震设计状况　seismic design situation

结构遭受地震时的设计状况。

2.1.11　荷载布置　load arrangement

在结构设计中，对自由作用的位置、大小和方向的合理确定。

2.1.12　荷载工况　load case

为特定的验证目的，一组同时考虑的固定可变作用、永久作用、自由作用的某种相容的荷载布置以及变形和几何偏差。

2.1.13　极限状态　limit states

整个结构或结构的一部分超过某一特定状态就不能满足设计规定的某一功能要求，此特定状态为该功能的极限状态。

2.1.14　承载能力极限状态　ultimate limit states

对应于结构或结构构件达到最大承载力或不适于继续承载的变形的状态。

2.1.15　正常使用极限状态　serviceability limit states

对应于结构或结构构件达到正常使用或耐久性能的某项规定限值的状态。

2.1.16　不可逆正常使用极限状态　irreversible serviceability limit states

当产生超越正常使用极限状态的作用卸除后，该作用产生的超越状态不可恢复的正常使用极限状态。

2.1.17　可逆正常使用极限状态　reversible serviceability limit states

当产生超越正常使用极限状态的作用卸除后，该作用产生的超越状态可以恢复的正常使用极限状态。

2.1.18　抗力　resistance

结构或结构构件承受作用效应的能力。

2.1.19　结构的整体稳固性　structural integrity（structural robustness）

当发生火灾、爆炸、撞击或人为错误等偶然事件时，结构整体能保持稳固且不出现与起因不相称的破坏后果的能力。

2.1.20　连续倒塌　progressive collapse

初始的局部破坏，从构件到构件扩展，最终导致整个结构倒塌或与起因不相称的一部分结构倒塌。

2.1.21　可靠性　reliability

结构在规定的时间内，在规定的条件下，完成预定功能的能力。

2.1.22　可靠度　degree of reliability（reliability）

结构在规定的时间内，在规定的条件下，完成预定功能的概率。

2.1.23　失效概率 p_f　probability of failure p_f

结构不能完成预定功能的概率。

2.1.24　可靠指标 β　reliability index β

度量结构可靠度的数值指标，可靠指标 β 与失效概率 p_f 的关系为 $\beta = -\Phi^{-1}(p_f)$，其中 $\Phi^{-1}(\cdot)$ 为标准正态分布函数的反函数。

2.1.25 基本变量 basic variable

代表物理量的一组规定的变量，用于表示作用和环境影响、材料和岩土的性能以及几何参数的特征。

2.1.26 功能函数 performance function

关于基本变量的函数，该函数表征一种结构功能。

2.1.27 概率分布 probability distribution

随机变量取值的统计规律，一般采用概率密度函数或概率分布函数表示。

2.1.28 统计参数 statistical parameter

在概率分布中用来表示随机变量取值的平均水平和离散程度的数字特征。

2.1.29 分位值 fractile

与随机变量概率分布函数的某一概率相应的值。

2.1.30 名义值 nominal value

用非统计方法确定的值。

2.1.31 极限状态法 limit state method

不使结构超越某种规定的极限状态的设计方法。

2.1.32 容许应力法 permissible (allowable) stress method

使结构或地基在作用标准值下产生的应力不超过规定的容许应力（材料或岩土强度标准值除以某一安全系数）的设计方法。

2.1.33 单一安全系数法 single safety factor method

使结构或地基的抗力标准值与作用标准值的效应之比不低于某一规定安全系数的设计方法。

2.1.34 作用 action

施加在结构上的集中力或分布力（直接作用，也称为荷载）和引起结构外加变形或约束变形的原因（间接作用）。

2.1.35 作用效应 effect of action

由作用引起的结构或结构构件的反应。

2.1.36 单个作用 single action

可认为与结构上的任何其他作用之间在时间和空间上为统计独立的作用。

2.1.37 永久作用 permanent action

在设计所考虑的时期内始终存在且其量值变化与平均值相比可以忽略不计的作用，或其变化是单调的并趋于某个限值的作用。

2.1.38 可变作用 variable action

在设计使用年限内其量值随时间变化，且其变化与平均值相比不可忽略不计的作用。

2.1.39 偶然作用 accidental action

在设计使用年限内不一定出现，而一旦出现其量值很大，且持续期很短的作用。

2.1.40 地震作用 seismic action

地震对结构所产生的作用。

2.1.41 土工作用 geotechnical action

由岩土、填方或地下水传递到结构上的作用。

2.1.42 固定作用 fixed action

在结构上具有固定空间分布的作用。当固定作用在结构某一点上的大小和方向确定后，该作用在整个结构上的作用即得以确定。

2.1.43 自由作用 free action

在结构上给定的范围内具有任意空间分布的作用。

2.1.44 静态作用 static action

使结构产生的加速度可以忽略不计的作用。

2.1.45 动态作用 dynamic action

使结构产生的加速度不可忽略不计的作用。

2.1.46 有界作用 bounded action

具有不能被超越的且可确切或近似掌握其界限值的作用。

2.1.47 无界作用 unbounded action

没有明确界限值的作用。

2.1.48 作用的标准值 characteristic value of an action

作用的主要代表值，可根据对观测数据的统计、作用的自然界限或工程经验确定。

2.1.49 设计基准期 design reference period

为确定可变作用等的取值而选用的时间参数。

2.1.50 可变作用的组合值 combination value of a variable action

使组合后的作用效应的超越概率与该作用单独出现时其标准值作用效应的超越概率趋于一致的作用值；或组合后使结构具有规定可靠指标的作用值。可通过组合值系数（$\psi_c \leqslant 1$）对作用标准值的折减来表示。

2.1.51 可变作用的频遇值 frequent value of a variable action

在设计基准期内被超越的总时间占设计基准期的比率较小的作用值；或被超越的频率限制在规定频率内的作用值。可通过频遇值系数（$\psi_f \leqslant 1$）对作用标准值的折减来表示。

2.1.52 可变作用的准永久值 quasi-permanent value of a variable action

在设计基准期内被超越的总时间占设计基准期的比率较大的作用值。可通过准永久值系数（$\psi_q \leqslant 1$）对作用标准值的折减来表示。

2.1.53 可变作用的伴随值 accompanying value of a variable action

在作用组合中，伴随主导作用的可变作用值。可变作用的伴随值可以是组合值、频遇值或准永久值。

**2.1.54 作用的代表值 representative value of an action

极限状态设计所采用的作用值。它可以是作用的标准值或可变作用的伴随值。

2.1.55 作用的设计值 design value of an action

作用的代表值与作用分项系数的乘积。

2.1.56 作用组合（荷载组合） combination of actions（load combination）

在不同作用的同时影响下，为验证某一极限状态的结构可靠度而采用的一组作用设计值。

2.1.57 环境影响 environmental influence

环境对结构产生的各种机械的、物理的、化学的或生物的不利影响。环境影响会引起结构材料性能的劣化，降低结构的安全性或适用性，影响结构的耐久性。

2.1.58 材料性能的标准值 characteristic value of a material property

符合规定质量的材料性能概率分布的某一分位值或材料性能的名义值。

2.1.59 材料性能的设计值 design value of a material property

材料性能的标准值除以材料性能分项系数所得的值。

2.1.60 几何参数的标准值 characteristic value of a geometrical parameter

设计规定的几何参数公称值或几何参数概率分布的某一分位值。

2.1.61 几何参数的设计值 design value of a geometrical parameter

几何参数的标准值增加或减少一个几何参数的附加量所得的值。

2.1.62 结构分析 structural analysis

确定结构上作用效应的过程。

2.1.63 一阶线弹性分析 first order linear-elastic analysis

基于线性应力—应变或弯矩—曲率关系，采用弹性理论分析方法对初始结构几何形体进行的结构分析。

2.1.64 二阶线弹性分析 second order linear-elastic analysis

基于线性应力—应变或弯矩—曲率关系，采用弹性理论分析方法对已变形结构几何形体进行的结构分析。

2.1.65 有重分布的一阶或二阶线弹性分析 first order（or second order）linear-elastic analysis with redistribution

结构设计中对内力进行调整的一阶或二阶线弹性分析，与给定的外部作用协调，不做明确的转动能力计算的结构分析。

2.1.66 一阶非线性分析 first order non-linear analysis

基于材料非线性变形特性对初始结构的几何形体进行的结构分析。

2.1.67 二阶非线性分析 second order non-linear analysis

基于材料非线性变形特性对已变形结构几何形体进行的结构分析。

2.1.68 弹塑性分析（一阶或二阶）elasto-plastic analysis（first or second order）

基于线弹性阶段和随后的无硬化阶段构成的弯矩-曲率关系的结构分析。

2.1.69 刚性—塑性分析 rigid plastic analysis

假定弯矩-曲率关系为无弹性变形和无硬化阶段，采用极限分析理论对初始结构的几何形体进行的直接确定其极限承载力的结构分析。

2.1.70 既有结构 existing structure

已经存在的各类工程结构。

2.1.71 评估使用年限 assessed working life

可靠性评定所预估的既有结构在规定条件下的使用年限。

2.1.72 荷载检验 load testing

通过施加荷载评定结构或结构构件的性能或预测其承载力的试验。

2.2 符 号

2.2.1 大写拉丁字母的符号：

A_{Ek} ——地震作用的标准值；

A_d ——偶然作用的设计值；

C ——设计对变形、裂缝等规定的相应限值；

F_d ——作用的设计值；

F_r ——作用的代表值；

G_k ——永久作用的标准值；

P ——预应力作用的有关代表值；

Q_k ——可变作用的标准值；

R ——结构或结构构件的抗力；

R_d ——结构或结构构件抗力的设计值；

S ——结构或结构构件的作用效应；

$S_{A_{Ek}}$ ——地震作用标准值的效应；

S_{A_d} ——偶然作用设计值的效应；

S_d ——作用组合的效应设计值；

$S_{d,dst}$ ——不平衡作用效应的设计值；

$S_{d,stb}$ ——平衡作用效应的设计值；

S_{G_k} ——永久作用标准值的效应；

S_P ——预应力作用有关代表值的效应；

S_{Q_k} ——可变作用标准值的效应；

T ——设计基准期；

X ——基本变量。

2.2.2 小写拉丁字母的符号：

a ——几何参数；

a_d ——几何参数的设计值；

a_k ——几何参数的标准值；

f_d ——材料性能的设计值；

f_k ——材料性能的标准值；

p_f ——结构构件失效概率的运算值。

2.2.3 大写希腊字母的符号：

Δ_a ——几何参数的附加量。

2.2.4 小写希腊字母的符号：

β ——结构构件的可靠指标；

γ_0 ——结构重要性系数；

γ_1 ——地震作用重要性系数；

γ_F ——作用的分项系数；

γ_G ——永久作用的分项系数；

γ_L ——考虑结构设计使用年限的荷载调整系数；

γ_M ——材料性能的分项系数；

γ_Q ——可变作用的分项系数；

γ_P ——预应力作用的分项系数；

ψ_c ——作用的组合值系数；

ψ_f ——作用的频遇值系数；

ψ_q ——作用的准永久值系数。

3 基 本 规 定

3.1 基 本 要 求

3.1.1 结构的设计、施工和维护应使结构在规定的设计使用年限内以适当的可靠度且经济的方式满足规定的各项功能要求。

3.1.2 结构应满足下列功能要求：

   1 能承受在施工和使用期间可能出现的各种作用；

   2 保持良好的使用性能；

   3 具有足够的耐久性能；

   4 当发生火灾时，在规定的时间内可保持足够的承载力；

   5 当发生爆炸、撞击、人为错误等偶然事件时，结构能保持必需的整体稳固性，不出现与起因不相称的破坏后果，防止出现结构的连续倒塌。

   注：1 对重要的结构，应采取必要的措施，防止出现结构的连续倒塌；对一般的结构，宜采取适当的措施，防止出现结构的连续倒塌。

       2 对港口工程结构，"撞击"指非正常撞击。

3.1.3 结构设计时，应根据下列要求采取适当的措施，使结构不出现或少出现可能的损坏：

   1 避免、消除或减少结构可能受到的危害；

   2 采用对可能受到的危害反应不敏感的结构类型；

   3 采用当单个构件或结构的有限部分被意外移

除或结构出现可接受的局部损坏时，结构的其他部分仍能保存的结构类型；

   4 不宜采用无破坏预兆的结构体系；

   5 使结构具有整体稳固性。

3.1.4 宜采取下列措施满足对结构的基本要求：

   1 采用适当的材料；

   2 采用合理的设计和构造；

   3 对结构的设计、制作、施工和使用等制定相应的控制措施。

3.2 安全等级和可靠度

3.2.1 工程结构设计时，应根据结构破坏可能产生的后果（危及人的生命、造成经济损失、对社会或环境产生影响等）的严重性，采用不同的安全等级。工程结构安全等级的划分应符合表 3.2.1 的规定。

表 3.2.1 工程结构的安全等级

安全等级	破坏后果
一级	很严重
二级	严　重
三级	不严重

   注：对重要的结构，其安全等级应取为一级；对一般的结构，其安全等级宜取为二级；对次要的结构，其安全等级可取为三级。

3.2.2 工程结构中各类结构构件的安全等级，宜与结构的安全等级相同，对其中部分结构构件的安全等级可进行调整，但不得低于三级。

3.2.3 可靠度水平的设置应根据结构构件的安全等级、失效模式和经济因素等确定。对结构的安全性和适用性可采用不同的可靠度水平。

3.2.4 当有充分的统计数据时，结构构件的可靠度宜采用可靠指标 β 度量。结构构件设计时采用的可靠指标，可根据对现有结构构件的可靠度分析，并结合使用经验和经济因素等确定。

3.2.5 各类结构构件的安全等级每相差一级，其可靠指标的取值宜相差 0.5。

3.3 设计使用年限和耐久性

3.3.1 工程结构设计时，应规定结构的设计使用年限。

3.3.2 房屋建筑结构、铁路桥涵结构、公路桥涵结构和港口工程结构的设计使用年限应符合附录 A 的规定。

   注：1 其他工程结构的设计使用年限应符合国家现行标准的有关规定；

       2 特殊工程结构的设计使用年限可另行规定。

3.3.3 工程结构设计时应对环境影响进行评估，当结构所处的环境对其耐久性有较大影响时，应根据不同的环境类别采用相应的结构材料、设计构造、防护措施、施工质量要求等，并应制定结构在使用期间的定期检修和维护制度，使结构在设计使用年限内不致因材料的劣化而影响其安全或正常使用。

3.3.4 环境对结构耐久性的影响，可根据工程经验、试验研究、计算或综合分析等方法进行评估。

3.3.5 环境类别的划分和相应的设计、施工、使用及维护的要求等，应遵守国家现行有关标准的规定。

3.4 可靠性管理

3.4.1 为保证工程结构具有规定的可靠度，除应进行必要的设计计算外，还应对结构的材料性能、施工质量、使用和维护等进行相应的控制。控制的具体措施，应符合附录 B 和有关的勘察、设计、施工及维护等标准的专门规定。

3.4.2 工程结构的设计必须由具有相应资格的技术人员担任。

3.4.3 工程结构的设计应符合国家现行的有关荷载、抗震、地基基础和各种材料结构设计规范的规定。

3.4.4 工程结构的设计应对结构可能受到的偶然作用、环境影响等采取必要的防护措施。

3.4.5 对工程结构所采用的材料及施工、制作过程应进行质量控制，并按国家现行有关标准的规定进行竣工验收。

3.4.6 工程结构应按设计规定的用途使用，并应定期检查结构状况，进行必要的维护和维修；当需变更使用用途时，应进行设计复核和采取必要的安全措施。

4 极限状态设计原则

4.1 极 限 状 态

4.1.1 极限状态可分为承载能力极限状态和正常使用极限状态，并应符合下列要求：

1 承载能力极限状态

当结构或结构构件出现下列状态之一时，应认为超过了承载能力极限状态：

1）结构构件或连接因超过材料强度而破坏，或因过度变形而不适于继续承载；
2）整个结构或其一部分作为刚体失去平衡；
3）结构转变为机动体系；
4）结构或结构构件丧失稳定；
5）结构因局部破坏而发生连续倒塌；
6）地基丧失承载力而破坏；
7）结构或结构构件的疲劳破坏。

2 正常使用极限状态

当结构或结构构件出现下列状态之一时，应认为超过了正常使用极限状态：

1）影响正常使用或外观的变形；
2）影响正常使用或耐久性能的局部损坏；
3）影响正常使用的振动；
4）影响正常使用的其他特定状态。

4.1.2 对结构的各种极限状态，均应规定明确的标志或限值。

4.1.3 结构设计时应对结构的不同极限状态分别进行计算或验算；当某一极限状态的计算或验算起控制作用时，可仅对该极限状态进行计算或验算。

4.2 设 计 状 况

4.2.1 工程结构设计时应区分下列设计状况：

1 持久设计状况，适用于结构使用时的正常情况；

2 短暂设计状况，适用于结构出现的临时情况，包括结构施工和维修时的情况等；

3 偶然设计状况，适用于结构出现的异常情况，包括结构遭受火灾、爆炸、撞击时的情况等；

4 地震设计状况，适用于结构遭受地震时的情况，在抗震设防地区必须考虑地震设计状况。

4.2.2 工程结构设计时，对不同的设计状况，应采用相应的结构体系、可靠度水平、基本变量和作用组合等。

4.3 极 限 状 态 设 计

4.3.1 对本章第 4.2.1 条规定的四种工程结构设计状况应分别进行下列极限状态设计：

1 对四种设计状况，均应进行承载能力极限状态设计；

2 对持久设计状况，尚应进行正常使用极限状态设计；

3 对短暂设计状况和地震设计状况，可根据需要进行正常使用极限状态设计；

4 对偶然设计状况，可不进行正常使用极限状态设计。

4.3.2 进行承载能力极限状态设计时，应根据不同的设计状况采用下列作用组合：

1 基本组合，用于持久设计状况或短暂设计状况；

2 偶然组合，用于偶然设计状况；

3 地震组合，用于地震设计状况。

4.3.3 进行正常使用极限状态设计时，可采用下列作用组合：

1 标准组合，宜用于不可逆正常使用极限状态设计；

2 频遇组合，宜用于可逆正常使用极限状态设计；

3 准永久组合，宜用于长期效应是决定性因素的正常使用极限状态设计。

4.3.4 对每一种作用组合，工程结构的设计均应采用其最不利的效应设计值进行。

4.3.5 结构的极限状态可采用下列极限状态方程描述：

$$g(X_1, X_2, \cdots, X_n) = 0 \qquad (4.3.5)$$

式中　　$g(\cdot)$——结构的功能函数；

$X_i(i = 1, 2, \cdots, n)$——基本变量，指结构上的各种作用和环境影响、材料和岩土的性能及几何参数等；在进行可靠度分析时，基本变量应作为随机变量。

4.3.6 结构按极限状态设计应符合下列要求：

$$g(X_1, X_2, \cdots, X_n) \geqslant 0 \qquad (4.3.6\text{-}1)$$

当采用结构的作用效应和结构的抗力作为综合基本变量时，结构按极限状态设计应符合下列要求：

$$R - S \geqslant 0 \qquad (4.3.6\text{-}2)$$

式中　　R——结构的抗力；

S——结构的作用效应。

4.3.7 结构构件的设计应以规定的可靠度满足本章第4.3.6条的要求。

4.3.8 结构构件宜根据规定的可靠指标，采用由作用的代表值、材料性能的标准值、几何参数的标准值和各相应的分项系数构成的极限状态设计表达式进行设计；有条件时也可根据附录E的规定直接采用基于可靠指标的方法进行设计。

5 结构上的作用和环境影响

5.1 一般规定

5.1.1 工程结构设计时，应考虑结构上可能出现的各种作用（包括直接作用、间接作用）和环境影响。

5.2 结构上的作用

5.2.1 结构上的各种作用，当可认为在时间上和空间上相互独立时，则每一种作用可分别作为单个作用；当某些作用密切相关且有可能同时以最大值出现时，也可将这些作用一起作为单个作用。

5.2.2 同时施加在结构上的各单个作用对结构的共同影响，应通过作用组合（荷载组合）来考虑；对不可能同时出现的各种作用，不应考虑其组合。

5.2.3 结构上的作用可按下列性质分类：

　1　按随时间的变化分类：

　　1）永久作用；

　　2）可变作用；

　　3）偶然作用。

　2　按随空间的变化分类：

　　1）固定作用；

　　2）自由作用。

　3　按结构的反应特点分类：

　　1）静态作用；

　　2）动态作用。

　4　按有无限值分类：

　　1）有界作用；

　　2）无界作用。

　5　其他分类。

5.2.4 结构上的作用随时间变化的规律，宜采用随机过程的概率模型来描述，但对不同的问题可采用不同的方法进行简化。

　对永久作用，在结构可靠性设计中可采用随机变量的概率模型。

　对可变作用，在作用组合中可采用简化的随机过程概率模型。在确定可变作用的代表值时可采用将设计基准期内最大值作为随机变量的概率模型。

5.2.5 当永久作用和可变作用作为随机变量时，其统计参数和概率分布类型，应以观测数据为基础，运用参数估计和概率分布的假设检验方法确定，检验的显著性水平可取0.05。

5.2.6 当有充分观测数据时，作用的标准值应按在设计基准期内最不利作用概率分布的某个统计特征值确定；当有条件时，可对各种作用统一规定该统计特征值的概率定义；当观测数据不充分时，作用的标准值也可根据工程经验通过分析判断确定；对有明确界限值的有界作用，作用的标准值应取其界限值。

　注：可变作用的标准值可按本标准附录C规定的原则确定。

5.2.7 工程结构按不同极限状态设计时，在相应的作用组合中对可能同时出现的各种作用，应采用不同的作用代表值。对可变作用，其代表值包括标准值、组合值、频遇值和准永久值。组合值、频遇值和准永久值可通过对可变作用的标准值分别乘以不大于1的组合值系数ψ_c、频遇值系数ψ_f和准永久值系数ψ_q等折减系数来表示。

　注：可变作用的组合值、频遇值和准永久值可按本标准附录C规定的原则确定。

5.2.8 对偶然作用，应采用偶然作用的设计值。偶然作用的设计值应根据具体工程情况和偶然作用可能出现的最大值确定，也可根据有关标准的专门规定确定。

5.2.9 对地震作用，应采用地震作用的标准值。地震作用的标准值应根据地震作用的重现期确定。地震作用的重现期宜采用475年，也可根据具体工程情况采用其他地震作用的重现期。

5.2.10 当结构上的作用比较复杂且不能直接描述时，可根据作用形成的机理，建立适当的数学模型来表征作用的大小、位置、方向和持续期等性质。

　结构上的作用F的大小一般可采用下列数学

模型：

$$F = \varphi(F_0, \omega) \qquad (5.2.10)$$

式中　$\varphi(\cdot)$ ——所采用的函数；

　　　F_0 ——基本作用，通常具有随时间和空间的变异性（随机的或非随机的），但一般与结构的性质无关；

　　　ω ——用以将 F_0 转化为 F 的随机或非随机变量，它与结构的性质有关。

5.2.11 当结构的动态性能比较明显时，结构应采用动力模型描述。此时，结构的动力分析应考虑结构的刚度、阻尼以及结构上各部分质量的惯性。当结构容许简化分析时，可计算"准静态作用"响应，并乘以动力系数作为动态作用的响应。

5.2.12 对自由作用应考虑各种可能的荷载布置，并与固定作用等一起作为验证结构某特定极限状态的荷载工况。

5.3 环 境 影 响

5.3.1 环境影响可分为永久影响、可变影响和偶然影响。

5.3.2 对结构的环境影响应进行定量描述；当没有条件进行定量描述时，也可通过环境对结构的影响程度的分级等方法进行定性描述，并在设计中采取相应的技术措施。

6 材料和岩土的性能及几何参数

6.1 材料和岩土的性能

6.1.1 材料和岩土的强度、弹性模量、变形模量、压缩模量、内摩擦角、黏聚力等物理力学性能，应根据有关的试验方法标准经试验确定。

6.1.2 材料性能宜采用随机变量概率模型描述。材料性能的各种统计参数和概率分布类型，应以试验数据为基础，运用参数估计和概率分布的假设检验方法确定。检验的显著性水平可取 0.05。

6.1.3 当利用标准试件的试验结果确定结构中实际的材料性能时，尚应考虑实际结构与标准试件、实际工作条件与标准试验条件的差别。结构中的材料性能与标准试件材料性能的关系，应根据相应的对比试验结果通过换算系数或函数来反映，或根据工程经验判断确定。结构中材料性能的不定性，应由标准试件材料性能的不定性和换算系数或函数的不定性两部分组成。

岩土性能指标和地基、桩基承载力等，应通过原位测试、室内试验等直接或间接的方法确定，并应考虑由于钻探取样的扰动、室内外试验条件与实际工程结构条件的差别以及所采用公式的误差等因素的影响。

6.1.4 材料强度的概率分布宜采用正态分布或对数正态分布。

材料强度的标准值可按其概率分布的 0.05 分位值确定。材料弹性模量、泊松比等物理性能的标准值可按其概率分布的 0.5 分位值确定。

当试验数据不充分时，材料性能的标准值可采用有关标准的规定值，也可根据工程经验，经分析判断确定。

6.1.5 岩土性能的标准值宜根据原位测试和室内试验的结果，按有关标准的规定确定。

当有条件时，岩土性能的标准值可按其概率分布的某个分位值确定。

6.2 几 何 参 数

6.2.1 结构或结构构件的几何参数 a 宜采用随机变量概率模型描述。几何参数的各种统计参数和概率分布类型，应以正常生产情况下结构或结构构件几何尺寸的测试数据为基础，运用参数估计和概率分布的假设检验方法确定。

当测试数据不充分时，几何参数的统计参数可根据有关标准中规定的公差，经分析判断确定。

当几何参数的变异性对结构抗力及其他性能的影响很小时，几何参数可作为确定性变量。

6.2.2 几何参数的标准值可采用设计规定的公称值，或根据几何参数概率分布的某个分位值确定。

7 结构分析和试验辅助设计

7.1 一 般 规 定

7.1.1 结构分析可采用计算、模型试验或原型试验等方法。

7.1.2 结构分析的精度，应能满足结构设计要求，必要时宜进行试验验证。

7.1.3 在结构分析中，宜考虑环境对材料、构件和结构性能的影响。

7.2 结 构 模 型

7.2.1 结构分析采用的基本假定和计算模型应能合理描述所考虑的极限状态下的结构反应。

7.2.2 根据结构的具体情况，可采用一维、二维或三维的计算模型进行结构分析。

7.2.3 结构分析所采用的各种简化或近似假定，应具有理论或试验依据，或经工程验证可行。

7.2.4 当结构的变形可能使作用的影响显著增大时，应在结构分析中考虑结构变形的影响。

7.2.5 结构计算模型的不定性应在极限状态方程中采用一个或几个附加基本变量来考虑。附加基本变量的概率分布类型和统计参数，可通过按计算模型的计算结果与按精确方法的计算结果或实际的观测结果相比较，经统计分析确定，或根据工程经验判断确定。

7.3 作 用 模 型

7.3.1 对与时间无关的或不计累积效应的静力分析，可只考虑发生在设计基准期内作用的最大值和最小值；当动力性能起控制作用时，应有比较详细的过程描述。

7.3.2 在不能准确确定作用参数时，应对作用参数给出上下限范围，并进行比较以确定不利的作用效应。

7.3.3 当结构承受自由作用时，应根据每一自由作用可能出现的空间位置、大小和方向，分析确定对结构最不利的荷载布置。

7.3.4 当考虑地基与结构相互作用时，土工作用可采用适当的等效弹簧或阻尼器来模拟。

7.3.5 当动力作用可被认为是拟静力作用时，可通过把动力作用分析结果包括在静力作用中或对静力作用乘以等效动力放大系数等方法，来考虑动力作用效应。

7.3.6 当动力作用引起的振幅、速度、加速度使结构有可能超过正常使用极限状态的限值时，应根据实际情况对结构进行正常使用极限状态验算。

7.4 分 析 方 法

7.4.1 结构分析应根据结构类型、材料性能和受力特点等因素，采用线性、非线性或试验分析方法；当结构性能始终处于弹性状态时，可采用弹性理论进行结构分析，否则宜采用弹塑性理论进行结构分析。

7.4.2 当结构在达到极限状态前能够产生足够的塑性变形，且所承受的不是多次重复的作用时，可采用塑性理论进行结构分析；当结构的承载力由脆性破坏或稳定控制时，不应采用塑性理论进行分析。

7.4.3 当动力作用使结构产生较大加速度时，应对结构进行动力响应分析。

7.5 试 验 辅 助 设 计

7.5.1 对某些没有适当分析模型的特殊情况，可进行试验辅助设计，其具体方法宜符合附录D的规定。

7.5.2 采用试验辅助设计的结构，应达到相关设计状况采用的可靠度水平，并应考虑试验结果的数量对相关参数统计不定性的影响。

8 分项系数设计方法

8.1 一 般 规 定

8.1.1 结构构件极限状态设计表达式中所包含的各种分项系数，宜根据有关基本变量的概率分布类型和

统计参数及规定的可靠指标，通过计算分析，并结合工程经验，经优化确定。

当缺乏统计数据时，可根据传统的或经验的设计方法，由有关标准规定各种分项系数。

8.1.2 基本变量的设计值可按下列规定确定：

1 作用的设计值 F_d 可按下式确定：

$$F_d = \gamma_F F_r \qquad (8.1.2\text{-}1)$$

式中 F_r ——作用的代表值；

γ_F ——作用的分项系数。

2 材料性能的设计值 f_d 可按下式确定：

$$f_d = \frac{f_k}{\gamma_M} \qquad (8.1.2\text{-}2)$$

式中 f_k ——材料性能的标准值；

γ_M ——材料性能的分项系数，其值按有关的结构设计标准的规定采用。

3 几何参数的设计值 a_d 可采用几何参数的标准值 a_k。当几何参数的变异性对结构性能有明显影响时，几何参数的设计值可按下式确定：

$$a_d = a_k \pm \Delta_a \qquad (8.1.2\text{-}3)$$

式中 Δ_a ——几何参数的附加量。

4 结构抗力的设计值 R_d 可按下式确定：

$$R_d = R(f_k/\gamma_M, a_d) \qquad (8.1.2\text{-}4)$$

注：根据需要，也可从材料性能的分项系数 γ_M 中将反映抗力模型不定性的系数 γ_{Rd} 分离出来。

8.2 承载能力极限状态

8.2.1 结构或结构构件按承载能力极限状态设计时，应考虑下列状态：

1 结构或结构构件（包括基础等）的破坏或过度变形，此时结构的材料强度起控制作用；

2 整个结构或其一部分作为刚体失去静力平衡，此时结构材料或地基的强度不起控制作用；

3 地基的破坏或过度变形，此时岩土的强度起控制作用；

4 结构或结构构件的疲劳破坏，此时结构的材料疲劳强度起控制作用。

8.2.2 结构或结构构件按承载能力极限状态设计时，应符合下列要求：

1 结构或结构构件（包括基础等）的破坏或过度变形的承载能力极限状态设计，应符合下式要求：

$$\gamma_0 S_d \leqslant R_d \qquad (8.2.2\text{-}1)$$

式中 γ_0 ——结构重要性系数，其值按附录A的有关规定采用；

S_d ——作用组合的效应（如轴力、弯矩或表示几个轴力、弯矩的向量）设计值；

R_d ——结构或结构构件的抗力设计值。

2 整个结构或其一部分作为刚体失去静力平衡的承载能力极限状态设计，应符合下式要求：

$$\gamma_0 S_{\mathrm{d,dst}} \leqslant S_{\mathrm{d,stb}} \qquad (8.2.2\text{-}2)$$

式中　$S_{\mathrm{d,dst}}$ ——不平衡作用效应的设计值；

　　　$S_{\mathrm{d,stb}}$ ——平衡作用效应的设计值。

3　地基的破坏或过度变形的承载能力极限状态设计，可采用分项系数法进行，但其分项系数的取值与式（8.2.2-1）中所包含的分项系数的取值可有区别。

注：地基的破坏或过度变形的承载力设计，也可采用容许应力法等进行。

4　结构或结构构件的疲劳破坏的承载能力极限状态设计，可按附录 F 规定的方法进行。

8.2.3　承载能力极限状态设计表达式中的作用组合，应符合下列规定：

1　作用组合应为可能同时出现的作用的组合；

2　每个作用组合中应包括一个主导可变作用或一个偶然作用或一个地震作用；

3　当结构中永久作用位置的变异，对静力平衡或类似的极限状态设计结果很敏感时，该永久作用的有利部分和不利部分应分别作为单个作用；

4　当一种作用产生的几种效应非全相关时，对产生有利效应的作用，其分项系数的取值应予降低；

5　对不同的设计状况应采用不同的作用组合。

8.2.4　对持久设计状况和短暂设计状况，应采用作用的基本组合。

1　基本组合的效应设计值可按下式确定：

$$S_{\mathrm{d}} = S\Big(\sum_{i \geqslant 1} \gamma_{\mathrm{G}_i} G_{i\mathrm{k}} + \gamma_{\mathrm{P}} P + \gamma_{\mathrm{Q}_1} \gamma_{\mathrm{L}1} Q_{1\mathrm{k}} +$$
$$\sum_{j>1} \gamma_{\mathrm{Q}_j} \psi_{\mathrm{c}j} \gamma_{\mathrm{L}j} Q_{j\mathrm{k}} \Big) \qquad (8.2.4\text{-}1)$$

式中　$S(\cdot)$ ——作用组合的效应函数；

　　　$G_{i\mathrm{k}}$ ——第 i 个永久作用的标准值；

　　　P ——预应力作用的有关代表值；

　　　$Q_{1\mathrm{k}}$ ——第 1 个可变作用（主导可变作用）的标准值；

　　　$Q_{j\mathrm{k}}$ ——第 j 个可变作用的标准值；

　　　γ_{G_i} ——第 i 个永久作用的分项系数，应按附录 A 的有关规定采用；

　　　γ_{P} ——预应力作用的分项系数，应按附录 A 的有关规定采用；

　　　γ_{Q_1} ——第 1 个可变作用（主导可变作用）的分项系数，应按附录 A 的有关规定采用；

　　　γ_{Q_j} ——第 j 个可变作用的分项系数，应按附录 A 的有关规定采用；

　　　$\gamma_{\mathrm{L}1}$、$\gamma_{\mathrm{L}j}$ ——第 1 个和第 j 个考虑结构设计使用年限的荷载调整系数，应按有关规定采用，对设计使用年限与设计基准期相同的结构，应取 $\gamma_{\mathrm{L}} = 1.0$；

　　　$\psi_{\mathrm{c}j}$ ——第 j 个可变作用的组合值系数，

应按有关规范的规定采用。

注：在作用组合的效应函数 $S(\cdot)$ 中，符号"$\sum$"和"$+$"均表示组合，即同时考虑所有作用对结构的共同影响，而不表示代数相加。

2　当作用与作用效应按线性关系考虑时，基本组合的效应设计值可按下式计算：

$$S_{\mathrm{d}} = \sum_{i \geqslant 1} \gamma_{\mathrm{G}_i} S_{\mathrm{G}_{i\mathrm{k}}} + \gamma_{\mathrm{P}} S_{\mathrm{P}} + \gamma_{\mathrm{Q}_1} \gamma_{\mathrm{L}1} S_{\mathrm{Q}_{1\mathrm{k}}}$$
$$+ \sum_{j>1} \gamma_{\mathrm{Q}_j} \psi_{\mathrm{c}j} \gamma_{\mathrm{L}j} S_{\mathrm{Q}_{j\mathrm{k}}} \qquad (8.2.4\text{-}2)$$

式中　$S_{\mathrm{G}_{i\mathrm{k}}}$ ——第 i 个永久作用标准值的效应；

　　　S_{P} ——预应力作用有关代表值的效应；

　　　$S_{\mathrm{Q}_{1\mathrm{k}}}$ ——第 1 个可变作用（主导可变作用）标准值的效应；

　　　$S_{\mathrm{Q}_{j\mathrm{k}}}$ ——第 j 个可变作用标准值的效应。

注：1　对持久设计状况和短暂设计状况，也可根据需要分别给出作用组合的效应设计值；

　　　2　可根据需要从作用的分项系数中将反映作用效应模型不定性的系数 γ_{Sd} 分离出来。

8.2.5　对偶然设计状况，应采用作用的偶然组合。

1　偶然组合的效应设计值可按下式确定：

$$S_{\mathrm{d}} = S\Big[\sum_{i \geqslant 1} G_{i\mathrm{k}} + P + A_{\mathrm{d}} + (\psi_{\mathrm{f}1} \text{ 或 } \psi_{\mathrm{q}1}) Q_{1\mathrm{k}} + \sum_{j>1} \psi_{\mathrm{q}j} Q_{j\mathrm{k}} \Big] \qquad (8.2.5\text{-}1)$$

式中　A_{d} ——偶然作用的设计值；

　　　$\psi_{\mathrm{f}1}$ ——第 1 个可变作用的频遇值系数，应按有关规范的规定采用；

　　　$\psi_{\mathrm{q}1}$、$\psi_{\mathrm{q}j}$ ——第 1 个和第 j 个可变作用的准永久值系数，应按有关规范的规定采用。

2　当作用与作用效应按线性关系考虑时，偶然组合的效应设计值可按下式计算：

$$S_{\mathrm{d}} = \sum_{i \geqslant 1} S_{\mathrm{G}_{i\mathrm{k}}} + S_{\mathrm{P}} + S_{A_{\mathrm{d}}} + (\psi_{\mathrm{f}1} \text{ 或 } \psi_{\mathrm{q}1}) S_{\mathrm{Q}_{1\mathrm{k}}}$$
$$+ \sum_{j>1} \psi_{\mathrm{q}j} S_{\mathrm{Q}_{j\mathrm{k}}} \qquad (8.2.5\text{-}2)$$

式中　$S_{A_{\mathrm{d}}}$ ——偶然作用设计值的效应。

8.2.6　对地震设计状况，应采用作用的地震组合。

1　地震组合的效应设计值，宜根据重现期为 475 年的地震作用（基本烈度）确定，其效应设计值应符合下列规定：

1） 地震组合的效应设计值宜按下式确定：

$$S_{\mathrm{d}} = S\Big(\sum_{i \geqslant 1} G_{i\mathrm{k}} + P + \gamma_{\mathrm{I}} A_{\mathrm{Ek}} + \sum_{j \geqslant 1} \psi_{\mathrm{q}j} Q_{j\mathrm{k}} \Big)$$

$$(8.2.6\text{-}1)$$

式中　γ_{I} ——地震作用重要性系数，应按有关的抗震设计规范的规定采用；

　　　A_{Ek} ——根据重现期为 475 年的地震作用（基本烈度）确定的地震作用的标准值。

2） 当作用与作用效应按线性关系考虑时，地震组合效应设计值可按下式计算：

$$S_d = \sum_{i \geqslant 1} S_{G_{ik}} + S_P + \gamma_I S_{A_{Ek}} + \sum_{j \geqslant 1} \psi_{qj} S_{Q_{jk}}$$

$$(8.2.6-2)$$

式中 $S_{A_{Ek}}$——地震作用标准值的效应。

注：当按线弹性分析计算地震作用效应时，应将计算结果乘以结构性能系数以考虑结构延性的影响，结构性能系数应按有关的抗震设计规范的规定采用。

2 地震组合的效应设计值，也可根据重现期大于或小于 475 年的地震作用确定，其效应设计值应符合有关的抗震设计规范的规定。

8.2.7 当永久作用效应或预应力作用效应对结构构件承载力起有利作用时，式（8.2.4）中永久作用分项系数 γ_G 和预应力作用分项系数 γ_P 的取值不应大于 1.0。

8.3 正常使用极限状态

8.3.1 结构或结构构件按正常使用极限状态设计时，应符合下式要求：

$$S_d \leqslant C \qquad (8.3.1)$$

式中 S_d——作用组合的效应（如变形、裂缝等）设计值；

C——设计对变形、裂缝等规定的相应限值，应按有关的结构设计规范的规定采用。

8.3.2 按正常使用极限状态设计时，可根据不同情况采用作用的标准组合、频遇组合或准永久组合。

1 标准组合

　　1）标准组合的效应设计值可按下式确定：

$$S_d = S\left(\sum_{i \geqslant 1} G_{ik} + P + Q_{1k} + \sum_{j \geqslant 1} \psi_{cj} Q_{jk}\right)$$

$$(8.3.2-1)$$

　　2）当作用与作用效应按线性关系考虑时，标准组合的效应设计值可按下式计算：

$$S_d = \sum_{i \geqslant 1} S_{G_{ik}} + S_P + S_{Q_{1k}} + \sum_{j \geqslant 1} \psi_{cj} S_{Q_{jk}}$$

$$(8.3.2-2)$$

2 频遇组合

　　1）频遇组合的效应设计值可按下式确定：

$$S_d = S\left(\sum_{i \geqslant 1} G_{ik} + P + \psi_{f1} Q_{1k} + \sum_{j \geqslant 1} \psi_{qj} Q_{jk}\right)$$

$$(8.3.2-3)$$

　　2）当作用与作用效应按线性关系考虑时，频遇组合的效应设计值可按下式计算：

$$S_d = \sum_{i \geqslant 1} S_{G_{ik}} + S_P + \psi_{f1} S_{Q_{1k}} + \sum_{j \geqslant 1} \psi_{qj} S_{Q_{jk}}$$

$$(8.3.2-4)$$

3 准永久组合

　　1）准永久组合的效应设计值可按下式确定：

$$S_d = S\left(\sum_{i \geqslant 1} G_{ik} + P + \sum_{j \geqslant 1} \psi_{qj} Q_{jk}\right)$$

$$(8.3.2-5)$$

　　2）当作用与作用效应按线性关系考虑时，准永久组合的效应设计值可按下式计算：

$$S_d = \sum_{i \geqslant 1} S_{G_{ik}} + S_P + \sum_{j \geqslant 1} \psi_{qj} S_{Q_{jk}} \quad (8.3.2-6)$$

注：标准组合宜用于不可逆正常使用极限状态；频遇组合宜用于可逆正常使用极限状态；准永久组合宜用在当长期效应是决定性因素时的正常使用极限状态。

8.3.3 对正常使用极限状态，材料性能的分项系数 γ_M，除各种材料的结构设计规范有专门规定外，应取为 1.0。

附录 A　各类工程结构的专门规定

A.1 房屋建筑结构的专门规定

A.1.1 房屋建筑结构的安全等级，应根据结构破坏可能产生后果的严重性按表 A.1.1 划分。

表 A.1.1　房屋建筑结构的安全等级

安全等级	破坏后果	示　例
一级	很严重：对人的生命、经济、社会或环境影响很大	大型的公共建筑等
二级	严重：对人的生命、经济、社会或环境影响较大	普通的住宅和办公楼等
三级	不严重：对人的生命、经济、社会或环境影响较小	小型的或临时性贮存建筑等

注：房屋建筑结构抗震设计中的甲类建筑和乙类建筑，其安全等级宜规定为一级；丙类建筑，其安全等级宜规定为二级；丁类建筑，其安全等级宜规定为三级。

A.1.2 房屋建筑结构的设计基准期为 50 年。

A.1.3 房屋建筑结构的设计使用年限，应按表 A.1.3 采用。

表 A.1.3　房屋建筑结构的设计使用年限

类别	设计使用年限（年）	示　例
1	5	临时性建筑结构
2	25	易于替换的结构构件
3	50	普通房屋和构筑物
4	100	标志性建筑和特别重要的建筑结构

A.1.4 房屋建筑结构构件持久设计状况承载能力极限状态设计的可靠指标，不应小于表A.1.4的规定。

表 A.1.4　房屋建筑结构构件的可靠指标 β

破坏类型	安全等级		
	一　级	二　级	三　级
延性破坏	3.7	3.2	2.7
脆性破坏	4.2	3.7	3.2

A.1.5 房屋建筑结构构件持久设计状况正常使用极限状态设计的可靠指标，宜根据其可逆程度取 0~1.5。

A.1.6 在承载能力极限状态设计中，对持久设计状况和短暂设计状况，尚应符合下列要求：

　　1 作用组合的效应设计值应按式（8.2.4-1）及下式中最不利值确定：

$$S_d = S\left(\sum_{i \geq 1} \gamma_{G_i} G_{ik} + \gamma_P P + \gamma_L \sum_{j \geq 1} \gamma_{Q_j} \psi_{cj} Q_{jk} \right)$$

（A.1.6-1）

　　2 当作用与作用效应按线性关系考虑时，作用组合的效应设计值应按式（8.2.4-2）及下式中最不利值计算：

$$S_d = \sum_{i \geq 1} \gamma_{G_i} S_{G_{ik}} + \gamma_P S_P + \gamma_L \sum_{j \geq 1} \gamma_{Q_j} \psi_{cj} S_{Q_{jk}}$$

（A.1.6-2）

A.1.7 房屋建筑的结构重要性系数 γ_0，不应小于表 A.1.7 的规定。

表 A.1.7　房屋建筑的结构重要性系数 γ_0

结构重要性系数	对持久设计状况和短暂设计状况			对偶然设计状况和地震设计状况
	安全等级			
	一级	二级	三级	
γ_0	1.1	1.0	0.9	1.0

A.1.8 房屋建筑结构作用的分项系数，应按表 A.1.8 采用。

表 A.1.8　房屋建筑结构作用的分项系数

作用分项系数　　　　　适用情况	当作用效应对承载力不利时		当作用效应对承载力有利时
	对式(8.2.4-1)和式(8.2.4-2)	对式(A.1.6-1)和式(A.1.6-2)	
γ_G	1.2	1.35	$\leqslant 1.0$
γ_P	1.2		1.0
γ_Q	1.4		0

A.1.9 房屋建筑考虑结构设计使用年限的荷载调整系数，应按表 A.1.9 采用。

表 A.1.9　房屋建筑考虑结构设计使用年限的荷载调整系数 γ_L

结构的设计使用年限（年）	γ_L
5	0.9
50	1.0
100	1.1

注：对设计使用年限为 25 年的结构构件，γ_L 应按各种材料结构设计规范的规定采用。

A.2　铁路桥涵结构的专门规定

A.2.1 铁路桥涵结构的安全等级为一级。

A.2.2 铁路桥涵结构的设计基准期为 100 年。

A.2.3 铁路桥涵结构的设计使用年限应为 100 年。

A.2.4 铁路桥涵结构承载能力极限状态设计，应采用作用的基本组合和偶然组合。

　　1 基本组合

　　　　1） 基本组合的效应设计值应按下式确定：

$$S_d = \gamma_{Sd} S\left(\sum_{i \geq 1} \gamma_{G_i} G_{ik} + \gamma_{Q_1} Q_{1k} + \sum_{j > 1} \gamma_{Q_j} Q_{jk} \right)$$

（A.2.4-1）

式中　γ_{Sd}——作用模型不定性系数，一般取为 1.0；

　　　$S(\cdot)$——作用组合的效应函数，其中符号"$\sum$"和"$+$"表示组合；

　　　G_{ik}——第 i 个永久作用的标准值；

　　Q_{1k}、Q_{jk}——第 1 个和第 j 个可变作用的标准值；

　　　γ_{G_i}——第 i 个永久作用的分项系数；

　　γ_{Q_1}、γ_{Q_j}——承载能力极限状态设计第 1 个和第 j 个可变作用的组合分项系数。

　　　　2） 当作用与作用效应按线性关系考虑时，基本组合的效应设计值应按下式计算：

$$S_d = \gamma_{Sd}\left(\sum_{i \geq 1} \gamma_{G_i} S_{G_{ik}} + \gamma_{Q_1} S_{Q_{1k}} + \sum_{j > 1} \gamma_{Q_j} S_{Q_{jk}} \right)$$

（A.2.4-2）

式中　$S_{G_{ik}}$——第 i 个永久作用标准值的效应；

　　$S_{Q_{1k}}$、$S_{Q_{jk}}$——第 1 个和第 j 个可变作用标准值的效应。

　　2 偶然组合

　　　　1） 偶然组合的效应设计值可按下式确定：

$$S_d = S\left(\sum_{i \geq 1} G_{ik} + A_d + \sum_{j \geq 1} \gamma_{Q_j} Q_{jk} \right)$$

（A.2.4-3）

式中　A_d——偶然作用的设计值。

　　　　2） 当作用与作用效应按线性关系考虑时，偶然组合的效应设计值可按下式计算：

$$S_d = \sum_{i \geq 1} S_{G_{ik}} + S_{A_d} + \sum_{j \geq 1} \gamma_{Q_j} S_{Q_{jk}}$$

（A.2.4-4）

式中 S_{A_d}——偶然作用设计值的效应。

A.2.5 铁路桥涵结构正常使用极限状态设计，应采用作用的标准组合。

1 标准组合的效应设计值应按下式确定：

$$S_d = \gamma_{Sd} S \left(\sum_{i \geqslant 1} G_{ik} + Q_{1k} + \sum_{j>1} \gamma_{Q_j} Q_{jk} \right)$$

$$(A.2.5-1)$$

式中 γ_{Q_j}——正常使用极限状态设计第 j 个可变作用的组合分项系数。

2 当作用与作用效应按线性关系考虑时，标准组合的效应设计值应按下式计算：

$$S_d = \gamma_{Sd} \left(\sum_{i \geqslant 1} S_{G_{ik}} + S_{Q_{1k}} + \sum_{j>1} \gamma_{Q_j} S_{Q_{jk}} \right)$$

$$(A.2.5-2)$$

A.2.6 铁路桥涵结构正常使用极限状态的设计，应根据线路等级、桥梁类型制定以下各种限值：

1 桥跨结构在静活载作用下竖向挠度限值、梁端转角限值和竖向自振频率限值；

2 桥跨结构横向宽跨比限值、横向水平变位限值和桥梁整体横向振动频率限值；

3 对在列车运行速度不小于 200km/h 的线路上，桥梁结构尚应进行车桥耦合动力响应分析，列车运行应满足的安全性和舒适性限值；

4 钢筋混凝土和允许出现裂缝的部分预应力构件，在不同侵蚀性环境下的裂缝宽度限值；

5 混凝土受弯构件变形计算时应考虑刚度疲劳折减系数对构件计算刚度的影响。

A.2.7 铁路桥涵结构中承受列车活载反复应力的焊接或非焊接的受拉或拉压钢结构构件及混凝土受弯构件，应按下列要求进行疲劳承载力验算：

1 铁路桥涵结构的疲劳荷载可采用根据不同运量等级线路调查统计分析制定的典型疲劳列车及疲劳作用（应力）谱、标准荷载效应比谱；

2 铁路桥涵结构疲劳承载能力极限状态验算，宜采用等效等幅重复应力法。

A.3 公路桥涵结构的专门规定

A.3.1 公路桥涵结构的安全等级，应按表 A.3.1 的要求划分。

表 A.3.1 公路桥涵结构的安全等级

安全等级	类型	示例
一级	重要结构	特大桥、大桥、中桥、重要小桥
二级	一般结构	小桥、重要涵洞、重要挡土墙
三级	次要结构	涵洞、挡土墙、防撞护栏

A.3.2 公路桥涵结构的设计基准期为 100 年。

A.3.3 公路桥涵结构的设计使用年限，应按表 A.3.3 采用。

表 A.3.3 公路桥涵结构的设计使用年限

类别	设计使用年限（年）	示例
1	30	小桥、涵洞
2	50	中桥、重要小桥
3	100	特大桥、大桥、重要中桥

注：对有特殊要求结构的设计使用年限，可在上述规定基础上经技术经济论证后予以调整。

A.3.4 公路桥涵结构承载能力极限状态设计，对持久设计状况和短暂设计状况应采用作用的基本组合，对偶然设计状况应采用作用的偶然组合。

1 基本组合

1）基本组合的效应设计值 S_d，可按下式确定：

$$S_d = S \left(\sum_{i \geqslant 1} \gamma_{G_i} G_{ik} + \gamma_{Q_1} \gamma_L Q_{1k} + \psi_c \gamma_L \sum_{j>1} \gamma_{Q_j} Q_{jk} \right)$$

$$(A.3.4-1)$$

式中 $S(\cdot)$——作用组合的效应函数，其中符号"$\sum$"和"$+$"表示组合；

G_{ik}——第 i 个永久作用的标准值；

Q_{1k}——第 1 个可变作用（主导可变作用）的标准值；

Q_{jk}——第 j 个可变作用的标准值；

γ_{G_i}——第 i 个永久作用的分项系数，应按表 A.3.7 采用；

γ_{Q_1}——第 1 个可变作用（主导可变作用）的分项系数，应按有关的公路桥涵结构规范的规定采用；

γ_{Q_j}——第 j 个可变作用的分项系数，应按有关的公路桥涵结构规范的规定采用。

γ_L——考虑结构设计使用年限的荷载调整系数，应按有关的公路桥涵结构规范的规定采用；

ψ_c——可变作用的组合值系数，应按有关的公路桥涵结构规范的规定采用。

2）当作用与作用效应按线性关系考虑时，基本组合的效应设计值 S_d，可按下式计算：

$$S_d = \sum_{i \geqslant 1} \gamma_{G_i} S_{G_{ik}} + \gamma_{Q_1} \gamma_L S_{Q_{1k}} + \psi_c \gamma_L \sum_{j>1} \gamma_{Q_j} S_{Q_{jk}}$$

$$(A.3.4-2)$$

式中 $S_{G_{ik}}$——第 i 个永久作用标准值的效应；

$S_{Q_{1k}}$——第 1 个可变作用（主导可变作用）标准值的效应；

$S_{Q_{jk}}$——第 j 个可变作用标准值的效应。

2 偶然组合

1）偶然组合的效应设计值 S_d 可按下式确定：

$$S_d = S\left(\sum_{i \geqslant 1} G_{ik} + A_d + (\psi_{f1} \text{ 或 } \psi_{q1})Q_{1k} + \sum_{j>1} \psi_{qj}Q_{jk}\right)$$

$$(A.3.4-3)$$

式中 A_d ——偶然作用的设计值;

ψ_{f1} ——第 1 个可变作用的频遇值系数,应按有关的公路桥涵结构规范的规定采用;

ψ_{q1}、ψ_{qj} ——第 1 个和第 j 个可变作用的准永久值系数,应按有关的公路桥涵结构规范的规定采用。

2)当作用与作用效应按线性关系考虑时,偶然组合的效应设计值可按下式计算:

$$S_d = \sum_{i \geqslant 1} S_{G_{ik}} + S_{A_d} + (\psi_{f1} \text{ 或 } \psi_{q1})S_{Q_{1k}} + \sum_{j>1} \psi_{qj}S_{Q_{jk}}$$

$$(A.3.4-4)$$

式中 S_{A_d} ——偶然作用设计值的效应。

A.3.5 公路桥涵结构正常使用极限状态设计,应根据不同情况采用作用的标准组合、频遇组合或准永久组合。

1 标准组合

1)标准组合的效应设计值 S_d,可按下式确定:

$$S_d = S\left(\sum_{i \geqslant 1} G_{ik} + Q_{1k} + \psi_c \sum_{j>1} Q_{jk}\right)$$

$$(A.3.5-1)$$

2)当作用与作用效应按线性关系考虑时,标准组合的效应设计值 S_d,可按下式计算:

$$S_d = \sum_{i \geqslant 1} S_{G_{ik}} + S_{Q_{1k}} + \psi_c \sum_{j>1} S_{Q_{jk}}$$

$$(A.3.5-2)$$

2 频遇组合

1)频遇组合的效应设计值 S_d,可按下式确定:

$$S_d = S\left(\sum_{i \geqslant 1} G_{ik} + \psi_{f1}Q_{1k} + \sum_{j>1} \psi_{qj}Q_{jk}\right)$$

$$(A.3.5-3)$$

2)当作用与作用效应按线性关系考虑时,频遇组合的效应设计值 S_d,应按下式计算:

$$S_d = \sum_{i \geqslant 1} S_{G_{ik}} + \psi_{f1}S_{Q_{1k}} + \sum_{j>1} \psi_{qj}S_{Q_{jk}}$$

$$(A.3.5-4)$$

3 准永久组合

1)准永久组合的效应设计值 S_d,可按下式确定:

$$S_d = S\left(\sum_{i \geqslant 1} G_{ik} + \sum_{j>1} \psi_{qj}Q_{jk}\right) \quad (A.3.5-5)$$

2)当作用与作用效应按线性关系考虑时,准永久组合的效应设计值 S_d,应按下式

计算:

$$S_d = \sum_{i \geqslant 1} S_{G_{ik}} + \sum_{j>1} \psi_{qj}S_{Q_{jk}} \quad (A.3.5-6)$$

A.3.6 公路桥涵结构的结构重要性系数,不应小于表 A.3.6 的规定。

表 A.3.6 公路桥涵结构重要性系数 γ_0

安全等级	一级	二级	三级
结构重要性系数 γ_0	1.1	1.0	0.9

A.3.7 公路桥涵结构永久作用的分项系数,应按表 A.3.7 采用。

表 A.3.7 公路桥涵结构永久作用的分项系数 γ_G

编号	作用类别		当作用效应对结构的承载力不利时	当作用效应对结构的承载力有利时
1	混凝土和圬工结构重力(包括结构附加重力)		1.2	1.0
	钢结构重力(包括结构附加重力)		1.1~1.2	
2	预加力		1.2	
3	土的重力		1.2	
4	混凝土的收缩及徐变作用		1.0	
5	土侧压力		1.4	
6	水的浮力		1.0	
7	基础变位作用	混凝土和圬工结构	0.5	0.5
		钢结构	1.0	1.0

A.4 港口工程结构的专门规定

A.4.1 港口工程结构的安全等级,应按表 A.4.1 的要求划分。

表 A.4.1 港口工程结构的安全等级

安全等级	失效后果	适用范围
一级	很严重	有特殊安全要求的结构
二级	严重	一般港口工程结构
三级	不严重	临时性港口工程结构

A.4.2 港口工程结构的设计基准期为 50 年。

A.4.3 港口工程结构的设计使用年限,应按表 A.4.3 采用。

表 A.4.3　设计使用年限分类

类别	设计使用年限（年）	示　例
1	5～10	临时性港口建筑物
2	50	永久性港口建筑物

A.4.4 港口工程结构持久设计状况承载能力极限状态设计的可靠指标，不宜小于表 A.4.4 的规定。

表 A.4.4　港口工程结构的可靠指标

结　　构	安全等级		
	一级	二级	三级
一般港口工程结构	4.0	3.5	3.0

注：不包括土坡及地基稳定和防波堤结构。

A.4.5 对承载能力极限状态，应根据不同的设计状况采用作用的持久组合、短暂组合、偶然组合和地震组合进行设计。

　　1　持久组合

　　　　1）港口工程结构作用持久组合的效应设计值，宜按下式确定：

$$S_d = S\left(\sum_{i\geqslant 1} \gamma_{G_i} G_{ik} + \gamma_P P + \gamma_{Q_1} Q_{1k} + \sum_{j>1} \gamma_{Q_j} \psi_{cj} Q_{jk}\right)$$

$$(A.4.5\text{-}1)$$

式中　$S(\cdot)$——作用组合的效应函数，其中符号"$\sum$"和"$+$"表示组合；

　　　　G_{ik}——第 i 个永久作用的标准值；

　　　　P——预应力的代表值；

　　　　Q_{1k}、Q_{jk}——第 1 个和第 j 个可变作用的标准值；

　　　　γ_{G_i}——第 i 个永久作用的分项系数，可按表 A.4.12 取值；

　　　　γ_P——预应力的分项系数；

　　　γ_{Q_1}、γ_{Q_j}——第 1 个和第 j 个可变作用分项系数，可按表 A.4.12 取值；

　　　　ψ_{cj}——可变作用的组合值系数，可取 0.7；对经常以界限值出现的有界作用，可取 1.0。

　　　　2）当作用与作用效应按线性关系考虑时，作用持久组合的效应设计值可按下式计算：

$$S_d = \sum_{i\geqslant 1} \gamma_{G_i} S_{G_{ik}} + \gamma_P S_P + \gamma_{Q_1} S_{Q_{1k}} + \sum_{j>1} \gamma_{Q_j} \psi_{cj} S_{Q_{jk}}$$

$$(A.4.5\text{-}2)$$

　　　　3）对某些情况，作用持久组合的效应设计值，亦可按下式确定：

$$S_d = \gamma_F S\left(\sum_{i\geqslant 1} G_{ik} + \sum_{j\geqslant 1} Q_{jk}\right) \quad (A.4.5\text{-}3)$$

式中　γ_F——作用综合分项系数，由各有关设计规

范中给出。

　　2　短暂组合

　　　　1）港口工程结构作用短暂组合的效应设计值，宜按下式确定：

$$S_d = S\left(\sum_{i\geqslant 1} \gamma_{G_i} G_{ik} + \gamma_P P + \sum_{j\geqslant 1} \gamma_{Q_j} Q_{jk}\right)$$

$$(A.4.5\text{-}4)$$

　　　　2）当作用与作用效应按线性关系考虑时，可按下式计算：

$$S_d = \sum_{i\geqslant 1} \gamma_{G_i} S_{G_{ik}} + \gamma_P S_P + \sum_{j\geqslant 1} \gamma_{Q_j} S_{Q_{jk}}$$

$$(A.4.5\text{-}5)$$

式中　γ_{Q_j}——第 j 个可变作用分项系数，可按表 A.4.12 中所列数值减小 0.1 采用。

　　　　3）对某些情况，作用短暂组合的效应设计值，亦可按式（A.4.5-3）确定。

　　3　偶然组合

　　偶然组合应符合下列要求：

　　　　1）偶然作用的分项系数为 1.0；

　　　　2）与偶然作用同时出现的可变作用取标准值。

　　4　地震组合

　　地震组合应符合下列要求：

　　　　1）地震作用代表值的分项系数为 1.0；

　　　　2）具体的设计表达式及各种系数，应按国家现行有关标准的规定采用。

A.4.6 对持久设计状况正常使用极限状态，根据不同的设计要求，可分别采用作用的标准组合、频遇组合和准永久组合进行设计，使变形、裂缝等作用效应的设计值符合式（8.3.1）的规定。

　　1　标准组合

　　　　1）标准组合的效应设计值，可按下式确定：

$$S_d = S\left(\sum_{i\geqslant 1} G_{ik} + P + Q_{1k} + \sum_{j>1} \psi_{cj} Q_{jk}\right)$$

$$(A.4.6\text{-}1)$$

　　　　2）当作用与作用效应按线性关系考虑时，标准组合的效应设计值可按下式计算：

$$S_d = \sum_{i\geqslant 1} S_{G_{ik}} + S_P + S_{Q_{1k}} + \sum_{j>1} \psi_{cj} S_{Q_{jk}}$$

$$(A.4.6\text{-}2)$$

　　2　频遇组合

　　　　1）频遇组合的效应设计值，可按下式确定：

$$S_d = S\left(\sum_{i\geqslant 1} G_{ik} + P + \psi_f Q_{1k} + \sum_{j>1} \psi_{qj} Q_{jk}\right)$$

$$(A.4.6\text{-}3)$$

　　　　2）当作用与作用效应按线性关系考虑时，频遇组合的效应设计值可按下式计算：

$$S_d = \sum_{i \geqslant 1} S_{G_{ik}} + S_P + \psi_f S_{Q_{1k}} + \sum_{j > 1} \psi_{qj} S_{Q_{jk}}$$

(A.4.6-4)

3 准永久组合

1）准永久组合的效应设计值，可按下式确定：

$$S_d = S(\sum_{i \geqslant 1} G_{ik} + P + \sum_{j \geqslant 1} \psi_{qj} Q_{jk})$$

(A.4.6-5)

2）当作用与作用效应按线性关系考虑时，准永久组合的效应设计值，可按下式计算：

$$S_d = \sum_{i \geqslant 1} S_{G_{ik}} + S_P + \sum_{j \geqslant 1} \psi_{qj} S_{Q_{jk}}$$

(A.4.6-6)

式中　ψ_{cj}、ψ_f、ψ_{qj}——可变作用的组合值系数、频遇值系数和准永久值系数。

A.4.7 承载能力极限状态的作用组合，对海港工程计算水位应按下列规定确定：

1 持久组合：对设计高水位、设计低水位、极端高水位和极端低水位以及设计高水位与设计低水位之间的某一不利水位，及与地下水位相结合分别进行计算；

2 短暂组合：对设计高水位和设计低水位以及设计高水位与设计低水位之间的某一不利水位，及与地下水位相结合分别进行计算。

A.4.8 承载能力极限状态的作用组合，对河港工程计算水位应按下列规定确定：

1 持久组合：对设计高水位、设计低水位及与地下水位相组合的某一不利水位分别进行计算；

2 短暂组合：对设计高水位和设计低水位分别进行计算，施工期间可按某一不利水位进行设计。

A.4.9 承载能力极限状态的地震组合，计算水位应符合国家现行有关标准的规定。

A.4.10 正常使用极限状态设计采用的作用组合可不考虑极端水位。

A.4.11 港口工程结构重要性系数，应按表 A.4.11 采用。

表 A.4.11　港口工程结构重要性系数

安全等级	一级	二级	三级
结构重要性系数 γ_0	1.1	1.0	0.9

注：1　安全等级为一级的港口工程结构，当对安全有特殊要求时，γ_0 可适当提高；

　　2　自然条件复杂、维护有困难时，γ_0 可适当提高。

A.4.12 承载能力极限状态持久组合的作用分项系数，应按表 A.4.12 采用。

表 A.4.12　作用分项系数

荷载名称	分项系数	荷载名称	分项系数
永久荷载（不包括土压力、静水压力）	1.2	铁路荷载	1.4
五金钢铁荷载	1.4	汽车荷载	
散货荷载		缆车荷载	
起重机械荷载	1.5	船舶系缆力	
船舶撞击力		船舶挤靠力	
水流力		运输机械荷载	
冰荷载		风荷载	
波浪力（构件计算）		人群荷载	
一般件杂货、集装箱荷载	1.4	土压力	1.35
液体管道（含推力）荷载		剩余水压力	1.05

注：1　当永久作用效应对结构承载能力起有利作用时，永久作用分项系数 γ_G 取值不应大于 1.0；

　　2　同一来源的作用，当总的作用效应对结构承载能力不利时，分作用均乘以不利作用的分项系数；

　　3　永久荷载为主时，其分项系数应不小于 1.3；

　　4　当两个可变作用完全相关，其中一个为主导可变作用时，其非主导可变作用的分项系数应按主导可变作用的分项系数考虑；

　　5　海港结构在极端高水位和极端低水位情况下，承载能力极限状态持久组合的可变作用分项系数应减小 0.1；

　　6　相关结构规范抗倾、抗滑稳定计算时的波浪力分项系数按相关结构规范规定执行。

附录 B　质 量 管 理

B.1　质量控制要求

B.1.1 材料和构件的质量可采用一个或多个质量特征表达。在各类材料的结构设计与施工规范中，应对材料和构件的力学性能、几何参数等质量特征提出明确的要求。

材料和构件的合格质量水平，应根据各类工程结构有关规范规定的结构构件可靠指标确定。

B.1.2 材料宜根据统计资料，按不同质量水平划分等级。等级划分不宜过密。对不同等级的材料，设计时应采用不同的材料性能的标准值。

B.1.3 对工程结构应实施为保证结构可靠性所必需的质量控制。工程结构的各项质量控制要求应由有关标准作出规定。工程结构的质量控制应包括下列内容：

    1 勘察与设计的质量控制；

    2 材料和制品的质量控制；

    3 施工的质量控制；

    4 使用和维护的质量控制。

B.1.4 勘察与设计的质量控制应达到下列要求：

    1 勘察资料应符合工程要求，数据准确，结论可靠；

    2 设计方案、基本假定和计算模型合理，数据运用正确；

    3 图纸和其他设计文件符合有关规定。

B.1.5 为进行施工质量控制，在各工序内应实行质量自检，在各工序间应实行交接质量检查。对工序操作和中间产品的质量，应采用统计方法进行抽查；在结构的关键部位应进行系统检查。

B.1.6 材料和构件的质量控制应包括下列两种控制：

    1 生产控制：在生产过程中，应根据规定的控制标准，对材料和构件的性能进行经常性检验，及时纠正偏差，保持生产过程中质量的稳定性。

    2 合格控制（验收）：在交付使用前，应根据规定的质量验收标准，对材料和构件进行合格性验收，保证其质量符合要求。

B.1.7 合格控制可采用抽样检验的方法进行。

    各类材料和构件应根据其特点制定具体的质量验收标准，其中应明确规定验收批量、抽样方法和数量、验收函数和验收界限等。

    质量验收标准宜在统计理论的基础上制定。

B.1.8 对生产连续性较差或各批间质量特征的统计参数差异较大的材料和构件，在制定质量验收标准时，必须控制用户方风险率。计算用户方风险率时采用的极限质量水平，可按各类材料结构设计规范的有关要求和工程经验确定。

    仅对连续生产的材料和构件，当产品质量稳定时，可按控制生产方风险率的条件制定质量验收标准。

B.1.9 当一批材料或构件经抽样检验判为不合格时，应根据有关的质量验收标准对该批产品进行复查或重新确定其质量等级，或采取其他措施处理。

B.2 设计审查及施工检查

B.2.1 工程结构应进行设计审查与施工检查，设计审查与施工检查的要求应符合有关规定。

    注：对重要工程或复杂工程，当采用计算机软件作结构计算时，应至少采用两套计算模型符合工程实际的软件，并对计算结果进行分析对比，确认其合理、正确后方可用于工程设计。

附录 C 作用举例及可变作用代表值的确定原则

C.1 作 用 举 例

C.1.1 永久作用可分为以下几类：

    1 结构自重；

    2 土压力；

    3 水位不变的水压力；

    4 预应力；

    5 地基变形；

    6 混凝土收缩；

    7 钢材焊接变形；

    8 引起结构外加变形或约束变形的各种施工因素。

C.1.2 可变作用可分为以下几类：

    1 使用时人员、物件等荷载；

    2 施工时结构的某些自重；

    3 安装荷载；

    4 车辆荷载；

    5 吊车荷载；

    6 风荷载；

    7 雪荷载；

    8 冰荷载；

    9 地震作用；

    10 撞击；

    11 水位变化的水压力；

    12 扬压力；

    13 波浪力；

    14 温度变化。

C.1.3 偶然作用可分为以下几类：

    1 撞击；

    2 爆炸；

    3 地震作用；

    4 龙卷风；

    5 火灾；

    6 极严重的侵蚀；

    7 洪水作用。

    注：地震作用和撞击可认为是规定条件下的可变作用，或可认为是偶然作用。

C.2 可变作用代表值的确定原则

C.2.1 可变作用标准值可按下述原则确定：

    1 当可变作用采用平稳二项随机过程模型时，设计基准期 T 内可变作用最大值的概率分布函数 $F_T(x)$ 可按下式计算：

$$F_T(x) = [F(x)]^m \qquad (C.2.1\text{-}1)$$

式中　$F(x)$——可变作用随机过程的截口概率分布函数；

　　　　m——可变作用在设计基准期 T 内的平均出现次数。

当截口概率分布为极值 I 型分布时（如年最大风压）：

$$F(x) = \exp\left[-\exp\left(-\frac{x-u}{\alpha}\right)\right] \qquad (C.2.1-2)$$

其最大值概率分布函数为：

$$F_T(x) = \exp\left\{-\exp\left[-\frac{x-(u+\alpha\ln m)}{\alpha}\right]\right\}$$
$$(C.2.1-3)$$

2　可变作用的标准值 Q_k 可由可变作用在设计基准期 T 内最大值概率分布的统计特征值确定，最常用的统计特征值有平均值、中值和众值，也可采用其他的指定概率 p 的分位值，即：

$$F_T(Q_k) = p \qquad (C.2.1-4)$$

此时，对标准值 Q_k 在设计基准期内最大值分布上的超越概率为 $1-p$。

3　在很多情况下，特别是对自然作用，采用重现期 T_R 来表达可变作用的标准值 Q_k 比较方便，重现期是指连续两次超过作用值 Q_k 的平均间隔时间，Q_k 与 T_R 的关系如下：

$$F(Q_k) = 1 - 1/T_R \qquad (C.2.1-5)$$

重现期 T_R、概率 p 和确定标准值的设计基准期 T 还存在下述近似关系：

$$T_R \approx \frac{1}{\ln(1/p)}T \qquad (C.2.1-6)$$

C.2.2　可变作用频遇值可按下述原则确定：

1　按作用值被超越的总持续时间与设计基准期的规定比率确定频遇值。

在可变作用的随机过程的分析中，将作用值超过某水平 Q_x 的总持续时间 $T_x = \sum\limits_{i\geqslant 1} t_i$ 与设计基准期 T 的比率 $\eta_x = T_x/T$ 来表征频遇值作用的短暂程度（图 C.2.2-1a）。图 C.2.2-1b 给出的是可变作用 Q 在非零

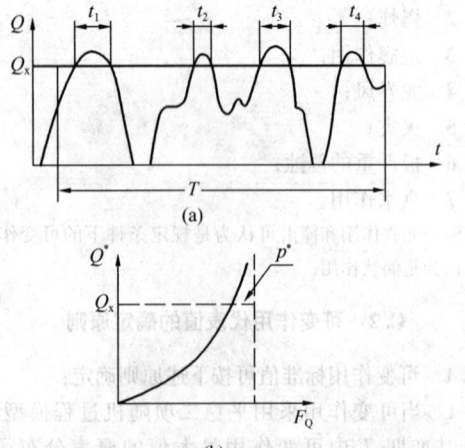

图 C.2.2-1　以作用值超过某水平 Q_x 的总持续时间与设计基准期 T 的比率定义可变作用频遇值

时域内任意时点作用值 Q^* 的概率分布函数 $F_{Q^*}(x)$，超过 Q_x 水平的概率 p^* 可按下式确定：

$$p^* = 1 - F_{Q^*}(Q_x) \qquad (C.2.2-1)$$

对各态历经的随机过程，存在下列关系式：

$$\eta_x = p^* q \qquad (C.2.2-2)$$

式中　q——作用 Q 的非零概率。

当 η_x 为规定值时，相应的作用水平 Q_x 可按下式确定：

$$Q_x = F_{Q^*}^{-1}\left(1 - \frac{\eta_x}{q}\right) \qquad (C.2.2-3)$$

对与时间有关联的正常使用极限状态，作用的频遇值可考虑按这种方式取值，当允许某些极限状态在一个较短的持续时间内被超越，或在总体上不长的时间内被超越，就可采用较小的 η_x 值（不大于 0.1），按式（C.2.2-3）计算作用的频遇值 $\psi_f Q_k$。

2　按作用值被超越的总频数或单位时间平均超越次数（跨阈率）确定频遇值。

在可变作用的随机过程的分析中，将作用值超过某水平 Q_x 的次数 n_x 或单位时间内的平均超越次数 $\nu_x = n_x/T$（跨阈率）来表征频遇值出现的疏密程度（图 C.2.2-2）。

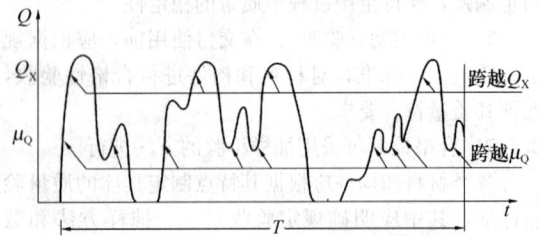

图 C.2.2-2　以跨阈率定义可变作用频遇值

跨阈率可通过直接观察确定，一般也可应用随机过程的某些特性（如谱密度函数）间接确定。当其任意时点作用 Q^* 的均值 μ_{Q^*} 及其跨阈率 ν_m 为已知，而且作用是高斯平稳各态历经的随机过程，则对应于跨阈率 ν_x 的作用水平 Q_x 可按下式确定：

$$Q_x = \mu_{Q^*} + \sigma_{Q^*}\sqrt{\ln(\nu_m/\nu_x)^2} \qquad (C.2.2-4)$$

式中　σ_{Q^*}——任意时点作用 Q^* 的标准差。

对与作用超越次数有关联的正常使用极限状态，作用的频遇值 $\psi_f Q_k$ 可考虑按这种方式取值，当结构振动时涉及人的舒适性、影响非结构构件的性能和设备的使用功能等的极限状态，都可采用频遇值来衡量结构的正常性。

C.2.3　可变作用准永久值可按下述原则确定：

1　对在结构上经常出现的部分可变作用，可将其出现部分的均值作为准永久值 $\psi_q Q_k$ 采用。

2　对不易判别的可变作用，可以按作用值被超越的总持续时间与设计基准期的规定比率确定，此时比率可取 0.5。当可变作用可认为是各态历经的随机过程时，准永久值 $\psi_q Q_k$ 可直接按式（C.2.2-3）确定。

C. 2. 4 可变作用组合值可按下述原则确定

1 可变作用近似采用等时段荷载组合模型，假设所有作用的随机过程 $Q(t)$ 都是由相等时段 τ 组成的矩形波平稳各态历经过程（图 C.2.4）。

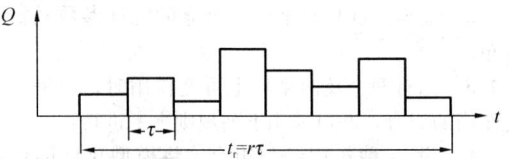

图 C.2.4 等时段矩形波随机过程

2 根据各个作用在设计基准期内的时段数 r 的大小将作用按序排列，在诸作用的组合中必然有一个作用取其最大作用 Q_{max}，而其他作用则分别取各自的时段最大作用或任意时点作用，统称为组合作用 Q_c。

3 按设计值方法的原理，该最大作用的设计值 Q_{maxd} 和组合作用 Q_{cd} 各为：

$$Q_{maxd} = F_{Q_{max}}^{-1}\left[\Phi(0.7\beta)\right] \quad (C.2.4-1)$$

$$Q_{cd} = F_{Q_c}^{-1}\left[\Phi(0.28\beta)\right] \quad (C.2.4-2)$$

$$\psi_c = \frac{Q_{cd}}{Q_{maxd}} = \frac{F_{Q_c}^{-1}\left[\Phi(0.28\beta)\right]}{F_{Q_{max}}^{-1}\left[\Phi(0.7\beta)\right]}$$

$$= \frac{F_{Q_{max}}^{-1}\left[\Phi(0.28\beta)^r\right]}{F_{Q_{max}}^{-1}\left[\Phi(0.7\beta)\right]}$$

$$(C.2.4-3)$$

对极值 I 型的作用，还给出相应的公式：

$$\psi_c = \frac{1-0.78v\{0.577 + \ln\left[-\ln\left(\Phi(0.28\beta)\right)\right] + \ln r\}}{1-0.78v\{0.577 + \ln\left[-\ln\left(\Phi(0.7\beta)\right)\right]\}}$$

$$(C.2.4-4)$$

式中 v——作用最大值的变异系数。

4 组合值系数也可作为伴随作用的分项系数，按附录 E.5 和 E.6 的有关内容确定。

附录 D 试验辅助设计

D.1 一 般 规 定

D. 1. 1 试验辅助设计应符合下列要求：

1 在试验进行之前，应制定试验方案；试验方案应包括试验目的、试件的选取和制作，以及试验实施和评估等所有必要的说明；

2 为制定试验方案，应预先进行定性分析，确定所考虑结构或结构构件性能的可能临界区域和相应极限状态标志；

3 试件应采用与构件实际加工相同的工艺制作；

4 按试验结果确定设计值时，应考虑试验数量的影响。

D. 1. 2 应通过适当的换算或修正系数考虑试验条件与结构实际条件的不同。换算系数 η 应通过试验或理论分析来确定。影响换算系数 η 的主要因素包括尺寸效应、时间效应、试件的边界条件、环境条件、工艺条件等。

D.2 试验结果的统计评估原则

D. 2. 1 统计评估应符合下列基本原则：

1 在评估试验结果时，应将试件的性能和失效模式与理论预测值进行对比，当偏离预测值过大时，应分析原因，并做补充试验；

2 应根据已有的分布类型及参数信息，以统计方法为基础对试验结果进行评估；本附录给出的方法仅适用于统计数据（或先验信息）取自同一母体的情况；

3 试验的评估结果仅对所考虑的试验条件有效，不宜将其外推应用。

D. 2. 2 材料性能、模型参数或抗力设计值的确定应符合下列基本原则：

1 可采用经典统计方法或"贝叶斯法"推断材料性能、模型参数或抗力的设计值：先确定标准值，然后除以一个分项系数，必要时要考虑换算系数的影响；

2 在进行材料性能、模型参数或抗力设计值评估时，应考虑试验数据的离散性、与试验数量相关的统计不定性和先验的统计知识。

D.3 单项性能指标设计值的统计评估

D. 3. 1 单项性能指标设计值统计评估，应符合下列一般规定：

1 单项性能 X 可代表构件的抗力或提供构件抗力的性能；

2 D.3.2 和 D.3.3 的所有结论是以构件的抗力或提供构件抗力的性能服从正态分布或对数正态分布给出的；

3 若没有关于平均值的先验知识，一般可基于经典方法进行设计值估算，其中"δ_x 未知"对应于没有变异系数先验知识的情况，"δ_x 已知"对应于已知变异系数全部知识的情况；

4 若已有关于平均值的先验知识，可基于贝叶斯方法进行设计值估算。

D. 3. 2 经典统计方法

1 当性能 X 服从正态分布时，其设计值 X_d 可写成如下形式：

$$X_d = \eta_d \frac{X_{k(n)}}{\gamma_m} = \frac{\eta_d}{\gamma_m}\mu_x(1-k_{nk}\delta_x)$$

$$(D.3.2-1)$$

式中 η_d——换算系数的设计值，换算系数的评估主要取决于试验类型和材料；

γ_m——分项系数，具体数值应根据试验结果的应用领域来选定；

k_{nk}——标准值单侧容限系数；

μ_x ——性能 X 的平均值;

δ_x ——性能 X 的变异系数。

2 当性能 X 服从对数正态分布时,式(D.3.2-1)可改写为:

$$X_d = \frac{\eta_d}{\gamma_m} \exp(\mu_y - k_{nk}\sigma_y) \quad \text{(D.3.2-2)}$$

式中 μ_y ——变量 $Y = \ln X$ 的平均值,取 $\mu_y = m_y = \frac{1}{n}\sum_{i=1}^{n}\ln x_i$;

σ_y ——变量 $Y = \ln X$ 的均方差;

当 δ_x 已知时,$\sigma_y = \sqrt{\ln(\delta_x^2 + 1)}$;

当 δ_x 未知时,取 $\sigma_y = S_y = \sqrt{\frac{1}{n-1}\sum_{i=1}^{n}(\ln x_i - m_y)^2}$;

x_i ——性能 X 的第 i 个试验观测值。

D.3.3 贝叶斯法

1 当性能 X 服从正态分布时,其设计值可按下式确定:

$$X_d = \eta_d\frac{X_{K(n)}}{\gamma_m} = \frac{\eta_d}{\gamma_m}(m'' - k_{nv}\sigma'')$$

$$\text{(D.3.3-1)}$$

其中 $k_{nv} = t_{p,v''}\sqrt{1 + \frac{1}{n}}$,$n'' = n' + n$,

$v'' = v' + v + \delta(n')$,$m''n'' = m'n' + m_x n$,

$[(\sigma'')^2 v'' + (m'')^2 n''] = [(\sigma')^2 v' + (m')^2 n'] + [(\sigma_x)^2 v + (m_x)^2 n]$

式中 $t_{p,v''}$ ——自由度为 v'' 的 t 分布函数对应分位值 p 的自变量值,$P_t\{x > t_{p,v''}\} = p$;

m'、σ'、n'、v' ——先验分布参数。

2 先验分布参数 n' 和 v' 的确定,应符合下列原则:

1) 当有效数据很少时,则应取 n' 和 v' 等于零,此时贝叶斯法评估结果与经典统计方法的"δ_x 未知"情况相同;

2) 当根据过去经验几乎可以取平均值和标准差为定值时,则 n' 和 v' 可取相对较大值,如取 50 或更大;

3) 在一般情况下,可假定只有很少数据或无先验数据,此时 $n' = 0$,这样可能获得较佳的估算值。

附录 E 结构可靠度分析基础和可靠度设计方法

E.1 一般规定

E.1.1 当按本附录方法确定分项系数和组合值系数时,除进行分析计算外,尚应根据工程经验对分析结果进行判断,必要时进行调整。

E.1.2 按本附录进行结构可靠度分析和设计时,应具备下列条件:

1 具有结构的极限状态方程;

2 基本变量具有准确、可靠的统计参数及概率分布。

E.1.3 当有两个及两个以上可变作用时,应进行可变作用的组合,并可采用下列规则之一进行:

1 设 m 种作用参与组合,将模型化后的作用 $Q_i(t)$ 在设计基准期 T 内的总时段数 r_i,按顺序由小到大排列,即 $r_1 \leqslant r_2 \leqslant \cdots \leqslant r_m$,取任一作用 $Q_i(t)$ 在 $[0,T]$ 内的最大值 $\max_{t\in[0,T]}Q_i(t)$ 与其他作用组合,得 m 种组合的最大作用 $Q_{\max,j}$($j = 1,2,\cdots,m$),其中作用最大的组合为起控制作用的组合;

2 设 m 种作用参与组合,取任一作用 $Q_i(t)$ 在 $[0,T]$ 内的最大值 $\max_{t\in[0,T]}Q_i(t)$ 与其他作用任意时点值 $Q_j(t_0)$($i \neq j$)进行组合,得 m 种组合的最大作用 $Q_{\max,j}$($j = 1,2,\cdots,m$),其中作用最大的组合为起控制作用的组合。

E.2 结构可靠指标计算

E.2.1 结构或构件的可靠指标宜采用考虑随机变量概率分布类型的一次可靠度方法计算,也可采用其他方法。

E.2.2 当采用一次可靠度方法计算可靠指标时,应符合下列要求:

1 当仅有作用效应和结构抗力两个相互独立的综合变量且均服从正态分布时,结构或结构构件的可靠指标可按下式计算:

$$\beta = \frac{\mu_R - \mu_S}{\sqrt{\sigma_R^2 + \sigma_S^2}} \quad \text{(E.2.2-1)}$$

式中 β ——结构或结构构件的可靠指标;

μ_S、σ_S ——结构或结构构件作用效应的平均值和标准差;

μ_R、σ_R ——结构或结构构件抗力的平均值和标准差。

2 当有多个相互独立的非正态基本变量且极限状态方程为式(4.3.5)时,结构或结构构件的可靠指标按下面的公式迭代计算:

$$\beta = \frac{g(x_1^*,x_2^*,\cdots,x_n^*) + \sum_{j=1}^{n}\frac{\partial g}{\partial X_j}\bigg|_P(\mu_{X_j'} - x_j^*)}{\sqrt{\sum_{j=1}^{n}\left(\frac{\partial g}{\partial X_j}\bigg|_P\sigma_{X_j'}\right)^2}}$$

$$\text{(E.2.2-2)}$$

$$\alpha_{X_i'} = -\frac{\frac{\partial g}{\partial X_i}\bigg|_P\sigma_{X_i'}}{\sqrt{\sum_{j=1}^{n}\left(\frac{\partial g}{\partial X_j}\bigg|_P\sigma_{X_j'}\right)^2}}(i = 1,2,\cdots,n)$$

$$\text{(E.2.2-3)}$$

$$x_i^* = \mu_{X_i'} + \beta\alpha_{X_i'}\sigma_{X_i'}(i = 1,2,\cdots,n)$$

$$\text{(E.2.2-4)}$$

$$\mu_{X_i'} = x_i^* - \Phi^{-1}\big[F_{X_i}(x_i^*)\big]\sigma_{X_i'} \quad (i=1,2,\cdots,n) \tag{E.2.2-5}$$

$$\sigma_{X_i'} = \frac{\varphi\{\Phi^{-1}\big[F_{X_i}(x_i^*)\big]\}}{f_{X_i}(x_i^*)} \quad (i=1,2,\cdots,n) \tag{E.2.2-6}$$

式中 $g(\cdot)$ ——结构或构件的功能函数，包括计算模式的不定性；

$X_i(i=1,2,\cdots,n)$ ——基本变量；

$x_i^*(i=1,2,\cdots,n)$ ——基本变量 X_i 的验算点坐标值；

$\left.\dfrac{\partial g}{\partial X_i}\right|_P$ ——功能函数 $g(X_1,X_2,\cdots,X_n)$ 的一阶偏导数在验算点 $P(x_1^*,x_2^*,\cdots,x_n^*)$ 处的值；

$\mu_{X_i'}$、$\sigma_{X_i'}$ ——基本变量 X_i 的当量正态化变量 X_i' 的平均值和标准差；

$f_{X_i}(\cdot)$、$F_{X_i}(\cdot)$ ——基本变量 X_i 的概率密度函数和概率分布函数；

$\varphi(\cdot)$、$\Phi(\cdot)$、$\Phi^{-1}(\cdot)$ ——标准正态随机变量的概率密度函数、概率分布函数和概率分布函数的反函数。

3 当有多个非正态相关的基本变量且极限状态方程为式（4.3.5）时，将式（E.2.2-2）和式（E.2.2-3）用下面的公式替换后进行迭代计算：

$$\beta = \frac{g(x_1^*,x_2^*,\cdots,x_n^*) + \sum\limits_{j=1}^{n}\left.\dfrac{\partial g}{\partial X_j}\right|_P(\mu_{X_j'}-x_j^*)}{\sqrt{\sum\limits_{k=1}^{n}\sum\limits_{j=1}^{n}\left(\left.\dfrac{\partial g}{\partial X_k}\right|_P\left.\dfrac{\partial g}{\partial X_j}\right|_P \rho_{X_k',X_j'}\sigma_{X_k'}\sigma_{X_j'}\right)}} \tag{E.2.2-7}$$

$$\alpha_{X_i'} = -\frac{\sum\limits_{j=1}^{n}\left.\dfrac{\partial g}{\partial X_j}\right|_P \rho_{X_i',X_j'}\sigma_{X_j'}}{\sqrt{\sum\limits_{k=1}^{n}\sum\limits_{j=1}^{n}\left.\dfrac{\partial g}{\partial X_k}\right|_P\left.\dfrac{\partial g}{\partial X_j}\right|_P \rho_{X_k',X_j'}\sigma_{X_k'}\sigma_{X_j'}}}$$
$$(i=1,2,\cdots n) \tag{E.2.2-8}$$

式中 $\rho_{X_i',X_j'}$ ——当量正态化变量 X_i' 与 X_j' 的相关系数，可近似取变量 X_i 与 X_j 的相关系数 ρ_{X_i,X_j}。

E.3 结构可靠度校准

E.3.1 结构可靠度校准是用可靠度方法分析按传统方法所设计结构的可靠度水平，也是确定设计时采用的可靠指标的基础，校准中所选取的结构或结构构件应具有代表性。

E.3.2 结构可靠度校准可采用下列步骤：

1 确定校准范围，如选取结构物类型（建筑结构、桥梁结构、港工结构等）或结构材料形式（混凝土结构、钢结构等），根据目标可靠指标的适用范围选取代表性的结构或结构构件（包括构件的破坏形式）；

2 确定设计中基本变量的取值范围，如可变作用标准值与永久作用标准值比值的范围；

3 分析传统设计方法的表达式，如受弯表达式、受剪表达式等；

4 计算不同结构或结构构件的可靠指标 β_i；

5 根据结构或结构构件在工程中的应用数量和重要性，确定一组权重系数 ω_i，并满足：

$$\sum_{i=1}^{n}\omega_i = 1 \tag{E.3.2-1}$$

6 按下式确定所校准结构或结构构件可靠指标的加权平均：

$$\beta_{\text{ave}} = \sum_{i=1}^{n}\omega_i\beta_i \tag{E.3.2-2}$$

E.3.3 结构或结构构件的目标可靠指标 β_t 应根据可靠度校准的 β_{ave} 经综合分析判断确定。

E.4 基于可靠指标的设计

E.4.1 根据目标可靠指标进行结构或结构构件设计时，可采用下列方法之一：

1 所设计结构或结构结构构件的可靠指标应满足下式要求：

$$\beta \geqslant \beta_t \tag{E.4.1-1}$$

式中 β ——所设计结构或结构构件的可靠指标；

β_t ——所设计结构或结构构件的目标可靠指标。

当不满足式（E.4.1-1）的要求时，应重新进行设计，直至满足要求为止。

2 对某些结构构件的截面设计，如钢筋混凝土构件截面配筋，当抗力服从对数正态分布时，可在满足（E.4.1-1）式的条件下按下式直接求解结构构件的几何参数：

$$\frac{R(f_k,a_k)}{k_R} = \sqrt{1+\delta_R^2}\exp\left(\frac{\mu_{R'}}{r^*}-1+\ln r^*\right) \tag{E.4.1-2}$$

式中 $R(\cdot)$ ——抗力函数；

$\mu_{R'}$ ——迭代计算求得的正态化抗力的平均值；

r^* ——迭代计算求得的抗力验算点值；

δ_R ——抗力的变异系数；

f_k ——材料性能标准值；

a_k ——几何参数的标准值，如钢筋混凝土构件钢筋的截面面积等；

k_R ——均值系数，即变量平均值与标准值的比值。

E.4.2 当按可靠指标方法设计的结果与传统方法设计的结果有明显差异时，应分析产生差异的原因。只有当证明了可靠指标方法设计的结果合理后方可采用。

E.5 分项系数的确定方法

E.5.1 结构或结构构件设计表达式中分项系数的确定，应符合下列原则：

1 结构上的同种作用采用相同的作用分项系数，不同的作用采用各自的作用分项系数；

2 不同种类的构件采用不同的抗力分项系数，同一种构件在任何可变作用下，抗力分项系数不变；

3 对各种构件在不同的作用效应比下，按所选定的作用分项系数和抗力系数进行设计，使所得的可靠指标与目标可靠指标 β 具有最佳的一致性。

E.5.2 结构或结构构件设计表达式中分项系数的确定可采用下列步骤：

1 选定代表性的结构或结构构件（或破坏方式）、一个永久作用和一个可变作用组成的简单组合（如对建筑结构永久作用＋楼面可变作用，永久作用＋风作用）和常用的作用效应比（可变作用效应标准值与永久作用效应标准值的比值）；

2 对安全等级为二级的结构或结构构件，重要性系数 γ_0 取为 1.0；

3 对选定的结构或结构构件，确定分项系数 γ_G 和 γ_Q 下简单组合的抗力设计值；

4 对选定的结构或结构构件，确定抗力系数 γ_R 下简单组合的抗力标准值；

5 计算选定结构或结构构件简单组合下的可靠指标 β；

6 对选定的所有代表性结构或结构构件、所有 γ_G 和 γ_Q 的范围（以 0.1 或 0.05 的级差），优化确定 γ_R；选定一组使按分项系数表达式设计的结构或结构构件的可靠指标 β 与目标可靠指标 β_t 最接近的分项系数 γ_G、γ_Q 和 γ_R；

7 根据以往的工程经验，对优化确定的分项系数 γ_G、γ_Q 和 γ_R 进行判断，必要时进行调整；

8 当永久作用起有利作用时，分项系数表达式中的永久作用取负号，根据已经选定的分项系数 γ_Q 和 γ_R，通过优化确定分项系数 γ_G（以 0.1 或 0.05 的级差）；

9 对安全等级为一、三级的结构或结构构件，以上面确定的安全等级为二级结构或结构构件的分项系数为基础，同样以按分项系数表达式设计的结构或结构构件的可靠指标 β 与目标可靠指标 β_t 最接近为条件，优化确定结构重要性系数 γ_0。

E.6 组合值系数的确定方法

E.6.1 可变作用组合值系数的确定应符合下列原则：

在可变作用分项系数 γ_G、γ_Q 和抗力分项系数 γ_R 已确定的前提下，对两种或两种以上可变作用参与组合的情况，确定的组合值系数应使按分项系数表达式设计的结构或结构构件的可靠指标 β 与目标可靠指标 β_t 具有最佳的一致性。

E.6.2 可变作用组合值系数的确定可采用下列步骤：

1 以安全等级为二级的结构或结构构件为基础，选定代表性的结构或结构构件（或破坏方式）、由一个永久作用和两个或两个以上可变作用组成的组合和常用的作用效应比（主导可变作用效应标准值与永久作用效应标准值的比值，伴随可变作用效应标准值与主导可变作用效应标准值的比值）；

2 根据已经确定的分项系数 γ_G、γ_Q，计算不同结构或结构构件、不同作用组合和常用作用效应比下的抗力设计值；

3 根据已经确定的抗力分项系数 γ_R，计算不同结构或结构构件、不同作用组合和常用作用效应比下的抗力标准值；

4 计算不同结构或结构构件、不同作用组合和常用作用效应比下的可靠指标；

5 对选定的所有代表性结构或结构构件、作用组合和常用的作用效应比，优化确定组合值系数 ψ_c，使按分项系数表达式设计的结构或结构构件的可靠指标 β 与目标可靠指标 β_t 具有最佳的一致性；

6 根据以往的工程经验，对优化确定的组合值系数 ψ_c 进行判断，必要时进行调整。

附录 F 结构疲劳可靠性验算方法

F.1 一般规定

F.1.1 本附录适用于工程结构的疲劳可靠性验算。房屋建筑结构、铁路和公路桥涵结构、市政工程结构中承受高周疲劳作用的结构，可按本附录规定对结构的疲劳可靠性进行验算。

F.1.2 在下列情况下应对结构或构造的疲劳可靠性进行验算：

1 结构整体或局部构造承受反复荷载作用；

2 结构或局部构造存在应力集中现象且为交变作用；

3 反复荷载作用的持续时间与结构设计使用年限相比占主要部分。

F.1.3 根据需要可分别对结构疲劳可靠性进行承载能力极限状态或正常使用极限状态验算。

F.1.4 对结构的某个或多个细部构造可分别进行疲劳可靠性验算。

F.1.5 结构的疲劳可靠性验算应按下列步骤进行：

1 根据对结构的受力分析，确定关键部位或由委托方明确验算部位；

2 根据对结构使用期间承受荷载历程的调研和预测，制定相应的疲劳标准荷载频谱；

3 对结构或局部构造上的疲劳作用和对应的疲劳抗力进行分析评定；

4 提出疲劳可靠性的验算结论。

F.1.6 本附录涉及的力学模型和内力计算，应符合第7章的有关规定。

F.1.7 结构的疲劳承载能力验算应以验算部位的计算名义应力不超过结构相应部位的疲劳强度设计值为准则。

F.1.8 疲劳强度设计值应根据结构或局部构造的疲劳试验结果，取某一概率分布的上分位值，以名义应力形式（非应力集中部位应力）确定。

F.1.9 疲劳验算采用的目标可靠指标可根据校准法确定。

F.2 疲劳作用

F.2.1 结构承受的变幅重复荷载，其荷载历程可通过实测或模拟等方法确定。根据荷载历程，采用"雨流计数法"或"蓄水池法"，可转换为表示荷载变程 $\Delta Q (\Delta Q = Q_{max} - Q_{min})$ 与循环次数 n 关系的荷载频谱（图F.2.1）。根据"荷载频谱"可转换为结构、连接或局部构造关键部位的应力频谱。其中，应力变程 $\Delta \sigma = \sigma_{max} - \sigma_{min}$，可根据荷载变程 ΔQ 计算确定。

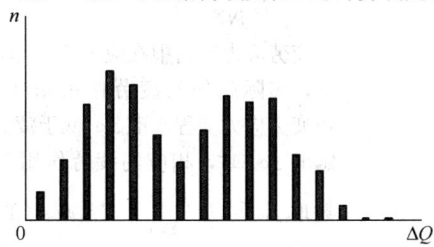

图 F.2.1 荷载频谱

F.2.2 根据结构构件（或连接）的应力频谱，采用"Miner累积损伤准则"，可换算为指定循环次数的等效等幅重复应力，考虑必要的影响参数后可形成等效疲劳作用（必要时还应包括恒载）。在一般情况下，等效等幅重复应力的指定循环次数可采用 2×10^6 次。

钢结构和混凝土结构构造细节的疲劳作用计算方法如下：

1 钢结构疲劳作用

钢结构等效疲劳作用可按式（F.2.2-1）计算。

$$\Delta \sigma_{aek} = K_{a1} K_{a2} K_{a3} \cdots K_{ai} \Delta \sigma_{ac} = \left(\prod_{i=1}^{m} K_{ai} \right) \Delta \sigma_{ac}$$

(F.2.2-1)

式中 $\Delta \sigma_{aek}$ ——钢结构验算部位等效疲劳应力变程标准值；

$\Delta \sigma_{ac}$ ——荷载标准值作用下钢结构验算部位应力变程的标准值；

K_{ai} ——钢结构第 i 个疲劳影响参数，其值由自身影响统计结果和 $\Delta \sigma_{ac}$ 的比值确定，并与 $\Delta \sigma_{ac}$ 以及相应疲劳抗力标准值规定的循环次数相协调；

m ——钢结构疲劳影响参数的个数，与结构有关。

2 混凝土结构疲劳作用

混凝土结构等效疲劳作用可按式（F.2.2-2）、（F.2.2-3）、（F.2.2-4）计算。

$$\sigma_{cek} = K_{c1} K_{c2} K_{c3} \cdots K_{ci} \sigma_{cc} = \left(\prod_{i=1}^{n} K_{ci} \right) \sigma_{cc}$$

(F.2.2-2)

$$\Delta \sigma_{pek} = K_{p1} K_{p2} K_{p3} \cdots K_{pi} \Delta \sigma_{pc} = \left(\prod_{i=1}^{n} K_{pi} \right) \Delta \sigma_{pc}$$

(F.2.2-3)

$$\Delta \sigma_{sek} = K_{s1} K_{s2} K_{s3} \cdots K_{si} \Delta \sigma_{sc} = \left(\prod_{i=1}^{n} K_{si} \right) \Delta \sigma_{sc}$$

(F.2.2-4)

式中 σ_{cek}、$\Delta \sigma_{pek}$、$\Delta \sigma_{sek}$ ——分别为混凝土结构验算部位的混凝土等效疲劳应力标准值、预应力钢筋等效疲劳应力变程标准值、非预应力钢筋等效疲劳应力变程标准值；

σ_{cc}、$\Delta \sigma_{pc}$、$\Delta \sigma_{sc}$ ——分别为荷载标准值作用下混凝土结构验算部位的混凝土应力标准值、预应力钢筋应力变程标准值、非预应力钢筋应力变程标准值；

K_{ci}、K_{pi}、K_{si} ——分别为混凝土结构验算部位混凝土、预应力钢筋、非预应力钢筋第 i 个疲劳影响参数，其值分别由自身影响统计结果和相应的 σ_{cc}、$\Delta \sigma_{pc}$、$\Delta \sigma_{sc}$ 的比值确定，并分别与 σ_{cc}、$\Delta \sigma_{pc}$、$\Delta \sigma_{sc}$ 以及各自相应疲劳抗力标准值规定的循环次数相协调；

n ——混凝土结果影响参数的个数，与结构形式有关。

F.2.3 疲劳作用中各影响参数的概率分布类型和统计参数可采用数理统计方法确定，其标准值应取与静力作用相同的概率分布的平均值。

F.3 疲劳抗力

F.3.1 疲劳抗力是指结构或局部构造抵抗规定循环次数疲劳作用的能力。

F.3.2 材料及非焊接钢结构的疲劳抗力与所受疲劳作用引起的最大应力 σ_{max} 和应力比 ρ 以及结构构造细节有关。焊接钢结构的疲劳抗力与所受疲劳作用引起

的应力变程 $\Delta\sigma$ 和结构构造细节有关。钢结构和混凝土结构构造细节的疲劳抗力计算方法分述如下：

1 钢结构疲劳抗力

钢结构疲劳抗力表达式可通过式（F.3.2-1）所示的 S-N 疲劳曲线方程表述：

$$\Delta\sigma^m N = C \qquad (F.3.2-1)$$

式中　　$\Delta\sigma$——钢结构验算部位构造细节的等幅疲劳应力变程（MPa）；

　　　　N——疲劳失效时的应力循环次数；

　　　　m、C——疲劳参数，根据结构或构件的构造和受力特征，通过疲劳试验确定。

钢结构构件的疲劳抗力 Δf_{aek} 是指钢结构验算部位构造细节在指定循环次数、指定安全保证率下由式（F.3.2-1）确定的最大疲劳应力变程标准值。

2 混凝土结构疲劳抗力

1）混凝土

影响混凝土结构中混凝土疲劳抗力的因素包括疲劳强度、疲劳弹性模量和疲劳变形模量。

混凝土的疲劳强度标准值可根据混凝土静载强度标准值乘以疲劳强度等效折减系数确定：

$$f_{cek} = K_{ce} f_{ck} \qquad (F.3.2-2)$$

式中　　f_{cek}——混凝土疲劳强度标准值；

　　　　K_{ce}——混凝土疲劳强度折减系数，与混凝土应力最小值等因素有关；

　　　　f_{ck}——混凝土静载强度标准值。

混凝土的疲劳弹性模量可通过试验确定。对适筋混凝土受弯构件，混凝土的疲劳弹性模量标准值可取静载弹性模量标准值乘以 0.7。

混凝土的疲劳变形模量可通过试验确定。对适筋混凝土受弯构件，混凝土的疲劳变形模量标准值可取静载变形模量标准值乘以 0.6。

2）预应力钢筋或钢筋

混凝土结构中预应力钢筋或钢筋的疲劳强度可通过式（F.3.2-1）所示的 S-N 疲劳曲线方程确定。其疲劳抗力 Δf_{pek} 或 Δf_{sek} 是指混凝土结构验算部位预应力钢筋或钢筋在指定循环次数、指定安全保证率下由式（F.3.2-1）确定的最大疲劳应力变程标准值。

F.4 疲劳可靠性验算方法

F.4.1 钢结构的疲劳可靠性一般按疲劳承载能力极限状态进行验算。根据需要可采用等效等幅重复应力法、极限损伤度法、断裂力学方法。

1 等效等幅重复应力法

1）当等效等幅重复应力法以容许应力设计法表达时，疲劳验算应满足下式的要求：

$$\Delta\sigma_{aek} \leqslant \Delta f_{aek} \qquad (F.4.1-1)$$

2）当等效等幅重复应力法以分项系数设计法表达时，疲劳作用的设计值可采用结构构件在设计使用年限内疲劳荷载名义效应的等效等幅重复作用标准值乘以疲劳作用分项系数。疲劳抗力可根据结构构造取与等效等幅重复作用相同循环次数的疲劳强度试验确定。此时，疲劳验算应满足式（F.4.1-2）的要求：

$$\gamma_0 \gamma_{aek} \Delta\sigma_{aek} \leqslant \frac{\Delta f_{aek}}{\gamma_{af}} \qquad (F.4.1-2)$$

式中　　γ_0——结构重要性系数；

　　　　γ_{aek}——考虑等效等幅疲劳作用和疲劳作用模型不定性的分项系数；

　　　　γ_{af}——疲劳抗力分项系数，当疲劳抗力取值的保证率为 97.7% 时，$\gamma_{af} = 1.0$。

2 极限损伤度法

1）当极限损伤度法以疲劳损伤度为验算项目时，其量值为结构承受的不同疲劳作用和相应次数与该作用下破坏的次数之比的总和。根据 Palmgren-Miner 线性累积损伤法则，疲劳验算应满足式（F.4.1-3）的要求：

$$\sum \frac{n_i}{N_i} < D_c \qquad (F.4.1-3)$$

式中　　n_i——为疲劳应力频谱中在应力变程水准 $\Delta\sigma_i$ 下，实际施加的疲劳作用循环次数，当疲劳应力变程水准 $\Delta\sigma_i$ 低于疲劳某特定值 $\Delta\sigma_0$ 时，相应的疲劳作用循环次数取其乘以 $\left(\dfrac{\Delta\sigma_i}{\Delta\sigma_0}\right)^2$ 折减后的次数计算；

　　　　N_i——为在应力变程水准 $\Delta\sigma_i$ 下的致伤循环次数；

　　　　D_c——为疲劳损伤度的临界值，理想状态下损伤度的临界值为 1.0。

2）当极限损伤度法以分项系数设计法表达时，疲劳验算应满足下列公式的要求：

$$\sum \frac{n_i}{N_i} < \frac{D_c}{\gamma_d} \qquad (F.4.1-4)$$

$$N_i = N_i \left(\gamma_d, \gamma_{\Delta\sigma_i} \Delta\sigma_i, \frac{\Delta f_{aek}}{\gamma_{ak}}\right) \qquad (F.4.1-5)$$

式中　　γ_d——考虑累积损伤准则、设计使用年限和失效后果不定性的分项系数；

　　　　$\gamma_{\Delta\sigma_i}$——考虑疲劳应力变程水准和疲劳作用模型不定性的分项系数；

　　　　γ_{ak}——考虑材料和构造疲劳抗力模型不定性的分项系数。

3 断裂力学方法

当钢结构在低温环境下工作时，应采用断裂力学方法。

F.4.2 对需要进行疲劳承载能力极限状态验算的混凝土结构，应分别对混凝土和钢筋进行疲劳验算。可根据需要采用等效等幅重复应力法、极限损伤度法。

1 等效等幅重复应力法

    1） 当等效等幅重复应力法以容许应力设计法表达时，结构验算部位混凝土、预应力钢筋、钢筋的疲劳验算应满足式(F.4.2-1)～式(F.4.2-3)的要求：

$$\sigma_{cek} \leq f_{cek} \qquad (F.4.2\text{-}1)$$

$$\Delta\sigma_{pek} \leq \Delta f_{pek} \qquad (F.4.2\text{-}2)$$

$$\Delta\sigma_{sek} \leq \Delta f_{sek} \qquad (F.4.2\text{-}3)$$

    2） 当等效等幅重复应力法以分项系数设计法表达时，疲劳作用的设计值可采用结构构件在设计使用年限内疲劳荷载名义效应的等效等幅重复作用标准值乘以疲劳作用分项系数。疲劳抗力可根据结构构造取与等效等幅重复作用相同循环次数的疲劳强度试验确定。此时，结构验算部位混凝土、预应力钢筋、钢筋的疲劳验算应满足式(F.4.2-4)～式(F.4.2-6)的要求：

$$\gamma_0 \gamma_{cek}\sigma_{cek} \leq \frac{f_{cek}}{\gamma_{cf}} \qquad (F.4.2\text{-}4)$$

$$\gamma_0 \gamma_{pek}\Delta\sigma_{pek} \leq \frac{\Delta f_{pek}}{\gamma_{pf}} \qquad (F.4.2\text{-}5)$$

$$\gamma_0 \gamma_{sek}\Delta\sigma_{sek} \leq \frac{\Delta f_{sek}}{\gamma_{sf}} \qquad (F.4.2\text{-}6)$$

式中　γ_{cek}、γ_{pek}、γ_{sek}——分别为考虑混凝土、预应力钢筋、钢筋的等效等幅疲劳作用和疲劳作用模型不定性的分项系数；

　　　γ_{cf}、γ_{pf}、γ_{sf}——分别为混凝土、预应力钢筋、钢筋的疲劳抗力分项系数。

2 极限损伤度法

混凝土结构按极限损伤度法进行疲劳承载能力极限状态可靠性验算方法与附录第 F.4.1 条中第 2 款所列钢结构的疲劳验算方法相同，其中验算部位的材料为混凝土、预应力钢筋、钢筋。

F.4.3 当结构疲劳需要按使用极限状态进行可靠性验算时，应首先建立正常使用极限状态约束方程。当疲劳作用效应需要且可以线性叠加时，应在正常使用极限状态约束方程中体现。在疲劳使用极限约束值的计算中，要考虑结构材料疲劳而可能引起的变形增大。

附录 G　既有结构的可靠性评定

G.1　一般规定

G.1.1 本附录适用于按有关标准设计和施工的既有结构的可靠性评定。

G.1.2 在下列情况下宜对既有结构的可靠性进行评定：

    1 结构的使用时间超过规定的年限；

    2 结构的用途或使用要求发生改变；

    3 结构的使用环境出现恶化；

    4 结构存在较严重的质量缺陷；

    5 出现影响结构安全性、适用性或耐久性的材料性能劣化、构件损伤或其他不利状态；

    6 对既有结构的可靠性有怀疑或有异议。

G.1.3 既有结构的可靠性评定应在保证结构性能的前提下，尽量减少工程处置工作量。

G.1.4 既有结构的可靠性评定可分为安全性评定、适用性评定和耐久性评定，必要时尚应进行抗灾害能力评定。

G.1.5 既有结构的可靠性评定，应根据国家现行有关标准的要求进行。

G.1.6 既有结构的可靠性评定应按下列步骤进行：

    1 明确评定的对象、内容和目的；

    2 通过调查或检测获得与结构上的作用和结构实际的性能和状况相关的数据和信息；

    3 对实际结构的可靠性进行分析；

    4 提出评定报告。

G.2　安全性评定

G.2.1 既有结构的安全性评定应包括结构体系和构件布置、连接和构造、承载力等三个评定项目。

G.2.2 既有结构的结构体系和构件布置，应以现行结构设计标准的要求为依据进行评定。

G.2.3 既有结构的连接和与安全性相关的构造，应以现行结构设计标准的要求为依据进行评定。

G.2.4 对结构体系和构件布置、连接和构造的评定结果满足第 G.2.2 和 G.2.3 条要求的结构，其承载力可根据结构的不同情况采取下列方法进行评定：

    1 基于结构良好状态的评定方法；

    2 基于分项系数或安全系数的评定方法；

    3 基于可靠指标调整抗力分项系数的评定方法；

    4 基于荷载检验的评定方法；

    5 其他适用的评定方法。

G.2.5 当结构处于良好使用状态时，宜采用基于结构良好状态的评定方法，此时对同时满足下列要求的结构，可评定其承载力符合要求：

    1 结构未出现明显的影响结构正常使用的变形、裂缝、位移、振动等适用性问题；

    2 在评估使用年限内，结构上的作用和环境不会发生显著的变化。

G.2.6 当采取基于分项系数或安全系数的方法评定时，对同时满足下列要求的结构，可评定其承载力符合要求：

    1 构件的承载力应按现行结构设计标准提供的结构计算模型确定，且应对模型中指标或参数进行符合实际情况的调整：

  1) 构件材料强度的取值，宜以实测数据为依据，按现行结构检测标准规定的方法确定；

  2) 计算模型的几何参数，可按构件的实际尺寸确定；

  3) 在计算分析构件承载力时，应考虑不可恢复性损伤的不利影响；

  4) 经过验证后，在计算模型中可增补对构件承载力有利因素的实际作用。

 2 作用和作用效应按国家现行标准的规定确定，并可进行下列参数或分析方法的调整：

  1) 永久作用应以现场实测数据为依据按现行工程结构荷载标准规定的方法确定；

  2) 部分可变作用可根据评估使用年限情况采用考虑结构设计使用年限的荷载调整系数；

  3) 在计算作用效应时，应考虑轴线偏差、尺寸偏差和安装偏差等的不利影响；

  4) 应按可能出现的最不利作用组合确定作用效应。

 3 按上述方法计算得到的构件承载力不小于作用效应或安全系数不小于有关结构设计标准的要求。

G.2.7 当可确定一批构件的实际承载力及其变异系数时，可采用基于可靠指标调整抗力分项系数的评定方法，此时对同时满足下列要求的一批构件，可评定其承载力符合要求：

 1 作用效应的计算，应符合第 G.2.6 条的规定；

 2 根据结构构件承载力的实际变异情况调整抗力分项系数；

 3 按上述原则计算得到的承载力不小于作用效应。

G.2.8 对具备相应条件的结构或结构构件，可采用基于荷载检验的评定方法，此时对同时满足下列要求的结构或结构构件，可评定其承载力符合要求：

 1 检验荷载的形式应与结构承受的主要作用的情况基本一致，检验荷载不应使结构或构件出现不可逆的变形或损伤；

 2 荷载检验及相应的计算分析结果符合有关标准的要求。

G.2.9 对承载力评定为不符合要求的结构或结构构件，应提出采取加固措施的建议，必要时，也可提出对其限制使用的要求。

G.3 适用性评定

G.3.1 在结构安全性得到保证的情况下，对影响结构正常使用的变形、裂缝、位移、振动等适用性问题，应以现行结构设计标准的要求为依据进行评定，

但在下列情况下可根据实际情况调整或确定正常使用极限状态的限值：

 1 已出现明显的适用性问题，但结构或构件尚未达到正常使用极限状态的限值；

 2 相关标准提出的质量控制指标不能准确反映结构适用性状况。

G.3.2 对已经存在超过正常使用极限状态限值的结构或构件，应提出进行处理的意见。

G.3.3 对未达到正常使用极限状态限值的结构或构件，宜进行评估使用年限内结构适用性的评定。此时宜遵守下列原则：

 1 评定时可采用现行结构设计标准提供的计算模型，但模型中的指标和参数应进行符合结构实际情况的调整；

 2 在条件许可时，可采用荷载检验或现场试验的评定方法；

 3 对适用性评定为不满足要求的结构或构件，应提出采取处理措施的建议。

G.4 耐久性评定

G.4.1 既有结构的耐久性评定应以判定结构相应耐久年数与评估使用年限之间关系为目的。

  注：耐久年数为结构在环境作用下达到相应正常使用极限状态限值的年数。

G.4.2 结构在环境作用下的正常使用极限状态限值或标志应按下列原则确定：

 1 结构构件出现尚未明显影响承载力的表面损伤；

 2 结构构件材料的性能劣化，使其产生脆性破坏的可能性增大。

G.4.3 既有结构的耐久年数推定，应将环境作用效应和材料性能相同的结构构件作为一个批次。

G.4.4 评定批结构构件的耐久年数，可根据结构已经使用的时间、材料相关性能变化的状况、环境作用情况和结构构件材料性能劣化的规律推定。

G.4.5 对耐久年数小于评估使用年限的结构构件，应提出适宜的维护处理建议。

G.5 抗灾害能力评定

G.5.1 既有结构的抗灾害能力宜从结构体系和构件布置、连接和构造、承载力、防灾减灾和防护措施等方面进行综合评定。

G.5.2 对可确定作用的地震、台风、雨雪和水灾等自然灾害，宜通过结构安全性校核评定其抗灾害能力。

G.5.3 对发生在结构局部的爆炸、撞击、火灾等偶然作用，宜通过评价其减小偶然作用及作用效应的措施、结构不发生与起因不相称的破坏和减小偶然作用影响范围措施等评定其抗灾害能力。

减小偶然作用及作用效应的措施包括防爆与泄爆措施、防撞击和抗撞击措施、可燃物质的控制与消防设施等。

减小偶然作用影响范围的措施包括结构变形缝设置和防止发生次生灾害的措施等。

G. 5. 4 对结构不可抗御的灾害，应评价其预警措施和疏散措施等。

本标准用词说明

1 为便于在执行本标准条文时区别对待，对要求严格程度不同的用词说明如下：

　　1）表示很严格，非这样做不可的用词：

正面词采用"必须"，反面词采用"严禁"；

　　2）表示严格，在正常情况下均应这样做的用词：

正面词采用"应"，反面词采用"不应"或"不得"；

　　3）表示允许稍有选择，在条件许可时首先应这样做的用词：

正面词采用"宜"，反面词采用"不宜"；

表示有选择，在一定条件下可以这样做的用词，采用"可"。

2 条文中指明应按其他有关标准、规范执行时，写法为："应符合……的规定"或"应按……执行"。

中华人民共和国国家标准

工程结构可靠性设计统一标准

GB 50153—2008

条 文 说 明

目　次

1 总 则

1.0.1 本标准是我国工程建设领域的一本重要的基础性国家标准，是制定我国工程建设其他相关标准的基础。本标准对包括房屋建筑、铁路、公路、港口、水利水电在内的各类工程结构设计的基本原则、基本要求和基本方法做出了统一规定，其目的是使设计建造的各类工程结构能够满足正确保人的生命和财产安全并符合国家的技术经济政策的要求。

近年来，"可持续发展"越来越成为各类工程结构发展的主题，在最新的国际标准草案《房屋建筑的可持续性——总原则》ISO/DIS 15392（Sustainability in building construction—General principles）中还对可持续发展（sustainable development）给出了如下定义："这种发展满足当代人的需要而不损害后代人满足其需要的能力"。有鉴于此，本次修订中增加了"使结构符合可持续发展的要求"。

对于工程结构而言，可持续发展需要考虑经济、环境和社会三个方面的内容：

一、经济方面

应尽量减少从工程的规划、设计、建造、使用、维修直至拆除等各阶段费用的总和，而不是单纯从某一阶段的费用进行衡量。以墙体为例，如仅着眼于降低建造费用而使墙体的保暖性不够，则在使用阶段的采暖费用必然增加，就不符合可持续发展的要求。

二、环境方面

要做到减少原材料和能源的消耗，减少污染。建筑工程对环境的冲击性很大。以工程结构中大量采用的钢筋混凝土为例，减少对环境冲击的方法有提高水泥、混凝土、钢材的性能和强度，淘汰低性能和强度的材料；提高钢筋混凝土的耐久性；利用粉煤灰等作为水泥的部分替代用品（生产水泥时会大量产生二氧化碳），利用混凝土碎块作为骨料的部分替代用品等。

三、社会方面

要保护使用者的健康和舒适，保护建筑工程的文化价值。可持续发展的最终目标还是发展，工程结构的性能、功能必须好，能满足使用者日益提高的要求。

为了提高可持续性的应用水平，国际上正在做出努力，例如，国际标准化组织正在编制的国际标准或技术规程有《房屋建筑的可持续性——总原则》ISO 15392、《房屋建筑的可持续性——建筑工程环境性能评估方法框架》ISO/TS 21931（Sustainability in building construction—Framework for methods of assessment for environmental performance of construction work）等。

我国需要制定标准、规范，以大力推行可持续发展的房屋及土木工程。

1.0.2 本条规定了本标准的适用范围。本标准作为我国工程结构领域的一本基础标准，所规定的基本原则、基本要求和基本方法适用于整个结构、组成结构的构件及地基基础的设计；适用于结构的施工阶段和使用阶段；也适用于既有结构的可靠性评定。

1.0.3 我国在工程结构设计领域积极推广并已得到广泛采用的是以概率理论为基础、以分项系数表达的极限状态设计方法，但这并不意味着要排斥其他有效的结构设计方法，采用什么样的结构设计方法，应根据实际条件确定。概率极限状态设计方法需要以大量的统计数据为基础，当不具备这一条件时，工程结构设计可根据可靠的工程经验或通过必要的试验研究进行，也可继续按传统模式采用容许应力或单一安全系数等经验方法进行。

荷载对结构的影响除了其量值大小外，荷载的离散性对结构的影响也相当大，因而不同的荷载采用不同的分项系数，如永久荷载分项系数较小，风荷载分项系数较大；另一方面，荷载对地基的影响除了其量值大小外，荷载的持续性对地基的影响也很大。例如对一般的房屋建筑，在整个使用期间，结构自重始终持续作用，因而对地基的变形影响大，而风荷载标准值的取值为平均 50 年一遇值，因而对地基承载力和变形影响均相对较小，有风组合下的地基容许承载力应该比无风组合下的地基容许承载力大。

基础设计时，如用容许应力方法确定基础底面积，用极限状态方法确定基础厚度及配筋，虽然在基础设计上用了两种方法，但实际上也是可行的。

除上述两种设计方法外，还有单一安全系数方法，如在地基稳定性验算中，要求抗滑力矩与滑动力矩之比大于安全系数 K。

钢筋混凝土挡土墙设计是三种设计方法有可能同时应用的一个例子：挡土墙的结构设计采用极限状态法，稳定性（抗倾覆稳定性、抗滑移稳定性）验算采用单一安全系数法，地基承载力计算采用容许应力法。如对结构和地基采用相同的荷载组合和相同的荷载系数，表面上是统一了设计方法，实际上是不正确的。

设计方法虽有上述三种可用，但结构设计仍应采用极限状态法，有条件时采用以概率理论为基础的极限状态法。欧洲规范为极限状态设计方法用于土工设计，使极限状态方法在工程结构设计中得以全面实施，已经做出努力，在欧洲规范7《土工设计》（Eurocode 7 Geotechnical design）中，专门列出了土工设计状况。在土工设计状况中，各分项系数与持久、短暂设计状况中的分项系数有所不同。本标准因缺乏这方面的研究工作基础，因而未能对土工设计状况做出明确的表述。

1.0.4、1.0.5 本标准是制定各类工程结构设计标准和其他相关标准应遵守的基本准则，它并不能代替各类工程结构设计标准和其他相关标准，如从结构设看，本标准主要制定了各类工程结构设计所共同面临的各种基本变量（作用、环境影响、材料性能和几何参数）的取值原则、作用组合的规则、作用组合效应的确定方法等，结构设计中各基本变量的具体取值及在各种受力状态下作用效应和结构抗力具体计算方法应由各类工程结构的设计标准和其他相关标准作出相应规定。

2　术语、符号

本章的术语和符号主要依据国家标准《工程结构设计基本术语和通用符号》GBJ 132—90、国际标准《结构可靠性总原则》ISO 2394：1998和原国家标准《工程结构可靠度设计统一标准》GB 50153—92，并主要参考国家标准《建筑结构可靠度设计统一标准》GB 50068—2001 和欧洲规范《结构设计基础》EN1990：2002等。

2.1　术　语

2.1.2　结构构件
例如，柱、梁、板、基桩等。

2.1.5　设计使用年限
在 2000 年第 279 号国务院令颁布的《建设工程质量管理条例》中，规定了基础设施工程、房屋建筑的地基基础工程和主体结构工程的最低保修期限为设计文件规定的该工程的"合理使用年限"；在 1998 年国际标准《结构可靠性总原则》ISO 2394：1998 中，提出了"设计工作年限（design working life）"，其含义与"合理使用年限"相当。

在国家标准《建筑结构可靠度设计统一标准》GB 50068—2001 中，已将"合理使用年限"与"设计工作年限"统一称为"设计使用年限"，本标准首次将这一术语推广到各类工程结构，并规定工程结构在超过设计使用年限后，应进行可靠性评估，根据评估结果，采取相应措施，并重新界定其使用年限。

设计使用年限是设计规定的一个时段，在这一规定时段内，结构只需进行正常的维护而不需进行大修就能按预期目的使用，并完成预定的功能，即工程结构在正常使用和维护下所应达到的使用年限，如达不到这个年限则意味着在设计、施工、使用与维护的某一或某些环节上出现了非正常情况，应查找原因。所谓"正常维护"包括必要的检测、防护及维修。

2.1.6　设计状况
以房屋建筑为例，房屋结构承受家具和正常人员荷载的状况属持久状况；结构施工时承受堆料荷载的状况属短暂状况；结构遭受火灾、爆炸、撞击等作用的状况属偶然状况；结构遭受罕遇地震作用的状况属地震状况。

2.1.11　荷载布置

荷载布置就是布置荷载的位置、大小和方向。只有自由作用有荷载布置的问题，固定作用不存在这个问题。荷载布置通常被称为图形加载。荷载布置的一个最简单例子，如对一根多跨连续梁，有各跨均加载、每隔一跨加载或相邻二跨加载而其余跨均不加载等荷载布置。

2.1.12　荷载工况
荷载工况就是确定荷载组合和每一种荷载组合下的各种荷载布置。假设某一结构设计共有 3 种荷载组合，荷载组合①有 3 种荷载布置，组合②有 4 种荷载布置，组合③有 12 种荷载布置，则该结构设计共有 19 种荷载工况。设计时对每一种荷载工况都要按式（8.2.4-1）或式（8.2.4-2）计算出荷载效应，结构各截面的荷载效应最不利值就是按式（8.2.4-1）或式（8.2.4-2）计算的基本组合的效应设计值。

除有经验、有把握排除对设计不起控制的荷载工况外，对每一种荷载工况均需要进行相应的结构分析。分析的目的是要找到各个截面、各个构件、结构各个部分及整个结构的最不利荷载效应。只要达到这个目的，任何计算过程都是可以的。

当荷载与荷载效应为线性关系时，叠加原理适用，荷载组合可转换为荷载效应叠加，即用式（8.2.4-2）取代式（8.2.4-1），此时，可先对每一种荷载（的每一种布置）计算出其荷载效应，然后按式（8.2.4-2）进行荷载效应叠加。

2.1.18　抗力
例如，承载力、刚度、抗裂度等。

2.1.19　结构的整体稳固性
结构的整体稳固性系指结构在遭遇偶然事件时，仅产生局部的损坏而不致出现与起因不相称的整体性破坏。

2.1.22　可靠度
对于新建结构，"规定的时间"是指设计使用年限。结构的可靠度是对可靠性的定量描述，即结构在规定的时间内，在规定的条件下，完成预定功能的概率。这是从统计数学观点出发的比较科学的定义，因为在各种随机因素的影响下，结构完成预定功能的能力只能用概率来度量。结构可靠度的这一定义，与其他各种从定值观点出发的定义是有本质区别的。

2.1.24　可靠指标 β
对于新建结构，与可靠度相对应的可靠指标 β，是指设计使用年限的 β。

2.1.28　统计参数
例如，平均值、标准差、变异系数等。

2.1.30　名义值
例如，根据物理条件或经验确定的值。

2.1.35　作用效应
例如，内力、变形和裂缝等。

2.1.49　设计基准期

原标准中设计基准期，一是用于可靠指标 β，指设计基准期的 β，二是用于可变作用的取值。本标准中设计基准期只用于可变作用的取值。

设计基准期是为确定可变作用的取值而规定的标准时段，它不等同于结构的设计使用年限。设计如需采用不同的设计基准期，则必须相应确定在不同的设计基准期内最大作用的概率分布及其统计参数。

2.1.53 可变作用的伴随值

在作用组合中，伴随主导作用的可变作用值。主导作用：在作用的基本组合中为代表值采用标准值的可变作用；在作用的偶然组合中为偶然作用；在作用的地震组合中为地震作用。

2.1.54 作用的代表值

作用的代表值包括作用标准值、组合值、频遇值和准永久值，其量值从大到小的排序依次为：作用标准值＞组合值＞频遇值＞准永久值。这四个值的排序不可颠倒，但个别种类的作用，组合值与频遇值可能取相同值。

2.1.56 作用组合（荷载组合）

原标准《工程结构可靠度设计统一标准》GB 50153—92 在术语上都是沿用作用效应组合，在概念上主要强调的是在设计时对不同作用（或荷载）经过合理搭配后，将其在结构上的效应叠加的过程。实际上在结构设计中，当作用与作用效应间为非线性关系时，作用组合时采用简单的线性叠加就不再有效，因此在采用效应叠加时，还必须强调作用与作用效应"可按线性关系考虑"的条件。为此，在不同作用（或荷载）的组合时，不再强调在结构上效应叠加的涵义，而且其组合内容，除考虑它们的合理搭配外，还应包括它们在某种极限状态结构设计表达式中设计值的规定，以保证结构具有必要的可靠度。

2.1.63～2.1.69 一阶线弹性分析～刚性-塑性分析

一阶分析与二阶分析的划分界限在于结构分析时所依据的结构是否已考虑变形。如依据的是初始结构即未变形结构，则是一阶分析；如依据的是已变形结构，则是二阶分析。

事实上结构承受荷载时总是要产生变形的，如变形很小，由结构变形产生的次内力不影响结构的安全性和适用性，则结构分析时可略去变形的影响，根据初始结构的几何形体进行一阶分析，以简化计算工作。

3 基本规定

3.1 基本要求

3.1.1 结构可靠度与结构的使用年限长短有关，本标准所指的结构的可靠度或失效概率，对新建结构，是指设计使用年限的结构可靠度或失效概率，当结构的使用年限超过设计使用年限后，结构的失效概率可能较设计预期值增大。

3.1.2 在工程结构必须满足的 5 项功能中，第 1、4、5 项是对结构安全性的要求，第 2 项是对结构适用性的要求，第 3 项是对结构耐久性的要求，三者可概括为对结构可靠性的要求。

所谓足够的耐久性能，系指结构在规定的工作环境中，在预定时期内，其材料性能的劣化不致导致结构出现不可接受的失效概率。从工程概念上讲，足够的耐久性能就是指在正常维护条件下结构能够正常使用到规定的设计使用年限。

偶然事件发生时，防止结构出现连续倒塌的设计方法有二类：1 直接设计法；2 间接设计法。

1 直接设计法

对可能承受偶然作用的主要承重构件及其连接予以加强或予以保护，使这些构件能承受荷载规范规定的或业主专门提出的偶然作用值。当技术上难以达到或经济上代价昂贵时，允许偶然事件引发结构局部破坏，但结构应具备荷载第二传递途径以替代原来的传递途径。前者有的称之为关键构件设计法，后者有的称之为荷载替代传递途径法。

直接设计法比通常用的设计方法复杂得多，代价也高。

2 间接设计法

实际上就是增强结构的整体稳固性。结构的整体稳固性是我国规范需要重点解决的问题。以房屋建筑为例，最简易可行的方法是将房屋捆扎牢固，如对钢筋混凝土框架结构，在楼盖和屋盖内部，设置沿柱列纵、横两个方向的系杆，系杆均需要通长设置，并且在楼盖和屋盖周边设置整个周边通长的系杆，将柱与整个结构连系牢固；房屋稍高时，除设置上述水平向系杆外，在柱内设置从基础到屋盖通长的竖直向系杆。系杆设置的具体要求和方法应遵守相关技术规范的规定。而对钢筋混凝土承重墙结构，将承重墙与楼盖、屋盖连系牢固，组成"细胞状"结构。结构的延性、体系的连续性，都是设计时应予以注意的。

间接设计法的优点是易于实施，虽然这种方法不是建立在偶然作用下对结构详细分析的基础上，但是混凝土结构中连续的系杆和钢结构中加强的连接，可以使结构在偶然作用下发挥出高于其原有的承载力。虽然水平的系杆不能有效承受竖向荷载，但是原来由受损害部分承受的荷载有可能重分配至未受损害部分。

由于连续倒塌的风险对大多数建筑物而言是低的，因而可以根据结构的重要性采取不同的对策以防止出现结构的连续倒塌：

对于次要的结构，可不考虑结构的连续倒塌问题；

对于一般的结构，宜采用间接设计法；

对于重要的结构，应采用间接设计法，当业主有要求时，可采用直接设计法；

对于特别重要的结构，应采用直接设计法。

3.1.3、3.1.4 为满足对结构的基本要求，使结构避免或减少可能的损坏，宜采取的若干主要措施。

3.2 安全等级和可靠度

3.2.1 本条为强制性条文。在本标准中，按工程结构破坏后果的严重性统一划分为三个安全等级，其中，大量的一般结构宜列入中间等级；重要的结构应提高一级；次要的结构可降低一级。至于重要结构与次要结构的划分，则应根据工程结构的破坏后果，即危及人的生命、造成经济损失、对社会或环境产生影响等的严重程度确定。

3.2.2 同一工程结构内的各种结构构件宜与结构采用相同的安全等级，但允许对部分结构构件根据其重要程度和综合经济效果进行适当调整。如提高某一结构构件的安全等级所需额外费用很少，又能减轻整个结构的破坏从而大大减少人员伤亡和财物损失，则可将该结构构件的安全等级比整个结构的安全等级提高一级；相反，如某一结构构件的破坏并不影响整个结构或其他结构构件，则可将其安全等级降低一级。

3.2.4、3.2.5 可靠指标 β 的功能主要有两个：其一，是度量结构构件可靠性大小的尺度，对有充分的统计数据的结构构件，其可靠性大小可通过可靠指标 β 度量与比较；其二，目标可靠指标是分项系数法所采用的各分项系数取值的基本依据，为此，不同安全等级和失效模式的可靠指标宜适当拉开档次，参照国内外对规定可靠指标的分级，规定安全等级每相差一级，可靠指标取值宜相差 0.5。

3.3 设计使用年限和耐久性

3.3.1 本条为强制性条文。设计文件中需要标明结构的设计使用年限，而无需标明结构的设计基准期、耐久年限、寿命等。

3.3.2 随着我国市场经济的发展，迫切要求明确各类工程结构的设计使用年限。根据我国实际情况，并借鉴有关的国际标准，附录 A 对各类工程结构的设计使用年限分别作出了规定。国际标准《结构可靠性总原则》ISO 2394：1998 和欧洲规范《结构设计基础》EN 1990：2002 也给出了各类结构的设计使用年限的示例。表 1 是欧洲规范《结构设计基础》EN 1990：2002 给出的结构设计使用年限类别的示例：

表 1　设计使用年限类别示例

类别	设计使用年限（年）	示　　例
1	10	临时性结构
2	10～25	可替换的结构构件

续表 1

类别	设计使用年限（年）	示　　例
3	15～30	农业和类似结构
4	50	房屋结构和其他普通结构
5	100	标志性建筑的结构、桥梁和其他土木工程结构

3.4 可靠性管理

3.4.1～3.4.6 结构达到规定的可靠度水平是有条件的，结构可靠度是在"正常设计、正常施工、正常使用"条件下结构完成预定功能的概率，本节是从实际出发，对"三个正常"的要求作出了具有可操作性的规定。

4　极限状态设计原则

4.1　极限状态

4.1.1 承载能力极限状态可理解为结构或结构构件发挥允许的最大承载能力的状态。结构构件由于塑性变形而使其几何形状发生显著改变，虽未达到最大承载能力，但已彻底不能使用，也属于达到这种极限状态。

疲劳破坏是在使用中由于荷载多次重复作用而达到的承载能力极限状态。

正常使用极限状态可理解为结构或结构构件达到使用功能上允许的某个限值的状态。例如，某些构件必须控制变形、裂缝才能满足使用要求。因过大的变形会造成如房屋内粉刷层剥落、填充墙和隔断墙开裂及屋面积水等后果；过大的裂缝会影响结构的耐久性；过大的变形、裂缝也会造成用户心理上的不安全感。

4.2　设计状况

4.2.1 原标准规定结构设计时应考虑持久设计状况、短暂设计状况和偶然设计状况等三种设计状况，本次修订中增加了地震设计状况。这主要由于地震作用具有与火灾、爆炸、撞击或局部破坏等偶然作用不同的特点：首先，我国很多地区处于地震设防区，需要进行抗震设计且很多结构是由抗震设计控制的；其二，地震作用是能够统计并有统计资料的，可以根据地震的重现期确定地震作用，因此，本次修订借鉴了欧洲规范《结构设计基础》EN 1990：2002 的规定，在原有三种设计状况的基础上，增加了地震设计状况。结构设计应分别考虑持久设计状况、短暂设计状况、偶然设计状况，对处于地震设防区的结构尚应考虑地震设计状况。

4.3 极限状态设计

4.3.1 当考虑偶然事件产生的作用时，主要承重结构可仅按承载能力极限状态进行设计，此时采用的结构可靠指标可适当降低。

4.3.2~4.3.4 工程结构按极限状态设计时，对不同的设计状况应采用相应的作用组合，在每一种作用组合中还必须选取其中的最不利组合进行有关的极限状态设计。设计时应针对各种有关的极限状态进行必要的计算或验算，当有实际工程经验时，也可采用构造措施来代替验算。

4.3.5 基本变量是指极限状态方程中所包含的影响结构可靠度的各种物理量。它包括：引起结构作用效应 S（内力等）的各种作用，如恒荷载、活荷载、地震、温度变化等；构成结构抗力 R（强度等）的各种因素，如材料性能、几何参数等。分析结构可靠度时，也可将作用效应或结构抗力作为综合的基本变量考虑。基本变量一般可认为是相互独立的随机变量。

极限状态方程是当结构处于极限状态时各有关基本变量的关系式。当结构设计问题中仅包含两个基本变量时，在以基本变量为坐标的平面上，极限状态方程为直线（线性问题）或曲线（非线性问题）；当结构设计问题中包含多个基本变量时，在以基本变量为坐标的空间中，极限状态方程为平面（线性问题）或曲面（非线性问题）。

4.3.6、4.3.7 为了合理地统一我国各类材料结构设计规范的结构可靠度和极限状态设计原则，促进结构设计理论的发展，本标准采用了以概率理论为基础的极限状态设计方法。

以往采用的半概率极限状态设计方法，仅在荷载和材料强度的设计取值上分别考虑了各自的统计变异性，没有对结构构件的可靠度给出科学的定量描述。这种方法常常使人误认为只要设计中采用了某一给定的安全系数，结构就能百分之百的可靠，将设计安全系数与结构可靠度简单地等同了起来。而以概率理论为基础的极限状态设计方法则是以结构失效概率来定义结构可靠度，并以与结构失效概率相对应的可靠指标 β 来度量结构可靠度，从而能较好地反映结构可靠度的实质，使设计概念更为科学和明确。

5 结构上的作用和环境影响

5.1 一 般 规 定

5.1.1 本章内容是对结构上的外界因素进行系统的分类和规定。外界因素包括在结构上可能出现的各种作用和环境影响，其中最主要的是各种作用，就作用形态的不同，还可分为直接作用和间接作用，前者是指施加在结构上的集中力或分布力，习惯上常称为荷载；不以力的形式出现在结构上的作用，归类为间接作用，它们都是引起结构外加变形和约束变形的原因，例如地面运动、基础沉降、材料收缩、温度变化等。无论是直接作用还是间接作用，都将使结构产生作用效应，诸如应力、内力、变形、裂缝等。

环境影响与作用不同，它是指能使结构材料随时间逐渐恶化的外界因素，随影响性质的不同，它们可以是机械的、物理的、化学的或生物的，与作用一样，它们也要影响到结构的安全性和适用性。

5.2 结构上的作用

5.2.1 结构上的大部分作用，例如建筑结构的楼面活荷载和风荷载，它们各自出现与否以及出现时量值的大小，在时间和空间上都是互相独立的，这种作用在计算其结构效应和进行组合时，均可按单个作用考虑。某些作用在结构上的出现密切相关且有可能同时以最大值出现，例如桥梁上诸多单独的车辆荷载，可以将它们以车队形式作为单个荷载来考虑。此外，冬季的雪荷载和结构上的季节温度差，它们的最大值有可能同时出现，就不能各自按单个作用考虑它们的组合。

5.2.2 对有可能同时出现的各种作用，应该考虑它们在时间和空间上的相关关系，通过作用组合（荷载组合）来处理对结构效应的影响；对于不可能同时出现的作用，就不应考虑其同时出现的组合。

5.2.3 作用按随时间的变化分类是作用最主要的分类，它直接关系到作用变量概率模型的选择。

永久作用的统计参数与时间基本无关，故可采用随机变量概率模型来描述；永久作用的随机性通常表现在随空间变异上。可变作用的统计参数与时间有关，故宜采用随机过程概率模型来描述；在实用上经常可将随机过程概率模型转化为随机变量概率模型来处理。

作用按不同性质进行分类，是出于结构设计规范化的需要，例如，车辆荷载，按随时间变化的分类属于可变荷载，应考虑它对结构可靠性的影响；按随空间变化的分类属于自由作用，应考虑它在结构上的最不利位置；按结构反应特点的分类属于动态荷载，还应考虑结构的动力响应。

在选择作用的概率模型时，很多典型的概率分布类型的取值往往是无界的，而实际上很多随机作用的量值由于客观条件的限制而具有不能被超越的界限值，例如水坝的最高水位，具有敞开泄压口的内爆炸荷载等。选用这类有界作用的概率分布类型时，应考虑它们的特点，例如可采用截尾的分布类型。

作用的其他分类，例如，当进行结构疲劳验算时，可按作用随时间变化的低周性和高周性分类；当考虑结构徐变效应时，可按作用在结构上持续期的长短分类。

5.2.4～5.2.7 作为基本变量的作用，应尽可能根据它随时间变化的规律，采用随机过程的概率模型来描述，但由于对作用观测数据的局限性，对于不同问题还可给以合理的简化。譬如，在设计基准期内结构上的最不利作用（最大作用或最小作用），原则上也应按随机过程的概率模型，但通过简化，也可采用随机变量的概率模型来描述。

在一个确定的设计基准期 T 内，对荷载随机过程作一次连续观测（例如对某地的风压连续观测 30～50 年），所获得的依赖于观测时间的数据就称为随机过程的一个样本函数。每个随机过程都是由大量的样本函数构成的。

荷载随机过程的样本函数是十分复杂的，它随荷载的种类不同而异。目前对各类荷载随机过程的样本函数及其性质了解甚少。对于常见的活荷载、风荷载、雪荷载等，为了简化起见，采用了平稳二项随机过程概率模型，即将它们的样本函数统一模型化为等时段矩形波函数，矩形波幅值的变化规律采用荷载随机过程 $\{Q(t),t\in[0,T]\}$ 中任意时点荷载的概率分布函数 $F_Q(x)=P\{Q(t_0)\leqslant x,t_0\in[0,T]\}$ 来描述。

对于永久荷载，其值在设计基准期内基本不变，从而随机过程就转化为与时间无关的随机变量 $\{G(t)=G,t\in[0,T]\}$，所以样本函数的图像是平行于时间轴的一条直线。此时，荷载一次出现的持续时间 $\tau=T$，在设计基准期内的时段数 $r=\dfrac{T}{\tau}=1$，而且在每一时段内出现的概率 $p=1$。

对于可变荷载（活荷载及风、雪荷载等），其样本函数的共同特点是荷载一次出现的持续时间 $\tau<T$，在设计基准期内的时段数 $r>1$，且在 T 内至少出现一次，所以平均出现次数 $m=pr\geqslant1$。不同的可变荷载，其统计参数 τ、p 以及任意时点荷载的概率分布函数 $F_Q(x)$ 都是不同的。

对于活荷载及风、雪荷载随机过程的样本函数采用这种统一的模型，为推导设计基准期最大荷载的概率分布函数和计算组合的最大荷载效应（综合荷载效应）等带来很多方便。

当采用一次二阶矩极限状态设计法时，必须将荷载随机过程转化为设计基准期最大荷载：

$$Q_T=\max_{0\leqslant t\leqslant T}Q(t)$$

因 T 已规定，故 Q_T 是一个与时间参数 t 无关的随机变量。

各种荷载的概率模型必须通过调查实测，根据所获得的资料和数据进行统计分析后确定，使之尽可能反映荷载的实际情况，并不要求一律选用平稳二项随机过程这种特定的概率模型。

任意时点荷载的概率分布函数 $F_Q(x)$ 是结构可靠度分析的基础。它应根据实测数据，运用 χ^2 检验或 $K-S$ 检验等方法，选择典型的概率分布如正态、对数正态、伽马、极值Ⅰ型、极值Ⅱ型、极值Ⅲ型来拟合，检验的显著性水平可取 0.05。显著性水平是指所假设的概率分布类型为真而经检验被拒绝的最大概率。

荷载的统计参数，如平均值、标准差、变异系数等，应根据实测数据，按数理统计学的参数估计方法确定。当统计资料不足而一时又难以获得时，可根据工程经验经适当的判断确定。

虽然任何作用都具有不同性质的变异性，但在工程设计中，不可能直接引用反映其变异性的各种统计参数并通过复杂的概率运算进行设计。因此，在设计时，除了采用能便于设计者使用的设计表达式外，对作用仍应赋予一个规定的量值，称为作用的代表值。根据设计的不同要求，可规定不同的代表值，以使能更确切地反映它在设计中的特点。在本标准中参考国际标准对可变作用采用四种代表值：标准值、组合值、频遇值和准永久值，其中标准值是作用的基本代表值，而其他代表值都可在标准值的基础上乘以相应的系数后来表示。

作用标准值是指其在结构设计基准期内可能出现的最大作用值。由于作用本身的随机性，因而设计基准期内的最大作用也是随机变量，尤其是可变作用，原则上都可用它们的统计分布来描述。作用标准值统一由设计基准期最大作用概率分布的某个分位值来确定，设计基准期应该统一规定，譬如为 50 年或 100 年，此外还应对该分位值的百分数作明确规定，这样标准值就可取分布的统计特征值（均值、众值、中值或较高的分位值，譬如 90％或 95％的分位值），因此在国际上也称标准值为特征值。

对可变作用的标准值，有时可以通过平均重现期的规定来定义，见附录第 C.2.1 条第 3 款。

在实际工程中，有时由于无法对所考虑的作用取得充分的数据，也不得不从实际出发，根据已有的工程实践经验，通过分析判断后，协议一个公称值或名义值作为作用的代表值。

当有两种或两种以上的可变作用在结构上要求同时考虑时，由于所有可变作用同时达到其单独出现时可能达到的最大值的概率极小，因此在结构按承载能力极限状态设计时，除主导作用应采用标准值为代表值外，其他伴随作用均应采用主导作用出现时段内的最大量值，即以小于其标准值的组合值为代表值（见附录第 C.2.4 条）。

当结构按正常使用极限状态的要求进行设计时，例如要求控制结构的变形、局部损坏以及振动时，理应从不同的要求出发，来选择不同的作用代表值；目前规范提供的除标准值和组合值外，还有频遇值和准永久值。频遇值是代表某个约定条件下不被超越的作用水平，例如在设计基准期内被超越的总时间与设计基准期之比规定为某个较小的比率，或被超越的频率限制在规定的频率内的作用水平。准永久值是代表作用在设计基准期内经常出现的水平，也即其持久性部分，当对持久性部分无法定性时，也可按频遇值定义，在设计基准期内被超越的总时间与设计基准期之比规定为某个较大的比率来确定（详见附录C.2.2和C.2.3条）。

5.2.8 偶然作用是指在设计使用年限内不一定出现，而一旦出现其量值很大，且持续期在多数情况下很短的作用，例如爆炸、撞击、龙卷风、偶然出现的雪荷载、风荷载等。因此，偶然作用的出现是一种意外事件，它们的代表值应根据具体的工程情况和偶然作用可能出现的最大值，并且考虑经济上的因素，综合地加以确定，也可通过有关的标准规定。

对这类作用，由于历史资料的局限性，一般都是根据工程经验，通过分析判断，经协议确定其名义值。当有可能获取偶然作用的量值数据并可供统计分析，但是缺乏失效后果的定量和经济上的优化分析时，国际标准建议可采用重现期为万年的标准确定其代表值。

当采用偶然作用为结构的主导作用时，设计应保证结构不会由于作用的偶然出现而导致灾难性的后果。

5.2.9 地震作用的代表值按传统都采用当地地区的基本烈度，根据大部分地区的统计资料，它相当于设计基准期为50年最大烈度90%的分位值。如果采用重现期表示，基本烈度相当于重现期为475年地震烈度。我国规范将抗震设防划分三个水准，第一水准是低于基本烈度，也称为众值烈度，俗称小震，它相当于50年最大烈度36.8%的分位值；第二水准是基本烈度；第三水准是罕遇地震烈度，它远高于基本烈度，俗称大震，相当于50年最大烈度98%分位值，或重现期为2500年地震烈度。

5.2.10 为了能适应各种不同形式的结构，将结构上的作用分成两部分因素：与结构类型无关的基本作用和与结构类型（包括外形和变形性能）有关的因素。基本作用 F_0 通常具有随时间和空间的变异性，它应具有标准化的定义，例如对结构自重可定义为结构的图纸尺寸和材料的标准重度；对雪荷载可定义标准地面上的雪重为基本雪压；对风荷载可定义标准地面上10m高处的标准时距的平均风速为基本风压，如此等等。而作用值应在基本作用的基础上，考虑与结构有关的其他因素，通过反映作用规律的数学函数 φ（·）来表述，例如，对雪荷载的情况，可根据屋面的不同条件将基本雪压换算为屋面上的雪荷载；对风荷载的情况，可根据场地地面粗糙度情况、结构外形及结构不同高度，将基本风压换算为结构上的风荷载。

5.2.11 当作用对结构产生不可忽略的加速度时，即与加速度对应的结构效应占有相当比重时，结构应采用动力模型来描述。此时，动态作用必须按某种方式描述其随时间的变异性（随机性），作用可根据分析的方便与否而采用时域或频域的描述方式，作用历程中的不定性可通过选定随机参数的非随机函数来描述，也可进一步采用随机过程来描述，各种随机过程经常被假定为分段平稳的。

在有些情况下，动态作用与材料性能和结构刚度、质量及各类阻尼有关，此时对作用的描述首先是在偏于安全的前提下规定某些参数，例如结构质量、初速度等。通常还可以进一步将这些参数转化为等效的静态作用。

如果认为所选用的参数还不能保证其结果偏于安全，就有必要对有关作用模型按不同的假设进行计算，从中选出认为可靠的结果。

5.3 环 境 影 响

5.3.1、5.3.2 环境影响可以具有机械的、物理的、化学的或生物的性质，并且有可能使结构的材料性能随时间发生不同程度的退化，向不利方向发展，从而影响结构的安全性和适用性。

环境影响在很多方面与作用相似，而且可以和作用相同地进行分类，特别是关于它们在时间上的变异性，因此，环境影响可分类为永久、可变和偶然影响三类。例如，对处于海洋环境中的混凝土结构，氯离子对钢筋的腐蚀作用是永久影响，空气湿度对木材强度的影响是可变影响等。

环境影响对结构的效应主要是针对材料性能的降低，它是与材料本身有密切关系的，因此，环境影响的效应应根据材料特点而加以规定。在多数情况下是涉及化学的和生物的损害，其中环境湿度的因素是最关键的。

如同作用一样，对环境影响应尽量采用定量描述；但在多数情况下，这样做是有困难的，因此，目前对环境影响只能根据材料特点，按其抗侵蚀性的程度来划分等级，设计时按等级采取相应措施。

6 材料和岩土的性能及几何参数

6.1 材料和岩土的性能

6.1.1、6.1.2 材料性能实际上是随时间变化的，有些材料性能，例如木材、混凝土的强度等，这种变化相当明显，但为了简化起见，各种材料性能仍作为与时间无关的随机变量来考虑，而性能随时间的变化一般通过引进换算系数来估计。

6.1.3 用材料的标准试件试验所得的材料性能 f_{spe}，一般说来，不等同于结构中实际的材料性能 f_{str}，有时两者可能有较大的差别。例如，材料试件的加荷速度远超过实际结构的受荷速度，致使试件的材料强度较实际结构中偏高；试件的尺寸远小于结构的尺寸，致使试件的材料强度受到尺寸效应的影响而与结构中不同；有些材料，如混凝土，其标准试件的成型与养护与实际结构并不完全相同，有时甚至相差很大，以致两者的材料性能有所差别。所有这些因素一般习惯于采用换算系数或函数 K_0 来考虑，从而结构中实际的材料性能与标准试件材料性能的关系可用下式表示：

$$f_{str} = K_0 f_{spe}$$

由于结构所处的状态具有变异性，因此换算系数或函数 K_0 也是随机变量。

6.1.4 材料强度标准值一般取概率分布的低分位值，国际上一般取 0.05 分位值，本标准也采用这个分位值确定材料强度标准值。此时，当材料强度按正态分布时，标准值为：

$$f_k = \mu_f - 1.645\sigma_f$$

当按对数正态分布时，标准值近似为：

$$f_k = \mu_f \exp(-1.645\delta_f)$$

式中 μ_f、σ_f 及 δ_f 分别为材料强度的平均值、标准差及变异系数。

当材料强度增加对结构性能不利时，必要时可取高分位值。

6.1.5 岩土性能参数的标准值当有可能采用可靠性估值时，可根据区间估计理论确定，单侧置信界限值由式

$$f_k = \mu_f\left(1 \pm \frac{t_\alpha}{\sqrt{n}}\delta_f\right)$$ 求得，式中 t_α 为学生氏函数，按置信度 $1-\alpha$ 和样本容量 n 确定。

6.2 几 何 参 数

6.2.1 结构的某些几何参数，例如梁跨和柱高，其变异性一般对结构抗力的影响很小，设计时可按确定量考虑。

7 结构分析和试验辅助设计

7.1 一 般 规 定

7.1.1~7.1.3 结构分析是确定结构上作用效应的过程，结构上的作用效应是指在作用影响下的结构反应，包括构件截面内力（如轴力、剪力、弯矩、扭矩）以及变形和裂缝。

在结构分析中，宜考虑环境对材料、构件和结构性能的影响，如湿度对木材强度的影响，高温对钢结构性能的影响等。

7.2 结 构 模 型

7.2.1 建立结构分析模型一般都要对结构原型进行适当简化，考虑决定性因素，忽略次要因素，并合理考虑构件及其连接，以及构件与基础间的力-变形关系等因素。

7.2.2 一维结构分析模型适用于结构的某一维尺寸（长度）比其他两维大得多的情况，或结构在其他两维方向上的变化对结构分析结果影响很小的情况，如连续梁；二维结构分析模型适用于结构的某一维尺寸比其他两维小得多的情况，或结构在某一维方向上的变化对分析结果影响很小的情况，如平面框架；三维结构分析模型适用于结构中没有一维尺寸显著大于或小于其他两维的情况。

7.2.4 在许多情况下，结构变形会引起几何参数名义值产生显著变异。一般称这种变形效应为几何非线性或二阶效应。如果这种变形对结构性能有重要影响，原则上应与结构的几何不完整性一样在设计中加以考虑。

7.2.5 结构分析模型描述各有关变量之间在物理上或经验上的关系。这些变量一般是随机变量。计算模型一般可表达为：

$$Y = f(X_1, X_2, \cdots, X_n)$$

式中 Y——模型预测值；

$f(\cdot)$——模型函数；

$X_i \ (i=1, 2, \cdots, n)$——变量。

如果模型函数 $f(\cdot)$ 是完整、准确的，变量 $X_i(i=1,2,\cdots,n)$ 值在特定的试验中经量测已知，则结果 Y 可以预测无误；但多数情况下模型并不完整，这可能因为缺乏有关知识，或者为设计方便而过多简化造成的。模型预测值的试验结果 Y' 可以写成如下：

$$Y' = f'(X_1, X_2, \cdots, X_n, \theta_1, \theta_2, \cdots, \theta_n)$$

式中 θ_i $(i=1, 2, \cdots, n)$ 为有关参数，它包含着模型不定性，且按随机变量处理。在多数情况下其统计特性可通过试验或观测得到。

7.3 作 用 模 型

7.3.1 一个完善的作用模型应能描述作用的特性，如作用的大小、位置、方向、持续时间等。在有些情况下，还应考虑不同特性之间的相关性，以及作用与结构反应之间的相互作用。

在多数情况中，结构动态反应是由作用的大小、位置或方向的急剧变化所引起的。结构构件的刚度或抗力的突然改变，亦可能产生动态效应。当动态性能起控制作用时，需要比较详细的过程描述。动态作用的描述可以时间为主或以频率为主给出，依方便而定。为描述作用在时间变化历程中的各种不定性，可将作用描述为一个具有选定随机参数的时间非随机函数，或作为一个分段平稳的随机过程。

7.4 分 析 方 法

7.4.1、7.4.2 当结构的材料性能处于弹性状态时，一般可假定力与变形（或变形率）之间的相互关系是

线性的，可采用弹性理论进行结构分析，在这种情况下，分析比较简单，效率也较高；而当结构的材料性能处于弹塑性状态或完全塑性状态时，力与变形（或变形率）之间的相互关系比较复杂，一般情况下都是非线性的，这时宜采用弹塑性理论或塑性理论进行结构分析。

7.4.3 结构动力分析主要涉及结构的刚度、惯性力和阻尼。动力分析刚度与静力分析所采用的原则一致。尽管重复作用可能产生刚度的退化，但由于动力影响，亦可能引起刚度增大。惯性力是由结构质量、非结构质量和周围流体、空气和土壤等附加质量的加速度引起的。阻尼可由许多不同因素产生，其中主要因素有：

1　材料阻尼，例如源于材料的弹性特性或塑性特性；

2　连接中的摩擦阻尼；

3　非结构构件引起的阻尼；

4　几何阻尼；

5　土壤材料阻尼；

6　空气动力和流体动力阻尼。

在一些特殊情况下，某些阻尼项可能是负值，导致从环境到结构的能量流动。例如疾驰、颤动和在某些程度上的游涡所引起的反应。对于强烈地震时的动力反应，一般需要考虑循环能量衰减和滞回能量消失。

7.5　试验辅助设计

7.5.1、7.5.2　试验辅助设计（简称试验设计）是确定结构和结构构件抗力、材料性能、岩土性能以及结构作用和作用效应设计值的方法。该方法以试验数据的统计评估为依据，与概率设计和分项系数设计概念相一致。在下列情况下可采用试验辅助设计：

1　规范没有规定或超出规范适用范围的情况；

2　计算参数不能确切反映工程实际的特定情况；

3　现有设计方法可能导致不安全或设计结果过于保守的情况；

4　新型结构（或构件）、新材料的应用或新设计公式的建立；

5　规范规定的特定情况。

对于新技术、新材料等，在工程应用中应特别慎重，可能还有其他政策和规范要求，也应遵守。

8　分项系数设计方法

8.1　一般规定

8.1.1　尽管概率极限状态设计方法全部更新了结构可靠性的概念与分析方法，但提供给设计人员实际使用的仍然是分项系数设计表达方式，它与设计人员长期使用的表达形式相同，从而易于掌握。

概率极限状态设计方法必须以统计数据为基础，考虑到对各类工程结构所具有的统计数据在质与量二个方面都很有很大差异，在某些领域根本没有统计数据，因而规定当缺乏统计数据时，可以不通过可靠指标 β，直接按工程经验确定分项系数。

8.1.2　本条规定了各种基本变量设计值的确定方法。

1　作用的设计值 F_d 一般可表示为作用的代表值 F_r 与作用的分项系数 γ_F 的乘积。对可变作用，其代表值包括标准值、组合值、频遇值和准永久值。组合值、频遇值和准永久值可通过对可变作用标准值的折减来表示，即分别对可变作用的标准值乘以不大于1的组合值系数 ψ_c、频遇值系数 ψ_f 和准永久值系数 ψ_q。

工程结构按不同极限状态设计时，在相应的作用组合中对可能同时出现的各种作用，应采用不同的作用设计值 F_d，见表2：

表2　作用的设计值 F_d

极限状态	作用组合	永久作用	主导作用	伴随可变作用	公式
承载能力极限状态	基本组合	$\gamma_{G_i} G_{ik}$	$\gamma_{Q_1} \gamma_{L1} Q_{1k}$	$\gamma_{Q_j} \psi_{cj} \gamma_{Lj} Q_{jk}$	(8.2.4-1)
	偶然组合	G_{ik}	A_d	$(\psi_{f1}$ 或 $\psi_{q1}) Q_{1k}$ 和 $\psi_{qj} Q_{jk}$	(8.2.5-1)
	地震组合	G_{ik}	$\gamma_I A_{Ek}$	$\psi_{qj} Q_{jk}$	(8.2.6-1)
正常使用极限状态	标准组合	G_{ik}	Q_{1k}	$\psi_{cj} Q_{jk}$	(8.3.2-1)
	频遇组合	G_{ik}	$\psi_{f1} Q_{1k}$	$\psi_{qj} Q_{jk}$	(8.3.2-3)
	准永久组合	G_{ik}	—	$\psi_{qj} Q_{jk}$	(8.3.2-5)

作用分项系数 γ_F 的取值，应符合现行国家有关标准的规定。如对房屋建筑，γ_F 的取值为：不利时，$\gamma_G = 1.2$ 或 1.35，$\gamma_Q = 1.4$；有利时，$\gamma_G \leqslant 1.0$，$\gamma_Q = 0$。

8.2　承载能力极限状态

8.2.1　本条列出了四种承载能力极限状态，应根据四种状态性质的不同，采用不同的设计表达方式及与之相应的分项系数数值。

对于疲劳破坏，有些材料（如钢筋）的疲劳强度宜采用应力变程（应力幅）而不采用强度绝对值来表达。

8.2.2　式（8.2.2-1）中，S_d 包括荷载系数，R_d 包括材料系数（或抗力系数），这二类系数在一定范围内是可以互换的。

以房屋建筑结构中安全等级为二级、设计使用年限为50年的钢筋混凝土轴心受拉构件为例：

设永久作用标准值的效应 $N_{G_k} = 10kN$，可变作用标准值的效应 $N_{Q_k} = 20kN$，钢筋强度标准值 $f_{yk} = 400N/mm^2$，求所需钢筋面积 A_s。

方案1　取 $\gamma_G = 1.2$，$\gamma_Q = 1.4$，$\gamma_s = 1.1$，则由式（8.2.4-2），作用组合的效应设计值 N_d

$$= \gamma_G N_{G_k} + \gamma_{Q_k} N_{Q_k} = 1.2 \times 10 + 1.4 \times 20$$
$$= 40 (kN)，取 R_d = A_s f_{yk} / \gamma_s = N_d = 40$$
(kN)，则 $A_s = 40 \times 1.1 / (400 \times 0.001)$
$= 110 (mm^2)$。

方案2　取 $\gamma_G = 1.2 \times 1.1 / 1.2 = 1.1$，$\gamma_Q = 1.4 \times$
$1.1 / 1.2 = 1.283$，$\gamma_s = 1.1 / (1.1 / 1.2) =$
1.2，则由式(8.2.4-2)，作用组合的效
应 设 计 值 $N_d = \gamma_G N_{G_k} + \gamma_{Q_k} N_{Q_k} = 1.1 \times$
$10 + 1.283 \times 20 = 36.66 (kN)$，取 $R_d =$
$A_s f_{yk} / \gamma_s = N_d = 36.66 (kN)$，则 $A_s =$
$36.66 \times 1.2 / (400 \times 0.001) = 110 (mm^2)$。

方案1和方案2是完全等价的，用相同的钢筋截
面积承受相同的拉力设计值，安全度是完全相同的。

方案1的荷载系数及材料系数与国际及国内比较
靠近，而方案2则有明显差异。方案2不可取，不利
于各类工程结构之间的协调对比。

8.2.4　对基本组合，原标准只给出了用函数形式的
表达式，设计人员无法用作设计。《建筑结构可靠度
设计统一标准》GB 50068—2001给出了用显式的表达
式，设计人员可用作设计，但仅限于作用与作用效应
按线性关系考虑的情况，非线性关系时不适用。

本标准首次提出对各类工程结构、对线性与非线
性两种关系全部适用的，设计人员可直接采用的表
达式。

本标准对结构的重要性系数用 γ_0 表示，这与原
标准相同。

当结构的设计使用年限与设计基准期不同时，应
对可变作用的标准值进行调整，这是因为结构上的各
种可变作用均是根据设计基准期确定其标准值的。以
房屋建筑为例，结构的设计基准期为50年，即房屋
建筑结构上的各种可变作用的标准值取其50年一遇
的最大值分布上的"某一分位值"，对设计使用年限
为100年的结构，要保证结构在100年时具有设计要
求的可靠度水平，理论上要求结构上的各种可变作用
应采用100年一遇的最大值分布上的相同分位值作为
可变作用的"标准值"，但这种作法对同一种可变作
用会随设计使用年限的不同而有多种"标准值"，不
便于荷载规范表达和设计人员使用，为此，本标准首
次提出考虑结构设计使用年限的荷载调整系数 γ_L，
以设计使用年限100年为例，γ_L 的含义是在可变作
用100年一遇的最大值分布上，与该可变作用50年
一遇的最大值分布上标准值的相同分位值的比值，其
他年限可类推。在附录 A.1 中对房屋建筑结构给出
了 γ_L 的具体取值，设计人员可直接采用；对设计使
用年限为50年的结构，其设计使用年限与设计基准
期相同，不需调整可变作用的标准值，则取 γ_L
$= 1.0$。

永久荷载不随时间而变化，因而与 γ_L 无关。

当设计使用年限大于基准期时，除在荷载方面考

虑 γ_L 外，在抗力方面也需采取相应措施，如采用较
高的混凝土强度等级、加大混凝土保护层厚度或对钢
筋作涂层处理等，使结构在更长的时间内不致因材料
劣化而降低可靠度。

8.2.5　偶然作用的情况复杂，种类很多，因而对偶
然组合，原标准只用文字作简单叙述，本标准给出了
偶然组合效应设计值的表达式，但未能统一选定式
(8.2.5-1) 或式 (8.2.5-2) 中用 ψ_{f1} 或 ψ_{q1}，有关的设
计规范应予以明确。

8.2.6　各类工程结构都会遭遇地震，很多结构是由
抗震设计控制的。目前我国地震作用的取值标准在各
类工程结构之间相差很大，需加以协调。

国内外对地震作用的研究，今天已发展到可统计
且有统计数据了。可以给出不同重现期的地震作用，
根据地震作用不同的取值水平提出对结构相应的性能
要求，这和现在无法统计或没有统计数据的偶然作用
显然不同。将地震设计状况单独列出的客观条件已经
具备，列出这一状况有利于各类工程结构抗震设计的
统一协调与发展。

对房屋建筑而言，式 (8.2.6-1) 中地震作用的取
值标准由重现期为50年的地震作用即多遇地震作用，
提高到重现期为475年的地震作用即基本烈度地震作
用 (后者的地震加速度约为前者的3倍)，作为选定截
面尺寸和配筋量的依据，其目的绝不是要普遍提高地
震设防水平，普遍增加材料用量，而是要将对结构抗
震至关重要的结构体系延性作为抗震设计的重要参数，
使设计合理。

结构在基本烈度地震作用下已处于弹塑性阶段，
结构体系延性高，耗能能力强，可大幅度降低结构按
弹性分析所得出的地震作用效应，鼓励设计人员设计
出高延性的结构体系，降低地震作用效应，缩小截
面，减少资源消耗。

上述做法在国际上是通用的，在有关标准规范中
均有明确规定。国际标准《结构上的地震作用》ISO
3010，规定了结构系数 (structural factor) k_D；欧洲
规范《结构抗震设计》EN 1998，规定了性能系数
(behaviour factor) q；美国规范《国际建筑规范》
IBC 及《建筑荷载规范》ASCE7，规定了反应修正系
数 (response modification coefficient) R，这些系数
虽然名称不同、符号各异，但含义类似。采用这些系
数后，在设计基本地震加速度相同的条件下，可使延
性高的结构体系与延性低的结构体系相比，大幅度降
低结构承载力验算时的地震力。

式 (8.2.6-1) 中的地震作用重要性系数 γ_I 与式
(8.2.2-1) 中的结构重要性系数 γ_0 不应同时采用。
在房屋建筑中，将量大面广的丙类建筑 γ_I 取值为
1.0，对甲类、乙类建筑 γ_I 取大于1。

γ_I 与第8.2.4条说明中 γ_L 的含义类似。假设对
甲类建筑采用重现期为2500年的地震，则对甲类建

筑的 γ_I，含义就是 2500 年一遇的地震作用与 475 年一遇的地震作用的比值。

8.3 正常使用极限状态

8.3.1 对承载能力极限状态，安全与失效之间的分界线是清晰的，如钢材的屈服、混凝土的压坏、结构的倾覆、地基的滑移，都是清晰的物理现象。对正常使用极限状态，能正常使用与不能正常使用之间的分界线是模糊的，难以找到清晰的物理现象，区分正常与不正常，在很大程度上依靠工程经验确定。

8.3.2 列出了三种组合，来源于《结构可靠性总原则》ISO 2394 和《结构设计基础》EN 1990。

正常使用极限状态的可逆与不可逆的划分很重要。如不可逆，宜用标准组合；如可逆，宜用频遇组合或准永久组合。

可逆与不可逆不能只按所验算构件的情况确定，而且需要与周边构件联系起来考虑。以钢梁的挠度为例，钢梁的挠度本身当然是可逆的，但如钢梁下有隔墙，钢梁与隔墙之间又未作专门处理，钢梁的挠度会使隔墙损坏，则仍被认为是不可逆的，应采用标准组合进行设计验算；如钢梁的挠度不会损坏其他构件（结构的或非结构的），只影响到人的舒适感，则可采用频遇组合进行设计验算；如钢梁的挠度对各种性能要求均无影响，只是个外观问题，则可采用准永久组合进行设计验算。

附录 A　各类工程结构的专门规定

A.1　房屋建筑结构的专门规定

A.1.2 房屋建筑结构取设计基准期为 50 年，即房屋建筑结构的可变作用取值是按 50 年确定的。

A.1.3 根据《建筑结构可靠度设计统一标准》GB 50068—2001 给出了各类房屋建筑结构的设计使用年限。

A.1.4 表 A.1.4 中规定的房屋建筑结构构件持久设计状况承载能力极限状态设计的可靠指标，是以建筑结构安全等级为二级时延性破坏的 β 值 3.2 作为基准，其他情况下相应增减 0.5。可靠指标 β 与失效概率运算值 p_f 的关系见表 3：

表 3　可靠指标 β 与失效概率运算值 p_f 的关系

β	2.7	3.2	3.7	4.2
p_f	3.5×10^{-3}	6.9×10^{-4}	1.1×10^{-4}	1.3×10^{-5}

表 A.1.4 中延性破坏是指结构构件在破坏前有明显的变形或其他预兆；脆性破坏是指结构构件在破坏前无明显的变形或其他预兆。

表 A.1.4 中作为基准的 β 值，是根据对 20 世纪

70 年代各类材料结构设计规范校准所得的结果并经综合平衡后确定的，表中规定的 β 值是房屋建筑各种材料结构设计规范应采用的最低值。

表 A.1.4 中规定的 β 值是对结构构件而言的。对于其他部分如连接等，设计时采用的 β 值，应由各种材料的结构设计规范另作规定。

目前由于统计资料不够完备以及结构可靠度分析中引入了近似假定，因此所得的失效概率 p_f 及相应的 β 尚非实际值。这些值是一种与结构构件实际失效概率有一定联系的运算值，主要用于对各类结构构件可靠度作相对的度量。

A.1.5 为促进房屋使用性能的改善，根据《结构可靠性总原则》ISO 2394：1998 的建议，结合国内近年来对我国建筑结构构件正常使用极限状态可靠度所作的分析研究成果，对结构构件正常使用的可靠度作出了规定。对于正常使用极限状态，其可靠指标一般应根据结构构件作用效应的可逆程度选取：可逆程度较高的结构构件取较低值；可逆程度较低的结构构件取较高值，例如《结构可靠性总原则》ISO 2394：1998 规定，对可逆的正常使用极限状态，其可靠指标取为 0；对不可逆的正常使用极限状态，其可靠指标取为 1.5。

不可逆极限状态指产生超越状态的作用被卸除后，仍将永久保持超越状态的一种极限状态；可逆极限状态指产生超越状态的作用被卸除后，将不再保持超越状态的一种极限状态。

A.1.6 为保证以永久荷载为主结构构件的可靠指标符合规定值，根据《建筑结构可靠度设计统一标准》GB 50068—2001 的规定，式（A.1.6-1）与式（8.2.4-1）同时使用，式（A.1.6-1）对以永久荷载为主的结构起控制作用。

A.1.7 结构重要性系数 γ_0 是考虑结构破坏后果的严重性而引入的系数，对于安全等级为一级和三级的结构构件分别取不小于 1.1 和 0.9。可靠度分析表明，采用这些系数后，结构构件可靠指标值较安全等级为二级的结构构件分别增减 0.5 左右，与表 A.1.4 的规定基本一致。考虑不同投资主体对建筑结构可靠度的要求可能不同，故允许结构重要性系数 γ_0 分别取不应小于 1.1、1.0 和 0.9。

A.1.8 对永久荷载系数 γ_G 和可变荷载系数 γ_Q 的取值，分别根据对结构构件承载能力有利和不利两种情况，作出了具体规定。

在某些情况下，永久荷载效应与可变荷载效应符号相反，而前者对结构承载能力起有利作用。此时，若永久荷载分项系数仍取同号效应时相同的值，则结构构件的可靠度将严重不足。为了保证结构构件具有必要的可靠度，并考虑到经济指标不致波动过大和应用方便，规定当永久荷载效应对结构构件的承载能力有利时，γ_G 不应大于 1.0。

荷载分项系数系按下列原则经优选确定的：在各种荷载标准值已给定的前提下，要选取一组分项系数，使按极限状态设计表达式设计的各种结构构件具有的可靠指标与规定的可靠指标之间在总体上误差最小。在定值过程中，原《建筑结构设计统一标准》GBJ 68—84 对钢、薄钢、钢筋混凝土、砖石和木结构选择了 14 种有代表性的构件，若干种常遇的荷载效应比值（可变荷载效应与永久荷载效应之比）以及 3 种荷载效应组合情况（恒荷载与住宅楼面活荷载、恒荷载与办公楼楼面活荷载、恒荷载与风荷载）进行分析，最后确定，在一般情况下采用 $\gamma_G = 1.2$，$\gamma_Q = 1.4$，国标《建筑结构可靠度设计统一标准》GB 50068—2001 对以永久荷载为主的结构，又补充了采用 $\gamma_G = 1.35$ 的规定，本标准继续采用。

A.1.9 对设计使用年限为 100 年和 5 年的结构构件，通过考虑结构设计使用年限的荷载调整系数 γ_L 对可变荷载取值进行调整。

A.2 铁路桥涵结构的专门规定

A.2.1～A.2.3 依据国内外有关标准，规定了铁路桥涵结构的安全等级和设计使用年限。铁路桥涵结构的设计基准期选择与结构设计使用年限相同量级为 100 年，作为确定桥梁结构上可变作用最大值概率分布的时间参数。在结构设计基准期内可变作用重现期为 100 年的超越概率为 63.2%，年超越概率为 1%。

A.2.4 根据第 4.3.2 条，桥梁结构承载能力极限状态设计采用荷载（作用）的基本组合和偶然组合，地震组合表达形式与偶然组合相同。根据对现行桥规各类结构标准设计的校准优化确定结构目标可靠指标 β_t，采用《结构可靠性总原则》ISO 2394：1998 附录 E.7.2 基于校准的分项系数方法优化确定桥梁结构承载能力极限状态设计组合的分项系数，使各类组合的结构可靠指标 β 接近所选定的目标可靠指标 β_t。

假设分项系数模式表达式为：

$$g\left(\frac{f_{k1}}{\gamma_{m1}}, \frac{f_{k2}}{\gamma_{m2}}, \cdots, \gamma_{f1}F_{k1}, \gamma_{f2}F_{k2}, \cdots\right) \geqslant 0$$

式中　f_{ki}——材料 i 的强度标准值；

　　　γ_{mi}——材料 i 的分项系数；

　　　F_{kj}——荷载（作用）j 的标准值；

　　　γ_{fj}——荷载（作用）j 的分项系数。

选定的分项系数组（γ_{m1}，γ_{m2}，…，γ_{f1}，γ_{f2}，…）设计的结构构件的可靠指标 β_k 使聚集的偏差 D 为最小：

$$D = \sum_{k=1}^{n}\left[\beta_k(\gamma_{mi}, \gamma_{fj}) - \beta_t\right]^2 \to \min$$

β_k 可以选定为桥梁结构中权重系数最大的结构可靠指标。

A.2.5 根据第 4.3.3 条，桥梁结构正常使用极限状态设计采用荷载（作用）标准组合，其分项系数根据

与现行桥规（容许应力法）采用相同的荷载（作用）设计值确定。

A.2.6 铁路桥涵结构正常使用极限状态设计，对不同线路等级、运行速度和桥梁类型提出不同的限值要求，且随着列车运营速度的不断提高，要求越来越严格。对桥梁变形（竖向和横向）和振动的限值要求以保证列车运行的安全和乘坐舒适度，保证结构材料的受力特性在弹性范围内，对桥梁裂缝宽度限值要求保证桥梁结构的耐久性。目前铁道部已颁布的行业标准以《铁路桥涵设计基本规范》TB 10002.1—2005 为基准，适用于铁路网中客货列车共线运行、旅客列车设计行车速度小于或等于 160km/h，货物列车设计行车速度小于或等于 120km/h 的 I、II 级标准轨距铁路桥涵设计；以《新建时速 200 公里客货共线铁路设计暂行规定》（铁建设函〔2005〕285 号）、《新建时速 200～250 公里客运专线铁路设计暂行规定》（铁建设〔2005〕140 号）、《京沪高速铁路设计暂行规定》（铁建设〔2004〕157 号）为补充，分别制定出适用于不同速度等级客货共线和客运专线的限制规定，以满足列车运行的安全性和舒适性。

A.2.7 铁路桥梁结构承受较大的列车动力活载的反复作用，对焊接或非焊接的受拉或拉压钢结构构件及混凝土受弯构件应进行疲劳承载能力验算，以满足结构设计使用年限的要求。根据对不同运量等级线路调查，测试统计分析制定出典型疲劳列车及标准荷载效应比频谱，把桥梁构件承受的变幅重复应力转换为等效等幅重复应力，并考虑结构模型、结构构造、线路数量及运量的影响系数，应满足结构构件或细节的 200 万次疲劳强度设计值要求。现行《铁路桥梁钢结构设计规范》TB 10002.2—2005 第 3.2.7 条表 3.2.7-1、表 3.2.7-2 分别规定出各种构件或连接的疲劳容许应力幅、构件或连接基本形式及疲劳容许应力幅类别用以钢结构构件或细节的疲劳容许应力验算。

A.3 公路桥涵结构的专门规定

A.3.2 公路桥涵结构的设计基准期为 100 年，以保持和现行的公路行业标准采用的时间域一致。

施于桥梁上的可变荷载是随时间变化的，所以它的统计分析要用随机过程概率模型来描述。随机过程所选择的时间域即为基准期。在承载能力极限状态可靠度分析中，由于采用了以随机变量概率模型表达的一次二阶矩法，可变荷载的统计特征是以设计基准期内出现的荷载最大值的随机变量来代替随机过程进行统计分析。《公路工程结构可靠度设计统一标准》GB/T 50283—1999 确定公路桥涵结构的设计基准期为 100 年，是因为公路桥涵的主要可变荷载汽车、人群等，按其设计基准期内最大值分布的 0.95 分位值所取标准值，与原规范的规定值相近。这样，就可避免公路桥涵在荷载取值上过大变动，保持结构设计的

连续性。

A.3.3 表 A.3.3 所列设计使用年限，是在总结以往实践经验，考虑设计、施工和维护的难易程度，以及结构一旦失效所造成的经济损失和对社会、环境的影响基础上确定的；通过广泛征求意见得到认可。表中所列特大桥、大桥、中桥、小桥是指《公路工程技术标准》JTG B01—2003 规定的单孔跨径，而非多孔跨径总长。在设计使用年限内，桥涵主体结构在正常施工和使用条件下，必须完成预定的安全性、耐久性和适用性功能的要求。对于桥涵附属的、可更换的构件不在本条规定之列，它们的设计使用年限可根据该构件所用材料、具体使用条件另行规定。

A.3.4 本条列出了公路桥涵结构承载能力极限状态设计有关作用组合的设计表达式，规定分为基本组合和偶然组合两种情况。

1 公式（A.3.4-1）为基本组合中作用设计值名义上的组合；公式（A.3.4-2）为作用设计值效应的组合。后者是结构设计所需要的。

上述作用设计值效应的组合原则是：首先把永久作用效应与主导可变作用效应（公路桥涵一般为汽车作用效应）组合；然后再与其他伴随可变作用效应组合，在该组合前面乘以组合值系数。这样的组合原则顺应于目标可靠指标—结构设计依据的运算方法和作用组合方式。应该指出，结构可靠指标和永久作用与可变作用的比值有关，为了使运算不过于复杂化，在"标准"计算可靠指标时，采用了永久作用（结构自重）效应与主导可变作用（汽车）效应的最简单组合，通过一系列运算后判断确定了目标可靠指标。所以，公路工程结构有关统一标准中给出的可靠指标 β 值是在作用效应最简单基本组合下给出的。当多个可变作用参与组合时，将影响原先确定的可靠指标值，因而需要引入组合值系数 ψ_c，对伴随可变作用标准值进行折减，这样所得最终作用效应组合表达式，可使原定可靠指标保持不变。

以上公式中的作用分项系数，可变作用的组合系数可在确定的目标可靠指标下，通过优化运算确定，或根据工程经验确定。

2 公路桥梁的偶然作用包括船舶撞击、汽车撞击等，在偶然组合中作为主导作用。由于偶然作用出现的概率很小，持续的时间很短，所以不能有两个偶然作用同时参与组合。组合中除永久作用（一般不考虑混凝土收缩及徐变作用）和偶然作用外，根据具体情况还可采用其他可变作用代表值，当缺乏观测调查资料时，可取用可变作用频遇值或准永久值。

A.3.5 现行公路桥涵有关规范中，应用于正常使用极限状态设计的作用组合，规定采用作用的频遇组合和准永久组合。参照国际标准《结构可靠性总原则》ISO 2394：1998，新增了作用的标准组合。

A.3.6 公路桥涵结构重要性系数仍采用《公路桥涵

设计通用规范》JTG D60—2004 第 4.1.6 条的规定值。

A.3.7 公路桥涵结构永久作用的分项系数采用了《公路桥涵设计通用规范》JTG D60—2004 第 4.1.6 条的规定值。

本附录暂未规定考虑结构设计使用年限的荷载调整系数的具体取值，它需要在修编行业标准和规范时开展研究工作并规定具体的设计取值。

A.4 港口工程结构的专门规定

A.4.1 将安全等级为三级的结构具体化，即为临时性结构，如港口工程的临时护岸、围堰。永久性港工结构安全等级为一级或二级，如集装箱干线港的大型集装箱码头结构、大型原油码头而附近又没有可替代的港口工程、液化天然气码头结构等可按安全等级为一级设计。大量的一般港口工程结构的安全等级为二级，既足够安全也是经济合理的。

A.4.2 与《港口工程结构可靠度设计统一标准》GB 50158—92 保持相同。

A.4.3 随着各种防腐蚀技术的成熟、可靠及高性能、高耐久混凝土的广泛应用，根据《港口工程结构设计使用年限调查专题研究》，从混凝土材料的耐久性方面，重力式、板桩码头正常使用情况下，使用年限可以达到 50a 以上，按高性能混凝土设计、施工的海港高桩码头结构，使用年限可以达到 50a 以上。考虑港口工程结构的造价在整个港口工程的总投资的比例平均为 20% 左右，永久性港口建筑物的设计使用年限为 50a 是合理的。

A.4.4 给出的可靠指标是根据对港口工程结构可靠度校准结果确定的，在设计中可作为可靠指标的下限值采用。

土坡及地基稳定由于抗力变异性较大，防波堤水平波浪力和波浪浮托力相关性强，因此其可靠指标值较低。

A.4.5、A.4.6 根据本标准第 8 章的原则，反映港口工程结构的特点，并与港口工程各结构规范相协调。

A.4.7～A.4.10 在港口工程结构设计中，设计水位是一个相当重要而又比较复杂的问题。对于承载能力极限状态的持久组合，海港工程规定了 5 种水位，河港工程规定了 3 种水位；对于承载能力极限状态的短暂组合，海港工程规定了 3 种水位；河港工程规定了 2 种水位，比《港口工程结构可靠度设计统一标准》GB 50158—92 又增加了施工期间某一不利水位。海港工程和河港工程均需要考虑地下水位的影响。

需要提出注意的是，设计高水位、设计低水位、极端高水位和极端低水位都是设计水位。

A.4.11 重要性系数在标准中是考虑结构破坏后果的严重性而引入的系数，称为结构重要性系数，根据

《港口工程结构安全等级研究报告》，本次修订维持安全等级为一、二、三级的结构重要性系数分别取1.1、1.0和0.9。可靠度分析表明，采用这些系数后，安全等级相差1级，结构可靠指标相差0.5左右。考虑不同投资主体对港口结构可靠度的要求可能不同，故允许根据自然条件、维护条件、使用年限和特殊要求等对重要性系数 γ_0 进行调整，但安全等级不变。结构安全等级为一、二、三级的 γ_0 分别不应小于1.1、1.0和0.9。

A.4.12 为使作用分项系数统一和便于设计人员采用，表中给出了港口工程结构设计的主要作用的分项系数；抗倾、抗滑稳定计算时的波浪力作用分项系数由相关结构规范给出。

对永久作用和可变作用的分项系数，分别根据对结构承载能力有利和不利两种情况，做出了具体规定。

对于以永久作用为主（约占50%）的结构，为使结构的可靠指标满足第A.4.4条的要求，永久作用的分项系数应增大为不小于1.3。

当两个可变作用完全相关时，应根据总的作用效应有利或不利选用分项系数。对结构承载能力有利时取为0，对结构承载能力不利时，两个完全相关的可变作用应取相同作用的分项系数。

附录 B 质量管理

B.1 质量控制要求

B.1.1 材料和构件的质量可采用一个或多个质量特征来表达，例如，材料的试件强度和其他物理力学性能以及构件的尺寸误差等。为了保证结构具有预期的可靠度，必须对结构设计、原材料生产以及结构施工提出统一配套的质量水平要求。材料与构件的质量水平可按结构构件可靠指标 β 近似地确定，并以有关的统计参数来表达。当荷载的统计参数已知后，材料与构件的质量水平原则上可采用下列质量方程来描述：

$$q(\mu_f, \delta_f, \beta, f_k) = 0$$

式中 μ_f 和 δ_f 为材料和构件的某个质量特征 f 的平均值和变异系数，β 为规范规定的结构构件可靠指标。

应当指出，当按上述质量方程确定材料和构件的合格质量水平时，需以安全等级为二级的典型结构构件的可靠指标为基础进行分析。材料和构件的质量水平要求，不应随安全等级而变化，以便于生产管理。

B.1.2 材料的等级一般以材料强度标准值划分。同一等级的材料采用同一标准值。无论天然材料还是人工材料，对属于同一等级的不同产地和不同厂家的材料，其性能的质量水平一般不宜低于可靠指标 β 的要求。按本标准制定质量要求时，允许各有关规范根据

材料和构件的特点对此指标稍作增减。

B.1.6 材料及构件的质量控制包括两种，其中生产控制属于生产单位内部的质量控制；合格控制是在生产单位和用户之间进行的质量控制，即按统一规定的质量验收标准或双方同意的其他规则进行验收。

在生产控制阶段，材料性能的实际质量水平应控制在规定的合格质量水平之上。当生产有暂时性波动时，材料性能的实际质量水平亦不得低于规定的极限质量水平。

B.1.7 由于交验的材料和构件通常是大批量的，而且很多质量特征的检验是破损性的，因此，合格控制一般采用抽样检验方式。对于有可靠依据采用非破损检验方法的，必要时可采用全数检验方式。

验收标准主要包括下列内容：

1 批量大小——每一交验批中材料或构件的数量；

2 抽样方法——可为随机的或系统的抽样方法；系统的抽样方法是指抽样部位或时间是固定的；

3 抽样数量——每一交验批中抽取试样的数量；

4 验收函数——验收中采用的试样数据的某个函数，例如样本平均值、样本方差、样本最小值或最大值等；

5 验收界限——与验收函数相比较的界限值，用以确定交验批合格与否。

当前在材料和构件生产中，抽样检验标准多数是根据经验来制定的。其缺点在于没有从统计学观点合理考虑生产方和用户方的风险率或其他经济因素，因而所规定的抽样数量和验收界限往往缺乏科学依据，标准的松严程度也无法相互比较。

为了克服非统计抽样检验方法的缺点，本标准规定宜在统计理论的基础上制定抽样质量验收标准，以使达不到质量要求的交验批基本能判为不合格，而已达到质量要求的交验批基本能判为合格。

B.1.8 现有质量验收标准形式很多，本标准系按下述原则考虑：

对于生产连续性较差或各批间质量特征的统计参数差异较大的材料和构件，很难使产品批的质量基本维持在合格质量水平之上，因此必须按控制用户方风险率制定验收标准。此时，所涉及的极限质量水平，可按各类材料结构设计规范的有关要求和工程经验确定，与极限质量水平相应的用户风险率，可根据有关标准的规定确定。

对于工厂内成批连续生产的材料和构件，可采用计数或计量的调整型抽样检验方案。当前可参考国际标准《计数检验的抽样程序》ISO 2859（Sampling procedures for inspection by attributes）及《计量检验的抽样程序》ISO 3951（Sampling procedures for inspection by variables）制定合理的验收标准和转换规则。规定转换规则主要是为了限制劣质产品出厂，促

进提高生产管理水平；此外，对优质产品也提供了减少检验费用的可能性。考虑到生产过程可能出现质量波动，以及不同生产单位的质量可能有差别，允许在生产中对质量验收标准的松严程度进行调整。当产品质量比较稳定时，质量验收标准通常可按控制生产方的风险率来制定。此时所涉及的合格质量水平，可按规范规定的结构构件可靠指标 β 来确定。确定生产方的风险率时，应根据有关标准的规定并考虑批量大小、检验技术水平等因素确定。

B.1.9 当交验的材料或构件按质量验收标准检验判为不合格时，并不意味着这批产品一定不能使用，因为实际上存在着抽样检验结果的偶然性和试件的代表性等问题。为此，应根据有关的质量验收标准采取各种措施对产品作进一步检验和判定。例如，可以重新抽取较多的试样进行复查；当材料或构件已进入结构物时，可直接从结构中截取试件进行复查，或直接在结构物上进行荷载试验；也允许采用可靠的非破损检测方法并经综合分析后对结构作出质量评估。对于不合格的产品允许降级使用，直至报废。

B.2　设计审查及施工检查

B.2.1 结构设计的可靠性水平的实现是以正常设计、正常施工和正常使用为前提的，因此必须对设计、施工进行必要的审查和检查，我国有关部门和规范对此有明确规定，应予遵守。

国外标准对结构的质量管理十分重视，对设计审查和施工检查也有明确要求，如欧洲规范《结构设计基础》EN 1990：2002 主要根据结构的可靠性等级（类似于我国结构的安全等级）的不同设置了不同的设计监督和施工检查水平的最低要求。规定结构的设计监督分为扩大监督和常规监督，扩大监督由非本设计单位的第三方进行；常规监督由本单位该项目设计人之外的其他人员按照组织程序进行或由该项目设计人员进行自检。同样，结构的施工检查也分为扩大检查和常规检查，扩大检查由第三方进行；常规检查即按照组织程序进行或由该项目施工人员进行自检。

附录 C　作用举例及可变作用代表值的确定原则

C.1　作　用　举　例

在作用的举例中，第 C.1.2 条中的地震作用和第 C.1.3 条中的撞击既可作为可变作用，也可作为偶然作用，这完全取决于业主对结构重要性的评估，对一般结构，可以按规定的可变作用考虑。由于偶然作用是指在设计使用年限内很不可能出现的作用，因而对重要结构，除了可采用重要性系数的办法以提高安全

度外，也可以通过偶然设计状况将作用按量值较大的偶然作用来考虑，其意图是要求一旦出现意外作用时，结构也不至于发生灾难性的后果。

对于一般结构的设计，可以采用当地的地震烈度按规范规定的可变作用来考虑，但是对于重要结构，可提高地震烈度，按偶然作用的要求来考虑；同样，对结构的撞击，也应该区分问题的普遍性和特殊性，将经常出现的撞击和偶尔发生的撞击加以区分，例如轮船停靠码头时对码头结构的撞击就是经常性的，而车辆意外撞击房屋一般是偶发的。欧洲规范还规定将雪荷载也可按偶然作用考虑，以适应重要结构一旦遭遇意外的大雪事件的设计需要。

C.2　可变作用代表值的确定原则

C.2.1　可变作用的标准值

可变作用的概率模型，为了便于分析，经常被简化为平稳二项随机过程的模型，这样，关于它在设计基准期内的最大值就可采用经过简化后的随机变量来描述。

可变作用的标准值通常是根据它在设计基准期内最大值的统计特征值来确定，常用的特征值有平均值、中值和众值。对大多数可变作用在设计基准期内最大值的统计分布，都可假定它为极值Ⅰ型（Gumbel）分布。当作用为风、雪等自然作用时，其在设计基准期内最大值按传统都采用分布的众值，也即概率密度最大的值作为标准值。对其他可变作用，一般也都是根据传统的取值，必要时也可取用较高的分位值，例如传统的地震烈度，它是相当于设计基准期为50年最大烈度分布的 90％ 的分位值。

通过重现期 T_R 来表达可变作用的标准值水平，有时比较方便，尤其是对自然作用，公式（C.2.1-5）给出作用的标准值和重现期的关系。当重现期有足够大时（一般在 10 年以上），对重现期 T_R、与分位值对应的概率 p 和确定标准值的设计基准期 T 还存在公式（C.2.1-6）的近似关系。

C.2.2　可变作用的频遇值

由于可变作用的标准值表征的是作用在设计基准期内的最大值，因此在按承载能力极限状态设计时，经常是以其标准值为设计代表值。但是在按正常使用极限状态设计时，作用的标准值有时很难适应正常使用的设计要求，例如在房屋建筑适用性要求中，短暂时间内超越适用性限值往往是可以被允许的，此时以作用的标准值为设计代表值，就显得与实际要求不相符合了；在有些正常使用极限状态设计中，涉及的是影响构件性能的恶化（耐久性）问题，此时在设计基准期内的超越作用某个值的次数往往是关键的参数。

可变作用的频遇值就是在上述意义上通常的一种代表值，理论上可以根据不同要求按附录提供的原理来确定，而实际上，目前在设计中还少有应用，只是

在个别问题中得到采用，而且在取值上大多也是根据经验。

C.2.3 可变作用的准永久值

可变作用的准永久值是表征其经常在结构上存在的持久部分，它主要是在考察结构长期的作用效应时所必需的作用代表值，也即相当于在以往结构设计中的所谓长期作用的取值。

对可变作用，当在结构上经常出现的持久部分能够明显识别时，我们可以通过数据的汇集和统计来确定；而对于不易识别的情况，我们可以参照确定频遇值的原则，按作用值被超越的总持续时间与设计基准期的比率取0.5的规定来确定，这也表明在设计基准期一半的时间内它被超越，而另一半时间内它不被超越，当可变作用可以认为是各态历经的随机过程，准永久值就相当于作用在设计基准期内的均值。

C.2.4 可变作用的组合值

按本标准对可变作用组合值的定义，它是指在设计基准期内使组合后的作用效应值的超越概率与该作用单独出现时的超越概率一致的作用值，或组合后使结构具有规定可靠指标的作用值。

早在国际标准《结构可靠性总原则》ISO 2394 第 2 版（1986）附录 B 中，已经提供了确定基本变量设计值的原理及简化规则；在第 3 版（1998）附录 E.6 中依旧保留该设计值方法的内容。

在一阶可靠度方法（FORM）中，基本变量 X_i 的设计值 X_{id} 与变量统计参数和所假设的分布类型、对有关的极限状态和设计状况的目标可靠指标 β 以及按在 FORM 中定义的灵敏度系数 α_i 有关。对变量 X_i 有任意分布 $F(X_i)$ 的设计值 X_{id} 可由下式给出：

$$F(X_{id}) = \Phi(-\alpha_i\beta)$$

在按 FORM 分析时，灵敏度系数具有下述性质，即：

$$-1 \leqslant \alpha_i \leqslant 1 \quad \text{和} \quad \sum \alpha_i^2 = 1$$

灵敏度的计算在原则上将经过多次迭代而带来不便，但是根据经验制定一套取值的规则，即对抗力的主导变量，取 $\alpha_{Ri}=0.8$，抗力的其他变量，取 $\alpha_{Ri}=0.8\times0.4=0.32$；对作用的主导变量，取 $\alpha_{Si}=-0.7$，作用的其他伴随变量，取 $\alpha_{Si}=-0.7\times0.4=-0.28$。只要 $0.16<\sigma_{Si}/\sigma_{Ri}<6.6$，由于简化带来的误差是可接受的，而且还都是偏保守的。

附录按此原理给出作用组合值系数的近似公式，并且对多数情况采用极值Ⅰ型的作用，还给出相应的计算公式。

附录 D 试验辅助设计

D.3 单项性能指标设计值的统计评估

D.3.2 标准值单侧容限系数 k_{nk} 计算。

1 单项性能指标 X 的变异系数 δ_x 值可通过试验结果按下列公式计算：

$$\sigma_x^2 = \frac{1}{n-1}\sum_{i=1}^{n}(x_i-m_x)^2$$

$$m_x = \frac{1}{n}\sum_{i=1}^{n}x_i$$

$$\delta_x = \sigma_x/m_x$$

2 标准值单侧容限系数 k_{nk} 分"δ_x 已知"和"δ_x 未知"两种情况，可分别按下列公式计算：

$$k_{nk} = u_p\sqrt{1+\frac{1}{n}} \qquad (\delta_x\ \text{已知})$$

$$k_{nk} = t_{p,\upsilon}\sqrt{1+\frac{1}{n}} \qquad (\delta_x\ \text{未知})$$

式中
n——试验样本数量；

u_p——对应分位值 p 的标准正态分布函数自变量值，$P_\Phi\{x>u_p\}=p$，当分位值 $p=0.05$ 时，$u_p=1.645$；

$t_{p,\upsilon}$——自由度 $\upsilon=n-1$ 的 t 分布函数对应分位值 p 的自变量值，$P_t\{x>t_{p,\upsilon}\}=p$。

对于材料，一般取标准值的分位值 $p=0.05$，k_{nk} 值可由表 4 给出：

表 4 分位值 $p=0.05$ 时标准值单侧容限系数 k_{nk}

样本数 n	3	4	5	6	8	10	20	30	∞
δ_x 已知	1.90	1.84	1.80	1.78	1.75	1.73	1.69	1.67	1.65
δ_x 未知	3.37	2.63	2.34	2.18	2.01	1.92	1.77	1.73	1.65

D.3.3 在统计学中，有两大学派，一个是经典学派，另一个是贝叶斯（Bayesian）学派。贝叶斯学派的基本观点是：重要的先验信息是可能得到的，并且应该充分利用。贝叶斯参数估计方法的实质是以先验信息为基础，以实际观测数据为条件的一种参数估计方法。在贝叶斯参数估计方法中，把未知参数 θ 视为一个已知分布 $\pi(\theta)$ 的随机变量，从而将先验信息数学形式化，并加以利用。

1 m'、σ'、n' 和 υ' 为先验分布参数，一般可将先验信息理解为假定的先验试验结果：m' 为先验样本的平均值；σ' 为先验样本的标准差；n' 为先验样本数；υ' 为先验样本的自由度，$\upsilon'=\frac{1}{2\delta'^2}$，其中 δ' 为先验样本的变异系数。

2 当参数 $n'>0$ 时，取 $\delta(n')=1$；当 $n'=0$ 时，取 $\delta(n')=0$，此时存在如下简化关系：

$$n''=n,\ \upsilon''=\upsilon'+\upsilon$$

$$m''=m_x,\ \sigma''=\sqrt{\frac{(\sigma')^2\upsilon'+(\sigma_x)^2\upsilon}{\upsilon'+\upsilon}}$$

3 t 分布函数对应分位值 $p=0.05$ 的自变量值 $t_{p,v''}$，可由下表给出：

表 5 t 分布函数对应分位值 $p=0.05$ 的自变量值 $t_{p,v''}$

自由度 v''	2	3	4	5	7	10	20	30	∞
$t_{p,v''}$	2.93	2.35	2.13	2.02	1.90	1.81	1.72	1.70	1.65

附录 E 结构可靠度分析基础和可靠度设计方法

E.1 一 般 规 定

E.1.1 从概念上讲，结构可靠性设计方法分为确定性方法和概率方法，如图 1 所示。在确定性方法中，设计中的变量按定值看待，安全系数完全凭经验确定，属于早期的设计方法。概率方法分为全概率方法和一次可靠度方法（FORM）。

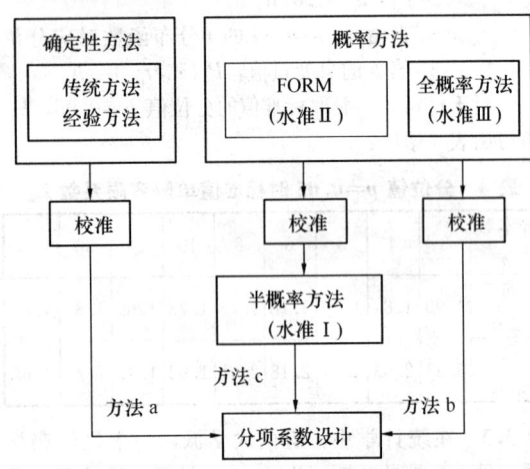

图 1 结构可靠性设计方法概况

全概率方法使用随机过程模型及更准确的概率计算方法，从原理上讲，可给出可靠度的准确结果，但因为通常缺乏统计数据及数值计算上的困难，设计规范的校准很少使用全概率方法。一次可靠度方法使用随机变量模型和近似的概率计算方法，与当前的数据收集情况及计算手段是相适应的，所以，目前国内外设计规范的校准基本都采用一次可靠度方法。

本附录说明了结构可靠度校准、直接用可靠指标进行设计的方法及用可靠度确定设计表达式中分项系数和组合值系数的方法。

本附录只适用于一般的结构，不包括特大型、高耸、长大及特种结构，也不包括由地震作用和由风荷载控制的结构。

E.1.2 进行结构可靠度分析的基本条件是建立结构的极限状态方程和确定基本随机变量的概率分布函数。功能函数描述了要分析结构的某一功能所处的状态；$Z>0$ 表示结构处于可靠状态；$Z=0$ 表示结构处于极限状态；$Z<0$ 表示结构处于失效状态。计算结构可靠度就是计算功能函数 $Z>0$ 的概率。概率分布函数描述了基本变量的随机特征，不同的随机变量具有不同的随机特征。

E.1.3 结构一般情况下会受到两个或两个以上可变作用的作用，如果这些作用不是完全相关，则同时达到最大值的概率很小，按其设计基准期内的最大值随机变量进行可靠度分析或设计是不合理的，需要进行作用组合。结构作用组合是一个比较复杂的问题，完全用数学方法解决很困难，目前国际上通用的是各种实用组合方法，所以工程上常用的是简便的组合规则。本条提供了两种组合规则，规则 1 为"结构安全度联合委员会"（JCSS）组合规则，规则 2 为 Turkstra 组合规则，这两种组合规则在国内外都得到广泛的应用。

E.2 结构可靠指标计算

E.2.1 结构可靠度的计算方法有多种，如一次可靠度方法（FORM）、二次可靠度方法（SORM）、蒙特卡洛模拟（Monte Carlo Simulation）方法等。本条推荐采用国内外标准普遍采用的一次可靠度方法，对于一些比较特殊的情况，也可以采用其他方法，如计算精度要求较高时，可采用二次可靠度方法，极限状态方程比较复杂时可采用蒙特卡洛方法等。

E.2.2 由简单到复杂，本条给出了 3 种情况的可靠指标计算方法。第 1 种情况用于说明可靠指标的概念；第 2 种情况是变量独立情况下可靠指标的一般计算公式；第 3 种情况是变量相关情况下可靠指标的一般计算公式，是对独立随机变量一次可靠度方法的推广，与独立变量一次可靠度方法的迭代计算步骤没有区别。迭代计算可靠指标的方法很多，下面是本附录建议的迭代计算步骤：

1 假定变量 X_1，X_2，$\cdots$，X_n 的验算点初值 $x_i^{*(0)}(i=1,2,\cdots,n)$ [一般可取 $\mu_{X_i}(i=1,2,\cdots,n)$]；

2 取 $x_i^* = x_i^{*(0)}(i=1,2,\cdots,n)$，按 (E.2.2-6)、(E.2.2-5) 式计算 $\sigma_{X'_i}$、$\mu_{X'_i}(i=1,2,\cdots,n)$；

3 按 (E.2.2-2) 式或 (E.2.2-7) 式计算 β；

4 按 (E.2.2-3) 式或 (E.2.2-8) 式计算 $\alpha_{X_i}(i=1,2,\cdots,n)$；

5 按 (E.2.2-4) 式计算 $x_i^*(i=1,2,\cdots,n)$；

6 如果 $\sqrt{\sum_{i=1}^{n}(x_i^* - x_i^{*(0)})^2} \leqslant \varepsilon$，其中 ε 为规定的误差，则本次计算的 β 即为要求的可靠指标，停止计算；否则取 $x_i^{*(0)} = x_i^*(i=1,2,\cdots,n)$ 转步骤 2 重新计算。

当随机变量 X_i 与 X_j 相关时，按上述方法迭代计算可靠指标，需要使用当量正态化变量 X_i' 与 X_j' 的相关系数 $\rho_{X_i' \cdot X_j'}$，本附录建议取变量 X_i 与 X_j 的相关系数 $\rho_{X_i \cdot X_j}$。这是因为当随机变量 X_i 与 X_j 的变异系数不是很大时（小于 0.3），$\rho_{X_i' \cdot X_j'}$ 与 $\rho_{X_i \cdot X_j}$ 相差不大。例如，如果 X_i 服从正态分布，X_j 服从对数正态分布，则有

$$\rho_{X_i \cdot \ln X_j} = \frac{\rho_{X_i \cdot X_j} \delta_{X_j}}{\sqrt{\ln(1+\delta_{X_j}^2)}}$$

如果 X_i 和 X_j 同服从正态分布，则有

$$\rho_{\ln X_i \cdot \ln X_j} = \frac{\ln(1+\rho_{X_i \cdot X_j} \delta_{X_i} \delta_{X_j})}{\sqrt{\ln(1+\delta_{X_i}^2)\ln(1+\delta_{X_j}^2)}}$$

如果 $\delta_{X_i} \leqslant 0.3$，$\delta_{X_j} \leqslant 0.3$，则有

$$\sqrt{\ln(1+\delta_{X_i}^2)} \approx \delta_{X_i}，\sqrt{\ln(1+\delta_{X_j}^2)} \approx \delta_{X_j}，\ln(1+\rho_{X_i \cdot X_j} \delta_{X_i} \delta_{X_j}) \approx \rho_{X_i \cdot X_j} \delta_{X_i} \delta_{X_j}$$

从而 $\rho_{X_i \cdot \ln X_j} \approx \rho_{X_i \cdot X_j}$，$\rho_{\ln X_i \cdot \ln X_j} \approx \rho_{X_i \cdot X_j}$。

当随机变量 X_i 与 X_j 服从其他分布时，通过 Nataf 分布可以求得 $\rho_{X_i' \cdot X_j'}$ 与 $\rho_{X_i \cdot X_j}$ 的近似关系，丹麦学者 Ditlevsen O 和挪威学者 Madsen HO 的著作 "Structural Reliability Methods" 列表给出了 X_i 与 X_j 不同分布时 $\rho_{X_i' \cdot X_j'}$ 与 $\rho_{X_i \cdot X_j}$ 比值的关系。当 X_i 与 X_j 的变异系数不超过 0.3 时，可靠指标计算中 $\rho_{X_i' \cdot X_j'}$ 取 $\rho_{X_i \cdot X_j}$ 是可以的。

另外，在一次可靠度理论中，对可靠指标影响最大的是平均值，其次是方差，再次才是协方差，所以将 $\rho_{X_i' \cdot X_j'}$ 取为 $\rho_{X_i \cdot X_j}$ 对计算结果影响不大，没有必要求 $\rho_{X_i' \cdot X_j'}$ 的准确值。

从数学上讲，对于一般的工程问题，一次可靠度方法具有足够的计算精度，但计算所得到的可靠指标或失效概率只是一个运算值，这是因为：

1 影响结构可靠性的因素不只是随机性，还有其他不确定性因素，这些因素目前尚不能通过数学方法加以分析，还需通过工程经验进行决策；

2 尽管我国编制各统一标准时对各种结构承受的作用进行过大量统计分析，但由于客观条件的限制，如数据收集的持续时间和数据的样本容量，这些统计结果尚不能完全反映所分析变量的统计规律；

3 为使可靠度计算简化，一些假定与实际情况不一定完全符合，如作用效应与作用的线性关系只是在一定条件下成立的，一些条件下是近似的，近似的程度目前尚难以判定。

尽管如此，可靠度方法仍然是一种先进的方法，它建立了结构失效概率的概念（尽管计算的失效概率只是一个运算值，但可用于相同条件下的比较），扩大了概率理论在结构设计中应用的范围和程度，使结构设计由经验向科学过渡又迈出了一步。总的来讲，可靠度设计方法的优点不在于如何去计算可靠指标，

而是在整个结构设计中根据变量的随机特性引入概率的概念，随着对事物本质认识的加深，使概率的应用进一步深化。

E.3 结构可靠度校准

E.3.1 结构可靠度校准的目的是分析现行结构设计方法的可靠度水平和确定结构设计的目标可靠指标，以保证结构的安全可靠和经济合理。校准法的基本思想是利用可靠度理论，计算按现行设计规范设计的结构的可靠指标，进而确定今后结构设计的可靠度水平。这实际上是承认按现行设计规范设计的结构或结构构件的平均可靠水平是合理的。随着国家经济的发展，有必要对结构或结构构件的可靠度进行调整，但也要以可靠度校准为依据。所以结构可靠度校准是结构可靠度设计的基础。

E.3.2 本条说明了结构可靠度校准的步骤。这一步骤只供参考，对于不同的结构，可靠度分析的方法可能不同，校准的步骤可能也有所差别。

E.4 基于可靠指标的设计

E.4.1 本标准提供了两种直接用可靠度进行设计的方法。第 1 种实际上是可靠指标校核方法，因为很多情况下设计中一个量的变化可涉及多种情况的验算，如对于港口工程重力式码头的设计，需要进行稳定性验算、抗滑移验算及承载力验算，码头截面尺寸变化时，这三种情况都需要重新进行分析。第 2 种方法适合于比较简单的截面设计的情况，如承载力服从对数正态分布的钢筋混凝土构件的截面配筋计算，对于这种情况，可采用下面的迭代计算步骤：

1 根据永久作用效应 S_G、可变作用效应 S_1，S_2，$\cdots$，S_m 和结构抗力 R 建立极限状态方程

$$Z = R - S_G - \sum_{i=1}^{m} S_i = 0$$

式中 $S_i(i=1,2,\cdots,m)$ —— 第 i 个作用效应随机变量，如采用 JCSS 组合规则，则有 m 个组合，在第 1 个组合 $S_{Qm,1}$ 中，S_1，S_2，$\cdots$，S_m 分别为 $\max_{t \in [0,T]} S_{Q_1}(t)$，$\max_{t \in \tau_1} S_{Q_2}(t)$，$\max_{t \in \tau_2} S_{Q_3}(t)$，$\cdots$，$\max_{t \in \tau_{m-1}} S_{Q_m}(t)$，在第 2 个组合 $S_{Qm,2}$ 中，S_1，S_2，$\cdots$，S_m 分别为 $S_{Q_1}(t_0)$，$\max_{t \in [0,T]} S_{Q_2}(t)$，$\max_{t \in \tau_2} S_{Q_3}(t)$，$\cdots$，$\max_{t \in \tau_{m-1}} S_{Q_m}(t)$，以此类推；

2 假定初值 $s_G^{*(0)}$（一般取 μ_{S_G}）、$s_i^{*(0)}$（$i=1,2,\cdots,m$）[一般取 $\mu_{S_i}(i=1,2,\cdots,m)$] 和 $r^{*(0)}$（一般取 $s_G^{*(0)} + \sum_{i=1}^{m} s_i^{*(0)}$）；

3 取 $s_G^* = s_G^{*(0)}$、$s_i^* = s_i^{*(0)}$（$i=1,2,\cdots,m$）和 $r^* = r^{*(0)}$，按(E.2.2-6)、(E.2.2-5)式计算 $\sigma_{S_i'}$、$\mu_{S_i'}$（$i=1,2,\cdots,m$），按下式计算 $\sigma_{R'}$：

$$\sigma_{R'} = r^* \sqrt{\ln(1+\delta_R^2)}；$$

4 按（E.2.2-3）式计算 $\alpha_{S_i^*}(i = 1,2,\cdots,m)$ 和 $\alpha_{R'}$；

5 按（E.2.2-4）式计算 s_G^* 和 $s_i^*(i = 1,2,\cdots,m)$，按下式求解 r^*：

$$r^* = s_G^* + \sum_{i=1}^m s_i^*；$$

6 如果 $|r^* - r^{*(0)}| \leqslant \varepsilon$，其中 ε 为规定的误差，转步骤7；否则取 $s_G^{*(0)} = s_G^*$，$s_i^{*(0)} = s_i^*$ $(i = 1,2,\cdots,m)$，$r_i^{*(0)} = r_i^*$ 转步骤3重新进行计算；

7 按（E.2.2-4）式计算 μ_R；

8 按（E.4.1-2）式计算结构构件的几何参数。

E.4.2 直接用可靠指标方法对结构或结构构件进行设计，理论上是科学的，但目前尚没有这方面的经验，需要慎重。如果用可靠指标方法设计的结果与按传统方法设计的结果存在差异，并不能说明哪种方法的结果一定是合理的，而要根据具体情况进行分析。

E.5 分项系数的确定方法

E.5.1 本条规定了确定结构或结构构件设计表达式中分项系数的原则。

E.5.2 本条说明了确定结构或结构构件设计表达式中分项系数的步骤，对于不同的结构或结构构件，可能有所差别，可根据具体情况进行适当调整。国外很多规范都采用类似的方法，国际结构安全度联合委员会还开发了一个用优化方法确定分项系数、重要性系数的软件PROCODE。

E.6 组合值系数的确定方法

E.6.1 本条规定了结构或结构构件设计表达式中组合值系数的确定原则。

E.6.2 本条说明了确定结构或结构构件设计表达式中组合值系数的步骤，对于不同的结构或结构构件，可能有所差别，可根据具体情况适当调整。

附录 F 结构疲劳可靠性验算方法

F.1 一般规定

F.1.1 本附录条文主要是针对我国近年来结构用钢大大增加，进而对应的钢结构疲劳问题日渐突出，需要特别关注的前提下，根据生产实践及科学试验的现有经验编写的，因此适用范围尽管包含了房屋建筑结构、铁路和公路桥涵结构、市政工程结构，但其经验主要来源于铁路桥梁，在一定程度上有其局限之处。一般讲，在单纯由于动荷载产生的疲劳、疲劳应力小于强度设计值（屈服强度除以某安全系数）规定、验算疲劳循环次数代表值在 $1.0 \times 10^4 \sim 1.0 \times 10^7$ 范围，采用本附录进行疲劳验算是适宜的，对于由于其他原因如腐蚀疲劳、低周疲劳（高应力、低寿命）或无限寿命设计的情况，应先进行科学试验和研究工作，必要时还应进行现场观测，以取得设计所需的数据和经验来补充本条文之不足。

由于对既有结构的疲劳可靠性评定，除了进行与新结构设计步骤类似的对未来寿命的预测外，需要进行已经发生疲劳损伤的评估，而且所针对的结构是疲劳损伤过的，因此需要作专门的评定。

F.1.2 结构或局部构造存在应力集中现象，并不仅仅指结构的表面。所有焊接结构由于不可避免存在缺陷，都属于存在应力集中现象的范畴，需要进行疲劳可靠性验算。

F.1.3 结构疲劳可靠性，包括疲劳承载能力极限状态可靠性和疲劳正常使用极限状态可靠性。一般钢结构按承载能力极限状态进行验算，混凝土结构根据不同验算目的采用承载能力极限状态或正常使用极限状态进行验算。验算疲劳承载能力极限状态可靠性时，应以结构危险部位的材料达到疲劳破损或产生过大变形作为失效准则。验算疲劳正常使用承载极限状态可靠性时，主要考虑重复荷载对结构变形的不利影响。

F.1.4 对整个结构体系，应根据结构受力特征采用系统可靠性分析方法，分别在子系统（多个细部构造）疲劳可靠性验算基础上进行系统可靠性验算，本规定中暂未包含系统可靠性问题。

F.1.5 结构的疲劳可靠性验算步骤是按照确定验算部位——确定疲劳作用——确定疲劳抗力——可靠性验算的思路进行的。

F.1.6 为便于设计人员操作，疲劳可靠性验算的力学模型和内力计算，应与强度计算模型一致，仅在验算的具体规定中有区别。

F.1.7 在验算结构疲劳时，采用计算名义应力，即根据疲劳荷载按弹性理论方法确定，作为疲劳作用；疲劳抗力也是以构造细节加载试验名义应力为基本要素给出相应 $S\text{-}N$ 曲线方程，焊缝热点应力以及其他应力集中的影响均通过疲劳 $S\text{-}N$ 曲线反映，如果应力集中影响严重，疲劳 $S\text{-}N$ 曲线在双对数坐标图中的位置就低，反之就高。

F.1.8 根据按相关试验规范进行的疲劳试验结果，疲劳强度设计值取其平均值减去某概率分布上分位值对应程度的标准差。通常情况下，取平均值减去2倍标准差，所对应的概率分布按照正态分布，其上分位值为97.7%。

F.1.9 在目前的条件下，用校准法确定目标可靠指标是科学的，关键还是可操作性，即根据现有结构设计水准得出与之相当的可靠指标。更为准确合理的指标需要在系统积累足够样本数据的时候方可实施。

F.2 疲 劳 作 用

F.2.1 疲劳荷载是结构设计寿命内实际承受的变幅

重复荷载的总和，一般用谱荷载形式可以较为直观、确切地表达。对短期测量得到的荷载，不能直接作为疲劳荷载进行检算，需要考虑结构用途可能发生的改变，例如，桥梁通行能力的增加，荷载特征的变化等；有动力效应时疲劳荷载应计入其影响；当结构由于外载引起变形或者振动而产生次效应时，疲劳荷载应计入。

疲劳荷载频谱依据荷载的形式和变化规律形成模式，在结构验算部位引起所有大小不同的应力，为应力历程，将各种大小不同的名义应力出现率进行列表，即为应力频谱。列表中各级名义应力及其相应出现的次数，采用雨流计数法和蓄水池法得到。

疲劳应力频谱是疲劳荷载频谱在疲劳验算部位引起的应力效应。疲劳应力频谱可以根据疲劳荷载频谱通过弹性理论分析求得，也可通过实测应力频谱推算。疲劳设计应力频谱是结构设计寿命内所有加载事件引起的应力总和，可采用列表或直方图的形式表示。

F.2.2 迄今为止，大部分室内疲劳试验都是研究等幅荷载下的疲劳问题。而实际结构承受的是随机变幅荷载。Palmgren 和 Miner 根据试验研究，对二者的关系提出疲劳线性累积损伤准则，即认为疲劳是不同应力水平 σ_i 及其发生次数 n_i 所产生的疲劳损伤的线性累加。用公式表示即为式（1）

$$D = \sum_{i=1}^{n} \frac{n_i}{N_i} \qquad (1)$$

式中　n_i——与应力水平 σ_i 对应的循环次数；

　　　N_i——与应力水平 σ_i 对应的疲劳破坏循环次数。

当 $D \geqslant 1$ 时产生疲劳破坏。据此推导的等效等幅重复应力计算表达式为式（2）。

$$\sigma_{\text{eq}} = \left(\frac{\sum n_i \sigma_i^{\text{m}}}{N} \right)^{\frac{1}{\text{m}}} \qquad (2)$$

式中　σ_{eq}——等效等幅重复应力；

　　　N——σ_{eq} 作用下的疲劳破坏循环次数，此时 $N = \sum n_i$；

　　　σ_i——变幅荷载引起的各应力水平；

　　　n_i——与应力水平 σ_i 对应的循环次数。

"Miner 累积损伤准则"假定：低于疲劳极限的应力不产生疲劳损伤；忽略加载大小的顺序对疲劳的影响。这些假定使由式（2）计算的结果有一定误差。但由于使用方便，各国规范的疲劳设计均采用该准则。

F.3　疲　劳　抗　力

F.3.2 根据大量试验，对焊接钢结构，由于存在残余应力，疲劳抗力对疲劳作用引起的应力变程敏感，而对所采用的材质变化和所施加疲劳作用引起的应力比变化的影响相对不敏感。为了便于设计人员使用，

通常将对钢材料的疲劳验算统一用应力变程表述，混凝土材料的疲劳验算用最大应力表述。

F.4　疲劳可靠性验算方法

F.4.1、F.4.2 等效等幅重复应力法是以指定循环次数下的疲劳抗力为验算项目；极限损伤度法是以结构设计寿命内的累积损伤度为验算项目。因此等效等幅重复应力法比较简便和偏于安全，极限损伤度法更加贴近实际情况。

本条文列出的三个分析方法，从顺序上有以下考虑：第一个方法，即等效等幅重复应力法，在实际中应用最多；第二个方法，即极限损伤度法，因其计算相对复杂一点，用得少些，但该方法更反映实际的疲劳损伤，因此也推荐作为疲劳验算的方法之一；第三个方法，即断裂力学方法，仅给出了方法的名称和使用条件，这是根据近年青藏铁路等低温疲劳断裂研究，表明低温环境下结构的疲劳不能按照常规理念的疲劳问题考虑，这主要是由于低温下结构破坏临界裂纹长度减小，导致疲劳安全储备下降，表现在裂纹稳定扩展区和急剧扩展区的交界点提前。断裂力学理论能够较为合理地分析和解释低温疲劳脆断破坏现象，进而得出安全合理的评判结果。具体方法因为尚需进一步补充和完善，故未在条文中列出。断裂力学方法是疲劳可靠性验算方法的一部分，设计者在验算低温环境下结构疲劳问题时应予以注意。

公式（F.4.1-3）中 n_i 的定义中，提到当疲劳应力变程水准 $\Delta\sigma_i$ 低于疲劳某特定值 $\Delta\sigma_0$ 时，相应的疲劳作用循环次数 n_i 取其乘以 $\left(\dfrac{\Delta\sigma_i}{\Delta\sigma_0}\right)^2$ 折减后的次数计算，这是因为不同构造存在一个不同的 $\Delta\sigma_0$，当疲劳应力低于该值时，对结构的疲劳损伤程度降低，因此相应循环次数可以折减。

F.4.3 不同结构可根据本条的原则进行疲劳正常使用极限状态可靠性验算。

附录 G　既有结构的可靠性评定

G.1　一　般　规　定

G.1.1 村镇中的一些既有结构和城市中的棚户房屋没有正规的设计与施工，不具备进行可靠性评定的基础，不宜按本附录的原则和方法进行评定。结构工程设计质量和施工质量的评定应该按结构建造时有效的标准规范评定。

G.1.2 本条提出对既有结构检测评定的建议。第 1 款中的"规定的年限"不仅仅限于设计使用年限，有些行业规定既有结构使用 5～10 年就要进行检测鉴定，重新备案。出现第 4 款和第 6 款的情况，当争议

的焦点是设计质量和施工质量问题时，可先进行工程质量的评定，再进行可靠性评定。

G.1.3 既有结构可靠性评定的基本原则是确保结构的性能符合相应的要求，考虑可持续发展的要求；尽量减少业主对既有结构加固等的工程量。这里所说的相应的要求是现行结构标准对结构性能的基本要求。

G.1.4 把安全性、适用性、耐久性和抗灾害能力等评定内容分开可避免概念的混淆，避免引发不必要的问题，同时便于业主根据问题的轻重缓急适时采取适当的处理措施。对既有结构进行可靠性评定时，业主可根据结构的具体情况提出进行某项性能的评定，也可进行全部性能的评定。

G.1.5 既有结构的可靠性评定以现行结构标准的相关要求为依据是国际上通行的原则，也是本附录提出的"保障结构性能"的基本要求。但是，评定不是照搬设计规范的全部公式，要考虑既有结构的特点，对结构构件的实际状况（不是原设计预期状况）进行评定，这是实现尽量减少加固等工程量的具体措施。

G.1.6 既有结构可靠性评定时，应尽量获得结构性能的信息，以便于对结构性能的实际状况进行评定。

G.2 安全性评定

G.2.1 既有结构的安全性是指直接影响人员或财产安全的评定内容。为了便于评定工作的实施，本条把结构安全性的评定分成结构体系和构件布置、连接和构造、承载力三个评定项目。

G.2.2 结构体系和构件布置存在问题的结构必然会出现相应的安全事故，现行结构设计规范对结构体系和构件布置的要求是当前工程界普遍认同的下限要求，既有结构的结构体系在满足相应要求的情况下可以评为符合要求。在结构安全性评定中的结构体系和构件布置要求，不包括结构抗灾害的特殊要求。

G.2.3 连接和构造存在问题的结构也会出现相应的安全事故，现行结构设计规范对连接和构造的要求是当前工程界普遍认同的相关下限要求，既有结构的连接和构造在满足相应要求的情况下可以评为符合要求。本条所提到的构造仅涉及与构件承载力相关的构造，与结构适用性和耐久性相关的构造要求不在本条规定的范围之内。

G.2.4 本条提出的承载力评定的方法，前提是要求既有结构的结构体系和构件布置、连接和构造要符合现行结构设计规范的要求。

G.2.5 本条提出基于结构良好状态的评定方法的评定原则，结构构件与连接部位未达到正常使用极限状态的限值且结构上的作用不会出现明显的变化，结构的安全性可以得到保证，当既有结构经历了相应的灾害而未出现达到正常使用极限状态限值的现象，也可以认定该结构可以抵抗这种灾害的作用。

G.2.6 本条提出基于结构分项系数或安全系数的评定原则。

结构的设计阶段有三类问题需要结构设计规范确定，其一为规律性问题，结构设计规范用计算模型反映规律问题；其二为离散性问题，结构设计规范用分项系数或安全系数解决这个问题；其三为不确定性问题，结构设计规范用额外的安全储备解决设计阶段的不确定性问题，这类储备一般不计入规范规定的安全系数或分项系数。对于既有结构来说，设计阶段的不确定性因素已经成为确定的，有些可以通过检验与测试定量确定。当这些因素确定后，在既有结构承载力评定中可以适度利用这些储备，在保证分项系数或安全系数满足现行规范要求的前提下，尽量减少结构的加固工程量，体现可持续发展的要求。

例如：关于构件材料强度的取值，可利用混凝土的后期强度和钢材实际屈服点应力高于结构规范提供的强度标准值的部分；现行结构设计规范计算公式中未考虑的对构件承载力有利的因素，如纵向钢筋对构件受剪承载力的有利影响等。

既有结构还有一些已经确定的因素是对构件承载力不利的，例如轴线偏差、尺寸偏差以及不可恢复性损伤（钢筋锈蚀等），这些因素也应该在承载力评定时考虑。

经过上述符合实际情况的调整后，现行规范要求的分项系数或安全系数得到保证时，构件承载力可评为符合要求。

G.2.7 当构件的承载能力及其变异系数为已知时，计算模型中承载力的某些不确定储备可以利用，具体的方法是在保证可靠指标满足要求的前提下适度调整分项系数。

G.2.8 荷载检验是确定构件承载力的方法之一。本条提出荷载检验确定承载力的原则。当结构主要承受重力作用时，应采用重力荷载的检验方法；当结构主要承受静水压力作用时，可采用蓄水检验的方法。检验的荷载值应通过预先的计算估计，并在检验时逐级进行控制，避免产生结构或构件的过大变形或损伤。

对于检验荷载未达到设计荷载的情况，可采取辅助计算分析的方法实现。

G.2.9 限制使用条件是桥梁结构常用的方法。对于现有建筑结构来说，对所有承载力不满足要求的构件都进行加固也许并不是最好的选择，例如：当楼板承载力不足时，也许采取限制楼板的使用荷载是最佳的选择。

G.3 适用性评定

G.3.1 本条对既有结构的适用性进行的定义，是在安全性得到保障的情况下影响结构使用性能的问题。以裂缝为例，有些裂缝是构件承载力不满足要求的标志，不能简单地看成适用性问题；只有在安全性得到保障的前提下，才能评定裂缝对结构的适用性构成影响。

G.3.2 本条提出存在适用性问题的结构也要处理。但是适用性问题的处理并非一定要采取提高构件承载力的加固措施。

G.3.3 本条提出未达到正常使用极限状态限值的结构或构件适用性评定原则和评定方法。

G.4 耐久性评定

G.4.1 结构的耐久年数为结构在环境作用下出现相应正常使用极限状态限值或标志的年限，判定耐久年数是否大于评估使用年限是结构耐久性评定的目的。

G.4.2 本条提出确定与耐久性有关的极限状态限值或标志的原则，耐久性属于正常使用极限状态范畴，不属于承载能力极限状态范畴。达到与耐久性有关的极限状态标志或限值表明应该对结构或构件采取修复措施。

G.4.3 环境是造成构件材料性能劣化的外界因素，材料性能体现其抵抗环境作用的能力，将环境作用效应和材料性能相同的构件作为一个批次进行评定，有利于既有结构的业主采取合理的修复措施。

G.4.4 本条提出构件的耐久年数的评定方法。

G.4.5 对于耐久年数小于评估使用年限的构件的维护处理可以减慢材料劣化的速度，推迟修复的时间。

G.5 抗灾害能力评定

G.5.1 本条提出既有结构的抗灾害能力评定的项目。

G.5.2 目前对于部分灾害的作用已经有了具体的规定，此时，既有结构抗灾害的能力应该按照这些规定进行评定。

G.5.3 对于不能准确确定作用或作用效应的灾害，应该评价减小灾害作用及作用效应的措施及减小灾害影响范围和破坏范围等措施。

G.5.4 山体滑坡和泥石流等灾害是结构不可抗御的灾害，采取规避的措施也许是最为经济的；对于不能规避这类灾害的既有结构，应该有灾害的预警措施和人员疏散的措施。

中华人民共和国国家标准

石油化工企业设计防火规范

Fire prevention code of petrochemical enterprise design

GB 50160—2008

主编部门：中 国 石 油 化 工 集 团 公 司
批准部门：中华人民共和国住房和城乡建设部
施行日期：２ ０ ０ ９ 年 ７ 月 １ 日

中华人民共和国住房和城乡建设部
公 告

第 214 号

关于发布国家标准
《石油化工企业设计防火规范》的公告

现批准《石油化工企业设计防火规范》为国家标准，编号为GB 50160—2008，自2009年7月1日起实施。其中，第4.1.6、4.1.8、4.1.9、4.2.12、4.4.6、5.1.3、5.2.1、5.2.7、5.2.16、5.2.18（2、3、5）、5.3.3（1、2）、5.3.4、5.5.1、5.5.2、5.5.12、5.5.13、5.5.14、5.5.17、5.5.21（1、2）、5.6.1、6.2.6、6.2.8、6.3.2（1、2、4、5）、6.3.3、6.4.1（2、3）、6.4.2（6）、6.4.3（1、2）、6.4.4（1）、6.5.1（2）、6.6.3、6.6.5、7.1.4、7.2.2、7.2.16、7.3.3、8.3.1、8.3.8、8.4.5（1）、8.7.2（1、2）、8.10.1、8.10.4（1、2、3）、8.12.1、8.12.2（1）、9.1.4、9.2.3（1）、9.3.1条（款）为强制性条文，必须严格执行。原《石油化工企业设计防火规范》GB 50160—92（1999年版）同时废止。

本规范由我部标准定额研究所组织中国计划出版社出版发行。

中华人民共和国住房和城乡建设部
二〇〇八年十二月三十日

前 言

本规范是根据原建设部《关于印发"二〇〇二年至二〇〇三年度工程建设国家标准制订、修订计划"的通知》（建标〔2003〕102号）的要求，由中国石化集团洛阳石油化工工程公司、中国石化工程建设公司会同有关单位在对《石油化工企业设计防火规范》GB 50160—92（1999年版）进行全面修订的基础上编制而成。

在编制过程中，规范编制组对国内部分石油化工厂进行了调研，总结了我国石油化工工程建设的防火设计经验，并在此基础上进行了国外调研，积极吸收国内外有关规范的成果，开展了必要的专题研究和技术研讨，广泛征求有关设计、生产、安全消防监督等部门和单位的意见，对主要问题进行反复修改，最后经审查定稿。

本规范共分9章和1个附录，其主要内容有：总则、术语、火灾危险性分类、区域规划与工厂总平面布置、工艺装置和系统单元、储运设施、管道布置、消防、电气等。

与原国家标准《石油化工企业设计防火规范》GB 50160—92（1999年版）相比，本规范主要有下列变化：

1. 增加了"术语"一章，并对其他章节进行调整，取消了"含可燃液体的生产污水管道、污水处理场与循环水场"一章，将其主要内容分散至相关章节，将各章节中有关管道设计的内容集中，新增一章"管道布置"。

2. 增加了石油化工企业与同类企业的防火间距，"火灾报警系统"增加了相关内容。

3. 章节更合理，内容更全面，减少不必要的重复。

本规范以黑体字标志的条文为强制性条文，必须严格执行。

本规范由住房和城乡建设部负责管理和对强制性条文的解释，由中国石油化工集团公司负责日常管理，由中国石化集团洛阳石油化工工程公司负责具体技术内容的解释。

鉴于本规范是石油化工工程综合性的防火技术规范，政策性和技术性强，涉及面广，希望各单位在本规范执行过程中，结合工程实践，认真总结经验，注意积累资料，如发现需要修改和补充之处，请将意见和资料寄往中国石化集团洛阳石油化工工程公司（地址：河南省洛阳市中州西路27号，邮政编码：471003）。

本规范主编单位、参编单位和主要起草人：

主 编 单 位：中国石化集团洛阳石油化工工程公司

　　　　　　　　中国石化工程建设公司
参 编 单 位：中国成达工程公司
　　　　　　　　公安部天津消防研究所
　　　　　　　　公安部沈阳消防研究所
　　　　　　　　海湾安全技术有限公司
主要起草人：李苏秦　胡　晨　董继军　秦新才
　　　　　　　　周家祥　吴绍平　张晓鹏　葛春玉

秦新才　范慰颉　王秀云　张晋峰
文科武　王延宗　张发有　陈永亮
何龙辉　王惠勤　张晋武　李　生
汤晓林　林　融　吴如璧　郭昊豫
朱晓明　何跃华　钱徐根　李　佳
邹喜权　秘义行　杜　霞　王宗存
王文清　曹　榆

目 次

1 总 则

1.0.1 为了防止和减少石油化工企业火灾危害，保护人身和财产的安全，制定本规范。

1.0.2 本规范适用于石油化工企业新建、扩建或改建工程的防火设计。

1.0.3 石油化工企业的防火设计除应执行本规范外，尚应符合国家现行有关标准的规定。

2 术 语

2.0.1 石油化工企业 petrochemical enterprise

以石油、天然气及其产品为原料，生产、储运各种石油化工产品的炼油厂、石油化工厂、石油化纤厂或其联合组成的工厂。

2.0.2 厂区 plant area

工厂围墙或边界内由生产区、公用和辅助生产设施区及生产管理区组成的区域。

2.0.3 生产区 production area

由使用、产生可燃物质和可能散发可燃气体的工艺装置或设施组成的区域。

2.0.4 公用和辅助生产设施 utility & auxiliary facility

不直接参加石油化工生产过程，在石油化工生产过程中对生产起辅助作用的必要设施。

2.0.5 全厂性重要设施 overall major facility

发生火灾时，影响全厂生产或可能造成重大人身伤亡的设施。全厂性重要设施可分为以下两类：

第一类：发生火灾时可能造成重大人身伤亡的设施。

第二类：发生火灾时影响全厂生产的设施。

2.0.6 区域性重要设施 regional major facility

发生火灾时影响部分装置生产或可能造成局部区域人身伤亡的设施。

2.0.7 明火地点 fired site

室内外有外露火焰、赤热表面的固定地点。

2.0.8 明火设备 fired equipment

燃烧室与大气连通，非正常情况下有火焰外露的加热设备和废气焚烧设备。

2.0.9 散发火花地点 sparking site

有飞火的烟囱、室外的砂轮、电焊、气焊（割）、室外非防爆的电气开关等固定地点。

2.0.10 装置区 process plant area

由一个或一个以上的独立石油化工装置或联合装置组成的区域。

2.0.11 联合装置 multiple process plants

由两个或两个以上独立装置集中紧凑布置，且装置间直接进料，无供大修设置的中间原料储罐，其开

工或停工检修等均同步进行，视为一套装置。

2.0.12 装置 process plant

一个或一个以上相互关联的工艺单元的组合。

2.0.13 装置内单元 process unit

按生产流程完成一个工艺操作过程的设备、管道及仪表等的组合体。

2.0.14 工艺设备 process equipment

为实现工艺过程所需的反应器、塔、换热器、容器、加热炉、机泵等。

2.0.15 封闭式厂房（仓库） enclosed industrial building（warehouse）

设有屋顶，建筑外围护结构全部采用封闭式墙体（含门、窗）构造的生产性（储存性）建筑物。

2.0.16 半敞开式厂房 semi-enclosed industrial building

设有屋顶，建筑外围护结构局部采用封闭式墙体，所占面积不超过该建筑外围护体表面积的 1/2（不含屋顶的面积）的生产性建筑物。

2.0.17 敞开式厂房 opened industrial building

设有屋顶，不设建筑外围护结构的生产性建筑物。

2.0.18 装 置 储 罐 （组） storage tanks within process plant

在装置正常生产过程中，不直接参加工艺过程，但工艺要求，为了平衡生产、产品质量检测或一次投入等需要在装置内布置的储罐（组）。

2.0.19 液化烃 liquefied hydrocarbon

在 15℃时，蒸气压大于 0.1MPa 的烃类液体及其他类似的液体，不包括液化天然气。

2.0.20 液化石油气 liquefied petroleum gas（LPG）

在常温常压下为气态，经压缩或冷却后为液态的 C_3、C_4 及其混合物。

2.0.21 沸溢性液体 boil-over liquid

当罐内储存介质温度升高时，由于热传递作用，使罐底水层急速汽化，而会发生沸溢现象的黏性烃类混合物。

2.0.22 防火堤 dike

可燃液态物料储罐发生泄漏事故时，防止液体外流和火灾蔓延的构筑物。

2.0.23 隔堤 intermediate dike

用于减少防火堤内储罐发生少量泄漏事故时的影响范围，而将一个储罐组分隔成多个分区的构筑物。

2.0.24 罐组 a group of storage tanks

布置在一个防火堤内的一个或多个储罐。

2.0.25 罐区 tank farm

一个或多个罐组构成的区域。

2.0.26 浮顶罐 floating roof tank（external floating roof tank）

在敞开的储罐内安装浮舱顶的储罐，又称为外浮

顶罐。

2.0.27 常压储罐 atmospheric storage tank

设计压力小于或等于 6.9kPa（罐顶表压）的储罐。

2.0.28 低压储罐 low-pressure storage tank

设计压力大于 6.9kPa 且小于 0.1MPa（罐顶表压）的储罐。

2.0.29 压力储罐 pressurized storage tank

设计压力大于或等于 0.1MPa（罐顶表压）的储罐。

2.0.30 单防罐 single containment storage tank

带隔热层的单壁储罐或由内罐和外罐组成的储罐。其内罐能适应储存低温冷冻液体的要求，外罐主要是支撑和保护隔热层，并能承受气体吹扫的压力，但不能储存内罐泄漏出的低温冷冻液体。

2.0.31 双防罐 double containment storage tank

由内罐和外罐组成的储罐。其内罐和外罐都能适应储存低温冷冻液体，在正常操作条件下，内罐储存低温冷冻液体，外罐能够储存内罐泄漏出来的冷冻液体，但不能限制内罐泄漏的冷冻液体所产生的气体排放。

2.0.32 全防罐 full containment storage tank

由内罐和外罐组成的储罐。其内罐和外罐都能适应储存低温冷冻液体，内外罐之间的距离为 1～2m，罐顶由外罐支撑，在正常操作条件下内罐储存低温冷冻液体，外罐既能储存冷冻液体，又能限制内罐泄漏液体所产生的气体排放。

2.0.33 火炬系统 flare system

通过燃烧方式处理排放可燃气体的一种设施，分高架火炬、地面火炬等。由排放管道、分液设备、阻火设备、火炬燃烧器、点火系统、火炬筒及其他部件等组成。

2.0.34 稳高压消防水系统 stabilized high pressure fire water system

采用稳压泵维持管网的消防水压力大于或等于 0.7MPa 的消防水系统。

3 火灾危险性分类

3.0.1 可燃气体的火灾危险性应按表 3.0.1 分类。

表 3.0.1 可燃气体的火灾危险性分类

类别	可燃气体与空气混合物的爆炸下限
甲	＜10%（体积）
乙	≥10%（体积）

3.0.2 液化烃、可燃液体的火灾危险性分类应按表 3.0.2 分类，并应符合下列规定：

1 操作温度超过其闪点的乙类液体应视为甲$_B$类液体；

2 操作温度超过其闪点的丙$_A$类液体应视为乙$_A$类液体；

3 操作温度超过其闪点的丙$_B$类液体应视为乙$_B$类液体；操作温度超过其沸点的丙$_B$类液体应视为乙$_A$类液体。

表 3.0.2 液化烃、可燃液体的火灾危险性分类

名称	类别		特 征
液化烃	甲	A	15℃时的蒸气压力＞0.1MPa 的烃类液体及其他类似的液体
可燃液体		B	甲$_A$ 类以外，闪点＜28℃
	乙	A	28℃≤闪点≤45℃
		B	45℃＜闪点＜60℃
	丙	A	60℃≤闪点≤120℃
		B	闪点＞120℃

3.0.3 固体的火灾危险性分类应按现行国家标准《建筑设计防火规范》GB 50016 的有关规定执行。

3.0.4 设备的火灾危险类别应按其处理、储存或输送介质的火灾危险性类别确定。

3.0.5 房间的火灾危险性类别应按房间内设备的火灾危险性类别确定。当同一房间内布置有不同火灾危险性类别设备时，房间的火灾危险性类别应按其中火灾危险性类别最高的设备确定。但当火灾危险类别最高的设备所占面积比例小于 5%，且发生事故时，不足以蔓延至其他部位或采取防火措施能防止火灾蔓延时，可按火灾危险性类别较低的设备确定。

4 区域规划与工厂总平面布置

4.1 区 域 规 划

4.1.1 在进行区域规划时，应根据石油化工企业及其相邻工厂或设施的特点和火灾危险性，结合地形、风向等条件，合理布置。

4.1.2 石油化工企业的生产区宜位于邻近城镇或居民区全年最小频率风向的上风侧。

4.1.3 在山区或丘陵地区，石油化工企业的生产区应避免布置在窝风地带。

4.1.4 石油化工企业的生产区沿江河岸布置时，宜位于邻近江河的城镇、重要桥梁、大型锚地、船厂等重要建筑物或构筑物的下游。

4.1.5 石油化工企业应采取防止泄漏的可燃液体和受污染的消防水排出厂外的措施。

4.1.6 公路和地区架空电力线路严禁穿越生产区。

4.1.7 当区域排洪沟通过厂区时：

1 不宜通过生产区；

2 应采取防止泄漏的可燃液体和受污染的消防水流入区域排洪沟的措施。

4.1.8 地区输油（输气）管道不应穿越厂区。

4.1.9 石油化工企业与相邻工厂或设施的防火间距不应小于表4.1.9的规定。

高架火炬的防火间距应根据人或设备允许的辐射热强度计算确定，对可能携带可燃液体的高架火炬的防火间距不应小于表4.1.9的规定。

表 4.1.9 石油化工企业与相邻工厂或设施的防火间距

相邻工厂或设施		防火间距（m）				
		液化烃罐组（罐外壁）	甲、乙类液体罐组（罐外壁）	可能携带可燃液体的高架火炬（火炬筒中心）	甲、乙类工艺装置或设施（最外侧设备外缘或建筑物的最外轴线）	全厂性或区域性重要设施（最外侧设备外缘或建筑物的最外轴线）
居民区、公共福利设施、村庄		150	100	120	100	25
相邻工厂（围墙或用地边界线）		120	70	120	50	70
厂外铁路	国家铁路线（中心线）	55	45	80	35	—
	厂外企业铁路线（中心线）	45	35	80	30	—
国家或工业区铁路编组站（铁路中心线或建筑物）		55	45	80	35	25
厂外公路	高速公路、一级公路（路边）	35	30	80	30	—
	其他公路（路边）	25	20	60	20	—
变配电站（围墙）		80	50	120	40	25
架空电力线路（中心线）		1.5倍塔杆高度	1.5倍塔杆高度	80	1.5倍塔杆高度	—
Ⅰ、Ⅱ级国家架空通信线路（中心线）		50	40	80	40	—
通航江、河、海岸边		25	25	80	20	—
地区埋地输油管道	原油及成品油（管道中心）	30	30	60	30	30
	液化烃（管道中心）	60	60	80	60	60
地区埋地输气管道（管道中心）		30	30	60	30	30
装卸油品码头（码头前沿）		70	60	120	60	60

注：1 本表中相邻工厂指除石油化工企业和油库以外的工厂；

2 括号内指防火间距起止点；

3 当相邻设施为港区陆域、重要物品仓库和堆场、军事设施、机场等，对石油化工企业的安全距离有特殊要求时，应按有关规定执行；

4 丙类可燃液体罐组的防火间距，可按甲、乙类可燃液体罐组的规定减少25%；

5 丙类工艺装置或设施的防火间距，可按甲、乙类工艺装置或设施的规定减少25%；

6 地面敷设的地区输油（输气）管道的防火间距，可按地区埋地输油（输气）管道的规定增加50%；

7 当相邻工厂围墙内为非火灾危险性设施时，其与全厂性或区域性重要设施防火间距最小可为25m；

8 表中"—"表示无防火间距要求或执行相关规范。

4.1.10 石油化工企业与同类企业及油库的防火间距不应小于表4.1.10的规定。

高架火炬的防火间距应根据人或设备允许的辐射热强度计算确定，对可能携带可燃液体的高架火炬的防火间距不应小于表4.1.10的规定。

表 4.1.10　石油化工企业与同类企业及油库的防火间距

项　目	防火间距（m）				
	液化烃罐组（罐外壁）	可燃液体罐组（罐外壁）	可能携带可燃液体的高架火炬（火炬筒中心）	甲、乙类工艺装置或设施（最外侧设备外缘或建筑物的最外轴线）	全厂性或区域性重要设施（最外侧设备外缘或建筑物的最外轴线）
液化烃罐组（罐外壁）	60	60	90	70	90
可燃液体罐组（罐外壁）	60	1.5D（见注2）	90	50	60
可能携带可燃液体的高架火炬（火炬筒中心）	90	90	（见注4）	90	90
甲、乙类工艺装置或设施（最外侧设备外缘或建筑物的最外轴线）	70	50	90	40	40
全厂性或区域性重要设施（最外侧设备外缘或建筑物的最外轴线）	90	60	90	40	20
明火地点	70	40	60	40	20

注：1　括号内指防火间距起止点；
2　表中 D 为较大罐的直径。当 $1.5D$ 小于 30m 时，取 30m；当 $1.5D$ 大于 60m 时，可取 60m；当丙类可燃液体罐相邻布置时，防火间距可取 30m；
3　与散发火花地点的防火间距，可按与明火地点的防火间距减少 50%，但散发火花地点应布置在火灾爆炸危险区域之外；
4　辐射热不应影响相邻火炬的检修和运行；
5　丙类工艺装置或设施的防火间距，可按甲、乙类工艺装置或设施的规定减少 10m（火炬除外），但不应小于 30m；
6　石油化工工业园区内公用的输油（气）管道，可布置在石油化工企业围墙或用地边界线外。

4.2　工厂总平面布置

4.2.1　工厂总平面应根据工厂的生产流程及各组成部分的生产特点和火灾危险性，结合地形、风向等条件，按功能分区集中布置。

4.2.2　可能散发可燃气体的工艺装置、罐组、装卸区或全厂性污水处理场等设施宜布置在人员集中场所及明火或散发火花地点的全年最小频率风向的上风侧。

4.2.3　液化烃罐组或可燃液体罐组不应毗邻布置在高于工艺装置、全厂性重要设施或人员集中场所的阶梯上。但受条件限制或有工艺要求时，可燃液体原料储罐可毗邻布置在高于工艺装置的阶梯上，但应采取防止泄漏的可燃液体流入工艺装置、全厂性重要设施或人员集中场所的措施。

4.2.4　液化烃罐组或可燃液体罐组不宜紧靠排洪沟布置。

4.2.5　空分站应布置在空气清洁地段，并宜位于散发乙炔及其他可燃气体、粉尘等场所的全年最小频率风向的下风侧。

4.2.6　全厂性的高架火炬宜位于生产区全年最小频率风向的上风侧。

4.2.7　汽车装卸设施、液化烃灌装站及各类物品仓库等机动车辆频繁进出的设施应布置在厂区边缘或厂区外，并宜设置围墙独立成区。

4.2.8　罐区泡沫站应布置在罐组防火堤外的非防爆区，与可燃液体罐的防火间距不宜小于 20m。

4.2.9　采用架空电力线路进出厂区的总变电所应布置在厂区边缘。

4.2.10　消防站的位置应符合下列规定：

1　消防站的服务范围应按行车路程计，行车路程不宜大于 2.5km，并且接火警后消防车到达火场的时间不宜超过 5min；对丁、戊类的局部场所，消防站的服务范围可加大到 4km；

2　应便于消防车迅速通往工艺装置区和罐区；

3　宜避开工厂主要人流道路；

4　宜远离噪声场所；

5　宜位于生产区全年最小频率风向的下风侧。

4.2.11　厂区的绿化应符合下列规定：

1　生产区不应种植含油脂较多的树木，宜选择含水分较多的树种；

2　工艺装置或可燃气体、液化烃、可燃液体的罐组与周围消防车道之间不宜种植绿篱或茂密的灌木丛；

3　在可燃液体罐组防火堤内可种植生长高度不超过 15cm、含水分多的四季常青的草皮；

4　液化烃罐组防火堤内严禁绿化；

5　厂区的绿化不应妨碍消防操作。

4.2.12　石油化工企业总平面布置的防火间距除本规范另有规定外，不应小于表 4.2.12 的规定。工艺装

表 4.2.12　石油化工厂总平面布置的防火间距(m)

项目	工艺装置(单元)甲	乙	丙	全厂重要设施一类	二类	明火地点	地上可燃液体储罐 甲B、乙类固定顶>5000m³	1000~5000m³	500~1000m³	≤500m³或卧式	浮顶、内浮顶或丙A类固定顶>20000m³	5000~20000m³	1000~5000m³	500~1000m³	≤500m³或卧式	沸点低于45℃的甲B类液体全压力储罐	液化烃储罐 全压力式和半冷冻式储存>1000m³	>100~1000m³	≤100m³	全冷冻式储存>10000m³	≤10000m³	可燃气体储罐>1000~50000m³	码头装卸区	汽车装卸站	铁路装卸设施、槽车洗罐站	灌装站液化烃	甲B、乙类液体及可燃与助燃气体	甲类物品仓库(库棚)或堆场	罐区甲、乙类泵(房)、全冷冻式液化烃储存的压缩机	污水处理场(隔油池、污油罐)	铁路走行线(中心线)、原料及产品运输道路(路面边)	备注
工艺装置(单元) 甲	30/25	25/20	20/15	40	35	30	50	40	30	25	40	35	30	25	20	40	60	50	40	70	60	25	35	25	30	30	25	30	20	25	15	注1、2
乙	25/20	20/15	15/10	35	30	25	40	35	25	20	35	30	25	20	15	40	55	45	35	65	55	20	30	20	25	25	20	25	15	20	10	
丙	20/15	15/10	10	30	25	20	35	30	20	15	30	25	20	15	10	30	45	40	30	55	45	15	25	15	20	20	15	20	10	15	10	
全厂重要设施 一类	40	35	30	—	—	—	60	50	45	40	50	45	40	35	30	50	80	70	55	90	80	40	50	40	45	45	40	45	30	35	—	注3
二类	35	30	25	—	—	—	50	40	35	30	45	35	30	25	20	40	70	60	45	80	70	30	40	35	35	35	30	35	20	30	—	
明火地点	30	25	20	—	—	—	40	35	30	25	30	25	20	15	10	35	70	60	45	70	60	30	35	25	30	30	25	30	15	25	—	注4
地上可燃液体储罐 甲B、乙类固定顶 >5000m³	50	40	35	60	50	40	见表6.2.8	见表6.2.8	见表6.2.8	见表6.2.8	见表6.2.8	见表6.2.8	见表6.2.8	见表6.2.8	见表6.2.8	40	50	45	40	40	30	30	50	30	35	35	30	30	20	20	20	注5、2
>1000~5000m³	40	30	30	50	40	35	见表6.2.8	见表6.2.8	见表6.2.8	见表6.2.8	见表6.2.8	见表6.2.8	见表6.2.8	见表6.2.8	见表6.2.8	30	40	35	30	40	30	25	40	25	25	30	25	25	15	15	15	
>500~1000m³	30	25	20	45	35	30	见表6.2.8	见表6.2.8	见表6.2.8	见表6.2.8	见表6.2.8	见表6.2.8	见表6.2.8	见表6.2.8	见表6.2.8	25	35	30	25	40	30	20	35	20	20	25	20	20	15	15	12	
≤500m³或卧式罐	25	20	20	40	30	30	见表6.2.8	见表6.2.8	见表6.2.8	见表6.2.8	见表6.2.8	见表6.2.8	见表6.2.8	见表6.2.8	见表6.2.8	20	30	25	20	40	30	15	30	15	15	20	15	15	12	15	10	
浮顶、内浮顶或丙A类固定顶 >20000m³	40	30	30	50	40	35	见表6.2.8	见表6.2.8	见表6.2.8	见表6.2.8	见表6.2.8	见表6.2.8	见表6.2.8	见表6.2.8	见表6.2.8	35	45	35	30	40	30	20	40	25	25	30	25	30	15	15	20	
>5000~20000m³	30	30	25	45	35	35	见表6.2.8	见表6.2.8	见表6.2.8	见表6.2.8	见表6.2.8	见表6.2.8	见表6.2.8	见表6.2.8	见表6.2.8	30	40	30	25	40	30	20	35	20	20	25	20	25	15	15	15	
>1000~5000m³	30	25	20	40	30	30	见表6.2.8	见表6.2.8	见表6.2.8	见表6.2.8	见表6.2.8	见表6.2.8	见表6.2.8	见表6.2.8	见表6.2.8	30	35	25	20	40	30	15	30	15	15	20	15	20	12	15	12	
>500~1000m³	25	20	15	35	25	20	见表6.2.8	见表6.2.8	见表6.2.8	见表6.2.8	见表6.2.8	见表6.2.8	见表6.2.8	见表6.2.8	见表6.2.8	25	30	20	15	40	30	10	25	12	12	17	12	15	10	15	10	
≤500m³或卧式罐	20	15	10	30	20	15	见表6.2.8	见表6.2.8	见表6.2.8	见表6.2.8	见表6.2.8	见表6.2.8	见表6.2.8	见表6.2.8	见表6.2.8	15	25	15	10	40	30	8	20	10	10	15	10	10	8	15	8	
沸点低于45℃的甲B类液体全压力储罐	40	35	30	50	40	35	40	30	25	20	35	30	30	25	15	见表6.3.3	见表6.3.3	见表6.3.3	见表6.3.3	见表6.3.3	见表6.3.3	25	40	20	20	30	25	30	20	30	20	注5、2
液化烃储罐 全压力式和半冷冻式储存 >1000m³	60	55	50	80	70	60	50	40	35	30	45	40	35	30	25	见表6.3.3	见表6.3.3	见表6.3.3	见表6.3.3	见表6.3.3	见表6.3.3	40	55	45	50	45	40	60	35	35	25	
>100~1000m³	50	45	40	70	60	50	45	35	30	25	35	30	25	20	15	见表6.3.3	见表6.3.3	见表6.3.3	见表6.3.3	见表6.3.3	见表6.3.3	40	45	35	40	40	35	50	30	30	20	
≤100m³	40	35	30	55	45	40	40	30	25	20	30	25	20	15	10	见表6.3.3	见表6.3.3	见表6.3.3	见表6.3.3	见表6.3.3	见表6.3.3	35	35	30	30	35	30	40	25	25	15	
全冷冻式储存 >10000m³	70	65	60	90	80	70	40	40	40	40	40	40	40	40	40	40	40	40	40	见表6.3.3	见表6.3.3	50	65	55	60	55	50	70	45	40	25	
≤10000m³	60	55	50	80	70	60	30	30	30	30	30	30	30	30	30	30	30	30	30	见表6.3.3	见表6.3.3	40	55	45	50	45	40	60	35	30	25	
可燃气体储罐 >1000~50000m³	25	20	15	40	30	30	30	25	20	15	20	20	15	10	8	25	40	30	25	50	40	见表6.3.3	25	15	20	20	15	20	15	20	10	注6、2
液化烃及甲B、乙类液体 码头装卸区	35	30	25	50	40	35	50	40	35	30	40	35	30	25	20	40	55	45	40	65	55	25	—	20	25	30	25	35	15	30	10	注7、2
汽车装卸站	25	20	15	40	30	30	30	25	20	15	25	20	15	12	10	20	45	35	30	55	45	15	20	—	15	25	15	25	12	20	10	注7、2
铁路装卸设施、槽车洗罐站	30	25	20	45	35	30	35	25	20	15	25	20	15	12	10	20	50	40	30	60	50	20	25	15	—	30	15	30	25	25	15(10)	注7、2
灌装站 液化烃	30	25	20	45	35	30	35	30	25	20	30	25	20	17	15	30	45	40	35	55	45	20	30	25	30	—	—	30	25	25	10	
甲B、乙类液体及可燃与助燃气体	25	20	15	40	30	30	30	25	20	15	25	20	15	12	10	25	40	35	30	50	40	15	25	15	15	—	—	25	20	20	10	
甲类物品仓库(库棚)或堆场	30	25	20	—	—	30	30	25	20	15	30	25	20	15	10	30	60	50	40	70	60	20	35	25	30	30	25	—	20	25	10	注8、2
罐区甲、乙类泵(房)、全冷冻式液化烃储存的压缩机(包括添加剂设施及其专用变配电室、控制室)	20	15	10	30	20	20	20	15	15	12	15	15	12	10	8	20	35	30	25	45	35	15	15	12	25	25	20	20	—	15	10	注9、2
污水处理场(隔油池、污油罐)	25	20	15	30	25	20	20	15	15	15	15	15	15	15	15	30	35	30	25	40	30	20	30	20	25	25	20	25	15	—	10	注10、2
铁路走行线(中心线)、原料及产品运输道路(路面边)	15	10	10	—	—	20	20	15	12	10	20	15	12	10	10	25	20	20	20	25	25	10	10	10	15(10)	10	10	10	10	10	—	注11
可能携带可燃液体的高架火炬	90	90	90	90	90	60	90	90	90	90	90	90	90	90	90	90	90	90	90	90	90	90	90	90	90	90	90	90	60	90	50	—
厂区围墙(中心线)或用地边界线	25	15	10	—	—	—	35	35	25	20	35	30	25	20	20	30	30	30	40	40	40	30	30	30	30	30	30	25	15	15	—	

注:1　分子适用于石油化工装置,分母适用于炼油装置;

2　工艺装置或可能散发可燃气体的设施与工艺装置明火加热炉的防火间距应按明火地点的防火间距确定;

3　全厂性消防站与甲类工艺装置的防火间距不应小于50m。区域性重要设施与相邻设施的防火间距,可减少25%(火炬除外);

4　与散发火花地点的防火间距,可按与明火地点的防火间距减少50%(火炬除外),但散发火花地点应布置在火灾爆炸危险区域之外;

5　罐组与其他设施的防火间距按相邻最大罐容积确定;埋地储罐与其他设施的防火间距可减少50%(火炬除外)。当固定顶可燃液体罐采用氮气密封时,其与相邻设施的防火间距可按浮顶、内浮顶罐处理;丙B类固定顶罐与其他设施的防火间距可按丙A类固定顶罐减少25%(火炬除外);

6　单罐容积等于或小于1000m³,防火间距可减少25%(火炬除外);大于50000m³,应增加25%(火炬除外);

7　丙类液体,防火间距可减少25%(火炬除外)。当甲B、乙类液体铁路装卸采用全密闭装卸时,装卸设施的防火间距可减少25%,但不应小于10m(火炬除外);

8　本项包括可燃气体、助燃气体的实瓶库。乙、丙类物品库(棚)和堆场防火间距可减少25%(火炬除外);丙类可燃固体堆场可减少50%(火炬除外);

9　丙类泵(房),防火间距可减少25%(火炬除外),但当地上可燃液体储罐单罐容积大于500m³时,不应小于10m;地上可燃液体储罐单罐容积小于或等于500m³时,不应小于8m;

10　污水泵的防火间距可按隔油池的防火间距减少50%(火炬除外);其他设备或构筑物防火间距不限;

11　铁路走行线和原料产品运输道路应布置在火灾爆炸危险区域之外。括号内的数字用于原料及产品运输道路;

12　表中"—"表示无防火间距要求或执行相关规范。

置或设施（罐组除外）之间的防火间距应按相邻最近的设备、建筑物确定，其防火间距起止点应符合本规范附录 A 的规定。高架火炬的防火间距应根据人或设备允许的安全辐射热强度计算确定，对可能携带可燃液体的高架火炬的防火间距不应小于表 4.2.12 的规定。

4.3 厂内道路

4.3.1 工厂主要出入口不应少于 2 个，并宜位于不同方位。

4.3.2 2 条或 2 条以上的工厂主要出入口的道路应避免与同一条铁路线平交；确需平交时，其中至少有 2 条道路的间距不应小于所通过的最长列车的长度；若小于所通过的最长列车的长度，应另设消防车道。

4.3.3 厂内主干道宜避免与调车频繁的厂内铁路线平交。

4.3.4 装置或联合装置、液化烃罐组、总容积大于或等于 120000m³ 的可燃液体罐组、总容积大于或等于 120000m³ 的 2 个或 2 个以上可燃液体罐组应设环形消防车道。可燃液体的储罐区、可燃气体储罐区、装卸区及化学危险品仓库区应设环形消防车道，当受地形条件限制时，也可设有回车场的尽头式消防车道。消防车道的路面宽度不应小于 6m，路面内缘转弯半径不宜小于 12m，路面上净空高度不应低于 5m。

4.3.5 液化烃、可燃液体、可燃气体的罐区内，任何储罐的中心距至少 2 条消防车道的距离均不应大于 120m；当不能满足此要求时，任何储罐中心与最近的消防车道之间的距离不应大于 80m，且最近消防车道的路面宽度不应小于 9m。

4.3.6 在液化烃、可燃液体的铁路装卸区应设与铁路线平行的消防车道，并符合下列规定：

　　1 若一侧设消防车道，车道至最远的铁路线的距离不应大于 80m；

　　2 若两侧设消防车道，车道之间的距离不应大于 200m，超过 200m 时，其间尚应增设消防车道。

4.3.7 当道路路面高出附近地面 2.5m 以上、且在距道路边缘 15m 范围内，有工艺装置或可燃气体、液化烃、可燃液体的储罐及管道时，应在该段道路的边缘设护墩、矮墙等防护设施。

4.3.8 管架支柱（边缘）、照明电杆、行道树或标志杆等距道路路面边缘不应小于 0.5m。

4.4 厂内铁路

4.4.1 厂内铁路宜集中布置在厂区边缘。

4.4.2 工艺装置的固体产品铁路装卸线可布置在该装置的仓库或储存场（池）的边缘。建筑限界应按现行国家标准《工业企业标准轨距铁路设计规范》GBJ 12 执行。

4.4.3 当液化烃装卸栈台与可燃液体装卸栈台布置在同一装卸区时，液化烃栈台应布置在装卸区的一侧。

4.4.4 在液化烃、可燃液体的铁路装卸区内，内燃机车至另一栈台鹤管的距离应符合下列规定：

　　1 甲、乙类液体鹤管不应小于 12m；甲_B、乙类液体采用密闭装卸时，其防火间距可减少 25%；

　　2 丙类液体鹤管不应小于 8m。

4.4.5 当液化烃、可燃液体或甲、乙类固体的铁路装卸线为尽头线时，其车档至最后车位的距离不应小于 20m。

4.4.6 液化烃、可燃液体的铁路装卸线不得兼作走行线。

4.4.7 液化烃、可燃液体或甲、乙类固体的铁路装卸线停放车辆的线段应为平直段。当受地形条件限制时，可设在半径不小于 500m 的平坡曲线上。

4.4.8 在液化烃、可燃液体的铁路装卸区内，两相邻栈台鹤管之间的距离应符合下列规定：

　　1 甲、乙类液体的栈台鹤管与相邻栈台鹤管之间的距离不应小于 10m；甲_B、乙类液体采用密闭装卸时，其防火间距可减少 25%；

　　2 丙类液体的两相邻栈台鹤管之间的距离不应小于 7m。

5 工艺装置和系统单元

5.1 一般规定

5.1.1 工艺设备（以下简称设备）、管道和构件的材料应符合下列规定：

　　1 设备本体（不含衬里）及其基础，管道（不含衬里）及其支、吊架和基础应采用不燃烧材料，但储罐底板垫层可采用沥青砂；

　　2 设备和管道的保温层应采用不燃烧材料，当设备和管道的保冷层采用阻燃型泡沫塑料制品时，其氧指数不应小于 30；

　　3 建筑物的构件耐火极限应符合现行国家标准《建筑设计防火规范》GB 50016 的有关规定。

5.1.2 设备和管道应根据其内部物料的火灾危险性和操作条件，设置相应的仪表、自动联锁保护系统或紧急停车措施。

5.1.3 在使用或产生甲类气体或甲、乙_A 类液体的工艺装置、系统单元和储运设施区内，应按区域控制和重点控制相结合的原则，设置可燃气体报警系统。

5.2 装置内布置

5.2.1 设备、建筑物平面布置的防火间距，除本规范另有规定外，不应小于表 5.2.1 的规定。

表 5.2.1 设备、建筑物平面布置的防火间距(m)

项目			控制室、机柜间、变配电所、化验室、办公室	明火设备	操作温度低于自燃点的工艺设备												操作温度等于或高于自燃点的工艺设备	含可燃液体的污水池、隔油池、酸性污水罐、含油污水罐	丙类物品仓库、乙类物品储存间	备注
					装置储罐(总容积)							其他工艺设备或房间								
					可燃气体压缩机或压缩机房		可燃气体 200~1000m³		液化烃 50~100m³	可燃液体 100~1000m³		可燃气体		液化烃	可燃液体					
					甲	乙	甲	乙	甲A	甲B、乙A	乙B、丙A	甲	乙	甲A	甲B、乙A	乙B、丙A				
控制室、机柜间、变配电所、化验室、办公室			—	15	15	9	15	9	22.5	15	9	15	9	15	15	9	15	15	15	—
明火设备			15	—	22.5	9	15	9	22.5	15	9	15	9	22.5	15	9	4.5	15	15	—
操作温度低于自燃点的工艺设备	装置储罐(总容积)	可燃气体压缩机或压缩机房 甲	15	22.5	—		9	7.5	15	9	7.5	9	7.5	9	9	7.5		9	9	15	注1
		乙	9	9		—	7.5	7.5	9	7.5	7.5		7.5		7.5			4.5	—	9	注1
		可燃气体 200~1000m³ 甲	15	15	9	7.5	—		9	7.5		9	7.5	9						15	注2
		乙	9	9	7.5	7.5		—	7.5			7.5	7.5					7.5		9	注2
		液化烃 50~100m³ 甲A	22.5	22.5	15	9			—			9	7.5		7.5					15	注2
		可燃液体 100~1000m³ 甲B、乙A	15	15	9	7.5				—		9	7.5							15	注2
		乙B、丙A	9	9	7.5	7.5					—		7.5		7.5	7.5			7.5	9	注2
	其他工艺设备或房间	可燃气体 甲	15	15			9		7.5		9	—					4.5		15	
		乙	9	9		7.5			7.5	7.5			—						9	
		液化烃 甲A	15	22.5			9		7.5		9	7.5		—		7.5	7.5		15	
		可燃液体 甲B、乙A	15	15			9		7.5						—		4.5		15	
		乙B、丙A	9	9					7.5	7.5	7.5					—			9	
操作温度等于或高于自燃点的工艺设备			15	4.5		4.5			7.5			4.5		7.5	4.5		—		4.5	15	注3
含可燃液体的污水池、隔油池、酸性污水罐、含油污水罐			15	15				7.5			7.5						4.5	—	9	
丙类物品仓库、乙类物品储存间			15	15	15	9	15	9	15	15	9	15	9	15	15	9	15	9	—	
装置储罐组(总容积)	可燃气体 >1000~5000m³ 甲、乙		20	20	15	15	*	15	15		15								15	注4
	液化烃 >100~500m³ 甲A		30	30	30	25	25	20	*	25	20						30	25	25	
	可燃液体 >1000~5000m³ 甲B、乙A		25	25	25	25	25	25	25	*	25						25	20	20	
	乙B、丙A		20	20	20	20	20	20	20	20	*						20	15	15	

注:1 单机驱动功率小于150kW的可燃气体压缩机,可按操作温度低于自燃点的"其他工艺设备"确定其防火间距;

　　2 装置储罐(组)的总容积应符合本规范第5.2.23条的规定。当装置储罐的总容积:液化烃储罐小于50m³、可燃液体储罐小于100m³、可燃气体储罐小于200m³时,可按操作温度低于自燃点的"其他工艺设备"确定其防火间距;

　　3 查不到自燃点时,可取250℃;

　　4 装置储罐组的防火设计应符合本规范第6章的有关规定;

　　5 丙B类液体设备的防火间距不限;

　　6 散发火花地点与其他设备防火间距同明火设备;

　　7 表中"—"表示无防火间距要求或执行相关规范,"*"表示装置储罐集中成组布置。

5.2.2 为防止结焦、堵塞,控制温降、压降,避免发生副反应等有工艺要求的相关设备,可靠近布置。

5.2.3 分馏塔顶冷凝器、塔底重沸器与分馏塔,压缩机的分液罐、缓冲罐、中间冷却器等与压缩机,以及其他与主体设备密切相关的设备,可直接连接或靠近布置。

5.2.4 明火加热炉附属的燃料气分液罐、燃料气加热器等与炉体的防火间距不应小于6m。

5.2.5 以甲B、乙A类液体为溶剂的溶液法聚合液所用的总容积大于800m³的掺和储罐与相邻的设备、建筑物的防火间距不宜小于7.5m;总容积小于或等于800m³时,其防火间距不限。

5.2.6 可燃气体、液化烃和可燃液体的在线分析仪表间与工艺设备的防火间距不限。

5.2.7 布置在爆炸危险区的在线分析仪表间内设备为非防爆型时,在线分析仪表间应正压通风。

5.2.8 设备宜露天或半露天布置,并宜缩小爆炸危险区域的范围。爆炸危险区域的范围应现行国家标准《爆炸和火灾危险环境电力装置设计规范》GB 50058 的规定执行。受工艺特点或自然条件限制的设备可布置在建筑物内。

5.2.9 联合装置视同一个装置,其设备、建筑物的防火间距应按相邻设备、建筑物的防火间距确定,其防火间距应符合表 5.2.1 的规定。

5.2.10 装置内消防道路的设置应符合下列规定:

　　1 装置内应设贯通式道路,道路应有不少于2个出入口,且2个出入口宜位于不同方位。当装置外两侧消防道路间距不大于120m时,装置内可不设贯通式道路;

　　2 道路的路面宽度不应小于4m,路面上的净空高度不应小于4.5m;路面内缘转弯半径不宜小于6m。

5.2.11 在甲、乙类装置内部的设备、建筑物区的设置应符合下列规定:

　　1 应用道路将装置分割成为占地面积不大于

10000m² 的设备、建筑物区；

2 当大型石油化工装置的设备、建筑物区占地面积大于10000m² 小于20000m² 时，在设备、建筑物区四周应设环形道路，道路路面宽度不应小于6m，设备、建筑物区的宽度不应大于120m，相邻两设备、建筑物区的防火间距不应小于15m，并应加强安全措施。

5.2.12 设备、建筑物、构筑物宜布置在同一地平面上；当受地形限制时，应将控制室、机柜间、变配电所、化验室等布置在较高的地平面上；工艺设备、装置储罐等宜布置在较低的地平面上。

5.2.13 明火加热炉宜集中布置在装置的边缘，且宜位于可燃气体、液化烃和甲$_B$、乙$_A$类设备的全年最小频率风向的下风侧。

5.2.14 当在明火加热炉与露天布置的液化烃设备或甲类气体压缩机之间设置不燃烧材料实体墙时，其防火间距可小于表5.2.1的规定，但不得小于15m。实体墙的高度不宜小于3m，距加热炉不宜大于5m，实体墙的长度应满足由露天布置的液化烃设备或甲类气体压缩机经实体墙至加热炉的折线距离不小于22.5m。

当封闭式液化烃设备的厂房或甲类气体压缩机房面向明火加热炉一面为无门窗洞口的不燃烧材料实体墙时，加热炉与厂房的防火间距可小于表5.2.1的规定，但不得小于15m。

5.2.15 当同一建筑物内分隔为不同火灾危险性类别的房间时，中间隔墙应为防火墙。人员集中的房间应布置在火灾危险性较小的建筑物一端。

5.2.16 装置的控制室、机柜间、变配电所、化验室、办公室等不得与设有甲、乙$_A$类设备的房间布置在同一建筑物内。装置的控制室与其他建筑物合建时，应设置独立的防火分区。

5.2.17 装置的控制室、化验室、办公室等宜布置在装置外，并宜全厂性或区域性统一设置。当装置的控制室、机柜间、变配电所、化验室、办公室等布置在装置内时，应布置在装置的一侧，位于爆炸危险区范围以外，并宜位于可燃气体、液化烃和甲$_B$、乙$_A$类设备全年最小频率风向的下风侧。

5.2.18 布置在装置内的控制室、机柜间、变配电所、化验室、办公室等的布置应符合下列规定：

1 控制室宜设在建筑物的底层；

2 平面布置位于附加2区的办公室、化验室室内地面及控制室、机柜间、变配电所的设备层地面应高于室外地面，且高差不应小于0.6m；

3 控制室、机柜间面向有火灾危险性设备侧的外墙应为无门窗洞口、耐火极限不低于3h的不燃烧材料实体墙；

4 化验室、办公室等面向有火灾危险性设备侧的外墙宜为无门窗洞口不燃烧材料实体墙。当确需设置门窗时，应采用防火门窗；

5 控制室或化验室的室内不得安装可燃气体、液化烃和可燃液体的在线分析仪器。

5.2.19 高压和超高压的压力设备宜布置在装置的一端或一侧；有爆炸危险的超高压反应设备宜布置在防爆构筑物内。

5.2.20 装置的可燃气体、液化烃和可燃液体设备采用多层构架布置时，除工艺要求外，其构架不宜超过四层。

5.2.21 空气冷却器不宜布置在操作温度等于或高于自燃点的可燃液体设备上方；若布置在其上方，应用不燃烧材料的隔板隔离保护。

5.2.22 装置储罐（组）的布置应符合下列规定：

1 当装置储罐总容积：液化烃罐小于或等于100m³、可燃气体或可燃液体罐小于或等于1000m³ 时，可布置在装置内，装置储罐与设备、建筑物的防火间距不应小于表5.2.1的规定；

2 当装置储罐组总容积：液化烃罐大于100m³ 小于或等于500m³、可燃液体罐或可燃气体罐大于1000m³ 小于或等于5000m³ 时，应成组集中布置在装置边缘；但液化烃单罐容积不应大于300m³，可燃液体单罐容积不应大于3000m³。装置储罐组的防火设计应符合本规范第6章的有关规定，与储罐相关的机泵应布置在防火堤外。装置储罐组与装置内其他设备、建筑物的防火间距不应小于表5.2.1的规定。

5.2.23 甲、乙类物品仓库不应布置在装置内。若工艺需要，储量不大于5t的乙类物品储存间和丙类物品仓库可布置在装置内，并位于装置边缘。丙类物品仓库的总储量应符合本规范第6章的有关规定。

5.2.24 可燃气体和助燃气体的钢瓶（含实瓶和空瓶），应分别存放在位于装置边缘的敞棚内。可燃气体的钢瓶距明火或操作温度等于或高于自燃点的设备防火间距不应小于15m。分析专用的钢瓶储存间可靠近分析室布置，钢瓶储存间的建筑设计应满足泄压要求。

5.2.25 建筑物的安全疏散门应向外开启。甲、乙、丙类房间的安全疏散门，不应少于2个；面积小于等于100m² 的房间可只设1个。

5.2.26 设备的构架或平台的安全疏散通道应符合下列规定：

1 可燃气体、液化烃和可燃液体的塔区平台或其他设备的构架平台应设置不少于2个通往地面的梯子，作为安全疏散通道，但长度不大于8m的甲类气体和甲、乙$_A$类液体设备的平台或长度不大于15m的乙$_B$、丙类液体设备的平台，可只设1个梯子；

2 相邻的构架、平台宜用走桥连通，与相邻平台连通的走桥可作为一个安全疏散通道；

3 相邻安全疏散通道之间的距离不应大于50m。

5.2.27 装置内地坪竖向和排污系统的设计应减少可

能泄漏的可燃液体在工艺设备附近的滞留时间和扩散范围。火灾事故状态下，受污染的消防水应有效收集和排放。

5.2.28 凡在开停工、检修过程中，可能有可燃液体泄漏、漫流的设备区周围应设置不低于150mm的围堰和导液设施。

5.3 泵和压缩机

5.3.1 可燃气体压缩机的布置及其厂房的设计应符合下列规定：

1 可燃气体压缩机宜布置在敞开或半敞开式厂房内；

2 单机驱动功率等于或大于150kW的甲类气体压缩机厂房不宜与其他甲、乙和丙类房间共用一座建筑物；

3 压缩机的上方不得布置甲、乙和丙类工艺设备，但自用的高位润滑油箱不受此限；

4 比空气轻的可燃气体压缩机半敞开式或封闭式厂房的顶部应采取通风措施；

5 比空气轻的可燃气体压缩机厂房的楼板宜部分采用钢格板；

6 比空气重的可燃气体压缩机厂房的地面不宜设地坑或地沟；厂房内应有防止可燃气体积聚的措施。

5.3.2 液化烃泵、可燃液体泵宜露天或半露天布置。液化烃、操作温度等于或高于自燃点的可燃液体的泵上方，不宜布置甲、乙、丙类工艺设备；若在其上方布置甲、乙、丙类工艺设备，应用不燃烧材料的隔板隔离保护。

5.3.3 液化烃泵、可燃液体泵在泵房内布置时，应符合下列规定：

1 液化烃泵、操作温度等于或高于自燃点的可燃液体泵、操作温度低于自燃点的可燃液体泵应分别布置在不同房间内，各房间之间的隔墙应为防火墙；

2 操作温度等于或高于自燃点的可燃液体泵房的门窗与操作温度低于自燃点的甲$_B$、乙$_A$类液体泵房的门窗或液化烃泵房的门窗的距离不应小于4.5m；

3 甲、乙$_A$类液体泵房的地面不宜设地坑或地沟，泵房内应有防止可燃气体积聚的措施；

4 在液化烃、操作温度等于或高于自燃点的可燃液体泵房的上方，不宜布置甲、乙、丙类工艺设备；

5 液化烃泵不超过2台时，可与操作温度低于自燃点的可燃液体泵同房间布置。

5.3.4 气柜或全冷冻式液化烃储存设施内，泵和压缩机等旋转设备或其房间与储罐的防火间距不应小于15m。其他设备之间及非旋转设备与储罐的防火间距应按本规范表5.2.1执行。

5.3.5 罐组的专用泵区应布置在防火堤外，与储罐的防火间距应符合下列规定：

1 距甲$_A$类储罐不应小于15m；

2 距甲$_B$、乙类固定顶储罐不应小于12m，距小于或等于500m³的甲$_B$、乙类固定顶储罐不应小于10m；

3 距浮顶及内浮顶储罐、丙$_A$类固定顶储罐不应小于10m，距小于或等于500m³的内浮顶储罐、丙$_A$类固定顶储罐不应小于8m；

5.3.6 除甲$_A$类以外的可燃液体储罐的专用泵单独布置时，应布置在防火堤外，与可燃液体储罐的防火间距不限。

5.3.7 压缩机或泵等的专用控制室或不大于10kV的专用变配电所，可与该压缩机房或泵房等共用一座建筑物，但专用控制室或变配电所的门窗应位于爆炸危险区范围之外，且专用控制室或变配电所与压缩机房或泵房等的中间隔墙应为无门窗洞口的防火墙。

5.4 污水处理场和循环水场

5.4.1 隔油池的保护高度不应小于400mm。隔油池应设难燃烧材料的盖板。

5.4.2 隔油池的进出水管道应设水封。距隔油池池壁5m以内的水封井、检查井的井盖与盖座接缝处应密封，且井盖不得有孔洞。

5.4.3 污水处理场内的设备、建（构）筑物平面布置防火间距不应小于表5.4.3的规定。

表5.4.3 污水处理场内的设备、建（构）筑物平面布置的防火间距（m）

类　别	变配电所、化验室、办公室等	含可燃液体的隔油池、污水池等	集中布置的水泵房	污油罐、含油污水调节罐	焚烧炉	污油泵房
变配电所、化验室、办公室等	—	15	—	15	15	15
含可燃液体的隔油池、污水池等	15	—	15	15	15	—
集中布置的水泵房	—	15	—	15	—	—
污油罐、含油污水调节罐	15	15	15	15	—	—
焚烧炉	15	15	—	15	—	15
污油泵房	15	—	—	—	15	—

注：表中"—"表示无防火间距要求或执行相关规范。

5.4.4 循环水场冷却塔应采用阻燃型的填料、收水器和风筒，其氧指数不应小于 30。

5.5 泄压排放和火炬系统

5.5.1 在非正常条件下，可能超压的下列设备应设安全阀：

　　1 顶部最高操作压力大于等于 0.1MPa 的压力容器；

　　2 顶部最高操作压力大于 0.03MPa 的蒸馏塔、蒸发塔和汽提塔（汽提塔顶蒸汽通入另一蒸馏塔者除外）；

　　3 往复式压缩机各段出口或电动往复泵、齿轮泵、螺杆泵等容积式泵的出口（设备本身已有安全阀者除外）；

　　4 凡与鼓风机、离心式压缩机、离心泵或蒸汽往复泵出口连接的设备不能承受其最高压力时，鼓风机、离心式压缩机、离心泵或蒸汽往复泵的出口；

　　5 可燃气体或液体受热膨胀，可能超过设计压力的设备；

　　6 顶部最高操作压力为 0.03～0.1MPa 的设备应根据工艺要求设置。

5.5.2 单个安全阀的开启压力（定压），不应大于设备的设计压力。当一台设备安装多个安全阀时，其中一个安全阀的开启压力（定压）不应大于设备设计压力；其他安全阀的开启压力可以提高，但不应大于设备设计压力的 1.05 倍。

5.5.3 下列工艺设备不宜设安全阀：

　　1 加热炉炉管；

　　2 在同一压力系统中，压力来源处已有安全阀，则其余设备可不设安全阀；

　　3 对扫线蒸汽不宜作为压力来源。

5.5.4 可燃气体、可燃液体设备的安全阀出口连接应符合下列规定：

　　1 可燃液体设备的安全阀出口泄放管应接入储罐或其他容器，泵的安全阀出口泄放管宜接至泵的入口管道、塔或其他容器；

　　2 可燃气体设备的安全阀出口泄放管应接至火炬系统或其他安全泄放设施；

　　3 泄放后可能立即燃烧的可燃气体或可燃液体应经冷却后接至放空设施；

　　4 泄放可能携带液滴的可燃气体应经分液罐后接至火炬系统。

5.5.5 有可能被物料堵塞或腐蚀的安全阀，在安全阀前应设爆破片或在其出入口管道上采取吹扫、加热或保温等防堵措施。

5.5.6 两端阀门关闭且因外界影响可能造成介质压力升高的液化烃、甲$_B$、乙$_A$ 类液体管道应采取泄压安全措施。

5.5.7 甲、乙、丙类的设备应有事故紧急排放设施，并应符合下列规定：

　　1 对液化烃或可燃液体设备，应能将设备内的液化烃或可燃液体排放至安全地点，剩余的液化烃应排入火炬；

　　2 对可燃气体设备，应能将设备内的可燃气体排入火炬或安全放空系统。

5.5.8 常减压蒸馏装置的初馏塔顶、常压塔顶、减压塔顶的不凝气不应直接排入大气。

5.5.9 较高浓度环氧乙烷设备的安全阀前应设爆破片。爆破片入口管道应设氮封，且安全阀的出口管道应充氮。

5.5.10 氨的安全阀排放气应经处理后放空。

5.5.11 受工艺条件或介质特性所限，无法排入火炬或装置处理排放系统的可燃气体，当通过排气筒、放空管直接向大气排放时，排气筒、放空管的高度应符合下列规定：

　　1 连续排放的排气筒顶或放空管口应高出 20m 范围内的平台或建筑物顶 3.5m 以上，位于排放口水平 20m 以外斜上 45°的范围内不宜布置平台或建筑物（图 5.5.11）；

　　2 间歇排放的排气筒顶或放空管口应高出 10m 范围内的平台或建筑物顶 3.5m 以上，位于排放口水平 10m 以外斜上 45°的范围内不宜布置平台或建筑物（图 5.5.11）；

　　3 安全阀排放管口不得朝向邻近设备或有人通过的地方，排放管口应高出 8m 范围内的平台或建筑物顶 3m 以上。

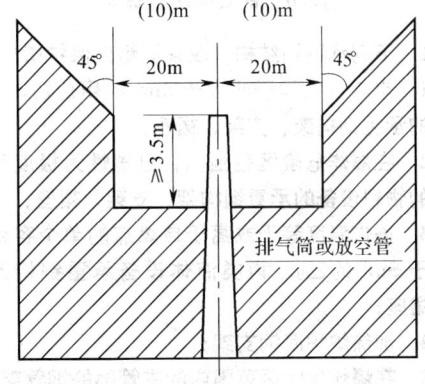

图 5.5.11　可燃气体排气筒、放空管高度示意图
注：阴影部分为平台或建筑物的设置范围

5.5.12 有突然超压或发生瞬时分解爆炸危险物料的反应设备，如设安全阀不能满足要求时，应装爆破片或爆破片和导爆管，导爆管口必须朝向无火源的安全方向；必要时应采取防止二次爆炸、火灾的措施。

5.5.13 因物料爆聚、分解造成超温、超压，可能引起火灾、爆炸的反应设备应设报警信号和泄压排放设施，以及自动或手动遥控的紧急切断进料设施。

5.5.14 严禁将混合后可能发生化学反应并形成爆炸

性混合气体的几种气体混合排放。

5.5.15 液体、低热值可燃气体、含氧或卤元素及其化合物的可燃气体、毒性为极度和高度危害的可燃气体、惰性气体、酸性气体及其他腐蚀性气体不得排入全厂性火炬系统，应设独立的排放系统或处理排放系统。

5.5.16 可燃气体放空管道在接入火炬前，应设置分液和阻火等设备。

5.5.17 **可燃气体放空管道内的凝结液应密闭回收，不得随地排放。**

5.5.18 携带可燃液体的低温可燃气体排放系统应设置气化器，低温火炬管道选材应考虑事故排放时可能出现的最低温度。

5.5.19 装置的主要泄压排放设备宜采用适当的措施，以降低事故工况下可燃气体瞬间排放负荷。

5.5.20 火炬应设长明灯和可靠的点火系统。

5.5.21 装置内高架火炬的设置应符合下列规定：

  1 严禁排入火炬的可燃气体携带可燃液体；

  2 火炬的辐射热不应影响人身及设备的安全；

  3 距火炬筒 30m 范围内，不应设置可燃气体放空。

5.5.22 封闭式地面火炬的设置除按明火设备考虑外，还应符合下列规定：

  1 排入火炬的可燃气体不应携带可燃液体；

  2 火炬的辐射热不应影响人身及设备的安全；

  3 火炬应采取有效的消烟措施。

5.5.23 火炬设施的附属设备可靠近火炬布置。

5.6 钢结构耐火保护

5.6.1 下列承重钢结构，应采取耐火保护措施：

  1 单个容积等于或大于 5m³ 的甲、乙A 类液体设备的承重钢构架、支架、裙座；

  2 在爆炸危险区范围内，且毒性为极度和高度危害的物料设备的承重钢构架、支架、裙座；

  3 操作温度等于或高于自燃点的单个容积等于或大于 5m³ 的乙B、丙类液体设备承重钢构架、支架、裙座；

  4 加热炉炉底钢支架；

  5 在爆炸危险区范围内的主管廊的钢管架；

  6 在爆炸危险区范围内的高径比等于或大于 8，且总重量等于或大于 25t 的非可燃介质设备的承重钢构架、支架和裙座。

5.6.2 第 5.6.1 条所述的承重钢结构的下列部位应覆盖耐火层，覆盖耐火层的钢构件，其耐火极限不应低于 1.5h：

  1 支承设备钢构架：

    1）单层构架的梁、柱；

    2）多层构架的楼板为透空的钢格板时，地面以上 10m 范围内的梁、柱；

    3）多层构架的楼板为封闭式楼板时，地面至该层楼板面及其以上 10m 范围内的梁、柱；

  2 支承设备钢支架；

  3 钢裙座外侧未保温部分及直径大于 1.2m 的裙座内侧；

  4 钢管架：

    1）底层支承管道的梁、柱；地面以上 4.5m 内的支承管道的梁、柱；

    2）上部设有空气冷却器的管架，其全部梁、柱及承重斜撑；

    3）下部设有液化烃或可燃液体泵的管架，地面以上 10m 范围内的梁、柱；

  5 加热炉从钢柱柱脚板到炉底板下表面 50mm 范围内的主要支承构件应覆盖耐火层，与炉底板连续接触的横梁不覆盖耐火层；

  6 液化烃球罐支腿从地面到支腿与球体交叉处以下 0.2m 的部位。

5.7 其他要求

5.7.1 甲、乙、丙类设备或有爆炸危险性粉尘、可燃纤维的封闭式厂房和控制室等其他建筑物的耐火等级、内部装修及空调系统等设计均应按现行国家标准《建筑设计防火规范》GB 50016、《建筑内部装修设计防火规范》GB 50222 和《采暖通风与空气调节设计规范》GB 50019 的有关规定执行。

5.7.2 散发爆炸危险性粉尘或可燃纤维的场所，其火灾危险性类别和爆炸危险区范围的划分应按现行国家标准《建筑设计防火规范》GB 50016 和《爆炸和火灾危险环境电力装置设计规范》GB 50058 的规定执行。

5.7.3 散发爆炸危险性粉尘或可燃纤维的场所应采取防止粉尘、纤维扩散、飞扬和积聚的措施。

5.7.4 散发比空气重的甲类气体、有爆炸危险性粉尘或可燃纤维的封闭厂房应采用不发生火花的地面。

5.7.5 有可燃液体设备的多层建筑物或构筑物的楼板应采取防止可燃液体泄漏至下层的措施。

5.7.6 生产或储存不稳定的烯烃、二烯烃等物质时应采取防止生成过氧化物、自聚物的措施。

5.7.7 可燃气体压缩机、液化烃、可燃液体泵不得使用皮带传动；在爆炸危险区范围内的其他转动设备若必须使用皮带传动时，应采用防静电皮带。

5.7.8 烧燃料气的加热炉应设长明灯，并宜设置火焰监测器。

5.7.9 除加热炉以外的有隔热衬里设备，其外壁应涂刷超温显示剂或设置测温点。

5.7.10 可燃气体的电除尘、电除雾等电滤器系统，应有防止产生负压和控制含氧量超过规定指标的设施。

5.7.11 正压通风设施的取风口宜位于可燃气体、液化烃和甲B、乙A类设备的全年最小频率风向的下风侧，且取风口高度应高出地面9m以上或爆炸危险区1.5m以上，两者中取较大值。取风质量应按现行国家标准《采暖通风与空气调节设计规范》GB 50019的有关规定执行。

6 储运设施

6.1 一般规定

6.1.1 可燃气体、助燃气体、液化烃和可燃液体的储罐基础、防火堤、隔堤及管架（墩）等，均应采用不燃烧材料。防火堤的耐火极限不得小于3h。

6.1.2 液化烃、可燃液体储罐的保温层应采用不燃烧材料。当保冷层采用阻燃型泡沫塑料制品时，其氧指数不应小于30。

6.1.3 储运设施内储罐与其他设备及建构筑物之间的防火间距应按本规范第5章的有关规定执行。

6.2 可燃液体的地上储罐

6.2.1 储罐应采用钢罐。

6.2.2 储存甲B、乙A类的液体应选用金属浮舱式的浮顶或内浮顶罐。对于有特殊要求的物料，可选用其他型式的储罐。

6.2.3 储存沸点低于45℃的甲B类液体宜选用压力或低压储罐。

6.2.4 甲B类液体固定顶罐或低压储罐应采取减少日晒升温的措施。

6.2.5 储罐应成组布置，并应符合下列规定：

 1 在同一罐组内，宜布置火灾危险性类别相同或相近的储罐；当单罐容积小于或等于1000m³时，火灾危险性类别不同的储罐也可同组布置；

 2 沸溢性液体的储罐不应与非沸溢性液体储罐同组布置；

 3 可燃液体的压力储罐可与液化烃的全压力储罐同组布置；

 4 可燃液体的低压储罐可与常压储罐同组布置。

6.2.6 罐组的总容积应符合下列规定：

 1 固定顶罐组的总容积不应大于120000m³；

 2 浮顶、内浮顶罐组的总容积不应大于600000m³；

 3 固定顶罐和浮顶、内浮顶罐的混合罐组的总容积不应大于120000m³；其中浮顶、内浮顶罐的容积可折半计算。

6.2.7 罐组内单罐容积大于或等于10000m³的储罐个数不应多于12个；单罐容积小于10000m³的储罐个数不应多于16个；但单罐容积均小于1000m³储罐以及丙B类液体储罐的个数不受此限。

6.2.8 罐组内相邻可燃液体地上储罐的防火间距不

应小于表6.2.8的规定。

表6.2.8 罐组内相邻可燃液体地上储罐的防火间距

液体类别	储罐型式			
	固定顶罐		浮顶、内浮顶罐	卧罐
	≤1000m³	>1000m³		
甲B、乙类	0.75D	0.6D	0.4D	0.8m
丙A类	0.4D			
丙B类	2m	5m		

注：1 表中D为相邻较大罐的直径，单罐容积大于1000m³的储罐取直径或高度的较大值；

 2 储存不同类别液体的或不同型式的相邻储罐的防火间距采用本表规定的较大值；

 3 现有浅盘式内浮顶罐的防火间距同固定顶罐；

 4 可燃液体的低压储罐，其防火间距按固定顶罐考虑；

 5 储存丙B类可燃液体的浮顶、内浮顶罐，其防火间距大于15m时，可取15m。

6.2.9 罐组内的储罐不应超过2排；但单罐容积小于或等于1000m³的丙B类的储罐不应超过4排，其中润滑油罐的单罐容积和排数不限。

6.2.10 两排立式储罐的间距应符合表6.2.8的规定，且不应小于5m；两排直径小于5m的立式储罐及卧式储罐的间距不应小于3m。

6.2.11 罐组应设防火堤。

6.2.12 防火堤及隔堤内的有效容积应符合下列规定：

 1 防火堤内的有效容积不应小于罐组内1个最大储罐的容积，当浮顶、内浮顶罐组不能满足此要求时，应设置事故存液池储存剩余部分，但罐组防火堤内的有效容积不应小于罐组内1个最大储罐容积的一半；

 2 隔堤内有效容积不应小于隔堤内1个最大储罐容积的10%。

6.2.13 立式储罐至防火堤内堤脚线的距离不应小于罐壁高度的一半，卧式储罐至防火堤内堤脚线的距离不应小于3m。

6.2.14 相邻罐组防火堤的外堤脚线之间应留有宽度不小于7m的消防空地。

6.2.15 设有防火堤的罐组内应按下列要求设置隔堤：

 1 单罐容积小于或等于5000m³时，隔堤所分隔的储罐容积之和不应大于20000m³；

 2 单罐容积大于5000～20000m³时，隔堤内的储罐不应超过4个；

 3 单罐容积大于20000～50000m³时，隔堤内的储罐不应超过2个；

 4 单罐容积大于50000m³时，应每1个罐一隔；

 5 隔堤所分隔的沸溢性液体储罐不应超过2个。

6.2.16 多品种的液体罐组内应按下列要求设置隔堤：

1 甲$_B$、乙$_A$类液体与其他类可燃液体储罐之间；

2 水溶性与非水溶性可燃液体储罐之间；

3 相互接触能引起化学反应的可燃液体储罐之间；

4 助燃剂、强氧化剂及具有腐蚀性液体储罐与可燃液体储罐之间。

6.2.17 防火堤及隔堤应符合下列规定：

1 防火堤及隔堤应能承受所容纳液体的静压，且不应渗漏；

2 立式储罐防火堤的高度应为计算高度加0.2m，但不应低于1.0m（以堤内设计地坪标高为准），且不宜高于2.2m（以堤外3m范围内设计地坪标高为准）；卧式储罐防火堤的高度不应低于0.5m（以堤内设计地坪标高为准）；

3 立式储罐组内隔堤的高度不应低于0.5m；卧式储罐组内隔堤的高度不应低于0.3m；

4 管道穿堤处应采用不燃烧材料严密封闭；

5 在防火堤内雨水沟穿堤处应采取防止可燃液体流出堤外的措施；

6 在防火堤的不同方位上应设置人行台阶或坡道，同一方位上两相邻人行台阶或坡道之间距离不宜大于60m；隔堤应设置人行台阶。

6.2.18 事故存液池的设置应符合下列规定：

1 设有事故存液池的罐组应设导液管（沟），使溢漏液体能顺利地流出罐组并自流入存液池内；

2 事故存液池距防火堤的距离不应小于7m；

3 事故存液池和导液沟距明火地点不应小于30m；

4 事故存液池应有排水设施。

6.2.19 甲$_B$、乙类液体的固定顶罐应设阻火器和呼吸阀；对于采用氮气或其他气体气封的甲$_B$、乙类液体的储罐还应设置事故泄压设备。

6.2.20 常压固定顶罐顶板与包边角钢之间的连接应采用弱顶结构。

6.2.21 储存温度高于100℃的丙$_B$类液体储罐应设专用扫线罐。

6.2.22 设有蒸汽加热器的储罐应采取防止液体超温的措施。

6.2.23 可燃液体的储罐应设液位计和高液位报警器，必要时可设自动联锁切断进料设施；并宜设自动脱水器。

6.2.24 储罐的进料管应从罐体下部接入；若必须从上部接入，宜延伸至距罐底200mm处。

6.2.25 储罐的进出口管道应采用柔性连接。

6.3 液化烃、可燃气体、助燃气体的地上储罐

6.3.1 液化烃储罐、可燃气体储罐和助燃气体储罐应分别成组布置。

6.3.2 液化烃储罐成组布置时应符合下列规定：

1 液化烃罐组内的储罐不应超过2排；

2 每组全压力式或半冷冻式储罐的个数不应多于12个；

3 全冷冻式储罐的个数不宜多于2个；

4 全冷冻式储罐应单独成组布置；

5 储罐材质不能适应该罐组内介质最低温度时，不应布置在同一罐组内。

6.3.3 液化烃、可燃气体、助燃气体的罐组内，储罐的防火间距不应小于表6.3.3的规定。

表6.3.3 液化烃、可燃气体、助燃气体的罐组内储罐的防火间距

介质	储存方式或储罐型式		球罐	卧（立）罐	全冷冻式储罐		水槽式气柜	干式气柜
					≤100m³	>100m³		
液化烃	全压力式或半冷冻式储罐	有事故排放至火炬的措施	0.5D	1.0D	*	*	*	*
		无事故排放至火炬的措施	1.0D		*	*	*	*
	全冷冻式储罐	≤100m³	*	*	1.5m	0.5D	*	*
		>100m³	*	*	0.5D	0.5D	*	*
助燃气体	球罐		0.5D	0.65D				
	卧（立）罐		0.65D	0.65D				
可燃气体	水槽式气柜		*	*	*	*	0.5D	0.65D
	干式气柜		*	*	*	*	0.65D	0.65D
	球罐		0.5D	*	*	*	0.65D	0.65D

注：1 D为相邻较大储罐的直径；

2 液氨储罐间的防火间距要求应与液化烃储罐相同；液氧储罐间的防火间距应按现行国家标准《建筑设计防火规范》GB 50016的要求执行；

3 沸点低于45℃的甲$_B$类液体压力储罐，按全压力式液化烃储罐的防火间距执行；

4 液化烃单罐容积≤200m³的卧（立）罐之间的防火间距超过1.5m时，可取1.5m；

5 助燃气体卧（立）罐之间的防火间距超过1.5m时，可取1.5m；

6 "*"表示不应同组布置。

6.3.4 两排卧罐的间距不应小于 3m。

6.3.5 防火堤及隔堤的设置应符合下列规定：

　　1 液化烃全压力式或半冷冻式储罐组宜设不高于 0.6m 的防火堤，防火堤内堤脚线距储罐不应小于 3m，堤内应采用现浇混凝土地面，并应坡向外侧，防火堤内的隔堤不宜高于 0.3m；

　　2 全压力式储罐组的总容积大于 8000m³ 时，罐组内应设隔堤，隔堤内各储罐容积之和不宜大于 8000m³，单罐容积等于或大于 5000m³ 时应每 1 个罐一隔；

　　3 全冷冻式储罐组的总容积不应大于 200000m³，单防罐应每 1 个罐一隔，隔堤应低于防火堤 0.2m；

　　4 沸点低于 45℃甲B类液体压力储罐组的总容积不宜大于 60000m³；隔堤内各储罐容积之和不宜大于 8000m³，单罐容积等于或大于 5000 m³ 时应每 1 个罐一隔。

　　5 沸点低于 45℃的甲B类液体的压力储罐，防火堤内有效容积不应小于 1 个最大储罐的容积。当其与液化烃压力储罐同组布置时，防火堤及隔堤的高度尚应满足液化烃压力储罐组的要求，且二者之间应设隔堤；当其独立成组时，防火堤距储罐不应小于 3m，防火堤及隔堤的高度设置尚应符合第 6.2.17 条的要求；

　　6 全压力式、半冷冻式液氨储罐的防火堤和隔堤的设置同液化烃储罐的要求。

6.3.6 液化烃全冷冻式单防罐罐组应设防火堤，并应符合下列规定：

　　1 防火堤内的有效容积不应小于 1 个最大储罐的容积；

　　2 单防罐至防火堤内顶角线的距离 X 不应小于最高液位与防火堤堤顶的高度之差 Y 加上液面上气相当量压头的和（图 6.3.6）；当防火堤的高度等于或大于最高液位时，单防罐至防火堤内顶角线的距离不限；

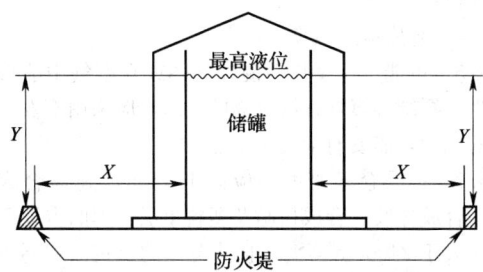

图 6.3.6　单防罐至防火堤内顶角线的距离

　　3 应在防火堤的不同方位上设置不少于 2 个人行台阶或梯子；

　　4 防火堤及隔堤应为不燃烧实体防护结构，能承受所容纳液体的静压及温度变化的影响，且不渗漏。

6.3.7 液化烃全冷冻式双防或全防罐罐组可不设防火堤。

6.3.8 全冷冻式液氨储罐应设防火堤，堤内有效容积应不小于 1 个最大储罐容积的 60%。

6.3.9 液化烃、液氨等储罐的储存系数不应大于 0.9。

6.3.10 液氨储罐应设液位计、压力表和安全阀；低温液氨储罐尚应设温度指示仪。

6.3.11 液化烃储罐应设液位计、温度计、压力表、安全阀，以及高液位报警和高高液位自动联锁切断进料措施。对于全冷冻式液化烃储罐还应设真空泄放设施和高、低温度检测，并应与自动控制系统相联。

6.3.12 气柜应设上、下限位报警装置，并宜设进出管道自动联锁切断装置。

6.3.13 液化烃储罐的安全阀出口管应接至火炬系统。确有困难时，可就地放空，但其排气管口应高出 8m 范围内储罐罐顶平台 3m 以上。

6.3.14 全压力式液化烃储罐宜采用有防冻措施的二次脱水系统，储罐根部宜设紧急切断阀。

6.3.15 液化烃蒸发器的气相部分应设压力表和安全阀。

6.3.16 液化烃储罐开口接管的阀门及管件的管道等级不应低于 2.0MPa，其垫片应采用缠绕式垫片。阀门压盖的密封填料应采用难燃烧材料。全压力式储罐应采取防止液化烃泄漏的注水措施。

6.3.17 全冷冻卧式液化烃储罐不应多层布置。

6.4　可燃液体、液化烃的装卸设施

6.4.1 可燃液体的铁路装卸设施应符合下列规定：

　　1 装卸栈台两端和沿栈台每隔 60m 左右应设梯子；

　　2 甲B、乙、丙A类的液体严禁采用沟槽卸车系统；

　　3 顶部敞口装车的甲B、乙、丙A类的液体应采用液下装车鹤管；

　　4 在距装车栈台边缘 10m 以外的可燃液体（润滑油除外）输入管道上应设便于操作的紧急切断阀；

　　5 丙B类液体装卸栈台宜单独设置；

　　6 零位罐至罐车装卸线不应小于 6m；

　　7 甲B、乙A类液体装卸鹤管与集中布置的泵的距离不应小于 8m；

　　8 同一铁路装卸线一侧的两个装卸栈台相邻鹤位之间的距离不应小于 24m。

6.4.2 可燃液体的汽车卸车站应符合下列规定：

　　1 装卸站的进、出口宜分开设置；当进、出口合用时，站内应设回车场；

　　2 装卸车场应采用现浇混凝土地面；

　　3 装卸车鹤位与缓冲罐之间的距离不应小于

5m，高架罐之间的距离不应小于0.6m；

4 甲_B、乙_A类液体装卸车鹤位与集中布置的泵的距离不应小于8m；

5 站内无缓冲罐时，在距装卸车鹤位10m以外的装卸管道上应设便于操作的紧急切断阀；

6 甲_B、乙、丙_A类液体的装卸车应采用液下装卸车鹤管；

7 甲_B、乙、丙_A类液体与其他类液体的两个装卸车栈台相邻鹤位之间的距离不应小于8m；

8 装卸车鹤位之间的距离不应小于4m；双侧装卸车栈台相邻鹤位之间或同一鹤位相邻鹤管之间的距离应满足鹤管正常操作和检修的要求。

6.4.3 液化烃铁路和汽车的装卸设施应符合下列规定：

1 液化烃严禁就地排放；

2 低温液化烃装卸鹤位应单独设置；

3 铁路装卸栈台宜单独设置，当不同时作业时，可与可燃液体铁路装卸同台设置；

4 同一铁路装卸线一侧的两个装卸栈台相邻鹤位之间的距离不应小于24m；

5 铁路装卸栈台两端和沿栈台每隔60m左右应设梯子；

6 汽车装卸车鹤位之间的距离不应小于4m；双侧装卸车栈台相邻鹤位之间或同一鹤位相邻鹤管之间的距离应满足鹤管正常操作和检修的要求，液化烃汽车装卸栈台与可燃液体汽车装卸栈台相邻鹤位之间的距离不应小于8m；

7 在距装卸车鹤位10m以外的装卸管道上应设便于操作的紧急切断阀；

8 汽车装卸车场应采用现浇混凝土地面；

9 装卸车鹤位与集中布置的泵的距离不应小于10m。

6.4.4 可燃液体码头、液化烃码头应符合下列规定：

1 除船舶在码头泊位内外档停靠外，码头相邻泊位船舶间的防火间距不应小于表6.4.4的规定；

表6.4.4 码头相邻泊位船舶间的防火间距（m）

船长（m）	279～236	235～183	182～151	150～110	<110
防火间距	55	50	40	35	25

2 液化烃泊位宜单独设置，当不同时作业时，可与其他可燃液体共用一个泊位；

3 可燃液体和液化烃的码头与其他码头或建筑物、构筑物的安全距离应按有关规定执行；

4 在距泊位20m以外或岸边处的装卸船管道上应设便于操作的紧急切断阀；

5 液化烃的装卸应采用装卸臂或金属软管，并应采取安全放空措施。

6.5 灌 装 站

6.5.1 液化石油气的灌装站应符合下列规定：

1 液化石油气的灌瓶间和储瓶库宜为敞开式或半敞开式建筑物，半敞开式建筑物下部应采取防止油气积聚的措施；

2 液化石油气的残液应密闭回收，严禁就地排放；

3 灌装站应设不燃烧材料隔离墙。如采用实体围墙，其下部应设通风口；

4 灌瓶间和储瓶库的室内应采用不发生火花的地面，室内地面应高于室外地坪，其高差不应小于0.6m；

5 液化石油气缓冲罐与灌瓶间的距离不应小于10m；

6 灌装站内应设有宽度不小于4m的环形消防车道，车道内缘转弯半径不宜小于6m。

6.5.2 氢气灌瓶间的顶部应采取通风措施。

6.5.3 液氨和液氯等的灌装间宜为敞开式建筑物。

6.5.4 实瓶（桶）库与灌装间可设在同一建筑物内，但宜用实体墙隔开，并各设出入口。

6.5.5 液化石油气、液氨或液氯等的实瓶不应露天堆放。

6.6 厂内仓库

6.6.1 石油化工企业应设置独立的化学品和危险品库区。甲、乙、丙类物品仓库，距其他设施的防火间距见表4.2.12，并应符合下列规定：

1 甲类物品仓库宜单独设置；当其储量小于5t时，可与乙、丙类物品仓库共用一座建筑物，但应设独立的防火分区；

2 乙、丙类产品的储量宜按装置2～15d的产量计算确定；

3 化学品应按其化学物理特性分类储存，当物料性质不允许相互接触时，应用实体墙隔开，并各设出入口；

4 仓库应通风良好；

5 可能产生爆炸性混合气体或在空气中能形成粉尘、纤维等爆炸性混合物的仓库，应采用不发生火花的地面，需要时应设防水层。

6.6.2 单层仓库跨度不应大于150m。每座合成纤维、合成橡胶、合成树脂及塑料单层仓库的占地面积不应大于24000m²，每个防火分区的建筑面积不应大于6000m²；当企业设有消防站和专职消防队且仓库设有工业电视监视系统时，每座合成树脂及塑料单层仓库的占地面积可扩大至48000m²。

6.6.3 合成纤维、合成树脂及塑料等产品的高架仓库应符合下列规定：

1 仓库的耐火等级不应低于二级；

2 货架应采用不燃烧材料。

6.6.4 占地面积大于 1000m² 的丙类仓库应设置排烟设施，占地面积大于 6000m² 的丙类仓库宜采用自然排烟，排烟口净面积宜为仓库建筑面积的 5%。

6.6.5 袋装硝酸铵仓库的耐火等级不应低于二级。仓库内严禁存放其他物品。

6.6.6 盛装甲、乙类液体的容器存放在室外时应设防晒降温设施。

7 管道布置

7.1 厂内管线综合

7.1.1 全厂性工艺及热力管道宜地上敷设；沿地面或低支架敷设的管道不应环绕工艺装置或罐组布置，并不应妨碍消防车的通行。

7.1.2 管道及其桁架跨越厂内铁路线的净空高度不应小于 5.5m；跨越厂内道路的净空高度不应小于 5m。在跨越铁路或道路的可燃气体、液化烃和可燃液体管道上不应设置阀门及易发生泄漏的管道附件。

7.1.3 可燃气体、液化烃、可燃液体的管道穿越铁路线或道路时应敷设在管涵或套管内。

7.1.4 永久性的地上、地下管道不得穿越或跨越与其无关的工艺装置、系统单元或储罐组；在跨越罐区泵房的可燃气体、液化烃和可燃液体的管道上不应设置阀门及易发生泄漏的管道附件。

7.1.5 距散发比空气重的可燃气体设备 30m 以内的管沟应采取防止可燃气体窜入和积聚的措施。

7.1.6 各种工艺管道及含可燃液体的污水管道不应沿道路敷设在路面下或路肩上下。

7.2 工艺及公用物料管道

7.2.1 可燃气体、液化烃和可燃液体的金属管道除需要采用法兰连接外，均应采用焊接连接。公称直径等于或小于 25mm 的可燃气体、液化烃和可燃液体的金属管道和阀门采用锥管螺纹连接时，除能产生缝隙腐蚀的介质管道外，应在螺纹处采用密封焊。

7.2.2 可燃气体、液化烃和可燃液体的管道不得穿过与其无关的建筑物。

7.2.3 可燃气体、液化烃和可燃液体的采样管道不应引入化验室。

7.2.4 可燃气体、液化烃和可燃液体的管道应架空或沿地敷设。必须采用管沟敷设时，应采取防止可燃气体、液化烃和可燃液体在管沟内积聚的措施，并在进、出装置及厂房处密封隔断；管沟内的污水应经水封井排入生产污水管道。

7.2.5 工艺和公用工程管道共架多层敷设时宜将介质操作温度等于或高于 250℃ 的管道布置在上层，液化烃及腐蚀性介质管道布置在下层；必须布置在下层的介质操作温度等于或高于 250℃ 的管道可布置在外侧，但不应与液化烃管道相邻。

7.2.6 氧气管道与可燃气体、液化烃和可燃液体的管道共架敷设时应布置在一侧，且平行布置时净距不应小于 500mm，交叉布置时净距不应小于 250mm。氧气管道与可燃气体、液化烃和可燃液体管道之间宜用公用工程管道隔开。

7.2.7 公用工程管道与可燃气体、液化烃和可燃液体的管道或设备连接时应符合下列规定：

1 连续使用的公用工程管道上应设止回阀，并在其根部设切断阀；

2 间歇使用的公用工程管道上应设止回阀和一道切断阀或设两道切断阀，并在两切断阀间设检查阀；

3 仅在设备停用时使用的公用工程管道应设盲板或断开。

7.2.8 连续操作的可燃气体管道的低点应设两道排液阀，排出的液体应排放至密闭系统；仅在开停工时使用的排液阀，可设一道阀门，并加丝堵、管帽、盲板或法兰盖。

7.2.9 甲、乙$_A$ 类设备和管道应有惰性气体置换设施。

7.2.10 可燃气体压缩机的吸入管道应有防止产生负压的措施。

7.2.11 离心式可燃气体压缩机和可燃液体泵应在其出口管道上安装止回阀。

7.2.12 加热炉燃料气调节阀前的管道压力等于或小于 0.4MPa（表），且无低压自动保护仪表时，应在每个燃料气调节阀与加热炉之间设置阻火器。

7.2.13 加热炉燃料气管道上的分液罐的凝液不应敞开排放。

7.2.14 当可燃液体容器内可能存在空气时，其入口管应从容器下部接入；若必须从上部接入，宜延伸至距容器底 200mm 处。

7.2.15 液化烃设备抽出管道应在靠近设备根部设切断阀。容积超过 50m³ 的液化烃设备与其抽出泵的间距小于 15m 时，该切断阀应为带手动功能的遥控阀，遥控阀就地操作按钮距抽出泵的间距不应小于 15m。

7.2.16 进、出装置的可燃气体、液化烃和可燃液体的管道，在装置的边界处应设隔断阀和 8 字盲板，在隔断阀处应设平台，长度等于或大于 8m 的平台应在两个方向设梯子。

7.3 含可燃液体的生产污水管道

7.3.1 含可燃液体的污水及被严重污染的雨水应排入生产污水管道，但可燃气体的凝结液和下列水不得直接排入生产污水管道：

1 与排水点管道中的污水混合后，温度超过

40℃的水；

2 混合时产生化学反应能引起火灾或爆炸的污水。

7.3.2 生产污水排放应采用暗管或覆土厚度不小于200mm的暗沟。设施内部若必须采用明沟排水时，应分段设置，每段长度不宜超过30m，相邻两段之间的距离不宜小于2m。

7.3.3 生产污水管道的下列部位应设水封，水封高度不得小于250mm：

1 工艺装置内的塔、加热炉、泵、冷换设备等区围堰的排水出口；

2 工艺装置、罐组或其他设施及建筑物、构筑物、管沟等的排水出口；

3 全厂性的支干管与干管交汇处的支干管上；

4 全厂性支干管、干管的管段长度超过300m时，应用水封井隔开。

7.3.4 重力流循环回水管道在工艺装置总出口处应设水封。

7.3.5 当建筑物用防火墙分隔成多个防火分区时，每个防火分区的生产污水管道应有独立的排出口并设水封。

7.3.6 罐组内的生产污水管道应有独立的排出口，且应在防火堤外设置水封；在防火堤与水封之间的管道上应设置易开关的隔断阀。

7.3.7 甲、乙类工艺装置内生产污水管道的支干管、干管的最高处检查井宜设排气管。排气管的设置应符合下列规定：

1 管径不宜小于100mm；

2 排气管的出口应高出地面2.5m以上，并应高出距排气管3m范围内的操作平台、空气冷却器2.5m以上；

3 距明火、散发火花地点15m半径范围内不应设排气管。

7.3.8 甲、乙类工艺装置内，生产污水管道的检查井井盖与盖座接缝处应密封，且井盖不得有孔洞。

7.3.9 工艺装置内生产污水系统的隔油池应符合本规范第5.4.1、5.4.2条的规定。

7.3.10 接纳消防废水的排水系统应按最大消防水量校核排水系统能力，并应设有防止受污染的消防水排出厂外的措施。

8 消　防

8.1 一般规定

8.1.1 石油化工企业应设置与生产、储存、运输的物料和操作条件相适应的消防设施，供专职消防人员和岗位操作人员使用。

8.1.2 当大型石油化工装置的设备、建筑物区占地面积大于10000m² 小于20000m² 时，应加强消防设施的设置。

8.2 消防站

8.2.1 大中型石油化工企业应设消防站。消防站的规模应根据石油化工企业的规模、火灾危险性、固定消防设施的设置情况，以及邻近单位消防协作条件等因素确定。

8.2.2 石油化工企业消防车辆的车型应根据被保护对象选择，以大型泡沫消防车为主，且应配备干粉或干粉-泡沫联用车；大型石油化工企业尚宜配备高喷车和通信指挥车。

8.2.3 消防站宜设置向消防车快速灌装泡沫液的设施，并宜设置泡沫液运输车，车上应配备向消防车输送泡沫液的设施。

8.2.4 消防站应由车库、通信室、办公室、值勤宿舍、药剂库、器材库、干燥室（寒冷或多雨地区）、培训学习室及训练场、训练塔以及其他必要的生活设施等组成。

8.2.5 消防车库的耐火等级不应低于二级；车库室内温度不宜低于12℃，并宜设机械排风设施。

8.2.6 车库、值勤宿舍必须设置警铃，并应在车库前场地一侧安装车辆出动的警灯和警铃。通信室、车库、值勤宿舍以及公共通道等处应设事故照明。

8.2.7 车库大门应面向道路，距道路边不应小于15m。车库前场地应采用混凝土或沥青地面，并应有不小于2%的坡度坡向道路。

8.3 消防水源及泵房

8.3.1 当消防用水由工厂水源直接供给时，工厂给水管网的进水管不应少于2条。当其中1条发生事故时，另1条应能满足100%的消防用水和70%的生产、生活用水总量的要求。消防用水由消防水池（罐）供给时，工厂给水管网的进水管，应能满足消防水池（罐）的补充水和100%的生产、生活用水总量的要求。

8.3.2 当工厂水源直接供给不能满足消防用水量、水压和火灾延续时间内消防用水总量要求时，应建消防水池（罐），并应符合下列规定：

1 水池（罐）的容量，应满足火灾延续时间内消防用水总量的要求。当发生火灾能保证向水池（罐）连续补水时，其容量可减去火灾延续时间内的补充水量；

2 水池（罐）的总容量大于1000m³ 时，应分隔成2个，并设带切断阀的连通管；

3 水池（罐）的补水时间，不宜超过48h；

4 当消防水池（罐）与生活或生产水池（罐）合建时，应有消防用水不作他用的措施；

5 寒冷地区应设防冻措施；

6 消防水池（罐）应设液位检测、高低液位报警及自动补水设施。

8.3.3 消防水泵房宜与生活或生产水泵房合建，其耐火等级不应低于二级。

8.3.4 消防水泵应采用自灌式引水系统。当消防水池处于低液位不能保证消防水泵再次自灌启动时，应设辅助引水系统。

8.3.5 消防水泵的吸水管、出水管应符合下列规定：

1 每台消防水泵宜有独立的吸水管；2台以上成组布置时，其吸水管不应少于2条，当其中1条检修时，其余吸水管应能确保吸取全部消防用水量；

2 成组布置的水泵，至少应有2条出水管与环状消防水管道连接，两连接点间应设阀门。当1条出水管检修时，其余出水管应能输送全部消防用水量；

3 泵的出水管道应设防止超压的安全设施；

4 直径大于300mm的出水管道上阀门不应选用手动阀门，阀门的启闭应有明显标志。

8.3.6 消防水泵、稳压泵应分别设置备用泵；备用泵的能力不得小于最大一台泵的能力。

8.3.7 消防水泵应在接到报警后2min以内投入运行。稳高压消防给水系统的消防水泵应能依靠管网压降信号自动启动。

8.3.8 消防水泵应设双动力源；当采用柴油机作为动力源时，柴油机的油料储备量应能满足机组连续运转6h的要求。

8.4 消防用水量

8.4.1 厂区的消防用水量应按同一时间内的火灾处数和相应处的一次灭火用水量确定。

8.4.2 厂区同一时间内的火灾处数应按表8.4.2确定。

表8.4.2 厂区同一时间内的火灾处数

厂区占地面积（m²）	同一时间内火灾处数
≤1000000	1处：厂区消防用水量最大处
>1000000	2处：一处为厂区消防用水量最大处，另一处为厂区辅助生产设施

8.4.3 工艺装置、辅助生产设施及建筑物的消防用水量计算应符合下列规定：

1 工艺装置的消防用水量应根据其规模、火灾危险类别及消防设施的设置情况等综合考虑确定。当确定有困难时，可按表8.4.3选定；火灾延续供水时间不应小于3h；

2 辅助生产设施的消防用水量可按50L/s计算；火灾延续供水时间不宜小于2h；

3 建筑物的消防用水量应根据相关国家标准规范的要求进行计算；

4 可燃液体、液化烃的装卸栈台应设置消防给水系统，消防用水量不应小于60L/s；空分站的消防用水量宜为90～120L/s，火灾延续供水时间不宜小于3h。

表8.4.3 工艺装置消防用水量表（L/s）

装置类型	装置规模	
	中型	大型
石油化工	150～300	300～600
炼油	150～230	230～450
合成氨及氨加工	90～120	120～200

8.4.4 可燃液体罐区的消防用水量计算应符合下列规定：

1 应按火灾时消防用水量最大的罐组计算，其水量应为配置泡沫混合液用水及着火罐和邻近罐的冷却用水量之和；

2 当着火罐为立式储罐时，距着火罐罐壁1.5倍着火罐直径范围内的邻近罐应进行冷却；当着火罐为卧式储罐时，着火罐直径与长度之和的一半范围内的邻近地上罐应进行冷却；

3 当邻近立式储罐超过3个时，冷却水量可按3个罐的消防用水量计算；当着火罐为浮顶、内浮顶罐（浮盘用易熔材料制作的储罐除外）时，其邻近罐可不考虑冷却。

8.4.5 可燃液体地上立式储罐应设固定或移动式消防冷却水系统，其供水范围、供水强度和设置方式应符合下列规定：

1 供水范围、供水强度不应小于表8.4.5的规定；

表8.4.5 消防冷却水的供水范围和供水强度

项目	储罐型式		供水范围	供水强度	附注
移动式水枪冷却	着火罐	固定顶罐	罐周全长	0.8L/s·m	—
		浮顶罐、内浮顶罐	罐周全长	0.6L/s·m	注1、2
	邻近罐		罐周半长	0.7L/s·m	—
固定式冷却	着火罐	固定顶罐	罐壁表面积	2.5L/min·m²	—
		浮顶罐、内浮顶罐	罐壁表面积	2.0L/min·m²	注1、2
	邻近罐		罐壁表面积的1/2	2.5L/min·m²	注3

注：1 浮盘用易熔材料制作的内浮顶罐按固定顶罐计算；
　　2 浅盘式内浮顶罐按固定顶罐计算；
　　3 按实际冷却面积计算，但不得小于罐壁表面积的1/2。

2 罐壁高于 17m 储罐、容积等于或大于 10000m³ 储罐、容积等于或大于 2000m³ 低压储罐应设置固定式消防冷却水系统；

3 润滑油罐可采用移动式消防冷却水系统；

4 储罐固定式冷却水系统应有确保达到冷却水强度的调节设施；

5 控制阀应设在防火堤外，并距被保护罐壁不宜小于 15m。控制阀后及储罐上设置的消防冷却水管道应采用镀锌钢管。

8.4.6 可燃液体地上卧式罐宜采用移动式水枪冷却。冷却面积应按罐表面积计算。供水强度：着火罐不应小于 6L/min·m²；邻近罐不应小于 3L/min·m²。

8.4.7 可燃液体储罐消防冷却用水的延续时间：直径大于 20m 的固定顶罐和直径大于 20m 浮盘用易熔材料制作的内浮顶罐应为 6h；其他储罐可为 4h。

8.5 消防给水管道及消火栓

8.5.1 大型石油化工企业的工艺装置区、罐区等，应设独立的稳高压消防给水系统，其压力宜为 0.7～1.2MPa。其他场所采用低压消防给水系统时，其压力应确保灭火时最不利点消火栓的水压不低于 0.15MPa（自地面算起）。消防给水系统不应与循环冷却水系统合并，且不应用于其他用途。

8.5.2 消防给水管道应环状布置，并应符合下列规定：

1 环状管道的进水管不应少于 2 条；

2 环状管道应用阀门分成若干独立管段，每段消火栓的数量不宜超过 5 个；

3 当某个环段发生事故时，独立的消防给水管道的其余环段应能满足 100% 的消防用水量的要求；与生产、生活合用的消防给水管道应能满足 100% 的消防用水和 70% 的生产、生活用水的总量要求；

4 生产、生活用水量应按 70% 最大小时用水量计算；消防用水量应按最大秒流量计算。

8.5.3 消防给水管道应保持充水状态。地下独立的消防给水管道应埋设在冰冻线以下，管顶距冰冻线不应小于 150mm。

8.5.4 工艺装置区或罐区的消防给水干管的管径应经计算确定。独立的消防给水管道的流速不宜大于 3.5m/s。

8.5.5 消火栓的设置应符合下列规定：

1 宜选用地上式消火栓；

2 消火栓宜沿道路敷设；

3 消火栓距路面边不宜大于 5m，距建筑物外墙不宜小于 5m；

4 地上式消火栓距城市型道路路边不宜小于 1m；距公路型双车道路肩边不宜小于 1m；

5 地上式消火栓的大口径出水口应面向道路。当其设置场所有可能受到车辆冲撞时，应在其周围设置防护设施；

6 地下式消火栓应有明显标志。

8.5.6 消火栓的数量及位置，应按其保护半径及被保护对象的消防用水量等综合计算确定，并应符合下列规定：

1 消火栓的保护半径不应超过 120m；

2 高压消防给水管道上消火栓的出水量应根据管道内的水压及消火栓出口要求的水压计算确定，低压消防给水管道上公称直径为 100mm、150mm 消火栓的出水量可分别取 15L/s、30L/s。

8.5.7 罐区及工艺装置区的消火栓应在其四周道路边设置，消火栓的间距不宜超过 60m。当装置内设有消防道路时，应在道路边设置消火栓。距被保护对象 15m 以内的消火栓不应计算在该保护对象可使用的数量之内。

8.5.8 与生产或生活合用的消防给水管道上的消火栓应设切断阀。

8.6 消防水炮、水喷淋和水喷雾

8.6.1 甲、乙类可燃气体、可燃液体设备的高大构架和设备群应设置水炮保护。

8.6.2 固定式水炮的布置应根据水炮的设计流量和有效射程确定其保护范围。消防水炮距被保护对象不宜小于 15m。消防水炮的出水量宜为 30～50L/s，水炮应具有直流和水雾两种喷射方式。

8.6.3 工艺装置内固定水炮不能有效保护的特殊危险设备及场所宜设水喷淋或水喷雾系统，其设计应符合下列规定：

1 系统供水的持续时间、响应时间及控制方式等应根据被保护对象的性质、操作需要确定；

2 系统的控制阀可露天设置，距被保护对象不宜小于 15m；

3 系统的报警信号及工作状态应在控制室控制盘上显示；

4 本规范未作规定者，应按现行国家标准《水喷雾灭火系统设计规范》GB 50219 的有关规定执行。

8.6.4 工艺装置内加热炉、甲类气体压缩机、介质温度超过自燃点的泵及换热设备、长度小于 30m 的油泵房附近等宜设消防软管卷盘，其保护半径宜为 20m。

8.6.5 工艺装置内的甲、乙类设备的构架平台高出其所处地面 15m 时，宜沿梯子敷设半固定式消防给水竖管，并应符合下列规定：

1 按各层需要设置带阀门的管牙接口；

2 平台面积小于或等于 50m² 时，管径不宜小于 80mm；大于 50m² 时，管径不宜小于 100mm；

3 构架平台长度大于 25m 时，宜在另一侧梯子处增设消防给水竖管，且消防给水竖管的间距不宜大于 50m。

道路——路边；

码头——输油臂中心及泊位；

铁路装卸鹤管——铁路中心线；

汽车装卸鹤位——鹤管立管中心线；

储罐或罐组——罐外壁；

高架火炬——火炬筒中心；

架空通信、电力线——线路中心线；

工艺装置——最外侧的设备外缘或建筑物的最外侧轴线。

本规范用词说明

1 为便于在执行本规范条文时区别对待，对要求严格程度不同的用词说明如下：

   1）表示很严格，非这样做不可的用词：

   正面词采用"必须"，反面词采用"严禁"。

   2）表示严格，在正常情况下均应这样做的用词：

   正面词采用"应"，反面词采用"不应"或"不得"。

   3）表示允许稍有选择，在条件许可时首先应这样做的用词：

   正面词采用"宜"，反面词采用"不宜"；

   表示有选择，在一定条件下可以这样做的用词，采用"可"。

2 本规范中指明应按其他有关标准、规范执行的写法为"应符合……的规定"或"应按……执行"。

中华人民共和国国家标准

石油化工企业设计防火规范

GB 50160—2008

条 文 说 明

目　次

1 总 则

1.0.1 本条体现了在石油化工企业防火设计过程中"以人为本"、"预防为主、防消结合"的理念，做到设计本质安全。要求设计、建设、生产管理和消防监督部门人员密切结合，防止和减少石油化工企业火灾危害，保护人身和财产安全。

1.0.2 本条规定了本规范的适用范围。规范内容主要是针对石油化工企业加工物料及产品易燃、易爆的特性和操作条件高温、高压的特点制订的。

新建石油化工工程的防火设计应严格遵守本规范。以煤为原料的煤化工工程，除煤的运输、储存、处理等以外，后续加工过程与石油化工相同，可参照执行本规范。就地扩建或改建的石油化工工程的防火设计应首先按本规范执行，当执行本规范某些条款确有困难时，在采取有效的防火措施后，可适当放宽要求，但应进行风险分析和评估，并得到有关主管部门的认可。

组成石油化工企业的工艺装置或装置内单元参见本规范第 4.2.12 条的条文说明。

1.0.3 本规范编制过程中，先后调查了多个石油化工企业，了解和收集了原规范执行情况，总结了石油化工企业防火设计的经验和教训，对有些技术问题进行了专题研究；同时，吸收了国外石油化工防火规范中先进的技术和理念，并与国内相关的标准规范相协调。

另外，石油化工企业防火设计涉及专业较多，对于一些专业性较强，本规范已有明确规定的均应按本规范执行，本规范未作规定者应执行国家现行的有关标准规范。

2 术 语

2.0.3 生产区的设施包括罐组、装卸设施、灌装站、泵或泵房、原料（成品）仓库、污水处理场、火炬等。

2.0.4 石油化工企业内的公用和辅助生产设施主要指锅炉房和自备电站、变电所、电信站、空压站、空分站、消防水泵房（站）、循环水场、环保监测站、中心化验室、备品备件库、机修厂房、汽车库等。

2.0.5 第一类全厂性重要设施主要指全厂性的办公楼、中央控制室、化验室、消防站、电信站等。

第二类全厂性重要设施主要指全厂性的锅炉房和自备电站、变电所、空压站、空分站、消防水泵房（站）、循环水场的冷却塔等。

2.0.6 区域性重要设施主要指区域性的办公楼、控制室、变配电所等。

2.0.8 明火设备主要指明火加热炉、废气焚烧炉、乙烯裂解炉等。

2.0.13 装置内单元，如催化裂化装置的反应单元、分馏单元；乙烯装置的裂解单元、压缩单元等。

2.0.21 沸溢性液体主要指原油、渣油、重油等。

2.0.33 地面火炬分为封闭式和敞开式。

3 火灾危险性分类

3.0.1 与现行国家标准《建筑设计防火规范》GB 50016 对可燃气体的分类（分级）相协调，本规范对可燃气体也采用以爆炸下限作为分类指标，将其分为甲、乙两类。可燃气体的火灾危险性分类举例见表 1。

表 1 可燃气体的火灾危险性分类举例

类别	名 称
甲	乙炔，环氧乙烷，氢气，合成气，硫化氢，乙烯，氰化氢，丙烯，丁烯，丁二烯，顺丁烯，反丁烯，甲烷，乙烷，丙烷，丁烷，丙二烯，环丙烷，甲胺，环丁烷，甲醛，甲醚（二甲醚），氯甲烷，氯乙烯，异丁烷，异丁烯
乙	一氧化碳，氨，溴甲烷

3.0.2 可燃液体的火灾危险性分类：

1 规定可燃液体的火灾危险性的最直接指标是蒸气压。蒸气压越高，危险性越大。但可燃液体的蒸气压较低，很难测量。所以，世界各国都是根据可燃液体的闪点（闭杯法）确定其火灾危险性。闪点越低，危险性越大。

在具体分类方面与现行国家标准《石油库设计规范》GB 50074、《建筑设计防火规范》GB 50016 是协调的。

考虑到应用于石油化工企业时，需要确定可能释放出形成爆炸性混合物的可燃气体所在的位置或点（释放源），以便据之确定火灾和爆炸危险场所的范围，故将乙类又细分为乙$_A$（闪点≥28℃至≤45℃）、乙$_B$（闪点>45℃至<60℃）两小类。

将丙类又细分为丙$_A$（闪点 60℃至 120℃）、丙$_B$（闪点>120℃）两小类。与现行国家标准《石油库设计规范》GB 50074 是协调一致的。

2 关于液化烃的火灾危险性分类问题。

液化烃在石油化工企业中是加工和储存的重要物料之一，因其蒸气压大于"闪点<28℃的可燃液体"，故其火灾危险性大于"闪点<28℃"的其他可燃液体。

液化烃泄漏而引起的火灾、爆炸事故，在我国石油化工企业的火灾、爆炸事故中所占比例也较大。

法国、荷兰及英国等国家的有关标准在其可燃液体的火灾危险性分类中，都将液化烃列为第Ⅰ类，美国、德国、意大利等国都单独制定液化烃储存和运输规范。

结合我国国家标准《石油库设计规范》GB 50074、《建筑设计防火规范》GB 50016对油品生产的火灾危险性分类的具体情况，本规范将液化烃和其他可燃液体合并在一起统一进行分类，将甲类又细分为甲$_A$（液化烃）、甲$_B$（除甲$_A$类以外，闪点<28℃）两小类。

3 操作温度对乙、丙类可燃液体火灾危险性的影响问题。

各国在其可燃液体的危险性分类、有关石油化工企业的安全防火规范及爆炸危险场所划分的规范中，都有关于操作温度对乙、丙类液体的火灾危险性影响的规定。我国的生产管理人员对此也有明确的意见和要求。因为乙、丙类液体的操作温度高于其闪点时，气体挥发量增加，危险性也随之而增加。故本规范在这方面也作了类似的、相应的规定。

丙$_B$类液体的操作温度高于其闪点时，气体挥发量增加，危险性也随之而增加，将其危险性升至乙$_A$类又太高，实际上由于泄漏扩散时周围环境温度的影响，其危险性又有所降低。故本次修改火灾危险性升至乙$_B$类。但丙$_B$类液体的操作温度高于其沸点时，一旦发生泄漏，危险性较大，此种情况下丙$_B$类液体火灾危险性升至乙$_A$。

4 关于"液化烃"、"可燃液体"的名称问题。

1）因为液化石油气专指以C$_3$、C$_4$或由其为主所组成的混合物。而本规范所涉及的不仅是液化石油气，还涉及乙烯、乙烷、丙烯等单组分液化烃类，故统称为"液化烃"。

2）在国内外的有关规范中，对烃类液体和醇、醚、醛、酮、酸、酯类及氨、硫、卤素化合物的称谓有两种：有的按闪点细分为"易燃液体和可燃液体"，有的统称为"可燃液体"。本规范采用后者，统称为"可燃液体"。

5 液化烃、可燃液体的火灾危险性分类举例见表2。

表2　液化烃、可燃液体的火灾危险性分类举例

类别		名　称
甲	A	液化氯甲烷，液化顺式-2-丁烯，液化乙烯，液化乙烷，液化反式-2-丁烯，液化环丙烷，液化丙烯，液化丙烷，液化环丁烷，液化新戊烷，液化丁烯，液化丁烷，液化氯乙烷，液化环氧乙烷，液化丁二烯，液化异丁烷，液化异丁烯，液化石油气，液化二甲胺，液化三甲胺，液化二甲基混硫，液化甲醚（二甲醚）

类别		名　称
甲	B	异戊二烯，异戊烷，汽油，戊烷，二硫化碳，异己烷，己烷，石油醚，异庚烷，环戊烷，环己烷，辛烷，异辛烷，苯，庚烷，石脑油，原油，甲苯，乙苯，邻二甲苯，间、对二甲苯，异丁醇，乙醚，乙醛，环氧丙烷，甲酸甲酯，乙胺，二乙胺，丙酮，丁醛，三乙胺，醋酸乙烯，甲乙酮，丙烯腈，醋酸乙酯，醋酸异丙酯，二氯乙烯，甲醇，异丙醇，乙醇，醋酸丙酯，丙醇，醋酸异丁酯，甲酸丁酯，吡啶，二氯乙烷，醋酸丁酯，醋酸异戊酯，甲酸戊酯，丙烯酸甲酯，甲基叔丁基醚，液态有机过氧化物
乙	A	丙苯，环氧氯丙烷，苯乙烯，喷气燃料，煤油，丁醇，氯苯，乙二胺，戊醇，环己酮，冰醋酸，异戊醇，异丙苯，液氨
乙	B	轻柴油，硅酸乙酯，氯乙醇，氯丙醇，二甲基甲酰胺，二乙基苯
丙	A	重柴油，苯胺，锭子油，酚，甲酚，糠醛，20号重油，苯甲醛，环己醇，甲基丙烯酸，甲酸，乙二醇丁醚，甲醛，糠醇，辛醇，单乙醇胺，丙二醇，乙二醇，二甲基乙酰胺
丙	B	蜡油，100号重油，渣油，变压器油，润滑油，二乙二醇醚，三乙二醇醚，邻苯二甲酸二丁酯，甘油，联苯-联苯醚混合物，二氯甲烷，二乙醇胺，三乙醇胺，二乙二醇，三乙二醇，液体沥青，液硫

6 闪点小于60℃且大于或等于55℃的轻柴油，当储罐操作温度小于或等于40℃时，其火灾危险性可视为丙$_A$类。其原因如下：随着轻柴油标准和国际标准接轨，柴油闪点由60℃降至45～55℃，柴油的火灾危险性分类就由原来的丙$_A$类变成乙$_B$类。有关研究表明：柴油闪点降低以后，其发生火灾的几率增加了，但其危害性后果没有增加，特别是当其操作温度小于或等于40℃时，其发生火灾的几率和火灾事故后果的严重性都没有增加。因此，对闪点小于60℃且大于或等于55℃的轻柴油，当储罐操作温度小于或等于40℃时，其火灾危险性可视为丙$_A$类。由于石油化工企业生产过程中，轻柴油的操作温度一般大于40℃，此时，轻柴油仍应按乙$_B$类。

3.0.3 甲、乙、丙类固体的火灾危险性分类举例见表3。

表3 甲、乙、丙类固体的火灾危险性分类举例

类别	名　称
甲	黄磷、硝化棉、硝化纤维胶片、喷漆棉、火胶棉、赛璐珞棉、锂、钠、钾、钙、锶、铷、铯、氢化锂、氢化钾、氢化钠、磷化钙、碳化钙、四氢化锂铝、钠汞齐、碳化铝、过氧化钾、过氧化钠、过氧化钡、过氧化锶、过氧化钙、高氯酸钾、高氯酸钠、高氯酸钡、高氯酸铵、高氯酸镁、高锰酸钾、高锰酸钠、硝酸钾、硝酸钠、硝酸铵、硝酸钡、氯酸钾、氯酸钠、氯酸铵、次亚氯酸钙、过氧化二乙酰、过氧化二苯甲酰、过氧化二异丙苯、过氧化氢苯甲酰、(邻、间、对)二硝基苯、2-二硝基苯酚、二硝基甲苯、二硝基奈、三硫化四磷、五硫化二磷、赤磷、氨基化钠
乙	硝酸镁、硝酸钙、亚硝酸钾、过硫酸钾、过硫酸钠、过硫酸铵、过硼酸钠、重铬酸钾、重铬酸钠、高锰酸钙、高氯酸银、高碘酸钾、溴酸钠、碘酸钠、亚氯酸钠、五氧化二碘、三氧化铬、五氧化二磷、奈、蒽、菲、樟脑、铁粉、铝粉、锰粉、钛粉、咔唑、三聚甲醛、松香、均四甲苯、聚合甲醛偶氮二异丁腈、赛璐珞片、联苯胺、噻吩、苯磺酸钠、环氧树脂、酚醛树脂、聚丙烯腈、季戊四醇、己二酸、炭黑、聚氨酯、硫黄(颗粒度小于2mm)
丙	石蜡、沥青、苯二甲酸、聚酯、有机玻璃、橡胶及其制品、玻璃钢、聚乙烯醇、ABS塑料、SAN塑料、乙烯树脂、聚碳酸酯、聚丙烯酰胺、己内酰胺、尼龙6、尼龙66、丙纶纤维、蒽醌、(邻、间、对)苯二酚、聚苯乙烯、聚乙烯、聚丙烯、聚氯乙烯、精对苯二酸、双酚A、硫黄(工业成型颗粒大于等于2mm)、过氯乙烯、偏氯乙烯、三聚氰胺、聚醚、聚苯硫醚、硬酯酸钙、苯酐、顺酐

3.0.4 设备的火灾危险性类别是根据设备操作介质的火灾危险性类别确定的。例如汽油为甲$_B$类，汽油泵的火灾危险性类别定为甲$_B$。

3.0.5 厂房的火灾危险性类别是以布置在厂房内设备的火灾危险性类别确定的。例如布置甲$_B$类汽油泵的厂房，其火灾危险性类别为甲类，确切地说为甲$_B$类，但现行国家标准《建筑设计防火规范》GB 50016 统定为甲类。

布置有不同火灾危险类别设备的同一房间，当火灾危险类别最高的设备所占面积比例小于5%时，即使发生火灾事故，其不足以蔓延到其他部位或采取防火措施能防止火灾蔓延，故可按火灾危险类别较低的设备确定。

4 区域规划与工厂总平面布置

4.1 区域规划

4.1.3 石油化工企业生产区应避免布置在通风不良的地段，以防止可燃气体积聚，增加火灾爆炸危险。

4.1.4 江河内通航的船只大小不一，尤其是民用船

经常在船上使用明火，生产区泄漏的可燃液体一旦流入水域，很可能与上述明火接触而发生火灾爆炸事故，从而可能给下游的重要设施或建筑物、构筑物带来威胁。

4.1.5 石油化工企业泄漏的可燃液体一旦流出厂区，有可能与明火接触而引发火灾爆炸事故，造成人员伤亡和财产损失；泄漏的可燃液体和受污染的消防水未经处理直接排放，会对居住区、水域及土壤造成重大环境污染。例如：2005 年 11 月 13 日吉林石化公司双苯厂苯胺装置发生爆炸，爆炸事故中受污染的消防水排入松花江，形成了 80km 长的污染带，污染带沿江而下，不仅对下游居民的饮水安全、渔业生产等构成了威胁，而且殃及中俄边界的水体。但本条所要求采用的措施不含罐组应设的防火堤。为了防止泄漏的可燃液体和受污染的消防水流出厂区，需另外增设有效设施。如设置路堤道路、事故存液池、受污染的消防水池(罐)、雨水监控池、排水总出口设置切断阀等设施，确保泄漏的可燃液体和受污染的消防水不直接排至厂外。

4.1.6 公路系指国家、地区、城市以及除厂内道路以外的公用道路，这些公路均有公共车辆通行，甚至工厂专用的厂外道路，也会有厂外的汽车、拖拉机、行人等通行。如果公路穿行生产区，会给防火、安全管理、保卫工作带来很大隐患。

地区架空电力线电压等级一般为 35kV 以上，若穿越生产区，一旦发生倒杆、断线或导线打火等意外事故，便有可能影响生产并引发火灾造成人员伤亡和财产损失。反之，生产区内一旦发生火灾或爆炸事故，对架空电力线也有威胁。

4.1.7 建在山区的石油化工企业，由于受地形限制，区域性排洪沟往往可能通过厂区，甚至贯穿生产区，若发生事故，可燃气体和液体流入排洪沟内，一旦遇明火即可能被引燃，燃烧的水面顺流而下，会对下游邻近设施带来威胁。区域性排洪沟一般会汇入下游某一水体，泄漏的可燃液体和受污染的消防水一旦流入区域排洪沟，会对下游水体造成重大环境污染。例如，某厂排水沟(实际是排洪沟)因沟内积聚大量油气，检修时遇明火而燃烧，致使长达 200 多米的排洪沟起火，所以当区域排洪沟通过厂区时应采取防止泄漏的可燃液体和受污染的消防水流入区域排洪沟的措施。

4.1.8 地区输油(输气)管道系指与本企业生产无关的输油管道、输气管道。此类管道若穿越厂区，其生产管理与石油化工企业的生产管理相互影响，且一旦泄漏或发生火灾会对石油化工企业造成威胁。同样，石油化工企业生产区发生火灾爆炸事故会对输油、输气管道造成影响。

4.1.9

1 高架火炬的防火间距应根据人或设备允许的

辐射热强度计算确定。

1) 根据美国石油协会标准 API RP521 Guide for Pressure-Relieving and Depressuring Systems（泄压和降压系统导则）和一些国外工程公司关于火炬设计布置原则，可以考虑在火炬辐射热强度大于 $1.58kW/m^2$ 的区域内布置一些设备和设施，但应按照表4的要求检查操作人员工作条件，以采取适当的防护措施确保操作人员的安全。

2) 厂外居民区、公共福利设施、村庄等公众人员活动的区域，火炬辐射热强度应控制在不大于 $1.58kW/m^2$。

表4 火炬辐射热对人员影响（不包括太阳辐射）

辐射热强度 q（kW/m^2）	裸露皮肤达到痛感的时间（s）	条　件
1.58	—	人员穿有适当衣服可长期停留的地点
1.74	60	—
2.33	40	—
2.90	30	—
4.73	16	无热辐射屏蔽设施，操作人员穿有适当防护衣时，可停留几分钟的地点
6.31	8（20s起泡）	无热辐射屏蔽设施，操作人员穿有适当防护衣时，最多可停留1min的地点
9.46	6	在火炬设计流量排放燃烧时，操作人员有可能进入的区域，如火炬塔架根部或火炬附近高耸设备的操作平台处，但暴露时间应限于几秒钟，并应有充分的逃离通道
11.67	4	—

注：太阳的辐射热强度一般为 $0.79\sim1.04kW/m^2$。

3) 设备能够安全地承受比对人体高得多的热辐射强度。在热辐射强度 $1.58\sim3.20kW/m^2$ 的区域可布置设备，如果在此区域布置的设备为低熔点材料（如铝、塑料）设备、热敏性介质设备等时，需要考虑热辐射所造成的影响；在热辐射强度大于 $3.20kW/m^2$ 的区域布置设备时，需要对热辐射的影响做出安全评估。

4) 不仅要考虑火炬辐射热对地面人员安全的影响，也要考虑对在高塔和构架上操作人员安全的影响。在可能受到火炬热辐射强度达到 $4.73kW/m^2$ 区

域的高塔和构架平台的梯子应设置在背离火炬的一侧，以便在火炬气突然排放时操作人员可迅速安全撤离。

5) 当火炬排放的可燃气体中携带可燃液体时，可能因不完全燃烧而产生火雨。据调查，火炬火雨洒落范围为 $60\sim90m$。因此，为了确保安全，对可能携带可燃液体的高架火炬的防火间距作了特别规定。

2 居民区、公共福利设施及村庄都是人员集中的场所，为了确保人身安全和减少与石油化工企业相互间的影响，规定了较大的防火间距，其中液化烃罐组至居民区、公共福利设施及村庄的防火间距采用了现行国家标准《建筑设计防火规范》GB 50016 的规定。

3 至相邻工厂的防火间距：表中相邻工厂指除石油化工企业和油库以外的工厂。由于相邻工厂围墙内的规划与实施不可预见，故防火间距的计算从石油化工企业内距相邻工厂最近的设备、建筑物起至相邻工厂围墙止。当相邻工厂围墙内的设施已经建设或规划并批准时，防火间距可算至相邻工厂围墙内已经建设或规划并批准的设施，但应与相邻工厂达成一致意见，并经安全主管部门批准。

4 与厂外铁路线、厂外公路、变配电站的防火间距，参照现行国家标准《建筑设计防火规范》GB 50016 的规定。为了确保国家铁路线、国家或工业区编组站、高等级公路的安全，对此适当增加防火间距。

5 甲、乙类可燃液体罐组的火灾规模、扑救难度均大于生产装置，且发生泄漏后造成的危害更大。因此，甲、乙类可燃液体罐组与相邻工厂或设施之间规定了较大的防火间距。

6 石油化工企业的重要设施一旦受火灾影响，会影响生产并可能造成人员伤亡。为了减少相邻工厂或设施发生火灾时对石油化工企业重要设施的影响，规定了重要设施与相邻工厂或设施的防火间距。但当相邻工厂的设施不生产或储存可燃物质时，防火间距可减少。

7 石油化工企业与地区输油（输气）管道的防火间距参照现行国家标准《输油管道工程设计规范》GB 50253、《输气管道工程设计规范》GB 50251 的规定。

8 装卸油品码头系指非本企业专用的装卸油品码头。为了减少装卸油品码头和石油化工企业发生火灾时相互的影响，规定了"与装卸油品码头的防火间距"。

4.1.10 目前，全国各地出现不少石油化工工业区，在石油化工工业区内各企业生产性质类同，企业间不设围墙或共用围墙现象较多，这些企业生产性质、管理水平、人员素质、消防设施的配备等类似，执行的

防火规范相同或相近，因此在满足安全、节约用地的前提下，规定了石油化工企业与同类企业及油库的防火间距。

4.2 工厂总平面布置

4.2.1 石油化工企业的生产特点：

　　1 工厂的原料、成品或半成品大多是可燃气体、液化烃和可燃液体。

　　2 生产大多是在高温、高压条件下进行，可燃物质可能泄漏的几率高，火灾危险性较大。

　　3 工艺装置和全厂储运设施占地面积较大，可燃气体散发较多，是全厂防火的重点；水、电、蒸汽、压缩空气等公用设施，需靠近工艺装置布置；工厂管理是全厂生产指挥中心，人员集中，要求安全、环保等。

　　根据上述石油化工企业的生产特点，为了安全生产，满足各类设施的不同要求，防止或减少火灾的发生及相互间的影响，在总平面布置时，应结合地形、风向等条件，将上述工艺装置、各类设施等划分为不同的功能区，既有利于安全防火，也便于操作和管理。

4.2.3 在山丘地区建厂，由于地形起伏较大，为减少土石方工程量，厂区大多采用阶梯式竖向布置。若液化烃罐组或可燃液体罐组，布置在高于工艺装置、全厂性重要设施或人员集中场所的阶梯上，则可能泄漏的可燃气体或液体会扩散或漫流到下一个阶梯，易发生火灾爆炸事故。因此，储存液化烃或可燃液体的储罐应尽量布置在较低的阶梯上。如因受地形限制或有工艺要求时，可燃液体原料罐也可布置在比受油装置高的阶梯上，但为了确保安全，应采取防止泄漏的可燃液体流入工艺装置、全厂性重要设施或人员集中场所的措施。如：阶梯上的可燃液体原料罐组可设钢筋混凝土防火堤或土堤；防火堤内有效容积不小于一台最大储罐的容量；罐区周围可采用路堤式道路等措施。

4.2.4 若将液化烃或可燃液体储罐紧靠排洪沟布置，储罐一旦泄漏，泄漏的可燃气体或液体易进入排洪沟；而排洪沟顺厂区延伸，难免会因明火或火花落入沟内，引起火灾。因此，规定对储存大量液化烃或可燃液体的储罐不宜紧靠排洪沟布置。

4.2.5 空分站要求吸入的空气应洁净，若空气中含有乙炔及其他可燃气体等，一旦被吸入空分装置，则有可能引起设备爆炸等事故。如1997年我国某石油化工企业空分站因吸入甲烷等可燃气体，引起主蒸发器发生粉碎性爆炸造成重大人员伤亡和财产损失。因此，要求将空分站布置在不受上述气体污染的地段，若确有困难，也可将吸风口用管道延伸到空气较清洁的地段。

4.2.6 全厂性高架火炬在事故排放时可能产生"火雨"，且在燃烧过程中，还会产生大量的热、烟雾、噪声和有害气体等。尤其在风的作用下，如吹向生产区，对生产区的安全有很大威胁。为了安全生产，故规定全厂性高架火炬宜位于生产区全年最小频率风向的上风侧。

4.2.7 汽车装卸设施、液化烃灌装站和全厂性仓库等，由于汽车来往频繁，汽车排气管可能喷出火花，若穿行生产区极不安全；而且，随车人员大多数是外单位的，情况比较复杂。为了厂区的安全与防火，上述设施应靠厂区边缘布置，设围墙与厂区隔开，并设独立出入口直接对外，或远离厂区独立设置。

4.2.8 泡沫站应布置在非防爆区，为避免罐区发生火灾产生的辐射热使泡沫站失去消防作用，并与现行国家标准《低倍数泡沫灭火系统设计规范》GB 50151相协调，规定"与可燃液体罐的防火间距不宜小于20m。"

4.2.9 由厂外引入的架空电力线路的电压一般在35kV以上，若架空伸入厂区，一是需留有高压走廊，占地面积大，二是一旦发生火灾损坏高压架空电力线，影响全厂生产。若采用埋地敷设，技术比较复杂也不经济。为了既有利于安全防火，又比较经济合理，故规定总变电所应布置在厂区边缘，但宜尽量靠近负荷中心。距负荷中心过远，由总变电所向各用电设施引线过多过长也不经济。

4.2.10 消防站服务半径以行车距离和行车时间表示，对现行国家标准《建筑设计防火规范》GB 50016规定的丁、戊类火灾危险性较小的场所则放宽要求，以便区别对待。

　　行车车速按每小时30km考虑，5min的行车距离即为2.5km。当前我国石油化工厂主要依靠移动消防设备扑救火灾，故要求消防车的行车时间比较严格，若主要依靠固定消防设施灭火，行车时间可适当放宽。故执行本条时，尚应考虑固定消防设施的设置情况。为使消防站能满足迅速、安全、及时扑救火灾的要求，故对消防站的位置做出具体规定。

4.2.11 绿化是工厂的重要组成部分，合理的绿化设计既可美化环境，改善小气候，又可防止火灾蔓延，减少空气污染。但绿化设计必须紧密结合各功能区的生产特点，在火灾危险性较大的生产区，应选择含水分较多的树种，以利防火。如某厂在道路一侧的油罐起火，道路另一侧的油罐未加水喷淋冷却保护，只因有行道树隔离，仅树被大火烤黄烤焦但未起火，油罐未受威胁。可见绿化的防火作用。假如行道树是含油脂较多的针叶树等，其效果就会完全相反，不仅不能起隔离保护作用，甚至会引燃树木而扩大火势。因此，选择有利防火的树种是非常重要的。但在人员集中的生产管理区，进行绿化设计则以美化环境、净化空气为主。

　　在绿化布置形式上还应注意，在可能散发可燃气体的工艺装置、罐组、装卸区等周围地段，不得种植绿篱或茂密的连续式的绿化带，以免可燃气体积聚，且不利于消防。

可燃液体罐组内植草皮是南方某些厂多年实践经验的结果，由于罐组内植草皮，有利于降低环境温度，减少可燃液体挥发损失，有利于防火。但生长高度不得超过 15cm，而且应能保持四季常绿，否则，冬季枯黄反而对防火不利。

为避免泄漏的气体就地积聚，液化烃罐组内严禁任何绿化。否则，不利于泄漏的可燃气体扩散，一旦遇明火引燃，危及储罐安全。

4.2.12

1 制定防火间距的原则和依据：

1）防止或减少火灾的发生及发生火灾时工艺装置或设施间的相互影响。参考国外有关火灾爆炸危险范围的规定，将可燃液体敞口设备的危险范围定为 22.5m，密闭设备定为 15m。

2）辐射热影响范围。根据天津消防研究所有关油罐灭火实验资料：5000m^3 油罐火灾，距罐壁 D（22.86m）、距地面 H（13.63m）的测点，辐射热强度最大值为 4.92kW/m^2，平均值为 3.21 kW/m^2；100m^3 油罐火灾，距罐壁 D（5.42m）、距地面 H（5.51m）的测点，辐射热强度最大值为 12.79kW/m^2，平均值为 8.28kW/m^2。

3）火灾几率及其影响范围。根据 1954～1984 年炼油厂较大火灾事例的统计分析，各类设施的火灾比例：工艺装置为 69％、储罐为 10％、铁路装卸站台为 5％、隔油池为 3％、其他为 13％。其中火灾比例较大的装置火灾影响范围约 10m。1996～2002 年石油化工企业较大火灾事例的统计分析，各类设施的火灾比例：工艺装置为 66％、储罐为 19％、铁路装卸站台为 7％、隔油池为 3％、其他为 5％。国外调研装置火灾影响范围约 50ft（15m）。

4）重要设施重点保护。对发生火灾可能造成全厂停产或重大人身伤亡的设施，均应重点保护，即使该设施火灾危险性较小，也需远离火灾危险性较大的场所，以确保其安全。在本次修订中，为了突出对人员的保护，贯彻"以人为本"的理念，将重要设施分为两类。发生火灾时可能造成重大人身伤亡的设施为第一类重要设施，制定了更大的防火间距。如：全厂性办公楼、中央控制室、化验室、消防站、电信站等；发生火灾时影响全厂生产的设施为第二类重要设施，也制定了较大的防火间距。如：全厂性锅炉房和自备电站、变电所、空压站、空分站、消防水泵房、新鲜水加压泵房、循环水场冷却塔等。

5）减少对厂外公共环境的影响。国外石油化工企业非常重视在事故状态下对社会公共环境的影响，厂内危险设备距厂区围墙（边界）的间距一般较大，将火灾事故状态下一定强度的辐射热控制在厂区围墙

内。在本次修订中，适当加大了厂内危险设备与厂区围墙的间距，可以使爆炸危险区范围控制在厂区围墙内，并将厂内的火灾影响范围有效控制在厂区围墙内；同时也可降低厂外明火及火花对厂内危险设备的威胁。

6）消防能力及水平。石油化工企业在长期生产实践过程中，总结了丰富的消防经验，扑救工艺装置火灾有得力措施，尤其是油罐消防技术比较成熟，消防设备也更加先进，在设计上也提高了企业的整体消防能力和水平。防火间距的制定结合目前的消防能力和水平，并为扑救火灾创造条件。

7）扑救火灾的难易程度。一般情况下，油罐的火灾、工艺装置重大火灾爆炸事故扑救较困难，其他设施的火灾比较容易扑救。

8）节约用地。在满足防火安全要求的前提下，尽可能减少工程占地。

9）与国际接轨。在结合我国国情、满足安全生产要求的基础上，参考国外有关标准，吸取先进技术和成功经验。

2 制定防火间距的基本方法。组成石油化工企业的设施种类繁多，各有其特点，因此，在制定防火间距时，首先对主要设施（如工艺装置、储罐、明火及重要设施）之间进行分析研究，确定其防火间距，然后以此为基础对其他设施进行对照，再综合分析比较，逐一制定防火间距。其中，对建筑物之间的防火间距，本规范未作规定的均按现行国家标准《建筑设计防火规范》GB 50016 执行。

3 执行本规范表 4.2.12 时，需注意以下问题：

1）工厂内工艺装置、设施之间防火间距按此表执行，工艺装置或设施内防火间距不按此表执行。

2）工艺装置、设施之间的防火间距，无论相互间有无围墙，均以装置或设施相邻最近的设备或建筑物作为起止点（装置储罐组以防火堤中心线作为起止点）。防火间距起止点的规定见本规范附录 A。

3）工艺装置的防火间距：①工艺装置均以装置或装置内生产单元的火灾危险性确定与相邻装置或设施的防火间距。②炼油装置以装置的火灾危险性确定与相邻装置或设施的防火间距；但对于联合装置应以联合装置内各装置的火灾危险性确定与相邻装置或设施的防火间距，联合装置内重要的设施（如：控制室、变配电所、办公楼等）均比照甲类火灾危险性装置确定与相邻装置或设施的防火间距；当两套装置的控制室、变配电所、办公室相邻布置时，其防火间距可执行现行国家标准《建筑设计防火规范》GB 50016。焦化装置的焦炭池和硫黄回收装置的硫黄仓库可按丙类装置确定与相邻装置或设施的防火间距。③石油化工装置以装置内生产单元的火灾危险性确定与相邻装置或设施的防火间距；装置内重要的设施（如：控制室、变配电所、办公楼等）均比照甲类

火灾危险性单元确定与相邻装置或设施的防火间距；当两套装置的控制室、变配电所、办公室相邻布置时，其防火间距可执行现行国家标准《建筑设计防火规范》GB 50016。

4）与可燃气体、液化烃或可燃液体罐组的防火间距，均以相邻最大容积的单罐确定。因罐组内火灾的影响范围取决于单罐容积的大小，大罐影响范围大，小罐影响范围小。国外标准也以单罐为准。含可燃液体的酸性水罐、废碱液等储罐，与相邻设施的防火间距按其所含可燃液体的最大量确定。

5）与码头装卸设施的防火间距，均以相邻最近的装卸油臂或油轮停靠的泊位确定。

6）与液化烃或可燃液体铁路装卸设施的防火间距，均以相邻最近的铁路装卸线（中心线）、泵房或零位罐等确定。

7）与液化烃或可燃液体汽车装卸台的防火间距无论相互间有无围墙，均以相邻最近的装卸鹤管、泵房或计量罐等确定。

8）与高架火炬的防火间距，即使火炬筒附近设有分液罐等，均以火炬筒中心确定。火炬之间的防火间距要保证辐射热不影响相邻火炬的检修和运行，同时考虑风向、火焰长度等因素，其他要求详见第4.1.9条条文说明。

9）与污水处理场的防火间距，指与污水处理场内隔油池、污油罐的防火间距，与污水处理场内其他设备或建（构）筑物的防火间距，见表4.2.12注2、注10。

10）当石油化工企业与同类企业相邻布置时，石油化工企业内的设施与厂区围墙（同类企业相邻侧）的间距，满足消防操作、检修、管线敷设等要求即可。

11）对于石油化工企业内已建装置或设施改扩建工程，已建装置或设施与厂区围墙的间距不能满足本规范要求时，可结合历史原因及周边现状考虑。

12）消防站作为消防的重要设施必须考虑自身人员和设备的安全。消防站内24h有人值班，与一些重大危险区域应保持一定的安全间距，故规定与甲类装置的防火间距不小于50m。

4 可燃液体储罐采用氮气密封，既能防止油气与空气接触，又能避免油气向外扩散，对安全防火有利，其效果类似浮顶罐。

可燃液体采用密闭装卸，设油气密闭回收系统，可防止或减少油气就地散发，极大地减少火灾爆炸事故发生的可能性。

5 当为本石油化工企业设置的输油首末站布置在石油化工企业厂区内时，执行石油化工企业总平面布置的防火间距。

6 工艺装置或装置内单元的火灾危险性分类举例见表5～表7。

表5 工艺装置或装置内单元的火灾危险性分类举例（炼油部分）

类别	装置（单元名称）
甲	加氢裂化，加氢精制，制氢，催化重整，催化裂化，气体分馏，烷基化，叠合，丙烷脱沥青，气体脱硫，液化石油气硫醇氧化，液化石油气化学精制，喷雾蜡脱油，延迟焦化，常减压蒸馏，汽油再蒸馏，汽油电化学精制，酮苯脱蜡脱油，汽油硫醇氧化，减黏裂化，硫黄回收
乙	轻柴油电化学精制，酚精制，煤油电化学精制，煤油硫醇氧化，空气分离，煤油尿素脱蜡，煤油分子筛脱蜡，轻柴油分子筛脱蜡
丙	糠醛精制，润滑油和蜡的白土精制，蜡成型，石蜡氧化，沥青氧化

表6 工艺装置或装置内单元的火灾危险性分类举例（石油化工部分）

类别	装置（单元）名称
	I 基本有机化工原料及产品
甲	管式炉（含卧式、立式、毫秒炉等各型炉）蒸汽裂解制乙烯、丙烯装置，裂解汽油加氢装置；芳烃抽提装置；对二甲苯装置；对二甲苯二甲酯装置；环氧乙烷装置；石脑油催化重整装置；制氢装置；环己烷装置；丙烯腈装置；苯乙烯装置；碳四抽提丁二烯装置；丁烯氧化脱氢制丁二烯装置；甲烷部分氧化制乙炔装置；乙烯直接法制乙醛装置；苯酚丙酮装置；乙烯氧化法制氯乙烯装置；乙烯直接水合法制乙醇装置；对苯二甲酸装置（精对苯二甲酸装置）；合成甲醇装置；乙醛氧化制乙酸（醋酸）装置的乙醛储罐、乙醛氧化单元；环氧氯丙烷装置的丙烯储罐组和丙烯压缩、氯化、精馏、次氯酸化单元；羰基合成制丁醇装置的一氧化碳、氢气、丙烯储罐组和压缩、合成、蒸馏缩合、丁醛加氢单元；羰基合成制异辛醇装置的一氧化碳、氢气、丙烯储罐组和压缩、合成丁醛、缩合脱水、2-乙基己烯醛加氢单元；烷基苯装置的煤油加氢、分子筛脱蜡（正戊烷，异辛烷，对二甲苯脱附）、正构烷烃（$C_{10} \sim C_{13}$）催化脱氢、单烯烃（$C_{10} \sim C_{13}$）与苯用HF催化烷基化和苯、氢、脱附剂、液化石油气、轻质油等储运单元；双酚A装置的原料预制及回收、反应及脱水、反应物精制单元；MTBE装置；二甲醚装置；1-4丁烯二醇装置
乙	乙醛氧化制乙酸（醋酸）装置的乙酸精馏单元和乙酸、氧气储罐组；乙酸裂解制醋酐装置；环氧氯丙烷装置的中和环化单元、环氧氯丙烷储罐组；羰基合成制丁醇装置的蒸馏精制单元和丁醇储罐组；烷基苯装置的原料煤油、脱蜡煤油、轻蜡、燃料油储运单元；合成洗衣粉装置的烷基苯和SO_3磺化单元；合成洗衣粉装置的硫黄储运单元；双酚A装置的造粒包装单元
丙	乙二醇装置的乙二醇蒸发脱水精制单元和乙二醇储罐组；羰基合成制异辛醇装置的异辛醇蒸馏精制单元和异辛醇储罐组；烷基苯装置的热油（联苯＋联苯醚）系统，含HF物质中和处理系统单元；合成洗衣粉装置的烷基苯硫酸与苛性钠中和、烷基苯硫酸钠与添加剂（羧甲基纤维素、三聚磷酸钠等）合成单元

类别	装置（单元）名称
	Ⅱ 合成橡胶
甲	丁苯橡胶和丁腈橡胶装置的单体、化学品储存、聚合、单体回收单元；乙丙橡胶、异戊橡胶和顺丁橡胶装置的单体、催化剂、化学品储存和配置、聚合，胶乳储存混合、凝聚、单体与溶剂回收单元；氯丁橡胶装置的乙炔催化合成乙烯基乙炔、催化加成或丁二烯氯化成氯丁二烯、聚合、胶乳储存混合、凝聚单元；丁基橡胶装置的丙烯乙烯冷却、聚合凝聚、溶剂回收单元
丙	丁苯橡胶和丁腈橡胶装置的化学品配制、胶乳混合、后处理（凝聚、干燥、包装）、储运单元；乙丙橡胶、顺丁橡胶、氯丁橡胶和异戊橡胶装置的后处理（脱水、干燥、包装）、储运单元；丁基橡胶装置的后处理单元
	Ⅲ 合成树脂及塑料
甲	高压聚乙烯装置的乙烯储罐、乙烯压缩、催化剂配制、聚合、分离、造粒单元；气相法聚乙烯装置的烷基铝储运、原料精制、催化剂配制、聚合、脱气、尾气回收单元；液相法（淤浆法）聚乙烯装置的原料精制、烷基铝储运、催化剂配制、聚合、分离、干燥、溶剂回收单元；高压聚乙烯装置的乙烯储罐、乙烯压缩、催化剂配制、聚合、造粒单元；低密度聚乙烯装置的丁二烯、H_2、丁基铝储运、净化、催化剂配制、聚合、溶剂回收单元；低压聚乙烯装置的乙烯、化学品储运、配料、聚合、醇解、过滤、溶剂回收单元；聚氯乙烯装置的氯乙烯储运、聚合单元；聚乙烯醇装置的乙炔、甲醇储运、配料、合成醋酸乙烯、聚合、精馏、回收单元；本体法连续制聚苯乙烯装置的通用型聚苯乙烯的乙苯储运、脱氢、配料、聚合、脱气及高抗冲聚苯乙烯的橡胶溶解配料、其余单元同通用型 ABS 塑料装置的丙烯腈，丁二烯、苯乙烯储运、预处理、配料、聚合、凝聚单元；SAN 塑料装置的苯乙烯，丙烯腈储运、配料、聚合脱气、凝聚单元；聚丙烯装置的本体法连续聚合的丙烯储运、催化剂配制、聚合、闪蒸、干燥、单体精制与回收及溶剂法的丙烯储运、催化剂配制、聚合、醇解、洗涤、过滤、溶剂回收单元；聚甲醛装置；聚醚装置；聚苯硫醚装置；环氧树脂装置；酚醛树脂装置
乙	聚乙烯醇装置的醋酸储运单元
丙	高压聚乙烯装置的掺合、包装、储运单元气相法聚乙烯装置的后处理（挤压造粒、料仓、包装）、储运单元液相法（淤浆法）聚乙烯装置的后处理（挤压造粒、料仓、包装）、储运单元聚氯乙烯装置的过滤、干燥、包装、储运单元聚乙烯醇装置的干燥、包装、储运单元聚丙烯装置的挤压造粒、料仓、包装单元本体法连续制聚苯乙烯装置的造粒、料仓、包装、储运单元ABS 塑料和 SAN 塑料装置的干燥、造粒、料仓、包装、储运单元聚苯乙烯装置的本体法连续聚合的造粒、料仓、包装、储运及溶剂法的干燥、掺和、包装、储运单元

类别	装置（单元）名称
	Ⅳ 合成氨及氨加工产品
甲	合成氨装置的烃类蒸气转化或部分氧化法制合成气（N_2+H_2+CO）、脱硫、变换、脱 CO_2、铜洗、甲烷化、压缩、合成、原料烃类单元和煤气储罐组硝酸铵装置的结晶或造粒、输送、包装、储运单元
乙	合成氨装置的氨冷冻、吸收单元和液氨储罐合成尿素装置的氨储罐组和尿素合成、气提、分解、吸收、液氨泵、甲胺泵单元硝酸装置硝酸铵装置的中和、浓缩、氨储运单元
丙	合成尿素装置的蒸发、造粒、包装、储运单元

表7　工艺装置或装置内单元的火灾危险性分类举例（石油化纤部分）

类别	装置（单元）名称
甲	涤纶装置（DMT 法）的催化剂、助剂的储存、配制、对苯二甲酸二甲酯与乙二醇的酯交换、甲醇回收单元；锦纶装置（尼龙 6）的环己烷氧化、环己醇与环己酮分馏、环己醇脱氢、己内酰胺用苯萃取精制、环己烷储运单元；尼纶装置（尼龙 66）的环己烷储运、环己烷氧化、环己醇与环己酮氧化制己二酸、己二腈加氢制己胺单元；腈纶装置的丙烯腈、丙烯酸甲酯、醋酸乙烯、二甲胺、异丙醚、异丙醇储运和聚合单元；硫氰酸钠（NaSCN）回收的萃取单元，二甲基乙酰胺（DMAC）的制造单元；维尼纶装置的原料中间产品储罐组和乙炔或乙烯与乙酸催化合成乙酸乙烯、甲醇醇解生产聚乙烯醇、甲醇氧化生产甲醛、缩合为聚乙烯醇缩甲醛单元；聚酯装置的催化剂、助剂的储存、配制、己二腈加氢制己二胺单元
乙	锦纶装置（尼龙 6）的环己酮肟化，贝克曼重排单元尼纶装置（尼龙 66）的己二酸氨化，脱水制己二腈单元煤油、次氯酸钠库
丙	涤纶装置（DMT）的对苯二甲酸乙二酯缩聚、造粒、熔融、纺丝、长丝加工、料仓、中间库、成品库单元；涤纶装置（PTA 法）的酯化、聚合单元；锦纶装置（尼龙 6）的聚合、切片、料仓、熔融、纺丝、长丝加工、储运单元尼纶装置（尼龙 66）的成盐（己二胺己二酸盐）、结晶、料仓、熔融、纺丝、长丝加工、包装、储运单元腈纶装置的纺丝（NaSCN 为溶剂除外）、后干燥、长丝加工、毛条、打包、储运单元维尼纶装置的聚乙烯醇熔融抽丝、长丝加工、包装、储运单元维纶装置的丝束干燥及干热拉伸、长丝加工、包装、储运单元聚酯装置的酯化、缩聚、造粒、纺丝、长丝加工、料仓、中间库、成品库单元

4.3 厂内道路

4.3.2 最长列车长度，是根据走行线在该区间的牵引定数和调车线或装卸线上允许的最大装卸车的数量确定的，应避免最长列车同时切断工厂主要出入口道路。

4.3.3 厂区主干道是通过人流、车流最多的道路，因此宜避免与厂内铁路线平交。如某厂渣油、柴油铁路装车线与工厂主干道在厂内平交，多次发生撞车事故。

4.3.4 环形道路便于消防车从不同方向迅速接近火场，并有利于消防车的调度。API RP 2001 Fire Protection in Refineries《炼油厂防火》中规定：足够的交通和运输道路的设置在防火中十分重要。应当保证炼油厂区的道路足够宽，满足应急车辆进出和停放。道路转弯半径应当允许机动设备有足够空间，不至于碰到管道支架和设备。

对于布置在山丘地区的小容积可燃液体的储罐区及装卸区、化学危险品仓库区，因受地形条件限制，全部设置环形道路需开挖大量土石方，很不经济。因此，在局部困难地段，也可设能满足消防车辆回车用的尽头式消防车道。

4.3.5 因为消火栓的保护半径不宜超过120m，故规定从任何储罐中心距至少两条消防道路的距离不应超过120m；目前某些大型油罐的布置无法满足该规定，但为了满足安全需要，特采取以下措施：

1 减少储罐中心至消防车道的距离，由最大120m变为最大80m，因为只有一条道路可供消防，为了满足消防用水量的要求，需有较多消火栓。

2 最近消防车道的路面宽度不应小于9m，有利于消防车的调度和错车。

4.4 厂内铁路

4.4.1 铁路机车或列车在启动、走行或刹车时，均可能从排气筒、钢轨与车轮摩擦或闸瓦处散发火花。若厂内铁路线穿行于散发可燃气体较多的地段，有可能被上述火花引燃。因此，铁路线应尽量靠厂区边缘集中布置。这样布置也利于减少与道路的平交，缩短铁路长度，减少占地。

4.4.2 工艺装置的固体产品铁路装卸线可以靠近该装置的边缘布置，其原因是：

1 生产过程要求装卸线必须靠近；

2 装卸的固体物料火灾危险性相对较小，多年来从未发生过由于机车靠近而引起的火灾事故。

4.4.3 液化烃和可燃液体的装卸栈台，都是火灾危险性较大的场所，但性质不尽相同，液化烃火灾危险性较大。但如均采用密闭装车，亦较安全。因此，液化烃装卸栈台可与可燃液体装卸栈台同区布置。但由于液化烃一旦泄漏被引燃，比可燃液体对周围影响更

大，故应将液化烃装卸栈台布置在装卸区的一侧。

4.4.5 对尽头式线路规定停车车位至车挡应有20m是因为：

1 当车辆发生火灾时，便于将其他车辆与着火车辆分离，减少火灾影响及损失；

2 作为列车进行调车作业时的缓冲段，有利于安全。

4.4.6 液化烃和可燃液体在装卸过程中，经常散发可燃气体，在装卸作业完成后，可能仍有可燃气体积聚在装卸栈台附近或装卸鹤管内，若机车利用装卸线走行，机车一旦散发火花，是很危险的。

4.4.7 液化烃、可燃液体和甲、乙类固体的铁路装卸线停放车辆的线段为平直段时，其优点为：①有利于调车时司机的瞭望、引导列车进出站台和调对鹤位，有利于车辆的挂钩连接；②在平直段对罐车内油品的计量较准确，卸油较净；③平坡不致发生溜车事故。

某公司工业站，有一货车停在2.5‰纵坡的站线上，由于风大和制动器失灵而发生溜车。

当在地形复杂地区建厂时，若满足上述要求，可能需开挖大量土石方，很不经济。在这种情况下亦可将装卸线放在半径不小于500m的平坡曲线上。但若设在半径过小的平坡曲线上，则列车自动挂钩、脱钩困难。

5 工艺装置和系统单元

5.1 一般规定

5.1.1 本条第2款所述设备、管道的保冷层材料，目前可供选用的不燃烧材料很少，故允许用阻燃型泡沫塑料制品，但其氧指数不应小于30。

5.1.2 本条是为保证设备和管道的工艺安全，根据实际情况而提出的几项原则要求。

5.1.3 本条是根据国外经验和国内石油化工企业的事故教训制定的。例如：某厂催化车间气分装置的丙烷抽出线焊口开裂，造成特大爆炸火灾事故；某厂液化石油气罐区管道泄漏出大量液化石油气，直到天亮才被发觉，因附近无明火，未酿成更大事故；某厂液化石油气球罐区因在脱水时违反操作规程，造成大量液化石油气进入污水池而酿成火灾爆炸和人身伤亡事故。这些事故若能及早发现并采取措施，就可能避免火灾和爆炸，减小事故的危害程度。因此，在可能泄漏可燃气体的设备区，设置可燃气体报警系统，可及时得到危险信号并采取措施，以防止火灾爆炸事故的发生。

可燃气体报警系统一般由探测器和报警器组成，也可以是专用的数据采集系统与探测器组成。可燃气体报警信号不仅要送到控制室，也应该在现场就地发

出声/光报警信号，以警告现场人员和车辆及时采取必要的措施，防止事态扩大。

5.2 装置内布置

5.2.1 确定本规范表 5.2.1 的项目和防火间距的主要原则和依据如下：

1 与本规范第 3 章"火灾危险性分类"相协调。

2 与现行国家标准《爆炸和火灾危险环境电力装置设计规范》GB 50058 的下列规定相协调：

1）释放源，即可能释放出形成爆炸性混合物的物质所在的位置或地点。

2）爆炸危险场所范围为 15m。

3 吸取国外有关标准的适用部分。本规范表 5.2.1 的项目和防火间距，与大部分国外工程公司的有关防火和装置平面布置规定基本一致。

4 充分考虑装置内火灾的影响距离和可燃气体的扩散范围（可能形成爆炸性气体混合物的范围）。

1）装置内火灾的影响距离约 10m。

2）可燃气体的扩散范围：

（1）正常操作时，甲、乙A 类工艺设备周围 3m 左右；

（2）液化烃泄漏后，可燃气体的扩散范围一般为 10～30m；

（3）甲B、乙A 类液体泄漏后，可燃气体的扩散范围为 10～15m；

（4）操作温度等于或高于其闪点的乙B、丙类液体泄漏后，可燃气体的扩散范围一般不超过 10m；

（5）氢气的水平扩散距离一般不超过 4.5m。

3）《英国石油工业防火规范的报告》：汽油风洞试验，油气向下风侧的扩散距离为 12m。

5 确定项目的依据：

1）点火源。点火源主要有明火、赤热表面、电气火花、静电火花、冲击和摩擦、化学反应及发热自燃等。根据石油化工企业工艺装置的实际情况，在确定规范表 5.2.1 的项目时，主要考虑明火、赤热表面和电气火花，故在表中列入下列设备或建筑物：

（1）明火设备；

（2）控制室、机柜间、变配电所、化验室、办公室等建筑物是装置内重要设施，同时又是产生明火及火花的地点，有些还是人员集中场所，其防火要求相同，故合并为一项；

（3）操作温度等于或高于自燃点的设备。

2）释放源。

根据现行国家标准《爆炸和火灾危险环境电力装置设计规范》GB 50058 中对于释放源的规定，结合石油化工企业工艺装置的实际情况，根据不同的防火要求，将释放源分成四项：

（1）可燃气体压缩机或压缩机房；

（2）装置储罐；

（3）其他工艺设备或房间；

（4）含可燃液体的隔油池、污水池（有盖）、酸性污水罐、含油污水罐。

6 表 5.2.1 的可燃物质类别和防火间距补充说明如下：

1）甲B、乙A 类液体和甲类气体及操作温度等于或高于其闪点的乙B、丙A 类液体设备是释放源，其与明火或与有电火花的地点的最小防火间距，与爆炸危险场所范围相协调，定为 15m；

2）甲A 类液体，即液化烃，其蒸气压高于甲B、乙A 类液体，事故分析也证明，其危险性也较甲B、乙A 类液体大，其设备与明火设备的最小防火间距定为 22.5m（15m 的 1.5 倍）；

3）乙B、丙A 类液体和乙类气体设备不是释放源，但因易受外界影响而形成释放源，其与明火或有电火花的地点的最小防火间距为 9m；

4）丙B 类液体，闪点高于 120℃，既不是释放源，也不易受外界影响而超过其闪点，故未规定这类设备的防火间距。在设计上，可只考虑其他方面的间距要求；

5）操作温度等于或高于自燃点的工艺设备，一旦泄漏，立即燃烧，故不作为释放源，其与明火设备的间距只考虑消防的要求，本规范规定其与明火设备的最小间距为 4.5m。

6）确定明火加热炉与其他设施防火间距时，自明火加热炉本体最外缘算起。

7 某些石油化工装置根据其生产特点需在装置内设置丙类仓库或乙类物品储存间，本次修订补充了丙类仓库或乙类物品储存间与其他设施的防火间距。

8 装置储罐组为工艺装置的一部分，故本次修改将 99 版规范表 4.2.8 与表 4.2.1 合并组成表 5.2.1。

9 部分装置内设有含油污水预处理设施，故表 5.2.1 中增加含可燃液体的隔油池、污水池（有盖）一项；硫黄回收装置中的酸性污水罐，焦化装置除焦含油污水罐也具备隔油作用，因此与其同列在一项。

5.2.2 本条主要指与明火设备密切相关、联系紧密的设备。例如：

1 催化裂化装置的反应器与再生器及其辅助燃烧室可靠近布置。反应器是正压密闭的，再生器及其辅助燃烧室都属内部燃烧设备，没有外露火焰，同时辅助燃烧室只在开工初期点火，此时反应设备还没有进油，影响不大，所以防火间距可限。

2 减压蒸馏塔与其加热炉的防火间距，应按转油线的工艺设计的最小长度确定；该管道生产要求散热少、压降小，管道过长或过短都对蒸馏效果不利，故不受防火间距限制。

3 加氢裂化、加氢精制装置等的反应加热炉与反应器，因其加热炉的转油线生产要求温降和压降应尽量小，且该管道材质是不锈钢或合金钢，价格昂贵，所以反应加热炉与反应器的防火间距不限。反应器一般位于反应产物换热器和反应加热炉之间，反应产物换热器一般紧靠反应器布置，所以反应产物换热器与反应加热炉之间防火间距也不限。

4 硫黄回收装置的酸性气燃烧炉属内部燃烧设备，没有外露火焰。液体硫黄的凝点约为117℃，在生产过程中，硫黄不断转化，需要几次冷凝、捕集。为防止设备间的管道被硫黄堵塞，要求酸性气燃烧炉与其相关设备布置紧凑，故对酸性气燃烧炉与其相关设备之间的防火间距，可不加限制。

5.2.4 燃料气分液罐、燃料气加热器等为加热炉附属设备，但又存在火灾危险，故规定了6m的最小间距。

5.2.5 以甲$_B$、乙$_A$类液体为溶剂的溶液法聚合液，如以加氢汽油为溶剂的溶液法聚合工艺的顺丁橡胶的胶液，含胶浓度为20%，有80%左右是加氢汽油或抽余油，虽火灾危险性较大，但因黏度大，易堵塞管道，输送过程中压降大，因此，既要求有较小的间距，又要满足消防的需要。溶液法聚合胶液的掺和罐、储存罐与相邻设备应有一定间距。当掺和罐、储存罐总容积大于800m³时，防火间距不宜小于7.5m；小于或等于800m³时不作规定，可根据实际情况确定。

5.2.8 露天或半露天布置设备，不仅是为了节省投资，更重要的是为了安全。因为露天或半露天，可燃气体便于扩散。"受自然条件限制"系指建厂地区是属于风沙大、雨雪多的严寒地区。工艺装置的转动机械、设备，例如套管结晶机、真空过滤机、压缩机、泵等因受自然条件限制的设备，可布置在室内。

"工艺特点"系指生产过程的需要，例如化纤设备不能露天或半露天布置。"半露天布置"包括敞开或半敞开式厂房布置。

5.2.9 考虑到联合装置内各装置或单元同开同停，同时检修。因此，各装置或单元之间的距离以同一装置相邻设备间的防火间距而定，不按装置与装置之间的防火间距确定。这样，既保证安全又节约了占地。

5.2.10 在大型联合装置或装置发生火灾事故时，消防车在必要时需进入装置进行扑救，考虑消防车进入装置后不必倒车，比较安全，装置内消防道路要求两端贯通。道路应有不少于2个出入口与装置四周的环形消防道路相连，且2个出入口宜位于不同方位，便于消防作业。在小型装置中，消防车救火时一般不进入装置内，在装置外两侧有消防道路且两道路间距不大于120m时，装置内可不设贯通式道路，并控制设备、建筑物区占地面积不大于10000m²。

规定路面内缘转弯半径是为了方便消防车通行。

对大型石油化工装置，道路路面宽度、净空高度及路面内缘转弯半径可根据需要适当增加。

5.2.11 各种石油化工工艺装置占地面积有很大不同，由数千平方米到数万平方米。例如某石油化工企业2000kt/a连续重整装置占地面积为32200m²，某石油化工企业900kt/a乙烯装置占地面积为98300m²。考虑到检修、消防要求，防止火灾蔓延，减少财产损失等因素，大型装置用道路将装置内设备、建筑物区进行分割是必要的。

《石油化工企业设计防火规范》GB 50160发布实施以来，"用道路将装置分割成为占地面积不大于10000m²的设备、建筑物区"，满足了大多数装置的布置需要。伴随装置规模大型化，有的大型石油化工装置用道路将装置分割成为占地面积不大于10000m²的设备、建筑物区已经难以做到。将防火分区面积扩大到20000m²，其理由如下：

1 本条文中的大型石油化工装置指的是单系列原油加工能力大于或等于10000kt/a石油化工厂中的主要炼油工艺装置、800kt/a及其以上的乙烯装置、200kt/a及其以上的高压聚乙烯装置、450kt/a及其以上的对苯二甲酸装置等。

2 同一工艺单元的设备必须连为一体布置。如：某石油化工企业1000kt/a乙烯装置的裂解炉及其炉前管廊，无法分隔，裂解炉区（含炉前管廊）的长度为180m，宽度为70m，面积为12600m²；某石油化工企业900kt/a乙烯装置的压缩区长度为164m，宽度为103m，面积为16892m²。

3 因工艺要求，在两个工艺单元之间不允许用道路分隔。如：某石油化工企业高压聚乙烯装置中的反应区和压缩区，两工艺单元之间有超高压管道相连，超高压管道必须沿地敷设，从而使两单元之间无法设置消防道路，两工艺单元总占地面积为15500m²。

考虑现有的消防水平，在增加部分消防设施情况下，限制用道路分割的设备、建筑物区宽度不大于120m，且在设备、建筑物区四周设环形道路，同时对道路宽度加以规定时，可适当扩大设备、建筑物区块面积至20000m²。为减少事故情况下设备、建筑物区块间的相互影响，方便消防作业，对区块间防火间距规定不小于15m。当两相邻设备、建筑物区块占地面积总和不大于20000m²，两相邻设备、建筑物区块的防火间距可小于15m。

装置设备、建筑物区占地面积指装置内道路间或装置内道路与装置边界间占地面积。

在装置平面布置中，每一设备、建筑物区块面积首先按10000m²进行控制。

5.2.12 工艺装置（含联合装置）内的地坪在通常情况下标高差不大，但是在山区或丘陵地区建厂，当工程土石方量过大，经技术经济比较，必须阶梯式布置，即整个装置布置在两阶或两阶以上的平面时，应将控制室、变配电所、化验室、办公室等布置在较高一阶平面上，将工艺设备、装置储罐等布置在较低的地平面上，以减少可燃气体侵入或可燃液体漫流的可能性。

5.2.13　一般加热炉属于明火设备，在正常情况下火焰不外露，烟囱不冒火，加热炉的火焰不可能被风吹走。但是，可燃气体或可燃液体设备如大量泄漏，可燃气体有可能扩散至加热炉而引起火灾或爆炸。因此，明火加热炉宜布置在可燃气体、可燃液体设备的全年最小频率风向的下风侧。

明火加热炉在不正常情况下可能向炉外喷射火焰，也可能发生爆炸和火灾，如将其分散布置，必然增加发生事故的几率；另外，明火加热炉距可燃气体、液化烃和甲B、乙A类设备均要求有较大的防火间距，如将其分散布置必然会增加装置占地，所以宜将加热炉集中布置在装置的边缘。

5.2.14　不燃烧材料实体墙可以有效地阻隔比空气重的可燃气体或火焰。因此当明火加热炉与露天液化烃设备或甲类气体压缩机之间若设置不燃烧材料的实体墙，其防火间距可小于表5.2.1的规定，但考虑到明火加热炉仍必须位于爆炸危险场所范围之外，故其防火间距仍不得小于15m，且对实体墙长度有明确要求便于实施，有利于安全。

同理，当液化烃设备的厂房、甲类气体压缩机房面向明火加热炉一侧为无门窗洞口的不燃烧材料实体墙时，其防火间距可小于表5.2.1的规定，但其防火间距仍不得小于15m。

5.2.15　在同一幢建筑物内当房间的火灾危险类别不同时，其着火或爆炸的危险性就有差异，为了减少损失，避免相互影响，其中间隔墙应为防火墙。人员集中的房间应重点保护，应布置在火灾危险性较小的建筑物一端。

5.2.16　装置的控制室、机柜间、变配电所、化验室、办公室等为装置内人员集中场所或重要设施，且又可能是点火源，因此其与发生火灾爆炸事故几率较高的甲、乙A类设备的房间不应布置在同一建筑物内，应独立设置。

5.2.17　装置的控制室、化验室、办公室是装置的重要设施，是人员集中场所，为保护人员安全，要求将其集中布置在装置外，从集中控制管理理念出发，提倡全厂或区域统一考虑设置。若生产要求上述设施必须布置在装置内时，也应布置在装置内相对安全的位置。

5.2.18　本条第2款规定的"高差不应小于0.6m"是爆炸危险场所附加2区的高度范围，附加2区的水平范围是距释放源15～30m的范围。

第3款是为了防止装置发生事故时能有效的保护室内设备及人员安全。"耐火极限不低于3h的不燃烧材料实体墙"是按照现行防火墙的定义要求制定的。

第4款的化验室、办公室是人员集中工作的场

所，由于布置在装置区内，一旦周围设备发生火灾事故就有可能危及人员生命。为了保护室内人员安全，面向有火灾危险性设备侧的外墙应尽量采用无门窗洞口的不燃烧材料实体墙。

第5款的制定是因为，在人员集中的房间设置可燃介质的设备和管道存在安全隐患。

5.2.19　高压设备是指表压为10～100MPa的设备，超高压设备是指表压超过100MPa的设备。尽可能将高压和超高压设备布置在装置的一端或一侧，是为了减小可能发生事故对装置的波及范围，以减少损失。

有爆炸危险的超高压甲、乙类反应设备，尤其是放热反应设备和反应物料有可能分解、爆炸的反应设备，宜布置在防爆构筑物内。

超高压聚乙烯装置的釜式或管式聚合反应器布置在防爆构筑物内，并与工艺流程中其前后处理过程的设备联合集中布置。

5.2.20　可燃气体、液化烃和可燃液体设备火灾危险性大，采用构架式布置时增加了火灾危险程度，对消防、检修等均带来一定困难，装置内设备优先考虑地面布置。

当装置占地受限制等其他制约因素存在时，装置内设备可采用构架式布置，但构架层数不宜超过四层（含地面层）。当工艺对设备布置有特殊要求（如重力流要求）时，构架层数可不受此限。

5.2.21　空气冷却器是比较脆弱的设备，等于或大于自燃点的可燃液体设备是潜在的火源。为了保护空冷器，故作此规定。

5.2.22　工艺装置是石油化工企业生产的核心，生产条件苛刻，危险性较大。装置储罐是为了平衡生产、产品质量检测或一次投入而需要在装置内设置的原料、产品或其他专用储罐。为尽可能地减少影响装置生产的不安全因素，减小灾害程度，故即使是为满足工艺要求，平衡生产而需要在装置内设置装置储罐，其储量也不应过大。

作为装置储罐，液化烃储罐的总容积小于或等于100m³；可燃气体或可燃液体储罐的总容积小于或等于1000m³时，可布置在装置内。当装置储罐超过上述总容积且液化烃罐大于100m³小于或等于500m³、可燃气体罐或可燃液体罐大于1000m³小于或等于5000m³时，可在装置边缘集中布置，形成装置储罐组。但对液化烃和可燃液体单罐容积加以限制，主要是为确保安全，方便生产管理。装置储罐组属于装置的一部分。

伴随装置规模的大型化，在装置边缘集中布置的装置储罐组总容积液化烃储罐由300m³扩大为500m³、可燃液体罐由3000m³扩大为5000m³。

考虑到对装置储罐组总容积已有所限制，装置储罐组的专用泵仅要求布置在防火堤外，其与装置储罐的防火间距可不执行第5.3.5条的规定。

5.2.23 甲、乙类物品仓库火灾危险性大，其发生火灾事故后影响大，不应布置在装置内。为保证连续稳定生产，工艺需要的少量乙类物品储存间、丙类物品仓库布置在装置内时，为减少影响装置生产的不安全因素，要求位于装置的边缘。

5.2.24 可燃气体的钢瓶是释放源，明火或操作温度等于或高于自燃点的设备是点火源，释放源与点火源之间应有防火间距。分析专用的钢瓶储存间可靠近分析室布置，但钢瓶储存间的建筑设计应满足泄压要求，以保证分析室内人员安全。

5.2.25 危险性较大且面积较大的房间只设 1 个门是不利于安全疏散的。

5.2.26 各装置设备、构筑物的平台一般都有 2 个以上的梯子通往地面，直梯、斜梯均可。有的平台虽只有 1 个梯子通往地面，但另一端与邻近平台用走桥连通，实际上仍有 2 个安全出口。一般来说，只有 1 个梯子是不安全的。例如某厂热裂化装置柴油汽提塔着火，起火时就封住下塔的直梯，造成 3 人伤亡。事后，增设了 1m 长的走桥使汽提塔与邻近的分馏塔连接起来。

5.2.27 为控制可燃液体泄漏引发火灾影响的范围，对装置内地坪竖向设计和含可燃液体的污水收集和排污系统设计提出原则要求。同时，对受污染的消防水收集和排放提出原则要求。

5.3 泵和压缩机

5.3.1 本条第 1 款：可燃气体压缩机是容易泄漏的旋转设备，为避免可燃气体积聚，故条件许可时，应首先布置在敞开或半敞开厂房内。

第 2 款：单机驱动功率等于或大于 150kW 的甲类气体压缩机是贵重设备，其压缩机房是危险性较大的厂房，单独布置便于重点保护并避免相互影响，减少损失。其他甲、乙和丙类房间指非压缩机类厂房。同一装置的多台甲、乙类气体压缩机可布置在同一厂房内。

第 3 款：本款针对所有压缩机而言。

第 4 款、第 5 款、第 6 款强调防止可燃气体积聚。

5.3.2 为避免可燃气体积聚，工艺设备尽量采用露天、半露天布置，半露天布置包括敞开式或半敞开式厂房布置。液化烃泵、操作温度等于或高于自燃点的可燃液体泵发生火灾事故的几率较高，应尽量避免在其上方布置甲、乙、丙类工艺设备。

5.3.3 本条第 1 款：操作温度等于或高于自燃点的可燃液体泵发生火灾事故的几率较高，液体泄漏后自燃是"潜在的点火源"；液化烃泵泄漏的可能性及泄漏后挥发的可燃气体量都大于操作温度低于自燃点的可燃液体泵，故规定应分别布置在不同房间内。

5.3.4 API 2510 Design and Construction of Lique-

fied Petroleum Gas（LPG）Installations［液化石油气（LPG）设施的设计和建造］第 5.1.2.5 条规定旋转设备与储罐的防火间距为 15m（50ft）。

5.3.5 一般情况下，罐组防火堤内布置有多台罐，如将罐组的专用泵布置在防火堤内，一旦某一储罐发生罐体破裂，泄漏的可燃液体会影响罐组的专用泵的使用。罐组的专用泵区通常集中布置了多个品种可燃液体的输送泵，为了避免发生事故时，泵与储罐之间及不同品种可燃液体系统之间的相互影响，故规定了泵区与储罐之间的防火间距。泵区包括泵棚、泵房及露天布置的泵组。

5.3.6 当可燃液体储罐的专用泵单独布置时，其与该储罐是一个独立的系统，无论哪一部分出现问题，只影响自身系统本身。储罐的专用泵是指专罐专用的泵，单独布置是指与其他泵不在同一个爆炸危险区内。因此，当可燃液体储罐的专用泵单独布置时，其与该储罐的防火间距不做限制。甲$_A$类可燃液体的危险性较大，无论其专用泵是否单独布置，均应与储罐之间保持一定的防火间距。

5.3.7 本条规定与现行国家标准《建筑设计防火规范》GB 50016 基本一致。该规范规定"变、配电所不应设置在爆炸性气体、粉尘环境的危险区域内。供甲、乙类厂房专用的 10kV 及以下的变、配电所，当采用无门窗洞口的防火墙隔开时，可一面贴邻建造，并应符合现行国家标准《爆炸和火灾危险场所电力装置设计规范》GB 50058 等规范的有关规定"。本条规定专用控制室、配电所的门窗应位于爆炸危险区之外，是为了保证控制室、配电所位于爆炸危险场所范围之外。

5.4 污水处理场和循环水场

5.4.1 本条规定主要考虑以下因素：

1 保护高度规定是为了防止隔油池超负荷运行时污油外溢，导致发生火灾或造成环境污染。例如，某石油化工厂由于下大雨而使隔油池负荷过大，油品自顶部溢出，遇蒸汽管道油气大量挥发，又遇电火花引起大火，蔓延 1500m²，火灾持续 2h。

2 隔油池设置难燃烧材料盖板可以防止可燃液体大量挥发，减少火灾危险。

5.4.2 要求距隔油池 5m 以内的水封井、检查井的井盖密封，是防止排水管道着火不致蔓延至隔油池，隔油池着火也不致蔓延到排水管道。

5.4.3 污水处理场内设备、建筑物、构筑物平面布置防火间距的确定依据是：

1 需要经常操作和维修的"集中布置的水泵房"；有明火或火花的"焚烧炉、变配电所"及人员集中场所的"办公室、化验室"应位于爆炸危险区范围之外。

2 根据现行国家标准《爆炸和火灾危险场所电

力装置设计规范》GB 50058 的规定，爆炸危险场所范围为 15m。故本规范规定上述设备和建筑物距隔油池、污油罐的最小距离为 15m。

5.4.4 循环水场的冷却塔填料等近年来大量采用聚氯乙烯、玻璃钢等材料制造。发生过多起施工安装过程中在塔顶上动火，由于焊渣掉入塔内，引起火灾的情况。由于这些部件都很薄，表面积大，遇赤热焊渣很易引起燃烧，故制定本条规定。此外，石油化工企业也要加强安全动火措施的管理，避免同类事故发生。

5.5 泄压排放和火炬系统

5.5.1 需要设置安全阀的设备如下：

1 根据国家现行法规规定，操作压力大于等于 0.1MPa（表）的设备属于压力容器，因此应设置安全阀。

2 气液传质的塔绝大部分是有安全阀的，因为停电、停水、停回流、气提量过大、原料带水（或轻组分）过多等原因，都可能促使气相负荷突增，引起设备超压，所以当塔顶操作压力大于 0.03MPa（表）时，都应设安全阀。

3 压缩机和泵的出口都设有安全阀，有的安全阀附设在机体上，有的则安装在管道上，是因为机泵出口管道可能因堵塞，造成系统超压，出口阀可能因误操作而关闭。

5.5.2 本条规定与《压力容器安全技术监察规程》第 146 条"固定式压力容器上只安装一个安全阀时，安全阀的开启压力不应大于压力容器的设计压力。"和"固定式压力容器上安装多个安全阀时，其中一个安全阀的开启压力不应大于压力容器的设计压力，其余安全阀的开启压力可适当提高，但不得超过设计压力的 1.05 倍。"相协调。

5.5.3 一般不需要设置安全阀的设备如下：

1 加热炉出口管道如设置安全阀容易结焦堵塞，而且热油一旦泄放出来也不好处理。入口管道如设置安全阀则泄放时可能造成炉管进料中断，引起其他事故。关于预防加热炉超压事故一般采用加强管理来解决。

2 同一压力系统中，如分馏塔顶油气冷却系统，分馏塔的顶部已设安全阀，则分馏塔顶油气换热器、油气冷却器、油气分离器等设备可不再设安全阀。

3 工艺装置中，常用蒸汽作为设备和管道的吹扫介质，虽然有时蒸汽压力高于被吹扫的设备和管道的设计压力，但在吹扫过程中由于蒸汽降温、冷凝、压力降低，且扫线的后部系统为开放式的，不会产生超压现象，因此扫线蒸汽不作为压力来源。

5.5.4 本条为安全阀出口连接的规定。

1 安全阀出口流体的放空：

1）应密闭泄放。安全阀起跳后，若就地排放，易引起火灾事故。例如：某厂常减压装置初馏塔顶安全阀起跳后，轻汽油随油气冲出并喷洒落下，在塔周围引起火灾。

2）应安全放空。安全放空应满足本规范第 5.5.11 条的规定。

2 安全阀出口接入管道或容器的理由如下：

1）可燃气体如就地排放，既不安全，又污染周围环境。

2）延迟焦化装置的焦炭塔、减黏裂化装置的反应塔等的高温可燃介质泄放后可能立即燃烧，因此，泄放时需排至专门设备并紧急冷却。

3）氢气在室内泄放可能发生爆炸事故，大量氢气泄放应排至火炬，少量氢气泄放应接至压缩机厂房外的上空，以便于气体扩散。

4）安全阀出口的放空管可不设阻火器。

5）当可燃气体安全阀泄放有可能携带少量可燃液体时，可不增加气液分离设施（如旋风分离器）。

6）大量可燃液体的泄放管，一般先接入储罐回收或者排入带加热设备的储罐、气化器或分液罐，这些设备宜远离工艺设备密集区，经气化或分液后再去火炬系统，以尽量减少液体的排放量。

5.5.5 有压力的聚合反应器或类似压力设备内的液体物料中，有的含有固体淤浆液或悬浮液，有的是高黏度和易凝固的可燃液体，有的物料易自聚，在正常情况下会堵塞安全阀，导致在超压事故时安全阀超过定压而不能开启。根据调查，有些装置的设备，在安全阀前安装爆破片，或者用惰性气体或蒸汽吹扫。对于易凝物料设备上的安全阀应采取保温措施或带有保温套的安全阀。

5.5.6 对轻质油品而言，一般封闭管段的液体接近或达到其闪点时，每上升 1℃，则压力增加 0.07～0.08MPa 以上。所以，对不排空的液化烃、汽油、煤油等管道均需考虑停用后的安全措施，如设置管道排空阀或管道安全阀。

5.5.7 当发生事故时，为防止事故的进一步扩大，应将事故区域内甲、乙、丙类设备的可燃气体、可燃液体紧急泄放。

1 大量液化烃、可燃液体的泄放管，一般先排至远离事故区域的储罐回收或经分液罐分液后气体放至火炬。低温液体（如液化乙烯、液化丙烯等）经气化器气化后再排入火炬系统，以尽量减少液体的排放量。

2 将可燃气体设备内的可燃气体排入火炬或安全放空系统。当采用安全放空系统时应满足本规范第 5.5.11 条的规定。

5.5.8 塔顶不凝气直接排向大气很不安全，目前多排入不凝气回收系统回收。

5.5.9 在紧急排放环氧乙烷的地方，为防止环氧乙烷聚合，安全阀前应设爆破片。爆破片入口管道设氮封，以防止其自聚堵塞管道；安全阀出口管道上设氮气，以稀释所排出环氧乙烷的浓度，使其低于爆炸极限。

5.5.10 氨气就地排放达到一定浓度易发生燃烧爆炸，并使人员中毒，故应经处理后再排放。常见氨排放气处理措施有：用水或稀酸吸收以降低排放气浓度。

5.5.11 原则上可燃气体不允许就地放空，应排入火炬系统或装置的处理排放系统。条文中连续排放的可燃气体、间歇排放的可燃气体是指受工艺条件或介质特性所限，无法排入火炬或装置的处理排放系统的可燃气体，可直接向大气排放。如低热值可燃气体、由惰性气体置换出的可燃气体、停工时轻污油罐排放的可燃气体等。含氧气、卤元素及其化合物或极度危害、高度危害的介质（如丙烯腈）的可燃气体不允许排入火炬系统，其排放气应接入本装置的处理排放系统。只有在工艺条件不允许接入火炬系统或装置的处理排放系统时，可燃气体才能直接向大气排放。

5.5.12 可能突然超压的反应设备主要有：设备内的可燃液体因温度升高而压力急剧升高；放热反应的反应设备，因在事故时不能全部撤出反应热，突然超压；反应物料有分解爆炸危险的反应设备，在高温、高压下因催化剂存在会发生分解放热，压力突然升高不可控制。上述这些设备设有安全阀是不可能安全泄压排放的，应装设爆破片并装导爆筒来解决突然超压或分解爆炸超压事故时的安全泄压排放。

5.5.15 低热值可燃气体排入火炬系统会破坏火炬稳定燃烧状态或导致火炬熄火；含氧气的可燃气体排入火炬系统会使火炬系统和火炬设施内形成爆炸性气体，易导致回火引起爆炸，损坏管道或设备；酸性气体及其他腐蚀性气体会造成大气污染、管道和设备的腐蚀，宜设独立的酸性气火炬。毒性为极度和高度危害或含有腐蚀性介质的气体独立设置处理和排放系统，有助于安全生产。毒性分级应根据现行国家标准《职业性接触毒物危害程度分级》GB 5044 和《高毒物品目录》（卫法监发〔2003〕142 号）确定。但是，石油化工企业中排放的苯、一氧化碳经过火炬系统充分燃烧后失去毒性，因此上述介质或含此类介质的可燃气体仍允许排至公用火炬系统。

5.5.18 液化烃全冷冻或半冷冻式储存时，储存温度较低。液化乙烯储存温度为 −104℃，事故排放时，液化乙烯由液体转变为气体时大量吸热。因此，设置能力足够的气化器使液体完全气化，防止进入火炬的气体带液。

5.5.19 据国内外经验，限制火炬气体瞬间排放负荷的主要措施有：

 1 在主要泄压设备上设置紧急切断热源联锁，减少安全阀的排放或采用分级排放，如：在主要塔器等设备上设置高安全级别的联锁，在安全阀启跳前快速切断重沸器热源，防止设备继续超压，减缓安全阀的排放。

 2 与减少火炬气事故排放负荷措施相关的系统应具有较高的安全可靠性。

 3 设置必要的其他联锁，减少发生紧急泄放的可能性或降低火炬气紧急泄放量的可能性。

5.5.21 据调查，引进的石油化工装置内火炬的设置情况是：兰化石油化工厂砂子裂解炉制乙烯装置的裂解反应系统，装置内火炬高出框架上部砂子储斗 10m以上；上海石化总厂乙醛装置的装置内火炬高出最高设备 5m 以上；辽阳石油化纤公司悬浮法聚乙烯装置的装置内火炬设在厂房上部，高出厂房 10m 以上。这些装置内火炬燃烧可燃气体量较小，有足够高度，辐射热对人身及设备影响较小。装置内火炬系统应有气液分离设备、"长明灯"或可靠的电点火措施。在装置内距火炬 30m 范围内，不应有可燃气体放空。

 据调查，曾有一个装置内火炬因"下火雨"而引起火灾事故。因此，装置内火炬必须有非常可靠的分液设施。

 火炬的辐射热影响见本规范第 4.1.9 条条文说明。

5.5.22 封闭式地面火炬（或称地面燃烧器）在国内已开始应用，与高架火炬所不同的是排放的可燃气体在地面燃烧，设备平面布置时应按明火设施考虑；并要充分考虑燃烧时排放的高温烟气的辐射热对人体及设备的影响，还要考虑重组分易沉积的影响。

5.5.23 火炬设施的附属设备如分液罐、水封罐等是火炬系统的必备设备，靠近火炬布置有利于火炬系统的安全操作，其位置应根据人或设备允许的辐射热强度确定，以保证人和设备的安全。在事故放空时，操作人员可及时撤离，且在短时间内可承受较高的辐射热强度。火炬设施的附属设备可承受比人更高的辐射热强度。

5.6 钢结构耐火保护

5.6.1 无耐火保护层的钢柱，其构件的耐火极限只有 0.25h 左右，在火灾中很容易丧失强度而坍塌。因此，为避免产生二次灾害，使承重钢结构能在一般火灾事故中，在一定时间内，仍保持必需的强度，故规定应采取耐火保护措施。

 此条中"承重"的概念为直接承受设备或管道重量，"非承重"的概念为仅承受人员操作平台或承受和传递水平荷载，不直接承受设备或管道重量。

 爆炸危险区范围内的高径比等于或大于 8 的设备承重钢构架，一旦倒塌会造成较大范围的次生危害。

 在爆炸危险区范围内，毒性为极度或高度危害的物料设备的承重钢构架、支架、裙座，一旦倒塌会造成环境污染、人员中毒。

5.6.2 耐火层包括：水泥砂浆、保温砖、耐火涂料等。标准火灾（即建筑火灾）与烃类火灾的主要区别是升温曲线不同，标准火灾的升温曲线，在 30min 时的火焰温度约 700～800℃；而烃类火灾的升温曲线，在 10min 时的火焰温度便达到 1000℃。石油化工企业的火灾绝大多数是烃类火灾。因此，耐火层选用应适用于烃类火灾，且其耐火极限不应低于 1.5h。建筑物的钢构件耐火极限执行相关规范。耐火层的覆盖范围是根据我国的生产实践，结合 API Publ 2218《Fireproofing Practices in Petroleum and Petrochemical Processing Plants》（炼油和石油化工厂防火）确定的。钢结构需覆盖耐火层的范围举例如下：

 1 支承设备钢构架：

 1）单层构架见图 1；

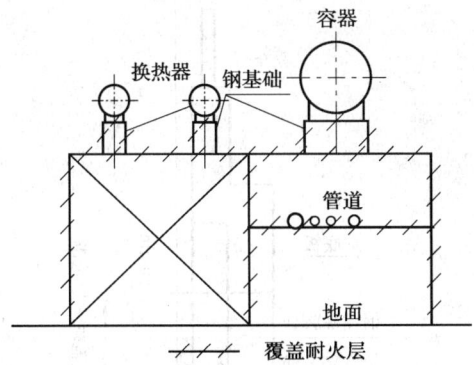

图 1 单层构架

 2）多层构架的楼板为透空的钢格板时，见图 2；

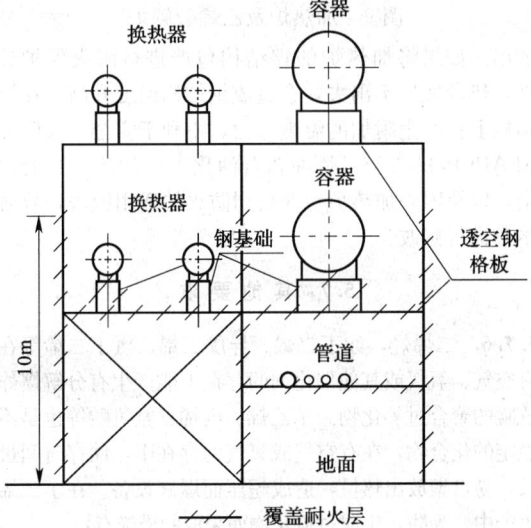

图 2 多层构架（楼板为透空的钢格板）

 3）多层构架的楼板为封闭式楼板时，见图 3；

 2 支承设备钢支架见图 4；

 3 钢裙座外侧未保温部分及直径大于 1.2m 的裙座见图 5；

 4 钢管架见图 6、图 7、图 8。

上述举例中除另有要求外，承重钢构架、支架及

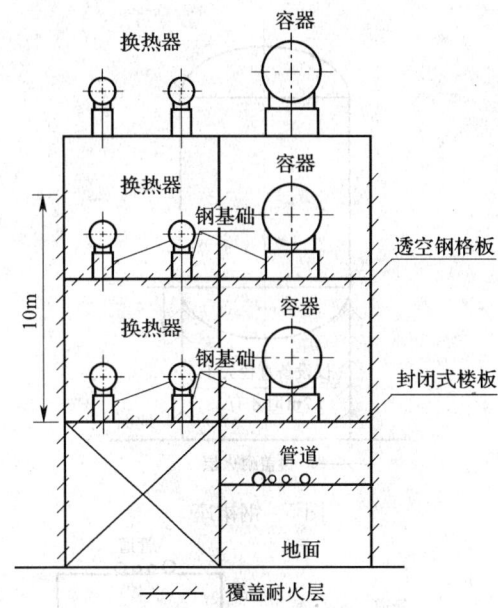

图 3 多层构架（楼板为封闭式楼板）

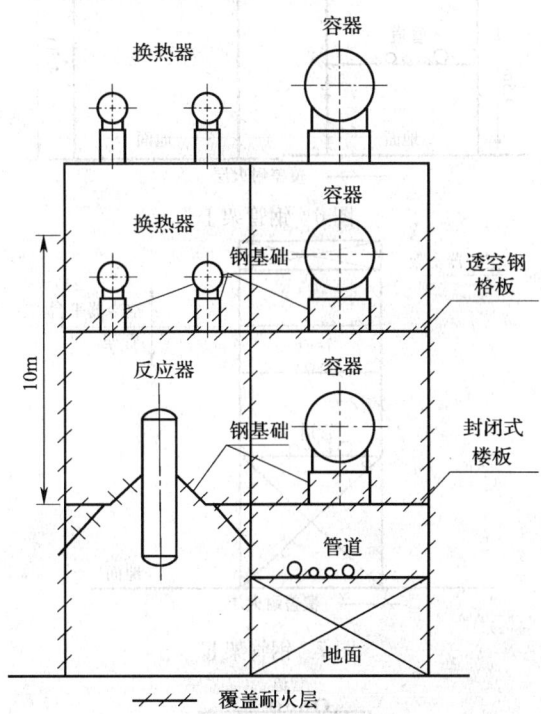

图 4 支承设备钢支架

管架的下列部位，可不覆盖耐火层：

 1）不直接承受或传递设备、管道垂直荷载的次梁、联系梁；

 2）用于支承楼板、钢格板的梁；

 3）仅用于抵抗风和地震荷载的支撑；

 4）卧式设备和换热器的鞍座。

 5 加热炉及乙烯裂解炉见图 9。

加热炉的钢结构不宜做整体耐火保护，是由于加热炉炉膛内的温度较高，且钢结构有一部分热量需要

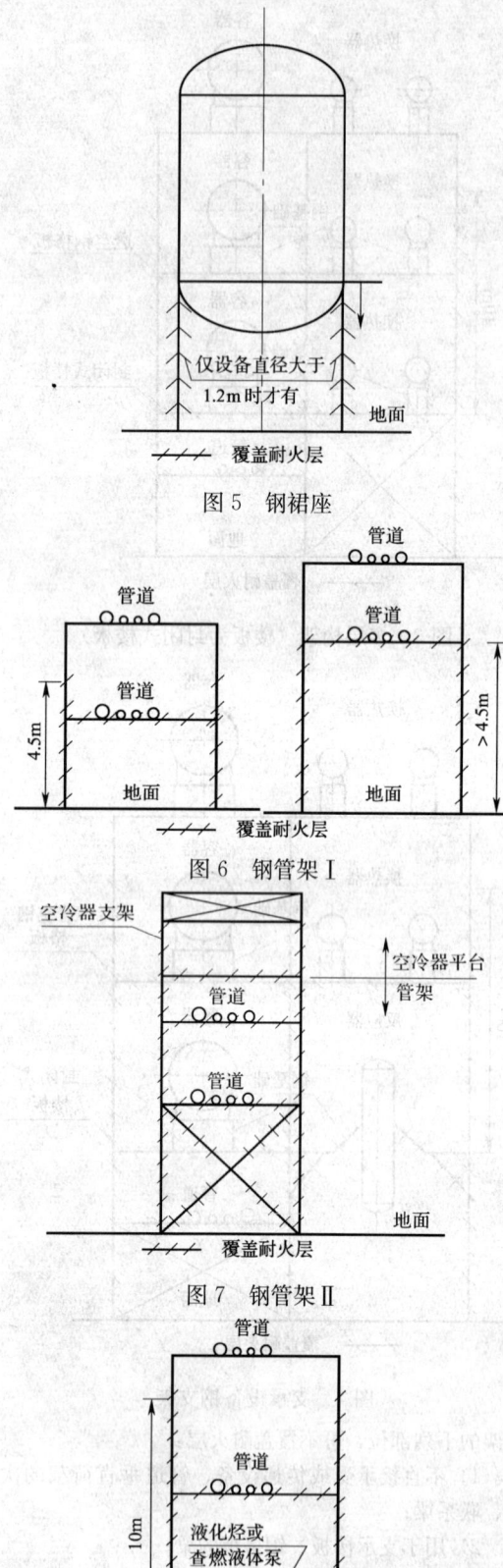

图 5　钢裙座

图 6　钢管架Ⅰ

图 7　钢管架Ⅱ

图 8　钢管架Ⅲ

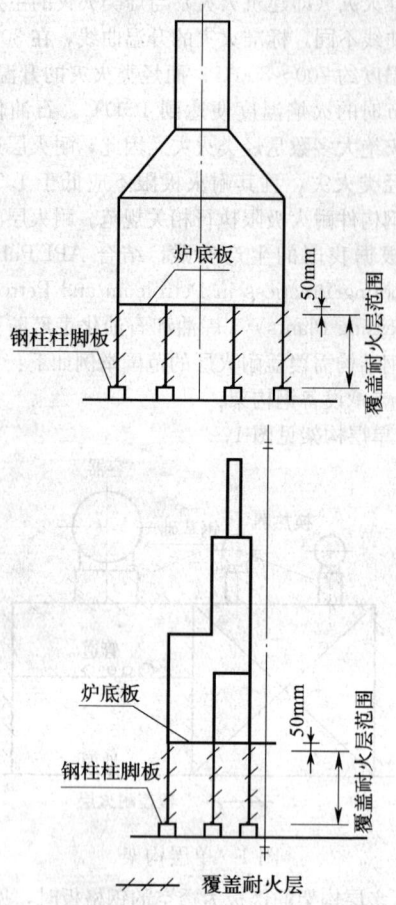

图 9　加热炉及乙烯裂解炉

散出。如果将加热炉的钢结构包严进行耐火保护处理，热量散发不出去，会造成钢结构温度升高，在钢结构上将产生附加的温度应力，不利于安全。参照美国 API Publ 2218《炼油和石油化工厂的防火》的规定，以及国外加热炉专业公司防火的通用做法，故对本条进行修改。

5.7 其 他 要 求

5.7.6 二烯烃，如丁二烯、异戊二烯、氯丁二烯等在有空气、氧气或其他催化剂的存在下能产生有分解爆炸危险的聚合过氧化物。苯乙烯、丙烯、氰氢酸等也是不稳定的化合物，在有空气或氧气的存在下，储存时间过长，易自聚放出热量，造成超压而爆破设备。在丁二烯生产中，为防止生成过氧化物而采取的措施有：

　　1　生产丁二烯的精馏、储存过程中加入抗氧剂，如叔丁基邻苯二酚（TBC）、对苯二酚等。

　　2　回收丁二烯宜有除氧过程。为防止精馏塔底部积聚和聚合过氧化物，宜加芳烃油稀释。

　　3　用大于或等于 20% 的苛性钠溶液与丁二烯单体混合，在高于 49℃ 温度下能破坏过氧化物及聚合过氧化物。

　　4　丁二烯储存温度要低于 27℃，储存时间不宜过长。现国内丁二烯储罐一般采用硫酸亚铁蒸煮后再清洗，大约每周清洗1次。

5 生产、储存过程中严禁与空气、氧化氮和含氧的氮气长时间接触。一般控制丁二烯气相中含氧量小于0.3%。例如，某厂丁苯橡胶生产、储存过程中，发生过几次丁二烯氧化物的分解爆炸事故。

总之，对于烯烃和二烯烃等生产和储存，应控制含氧量和加相应的抗氧化剂、阻聚剂，防止因生成过氧化物或自聚物而发生爆炸、火灾事故。

5.7.7 平皮带传动易积聚静电，可能会产生火花。据北京劳动保护研究所在某厂测定，三角皮带传动积聚的静电压可达2500～7000V，这是很危险的，所以本条规定可燃气体压缩机、液化烃、可燃液体泵不得使用皮带。如果其他传动设备确实需要采用时，应采用防静电皮带。空气冷却器安装在高处，有强制通风，可采用防静电的三角皮带传动。

5.7.10 可燃气体的电除尘、电除雾等的电滤器是释放源，与点火源处于同一设备中，危险性比较大，一旦空气渗入达到可燃气体爆炸极限就有爆炸的危险。有几个化肥厂都发生过电除尘设施爆炸。设计时应根据各生产工艺的要求来确定允许含氧量，设置防止负压和含氧量超过指标都能自动切断电源、并能放空的安全措施。

5.7.11 本条规定的取风口高度系参照美国凯洛格公司标准的规定："正压通风建筑物的空气吸入管口的高度取以下两者中较大值：

1 高出地面9m以上；

2 在爆炸危险区范围垂直向上的高度1.5m以上。"

6 储 运 设 施

6.1 一般规定

6.1.1 增加防火堤的耐火极限的要求，是为了防止油罐区一旦发生池火时，防火堤能够承受一定的高温烘烤，不易发生扭曲、崩裂，以便减少火灾事故的蔓延。

6.1.2 调研中了解到，可燃液体储罐和管道的外隔热层，由于采用了可燃的或不合格的阻燃型材料，如聚氨酯泡沫材料，而引起火灾事故。如某厂在厂房内电焊作业中引燃管道及设备的隔热层，造成了一场火灾和人身伤亡。所以规定外隔热层应采用不燃烧材料。

6.2 可燃液体的地上储罐

6.2.1 根据我国石油化工企业实践经验，采用地上钢罐是合理的。地上钢罐造价低，施工快，检修方便，寿命长。

6.2.2 浮顶罐或内浮顶罐储存甲$_B$、乙$_A$类液体可减少储罐火灾几率，降低火灾危害程度。罐内基本没有气体空间，一旦起火，也只在浮顶与罐壁间的密封处燃烧，火势不大，易于扑救，且可大大降低油气损耗和对大气的污染。

鉴于目前浅盘式浮盘已淘汰，明确规定选用金属浮舱式的浮盘，避免使用浅盘式浮盘。金属浮舱式浮盘包括钢浮盘、铝浮盘和不锈钢浮盘等。

对于有特殊要求的甲$_B$、乙$_A$液体物料，如苯乙烯、酯类、加氢原料等易聚合或易氧化的液体物料，选用固定顶储罐加氮封储存也是可行的；对于拔头油、轻石脑油等饱和蒸汽压较高的物料，可通过降温采用固定顶罐储存或采用低压固定顶罐储存。

6.2.3 储存沸点低于45℃的甲$_B$类液体，除了采用压力储罐储存外，还可采用冷冻式储罐储存或采用低压固定顶罐储存，故将原条文中的"应"改为"宜"。

6.2.4 采用固定顶罐或低压储罐储存甲$_B$类液体时，为了防止油气大量挥发和改善储罐的安全状况，应采取减少日晒升温的措施。其措施主要包括固定式冷却水喷淋（雾）系统、气体放空或气体冷凝回流、加氮封或涂刷合格的隔热涂料等。对设有保温层或保冷层的储罐，日晒对储罐影响较小，没有必要再采取防日晒措施。

6.2.5 本条为可燃液体的地上储罐成组布置的规定。

第1款：火灾危险性类别相同或相近的储罐布置在一个罐组内，有利于油罐之间相互调配和统一考虑消防设施，既节约占地，又便于管理。考虑到石油化工企业进行改扩建的过程中，有些储罐可能改作储存其他物料，从而造成同一罐组内物料的火灾危险性类别不同，但从其危险性来看，由于其容量比较小，不会造成大的危害，因此，规定"单罐容积小于或等于1000m³时，火灾危险性类别不同的储罐也可同组布置在一起。"

第2款：沸溢性液体在发生火灾等事故时可能从储罐中溢出，导致火灾蔓延，影响非沸溢性液体储罐安全，故沸溢性液体储罐不应与非沸溢性液体储罐布置在同一罐组内。

第3款：可燃液体的压力储罐的储存形式、发生火灾时的表现形态、采取的消防措施等与液化烃全压力储罐相似，因此，可以与液化烃全压力储罐同组布置。

第4款：可燃液体的低压储罐的储存形式、采取的消防冷却措施等与可燃液体的常压储罐相似；可燃液体采用低压储罐储存时，减少了油气挥发损耗，比常压储罐储存更安全。因此，可与可燃液体的常压储罐同组布置。

6.2.6 罐组的总容积是根据我国目前石油化工企业多年的实际情况确定的，随着企业规模的扩大及原油进口量的增加，由50000m³、100000m³、150000m³的浮顶油罐组成的罐组已建成使用，且罐组自动控制水平及消防水平亦有很大提高，同时考虑罐组平面的合理布置，减少占地，故规定不应大于 600000m³。

混合罐组在设计中经常出现，由于浮顶、内浮顶油罐发生整个罐内表面火灾事故的几率极小，据国外有关机构统计：浮顶、内浮顶油罐发生整个罐内表面火灾事故的频率为 1.2×10^{-4}/罐·年，目前还没有着火的浮顶、内浮顶油罐引燃邻近油罐的案例。所以浮顶、内浮顶油罐比固定顶油罐安全性高，故规定浮顶、内浮顶油罐的容积可折半计算。

6.2.7 储罐组内的储罐个数愈多，发生火灾的几率愈大。为了控制火灾范围和减少火灾造成的损失，本条对储罐组内的储罐个数作了限制。但容积小于 1000m³ 的储罐在发生火灾时较易扑救，丙B 类液体储罐不易发生火灾。所以，对这两种情况的储罐个数不加限制。

6.2.8 储罐区占地大，管道长，故在保证安全的前提下罐间距宜尽可能小，以节约占地和投资。储罐的间距主要根据下列因素确定：

1 储罐着火几率。根据过去油罐火灾的统计资料，建国后至 1976 年 8 月，储罐年火灾几率仅为 0.47‰。1982 年 2 月调查统计的油罐年火灾几率为 0.448‰。多数火灾事故是在操作中不遵守安全规定或违反操作规程造成的。因此，只要提高管理水平，严格遵守各项安全制度和操作规程，就可以减少事故的发生。

2 储罐起火后，能否引燃相邻储罐爆炸起火，是由该罐的破裂状况和液体溢出或涌出情况而定的。如果火灾中储罐顶盖掀开但罐体完好，且可燃液体未流出罐外，则一般不会引燃邻罐。如：东北某厂一个轻柴油罐着火历时 5h 才扑灭，相距约 2m 的邻罐并未引燃；上海某厂一个油罐起火后烧了 20min，与其相距 2.3m 的油罐也未被引燃。实践证明，只要采取有效的冷却保护措施，因辐射热而烤爆或引燃邻罐的可能性不大。

3 消防操作要求。考虑对着火罐的扑救和对着火罐或邻罐的冷却保护等消防操作场地要求，不能将相邻罐靠得很近。消防人员用水枪冷却油罐时，水枪喷射仰角一般为 50°～60°，冷却保护范围为 8～10m。泡沫发生器破坏时，消防人员需往着火罐上挂泡沫钩管。因此，只要不小于 0.4D 的防火间距就能满足消防操作要求。对于小于等于 1000m³ 的固定顶罐，如果操作人员站的位置避开两个储罐之间最小间距的地方，0.4～0.6D 的间距也能满足上述操作要求。

4 0.4～0.6D 的罐间距在国内石油化工企业中已执行多年，证明是安全经济的。

5 储罐类型。浮顶罐罐内几乎不存在油气空间，散发出的可燃气体很少，火灾几率小，国内的生产实践和消防实验均证明，浮顶罐引燃后火焰不大，一般只在浮顶周围密封圈处燃烧，热辐射强度不高，无需冷却相邻储罐，对扑救人员在罐平台上的操作基本无

威胁。例如：某厂曾有一个 5000m³ 和一个 10000m³ 浮顶罐着火，都是工人用手提泡沫灭火器扑灭的。所以，浮顶罐的防火间距可比固定顶罐适当缩小。

6 近年来，某些石油化工企业在改、扩建工程中，为了减少占地，储罐采用了细高的罐型，占地虽然有所减少，但不利于消防，为此提出用罐高与直径的较大值确定其防火间距。日本防火法规中也有类似的规定。

7 丙类液体也有采用浮顶罐、内浮顶罐储存方式，所以增加丙类浮顶罐、内浮顶罐的防火间距。

6.2.9 可燃液体储罐的布置不允许超过 2 排，主要是考虑在储罐着火时便于扑救。如超过 2 排，当中间 1 个罐起火时，由于四周都有储罐，会给灭火操作和对相邻储罐的冷却保护带来困难。但考虑到石油化工企业丙B 类液体储罐区储存的品种多，单罐容积小，总容积不大的特点，可不超过四排布置。丙B 类液体储罐不易起火，且扑救容易，尤其是润滑油储罐从未发生过火灾，因此润滑油罐可集中布置成多排。

6.2.10 增加 2 排立式储罐的最小间距要求，主要是为了满足发生火灾事故时消防、操作便利和安全，是对本规范表 6.2.8 的储罐之间的防火间距作出最小要求的补充。

6.2.11 地上可燃液体储罐一旦发生破裂事故，可燃液体便会流到储罐外，若无防火堤，流出的液体即会蔓流。为避免此类事故，故规定罐组应设防火堤。

6.2.12 本条为防火堤及隔堤内有效容积的规定：

防火堤内有效容积：日本规范规定为防火堤内最大储罐容积的 110%，美国规范 NFPA 30 Flammable & Commbustible Liquids Code《易燃和可燃液体规范》规定为防火堤内最大储罐容积的 100%。99 版规范规定固定顶罐为防火堤内最大储罐容积的 100%，浮顶、内浮顶罐为防火堤内最大储罐容积的 50%。与国外规范相比，99 版规范对浮顶、内浮顶罐组防火堤内有效容积的要求偏小。虽然国内外爆炸火灾事故事例中，尚未出现过浮顶罐罐底炸裂的事故，但一旦发生此类重大事故，产生的大量泄漏可燃液体不仅会对周围设施产生火灾事故威胁，对周围环境也将产生重大污染及影响。因此，本次修订将浮顶、内浮顶罐防火堤内有效容积改为防火堤内最大储罐容积的 100%，以将可能泄漏的大量可燃液体控制在防火堤内。当不能满足此要求时，可以设事故存液池，但仍规定浮顶、内浮顶罐组防火堤内有效容积不小于罐组内一个最大储罐容积的一半。

油罐破裂，存油全部流出的情况虽然罕见，但一旦发生破裂，其产生的后果是非常严重的。例如：20 世纪 50 年代，英国一台 20000m³ 油罐在上水试压时发生脆性破裂，水在瞬间流出油罐，冲毁防火堤并冲入泵房，造成灾害；1974 年，日本三菱石油水岛炼厂一台 50000m³ 油罐，由于不均匀沉降，在罐体底

部角焊缝处发生破裂，沿罐壁撕开，罐中油品瞬时冲出将防火堤冲毁，油品四处蔓流；1997年，某石化厂4#原油罐由于罐底搭接焊缝开裂24.5m，造成大量原油泄漏，1500t原油流入污油池，5500t原油流入水库；1998年，该石化厂1#原油罐由于罐基础局部下沉，罐底搭接焊缝开裂，造成大量原油泄漏，1000t原油流入油池，400t原油流入污油池，3000t原油流入水库。以上示例表明，油罐罐底发生破裂的可能性是存在的。因此规定：防火堤内的有效容积不应小于罐组内1个最大储罐的容积；这包括了浮顶罐、内浮顶罐组。但考虑到现有的浮顶罐、内浮顶罐组的布置现状及个别项目用地的情况，允许设置事故存液池。

在罐组外设事故存液池，其作用与设防火堤是一样的，是把流出的液体引至罐组外的事故存液池暂存。罐附近残存可燃液体愈少，着火罐及相邻罐受威胁愈小，有利于灭火和保护相邻储罐。

事故存液池正常情况下是空的，而石油化工企业的事故仅考虑一处，所以全厂的浮顶罐、内浮顶罐组可共用一个事故存液池。

隔堤内有效容积：设置隔堤的目的是减少可燃液体少量泄漏时的污染范围，并不是储存大量油品的，美国规范NFPA 30《易燃可燃液体规范》规定隔堤内有效容积为最大储罐容量的10%，这样规定是合适的。

6.2.13 立式储罐至防火堤内堤脚线的距离采用罐壁高度的一半的理由是：

1 当油罐罐壁某处破裂或穿孔时，其最大喷散水平距离等于罐壁高度的一半，所以留出罐壁高度一半的空地，即使储罐破损，罐内液体也不会喷散到防火堤外。

2 留出罐壁高度一半的空地也可满足灭火操作要求。

3 日本对小罐要求放宽，规定罐壁高度的1/3，所以取罐壁高度的一半还是较安全的。

6.2.14 相邻罐组防火堤的外堤脚线之间应留有宽度不小于7m的消防空地的要求，主要是为了满足油罐区发生火灾时，方便消防人员及消防设备操作，实施消防救援。该空地也可与消防道路合并考虑。

6.2.15 虽然油罐破裂极为罕见，但冒罐、管道破裂泄漏难免发生，为了将溢漏油品控制在较小范围内，以减小事故影响，增设隔堤是必要的。容积每20000m³一隔是根据我国石油化工企业油罐过去多以中小型罐为主，1000～5000m³的罐较多，而现在汽、柴油罐大多在5000～20000m³之间，故每4个罐用隔堤隔开是较合适的。

单罐容积20000～50000m³的罐主要是浮顶罐，破裂和溢漏机会比固定顶罐少得多，虽总容积大，但每2个罐一隔，还是合理的。

单罐容积大于50000m³的罐基本上是浮顶罐，虽然破裂和溢漏机会比固定顶罐少得多，但一旦发生泄漏，影响范围较大，因此，每1个罐一隔是合理的。

沸溢性可燃液体储罐，在着火时可能向罐外沸溢出泡沫状油品，为了限制其影响范围，不管储罐容量大小，规定每一隔堤内不超过2个罐。

6.2.16 本条是根据石油化工企业内各装置的原料、中间产品和成品储罐布置情况而制订的。石油化工企业中间罐区和成品罐区内原料、产品品种较多而容积较小，故单罐容积小于或等于1000m³的火灾危险性类别不同的可燃液体储罐可布置在同一罐组内，这样可节约占地并易于管理。为了防止泄漏的水溶性液体、相互接触能起化学反应的液体或腐蚀性液体流入其他储罐附近而发生意外事故，故对设置隔堤作出规定。

6.2.17 本条为可燃液体罐组防火堤及隔堤设置规定。

第2款：防火堤过高对操作、检修以及消防十分不利，若因地形限制，防火堤局部高于2.2m时，可做台阶便于消防及操作。考虑到防火堤内可燃液体着火时用泡沫枪灭火易冲击造成喷溅，故防火堤最好不低于1m；为了消防方便，又不宜高于2.2m。最低高度限制主要是为了防范泡沫喷溅，故从防火堤内侧设计地坪算起，最高高度限制主要是为了方便消防操作，故从防火堤外侧设计地坪算起。注明起算点，便于设计执行。

第3款：根据美国规范NFPA 30《易燃可燃液体规范》规定，可燃液体立式储罐组隔堤的高度不应低于0.45m，据此将隔堤的高度规定为不应低于0.5m，既能将少量泄漏的可燃液体限制在隔堤内，又方便操作人员通行。

第4款：管道穿越防火堤的开洞处用不燃烧材料严密封闭，以防止事故状态下可燃液体到处流散。

第5款：防火堤内雨水可以排出堤外，但事故溢出的可燃液体不应排走，故必须要采取排水阻油措施，可以采用安装有切断阀的排水井，也可采用排水阻油器等。

第6款：防火堤内人行踏步是供操作人员进出防火堤之用，考虑平时工作方便和事故时能及时逃生，故不应少于2处，两相邻人行台阶或坡道之间距离不宜大于60m，且应处于不同方位上。

6.2.18 本条是事故存液池的设置规定。

第2款：事故存液池与防火堤的作用相同，故其要求与防火堤一致，即规定其与防火堤间留有7m的消防空地。

6.2.19 对于采用氮气或其他气体气封的甲B、乙类液体的固定顶罐，设置事故泄压设备，如卸压人孔、呼吸人孔等以确保罐的安全。

6.2.20 常压固定顶罐不论何种原因发生爆炸起火或突沸，应使罐顶先被炸开，以确保罐体不被破坏。所以规定凡使用固定顶罐，均应采用弱顶结构。

6.2.21 本条规定是为了防止将水（水蒸汽凝结液）扫入热油罐内而造成突沸事故。

6.2.22 设有加热器的储罐，若加热温度超过罐内液体的闪点或 100℃时，便会产生火灾危险或冒罐事故。如：某厂蜡油罐长期加温，使油温达 115℃造成冒罐事故；有两个厂的蜡油罐加温后，不检查油温，致使油温达到 113～130℃而发生突沸，造成油罐撕裂跑油事故。故规定应设置防止油温超过规定储存温度的措施。

6.2.23 自动脱水器是近年来经生产实践证明比较成熟的新产品，能防止和减少油罐脱水时的油品损失和油气散发，有利于安全防火、节能、环保、减少操作人员的劳动强度。

6.2.24 储罐进料管要求从储罐下部接入，主要是为了安全和减少损耗。可燃液体从上部进入储罐，如不采取有效措施，会使可燃液体喷溅，这样除增加物料损耗外，同时增加了液流和空气摩擦，产生大量静电，达到一定电位，便会放电而发生爆炸起火。例如，某厂一个罐从上部进油而发生爆炸起火；某厂的一个 500m³ 的柴油罐，因为油品从扫线管进入油罐，落差 5m，产生静电引起爆炸；某厂添加剂车间 400m³ 的煤油罐，也是因进油管从上部接入，油品落差 6.1m，进油时产生静电引起爆炸，并引燃周围油罐，造成较大损失。所以要求进油管从油罐下部接入。当工艺要求需从上部接入时，应将其延伸到储罐下部。对于个别储罐，如催化油浆罐，进料管距罐底太近容易被催化剂堵塞，可适当抬高。因为其产生静电的危害性较小，故将原条文中"应"改为"宜"。

6.2.25 此规定是为了防止储罐与管道之间产生的不均匀沉降引起破坏。

6.3 液化烃、可燃气体、助燃气体的地上储罐

6.3.2 本条为液化烃储罐成组布置的规定：

1 液化烃罐组包括全压力式罐组、全冷冻式罐组和半冷冻式罐组，液化烃储罐的布置不允许超过两排，主要是考虑在储罐起火时便于扑救。如超过 2 排，中间一个罐起火，由于四周都有储罐，会给灭火操作和对相邻储罐的冷却保护带来一些困难。全压力式罐组、全冷冻式罐组和半冷冻式罐组的命名与现行国家标准《城镇燃气设计规范》GB 50028 一致。

2 对液化烃罐组内储罐个数限制的根据：

1) 罐组内液化烃泄漏的几率，主要取决于储罐数量，数量越多，泄漏的几率越高，与单罐容积大小无关，故液化烃罐组内储罐个数需加以限制。

2) 全压力式或半冷冻式储罐：目前，国内引进的大型石油化工企业内液化烃罐组的储罐个数均在

10 个以上，如某石油化工企业液化烃罐组内 1000m³ 罐有 12 个、乙烯装置中间储罐组内有 13 个储罐。某石油化工厂新建液化烃罐组内设有 9 个 2000m³ 储罐。为了减少和限制液化烃储罐泄漏后影响范围，规定每组全压力式或半冷冻式储罐的个数不应多于 12 个是合适的。

3 API Std 2510 Design and Construction of LPG Installations《液化石油气（LPG）设施的设计和建造》对全冷冻式储罐的规定："两个具有相同基本结构的储罐可置于同一围堤内。在两个储罐间设隔堤，隔堤的高度应比周围的围堤低 1ft。围堤内的容积应考虑该围堤内扣除其他容器或储罐占有的容积后，至少为最大储罐容积的 100%"。本规范按此要求规定全冷冻式储罐的个数不宜多于 2 个。

4 不同储存介质的储罐选材不同。当储存某一介质的储罐发生泄漏后，在常压下的介质温度很低，如果储存其他介质储罐的罐体材质不能适应其温度，就会对这些储罐的罐体产生不利影响，从而影响这些储罐的安全。

5 液化烃的储存方式包括全压力式、半冷冻式和全冷冻式；全压力式储存方式是指在常温和较高压力下储存液化烃或其他类似可燃液体的方式，半冷冻式储存方式是指在较低温度和较低压力下储存液化烃或其他类似可燃液体的方式，全冷冻式储存方式是指在低温和常压下储存液化烃或其他类似可燃液体的方式。NFPA 58 Liquefied Petroleum Gas Code《液化石油气规范》规定"冷藏液化石油气容器，不能放置在易燃液体储罐的防火堤内，也不应放置在非冷藏加压的液化石油气容器的防火堤或拦蓄墙内"。API Std 2510《液化石油气（LPG）设施的设计和建造》规定："低温液化石油气储罐不应布置在建筑物内，不应在 NFPA 30《易燃可燃液体规范》规定的其他易燃或可燃液体储罐流出物的防护区域内，且不应在压力储罐流出物的防护区域内。"

6.3.3 储罐的防火间距主要根据下列因素确定：

1 液化烃压力储罐比常压甲B类液体储罐安全。例如，某厂液化乙烯卧罐的接管处泄漏，漏出的液化乙烯气化后，扩散至加热炉而燃烧并回火在泄漏部位燃烧。经打开放空火炬阀后，虽然燃烧一直持续到罐内乙烯全部烧光为止，但相邻 1.5m 处的储罐在水喷淋保护下却安全无事。又如，某厂动火检修液化石油气罐安全阀，由于切断阀不严，漏出液化石油气被引燃，火焰 2m 多高，只在泄漏处燃烧，没有引起储罐爆炸。可见：①液化石油气罐因漏气而着火的火焰并不大；②罐内为正压，空气不能进入，火焰不会窜入罐内而引起爆炸；③对邻罐只要有冷却水保护就不会使事故扩大。

2 全冷冻式储罐防火间距参照 NFPA 58《液化石油气规范》规定："若容积大于或等于 265m³，其

储罐间的间距至少为大罐直径的一半"；API Std 2510《液化石油气（LPG）设施的设计和建造》规定："低温储罐间距取较大罐直径的一半"。

3 可燃气体干式气柜的防火间距，与现行国家标准《建筑设计防火规范》GB 50016 一致。

4 大型卧式储罐在国外已有应用，国内引进项目中也开始使用。防火间距按 $1.0D$ 要求，可以满足生产和检修的要求。对于小容积的卧罐，仍按原规范的要求是合适的。

6.3.4 两排卧罐的最小间距要求，主要是为了满足发生火灾事故时消防、操作便利和安全。

6.3.5 本条为防火堤及隔堤的设置规定：

第1款：液化烃罐组设置防火堤的目的是：①作为限界防止无关人员进入罐组；②防火堤较低，对少量泄漏的液化烃气体便于扩散；③一旦泄漏量较多，堤内必有部分液化烃积聚，可由堤内设置的可燃气体浓度报警器报警，有利于及时发现，及时处理；④其竖向布置坡向外侧是为了防止泄漏的液化烃在储罐附近滞留。

第5款：沸点低于 45℃ 的甲$_B$类液体的压力储罐，此类储罐的液体泄漏后，短期会有一定量挥发，但大部分仍以液态形式存在于堤内，因此防火堤应考虑其储存容积。

第6款：执行此款时，应注意液氨储罐与液化烃储罐的储存方式相对应。即全压力式液氨储罐的防火堤和隔堤要求与全压力式液化烃的防火堤和隔堤要求一致，全冷冻式液氨储罐的防火堤和隔堤要求与全冷冻式液化烃的防火堤和隔堤要求一致。

6.3.6 此条规定是按 NFPA 59A Standard for the Production，Sroeage，and Handling of Liquefied Natural Gas（LNG）《液化天然气（LNG）的生产、储存和运输》的规定确定的，用图示能够明确表达对单防罐的要求。

API Std 2510《液化石油气（LPG）设施的设计和建造》规定："低温常压储罐应设置围堤，围堤内的容积应至少为储罐容积的 100%"；"围堤最低高度为 1.5ft，且应从堤内测量；当围堤高 6ft 时，应设置平时和紧急出入围堤的设施；当围堤必须高于 12ft 或利用围堤限制通风时，应设不需要进入围堤即可对阀门进行一般操作和接近罐顶的设施。所有堤顶的宽度至少为 2ft"。

6.3.7 全冷冻双式或全防式液化烃储罐，一旦储存液化烃内罐发生泄漏，泄漏出的液化烃能 100% 被外罐所容纳，不会发生液化烃蔓延而造成事态扩大，外罐已具备防火堤作用，不需另设防火堤。

6.3.8 参考美国凯洛格公司标准的规定。石油化工企业引进合成氨厂低温储氨储罐的防火堤内容积取最大储罐容积的 60%，经多年的实践，已证明此规定是安全经济的。

6.3.9 "储存系数不应大于 0.9"是为了避免在储存过程中，因环境温度上升、膨胀、升压而危及储罐安全所采取的必要措施。

6.3.11 NFPA 58《液化石油气规范》中规定："冷藏液化石油气容器上应设置高液位报警器"。"冷藏液化石油气容器上应装备高液位流量切断设施，该装置应与所有仪表无关。"即使常温储罐，这样规定也更加安全。高液位自动联锁切断进料装置是避免油罐冒罐的最后有效手段，目前比较普遍使用，是合理的设置。API Std 2510《液化石油气（LPG）设施的设计和建造》规定："全冷冻式液化烃储罐需设置真空泄放装置。"对于全冷冻式液化烃储罐增设高、低温度检测，并应与自动开停机系统相联的要求是为了确保全冷冻式液化烃储罐的安全。

6.3.13 若液化烃罐组离厂区较远，无共用的火炬系统可利用，一般不单独设置火炬。在正常情况下，偶然超压致使安全阀放空，其排放量极少，因远离厂区，其他火灾对此影响较小，故对此类罐组规定可不排放至火炬而就地排放。

6.3.14 液化烃储罐脱水跑气（和可燃液体脱水跑油一样）时有发生。储罐根部设紧急切断阀可以减少管道系统发生事故时损失。目前有些石油化工企业对液化烃罐区进行了类似的改造。根据目前国内情况，规定采用二次脱水系统，即另设一个脱水容器，将储罐内底部的水先放至脱水容器内，再把罐上脱水阀关闭，待气水分离后，再打开脱水容器的排水阀把水放掉。但脱水容器的设计压力应与液化烃储罐的设计压力一致，若液化烃中不含水时，可不设二次脱水系统。

6.3.16 本条是对液化烃储罐阀门、管件、垫片等的规定。

1 由储灌站及石油化工企业液化烃罐区引出液化烃时，因阀门、法兰、垫片选用不当而引发的事故常有发生。例如，某液化烃储灌站的管道上因为垫片选用不当，引起较大火灾事故。

2 生产实践证明：当全压力式储罐发生泄漏时，向储罐注水使液化烃液面升高，将破损点置于水面以下，可减少液化烃泄漏。

6.3.17 全冷冻卧式液化烃储罐多层布置时，一旦某一层的储罐发生泄漏，直接影响布置在其他层的液态烃储罐的操作及安全，易造成更大的事故。为了方便操作及安全，参照 NFPA 58 的有关规定，本规范规定"全冷冻卧式液化烃储罐不应多层布置"。

6.4 可燃液体、液化烃的装卸设施

6.4.1 本条为可燃液体铁路装卸设施的规定。

第2款：采用明沟卸可燃液体易引起火灾事故。例如，某厂采用明沟卸原油，由于电火花而引起着火，沿明沟烧至 2000m³ 的混凝土零位罐，造成油罐

爆炸起火，并烧毁距罐壁 10m 远的泵房和油罐车 5 辆；又如，某厂采用有盖板明沟卸原油，一次动火检修栈台，焊渣落入沟内发生爆炸起火。以上两例说明，明沟卸原油极不安全。丙B 类油品不易着火，较安全。如电厂等企业所用燃料油多采用明沟卸车，实践多年，未发生过重大事故。

第 3 款：我国目前装车鹤管有三种：喷溅式、液下式（浸没式）和密闭式。对于轻质油品或原油，应采用液下式（浸没式）装车鹤管。这是为了降低液面静电位，减少油气损耗，以达到避免静电引燃油气事故和节约能源，减少大气污染。

第 4 款：为了防止和控制罐车火灾的蔓延与扩大，当罐车起火时，立即切断进料非常重要。如，某厂装车时起火，由于未能及时关闭操作台上切断阀，致使大量汽油溢出车外，加大了火势；直到关闭紧急切断阀、切断油源，才控制了火势。紧急切断阀设在地面较好，如放在阀井中，井内易积存油水，不利于紧急操作。

第 8 款：在石油化工企业的改造过程中，充分利用现有铁路装卸线资源，同一铁路装卸线一侧布置两个装卸栈台的情况时有出现，国外工厂也有类似情况。为了减少一个栈台发生事故时对另一栈台的影响，在两个栈台之间至少要保持一个事故隔离车的位置，因此，规定同一铁路装卸线一侧两个装卸栈台相邻鹤位之间的距离不应小于 24m。

6.4.2 本条为可燃液体汽车装卸站的规定。

第 4 款：泵区的泵较多，一旦发生事故，对装车作业的影响较大，故对其间距作出规定。当泵区只有一台泵时，因其影响较小，可不受此限。

第 7 款：这里的其他类可燃液体是指甲A、丙B 类可燃液体，甲A 类可燃液体的危险性较高，丙B 类可燃液体，有些操作温度较高，有些黏度较大，易造成污染，为减少其影响，故规定了甲、乙、丙A 类可燃液体装车鹤位与其他类液体装车鹤位的间距要求。

6.4.3 液化烃装卸作业已有成熟操作管理经验，当与可燃液体装卸共台布置而不同时作业时，对安全防火无影响。

第 1 款：液化烃罐车装车过程中，其排气管应采用气相平衡式或接至低压燃料气或火炬放空系统，若就地排放极不安全。例如，某厂液化石油气装车台在装一辆 25t 罐车时，将排空阀打开直排大气，排出的大量液化石油气沉滞于罐车附近并向四周扩散，在离装车点 15m 处的更衣室内，一工人违规点火吸烟，将火柴杆扔到地上，引起室外空间爆炸，罐车排空阀处立即着火，同时引燃在栈台堆放的航空润滑油桶及附近房屋和沥青堆场。又如，某厂在充装汽车罐车时，因就地排放的液化烃气被另一辆罐车启动时打火引燃，将两台罐车烧坏。所以规定液化烃装卸应采用

密闭系统，不得向大气直接排放。

第 2 款：低温液化烃装卸设施的材质要求严格，独立成系统会更加安全，不会对其他系统构成威胁。

6.4.4 本条是对可燃液体码头、液化烃码头的规定。

第 2 款：液化烃泊位火灾危险性较大，若与其他可燃液体泊位合用，会因相互影响而增加火灾危险性，故有条件时宜单独设置。近年来沿海、沿河建设了不少液化石油气基地和石油化工企业的液化石油气装卸泊位，有先进成熟的工艺及设备，管理水平及自动控制水平也较高。为节约水域资源和充分利用泊位的吞吐能力，共用一个泊位在国内已有实践，但严格要求不能同时作业。日本水岛气体加工厂也是多种危险品共用一个泊位，但严格控制不能同时作业。因此，规定当不同时作业时，液化烃泊位可与其他可燃液体共用一个泊位。

第 3 款：本款按国家现行标准《装卸油品码头防火设计规范》JTJ 237 的规定执行。

6.5 灌 装 站

6.5.1 本条为液化石油气的灌装站规定。

第 1 款：为了安全操作，有利于油气扩散，推荐在敞开式或半敞开式建筑物内进行灌装作业。但半敞开式建筑四周下部有墙，容易产生油气积聚，故要求下部应设通风设施，即自然通风或机械排风。

第 2 款：液化石油气钢瓶内残液随便就地倾倒所造成的灾害时有发生。如，某厂瓶站曾发生两次火灾事故，都是对残液处理不当引起的。一次是残液窜入下水井，油气散到托儿所内，遇有火引燃；一次是残液顺下水管排至河内，因小孩玩火引燃。又如，某厂装瓶站投用时，残液回收设备暂未投用，而把几百瓶残液倒入厂内一个坑里，造成液化石油气四处扩散至 20m 左右的工棚内；由于有人吸烟引燃草棚，火焰很快烧回坑内，大火冲天，结果把其中 29 个钢瓶烧爆，烧毁高压线并烧伤 11 人。因此，规定灌装站残液应密闭回收。

第 6 款：该条款参考了现行国家标准《液化石油气瓶充装站安全技术条件》GB 17267 的规定，并结合石油化工企业的特点制定。

6.6 厂内仓库

6.6.1 化学品和危险品存在潜在火灾爆炸危险，不宜在石油化工企业内分散储存。因此，石油化工企业应设置独立的化学品和危险品库区。

第 1 款：目前，随着石油化工装置规模的大型化，工艺生产过程需要的催化剂、添加剂等用量和产品储存量也大大增加。为了满足生产需要，又要保证安全生产，本次修订取消了甲类物品仓库储存量的限制，其主要理由如下：

1 由于各工艺装置所需的甲类催化剂和添加剂

等化学物品的类别和数量不同，且供货来源不同（有国外和国内），故无法对储存周期作出统一规定。

2 现行国家标准《建筑设计防火规范》GB 50016对甲类物品仓库的耐火等级、层数、每座仓库的最大允许占地面积、防火分区的最大允许建筑面积及防火间距有明确规定，但对甲类物品储量未明确规定。

3 本规范对甲类物品仓库设计未作规定，其防火设计应执行现行国家标准《建筑设计防火规范》GB 50016的相关规定。

第5款：根据储存物品的物理化学性质及当地水文地质情况，确定是否设防水层。

6.6.2 石油化工装置规模的大型化，使合成纤维、合成橡胶、合成树脂及塑料类的产品仓库面积大幅增加。由于产品储量增加，需要使用机械化运输和机械化堆垛，小型仓库已无法满足装置规模大型化的需要，因此，当丙类的合成纤维、合成橡胶、合成树脂及塑料固体产品仓库面积超过现行国家标准《建筑设计防火规范》GB 50016要求时，应满足本条款的规定和对仓库占地面积及防火分区面积的限值。考虑到合成纤维、合成橡胶固体产品燃烧性质复杂，故将其与合成树脂及塑料仓库分别对待。

6.6.3 为了节省占地面积，石油化工企业合成纤维、合成树脂及塑料可采用高架仓库。根据国内目前正在使用的几个高架仓库情况，考虑到我国石化工业的发展需要，本次修订明确规定了高架仓库消防设施的要求，详见本规范第8.11.4条。

6.6.4 大型仓库应优先采用自然排烟方式，并按照现行国家标准《建筑设计防火规范》GB 50016要求，规定大型仓库自然排烟口净面积宜为建筑面积的5%。易熔采光带可作为自然排烟措施之一。

6.6.5 铁道部及有关单位曾对硝铵性能进行了试验，试验项目有高空坠落、车辆轧压、碰撞、明火点燃及雷管引爆等。试验结果证明：纯硝铵并不易燃易爆。各大型化肥厂多年来的生产实践也证明，硝铵仓库储量可不限，但在硝铵中若掺入其他物质，则极易引起火灾爆炸事故。因此，需要确保仓库内无其他物品混放。

7 管道布置

7.1 厂内管线综合

7.1.1 工艺管沟是火灾隐患，易渗水、积油，不好清扫，不便检修，一旦沟内充有油气，遇明火则爆炸起火，沿沟蔓延，且不好扑救。例如，某厂管沟曾发生过多次重大火灾爆炸事故。有一次一个小油罐着火，着火油垢飞溅引燃14m外积有柴油的管沟，火焰高达60m，使消防队无法冷却邻罐，致使邻罐被烤

爆起火，造成重大火灾事故。又如，某厂装油栈台附近管沟内管道腐蚀漏油，沟内积存大量油气，检修动火时被引燃，使130m长管沟着火，形成火龙，对周围威胁极大。该厂有许多埋地工艺管道，腐蚀渗漏不易查找，形成火灾隐患。因此，工艺管道及热力管道应尽量避免管沟或埋地敷设，若非采用管沟不可，则在管沟进入泵房、罐组处应妥善封闭，防止油或油气窜入，一旦管沟起火也可起到隔火作用。

沿地面或低支架敷设的管带，对消防作业有较大影响，因此规定此类管带不应环绕工艺装置或罐组四周布置。尤其在老厂改扩建时，应予足够重视。

7.1.2、7.1.3 易发生泄漏的管道附件是指金属波纹管或套筒补偿器、法兰和螺纹连接等。

7.1.4 外部管道通过工艺装置或罐组，操作、检修相互影响，管理不便。因此，凡与工艺装置或罐组无关的管道均不得穿越装置或罐组。

7.1.5 比空气重的可燃气体一般扩散的范围在30m以内，这类气体少量泄漏扩散被稀释后无大危险，一旦在管沟内积聚与空气混合达到爆炸极限浓度，遇明火即可引起燃烧或爆炸。所以，应有防止可燃气体窜入管沟内积聚的措施，一般采用填砂。

7.1.6 各种工艺管道或含可燃液体的污水管道内输送的大多是可燃物料，检修更换较多，为此而开挖道路必然影响车辆正常通行，尤其发生火灾时，影响消防车通行，危害更大。公路型道路路肩也是可行车部分，因此，也不允许敷设上述管道。

7.2 工艺及公用物料管道

7.2.1 本条规定应采用法兰连接的地方为：

1 与设备管嘴法兰的连接、与法兰阀门的连接等；

2 高黏度、易黏结的聚合淤浆液和悬浮液等易堵塞的管道；

3 凝固点高的液体石蜡、沥青、硫黄等管道；

4 停工检修需拆卸的管道等。

管道采用焊接连接，不论从强度上、密封性能上都是好的。但是，等于或小于$DN25$的管道，其焊接强度不佳且易将焊渣落入管内引起管道堵塞，因此多采用承插焊管件连接，也可采用锥管螺纹连接。当采用锥管螺纹连接时，有强腐蚀性介质，尤其像含HF等易产生缝隙腐蚀性的介质，不得在螺纹连接处施以密封焊，否则一旦泄漏，后果严重。

7.2.3 化验室内有非防爆电气设备，还有电烘箱、电炉等明火设备，所以不应将可燃气体，液化烃和可燃液体的取样管引入化验室内，以防止因泄漏而发生火灾事故。某厂将合成氨反应后的气体管道引入化验室内，因泄漏发生了爆炸。

7.2.4 新建的工艺装置，采用管沟和埋地敷设管道已越来越少。因为架空敷设的管道的施工、日常检

查、检修各方面都比较方便，而管沟和埋地敷设恰好相反，破损不易被及时发现。例如某厂循环氢压缩机入口埋地管道破裂，没有检查出来，引起一场大爆炸。管沟敷设管道，在沟内容易积存污油和可燃气体，成为火灾和爆炸事故的隐患。例如某厂蜡油管沟曾四次自燃着火。现在管沟和埋地敷设的工艺管道主要是泵的入口管道，必须按本条规定采取安全措施。

管沟在进出厂房及装置处应妥善隔断，是为了阻止火灾蔓延和可燃气体或可燃液体流窜。

7.2.5 大多数塔底泵的介质操作温度等于或高于250℃，当塔底泵布置在管廊（桥）下时，为尽可能降低塔的液面高度，并能满足泵的有效气蚀余量的要求，本条规定其管道可布置在管廊下层外侧。

7.2.6 氧气管道与可燃介质管道共架敷设时，两管道平行布置的净距本次修订改为不应小于500mm，与现行国家标准《工业金属管道设计规范》GB 50316的规定一致。但当管道采用焊接连接结构并无阀门时，其平行布置的净距可取上述净距的50%，即250mm。

7.2.7 止回阀是重要的安全设施，但只能防止大量气体、液体倒流，不能阻止小量泄漏。本条主要是使用经验的综合。

公用工程管道在工艺装置中是经常与可燃气体、液化烃、可燃液体的设备和管道相连接的。当公用工程管道压力因故降低时，大量可燃液体可能倒流入公用工程管道内，容易引发事故。如大量可燃液体倒流入蒸汽管道内，当用蒸汽灭火时起了"火上浇油的作用"。防止的方法有以下三种：

1 连续使用时，应在公用工程管道上设止回阀，并在其根部设切断阀，两阀次序不得颠倒，否则一旦止回阀坏了无法更换或检修；

2 间歇使用（例如停工吹扫）时，一般在公用工程管道上设止回阀和一道切断阀或设两道切断阀，并在两道切断阀中间设常开的检查阀；

3 为减少对公用工程系统的污染，对供冲洗、吹扫、催化剂再生和烧焦等仅在设备停工时使用的蒸汽、空气、水、惰性气体等公用工程管道有安全断开的措施。

7.2.8 连续操作的可燃气体管道的低点设两道排液阀，第一道（靠近管道侧）阀门为常开阀，第二道阀门为经常操作阀。当发现第二道阀门泄漏时，关闭第一道阀门，更换第二道阀门。

7.2.9 甲、乙A类设备和管道停工时应用惰性气体置换，以防检修动火时发生火灾爆炸事故。

7.2.10 可燃气体压缩机，要特别注意防止产生负压，以免渗进空气形成爆炸性混合气体。多级压缩的可燃气体压缩机各段间应设冷却和气液分离设备，防止气体带液体进气缸内而发生超压爆炸事故。当由高压段的气液分离器减压排液至低压段的分离器内或排

油水到低压油水槽时，应有防止串压、超压爆破的安全措施。

据调查，有些厂因安全技术措施不当或误操作而发生爆炸事故。例如：某厂石油气车间，由于裂解气浮顶气柜的滑轨卡住了，浮顶落不下来，抽成负压进入空气，裂解气四段出口发生爆鸣。某厂冷冻车间，氨压缩机段间冷却分离不好，大量液氨带进气缸，发生气缸爆破。某厂氯丁橡胶车间，乙烯基乙炔合成工段，用水环式压缩机压缩乙炔气，吸入管阻力大，造成负压渗入空气形成爆炸性混合物，因过氧化物分解或静电火花引起出口管爆炸。

7.2.11 因停电、停汽或操作不正常，离心式可燃气体压缩机和可燃液体泵出口管道介质倒流，由于未装止回阀或止回阀失灵，曾发生过一些火灾、爆炸事故。例如：某厂加氢裂化原料油泵氢气倒流引起大爆炸；某厂催化裂化的高温待生催化剂倒流入主风机，烧坏了主风机及邻近设备。

7.2.12 加热炉低压（等于或小于0.4MPa）燃料气管道如不设低压自动保护仪表（压力降低到0.05MPa，发出声光警报；降低到0.03MPa，调节阀自动关闭），则应设阻火器。

某石油化工企业常减压装置加热炉点火，因燃料气体管道空气未排净，发生回火爆炸。

阻火器中的金属网能够降低回火温度，起冷却作用；同时金属网的窄小通道能够减少燃烧反应自由基的产生，使火焰迅速熄灭。阻火器的结构并不复杂，是通用的安全措施。

燃料气管道压力大于0.4MPa（表），而且比较稳定，不波动，没有回火危险，可不设阻火器。

7.2.13 燃料气中往往携带少量可燃液滴及冷凝水，当操作不正常时，还可能从某些回流油罐带来较多的可燃液体，使加热炉火嘴熄灭。例如，某石油化工企业加氢裂化装置燃料气管道窜油，从火嘴喷洒到圆筒炉底部，引起一场火灾。因此加热炉的燃料气管道应有加热设施或分液罐。分液罐的冷凝液，不得任意敞开排放，以防火灾发生。例如，某石油化工企业催化裂化装置加热炉分液罐的冷凝液排至附近下水道，因油气回窜至加热炉，引起一场大火。

7.2.14 从容器上部向下喷射输入容器内时，液体可能形成很高的静电压，据北京劳动保护研究所测定，汽油和航空煤油喷射输入形成的静电压高达数千伏，甚至在万伏以上，这是很危险的。因为带电荷的液体被喷射输入其他容器，液体内同符号的电荷将互相排斥而趋向液体的表面，这种电荷称为"表面电荷"。表面电荷与器壁接触，并与吸引在器壁上的异符号电荷再结合，电荷即逐渐消失，所需时间称为"中和时间"。中和时间主要决定于液体的电阻，可能是几分之一秒至几分钟。当液体表面与金属器壁的电压差达到相当高并足以使空气电离时，就可能产生电击穿

并有火花跳向器壁，这就是点火源。容器的任何接地都不能迅速消除这种液体内部的电荷。若必须从上部接入，应将入口管延伸至容器底部 200mm 处。

7.2.15 本条规定是为了当与罐直接相连接的下游设备发生火灾时，能及时切断物料。如某厂产品精制装置液化烃罐下游泵发生事故着火，人员无法靠近泵、关闭切断阀，且在泵和罐间靠近罐根部管道上无切断阀，使罐中液化烃烧光后火才熄灭，造成重大损失。

API Std 2510《液化石油气（LPG）设施的设计和建造》规定：液化烃管道上的切断阀应尽可能靠近罐布置，最好位于罐壁嘴子上。为便于操作和维修，切断阀安装位置应易于迅速接近。当液化烃罐容积超过 10000gal（≈38m³）时，在火灾发生 15min 内，所有位于罐最高液面下管道上的切断阀应能自动关闭或遥控操作。切断阀控制系统应耐火保护，切断阀应能手动操作。

7.2.16 长度等于或大于 8m 的平台应从两个方向设梯子，以利迅速关闭阀门。

根据安全需要，除工艺管道在装置的边界处应设隔断阀和 8 字盲板外，公用工程管道也应在装置边界处设隔断阀，但因不属于本规范范围，故本条未列入。

7.3 含可燃液体的生产污水管道

7.3.1 从防止环境污染考虑，对排放含有可燃液体的雨水比防火的要求严格得多，故此条只对被严重污染的雨水作了规定。严重污染的雨水指工艺装置内的塔、泵、冷换设备围堰内及可燃液体装卸栈台区等的初期雨水。

可燃气体凝结液，例如加热炉区设置的燃料气分液罐脱出的凝结液及液化烃罐的脱出水都含 C_4、C_5 烃类，排出后极易挥发，遇明火会造成火灾。某石化公司炼油厂由于液化烃脱出水带大量液化烃类，排入下水道挥发为可燃气体向外蔓延，结果造成大爆炸。本条规定"不得直接排入生产污水管道"，要求排出的凝结液再进行二次脱水，从而可使脱出水在最大限度地减少液化烃类后，再排入生产污水管道，以减少发生火灾的危险。

第 1 款：高温污水和蒸汽排入下水道，造成污水温度升高油气蒸发，增加了火灾危险。例如，某公司合成橡胶厂的厂外排水管道爆炸，11 个下水井盖飞起，分析原因是排水中带有可燃液体，遇食堂排出的热水，油气加速挥发遇明火（可能是烟头）引起爆炸。某石化公司也曾多次发生过因井盖小孔排出油气遇明火而爆炸。例如，在下水道井盖上修汽车，发动机尾气把下水道引爆；小孩在井盖小孔上放爆竹，引爆了下水道。事故多发生于冬季，分析其原因是由于蒸汽及冷凝水排入，污水温度升高促使产生大量油气，故从防火角度对排水温度提出了限制的要求。

第 2 款：石油化工厂中有时会遇到由于排放的多种污水含有两种或多种能够产生化学反应而引起爆炸及着火的物质。例如某化工厂、某电化厂都曾多次发生过乙炔气和次氯酸钠在下水道中起化学反应引起爆炸事故。所以本条要求含有上述物质的污水，在未消除引起爆炸、火灾的危险性之前，不得直接混合排到同一生产污水系统中。

7.3.2 明沟或只有盖板而无覆土的沟槽（盖板经常被搬开而易被破坏），受外来因素的影响容易与火源接触，起火的机会多，且着火时火势大，蔓延快，火灾的破坏性大，扑救困难，且常因火灾爆炸而使盖板崩开，造成二次破坏。

某炼油厂蒸馏车间检修，在距排水沟 3m 处切割槽钢，火星落入排水沟引燃油气，使 960m 排水沟相继起火，600m 地沟盖不同程度破坏，着火历时 4h。

某炼油厂检修时，火星落入明沟，沟内油气被点燃，串到污油池燃烧了 2h。

某石化公司炼油厂重整原料罐放水，所带油气放入排水沟，被下游施工人员点火引燃。200m 排水沟相继起火。

上述事例都说明了用明沟或带盖板而无覆土的沟槽排放生产污水有较高的火灾危险性。

暗沟指有覆土的沟槽，密封性能好，可防止可燃气体窜出，又能保证盖板不会被搬动或破坏，从而减少外来因素的影响。

设施内部往往还需要在局部采用明沟，当物料泄漏发生火灾时，可能导致沿沟蔓延。为了控制着火蔓延范围，要求限制每段的长度不超过 30m，各段分别排入生产污水管道。

7.3.3 本条对生产污水管道设水封作出规定。

1 水封高度，我国过去采用 250mm，美、法、德等国都采用 150mm。考虑施工误差，且不增加较多工程量，却增加了安全度，故本条仍规定不得小于 250mm。

2 生产污水管道的火灾事故各厂都曾多次发生，有的沿下水道蔓延几百米甚至上千米，数个井盖崩起，且难于扑救。所以对设置水封要求较严。过去对不太重要的地方，如管沟或一般的建筑物等往往忽视，由于下水道出口不设水封，曾发生过几次事故。例如，某炼厂在工艺阀井中进行管道补焊，阀井的排水管无水封，火星自阀井的排水管串入下水管，400 多米管道相继起火，多个井盖被崩开。又如有多个石油化工厂发生过由于厕所的排水排至生产污水管道，在其出口处没有设置水封，可燃气体自外部下水道串入厕所内，遇有人吸烟，而引起爆炸。

3 排水管道在各区之间用水封隔开，确保某区的排水管道发生火灾爆炸事故后，不致串入另一区。

7.3.4 对重力流循环热水排水管道，由于热水中含微量可燃液体，长时间积聚遇火源也曾发生过爆炸事故。国外有关标准也有类似规定，故提出在装置排出口设置水封，将装置与系统管道隔开。

7.3.7 为了防止火灾蔓延，排水管道中多处设置了水封，若不设排气管，污水中挥发出的可燃气体无法排出，只能通过井盖处外溢，遇火源可能引起爆炸着火。可燃气体无组织排放是引起排水管道着火的重要因素之一，支干管、干管均设排气管，可使水封井隔开的每一管段中的可燃气体都能得到有组织排放，从而避免或减少可燃气体与明火接触，减少火灾事故。

本条是参考国外标准制定的。近年来引进的石油化工装置中，生产污水管道中设了排气管。实践表明，这种措施的防火效果非常有效。

参考国外的有关标准，对排气管的设计作出了具体规定。

7.3.8 本条是参考国外标准制定的，与第7.3.7条配合使用。第7.3.7条解决排水管道中挥发出的可燃气体的出路，本条是限制可燃气体从下水井盖处溢出，可以有效地减少排水管道的火灾爆炸事故。经在某化纤厂实施，效果较好。

7.3.10 本条是吸取国内发生的火灾爆炸事故引发的重大环境污染的事故教训而修订的。应急措施和手段可根据现场具体情况采用事故池、排水监控池、利用现有的与外界隔开的池塘、河渠等进行排水监控、在排水管总出口处安装切断阀等方法来确保泄漏的物料或被污染的排水不会直接排出厂外。

8 消 防

8.1 一般规定

8.1.1 "设置与生产、储存、运输的物料和操作条件相适应的消防设施"，是指石油化工企业中，生产和储存、运输具有不同特点和性质的物料（如物理、化学性质的不同，气态、液态、固态的不同，储存方式不同，露天或室内的场合不同等），必须采用不同的灭火手段和不同的灭火药剂。

设置消防设施时，既要设置大型消防设备，又要配备扑灭初期火灾用的小型灭火器材。岗位操作人员使用的小型灭火器及灭火蒸汽快速接头，在扑救初起火灾上起着十分重要的作用，具有便于操作人员掌握、灵活机动、及时扑救的特点。

8.1.2 当装置的设备、建筑物区占地面积在10000m²～20000m²时，为了防止可能发生的火灾造成的大面积重大损失，应加强消防设施的设置，主要措施有：增设消防水炮、设置高架水炮、水喷雾（水喷淋）系统、配备高喷车、加强火灾自动报警和可燃气体探测报警系统设置等。

8.2 消 防 站

8.2.1 设计中确定消防站的规模时，应考虑的几个主要因素：

　　1 企业的大小和火灾危险性；

　　2 企业内固定消防设施的设置情况，当固定消防设施比较完善时，消防站的规模可减小；

　　3 邻近有关单位有无消防协作条件，主要的协作条件指：

　　　1）协作单位能提供适用于扑救石油化工火灾的消防车；

　　　2）赶到火场的行车时间不超过10～20min（其中，装置火灾按10min、罐区火灾按20min）。装置火灾应尽快扑救，以防蔓延。罐区灭火一般先进行控制冷却，然后组织扑灭。据介绍，钢结构、钢储罐的一般抗烧能力在8～15min，因此只要控制冷却及时，在10～20min内协作单位消防车到达是可以的。

　　4 工业园区内的石油化工企业或小型石油化工企业距所在地区的公用消防站的车程不超过8min时，且公用消防站配备的车辆、灭火剂储量及特性符合企业的消防要求，可不单独设置消防站。

8.2.2 大型泡沫车是指泡沫混合液的供给能力大于或等于60L/s，压力大于或等于1MPa的消防车辆。

8.2.3 消防站内储存泡沫液多时，不宜用桶装。因桶装泡沫液向消防车灌装时间长且劳动量大，往往不能满足火场灭火要求。宜将泡沫液储于高位罐中，依靠重力直接装入消防车，或从低位罐中用泡沫液泵将泡沫液提升到消防车内，保证消防车连续灭火。在泡沫液运输车的协助下，消防车无需回站装泡沫液，可在火场更有效地发挥作用。

8.2.4 消防站的组成，应视消防站的车辆多少、规模大小以及当地的具体情况考虑确定。各部分的具体要求，可参照《城市消防站建设标准》（建标〔2006〕42号文）的有关规定进行设计。

8.2.5 车库室内温度不低于12℃，有利于消防车迅速发动。车库在冬季时门窗关闭，为使消防车每天试车时排出的大量烟气迅速排出室外，故提出消防站宜设机械排风设施。

8.2.7 车库大门面向道路便于消防车出动。距道路边15m的要求高于城镇消防站，是因为石油化工企业多设置大型消防车，车身长。车库前的场地要求铺砌并有坡度，是为便于消防车迅速出车。

8.3 消防水源及泵房

8.3.1 当消防用水由工厂水源直接供给，工厂给水管网的进水管的其中1条发生事故时，另1条应能在火灾延续时间内满足100%的消防水量的要求，并且同时在火灾延续时间内能满足生活、生产用水70%的水量要求。

8.3.2 为保证消防水池（罐）储存满足需求的水量，同时也便于人员操作，对消防水池（罐）要求增设液位检测、高低液位报警及自动补水设施。

8.3.3 消防水泵房与生产或生活水泵房合建主要是能减少操作人员，并能保证消防水泵经常处于完好状态，火灾时能及时投入运转。据调查，一些厂的独立消防水泵房虽有专人值班，但由于水泵不经常使用，操作不熟练，致使使用时出现问题。

8.3.4 为了保证启动快，要求水泵采用自灌式引水。在灭火过程中有时停泵后还需再启动，在此情况下为了满足再启动，消防泵应有可靠的引水设备。若采用自灌式引水有困难时，应有可靠迅速的充水设备，如同步排吸式消防水泵等。

8.3.5 为避免消防水泵启动后水压过高，在泵出口管道应设置回流管或其他防止超压的安全设施。

泵出口管道直径大于 300mm 的阀门人工操作比较费力、费时，可采用电动阀门、液动阀门、气动阀门或多功能水泵控制阀。

8.3.8 消防水泵应设双动力源，是指消防水泵的供电方式应满足现行国家标准《供配电系统设计规范》GB 50052 所规定的一级负荷供电要求。当不能满足一级负荷供电要求时，应设置柴油机作为第二动力源。消防泵不宜全部采用柴油机作为消防动力源。

8.4 消防用水量

8.4.2 对厂区占地面积小于或等于 1000000m² 的规定与现行国家标准《建筑设计防火规范》GB 50016 相同。关于大于 1000000m² 的规定，通过对 7 个大型厂调查，只有某石油化工企业曾发生过由于雷击同时引燃非金属的 15000m³ 地下罐及相邻 5000m³ 半地下罐，且二者发生于同一地点，可以认为是一处火灾，两处同时发生大火尚无实例。所以本条规定按两处计算时，一处考虑发生于消防用水量最大的地点，另一处按火灾发生于辅助生产设施考虑。

8.4.3 本条对工艺装置、辅助生产设施及建筑物的消防用水量作出规定。

　　1 根据与美国消防协会 NFPA 及美国石油学会 API 及一些国外工程公司等单位交流，不能简单地按照装置规模去确定消防水量。

　　由于各公司的经验和要求不同，同样的生产装置消防水量相差很大，有的差别高达数倍。国外的一般做法是：首先对工艺装置进行火灾危险分析，识别可能发生的主要火灾危险事故；然后确定可能发生的火灾规模和影响范围，针对每种火灾事故分别确定需要同时使用的消防设施和所需水量，并将可能发生的最不利火灾事故所需的消防水量作为该装置的消防设计水量。

　　同时使用的消防设施包括：固定式消防设施、消防水炮和消火栓等设施。当所考虑的火灾区域被固定式水喷雾、自动喷水或泡沫系统全部或部分保护时，消防水量应为需要操作的固定消防水系统所需水量之和，再加上同时操作水炮和水枪的用水量。当火灾区域内有多个固定式消防水系统时，消防水量计算应考虑相邻系统是否需要同时操作。

　　2 API RP 2001《炼油厂防火》关于装置消防用水量确定方法如下：

　　1）消防水供给应能满足装置内任一处火灾区域所需的最大计算流量的要求，具体流量取决于工厂的设计、布置及工艺危险性、实际设计等，可根据火灾事故预案、应急响应时间、装置构筑物及设备布置等，对火灾区域提供 4.1～20.4L/min·m² 的水量；

　　2）参考类似装置的历史经验估算；

　　3）当消防水系统仅采用水炮和水枪等移动设施进行手动消防时，消防水量范围可参考表 8。

表 8　消防水量参考表

	场所	消防水流量范围（L/s）	根据保护面积计算的单位面积消防水量（L/min·m²）
1	辐射热保护区		4.1
2	易燃液体、高压易燃气体工艺装置区	250～633	冷却：8.2～12.3
			灭火：12.3～20.4
3	气体、可燃液体工艺装置区	183～316	8.2～12.3

　　3 因为装置消防水量不是简单地根据装置规模确定，国外也没有工艺装置的消防用水量表。考虑近年来装置大型化、合理化集中布置，且设置了比较完善的固定消防设施，并参考国外工程公司经验及 API RP 2001《炼油厂防火》给出的消防水流量范围，本次修订将大型石油化工装置的水量由 450L/s 调整为 600L/s，大型炼油装置的水量由 300L/s 调整为 450L/s，大型合成氨及氨装置的水量调整为 200L/s。

　　由于国家对大中型装置的划分无明确规定，只能参照国内生产装置规模的现状，根据消防水量确定原则确定消防水量，而不应简单地套用表 8.4.3 中的数值。

8.4.4 着火储罐的罐壁直接受到火焰威胁，对于地上的钢储罐火灾，一般情况下 5min 内可以使罐壁温度达到 500℃，使钢板强度降低一半，8～10min 以后钢板会失去支持能力。为控制火灾蔓延、降低火焰辐射热，保证邻近罐的安全，应对着火罐及邻近罐进行冷却。

　　浮顶罐着火，火势较小，如某石油化工企业发生的两起浮顶罐火灾，其中 10000m³ 轻柴油浮顶罐着火，15min 后扑灭，而密封圈只着了 3 处，最大处仅为 7m 长，因此不需要考虑对邻近罐冷却。浮盘用易熔材料（铝、玻璃钢等）制作的内浮顶罐消防冷却按固定顶罐考虑。

8.4.5 本条对可燃液体地上立式储罐设固定或移动式消防冷却水系统作出规定。

1 移动式水枪冷却按手持消防水枪考虑，每支水枪按操作要求能保护罐壁周长 8～10m，其冷却水强度是根据操作需要确定的，采用不同口径的水枪冷却水强度也不同。采用 ϕ19mm 水枪进口压力为 0.35MPa 时，一个体力好的人操作水枪已感吃力，此时可满足罐壁高 17m 的冷却要求，若再增高水枪进口压力，加大水枪射高操作有困难。大容量罐采用移动式冷却需要人员多。条文中固定式冷却水强度是根据天津消防科研所 5000m³ 罐，壁高 13m 的固定顶罐灭火实验反算推出的。冷却水强度以周长计算为 0.5L/s·m，此时单位罐壁表面积的冷却水强度为：$0.5 \times 60 \div 13 = 2.3L/min \cdot m^2$，条文中取 2.5 $L/min \cdot m^2$。对邻罐计算出的冷却水强度为：$0.2 \times 60 \div 13 = 0.92L/min \cdot m^2$，但用此值冷却系统无法操作，故按实际固定式冷却系统进行校核后，规定为 $2L/min \cdot m^2$。

2 润滑油罐火灾我国尚未发生过，故规定采用移动式消防冷却。

3 冷却水强度的调节设施在设计中应予考虑。比较简易的方法是在罐的供水总管的防火堤外控制阀后装设压力表，系统调试标定时辅以超声波流量计，调节阀门开启度，分别标出着火罐及邻罐冷却时压力表的刻度，作出永久标记，以确保火灾时调节阀门达到冷却水的供水强度。

4 经调查，地上立式罐消防冷却水系统的喷头，常发生被管道内部锈蚀物堵塞现象，故要求控制阀后及储罐上设置的消防冷却水管道采用镀锌管或防腐性能不低于镀锌管的钢管。

8.4.7 储罐火灾冷却水供给时间为自开始对储罐冷却起至储罐不会复燃止的时间。据 17 例地上钢储罐火灾统计，燃烧时间最长的 3 次分别为 4.5h、1.5h、1h，其余均小于 40min。燃烧 4.5h 的是储罐爆炸将泡沫液管道拉断，又因有防护墙使扑救及冷却较困难，以致最后烧光，此为特例。据统计，一般燃烧时间均不大于 1h。

本条规定直径大于 20m 的固定顶罐冷却水供给时间，按 6h 计；对直径小于 20m 的罐，沿用过去的规定，按 4h 计。浮盘用铝等易熔材料制造的内浮顶罐，着火时浮盘易被破坏，故应按固定顶储罐考虑。其他型式浮顶罐着火时，火势易于扑救，国内扑救实践表明一般不超过 1h，故冷却水供给时间也规定为 4h。

8.5 消防给水管道及消火栓

8.5.1 低压消防给水系统的压力，本条规定不低于 0.15MPa，主要考虑石油化工企业的消防供水管道压力均较高，压力是有保证的，从而使消火栓的出水量可相应加大，满足供水量的要求，减少消火栓的设置数量。

近年来大型石油化工企业相继建成投产，工艺装置、储罐也向大型化发展，要求消防用水量加大。若低压消防给水系统采用消防车加压供水，需车辆及消防人员较多。另外，大型现代化工艺装置也相应增加了固定式的消防设备，如消防水炮、水喷淋等，也要求设置稳高压消防给水系统。

消防给水管道若与循环水管道合并，消防时大量用水，将引起循环水水压下降而导致二次灾害。

稳高压消防给水系统，平时采用稳压设施维持管网的消防水压力，但不能满足消防时的用水量要求。当发生火灾启动消防水设施时，管网系统压力下降，靠管网压力联锁自动启动消防水泵。设置稳高压消防给水系统，比临时高压系统供水速度快，能及时向火场供水，尽快地将火灾在初期阶段扑灭或有效控制。

稳压泵的设计水量要考虑消防水管网系统泄漏量和一支水枪出水量（5L/s）。

8.5.2 对与生产、生活合用的消防水管网的要求是为了在局部管网发生事故时，供水总量除能满足 100% 的消防水量外，还要满足 70% 的生产、生活用水量，即要求发生火灾时，全厂仍能维持生产运行，避免由于全厂紧急停产而再次发生火灾事故造成更大损失。

8.5.4 考虑消防水系统管网的安全及消防设备操作，同时参考国外有关标准，将消防水流速由 5m/s 调小至 3.5m/s。

8.5.5 对地上式消火栓的布置，增加了距路边的最小距离要求，主要防止消火栓被车撞坏，地上式消火栓被车辆撞毁时有发生，尤其在施工和检修中，常常将消火栓撞坏，为保护消火栓，可在消火栓周围设置三根短桩，形成三角形的保护围栏。

消火栓选用时宜选用具有调压、防撞功能型式的消火栓，调压功能是考虑稳高压消防水系统的压力较高，为了在各种情况下方便安全的使用消火栓，防撞功能是考虑即使消火栓被撞，也只是影响被撞消火栓，不至于影响消防系统的使用。

8.5.6 消火栓的保护半径，本条定为不应超过 120m。根据石油化工企业生产特点，火灾事故多且蔓延快，要求扑救及时，出水带以不多于 7 根为好。若以 7 根为计算依据，则：$(20m \times 7 - 10m) \times 0.9 = 117m$，规定保护长度为 120m。上式的计算中，10m 为消防队员使用水带的自由长度；0.9 为敷设水带长度系数。

8.5.7 随着装置的大型化、联合化，一套装置的占地面积大大增加，装置内有时布置多条消防道路，装置发生火灾时，消防车需进入装置扑救，故要求在装置的消防道路边也设置消火栓。

8.6 消防水炮、水喷淋和水喷雾

8.6.1 固定消防水炮亦属岗位应急消防设施，一人可操作，能够及时向火场提供较大量的消防水，达到对初期火灾控火、灭火的目的。

8.6.2 消防水炮有效射程的确定应考虑灭火条件下可能受到的风向、风力及辐射热等因素影响。

要求水炮可按两种工况使用：喷雾状水，覆盖面积大、射程短，用于保护地面上的危险设备群；喷直流水，射程远，可用于保护高的危险设备。

8.6.3 本条对工艺装置内设水喷淋或水喷雾系统的设计作出规定。

1 消防炮不能有效覆盖，人员又难以靠近的特殊危险设备及场所指着火后若不及时给予水冷却保护会造成重大的事故或损失，例如，无隔热层的可燃气体设备，若自身无安全泄压设施，受到火灾烘烤时，可能因内压升高、设备金属强度降低而造成设备爆炸，导致灾害扩大。

2 对于不属于上述的特殊危险设备（如高塔、高脱气仓等），可不设水喷雾（水喷淋）系统的原因如下：

1）高塔顶部泄漏而导致火灾的可能性较小，因其位置较高而受其他着火设备影响较小；

2）高塔顶部一般设有安全阀，当高塔发生火灾时，可对塔进行泄压保护，切断物料使火熄灭，同时对塔底部和周围设备进行冷却保护；

3）塔器的支撑裙座进行了耐火保护，并在高塔周围设置消防水炮和消火栓，可在发生火灾事故时保护塔体不会坍塌。

3 水喷雾（水喷淋）系统的控制阀可采用符合消防要求的雨淋阀、电动或气动控制阀，并能满足远程手动控制和现场手动控制要求。

8.6.4 消防软管卷盘可由一人操作用于控制局部小火，辅以工艺操作进行应急处理，能够扑灭小泄漏的初期火灾或达到控火目的，国外装置中设置比较多。设置于泄漏、火灾多发的危险场所，能提高应急防护能力。

消防软管卷盘性能指标如下：

1）软管内径为 25mm 或 32mm，长度不小于 25m；

2）喷嘴为直流喷雾混合型；

3）压力等级不低于 1.6MPa。

8.6.5 扑救火灾常用 ϕ19mm 手持水枪，水枪进口压力一般控制在 0.35MPa，可由一人操作，若水压再高则操作困难。在 0.35MPa 水压下水枪充实水柱射高约为 17m，故要求火灾危险性大的构架（设备布置在构架上的构架平台）高于 15m 时，需设置半固定式消防竖管。竖管一般供专职消防人员使用，由消防车供水或供泡沫混合液，设置简单、便于使用，可加快控火、灭火速度。

竖管接水带枪可对水炮作用不到的地方进行保护。

消防竖管的管径，应根据所需供给的水量计算，每支 ϕ19mm 的水枪控制面积可按 50m² 考虑。

8.6.6 液化烃、操作温度等于或高于自燃点的可燃液体泵为火灾多发设备，尽量不要将这些泵布置在管架、可燃液体设备、空冷器等下方，如确实需要这样布置时，应采取保护措施。

8.7 低倍数泡沫灭火系统

8.7.2 增加闪点等于或小于 90℃ 的丙类可燃液体采用固定式泡沫灭火系统是考虑到此前发生的几起丙类火灾的情况，并参考 NFPA 30《易燃可燃液体规范》关于可燃液体的分类确定的。

机动消防设施不能进行有效保护系指消防站距罐区远或消防车配备不足等，需注意后者是针对装储保护对象所用灭火剂的车辆，例如，有水溶性可燃液体储罐时，应注意核算装储抗溶性泡沫灭火剂的车辆灭火能力。当储罐组建于山区，地形复杂，消防道路环行设置有困难，移动消防不能有效保护时，故需考虑设置固定泡沫灭火系统。

8.7.3 国外及国内有关标准均有相似的规定。润滑油罐火灾危险性小，国内尚未发生过润滑油罐火灾。而可燃液体储罐的容量小于 200m³、壁高小于 7m 时，燃烧面积不大，7m 壁高可以将泡沫钩管与消防拉梯二者配合使用进行扑救，操作亦比较简单，故其泡沫灭火系统可以采用移动式灭火系统。

8.7.5 对容量大的储罐，若火灾蔓延则损失巨大，故要求可在控制室启动远程手动控制的泡沫灭火系统，以便尽快在火灾初期将火扑灭。

8.8 蒸汽灭火系统

工艺装置设置固定式蒸汽灭火系统简单易行，对于初期火灾灭火效果好。例如，某炼厂裂化车间泵房着火，利用固定式灭火蒸汽，迅速将火扑灭；又如某炼油厂液化石油气泵房着火也用蒸汽灭掉。

使用蒸汽系统时，当蒸汽流速过高时会产生静电，应在设计和使用时引起注意，防止静电产生火花。

固定式蒸汽灭火管道的筛孔管，长期不用，可能生锈堵塞，故亦可按照范围大小，设置若干半固定式蒸汽灭火接头。

固定式蒸汽筛孔管排汽孔径可取 3～5mm，孔心间距 30～80mm，孔径宜从进汽端开始由小逐渐增大。开孔方向应能使蒸汽水平方向喷射。

蒸汽幕排汽管孔径可取 3～5mm，孔心间距 100～150mm。蒸汽灭火和蒸汽幕配汽管截面积应大于或等于所有开孔面积之和。

8.9 灭火器设置

8.9.2 结合石油化工企业火灾危险性大的特点，根据现行灭火器产品规格及人员操作方便，经归类分析，对石油化工企业配置的灭火器类型、灭火能力提出了推荐性要求，以方便选用、维护和检修。

8.9.3 干粉灭火剂对扑救石油化工厂的初期火灾，尤其是用于气体火灾是一种灭火效果好、速度快的有效灭火剂，但扑救后易于复燃，故宜与氟蛋白泡沫灭火系统联用。大型干粉灭火设备普遍设置为移动式干粉车，用于扑救工艺装置的初期火灾及液化烃罐区火灾效果较好。固定式系统一般用于某些物质的储存、装卸等的封闭场所及室外需重点保护的场所。干粉灭火系统的设计按现行国家标准《干粉灭火系统设计规范》GB 50347 的有关规定执行。

8.9.4 铁路装卸栈台易起火部位是装卸口，尤其是在装车时产生静电，槽车罐口起火曾多次发生。灭火方法可用干粉或盖上罐口。槽车长度一般为 12m，故提出每隔 12m 栈台上下各设灭火器。在停工检修管道时有可能发生小火，一般只在检修地点临时配置灭火器。

8.9.5 储罐区很少发生小火，现各厂大多不配置灭火器或配置数量较少。在停工检修管道时有可能发生小火，一般只在检修地点临时配置灭火器。考虑罐区泄漏点多发生在阀组附近，故提出灭火器的配置总量还应按储罐个数进行核算，每个储罐配置灭火器的数量不宜超过 3 个。

8.9.6 据统计，14 个石油化工企业 12 年期间共发生装置火灾事故 167 起，从扑救手段分析，使用蒸汽灭火占 31%，切断油源自灭 16%，消防车出动灭火 13%，小型灭火器灭火 40%，又据某石化公司 2 年期间统计 69 起火灾事故中，使用小型灭火器成功扑救的 16 起，约占 23%，说明小型灭火器的重要作用。

8.10 液化烃罐区消防

8.10.1 液化烃罐包括全压式、半冷冻式、全冷冻式储罐。

8.10.2 大多数石油化工企业设有消防站，配置一定数量的消防车，可以满足容量小于或等于 100m³ 液化烃储罐的消防冷却要求。

8.10.3～8.10.5

1 消防冷却水的作用：

液化烃储罐火灾的根本灭火措施是切断气源。在气源无法切断时，要维持其稳定燃烧，同时对储罐进行水冷却，确保罐壁温度不致过高，从而使罐壁强度不降低，罐内压力也不升高，可使事故不扩大。

2 火焰烘烤下，储罐的罐壁受热状态：

对湿罐壁（即储罐内液面以下罐壁部分）的影响：湿壁受热后，热量可通过罐壁传到罐内液体，使液体蒸发带走传入的热量，液体温度将维持在与其压力相对应的饱和温度。湿壁本身只有较小的温升，一

般不会导致金属强度的降低而造成储罐被破坏。

对干罐壁（罐内液面以上罐壁部分）的影响：干壁受热后罐内为气体，不能及时将热量传出，将导致罐壁温度升高、金属强度降低而使储罐遭到破坏。火焰烘烤下，干壁被破坏的危险性比湿壁更大。

3 国内对液化烃储罐火灾受热喷水保护试验的结论：

1）储罐火灾喷水冷却，对应喷水强度 5.5～10L/min·m² 湿壁热通量比不喷水降低约 70%～85%；

2）储罐被火焰包围，喷水冷却干壁强度在 6L/min·m² 时，可以控制壁温不超过 100℃；

3）喷水强度取 10L/min·m² 较为稳妥可靠。

4 国外有关标准的规定：

国外液化烃储罐固定消防冷却水的设置情况一般为：冷却水供给强度除法国标准规定较低外，其余均在 6～10L/min·m²。美国某工程公司规定，有辅助水枪供水，其强度可降低到 4.07L/min·m²。

关于连续供水时间。美国规定要持续几小时，日本规定至少 20min，其他无明确规定。日本之所以规定 20min，是考虑 20min 后消防队已到火场，有消防供水可用。

对着火邻罐的冷却及冷却范围除法国有所规定外，其他国家多未述及。

8.10.6 单防罐罐顶部的安全阀及进出罐管道易泄漏发生火灾，同时考虑罐顶受到的辐射热较大，参考 API Std 2510A Fire Protection Considerations for the Design and Operation of Liquefied Petroleum Gas (LPG) Storage Facilities《液化石油气储存设施设计和操作的防火条件》标准，冷却水强度取 4L/min·m²。罐壁冷却主要是为了保护罐外壁在着火时不被破坏，保护隔热材料，使罐内的介质稳定气化，不至于引起更大的破坏。按照单防罐着火的情形，罐壁的消防冷却水供给强度按一般立式罐考虑。

对于双防罐、全防罐由于外部为混凝土结构，一般不需设置固定消防喷水冷却水系统，只是在易发生火灾的安全阀及沿进出罐管道处设置水喷雾系统进行冷却保护。在罐组周围设置消火栓和消防炮，既可用于加强保护管架及罐顶部的阀组，又可根据需要对罐壁进行冷却。

美国《石油化工厂防火手册》曾介绍一例储罐火灾：A 罐装丙烷 8000m³，B 罐装丙烷 8900m³，C 罐装丁烷 4400 m³，A 罐超压，顶壁结合处开裂 180°，大量蒸气外溢，5s 后遇火点燃。A 罐烧了 35.5h 后损坏；B、C 罐顶部阀件烧坏，造成气体泄漏燃烧，B 罐切断阀无法关闭烧 6d，C 罐充 N₂ 并抽料，3d 后关闭切断阀火灭。B、C 罐罐壁损坏较小，隔热层损坏大。该案例中仅由消防车供水冷却即控制了火灾，推算供水量小于 200L/s。

8.10.8 丁二烯或比丁烷分子量高的碳氢化合物燃烧时，会在钢的表面形成抗湿的碳沉积，应采用具有冲击作用的水喷雾系统。

8.10.10 本条对全压力式、半冷冻式液化烃储罐固定式消防冷却水管道设置作出规定。

第1款：供水竖管采用两条对称布置，以保证水压均衡，罐表面积的冷却水强度相同。

第3款：阀门设于防火堤外距罐壁15m以外的地点，火灾时不影响开阀供冷却水。罐区面积大或罐多时，手动操作阀门需时间长，此种情况下可采用遥控。当储罐容积大于等于1000m³时，考虑到罐容积大，若不及时冷却，后果严重，要求控制阀为遥控操作。

第4款：控制阀后的管道长期不充水，易受腐蚀。若用普通钢管，多年后管内部锈蚀成片脱落堵塞管道，故要求用镀锌管。

8.10.13 本条规定的冷却水供给强度不宜小于6L/min·m²，是根据现行国家标准《水喷雾灭火系统设计规范》GB 50219的规定，全压力式及半冷冻式液氨储罐属于该规范中表3.1.2规定的甲乙丙类液体储罐。

8.11 建筑物内消防

8.11.1 本条是参照现行国家标准《建筑设计防火规范》GB 50016有关条款并结合石油化工企业的厂房、仓库、控制室、办公楼等的特点，提出了建筑物消防设施的设置原则。

8.11.2 室内消火栓是主要的室内消防设备，其设置合理与否直接影响灭火效果，为此本条提出了室内消火栓的设置要求。

第1款：可燃液体、气体一旦发生泄漏火灾，火势猛烈，对小厂房，着火后人员无法进入室内使用消火栓扑救，故当厂房长度小于30m时可不设。

第3款：为了便于消防人员火灾时使用，要求多层厂房和高层厂房楼梯间应设半固定式消防竖管。

第4款：要求室内消火栓给水系统与自动喷水系统应在报警阀前分开设置，是为了防止消火栓用水影响自动喷水灭火设备用水或防止消火栓漏水引起自动喷水灭火系统误报警、误动作。

第5款：由于石油化工厂一般均采用稳高压消防给水系统，为了便于室内人员安全操作水枪，要求消火栓口处压力大于0.50MPa时需设置减压设施。为防止热设备受到直流水柱冲击后急冷受损，扩大泄漏事故，故要求水枪具有喷射雾化水流功能。为了便于人员安全操作宜选用带消防软管卷盘型式的室内消火栓。

8.11.3 石油化工企业控制室、机柜间、变配电所与一般计算机房相比具有其特殊性，不要求设置固定自动气体灭火装置理由如下：

1 石油化工厂控制室24h有人值班，出现火情，值班人员能及时发现，尽快扑救。

2 各建筑物均按照国家有关规范要求设有火灾自动报警系统，如变配电所、机柜间和电缆夹层等空间发生火情，火灾探测系统能及时向24h有人值班的场所报警，使相关人员及时采取措施。

3 固定的气体灭火设施一旦启动，需要控制室内值班人员立即撤离，可能导致装置控制系统因无人监护而瘫痪，引发二次火灾或造成更大事故。

4 本规范对控制室、机柜室、变配电所的建筑防火、平面布置、设备选用等均提出了明确的防火要求，加强了建筑物的自身安全性。

8.11.4 石油化工企业大型化致使合成纤维、合成橡胶、合成树脂及塑料仓库面积大幅增加，该类产品的火灾危险性属于丙类可燃固体。为了及时扑救可能发生的初期火灾，宜采用早期抑制快速响应喷头的自动喷水灭火系统，并应采取防冻措施，确保冬季系统的可靠运行。

要求自动喷水灭火系统应由厂区稳高压消防给水系统供水，是因为石化企业设置的独立稳高压消防给水系统具有可靠的水量水压保证。

为了节省占地，某些企业采用高架仓库，这相对增加了火灾危险性。考虑石油化工行业发展的需要，保证安全生产，参照国内外相关规范及实际的做法，提出了本条要求。

8.11.5 聚乙烯、聚丙烯等大型聚烯烃装置的挤压造粒厂房一般为封闭式高层厂房。通常上层为固体添加剂加料器，往下依次经计量、螺杆加料、与树脂掺混后进入到布置在一层的挤压造粒机，经熔融挤压切粒后变为塑料颗粒产品。添加剂的加料口设有防止粉尘逸散的设施。整个生产过程都是密闭操作，并设有氮封系统。挤压造粒机模头通常用高压蒸汽加热。根据需要，有时采用丙B类重油作为热油加热介质。

挤压造粒厂房的生产物料主要是属于火灾危险性丙类的聚烯烃类塑料产品，由于整个生产过程都是在设备内密闭操作，不会接触到点火源，多年来该类厂房也从未发生过火灾事故。此类厂房不属于劳动密集型或生产人员集中场所，厂房内空间体积大，易于发现火情和疏散与扑救。因此，要求厂房内设置火灾自动报警系统，并设置室内消火栓、消防软管卷盘或轻便消防水龙和灭火器等消防设施可满足消防要求。

8.11.6 烷基铝（烷基锂）是聚丙烯、低压聚乙烯、全密度聚乙烯、橡胶等装置的助催化剂，具有遇空气自燃、遇水激烈燃烧或爆炸特性。以前，在配制间曾不止一次发生因阀门操作不当引发火灾的事故。经试验，该物质应采用D类干粉扑救。国内引进的多套装置目前均设有局部喷射式D类干粉灭火装置，故本条作此规定。

在启动局部喷射式D类干粉灭火装置前，应首先关闭烷基铝设备的紧急切断阀。

8.11.7 烷基铝储存仓库只是作为储存场所，不需要进行开关阀门等生产操作，发生烷基铝泄漏引发火灾的几率很小。因此，可采用干砂、蛭石、D类干粉灭火器等灭火设施。

8.12 火灾报警系统

8.12.1 在石油化工企业的火灾危险场所设置火灾报警系统可及时发现和通报初期火灾，防止火灾蔓延和重大火灾事故的发生。火灾自动报警系统和火灾电话报警，以及可燃和有毒气体检测报警系统、电视监视系统（CCTV）等均属于石油化工企业安全防范和消防监测的手段和设施，在系统设置、功能配置、联动控制等方面应有机结合，综合考虑，以增强安全防范和消防监测的效果。

8.12.2 本条规定了火灾电话报警的设计原则：

1 设置无线通信设备，是因为随着无线通信技术的发展，其所具有可移动的优点，已经成为石油化工企业内对于火灾受警、确认和扑救指挥有效的通信工具。

2 "直通的专用电话"是指在两个工作岗位之间成对设置的电话机，摘机即通，专门用于两个或多个工作岗位之间的电话通信联系，一般通过程控交换机的热线功能实现。因为当石化企业发生火灾时，尤其是工艺装置火灾，需要从生产工艺角度采取切断物料和卸料等紧急措施，需要生产操作人员与消防人员及时电话通信联系，密切配合，以防止火灾的蔓延与次生灾害的发生。

8.12.3 本条规定了火灾自动报警系统的设计原则：

第1款和第2款：对于石油化工企业内火灾自动报警系统的设计应全盘考虑，各个石油化工装置、辅助生产设施、全厂重要设施和区域性重要设施所设置的区域性火灾自动报警系统宜通过光纤通信网络连接到全厂性消防控制中心，使其构成一套全厂性的火灾自动报警系统。

强调火灾自动报警系统的网络集成功能是因为现代化石油化工企业的特点是高度集成的流程工业，局部的火灾危险往往会造成大面积的灾害，而集成化的火灾自动报警系统能很好地指挥和调动消防的力量和及时有效地扑救。

第5款："重要的火灾报警点"主要是指大型的液化烃及可燃液体罐区、加热炉、可燃气体压缩机及火炬头等场所。

第6款："重要的火灾危险场所"是指当发生火灾时，有可能造成重大人身伤亡和需要进行人员紧急疏散和统一指挥的场所。在工艺生产装置区内，火灾自动报警系统的警报设施可采用生产扩音对讲系统来替代，因此要求生产扩音对讲系统具有在确认火灾后能够切换到消防应急广播状态的功能。

8.12.4 装置及储运设施多已采用DCS控制，且伴随着石油化工装置的大型化，中央控制室距离所控制的装置及储运设施越来越远，现场值班的人员很少，为发现火灾时能及时报警，要求在甲乙类装置区四周道路边、罐区四周道路边等场所设置手动火灾报警按钮。

8.12.5 在罐区浮顶罐的密封圈处推荐设置无电型的线型光纤光栅感温火灾探测器或其他类型的线型感温火灾探测器，既可以监视密封圈处的温度值又可设定超温火灾报警，该类型的线型感温火灾探测器目前在石油化工企业已取得了较好的应用业绩。

储罐上的光纤型感温探测器应设置在储罐浮顶的二次密封圈处。当采用光纤光栅型感温探测器时，光栅探测器的间距不应大于3m。储罐的光纤感温探测器应根据消防灭火系统的要求进行报警分区，每台储罐至少应设置一个报警分区。

9 电 气

9.1 消防电源、配电及一般要求

9.1.4 某石油化工企业石油气车间压缩厂房内的电缆沟未填砂，裂解气通过电缆沟窜进配电室遇电火花而引起配电室爆炸。事故后在电缆沟内填满了砂，并且将电缆沟通向配电室的孔洞密封住，这类事故没有再发生过。某氮肥厂合成车间发生爆炸事故时，与厂房相邻的地区总变电所墙被炸倒，因通向变电所的电缆沟未填砂，爆炸发生时，气浪由地沟窜进变压器室，将地沟盖板炸翻，站在盖板上的3人受伤。某化工厂氢氢压缩机厂房外有盖的电缆沟，沟最低点排水管接到污水下水井内，因压缩机段间分油罐的油水也排入污水井内，氢气窜进电缆沟内由电火花引起电缆沟爆炸。所以要求有防止可燃气体沉积和污水流渗沟内的措施。一般做法是：电缆沟填满砂，沟盖用水泥抹死，管沟设有高出地坪的防水台以及加水封设施，防止污水井可燃气体窜进电缆沟内等。在电缆沟进入变配电所前设沉砂井，井内黄砂下沉后再补充新砂，效果较好。

9.3 静电接地

9.3.2 过去聚烯烃树脂处理、输送、掺混储存系统由于静电接地系统不完善，发生过料仓静电燃爆事故。因此在物料处理系统和料仓内严禁出现不接地的孤立导体，如排风过滤器的紧固件、管道或软连接管的紧固件、振动筛的软连接、临时接料的手推车或器具等。料仓内若有金属突出物，必须做防静电处理。

中华人民共和国国家标准

电子信息系统机房设计规范

Code for design of electronic information system room

GB 50174—2008

主编部门：中华人民共和国工业和信息化部
批准部门：中华人民共和国住房和城乡建设部
施行日期：２００９年６月１日

中华人民共和国住房和城乡建设部
公　告

第 161 号

关于发布国家标准
《电子信息系统机房设计规范》的公告

现批准《电子信息系统机房设计规范》为国家标准，编号为GB 50174—2008，自 2009 年 6 月 1 日起实施。其中，第 6.3.2、6.3.3、8.3.4、13.2.1、13.3.1条为强制性条文，必须严格执行。原《电子计算机机房设计规范》GB 50174—93 同时废止。

本规范由我部标准定额研究所组织中国计划出版社出版发行。

中华人民共和国住房和城乡建设部
二〇〇八年十一月十二日

前　言

本规范是根据建设部《关于印发"2005 年工程建设标准规范制订、修订计划（第二批）"的通知》（建标函〔2005〕124 号）的要求，由中国电子工程设计院会同有关单位对原国家标准《电子计算机机房设计规范》GB 50174—93 进行修订的基础上编制完成的。

本规范共分 13 章和 1 个附录，主要内容有：总则、术语、机房分级与性能要求、机房位置及设备布置、环境要求、建筑与结构、空气调节、电气、电磁屏蔽、机房布线、机房监控与安全防范、给水排水、消防。

本规范修订的主要内容有：1. 根据各行业对电子信息系统机房的要求和规模差别较大的现状，本规范将电子信息系统机房分为 A、B、C 三级，以满足不同的设计要求。2. 比原规范增加了术语、机房分级与性能要求、电磁屏蔽、机房布线、机房监控与安全防范等章节。

本规范中以黑体字标志的条文为强制性条文，必须严格执行。

本规范由住房和城乡建设部负责管理和对强制性条文的解释，由工业和信息化部负责日常管理，由中国电子工程设计院负责具体技术内容的解释。本规范在执行过程中，请各单位结合工程实践，认真总结经验，如发现需要修改或补充之处，请将意见和建议寄至中国电子工程设计院《电子信息系统机房设计规范》管理组（地址：北京市海淀区万寿路 27 号；邮政编码：100840；传真：010 — 68217842；E-mail：ceedi@ceedi.com.cn），以供今后修订时参考。

本规范主编单位、参编单位和主要起草人：

主 编 单 位： 中国电子工程设计院

参 编 单 位： 中国航空工业规划设计研究院
中国建筑设计研究院
上海电子工程设计研究院有限公司
信息产业电子第十一设计研究院有限公司
中国机房设施工程有限公司
北京长城电子工程技术有限公司
北京科计通电子工程有限公司
梅兰日兰电子（中国）有限公司
艾默生网络能源有限公司
常州市长城屏蔽机房设备有限公司
上海华宇电子工程有限公司
太极计算机股份有限公司
华为技术有限公司

主要起草人： 娄　宇　钟景华　薛长立　姬倡文
张文才　丁　杰　朱利伟　黄群骦
晁　阳　张　旭　徐宗弘　王元光
余　雷　周乐乐　韩　林　高大鹏
白桂华　王　鹏　朱浩南　宋彦哲
姚一波　谭　玲　余小辉

目　次

1 总 则

1.0.1 为规范电子信息系统机房设计，确保电子信息系统安全、稳定、可靠地运行，做到技术先进、经济合理、安全适用、节能环保，制定本规范。

1.0.2 本规范适用于建筑中新建、改建和扩建的电子信息系统机房的设计。

1.0.3 电子信息系统机房的设计应遵循近期建设规模与远期发展规划协调一致的原则。

1.0.4 电子信息系统机房设计除应符合本规范外，尚应符合国家现行有关标准、规范的规定。

2 术 语

2.0.1 电子信息系统 electronic information system
　　由计算机、通信设备、处理设备、控制设备及其相关的配套设施构成，按照一定的应用目的和规则，对信息进行采集、加工、存储、传输、检索等处理的人机系统。

2.0.2 电子信息系统机房 electronic information system room
　　主要为电子信息设备提供运行环境的场所，可以是一幢建筑物或建筑物的一部分，包括主机房、辅助区、支持区和行政管理区等。

2.0.3 主机房 computer room
　　主要用于电子信息处理、存储、交换和传输设备的安装和运行的建筑空间，包括服务器机房、网络机房、存储机房等功能区域。

2.0.4 辅助区 auxiliary area
　　用于电子信息设备和软件的安装、调试、维护、运行监控和管理的场所，包括进线间、测试机房、监控中心、备件库、打印室、维修室等。

2.0.5 支持区 support area
　　支持并保障完成信息处理过程和必要的技术作业的场所，包括变配电室、柴油发电机房、不间断电源系统室、电池室、空调机房、动力站房、消防设施用房、消防和安防控制室等。

2.0.6 行政管理区 administrative area
　　用于日常行政管理及客户对托管设备进行管理的场所，包括工作人员办公室、门厅、值班室、盥洗室、更衣间和用户工作室等。

2.0.7 场地设施 infrastructure
　　电子信息系统机房内，为电子信息系统提供运行保障的设施。

2.0.8 电磁干扰（EMI） electromagnetic interference
　　经辐射或传导的电磁能量对设备或信号传输造成的不良影响。

2.0.9 电磁屏蔽 electromagnetic shielding
　　用导电材料减少交变电磁场向指定区域的穿透。

2.0.10 电磁屏蔽室 electromagnetic shielding enclosure
　　专门用于衰减、隔离来自内部或外部电场、磁场能量的建筑空间体。

2.0.11 截止波导通风窗 cut-off waveguide vent
　　截止波导与通风口结合为一体的装置，该装置既允许空气流通，又能够衰减一定频率范围内的电磁波。

2.0.12 可拆卸式电磁屏蔽室 modular electromagnetic shielding enclosure
　　按照设计要求，由预先加工成型的屏蔽壳体模块板、结构件、屏蔽部件等，经过施工现场装配，组建成具有可拆卸结构的电磁屏蔽室。

2.0.13 焊接式电磁屏蔽室 welded electromagnetic shielding enclosure
　　主体结构采用现场焊接方式建造的具有固定结构的电磁屏蔽室。

2.0.14 冗余 redundancy
　　重复配置系统的一些或全部部件，当系统发生故障时，冗余配置的部件介入并承担故障部件的工作，由此减少系统的故障时间。

2.0.15 N——基本需求 base requirement
　　系统满足基本需求，没有冗余。

2.0.16 N+X冗余 N+X redundancy
　　系统满足基本需求外，增加了 X 个单元、X 个模块或 X 个路径。任何 X 个单元、模块或路径的故障或维护不会导致系统运行中断。（X=1~N）

2.0.17 容错 fault tolerant
　　具有两套或两套以上相同配置的系统，在同一时刻，至少有两套系统在工作。按容错系统配置的场地设备，至少能经受住一次严重的突发设备故障或人为操作失误事件而不影响系统的运行。

2.0.18 列头柜 array cabinet
　　为成行排列或按功能区划分的机柜提供网络布线传输服务或配电管理的设备，一般位于一列机柜的端头。

2.0.19 实时智能管理系统 real-time intelligent patch cord management system
　　采用计算机技术及电子配线设备对机房布线中的接插软线进行实时管理的系统。

2.0.20 信息点（TO） telecommunications outlet
　　各类电缆或光缆终接的信息插座模块。

2.0.21 集合点（CP） consolidation point
　　配线设备与工作区信息点之间缆线路由中的连接点。

2.0.22 水平配线设备（HD） horizontal distributor

终接水平电缆、水平光缆和其他布线子系统缆线的配线设备。

2.0.23 CP 链路 CP link

配线设备与 CP 之间，包括各端的连接器件在内的永久性的链路。

2.0.24 永久链路 permanent link

信息点与配线设备之间的传输线路。它不包括工作区缆线和连接配线设备的设备缆线、跳线，但可以包括一个 CP 链路。

2.0.25 静态条件 static state condition

主机房的空调系统处于正常运行状态，电子信息设备已安装，室内没有人员的情况。

2.0.26 停机条件 stop condition

主机房的空调系统和不间断供电电源系统处于正常运行状态，电子信息设备处于不工作状态。

2.0.27 静电泄放 electrostatic leakage

带电体上的静电电荷通过带电体内部或其表面等途径，部分或全部消失的现象。

2.0.28 体积电阻 volume resistance

在材料相对的两个表面上放置的两个电极间所加直流电压与流过两个电极间的稳态电流（不包括沿材料表面的电流）之商。

2.0.29 保护性接地 protective earthing

以保护人身和设备安全为目的的接地。

2.0.30 功能性接地 functional earthing

用于保证设备（系统）正常运行，正确地实现设备（系统）功能的接地。

2.0.31 接地线 earthing conductor

从接地端子或接地汇集排至接地极的连接导体。

2.0.32 等电位联结带 bonding bar

将等电位联结网格、设备的金属外壳、金属管道、金属线槽、建筑物金属结构等连接其上形成等电位联结的金属带。

2.0.33 等电位联结导体 bonding conductor

将分开的诸导电性物体连接到接地汇集排、等电位联结带或等电位联结网格的导体。

3 机房分级与性能要求

3.1 机房分级

3.1.1 电子信息系统机房应划分为 A、B、C 三级。设计时应根据机房的使用性质、管理要求及其在经济和社会中的重要性确定所属级别。

3.1.2 符合下列情况之一的电子信息系统机房应为 A 级：

1 电子信息系统运行中断将造成重大的经济损失；

2 电子信息系统运行中断将造成公共场所秩序

严重混乱。

3.1.3 符合下列情况之一的电子信息系统机房应为 B 级：

1 电子信息系统运行中断将造成较大的经济损失；

2 电子信息系统运行中断将造成公共场所秩序混乱。

3.1.4 不属于 A 级或 B 级的电子信息系统机房应为 C 级。

3.1.5 在异地建立的备份机房，设计时应与主用机房等级相同。

3.1.6 同一个机房内的不同部分可根据实际情况，按不同的标准进行设计。

3.2 性能要求

3.2.1 A 级电子信息系统机房内的场地设施应按容错系统配置，在电子信息系统运行期间，场地设施不应因操作失误、设备故障、外电源中断、维护和检修而导致电子信息系统运行中断。

3.2.2 B 级电子信息系统机房内的场地设施应按冗余要求配置，在系统运行期间，场地设施在冗余能力范围内，不应因设备故障而导致电子信息系统运行中断。

3.2.3 C 级电子信息系统机房内的场地设施应按基本需求配置，在场地设施正常运行情况下，应保证电子信息系统运行不中断。

4 机房位置及设备布置

4.1 机房位置选择

4.1.1 电子信息系统机房位置选择应符合下列要求：

1 电力供给应稳定可靠，交通、通信应便捷，自然环境应清洁；

2 应远离产生粉尘、油烟、有害气体以及生产或贮存具有腐蚀性、易燃、易爆物品的场所；

3 应远离水灾和火灾隐患区域；

4 应远离强振源和强噪声源；

5 应避开强电磁场干扰。

4.1.2 对于多层或高层建筑物内的电子信息系统机房，在确定主机房的位置时，应对设备运输、管线敷设、雷电感应和结构荷载等问题进行综合分析和经济比较；采用机房专用空调的主机房，应具备安装空调室外机的建筑条件。

4.2 机房组成

4.2.1 电子信息系统机房的组成应根据系统运行特点及设备具体要求确定，宜由主机房、辅助区、支持区、行政管理区等功能区组成。

4.2.2 主机房的使用面积应根据电子信息设备的数量、外形尺寸和布置方式确定，并应预留今后业务发展需要的使用面积。在对电子信息设备外形尺寸不完全掌握的情况下，主机房的使用面积可按下式确定：

1 当电子信息设备已确定规格时，可按下式计算：

$$A=K\sum S \qquad (4.2.2-1)$$

式中　A——主机房使用面积（m²）；

　　　K——系数，可取 5～7；

　　　S——电子信息设备的投影面积（m²）。

2 当电子信息设备尚未确定规格时，可按下式计算：

$$A=FN \qquad (4.2.2-2)$$

式中　F——单台设备占用面积，可取 3.5～5.5（m²/台）；

　　　N——主机房内所有设备（机柜）的总台数。

4.2.3 辅助区的面积宜为主机房面积的 0.2～1 倍。

4.2.4 用户工作室的面积可按 3.5～4m²/人计算；硬件及软件人员办公室等有人长期工作的房间面积，可按 5～7m²/人计算。

4.3 设 备 布 置

4.3.1 电子信息系统机房的设备布置应满足机房管理、人员操作和安全、设备和物料运输、设备散热、安装和维护的要求。

4.3.2 产生尘埃及废物的设备应远离对尘埃敏感的设备，并宜布置在有隔断的单独区域内。

4.3.3 当机柜内或机架上的设备为前进风/后出风方式冷却时，机柜或机架的布置宜采用面对面、背对背方式。

4.3.4 主机房内通道与设备间的距离应符合下列规定：

1 用于搬运设备的通道净宽不应小于 1.5m；

2 面对面布置的机柜或机架正面之间的距离不宜小于1.2m；

3 背对背布置的机柜或机架背面之间的距离不宜小于 1m；

4 当需要在机柜侧面维修测试时，机柜与机柜、机柜与墙之间的距离不宜小于 1.2m；

5 成行排列的机柜，其长度超过 6m 时，两端应设有出口通道；当两个出口通道之间的距离超过15m 时，在两个出口通道之间还应增加出口通道。出口通道的宽度不宜小于 1m，局部可为 0.8m。

5 环 境 要 求

5.1 温度、相对湿度及空气含尘浓度

5.1.1 主机房和辅助区内的温度、相对湿度应满足

电子信息设备的使用要求；无特殊要求时，应根据电子信息系统机房的等级，按本规范附录 A 的要求执行。

5.1.2 A 级和 B 级主机房的空气含尘浓度，在静态条件下测试，每升空气中大于或等于 0.5μm 的尘粒数应少于 18000 粒。

5.2 噪声、电磁干扰、振动及静电

5.2.1 有人值守的主机房和辅助区，在电子信息设备停机时，在主操作员位置测量的噪声值应小于65dB（A）。

5.2.2 当无线电干扰频率为 0.15～1000MHz 时，主机房和辅助区内的无线电干扰场强不应大于 126dB。

5.2.3 主机房和辅助区内磁场干扰环境场强不应大于 800A/m。

5.2.4 在电子信息设备停机条件下，主机房地板表面垂直及水平向的振动加速度不应大于 500mm/s²。

5.2.5 主机房和辅助区内绝缘体的静电电位不应大于 1kV。

6 建 筑 与 结 构

6.1 一 般 规 定

6.1.1 建筑和结构设计应根据电子信息系统机房的等级，按本规范附录 A 的要求执行。

6.1.2 建筑平面和空间布局应具有灵活性，并应满足电子信息系统机房的工艺要求。

6.1.3 主机房净高应根据机柜高度及通风要求确定，且不宜小于 2.6m。

6.1.4 变形缝不应穿过主机房。

6.1.5 主机房和辅助区不应布置在用水区域的垂直下方，不应与振动和电磁干扰源为邻。围护结构的材料选型应满足保温、隔热、防火、防潮、少产尘等要求。

6.1.6 设有技术夹层和技术夹道的电子信息系统机房，建筑设计应满足各种设备和管线的安装和维护要求。当管线需穿越楼层时，宜设置技术竖井。

6.1.7 改建的电子信息系统机房应根据荷载要求采取加固措施，并应符合国家现行标准《混凝土结构加固设计规范》GB 50367、《建筑抗震加固技术规程》JGJ 116 和《混凝土结构后锚固技术规程》JGJ 145 的有关规定。

6.2 人流、物流及出入口

6.2.1 主机房宜设置单独出入口，当与其他功能用房共用出入口时，应避免人流和物流的交叉。

6.2.2 有人操作区域和无人操作区域宜分开布置。

6.2.3 电子信息系统机房内通道的宽度及门的尺寸

应满足设备和材料的运输要求，建筑入口至主机房的通道净宽不应小于1.5m。

6.2.4 电子信息系统机房可设置门厅、休息室、值班室和更衣间。更衣间使用面积可按最大班人数的1～3m²/人计算。

6.3 防火和疏散

6.3.1 电子信息系统机房的建筑防火设计，除应符合本规范的规定外，尚应符合现行国家标准《建筑设计防火规范》GB 50016的有关规定。

6.3.2 电子信息系统机房的耐火等级不应低于二级。

6.3.3 当A级或B级电子信息系统机房位于其他建筑物内时，在主机房与其他部位之间应设置耐火极限不低于2h的隔墙，隔墙上的门应采用甲级防火门。

6.3.4 面积大于100m²的主机房，安全出口不应少于两个，且应分散布置。面积不大于100m²的主机房，可设置一个安全出口，并可通过其他相邻房间的门进行疏散。门应向疏散方向开启，且应自动关闭，并应保证在任何情况下均能从机房内开启。走廊、楼梯间应畅通，并应有明显的疏散指示标志。

6.3.5 主机房的顶棚、壁板（包括夹芯材料）和隔断应为不燃烧体。

6.4 室内装修

6.4.1 室内装修设计选用材料的燃烧性能除应符合本规范的规定外，尚应符合现行国家标准《建筑内部装修设计防火规范》GB 50222的有关规定。

6.4.2 主机房室内装修，应选用气密性好、不起尘、易清洁、符合环保要求、在温度和湿度变化作用下变形小、具有表面静电耗散性能的材料，不得使用强吸湿性材料及未经表面改性处理的高分子绝缘材料作为面层。

6.4.3 主机房内墙壁和顶棚的装修应满足使用功能要求，表面应平整、光滑、不起尘、避免眩光，并应减少凹凸面。

6.4.4 主机房地面设计应满足使用功能要求，当铺设防静电活动地板时，活动地板的高度应根据电缆布线和空调送风要求确定，并应符合下列规定：

　　1 活动地板下的空间只作为电缆布线使用时，地板高度不宜小于250mm；活动地板下的地面和四壁装饰，可采用水泥砂浆抹灰；地面材料应平整、耐磨；

　　2 活动地板下的空间既作为电缆布线，又作为空调静压箱时，地板高度不宜小于400mm；活动地板下的地面和四壁装饰应采用不起尘、不易积灰、易于清洁的材料；楼板或地面应采取保温、防潮措施，地面垫层宜配筋，维护结构宜采取防结露措施。

6.4.5 技术夹层的墙壁和顶棚表面应平整、光滑。当采用轻质构造顶棚做技术夹层时，宜设置检修通道或检修口。

6.4.6 A级和B级电子信息系统机房的主机房不宜设置外窗。当主机房设有外窗时，应采用双层固定窗，并应有良好的气密性。不间断电源系统的电池室设有外窗时，应避免阳光直射。

6.4.7 当主机房内设有用水设备时，应采取防止水漫溢和渗漏措施。

6.4.8 门窗、墙壁、地（楼）面的构造和施工缝隙，均应采取密闭措施。

7 空 气 调 节

7.1 一 般 规 定

7.1.1 主机房和辅助区的空气调节系统应根据电子信息系统机房的等级，按本规范附录A的要求执行。

7.1.2 与其他功能用房共建于同一建筑内的电子信息系统机房，宜设置独立的空调系统。

7.1.3 主机房与其他房间的空调参数不同时，宜分别设置空调系统。

7.1.4 电子信息系统机房的空调设计，除应符合本规范的规定外，尚应符合现行国家标准《采暖通风与空气调节设计规范》GB 50019和《建筑设计防火规范》GB 50016的有关规定。

7.2 负 荷 计 算

7.2.1 电子信息设备和其他设备的散热量应按产品的技术数据进行计算。

7.2.2 空调系统夏季冷负荷应包括下列内容：

　　1 机房内设备的散热；

　　2 建筑围护结构得热；

　　3 通过外窗进入的太阳辐射热；

　　4 人体散热；

　　5 照明装置散热；

　　6 新风负荷；

　　7 伴随各种散湿过程产生的潜热。

7.2.3 空调系统湿负荷应包括下列内容：

　　1 人体散湿；

　　2 新风负荷。

7.3 气 流 组 织

7.3.1 主机房空调系统的气流组织形式，应根据电子信息设备本身的冷却方式、设备布置方式、布置密度、设备散热量、室内风速、防尘、噪声等要求，并结合建筑条件综合确定。当电子信息设备对气流组织形式未提出要求时，主机房气流组织形式、风口及送回风温差可按表7.3.1选用。

表 7.3.1 主机房气流组织形式、
风口及送回风温差

气流组织形式	下送上回	上送上回（或侧回）	侧送侧回
送风口	1. 带可调多叶阀的格栅风口 2. 条形风口（带有条形风口的活动地板） 3. 孔板	1. 散流器 2. 带扩散板风口 3. 孔板 4. 百叶风口 5. 格栅风口	1. 百叶风口 2. 格栅风口
回风口	1. 格栅风口 2. 百叶风口 3. 网板风口 4. 其他风口		
送回风温差	4~6℃送风温度应高于室内空气露点温度	4~6℃	6~8℃

7.3.2 对机柜或机架高度大于 1.8m、设备热密度大、设备发热量大或热负荷大的主机房，宜采用活动地板下送风、上回风的方式。

7.3.3 在人操作的机房内，送风气流不宜直对工作人员。

7.4 系统设计

7.4.1 要求有空调的房间宜集中布置；室内温、湿度参数相同或相近的房间，宜相邻布置。

7.4.2 主机房采暖散热器的设置应根据电子信息系统机房的等级，按本规范附录 A 的要求执行。设置采暖散热器时，应设有漏水检测报警装置，并应在管道入口处装设切断阀，漏水时应自动切断给水，且宜装设温度调节装置。

7.4.3 电子信息系统机房的风管及管道的保温、消声材料和黏结剂，应选用不燃烧材料或难燃 B1 级材料。冷表面应作隔气、保温处理。

7.4.4 采用活动地板下送风时，断面风速应按地板下的有效断面积计算。

7.4.5 风管不宜穿过防火墙和变形缝。必需穿过时，应在穿过防火墙和变形缝处设置防火阀。防火阀应具有手动和自动功能。

7.4.6 空调系统的噪声值超过本规范第 5.2.1 条的规定时，应采取降噪措施。

7.4.7 主机房应维持正压。主机房与其他房间、走廊的压差不宜小于 5Pa，与室外静压差不宜小于 10Pa。

7.4.8 空调系统的新风量应取下列两项中的最大值：
1 按工作人员计算，每人 $40m^3/h$；
2 维持室内正压所需风量。

7.4.9 主机房内空调系统用循环机组宜设置初效过滤器或中效过滤器。新风系统或全空气系统应设置初效和中效空气过滤器，也可设置亚高效空气过滤器。

末级过滤装置宜设置在正压端。

7.4.10 设有新风系统的主机房，在保证室内外一定压差的情况下，送排风应保持平衡。

7.4.11 打印室等易对空气造成二次污染的房间，对空调系统应采取防止污染物随气流进入其他房间的措施。

7.4.12 分体式空调机的室内机组可安装在靠近主机房的专用空调机房内，也可安装在主机房内。

7.4.13 空调设计应根据当地气候条件采取下列节能措施：
1 大型机房宜采用水冷冷水机组空调系统；
2 北方地区采用水冷冷水机组的机房，冬季可利用室外冷却塔作为冷源，并应通过热交换器对空调冷冻水进行降温；
3 空调系统可采用电制冷与自然冷却相结合的方式。

7.5 设备选择

7.5.1 空调和制冷设备的选用应符合运行可靠、经济适用、节能和环保的要求。

7.5.2 空调系统和设备应根据电子信息系统机房的等级、机房的建筑条件、设备的发热量等进行选择，并应按本规范附录 A 的要求执行。

7.5.3 空调系统无备份设备时，单台空调制冷设备的制冷能力应留有 15%~20%的余量。

7.5.4 选用机房专用空调时，空调机应带有通信接口，通信协议应满足机房监控系统的要求，显示屏宜有汉字显示。

7.5.5 空调设备的空气过滤器和加湿器应便于清洗和更换，设备安装应留有相应的维修空间。

8 电 气

8.1 供 配 电

8.1.1 电子信息系统机房用电负荷等级及供电要求应根据机房的等级，按现行国家标准《供配电系统设计规范》GB 50052 及本规范附录 A 的要求执行。

8.1.2 电子信息设备供电电源质量应根据电子信息系统机房的等级，按本规范附录 A 的要求执行。

8.1.3 供配电系统应为电子信息系统的可扩展性预留备用容量。

8.1.4 户外供电线路不宜采用架空方式敷设。当户外供电线路采用具有金属外护套的电缆时，在电缆进出建筑物处应将金属外护套接地。

8.1.5 电子信息系统机房应由专用配电变压器或专用回路供电，变压器宜采用干式变压器。

8.1.6 电子信息系统机房内的低压配电系统不应采用 TN-C 系统。电子信息设备的配电应按设备要求确定。

8.1.7 电子信息设备应由不间断电源系统供电。不间断电源系统应有自动和手动旁路装置。确定不间断电源系统的基本容量时应留有余量。不间断电源系统的基本容量可按下式计算：

$$E \geqslant 1.2P \qquad (8.1.7)$$

式中 E——不间断电源系统的基本容量（不包含备份不间断电源系统设备）[（kW/kV·A）]；

P——电子信息设备的计算负荷 [（kW/kV·A）]。

8.1.8 用于电子信息系统机房内的动力设备与电子信息设备的不间断电源系统应由不同回路配电。

8.1.9 电子信息设备的配电应采用专用配电箱（柜），专用配电箱（柜）应靠近用电设备安装。

8.1.10 电子信息设备专用配电箱（柜）宜配备浪涌保护器、电源监测和报警装置，并应提供远程通信接口。当输出端中性线与 PE 线之间的电位差不能满足电子信息设备使用要求时，宜配备隔离变压器。

8.1.11 电子信息设备的电源连接点应与其他设备的电源连接点严格区别，并应有明显标识。

8.1.12 A 级电子信息系统机房应配置后备柴油发电机系统，当市电发生故障时，后备柴油发电机应能承担全部负荷的需要。

8.1.13 后备柴油发电机的容量应包括不间断电源系统、空调和制冷设备的基本容量及应急照明和关系到生命安全等需要的负荷容量。

8.1.14 并列运行的柴油发电机，应具备自动和手动并网功能。

8.1.15 柴油发电机周围应设置检修用照明和维修电源，电源宜由不间断电源系统供电。

8.1.16 市电与柴油发电机的切换应采用具有旁路功能的自动转换开关。自动转换开关检修时，不应影响电源的切换。

8.1.17 敷设在隐蔽通风空间的低压配电线路应采用阻燃铜芯电缆，电缆应沿线槽、桥架或局部穿管敷设；当配电电缆线槽（桥架）与通信缆线线槽（桥架）并列或交叉敷设时，配电电缆线槽（桥架）应敷设在通信缆线线槽（桥架）的下方。活动地板下作为空调静压箱时，电缆线槽（桥架）的布置不应阻断气流通路。

8.1.18 配电线路的中性线截面积不应小于相线截面积；单相负荷应均匀地分配在三相线路上。

8.2 照　　明

8.2.1 主机房和辅助区一般照明的照度标准值宜符合表 8.2.1 的规定。

表 8.2.1　主机房和辅助区一般照明照度标准值

房间名称		照度标准值 lx	统一眩光值 UGR	一般显色指数 Ra
主机房	服务器设备区	500	22	80
	网络设备区	500	22	
	存储设备区	500	22	
辅助区	进线间	300	25	
	监控中心	500	19	
	测试区	500	19	
	打印室	500	19	
	备件库	300	22	

8.2.2 支持区和行政管理区的照度标准值应按现行国家标准《建筑照明设计标准》GB 50034 的有关规定执行。

8.2.3 主机房和辅助区内的主要照明光源应采用高效节能荧光灯，荧光灯镇流器的谐波限值应符合现行国家标准《电磁兼容 限值 谐波电流发射限值》GB 17625.1 的有关规定，灯具应采取分区、分组的控制措施。

8.2.4 辅助区的视觉作业宜采取下列保护措施：

　　1 视觉作业不宜处在照明光源与眼睛形成的镜面反射角上；

　　2 辅助区宜采用发光表面积大、亮度低、光扩散性能好的灯具；

　　3 视觉作业环境内宜采用低光泽的表面材料。

8.2.5 工作区域内一般照明的照明均匀度不应小于 0.7，非工作区域内的一般照明照度值不宜低于工作区域内一般照明照度值的 1/3。

8.2.6 主机房和辅助区应设置备用照明，备用照明的照度值不应低于一般照明照度值的 10%；有人值守的房间，备用照明的照度值不应低于一般照明照度值的 50%；备用照明可为一般照明的一部分。

8.2.7 电子信息系统机房应设置通道疏散照明及疏散指示标志灯，主机房通道疏散照明的照度值不应低于 5 lx，其他区域通道疏散照明的照度值不应低于 0.5 lx。

8.2.8 电子信息系统机房内不应采用 0 类灯具；当采用 I 类灯具时，灯具的供电线路应有保护线，保护线应与金属灯具外壳做电气连接。

8.2.9 电子信息系统机房内的照明线路宜穿钢管暗敷或在吊顶内穿钢管明敷。

8.2.10 技术夹层内宜设置照明，并应采用单独支路或专用配电箱（柜）供电。

8.3 静电防护

8.3.1 主机房和辅助区的地板或地面应有静电泄放措施和接地构造，防静电地板、地面的表面电阻或体

积电阻值应为 $2.5 \times 10^4 \sim 1.0 \times 10^9 \Omega$，且应具有防火、环保、耐污耐磨性能。

8.3.2 主机房和辅助区中不使用防静电活动地板的房间，可铺设防静电地面，其静电耗散性能应长期稳定，且不应起尘。

8.3.3 主机房和辅助区内的工作台面宜采用导静电或静电耗散材料，其静电性能指标应符合本规范第 8.3.1 条的规定。

8.3.4 电子信息系统机房内所有设备的金属外壳、各类金属管道、金属线槽、建筑物金属结构等必须进行等电位联结并接地。

8.3.5 静电接地的连接线应有足够的机械强度和化学稳定性，宜采用焊接或压接。当采用导电胶与接地导体粘接时，其接触面积不宜小于 $20cm^2$。

8.4 防雷与接地

8.4.1 电子信息系统机房的防雷和接地设计，应满足人身安全及电子信息系统正常运行的要求，并应符合现行国家标准《建筑物防雷设计规范》GB 50057 和《建筑物电子信息系统防雷技术规范》GB 50343 的有关规定。

8.4.2 保护性接地和功能性接地宜共用一组接地装置，其接地电阻应按其中最小值确定。

8.4.3 对功能性接地有特殊要求需单独设置接地线的电子信息设备，接地线应与其他接地线绝缘；供电线路与接地线宜同路径敷设。

8.4.4 电子信息系统机房内的电子信息设备应进行等电位联结，等电位联结方式应根据电子信息设备易受干扰的频率及电子信息系统机房的等级和规模确定，可采用 S 型、M 型或 SM 混合型。

8.4.5 采用 M 型或 SM 混合型等电位联结方式时，主机房应设置等电位联结网格，网格四周应设置等电位联结带，并应通过等电位联结导体将等电位联结带就近与接地汇流排、各类金属管道、金属线槽、建筑物金属结构等进行连接。每台电子信息设备（机柜）应采用两根不同长度的等电位联结导体就近与等电位联结网格连接。

8.4.6 等电位联结网格应采用截面积不小于 $25mm^2$ 的铜带或裸铜线，并应在防静电活动地板下构成边长为 $0.6 \sim 3m$ 的矩形网格。

8.4.7 等电位联结带、接地线和等电位联结导体的材料和最小截面积，应符合表 8.4.7 的要求。

表 8.4.7 等电位联结带、接地线和等电位联结导体的材料和最小截面积

名　称	材料	最小截面积（mm^2）
等电位联结带	铜	50
利用建筑内的钢筋做接地线	铁	50

续表 8.4.7

名　称	材料	最小截面积（mm^2）
单独设置的接地线	铜	25
等电位联结导体（从等电位联结带至接地汇集排或至其他等电位联结带；各接地汇集排之间）	铜	16
等电位联结导体（从机房内各金属装置至等电位联结带或接地汇集排；从机柜至等电位联结网格）	铜	6

9 电磁屏蔽

9.1 一般规定

9.1.1 对涉及国家秘密或企业对商业信息有保密要求的电子信息系统机房，应设置电磁屏蔽室或采取其他电磁泄漏防护措施，电磁屏蔽室的性能指标应按国家现行有关标准执行。

9.1.2 对于环境要求达不到本规范第 5.2.2 条和第 5.2.3 条要求的电子信息系统机房，应采取电磁屏蔽措施。

9.1.3 电磁屏蔽室的结构形式和相关的屏蔽件应根据电磁屏蔽室的性能指标和规模选择。

9.1.4 设有电磁屏蔽室的电子信息系统机房，建筑结构应满足屏蔽结构对荷载的要求。

9.1.5 电磁屏蔽室与建筑（结构）墙之间宜预留维修通道或维修口。

9.1.6 电磁屏蔽室的接地宜采用共用接地装置和单独接地线的型式。

9.2 结构型式

9.2.1 用于保密目的的电磁屏蔽室，其结构型式可分为可拆卸式和焊接式。焊接式可分为自撑式和直贴式。

9.2.2 建筑面积小于 $50m^2$、日后需搬迁的电磁屏蔽室，结构型式宜采用可拆卸式。

9.2.3 电场屏蔽衰减指标大于 120dB、建筑面积大于 $50m^2$ 的屏蔽室，结构型式宜采用自撑式。

9.2.4 电场屏蔽衰减指标大于 60dB 的屏蔽室，结构型式宜采用直贴式，屏蔽材料可选择镀锌钢板，钢板的厚度应根据屏蔽性能指标确定。

9.2.5 电场屏蔽衰减指标大于 25dB 的屏蔽室，结构型式宜采用直贴式，屏蔽材料可选择金属丝网，金属丝网的目数应根据被屏蔽信号的波长确定。

9.3 屏蔽件

9.3.1 屏蔽门、滤波器、波导管、截止波导通风窗等屏蔽件，其性能指标不应低于电磁屏蔽室的性能要求，安装位置应便于检修。

9.3.2 屏蔽门可分为旋转式和移动式。一般情况下，宜采用旋转式屏蔽门。当场地条件受到限制时，可采用移动式屏蔽门。

9.3.3 所有进入电磁屏蔽室的电源线缆应通过电源滤波器进行处理。电源滤波器的规格、供电方式和数量应根据电磁屏蔽室内设备的用电情况确定。

9.3.4 所有进入电磁屏蔽室的信号电缆应通过信号滤波器或进行其他屏蔽处理。

9.3.5 进出电磁屏蔽室的网络线宜采用光缆或屏蔽缆线，光缆不应带有金属加强芯。

9.3.6 截止波导通风窗内的波导管宜采用等边六角形，通风窗的截面积应根据室内换气次数进行计算。

9.3.7 非金属材料穿过屏蔽层时应采用波导管，波导管的截面尺寸和长度应满足电磁屏蔽的性能要求。

10 机房布线

10.0.1 主机房、辅助区、支持区和行政管理区应根据功能要求划分成若干工作区，工作区内信息点的数量应根据机房等级和用户需求进行配置。

10.0.2 承担信息业务的传输介质应采用光缆或六类及以上等级的对绞电缆，传输介质各组成部分的等级应保持一致，并应采用冗余配置。

10.0.3 当主机房内的机柜或机架成行排列或按功能区域划分时，宜在主配线架和机柜或机架之间设置配线列头柜。

10.0.4 A级电子信息系统机房宜采用电子配线设备对布线系统进行实时智能管理。

10.0.5 电子信息系统机房存在下列情况之一时，应采用屏蔽布线系统、光缆布线系统或采取其他相应的防护措施：

　　1 环境要求未达到本规范第 5.2.2 条和第 5.2.3 条的要求时；

　　2 网络有安全保密要求时；

　　3 安装场地不能满足非屏蔽布线系统与其他系统管线或设备的间距要求时。

10.0.6 敷设在隐蔽通风空间的缆线应根据电子信息系统机房的等级，按本规范附录 A 的要求执行。

10.0.7 机房布线系统与公用电信业务网络互联时，接口配线设备的端口数量和缆线的敷设路由应根据电子信息系统机房的等级，并在保证网络出口安全的前提下确定。

10.0.8 缆线采用线槽或桥架敷设时，线槽或桥架的高度不宜大于150mm，线槽或桥架的安装位置应与建筑装饰、电气、空调、消防等协调一致。

10.0.9 电子信息系统机房的网络布线系统设计，除应符合本规范的规定外，尚应符合现行国家标准《综合布线系统工程设计规范》GB 50311 的有关规定。

11 机房监控与安全防范

11.1 一般规定

11.1.1 电子信息系统机房应设置环境和设备监控系统及安全防范系统，各系统的设计应根据机房的等级，按现行国家标准《安全防范工程技术规范》GB 50348 和《智能建筑设计标准》GB/T 50314以及本规范附录 A 的要求执行。

11.1.2 环境和设备监控系统宜采用集散或分布式网络结构。系统应易于扩展和维护，并应具备显示、记录、控制、报警、分析和提示功能。

11.1.3 环境和设备监控系统、安全防范系统可设置在同一个监控中心内，各系统供电电源应可靠，宜采用独立不间断电源系统电源供电，当采用集中不间断电源系统电源供电时，应单独回路配电。

11.2 环境和设备监控系统

11.2.1 环境和设备监控系统宜符合下列要求：

　　1 监测和控制主机房和辅助区的空气质量，应确保环境满足电子信息设备的运行要求；

　　2 主机房和辅助区内有可能发生水患的部位应设置漏水检测和报警装置；强制排水设备的运行状态应纳入监控系统；进入主机房的水管应分别加装电动和手动阀门。

11.2.2 机房专用空调、柴油发电机、不间断电源系统等设备自身应配带监控系统，监控的主要参数宜纳入设备监控系统，通信协议应满足设备监控系统的要求。

11.2.3 A级和B级电子信息系统机房主机的集中控制和管理宜采用 KVM 切换系统。

11.3 安全防范系统

11.3.1 安全防范系统宜由视频安防监控系统、入侵报警系统和出入口控制系统组成，各系统之间应具备联动控制功能。

11.3.2 紧急情况时，出入口控制系统应能接受相关系统的联动控制而自动释放电子锁。

11.3.3 室外安装的安全防范系统设备应采取防雷电保护措施，电源线、信号线应采用屏蔽电缆，避雷装置和电缆屏蔽层应接地，且接地电阻不应大于10Ω。

12 给水排水

12.1 一般规定

12.1.1 给水排水系统应根据电子信息系统机房的等级，按本规范附录A的要求执行。

12.1.2 电子信息系统机房内安装有自动喷水灭火系统、空调机和加湿器的房间，地面应设置挡水和排水设施。

12.2 管道敷设

12.2.1 电子信息系统机房内的给水排水管道应采取防渗漏和防结露措施。

12.2.2 穿越主机房的给水排水管道应暗敷或采取防漏保护的套管。管道穿过主机房墙壁和楼板处应设置套管，管道与套管之间应采取密封措施。

12.2.3 主机房和辅助区设有地漏时，应采用洁净室专用地漏或自闭式地漏，地漏下应加设水封装置，并应采取防止水封损坏和反溢措施。

12.2.4 电子信息机房内的给排水管道及其保温材料均应采用难燃材料。

13 消防

13.1 一般规定

13.1.1 电子信息系统机房应根据机房的等级设置相应的灭火系统，并应按现行国家标准《建筑设计防火规范》GB 50016、《高层民用建筑设计防火规范》GB 50045 和《气体灭火系统设计规范》GB 50370，以及本规范附录A的要求执行。

13.1.2 A级电子信息系统机房的主机房应设置洁净气体灭火系统。B级电子信息系统机房的主机房，以及A级和B级机房中的变配电、不间断电源系统和电池室，宜设置洁净气体灭火系统，也可设置高压细

水雾灭火系统。

13.1.3 C级电子信息系统机房以及本规范第13.1.2条和第13.1.3条中规定区域以外的其他区域，可设置高压细水雾灭火系统或自动喷水灭火系统。自动喷水灭火系统宜采用预作用系统。

13.1.4 电子信息系统机房应设置火灾自动报警系统，并应符合现行国家标准《火灾自动报警系统设计规范》GB 50116 的有关规定。

13.2 消防设施

13.2.1 采用管网式洁净气体灭火系统或高压细水雾灭火系统的主机房，应同时设置两种火灾探测器，且火灾报警系统应与灭火系统联动。

13.2.2 灭火系统控制器应在灭火设备动作之前，联动控制关闭机房内的风门、风阀，并应停止空调机和排风机、切断非消防电源等。

13.2.3 机房内应设置警笛，机房门口上方应设置灭火显示灯。灭火系统的控制箱（柜）应设置在机房外便于操作的地方，且应有防止误操作的保护装置。

13.2.4 气体灭火系统的灭火剂及设施应采用经消防检测部门检测合格的产品。

13.2.5 自动喷水灭火系统的喷水强度、作用面积等设计参数，应按现行国家标准《自动喷水灭火系统设计规范》GB 50084 的有关规定执行。

13.2.6 电子信息系统机房内的自动喷水灭火系统，应设置单独的报警阀组。

13.2.7 电子信息系统机房内，手提灭火器的设置应符合现行国家标准《建筑灭火器配置设计规范》GB 50140 的有关规定。灭火剂不应对电子信息设备造成污渍损害。

13.3 安全措施

13.3.1 凡设置洁净气体灭火系统的主机房，应配置专用空气呼吸器或氧气呼吸器。

13.3.2 电子信息系统机房应采取防鼠害和防虫害措施。

附录A 各级电子信息系统机房技术要求

表A 各级电子信息系统机房技术要求

项　　目	技术要求			备注
	A级	B级	C级	
机房位置选择				
距离停车场	不宜小于20m	不宜小于10m	—	—
距离铁路或高速公路的距离	不宜小于800m	不宜小于100m	—	不包括各场所自身使用的机房

项　目	技　术　要　求			备注
	A 级	B 级	C 级	
距离飞机场	不宜小于 8000m	不宜小于 1600m	—	不包括机场自身使用的机房
距离化学工厂中的危险区域、垃圾填埋场	不应小于 400m			不包括化学工厂自身使用的机房
距离军火库	不应小于 1600m		不宜小于 1600m	不包括军火库自身使用的机房
距离核电站的危险区域	不应小于 1600m		不宜小于 1600m	不包括核电站自身使用的机房
有可能发生洪水的地区	不应设置机房		不宜设置机房	—
地震断层附近或有滑坡危险区域	不应设置机房		不宜设置机房	—
高犯罪率的地区	不应设置机房	不宜设置机房		—
环境要求				
主机房温度(开机时)	23℃±1℃		18～28℃	
主机房相对湿度(开机时)	40%～55%		35%～75%	
主机房温度(停机时)	5～35℃			
主机房相对湿度(停机时)	40%～70%		20%～80%	
主机房和辅助区温度变化率(开、停机时)	<5℃/h		<10℃/h	不得结露
辅助区温度、相对湿度(开机时)	18～28℃、35%～75%			
辅助区温度、相对湿度(停机时)	5～35℃、20%～80%			
不间断电源系统电池室温度	15～25℃			
建筑与结构				
抗震设防分类	不应低于乙类	不应低于丙类	不宜低于丙类	—
主机房活荷载标准值(kN/m^2)	8～10	组合值系数 Ψ_c=0.9 频遇值系数 Ψ_f=0.9 准永久值系数 Ψ_q=0.8		根据机柜的摆放密度确定荷载值
主机房吊挂荷载(kN/m^2)	1.2			—
不间断电源系统室活荷载标准值(kN/m^2)	8～10			—
电池室活荷载标准值(kN/m^2)	16			蓄电池组双列 4 层摆放
监控中心活荷载标准值(kN/m^2)	6			—
钢瓶间活荷载标准值(kN/m^2)	8			—
电磁屏蔽室活荷载标准值(kN/m^2)	8～10			—
主机房外墙设采光窗	不宜		—	—
防静电活动地板的高度	不宜小于 400mm			作为空调静压箱时

项　目	技术要求			备注
	A级	B级	C级	
防静电活动地板的高度	不宜小于250mm			仅作为电缆布线使用时
屋面的防水等级	Ⅰ	Ⅰ	Ⅱ	—
空气调节				
主机房和辅助区设置空气调节系统	应		可	—
不间断电源系统电池室设置空调降温系统	宜		可	—
主机房保持正压	应		可	—
冷冻机组、冷冻和冷却水泵	N+X 冗余(X=1～N)	N+1 冗余	N	—
机房专用空调	N+X 冗余(X=1～N) 主机房中每个区域冗余X台	N+1 冗余 主机房中每个区域冗余一台	N	—
主机房设置采暖散热器	不应	不宜	允许，但不建议	—
电气技术				
供电电源	两个电源供电两个电源不应同时受到损坏		两回线路供电	—
变压器	M(1+1)冗余(M=1、2、3……)		N	用电容量较大时设置专用电力变压器供电
后备柴油发电机系统	N 或(N+X) 冗余(X=1～N)	N 供电电源不能满足要求时	不间断电源系统的供电时间满足信息存储要求时，可不设置柴油发电机	—
后备柴油发电机的基本容量	应包括不间断电源系统的基本容量、空调和制冷设备的基本容量、应急照明和消防等涉及生命安全的负荷容量		—	—
柴油发电机燃料存储量	72h	24h	—	—
不间断电源系统配置	2N 或 M(N+1) 冗余(M=2、3、4……)	N+X 冗余 (X=1～N)	N	—
不间断电源系统电池备用时间	15min 柴油发电机作为后备电源时		根据实际需要确定	—
空调系统配电	双路电源(其中至少一路为应急电源)，末端切换。采用放射式配电系统	双路电源，末端切换。采用放射式配电系统	采用放射式配电系统	—
电子信息设备供电电源质量要求				
稳态电压偏移范围(%)	±3		±5	—
稳态频率偏移范围(Hz)	±0.5			电池逆变工作方式
输入电压波形失真度(%)	≤5			电子信息设备正常工作时
零地电压(V)	<2			应满足设备使用要求
允许断电持续时间(ms)	0～4	0～10	—	—
不间断电源系统输入端THDI含量(%)	<15			3～39 次谐波

项　目	技 术 要 求			备注
	A 级	B 级	C 级	
机房布线				
承担信息业务的传输介质	光缆或六类及以上对绞电缆采用1+1冗余	光缆或六类及以上对绞电缆采用3+1冗余	—	—
主机房信息点配置	不少于12个信息点，其中冗余信息点为总信息点的1/2	不少于8个信息点，其中冗余信息点不少于总信息点的1/4	不少于6个信息点	表中所列为一个工作区的信息点
支持区信息点配置	不少于4个信息点		不少于2个信息点	表中所列为一个工作区的信息点
采用实时智能管理系统	宜	可	—	—
线缆标识系统	应在线缆两端打上标签			配电电缆也应采用线缆标识系统
通信缆线防火等级	应采用 CMP 级电缆，OFNP 或 OFCP 级光缆	宜采用 CMP 级电缆，OFNP 或 OFCP 级光缆	—	也可采用同等级的其他电缆或光缆
公用电信配线网络接口	2个以上	2个	1个	—
环境和设备监控系统				
空气质量	含尘浓度			离线定期检测
空气质量	温度、相对湿度、压差		温度、相对湿度	在线检测或通过数据接口将参数接入机房环境和设备监控系统中
漏水检测报警	装设漏水感应器			
强制排水设备	设备的运行状态			
集中空调和新风系统、动力系统	设备运行状态、滤网压差			
机房专用空调	状态参数： 开关、制冷、加热、加湿、除湿 报警参数： 温度、相对湿度、传感器故障、压缩机压力、加湿器水位、风量		—	
供配电系统（电能质量）	开关状态、电流、电压、有功功率、功率因数、谐波含量	根据需要选择		
不间断电源系统	输入和输出功率、电压、频率、电流、功率因数、负荷； 电池输入电压、电流、容量； 同步/不同步状态、不间断电源系统/旁路供电状态、市电故障、不间断电源系统故障	根据需要选择		
电池	监控每一个蓄电池的电压、阻抗和故障	监控每一组蓄电池的电压、阻抗和故障	—	
柴油发电机系统	油箱(罐)油位、柴油机转速、输出功率、频率、电压、功率因数		—	

项 目	技 术 要 求			备注	
	A 级	B 级	C 级		
主机集中控制和管理	采用 KVM 切换系统			—	—
安全防范系统					
发电机房、变配电室、不间断电源系统室、动力站房	出入控制(识读设备采用读卡器)、视频监视	入侵探测器	机械锁	—	
紧急出口	推杆锁、视频监视监控中心连锁报警		推杆锁	—	
监控中心	出入控制(识读设备采用读卡器)、视频监视		机械锁	—	
安防设备间	出入控制(识读设备采用读卡器)	入侵探测器	机械锁	—	
主机房出入口	出入控制(识读设备采用读卡器)或人体生物特征识别、视频监视	出入控制(识读设备采用读卡器)、视频监视	机械锁 入侵探测器	—	
主机房内	视频监视		—	—	
建筑物周围和停车场	视频监视		—	适用于独立建筑的机房	
给水排水					
与主机房无关的给排水管道穿越主机房	不应		不宜	—	
主机房地面设置排水系统	应			用于冷凝水排水、空调加湿器排水、消防喷洒排水、管道漏水	
消防					
主机房设置洁净气体灭火系统	应	宜	—	采用洁净灭火剂	
变配电、不间断电源系统和电池室设置洁净气体灭火系统	宜	宜	—	—	
主机房设置高压细水雾灭火系统	—	可	可	—	
变配电、不间断电源系统和电池室设置高压细水雾灭火系统	可	可	可	—	
主机房、变配电、不间断电源系统和电池室设置自动喷水灭火系统	—	—	可	采用预作用系统	
采用吸气式烟雾探测火灾报警系统	宜			作为早期报警	

本规范用词说明

1 为便于在执行本规范条文时区别对待，对要求严格程度不同的用词说明如下：

1）表示很严格，非这样做不可的用词：

正面词采用"必须"，反面词采用"严禁"。

2）表示严格，在正常情况下均应这样做的用词：

正面词采用"应"，反面词采用"不应"或"不得"。

3）表示允许稍有选择，在条件许可时首先应这样做的用词：

正面词采用"宜"，反面词采用"不宜"；

表示有选择，在一定条件下可以这样做的用词，采用"可"。

2 本规范中指明应按其他有关标准、规范执行的写法为"应符合……的规定"或"应按……执行"。

中华人民共和国国家标准

电子信息系统机房设计规范

GB 50174—2008

条 文 说 明

目 次

1 总　则

1.0.1　电子信息系统机房工程属于多学科技术，涉及到机房工艺、建筑结构、空气调节、电气技术、电磁屏蔽、网络布线、机房监控与安全防范、给水排水、消防等多种专业。近年来，随着电子信息技术的快速发展，机房建设日新月异，为了规范电子信息系统机房的工程设计，确保电子信息设备稳定可靠地运行，保证设计和工程质量，特制定本规范。

1.0.3　为了适应机房用户对电子信息业务发展和机房节能的需要，电子信息系统机房的设计可以采用标准化、模块化的设计方法，使机房的近期建设规模与远期发展规划协调一致。

2　术　语

2.0.3　主机房除可按服务器机房、网络机房、存储机房等划分外，对于面积较大的机房，还可按不同功能或不同用户的设备进行区域划分。如服务器设备区、网络设备区、存储设备区、甲用户设备区、乙用户设备区等。

2.0.18　用于网络布线传输服务的列头柜称为配线列头柜，用于配电管理的列头柜称为配电列头柜。

2.0.21　在主机房内，当布线采用列头柜（内装无源设备）时，该列头柜就具有 CP 点的功能。

2.0.22　在主机房内，当布线采用列头柜（内装有源设备，如网络交换机、网络存储交换机、KVM 等）时，该列头柜就具有 HD 的功能。HD 与综合布线系统中楼层配线设备的功能相近。

3　机房分级与性能要求

3.1　机房分级

3.1.1　随着电子信息技术的发展，各行各业对机房的建设提出了不同的要求，根据调研、归纳和总结，并参考国外相关标准，本规范从机房的使用性质、管理要求及重要数据丢失或网络中断在经济或社会上造成的损失或影响程度，将电子信息系统机房划分为A、B、C三级。

　　机房的使用性质主要是指机房所处行业或领域的重要性；管理要求是指机房使用单位对机房各系统的保障和维护能力。最主要的衡量标准是由于场地设施故障造成网络信息中断或重要数据丢失在经济和社会上造成的损失或影响程度。各单位的机房按照哪个等级标准进行建设，应由建设单位根据数据丢失或网络中断在经济或社会上造成的损失或影响程度确定，同时还应综合考虑建设投资。等级高的机房可靠性提

高，但投资也相应增加。

3.1.2　A级电子信息系统机房举例：国家气象台；国家级信息中心、计算中心；重要的军事指挥部门；大中城市的机场、广播电台、电视台、应急指挥中心；银行总行；国家和区域电力调度中心等的电子信息系统机房和重要的控制室。

3.1.3　B级电子信息系统机房举例：科研院所；高等院校；三级医院；大中城市的气象台、信息中心、疾病预防与控制中心、电力调度中心、交通（铁路、公路、水运）指挥调度中心；国际会议中心；大型博物馆、档案馆、会展中心、国际体育比赛场馆；省部级以上政府办公楼；大型工矿企业等的电子信息系统机房和重要的控制室。

　　以上为A级和B级电子信息系统机房举例，在中国境内的其他企事业单位、国际公司、国内公司应按照机房分级与性能要求，结合自身需求与投资能力确定本单位电子信息系统机房的建设等级和技术要求。

3.1.6　本条是指当机房的某项外部或内部条件较好或较差时，此项的设计标准可以降低或提高。例如某个B级机房，其两路供电电源分别来自两个不同的变电站，两路电源不会同时中断，则此机房就可以考虑不配置柴油发电机。再如，另一个B级机房，其所处气候环境非常恶劣，常有沙尘天气，则此机房的空调循环机组就不仅需要初效和中效过滤器，还应该增加亚高效或高效过滤器。总之，机房应在满足电子信息系统运行要求的前提下，根据具体条件进行设计。

4　机房位置及设备布置

4.1　机房位置选择

4.1.1　电子信息系统受粉尘、有害气体、振动冲击、电磁场干扰等因素影响时，将导致运算差错、误动作、机械部件磨损、缩短使用寿命等。机房位置选择应尽可能远离产生粉尘、有害气体、强振源、强噪声源等场所，避开强电磁场干扰。

　　水灾隐患区域主要是指江、河、湖、海岸边，A级机房的选址应考虑百年一遇的洪水，不应受百年一遇洪水的影响；B级机房的选址应考虑50年一遇的洪水，不应受50年一遇洪水的影响。其次，机房不宜设置在地下室的最底层。当设置在地下室的最底层时，应采取措施，防止管道泄漏、消防排水等水渍损失。

　　对机房选址地区的电磁场干扰强度不能确定时，需作实地测量，测量值超过本规范第5章规定的电磁场干扰强度时，应采取屏蔽措施。

　　选择机房位置时，如不能满足本条和附录 A 的要求，应采取相应防护措施，保证机房安全。

4.1.2 在多层或高层建筑物内设电子信息系统机房时,有以下因素影响主机房位置的确定:

1 设备运输:主要是考虑为机房服务的冷冻、空调、UPS 等大型设备的运输,运输线路应尽量短;

2 管线敷设:管线主要有电缆和冷媒管,敷设线路应尽量短;

3 雷电感应:为减少雷击造成的电磁感应侵害,主机房宜选择在建筑物低层中心部位,并尽量远离建筑物外墙结构柱子(其柱内钢筋作为防雷引下线);

4 结构荷载:由于主机房的活荷载标准值远远大于建筑的其他部分,从经济角度考虑,主机房宜选择在建筑物的低层部位;

5 机房专用空调的主机与室外机在高差和距离上均有使用要求,因此在确定主机房位置时,应考虑机房专用空调室外机的安装位置。

4.2 机房组成

4.2.1 电子信息系统机房的组成应根据具体情况确定,可在各类房间中选择组合。对于受到条件限制,且为一般使用的普通机房时,也可以一室多用。

4.2.2～4.2.4 机房各组成部分的使用面积应根据工艺布置确定,在对电子信息设备的具体情况不完全掌握时,可按此方法计算面积。

4.3 设备布置

4.3.2 产生尘埃及废物的设备主要是指各类以纸为记录介质的设备,如静电喷墨打印机、复印机等设备。对尘埃敏感的设备主要是指磁记录设备。

4.3.3 对于前进风/后出风方式冷却的设备,要求设备的前面为冷区,后面为热区,这样有利于设备散热和节能。当机柜或机架成行布置时,要求机柜或机架采用面对面、背对背的方式。机柜或机架面对面布置形成冷风通道,背对背布置形成热风通道。如果采用其他的布置方式,有可能造成气流短路,不利于设备散热。

4.3.4 本条规定的各种间距,主要是从人员安全、设备运输、检修、通风散热等方面考虑的。对于成行排列的机柜,考虑到实际中会遇到柱子等的影响,出口通道的宽度局部可为 0.8m。

5 环境要求

5.1 温度、相对湿度及空气含尘浓度

5.1.1 本条按照不同级别的电子信息系统机房,对主机房和辅助区的温湿度控制值做了规定。由于电子信息设备在停机检修或作为备件存储时,对环境的温湿度也有要求,故在附录 A 中关于环境要求部分,分别提出了电子信息系统"开机时"和"停机时"的

两个温湿度控制值。

支持区(除 UPS 电池室外)和办公区的温湿度控制值,应按现行国家标准《采暖通风与空气调节设计规范》GB 50019 的有关规定执行。

5.1.2 由于电子信息设备的制造精度越来越高,导致其对环境的要求也越来越严格,空气中的灰尘粒子有可能导致电子信息设备内部发生短路等故障。为了保障重要的电子信息系统运行安全,本规范对 A、B 级机房在静态条件下的空气含尘浓度做出了规定。

5.2 噪声、电磁干扰、振动及静电

5.2.1 噪声测量方法应符合现行国家标准《工业企业噪声测量规范》GBJ 122 的有关规定。

5.2.2、5.2.3 指外界的无线电干扰场强和磁场对主机房的辐射干扰。即在主机房内,电子信息设备不工作条件下所测得的外界的无线电干扰场强(0.15～1000MHz 时)和干扰磁场的上限值。

5.2.4 本条采纳了原规范第 3.2.4 条的振动加速度值。

5.2.5 据有关资料记载,静电电压达到 2kV 时,人会有电击感觉,容易引起恐慌,严重时能造成事故及设备故障。故本规范规定主机房和辅助区内绝缘体的静电电位不应大于 1kV。

6 建筑与结构

6.1 一般规定

6.1.1 A 级电子信息系统机房的抗震设计分类一般按乙类考虑;B 级电子信息系统机房除有特殊要求外,一般按丙级考虑;C 级电子信息系统机房按丙类考虑。

电子信息系统机房的荷载应根据机柜的重量和机柜的布置,按照现行国家标准《建筑结构荷载规范》GB 50009—2001 附录 B 计算确定,但不宜小于本规范附录 A 中所列的标准值。

6.1.2 为满足电子信息系统机房摆放工艺设备的要求,主机房的结构宜采用大空间及大跨度柱网。

6.1.3 常用的机柜高度一般为 1.8～2.2m,气流组织所需机柜顶面至吊顶的距离一般为 400～800mm,故机房净高不宜小于 2.6m。在满足电子信息设备使用要求的前提下,还应综合考虑室内建筑空间比例的合理性以及对建设投资和日常运行费用的影响。

6.1.4 规定变形缝不应穿过主机房的目的是为了避免因主体结构的不均匀沉降破坏电子信息系统的运行安全。当由于主机房面积太大而无法保证变形缝不穿过主机房时,则必须控制变形缝两边主体结构的沉降差。

6.1.5 本条是为保证电子信息设备安全运行制定的。

用水和振动区域主要有卫生间、厨房、实验室、动力站等。电磁干扰源有电动机、电焊机、整流器、变频器、电梯等。当主机房在建筑布局上无法避免上述环境时，建筑设计应采取相应的保护措施。

6.1.6 技术夹层包括吊顶上和活动地板下，当主机房中各类管线暗敷于技术夹层内时，建筑设计应为各类管线的安装和日常维护留有出入口。技术夹道主要用于安装设备（如精密空调）及各种管线，建筑设计应为设备的安装和维护留有空间。

6.2 人流、物流及出入口

6.2.1 空气污染和尘埃积聚可能造成电子部件的漏电和机械部件的磨损，因此主机房的防尘处理应引起足够重视。主机房设单独出入口的目的是为了避免与其他人流物流的交叉，减少灰尘被带入主机房的几率。

6.2.2 主机房一般属于无人操作区，辅助区一般含有测试机房、监控中心、备件库、打印室、维修室、工作室等，属于有人操作区。设计规划时宜将有人操作区和无人操作区分开布置，以减少人员将灰尘带入无人操作区的机会。但从操作便利角度考虑，主机房和辅助区宜相邻布置。

6.2.3 主机房门的尺寸不宜小于 1.2m（宽）×2.2m（高）。当电子信息系统机房内通道的宽度及门的尺寸不能满足设备和材料的运输要求时，应设置设备搬入口。

6.2.4 在主机房入口处设换鞋更衣间，其目的是为了减少人员将灰尘带入主机房。是否设置换鞋更衣间，应根据项目的具体情况确定。条件不允许时，可将换鞋改为穿鞋套，将更衣间改为更衣柜。换鞋更衣间的面积应根据最大班时操作人员的数量确定。

6.3 防火和疏散

6.3.2 电子信息系统机房内的设备和系统属于贵重和重要物品，一旦发生火灾，将给国家和企业造成重大的经济损失和社会影响。因此，严格控制建筑物耐火等级十分必要。

6.3.3 考虑 A 级或 B 级电子信息系统机房的重要性，当与其他功能用房合建时，应提高机房与其他部位相邻隔墙的耐火时间，以防止火灾蔓延。当测试机房、监控中心等辅助区与主机房相邻时，隔墙应将这些部分包括在内。

6.3.4 本条以 100m² 为界规定主机房安全出口数量的原因如下：

 1 进入主机房内的人员很少（一般没有人员），且为固定的内部工作人员，他们熟知周边环境和疏散路线，因此对于 100m² 及以下的主机房，即使只有一个安全出口，内部工作人员也可以安全疏散；

 2 从建筑布局考虑，当主机房面积小于 100m²

时，设置两个安全出口有一定困难；

 3 机房内设置有火灾自动报警系统，可及时通知机房内的工作人员疏散。

 基于以上原因，本条对主机房的安全出口做出了规定。分散布置的安全出口宜设于机房的两端。

6.3.5 顶棚和壁板选用可燃烧材料易使火势增强，增加扑救困难，故本规范规定主机房的顶棚、壁板、隔断（包括壁板和隔断的夹芯材料）应采用不燃烧体。

6.4 室内装修

6.4.2 高分子绝缘材料是现代工程中广泛使用的材料，常用的工程塑料、聚酯包装材料、高分子聚合物涂料都是这类物质。其电气特性是典型的绝缘材料，有很高的阻抗，易聚集静电，因此在未经表面改性处理时，不得用于机房的表面装饰工程。但如果表面经过改性处理，如掺入碳粉等手段，使其表面电阻减小，从而不容易积聚静电，则可用于机房的表面装饰工程。

6.4.4 防静电活动地板的铺设高度，应根据实际需要确定（在有条件的情况下，应尽量提高活动地板的铺设高度），当仅敷设电缆时，其高度一般为 250mm 左右；当既作为电缆布线，又作为空调静压箱时，可根据风量计算其高度，并应考虑布线所占空间，一般不宜小于 400mm。当机房面积较大、线缆较多时，应适当提高活动地板的高度。

 当电缆敷设在活动地板下时，为避免电缆移动导致地面起尘或划破电缆，地面和四壁应平整而耐磨；当同时兼作空调静压箱时，为减少空气的含尘浓度，地面和四壁应选用不易起尘和积灰、易于清洁、且具有表面静电耗散性能的饰面涂料。

6.4.6 本条是从安全、节能和防尘的角度考虑。A级或 B级电子信息系统机房中的服务器机房、网络机房、存储机房等日常无人工作区域不宜设置外窗；监控中心、打印室等有人工作区域以及 C级电子信息系统机房可以设置外窗，但应保证外窗有安全措施，有良好的气密性，防止空气渗漏和结露，满足热工要求。

7 空气调节

7.1 一般规定

7.1.1 支持区和办公区是否设置空调系统，应根据设备要求和当地的气候条件确定。

7.1.2 电子信息系统机房与其他功能用房共建于同一建筑内时，设置独立空调系统的原因如下：

 1 机房环境要求与其他功能用房的环境要求不同；

2 空调运行时间不同；

3 避免建筑物内其他部分发生事故（如火灾）时影响机房安全。

7.1.3 通常情况下，主机房的空调参数较高，而支持区和辅助区的空调参数较低，根据不同的空调参数，可分别设置不同的空调系统。但是否将主机房、支持区和辅助区的空调系统分开设置，还应根据机房规模大小、各房间所处位置、气流组织形式等综合考虑。

7.1.4 本规范只对电子信息系统机房空调设计的特殊性作出规定。因此，电子信息系统机房的空调设计除应符合本规范外，还应执行现行国家标准《采暖通风与空气调节设计规范》GB 50019 的有关规定。

7.2 负荷计算

7.2.1 电子信息系统机房内设备的散热量，应以产品说明书或设备手册提供的设备散热量为准。对主机房内的电子信息设备的散热量不能完全掌握时，可参考所选 UPS 电源的容量和冗余量来计算设备的散热量。

7.2.2 空调系统的冷负荷主要是服务器等电子信息设备的散热。电子信息设备发热量大（耗电量中的97％都转化为热量），热密度高，因此电子信息系统机房的空调设计主要考虑夏季冷负荷。对于寒冷地区，还应考虑冬季热负荷，可按照《采暖通风与空气调节设计规范》GB 50019 的有关规定进行计算。

7.3 气流组织

7.3.1 气流组织形式选用的原则是：有利于电子信息设备的散热、建筑条件能够满足设备安装要求。电子信息设备的冷却方式有风冷、水冷等，风冷有上部进风、下部进风、前进风后排风等。影响气流组织形式的因素还有建筑条件，包括层高、面积、室外机的安装条件等。因此，气流组织形式应根据设备对空调系统的要求，结合建筑条件综合考虑。

本条推荐了主机房常用的气流组织形式、送回风口的形式以及相应的送回风温差。由于机房空调主要是为电子信息设备散热服务的，适当减小温差的目的是为了适当加大风量，这样有利于机柜散热。

7.3.2 本条推荐了几种活动地板下送风、上回风的情况：

1 热密度大：单台机柜的发热量大于 3kW；

2 热负荷大：单位面积的设备发热量大于 300W/m²；

3 机柜过高：单台机柜的高度大于 1.8m。

对于热密度大、热负荷大的机房，采用下送风、上回风的方式，有利于设备的散热；对于高度超过1.8m的机柜，采用下送风，上回风的方式，可以减少机柜对气流的影响。

随着电子信息技术的发展，机柜的容量不断提高，设备的发热量将随容量的增加而加大，为了保证电子信息系统的正常运行，对设备的降温也将出现多种方式，各种方式之间可以相互补充。

7.3.3 本条是为了保证机房内操作人员身体健康规定的。

7.4 系统设计

7.4.1 有空调的房间集中布置，有利于空调系统的设计；室内温、湿度参数相同或相近的房间相邻，有利于风管和风口的布置。

7.4.2 主机房设置采暖散热器的要求在附录 A 中有规定，A 级机房不应设置采暖散热器，B 级机房不宜设置采暖散热器，C 级机房可以设置采暖散热器，但不建议设置。如果设置了采暖散热器，应采取措施，防止管道或采暖散热器漏水。装设温度调节装置的目的是可以调节房间内的温度，以利于节能。

7.4.4 主机房内的线缆数量很多，一般采用线槽或桥架敷设，当线槽或桥架敷设在高架活动地板下时，线槽占据了活动地板下的部分空间。当活动地板下作为空调静压箱时，应考虑线槽及消防管线等所占用的空间，空调断面风速应按地板下的有效断面积进行计算。

7.4.5 风管穿过防火墙时，应在防火墙的一侧设置防火阀。风管穿过变形缝时，有下列三种情况：

1 变形缝两侧有隔墙时，应在两侧设置防火阀；

2 变形缝一侧有隔墙时，应在一侧设置防火阀；

3 变形缝处无隔墙时，可不设置防火阀。

7.4.7 本规范对 A、B 级电子信息系统机房的主机房有含尘浓度的要求，对 C 级电子信息系统机房没有含尘浓度的要求，因此，A、B 级电子信息系统机房的主机房应维持正压，C 级电子信息系统机房应根据具体情况而定。

7.4.9 本条将空调系统的空气过滤要求分成两部分，主机房内空调系统的循环机组（或专用空调的室内机）宜设初效过滤器，有条件时可以增加中效过滤器，而新风系统应设初、中效过滤器，环境条件不好时，可以增加亚高效过滤器。

7.4.10 设有新风系统的主机房，应进行风量平衡计算，以保证室内外的差压要求，当差压过大时，应设置排风口，避免造成新风无法正常进入主机房的情况。

7.4.11 打印室内的喷墨打印机、静电复印机等设备以及纸张等物品易产生尘埃粒子，对除尘后的空气将造成二次污染，因此应对含有污染源的房间（如打印室）采取措施，防止污染物随气流进入其他房间。如对含有污染源的房间不设置回风口，直接排放；与相邻房间形成负压，减少污染物向其他房间扩散；对于大型的电子信息系统机房，还可考虑为含有污染源的房间单独设置空调系统。

7.4.12 分体式空调机的室内机组可以安装在靠近主机房的专用空调机房内，也可以直接安装在主机房内，不单独建空调机房。这两种空调室内机的布置方式，从空调效果来讲，没有明显区别，但将室内机组安装在专用空调机房内，可以降低主机房内的噪声。

7.4.13 调查资料表明，电子信息系统机房内空调系统的用电量约占机房总用电量的 20%～50%，因此空调系统的节能措施是机房节能设计中的重要环节。

大型机房通常是指面积数千至数万平方米的机房。在这类机房中，安装的设备多、发热量大、空调负荷大，而水冷冷水机组的能效比高，可节约能源，提高空调制冷效果。

中国地域辽阔，各地自然条件各不相同，在执行本条规范时，应根据当地的气候条件和机房的负荷情况综合考虑，选择合理的空调方案，达到节约能源、降低运行费用的目的。

7.5 设备选择

7.5.1 空调对于电子信息设备的安全运行至关重要，因此机房空调设备的选用原则首先是高可靠性，其次是运行费用低、高效节能、低噪声和低振动。

7.5.2 不同等级的电子信息系统机房，对空调系统和设备的可靠性要求也不同，应根据机房的热湿负荷、气流组织型式、空调制冷方式、风量、系统阻力等参数及附录 A 的相关技术要求执行。建筑条件主要是指空调机房的位置、层高、楼板荷载等，如果选用风冷式空调机，还应考虑室外机的安装位置。

7.5.3 空调系统无备份设备时，为了提高空调制冷设备的运行可靠性及满足将来电子信息设备的少量扩充，要求单台空调制冷设备的制冷能力预留 15%～20%的余量。

7.5.4 要求机房专用空调机带有通信接口，通信协议满足机房监控系统要求的目的是为了便于空调设备与机房监控系统联网，实现集中管理。

7.5.5 空调设备常需更换的部件是空气过滤器和加湿器，设计时应考虑为空调设备留有一定的维修空间。

8 电 气

8.1 供 配 电

8.1.1 A 级电子信息系统机房的供电电源应按一级负荷中特别重要的负荷考虑，除应由两个电源供电（一个电源发生故障时，另一个电源不应同时受到损坏）外，还应配置柴油发电机作为备用电源。B 级电子信息系统机房的供电电源按一级负荷考虑，当不能满足两个电源供电时，应配置备用柴油发电机系统。

C 级电子信息系统机房的供电电源应按二级负荷考虑。

8.1.2 本规范第 8.1.7 条规定"电子信息设备应由不间断电源系统供电"，因此 UPS 电源的输出质量决定了电子信息设备的供电电源质量，本规范采纳了现行行业标准《通信用不间断电源—UPS》YD/T 1095—2000 中有关电源质量的指标。

8.1.4 规定引入机房的户外供电线路不宜采用架空方式敷设的目的是为了保证户外供电线路的安全，保证机房供电的可靠性。户外架空线路宜受到自然因素（如台风、雷电、洪水等）和人为因素（如交通事故）的破坏，导致供电中断，故户外供电线路宜采用直接埋地、排管埋地或电缆沟敷设的方式。当采用具有金属外护套的电缆时，在进出建筑物处应将电缆的金属外护套与接地装置连接。当户外供电线路采用埋地敷设有困难，只能采用架空敷设时，应采取措施，保证线路安全。

8.1.5 由于电子信息系统机房供电可靠性要求较高，为防止其他负荷的干扰，当机房用电容量较大时，应设置专用配电变压器供电；机房用电容量较小时，可由专用低压馈电线路供电。

采用干式变压器是从防火安全角度考虑的。美国 NFPA 75（信息设备的保护）要求为信息设备供电的变压器应采用干式或不含可燃物的变压器。

8.1.6 低压配电不应采用 TN-C 系统的主要原因有两个，一是干扰问题，二是安全问题。

8.1.7 为保证电源质量，电子信息设备应由 UPS 供电。辅助区宜单独设置 UPS 系统，以避免辅助区的人员误操作而影响主机房电子信息设备的正常运行。

采用具有自动和手动旁路装置的 UPS，其目的是为了避免在 UPS 设备发生故障或进行维修时中断电源。

确定 UPS 容量时需要留有余量，其目的有两个：一是使 UPS 不超负荷工作，保证供电的可靠性；二是为了以后少量增加电子信息设备时，UPS 的容量仍然可以满足使用要求。按照公式 $E \geqslant 1.2P$ 计算出的 UPS 容量只能满足电子信息设备的基本需求，未包含冗余或容错系统中备份 UPS 的容量。

8.1.8 电子信息系统机房内的空调、水泵、冷冻机等动力设备及照明等其他用电设备应与电子信息设备用的 UPS 分开不同回路配电，以减少对电子信息设备的干扰。

8.1.9 专用配电箱（柜）的主要作用是对使用 UPS 电源的电子信息设备进行配电、保护和监测。要求专用配电单元靠近用电设备安装的主要目的是使配电线路尽量短，从而降低中性线与 PE 线之间的电位差。

8.1.10 中性线与 PE 线之间的电位差称为"零地电压"，当"零地电压"高于电子信息设备的允许值时，将引起硬件故障、烧毁设备；引发控制信号的误动作；影响通信质量，延误或阻止通信的正常进行。因此，当"零地电压"不满足负载的使用要求时（一般"零地电压"应小于 2V），应采取措施，降低"零地电压"。对于 TN 系统，在 UPS 的输出端配备隔离变压器是降低"零地电压"的有效方法。选择隔离变压器的保护开关时，应考虑隔离变压器投入时的励磁涌流。

专用配电箱（柜）配置远程通信接口的目的是为了将配电箱（柜）内各路电源的运行状况反映到机房设备监控系统中，便于工作人员掌握设备运行状况。

8.1.11 电源连接点主要是指插座、接线柱、工业连接器等，电子信息设备的电源连接点应在颜色或外观上明显区别于其他设备的电源连接点，以防止其他设备误连接后，导致电子信息设备供电中断。

8.1.12 由于柴油发电机系统是作为 A 级电子信息系统机房两个供电电源的后备电源，其作用是实现"容错"功能，故 A 级电子信息系统机房后备柴油发电机系统的结构型式为 N 或 N+X（X＝1～N）。

8.1.13 由于 A 级和 B 级电子信息系统机房的 UPS、空调和制冷设备除满足基本需求外，均含有冗余量或冗余设备，从经济角度考虑，后备柴油发电机的容量不应包括这些设备的冗余量（但应考虑负荷率），故柴油发电机的容量只包括 UPS、空调和制冷设备的基本容量及应急照明和消防等关系到生命安全需要的负荷容量。由于 UPS 是柴油发电机的主要负载，故在选择柴油发电机时，应考虑 UPS 输出的谐波电流对柴油发电机输出电压的影响。

8.1.14 本条主要是从供电可靠性考虑的，从目前的技术发展来讲，"并机"设备可以实现自动同步控制出现故障时，手动控制同步的功能。

8.1.15 本条主要考虑当市电和柴油发电机都出现故障时，检修柴油发电机需要电源，故只能采用 UPS 或 EPS。为了不影响电子信息设备的安全运行，检修用 UPS 电源不应由电子信息设备用 UPS 电源引来。

8.1.16 本条主要是从供电可靠性考虑的，市电与柴油发电机之间的自动转换开关应具有手动旁路功能，检修自动转换开关时，不会影响市电与柴油发电机的切换。

8.1.17 机房内的隐蔽通风空间主要是指作为空调静压箱的活动地板下空间及用于空调回风的吊顶上空间。从安全的角度出发，在活动地板下及吊顶上敷设的低压配电线路应采用阻燃铜芯电缆；从方便安装和维护的角度考虑，配电电缆线槽（桥架）应敷设在通信缆线槽（桥架）的下方。当活动地板下作为空调静压箱或吊顶上作为回风通道时，电缆线槽的布置应留出适当的空间，保证气流通畅。

8.1.18 电子信息设备属于单相非线性负荷，易产生谐波电流及三相负荷不平衡现象，根据实测，UPS 输出的谐波电流一般不大于基波电流的 10%，故不必加大相线截面积，而中性线含三相谐波电流的叠加及三相负荷不平衡电流，实测往往等于或大于相线电流，故中性线截面积不应小于相线截面积。此外，将单相负荷均匀地分配在三相线路上，可以减小中性线电流，减小由三相负荷不平衡引起的电压不平衡度。

8.2 照　明

8.2.1 照度标准值的参考平面为 0.75m 水平面。

8.2.3 本条主要是从照明节能角度考虑，高效节能荧光灯主要是指光效大于 80 lm/W 的荧光灯。对于大面积照明场所及平时无人职守的房间，照明光源应采用分区、分组的控制措施。

8.2.4 本条针对视觉作业所采取的措施是为了减少作业面上的光幕反射和反射眩光。现行国家标准《建筑照明设计标准》GB 50034 等同采用 CIE 标准《室内工作场所照明》S008/E—2001 中有关限制视觉显示终端眩光的规定，本规范参照执行。

8.2.5 根据对机房现场的重点调查，机房内的照明均匀度一般都大于 0.7，特别是对有视觉显示终端的工作场所，人的眼睛对照明均匀度要求更高，只有当照明均匀度大于 0.7 时，人的眼睛才不容易疲劳。

由于人的眼睛对亮度差别较大的环境有一个适应期，因此相邻的不同环境照度差别不宜太大，非工作区域内的一般照明照度值不宜低于工作区域内一般照明照度值的 1/3 的规定是参照 CIE 标准《室内照明指南》（1986）制订的。

8.2.6 主机房和辅助区是电子信息交流和控制的重要场所，照明熄灭将造成机房内的人员停止工作，设备运转出现异常，从而造成很大影响或经济损失。因此，主机房和辅助区内应设置保证人员正常工作的备用照明。备用照明与一般照明的电源应由不同回路引来，火灾时切除。通过普查和重点调查，以及对电子信息系统机房重要性的普遍认同，规定备用照明的照度值不低于一般照明照度值的 10%；有人值守的房间（主要是辅助区），备用照明的照度值不应低于一般照明照度值的 50%。

8.2.7 主机房一般为密闭空间（A 级和 B 级主机房一般不设外窗），从安全角度出发，规定通道疏散照明的照度值（地面）不低于 5 lx。

8.2.8 0 类灯具的防触电保护主要依靠其自身的基本绝缘，而 Ⅰ 类灯具的防触电保护除依靠其自身的基本绝缘外，还包括附加的安全措施，即把易触及的导电部件与线路中的保护线连接，使易触及的导电部件在基本绝缘失效时不致带电。电子信息系统机房内应采用 Ⅰ 类灯具，其供电线路无论是明敷还是暗敷，灯具的金属外壳均应与保护线（PE 线）做电气连接。

8.2.10 技术夹层包括吊顶上和活动地板下，需要设置照明的地方主要是人员可以进入的夹层。

8.3 静电防护

8.3.1 "地板"是指铺设了高架防静电活动地板的区域,"地面"是指未铺设防静电活动地板的区域。地板或地面是室内环境静电控制的重点部位,其防静电的功能主要取决于静电泄放措施和接地构造,即地板或地面应选择导静电或静电耗散材料,并应做好接地。

本规范采用静电工程中通常使用的"表面电阻"和"体积电阻"来表征地板或地面的静电泄放性能,其阻值是依据国内行业规范并参考国外相关标准确定的,涵盖了导静电型和静电耗散型两大地面类型。

8.3.2 采用涂料敷设方式的防静电地面,涂料多为现场配置或采用复合材料铺设,静电性能不容易达到一致或存在时效衰减,因此要求长期稳定。该项指标可以由供方承诺,也可经具有相应资质的测试部门,通过加速老化试验,进行功能性评定和寿命预测。

8.3.3 主机房内的工作台面是人员操作的主要工作面,从保证电子信息系统的可靠性角度考虑,推荐采用与地面同级别的防静电措施。

8.3.4 等电位联结是静电防护的必要措施,是接地构造的重要环节,对于机房环境的静电净化和人员设备的防护至关重要,在电子信息系统机房内不应存在对地绝缘的孤立导体。

8.4 防雷与接地

8.4.1 本规范仅对电子信息系统机房接地的特殊性作出规定,在进行机房防雷和接地设计时,除应符合本规范的相关规定外,尚应符合现行国家标准《建筑物防雷设计规范》GB 50057 和《建筑物电子信息系统防雷技术规范》GB 50343 的有关规定。如电子信息系统机房内各级配电系统浪涌保护器的设计应按照现行国家标准《建筑物电子信息系统防雷技术规范》GB 50343 的有关规定执行。

8.4.2 保护性接地包括:防雷接地、防电击接地、防静电接地、屏蔽接地等;功能性接地包括:交流工作接地、直流工作接地、信号接地等。

关于电子信息设备信号接地的电阻值,IEC 有关标准及等同或等效采用 IEC 标准的国家标准均未规定接地电阻值的要求,只要实现了高频条件下的低阻抗接地(不一定是接大地)和等电位联结即可。当与其他接地系统联合接地时,按其他接地系统接地电阻的最小值确定。

若防雷接地单独设置接地装置时,其余几种接地宜共用一组接地装置,其接地电阻不应大于其中最小值,并应按现行国家标准《建筑物防雷设计规范》GB 50057 要求采取防止反击措施。

8.4.3 为了减小环路中的感应电压,单独设置接地线的电子信息设备的供电线路与接地线应尽可能地同路径敷设;同时为了防止干扰,接地线应与其他接地线绝缘。

8.4.4 对电子信息设备进行等电位联结是保障人身安全、保证电子信息系统正常运行、避免电磁干扰的基本要求。

电子信息设备有两个接地:一个是为电气安全而设置的保护接地,另一个是为实现其功能性而设置的信号接地。按 IEC 标准规定,除个别特殊情况外,一个建筑物电气装置内只允许存在一个共用的接地装置,并应实施等电位联结,这样才能消除或减少电位差。对电子信息设备也不例外,其保护接地和信号接地只能共用一个接地装置,不能分接不同的接地装置。在 TN-S 系统中,设备外壳的保护接地和信号接地是通过连接 PE 线实现接地的。

S 型(星形结构、单点接地)等电位联结方式适用于易受干扰的频率在 $0 \sim 30kHz$(也可高至 $300kHz$)的电子信息设备的信号接地。从配电箱 PE 母排放射引出的 PE 线兼做设备的信号接地线,同时实现保护接地和信号接地。对于 C 级电子信息系统机房中规模较小(建筑面积 $100m^2$ 以下)的机房,电子信息设备可以采用 S 型等电位联结方式。

M 型(网形结构、多点接地)等电位联结方式适用于易受干扰的频率大于 $300kHz$(也可低至 $30kHz$)的电子信息设备的信号接地。电子信息设备除连接 PE 线作为保护接地外,还采用两条(或多条)不同长度的导线尽量短直地与设备下方的等电位联结网格连接,大多数电子信息设备应采用此方案实现保护接地和信号接地。

SM 混合型等电位联结方式是单点接地和多点接地的组合,可以同时满足高频和低频信号接地的要求。具体做法为设置一个等电位联结网格,以满足高频信号接地的要求;再以单点接地方式连接到同一接地装置,以满足低频信号接地要求。

8.4.5 要求每台电子信息设备有两根不同长度的连接导体与等电位联结网格连接的原因是:当连接导体的长度为干扰频率波长的 1/4 或其奇数倍时,其阻抗为无穷大,相当于一根天线,可接收或辐射干扰信号,而采用两根不同长度的连接导体,可以避免其长度为干扰频率波长的 1/4 或其奇数倍,为高频干扰信号提供一个低阻抗的泄放通道。

8.4.6 等电位联结网格的尺寸取决于电子信息设备的摆放密度,机柜等设备布置密集时(成行布置,且行与行之间的距离为规范规定的最小值时),网格尺寸宜取小值($600mm \times 600mm$);设备布置宽松时,网格尺寸可视具体情况加大,目的是节省铜材(参见图1)。

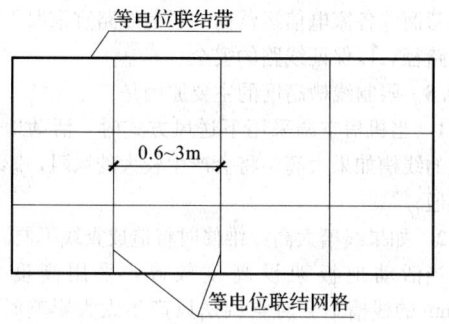

图 1　等电位联结带与等电位联结网格

9　电磁屏蔽

9.1　一般规定

9.1.1　其他电磁泄漏防护措施主要是指采用信号干扰仪、电磁泄漏防护插座、屏蔽缆线和屏蔽接线模块等。

9.1.4　设有电磁屏蔽室的电子信息系统机房，结构荷载除应满足电子信息设备的要求外，还应考虑金属屏蔽结构需要增加的荷载值。根据调研，需要增加的结构荷载与屏蔽结构形式及屏蔽室的面积有关，一般在 1.2～2.5kN/m² 范围内。

9.1.5　滤波器、波导管等屏蔽件一般安装在电磁屏蔽室金属壳体的外侧，考虑到以后的维修，需要在安装有屏蔽件的金属壳体侧与建筑（结构）墙之间预留维修通道或维修口，通道宽度不宜小于 600mm。

9.1.6　电磁屏蔽室的接地采用单独引下线的目的是为了防止屏蔽信号干扰电子信息设备，引下线一般采用截面积不小于 25mm² 的多股铜芯电缆，并采取屏蔽措施。

9.3　屏蔽件

9.3.1　屏蔽件的性能指标主要是指衰减参数和截止频率等。选择屏蔽件时，其性能指标不应低于电磁屏蔽室的屏蔽要求。根据调研，屏蔽件的性能指标适当提高一些，屏蔽效果会更好。

9.3.3　滤波器分为电源滤波器和信号滤波器，电源滤波器主要对供电电源进行滤波。电源滤波器的规格主要是指电源频率（50Hz、400Hz 等）和额定电流值；电源滤波器的供电方式有单相和三相。

9.3.4　当信号频率太高（如射频信号），无法采用滤波器进行滤波时，应对进入电磁屏蔽室的信号电缆采取其他的屏蔽措施，如使用屏蔽暗箱或信号传输板等。

9.3.5　采用光缆的目的是为了减少电磁泄漏，保证信息安全。光缆中的加强芯一般采用钢丝，在光缆进入波导管之前应去掉钢丝，以保证电磁屏蔽效果。对于电场屏蔽衰减指标低于 60dB 的屏蔽室，网络线可

以采用屏蔽缆线，缆线的屏蔽层应与屏蔽壳体可靠连接。

9.3.6　根据调研，截止波导通风窗内的波导管采用等边六角形时，电磁屏蔽和通风效果最好。

9.3.7　非金属材料主要是指光纤、气体和液体（如空调制冷剂、消防用水或气体灭火剂等）。波导管的截面尺寸和长度应根据截止频率和衰减参数，通过计算确定。

10　机房布线

本章适用于电子信息系统机房内及同一建筑物内数个机房之间连接的网络布线系统设计，不包括建筑物其他部分的综合布线，具体如图 2 所示：

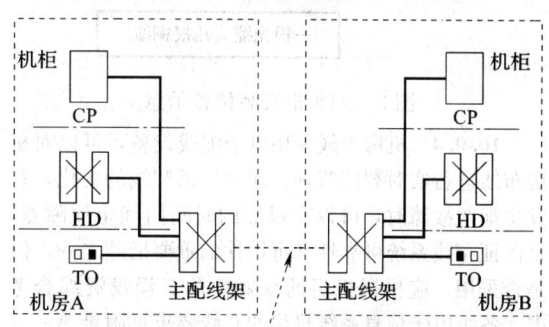

机房布线包括BD与BD之间连接的主干缆线

图 2　机房及机房之间布线范围

10.0.1　主机房以一个机柜为一个工作区，暂时无法确定机柜数量的，以 3～5m² 为一个工作区；辅助区以 3～9 m² 为一个工作区；支持区以不同的功能用房为一个工作区，如 UPS 室、空调机房等。工作区信息点数量配置见附录 A 的技术要求。行政管理区按现行国家标准《综合布线系统工程设计规范》GB 50311 的有关规定执行。

10.0.2　此条规定是为保证网络系统运行稳定可靠。传输介质主要是指设备缆线、跳线和配线设备。冗余配置的要求主要针对 A 级和 B 级电子信息系统机房的布线，对于 C 级电子信息系统机房的布线，可根据具体情况确定。

10.0.3　当主机房内机柜或机架成行排列超过 5 个或按照不同功能区域布置时，为便于施工、管理和维护，可以在主配线设备（BD）和成行排列的机柜（或按照功能区域布置的机柜）或机架之间增加一个列头柜，同一功能区域或同一排机柜或机架的对绞电缆、光缆均汇聚到列头柜。当列头柜内不安装有源网络设备时，它就是一个线缆集合点（CP）；而当列头柜内安装有源网络设备时，它就是一个水平配线设备（HD）。列头柜一般设置在成行排列的机柜端头。

在网络布线设计中，应根据工程造价、管理要求、场地条件等因素，决定列头柜是采用（CP）方

式，还是（HD）方式。采用（CP）方式时，管理方便、维护简单，但线路施工量大，造价高；而采用（HD）方式时，由于有源网络设备分布在各个列头柜内，因此与主配线柜的连接可以使用一根多芯光缆或几根铜缆，减少了光缆或铜缆的数量，减少了线路施工和维护工作量，但由于网络设备分散，给管理造成了不便。图3是列头柜安装位置示意图。

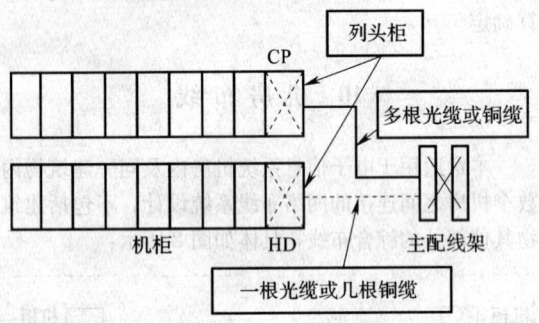

图3 列头柜安装位置示意

10.0.4 机房布线采用电子配线设备，可以对机房布线进行实时智能管理，随时记录配线的变化，在发生配线故障时，可以在很短的时间内确定故障点，是保证布线系统可靠性和可用性的重要措施之一。但是否采用，应根据机房的重要性及工程投资综合考虑。各级电子信息系统机房的布线要求见附录A。

10.0.5 为防止电磁场对布线系统的干扰，避免通过布线系统对外泄露重要信息，应采用屏蔽布线系统、光缆布线系统或采取其他电磁干扰防护措施（如建筑屏蔽）。当采用屏蔽布线系统时，应保证链路或信道的全程屏蔽和屏蔽层可靠接地。

10.0.6 当缆线敷设在隐蔽通风空间（如吊顶内或地板下）时，缆线易受到火灾的威胁或成为火灾的助燃物，且不易察觉，故在此情况下，应对缆线采取防火措施。采用具有阻燃性能的缆线是防止缆线火灾的有效方法之一。各级电子信息系统机房的布线要求见附录A，北美通信缆线防火分级见表1，也可以按照现行国家标准《综合布线系统工程设计规范》GB 50311的相关规定，按照欧洲缆线防火分级标准设计。

表1 北美通信缆线防火分级

线缆的防火等级	北美通信电缆分级	北美通信光缆分级
阻燃级	CMP	OFNP 或 OFCP
主干级	CMR	OFNR 或 OFCR
通用级	CM、CMG	OFN(G) 或 OFC(G)

10.0.7 在设计机房布线系统与本地公用电信网络互联互通时，主要考虑对不同电信运营商的选择和系统出口的安全。对于重要的电子信息系统机房，设置的网络与配线端口数量应至少满足两家以上电信运营商互联的需要，使得用户可以根据业务需求自由选择电信运营商。各家电信运营商的通信线路宜采取不同的敷设路径，以保证线路的安全。

10.0.8 限制线槽高度的主要原因是：

1 当机房空调采用下送风方式时，活动地板下敷设的线槽如果太高，将会产生较大的风阻，影响气流流通；

2 如果线槽太高，维修时将造成查线不便。

当活动地板架设高度较高，采用高度大于150mm的线槽不会对空调送风产生太大影响时，可以适当增加线槽的高度，也可以采用多层线槽，尤其是采用上走线方式时，线槽可安装2～3层，最下层用于配电线路，上层用于网络布线。

布置线槽时需要综合考虑相关专业对空间的要求。活动地板下敷设线槽时，应考虑与配电线路的间距及是否阻碍了空调气流的流通；采用上走线方式时，线槽的位置应与灯具、风口和消防喷头的位置相协调。

为了减少采用线槽带来的以上问题，近年来，在欧洲和北美地区已普遍采用网格式桥架。网格式桥架在活动地板下敷设或采用上走线方式敷设时，可以减少对气流的阻碍，便于维修、查线和及时发现隐患。

11 机房监控与安全防范

11.1 一般规定

11.1.2 环境和设备监控系统采用集散或分布式网络结构，能够体现集中管理，分散控制的原则，可以实现本地或远程监视和操作。

11.1.3 环境和设备监控系统、安全防范系统的主机和人机界面一般设置在同一个监控中心内（安全防范系统也可设置在消防控制室），为了提高供电电源的可靠性，各系统宜采用独立的UPS电源。当采用集中UPS电源供电时，应采用单独回路为各系统配电。A级和B级电子信息系统机房，应为UPS提供双路供电电源。

11.2 环境和设备监控系统

11.2.1 当主机房使用恒温恒湿的机房专用空调时，空调的给排水管将穿越主机房，管道的连接处有可能漏水，空调机本身也会产生少量的冷凝水，这些都是有可能发生水患的部位，应设置漏水检测、报警装置。强制排水设备的运行、停止和故障状态应反馈到监控系统。为机房专用空调提供冷冻水的水管，在进入主机房时应分别加装电动和手动阀门，以便在紧急情况下切断水源，保证电子信息设备安全。

11.2.3 KVM（keyboard 键盘、video 显示器、mouse 鼠标的缩写）切换系统是利用一套或多套终端设备在多个不同操作系统的多平台主机之间进行切换，实现一个或多个用户使用一套或多套终端去访问和操作一台或多台主机。

11.3 安全防范系统

11.3.2 门禁系统正常工作时，室内人员出门一般需要采用 IC 卡或按动释放按钮，而在紧急情况时，上述操作不符合人员逃生的要求，需自动释放，保证人员直接推门而出，及时离开火灾现场。

11.3.3 室外安装的安全防范系统设备主要指室外摄影机及配件、周界防护探测器等，防雷措施包括安装避雷装置、采取隔离等。

12 给水排水

12.1 一般规定

12.1.2 挡水和排水设施用于自动喷水灭火系统动作后的排水、空调冷凝水及加湿器的排水，防止积水。

12.2 管道敷设

12.2.1、12.2.2 这两条都是为了保证机房的给水排水管道不影响机房的正常使用而制定的，主要是三个方面：

1 保证管道不渗不漏，主要是选择优质耐高压、连接可靠的管道及配件。例如，焊接连接的不锈钢阀件；

2 管道结露滴水会破坏机房工作环境，因此要求有可靠的防结露措施，应根据管内水温及室内环境温度计算确定。

3 减小管道敷设对环境的影响，给排水干管一般敷设在管道竖井（或地沟）内，引入主机房的支管采用暗敷或采用防漏保护套管敷设；管道穿墙或穿楼板处应设置套管，以防止室内环境受到外界干扰。

12.2.3 地漏易集污、返臭，破坏室内环境，因此当主机房和辅助区设置地漏时规定了两项措施：

1 使用洁净室专用地漏或自闭式地漏。洁净室专用地漏的特点是用不锈钢制造，易清污，深水封，带密封盖，有效地保障了不让下水道的臭气、细菌通过地漏进入室内；自闭式地漏的特点是存水腔内设置自动启闭阀，下水时启闭阀自动打开，使水直接排向管道；下水停止时，启闭阀自动关闭，达到防溢、防虫、防臭的功能；

2 加强地漏的水封保护。由于地漏自带水封能力有限，地漏箅子上又不可能经常有水补充，因此当必须设置地漏时，为防室外污水管道臭气倒灌，应在地漏下加设可靠的防止水封破坏的措施。

12.2.4 为防止给排水管道结露，管道应采取保温措施，保温材料应选择难燃烧的、非窒息性的材料。

13 消 防

13.1 一般规定

13.1.1 电子信息系统机房的规模和重要性差异较大，有几万平方米的机房，也有几十平方米的机房；有有人值守的机房，也有无人值守的机房；有设备数量很多的机房，也有设备数量很少的机房；有火灾造成的损失和影响很严重的机房，也有损失和影响较轻的机房；因此应根据机房的等级确定设置相应的灭火系统。

13.1.2、13.1.3 目前用于电子信息系统机房的洁净气体灭火系统主要有七氟丙烷（HFC-227ea，FM-200® 为 HFC-227ea 的进口产品）、烟烙尽（IG-541，Inergen® 为 IG-541 的进口产品）、二氧化碳。气体灭火系统自动化程度高、灭火速度快，对于局部火灾有非常强的抑制作用，但由于造价高，因此应选择火灾对机房影响最大的部分设置气体灭火系统。

对于空间较大，且只有部分设备需要重点保护的房间（如变配电室），为进一步降低工程造价，可仅对设备（如配电柜）采取局部保护措施，如可采用"火探"自动灭火装置。

细水雾灭火系统可实现灭火和控制火情的效果，具有冷却与窒息的双重作用。对于水渍和导电性敏感的电子信息设备，应选用平均体积直径（$DV_{0.5}$）50～100μm 的细水雾，这种细水雾具有气体的特性。

实践证明，自动喷水灭火系统是非常有效的灭火手段，特别是在抑制早期火灾方面，且造价相对较低。考虑到湿式自动喷水灭火系统存在水渍损失及误动作的可能，因而要求采用相对安全的预作用系统。

13.1.4 任何电子信息系统机房发生火灾，其后果都很严重，因此必须设置火灾探测报警系统，便于早期发现火灾，及时扑救，使损失减到最小。现行国家标准《火灾自动报警系统设计规范》GB 50116 对火灾探测和联动控制有详细的要求。

13.2 消防设施

13.2.1 主机房是电子信息系统的核心，在确定消防措施时，应同时保证人员和设备的安全，避免灭火系统误动作造成损失。只有当两种火灾探测器同时发出报警后，才能确认为真正的灭火信号。两种火灾探测器可采用感烟和感温、感烟和离子或感烟和光电探测器的组合，也可采用两种不同灵敏度的感烟探测器。对于含有可燃物的技术夹层（吊顶内和活动地板下），也应同时设置两种火灾探测器。

对于空气高速流动的主机房，由于烟雾被气流稀释，致使一般感烟探测器的灵敏度降低；此外，烟雾可导致电子信息设备损坏，如能及早发现火灾，可减少设备损失，因此主机房宜采用吸气式烟雾探测火灾报警系统作为感烟探测器。

13.2.2 气体灭火需要保证在所灭火的场所形成一个封闭的空间，以达到灭火的效果。而大量的机房均独立设置空调、排风系统，在灭火时，这些系统应停止运行。此外，为了保证消防人员的安全，根据现行国家标准《火灾自动报警系统设计规范》GB 50116 的要求，火灾时应切断有关部位的非消防电源。

13.2.3 这是在实施灭火过程中，提示机房内的人员尽快离开火灾现场以及提醒外部人员不要进入火灾现场而设置的，主要是从保证人员人身安全出发考虑的。

13.2.4 由于 1991 年通过了《蒙特利尔议定书（修正案）》，故不再使用卤代烷（1211、1301）作为灭火剂。二氧化碳灭火系统以现行国家标准《二氧化碳灭火系统设计规范》GB 50193 作为设计依据；烟烙尽和七氟丙烷灭火系统以现行国家标准《气体灭火系统设计规范》GB 50370 作为设计依据。随着科学技术

的进步，将会有更多的新产品应用于电子信息系统机房。由于生产厂家众多，产品质量参差不齐，为保障电子信息系统运行和人员生命安全，故增加"经消防检测部门检测合格的产品"的条款。

13.2.6 采用单独的报警阀组可以避免因为其他区域动作而给机房带来的影响。

13.2.7 电子信息设备属于重要和精密设备，使用手提灭火器对局部火灾进行灭火后，不应使电子信息设备受到污渍损害。而干粉灭火器、泡沫灭火器灭火后，其残留物对电子信息设备有腐蚀作用，且不易清洁，将造成电子信息设备损坏，故应采用气体灭火器灭火。

13.3 安 全 措 施

13.3.1 气体灭火的机理是降低火灾现场的氧气含量，这对人员不利，本条是为了防止在灭火剂释放时有人来不及疏散以及防止营救人员窒息而规定的。

中华人民共和国国家标准

建筑工程抗震设防分类标准

Standard for classification of seismic protection of building constructions

GB 50223—2008

主编部门：中华人民共和国住房和城乡建设部
批准部门：中华人民共和国住房和城乡建设部
施行日期：２００８ 年 ７ 月 ３０ 日

中华人民共和国住房和城乡建设部
公 告

第 70 号

关于发布国家标准
《建筑工程抗震设防分类标准》的公告

现批准《建筑工程抗震设防分类标准》为国家标准，编号为 GB 50223—2008，自发布之日起实施。其中，第 1.0.3、3.0.2、3.0.3 条为强制性条文，必须严格执行。原《建筑工程抗震设防分类标准》GB 50223—2004 同时废止。

本标准由我部标准定额研究所组织中国建筑工业出版社出版发行。

中华人民共和国住房和城乡建设部

2008 年 7 月 30 日

前 言

本标准系根据建设部建标［2008］65 号文的要求，由中国建筑科学研究院会同有关的设计、研究和教学单位对《建筑工程抗震设防分类标准》GB 50223-2004 进行修订而成。

修订过程中，初步调查总结了汶川大地震的经验教训：我国在 1976 年唐山地震后，建设部做出建筑从 6 度开始抗震设防和按高于设防烈度一度的"大震"不倒塌的设防目标进行抗震设计的决策，是正确的。本次汶川地震表明，严格按照现行规范进行设计、施工和使用的建筑，在遭遇比当地设防烈度高一度的地震作用下，没有出现倒塌破坏，有效地保护了人民的生命安全。

本次修订，考虑到我国经济已有较大发展，按照"对学校、医院、体育场馆、博物馆、文化馆、图书馆、影剧院、商场、交通枢纽等人员密集的公共服务设施，应当按照高于当地房屋建筑的抗震设防要求进行设计，增强抗震设防能力"的要求，提高了某些建筑的抗震设防类别，并在全国范围内较广泛地征求了有关设计、科研、教学单位及抗震管理部门的意见，经反复讨论、修改、充实，最后经审查定稿。

本次修订继续保持 1995 年版和 2004 年版的分类原则：鉴于所有建筑均要求达到"大震不倒"的设防目标，对需要比普通建筑提高抗震设防要求的建筑控制在较小的范围内，并主要采取提高抗倒塌变形能力的措施。

修订后本标准共有 8 章。主要修订内容如下：

1. 调整了分类的定义和内涵。

2. 特别加强对未成年人在地震等突发事件中的保护。

3. 扩大了划入人员密集建筑的范围，提高了医院、体育场馆、博物馆、文化馆、图书馆、影剧院、商场、交通枢纽等人员密集的公共服务设施的抗震能力。

4. 增加了地震避难场所建筑、电子信息中心建筑的要求。

5. 进一步明确本标准所列的建筑名称是示例，未列入本标准的建筑可按使用功能和规模相近的示例确定其抗震设防类别。

本标准将来可能需要进行局部修订，有关局部修订的信息和条文内容将刊登在《工程建设标准化》杂志上。

本标准以黑体字标志的条文为强制性条文，必须严格执行。

本标准由住房和城乡建设部负责管理和对强制性条文的解释，由中国建筑科学研究院工程抗震研究所负责具体技术内容的解释。在执行过程中，请各单位结合工程实践，认真总结经验，并将意见和建议寄交北京市北三环东路 30 号中国建筑科学研究院国家标准《建筑工程抗震设防分类标准》管理组（邮编：100013，E-mail：ieecabr@cabr.com.cn）。

主 编 单 位：中国建筑科学研究院

参 加 单 位：北京市建筑设计研究院
中国中轻国际工程有限公司
中国电子工程设计院
中国钢研科技集团公司
北京市市政工程设计研究总院

中国航空工业规划设计研究院
中国电力工程顾问集团公司
中广电广播电影电视设计研究院
北京华宇工程有限公司
中国石化工程建设公司
同济大学

主要起草人：王亚勇　戴国莹（以下按姓氏笔画
排列）
许鸿业　李　杰　李　虹　沈世杰
沈顺高　吴德安　张相忱　苗启松
罗开海　郑　捷　柯长华　娄　宇
黄左坚

目　　次

1 总 则

1.0.1 为明确建筑工程抗震设计的设防类别和相应的抗震设防标准，以有效地减轻地震灾害，制定本标准。

1.0.2 本标准适用于抗震设防区建筑工程的抗震设防分类。

1.0.3 抗震设防区的所有建筑工程应确定其抗震设防类别。

新建、改建、扩建的建筑工程，其抗震设防类别不应低于本标准的规定。

1.0.4 制定建筑工程抗震设防分类的行业标准，应遵守本标准的划分原则。

本标准未列出的有特殊要求的建筑工程，其抗震设防分类应按专门规定执行。

2 术 语

2.0.1 抗震设防分类 seismic fortification category for structures

根据建筑遭遇地震破坏后，可能造成人员伤亡、直接和间接经济损失、社会影响的程度及其在抗震救灾中的作用等因素，对各类建筑所做的设防类别划分。

2.0.2 抗震设防烈度 seismic fortification intensity

按国家规定的权限批准作为一个地区抗震设防依据的地震烈度。一般情况下，取 50 年内超越概率 10％的地震烈度。

2.0.3 抗震设防标准 seismic fortification criterion

衡量抗震设防要求高低的尺度，由抗震设防烈度或设计地震动参数及建筑抗震设防类别确定。

3 基 本 规 定

3.0.1 建筑抗震设防类别划分，应根据下列因素的综合分析确定：

1 建筑破坏造成的人员伤亡、直接和间接经济损失及社会影响的大小。

2 城镇的大小、行业的特点、工矿企业的规模。

3 建筑使用功能失效后，对全局的影响范围大小、抗震救灾影响及恢复的难易程度。

4 建筑各区段的重要性有显著不同时，可按区段划分抗震设防类别。下部区段的类别不应低于上部区段。

5 不同行业的相同建筑，当所处地位及地震破坏所产生的后果和影响不同时，其抗震设防类别可不相同。

注：区段指由防震缝分开的结构单元、平面内使用功能不同的部分、或上下使用功能不同的部分。

3.0.2 建筑工程应分为以下四个抗震设防类别：

1 特殊设防类：指使用上有特殊设施，涉及国家公共安全的重大建筑工程和地震时可能发生严重次生灾害等特别重大灾害后果，需要进行特殊设防的建筑。简称甲类。

2 重点设防类：指地震时使用功能不能中断或需尽快恢复的生命线相关建筑，以及地震时可能导致大量人员伤亡等重大灾害后果，需要提高设防标准的建筑。简称乙类。

3 标准设防类：指大量的除 1、2、4 款以外按标准要求进行设防的建筑。简称丙类。

4 适度设防类：指使用上人员稀少且震损不致产生次生灾害，允许在一定条件下适度降低要求的建筑。简称丁类。

3.0.3 各抗震设防类别建筑的抗震设防标准，应符合下列要求：

1 标准设防类，应按本地区抗震设防烈度确定其抗震措施和地震作用，达到在遭遇高于当地抗震设防烈度的预估罕遇地震影响时不致倒塌或发生危及生命安全的严重破坏的抗震设防目标。

2 重点设防类，应按高于本地区抗震设防烈度一度的要求加强其抗震措施；但抗震设防烈度为 9 度时应按比 9 度更高的要求采取抗震措施；地基基础的抗震措施，应符合有关规定。同时，应按本地区抗震设防烈度确定其地震作用。

3 特殊设防类，应按高于本地区抗震设防烈度提高一度的要求加强其抗震措施；但抗震设防烈度为 9 度时应按比 9 度更高的要求采取抗震措施。同时，应按批准的地震安全性评价的结果且高于本地区抗震设防烈度的要求确定其地震作用。

4 适度设防类，允许比本地区抗震设防烈度的要求适当降低其抗震措施，但抗震设防烈度为 6 度时不应降低。一般情况下，仍应按本地区抗震设防烈度确定其地震作用。

注：对于划为重点设防类而规模很小的工业建筑，当改用抗震性能较好的材料且符合抗震设计规范对结构体系的要求时，允许按标准设防类设防。

3.0.4 本标准仅列出主要行业的抗震设防类别的建筑示例；使用功能、规模与示例类似或相近的建筑，可按该示例划分其抗震设防类别。本标准未列出的建筑宜划为标准设防类。

4 防灾救灾建筑

4.0.1 本章适用于城市和工矿企业与防灾和救灾有关的建筑。

4.0.2 防灾救灾建筑应根据其社会影响及在抗震救

灾中的作用划分抗震设防类别。

4.0.3 医疗建筑的抗震设防类别,应符合下列规定:

1 三级医院中承担特别重要医疗任务的门诊、医技、住院用房,抗震设防类别应划为特殊设防类。

2 二、三级医院的门诊、医技、住院用房,具有外科手术室或急诊科的乡镇卫生院的医疗用房,县级及以上急救中心的指挥、通信、运输系统的重要建筑,县级及以上的独立采供血机构的建筑,抗震设防类别应划为重点设防类。

3 工矿企业的医疗建筑,可比照城市的医疗建筑示例确定其抗震设防类别。

4.0.4 消防车库及其值班用房,抗震设防类别应划为重点设防类。

4.0.5 20万人口以上的城镇和县及县级市防灾应急指挥中心的主要建筑,抗震设防类别不应低于重点设防类。

工矿企业的防灾应急指挥系统建筑,可比照城市防灾应急指挥系统建筑示例确定其抗震设防类别。

4.0.6 疾病预防与控制中心建筑的抗震设防类别,应符合下列规定:

1 承担研究、中试和存放剧毒的高危险传染病病毒任务的疾病预防与控制中心的建筑或其区段,抗震设防类别应划为特殊设防类。

2 不属于1款的县、县级市及以上的疾病预防与控制中心的主要建筑,抗震设防类别应划为重点设防类。

4.0.7 作为应急避难场所的建筑,其抗震设防类别不应低于重点设防类。

5 基础设施建筑

5.1 城镇给水排水、燃气、热力建筑

5.1.1 本节适用于城镇的给水、排水、燃气、热力建筑工程。

工矿企业的给水、排水、燃气、热力建筑工程,可分别比照城市的给水、排水、燃气、热力建筑工程确定其抗震设防类别。

5.1.2 城镇和工矿企业的给水、排水、燃气、热力建筑,应根据其使用功能、规模、修复难易程度和社会影响等划分抗震设防类别。其配套的供电建筑,应与主要建筑的抗震设防类别相同。

5.1.3 给水建筑工程中,20万人口以上城镇、抗震设防烈度为7度及以上的县及县级市的主要取水设施和输水管线、水质净化处理厂的主要水处理建(构)筑物、配水井、送水泵房、中控室、化验室等,抗震设防类别应划为重点设防类。

5.1.4 排水建筑工程中,20万人口以上城镇、抗震设防烈度为7度及以上的县及县级市的污水干管(含合流),主要污水处理厂的主要水处理建(构)筑物、进水泵房、中控室、化验室,以及城市排涝泵站、城镇主干道立交处的雨水泵站,抗震设防类别应划为重点设防类。

5.1.5 燃气建筑中,20万人口以上城镇、县及县级市的主要燃气厂的主厂房、贮气罐、加压泵房和压缩间、调度楼及相应的超高压和高压调压间、高压和次高压输配气管道等主要设施,抗震设防类别应划为重点设防类。

5.1.6 热力建筑中,50万人口以上城镇的主要热力厂主厂房、调度楼、中继泵站及相应的主要设施用房,抗震设防类别应划为重点设防类。

5.2 电力建筑

5.2.1 本节适用于电力生产建筑和城镇供电设施。

5.2.2 电力建筑应根据其直接影响的城市和企业的范围及地震破坏造成的直接和间接经济损失划分抗震设防类别。

5.2.3 电力调度建筑的抗震设防类别,应符合下列规定:

1 国家和区域的电力调度中心,抗震设防类别应划为特殊设防类。

2 省、自治区、直辖市的电力调度中心,抗震设防类别宜划为重点设防类。

5.2.4 火力发电厂(含核电厂的常规岛)、变电所的生产建筑中,下列建筑的抗震设防类别应划为重点设防类:

1 单机容量为300MW及以上或规划容量为800MW及以上的火力发电厂和地震时必须维持正常供电的重要电力设施的主厂房、电气综合楼、网控楼、调度通信楼、配电装置楼、烟囱、烟道、碎煤机室、输煤转运站和输煤栈桥、燃油和燃气机组电厂的燃料供应设施。

2 330kV及以上的变电所和220kV及以下枢纽变电所的主控通信楼、配电装置楼、就地继电器室;330kV及以上的换流站工程中的主控通信楼、阀厅和就地继电器室。

3 供应20万人口以上规模的城镇集中供热的热电站的主要发配电控制室及其供电、供热设施。

4 不应中断通信设施的通信调度建筑。

5.3 交通运输建筑

5.3.1 本节适用于铁路、公路、水运和空运系统建筑和城镇交通设施。

5.3.2 交通运输系统生产建筑应根据其在交通运输线路中的地位、修复难易程度和对抢险救灾、恢复生产所起的作用划分抗震设防类别。

5.3.3 铁路建筑中,高速铁路、客运专线(含城际铁路)、客货共线Ⅰ、Ⅱ级干线和货运专线的铁路枢

纽的行车调度、运转、通信、信号、供电、供水建筑，以及特大型站和最高聚集人数很多的大型站的客运候车楼，抗震设防类别应划为重点设防类。

5.3.4 公路建筑中，高速公路、一级公路、一级汽车客运站和位于抗震设防烈度为 7 度及以上地区的公路监控室，一级长途汽车站客运候车楼，抗震设防类别应划为重点设防类。

5.3.5 水运建筑中，50 万人口以上城市、位于抗震设防烈度为 7 度及以上地区的水运通信和导航等重要设施的建筑，国家重要客运站，海难救助打捞等部门的重要建筑，抗震设防类别应划为重点设防类。

5.3.6 空运建筑中，国际或国内主要干线机场中的航空站楼、大型机库，以及通信、供电、供热、供水、供气、供油的建筑，抗震设防类别应划为重点设防类。

航管楼的设防标准应高于重点设防类。

5.3.7 城镇交通设施的抗震设防类别，应符合下列规定：

1 在交通网络中占关键地位、承担交通量大的大跨度桥应划为特殊设防类；处于交通枢纽的其余桥梁应划为重点设防类。

2 城市轨道交通的地下隧道、枢纽建筑及其供电、通风设施，抗震设防类别应划为重点设防类。

5.4 邮电通信、广播电视建筑

5.4.1 本节适用于邮电通信、广播电视建筑。

5.4.2 邮电通信、广播电视建筑，应根据其在整个信息网络中的地位和保证信息网络通畅的作用划分抗震设防类别。其配套的供电、供水建筑，应与主体建筑的抗震设防类别相同；当特殊设防类的供电、供水建筑为单独建筑时，可划为重点设防类。

5.4.3 邮电通信建筑的抗震设防类别，应符合下列规定：

1 国际出入口局，国际无线电台，国家卫星通信地球站，国际海缆登陆站，抗震设防类别应划为特殊设防类。

2 省中心及省中心以上通信枢纽楼、长途传输一级干线枢纽站、国内卫星通信地球站、本地网通枢纽楼及通信生产楼、应急通信用房，抗震设防类别应划为重点设防类。

3 大区中心和省中心的邮政枢纽，抗震设防类别应划为重点设防类。

5.4.4 广播电视建筑的抗震设防类别，应符合下列规定：

1 国家级、省级的电视调频广播发射塔建筑，当混凝土结构塔的高度大于 250m 或钢结构塔的高度大于 300m 时，抗震设防类别应划为特殊设防类；国家级、省级的其余发射塔建筑，抗震设防类别应划为重点设防类。国家级卫星地球站上行站，抗震设防类别应划为特殊设防类。

2 国家级、省级广播中心、电视中心和电视调频广播发射台的主体建筑，发射总功率不小于 200kW 的中波和短波广播发射台、广播电视卫星地球站、国家级和省级广播电视监测台与节目传送台的机房建筑和天线支承物，抗震设防类别应划为重点设防类。

6 公共建筑和居住建筑

6.0.1 本章适用于体育建筑、影剧院、博物馆、档案馆、商场、展览馆、会展中心、教育建筑、旅馆、办公建筑、科学实验建筑等公共建筑和住宅、宿舍、公寓等居住建筑。

6.0.2 公共建筑，应根据其人员密集程度、使用功能、规模、地震破坏所造成的社会影响和直接经济损失的大小划分抗震设防类别。

6.0.3 体育建筑中，规模分级为特大型的体育场，大型、观众席容量很多的中型体育场和体育馆（含游泳馆），抗震设防类别应划为重点设防类。

6.0.4 文化娱乐建筑中，大型的电影院、剧场、礼堂、图书馆的视听室和报告厅、文化馆的观演厅和展览厅、娱乐中心建筑，抗震设防类别应划为重点设防类。

6.0.5 商业建筑中，人流密集的大型的多层商场抗震设防类别应划为重点设防类。当商业建筑与其他建筑合建时应分别判断，并按区段确定其抗震设防类别。

6.0.6 博物馆和档案馆中，大型博物馆，存放国家一级文物的博物馆，特级、甲级档案馆，抗震设防类别应划为重点设防类。

6.0.7 会展建筑中，大型展览馆、会展中心，抗震设防类别应划为重点设防类。

6.0.8 教育建筑中，幼儿园、小学、中学的教学用房以及学生宿舍和食堂，抗震设防类别应不低于重点设防类。

6.0.9 科学实验建筑中，研究、中试生产和存放具有高放射性物品以及剧毒的生物制品、化学制品、天然和人工细菌、病毒（如鼠疫、霍乱、伤寒和新发高危险传染病等）的建筑，抗震设防类别应划为特殊设防类。

6.0.10 电子信息中心的建筑中，省部级编制和贮存重要信息的建筑，抗震设防类别应划为重点设防类。

国家级信息中心建筑的抗震设防标准应高于重点设防类。

6.0.11 高层建筑中，当结构单元内经常使用人数超过 8000 人时，抗震设防类别宜划为重点设防类。

6.0.12 居住建筑的抗震设防类别不应低于标准设防类。

7 工业建筑

7.1 采煤、采油和矿山生产建筑

7.1.1 本节适用于采煤、采油和天然气以及采矿的生产建筑。

7.1.2 采煤、采油和天然气、采矿的生产建筑，应根据其直接影响的城市和企业的范围及地震破坏所造成的直接和间接经济损失划分抗震设防类别。

7.1.3 采煤生产建筑中，矿井的提升、通风、供电、供水、通信和瓦斯排放系统，抗震设防类别应划为重点设防类。

7.1.4 采油和天然气生产建筑中，下列建筑的抗震设防类别应划为重点设防类：

 1 大型油、气田的联合站、压缩机房、加压气站泵房、阀组间、加热炉建筑。

 2 大型计算机房和信息贮存库。

 3 油品储运系统液化气站、轻油泵房及氮气站、长输管道首末站、中间加压泵站。

 4 油、气田主要供电、供水建筑。

7.1.5 采矿生产建筑中，下列建筑的抗震设防类别应划为重点设防类：

 1 大型冶金矿山的风机室、排水泵房、变电室、配电室等。

 2 大型非金属矿山的提升、供水、排水、供电、通风等系统的建筑。

7.2 原材料生产建筑

7.2.1 本节适用于冶金、化工、石油化工、建材和轻工业原材料等工业原材料生产建筑。

7.2.2 冶金、化工、石油化工、建材、轻工业的原材料生产建筑，主要以其规模、修复难易程度和停产后相关企业的直接和间接经济损失划分抗震设防类别。

7.2.3 冶金工业、建材工业企业的生产建筑中，下列建筑的抗震设防类别应划为重点设防类：

 1 大中型冶金企业的动力系统建筑，油库及油泵房，全厂性生产管制中心、通信中心的主要建筑。

 2 大型和不容许中断生产的中型建材工业企业的动力系统建筑。

7.2.4 化工和石油化工生产建筑中，下列建筑的抗震设防类别应划为重点设防类：

 1 特大型、大型和中型企业的主要生产建筑以及对正常运行起关键作用的建筑。

 2 特大型、大型和中型企业的供热、供电、供气和供水建筑。

 3 特大型，大型和中型企业的通讯、生产指挥中心建筑。

7.2.5 轻工原材料生产建筑中，大型浆板厂和洗涤剂原料厂等大型原材料生产企业中的主要装置及其控制系统和动力系统建筑，抗震设防类别应划为重点设防类。

7.2.6 冶金、化工、石油化工、建材、轻工业原料生产建筑中，使用或生产过程中具有剧毒、易燃、易爆物质的厂房，当具有泄毒、爆炸或火灾危险性时，其抗震设防类别应划为重点设防类。

7.3 加工制造业生产建筑

7.3.1 本节适用于机械、船舶、航空、航天、电子（信息）、纺织、轻工、医药等工业生产建筑。

7.3.2 加工制造工业生产建筑，应根据建筑规模和地震破坏所造成的直接和间接经济损失的大小划分抗震设防类别。

7.3.3 航空工业生产建筑中，下列建筑的抗震设防类别应划为重点设防类：

 1 部级及部级以上的计量基准所在的建筑，记录和贮存航空主要产品（如飞机、发动机等）或关键产品的信息贮存所在的建筑。

 2 对航空工业发展有重要影响的整机或系统性能试验设施、关键设备所在建筑（如大型风洞及其测试间，发动机高空试车台及其动力装置及测试间，全机电磁兼容试验建筑）。

 3 存放国内少有或仅有的重要精密设备的建筑。

 4 大中型企业主要的动力系统建筑。

7.3.4 航天工业生产建筑中，下列建筑的抗震设防类别应划为重点设防类：

 1 重要的航天工业科研楼、生产厂房和试验设施、动力系统的建筑。

 2 重要的演示、通信、计量、培训中心的建筑。

7.3.5 电子信息工业生产建筑中，下列建筑的抗震设防类别应划为重点设防类：

 1 大型彩管、玻壳生产厂房及其动力系统。

 2 大型的集成电路、平板显示器和其他电子类生产厂房。

 3 重要的科研中心、测试中心、试验中心的主要建筑。

7.3.6 纺织工业的化纤生产建筑中，具有化工性质的生产建筑，其抗震设防类别宜按本标准7.2.4条划分。

7.3.7 大型医药生产建筑中，具有生物制品性质的厂房及其控制系统，其抗震设防类别宜按本标准6.0.9条划分。

7.3.8 加工制造工业建筑中，生产或使用具有剧毒、易燃、易爆物质且具有火灾危险性的厂房及其控制系统的建筑，抗震设防类别应划为重点设防类。

7.3.9 大型的机械、船舶、纺织、轻工、医药等工业企业的动力系统建筑应划为重点设防类。

7.3.10 机械、船舶工业的生产厂房，电子、纺织、轻工、医药等工业的其他生产厂房，宜划为标准设防类。

8 仓库类建筑

8.0.1 本章适用于工业与民用的仓库类建筑。

8.0.2 仓库类建筑，应根据其存放物品的经济价值和地震破坏所产生的次生灾害划分抗震设防类别。

8.0.3 仓库类建筑的抗震设防类别，应符合下列规定：

1 储存高、中放射性物质或剧毒物品的仓库不应低于重点设防类，储存易燃、易爆物质等具有火灾危险性的危险品仓库应划为重点设防类。

2 一般的储存物品的价值低、人员活动少、无次生灾害的单层仓库等可划为适度设防类。

本标准用词说明

1 为便于在执行本标准条文时区别对待，对要求严格程度不同的用词说明如下：

1）表示很严格，非这样做不可的：
　　正面词采用"必须"；反面词采用"严禁"；

2）表示严格，在正常情况下均应这样做的：
　　正面词采用"应"；反面词采用"不应"或"不得"；

3）表示允许稍有选择，在条件许可时首先应这样做的：
　　正面词采用"宜"；反面词采用"不宜"；
　　表示有选择，在一定条件下可以这样做的，采用"可"。

2 条文中指明应按其他有关标准、规范执行时，写法为："应符合……的规定"或"应按……执行"。

中华人民共和国国家标准

建筑工程抗震设防分类标准

GB 50223—2008

条 文 说 明

目 次

1 总　　则

1.0.1　按照遭受地震破坏后可能造成的人员伤亡、经济损失和社会影响的程度及建筑功能在抗震救灾中的作用，将建筑工程划分为不同的类别，区别对待，采取不同的设计要求，是根据我国现有技术和经济条件的实际情况，达到减轻地震灾害又合理控制建设投资的重要对策之一。

1.0.2　本次修订基本保持 1995 年版以来本标准的适用范围。

抗震设防烈度与设计基本地震加速度的对应关系，按《建筑抗震设计规范》GB 50011 的规定执行。

建筑工程，本标准指各类房屋建筑及其附属设施，包括基础设施建筑的相关内容。

1.0.3　本条是新增的，作为强制性条文，主要明确两点：其一，所有建筑工程进行抗震设计时均应确定其设防分类；其二，本标准的规定是最低的要求。

鉴于既有建筑工程的情况复杂，需要根据实际情况处理，故本标准的规定不包括既有建筑。

1.0.4　本标准属于基础标准，各类建筑的抗震设计规范、规程中对于建筑工程抗震设防类别的划分，需以本标准为依据。

由于行业很多，本标准不可能一一列举，只能对各类建筑作较原则的规定。因此，本标准未列举的行业，其具体建筑的抗震设防类别的划分标准，需按本标准的原则要求，比照本标准所列举的行业建筑示例确定。

核工业、军事工业等特殊行业，以及一般行业中有特殊要求的建筑，本标准难以作出普遍性的规定；有些行业，如与水工建筑有关的建筑，其抗震设防类别需依附于行业主要建筑，本标准不作规定。

2 术　　语

2.0.1　术语提到了确定抗震设防类别所涉及的几个影响因素。其中的经济损失分为直接和间接两类，是为了在抗震设防类别划分中区别对待。

直接经济损失指建筑物、设备及设施遭到破坏而产生的经济损失和因停产、停业所减少的净产值。间接经济损失指建筑物、设备及设施遭到破坏，导致停产所减少的社会产值、修复所需费用、伤员医疗费用以及保险补偿费用等。其中，建筑的地震灾害保险是各国保险业的一种业务，在《中华人民共和国防震减灾法》中已经明确鼓励单位和个人参加地震灾害保险。发生严重破坏性地震时，灾区将丧失或部分丧失自我恢复能力，需要采取相应的救灾行动，包括保险补偿等。

社会影响指建筑物、设备及设施破坏导致人员伤亡造成的影响、社会稳定、生活条件的降低、对生态环境的影响以及对国际的影响等。

2.0.2、2.0.3　这两个术语，引自《建筑抗震设计规范》GB 50011 的"抗震设防烈度"和"抗震设防标准"。

关于建筑的抗震设防烈度和对应的设计基本加速度，根据建设部 1992 年 7 月 3 日发布的建标〔1992〕419 号文《关于统一抗震设计规范地面运动加速度设计取值的通知》的规定，均指当地 50 年设计基准期内超越概率 10% 的地震烈度和对应的地震地面运动加速度的设计取值。这里需注意，设计基准期和设计使用年限是不同的两个概念。

各本建筑设计规范、规程采用的设计基准期均为 50 年，建筑工程的设计使用年限可以根据具体情况采用。《建筑结构可靠度设计统一标准》GB 50068—2001 提出了设计使用年限的原则规定，要求纪念性的、特别重要的建筑的设计使用年限为 100 年，以提高其设计的安全性。然而，要使不同设计使用年限的建筑工程对完成预定的功能具有足够的可靠度，所对应的各种可变荷载（作用）的标准值和变异系数、材料强度设计值、设计表达式的各个分项系数、可靠指标的确定等需要相互配套，是一个系统工程，有待逐步研究解决。现阶段，重要性系数增加 0.1，可靠指标约增加 0.5，《建筑结构可靠度设计统一标准》GB 50068—2001 要求，设计使用年限 100 年的建筑和设计使用年限 50 年的重要建筑，均采用重要性系数不小于 1.1 来适当提高结构的安全性，二者并无区别。

对于抗震设计，鉴于本标准的建筑抗震设防分类和相应的设防标准已体现抗震安全性要求的不同，对不同的设计使用年限，可参考下列处理方法：

1) 若投资方提出的所谓设计使用年限 100 年的功能要求仅仅是耐久性 100 年的要求，则抗震设防类别和相应的设防标准仍按本标准的规定采用。

2) 不同设计使用年限的地震动参数与设计基准期（50 年）的地震动参数之间的基本关系，可参阅有关的研究成果。当获得设计使用年限 100 年内不同超越概率的地震动参数时，如按这些地震动参数确定地震作用，即意味着通过提高结构的地震作用来提高抗震能力。此时，如果按本标准划分规定不属于标准设防类，仍应按本标准的相关要求采取抗震措施。

需注意，只提高地震作用或只提高抗震措施，二者的效果有所不同，但均可认为满足提高抗震安全性的要求；当既提高地震作用又提高抗震措施时，则结构抗震安全性可有较大程度的提高。

3) 当设计使用年限少于设计基准期，抗震设防要求可相应降低。临时性建筑通常可不设防。

3 基 本 规 定

3.0.1 建筑工程抗震设防类别划分的基本原则，是从抗震设防的角度进行分类。这里，主要指建筑遭受地震损坏对各方面影响后果的严重性。本条规定了判断后果所需考虑的因素，即对各方面影响的综合分析来划分。这些影响因素主要包括：

①从性质看有人员伤亡、经济损失、社会影响等；

②从范围看有国际、国内、地区、行业、小区和单位；

③从程度看有对生产、生活和救灾影响的大小，导致次生灾害的可能，恢复重建的快慢等。

在对具体的对象作实际的分析研究时，建筑工程自身抗震能力、各部分功能的差异及相同建筑在不同行业所处的地位等因素，对建筑损坏的后果有不可忽视的影响，在进行设防分类时应对以上因素做综合分析。

本标准在各章中，对若干行业的建筑如何按上述原则进行划分，给出了较为具体的方法和示例。

城市的规模，本标准1995年版以市区人口划分：100万人口以上为特大城市，50万～100万人口为大城市，20万～50万人口以下为中等城市，不足20万人口为小城市。近年来，一些城市将郊区县划为市区，使市区范围不断扩大，相应的市区常住和流动人口增多。建议结合城市的国民经济产值衡量城市的大小，而且，经济实力强的城市，提高其建筑的抗震能力的要求也容易实现。

作为划分抗震设防类别所依据的规模、等级、范围，不同行业的定义不一样，例如，有的以投资规模区分，有的以产量大小区分，有的以等级区分，有的以座位多少区分。因此，特大型、大型和中小型的界限，与该行业的特点有关，还会随经济的发展而改变，需由有关标准和该行业的行政主管部门规定。由于不同行业之间对建筑规模和影响范围尚缺少定量的横向比较指标，不同行业的设防分类只能通过对上述多种因素的综合分析，在相对合理的情况下确定。例如，电力网络中的某些大电厂建筑，其损坏尚不致严重影响整个电网的供电；而大中型工矿企业中没有联网的自备发电设施，尽管规模不及大电厂，却是工矿企业的生命线工程设施，其重要性不可忽视。

在一个较大的建筑中，若不同区段使用功能的重要性有显著差异，应区别对待，可只提高某些重要区段的抗震设防类别，其中，位于下部的区段，其抗震设防类别不应低于上部的区段。

需要说明的是，本标准在条文说明的总则中明

确，划分不同的抗震设防类别并采取不同的设计要求，是在现有技术和经济条件下减轻地震灾害的重要对策之一。考虑到现行的抗震设计规范、规程中，已经对某些相对重要的房屋建筑的抗震设防有很具体的提高要求。例如，混凝土结构中，高度大于30m的框架结构、高度大于60m的框架-抗震墙结构和高度大于80m的抗震墙结构，其抗震措施比一般的多层混凝土房屋有明显的提高；钢结构中，层数超过12层的房屋，其抗震措施也高于一般的多层房屋。因此，本标准在划分建筑抗震设防类别时，注意与设计规范、规程的设计要求配套，力求避免出现重复性的提高抗震设计要求。

3.0.2 本条作为强制性条文，明确在抗震设计中，将所有的建筑按本标准3.0.1条要求综合考虑分析后归纳为四类：需要特殊设防的特殊设防类、需要提高设防要求的重点设防类、按标准要求设防的标准设防类和允许适度设防的适度设防类。

本次修订，进一步突出了设防类别划分是侧重于使用功能和灾害后果的区分，并更强调体现对人员安全的保障。

所谓严重次生灾害，指地震破坏引发放射性污染、洪灾、火灾、爆炸、剧毒或强腐蚀性物质大量泄露、高危险传染病病毒扩散等灾难性灾害。

自1989年《建筑抗震设计规范》GBJ 11—89 发布以来，按技术标准设计的所有房屋建筑，均应达到"多遇地震不坏、设防烈度地震可修和罕遇地震不倒"的设防目标。这里，多遇地震、设防烈度地震和罕遇地震，一般按地震基本烈度区划或地震动参数区划对当地的规定采用，分别为50年超越概率63%、10%和2%～3%的地震，或重现期分别为50年、475年和1600～2400年的地震。考虑到上述抗震设防目标可保障：房屋建筑在遭遇设防烈度地震影响时不致有灾难性后果，在遭遇罕遇地震影响时不致倒塌。本次汶川地震表明，严格按照现行规范进行设计、施工和使用的建筑，在遭遇比当地设防烈度高一度的地震作用下，没有出现倒塌破坏，有效地保护了人民的生命安全。因此，绝大部分建筑均可划为标准设防类，一般简称丙类。

市政工程中，按《室外给水排水和燃气热力工程抗震设计规范》GB 50032—2003 设计的给水排水和热力工程，应在遭遇设防烈度地震影响下不需修理或经一般修理即可继续使用，其管网不致引发次生灾害，因此，绝大部分给水排水、热力工程也可划为标准设防类。

3.0.3 本条为强制性条文。任何建筑的抗震设防标准均不得低于本条的要求。

针对我国地震区划图所规定的烈度有很大不确定性的事实，在建设部领导下，《建筑抗震设计规范》GBJ 11—89 明确规定了"小震不坏、中震可修、大

震不倒"的抗震性能设计目标。这样,所有的建筑,只要严格按规范设计和施工,可以在遇到高于区划图一度的地震下不倒塌——实现生命安全的目标。因此,将使用上需要提高防震减灾能力的建筑控制在很小的范围。其中,重点设防类需按提高一度的要求加强其抗震措施——增加关键部位的投资即可达到提高安全性的目标;特殊设防类在提高一度的要求加强其抗震措施的基础上,还需要进行"场地地震安全性评价"等专门研究。

本条的修订有两处:

其一,从抗震概念设计的角度,文字表达上更突出各个设防类别在抗震措施上的区别。

其二,作为重点设防类建筑的例外,考虑到小型的工业建筑,如变电站、空压站、水泵房等通常采用砌体结构,明确其设计改用抗震性能较好的材料且结构体系符合抗震设计规范的有关规定时(见《建筑抗震设计规范》GB 50011—2001 第 3.5.2 条),其抗震措施才允许按标准类的要求采用。

房屋建筑所处场地的地震安全性评价,通常包括给定年限内不同超越概率的地震动参数,应由具备资质的单位按相关规定执行。地震安全性评价的结果需要按规定的权限审批。

需要说明,本标准规定重点设防类提高抗震措施而不提高地震作用,同一些国家的规范只提高地震作用(10%~30%)而不提高抗震措施,在设防概念上有所不同:提高抗震措施,着眼于把财力、物力用在增加结构薄弱部位的抗震能力上,是经济而有效的方法;只提高地震作用,则结构的各构件均全面增加材料,投资增加的效果不如前者。

3.0.4 本标准列举了主要行业建筑示例的抗震设防类别。一些功能类似的建筑,可比照示例进行划分。如工矿企业的供电、供热、供水、供气等动力系统的建筑,包括没有联网的自备热电站、主要的变配电室、泵站、加压站、煤气站、乙炔站、氧气站、油库等,功能特征与基础设施建筑类似,分类原则相同。

4 防灾救灾建筑

4.0.1 本章的防灾救灾建筑主要指地震时应急的医疗、消防设施和防灾应急指挥中心。与防灾救灾相关的供电、供水、供气、供热、广播、通信和交通系统的建筑,在城镇基础设施中已经予以规定。

4.0.2 本条保持 2004 年版的规定。

4.0.3 本条修订有三处:

其一,将 2004 年版条文说明中提到的承担特别重要医疗任务的医院,在正文中对文字予以修改,以避免三级特等医院与三级甲等医院相混。

其二,我国的一、二、三级医院主要反映设置规划确定的医院规模和服务人数的多少。当前在 100 万

人口以上的大城市才建立三级医院,并且需联合二级医院才能完成所需的服务任务。因此,本次修订明确将二级、三级医院均提高为重点设防类。仍需考虑与急救处理无关的专科医院和综合医院的不同,区别对待。

其三,2004 年版根据新疆伽师、巴楚地震的经验,针对边远地区实际医疗机构分布的情况,增加了 8 度、9 度区的乡镇主要医疗建筑提高抗震设防类别的要求。本次修订更突出医疗卫生系统防灾救灾的功能,考虑到二级医院的急救处理范围不能或难以覆盖的县和乡镇,需要建立具有外科手术室和急诊科的医院或卫生院,并提高其抗震设防类别,可以逐步形成覆盖城乡范围具有地震等突发灾害时医疗卫生急救处理和防疫设施的完整保障系统。

医院的级别,按国家卫生行政主管部门的规定,三级医院指该医院总床位不少于 500 个且每床建筑面积不少于 60m²,二级医院指床位不少于 100 个且每床建筑面积不少于 45m²。

工矿企业与城市比照的原则,指从企业的规模和在本行业中的地位来对比。

4.0.4 本条保持 2004 年版的规定,消防车库等不分城市和县、镇的大小,均划为重点设防类。

工矿企业的消防设施,比照城市划分。工业行业建筑中关于消防车库抗震设防类别的划分规定均予以取消,避免重复规定。

4.0.5 本次修订,将 8 度、9 度的县级防灾应急指挥中心,扩大到 6 度、7 度,即所有烈度。

考虑到防灾应急指挥中心具有必需的信息、控制、调度系统和相应的动力系统,当一个建筑只在某个区段具有防灾应急指挥中心的功能时,可仅加强该区段,提高其设防标准。

4.0.6 本条保持 2004 年版的规定。考虑到地震后容易发生疫情,对县级及以上的疾病预防与控制中心的主要建筑提高设防标准;其中属于研究、中试和存放具有剧毒性质的高危险传染病毒的建筑,与本标准第 6.0.9 条的规定一致,划为特殊设防类。

4.0.7 本条是新增的。按照 2007 年发布的国家标准《城市抗震防灾规划标准》GB 50413 等相关规划标准的要求,作为地震等突发灾害的应急避难场所,需要有提高抗震设防类别的建筑。

5 基础设施建筑

5.1 城镇给水排水、燃气、热力建筑

5.1.1 本节主要为属于城镇的市政工程以及工矿企业中的类似工程。

5.1.2 配套的供电建筑,主要指变电站、变配电室等。

5.1.3 给水工程设施是城镇生命线工程的重要组成部分，涉及生产用水、居民生活饮用水和震后抗震救灾用水。地震时首先要保证主要水源不能中断（取水构筑物、输水管道安全可靠）；水质净化处理厂能基本正常运行。要达到这一目标，需要对水处理系统的建（构）筑物、配水井、送水泵房、加氯间或氯库和作为运行中枢机构的控制室和水质化验室加强设防。对一些大城市，尚需考虑供水加压泵房。

水质净化处理系统的主要建（构）筑物，包括反应沉淀池、滤站（滤池或有上部结构）、加药、贮存清水等设施。对贮存消毒用的氯库加强设防，是避免震后氯气泄漏，引发二次灾害。

条文强调"主要"，指在一个城镇内，当有多个水源引水、分区设置水厂，并设置环状配水管网可相互沟通供水时，仅规定主要的水源和相应的水质净化处理厂的建（构）筑物提高设防标准，而不是全部给水建筑。

现行的给排水工程的抗震设计规范，要求给排水工程在遭遇设防烈度地震影响下不需修理或经一般修理即可继续使用，因此，需要提高设防标准的，一般以城区人口20万划分；考虑供水的特点，增加7～9度设防的小城市和县城。

5.1.4 排水工程设施包括排水管网、提升泵房和污水处理厂，当系统遭受地震破坏后，将导致环境污染，成为震后引发传染病的根源。为此，需要保持污水处理厂能够基本正常运行、排水管网的损坏不致引发次生灾害，应予以重视。相应的主要设施指大容量的污水处理池，一旦破坏可能引发数以万吨计的污水泛滥，修复困难，后果严重。

污水厂（含污水回用处理厂）的水处理建（构）筑物，包括进水格栅间、沉砂池、沉淀池（含二次沉淀）、生物处理池（含曝气池）、消化池等。

对污水干线加强设防，主要考虑这些排水管的体量大，一般为重力流，埋深较大，遭受地震破坏后可能引发水土流失、建（构）筑物基础下陷、结构开裂等次生灾害。

道路立交处的雨水泵房承担降低地下水位和排除雨后积水的任务，城市排涝泵站承担排涝的任务，遭受地震破坏将导致积水过深，影响救灾车辆的通行，加剧震害，故予以加强。

条文强调"主要"，指一个城镇内，当有多个污水处理厂时，需区分水处理规模和建设场地的环境，确定需要加强抗震设防的污水处理工程，而不是全部提高。

大型池体对地基不均匀沉降敏感，尤其是矩形水池，长边可达100m以上，提高地基液化处理的要求是必要的。

5.1.5 燃气系统遭受地震破坏后，既影响居民生活又可能引发严重火灾或煤气、天然气泄漏等次生灾害，需予以提高。输配气管道按运行压力区别对待，可体现城镇的大小。超高压指压力大于4.0MPa，高压指1.6～4.0MPa，次高压指0.4～1.6MPa。

5.1.6 热力建筑遭受地震破坏后，影响面不及供水和燃气系统大，且输送管道均采用钢管，需要提高设防标准的范围小些。相应的主要设施指主干线管道。

5.2 电力建筑

5.2.1 本节保持本标准2004年版的适用范围。

5.2.2 本条保持本标准2004年版的规定。供电系统建筑一旦遭受地震破坏，不仅影响本系统的生产，还影响其他工业生产和城乡人民的生活，因此，需要适当提高抗震设防类别。

5.2.3 考虑到电力调度的重要性，对国家和大区的调度中心予以提高。

5.2.4 本条保持2004年版的有关的规定，与《电力设施抗震设计规范》GB 50260—96的有关规定协调。电力系统中需要提高设防标准的，是属于相当大规模、重要电力设施的生产关键部位的建筑。

地震时必须维持正常工作的重要电力设施，主要指没有联网的大中型工矿企业的自备发电设施，其停电会造成重要设备严重破坏或者危及人身安全，按各工业部门的具体情况确定。

作为城市生命线工程之一，将防灾救灾建筑对供电系统的相应要求一并规定。

本次修订还补充了燃油和燃气机组发电厂安全关键部位的建筑——卸、输、供油设施。此外，还增加了换流站工程的相关内容。

单机容量，在联合循环机组中通常即机组容量。

5.3 交通运输建筑

5.3.1 本节适用范围与2004年版相同。

5.3.2 本条保持本标准2004年版的规定。

5.3.3 本条基本保持2004年版的规定。

铁路系统的建筑中，需要提高设防标准的建筑主要是五所一室和人员密集的候车室。重要的铁路干线由铁道设计规范和铁道行政主管部门规定。特大型站，按《铁路旅客车站建筑设计规范》GB 50226—2007的规定，指全年上车旅客最多月份中，一昼夜在候车室内瞬时（8～10min）出现的最大候车（含送客）人数的平均值，即最高聚集人数大于10000人的车站；大型站的最高集聚人数为3000～10000人。本次修订，将人员密集的人数很多的大型站界定为最高聚集人数6000人。

5.3.4 本条基本保持本标准2004年版的规定，将8度、9度设防区扩大为7～9度设防区。

高速公路、一级公路的含义由公路设计规范和交通行政主管部门规定。一级汽车客运站的候车楼，按《汽车客运站建筑设计规范》JGJ 60—99的规定，指日发送旅客折算量（指车站年度平均每日发送长途旅客和短途旅客折算量之和）大于7000人次的客运站的候车楼。

5.3.5 本条基本保持本标准2004年版的规定。将8度、9度设防区扩大为7～9度设防区。

国家重要客运站，指《港口客运站建筑设计规范》JGJ 86—92规定的一级客运站，其设计旅客聚集量（设计旅客年客运人数除以年客运天数再乘以聚集系数和客运不平衡系数）大于2500人。

5.3.6 本条基本保持本标准2004年版的规定。考虑航管楼的功能，将航管楼的设防标准略微提高。

国内主要干线的含义应遵守民用航空技术标准和民航行政主管部门的规定。

5.3.7 本条保持2004年版的规定。城镇桥梁中，属于特殊设防类的桥梁，如跨越江河湖海的大跨度桥梁，担负城市出入交通关口，往往结构复杂、形式多样，受损后修复困难；其余交通枢纽的桥梁按重点设防类对待。

城市轨道交通包括轻轨、地下铁道等，在我国特大和大城市已迅速发展，其枢纽建筑具有体量大、结构复杂、人员集中的特点，受损后影响面大且修复困难。

交通枢纽建筑主要包括控制、指挥、调度中心，以及大型客运换乘站等。

5.4 邮电通信、广播电视建筑

5.4.1 本条保持本标准2004年版的规定。

5.4.2 本条保持本标准2004年版的规定。

5.4.3 本条基本保持本标准2004年版的规定。鉴于邮政与电信分属不同部门，将邮政和电信建筑分别规定。本条第1、2款对电信建筑的设防分类进行规定，其中县一级市的长途电信枢纽楼已经不存在，故删去。第3款对邮政建筑的设防分类进行规定。

5.4.4 本条保持本标准2004年版的规定，与《广播电影电视工程建筑抗震设防分类标准》GY 5060—97作了协调。

鉴于国家级卫星地球站上行站的节目发送中心具有保证发送所需的关键设备，设防类别提高为特殊设防类。

6 公共建筑和居住建筑

6.0.2 本条保持本标准2004年版的规定。

6.0.3 本条扩大了对人民生命的保护范围，参照《体育建筑设计规范》JGJ 31—2003的规模分级，进一步明确体育建筑中人员密集的范围：观众座位很多的中型体育场指观众座位容量不少于30000人或每个结构区段的座位容量不少于5000人，观众座位很多的中型体育馆（含游泳馆）指观众座位容量不少于

4500人。

6.0.4 本条参照《剧场建筑设计规范》JGJ 57—2000和《电影院建筑设计规范》JGJ 58—2008关于规模的分级，本标准的大型剧场、电影院、礼堂，指座位不少于1200座；本次修订新增的图书馆和文化馆，与大型娱乐中心同样对待，指一个区段内上下楼层合计的座位明显大于1200座同时其中至少有一个500座以上（相当于中型电影院的座位容量）的大厅。这类多层建筑中人员密集且疏散有一定难度，地震破坏造成的人员伤亡和社会影响很大，故提高设防标准。

6.0.5 本条基本保持2004年版的有关要求，扩大了对人民生命的保护范围。借鉴《商店建筑设计规范》JGJ 48关于规模的分级，考虑近年来商场发展情况，本次修订，大型商场指一个区段人流5000人，换算的建筑面积约17000m²或营业面积7000m²以上的商业建筑。这类商业建筑一般须同时满足人员密集、建筑面积或营业面积达到大型商场的标准、多层建筑等条件；所有仓储式、单层的大商场不包括在内。

当商业建筑与其他建筑合建时，包括商住楼或综合楼，其划分以区段按比照原则确定。例如，高层建筑中多层的商业裙房区段或者下部的商业区段为重点设防类，而上部的住宅可以不提高设防类别。还需注意，当按区段划分时，若上部区段为重点设防类，则其下部区段也应为重点设防类。

6.0.6 本条保持本标准2004年版的有关要求。参照《博物馆建筑设计规范》JGJ 66—91，本标准的大型博物馆指建筑规模大于10000m²，一般适用于中央各部委直属博物馆和各省、自治区、直辖市博物馆。按照《档案馆建筑设计规范》JGJ 25—2000，特级档案馆为国家级档案馆，甲级档案馆为省、自治区、直辖市档案馆，二者的耐久年限要求在100年以上。

6.0.7 本条保持2004年版的规定。这类展览馆、会展中心，在一个区段的设计容纳人数一般在5000人以上。

6.0.8 对于中、小学生和幼儿等未成年人在突发地震时的保护措施，国际上随着经济、技术发展的情况呈日益增加的趋势。

2004年版的分类标准中，明确规定了人数较多的幼儿园、小学教学用房提高抗震设防类别的要求。本次修订，为在发生地震灾害时特别加强对未成年人的保护，在我国经济有较大发展的条件下，对2004年版"人数较多"的规定予以修改，所有幼儿园、小学和中学（包括普通中小学和有未成年人的各类初级、中级学校）的教学用房（包括教室、实验室、图书室、微机室、语音室、体育馆、礼堂）的设防类别均予以提高。鉴于学生的宿舍和学生食堂的人员比较密集，也考虑提高其抗震设防类别。

本次修改后，扩大了教育建筑中提高设防标准的

范围。

6.0.9 本条基本保持本标准 2004 年版的规定。在生物制品、天然和人工细菌、病毒中，具有剧毒性质的，包括新近发现的具有高发危险性的病毒，列为特殊设防类，而一般的剧毒物品在本标准的其他章节中列为重点设防类，主要考虑该类剧毒性质的传染性，建筑一旦破坏的后果极其严重，波及面很广。

6.0.10 本条是新增的，将 2004 年版第 7.3.5 条 1 款的规定移此，以进一步明确各类信息建筑的设防类别和设防标准。

6.0.11 本条比 2004 年版 6.0.10 条的规定扩大了对人员生命的保护，将 10000 人改为 8000 人。经常使用人数 8000 人，按《办公建筑设计规范》JGJ 67—2006 的规定，大体人均面积为 10m² /人计算，则建筑面积大致超过 80000m²，结构单元内集中的人数特别多。考虑到这类房屋总建筑面积很大，多层时需分缝处理，在一个结构单元内集中如此众多人数属于高层建筑，设计时需要进行可行性论证，其抗震措施一般须要专门研究，即提高的程度是按整个结构提高一度、提高一个抗震等级还是在关键部位采取比标准设防类建筑更有效的加强措施，包括采用抗震性能设计方法等，可以经专门研究和论证确定，并须按规定进行抗震设防专项审查予以确认。

6.0.12 本条将规范用词"可"改为"不应低于"，与全文强制的《住宅建筑规范》GB 50368—2005 一致。

7 工业建筑

7.1 采煤、采油和矿山生产建筑

7.1.1 本节保持本标准 2004 年版的规定。

7.1.2 本条保持 2004 年版的规定。这类生产建筑一旦遭受地震破坏，不仅影响本系统的生产，还影响电力工业和其他相关工业的生产以及城乡的人民生活，因此，需要适当提高抗震设防标准。

7.1.3 本条保持 2004 年版的规定。鉴于小煤矿已经禁止，采煤矿井的规模均大于 2004 年版的规定值，本条文字修改，删去大型的界限。

采煤生产中需要提高设防标准的，是涉及煤矿矿井生产及人身安全的六大系统的建筑和矿区救灾系统建筑。

提升系统指井口房、井架、井塔和提升机房等；通风系统指通风机房和风道建筑；供电系统指为矿井服务的变电所、室外构架和线路等；供水系统指取水构筑物、水处理构筑物及加压泵房；通信系统指通信楼、调度中心的机房部分；瓦斯排放系统指瓦斯抽放泵房。

7.1.4 本条保持 2004 年版的规定。

采油和天然气生产建筑中，需要提高设防标准的，主要是涉及油气田、炼油厂、油品储存、输油管道的生产和安全方面的关键部位的建筑。

7.1.5 本条保持 2004 年版的规定，突出了采矿生产建筑的性质。矿山建筑中，需要提高设防标准的，主要是涉及生产及人身安全的关键建筑和救灾系统建筑。

7.2 原材料生产建筑

7.2.2 本条基本保持 2004 年版的规定。原材料工业生产建筑遭受地震破坏后，除影响本行业的生产外，还对其他相关行业有影响，需要适当提高抗震设防类别。

7.2.3 本条保持 2004 年版的规定，并与《冶金建筑抗震设计规范》YB 9081—97 的有关规定协调。

钢铁和有色冶金生产厂房，结构设计时自身有较大的抗震能力，不需要专门提高抗震设防类别。

大中型冶金企业的动力系统的建筑，主要指全厂性的能源中心、总降压变电所、各高压配电室、生产工艺流程上主要车间的变电所、自备电厂主厂房、生产和生活用水总泵站、氧气站、氢气站、乙炔站、供热建筑。

7.2.4 本条保持 2004 年版的规定，与《石油化工企业建筑抗震设防等级分类标准》SH3049 作了协调。

化工和石油化工的生产门类繁多，本标准按生产装置的性质和规模加以区分。需要提高设防标准的，属于主要的生产装置及其控制系统的建筑。

7.2.5 本条保持 2004 年版的规定。轻工原材料生产企业中的大型浆板厂及大型洗涤剂原料厂，前者规模大且影响大，涉及方方面面，后者属轻工系统的石油化工工业，故提高其主要装置及控制系统的设防标准。

7.2.6 本条将原材料生产活动中，使用、产生具有剧毒、易燃、易爆物质和放射性物品的有关建筑的抗震设防分类原则归纳在一起。

在矿山建筑中，指炸药雷管库、硝酸铵、硝酸钠库及其热处理加工车间、起爆材料加工车间及炸药生产车间等。

在化工、石油化工和具有化工性质的轻工原料生产建筑中，指各种剧毒物质、高压生产和具有火灾危险的厂房及其控制系统的建筑。

火灾危险性的判断，可参见《建筑设计防火规范》GB 50016—2006 的有关说明。若使用或产生的易燃、易爆物质的量较少，不足以构成爆炸或火灾等危险时，可根据实际情况确定其抗震设防类别。

7.3 加工制造业生产建筑

7.3.1 本节保持 2004 年版的规定。

7.3.2 本条保持 2004 年版的规定。

7.3.3 本条保持 2004 年版的规定。

7.3.4 本条保持 2004 年版的规定。

7.3.5 本条基本保持 2004 年版的规定。大型电子类生产厂房指同时满足投资额 10 亿元以上、单体建筑面积超过 50000m² 和职工人数超过 1000 人的条件。

7.3.6 本条保持 2004 年版的规定。

7.3.7 本条保持 2004 年版的规定，对医药生产中的危险厂房等予以加强。

7.3.8 本条将加工制造生产活动中，使用、产生和储存剧毒、易燃、易爆物质的有关建筑的抗震设防分类原则归纳在一起。

易燃、易爆物质可参照《建筑设计防火规范》GB 50016 确定。在生产过程中，若使用或产生的易燃、易爆物质的量较少，不足以构成爆炸或火灾等危险时，可根据实际情况确定其抗震设防类别。

根据《建筑设计防火规范》GB 50016—2006 的有关说明，爆炸和火灾危险的判断是比较复杂的。例如，有些原料和成品都不具备火灾危险性，但生产过程中，在某些条件下生成的中间产品却具有明显的火灾危险性；有些物品在生产过程中并不危险，而在贮存中危险性较大。

7.3.9 本条保持 2004 年版的规定。

7.3.10 本条保持 2004 年版的规定。加工制造工业包括机械、电子、船舶、航空、航天、纺织、轻工、医药、粮食、食品等等，其中，航空、航天、电子、医药有特殊性，纺织与轻工业中部分具有化工性质的生产装置按化工行业对待，动力系统和具有火灾危险的易燃、易爆、剧毒物质的厂房提高设防标准，一般的生产建筑可不提高。

8 仓库类建筑

8.0.2 本条保持 2004 年版的规定。

8.0.3 本条文字作了修改，进一步区分放射性物质、剧毒物品仓库与具有火灾危险性的危险品仓库的区别。

存放物品的火灾危险性，可根据《建筑设计防火规范》GB 50016—2006 确定。

仓库类建筑，各行各业都有多种多样的规模、各种不同的功能，破坏后的影响也十分不同，本标准只提高有较大社会和经济影响的仓库的设防标准。但仓库并不都属于适度设防类，需按其储存物品的性质和影响程度来确定，由各行业在行业标准中予以规定，例如，属于抗震防灾工程的大型粮食仓库一般划为标准设防类。又如，《冷库设计规范》GB 50072—2001 规定的公称容积大于 15000m³ 的冷库，《汽车库建筑设计规范》JGJ 100—98 规定的停车数大于 500 辆的特大型汽车库，也不属于"储存物品价值低"的仓库。

中华人民共和国国家标准

并联电容器装置设计规范

Code for design of installation of shunt capacitors

GB 50227—2008

主编部门：中 国 电 力 企 业 联 合 会
批准部门：中华人民共和国住房和城乡建设部
施行日期：２００９年６月１日

中华人民共和国住房和城乡建设部
公　告

第 203 号

关于发布国家标准《并联
电容器装置设计规范》的公告

现批准《并联电容器装置设计规范》为国家标准，编号为 GB 50227—2008，自 2009 年 6 月 1 日起实施。其中，第 4.1.2 (3)、4.2.6 (2)、6.2.4、8.2.5 (2)、8.2.6 (3)、8.3.1 (2)、8.3.2 (2)、9.1.2 (3)、9.1.7 条（款）为强制性条文，必须严格执行。原《并联电容器装置设计规范》GB 50227—95 同时废止。

本规范由我部标准定额研究所组织中国计划出版社出版发行。

中华人民共和国住房和城乡建设部

二〇〇八年十二月十五日

前　　言

本规范是根据建设部"关于印发《二〇〇四年工程建设国家标准制订、修订计划》的通知"（建标〔2004〕67 号）的要求，由中国电力工程顾问集团西南电力设计院会同有关单位对《并联电容器装置设计规范》GB 50227—95 修订而成的。

本规范修订的主要技术内容包括：

1. 本规范的适用范围由 220kV 及以下变电站，扩大到 750kV 及以下变电站；

2. 电容器组分组容量的确定，对加大分组容量，减少组数，规定了限制条件；

3. 从安全考虑，增加了以下规定：限制使用 4 台避雷器的接线方式和限制串联段并联容量以及对安装在屋内的电抗器选型要求；

4. 增加了对有两种电抗率的电容器组投切顺序的规定；

5. 根据对全膜电容器不同单台容量、不同安装距离所做的温升试验研究得出的结论，缩小了电容器在框架上的安装尺寸；

6. 增加了干式空心电抗器防磁距离的相关规定。

本规范中以黑体字标志的条文为强制性条文，必须严格执行。

本规范由住房和城乡建设部负责管理和对强制性条文的解释，由中国电力企业联合会标准化中心负责日常管理，由中国电力工程顾问集团西南电力设计院负责具体技术内容的解释。本规范在执行过程中，请各单位结合工程实践，认真总结经验，注意积累资料，随时将意见和建议反馈给中国电力工程顾问集团西南电力设计院（地址：四川省成都东风路 18 号，邮政编码：610021），供今后修订本规范时参考。

本规范主编单位、参编单位和主要起草人：

主 编 单 位：中国电力工程顾问集团西南电力设计院
　　　　　　　济南迪生电子电气有限公司

参 编 单 位：电力工业无功补偿成套装置质检中心
　　　　　　　中冶赛迪工程技术股份有限公司
　　　　　　　北京华宇工程有限公司
　　　　　　　辽宁电能发展有限公司

主要起草人：张化良　胡　晓　蒲　皓　胡劲松
　　　　　　　冯小明　李　彬　高　元　孙卫民
　　　　　　　陶　勤　赵启成　孙士民

目　次

1 总　则

1.0.1　为使电力工程的并联电容器装置设计中，贯彻国家的技术经济政策，做到安全可靠、技术先进、经济合理和运行检修方便，制定本规范。

1.0.2　本规范适用于 750kV 及以下电压等级的变电站、配电站（室）中无功补偿用三相交流高压、低压并联电容器装置的新建、扩建工程设计。

1.0.3　并联电容器装置的设计，应根据安装地点的电网条件、补偿要求、环境状况、运行检修要求和实践经验，确定补偿容量、接线方式、配套设备、保护与控制方式、布置及安装方式。

1.0.4　并联电容器装置的设备选型，应符合国家现行有关标准的规定。

1.0.5　并联电容器装置的设计除应执行本规范外，尚应符合国家现行有关标准的规定。

2　术语、符号、代号

2.1　术　语

2.1.1　电容器元件　capacitor element
　　由电介质和电极所构成的电容器的最小单元部件。

2.1.2　单台电容器　capacitor unit
　　由电容器元件组装于单个外壳中并有引出端子的组装体。

2.1.3　电容器　capacitor
　　当不必特别强调"单台电容器"或"电容器组"的不同含义时的用语。

2.1.4　集合式电容器　assembling capacitor
　　将单台电容器集装于一个容器或油箱中的电容器。

2.1.5　自愈式电容器　self-healing capacitor
　　具有自愈性能的电容器。

2.1.6　电容器组　capacitor bank
　　电气上连接在一起的多台电容器。

2.1.7　高压并联电容器装置　installation of high voltage shunt capacitors
　　由电容器和相应的电气一次及二次配套设备组成，并联连接于标称电压 1kV 以上的交流三相电力系统中，能完成独立投运的一套设备。

2.1.8　低压并联电容器装置　installation of low voltage shunt capacitors
　　由低压电容器和相应的电气一次及二次配套元件组成，并联连接于标称电压 1kV 及以下的交流三相配电网中，能完成独立投运的一套设备。

2.1.9　电抗率　reactance ratio
　　并联电容器装置的串联电抗器的额定感抗与串联连接的电容器的额定容抗之比，以百分数表示。

2.1.10　放电器件　discharge device
　　安装在电容器内部或外部，当电容器从电源脱开后能将电容器的剩余电压在规定时间内降低到规定值以下的设备或元件。

2.1.11　串联段　series section
　　在多台电容器连接组合中，相互并联的单台电容器群。

2.1.12　剩余电压　residual voltage
　　单台电容器或电容器组脱开电源后，电容器端子间或电容器组端子间残存的电压。

2.1.13　涌流　inrush transient current
　　电容器组投入电网时的过渡过电流。

2.1.14　外熔断器　external fuses
　　装于单台电容器外部并与其串联连接，当电容器发生故障时用以切除该电容器的熔断器。

2.1.15　内熔丝　internal fuses
　　装于单台电容器内部与元件串联连接，当元件发生故障时用以切除该元件的熔丝。

2.1.16　耐爆能量　bursting energy
　　电容器内部发生极间或极对外壳内部击穿时，引起电容器外壳及套管破裂的最小能量。

2.1.17　最大配套电容器容量　maximum reactive power of capacitor coordination for a discharge coil
　　能满足在规定时间内将电容器的剩余电压降至规定值以下，与放电线圈并联的电容器组容量上限值。

2.1.18　不平衡保护　unbalance protection
　　利用对电容器（组）内某两部分之间的电流差或电压差组成的保护。

2.1.19　环境空气温度　ambient air temperature
　　电容器安装地点的空气温度（气象温度）。

2.1.20　冷却空气温度　cooling air temperature
　　在稳定状态下，电容器组的最热区域中，两台电容器外壳最热点连线中点的空气温度。仅为一台电容器时，则指距电容器外壳最热点 0.1m，距底 2/3 高度处测得的温度。

2.2　符　号

I_{*ym}——涌流峰值的标么值；

K——电抗率；

n——谐波次数；

Q——电容器容量；

Q_{cx}——发生 n 次谐波谐振的电容器容量；

S——电容器组每相的串联段数；

S_d——并联电容器装置安装处的母线短路容量；

U_c——电容器端子运行电压；

U_s——并联电容器装置的母线电压；

β——电源影响系数。

2.3 代　号

C——电容器；
1C、2C、3C——并联电容器装置分组回路编号；
C_1、C_2、C_n——单台电容器编号；
FU——熔断器；
FV——避雷器；
HL——指示灯；
ΔI——桥差电流；
I_0——中性点不平衡电流；
KA——热继电器；
KM——交流接触器；
L——串联电抗器或限流线圈；
QF——断路器；
QG——接地开关；
QS——隔离开关或刀开关；
TA——电流互感器；
TV——放电线圈；
ΔU——相不平衡电压；
U_0——开口三角电压。

3　接入电网基本要求

3.0.1 并联电容器装置接入电网的设计，应按全面规划、合理布局、分层分区补偿、就地平衡的原则确定最优补偿容量和分布方式。

3.0.2 变电站的电容器安装容量，应根据本地区电网无功规划和国家现行标准中有关规定经计算后确定，也可根据有关规定按变压器容量进行估算。用户的并联电容器安装容量，应满足就地平衡的要求。

3.0.3 并联电容器分组容量的确定应符合下列规定：

1 在电容器分组投切时，母线电压波动应满足国家现行有关标准的要求，并应满足系统无功功率和电压调控要求。

2 当分组电容器按各种容量组合运行时，应避开谐振容量，不得发生谐波的严重放大和谐振，电容器支路的接入所引起的各侧母线的任何一次谐波量均不应超过现行国家标准《电能质量—公用电网谐波》GB/T 14549 的有关规定。

3 发生谐振的电容器容量，可按下式计算：

$$Q_{cx}=S_d\left(\frac{1}{n^2}-K\right) \qquad (3.0.3)$$

式中　Q_{cx}——发生 n 次谐波谐振的电容器容量（Mvar）；

S_d——并联电容器装置安装处的母线短路容量（MV·A）；

n——谐波次数，即谐波频率与电网基波频率之比；

K——电抗率。

3.0.4 并联电容器装置宜装设在变压器的主要负荷侧。当不具备条件时，可装设在三绕组变压器的低压侧。

3.0.5 当配电站中无高压负荷时，不宜在高压侧装设并联电容器装置。

3.0.6 低压并联电容器装置的安装地点和装设容量，应根据分散补偿和就地平衡的原则设置，并不得向电网倒送无功。

4　电 气 接 线

4.1　接 线 方 式

4.1.1 并联电容器装置的各分组回路可采用直接接入母线，并经总回路接入变压器的接线方式（图4.1.1-1 和图 4.1.1-2）。当同级电压母线上有供电线路，经技术经济比较合理时，也可采用设置电容器专用母线的接线方式（图 4.1.1-3）。

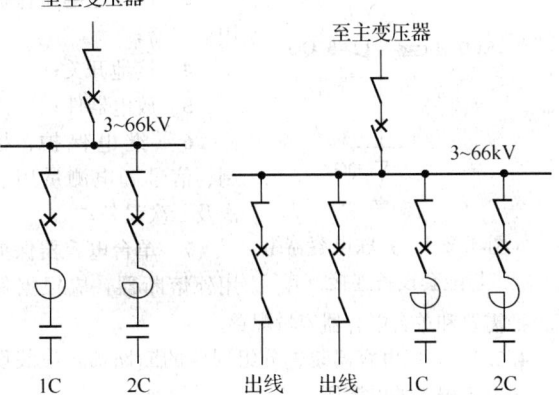

图 4.1.1-1　同级电压　　图 4.1.1-2　同级电压母线
母线上无供电线路时　　上有供电线路时
的接线方式　　　　　的接线方式

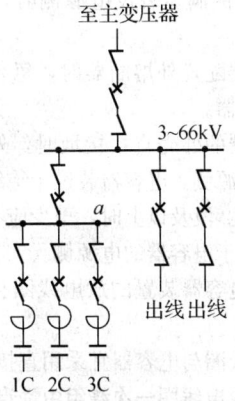

图 4.1.1-3　设置电容器专用母线的接线方式
a—电容器专用母线

4.1.2 并联电容器组的接线方式应符合下列规定：

1 并联电容器组应采用星形接线。在中性点非直接接地的电网中，星形接线电容器组的中性点不应接地。

2 并联电容器组的每相或每个桥臂，由多台电容器串并联组合连接时，宜采用先并联后串联的连接方式。

3 每个串联段的电容器并联总容量不应超过**3900kvar**。

4.1.3 低压并联电容器装置可与低压供电柜同接一条母线。低压电容器或电容器组，可采用三角形接线或星形接线方式。

4.2 配套设备及其连接

4.2.1 并联电容器装置应装设下列配套设备（图4.2.1）：

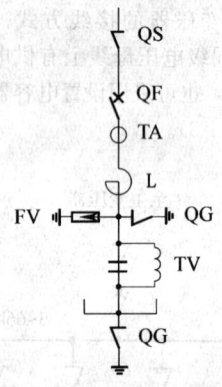

图 4.2.1 并联电容器组与配套设备连接方式

1 隔离开关、断路器；

2 串联电抗器（含阻尼式限流器）；

3 操作过电压保护用避雷器；

4 接地开关；

5 放电器件；

6 继电保护、控制、信号和电测量用一次及二次设备；

7 单台电容器保护用外熔断器，应根据保护需要和单台电容器容量配置。

4.2.2 并联电容器装置分组回路的断路器，应装设于电容器组的电源侧。

4.2.3 并联电容器装置的串联电抗器宜装设于电容器的电源侧，并应校验其耐受短路电流的能力。当油浸式铁心电抗器和干式铁心电抗器的耐受短路电流的能力不能满足装设电源侧时，应装设于中性点侧。

4.2.4 电容器配置外熔断器时，每台电容器应配置一个专用熔断器。

4.2.5 电容器的外壳直接接地时，外熔断器应串接在电容器的电源侧。电容器装于绝缘框（台）架上且串联段数为2段及以上时，至少应有一个串联段的外熔断器串接于电容器的电源侧。

4.2.6 并联电容器装置的放电线圈接线应符合下列规定：

1 放电线圈与电容器宜采用直接并联接线。

2 **严禁放电线圈一次绕组中性点接地。**

4.2.7 并联电容器装置宜在其电源侧和中性点侧设置检修接地开关，当中性点侧装设接地开关有困难时，也可采用其他检修接地措施。

4.2.8 并联电容器装置应装设抑制操作过电压的避雷器，避雷器连接方式应符合下列规定：

1 避雷器连接应采用相对地方式（图4.2.8）。

2 避雷器接入位置应紧靠电容器组的电源侧。

3 不得采用三台避雷器星形连接后经第四台避雷器接地的接线方式。

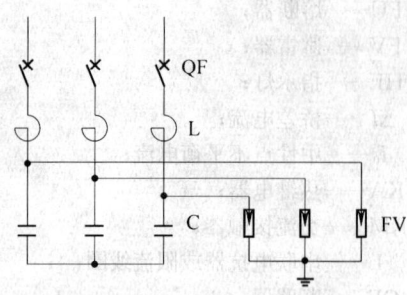

图 4.2.8 相对地避雷器接线

4.2.9 低压并联电容器装置宜装设下列配套元件（图4.2.9）；当采用的电容器投切器件具有限制涌流功能和电容器柜有谐波超值保护时，可不设限流线圈和过载保护器件：

1 总回路刀开关和分回路投切器件；

2 操作过电压保护用避雷器；

3 短路保护用熔断器；

4 过载保护器件；

5 限流线圈；

6 放电器件；

7 谐波含量超限保护、自动投切控制器、保护元件、信号和测量表计等配套器件。

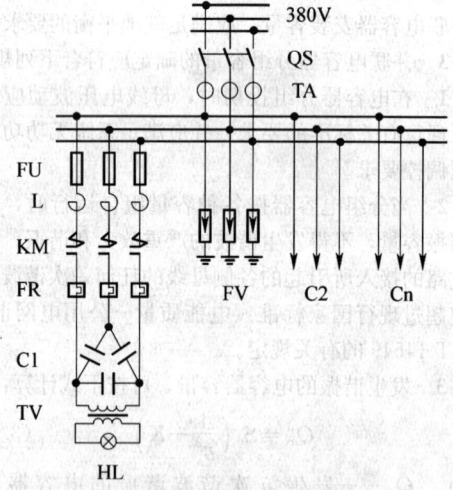

图 4.2.9 低压并联电容器装置元件配置接线
注：回路元件配置同图左侧。

4.2.10 低压电容器装设的外部放电器件，可采用三角形接线或星形接线，并应直接与电容器（组）并联连接。

5 电器和导体选择

5.1 一般规定

5.1.1 并联电容器装置的设备选型，应根据下列条件确定：

1 电网电压、电容器运行工况。

2 电网谐波水平。

3 母线短路电流。

4 电容器对短路电流的助增效应。

5 补偿容量和扩建规划、接线、保护及电容器组投切方式。

6 海拔高度、气温、湿度、污秽和地震烈度等环境条件。

7 布置与安装方式。

8 产品技术条件和产品标准。

5.1.2 并联电容器装置的电器和导体选择，应满足在当地环境条件下正常运行、过电压状态和短路故障的要求。

5.1.3 并联电容器装置总回路和分组回路的电器导体选择时，回路工作电流应按稳态过电流最大值确定，过电流倍数应为回路额定电流的1.3倍。

5.1.4 并联电容器装置的电气设备绝缘水平，不应低于变电站、配电站（室）中同级电压的其他电气设备。

5.1.5 制造厂生产的并联电容器成套装置，其组合结构应便于运输、现场安装、运行检修和试验，并应使组装后的整体技术性能满足使用要求。

5.2 电容器

5.2.1 电容器选型应符合下列规定：

1 组成并联电容器装置的电容器，可选用单台电容器、集合式电容器、自愈式电容器。单组容量较大时，宜选用单台容量为500kvar及以上的电容器。

2 电容器的温度类别应根据安装地点的环境空气温度或屋内冷却空气温度选择。

3 安装在严寒、高海拔、湿热带等地区和污秽、易燃、易爆等环境中的电容器，应满足环境条件的特殊要求。

5.2.2 电容器额定电压选择，应符合下列要求：

1 宜按电容器接入电网处的运行电压进行计算。

2 电容器应能承受1.1倍长期工频过电压。

3 应计入串联电抗器引起的电容器运行电压升高。接入串联电抗器后，电容器运行电压应按下式计算：

$$U_c = \frac{U_s}{\sqrt{3}S} \cdot \frac{1}{1-K} \qquad (5.2.2)$$

式中 U_c——电容器的运行电压（kV）；

U_s——并联电容器装置的母线运行电压（kV）；

S——电容器组每相的串联段数；

K——电抗率。

5.2.3 电容器的绝缘水平，应按电容器接入电网处的电压等级、由电容器组接线方式确定的串并联组合、安装方式要求等，根据电容器产品标准选取。

5.2.4 单台电容器额定容量选择，应根据电容器组容量和每相电容器的串联段数和并联台数确定，并宜在电容器产品额定容量系列的优先值中选取。

5.2.5 低压电容器设备选择，应根据环境条件和使用技术要求选择低压并联电容器装置。

5.3 断路器

5.3.1 用于并联电容器装置的断路器选型，应采用真空断路器或SF$_6$断路器等适合于电容器组投切的设备，其技术性能应符合断路器共用技术要求，尚应满足下列特殊要求：

1 应具备频繁操作的性能。

2 合、分时触头弹跳不应大于限定值，开断时不应出现重击穿。

3 应能承受电容器组的关合涌流和工频短路电流以及电容器高频涌流的联合作用。

5.3.2 并联电容器装置总回路中的断路器，应具有切除所连接的全部电容器组和开断总回路短路电流的性能。分组回路断路器可采用不承担开断短路电流的开关设备。

5.3.3 低压并联电容器装置中的投切开关宜采用具有选项功能和功耗较小的开关器件。当采用普通开关时，其接通、分断能力和短路强度等技术性能，应符合设备装设点的电网条件；切除电容器时，开关不应发生重击穿；投切开关应具有频繁操作的性能。

5.4 熔断器

5.4.1 用于单台电容器保护的外熔断器选型时，应采用电容器专用熔断器。

5.4.2 用于单台电容器保护的外熔断器的熔丝额定电流，应按电容器额定电流的1.37～1.50倍选择。

5.4.3 用于单台电容器保护的外熔断器的额定电压、耐受电压、开断性能、熔断性能、耐爆能量、抗涌流能力、机械强度和电气寿命等，应符合国家现行有关标准的规定。

5.5 串联电抗器

5.5.1 串联电抗器选型时，选用干式电抗器或油浸式电抗器，应根据工程条件经技术经济比较确定。

安装在屋内的串联电抗器，宜采用设备外漏磁场较弱的干式铁心电抗器或类似产品。

5.5.2 串联电抗器电抗率选择，应根据电网条件与电容器参数经相关计算分析确定，电抗率取值范围应符合下列规定：

　　1 仅用于限制涌流时，电抗率宜取0.1%～1.0%。

　　2 用于抑制谐波时，电抗率应根据并联电容器装置接入电网处的背景谐波含量的测量值选择。当谐波为5次及以上时，电抗率宜取4.5%～5.0%；当谐波为3次及以上时，电抗率宜取12.0%，亦可采用4.5%～5.0%与12.0%两种电抗率混装方式。

5.5.3 并联电容器装置的合闸涌流限值，宜取电容器组额定电流的20倍；当超过时，应采用装设串联电抗器予以限制。电容器组投入电网时的涌流计算，应符合本规范附录A的规定。

5.5.4 串联电抗器的额定电压和绝缘水平，应符合接入处的电网电压要求。

5.5.5 串联电抗器的额定电流应等于所连接的并联电容器组的额定电流，其允许过电流不应小于并联电容器组的最大过电流值。

5.5.6 并联电容器装置总回路装设有限流电抗器时，应计入其对电容器分组回路电抗率和母线电压的影响。

5.6 放电器件

5.6.1 放电线圈选型时，应采用电容器组专用的油浸式或干式放电线圈产品。油浸式放电线圈应为全密封结构，产品内部压力应满足使用环境温度变化的要求，在最低环境温度下运行时不得出现负压。

5.6.2 放电线圈的额定一次电压应与所并联的电容器组的额定电压一致。

5.6.3 放电线圈的额定绝缘水平应符合下列要求：

　　1 安装在地面上的放电线圈，额定绝缘水平不应低于同电压等级电气设备的额定绝缘水平；

　　2 安装在绝缘框（台）架上的放电线圈，其额定绝缘水平应与安装在同一绝缘框（台）上的电容器的额定绝缘水平一致。

5.6.4 放电线圈的最大配套电容器容量（放电容量），不应小于与其并联的电容器组容量；放电线圈的放电时间应能满足电容器组脱开电源后，在5s内将电容器组的剩余电压降至50V及以下。

5.6.5 放电线圈带有二次线圈时，其额定输出、准确级，应满足保护和测量的要求。

5.6.6 低压并联电容器装置的放电器件应满足电容器断电后，在3min内将电容器的剩余电压降至50V及以下；当电容器再次投入时，电容器端子上的剩余电压不应超过额定电压的0.1倍。

5.7 避 雷 器

5.7.1 用于并联电容器装置操作过电压保护的避雷器，应采用无间隙金属氧化物避雷器。

5.7.2 用于并联电容器操作过电压保护的避雷器的参数选择，应根据电容器组参数和避雷器接线方式确定。

5.8 导体及其他

5.8.1 单台电容器至母线或熔断器的连接线应采用软导线，其长期允许电流不宜小于单台电容器额定电流的1.5倍。

5.8.2 并联电容器装置的分组回路，回路导体截面应按并联电容器组额定电流的1.3倍选择，并联电容器组的汇流母线和均压线导线截面应与分组回路的导体截面相同。

5.8.3 双星形电容器组的中性点连接线和桥形接线电容器组的桥连接线，其长期允许电流不应小于电容器组的额定电流。

5.8.4 并联电容器装置的所有连接导体应满足长期允许电流的要求，并应满足动稳定和热稳定要求。

5.8.5 用于并联电容器装置的支柱绝缘子，应按电压等级、泄漏距离、机械荷载等技术条件，以及运行中可能承受的最高电压选择和校验。

5.8.6 用于并联电容器组不平衡保护的电流互感器或放电线圈，应符合下列要求：

　　1 额定电压应按接入处的电网电压选择。

　　2 额定电流不应小于最大稳态不平衡电流。

　　3 电流互感器应能耐受电容器极间短路故障状态下的短路电流和高频涌放电流，不得损坏，宜加装保护措施。

　　4 二次线圈准确等级应满足继电保护要求。

6 保护装置和投切装置

6.1 保护装置

6.1.1 单台电容器内部故障保护方式（内熔丝、外熔断器和继电保护），应在满足并联电容器组安全运行的条件下，根据各地的实践经验配置。

6.1.2 并联电容器组（内熔丝、外熔断器和无熔丝）均应设置不平衡保护。不平衡保护应满足可靠性和灵敏度要求，保护方式可根据电容器组接线在下列方式中选取：

　　1 单星形电容器组，可采用开口三角电压保护（图6.1.2-1）。

　　2 单星形电容器组，串联段数为两段及以上时，可采用相电压差动保护（图6.1.2-2）。

　　3 单星形电容器组，每相能接成四个桥臂时，可采用桥式差电流保护（图6.1.2-3）。

　　4 双星形电容器组，可采用中性点不平衡电流保护（图6.1.2-4）。

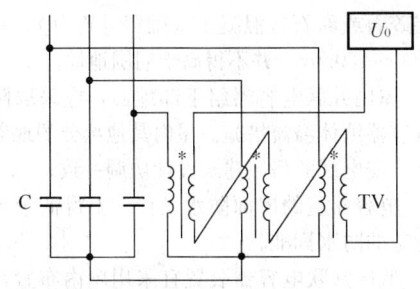

图 6.1.2-1　单星形电容器组开口
三角电压保护原理接线

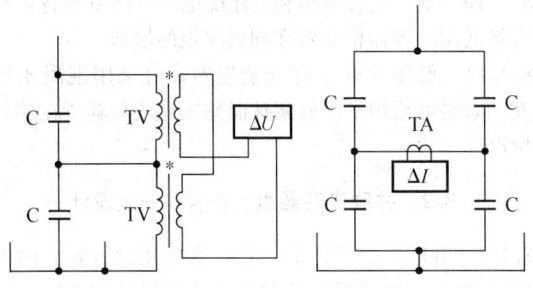

图6.1.2-2　单星形电容器组　　图 6.1.2-3　单星形电
相电压差动保护　　　　　容器组桥式差电流
原理接线　　　　　　保护原理接线

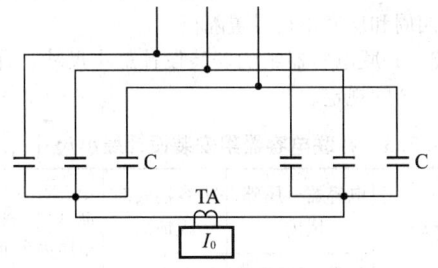

图 6.1.2-4　双星形电容器组中性点不平衡
电流保护原理接线

5　不平衡保护的整定值应按电容器组运行的安全性、保护动作的可靠性和灵敏性，并根据不同保护方式进行计算确定。

6.1.3　并联电容器装置应设置速断保护，保护应动作于跳闸。速断保护的动作电流值，按最小运行方式下，在电容器组端部引线发生两相短路时，保护的灵敏系数应符合继电保护要求；速断保护的动作时限，应大于电容器组的合闸涌流时间。

6.1.4　并联电容器装置应装设过电流保护，保护应动作于跳闸。过流保护的动作电流值，应按大于电容器组的长期允许最大过电流整定。

6.1.5　并联电容器装置应装设母线过电压保护，保护应带时限动作于信号或跳闸。

6.1.6　并联电容器装置应装设母线失压保护，保护应带时限动作于跳闸。

6.1.7　并联电容器装置的油浸式串联电抗器，其容量为 0.18 MV·A 及以上时，宜装设瓦斯保护。当

油箱内故障产生轻微瓦斯或油面下降时，应瞬时动作于信号；当油箱内故障产生大量瓦斯时，应瞬时动作于断路器跳闸。

干式串联电抗器，宜根据具体条件设置保护。

6.1.8　电容器组的电容器外壳直接接地时，宜装设电容器组接地保护。

6.1.9　集合式电容器应装设压力释放和温控保护，压力释放动作于跳闸，温控动作于信号。

6.1.10　低压并联电容器装置，应有短路保护、过电流保护、过电压保护和失压保护，并宜装设谐波超值保护。

6.2　投切装置

6.2.1　并联电容器装置宜采用自动投切方式，并应符合下列规定：

　　1　变电站的并联电容器装置，可采用按电压、无功功率和时间等组合条件的自动投切方式。

　　2　变电站的主变压器具有有载调压装置时，自动投切方式的电容器装置可与变压器分接头进行联合调节，但应对变压器分接头调节方式进行系统电压闭锁或与系统交换无功功率优化闭锁。

　　3　对于不需要按综合条件投切的并联电容器装置，可分别采用电压、无功功率（电流）、功率因数或时间进行自动投切控制。

6.2.2　自动投切装置应具有防止保护跳闸时误合电容器组的闭锁功能，并应根据运行需要具有控制、调节、闭锁、联络和保护功能；同时应设置改变投切方式的选择开关。

6.2.3　变电站中有两种电抗率的并联电容器装置时，其中 12% 的装置应具有先投后切的功能。

6.2.4　并联电容器的投切装置严禁设置自动重合闸。

6.2.5　低压并联电容器装置应采用自动投切。自动投切的控制量可选用无功功率、电压、时间等参数。

7　控制回路、信号回路和测量仪表

7.1　控制回路、信号回路

7.1.1　并联电容器装置，应根据变电站的综合自动化设备配置对其进行监控。

7.1.2　并联电容器装置的断路器与相应的隔离开关和接地开关之间，应设置闭锁装置。

7.1.3　并联电容器装置，应设置断路器的位置信号、运行异常的预告信号和事故跳闸的信号。

7.1.4　低压并联电容器装置，可采用就地控制。控制器宜采用具有智能型的数字化产品。当采用普通型控制器时，应设置电容器投入和切除的信号。低压并联电容器装置宜设置内部故障预告信号。

7.2 测量仪表

7.2.1 并联电容器装置所连接的母线，应装设一个切换测量线电压的电压表。

7.2.2 并联电容器装置的总回路，应装设无功功率表（或功率因数表）、无功电度表。每相应装设一个电流表。

7.2.3 当总回路下面连接有并联电容器和并联电抗器时，总回路装设的无功功率表应为双向测量无功功率，并应装设分别计量容性和感性的无功电度表。

7.2.4 并联电容器装置的分组回路中，可仅设一个电流表。当并联电容器装置与供电线路同接在一条母线时，宜在并联电容器装置的分组回路中装设无功电度表。

7.2.5 并联电容器装置的总回路与分组回路，其测量回路接入微机监控系统时，总回路与分组回路可不再装设测量表计。

7.2.6 低压并联电容器装置，应装设电流表、电压表及功率因数表。当投切控制器具有电流、电压和功率因数显示功能时，可不再装设电流表、电压表及功率因数表计。

8 布置和安装设计

8.1 一般规定

8.1.1 并联电容器装置的布置和安装设计，应利于通风散热、运行巡视。便于维护检修和更换设备以及预留分期扩建条件。

8.1.2 并联电容器装置的布置形式，应根据安装地点的环境条件、设备性能和当地实践经验选择。一般地区宜采用屋外布置；严寒、湿热、风沙等特殊地区和污秽、易燃、易爆等特殊环境宜采用屋内布置。

屋内布置的并联电容器装置，应采取防止凝露引起污闪事故的安全措施。

8.1.3 并联电容器装置应设置安全围栏，围栏对带电体的安全距离应符合国家现行标准《高压配电装置设计技术规程》DL/T 5352 的有关规定；围栏门应采取安全闭锁措施，并应采取防止小动物侵袭的措施。

8.1.4 供电线路的开关柜不宜与并联电容器装置布置在同一配电室中。

8.1.5 并联电容器装置中的铜、铝导体连接，应采取装设铜、铝过渡接头等措施。

8.1.6 并联电容器组的框（台）架、柜体结构件、串联电抗器的支架等钢结构构件，应采取镀锌或其他有效的防腐措施。

8.1.7 并联电容器组下部地面和周围地面的处理，宜符合下列规定：

1 屋外油浸式并联电容器组安全围栏内，宜铺设一层碎石或卵石（混凝土基础以外部分），其厚度应为 100~150mm，并不得高于周围地坪。

2 屋内并联电容器组下部地面，应采取防止油浸式电容器液体溢流措施。屋内其他部分的地面和面层，可与变电站的房屋建筑设计协调一致。

8.1.8 电容器室的屋面防水设计，不得低于屋内配电装置室的防水标准。

8.1.9 低压并联电容器装置宜采用屋内布置，也可根据安装布置需要和设备对环境条件的适应能力采用屋外布置。

8.1.10 低压电容器柜和低压配电屏可同室布置，但宜将低压电容器柜布置在同列屏柜的端部。

8.1.11 低压并联电容器装置室，可采用混凝土地面，面层可采用水泥砂浆抹面并压光或与其所在建筑物设计一致。

8.2 并联电容器组的布置和安装设计

8.2.1 并联电容器组的布置，宜分相设置独立的框（台）架。当电容器台数较少或受到场地限制时，可设置三相共用的框架。

8.2.2 分层布置的 66kV 及以下电压等级的并联电容器组框（台）架，不宜超过 3 层，每层不应超过 2 排，四周和层间不得设置隔板。

8.2.3 并联电容器组的安装设计最小尺寸，宜符合表 8.2.3 的规定。

表 8.2.3　并联电容器组安装设计最小尺寸（mm）

名称	电容器（屋外、屋内）		电容器底部距地面		框（台）架顶部至屋内顶面净距
	间距	排间距离	屋外	屋内	
最小尺寸	70	100	300	200	1000

8.2.4 屋外或屋内布置的并联电容器组，应在其四周或一侧设置维护通道，维护通道的宽度不宜小于1.2m。电容器在框（台）架上单排布置时，框（台）架可靠墙布置；电容器在框（台）架上双排布置时，框（台）架相互之间或与墙之间，应留出距离设置检修走道，走道宽度不宜小于1m。

注：维护通道指正常运行时可使用的通道；检修走道指在停电后才能使用的走道。

8.2.5 并联电容器组的绝缘水平应与电网绝缘水平相配合。电容器的绝缘水平和接地方式应符合下列规定：

1 当电容器绝缘水平与电网一致时，应将电容器外壳和框（台）架可靠接地；当电容器绝缘水平低于电网时，应将电容器安装在与电网绝缘水平相一致的绝缘框（台）架上，电容器的外壳应与框（台）架可靠连接，并应采取电位固定措施。

2 集合式电容器在地面安装时外壳应可靠接地。

8.2.6 并联电容器安装连接线应符合下列规定：

1 电容器套管相互之间连接线以及电容器套管至母线和熔断器的连接线，应有一定的松弛度。

2 单套管电容器组的连接壳体的导线，应采用软导线由壳体端子上引接。

3 并联电容器安装连接线严禁直接利用电容器套管连接或支承硬母线。

8.2.7 并联电容器组三相的任何两相之间的最大与最小电容之比，电容器组每组各串联段之间的最大与最小电容之比，均不宜超过 1.02。

8.2.8 并联电容器装置中未设置接地开关时，应设置挂临时接地线的母线接触面和地线连接端子。

8.2.9 并联电容器组的汇流母线应满足机械强度的要求。

8.2.10 外熔断器安装，应符合下列要求：

1 应装设在通道一侧。

2 安装角度、喷口方向和弹簧拉紧位置，应符合制造厂的产品说明，拉紧弹簧必须保持规定的弹力状态。

3 熔丝熔断后，尾线不应搭在电容器外壳上。

8.2.11 并联电容器装置，可根据周围环境中鸟类、鼠、蛇类等小动物活动的实际情况，采取封堵、挡板和网栏等措施。

8.3 串联电抗器的布置和安装设计

8.3.1 油浸式铁心串联电抗器的安装布置，应符合下列要求：

1 宜布置在屋外，当污秽较重的工矿企业采用普通电抗器时，应布置在屋内。

2 屋内安装的油浸式铁心串联电抗器，其油量超过 100kg 时，应单独设置防爆间隔和储油设施。

8.3.2 干式空心串联电抗器的安装布置，应符合下列要求：

1 宜采用分相布置的水平排列或三角形排列。

2 当采用屋内布置时，应加大对周围的空间距离，并应避开继电保护和微机监控等电气二次弱电设备。

8.3.3 干式空心串联电抗器布置与安装时，应满足防电磁感应要求。电抗器对其四周不形成闭合回路的铁磁性金属构件的最小距离以及电抗器相互之间的最小中心距离，均应满足下列要求：

1 电抗器对上部、下部和基础中的铁磁性构件距离，不宜小于电抗器直径的 0.5 倍。

2 电抗器中心对侧面的铁磁性构件距离，不宜小于电抗器直径的 1.1 倍。

3 电抗器相互之间的中心距离，不宜小于电抗器直径的 1.7 倍。

8.3.4 干式空心串联电抗器支承绝缘子的金属底座接地线，应采用放射形或开口环形。

8.3.5 干式空心串联电抗器组装的零部件，宜采用非导磁的不锈钢螺栓连接；当采用矩形母线与相邻设备连接时，矩形母线宜采用立式安装方式。

8.3.6 干式铁心电抗器应布置在屋内，安装时应满足产品的相关规定。

9 防火和通风

9.1 防 火

9.1.1 屋外并联电容器装置与变电站内建（构）筑物和设备的防火间距，应符合现行国家标准《火力发电厂与变电站设计防火规范》GB 50229 的有关规定。当不能满足规定时，应设置防火墙。

当并联电容器室与其他建筑物连接布置时，相互之间应设置防火墙，防火墙上及两侧 2m 以内的范围，不得开门窗及孔洞。电容器室的楼板、隔墙、门窗和孔洞均应满足防火要求。

9.1.2 并联电容器装置的消防设施，应符合下列要求：

1 属于不同主变压器的屋外大容量并联电容器装置之间，宜设置消防通道。

2 属于不同主变压器的屋内并联电容器装置之间，宜设置防火隔墙。

3 并联电容器装置必须设置消防设施。

9.1.3 并联电容器组的框（台）架和柜体，均应采用非燃烧或难燃烧的材料制作。

9.1.4 并联电容器室应为丙类生产建筑，其建筑物的耐火等级不应低于二级。

9.1.5 并联电容器室的长度超过 7m 时，应设两个出口。并联电容器室的门应向外开启。相邻两个并联电容器室之间的隔墙需开门时，应采用乙级防火门。

并联电容器室，不宜设置采光玻璃窗。

9.1.6 与并联电容器装置相关的沟道，应满足下列要求：

1 并联电容器室通向屋外的沟道，在屋内外交接处应采用防火封堵。

2 电缆沟道的边缘对并联电容器组框（台）架外廓的距离，不宜小于 2m；引至并联电容器装置处的电缆，应采用穿管敷设并进行防火封堵。

3 低压并联电容器室内的沟道盖板，宜采用阻燃材料制作。

9.1.7 油浸集合式并联电容器，应设置储油池或挡油墙。电容器的浸渍剂和冷却油不得污染周围环境和地下水。

9.1.8 并联电容器装置宜布置在变电站最大频率风向的下风侧。

9.2 通 风

9.2.1 并联电容器装置室的通风量，应按消除屋内余热计算。

9.2.2 并联电容器装置室的夏季排风温度，应根据电容器的环境温度类别确定，并不应超过电容器所允许的最高环境温度。

9.2.3 串联电抗器小间的通风量，应按消除屋内余热计算，夏季排风温度不宜超过 40℃。

9.2.4 并联电容器装置室，宜采用自然通风。当自然通风不能满足要求时，可采用自然进风和机械排风。

9.2.5 在风沙较大地区，并联电容器装置室应采取防尘措施，进风口宜设置过滤装置。

9.2.6 并联电容器装置的布置方向，应减少太阳辐射热对电容器的影响，并宜布置在夏季通风良好的方向。

9.2.7 并联电容器装置室，设置屋面保温层或隔热层的结构设计，应根据当地的气温条件确定。

附录 A 电容器组投入电网时的涌流计算

A.0.1 同一电抗率的电容器组单组投入或追加投入时，涌流应按下列公式计算：

$$I_{*\mathrm{ym}} = \frac{1}{\sqrt{K}}\left(1 - \beta\frac{Q_0}{Q}\right) + 1 \qquad (\text{A.0.1-1})$$

$$\beta = 1 - \frac{1}{\sqrt{1 + \dfrac{Q}{KS_\mathrm{d}}}} \qquad (\text{A.0.1-2})$$

$$Q = Q' + Q_0 \qquad (\text{A.0.1-3})$$

式中　$I_{*\mathrm{ym}}$——涌流峰值的标么值（以投入的电容器组额定电流峰值为基准值）；

Q——同一母线上装设的电容器组总容量（Mvar）；

Q_0——正在投入的电容器组容量（Mvar）；

Q'——所有正在运行的电容器组容量（Mvar）；

β——电源影响系数。

A.0.2 当有两种电抗率的多组电容器追加投入时，涌流计算应符合下列规定：

1 设正在投入的电容器组电抗率为 K_1，当满足 $\dfrac{Q}{K_1 S_\mathrm{d}} < \dfrac{2}{3}$ 时，涌流应按下式计算：

$$I_{*\mathrm{ym}} = \frac{1}{\sqrt{K_1}} + 1 \qquad (\text{A.0.2})$$

2 仍设正在投入的电容器组电抗率为 K_1，两种电抗率中的另一种电抗率为 K_2，当满足 $\dfrac{Q}{KS_\mathrm{d}} \geqslant \dfrac{2}{3}$，且 $\dfrac{Q}{K_2 S_\mathrm{d}} < \dfrac{2}{3}$ 时，涌流仍应按式（A.0.1）计算，其中 $K = K_1$。

本规范用词说明

1 为便于在执行本规范条文时区别对待，对要求严格程度不同的用词说明如下：

1) 表示很严格，非这样做不可的用词：
正面词采用"必须"，反面词采用"严禁"。

2) 表示严格，在正常情况下均应这样做的用词：
正面词采用"应"，反面词采用"不应"或"不得"。

3) 表示允许稍有选择，在条件许可时首先应这样做的用词：
正面词采用"宜"，反面词采用"不宜"；
表示有选择，在一定条件下可以这样做的用词，采用"可"。

2 本规范中指明应按其他有关标准、规范执行的写法为"应符合……的规定"或"应按……执行"。

中华人民共和国国家标准

并联电容器装置设计规范

GB 50227—2008

条 文 说 明

目　次

1 总　则

1.0.1 本条为制定本规范的目的。强调并联电容器装置设计要贯彻国家的基本建设方针,体现我国的技术经济政策,技术上要把安全可靠放在首位,在技术经济综合指标上要体现技术先进,同时,并联电容器装置设计要为运行创造良好的条件。

1.0.2 本条为本规范的适用范围。本规范修订前的适用范围为 220kV 及以下变电站和低压配电室,根据电力工业发展的需要和工程实践经验总结,以及部分单位提出的意见,经标准编制协调会讨论决定,本次修订后适用范围扩大到 750kV 变电站,该电压等级变电站的主变第三线圈电压为 66kV,本规范适用的电容器组电压范围也是 66kV,所以,规范条文规定无需因扩大适用范围而变动内容。

　　本规范的重点为高压并联电容器装置设计的技术要求。对于配电网中电力用户的低压电容器补偿,一般都是采用低压并联电容器装置,此设备由制造厂成套供货,用户可以根据自己的不同要求直接选择成套产品,不需要进行安装(组装)设计(即购买元部件,按设计图组装成装置)。所以,本规范仅在低压并联电容器装置设备选型和安装设计方面作了必要的技术规定。

1.0.3 本条为并联电容器装置设计原则的共性要求。并联电容器装置设计时要考虑各工程的具体情况和当地实践经验,不能一概而论。本规范的一些条文规定具有一定的灵活性,要正确理解,结合本地区的情况和习惯性做法合理运用条文规定。

1.0.4 并联电容器装置设备选型要从工程条件和实际需要出发,使设备运行安全可靠。此外,设备选型尚应符合国家现行产品技术标准的规定,其中包括电力行业标准和制造行业的产品标准。

1.0.5 本条明确了本规范与相关标准之间的关系。本规范为并联电容器装置设计和装置安装设计、低压并联电容器装置选型和装置安装设计的统一专业技术标准。本规范所涉及的技术内容在国家现行标准中已有规定的,除了需要在本规范中强调的规定,不再重复其他标准条文。

2　术语、符号、代号

　　为执行本规范条文规定时正确理解特定的名词术语含义,特列入了一些与本规范相关的名词术语,便于执行条文规定时查找使用。同时,将条文和附录中计算公式采用的符号以及条文附图中的代号也纳入本章集中列出,方便应用。

　　条文和附录中计算公式采用的符号,是按本专业的特点和通用性制订的。

　　条文附图中的图形符号,是参照现行国家标准《电气技术中的文字符号制订通则》GB 7159 的规定,并结合本专业的通用习惯制订的。

3　接入电网基本要求

3.0.1 本条是并联电容器装置设计的总原则。并联电容器是容性无功的主要电源。无功电源的安排,应在电力系统有功规划的基础上,同时进行无功规划。原则上应使无功就地分区分层基本平衡,按地区补偿无功负荷,就地补偿降压变压器的无功损耗,并应能随负荷(或电压)变化进行调整,避免经长距离线路或多级变压器传送无功功率,以减少由于无功功率的传送而引起的电网有功损耗,达到降损节能。

3.0.2 本条是确定并联电容器装置总容量的原则规定。每个变电站原则上均应配置一定补偿容量的感性无功和容性无功,本规范针对的是容性无功补偿。变电站配置无功补偿容量应根据无功规划,进行调相调压计算来确定。计算原则按照电力行业标准《电力系统电压和无功电力技术导则》SD 325—89 规定,在《全国供电规则》中还规定了负荷的功率因数,由高压供电的工业用户和装有带负荷调整电压装置的高压工业用户,功率因数应为 0.90 以上。

　　据调查,在变电站中,并联电容器安装容量占主变容量的比例,由于各地电网情况和无功补偿容量的差异而略有不同,一般不少于 10%,不大于 30%。因此,如果没有调相调压计算依据,并联电容器的装设容量,也可大致按主变压器容量的 10%～30% 估算。无功缺额多的地区取高值,缺额少则取小值。在新制订的国网公司企业标准中,对各级电压变电站的估算值作了细化规定:500kV 为 15%～20%;220kV 为 10%～30%;35～110kV 为 10%～25%;公用配电网为 20%～40%。或者按变压器最大负荷时,高压侧功率因数不低于 0.95 进行补偿,同时,强调电力用户的无功补偿装置,应有防止向系统反送无功功率的措施。在《国家电网公司电力系统电压质量和无功电力管理规定》企业标准中,对功率因数值进一步要求为:在 35～220kV 变电站中,在主变最大负荷时一次侧功率因数不应低于 0.95,在低谷负荷时功率因数不应高于 0.95。

3.0.3 变电站中装设的并联电容器总容量确定以后,通常将电容器分成若干组再进行安装,分组原则主要是根据电压波动、负荷变化、电网背景谐波含量以及设备技术条件等因素来确定。本次修订在条文中"隐去了"加大分组容量,减少组数的明文规定,这不等于是不提倡加大分组容量,减少组数,原来的条文规定既是节约投资的措施,也是避开谐振的需要。根据电网发展出现的新情况,修订后的条文规定更加强调了满足系统电压和无功功率调控和避开谐振要求,体现了节约投资服从于无功补偿效益和运行的安全性要求。

各分组电容器投切时，不能发生谐振，同时也要防止谐波的严重放大。因为谐振是谐波严重放大的极端状态，谐振将导致电容器组产生严重过载，引起电容器产生异常声响和振动，外壳膨胀变形，甚至产生外壳爆裂而损坏。为了躲开谐振点，电容器组设计之前，应测量或分析系统主要谐波含量，根据设计确定的电抗率配置，按本条规定的谐振容量计算公式（3.0.3）计算，在设计分组容量时，避开谐振容量；电容器组在各种容量组合投切时，均应能躲开谐振点。加大分组容量，减少组数是躲开谐振点的措施之一，同时，要考虑运行时容量调节的灵活性，以便达到较高的投运率，使电容器发挥最大的效益。因此，本次规范修订特别强调了"……并应满足系统无功功率和电压调控要求"另外，正式投产前，应进行投切试验，测量系统谐波分量变化，如有过分的谐波放大或谐振现象产生，应采取对策消除。

分组电容器在不同组合下投切，变压器各侧母线的任何一次谐波电压含量，均不应超过现行国家标准《电能质量—公用电网谐波》GB/T 14549 的规定，标准中规定的谐波电压限值详见表1。

表1 公用电网谐波电压限值（相电压）

电网标称电压（kV）	电网总谐波畸变率（%）	各次谐波电压含有率（%）	
		奇 次	偶 次
0.38	5.0	4.0	2.0
6	4.0	3.2	1.6
10			
35	3.0	2.4	1.2
66			
110	2.0	1.6	0.8

3.0.4 并联电容器装置装设在主变压器的主要负荷侧，可以获得显著的无功补偿效果，降低变压器损耗，提高母线电压。一般 500kV 变电站的主要负荷侧在 220kV 侧；220kV 变电站的主要负荷侧在 110kV 侧，东北地区则在 66kV 侧。由于 220kV、110kV 设备较贵，到目前为止，还没在 220kV、110kV 电压等级上装设并联电容器组的工程实例，一般是在变电站的三绕组变压器的低压侧装设电容器。

需要说明，对于 110kV 变电站，其主要负荷侧通常在 35kV 侧，如果把电容器仍然装设在 10kV 侧，则在技术上是不合理的。当变电站的主要负荷侧在 66kV 及以下时，因为有成熟的系列设备可以配套，为了提高经济效益，应执行本条规定，将无功补偿的电容器组装设于主要负荷侧。

3.0.5 本条规定的目的是为了提高补偿效果，降低

损耗，防止用户的无功补偿电容器向电网倒送无功。考虑到有的用户执行本条规定有困难，本次修订时不再强调严格执行本条规定，而是允许稍有选择，在条件许可时应首先执行本条规定。

3.0.6 本条为低压无功补偿的原则规定。执行这条规定有利于降低线路损耗，获得显著的技术经济效益。用户无功补偿应尽量分散靠近用电设备，用户的集中补偿装置也要尽量靠近负荷中心，以使无功流动距离最短，减少线路损耗。为了满足电网对无功补偿的要求，强调用户无功补偿的功率因数应达到要求，应符合国家现行标准《全国供用电规则》的规定。为了电网的安全经济运行，本条规定特别强调电力用户不得向电网倒送无功。

4 电气接线

4.1 接线方式

4.1.1 本条对并联电容器装置分组回路接入母线的三种方式和适用条件作了一般性规定，对应于每种接线方式都提供了图示，现说明如下：

1 500kV 变电站采用自耦变压器，部分 220kV 变电站采用三绕组变压器，低压侧只接所用变压器和电容器组，属于第一种接线方式，即图 4.1.1-1，这种接线方式比较常见。

2 在一条母线上既接有供电线路，又接有电容器组，在电业部门和电力用户的变电站、配电站（室）中多采用这种接线方式，属于第二种接线方式，即图 4.1.1-2。

3 为了满足电网运行中不断变化的无功需求，通常需要电容器组频繁投切，若分组回路采用能开断母线短路电流的断路器，因断路器价格较贵会引起工程造价提高，为节约投资，设置电容器组专用母线，专用母线的总回路断路器按能开断母线短路电流选择；分组回路开关不考虑开断母线短路电流，采用价格便宜的真空开关，满足频繁投切要求，即图 4.1.1-3 的方式。这种方式在 35kV 和 66kV 比较少见，但是，近期发展起来的 10kV 自动补偿柜采用的正是这种接线方式。需要说明，分组回路作电容器投切的开关设备不是断路器，而是价格便宜、可频繁投切的接触器。

变电站中每台变压器均应配置一定容量的电容器以补偿其无功损耗，与主变一起投入运行。不考虑两台或多台主变压器下装设的并联电容器装置互相切换运行。如果采用切换方式，会造成电气接线和保护装置的复杂化，增加工程投资，而并未带来明显的技术经济效益。

4.1.2 本条以三款分别规定了并联电容器组和每相或每个桥臂的接线方式以及串联段并联容量的规定。

1 据调查，20 世纪 80 年代以前，并联电容器组接线有两类：三角形类（单三角形、双三角形）和星形类（单星形、双星形）。绝大多数并联电容器组的电压为 6kV 和 10kV，接线方式为三角形，这种接线方式在技术上存在问题。可以说是当时电容器产品的额定电压造成了这种接线方式，如：电容器额定电压为 6kV 和 10kV，正好接成三角形用于 6kV 和 10kV 电网。因为当时电容器产品种类少，又没有设计标准可遵循，工矿企业中的并联电容器组大量采用三角形接线。单串联段的三角形接线并联电容器组，发生极间全击穿的机会是比较多的，极间全击穿相当于相间短路，注入故障点的能量，不仅有故障相健全电容器的涌放电流，还有其他两相电容器的涌放电流和系统的短路电流。这些电流的能量远远超过电容器油箱的耐爆能量，因而油箱爆炸事故较多。在当时，全国各地发生了不少三角形接线电容器组的爆炸起火事故，损失严重。而星形接线电容器组发生全击穿时，故障电流受到健全相容抗的限制，来自系统的工频电流大大降低，最大不超过电容器组额定电流的 3 倍，并且没有其他两相电容器的涌放电流，只有来自同相的健全电容器的涌放电流，这是星形接线电容器组油箱爆炸事故较少的技术原因之一。所以，本规范规定的并联电容器组接线方式是星形接线，全国都应遵循。

根据我国目前的设备制造现状，电力系统和电力用户的并联电容器装置安装情况，750kV 及以下变电站的并联电容器组的电压等级为 66kV 及以下，而 66kV 及以下电网为非有效接地系统，在建的特高压交流工程的 110kV 也是采用的非有效接地系统，所以，星形接线电容器组中性点均应不接地。

电容器组接线方式选择，应根据电容器组容量和采用的保护方式综合考虑。常用电容器组接线和保护方式主要有 4 种：单星形接线采用开口三角电压保护，单星形接线采用相电压差动保护，双星形接线采用中性点不平衡电流保护，单星形接线采用桥式差电流保护。据浙江省电力试验研究院近期调查：10kV 电容器组容量为 7800kvar 及以下，35kV 电容器组容量为 8400kvar 及以下，采用单星形开口三角电压保护，分别占 74.4% 和 43.9%；随着电容器组容量增大，采用这种接线方式的比例减少，尤其是 35kV 电容器组，容量在 10～20Mvar 时很少采用；35kV 电容器组，容量为 20Mvar 及以下，采用单星形接线相电压差动保护的占 57%，单组容量超过 20Mvar 者不采用；10kV 电容器组，容量为 8000～10020kvar，采用双星形接线中性点不平衡电流保护较多，以前占总容量的 24.7%，现在是 43.2%；35kV 电容器组，采用双星形接线中性点不平衡电流保护方式同样很多，但是 500kV 变电站的大容量电容器组采用这种接线，由于保护灵敏度不够，安全性差，已有不少事故例

子；以前，10kV 和 35kV 电容器组，采用单星形接线桥式差电流保护的较少，绝大多数用在 66kV 电容器组，由于这种保护方式的灵敏度高，今后，将在 35kV 和 66kV 电容器组中大量采用。为了解决采用双星形接线中性点不平衡电流保护的灵敏度不够的问题，有少数 500kV 变电站的 60Mvar 电容器组，采用了在一套开关回路下将 60Mvar 电容器，分成 3 个单星形接线的电容器组，每个组 20Mvar，其目的是减少并联台数，提高安全性；其缺点是保护灵敏度并不理想，而且使装置复杂化。在单星形、两星形、三星形接线中，由于采用的保护是按单星形设置，其实质仍是单星形，仅仅是接线方式上的新花样，并不是一种新的接线方式。单星形接线是电容器组的最基本的接线方式，其他接线方式都是由单星形演变来的。各种保护都有其自身的优缺点，选用时应根据工程条件，用其优点，避开缺点。

2 并联电容器组的每相或每个桥臂，由多台电容器串并联组合连接时，当采用先并后串，一台电容器出现击穿故障，故障电流由两部分组成：一部分来自系统的工频故障电流；另一部分来自健全电容器的放电电流，由于故障电流大，能使外熔丝迅速熔断，从而把故障电容器迅速切除，这时健全电容器电压将会升高，只要不超过允许值，电容器组可继续运行。而采用先串后并的电容器组，当一台电容器击穿时，因受到与之串联的健全电容器容抗的限制，故障电流比上述情况小，外熔丝不能迅速熔断，故障时间延长，与故障电容器串联的健全电容器，因长期过电压而可能损坏。在故障相同的情况下，先并后串接线方式，健全电容器上的电压升高较低，有利于安全运行。应当注意：当并联容量超过限值时，需要采取切断均压线的串并联分隔措施，这种方式保护整定计算不能采用常规公式，否则，将会造成保护整定值错误，留下事故隐患，因此，需根据具体情况进行公式推导。

3 限制并联电容器组串联段的并联容量，是抑制电容器故障爆破的重要措施，本款规定根据《标称电压 1kV 以上交流电力系统用并联电容器，第三部分：并联电容器和并联电容器组保护》GB/Z 11024.3—2001 中第 5.3.1 条 c）款规定提出，因为本款规定涉及电容器组安全运行，所以定为强制性条文。

4.1.3 为使低压集中补偿尽量靠近负荷中心，低压电容器柜与低压配电柜应接于同一条母线，这样，既节约投资，又缩短无功输送距离，达到节能目的。国内外低压并联电容器组，主要采用三角形接线。根据低压并联电容器的结构性能和实际应用情况，低压并联电容器不同于高压并联电容器，出现事故的主要原因不是因为接线方式。因此，三角形接线和星形接线，对低压并联电容器组来说都是正常接线方式。

4.2 配套设备及其连接

4.2.1 本条规定主要提示并联电容器装置的配套设备及其连接方式的常规配置。应注意，并不是所有的并联电容器装置配置都一样，如：已有相当多的电容器组不装设外熔断器；有的电容器组不装设放电线圈等。配套设备的连接方式是由电容器组的接线方式和设备性能所决定，设计时应当注意。

4.2.2 本条是根据实践经验总结而制定的。因为如果将分组回路的断路器装设在电容器组的中性点侧，发生故障时，虽然断路器已经断开，但故障并没有被切除，可能导致扩大性事故发生。断路器装设于中性点侧，主要有两个原因：一是断路器的开断电流不能满足装设于电源侧的需要；二是想选择价格便宜的真空断路器，满足电容器组需要频繁投切的需要。从目前设备生产情况来看，能够用于电容器组的断路器，无论是其开断电流或是频繁操作性能，完全可以满足装设于电源侧的要求，为了保证运行安全，不应将其装设于中性点侧。

4.2.3 串联电抗器装设在电源侧，既有抑制谐波和合闸涌流的作用，又能在电抗器短路时起限制短路电流的作用，装设在电源侧的电抗器应有耐受短路电流的能力（耐受峰值电流和耐受短时电流）。当串联电抗器耐受短路电流的能力不能满足装设在电源侧要求时，将其安装在中性点侧，则其不能限制短路电流。安装在中性点侧时，其在正常运行时承受的对地电压低，可不受短路电流的冲击，对耐受短路电流的能力要求低，减少了事故发生，使设备运行更加安全，可以采用价格较低的普通油浸式电抗器和干式铁心电抗器。串联电抗器装设在电源侧应采用干式空心电抗器或加强型油浸式电抗器，而且，需要核算其耐受短路电流的能力是否满足要求。特别注意，将串联电抗器装设在电源侧虽然具有限制短路电流的作用，但对电抗器的技术性能要求高，高强度的加强型油浸式电抗器也可能不满足要求。部分制造厂的产品样本把电抗器装设在电源侧，并未对电抗器的动热稳定能力作特别说明，选用厂家的成套装置时，需进行落实和验算核对，不能认为加强型产品都可以安装在电源侧。

4.2.4 本条规定强调如果电容器配置外熔断器保护，应采用电容器专用熔断器而不能采用其他产品替代。熔断器的配置方式，应为每台电容器配一个，以前曾有过用一个熔断器保护多台电容器的配置方式，这种方式难于达到保护电容器的目的，将留下事故隐患。原规范第 4.2.4 条规定："严禁多台电容器共用一个喷逐式熔断器"。由于这种方式很少出现，本次规范修订在要求不变的前提下对条文规定作了适当修改。

4.2.5 电容器有两极，一极接电源侧，另一极接中性点侧。外熔断器应该装在哪一侧，要具体分析。对单串联段的 10kV 电容器组，电容器的绝缘水平与电网一致，电容器安装时外壳直接接地，外熔断器应装在电源侧。作为电容器的极间保护，外熔断器装在电源侧或中性点侧，作用都一样。但是，当发生套管闪络和极对壳击穿时，故障电流只流经电源侧，中性点侧无故障电流，所以，安装在中性点侧的外熔断器对这类故障不起作用。另外，当中性点侧已发生一点接地（中性点连线较长的单星形或双星形电容器组均有此可能），若再发生电容器套管闪络或极对壳击穿事故，相当于两点接地，装设在中性点侧的外熔断器被短接而不起保护作用。据调查，为了安装接线方便，把 10kV 电容器组的外熔断器装在中性点侧的情况是有的，这种方式存在缺陷，不应采用。对于安装在绝缘框（台）架上的多串联段电容器组，当电容器为双排布置，如把外熔断器都装设在电源侧，对外熔断器的巡视和更换都不方便；如把外熔断器都装设在中性点侧，对特殊故障又不起保护作用。本条规定要求，既要考虑外熔断器的保护效果，又要考虑运行与检修方便。

4.2.6 本条是原规范第 4.2.6 条和第 4.2.7 条合并的修改条文。电容器是储能元件，断电后两极之间的最高电压可达 $\sqrt{2}U_N$（U_N 为电容器额定电压均方根值），最大储能为 CU_N^2，电容器自身绝缘电阻高，不能自行放电至安全电压，需要装设放电件进行放电。电容器放电有两种方式：在电容器内部装设放电电阻，与电容元件并联；在电容器外部装设放电线圈（原规范叫放电器），与电容器直接并联。放电电阻和放电线圈，都能达到电容器放电目的，但放电电阻的放电速度较慢，电容器断开电源后，剩余电压在 5min 内才能由额定电压幅值降至 50V 以下；放电线圈放电速度快，电容器组断开电源后，剩余电压可在 5s 内降至 50V 以下。两种放电方式，二者必具其一，或者两种方式都具备。总之，在电容器脱离电源后，应迅速将剩余电压降低到安全值，从而避免合闸过电压，保障检修人员的安全和降低单相重击穿过电压。放电线圈是保障人身和设备安全必不可少的一种配套设备，经过多年的发展，各种电压等级的放电线圈已有系列产品，并且已经有了专业技术标准，工程设计时应根据需要选用。

以前，曾经在工程中使用过的放电设备有四种接线方式：V 形、星形、星形中性点接地和与电容器直接并联。其中，星形中性点接地是一种错误的接线方式，极少在工程中出现。东北电力试验研究院对不同接线方式放电设备的放电性能进行过研究，在同等条件下（电容器组为星形接线，容量相同）电容器组断电 1s 后，电容器上的剩余电压值如表 2 所示。

表 2 　放电线圈不同接线方式时的剩余电压（V）

序号	接线方式	对地电压			极间电压			备注
1	（TV、C 接线图）	2014	2997	2728	559	404	155	—
2	（TV、C 接线图）	2014	2997	2728	559	404	155	—
3	（TV、C 接线图）	—	—	—	—	—	—	禁止使用
4	（TV、C 接线图）	1116	2977	5857	3688	404	3284	不宜采用

注：C 代表电容器；TV 代表放电器。

从表 2 中可以看出，当放电线圈采用序号 1 和序号 2 两种接线方式时放电效果较好，虽然两种接线方式的剩余电压数值都一样，但两种接线方式有着实质性的差别：当这两种接线方式的二次线圈为开口三角形接线时，序号 1 的开口三角电压，能准确反映三相电容器的不平衡情况；序号 2 的开口三角电压反映的是三相母线电压不平衡，不能用于电容器组的不平衡保护。因此，当放电线圈配合继电保护使用时，应采用序号 1 接线。序号 3 接线方式，由于形成了 L—C 串联回路，在断路器分闸时，将产生过电压，可能导致断路器重击穿。东北地区某变电站的 66kV 电容器组，误采用了中性点接地的电压互感器作放电线圈使用，投产试验时，测到过电压。即使断路器没有发生重击穿，对地过电压也可达 2.4 倍，如发生重击穿，过电压倍数更高，这对电容器是非常危险的。产生这种过电压的原因是 L—C 串联回路产生的谐振，因此

序号 3 接线方式禁止采用。序号 4 接线方式，放电效果差，当产生放电回路断线时，将造成其中一相电容器不能放电，虽然这种接线只用两相设备，但安全性差，不宜采用。

需要说明：放电回路必须为完整通路，不允许在放电回路中串接开关或外熔断器（单台电容器保护用外熔断器不在此例）。为了保证人身和设备安全，不能因某种原因使放电回路断开而终止放电，本条规定强调直接并联的含义就在于此。

4.2.7　放电器件往往不能将电容器的残留电荷放泄殆尽，为确保检修人员的人身安全，检修工作进行之前，还必须对电容器组进行接地放电。虽然停电时挂临时接地线也是放电方式之一，但操作过程麻烦，不能设置防止误操作的机械或电气联锁，安全性差，接地开关可装设电气联锁，所以本条推荐装设接地开关。

需要说明，星形接线电容器组长时间运行后，虽然有放电器件放电，但中性点仍会积存电荷，如仅在电源侧接地放电，中性点仍残存电荷不能放完，电位不为零，将对检修人员的人身安全构成威胁。某供电局曾发生一例这种事故：一个电容器组停电检修，检修人员在电容器组的电源侧挂了接地线，以为已经做好了安全措施，即开始进行检修工作，当检修人员的手臂碰到中性点导体时，发生了触电事故。为杜绝此类事故发生，检修工作进行之前，应在电容器的电源侧和中性点侧，同时进行短路接地放电。

需要注意，当电容器的外熔断器熔断，或电容器内部连线断线，这种情况的电容器脱离运行时，均可能带有残留电荷，为保证安全，在接触这些电容器之前，应进行对地短接放电。

4.2.8 本条首先强调高压并联电容器装置应设置操作过电压保护，因为电容器组投切时产生过电压是无法避免的，为了降低过电压幅值，保护回路设备的安全，应装设抑制操作过电压的避雷器。并对避雷器的接线作了 3 款规定。操作过电压来自电源侧的开关投切，所以规定避雷器的装设位置应在电容器组的电源侧；根据对并联电容器装置操作过电压的研究，通常性能好的断路器是极少发生重击穿，产生单相重击穿，出现的是对地过电压，装设相对地避雷器，即可抑制对地过电压。只有质量差的断路器才有可能出现两相重击穿，产生极间过电压。设备选择时要严格把好断路器质量关，不要把质量差的断路器用于电容器组回路，在这种情况下，并联电容器装置的操作过电压保护设置，只需针对对地过电压就行了。如果断路器质量较差，或者对断路器质量不放心，需要考虑出现两相重击穿的可能性，由于对电容器的极间过电压没有成熟的保护措施，要设置这种保护，应根据工程具体情况进行计算机模拟计算，按照计算结果分析确定。本规范考虑的是断路器仅仅发生单相重击穿，只需要设置电容器对地绝缘保护，在这种情况下，应装设的是相对地避雷器或中性点对地避雷器；有部分工程想解决电容器组的极间过电压保护，采用 4 台避雷器（3 台星形连接，1 台中性点对地）连接方式，但是，这种方式无论是避雷器的运行可靠性还是电容器的极对地保护水平都不可靠，又无电容器的极间保护功能，预期的目的并没有达到，而且出现故障隐患，因此，不推荐采用这种方式。

4.2.9 为了使低压并联电容器装置满足安全运行要求，设备配套元件应齐全。本条规定为在通常情况下的元件配置，在一定条件下，有的元件可不装设，例如：电容器回路的投切器件或电容器本身，具备限制涌流的功能时，可以不装设限流线圈。有谐波超值保护时，可不装设过载保护器件。本条规定的目的是让电力用户在选择低压并联电容器装置时，核对产品的配套元件是否齐全。

4.2.10 本条是对低压电容器组的放电器件连接方式的规定。根据东北电力试验研究院对三角形接线电容器组的放电器件接线方式所作的测试研究，采用三角形接线和不接地星形接线放电效果好。基于对放电器件不同接线方式的测试研究，中性点接地将会引起谐振，低压电容器放电器件采用星形接线时，也不能中性点接地。虽然 V 形接线使用元件少，接线简单，但放电效果差和存在缺陷，特别是当放电回路断线则造成其中一相电容器不能放电，安全性差，故不宜采用。据了解，有少数低压电容器柜用户为了节电，在放电回路中串接开关辅助接点，电容器投入运行时，停止放电，电容器停电时才接通放电回路，由于这种方式电容器运行时没有信号监测，曾发生过接点烧坏事故，造成放电回路不通，留下事故隐患。因此，不能采用这种节电方式。

5 电器和导体选择

5.1 一般规定

5.1.1 本条所列 8 款要求是并联电容器装置设计在设备选型时应考虑的主要问题。并联电容器装置接入处的母线电压决定电容器的额定电压，电网运行工况则关系到装置中各设备的参数。如：电容器组投入容量与涌流倍数和谐波放大倍数均有关；涌流倍数和谐波放大倍数又与电抗率有关；电网谐波水平是决定串联电抗器参数和电容器分组容量的条件；母线短路电流和电容器组对短路电流的助增效应，是校验设备的动热稳定的条件，特别是选择断路器的重要条件；电容器组容量是选择单台电容器容量的依据之一；接线和保护存在互相配合的关系；电容器组投切方式不同对断路器性能的要求也不同，采用自动投切装置对电容器组进行频繁投切，要求断路器应具有频繁投切的功能，少油断路器（产品已经被淘汰，部分地区几年前就停用了）就不能满足要求，则需要选用真空开关，但真空开关分闸时存在一定的重击穿几率，又需要考虑用避雷器抑制操作过程中产生的过电压；环境条件是设备选择的重要依据，关系到电气设备外绝缘爬电距离、产品的类别，例如：耐低温产品、耐污秽产品、湿热带产品、高海拔产品等；屋内布置有防污染的效果，屋外布置则需要考虑环境的污秽等级；为了降低电容器安装框架高度可能需要采用卧式电容器；制造行业制定的产品标准，如《高压并联电容器装置》JB/T 7111—1993、《低压电容器装置》JB/T 7113—1993、《集合式并联电容器》JB/T 7112—2000 和 IEC 标准《并联电容器》IEC 60871 等。电力行业制定的设备选择标准，如《高压并联电容器使用技术条件》DL/T 840—2003、《高压并联电容器单台保护用外熔断器订货技术条件》DL 442—91、《高压并联电容器用串联电抗器订货技术条件》DL 462—92、《高压并联电容器用放电线圈订货技术条件》DL/T 653—1998等也是设计的依据之一。如前所述，本条所列8款要求，在设备选型时均应给予全面考虑。

5.1.2 本条规定为高压并联电容器装置的电器和导体选择应满足的技术要求。为了保证安全运行，选用的电器和导体应满足运行电压、长期允许电流、短路时的动热稳定及操作过程的特殊要求，操作过程的特殊要求包括：合闸预击穿、合闸涌流、分闸可能产生的重击穿和由此而产生的过电压及其保护等。

根据为本规范所作的科研成果，电网中集中装设大容量的并联电容器组，将会改变装设点的网络性质，并联电容器组对安装点的短路电流起助增作用（见第5.1.1第4款），且助增作用随着电容器组容量增大和电容器性能的改进（介损和有效电阻降低），以及开关动作速度加快而增大。在电容器组的总容量与安装点的母线短路容量之比不超过5%（对应于 K ＝5%）或10%（对应于 K ＝12%），在这种情况下的助增作用相对较小，可以不考虑。如果按本规范规定装设电容器组，其总容量一般不会超过安装点短路容量的5%，是可以不计助增作用的。少数情况需要考虑助增作用时，可按照导体和电器选择设计标准中提供的方法计算，按常规方法计算的短路电流值要乘上助增校正系数（有效值校正系数、冲击值校正系数），即可得到考虑助增影响后的短路电流值。

5.1.3 本条规定的依据是：电容器组的容量偏差不超过＋5%（以前容量偏差按＋10%）、电容器长期过电压不超过额定电压的1.1倍，在谐波和过电压的共同作用下，电容器组的稳态过电流值按1.3倍电容器组额定电流考虑。如果并联电容器装置装设有串联电抗器，正常工况的回路工作电流将小于电容器组的额定电流计算值，而且电容器厂从自身利益考虑，电容器组的容量正偏差有逐渐缩小的趋势，就是＋5%也很难达到，所以，在谐波和过电压的共同作用下，回路电流一般不会超过1.3倍电容器组额定电流，否则，可设置过负荷保护动作跳闸。因此，取1.3倍电容器组额定电流作为选择回路电气设备和导体的条件是安全的，也是合理的。

5.1.4 并联电容器装置是变电站的一个重要组成部分，保证其安全运行对电网十分重要。因此，强调其外绝缘配合应不低于相同电压等级的其他电气设备。

5.1.5 本条规定是对并联电容器成套装置结构的要求。成套装置应有灵活的组装结构，运输时可化整为零，运到现场后又要容易组装成套装置，并能保持其成套装置的性能，在结构上应达到方便运输、安装、检修和试验。

5.2 电 容 器

5.2.1 本条为电容器选型的技术原则规定，包括对电容器型式、适用的环境条件、特殊要求等。

1 电容器的型式选择要体现技术先进、适合国情、符合产品标准等项原则。至于选用常规单台电容器、集合式电容器或容量超过500kvar的大容量电容器，以及自愈式电容器组成电容器组，可根据工程具体条件进行技术经济比较确定，本条不作限制性规定。需要说明，这几种类型的产品各有优缺点，例如：单台电容器组合灵活，更换故障电容器方便，价格便宜，工程中采用最多的是这种型式，但特殊环境可能需要建电容器室采用屋内安装，单台电容器的维护工作量大。集合式电容器和大容量箱式电容器（把电容器元件直接组装在充满绝缘油的大箱壳中，构成的大容量电容器），在屋外安装占地少，安装设计简单，施工方便，工期短，价格贵。为了保证安全，集合式电容器产品的场强取值较低，原材料消耗多，油箱内装有大量的绝缘油，经济性不如单台电容器，而且，一旦出现故障，整台停运，补偿容量损失大，在现场不能更换大箱体内的故障电容器，需返厂修理，引起的电容器组停运时间较长。自愈式电容器为干式无油，适合于要求设备无油化场所，这种产品价格较贵，电压和容量系列尚未形成，技术上仍处在发展完善阶段。充 SF_6 气体绝缘的集合式电容器与自愈式电容器都不是技术上成熟的产品，在电容器选型时应予以注意。

2 本款是限制性规定，是环境条件对电容器选型的要求，是必要条件，应予以满足，达不到环境条件的要求将影响设备的安全运行。

3 本款是特殊环境条件，应对电容器提出特殊要求的规定。

5.2.2 本条规定为电容器额定电压选择的主要原则。额定电压是电容器的重要参数，在并联电容器装置设计时，正确选择电容器的额定电压十分重要。众所周知，电容器的输出容量与其运行电压的平方成正比（即 $Q＝\omega CU^2$），电容器运行在额定电压时，则输出额定容量，当运行电压低于额定电压时，则电容器的输出容量也就低于额定容量（俗称亏容）。因此，在选择电容器的额定电压时，如果安全裕度取值过大，则输出容量的亏损也大，所以应尽量使其接近额定电压。反之，如选择的电容器额定电压低于运行电压，将会造成电容器运行过载，如果长期过载运行，会使电容器内部介质产生局部放电，从而造成对电容器绝缘介质的损害。局部放电会使固体介质和液体介质分解，介质分解产生的臭氧和氮的氧化物等气体，将会使电容器的绝缘介质受到化学腐蚀，造成介质损耗增大，产生局部过热，进一步可能发展成绝缘击穿，使电容器损坏。由于电容器组长期过载而引发事故的例子，各地都出现过。因此，电容器过载运行是不安全的，为了确保安全，应避免电容器长期过载运行，所以，在选择电容器额定电压时要考虑电容器组投入运行后的预期母线运行电压。为了使电容器的额定电压选择合理，达到经济和安全运行的目的，在分析电容器预期的运行电压时，应考虑下面几种情况：

1 并联电容器装置接入电网后引起的电网电压升高；

2 谐波引起的电网电压升高；

3 装设电抗器引起的电容器端子电压升高；

4 相间和串联段间存在的容差，将形成电压分配不均，使部分电容器承受的电压升高；

5 轻负荷引起的电网电压升高。

并联电容器装置投入电网后引起的母线电压升高值可按下式计算：

$$\Delta U = U_{s0}\frac{Q}{S_d} \tag{1}$$

式中 ΔU——母线电压升高值（kV）；

U_{s0}——并联电容器装置投入前的母线电压（kV）；

Q——母线上所有运行的电容器组容量（Mvar）；

S_d——母线三相短路容量（MV·A）。

选择电容器的额定电压可先由公式求出计算值，再从电容器的标准系数中选取，电容器额定电压的计算公式如下：

$$U_{CN} = \frac{1.05 U_{SN}}{\sqrt{3}S(1-K)} \tag{2}$$

式中 U_{CN}——单台电容器的额定电压（kV）；

U_{SN}——电容器接入点电网标称电压（kV）；

S——电容器组每相的串联段数；

K——电抗率。

式（2）中系数 1.05 的取值依据是，电网最高运行电压一般不超过标称电压的 1.07 倍，最高为 1.1 倍，运行电压的平均值约为电网标称电压的 1.05 倍。将具体工程选取的电抗率 K 值和每相电容器的串联段数 S 值代入式（2）中，即可算出电容器的额定电压计算值，然后，从电容器额定电压的标准系列中，可选取接近计算值的额定电压。

5.2.3 确定电气设备的绝缘水平是电气设计的最基本原则之一。电容器的绝缘水平选择应遵守这一通用原则，在国家现行标准中对各级电压的电气设备绝缘水平均有明确规定。电容器绝缘水平应根据串联段数和安装方式，提出不同要求；落地安装时不应低于同级电压电气设备的绝缘水平；安装于绝缘框（台）架上的电容器，应根据单台电容器额定电压和绝缘平台分层数综合考虑确定，例如：35kV 电容器组，每相由 4 个串联段组成，单台电容器额定电压为 5.5kV（对应于 $K=5\%$）或 6kV（对应于 $K=12\%$），绝缘平台分两层，单台电容器绝缘水平不应低于 10kV 级。

5.2.4 本条为单台电容器容量选择规定。并联电容器组的单台电容器容量选择，首先考虑的是电容器组容量，随着电容器组容量的增大，为了减少台数，单台电容器也要相应选择较大的容量，如：5Mvar 以下的小容量电容器组，单台电容器容量宜选 50kvar 或 100kvar；10～20Mvar 容量电容器组，单台电容器容量宜选用 200kvar、334kvar；20～60Mvar 或更大容量的电容器组，单台电容器容量宜选 334kvar 或 500kvar 及以上的单台电容器。对于中小容量的电容器组，宜选择标准产品，在电容器额定容量优先值中选择，电容器额定容量优先值为：50kvar、100kvar、200kvar、334kvar、500kvar。无特殊情况，不宜采用非标准产品。500kvar 以上的大容量电容器，尚未制订优先值系列，通常是制造厂根据大容量电容器组容量配置需要定制的。

为了运行安全，每相各串联段的并联电容器台数，不应超过最大并联容量（根据所选用的单台容量即可计算出并联台数），否则，某一台电容器发生贯穿性击穿事故，注入故障电容器的能量，将超过其外壳耐爆能量，从而会发生电容器外壳爆裂事故，甚至是事故扩大。最大并联容量 3900kvar 的限定值，来自国家标准《标称电压 1kV 以上电力系统用并联电容器 第 3 部分：并联电容器和并联电容器组的保护》GB/Z 11024.3—2001 中第 5.3.1 条的规定，能量限值条件是按电容器电压为额定电压峰值的 1.1 倍和耐爆能量为 15kJ 计算得出的，当预计工频过电压较高时，并联容量应相应降低。

5.2.5 用户的低压无功补偿选用的低压并联电容器装置，都是低压并联电容器装置，低压电容器柜由生产厂家在工厂生产，厂家根据不同的环境条件和不同的技术要求，有不同型式的产品供货。电容器柜中装设的电容器是金属化膜自愈式电容器。迄至目前，电容器行业产品统计中，已经没有油浸箔式低压电容器产品的产量，也就是说，油浸箔式电容器已被淘汰。低压电容器就只有一种产品，设备厂家根据环境条件和技术要求，采用不同容量的金属化膜自愈式电容器，组装成不同容量的成套柜供用户选择。自愈式电容器具有诸多优点，如：故障击穿时故障电流使金属层蒸发，介质迅速恢复绝缘性能，即所谓自愈性；体积小、重量轻、损耗小、温升低；这种产品可以做到无油不燃，避免火灾危险。金属化膜自愈式电容器内部配有保护装置，当内部元件永久性击穿时可以自动断路。等效采用 IEC 标准的我国国家标准已经颁布执行。

5.3 断 路 器

5.3.1 本条提出了断路器选型要求，这是根据实践经验和当前情况提出的，随着设备制造的发展，过去使用较多的少油断路器已经逐步被替代，所以，本规范规定并联电容器装置应选用真空断路器或 SF₆ 断路器，不再对少油断路器的技术要求作规定。用于并联电容器装置断路器技术性能，除了应符合一般断路器共用技术条款的要求外，并应满足电容器回路的特殊要求：

　　1　并联电容器装置要随无功功率需求和电压调节的要求进行投切，所以，每天断路器的投切次数多，动作频繁，满足频繁投切的需要，是对断路器的一个特殊要求；

　　2　并联电容器装置回路具有独特的电路特性，断路器在合分过程中产生的弹跳和分闸重击穿都将导致产生过电压，过电压是造成电容器故障的重要原因，所以选择断路器必须慎重。根据实践经验总结和相关规定对开关弹跳提出的限定值为：合闸弹跳时间应小于 2ms；分闸弹跳距离应小于开关断口间距的 20%；

　　3　承受关合涌流以及工频短路电流和电容器高频涌流的联合作用，是电容器组回路断路器的特殊运行工况，断路器应具备这种特殊性能。

5.3.2　本条为并联电容器装置总回路断路器选择的一个重要原则，当分组回路发生短路而断路器拒动或母线短路时，总回路断路器应承担切除母线上全部运行的电容器组并开断短路。对分组回路断路器，可以要求其有开断短路电流的能力；亦可不承担开断短路电流，只要求其具有投切电容器组的能力，以便采用价格便宜和投切性能更好的开关设备，如真空开关或 SF₆ 断路器。总回路和分回路断路器各司其责的配置方式，可降低工程造价，但现在采用配置比较少了，本条规定保留这种方式，作为一种选择。需要说明，采用串联电抗后短路作为分回路断路器选择条件，可以选用技术经济性能均佳的产品，其措施为：断路器（经电流互感器）至串联电抗器之间的连线加大相间距离，并采用绝缘包封，这种方式已在华东地区采用。

5.3.3　低压并联电容器装置的重要配套元件是投切开关，其质量的好坏将直接影响低压无功补偿的安全运行。当采用普通开关时，其接通和分断能力及短路强度等参数十分重要，影响运行安全和使用寿命，选择低压电容器柜时，应校核其是否满足设备装设地点的短路电流水平要求。质量差的开关在切除电容器时容易发生重击穿，并将产生操作过电压，危害电容器的安全运行，这种产品不得选用。为了随负荷大小增减无功补偿容量，低压电容器采用自动投切，投切次数比较频繁，投切开关必须经久耐用。随着产品升级换代，现在单纯使用接触器用于投切低压电容器的方式已经很少，采用性能优良的智能复合开关已与日俱增，本条规定推荐采用智能复合开关产品。可控硅与接触器配合的智能复合开关必将成为主流产品，它能够达到运行安全，长寿命的使用要求。如：FK 系列智能复合开关，它选用晶闸管开关和磁保持或接触器开

关并联运行，在接通和断开的瞬间具有可控硅过零投切的优点，而在正常接通期间又具有磁保持开关零功耗的优点；FK 系列复合开关还具有：无冲击（过零投入、过零切断）、开关接通后低功耗、不用外加散热片、无需外接串联电抗器、输入信号与开关光电隔离、寿命长等显著优点，可替代接触器或晶闸管开关，广泛用于低压无功补偿领域。

5.4　熔　断　器

5.4.1　当电容器采用外熔断器保护时，因这种电容器为专用熔断器，额定电流在 50A 以下，已经有了成熟的系列产品，但 50A 以上还存在问题，尚不能全部通过试验项目，因此，选用时应慎重。本条明确规定单台电容器保护用外熔断器应采用专用熔断器，今后，不得再采用其他非电容器专用的产品替代，配套设备选择时应遵循这条规定。

5.4.2　本条为外熔断器熔丝额定电流选择规定。本规范要与相关的国家现行标准协调一致，电力行业标准《高压并联电容器单台保护用熔断器订货技术条件》DL 442—91 已经进行了修订，熔断器的熔丝额定电流选择已修改，本条中电容器额定电流 1.37～1.50 倍的规定，就是该标准的修订值。

5.4.3　本条为外熔断器选择的基本要求，是原规范第 5.4.2 条与第 5.4.4 条的合并修改条文。由于电容器专用熔断器已有产品标准，标准中对产品的技术参数和性能，如：额定电压、耐受电压、开断性能、熔断性能、耐爆能量、抗涌流能力、机械性能和电气寿命等，都有明确的规定，当电容器需要配置外部熔断器，在选择产品时应遵循。

　　对熔断器的性能要求可以归纳为以下几点：

　　1　电容器在允许的过电流情况下，熔断器不应动作，且保护性能不应改变。

　　2　电容器内部元件发生击穿短路，当击穿元件达到一定数量时，过电流大于 1.1 倍熔丝额定电流时，熔丝应动作将故障电容器切除。外熔丝的小容性电流开断特性要求：过电流达到 1.5 倍熔丝额定电流时，小于 75s 开断；达到 2.0 倍熔丝额定电流时，小于 7.5s 开断。使电容器内部故障尚未发展到贯穿性短路之前被切除。

　　3　外熔断器在开断电容器贯穿性短路时，应能耐受来自自身和相邻并联电容器的高频高幅值放电电流（耐爆能量），开断后应能耐受加于其上的最高电压，断口间不得出现重击穿。

　　4　熔丝特性的分散性应在允许范围之内，不能太大，运行中既不能产生误动作，也不能出现"拒动"现象。

　　综合上述，外熔丝的保护性能：小容性电流开断、耐爆能量、大容性电流开断，以及动作电流与动作时间的反时限特性，使其能达到在电容器发生击穿

短路时迅速被切除，这是外熔断器的优点。当然，前提是外熔丝性能稳定可靠与合理配置、正确使用。不能满足上述几点要求的熔断器不能选用，被选用的熔断器应由制造厂提供近期的试验报告供核查。

5.5 串联电抗器

5.5.1 本条规定为串联电抗器选型原则。目前，电抗器产品有干式和油浸式两大类，其中干式电抗器包括：干式空心电抗器、干式半心电抗器和干式铁心电抗器。这两大类电抗器各自具有不同特点：干式空心电抗器的优点是无油、噪音小、磁化特性好、机械强度高，适合室外安装；干式半心电抗器和干式铁心电抗器具有无油、体积小、漏磁弱的特点，干式铁心电抗器可做成三相式产品、安装简单、占地少，这两种产品安装在屋内，其防电磁感应效果优于干式空心电抗器。油浸式铁心电抗器损耗小、价格便宜，通常为三相共体式结构，并具有体积小、安装简单、占地少的优点，屋内外安装均可；缺点是要考虑其防火要求。

对安装在屋内的电气一次设备通常有两点要求：无油化；对电气二次弱电设备影响小。针对这两点要求，要达到无油化就要采用干式电抗器；对电气二次弱电设备影响小，就是要求电抗器本体周围漏磁弱，这样只有半心式电抗器或干式铁心电抗器满足要求。

针对以上情况，电抗器选型时，各工程要根据工程条件和对设备的不同要求，进行技术经济比较来确定。

5.5.2 串联电抗器的主要作用是抑制谐波和限制涌流，电抗率是串联电抗器的重要参数，电抗率的大小直接关系到电抗器的作用，电抗率选择就是要根据它的作用来确定。电抗率与多种因素有关，其中电网谐波对其取值影响较大，应根据电网参数进行相关谐波计算分析确定，本条提出的电抗率适用范围仍是原则性规定，现简要说明如下：

1 当电网中谐波含量甚少，可不考虑时，装设电抗器的目的仅为限制电容器组追加投入时的涌流，电抗率可选得比较小，一般为 0.1%～1.0%；在计及回路连接线的电感（可按 $1\mu H/m$ 考虑）影响后，可将合闸涌流限制到允许范围；在电抗率选取时，可根据回路连接线的长短一并考虑，确定按上限或下限取值。

2 当电网中的谐波不可忽视时，应考虑利用电抗器来抑制谐波。为了确定电抗率，应查明电网中背景谐波含量，以便按不同情况采用不同的电抗率。为了抑制谐波放大，电抗率配置原则是：使电容器组接入处的综合谐波阻抗呈感性。

根据电网背景谐波，电抗率配置范围如下：

（1）当电网背景谐波为 5 次及以上时，电抗率配置可按 4.5%～5.0%。根据电科院对谐波的研究报告，当电抗率采用 6.0% 时，其对 3 次谐波放大作用比 5.0% 大，为了抑制 5 次及以上谐波，同时又要兼顾减少对 3 次谐波的放大，电科院研究报告建议电抗率选用 4.5%～5.0%。同时，6.0% 与 5.0% 的电抗器相比：容量大、自身消耗的无功多、价格贵、经济性差；

（2）当电网背景谐波为 3 次及以上时，电抗率配置有两种方案：全部电容器组的电抗率都按 12.0% 配置；或采用 4.5%～5.0% 与 12.0% 两种电抗率进行组合。采用两种电抗率的条件是电容器组数较多，其目的是节省投资和减少电抗器自身消耗的容性无功（相对于全部采用 12.0% 的电抗器）。

应当说明，在一个变电站中，原则上可按上述方案进行电抗率配置。但是，对一个局部电网进行谐波控制时，要在技术经济上对电抗率进行优化配置，却是一个复杂的系统工程，要根据当地的实际情况，采用计算机模拟计算，以便得到最佳配置方案。为了检测电抗率配置效果，每个工程在投产前，均应进行谐波测试，通过测试数据来了解谐波放大状况，并对电抗率配置提出评价和改进措施。

5.5.3 单组电容器投入，通常合闸涌流不大，在电容器组接入处的母线短路容量不超过电容器组容量的 80 倍时，单组电容器的合闸涌流将不超过 10 倍电容器组额定电流。电容器组追加投入时的涌流倍数较大，而且组数愈多，涌流愈大，投入最后一组电容器时涌流达到最大。高频率高幅值涌流对开关触头和回路设备的绝缘将会造成损坏。根据国内多年的运行经验，确定了涌流的限值倍数，因为 20 倍涌流未见对回路设备造成损坏，所以规定 20 倍涌流作为限值。本规范附录 A 提供了涌流计算公式，实际上，只要装设有抑制谐波的串联电抗器，合闸涌流均不会超过电容器组额定电流的 20 倍。

5.5.4 串联电抗器的额定电压应与接入处的电网标称电压相配合。应注意：串联电抗器的额定电压与其额定端电压是两个不同的参数，额定电压是指串联电抗器适用的电压等级；而额定端电压是指串联电抗器一相绕组两端，设计时采用的工频电压方均根值，它与电抗率大小有关。

串联电抗器的安装方式与其绝缘水平有关，并以绝缘水平决定安装方式。当串联电抗器的绝缘水平低于电网的绝缘水平时，应将其安装在与电网绝缘水平一致的绝缘平台或绝缘支架上；当串联电抗器绝缘水平不低于电网绝缘水平时，可将其安装在地面基础上。例如：35kV 电抗器，当其对地绝缘水平值，工频 1min 耐压为 85V（方均根值），雷电冲击耐压为 200kV（峰值），可将其安装在地面基础上；当其对地绝缘水平值，工频 1min 耐压为 35V（方均根值），雷电冲击耐压 134kV（峰值），这种电抗器不能安装在地面基础上，只能安装在 35kV 绝缘平台上。

5.5.5 串联电抗器与电容器组是串联连接，流过串联电抗器与电容器组的电流值是一样大小，电容器组会出现工频过电流，这是正常工况，这种工况将加重电抗器运行时的负担，以往曾出现过电容器组在过电流时，引起串联电抗器过热事故。为了确保串联电抗器的运行安全，其过电流能力不能低于电容器组的过电流值，并应将其作为对串联电抗器的重要技术参数。

5.5.6 总回路装设的限流电抗器实际上加大了回路电感，当分组回路的电感较大时，总回路限流电抗器电感对分回路影响相对较小，甚至可以忽略；当分组回路装设的是小电抗器或不装电抗器时，则需考虑限流电感的影响，忽略它可能会造成较大的误差，从而使分组回路的电抗率失准。同时，限流电抗器将引起母线电压升高，可根据其电感参数计算电压升高值。

5.6 放电器件

5.6.1 放电器件包括装设在电容器外部的放电线圈和装设在电容器内部的放电电阻。本条为放电线圈的选型规定，经多年的设备制造发展和运行实践检验，放电线圈已经形成定型产品，采用电压互感器作为电容器组放电器的情况已不存在。放电线圈产品有油浸式和干式两种，油浸式放电线圈的早期产品，不是全密封型，运行时容易吸潮进水，在全国各地已经多次发生事故。而在其后研制的全密封型放电线圈和干式放电线圈没有吸潮进水问题，事故较少。为保证全密封放电线圈的安全运行，产品结构应保证其内部压力在恰当范围内，使其在最低环境温度时，不应出现负压，在最高环境温度时，内部压力不应大于0.1MPa。上述要求是根据实践经验提出的。

5.6.2 放电线圈与电容器组是并联连接，二者承受相同的工作电压和同样的运行工况，所以，放电线圈的额定电压应与其并联的电容器组的额定电压一致。

5.6.3 本条是对放电线圈绝缘水平的要求。放电线圈的绝缘水平与安装方式有关，安装方式有两种：在地面基础上落地安装和在绝缘台架上安装。无论采用哪种方式安装，放电线圈的绝缘水平均应与其并联的电容器组的绝缘水平相一致。一般来说，在绝缘台架上安装时，放电线圈的额定电压低，绝缘水平也低，因此，设备价格便宜，且安装占地面积小。例如：35kV电容器组采用10kV电压等级的放电线圈，与10kV电容器组（串联段）并联，安装在电容器组的绝缘台架上，比采用35kV电压等级的放电线圈在地面基础上安装，既价格便宜又少占地。但是，二次线圈如果要引出作继电保护用，就需要采用落地安装方式，因为，绝缘台架上安装的放电线圈，二次线圈是无法引出绝缘台架的，这需要设计时考虑。

5.6.4 本条是对放电线圈容量和放电性能的要求。放电线圈的放电容量（最大配套电容器容量），是其

重要技术参数，无论放电线圈采用哪种接线方式，其放电容量不应小于与其并联的电容器容量。

本条对放电线圈的放电时间和剩余电压的要求，是从满足电容器组自动投切提出来的，自动投切时间间隔短，需要快速放电；手动投切的电容器组，投切时间间隔长，电容器放电时间可以加长，因此，放电线圈用于手动投切的电容器组，完全可以满足要求。另外，放电时间的长短对放电线圈产品的价格影响不大，没有必要生产两种型式的放电线圈，满足两种投切方式对放电时间的不同要求。所以，放电线圈的放电时间和剩余电压参数，首先要满足自动投切要求，手动投切自然满足要求。

5.6.5 单星形电容器组采用开口三角电压保护或相电压差动保护时，需要采用带有二次线圈的放电线圈。二次线圈的性能参数：二次负荷、额定输出、电压误差、准确级，均需满足二次线保护和测量的要求，设备订货时应向制造厂提出。

5.6.6 本条为对低压并联电容器装置的放电器件要求，其放电时间和剩余电压要求与国家现行标准《低压并联电容器装置》JB 7113—93规定协调一致。

5.7 避雷器

5.7.1 本条为电容器组操作过电压保护用避雷器的选型规定。无间隙金属氧化物避雷器性能优良，这种避雷器在国内外各级电压的过电压保护中获得了广泛的应用。在我国，限制电容器组操作过电压也是用这种避雷器。由于带间隙的金属氧化物避雷器间隙放电时，产生过冲击电压，这种过冲击电压足以构成对电容器绝缘的威胁甚至造成损坏，电力行业的反事故措施中已明文规定，禁止在电容器组中使用带间隙的金属氧化物避雷器产品，为保证安全，特制定本条规定。

5.7.2 限制电容器组操作过电压的避雷器参数选择（持续运行电压、额定电压、直流1mA电压、方波通流容量），与避雷器的接线方式（相对地、中性点对地）和电容器组的电抗率、电容器组容量有关，若要获得准确数据，可以根据这些已知条件由计算机计算确定，再在已有的产品中选择符合计算值要求的避雷器。操作过电压保护用避雷器的主要参数是方波通流容量，可以按电容器组容量估算：装设于相地之间的避雷器，24Mvar及以下，2ms方波电流应不小于500A；容量大于20Mvar的电容器组，容量每增加20Mvar，按方波电流增加值不小于400A进行估算。

5.8 导体及其他

5.8.1 本条规定有两个要求：一是对导线型式的要求，为了避免电容器套管受力，不允许用硬导线连接，应选择软导线；二是对导体载流量要求，即截面要求，1.5倍额定电流是根据电容器允许的稳态过电

流值规定的。电容器稳态过电流是由多种因素造成的：稳态过电压、谐波、电容器的容量正偏差。考虑这些因素，电容器的稳态过电流为 $1.37I_n$（I_n 为单台电容器额定电流）。单台电容器至外熔断器或母线的连接导线的截面较小，为增加可靠性适当加大导线截面，并与相关行业标准取一致，故规定按不小于1.5倍单台电容器额定电流来选择导线截面。

5.8.2 本条是对电容器组回路导体、汇流母线和均压线导体截面选择的规定。因为汇流母线和均压线中通过的电流，不会超过分组回路的最大工作电流，为保证安全，按回路最大工作电流选择导线，同时，也可减少导线规格，方便于设备安装。

5.8.3 正常情况下，单星形桥形接线电容器组的桥连接线和双星形电容器组的中性点连接线，通过的为不平衡电流，该电流是由电容器组的容差造成的，数值很小。当故障电容器被外部熔断器切除后，容差增大，不平衡电流增加，按最严重情况考虑，最大稳态不平衡电流将不超过电容器组的额定电流。本条对上述连接线导体截面的选择规定，可满足安全要求。

5.8.4 对导体动热稳定的要求是保证安全运行的必要条件之一。按照允许电流选择的导体，虽然已经满足了回路载流要求，但对一些小截面导体来说，可能没有满足动热稳定要求，动热稳定就成了限制性条件，在短路状态可能损坏。总之，在导体选择时，正常运行时的允许电流和事故状态下的动热稳定电流，是同时应满足的两个条件。

5.8.5 支柱绝缘子选择和校验的技术条件是：电压等级、泄漏距离、机械强度，本条予以强调。多层布置的电容器组绝缘框架，为加强底层支柱绝缘子的强度，可采用增加支柱绝缘子数量或者采用高一级电压等级的产品，这是常用的两种方式。

5.8.6 本条为原规范第 5.8.6 条与第 5.8.7 条的合并修改条文。原规范对不平衡保护用电流互感器和电压互感器分别制定一条规定。本条规定针对单星形接线采用不平衡电压保护和双星形接线采用不平衡电流保护的电容器组，选择电压互感器和电流互感器提出的要求。这些要求是根据现行国家标准《标称电压1kV 以上电力系统用并联电容器 第 3 部分：并联电容器和并联电容器组的保护》GB/Z 11024.3—2001 规定，并参照 IEC 标准《并联电容器和并联电容器组的保护导则》中的要求，并结合工程实践提出的。在双星形接线采用中性点不平衡电流保护中，电流互感器的准确等级可选 10P 级。为了使电流互感器不致因匝间短路电流和高频涌放电流冲击而开裂损坏，IEC 标准要求在电流互感器的一次侧装设间隙或避雷器。我国采取以下措施：在电流互感器的一次和二次侧同时装设低压避雷器，只在一次侧装设低压避雷器，采用加强电流互感器的匝间绝缘来提高抗冲击能力，在满足继电保护灵敏度的前提下加大电流互感器

的变比等，这些都是有效措施。

对于单星形接线采用开口三角电压保护或单星形接线采用相电压差动保护，工程中通常采用放电线圈二次侧抽取电压用于不平衡保护，用于电压差动保护的专用放电线圈一次侧有中间抽头，用三个套管引出，与电容器组的两个串联段对应连接，有两个二次电压线圈，可检测差电压，二次线圈的准确等级可用0.5 级，这种产品在工程中已经应用很普遍。

无论是选择电流互感器或电压互感器，对使用来说最主要的要求有两点：满足保护灵敏度要求，故障状态不损坏。

6 保护装置和投切装置

6.1 保护装置

6.1.1 并联电容器装置的单台电容器内部故障保护，通常有以下 3 种方式：内熔丝加继电保护、外熔断器加继电保护和无熔丝仅有继电保护。外熔断器加继电保护方式，在国内大部分地区的中小容量电容器组上采用；内熔丝加继电保护方式，前几年主要是进口电容器和集合式并联电容器采用，近期，我国发展起来的大容量单台电容器装设有内熔丝，也采用这种保护；电容器内部没有熔丝保护，又不装设外熔断器仅采用继电保护，这种方式比较少。需要说明，还有一种双重熔丝保护：内熔丝电容器又装设单台电容器外部熔断器，仅有少数工程采用这种方式。在"内熔丝＋继电保护＋外熔断器"方式中的外熔断器仅作为短路保护，采用外熔断器是为了克服内熔丝的保护死区，即：电容器内部引线之间短路和电容器套管闪络击穿，以及作为电容器内部元件串联段发生击穿短路（内熔丝保护失效）的后备保护。鉴于这种保护在电容器内部元件发生故障时是由内熔丝来切除的，随着元件被切除增多电容减少，故障电容器工作电流反而减小，因此，在内熔丝发挥有效保护作用的过程中，外熔断器不起作用。在这种情况下，外熔断器的开断小容性电流的性能和功能不起作用，只有在内熔丝失效，电容器故障发展成贯穿性短路时，外熔断器才起作用，开断来自相邻电容器的放电电流或开断工频容性大电流，从而迅速切除故障电容器，在双重熔丝保护中外熔断器仅作为内熔丝的后备保护，要求它具备耐爆能量和开断容性大电流性能，宜选用限流式熔断器，但实际情况是，外熔断器仍然采用喷逐式（喷射式），它开断大故障电流性能不理想，保护效果不佳。由于双重熔丝保护不能取得令人满意的效果，也不是电容器保护标准上推荐的方式，故本规范取消这种方式。

本条规定的涵义在于：为了电容器的安全运行，单台电容器内部故障保护不能缺少，但装设哪种方式

（内熔丝、外熔断器或继电保护），取决于两点：一是电容器本体情况：是否具备装设内熔丝条件；无内熔丝电容器是否能选择到合格的外熔断器（额定电流超过 50A，无试验合格的熔断器产品供选择）；二是本地区的实践经验。本条修订条文特别提出了应在满足并联电容器组安全运行的前提下，根据当地实践经验选择保护方式的要求。本条不作限制性规定，留有选择的余地。

6.1.2 电容器发生故障以后，其电容量发生变化，将引起电容器组内部相关的两部分之间的电容量不平衡，利用这种特性可以构成各种保护方式。本条第 1～4 款所列的 4 种保护方式是最常用的。其基本原理是利用电容器组内部相关的两部分之间电容量之差，形成的电流差或电压差构成的保护，故称为不平衡保护（不平衡电流保护或不平衡电压保护）。单台电容器内部故障保护可以选择：内熔丝、外部熔断器或继电保护。为防止电容器组内部故障（某一台或几台电容器故障），必须装设不平衡保护。不同电压与不同容量的电容器组有不同的接线方式，不同接线方式又有不同的不平衡保护方式供选择，无论哪一种电容器组都必须配备一种不平衡保护，这是电容器保护的重要原则，必须遵循。

电容器发生故障，最显著的特征是引起电容器电压升高，一旦电压升高超过允许值，保护必须动作。电容器的 IEC 标准和我国国家标准，均规定了电容器长期运行的工频过电压倍数，据此，形成了各种不平衡保护动作条件（不平衡电流保护其实质仍然是电容器过电压）。各种保护方式的采用情况大致是：单台电容器内熔丝与继电保护配合，现在已是常用保护方式；外熔断器与继电保护配合的保护方式将会逐渐减少；无熔丝电容器组采用不平衡保护作为单台电容器和电容器组内部故障保护，这种方式在工程中采用较少。工程中常用的不平衡保护有以下四种：

1 开口三角电压保护（三相电压不平衡保护）：将放电线圈的一次侧与单星形接线的每相电容器并联，放电线圈的二次线圈接成开口三角形，在三角形连接的开口处接一个低整定值的电压继电器，这样就构成了开口三角电压保护。这种保护方式的优点是：不受系统接地故障和系统电压不平衡的影响、不受三次谐波的影响、灵敏度高、使用的设备数量少、安装简单，是国内中小容量电容器组（20Mvar 及以下）常用的一种保护方式，10kV 电压等级中应用最多。应当注意：当这种保护用于多段串联的电容器组时，由于放电线圈的电压变比大，保护动作信号小，保护整定值难以与电容器内熔丝配合；放电线圈三相性能差异和电源三相不平衡都会产生起始不平衡电压，将影响保护灵敏度。

2 电压差动保护：必须具备的条件是电容器组每相要有两个及以上的串联段组成，两个串联段的电压值相等（也可以不相等，采用不相等配置方式可以提高保护灵敏度，在集合式电容器上早就这么用了），放电线圈的两个一次线圈电压应与串联段的电容器端电压相配合，放电线圈的一次线圈与电容器并联连接，放电线圈的两个二次线圈，按差电压接线并连接到电压继电器上，即构成了电压差动保护。这种保护方式的优点是：不受系统接地故障和系统电压不平衡的影响、动作比较灵敏、根据动作指示可以判断出故障相别。这种保护方式的缺点是：使用的设备比较复杂，特殊情况需要增加设置电压放大回路，对称故障时，保护不会动作。这种保护 10kV 电压等级较少采用，主要用于 35kV 电压等级，容量不超过 20Mvar。应当注意：这种保护的灵敏度也要受放电线圈性能的影响；当电容器组的串联段增多时，保护灵敏度显著降低，使适用范围受到限制。

3 桥式差电流保护：当电容器组的串联段数为双数并可分成两个支路从而形成桥接线时，在桥路上接一台电流互感器，即构成桥式差电流保护。这种保护最先是在东北地区的 66kV 电容器组上采用，现在，大容量 35kV 电容器组也开始采用。其优点是：由于保护是分相设置的，根据动作指示可以判断出故障相别，不受外界因素影响，保护灵敏度高。缺点是发生对称故障时，保护不动作。需要注意：为了耐受故障状态时的涌放电流，不平衡保护用电流互感器需选择加强绝缘型或在满足保护灵敏度的前提下提高变比，但也有大容量的内熔丝电容器组，为了保证安全选择特殊变比的电流互感器，变比有 5/1A 或 3/1A 甚至 1/1A。

4 双星形中性点不平衡电流保护：将一组电容器分成两个星形电容器组，其容量相等（也可以不相等，原理可行，也有保护整定计算公式，就是在实际工程中少有应用），在两个星形接线的中性点间装设小变比的电流互感器，即构成了双星形中性点不平衡电流保护。这种保护在 10kV 和 35kV 两种电压等级都有应用，并有成功的经验。保护的优点是：若三相与两臂电容量均衡，则保护不受外界影响、保护灵敏度高；其缺点是：电容器组安装时调平衡较麻烦；对称故障时保护不动作。应当注意：容量超过 20Mvar 的电容器组，由于保护灵敏度不够，已经出现不少事故，现在均以桥式差电流保护替代；中性点连线上的电流互感器选择时，应选加强绝缘型 CT，或在满足保护灵敏度的前提下提高变比的 CT，以耐受故障状态时的涌放电流不损坏。

上述四种保护方式也可检测单台电容器故障，因此，可用来作为单台电容器内部故障保护。无论是不平衡电流或是不平衡电压，保护整定原则都是一致的：当采用外部熔断器保护时，一台或多台电容器的外部熔断器熔丝熔断后，将引起正常电容器过电压，不平衡保护整定值按单台电容器过电压允许值确定，电容器工频过电压允许值按电容器额定电压的 1.05 倍，这在标准中是有规定的；当采用内熔丝保护和无熔丝保护时，不平衡保护的整定值应按故障电容器内部正常元件的过电压不超过允许值确定，电容器元件过电压允许值通常按 1.3 倍。为了避免由切投或其他瞬态过程引起保护误动作，不平衡保护应有一定延时，典型的延时整定大约为 0.1～1.0s，对于装设有外部熔断器的电容器组，不平衡保护与熔断器的配合也是特别重要。

需要说明，不平衡保护（不平衡电流或不平衡电压）有一个通病：当出现对称故障时（如双星形接线的同相臂上出现相同故障）不能反映。对外熔丝电容器组来说，由于电容器台数并不是很多，发生对称故障的几率很小，问题也就不大；但对内熔丝电容器组的电容器元件确是非常之多，发生对称故障的可能性大大增加，这是应当注意的问题之一。内熔丝电容器组还有两个应注意的问题：内熔丝电容器隔离元件引起的电容量变化比外熔丝隔离整台电容器要小得多，要求保护必须非常灵敏，保护的动作值还必须躲过电容器组的起始不平衡值；内熔丝电容器元件过电压比单台电容器整台过电压更早、更高，因此，保护整定值应按元件过电压允许值考虑。不平衡保护的另一个问题是起始（或初始，下同）不平衡值（电流或电压），起始不平衡最好为零，由于电容器制造都有误差，就是运行时太阳照射不均衡，都会引起各部分之间电容偏差，所以，起始不平衡为零是达不到的。电容器安装时经过调配，应使不平衡量小于一台电容器故障时引起的不平衡量，便于保护识别而动作，否则，就要有相应的措施。

不平衡保护的整定值应根据不同保护方式进行取值：当采用外熔断器保护时，不平衡保护按单台电容器过电压允许值整定；当作为单台电容器内部故障时，应按单台电容器内部元件故障率进行保护整定计算。采用内熔丝保护和无熔丝保护的电容器组，不平衡保护按电容器内部元件过电压允许值整定。

6.1.3 针对并联电容器装置外部引线和配套设备的短路故障，设置带有短延时的速断保护和过电流保护，动作于跳闸。由总断路器与分组断路器控制多组电容器分别投切时，电流保护可装设在总回路上。可配置成两段式保护：第一段为短时限的速断保护；第二段为过流保护，与分组过流保护相配合。当串联电抗器装设在电源侧时，分组回路保护动作跳开本回路断路器；分组断路器不满足开断短路电流要求时，电抗器前短路应跳开总断路器。当电抗器装设在中性点侧时，短路故障均应跳开总断路器。应采取措施：加大相间距离，或连接导线采用绝缘材料封包，使跳总断路器的机会减到最少。

速断保护的动作电流和动作时间，以及过电流保护的动作电流，均考虑了继电保护相关规定和电容器组合闸特性来确定整定值。

6.1.4 由于系统电压波动、谐波、电容器的短路故障，会引起过大的电容器电流，装设电流保护是非常必要的，其作用非常重要。原规范第 6.1.4 条要求设置过负荷保护，由于过电流与过负荷并无实质性差别，两种保护功能重叠，用过电流比用过负荷更确切，所以，本次修订删除了过负荷保护，只保留过电流保护。

6.1.5 本条规定的目的是为了避免电容器在工频过电压下运行发生绝缘损坏。电容器有承受过电压的能力，在我国现行标准中有具体规定：电容器在 1.1 倍额定电压下允许长期运行（每 24h 中 8h）；在 1.15 倍额定电压下允许运行 30min；在 1.2 倍额定电压下允许运行 5min；在 1.3 倍额定电压下允许运行 1min。原则上过电压保护可以按标准中规定的电压和时间作为整定值，但是，电网过电压并不是经常出现，为确保安全起见，实际整定值选得比较保守。例如：在 1.10 倍额定电压时动作信号，在 1.2 倍额定电压时经 5～10s 动作跳闸，延时跳闸的目的是避免瞬时电压波动引起误动。

过电压保护的电压继电器有两种接法：一是接在放电线圈的二次侧；另一种是接在母线电压互感器的二次侧，这种方式应经由电容器装置的断路器或隔离开关的辅助接点闭锁，以便使电容器装置断开电源后，保护能自动返回，过电压继电器应选用返回系数较高（0.98 以上）的晶体管继电器。当设置有按电压自动投切的装置时，可不另设过电压保护，当由自动投切转换为手动投切时应保留过电压跳闸功能。

当变电站只有一组电容器时，过电压保护动作后应将电容器组的开关跳闸；如有两组以上电容器时，可以动作信号或每次只切除一组电容器，当电压降至允许值即停止切除电容器组（自动或手动）。

6.1.6 并联电容器装置设置失压保护的目的在于防止所连接的母线失压对电容器产生的危害。电容器在运行中突然失压将会产生以下问题：

1 电容器组停电后立即恢复送电（有电源的线路自动重合闸），将造成电容器带电荷合闸，致使电容器过电压而损坏；

2 变电站停电后恢复送电，可能造成变压器带电容器合闸，变压器与电容器的合闸涌流，以及过电压将使二者均受到损害；

3 停电后恢复送电，可能造成因无负荷而使母线电压过高，这也可能引起电容器过电压。

基于上述原因，本条规定设置失压保护，保护的整定值既要保证在电容器失压后能可靠动作，又要防止在系统电压瞬间下降时误动作。电压继电器的动作值可整定为 50%～60% 电网标称电压，带短延时跳闸。

母线失压保护在时限上一般应考虑以下因素：

1 同级母线上的其他出线故障时，在故障切除前，一般不宜先停电容器组；

2 当备用电源自动投切装置动作时，在自投装置合上电源前，应先将电容器组回路开关跳闸；

3 电源线路停电再重合时，在重合闸前也应先将电容器组回路开关跳闸。

6.1.7 串联电抗器是并联电容器装置中的重要配套设备，长期以来串联电抗器处于无保护下运行，往往是事故扩大了才发现，下面对电容器组保护是否能保护电抗器作以下分析：

1 过电流与速断保护对串联电抗器不起作用。在电容器组母线电压不变的情况下，相同容量的电容器组工作电流将是随电抗率 K 值改变而变化：K 值减小，电流也随之下降。当运行中串联电抗器出现匝间短路，电感值减小，引起 K 值减小，这时回路电流反而变小了，如果电抗器完全短路，这时回路工作电流达到最小值，仅为电容器组电流。作为回路的过电流保护和速断保护，不会有反映；

2 电压差动保护和桥式差电流保护对串联电抗器不起作用。从这两种保护方式的保护原理来看，它仅仅是检测电容器内部故障，只要电容器不发生故障，即使串联电抗器完全短路，不平衡电压与不平衡电流，不会检测到变化；

3 开口三角电压保护对串联电抗器故障灵敏度低，甚至处于死区。故障原理分析表明：电容器组为 1 个串联段或 $K=5\%$ 及以下时的 2 个串联段，串联电抗器故障处于保护死区；2 个串联段时，即使 $K=12\%$，要在电抗器的电抗值降低达到 40% 以上，保护才能检测到，但此时电抗器故障已经很严重了。如电容器组采用内熔丝保护，对串联电抗器保护会有所改善，但仍需校验保护灵敏度；

4 中性点不平衡电流保护对串联电抗器故障灵敏度低，甚至处于保护死区。在双星形接线的电容器组中，如果串联电抗器接在电源侧，当某一相电抗器发生故障，虽然引起中性点电位偏移，但电容器组的三相两臂电容量仍然平衡，中性点连线上没有不平衡电流流过，保护不会动作；假如电抗器接在中性点侧，当某相某臂电抗器发生故障，此时，中性点连线上将流过不平衡电流，该电流与电抗率和电抗器击穿故障程度有关：电容器组的串联段为 4 及以下时，不平衡保护对电抗器的保护效果差，甚至不起保护作用，即使串联段等于 4，$K=12\%$，要电抗器击穿短路大于 20% 保护才能动作，对电抗器来说是危险的。当不平衡保护与内熔丝保护配合时，对串联电抗器保护会有所改善，但仍然需要校验保护的灵敏度是否满足要求。

为了及早发现串联电抗器故障并及时切除并联电容器装置，避免事故扩大酿成更大的损失，如经校验电容器组保护无法对电抗器提供有效保护时，就要考虑设置串联电抗器专用保护，特别是对无人值班变电站，尤其必要。

从准确可靠与经济实用出发，针对不同结构的电抗器设置不同型式的保护。油浸式铁心电抗器宜装设瓦斯保护，瓦斯保护是判断油浸式电抗器故障的有效措施。装设瓦斯保护的串联电抗器的起点容量可为 0.18MV·A 及以上，起点容量不作严格规定；小于 0.18MV·A 的电抗器也可装设瓦斯保护。其他型式的串联电抗器，如：干式空心、干式铁心、干式半心电抗器，也应设置适当的有效保护，避免事故扩大。在屋内靠近串联电抗器附近，装设具有高灵敏度的烟火报警器，一旦电抗器发生匝间短路出现烟气、烟火时，报警器动作报警或同时切除并联电容器装置；对于电抗率大于 4.5% 的电抗器可采用专用的电压互感器，跨接于电抗器两端，检测电抗器运行中的端电压变化，设置端电压保护，当电抗器的端电压降低到一定程度（如 85%），保护动作切除并联电容器装置。对于电抗率小端电压小的电抗器，由于电抗器故障时的端电压变化小，检测困难，保护的有效性差。这种基于端电压变化原理的保护，很少出现在工程中。而与串联电抗器并联连接的过电压阻尼装置，已经在很多工程中应用，且取得了很好的效果，在特高压变电站的 110kV 电容器组中也装设了这种设备。

6.1.8 为了防止电容器外壳直接接地的电容器组发生电容器极对壳绝缘击穿，或套管闪络击穿后，没有接地保护，不能即时发现故障即时处理，时间过长可能在另一相发生同类事故，引起多相接地而扩大事故，故作出本条规定。装设在绝缘台架上的电容器组，发生上述故障时，电容器组的绝缘台架对地仍然是绝缘的，所以，这种电容器组可不装设单相接地保护。

6.1.9 本条是针对集合式电容器的特点设置的保护。

6.1.10 本条是指导性规定，供用户在低压电容器柜订货时对设备的保护功能提出要求。其中短路保护、过电压保护和失压保护是应具备的基本保护。谐波电流进入电容器将造成电容器过电压和过电流，对电容器有不利影响，是造成电容器损坏的原因之一。因此，电容器接入点的低压电网有谐波时，宜设置谐波超值保护。谐波超值保护的限值按 0.69 倍电容器额定电流考虑，则电容器最大电流不会超过 1.30 倍电容器额定电流，这样就可以不装设过电流保护元件；当未装设谐波超值保护时，应装设电流保护件。

6.2 投切装置

6.2.1 变电站的并联电容器装置采用自动投切，可以使输出的无功功率自动适应负荷变化的需要，从而减轻了变电站运行人员的操作劳动量。根据我国情况，按并联电容器装置在电网中的作用、设备功能和运行经验，本条提出了下列情况供分别选用自动投切的控制方式：

1 变电站的并联电容器装置，根据其装设的目的，按电压、无功功率和时间等组合条件对电容器组进行自动投切控制。

2 自动投切的电容器装置与变压器分接头进行联合调节的目的是：更为有效地调整控制电网的无功功率优化运行和运行电压水平，达到既满足变压器一次系统的优化无功功率或电压要求，又满足变压器二次系统的电压要求。

对变压器分接头调节方式进行系统电压闭锁或注入系统优化无功功率闭锁，其的目的是：抑制变压器分接头的过度调节，防止一、二次系统之间不合理的无功功率交换，在一次系统没有足够的无功补偿支撑情况下，造成一次系统电压的过高或过低运行，防止发生电力系统的电压崩溃。这就是防止变压器分接头调压的负效应。

3 上述采用并联电容器装置，采用的是综合条件控制的自动投切，投切控制比较复杂。对一些投切要求可简化的并联电容器装置，可分别采用按电压、无功功率（电流）、功率因素或时间为单一控制量进行自动投切，也可满足要求。

6.2.2 本条规定是对自动投切装置的功能要求。防止保护跳闸时合闭电容器组的闭锁功能和投切方式选择开关都是必须具备的，其他功能则应根据运行和变电站情况的需要确定，如主变压器不是有载调压变压器时则可减少相应的功能。

6.2.3 本条对变电站中有两种电抗率的电容器组规定了投切顺序要求。采用两种电抗率是为经济有效抑制3次及以上谐波，要达到抑制谐波，电容器组投入后，呈现的综合谐波阻抗应呈感性，如果电容器组投入后的综合谐波阻抗呈容性，则会产生谐波放大。为了电容器组投切过程中综合谐波阻抗应呈感性，电抗率为12%的电容器组应先投后切，电抗率为4.5%～5.0%的电容器组应后投先切。

6.2.4 由于经保护装置动作而断开的电容器组在一次重合闸前的短暂时间里，电容器的剩余电压不能降低到允许值，如果设置了自动重合闸，将使电容器在残压较高的情况下，重新加压，致使电容器过电压超过允许值而损坏。因此，规定并联电容器组回路严禁设置自动重合闸。应当注意：当并联电容器装置与供电线路同接一条母线，为了提高供电可靠性而装设了重合闸，这时并联电容器装置的回路保护，应具有闭锁自动重合闸的功能。

6.2.5 本条为指导性规定，供用户在低压电容器柜订货时对电容器投切功能提出要求。为充分发挥低压无功补偿的经济效益，在低谷负荷时不向电网倒送无功，避免因电网无功过剩而造成不利影响。按电业部门要求低压电容器柜应采用自动投切。自动投切的控

制量应根据负荷性质选择：变化大，电压不稳定，可考虑按负荷、电压和功率因素进行综合控制；如负荷和电压较平稳，并随时间有规律变化，也可只用时间作控制量。因此，控制量的选择要根据低压用户无功补偿的具体情况而定。

7 控制回路、信号回路和测量仪表

7.1 控制回路、信号回路

7.1.1 本条为根据近期设备的发展变化对并联电容器装置控制提出的要求。随着变电站自动化水平的提高，并联电容器装置也进入了综合自动化控制范围，控制方式与前几年相比已经发生了变化，它不仅仅依靠自动投切装置来进行控制，今后变电站的并联电容器装置，应主要考虑利用变电站的综合自动化设备进行监控。

7.1.2 本条规定是对并联电容器装置断路器的控制方式所作的具体要求。

7.1.3 由于各地误操作事故频繁发生，作为防止事故对策，要求电气产品应有防止误操作功能，故作本条规定。

成套开关柜所具备的防止误操作功能：防止误分、误合断路器；防止带负荷拉合隔离开关；防止带电合接地开关（挂接地线）；防止带接地线（接地开关）合断路器（隔离开关）；防止误入带电间隔。很多10kV电容器组是以成套柜的设备型式供货并安装在屋内，它类似开关柜和具有网门，也应具备上述的功能要求。

7.1.4 安装在低压配电室中的低压并联电容器装置都是采用就地控制。随着科学技术日新月异发展变化，低压无功补偿装置的控制和测量都发生了根本性地变化，智能型数字化的控制器产品已经占据半壁河山，只是由于价格较贵，尚未得到普及，但无论如何它将替代早期普通产品。不管采用哪种控制器，低压并联电容器装置的运行和停止状态，均应有明确的信号显示，便于识别。由于装置内部故障不易发现，如果有了内部故障预告信号，便于及时发现问题，早做处理，避免事故扩大，所以，提出这项要求是适宜的。

7.2 测量仪表

7.2.1 应对并联电容器装置的母线电压进行测量，当母线上已经装设有电压表时，表计不应重复装设。

7.2.2 本条规定是对总回路应装设测量表计的规定，为检测总回路的无功功率、电流和计量无功电度，应装设相应的表计。分相装设电流表的目的是为了检测总回路三相电流是否平衡。

7.2.3 当总回路下面连接有并联电容器和并联电抗器时，为了分别计量容性和感性无功电度量，总回路

应设置分别计量容性和感性无功电度的电度表，该电度表还应有逆止机构防止倒转。

7.2.4 为避免表计过多使控制屏面上布置困难，在分组回路中可只装设一个电流表。当并联电容器装置与供电线路同接在一条母线时，在并联电容器装置分组回路中装设无功电度表的目的是为了计量用户消耗的无功。

7.2.5 根据目前情况，很多变电站已装设有计算机监控系统，当测量回路已接入计算机监控设备时，无论是总回路或分组回路的测量表计功能已由计算机替代，所有测量表计均可不再装设。

7.2.6 本条规定为指导性规定，供用户在低压电容器柜订货时，对测量表计提出要求。其中电流表、电压表和功率因数表都是必备的。低压电容器柜的控制和测量与以前设备相比，已有了很大的变化，测量已实现数字化。当前，已经有了全数字化设计，人机界面采用大屏幕液晶显示器的低压无功功率自动补偿控制器，它可以实时显示电网功率因数、电压、电流、有功功率、无功功率、电压总谐波畸变率、电流总谐波畸变率、频率的平均值及电容器投切状态等信息；控制器具有以下功能：设置参数可以中文提示，数字输入；电容器投切控制程序支持等容量、编码及模糊控制投切方式；手动补偿/自动补偿两种工作方式；取样物理量为无功功率；有谐波测量及保护功能；有标准的现场总线通信接口，方便接入智能开关柜系统。这些功能极大地方便了运行控制和检测回路参数，是升级换代产品，在这种设备上，已不需要装设测量表计，这是设备选型时应注意的问题。

8 布置和安装设计

8.1 一般规定

8.1.1 本条规定为并联电容器装置布置和安装设计时应考虑的主要技术问题。

8.1.2 本条规定为并联电容器装置布置形式选择原则。布置形式选择的依据有三个条件：环境条件、设备性能、当地实践经验。在这三个条件中设备性能是主要的，甚至是决定因素。只要设备性能允许，推荐采用屋外布置。屋外布置和屋内布置是本规范规定在工程中选用的正规布置形式。为防止夏季烈日对电容器外壳直接照射引起温升过高，一些地区曾经采用半露天布置（即屋外搭遮阳棚），运行中出现了一些问题：有的工程采用石棉瓦做遮阳棚，容易破裂漏雨，并出现过被大风吹掉棚顶的事故；半露天布置容易使电容器表面积灰尘，又失去了雨水自然清洗条件，很容易出现污闪事故；冬季遮阳棚顶暖和，引来麻雀栖息，黄鼠狼和猫捕食麻雀又容易造成短路事故。因此，今后不推荐这种布置形式。

屋外布置的优点是：省去了修建房屋的工作量，可缩短工期，节约工程造价；在运行上通风散热条件好，风和雨水可对电容器进行自然清洗；屋外布置的缺点是受天气和环境污染影响大。以前，每到夏季电容器事故率就上升，特别是酷暑天降暴雨后损坏多，究其原因，是电容器质量差所造成的。随着电容器质量的提高，屋外电容器组的年损坏率已大大下降，除特殊地区或特殊环境外，应优先考虑采用屋外布置。

屋内布置的电容器组，受天气和环境污染的影响小，防范鸟害和小动物侵袭的效果好。但缺点是土建施工量大，工期长，工程造价高，如设置了机械通风还会增加运行费。在严寒、湿热、风沙、污秽等特殊地区，当设备性能不满足屋外安装条件或技术经济合理时，可采用屋内布置，但屋内布置容易产生凝露，而凝露又会发生污闪事故，需要采取措施予以防止。

8.1.3 本条规定是为了保证并联电容器装置的安全运行。

8.1.4 本条规定是为了保证供电线路开关柜的安全运行，防止因电容器事故影响供电线路的正常运行。

8.1.5 本条为配电装置的通用规定。因为并联电容器装置曾出现过多起无铜铝过渡措施引起的接头过热事故，所以本条规定予以强调，提请安装设计时注意。

8.1.6 本条规定为通用要求。钢部件刷漆防腐，措施简单方便，但防腐效果不如镀锌好。因此，有条件时均应对钢结构件进行热镀锌，使其达到长期防腐的目的。

8.1.7 本条规定的并联电容器组下方地面和周围地面的处理方式，是工程中较为普遍采用的方式，实际上各地的做法花样很多，不强求统一性，允许有不同做法，设计时可根据各地的具体情况决定，但必须注意环境保护，电容器事故外壳破裂流出的浸渍液不得对地下水造成污染，也不得对周围环境造成危害。

8.1.8 本条规定是对电容器室的建筑设计提出的限制性规定，各地均应遵循。

8.1.9 随着生产发展和技术进步，低压并联电容器装置产品的质量提高了，品种日益多样化，已有屋外型产品供选择，但多数产品仍为屋内型，应根据安装布置条件来选择产品。

8.1.10 低压电容器事故较少，且事故的影响面小，后果不十分严重，把低压电容器柜与低压配电盘安装在同一个配电室，全国比较普遍，这种布置方式方便了低压配电室的设备布置。把低压电容器柜布置在同一列屏柜的端部是为了缩小事故影响范围，避免电容器柜出现事故时两边的低压配电盘受影响。

8.1.11 本条是根据国内较普遍的做法提出的推荐性规定。

8.2 并联电容器组的布置和安装设计

8.2.1 本条规定目的是为了避免或减少相间短路事

故，缩小电容器爆裂起火的影响范围，减少损失。分相设置电容器组会增加占地面积，但这样做有利于安全。35kV和66kV电容器组，容量较大，基本上都是分相布置；6kV和10kV电容器组，容量相对较小，基本上是采用三相一体的分层框架，这种安装方式应适当加大相间距离，以保证相间有足够的安全裕度。

8.2.2 本条规定是对电容器组框架设计提出的原则性要求，目的主要有以下几点：

1 利于电容器通风散热。良好的通风散热条件是减少电容器故障的重要保证。在层间设置隔板（为了防止上层电容器漏油滴到下层电容器上），以及在电容器柜（框台架）的四周用钢板围护，这些做法均会影响到电容器的通风散热，使电容器温升增加，导致电容器的故障发生，设备生产制造和设备采购均应注意这个问题；

2 方便维护和更换设备。电容器框架设计，应考虑运行检修工作的方便：巡视设备的运行状况、停电后对设备进行检查和清扫工作、对故障电容器进行更换的工作。电容器的框架设计还应考虑：方便维护人员上到多层框架的顶部，如有脚踩的踏步板，顶部和层间有供维护人员站立和脚踩的位置。总之，要给电容器的运行维护和检修尽量创造方便条件；

3 节约占地。工程建设要节约占地，这是我们的国策。分层布置节约占地，在采用分相布置时，也要考虑将电容器分层放置。为方便运行维护和检修，框架分层不宜超过3层，若超过3层，站在地面不易看清上层设备的运行状况，为降低框架高度，可考虑采用横放式电容器。节约占地和方便运行维护，在电容器框架设计时二者均应兼顾。

8.2.3 本条对电容器组安装设计的最小尺寸作了规定，现作如下说明：

1 电容器间距。电容器介质损耗产生的热量主要依靠对流来散发，其散热量与单台电容器容量和介损大小有关。不同容量的电容器在框架上放置，彼此之间的距离取多大合适，应通过电容器温升试验来确定。试验研究说明：随着电容器安装间距加大，电容器温升则逐渐降低，当间距达到某一数值后，下层温升与一台单独运行的电容器温升已比较接近，该距离即可作为电容器安装时的最小距离。原规范规定电容器的安装间距为100mm，随着电容器产品的发展进步，制造电容器的原材料改变，全膜电容器已取代膜纸复合电容器，全膜电容器损耗小、温升低。西安电力电容器研究所，对全膜电容器安装间距与温升进行了试验研究，选用100kvar、334kvar、500kvar三种容量的电容器，分上、中、下三层安装在框架上。根据工程中的实际应用，电容器在框架上安装又分别采用了立放与卧放两种产品，每层安装两排，排间距离只取一种：100mm。电容器的安装间距采用：

40mm、50mm、60mm、100mm。对每种安装距离都进行长时间通电试验，使电容器的温升达到稳定，得到大量的试验数据。该项目研究成果，经组织行业技术专家进行评审，评审意见建议："在此研究报告的基础上，规范中电容器安装间距可以修订，考虑其他因素如电容器外壳膨胀、环境温度、单台容量等情况下，适当缩小现行间距，以不小于70mm为宜，单台容量较小的还可适当减少，但不小于50mm。"；

2 底部距地面距离。为使电容器通风散热良好，电容器不能直接安装在地面上，因为安装在地面上既影响通风散热，又容易造成电容器底部锈蚀。本条规定的屋外电容器组对地距离高于屋内，是为了防止下雨时泥水溅到电容器身上，以及防止小动物爬到电容器上造成事故。本条规定的距离，是按照全国比较通用的10kV电容器组尺寸规定的，35kV和66kV电容器组安装时的电容器底部对地距离，比10kV电容器组的电容器底部对地距离要大得多，满足本条规定不成问题；

3 排间距离。在框（台）架上安装两排电容器时，排间应有一定距离，以利通风散热和维护更换电容器。原规范规定的最小间距为200mm，是国内以前较为普遍的采用值。基于在本条文说明1中的相同情况，本次规范修订，由200mm缩小到100mm；

4 框架顶部至屋顶净距。从利于空气对流散热考虑，框架顶部至屋顶距离愈大愈好，但由这个条件无法确定一个合理值。以满足检修人员站在上层框架上不致头碰屋顶为条件，则可确定一个最小尺寸，本条规定的框架顶部至屋顶的最小净距为1000mm，即是以上述条件确定的。该距离规定，满足66kV及以下各级电压的并联电容器装置的带电距离要求。

电容器组安装示意图见图1和图2。

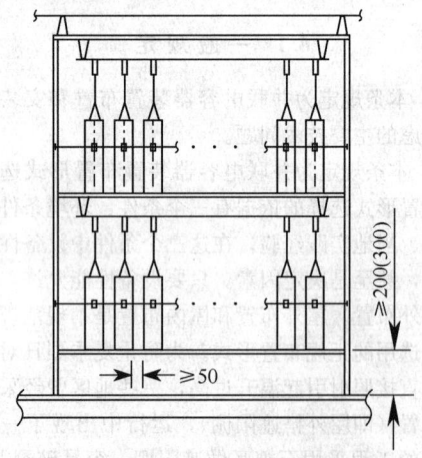

图1 并联电容器组安装示意图

注：括号中的数值适用于屋外布置

8.2.4 为电容器组设置的通道（走道）有两种：一种称为维护通道，正常运行时能保证运行人员通行安全的巡视通道；另一种称为检修走道，因电容器组的

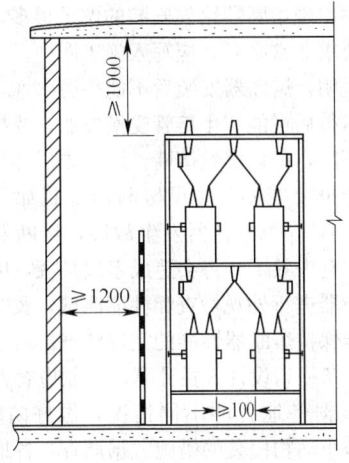

图 2　并联电容器组安装示意图

带电体无防护遮栏，正常运行时人员不能进入该通道，停电后才允许人员进入，比维护通道要窄一点，可减少占地。为什么要规定两种通道？在电容器组四周都设置维护通道，将会增加占地面积，也无必要；为了节省占地，不可能全部通道都改成检修走道。当屋内只有一组电容器时，通常只在电容器框（台）架的一侧设置维护通道，另一侧与墙之间设检修通道；当屋内有两组电容器时，通道设置又有两种情况：其一是电容器组靠两侧墙布置，在两组框（台）架之间设维护通道，在框（台）架与墙之间检修走道；其二是两组电容器不靠墙布置，在两组电容器框架之间设检修走道，框（台）架与墙之间设维护通道。当框（台）架上安装的电容器只有一排时，框架与墙之间可以不设检修走道，采用靠墙布置。屋外电容器组的通道（走道）设置可参照上述情况考虑。通道（走道）设置示意图见图 3～图 5。

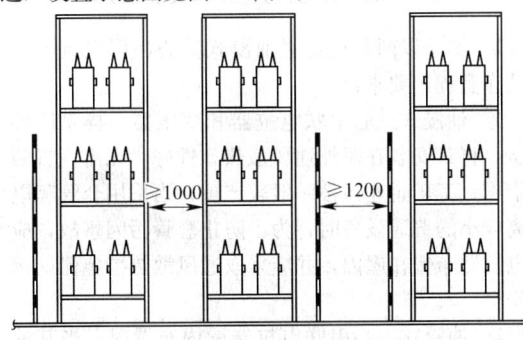

图 3　屋外并联电容器组通道
（走道）设置示意图

8.2.5　本条规定是根据绝缘配合要求提出的，是电气设计的通用原则。当电气设备的绝缘水平不低于电网时，设备可直接装设在地面上，金属外壳需接地；当电气设备的绝缘水平低于电网时，应将其装设在绝缘台架上，绝缘台架的绝缘水平不得低于电网的绝缘水平。例如：额定电压为 $11/\sqrt{3}$ 电容器，它的额定极间电压为 6.35kV，这种电容器的绝缘水平是

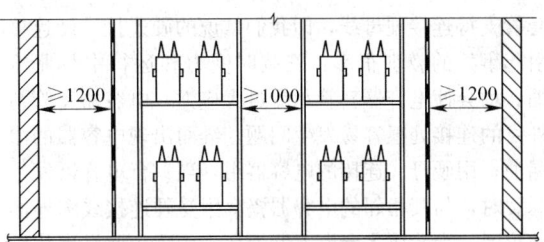

图 4　屋内并联电容器组通道
（走道）设置示意图（一）

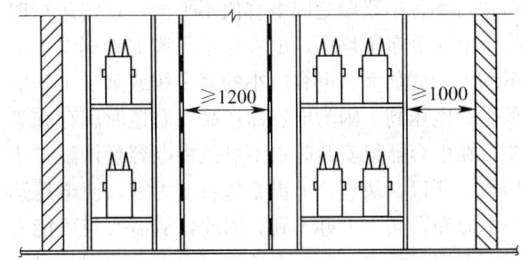

图 5　屋内并联电容器组通道
（走道）设置示意图（二）

10kV，可以作星形连接用于 10kV 电网，电容器的外壳与框（台）架连接并一起接地；额定电压为 6kV 的电容器，它的额定极间电压和绝缘水平都是 6kV，采用 4 段串联接成星形用于 35kV 电容器组，极间电压满足要求，但是，每台电容器的绝缘水平都比电网的绝缘水平低，需要把电容器安装在 35kV 级的绝缘框（台）架上才能满足绝缘配合要求。安装在绝缘框（台）架上的电容器外壳具有一定电位，电位悬浮将产生电容器运行不安全，应将电容器外壳与框（台）架可靠相连，固定电位，防止电位悬浮引起部分电容器过电压损坏。

为了防止运行人员触及带电的电容器外壳，框（台）架周围应设置安全围栏。

集合式与箱式电容器的绝缘水平均不低于电网绝缘水平，安装方式都采用安装在地面基础上，为保证安全，外壳应可靠接地。

8.2.6　本条对电容器安装连接线作了三点规定，说明如下：

1　电容器的瓷套与箱壳的连接比较脆弱，因此，无论正常运行或事故情况，均应避免套管受力而使其焊缝开裂引起渗漏油。即使现在采用了滚装套管，无焊缝连接，强度大大提高，仍然是容易漏油的薄弱环节，不能受力过大。所以，与套管连接的导线应使用软导线，并应使这种软导线保持一定的松弛度，安装设计时应对施工安装提出要求。

2　单套管电容器的接壳端子虽然与外壳是连接在一起的，但为了保持回路接触良好，不能用外壳连接线代替接壳导线，接壳导线应由接壳端子上引出，以保持载流回路接触良好。

3　据调查，以前有不少电容器组直接用电容器

套管支持连接硬母线，即我们常说的硬连接。硬连接引起事故的教训很多：安装时受力和运行中热胀冷缩，均会使电容器套管承受过大应力，电容器套管与外壳的连接处很容易发生问题，继而出现电容器的渗漏油；用硬母线连接的电容器组，当一台电容器发生爆裂时，与其相邻的电容器瓷套因受硬连接线牵连而被拉断，会造成多台电容器损坏。为防止此类事故发生，本款为强制性条文规定，设计中应遵循。

8.2.7 中性点不接地的星形接线电容器组，当三相之间和每相各串联段之间电容值不平衡，正常运行时会产生电压分布不均衡，电容值不平衡加大则电压分布不均也随之加大，电容值小的某一相或某一个串联段承受的电压高。因为电容器产品在制造时就存在着容差，在电容器组安装时也不可能将电容量调配得十分均衡，所以，从理论上讲希望容差为零，使电压达到均衡分布，实际上办不到。因此，从需要与可能考虑，容差应尽量小一些。本条规定的容差为现行电力行业标准的数据，国网公司企业标准的要求，比本条规定更加严格，要求值更小，各电容器制造厂在电容器安装配平时都可以达到。容差越小，电容器运行时电压分配的不均匀性也就小，同时，不平衡保护的初始不平衡电压与不平衡电流也小，这样才有利于保护整定和提高灵敏度。

8.2.8 本条为一般性规定，目的在于提请设计和设备安装施工时注意，没有装设接地开关的并联电容器装置，应该把检修时挂临时接地线的接地端子预留好，以利电容器组检修前进行接地放电时使用。

8.2.9 汇流母线是按允许载流量选择的，能满足长期通过电流的要求，但是，如没有足够的机械强度，一段时间后将会出现塌弯，对装设有熔断器的电容器组，将产生熔断器的拉紧弹簧松弛，熔断器熔断时其尾线将不能顺利弹出，电弧不能熄灭，从而引起事故。即使没有装设外熔断器，连接线松紧程度不一致，影响外观。通常采用母线背角钢，或缩小支柱绝缘子距离来提高母线机械强度。为了节约投资，一般不采用加大母线尺寸的方式。

8.2.10 本条以三款规定对熔断器安装提出技术要求：

1 将熔断器装在通道侧是为了巡视和更换熔丝方便。

2 熔断器安装位置是否正确关系到它的正确动作。如：将熔断器垂直安装，熔断器的喷口对着电容器，电弧可能喷射到套管或箱壳上；熔断器安装角度如不能达到熔丝尾线与熔管成一条直线，或熔丝拉紧弹簧不到位，则可造成熔丝尾线不能顺利弹出熔管，导致重击穿，产生过电压而损坏电容器，也可能引起熔丝的群爆。

3 外熔丝熔断后尾线如搭在电容器箱壳上可能会形成接地故障。

工程中出现熔断器错误安装的例子很多，本条规定的技术要求非常必要，应写入施工图中。

还应说明：熔断器安装后不能一劳永逸，因为熔断器长期运行后可能产生熔管受潮发胀，或拉紧弹簧锈蚀弹力下降，一旦熔丝熔断，尾线难以弹出，熔丝的开断性能也要变差。装设熔断器也犹如"养兵千日，用兵一时"，当电容器发生故障，熔断器应该发挥作用时，它失效了，将会造成事故扩大，因此，应定期对熔断器进行外观检查和性能测试，及时更换失效品，才能保持熔断器性能的完好状态。

8.2.11 本条提请设计人员注意，并联电容器装置设计时，要根据各地区的不同情况，做好防范鸟类、鼠、蛇类等小动物侵袭的措施。据调查，各地都发生过小动物进入并联电容器装置造成的短路事故，而且，此类事故在变压器上和配电装置中也时有发生。防范小动物侵袭的措施，各个地区采取的方式是不一样的，没有必要进行统一规定。各工程可根据周围环境中小动物活动情况，并参照本地区相应电压等级配电装置采用的措施予以实施。对小动物不可不防，但也不能花太多的投资去设防。各地采取的防小动物措施有：在屋外并联电容器装置的四周设置网状围栏，但在多雨潮湿地区要有网状围栏的防锈蚀措施；有采用全封闭网笼的形式，但比较少；电容器室通常采用封堵：在进风口、排风口和窗口装设金属网，在电缆沟道口进行封堵，对所有墙洞进行封堵，门口设置挡板，高度约500mm。上述这些措施都是可行的，也是有效的。

总之，各地可按本地区的情况和习惯做法，因地制宜采取不同的措施来防范小动物侵袭。

8.3 串联电抗器的布置和安装设计

8.3.1 本条以两款规定对油浸式铁心串联电抗器的安装布置提出要求：

1 油浸式铁心串联电抗器和变压器一样是屋外设备，将其安装在屋外通风散热条件好，无需设置防爆措施；工矿企业污秽一般较严重，当采用套管爬电距离较小的普通设备时，为了防止套管污闪事故，应将电抗器布置在屋内，并应采取通风散热措施保证运行安全。

2 油浸式铁心串联电抗器屋内布置时，当其油量超过100kg，应参照变压器安装规定，设防爆间隔，本款为强制性条款。

8.3.2 本条以两款规定对干式空心串联电抗器的安装布置提出要求：

1 空心电抗器采用分相布置的水平排列或三角形排列（"一"字形或"品"字形），由于相距加大，有利于防止相间短路和缩小事故范围。三相叠装式虽然可以缩小安装场地，但是，相间距离小，相间短路的可能性增加，安全性差，设备安装时，对三相叠装顺序还有特殊要求，因此这种方式不推荐采用。

2 干式空心串联电抗器虽然在屋外或屋内安装均可，但是空心电抗器周围有强磁场，屋外安装容易解决防电磁感应问题。如果需要将空心电抗器安装在屋内时，必须考虑使其远离变电站的计算机监控和继电保护等电气二次弱电设备，防止发生电磁干扰事故，影响继电保护和微机的正常工作。建议屋内装设串联电抗器时，选择设备本体外漏磁场较弱的产品，如干式铁心电抗器或带有磁屏蔽的电抗器。

8.3.3 本条以三款规定对干式空心串联电抗器安装布置时，防电感应提出要求。空心电抗器的特点是：线圈磁力线经空间形成闭合回路，因而设备本体周围存在着强磁场，为了降低在临近导体，包括铁磁性金属部件和钢铁件接地体中，引起严重的电磁感应电流发热，产生电动力效应，安装设计时要满足防电磁感应要求，防电磁感应的距离要求，在厂家提供的设备安装图中，都有明确规定。个别厂家会提出两个防电磁感应的距离要求：一是对铁磁性金属体的距离；二是对形成闭合回路的铁磁性金属体的距离。如果设备外形图上有此两项要求，在设备安装设计时均应满足要求。

本条三款规定的 3 个尺寸要求，是在对国内几个主要电抗器生产厂家调查基础上提出的，数据规定能涵盖国内各制造厂。

8.3.4 本条规定的接地线采用放射形或开口环形，目的是为了不使导体形成环形回路，切断电磁感应电流的通路，减少损耗。为了增加接地回路的可靠性，接地线与主接地网采取两点相连。

8.3.5 本条规定是为了降低空间磁场在母线和连接螺栓中的涡流损耗，避免引起过热。采用不锈钢螺栓时需注意，只有非导磁材料加工的螺栓，才能起到减少涡流发热问题。

8.3.6 本条规定基于干式铁心电抗器的产品特点，目前还没有屋外型产品。安装时尚需满足制造厂提出的相关规定，如：设备接地、通风散热等。

9 防火和通风

9.1 防 火

据调查，电容器曾多次发生爆炸事故引起火灾，虽然单台电容器充油量不多，但并联电容器装置是由多台电容器组成的，一台电容器爆炸起火可引起多台损坏，甚至可能造成整个电容器室被烧毁。因此，对电容器室的防火要求不应低于同电压等级的配电装置。

本节的条文规定，考虑了与国家现行标准《3～110kV 高压配电装置设计规范》GB 50060、《220kV～500kV 变电所设计技术规程》DL/T 5218

保持一致。

9.1.1 迄至目前，电容器产品已有多种类型，干式电容器和充 SF_6 气体绝缘电容器，是不可燃的，这些都是无火灾危险的产品，只是所占的比例还比较小，大量的电容器还是属于可燃介质类，具有火灾危险性。可燃介质电容器与变电站内建（构）筑物和设备的防火距离，按照现行国家标准《火力发电厂与变电所设计防火规范》GB 50229 有关条文规定执行，使标准规定达到一致性。当场地紧张无法达到上述标准规定的防火距离时，可采用防火墙分隔来减少用地。也可采用联合建筑来减少用地。在联合建筑中与相邻其他用房的隔墙，以及电容器室的楼板、隔墙、门窗、孔洞等均应满足防火要求。

9.1.2 并联电容器装置的消防设施是指消防通道、防火隔墙和能灭油火的消防设备等。本条以三款规定对消防设施提出了要求：

1 安装在不同主变压器的屋外大容量电容器装置之间，设置消防通道，加大了相互之间的距离，既有利于防火，也方便灭火。消防通道的设置应与站内道路作统一考虑，使其能起到方便运行和搬运设备的作用。

2 为了缩小屋内并联电容器装置的火灾事故范围，在属于不同主变压器的并联电容器装置之间，设置防火隔墙是必要的，工程设计应予以考虑。

3 为了缩小并联电容器装置着火后的事故损失，必须为其准备消防设施。消防设备的放置位置应就近、顺路、方便，一般可放在高低压并联电容器屋外入口处，或屋外并联电容器装置附近。

9.1.3 本条规定对并联电容器组的框（台）架、低压电容器柜的柜体等采用非燃烧材料，目的是防火或防止火灾事故蔓延，并与电容器室建筑防火要求相一致。

9.1.4 本条规定电容器室房屋耐火等级不低于二级。根据现在建筑材料的供货情况，一般能达到一级，规定为二级都能达到。

9.1.5 本条与高压配电装置设计的技术要求一致，但强调两个电容器室之间的门，应为乙级防护门，耐火极限为 0.9h。电容器屋内除巡视外，无人值班，对采光无特殊要求。尽量少设采光窗，对隔热、采暖和减少玻璃窗维护工作有利，还可减少电容器爆裂时造成玻璃窗碎片飞溅伤人。

9.1.6 沟道出口的防火封堵，目的是防止电气火灾扩散。

9.1.7 油浸集合式电容器油箱里油量较多，设置储油池或挡油墙，发生事故时可防止电容器绝缘油和冷却油向四周流散，污染周围环境和地下水，防止油流着火后火灾蔓延。储油池的长、宽和深度尺寸，与设备的外形尺寸和油量多少相关，可参照变压器的具体做法确定。

9.1.8 把并联电容器装置布置在变电站常年最大频率风向的下风侧，其目的是当电容器发生着火事故时，减少对其他设备的影响。

9.2 通 风

9.2.1 控制电容器运行温度是保证电容器安全运行和使用年限的重要条件。运行温度过高，可能导致介质击穿强度降低，或导致介质损耗（tanδ）的迅速增加。若温度继续上升，将破坏热平衡，造成热击穿，影响电容器的寿命。电容器一般都靠空气自然冷却，所以周围空气温度对电容器的运行温度影响很大。并联电容器装置室通风的主要目的是排除屋内余热。在进行电容器室的通风计算时，电容器室的余热量包括两项：电容器的散热量和通过围护结构传入屋内的太阳辐射热量。

计算电容器散热量时，主要考虑的是电容器的介质损耗转换的热量。介质损耗功率按下式计算：

$$P_s = Q_c \tan\delta \tag{3}$$

式中　P_s——电容器介质损耗功率（kW）；

　　　Q_c——电容器室内安装的电容器容量（kvar）；

　　　$\tan\delta$——电容器的介质损耗角正切值。

9.2.2 排风温度是以排热为主要目的的通风计算中的一个关键数据，它对通风量的影响非常明显。因此，确定排风温度是十分重要的。在确定排风温度时，首先考虑电容器安全运行适用的环境温度，又要与电容器屋内布置的其他设备适用的环境温度以及通风系统的经济性作统一考虑。参照采暖通风标准的规定，电容器以及与其有关的电气设备的适用环境温度，本条对排风温度的工程采用值作了规定。

9.2.3 串联电抗器小间的通风，以排除屋内余热为主要目的。由于通过围护结构传入屋内的热量与电抗器散热量相比甚小，所以，在进行电抗器小间通风量计算时，通过围护结构传入屋内的热量可以忽略不

计。根据电抗器适用的环境温度，参照油浸式变压器的有关规定，本条对电容器室的排风温度作了明确规定。

9.2.4 自然通风是安全可靠的通风方式，有效而又节能，所以，在工程设计中应优先采用有组织的自然通风方式。当采用自然通风方式达不到排除屋内余热所需的通风量时，应设置机械通风装置。一般采用自然进风、机械排风的通风方式。由于电容器屋内电容器台数较多，布置分散，所以散热比较均匀，因而需要均匀地多设置一些进、排风口，合理地组织气流，以得到较好的通风效果。一般来说，电容器室的机械排风口不会设置很多，因此，多设置一些进风口并合理地组织气流显得非常重要。

9.2.5 在风沙较大的地区，进风口设置防尘措施，可以与进风过滤结合起来统一考虑。在一般地区的电容器室设置的防雨百叶窗、双层百叶窗加遮雨棚、出风弯管等是防止雨雪飘入屋内的有效措施，在进、排风口加铁丝网则是防止小动物进入屋内的有效方法。设计时，可以根据具体情况灵活利用。

9.2.6 减少太阳辐射热和充分利用自然通风，在并联电容器装置设计时，应予以综合考虑。布置电容器室应尽量避免夏季西晒，利用夏季最大频率风向的影响，使尽可能多的自然风进入电容器室，以获得最好的夏季通风效果。屋外电容器组布置时，应尽量使电容器的小面朝向太阳直射时间最长的方向，减少由太阳辐射热引起的温升。同时，并联电容器装置的布置设计时，也应考虑利用夏季主导风向的通风散热作用，求得二者兼顾的优良效果。

9.2.7 严寒和高温地区的并联电容器装置室，应考虑室内的保温或隔热，其屋面在不增加太多投资的情况下设置保温层或隔热层，可起到控制室温的作用，对电容器的安全运行有利，屋面结构设计时应予以考虑。

中华人民共和国国家标准

给水排水管道工程施工及验收规范

Code for construction and acceptance of
water and sewerage pipeline works

GB 50268—2008

主编部门：中华人民共和国住房和城乡建设部
批准部门：中华人民共和国住房和城乡建设部
施行日期：２００９年５月１日

中华人民共和国住房和城乡建设部
公　告

第 132 号

关于发布国家标准《给水排水管道
工程施工及验收规范》的公告

现批准《给水排水管道工程施工及验收规范》为国家标准，编号为 GB 50268—2008，自 2009 年 5 月 1 日起实施。其中，第 1.0.3、3.1.9、3.1.15、3.2.8、9.1.10、9.1.11 条为强制性条文，必须严格执行。原《给水排水管道工程施工及验收规范》GB 50268—97 和《市政排水管渠工程质量检验评定标准》CJJ 3—90 同时废止。

本规范由我部标准定额研究所组织中国建筑工业出版社出版发行。

2008 年 10 月 15 日

前　言

本规范根据建设部《关于印发〈二○○四年工程建设国家标准制订、修订计划〉的通知》（建标〔2004〕67 号）的要求，由北京市政建设集团有限责任公司会同有关单位对《给水排水管道工程施工及验收规范》GB 50268—97 进行修订而成。

在修订过程中，编制组进行了深入的调查研究和专题研讨，总结了我国各地给水排水管道工程施工与质量验收的实践经验，坚持了"验评分离、强化验收、完善手段、过程控制"的指导原则，参考了有关国内外相关规范，并以多种形式广泛征求了有关单位的意见，最后经审查定稿。

本规范规定的主要内容有：总则、术语、基本规定、土石方与地基处理、开槽施工管道主体结构、不开槽施工管道主体结构、沉管和桥管施工主体结构、管道附属构筑物、管道功能性试验及附录。

本规范中以黑体字标志的条文为强制性条文，必须严格执行。

本规范由住房和城乡建设部负责管理和对强制性条文的解释，由北京市政建设集团有限责任公司负责具体技术内容的解释。为了提高规范质量，请各单位在执行本规范的过程中，注意总结经验和积累资料，随时将发现的问题和意见寄交北京市政建设集团有限责任公司（地址：北京市海淀区三虎桥路 6 号，邮编：100044；E-mail：kjb@bmec.cn）；以供今后修订时参考。

本规范主编单位、参编单位和主要起草人：

主 编 单 位：北京市政建设集团有限责任公司
参 编 单 位：上海市建设工程质量监督站公用事业分站
　　　　　北京城市排水集团有限责任公司
　　　　　天津市市政公路管理局
　　　　　北京市自来水设计公司
　　　　　天津市自来水集团有限公司
　　　　　北京市市政工程管理处
　　　　　北京市市政四建设工程有限责任公司
　　　　　上海市第二市政工程有限公司
　　　　　北京建筑工程学院
　　　　　广东工业大学
　　　　　重庆大学
　　　　　西安市市政设计研究院
　　　　　武汉市水务局
　　　　　武汉市给排水工程设计院有限公司
　　　　　新兴铸管股份有限公司
主要起草人：焦永达　苏耀军　杨　毅　王洪臣
　　　　　于清军　李　强　郑进玉　曹洪林
　　　　　李俊奇　岳秀平　王和平　蔡　达
　　　　　袁观洁　张　勤　王金良　刘彦林
　　　　　游青城　葛金科　孙连元　李绍海
　　　　　刘　青

目 次

1 总　则

1.0.1 为加强给水、排水（以下简称给排水）管道工程施工管理，规范施工技术，统一施工质量检验、验收标准，确保工程质量，制定本规范。

1.0.2 本规范适用于新建、扩建和改建城镇公共设施和工业企业的室外给排水管道工程的施工及验收；不适用于工业企业中具有特殊要求的给排水管道施工及验收。

1.0.3 给排水管道工程所用的原材料、半成品、成品等产品的品种、规格、性能必须符合国家有关标准的规定和设计要求；接触饮用水的产品必须符合有关卫生要求。严禁使用国家明令淘汰、禁用的产品。

1.0.4 给排水管道工程施工与验收，除应符合本规范的规定外，尚应符合国家现行有关标准的规定。

2 术　语

2.0.1 压力管道　pressure pipeline

本规范指工作压力大于或等于 0.1MPa 的给排水管道。

2.0.2 无压管道　non-pressure pipeline

本规范指工作压力小于 0.1MPa 的给排水管道。

2.0.3 刚性管道　rigid pipeline

主要依靠管体材料强度支撑外力的管道，在外荷载作用下其变形很小，管道的失效是由于管壁强度的控制。本规范指钢筋混凝土、预（自）应力混凝土管道和预应力钢筒混凝土管道。

2.0.4 柔性管道　flexible pipeline

在外荷载作用下变形显著的管道，竖向荷载大部分由管道两侧土体所产生的弹性抗力所平衡，管道的失效通常由变形造成而不是管壁的破坏。本规范主要指钢管、化学建材管和柔性接口的球墨铸铁管管道。

2.0.5 刚性接口　rigid joint of pipelines

不能承受一定量的轴向线位移和相对角变位的管道接口，如用水泥类材料密封或用法兰连接的管道接口。

2.0.6 柔性接口　flexible joint of pipelines

能承受一定量的轴向线位移和相对角变位的管道接口，如用橡胶圈等材料密封连接的管道接口。

2.0.7 化学建材管　chemical material pipelines

本规范指玻璃纤维或玻璃纤维增强热固性塑料管（简称玻璃钢管）、硬聚氯乙烯管（UPVC）、聚乙烯管（PE）、聚丙烯管（PP）及其钢塑复合管的统称。

2.0.8 管渠　canal；ditch；channel

指采用砖、石、混凝土砌块砌筑的，钢筋混凝土现场浇筑的或采用钢筋混凝土预制构件装配的矩形、拱形等异型（非圆形）断面的输水通道。

2.0.9 开槽施工　trench installation

从地表开挖沟槽，在沟槽内敷设管道（渠）的施工方法。

2.0.10 不开槽施工　trenchless installation

在管道沿线地面下开挖成形的洞内敷设或浇筑管道（渠）的施工方法，有顶管法、盾构法、浅埋暗挖法、定向钻法、夯管法等。

2.0.11 管道交叉处理　pipeline cross processing

指施工管道与既有管线相交或相距较近时，为保证施工安全和既有管线运行安全所进行的必要的施工处理。

2.0.12 顶管法　pipe jacking method

借助于顶推装置，将预制管节顶入土中的地下管道不开槽施工方法。

2.0.13 盾构法　shield method

采用盾构机在地层中掘进的同时，拼装预制管片或现浇混凝土构筑地下管道的不开槽施工方法。

2.0.14 浅埋暗挖法　shallow undercutting method

利用土层在开挖过程中短时间的自稳能力，采取适当的支护措施，使围岩或土层表面形成密贴型薄壁支护结构的不开槽施工方法。

2.0.15 定向钻法　directional drilling method

利用水平钻孔机钻进小口径的导向孔，然后用回扩钻头扩大钻孔，同时将管道拉入孔内的不开槽施工方法。

2.0.16 夯管法　pipe ramming method

利用夯管锤（气动夯锤）将管节夯入地层中的地下管道不开槽施工方法。

2.0.17 沉管法　sunken pipeline method；immersed pipeline method

将组装成一定长度的管段或钢筋混凝土密封管段沉入水底或水底开挖的沟槽内的水底管道铺设方法，又称沉埋法或预制管段沉埋法。

2.0.18 桥管法　bridging pipeline method

以桥梁形式跨越河道、湖泊、海域、铁路、公路、山谷等天然或人工障碍专用的管道铺设方法。

2.0.19 工作井　working shaft

用顶管、盾构、浅埋暗挖等不开槽施工法施工时，从地面竖直开挖至管道底部的辅助通道，也称为工作坑、竖井等。

2.0.20 管道严密性试验　leak test

对已敷设好的管道用液体或气体检查管道渗漏情况的试验统称。

2.0.21 压力管道水压试验　water pressure test for pressure pipeline

以水为介质，对已敷设的压力管道采用满水后加压的方法，来检验在规定的压力值时管道是否发生结构破坏以及是否符合规定的允许渗水量（或允许压力降）标准的试验。

2.0.22 无压管道闭水试验 water obturation test for non-pressure pipeline

以水为介质对已敷设重力流管道（渠）所做的严密性试验。

2.0.23 无压管道闭气试验 pneumatic pressure test for nonpressure pipeline

以气体为介质对已敷设管道所做的严密性试验。

3 基 本 规 定

3.1 施工基本规定

3.1.1 从事给排水管道工程的施工单位应具备相应的施工资质，施工人员应具备相应的资格。给排水管道工程施工和质量管理应具有相应的施工技术标准。

3.1.2 施工单位应建立、健全施工技术、质量、安全生产等管理体系，制订各项施工管理规定，并贯彻执行。

3.1.3 施工单位应按照合同文件、设计文件和有关规范、标准要求，根据建设单位提供的施工界域内地下管线等构（建）筑物资料、工程水文地质资料，组织有关施工技术管理人员深入沿线调查，掌握现场实际情况，做好施工准备工作。

3.1.4 施工单位应熟悉和审查施工图纸，掌握设计意图与要求，实行自审、会审（交底）和签证制度；发现施工图有疑问、差错时，应及时提出意见和建议；如需变更设计，应按照相应程序报审，经相关单位签证认定后实施。

3.1.5 施工单位在开工前应编制施工组织设计，对关键的分项、分部工程应分别编制专项施工方案。施工组织设计、专项施工方案必须按规定程序审批后执行，有变更时要办理变更审批。

3.1.6 施工临时设施应根据工程特点合理设置，并有总体布置方案。对不宜间断施工的项目，应有备用动力和设备。

3.1.7 施工测量应实行施工单位自核制、监理单位复测制，填写相关记录，并符合下列规定：

1 施工前，建设单位应组织有关单位进行现场交桩，施工单位对所交桩进行复核测量；原测桩有遗失或变位时，应及时补钉桩校正，并应经相应的技术质量管理部门和人员认定；

2 临时水准点和管道轴线控制桩的设置应便于观测、不易被扰动且必须牢固，并应采取保护措施；开槽铺设管道的沿线临时水准点，每 200m 不宜少于 1 个；

3 临时水准点、管道轴线控制桩、高程桩，必须经过复核方可使用，并应经常校核；

4 不开槽施工管道，沉管、桥管等工程的临时

水准点、管道轴线控制桩，应根据施工方案进行设置，并及时校核；

5 对既有管道、构（建）筑物与拟建工程衔接的平面位置和高程，开工前必须校测。

3.1.8 施工测量的允许偏差，应符合表 3.1.8 的规定，并应满足国家现行标准《工程测量规范》GB 50026 和《城市测量规范》CJJ 8 的有关规定；对有特定要求的管道还应遵守其特殊规定。

表 3.1.8 施工测量的允许偏差

项　目		允许偏差
水准测量高程闭合差	平　地	$\pm 20\sqrt{L}$ (mm)
	山　地	$\pm 6\sqrt{n}$ (mm)
导线测量方位角闭合差		$40\sqrt{n}$ (")
导线测量相对闭合差	开槽施工管道	1/1000
	其他方法施工管道	1/3000
直接丈量测距的两次较差		1/5000

注：1 L 为水准测量闭合线路的长度（km）；
　　2 n 为水准或导线测量的测站数。

3.1.9 工程所用的管材、管道附件、构（配）件和主要原材料等产品进入施工现场时必须进行进场验收并妥善保管。进场验收时应检查每批产品的订购合同、质量合格证书、性能检验报告、使用说明书、进口产品的商检报告及证件等，并按国家有关标准规定进行复验，验收合格后方可使用。

3.1.10 现场配制的混凝土、砂浆、防腐与防水涂料等工程材料应经检测合格后方可使用。

3.1.11 所用管节、半成品、构（配）件等在运输、保管和施工过程中，必须采取有效措施防止其损坏、锈蚀或变质。

3.1.12 施工单位必须遵守国家和地方政府有关环境保护的法律、法规，采取有效措施控制施工现场的各种粉尘、废气、废弃物以及噪声、振动等对环境造成的污染和危害。

3.1.13 施工单位必须取得安全生产许可证，并应遵守有关施工安全、劳动保护、防火、防毒的法律、法规，建立安全管理体系和安全生产责任制，确保安全施工。对不开槽施工、过江河管道或深基槽等特殊作业，应制定专项施工方案。

3.1.14 在质量检验、验收中使用的计量器具和检测设备，必须经计量检定、校准合格后方可使用。承担材料和设备检测的单位，应具备相应的资质。

3.1.15 给排水管道工程施工质量控制应符合下列规定：

1 各分项工程应按照施工技术标准进行质量控制，每分项工程完成后，必须进行检验；

2 相关各分项工程之间，必须进行交接检验，所有隐蔽分项工程必须进行隐蔽验收，未经检验或验收不合格不得进行下道分项工程。

3.1.16 管道附属设备安装前应对有关的设备基础、预埋件、预留孔的位置、高程、尺寸等进行复核。

3.1.17 施工单位应按照相应的施工技术标准对工程施工质量进行全过程控制，建设单位、勘察单位、设计单位、监理单位等各方应按有关规定对工程质量进行管理。

3.1.18 工程应经过竣工验收合格后，方可投入使用。

3.2 质量验收基本规定

3.2.1 给排水管道工程施工质量验收应在施工单位自检基础上，按验收批、分项工程、分部（子分部）工程、单位（子单位）工程的顺序进行，并应符合下列规定：

1 工程施工质量应符合本规范和相关专业验收规范的规定；

2 工程施工质量应符合工程勘察、设计文件的要求；

3 参加工程施工质量验收的各方人员应具备相应的资格；

4 工程施工质量的验收应在施工单位自行检查、评定合格的基础上进行；

5 隐蔽工程在隐蔽前应由施工单位通知监理等单位进行验收，并形成验收文件；

6 涉及结构安全和使用功能的试块、试件和现场检测项目，应按规定进行平行检测或见证取样检测；

7 验收批的质量应按主控项目和一般项目进行验收；每个检查项目的检查数量，除本规范有关条款有明确规定外，应全数检查；

8 对涉及结构安全和使用功能的分部工程应进行试验或检测；

9 承担检测的单位应具有相应资质；

10 外观质量应由质量验收人员通过现场检查共同确认。

3.2.2 单位（子单位）工程、分部（子分部）工程、分项工程和验收批的划分可按本规范附录A在工程施工前确定，质量验收记录应按本规范附录B填写。

3.2.3 验收批质量验收合格应符合下列规定：

1 主控项目的质量经抽样检验合格；

2 一般项目中的实测（允许偏差）项目抽样检验的合格率应达到80%，且超差点的最大偏差值应在允许偏差值的1.5倍范围内；

3 主要工程材料的进场验收和复验合格，试块、试件检验合格；

4 主要工程材料的质量保证资料以及相关试验

检测资料齐全、正确；具有完整的施工操作依据和质量检查记录。

3.2.4 分项工程质量验收合格应符合下列规定：

1 分项工程所含的验收批质量验收全部合格；

2 分项工程所含的验收批的质量验收记录应完整、正确；有关质量保证资料和试验检测资料应齐全、正确。

3.2.5 分部（子分部）工程质量验收合格应符合下列规定：

1 分部（子分部）工程所含分项工程的质量验收全部合格；

2 质量控制资料应完整；

3 分部（子分部）工程中，地基基础处理、桩基础检测、混凝土强度、混凝土抗渗、管道接口连接、管道位置及高程、金属管道防腐层、水压试验、严密性试验、管道设备安装调试、阴极保护安装测试、回填压实等的检验和抽样检测结果应符合本规范的有关规定；

4 外观质量验收应符合要求。

3.2.6 单位（子单位）工程质量验收合格应符合下列规定：

1 单位（子单位）工程所含分部（子分部）工程的质量验收全部合格；

2 质量控制资料应完整；

3 单位（子单位）工程所含分部（子分部）工程有关安全及使用功能的检测资料应完整；

4 涉及金属管道的外防腐层、钢管阴极保护系统、管道设备运行、管道位置及高程等的试验检测、抽查结果以及管道使用功能试验应符合本规范规定；

5 外观质量验收应符合要求。

3.2.7 给排水管道工程质量验收不合格时，应按下列规定处理：

1 经返工重做或更换管节、管件、管道设备等的验收批，应重新进行验收；

2 经有相应资质的检测单位检测鉴定能够达到设计要求的验收批，应予以验收；

3 经有相应资质的检测单位检测鉴定达不到设计要求，但经原设计单位验算认可，能够满足结构安全和使用功能要求的验收批，可予以验收；

4 经返修或加固处理的分项工程、分部（子分部）工程，改变外形尺寸但仍能满足结构安全和使用功能要求，可按技术处理方案文件和协商文件进行验收。

3.2.8 通过返修或加固处理仍不能满足结构安全或使用功能要求的分部（子分部）工程、单位（子单位）工程，严禁验收。

3.2.9 验收批及分项工程应由专业监理工程师组织施工项目的技术负责人（专业质量检查员）等进行验收。

3.2.10 分部（子分部）工程应由专业监理工程师组织施工项目质量负责人等进行验收。

对于涉及重要部位的地基基础、主体结构、非开挖管道、桥管、沉管等分部（子分部）工程，设计和勘察单位工程项目负责人、施工单位技术质量部门负责人应参加验收。

3.2.11 单位工程经施工单位自行检验合格后，应由施工单位向建设单位提出验收申请。单位工程有分包单位施工时，分包单位对所承包的工程应按本规范的规定进行验收，验收时总承包单位应派人参加；分包工程完成后，应及时地将有关资料移交总承包单位。

3.2.12 对符合竣工验收条件的单位工程，应由建设单位按规定组织验收。施工、勘察、设计、监理等单位等有关负责人以及该工程的管理或使用单位有关人员应参加验收。

3.2.13 参加验收各方对工程质量验收意见不一致时，可由工程所在地建设行政主管部门或工程质量监督机构协调解决。

3.2.14 单位工程质量验收合格后，建设单位应按规定将竣工验收报告和有关文件，报工程所在地建设行政主管部门备案。

3.2.15 工程竣工验收后，建设单位应将有关文件和技术资料归档。

4 土石方与地基处理

4.1 一般规定

4.1.1 建设单位应向施工单位提供施工影响范围内地下管线（构筑物）及其他公共设施资料，施工单位应采取措施加以保护。

4.1.2 给排水管道工程的土方施工，除应符合本章规定外，涉及围堰、深基（槽）坑开挖与围护、地基处理等工程，还应符合现行国家标准《给水排水构筑物工程施工及验收规范》GB 50141 及国家相关标准的规定。

4.1.3 沟槽的开挖、支护方式应根据工程地质条件、施工方法、周围环境等要求进行技术经济比较，确保施工安全和环境保护要求。

4.1.4 沟槽断面的选择与确定应符合下列规定：

1 槽底宽、槽深、分层开挖高度、各层边坡及层间留台宽度等，应方便管道结构施工，确保施工质量和安全，并尽可能减少挖方和占地；

2 做好土（石）方平衡调配，尽可能避免重复挖运；大断面深沟槽开挖时，应编制专项施工方案；

3 沟槽外侧应设置截水沟及排水沟，防止雨水浸泡沟槽。

4.1.5 沟槽开挖至设计高程后应由建设单位会同设计、勘察、施工、监理单位共同验槽；发现岩、土质

与勘察报告不符或有其他异常情况时，由建设单位会同上述单位研究处理措施。

4.1.6 沟槽支护应根据沟槽的土质、地下水位、沟槽断面、荷载条件等因素进行设计；施工单位应按设计要求进行支护。

4.1.7 土石方爆破施工必须按国家有关部门的规定，由有相应资质的单位进行施工。

4.1.8 管道交叉处理应符合下列规定：

1 应满足管道间最小净距的要求，且按有压管道避让无压管道、支管道避让干线管道、小口径管道避让大口径管道的原则处理；

2 新建给排水管道与其他管道交叉时，应按设计要求处理；施工过程中对既有管道进行临时保护时，所采取的措施应征求有关单位意见；

3 新建给排水管道与既有管道交叉部位的回填压实度应符合设计要求，并应使回填材料与被支承管道贴紧密实。

4.1.9 给排水管道铺设完毕并经检验合格后，应及时回填沟槽。回填前，应符合下列规定：

1 预制钢筋混凝土管道的现浇筑基础的混凝土强度、水泥砂浆接口的水泥砂浆强度不应小于5MPa；

2 现浇钢筋混凝土管渠的强度应达到设计要求；

3 混合结构的矩形或拱形管渠，砌体的水泥砂浆强度应达到设计要求；

4 井室、雨水口及其他附属构筑物的现浇混凝土强度或砌体水泥砂浆强度应达到设计要求；

5 回填时采取防止管道发生位移或损伤的措施；

6 化学建材管道或管径大于900mm的钢管、球墨铸铁管等柔性管道在沟槽回填前，应采取措施控制管道的竖向变形；

7 雨期应采取措施防止管道漂浮。

4.2 施工降排水

4.2.1 对有地下水影响的土方施工，应根据工程规模、工程地质、水文地质、周围环境等要求，制定施工降排水方案，方案应包括以下主要内容：

1 降排水量计算；

2 降排水方法的选定；

3 排水系统的平面和竖向布置，观测系统的平面布置以及抽水机械的选型和数量；

4 降水井的构造，井点系统的组合与构造，排放管渠的构造、断面和坡度；

5 电渗排水所采用的设施及电极；

6 沿线地下和地上管线、周边构（建）筑物的保护和施工安全措施。

4.2.2 设计降水深度在基坑（槽）范围内不应小于基坑（槽）底面以下0.5m。

4.2.3 降水井的平面布置应符合下列规定：

1 在沟槽两侧应根据计算确定采用单排或双排降水井，在沟槽端部，降水井外延长度应为沟槽宽度的1～2倍；

2 在地下水补给方向可加密，在地下水排泄方向可减少。

4.2.4 降水深度必要时应进行现场抽水试验，以验证并完善降排水方案。

4.2.5 采取明沟排水施工时，排水井宜布置在沟槽范围以外，其间距不宜大于150m。

4.2.6 施工降排水终止抽水后，降水井及拔除井点管所留的孔洞，应及时用砂石等填实；地下水静水位以上部分，可采用黏土填实。

4.2.7 施工单位应采取有效措施控制施工降排水对周边环境的影响。

4.3 沟槽开挖与支护

4.3.1 沟槽开挖与支护的施工方案主要内容应包括：

1 沟槽施工平面布置图及开挖断面图；

2 沟槽形式、开挖方法及堆土要求；

3 无支护沟槽的边坡要求；有支护沟槽的支撑形式、结构、支拆方法及安全措施；

4 施工设备机具的型号、数量及作业要求；

5 不良土质地段沟槽开挖时采取的护坡和防止沟槽坍塌的安全技术措施；

6 施工安全、文明施工、沿线管线及构（建）筑物保护要求等。

4.3.2 沟槽底部的开挖宽度，应符合设计要求；设计无要求时，可按下式计算确定：

$$B = D_o + 2(b_1 + b_2 + b_3) \qquad (4.3.2)$$

式中 B——管道沟槽底部的开挖宽度（mm）；

D_o——管外径（mm）；

b_1——管道一侧的工作面宽度（mm），可按表4.3.2选取；

b_2——有支撑要求时，管道一侧的支撑厚度，可取150～200mm；

b_3——现场浇筑混凝土或钢筋混凝土管渠一侧模板的厚度（mm）。

表 4.3.2 管道一侧的工作面宽度

管道的外径 D_o（mm）	管道一侧的工作面宽度 b_1（mm）		
		混凝土类管道	金属类管道、化学建材管道
$D_o \leq 500$	刚性接口	400	300
	柔性接口	300	
$500 < D_o \leq 1000$	刚性接口	500	400
	柔性接口	400	
$1000 < D_o \leq 1500$	刚性接口	600	500
	柔性接口	500	

续表 4.3.2

管道的外径 D_o（mm）	管道一侧的工作面宽度 b_1（mm）		
		混凝土类管道	金属类管道、化学建材管道
$1500 < D_o \leq 3000$	刚性接口	800～1000	700
	柔性接口	600	

注：1 槽底需设排水沟时，b_1 应适当增加；

2 管道有现场施工的外防水层时，b_1 宜取800mm；

3 采用机械回填管道侧面时，b_1 需满足机械作业的宽度要求。

4.3.3 地质条件良好、土质均匀、地下水位低于沟槽底面高程，且开挖深度在5m以内、沟槽不设支撑时，沟槽边坡最陡坡度应符合表4.3.3的规定。

表 4.3.3 深度在 5m 以内的沟槽边坡的最陡坡度

土 的 类 别	边坡坡度（高：宽）		
	坡顶无荷载	坡顶有静载	坡顶有动载
中密的砂土	1：1.00	1：1.25	1：1.50
中密的碎石类土（充填物为砂土）	1：0.75	1：1.00	1：1.25
硬塑的粉土	1：0.67	1：0.75	1：1.00
中密的碎石类土（充填物为黏性土）	1：0.50	1：0.67	1：0.75
硬塑的粉质黏土、黏土	1：0.33	1：0.50	1：0.67
老黄土	1：0.10	1：0.25	1：0.33
软土（经井点降水后）	1：1.25	—	—

4.3.4 沟槽每侧临时堆土或施加其他荷载时，应符合下列规定：

1 不得影响建（构）筑物、各种管线和其他设施的安全；

2 不得掩埋消火栓、管道闸阀、雨水口、测量标志以及各种地下管道的井盖，且不得妨碍其正常使用；

3 堆土距沟槽边缘不小于0.8m，且高度不应超过1.5m；沟槽边堆置土方不得超过设计堆置高度。

4.3.5 沟槽挖深较大时，应确定分层开挖的深度，并符合下列规定：

1 人工开挖沟槽的槽深超过3m时应分层开挖，每层的深度不超过2m；

2 人工开挖多层沟槽的层间留台宽度：放坡开槽时不应小于0.8m，直槽时不应小于0.5m，安装井点设备时不应小于1.5m；

3 采用机械挖槽时，沟槽分层的深度按机械性能确定。

4.3.6 采用坡度板控制槽底高程和坡度时,应符合下列规定:

　　1 坡度板选用有一定刚度且不易变形的材料制作,其设置应牢固;

　　2 对于平面上呈直线的管道,坡度板设置的间距不宜大于 15m;对于曲线管道,坡度板间距应加密;井室位置、折点和变坡点处,应增设坡度板;

　　3 坡度板距槽底的高度不宜大于 3m。

4.3.7 沟槽的开挖应符合下列规定:

　　1 沟槽的开挖断面应符合施工组织设计(方案)的要求。槽底原状面地基土不得扰动,机械开挖时槽底预留 200～300mm 土层由人工开挖至设计高程,整平;

　　2 槽底不得受水浸泡或受冻,槽底局部扰动或受水浸泡时,宜采用天然级配砂砾石或石灰土回填;槽底扰动土层为湿陷性黄土时,应按设计要求进行地基处理;

　　3 槽底土层为杂填土、腐蚀性土时,应全部挖除并按设计要求进行地基处理;

　　4 槽壁平顺,边坡坡度符合施工方案的规定;

　　5 在沟槽边坡稳固后设置供施工人员上下沟槽的安全梯。

4.3.8 采用撑板支撑应经计算确定撑板构件的规格尺寸,且应符合下列规定:

　　1 木撑板构件规格应符合下列规定:

　　　　1) 撑板厚度不宜小于 50mm,长度不宜小于 4m;

　　　　2) 横梁或纵梁宜为方木,其断面不宜小于 150mm×150mm;

　　　　3) 横撑宜为圆木,其梢径不宜小于 100mm;

　　2 撑板支撑的横梁、纵梁和横撑布置应符合下列规定:

　　　　1) 每根横梁或纵梁不得少于 2 根横撑;

　　　　2) 横撑的水平间距宜为 1.5～2.0m;

　　　　3) 横撑的垂直间距不宜大于 1.5m;

　　　　4) 横撑影响下管时,应有相应的替撑措施或采用其他有效的支撑结构;

　　3 撑板支撑应随挖土及时安装;

　　4 在软土或其他不稳定土层中采用横排撑板支撑时,开始支撑的沟槽开挖深度不得超过 1.0m;开挖与支撑交替进行,每次交替的深度宜为 0.4～0.8m;

　　5 横梁、纵梁和横撑的安装应符合下列规定:

　　　　1) 横梁应水平,纵梁应垂直,且与撑板密贴,连接牢固;

　　　　2) 横撑应水平,与横梁或纵梁垂直,且支紧、牢固;

　　　　3) 采用横排撑板支撑,遇有柔性管道横穿

沟槽时,管道下面的撑板上缘应紧贴管道安装;管道上面的撑板下缘距管道顶面不宜小于 100mm;

　　　　4) 承托翻土板的横撑必须加固,翻土板的铺设应平整,与横撑的连接应牢固。

4.3.9 采用钢板桩支撑,应符合下列规定:

　　1 构件的规格尺寸经计算确定;

　　2 通过计算确定钢板桩的入土深度和横撑的位置与断面;

　　3 采用型钢作横梁时,横梁与钢板桩之间的缝应采用木板垫实,横梁、横撑与钢板桩连接牢固。

4.3.10 沟槽支撑应符合以下规定:

　　1 支撑应经常检查,发现支撑构件有弯曲、松动、移位或劈裂等迹象时,应及时处理;雨期及春季解冻时期应加强检查;

　　2 拆除支撑前,应对沟槽两侧的建筑物、构筑物和槽壁进行安全检查,并应制定拆除支撑的作业要求和安全措施;

　　3 施工人员应由安全梯上下沟槽,不得攀登支撑。

4.3.11 拆除撑板应符合下列规定:

　　1 支撑的拆除应与回填土的填筑高度配合进行,且在拆除后应及时回填;

　　2 对于设置排水沟的沟槽,应从两座相邻排水井的分水线向两端延伸拆除;

　　3 对于多层支撑沟槽,应待下层回填完成后再拆除其上层槽的支撑;

　　4 拆除单层密排撑板支撑时,应先回填至下层横撑底面,再拆除下层横撑,待回填至半槽以上,再拆除上层横撑;一次拆除有危险时,宜采取替换拆撑法拆除支撑。

4.3.12 拆除钢板桩应符合下列规定:

　　1 在回填达到规定要求高度后,方可拔除钢板桩;

　　2 钢板桩拔除后应及时回填桩孔;

　　3 回填桩孔时应采取措施填实;采用砂灌回填时,非湿陷性黄土地区可冲水助沉;有地面沉降控制要求时,宜采取边拔桩边注浆等措施。

4.3.13 铺设柔性管道的沟槽,支撑的拆除应按设计要求进行。

4.4 地 基 处 理

4.4.1 管道地基应符合设计要求,管道天然地基的强度不能满足设计要求时应按设计要求加固。

4.4.2 槽底局部超挖或发生扰动时,处理应符合下列规定:

　　1 超挖深度不超过 150mm 时,可用挖槽原土回填夯实,其压实度不应低于原地基土的密实度;

　　2 槽底地基土壤含水量较大,不适于压实时,

应采取换填等有效措施。

4.4.3 排水不良造成地基土扰动时,可按以下方法处理:

1 扰动深度在 100mm 以内,宜填天然级配砂石或砂砾处理;

2 扰动深度在 300mm 以内,但下部坚硬时,宜填卵石或块石,再用砾石填充空隙并找平表面。

4.4.4 设计要求换填时,应按要求清槽,并经检查合格;回填材料应符合设计要求或有关规定。

4.4.5 灰土地基、砂石地基和粉煤灰地基施工前必须按本规范第 4.4.1 条规定验槽并处理。

4.4.6 采用其他方法进行管道地基处理时,应满足国家有关规范规定和设计要求。

4.4.7 柔性管道处理宜采用砂桩、搅拌桩等复合地基。

4.5 沟槽回填

4.5.1 沟槽回填管道应符合以下规定:

1 压力管道水压试验前,除接口外,管道两侧及管顶以上回填高度不应小于 0.5m;水压试验合格后,应及时回填沟槽的其余部分;

2 无压管道在闭水或闭气试验合格后应及时回填。

4.5.2 管道沟槽回填应符合下列规定:

1 沟槽内砖、石、木块等杂物清除干净;

2 沟槽内不得有积水;

3 保持降排水系统正常运行,不得带水回填。

4.5.3 井室、雨水口及其他附属构筑物周围回填应符合下列规定:

1 井室周围的回填,应与管道沟槽回填同时进行;不便同时进行时,应留台阶形接茬;

2 井室周围回填压实时应沿井室中心对称进行,且不得漏夯;

3 回填材料压实后应与井壁紧贴;

4 路面范围内的井室周围,应采用石灰土、砂、砂砾等材料回填,其回填宽度不宜小于 400mm;

5 严禁在槽壁取土回填。

4.5.4 除设计有要求外,回填材料应符合下列规定:

1 采用土回填时,应符合下列规定:

1) 槽底至管顶以上 500mm 范围内,土中不得含有机物、冻土以及大于 50mm 的砖、石等硬块;在抹带接口处、防腐绝缘层或电缆周围,应采用细粒土回填;

2) 冬期回填时管顶以上 500mm 范围以外可均匀掺入冻土,其数量不得超过填土总体积的 15%,且冻块尺寸不得超过 100mm;

3) 回填土的含水量,宜按土类和采用的压实工具控制在最佳含水率±2%范围内;

2 采用石灰土、砂、砂砾等材料回填时,其质量应符合设计要求或有关标准规定。

4.5.5 每层回填土的虚铺厚度,应根据所采用的压实机具按表 4.5.5 的规定选取。

表 4.5.5　每层回填土的虚铺厚度

压实机具	虚铺厚度（mm）
木夯、铁夯	≤200
轻型压实设备	200～250
压路机	200～300
振动压路机	≤400

4.5.6 回填土或其他回填材料运入槽内时不得损伤管道及其接口,并应符合下列规定:

1 根据每层虚铺厚度的用量将回填材料运至槽内,且不得在影响压实的范围内堆料;

2 管道两侧和管顶以上 500mm 范围内的回填材料,应由沟槽两侧对称运入槽内,不得直接回填在管道上;回填其他部位时,应均匀运入槽内,不得集中推入;

3 需要拌合的回填材料,应在运入槽内前拌合均匀,不得在槽内拌合。

4.5.7 回填作业每层土的压实遍数,按压实度要求、压实工具、虚铺厚度和含水量,应经现场试验确定。

4.5.8 采用重型压实机械压实或较重车辆在回填土上行驶时,管道顶部以上应有一定厚度的压实回填土,其最小厚度应按压实机械的规格和管道的设计承载力,通过计算确定。

4.5.9 软土、湿陷性黄土、膨胀土、冻土等地区的沟槽回填,应符合设计要求和当地工程标准规定。

4.5.10 刚性管道沟槽回填的压实作业应符合下列规定:

1 回填压实应逐层进行,且不得损伤管道;

2 管道两侧和管顶以上 500mm 范围内胸腔夯实,应采用轻型压实机具,管道两侧压实面的高差不应超过 300mm;

3 管道基础为土弧基础时,应填实管道支撑角范围内腋角部位;压实时,管道两侧应对称进行,且不得使管道位移或损伤;

4 同一沟槽中有双排或多排管道的基础底面位于同一高程时,管道之间的回填压实应与管道与槽壁之间的回填压实对称进行;

5 同一沟槽中有双排或多排管道但基础底面的高程不同时,应先回填基础较低的沟槽;回填至较高基础底面高程后,再按上一款规定回填;

6 分段回填压实时,相邻段的接茬应呈台阶形,且不得漏夯;

7 采用轻型压实设备时,应夯夯相连;采用压路机时,碾压的重叠宽度不得小于 200mm;

8 采用压路机、振动压路机等压实机械压实时，其行驶速度不得超过 2km/h；

9 接口工作坑回填时底部凹坑应先回填压实至管底，然后与沟槽同步回填。

4.5.11 柔性管道的沟槽回填作业应符合下列规定：

1 回填前，检查管道有无损伤或变形，有损伤的管道应修复或更换；

2 管内径大于 800mm 的柔性管道，回填施工时应在管内设有竖向支撑；

3 管基有效支承角范围应采用中粗砂填充密实，与管壁紧密接触，不得用土或其他材料填充；

4 管道半径以下回填时应采取防止管道上浮、位移的措施；

5 管道回填时间宜在一昼夜中气温最低时段，从管道两侧同时回填，同时夯实；

6 沟槽回填从管底基础部位开始到管顶以上 500mm 范围内，必须采用人工回填；管顶 500mm 以上部位，可用机械从管道轴线两侧同时夯实；每层回填高度应不大于 200mm；

7 管道位于车行道下，铺设后即修筑路面或管道位于软土地层以及低洼、沼泽、地下水位高地段时，沟槽回填宜先用中、粗砂将管底腋角部位填充密实后，再用中、粗砂分层回填到管顶以上 500mm；

8 回填作业的现场试验段长度应为一个井段或不少于 50m，因工程因素变化改变回填方式时，应重新进行现场试验。

4.5.12 柔性管道回填至设计高程时，应在 12～24h 内测量并记录管道变形率，管道变形率应符合设计要求；设计无要求时，钢管或球墨铸铁管道变形率应不超过 2%，化学建材管道变形率应不超过 3%；当超过时，应采取下列处理措施：

1 当钢管或球墨铸铁管道变形率超过 2%，但

不超过 3% 时；化学建材管道变形率超过 3%，但不超过 5% 时；应采取下列处理措施：

1） 挖出回填材料至露出管径 85% 处，管道周围内应人工挖掘以避免损伤管壁；

2） 挖出管节局部有损伤时，应进行修复或更换；

3） 重新夯实管道底部的回填材料；

4） 选用适合回填材料按本规范第 4.5.11 条的规定重新回填施工，直至设计高程；

5） 按本条规定重新检测管道变形率。

2 钢管或球墨铸铁管道的变形率超过 3% 时，化学建材管道变形率超过 5% 时，应挖出管道，并会同设计单位研究处理。

4.5.13 管道埋设的管顶覆土最小厚度应符合设计要求，且满足当地冻土层厚度要求；管顶覆土回填压实度达不到设计要求时应与设计协商进行处理。

4.6 质量验收标准

4.6.1 沟槽开挖与地基处理应符合下列规定：

主 控 项 目

1 原状地基土不得扰动、受水浸泡或受冻；

检查方法：观察，检查施工记录。

2 地基承载力应满足设计要求；

检查方法：观察，检查地基承载力试验报告。

3 进行地基处理时，压实度、厚度满足设计要求；

检查方法：按设计或规定要求进行检查，检查检测记录、试验报告。

一 般 项 目

4 沟槽开挖的允许偏差应符合表 4.6.1 的规定。

表 4.6.1 沟槽开挖的允许偏差

序号	检查项目	允许偏差（mm）		检查数量		检查方法
				范围	点数	
1	槽底高程	土方	±20	两井之间	3	用水准仪测量
		石方	+20，−200			
2	槽底中线每侧宽度	不小于规定		两井之间	6	挂中线用钢尺量测，每侧计 3 点
3	沟槽边坡	不陡于规定		两井之间	6	用坡度尺量测，每侧计 3 点

4.6.2 沟槽支护应符合现行国家标准《建筑地基基础工程施工质量验收规范》GB 50202 的相关规定，对于撑板、钢板桩支撑还应符合下列规定：

主 控 项 目

1 支撑方式、支撑材料符合设计要求；

检查方法：观察，检查施工方案。

2 支护结构强度、刚度、稳定性符合设计要求；

检查方法：观察，检查施工方案、施工记录。

一 般 项 目

3 横撑不得妨碍下管和稳管；

检查方法：观察。

4 支撑构件安装应牢固、安全可靠，位置正确；

检查方法：观察。

5 支撑后，沟槽中心线每侧的净宽不应小于施

工方案设计要求；

检查方法：观察，用钢尺量测。

6 钢板桩的轴线位移不得大于50mm；垂直度不得大于1.5%；

检查方法：观察，用小线、垂球量测。

4.6.3 沟槽回填应符合下列规定：

主控项目

1 回填材料符合设计要求；

检查方法：观察；按国家有关规范的规定和设计要求进行检查，检查检测报告。

检查数量：条件相同的回填材料，每铺筑1000m²，应取样一次，每次取样至少应做两组测试；回填材料条件变化或来源变化时，应分别取样检测。

2 沟槽不得带水回填，回填应密实；

检查方法：观察，检查施工记录。

3 柔性管道的变形率不得超过设计要求或本规范第4.5.12条的规定，管壁不得出现纵向隆起、环

向扁平和其他变形情况；

检查方法：观察，方便时用钢尺直接量测，不方便时用圆度测试板或芯轴仪在管内拖拉量测管道变形率；检查记录，检查技术处理资料；

检查数量：试验段（或初始50m）不少于3处，每100m正常作业段（取起点、中间点、终点近处各一点），每处平行测量3个断面，取其平均值。

4 回填土压实度应符合设计要求，设计无要求时，应符合表4.6.3-1、表4.6.3-2的规定。柔性管道沟槽回填部位与压实度见图4.6.3。

一般项目

5 回填应达到设计高程，表面应平整；

检查方法：观察，有疑问处用水准仪测量。

6 回填时管道及附属构筑物无损伤、沉降、位移；

检查方法：观察，有疑问处用水准仪测量。

表4.6.3-1 刚性管道沟槽回填土压实度

序号	项 目			最低压实度（%）		检查数量		检查方法
				重型击实标准	轻型击实标准	范围	点数	
1	石灰土类垫层			93	95	100m		用环刀法检查或采用现行国家标准《土工试验方法标准》GB/T 50123中其他方法
2		胸腔部分	管 侧	87	90		每层每侧一组（每组3点）	
			管顶以上500mm	87±2（轻型）				
		其余部分		≥90（轻型）或按设计要求				
		农田或绿地范围表层500mm范围内		不宜压实，预留沉降量，表面整平				
3	沟槽在路基范围外	胸腔部分	管侧	87	90	两井之间或1000m²		
			管顶以上250mm	87±2（轻型）				
		由路槽底算起的深度范围（mm）	≤800 快速路及主干路	95	98			
			次干路	93	95			
			支路	91	92			
			>800~1500 快速路及主干路	93	95			
			次干路	90	92			
			支路	87	90			
			>1500 快速路及主干路	87	90			
			次干路	87	90			
			支路	87	90			

注：表中重型击实标准的压实度和轻型击实标准的压实度，分别以相应的标准击实试验法求得的最大干密度为100%。

表 4.6.3-2　柔性管道沟槽回填土压实度

槽内部位		压实度（％）	回填材料	检查数量		检查方法
				范围	点数	
管道基础	管底基础	≥90	中、粗砂	—	—	用环刀法检查或采用现行国家标准《土工试验方法标准》GB/T 50123 中其他方法
	管道有效支撑角范围	≥95		每 100m	每层每侧一组（每组3点）	
管道两侧		≥95		两井之间或每1000m²		
管顶以上500mm	管道两侧	≥90	中、粗砂、碎石屑，最大粒径小于40mm的砂砾或符合要求的原土			
	管道上部	85±2				
管顶 500～1000mm		≥90	原土回填			

注：回填土的压实度，除设计要求用重型击实标准外，其他皆以轻型击实标准试验获得最大干密度为100%。

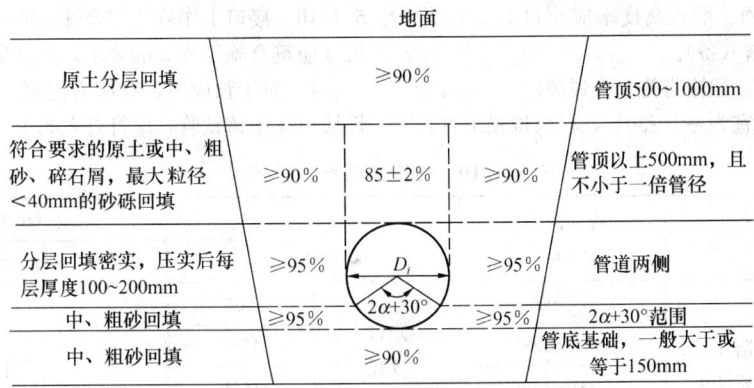

图 4.6.3　柔性管道沟槽回填部位与压实度示意图

5　开槽施工管道主体结构

5.1　一般规定

5.1.1　本章适用于预制成品管开槽施工的给排水管道工程。管渠施工应按现行国家标准《给水排水构筑物工程施工及验收规范》GB 50141 的相关规定执行。

5.1.2　管道各部位结构和构造形式、所用管节、管件及主要工程材料等应符合设计要求。

5.1.3　管节和管件装卸时应轻装轻放，运输时应垫稳、绑牢，不得相互撞击；接口及钢管的内外防腐层应采取保护措施。

金属管、化学建材管及管件吊装时，应采用柔韧的绳索、兜身吊带或专用工具；采用钢丝绳或铁链时不得直接接触管节。

5.1.4　管节堆放宜选用平整、坚实的场地；堆放时必须垫稳，防止滚动，堆放层高可按照产品技术标准或生产厂家的要求；如无其他规定时应符合表5.1.4的规定，使用管节时必须自上而下依次搬运。

表 5.1.4　管节堆放层数与层高

管材种类	管径 D_o（mm）							
	100～150	200～250	300～400	400～500	500～600	600～700	800～1200	≥1400
自应力混凝土管	7 层	5 层	4 层	3 层	—	—	—	—
预应力混凝土管	—	—	—	4 层	3 层	2 层	1 层	
钢管、球墨铸铁管	层高≤3m							
预应力钢筒混凝土管						3 层	2 层	1层或立放
硬聚氯乙烯管、聚乙烯管	8 层	5 层	4 层	4 层	3 层	3 层		
玻璃钢管	—	7 层	5 层	4 层		3 层	2 层	1 层

注：D_o 为管外径。

5.1.5 化学建材管节、管件贮存、运输过程中应采取防止变形措施，并符合下列规定：

1 长途运输时，可采用套装方式装运，套装的管节间应设有衬垫材料，并应相对固定，严禁在运输过程中发生管与管之间、管与其他物体之间的碰撞；

2 管节、管件运输时，全部直管宜设有支架，散装件运输应采用带挡板的平台和车辆均匀堆放，承插口管节及管件应分插口、承口两端交替堆放整齐，两侧加支垫，保持平稳；

3 管节、管件搬运时，应小心轻放，不得抛、摔、拖管以及受剧烈撞击和被锐物划伤；

4 管节、管件应堆放在温度一般不超过 40℃，并远离热源及带有腐蚀性试剂或溶剂的地方；室外堆放不应长期露天曝晒。堆放高度不应超过 2.0m，堆放附近应有消防设施（备）。

5.1.6 橡胶圈贮存、运输应符合下列规定：

1 贮存的温度宜为 $-5\sim30℃$，存放位置不宜长期受紫外线光源照射，离热源距离应不小于 1m；

2 不得将橡胶圈与溶剂、易挥发物、油脂或对橡胶产生不良影响的物品放在一起；

3 在贮存、运输中不得长期受挤压。

5.1.7 管道安装前，宜将管节、管件按施工方案的要求摆放，摆放的位置应便于起吊及运送。

5.1.8 起重机下管时，起重机架设的位置不得影响沟槽边坡的稳定；起重机在架空高压输电线路附近作业时，与线路间的安全距离应符合电业管理部门的规定。

5.1.9 管道应在沟槽地基、管基质量检验合格后安装；安装时宜自下游开始，承口应朝向施工前进的方向。

5.1.10 接口工作坑应配合管道铺设及时开挖，开挖尺寸应符合施工方案的要求，并满足下列规定：

1 对于预应力、自应力混凝土管以及滑入式柔性接口球墨铸铁管，应符合表 5.1.10 的规定；

表 5.1.10 接口工作坑开挖尺寸

管材种类	管外径 D_o (mm)	宽度 (mm)	长度（mm）		深度 (mm)
			承口前	承口后	
预应力、自应力混凝土管、滑入式柔性接口球墨铸铁管	≤500	800	200	承口长度加 200	200
	600～1000	1000			400
	1100～1500	1600			450
	>1600	1800			500

（注：宽度列为"承口外径加"）

2 对于钢管焊接接口、球墨铸铁管机械式柔性接口及法兰接口，接口处开挖尺寸应满足操作人员和连接工具的安装作业空间要求，并便于检验人员的检查。

5.1.11 管节下入沟槽时，不得与槽壁支撑及槽下的管道相互碰撞；沟内运管不得扰动原状地基。

5.1.12 合槽施工时，应先安装埋设较深的管道，当回填土高程与邻近管道基础高程相同时，再安装相邻的管道。

5.1.13 管道安装时，应将管节的中心及高程逐节调整正确，安装后的管节应进行复测，合格后方可进行下一工序的施工。

5.1.14 管道安装时，应随时清除管道内的杂物，暂时停止安装时，两端应临时封堵。

5.1.15 雨期施工应采取以下措施：

1 合理缩短开槽长度，及时砌筑检查井，暂时中断安装的管道及与河道相连通的管口应临时封堵；已安装的管道验收后应及时回填；

2 制定槽边雨水径流疏导、槽内排水及防止漂管事故的应急措施；

3 刚性接口作业宜避开雨天。

5.1.16 冬期施工不得使用冻硬的橡胶圈。

5.1.17 地面坡度大于 18%，且采用机械法施工时，应采取措施防止施工设备倾翻。

5.1.18 安装柔性接口的管道，其纵坡大于 18% 时；或安装刚性接口的管道，其纵坡大于 36% 时，应采取防止管道下滑的措施。

5.1.19 压力管道上的阀门，安装前应逐个进行启闭检验。

5.1.20 钢管内、外防腐层遭受损伤或局部未做防腐层的部位，下管前应修补，修补的质量应符合本规范第 5.4 节的有关规定。

5.1.21 露天或埋设在对橡胶圈有腐蚀作用的土质及地下水中的柔性接口，应采用对橡胶圈无不良影响的柔性密封材料，封堵外露橡胶圈的接口缝隙。

5.1.22 管道保温层的施工应符合下列规定：

1 在管道焊接、水压试验合格后进行；

2 法兰两侧应留有间隙，每侧间隙的宽度为螺栓长加 20～30mm；

3 保温层与滑动支座、吊架、支架处应留出空隙；

4 硬质保温结构，应留伸缩缝；

5 施工期间，不得使保温材料受潮；

6 保温层伸缩缝宽度的允许偏差应为 ±5mm；

7 保温层厚度允许偏差应符合表 5.1.22 的规定。

表 5.1.22 保温层厚度的允许偏差

项　　目		允许偏差
厚度（mm）	瓦块制品	+5%
	柔性材料	+8%

5.1.23 污水和雨、污水合流的金属管道内表面，应按国家有关规范的规定和设计要求进行防腐层施工。

5.1.24 管道与法兰接口两侧相邻的第一至第二个刚性接口或焊接接口，待法兰螺栓紧固后方可施工。

5.1.25 管道安装完成后，应按相关规定和设计要求设置管道位置标识。

5.2 管 道 基 础

5.2.1 管道基础采用原状地基时，施工应符合下列规定：

1 原状土地基局部超挖或扰动时应按本规范第4.4节的有关规定进行处理；岩石地基局部超挖时，应将基底碎渣全部清理，回填低强度等级混凝土或粒径10～15mm的砂石回填夯实；

2 原状地基为岩石或坚硬土层时，管道下方应铺设砂垫层，其厚度应符合表5.2.1的规定；

表 5.2.1 砂垫层厚度

管道种类/管外径	垫层厚度（mm）		
	$D_o \leqslant 500$	$500 < D_o \leqslant 1000$	$D_o > 1000$
柔性管道	≥100	≥150	≥200
柔性接口的刚性管道	150～200		

3 非永冻土地区，管道不得铺设在冻结的地基上；管道安装过程中，应防止地基冻胀。

5.2.2 混凝土基础施工应符合下列规定：

1 平基与管座的模板，可一次或两次支设，每次支设高度宜略高于混凝土的浇筑高度；

2 平基、管座的混凝土设计无要求时，宜采用强度等级不低于C15的低坍落度混凝土；

3 管座与平基分层浇筑时，应先将平基凿毛冲洗干净，并将平基与管体相接触的腋角部位，用同强度等级的水泥砂浆填满、捣实后，再浇筑混凝土，使管体与管座混凝土结合严密；

4 管座与平基采用垫块法一次浇筑时，必须先从一侧灌注混凝土，对侧的混凝土高过管底与灌注侧混凝土高度相同时，两侧再同时浇筑，并保持两侧混凝土高度一致；

5 管道基础应按设计要求留变形缝，变形缝的位置应与柔性接口相一致；

6 管道平基与井室基础宜同时浇筑；跌落水井上游接近井基础的一段应砌砖加固，并将平基混凝土浇至井基础边缘；

7 混凝土浇筑中应防止离析；浇筑后应进行养护，强度低于1.2MPa时不得承受荷载。

5.2.3 砂石基础施工应符合下列规定：

1 铺设前应先对槽底进行检查，槽底高程及槽宽须符合设计要求，且不应有积水和软泥；

2 柔性管道的基础结构设计无要求时，宜铺设厚度不小于100mm的中粗砂垫层；软土地基宜铺垫一层厚度不小于150mm的砂砾或5～40mm粒径碎石，其表面再铺厚度不小于50mm的中、粗砂垫层；

3 柔性接口的刚性管道的基础结构，设计无要求时一般土质地段可铺设砂垫层，亦可铺设25mm以下粒径碎石，表面再铺20mm厚的砂垫层（中、粗砂），垫层总厚度应符合表5.2.3的规定；

表 5.2.3 柔性接口刚性管道砂石垫层总厚度

管径（D_o）	垫层总厚度（mm）
300～800	150
900～1200	200
1350～1500	250

4 管道有效支承角范围内必须用中、粗砂填充插捣密实，与管底紧密接触，不得用其他材料填充。

5.3 钢 管 安 装

5.3.1 管道安装应符合现行国家标准《工业金属管道工程施工及验收规范》GB 50235、《现场设备、工业管道焊接工程施工及验收规范》GB 50236 等规范的规定，并应符合下列规定：

1 对首次采用的钢材、焊接材料、焊接方法或焊接工艺，施工单位必须在施焊前按设计要求和有关规定进行焊接试验，并应根据试验结果编制焊接工艺指导书；

2 焊工必须按规定经相关部门考试合格后持证上岗，并应根据经过评定的焊接工艺指导书进行施焊；

3 沟槽内焊接时，应采取有效技术措施保证管道底部的焊缝质量。

5.3.2 管节的材料、规格、压力等级等应符合设计要求，管节宜工厂预制，现场加工应符合下列规定：

1 管节表面应无斑疤、裂纹、严重锈蚀等缺陷；

2 焊缝外观质量应符合表5.3.2-1的规定，焊缝无损检验合格；

表 5.3.2-1 焊缝的外观质量

项　目	技术要求
外观	不得有熔化金属流到焊缝外未熔化的母材上，焊缝和热影响区表面不得有裂纹、气孔、弧坑和灰渣等缺陷；表面光顺、均匀、焊道与母材应平缓过渡
宽度	应焊出坡口边缘2～3mm

续表5.3.2-1

项　目	技术要求
表面余高	应小于或等于1+0.2倍坡口边缘宽度，且不大于4mm
咬边	深度应小于或等于0.5mm，焊缝两侧咬边总长不得超过焊缝长度的10%，且连续长不应大于100mm
错边	应小于或等于0.2t，且不应大于2mm
未焊满	不允许

注：t为壁厚（mm）。

3　直焊缝卷管管节几何尺寸允许偏差应符合表5.3.2-2的规定；

表5.3.2-2　直焊缝卷管管节几何尺寸的允许偏差

项　目	允许偏差（mm）	
周长	$D_i \leqslant 600$	±2.0
	$D_i > 600$	$±0.0035D_i$
圆度	管端0.005D_i；其他部位0.01D_i	
端面垂直度	0.001D_i，且不大于1.5	
弧度	用弧长$\pi D_i/6$的弧形板量测于管内壁或外壁纵缝处形成的间隙，其间隙为0.1t+2，且不大于4，距管端200mm纵缝处的间隙不大于2	

注：D_i为管内径（mm），t为壁厚（mm）。

4　同一管节允许有两条纵缝，管径大于或等于600mm时，纵向焊缝的间距应大于300mm；管径小于600mm时，其间距应大于100mm。

5.3.3　管道安装前，管节应逐根测量、编号，宜选用管径相差最小的管节组对对接。

5.3.4　下管前应先检查管节的内外防腐层，合格后方可下管。

5.3.5　管节组成管段下管时，管段的长度、吊距，应根据管径、壁厚、外防腐层材料的种类及下管方法确定。

5.3.6　弯管起弯点至接口的距离不得小于管径，且不得小于100mm。

5.3.7　管节组对焊接时应先修口、清根，管端端面的坡口角度、钝边、间隙，应符合设计要求，设计无要求时应符合表5.3.7的规定；不得在对口间隙夹焊帮条或用加热法缩小间隙施焊。

表5.3.7　电弧焊管端倒角各部尺寸

倒角形式		间隙b（mm）	钝边p（mm）	坡口角度α（°）
图　示	壁厚t（mm）			
	4~9	1.5~3.0	1.0~1.5	60~70
	10~26	2.0~4.0	1.0~2.0	60±5

5.3.8　对口时应使内壁齐平，错口的允许偏差应为壁厚的20%，且不得大于2mm。

5.3.9　对口时纵、环向焊缝的位置应符合下列规定：

1　纵向焊缝应放在管道中心垂线上半圆的45°左右处；

2　纵向焊缝应错开，管径小于600mm时，错开的间距不得小于100mm；管径大于或等于600mm时，错开的间距不得小于300mm；

3　有加固环的钢管，加固环的对焊焊缝应与管节纵向焊缝错开，其间距不应小于100mm；加固环距管节的环向焊缝不应小于50mm；

4　环向焊缝距支架净距离不应小于100mm；

5　直管管段两相邻环向焊缝的间距不应小于200mm，并不应小于管节的外径；

6　管道任何位置不得有十字形焊缝。

5.3.10　不同壁厚的管节对口时，管壁厚度相差不宜大于3mm。不同管径的管节相连时，两管径相差大于小管管径的15%时，可用渐缩管连接。渐缩管的长度不应小于两管径差值的2倍，且不应小于200mm。

5.3.11　管道上开孔应符合下列规定：

1　不得在干管的纵向、环向焊缝处开孔；

2　管道上任何位置不得开方孔；

3　不得在短节上或管件上开孔；

4　开孔处的加固补强应符合设计要求。

5.3.12　直线管段不宜采用长度小于800mm的短节拼接。

5.3.13　组合钢管固定口焊接及两管段间的闭合焊接，应在无阳光直照和气温较低时施焊；采用柔性接口代替闭合焊接时，应与设计协商确定。

5.3.14　在寒冷或恶劣环境下焊接应符合下列规定：

1　清除管道上的冰、雪、霜等；

2　工作环境的风力大于5级、雪天或相对湿度大于90%时，应采取保护措施；

3　焊接时，应使焊缝可自由伸缩，并应使焊口缓慢降温；

4　冬期焊接时，应根据环境温度进行预热处理，并应符合表5.3.14的规定。

表5.3.14　冬期焊接预热的规定

钢　号	环境温度（℃）	预热宽度（mm）	预热达到温度（℃）
含碳量≤0.2%碳素钢	≤−20	焊口每侧不小于40	100~150
0.2%<含碳量<0.3%	≤−10		100~150
16Mn	≤0		100~200

5.3.15　钢管对口检查合格后，方可进行接口定位焊接。定位焊接采用点焊时，应符合下列规定：

1　点焊焊条应采用与接口焊接相同的焊条；

2 点焊时，应对称施焊，其焊缝厚度应与第一层焊接厚度一致；

3 钢管的纵向焊缝及螺旋焊缝处不得点焊；

4 点焊长度与间距应符合表 5.3.15 的规定。

表 5.3.15 点焊长度与间距

管外径 D_o（mm）	点焊长度（mm）	环向点焊点（处）
350～500	50～60	5
600～700	60～70	6
≥800	80～100	点焊间距不宜大于 400mm

5.3.16 焊接方式应符合设计和焊接工艺评定的要求，管径大于 800mm 时，应采用双面焊。

5.3.17 管道对接时，环向焊缝的检验应符合下列规定：

1 检查前应清除焊缝的渣皮、飞溅物；

2 应在无损检测前进行外观质量检查，并应符合本规范表 5.3.2-1 的规定；

3 无损探伤检测方法应按设计要求选用；

4 无损检测取样数量与质量要求应按设计要求执行；设计无要求时，压力管道的取样数量应不小于焊缝量的 10%；

5 不合格的焊缝应返修，返修次数不得超过 3 次。

5.3.18 钢管采用螺纹连接时，管节的切口断面应平整，偏差不得超过一扣；丝扣应光洁，不得有毛刺、乱扣、断扣，缺扣总长不得超过丝扣全长的 10%；接口紧固后宜露出 2～3 扣螺纹。

5.3.19 管道采用法兰连接时，应符合下列规定：

1 法兰应与管道保持同心，两法兰间应平行；

2 螺栓应使用相同规格，且安装方向应一致；螺栓应对称紧固，紧固好的螺栓应露出螺母之外；

3 与法兰接口两侧相邻的第一至第二个刚性接口或焊接接口，待法兰螺栓紧固后方可施工；

4 法兰接口埋入土中时，应采取防腐措施。

5.4 钢管内外防腐

5.4.1 管体的内外防腐层宜在工厂内完成，现场连接的补口按设计要求处理。

5.4.2 水泥砂浆内防腐层应符合下列规定：

1 施工前应具备的条件应符合下列要求：

1）管道内壁的浮锈、氧化皮、焊渣、油污等，应彻底清除干净；焊缝突起高度不得大于防腐层设计厚度的 1/3；

2）现场施做内防腐的管道，应在管道试验、土方回填验收合格，且管道变形基本稳定后进行；

3）内防腐层的材料质量应符合设计要求；

2 内防腐层施工应符合下列规定：

1）水泥砂浆内防腐层可采用机械喷涂、人工抹压、拖筒或离心预制法施工；工厂预制时，在运输、安装、回填土过程中，不得损坏水泥砂浆内防腐层；

2）管道端点或施工中断时，应预留搭茬；

3）水泥砂浆抗压强度符合设计要求，且不应低于 30MPa；

4）采用人工抹压法施工时，应分层抹压；

5）水泥砂浆内防腐层成形后，应立即将管道封堵，终凝后进行潮湿养护；普通硅酸盐水泥砂浆养护时间不应少于 7d，矿渣硅酸盐水泥砂浆不应少于 14d；通水前应继续封堵，保持湿润；

3 水泥砂浆内防腐层厚度应符合表 5.4.2 的规定。

表 5.4.2 钢管水泥砂浆内防腐层厚度要求

管径 D_i（mm）	厚度（mm）	
	机械喷涂	手工涂抹
500～700	8	—
800～1000	10	—
1100～1500	12	14
1600～1800	14	16
2000～2200	15	17
2400～2600	16	18
2600 以上	18	20

5.4.3 液体环氧涂料内防腐层应符合下列规定：

1 施工前具备的条件应符合下列规定：

1）宜采用喷（抛）射除锈，除锈等级应不低于《涂装前钢材表面锈蚀等级和除锈等级》GB/T 8923 中规定的 Sa2 级；内表面经喷（抛）射处理后，应用清洁、干燥、无油的压缩空气将管道内部的砂粒、尘埃、锈粉等微尘清除干净；

2）管道内表面处理后，应在钢管两端 60～100mm 范围内涂刷硅酸锌或其他可焊性防锈涂料，干膜厚度为 20～40μm；

2 内防腐层的材料质量应符合设计要求；

3 内防腐层施工应符合下列规定：

1）应按涂料生产厂家产品说明书的规定配制涂料，不宜加稀释剂；

2）涂料使用前应搅拌均匀；

3）宜采用高压无气喷涂工艺，在工艺条件受限时，可采用空气喷涂或挤涂工艺；

4）应调整好工艺参数且稳定后，方可正式涂敷；防腐层应平整、光滑，无流挂、无划痕等；涂敷过程中应随时监测湿膜厚度；

5）环境相对湿度大于85%时，应对钢管除湿后方可作业；严禁在雨、雪、雾及风沙等气候条件下露天作业。

5.4.4 埋地管道外防腐层应符合设计要求，其构造应符合表 5.4.4-1、表 5.4.4-2 及表 5.4.4-3 的规定。

表 5.4.4-1　石油沥青涂料外防腐层构造

材料种类	普通级（三油二布）		加强级（四油三布）		特加强级（五油四布）	
	构　造	厚度(mm)	构　造	厚度(mm)	构　造	厚度(mm)
石油沥青涂料	（1）底料一层 （2）沥青（厚度≥1.5mm） （3）玻璃布一层 （4）沥青（厚度 1.0～1.5mm） （5）玻璃布一层 （6）沥青（厚度 1.0～1.5mm） （7）聚氯乙烯工业薄膜一层	≥4.0	（1）底料一层 （2）沥青（厚度≥1.5mm） （3）玻璃布一层 （4）沥青（厚度 1.0～1.5mm） （5）玻璃布一层 （6）沥青（厚度 1.0～1.5mm） （7）玻璃布一层 （8）沥青（厚度 1.0～1.5mm） （9）聚氯乙烯工业薄膜一层	≥5.5	（1）底料一层 （2）沥青（厚度≥1.5mm） （3）玻璃布一层 （4）沥青（厚度 1.0～1.5mm） （5）玻璃布一层 （6）沥青（厚度 1.0～1.5mm） （7）玻璃布一层 （8）沥青（厚度 1.0～1.5mm） （9）玻璃布一层 （10）沥青（厚度 1.0～1.5mm） （11）聚氯乙烯工业薄膜一层	≥7.0

表 5.4.4-2　环氧煤沥青涂料外防腐层构造

材料种类	普通级（三油）		加强级（四油一布）		特加强级（六油二布）	
	构　造	厚度(mm)	构　造	厚度(mm)	构　造	厚度(mm)
环氧煤沥青涂料	（1）底料 （2）面料 （3）面料 （4）面料	≥0.3	（1）底料 （2）面料 （3）面料 （4）玻璃布 （5）面料 （6）面料	≥0.4	（1）底料 （2）面料 （3）面料 （4）玻璃布 （5）面料 （6）面料 （7）玻璃布 （8）面料 （9）面料	≥0.6

表 5.4.4-3　环氧树脂玻璃钢外防腐层构造

材料种类	加强级	
	构　造	厚度(mm)
环氧树脂玻璃钢	（1）底层树脂 （2）面层树脂 （3）玻璃布 （4）面层树脂 （5）玻璃布 （6）面层树脂 （7）面层树脂	≥3

5.4.5 石油沥青涂料外防腐层施工应符合下列规定：

1 涂底料前管体表面应清除油垢、灰渣、铁锈；人工除氧化皮、铁锈时，其质量标准应达 St3 级；喷砂或化学除锈时，其质量标准应达 Sa2.5 级；

2 涂底料时基面应干燥，基面除锈后与涂底料的间隔时间不得超过 8h。涂刷应均匀、饱满，涂层不得有凝块、起泡现象，底料厚度宜为 0.1～0.2mm，管两端 150～250mm 范围内不得涂刷；

3 沥青涂料熬制温度宜在 230℃ 左右，最高温度不得超过 250℃，熬制时间宜控制在 4～5h，每锅料应抽样检查，其性能应符合表 5.4.5 的规定；

表 5.4.5　石油沥青涂料性能

项　　目	性能指标
软化点（环球法）	≥125℃
针入度（25℃，100g）	5～20（1/10mm）
延度（25℃）	≥10mm

注：软化点、针入度、延度的试验方法应符合国家相关标准规定。

4 沥青涂料应涂刷在洁净、干燥的底料上，常温下刷沥青涂料时，应在涂底料后 24h 之内实施；沥青涂料涂刷温度以 200～230℃ 为宜；

5 涂沥青后应立即缠绕玻璃布，玻璃布的压边宽度应为 20～30mm，接头搭接长度应为 100～150mm，各层搭接接头应相互错开，玻璃布的油浸透率应达到 95% 以上，不得出现大于 50mm×50mm 的空白；管端或施工中断处应留出长 150～250mm 的缓坡型搭茬；

6 包扎聚氯乙烯膜保护层作业时，不得有摺皱、脱壳现象；压边宽度应为 20～30mm，搭接长度应为 100～150mm；

7 沟槽内管道接口处施工，应在焊接、试压合格后进行，接茬处应粘结牢固、严密。

5.4.6 环氧煤沥青外防腐层施工应符合下列规定：

1 管节表面应符合本规范第 5.4.5 条第 1 款的规定；焊接表面应光滑无刺、无焊瘤、棱角；

2 应按产品说明书的规定配制涂料；

3 底料应在表面除锈合格后尽快涂刷，空气湿度过大时，应立即涂刷，涂刷应均匀，不得漏涂；管两端 100～150mm 范围内不涂刷，或在涂底料之前，在该部位涂刷可焊涂料或硅酸锌涂料，干膜厚度不应小于 $25\mu m$；

4 面料涂刷和包扎玻璃布，应在底料表干后、固化前进行，底料与第一道面料涂刷的间隔时间不得超过 24h。

5.4.7 雨期、冬期石油沥青及环氧煤沥青涂料外防腐层施工应符合下列规定：

1 环境温度低于 5℃时，不宜采用环氧煤沥青涂料；采用石油沥青涂料时，应采取冬期施工措施；环境温度低于 −15℃或相对湿度大于 85％时，未采取措施不得进行施工；

2 不得在雨、雾、雪或 5 级以上大风环境露天施工；

3 已涂刷石油沥青防腐层的管道，炎热天气下不宜直接受阳光照射；冬期气温等于或低于沥青涂料脆化温度时，不得起吊、运输和铺设；脆化温度试验应符合现行国家标准《石油沥青脆点测定法 弗拉斯法》GB/T 4510 的规定。

5.4.8 环氧树脂玻璃钢外防腐层施工应符合下列规定：

1 管节表面应符合本规范第 5.4.5 条第 1 款的规定；焊接表面应光滑无刺、无焊瘤、无棱角；

2 应按产品说明书的规定配制环氧树脂；

3 现场施工可采用手糊法，具体可分为间断法或连续法；

4 间断法每次铺衬间断时应检查玻璃布衬层的质量，合格后再涂刷下一层；

5 连续法作业，连续铺衬到设计要求的层数或厚度，并应自然养护 24h，然后进行面层树脂的施工；

6 玻璃布除刷涂树脂外，可采用玻璃布的树脂浸揉法；

7 环氧树脂玻璃钢的养护期不应少于 7d。

5.4.9 外防腐层的外观、厚度、电火花试验、粘结力应符合设计要求，设计无要求时应符合表 5.4.9 的规定。

表 5.4.9 外防腐层的外观、厚度、电火花试验、粘结力的技术要求

材料种类	防腐等级	构造	厚度(mm)	外观	电火花试验		粘结力
石油沥青涂料	普通级	三油二布	≥4.0	外观均匀无褶皱、空泡、凝块	16kV		以夹角为 45°～60°边长 40～50mm 的切口，从角尖端撕开防腐层；首层沥青层应 100%地粘附在管道的外表面
	加强级	四油三布	≥5.5		18kV		
	特加强级	五油四布	≥7.0		20kV		
环氧煤沥青涂料	普通级	三油	≥0.3		2kV	用电火花检漏仪检查无打火花现象	以小刀割开一舌形切口，用力撕开切口处的防腐层，管道表面仍为漆皮所覆盖，不得露出金属表面
	加强级	四油一布	≥0.4		2.5kV		
	特加强级	六油二布	≥0.6		3kV		
环氧树脂玻璃钢	加强级	—	≥3	外观平整光滑、色泽均匀，无脱层、起壳和固化不完全等缺陷	3～3.5kV		以小刀割开一舌形切口，用力撕开切口处的防腐层，管道表面仍为漆皮所覆盖，不得露出金属表面

注：聚氨酯（PU）外防腐涂层可按本规范附录 H 选择。

5.4.10 防腐管在下沟槽前应进行检验，检验不合格应修补至合格。沟槽内的管道，其补口防腐层应经检验合格后方可回填。

5.4.11 阴极保护施工应与管道施工同步进行。

5.4.12 阴极保护系统的阳极的种类、性能、数量、分布与连接方式，测试装置和电源设备应符合国家有关标准的规定和设计要求。

5.4.13 牺牲阳极保护法的施工应符合下列规定：

1 根据工程条件确定阳极施工方式，立式阳极宜采用钻孔法施工，卧式阳极宜采用开槽法施工；

2 牺牲阳极使用之前，应对表面进行处理，清除表面的氧化膜及油污；

3 阳极连接电缆的埋设深度不应小于 0.7m，四周应垫有 50～100mm 厚的细砂，砂的顶部应覆盖水泥护板或砖，敷设电缆要留有一定富裕量；

4 阳极电缆可以直接焊接到被保护管道上，也可通过测试桩中的连接片相连。与钢质管道相连接的电缆应采用铝热焊接技术，焊点应重新进行防腐绝缘处理，防腐材料、等级应与原有覆盖层一致；

5 电缆和阳极钢芯宜采用焊接连接，双边焊缝长度不得小于 50mm；电缆与阳极钢芯焊接后，应采取防止连接部位断裂的保护措施；

6 阳极端面、电缆连接部位及钢芯均要防腐、绝缘；

7 填料包可在室内或现场包装，其厚度不应小于 50mm；并应保证阳极四周的填料包厚度一致、密实；预包装的袋子须用棉麻织品，不能使用人造纤维织品；

8 填包料应调拌均匀，不得混入石块、泥土、杂草等；阳极埋地后应充分灌水，并达到饱和；

9 阳极埋设位置一般距管道外壁 3～5m，不宜小于 0.3m，埋设深度（阳极顶部距地面）不应小于 1m。

5.4.14 外加电流阴极保护法的施工应符合下列规定：

1 联合保护的平行管道可同沟敷设；均压线间距和规格应根据管道电压降、管道间距离及管道防腐层质量等因素综合考虑；

2 非联合保护的平行管道间距，不宜小于 10m；间距小于 10m 时，后施工的管道及其两端各延伸 10m 的管段做加强级防腐层；

3 被保护管道与其他地下管道交叉时，两者间垂直净距不应小于 0.3m；小于 0.3m 时，应设有坚固的绝缘隔离物，并应在交叉点两侧各延伸 10m 以上的管段上做加强级防腐层；

4 被保护管道与埋地通信电缆平行敷设时，两者间距离不宜小于 10m；小于 10m 时，后施工的管道或电缆按本条第 2 款的规定执行；

5 被保护管道与供电电缆交叉时，两者间垂直净距不应小于 0.5m；同时应在交叉点两侧各延伸 10m 以上的管道和电缆段上做加强级防腐层。

5.4.15 阴极保护绝缘处理应符合下列规定：

1 绝缘垫片应在干净、干燥的条件下安装，并应配对供应或在现场扩孔；

2 法兰面应清洁、平直、无毛刺并正确定位；

3 在安装绝缘套筒时，应确保法兰准直；除一侧绝缘的法兰外，绝缘套筒长度应包括两个垫圈的厚度；

4 连接螺栓在螺母下应设有绝缘垫圈；

5 绝缘法兰组装后应对装置的绝缘性能按国家现行标准《埋地钢质管道阴极保护参数测试方法》SY/T 0023 进行检测；

6 阴极保护系统安装后，应按国家现行标准《埋地钢质管道阴极保护参数测试方法》SY/T 0023 的规定进行测试，测试结果应符合规范的规定和设计要求。

5.5 球墨铸铁管安装

5.5.1 管节及管件的规格、尺寸公差、性能应符合国家有关标准规定和设计要求，进入施工现场时其外观质量应符合下列规定：

1 管节及管件表面不得有裂纹，不得有妨碍使用的凹凸不平的缺陷；

2 采用橡胶圈柔性接口的球墨铸铁管，承口的内工作面和插口的外工作面应光滑、轮廓清晰，不得有影响接口密封性的缺陷。

5.5.2 管节及管件下沟槽前，应清除承口内部的油污、飞刺、铸砂及凹凸不平的铸瘤；柔性接口铸铁管及管件承口的内工作面、插口的外工作面应修整光滑，不得有沟槽、凸脊缺陷；有裂纹的管节及管件不得使用。

5.5.3 沿直线安装管道时，宜选用管径公差组合最小的管节组对连接，确保接口的环向间隙应均匀。

5.5.4 采用滑入式或机械式柔性接口时，橡胶圈的质量、性能、细部尺寸，应符合国家有关球墨铸铁管及管件标准的规定，并应符合本规范第 5.6.5 条的规定。

5.5.5 橡胶圈安装经检验合格后，方可进行管道安装。

5.5.6 安装滑入式橡胶圈接口时，推入深度应达到标记环，并复查与其相邻已安好的第一至第二个接口推入深度。

5.5.7 安装机械式柔性接口时，应使插口与承口法兰压盖的轴线相重合；螺栓安装方向应一致，用扭矩扳手均匀、对称地紧固。

5.5.8 管道沿曲线安装时，接口的允许转角应符合表 5.5.8 的规定。

表 5.5.8　沿曲线安装接口的允许转角

管径 D_1（mm）	允许转角（°）
75～600	3
700～800	2
≥900	1

5.6 钢筋混凝土管及预（自）应力混凝土管安装

5.6.1 管节的规格、性能、外观质量及尺寸公差应符合国家有关标准的规定。

5.6.2 管节安装前应进行外观检查，发现裂缝、保护层脱落、空鼓、接口掉角等缺陷，应修补并经鉴定合格后方可使用。

5.6.3 管节安装前应将管内外清扫干净，安装时应使管道中心及内底高程符合设计要求，稳管时必须采取措施防止管道发生滚动。

5.6.4 采用混凝土基础时，管道中心、高程复验合格后，应按本规范第5.2.2条的规定及时浇筑管座混凝土。

5.6.5 柔性接口形式应符合设计要求，橡胶圈应符合下列规定：

1 材质应符合相关规范的规定；

2 应由管材厂配套供应；

3 外观应光滑平整，不得有裂缝、破损、气孔、重皮等缺陷；

4 每个橡胶圈的接头不得超过2个。

5.6.6 柔性接口的钢筋混凝土管、预（自）应力混凝土管安装前，承口内工作面、插口外工作面应清洗干净；套在插口上的橡胶圈应平直、无扭曲，应正确就位；橡胶圈表面和承口工作面应涂刷无腐蚀性的润滑剂；安装后放松外力，管节回弹不得大于10mm，且橡胶圈应在承、插工作面上。

5.6.7 刚性接口的钢筋混凝土管道，钢丝网水泥砂浆抹带接口材料应符合下列规定：

1 选用粒径0.5~1.5mm，含泥量不大于3%的洁净砂；

2 选用网格10mm×10mm、丝径为20号的钢丝网；

3 水泥砂浆配比满足设计要求。

5.6.8 刚性接口的钢筋混凝土管道施工应符合下列规定：

1 抹带前应将管口的外壁凿毛、洗净；

2 钢丝网端头应在浇筑混凝土管座时插入混凝土内，在混凝土初凝前，分层抹压钢丝网水泥砂浆抹带；

3 抹带完成后应立即用吸水性强的材料覆盖，3~4h后洒水养护；

4 水泥砂浆填缝及抹带接口作业时落入管道内的接口材料应清除；管径大于或等于700mm时，应采用水泥砂浆将管道内接口部位抹平、压光；管径小于700mm时，填缝后应立即拖平。

5.6.9 钢筋混凝土管沿直线安装时，管口间的纵向间隙应符合设计及产品标准要求，无明确要求时应符合表5.6.9-1的规定；预（自）应力混凝土管沿曲线安装时，管口间的纵向间隙最小处不得小于5mm，接口转角应符合表5.6.9-2的规定。

表5.6.9-1 钢筋混凝土管管口间的纵向间隙

管材种类	接口类型	管内径 D_i (mm)	纵向间隙 (mm)
钢筋混凝土管	平口、企口	500~600	1.0~5.0
		≥700	7.0~15
	承插式乙型口	600~3000	5.0~1.5

表5.6.9-2 预（自）应力混凝土管沿曲线安装接口的允许转角

管材种类	管内径 D_i (mm)	允许转角 (°)
预应力混凝土管	500~700	1.5
	800~1400	1.0
	1600~3000	0.5
自应力混凝土管	500~800	1.5

5.6.10 预（自）应力混凝土管不得截断使用。

5.6.11 井室内暂时不接支线的预留管（孔）应封堵。

5.6.12 预（自）应力混凝土管道采用金属管件连接时，管件应进行防腐处理。

5.7 预应力钢筒混凝土管安装

5.7.1 管节及管件的规格、性能应符合国家有关标准的规定和设计要求，进入施工现场时其外观质量应符合下列规定：

1 内壁混凝土表面平整光洁；承插口钢环工作面光洁干净；内衬式管（简称衬筒管）内表面不应出现浮渣、露石和严重的浮浆；埋置式管（简称埋筒管）内表面不应出现气泡、孔洞、凹坑以及蜂窝、麻面等不密实的现象；

2 管内表面出现的环向裂缝或者螺旋状裂缝宽度不应大于0.5mm（浮浆裂缝除外）；距离管的插口端300mm范围内出现的环向裂缝宽度不应大于1.5mm；管内表面不得出现长度大于150mm的纵向可见裂缝；

3 管端面混凝土不应有缺料、掉角、孔洞等缺陷。端面应齐平、光滑、并与轴线垂直。端面垂直度应符合表5.7.1的规定；

表5.7.1 管端面垂直度

管内径 D_i（mm）	管端面垂直度的允许偏差（mm）
600~1200	6
1400~3000	9
3200~4000	13

4 外保护层不得出现空鼓、裂缝及剥落；

5 橡胶圈应符合本规范第5.6.5条规定。

5.7.2 承插式橡胶圈柔性接口施工时应符合下列规定：

1 清理管道承口内侧、插口外部凹槽等连接部位和橡胶圈；

2 将橡胶圈套入插口上的凹槽内，保证橡胶圈在凹槽内受力均匀、没有扭曲翻转现象；

3 用配套的润滑剂涂擦在承口内侧和橡胶圈上，检查涂覆是否完好；

4 在插口上按要求做好安装标记，以便检查插入是否到位；

5 接口安装时，将插口一次插入承口内，达到安装标记为止；

6 安装时接头和管端应保持清洁；

7 安装就位，放松紧管器具后进行下列检查：

1）复核管节的高程和中心线；

2）用特定钢尺插入承插口之间检查橡胶圈各部的环向位置，确认橡胶圈在同一深度；

3）接口处承口周围不应被胀裂；

4）橡胶圈应无脱槽、挤出等现象；

5）沿直线安装时，插口端面与承口底部的轴向间隙应大于 5mm，且不大于表 5.7.2 规定的数值。

表 5.7.2　管口间的最大轴向间隙

管内径 D_i (mm)	内衬式管（衬筒管）		埋置式管（埋筒管）	
	单胶圈 (mm)	双胶圈 (mm)	单胶圈 (mm)	双胶圈 (mm)
600～1400	15	—	—	—
1200～1400	—	25	—	—
1200～4000	—	—	25	25

5.7.3　采用钢制管件连接时，管件应进行防腐处理。

5.7.4　现场合拢应符合以下规定：

1　安装过程中，应严格控制合拢处上、下游管道装接长度、中心位移偏差；

2　合拢位置宜选择在设有人孔或设备安装孔的配件附近；

3　不允许在管道转折处合拢；

4　现场合拢施工焊接不宜在当日高温时段进行。

5.7.5　管道需曲线铺设时，接口的最大允许偏转角度应符合设计要求，设计无要求时应不大于表 5.7.5 规定的数值。

表 5.7.5　预应力钢筒混凝土管沿曲线安装接口的最大允许偏转角

管材种类	管内径 D_i (mm)	允许平面转角 (°)
预应力钢筒混凝土管	600～1000	1.5
	1200～2000	1.0
	2200～4000	0.5

5.8　玻璃钢管安装

5.8.1　管节及管件的规格、性能应符合国家有关标准的规定和设计要求，进入施工现场时其外观质量应符合下列规定：

1　内、外径偏差、承口深度（安装标记环）、有效长度、管壁厚度、管端面垂直度等应符合产品标准规定；

2　内、外表面应光滑平整，无划痕、分层、针孔、杂质、破碎等现象；

3　管端面应平齐、无毛刺等缺陷；

4　橡胶圈应符合本规范第 5.6.5 条的规定。

5.8.2　接口连接、管道安装除应符合本规范第 5.7.2 条的规定外，还应符合下列规定：

1　采用套筒式连接的，应清除套筒内侧和插口外侧的污渍和附着物；

2　管道安装就位后，套筒式或承插式接口周围不应有明显变形和胀破；

3　施工过程中应防止管节受损伤，避免内表层和外保护层剥落；

4　检查井、透气井、阀门井等附属构筑物或水平折角处的管节，应采取避免不均匀沉降造成接口转角过大的措施；

5　混凝土或砌筑结构等构筑物墙体内的管节，可采取设置橡胶圈或中介层法等措施，管外壁与构筑物墙体的交界面密实、不渗漏。

5.8.3　管道曲线铺设时，接口的允许转角不得大于表 5.8.3 的规定。

表 5.8.3　沿曲线安装的接口允许转角

管内径 D_i (mm)	允许转角 (°)	
	承插式接口	套筒式接口
400～500	1.5	3.0
500<D_i≤1000	1.0	2.0
1000<D_i≤1800	1.0	1.0
D_i>1800	0.5	0.5

5.9　硬聚氯乙烯管、聚乙烯管及其复合管安装

5.9.1　管节及管件的规格、性能应符合国家有关标准的规定和设计要求，进入施工现场时其外观质量应符合下列规定：

1　不得有影响结构安全、使用功能及接口连接的质量缺陷；

2　内、外壁光滑、平整，无气泡、无裂纹、无脱皮和严重的冷斑及明显的痕纹、凹陷；

3　管节不得有异向弯曲，端口应平整；

4　橡胶圈应符合本规范第 5.6.5 条的规定。

5.9.2 管道铺设应符合下列规定：

1 采用承插式（或套筒式）接口时，宜人工布管且在沟槽内连接；槽深大于 3m 或管外径大于 400mm 的管道，宜用非金属绳索兜住管节下管；严禁将管节翻滚抛入槽中；

2 采用电熔、热熔接口时，宜在沟槽边上将管道分段连接后以弹性铺管法移入沟槽；移入沟槽时，管道表面不得有明显的划痕。

5.9.3 管道连接应符合下列规定：

1 承插式柔性连接、套筒（带或套）连接、法兰连接、卡箍连接等方法采用的密封件、套筒件、法兰、紧固件等配套管件，必须由管节生产厂家配套供应；电熔连接、热熔连接应采用专用电器设备、挤出焊接设备和工具进行施工；

2 管道连接时必须对连接部位、密封件、套筒等配件清理干净，套筒（带或套）连接、法兰连接、卡箍连接用的钢制套筒、法兰、卡箍、螺栓等金属制品应根据现场土质并参照相关标准采取防腐措施；

3 承插式柔性接口连接宜在当日温度较高时进行，插口端不宜插到承口底部，应留出不小于 10mm 的伸缩空隙，插入前应在插口端外壁做出插入深度标记，插入完毕后，承插口周围空隙均匀，连接的管道平直；

4 电熔连接、热熔连接、套筒（带或套）连接、法兰连接、卡箍连接应在当日温度较低或接近最低时进行；电熔连接、热熔连接时电热设备的温度控制、时间控制，挤出焊接时对焊接设备的操作等，必须严格按接头的技术指标和设备的操作程序进行；接头处应有沿管节圆周平滑对称的外翻边，内翻边应铲平；

5 管道与井室宜采用柔性连接，连接方式符合设计要求；设计无要求时，可采用承插管件连接或中介层做法；

6 管道系统设置的弯头、三通、变径处应采用混凝土支墩或金属卡箍拉杆等技术措施；在消火栓及闸阀的底部应加垫混凝土支墩；非锁紧型承插连接管

道，每根管节应有 3 点以上的固定措施；

7 安装完的管道中心线及高程调整合格后，即将管底有效支撑角范围用中粗砂回填密实，不得用土或其他材料回填。

5.10 质量验收标准

5.10.1 管道基础应符合下列规定：

主 控 项 目

1 原状地基的承载力符合设计要求；

检查方法：观察，检查地基处理强度或承载力检验报告、复合地基承载力检验报告。

2 混凝土基础的强度符合设计要求；

检验数量：混凝土验收批与试块留置按照现行国家标准《给水排水构筑物工程施工及验收规范》GB 50141—2008 第 6.2.8 条第 2 款执行；

检查方法：混凝土基础的混凝土强度验收应符合现行国家标准《混凝土强度检验评定标准》GBJ 107 的有关规定。

3 砂石基础的压实度符合设计要求或本规范的规定；

检查方法：检查砂石材料的质量保证资料、压实度试验报告。

一 般 项 目

4 原状地基、砂石基础与管道外壁间接触均匀，无空隙；

检查方法：观察，检查施工记录。

5 混凝土基础外光内实，无严重缺陷；混凝土基础的钢筋数量、位置正确；

检查方法：观察，检查钢筋质量保证资料，检查施工记录。

6 管道基础的允许偏差应符合表 5.10.1 的规定。

表 5.10.1　管道基础的允许偏差

序号	检查项目			允许偏差（mm）	检查数量		检查方法
					范围	点数	
1	垫层	中线每侧宽度		不小于设计要求	每个验收批	每10m测1点，且不少于3点	挂中心线钢尺检查，每侧一点
		高程	压力管道	±30			水准仪测量
			无压管道	0，−15			
		厚度		不小于设计要求			钢尺量测
2	混凝土基础、管座	平基	中线每侧宽度	+10，0			挂中心线钢尺量测每侧一点
			高程	0，−15			水准仪测量
			厚度	不小于设计要求			钢尺量测
		管座	肩宽	+10，−5			钢尺量测，挂高程线钢尺量测，每侧一点
			肩高	±20			

续表 5.10.1

序号	检查项目		允许偏差（mm）	检查数量		检查方法
				范围	点数	
3	土（砂及砂砾）基础	高程 压力管道	±30	每个验收批	每10m测1点，且不少于3点	水准仪测量
		高程 无压管道	0，−15			水准仪测量
		平基厚度	不小于设计要求			钢尺量测
		土弧基础腋角高度	不小于设计要求			钢尺量测

5.10.2 钢管接口连接应符合下列规定：

中 控 项 目

1 管节及管件、焊接材料等的质量应符合本规范第5.3.2条的规定；

检查方法：检查产品质量保证资料；检查成品管进场验收记录，检查现场制作管的加工记录。

2 接口焊缝坡口应符合本规范第5.3.7条的规定；

检查方法：逐口检查，用量规量测；检查坡口记录。

3 焊口错边符合本规范第5.3.8条的规定，焊口无十字型焊缝；

检查方法：逐口检查，用长300mm的直尺在接口内壁周围顺序贴靠量测错边量。

4 焊口焊接质量应符合本规范第5.3.17条的规定和设计要求；

检查方法：逐口观察，按设计要求进行抽检；检查焊缝质量检测报告。

5 法兰接口的法兰应与管道同心，螺栓自由穿入，高强度螺栓的终拧扭矩应符合设计要求和有关标准的规定；

检查方法：逐口检查；用扭矩扳手等检查；检查螺栓拧紧记录。

一 般 项 目

6 接口组对时，纵、环缝位置应符合本规范第5.3.9条的规定；

检查方法：逐口检查；检查组对检验记录；用钢尺量测。

7 管节组对前，坡口及内外侧焊接影响范围内表面应无油、漆、垢、锈、毛刺等污物；

检查方法：观察；检查管道组对检验记录。

8 不同壁厚的管节对接应符合本规范第5.3.10条的规定；

检查方法：逐口检查，用焊缝量规、钢尺量测；检查管道组对检验记录。

9 焊缝层次有明确规定时，焊接层数、每层厚度及层间温度应符合焊接作业指导书的规定，且层间焊缝质量均应合格；

检查方法：逐个检查；对照设计文件、焊接作业指导书检查每层焊缝检验记录。

10 法兰中轴线与管道中轴线的允许偏差应符合：D_i小于或等于300mm时，允许偏差小于或等于1mm；D_i大于300mm时，允许偏差小于或等于2mm；

检查方法：逐个接口检查；用钢尺、角尺等量测。

11 连接的法兰之间应保持平行，其允许偏差不大于法兰外径的1.5‰，且不大于2mm；螺孔中心允许偏差应为孔径的5%；

检查方法：逐口检查；用钢尺、塞尺等量测。

5.10.3 钢管内防腐层应符合下列规定：

主 控 项 目

1 内防腐层材料应符合国家相关标准的规定和设计要求；给水管道内防腐层材料的卫生性能应符合国家相关标准的规定；

检查方法：对照产品标准和设计文件，检查产品质量保证资料；检查成品管进场验收记录。

2 水泥砂浆抗压强度符合设计要求，且不低于30MPa；

检查方法：检查砂浆配合比、抗压强度试块报告。

3 液体环氧涂料内防腐层表面应平整、光滑，无气泡、无划痕等，湿膜应无流淌现象；

检查方法：观察，检查施工记录。

一 般 项 目

4 水泥砂浆防腐层的厚度及表面缺陷的允许偏差应符合表5.10.3-1的规定。

5 液体环氧涂料内防腐层的厚度、电火花试验应符合表5.10.3-2的规定。

表 5.10.3-1　水泥砂浆防腐层厚度及表面缺陷的允许偏差

	检查项目	允许偏差	检查数量		检查方法
			范围	点数	
1	裂缝宽度	≤0.8	每处		用裂缝观测仪测量
2	裂缝沿管道纵向长度	≤管道的周长，且≤2.0m			钢尺量测
3	平整度	<2	管节	取两个截面，每个截面测2点，取偏差值最大1点	用 300mm 长的直尺量测
4	防腐层厚度	D_i≤1000　±2			用测厚仪测量
		1000<D_i≤1800　±3			
		D_i>1800　+4, −3			
5	麻点、空窝等表面缺陷的深度	D_i≤1000　2			用直钢丝或探尺量测
		1000<D_i≤1800　3			
		D_i>1800　4			
6	缺陷面积	≤500mm²	每处		用钢尺量测
7	空鼓面积	不得超过2处，且每处≤10000mm²	每平方米		用小锤轻击砂浆表面，用钢尺量测

注：1　表中单位除注明者外，均为 mm；
　　2　工厂涂覆管节，每批抽查 20%；施工现场涂覆管节，逐根检查。

表 5.10.3-2　液体环氧涂料内防腐层厚度及电火花试验规定

	检查项目	允许偏差（mm）	检查数量		检查方法
			范围	点数	
1	干膜厚度（μm）	普通级　≥200	每根（节）管	两个断面，各4点	用测厚仪测量
		加强级　≥250			
		特加强级　≥300			
2	电火花试验漏点数	普通级　3	个/m²	连续检测	用电火花检漏仪测量，检漏电压值根据涂层厚度按 5V/μm 计算，检漏仪探头移动速度不大于 0.3m/s
		加强级　1			
		特加强级　0			

注：1　焊缝处的防腐层厚度不得低于管节防腐层规定厚度的 80%；
　　2　凡漏点检测不合格的防腐层都应补涂，直至合格。

5.10.4　钢管外防腐层应符合下列规定：

主控项目

1　外防腐层材料（包括补口、修补材料）、结构等应符合国家相关标准的规定和设计要求；

检查方法：对照产品标准和设计文件，检查产品质量保证资料；检查成品管进场验收记录。

2　外防腐层的的厚度、电火花检漏、粘结力应符合表 5.10.4 的规定。

表 5.10.4　外绝缘防腐层厚度、电火花检漏、粘结力验收标准

	检查项目	允许偏差	检查数量			检查方法
			防腐成品管	补口	补伤	
1	厚度	符合本规范第5.4.9条的相关规定	每20根1组（不足20根按1组），每组抽查1根。测管两端和中间共3个截面，每截面测互相垂直的4点	逐个检测，每个随机抽查1个截面，每个截面测互相垂直的4点	逐个检测，每处随机测1点	用测厚仪测量
2	电火花检漏		全数检查	全数检查	全数检查	用电火花检漏仪逐根连续测量
3	粘结力		每20根为1组（不足20根按1组），每组抽1根，每根1处	每20个补口抽1处	—	按本规范表5.4.9规定，用小刀切割观察

注：按组抽检时，若被检测点不合格，则该组应加倍抽检；若加倍抽检仍不合格，则该组为不合格。

一 般 项 目

3 钢管表面除锈质量等级应符合设计要求；

检查方法：观察；检查防腐管生产厂提供的除锈等级报告，对照典型样板照片检查每个补口处的除锈质量，检查补口处除锈施工方案。

4 管道外防腐层（包括补口、补伤）的外观质量应符合本规范第5.4.9条的相关规定；

检查方法：观察；检查施工记录。

5 管体外防腐材料搭接、补口搭接、补伤搭接应符合要求；

检查方法：观察；检查施工记录。

5.10.5 钢管阴极保护工程质量应符合下列规定：

主 控 项 目

1 钢管阴极保护所用的材料、设备等应符合国家有关标准的规定和设计要求；

检查方法：对照产品相关标准和设计文件，检查产品质量保证资料；检查成品管进场验收记录。

2 管道系统的电绝缘性、电连续性经检测满足阴极保护的要求；

检查方法：阴极保护施工前应全线检查；检查绝缘部位的绝缘测试记录、跨接线的连接记录；用电火花检漏仪、高阻电压表、兆欧表测电绝缘性，万用表测跨线等的电连续性。

3 阴极保护的系统参数测试应符合下列规定：

1）设计无要求时，在施加阴极电流的情况下，测得管/地电位应小于或等于−850mV（相对于铜—饱和硫酸铜参比电极）；

2）管道表面与同土壤接触的稳定的参比电极之间阴极极化电位值最小为100mV；

3）土壤或水中含有硫酸盐还原菌，且硫酸根含量大于0.5%时，通电保护电位应小于或等于−950mV（相对于铜—饱和硫酸铜参比电极）；

4）被保护体埋置于干燥的或充气的高电阻率（大于500Ω·m）土壤中时，测得的极化电位小于或等于−750mV（相对于铜—饱和硫酸铜参比电极）；

检查方法：按国家现行标准《埋地钢质管道阴极保护参数测试方法》SY/T 0023 的规定测试；检查阴极保护系统运行参数测试记录。

一 般 项 目

4 管道系统中阳极、辅助阳极的安装应符合本规范第5.4.13、5.4.14条的规定；

检查方法：逐个检查；用钢尺或经纬仪、水准仪测量。

5 所有连接点应按规定做好防腐处理，与管道

连接处的防腐材料应与管道相同；

检查方法：逐个检查；检查防腐材料质量合格证明、性能检验报告；检查施工记录、施工测试记录。

6 阴极保护系统的测试装置及附属设施的安装应符合下列规定：

1）测试桩埋设位置应符合设计要求，顶面高出地面400mm以上；

2）电缆、引线铺设应符合设计要求，所有引线应保持一定松弛度，并连接可靠牢固；

3）接线盒内各类电缆应接线正确，测试桩的舱门应启闭灵活、密封良好；

4）检查片的材质应与被保护管道的材质相同，其制作尺寸、设置数量、埋设位置应符合设计要求，且埋深与管道底部相同，距管道外壁不小于300mm；

5）参比电极的选用、埋设深度应符合设计要求；

检查方法：逐个观察（用钢尺量测辅助检查）；检查测试纪录和测试报告。

5.10.6 球墨铸铁管接口连接应符合下列规定：

主 控 项 目

1 管节及管件的产品质量应符合本规范第5.5.1条的规定；

检查方法：检查产品质量保证资料，检查成品管进场验收记录。

2 承插接口连接时，两管节中轴线应保持同心，承口、插口部位无破损、变形、开裂；插口推入深度应符合要求；

检查方法：逐个观察；检查施工记录。

3 法兰接口连接时，插口与承口法兰压盖的纵向轴线一致，连接螺栓终拧扭矩应符合设计或产品使用说明要求；接口连接后，连接部位及连接件应无变形、破损；

检查方法：逐个接口检查，用扭矩扳手检查；检查螺栓拧紧记录。

4 橡胶圈安装位置应准确，不得扭曲、外露；沿圆周各点应与承口端面等距，其允许偏差应为±3mm；

检查方法：观察，用探尺检查；检查施工记录。

一 般 项 目

5 连接后管节间平顺，接口无突起、突弯、轴向位移现象；

检查方法：观察；检查施工测量记录。

6 接口的环向间隙应均匀，承插口间的纵向间隙不应小于3mm；

检查方法：观察，用塞尺、钢尺检查。

7 法兰接口的压兰、螺栓和螺母等连接件应规格型号一致，采用钢制螺栓和螺母时，防腐处理应符合设计要求；

检查方法：逐个接口检查；检查螺栓和螺母质量合格证明书、性能检验报告。

8 管道沿曲线安装时，接口转角应符合本规范第5.5.8条的规定；

检查方法：用直尺量测曲线段接口。

5.10.7 钢筋混凝土管、预（自）应力混凝土管、预应力钢筒混凝土管接口连接应符合下列规定：

主 控 项 目

1 管及管件、橡胶圈的产品质量应符合本规范第5.6.1、5.6.2、5.6.5和5.7.1条的规定；

检查方法：检查产品质量保证资料；检查成品管进场验收记录。

2 柔性接口的橡胶圈位置正确，无扭曲、外露现象；承口、插口无破损、开裂；双道橡胶圈的单口水压试验合格；

检查方法：观察，用探尺检查；检查单口水压试验记录。

3 刚性接口的强度符合设计要求，不得有开裂、空鼓、脱落现象；

检查方法：观察；检查水泥砂浆、混凝土试块的抗压强度试验报告。

一 般 项 目

4 柔性接口的安装位置正确，其纵向间隙应符合本规范5.6.9、5.7.2条的相关规定；

检查方法：逐个检查，用钢尺量测；检查施工记录。

5 刚性接口的宽度、厚度符合设计要求；其相邻管接口错口允许偏差：D_i 小于700mm时，应在施工中自检；D_i 大于700mm，小于或等于1000mm时，应不大于3mm；D_i 大于1000mm时，应不大于5mm；

检查方法：两井之间取3点，用钢尺、塞尺量测；检查施工记录。

6 管道沿曲线安装时，接口转角应符合本规范第5.6.9、5.7.5条的相关规定；

检查方法：用直尺量测曲线段接口。

7 管道接口的填缝应符合设计要求，密实、光洁、平整；

检查方法：观察，检查填缝材料质量保证资料、配合比记录。

5.10.8 化学建材管接口连接应符合下列规定：

主 控 项 目

1 管节及管件、橡胶圈等的产品质量应符合本规范第5.8.1、5.9.1条的规定；

检查方法：检查产品质量保证资料；检查成品管进场验收记录。

2 承插、套筒式连接时，承口、插口部位及套筒连接紧密，无破损、变形、开裂等现象；插入后胶圈应位置正确，无扭曲等现象；双道橡胶圈的单口水压试验合格；

检查方法：逐个接口检查；检查施工方案及施工记录，单口水压试验记录；用钢尺、探尺量测。

3 聚乙烯管、聚丙烯管接口熔焊连接应符合下列规定：

1）焊缝应完整，无缺损和变形现象；焊缝连接应紧密，无气孔、鼓泡和裂缝；电熔连接的电阻丝不裸露；

2）熔焊焊缝焊接力学性能不低于母材；

3）热熔对接连接后应形成凸缘，且凸缘形状大小均匀一致，无气孔、鼓泡和裂缝；接头处有沿管节圆周平滑对称的外翻边，外翻边最低处的深度不低于管节外表面；管壁内翻边应铲平；对接错边量不大于管材壁厚的10%，且不大于3mm。

检查方法：观察，检查熔焊连接工艺试验报告和焊接作业指导书，检查熔焊连接施工记录、熔焊外观质量检验记录、焊接力学性能检测报告。

检查数量：外观质量全数检查；熔焊焊缝焊接力学性能试验每200个接头不少于1组；现场进行破坏性检验或翻边切除检验（可任选一种）时，现场破坏性检验每50个接头不少于1个，现场内翻边切除检验每50个接头不少于3个；单位工程中接头数量不足50个时，仅做熔焊焊缝焊接力学性能试验，可不做现场检验。

4 卡箍连接、法兰连接、钢塑过渡接头连接时，应连接件齐全、位置正确、安装牢固，连接部位无扭曲、变形；

检查方法：逐个检查。

一 般 项 目

5 承插、套筒式接口的插入深度应符合要求，相邻管口的纵向间隙应不小于10mm；环向间隙应均匀一致；

检查方法：逐口检查，用钢尺量测；检查施工记录。

6 承插式管道沿曲线安装时的接口转角，玻璃钢管的不应大于本规范第5.8.3条的规定；聚乙烯管、聚丙烯管的接口转角应不大于1.5°；硬聚氯乙烯管的接口转角应不大于1.0°；

检查方法：用直尺量测曲线段接口；检查施工记录。

7 熔焊连接设备的控制参数满足焊接工艺要求；设备与待连接管的接触面无污物，设备及组合件组装正确、牢固、吻合；焊后冷却期间接口未受外力影响；

检查方法：观察，检查专用熔焊设备质量合格证明书、校检报告，检查熔焊记录。

8 卡箍连接、法兰连接、钢塑过渡连接件的钢制部分以及钢制螺栓、螺母、垫圈的防腐要求应符合设计要求；

检查方法：逐个检查；检查产品质量合格证明书、检验报告。

5.10.9 管道铺设应符合下列规定：

主 控 项 目

1 管道埋设深度、轴线位置应符合设计要求，无压力管道严禁倒坡；

检查方法：检查施工记录、测量记录。

2 刚性管道无结构贯通裂缝和明显缺损情况；

检查方法：观察，检查技术资料。

3 柔性管道的管壁不得出现纵向隆起、环向扁平和其他变形情况；

检查方法：观察，检查施工记录、测量记录。

4 管道铺设安装必须稳固，管道安装后应线形平直；

检查方法：观察，检查测量记录。

一 般 项 目

5 管道内应光洁平整，无杂物、油污；管道无明显渗水和水珠现象；

检查方法：观察，渗漏水程度检查按本规范附录F第F.0.3条执行。

6 管道与井室洞口之间无渗漏水；

检查方法：逐井观察，检查施工记录。

7 管道内外防腐层完整，无破损现象；

检查方法：观察，检查施工记录。

8 钢管管道开孔应符合本规范第5.3.11条的规定；

检查方法：逐个观察，检查施工记录。

9 闸阀安装应牢固、严密，启闭灵活，与管道轴线垂直；

检查方法：观察检查，检查施工记录。

10 管道铺设的允许偏差应符合表5.10.9的规定。

表 5.10.9　管道铺设的允许偏差（mm）

检查项目			允许偏差		检查数量		检查方法
					范围	点数	
1	水平轴线		无压管道	15	每节管	1点	经纬仪测量或挂中线用钢尺量测
			压力管道	30			
2	管底高程	$D_i \leqslant 1000$	无压管道	±10			水准仪测量
			压力管道	±30			
		$D_i > 1000$	无压管道	±15			
			压力管道	±30			

6　不开槽施工管道主体结构

6.1　一 般 规 定

6.1.1 本章适用于采用顶管、盾构、浅埋暗挖、地表式水平定向钻及夯管等方法进行不开槽施工的室外给排水管道工程。

6.1.2 施工前应进行现场调查研究，并对建设单位提供的工程沿线的有关工程地质、水文地质和周围环境情况，以及沿线地下与地上管线、周边建（构）筑物、障碍物及其他设施的详细资料进行核实确认；必要时应进行坑探。

6.1.3 施工前应编制施工方案，包括下列主要内容：

1 顶管法施工方案包括下列主要内容：
1）顶进方法比选和顶管段单元长度的确定；
2）顶管机选型及各类设备的规格、型号及数量；
3）工作井位置选择、结构类型及其洞口封门设计；
4）管节、接口选型及检验，内外防腐处理；
5）顶管进、出洞口技术措施，地基改良措施；
6）顶力计算、后背设计和中继间设置；
7）减阻剂选择及相应技术措施；
8）施工测量、纠偏的方法；
9）曲线顶进及垂直顶升的技术控制及措施；
10）地表及构筑物变形与形变监测和控制措施；
11）安全技术措施、应急预案。

2 盾构法施工方案包括下列主要内容：
1）盾构机的选型与安装方案；
2）工作井的位置选择、结构形式、洞门封门设计；
3）盾构基座设计，以及始发工作井后背布置形式；
4）管片的拼装、防水及注浆方案；
5）盾构进、出洞口的技术措施，以及地基、地层加固措施；
6）掘进施工工艺、技术管理方案；
7）垂直运输、水平运输方式及管道内断面布置；
8）掘进施工测量及纠偏措施；
9）地表变形及周围环境保护的要求、监测和控制措施；
10）安全技术措施、应急预案。

3 浅埋暗挖法施工方案包括下列主要内容：
1）土层加固措施和开挖方案；
2）施工降排水方案；

3）工作井的位置选择、结构类型及其洞口封门的设计、井内布置；

4）施工程序（步序）设计；

5）垂直运输、水平运输方式及管道内断面布置；

6）结构安全和环境安全、保护的要求、监测和控制措施；

7）安全技术措施、应急预案。

4 地表式定向钻法施工方案包括下列主要内容：

1）定向钻的入土点、出土点位置选择；

2）钻进轨迹设计（入土角、出土角、管道轴向曲率半径要求）；

3）确定终孔孔径及扩孔次数，计算管道回拖力，管材的选用；

4）定向钻机、钻头、钻杆及扩孔头、拉管头等的选用；

5）护孔减阻泥浆的配制及泥浆系统的布置；

6）地面管道布置走向及管道材质、组对拼装、防腐层要求；

7）导向定位系统设备的选择及施工探测（测量）技术要求、控制措施；

8）周围环境保护及监控措施。

5 夯管法施工方案包括下列主要内容：

1）工作井位置选择、结构类型、尺寸要求及其进、出洞口技术措施；

2）计算锤击力，确定管材、规格；

3）夯管锤及辅助设备的选用及作业要求；

4）减阻技术措施；

5）管组对焊接、防腐层施工要求，外防腐层的保护措施；

6）施工测量技术要求、控制措施；

7）管内土排除方式；

8）周围环境控制要求及监控措施；

9）安全技术措施、应急预案。

6.1.4 不开槽施工方法选择应符合下列规定：

1 顶管顶进方法的选择，应根据工程设计要求、工程水文地质条件、周围环境和现场条件，经技术经济比较后确定，并应符合下列规定：

1）采用敞口式（手掘式）顶管机时，应将地下水位降至管底以下不小于 0.5m 处，并应采取措施，防止其他水源进入顶管的管道；

2）周围环境要求控制地层变形，或无降水条件时，宜采用封闭式的土压平衡或泥水平衡顶管机施工；

3）穿越建（构）筑物、铁路、公路、重要管线和防汛墙等时，应制订相应的保护措施；

4）小口径的金属管道，无地层变形控制要求且顶力满足施工要求时，可采用一次顶进的挤密土层顶管法。

2 盾构机选型，应根据工程设计要求（管道的外径、埋深和长度），工程水文地质条件，施工现场及周围环境安全等要求，经技术经济比较确定。

3 浅埋暗挖施工方案的选择，应根据工程设计（隧道断面和结构形式、埋深、长度），工程水文地质条件，施工现场和周围环境安全等要求，经过技术经济比较后确定。

4 定向钻机的回转扭矩和回拖力确定，应根据终孔孔径、轴向曲率半径、管道长度，结合工程水文地质和现场周围环境条件，经过技术经济比较综合考虑后确定，并应有一定的安全储备；导向探测仪的配置应根据定向钻机类型、穿越障碍物类型、探测深度和现场探测条件选用。

5 夯管锤的锤击力应根据管径、钢管力学性能、管道长度，结合工程地质、水文地质和周围环境条件，经过技术经济比较后确定，并应有一定的安全储备。

6 工作井宜设置在检查井等附属构筑物的位置。

6.1.5 施工前应根据工程水文地质条件、现场施工条件、周围环境等因素，进行安全风险评估；并制定防止发生事故以及事故处理的应急预案，备足应急抢险设备、器材等物资。

6.1.6 根据工程设计、施工方法、工程水文地质条件，对邻近建（构）筑物、管线，应采用土体加固或其他有效的保护措施。

6.1.7 根据设计要求、工程特点及有关规定，对管（隧）道沿线影响范围地表或地下管线等建（构）筑物设置观测点，进行监控测量。监控测量的信息应及时反馈，以指导施工，发现问题及时处理。

6.1.8 监控测量的控制点（桩）设置应符合本规范第 3.1.7 条的规定，每次测量前应对控制点（桩）进行复核，如有扰动，应进行校正或重新补设。

6.1.9 施工设备、装置应满足施工要求，并应符合下列规定：

1 施工设备、主要配套设备和辅助系统安装完成后，应经试运行及安全性检验，合格后方可掘进作业；

2 操作人员应经过培训，掌握设备操作要领，熟悉施工方法、各项技术参数，考试合格方可上岗；

3 管（隧）道内涉及的水平运输设备、注浆系统、喷浆系统以及其他辅助系统应满足施工技术要求和安全、文明施工要求；

4 施工供电应设置双路电源，并能自动切换；动力、照明应分路供电，作业面移动照明应采用低压供电；

5 采用顶管、盾构、浅埋暗挖法施工的管道工程，应根据管（隧）道长度、施工方法和设备条件等确定管（隧）道内通风系统模式；设备供排风能力、管（隧）道内人员作业环境等还应满足国家有关标准规定；

6 采用起重设备或垂直运输系统时，应符合下列规定：

1）起重设备必须经过起重荷载计算；

2）使用前应按有关规定进行检查验收，合格后方可使用；

3）起重作业前应试吊，吊离地面 100mm 左右时，应检查重物捆扎情况和制动性能，确认安全后方可起吊；起吊时工作井内严禁站人，当吊运重物下井距作业面底部小于 500mm 时，操作人员方可近前工作；

4）严禁超负荷使用；

5）工作井上、下作业时必须有联络信号；

7 所有设备、装置在使用中应按规定定期检查、维修和保养。

6.1.10 顶管施工的管节应符合下列规定：

1 管节的规格及其接口连接形式应符合设计要求；

2 钢筋混凝土成品管质量应符合国家现行标准《混凝土和钢筋混凝土排水管》GB/T 11836、《顶进施工法用钢筋混凝土排水管》JC/T 640 的规定，管节及接口的抗渗性能应符合设计要求；

3 钢管制作质量应符合本规范第 5 章的相关规定和设计要求，且焊缝等级应不低于Ⅱ级；外防腐结构层满足设计要求，顶进时不得被土体磨损；

4 双插口、钢承口钢筋混凝土管钢材部分制作与防腐应按钢管要求执行；

5 玻璃钢管质量应符合国家有关标准的规定；

6 橡胶圈应符合本规范第 5.6.5 条规定及设计要求，与管节粘附牢固、表面平顺；

7 衬垫的厚度应根据管径大小和顶进情况选定。

6.1.11 盾构管片的结构形式、制作材料、防水措施应符合设计要求，并应满足下列规定：

1 铸铁管片、钢制管片应在专业工厂中生产；

2 现场预制钢筋混凝土管片时，应按管片生产的工艺流程，合理布置场地、管片养护装置等；

3 钢筋混凝土管片的生产，应进行生产条件检查和试生产检验，合格后方可正式批量生产；

4 管片堆放的场地应平整，管片端部应用枕木垫实；

5 管片内弧面向上叠放时不宜超过 3 层，侧卧堆放时不得超过 4 层，内弧面不得向下叠放，否则应采取相应的安全措施；

6 施工现场管片安装的螺栓连接件、防水密封条及其他防水材料应配套存放，妥善保存，不得混用。

6.1.12 浅埋暗挖法施工的工程材料应符合设计和施工方案要求。

6.1.13 水平定向法施工，应根据设计要求选用聚乙烯管或钢管；夯管法施工采用钢管，管材的规格、性能还应满足施工方案要求；成品管产品质量符合本规范第 5 章的相关规定和设计要求，且符合下列规定：

1 钢管接口应焊接，聚乙烯管接口应熔接；

2 钢管的焊缝等级应不低于Ⅱ级；钢管外防腐结构层及接口处的补口材质应满足设计要求，外防腐层不应被土体磨损或增设牺牲性保护层；

3 钻定向钻施工时，轴向最大回拖力和最小曲率半径的确定应满足管材力学性能要求，钢管的管径与壁厚之比不应大于 100，聚乙烯管标准尺寸比宜为 SDR11；

4 夯管施工时，轴向最大锤击力的确定应满足管材力学性能要求，其管壁厚度应符合设计和施工要求；管节的圆度不应大于 0.005 管内径，管端面垂直度不应大于 0.001 管内径、且不大于 1.5mm。

6.1.14 施工中应做好掘进、管道轴线跟踪测量记录。

6.1.15 管道的功能性试验符合本规范第 9 章的规定。

6.2 工 作 井

6.2.1 工作井的结构必须满足井壁支护以及顶管（顶进工作井）、盾构（始发工作井）推进后座力作用等施工要求，其位置选择应符合下列规定：

1 宜选择在管道井室位置；

2 便于排水、排泥、出土和运输；

3 尽量避开现有构（建）筑物，减小施工扰动对周围环境的影响；

4 顶管单向顶进时宜设在下游一侧。

6.2.2 工作井围护结构应根据工程水文地质条件、邻近建（构）筑物、地下与地上管线情况，以及结构受力、施工安全等要求，经技术经济比较后确定。

6.2.3 工作井施工应遵守下列规定：

1 编制专项施工方案；

2 应根据工作井的尺寸、结构形式、环境条件等因素确定支护（撑）形式；

3 土方开挖过程中，应遵循"开槽支撑、先撑后挖、分层开挖，严禁超挖"的原则进行开挖与支撑；

4 井底应保证稳定和干燥，并应及时封底；

5 井底封底前，应设置集水坑，坑上应设有盖；封闭集水坑时应进行抗浮验算；

6 在地面井口周围应设置安全护栏、防汛墙和防雨设施；

7 井内应设置便于上、下的安全通道。

6.2.4 顶管的顶进工作井、盾构的始发工作井的后背墙施工应符合下列规定：

1 后背墙结构强度与刚度必须满足顶管、盾构最大允许顶力和设计要求；

2 后背墙平面与掘进轴线应保持垂直，表面应坚实平整，能有效地传递作用力；

3 施工前必须对后背土体进行允许抗力的验算，验算通不过时应对后背土体加固，以满足施工安全、周围环境保护要求；

4 顶管的顶进工作井后背墙还应符合下列规定：

　1）上、下游两段管道有折角时，还应对后背墙结构及布置进行设计；

　2）装配式后背墙宜采用方木、型钢或钢板等组装，底端宜在工作坑底以下且不小于500mm；组装构件应规格一致、紧贴固定；后背土体壁面应与后背墙贴紧，有孔隙时应采用砂石料填塞密实；

　3）无原土作后背墙时，宜就地取材设计结构简单、稳定可靠、拆除方便的人工后背墙；

　4）利用已顶进完毕的管道作后背时，待顶管道的最大允许顶力应小于已顶管道的外壁摩擦阻力；后背钢板与管口端面之间应衬垫缓冲材料，并应采取措施保护已顶入管道的接口不受损伤。

6.2.5 工作井尺寸应结合施工场地、施工管理、洞门拆除、测量及垂直运输等要求确定，且应符合下列规定：

1 顶管工作井应符合下列规定：

　1）应根据顶管机安装和拆卸、管节长度和外径尺寸、千斤顶工作长度、后背墙设置、垂直运土工作面、人员作业空间和顶进作业管理等要求确定平面尺寸；

　2）深度应满足顶管机导轨安装、导轨基础厚度、洞口防水处理、管接口连接等要求；顶混凝土管时，洞圈最低处距底板顶面距离不宜小于600mm；顶钢管时，还应留有底部人工焊接的作业高度。

2 盾构工作井应符合下列规定：

　1）平面尺寸应满足盾构安装和拆卸、洞门拆除、后背墙设置、施工车架或临时平台、测量及垂直运输要求；

　2）深度应满足盾构基座安装、洞口防水处理、井与管道连接方式要求，洞圈最低处距底板顶面距离宜大于600mm。

3 浅埋暗挖竖井的平面尺寸和深度应根据施工设备布置、土石方和材料运输、施工人员出入、施工排水等的需要以及设计要求进行确定。

6.2.6 工作井洞口施工应符合下列规定：

1 预留进、出洞口的位置应符合设计和施工方案的要求；

2 洞口土层不稳定时，应对土体进行改良，进出洞施工前应检查改良后的土体强度和渗漏水情况；

3 设置临时封门时，应考虑周围土层变形控制和施工安全等要求。封门应拆除方便，拆除时应减小对洞门土层的扰动；

4 顶管或盾构施工的洞口应符合下列规定：

　1）洞口应设置止水装置，止水装置联结环板应与工作井壁内的预埋件焊接牢固，且用胶凝材料封堵；

　2）采用钢管做预埋顶管洞口时，钢管外宜加焊止水环；

　3）在软弱地层，洞口外缘宜设支撑点；

5 浅埋暗挖施工的洞口影响范围的土层应进行预加固处理。

6.2.7 顶管的顶进工作井内布置及设备安装、运行应符合下列规定：

1 导轨应采用钢质材料，其强度和刚度应满足施工要求；导轨安装的坡度应与设计坡度一致。

2 顶铁应符合下列规定：

　1）顶铁的强度、刚度应满足最大允许顶力要求；安装轴线应与管道轴线平行、对称，顶铁在导轨上滑动平稳、且无阻滞现象，以使传力均匀和受力稳定；

　2）顶铁与管端面之间应采用缓冲材料衬垫，并宜采用与管端面吻合的U形或环形顶铁；

　3）顶进作业时，作业人员不得在顶铁上方及侧面停留，并应随时观察顶铁有无异常现象。

3 千斤顶、油泵等主顶进装置应符合下列规定：

　1）千斤顶宜固定在支架上，并与管道中心的垂线对称，其合力的作用点应在管道中心的垂线上；千斤顶对称布置且规格应相同；

　2）千斤顶的油路应并联，每台千斤顶应有进油、回油的控制系统；油泵应与千斤顶相匹配，并应有备用油泵；高压油管应顺直、转角少；

　3）千斤顶、油泵、换向阀及连接高压油管等安装完毕，应进行试运转；整个系统应满足耐压、无泄漏要求，千斤顶推进速度、行程和各千斤顶同步性应符合施工要求；

　4）初始顶进应缓慢进行，待各接触部位密合后，再按正常顶进速度顶进；顶进中若发现油压突然增高，应立即停止顶进，检查原因并经处理后方可继续顶进；

5）千斤顶活塞退回时，油压不得过大，速度不得过快。

6.2.8 盾构始发工作井内布置及设备安装、运行应符合下列规定：

1 盾构基座应符合下列规定：

1）钢筋混凝土结构或钢结构，并置于工作井底板上；其结构应能承载盾构自重和其他附加荷载；

2）盾构基座上的导轨应根据管道的设计轴线和施工要求确定夹角、平面轴线、顶面高程和坡度。

2 盾构安装应符合下列规定：

1）根据运输和进入工作井吊装条件，盾构可整体或解体运入现场，吊装时应采取防止变形的措施；

2）盾构在工作井内安装应达到安装精度要求，并根据施工要求就位在基座导轨上；

3）盾构掘进前，应进行试运转验收，验收合格方可使用。

3 始发工作井的盾构后座采用管片衬砌、顶撑组装时，应符合下列规定：

1）后座管片衬砌应根据施工情况确定开口环和闭口环的数量，其后座管片的后端面应与轴线垂直，与后背墙贴紧；

2）开口尺寸应结合受力要求和进出材料尺寸而定；

3）洞口处的后座管片应为闭口环，第一环闭口环脱出盾尾时，其上部与后背墙之间应设置顶撑，确保盾构顶力传至工作井后背墙；

4）盾构掘进至一定距离、管片外壁与土体的摩擦力能够平衡盾构掘进反力时，为提高施工速度可拆除盾构后座，安装施工平台和水平运输装置。

4 工作井应设置施工工作平台。

6.3 顶 管

6.3.1 顶管施工应根据工程具体情况采用下列技术措施：

1 一次顶进距离大于 100m 时，应采用中继间技术；

2 在砂砾层或卵石层顶管时，应采取管节外表面熔蜡措施、触变泥浆技术等减少顶进阻力和稳定周围土体；

3 长距离顶管应采用激光定向等测量控制技术。

6.3.2 计算施工顶力时，应综合考虑管节材质、顶进工作井后背墙结构的允许最大荷载、顶进设备能力、施工技术措施等因素。施工最大顶力应大于顶进阻力，但不得超过管材或工作井后背墙的允许顶力。

6.3.3 施工最大顶力有可能超过允许顶力时，应采取减少顶进阻力、增设中继间等施工技术措施。

6.3.4 顶进阻力计算应按当地的经验公式，或按式（6.3.4）计算：

$$F_p = \pi D_0 L f_k + N_F \qquad (6.3.4)$$

式中 F_p——顶进阻力（kN）；

D_0——管道的外径（m）；

L——管道设计顶进长度（m）；

f_k——管道外壁与土的单位面积平均摩阻力（kN/m^2），通过试验确定；对于采用触变泥浆减阻技术的宜按表 6.3.4-2 选用；

N_F——顶管机的迎面阻力（kN）；不同类型顶管机的迎面阻力宜按表 6.3.4-1 选择计算式。

表 6.3.4-1 顶管机迎面阻力（N_F）的计算公式

顶进方式	迎面阻力（kN）	式中符号
敞开式	$N_F = \pi(D_g - t)tR$	t——工具管刃脚厚度（m）
挤压式	$N_F = \dfrac{\pi}{4}D_g^2(1-e)R$	e——开口率
网格挤压	$N_F = \dfrac{\pi}{4}D_g^2 \alpha R$	α——网格截面参数，取 $\alpha = 0.6 \sim 1.0$
气压平衡式	$N_F = \dfrac{\pi}{4}D_g^2(\alpha R + P_n)$	P_n——气压强度（kN/m^2）
土压平衡和泥水平衡	$N_F = \dfrac{\pi}{4}D_g^2 P$	P——控制土压力

注：1 D_g——顶管机外径（mm）；

2 R——挤压阻力（kN/m^2），取 $R = 300 \sim 500 kN/m^2$。

表 6.3.4-2 采用触变泥浆的管外壁单位面积平均摩擦阻力 f（kN/m^2）

土类 管材	黏性土	粉土	粉、细砂土	中、粗砂土
钢筋混凝土管	3.0～5.0	5.0～8.0	8.0～11.0	11.0～16.0
钢管	3.0～7.0	4.0～7.0	7.0～10.0	10.0～13.0

注：当触变泥浆技术成熟可靠、管外壁能形成和保持稳定、连续的泥浆套时，f 值可直接取 3.0～5.0kN/m²。

6.3.5 开始顶进前应检查下列内容，确认条件具备时方可开始顶进。

1 全部设备经过检查、试运转；

2 顶管机在导轨上的中心线、坡度和高程应符合要求；

3 防止流动性土或地下水由洞口进入工作井的技术措施；

4 拆除洞口封门的准备措施。

6.3.6 顶管进、出工作井时应根据工程地质和水文地质条件、埋设深度、周围环境和顶进方法，选择技术经济合理的技术措施，并应符合下列规定：

1 应保证顶管进、出工作井和顶进过程中洞圈周围的土体稳定；

2 应考虑顶管机的切削能力；

3 洞口周围土体含地下水时，若条件允许可采取降水措施，或采取注浆等措施加固土体以封堵地下水；在拆除封门时，顶管机外壁与工作井洞圈之间应设置洞口止水装置，防止顶进施工时泥水渗入工作井；

4 工作井洞口封门拆除应符合下列规定：

　　1）钢板桩工作井，可拔起或切割钢板桩露出洞口，并采取措施防止洞口上方的钢板桩下落；

　　2）工作井的围护结构为沉井工作井时，应先拆除洞圈内侧的临时封门，再拆除井壁外侧的封板或其他封填物；

　　3）在不稳定土层中顶管时，封门拆除后应将顶管机立即顶入土层；

5 拆除封门后，顶管机应连续顶进，直至洞口及止水装置发挥作用为止；

6 在工作井洞口范围可预埋注浆管，管道进入土体之前可预先注浆。

6.3.7 顶进作业应符合下列规定：

1 应根据土质条件、周围环境控制要求、顶进方法、各项顶进参数和监控数据、顶管机工作性能等，确定顶进、开挖、出土的作业顺序和调整顶进参数；

2 掘进过程中应严格量测监控，实施信息化施工，确保开挖掘进工作面的土体稳定和土（泥水）压力平衡；并控制顶进速度、挖土和出土量，减少土体扰动和地层变形；

3 采用敞口式（手工掘进）顶管机，在允许超挖的稳定土层中正常顶进时，管下部135°范围内不得超挖；管顶以上超挖量不得大于15mm（见图6.3.7）；

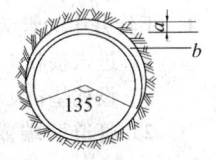

图 6.3.7　超挖示意图
a—最大超挖量；
b—允许超挖范围

4 管道顶进过程中，应遵循"勤测量、勤纠偏、微纠偏"的原则，控制顶管机前进方向和姿态，并应根据测量结果分析偏差产生的原因和发展趋势，确定纠偏的措施；

5 开始顶进阶段，应严格控制顶进的速度和方向；

6 进入接收工作井前应提前进行顶管机位置和姿态测量，并根据进口位置提前进行调整；

7 在软土层中顶进混凝土管时，为防止管节飘移，宜将前3～5节管体与顶管机联成一体；

8 钢筋混凝土管接口应保证橡胶圈正确就位；钢管接口焊接完成后，应进行防腐层补口施工，焊接及防腐层检验合格后方可顶进；

9 应严格控制管道线形，对于柔性接口管道，其相邻管间转角不得大于该管材的允许转角。

6.3.8 施工的测量与纠偏应符合下列规定：

1 施工过程中应对管道水平轴线和高程、顶管机姿态等进行测量，并及时对测量控制基准点进行复核；发生偏差时应及时纠正；

2 顶进施工测量前应对井内的测量控制基准点进行复核；发生工作井位移、沉降、变形时应及时对基准点进行复核；

3 管道水平轴线和高程测量应符合下列规定：

　　1）出顶进工作井进入土层，每顶进300mm，测量不应少于一次；正常顶进时，每顶进1000mm，测量不应少于一次；

　　2）进入接收工作井前30m应增加测量，每顶进300mm，测量不应少于一次；

　　3）全段顶完后，应在每个管节接口处测量其水平轴线和高程；有错口时，应测出相对高差；

　　4）纠偏量较大、或频繁纠偏时应增加测量次数；

　　5）测量记录应完整、清晰；

4 距离较长的顶管，宜采用计算机辅助的导线法（自动测量导向系统）进行测量；在管道内增设中间测站进行常规人工测量时，宜采用少设测站的长导线法，每次测量均应对中间测站进行复核；

5 纠偏应符合下列规定：

　　1）顶管过程中应绘制顶管机水平与高程轨迹图、顶力变化曲线图、管节编号图，随时掌握顶进方向和趋势；

　　2）在顶进中及时纠偏；

　　3）采用小角度纠偏方式；

　　4）纠偏时开挖面土体应保持稳定；采用挖土纠偏方式，超挖量应符合地层变形控制和施工设计要求；

　　5）刀盘式顶管机应有纠正顶管机旋转措施。

6.3.9 采用中继间顶进时，其设计顶力、设置数量和位置应符合施工方案，并应符合下列规定：

1 设计顶力严禁超过管材允许顶力；

2 第一个中继间的设计顶力，应保证其允许最大顶力能克服前方管道的外壁摩擦阻力及顶管机的迎面阻力之和；而后续中继间设计顶力应克服两个中继间之间的管道外壁摩擦阻力；

3 确定中继间位置时,应留有足够的顶力安全系数,第一个中继间位置应根据经验确定并提前安装,同时考虑正面阻力反弹,防止地面沉降;

4 中继间密封装置宜采用径向可调形式,密封配合面的加工精度和密封材料的质量应满足要求;

5 超深、超长距离顶管工程,中继间应具有可更换密封止水圈的功能。

6.3.10 中继间的安装、运行、拆除应符合下列规定:

1 中继间壳体应有足够的刚度;其千斤顶的数量应根据该段施工长度的顶力计算确定,并沿周长均匀分布安装;其伸缩行程应满足施工和中继间结构受力的要求;

2 中继间外壳在伸缩时,滑动部分应具有止水性能和耐磨性,且滑动时无阻滞;

3 中继间安装前应检查各部件,确认正常后方可安装;安装完毕应通过试运转检验后方可使用;

4 中继间的启动和拆除应由前向后依次进行;

5 拆除中继间时,应具有对接接头的措施;中继间的外壳若不拆除,应在安装前进行防腐处理。

6.3.11 触变泥浆注浆工艺应符合下列规定:

1 注浆工艺方案应包括下列内容:

1) 泥浆配比、注浆量及压力的确定;

2) 制备和输送泥浆的设备及其安装;

3) 注浆工艺、注浆系统及注浆孔的布置;

2 确保顶进时管外壁和土体之间的间隙能形成稳定、连续的泥浆套;

3 泥浆材料的选择、组成和技术指标要求,应经现场试验确定;顶管机尾部同步注浆宜选择黏度较高、失水量小、稳定性好的材料;补浆的材料宜黏滞小、流动性好;

4 触变泥浆应搅拌均匀,并具有下列性能:

1) 在输送和注浆过程中应呈胶状液体,具有相应的流动性;

2) 注浆后经一定的静置时间应呈胶凝状,具有一定的固结强度;

3) 管道顶进时,触变泥浆被扰动后胶凝结构破坏,但应呈胶状液体;

4) 触变泥浆材料对环境无危害;

5 顶管机尾部的后续几节管节应连续设置注浆孔;

6 应遵循"同步注浆与补浆相结合"和"先注后顶、随顶随注、及时补浆"的原则,制定合理的注浆工艺;

7 施工中应对触变泥浆的黏度、重度、pH值,注浆压力,注浆量进行检测。

6.3.12 触变泥浆注浆系统应符合下列规定:

1 制备装置容积应满足形成泥浆套的需要;

2 注浆泵宜选用液压泵、活塞泵或螺杆泵;

3 注浆管应根据顶管长度和注浆孔位置设置,管接头拆卸方便、密封可靠;

4 注浆孔的布置按管道直径大小确定,每个断面可设置3～5个;相邻断面上的注浆孔可平行布置或交错布置;每个注浆孔宜安装球阀,在顶管机尾部和其他适当位置的注浆孔管道上应设置压力表;

5 注浆前,应检查注浆装置水密性;注浆时压力应逐步升至控制压力;注浆遇有机械故障、管路堵塞、接头渗漏等情况时,经处理后方可继续顶进。

6.3.13 根据工程实际情况正确选择顶管机,顶进中对地层变形的控制应符合下列要求:

1 通过信息化施工,优化顶进的控制参数,使地层变形最小;

2 采用同步注浆和补浆,及时填充管外壁与土体之间的施工间隙,避免管道外壁土体扰动;

3 发生偏差应及时纠偏;

4 避免管节接口、中继间、工作井洞口及顶管机尾部等部位的水土流失和泥浆渗漏,并确保管节接口端面完好;

5 保持开挖量与出土量的平衡。

6.3.14 顶进应连续作业,顶进过程中遇下列情况之一时,应暂停顶进,及时处理,并应采取防止顶管机前方塌方的措施。

1 顶管机前方遇到障碍;

2 后背墙变形严重;

3 顶铁发生扭曲现象;

4 管位偏差过大且纠偏无效;

5 顶力超过管材的允许顶力;

6 油泵、油路发生异常现象;

7 管节接缝、中继间渗漏泥水、泥浆;

8 地层、邻近建(构)筑物、管线等周围环境的变形量超出控制允许值。

6.3.15 顶管穿越铁路、公路或其他设施时,除符合本规范的有关规定外,尚应遵守铁路、公路或其他设施的有关技术安全的规定。

6.3.16 顶管管道贯通后应做好下列工作:

1 工作井中的管端应按下列规定处理:

1) 进入接收工作井的顶管机和管端下部应设枕垫;

2) 管道两端露在工作井中的长度不小于0.5m,且不得有接口;

3) 工作井中露出的混凝土管道端部应及时浇筑混凝土基础;

2 顶管结束后进行触变泥浆置换时,应采取下列措施:

1) 采用水泥砂浆、粉煤灰水泥砂浆等易于固结或稳定性较好的浆液置换泥浆填充管外侧超挖、塌落等原因造成的空隙;

2) 拆除注浆管路后,将管道上的注浆孔封

闭严密;

3）将全部注浆设备清洗干净;

3 钢筋混凝土管顶进结束后，管道内的管节接口间隙应按设计要求处理；设计无要求时，可采用弹性密封膏密封，其表面应抹平、不得凸入管内。

6.3.17 钢筋混凝土管曲线顶管应符合下列规定:

1 顶进阻力计算宜采用当地的经验公式确定；无经验公式时，可按相同条件下直线顶管的顶进阻力进行估算，并考虑曲线段管外壁增加的侧向摩阻力以及顶进作用力轴向传递中的损失影响。

2 最小曲率半径计算应符合下列规定:

1）应考虑管道周围土体承载力、施工顶力传递、管节接口形式、管径、管节长度、管口端面木衬垫厚度等因素;

2）按式（6.3.17）计算；不能满足公式计算结果时，可采取减小预制管管节长度的方法使之满足:

$$\tan\alpha = l/R_{min} = \Delta S/D_o \qquad (6.3.17)$$

式中 α——曲线顶管时，相邻管节之间接口的控制允许转角（°）一般取管节接口最大允许转角的 1/2，F 型钢承口的管节宜小于 0.3°;

R_{min}——最小曲率半径（m）;

l——预制管管节长度（m）;

D_o——管外径（m）;

ΔS——相邻管节之间接口允许的最大间隙与最小间隙之差（m）;其值与不同管节接口形式的控制允许转角和衬垫弹性模量有关。

3 所用的管节接口在一定角变位时应保持良好的密封性能要求，对于 F 型钢承口可增加钢套环承插长度；衬垫可选用无硬节松木板，其厚度应保证管节接口端面受力均匀。

4 曲线顶进应符合下列规定:

1）采用触变泥浆技术措施，并检查验证泥浆套形成情况;

2）根据顶进阻力计算中继间的数量和位置；并考虑轴向顶力、轴线调整的需要，缩短第一个中继间与顶管机以及后续中继间之间的间距;

3）顶进初始时，应保持一定长度的直线段，然后逐渐过渡到曲线段;

4）曲线段前几节管接口处可预埋钢板、预设拉杆，以备控制和保持接口张开量；对于软土层或曲率半径较小的顶管，可在顶管机后续管节的每个接口间隙位置，预设间隙调整器，形成整体弯曲弧度导向管段;

5）采用敞口式（手掘进）顶管机时，在弯曲轴线内侧可进行超挖；超挖量的大小应考虑弯曲段的曲率半径、管径、管长度等因素，满足地层变形控制和设计要求，并应经现场试验确定。

5 施工测量应符合本规范第 6.3.8 条的规定，并符合下列规定:

1）宜采用计算机辅助的导线法（自动测量导向系统）进行跟踪、快速测量;

2）顶进时，顶管机位置及姿态测量每米不应少于 1 次;

3）每顶入一节管，其水平轴线及高程测量不应少于 3 次。

6.3.18 管道的垂直顶升施工应符合下列规定:

1 垂直顶升范围内的特殊管段，其结构形式应符合设计要求，结构强度、刚度和管段变形情况应满足承载顶升反力的要求；特殊管段土基应进行强度、稳定性验算，并根据验算结果采取相应的土体加固措施;

2 顶进的特殊管段位置应准确，开孔管节在水平顶进时应采取防旋转的措施，保证顶升口的垂直度、中心位置满足设计和垂直顶升要求；开孔管节与相邻管节应连结牢固;

3 垂直顶升设备的安装应符合下列规定:

1）顶升架应有足够的刚度、强度，其高度和平面尺寸应满足人员作业和垂直管节安装要求，并操作简便;

2）传力底梁座安装时，应保证其底面与水平管道有足够的均匀接触面积，使顶升反力均匀传递到相邻的数节水平管节上；底梁座上的支架应对称布置;

3）顶升架安装定位时，顶升架千斤顶合力中心与水平开孔管顶升口中心宜同轴心和垂直；顶升液压系统应进行安装调试;

4 顶升前应检查下列施工事项，合格后方可顶升:

1）垂直立管的管节制作完成后应进行试拼装，并对合格管节进行组对编号;

2）垂直立管顶升前应进行防水、防腐蚀处理;

3）水平开孔管节的顶升口设置止水框装置且安装位置准确，并与相邻管节连接成整体；止水框装置与立管之间应安装止水嵌条，止水嵌条压紧程度可采用设置螺栓及方钢调节;

4）垂直立管的顶头管节应设置转换装置（转向法兰），确保顶头管节就位后顶升前，进行顶升口帽盖与水平管脱离并与顶头管相连的转换过程中不发生泥、水渗漏;

5）垂直顶升设备安装经检查、调试合格；

5 垂直顶升应符合下列规定：

  1）应按垂直立管的管节组对编号顺序依次进行；

  2）立管管节就位时应位置正确，并保证管节与止水框装置内圈的周围间隙均匀一致，止水嵌条止水可靠；

  3）立管管节应平稳、垂直向上顶升；顶升各千斤顶行程应同步、匀速，并避免顶块偏心力受力；

  4）垂直立管的管节间接口连接正确、牢固，止水可靠；

  5）应有防止垂直立管后退和管节下滑的措施；

6 垂直顶升完成后，应完成下列工作：

  1）做好与水平开口管管顶升口的接口处理，确保底座管节与水平管连接强度可靠；

  2）立管进行防腐和阴极保护施工；

  3）管道内应清洁干净，无杂物；

7 垂直顶升管在水下揭去帽盖时，必须在水平管道内灌满水并按设计要求采取立管稳管保护及揭帽盖安全措施后进行；

8 外露的钢制构件防腐应符合设计要求。

6.4 盾 构

6.4.1 盾构施工应根据设计要求和工程具体情况确定盾构类型、施工工艺，布设管片生产及地下、地面生产辅助设施，做好施工准备工作。

6.4.2 钢筋混凝土管片生产应符合有关规范的规定和设计要求，并应符合下列规定：

1 模具、钢筋骨架按有关规定验收合格；

2 经过试验确定混凝土配合比，普通防水混凝土坍落度不宜大于70mm；水、水泥、外掺剂用量偏差应控制在±2%；粗、细骨料用量允许偏差应为±3%；

3 混凝土保护层厚度较大时，应设置防表面混凝土收缩的钢筋网片；

4 混凝土振捣密实，且不得碰钢模芯棒、钢筋、钢模及预埋件等；外弧面收水时应保证表面光洁、无明显收缩裂缝；

5 管片养护应根据具体情况选用蒸汽养护、水池养护或自然养护。

6.4.3 在脱模、吊运、堆放等过程中，应避免碰伤管片。

6.4.4 管片应按拼装顺序编号排列堆放。管片粘贴防水密封条前应将槽内清理干净；粘贴时应牢固、平整、严密，位置准确，不得有起鼓、超长和缺口等现象；粘贴后应采取防雨、防潮、防晒等措施。

6.4.5 盾构进、出工作井施工应符合下列规定：

1 土层不稳定时需对洞口土体进行加固，盾构出始发工作井前应对经加固的洞口土体进行检查；

2 出始发工作井拆除封门前应将盾构靠近洞口，拆除后应将盾构迅速推入土层内，缩短正面土层的暴露时间；洞圈与管片外壁之间应及时安装洞口止水密封装置；

3 盾构出工作井后的50~100环内，应加强管道轴线测量和地层变形监测；并应根据盾构进入土层阶段的施工参数，调整和优化下阶段的掘进作业要求；

4 进接收工作井阶段应降低正面土压力，拆除封门时应停止推进，确保封门的安全拆除；封门拆除后盾构应尽快推进和拼装管片，缩短进接受工作井时间；盾构到达接收工作井后应及时对洞圈间隙进行封闭；

5 盾构进接收工作井前100环应进行轴线、洞门中心位置测量，根据测量情况及时调整盾构推进姿态和方向；

6.4.6 盾构掘进应符合下列规定：

1 应根据盾构机类型采取相应的开挖面稳定方法，确保前方土体稳定；

2 盾构掘进轴线按设计要求进行控制，每掘进一环应对盾构姿态、衬砌位置进行测量；

3 在掘进中逐步纠偏，并采用小角度纠偏方式；

4 根据地层情况、设计轴线、埋深、盾构机类型等因素确定推进千斤顶的编组；

5 根据地质、埋深、地面的建筑设施及地面的隆沉值等情况，及时调整盾构的施工参数和掘进速度；

6 掘进中遇有停止推进且间歇时间较长时，应采取维持开挖面稳定的措施；

7 在拼装管片或盾构掘进停歇时，应采取防止盾构后退的措施；

8 推进中盾构旋转角度偏大时，应采取纠正的措施；

9 根据盾构选型、施工现场环境，合理选择土方输送方式和机械设备；

10 盾构掘进每次达到1/3管道长度时，对已建管道部分的贯通测量不少于一次；曲线管道还应增加贯通测量次数；

11 应根据盾构类型和施工要求做好各项施工、掘进、设备和装置运行的管理工作。

6.4.7 盾构掘进中遇有下列情况之一，应停止掘进，查明原因并采取有效措施：

1 盾构位置偏离设计轴线过大；

2 管片严重碎裂和渗漏水；

3 盾构前方开挖面发生坍塌或地表隆沉严重；

4 遭遇地下不明障碍物或意外的地质变化；

5 盾构旋转角度过大，影响正常施工；

6 盾构扭矩或顶力异常。

6.4.8 管片拼装应符合下列规定：

1 管片下井前应进行防水处理，管片与连接件等应有专人检查，配套送至工作面，拼装前应检查管片编组编号；

2 千斤顶顶出长度应满足管片拼装要求；

3 拼装前应清理盾尾底部，并检查拼装机运转是否正常；拼装机在旋转时，操作人员应退出管片拼装作业范围；

4 每环中的第一块拼装定位准确，自下而上，左右交叉对称依次拼装，最后封顶成环；

5 逐块初拧管片环向和纵向螺栓，成环后环面应平整；管片脱出盾尾后应再次复紧螺栓；

6 拼装时保持盾构姿态稳定，防止盾构后退、变坡变向；

7 拼装成环后应进行质量检测，并记录填写报表；

8 防止损伤管片防水密封条、防水涂料及衬垫；有损伤或挤出、脱槽、扭曲时，及时修补或调换；

9 防止管片损伤，并控制相邻管片间环面平整度、整环管片的圆度、环缝及纵缝的拼接质量，所有螺栓连接件应安装齐全并及时检查复紧。

6.4.9 盾构掘进中应采用注浆以利于管片衬砌结构稳定，注浆应符合下列规定：

1 根据注浆目的选择浆液材料，沉降量控制要求较高的工程不宜用惰性浆液；浆液的配合比及性能应经试验确定；

2 同步注浆时，注浆作业应与盾构掘进同步，及时充填管片脱出盾尾后形成的空隙，并应根据变形监测情况控制好注浆压力和注浆量；

3 注浆量控制宜大于环形空隙体积的 150%，压力宜为 0.2～0.5MPa；并宜多孔注浆；注浆后应及时将注浆孔封闭；

4 注浆前应对注浆孔、注浆管路和设备进行检查；注浆结束及时清洗管路及注浆设备。

6.4.10 盾构法施工及环境保护的监控内容应包括：地表隆沉、管道轴线监测，以及地下管道保护、地面建（构）筑物变形的量测等。有特殊要求时还应进行管道结构内力、分层土体变位、孔隙水压力的测量。施工监测情况应及时反馈，并指导施工。

6.4.11 盾构施工中对已成形管道轴线和地表变形进行监测应符合表 6.4.11 的规定。穿越重要建（构）筑物、公路及铁路时，应连续监测。

表 6.4.11 盾构掘进施工的管道轴线、地表变形监测的规定

测量项目	量测工具	测点布置	监测频率
地表变形	水准仪	每 5m 设一个监测点，每 30m 设一个监测断面；必要时须加密	盾构前方 20m，后方 30m，监测 2 次/d；盾构后方 50m，监测 1 次/2d；盾构后方>50m，测 1 次/7d

续表 6.4.11

测量项目	量测工具	测点布置	监测频率
管道轴线	水准仪、经纬仪、钢尺	每 5～10 环设一个监测断面	工作面后 10 环，监测 1 次/d；工作面后 50 环，监测 1 次/2d；工作面后>50 环，监测 1 次/7d

6.4.12 盾构施工的给排水管道应按设计要求施做现浇钢筋混凝土二次衬砌；现浇钢筋混凝土二次衬砌前应隐蔽验收合格，并应符合下列规定：

1 所有螺栓应拧紧到位，螺栓与螺栓孔之间的防水垫圈无缺漏；

2 所有预埋件、螺栓孔、螺栓手孔等进行防水、防腐处理；

3 管道如有渗漏水，应及时封堵处理；

4 管片拼装接缝应进行嵌缝处理；

5 管道内清理干净，并进行防水层处理。

6.4.13 现浇钢筋混凝土二次衬砌应符合下列规定：

1 衬砌的断面形式、结构形式和厚度，以及衬砌的变形缝位置和构造符合设计要求；

2 钢筋混凝土施工应符合现行国家标准《混凝土结构工程施工质量验收规范》GB 50204 和《给水排水构筑物工程施工及验收规范》GB 50141 的有关规定；

3 衬砌分次浇筑成型时，应"先下后上、左右对称、最后拱顶"的顺序分块施工；

4 下拱式非全断面衬砌时，应对无内衬部位的一次衬砌管片螺栓手孔封堵抹平。

6.4.14 全断面的钢筋混凝土二次衬砌，宜采用台车滑模浇筑，其施工应符合下列规定：

1 组合钢拱模板的强度、刚度，应能承受泵送混凝土荷载和辅助振捣荷载，并应确保台车滑模在拆卸、移动、安装等施工条件下不变形；

2 使用前模板表面应清理并均匀涂刷混凝土隔离剂，安装应牢固，位置正确；与已浇筑完成的内衬搭接宽度不宜小于 200mm，另一端面封堵模板与管片的缝隙应封闭；台车滑模应设置辅助振捣；

3 钢筋骨架焊接应牢固，符合设计要求；

4 采用和易性良好、坍落度适当的泵送混凝土，泵送前不产生离析；

5 衬砌应一次浇筑成型，并应符合下列要求：

1）泵送导管应水平设置在顶部，插入深度宜为台车滑模长度的 2/3，且不小于 3m；

2）混凝土浇筑应左右对称、高度基本一致，并应视情况采取辅助振捣；

3）泵送压力升高或顶部导管管口被混凝土埋入超过 2m 时，导管可边泵送边缓慢退出；导管管口至台车滑模端部时，应快

速拔出导管并封堵;

4)混凝土达到规定的强度方可拆模;拆模和台车滑模移动时不得损伤已浇筑混凝土;

5)混凝土缺陷应及时修补。

6.5 浅埋暗挖

6.5.1 按工程结构、水文地质、周围环境情况选择施工方案。

6.5.2 按设计要求和施工方案做好加固土层和降排水等开挖施工准备。

6.5.3 开挖前的土层加固应符合下列规定:

1 超前小导管加固土层应符合下列规定:

1)宜采用顺直,长度 3~4m,直径 40~50mm 的钢管;

2)沿拱部轮廓线外侧设置,间距、孔位、孔深、孔径符合设计要求;

3)小导管的后端应支承在已设置的钢格栅上,其前端应嵌固在土层中,前后两排小导管的重叠长度不应小于 1m;

4)小导管外插角不应大于 15°;

2 超前小导管加固的浆液应依据土层类型,通过试验选定;

3 水玻璃、改性水玻璃浆液与注浆应符合规定:

1)应取样进行注浆效果检查,未达要求时,应调整浆液或调整小导管间距;

2)砂层中注浆宜定量控制,注浆量应经渗透试验确定;

3)注浆压力宜控制在 0.15~0.3MPa 之间,最大不得超过 0.5MPa,每孔稳压时间不得小于 2min;

4)注浆应有序,自一端起跳孔顺序注浆,并观察有无串孔现象,发生串孔时应封闭相邻孔;

5)注浆后,根据浆液类型及其加固试验效果,确定土层开挖时间;通常 4~8h 后方可开挖;

4 钢筋锚杆加固土层应符合下列规定:

1)稳定洞体时采用的锚杆类型、锚杆间距、锚杆长度及排列方式,应符合施工方案的要求;

2)锚杆孔距允许偏差:普通锚杆±100mm;预应力锚杆±200mm;

3)灌浆锚杆孔内应砂浆饱满,砂浆配比及强度符合设计要求;

4)锚杆安装经验收合格后,应及时填写记录;

5)锚杆试验要求:同批每 100 根为一组,

每组 3 根,同批试件抗拔力平均值不得小于设计锚固力值。

6.5.4 土方开挖应符合下列规定:

1 宜用激光准直仪控制中线和隧道断面仪控制外轮廓线;

2 按设计要求确定开挖方式,内径小于 3m 的管道,宜用正台阶法或全断面开挖;

3 每开挖一榀钢拱架的间距,应及时支护、喷锚、闭合,严禁超挖;

4 土层变化较大时,应及时控制开挖长度;在稳定性较差的地层中,应采用保留核心土的开挖方法,核心土的长度不宜小于 2.5m;

5 在稳定性差的地层中停止开挖,或停止作业时间较长时,应及时喷射混凝土封闭开挖面;

6 相向开挖的两个开挖面相距约 2 倍管(隧)径时,应停止一个开挖面作业,进行封闭;由另一开挖面作贯通开挖。

6.5.5 初期衬砌施工应符合下列规定:

1 混凝土的强度符合设计要求,且宜采用湿喷方式;

2 按设计要求设置变形缝,且变形缝间距不宜大于 15m;

3 支护钢格栅、钢架以及钢筋网的加工、安装符合设计要求;运输、堆放应采取防止变形措施;安装前应除锈,并抽样试拼装,合格后方可使用;

4 喷射混凝土施工前应做好下列准备工作:

1)钢格栅、钢架及钢筋网安装检查合格;

2)埋设控制喷射混凝土厚度的标志;

3)检查管道开挖断面尺寸,清除松动的浮石、土块和杂物;

4)作业区的通风、照明设置符合规定;

5)做好排、降水,疏干地层的积、渗水;

5 喷射混凝土原材料及配合比应符合下列规定:

1)宜选用硅酸盐水泥或普通硅酸盐水泥;

2)细骨料应采用中砂或粗砂,细度模数宜大于 2.5,含水率宜控制在 5%~7%;采用防粘料的喷射机时,砂的含水率宜为 7%~10%;

3)粗骨料应采用卵石或碎石,粒径不宜大于 15mm;

4)骨料级配应符合表 6.5.5 规定;

表 6.5.5 骨料通过各筛径的累计质量百分数

骨料通过量 (%)	筛孔直径（mm）							
	0.15	0.30	0.60	1.20	2.50	5.00	10.00	15.00
优	5~7	10~15	17~22	23~31	34~43	50~60	73~82	100
良	4~8	5~22	13~31	18~41	26~54	40~70	62~90	100

5）应使用非碱活性骨料；使用碱活性骨料时，混凝土的总含碱量不应大于 $3kg/m^3$；

6）速凝剂质量合格且用前应进行试验，初凝时间不应大于 5min，终凝时间不应大于 10min；

7）拌合用水应符合混凝土用水标准；

8）应控制水灰比；

6　干拌混合料应符合下列规定：

1）水泥与砂石质量比宜为 $1:4.0\sim1:4.5$，砂率宜取 $45\%\sim55\%$；速凝剂掺量应通过试验确定；

2）原材料按重量计，其称量允许偏差：水泥和速凝剂均为 $\pm2\%$，砂和石均为 $\pm3\%$；

3）混合料应搅拌均匀，随用随拌；掺有速凝剂的干拌混合料的存放时间不应超过 20min；

7　喷射混凝土作业应符合下列规定：

1）工作面平整、光滑、无干斑或流淌滑坠现象；喷射作业分段、分层进行，喷射顺序由下而上；

2）喷射混凝土时，喷头应保持垂直于工作面，喷头距工作面不宜大于 1m；

3）采取措施减少喷射混凝土回弹损失；

4）一次喷射混凝土的厚度，侧壁宜为 $60\sim100mm$，拱部宜为 $50\sim60mm$；分层喷射时，应在前一层喷混凝土终凝后进行；

5）钢格栅、钢架、钢筋网的喷射混凝土保护层不应小于 20mm；

6）应在喷射混凝土终凝 2h 后进行养护，时间不小于 14d；冬期不得用水养护；混凝土强度低于 6MPa 时不得受冻；

7）冬期作业区环境温度不低于 $5℃$；混合料及水进入喷射机口温度不低于 $5℃$；

8　喷射混凝土设备应符合下列规定：

1）输送能力和输送距离应满足施工要求；

2）应满足喷射机工作风压及耗风量的要求；

3）输送管应能承受 0.8MPa 以上压力，并有良好的耐磨性能；

4）应保证供水系统喷头处水压不低于 $0.15\sim0.20MPa$；

5）应及时检查、清理、维护机械设备系统，使设备处于良好状况；

9　操作人员应穿着安全防护衣具；

10　初期衬砌应尽早闭合，混凝土达到设计强度后，应及时进行背后注浆，以防止土体扰动造成土层沉降；

11　大断面分部开挖应设置临时支护。

6.5.6　施工监控量测应符合下列规定：

1　监控量测包括下列主要项目：

1）开挖面土质和支护状态的观察；

2）拱顶、地表下沉值；

3）拱脚的水平收敛值；

2　测点应紧跟工作面，离工作面距离不宜大于 2m，且宜在工作面开挖以后 24h 测得初始值。

3　量测频率应根据监测数据变化趋势等具体情况确定和调整；量测数据应及时绘制成时态曲线，并注明当时管（隧）道施工情况以分析测点变形规律。

4　监控量测信息及时反馈，指导施工。

6.5.7　防水层施工应符合下列规定：

1　应在初期支护基本稳定，且衬砌检查合格后进行；

2　防水层材料应符合设计要求，排水管道工程宜采用柔性防水层；

3　清理混凝土表面，剔除尖、突部位，并用水泥砂浆压实、找平，防水层铺设基面凹凸高差不应大于 50mm，基面阴阳角应处理成圆角或钝角，圆弧半径不宜小于 50mm；

4　初期衬砌表面塑料类衬垫应符合下列规定：

1）衬垫材料应直顺，用垫圈固定，钉牢在基面上；固定衬垫的垫圈，应与防水卷材同材质，并焊接牢固；

2）衬垫固定时宜交错布置，间距应符合设计要求；固定钉距防水卷材外边缘的距离不应小于 0.5m；

3）衬垫材料搭接宽度不宜小于 500mm；

5　防水卷材铺设时应符合下列规定：

1）牢固地固定在初期衬砌面上；采用软塑料类防水卷材时，宜采用热焊固定在垫圈上；

2）采用专用热合机焊接；双焊缝搭接，焊缝应均匀连续，焊缝的宽度不应小于 10mm；

3）宜环向铺设，环向与纵向搭接宽度不应小于 100mm；

4）相邻两幅防水卷材的接缝应错开布置，并错开结构转角处，且错开距离不宜小于 600mm；

5）焊缝不得有漏焊、假焊、焊焦、焊穿等现象；焊缝应经充气试验，合格条件为：气压 0.15MPa，经 3min 其下降值不大于 20%。

6.5.8　二次衬砌施工应符合下列规定：

1　在防水层验收合格后，结构变形基本稳定的条件下施作；

2　采取措施保护防水层完好；

3　伸缩缝应根据设计设置，并与初期支护变形缝位置重合；止水带安装应在两侧加设支撑筋，并固定牢固，浇筑混凝土时不得有移动位置、卷边、跑灰等现象；

4 模板施工应符合下列规定：

1) 模板和支架的强度、刚度和稳定性应满足设计要求，使用前应经过检查，重复使用时应经修整；

2) 模板支架预留沉落量为：0～30mm；

3) 模板接缝拼接严密，不得漏浆；

4) 变形缝端头模板处的填缝中心应与初期支护变形缝位置重合，端头模板支设应垂直、牢固；

5 混凝土浇筑应符合下列规定：

1) 应按施工方案划分浇筑部位；

2) 灌筑前，应对设立模板的外形尺寸、中线、标高、各种预埋件等进行隐蔽工程检查，并填写记录；检查合格后，方可进行灌筑；

3) 应从下向上浇筑，各部位应对称浇筑振捣密实，且振捣器不得触及防水层；

4) 应采取措施做好施工缝处理；

6 泵送混凝土应符合下列规定：

1) 坍落度为 60～200mm；

2) 碎石级配，骨料最大粒径≤25mm；

3) 减水型、缓凝型外加剂，其掺量应经试验确定；掺加防水剂、微膨胀剂时应以动态运转试验控制掺量；

4) 骨料的含碱量控制符合本规范第 6.5.5 条的规定；

7 拆模时间应根据结构断面形式及混凝土达到的强度确定；矩形断面，侧墙应达到设计强度的 70%；顶板应达到 100%。

6.6 定向钻及夯管

6.6.1 定向钻及夯管施工应根据设计要求和施工方案组织实施。

6.6.2 定向钻施工前应检查下列内容，确认条件具备时方可开始钻进。

1 设备、人员应符合下列要求：

1) 设备应安装牢固、稳定，钻机导轨与水平面的夹角符合入土角要求；

2) 钻机系统、动力系统、泥浆系统等调试合格；

3) 导向控制系统安装正确，校核合格，信号稳定；

4) 钻进、导向探测系统的操作人员经培训合格；

2 管道的轴向曲率应符合设计要求、管材轴向弹性性能和成孔稳定性的要求；

3 按施工方案确定入土角、出土角；

4 无压管道从竖向曲线过渡至直线后，应设置控制井；控制井的设置应结合检查井、入土点、出土点位置综合考虑，并在导向孔钻进前施工完成；

5 进、出控制井洞口范围的土体应稳固；

6 最大控制回拖力应满足管材力学性能和设备能力要求，总回拖阻力的计算可按式（6.6.2-1）进行：

$$P = P_1 + P_F \quad (6.6.2-1)$$
$$P_F = \pi D_k^2 R_a / 4 \quad (6.6.2-2)$$
$$P_1 = \pi D_o L f_1 \quad (6.6.2-3)$$

式中 P——总回拖阻力（kN）；

P_F——扩孔钻头迎面阻力（kN）；

P_1——管外壁周围摩擦阻力（kN）；

D_k——扩孔钻头外径（m），一般取管道外径 1.2～1.5 倍；

D_o——管节外径（m）；

R_a——迎面土挤压力（kN/m²）；一般情况下，黏性土可取 500～600kN/m²，砂性土可取 800～1000kN/m²；

L——回拖管段总长度（m）；

f_1——管节外壁单位面积的平均摩擦阻力（kN/m²），可按本规范表 6.3.4-2 中的钢管取值；

7 回拖管段的地面布置应符合下列要求：

1) 待回拖管段应布置在出土点一侧，沿管道轴线方向组对连接；

2) 布管场地应满足管段拼接长度要求；

3) 管段的组对拼接、钢管的防腐层施工、钢管接口焊接无损检验应符合本规范第 5 章的相关规定和设计要求；

4) 管段回拖前预水压试验应合格；

8 应根据工程具体情况选择导向探测系统。

6.6.3 夯管施工前应检查下列内容，确认条件具备时方可开始夯进。

1 工作井结构施工符合要求，其尺寸应满足单节管长安装、接口焊接作业、夯管锤及辅助设备布置、气动软管弯曲等要求；

2 气动系统、各类辅助系统的选择及布置符合要求，管路连接结构安全、无泄漏，阀门及仪器仪表的安装和使用安全可靠；

3 工作井内的导轨安装方向与管道轴线一致，安装稳固、直顺，确保夯进过程中导轨无位移和变形；

4 成品钢管及外防腐层质量检验合格，接口外防腐层补口材料准备就绪；

5 连接器与穿孔机、钢管刚性连接牢固、位置正确、中心轴线一致，第一节钢管顶入端的管靴制作和安装符合要求；

6 设备、系统经检验、调试合格后方可使用；滑块与导轨面接触平顺、移动平稳；

7 进、出洞口范围土体稳定。

6.6.4 定向钻施工应符合下列规定：

1 导向孔钻进应符合下列规定：

　　1）钻机必须先进行试运转，确定各部分运转正常后方可钻进；

　　2）第一根钻杆入土钻进时，应采取轻压慢转的方式，稳定钻进导入位置和保证入土角；且入土段和出土段应为直线钻进，其直线长度宜控制在20m左右；

　　3）钻孔时应匀速钻进，并严格控制钻进给进力和钻进方向；

　　4）每进一根钻杆应进行钻进距离、深度、侧向位移等的导向探测，曲线段和有相邻管线段应加密探测；

　　5）保持钻头正确姿态，发生偏差应及时纠正，且采用小角度逐步纠偏；钻孔的轨迹偏差不得大于终孔直径，超出误差允许范围宜退回进行纠偏；

　　6）绘制钻孔轨迹平面、剖面图；

2 扩孔应符合下列规定：

　　1）从出土点向入土点回扩，扩孔器与钻杆连接应牢固；

　　2）根据管径、管道曲率半径、地层条件、扩孔器类型等确定一次或分次扩孔方式；分次扩孔时每次回扩的级差宜控制在100～150mm，终孔孔径宜控制在回拖管节外径的1.2～1.5倍；

　　3）严格控制回拉力、转速、泥浆流量等技术参数，确保成孔稳定和线形要求，无坍孔、缩孔等现象；

　　4）扩孔孔径达到终孔要求后应及时进行回拖管道施工；

3 回拖应符合下列规定：

　　1）从出土点向入土点回拖；

　　2）回拖管段的质量、拖拉装置安装及其与管段连接等经检验合格后，方可进行拖管；

　　3）严格控制钻机回拖力、扭矩、泥浆流量、回拖速率等技术参数，严禁硬拉硬拖；

　　4）回拖过程中应有发送装置，避免管段与地面直接接触和减小摩擦力；发送装置可采用水力发送沟、滚筒管架发送道等形式，并确保进入地层前的管段曲率半径在允许范围内；

4 定向钻施工的泥浆（液）配制应符合下列规定：

　　1）导向钻进、扩孔及回拖时，及时向孔内注入泥浆（液）；

　　2）泥浆（液）的材料、配比和技术性能指标应满足施工要求，并可根据地层条件、钻头技术要求、施工步骤进行调整；

　　3）泥浆（液）应在专用的搅拌装置中配制，并通过泥浆循环池使用；从钻孔中返回的泥浆经处理后回用，剩余泥浆应妥善处置；

　　4）泥浆（液）的压力和流量应按施工步骤分别进行控制；

5 出现下列情况时，必须停止作业，待问题解决后方可继续作业：

　　1）设备无法正常运行或损坏，钻机导轨、工作井变形；

　　2）钻进轨迹发生突变、钻杆发生过度弯曲；

　　3）回转扭矩、回拖力等突变，钻杆扭曲过大或拉断；

　　4）坍孔、缩孔；

　　5）待回拖管表面及钢管外防腐层损伤；

　　6）遇到未预见的障碍物或意外的地质变化；

　　7）地层、邻近建（构）筑物、管线等周围环境的变形量超出控制允许值。

6.6.5 夯管施工应符合下列规定：

1 第一节管入土层时应检查设备运行工作情况，并控制管道轴线位置；每夯入1m应进行轴线测量，其偏差控制在15mm以内；

2 后续管节夯进应符合下列规定：

　　1）第一节管夯至规定位置后，将连接器与第一节管分离，吊入第二节管进行与第一节管接口焊接；

　　2）后续管节每次夯进前，应待已夯入管与吊入管的管节接口焊接完成，按设计要求进行焊缝质量检验和外防腐层补口施工后，方可与连接器及穿孔机连接夯进施工；

　　3）后续管节与夯入管节连接时，管节组对拼接、焊缝和补口等质量应检验合格，并控制管节轴线，避免偏移、弯曲；

　　4）夯管时，应将第一节管夯入接收工作井不少于500mm，并检查露出部分管节的外防腐层及管口损伤情况；

3 管节夯进过程中应严格控制气动压力、夯进速率，气压必须控制在穿孔机工作气压定值内；并应及时检查导轨变形情况以及设备运行、连接器连接、导轨面与滑块接触情况等；

4 夯管完成后进行排土作业，排土方式采用人工结合机械方式排土；小口径管道可采用气压、水压方法；排土完成后应进行余土、残土的清理；

5 出现下列情况时，必须停止作业，待问题解决后方可继续作业：

    1）设备无法正常运行或损坏，导轨、工作井变形；

    2）气动压力超出规定值；

    3）穿孔机在正常的工作气压、频率、冲击功等条件下，管节无法夯入或变形、开裂；

    4）钢管夯入速率突变；

    5）连接器损伤、管节接口破坏；

    6）遇到未预见的障碍物或意外的地质变化；

    7）地层、邻近建（构）筑物、管线等周围环境的变形量超出控制值。

6.6.6 定向钻和夯管施工管道贯通后应做好下列工作：

    1 检查露出管节的外观、管节外防腐层的损伤情况；

    2 工作井洞口与管外壁之间进行封闭、防渗处理；

    3 定向钻管道轴向伸长量经校测应符合管材性能要求，并应等待 24h 后方能与已敷设的上下游管道连接；

    4 定向钻施工的无压力管道，应对管道周围的钻进泥浆（液）进行置换改良，减少管道后期沉降量；

    5 夯管施工管道应进行贯通测量和检查，并按本规范第 5.4 节的规定和设计要求进行内防腐施工。

6.6.7 定向钻和夯管施工过程监测和保护应符合下列规定：

    1 定向钻的入土点、出土点以及夯管的起始、接收工作井设有专人联系和有效的联系方式；

    2 定向钻施工时，应做好待回拖管段的检查、保护工作；

    3 根据地质条件、周围环境、施工方式等，对沿线地面、建（构）筑物、管线等进行监测，并做好保护工作。

6.7 质量验收标准

6.7.1 工作井的围护结构、井内结构施工质量验收标准应按现行国家标准《建筑地基基础工程施工质量验收规范》GB 50202、《给水排水构筑物工程施工及验收规范》GB 50141 的相关规定执行。

6.7.2 工作井应符合下列规定：

主 控 项 目

    1 工程原材料、成品、半成品的产品质量应符合国家相关标准规定和设计要求；

    检查方法：检查产品质量合格证、出厂检验报告和进场复验报告。

    2 工作井结构的强度、刚度和尺寸应满足设计

要求，结构无滴漏和线流现象；

    检查方法：观察按本规范附录 F 第 F.0.3 条的规定逐座进行检查，检查施工记录。

    3 混凝土结构的抗压强度等级、抗渗等级符合设计要求；

    检查数量：每根钻孔灌柱桩、每幅地下连续墙混凝土为一个验收批，抗压强度、抗渗试块应各留置一组；沉井及其他现浇结构的同一配合比混凝土，每工作班且每浇筑 100m³ 为一个验收批，抗压强度试块留置不应少于 1 组；每浇筑 500m³ 混凝土抗渗试块留置不应少于 1 组；

    检查方法：检查混凝土浇筑记录，检查试块的抗压强度、抗渗试验报告。

一 般 项 目

    4 结构无明显渗水和水珠现象；

    检查方法：按本规范附录 F 第 F.0.3 条的规定逐座观察。

    5 顶管顶进工作井、盾构始发工作井的后背墙应坚实、平整；后座与井壁后背墙联系紧密；

    检查方法：逐个观察；检查相关施工记录。

    6 两导轨应顺直、平行、等高，盾构基座及导轨的夹角符合规定；导轨与基座连接应牢固可靠，不得在使用中产生位移；

    检查方法：逐个观察、量测。

    7 工作井施工的允许偏差应符合表 6.7.2 的规定。

表 6.7.2　工作井施工的允许偏差

	检查项目		允许偏差 (mm)	检查数量		检查方法
				范围	点 数	
1	井内导轨安装	顶面高程（顶管、夯管）	+3.0	每根导轨	每根导轨 2 点	用水准仪测量、水平尺量测
		顶面高程（盾构）	+5.0			
		中心水平位置（顶管、夯管）	3	每座	每根导轨 2 点	用经纬仪测量
		中心水平位置（盾构）	5			
		两轨间距（顶管、夯管）	±2		2 个断面	用钢尺量测
		两轨间距（盾构）	±5			
2	盾构后座管片	高程	±10	每环底部	1 点	用水准仪测量
		水平轴线	±10		1 点	
3	井尺寸	矩形 每侧长、宽	不小于设计要求	每座	2 点	挂中线用尺量测
		圆形 半径				
4	进、出井预留洞口	中心位置	20	每个	竖、水平各 1 点	用经纬仪测量
		内径尺寸	±20		垂直向各 1 点	用钢尺量测
5	井底板高程		±30	每座	4 点	用水准仪测量
6	顶管、盾构工作井后背墙	垂直度	0.1%H	每座	1 点	用垂线、角尺量测
		水平扭转度	0.1%L			

注：H 为后背墙的高度（mm）；L 为后背墙的长度（mm）。

度检查按本规范附录 F 第 F.0.3 条执行。

4 管节接口连接件安装正确、完整；

检查方法：逐个观察；检查施工记录。

5 防水、防腐层完整，阴极保护装置符合设计要求；

检查方法：逐个观察，检查防水、防腐材料技术资料、施工记录。

6 管道无明显渗水和水珠现象；

检查方法：按本规范附录 F 第 F.0.3 条的规定逐节观察。

7 水平管道内垂直顶升施工的允许偏差应符合表 6.7.4 的规定。

表 6.7.4　水平管道内垂直顶升施工的允许偏差

	检查项目		允许偏差(mm)	检查数量		检查方法
				范围	点数	
1	顶升管帽盖顶面高程		±20	每根	1点	用水准仪测量
2	顶升管管节安装	管节垂直度	≤1.5‰ H	每节	各1点	用垂线量
		管节连接端面平行度	≤1.5‰ D_0，且≤2			用钢尺、角尺等量测
3	顶升管节间错口		≤20			用钢尺量测
4	顶升管道垂直度		0.5%H	每根	1点	用垂线量
5	顶升管的中心轴线	沿水平管纵向	30	顶头、底座管节	各1点	用经纬仪测量或钢尺量测
		沿水平管横向	20			
6	开口管顶升口中心轴线	沿水平管纵向	40	每处	1点	
		沿水平管横向	30			

注：H 为垂直顶升管总长度（mm）；D_0 为垂直顶升管外径（mm）。

6.7.5 盾构管片制作应符合下列规定：

1 工厂预制管片的产品质量应符合国家相关标准的规定和设计要求；

检查方法：检查产品质量合格证明书、各项性能检验报告，检查制造产品的原材料质量保证资料。

2 现场制作的管片应符合下列规定：

1）原材料的产品应符合国家相关标准的规定和设计要求；

2）管片的钢模制作的允许偏差应符合表6.7.5-1的规定；

检查方法：检查产品质量合格证明书、各项性能检验报告、进场复验报告；管片的钢模制作允许偏差按表6.7.5-1的规定执行。

3 管片的混凝土强度等级、抗渗等级符合设计要求；

检查方法：检查混凝土抗压强度、抗渗试块报告。

表 6.7.5-1　管片的钢模制作的允许偏差

	检查项目	允许偏差	检查数量		检查方法
			范围	点数	
1	宽度	±0.4mm	每块钢模	6点	用专用量轨、卡尺及钢尺等量测
2	弧弦长	±0.4mm		2点	
3	底座夹角	±1°		4点	
4	纵环向芯棒中心距	±0.5mm		全检	
5	内腔高度	±1mm		3点	

检查数量：同一配合比当天同一班组或每浇筑5环管片混凝土为一个验收批，留置抗压强度试块1组；每生产10环管片混凝土应留置抗渗试块1组。

4 管片表面应平整，外观质量无严重缺陷、且无裂缝；铸铁管片或钢制管片无影响结构和拼装的质量缺陷；

检查方法：逐个观察；检查产品进场验收记录。

5 单块管片尺寸的允许偏差应符合表6.7.5-2的规定。

表 6.7.5-2　单块管片尺寸的允许偏差

	检查项目	允许偏差(mm)	检查数量		检查方法
			范围	点数	
1	宽度	±1	每块	内、外侧各3点	用卡尺、钢尺、直尺、角尺、专用弧形板量测
2	弧弦长	±1		两端面各1点	
3	管片的厚度	+3，−1		3点	
4	环面平整度	0.2		2点	
5	内、外环面与端面垂直度	1		4点	
6	螺栓孔位置	±1		3点	
7	螺栓孔直径	±1		3点	

6 钢筋混凝土管片抗渗试验应符合设计要求；

检查方法：将单块管片放置在专用试验架上，按设计要求水压恒压2h，渗水深度不得超过管片厚度的1/5为合格。

检查数量：工厂预制管片，每生产50环应抽查1块管片做抗渗试验；连续三次合格时则改为每生产100环抽查1块管片，再连续三次合格则最终改为200环抽查1块管片做抗渗试验；如出现一次不合

6.7.3 顶管管道应符合下列规定：

主控项目

1 管节及附件等工程材料的产品质量应符合国家有关标准的规定和设计要求；

检查方法：检查产品质量合格证明书、各项性能检验报告，检查产品制造原材料质量保证资料；检查产品进场验收记录。

2 接口橡胶圈安装位置正确，无位移、脱落现象；钢管的接口焊接质量应符合本规范第 5 章的相关规定，焊缝无损探伤检验符合设计要求；

检查方法：逐个接口观察；检查钢管接口焊接检验报告。

3 无压管道的管底坡度无明显反坡现象；曲线顶管的实际曲率半径符合设计要求；

检查方法：观察；检查顶进施工记录、测量记录。

4 管道接口端部应无破损、顶裂现象，接口处无滴漏；

检查方法：逐节观察，其中渗漏水程度检查按本规范附录 F 第 F.0.3 条执行。

一般项目

5 管道内应线形平顺、无突变、变形现象；一般缺陷部位，应修补密实、表面光洁；管道无明显渗水和水珠现象；

检查方法：按本规范附录 F 第 F.0.3 条、附录 G 的规定逐节观察。

6 管道与工作井出、进洞口的间隙连接牢固，洞口无渗漏水；

检查方法：观察每个洞口。

7 钢管防腐层及焊缝处的外防腐层及内防腐层质量验收合格；

检查方法：观察；按本规范第 5 章的相关规定进行检查。

8 有内防腐层的钢筋混凝土管道，防腐层应完整、附着紧密；

检查方法：观察。

9 管道内应清洁，无杂物、油污；

检查方法：观察。

10 顶管施工贯通后管道的允许偏差应符合表 6.7.3 的规定。

表 6.7.3 顶管施工贯通后管道的允许偏差

	检查项目		允许偏差（mm）	检查数量		检查方法
				范围	点数	
1	直线顶管水平轴线	顶进长度<300m	50	每节管	1点	用经纬仪测量或挂中线用尺量测
		300m≤顶进长度<1000m	100			
		顶进长度≥1000m	L/10			

续表 6.7.3

	检查项目		允许偏差（mm）	检查数量		检查方法
				范围	点数	
2	直线顶管内底高程	顶进长度<300m	$D_i<1500$ +30，−40	每管节	1点	用水准仪或水平仪测量
			$D_i≥1500$ +40，−50			
		300m≤顶进长度<1000m	+60，−80			用水准仪测量
		顶进长度≥1000m	+80，−100			
3	曲线顶管水平轴线	$R≤150D_i$	水平曲线 150			用经纬仪测量
			竖曲线 150			
			复合曲线 200			
		$R>150D_i$	水平曲线 150			
			竖曲线 150			
			复合曲线 150			
4	曲线顶管内底高程	$R≤150D_i$	水平曲线 +100，−150			用水准仪测量
			竖曲线 +150，−200			
			复合曲线 ±200			
		$R>150D_i$	水平曲线 +100，−150			
			竖曲线 +100，−150			
			复合曲线 ±200			
5	相邻管间错口	钢管、玻璃钢管	≤2			用钢尺量测，见本规范第 4.6.3 条的有关规定
		钢筋混凝土管	15%壁厚，且≤20			
6	钢筋混凝土管曲线顶管相邻管间接口的最大间隙与最小间隙之差		≤ΔS			
7	钢管、玻璃钢管道竖向变形		≤0.03D_i			
8	对顶时两端错口		50			

注：D_i 为管道内径（mm）；L 为顶进长度（mm）；$ΔS$ 为曲线顶管相邻管节接口允许的最大间隙与最小间隙之差（mm）；R 为曲线顶管的设计曲率半径（mm）。

6.7.4 垂直顶升管道应符合下列规定：

主控项目

1 管节及附件的产品质量应符合国家相关标准的规定和设计要求；

检查方法：检查产品质量合格证明书、各项性能检验报告，检查产品制造原材料质量保证资料；检查产品进场验收记录。

2 管道直顺，无破损现象；水平特殊管节及相邻管节无变形、破损现象；顶升管道底座与水平特殊管节的连接符合设计要求；

检查方法：逐个观察，检查施工记录。

3 管道防水、防腐蚀处理符合设计要求；无滴漏和线流现象；

检查方法：逐个观察；检查施工记录，渗漏水程格，则恢复每 50 环抽查 1 块管片，并按上述抽查要求进行试验。

现场生产管片，当天同一班组或每浇筑 5 环管片，应抽查 1 块管片做抗渗试验。

7 管片进行水平组合拼装检验时应符合表6.7.5-3 的规定。

表 6.7.5-3　管片水平组合拼装检验的允许偏差

	检查项目	允许偏差（mm）	检查数量		检查方法
			范围	点数	
1	环缝间隙	≤2	每条缝	6 点	插片检查
2	纵缝间隙	≤2		6 点	插片检查
3	成环后内径（不放衬垫）	±2	每环	4 点	用钢尺量测
4	成环后外径（不放衬垫）	+4，−2		4 点	用钢尺量测
5	纵、环向螺栓穿进后，螺栓杆与螺孔的间隙	(D_1-D_2) <2	每处	各 1 点	插钢丝检查

注：D_1 为螺孔直径，D_2 为螺栓杆直径，单位：mm。

检查数量：每套钢模（或铸铁、钢制管片）先生产 3 环进行水平拼装检验，合格后试生产 100 环再抽查 3 环进行水平拼装检验；合格后正式生产时，每生产 200 环应抽查 3 环进行水平拼装检验；管片正式生产后出现一次不合格时，则应加倍检验。

一 般 项 目

8 钢筋混凝土管片无缺棱、掉边、麻面和露筋，表面无明显气泡和一般质量缺陷；铸铁管片或钢制管片防腐层完整；

检查方法：逐个观察；检查产品进场验收记录。

9 管片预埋件齐全，预埋孔完整、位置正确；

检查方法：观察；检查产品进场验收记录。

10 防水密封条安装凹槽表面光洁，线形直顺；

检查方法：逐个观察。

11 管片的钢筋骨架制作的允许偏差应符合表6.7.5-4 的规定。

表 6.7.5-4　钢筋混凝土管片的钢筋骨架制作的允许偏差

	检查项目	允许偏差（mm）	检查数量		检查方法
			范围	点 数	
1	主筋间距	±10		4 点	
2	骨架长、宽、高	+5，−10		各 2 点	
3	环、纵向螺栓孔	畅通、内圆面平整	每榀	每处 1 点	用卡尺、钢尺量测
4	主筋保护层	±3		4 点	
5	分布筋长度	±10		4 点	
6	分布筋间距	±5		4 点	
7	箍筋间距	±10		4 点	
8	预埋件位置	±5		每处 1 点	

6.7.6 盾构掘进和管片拼装应符合下列规定：

主 控 项 目

1 管片防水密封条性能符合设计要求，粘贴牢固、平整、无缺损，防水垫圈无遗漏；

检查方法：逐个观察，检查防水密封条质量保证资料。

2 环、纵向螺栓及连接件的力学性能符合设计要求，螺栓应全部穿入，拧紧力矩应符合设计要求；

检查方法：逐个观察；检查螺栓及连接件的材料质量保证资料、复试报告，检查拼装拧紧记录。

3 钢筋混凝土管片拼装无内外贯穿裂缝，表面无大于 0.2mm 的推顶裂缝以及混凝土剥落和露筋现象；铸铁、钢制管片无变形、破损；

检查方法：逐片观察，用裂缝观察仪检查裂缝宽度。

4 管道无线漏、滴漏水现象；

检查方法：按本规范附录 F 第 F.0.3 条的规定，全数观察。

5 管道线形平顺，无突变现象；圆环无明显变形；

检查方法：观察。

一 般 项 目

6 管道无明显渗水；

检查方法：按本规范附录 F 第 F.0.3 条的规定全数观察。

7 钢筋混凝土管片表面不宜有一般质量缺陷；铸铁、钢制管片防腐层完好；

检查方法：全数观察，其中一般质量缺陷判定按本规范附录 G 的规定执行。

8 钢筋混凝土管片的螺栓手孔封堵时不得有剥落现象，且封堵混凝土强度符合设计要求；

检查方法：观察；检查封堵混凝土的抗压强度试块试验报告。

9 管片在盾尾内管片拼装成环的允许偏差应符合表6.7.6-1 的规定。

表 6.7.6-1　在盾尾内管片拼装成环的允许偏差

	检查项目		允许偏差（mm）	检查数量		检查方法
				范围	点数	
1	环缝张开		≤2		1	插片检查
2	纵缝张开		≤2		1	插片检查
3	衬砌环直径圆度		5‰D_i	每环	4	用钢尺量测
4	相邻管片间的高差	环向	5			用钢尺量测
		纵向	6			
5	成环环底高程		±100		1	用水准仪测量
6	成环中心水平轴线		±100			用经纬仪测量

注：环缝、纵缝张开的允许偏差仅指直线段。

10 管道贯通后的允许偏差应符合表 6.7.6-2 的规定。

表 6.7.6-2　管道贯通后的允许偏差

	检查项目		允许偏差 (mm)	检查数量		检查方法
				范围	点数	
1	相邻管片间的高差	环向	15	每5环	4	用钢尺量测
		纵向	20			
2	环缝张开		2		1	插片检查
3	纵缝张开		2			
4	衬砌环直径圆度		8‰D_i		4	用钢尺量测
5	管底高程	输水管道	±150		1	用水准仪测量
		套或管廊	±100			
6	管道中心水平轴线		±150			用经纬仪测量

注：环缝、纵缝张开的允许偏差仅指直线段。

6.7.7 盾构施工管道的钢筋混凝土二次衬砌应符合下列规定：

主控项目

1 钢筋数量、规格应符合设计要求；

检查方法：检查每批钢筋的质量保证资料和进场复验报告。

2 混凝土强度等级、抗渗等级符合设计要求；

检查方法：检查混凝土抗压强度、抗渗试块报告；

检查数量：同一配合比，每连续浇筑一次混凝土为一验收批，应留置抗压、抗渗试块各1组。

3 混凝土外观质量无严重缺陷；

检查方法：按本规范附录G的规定逐段观察；检查施工技术资料。

4 防水处理符合设计要求，管道无滴漏、线漏现象；

检查方法：按本规范附录F第F.0.3条的规定观察；检查防水材料质量保证资料、施工记录、施工技术资料。

一般项目

5 变形缝位置符合设计要求，且通缝、垂直；

检查方法：逐个观察。

6 拆模后无隐筋现象，混凝土不宜有一般质量缺陷；

检查方法：按本规范附录G的规定逐段观察；检查施工技术资料。

7 管道线形平顺，表面平整、光洁；管道无明显渗水现象；

检查方法：全数观察。

8 钢筋混凝土衬砌施工质量的允许偏差应符合表6.7.7的规定。

表 6.7.7　钢筋混凝土衬砌施工质量的允许偏差

	检查项目	允许偏差 (mm)	检查数量		检查方法
			范围	点数	
1	内径	±20	每榀	不少于1点	用钢尺量测
2	内衬壁厚	±15		不少于2点	
3	主钢筋保护层厚度	±5		不少于4点	
4	变形缝相邻高差	10		不少于1点	
5	管底高程	±100			用水准仪测量
6	管道中心水平轴线	±100			用经纬仪测量
7	表面平整度	10		不少于1点	沿管道轴向用2m直尺量测
8	管道直顺度	15	每20m	1点	沿管道轴向用20m小线测

6.7.8 浅埋暗挖管道的土层开挖应符合下列规定：

主控项目

1 开挖方法必须符合施工方案要求，开挖土层稳定；

检查方法：全过程检查；检查施工方案、施工技术资料、施工和监测记录。

2 开挖断面尺寸不得小于设计要求，且轮廓圆顺；若出现超挖，其超挖允许值不得超出现行国家标准《地下铁道工程施工及验收规范》GB 50299的规定；

检查方法：检查每个开挖断面；检查设计文件、施工方案、施工技术资料、施工记录。

一般项目

3 土层开挖的允许偏差应符合表6.7.8的规定。

表 6.7.8　土层开挖的允许偏差

序号	检查项目	允许偏差 (mm)	检查数量		检查方法
			范围	点数	
1	轴线偏差	±30	每榀	4	挂中心线用尺量每侧2点
2	高程	±30	每榀	1	用水准仪测量

注：管道高度大于3m时，轴线偏差每侧测量3点。

4 小导管注浆加固质量符合设计要求；

检查方法：全过程检查，检查施工技术资料、施工记录。

6.7.9 浅埋暗挖管道的初期衬砌应符合下列规定：

主控项目

1 支护钢格栅、钢架的加工、安装符合下列

规定：

1）每批钢筋、型钢材料规格、尺寸、焊接质量应符合设计要求；

2）每榀钢格栅、钢架的结构形式，以及部件拼装的整体结构尺寸应符合设计要求，且无变形；

检查方法：观察；检查材料质量保证资料，检查加工记录。

2 钢筋网安装应符合下列规定：

1）每批钢筋材料规格、尺寸应符合设计要求；

2）每片钢筋网加工、制作尺寸应符合设计要求，且无变形；

检查方法：观察；检查材料质量保证资料。

3 初期衬砌喷射混凝土应符合下列规定：

1）每批水泥、骨料、水、外加剂等原材料，其产品质量应符合国家标准的规定和设计要求；

2）混凝土抗压强度应符合设计要求；

检查方法：检查材料质量保证资料、混凝土试件抗压和抗渗试验报告。

检查数量：混凝土标准养护试块，同一配合比，管道拱部和侧墙每20m混凝土为一验收批，抗压强度试块各留置一组；同一配合比，每40m管道混凝土留置抗渗试块一组。

一 般 项 目

4 初期支护钢格栅、钢架的加工、安装应符合下列规定：

1）每榀钢格栅各节点连接必须牢固，表面无焊渣；

2）每榀钢格栅与壁面应楔紧，底脚支垫稳固，相邻格栅的纵向连接必须绑扎牢固；

3）钢格栅、钢架的加工与安装的允许偏差符合表6.7.9-1的规定。

表6.7.9-1 钢格栅、钢架的加工与安装的允许偏差

检查项目			允许偏差	检查数量		检查方法
				范围	点数	
1	加工	拱架（顶拱、墙拱）	矢高及弧长	+200mm		2	每榀	用钢尺量测
			墙架长度	±20mm		1		
			拱、墙架横断面（高、宽）	+100mm		2		
		格栅组装后外轮廓尺寸	高度	±30mm		1		
			宽度	±20mm		2		
			扭曲度	≤20mm		3		

续表6.7.9-1

	检查项目		允许偏差	检查数量		检查方法
				范围	点数	
2	安装	横向和纵向位置	横向±30mm，纵向±50mm	每榀	2	用钢尺量测
		垂直度	5‰		2	用垂球及钢尺量测
		高程	±30mm		2	用水准仪测量
		与管道中线倾角	≤2°		1	用经纬仪测量
		间距 格栅	±100mm		每处1	用钢尺量测
		间距 钢架	±50mm		每处1	

注：首榀钢格栅应经检验合格后，方可投入批量生产。

检查方法：观察；检查制造、加工记录，按表6.7.9-1的规定检查允许偏差。

5 钢筋网安装应符合下列规定：

1）钢筋网必须与钢筋格栅、钢架或锚杆连接牢固；

2）钢筋网加工、铺设的允许偏差应符合表6.7.9-2的规定。

表6.7.9-2 钢筋网加工、铺设的允许偏差

	检查项目		允许偏差（mm）	检查数量		检查方法
				范围	点数	
1	钢筋网加工	钢筋间距	±10	片	2	用钢尺量测
		钢筋搭接长	±15			
2	钢筋网铺设	搭接长度	≥200	一榀钢拱架长度	4	用钢尺量测
		保护层	符合设计要求		2	用垂球及尺量测

检查方法：观察；按表6.7.9-2的规定检查允许偏差。

6 初期衬砌喷射混凝土应符合下列规定：

1）喷射混凝土层表面应保持平顺、密实，且无裂缝、无脱落、无漏喷、无露筋、无空鼓、无渗漏水等现象；

2）初期衬砌喷射混凝土质量的允许偏差符合表6.7.9-3的规定。

表 6.7.9-3　初期衬砌喷射混凝土质量的允许偏差

检查项目	允许偏差 (mm)	检查数量		检查方法
		范围	点数	
1　平整度	≤30	每20m	2	用2m靠尺和塞尺量测
2　矢、弦比	≯1/6	每20m	1个断面	用尺量测
3　喷射混凝土层厚度	见表注1	每20m	1个断面	钻孔法或其他有效方法，并见表注2

注：1　喷射混凝土层厚度允许偏差，60%以上检查点厚度不小于设计厚度，其余点处的最小厚度不小于设计厚度的1/2；厚度总平均值不小于设计厚度；
　　2　每20m管道检查一个断面，每断面以拱部中线开始，每间隔2~3m设一个点，但每一检查断面的拱部不应少于3个点，总计不应少于5个点。

检查方法：观察；按表6.7.9-3的规定检查允许偏差。

6.7.10　浅埋暗挖管道的防水层应符合下列规定：

主控项目

1　每批的防水层及衬垫材料品种、规格必须符合设计要求；

检查方法：观察；检查产品质量合格证明、性能检验报告等。

一般项目

2　双焊缝焊接，焊缝宽度不小于10mm，且均匀连续，不得有漏焊、假焊、焊焦、焊穿等现象；

检查方法：观察；检查施工记录。

3　防水层铺设质量的允许偏差符合表6.7.10的规定。

表 6.7.10　防水层铺设质量的允许偏差

检查项目	允许偏差 (mm)	检查数量		检查方法
		范围	点数	
1　基面平整度	≤50	每5m	2	用2m直尺量取最大值
2　卷材环向与纵向搭接宽度	≥100			用钢尺量测
3　衬垫搭接宽度	≥50			

注：本表防水层系低密度聚乙烯（LDPE）卷材。

6.7.11　浅埋暗挖管道的二次衬砌应符合下列规定：

主控项目

1　原材料的产品质量保证资料应齐全，每生产批次的出厂质量合格证明书及各项性能检验报告应符合国家相关标准规定和设计要求；

检查方法：检查产品质量合格证明书、各项性能检验报告、进场复验报告。

2　伸缩缝的设置必须根据设计要求，并应与初

期支护变形缝位置重合；

检查方法：逐缝观察；对照设计文件检查。

3　混凝土抗压、抗渗等级必须符合设计要求。

检查数量：

　1）同一配比，每浇筑一次垫层混凝土为一验收批，抗压强度试块各留置一组；同一配比，每浇筑管道每30m混凝土为一验收批，抗压强度试块留置2组（其中1组作为28d强度）；如需要与结构同条件养护的试块，其留置组数可根据需要确定；

　2）同一配比，每浇筑管道每30m混凝土为一验收批，留置抗渗试块1组；

检查方法：检查混凝土抗压、抗渗试件的试验报告。

一般项目

4　模板和支架的强度、刚度和稳定性，外观尺寸、中线、标高、预埋件必须满足设计要求；模板接缝应拼接严密，不得漏浆；

检查方法：检查施工记录、测量记录。

5　止水带安装牢固，浇筑混凝土时，不得产生移动、卷边、漏灰现象；

检查方法：逐个观察。

6　混凝土表面光洁、密实，防水层完整不漏水；

检查方法：逐段观察。

7　二次衬砌模板安装质量、混凝土施工的允许偏差应分别符合表6.7.11-1、表6.7.11-2的规定。

表 6.7.11-1　二次衬砌模板安装质量的允许偏差

检查项目	允许偏差	检查数量		检查方法
		范围	点数	
1　拱部高程（设计标高加预留沉降量）	±10mm	每20m	1	用水准仪测量
2　横向（以中线为准）	±10mm	每20m	2	用钢尺量测
3　侧模垂直度	≤3‰	每截面	2	垂球及钢尺量测
4　相邻两块模板表面高低差	≤2mm	每5m	2	用尺量测取较大值

注：本表项目只适用分项工程检验，不适用分部及单位工程质量验收。

表 6.7.11-2　二次衬砌混凝土施工的允许偏差

序号	检查项目	允许偏差 (mm)	检查数量		检查方法
			范围	点数	
1	中线	≤30	每5m	2	用经纬仪测量，每侧计1点
2	高程	+20，-30	每20m		用水准仪测量

6.7.12 定向钻施工管道应符合下列规定：

主控项目

1 管节、防腐层等工程材料的产品质量应符合国家相关标准的规定和设计要求；

检查方法：检查产品质量保证资料；检查产品进场验收记录。

2 管节组对拼接、钢管外防腐层（包括焊口补口）的质量经检验（验收）合格；

检查方法：管节及接口全数观察；按本规范第5章的相关规定进行检查。

3 钢管接口焊接、聚乙烯管、聚丙烯管接口熔焊检验符合设计要求，管道预水压试验合格；

检查方法：接口逐个观察；检查焊接检验报告和管道预水压试验记录，其中管道预水压试验应按本规范第7.1.7条第7款的规定执行。

4 管段回拖后的线形应平顺、无突变、变形现象，实际曲率半径符合设计要求；

检查方法：观察；检查钻进、扩孔、回拖施工记录、探测记录。

一般项目

5 导向孔钻进、扩孔、管段回拖及钻进泥浆（液）等符合施工方案要求；

检查方法：检查施工方案，检查相关施工记录和泥浆（液）性能检验记录。

6 管段回拖力、扭矩、回拖速度等应符合施工方案要求，回拖力无突升或突降现象；

检查方法：观察；检查施工方案，检查回拖记录。

7 布管和发送管段时，钢管防腐层无损伤，管段无变形；回拖后拉出暴露的管段防腐层结构应完整、附着紧密；

检查方法：观察。

8 定向钻施工管道的允许偏差应符合表6.7.12的规定。

表6.7.12 定向钻施工管道的允许偏差

检查项目		允许偏差（mm）	检查数量		检查方法
			范围	点数	
1	入土点位置	平面轴向、平面横向	20	每入、出土点	各1点	用经纬仪、水准仪测量、用钢尺量测
		垂直向高程	±20			
2	出土点位置	平面轴向	500			
		平面横向	1/2 倍 D_i			
		垂直向高程 压力管道	±1/2 倍 D_i			
		垂直向高程 无压管道	±20			

续表6.7.12

检查项目		允许偏差（mm）	检查数量		检查方法
			范围	点数	
3	管道位置	水平轴线	1/2 倍 D_i	每节管	不少于1点	用导向探测仪检查
		管道内底高程 压力管道	±1/2 倍 D_i			
		管道内底高程 无压管道	+20，−30			
4	控制井	井中心轴向、横向位置	20	每座	各1点	用经纬仪、水准仪测量、钢尺量测
		井内洞口中心位置	20			

注：D_i 为管道内径（mm）。

6.7.13 夯管施工管道应符合下列规定：

主控项目

1 管节、焊材、防腐层等工程材料的产品应符合国家相关标准的规定和设计要求；

检查方法：检查产品质量合格证明书、各项性能检验报告，检查产品制造原材料质量保证资料；检查产品进场验收记录。

2 钢管组对拼接、外防腐层（包括焊口补口）的质量经检验（验收）合格；钢管接口焊接检验符合设计要求；

检查方法：全数观察；按本规范第5章的相关规定进行检查，检查焊接检验报告。

3 管道线形应平顺、无变形、裂缝、突起、突弯、破损现象；管道无明显渗水现象；

检查方法：观察，其中渗漏水程度按本规范附录F第F.0.3条的规定观察。

一般项目

4 管内应清理干净，无杂物、余土、污泥、油污等；内防腐层的质量经检验（验收）合格；

检查方法：观察；按本规范第5章的相关规定进行内防腐层检查。

5 夯出的管节外防腐结构层完整、附着紧密，无明显划伤、破损等现象；

检查方法：观察；检查施工记录。

6 夯入的起始管节，其轴向水平位置、管中心高程的允许偏差应控制在±20mm范围内；

检查方法：用经纬仪、水准仪测量；检查施工记录。

7 夯锤的锤击力、夯进速度应符合施工方案要求；承受锤击的管端部无变形、开裂、残缺等现象，并满足接口组对焊接的要求；

检查方法：逐节检查；用钢尺、卡尺、焊缝量规等测量管端部；检查施工技术方案，检查夯进施工记录。

8 夯管贯通后的管道的允许偏差应符合表

6.7.13 的规定。

表 6.7.13 夯管贯通后的管道的允许偏差

检查项目		允许偏差（mm）	检查数量		检查方法
			范围	点数	
1	轴线水平位移	80	每管节	1点	用经纬仪测量或挂中线用钢尺量测
2	管道内底高程	$D_i<1500$ 时 40			用水准仪测量
		$D_i\geqslant1500$ 时 60			
3	相邻管间错口	≤2			用钢尺量测

注：1 D_i 为管道内径（mm）。
2 $D_i\leqslant700$mm 时，检查项目 1 和 2 可直接测量管道两端，检查项目 3 可检查施工记录。

7 沉管和桥管施工主体结构

7.1 一般规定

7.1.1 穿越水体的管道施工方法，应根据水下管道长度和管径、水体深度、水体流速、水底土质、航运要求、管道使用年限、潮汐和风浪情况等因素确定。

7.1.2 施工前应结合工程详细勘察报告、水文气象资料和设计施工图纸，进行现场调查研究，掌握工程沿线的有关工程地质、水文地质和周围环境情况和资料，以及沿线地下和地上管线、建（构）筑物、障碍物及其他设施的详细资料。

7.1.3 施工场地布置、土石方堆弃及成槽排出的土石方等，不得影响航运、航道及水利灌溉。施工中，对危及的堤岸、管线和建筑物应采取保护措施。

7.1.4 沉管和桥管施工方案应征求相关河道管理等部门的意见。施工船舶、水上设备的停靠、锚泊、作业及管道施工时，应符合航政、航道等部门的有关规定，并有专人指挥。

7.1.5 施工前应对施工范围内及河道地形进行校测，建立施工测量控制系统，并可根据需要设置水上、水下控制桩。设置在河道两岸的管道中线控制桩及临时水准点，每侧不应少于 2 个，且应设在稳固地段和便于观测的位置，并采取保护措施。

7.1.6 管段吊运时，其吊点、牵引点位置宜设置管段保护装置，起吊缆绳不宜直接捆绑在管壁上。

7.1.7 管节进行陆上组对拼装应符合下列规定：

1 作业环境和组对拼装场地应满足接口连接和防腐层施工要求；

2 浮运法沉管施工，应选择溜放下管方便的场地；底拖法沉管施工，组对拼装管段的轴线宜与发送时的管段轴线一致；

3 管段组对拼装时应校核沉管及桥管的长度；分段沉放水下连接的沉管，其每段长度应保证水下接

口的纵向间隙符合设计和安装连接要求；分段吊装拼接的桥管，其每段接口拼接位置应符合设计和吊装要求；

4 钢管、聚乙烯管、聚丙烯管组对拼装的接口连接应符合本规范第 5 章的有关规定，且钢管接口的焊接方法和焊缝质量等级应符合设计要求；

5 钢管内、外防腐层施工应符合本规范第 5 章相关规定和设计要求；

6 沉管施工时，管节组对拼装完成后，应对管道（段）进行预水压试验，合格后方可进行管节接口的防腐处理和沉管铺设；

7 组对拼装后管道（段）预水压试验应按设计要求进行，设计无要求时，试验压力应为工作压力的 2 倍，且不得小于 1.0MPa，试验压力达到规定值后保持恒压 10min，不得有降压和渗水现象。

7.1.8 沉管施工采用斜管连接时，其斜坡地段的现浇混凝土基础施工，应自下而上进行浇筑，并采取防止混凝土下滑的措施。

7.1.9 沉管和桥管段与斜管段之间应采用弯管连接。钢制弯头处的加强措施应符合设计要求；钢筋混凝土弯头可现浇或预制，混凝土强度和抗渗性能不应低于设计要求。

7.1.10 与陆上管道连接的弯管，在支墩施工前应按设计要求对弯管进行临时固定，以免发生位移、沉降。

7.1.11 沉管和桥管工程的管道功能性试验应符合下列规定：

1 给水管道宜单独进行水压试验，并应符合本规范第 9 章的相关规定；

2 超过 1km 的管道，可分段进行整体水压试验；

3 大口径钢筋混凝土沉管，也可按本规范附录 F 的规定进行检查。

7.1.12 处于通航河道时，夜间施工应有保证通航的照明。沉管应按国家航运部门有关规定设置浮标或在两岸设置标志牌，标明水下管线的位置；桥管应按国家航运部门的有关规定和设计要求设置防冲撞的设施或标志，桥管结构底部高程应满足通航要求。

7.2 沉 管

7.2.1 沉管施工方法的选择，应根据管道所处河流的工程水文地质、气象、航运交通等条件，周边环境、建（构）筑物、管线，以及设计要求和施工技术能力等因素，经技术经济比较后确定；不同施工方法的适应性宜满足下列规定：

1 水文和气象变化相对稳定，水流速度相对较小时，可采用水面浮运法；

2 水文和气象变化不稳定、沉管距离较长、水

流速度相对较大时，可采用铺管船法；

3 水文和气象变化不稳定，且水流速度相对较大、沉管长度相对较短时，可采用底拖法；

4 预制钢筋混凝土管沉管工程，应采用浮运法；且管节浮运、系驳、沉放、对接施工时水文和气象等条件宜满足：风速小于 10m/s、波高小于 0.5m、流速小于 0.8m/s、能见度大于 1000m。

7.2.2 沉管施工中应根据设计要求、现场情况及施工能力采用下列施工技术措施：

1 水面浮运法可采取下列措施：
 1）整体组对拼装、整体浮运、整体沉放；
 2）分段组对拼装、分段浮运，管间接口在水上连接后整体沉放；
 3）分段组对拼装、分段浮运，沉放后管段间接口在水下连接；

2 铺管船法的发送船应设置管段接口连接装置、发送装置；发送后的水中悬浮部分管段，可采用管托架或浮球等方法控制管道轴向弯曲变形；

3 底拖法的发送可采取水力发送沟、小平台发送道、滚筒管架发送道或修筑牵引道等方式；

4 预制钢筋混凝土管沉放的水下管道接口，可采用水力压接法柔性接口、浇筑钢筋混凝土刚性接口等形式；

5 利用管道自身弹性能力进行沉管铺设时，管道及管道接口应具有相应的力学性能要求。

7.2.3 沉管工程施工方案应包括以下主要内容：

1 施工平面布置图及剖面图；

2 沉管施工方法的选择及相应的技术要求；

3 陆上管节组对拼装方法；分段沉管铺设时管道接口的水下或水上连接方法；铺管船铺设时待发送管与已发送管的接口连接及质量检验方案；

4 水下成槽、管道基础施工方法；

5 稳管、回填方法；

6 船只设备及管道的水上、水下定位方法；

7 沉管施工各阶段的管道浮力计算，并根据施工方法进行施工各阶段的管道强度、刚度、稳定性验算；

8 管道（段）下沉测量控制方法；

9 施工机械设备数量与型号的配备；

10 水上运输航线的确定，通航管理措施；

11 施工场地临时供电、供水、通讯等设计；

12 水上、水下等安全作业和航运安全的保证措施；

13 预制钢筋混凝土管沉管工程，还应包括：临时干坞施工、钢筋混凝土管节制作、管道基础处理、接口连接、最终接口处理等施工技术方案。

7.2.4 沉管基槽浚挖应符合下列规定：

1 水下基槽浚挖前，应对管位进行测量放样复核，开挖成槽过程中应及时进行复测；

2 根据工程地质和水文条件因素，以及水上交通和周围环境要求，结合基槽设计要求选用浚挖方式和船舶设备；

3 基槽采用爆破成槽时，应进行试爆确定爆破施工方式，并符合下列规定：
 1）炸药量计算和布置，药桩（药包）的规格、埋设要求和防水措施等，应符合国家相关标准的规定和施工方案的要求；
 2）爆破线路的设计和施工、爆破器材的性能和质量、爆破安全措施的制定和实施，应符合国家相关标准的规定；
 3）爆破时，应有专人指挥；

4 基槽底部宽度和边坡应根据工程具体情况进行确定，必要时进行试挖；基槽底部宽度和边坡应符合下列规定：
 1）河床岩土层相当稳定河水流速度小、回淤量小，且浚挖施工对土层扰动影响较小时，底部宽度可按式（7.2.4）的规定确定，边坡可按表 7.2.4 的规定确定；

$$B \geqslant D_0 + 2b + 1000 \qquad (7.2.4)$$

式中 B——管道基槽底部的开挖宽度（mm）；
 D_0——管外径（mm）；
 b——管道外壁保护层及沉管附加物等宽度（mm）。

表 7.2.4 沉管基槽底部宽度和边坡尺寸

岩土类别	底部宽度 (mm)	边坡	
		浚挖深度 <2.5m	浚挖深度 ≥2.5m
淤泥、粉砂、细砂	D_0+2b+ 2500~4000	1:3.5~4.0	1:5.0~6.0
砂质粉土、中砂、粗砂	D_0+2b+ 2000~4000	1:3.0~3.5	1:3.5~5.0
砂土、含卵砾石土	D_0+2b+ 1800~3000	1:2.5~3.0	1:3.0~4.0
黏质粉土	D_0+2b+ 1500~3000	1:2.0~2.5	1:2.5~3.5
黏土	D_0+2b+ 1200~3000	1:1.5~2.0	1:2.0~3.0
岩石	D_0+2b+ 1200~2000	1:0.5	1:1.0

2）在回淤较大的水域，或河床岩土层不稳定、河水流速度较大时，应根据试挖实测情况确定浚挖成槽尺寸，必要时沉管前应对基槽进行二次清淤；

3）浚挖缺乏相关试验资料和经验资料时，基槽底部宽度可按表7.2.4的规定进行控制；

5 基槽浚挖深度应符合设计要求，超挖时应采用砂或砾石填补；

6 基槽经检验合格后应及时进行管基施工和管道沉放。

7.2.5 沉管管基处理应符合下列规定：

1 管道及管道接口的基础，所用材料和结构形式应符合设计要求，投料位置应准确；

2 基槽宜设置基础高程标志，整平时可由潜水员或专用刮平装置进行水下粗平和细平；

3 管基顶面高程和宽度应符合设计要求；

4 采用管座、桩基时，施工应符合国家相关标准、规范的规定，管座、基础桩位置和顶面高程应符合设计和施工要求。

7.2.6 组对拼装管道（段）的沉放应符合下列规定：

1 水面浮运法施工前，组对拼装管道下水浮运时，应符合下列规定：

1）岸上的管节组对拼装完成后进行溜放下水作业时，可采用起重吊装、专用发送装置、牵引拖管、滑移滚管等方法下水，对于潮汐河流还可利用潮汐水位差下水；

2）下水前，管道（段）两端管口应进行封堵；采用堵板封堵时，应在堵板上设置进水管、排气管和阀门；

3）管道（段）溜放下水、浮运、拖运作业时应采取措施防止管道（段）防腐层损伤，局部损坏时应及时修补；

4）管道（段）浮运时，浮运所承受浮力不足以使管漂浮时，可在两旁系结刚性浮筒、柔性浮囊或捆绑竹、木材等；管道（段）浮运应适时进行测量定位；

5）管道（段）采用起重浮吊吊装时，应正确选择吊点，并进行吊装应力与变形验算；

6）应采取措施防止管道（段）产生超过允许的轴向扭曲、环向变形、纵向弯曲等现象，并避免外力损伤；

2 水面浮运至沉放位置时，在沉放前应做好下列准备工作：

1）管道（段）沉放定位标志已按规定设置；

2）基槽浚挖及管基处理经检查符合要求；

3）管道（段）和工作船缆绳绑扎牢固，船只锚泊稳定；起重设备布置及安装完毕，试运转良好；

4）灌水设备及排气阀门齐全完好；

5）采用压重助沉时，压重装置应安装准确、稳固；

6）潜水员装备完毕，做好下水准备；

3 水面浮运法施工，管道（段）沉放时，应符合下列规定：

1）测量定位准确，并在沉放中经常校测；

2）管道（段）充水时同时排气，充水应缓慢、适量，并应保证排气通畅；

3）应控制沉放速度，确保管道（段）整体均匀、缓慢下沉；

4）两端起重设备在吊装时应保持管道（段）水平，并同步沉放于基槽底，管道（段）稳固后，再撤走起重设备；

5）及时做好管道（段）沉放记录；

4 采用水面浮运法，分段沉放管道（段），水上连接接口时，应符合下列规定：

1）两连接管段接口的外形尺寸、坡口、组对、焊接检验等应符合本规范第5章的有关规定和设计要求；

2）在浮箱或船上进行接口连接时，应将浮箱或船只锚泊固定，并设置专用的管道（段）扶正、对中装置；

3）采用浮箱法连接时，浮箱内接口连接的作业空间应满足操作要求，并应防止进水；沿管道轴线方向应设置与管径匹配的弧形管托，且止水严密；浮箱及进水、排水装置安装、运行可靠，并由专人指挥操作；

4）管道接口完成后应按设计要求进行防腐处理；

5 采用水面浮运法，分段沉放管道（段），水下连接接口时，应符合下列规定：

1）分段管道水下接口连接形式应符合设计要求，沉放前连接面及连接件经检查合格；

2）采用管夹抱箍连接时，管夹下半部分可在管道沉放前，由潜水员固定在接口管座上或安装在先行沉放管段的下部；两分段管道沉放就位后，将管夹上半部分与下半部分对合，并由潜水员进行水下螺栓安装固定；

3）采用法兰连接时，两分段管道沉放就位后，法兰螺栓应全部穿入，并由潜水员进行水下螺栓安装固定；

4）管夹与管道外壁、以及法兰表面的止水密封圈应设置正确；

6 铺管船法施工应符合下列规定：

  1）发送管道（段）的专用铺管船只及其管道（段）接口连接、管道（段）发送、水中托浮、锚泊定位等装置经检查符合要求；应设置专用的管道（段）扶正和对中装置，防止受风浪影响而影响组装拼接；

  2）管道（段）发送前应对基槽断面尺寸、轴线及槽底高程进行测量复核；待发送管与已发送管的接口连接及防腐层施工质量应经检验合格；铺管船应经测量定位；

  3）管道（段）发送时铺管船航行应满足管道轴线控制要求，航行应缓慢平稳；应及时检查设备运行、管道（段）状况；管道（段）弯曲不应超过管材允许弹性弯曲要求；管道（段）发送平稳，管道（段）及防腐层无变形、损伤现象；

  4）及时做好发送管及接口拼装、管位测量等沉管记录；

7 底拖法施工应符合下列规定：

  1）管道（段）底拖牵引设备的选用，应根据牵引力的大小、管材力学性能等要求确定，且牵引功率不应低于最大牵引力的1.2倍；牵引钢丝绳应按最大牵引力选用，其安全系数不应小于3.5；所有牵引装置、系统应安装正确、稳定安全；

  2）管道（段）底拖牵引前应对基槽断面尺寸、轴线及槽底高程进行测量复核；发送装置、牵引道等设置满足施工要求；牵引钢丝绳位于管沟内，并与管道轴线一致；

  3）管道（段）牵引时应缓慢均匀，牵引力严禁超过最大牵引力和管材力学性能要求，钢丝绳在牵引过程中应避免扭缠；

  4）应跟踪检查牵引设备运行、钢丝绳、管道状况，及时测量管位，发现异常应及时纠正；

  5）及时做好牵引速率、牵引力、管位测量等沉管记录。

8 管道沉放完成后，应检查下列内容，并做好记录：

  1）检查管底与沟底接触的均匀程度和紧密性，管下如有冲刷，应采用砂或砾石铺填；

  2）检查接口连接情况；

  3）测量管道高程和位置。

7.2.7 预制钢筋混凝土管的沉放应符合下列规定：

 1 干坞结构形式应根据设计和施工方案确定，构筑干坞应遵守下列规定：

  1）基坑、围堰施工和验收应符合现行国家标准《给水排水构筑物工程施工及验收规范》GB 50141、《建筑地基基础工程施工质量验收规范》GB 50202等的有关规定和设计要求，且边坡稳定性应满足干坞放水和抽水的要求；

  2）干坞平面尺寸应满足钢筋混凝土管节制作、主要设备、工程材料堆放和运输的布置需要；干坞深度应保证管节制作后浮运前的安装工作和浮运出坞的要求，并留出富余水深；

  3）干坞地基强度应满足管节制作要求；表面应设置起浮层，保证干坞进水时管节能顺利起浮；坞底表面允许偏差控制：平整度为10mm、相邻板块高差为5mm、高程为±10mm；

 2 钢筋混凝土管节制作应符合下列规定：

  1）垫层及管节施工应满足设计要求和有关规定；

  2）混凝土原材料选用、配合比设计、混凝土拌制及浇筑应符合现行国家标准《给水排水构筑物工程施工及验收规范》GB 50141的有关规定，并满足强度和抗渗设计要求；

  3）混凝土体积较大的管节预制，宜采用低水化热配合比；应按大体积混凝土施工要求制定施工方案，严格控制混凝土配合比、入模浇筑温度、初凝时间、内外温差等；

  4）管节防水处理、施工缝处理等应符合现行国家标准《地下工程防水技术规范》GB 50108规定和设计要求；

  5）接口尺寸满足水下连接要求；采用水力压接法施工的柔性接口，管端部钢壳制作应符合现行国家标准《钢结构工程施工质量验收规范》GB 50205的有关规定和设计要求；

  6）管节抗渗检验时，应按设计要求进行预水压试验，亦可在干坞中放水按本规范附录F的规定在管节内检查渗水情况；

 3 预制管节的混凝土强度、抗渗性能、管节渗漏检验达到设计要求后，方可进水浮运；

 4 钢筋混凝土管节（段）两端封墙及压载施工应符合下列规定：

  1）封墙结构应符合设计要求，位置不宜设置在管节（段）接口施工范围内，并便于拆除；

  2）封墙应设置排水阀、进气阀，并根据需

要设置人孔;所有预留洞口应设止水装置;

3)压载装置应满足设计和施工方案要求并便于装拆,布置应对称、配重一致;

5 沉管基槽浚挖及管基处理施工应符合本规范第7.2.4条和第7.2.5条的规定,采用砂石基础时厚度可根据施工经验留出压实虚厚,管节(段)沉放前应再次清除槽底回淤、异物;在基槽断面方向两侧可打两排短桩设置高程导轨,便于控制基础整平施工;

6 管节(段)在浮起后出坞前,管节(段)四角干舷若有高差、倾斜,可通过分舱压载调整,严禁倾斜出坞;

7 管节(段)浮运、沉放应符合下列规定:

1)根据工程具体情况,并考虑对水下周围环境及水面交通的影响因素,选用管节(段)拖运、系驳、沉放、水下对接方式和配备相关设备;

2)管节(段)浮运到位后应进行测量定位,工作船只设备等应定位锚泊,并做好下沉前的准备工作;

3)管节(段)下沉前应设置接口对接控制标志并进行复核测量;下沉时应控制管节(段)轴向位置、已沉放管节(段)与待沉放管节(段)间的纵向间距,确保接口准确对接;

4)所有沉放设备、系统经检查运行可靠,管段定位、锚碇系统设置可靠;

5)沉放应分初步下沉、靠拢下沉和着地下沉阶段,严格按施工方案执行,并应连续测量和及时调整压载;

6)沉放作业应考虑管节的惯性运行影响,下沉应缓慢均匀,压载应平稳同步,管节(段)受力应均匀稳定、无变形损伤;

7)管节(段)下沉应听从指挥;

8 管节(段)下沉后的水下接口连接应符合下列规定:

1)采用水力压接法施工柔性接口时,其主要施工程序可见图7.2.7,在压接完成前应保证管节(段)轴向位置稳定,并悬浮在管基上;

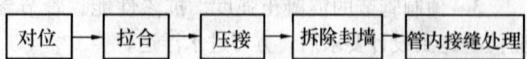

图 7.2.7 水力压接法主要施工程序

2)采用刚性接口钢筋混凝土管施工时,应符合设计要求和现行国家标准《地下工程防水技术规范》GB 50108 等的规定;

施工前应根据底板、侧墙、顶板的不同施工要求以及防水要求分别制定相应的施工技术方案。

7.2.8 管节(段)沉放经检查合格后应及时进行稳管和回填,防止管道漂移,并应符合下列规定:

1 采用压重、投抛砂石、浇筑水下混凝土或其他锚固方式等进行稳管施工时,应符合下列规定:

1)对水流冲刷较大、易产生紊流、施工中对河床扰动较大等之处,以及沉管拐弯、分段接口连接等部位,沉放完成后应先进行稳管施工;

2)应采取保护措施,不得损伤管道及其防腐层;

3)预制钢筋混凝土管沉管施工,应进行稳管与基础二次处理,以确保管道稳定;

2 回填施工时,应符合下列规定:

1)回填材料应符合设计要求,回填应均匀、并不得损伤管道;水下部位应连续回填至满槽,水上部位应分层回填夯实;

2)回填高度应符合设计要求,并满足防止水流冲刷、通航和河道疏浚要求;

3)采用吹填回土时,吹填土质应符合设计要求,取土位置及要求应征得航运管理部门的同意,且不得影响沉管管道;

3 应及时做好稳管和回填的施工及测量记录。

7.3 桥　　管

7.3.1 本节适用于自承式平管桥的给排水钢管道跨越工程施工。

7.3.2 桥管管道施工应根据工程具体情况确定施工方法,管道安装可采用整体吊装、分段悬臂拼装、在搭设的临时支架上拼装等方法。

桥管的下部结构、地基与基础及护岸等工程施工和验收应符合桥梁工程的有关国家标准、规范的规定。

7.3.3 桥管工程施工方案应包括以下主要内容:

1 施工平面布置图及剖面图;

2 桥管吊装施工方法的选择及相应的技术要求;

3 吊装前地上管节组对拼装方法;

4 管道支架安装方法;

5 施工各阶段的管道强度、刚度、稳定性验算;

6 管道吊装测量控制方法;

7 施工机械设备数量与型号的配备;

8 水上运输航线的确定,通航管理措施;

9 施工场地临时供电、供水、通信等设计;

10 水上、水下等安全作业和航运安全的保证措施。

7.3.4 桥管管道安装铺设前准备工作应符合下列规定:

1 桥管的地基与基础、下部结构工程经验收合格，并满足管道安装条件；

2 墩台顶面高程、中线及孔跨径，经检查满足设计和管道安装要求；与管道支架底座连接的支承结构、预埋件已找正合格；

3 应对不同施工工况条件下临时支架、支承结构、吊机能力等进行强度、刚度及稳定性验算；

4 待安装的管节（段）应符合下列规定：

　1）钢管组对拼装及管件、配件、支架等经检验合格；

　2）分段拼装的钢管，其焊接接口的坡口加工、预拼装的组对满足焊接工艺、设计和施工吊装要求；

　3）钢管除锈、涂装等处理符合有关规定；

　4）表面附着污物已清除；

5 已按施工方案完成各项准备工作。

7.3.5 施工中应对管节（段）的吊点和其他受力点位置进行强度、稳定性和变形验算，必要时应采取加固措施。

7.3.6 管节（段）移运和堆放，应有相应的安全保护措施，避免管体损伤；堆放场地平整夯实，支承点与吊点位置一致。

7.3.7 管道支架安装应符合下列规定：

1 支架安装完成后可进行管道施工；

2 支架底座的支承结构、预埋件等的加工、安装应符合设计要求，且连接牢固；

3 管道支架安装应符合下列规定：

　1）支架与管道的接触面应平整、洁净；

　2）有伸缩补偿装置时，固定支架与管道固定之前，应先进行补偿装置安装及预拉伸（或压缩）；

　3）导向支架或滑动支架安装应无歪斜、卡涩现象；安装位置应从支承面中心向位移反方向偏移，偏移量应符合设计要求，设计无要求时宜为设计位移值的1/2；

　4）弹簧支架的弹簧高度应符合设计要求，弹簧应调整至冷态值，其临时固定装置应待管道安装及管道试验完成后方可拆除。

7.3.8 管节（段）吊装应符合下列规定：

1 吊装设备的安装与使用必须符合起重吊装的有关规定，吊运作业时必须遵守有关安全操作技术规定；

2 吊点位置应符合设计要求，设计无要求时应根据施工条件计算确定；

3 采用吊环起吊时，吊环应顺直；吊绳与起吊管道轴向夹角小于60°时，应设置吊架或扁担使吊环尽可能垂直受力；

4 管节（段）吊装就位、支撑稳固后，方可卸

去吊钩；就位后不能形成稳定的结构体系时，应进行临时支承固定；

5 利用河道进行船吊起重作业时应遵守当地河道管理部门的有关规定，确保水上作业和航运的安全；

6 按规定做好管节（段）吊装施工监测，发现问题及时处理。

7.3.9 桥管采用分段拼装时还应符合下列规定：

1 高空焊接拼装作业时应设置防风、防雨设施，并做好安全防护措施；

2 分段悬臂拼装时，每管段轴线安装的挠度曲线变化应符合设计要求；

3 管段间拼装焊接应符合下列规定：

　1）接口组对及定位应符合国家现行标准的有关规定和设计要求，不得强力组对施焊；

　2）临时支承、固定措施可靠，避免施焊时该处焊缝出现不利的施工附加应力；

　3）采用闭合、合拢焊接时，施工技术要求、作业环境应符合设计及施工方案要求；

　4）管道拼装完成后方可拆除临时支承、固定设施；

4 应进行管道位置、挠度的跟踪测量，必要时应进行应力跟踪测量。

7.3.10 钢管管道外防腐层的涂装前基面处理及涂装施工应符合设计要求。

7.4 质量验收标准

7.4.1 沉管基槽浚挖及管基处理应符合下列规定：

主 控 项 目

1 沉管基槽中心位置和浚挖深度符合设计要求；
检查方法：检查施工测量记录、浚挖记录。

2 沉管基槽处理、管基结构形式应符合设计要求；
检查方法：可由潜水员水下检查；检查施工记录、施工资料。

一 般 项 目

3 浚挖成槽后基槽应稳定，沉管前基底回淤量不大于设计和施工方案要求，基槽边坡不陡于本规范的有关规定；
检查方法：检查施工记录、施工技术资料；必要时水下检查。

4 管基处理所用的工程材料规格、数量等符合设计要求；
检查方法：检查施工记录、施工技术资料。

5 沉管基槽浚挖及管基处理的允许偏差应符合表7.4.1的规定。

表 7.4.1 沉管基槽浚挖及管基处理的允许偏差

检查项目		允许偏差(mm)	检查数量		检查方法
			范围	点数	
1	基槽底部高程 土	0，−300	每 5～10m 取一个断面	基槽宽度不大于 5m 时测 1 点；基槽宽度大于 5m 时测不少于 2 点	用回声测深仪、多波束仪、测深图检查；或用水准仪、经纬仪测量、钢尺量测定位标志，潜水员检查
	基槽底部高程 石	0，−500			
2	整平后基础顶面高程 压力管道	0，−200			
	整平后基础顶面高程 无压管道	0，−100			
3	基槽底部宽度	不小于规定			
4	基槽水平轴线	100			
5	基础宽度	不小于设计要求		1 点	
6	整平后基础平整度 砂基础	50			潜水员检查，用刮平尺量测
	整平后基础平整度 砾石基础	150			

7.4.2 组对拼装管道（段）的沉放应符合下列规定：

主 控 项 目

1 管节、防腐层等工程材料的产品质量保证资料齐全，各项性能检验报告应符合相关国家相关标准的规定和设计要求；

检查方法：检查产品质量合格证明书、各项性能检验报告，检查产品制造原材料质量保证资料；检查产品进场验收记录。

2 陆上组对拼装管道（段）的接口连接和钢管防腐层（包括焊口、补口）的质量经验收合格；钢管接口焊接、聚乙烯管、接口熔焊检验符合设计要求，管道预水压试验合格；

检查方法：管道（段）及接口全数观察，按本规范第 5 章的相关规定进行检查；检查焊接检验报告和管道预水压试验记录，其中管道预水压试验应按本规范第 7.1.7 条第 7 款的规定执行。

3 管道（段）下沉均匀、平稳，无轴向扭曲、环向变形和明显轴向突弯等现象；水上、水下的接口连接质量经检验符合设计要求；

检查方法：观察；检查沉放施工记录及相关检测记录；检查水上、水下的接口连接检验报告等。

一 般 项 目

4 沉放前管道（段）及防腐层无损伤，无变形；

检查方法：观察，检查施工记录。

5 对于分段沉放管道，其水上、水下的接口防腐质量检验合格；

检查方法：逐个检查接口连接及防腐的施工记录、检验记录。

6 沉放后管底与沟底接触均匀和紧密；

检查方法：检查沉放记录；必要时由潜水员检查。

7 沉管下沉铺设的允许偏差应符合表 7.4.2 的

规定。

表 7.4.2 沉管下沉铺设的允许偏差

检查项目		允许偏差(mm)	检查数量		检查方法
			范围	点数	
1	管道高程 压力管道	0，−200	每 10m	1 点	用回声测深仪、多波束仪、测深图检查；或用水准仪、经纬仪测量、钢尺量测定位标志
	管道高程 无压管道	0，−100	每 10m	1 点	
2	管道水平轴线位置	50	每 10m	1 点	

7.4.3 沉放的预制钢筋混凝土管节制作应符合下列规定：

主 控 项 目

1 原材料的产品质量保证资料齐全，各项性能检验报告应符合国家相关标准的规定和设计要求；

检查方法：检查产品质量合格证明书、各项性能检验报告、进场复验报告。

2 钢筋混凝土管节制作中的钢筋、模板、混凝土质量经验收合格；

检查方法：按国家有关规范的规定和设计要求进行检查。

3 混凝土强度、抗渗性能应符合设计要求；

检查方法：检查混凝土浇筑记录，检查试块的抗压强度、抗渗试验报告。

检查数量：底板、侧墙、顶板、后浇带等每部位的混凝土，每工作班不应少于 1 组、且每浇筑 100m³ 为一验收批，抗压强度试块留置不应少于 1 组；每浇筑 500m³ 混凝土及每后浇带为一验收批，抗渗试块留置不应少于 1 组。

4 混凝土管节无严重质量缺陷；

检查方法：按本规范附录 G 的规定进行观察，

对可见的裂缝用裂缝观察仪检测；检查技术处理方案。

5 管节抗渗检验时无线流、滴漏和明显渗水现象；经检测平均渗漏量满足设计要求；

检查方法：逐节检查；进行预水压渗漏试验；检查渗漏检验记录。

一 般 项 目

6 混凝土重度应符合设计要求，其允许偏差为：$+0.01t/m^3$，$-0.02t/m^3$；

检查方法：检查混凝土试块重度检测报告，检查原材料质量保证资料、施工记录等。

7 预制结构的外观质量不宜有一般缺陷，防水层结构符合设计要求；

检查方法：观察；按本规范附录G的规定检查，检查施工记录。

8 钢筋混凝土管节预制的允许偏差应符合表7.4.3的规定。

表 7.4.3 钢筋混凝土管节预制的允许偏差

检查项目			允许偏差（mm）	检查数量		检查方法
				范围	点数	
1	外包尺寸	长	±10	每10m	各4点	用钢尺量测
		宽	±10			
		高	±5			
2	结构厚度	底板、顶板	±5	每部位	各4点	
		侧墙	±5			
3	断面对角线尺寸差		0.5%L	两端面	各2点	
4	管节内净空尺寸	净宽	±10	每10m	各4点	
		净高	±10			
5	顶板、底板、外侧墙的主钢筋保护层厚度		±5	每10m	各4点	
6	平整度		5	每10m	2点	用2m直尺量测
7	垂直度		10	每10m	2点	用垂线测

注：L为断面对角线长（mm）。

7.4.4 沉放的预制钢筋混凝土管节接口预制加工（水力压接法）应符合下列规定：

主 控 项 目

1 端部钢壳材质、焊缝质量等级应符合设计要求；

检查方法：检查钢壳制造材料的质量保证资料、焊缝质量检验报告。

2 端部钢壳端面加工成型的允许偏差应符合表7.4.4-1的规定。

表 7.4.4-1 端部钢壳端面加工成型的允许偏差

检查项目	允许偏差（mm）	检查数量		检查方法
		范围	点数	
1	不平整度	<5，且每延米内<1	每个钢壳的钢板面、端面	每2m各1点	用2m直尺量测
2	垂直度	<5	两侧、中间各1点	用垂线吊测全高
3	端面竖向倾斜度	<5	每个钢壳	两侧、中间各2点	全站仪测量或吊垂线测端面上下外缘两点之差

3 专用的柔性接口橡胶圈材质及相关性能应符合相关规范规定和设计要求，其外观质量应符合表7.4.4-2的规定；

表 7.4.4-2　橡胶圈外观质量要求

缺陷名称	中间部分	边翼部分
气泡	直径≤1mm气泡，不超过3处/m	直径≤2mm气泡，不超过3处/m
杂质	面积≤4mm²气泡，不超过3处/m	面积≤8mm²气泡，不超过3处/m
凹痕	不允许	允许有深度不超过0.5mm、面积不大于10mm²的凹痕，不超过2处/m
接缝	不允许有裂口及"海绵"现象；高度≤1.5mm的凸起，不超过2处/m	
中心偏心	中心孔周边对称部位厚度差不超过1mm	

检查方法：观察；检查每批橡胶圈的质量合格证明、性能检验报告。

一　般　项　目

4 按设计要求进行端部钢壳的制作与安装；

检查方法：逐个观察；检查钢壳的制作与安装记录。

5 钢壳防腐处理符合设计要求；

检查方法：观察；检查钢壳防腐材料的质量保证资料，检查除锈、涂装记录。

6 柔性接口橡胶圈安装位置正确，安装完成后处于松弛状态，并完整地附着在钢端面上；

检查方法：逐个观察。

7.4.5 预制钢筋混凝土管的沉放应符合下列规定：

主　控　项　目

1 沉放前、后管道无变形、受损；沉放及接口连接后管道无滴漏、线漏和明显渗水现象；

检查方法：观察，按本规范附录F第F.0.3条的规定检查渗漏水程度；检查管道沉放、接口连接施工记录。

2 沉放后，对于无裂缝设计的沉管严禁有任何裂缝；对于有裂缝设计的沉管，其表面裂缝宽度、深度应符合设计要求；

检查方法：观察，对可见的裂缝用裂缝观察仪检测；检查技术处理方案。

3 接口连接形式符合设计文件要求；柔性接口无渗水现象；混凝土刚性接口密实，无裂缝，无滴漏、线漏和明显渗水现象；

检查方法：逐个观察；检查技术处理方案。

一　般　项　目

4 管道及接口防水处理符合设计要求；

检查方法：观察；检查防水处理施工记录。

5 管节下沉均匀、平稳，无轴向扭曲、环向变形、纵向弯曲等现象；

检查方法：观察；检查沉放施工记录。

6 管道与沟底接触均匀和紧密；

检查方法：潜水员检查；检查沉放施工及测量记录。

7 钢筋混凝土管沉放的允许偏差应符合表7.4.5的规定。

表 7.4.5　钢筋混凝土管沉放的允许偏差

	检查项目		允许偏差(mm)	检查数量		检查方法
				范围	点数	
1	管道高程	压力管道	0，−200	每10m	1点	用水准仪、经纬仪、测深仪测量或全站仪测量
		无压管道	0，−100			
2	沉放后管节四角高差		50	每管节	4点	
3	管道水平轴线位置		50	每10m	1点	
4	接口连接的对接错口		20	每接口每面	各1点	用钢尺量测

7.4.6 沉管的稳管及回填应符合下列规定：

主　控　项　目

1 稳管、管基二次处理、回填时所用的材料应符合设计要求；

检查方法：观察；检查材料相关的质量保证资料。

2 稳管、管基二次处理、回填应符合设计要求，管道未发生漂浮和位移现象；

检查方法：观察；检查稳管、管基二次处理、回填施工记录。

一　般　项　目

3 管道未受外力影响而发生变形、破坏；

检查方法：观察。

4 二次处理后管基承载力符合设计要求；

检查方法：检查二次处理检验报告及记录。

5 基槽回填应两侧均匀，管顶回填高度符合设计要求。

检查方法：观察，用水准仪或测深仪每10m测1点检测回填高度；检查回填施工、检测记录。

7.4.7 桥管管道的基础、下部结构工程的施工质量应按国家现行标准《城市桥梁工程施工与质量验收规范》CJJ 2的相关规定和设计要求验收。

7.4.8 桥管管道应符合下列规定：

主 控 项 目

1 管材、防腐层等工程材料的产品质量保证资料齐全，各项性能检验报告应符合相关国家标准的规定和设计要求；

检查方法：检查产品质量合格证明书、各项性能检验报告，检查产品制造原材料质量保证资料；检查产品进场验收记录。

2 钢管组对拼装和防腐层（包括焊口补口）的质量经验收合格；钢管接口焊接检验符合设计要求；

检查方法：管节及接口全数观察；按本规范第 5 章的相关规定进行检查，检查焊接检验报告。

3 钢管预拼装尺寸的允许偏差应符合表 7.4.8-1 的规定。

表 7.4.8-1 钢管预拼装尺寸的允许偏差

检查项目	允许偏差 (mm)	检查数量		检查方法
		范围	点数	
长度	± 3	每件	2 点	用钢尺量测
管口端面圆度	$D_0/500$，且$\leqslant 5$	每端面	1 点	
管口端面与管道轴线的垂直度	$D_0/500$，且$\leqslant 3$	每端面	1 点	用焊缝量规测量
侧弯曲矢高	$L/1500$，且$\leqslant 5$	每件	1 点	用拉线、吊线和钢尺量测
跨中起拱度	$\pm L/5000$	每件	1 点	
对口错边	$t/10$，且$\leqslant 2$	每件	3 点	用焊缝量规、游标卡尺测量

注：L 为管道长度（mm）；t 为管道壁厚（mm）。

4 桥管位置应符合设计要求，安装方式正确，且安装牢固、结构可靠、管道无变形和裂缝等现象；

检查方法：观察，检查相关施工记录。

一 般 项 目

5 桥管的基础、下部结构工程的施工质量经验收合格；

检查方法：按国家有关规范的规定和设计要求进行检查，检查其施工验收记录。

6 管道安装条件经检查验收合格，满足安装要求；

检查方法：观察，检查施工方案、管道安装条件交接验收记录。

7 桥管钢管分段拼装焊接时，接口的坡口加工、焊缝质量等级应符合焊接工艺和设计要求；

检查方法：观察，检查接口的坡口加工记录、焊

缝质量检验报告。

8 管道支架规格、尺寸等，应符合设计要求；支架应安装牢固、位置正确，工作状况及性能符合设计文件和产品安装说明的要求；

检查方法：观察；检查相关质量保证及技术资料、安装记录、检验报告等。

9 桥管管道安装的允许偏差应符合表 7.4.8-2 的规定。

表 7.4.8-2 桥管管道安装的允许偏差

检查项目		允许偏差 (mm)	检查数量		检查方法
			范围	点数	
1 支架	顶面高程	± 5	每件	1 点	用水准仪测量
	中心位置（轴向、横向）	10		各 1 点	用经纬仪测量，或挂中线用钢尺测
	水平度	$L/1500$		2 点	用水准仪测量
2	管道水平轴线位置	10	每跨	2 点	用经纬仪测量
3	管道中部垂直上拱矢高	10		1 点	用水准仪测量，或拉线和钢尺量测
4	支架地脚螺栓（锚栓）中心位移	5			用经纬仪测量，或挂中线用钢尺量测
5	活动支架的偏移量	符合设计要求			用钢尺量测
6 弹簧支架	工作圈数	$\leqslant$半圈	每件	1 点	观察检查
	在自由状态下，弹簧各圈节距	$\leqslant$平均节距 10%			用钢尺量测
	两端支承面与弹簧轴线垂直度	$\leqslant$自由高度 10%			挂中线用钢尺量测
7	支架处的管道顶部高程	± 10			用水准仪测量

注：L 为支架底座的边长（mm）。

10 钢管涂装材料、涂层厚度及附着力符合设计要求；涂层外观应均匀，无褶皱、空泡、凝块、透底等现象，与钢管表面附着紧密，色标符合规定；

检查方法：观察，用 5～10 倍的放大镜检查；用测厚仪量测厚度。

检查数量：涂层干膜厚度每 5m 测 1 个断面，每个断面测相互垂直的 4 个点；其实测厚度平均值不得低于设计要求，且小于设计要求厚度的点数不应大于 10%，最小实测厚度不应低于设计要求的 90%。

8 管道附属构筑物

8.1 一 般 规 定

8.1.1 本章适用于给排水管道工程中的各类井室、

支墩、雨水口工程。管道工程中涉及的小型抽升泵房及其取水口、排放口构筑物应符合现行国家标准《给水排水构筑物工程施工及验收规范》GB 50141 的有关规定。

8.1.2 管道附属构筑物的位置、结构类型和构造尺寸等应按设计要求施工。

8.1.3 管道附属构筑物的施工除应符合本章规定外，其砌筑结构、混凝土结构施工还应符合国家有关规范规定。

8.1.4 管道附属构筑物的基础（包括支墩侧基）应建在原状土上，当原状土地基松软或被扰动时，应按设计要求进行地基处理。

8.1.5 施工中应采取相应的技术措施，避免管道主体结构与附属构筑物之间产生过大差异沉降，而致使结构开裂、变形、破坏。

8.1.6 管道接口不得包覆在附属构筑物的结构内部。

8.2 井 室

8.2.1 井室的混凝土基础应与管道基础同时浇筑；施工应满足本规范第 5.2.2 条的规定。

8.2.2 管道穿过井壁的施工应符合设计要求；设计无要求时应符合下列规定：

1 混凝土类管道、金属类无压管道，其管外壁与砌筑井壁洞圈之间为刚性连接时水泥砂浆应坐浆饱满、密实；

2 金属类压力管道，井壁洞圈应预设套管，管道外壁与套管的间隙应四周均匀一致，其间隙宜采用柔性或半柔性材料填嵌密实；

3 化学建材管道宜采用中介层法与井壁洞圈连接；

4 对于现浇混凝土结构井室，井壁洞圈应振捣密实；

5 排水管道接入检查井时，管口外缘与井内壁平齐；接入管径大于 300mm 时，对于砌筑结构井室应砌砖圈加固。

8.2.3 砌筑结构的井室施工应符合下列规定：

1 砌筑前砌块应充分湿润；砌筑砂浆配合比符合设计要求，现场拌制应拌合均匀、随用随拌；

2 排水管道检查井内的流槽，宜与井壁同时进行砌筑；

3 砌块应垂直砌筑，需收口砌筑时，应按设计要求的位置设置钢筋混凝土梁进行收口；圆井采用砌块逐层砌筑收口，四面收口时每层收进不应大于30mm，偏心收口时每层收进不应大于50mm；

4 砌块砌筑时，铺浆应饱满，灰浆与砌块四周粘结紧密、不得漏浆，上下砌块应错缝砌筑；

5 砌筑时应同时安装踏步，踏步安装后在砌筑砂浆未达到规定抗压强度前不得踩踏；

6 内外井壁应采用水泥砂浆勾缝；有抹面要求时，抹面应分层压实。

8.2.4 预制装配式结构的井室施工应符合下列规定：

1 预制构件及其配件经检验符合设计和安装要求；

2 预制构件装配位置和尺寸正确，安装牢固；

3 采用水泥砂浆接缝时，企口坐浆与竖缝灌浆应饱满，装配后的接缝砂浆凝结硬化期间应加强养护，并不得受外力碰撞或震动；

4 设有橡胶密封圈时，胶圈应安装稳固，止水严密可靠；

5 设有预留短管的预制构件，其与管道的连接应按本规范第 5 章的有关规定执行；

6 底板与井室、井室与盖板之间的拼缝，水泥砂浆应填塞严密，抹角光滑平整。

8.2.5 现浇钢筋混凝土结构的井室施工应符合下列规定：

1 浇筑前，钢筋、模板工程经检验合格，混凝土配合比满足设计要求；

2 振捣密实，无漏振、走模、漏浆等现象；

3 及时进行养护，强度等级未达设计要求不得受力；

4 浇筑时应同时安装踏步，踏步安装后在混凝土未达到规定抗压强度前不得踩踏。

8.2.6 有支、连管接入的井室，应在井室施工的同时安装预留支、连管，预留管的管径、方向、高程应符合设计要求，管与井壁衔接处应严密；排水检查井的预留管管口宜采用低强度砂浆砌筑封口抹平。

8.2.7 井室施工达到设计高程后，应及时浇筑或安装井圈，井圈应以水泥砂浆坐浆并安放平稳。

8.2.8 井室内部处理应符合下列规定：

1 预留孔、预埋件应符合设计和管道施工工艺要求；

2 排水检查井的流槽表面应平顺、圆滑、光洁，并与上下游管道底部接顺；

3 透气井及排水落水井、跌水井的工艺尺寸应按设计要求进行施工；

4 阀门井的井底距承口或法兰盘下缘以及井壁与承口或法兰盘外缘应留有安装作业空间，其尺寸应符合设计要求；

5 不开槽施工的管道，工作井作为管道井室使用时，其洞口处理及井内布置应符合设计要求。

8.2.9 给排水井盖选用的型号、材质应符合设计要求，设计未要求时，宜采用复合材料井盖，行业标志明显；道路上的井室必须使用重型井盖，装配稳固。

8.2.10 井室周围回填土必须符合设计要求和本规范第 4 章的有关规定。

8.3 支 墩

8.3.1 管节及管件的支墩和锚定结构位置准确，锚定牢固。钢制锚固件必须采取相应的防腐处理。

8.3.2 支墩应在坚固的地基上修筑。无原状土作后背墙时，应采取措施保证支墩在受力情况下，不致破坏管道接口。采用砌筑支墩时，原状土与支墩之间应采用砂浆填塞。

8.3.3 支墩应在管节接口做完、管节位置固定后修筑。

8.3.4 支墩施工前，应将支墩部位的管节、管件表面清理干净。

8.3.5 支墩宜采用混凝土浇筑，其强度等级不应低于C15。采用砌筑结构时，水泥砂浆强度不应低于M7.5。

8.3.6 管节安装过程中的临时固定支架，应在支墩的砌筑砂浆或混凝土达到规定强度后方可拆除。

8.3.7 管道及管件支墩施工完毕，并达到强度要求后方可进行水压试验。

8.4 雨 水 口

8.4.1 雨水口的位置及深度应符合设计要求。

8.4.2 基础施工应符合下列规定：

　　1 开挖雨水口槽及雨水管支管槽，每侧宜留出300～500mm的施工宽度；

　　2 槽底应夯实并及时浇筑混凝土基础；

　　3 采用预制雨水口时，基础顶面宜铺设20～30mm厚的砂垫层。

8.4.3 雨水口砌筑应符合下列规定：

　　1 管端面在雨水口内的露出长度，不得大于20mm，管端面应完整无破损；

　　2 砌筑时，灰浆应饱满，随砌、随勾缝，抹面应压实；

　　3 雨水口底部应用水泥砂浆抹出雨水口泛水坡；

　　4 砌筑完成后雨水口内应保持清洁，及时加盖，保证安全。

8.4.4 预制雨水口安装应牢固，位置平正，并符合本规范第8.4.3条第1款的规定。

8.4.5 雨水口与检查井的连接管的坡度应符合设计要求，管道铺设应符合本规范第5章的有关规定。

8.4.6 位于道路下的雨水口、雨水支、连管应根据设计要求浇筑混凝土基础。坐落于道路基层内的雨水支连管应作C25级混凝土全包封，且包封混凝土达到75％设计强度前，不得放行交通。

8.4.7 井框、井算应完整无损、安装平稳、牢固。

8.4.8 井周回填土应符合设计要求和本规范第4章的有关规定。

8.5 质量验收标准

8.5.1 井室应符合下列要求：

主 控 项 目

　　1 所用的原材料、预制构件的质量应符合国家

有关标准的规定和设计要求；

　　检查方法：检查产品质量合格证明书、各项性能检验报告、进场验收记录。

　　2 砌筑水泥砂浆强度、结构混凝土强度符合设计要求；

　　检查方法：检查水泥砂浆强度、混凝土抗压强度试块试验报告。

　　检查数量：每50m³砌体或混凝土每浇筑1个台班一组试块。

　　3 砌筑结构应灰浆饱满、灰缝平直，不得有通缝、瞎缝；预制装配式结构应坐浆、灌浆饱满密实，无裂缝；混凝土结构无严重质量缺陷；井室无渗水、水珠现象；

　　检查方法：逐个观察。

一 般 项 目

　　4 井壁抹面应密实平整，不得有空鼓，裂缝等现象；混凝土无明显一般质量缺陷；井室无明显湿渍现象；

　　检查方法：逐个观察。

　　5 井内部构造符合设计和水力工艺要求，且部位位置及尺寸正确，无建筑垃圾等杂物；检查井流槽应平顺、圆滑、光洁；

　　检查方法：逐个观察。

　　6 井室内踏步位置正确、牢固；

　　检查方法：逐个观察，用钢尺量测。

　　7 井盖、座规格符合设计要求，安装稳固；

　　检查方法：逐个观察。

　　8 井室的允许偏差应符合表8.5.1的规定。

表 8.5.1 井室的允许偏差

检查项目			允许偏差(mm)	检查数量		检查方法
				范围	点数	
1	平面轴线位置(轴向、垂直轴向)		15		2	用钢尺量测、经纬仪测量
2	结构断面尺寸		+10，0		2	用钢尺量测
3	井室尺寸	长、宽	±20		2	用钢尺量测
		直径				
4	井口高程	农田或绿地	+20	每座	1	
		路面	与道路规定一致			
5	井底高程	开槽法管道铺设	$D_i \leqslant 1000$	±10		2	用水准仪测量
			$D_i > 1000$	±15			
		不开槽法管道铺设	$D_i < 1500$	+10，-20			
			$D_i \geqslant 1500$	+20，-40			

续表8.5.1

	检查项目		允许偏差（mm）	检查数量		检查方法
				范围	点数	
6	踏步安装	水平及垂直间距、外露长度	±10	每座	1	用尺量测偏差较大值
7	脚窝	高、宽、深	±10			
8	流槽宽度		+10			

8.5.2 雨水口及支、连管应符合下列要求：

主控项目

1 所用的原材料、预制构件的质量应符合国家有关标准的规定和设计要求；

检查方法：检查产品质量合格证明书、各项性能检验报告、进场验收记录。

2 雨水口位置正确，深度符合设计要求，安装不得歪扭；

检查方法：逐个观察，用水准仪、钢尺量测。

3 井框、井箅应完整、无损，安装平稳、牢固；支、连管应直顺，无倒坡、错口及破损现象；

检查数量：全数观察。

4 井内、连接管道内无线漏、滴漏现象；

检查数量：全数观察。

一般项目

5 雨水口砌筑勾缝应直顺、坚实，不得漏勾、脱落；内、外壁抹面平整光洁；

检查数量：全数观察。

6 支、连管内清洁、流水通畅，无明显渗水现象；

检查数量：全数观察。

7 雨水口、支管的允许偏差应符合表8.5.2的规定。

表8.5.2 雨水口、支管的允许偏差

	检查项目		允许偏差（mm）	检查数量		检查方法
				范围	点数	
1	井框、井箅吻合		≤10			用钢尺量测较大值（高度、深度亦可用水准仪测量）
2	井口与路面高差		−5，0			
3	雨水口位置与道路边线平行		≤10			
4	井内尺寸	长、宽	+20，0	每座	1	
		深	0，−20			
5	井内支、连管口底高度		0，−20			

8.5.3 支墩应符合下列要求：

主控项目

1 所用的原材料质量应符合国家有关标准的规定和设计要求；

检查方法：检查产品质量合格证明书、各项性能检验报告、进场验收记录。

2 支墩地基承载力、位置符合设计要求；支墩无位移、沉降；

检查方法：全数观察；检查施工记录、施工测量记录、地基处理技术资料。

3 砌筑水泥砂浆强度、结构混凝土强度符合设计要求；

检查方法：检查水泥砂浆强度、混凝土抗压强度试块试验报告。

检查数量：每50m³砌体或混凝土每浇筑1个台班一组试块。

一般项目

4 混凝土支墩表面平整、密实；砖砌支墩应灰缝饱满，无通缝现象，其表面抹灰应平整、密实；

检查方法：逐个观察。

5 支墩支承面与管道外壁接触紧密，无松动、滑移现象；

检查方法：全数观察。

6 管道支墩的允许偏差应符合表8.5.3的规定。

表8.5.3 管道支墩的允许偏差

	检查项目	允许偏差（mm）	检查数量		检查方法
			范围	点数	
1	平面轴线位置（轴向、垂直轴向）	15		2	用钢尺量测或经纬仪测量
2	支撑面中心高程	±15	每座	1	用水准仪测量
3	结构断面尺寸（长、宽、厚）	+10，0		3	用钢尺量测

9 管道功能性试验

9.1 一般规定

9.1.1 给排水管道安装完成后应按下列要求进行管道功能性试验：

1 压力管道应按本规范第9.2节的规定进行压力管道水压试验，试验分为预试验和主试验阶段；试验合格的判定依据分为允许压力降值和允许渗水量值，按设计要求确定；设计无要求时，应根据工程实际情况，选用其中一项值或同时采用两项值作为试验合格的最终判定依据；

    2 无压管道应按本规范第 9.3、9.4 节的规定进行管道的严密性试验，严密性试验分为闭水试验和闭气试验，按设计要求确定；设计无要求时，应根据实际情况选择闭水试验或闭气试验进行管道功能性试验；

    3 压力管道水压试验进行实际渗水量测定时，宜采用附录 C 注水法。

9.1.2 管道功能性试验涉及水压、气压作业时，应有安全防护措施，作业人员应按相关安全作业规程进行操作。管道水压试验和冲洗消毒排出的水，应及时排放至规定地点，不得影响周围环境和造成积水，并应采取措施确保人员、交通通行和附近设施的安全。

9.1.3 压力管道水压试验或闭水试验前，应做好水源的引接、排水的疏导等方案。

9.1.4 向管道内注水应从下游缓慢注入，注入时在试验管段上游的管顶及管段中的高点应设置排气阀，将管道内的气体排除。

9.1.5 冬期进行压力管道水压或闭水试验时，应采取防冻措施。

9.1.6 单口水压试验合格的大口径球墨铸铁管、玻璃钢管、预应力钢筒混凝土管或预应力混凝土管等管道，设计无要求时应符合下列要求：

    1 压力管道可免去预试验阶段，而直接进行主试验阶段；

    2 无压管道应认同严密性试验合格，无需进行闭水或闭气试验。

9.1.7 全断面整体现浇的钢筋混凝土无压管渠处于地下水位以下时，除设计有要求外，管渠的混凝土强度、抗渗性能检验合格，并按本规范附录 F 的规定进行检查符合设计要求时，可不必进行闭水试验。

9.1.8 管道采用两种（或两种以上）管材时，宜按不同管材分别进行试验；不具备分别试验的条件必须组合试验，且设计无具体要求时，应采用不同管材的管段中试验控制最严的标准进行试验。

9.1.9 管道的试验长度除本规范规定和设计另有要求外，压力管道水压试验的管段长度不宜大于 1.0km；无压力管道的闭水试验，条件允许时可一次试验不超过 5 个连续井段；对于无法分段试验的管道，应由工程有关方面根据工程具体情况确定。

9.1.10 给水管道必须水压试验合格，并网运行前进行冲洗与消毒，经检验水质达到标准后，方可允许并网通水投入运行。

9.1.11 污水、雨污水合流管道及湿陷土、膨胀土、流砂地区的雨水管道，必须经严密性试验合格后方可投入运行。

9.2 压力管道水压试验

9.2.1 水压试验前，施工单位应编制的试验方案，其内容应包括：

    1 后背及堵板的设计；

    2 进水管路、排气孔及排水孔的设计；

    3 加压设备、压力计的选择及安装的设计；

    4 排水疏导措施；

    5 升压分级的划分及观测制度的规定；

    6 试验管段的稳定措施和安全措施。

9.2.2 试验管段的后背应符合下列规定：

    1 后背应设在原状土或人工后背上，土质松软时应采取加固措施；

    2 后背墙面应平整并与管道轴线垂直。

9.2.3 采用钢管、化学建材管的压力管道，管道中最后一个焊接接口完毕一个小时以上方可进行水压试验。

9.2.4 水压试验管道内径大于或等于 600mm 时，试验管段端部的第一个接口应采用柔性接口，或采用特制的柔性接口堵板。

9.2.5 水压试验采用的设备、仪表规格及其安装应符合下列规定：

    1 采用弹簧压力计时，精度不低于 1.5 级，最大量程宜为试验压力的 1.3～1.5 倍，表壳的公称直径不宜小于 150mm，使用前经校正并具有符合规定的检定证书；

    2 水泵、压力计应安装在试验段的两端部与管道轴线相垂直的支管上。

9.2.6 开槽施工管道试验前，附属设备安装应符合下列规定：

    1 非隐蔽管道的固定设施已按设计要求安装合格；

    2 管道附属设备已按要求紧固、锚固合格；

    3 管件的支墩、锚固设施混凝土强度已达到设计强度；

    4 未设置支墩、锚固设施的管件，应采取加固措施并检查合格。

9.2.7 水压试验前，管道回填土应符合下列规定：

    1 管道安装检查合格后，应按本规范第 4.5.1 条第 1 款的规定回填土；

    2 管道顶部回填土宜留出接口位置以便检查渗漏处；

9.2.8 水压试验前准备工作应符合下列规定：

    1 试验管段所有敞口应封闭，不得有渗漏水现象；

    2 试验管段不得用闸阀做堵板，不得含有消火栓、水锤消除器、安全阀等附件；

    3 水压试验前应清除管道内的杂物。

9.2.9 试验管段注满水后，宜在不大于工作压力条件下充分浸泡后再进行水压试验，浸泡时间应符合表9.2.9的规定：

表9.2.9　压力管道水压试验前浸泡时间

管材种类	管道内径 D_i (mm)	浸泡时间 (h)
球墨铸铁管（有水泥砂浆衬里）	D_i	≥24
钢管（有水泥砂浆衬里）	D_i	≥24
化学建材管	D_i	≥24
现浇钢筋混凝土管渠	$D_i≤1000$	≥48
	$D_i>1000$	≥72
预（自）应力混凝土管、预应力钢筒混凝土管	$D_i≤1000$	≥48
	$D_i>1000$	≥72

9.2.10　水压试验应符合下列规定：

1　试验压力应按表9.2.10-1选择确定。

表9.2.10-1　压力管道水压试验的试验压力（MPa）

管材种类	工作压力 P	试验压力
钢管	P	$P+0.5$，且不小于0.9
球墨铸铁管	≤0.5	$2P$
	>0.5	$P+0.5$
预（自）应力混凝土管、预应力钢筒混凝土管	≤0.6	$1.5P$
	>0.6	$P+0.3$
现浇钢筋混凝土管渠	≥0.1	$1.5P$
化学建材管	≥0.1	$1.5P$，且不小于0.8

2　预试验阶段：将管道内水压缓缓地升至试验压力并稳压30min，期间如有压力下降可注水补压，但不得高于试验压力；检查管道接口、配件等处有无漏水、损坏现象；有漏水、损坏现象时应及时停止试压，查明原因并采取相应措施后重新试压。

3　主试验阶段：停止注水补压，稳定15min；当15min后压力下降不超过表9.2.10-2中所列允许压力降数值时，将试验压力降至工作压力并保持恒压30min，进行外观检查若无漏水现象，则水压试验合格。

表9.2.10-2　压力管道水压试验的允许压力降（MPa）

管材种类	试验压力	允许压力降
钢管	$P+0.5$，且不小于0.9	0
球墨铸铁管	$2P$	
	$P+0.5$	
预（自）应力钢筋混凝土管、预应力钢筒混凝土管	$1.5P$	0.03
	$P+0.3$	
现浇钢筋混凝土管渠	$1.5P$	
化学建材管	$1.5P$，且不小于0.8	0.02

4　管道升压时，管道的气体应排除；升压过程中，发现弹簧压力计表针摆动、不稳，且升压较慢时，应重新排气后再升压。

5　应分级升压，每升一级应检查后背、支墩、管身及接口，无异常现象时再继续升压。

6　水压试验过程中，后背顶撑、管道两端严禁站人。

7　水压试验时，严禁修补缺陷；遇有缺陷时，应做出标记，卸压后修补。

9.2.11　压力管道采用允许渗水量进行最终合格判定依据时，实测渗水量应小于或等于表9.2.11的规定及下列公式规定的允许渗水量。

表9.2.11　压力管道水压试验的允许渗水量

管道内径 D_i(mm)	允许渗水量（L/min·km）		
	焊接接口钢管	球墨铸铁管、玻璃钢管	预（自）应力混凝土管、预应力钢筒混凝土管
100	0.28	0.70	1.40
150	0.42	1.05	1.72
200	0.56	1.40	1.98
300	0.85	1.70	2.42
400	1.00	1.95	2.80
600	1.20	2.40	3.14
800	1.35	2.70	3.96
900	1.45	2.90	4.20
1000	1.50	3.00	4.42
1200	1.65	3.30	4.70
1400	1.75	—	5.00

1　当管道内径大于表9.2.11规定时，实测渗水量应小于或等于按下列公式计算的允许渗水量：

钢管：
$$q=0.05\sqrt{D_i} \qquad (9.2.11\text{-}1)$$

球墨铸铁管（玻璃钢管）：
$$q=0.1\sqrt{D_i} \qquad (9.2.11\text{-}2)$$

预（自）应力混凝土管、预应力钢筒混凝土管：
$$q=0.14\sqrt{D_i} \qquad (9.2.11\text{-}3)$$

2　现浇钢筋混凝土管渠实测渗水量应小于或等于按下式计算的允许渗水量：
$$q=0.014D_i \qquad (9.2.11\text{-}4)$$

3　硬聚氯乙烯管实测渗水量应小于或等于按下式计算的允许渗水量：
$$q=3\cdot\frac{D_i}{25}\cdot\frac{P}{0.3\alpha}\cdot\frac{1}{1440} \qquad (9.2.11\text{-}5)$$

式中　q——允许渗水量（L/min·km）；

D_i——管道内径（mm）；

P——压力管道的工作压力（MPa）；

α——温度－压力折减系数；当试验水温0°～25℃时，α取1；25°～35℃时，α取0.8；35°～45℃时，α取0.63。

9.2.12　聚乙烯管、聚丙烯管及其复合管的水压试验除应符合本规范第 9.2.10 条的规定外，其预试验、主试验阶段应按下列规定执行：

　　1　预试验阶段：按本规范第 9.2.10 条第 2 款的规定完成后，应停止注水补压并稳定 30min；当 30min 后压力下降不超过试验压力的 70%，则预试验结束；否则重新注水补压并稳定 30min 再进行观测，直至 30min 后压力下降不超过试验压力的 70%。

　　2　主试验阶段应符合下列规定：

　　　　1）在预试验阶段结束后，迅速将管道泄水降压，降压量为试验压力的 10%～15%；期间应准确计量降压所泄出的水量（ΔV），并按下试计算允许泄出的最大水量 ΔV_{max}：

$$\Delta V_{max} = 1.2V\Delta P\left(\frac{1}{E_w} + \frac{D_i}{e_n E_p}\right) \quad (9.2.12)$$

式中　V——试压管段总容积（L）；

　　　ΔP——降压量（MPa）；

　　　E_w——水的体积模量，不同水温时 E_w 值可按表 9.2.12 采用；

　　　E_p——管材弹性模量（MPa），与水温及试压时间有关；

　　　D_i——管材内径（m）；

　　　e_n——管材公称壁厚（m）。

ΔV 小于或等于 ΔV_{max} 时，则按本款的第（2）、（3）、（4）项进行作业；ΔV 大于 ΔV_{max} 时应停止试压，排除管内过量空气再从预试验阶段开始重新试验。

表 9.2.12　温度与体积模量关系

温度（℃）	体积模量（MPa）	温度（℃）	体积模量（MPa）
5	2080	20	2170
10	2110	25	2210
15	2140	30	2230

　　　　2）每隔 3min 记录一次管道剩余压力，应记录 30min；30min 内管道剩余压力有上升趋势时，则水压试验结果合格。

　　　　3）30min 内管道剩余压力无上升趋势时，则应持续观察 60min；整个 90min 内压力下降不超过 0.02MPa，则水压试验结果合格。

　　　　4）主试验阶段上述两条均不能满足时，则水压试验结果不合格，应查明原因并采取相应措施后再重新组织试压。

　　9.2.13　大口径球墨铸铁管、玻璃钢管及预应力钢筒混凝土管道的接口单口水压试验应符合下列规定：

　　1　安装时应注意将单口水压试验用的进水口（管材出厂时已加工）置于管道顶部；

　　2　管道接口连接完毕后进行单口水压试验，试

验压力为管道设计压力的 2 倍，且不得小于 0.2MPa；

　　3　试压采用手提式打压泵，管道连接后将试压嘴固定在管道承口的试压孔上，连接试压泵，将压力升至试验压力，恒压 2min，无压力下降为合格；

　　4　试压合格后，取下试压嘴，在试压孔上拧上 M10×20mm 不锈钢螺栓并拧紧；

　　5　水压试验时应先排净水压腔内的空气；

　　6　单口试压不合格且确认是接口漏水时，应马上拔出管节，找出原因，重新安装，直至符合要求为止。

9.3　无压管道的闭水试验

　　9.3.1　闭水试验法应按设计要求和试验方案进行。

　　9.3.2　试验管段应按井距分隔，抽样选取，带井试验。

　　9.3.3　无压管道闭水试验时，试验管段应符合下列规定：

　　1　管道及检查井外观质量已验收合格；

　　2　管道未回填土且沟槽内无积水；

　　3　全部预留孔应封堵，不得渗水；

　　4　管道两端堵板承载力经核算应大于水压力的合力；除预留进出水管外，应封堵坚固，不得渗水；

　　5　顶管施工，其注浆孔封堵且管口按设计要求处理完毕，地下水位于管底以下。

　　9.3.4　管道闭水试验应符合下列规定：

　　1　试验段上游设计水头不超过管顶内壁时，试验水头应以试验段上游管顶内壁加 2m 计；

　　2　试验段上游设计水头超过管顶内壁时，试验水头应以试验段上游设计水头加 2m 计；

　　3　计算出的试验水头小于 10m，但已超过上游检查井井口时，试验水头应以上游检查井井口高度为准；

　　4　管道闭水试验应按本规范附录 D（闭水法试验）进行。

　　9.3.5　管道闭水试验时，应进行外观检查，不得有漏水现象，且符合下列规定时，管道闭水试验为合格：

　　1　实测渗水量小于或等于表 9.3.5 规定的允许渗水量；

　　2　管道内径大于表 9.3.5 规定时，实测渗水量应小于或等于按下式计算的允许渗水量；

$$q = 1.25\sqrt{D_i} \quad (9.3.5-1)$$

　　3　异型截面管道的允许渗水量可按周长折算为圆形管道计；

　　4　化学建材管道的实测渗水量应小于或等于按下式计算的允许渗水量。

$$q = 0.0046D_i \quad (9.3.5-2)$$

式中　q——允许渗水量（$m^3/24h \cdot km$）；

D_i——管道内径（mm）。

表 9.3.5　无压管道闭水试验允许渗水量

管材	管道内径 D_i（mm）	允许渗水量 [m³/(24h·km)]
钢筋混凝土管	200	17.60
	300	21.62
	400	25.00
	500	27.95
	600	30.60
	700	33.00
	800	35.35
	900	37.50
	1000	39.52
	1100	41.45
	1200	43.30
	1300	45.00
	1400	46.70
	1500	48.40
	1600	50.00
	1700	51.50
	1800	53.00
	1900	54.48
	2000	55.90

9.3.6 管道内径大于 700mm 时，可按管道井段数量抽样选取 1/3 进行试验；试验不合格时，抽样井段数量应在原抽样基础上加倍进行试验。

9.3.7 不开槽施工的内径大于或等于 1500mm 钢筋混凝土管道，设计无要求且地下水位高于管道顶部时，可采用内渗法测渗水量；渗漏水量测方法按附录 F 的规定进行，符合下列规定时，则管道抗渗性能满足要求，不必再进行闭水试验：

1 管壁不得有线流、滴漏现象；

2 对有水珠、渗水部位应进行抗渗处理；

3 管道内渗水量允许值 $q \leqslant 2[L/(m^2 \cdot d)]$。

9.4　无压管道的闭气试验

9.4.1 闭气试验适用于混凝土类的无压管道在回填土前进行的严密性试验。

9.4.2 闭气试验时，地下水位应低于管外底150mm，环境温度为 −15～50℃。

9.4.3 下雨时不得进行闭气试验。

9.4.4 闭气试验合格标准应符合下列规定：

1 规定标准闭气试验时间符合表 9.4.4 的规定，管内实测气体压力 $P \geqslant 1500$Pa 则管道闭气试验合格。

表 9.4.4　钢筋混凝土无压管道闭气检验规定标准闭气时间

管道 DN (mm)	管内气体压力（Pa） 起点压力	管内气体压力（Pa） 终点压力	规定标准闭气时间 S (″′)
300			1′45″
400			2′30″
500			3′15″
600			4′45″
700			6′15″
800			7′15″
900			8′30″
1000			10′30″
1100			12′15″
1200			15′
1300	2000	≥1500	16′45″
1400			19′
1500			20′45″
1600			22′30″
1700			24′
1800			25′45″
1900			28′
2000			30′
2100			32′30″
2200			35′

2 被检测管道内径大于或等于 1600mm 时，应记录测试时管内气体温度（℃）的起始值 T_1 及终止值 T_2，并将达到标准闭气时间时膜盒表显示的管内压力值 P 记录，用下列公式加以修正，修正后管内气体压降值为 ΔP：

$$\Delta P = 103300 - (P + 101300)(273 + T_1)/(273 + T_2)$$

(9.4.4)

ΔP 如果小于 500Pa，管道闭气试验合格。

3 管道闭气试验不合格时，应进行漏气检查、修补后复检。

4 闭气试验装置及程序见附录 E。

9.5　给水管道冲洗与消毒

9.5.1 给水管道冲洗与消毒应符合下列要求：

1 给水管道严禁取用污染水源进行水压试验、冲洗，施工管段处于污染水水域较近时，必须严格控制污染水进入管道；如不慎污染管道，应由水质检测部门对管道污染水进行化验，并按其要求在管道并网运行前进行冲洗与消毒；

2 管道冲洗与消毒应编制实施方案；

3 施工单位应在建设单位、管理单位的配合下进行冲洗与消毒；

4 冲洗时，应避开用水高峰，冲洗流速不小于1.0m/s，连续冲洗。

9.5.2 给水管道冲洗消毒准备工作应符合下列规定：

1 用于冲洗管道的清洁水源已经确定；

2 消毒方法和用品已经确定，并准备就绪；

3 排水管道已安装完毕，并保证畅通、安全；

4 冲洗管段末端已设置方便、安全的取样口；

5 照明和维护等措施已经落实。

9.5.3 管道冲洗与消毒应符合下列规定：

1 管道第一次冲洗应用清洁水冲洗至出水口水样浊度小于 3NTU 为止，冲洗流速应大于 1.0m/s。

2 管道第二次冲洗应在第一次冲洗后，用有效氯离子含量不低于 20mg/L 的清洁水浸泡 24h 后，再用清洁水进行第二次冲洗直至水质检测、管理部门取样化验合格为止。

附录 A 给排水管道工程分项、分部、单位工程划分

表 A 给排水管道工程分项、分部、单位工程划分表

单位工程 （子单位工程）	开（挖）槽施工的管道工程、大型顶管工程、盾构管道工程、浅埋暗挖管道工程、大型沉管工程、大型桥管工程		
分部工程 （子分部工程）		分项工程	验 收 批
土方工程		沟槽土方（沟槽开挖、沟槽支撑、沟槽回填）、基坑土方（基坑开挖、基坑支护、基坑回填）	与下列验收批对应
管道主体工程	预制管开槽施工主体结构	金属类管、混凝土类管、预应力钢筒混凝土管、化学建材管	管道基础、管道接口连接、管道铺设、管道防腐层（管道内防腐层、钢管外防腐层）、钢管阴极保护	可选择下列方式划分： ①按流水施工长度； ②排水管道按井段； ③给水管道按一定长度连续施工段或自然划分段（路段）； ④其他便于过程质量控制方法
	管渠（廊）	现浇钢筋混凝土管渠、装配式混凝土管渠、砌筑管渠	管道基础、现浇钢筋混凝土管渠（钢筋、模板、混凝土、变形缝）、装配式混凝土管渠（预制构件安装、变形缝）、砌筑管渠（砖石砌筑、变形缝）、管道内防腐层、管廊内管道安装	每节管渠（廊）或每个流水施工段管渠（廊）
	不开槽施工主体结构	工作井	工作井围护结构、工作井	每座井
		顶管	管道接口连接、顶管管道（钢筋混凝土管、钢管）、管道防腐层（管道内防腐层、钢管外防腐层）、钢管阴极保护、垂直顶升	顶管顶进：每100m； 垂直顶升：每个顶升管

续表 A

		盾构	管片制作、掘进及管片拼装、二次内衬（钢筋、混凝土）、管道防腐层、垂直顶升	盾构掘进：每100环； 二次内衬：每施工作业断面； 垂直顶升：每个顶升管
管道主体工程	不开槽施工主体结构	浅埋暗挖	土层开挖、初期衬砌、防水层、二次内衬、管道防腐层、垂直顶升	暗挖：每施工作业断面； 垂直顶升：每个顶升管
		定向钻	管道接口连接、定向钻管道、钢管防腐层（内防腐层、外防腐层）、钢管阴极保护	每100m
		夯管	管道接口连接、夯管管道、钢管防腐层（内防腐层、外防腐层）、钢管阴极保护	每100m
	沉管	组对拼装沉管	基槽浚挖及管基处理、管道接口连接、管道防腐层、管道沉放、稳管及回填	每100m（分段拼装按每段，且不大于100m）
		预制钢筋混凝土沉管	基槽浚挖及管基处理、预制钢筋混凝土管节制作（钢筋、模板、混凝土）、管节接口预制加工、管道沉放、稳管及回填	每节预制钢筋混凝土管
	桥管		管道接口连接、管道防腐层（内防腐层、外防腐层）、桥管管道	每跨或每100m；分段拼装按每跨或每段，且不大于100m
附属构筑物工程			井室（现浇混凝土结构、砖砌结构、预制拼装结构）、雨水口及支连管、支墩	同一结构类型的附属构筑物不大于10个

注：1 大型顶管工程、大型沉管工程、大型桥管工程及盾构、浅埋暗挖管道工程，可设独立的单位工程；

2 大型顶管工程：指管道一次顶进长度大于 300m 的管道工程；

3 大型沉管工程：指预制钢筋混凝土管沉管工程；对于成品管组对拼装的沉管工程，应为多年平均水位水面宽度不小于 200m，或多年平均水位水面宽度 100～200m 之间，且相应水深不小于 5m；

4 大型桥管工程：总跨长度不小于 300m 或主跨长度不小于 100m；

5 土方工程中涉及地基处理、基坑支护等，可按现行国家标准《建筑地基基础工程施工质量验收规范》GB 50202 等相关规定执行；

6 桥管的地基与基础、下部结构工程，可按桥梁工程规范的有关规定执行；

7 工作井的地基与基础、围护结构工程，可按现行国家标准《建筑地基基础工程施工质量验收规范》GB 50202、《混凝土结构工程施工质量验收规范》GB 50204、《地下防水工程质量验收规范》GB 50208、《给水排水构筑物工程施工及验收规范》GB 50141 等相关规定执行。

附录 B 分项、分部、单位工程质量验收记录

B.0.1 验收批的质量验收记录由施工项目专业质量检查员填写，监理工程师（建设项目专业技术负责人）组织施工项目专业质量检查员进行验收，并按表B.0.1记录。

表 B.0.1 分项工程（验收批）质量验收记录表

编号：_____

工程名称		分部工程名称		分项工程名称	
施工单位		专业工长		项目经理	
验收批名称、部位					
分包单位		分包项目经理		施工班组长	

	质量验收规范规定的检查项目及验收标准		施工单位检查评定记录	监理（建设）单位验收记录
主控项目	1			
	2			
	3			
	4			
	5			合格率
	6			合格率
一般项目	1			
	2			
	3			
	4.			合格率
	5			合格率
	6			合格率
施工单位检查评定结果	项目专业质量检查员：			年 月 日
监理（建设）单位验收结论	监理工程师（建设单位项目专业技术负责人）			年 月 日

B.0.2 分项工程质量应由监理工程师（建设项目专业技术负责人）组织施工项目技术负责人等进行验收，并按表 B.0.2 记录。

表 B.0.2 分项工程质量验收记录表

编号：＿＿＿＿＿＿＿

工程名称		分项工程名称		验收批数	
施工单位		项目经理		项目技术负责人	
分包单位		分包单位负责人		施工班组长	
序号	验收批名称、部位	施工单位检查评定结果	监理（建设）单位验收结论		
1					
2					
3					
4					
5					
6					
7					
8					
9					
10					
11					
12					
13					
14					
15					
16					
17					
18					
19					
检查结论	施工项目技术负责人： 年 月 日		验收结论	监理工程师 （建设项目专业技术负责人） 年 月 日	

B. 0. 3 分部（子分部）工程质量应由总监理工程师 位项目负责人进行验收，并按表 B. 0. 3 记录。
和建设项目专业负责人、组织施工项目经理和有关单

表 B. 0. 3 分部（子分部）工程质量验收记录表

编号：_____

工程名称					分部工程名称	
施工单位		技术部门负责人			质量部门负责人	
分包单位		分包单位负责人			分包技术负责人	

序号	分项工程名称	验收批数	施工单位检查评定	验 收 意 见
1				
2				
3				
4				
5				
6				
7				
8				
9				
质量控制资料				
安全和功能检验（检测）报告				
观感质量验收				

验收单位	分包单位	项目经理		年　月　日
	施工单位	项目经理		年　月　日
	设计单位	项目负责人		年　月　日
	监理单位	总监理工程师		年　月　日
	建设单位	项目负责人（专业技术负责人）		年　月　日

B. 0. 4 单位（子单位）工程质量竣工验收应按表 B. 0. 4-1～表 B. 0. 4-4 记录。单位（子单位）工程质量竣工验收记录由施工单位填写，验收结论由监理（建设）单位填写，综合验收结论由参加验收各方共同商定，建设单位填写；并应对工程质量是否符合规范规定和设计要求及总体质量水平做出评价。

表 B. 0. 4-1 单位（子单位）工程质量竣工验收记录表

编号：＿＿＿＿＿＿＿

工程名称		类型		工程造价	
施工单位		技术负责人		开工日期	
项目经理		项目技术负责人		竣工日期	

序号	项目	验收记录	验收结论
1	分部工程	共　　分部，经查　　分部 符合标准及设计要求　　分部	
2	质量控制资料核查	共　项，经审查符合要求　　项， 经核定符合规范规定　　项	
3	安全和主要使用功能核查及抽查结果	共核查　项，符合要求　　项， 共抽查　项，符合要求　　项， 经返工处理符合要求　　项	
4	观感质量检验	共抽查　项，符合要求　　项， 不符合要求　项	
5	综合验收结论		

参加验收单位	建设单位	设计单位	施工单位	监理单位
	（公章） 项目负责人 年　月　日	（公章） 项目负责人 年　月　日	（公章） 项目负责人 年　月　日	（公章） 总监理工程师 年　月　日

B. 0. 4-2 单位 (子单位) 工程质量控制资料核查表

工程名称			施工单位		
序号		资料名称		份数	核查意见
1	材质质量保证资料	①管节、管件、管道设备及管配件等；②防腐层材料、阴极保护设备及材料；③钢材、焊材、水泥、砂石、橡胶止水圈、混凝土、砖、混凝土外加剂、钢制构件、混凝土预制构件			
2	施工检测	①管道接口连接质量检测（钢管焊接无损探伤检验、法兰或压兰螺栓拧紧力矩检测、熔焊检验）；②内外防腐层（包括补口、补伤）防腐检测；③预水压试验；④混凝土强度、混凝土抗渗、混凝土抗冻、砂浆强度、钢筋焊接；⑤回填土压实度；⑥柔性管道环向变形检测；⑦不开槽施工土层加固、支护及施工变形等测量；⑧管道设备安装测试；⑨阴极保护安装测试；⑩桩基完整性检测、地基处理检测			
3	结构安全和使用功能性检测	①管道水压试验；②给水管道冲洗消毒；③管道位置及高程；④浅埋暗挖管道、盾构管片拼装变形测量；⑤混凝土结构管道渗漏水调查；⑥管道及抽升泵站设备（或系统）调试、电气设备电试；⑦阴极保护系统测试；⑧桩基动测、静载试验			
4	施工测量	①控制桩（副桩）、永久（临时）水准点测量复核；②施工放样复核；③竣工测量			
5	施工技术管理	①施工组织设计（施工方案）、专题施工方案及批复；②焊接工艺评定及作业指导书；③图纸会审、施工技术交底；④设计变更、技术联系单；⑤质量事故（问题）处理；⑥材料、设备进场验收；计量仪器校核报告；⑦工程会议纪要；⑧施工日记			
6	验收记录	①验收批、分项、分部（子分部）、单位（子单位）工程质量验收记录；②隐蔽验收记录			
7	施工记录	①接口组对拼装、焊接、拴接、熔接；②地基基础、地层等加固处理；③桩基成桩；④支护结构施工；⑤沉井下沉；⑥混凝土浇筑；⑦管道设备安装；⑧顶进（掘进、钻进、夯进）；⑨沉管沉放及桥管吊装；⑩焊条烘陪、焊接热处理；⑪防腐层补口补伤等			
8	竣工图				

结论：

施工项目经理：

年 月 日

结论：

总监理工程师：

年 月 日

表 B. 0. 4-3　单位（子单位）工程观感质量核查表

工程名称			施工单位				
序号		检查项目	抽查质量情况		好	中	差
1	管道工程	管道、管道附件位、附属构筑物位置					
2		管道设备					
3		附属构筑物					
4		大口径管道（渠、廊）：管道内部、管廊内管道安装					
5		地上管道（桥管、架空管、虹吸管）及承重结构					
6		回填土					
7	顶管、盾构、浅埋暗挖、定向钻、夯管	管道结构					
8		防水、防腐					
9		管缝（变形缝）					
10		进、出洞口					
11		工作坑（井）					
12		管道线形					
13		附属构筑物					
14	抽升泵站	下部结构					
15		地面建筑					
16		水泵机电设备、管道安装及基础支架					
17		防水、防腐					
18		附属设施、工艺					
观感质量综合评价							
结论： 施工项目经理： 年　月　日				结论： 总监理工程师： 年　月　日			

注：地面建筑宜符合现行国家标准《建筑工程施工质量验收统一标准》GB 50300 的有关规定。

表 B. 0. 4-4　单位（子单位）工程结构安全和使用功能性检测记录表

工程名称		施工单位		
序号	安全和功能检查项目		资料核查意见	功能抽查结果
1	压力管道水压试验（无压力管道严密性试验）记录			
2	给水管道冲洗消毒记录及报告			
3	阀门安装及运行功能调试报告及抽查检验			
4	其他管道设备安装调试报告及功能检测			
5	管道位置高程及管道变形测量及汇总			
6	阴极保护安装及系统测试报告及抽查检验			
7	防腐绝缘检测汇总及抽查检验			
8	钢管焊接无损检测报告汇总			
9	混凝土试块抗压强度试验汇总			
10	混凝土试块抗渗、抗冻试验汇总			
11	地基基础加固检测报告			
12	桥管桩基础动测或静载试验报告			
13	混凝土结构管道渗漏水调查记录			
14	抽升泵站的地面建筑			
15	其他			
结论： 施工项目经理： 年　月　日			结论： 总监理工程师： 年　月　日	

注：抽升泵站的地面建筑宜符合现行国家标准《建筑工程施工质量验收统一标准》GB 50300 的有关规定。

附录 C 注水法试验

C.0.1 压力升至试验压力后开始计时，每当压力下降，应及时向管道内补水，但最大压降不得大于0.03MPa，保持管道试验压力恒定，恒压延续时间不得少于2h，并计量恒压时间内补入试验管段内的水量。

C.0.2 实测渗水量应按式（C.0.1）计算：

$$q = \frac{W}{T \cdot L} \times 1000 \qquad (C.0.1)$$

式中　q——实测渗水量（L/min·km）；

　　　W——恒压时间内补入管道的水量（L）；

　　　T——从开始计时至保持恒压结束的时间（min）；

　　　L——试验管段的长度（m）。

C.0.3 注水法试验应进行记录，记录表格宜符合表C.0.3的规定。

表 C.0.3　注水法试验记录表

工程名称		试验日期	年　月　日	
桩号及地段				
管道内径（mm）	管材种类	接口种类	试验段长度（m）	
工作压力（MPa）	试验压力（MPa）	15min 降压值（MPa）	允许渗水量[L/(min·km)]	
渗水量测定记录	次数	达到试验压力的时间 t_1	恒压结束时间 t_2	恒压时间 T(min)	恒压时间内补入的水量 W(L)	实测渗水量 q[L/(min·m)]
	1					
	2					
	3					
	4					
	5					
折合平均实测渗水量[L/(min·km)]						
外观评语						

施工单位：　　　　　　　　试验负责人：
监理单位：　　　　　　　　设计单位：
建设单位：　　　　　　　　记录员：

附录 D 闭水法试验

D.0.1 闭水法试验应符合下列程序：

　1 试验管段灌满水后浸泡时间不应少于24h；

　2 试验水头应按本规范第9.3.4条的规定确定；

　3 试验水头达规定水头时开始计时，观测管道的渗水量，直至观测结束时，应不断地向试验管段内补水，保持试验水头恒定。渗水量的观测时间不得小于30min；

　4 实测渗水量应按下式计算：

$$q = \frac{W}{T \cdot L} \qquad (D.0.1)$$

式中　q——实测渗水量[L/(min·m)]；

　　　W——补水量（L）；

　　　T——实测渗水观测时间（min）；

　　　L——试验管段的长度（m）。

D.0.2 闭水试验应作记录，记录表格应符合表D.0.2的规定。

表 D.0.2　管道闭水试验记录表

工程名称		试验日期	年　月　日	
桩号及地段				
管道内径（mm）	管材种类	接口种类	试验段长度(m)	
试验段上游设计水头(m)	试验水头(m)	允许渗水量[m³/(24h·km)]		
渗水量测定记录	次数	观测起始时间 T_1	观测结束时间 T_2	恒压时间 T(min)	恒压时间内补入的水量 W(L)	实测渗水量 q[L/(min·m)]
	1					
	2					
	3					
折合平均实测渗水量[m³/(24h·km)]						
外观记录						
评语						

施工单位：　　　　　　　　试验负责人：
监理单位：　　　　　　　　设计单位：
建设单位：　　　　　　　　记录员：

附录 E 闭气法试验

E.0.1 将进行闭气检验的排水管道两端用管堵密封，然后向管道内填充空气至一定的压力，在规定闭气时间测定管道内气体的压降值。检验装置如图E.0.1所示。

E.0.2 检验步骤应符合下列规定：

　1 对闭气试验的排水管道两端管口与管堵接触

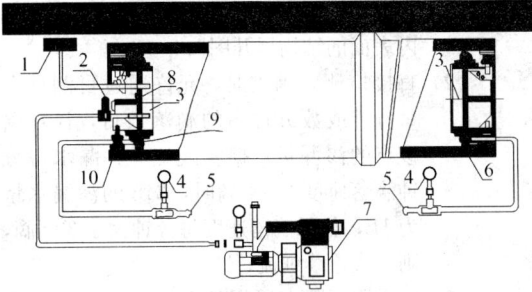

图 E.0.1　排水管道闭气检验装置图

1—膜盒压力表；2—气阀；3—管堵塑料封板；
4—压力表；5—充气嘴；6—混凝土排水管道；
7—空气压缩机；8—温度传感器；
9—密封胶圈；10—管堵支撑脚

部分的内壁应进行处理，使其洁净磨光。

2　调整管堵支撑脚，分别将管堵安装在管道内部两端，每端接上压力表和充气罐，如图 E.0.1 所示；

3　用打气筒向管堵密封胶圈内充气加压，观察压力表显示至 0.05～0.20MPa，且不宜超过 0.20MPa，将管道密封；锁紧管堵支撑脚，将其固定；

4　用空气压缩机向管道内充气，膜盒表显示管道内气体压力至 3000Pa，关闭气阀，使气体趋于稳定，记录膜盒表读数从 3000Pa 降至 2000Pa 历时不应少于 5min；气压下降较快，可适当补气；下降太慢，可适当放气；

5　膜盒表显示管道内气体压力达到 2000Pa 时开始计时，在满足该管径的标准闭气时间规定（见本规范表 9.4.4），计时结束，记录此时管内实测气体压力 P，如 P≥1500Pa 则管道闭气试验合格，反之为不合格；管道闭气试验记录表见表 E.0.2；

表 E.0.2　管道闭气检验记录表

工程名称				
施工单位				
起止井号	号井段至_____号井段　　共_____m			
管径	φ____mm ____管		接口种类	
试验日期	试验次数	第___次共___次	环境温度	℃
标准闭气时间(s)				
≥1600mm管道的内压修正	起始温度 T_1(s)	终止温度 T_2(s)	标准闭气时间时的管内压力值 P(Pa)	修正后管内气体压降值 ΔP(Pa)
检验结果				

施工单位：　　　　　　　　　　　试验负责人：
监理单位：　　　　　　　　　　　设计单位：
建设单位：　　　　　　　　　　　记录员：

6　管道闭气检验完毕，必须先排除管道内气体，再排除管堵密封圈内气体，最后卸下管堵；

7　管道闭气检验工艺流程应符合图 E.0.2 规定。

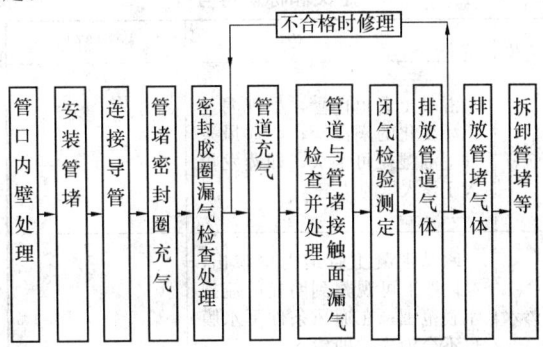

图 E.0.2　管道闭气检验工艺流程图

E.0.3　漏气检查应符合下列规定：

1　管堵密封胶圈严禁漏气。

检查方法：管堵密封胶圈充气达到规定压力值 2min 后，应无压降。在试验过程中应注意检查和进行必要的补气。

2　管道内气体趋于稳定过程中，用喷雾器喷洒发泡液检查管道漏气情况。

检查方法：检查管堵对管口的密封，不得出现气泡；检查管口及管壁漏气，发现漏气应及时用密封修补材料封堵或作相应处理；漏气部位较多时，管内压力下降较快，要及时进行补气，以便作详细检查。

附录 F　混凝土结构无压管道渗水量测与评定方法

F.0.1　混凝土结构无压管道渗水量测与评定适用于下列条件：

1　大口径（D_i≥1500mm）钢筋混凝土结构的无压管道；

2　地下水位高于管道顶部；

3　检查结果应符合设计要求的防水等级标准；无设计要求时，不得有滴漏、线流现象。

F.0.2　漏水调查应符合下列规定：

1　施工单位应提供管道工程的"管内表面的结构展开图"；

2　"管内表面的结构展开图"应按下列要求进行详细标示：

　　1）　检查中发现的裂缝，并标明其位置、宽度、长度和渗漏水程度；

　　2）　经修补、堵漏的渗漏水部位；

　　3）　有渗漏水，但满足设计防水等级标准允许渗漏要求而无需修补的部位；

3　经检查、核对标示好的"管内表面的结构展开图"应纳入竣工验收资料。

F.0.3 渗漏水程度描述使用的术语、定义和标识符号，可按表 F.0.3 采用。

表 F.0.3 渗漏水程度描述使用的术语、定义和标识符号

术语	定义	标识符号
湿渍	混凝土管道内壁，呈现明显色泽变化的潮湿斑；在通风条件下潮湿斑可消失，即蒸发量大于渗入量的状态	♯
渗水	水从混凝土管道内壁渗出，在内壁上可观察到明显的流挂水膜范围；在通风条件下水膜也不会消失，即渗入量大于蒸发量的状态	○
水珠	悬挂在混凝土管道内壁顶部的水珠、管道内侧壁渗漏水用细短棒引流并悬挂在其底部的水珠，其滴落间隔时间超过1min；渗漏水用干棉纱能够拭干，但短时间内可观察到擦拭部位从湿润至水渗出的变化	◇
滴漏	悬挂在混凝土管道内壁顶部的水珠、管道内侧壁渗漏水用细短棒引流并悬挂在其底部的水珠，其滴落速度每min至少1滴；渗漏水用干棉纱不易拭干，且短时间内可明显观察到擦拭部位有水渗出和集聚的变化	▽
线流	指渗漏水呈线流、流淌或喷水状态	↓

F.0.4 管道内有结露现象时，不宜进行渗漏水检测。

F.0.5 管道内壁表面渗漏水程度宜采用下列检测方法：

1 湿渍点：用手触摸湿斑，无水分浸润感觉；用吸墨纸或报纸贴附，纸不变颜色；检查时，用粉笔勾划出湿渍范围，然后用钢尺测量长宽并计算面积，标示在"管内表面的结构展开图"；

2 渗水点：用手触摸可感觉到水分浸润，手上会沾有水分；用吸墨纸或报纸贴附，纸会浸润变颜色；检查时，要用粉笔勾划出渗水范围，然后用钢尺测量长宽并计算面积，标示在"管内表面的结构展开图"；

3 水珠、滴漏、线流等漏水点宜采用下列方法检测：

1）管道顶部可直接用有刻度的容器收集测量；侧壁或底部可用带有密封缘口的规定尺寸方框，安装在测的部位，将渗漏水导入量测容器内或直接量测方框内的水位；计算单位时间的渗漏水量（单位为 L/min 或 L/h 等），并将每个漏水点

位置、单位时间的渗漏水量标示在"管内表面的结构展开图"；

2）直接检测有困难时，允许通过目测计取每分钟或数分钟内的滴落数目，计算出该点的渗漏量；据实践经验：漏水每分钟滴落速度 3～4 滴时，24h 的渗漏水量为 1L；如果滴落速度每分钟大于 300 滴，则形成连续细流；

3）应采用国际上通用的 L/（m² · d）标准单位；

4）管道内壁表面积等于管道内周长与管道延长的乘积。

F.0.6 管道总渗漏水量的量测可采用下列方法，并应通过计算换算成 L/（m² · d）标准单位：

1 集水井积水量法：测量在设定时间内的集水井水位上升数值，通过计算得出渗漏水量；

2 管道最低处积水量测法：测量在设定时间内的最低处水位上升数值，通过计算得出渗漏水量；

3 有流动水的管道内设量水堰法：量测水堰上开设的 V 形槽口水流量，然后计算得出渗漏水量；

4 通过专用排水泵的运转，计算专用排水泵的工作时间、排水量，并将排水量换算成渗漏量。

附录 G 钢筋混凝土结构外观质量缺陷评定方法

G.0.1 钢筋混凝土结构外观质量缺陷，应根据其对结构性能和使用功能影响的严重程度，按表 G.0.1 的规定进行评定。

表 G.0.1 钢筋混凝土结构外观质量缺陷评定

名称	现象	严重缺陷	一般缺陷
露筋	钢筋未被混凝土包裹而外露	纵向受力钢筋部位	其他钢筋有少量
蜂窝	混凝土表面缺少水泥砂浆而形成石子外露	结构主要受力部位	其他部位有少量
孔洞	混凝土中孔穴深度和长度超过保护层厚度	结构主要受力部位	其他部位有少量
夹渣	混凝土中夹有杂物且深度超过保护层厚度	结构主要受力部位	其他部位有少量
疏松	混凝土中局部不密实	结构主要受力部位	其他部位有少量
裂缝	缝隙从混凝土表面延伸至混凝土内部	结构主要受力部位有影响结构性能或使用功能的裂缝	其他部位有少量不影响结构性能或使用功能的裂缝

续表 G.0.1

名称	现　象	严重缺陷	一般缺陷
连接部位	结构连接处混凝土缺陷及连接钢筋、连接件松动	连接部位有影响结构传力性能的缺陷	连接部位基础不影响结构传力性能的缺陷
外形	缺棱掉角、棱角不直、翘曲不平、飞边凸肋等	清水混凝土结构有影响使用功能或装饰效果的缺陷	其他混凝土结构不影响使用功能的缺陷
外表	结构表面麻面、掉皮、起砂、沾污等	具有重要装饰效果的清水混凝土结构缺陷	其他混凝土结构不影响使用功能的缺陷

附录 H　聚氨酯（PU）涂层

H.1　聚氨酯涂料

H.1.1　聚氨酯涂料防腐层的性能应符合表 H.1.1 的规定。

表 H.1.1　聚氨酯涂料防腐层性能

序号	项　　目	性能指标	试验方法
1	附着力（级）	≤2	SY/T 0315
2	阴极剥离（65℃，48h）（mm）	≤12	SY/T 0315
3	耐冲击（J/m）	≥5	SY/T 0315
4	抗弯曲（1.5°）	涂层无裂纹和分层	SY/T 0315
5	耐磨性（Cs17 砂轮，1kg，1000 转）（mg）	≤100	GB/T 1768
6	吸水性（24h,%）	≤3	GB/T 1034
7	硬度（Shore D）	≥65	GB/T 2411
8	耐盐雾（1000h）	涂层完好	GB/T 1771
9	电气强度（MV/m）	≥20	GB/T 1408.1
10	体积电阻率（Ω·m）	$1×10^{13}$	GB/T 1410
11	耐化学介质腐蚀（10%硫酸、30%氯化钠、30%氢氧化钠、2 号柴油,30d）	涂层完整、无起泡、无脱落	GB 9274

H.1.2　聚氨酯涂料应有出厂质量证明书及检验报告、使用说明书、出厂合格证等技术资料。用于输送饮用水管道内壁或与人体接触的聚氨酯涂料，应有国家合法部门出具的适用于饮用水的检验报告等证明文件。

H.1.3　聚氨酯涂料应包装完好，并在包装上标明制造商名称、产品名称、型号、批号、产品数量、生产日期及有效期等。

H.1.4　涂敷作业应按制造厂家提供的使用说明书的要求存放聚氨酯涂料。

H.1.5　对每种牌（型）号的聚氨酯涂料，在使用前均应由合法检测部门按本标准规定的性能项目进行检验。

H.1.6　涂敷作业应对每一生产批聚氨酯涂料按规定的聚氨酯指标主要性能进行质量复检。不合格的涂料不能用于涂敷。

H.2　涂　敷　工　艺

H.2.1　表面预处理应符合下列规定：

　　1　钢材除锈等级应达到现行国家标准《涂装前钢材表面锈蚀等级和除锈等级》GB 8923—1988 中规定的 $Sa2\frac{1}{2}$ 级的要求，表面锈纹深度达到 $40 \sim 100\mu m$。

　　2　表面温度应高于露点温度 3℃以上，且相对湿度应低于 85%，方可进行除锈作业。

　　3　除锈合格的表面一般应在 8h 内进行防腐层的涂敷，如果出现返锈，必须重新进行表面处理。

H.2.2　外防腐层涂敷应符合下列规定：

　　1　涂敷环境条件：表面温度应高于露点温度 3℃以上，相对湿度应低于 85%，方可进行涂敷作业。环境温度与管节温度应维持在制造厂家所建议的范围内。雨、雪、雾、风沙等气候条件下，应停止防腐层的露天作业。

　　2　管材及涂敷材料的加热：需要对被涂敷的管节进行加热时，应限制在制造厂家所规定的温度限值之内，并保证管节表面不被污染。加热方法及加热温度应依照制造厂家的建议。

　　3　涂敷方法：应按制造厂家的技术说明书进行涂敷，可使用手工涂刷或双组分高压无气热喷涂设备进行喷涂。

　　4　涂敷间隔：每道防腐层喷涂之间的时间间隔应小于制造厂家技术说明书的规定值。

　　5　复涂：

　　　　1）涂敷厚度未达到规定厚度时，且未超过制造厂家所规定的可复涂时间，可再涂敷同种涂料以达到规定的厚度，但不得有分层现象；

　　　　2）已超过制造厂家所规定的可复涂时间的防腐层，必须全部清除干净，重新涂敷。

　　6　管端预留长度按照设计要求执行。

H.3　涂层质量检验

H.3.1　涂层质量应按制造厂家标示的涂料固化所需时间进行固化检查，防腐层不得有未干硬或黏腻性、潮湿或黏稠区域。

H.3.2　防腐层外观应全部目视检查，防腐层上不得出现尖锐的突出部、龟裂、气泡和分层等缺陷，微量凹陷、小点或皱褶的面积不超过总面积的 10% 可视为合格。

H.3.3 防腐层厚度应采用磁性测厚仪逐根测量。内防腐层检测距管口大于 150mm 范围内的两个截面，外防腐层随机抽取三个截面。每个截面测量上、下、左、右四点的防腐层厚度。所有结果符合表 H.3.3 规定或设计要求值为合格。

表 H.3.3   无溶剂聚氨酯涂料内外防腐层的厚度

管材	外防腐层厚度	内防腐层厚度
钢管	≥500μm	≥500μm
焊缝处防腐层的厚度，不得低于管本体防腐层规定厚度的 80%		

H.3.4 防腐层检漏应采用电火花检漏仪对防腐层面积进行 100% 检漏，检漏电压为 5V/μm，发现漏点及时修补。

本规范用词说明

1 为了便于在执行本规范条文时区别对待，对要求严格程度不同的用词说明如下：

1）表示很严格，非这样做不可的用词：
正面词采用"必须"，反面词采用"严禁"；

2）表示严格，在正常情况下均应这样做的用词：
正面词采用"应"，反面词采用"不应"或"不得"；

3）表示允许稍有选择，在条件许可时首先应这样做的用词：
正面词采用"宜"，反面词采用"不宜"；
表示有选择，在一定条件下可以这样做的，采用"可"。

2 条文中指定应按其他有关标准、规范执行时，写法为："应符合……的规定"或"应按……执行"。

中华人民共和国国家标准

给水排水管道工程施工及验收规范

GB 50268—2008

条 文 说 明

目　次

1 总　则

1.0.1　《给水排水管道工程施工及验收规范》GB 50268—97（以下简称原"规范"）颁布执行已有 11 年之久，对我国给排水管道工程建设起到了积极作用。近些年来随着国民经济和城市建设的飞速发展，给排水管道工程技术的提高，施工机械与设备的更新，管材品种及结构的发展；原"规范"的内容已不能满足当前给排水管道工程建设与施工的需要。为了规范施工技术，统一施工质量检验、验收标准，确保工程质量；特对原"规范"进行修订，并将《市政排水管渠工程质量检验评定标准》CJJ 3 内容纳入《给水排水管道工程施工及验收规范》。

修订后的《给水排水管道工程施工及验收规范》（以下简称本规范）定位于指导全国各地区进行给排水管道工程施工与验收工作的通用性标准，需要明确施工（含技术、质量、安全）要求，对检验与验收的工程项目划分、检验与验收合格标准及组织程序做出具体规定。

1.0.2　本规范适用于房屋建筑外部的给排水管道工程，其主要针对城镇和工业区常用的开槽施工的管道，不开槽施工的管道，桥管、沉管管道及附属构筑物等工程的施工要求及验收标准进行规定。

1.0.3　本条为强制性条文。给排水管道工程所使用的管材、管道附件及其他材料的品种类型较多、产品规格不统一，产品质量会直接影响工程结构安全使用功能及环境保护。为此，管材、管件及其他材料必须符合国家有关的产品标准。为保障人民身体健康，供应生活饮用水管道的卫生性能必须符合国家标准《生活饮用水输配水设备及防护材料的安全性评价标准》GB/T 17219 规定。本规范推倡应用新材料、新技术、新工艺，严禁使用国家明令淘汰、禁用的产品。

1.0.4　给排水管道工程建设与施工必须遵守国家的法令法规。当工程有具体要求而本规范又无规定时，应执行国家相关规范、标准，或由建设、设计、施工、监理等有关方面协商解决。

本规范所引用的国家有关规范、规程、标准均为现行且有效的，条文中给出编号，以便于使用时查找。

2 术　语

2.0.1　压力管道沿用了原"规范"的术语，定义为管道内输送的介质是在压力状态下运行，工作压力大于或等于 0.1MPa 的给排水管道；并以此来界定压力管道和无压管道。

2.0.3～2.0.6　刚性管道、柔性管道、刚性接口和柔性接口的术语参考了《管道工程结构常用术语》

CECS 83：96 和《给水排水工程管道结构设计规范》GB 50332—2002；在结构设计上柔性管道、刚性管道的区分主要是考虑或不考虑管道和管周土体弹性抗力共同承担荷载。柔性管道失效通常由管道的环向变形过大造成，因而在工程施工涉及到基础处理与回填要求不同。

2.0.7　化学（又称化工）建材管的术语参考了《给水排水工程管道结构设计规范》GB 50332—2002，将施工安装方式类似的硬聚氯乙烯管（UPVC）、聚乙烯管（HDPE）、玻璃纤维管或玻璃纤维增强热固性塑料管（FRP）、钢塑复合管等管材统称为"化学建材管"，而不涉及其他类别（如 PB、ABS 等管材）的"化学管材"；并将玻璃纤维管或玻璃纤维增强热固性塑料管简称为"玻璃钢管"，以便于工程施工应用。

2.0.17　沉管法主要有：浮运法（或漂浮敷设法）指管道在水面浮运（拖）到位后下沉的施工方法；底拖法（或牵引敷设法）指管道从水底拖入槽内的施工方法；铺管船法指管道在船只上发送并通过船只沿规定线路进行下沉的施工方法。

2.0.20～2.0.23　给水排水管道的功能性试验包括管道严密性试验（leak test）和管道的水压试验（water pressure test）。管道严密性试验应包括管道闭水试验（water obturation test）和管道闭气试验（pneumatic pressure test）。本规范分别给出了水压试验、闭水试验和闭气试验的术语解释。

其他术语从工程实践实际应用的角度，参照《给水排水设计基本术语标准》GBJ 125、《管道工程结构常用术语》CECS 83：96 及有关标准、规程中的术语赋予其涵义，但涵义不一定是术语的定义。同时还分别给出了相应的推荐性英文术语，该英文术语也不一定是国际通用的标准术语，仅供参考。

3 基本规定

3.1 施工基本规定

3.1.1　本条规定从事给排水管道工程的施工单位应具备相应的施工资质，施工人员应具备相应的资格；给排水管道工程施工和质量管理应具有相应的施工技术标准；这些都是工程施工管理和质量控制的基本规定。

3.1.3　本条根据给排水管道工程施工的特点，强调施工准备中对现场沿线及周围环境进行调查，以便了解并掌握地下管线等建（构）筑物真实资料；是基于近年来的工程实践经验与教训而作出的规定。

3.1.4　工程施工项目应实行自审、会审（交底）和签证制度，这是工程施工准备中重要环节；发现施工图有疑问、差错时，应及时提出意见和建议；如需变更设计，应按照相应程序报审，经相关单位签证认定后实施。

3.1.5 本条为强制性条文，对施工组织设计和施工方案的编制以及审批程序做出规定。施工组织设计的核心是施工方案，本规范重点对施工方案做出具体规定；对于施工组织设计和施工方案审批程序，各地、各行业均有不同的规定，本规范不宜对此进行统一的规定，而强调其内容要求和按"规定程序"审批后执行。

3.1.7、3.1.8 为施工测量条文，原"规范"列为施工准备内容。本次修订没有增加更多内容，主要考虑施工测量已有《工程测量规范》GB 50026 和《城市测量规范》CJJ 8 的具体规定，本规范仅列出专业的基本规定。

3.1.9 本条为强制性条文，规定工程所用的管材、管件、构（配）件和主要原材料等产品应执行进场验收制和复验制，验收合格后方可使用。

3.1.13 根据住房和城乡建设部的有关规定，施工单位必须取得安全生产许可证；且对安全风险较高的分项工程和特种作业应制定专项施工方案。

3.1.15 本条为强制性条文，给出了给排水管道工程施工质量控制基本规定：

第 1 款强调工程施工中各分项工程应按照施工技术标准进行质量控制，且在完成后进行检验（自检）；

第 2 款强调各分项工程之间应进行交接检验（互检），所有隐蔽分项工程应进行隐蔽验收，规定未经检验或验收不合格不得进行其后分项工程或下道工序。分项工程和工序在概念上应有所不同的，一项分项工程由一道或若干工序组成，不应视同使用。

3.2 质量验收基本规定

3.2.1 本条规定给排水管道工程施工质量验收基础条件是施工单位自检合格，并应按验收批、分项工程、分部（子分部）工程、单位（子单位）工程依序进行。

本条第 7 款规定验收批是工程项目验收的基础，验收分为主控项目和一般项目。主控项目，即在管道工程中的对结构安全和使用功能起决定性作用的检验项目，一般项目，即除主控项目以外的检验项目，通常为现场实测实量的检验项目又称为允许偏差项目。检查方法和检查数量在相关条文中规定，检查数量未规定者，即为全数检查。

本条第 10 款强调工程的外观质量应由质量验收人员通过现场检查共同确认，这是考虑外观（观感）质量通常是定性的结论，需要验收人员共同确认。

3.2.2 给排水管道工程的特点是线形构筑物工程，通常采用分期投资建设，工程招标时将一条管线分成若干单位工程；工程规模大小决定了工程项目的划分，规模较小的工程通常不划分验收批。本规范附录 A 给出了单位（子单位）工程、分部（子分部）工

程、分项工程和验收批的原则划分，以供使用时参考。应强调的是在工程具体应用时应按照工程施工合同或有关规定，在工程施工前由有关方共同确认。附录 B 在总结给水排水管道工程多年来实践的基础上，列出了有关的质量验收记录表样式及填写要求。

3.2.3 本条规定了验收批质量验收合格的 4 项条件：

第 1 款主控项目，抽样检验或全数检查 100％合格；

第 2 款一般项目，抽样检验的合格率应达到80％，且超差点的最大偏差值应在允许偏差值的 1.5 倍范围内；

"合格率"的计算公式为：

$$合格率 = \frac{同一实测项目中的合格点（组）数}{同一实测项目的应检点（组数）} \times 100\%$$

抽样检验必须按照规定的抽样方案（依据本规范所给出的检查数量），随机地从进场材料、构配件、设备或工程检验项目中，按验收批抽取一定数量的样本所进行的检验。

第 3 款主要工程材料的进场验收和复验合格，试块、试件检验合格；

第 4 款主要工程材料的质量保证资料以及相关试验检测资料齐全、正确；具有完整的施工操作依据和质量检查记录。

3.2.4 本条规定了分项工程质量验收合格的条件是分项工程所含的验收批均验收合格。当工程不设验收批时，分项工程即为质量验收基础；其验收合格条件应按本规范第 3.2.3 条规定执行。

3.2.5 当工程规模较大时，可考虑设置子分部工程，其质量验收合格条件同分部工程。

3.2.6 当工程规模较大时，可考虑设置子单位工程，其质量验收合格条件同单位工程。

3.2.7 本条规定了给排水管道工程质量验收不合格品处理的具体规定：返修，系指对工程不符合标准的部位采取整修等措施；返工，系指对不符合标准的部位采取的重新制作、重新施工等措施。返工或返修的验收批或分项工程可以重新验收和评定质量合格。正常情况下，不合格品应在验收批检验或验收时发现，并应及时得到处理，否则将影响后续验收和相关的分项、分部工程的验收。本规范从"强化验收"促进"过程控制"原则出发，规定施工中所有质量隐患必须消灭在萌芽状态。

但是，由于特定原因在验收批检验或验收时未能及时发现质量不符合标准规定，且未能及时处理或为了避免经济的更大损失时，在不影响结构安全和使用功能条件下，可根据不符合标准的程度按本条规定进行处理。采用本条第 4 款时，验收结论必须说明原因和附相关单位出具的书面文件资料，并且该单位工程不应评定质量合格，只能写明"通过验收"，责任方应承担相应的经济责任。

3.2.8 本条是强制性条文，强调通过返修或加固处理仍不能满足结构安全或使用要求的分部（子分部）工程、单位（子单位）工程，严禁验收。

3.2.11 本规范规定分包工程验收时，施工单位应派人参加；施工单位系指施工承包单位或总承包单位。

3.2.14 建设单位应依据国务院第 279 号令《建设工程质量管理条例》及建设部第 78 号令《房屋建筑工程和市政基础设施工程竣工验收备案管理暂行办法》以及各地方的有关法规规章等规定，报工程所在地建设行政管理部门或其他有关部门办理竣工备案手续。

4 土石方与地基处理

4.1 一般规定

4.1.1 本条系根据《中华人民共和国建筑法》第四十条"建设单位应当向建筑施工企业提供与施工现场相关的地下管线资料，建筑施工企业应当采取措施加以保护"的规定制定的。

4.1.2 本规范保留了对撑板、钢板桩沟槽施工的支撑有关内容，大型给排水管道工程还涉及到围堰、深基槽围护、地基处理等工程，应执行现行国家标准《给水排水构筑物施工及验收规范》GB 50141、《建筑地基基础工程施工质量验收规范》GB 50202 的规定。

4.1.4 管道沟槽断面通常分为直槽、梯形槽，大型管道、深埋管道和综合管道应采取分层（步）开挖、分层放坡，并应编制专项施工方案和制定切实可行的安全技术措施；大型管道划分见第 4.5.11 条的条文说明。

4.1.5 按照《建筑地基基础工程施工质量验收规范》GB 50202—2002 附录 A.1.1 条"所有建（构）筑物均应进行施工验槽"规定，基（槽）坑开挖中发现岩、土质与建设单位提供的设计勘测资料不符或有其他异常情况时，应由建设单位会同建设、设计、勘察、监理等有关单位共同研究处理，由设计单位提出变更设计。

4.1.8 给排水管道施工时，经常与已建的或同时施工的给水、排水、煤气、热力、电缆等地下管道交叉；这些交叉的处理应由设计单位给出具体设计，施工单位按照设计要求施工。

但是，已建管道尤其是管径较小的管道通常在开挖沟槽时才发现；在这种情况下，施工单位应征得设计同意按照本条规定，进行管道交叉处理施工。

4.2 施工降排水

4.2.1 本条对施工降排水方案主要内容作出了具体规定，强调城市施工中降排水应沿线地下和地上管线、建（构）筑物进行保护，以确保施工安全；降排水方案应经过技术经济比选，必要时应经过专家论证。

4.2.3 本条按照《建筑与市政降水工程技术规范》JGJ/T 111 对管道沟槽降水井的平面布置作出具体规定。通常，降水井应在管道沟槽的两侧布置。

4.2.6 本条强调施工降排水终止抽水后，应及时用砂、石等材料填充排水井及拔除井点管所留的孔洞，以防止人、动物不慎坠落，酿成事故。

4.3 沟槽开挖与支护

4.3.1 沟槽开挖与支护的施工，通常采用木板桩和钢板桩，沟槽回填时应按照本规范规定拆除；在软土层或邻近建（构）筑物等情况下施工时，应采取喷锚支护、灌注桩等围护形式。

4.3.2 管道开挖宽度应符合设计要求，设计无具体要求时，本条给出计算公式和参考宽度（表 4.3.2 管道一侧的工作面宽度）；表 4.3.2 在原"规范"表 3.2.1 基础上根据工程实践经验进行了修改。混凝土类管指钢筋混凝土管、预（自）应力混凝土管和预应力钢筒混凝土管；金属类管指钢管和球墨铸铁管。

本规范中：D_0 表示管外径或公称外径，D_i 表示管内径或公称内径。

4.3.3 本条参照现行国家标准《岩土工程勘察规范》GB 50021 规定，取消了原"规范"中"轻亚黏土"的类别；表 4.3.3 给出了沟槽的坡度控制值，供施工时参考；有当地施工经验时，可不必受表中数值约束。

4.3.4 本条对沟槽每侧堆土或施加其他荷载作出规定，堆土高度应在施工方案中作出设计；软土层沟槽坡顶不宜设置静载或动载；需要设置时，应对土的承载力和边坡的稳定性进行验算。

4.3.5 本条保留了原"规范"人工开挖的规定，现在沟槽开挖大多采用机械，因机械性能不同，沟槽的分层（步）开挖深度和留台宽度也不同，应在施工方案中确定。

4.3.7 本条对沟槽的开挖进行了具体规定，强调开挖断面应符合施工组织设计（方案）的要求和采用天然地基时槽底原状土不得扰动；机械开挖时或不能连续施工时，沟槽底应预留 200～300mm 由人工开挖、清槽。

4.3.9 采用钢板桩支撑可采用槽钢、工字钢或定型钢板桩，选择悬臂、单锚、或多层横撑等形式支撑。

4.3.13 铺设柔性管道的沟槽支撑采用打入钢板桩、木板桩等支撑系统，拔桩用砂土回填板桩留下的孔缝时，对柔性管两侧土的弹性抗力要有保证；对此，国外相关规范也在讨论是否应拔桩的问题。

4.4 地基处理

4.4.2 施工时应采取措施避免沟槽超挖，遇有某种原因，造成槽底局部超挖且不超过150mm时，施工单位可按本条规定处理。

4.4.3 施工过程因排水不良造成地基土扰动，不超过本条规定时，可按本条规定处理。

4.4.7 化学建材管等柔性管道，应采用砂桩、搅拌桩等复合地基处理，不能采用预制桩基础，也不能采取浇筑混凝土刚性基础和360°满封混凝土等处理方法。

4.5 沟槽回填

4.5.3 本条中第5款不仅指井室、雨水口及其他附属构筑物周围回填，也指管道回填。

4.5.4 回填材料质量直接影响到管道施工质量，必须严格控制；本条对回填材料质量作出具体规定。

4.5.5 本条文表4.5.5压实工具中未列蛙式夯，尽管其目前在工程中还在使用，但因蛙式夯易引起安全问题且压实效果差，属于限制使用的机具，故本规范规定采用震动夯等轻型压实机具。

4.5.7 本条规定正式回填前应按压实度要求经现场试验确定压实工具、虚铺厚度、含水量、每层土的压实遍数等施工参数。

4.5.11 本条对柔性管道的沟槽回填的作出具体规定。

第2款强调内径大于800mm的柔性管道，回填施工中宜在管内设竖向支撑，本规范参考相关规范的规定，主要是考虑施工时人工进入管道拆装支撑的因素。

第3款管基有效支承角系指2α加30°。管道基础中心角（2α）是设计计算得出的，加30°是考虑到施工作业的不利因素影响而采取的保险措施；该部位回填应采用木夯等机具夯实。

第8款规定柔性管道回填作业前进行现场试验的试验段长度应为一个井段或不少于50m。其目的在于验证管材、回填料、压实机具及压实参数，以减少其后的补救处理发生机率，是基于各地的工程实践经验规定的。

4.5.12 本条规定了柔性管道回填至设计高度时，应在12～24h之内应检测管道变形率，并规定了管道变形率控制指标及超过控制指标的处理措施。

柔性管在工程施工过程中允许有一定的变形，但这种变形必须不影响管道的使用安全；其变形指的是管体在垂直方向上直径的变化，又称为"管道径向挠曲值"、"管道径向直径变形率"或"管道竖向变形率"，本规范通称为"管道变形率"。"管道变形率"可分为"安装（初始）变形"和"使用（长期）变形"。"安装（初始）变形"反映了管道铺设的技术质量；"使用（长期）变形"反映了管道的管-土系统对土壤和其他荷载的适应程度，又称为"允许变形"。因此控制管道的长期变形量，首先应控制管道的初始变形量。

本规范所称管道变形率系指管道的初始变形量；在埋地柔性管道允许的变形范围内，竖向管道直径的减少和横向管道直径的增加大致相等，因此在施工过程中通常检验竖向管道直径的变形量。

我国目前关于柔性管道变形率的检测研究资料报道较少。欧洲标准（ENV1046：2001）规定，柔性管的初始变形率应控制在2%～4%的范围内；澳大利亚、新西兰标准〔AS/NZS2566.1（增补1：1998）〕规定，柔性管的初始变形率不应超过4%；考虑柔性管道变形率与时间的关系，欲控制管道的长期变形率，其初始变形率不得超过管道长期变形率的2/3。

依据《给水排水工程管道结构设计规范》GB 50332—2002第4.3.2条给出的金属管道和化学建材管道设计的变形允许值，本规范规定：钢管或球墨铸铁管道变形率应不超过2%，化学建材管道变形率应不超过3%；当钢管或球墨铸铁管道变形率超过2%，但不超过3%时；化学建材管道变形率超过3%，但不超过5%时；应采取更换回填材料或改变压实方法等处理措施。

当钢管或球墨铸铁管道变形率超过3%，化学建材管道变形率超过5%时；应采取更换管材等处理措施。

本规范中：d表示天，h表示小时，min表示分钟，s表示秒。

4.5.13 本条规定给排水管道覆土厚度符合设计要求，管顶最小覆土厚度应满足当地冰冻厚度要求；因条件限制，刚性管道的管顶覆土无法满足上述要求时，或管顶覆土压实度达不到本规范第4.6.3条的规定，应由设计单位提出处理方案，可采用混凝土包封或具有结构强度的其他材料回填；柔性管道的管顶覆土无法满足上述要求时，应按设计要求或有关规定进行处理，可采用套管方法，不得采用包封混凝土的处理方法。

4.6 质量验收标准

4.6.1 本规范规定了检查（验）项目的检查方法和检查数量（抽样频率）；主控项目的现场检查方法多数为观察或简单量测，验收时应检查施工记录、检测记录或试验报告等质量保证资料；除有注明外应为全数检查，因此全数检查的检查项目只列出检查方法。

一般项目的检查数量（抽样频率）应根据检验项目的特性来确定抽样范围和应抽取的点数，按所规定的检查方法检查；有些项目现场检查也采取观察和简单量测的检查方法。

4.6.2 沟槽支护和支撑检查项目应作为过程检查，不宜作为工程验收项目。

4.6.3 本条第3款柔性管道变形率的检查方法：方

便时用钢尺量测或钻入管道用钢尺直接量测；不方便时可采用圆度测试板或芯轴仪在管道内拖拉量测；也可采用光学电测法测变形率，光学电测仪或芯轴仪已有定型产品。检查数量参考了北京市工程建设标准《高密度聚乙烯排水管道工程施工与验收技术规程》DBJ 01—94—2005。

计算管道变形率（％）：变形率＝（管内径一垂直方向实际内径）/管内径×100％

第4款回填土压实度应符合设计要求，当设计无要求时，应采用表4.6.3-1和表4.6.3-2规定。表4.6.3-2的规定参考了北京市工程建设标准《高密度聚乙烯排水管道工程施工与验收技术规程》DBJ 01—94—2005规定柔性管道处于城市车行道路范围管顶覆土不宜小于1.0m，对管顶以上500～1000mm（或由管顶至路槽底算起1.0m的深度范围）覆土压实度作出规定。

给水排水管道沟槽回填和压实的目的，除埋设管道后应恢复原地貌外，更重要的是起到保护管道结构的作用。若在沟槽回填土上修筑路面，除符合本条规定外，还应满足道路工程回填压实要求；遇有矛盾时应由设计单位提出处理方案。

压实度又称为压实系数，评价压实度的标准有轻型击实和重型击实两种标准。在《城镇道路工程施工及验收规范》CJJ 1中以重型击实标准为准，并给出了相应的轻型标准。本规范对刚性管道的沟槽回填土的压实度，也给出这两种标准的规定。需要说明的是给排水管道沟槽回填土的压实多采用轻型压实工具，且习惯上以轻型击实标准为准；本规范中除注明者外，皆以轻型击实试验法求得的最大干密度为100％。

图4.6.3中"管顶以上500mm，且不小于一倍管径"系指小口径管道；中、大口径管道应经试验确定。

5 开槽施工管道主体结构

5.1 一般规定

5.1.2 本规范中，管节系指成品管预制生产长度的单根管；管段指施工过程将一定数量单根管连接成的管段；管道指管节或管段按设计要求铺设安装完毕的管道。

5.1.4 本条规定了不同管材的管节堆放层数与层高，本规范表5.1.4管节堆放层数与层高的规定取自工程实践的经验资料，供无具体规定时参照执行。

5.1.23 本条规定污水和雨、污水合流的金属管道内表面，应按国家有关规范的规定和设计要求设置防腐层；防腐层可在预制时设置，也可在现场施工。国外的相关规范对钢筋混凝土管道也有设置防腐层的要

求，以便提高钢筋混凝土管道的防腐性能。

5.1.25 根据国家有关规范规定，给排水管道安装完成后，应按相关规定和设计要求设置管道位置标识带，以便检查与维护。

5.2 管道基础

5.2.1 原状土地基，又称为天然地基，指既符合设计要求，施工过程中又未被扰动的地基。表5.2.1中对柔性接口刚性管道不分管径规定了垫层厚度，是来自工程实践经验。

5.2.2 本条保留了原"规范"的混凝土基础及水泥砂浆抹带的接口内容，主要用于钢筋混凝土平口管排水管道工程，这类管道必须采用混凝土或钢筋混凝土基础来提高管材的支承强度和解决接口问题。

新的《混凝土低压排水管》JC/T 923—2003颁布以来，各种预应力混凝土管都已被广泛用于排水管道；钢筋混凝土管的接口也普遍采用了承插口、企口及钢套筒等插入方式连接，采用橡胶圈的柔性接头钢筋混凝土管，不但施工简便，缩短了施工工期，且抵抗地基变形能力强。现浇混凝土基础的排水管道已非主流，且呈淘汰趋势；虽然无筋的混凝土平口管在有些地区仍在采用，但是本规范作为新修编的国家规范依据有关规定删除了无筋的混凝土平口管内容。

5.2.3 本条对砂石基础施工作出了具体的规定，近些年来给排水管道，包括钢管、球墨铸铁管、化学建材管、钢筋混凝土管、预（自）应力混凝土管道工程已广泛采用弧形土基；开槽施工的弧形土基做法通常都用砂石回填，所以国内通称为"砂石基础"；砂石也属于岩土类，因此砂石基础实际上也是土基础。

弧形土基的回填要求，对刚性管道和柔性管道在腋角以下部分都是一样的，差别在于管道两侧回填土的压实度，柔性管道要求达到95％，刚性管道要求达到90％。本条规定管道的有效支承角范围必须用中、粗砂回填，主要考虑其有利于管周的力传递；现场有条件时也可使用砂性土，但应与设计协商。

5.3 钢管安装

5.3.2 本规范中"圆度"是指同端管口相互垂直的最大直径与最小直径之差与管道内径 D_i 的比值，也称为不圆度或椭圆度。

5.3.7 给排水管道钢管的对接焊口多为V形坡口，本条参考了《工业金属管道工程施工及验收规范》GB 50235—1997中第5.0.5条和附录B.0.1的内容；清根即对坡口及其内外表面进行清理，应参照《工业金属管道工程施工及验收规范》GB 50235—1997中表5.0.5的规定执行。

5.3.9 本条第5款"直管管段两相邻环向焊缝的间距不应小于200mm"，来自原"规范"的第4.2.9.5条"并不应小于管节的外径"并参考了《工业金属管

道工程施工及验收规范》GB 50235—1997 第 5.0.2.1 条规定，以便解决实际工程应用不同规范规定的矛盾，且避免焊缝过于集中。

5.3.17 本规范规定钢管管道焊缝质量检测应首先进行外观检验，外观质量应符合本规范表 5.3.2-1 规定。无损检测应符合《压力设备无损检测第 2 部分 射线检测》JB/T 4730.2—2005 和《压力设备无损检测 第 3 部分 超声检测》JB/T 4730.3—2005 的有关规定，检测方法主要有射线检测和超声检测。本条第 6 款保留了原"规范"的规定，不合格的焊缝应返修，返修次数不得超过 3 次；相关规范规定返修次数不得超过 2 次。

5.4 钢管内外防腐

5.4.2 本条参考了《埋地给水钢管道水泥砂浆衬里技术标准》CECS 10：89 的规定，对机械喷涂和手工涂抹施工的钢管水泥砂浆内防腐层厚度及偏差进行规定，见本规范表 5.4.2 钢管水泥砂浆内防腐层厚度要求。

5.4.3 液体环氧类涂料已广泛应用于钢管管道内防腐层，本条新增关于液体环氧涂料内防腐层施工的具体规定。

5.4.4 本条保留了原"规范"的表 5.4.4-1、表 5.4.4-2，新增了表 5.4.4-3，并将聚氨酯（PU）涂层作为附录 H，以供工程施工选用。

防腐层构造：普通级（三油二布）、加强级（四油三布）、特加强级（五油四布）中油指所用涂料，布指玻璃布等衬布。

5.4.8 环氧树脂玻璃布防腐层俗称为环氧树脂玻璃钢外防腐层，本规范采用俗称是为便于施工应用。

手糊法是涂刷环氧树脂施工常采取的简便方法，即作业人员带上防护手套蘸取环氧树脂直接涂抹管外壁施做防腐层，施工质量较易控制；手糊法又可分为间断法和连续法施工方式。

间断法施工要求：

1 在基层的表面均匀地涂刷底料，不得有漏涂、流挂等缺陷；

2 用腻子修平基层的凹陷处，自然固化不宜少于 24h，修平表面后，进行玻璃布衬层施工；

3 施工程序：先在基层上均匀涂刷一层环氧树脂，随即衬上一层玻璃布，玻璃布必须贴实，使胶料浸入布的纤维内，且无气泡；树脂应饱满并应固化 24h；修整表面后，再按上述程序铺衬至设计要求的层数或厚度；

4 每次铺衬间断应检查玻璃布衬层的质量，当有毛刺、脱层和气泡等缺陷时，应进行修补；同层玻璃布的搭接宽度不应小于 50mm，上下两层的接缝应错开，错开距离不得小于 50mm，阴阳角处应增加一至二层玻璃布；均匀涂刷面层树脂，待第一层硬化

后，再涂刷下一层。

连续法施工作业程序与间断法相同。

玻璃布的树脂浸揉法，即将玻璃布放置在配好的树脂里浸泡揉挤，使玻璃布完全浸透，将玻璃布拉平进行贴衬的方法。

5.4.11～5.4.15 为本规范新增的内容。阴极保护法又分为牺牲阳极保护法和外加电流阴极保护法（又称强制电流阴极保护）；本规范参照相关规范对阴极保护工程施工作出了具体规定。

5.5 球墨铸铁管安装

5.5.1 目前由于球墨铸铁管的抗腐蚀性能、耐久性能优越，已逐渐取代大口径钢管普遍应用，接口形式为橡胶圈接口；采用刚性接口的灰口铸铁管已被淘汰，故本规范删除了灰口铸铁管的相关内容。

5.5.6 滑入式（对单推入式）橡胶圈接口安装时，推入深度应达到标记环，应复查与其相邻已安好的第一至第二个接口推入深度，防止已安好的接口拔出或错位；或采用其他措施保证已安好的接口不发生变位。

5.6 钢筋混凝土管及预（自）应力混凝土管安装

5.6.1 本条强调管材应符合国家有关标准的规定。混凝土管、陶土管属于小口径管，混凝土管基本为平口管，陶土管生产精度差；这两种管材本身强度低，抗变形能力差，施工周期长，已不能满足城市排水工程建设发展的需要；上海、北京等许多城市建设主管部门已经明令用化学建材管取代混凝土管、陶土管。尽管混凝土管、陶土管在有些地区还在应用，但数量逐渐减少；属于国家限制使用和逐步淘汰产品，故本规范不再列入其内容。

5.6.5 管道柔性接口的橡胶圈又称为密封胶圈、止水胶圈，其截面为圆形（通常称为"O"橡胶圈）或楔形等截面形式，本规范统称为橡胶圈。本条第 1 款规定橡胶圈材质应符合相关规范的要求，其基本物理力学性能：邵氏硬度 55～62，拉伸强度大于 13MPa，拉断伸长率大于 300%，使用温度 -40℃ 至 60℃，老化系数不应小于 0.8（70℃，144h）。本条第 3、4 款是对管材厂配套供应的橡胶圈外观质量检查的规定。

5.6.6 圆形橡胶圈应滚动就位于工作面，楔形等橡胶圈应设置在插口端，滑动就位于工作面，为方便插接应涂抹润滑剂。

5.6.9 目前钢筋混凝土管、预（自）应力管已普遍采用承插乙型口，本条中表 5.6.9-1 取消了"原规范"承插甲型口的规定。

5.7 预应力钢筒混凝土管安装

本规范新增了预应力钢筒混凝土管（PCCP）安装施工内容，在工程实践基础上参考了《预应力钢筒

混凝土管》GB/T 19685—2005 有关内容编制而成。

5.7.1 预应力钢筒混凝土管（PCCP）分为内衬式预应力钢筒混凝土管和埋置式预应力钢筒混凝土管。内衬式预应力钢筒混凝土管简称为内衬式管或衬筒管，通常采用离心工艺生产；埋置式预应力钢筒混凝土管简称为埋置式管或埋筒管，一般采用立式振动成型工艺生产。

第 2 款对管内表面裂缝作出规定，管内表面不允许出现影响使用寿命的有害裂缝；但实践表明内衬层超过一定厚度时，总会出现一些裂缝，应加以限制。

5.7.2 本条第 7 款所指的特定钢尺，也称钢制测隙规，其要求：厚 0.4～0.5mm，宽 15mm，长 200mm 以上；将其插入承插口之间检查橡胶圈各部的环向位置，是否在插口环的凹槽内，橡胶圈是否在同一深度，间隙是否符合要求。

5.7.4 分段施工必然形成现场合拢。本条对预应力钢筒混凝土管（PCCP）现场合拢施工做出规定，除正确选择位置外，施工应严格控制合拢上、下游管道接装长度、中心位移偏差以便形成直管对接合拢。

5.8 玻璃钢管安装

玻璃钢管因其良好的抗腐蚀性能，轻质高强的物理力学性能，近些年来在给排水管道工程中得到了推广应用；其中玻璃纤维增强树脂夹砂管（RPMP）较多，玻璃纤维增强树脂管（RTRP）要少一些。玻璃钢管虽然同属于化学建材管类，但在工程施工方面与其他化学建材管区别较大，故单列一节。施工的要求和验收标准，来自北京、广州、江苏等地区的工程实践经验，并参考了有关规范、标准。

5.8.2 玻璃钢管接口连接有承插式和套筒式两种方式，承插式连接应符合本规范第 5.7.2 条的规定，套筒式连接应符合本条第 1 款规定。通过混凝土或砌筑结构等构筑物墙体内的管道，可设置橡胶止水圈或采用中介层法等措施，以保证管外壁与构筑物墙体的交界面密实、不渗漏。中介层法参见《埋地硬聚氯乙烯排水管道工程技术规程》CECS 122 附录 H。

5.9 硬聚氯乙烯管、聚乙烯管及其复合管安装

5.9.1 鉴于硬聚氯乙烯管（UPVC）、聚乙烯管（HDPE）及其复合管目前市场上品种繁多，规格不统一，产品质量参差不齐；有必要对进入施工现场的管节、管件的外观质量逐根进行检验。

5.9.3 本条关于管道连接的规定参考了《埋地聚乙烯排水管道工程技术规程》CECS 164、《埋地硬聚氯乙烯给水管道工程技术规程》CECS 17、《埋地聚乙烯给水管道工程技术规程》CJJ 101 等相关规范、规程。硬聚氯乙烯、聚乙烯管及其复合管安装管道连接方式较多，大同小异，本规范把重点放在检验与验收标准方面。

本规范规定电熔连接、热熔连接应采用专用电设备、挤出焊接设备和工具进行施工。据调研目前建筑市场的实际情况，一般施工单位并不具备符合要求的连接设备和专业焊工，为保证施工的质量，本条规定应由管材生产厂家直接安装作业或提供设备并进行连接作业的技术指导。连接需要的润滑剂等辅助材料，宜由管材供应厂家配套提供。

卡箍连接方式，在北京等地区应用较多；卡箍通常称为哈夫件，系英文 HALF 的译音；本规范采用"卡箍"术语取代了通常所称的"哈夫件"。

5.10 质量验收标准

5.10.1 本条第 2 款规定混凝土基础的混凝土验收批及试块的留置应符合现行国家标准《给水排水构筑物工程施工及验收规范》GB 50141—2008 第 6.2.8 条第 2 款混凝土抗压强度试块的留置应符合的规定：

1 标准试块：每构筑物的同一配合比的混凝土，每工作班、每拌制 100m³ 混凝土为一个验收批，应留置一组，每组三块；当同一部位、同一配合比的混凝土一次连续浇筑超过 1000m³ 时，每拌制 200m³ 混凝土为一个验收批，应留置一组，每组三块；

2 与结构同条件养护的试块：根据施工设计要求，按拆模、施加预应力和施工期间临时荷载等需要的数量留置；

本条第 6 款规定了开槽施工管道垫层和土基高程的允许偏差，对此国外相应的施工标准中都没有具体规定；按实际施工情况，同样的管材，同样的基础，无压管和压力管应是相同的；表 5.10.1 中分为无压管道和压力管道采用了不同的标准，主要是考虑到无压管道重力流对高程控制的要求较高一些；相对而言采用混凝土基础，管道的高程比较好掌握；弧形土基类的高程较难掌握。

5.10.2 本规范将施工质量标准要求多列入有关条文，质量验收标准中仅列出检验项目及其质量验收的检验方法和检验数量；本条中所指量规或扭矩扳手等检查专用工具的要求见相关规范标准。

5.10.4 将钢管外防腐层的厚度、电火花检漏、粘结力均列为主控项目，表 5.10.4 为表 5.4.9 技术要求的相应验收质量标准。本规范中产品质量保证资料应包括产品的质量合格证明书、各项性能检验报告，产品制造原材料质量检测鉴定等资料。

5.10.8 化学建材管连接质量验收标准主控项目中，特别规定了熔焊连接的质量检验与验收标准，现场破坏性检验或翻边切除检验具体要求如下：

1 现场破坏性检验：将焊接区从管道上切割下来，并锯成三条等分试件，焊接断面应无气孔和脱焊；然后分别将三条试件的切除面弯曲成 180°，焊接断面应无裂缝；

2 翻边切除检验：使用专用工具切除翻边突起

实心和圆滑，根部较宽；翻边底面无杂
扭曲和损坏；弯曲后不应有裂纹，焊接处
连接线；

3　上述检验中若有不合格的则应加倍抽检，加
倍检验仍不合格时应停止焊接，查明原因进行整改后
方可施焊。

5.10.9　管道铺设反映了开槽施工管道的整体质量，
不论何种管材，除接口作为重点控制外，均对其轴
线、高程和外观质量作出规定，并作为隐检项目进行
验收记录。

本条将无压管道严禁倒坡作为主控质量项目，严
于国外相关规范的规定。

6　不开槽施工管道主体结构

6.1　一般规定

6.1.2　本条强调不开槽施工前应进行现场沿线的调
查，仔细核对建设单位提供的工程勘察报告，特别是
已有地下管线和构筑物应人工挖探孔（通称坑探）确
定其准确位置，以免施工造成损坏。

6.1.3　本规范将不开槽施工的始发井、接受井、竖
井通称为工作井，进出工作井是施工过程的关键环
节；鉴于各地、不同行业对进出工作井的定义不统
一，本规范规定在工作井内，施工设备按设计高程及
坡度井从壁预留洞口进入土层的施工过程定义为"出
工作井"；反之，施工设备从土层中进入工作井壁预
留洞口并完全脱离预留洞口的过程定义为"进工作
井"。

本规范所称的顶管机包括机械顶管的机头和人工
顶管的工具管。

6.1.4　不开槽法施工的工程选择适当的施工方法
是工程顺利实施的关键，本条规定分别给出了顶管
法、盾构法、浅埋暗挖法、地表式水平定向钻法及
夯管法等施工方法应考虑的主要因素。

6.1.7　不开槽施工，必须根据设计要求、工程特点
及有关规定，对管（隧）道沿线影响范围地表或地下
管线等建（构）筑物设置观测点，进行监控测量。监
控测量的信息应及时反馈，以指导施工，发现问题及
时处理。

6.1.8　本条对不开槽法施工应设置的完整、可靠
的地面与地下量测点（桩）在本规范第3.1.7条基础上
进行了规定。

6.1.10　鉴于顶管施工的钢筋混凝土管已推广采用钢
承口和双插口接头，本条第4款对接头的钢制部分提
出防腐的要求。

6.2　工　作　井

6.2.2　工作井的围护结构应考虑工程水文地质条件、

工程环境、结构受力、施工安全等因素，并经技术经
济比较选用钢木支撑、喷锚支护、钢板桩、钻孔灌柱
桩、加筋水泥土搅拌桩、沉井、地下连续墙等形式。

6.2.3　根据有关规定超过5m深的工作井均应制定
专项施工方案，并根据受力条件和便于施工等因素设
计井内支撑，选择支撑结构体系和材料；支撑应形成
封闭式框架，矩形工作井的四角应加斜撑，圆形工作
井应加圈梁支撑。

6.2.4　本条第4款规定顶管工作井、盾构始发工作
井后背墙的施工应遵守的具体规定。装配式后背墙指
用方木、型钢、钢板或其他材料加工的构件，在现场
组合而成的后背墙。人工后背墙指钢板桩、沉井和连
续墙等非原状土后背墙。

6.3　顶　管

6.3.1　本规范所指的长距离顶管是指一次顶进长度
300m以上并设置中继间的顶管施工。

6.3.2　本条规定了顶管施工顶力应满足的条件，一
般来说只要顶进的顶力大于顶进的阻力，管道就能正
常顶进。顶进的阻力增大时，由于管节和工作坑后背
墙的结构性能不可能无限制（也没有必要）的增加，
继续增加顶力也毫无意义，更何况顶进设备的自身能
力也有一定的限度。因此在确定施工最大允许顶力
时，应综合考虑管材力学性能、工作坑后背墙结构的
允许最大荷载、顶进设备能力、施工技术措施等因
素。

6.3.3　本条规定施工最大顶力有可能超过管材或工
作井的允许顶力时，必须考虑采用中继间和管道外壁
润滑减阻等施工技术措施，计算应留出一定的安全系
数，以确保顶管施工顺利进行。

6.3.4　由于地质条件的复杂、多变等不确定因素，
顶进阻力计算（也可称为估算）很复杂，且实践性很
强，因此本条规定，应首先采用当地的应用成熟的经
验公式。当无当地的经验公式时，可采用本条给出的
计算公式（6.3.4）进行计算。该公式与原"规范"
公式（6.4.8）不同点在于：

1　本规范公式（6.3.4），顶力即顶进阻力 F_p 为
顶进 L 长度的管道外壁摩擦阻力（$\pi D_0 L f_k$）与工具
管迎面阻力（N_F）两部分之和。原"规范"公式
（6.4.8），顶力为 L 长度的管道自重与周围土层之间
的阻力、L 长度的管道周围土压力对管道产生的阻力
和工具管迎面阻力三部分之和。

2　本规范公式（6.3.4）中 f_k 为管道外壁与土
的单位面积平均摩阻力，单位为 kN/m^2，通过试验
确定，有表可查；对于采用触变泥浆减阻技术的可参
照表6.3.4-2选用；原"规范"公式（6.4.8），则需
计算管道自重与土压力之和，然后乘以 f_k 摩擦系数。

3　本规范公式（6.3.4），N_F 为顶管机的迎面阻
力，单位为 kN。不同类型顶管机的迎面阻力可参照

表 6.3.4-1 选择计算式。原"规范"公式（6.4.8）中顶管机迎面阻力 P_f 需按照原"规范"表 6.4.8-2 计算。

经工程实践计算对比证明，本规范的计算公式计算较为简便、实用。

6.3.8 本条第 1 款规定施工过程中应对管道水平轴线和高程、顶管机姿态等进行测量，并及时对测量控制基准点进行复核，以便发现偏差；顶管机姿态应包括其轴线空间位置、垂直方向倾角、水平方向偏转角、机身自转的转角。

第 5 款规定了纠偏基本要领：及时纠偏和小角度纠偏；挖土纠偏和调整顶进合力方向纠偏；刀盘式顶管机纠偏时，可采用调整挖土方法、调整顶进合力方向、改变切削刀盘的转动方向、在管内相对于机头旋转的反向增加配重等措施。

6.3.11 触变泥浆注浆工艺要求是保证顶进时管道外壁与土体之间形成稳定的、连续的泥浆套，其效果可通过顶力降低程度来验证。

6.3.12 触变泥浆注浆系统应由拌浆装置、注浆装置、注浆管道系统等组成，本条给出其布置、安装和运行的基本规定；制浆装置容积计算时宜按 5～10 倍管道外壁与其周围土层之间环形间隙的体积来设置拌浆装置、注浆装置。

6.3.16 本条第 3 款规定了顶管顶进结束后，须进行泥浆置换；特别是管道穿越道路、铁路等重要设施时，填充注浆后应进行雷达探测等方法检测。

6.3.17 本条给出了管道曲线顶进顶力计算和最小曲率半径的计算，以及顶进的具体规定。管节接口的最大允许转角有表可查或在产品技术参数中提供。曲线顶管的测量是很关键的，除采用先进仪器设备外，还应由专业测绘单位承担，以保证曲线顶进的顺利进行。

6.4 盾 构

6.4.14 盾构施工的给排水隧道（本规范统称为管道）应能承受内压，应按设计要求施作现浇钢筋混凝土二次衬砌，本节对二次衬砌施工进行了具体规定，体现了给排水管道工程的专业特点。

6.5 浅埋暗挖

6.5.1 本条规定浅埋暗挖法施工应按工程结构、水文地质、周围环境情况选择正确的施工方案。本次修编过程中，对暗挖法（含浅埋暗挖）施工给排水管道是有不同见解的；争论所在是暗挖法的初次衬砌不能计入结构永久性受力，因此暗挖法施工的给排水管道的工程投资将会增加。但考虑到各地采用暗挖法施工给排水管道工程已很普遍，为控制暗挖法施工给排水管道工程的施工质量，本规范在各地实践基础上给出具体的规定。

6.5.3 本条第 1 款给出超前小导管加固注浆规定，在砂卵石中超前小导管长度宜为 2～3m，管径也应小些；采用双排小导管时，第 2 排管的外插角应大于 15°；当现场不具备注浆量试验条件时，砂层注浆量每延米导管注浆液宜控制在 30～50L 范围内。

6.5.5 本条中第 7 款喷射混凝土作业规定，分层喷射混凝土作业时，应在前一层喷混凝土终凝后进行；若在终凝 1h 后再进行喷射时，喷层表面应用水汽清洗。

本条第 10 款初次衬砌结构背后注浆应符合下列要求：

1 背后注浆作业距开挖面的距离不宜小于 5m；

2 注浆管宜在拱顶至两侧起拱线以上的范围内布置；

3 浆液材料、配合比和注浆压力应符合设计或施工方案的要求。

本条第 11 款规定大断面开挖时应根据施工需要施作临时仰拱或横隔板等临时性支护措施，并应在初期衬砌完成后拆除。

6.5.6 本条中监控量测时态曲线分析与隧道受力状态评价可参考如下规定：

1 时态曲线呈现下列特征，可认为管道受力基本稳定：

 1）拱脚水平收敛速度小于 0.2mm/d；

 2）拱顶垂直位移速度小于 0.1mm/d。

2 时态曲线呈现下列特征，应认为管道尚处于不稳定状态，应及时采取措施：

 1）时态曲线的变化没有变缓的趋势；

 2）量测数据有突变或不断增大的趋势；

 3）支护变形过大或出现明显的受力裂缝。

6.6 定向钻及夯管

6.6.1 本规范的定向钻系指地表式定向钻，给排水管道工程应用定向钻机铺设小、中口径管道，长度可达数百米。通常用于均质黏性土地层，不适用于杂填土、自稳能力差的砂性土层、砾石层、岩石或坚硬夹层中钻进。

夯管法指在不开挖沟槽的条件下，在工作井中利用夯管锤（气动夯锤）将钢管按管道设计轴线直接夯入地层中（通过撞击管道传力托架直接把管道顶进地下，不需要设置反作用力墙），实现不开挖铺管。夯进过程中，土体进入管内，待管道贯通后将管内土体清出。夯管法施工一般采用钢管，接口为焊接连接方式；通常用于短距离（小于 70m）的中、小口径管道的铺设。该方法对土层的适应性较强，当周围施工环境许可时也用于大口径管道铺设。

6.6.2 本条具体规定了定向钻施工前应做好各项准备工作，包括设备、人员、施工技术参数、管道的地面布置，确认条件具备时方可开始钻进。应根据工程具体情况选择导向探测系统，包括无缆式地表定位导向系统或有缆式地表定位导向系统，在计算机辅助下随钻随测，以指导施工。

6.6.5 本条第 4 款关于夯管排土的具体要求如下：

1 排土过程中应设专人指挥，禁止非作业人员在工作井附近逗留；

2 采用人工排土时应保证管内通风有效；

3 采用气压、水压排土时，在安全影响区范围内应进行全封闭作业；作业中无漏气、漏水现象，严禁管内土喷溅排出；

4 采用气压、水压排土时，加压处的管口必须加固和密闭；严禁采用加压排出剩余土。

6.7 质量验收标准

6.7.2 虽然工作井不属于工程的结构，但作为施工的临时结构物对工程施工安全、质量的保证起到关键作用，必须进行控制。

混凝土的抗压、抗渗、抗冻试块应按《给水排水构筑物工程施工及验收规范》GB 50141—2008 第 6.2.8 条第 6 款的规定进行评定：

1 同批混凝土抗压试块的强度应按现行国家标准《混凝土强度检验评定标准》GBJ 107 的规定评定，评定结果必须符合设计要求；

2 抗渗试块的抗渗性能不得低于设计要求；

3 抗冻试块在按设计要求的循环次数进行冻融后，其抗压极限强度同检验用的相当龄期的试块抗压极限强度相比较，其降低值不得超过 25%；其重量损失不得超过 5%。

6.7.3 本条系顶管施工的给排水管道的质量验收标准，不适用于施工套管的管道质量验收。

本条第 3 款规定顶管施工的无压力管道的管底坡度无明显反坡现象，无明显反坡系指不得影响重力流或管道维护，检查时可通过现场观察或简单量测方法判定。

本条第 4 款"接口处无滴漏"系指管道处于地下水包裹时检验项目。

表 6.7.3 第 6 项中 $\Delta S = l \times D_0 / R_{min}$；其中 l 为管节长度，D_0 为管节外径；R_{min} 为顶管的最小曲率半径。ΔS 可按本规范式（6.3.17）推导出，一般可按 1/2 的木衬垫厚度取值。

6.7.5 盾构管片制作质量检验分为工厂预制、现场制作进行控制，有条件时应采用工厂预制盾构管片。

6.7.6 本规范的盾构掘进和管片拼装质量标准有别于现行国家标准《地下铁道工程施工及验收规范》GB 50299，体现了给排水管道工程的专业特点。

6.7.7 本条第 2 款对盾构施工管道的二次衬砌钢筋混凝土试块留置与验收批作出规定；第 3 款外观质量无严重缺陷的判定应参照附录 G 的规定。

6.7.8～6.7.11 浅埋暗挖施工的管道施工质量按分

项工程施工顺序为：土层开挖——初期衬砌——防水层——二次衬砌，并分别给出质量验收标准，在指标的控制上有别于其他专业工程；表 6.7.10 中防水层材料指低密度聚乙烯（LDPE）卷材，采用其他卷材和涂膜施工防水层时，应按照现行国家标准《地下铁道工程施工及验收规范》GB 50299 的有关规定执行。

7 沉管和桥管施工主体结构

7.1 一般规定

7.1.1 在河流等水域施工给排水工程管道，应根据工程水文地质等具体情况选择明挖铺设管道施工和水下铺设管道施工。前者的管道铺设可采取开槽施工法；而后者可采用浮运法、拖运法等施工方法，将已经组装拼接好的管道（如钢管、或化学建材管）直接沉入河底；并视工程具体情况不留或仅留少数接口在水上（或水下）连接。对于管内水压较小的管道（如取水管、排放管等），目前也采用预制钢筋混凝土管分节下沉、水下接口连接的方法施工。沉管法分为以下几种：浮运法（或漂浮敷设法）指管道在水面浮运（拖）到位后下沉的施工方法，又称为浮拖法；底拖法（或牵引敷设法）指管道从水底拖入槽内的施工方法；铺管船法指管道在船只上发送并通过船只沿规定线路进行下沉的施工方法，铺管船法也应属于浮运法的一种，但其施工技术与常规的水面浮运法有很大的不同。钢筋混凝土管沉管也应属于浮运法，只是管材和管道形成的方式不同。

近些年来在江河、湖海中进行沉管施工的工程越来越多，且工程施工难度的增加，水面浮运法施工的局限性很难满足一些特殊沉管工程的施工要求（如漂管要求水流速度小于 0.2m/s 以下）；可采用底拖法、铺管船法、钢筋混凝土管沉放等施工方法，以适应给排水管道穿越水域的工程施工需要。

本规范是在总结了国内给水管道过江工程、海底引水管道等工程的施工经验基础上编制的有关铺管船法施工内容。

底拖法参考了《原油和天然气输送管道穿跨越工程设计规范 穿越工程》SY/T 0015.1 和《石油天然气管道穿越工程施工及验收规范》SY/T 4079 的相关规定。

本规范编制中除了总结有关给排水管道工程的施工经验外，还借鉴了公路沉管隧道工程的施工经验。

由于沉管施工涉及水下、水面作业，工程技术要求高、设备使用多、施工安全和航运安全控制等复杂因素，沉管施工方法确定后，还应根据施工现场条件、工程地质和水文条件、航运交通，以及设计要求和施工技术能力，制定相应的施工技术措施，保证沉管施工质量。

7.1.11 本条第1款规定采用沉管或桥管给水管道部分宜单独进行水压试验，并应符合本规范第9章的相关规定；第2款规定应根据工程具体情况，不必受1km的管道试验长度限制，可不分段进行整体水压试验；第3款规定大口径钢筋混凝土管沉放管道可在铺设后可按本规范内渗法和附录F的规定进行管道严密性检验。

7.2 沉　管

7.2.2 沉管施工中管道整体组对拼装、整体浮运、整体沉放时，可称管道（段）；分段（节）组对拼装、分段（节）浮运，分段（节）间接口在水上连接后整体沉放时，水上连接前应称为管段（节），水上连接后整体沉放也应称其为管道（段）沉放；沉放管道（段）水下接口连接安装后应称其为管道。

7.2.4 本条中式（7.2.4）和表7.2.4的规定参考了相关资料，管道外壁保护层及沉管附加物在管道两侧都有，计算开挖宽度应取 $2b$；表7.2.4中数据不包括回淤量、潜水员潜水操作宽度；若遇流砂，底部宽度和边坡应根据施工方法确定；浚挖时，若对河床扰动较小可采用表中低值，反之则取大值；当采用挖泥船开挖时，底部宽度和边坡还应考虑挖泥船类型、斗容积、定位方法等因素。

7.2.6 本条第6款第3）项管道（段）弯曲包括发送装置处形成的管道（段）"拱弯"与发送后水中管道（段）形成的"垂弯"，均不应超过管材允许弹性弯曲要求。

7.3 桥　管

7.3.2 桥管管道施工应根据工程具体情况确定施工方法，管道安装可采取整体吊装、分段悬臂拼装、在搭设的临时支架上拼装等方法。桥管管道施工方法的选择，应根据工程规模、桥管位置、管道吊装场地和方法、河流水文条件、航运交通、周边环境等条件，以及设计要求和施工技术能力等因素，经技术经济比较后确定。

桥管的下部结构、地基与基础及护岸等工程施工和验收应按照国家现行标准《城市桥梁工程施工及验收规范》CJJ 2相关规定。

7.3.7～7.3.10 条文参考了工业管道桥管的施工要求，对支架和支座施工作出规定；支架主要承重，支座强调固定方式。管道安装按整体吊装、分段悬臂拼装、在搭设的临时支架上拼装等不同施工方式作出规定。

7.4 质量验收标准

7.4.3 预制钢筋混凝土沉放的管节制作第3款规定了试块留置与验收批；第5款对管节水压试验时逐节进行的外观检验作出规定。

7.4.4 本条第3款对橡胶圈材质及相关性能应符合相关规范的规定和设计要求作了规定，表7.4.4-2是针对沉放的预制钢筋混凝土管节采用水力压接法接口预制加工的专用橡胶圈的外观检查。

8 管道附属构筑物

8.1 一般规定

8.1.1 原"规范"内容包括检查井、雨水口、进出水口构筑物 和支墩，本规范内容涵盖了给排水管道工程中的各类井室、支墩、雨水口工程。管道工程中涉及的小型抽升泵房及其取水口、排放口构筑物纳入了现行国家标准《给水排水构筑物工程施工及验收规范》GB 50141 的有关内容。

8.1.3 本规范规定给排水管道附属构筑物的专业施工要求，砌体结构、混凝土结构施工基本要求应符合现行国家标准《砌体工程施工质量验收规范》GB 50203、《混凝土结构工程施工质量验收规范》GB 50204 及《给水排水构筑物工程施工及验收规范》GB 50141 的有关规定，本规范不再一一列出。

8.2 井　室

8.2.2 本条对设计无要求时混凝土类管道、金属类压力（无压）管道和化学建材管道穿过井壁的施工作出具体规定。

8.5 质量验收标准

8.5.1 本条第2款给出了砌筑砂浆试块留置的验收批的规定，试块强度进行质量评定应符合现行国家标准《给水排水构筑物工程施工及验收规范》GB 50141—2008第6.5.3条的规定：

1 同品种同强度等级砂浆，各组试块的抗压强度平均值不得低于设计强度所对应的立方体抗压强度；

2 各组试块中的任意一组的强度平均值不得低于设计强度等级所对应的立方体抗压强度的 0.75 倍；

3 砂浆强度按每座构筑物工程内同品种同强度为同一验收批；每座构筑物工程中同品种同强度按取样规定仅有一组试块时，该组试块抗压强度的平均值不得低于设计强度所对应的立方体抗压强度；

4 砂浆强度应为标准养护条件下，龄期为 28d 的试块抗压强度试验结果为准。

9 管道功能性试验

9.1 一般规定

9.1.1 管道功能性试验作为给排水管道施工质量验

收的主控项目，应在管道安装完成后进行。

本条第1款总结了北京、上海、天津等城市工程实践经验，并参考了《埋地聚乙烯给水管道工程技术规程》CJJ 101—2004 中第 7.2 节的内容，规定压力管道水压试验分为预试验和主试验阶段，取代了原"规范"的强度试验和严密性试验；并规定试验合格的判定依据分为允许压力降值和允许渗水量值。此次修订主要考虑以下情况：

1) 近些年来给水工程普遍采用的球墨铸铁管、钢管、玻璃钢管和预应力钢筒混凝土管，管材本身内在质量和接口形式有了很大的改进，水压强度试验合格后为检验管材质量为主要目的的严密性试验已非必要；而对于现浇混凝土结构或浅埋暗挖法施工的管道严密性试验还是有必要；前者试验合格的判定依据应使用允许压力降值；后者试验合格的判定依据宜采用允许压力降值和允许渗水量值；

2) 原"规范"第 10.2.13.4 条已引用试验压力降作为判定管道水压试验和严密性试验合格的依据；

3) 北京、上海、天津等城市近些年的工程实践已普遍采用试验压力降作为判定管道水压试验合格的依据；

4) 试验方法应尽可能避免繁琐和不必要的资源浪费。

本规范规定试验合格的判定依据应根据设计要求来确定，通常工程设计文件都对管道试验作出具体规定；设计无要求时，应根据工程实际情况，选用允许压力降值和允许渗水量值中一项值或同时采用两项值作为试验合格的最终判定依据。

本条第2款规定无压管道的严密性试验分为闭水试验和闭气试验，也是基于天津、北京、石家庄、太原、西安等城市或地区的工程实践经验。鉴于通常工程设计文件都对管道试验作出具体要求，本规范规定无压管道的严密性试验由设计要求确定；设计无要求时，有关方面应根据实际情况选择闭水试验或闭气试验进行管道功能性试验。

本条第3款规定压力管道水压试验进行实际渗水量测定时，采用附录C注水法；根据各城市或地区的工程实践经验，取消了原"规范"放水法试验的规定，主要考虑其操作性较差，不便应用。

9.1.6 单口水压试验合格的大口径球墨铸铁管、玻璃钢管、预应力钢筒混凝土管或预应力混凝土管道，检验其管材质量和接口质量的预试验阶段和严密性试验已非必要；本条规定设计无要求时，压力管道无需进行预试验阶段，而直接进行主试验阶段；无压管道可认同为严密性试验合格，免去闭水试验或闭气试验。这是基于各地工程实践经验制定的，以避免水资源浪

费和节约工程成本。

9.1.7 本规范规定全断面整体现浇的钢筋混凝土排水管渠处于地下水位以下或采用不开槽施工时，除设计有要求外，当管渠的混凝土强度、抗渗性能检验合格，按本规范附录F的规定进行内渗法检查；符合设计要求时，可免去管渠的闭水试验。各地的工程实践表明：内渗法和闭水试验都可检验混凝土管道的严密性，只要管径足够允许人员进入、计量方法准确得当，内渗法试验更易于操作，且避免了水资源浪费。

9.1.8 本条规定当管道采用两种（或两种以上）管材时，且每种管材的管段长度具备单独试验条件时，可分别按其管材所规定的试验压力、允许压力降和（或）允许渗水量分别进行试验；管道不具备分别试验的条件必须组合试验时，且设计无具体要求时，应遵守从严的原则选用不同管材中的管道长度最长、试验控制最严的标准进行试验。

9.1.9 除本规范和设计另有要求外，本条规定管道的试验长度。压力管道水压试验的管段长度不宜大于 1.0km；无压管道闭水试验管段长度不宜超过 5 个连续井段。这是主要考虑便于试验操作而进行的原则性规定；对于无法分段试验的如海底管道、倒虹吸管道等应由工程有关方面根据工程具体情况确定管道的试验长度。

9.1.10 本条作为强制性条文，规定给水管道必须水压试验合格，生活饮用水并网前进行冲洗与消毒，水质经检验达到国家有关标准规定后，方可投入运行。

9.1.11 本条作为强制性条文，规定污水、雨污水合流管道及湿陷土、膨胀土、流沙地区的雨水管道，必须经严密性试验合格方可回填、投入运行。

9.2 压力管道水压试验

9.2.9 本条规定了待试验管道的浸泡时间（见表 9.2.9），系在原"规范"第 10.2.8 条内容基础上的修订补充；据工程实践将有水泥砂浆衬里的球墨铸铁管、钢管的浸泡时间由"≥48h"降低到"≥24h"。

9.2.10 本条规定了压力管道水压试验程序和合格标准。

第1款中表 9.2.10-1 给出了不同管材管道的试验压力，预应力钢筒混凝土管与预（自）应力钢筋混凝土管试验压力相同，化学建材管试验压力参考了《埋地聚乙烯给水管道工程技术规程》CJJ 101—2004 中第 7.1.3 条的规定。

第2款规定预试验程序和要求，参考国外相关标准，预试验主要目的是在试验压力下检查管道接口、配件等处有无漏水、损坏现象；发现有无漏水、损坏现象应停止试压；并查明原因采取相应措施后重新试压。预试验对于保证主试验成功是完全必要的。

第3款规定了主试验程序和要求，表 9.2.10-2 中所列允许压力降数值取自北京、上海、天津等城市

的工程实践数据和《埋地聚乙烯给水管道工程技术规程》CJJ 101；原"规范"中钢管、球墨铸铁管、钢筋混凝土类管三大类管道允许压力降数值为0.05MPa，表9.2.10-2中数值严于原"规范"第10.2.13.5条的规定。

9.2.11 本条保留了原"规范"10.2.13基本内容，以供管道水压试验采用允许渗水量进行最终合格判定依据时使用；并给出内径100～1400mm钢管、球墨铸铁管、钢筋混凝土类管三大类管道允许渗水量表，以及内径大于1400mm管道允许渗水量的计算公式。

本条第2和第3款分别为现浇钢筋混凝土管渠和硬聚氯乙烯管道允许渗水量的计算公式，来自原"规范"第10.2.13.3条和《埋地硬聚氯乙烯给水管道工程技术规程》CECS 17的相关规定。

9.2.12 本条引用了《埋地聚乙烯给水管道工程技术规程》CJJ 101—2004中第7.2节的内容，对聚乙烯管及其复合管的水压试验作出规定，并依据工程实践经验，将停止注水稳定时间由60min减至30min。本规范中其他化学建材管道也可参照本条规定执行。

9.3 无压管道的闭水试验

9.3.5 本条第1、2和3款管道闭水试验允许渗水量计算公式沿用了原"规范"的计算公式。

第4款给出的化学建材管道的允许渗水量式计算公式系采用《埋地硬聚氯乙烯排水管道工程技术规程》CECS 122：2001中允许渗水量标准，也是参照美国《PVC管设计施工手册》执行的。

9.3.6 依据各地的反馈意见，本条删除了原"规范"在"水源缺乏的地区"的限定；但同时补充规定：试验不合格时，抽样井段数量应在原抽样基础上加倍进行试验。

9.3.7 本规范规定：内径大于或等于1500mm混凝土结构管道，包括顶管、有二次衬砌结构盾构或浅埋暗挖施工管道，当地下水位高于管道顶部可采用内渗法（又称内闭水试验）检验，渗水量检测方法可按本规范附录F的规定选择。

本条第2、3款中术语可参照本规范附录F的规定。

本条第3款内渗法允许渗漏水量标准定为：$q \leqslant 2[L/(m^2 \cdot d)]$，在总结北京等城市工程实践基础上，参考了《地下工程防水技术规范》GB 50108第3.2.1条四级防水等级标准而制定的。

北京市地方工程建设标准较严些，允许渗漏水量$q \leqslant 0.1[L/(m^2 \cdot d)]$；工程实际应用表明现场的渗漏量检测难以操作。

对于同样管径的顶管工程，采用本条外闭水试验标准要比采用本规范第9.3.5条内闭水试验的允许渗水量小得多，在工程实际选用时应加以注意。

9.4 无压管道的闭气试验

9.4.1 本规范规定闭气试验适用于混凝土类的无压管道在回填土前进行的严密性试验，不适用于无地下水的顶管施工的管道；北京地区已进行了无地下水的顶管施工的管道闭气试验工程性研究，但作为标准尚不够成熟，还不能用来指导工程应用。

9.4.4 本条在专家论证的基础上引用了天津市工程建设标准《混凝土排水管道工程检验标准》（备案号J 10454—2004）的规定，而天津市工程建设标准《混凝土排水管道工程检验标准》（备案号J 10454—2004）是基于原"规范"公式（10.3.5）即本规范式（9.3.5-1）经对比试验和工程实践得出的闭气标准，在工程应用时务请注意其基本要求。

9.5 给水管道冲洗与消毒

9.5.3 本条保留了原"规范"基本内容，并依据北京等城市的管道冲洗与消毒实践经验给出具体规定；管道第一次冲洗，又称为冲浊；管道第二次冲洗，又称为冲毒。有效氯离子含量，北京地区一般为25～50mg/L，各地也各有所不同，20mg/L为规定的最低值。

附录A 给排水管道工程分项、分部、单位工程划分

为了便于工程实际应用，本规范编制了"给排水管道工程分项、分部、单位工程划分表"，施工单位可根据工程的具体情况，会同有关方面在施工前或在施工组织设计阶段进行具体划分。

中小型管道工程的工程检验项目可按附录A进行分项、分部、单位工程划分。

附录B 分项、分部、单位工程质量验收记录

给排水管道工程的验收在设验收批时，验收批的验收是工程质量验收的最小单位，是分项工程乃至整个给水排水管道工程质量验收的基础。

各分项工程检查项目合格以外，还应对该分部工程进行外观质量评价、以及对涉及结构安全和使用功能的分部工程进行施工检测和试验。

本规范中"子分部"、"子单位"工程，主要是针对一些大型的、综合性、多专业施工队伍、多工种的给水排水管道工程，这类工程可能同时包含了多种施工方式和部位（如有开槽敷设、顶管、沉管、泵站工程等），为了便于施工质量的过程控制和质量管理而

设置的。

单位工程验收也称竣工验收，是在其所含的各分部工程验收合格的基础上进行，是给排水管道工程投入使用前的最后一次验收，也是最重要的验收。

本规范给出了验收批、分项工程、分部工程、单位工程的质量验收记录表，以统一记录表的格式、内容和方式；其中各分项工程验收批验收记录表根据附录 B 的通用表式，还可根据该通用表样，结合本规范各章节的质量验收要求，制订不同分项工程验收批的专用表样，以便于施工检验与验收使用。

附录 C 注水法试验

本规范规定压力管道的水压试验应采用注水法试验，内容系在原"规范"附录 A 基础上修订的。

附录 D 闭水法试验

本规范规定无压管道可选用闭水试验，并沿用了原"规范"附录 B 内容。

附录 E 闭气法试验

本规范规定钢筋混凝土类无压管道可选用闭气试验，引用了天津市工程建设标准《混凝土排水管道工程检验标准》（备案号 J 10 454—2004）的部分内容。

附录 F 混凝土结构无压管道渗水量测与评定方法

附录 F 较详细地介绍了混凝土结构无压管道渗漏水调查、量测方法、计算公式，主要内容来自各地工程实践经验，并参考了《地下防水工程质量验收规范》GB 50208—2002 附录 C 的规定以及北京、上海等地区的工程建设标准。

附录 G 钢筋混凝土结构外观质量缺陷评定方法

给排水管道工程现浇混凝土施工质量验收中外观（观感）质量评定，需对钢筋混凝土结构外观质量缺陷较科学地进行评定，表 G.0.1 参考了《混凝土结构工程施工质量验收规范》GB 50204—2002 第 8.1.1 条的相关规定。

附录 H 聚氨酯（PU）涂层

鉴于目前给水管道工程已有聚氨酯（PU）涂层用作钢管外防腐层的工程实例，为方便应用，将这部分内容列入本规范附录 H。

中华人民共和国国家标准

飞机库设计防火规范

Code for fire protection design of aircraft hangar

GB 50284—2008

主编部门：中 国 航 空 工 业 集 团 公 司
中 华 人 民 共 和 国 公 安 部
中 国 民 用 航 空 局
批准部门：中华人民共和国住房和城乡建设部
施行日期：２ ０ ０ ９ 年 ７ 月 １ 日

中华人民共和国住房和城乡建设部
公　告

第 158 号

关于发布国家标准
《飞机库设计防火规范》的公告

现批准《飞机库设计防火规范》为国家标准，编号为GB 50284—2008，自 2009 年 7 月 1 日起实施。其中，第 3.0.2、3.0.3、4.1.4、4.2.2、4.3.1、5.0.1、5.0.2、5.0.5、5.0.8、9.1.1、9.1.2、9.2.1、9.2.2、9.2.3、9.3.1、9.3.4（1、2）、9.3.6、9.4.2、9.4.3、9.5.4 条（款）为强制性条文，必须严格执行。原《飞机库设计防火规范》GB 50284—98 同时废止。

本规范由我部标准定额研究所组织中国计划出版社出版发行。

中华人民共和国住房和城乡建设部

二○○八年十一月十二日

前　　言

根据建设部"关于印发《2006 年工程建设标准规范制定、修订计划（第二批）》的通知"（建标〔2006〕136 号）的要求，本规范由中国航空工业规划设计研究院会同公安部消防局、中国民用航空局公安局及首都机场公安分局、公安部天津消防研究所、公安部上海消防研究所以及准信投资控股有限公司、海湾集团、科大立安公司、美国安素公司、上海普东特种消防装备有限公司等单位共同修订而成。

本规范的修订，遵照国家有关基本建设的方针政策以及"预防为主，防消结合"的消防工作方针，对飞机库设计防火进行了调查、研究和测试工作，在总结了多年来我国飞机库设计防火实践经验的基础上，广泛征求了有关科研、设计、消防监督和飞机维修安全管理等部门和单位的意见，同时研究、消化和吸收了国外有关标准、规范的技术内容，最后经有关部门共同审查定稿。

本规范共 9 章，主要内容包括总则、术语、防火分区和耐火等级、总平面布局和平面布置、建筑构造、安全疏散、采暖和通风、电气、消防给水和灭火设施等。根据飞机库的火灾是烃类火和飞机贵重的特点，按飞机库停放和维修区的面积将飞机库划分为三类，有区别地采取不同的灭火措施。

本次修订的主要内容有：

1. 对Ⅰ类飞机库的防火分区面积限制进行了修改。

2. 增加了Ⅰ类飞机库灭火系统的种类。

3. 补充了自动喷水灭火系统对飞机库及机库屋架保护的内容。

4. 增加了飞机库采用燃气辐射采暖系统的规定。

5. 明确了飞机库屋架做了防火涂料保护后，与其他灭火措施的关系等内容。

本规范中以黑体字标志的条文为强制性条文，必须严格执行。

本规范由住房和城乡建设部负责管理和对强制性条文的解释，公安部消防局负责日常管理，中国航空工业规划设计研究院负责具体内容的解释。在执行过程中如有需要修改和补充的建议，请将相关资料和建议寄送中国航空工业规划设计研究院（地址：北京市西城区德外大街 12 号，邮政编码：100120），以供再修订时参考。

本规范主编单位、参编单位和主要起草人：

主 编 单 位：中国航空工业规划设计研究院

参 编 单 位：公安部消防局

中国民用航空局公安局

首都机场公安分局

公安部天津消防研究所

公安部上海消防研究所

准信投资控股有限公司

海湾集团

科大立安公司

美国安素公司

上海普东特种消防装备有限公司

主要起草人: 沈顺高　马　恒　李学良　彭吉兴　　　郝爱玲　张晓明　刘卫华　吴龙标
　　　　　　　戚小专　杨　妹　刘　芳　谢哲明　　　云　虹　徐　敏　蔡民章　王丽晶
　　　　　　　魏　旗　付建勋　张立峰　裴永忠　　　孙　瑛　崔忠余　王瑞林
　　　　　　　王宝伟　顾南平　倪照鹏　闵永林

目　次

1 总　则

1.0.1 为了防止和减少火灾对飞机库的危害，保护人身和财产的安全，制定本规范。

1.0.2 本规范适用于新建、扩建和改建飞机库的防火设计。

1.0.3 飞机库的防火设计，必须遵循"预防为主，防消结合"的消防工作方针，针对飞机库火灾的特点，采取可靠的消防措施，做到安全适用、技术先进、经济合理。

1.0.4 飞机库的防火设计除应符合本规范外，尚应符合现行的国家有关标准的规定。

2 术　语

2.0.1 飞机库　aircraft hangar
用于停放和维修飞机的建筑物。

2.0.2 飞机库大门　aircraft access door
为飞机进出飞机库专门设置的门。

2.0.3 飞机停放和维修区　aircraft storage and servicing area
飞机库内用于停放和维修飞机的区域。不包括与其相连的生产辅助用房和其他建筑。

2.0.4 翼下泡沫灭火系统　foam extinguishing system for area under wing
用于飞机机翼下的泡沫灭火系统。

3 防火分区和耐火等级

3.0.1 飞机库可分为Ⅰ、Ⅱ、Ⅲ类，各类飞机库内飞机停放和维修区的防火分区允许最大建筑面积应符合表 3.0.1 的规定。

表 3.0.1　飞机库分类及其停放和维修区的防火分区允许最大建筑面积

类　别	防火分区允许最大建筑面积（m²）
Ⅰ	50000
Ⅱ	5000
Ⅲ	3000

注：与飞机停放和维修区贴邻建造的生产辅助用房，其允许最多层数和防火分区允许最大建筑面积应符合现行国家标准《建筑设计防火规范》GB 50016 的有关规定。

3.0.2 Ⅰ类飞机库的耐火等级应为一级。Ⅱ、Ⅲ类飞机库的耐火等级不应低于二级。飞机库地下室的耐火等级应为一级。

3.0.3 建筑构件均应为不燃烧体材料，其耐火极限不应低于表 3.0.3 的规定。

表 3.0.3　建筑构件的耐火极限

构件名称		耐火极限（h）　耐火等级	
		一级	二级
防火墙		3.00	3.00
墙	承重墙	3.00	2.50
	楼梯间、电梯井的墙	2.00	2.00
	非承重墙、疏散走道两侧的隔墙	1.00	1.00
	房间隔墙	0.75	0.50
柱	支承多层的柱	3.00	2.50
	支承单层的柱	2.50	2.00
	柱间支撑	1.50	1.00
梁		2.00	1.50
楼板、疏散楼梯、屋顶承重构件		1.50	1.00
吊顶		0.25	0.25

3.0.4 在飞机停放和维修区内，支承屋顶承重构件的钢柱和柱间钢支撑应采取防火隔热保护措施，并应达到相应耐火等级建筑要求的耐火极限。

3.0.5 飞机库飞机停放和维修区屋顶金属承重构件应采取外包敷防火隔热板或喷涂防火隔热涂料等措施进行防火保护，当采用泡沫-水雨淋灭火系统或采用自动喷水灭火系统后，屋顶可采用无防火保护的金属构件。

4 总平面布局和平面布置

4.1 一般规定

4.1.1 飞机库的总图位置、消防车道、消防水源及与其他建筑物的防火间距等应符合航空港总体规划要求。

4.1.2 飞机库与其贴邻建造的生产辅助用房之间的防火分隔措施，应根据生产辅助用房的使用性质和火灾危险性确定，并应符合下列规定：

　　1 飞机库应采用防火墙与办公楼、飞机部件喷漆间、飞机座椅维修间、航材库、配电室和动力站等生产辅助用房隔开，防火墙上的门窗应采用甲级防火门窗，或耐火极限不低于 3.00h 的防火卷帘。

　　2 飞机库与单层维修工作间、办公室、资料室和库房等应采用耐火极限不低于 2.00h 的不燃烧体墙隔开，隔墙上的门窗应采用乙级防火门窗，或耐火极限不低于 2.00h 的防火卷帘。

4.1.3 在飞机库内不宜设置办公室、资料室、休息室等用房，若确需设置少量这些用房时，宜靠外墙设置，并应有直通安全出口或疏散走道的措施，与飞机停放和维修区之间应采用耐火极限不低于2.00h的不燃烧体墙和耐火极限不低于1.50h的顶板隔开，墙体上的门窗应为甲级防火门窗。

4.1.4 飞机库内的防火分区之间应采用防火墙分隔。确有困难的局部开口可采用耐火极限不低于3.00h的防火卷帘。防火墙上的门应采用在火灾时能自行关闭的甲级防火门。门或卷帘与其两侧的火灾探测系统联锁关闭，但应同时具有手动和机械操作的功能。

4.1.5 甲、乙、丙类物品暂存间不应设置在飞机库内。当设置在贴邻飞机库的生产辅助用房区内时，应靠外墙设置并应设置直接通向室外的安全出口，与其他部位之间必须用防火隔墙和耐火极限不低于1.50h的不燃烧体楼板隔开。

甲、乙类物品暂存量应按不超过一昼夜的生产用量设计，并应采取防止可燃液体流淌扩散的措施。

4.1.6 甲、乙类火灾危险性的使用场所和库房不得设在地下或半地下室。

4.1.7 附设在飞机库内的消防控制室、消防泵房应采用耐火极限不低于2.00h的隔墙和耐火极限不低于1.50h的楼板与其他部位隔开。隔墙上的门应采用甲级防火门，其疏散门应直接通向安全出口或疏散楼梯、疏散走道。观察窗应采用甲级防火窗。

4.1.8 危险品库房、装有油浸电力变压器的变电所不应设置在飞机库内或与飞机库贴邻建造。

4.1.9 飞机库应设置从室外地面或附属建筑屋顶通向飞机停放和维修区屋面的室外消防梯，且数量不应少于2部。当飞机库长边长度大于250.0m时，应增设1部。

4.2 防火间距

4.2.1 除下列情况外，两座相邻飞机库之间的防火间距不应小于13.0m。

1 两座飞机库，其相邻的较高一面的外墙为防火墙时，其防火间距不限。

2 两座飞机库，其相邻的较低一面外墙为防火墙，且较低一座飞机库屋顶结构的耐火极限不低于1.00h时，其防火间距不应小于7.5m。

4.2.2 飞机库与其他建筑物之间的防火间距不应小于表4.2.2的规定。

表4.2.2 飞机库与其他建筑物之间的防火间距（m）

建筑物名称	喷漆机库	高层航材库	一、二级耐火等级的丙、丁、戊类厂房	甲类物品库房	乙、丙类物品库房	机场油库	其他民用建筑	重要的公共建筑
飞机库	15.0	13.0	10.0	20.0	14.0	100.0	25.0	50.0

注：1 当飞机库与喷漆机库贴邻建造时，应采用防火墙隔开。
2 表中未规定的防火间距，应根据现行国家标准《建筑设计防火规范》GB 50016 的有关规定确定。

4.3 消防车道

4.3.1 飞机库周围应设环形消防车道，Ⅲ类飞机库可沿飞机库的两个长边设置消防车道。当设置尽头式消防车道时，尚应设置回车场。

4.3.2 飞机库的长边长度大于220.0m时，应设置进出飞机停放和维修区的消防车出入口，消防车道出入飞机库的门净宽度不应小于车宽加1.0m，门净高度不应低于车高加0.5m，且门的净宽度和净高度均不应小于4.5m。

4.3.3 消防车道的净宽度不应小于6.0m，消防车道边线距飞机库外墙不宜小于5.0m，消防车道上空4.5m以下范围内不应有障碍物。消防车道与飞机库之间不应设置妨碍消防车操作的树木、架空管线等。消防车道下的管道和暗沟应能承受大型消防车满载时的压力。

4.3.4 供消防车取水的天然水源或消防水池处，应设置消防车道或回车场。

5 建筑构造

5.0.1 防火墙应直接设置在基础上或相同耐火极限的承重构件上。

5.0.2 飞机库的外围护结构、内部隔墙和屋面保温隔热层均应采用不燃烧材料。飞机库大门及采光材料应采用不燃烧或难燃烧材料。

5.0.3 飞机库大门轨道处应采取排水措施，寒冷及易结冰地区其轨道处尚应采取融冰措施。

5.0.4 飞机停放和维修区的地面标高应高于室外地坪、停机坪和道路路面0.05m以上，并应低于与其相通房间地面0.02m以下。

5.0.5 输送可燃气体和甲、乙、丙类液体的管道严禁穿过防火墙。其他管道不宜穿过防火墙，当确需穿过时，应采用防火封堵材料将空隙紧密填实。

5.0.6 飞机停放和维修区的地面应有不小于5‰的坡度坡向排水口。设计地面坡度时应符合飞机牵引、称重、平衡检查等操作要求。

5.0.7 飞机停放和维修区的工作间壁、工作台和物品柜等均应采用不燃烧材料制作。

5.0.8 飞机停放和维修区的地面应采用不燃烧体材料。飞机库地面下的沟、坑均应采用不渗透液体的不燃烧材料建造。

6 安全疏散

6.0.1 飞机停放和维修区的每个防火分区至少应有

2个直通室外的安全出口，其最远工作地点到安全出口的距离不应大于75.0m。当飞机库大门上设有供人员疏散用的小门时，小门的最小净宽不应小于0.9m。

6.0.2 在飞机停放和维修区的地面上应设置标示疏散方向和疏散通道宽度的永久性标线，并应在安全出口处设置明显指示标志。

6.0.3 飞机停放和维修区内的地下通行地沟应设有不少于2个通向室外的安全出口。

6.0.4 当飞机库内供疏散用的门和供消防车辆进出的门为自控启闭时，均应有可靠的手动开启装置。飞机库大门应设置使用拖车、卷扬机等辅助动力设备开启的装置。

6.0.5 在防火分隔墙上设置的防火卷帘门应设逃生门，当同时用于人员通行时，应设疏散用的平开防火门。

7 采暖和通风

7.0.1 飞机停放和维修区及其贴邻建造的建筑物，其采暖用的热媒宜为高压蒸汽或热水。飞机停放和维修区内严禁使用明火采暖。

7.0.2 当飞机停放和维修区采用吊装式燃气辐射采暖时，应符合以下规定：

　1　燃料可采用天然气、液化石油气、煤气等。

　2　燃气辐射采暖设备必须经过安全认证。燃气辐射采暖系统应有安全保护自检功能，并应有防泄漏、监测、自动关闭等功能。

　3　用于燃烧器燃烧的空气宜直接从室外引入，且燃烧后的尾气应直接排至室外。

　4　在飞机停放和维修区内，加热器应安装在距飞机机翼或最高飞机发动机外壳的上表面以上至少3.0m的位置，并应按二者中距地面较高者确定安装高度。

　5　燃烧器及辐射管的外表面温度宜为300～500℃，且辐射管上的反射罩外表面温度不宜高于60℃。

　6　在醒目便于操作的位置应设置能直接切断采暖系统及燃气供应系统的控制开关。

　7　燃气输配系统及安全技术要求应符合现行国家标准《城镇燃气设计规范》GB 50028 的有关规定。

7.0.3 当飞机停放和维修区内发出火灾报警信号时，在消防控制室应能控制关闭空气再循环采暖系统的风机。在飞机停放和维修区内应设置便于工作人员关闭风机的手动按钮。

7.0.4 飞机停放和维修区内为综合管线设置的通行或半通行地沟，应设置机械通风系统，且换气次数不应少于5次/h。当地沟内存在可燃蒸气时，应设计每小时不少于15次换气的事故通风系统，可燃气体探测器报警时，火灾报警控制器联动启动排风机。

8 电　气

8.1 供　配　电

8.1.1 飞机库消防用电设备的供电电源应符合现行国家标准《供配电系统设计规范》GB 50052 的规定。Ⅰ、Ⅱ类飞机库的消防电源负荷等级应为一级，Ⅲ类飞机库消防电源等级不应低于二级。

8.1.2 当飞机库设有变电所时，消防用电的正常电源宜单独引自变电所；当飞机库远离变电所或难以取得单独的电源线路时，应接自飞机库低压电源总开关的电源侧。

8.1.3 消防用电设备的双路电源线路应分开敷设。

8.1.4 采用 TT 接地系统、TN 接地系统装设剩余电流保护器时，或上一级装设电气火灾监控系统时，低压双电源转换开关应能同时断开相线和中性线。

8.1.5 飞机库低压线路应按下列规定设置接地故障保护：

　1　变电所低压出线处，或第二级低压配电箱内应设置能延时发出信号的电气火灾监控系统，其报警信号应引至消防控制室，对不设消防控制室的Ⅲ类飞机库，应引至值班室。

　2　插座回路上应设置额定动作电流不大于30mA、瞬时切断电路的漏电保护器。

8.1.6 当电线、电缆成束集中敷设时，应采用阻燃型铜芯电线、电缆。

8.1.7 飞机停放和维修区内电源插座距离地面的安装高度不应小于1.0m。

8.1.8 飞机库内爆炸危险区域的划分应符合本规范附录 A 的规定。在爆炸危险区域内的电气设备和电气线路的选用、安装应符合现行国家标准《爆炸和火灾危险环境电力装置设计规范》GB 50058 的有关规定。

8.1.9 消防配电设备应有明显标志。

8.2 电气照明

8.2.1 飞机停放和维修区内疏散用应急照明的地面照度不应低于1.0 lx。

8.2.2 当应急照明采用蓄电池作电源时，其连续供电时间不应少于30min。

8.2.3 安全照明用电源应采用特低电压，应由降压隔离变压器供电。特低电压回路导线和所接灯具金属外壳不得接保护地线。

8.3 防雷和接地

8.3.1 在飞机停放和维修区应设置泄放飞机静电电荷的接地端子。连接接地端子的接地导线宜就近连接至机库接地系统。

8.3.2 飞机库低压电气装置应采用TN-S接地系统。自备发电机组当既用于应急电源又用于备用电源时，可采用TN-S系统；当仅用于应急电源时宜采用IT系统。

8.3.3 飞机库内电气装置应实施等电位联结。

8.3.4 飞机库的防雷设计尚应符合现行国家标准《建筑物防雷设计规范》GB 50057的有关规定。

8.4 火灾自动报警系统与控制

8.4.1 飞机库内应设火灾自动报警系统，在飞机停放和维修区内设置的火灾探测器应符合下列要求：

1 屋顶承重构件区宜选用感温探测器。

2 在地上空间宜选用火焰探测器和感烟探测器。

3 在地面以下的地下室和地面以下的通风地沟内有可燃气体聚集的空间、燃气进气间和燃气管道阀门附近应选用可燃气体探测器。

8.4.2 飞机停放和维修区内的火灾报警按钮、声光报警器及通讯装置距地面安装高度不应小于1.0m。

8.4.3 消防泵的电气控制设备，应具有手动和自动启动方式，并应采取措施使消防泵逐台启动。

8.4.4 稳压泵应按灭火设备的稳压要求自动启/停。当灭火系统的压力达不到稳压要求时，控制设备应发出声、光信号。

8.4.5 泡沫-水雨淋灭火系统、翼下泡沫灭火系统、远控消防泡沫炮灭火系统和高倍数泡沫灭火系统宜由2个独立且不同类型的火灾信号组合控制启动，并应具有手动功能。

8.4.6 泡沫-水雨淋灭火系统启动时，应能同时联动开启相关的翼下泡沫灭火系统。

8.4.7 泡沫枪、移动式高倍数泡沫发生器和消火栓附近应设置手动启动消防泵的按钮，并应将反馈信号引至消防控制室。

8.4.8 在Ⅰ、Ⅱ类飞机库的飞机停放和维修区内，应设置手动启动泡沫灭火装置，并应将反馈信号引至消防控制室。

8.4.9 Ⅰ、Ⅱ类飞机库应设置消防控制室，消防控制室宜靠近飞机停放和维修区，并宜设观察窗。

8.4.10 除本节规定外，尚应符合现行国家标准《火灾自动报警系统设计规范》GB 50116的有关规定。

9 消防给水和灭火设施

9.1 消防给水和排水

9.1.1 消防水源及消防供水系统必须满足本规范规定的连续供给时间内室内外消火栓和各类灭火设备同时使用的最大用水量。

9.1.2 消防给水必须采取可靠措施防止泡沫液回流污染公共水源和消防水池。

9.1.3 供给泡沫灭火设施的水质应符合设计采用的泡沫液产品标准的技术要求。

9.1.4 在飞机库的停放和维修区内应设排水系统，排水系统宜采用大口径地漏、排水沟等，地漏或排水沟的设置应采取防止外泄燃油流淌扩散的措施。

9.1.5 排水系统采用地下管道时，进水口的连接管处应设水封。排水管宜采用不燃材料。

9.1.6 排水系统的油水分离器应设置在飞机库室外，并应采取灭火时跨越油水分离器的旁通排水措施。

9.2 灭火设备的选择

9.2.1 Ⅰ类飞机库飞机停放和维修区内灭火系统的设置应符合下列规定之一：

1 应设置泡沫-水雨淋灭火系统和泡沫枪；当飞机机翼面积大于280m² 时，尚应设置翼下泡沫灭火系统。

2 应设置屋架内自动喷水灭火系统，远控消防泡沫炮灭火系统或其他低倍数泡沫自动灭火系统，泡沫枪；当符合本规范第3.0.5条的规定时，可不设屋架内自动喷水灭火系统。

9.2.2 Ⅱ类飞机库飞机停放和维修区内灭火系统的设置应符合下列规定之一：

1 应设置远控消防泡沫炮灭火系统或其他低倍数泡沫自动灭火系统，泡沫枪。

2 应设置高倍数泡沫灭火系统和泡沫枪。

9.2.3 Ⅲ类飞机库飞机停放和维修区内应设置泡沫枪灭火系统。

9.2.4 在飞机停放和维修区内设置的消火栓宜与泡沫枪合用给水系统。消火栓的用水量应按同时使用两支水枪和充实水柱不小于13m的要求，经计算确定。消火栓箱内应设置统一规格的消火栓、水枪和水带，可设置2条长度不超过25m的消防水带。

9.2.5 飞机停放和维修区贴邻建造的建筑物，其室内消防给水和灭火器的配置以及飞机库室外消火栓的设计应符合现行国家标准《建筑设计防火规范》GB 50016和《建筑灭火器配置设计规范》GB 50140的有关规定。

9.3 泡沫-水雨淋灭火系统

9.3.1 在飞机停放和维修区内的泡沫-水雨淋灭火系统应分区设置，一个分区的最大保护地面面积不应大于1400m²，每个分区应由一套雨淋阀组控制。

9.3.2 泡沫-水雨淋灭火系统的喷头宜采用带溅水盘的开式喷头或吸气式泡沫喷头，开式喷头宜选用流量系数$K=80$ 或$K=115$ 的喷头。

9.3.3 喷头应设置在靠近屋面处，每只喷头的保护面积不应大于12.1m²，喷头的间距不应大于3.7m，喷头距墙及机库大门内侧不应大于1.8m。

9.3.4 系统的泡沫混合液的设计供给强度应符合下列规定：

1 当采用氟蛋白泡沫液和吸气式泡沫喷头时，不应小于8.0L/(min·m²)。

2 当采用水成膜泡沫液和开式喷头时，不应小于6.5L/(min·m²)。

3 经水力计算后的任意四个喷头的实际保护面积内的平均供给强度不应小于设计供给强度。

9.3.5 泡沫-水雨淋灭火系统的用水量应满足以火源点为中心，30m半径水平范围内所有分区系统的雨淋阀组同时启动时的最大用水量。

注：当屋面板最大高度小于23m时，半径可减为22m。

9.3.6 泡沫-水雨淋灭火系统的连续供水时间不应小于45min。不设翼下泡沫灭火系统时，连续供水时间不应小于60min。泡沫液的连续供给时间不应小于10min。

9.3.7 泡沫-水雨淋灭火系统的设计除执行本规范的规定外，尚应符合现行国家标准《自动喷水灭火系统设计规范》GB 50084 和《低倍数泡沫灭火系统设计规范》GB 50151 的有关规定。

9.4 翼下泡沫灭火系统

9.4.1 翼下泡沫灭火系统宜采用低位消防泡沫炮、地面弹射泡沫喷头或其他类型的泡沫释放装置。低位消防泡沫炮应具有自动或远控功能，并应具有手动及机械应急操作功能。

9.4.2 系统的泡沫混合液的设计供给强度应符合下列规定：

1 当采用氟蛋白泡沫液时，不应小于6.5L/(min·m²)。

2 当采用水成膜泡沫液时，不应小于4.1L/(min·m²)。

9.4.3 泡沫混合液的连续供给时间不应小于10min，连续供水时间不应小于45min。

9.4.4 翼下泡沫灭火系统的泡沫释放装置，其数量和规格应根据飞机停放位置和飞机机翼下的地面面积经计算确定。

9.5 远控消防泡沫炮灭火系统

9.5.1 远控消防泡沫炮灭火系统应具有自动或远控功能，并应具有手动及机械应急操作功能。

9.5.2 泡沫混合液的设计供给强度应符合本规范第9.4.2条的规定。

9.5.3 泡沫混合液的最小供给速率为：Ⅰ类飞机库应为泡沫混合液的设计供给强度乘以5000m²；Ⅱ类飞机库应为泡沫混合液的设计供给强度乘以2800m²。

9.5.4 泡沫液的连续供给时间不应小于10min，连续供水时间Ⅰ类飞机库不应小于45min、Ⅱ类飞机库不应小于20min。

9.5.5 消防泡沫炮的配置应使不少于两股泡沫射流同时到达飞机停放和维修区内飞机机位的任一部位。

9.6 泡 沫 枪

9.6.1 一支泡沫枪的泡沫混合液流量应符合下列规定：

1 当采用氟蛋白泡沫液时，不应小于8.0L/s。

2 当采用水成膜泡沫液时，不应小于4.0L/s。

9.6.2 飞机停放和维修区内任一点应能同时得到两支泡沫枪保护，泡沫液连续供给时间不应小于20min。

9.6.3 泡沫枪宜采用室内消火栓接口，公称直径应为65mm，消防水带的总长度不宜小于40m。

9.7 高倍数泡沫灭火系统

9.7.1 高倍数泡沫灭火系统的设置应符合下列规定：

1 泡沫的最小供给速率（m³/min）应为泡沫增高速率(m/min)乘以最大一个防火分区的全部地面面积（m²），泡沫增高速率大于0.9m/min。

2 泡沫液和水的连续供给时间应大于15min。

3 高倍数泡沫发生器的数量和设置地点应满足均匀覆盖飞机停放和维修区地面的要求。

9.7.2 移动式高倍数泡沫灭火系统的设置应符合下列规定：

1 泡沫的最小供给速率应为泡沫增高速率乘以最大一架飞机的机翼面积，泡沫增高速率应大于0.9m/min。

2 泡沫液和水的连续供给时间应大于12min。

3 为每架飞机设置的移动式泡沫发生器不应少于2台。

9.7.3 高倍数泡沫灭火系统的设计除执行本节的规定外，尚应符合现行国家标准《高倍数、中倍数泡沫灭火系统设计规范》GB 50196 的有关规定。

9.8 自动喷水灭火系统

9.8.1 飞机停放和维修区内的自动喷水灭火系统宜采用湿式或预作用灭火系统。

9.8.2 飞机停放和维修区设置的自动喷水灭火系统，其设计喷水强度不应小于7.0L/(min·m²)，Ⅰ类飞机库作用面积不应小于1400m²，Ⅱ类飞机库作用面积不应小于480m²，一个报警阀控制的面积不应超过5000m²。喷头宜采用快速响应喷头，公称动作温度宜采用79℃，周围环境温度较高区域宜采用93℃。Ⅱ类飞机库也可采用标准喷头，喷头公称动作温度宜为162～190℃。

9.8.3 自动喷水灭火系统的连续供水时间不应小于45min。

9.8.4 自动喷水灭火系统的喷头布置要求应符合本规范第9.3.3条的规定。

9.8.5 自动喷水灭火系统的设计除执行本规范的规定外，尚应符合现行国家标准《自动喷水灭火系统设计规范》GB 50084 的有关规定。

9.9 泡沫液泵、比例混合器、泡沫液储罐、管道和阀门

9.9.1 泡沫液泵必须设置备用泵，其性能应与工作泵相同。

9.9.2 泡沫液泵应符合现行国家标准《消防泵》GB 6245 的有关规定，泵的轴承和密封件应符合泡沫液性能要求。

9.9.3 泡沫系统应采用平衡式比例混合装置、计量注入式比例混合装置或压力式比例混合装置，以正压注入方式将泡沫液注入灭火系统与水混合。

9.9.4 泡沫灭火设备的泡沫液均应有备用量，备用量应与一次连续供给量相等，且必须为性能相同的泡沫液。

9.9.5 泡沫液备用储罐应与泡沫液供给系统的管道相接。

9.9.6 泡沫液储罐必须设在为泡沫液泵提供正压的位置上，泡沫液储罐应符合现行国家标准《低倍数泡沫灭火系统设计规范》GB 50151 的有关规定。

9.9.7 泡沫液管宜采用不锈钢管、钢衬不锈钢或钢塑复合管。安装在泡沫液管道上的控制阀宜采用衬胶蝶阀、不锈钢球阀或不锈钢截止阀。

9.9.8 泡沫液储罐、泡沫液泵等宜设在靠近飞机停放和维修区的附属建筑内，其环境条件应符合所用泡沫液的技术要求。

9.9.9 控制阀、雨淋阀宜接近保护区，当设在飞机停放和维修区内时，应采取防火隔热措施。

9.9.10 常开或常闭的阀门应设锁定装置。控制阀和需要启闭的阀门均应设启闭指示器。

9.9.11 在泡沫液管和泡沫混合液管的适当位置宜设冲洗接头和排空阀。泡沫液供给管道应充满泡沫液，当长度大于 50m 时，泡沫液供给系统应设循环管路，定期对泡沫液进行循环，以防止其在管内结块，堵塞管路。

9.9.12 在泡沫枪、泡沫炮供水总管的末端或最低点宜设置用于日常检修维护的放水阀门。

9.10 消防泵和消防泵房

9.10.1 消防水泵应采用自灌式吸水方式，泵体最高处宜设自动排气阀，并应符合现行国家标准《消防泵》GB 6245 的有关规定。

9.10.2 消防水泵的吸水口处宜设置过滤网，并应采取防止吸入空气的措施。水泵吸水管上应设置明杆式闸阀。

9.10.3 消防泵出水管上的阀门应为明杆式闸阀或带启闭指示标志的蝶阀。

9.10.4 消防泵的出水管上应设泄压阀和试验、检查用的放水阀及回流管。

9.10.5 消防水泵及泡沫液泵的出水管上应安装流量计及压力表装置。

9.10.6 泡沫炮及泡沫-水雨淋系统等功率较大的消防泵宜由内燃机直接驱动，当消防泵功率较小时，宜由电动机驱动。

9.10.7 消防泵房宜采用自带油箱的内燃机，其燃油料储备量不宜小于内燃机 4h 的用量，并不大于 8h 的用量。当内燃机采用集中的油箱（罐）供油时，应设置储油间，储油间应采用防火墙与水泵间隔开，当必须在防火墙上开门时应采用甲级防火门，供油管、油箱（罐）的安全措施应符合现行国家标准《建筑设计防火规范》GB 50016 的有关规定。

消防泵房可设置自动喷水灭火系统或其他灭火设施。内燃机的排气管应引至室外，并应远离可燃物。

9.10.8 消防泵房应设置消防通讯设施。

附录 A 飞机库内爆炸危险区域的划分

A.0.1 飞机库内爆炸危险区域的划分应符合下列规定：

　　1 1区：飞机停放和维修区地面以下与地面相通的地沟、地坑及与其相通的地下区域。

　　2 2区：

　　1）飞机停放和维修区及与其相通而无隔断的地面区域，其空间高度到地面上 0.5m 处。

　　2）飞机停放和维修区内距飞机发动机或飞机油箱水平距离 1.5m，并从地面向上延伸到机翼和发动机外壳表面上方 1.5m 处。

本规范用词说明

　　1 为便于在执行本规范条文时区别对待，对要求严格程度不同的用词说明如下：

　　1）表示很严格，非这样做不可的用词：
　　　　正面词采用"必须"，反面词采用"严禁"。

　　2）表示严格，在正常情况下均应这样做的用词：
　　　　正面词采用"应"，反面词采用"不应"或"不得"。

　　3）表示允许稍有选择，在条件许可时首先应这样做的用词：
　　　　正面词采用"宜"，反面词采用"不宜"；
　　　　表示有选择，在一定条件下可以这样做的用词，采用"可"。

　　2 本规范中指明应按其他有关标准、规范执行的写法为"应符合……的规定"或"应按……执行"。

中华人民共和国国家标准

飞机库设计防火规范

GB 50284—2008

条 文 说 明

目　次

1 总 则

1.0.1 本条说明制定本规范的目的。随着我国改革开放的深入，经济建设规模的扩大，人民生活水平的提高，航空运输业也保持持续、快速的发展。当前我国空中交通运输网络已基本形成，航线近1300条，其中国际航线近250条，通航城市140余个，国际机场40多个，现役大、中型客机780多架，机队总规模居世界第三，预计2010年大、中型飞机将增加到1600架，2020年各类民航飞机达6000架。目前，全国民航执管大型客机的航空公司已近30家，都需要建设航线维修飞机库，以便完成特检和定检工作。

飞机库的火灾危险性：

1 燃油火灾：飞机进库维修时，飞机油箱和系统内带有航空煤油，载油量从几吨到上百吨不等，在维修过程中有可能发生燃油泄漏事故，出现易燃液体流散火灾。火灾面积和燃油泄漏量虽难以估计，但从美国工厂相互保险组织进行的相关实验说明，当流散火的面积为85～120m²，泄漏量2～3m³，平均油层厚度20～30mm时，将产生巨大的火舌卷流，上升气浪流速达到22m/s，位于建筑物18.5m高处的屋顶温度在3min内达到425～650℃以上。在易燃液体火灾的飞机受热面，飞机身蒙皮在短时间内发生破坏。另一种火灾危险是发生燃油箱爆炸。据国外报道，一架正在维修的DC-8型飞机与其他8架飞机同时停放在一座大型钢屋架飞机库里，机械师正在拆换一台燃油箱的燃油增压泵，机翼油箱中的部分燃油已被抽出，但在油箱内仍留有约11.3m³的燃油。当机械师接通电路，跨过增压泵的电火花点燃了油箱中的易燃气体，引起爆炸，摧毁了这架DC-8飞机，并在屋顶上炸开一个约100m²的洞，爆炸和大火破坏了另外两架DC-8飞机，燃烧持续30min以上。

目前国内大量使用的航空煤油RP-1和RP-2的闪点温度为28℃，RP-3的闪点温度为38℃。为减少火灾的危险已逐步改用RP-3的航空煤油。

2 氧气系统火灾：1968年9月7日在里约热内卢国际机场飞机库内，当机械师为一架波音707氧气系统充氧时，误用液压油软管进行充氧操作引发大火，整架飞机报废，飞机库也受到破坏。

3 清洗飞机座舱火灾：飞机机舱内部装修多采用塑料制品、化纤织物等易燃材料，虽经阻燃处理后可达到难燃材料的标准，但在清洗和维修机舱时，常使用溶剂、粘接剂和油漆等。1965年11月25日，美国迈阿密国际机场的飞机库内正维修一架DC-8飞机，当清洗座舱时因使用可燃溶剂发生火灾，造成一人死亡。飞机库装有雨淋灭火系统，火被控制在飞机内部，而飞机油箱内的30t燃油安然无恙，灭火历时3h，启用168个喷头，耗水2293m³。

4 电气系统火灾：1996年3月12日在美国堪萨斯州的一个国际机场飞机库内，当一架波音707飞机大修时，由于厨房的电气设备短路引发火灾。

5 人为的火灾：违反维修安全规程等。

现代飞机是高科技的产物，价值昂贵，表1列出了各种机型的近似价格。

飞机库需要高大的空间，其屋顶承重构件除承受屋面荷载外，还要求承受吊车和悬挂维修机坞等附加荷载。因此，飞机库的建筑造价也很高。一座两机位波音747的飞机库及其配套设施的工程造价约4亿元人民币；一座四机位波音747的飞机库及其配套设施的工程造价约6亿元人民币。

首都机场四机位维修机库可同时维修波音747四架、波音767两架、波音737四架，飞机总价值约75亿元人民币。飞机库一旦发生火灾，就可能引发易燃液体火灾，如不采取有效、快速的灭火措施，造成的人员伤亡和财产损失是难以估计的。

表1 各种机型的近似价格

机　型	基本价格（亿美元/架）	机　型	基本价格（亿美元/架）
B737-300	0.41	B767-400ER	1.15～1.27
B737-400	0.465	B777-200	1.37～1.54
B737-500	0.37	B777-200ER	1.44～1.64
B737-600	0.385	B777-300	1.6～1.84
B737-700	0.45	A300-66R	0.95
B737-800	0.55	A310-300	0.85
B737-900	0.58	A318	0.39～0.45
B747-400	1.58～1.75	A320-200	0.505～0.78
B757-200	0.65～0.72	A321-100	0.565
B757-300	0.74～0.8	A330-300	1.17
B767-200ER	0.89～1	A340	1.2
B767-300ER	1.05～1.17	A380	2.6～2.9

1.0.2 进入飞机库的飞机，其油箱内载有燃油，在维修过程中可能发生燃油火灾，本规范的内容是针对飞机库的火灾特点制定的。执行时需要注意，喷漆机库是从事整架飞机喷漆作业的车间或厂房，与本规范所指的飞机库是两种不同性质的建筑物。喷漆机库已制定有行业标准，本规范不适用于喷漆机库。

1.0.3 本条是飞机库防火设计的指导思想。在设计中正确处理好生产与安全的关系，设计合理与经济的关系是落实本条内容的关键。设计部门、建设部门和消防建设审查部门应密切配合，使防火设计做到安全适用、技术先进、经济合理。

2 术 语

2.0.1 飞机库是我国习惯用语。用飞机库的功能定义，它应是从事飞机维修工艺的车间或厂房。日本称"格纳"库，有"储存"的意思，美国称"hangar"，有"库"或"棚"的含义。本规范仍沿用飞机库这一习惯名称。与飞机库配套建设的独立建筑物或与飞机停放和维修区贴邻建造的建筑物，凡不具有飞机维修功能的，如公司办公楼、发动机维修车间、附件维修车间、特设维修车间、航材中心库等均不属本规范的范围。

2.0.3 一座飞机库可包括若干个飞机停放和维修区，一个飞机停放和维修区可以停放和维修一架或多架飞机。区和区之间必须用防火墙隔开，否则应被视为一个飞机停放和维修区，与飞机停放和维修区直接相通又无防火隔断的维修工作间也应视为飞机停放和维修区。

2.0.4 翼下泡沫灭火系统是泡沫-水雨淋灭火系统的辅助灭火系统。当飞机机翼面积大于或等于 280m² 时，泡沫-水雨淋灭火系统释放的泡沫被机翼遮挡，影响灭火效果，故设置翼下泡沫灭火系统。当飞机机翼面积小于 280m² 时，可不设翼下泡沫灭火系统。系统的功能是将泡沫直接喷射到机翼和中央翼下部的地面，控制和扑灭泄漏燃油发生的流散火，同时对机身下部有冷却作用。系统的释放装置可采用自动摆动的泡沫炮或泡沫喷嘴。当条件允许时也可采用设在地面下的弹射泡沫喷头。机翼面积 280m² 的界线是等效采用美国《飞机库防火标准》NFPA-409（2004 年版）的有关规定。

3 防火分区和耐火等级

3.0.1 飞机库的分类是按飞机停放和维修区每个防火分区建筑面积的大小进行区别对待的原则制定的。在确保飞机库消防安全的前提下，适当减少消防设施投资是必要的。

　　本规范将飞机库按照上述原则分为三类：Ⅰ类：凡在飞机停放和维修区内一个防火分区的建筑面积 5001~50000m² 的飞机库为Ⅰ类飞机库。美国《飞机库防火标准》NFPA-409（2004 年版）规定飞机停放和维修区占地面积大于 3716m² 的飞机库均为Ⅰ类飞机库。

　　本规范对Ⅰ类飞机库设置了完善的自动报警和自动灭火系统，能有效地实施监控和扑灭初期火灾，确保飞机与飞机库建筑免受火灾损害。在此前提下，从飞机库的建设和飞机维修实际需要出发，对Ⅰ类飞机库一个防火分区允许最大建筑面积确定为 50000m²。

　　Ⅱ类飞机库一个防火分区建筑面积为 3001~5000m²。该类飞机库仅能停放和维修 1~2 架中型飞机，火灾面积和火灾损失相对要小。

　　Ⅲ类飞机库一个防火分区建筑面积等于或小于 3000m²。它只能停放和维修小型飞机，火灾面积和火灾损失相对更小。

　　以上规定含飞机停放和维修区内附设的不经常有人员停留的少量生产辅助用房。

3.0.2 几十年以来所有设计和建设的飞机库其耐火等级均为一、二级，考虑到飞机库的防火要求和建筑的特点，本规范不规定采用三、四级耐火等级的建筑。Ⅰ类飞机库价值贵重，规定耐火等级为一级。Ⅱ、Ⅲ类飞机库可适当降低，但不应低于二级。与飞机停放和维修区贴邻建造的生产辅助用房的耐火等级应符合现行国家标准《建筑设计防火规范》GB 50016—2006 的有关规定，但也不应低于二级。

3.0.3 本条是以现行国家标准《建筑设计防火规范》GB 50016—2006 和《高层民用建筑设计防火规范》GB 50045—95（2005 年版）为依据，参考国外标准，结合飞机库防火设计的特点制定的。

3.0.4、3.0.5 根据现行国家标准《建筑设计防火规范》GB 50016—2006 第 3.2.4 条的规定，并结合飞机库屋顶承重构件多为钢构件的特点而制定。支承屋顶承重构件的钢柱和柱间钢支撑可采用防火隔热涂料保护。本规范规定飞机库钢屋顶承重构件的保护可采用多种措施，如泡沫-水雨淋灭火系统、自动喷水灭火系统、外包防火隔热板或喷涂防火隔热涂料等措施供选择采用，这样可在不降低飞机库钢屋顶承重构件防火安全的前提下，防止重复设置造成资源浪费。

4 总平面布局和平面布置

4.1 一般规定

4.1.1 飞机库的总图位置通常远离航站楼，靠近滑行道或停机坪。飞机库的高度受到飞机进场净空需要的限制，又不能遮挡指挥塔台至整条跑道的视线，所以要符合航空港总体规划要求。飞机库一般设在飞机维修基地内，有时由几座飞机库组成机库群。飞机库之间，飞机库与其他建筑物之间应有一定的防火间距。消防车道等应按消防要求合理布局。此外，用于飞机库的消防水池容量较大，是分建还是合建也需要统筹安排。

4.1.2 为了节约用地和方便生产管理，有可能将生产管理办公大楼、各种维修车间（包括发动机、附件、特设等）、航材库、变配电室和动力站等生产辅助用房与飞机维修大厅贴建，按防火分区的要求，要用防火墙将其隔开。采用防火卷帘代替防火门时，防火卷帘的耐火极限应按现行国家标准《门和卷帘的耐火试验方法》GB 7633 中背火面升温的判定条件进行。

　　飞机部件喷漆间和座椅维修间的火灾危险性较大，国外的飞机库将其视为飞机停放和维修区的一部分，一般不采取防火分隔，按照我国相关规范要求，本条采取了较为严格的防火分隔措施。

4.1.3 根据飞机维修具体情况，确需在飞机停放和维修区内设置少量办公室、休息室等用房的，本条对其防火分隔和安全疏散采取了较为严格的措施。

4.1.4 飞机库用防火墙分隔为两个或两个以上飞机停放和维修区时,为了生产的需要往往在此防火墙上需开设尺寸较大的门,为此,本规范规定采用甲级防火门或耐火极限大于3.00h的防火卷帘门。要求该门两侧均设火灾探测器联动关闭装置,并具有手动和机械操作的功能。

4.1.5、4.1.6 根据现行国家标准《建筑设计防火规范》GB 50016—2006 的有关规定,结合飞机库的特点制定。

4.1.7 飞机库消防控制室能俯视整个飞机停放和维修区为最佳。消防泵房设在地下室或一层,应能通向疏散走道、疏散楼梯或直通安全出入口。

4.1.8 由于飞机库价值高,为避免火源,应将火灾危险性大或与飞机维修工作无直接关系的附属建筑分开建设。

4.1.9 消防梯是方便消防人员准确快捷到达屋面作业的固定设施。为此,至少应有2部消防梯由室外地坪直达飞机停放和维修区屋面。

4.2 防火间距

4.2.1 根据现行国家标准《建筑设计防火规范》GB 50016—2006 对厂房的防火间距的规定,在防火间距10.0m的基础上,由于生产火灾危险性大,飞机库比较高大等特点,同时参考了国外对飞机库防火间距的规定,防火间距增加为13.0m。

4.2.2 本条是根据现行国家标准《建筑设计防火规范》GB 50016—2006,并参考行业标准《民用机场供油工程建设技术规范》MH 5008—2005制定的。但当实际需要飞机库与喷漆机库贴邻建造时,应将其防火墙与飞机停放和维修区隔开,防火墙上的门应为甲级防火门或耐火极限大于3.00h的防火卷帘门,喷漆机库设计执行《喷漆机库设计规定》HBJ 12—95。表中未规定的防火间距,应根据现行国家标准《建筑设计防火规范》GB 50016—2006 的有关规定参考乙类厂房确定。

4.3 消防车道

本节是根据现行国家标准《建筑设计防火规范》GB 50016—2006 第6章的有关规定并结合飞机库的特点制定的。当飞机库的长边长度大于220.0m时,应在长边适当位置设消防车出入口。飞机停放和维修区(含整机喷漆工位)的每个防火分区应有消防车出入口。

机场消防车一般尺度大、质量大,如尺寸为3.2m×11.7m×3.87m,质量达38t。《民用航空运输机场安全保卫设施建设标准》MH 7003规定门宽为车宽加1.00m,门高不低于车高加0.30m。

5 建筑构造

5.0.1 强调防火墙的荷载落在承重构件上,则该承重构件应有与防火墙相等的耐火极限。

5.0.2 飞机库的价值高,建设周期长,是重要的工业建筑,飞机库的外围护结构、内部隔墙等不应使用燃烧材料或难燃烧材料,但随着技术的发展国内外已有一些机库采用了难燃烧材料的大门,美国《飞机库防火标准》NFPA-409(2004年版)第5.7节规定,门可采用阻燃材料,故本条规定作此修改。

5.0.3 飞机库大门地轨处应设置排水系统,寒冷及严寒地区还应设融冰措施,以保证大门正常启闭。

5.0.4 本条是根据现行国家标准《建筑设计防火规范》GB 50016—2006第3.6.11条的规定制定的。与飞机停放和维修区相通房间地面高、飞机停放和维修区的燃油流散火不易波及这些房间。室外地面低,有利于飞机停放和维修区的燃油流向室外,同时消防用水也可排向室外。

5.0.5 强调用防火堵料将空隙填塞密实。

5.0.6 在飞机库内飞机停放和维修区的地面设计应满足多种使用功能。因此,只在设计有排水沟或排水口周围局部设坡度,以统筹解决多种要求。

5.0.7、5.0.8 目的是减少可燃物或难燃物并消除引发火灾的条件。

6 安全疏散

本章是根据现行国家标准《建筑设计防火规范》GB 50016—2006第3.7节"厂房的安全疏散"的要求,结合飞机库特点制定的。大型飞机库(含附楼)深度约80~150m,最远工作点到安全出口的距离不大于75.0m的规定是可行的。在设计时要尽可能地将疏散距离缩短,从而保证人员的安全。

飞机库大门应有手动启闭装置和使用拖车、卷扬机等辅助动力设备启闭的装置。

飞机库内的消防车道边设有人行道时,应在它们之间设防护栏,以保证人、车各行其道。

7 采暖和通风

7.0.1 飞机停放和维修区内一旦发生易燃液体泄漏,其蒸气达到一定浓度遇明火会发生爆炸,故禁止使用明火采暖。

7.0.2 飞机停放和维修区为高大空间的建筑物,采用吊装式燃气辐射采暖是一种较为合适的方式,在欧美等国已有许多机库采用这种采暖系统,我国近年也有近10座机库采用了这种采暖系统。根据中国航空工业规划设计研究院和清华大学合作在新疆乌鲁木齐地窝铺机库现场的实测及模拟仿真研究，这种采暖方式用于机库效果良好，该机库自使用燃气辐射采暖后，其运行费用节省了30%左右。

1 我国幅员辽阔，气源有天然气、液化石油气、煤气等可供使用，但在使用时应注意燃气成分、杂质和供气压力等应满足燃气辐射采暖设备的用气要求。

2 燃气辐射采暖设备的质量应有保证，产品必须具有防泄漏、监测、自动关闭等功能，以确保安全运行。当发生意外时，导致辐射管断裂或连接点脱开，燃烧器及风机应立即关闭，同时产品应有故障自动报警功能，当设备运行遇到问题和故障时，应自动显示，如燃气压力不够，电路故障，设备损坏，管道温度过高等，故而能迅速判断，快速恢复。目前国内用于机库的燃气辐射采暖产品均为欧美等国的原装产品，并均具有欧美等国的相关质量及安全认证，同时燃烧器均经过国家燃气用具监督检验中心严格测试。当设备具有上述的安全认证或检测报告之一时方可采用。

3 由于燃气燃烧后的尾气为二氧化碳和水，当燃烧不完全时，还会产生少量一氧化碳，所以应将燃烧后的尾气直接排至室外。

4 根据美国《飞机库防火标准》NFPA-409（2004年版）第5.12节加热与通风中第5.12.5.2款的规定，在飞机存放与服务区内，加热器应安装在至少距机翼或机库可能存放的最高飞机发动机外壳的上表面3m的位置。在测量机翼或发动机外壳到加热器底部距离时，应选择机翼或发动机外壳二者中距地板较高者进行测量。本款的参数等效采用了美国《飞机库防火标准》NFPA-409（2004年版）第5.12节中有关的规定。

5 我国已建成飞机库中所采用的燃气辐射采暖系统，均是低强度燃气红外线辐射采暖系统，其辐射加热器的表面温度在300～500℃之间，经多年使用安全可靠，为保证辐射管周围钢结构的安全并减少无效散热量，对燃烧器及辐射管的外表面和辐射管上反射罩外表面温度作了限定。

6 本款规定主要是考虑飞机库的重要性，这是为了飞机库万一发生事故时，能在室外比较安全的地带迅速切断燃气，有利于保证飞机库的安全。

7.0.3 考虑到飞机停放和维修区内有可能发生燃油泄漏，其蒸气比空气重，主要分布在机库停放和维修区的下部，因此回风口应尽量抬高布置。当火灾发生时，不允许使用空气再循环采暖系统，应就地手动按钮关闭风机，也可经消防控制室自动关闭风机。

7.0.4 飞机停放和维修区内的动力系统（压缩空气、电气、给水、排水和通风管等）接口地坑有可能不够严密，泄漏在地面的燃油会流入综合地沟内。为防止易燃气体的聚集，故设置机械通风换气，并将其排至飞机库外。当地沟内可燃气体探测器发出报警时，要

求进行事故排风。

8 电 气

8.1 供配电

8.1.1 本条为飞机库消防用电负荷分级的具体划分。消防用电设备包括机库大门传动机构、人员疏散应急照明、火灾报警和控制系统、防排烟设备、消防泵等。关于电源的设置，现行国家标准《供配电系统设计规范》GB 50052—95中已有较具体的说明。

8.1.2 这里强调的是电源及线路的可靠性，消防用电的正常电源单独引自变电所或接自低压电源总开关的电源侧时，可在飞机库断开电源进行电气检修时仍能保证由正常电源供给消防用电。

8.1.3 两条电源线的路径分开敷设，可减少被同时损坏的几率。

8.1.4 电源线路发生接地故障或其他某些故障可导致中性线对地电位带危险电位，当在飞机库内进行电气检修时，此电位可引起电击事故，也可因对地打火引起爆炸或火灾事故。因此两个电源倒换处的开关应能断开相线和中性线，以实施电气隔离，消除电气检修时的电击和爆炸火灾事故。

8.1.5 接地故障可引起人身电击事故，也可因电弧、电火花和高温引起电气火灾。由于其故障电流较小，熔断器、断路器等过流保护电器往往不能有效及时地将其切断。剩余电流报警器，以其高灵敏度的动作性能，可靠及时地发现接地故障。插座回路上30mA瞬时剩余电流保护器用作防人身电击兼防电气火灾。

8.1.6 铝导体极易氧化，氧化层具有高电阻率使连接处电阻增大，通过电流时易发热。铜、铝接头处容易形成局部电池而使铝表面腐蚀，增大接触电阻。加上其他一些原因，铝线连接如处理不当很易起火，而铜线的连接接头起火的危险小得多。电缆的绝缘材料阻燃，可减少火势蔓延危险。

8.1.7 燃油蒸气相对密度较空气大，易积聚在低处，而插座在接用电源时易产生火花，因此即便在1区和2区外的区域内，插座的安装高度也不宜小于1.0m，以策安全。

8.2 电气照明

8.2.1、8.2.2 疏散用应急照明的地面照度和蓄电池供电时间按照现行国家标准《建筑设计防火规范》GB 50016—2006作了相应修改。

8.2.3 本条是按国际电工标准《建筑物电气装置 第4～41部分：安全防护 电击防护》IEC 60364-4-41第411.1节编写。按此条要求进行设计后，当220/380V线路PE线带故障电压和特低电压回路绝缘损坏时，都不会发生包括电气火灾在内的电气事

故。在本条中安全照明指手提照明灯具、在特定环境中进行检修工作的照明，如采用市电直接供电，应采用特低电压。

8.3 防雷和接地

8.3.1 泄放飞机机身所带静电电荷的接地极接地电阻不大于 1000Ω 即可，一般情况下接地端子均设置在多功能供应地井内，近些年来国内外维修机库中越来越多地采用可升降式地井，还装有丰富的数据接口，地井内设有公共接地排，已不单单具有防静电接地功能，应遵照有关共用接地的要求。

8.3.2、8.3.3 TN-S 系统的 PE 线不通过工作电流，不产生电位差；等电位联结能使电气装置内的电位差减少或消除，它对一般环境内的电气装置也是基本的电气安全要求，它们都能在爆炸和火灾危险电气装置中有效地避免电火花的发生。对于低压供电的建筑，总等电位联结可消除电源线路中 PEN 线电压降在建筑内引起的电位差，PE 线和 N 线必须在总配电箱内即开始分开。

关于飞机库应急发电机电源装置采用 IT 系统的规定是引用国际电工标准《应急供电》IEC 364-5-56：2002 的第 561.1 及 561.2 节，在短路故障中绝大多数为接地短路故障，而 IT 系统在发生第一次接地短路故障后仍能安全地继续供电，提高了消防应急电源持续供电的可靠性。由于我国一般工业与民用电气装置采用 IT 系统尚缺乏经验，因此条文采用了"宜"这一用词。

8.3.4 飞机库的防雷设计应符合现行国家标准《建筑物防雷设计规范》GB 50057—94（2000 年版）的有关规定。防雷等级的确定，应根据机库的规模、当地雷暴气象条件计算数据来确定。

8.4 火灾自动报警系统与控制

8.4.1 针对飞机载油进库维修和飞机价值昂贵的特点，本条规定Ⅰ、Ⅱ、Ⅲ类飞机库均应设置火灾自动报警系统。

1 屋顶承重构件设感温探测器的目的主要是保护钢屋架，鉴于飞机维修库内空间高大，宜采用缆式感温探测器以便于安装、维护。当屋顶承重构件区不设置泡沫-水雨淋灭火系统时可不设置感温探测器。

2 早期探测火灾可以极大地减少人员、财产损失，飞机维修工作区设置火焰探测器的作用是快速发现燃油火，火焰探测器可采用红外-紫外复合式、多频段式火焰探测器或双波段图像式火焰探测器以减少误报。随着飞机体积和尺寸的增大，在建筑高度大于 20.0m 的飞机库，可采用吸气式感烟探测器。

3 可燃气管道阀门是可燃气体易泄漏的场所，为此需要设置相应可燃气体探测器。设置规定参见《石油化工企业可燃气体和有毒气体检测报警设计规

范》SH 3063—1999。

8.4.2 燃油蒸气相对密度较空气大，易积聚在低处，而火警及通讯装置工作时可能产生火花，因此安装高度不应小于 1.0m，以策安全。

8.4.3 同时启动多台电动消防泵会使供电电压过低导致消防泵电动机无法启动，或使消防水管道超压而损坏，故规定逐台启动消防泵。明确提出在消防水泵间就地启停消防水泵，在消防值班室或控制室自动和手动控制。

8.4.4 灭火系统达不到稳定的压力，说明系统发生漏水事故，控制设备应发出信号通报值班人员进行检查找出原因及时维修，恢复灭火系统的正常工作压力。

8.4.5 Ⅰ类飞机库包括若干套泡沫-水雨淋灭火系统，其保护区应与感温探测器的位置相对应，从而实现分区控制。为保障自动启动泡沫-水雨淋灭火系统的可靠性，宜采用感温探测器与火焰探测器或感烟探测器组合控制。

对飞机库的灭火设计要求是快速反应，快速灭火。美国《飞机库防火标准》NFPA-409（2004 年版）第 6.2.3 条要求翼下泡沫灭火系统 30s 内控制火灾，60s 内扑灭火灾。所以要求自动灭火。

8.4.6 泡沫-水雨淋灭火系统喷出的泡沫被飞机机翼遮挡，所以要同时启动翼下泡沫灭火系统。单独启动翼下泡沫灭火系统时，不要求同时启动泡沫-水雨淋灭火系统。

8.4.8 为及时启动泡沫灭火系统，在机库内应设置手动启动泡沫灭火装置。

8.4.9 Ⅰ、Ⅱ类飞机库需要在消防控制室内手动操纵远控消防泡沫炮，观察窗的位置要使消防值班人员能看到整个飞机停放和维修区，尽量避免飞机遮挡视线使值班人员无法看到泡沫炮转动的情况。当条件所限不能观察到飞机停放和维修区的全貌时，宜在飞机库内设置电视监控系统，辅助观察飞机停放和维修区。

9 消防给水和灭火设施

9.1 消防给水和排水

9.1.1 飞机库的消防水源及供水系统要满足火灾延续时间内所有泡沫灭火系统、自动喷水灭火系统和室内外消火栓系统同时供水的要求。为保证安全，通常要设专用消防水池。

9.1.2 飞机库消防所用的泡沫液为动、植物蛋白与添加剂混合的有机物和氟碳表面活性剂，如果设计不合理，维修使用不适当，泡沫液会回流入水源或消防水池造成环境污染。

9.1.3 氟蛋白泡沫液、水成膜泡沫液可使用淡水。

某些型号也可使用海水或咸水。含有破乳剂、防腐剂和油类的水不适合配制泡沫混合液，因而要对消防用水的水质进行调查、化验，并向泡沫液生产厂商咨询。

9.1.4 飞机维修需要清洗飞机和地面，通常情况下飞机停放和维修区内设有地漏或排水沟。地漏或排水沟的排水能力宜按最大消防用水量设计。合理地布置地漏或排水沟可使外泄燃油限制在最小的区域内，以防止火灾蔓延。

9.1.5 当飞机停放和维修区排水系统采用管道时，冲洗飞机及地面的水带油进入管道。故管道内积油及产生油蒸气是难以避免的。在地面进水口处设置水封和排水管采用不燃材料等措施，有助于防止地面火沿管道传播。

9.1.6 设置油水分离器是为了减少油对环境的污染。为防止发生火灾事故，油水分离器应设置在飞机库的室外。油水分离器不能承受消防水量，故设跨越管。

9.2 灭火设备的选择

9.2.1 根据欧美等国及国内已建飞机库所设灭火系统状况，参考美国《飞机库防火标准》NFPA-409（2004 年版），结合我国国情对Ⅰ类飞机库的灭火系统给出两种选择，以便设计时可根据具体情况进行综合经济技术比较后确定。

1 Ⅰ类飞机库采用泡沫-水雨淋灭火系统。将飞机停放和维修区内的灭火系统分成若干个分区，每个分区设置一个由雨淋阀组控制的灭火系统，通过火灾自动报警系统控制雨淋阀动作，使安装在屋面板下的开式喷头喷出泡沫灭火。该系统既可灭飞机库地面油火，冷却屋顶承重钢构件，又可保护工作人员疏散和消防救援人员的安全。作为辅助功能的翼下泡沫灭火系统和泡沫枪用于扑灭机翼下和机身内的火，共同组成完整的灭火系统。

飞机机翼面积大于 280m² 是等效采用了美国《飞机库防火标准》NFPA-409（2004 年版）的数据。翼下泡沫灭火系统和泡沫枪还可以灭初期火灾。常见飞机机翼面积见表 2。

表 2　常见飞机的总翼面积

飞机型号	总翼面积（m²）
Airbus A-380*	830.0
Antonov An-124*	628.0
Lockheed L-500-Galacy*	576.0
Boeing 747*	541.1
Airbus A-340-500，-600*	437.0
Boeing 777*	427.8
Ilyushin Ⅱ-96*	391.6

续表 2

飞机型号	总翼面积（m²）
DC-10-20，30*	367.7
Airbus A-340-200，-300，A-330-200，-300*	361.6
DC-10-10*	358.7
Concord*	358.2
Boeing MD-11*	339.9
Boeing MD-17*	353.0
L-1011*	321.1
Ilyushin Ⅱ-76*	300.0
Boeing 767*	283.4
Ilyushin Ⅱ-62*	281.5
DC-10 MD-10	272.4
DC-8-63，-73	271.9
DC-8-62，-72	271.8
DC-8-62，71	267.8
Airbus A-300	260.0
Airbus A-310	218.9
Tupolev TU-154	201.5
Boeing 757	185.2
Tupolev TU-204	182.4
Boeing 727-200	157.9
Lockheed L-100JHercules	162.1
Yakovlev Yak-42	150.0
Boeing 737-600，-700，-800，-900	125.0
Airbus A-318，A-319，A-320，A-321	122.6
Boeing MD 80	112.3
Gulfstream V	105.6
Boeing 737-300，-400，-500	105.4

注：* 机翼面积超过 279m²（3000ft²）的飞机。

本表数据来源于美国《飞机库防火标准》NFPA-409（2004 年版）。

2 在飞机库屋架内设闭式自动喷水灭火系统用于灭火、降温以保护屋架，飞机库内较低位置设置的远控消防泡沫炮等低倍数泡沫自动灭火系统和泡沫枪用于扑灭飞机库地面油火。当屋架内金属承重构件采取外包防火隔热板或喷涂防火隔热涂料等措施使其达到规定的耐火极限后，可不设屋架内自动喷水灭火系统。

9.2.2 本条为Ⅱ类飞机库的灭火系统提供了两种选择，设计时可以进行综合技术经济比较后确定。

美国《飞机库防火标准》NFPA-409（2004 年版）第 7.1.1 条Ⅱ类飞机库采用的是低倍数或高倍数

泡沫灭火系统与自动喷水灭火系统联用。考虑到我国用防火隔热涂料保护屋顶承重构件的技术措施已使用多年，也得到消防部门的认可，故本条不要求一定设自动喷水灭火系统，但可在防火隔热涂料和自动喷水二者中选其一。

9.2.3 Ⅲ类飞机库面积小，一般停放小型飞机，火灾损失相对比较小，故采用泡沫枪为主要灭火设施。但应注意在Ⅲ类飞机库内不应从事输油、焊接、切割和喷漆等作业，否则宜按Ⅱ类飞机库选择灭火系统。Ⅲ类飞机库内如停放和维修特殊用途和价值昂贵的飞机，也可按Ⅱ类飞机库选用灭火系统。

9.2.4 在飞机停放和维修区内已经设置了泡沫枪，故相应减少消火栓的同时使用数量。但消防水带的长度应加长以适应飞机停放和维修区面积较大的特点。

9.2.5 由于飞机库飞机停放和维修区面积很大，对建筑灭火器配置做具体规定比较困难，可根据各航空公司飞机维修规程对灭火器配置的要求并参照现行国家标准《建筑灭火器配置设计规范》GB 50140的有关规定配置灭火器，计算灭火器数量时，其计算单元面积可采用飞机维修或停放工位面积，计算单元的灭火器级别计算按B类火灾、严重危险等级、修正系数采用0.15～0.2。灭火器可按飞机维修和停放具体情况临时布置在飞机附近。

9.3 泡沫-水雨淋灭火系统

9.3.1 泡沫-水雨淋灭火系统由水源、泡沫液储罐、消防泵、稳压泵、比例混合器、雨淋阀、开式喷头、管道及其配件、火灾自动报警和控制装置等组成。本条参数等效采用了美国《飞机库防火标准》NFPA-409（2004年版）第6.2.2条的规定。

9.3.2 泡沫-水雨淋灭火系统的释放装置有两种：标准喷头和专用泡沫喷头。

标准喷头是非吸气的开式喷头，适用于水成膜（AFFF），如图1所示。

专用泡沫喷头是开式空气吸入型喷头，在开式桶体泡沫发生器下端装有溅水盘，适用于各类泡沫液，如图2所示。

9.3.3～9.3.5 设计参数均等效采用了美国《飞机库防火标准》NFPA-409（2004年版）第6.2.2.3、6.2.2.12、6.2.2.13款的内容，同时参考现行国家标准《低倍数泡沫灭火系统设计规范》GB 50151的有关规定。

国际标准《低倍数和高倍数泡沫灭火系统标准》ISO/DIS 7076—1990中对泡沫-水雨淋灭火系统的供给强度规定见表3：

表3 泡沫-水雨淋灭火系统的供给强度

喷头型式	泡沫液	喷头在保护区的安装高度(m)	
		≤10	>10
		供给强度〔L/(min·m²)〕	
空气吸入型	蛋白泡沫(P)合成泡沫(S)	6.5	8
	氟蛋白泡沫(FP)水成膜泡沫(AFFF)	6.5	8
非空气吸入型	水成膜泡沫(AFFF)	4	6.5

水力计算应按现行国家标准《自动喷水灭火系统设计规范》GB 50084的规定和消防部门认可的电算程序进行优化后确定。标准喷头和空气吸入型喷头的出口压力可按泡沫混合液的设计供给强度由计算确定，并用生产厂商提供的喷头特性曲线校核。

9.3.6 泡沫-水雨淋灭火系统的用水量、泡沫液和消防用水的连续供给时间均等效采用了美国《飞机库防火标准》NFPA-409（2004年版）第6.2.10、6.2.2、6.2.6条中的有关规定。

9.4 翼下泡沫灭火系统

9.4.1 翼下泡沫灭火系统是泡沫-水雨淋灭火系统的辅助灭火系统。其作用有三：

1 对飞机机翼和机身下部喷洒泡沫，弥补泡沫-水雨淋灭火系统被大面积机翼遮挡之不足。

2 控制和扑灭飞机初期火灾和地面燃油流散火。

3 当飞机在停放和维修时发生燃油泄漏，可及时用泡沫覆盖，防止起火。

翼下泡沫灭火系统常用的释放装置为固定式低位消防泡沫炮，可由电机或水力摇摆驱动，并具有机械应急操作功能。

9.4.2 现行国家标准《低倍数泡沫灭火系统设计规范》GB 50151—92（2000年版）第3.2.1条规定，泡沫混合液的供给强度为6.0L/(min·m²)；国际标准《低倍数和高倍数泡沫灭火系统标准》ISO/DIS

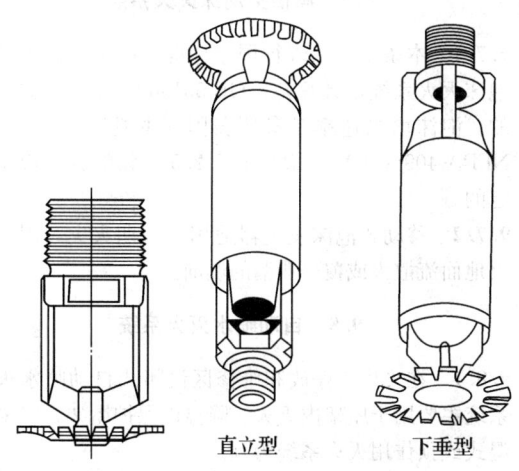

图1 标准喷头　　图2 专用泡沫喷头

7076—1990 中规定的泡沫混合液供给强度为 6.5L/(min · m²)；美国《飞机库防火标准》NFPA-409（2004 年版）第6.2.3条规定为 6.5L/（min · m²）。

我国目前没有用水成膜泡沫液进行大型灭油类火的试验研究，因此本规范等效采用了美国《飞机库防火标准》NFPA-409（2004 年版）第 6.2.3 条中有关的规定。

9.4.3 本条等效采用了美国《飞机库防火标准》NFPA-409（2004 年版）第 6.2.3、6.2.6 条中有关的规定。

9.5 远控消防泡沫炮灭火系统

9.5.1 本条总结了我国现有飞机库的消防设备使用经验，将人工操作的泡沫炮发展为远控、自动消防泡沫炮，随着我国消防科学技术的进步，我国自行研制和生产的远控、自动消防泡沫炮已开始在码头上和飞机库中使用。此外，还吸收了德国飞机库的消防技术。消防泡沫炮具有结构简单、射程远、喷射流量大、可直达火源、操作灵活等特点。

9.5.2 本条规定的泡沫混合液供给强度是等效采用了美国《飞机库防火标准》NFPA-409（2004 年版）第 6.2.5 条中有关的规定，也参考了国际标准《低倍数和高倍数泡沫灭火系统标准》ISO/DIS 7076—1990 的相关规定。

9.5.3 泡沫混合液供给速率的确定，美国《飞机库防火标准》NFPA-409（2004 年版）第 6.2.5.4.2 项中为泡沫混合液供给强度乘以飞机停放和维修区的地面面积计算，我国已设计建成的首都机场四机位机库、天津张贵庄机库、乌鲁木齐地窝铺等机库均按泡沫混合液供给强度乘以 2 倍的飞机在地面的投影面积计算，西欧某消防工程公司按泡沫混合液供给强度乘以 1.4 倍的飞机在地面的投影面积加 0.5 倍泡沫混合液供给强度乘以 1.4 倍的飞机停放和维修区的地面面积计算。

由于近年来随着科学技术的发展和管理水平的不断提高，飞机库火灾案例趋于减少，国内飞机库还未发生过较大火灾事故，因此暂时无法验证各种计算方法确定的泡沫混合液供给量的合理性和可靠性。

在分析各种确定泡沫混合液供给量计算方法后，考虑到飞机库停放和维修区的面积有不断增大的趋势，结合我国的具体国情提出Ⅰ、Ⅱ类飞机库泡沫混合液供给速率的计算方法。

5000m² 约为以着火点为中心、以 40m 为半径水平区域的全部地面面积，是考虑了能完全覆盖目前最大飞机 A380 的翼展79.8m 的要求，另外，这个地面面积也相当于或大于一般Ⅰ类飞机库采用泡沫-水雨淋灭火系统时，同时启动的所有雨淋阀组分区系统所覆盖的地面面积，因此是比较适当的。

2800m² 约为以着火点为中心、以 30m 为半径水平区域的全部地面面积，是考虑了能覆盖 A340、波音 777 等飞机翼展的要求。

9.5.4 泡沫液连续供给时间和连续供水时间等设计参数是等效采用了美国《飞机库防火标准》NFPA-409（2004 年版）第 6.2.6、7.8.2 条中有关的规定，并参考了现行国家标准《低倍数泡沫灭火系统设计规范》GB 50151—92（2000 年版）中第 3.6.2、3.6.4条的有关规定。连续供水时间Ⅰ类飞机库 45min、Ⅱ类飞机库 20min 是既要保证泡沫混合液用水，又要供给冷却用水。泡沫炮有吸气型和非吸气型的，要根据所用的泡沫液来选用。

9.5.5 泡沫炮的固定位置应保证两股泡沫射流同时到达被保护的飞机停放和维修机位的任一部位。泡沫炮可设置在高位也可设置在低位，一般是高、低位配合使用。

9.6 泡 沫 枪

9.6.1

1 本款是根据现行国家标准《低倍数泡沫灭火系统设计规范》GB 50151—92（2000 年版）中第 3.1.4 条扑救甲、乙、丙类液体流散火时，采用氟蛋白泡沫液，配置 PQ8 型泡沫枪的规定制定的。

2 本款是根据国际标准《低倍数和高倍数泡沫灭火系统标准》ISO/DIS 7076—1990 第 2.3.4 条和美国《飞机库防火标准》NFPA-409（2004 年版）第 6.2.9 条中有关的规定制定的。

9.6.2 根据现行国家标准《低倍数泡沫灭火系统设计规范》GB 50151—92（2000 年版）中第 3.1.4 条和美国《飞机库防火标准》NFPA-409（2004 年版）第 6.2.9 条中有关规定制定。

9.6.3 接口与消火栓一致，有利于与消火栓系统合并使用。因为飞机停放和维修面积大，故需要较长的水带。

9.7 高倍数泡沫灭火系统

9.7.1 本条是根据现行国家标准《高倍数、中倍数泡沫灭火系统设计规范》GB 50196 的有关条文制定的。泡沫增高速率是参照美国《飞机库防火标准》NFPA-409（2004 年版）第 6.2.5.5 款的有关规定制定的。

9.7.2 移动式泡沫发生器适用于初期火灾，用来扑灭地面流散火或覆盖泄漏的燃油。

9.8 自动喷水灭火系统

9.8.1 在飞机库停放和维修区设闭式自动喷水灭火系统主要用于屋架内灭火、降温以保护屋架，以采用湿式或预作用灭火系统为宜。

9.8.2 本条是根据美国《飞机库防火标准》NFPA-

409（2004年版）第6.2.4、7.2.5、7.2.6、7.2.7条的有关规定制定的。

9.8.3 本条是根据美国《飞机库防火标准》NFPA-409（2004年版）第6.2.10.4款的规定制定的。

9.9 泡沫液泵、比例混合器、
泡沫液储罐、管道和阀门

9.9.1 泡沫液泵的流量小，只需一台工作泵。备用泵的型号一般与工作泵的型号相同。可选用一台电动泵和一台内燃机直接驱动的泵。

9.9.2 泡沫液具有一定的腐蚀性，美国3M公司提供的《水成膜AFFF泡沫液技术参考指南》，对泡沫液泵制造材料的选择为：壳体和叶轮可采用铸铁或青铜，传动轴用不锈钢，密封装置用乙丙橡胶或天然橡胶，填料用石棉。3M公司的试验资料证明，不锈钢对泡沫液的抗腐蚀性较好。

9.9.3 用正压注入的方法将泡沫液经供给管道引入系统是较好的方法，它是利用动量平衡原理调节泡沫液供给量并按比例与水混合。正压型混合器使用安全可靠，能将泡沫液压入水系统的任何主管路中形成泡沫混合液，注入点能够靠近泡沫释放装置，减少了泡沫混合液在管路中的流动时间，有利于实现快速灭火的目的。正压型混合器连接管布置示意图见图3。

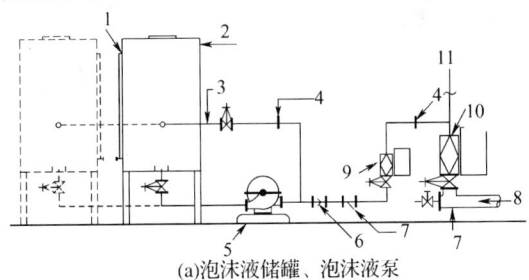

(a)泡沫液储罐、泡沫液泵

1—液位计；2—泡沫液罐；3—试验管；4—孔板；
5—泡沫液泵；6—止回阀；7—过滤器；8—水；
9、10—雨淋阀；11—系统

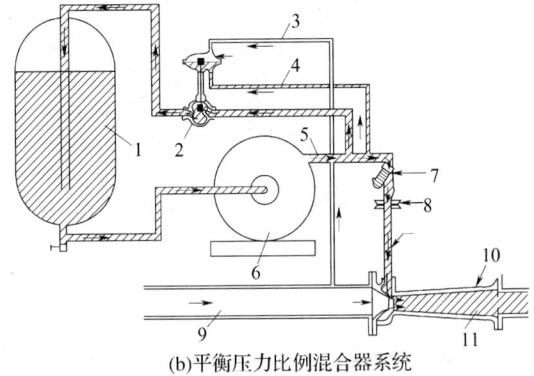

(b)平衡压力比例混合器系统

1—泡沫液；2—压力比例控制阀；3—水导管；4—泡沫液
导管；5—回流管；6—泡沫液泵；7—过滤器；8—计量
孔板；9—水；10—比例混合器；11—混合液

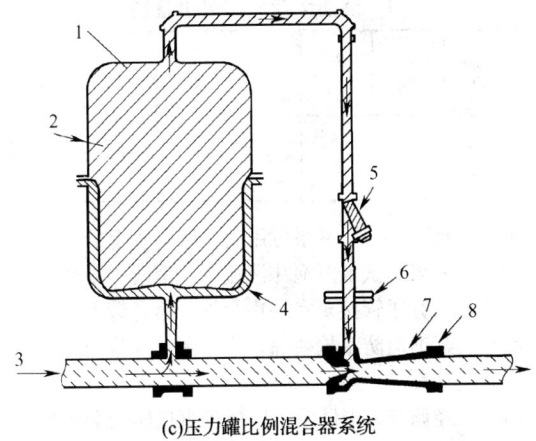

(c)压力罐比例混合器系统

1—泡沫液罐；2—泡沫液；3—水；4—柔性隔膜；
5—过滤器；6—计量孔板；7—比例混合器；8—混合液
图3　计量孔板注入式混合器和连接管布置

9.9.6 泡沫液泵为离心泵，正压位置可保证自吸。

9.9.7 泡沫液有一定的腐蚀性，选用管材和配件时应慎重。蝶阀的内部衬胶有防腐作用，用乙丙橡胶或天然橡胶防腐效果好。

9.9.8～9.9.10 为了尽快将泡沫混合液送至防护区，国外的飞机库也有将泡沫液储罐、泡沫液泵设在防护区内的，采取了水喷淋保护或用防火隔热板封闭等措施。

9.9.11 本条是为保证泡沫液和泡沫混合液管道系统使用或试验后用淡水冲洗干净不留残液，同时对长期充有泡沫液且供应管较长的管道为保证泡沫液不因长期停滞而结块，要求设循环管路定期运行。

9.10 消防泵和消防泵房

9.10.1 当消防水泵工作一段时间后发生停泵，此时消防水池的水位已下降，不能自灌，消防水泵无法再启动，为了安全可将水泵位置尽量降低。设排气阀可防止水泵产生气蚀，吸水管直径小于200mm的水泵可不装排气阀。

9.10.2 水泵吸水管上宜设过滤器，当从天然水源或开敞式水源取水时，为防止杂质堵塞水泵，在吸水口处要设过滤网，滤网要采用黄铜、紫铜或不锈钢等耐腐蚀材料。蝶阀增加吸水管的阻力，产生紊流，影响水泵性能，故不应使用。

9.10.3 消防泵包括水泵和泡沫液泵。闸阀和蝶阀的启闭状态要方便观察，防止误操作。

9.10.4 泄压阀是防止水泵超压的有效措施。泄压阀的回流管和试验用的回流管可接至蓄水池，试泵用的回流管上的控制阀是常闭状态。

参考美国《固定消防泵安装标准》NFPA-20，泄压阀的公称直径可按水泵流量选定，见表4：

表 4　消防泵泄压阀最小直径

水泵流量 (L/s)	10～ 18	19～ 25	26～ 45	46～ 80	81～ 185	186～ 315
泄压阀直径 (mm)	50	65	75	100	150	200

9.10.5　水泵及泡沫液泵可用装在回流管上的计量孔板和压力表来测试水及泡沫液流量。消防水泵也可用压力管上的旁通管接至室外集合管，集合管上装有一定数量的标准消防水枪喷嘴，用来测量水量。此外也可装流量计。

9.10.6　经调查，消防泵由内燃机直接驱动受到使用部门的好评。其优点是省去电气设备费，节约了投资，免除了机电转换环节，设备简化、安全可靠，数台消防泵可同时启动，缩短了灭火系统的启动时间，内燃机可自动启动，使用方便。

当消防泵功率较小时，只需将应急柴油发电机和配电设备适当增大即可满足消防泵用电要求，此时消防泵宜由电动机驱动。

9.10.7　内燃机的油箱内仅存有 4～8h 的柴油用量，故一般采用建筑灭火器灭火。美国《飞机库防火标准》NFPA-409（2004 年版）第 6.2.10.2.8 项规定设自动喷水灭火系统，因此，当消防泵房与飞机库停放和维修区贴邻建造时，可设置自动喷水灭火系统。

供油管、油箱（罐）的安全措施应符合现行国家标准《建筑设计防火规范》GB 50016—2006 中第 5.4.4 条的有关规定。

附录 A　飞机库内爆炸危险区域的划分

A.0.1　飞机库内的爆炸和火灾危险的性质见本规范总则的说明。由于现行国家标准《爆炸和火灾危险环境电力装置设计规范》GB 50058 内无飞机库类型的等级和范围划分的典型示例，故本规范等效采用《美国国家电气法规》NFPA 70 第 513 节对飞机库的规定进行划分。

中华人民共和国国家标准

水力发电工程地质勘察规范

Code for hydropower engineering
geological investigation

GB 50287—2006

主编部门：中国电力企业联合会
批准部门：中华人民共和国建设部
施行日期：2006年11月1日

中华人民共和国建设部
公　告

第 466 号

建设部关于发布国家标准
《水力发电工程地质勘察规范》的公告

现批准《水力发电工程地质勘察规范》为国家标准，编号为 GB 50287—2006，自 2006 年 11 月 1 日实施。其中，第 5.2.8、5.3.3、6.2.4、6.3.1(1、2、3、4、6、7、8、9)、6.4.1(1、2、3、4、5、6、7、8、10、11、12、14)、6.4.3、6.5.1、6.8.1(1、2、3、4、5、6、7、9、10、12、13、14)、6.9.1、6.10.1、7.3.4、8.2.2、8.2.4、8.3.1、9.4.2、9.5.3条(款)为强制性条文，必须严格

执行。原《水利水电工程地质勘察规范》GB 50287—99 同时废止。

本规范由建设部标准定额研究所组织中国计划出版社出版发行。

中华人民共和国建设部
二○○六年七月二十日

前　　言

本规范是根据建设部建标函〔2005〕124 号文《关于印发"2005 年工程建设标准规范制订、修订计划(第二批)"的通知》的要求安排修订的。

原电力工业部电计〔1993〕567 号《关于调整水电工程设计阶段的通知》，将水电工程设计阶段调整为规划、预可行性研究、可行性研究、招标设计和施工详图设计五个阶段。《水利水电工程地质勘察规范》GB 50287—99 的内容与上述阶段划分不完全配套。为适应水电建设发展的需要，统一规定调整后各设计阶段工程地质勘察的任务、内容、工作方法及技术要求，提高工程地质勘察成果的质量，在总结近年已建和在建大型水电工程地质勘察经验，吸取有关科技攻关成果的基础上，修订本规范。

本规范基本上保持了《水利水电工程地质勘察规范》GB 50287—99 的适用范围、总体框架和主要内容，对部分章节和内容作了补充、调整和修改，现共分为 9 章和 17 个附录，包括总则，术语和符号，基本规定，规划阶段工程地质勘察，预可行性研究阶段工程地质勘察，可行性研究阶段工程地质勘察，招标设计阶段工程地质勘察，施工详图设计阶段工程地质勘察和抽水蓄能电站工程地质勘察。

本规范在修订过程中，主要增加和调整了如下内容：增加了术语和符号、预可行性研究阶段和招标设计阶段工程地质勘察及抽水蓄能电站工程地质勘察，调整了可行性研究阶段工程地质勘察的内容；增加了附录 E"岩体结构面分级"、附录 G"岩体卸荷带划分"、附

录 P"岩体地应力和岩爆的判别"、附录 Q"外水压力折减系数"；附录 D"岩土物理力学性质参数取值"中增加了坝基岩体允许承载力的经验取值及岩体和结构面的抗剪强度参数建议值；附录 J"围岩工程地质分类"中增加了围岩初步分类的内容。

本规范以黑体字标志的条文为强制性条文，必须严格执行。

本规范由建设部负责管理和对强制性条文的解释，由水电水利规划设计总院负责具体内容的解释。请各单位在执行过程中，注意总结经验，积累资料，随时将有关意见反馈给水电水利规划设计总院(地址：北京市西城区六铺炕北小街 2 号，邮政编码：100011)，以供今后修订时参考。

本规范主编单位、参编单位和主要起草人：

主 编 单 位：水电水利规划设计总院

参 编 单 位：中国水电顾问集团北京勘测设计研究院

中国水电顾问集团华东勘测设计研究院

中国水电顾问集团中南勘测设计研究院

中国水电顾问集团成都勘测设计研究院

中国水电顾问集团贵阳勘测设计研究院

中国水电顾问集团西北勘测设计研

究院

中国水电顾问集团西北勘测设计研
究院

主要起草人： 王惠明　彭土标　李文纲　袁建新

王文远　万宗礼　杨益才　单治钢
米应中　胡大可　邵宗平　王自高
谢树庸　邱永葆　邹文志　王志硕

目　　次

1 总 则

1.0.1 为统一水力发电工程（水电工程）地质勘察，明确各设计阶段勘察工作的任务、内容和技术要求，保证勘察工作质量，制定本规范。

1.0.2 本规范适用于大型水电工程和抽水蓄能电站的地质勘察工作。

1.0.3 水电工程地质勘察除应符合本规范外，尚应符合国家现行的有关标准的规定。

2 术语和符号

2.1 术 语

2.1.1 工程地质测绘 engineering geological mapping

将测区实地调查收集的各项地质资料，经过分析整理后按一定比例绘制在地理基础底图或地形图上的工作。

2.1.2 勘探工程 exploration engineering

用以查明地下岩土体和地下水特征的坑、井、孔、洞等勘探工作的总称。

2.1.3 工程地质条件 engineering geological conditions

与工程有关的地形、地貌、地层岩性、地质构造、水文地质、物理地质现象等地质情况的总称。

2.1.4 区域构造稳定 regional structure stability

建筑物所在地区一定范围、一定地质历史时期内，断层和地震的活动性。

2.1.5 水库诱发地震 reservoir induced earthquake

在特殊的地质背景下，因水库蓄水引起水库及其附近地区内新出现的、与当地天然地震活动规律明显不同的地震活动，称为水库诱发地震。

2.1.6 高压压水试验 high pressure water test

根据建筑物工作水头确定，最高试验压力高于常规压水试验的压力，以测定岩体在高水头作用下的渗透特性、渗透稳定性及其结构面张开压力的现场压水试验。其最高压力不宜小于建筑物工作水头的1.2倍。

2.1.7 岩石质量指标 rock quality designation (RQD)

用直径为75mm的金刚石钻头和双层岩芯管在岩石中钻进，连续取芯，回次钻进所取岩芯中，长度大于10cm的岩芯段长度之和与该回次进尺之比值，是表征岩体的节理、裂隙等发育程度的指标，以百分数表示。

2.1.8 节理连通率 joint persistence ratio

岩体沿某一剪切方向发生剪切破坏所形成的破坏路径中结构面所占的比例。

2.1.9 透水率 permeable rate

钻孔压水试验测得的岩体渗透性指标。透水率的单位为吕荣（Lu）。1Lu 的定义为当试段压力为1MPa时，每米试段水的压入流量为1L/min。

2.1.10 岩体工程地质分类 engineering geological classification of rock mass

按照岩体的结构特征和物理力学性质划分的岩体工程地质条件标准。

2.1.11 软弱结构面 weak structural plane

由力学强度明显低于周围岩石强度的软弱介质充填的结构面。

2.1.12 泥化夹层 siltized intercalation

岩体中受物理化学作用影响，其原状结构发生显著变异且含有大量黏粒的软弱夹层。

2.1.13 潜在不稳定体 latent unstable rock and soil

在今后一定时间内，受各种作用的影响，可能产生失稳现象的岩土体。

2.2 符 号

f——摩擦系数；
c——凝聚力；
K——渗透系数；
E_0——变形模量；
ρ_c——土中细颗粒含量；
e——土的孔隙比；
J_{cr}——临界水力坡降；
$N_{63.5}$——重型圆锥动力触探锤击数；
W_L——液限；
I_L——液性指数；
R_b——岩石饱和单轴抗压强度；
S——围岩强度应力比；
σ_m——围岩最大主应力；
K_v——岩体完整性系数。

3 基 本 规 定

3.0.1 水电工程地质勘察应分为规划、预可行性研究、可行性研究、招标设计和施工详图设计五个阶段。各勘察阶段的工作应目标明确、重点突出，并与相应设计阶段的工作深度相适应。

3.0.2 各阶段的工程地质勘察工作应根据勘察任务书或勘察合同的要求确定。勘察任务书或勘察合同应明确勘察阶段、工程特性指标、设计意图和勘察工作要求，并应附工程枢纽布置图。

3.0.3 勘察单位在开展野外工作之前，应收集和分析工程场区已有的地质资料，并进行现场踏勘，了解工程场区的自然条件和工作条件，根据任务书或合同要求，按本规范的基本要求编制工程地质勘察大纲。

勘察工作过程中，宜根据具体情况的变化，适时对工程地质勘察大纲进行调整。

3.0.4 工程地质勘察大纲应包括下列内容：

1 勘察阶段和勘察目的、任务。

2 工程概况、工程场区地形地质情况和工作条件。

3 前阶段工程地质勘察的主要结论及审查主要意见。

4 勘察重点、技术路线和工作思路。

5 勘察内容、工作方法和技术要求。

6 计划工作量及进度。

7 提交成果内容及数量。

8 项目管理和质量保证措施。

9 勘探工作布置图。

3.0.5 水电工程地质勘察应按勘察程序进行并保证勘察工作量和勘察周期。同时应根据工程地质问题的性质、水工建筑物的类型和规模以及各阶段勘察任务的要求，布置地质勘察工作，综合运用各种勘察手段和方法。

3.0.6 应重视基础地质勘察资料的收集，各项资料应真实、准确、完整，并及时整理和分析。

3.0.7 各阶段工程地质勘察应先进行工程地质测绘，并根据勘察阶段、工程特点和工程区地质条件选定工程地质测绘比例尺。工程地质测绘内容和精度要求应符合国家现行标准《水电水利工程地质测绘规程》DL/T 5185 的规定。

3.0.8 应根据工程区的地形、岩土物性条件、探测目的等选择物探方法，并结合地质分析与其他勘探资料进行物探成果的解释。物探工作应符合国家现行标准《水电水利工程物探规程》DL/T 5010 的要求。

3.0.9 孔、坑、洞、井等勘探工程应综合利用。应根据地形地质条件、水工建筑物特点和勘察任务选择勘探工程。应做好勘探工程的方案设计或施工技术计划，采取措施，确保勘探工程的成果质量和施工安全。钻探和坑探的技术要求应符合国家现行标准《水电水利工程钻探规程》DL/T 5013 和《水利水电工程坑探规程》DL/T 5050 的规定。

3.0.10 岩土试验采用室内试验和原位测试相结合的原则。土工试验应以室内试验为主、原位测试为辅；岩石试验应室内试验和原位测试并重。试验项目、数量和方法应结合地质条件、勘察阶段和工程特点确定。室内试验的试样和原位测试的试点应具有代表性。应做好试样和试点的地质描述。土工试验的技术要求应符合国家现行标准《水电水利工程钻孔土工试验规程》DL/T 5354 的规定，岩石试验的技术要求应符合国家现行标准《水电水利工程岩石试验规程》DL/T 5368 的规定。

3.0.11 应根据自然条件、工程特点、观测目的、勘察阶段等做好原位观测设计和实施，并及时整理和分析原位观测资料。

3.0.12 应紧密结合水工建筑物的设计以及施工过程中揭露的地质情况，对各种勘察资料和工程地质问题进行综合分析。

3.0.13 工程地质勘察工作结束后，应编制工程地质勘察报告。工程地质勘察报告应由正文、附图、附件组成。正文应文字简练、结论有据，附图应清晰实用。

4 规划阶段工程地质勘察

4.1 一般规定

4.1.1 规划阶段工程地质勘察应了解和分析河流各梯级开发方案的工程地质条件，对近期开发工程的选择和控制性工程进行地质论证，并应提供工程地质资料。

4.1.2 规划阶段的勘察任务应包括下列内容：

1 了解规划河流或河段的区域地质和地震概况。

2 了解各梯级水库的地质条件和主要工程地质问题，分析成库条件。

3 了解各梯级坝址的工程地质条件和主要工程地质问题，分析建坝条件。

4 了解长引水线路及厂址的工程地质条件。

5 了解各梯级坝址附近的天然建筑材料的赋存情况。

注：长引水线路指长度大于2km的隧洞或渠道。

4.2 区域地质和地震

4.2.1 规划河流或河段的区域地质和地震勘察应包括下列内容：

1 区域的地形地貌形态、类型、阶地发育情况和分布范围。

2 区域内沉积岩、岩浆岩和变质岩的分布范围、形成时代和岩性岩相特点，第四纪沉积物的成因类型和组成物质。

3 区域内的主要构造单元、褶皱和断裂的类型、产状、规模和构造活动史，历史地震情况和地震动参数等。

4 大型泥石流、滑坡、喀斯特、移动沙丘及冻土等的发育和分布情况。

5 主要含水层和隔水层的分布情况等区域水文地质特征。

4.2.2 区域地质勘察工作应在收集和分析已有的各类最新区域地质资料的基础上，编绘规划河流或河段的区域综合地质图。当河流或河段缺乏区域性地质资料时，应进行卫星照片或航空照片解译和路线地质调查，编绘区域综合地质图。

4.2.3 应收集国家地震区划资料、相关省区地震研究资料和邻近区工程地震安全性评价成果，编绘区域构造与地震震中分布图，按现行国家标准《中国地震动参数区划图》GB 18306确定各梯级地震动参数。

4.2.4 在区域地质、地震和重大物理地质现象勘察研究的基础上，应根据工程地质条件对规划河流或河段进行地段划分。工程场址宜选在有利地段，避开不利地段和危险地段。

4.2.5 规划河流或河段的区域综合地质图的比例尺可选用1：500000～1：100000，区域综合地质图的范围应满足规划方案的要求。

4.3 水　　库

4.3.1 各梯级水库勘察应包括下列内容：

　　1 了解水库的地形地貌、地质和水文地质条件。

　　2 了解对水库有重大影响的滑坡、潜在不稳定岸坡、泥石流、可能发生的坍岸和浸没等的分布范围。

　　3 了解可溶岩地区的喀斯特发育情况，含水层和隔水层的分布范围，河谷和分水岭的地下水位，并对水库产生渗漏的可能性进行分析。

4.3.2 水库勘察可结合区域地质勘察工作进行。当水库可能存在影响梯级方案成立的渗漏、库岸稳定、浸没等工程地质问题时，应进行水库区工程地质测绘，并可根据需要布置勘探工作。

4.3.3 水库工程地质测绘比例尺可选用1：100000～1：50000，可溶岩地区可选用1：50000～1：25000。水库渗漏的工程地质测绘范围应扩大至分水岭及邻谷。

4.4 坝　　址

4.4.1 各梯级坝址勘察应包括下列内容：

　　1 了解坝址的地形地貌特征。

　　2 了解坝址的地层岩性，基岩类型、软弱岩层的分布情况及第四纪沉积物的成因类型，两岸及河床覆盖层的厚度、层次和组成物质，特殊土的分布等。

　　3 了解坝址的地质构造类型、规模和性状，特别是区域性断层和第四纪断层。

　　4 了解坝址岩体的风化、卸荷、松动变形及滑坡、崩塌等物理地质现象和岸坡稳定情况。

　　5 了解坝址的地震动参数和相应的地震基本烈度。

　　6 了解可溶岩地区的喀斯特发育情况，透水层和隔水层的分布情况。

　　7 了解坝址岩土体的渗透性、地下水埋深及水化学特性等水文地质条件。

　　8 了解坝址附近天然建筑材料的种类及数量。

4.4.2 近期开发工程和控制性工程坝址勘察除应符合本规范第4.4.1条的要求外，尚应包括下列内容：

　　1 坝基中主要软弱夹层的层位、性状和分布情况。

　　2 坝基中主要断层特别是缓倾角断层的性状及其延伸情况。

　　3 坝基岩体的稳定条件。

　　4 建筑在第四纪沉积物上的坝（闸）应了解地基土层的层次、厚度、性状、渗透性及物理力学特性。

4.4.3 坝址的勘察方法应符合下列规定：

　　1 工程地质测绘比例尺，可选用1：10000～1：5000，测绘范围应包括比较坝址、绕坝渗漏的岸坡地段以及坝址附近低于水库水位的垭口、古河道等；当比较坝址相距大于2km时，可分别进行工程地质测绘。

　　2 物探应采用地面物探方法，横河物探剖面不应少于3条，近期开发工程和控制性工程坝址的物探剖面宜为4～5条。

　　3 坝址勘探布置应符合下列规定：

　　　　1）各梯级坝址不宜少于1条勘探剖面，勘探剖面线上宜布置2～3个钻孔，近期开发工程和控制性工程坝址勘探剖面线上不应少于3个钻孔，其中河床部位不应少于1个钻孔，两岸各不应少于1个钻孔或平洞。

　　　　2）河床钻孔深度宜为坝高的50%～100%。在深厚覆盖层河床或地下水位低于河水位地段，钻孔深度可根据需要加深。

　　　　3）基岩钻孔应进行压水试验。

　　4 主要岩、土、地表水和地下水应进行鉴定性试验。近期开发工程和控制性工程可根据需要进行现场简易试验。

　　注：深厚覆盖层河床指覆盖层厚度大于40m的河床。

4.4.4 各梯级坝址应进行天然建筑材料普查。

4.5 长引水线路

4.5.1 长引水线路勘察应包括下列内容：

　　1 了解沿线地形地貌特征。

　　2 了解地层岩性，第四纪沉积物的分布和成因类型。

　　3 了解地质构造，特别是断层的规模和性状。

　　4 了解沟谷、浅埋段、进出口地段的覆盖层厚度，岩体的风化、卸荷特征和山坡的稳定状况。

　　5 了解沿线的水文地质条件，可溶岩区的喀斯特发育特征。

　　6 了解厂址的工程地质条件。

4.5.2 长引水线路的勘察方法应符合下列规定：

　　1 应进行工程地质测绘，比例尺可选用1：50000～1：10000，测绘范围应包括线路两侧各1km地带，可溶岩地区可适当加宽。

　　2 根据地形和岩土物性条件，选用适宜的物探方法。

3 引水线路穿越沟谷或深厚覆盖层地段及厂址可布置勘探钻孔。

4.6 勘察报告

4.6.1 规划阶段工程地质勘察报告正文应包括绪言、区域地质和地震、规划河流（河段）工程地质分段、各梯级方案的工程地质条件、结论等。

4.6.2 绪言应包括规划方案、规划河流或河段的地理概况，以往地质研究程度和本阶段勘察完成的工作量。

4.6.3 区域地质概况应包括流域或河段的地形地貌、区域地质和区域水文地质条件，区域构造格架和地震活动性等。

4.6.4 规划河流（河段）分段应包括分段的依据、地段划分及对各地段第四纪断层活动性、地震、地形地貌、地层岩性、河谷地质结构及重大物理地质现象的论述。

4.6.5 各规划梯级方案的工程地质条件应按梯级次序编写，各章可按建筑物布置分为水库、坝址，以及长引水线路及厂址等节编写，并应包括下列内容：

1 水库的工程地质条件应包括水库区地质条件的描述和有关渗漏、库岸稳定、浸没等问题的初步分析。

2 坝址的工程地质条件应包括场址区基本构造格架、地震动参数及相应地震基本烈度；坝址区地形地貌、地层岩性、地质构造、物理地质现象和水文地质条件，坝址工程地质条件的初步分析和天然建筑材料的概况。

3 长引水线路的工程地质条件应包括沿线地形地貌、地层岩性、地质构造、物理地质现象和水文地质条件，对引水线路和厂址等工程地质条件做初步分析。

4.6.6 结论应包括对规划方案和近期开发工程选择以及控制性工程的地质分析论证意见和对预可行性研究阶段工程地质勘察工作的建议。

4.6.7 规划阶段工程地质勘察报告的附图、附件应符合本规范附录 A 的规定。

5 预可行性研究阶段工程地质勘察

5.1 一般规定

5.1.1 预可行性研究阶段工程地质勘察应在江河流域综合利用规划或河流（河段）水电规划确定的梯级基础上，初选代表性坝（闸）址，并应对代表性坝（闸）址和代表性枢纽布置方案进行工程地质初步评价，提供有关工程地质资料。

5.1.2 预可行性研究阶段的勘察任务应包括下列内容：

1 进行区域构造稳定性研究，对工程场地构造稳定性和地震安全性作出评价。

2 初步查明水库区的主要工程地质条件，并对影响方案成立的主要工程地质问题作出初步评价。

3 初步查明坝（闸）址、引水线路、厂址和泄洪设施等建筑物场地的主要工程地质条件，并对影响方案成立的重大工程地质问题和代表性坝址枢纽布置方案的主要工程地质条件作出初步评价。

4 对代表性坝型所需主要天然建筑材料进行初查。

5.2 区域构造稳定性

5.2.1 区域构造稳定性研究应包括下列内容：

1 区域构造背景研究。

2 活动断层活动性质鉴定。

3 地震安全性评价。

5.2.2 区域构造背景研究应符合下列要求：

1 收集研究坝址周围不小于 150km 范围内的地层岩性、表部和深部地质构造、区域性活动断裂、现代构造应力场、重磁异常等地球物理场、第四纪火山活动情况及地震活动性等资料，进行Ⅱ、Ⅲ级大地构造单元和地震区划分，并分析其稳定性。

2 查明坝址近场区 25km 范围内的区域性断裂、断裂活动性。

3 临近区域性活动断裂时，应进行坝址及 5km 范围内的专门性构造地质测绘，鉴定对坝址有影响的活动断层。

4 在区域构造背景研究和近场区构造调查的基础上，编制区域综合构造地质和震中分布图，编图范围至少应包括Ⅱ、Ⅲ级大地构造单元及其邻近地区；区域性综合地质测绘编图比例尺宜选用1：1000000～1：500000，近场区地质测绘比例尺宜选用1：250000～1：100000，专门性构造地质测绘比例尺宜选用1：100000～1：25000。

5.2.3 活动断层活动性质鉴定内容应包括活动断层的识别，最新活动年龄，活动性质，全新世滑动速率、位移量和现今活动强度等的判定。具体技术要求宜按国家现行标准《活动断层探测方法》DB/T 15 的规定执行。

5.2.4 活动断层可根据下列标志直接判定：

1 错动晚更新世（Q_3）以来地层的断层。

2 断裂带中的构造岩或被错动的脉体，经绝对年龄测定，最后一次错动年代距今约 10 万年及小于 10 万年。

3 根据仪器观测，沿断裂带有大于 0.1mm/a 的位移。

4 沿断层有历史和现代强震震中分布，或有历史地震地表破裂，或有晚更新世以来确切的古地震遗迹，或有密集而频繁的近期微震活动。

5.2.5 具有下列（新活动）现象的断层，应结合其他相关资料，进行充分的论证，以确定该断层的活动性质：

1 经证实，与已知活动断层有构造联系的断层。

2 沿断层晚更新世以来同级阶地发生错位；在跨越断层处，水系、山脊有明显的同步转折现象，或断层两侧晚更新世以来的沉积物厚度有明显的差异。

3 沿断层有断层陡坎，断层三角面平直新鲜，山前分布有连续的大规模的崩塌或滑坡，沿断层有串珠状或呈线状分布的斜列式盆地、沼泽和承压泉等。

4 沿断层有明显的重力失衡带分布。

5.2.6 活动断层的活动年龄应根据下列鉴定结果综合判定：

1 断层上覆的未被错动地层的年龄。

2 断层中最新构造岩或脉体的年龄。

3 被错动的最新地层或地貌单元的年龄。

5.2.7 活动断层的位移量应通过观测、地震断裂调查等综合评定。

5.2.8 工程场地地震安全性评价应根据工程的重要性和地区的地震地质条件，按下列规定进行：

1 坝高大于 200m 或库容大于 100 亿 m³ 的大（1）型工程或地震基本烈度为Ⅶ度及以上地区的坝高大于 150m 的大（1）型工程，应进行地震安全性评价。

2 对地震基本烈度为Ⅶ度及以上地区的坝高为 100~150m 的工程，当历史地震资料较少时，应进行地震安全性评价工作；库区及其他大型工程可按现行国家标准《中国地震动参数区划图》GB 18306 确定地震动参数及相应的地震基本烈度。

3 地震安全性评价应包括工程使用期限内，不同超越概率水平下，坝址基岩地震动峰值水平加速度及相应的地震基本烈度。

5.2.9 在构造稳定性方面，坝址的选择宜符合下列规定：

1 坝址不宜选在震级为 $6\frac{3}{4}$ 级及以上的震中区或地震基本烈度为Ⅸ度以上的强震区。

2 大坝等主体工程不宜建在已知的活动断层上。

5.3 水 库

5.3.1 水库勘察应包括下列内容：

1 初步查明水库区的水文地质条件，对可能的严重渗漏地段和渗漏类型进行初步评价。

2 初步查明库岸稳定条件，初步评价对工程的影响以及对重要城镇、居民区的可能影响。

3 初步查明可能产生严重浸没地段的地质及水文地质条件，并进行初判。

4 水库诱发地震的潜在危险性初步预测。

5 初步查明移民集中安置区和专项复建工程场地的工程地质条件，评价场地的稳定性和适宜性。

5.3.2 水库渗漏勘察应包括下列内容：

1 初步查明可溶岩、大的断层破碎带、古河道

以及单薄分水岭等的分布和水文地质条件，初步分析产生水库渗漏的可能性。

2 可溶岩地区应初步查明喀斯特的发育规律和分布特征，主要喀斯特通道的延伸和连通情况，隔水层的分布、厚度变化、隔水性能和构造封闭条件，地下水分水岭位置，地下水位和地下水的补给、径流、排泄条件，岸边地下水低槽的分布和水位等。初步分析渗漏性质，初步评价其对建库的影响程度和处理的可能性。喀斯特渗漏评价应符合本规范附录 B 的规定。

3 修建在悬河上的水库应重点调查水库的垂向和侧向渗漏情况。

5.3.3 库岸稳定勘察应包括下列内容：

1 初步查明水库区对工程建筑物、重要城镇和居民区环境有影响的滑坡、崩塌和其他潜在不稳定岸坡以及泥石流等的分布、范围和体积；初步评价其在水库蓄水前和蓄水后的稳定性及其危害程度。

2 第四纪沉积物组成的库岸，应初步预测水库坍岸带的范围。

5.3.4 对可能产生严重浸没地段的勘察应包括下列内容：

1 初步查明水库周边的地貌特征，潜水含水层的厚度，岩性岩相、分层和夹层，基岩或相对隔水层的埋藏条件，地下水位以及地下水的补排条件。

2 初步查明含水层的颗粒组成、渗透性、给水度、饱和度、易溶盐含量、土的物理力学性质等参数。

3 初步查明主要农作物种类、根系层厚度、毛细管水上升带的高度，临界地下水位的实验和观测资料，地区土壤盐渍化和沼泽化的历史及现状。

4 初步查明城镇和居民区建筑物的基础砌置深度等。

5 初步查明喀斯特区水库邻近的洼地的分布高程、地质构造、喀斯特发育与连通情况、地表径流与地下水的补给、排泄条件、地下水与河水或库水的水力联系等。

6 初步判断并预测可能的浸没范围。浸没初判应符合本规范附录 C 的规定。

5.3.5 水库诱发地震潜在危险性预测宜符合下列要求：

1 水库诱发地震潜在危险性预测应包括可能诱发地震的地段及可能发生诱发地震的类型、最大震级和烈度。

2 水库诱发地震的可能发震地段，可根据库区的地质环境、地应力状态、孕震构造、岩体的导水性、可溶岩分布及喀斯特发育情况、发震机理等初步判定。

3 水库诱发地震的强度可根据发震断裂的长度、喀斯特发育程度、已有震例的工程类比或参照区域地

震活动水平进行初步估计。

5.3.6 水库移民集中安置区和专项复建工程勘察应包括下列内容：

1 拟建场地的地形地貌、地层岩性、地质构造特征。

2 初步查明影响场地稳定性的滑坡、崩塌堆积体、泥石流等不良物理地质现象，评价场地的稳定性和适宜性。

3 专项复建工程的地质勘察应按工程类型和规模按相关技术标准规定的内容进行。

5.3.7 水库的勘察方法应符合下列规定：

1 工程地质测绘的比例尺可选用 1：50000～1：10000，对可能威胁工程及重要城镇、居民区安全的滑坡体和潜在不稳定岸坡，应采用更大的比例尺。在进行工程地质测绘前，宜进行航空照片和卫星照片的解译。

2 工程地质测绘范围除包括整个库盆外，尚应包括下列地区：

1）喀斯特地区应包括可能存在渗漏通道的河间地块、邻谷和坝的下游地段。

2）水库正常蓄水位以上可能浸没区所在阶地后缘或相邻地貌单元的前缘以及两岸及坝址下游附近的塌滑体、泥石流沟和潜在不稳定岸坡分布地段。

3 物探应根据地形、地质条件，采用综合物探方法，探测库区滑坡体、松散堆积体、可能发生渗漏或浸没地区的地下水位、地下水流速与流向、隔水层埋深、古河道和喀斯特通道以及隐伏大断层破碎带的埋藏和延伸情况等。

4 水库区的勘探布置应符合下列规定：

1）渗漏地段水文地质勘探剖面应平行地下水流向或垂直渗漏地段布置。勘探剖面线上的钻孔，应进入可靠的相对隔水层或枯水期水位以下一定深度。

2）浸没区水文地质勘探剖面应垂直库岸或平行地下水流向布置。勘探点宜采用钻孔或探坑，探坑宜挖到地下水位，钻孔宜进入相对隔水层。

3）坍岸预测剖面应垂直库岸布置，靠近岸边的探坑、钻孔应进入水库死水位或相当于陡坡脚高程以下。

4）塌滑体应按塌滑体的滑动方向布置纵横剖面。剖面线上的勘探坑、孔、竖井或平洞应进入下伏的稳定岩土体或沿已知的滑动面掘进。

5 岩土试验应根据需要，结合勘探工程布置。有关岩土物理力学性质参数，可根据试验成果或按工程地质类比法选用。岩土物理力学性质参数的取值应符合本规范附录 D 的规定。

6 可能发生渗漏或浸没的地段应利用已有钻孔和水井进行地下水位观测。重点地段宜埋设长期观测设施。地下水动态观测时间不应少于一个水文年。

7 近坝库区的不稳定岸坡宜设置简易的岩土体位移监测和地下水观测设施。

8 集中移民安置区及专项复建工程的勘探应结合区域地质和水库区地质勘察工作进行，并应符合现行国家标准《岩土工程勘察规范》GB 50021 及专项工程相关标准的规定。

5.4 坝　　址

5.4.1 坝址勘察应包括下列内容：

1 初步查明河床和两岸第四纪沉积物的厚度、成因类型、组成物质及其分层和分布，湿陷性黄土、软土、膨胀土、分散性土、粉细砂和架空层等的分布，基岩面的埋深、河床深槽、埋藏谷和古河道的分布。

2 初步查明基岩岩性岩相特征，进行工程地质岩组划分。初步查明软岩、易溶岩、膨胀性岩层和软弱夹层等的分布和厚度，分析其对坝基或边坡岩体稳定的可能影响。

3 初步查明坝址区主要断层、挤压破碎带的产状、性质、规模、延伸情况、充填和胶结情况以及断层晚更新世以来的活动性，应特别注意对顺河断层和中、缓倾角断层的调查；进行节理裂隙统计和结构面分级；分析各类结构面及其组合对坝基、边坡岩体稳定和渗漏的影响。岩体结构面分级应符合本规范附录 E 的规定。

4 初步查明岩体的风化、卸荷深度和程度。岩体风化带、卸荷带的划分应分别符合本规范附录 F 和附录 G 的规定。

5 初步查明对代表性坝址选择和枢纽建筑物布置有影响的滑坡、倾倒体、松散堆积体、潜在不稳定岩体及卸荷岩体的分布，初步评价边坡的稳定性。边坡稳定分析应符合本规范附录 H 的规定。

6 初步查明泥石流的规模、发生条件及其对工程的影响。

7 初步查明坝址区岩土的渗透性、相对隔水层的埋深、厚度和连续性，地下水位、补排关系等水文地质条件以及地表水和地下水对混凝土的腐蚀性。环境水对混凝土腐蚀的评价应符合本规范附录 I 的规定。

8 可溶岩区应初步查明喀斯特的分布状况和发育规律，主要喀斯特洞穴和喀斯特通道的规模、分布、连通和充填情况，结合坝址区水文地质条件，分析可能发生渗漏的地段、渗漏类型及对工程的影响程度，并提出处理措施的有关建议。

9 进行岩土物理力学性质试验。岩土物理力学性质参数取值应符合本规范附录 D 的规定。

5.4.2 坝址的勘察方法应符合下列规定：

1 工程地质测绘比例尺可选用 1：5000～1：2000。

2 工程地质测绘范围应包括下列地段：

　1）各比较坝址，包括主副坝、溢洪道、厂房和导流工程等有关枢纽建筑布置地段。

　2）邻近以及与阐明各比较坝址工程地质条件有关的地段，包括坝下游危及工程安全运行的可能失稳岸坡。

　3）当比较坝址相距在 2km 以上时，可分别单独测绘成图。

3 物探布置应符合下列规定：

　1）物探方法应根据坝址区的地形、地质条件等确定。

　2）物探剖面线结合勘探剖面布置，并应充分利用勘探钻孔进行综合测井。

　3）坝址两岸应利用勘探平洞进行岩体弹性波波速测试。

4 坝址的勘探布置应符合下列规定：

　1）各比较坝址应有一条主要勘探剖面，坝高 70m 及以上的代表性坝址和工程地质条件复杂的比较坝址，宜在主要勘探剖面线上、下游增加辅助勘探剖面。

　2）主要勘探剖面线上的勘探点间距不应大于 100m，河床部位不应少于 2 个钻孔，两岸坝肩部位，在设计正常蓄水位以上，也宜布置钻孔。

　3）存在缓倾角软弱夹层的坝址，可布置竖井或大口径钻孔。

　4）两岸坝肩部位应布置勘探平洞，当坝高在 70m 及以上时，可根据需要分高程增加勘探平洞。

　5）当存在影响代表性坝址选择的顺河断层、软弱夹层、河床深槽和潜在不稳定岸坡等不良地质现象时，应布置钻孔或平洞。

　6）可溶岩地区坝址两岸应根据需要布置水文地质专门性钻孔。

5 坝址的钻孔深度应符合下列要求：

　1）河床钻孔深度：当坝高大于等于 70m 时，钻孔进入基岩的深度为 50%～100%坝高，当坝高小于 70m 时，钻孔进入基岩的深度不应小于 1.0 倍坝高。

　2）两岸岸坡上的钻孔宜达到河水位或地下水位高程以下，并应进入相对隔水层。

　3）控制性钻孔或专门性钻孔的深度应按实际需要确定。

6 深厚覆盖层河流上的坝、闸址勘探应符合下列规定：

　1）勘探剖面和勘探点应结合建筑物布置。

　2）主要勘探剖面线上的钻孔间距宜控制在 50～100m 之间。

　3）河床钻孔的深度应符合表 5.4.2 的规定。当在此深度内遇有泥炭、软土、粉细砂及强透水层等不良土层时，钻孔应进入下伏的承载力较高的土层或相对隔水层；可溶岩地区可视具体情况适当加深。

表 5.4.2　深厚覆盖层河床钻孔进入基岩深度（m）

覆盖层厚度 h	孔　深	
	坝高 H≥70m	坝高 H<70m
h≥40，且 h<H	>50	30～50
h≥40，且 h>H	10～20	

7 水文地质测试应符合下列要求：

　1）基岩钻孔应进行压水试验，并应收集钻进过程中的水文地质资料。

　2）第四纪地层中的钻孔，应在钻进过程中观测地下水位，并应划分含水层和相对隔水层，主要含水层宜布置抽水试验，测定渗透系数。

　3）喀斯特发育区应在钻进过程中观测地下水位，并应划分含水层、相对隔水层和隔水层；根据实际情况应进行连通试验。

　4）应取水样进行水质分析。

8 岩土试验应符合下列规定：

　1）每一主要岩土层的室内试验累计组数不应少于 6 组。

　2）土基勘探应根据土的类型进行标准贯入试验、动力触探、静力触探和十字板剪切试验等钻孔原位测试。

　3）控制混凝土坝坝基稳定和变形的岩土层可进行原位抗剪和变形试验。

9 勘察期间应进行地下水动态观测。对推荐的代表性坝址应进行地下水动态长期观测，观测时间不应小于一个水文年。

10 影响代表性坝址选择的潜在不稳定岸坡宜进行岸坡位移监测。

5.5　引水线路

5.5.1 引水隧洞线路勘察应包括下列内容：

1 初步查明隧洞沿线的地形地貌和物理地质现象及其分布。

2 初步查明隧洞沿线地层岩性，应重点调查松散、软弱、膨胀、可溶以及含放射性矿物与有害气体等岩层的分布。

3 初步查明隧洞沿线的褶皱、主要断层破碎带等各种类型结构面的产状、规模、延伸情况，初步评价其对进出口边坡和地下洞室围岩稳定的影响。

4 初步查明主要含水层、汇水构造和地下水溢出点的位置和高程，补排条件以及与地表溪沟连通的断层破碎带、喀斯特通道和采空区等的分布，对隧洞掘进时突然涌水的可能性及对围岩稳定和环境水文地质条件的可能影响作出初步评价。

5 初步查明隧洞进出口段、过沟段、傍山洞段和浅埋洞段、压力管道等的覆盖层厚度、基岩的风化深度和卸荷发育深度等，并对其所通过的山体及进出口边坡的稳定性作出初步评价。

6 进行岩石物理力学性质试验，并进行隧洞工程地质分段和围岩初步分类。围岩工程地质初步分类应符合本规范附录J的规定。

5.5.2 渠道线路勘察应包括下列内容：

1 初步查明渠道沿线的地形地貌、喀斯特塌陷区、滑坡、崩塌堆积、泥石流、古河道、移动沙丘以及采空区等的分布。

2 初步查明渠道沿线的覆盖层厚度、地层岩性，应特别注意岩盐、石膏、喀斯特化岩层、膨胀岩、泥炭、软土、粉细砂、分散性土、冻土层以及湿陷性黄土等工程地质性质不良岩土层的分布。

3 初步查明地质构造、软弱夹层及主要结构面的分布组合情况。

4 初步查明傍山渠道沿线基岩风化情况、卸荷带深度。

5 初步查明渠道沿线的地下水位、水质、强透水层和隔水层分布，地表水和地下水的补排关系，以及土壤盐渍化和沼泽化的情况。

6 进行渠道工程地质初步分段，对可能发生的严重渗漏、浸没、黄土湿陷和边坡稳定性等工程地质问题作出初步评价。黄土湿陷性判别应符合现行国家标准《湿陷性黄土地区建筑规范》GB 50025的有关规定。

5.5.3 引水线路的勘察方法应符合下列规定：

1 工程地质测绘比例尺可选用1：25000～1：10000。

2 引水线路的工程地质测绘范围应包括隧洞或渠道各比较线路及其两侧各300～1000m地带。岩溶地区可根据实际情况增加测绘宽度。

3 可采用综合物探方法探测覆盖层厚度、地下水位、古河道、隐伏断层、喀斯特洞穴等，并可利用钻孔和平洞进行综合测井、弹性波波速等岩体动力参数测试。

4 勘探布置应符合下列规定：

1) 隧洞沿线的勘探钻孔可布置在隧洞进出口、傍山和跨沟等地段；其他存在重大工程地质问题的地段可布置专门性勘探钻孔。

2) 渠道上的探坑、钻孔应结合沿线的地貌和工程地质分段布置，不同地段应有代表性勘探剖面，傍山渠道上探坑、钻孔的布置

可根据需要确定。

3) 引水线路沿线进水闸、调压井、闸门井等建筑物处，宜布置勘探剖面和钻孔。

4) 隧洞钻孔深度宜进入洞底高程以下10～30m，但不应小于1倍洞径；渠道钻孔宜进入设计渠底高程以下5～10m，或到达地下水位以下，或进入下伏的相对隔水层。

5) 钻孔钻进过程中应收集水文地质资料，并应根据需要进行抽水试验、压水试验和地下水动态观测。

6) 隧洞进出口宜布置勘探平洞。

5 岩土物理力学性质试验应以室内试验和简易原位测试为主，第四纪土可进行标准贯入试验、动力触探、静力触探、十字板剪切试验等钻孔原位测试。

5.6 厂　址

5.6.1 地面厂房勘察应包括下列内容：

1 初步查明厂址区的地形地貌、岩体风化情况、卸荷深度以及滑坡、崩塌堆积体、蠕变体、泥石流、喀斯特、采空区等的分布及其稳定或活动情况。

2 初步查明厂址区的地层岩性，软弱和易溶岩层、软土、粉细砂、湿陷性黄土、膨胀土和分散性土的分布与埋藏条件，并对岩土的物理力学性质和承载能力作出初步评价。

3 初步查明厂址区的地质构造，断层、挤压破碎带、节理裂隙等的性质、产状、规模和展布情况，初步分析评价对厂址和边坡稳定的影响。

4 初步查明厂址区的水文地质条件，对水电站压力前池的渗漏和渗透稳定条件以及基坑开挖中发生涌水、涌砂的可能性作出初步评价。

5.6.2 地下厂房的勘察除应符合本规范第5.5.1条的规定外，尚应包括下列内容：

1 初步查明地下厂房和洞群布置地段的岩性组成和岩体结构，各类结构面的产状、规模、性状、挤压破碎情况、填充、延伸范围、空间展布以及相互切割组合情况，初步分析其对洞室围岩稳定性的影响。

2 了解地下厂房地段的地应力、地温、有害气体和放射性矿物等情况，并初步分析其对洞室围岩稳定、施工及运行的可能影响。

5.6.3 厂址区的勘察方法应符合下列规定：

1 工程地质测绘比例尺可选用1：5000～1：2000。

2 工程地质测绘范围应包括各比较方案的调压井、高压管道、厂房、主变开关站（室）、尾水建筑物等地段以及与阐明各比较厂址工程地质条件有关的地段，包括厂房下游危及工程安全运行的可能失稳岸坡。

3 应采用综合物探方法探测覆盖层厚度、地下

水位、古河道、隐伏断层、喀斯特洞穴等，并应利用钻孔和平洞进行岩体弹性波波速等测试。

    4 勘探布置应符合下列规定：

        1）厂房区宜布置勘探剖面。

        2）地面厂房区的钻孔应深入建基面以下 20～30m，地下厂房区的钻孔宜进入设计洞底高程以下 10～30m。

        3）钻孔在钻进过程中应收集水文地质资料，并应进行抽水试验或压水试验及地下水动态观测。

        4）地下厂房区或地面厂房区后边坡应布置勘探平洞。

    5 岩土物理力学性质试验应以室内试验和简易原位测试为主，地下厂房可利用勘探平洞或钻孔进行岩体变形、岩体剪切、地应力、地温等原位测试；第四纪土可进行标准贯入、动力触探、静力触探、十字板剪切试验等钻孔原位测试。

5.7 泄洪建筑物

5.7.1 溢洪道勘察应包括下列内容：

    1 初步查明溢洪道布置区的地形地貌、地层岩性、地质构造、物理地质现象和水文地质条件，应重点调查覆盖层分布范围、厚度、岩体风化、卸荷深度以及断层、挤压破碎带、软弱夹层、滑坡、崩塌堆积体等的分布及规模。

    2 初步评价边坡岩体稳定、泄洪闸地基抗滑和变形及渗透稳定条件，下游消能区岩体的抗冲条件以及冲刷坑岸坡和雾化区的稳定条件。

5.7.2 泄洪隧洞勘察可按本规范第 5.5.1 条的规定执行，并应初步分析泄洪隧洞出口冲刷雾化区岸坡的稳定条件。

5.7.3 泄洪建筑物的勘察方法应符合下列规定：

    1 工程地质测绘比例尺可选用 1：5000～1：2000，测绘范围应包括各比较方案的泄洪建筑物布置地段及所毗邻地段，当与坝相距较近时，工程地质测绘应与坝址合并进行。

    2 应针对泄洪闸等主要建筑物布置钻孔等勘探工作，对溢洪道高边坡地段可布置勘探平洞或钻孔；钻孔深度宜进入设计建基面以下 20～30m，基岩钻孔应进行压水试验。

    3 影响建筑物稳定的主要岩土层应分层取样，进行岩土物理力学性质试验。

5.8 天然建筑材料

5.8.1 在对工程所需天然建筑材料进行普查的基础上，应对初选代表性坝型所需的主要料源以及对方案比选有重大影响的料源进行初查。

5.8.2 天然建筑材料的初查储量宜达到设计需要量的 2.5～3.0 倍。

5.9 勘察报告

5.9.1 预可行性研究阶段工程地质勘察报告正文应包括：概述、区域地质及构造稳定性、水库区工程地质条件、枢纽工程区工程地质条件、天然建筑材料以及结论和建议。

5.9.2 概述应包括工程概况、勘察地区的自然地理条件，历次所进行的勘察工作情况和研究深度，本阶段进行的工作项目和完成工作量等。

5.9.3 区域地质及构造稳定性应包括区域地形地貌、地层岩性、地质构造、物理地质现象和水文地质条件等。可溶岩地区应说明区域喀斯特发育情况以及喀斯特地下水的补排条件。在论述地质构造时，应说明区域性断裂、断层活动性和地震活动性。应对区域构造稳定性和地震安全性作出评价。

5.9.4 水库区工程地质条件应包括库区的地质概况，水库渗漏、浸没、库岸稳定及水库诱发地震的可能性等工程地质问题及初步评价；同时对大型城镇、集镇初拟新址的基本地质条件及场地稳定性和适宜性也应作出初步评价。

5.9.5 枢纽工程区的工程地质条件，应根据工程不同开发方式的建筑物布置，分坝址、引水发电系统、泄洪建筑物、临时性建筑物等节编写。各节应包括下列内容：

    1 坝址工程地质条件应包括：坝段基本地质条件；对代表性坝址的选择意见以及推荐代表性坝址的各主要建筑物的工程地质条件和主要工程地质问题的初步评价，对代表性坝型和枢纽布置方案的建议；提出建议的岩土物理力学性质参数。

    2 引水发电系统的工程地质条件应包括：引水发电系统的基本地质条件，各比较线路和厂址的工程地质条件与代表性方案的选择，推荐代表性方案的工程地质条件和主要工程地质问题的初步评价。

    3 泄洪建筑物及其他建筑物的工程地质条件的内容，应根据建筑物的特点和地质条件确定。

5.9.6 天然建筑材料应包括勘察任务；各料场的位置、地形地质条件、勘探和取样、储量和质量；开采和运输条件等。

5.9.7 结论和建议应包括区域构造稳定性评价、水库主要工程地质问题初步评价、坝段及各比较坝址工程地质特点概述及初步评价、代表性坝址选择的工程地质意见、代表性坝址枢纽布置方案各主要建筑物的主要工程地质条件和工程地质问题的初步评价、主要天然建筑材料的储量和质量的初步评价；对可行性研究阶段工程地质勘察的建议。

5.9.8 报告正文的内容，尚应符合国家现行标准《水电工程预可行性研究报告编制规程》DL/T 5206 的规定；报告的附图、附件应符合本规范附录 A 的规定。

6 可行性研究阶段工程地质勘察

6.1 一般规定

6.1.1 可行性研究阶段工程地质勘察应在预可行性研究阶段工作的基础上查明水库区、坝址区的工程地质条件，为选定坝址、坝型、坝线及枢纽布置提供地质依据，并对选定坝址各建筑物的工程地质条件、主要工程地质问题进行论证和评价，提供建筑物设计所需的工程地质资料。

6.1.2 可行性研究阶段的勘察任务应包括下列内容：

1 根据需要补充区域构造稳定性评价。

2 查明水库区水文地质工程地质条件，分析工程地质问题，预测蓄水后的变化。

3 查明影响坝址比选的主要工程地质问题，为选定坝址进行地质论证。

4 查明选定坝址建筑物区的工程地质条件并进行评价，为选定坝型和各建筑物的轴线及地基、边坡与洞室围岩处理方案设计提供地质资料和建议。

5 查明导流工程及缆机平台等主要临时建筑物场地的工程地质条件。

6 进行天然建筑材料详查。

7 进行地下水动态观测和岩土体位移监测。

8 查明水库移民集中安置区和专项复建工程的地质条件，评价拟建场地建筑物地段的稳定性。

9 进行建设用地地质灾害危险性评估。

6.2 水 库

6.2.1 水库勘察应包括下列内容：

1 查明水库区的水文地质条件，对水库渗漏问题进行评价。

2 查明潜在不稳定库岸的工程地质条件并进行评价，确定影响区范围。

3 查明覆盖层库岸的工程地质条件，对其坍岸影响范围进行预测。

4 查明可能浸没地段的水文地质工程地质条件，并进行复判，确定浸没影响范围。

5 分析水库诱发地震的可能性，预测诱发地震位置、最大震级及其对工程的影响。

6 对水库移民集中安置区和专项复建工程进行地质勘察与评价。

6.2.2 可能渗漏地段的勘察应包括下列内容：

1 可溶岩区应查明：

1）相对隔水层的分布、厚度和延续性，地下水流动系统及泉域，地下水位及其动态，喀斯特发育特征和喀斯特渗漏的性质。

2）主要漏水地段或主要通道的位置、形态和规模，估算渗漏量，提出防渗处理范围和

深度的建议。

2 非可溶岩区应查明可能发生渗漏地段的地质结构及水文地质条件，并应根据问题的性质进行相应的勘察工作。

6.2.3 可能渗漏地段的勘察方法应符合下列规定：

1 工程地质测绘比例尺可选用 1：10000～1：2000。

2 工程地质测绘范围应包括可能渗漏通道及其进出口地段和低邻谷，凡能追索的喀斯特洞穴均应进行测绘。

3 宜采用综合物探方法探测喀斯特的空间分布和强透水带的位置。

4 勘探剖面应根据水文地质结构和地下水分布情况，并结合可能的防渗处理方案布置。在多层含水层结构区，各可能渗漏岩组内不应少于 2 个钻孔。钻孔应深入隔水层、相对隔水层或枯水期水位以下一定深度；喀斯特区钻孔深度应穿过喀斯特强烈发育带，钻进过程中应观测地下水位。平洞主要用于查明地下水位以上的喀斯特洞穴和通道。

5 应进行地下水动态观测，并初步形成长期观测网，各可能渗漏岩组内不应少于 2 个观测孔。观测基本内容除常规项目外，还应观测降雨前后的洞穴涌水和流量变化情况。

6 喀斯特区应进行连通试验，查明喀斯特洞穴间的连通情况和地下水的实际流速。需要了解大面积的连通情况时，可采用堵洞法测量其周围地下水位变化。

7 当研究喀斯特水的年龄和来源时，宜进行地下水同位素分析，取水样时要求含水层隔离良好、取样可靠，并应复测。

8 在喀斯特发育复杂地区，可对地下水的渗流场、水化学场、水温度场及水同位素场进行勘察研究。

6.2.4 不稳定岸坡和潜在不稳定岸坡的勘察应包括下列内容：

1 查明库区特别是近坝库区、城镇地段的滑坡、崩塌堆积体和潜在不稳定岸坡以及库区巨型滑坡等的分布范围、体积、地质结构、边界条件和地下水动态。

2 分析不稳定和潜在不稳定岸坡在自然状态下的稳定性，预测施工期和水库运行期不稳定和潜在不稳定岸坡失稳的可能性，并应对水工建筑物、城镇、居民点及主要交通线路的可能影响作出评价，圈定影响区的范围。

3 提出防治措施和长期监测方案的建议。

4 高陡峡谷岸坡应调查卸荷和变形岩体的分布状况。

6.2.5 不稳定和潜在不稳定岸坡的勘察方法应符合下列规定：

1 工程地质测绘比例尺可选用 1：5000～1：1000。

2 工程地质测绘范围应包括不稳定或潜在不稳定岸坡及其影响区。

3 在前阶段勘探工作的基础上补充钻孔、平洞或竖井。

4 对水工建筑物、城镇、居民点及主要交通线的安全有影响的不稳定或潜在不稳定岩体的控制性结构面或滑坡滑带土应进行室内黏土矿物分析和物理力学性质试验，试验组数累计不应少于 6 组。根据需要进行滑带土的原位抗剪试验、地质力学模型和涌浪试验等。

5 根据需要，对不稳定和潜在不稳定岩土体逐步建立和完善监测网，监测网应由观测剖面线和观测点组成。钻孔倾斜计宜平行滑动方向布置，视准线宜垂直滑动方向布置。

6 应进行地下水动态观测，并应逐步建立和完善地下水动态观测网。

6.2.6 覆盖层坍岸区勘察应包括下列内容：

1 查明土的分层、级配和物理力学性质，确定岸坡的天然稳定坡角、浪击带稳定坡角和土的水下浅滩坡角。

2 预测不同库水位的坍岸影响范围，并提出长期观测的建议。预测中应考虑水库的运行方式、风向和坍岸物质中粗颗粒的含量及其在坡脚再沉积的影响。预测计算中，各段的稳定坡角应根据试验成果，结合调查资料选用。

3 调查邻近地区已建水库库岸和相似地质条件的河湖岸的天然稳定坡角和浪击带稳定坡角。

4 查明防护工程区的工程地质条件。

6.2.7 覆盖层坍岸区的勘察方法应符合下列规定：

1 工程地质测绘比例尺，城镇地区可选用 1：2000～1：1000，农业地区可选用 1：10000～1：5000。

2 工程地质测绘范围可根据需要确定。

3 勘探剖面线应实测，坑孔的布置原则和要求应符合本规范第 5.3.7 条第 4 款的规定，剖面线间距农业地区为 1000～5000m，城镇地区为 200～1000m。

4 各土层应进行物理力学性质试验，其中颗粒分析、自然休止角和水下休止角试验组数累计不应少于 6 组。

6.2.8 浸没区勘察应包括下列内容：

1 查明土的层次、厚度、物理性质、渗透系数、地下水位及其动态，相对隔水层或基岩的埋深、土的毛细管水上升带高度、给水度、土壤含盐量、产生浸没的地下水临界深度，并根据水库运行水位预测浸没影响范围。

2 喀斯特区应查明库周洼地、槽谷的分布、形态、充填土层的厚度、性状、下伏喀斯特发育状况及

与库水的连通情况、地表汇水与消水条件、地下水位及变幅等，预测浸没或内涝的影响范围。

3 查明防护地段的水文地质工程地质条件，当防护区的地面高程低于水库蓄水位时，应对防护工程地基的渗透稳定性进行研究，提出处理措施建议。

6.2.9 浸没区的勘察方法应符合下列规定：

1 工程地质测绘比例尺，城镇地区可选用 1：2000～1：1000，农业地区可选用 1：10000～1：5000。

2 工程地质测绘范围应包括可能浸没区所在阶地的后缘或可能内涝的影响范围。

3 勘探剖面线应实测，并应垂直库岸或平行地下水流向布置；农业地区剖面线间距为 1000～3000m，城镇地区为 200～500m；剖面线上的钻孔深度应符合本规范第 5.3.7 条第 4 款的规定。预测浸没区所在的地貌单元不应少于 2 个控制钻孔，第一个控制孔应靠近水库设计正常蓄水位的边线布置；防护工程勘探剖面上的钻孔间距可适当加密。

4 勘探剖面之间可采用物探方法了解地下水位、相对隔水层或基岩埋深的变化情况。

5 水库蓄水后地下水壅高值可根据设计回水位采用地下水动力学方法计算。

6 应通过室内试验和野外试验测定土的渗透系数、饱和度、毛细管水上升带高度、土壤含盐量和地下水化学成分等。每一浸没区主要土层的物理性质和化学成分试验组数累计不应少于 6 组。

7 防护工程地段应进行土的物理力学性质试验和水文地质试验，主要土层的试验组数累计不应少于 6 组。

8 浸没区可根据需要建立长期观测网。观测内容包括地下水位、水化学成分、土壤含盐量等。

6.2.10 泥石流勘察应包括下列内容：

1 收集当地水文、气象资料，包括年降雨量及其分配、暴雨时间和强度、一次最大降雨量等。

2 泥石流发生区、通过区、堆积区的范围、平剖面形态，形成泥石流的固体物质来源、物质组成、颗粒级配及其启动条件。

3 泥石流沟谷及沟口松散堆积物的分布、岩性、厚度变化及下伏基岩的岩性特征，沟坡的稳定性等。

4 断层带性质，破碎带宽度，节理裂隙发育程度及岩体结构特征，新构造活动形迹与地震情况。

5 泥石流沟的汇水面积，水补给类型与条件，地下水露头和流量。

6 历史泥石流活动情况、类型、冲淤、危害性及防治情况。

7 分析评价泥石流对水工建筑物的安全、水库淤积、库周城镇、规划移民区、农业区及重要工程设施的影响和危害程度，并提出综合治理措施的建议。

6.2.11 泥石流的勘察方法应符合下列规定：

1 用航空照片资料解译泥石流的分布和形成条件，航空照片资料解译草图应进行野外检验和核实。

2 在航空照片资料解译的基础上，进行工程地质测绘，比例尺可选用1∶50000～1∶10000。

3 根据需要可布置物探、坑探和钻探。为查明泥石流堆积厚度的钻孔，进入基岩的深度应超过沟内最大块石直径的3～5m。

4 取泥石流堆积物的代表性样品进行物理力学性质试验。

6.2.12 水库诱发地震预测宜包括下列内容：

1 当预可行性研究阶段勘察认为有可能发生水库诱发地震时，应分析库区的地震地质条件，包括深大断裂、活动断层和发震断层及历史地震的情况，库盆的岩性、岩体结构和水文地质结构，断层破碎带的导水性及其与库水的水力联系，岩体风化、卸荷及喀斯特发育情况等。

2 预测发生水库诱发地震的类型、可能发震库段及其最大震级，分析评价其对建筑物的可能影响。

6.2.13 水库诱发地震的预测方法应符合下列规定：

1 库区地震地质调查和区域构造稳定性研究，其方法应符合本规范第5.2.1和5.2.2条的规定；

2 当预测有水库诱发地震发生时，应进行水库诱发地震监测台网的总体方案设计。

6.2.14 水库移民集中安置区和专项复建工程勘察应包括下列内容：

1 初步查明场地的地形地貌、地层岩性、地质构造、水文地质条件。

2 查明影响场地稳定的崩塌、滑坡、变形体、潜在不稳定岩土体、泥石流、喀斯特塌陷等不良物理地质现象及供水水源等工程地质水文地质问题，评价场地内建筑物地段的稳定性。

3 查明建筑物地段地基各岩土层的物理力学性质，提出基础持力层的建议。

4 专项复建工程勘察内容尚应根据工程类型按水利、交通等有关行业的规定执行。

6.2.15 水库移民集中安置区的勘察方法应符合现行国家标准《岩土工程勘察规范》GB 50021和国家现行标准《城市规划工程地质勘察规范》CJJ 57的有关规定。

6.2.16 专项复建工程的勘察方法，应根据工程类型按相关标准执行。

6.3 土 石 坝

6.3.1 土石坝坝址勘察应包括下列内容：

1 查明坝基基岩面起伏变化情况，重点查明河床深槽、古河道、埋藏谷的具体范围、深度及形态。

2 查明坝基河床及两岸覆盖层的层次、厚度，重点查明软土层、粉细砂、湿陷性黄土、架空层、矿洞、漂孤石层等的分布情况。

3 查明影响坝基、坝肩稳定的断层、破碎带、软弱岩体、石膏夹层、夹泥层的分布、规模、产状、性状和渗透变形特性。

4 查明坝基水文地质结构，地下水埋深，含水层或透水层和相对隔水层的岩性、厚度变化和空间分布，岩土渗透性，重点查明可能导致强烈漏水和坝基、坝肩渗透变形的集中渗漏带的具体位置，提出坝基防渗处理的建议。

5 岩土渗透性分级应符合本规范附录K的规定。

6 查明地下水、地表水对混凝土的腐蚀性。

7 查明岸坡岩体风化带、卸荷带的分布、深度和边坡特别是趾板上游边坡的稳定条件，重点查明防渗体地基，包括心墙、斜墙、面板趾板及反滤层、垫层、过渡层地基和岸坡连接地段有无断层破碎带、软弱岩带、风化岩及其变形和渗透特性。

8 查明坝区喀斯特发育规律，主要喀斯特洞穴和通道的分布与规模，喀斯特泉的位置和补给、径流、排泄特征，相对隔水层的埋藏条件，提出防渗处理建议。

9 提出坝基岩土体的渗透系数、允许渗透水力比降和承载力、变形模量、强度等各种物理力学性质参数，对地基的沉陷、湿陷、抗滑稳定、渗漏、渗透变形、液化等问题作出评价，并提出坝基处理的建议。

10 土的渗透变形判别应符合本规范附录L的规定；土的液化判别应符合本规范附录M的规定。

6.3.2 土石坝坝址的勘察方法应符合下列规定：

1 工程地质测绘应符合下列规定：

  1）测绘比例尺可选用1∶5000～1∶1000。

  2）测绘范围应包括坝址水工建筑物场地和对工程有影响的地段。

2 物探应符合下列规定：

  1）可采用综合测井探测覆盖层层次，测定土层的密度。

  2）可采用跨孔法测定岩体弹性波纵波、横波波速，确定动剪切模量等参数。

  3）其他应符合本规范第5.4.2条第3款的规定。

3 勘探应符合下列规定：

  1）勘探剖面应结合坝轴线、心墙、斜墙或趾板防渗线、排水减压井、消能建筑物等布置。

  2）勘探点间距宜采用50～100m。

  3）基岩地基钻孔深度宜为坝高的1/3～1/2，防渗线上河床的控制性钻孔深度不应小于坝高，两岸钻孔应深入地下水位以下或相对隔水层。

  4）覆盖层地基钻孔深度，当下伏基岩埋深小

于坝高时，钻孔深度宜进入基岩面以下
10～20m，防渗线上钻孔深度可根据需要
确定；当下伏基岩埋深大于坝高时，钻孔
深度宜根据透水层与相对隔水层分布及下
伏岩土层的力学强度等具体情况确定。

    5）专门性钻孔的孔距和孔深应根据具体需要
确定。

    6）应布置平洞、钻孔或探槽，查明两岸岩体
风化带、卸荷带，以及对坝肩岩体稳定和
绕坝渗漏有影响的断层破碎带、喀斯特通
道、废旧矿洞等。

  4 岩土试验应符合下列规定：

    1）覆盖层每一主要土层的物理力学性质试验
组数累计不应少于11组。土层抗剪强度宜
采用三轴试验，土层应连续取原状样和进
行触探试验，粉细砂应进行标准贯入试验。

    2）根据需要进行可能液化土的室内三轴振动
试验、现场渗透变形试验和载荷试验等专
门性试验。

    3）岩石物理力学性质试验可按本规范第
6.4.2条第4款的要求简化。

  5 水文地质试验应符合下列规定：

    1）根据覆盖层的成层特性和水文地质结构进
行单孔或多孔抽水试验，坝基主要透水层
的抽水试验不应少于3段。

    2）强透水的大断层破碎带应做专门的水文地
质试验。

    3）防渗线上的基岩孔段应做压水试验，其他
部位可根据需要确定。

  6 地下水动态观测和不稳定岩土体位移监测的
要求应符合本规范第6.2.5条第5款和第6款的规
定。

6.4 混凝土重力坝

6.4.1 建在岩基上的混凝土重力坝坝址勘察应包括
下列内容：

  1 查明覆盖层的分布、厚度、层次及其组成物
质，河床深槽的分布范围和深度。

  2 查明地层岩性，查明易溶岩层、软弱岩层、
软弱夹层、蚀变带及矿层采空区等的分布、性状、延
续性、物理力学参数以及与上、下岩层的接触情况。

  3 查明坝基、坝肩岩体的完整性，断层特别是
顺河断层和缓倾角断层的分布和特征，节理裂隙的产
状、延伸长度、连通率及其组合关系；确定坝基、坝
肩稳定分析的边界条件。

  4 查明坝基、坝肩岩体风化带、卸荷带的厚度
及其特征。

  5 查明坝基、坝肩喀斯特洞穴及通道的分布、
规模、充填状况及连通性，喀斯特泉的分布、流量及

其补给、径流、排泄特征。

  6 查明两岸岸坡的稳定条件。

  7 查明坝址的水文地质条件，两岸地下水位埋
深，岩体渗透特性，相对隔水层埋藏深度，提出防渗
处理的建议。在水文地质条件复杂的地区，应分析建
坝前后渗流场的变化，为渗控工程处理设计提供依
据。

  8 查明地表水和地下水对混凝土的腐蚀性。

  9 腐蚀性评价标准应符合本规范附录I的规定。

  10 查明泄流冲刷地段的工程地质条件，评价泄
流冲刷及泄流雨雾对坝基及岸坡稳定的影响。

  11 查明峡谷坝址的岩体地应力情况。

  12 根据坝基岩层和构造情况，进行坝基岩体结
构分类。

  13 岩体结构分类应符合本规范附录N的规定。

  14 在分析坝基岩石性质，地质构造，岩体结
构，岩体地应力，风化、卸荷特征，岩体强度和变形
性质等的基础上进行坝基岩体工程地质分类，提出各
类岩体的物理力学性质参数建议值和大坝可利用建基
岩体，并对坝基工程地质条件作出评价。

  15 坝基岩体工程地质分类应符合本规范附录O
的规定；岩体物理力学性质建议值应符合本规范附录
D的规定。

6.4.2 在岩基上的混凝土重力坝坝址的勘察方法应
符合下列规定：

  1 工程地质测绘应符合下列规定：

    1）测绘比例尺可选用1∶2000～1∶1000。

    2）测绘范围应包括坝址水工建筑物场地和对
工程有影响的地段。

    3）当岩性变化或存在软弱夹层时，应测绘详
细的岩层柱状图。

  2 物探应符合下列规定：

    1）宜采用综合测井和井下电视等方法调查对
坝基（肩）岩体稳定有影响的结构面、软
弱带、低波速松弛岩带等的产状、分布，
含水层和渗漏带的位置等。

    2）可采用单孔法、跨孔法、跨洞法测定各类
岩体弹性纵波速度或横波速度，进行岩
体动弹性模量或纵波波速的分区。

    3）喀斯特区可采用孔间或洞间测试以及层析
成像技术等调查喀斯特洞穴的分布。

  3 勘探应符合下列规定：

    1）勘探剖面应根据具体地质条件结合建筑物
特点布置，选定的坝线应布置坝轴线勘探
剖面和上下游辅助勘探剖面，剖面线的间
距根据坝高和地质条件，可采用50～
200m；溢流坝段、非溢流坝段、厂房坝
段、通航坝段等均应有代表性勘探纵剖面。

    2）坝轴线勘探剖面线上的勘探点间距可采用

20～50m，其他勘探剖面线上的勘探点间距可视具体需要确定。

3) 钻孔深度应进入拟定建基面高程以下1/3～1/2坝高的深度，帷幕线上的钻孔深度可采用1倍坝高或进入相对隔水层不应小于10m。

4) 专门性钻孔的孔距、孔深可根据具体需要确定。当需要查明河床坝基顺河断层、缓倾角软弱结构面时可布置倾斜钻孔。

5) 平洞、竖井、大口径钻孔和河底平洞应结合建筑物位置、两岸地形、地质条件和岩体原位测试工作的需要布置。高陡岸坡宜布置平洞；地形、地层平缓时宜布置竖井或大口径钻孔；当存在影响坝基稳定的断层、破碎带和软弱夹层，用常规勘探手段难以查清时，可布置河底平洞。

6) 当钻孔或平洞遇到溶洞或大量漏水时，应继续追索或采用其他手段查明。

4 岩土试验应符合下列规定：

1) 主要岩石的室内物理力学性质试验组数累计不应少于11组；影响坝基变形的岩类，其原位变形试验不应少于6点；控制抗滑稳定的岩层或滑动面的原位抗剪和抗剪断试验组数不应少于6组。

2) 根据需要进行岩体地应力测试和现场载荷等专门试验。

5 水文地质试验应符合下列规定：

1) 坝基、坝肩及帷幕线上的基岩钻孔应进行压水试验，其他部位的钻孔可根据需要确定。坝高大于200m时，宜进行大于设计水头的高压压水试验及为查明岩体渗透性各向异性的定向渗透试验。

2) 喀斯特区及为查明坝基集中渗漏带的渗流特征、实际流速和连通情况，可根据需要进行地下水连通试验。

3) 强透水的大断层破碎带应做专门的渗透及渗透变形试验。

4) 在水文地质条件复杂的坝址区，宜进行数值模拟等专题研究。

5) 取样进行地下水和地表水水质分析。

6 地下水动态观测应符合下列规定：

1) 观测内容应包括水位、水温、水化学、流量或涌水量等。

2) 观测时间应延续一个水文年以上，并逐步完善观测网。

7 不稳定岩土体位移监测的布置原则和要求应符合本规范第6.2.5条第5款的规定。

6.4.3 建在覆盖层上的混凝土重力坝（闸）址的勘察内容除应符合土石坝坝址的有关规定外，尚应着重查明以下内容：

1 查明坝（闸）基覆盖层分布、厚度、层次结构及其物质组成，查明膨胀土、黏性土、淤泥类土和粉细砂土的埋深、厚度、分布和性状，研究其产生变形和不均匀沉陷、坝基抗滑稳定、液化的可能性。

2 查明覆盖层各层次的渗透特性、相对隔水层分布，评价其渗漏和渗透稳定性，为防渗处理提出建议。

3 查明河床两岸覆盖层的成因类型、层次结构、分布规律、渗透特性等，评价产生绕坝渗漏的可能性并提出处理措施建议。

4 查明下游消能防冲区的覆盖层分层、厚度变化及其性状，为消力池及防冲设计提供地质资料。

6.4.4 建在覆盖层上的混凝土坝（闸）址的勘察方法除应符合土石坝坝址的有关规定外，还应符合下列规定：

1 坝（闸）基的钻孔应结合闸墩和防渗、防冲建筑物布置，钻孔深度宜根据覆盖层厚度及建基面高程确定；当覆盖层厚度小于闸底宽时，钻孔深度应进入基岩5～10m；当覆盖层厚度大于闸底宽时，钻孔深度宜为闸底宽的1～2倍，并应进入下伏承载力较高的土层或相对隔水层；控制性钻孔应进入基岩10～30m。

2 岩土试验和水文地质试验应符合下列规定：

1) 坝（闸）基持力层范围内每一土层均应取原状样，并进行室内物理力学性质试验，试验组数累计不少于11组。

2) 细粒土及粉土、粉细砂层应结合钻探进行标准贯入及静力触探试验，粗粒土层应进行动力触探试验，软土层应进行十字板抗剪试验。

3) 根据需要进行现场载荷试验、旁压试验、原位抗剪试验、现场渗透与渗透变形试验，以及室内原状土的渗透与渗透变形试验、大三轴剪切试验和可能液化土的三轴振动试验等专门性试验。

4) 根据覆盖层的成层特性和水文地质结构进行单孔或多孔抽水试验，分层或综合抽水试验，坝基主要透水层的抽水试验应不少于3段。

3 地下水动态观测和不稳定岩土体位移监测的要求应符合本规范第6.4.2条第6款和第6.2.5条第5款的规定。

6.5 混凝土拱坝

6.5.1 混凝土拱坝坝址的勘察内容除应符合本规范第6.4.1条的规定外，还应包括下列内容：

1 查明河谷形态、宽高比、两岸地形完整程度。

2 查明拱肩受力岩体内垂直或近于垂直拱推力

方向的断层、挤压破碎带、节理密集带、蚀变岩带、软弱岩带及喀斯特溶洞等的分布和性状，评价坝基（肩）岩体的抗变形性能，提出河床可利用岩体的高程、两岸拱座嵌深及坝基处理建议。

3 查明两岸拱座及抗力岩体内的潜在底滑面、侧滑（裂）面及其连通率，特别是缓倾角结构面与中、陡倾角断层，长大裂隙，蚀变岩脉等软弱结构面组合滑移块体的分布和性状，评价坝肩岩体的抗滑稳定条件，提出坝肩处理建议。

4 查明两岸边坡包括坝顶以上一定范围边坡的地貌形态、岩石性质、地质构造、风化、卸荷、水文地质条件以及天然边坡的变形和破坏现象，并对其稳定性作出评价，提出工程边坡开挖坡形、坡比和防护措施的建议。

5 查明水垫塘及二道坝的工程地质条件，评价水垫塘及泄洪雨雾对坝基及下游岸坡稳定性的影响，提出处理建议。

6 查明坝址区岩体地应力量级、方向和空间分布规律，评价高应力状态对岩体力学特性的影响。

6.5.2 混凝土拱坝坝址的勘察方法除应符合本规范第6.4.2条的规定外，还应符合下列规定：

1 工程地质测绘应符合下列规定：

1）平面地质测绘比例尺可选用1∶2000～1∶1000，高拱坝坝址可选用1∶500。

2）对坝基（肩）岩体稳定有影响的特定软弱结构面，特别是顺河断层、缓倾角断层及成组的节理裂隙等，应详细调查测绘其分布的位置、规模、产状、性状和可能的组合形式及连通率。

2 勘探应符合下列规定：

1）高拱坝两岸坝肩应采用以洞探为主、钻探为辅的方法，坝肩每隔30～50m高差应布置一层平洞。坝高150m以上的高拱坝坝址平洞深度不宜小于200m。

2）抗力体部位应布置专门勘探工程。

3 岩土试验应符合下列规定：

1）坝基各类岩体及影响坝基（肩）变形的软弱结构面均应布置原位变形试验，累计试验级数不应少于6点，高拱坝主要持力岩类累计试验组数不应少于11点，并应在试验点上采用风钻孔测定试点岩体的弹性波波速，建立波速与变形模量的相关关系。

2）原位抗剪和抗剪断试验累计试验级数不应少于6组，高拱坝主要持力岩类和控制坝肩（基）岩体抗滑稳定结构面的累计试验组数不应少于11组。

3）对影响坝肩变形和稳定的主要软弱岩体（带）宜进行流变试验。

4）高拱坝坝址宜在不同高程、不同深度进行

岩体地应力测试。

5）根据需要，配合设计开展高拱坝整体地质力学模型试验。

4 深切峡谷坝址宜开展两岸山坡的变形监测。两岸山坡变形监测和不稳定岩土体位移监测应符合本规范第6.2.5条第5款的规定。

6.6 隧 洞

6.6.1 隧洞勘察应包括下列内容：

1 查明隧洞沿线的地形地貌、物理地质现象。

2 查明隧洞沿线的地层岩性，重点查明松散、软弱、膨胀、易溶和喀斯特化岩层的分布。还应查明岩层中有害气体或放射性矿物的赋存情况。

3 查明隧洞沿线岩层的产状、褶皱（褶曲）、主要断层破碎带的分布位置、产状、规模、性状及其组合关系。当洞线穿越活动断层时，应做专门研究。

4 查明隧洞沿线的地下水位（水压）、水温和水化学成分，特别要查明涌水量丰富的含水层、汇水构造、强透水带以及与地表溪沟连通的断层破碎带、节理密集带和喀斯特通道，预测掘进时突水、突泥的可能性，估算最大涌水量和稳定涌水量。

5 可溶岩区应查明隧洞沿线喀斯特发育规律，主要洞穴的发育高程、层位、规模、充填情况和富水性。

6 查明傍山浅埋洞段、过沟段上覆及傍山侧覆盖层和岩体的厚度，岩体风化、卸荷深度和岩体的完整性。

7 查明隧洞进出口边坡的稳定条件。

8 分析深埋隧洞的岩体地应力情况，预测岩爆发生的可能性、强度和位置以及较软岩塑性变形的可能性，分析深埋隧洞地温情况，预测高地温出现的可能性；岩体地应力和岩爆的判别应符合本规范附录P的规定。

注：深埋隧洞指埋藏深度大于300m的地下洞室。

9 进行隧洞围岩工程地质分类，确定各类围岩的物理力学性质参数，提出围岩支护及排水等处理措施建议。围岩分类应符合本规范附录J的规定。

6.6.2 隧洞的勘察方法应符合下列规定：

1 工程地质测绘应符合下列规定：

1）长引水线路区，工程地质测绘比例尺可选用1∶25000～1∶5000。

2）隧洞进出口、傍山浅埋段、过沟段等，当地质条件复杂时应进行专门性工程地质测绘，比例尺可选用1∶2000～1∶1000。

3）根据需要，局部地段可进行比例尺1∶500的工程地质测绘。

2 物探除应符合本规范第5.5.3条第3款的规定外，还应符合下列规定：

1）利用孔、洞开展有害气体和放射性成分含

量测试。

    2) 必要时,利用勘探孔洞测试地温。

  3 勘探应符合下列规定:

    1) 隧洞进出口及各建筑物地段、长引水隧洞的过沟段以及其他有重大地质问题的地段应布置勘探剖面。

    2) 勘探剖面线上的钻孔深度及水文地质试验等应符合本规范第5.5.3条第4款的规定。

    3) 隧洞进出口地段应布置平洞。

    4) 深埋隧洞可根据具体条件布置钻孔和平洞。

  4 岩石试验应以室内试验和简易原位测试为主,各类岩石室内物理力学性质试验累计不应少于6组;深埋隧洞应视需要进行岩体地应力测试。

  5 隧洞沿线的钻孔应进行地下水动态观测,观测时间不得少于一个水文年。

  6 对建筑物安全有影响的不稳定岩土体应布置位移监测,其要求应符合本规范第6.2.5条第5款的规定。

6.7 渠 道

6.7.1 渠道勘察应包括下列内容:

  1 查明渠道沿线和建筑物场地的地层岩性、地质构造,基岩和覆盖层的分布,重点查明强透水、易崩解、易溶的岩土层、湿陷性黄土、膨胀土、软土、粉细砂和喀斯特的分布及其对渗漏、稳定和液化的影响。

  2 傍山渠道沿线应查明冲洪积扇、滑坡、崩塌、变形体、泥石流、采空区和其他不稳定岸坡的类型、范围、规模和稳定条件。

  3 查明渠道沿线岩土体的透水性、地下水埋深,对渠道的渗漏和渗透稳定作出评价。

  4 查明高填方与半挖半填渠段地基和边坡岩土体的性质及其稳定条件。

  5 应进行渠道工程地质分段,提出各分段岩土体的物理力学性质参数和开挖坡比建议值,并进行工程地质评价。

6.7.2 渠道的勘察方法应符合下列规定:

  1 工程地质测绘比例尺可选用1:10000～1:1000,渠道建筑物场地和填方渠段的工程地质测绘比例尺可选用1:2000～1:1000。

  2 沿渠道中心线及各工程地质分段均应布置代表性勘探剖面。

  3 勘探剖面线上的坑、孔等的间距与深度可根据需要确定。

  4 应进行岩土试验,影响渠道稳定的岩土层的试验组数累计不应少于6组。

6.8 地下厂房系统

6.8.1 地下厂房系统勘察应包括下列内容:

  1 查明厂址区的地形地貌条件,岩体风化、卸荷、滑坡、崩塌、变形体及泥石流等不良物理地质现象。

  2 查明厂址区地层岩性,特别是松散、软弱、膨胀、易溶和喀斯特化岩层的分布,以及岩层中有害气体或放射性矿物的赋存情况,提出防范措施的建议。

  3 查明岩层的产状,蚀变岩带、断层破碎带和节理密集带的位置、产状、规模、性状及其组合关系,评价洞室围岩的稳定性。

  4 查明厂址区的水文地质条件,特别要查明涌水量大的含水层、强透水带以及与地表连通的断层破碎带、节理密集带和喀斯特通道,预测掘进时发生突水、突泥的可能性,估算最大涌水量和稳定涌水量。

  5 可溶岩地区应查明喀斯特的发育规律,主要喀斯特洞穴的发育位置、规模、充填情况和富水性。

  6 调查平洞中发生的围岩岩爆、劈裂和钻孔岩芯饼裂等现象,进行现场地应力测试,分析岩体地应力状态,研究地应力对围岩稳定的影响,预测发生岩爆的可能性和强度,提出处理措施建议。

  7 进行围岩工程地质详细分类,提出各类围岩的物理力学参数建议值,评价围岩的整体稳定性,提出支护设计建议。

  8 围岩分类应符合本规范附录J的规定。

  9 大跨度地下洞室还应查明主要软弱结构面的分布和组合情况,并结合岩体地应力状态评价顶拱、边墙、端墙、岩锚梁和洞室交叉段围岩的局部稳定性,提出处理建议。

  注:大跨度地下洞室指跨度大于20m的地下洞室。

  10 确定外水压力值。

  11 当采用全水头经验折减法确定外水压力值时,折减系数的取值应符合本规范附录Q的规定。

  12 查明调压井布置区的覆盖层分布,基岩岩性,地质构造,风化、卸荷深度以及不良物理地质现象,进行井壁及穹顶的围岩分类;当井口为开敞式布置时,还应查明井口以上边坡的地质条件,评价边坡的稳定性,提出处理措施建议。

  13 查明压力管道及岔管布置区上覆岩体的厚度,风化、卸荷深度,岩体完整性和物理力学特性;高水头压力管道尚应调查上覆山体的稳定性、岩体结构特征、高压渗透特性和岩体地应力状态。

  注:高水头压力管道指水头大于100m的地下压力管道。

  14 查明气垫式调压室布置地段上覆岩体厚度,岩性,风化、卸荷深度,构造发育情况,岩体完整性,围岩类别及物理力学特性,岩体地应力状态和高压渗透特性。

6.8.2 地下厂房系统的勘察方法应符合下列规定:

  1 工程地质测绘应符合下列规定:

1）工程地质测绘比例尺可选用1∶2000～1∶1000。

2）根据地质条件与需要，局部地段比例尺可选用1∶500。

2 物探应符合本规范第5.6.3条第3款的规定。

3 勘探应符合下列规定：

1）各建筑物地段均应布置勘探剖面。

2）根据地质复杂程度和地下厂房的规模在平洞内布置不同方向的钻孔。其中垂直向下的钻孔深度应进入设计洞底高程以下10～30m，但不应小于厂房跨度。

3）大型地下洞室群宜在拟建洞室的纵横方向布置平洞。平洞深度宜穿过拟建洞室后1倍边墙高度的距离。平洞内可布置钻孔或竖井。

4）高压管道及其岔管的勘探深度应以埋置最深、水头最大的岔管为控制；需要时，平洞应延伸到气垫式调压室可能布置的地段。

4 岩土试验应符合下列规定：

1）各类岩土室内物理力学试验组数累计不应少于6组。

2）大跨度深埋地下洞室、高压管道岔管段和气垫调压室应进行岩体现场变形试验、抗剪及抗剪断试验、岩体地应力测试；当存在软岩时，宜进行流变试验；对大跨度地下洞室，可根据工程的具体情况，进行模型洞试验。

5 水文地质试验应符合下列规定：

1）基岩钻孔应根据需要进行压水试验。

2）高压管道及气垫式调压室布置地段宜进行高压压水试验，试验压力应超过内水水头或气垫压力。

3）视需要可进行地下水连通试验、渗流场模拟试验。

6 地下厂址区钻孔应进行地下水动态观测，观测时间不得少于一个水文年。

7 对建筑物安全有影响的不稳定岩土体应布置位移监测，其要求应符合本规范第6.2.5条第5款的规定。

6.9 地面厂房系统

6.9.1 地面厂房系统勘察应包括下列内容：

1 查明压力前池或调压井（塔）、压力明管、厂房、尾水渠和地面开关站布置地段的地层岩性，重点查明软弱夹层、石膏、粉细砂、架空层、膨胀土、软土、冻土和湿陷性黄土等的分布和物理力学性质。

2 查明厂址区的地质构造和岩体结构，主要建筑物布置地段的断层破碎带和节理裂隙发育规律及其组合关系。

3 查明厂址区滑坡、崩塌堆积物、变形体以及泥石流等物理地质现象。

4 查明厂址区的水文地质条件和岩土体的透水性。

5 查明开挖边坡特别是厂房后坡的坡体结构及其稳定条件。

6 评价建筑物地基和边坡的稳定性及压力前池的渗漏和渗透稳定性。

6.9.2 地面厂房系统的勘察方法应符合下列规定：

1 工程地质测绘比例尺可选用1∶2000～1∶1000。

2 工程地质测绘范围应包括自压力前池或调压塔至尾水渠、地面开关站等所有建筑物地段。

3 勘探剖面线应结合建筑物轴线布置，对地面厂房系统各建筑物安全有影响的边坡应布置勘探平洞。

4 当厂房、压力前池和压力明管地基为基岩时，钻孔深度宜进入建基面以下10～15m；当地基为覆盖层时，钻孔深度应根据持力层的情况确定。压力前池钻孔深度宜为1～2倍水深，黄土地区宜为2～3倍水深。

5 岩土物理力学性质试验应按地面厂房系统工程地质分段进行；主要岩土的室内物理力学性质试验组数累计不得少于6组；当主要持力层为覆盖层时，除采取原状样进行室内物理力学性质试验外，尚应进行原位标准贯入和动力触探测试，并可采用物探方法测定土体动力参数；根据需要进行现场载荷试验。

6 压力前池和厂房地段的钻孔应进行压水或抽水试验。

7 厂址区的钻孔应进行地下水动态观测，观测时间不应少于一个水文年。对厂房系统建筑物安全有影响的不稳定或潜在不稳定岩土体应进行位移监测。

6.10 溢洪道

6.10.1 溢洪道勘察应包括下列内容：

1 查明溢洪道布置地段的地层岩性，断层、节理密集带、主要软弱夹层的分布和岩体风化、卸荷深度。

2 查明岩土体的透水性和地下水位。

3 查明溢洪道两侧，特别是内侧边坡的坡体结构及其稳定性。

4 查明堰基、泄槽段、陡槽段、挑流鼻坎等建筑物地基岩体的分布、完整程度及稳定性。

5 查明下游消能冲刷区和泄洪雨雾区边坡的岩体结构及稳定性。

6 进行溢洪道区的工程地质分段，提出各类岩土体的物理力学性质参数，评价引渠、泄洪闸、泄槽、消能建筑物地基、沿线边坡和下游消能冲刷区及防淘墙的稳定性，提出处理建议。

6.10.2 溢洪道的勘察方法应符合下列规定：

1 工程地质测绘比例尺可选用 1：2000～1：1000。

2 工程地质测绘范围应包括自引渠、泄洪闸至下游消能地段，以及论证下游冲刷区与雨雾区边坡稳定所涉及的地段。

3 勘探剖面线应结合引渠、泄洪闸、泄槽和消能建筑物等轴线布置纵剖面，不同工程地质分段应有代表性横剖面。高边坡、泄流冲刷区以及有复杂地质问题的地段，应布置勘探剖面。

4 溢洪道边坡勘察宜采取以平洞勘探为主、钻孔为辅的方法。

5 泄洪闸钻孔深度应符合本规范第5.7.3条第2款的规定，其他地段钻孔深度根据需要确定。

6 控制泄洪闸基、挑流鼻坎地基和边坡稳定的岩土体与软弱夹层的室内物理力学性质试验组数，累计不少于6组。

7 泄洪闸基及两侧帷幕区的钻孔应进行压水或注水试验。

8 地下水动态观测应符合本规范第6.4.2条第6款的规定。

9 不稳定岩土体位移监测的要求应符合本规范第6.2.5条第5款的规定。

6.11 通航建筑物

6.11.1 通航建筑物的工程地质勘察应查明引航道、升船机、船闸上下闸首、闸室、上下游码头的地基、洞室和边坡的工程地质条件，查明断层、主要裂隙及其组合与地基、洞室和边坡的关系，提出岩土体的物理力学性质参数，评价地基、洞室和开挖边坡的稳定性，提出处理措施建议。

6.11.2 通航建筑物的勘察方法应符合下列规定：

1 工程地质测绘比例尺可选用 1：2000～1：1000。

2 工程地质测绘范围应包括通航建筑物及对工程有影响的地段。

3 可采用综合物探方法探测覆盖层的厚度、岩土体的弹性波波速、喀斯特的分布与规模。

4 勘探剖面应结合建筑物布置，基岩地基钻孔深度应进入闸底板以下10～30m，覆盖层地基钻孔深度宜结合建筑物规模确定。

5 对通航建筑物安全有影响的边坡应布置勘探剖面，平洞、钻孔深度可根据需要确定。

6 岩土物理力学性质试验应根据建筑物或工程地质分段进行，主要岩土层室内物理力学性质试验组数累计不应少于6组。土层应进行标准贯入试验或动力触探试验，并根据需要进行其他原位测试。

7 建筑物基坑的钻孔应进行抽水试验或压水试验。

8 建筑物区钻孔应进行地下水动态观测，其要求应符合本规范第6.4.2条第6款的规定。

9 对通航建筑物安全有影响的不稳定或潜在不稳定岩土体应进行位移监测，其要求应符合本规范第6.2.5条第5款的规定。

6.12 主要临时建筑物

6.12.1 围堰的勘察内容和方法应符合下列规定：

1 土基上的土石围堰勘察内容和方法宜符合本规范第6.3.1条和第6.3.2条的规定，并适当简化。

2 土基上的混凝土围堰勘察内容和方法宜符合本规范第6.4.3条和第6.4.4条的规定，并适当简化。

6.12.2 导流明渠的勘察内容和方法除应符合本规范第6.7.1条和第6.7.2条的规定外，尚应符合下列规定：

1 查明外导墙地基覆盖层结构、厚度及性状，基岩岩性，岩体完整性、风化、卸荷深度，断层破碎带和节理密集带的位置、产状、规模、性状及其组合关系。特别要查明覆盖层的渗透性和岩基中倾向基坑的中缓倾角结构面发育情况。评价外导墙覆盖层地基的渗透稳定性和基岩地基的抗滑稳定性，提出处理建议。

2 查明内侧边坡的坡体结构，评价沿线边坡的稳定性，提出处理建议。

3 查明导流明渠出口边坡的抗冲刷稳定性。

6.12.3 导流隧洞的勘察内容和方法宜符合本规范第6.6.1条和第6.6.2条的规定，并适当简化。

6.12.4 缆机平台的勘察内容和方法应符合下列规定：

1 查明缆机平台地基及边坡的覆盖层厚度、岩性、岩体结构和完整性，结构面的产状、性状、规模及其组合关系，评价地基及边坡的稳定性，提出地基和边坡处理的建议。

2 缆机平台地基及边坡的勘探应结合坝址区坝顶以上边坡稳定性的勘察进行，视具体地形地质条件，可布置钻孔和平洞。

6.13 天然建筑材料

6.13.1 天然建筑材料勘察应包括下列内容：

1 应在预可行性研究勘察基础上进行天然建筑材料详查。

2 需要时，应进行混凝土天然掺合料的详查。

3 配合施工组织设计对拟利用的开挖料质量作出评价。

4 详查储量应达到设计需要量的1.5～2.0倍。

6.14 勘 察 报 告

6.14.1 可行性研究阶段工程地质勘察报告正文应包括：绪言，区域地质概况，水库工程地质条件，坝址比较与选择，选定坝址坝型、坝线比较，各建筑物工程地质条件，天然建筑材料，结论和建议等。

6.14.2 绪言应包括下列内容：

1 工程概况。

2 预可行性研究阶段提出的主要工程地质问题和结论。

3 预可行性研究报告审查的主要意见。

4 本阶段工程地质勘察完成的主要工作项目和工作量。

6.14.3 区域地质概况应包括下列内容：

1 区域地形地貌、地层岩性、地质构造、物理地质现象、水文地质条件及地震地质等概况。

2 近场区地质构造及主要断层的活动性分析。

3 场地地震安全性和区域构造稳定性评价的主要结论。

6.14.4 水库工程地质条件应包括下列内容：

1 水库的基本地质条件。

2 水库渗漏评价。

3 库岸稳定性评价与覆盖层坍岸预测。

4 水库浸没预测。

5 库区泥石流等固体径流物质来源评价。

6 水库可能诱发地震的类型，库段及最大震级预测。

7 地质灾害危险性评估的主要结论意见。

8 水库移民集中安置区及专项复建工程地质条件评价的主要结论意见。

6.14.5 坝址比较与选择应包括下列内容：

1 各坝址工程地质条件，相应坝型与枢纽布置方案的工程地质评价。

2 各坝址工程地质条件比较和坝址选择的地质意见。

6.14.6 选定坝址各建筑物的工程地质条件应包括下列内容：

1 坝址的工程地质条件，坝基岩体工程地质分类及物理力学性质参数，坝型、坝轴线和枢纽布置选择的地质意见，坝址工程地质问题评价和处理建议。

2 隧洞基本地质条件，工程地质条件分段说明，围岩工程地质分类，进出口边坡和洞室围岩稳定性的地质评价及处理建议。

3 渠道基本地质条件，工程地质条件分段说明，边坡和地基稳定性以及渗漏评价及处理建议。

4 厂址区基本地质条件，地基或围岩工程地质分类，厂址区各建筑物地基、边坡和围岩稳定性的工程地质评价及处理建议。

5 泄水建筑物（溢洪道）、通航建筑物等的工程地质条件。各建筑物地基、边坡和围岩稳定性的工程地质评价及处理建议，泄流冲刷区及雨雾区的边坡稳定条件和处理措施建议。

6 主要临时建筑物的工程地质条件。

6.14.7 天然建筑材料应包括各类材料的设计需用量，各料场地形地质条件、勘探和取样情况、储量和质量评价，开采和运输条件等。

6.14.8 结论和建议应包括区域地质，水库地质，坝址、坝型、坝线比较，选定坝址枢纽布置各建筑物工程地质评价，各类天然建筑材料储量、质量评价，以及对招标设计阶段勘察工作的建议。

6.14.9 报告附图及附件应符合本规范附录 A 的规定。

7 招标设计阶段工程地质勘察

7.1 一般规定

7.1.1 招标设计阶段工程地质勘察应在审查批准的可行性研究报告基础上进行。应复核可行性研究阶段的地质资料与结论，补充查明遗留的工程地质问题，为完善和优化设计以及编制招标设计文件提供地质资料。

7.1.2 招标设计阶段工程地质的勘察任务应包括下列内容：

1 复核可行性研究阶段的主要勘察成果。

2 补充查明可行性研究阶段遗留的工程地质问题。

3 论证可行性研究报告审批中提出的专门性工程地质问题。

4 提供与优化设计有关的工程地质资料。

5 初步查明枢纽区临时（辅助）建筑物的工程地质条件，作出初步评价。

6 复核或补充查明水库移民集中安置区与专项复建工程的工程地质条件。

7.2 工程地质复核

7.2.1 工程地质复核应包括下列主要工程地质勘察成果：

1 水库工程地质条件。

2 枢纽建筑物（包括挡水、泄洪、输水、厂房、通航建筑物）工程地质条件。

3 主要临时（辅助）建筑物工程地质条件。

4 天然建筑材料。

7.2.2 工程地质的复核方法应符合下列规定：

1 分析研究可行性研究阶段工程地质勘察成果。

2 对可行性研究阶段后的有关地震、岩土体位移、地下水动态等的观（监）测成果作进一步分析论证。

3 根据具体情况补充必要的工程地质测绘、勘探与试验工作。

7.3 专门性工程地质问题勘察

7.3.1 专门性工程地质勘察包括下列内容：

1 可行性研究阶段遗留的工程地质问题。

2 可行性研究报告审批提出的专门性工程地质问题。

3 可行性研究阶段完成后新发现的重大工程地质问题。

4 优化、变更设计需进一步查明的工程地质问题。

7.3.2 当预测可能发生水库诱发地震时，其勘察内容应包括：

1 复核水库诱发地震库段位置和震级。

2 提出建立或完善地震监测台、网的建议。

7.3.3 对水库区存在的有关工程地质问题，应根据具体情况确定勘察内容。

1 水库渗漏，应复核或补充查明渗漏范围、深度、形式与途径，提出优化处理的建议和完善水库渗漏观测的意见。

2 库岸稳定，应复核或补充查明岸坡失稳的边界条件以及潜在滑动面的物理力学参数、失稳机制、方式和规模。评价失稳的可能性及危害性，并提出优化处理措施和完善岩土体位移监测意见。

3 水库浸没、坍岸、泥石流，应复核或补充查明其发展趋势、范围、危害程度，并提出优化处理措施与完善地下水动态观测意见。

7.3.4 挡水建筑物存在的专门性工程地质问题，应根据具体情况确定勘察内容。

1 坝基可利用岩土体，应复核岩土体的工程地质特性，并根据地基受力状态，提出优化可利用建基面和预留保护层厚度的意见，提出优化地基加固处理措施的建议。

2 坝基（肩）抗滑稳定，应复核或补充查明地质边界条件和滑移模式，岩土体和结构面抗剪（断）强度，评价抗滑稳定性。提出优化加固处理的建议和完善岩土体位移监测的意见。

3 坝基变形，应复核岩土体变形稳定条件、变形（压缩）模量和承载力参数，评价坝基（包括趾板）岩土体的变形稳定性及砂层的振动液化特性。提出优化加固处理的建议和完善岩土体位移监测的意见。

4 坝基渗漏和渗透变形稳定，应复核或补充查明坝址区水文地质条件，主要是岩土体的渗透性、临界水力比降和允许水力比降。评价坝基（肩）产生渗漏的条件、渗漏途径、渗漏形式及渗漏量；评价坝基产生渗透变形的条件和渗透变形形式。提出优化防渗及排水措施的建议和完善地下水动态观测的意见。

5 边坡（包括坝肩、坝基开挖边坡）稳定，应复核或补充查明影响边坡稳定性的工程地质、水文地质条件，岩土体物理力学性质参数。评价可能失稳边坡的地质边界条件，失稳机制、方式、规模和危害性。提出边坡开挖坡形、坡比的意见和优化处理措施

的建议，完善岩土体位移监测和地下水动态观测的意见。

7.3.5 泄水、输水、厂区、通航建筑物存在的专门性工程地质问题应根据具体情况确定其勘察内容。

1 地基稳定（包括抗滑稳定、抗冲稳定、渗透稳定），应复核或补充查明地基工程地质与水文地质条件、岩土体物理力学参数、渗透性分级和岩土体工程地质分类、抗冲刷参数，评价地基的稳定性。提出优化地基加固处理措施的建议和完善岩土体位移监测及地下水动态观测的意见。

2 围岩稳定，应复核或补充查明围岩的工程地质与水文地质条件，岩体地应力状况，围岩类别和岩体物理力学性质参数，评价围岩稳定性；预测产生岩爆、突水和围岩失稳的位置、规模；提出优化围岩加固处理措施的建议和完善围岩位移、外水压力监测的意见。

3 边坡稳定问题的复核应符合本规范第7.3.4条第5款的规定。

4 高压渗透稳定，应复核围岩在高压水头作用下的渗透特性，提出围岩的允许水力坡降、破裂压力、外水压力；评价山体稳定性和提出优化高压管道衬砌形式和防渗、排水措施的建议。

5 基坑或洞室涌水，应复核场址水文地质条件，重点为富水层、含水构造、强透水带、与地表水体连通的断层破碎带、节理密集带和喀斯特通道及采空区等，预测涌水类型、涌水量，提出处理措施的建议和完善地下水动态观测的意见。

7.3.6 专门性工程地质的勘察方法应符合下列规定：

1 勘察方法和勘察工作量应根据工程地质问题的复杂性、可行性研究阶段工程地质勘察工作的深度和条件等因素确定。

2 应分析和利用各种监测与观测资料。

3 当需要补充查明有关专门性问题工程地质条件时，应进行专门工程地质测绘，比例尺可选用1：1000～1：500，并应在原有勘察工作基础上补充布置勘探和试验工作。

4 设计优化勘察应结合工程具体部位，在原有勘察工作基础上适当加密勘探和增加试验工作。

7.3.7 专门性工程地质问题勘察应提交工程地质专题报告。

7.4 临时（辅助）建筑物

7.4.1 应对枢纽区场地内规划的主要施工交通干道、桥梁、弃（堆）渣场、砂石料加工系统工程、混凝土拌和系统、供水工程等临时（辅助）建筑物的工程地质条件进行勘察，为场地选择、方案布置进行地质论证和提供设计所需的地质资料。

7.4.2 勘察内容应包括：初步查明规划场地的工程地质条件，对场地的稳定性、适宜性作出工程地质初

步评价；提出地基承载力的建议值、边坡开挖坡形、坡比的初步意见，初步评价地基、围岩、边坡的稳定性，提出处理措施的建议与岩土体位移监测的意见。

7.4.3 勘察方法应符合下列规定：

1 临时（辅助）建筑物场地勘察应全面收集、利用可行性研究阶段枢纽区的地质图件与勘探资料，并进行复查或补充勘察。

2 根据具体工程情况开展工程地质测绘、勘探与试验工作。工程地质测绘比例尺可选用1：2000～1：500。勘探与试验应结合设计方案布置。

7.4.4 临时（辅助）建筑物工程地质勘察应提交本阶段专项工程地质勘察报告。

7.5 水库移民集中安置区与专项复建工程

7.5.1 应对水库移民集中安置区与专项复建工程的工程地质条件进行复核，并根据移民安置规划实施和设计变更情况，开展必要的补充勘察工作。

7.5.2 复核或补充勘察工作的内容和方法应符合本规范第6.2.14条和第6.2.15条的规定。

7.6 天然建筑材料

7.6.1 当遇下列情况之一时，需要对天然建筑材料进行复查或补充勘察：

1 可行性研究报告审批要求补充论证时。

2 料场条件发生较大变化需对详查级别的勘察成果进行复查时。

3 设计方案改变，要求开辟新的料场时。

7.6.2 复查或补充勘察均应满足天然建筑材料勘察详查精度的要求，应针对料源遗留的具体问题开展勘探和试验。

7.6.3 应根据设计用料需求量，优选开采范围，分析开采过程中有关边坡稳定性、地表径流、施工涌水等问题，提出处理措施建议。

7.6.4 补充勘察应提交天然建筑材料专题报告。

7.7 勘 察 报 告

7.7.1 招标设计阶段工程地质勘察报告正文应包括：概述、水库工程地质、水工建筑物工程地质、临时建筑物、水库规划移民安置区与专项复建工程工程地质、天然建筑材料及结论，各章内容应符合国家现行标准《水电工程招标设计报告编制规程》DL/T 5212的有关规定。

7.7.2 报告附图、附件应符合本规范附录A的规定。

8 施工详图设计阶段工程地质勘察

8.1 一 般 规 定

8.1.1 施工详图设计阶段工程地质勘察应在招标设计阶段工作基础上，检验、核定前期勘察的地质资料与结论，补充论证专门性工程地质问题，为施工详图设计提供工程地质资料。

8.1.2 施工详图设计阶段的勘察任务应包括以下内容：

1 对招标设计评审中要求补充论证的和枢纽建筑物施工期、水库蓄水过程中出现的专门性工程地质问题进行勘察。

2 进行施工地质工作，检验、核定前期勘察成果。

3 提出工程地质问题处理措施的建议。

4 分析施工期地质监测和检测资料，提出完善施工期和运行期的工程地质监测和检测内容、布置方案和技术要求的建议。

5 为工程安全鉴定提供地质资料。

8.2 专门性工程地质问题勘察

8.2.1 专门性工程地质问题及勘察内容应根据工程的具体情况确定。

8.2.2 施工期和水库蓄水过程中库区发生下列情况，应进行专门性工程地质问题勘察：

1 当监测台、网监测的震情有明显变化时，进行地震地质补充调查，鉴别地震类型，分析台网监测资料，研究发生的水库诱发地震的震中位置、震级和烈度，预测水库诱发地震的发展趋势。

2 当不稳定或潜在不稳定库岸边坡出现变形迹象，影响枢纽建筑物、水库运行、集中居民点生命财产和重要公用设施安全时，应复核影响库岸边坡稳定的水文地质、工程地质条件，评价失稳的可能性及其对工程的影响，提出工程治理与防护措施建议。

3 当库区局部库段出现渗漏时，应复核渗漏区的水文地质条件，评价渗漏对工程的影响，提出防渗处理建议。

4 当浸没和坍岸区位置、范围发生重大变化时，应复核浸没、坍岸影响区的水文地质结构和水文地质条件，确定浸没、坍岸区范围，提出防护工程措施建议。

8.2.3 水库移民安置实施过程中，发现移民安置实施规划设计选定的移民安置区（点）存在影响场地整体稳定性的不良地质问题时，应进行补充勘察，提出工程处理建议。

8.2.4 根据施工开挖揭露的地质情况和监测、检测资料，枢纽建筑物布置区发生下列情况时，应进行专门性工程地质问题勘察：

1 当危害工程安全的潜在不稳定天然边坡和工程边坡出现破坏变形迹象时，应复核影响天然边坡和工程边坡的工程地质条件、潜在滑动面的分布和物理力学性质参数、失稳的可能性及对工程的影响，提出工程处理措施建议。

2 当建筑物地基、抗力体或地下建筑物围岩发现新的工程地质问题，导致建筑物设计条件发生变化时，应复核其水文地质、工程地质条件，岩土体物理力学性质参数，评价其对工程的影响，提出工程处理建议。

8.2.5 可溶岩地区，当施工过程中发现有大的溶洞和喀斯特管道系统，并可能危害工程边坡、建筑物地基和围岩稳定，以及出现渗漏问题时，应进行专门性喀斯特水文地质、工程地质补充勘察，提出工程处理建议。

8.2.6 在采料过程中发现天然建筑材料产地的储量、质量等发生较大变化时，应根据具体情况补充专门性勘察。

8.2.7 专门性工程地质问题的勘察方法应符合下列规定：

1 工程地质测绘比例尺可采用 1：1000～1：200。

2 应根据地质问题的复杂性、前期勘察工作深度和场地条件等因素布置专门的勘探和试验。

3 利用各种施工开挖工作面观察和收集地质资料，收集监测和检测资料，进行地质综合分析。

8.2.8 专门性工程地质问题勘察报告内容应根据实际存在的地质问题确定。报告正文可包括绪言、地质概况、工程地质条件、分析与评价、工程处理建议和结论。报告附件应符合本规范附录 A 的规定。

8.3 施工地质

8.3.1 水库区施工地质工作应包括下列内容：

水库蓄水过程中，应定期进行地质巡视，收集、分析发生的地质现象，检验和修正前期地质勘察资料，对影响水库正常运行、居民生命财产安全，以及因蓄水诱发的不良环境地质问题，提出地质建议，根据需要进行专门性工程地质问题勘察；提出运行期水库区的地质观测项目及其技术要求的建议。

8.3.2 枢纽建筑物场地布置区施工地质工作应包括下列内容：

1 分析建筑物场地布置区在施工过程中揭露的地质现象，检验和修正前期勘察资料，进行专门性工程地质问题补充勘察。

2 编录和测绘建筑物地基、围岩、工程边坡的地质现象，分析与地质有关的工程监测和检测资料，预测、预报可能出现的地质问题；核实建筑物地基、围岩、工程边坡岩土体的工程地质条件。

3 提出优化地基、围岩、工程边坡的设计和施工方案的地质建议，及时对工程地质问题进行分析，提出处理建议，参与优化设计和工程处理措施的研究。

4 参与有关的检测和专门性试验工作。

5 参与建筑物地基、围岩、工程边坡及其不良地质体开挖的评价验收。

6 提出完善建筑物地基、围岩、边坡在施工期和运行期的水文地质工程地质监测和检测项目及其技术要求的建议。

8.3.3 复核开采料场的天然建筑材料储量、质量及其开挖边坡稳定性。

8.3.4 施工地质工作应随工程施工进度，全过程进行动态的地质分析，及时反馈经修正或核定的地质资料。施工地质方法应采用地质巡视、观察、素描、实测、摄影和录像等手段，编录和测绘枢纽建筑物布置区施工揭露的地质现象，以及水库蓄水过程中发生的地质现象。工程地质测绘比例尺宜选用 1：1000～1：200，素描编录比例尺宜选用 1：200～1：50。

8.3.5 施工地质工作期间，应建立"施工地质日志"，及时整编下列资料：

1 施工地质原始资料，包括施工编录资料，与监理、施工单位的来往文件等。

2 单项工程（标）施工结束，应编写单项工程（标）验收地质说明书。

3 工程度汛、工程截流、蓄水、机组启动验收以及施工期工程安全鉴定时，应提出相应的地质资料和意见。

4 施工地质结束后，应编写工程竣工地质报告。报告正文应包括绪言，区域地质，水库工程地质条件评价，枢纽布置区基本地形地质条件，枢纽各建筑物场地施工开挖揭露的实际地质情况，地基、边坡、围岩的加固处理措施和工程地质条件评价，天然建筑材料评价意见，结论和建议。报告附图、附件应符合本规范附录 A 的规定。

8.3.6 施工地质工作结束，应将全部施工地质资料进行分类整理、归档。

9 抽水蓄能电站工程地质勘察

9.1 一般规定

9.1.1 抽水蓄能电站工程地质勘察工作应根据常规水电工程地质勘察基本规定和技术标准的要求，结合抽水蓄能电站建筑物对工程地质条件的特殊技术要求进行。

9.1.2 抽水蓄能电站应根据电力系统需要，确定普查范围，初选站址，选择若干站址开展选点规划勘察。选定站址的各阶段工程地质勘察工作与常规的水电工程相同，依序为预可行性研究阶段工程地质勘察、可行性研究阶段工程地质勘察、招标设计阶段工程地质勘察、施工详图设计阶段工程地质勘察。

9.2 选点规划阶段工程地质勘察

9.2.1 选点规划工程地质勘察应对普查选择站址的

区域地质，上水库、输水发电系统、下水库代表性方案及各主要建筑物场地进行工程地质论证，为比选站址、推荐近期开发工程提供地质依据。

9.2.2 选点规划阶段的勘察任务应包括下列内容：

1 了解站址的区域地质和地震活动概况。

2 了解站址上、下水库及各坝址的工程地质条件和主要工程地质问题，分析成库、建坝条件。

3 了解站址输水发电系统的工程地质条件和主要工程地质问题，分析成洞、建厂条件。

4 了解站址附近天然建筑材料的赋存情况。

9.2.3 区域构造稳定性的勘察内容与勘察方法应符合本规范第 4.2 节的规定。

9.2.4 上、下水库及其主、副坝坝址的勘察内容除应符合本规范第 4.3.1、4.4.1 条的规定外，还应包括下列内容：

1 了解可能导致水库渗漏的地形地质及水文地质条件，调查水库周边低矮垭口、单薄分水岭、低邻谷、贯穿库岸分水岭的断层破碎带、古河道、喀斯特化岩层及泉、井的分布情况，分析水库渗漏的可能性。

2 了解库内外边坡的稳定情况，分析岸坡尤其是库水位变幅带边坡的稳定条件以及形成固体径流来源的可能性。

3 了解各坝址的地形地质条件、主要水文地质工程地质问题，分析建坝条件。

4 拟利用已建水库、挡水坝时，应收集了解其工程设计、施工和运行期的工程地质资料。

9.2.5 输水发电系统的勘察内容除应符合本规范第 4.5.1 条的规定外，还应包括下列内容：

1 了解地下洞室上覆岩体厚度和围岩稳定条件，分析输水发电系统沿线布置地下厂房洞室群以及调压井的地形地质条件。

2 了解上、下水库进出水口和调压井的工程地质条件，分析对输水线路布置方案的影响。

9.2.6 应进行天然建筑材料普查，并分析利用库盆开挖料的可能性。

9.2.7 上、下水库及坝址和输水发电系统的勘察方法除宜符合本规范第 4.3.2、4.3.3、4.4.3、4.5.2 条的规定外，尚应符合下列规定：

1 以工程地质测绘为主，并配合必要的物探和轻型勘探，工程地质测绘所用地形图比例尺不应小于 1∶5000。

2 一般站址水库主坝、输水发电系统，应有一条代表性勘探剖面。对拟推荐的近期工程，主坝坝址区应布置钻孔，钻孔不宜少于 3 个，水库区可能渗漏地段宜布置钻孔。

9.2.8 工程地质勘察成果应编入选点规划报告的工程地质篇章。

9.3 预可行性研究阶段工程地质勘察

9.3.1 预可行性研究阶段的工程地质勘察应在选点规划推荐的近期工程站址上进行，对枢纽工程各组合方案开展工程地质勘察。初步查明站址代表性枢纽方案的上水库及坝、输水发电系统、下水库及坝等主要建筑物的工程地质条件，对影响方案成立的主要工程地质问题作出初步评价，提供相应的工程地质勘察资料。

9.3.2 预可行性研究阶段的勘察任务应包括下列内容：

1 进行区域构造稳定研究，对工程场地的构造稳定性和地震安全性作出评价。

2 初步查明各比较方案上、下水库及坝址的工程地质条件及主要工程地质问题，并对各方案作出初步评价。

3 初步查明各比较方案输水发电系统主要建筑物工程地质条件及主要工程地质问题，并作出初步评价。

4 对主要天然建筑材料进行初查。

9.3.3 区域构造稳定性研究宜符合本规范第 5.2 节的要求。当上水库位于孤立的峰顶夷平面时，应考虑地震的放大效应。

9.3.4 上、下水库及各坝址的勘察内容除应符合本规范第 5.3.1、5.4.1 条的规定外，尚应初步查明下列内容：

1 库周垭口、单薄分水岭、库周及库底可能渗漏地段的主要工程地质、水文地质条件。

2 库岸稳定条件，分析库水位频繁变动对库岸稳定的影响。

3 固体径流的来源及对工程的可能影响。

4 位于沟谷斜坡地段坝址结构面的发育及其组合情况，特别是顺坡向结构面的发育特征，初步评价坝基斜坡的稳定条件。

5 当利用已建库、坝时，应详细了解工程设计、施工、运行中有关工程地质条件、问题和动态变化情况。

6 水库建设对环境地质的影响。

9.3.5 水库渗漏的勘察内容除应符合本规范第 5.3.2 条的规定外，尚应初步查明下列内容：

1 可溶岩、强透水岩土层、断层破碎带、节理密集带、单薄分水岭、古河道、地形垭口的分布和水文地质特征。

2 库周地下水动态，库周相对隔水层分布与埋藏特征。

3 可溶岩地区喀斯特的发育与分布规律，水文地质结构、地下水补给、径流、排泄条件及与库外连通情况，评价对建库的影响程度。

9.3.6 库岸稳定的勘察内容除应符合本规范第

5.3.3 条的规定外，尚应初步查明下列内容：

1 库水位变动带范围内的边坡稳定条件。

2 库内工程边坡（包括库内扩库、利用库内开挖料筑坝等）稳定条件。

3 库周外侧边坡稳定条件。

9.3.7 水库、坝址工程地质的勘察方法除应符合本规范第 5.3.7、5.4.2 条的要求外，尚应符合下列规定：

1 水库区工程地质测绘比例尺可采用 1：5000，喀斯特地区或有通向库外的渗漏通道，测绘范围应扩大到可能渗出地段。

2 宜利用综合物探方法探测水库区可能发生渗漏地段的地下水位、隔水层埋深以及古河道、喀斯特通道、隐伏大断层破碎带的埋藏与延伸情况，库盆内覆盖层的厚度等。

3 水库周边垭口、单薄分水岭及库底应布置钻探，对可能存在库水渗漏的地段，应布置水文地质勘探剖面，勘探剖面线上的钻孔不宜少于 3 个，孔深应进入相对隔水层以下 5m。当水库库盆、坝为软土地基时，勘探点的布置宜符合现行国家标准《岩土工程勘察规范》GB 50021 的有关规定。

4 利用钻孔、泉点、水井进行地下水长期观测，观测时间不少于一个水文年。

5 对建于斜坡上的坝址应根据需要布置勘探平洞或竖井。

9.3.8 输水发电系统各方案主要建筑物的勘察内容除应符合本规范第 5.5.1、5.6.1、5.6.2 条外，还应初步查明下列内容：

1 输水发电系统地下洞室沿线上覆及侧向岩体厚度，高压管道与厂房段围岩类别，并了解初始地应力状态。

2 地下洞室围岩及沿线山体的地下水位、岩体渗透特性等水文地质特征。

3 进出水口边坡稳定条件。

4 调压井部位的地形地质条件。

9.3.9 输水发电系统的勘察方法除应符合本规范第 5.5.3、5.6.3 条的要求外，尚应符合下列规定：

1 输水发电系统沿线工程地质测绘比例尺可采用 1：5000，进出水口地段工程地质测绘比例尺可采用 1：2000。

2 地下洞室沿线应利用综合物探方法或布置钻孔，初步查明隧洞沿线地下水分布情况。

3 对枢纽工程代表性方案初拟的地下厂房与高压洞段应布置深孔钻探，孔深应深入隧洞或厂房底板以下 10～30m，并可进行岩体地应力测试等。

4 进出水口可布置勘探钻孔或平洞。

9.3.10 利用已建水库或天然湖泊作为上、下水库，勘察内容和方法应符合下列规定：

1 收集已有的勘察、设计、运行、观测、试验、开发利用的有关资料。

2 复核渗漏、浸没、岸坡稳定、水质等水文地质、工程地质条件。根据调查、核实情况，可补充工程地质勘察。

3 核实挡水坝、溢洪道、围堤、水闸等主要建筑物地基有关工程地质参数与地基处理情况以及堤、坝体材料，结构特征，初步评价堤坝改扩建与地基的适应性。

4 堤、坝及溢洪道工程改扩建，需进行专门的工程地质勘察。

5 利用天然湖泊作为上、下库时，需结合工程，根据湖泊天然条件，开展工程地质勘察。

9.3.11 进行天然建筑材料初查，并需考虑工程开挖渣料的利用，初步查明有用层储量、质量、开采、运输条件。

9.3.12 工程地质勘察报告的编写，宜符合本规范第 5.9 节的要求，根据站址主要工程地质问题的具体情况，适当增减、调整，并侧重下列内容：

1 上、下水库的水文地质条件，初步评价库水渗漏的可能性，初估渗流量，提出防渗措施建议。

2 初步评价库岸边坡的稳定性，预测固体径流来源。

3 输水发电系统沿线地质构造，水文地质条件，地应力状态，地下洞室围岩类别与稳定性分析。

9.4 可行性研究阶段工程地质勘察

9.4.1 可行性研究阶段工程地质勘察应在预可行性研究阶段勘察的基础上进行。查明水库及建筑物区的工程地质条件，为选定坝址、坝型、坝线、输水线路和发电厂房位置及其轴线方向提供地质依据。论证水库防渗形式，评价厂房及输水系统洞室围岩稳定性。提供水库及各建筑物设计所需的工程地质资料。

9.4.2 可行性研究阶段的勘察任务应包括下列内容：

1 查明上、下水库和各坝址的工程地质、水文地质条件，评价水库和坝址的渗漏条件及库岸稳定性。

2 对设置拦沙坝的水库，应查明拦沙库、拦沙坝及泄洪洞或排沙洞的工程地质条件。

3 查明厂房系统的工程地质条件，评价各洞室围岩稳定性。应重视对高压岔管部位岩体工程地质条件的勘察。

4 查明输水系统的工程地质条件，评价隧洞围岩稳定性及压力隧洞在高压水渗透条件下的围岩稳定性。

5 进行天然建筑材料详查。

9.4.3 上、下水库及其各坝址的勘察内容应符合本规范第 6.2.1、6.3.1、6.4.1、6.5.1、9.3.4 条的规定。

9.4.4 水库渗漏勘察应包括下列内容：

1 查明库周岩体渗透特性和地下水埋深。

2 查明水库垂向和侧向渗漏条件，主要漏水地段或渗漏通道的位置和规模。进行库周水文地质分段，评价各段的渗漏条件，估算水库渗漏量。

3 可溶岩地区应查明喀斯特的发育规律、水文地质结构、地下水补给、径流、排泄条件及库内外连通情况、相对隔水层的分布等。

4 根据水库的水文地质特征及其渗漏条件，提出库盆防渗形式的建议。

9.4.5 水库库岸稳定勘察应包括下列内容：

1 查明库岸边坡（包括天然边坡和工程边坡、水上边坡和水下边坡）的水文地质、工程地质条件，影响边坡稳定的结构面特性，重点查明水位变幅带的边坡稳定条件，评价边坡稳定性。

2 查明库水对岸坡软弱结构面和软弱岩体渗透稳定性的影响，并作出工程地质评价。

3 查明上水库库岸单薄分水岭外侧边坡的工程地质条件，并评价其稳定性。

9.4.6 对于面板防渗的水库，应查明库盆防渗面板地基的工程地质条件，评价地基的不均匀变形等工程地质问题。

9.4.7 水库和坝址的勘察方法应符合下列规定：

1 水库区工程地质测绘比例尺可采用1：5000～1：1000；坝址区工程地质测绘比例尺可采用1：1000～1：500。

2 水文地质钻孔宜布置于水库周边，地表分水岭垭口地段应布置钻孔，库盆开挖区和库底也应布置钻孔或平洞、坑槽、浅井和竖井等地质勘察工作，基岩钻孔应进行压水试验。

3 上水库库岸钻孔深度应达到库底高程以下10～30m，对于邻谷切割较深的地表分水岭钻孔，孔深应达到地下水位以下20～50m；对普遍覆盖的水库，宜重点进行物探、坑槽、浅井、竖井及钻孔等勘探。

4 水库边坡、库底、单薄分水岭垭口、库岸风化带、卸荷带、断裂带、喀斯特通道及强透水岩层等均应布置勘探工作，勘探点间距宜为50～100m。

5 坝轴线、趾板线等主要勘探线，应布置平洞和钻孔。钻孔深度应达到弱风化带以下。防渗帷幕线钻孔深度应达到相对隔水层或透水率为1Lu或3Lu值以下10～15m。

6 库坝区的地下水露头（井、泉）及勘探钻孔，应进行泉水流量和地下水位的长期观测，观测时间应不小于一个水文年。

9.4.8 拟利用已建水库或天然湖泊作为电站水库时，应查明与抽水蓄能电站设计相关的工程地质问题。对改扩建工程还应进行专门的工程地质勘察。

9.4.9 厂房系统工程地质的勘察内容应符合本规范第6.8.1、6.9.1条的规定，勘察方法应符合下列规定：

1 工程地质测绘比例尺可采用1：2000，洞口、高边坡等局部地段测绘比例尺可采用1：500。

2 勘探应符合下列规定：

1）地下厂房和压力管道岔管部位应布置长勘探平洞和钻孔，长探洞宜沿输水隧洞轴线方向布置，平洞高程宜高于厂房洞室顶拱一定高度。

2）宜沿厂房轴线方向开挖勘探支洞，支洞超过厂房端墙的长度不应小于50m。

3）应利用厂房探洞布置钻孔或竖井，钻孔深度应至设计洞室底板高程以下10～30m。

4）对厂房等建筑物有重要影响的软弱岩层、蚀变岩带、断层、节理密集带等，根据需要应进行专门的勘察。

3 应进行岩体的原位变形试验、抗剪试验、岩体地应力测试等，对地质条件复杂和工程规模大的洞室，可进行围岩收敛变形观测。

4 在平洞和钻孔内，宜至少采用两种方法进行厂房区岩体地应力测试，岔管部位宜采用水压致裂法；根据需要进行工程区地应力场的回归分析。

5 岔管部位应进行岩体高压压水渗透试验。

6 利用钻孔、勘探平洞和天然泉水等进行工程区地下水动态长期观测。

7 进行放射性和有害气体的检测和预报。

8 对半地下式和地面厂房，应查明建筑物地基、井筒和边坡的工程地质条件以及水库渗漏对洞室及建筑物地基稳定的影响。

9.4.10 输水系统的勘察内容除应符合本规范第6.6.1条的规定外，还应包括下列内容：

1 查明水道进出水口的工程地质条件。选择适宜修建进出水口建筑物、具备成洞条件和边坡稳定的地段作为上、下水库的进出水口位置。

2 查明引水隧洞、压力隧洞、尾水隧洞等的工程地质水文地质条件，特别应查明压力管道在高压水作用下的渗透稳定性，并作出工程地质评价。

3 查明调压井、闸门井等重要建筑物的工程地质条件。

4 输水系统的勘察方法应符合下列规定：

1）上、下水库进出水口工程地质测绘比例尺可采用1：500，隧洞沿线工程地质测绘比例尺可采用1：2000。

2）上、下水库进出水口地段应布置钻孔和平洞，压力管道、闸门井、调压井等部位应布置钻孔或平洞。

3）压力管道等部位可进行地应力测试和岩体高压压水渗透试验。

4）应利用钻孔、泉水等进行地下水动态长期观测。

9.4.11 天然建筑材料勘察除应符合本规范第6.13.1条的要求外，还应符合下列规定：

1 当拟利用工程开挖石料作为坝体填筑料时，应按石料场的勘察要求进行详查，并配合施工和设计进行挖填平衡的分析；工程开挖石料的储量系数可取1.2，但应有达到初查级的备用料场。

2 应进行筑坝堆石料的物理力学性质试验，根据需要配合开展专题试验研究。

9.4.12 工程地质勘察报告正文应包括：前言，区域地质背景与地震，工程区地质概况，上水库工程地质条件，发电厂房系统工程地质条件，输水系统工程地质条件，下水库工程地质条件，天然建筑材料，结论与建议。勘察报告的附图和附件可结合抽水蓄能电站的特点，参照本规范附录 A 的规定进行编制。

9.5 招标设计阶段工程地质勘察

9.5.1 招标设计勘察应在可行性研究选定方案的基础上进行，补充和完善可行性研究勘察成果，对前期勘察未涉及的建筑物进行地质勘察，为工程招标标书的编制提供地质资料。

9.5.2 招标设计阶段的勘察任务应包括下列内容：

1 复核前期勘察的地质资料和结论。

2 对可行性研究阶段遗留的工程地质问题进行专门性工程地质问题勘察。

3 配合设计优化，进行补充工程地质勘察。

4 对场区公路、补水供水工程、堆渣场等前期勘察未涉及的场地进行工程地质勘察。

5 为工程区观测网、监测网和监测断面等的布置和实施提供地质资料和建议。

9.5.3 专门性工程地质问题勘察应在前期勘察成果的基础上，对下列问题进行复核性勘察：

1 对于设置防渗面板的水库，应复核水库岸坡稳定性和防渗面板地基的不均匀变形问题。

2 对于做垂直防渗帷幕的水库，应复核防渗帷幕的范围和深度。

3 对于不做防渗处理的水库，应复核水库的封闭条件。

4 对于地下厂房洞室群，应复核围岩分类、稳定性及物理力学参数，并对支护措施的适应性提出建议。

5 对于钢筋混凝土衬砌的高压管道及岔管，应复核围岩的变形特征和承受高内水压力的渗透稳定性。

6 应复核选定料场或可利用开挖料的储量和质量。

7 应复核工程边坡的稳定性。

9.5.4 招标设计阶段工程地质勘察报告应符合本规范第9.4.12条的规定，并宜符合《水电工程招标设计报告编制规程》DL/T 5212 的要求。

9.6 施工详图设计阶段工程地质勘察

9.6.1 施工详图设计阶段工程地质勘察应在招标设计基础上进行，结合施工开挖，检验前期勘察的地质资料与结论，并根据需要补充专门性工程地质问题勘察，提供设计优化所需的工程地质资料。

9.6.2 施工详图设计阶段的勘察任务应包括下列内容：

1 根据施工开挖过程中揭露的地质情况复核水库渗漏条件，提出优化防渗处理措施的建议。

2 根据上、下水库库盆和坝基开挖揭露的地质情况，复核影响岸坡和坝基的软弱岩（夹）层及软弱结构面及其物理力学参数，复核边坡和地基稳定性，提出处理措施建议。

3 根据地下建筑物开挖的地质情况和监测资料，预测围岩稳定性，提出优化支护措施的建议。

4 根据施工开挖揭露的地质情况，复核库盆开挖用于筑坝的石料的质量、储量，并根据需要详查备用料场。

9.6.3 勘察方法主要是通过对工程开挖面的地质调查、素描、摄影、录像等手段，编录所揭示的地质现象。对出现的专门性工程地质问题进行补充勘察和工程地质评价，并提出专题工程地质勘察报告。

9.6.4 施工地质工作内容及工作方法宜符合本规范第8.3节的要求。施工地质结束，应及时编制竣工地质报告。

附录 A 工程地质勘察报告附图、附件

A.0.1 各勘察阶段工程地质勘察报告的附图、附件应符合表A.0.1的规定。

表 A.0.1 工程地质勘察报告附图、附件

序号	附件名称	规划	预可行性研究	可行性研究	招标设计	施工详图设计
1	区域综合地质图（附综合地层柱状图和典型地质剖面）	√	√	—	—	—
2	区域构造纲要及地震震中分布图	+	√	+	—	—
3	水库区综合地质图（附综合地层柱状图和典型地质剖面）	+	√	√	+	—
4	坝址及其他建筑物区工程地质图（附综合地层柱状图）	√	√	√	√	—
5	地貌及第四纪地质图	—	+	+	+	—
6	水文地质图	—	+	+	+	

序号	附件名称	规划	预可行性研究	可行性研究	招标设计	施工详图设计
7	坝址基岩地质图（包括基岩面等高线）	—	—	+	+	+
8	专门性问题地质图	—	+	+	√	√
9	施工地质编录图	—	—	—	—	+
10	天然建筑材料产地分布图	√	√	√	+	+
11	各料场综合成果图（含平面图、勘探剖面图、试验和储量计算成果表）	+	√	√	+	+
12	实际材料图	—	+	+	+	—
13	各比较坝址、引水线路或其他建筑物纵横剖面图	+	√	√		
14	选定坝址、引水线路或其他建筑物地质纵横剖面图		√	√	√	+
15	坝基（防渗线）渗透剖面图	—	+	√	√	+
16	专门性问题地质剖面图或平切面图		+	+	√	√
17	钻孔柱状图	+	+	+	+	+
18	试槽、平洞、竖井展示图	+	+	+	+	+
19	岩矿鉴定报告		+	+	—	—
20	地震安全性评价报告	—	+	√		
21	物探报告	+	√	√	+	+
22	岩土试验报告	—	√	√	√	+
23	水质分析报告		+	+	+	+
24	专门性工程地质问题研究报告	—	+	+	√	√

注：1　"√"表示应提交，"+"表示视需要而定，"—"表示不要求提交。
　　2　专门性工程地质问题研究报告，是指各阶段为针对某一工程地质问题开展的专项地质勘察而编制的专题报告。

附录 B　喀斯特渗漏评价

B.0.1　应在区域和工程地区喀斯特调查和渗漏条件的宏观分析基础上，结合渗漏量估算对喀斯特渗漏作出综合评价。

B.0.2　应根据地形地貌、地层岩性、地质构造、喀斯特水与喀斯特化程度对喀斯特区水库渗漏逐次分析综合判定。

B.0.3　水库渗漏判别应符合下列规定：

　　1　地形地貌条件：邻谷河水位（非悬托河）高于水库正常蓄水位者，不存在水库渗漏，低邻谷与河湾地段则可能出现渗漏。

　　2　地层岩性、地质构造条件：河间或河湾地块在水库正常蓄水位之下有连续、稳定可靠的隔水层或相对隔水层封闭阻隔者，不存在水库渗漏；反之，因可溶岩直接沟通库内外，或构造切割使库内外可溶岩组成为有水力联系的统一喀斯特含水系统时，则有可能出现渗漏。

　　3　喀斯特水条件：河间或河湾地块为一个喀斯特含水系统时，若河间地块两侧或河湾地块上、下游有稳定可靠的喀斯特泉，则表明地块存在地下水分水岭。当地下水分水岭高于水库正常蓄水位时，则不存在渗漏。若地下水分水岭低于水库正常蓄水位，或是库内不出现喀斯特泉，而受下游或远方排泄基准面控制，仅库外出现喀斯特泉，则河谷水动力类型为河水补给地下水，将出现水库渗漏，且后者多为严重性的渗漏。

　　4　喀斯特化程度条件：河间或河湾地块地下水分水岭虽低于水库正常蓄水位，甚至下游侧有地下水洼槽，若分水岭地带喀斯特不发育，特别是无贯穿性的喀斯特管道时也不会发生大量水库渗漏，其严重程度取决于地下水分水岭以上岩体的喀斯特化程度。

B.0.4　坝基渗漏判别应符合下列规定：

　　1　地形地貌条件：峰林山原或丘峰平原浅切河谷上建坝，易发生绕坝渗漏，随蓄水位的抬升，渗漏范围迅速扩大，而坝基渗漏一般较浅；峰丛山地深切峡谷中建坝，一般绕坝渗漏范围较小，坝基渗漏较深；峰林山原向峰丛峡谷过渡的河段，特别是在河流裂点上、暗河或伏流段建坝，易出现复杂的喀斯特渗漏。

　　2　地质构造条件：在有封闭良好的隔水层或相对隔水层的横向或斜向谷上建坝，若有渗漏，其范围受限制，有防渗依托；隔水层受断裂切割，或无隔水层以及可溶岩走向谷的坝址，易出现喀斯特渗漏，其严重程度与河谷水动力条件和喀斯特化程度有关。

　　3　喀斯特水动力条件：坝基位于一个喀斯特含水系统上，河谷两岸有稳定可靠的喀斯特泉出露，为补给型水动力类型的河谷，在其上建坝，渗漏问题较小，范围和深度有限；两岸或一岸无稳定喀斯特泉，并证实为排泄型或悬托型水动力条件类型的河谷，在其上建坝将出现渗漏，一般渗漏较严重且复杂。

  4 喀斯特化程度条件：坝基位于一个喀斯特含水系统中，在河床或河岸有纵向喀斯特管道发育，并有地下水洼槽者，将出现复杂的、严重的喀斯特渗漏；坝基位于一个喀斯特含水层中，库内某岸虽有纵向喀斯特管道发育，但水库正常蓄水位以下范围内与河水无水力联系，其地下水洼槽不随库水位变化者，不一定出现渗漏。

B.0.5 喀斯特渗漏量估算与评价应包括下列内容：

  1 喀斯特渗漏量估算：根据渗流介质的不同，可选择不同的经验公式进行渗漏量的估算。当为裂隙性介质时，可采用地下水动力学公式计算；当为管道性介质时，可采用水力学管道流公式计算；当两种介质均有时，应分别计算后再加起来；也可采用类比法进行渗漏量的估算，但应注意其岩溶水文地质条件的相似性。

  2 渗漏评价：应区分渗漏与工程部位的关系。对工程安全有影响的要做渗控性质的处理；漏水量过大，影响水库发挥正常效益的做防漏性质的处理。其允许漏水量一般以河流多年平均流量的允许百分比做依据：多年调节水库，其允许百分比宜小于 5%；非多年调节水库，宜小于 3%，或小于枯季平均流量的3%。

B.0.6 喀斯特渗漏处理原则应符合下列规定：

  1 防漏性质的处理，应区分不同情况分别对待。对影响工程效益和危害地质环境条件的严重渗漏带应先做处理后，再进行观测。若渗漏量在控制范围内，则可不处理；否则，再实施第二期的防渗处理。

  2 防渗性质的处理是为避免建筑物（大坝坝基、坝肩，地下厂房等）地区的岩体产生喀斯特冲蚀破坏和不允许的扬压力，或者是防潮湿需要。渗控工程除了防渗帷幕之外，常有排水工程。

  3 防渗处理的线路、范围和深度选择应做技术经济比较。宜利用先导孔与其孔间透视或孔内电视找出防渗线上的喀斯特洞穴。帷幕灌浆应先封堵溶洞，使管道介质变成裂隙性介质再灌浆，才能有效地形成帷幕。

附录 C 浸 没 评 价

C.0.1 浸没评价应依据当地浸没临界值与潜水回水位埋深之间的关系确定，当预测的潜水回水位埋深值小于浸没的临界地下水位埋深时，该地区即应判定为浸没区。

C.0.2 浸没的临界地下水位埋深，应根据地区具体水文地质条件、农业科研单位的田间实验观测资料和当地生产实践经验确定，也可按下式计算：

$$H_{cr}=H_k+\Delta H \qquad (C.0.2)$$

式中 H_{cr}——浸没的临界地下水位埋深（m）；

   H_k——地下水位以上，土壤毛细管水上升带的高度（m）；

   ΔH——安全超高值（m）。对农业区，该值即根系层的厚度；城镇和居民区，该值取决于建筑物荷载，基础形式和砌置深度。

C.0.3 土壤毛细管水上升带高度可根据农作物生长期的土壤适宜含水量和野外实测的地下水位以上土壤含水量，在盐碱化地区还要考虑土壤含盐量的情况随深度变化的曲线进行选取。城镇和居民区可通过对地下水位以上土的含水量变化曲线与水库蓄水前持力层的天然含水量的对比确定。

C.0.4 浸没评价宜分初判和复判两个阶段进行。浸没的初判应在调查水库区的地质与水文地质条件的基础上，排除不会发生浸没的地区，对可能浸没地区，可进行稳定态潜水回水预测计算，初步圈定浸没范围。经初判圈定的浸没地区应进行复判，并应对其危害作出评价。

C.0.5 初判时，根据下列标志之一可判定为不易浸没地区：

  1 库岸或渠道由相对不透水岩土层组成，或调查地区与库水间有相对不透水层阻隔；且该不透水层的顶部高程高于水库设计正常蓄水位。

  2 调查地区与库岸间有经常水流的溪沟，其水位等于或高于水库设计正常蓄水位。

C.0.6 初判时，根据下列标志之一，可判定为易浸没地区：

  1 平原型水库的周边和坝下游，顺河坝或围堤的外侧，地面高程低于库水位地区。

  2 盆地型水库边缘与山前洪积扇、洪积裙相连的地区。

  3 潜水位埋藏较浅，地表水或潜水排泄不畅，补给量大于排出量的库岸地区，封闭或半封闭的洼地，或沼泽的边缘地区。

C.0.7 下列条件之一可作为次生盐渍化沼泽化的判别标志：

  1 在气温较高地区，当潜水位被壅高至地表，排水条件又不畅时，可判为涝渍、湿地浸没区；对气温较低地区，可判为沼泽地浸没区。

  2 在干旱、半干旱地区，当潜水位被壅高至土壤盐渍化临界深度时，可判为次生盐渍化浸没区。

C.0.8 初判阶段的潜水回水预测可用稳定态潜水回水计算方法，根据可能浸没区的地形、地貌、地质和水文地质条件，选定若干个垂直于水库库岸或垂直于渠道或平行地下水流向的计算剖面进行；在河湾地段地下水流向呈辐射状时，应考虑水流单宽流量变化所带来的影响。

C.0.9 浸没范围可在各剖面潜水稳定态回水计算的

基础上，绘制水库蓄水后或渠道过水后可能浸没区潜水等水位线预测图或埋深分区预测图，结合实际调查确定的各类地区的地下水临界深度，初步圈出涝渍、次生盐渍化、沼泽化和城镇浸没区等的范围。

C.0.10 初判只考虑设计正常蓄水位条件下的最终浸没范围。

C.0.11 浸没复判应包括内容：

1 核实和查明初判圈定的浸没地区的水文地质条件，获得比较详细的水文地质参数及潜水动态观测资料。

2 建立潜水渗流数学模型，进行非稳定态潜水回水预测计算，绘出设计正常蓄水位情况下库区周边的潜水等水位线预测图，预测不同库水位时的浸没范围。

3 复判时，应复核水库设计正常蓄水位条件下的浸没范围，并应根据需要计算水库运用规划中的其他代表性运用水位下的浸没情况。

C.0.12 浸没预测计算时，水库上游地区库水位应采用库尾水位翘高值；壅水前的地下水位，应采用农作物生长期的多年平均水位。

附录 D　岩土物理力学性质参数取值

D.0.1 岩土物理力学性质参数取值应符合下列要求：

1 收集工程所在地区岩土体的成因类型、结构构造、物质组成、结构面分布规律、地应力状态和水文地质条件等地质资料，掌握岩土体的均质和非均质特性。

2 了解枢纽布置方案、工程建筑类型、工程荷载作用方向与大小，以及对地基、工程边坡和地下工程围岩的技术要求等设计意图。

3 收集岩土试验样品的原始结构、天然含水量和应力状态，以及试验时的加载方式和具体试验方法等控制试验质量的因素，分析成果的可信程度。

4 岩土物理力学性质参数宜根据有关试验的规定分析研究确定，当不具备试验条件时，也可通过工程类比、经验判断等方法确定。试验成果可按岩土体质量类别、工程地质单元、区段或层位分类，分别用算术平均法、最小二乘法、图解法、数值统计法或优定斜率法进行整理，并舍去不合理的离散值。

5 应采用整理后的试验值作为标准值，再根据水工建筑物地基或围岩的工程地质条件进行调整，提出地质建议值。当采用结构可靠度分项系数及极限状态设计方法时，岩土性能的标准值宜根据岩土试验成果的概率分布的某一分位值确定。

注：标准值是试验经过统计修正或考虑保证率、强度破坏准则等经验修正后确定。强度破坏是指试件的

破坏形式属脆性破坏、弹塑性破坏或塑性破坏，根据抗剪试验时的剪切位移曲线判定。

D.0.2 土的物理力学性质参数取值应符合下列规定：

1 土的物理力学性质参数应以试验室成果为依据。当土体具有明显的各向异性或工程设计有特殊要求时，应以原位测试成果为依据。

2 土的物理力学性质参数应以试验的算术平均值作为标准值，也可采用概率分布的 0.5 分位值作为标准值；地基渗透系数可根据土体结构、渗流状态，采用室内试验或抽水试验的大值平均值作为标准值；用于水位降落和排水计算的渗透系数，应采用试验的小值平均值作为标准值；用于供水工程计算的渗透系数，应采用抽水试验的平均值作为标准值。

3 土的压缩模量可从压力-变形曲线上，以建筑物最大荷载下相应的变形关系选取；或按压缩试验的压缩性能，根据其固结程度选定标准值；土的压缩模量、泊松比也可采用概率分布的 0.5 分位值作为标准值；对于高压缩性软土，宜以试验的压缩量的大值平均值作为标准值。

4 地基土的承载力特征值，可根据载荷试验确定，或根据标准贯入击数、动力触探、室内试验等成果并结合工程实践经验综合确定。

5 混凝土坝、闸基础底面与地基土间的抗剪强度应符合下列规定：

1) 对黏性土地基，内摩擦角标准值可采用室内饱和固结快剪试验内摩擦角值的 90%，凝聚力标准值可采用室内饱和固结快剪试验凝聚力值的 20%～30%。对砂性土地基，内摩擦角标准值可采用内摩擦角试验值的 85%～90%，不计凝聚力值。

2) 规划与预可行性研究阶段，试验组数较少时，坝闸基础底面与地基之间的摩擦系数可结合地质条件根据表 D.0.2 选用摩擦系数地质建议值。

表 D.0.2　坝、闸基础底面与地基土之间摩擦系数值

地基土类型		摩擦系数 f
卵石、砾石		$0.55 \geqslant f > 0.50$
砂		$0.50 \geqslant f > 0.40$
粉土		$0.40 \geqslant f > 0.25$
黏土	坚硬	$0.45 \geqslant f > 0.35$
	中等坚硬	$0.35 \geqslant f > 0.25$
	软弱	$0.25 \geqslant f > 0.20$

6 土的抗剪强度宜采用试验峰值的小值平均值作为标准值；也可采用概率分布的 0.1 分位值作为标准值；当采用有效应力进行稳定分析时，对三轴压缩试验成果，宜采用试验的平均值作为标准值。

7 当采用总应力进行稳定分析时的标准值，应符合下列规定：

1）当地基为黏性土层且排水条件差时，宜采用饱和快剪强度或三轴压缩试验不固结不排水剪切强度；对软土可采用原位十字板剪切强度。

2）当地基黏性土层薄而其上下土层透水性较好或采取了排水措施，宜采用饱和固结快剪强度或三轴压缩试验固结不排水剪切强度。

3）当地基土层能自由排水，透水性能良好，不容易产生孔隙水压力，宜采用慢剪强度或三轴压缩试验固结排水剪切强度。

4）当地基采用总应力动力分析时，宜采用总应力强度，采用动三轴压缩试验测定的动强度。

8 当采用有效应力进行稳定分析时，对于黏性土类地基，应测定或估算孔隙水压力，以取得有效应力强度。

9 当需要进行有效应力动力分析时，应测定饱和砂土的地震附加孔隙水压力，地震有效应力强度可采用静力有效应力强度作为标准值；对于液化性砂土，应以专门试验的强度作为标准值。

10 对于无动力试验的黏性土和紧密砂砾等非液化性土的强度，宜采用三轴压缩试验饱和固结不排水剪切测定的总强度和有效应力强度中的最小值作为标准值。

11 具有超固结性、多裂隙性和胀缩性的膨胀土，承受荷载时呈渐进破坏，宜根据所含黏土矿物的性状、微裂隙的密度和建筑物地段在施工期、运行期的干湿效应等综合分析后选取标准值。具有流变特性的强、中等膨胀土，宜取流变强度值为标准值；弱膨胀土、含钙铁结核的膨胀土或坚硬黏土，可采用峰值强度的小值平均值作为标准值。

12 软土宜采用流变强度值作为标准值。对高灵敏度软土，应采用专门试验的强度值作为标准值。

D.0.3 岩体的物理力学性质参数取值应符合下列规定：

1 对均质岩体的密度、单轴抗压强度、点荷载强度、波速等物理力学性质参数，可采用测试成果的算术平均值，或采用概率分布的 0.5 分位值作为标准值。

2 对非均质的各向异性的岩体，可划分成若干小的均质体或按不同岩性分别试验取值；对层状结构岩体，应按建筑物荷载方向与结构面的不同交角进行试验，以取得相应条件下的单轴抗压强度、点荷载强度、弹性波速度等试验值，并应采用算术平均值或采用概率分布的 0.5 分位值作为标准值。

3 岩体变形模量或弹性模量应根据岩体实际承受工程作用力方向和大小进行原位试验，并应采用压力-变形曲线上建筑物预计最大荷载下相应的变形关系选取标准值；弹性模量、泊松比也可采用概率分布的 0.5 分位值作为标准值；各试验的标准值应结合实测的动、静弹性模量相关关系、岩体结构、岩体地应力进行调整，提出地质建议值。

4 坝基岩体允许承载力宜根据岩石饱和单轴抗压强度，结合岩体结构、裂隙发育程度，做相应折减后确定地质建议值；对软岩宜采用现场载荷试验或三轴压缩试验确定其允许承载力；坝基岩体承载力经验取值可根据表 D.0.3-1 选取地质建议值。

表 D.0.3-1　坝基岩体允许承载力经验取值

岩石单轴饱和抗压强度 R_b（MPa）	允许承载力 R（MPa）			
	岩体完整，节理间距＞1.0m	岩体较完整，节理间距1.0～0.3m	岩体完整性较差，节理间距0.3～0.1m	岩体破碎，节理间距＜0.1m
坚硬岩、中硬岩，$R_b＞30$	$(1/7) R_b$	$(1/8～1/10) R_b$	$(1/11～1/16) R_b$	$(1/17～1/20) R_b$
软岩，$R_b＜30$	$(1/5) R_b$	$(1/6～1/7) R_b$	$(1/8～1/10) R_b$	$(1/11～1/16) R_b$

5 混凝土坝基础底面与基岩间的抗剪断强度和抗剪强度取值应符合下列规定：

1）当试件呈脆性破坏时，坝基抗剪断强度取值：应采用概率分布的 0.2 分位值作为标准值或采用峰值强度的小值平均值作为标准值，或采用优定斜率法的下限作为标准值；抗剪强度参数应采用比例极限强度作为标准值。

2）标准值应根据基础底面和基岩接触面剪切破坏性状、工程地质条件和岩体地应力进行调整，提出地质建议值。

3）对新鲜、坚硬的岩浆岩，在岩性、起伏差和试件尺寸相同的情况下，也可采用坝基混凝土强度等级的 6.5%～7.0% 估算凝聚力。

4）规划、预可行性研究阶段，或当坝基岩体力学参数试验资料不足时，可根据表 D.0.3-2 结合地质条件进行折减，选用地质建议值。

表 D.0.3-2　坝基岩体力学参数

岩体分类	混凝土与岩体				岩　体				变形模量
	f'	C'(MPa)	f	C(MPa)	f'	C'(MPa)	f	C(MPa)	E_0(GPa)
I	$1.50{\geqslant}f'$ >1.30	$1.50{\geqslant}C'$ >1.30	$0.90{\geqslant}f$ >0.75	0	$1.60{\geqslant}f'$ >1.40	$2.50{\geqslant}C'$ >2.00	$0.95{\geqslant}f$ >0.80	0	$E_0>20.0$
II	$1.30{\geqslant}f'$ >1.10	$1.30{\geqslant}C'$ >1.10	$0.75{\geqslant}f$ >0.65	0	$1.40{\geqslant}f'$ >1.20	$2.00{\geqslant}C'$ >1.50	$0.80{\geqslant}f$ >0.70	0	$20.0{\geqslant}E_0$ >10.0
III	$1.10{\geqslant}f'$ >0.90	$1.10{\geqslant}C'$ >0.70	$0.65{\geqslant}f$ >0.55	0	$1.20{\geqslant}f'$ >0.80	$1.50{\geqslant}C'$ >0.70	$0.70{\geqslant}f$ >0.60	0	$10.0{\geqslant}E_0$ >5.0
IV	$0.90{\geqslant}f'$ >0.70	$0.70{\geqslant}C'$ >0.30	$0.55{\geqslant}f$ >0.40	0	$0.80{\geqslant}f'$ >0.55	$0.70{\geqslant}C'$ >0.30	$0.60{\geqslant}f$ >0.45	0	$5.0{\geqslant}E_0$ >2.0
V	$0.70{\geqslant}f'$ >0.40	$0.30{\geqslant}C'$ >0.05	$0.40{\geqslant}f$ >0.30	0	$0.55{\geqslant}f'$ >0.40	$0.30{\geqslant}C'$ >0.05	$0.45{\geqslant}f$ >0.35	0	$2.0{\geqslant}E_0$ >0.2

注：1　表中岩体即坝基基岩。

　　2　f'、C'为抗剪断强度，f、c为抗剪强度。

　　3　表中参数限于硬质岩，软质岩应根据软化系数进行折减。

6　岩体抗剪断强度或抗剪强度参数取值应符合下列规定：

　1）具有整体块状结构、层状结构的硬质岩体试件呈脆性破坏时，坝基抗剪断强度取值：采用概率分布的 0.2 分位值作为标准值，或采用峰值强度的小值平均值作为标准值，或采用优定斜率法的下限值作为标准值；抗剪强度应采用比例极限强度作为标准值。

　2）当具有无充填、闭合的镶嵌结构、块裂结构、碎裂结构及隐微裂隙发育的岩体，试件呈塑性破坏或弹塑性破坏，应采用屈服强度作为标准值。

　3）标准值应根据裂隙充填情况、试验时剪切变形量和岩体地应力等因素进行调整，提出地质建议值。

D.0.4　结构面的抗剪断强度参数取值应符合下列规定：

1　当结构面试件的凸起部分被啃断或胶结充填物被剪断时，应采用峰值强度的小值平均值作为标准。

2　当结构面试件呈摩擦破坏时，应采用比例极限强度作为标准值。

3　标准值应根据结构面的粗糙度、起伏差、张开度、结构面壁强度等因素进行调整，提出地质建议值。

D.0.5　软弱层、断层的抗剪断强度参数取值应符合下列规定：

1　软弱层、断层应根据岩块岩屑型、岩屑夹泥型、泥夹岩屑型和泥型四类分别取值。

2　当试件呈塑性破坏时，应采用屈服强度或流变强度作为标准值。

3　当试件黏粒含量大于30％或有泥化镜面或黏土矿物以蒙脱石为主时，应采用流变强度作为标准值。

4　当软弱层和断层有一定厚度时，应考虑充填度的影响。当厚度大于起伏差时，软弱层和断层应采用充填物的抗剪强度作为标准值；当厚度小于起伏差时，还应采用起伏差的最小爬坡角，提高充填物抗剪强度试验值作为标准值。

5　根据软弱层、断层的类型和厚度的总体地质特征进行调整，提出地质建议值。

6　规划、预可行性研究阶段，当结构面、软弱层、断层的抗剪断强度或抗剪强度试验资料不足时，可结合地质条件根据表 D.0.5 进行折减选用地质建议值。

表 D.0.5　结构面、软弱层、断层的抗剪断强度和抗剪强度

类　型	抗剪断强度		抗剪强度	
	f'	C'(MPa)	f	C(MPa)
胶结的结构面	0.80～0.60	0.250～0.100	0.80～0.60	0
无充填的结构面	0.70～0.45	0.150～0.050	0.70～0.50	0
岩块岩屑型	0.55～0.45	0.250～0.100	0.50～0.40	0
岩屑夹泥型	0.45～0.35	0.100～0.050	0.40～0.30	0
泥夹岩屑型	0.35～0.25	0.050～0.010	0.30～0.25	0
泥	0.25～0.18	0.001～0.002	0.25～0.15	0

注：1　表中参数限于硬质岩中胶结或无充填的结构面。

　　2　软质岩中的结构面应进行折减。

　　3　胶结或无充填的结构面抗剪断强度，应根据结构面的粗糙程度选取大值或小值。

附录 E 岩体结构面分级

E.0.1 岩体结构面分级宜符合表 E.0.1 的规定。

表 E.0.1 岩体结构面分级

级　　别	规　模	
	破碎带宽度（m）	破碎带延伸长度（m）
Ⅰ	>10.0	区域性断裂
Ⅱ	1.0~10.0	>1000
Ⅲ	0.1~1.0	100~1000
Ⅳ	<0.1	<100
Ⅴ	节理裂隙	

附录 F 岩体风化带划分

F.0.1 岩体风化带的划分应符合表 F.0.1 的规定。

表 F.0.1 岩体风化带划分

风化带	主要地质特征	风化岩纵波速与新鲜岩纵波速之比
全风化	全部变色，光泽消失 岩石的组织结构完全破坏，已崩解和分解成松散的土状或砂状，有很大的体积变化，但未移动，仍残留有原始结构痕迹 除石英颗粒外，其余矿物大部分风化蚀变为次生矿物 锤击有松软感，出现凹坑，矿物手可捏碎，用锹可以挖动	<0.4
强风化	大部分变色，只有局部岩块保持原有颜色 岩石的组织结构大部分已破坏；小部分岩石已分解或崩解成土，大部分岩石呈不连续的骨架或心石，风化裂隙发育，有时含大量次生夹泥 除石英外，长石、云母和铁镁矿物已风化蚀变 锤击哑声，岩石大部分变酥，易碎，用镐撬可以挖动，坚硬部分需爆破	0.4~0.6
弱风化（中等风化）	岩石表面或裂隙面大部分变色，但断口仍保持新鲜岩石色泽 岩石原始组织结构清楚完整，但风化裂隙发育，裂隙壁风化剧烈 沿裂隙铁镁矿物氧化锈蚀，长石变得浑浊、模糊不清 锤击发音较清脆，开挖需用爆破	0.6~0.8

续表 F.0.1

风化带	主要地质特征	风化岩纵波速与新鲜岩纵波速之比
微风化	岩石表面或裂隙面有轻微褪色 岩石组织结构无变化，保持原始完整结构 大部分裂隙闭合或为钙质薄膜充填，仅沿大裂隙有风化蚀变现象，或有锈膜浸染 锤击发音清脆，开挖需用爆破	0.8~1.0
新　鲜	保持新鲜色泽，仅大的裂隙面偶见褪色 裂隙面紧密、完整或焊接状充填，仅个别裂隙面有锈膜浸染或轻微蚀变 锤击发音清脆，开挖需用爆破	

F.0.2 使用表 F.0.1 遇有下列情况之一时，岩体风化带的划分可适当调整：

1 当某一级风化岩体厚度很大需要进一步细分时，可再分出两个或三个次一级亚带，分别采用上、中、下带命名。

2 选择性风化作用地区，当发育囊状风化、隔层风化、沿裂隙风化等特定形态的风化带时，可根据岩石的风化状态确定其等级。

3 某些特定地区，岩体风化剖面呈非连续性过渡时，分级可缺少一级或二级。

4 碳酸盐岩地区可根据岩石的溶蚀程度进行分带。

附录 G 岩体卸荷带划分

G.0.1 岩体卸荷带划分，宜符合表 G.0.1 的规定。

表 G.0.1 岩体卸荷带划分

卸荷带	主要地质特征
强卸荷	卸荷裂隙发育较密集，普遍张开，一般开度为几厘米至几十厘米，多充填次生泥及岩屑、岩块，有架空现象，部分可看到明显的松动或变位错落，卸荷裂隙多沿原有结构面张开。岩体多呈整体松弛
弱卸荷	卸荷裂隙发育较稀疏，开度一般为几毫米至几厘米，多有次生泥充填，卸荷裂隙分布不均匀，常呈间隔带状发育，卸荷裂隙多沿原有结构面张开。岩体部分松弛
深卸荷	深部裂缝松弛段与相对完整段相间出现，成带发育，张开宽度几毫米至几十厘米不等，一般无充填，少数有锈染或夹泥，岩体弹性波纵波速变化较大

注：对于整体松弛卸荷作用不强烈时，可不划分亚带。

附录 H 边坡稳定分析

H.0.1 边坡稳定分析应具备下列资料：

1 地形和地貌特征。

2 地层岩性和岩土体结构特征。

3 断层、裂隙和软弱层的展布、产状、充填物质以及结构面的组合与连通率。

4 边坡岩体风化、卸荷深度。

5 各类岩土和潜在滑动面的物理力学参数以及岩体地应力。

6 岩土体变形监测和地下水观测资料。

7 坡脚淹没、地表水位变幅和坡体透水与排水资料。

8 降雨历时、降雨强度和冻融资料。

9 地震基本烈度和动参数。

10 边坡施工开挖方式、开挖程序、爆破方法、边坡外荷载、坡脚采空和开挖坡的高度与坡度等。

H.0.2 边坡变形破坏应根据表 H.0.2 进行分类。

表 H.0.2 边坡变形破坏分类

变形破坏类型		变形破坏特征
崩塌		边坡岩体坠落或滚动
滑动	平面型	边坡岩体沿某一结构面滑动
	折面型	边坡岩体沿两组及以上结构面组成的底滑面滑动
	弧面型	散体结构、碎裂结构的岩质边坡或土坡沿弧形滑动面滑动
	楔形体	结构面组合的楔形体，沿滑动面交线方向滑动
蠕变	倾倒	反倾向或陡倾层状结构的边坡，岩层逐渐向外弯曲、倾倒
	溃屈	顺倾向层状结构的边坡，岩层倾角与坡角大致相似，边坡下部岩层逐渐向上鼓起，产生层面拉裂和脱开
	张裂	双层结构的边坡，下部软岩产生塑性变形或流动，使上部岩层发生扩展、移动张裂和下沉
流动		崩塌碎屑类堆积向坡脚流动，形成碎屑流

H.0.3 当边坡存在下列现象之一时，应进行稳定分析：

1 坡脚被水淹没或被开挖的新老滑坡或崩塌体。

2 边坡岩体中存在倾向坡外、倾角小于坡角的结构面。

3 边坡岩体中存在两组或两组以上结构组合的楔形体，其交线倾向坡外、倾角小于边坡角。

4 坡面上出现平行坡向的张裂缝或环形裂缝的边坡。

5 顺坡向卸荷裂隙发育的高陡边坡，表层岩体已发生蠕变的边坡。

6 已发生倾倒变形的高陡边坡。

7 已发生张裂变形的下软上硬的双层结构边坡。

8 分布有巨厚崩坡积物的高陡边坡。

9 倾向坡外的基岩与覆盖层接触界面。

10 其他稳定性可疑的边坡。

H.0.4 边坡稳定分析应符合下列要求：

1 对边坡岩体中实测结构面的产状、延伸长度，应进行结构面调查统计分析，确定结构面贯通情况或连通率；应用赤平投影方法，确定结构面组合交线产状。

2 根据边坡工程地质条件，对边坡的变形破坏类型作出初步判断。

3 岩质边坡稳定分析可采用刚体极限平衡方法，根据滑动面或潜在滑动面的几何形状，选用合适的公式计算。同倾角多滑动面的岩质边坡宜采用模拟断裂结构面组合的平面斜分条块法和斜分块弧面滑动法，试算出临界滑动面和最小安全系数；均匀的土质边坡可采用滑弧条分法计算。根据工程实际需要可进行模型试验和原位监测资料的反分析，验证其稳定性。

4 应选择代表性的地质剖面进行计算，并应采用不同的计算公式进行校核，综合评定该边坡的稳定安全系数。当不同地质剖面用同一公式计算而得出不同的边坡稳定安全系数值时，宜取其最小值；当同一地质剖面采用不同公式（瑞典圆弧法除外）计算得出不同的边坡稳定安全系数值时，宜取其平均值。

5 计算中应考虑地下水压力对边坡稳定性的不利作用。分析水位骤降时的库岸稳定性应计入地下水渗透压力的影响。在地震基本烈度为Ⅶ度或Ⅷ度以上的地区，应计算地震作用力的影响。

6 稳定性验算的岩土力学性质参数地质建议值，应按照本规范附录 D 的规定选取，并应遵守下述原则：岩质边坡潜在的滑动面抗剪强度可取峰值强度；古滑坡或多次滑动的滑动面的抗剪强度可取残余强度，或取滑坡反算的抗剪强度。

附录 I 环境水对混凝土的腐蚀评价

I.0.1 环境水对混凝土的腐蚀程度分级，应符合表 I.0.1 的规定。

表 I.0.1 腐蚀程度分级

腐蚀程度	一年内腐蚀区混凝土的强度降低 F（%）	腐蚀的表面特征
无腐蚀	0	—
弱腐蚀	$F<5$	材料表面略有损坏
中等腐蚀	$5 \leqslant F<20$	侧壁表面有明显隆起、剥落
强腐蚀	$F \geqslant 20$	材料有明显的破坏（严重开裂、掉小块）

I.0.2 判别环境水对混凝土的腐蚀性时，应收集分析工程场地的气候条件，冰冻资料，海拔高程，岩土性质，环境水的补给、排泄、循环和滞留条件以及污染情况等资料。

I.0.3 环境水对混凝土腐蚀性的判别标准，应符合表 I.0.3 的规定。

表 I.0.3 环境水腐蚀判定标准

腐蚀性类型		腐蚀性特征判定依据	腐蚀程度	界限指标	
分解类	溶出型	HCO_3^- 含量 (mmol/L)	无腐蚀 弱腐蚀 中等腐蚀 强腐蚀	$HCO_3^- > 1.07$ $1.07 \geqslant HCO_3^- > 0.70$ $HCO_3^- \leqslant 0.70$ —	
	一般酸性型	pH 值	无腐蚀 弱腐蚀 中等腐蚀 强腐蚀	$pH > 6.5$ $6.5 \geqslant pH > 6.0$ $6.0 \geqslant pH > 5.5$ $pH \leqslant 5.5$	
	碳酸型	游离 CO_2 含量 (mg/L)	无腐蚀 弱腐蚀 中等腐蚀 强腐蚀	$CO_2 < 15$ $15 \leqslant CO_2 < 30$ $30 \leqslant CO_2 < 60$ $CO_2 \geqslant 60$	
分解结晶复合类	硫酸镁型	Mg^{2+} 含量 (mg/L)	无腐蚀 弱腐蚀 中等腐蚀 强腐蚀	$Mg^{2+} < 1000$ $1000 \leqslant Mg^{2+} < 1500$ $1500 \leqslant Mg^{2+} < 2000$ $2000 \leqslant Mg^{2+}$	
结晶类	硫酸盐型	SO_4^{2-} 含量 (mg/L)	无腐蚀 弱腐蚀 中等腐蚀 强腐蚀	普通水泥 $SO_4^{2-} < 250$ $250 \leqslant SO_4^{2-} < 400$ $400 \leqslant SO_4^{2-} < 500$ $SO_4^{2-} \geqslant 500$	抗硫酸盐水泥 $SO_4^{2-} < 3000$ $3000 \leqslant SO_4^{2-} < 4000$ $4000 \leqslant SO_4^{2-} < 5000$ $SO_4^{2-} \geqslant 5000$

I.0.4 当采用表 I.0.3 进行环境水对混凝土腐蚀性判别时，应符合下列要求：

1 所属场地应是不具有干湿交替或冻融交替作用的地区和具有干湿交替或冻融交替作用的半湿润、湿润地区。当所属场地为具有干湿交替或冻融交替作用的干旱、半干旱地区以及高程 3000m 以上的高寒地区时应进行专门论证。

2 混凝土一侧承受静水压力，另一侧暴露于大气中，最大作用水头与混凝土壁厚之比大于 5。

3 混凝土建筑物所采用的混凝土抗渗等级不应小于 W_4，水灰比不应大于 0.6。

4 混凝土建筑物不应直接接触污染源。有关污染源对混凝土的直接腐蚀作用应专门研究。

附录 J 围岩工程地质分类

J.0.1 围岩工程地质分类，可分为围岩初步分类和围岩详细分类。根据分类结果，评价围岩的稳定性，并可作为确定支护类型的基础。围岩分类应符合表 J.0.1 的规定。

表 J.0.1 围岩工程地质分类

围岩类别	围岩稳定性评价	支护类型
I	稳定：围岩可长期稳定，一般无不稳定块体	不支护或局部锚杆或喷薄层混凝土。大跨度时，喷混凝土，系统锚杆加钢筋网
II	基本稳定：围岩整体稳定，不会产生塑性变形，局部可能产生组合块体失稳	
III	局部稳定性差：围岩强度不足局部会产生塑性变形，不支护可能产生塌方或变形破坏。完整的较软岩，可能短时稳定	喷混凝土，系统锚杆加钢筋网。大跨度时，加强柔性或刚性支护
IV	不稳定：围岩自稳时间很短，规模较大的各种变形和破坏都可能发生	喷混凝土，系统锚杆加钢筋网，并加强柔性或刚性支护，或浇筑混凝土衬砌
V	极不稳定：围岩不能自稳，变形破坏严重	

注：大跨度地下洞室指跨度大于 20m 的地下洞室。

J.0.2 围岩初步分类主要依据岩质类型和岩体结构类型或岩体完整程度，适用于规划和预可行性研究阶段，并应符合表 J.0.2 的规定。

表 J.0.2　围岩初步分类

岩质类型	岩体结构类型	岩体完整程度	围岩初步分类 类别	说　明
硬质岩	整体状或巨厚层状结构	完整	Ⅰ、Ⅱ	坚硬岩定Ⅰ类，中硬岩定Ⅱ类
	块状结构	较完整	Ⅱ、Ⅲ	坚硬岩定Ⅱ类，中硬岩定Ⅲ类
	次块状结构		Ⅱ、Ⅲ	坚硬岩定Ⅱ类，中硬岩定Ⅲ类
	厚层状或中厚层状结构		Ⅱ、Ⅲ	坚硬岩定Ⅱ类，中硬岩定Ⅲ类
	互层状结构		Ⅲ、Ⅳ	洞轴线与岩层走向夹角小于30°时，定Ⅳ类
	薄层状结构	完整性差	Ⅳ、Ⅲ	岩质均一，无软弱夹层时，可定Ⅲ类
	镶嵌结构		Ⅲ	—
	块裂结构		Ⅳ	—
	碎裂结构	较破碎	Ⅳ、Ⅴ	有地下水时，定Ⅴ类
	碎块状或碎屑状结构	破碎	Ⅴ	—
软质岩	整体状或巨厚层状结构	完整	Ⅲ、Ⅳ	较软岩无地下水时定Ⅲ类，有地下水时定Ⅳ类；软岩定Ⅳ类
	块状或次块状结构	较完整	Ⅳ、Ⅴ	无地下水时定Ⅳ类；有地下水时定Ⅴ类
	厚层、中厚层或互层状结构		Ⅳ、Ⅴ	无地下水时定Ⅳ类；有地下水时定Ⅴ类
	薄层状或块裂结构	完整性差	Ⅴ、Ⅳ	较软岩无地下水时定Ⅳ类
	碎裂结构	较破碎	Ⅴ、Ⅳ	较软岩无地下水时定Ⅳ类
	碎块状或碎屑状散体结构	破碎	Ⅴ	—

J.0.3 岩质类型的确定，应符合表 J.0.3 的规定。

表 J.0.3　岩质类型划分

岩质类型	硬质岩		软质岩	
	坚硬岩	中硬岩	较软岩	软岩
岩石饱和单轴抗压强度 R_b（MPa）	$R_b>60$	$60\geqslant R_b>30$	$30\geqslant R_b>15$	$15\geqslant R_b>5$

J.0.4 岩体完整程度的划分，应符合表 J.0.4 的规定。

表 J.0.4　岩体完整程度划分

岩体完整程度	完整	较完整		完整性差		较破碎	破碎
结构面发育组数	1～2	1～2	2～3	2～3	2～3	>3	无序
结构面间距（cm）	>100	100～50	50～30	30～10	<10	<10	
结构面发育程度	不发育	轻度发育	中等发育	较发育	发育	很发育	

注：结构面间距指主要结构面间距的平均值。

J.0.5 岩体结构类型的划分应符合本规范附录 N 的规定。

J.0.6 围岩详细分类应以控制围岩稳定的岩石强度、岩体完整程度、结构面状态、地下水和主要结构面产状五项因素之和的总评分为基本判据，围岩强度应力比为限定判据，主要用于可行性研究、招标和施工详图设计阶段，并应符合表 J.0.6 的规定。

表 J.0.6　地下洞室围岩详细分类

围岩类别	围岩总评分 T	围岩强度应力比 S
Ⅰ	$T>85$	>4
Ⅱ	$85\geqslant T>65$	>4
Ⅲ	$65\geqslant T>45$	>2
Ⅳ	$45\geqslant T>25$	>2
Ⅴ	$T\leqslant25$	—

注：Ⅰ、Ⅱ、Ⅲ、Ⅳ类围岩，当其强度应力比小于本表规定时，围岩类别宜相应降低一级。

J.0.7 围岩强度应力比 S 可根据式（J.0.7）求得：

$$S=\frac{R_b \cdot K_V}{\sigma_m} \qquad (J.0.7)$$

式中　R_b——岩石饱和单轴抗压强度（MPa）；

K_V——岩体完整性系数，为岩体的纵波波速与相应岩石的纵波波速之比的平方；

σ_m——围岩的最大主应力（MPa），当无实测资料时可以自重应力代替。

J.0.8 地下洞室围岩详细分类中五项因素的评分应符合下列规定：

1 岩石强度的评分应符合表 J.0.8-1 的规定。

表 J.0.8-1 岩石强度评分

岩质类型	硬 质 岩		软 质 岩	
	坚硬岩	中硬岩	较软岩	软岩
饱和单轴抗压强度 R_b（MPa）	$R_b>60$	$60 \geqslant R_b$ >30	$30 \geqslant R_b$ >15	$15 \geqslant R_b$ >5
岩石强度评分 A	30～20	20～10	10～5	5～0

注：1　岩石饱和单轴抗压强度大于 100MPa 时，岩石强度的评分为 30。

　　2　当岩体完整程度与结构面状态评分之和小于 5 时，岩石强度评分大于 20 时，按 20 评分。

2　岩体完整程度的评分应符合表 J.0.8-2 的规定。

3　结构面状态的评分应符合表 J.0.8-3 的规定。

4　地下水状态的评分应符合表 J.0.8-4 的规定。

5　主要结构面产状的评分应符合表 J.0.8-5 的规定。

表 J.0.8-2 岩体完整程度评分

岩体完整程度	完整	较完整	完整性差	较破碎	破碎
岩体完整性系数 K_V	$K_V>0.75$	$0.75 \geqslant K_V$ >0.55	$0.55 \geqslant K_V$ >0.35	$0.35 \geqslant K_V$ >0.15	$K_V \leqslant$ 0.15
岩体完整性评分 B 硬质岩	40～30	30～22	22～14	14～6	<6
软质岩	25～19	19～14	14～9	9～4	<4

注：1　当 $60MPa \geqslant R_b > 30MPa$，岩体完整性程度与结构面状态评分之和 >65 时，按 65 评分。

　　2　当 $30MPa \geqslant R_b > 15MPa$，岩体完整性程度与结构面状态评分之和 >55 时，按 55 评分。

　　3　当 $15MPa \geqslant R_b > 5MPa$，岩体完整性程度与结构面状态评分之和 >40 时，按 40 评分。

　　4　当 $R_b \leqslant 5MPa$，属极软岩，岩体完整性程度与结构面状态不参加评分。

表 J.0.8-3 结构面状态评分

	张开度 W （mm）	闭合 $W<0.5$			微张 $0.5 \leqslant W < 5.0$								张开 $W \geqslant 5.0$	
	充填物	—		无充填			岩屑			泥质			岩屑	泥质
结构面状态	起伏粗糙状况	起伏粗糙	平直光滑	起伏粗糙	起伏光滑或平直粗糙	平直光滑	起伏粗糙	起伏光滑或平直粗糙	平直光滑	起伏粗糙	起伏光滑或平直粗糙	平直光滑	—	—
结构面状态评分 C	硬质岩	27	21	24	21	15	21	17	12	15	12	9	12	6
	较软岩	27	21	24	21	15	21	17	12	15	12	9	12	6
	软岩	18	14	17	14	8	14	11	8	10	8	6	8	4

注：1　结构面的延伸长度小于 3m 时，硬质岩、较软岩的结构面状态评分另加 3 分，软岩另加 2 分；结构面延伸长度大于 10m 时，硬质岩、较软岩的结构面状态评分减 3 分，软岩减 2 分。

　　2　当结构面张开度大于 10mm、无充填时，结构面状态的评分为零。

表 J.0.8-4 地下水状态评分

活动状态			渗水滴水	线状流水	涌水
水量 q[L/（min・10m 洞长）] 或压力水头 H（m）			$q \leqslant 25$ 或 $H \leqslant 10$	$25 < q \leqslant 125$ 或 $10 < H \leqslant 100$	$q > 125$ 或 $H > 100$
基本因素评分 T'	$T'>85$	地下水评分 D	0	0～-2	-2～-6
	$85 \geqslant T'>65$		0～-2	-2～-6	-6～-10
	$65 \geqslant T'>45$		-2～-6	-6～-10	-10～-14
	$45 \geqslant T'>25$		-6～-10	-10～-14	-14～-18
	$T' \leqslant 25$		-10～-14	-14～-18	-18～-20

注：基本因素评分 T' 是前述岩石强度评分 A、岩体完整性评分 B 和结构面状态评分 C 的和。

表 J.0.8-5 主要结构面产状评分

结构面走向与洞轴线夹角		90°～60°			<60°～30°				<30°			
结构面倾角		>70°	70°～45°	<45°～20°	<20°	>70°	70°～45°	<45°～20°	<20°	>70°	70°～45°	<45°～20°	<20°
结构面产状评分 E	洞顶	0	-2	-5	-10	-2	-5	-10	-12	-5	-10	-12	-12
	边墙	-2	-5	-2	0	-5	-10	-2	0	-10	-12	-5	0

注：按岩体完整程度分级为完整性差、较破碎和破碎的围岩不进行主要结构面产状评分的修正。

J.0.9 本围岩分类不适用于埋深小于 2 倍洞径或跨度的地下洞室和特殊土、喀斯特洞穴发育地段的地下洞室。极高地应力区和极软岩（$R_b \leqslant 5MPa$）中的围岩分类，可根据工程实际情况进行专门研究。

J.0.10 大跨度地下洞室围岩的分类除采用本分类外，尚应采用其他有关国家标准综合评定，还可采用国际通用的围岩分类（如 Q 系统分类）对比使用。

附录 K 岩土渗透性分级

K.0.1 岩土渗透性分级应符合表 K.0.1 的规定。

表 K.0.1 岩土渗透性分级

渗透性等级	标准		岩体特征	土类
	渗透系数 K（cm/s）	透水率 q（Lu）		
极微透水	$K<10^{-6}$	$q<0.1$	完整岩体,含等价开度小于0.025mm 裂隙的岩体	黏土
微透水	$10^{-6} \leqslant K<10^{-5}$	$0.1 \leqslant q<1$	含等价开度 0.025～0.05mm 裂隙的岩体	黏土-粉土
弱透水	$10^{-5} \leqslant K<10^{-4}$	$1 \leqslant q <10$	含等价开度 0.05～0.1mm 裂隙的岩体	粉土-细粒土质砂
中等透水	$10^{-4} \leqslant K<10^{-2}$	$10 \leqslant q <100$	含等价开度 0.1～0.5mm 裂隙的岩体	砂-砂砾
强透水	$10^{-2} \leqslant K<1$		含等价开度 0.5～2.5mm 裂隙的岩体	砂砾-砾石、卵石
极强透水	$K \geqslant 1$	$q \geqslant 100$	含连通孔洞或等价开度大于 2.5mm 裂隙的岩体	粒径均匀的巨砾

附录 L 土的渗透变形判别

L.0.1 土的渗透变形的判别应包括下列内容：

1 土的渗透变形类型的判别。
2 流土和管涌的临界水力比降的确定。
3 土的允许水力比降的确定。

L.0.2 土的渗透变形可分为以下四种形式：

1 流土。
2 管涌。
3 接触冲刷。
4 接触流失。

其中 1、2 类渗透变形主要出现在单一地基中，

3、4 类主要出现在双层地基中。对黏性土而言，渗透变形主要为流土和接触流失。

L.0.3 无黏性土渗透变形形式的判别应符合下列要求：

1 不均匀系数小于和等于 5 的土，其渗透变形为流土。

2 对于不均匀系数大于 5 的土，可采用下列方法判别：

　1) 流土：
$$P_c \geqslant 35\% \qquad (L.0.3-1)$$

　2) 过渡型取决于土的密度、粒级、形状：
$$25\% \leqslant P_c <35\% \qquad (L.0.3-2)$$

　3) 管涌：
$$P_c <25\% \qquad (L.0.3-3)$$

式中　P_c——土的细粒颗粒含量，以质量百分率计（%）。

　4) 土的细粒含量可按下列方法确定：

　　级配不连续的土，级配曲线中至少有一个以上的粒径级的颗粒含量小于或等于 3% 的平缓段，粗细粒的区分粒径 d_f 以平缓段粒径级的最大和最小粒径的平均粒径区分，或以最小粒径为区分粒径，相应于此粒径的含量为细颗粒含量。对于天然无黏性土，不连续部分的平均粒径多为 2mm。

　　级配连续的土，区分粗粒和细粒粒径的界限粒径 d_f 按下式计算：
$$d_f = \sqrt{d_{70}d_{10}} \qquad (L.0.3-4)$$

式中　d_f——粗细粒的区分粒径（mm）；
　　　d_{70}——小于该粒径的含量占总土重 70% 的颗粒粒径（mm）；
　　　d_{10}——小于该粒径的含量占总土重 10% 的颗粒粒径（mm）。

　5) 土的不均匀系数可采用下式计算：
$$C_u = \frac{d_{60}}{d_{10}} \qquad (L.0.3-5)$$

式中　C_u——土的不均匀系数；
　　　d_{60}——占总土重 60% 的土粒粒径（mm）；
　　　d_{10}——占总土重 10% 的土粒粒径（mm）。

3 接触冲刷宜采用下列方法判别：

对双层结构的地基，当两层土的不均匀系数均等于或小于 10，且符合下式规定的条件时，不会发生接触冲刷。

$$\frac{D_{10}}{d_{10}} \leqslant 10 \qquad (L.0.3-6)$$

式中　D_{10}，d_{10}——分别代表较粗和较细一层土的土粒粒径（mm），小于该粒径的土重占总土重的 10%。

4 接触流失宜采用下列方法判别：

对于渗流向上的情况，符合下列条件将不会发生

接触流失:

  1) 不均匀系数等于或小于 5 的土层:

$$\frac{D_{15}}{d_{85}} \leqslant 5 \qquad (L.0.3-7)$$

式中　D_{15}——较粗一层土的土粒粒径（mm），小于该粒径的土重占总重的 15%；

   d_{85}——较细一层土的土粒粒径（mm），小于该粒径的土重占总重的 85%。

  2) 不均匀系数等于或小于 10 的土层:

$$\frac{D_{20}}{d_{70}} \leqslant 7 \qquad (L.0.3-8)$$

式中　D_{20}——较粗一层土的土粒粒径（mm），小于该粒径的土重占总重的 20%；

   d_{70}——较细一层土的土粒粒径（mm），小于该粒径的土重占总重的 70%。

L.0.4 流土与管涌的临界水力比降确定方法:

 1 流土型宜采用下式计算:

$$J_{cr} = (G_s - 1)(1 - n) \qquad (L.0.4-1)$$

式中　J_{cr}——土的临界水力比降；

   G_s——土粒密度与水的密度之比；

   n——土的孔隙率（以小数计）。

 2 管涌型或过渡型宜采用下式计算:

$$J_{cr} = 2.2(G_s - 1)(1 - n)^2 \frac{d_5}{d_{20}} \qquad (L.0.4-2)$$

式中　d_5、d_{20}——分别占总土重的 5% 和 20% 的土粒粒径（mm）。

 3 管涌型也可采用下式计算:

$$J_{cr} = \frac{42d_3}{\sqrt{\dfrac{k}{n^3}}} \qquad (L.0.4-3)$$

式中　k——土的渗透系数（cm/s）；

   d_3——占总土重 3% 的土粒粒径（mm）。

 4 土的渗透系数应通过渗透试验测定。若无渗透系数试验资料，可根据下式计算近似值:

$$K = 2.34n^3 d_{20}{}^2 \qquad (L.0.4-4)$$

式中　d_{20}——占总土重 20% 的土粒粒径（mm）。

L.0.5 无黏性土的允许水力比降确定方法:

 1 以土的临界水力比降除以 1.5～2.0 的安全系数；对水工建筑物的危害较大，取 2 的安全系数；对于特别重要的工程也可用 2.5 的安全系数。

 2 无试验资料时，可根据表 L.0.5 选用经验值。

表 L.0.5　无黏性土允许水力比降

允许水力比降	渗透变形形式					
	流　土　型			过渡型	管　涌　型	
	$C_u \leqslant 3$	$3 < C_u \leqslant 5$	$C_u > 5$		级配连续	级配不连续
$J_{允许}$	0.25～0.35	0.35～0.50	0.50～0.80	0.25～0.40	0.15～0.25	0.10～0.20

注: 本表不适用于渗流出口有反滤层情况。若有反滤层作保护，则可提高 2～3 倍。

L.0.6 两层土之间的接触冲刷临界水力比降 $J_{k.H.g}$ 可按下式计算:

  如果两层土都是非管涌型土，则

$$J_{k.H.g} = \left(5.0 + 16.5\frac{d_{10}}{D_{20}}\right)\frac{d_{10}}{D_{20}} \qquad (L.0.6)$$

式中　d_{10}——代表细层的粒径（mm），小于该粒径的土重占总土重的 10%；

   D_{20}——代表粗层的粒径（mm），小于该粒径的土重占总土重的 20%。

附录 M　土的振动液化判别

M.0.1 饱和无黏性土和少黏性土的振动液化破坏，应根据土层的天然结构、颗粒组成、松密程度、地震前和震时的受力状态、边界条件和排水条件以及地震历时等因素，结合现场勘察和室内试验综合分析判定。

M.0.2 土的振动液化判定工作可分初判和复判两个阶段。初判应排除不会发生液化的土层。对初判可能发生液化的土层，应进行复判。

M.0.3 土的振动液化初判应符合下列规定:

 1 地层年代为第四纪晚更新世 Q_3 或以前，可判为不液化。

 2 土的粒径大于 5mm 颗粒含量的质量百分率大于或等于 70% 时，可判为不液化；粒径大于 5mm 颗粒含量的质量百分率小于 70% 时，若无其他整体判别方法时，可按粒径小于 5mm 的这部分判定其液化性能。

 3 对粒径小于 5mm 颗粒含量质量百分率大于 30% 的土，其中粒径小于 0.005mm 的颗粒含量质量百分率相应于地震设防烈度七度、八度和九度分别不小于 16%、18% 和 20% 时，可判为不液化。

 4 工程正常运用后，地下水位以上的非饱和土，可判为不液化。

 5 当土层的剪切波速大于式（M.0.3-1）计算的上限剪切波速时，可判为不液化。

$$V_{st} = 291(K_H \cdot Z \cdot \gamma_d)^{1/2} \qquad (M.0.3-1)$$

式中　V_{st}——上限剪切波速度（m/s）；

   K_H——地面最大水平地震加速度系数；

   Z——土层深度（m）；

   γ_d——深度折减系数。

 6 地面最大水平地震加速度系数可按地震设防烈度七度、八度和九度，分别采用 0.1、0.2 和 0.4。

 7 深度折减系数可按下列公式计算:

$$Z = 0 \sim 10m, \quad \gamma_d = 1.0 - 0.01Z \qquad (M.0.3-2)$$

$$Z = 10 \sim 20m, \quad \gamma_d = 1.1 - 0.02Z \qquad (M.0.3-3)$$

$$Z = 20 \sim 30m, \quad \gamma_d = 0.9 - 0.01Z \qquad (M.0.3-4)$$

M.0.4 土的振动液化复判应符合下列规定:

1 标准贯入锤击数法。

1）符合下式要求的土应判为液化土：

$$N_{63.5} < N_{cr} \quad (M.0.4-1)$$

式中 $N_{63.5}$——工程运用时，标准贯入点在当时地面以下 d_s（m）深度处的标准贯入锤击数；

N_{cr}——液化判别标准贯入锤击数临界值。

2）当标准贯入试验贯入点深度和地下水位在试验地面以下的深度不同于工程正常运用时，实测标准贯入锤击数应按式（M.0.4-2）进行校正，并应以校正后的标准贯入锤击数 $N_{63.5}$ 作为复判依据。

$$N_{63.5} = N'_{63.5}(d_s + 0.9d_w + 0.7) / (d'_s + 0.9d'_w + 0.7) \quad (M.0.4-2)$$

式中 $N'_{63.5}$——实测标准贯入锤击数；

d_s——工程正常运用时，标准贯入点在当时地面以下的深度（m）；

d_w——工程正常运用时，地下水位在当时地面以下的深度（m），当地面淹没于水面以下时，d_w 取 0；

d'_s——标准贯入试验时，标准贯入点在当时地面以下的深度（m）；

d'_w——标准贯入试验时，地下水位在当时地面以下的深度（m）；若当时地面淹没于水面以下时，d'_w 取 0。

校正后标准贯入锤击数和实测标准贯入锤击数均不进行钻杆长度校正。

3）液化判别标准贯入锤击数临界值应根据下式计算：

$$N_{cr} = N_0 \left[0.9 + 0.1(d_s - d_w) \right] \sqrt{\frac{3\%}{\rho_c}}$$

$$(M.0.4-3)$$

式中 ρ_c——土的黏粒含量质量百分率（%），当 $\rho_c < 3\%$ 时，ρ_c 取 3%；

N_0——液化判别标准贯入锤击数基准值。

4）液化判别标准贯入锤击数基准值 N_0，按表 M.0.4-1 取值。

表 M.0.4-1 液化判别标准贯入锤击数基准值

地震设防烈度	七度	八度	九度
近震	6	10	16
远震	8	12	—

注：当 $d_s = 3$m，$d_w = 2$m，$\rho_c \leqslant 3\%$ 时的标准贯入锤击数称为液化标准贯入锤击数基准值。

5）式（M.0.4-3）只适用于标准贯入点在地面以下 15m 以内的深度，大于 15m 的深度内有饱和砂或饱和少黏性土，需要进行液化判别时，可采用其他方法判定。

6）当标准贯入点在地面以下 5m 以内的深度时，应采用 5m 计算。

7）当建筑物所在地区的地震设防烈度比相应的震中烈度小 2 度或 2 度以上时定为远震，否则为近震。

8）测定土的黏粒含量时应采用六偏磷酸钠作分散剂。

2 相对密度复判法。当饱和无黏性土（包括砂和粒径大于 2mm 的砂砾）的相对密度不大于表 M.0.4-2 中的液化临界相对密度时，可判为可能液化土。

表 M.0.4-2 饱和无黏性土的液化临界相对密度（%）

地震设防烈度	六度	七度	八度	九度
液化临界相对密度 $(Dr)_{cr}$	65	70	75	85

3 相对含水量或液性指数复判法。

1）当饱和少黏性土的相对含水量大于或等于 0.9 时，或液性指数大于或等于 0.75 时，可判为可能液化土。

2）相对含水量应按下式计算：

$$W_U = \frac{W_S}{W_L} \quad (M.0.4-4)$$

式中 W_U——相对含水量（%）；

W_S——少黏性土的饱和含水量（%）；

W_L——少黏性土的液限含水量（%）。

3）液性指数应按下式计算：

$$I_L = \frac{W_S - W_P}{W_L - W_P} \quad (M.0.4-5)$$

式中 I_L——液性指数；

W_P——少黏性土的塑限含水量（%）。

附录 N 岩体结构分类

N.0.1 岩体结构分类应符合表 N.0.1 的规定。

表 N.0.1 岩体结构类型

类型	亚类	岩体结构特征
块状结构	整体状结构	岩体完整，呈巨块状，结构面不发育，间距大于 100cm
	块状结构	岩体较完整，呈块状，结构面轻度发育，间距一般 100~50cm
	次块状结构	岩体较完整，呈次块状，结构面中等发育，间距一般 50~30cm
层状结构	巨厚层状结构	岩体完整，呈巨厚层状，结构面不发育，间距大于 100cm
	厚层状结构	岩体较完整，呈厚层状，结构面轻度发育，间距一般 100~50cm

类型	亚类	岩体结构特征
层状结构	中厚层状结构	岩体较完整，呈中厚层状，结构面中等发育，间距一般 50～30cm
	互层状结构	岩体较完整或完整性差，呈互层状，结构面较发育或发育，间距一般 30～10cm
	薄层状结构	岩体完整性差，呈薄层状，结构面发育，间距一般小于 10cm
镶嵌结构	镶嵌结构	岩体完整性差，岩块嵌合紧密～较紧密，结构面较发育到很发育，间距一般 30～10cm

类型	亚类	岩体结构特征
碎裂结构	块裂结构	岩体完整性差，岩块间有岩屑和泥质物充填，嵌合中等紧密～较松弛，结构面较发育到很发育，间距一般 30～10cm
	碎裂结构	岩体较破碎，岩块间有岩屑和泥质物充填，嵌合较松弛～松弛，结构面很发育，间距一般小于 10cm
散体结构	碎块状结构	岩体破碎，岩块夹岩屑或泥质物，嵌合松弛
	碎屑状结构	岩体极破碎，岩屑或泥质物夹岩块，嵌合松弛

附录 O　坝基岩体工程地质分类

O.0.1 坝基岩体工程地质分类应符合表 O.0.1 的规定。

表 O.0.1　坝基岩体工程地质分类

岩体基本质量	A 坚硬岩（R_b>60MPa）		B 中硬岩（R_b=60～30MPa）		C 软质岩（R_b<30MPa）	
	岩体特征	岩体工程性质评价	岩体特征	岩体工程性质评价	岩体特征	岩体工程性质评价
Ⅰ	Ⅰ_A：岩体呈整体状或块状、巨厚层状、厚层状结构，结构面不发育～轻度发育，延展性差，多闭合，各向同性力学特征	岩体完整，强度高，抗滑、抗变形性能强，不需作专门性地基处理。属优良高混凝土坝地基	—	—	—	—
Ⅱ	Ⅱ_A：岩体呈块状或次块状、厚层结构，结构面中等发育，软弱结构面分布不多，或不存在影响坝基或坝肩稳定的楔体或棱体	岩体较完整，强度高，软结构面不控制岩体稳定，抗滑抗变形性能较高，专门性地基处理工作量不大，属良好高混凝土坝地基	Ⅱ_B：岩体结构特征同Ⅰ_A，具有各向同性力学特性		岩体完整，强度较高，抗滑、抗变形性能较强，专门性地基处理工作量不大，属良好高混凝土坝地基	
Ⅲ	Ⅲ1_A：岩体呈次块状或中厚层状结构，结构面中等发育，岩体中分布有缓倾角或陡倾角（坝肩）的软弱结构面或存在影响坝基或坝肩稳定的楔体或棱体	岩体较完整，局部完整性差，强度较高，抗滑、抗变形性能在一定程度上受结构面控制。对影响岩体变形和稳定的结构面应做专门处理	Ⅲ1_B：岩体结构特征基本同Ⅱ_A	岩体较完整，有一定强度，抗滑、抗变形性能受结构面和岩石强度控制	Ⅲ_C：岩石强度大于15MPa，岩体呈整体状或巨厚层状结构，结构面不发育～中等发育，岩体具有各向同性力学特性	岩体完整，抗滑、抗变形性能受岩石强度控制
	Ⅲ2_A：岩体呈互层状或镶嵌结构、块裂结构，结构面发育，但贯穿性结构面不多见，结构面延展差，多闭合，岩块间嵌合力较好	岩体完整性差，强度仍较高，抗滑、抗变形性能受结构面和岩块间嵌合能力以及结构面抗剪强度特性控制，对结构面应做专门处理	Ⅲ2_B：岩体呈次块状或中厚层状结构，结构面中等发育，多闭合，岩块间嵌合力较好，贯穿性结构面不多见	岩体较完整，局部完整性差，抗滑抗变形性能在一定程度上受结构面和岩石强度控制		
Ⅳ	Ⅳ1_A：岩体呈互层状或薄层状结构，结构面较发育～发育，明显存在不利于坝基及坝肩稳定的软弱结构面、楔体或棱体	岩体完整性差，抗滑、抗变形性能明显受结构面和岩块间嵌合能力控制。能否作为高混凝土坝地基，视处理效果而定	Ⅳ1_B：岩体呈互层状或薄层状、存在不利于坝（肩）稳定的软弱结构面、楔体或棱体	同Ⅳ1_A	Ⅳ_C：岩石强度大于15MPa，结构面发育或岩体强度小于15MPa，结构面中等发育	岩体较完整，强度低，抗滑、抗变形性能差，不宜作为高混凝土坝地基。当局部存在该类岩体，需专门处理

岩体基本质量	A 坚硬岩（R_b＞60MPa）		B 中硬岩（R_b＝60～30MPa）		C 软质岩（R_b＜30MPa）	
	岩体特征	岩体工程性质评价	岩体特征	岩体工程性质评价	岩体特征	岩体工程性质评价
IV	IV₂A：岩体呈碎裂结构，结构面很发育，且多张开，夹碎屑和泥，岩块间嵌合力弱	岩体较破碎，抗滑、抗变形性能差，不宜作高混凝土坝地基。当局部存在该类岩体，需做专门处理	IV₂B：岩体呈薄层状或碎裂状，结构面发育～很发育，多张开，岩块间嵌合力差	同IV₂A	IV c：岩石强度大于15MPa，结构面发育或岩体强度小于15MPa，结构面中等发育	岩体较完整，强度低，抗滑、抗变形性能差，不宜作为高混凝土坝地基。当局部存在该类岩体，需专门处理
V	V A：岩体呈散体状结构，由岩块夹泥或泥包岩块组成，具松散连续介质特征	岩体破碎，不能作为高混凝土坝地基。当坝基局部地段分布该类岩体，需作专门性处理	同V A	同V A	同V A	同V A

注：本分类适用于高度大于70m的混凝土坝。R_b为岩石饱和单轴抗压强度。

附录 P　岩体地应力和岩爆的判别

P. 0. 1 岩体地应力的确定应符合下列规定：

1 在无实测地应力成果时，根据地质勘察资料，利用理论计算和经验对初始地应力场作出评估：

1) 在构造应力等因素影响不显著的地区，一般情况下，初始应力的垂直向应力为自重应力 γH，水平向应力不小于 $\gamma H \times \mu / (1-\mu)$。

2) 通过对区域历次构造形迹的调查和对近期构造运动的分析，确定初始地应力的最大主应力方向。

历次发生的地质构造运动，常影响并改变自重地应力场。一般情况下，垂直向主应力和最大水平向主应力可按表 P.0.1 取值。

表 P. 0. 1　受构造应力影响较大地区的主应力

主应力＼埋深	＜1000m	≥1000m
垂直向主应力 σ_V	（0.8～3）γH	（0.8～1.2）γH
最大水平向主应力 σ_H	（0.8～3）σ_V	（0.7～2）σ_V

3) 埋深大于1000m，随着深度增加，初始地应力场逐渐趋向于静水压力分布，埋深大于1500m 以后，一般可按静水压力分布考虑。

4) 在峡谷地段，从谷坡至山体以内，可区分为地应力释放区、地应力集中区和原始地应力区。峡谷的影响范围，在水平方向一般为谷宽的 1～3 倍。河谷快速下切的地区，一般应力释放的影响范围较小，反之，则应力释放区的影响范围变大；谷坡位置越高，地应力释放区的影响范围越大。对两岸山体，最大主应力方向一般平行于岸坡。在河谷谷底较深部位，最大主应力方向趋于水平且转向垂直于河谷。

5) 发生岩爆或岩芯饼化现象，应视为存在高地应力，此时，可根据岩体在开挖过程中出现的主要现象，按表 P.0.2 进行评价。

2 有实测地应力成果时，直接利用实测值。根据需要，通过回归分析确定初始地应力场。

P. 0. 2 岩体初始地应力的分级应符合表 P.0.2 的规定。

表 P. 0. 2　岩体初始地应力的分级

应力分级	最大主应力量级 σ_m（MPa）	岩石强度应力比 R_b/σ_m	主 要 现 象
极高地应力	σ_m≥40	＜2	硬质岩：开挖过程中时有岩爆发生，有岩块弹出，洞壁岩体发生剥离，新生裂缝多；基坑有剥离现象，成形性差；钻孔岩芯多有饼化现象 软质岩：钻孔岩芯有饼化现象，开挖过程中洞壁岩体有剥离，位移极为显著，甚至发生大位移，持续时间长，不易成洞；基坑岩体发生卸荷回弹，出现显著隆起或剥离，不易成形

应力分级	最大主应力量级 σ_m（MPa）	岩石强度应力比 R_b/σ_m	主要现象
高地应力	$20\leqslant\sigma_m<40$	2~4	硬质岩：开挖过程中可能出现岩爆，洞壁岩体有剥离和掉块现象，新生裂缝较多；基坑时有剥离现象，成形性一般尚好；钻孔岩芯时有饼化现象。 软质岩：钻孔岩芯有饼化现象，开挖过程中洞壁岩体位移显著，持续时间较长，成洞性差；基坑发生隆起现象，成形性较差
中等地应力	$10\leqslant\sigma_m<20$	4~7	硬质岩：开挖过程洞壁岩体局部有剥离和掉块现象，成洞性尚好；基坑局部有剥离现象，成形性尚好。 软质岩：开挖过程中洞壁岩体局部有位移，成洞性尚好；基坑局部有隆起现象，成形性一般尚好
低地应力	$\sigma_m<10$	>7	无上述现象

注：表中 R_b 为岩石饱和单轴抗压强度（MPa）；σ_m 为最大主应力（MPa）。

P.0.3 岩爆的判别应符合下列规定：

　　1 岩爆烈度分级应符合表 P.0.3 的规定。

表 P.0.3　岩爆烈度分级

岩爆分级	主要现象	岩爆判别	
		临界埋深（m）	岩石强度应力比 R_b/σ_m
轻微岩爆	围岩表层有爆裂脱落、剥离现象，内部有噼啪、撕裂声，人耳偶然可听到，无弹射现象；主要表现为洞顶的劈裂-松脱破坏和侧壁的劈裂-松胀、隆起等。岩爆零星间断发生，影响深度小于 0.5m；对施工影响较小	$H\geqslant H_{cr}$	4~7
中等岩爆	围岩爆裂脱落、剥离现象较严重，有少量弹射，破坏范围明显。有似雷管爆破的清脆爆裂声，人耳常可听到围岩内的岩石的撕裂声；有一定持续时间，影响深度 0.5~1m；对施工有一定影响		2~4
强烈岩爆	围岩大片爆裂脱落，出现强烈弹射，发生岩块的抛射及岩粉喷射现象；有似爆破的爆裂声，声响强烈，并向围岩深度发展，破坏范围和块度大，影响深度 1~3m；对施工影响大	$H\geqslant H_{cr}$	1~2
极强岩爆	围岩大片严重爆裂，大块岩片出现剧烈弹射，震动强烈，有似炮弹、闷雷声，声响剧烈；迅速向围岩深部发展，破坏范围和块度大，影响深度大于 3m；严重影响工程施工		<1

注：表中 H 为地下洞室埋深（m）。

　　2 临界埋深可根据下式计算：

$$H_{cr}=0.318R_b(1-\mu)/(3-4\mu)\gamma \qquad (P.0.3)$$

式中　H_{cr}——临界埋深，即发生岩爆的最小埋深（m）；

　　　　R_b——岩石饱和单轴抗压强度（MPa）；

　　　　μ——岩石泊松比；

　　　　γ——岩石重力密度（$10kN/m^3$）。

　　3 表 P.0.3 的岩爆判别适用于完整~较完整的中硬、坚硬岩体，且无地下水活动的地段。

附录 Q　外水压力折减系数

Q.0.1 外水压力折减系数的取值宜结合采用的排水措施按表 Q.0.1 选用。

表 Q.0.1　外水压力折减系数经验取值表

级别	地下水活动状态	地下水对围岩稳定的影响	折减系数
1	洞壁干燥或潮湿	无影响	0~0.20
2	沿结构面有渗水或滴水	软化结构面的充填物质，降低结构面的抗剪强度。软化软弱岩体	0.10~0.40
3	严重滴水，沿软弱结构面有大量滴水、线状流水或喷水	泥化软弱结构面的充填物质，降低其抗剪强度，对中硬岩体发生软化作用	0.25~0.60

续表 Q.0.1

级别	地下水活动状态	地下水对围岩稳定的影响	折减系数
4	严重滴水，沿软弱结构面有小量涌水	地下水冲刷结构面中的充填物质，加速岩体风化，对断层等软弱带软化泥化，并使其膨胀崩解及产生机械管涌。有渗透压力，能鼓开较薄的软弱层	0.40~0.80
5	严重股状流水，断层等软弱带有大量涌水	地下水冲刷带出结构面中的充填物质，分离岩体，有渗透压力，能鼓开一定厚度的断层等软弱带，并导致围岩塌方	0.65~1.00

本规范用词说明

1 为便于在执行本规范条文时区别对待，对要求严格程度不同的用词说明如下：
1）表示很严格，非这样做不可的用词：
   正面词采用"必须"，反面词采用"严禁"。
2）表示严格，在正常情况下均应这样做的用词：
   正面词采用"应"，反面词采用"不应"或"不得"。
3）表示允许稍有选择，在条件许可时首先应这样做的用词：
   正面词采用"宜"，反面词采用"不宜"；
   表示有选择，在一定条件下可以这样做的用词，采用"可"。
2 本规范中指明应按其他有关标准、规范执行的写法为"应符合……的规定"或"应按……执行"。

中华人民共和国国家标准

水力发电工程地质勘察规范

GB 50287—2006

条 文 说 明

目　　次

1 总　则

1.0.1　《水利水电工程地质勘察规范》GB 50287—99（以下简称原规范），是按河流（段）规划、可行性研究、初步设计和技施设计四个设计阶段规定各相应勘察阶段工作深度、内容和方法的，而目前水电工程设计阶段是根据原电力工业部电计〔1993〕576 号文《关于调整水电工程设计阶段的通知》划分为五个阶段，即河流（段）规划、预可行性研究、可行性研究、招标设计和施工详图设计。由于原规范中没有预可行性研究和招标设计阶段勘察深度和内容等规定，在实际工作中，均是参照执行，因此，存在着各勘测单位对各阶段工作深度认识不一，执行标准不统一等问题。本次修订根据现行的设计阶段对地质勘察工作深度和内容及勘察工作方法和布置等作了规定。

1.0.2　本规范主要适用于大型水力发电工程，鉴于目前尚无适用中型水电工程的地质勘察规范，因此，中型水电工程可参照本规范执行。根据国家现行标准《水电枢纽工程等级划分及设计安全标准》DL 5180 的规定，水电枢纽工程划分为五个等级。详见表 1。

表 1　水电枢纽工程的分等指标

工程等别	工程规模	水库总库容（亿 m³）	装机容量（MW）
一	大（1）型	≥10	≥1200
二	大（2）型	<10 1≥	<1200 ≥300
三	中型	<1.00 ≥0.10	<300 ≥50
四	小（1）型	<0.10 ≥0.01	<50 ≥10
五	小（2）型	<0.01	<10

3　基本规定

3.0.1　水电工程地质勘察划分为五个阶段是根据原电力工业部电计〔1993〕567 号文《关于调整水电工程设计阶段的通知》精神确定的。《通知》中规定水电工程设计阶段调整为流域规划和河流（或河段）水电规划阶段、预可行性研究阶段、可行性研究阶段、招标设计阶段、施工详图设计阶段。工程地质勘察的主要任务是为规划设计服务，提供规划设计所需的工程地质勘察资料，因此，工程地质勘察工作既要循序渐进，逐步深入，又要与相应设计阶段深度相适应。

3.0.2　勘察任务书或勘察合同是实施工程地质勘察工作及检验工程地质勘察工作完成情况的主要依据，因此，凡涉及与工程地质勘察工作有关的内容应明确

说明与规定。工程地质勘察的内容和工作方法除与地质条件有关外，还与水工建筑物类型、规模密切相关，因此，在任务书和合同中明确设计意图、工程规模、类型和工程布置是组织实施经济有效的工程地质勘察工作的前提条件。

3.0.3、3.0.4　工程地质勘察大纲是工程地质勘察工作的指导文件，也是实施工程地质勘察工作的具体计划和保证工程地质勘察工作质量的重要措施。编制工程地质勘察大纲之前应做的工作包括：一是收集和分析工程场区已有的地质资料与该工程前阶段的勘察成果和主要结论；二是详细了解设计意图和方案；三是实地了解工程场区的自然条件和工作条件；四是熟悉本规范的基本要求和内容。

随着地质勘察工作的深入，可能会发现和揭露新的地质问题，适时调整勘察工作的布置和工作量，将会使勘察工作的针对性更强，更符合客观实际，有助于提高工程地质勘察的效果。

为保证工程地质勘察工作顺利进行，工程地质勘察大纲的内容除技术内容外，还应包括组织措施、质量保证措施等。

3.0.5　科学的勘察程序是指工程地质勘察工作按照由区域到场区，由地表到地下，由一般性调查到专门性问题研究，由定性到定量的过程。具体地说，先地面或区域大范围地质工作，后工程场区小范围工作；先收集资料和地面地质测绘，然后再据此布置勘探工程；先一般性地质问题调查，后专门性工程地质问题研究；先对工程地质问题进行定性评价后进行定量评价。这种由浅入深、循序渐进的工作，可以加快勘察工作进度，缩短勘察周期，可以有针对性地开展勘察工作，提高勘察成果质量，可以提高勘察工作的有效性，节省勘察经费。

勘察工作量是指工程地质测绘、物探、坑探、钻探、洞探、井探、水文地质试验、岩土试验等的工作量。水电工程地质勘察是揭露自然奥秘、研究地质规律，预测地质环境对水电建设影响的探索性很强的工作。自然地质体经历过漫长的地质演变，经受过不同时期和不同性质的构造作用和风化作用，是十分复杂的，要对其有深刻的了解和认识，必须有一定的勘察工作，特别要有一定的钻探、洞探和井探工作量，了解地下地质情况。必要的勘察工作量是指为满足阶段勘察深度的要求所需的勘察工作量。如果勘察工作量不够，将影响勘察成果的质量。

勘察周期指完成一个工程全部勘察工作的年限，也可以是完成一个工程某一勘察阶段全部勘察工作的年限。全部勘察工作包括从接受勘察任务到提交工程地质勘察报告之间的工作。根据多年的实践经验，一个坝高 100～150m，工程地质条件中等复杂的工程，可行性研究勘察阶段的勘察年限为 2.0～2.5 年。

3.0.6　基础地质资料是指地质测绘、物探、钻探、

坑探、洞探、井探、水文地质试验、岩土试验、原位观测等资料。只有通过各种勘察方法真实准确、完整地收集有关地形、地貌、地层、岩性、构造、水文地质、物理地质现象等情况，才能发现工程地质问题，为分析和解释各种地质现象提供原始资料，为正确评价工程地质问题提供可靠依据，否则会导致分析评价的失误。

3.0.7 工程地质测绘是水电工程地质勘察的最基本方法，通过工程地质测绘可以了解和发现许多地质现象，可以为分析工程场区的基本地质条件和可能存在的工程地质问题及其评价提供基本资料，可为物探、钻探、坑探、洞探、井探、岩土试验和专门性勘察工作提供依据。没有工程地质测绘资料作基础，仓促布置各种勘探工程，必然有很大的盲目性，其结果可能达不到预计的目的，甚至会造成浪费。

3.0.8 物探是水电工程地质勘察的重要手段之一，它具有快速轻便、信息量大的特点。但每一种物探方法的应用均存在局限性、条件性和多解性，因此，在应用物探技术时，需要充分发挥综合物探的作用，以便通过多种物探方法成果综合分析，克服单一方法的局限性，并消除推断解译中的多解性，另外，在物探成果的解译过程中要充分利用已有的地质和钻探资料，以提高物探的解译精度。

3.0.9 孔、坑、洞、井等勘探工程不仅能直接取得地下地质的真实资料，还可为物探综合测井、水文地质试验、岩土试验和原位观测等提供条件，是水电工程地质勘察的重要手段。在选择和布置勘探工程时，要注意三点：一是要根据地形条件及地质条件和水工建筑物的特点，选择适宜的勘探工程；二是要综合利用、达到一孔（洞）多用和各种勘探工程联合起来综合利用的目的；三是要有详细且可供操作的施工技术计划，包括与施工安全和成果质量有关的内容。

3.0.10 岩土试验的任务是了解岩土体的基本物理力学性质，研究岩土体在外部荷载与内部应力重分布条件下的变形过程和破坏机制，为工程地质评价提出基本资料，为设计提供岩土物理力学性质参数，因此，应提高岩土试验成果的准确性和合理性。由于岩体是一种各向异性的非均质材料，室内岩块试验不能全面反映其力学特性，因此，条文规定岩石试验应室内试验和原位测试并重。

不同类型的水工建筑物对岩土体的力学特性要求不同，例如：重力坝（闸）要求坝（闸）基岩土体有较高的抗滑稳定性；对拱坝，则要求两岸坝肩岩体均一、变形小、有较高的弹性（变形）模量，拱座下游岩体有足够的抗滑能力；地下洞室围岩的稳定性，实质是围岩应力与围岩强度的对立统一。因此，应针对设计的需要和水工建筑物类型，具体分析工程作用力大小、方向、性质、影响范围，并依据岩土体的结构特征，选择试验项目、数量和有

效的试验方法。

由于组成水工建筑物地基、围岩、边坡的岩土体是不均一的，试件的尺寸和地基的面积相比是微小的，试验的数量又是有限的，因此，要提高室内试验试样和原位测试试点的地质代表性。

3.0.11 原位观测主要包括岩土体位移、应变、压力观测和地下水水位、水量、水温、水质观测。

通过岩土体位移、应变、压力观测可以了解其位移速率、位移范围、位移量等与地质条件及外部条件的关系，为预测岩土体位移的发展趋势和评价岩土体稳定性提供依据，是工程地质勘察工作的重要组成部分。

通过地下水水位、水量、水温、水质的观测，可以了解地下水的动态变化规律，为分析工程场区水文地质条件提供资料。

3.0.12 各种勘察资料仅是从某一方面揭露的局部地质现象，但这些现象相互之间是有联系的，因此，应对各种勘察资料进行综合分析。在实际工作中，常常发现勘察工作做得并不少，但对与水工设计密切相关的工程地质问题分析不够深入，针对性不强，结论不够明确，其原因就是未能对各种勘察资料，通过由表及里，由局部到整体的深入分析，找出事物的发生和发展过程及其相互关系，并抓住影响水工建筑物安全的主要工程地质问题，从有利和不利的角度分析其对工程的影响。因此，条文规定，应紧结合水工建筑物的特点，综合分析各种勘察资料和工程地质问题。

3.0.13 工程地质勘察报告是工程地质勘察成果的最终体现，是规划设计的主要依据之一，是研究水工建筑物布置和加固处理措施的基本资料。内容客观、真实、重点突出、实用性强，是工程地质勘察报告的基本要求。

4 规划阶段工程地质勘察

4.1 一般规定

4.1.1、4.1.2 规划阶段是设计的开始阶段，其工程地质勘察的目的和任务是了解河流或河段的区域地质条件和各梯级的工程地质条件，以便选出坝、长引水线路及厂址的最适宜地段，并对建库条件进行了解。在各梯级中对近期开发工程和控制性工程的工程地质条件做较深入的了解，分析存在的主要地质问题，为工程规划设计提供较系统的资料。

4.2 区域地质和地震

4.2.1 区域地质研究内容主要包括5个方面，即地形地貌、地层岩性、地质构造、物理地质现象和水文地质条件。这些资料是分析河谷工程地质条件的基础。

本条中各款只列举了主要内容，详细内容可根据规划河流或河段的具体区域地质特征有所侧重。例如，在可溶岩地区，重点应放在喀斯特发育情况和水文地质条件上，调查潜水的埋深，泉水的出露高程、类型及流量等；在地震活动性较强地区，要特别注意地质构造和断裂活动的情况；在第四纪沉积地区，要重点了解第四纪沉积物的类型、河流发育史和阶地发育情况等。

4.2.2 目前，国内大部分地区已完成了1：200000区域地质测图，少数地区已完成1：50000区域地质测图。大多数省已出版了区域地质志。不少地区还进行过区域工程地质编图、环境地质编图和灾害地质编图。这些资料都是进行河流区域地质研究的基础资料。但是这些图出版年代不一，物理地质现象和水文地质的最新资料不足，不完全能满足规划阶段的需要。因此，本条规定，河流或河段区域综合地质图的编图应以已有资料为基础，缺什么资料，补充什么资料；补充调查方法可采用遥感地质方法和路线地质调查方法。

4.2.4 根据国家现行标准《水工建筑物抗震设计规范》DL 5073，工程选址时应依据场地岩土条件、地震及断裂活动性、重大物理地质现象进行地段划分，原则是选择有利地段，避开不利地段，未经充分论证不得在危险地段建设。

4.2.5 区域综合地质图的比例尺可根据流域面积的大小和区域地质的复杂程度在1：500000～1：100000之间选择。

4.3 水 库

4.3.1 水库地质的勘察内容主要是了解对水库或梯级选择有重大影响的工程地质问题。大规模的坍塌、泥石流、滑坡等物理地质现象以及严重的坍岸，库区渗漏或库边浸没，常常影响水库效益，可溶岩地区的喀斯特水库渗漏，更是影响梯级方案成立的重大地质问题。这些问题在本阶段都需要进行初步调查，阐明其严重程度，以便选择最适宜的梯级开发方案。

4.3.2、4.3.3 水库勘察方法基本上分两种情况

1 根据已有的区域地质资料分析水库地质条件，如不存在严重影响水库成立的地质问题，本阶段可以不进行水库工程地质测绘，但对近坝5km范围内进行路线查勘和调查仍是必要的。

2 根据已有的区域地质资料分析，水库可能存在渗漏、库岸稳定、浸没等工程地质问题时，应进行水库工程地质测绘。为了查明这些问题的严重程度，也可布置少量的勘探工作。勘探工作量根据具体情况确定。

工程地质测绘是水库勘察的主要方法。测绘比例尺的选择可以根据水库面积和地质条件复杂程度等因素综合考虑选定。

4.4 坝 址

4.4.1、4.4.2 规划阶段对各梯级坝址地质勘察的内容偏重于基本地质条件的了解。条文所列各款内容，包括地形地貌、地层岩性、地质构造、水文地质、河床及两岸覆盖层厚度和组成物质、塌滑体、喀斯特洞穴及天然建筑材料分布情况等都是选择坝址所需要的基础地质资料。

4.4.3 规划阶段坝址的勘察方法主要采用工程地质测绘和物探，辅以少量勘探。

工程地质测绘是最基本的方法。应当根据坝址区地形的陡缓、地质构造的复杂程度及坝址区面积的大小等因素，综合考虑，选定合适的比例尺。

近年来物探技术发展很快，准确性也有很大提高。使用物探方法探测河床覆盖层厚度、岸坡风化深度、较大的断层和溶洞等地质缺陷可取得有效的成果。因此，规划阶段特别推荐用物探方法来了解地下地质情况。

本阶段坝址钻探工作量一般较少，所以对近期开发工程和控制性工程与一般梯级坝址的钻孔布置应区别对待。条文中规定的一般梯级坝址和近期开发工程、控制性工程坝址的钻孔数量是最低要求，地质条件复杂时可以适当增加。

钻孔深度的确定受很多具体因素的影响，如坝高、河床冲积层厚度，两岸风化深度，基岩的完整性和透水性等。各地情况千差万别，本阶段不确定因素较多，难以具体规定，执行中可结合实际情况灵活掌握，如中低坝可按1.0倍坝高控制，但对大于200m以上高坝可按坝高的50%控制。

坝址区岩、土、水的试验数量未作具体规定。可根据实际情况对不易定名的岩石，特殊土的不良性质，以及地下水进行少量试验，以鉴定其名称或有害性。近期开发工程和控制性工程也可以选用回弹、点荷载等简易野外试验方法测定岩石的强度特征。

4.5 长引水线路

4.5.1 长引水线路通常指引水式水电工程。长引水工程可能是隧洞，也可能是渠道，或二者相间衔接。

长引水线路方案的比较，需要充分了解沿线的主要工程地质、水文地质条件，以便进行技术经济比较，选出经济合理、安全可靠的开发形式。

长引水线路的勘察内容本条共列出6款，都是分析隧道或渠道稳定和渗漏问题的基本地质资料，其中对隧洞的进出口地段、渠道上的建筑物地段和厂址地段给予了特别注意。

4.5.2 长引水线路的勘察方法主要是工程地质测绘。根据国内现有地形图的情况和设计使用的需要，测绘比例尺定为1：50000～1：10000，测绘范围的宽度定为引水线两侧各1km。

近年来国内外已应用地震勘探方法进行隧洞沿线剖面波速测定，在地形条件适宜的地方，也可以采用地震法作为辅助勘察方法。

线路上的厂址和穿越冲沟、深厚覆盖层分布等特殊地段的引水线路，可以采用物探方法或布置少量的钻孔来了解覆盖层的厚度及性状等。

4.6 勘察报告

4.6.1~4.6.6 对规划阶段工程地质勘察报告的基本内容和附件作了简要规定，其目的在于使勘察成果能够系统地反映出来。要点是基本地质条件的描述和初步分析。

5 预可行性研究阶段工程地质勘察

5.1 一般规定

5.1.1 预可行性研究阶段的任务是根据新的水电工程设计阶段划分的要求制定的。本阶段要求进行区域构造稳定性研究，初步查明水库区及枢纽建筑物区的主要工程地质条件，对重大工程地质问题进行初步分析评价，以便满足初选代表性坝（闸）址、厂址和枢纽布置方案的需要。

5.1.2 本条主要根据 5.1.1 条的要求提出。

1 区域构造稳定性研究是一项基础工作，也是决定工程是否可行的关键性问题，因此，需在本阶段有明确的结论。

2 水库的主要工程地质问题，关系到建库的可能性、工程及公共安全、工程效益，有的尚涉及环境评价问题。

3 枢纽建筑区主要工程地质条件和重大工程地质问题是直接关系到坝（闸）址、基本坝型和枢纽布置方案选择的根本性问题。所有这些问题都应在预可行性研究阶段作出初步评价。

4 天然建筑材料也是水电工程地质勘察中的一个重要问题，有时可对方案的选择起到制约作用，对于代表性方案，其主要天然建筑材料应基本落实。

5.2 区域构造稳定性

5.2.1 区域构造背景研究是评价所有工程地质问题的基础工作，也是地震安全性评价中潜在震源区划分的基本依据之一。

断层活动性问题是评价坝址和其他建筑物场地构造稳定性以及进行地震安全性评价的主要依据。所以本阶段应对场地和进场区的活动性断层作出鉴定。

地震安全性评价是工程抗震设计的重要依据，在本阶段必须确定工程区的地震动参数及相应的地震基本烈度。

5.2.2 区域构造背景研究是分层次进行的，各层次的工作深度不尽相同。第一层次是区域构造的背景分析，其范围在 150km 的半径以上，主要以收集资料为主，并对其进行必要的复核；第二层次是近场区构造的活动性调查与研究；第三层次是场地范围内活动性断层的判定，以保证坝址避开有可能直接破坏大坝的活动性断层。

原规范中确定的区域构造地质调查范围分别为 300km、20~40km 和 8km，本次修订中将其调整为 150km、25km 和 5km，目的是与现行国家标准《工程场地地震安全性评价技术规范》GB 17741相一致。

5.2.4 断层活动性的时间下限是争议较多的一个问题，有第四纪以来有活动的断层、70 万年以来的、50 万年以来的、10 万年以来的、1 万年以来的等各种时限。原规范确定的时限为 10 万~15 万年，是根据当时我国第四纪构造运动、地应力场变迁和地质年龄测定等研究成果确定的，但由于年限跨度较大，且未规定上、下限使用的条件，因此，实际应用过程中有时会产生歧义。1992 年，国家核安全局与原国家地震局联合举办了能动断层专题研讨会，认为"目前对我国东部地区，可以把一条断层 Q_3 或约 10 万年以来没有发生过运动迹象，并证明另一条已知能动断层的运动不会引起该断层的运动，那么这一断层可视为非能动断层，反之为能动断层"；1994 年原国家地震局、核安全局联合发布的《核电厂厂址选择中的地震问题》HAF 0101（1）规定：在晚更新世（约 10 万年）以来有过活动的断层为"能动断层"。有人也称此时限内有活动的断层为活断层或工程活断层。据此，本次修订过程中，将活断层的活动时限规定为约 10 万年。

5.2.8 地震安全性评价是一项比较复杂的工作，应根据工程规模及区域地质构造特点区别对待。目前一般委托有资质的单位按相关规程进行专题研究。本次修订中，只要求地震安全性评价提供地震动参数及相应的地震基本烈度，原因是目前水工抗震设计规范有相应的明确规定和要求；其次，地震安全性评价提供的成果和水工设计谱差别较大。因此，如果工程需要，其余参数如地震加速度时程曲线和加速度反应谱宜纳入水工抗震设计的范畴，进行专门研究确定。

5.2.9 本条从区域构造稳定性出发提出的坝址选择应遵守的两条准则是基于目前国内水工建筑物抗震设计水平考虑的。

5.3 水 库

5.3.1 本条规定的水库工程地质勘察内容都是水库常见的主要工程地质问题，并都有可能对工程效益、造价和库区环境造成影响，在特定条件下，可以影响建库的可行性。所以，本阶段勘察应对这些重大的工程地质问题作出初步预测和评价。

第 5 款内容是本次修订中增加的内容。随着水电建设事业的蓬勃开展，国家对水库移民工程越来越重视，根据最新的有关要求，对移民工程的勘察设计深度要求与主体工程设计阶段相同，因此本规范规定，在本阶段要求对大型城镇、集镇初拟新址场地的勘察工作达到初查的精度。具体勘察内容和要求，可参照《岩土工程勘察规范》GB 50021 执行。

5.3.2～5.3.6 分别提出了水库渗漏、库岸稳定、浸没和水库诱发地震和移民集中安置区勘察的内容要求，条文列出了为评价上述工程地质问题应取得的地质资料。

第5.3.2条中第3款，修建在悬河上的水电站与一般水电站在勘察内容上无本质性差别，但需注意其渗漏常表现为整个库盆向下的垂直渗漏。

第5.3.4条第5款，是基于喀斯特区水库浸没的特殊性而提出的。

第5.3.5条由于水库诱发地震的机制比较复杂，条文中所列出的预测方法仍主要是靠经验类比判断。

5.3.7 本条测绘比例尺的选择是根据研究问题的需要和现有的地形以及航拍图像的情况，以采用 1：50000～1：10000 较为合适。如果地质条件比较简单，库区面积很大，可以采用 1：50000；如库区地质条件复杂，或者为了研究库岸稳定或浸没等专门性问题的需要可采用 1：25000～1：10000；对可能威胁工程安全的滑坡和潜在不稳定岸坡，宜采用更大的比例尺。

由于本阶段水库区工程地质勘察中，不可能布置较多的重型勘探，因此，只要地形和物性条件允许，应充分利用物探。

岩土体试验应结合勘探工程进行，选取有代表性的岩、土样进行一定数量的物理力学性质参数的测试工作。由于本阶段试验的数量有限，有关参数的取值仍应以工程地质类比法为主。

本阶段除特别重要地段外，一般不布置专门性的长期观测工作；但对可能发生渗漏和浸没等工程地质问题的地段，在勘察中可利用已有钻孔和水井，在同一时段进行地下水位观测是必要的。

本阶段水库移民集中安置区和专项复建工程的勘察工作深度相当于现行国家标准《岩土工程勘察规范》GB 50021 中可行性研究阶段的深度，本阶段勘察方法应以地质测绘为主，当选择的场地地质条件复杂或存在影响场地稳定的不良地质现象时，应布置必要的勘探工作。

5.4 坝　　址

5.4.1 本条所列 9 款勘察内容是预可行性研究阶段必须回答的问题。

考虑到坝、闸址的地质条件千变万化，情况错综复杂，本条只对某些特殊情况，如喀斯特区坝、闸址的特殊工程地质问题作了补充性规定。

5.4.2 本条是对勘察方法的原则性规定。

1　工程地质测绘比例尺是根据本阶段的勘察内容、勘察深度要求及近年工程地质的勘察经验确定的。

2　工程地质测绘范围主要是为阐明坝址区的地质构造和有关工程地质问题以及设计上为研究枢纽建筑布置方案的需要考虑的。

3　本款为物探工作布置的一般性原则。强调了物探布置与勘探剖面线的结合，以发挥其他勘探与各种物探方法的互补性，有利于提高勘探成果的精度和勘探效率。

4　为了保证各比较坝址方案的可比性，本规范规定各比较坝址均应有一条主要勘探剖面线，对于坝高 70m 以上的代表性坝址和地质条件复杂的比较坝址，可以在主要勘探剖面线的上、下游布置辅助勘探剖面线。

条文所指的勘探点包括钻孔、平洞和竖井等重型勘探工程。根据以往工作经验，本阶段勘探点的间距不宜大于 100m。为保证河床部位有适当的钻孔控制，条文规定河床不应少于 2 个钻孔，另外还规定对坝址比较有重大影响的工程地质问题，都应有钻孔或平洞等勘探工程控制。

平洞在调查地形坡度较陡的谷坡和产状较陡的地质构造等方面，竖井在调查缓倾角结构面方面都有特殊的效果，所以条文作了强调。

5　坝址勘探钻孔的深度要求主要是由本规范第5.4.1条所确定的勘察内容决定的。除专门性钻孔和其他特殊需要钻孔需根据实际地质情况确定孔深外，一般坝址河床钻孔的孔深，岩石地基按 1.0 倍坝高考虑已足够，但对坝高在 70m 以上的高坝，特别是坝高达 200～300m，就没有必要都打到基岩面以下 1.0 倍的坝高深度，从坝基稳定和防渗要求出发，对于70m 以上的高坝，河床覆盖层小于 40m 时，基岩勘探孔深为 0.5～1.0 倍坝高时，已能满足要求。对喀斯特地区的孔深应根据具体情况确定。

6　深厚覆盖层上坝、闸址的勘探钻孔深度是根据持力层深度、坝基渗流分析及研究防渗方案的需要等方面考虑的。并且都应从建筑物底板高程开始计算，在此深度内如钻孔仍未穿透工程地质不良土层时，应根据具体情况适当加深。对基岩面以下的勘探深度可以适当减少，为了调查基岩中有无埋藏深槽和避免对河床覆盖层厚度的误判，孔深达到基岩面下10～20m 是必要的。

7　在预可行性研究阶段进行钻孔抽、压水试验和各项专门性试验，以取得有关的地质参数是必要的。由于本阶段钻孔数量不多，所以原则上基岩钻孔都要求进行压水试验。

8　岩土试验的组数是根据以往工程的经验确定的。对土基特别是细砂、粉土和黏土地基，除取样进行室内试验外，野外标准贯入试验和动、静力触探等钻孔原位测验也应充分使用。在第四纪地层上进行坝、闸址勘察时，应考虑一定数量的标准贯入试验、触探和十字板剪切试验。

5.5 引 水 线 路

5.5.1、5.5.2 这两条是专为引水线路大于2km以上的长引水线路制定的。在水电工程中，引水线路方案的选择，往往制约着工程的可行性，因此是本阶段地质勘察的重要任务之一。

引水建筑物包括隧洞和明渠两种主要类型。第5.5.1条规定了引水隧洞的必需的勘察内容，突出了对围岩稳定性有较大影响的地质因素，对一些特殊洞段和特殊部位在第4款、第5款中作了专门性的规定；第5.5.2条规定了引水明渠的勘察内容，这些内容是初步评价明渠的主要工程地质问题所必需的。

5.5.3 本条对引水线路的勘察方法作了原则性的规定。

工程地质测绘比例尺的选择考虑了引水线路通过地带地形、地质条件的复杂性。一般地形平坦，地质条件简单，引水线路较长时，可选用较小的比例尺；地质条件复杂的山区线路宜选用较大的比例尺。

条文确定的测绘范围主要是为阐明引水线路的工程地质条件和问题以及设计上研究引水方案的需要。

勘探工作的布置，取决于建筑物的类型和地形、地质条件。钻探是一般常用的手段，但对隧洞而言一般主要布置于进出口段、傍山浅埋段、跨沟段等上覆岩体厚度较小且易出工程地质问题的地段。勘探平洞是一种直观而有效的手段，对隧洞进出口可作为首选勘探手段。

5.6 厂 址

5.6.1、5.6.2 地面式与地下式厂房是水电站厂房的两种基本类型。第5.6.1条规定了地面式厂房的勘察内容，第5.6.2条规定了地下式厂房的勘察内容，两者各有侧重，压力管道一般也包含在厂区范围内。

5.6.3 本条为勘察方法的一般性原则。

测绘比例尺的选择，主要考虑到水电站厂房一般建筑物比较集中，范围不大而建筑物等级较高，所以宜采用较大的比例尺。

测绘范围是按阐明厂房建筑物区的主要工程地质条件和问题以及设计上研究厂区枢纽方案所必需来考虑的。

勘探工作的布置，钻孔是常用手段，地面式厂房宜优先考虑，而隧洞出口、地下厂房、边坡工程宜优先采用平洞勘探。

5.7 泄洪建筑物

5.7.1、5.7.2 这两条的勘察内容是为满足对主要工程地质条件及问题的评价而确定的，突出了溢洪设施

的工作特点和工作环境。近年来，金沙江、澜沧江、雅砻江等大江大河上已建及拟建的水电工程，泄洪规模巨大，由此带来了高边坡的稳定问题，泄洪雨雾对边坡稳定的影响也十分突出，因此条文强调，应重视溢洪道边坡和泄洪水雾对边坡稳定的影响。

5.7.3 勘察方法的选择和勘探工作布置应考虑勘察对象的工程特点。

1 测绘比例尺和测绘范围的选择是为满足对主要工程地质条件和问题的评价以及设计研究方案布置的需要。

2、3 勘探工作布置考虑了工程的特点，一般来说，对其主要的建筑物以钻孔为主，但对高边坡地段，宜首选平洞勘探。

5.8 天然建筑材料

天然建筑材料是影响水电工程预可行性研究和基本坝型选择的一个重要因素，在特定条件下对方案可起到制约性的作用。因此，本规范规定对代表性方案所需的主要料种和对方案比选有重大影响的料种的料源应进行初查。

5.9 勘 察 报 告

条文所列内容是针对一般情况而言。在工程实践中由于每个工程所包括的建筑物和工程地质问题不尽相同，甚至有很大的差异，所以不要求报告面面俱到，使用时应根据工程的实际，作相应的增加和简化。

6 可行性研究阶段工程地质勘察

6.1 一 般 规 定

6.1.1、6.1.2 可行性研究阶段工程地质勘察的任务，是根据水电水利工程设计阶段划分的要求制定的。根据原电力工业部电计〔1993〕567号文《关于调整水电工程设计阶段的通知》，在规范修编时，对水电工程设计阶段作了相应调整。调整后可行性研究阶段工程地质勘察的工作深度和内容有较大的变化，主要区别在于原初步设计阶段工程地质勘察工作是在原可行性研究阶段选定的坝址和建筑物场地上进行的，而调整后的预可行性研究阶段只做到初选代表性坝址的深度，因此，可行性研究阶段应首先开展选定坝址的地质勘察工作。

鉴于预可行研究阶段经初步比较已完成了推荐代表性坝址的任务，推荐的代表性坝址一般应是可行性研究阶段重点进行工程地质勘察的坝址，而对其他比较坝址，则应查明影响坝址比选的主要工程地质问题，开展必要的勘察工作，为选定坝址进行地质论证。

为配合可行性研究阶段水库移民规划工作的开展，本阶段应查明移民集中安置和专项复建工程的地质条件，评价场址的稳定性。

此外，本阶段还应按照国土资源部的有关规定，开展水电工程建设用地地质灾害危险性评估。

6.2 水 库

6.2.1 对影响水库方案的重大工程地质问题已在预可行性研究阶段作出了初步评价，在可行性研究阶段的工程地质勘察任务主要是针对存在的工程地质问题加深研究，达到查明问题的精度。

6.2.2、6.2.3 水库渗漏地段勘察中，对非可溶岩的单薄分水岭、强透水层、大断层破碎带和古河道等水库渗漏问题，与可能发生渗漏地段的地质构造条件关系密切，故条文中规定应查明这些地段的地质构造条件，并应根据问题的性质做相应的勘察研究工作。但可溶岩地区喀斯特渗漏问题比较复杂。因此，将查明喀斯特发育特征和喀斯特渗漏性质，主要漏水地段或主要通道的位置、形态和规模，估算渗漏量，提出防渗处理的范围和深度的建议等列为本阶段勘察的内容。根据多年来对喀斯特渗漏问题勘察研究的经验总结，在规定应查明的内容时，按查明相对隔水层、地下水补给、径流、排泄条件与地下水位、喀斯特发育特征的次序列出。

洞穴追索和测绘是喀斯特调查行之有效的方法，对洞穴的形态、规模及延伸长度要尽可能查明，必要时可结合利用洞探、物探、钻探追索。

物探可使用的方法有地面物探、测井、地质雷达、地震波及电磁波层析成像等。工程实践证明，为提高解译精度，利用综合物探可以比单一方法的物探提供更多的信息。但物探的应用需要多方面的条件，不顾条件常常得不到应有的效果。

在喀斯特勘察中，地下水示踪测试（即连通试验）对查明地表水、地下水去向，喀斯特洞穴间的连通情况，地下水的实际流速，确定地下水分水岭等，不失为直观有效的方法。示踪剂可采用荧光素、石松孢子、同位素、食盐、钼酸铵等。

6.2.4、6.2.5 深切峡谷中，岸坡的重力作用增强，物理地质现象发育，卸荷深度大，变形体数量多，规模大。库岸失稳还会引起涌浪，影响工程和居民点的安全，是水库工程地质勘察的重点之一。

可行性研究阶段的任务是对库区存在的大、中型滑坡或潜在不稳定岩土体进行详细测绘和研究，评价其在天然和不同库水位工况下的稳定性及其对工程的影响，圈定不稳定岩土体的影响范围，以免在水库移民征地规划中漏项。并应布置相应的勘察工作，以查明近坝库岸或城镇附近的塌滑体或不稳定岸坡或库区巨型滑坡的边界条件。

不稳定岩土体的监测也是可行性研究阶段勘察的

主要组成部分，并对工程地质评价有重大影响。监测工作一般先采用简易手段，然后逐步完善监测网。

6.2.6、6.2.7 坍岸是指发生在第四纪松散堆积覆盖层库岸的坍落和库岸线后退现象，故称覆盖层坍岸。

坍岸预测主要以图解法为主，方法直观可行，但预测中的自然稳定坡角、浪击带坡角和水下浅滩坡角不是完全可以从试验得出的，故条文中强调应收集、调查地质条件相似的已建水库库岸和河湖岸的各类坡角，在预测计算时与试验结果结合选用。

根据官厅水库的经验，在预测中要充分考虑坍落物质中粗颗粒的含量及其在坍落后在岸坡再沉积对岸坡的保护作用，实际坍岸远小于预计宽度，这一经验在坍岸研究中应加以重视。

6.2.8、6.2.9 浸没问题原先在北方较为突出，后在浸没区改种水稻，使问题大为简化，说明浸没影响与作物种类亦有关系；而南方喀斯特区库岸洼地、槽谷产生浸没或内涝亦会影响当地的生产和生活，故条文中没有明确规定浸没标准。

浸没研究的基本方法是在了解水文地质条件和水库回水位资料的基础上，进行潜水壅高预测和作出评价。其中值得注意的是：潜水回水计算时需考虑因库尾淤积使当地库水位抬高，从而影响地下水位壅高；选取的潜水回水计算公式，应尽可能符合当地地质及水文地质条件。

条文中可能浸没区所在的地貌单元主要是指各级阶地。勘探剖面线一般垂直库岸或平行地下水流向布置的目的是为了取得较可靠的地下水水力比降资料。

条文中规定勘探剖面线之间可采用物探方法加密，是考虑到所列出的地下水位、相对隔水层或基岩埋深资料在与勘探资料对比的基础上，是物探可能解决的项目，也是地下水壅高计算中的必要资料。其他如土的分层，使用地面物探不一定有效，因此没有列入。

6.2.10、6.2.11 泥石流类型多、分布地域广，具有突发性和多发性的特点，对峡谷型水库往往造成严重影响。在山高沟深、地势陡峻、有利于集水的地形，有丰富的松散的岩土碎屑物和短时间突发大量流水等，这些是发生泥石流的条件。因此，针对形成泥石流的条件，条文明确了泥石流的勘察内容和方法。

泥石流发生区，应详细调查岩土性质、风化程度和厚度，构造破碎情况，滑坡、崩塌等堆积体的规模和稳定程度，并估算可能供给的各种固体物质数量。

泥石流通过区应详细调查沟床纵坡、沟谷急湾、基岩陡坎等有利减弱泥石流的条件。调查历史泥石流痕迹及两侧山坡可能供给的固体物质来源。

调查泥石流堆积区范围、最新堆积物分布特点等。根据堆积物粒径大小，堆积的韵律分析历次泥石流活动的规模、规律和频繁程度，评价其活动程度及危害性，并估算一次最大堆积量等。

6.2.12、6.2.13 已有震例显示，中等强度以上的水库地震，有可能造成大坝和水工建筑物的损害，也会给库区带来一定的人员和物质损失。尽管也有大量震例表明，水库诱发地震是一种相当复杂的现象，其发生机理还未查清，但水库诱发地震是客观存在的事实。因此，在水电工程的可行性研究阶段，必须对水库诱发地震的危险性作出合理的预测或评估。根据工程实际情况，本阶段一般不进行水库诱发地震的监测工作，因此，在修订中删除了原规范中关于设置地震监测台的有关要求。

6.2.14~6.2.16 为配合本阶段水库移民规划工作，移民安置区的地质勘察主要是针对移民集中的大型迁建新址开展的。条文只列出了移民集中安置区主要的勘察内容，其勘察方法应符合现行国家标准《岩土工程勘察规范》GB 50021 的要求。本阶段勘察工作深度可按该规范中"初步勘察"的要求执行。

专项工程是指受水库淹没需要迁建的水利、水电、电力、道路、桥梁、矿山等工程，其勘察内容和方法应根据工程类型按有关行业规范执行。

6.3 土石坝

6.3.1 根据坝体受力条件和对坝基要求的不同，在这次规范修编时将原规范 5.3 "坝址勘察" 分为 6.3 "土石坝"、6.4 "混凝土重力坝" 和 6.5 "混凝土拱坝"。土石坝是指利用工程附近的天然建筑材料所建的坝，包括土坝、土石坝和面板堆石坝等。土石坝坝基可以建在岩基上也可以建在第四纪覆盖层土基上。由于土石坝对地基强度要求较低，基岩地基一般都可以满足，所以勘察内容中偏重于覆盖层坝基的勘察。对于基岩坝基，条文中强调了比较重要的透水层和相对隔水层、喀斯特情况和风化带、卸荷带等部分内容。

6.3.2 本条说明如下：

采用跨孔法测定横波速度主要是为砂土液化评价用。

勘探点间距是指所有重型勘探工程的间距。

勘探钻孔深度按覆盖层地基和基岩分别对防渗线钻孔和一般勘探孔作了规定。由于两种地基条件差别大，这样可以做到相对合理。覆盖层地基中，下伏基岩埋深小于 1 倍坝高时，孔深到基岩面以下 10~20m 是指一般情况而言，遇到特殊情况时，可根据具体情况对勘探钻孔深度作一定论证。

每一主要土层的物理力学性质试验组数累计不少于 11 组，是为了与《碾压式土石坝设计规范》DL/T 5395 取得一致。

6.4 混凝土重力坝

6.4.1 本条为建在岩基上的混凝土重力坝坝址的勘察内容，第四纪覆盖层作为混凝土重力坝（闸）地基的勘察要求见本规范第6.4.3条。

坝基岩体工程地质分类是在对坝基岩体进行全面勘察研究基础上的综合，划分出的各类岩体均附有必需的物理力学性质参数。

6.4.2 当岩性变化或存在软弱夹层时，应测绘详细的岩层柱状图，是指砂岩、页岩或泥灰岩、灰岩、页岩相互交替出现，岩性变化复杂或性状差、软弱夹层密度高的情况下，而测绘比例尺又不易反映时，应按岩性逐层测量和进行描述，并分别编制出柱状图供制图和地质分析用。

强调物探是因为可研阶段勘探工程较多，有条件开展多种方法的综合应用，以便取得更多的信息，为工程地质分析提供更多的依据。

区别主勘探剖面、辅助勘探剖面，帷幕孔与一般勘探孔，不同建筑物部位，不同地形地质条件，对勘探手段、勘探点间距、勘探深度作了不同规定，是为了使勘探布置目的性和针对性更加明确；布置倾斜钻孔查明坝基顺河断层是根据有关工程的经验提出来的。河底勘探平洞施工难度较大，因此，只有当常规勘探手段不能满足要求时，才考虑布置河底勘探平洞。

勘探点间距是指钻孔、平洞、竖井等各类重型勘探工程的间距。

岩土试验条文中所列的试验是常用的，工作中可根据具体情况提出其他专门性试验项目。

6.4.3 建在土基上的混凝土重力坝（闸）由于土基的岩性、岩相和厚度变化大，结构松散，压缩性较大，易产生不均匀沉陷且渗流控制较复杂，一般只适宜修建中低闸坝，其勘察内容是根据闸坝对土基的要求提出的。枢纽布置中，应尽量避免以两岸覆盖层作为坝基与坝肩接头。

6.4.4 闸坝地基为土基的钻孔，根据覆盖层厚度和闸坝基底宽的关系所作的规定，主要是从了解全部持力层情况和渗流分析需要考虑的。

当覆盖层厚度大于闸底宽时，除规定一般钻孔深度外，还要求少数控制性钻孔钻穿覆盖层后进入基岩 5~10m。

6.5 混凝土拱坝

6.5.1 在河谷狭窄、两岸岩体坚硬完整的坝址，拱坝坝型在技术经济论证时常常显示出明显的优势，所以拱坝常成为枢纽布置首选的基本坝型。混凝土拱坝坝址的勘察内容就是根据拱坝对坝基的要求和有关工程经验提出来的。

拱坝坝址在地形上有一定的要求，较为理想的坝址应当是河谷狭窄，两岸岸坡顺直、对称、地形完整、山体浑厚的河谷。因此，在勘察中，应评价地形条件的建坝适宜性。

条文中强调了查明两岸的软弱岩带、不利结构面、强渗透带的重要性和对拱座变形稳定、抗滑稳定和渗透稳定的影响。

条文根据有关工程经验强调了建基面选择与可利用岩体研究的重要性。过量的开挖不仅增大工程投资、延长工期，还会造成高边坡、高地应力及工程荷载增大等一系列问题，给工程带来不安全因素。国家现行标准《混凝土拱坝设计规范》SL 282 已将高拱坝建基面标准由原来的新鲜至微风化放宽至弱风化中、下部岩体。

坝基岩体工程地质分类和各类岩体的物理力学参数选取直接关系到拱坝的经济和安全，是与坝身设计同样重要的问题。坝基工程地质分类应符合本规范附录O的规定，而岩体物理力学参数的选择，应建立在坝基岩体物理力学性质试验和工程地质分类的基础上，按划分的类别分别提供，参数的取值应符合本规范附录D和《混凝土拱坝设计规范》SL 282 的规定。

拱肩槽开挖及坝顶以上一定范围往往存在严峻的高边坡稳定问题，有的已成为制约水电站选点、施工进度、投资和安全运行的关键因素，所以在条文中强调了高边坡的勘察和稳定性评价。

6.5.2 在研究两岸坝肩的抗滑稳定条件时，对两岸发育的缓倾角与河流大致平行的中陡倾角断层、长大节理密集带、卸荷裂隙等软弱岩带需特别重视，应采取有效的勘察方法，查明其位置、性状及其组合构成的滑移块体；当不连续面组成滑移块体边界时，应详细调查控制性节理裂隙组的发育规律、间距、延伸长度、性状和连通率。连通率的调查应结合工程部位，选择有代表性的统计位置进行。连通率的调查统计方法很多，常用的有统计窗精测概率计算法、全迹长实际投影法等，可根据具体情况选择统计方法。

本阶段孔、洞、井等重型勘探工程全面展开，工作中要充分利用这些重型勘探，并开展多种物探方法的综合应用，结合岩体物理力学性质试验，查明拱坝坝址区的工程地质条件。

重型勘探工程一般应在地面地质测绘和物探的基础上开展，在坝址坝址，除河床勘探以钻孔为主外，两岸坝肩防渗线、拱座及抗力体勘探应以勘探便道和洞探为主，并与洞内钻孔结合，形成勘探剖面。针对抗力体部位的专门勘探，应以平洞、竖井等为主，用以查明构成滑移块体边界结构面的位置、性状及连通情况。

锦屏一级水电站、虎跳峡以及大渡河上的一些坝址等工程，在前期勘察中，均在岸坡深部出现集中卸荷拉裂现象，深度接近或超过200m。因此条文强调，150m以上的高拱坝，特别是西南峡谷地区河段，两岸勘探平洞深度不宜小于200m。

通过对一定数量的变形试验点岩体波速的测试，可以进行动静变形模量关系对比分析，建立波速与变形模量的相关关系，因此条文规定，应在变形模量测

试点进行岩体波速测试。原位抗剪和抗剪断试验应在分析研究岩体滑移模式的基础上进行。条文中列出的现场原位测试、试验和室内试验除应符合本规范规定外，还应符合《水电水利工程岩石试验规程》DL/T 5368 的规定。

鉴于目前我国的拱坝建设规模越来越大，正在建设的小湾、锦屏一级水电站拱坝高度接近和超过300m，两岸边坡的稳定性对拱坝的安全运行至关重要，因此，条文规定在高山峡谷坝址区宜对两岸边坡进行变形监测。

6.6 隧 洞

6.6.1 本次规范修编时，将原规范 5.4 "地下洞室"分为两部分，本条包含引水、泄洪、冲砂、放空和尾水隧洞等水工隧洞，而将地下厂房系统纳入第6.8 节。

隧洞围岩工程地质分类，是评价围岩整体稳定及设计系统支护的重要方法，即本规范附录J。该分类法经水电工程实践证明，是适用于水电勘察不同设计阶段的分类方法。还需指出的是，在很多大型水电工程使用时，常同时采用国际上比较通用的 Q 系统分类、RMR 分类进行地下工程岩体分类，一方面便于对比，另一方面也便于国际交流和国际合作。

对埋藏深度大于300m的隧洞，很难全面查明其地温和地应力情况，改为调查、预测，实际上降低了工作深度。在花岗岩和含铀、含煤岩层等含有有害气体和放射性物质的地层中，应查明其赋存情况，评价对其工程建设的影响。

6.6.2 1:500 大比例尺工程地质测绘是指如岩塞爆破等非常规的特殊需要而言。

物探工作应充分利用已有重型勘探工程进行综合物探。

对于深埋隧洞进行勘探和测试都比较困难，可根据具体条件布置钻孔或平洞，并开展相应的试验工作。如：天生桥二级水电站折线方案和直线方案分别在洞线的中部钻了两个钻孔，孔深 500 余米，孔底达到隧洞底板 20m 以下，勘探结果在控制岩层界线、了解断层深部情况，进行水位长期观测，了解喀斯特随孔深减弱情况以及饼状岩芯情况等方面都取得了丰富资料；又如锦屏二级水电站长隧洞勘察中，在大水沟厂址开挖了两条相互平行、中心间距为30m、断面为城门洞形长 5km 的长勘探平洞，在长探洞中开展了地应力、地温、有害气体、岩体物理力学性质等大量的试验研究，对确认和核实围岩高地应力、实测洞室地温，了解深部喀斯特发育特征、喀斯特突水和实测外水压力等重大工程地质问题起到了重要的作用。

6.7 渠 道

6.7.1 本条第1和第5款是总的要求，第2、3和4

款是针对渠道沿线岸坡稳定、渗漏与渗透稳定以及地基和开挖边坡稳定问题提出的要求。第 1 款中还专门提出要求查明渠道沿线基岩和第四系覆盖层的分布，这是结合渠道施工中石方和土方开挖的难度和费用差别较大而提出的要求。

6.8 地下厂房系统

6.8.1 地下厂房系统包括厂房（含安装间、主副厂房）、主变室、尾水调压室三大洞室以及调压井、压力管道、岔管、出线洞、交通洞等洞室，是一个在空间构成规模各异、形态不同、纵横交错的洞室群。开挖后围岩的应力状态极其复杂，洞室相互影响，因此洞室群围岩稳定性评价是一个复杂的非线性问题，需要以系统分析的方法来综合评价。其中，工程地质研究方法仍然是最基本的。地下厂房系统的各项勘察内容就是根据围岩稳定性工程地质评价的要求提出来的。

厂址的选择对地形有一定要求，要求山体完整、雄厚、稳定，其埋深应能满足地下厂房顶部能形成自承拱，对完整坚硬围岩一般要求上覆岩体厚度、洞室间距不小于 1.0～1.5 倍开挖跨度，水平埋深也不宜过大，以免增加尾水长度和施工困难。

要求查明岩质特征，地下厂房位置应尽量选在岩体坚硬完整的部位，尽量避开较大软弱岩带、风化卸荷岩带。硬质围岩一般均属稳定的或比较稳定的；而软岩常因遇水软化、泥化、膨胀及崩解使围岩强度降低，产生较大变形甚至破坏，对这类围岩常要采取及时封闭、隔水等措施。

要求查明地质构造条件，要尽量避开较大断层破碎带，洞线要尽量避免与结构面小角度相交，要具体分析洞室通过的褶皱、断层、节理裂隙及其组合对围岩稳定带来的不利影响。

要求查明厂区的水文地质条件，尽可能避开地下水储水构造、喀斯特洞穴和暗河；要详细分析由于地下水活动和地下水动、静水压力对围岩稳定带来的不利影响。

要求重视岩体地应力调查分析，根据工程经验，地下厂房宜布置在地应力正常带中，以避免围岩应力松弛造成成洞困难或应力过高影响围岩稳定。对于围岩压应力集中的部位，应根据围岩强度应力比来评价围岩的稳定性，当围岩强度与最大主应力之比小于 4 时，会出现应力超限形成塑性区，围岩稳定性差；当比值小于 2 时，围岩不稳定。

地下厂房的轴向应根据厂区范围内的岩体结构、地应力条件并结合进水、尾水布置综合分析确定。原则上当地质结构面比较发育，又处于较低地应力区时，厂房轴线方向应以考虑岩体结构条件为主，使轴向与结构面走向具有较大交角；当岩质比较坚硬完整，结构面不发育，又处于高或较高地应力区时，则

应以考虑地应力因素为主，使轴向与最大主应力有一个较小的交角（一般小于 30°），但不宜完全平行。

在围岩条件优良地段布置气垫式调压室是一种经济、环保和很有前途的结构形式，应强调查明围岩类别、上覆厚度、应力状态和高压渗透特性。

6.8.2 在探洞内布置不同方向的钻孔和至少在地下厂房拱座附近高程顺轴向和垂直轴向布置平洞，深度宜穿过洞室后再掘进 1 倍边墙的高度，是为了基本控制顶拱和高边墙的地质条件，特别是查清可能在边墙上出露的倾向洞室、倾角大于 45°的不利结构面，为优化建筑物的布置和围岩稳定性评价奠定必要的基础。鲁布革、二滩、小浪底、东风、官地、溪洛渡、锦屏一级等一大批地下厂房洞室群的勘探都是这样做的。

此外，勘探平洞尽量能结合施工和水工布置，使之能在施工中或作为永久建筑物加以利用，减少对围岩的扰动和节省开支。

在一些高水头和抽水蓄能地下水电站，设计上需要研究高压管道混凝土衬砌和引水隧洞一坡到底——气垫调压室布置方案，除为了查明相应部位岩体的坚固性和完整性外，往往还需要查明地应力状态与高压渗透水流作用下岩体的透水性和稳定性，进行特殊的水压致裂法应力测试和高压压水试验。所以在第 3、4、5 款中分别提出了相应的勘探、地应力测试和高压压水试验要求。

6.9 地面厂房系统

6.9.1 地面厂房系统包括压力前池、压力明管、厂房、尾水渠及地面开关站。在厂房勘察中，应重视泥石流等物理地质现象的调查，根据太平驿、大朝山水电站泥石流影响厂址选择的情况，这一问题在山区河流时有存在，仍是值得注意的问题。

地面厂房后坡有时会遇到高边坡的问题，有时还存在第四系覆盖层形成的高边坡，因此在本条第 5 款中强调了查明厂房后坡稳定条件的内容。

6.9.2 本条关于钻孔深度的规定是指一般情况而言，有特殊需要时根据情况布置。压力前池等建筑物荷载小，主要是渗水后对地基的影响，按工程经验钻孔深度为 1～2 倍水深。黄土因垂直裂隙发育，垂直渗透性相对较大，另外考虑到黄土特有的湿陷问题，勘探钻孔深度增加至 2～3 倍水深。

6.10 溢 洪 道

6.10.1 溢洪道的工程地质勘察范围应包括进口溢流堰、泄槽、陡槽和挑流鼻坎等及下游消能冲刷区、泄洪雨雾影响区。除查明建筑物地基工程地质条件外，应特别重视边坡稳定问题。边坡问题包括建筑物地段的天然边坡、开挖的工程边坡（尤其是内侧往往出现高边坡）、下游消能冲刷区边坡和泄洪雾雨区边坡的

稳定条件。

此外，还须注意下游冲刷坑的形成及下泄水流回流对挑流鼻坎地基的淘涮。挑流鼻坎建基面宜置于回流冲刷深度以下相对坚硬完整的岩基之上。

6.10.2 本条测绘范围应包括论证边坡稳定和下游冲刷区与雨雾区边坡稳定所涉及的地段，是指建筑物地段开挖的工程边坡和冲刷区等天然岸坡两方面。对于开挖的工程边坡，测绘范围应扩大到设计开挖坡顶线以外一定范围，以便查明对开挖边坡有影响的各类结构面的情况和天然边坡稳定性的现状，扩大的范围需根据当地的地形地质条件和预测的泄洪雨雾区影响范围等因素综合确定。

6.12　主要临时建筑物

6.12.1 围堰的勘察内容和方法可参照土石坝或混凝土闸坝有关条款的规定适当简化。

6.12.2 导流明渠工程地质勘察的内容和方法与一般渠道有很多相似之处。本条仅就其不同之处提出相应的要求。特别强调导流明渠外导墙的勘察，是因为外导墙要承受外侧大坝基坑开挖和渠内较大的水头压力，其稳定与否关系到基坑和施工安危，故对外导墙地基的地质勘察和稳定性评价给予更多的重视。

6.12.3 导流隧洞可按照隧洞有关条款的规定适当简化。

6.12.4 随着水电工程规模的加大，特别是在高山峡谷地区，高陡边坡稳定问题十分突出，近年来的工程实践表明，坝顶以上边坡及缆机开挖边坡的稳定已经成为坝址区主要的边坡稳定问题之一。因此，在本次修订过程中，规定应查明缆机部位的工程地质条件，特别是边坡稳定性，并提出处理措施。

6.13　天然建筑材料

6.13.1 天然建筑材料勘探精度一般应与设计阶段相适应，但当某种天然建筑材料储量不能满足相应阶段的要求并可能影响到坝型和结构选择时，在预可行性研究阶段就可能对控制性料源及主要料场进行了详查，对此，在本阶段可视需要进行复查。

天然掺合料一般包括凝灰岩、凝灰质页岩、火山灰等，调查工作应根据当地条件和设计提出的要求进行。

6.14　勘察报告

6.14.1 鉴于可行性研究阶段工程地质勘察的重要任务之一是在上阶段推荐的代表性坝址基础上，进一步查明影响坝址比选的主要工程地质问题，为最终选定坝址进行地质论证，因此，本阶段工程地质勘察报告应包括坝址比较与选择的内容。

6.14.4 水库规划移民集中迁建区和专项工程勘察的成果应反映在水库移民规划专业篇章或有关专题报告

中，而本阶段勘察报告水库工程地质条件不再包括该部分内容。

7　招标设计阶段工程地质勘察

7.1　一般规定

7.1.1 招标设计阶段工程地质勘察是根据水电工程设计阶段划分的规定进行的。其前提是在可行性研究报告审批和项目评估后，在选定的水库及枢纽建筑物场地上进行。通过招标设计阶段工程地质勘察，进一步复核工程建设的工程地质结论，查明遗留的工程地质问题，为完善、深化和优化设计以及落实招标合同有关的问题提供地质资料。要求形成完整的阶段性报告并作为招标文件编制的基础。

7.1.2 本条规定了招标设计阶段工程地质勘察的 6 项主要内容：

第 1 款系针对可行性研究报告审批和项目评估后无异议的工程结论再作一次复核后，予以肯定。

第 2、3 款为可行性研究阶段遗留的或可行性研究报告审批和项目评估提出的专门性工程地质问题，为招标设计阶段工程地质勘察的主要内容。

第 4 款为工程设计的局部修改、变更或进一步优化需要补充提供的有关工程地质资料。

第 5、6 款把水工临时建筑物、辅助建筑物、水库规划移民安置区和专项复建工程的工程地质勘察列为本阶段主要工作内容之一，根据现实情况，勘察工作深度多为初步查明和初步评价。

7.2　工程地质复核

7.2.1 本条规定了应复核的内容。

7.2.2 条文对复核的方法作了一般规定。工程地质结论明确的工程，以内业工作为主，收集可行性研究阶段原有工程地质资料和分析可行性研究阶段以后的观（监）测成果，从而复核工程地质结论，按《水电工程招标设计报告编制规程》DL/T 5212 的要求简述。并根据复核情况，确定相应的勘察工作内容。

7.3　专门性工程地质问题勘察

7.3.1 招标设计阶段进行的专门性工程地质问题勘察，应根据每个工程的具体情况确定。根据近年来的工程实际情况，本条列出了可能需要开展专门性工程地质问题勘察的四个方面。

7.3.2 本条针对可能诱发地震的水库的专门性勘察作了两项规定。鉴于实际工作需要提出了确定建立地震监测台网位置的要求。

7.3.3 本条对水库的专门性工程地质问题的勘察内容作了原则性的规定。

第 1、2、3 款分别对水库渗漏，库岸稳定，水库浸没、坍岸、泥石流等专门性工程地质问题的勘察内容作了明确的规定，并要求提出优化处理和完善观测的意见。

7.3.4 枢纽区各建筑物存在的专门性工程地质问题及其勘察内容，应根据工程的具体情况确定。

本条文明确对枢纽建筑物遗留的专门性工程地质问题的勘察首要复核一般工程地质条件，规定了应复核的内容和分析评价工作。坝后冲刷问题涉及坝基、边坡等，但主要是对坝基稳定的影响，故在本条未单独要求。具体执行应由各工程可行性研究阶段工程地质勘察的深度确定。

7.3.5 针对泄水、输水、厂区、通航建筑物可能存在的专门性勘察内容作了规定。具体执行应由各工程可行性研究阶段工程地质勘察的深度确定。

7.3.6 对专门性工程地质问题的勘察方法作了原则性规定。本阶段对专门性工程地质问题均应作出明确的结论，勘察工作应针对工程地质问题的复杂性、可行性研究阶段勘察的深度和场地条件等确定。补充勘察工作深度应满足可行性研究阶段深度和精度的要求。对优化设计和施工安全有影响的，需要查明其基本情况、边界条件，为最终处理提供依据时，应进行大比例尺的工程地质测绘，并布置平洞、竖井和试验工作。

7.3.7 招标设计阶段专门性工程地质问题的勘察报告，要根据工程存在的实际问题拟定，工程中存在什么问题，并进行了相应的专门勘察，就应编写什么专题报告。例如工程中存在边坡稳定问题，在招标设计阶段又进行了专门的勘察，就应编写边坡稳定问题的勘察报告。

7.4 临时（辅助）建筑物

7.4.1 条文对临时（辅助）建筑物作了界定，根据实际情况，导流工程也属临时建筑物，但一般是随主体工程进行勘察，故本阶段不再考虑作勘探工作。临时（辅助）建筑物的规模、布置与施工要求密切相关，特别与承包商的要求有很大关系，但在招标设计阶段只能根据施工总布置，在选定的位置做些地质勘察工作，对有关工程地质问题提出初步评价，以满足编制招标文件的需要。详细的地质勘察工作可在施工详图设计阶段进行。

7.4.2 本条规定了对临时建筑物工程地质条件的勘察内容，除了一般工程地质条件之外，还应对场地稳定性、适宜性及相关的工程地质问题作出初步评价。

7.4.3 鉴于临时建筑物基本是与主体工程在一起的，尽可能使用主体工程已有勘察资料，但应进行现场复查，并根据实际情况布置工程地质测绘、勘探和试验等工作。

7.5 水库移民集中安置区与专项复建工程

本阶段应根据移民安置工作的实际情况开展必要

的勘察工作。当城市、集镇等集中移民安置区或专项复建工程的工程地质条件发现重大工程地质问题或因其他原因调整安置规划和专项复建工程时，应开展相应的补充勘察工作。

7.6 天然建筑材料

7.6.1 条文规定了招标设计阶段天然建筑材料要复查或补充勘察的前提。

料场变化是指选定料场因后期人工开采引起储量变化，或因河流洪水冲刷引起砂砾料场地形条件发生改变从而影响储量甚至质量的改变等。

7.6.2、7.6.3 规定了复查或补充勘察的主要内容及技术要求。除复查或补充勘察外，招标设计阶段天然建筑材料勘察的另一重要工作是根据设计需求量，对料场进行优化，对料场施工开采范围的工程地质问题进行分析评价，这对指导施工开挖具有实际意义。

8 施工详图设计阶段工程地质勘察

8.1 一般规定

8.1.1 本条规定了施工详图设计阶段工程地质勘察的基本前提，工作对象，范围，任务，目的。经施工详图设计阶段工程地质勘察检验、核定的工程地质资料，是工程设计、建设和运行的重要基础性技术资料。

8.1.2 条文规定了施工详图设计阶段工程地质勘察的5项内容：

1 由于自然界地质体及其赋存环境的复杂多样性，人们受技术、社会环境等因素影响，对具体地质条件的认识需要逐步深化和完善；而且工程规模越大，要求的技术支撑条件越严格，对地质条件的了解深度要求也愈高。前期勘察中可能遗留某些专门性工程地质问题需要补充勘察，建筑物施工开挖和水库蓄水过程中，也可能会出现某些新的地质问题，包括蓄水和竣工安全鉴定过程提出的有关工程地质问题，在施工详图设计阶段工程地质勘察中，应对这些遗留的和新发现的专门性工程地质问题进行勘察或补充勘察。

2 施工地质工作是前期勘察阶段地质工作的继续，是对前期勘察成果的验证与核定；施工地质提供的工程地质资料，对建筑物的设计与施工乃至工程安全运行均有十分重要的意义。施工地质工作宜由熟悉该工程地质情况、具备相应资质的地质勘测单位承担。

3 地质人员应在查明工程地质问题的基础上，结合建筑物特点及其环境条件，提出处理措施建议。

4 在施工期，天然地质环境及其水文地质、工程地质条件随工程施工进度和水库蓄水过程发生显著变化，监测和检测资料可反映各种自然因素和人为因素的综合影响。对监测和检测资料进行综合分析，能了解建筑物场地水文地质、工程地质条件的变化和发展趋势，验证工程地质结论和工程处理效果。因此，监测和检测资料是优化建筑物设计和施工以及工程安全运行的重要依据。建筑物场地施工开挖和水库蓄水过程中会发现一些新的地质现象和地质问题，施工期已有的监测和检测项目与内容亦可能存在盲点等不足之处。因此，应提出完善施工期和运行期的工程地质监测和检测内容、布置方案和技术要求的建议。

8.2 专门性工程地质问题勘察

8.2.1 施工详图设计阶段应进行哪些专门性工程地质问题勘察或补充勘察，应根据每个工程的具体情况确定，也和地质条件的复杂程度有关。

8.2.2 本条列举了在水库蓄水过程中，水库区可能发生的专门性工程地质问题及其勘察内容。

一般大型水电工程，库区多处于地广人稀的高山峡谷之中，工作条件差，或受地质环境及其水文地质、工程地质条件复杂等因素影响，使库区的前期勘察深度和精度难免存在一些不够完善处或盲点。水库蓄水后，库区水文地质、工程地质条件发生明显变化，在水库首次蓄水期和初蓄期（指首次蓄水后的头三年），甚至在水库运行多年后，或多或少会发生一些因水库蓄水诱发的水文地质、工程地质问题。且水库蓄水诱发的水文地质、工程地质问题发生的时间和地点随机性强，问题的复杂程度和对工程与环境的影响危害程度不一，因此，其专门性工程地质问题勘察和后续的工程处理投入差异较大。

8.2.3 水库移民安置实施规划设计，涉及面广、社会制约因素多、政策性强。大型水电工程的水库移民安置实施规划设计一般以勘测设计单位为主负责编制，而其实施则一般由业主委托当地政府部门为主进行。本条规定了水库移民安置实施过程中实施规划设计选定的移民安置区（点）存在场地整体稳定性、安全性不良地质问题时，负责编制水库移民安置实施规划设计的勘测设计单位应进行补充勘察。

8.2.4～8.2.6 这几条列举了枢纽建筑物布置区施工期可能发生的专门性工程地质问题的补充勘察内容。

枢纽建筑物布置区施工期的专门性工程地质问题补充勘察常难以避免。施工开挖揭露的一般性不良地质问题和不良地质现象，可通过日常施工地质工作与设计配合、结合施工开挖研究处理。但有时也会遇到一些意外的事先没有查明或研究深度不够的复杂地质问题，导致建筑物布置区工程边坡及其毗邻的天然边坡、建筑物地基、地下洞室围岩等的设计地质条件发生变化，引起建筑物位置移动，或导致建筑物必须进行结构性调整，或边坡、地基、围岩的设计工程处理措施和处理工程量发生较大变化，或严重危害施工安

全等问题时，应进行专门性工程地质问题补充勘察。

8.2.7 条文中对专门性工程地质问题的勘察方法所作的原则性规定，是针对本阶段专门性工程地质问题均应作出确切结论，勘察及其分析工作要求做深做透，勘察工作与施工有干扰和有开挖工作面揭露的地质现象及其监测、检测资料可资利用等特点提出的。在充分利用开挖工作面观察收集地质情况，利用监测、检测资料，进行综合分析的同时，应进行工程地质测绘和勘探、试验。

8.2.8 施工详图设计阶段专门性工程地质勘察报告要根据工程存在的实际地质问题确定，工程中存在什么地质问题，并进行了相应的专门性勘察，就应编写什么内容的专题报告。条文对专题报告正文的内容作了一般性规定。

8.3 施 工 地 质

8.3.1 条文规定了水库区施工地质工作的内容。水库蓄水过程中应在围堰挡水、大坝拦洪度汛、下闸蓄水和达到设计蓄水位时，定期进行地质巡视，收集分析发生的地质现象，对水库蓄水过程中可能诱发的影响水库正常运行、居民生命财产安全等灾害性地质现象和征兆应高度重视，提出地质建议，必要时应进行专门性工程地质问题勘察。

8.3.2 本条规定了枢纽建筑物布置区施工地质工作的6款内容。这些内容是根据施工地质工作在水电工程建设中的作用和生产实践经验确定的。其中编录和测绘建筑物地基、围岩、工程边坡的地质现象、分析与地质有关的监测和检测资料是基础性工作。通过地质编录和监测、检测资料分析，可收集到前期勘察无论多么详细也不可能得到的许多宝贵资料；可验证前期勘察成果；可预测不良地质现象，并可根据具体情况，确定是否需要进行专门性工程地质问题补充勘察；可对建筑物地基、围岩、工程边坡的设计加固措施与施工方法提出建议；可为工程验收和运行期研究有关问题提供地质资料。

8.3.3 施工期对天然建筑材料进行复核，主要验证开采产地的天然建筑材料质量与储量，及其开挖边坡稳定性。

8.3.4 从工程破土动工开始，随着工程开挖的不断进行，岩土体固有的面目逐渐暴露，相应的支护加固处理等工程措施亦在逐步实施，天然地质环境及其水文地质、工程地质条件发生改变，新的地质环境及其水文地质、工程地质条件在动态过程中逐步形成。因此，要求施工地质工作应随工程施工进度，全过程进行动态的地质分析，及时向设计部门反馈经过修正或核定的地质资料，施工地质工作的主要方法是采用地质巡视、观察、素描、实测、摄影和录像，以及必要的补充勘察试验和分析研究等。施工地质工作应及时准确，力求全面记录施工期揭露和发生的主要地质现

象和不良地质问题的处理情况。在进行摄影、录像编录时，宜应用数码摄影、录像编录技术。

8.3.5、8.3.6 施工地质资料，包括施工地质过程中的原始资料，是工程设计和建设的重要基础性技术资料，特别是当工程施工和运行期间出现异常现象，需要分析和查询其原因时，施工地质资料是重要的依据。竣工地质报告应突出论述枢纽建筑物布置区各建筑物施工开挖揭露的实际地质情况，以及地基、围岩、工程边坡加固和不良工程地质问题处理情况等；水库区则应重点论述水库蓄水过程中发生或可能发生影响水库正常运行、危及居民生命财产和重要公用设施安全的地质现象及其工程处理情况等。并应与前期勘察成果进行对比分析，总结经验教训。

9 抽水蓄能电站工程地质勘察

9.1 一般规定

9.1.1 我国大型抽水蓄能电站的站点普查与工程地质勘察始于20世纪60年代，已建、在建工程已近20项，开展前期勘察工作的已有五六十项，选点规划站址更多。数十年的工程实践经验表明，虽然抽水蓄能电站的水库、挡水坝、输水系统和厂房等工程地质勘察一般可遵循常规的水电工程地质勘察技术标准，但因主要工程建筑物的特点致使工程地质勘察具有特殊性。就水库、坝而言，要考虑：上水库库盆渗漏及其防渗问题，水库水位骤升骤降引起的库内岸坡稳定问题，水库库盆开挖与筑坝材料的挖填平衡问题，位于较强地震区的高山水库的地震效应问题等；就输水系统、厂房而言，要考虑：深埋地下洞室群的围岩稳定与地应力场问题，地下洞室的围岩与衬砌承受高外水压力问题，压力水道围岩分担高内水压力问题等。鉴于抽水蓄能电站具有上述特点，故而编写本章内容。

9.1.2 抽水蓄能电站开展选点规划工程地质勘察之前须进行普查。根据电网布局与区域电力发展的需要确定普查范围，采用经内业初步分析筛选后的站址进行地形、地质条件复核，从中选出地理位置及地形地质条件合适的站址进行现场查勘，查勘中应注重了解下列地形、地质条件：

    1 站址具备利用天然落差的地形和较小的距高比，输水道总长 L 与水头 H 的比值一般不宜大于10，最好能小于5。若上、下库之间山体边坡过陡，应初步了解与分析边坡稳定问题。

    2 站址布置上水库有合适的盆地、凹地、较大冲沟或有扩展库容的地形，站址下水库附近应有可靠的补充水源。

    3 上水库可能导致库水外渗的地质缺陷与防渗措施的可能性。

    4 输水线路沿线应避开活动断裂与滑坡体和可

能失稳山体。

    5 布置高压输水道的山体，应能承受高内水压力，山体厚度不宜小于0.6倍水头。

    6 站址不宜选在地震动峰值加速度≥0.4g，地震基本烈度≥Ⅸ度的强震区。

9.2 选点规划阶段工程地质勘察

9.2.1、9.2.2 选点规划工程地质勘察主要任务是比选站址、推荐近期开发站址。本阶段工程地质勘察应达到的技术要求是：初步评价区域构造稳定性；初步分析上、下库成库、建坝的可能性；初步了解地下工程成洞、建厂的可能性；以及站址区附近天然建筑材料的赋存情况。

9.2.4 水库渗漏是上、下水库重要的工程地质问题之一，应注意调查可能引起库水渗漏的水库周边低矮垭口、单薄分水岭、古河道、规模较大的断裂等地形地质条件。如遇喀斯特化岩层分布，尚需了解喀斯特地貌形态发育状况，喀斯特泉及暗河、溶洞地下水的分布与连通情况。

库水位频繁升降是抽水蓄能电站水库运行的特点，因此条文强调了应重视对水位变幅带库岸稳定性的分析。

对已建水库，尤其应重视大坝的防渗设计、施工和运行期的渗漏情况。

9.2.5 根据抽水蓄能电站的特点，应注重隧洞沿线的地形条件，条文规定了应初步判断高压水道段上覆岩土体厚度及其稳定性（一般应用挪威上抬理论的经验准则），布置调压井的地形条件等。

9.2.6 抽水蓄能电站的天然建筑材料普查勘察除应遵循相关的技术规程外，还应注意优先库内取料、渣料利用、挖填平衡的原则。渣料利用的评价，也应满足天然建筑材料普查的技术要求。

9.2.7 本阶段勘探工作应以地质测绘和物探、轻型勘探工作为主。对近期推荐工程，应考虑钻孔和平洞勘探，平洞布置应视地质条件的复杂程度而定。

9.2.8 工程地质勘察报告（篇、章）编制内容，可参照本规范规划阶段报告的编制要求，根据各规划地区范围各站址的主要工程地质问题的具体情况有所侧重，也可适当增减、调整。各项勘察成果需整理归档。

9.3 预可行性研究阶段工程地质勘察

9.3.1、9.3.2 预可行性研究阶段工程地质勘察，主要任务是针对选点规划推荐的近期工程，论证上水库、坝—输水发电系统—下水库、坝等主要建筑物的工程地质问题，评价站址成立的工程地质条件可靠性。对枢纽工程各组合方案需作初步比较，重点在推荐的代表性枢纽工程组合方案上进行勘察。本阶段工程地质勘察应达到的技术要求是：对工程场地的构造稳定性和地震安全性作出评价；初步查明与评价站址枢纽工程代表性方案的工程地质条件，初步评价各比较方案；天然建筑材料勘察应达初查深度。

9.3.3 丘陵地区，上水库有时修建在孤立山顶的夷平面上，存在高山地震放大效应问题，因此条文规定需开展上水库地震高山动力效应的研究工作。

9.3.4～9.3.6 抽水蓄能电站的"水库、坝"应作为一个整体工程考虑，水库、坝的工程地质条件是预可行性研究工程地质勘察工作的重要内容。

抽水蓄能电站一般上、下水库的库容较小，面积不大（利用已有水库或天然湖泊除外），且上、下水库的水量反复使用，同时库水位日变幅较大。因此，对于水库区的水文地质条件，库周及库底可能渗漏地段，水库周边岸坡稳定性和水位频繁变动带的特殊影响等主要工程地质问题分析研究要求较高，除需满足常规电站勘察技术要求外，尚应满足这几条条文规定的勘察内容。

上水库时常利用沟源地形，主坝修建在沟谷斜坡地形上，所以条文强调了需重视对斜坡坝址坝基稳定性的勘察。

水泵水轮机对库水水质清洁的要求较高，因此，对于水库区周边的泥石流现象及可能产生固体径流的地质体的调查也是不可或缺的。

抽水蓄能电站位置多在负荷中心附近，对人文景观、自然景观、生态环境保护要求较高，分析水库蓄水后可能引起的环境地质变化，对水库区及其外围水体水质、环境保护的影响，也是构成影响工程建设的条件。

9.3.7 抽水蓄能电站上、下水库主坝、副坝坝址区工程地质的勘察方法和勘探布置可等同常规水电站坝址区的勘察方法与勘探布置原则。鉴于抽水蓄能电站的特点，条文着重强调了水库周边及库盆水文地质条件的勘察。

9.3.8、9.3.9 抽水蓄能电站输水发电系统的线路选择是工程地质勘察的重要内容，初步查明线路工程地质条件，是评价工程建设可能性的重要依据。通过本阶段的各项勘察，应对输水发电系统线路分段描述围岩稳定条件。有条件时进行初步围岩工程地质分类和地下工程岩体分级。

由于抽水蓄能电站地下厂房一般采用深埋形式，所以勘探平洞一般较长，而目前勘察周期又较短，因此，有条件时，在本阶段应布置厂房勘探平洞。

为满足高压管道（岔管）部位最小上覆岩体厚度的要求，本阶段应初步查明压力管道地段上覆或侧向岩体厚度。上覆或侧向岩体厚度应从覆盖层和全、强风化及强卸荷岩体以下算起。

9.3.10 抽水蓄能电站常利用已建水库或天然湖泊作为上、下水库，对已建水库，可在收集已有资料基础上进行必要的补充勘察，以满足本阶段精度要求，对

堤、坝改扩建，天然湖泊作为上、下库时，需进行专门地质勘察。

9.3.11 天然建筑材料初查需在普查的基础上进行，应充分考虑库内料场与施工开挖渣料的利用，并与设计配合开展必要的筑坝材料试验研究。

9.3.12 本条规定了预可行性研究阶段地质勘察报告的编制要求。鉴于工程地质勘察成果作为一章（篇）编入可行性研究报告，故预可行性研究阶段全部勘察成果资料应另行整编归档。

9.4 可行性研究阶段工程地质勘察

9.4.1 抽水蓄能电站有上、下两个相互关联的水库，站址对地形条件的要求区别于常规水电站。可行性研究阶段勘察一般在预可行性研究勘察的站址上进行。本条规定了可行性研究工程地质勘察的目的。

9.4.2 本条规定了可行性研究阶段工程地质的勘察内容。在预可行性研究推荐的代表性方案基础上，通过对各比较方案进行必要的勘察工作，确定开发方案，并需查明初定方案各建筑物的主要工程地质问题。

9.4.3～9.4.8 根据抽水蓄能电站工程的特点，规定了上、下水库及其坝址需要查明的主要工程地质问题和勘察方法。

按水文地质条件，上水库可划分为三类，其基本特征是：

一类上水库的基本特征：具备天然库盆的地形地貌特征，水库周边地下分水岭一般高于水库正常蓄水位，水库周边挡水岩体雄厚且透水性微弱，成库条件好，一般有一定量的天然径流入库，自然状态下水库永久渗漏量基本在设计允许范围内。一般不做防渗或只做局部防渗就可形成上水库。

二类上水库的基本特征：基本具备天然库盆的地形地貌条件，部分库岸地段地下分水岭低于水库正常蓄水位，一般挡水岩体雄厚且透水性微弱，只有少量天然径流入库，但水库局部地段存在透水构造带等，渗漏比较严重，自然状态下水库永久渗漏量大于设计允许范围，一般需要做半库盆防渗或较大范围的垂直防渗才能形成上水库。

三类上水库的基本特征：一般库区地形地貌较复杂，有时为山顶台地，自然状态下成库条件差，一般少有或无天然径流入库，存在地形垭口且多数库岸地段地下分水岭低于水库正常蓄水位或库底，库周挡水岩体较单薄且透水性强，水库岸坡发育通向库外的断裂构造，垂向和侧向渗漏均较严重。一般需要做全库盆防渗才能形成上水库。

上水库一般天然库容较小，为了扩大有效库容，库区开挖往往形成较大范围的人工边坡，改变了自然边坡的应力应变状态，易于产生边坡失稳。

上水库运行周期短，一般24小时内就完成一次

其至多次抽水一发电的循环过程，库水位快速升降，变幅较大，使库岸边坡处于恶劣的工作环境中。对于透水边坡，动水压力对边坡稳定影响很大。

库盆开挖后的库岸分水岭往往比较单薄，有时类似于天然堤坝。需要按挡水坝的要求进行勘察和研究岸坡岩体向库外的抗滑稳定性。

抽水蓄能电站下水库主要有以下几种类型：

利用已有水库进行改建成下水库：可能需要进行拦河坝加高、加固、水库防渗，以及因水位抬高引起的渗漏、库岸稳定及浸没等相关水库问题。

在河流上修建的下水库：一般需要设置拦河坝、拦沙坝和泄洪排沙洞等建筑物。泄洪排沙洞进水口布置于拦沙坝上游，出水口位于下水库拦河坝下游，需要分别查明其工程地质条件。

在非河流地段修建的下水库：其工程特点类似于上水库，但较上水库所处地势低，有时设置有水库放空洞。必要时需进行补水水源的调查。

利用天然水体作为下水库：主要包括天然湖泊、海洋等。

在北方干旱地区修建的下水库：一般存在水库补水的问题，应根据设计要求进行补水工程的勘察。

9.4.9 厂房系统主要包括厂房、主变室、岔管、母线洞、交通洞、通风洞、出线竖井及出线洞等地下建筑物。抽水蓄能电站厂房多数为地下厂房，按厂房在输水发电系统中的位置分为首部、中部、尾部等几种枢纽布置形式。工程地质勘察应结合枢纽布置进行。

由于厂房地下洞室埋藏较深，所以厂房区工程地质测绘范围应适当扩大，一般可结合工程区水道隧洞系统的地质测绘进行。对选择厂房位置地段应主要根据勘探洞所揭示的地质资料，结合地质测绘和钻探资料，绘制厂房区不同高程的地质平切图。一般以勘探平洞高程地质平切图为基础，绘制厂房顶拱高程、厂房岩壁梁拱座高程、安装场高程及厂房底板高程等平切图。

地下厂房长探洞是多用途的勘探洞，施工期还可作为通风或排水加以利用。勘探洞的洞口位置、长度、方向及高程的选择是很重要的：当勘探洞口位于下水库库区内时，为避免水库的影响，洞口高程最好高于下水库正常蓄水位。探洞布置应以有利于揭示厂房区更多的岩层和断裂带、便于查明厂房围岩条件以及有利于洞内其他勘探工作的开展及不影响未来厂房洞室的稳定等因素为原则。当地形条件不允许时，也可考虑开挖斜探洞。厂房勘探平洞一般可布置于厂房顶拱以上 30m 附近，也可根据围岩的允许水力梯度，确定勘探平洞的布置高程。

岩体变形试验包括铅直方向和水平方向变形试验，垂直层理方向和平行层理方向的变形试验；对于设置岩锚梁的地下厂房，进行少量的岩体抗剪试验是很必要的，抗剪试验包括结构面抗剪试验、岩体抗剪试验及混凝土与基岩接触面的抗剪试验等。

厂房区地下水动态观测是整个工程区监测工作的组成部分，应进行一个水文年以上的长期观测。

9.4.10 输水系统的上、下水库进、出水口分别位于上水库和下水库岸边，底板开挖高程较低。为避免工程开挖出现高边坡，进、出水口位置可选择在岸边凹地形部位。

输水系统的压力管道较常规水电站一般承受更高的水头。通常布置为竖井或斜井，并有水平段和岔管。根据围岩的变形特性和抵抗高压水劈裂作用的岩体强度决定衬砌形式。

输水系统的闸门井和调压井等建筑物，多形成深井与洞室的立体交叉，更应重视评价其围岩的稳定性。

水压致裂法和高压管道的运行工况相近，因此，压力岔管部位地应力测试通常采取水压致裂法。岩体高压压水渗透稳定试验一般结合勘探钻孔进行。试验压力应不小于电站设计发电水头压力的 1.2～1.5 倍。试验加压时间的长短可根据具体试验条件确定，宜尽量长一些。

9.4.11 选择水库开挖区作为天然建筑材料料场时，需配合施工和设计进行筑坝石料的挖填平衡专题研究。当料场储量系数较小时，应勘察备用料场。

9.5 招标设计阶段工程地质勘察

9.5.1 本条规定了抽水蓄能电站招标设计阶段勘察的场地和勘察目的。其勘察成果主要是满足工程招标和施工准备期的要求。

9.5.2 招标设计阶段应为工程区观测网、监测网和监测断面等的布置提供地质资料，重点包括水库及水道隧洞地段地下水动态观测网、边坡岩体变形观测网、地下工程围岩稳定监测断面等的地质资料。

9.5.3 抽水蓄能电站所涉及的专门性工程地质问题，与常规水电站相比，有些是共有的，有些是特有的。需要根据工程的具体情况，进行专门性工程地质问题的勘察研究。

9.5.4 招标设计勘察报告作为一个完整的阶段性报告，以可行性研究勘察报告为基础，并应反映本阶段的勘察成果。对各建筑物的工程地质条件和主要工程地质问题评价可在可行性报告结论的基础上提出肯定或修正意见。

9.6 施工详图设计阶段工程地质勘察

9.6.1 本条规定了抽水蓄能电站施工详图设计阶段工程地质勘察场地、目的和主要勘察任务。

9.6.2 本条规定了抽水蓄能电站施工详图设计工程地质勘察的具体内容。主要是结合施工地质工作，调查和复核施工开挖岩面所揭示的工程地质条件，评价和处理有关工程地质问题。

9.6.3 本条规定了抽水蓄能电站施工详图设计工程地质勘察的方法。

9.6.4 本条规定了抽水蓄能电站施工地质的工作内容与工作方法等。

附录 B 喀斯特渗漏评价

B.0.1、B.0.2 虽然要判断水库是否出现喀斯特渗漏及其严重程度是一个很复杂的问题，但经过我国大量工程反复归纳、检验后得出：水库与坝基的渗漏均与地形地貌、地层岩性、地质构造、喀斯特水和喀斯特化程度有关。这四个条件也是四个最重要的标志。评价一个工程的喀斯特渗漏时，这四个条件不是都应具备的，应按阶段和已有的资料逐次分析。

B.0.4 峰林山原泛指云贵高原面上的盆地、残丘坡地、丘峰溶原地貌；丘峰平原泛指桂东南孤峰残丘平原类地貌。在这类喀斯特地貌区的河流多河曲，支流也发育，喀斯特多期叠加发育，地下水浅埋，水力比降十分平缓，与邻谷间地下水分水岭低矮，故绕坝渗漏范围极易扩大。峰丛山地包括峰丛洼地、谷地与峡谷地貌。这类喀斯特地貌区的河流深切后，一般为当地地下水的最低排泄基准面，两岸溶洞、暗河可多层发育，造成岩体透水的垂向不均一性，地下水埋藏深，水力比降较陡，两岸绕渗范围一般有限。从峰林山原向峰丛峡谷过渡的河段，易为河水补给地下水的水动力条件类型。有的有河床落水洞、暗河或伏流。后二者不一定是单一的喀斯特管道，其周围总会有大小不一的溶缝。故在此类地段建坝，喀斯特渗漏问题比较复杂。

地质构造条件中，当有断层切断隔水层，使上、下层可溶岩互相衔接沟通时，以往称为"构造切口"或统一的含水层，或一个含水层，这些均不确切，按系统理论则将不同成因造成的有统一水力联系的含水岩系称为"喀斯特含水系统"。

以往提到的水文地质条件，涵盖内容较多，不够明确。其重要的标志是地下水位的高低。而地下水位的有无、高低，从区域水文地质资料分析，或调查是否有可靠的喀斯特泉与适当的钻探即可判断，故第三条明确以喀斯特水条件作为判断的标志之一。

过去对地下水分水岭低于库水位的，以及岸边有地下水位洼槽的就认为一定会产生渗漏，甚至是严重的渗漏。实际上，经过不少工程证明并不出现渗漏，有的仅为微不足道的缓慢渗漏。其原因是分水岭地带喀斯特不发育。因此，地形地貌、地质构造、喀斯特水条件仅是可能出现渗漏的充分条件，而最后一条喀斯特化程度才是必要条件。

B.0.5 喀斯特渗漏量的计算，由于渗透介质很复杂，蓄水后产生渗漏的流态也很复杂，故渗漏量的大小很难准确计算，只能估计，最主要的是确定是管道性漏水还是裂隙性渗漏。鉴于渗漏量的计算较复杂，

故附录中未规定相应的计算公式，在实际运用中，可根据工程具体的岩溶水文地质条件，选择相对合适的计算公式；条文提出的允许渗漏量是根据河流实测流量所允许的误差为依据的。在实际应用中，还应考虑工程的经济效益。

B.0.6 喀斯特渗漏处理往往工程量很大，为节省工程投资，应先区分渗漏产生的危害性：影响发电量而对工程安全无影响的则是防漏性质的处理，目的是为了减少渗漏量，故其实施原则是"减、缓、免"；渗漏量虽小，但对工程安全有影响的则为防渗性质的渗控处理，除了帷幕之外，还有排水工程。防渗处理均需选择好最佳的防渗线路、范围、深度和面积。

附录 C 浸 没 评 价

C.0.1 本规范所研究的浸没问题是指由水库或渠道壅水使得水库周边或渠道两侧潜水浸润线逼近地面，导致土地沼泽化、盐碱化以及由此造成的农田减产、建筑物地基变形、居民区环境恶化等次生灾害或现象。非因修水库或渠道引起的类似问题，不属本规范考虑范畴。

C.0.2 本规范所说的地下水位临界埋深，指不致引起浸没的允许地下水埋深。对农业区来说，临界地下水位埋深应控制在这样的深度：在多雨时期可以避免土壤过湿，使作物根须层土壤保持适宜的通气性；在干旱时期又可以借助土壤的毛管作用向根系供水，通常又把它称为适宜作物生长的地下水埋深。在干旱、半干旱地区以及其他地下水矿化度较高地区，地下水临界深度即防止土壤发生盐渍化所要求的最小地下水埋深。国内外多数资料认为：作物所要求的最小地下水埋深，一般砂质土为 60～90cm，黏性土为 100～150cm，在盐渍化地区，中等质地土壤的地下水位要求保持在 180～220cm 以下，表 2～表 5 列出我国一些地区的实验和实测资料。

表 2　上海及江苏地区麦田适宜地下水埋深和土壤水分

小麦生育阶段	播种出苗	分蘖前期	越冬	返青至成熟
适宜地下水埋深	0.5m 左右	0.6～0.8m	0.5m 左右	1.0～1.2m
适宜土壤水分（田间持水量%）	75～90	70～90	70～90	70～90

表 3　上海及江苏地区棉田适宜地下水埋深和土壤水分

棉花生育阶段	苗期	蕾期	花铃期	吐絮期
适宜地下水埋深	0.5～0.8m	1.2～1.5m	1.5m 左右	1.5m 左右
适宜土壤水分（田间持水量%）	75～90	70～90	70～90	70～90

表 4　我国部分地区几种作物所要求的最小地下水埋深（m）

地区	小麦	棉花	马铃薯	苎麻	蔬菜	甘蔗
长江中下游	0.5～0.6	1.0～1.4	0.8～0.9	1.0～1.4	0.8～1.0	0.8～1.4
华　北	0.6～0.7	1.0～1.4	0.9～1.1	—	0.9～1.1	—

表 5　河南胜利渠灌区地下水临界埋深与地下水矿化度关系

地下水的矿化度（g/L）	地下水临界深度（m）		
	砂壤土、轻壤土	中壤土	黏质土（包括土层中夹厚黏土层的情况）
<2	1.6～1.9	1.4～1.7	1.0～1.2
2～5	1.9～2.2	1.7～2.0	1.2～1.4

由此可见，地下水临界埋深与地区土的类型、水文地质结构、地下水的矿化度、气候条件、农作物的种类与生长期以及地区的排灌条件等因素有关，所以本规范规定应根据地区具体情况和当地农业科研单位的田间实验、观测资料和生产实践经验确定，也可以按本附录式（C.0.2）计算求得。

C.0.3 地下水位以上土壤毛细管水上升带的高度是指野外条件下的毛细管水上升高度，与试验室测定的毛细管水上升高度有较大差别，而地下水位以上土壤含水量随深度变化的曲线可以较好地反映毛细管水上升带的实际情况。所以本条规定：地下水位以上，土壤毛细管水上升带的高度，可根据作物在不同生长期土壤适宜含水量和野外实测的土壤含水量随深度变化的曲线选取：

1 在非盐渍化地区，可取毛细管水饱和带，即土的饱和度（Sr）等于或大于 80% 的土层的顶部距地下水位的高度。因为饱和度等于或大于 80% 的土壤层，已不利于作物根系呼吸和生长。也可以根据适宜于作物生长的土壤水分确定。

2 在盐渍化地区，应根据地下水位以上土壤含水量随深度变化曲线上毛细管水断裂点的位置和土壤含盐量分布及其动态变化以及地区的排水条件等情况确定。

3 居民区可通过对地下水位以上土的含水量随深度变化曲线与水库蓄水前持力层土的天然含水量的对比确定。对重要大型建筑物有浸没问题应单独进行专门研究。

C.0.4 浸没评价一般分初判和复判两个阶段进行。初判与预可行性研究阶段勘察相对应，只进行水库蓄至正常蓄水位时的最终浸没范围的初步预测；复判对相应于可行性研究阶段和可行性研究阶段后的勘察。

复判时，除复核水库正常蓄水位条件下的浸没范围外，还要根据需要计算水库运行规划中其他代表性运用水位下的浸没情况，并对其危害性作出评价。

附录 D　岩土物理力学性质参数取值

本附录提出的岩土物理力学性质参数有标准值和地质建议值两种。标准值是指试验成果经过分析整理、统计修正或考虑概率、岩土强度破坏准则等经验修正后的参数值，只反映岩土试件的特性；地质建议值是地质人员根据试件所在层位的总体地质条件，对标准值进行调整后提出的，使标准值更符合于岩土体所在的地质环境，具有更好的地质代表性，其目的是使参数的取值更加合理。

岩土体物理力学性质参数既反映岩土体客观存在的自然特性，也反映不同工程荷载作用下的力学性质。因此，进行岩土体力学试验时，要求所加的试验荷载要与工程附加给岩土体的实际荷载相同，从安全角度出发，试验荷载要大于工程荷载，其加载方向也要与工程施力的方向一致。

工程地质单元或区段是根据工程场地内的岩性、地质构造、岩土体结构、风化程度和水文地质特征等具体工程地质条件的差别进行分区，把工程地质条件相近的地段或小区，划为一个单元或区段。根据工程地质单元或区段进行选点、试验和整理的岩土试验标准值，能真实地反映试验值的代表性，消除离散性。

室内试验与现场原位测试以哪个为主，主要视岩土体的均质程度而定。各向同性的岩土体宜以室内试验为主，各向异性的岩土体宜以原位测试为主，两种测试成果可以相互验证，不作强制性规定。无论采用什么试验成果，在选择岩土物理力学性质参数时，都应分析岩土体的结构、物质组成、构造破坏程度、风化情况、围压状态、水理性质、结构面状态及其延伸范围等具体地质条件，从岩土体的总体性状判断试验成果的地质代表性。因此，有时地质建议值可以比试验成果要高。如湖南双牌水库坝基岩体中软弱结构面的抗剪强度，原位测试摩擦系数为 0.38，根据软弱结构面的物质组成和总体地质特征，地质建议值为 0.42。

本规范规定的抗剪强度取值方法是根据岩体剪切破坏准则的概念提出来的，岩体呈脆性破坏时，取峰值强度进行统计；岩体呈弹塑性或塑性破坏时，则取屈服强度进行统计。经葛洲坝和二滩等工程大量室内外试验证实，并经国内各工程近十几年的具体应用，认为合理可行。

土的抗剪强度不仅与土的粒径大小、颗粒形状、矿物成分、含水量、孔隙比等有关，还与土体受剪时土的排水条件、剪切速率及原始结构应力有关。在大坝坝体堆筑过程中，受土的排水特性，坝基土体或坝基岩体内滑面加载破坏过程是渐进破坏的机理以及变形的不均匀性对抗剪强度的影响，其平均强度低于峰值强度。因此，土基或脆性破坏的岩基，取峰值强度平均值与最小值之间的小值平均值作为标准值，也有直接以峰值平均值作为标准值的，如拱坝设计规范的规定；对于呈塑性破坏或弹塑性破坏的岩基，则以屈服强度作为标准值；对于具有流变特性的软土、膨胀土、软弱夹泥等，均应取流变强度作为标准值。

荷载组合、边界条件和岩土体抗剪强度是控制坝基稳定的三项基本要素。岩体和混凝土坝基础面与岩体接触面的抗剪断强度和抗剪强度取值与设计理论、安全系数是配套一致的。因此，当采用极限（峰值）强度时，应取大的安全系数；采用比例极限强度、屈服强度时，应取小的安全系数，并分别与抗剪断强度和抗剪强度稳定计算公式相对应。

本规范中所附的岩土体力学性质参数表，是根据国内水利水电工程长期积累的岩土试验资料的统计值和经验值为基础提出的，不属于坝、闸的其他水工建筑物地基，可根据具体地质条件参照使用。至于坝基混凝土与基岩接触面的抗剪断强度值，随坝体混凝土后期强度的提高而提高，因此，可以提高其凝聚力值，其依据是岩滩、水口、池潭、白山、新丰江等工程试验资料，试验成果见表6。

表6 混凝土强度与混凝土坝基接触面强度对比

工程名称	岩性	统计组数	混凝土标号 R*	混凝土/岩石抗剪断强度		$K=\dfrac{C'}{R}$	$K_{平均}$（%）
				f'	C'（MPa）		
岩滩	微风化-新鲜辉长辉绿岩	1	150#	0.90	1.40	0.0933	8.32
		1	185#	1.24	1.30	0.0703	
		1	150#	1.21	1.25	0.0833	
		1	170#	1.45	1.46	0.0859	
水口	新鲜黑云母花岗石	25	150~200#	1.53	1.12	0.0747~0.0560	6.54
池潭	微风化-新鲜流纹斑岩	2	150#	1.2~1.39	1.30	0.0867	8.67
白山	花岗岩	3	200#	1.19	2.40	0.1200	12.00
新丰江	花岗岩	—	200~250#	1.21	1.88	0.0940~0.075	28.40

注：* 表中所列均为已建工程，所以其混凝土强度仍以混凝土标号表示。

关于土的动力强度是增高还是降低，决定于土的密实程度、颗粒级配、形状、定向排列、稠度以及振动应力和应变的大小、振动频率和历时，振动前土的应力状态等。因此，地震有效应力强度的选用，原则上应通过动力试验测定土体在地震作用下的抗剪强度，进行有效动力分析，测定饱和砂土的地震附加孔隙水压力，并采用地震有效应力强度。

岩基允许承载力是反映岩基整体强度的性质，决定于岩石强度、岩体结构和岩体完整程度。对于软质岩尚有长期强度的问题。因此，如何根据岩石饱和单轴抗压强度选取地基岩体的允许承载力，要根据具体的地质条件来确定。

运用结构可靠度进行设计时的岩土力学性质参数取值，本规范参照有关国家标准作了相应的规定。岩土的各种性能宜采用随机变量概率模型描述。统计参数和概率分布宜用数理统计方法取得，当统计资料不足时，岩土性能的概率分布可采用对数正态分布或正态分布。不同的分位值是根据岩、土体的各向异性和试验值的偏差的影响确定的。可按现行国家标准《水利水电工程结构可靠度设计统一标准》GB 50199 的有关规定执行。

D.0.5 第4款中充填度是指软弱夹层的厚度与层面起伏差的比值；爬坡角是指层面起伏时，峰与谷之间的坡度角。

本条文表 D.0.5 中的岩块岩屑型、岩屑夹泥型、泥夹岩屑型、泥，其黏粒（粒径小于 0.005mm）的百分含量分别为少或无、小于 10%、10%~30%、大于 30%。

附录F 岩体风化带划分

岩体风化分带采用国内外通用的 5 级分类法。

风化是一种仍在持续进行的地质作用，在鉴定和描述岩体风化作用的产物时，仍应以地质特征为主要标志。这些地质特征主要是：新鲜岩石和风化岩石的相对比例、褪色度、分解和崩解的程度、矿物蚀变及其次生矿物等，间接标志如锤击反应、波速变化也是重要的辅助手段。

由于各地气候条件、原岩性质和裂隙发育情况差异很大，导致岩体风化程度和状态的变化极为复杂，因此，第F.0.2条提出4项调整意见，以适应不同地域和不同情况下的应用。

附录G　岩体卸荷带划分

G.0.1 卸荷是岩体地应力差异性释放的结果，表现为谷坡应力降低、岩体松弛、裂隙张开，其中裂隙张开是卸荷的重要标志。在进行卸荷带划分时，仍以地质特征为主要标志，包括裂隙发育密度、张开宽度及次生充填情况；此外，弹性波速的变化也是重要的辅助手段。

对于浅表岸坡地带正常岩体卸荷带的划分，根据已有工程经验，按两级进行划分，但若卸荷作用不强烈，可只划分一个卸荷带。

深卸荷是一种较为特殊的卸荷形式，一般与岸坡正常卸荷带之间有相对较完整的未卸荷岩体相隔，卸荷裂隙中一般少有充填物。

附录H　边坡稳定分析

影响边坡稳定的自然因素和人为因素较多。根据水利水电工程常见失稳边坡的经验，除降雨、地震作用造成边坡失稳外，不合理的开挖方式和水文地质条件的改变，破坏边坡原有的平衡状态占大多数，为此提出一些需要进行边坡稳定分析的坡体特点和要求。

边坡变形破坏分类（表H.0.2），列出了我国常见的边坡破坏类型，便于判断边坡变形破坏机制，选择边坡稳定的分析方法。

边坡稳定的分析方法，本规范只列出了通用的几种方法，仍是极限平衡稳定分析方法的范畴。

附录I　环境水对混凝土的腐蚀评价

环境水主要是指天然地表水和地下水，其水化学成分是在循环与滞留过程中，由于溶滤和生物等作用形成的。在我国水利水电工程中，固态与气态介质直接腐蚀混凝土的情况很少，往往以水溶液的形式对混凝土起腐蚀作用，故本规范仍以环境水对混凝土的腐蚀进行评价，按环境水中各成分对混凝土腐蚀进行分类。

本附录表I.0.1中的腐蚀程度是指混凝土在没有防护的条件下，水对其所产生的破坏程度，以混凝土使用一年后的抗压强度与其养护28d的标准抗压强度相比较，按强度降低的百分比划分为无腐蚀、弱腐蚀、中等腐蚀与强腐蚀四个等级。

表I.0.3是按环境水的化学成分对混凝土的腐蚀性划分为分解类、结晶类和分解结晶复合类。

水中某些化学成分使混凝土表面的碳化层与混凝土中固态游离石灰质溶于水，降低了混凝土毛细孔中的碱度，引起水泥结石的分解，导致混凝土的破坏，此为分解类腐蚀。如溶出型、一般酸性型与碳酸型腐蚀。

由于水中某些离子与混凝土中的固态游离石灰质或水泥结石作用，形成结晶体而使体积增大（如生成 $CaSO_4 \cdot 2H_2O$ 时体积增大1倍，生成 $MgSO_4 \cdot 7H_2O$ 时体积增大4.3倍），从而产生膨胀压力导致混凝土的破坏，此为结晶类腐蚀，如硫酸盐型腐蚀。

水中含某些弱碱硫酸盐，如 $MgSO_4$ （NH_4）$_2SO_4$ 等，既使混凝土发生分解，也使混凝土中形成结晶体，从而导致混凝土的破坏，此为分解结晶复合类腐蚀。如硫酸镁型腐蚀。

环境水腐蚀混凝土时各离子间是相互影响的，然而其中某些离子起着主要作用，本附录表I.0.3以一种离子进行评价。表I.0.3中界限指标是综合了国内外标准，选择适合我国水利水电工程的情况而编制的。说明如下：

1 碳酸型腐蚀的判定有两种方法，即按游离 CO_2 含量与侵蚀性 CO_2 含量进行评价。一般认为用游离 CO_2 含量计算繁琐，且不一定很精确，而用侵蚀性 CO_2 含量可直接测得并进行判别。

2 目前国际上普遍认为混凝土对于酸类腐蚀作用的抵抗性与混凝土的抗渗性有关，几乎不受水泥品种的影响，国内有关单位也有同样看法。故本规范对分解类与分解结晶复合类腐蚀性指标不考虑水泥品种的差异。对结晶类腐蚀则将水泥品种分为抗硫酸盐水泥与普通水泥两大类。

3 国内很多资料认为氯离子的大量存在，是降低环境水对硫酸盐腐蚀作用的一个有利因素，但也有人认为在氯离子含量很高或是硫酸根离子和氯离子含量都很高的情况下，不但不减轻硫酸盐对混凝土的腐蚀，相反，氯离子还会产生对混凝土的腐蚀。孰是孰非难以定论。我们对一些国家标准进行分析，一般在20世纪60年代以前都考虑氯离子，20世纪70年代以后对硫酸盐腐蚀都没有规定氯离子的浓度，如前苏联1973年、法国1985年、西德1969年以及我国《工业与民用建筑工程地质勘察规范》TJ 21—77等标准。为此，我们对氯离子浓度也不作规定。

环境水对混凝土的腐蚀除化学作用外，还有机械、物理作用的影响。气候条件起着加速或延续介质对混凝土的破坏作用。在不同气候条件下，腐蚀介质对混凝土的腐蚀作用是不同的，如硫酸盐型腐蚀，在寒冷的气候条件下，其腐蚀能力加强；而其他类型的腐蚀性，则在炎热气候条件下腐蚀能力加强。干湿交替、冻融交替等将引起物理风化，也会加速介质对混凝土的腐蚀作用。由于我国幅员辽阔，各地气候差异很大，要制定一个全面具体的标准是困难的，所以只能限定适用的气候区。

关于建筑物的使用条件（是否受水压等），罗马尼亚1983年标准和前苏联1954年标准中指出，如果一种单侧的流体静水压力作用于构件，其水压梯度即水压力（m）与构件厚度（m）之比大于5，构件被认为受到了压力。在实践中往往把承受水头的混凝土建筑物认为是受水压的建筑。故本规范在确定腐蚀性界限指标时，仍考虑了受水压情况。承受水压可作为评价腐蚀性的不利条件，故对不承受水压的建筑物，表I.0.3中的界限指标相对高了些。

混凝土的质量是评价其腐蚀性的重要条件。一般来说，混凝土越密实，抗渗标号越高，其耐腐蚀性越好。为了统一判别标准，条文中对混凝土的抗渗等级、水灰比作了规定。

附录J 围岩工程地质分类

J.0.1 围岩工程地质分类是对地下工程岩体工程地质特性进行综合分析、概括及评价的方法，是对相当多地下工程的设计、施工与运行经验的总结，故分类的实质是广义的工程地质类比，目的是对围岩的整体稳定程度进行判断，并指导开挖与系统支护设计。当存在特定软弱结构面的不利组合，影响围岩的局部稳定性时，则应采取特殊的加固处理措施。

本规范提出的围岩工程地质分类是以原规范附录P围岩工程地质分类为基础，同时参考了《工程岩体分级标准》GB 50218—94的有关规定，并结合20世纪80年代以来我国已建、在建数十个大型地下工程的实际分类编制的。十余年来，该分类方法已广泛成功地应用于我国水电、水利地下工程的勘察与设计中。

J.0.2 地下洞室围岩初步分类属于宏观判断性质的分类，适用于工程地质资料较少的规划、预可行性研究阶段。初步分类主要依据反映围岩坚固性质的岩质类型和完整程度的岩体结构类型，而地下水状况对较完整的硬质岩质量影响不大，仅作为限定判据用于对软质岩及较破碎的硬质岩的分类。

J.0.3 岩质类型划分与原规范和《工程岩体分级标准》GB 50218—94一致。

J.0.4 岩体完整程度的划分是综合了原规范附录K

"岩体结构分类"中岩体结构特征和《工程岩体分级标准》GB 50218—94第3.3.1条"岩体完整程度的定性划分"的有关规定提出的。

J.0.5 岩体结构类型的划分主要依据原规范附录K"岩体结构分类"的规定，但将原规定中的"镶嵌碎裂结构"分为"镶嵌结构"和"块裂结构"，其完整程度一致，但岩块间结合程度不同，镶嵌结构岩块嵌合紧密，而块裂结构岩块间有泥质物或岩屑充填，结构松弛，二者的工程地质性状差别大，必须区分。此外一般碎裂结构的特征说明中增加岩块间有泥质物或岩屑充填的内容。

J.0.6 围岩详细分类以岩石强度、岩体完整程度和结构面状态为基本因素，均为正值；以地下水状态和主要结构面产状为修正因素，均为负值。以上五项评分采用和差累计法，求出一个多因素复合指标——累计总评分，并考虑围岩应力状态，以围岩强度应力比为限定因素，最后综合判定围岩类别。

J.0.7 围岩强度应力比 S 值，是反映围岩应力大小与围岩强度相对关系的定量指标，提出这一限定判据，目的是控制各类围岩的变形破坏特性。I、II类围岩不允许出现岩爆或塑性挤出变形，要求 $S>4$；III、IV类围岩只允许局部出现岩爆或塑性变形，要求 $S>2$，否则，围岩类别应降级。

J.0.8 围岩详细分类中岩石强度、岩体完整程度和结构面状态三项基本因素评分的权重分别为0.3、0.4、0.3。考虑结构面状态是本围岩分类的特色，它是指地下洞室围岩内比较发育的、强度最弱的且对围岩稳定起控制作用的结构面的状态，包括张开度、充填物、起伏粗糙状况和延伸长度。

地下水和主要结构面产状两项修正因素均为负分。I、II类围岩水敏性不突出，地下水项扣分在10分以下；而III～V类围岩水敏性突出，地下水项扣分为10～20分。主要结构面产状指结构面走向与洞轴线夹角和结构面倾角两方面，关系最不利时可扣12分。

对于大跨度、高边墙地下洞室，洞顶及边墙、端墙应分别进行评分。

附录K 岩土渗透性分级

渗透性是岩土的一种主要的水力性质，为了便于对各种试验方法测定的岩土渗透性能的强弱进行统一描述，特制定本分级。

渗透系数可通过室内试验和现场试验测定，其单位为 cm/s 或 m/d。

表K.0.1中各级渗透性分级所对应的岩体特征和土类只是典型的例子。在实际工作中，岩土的渗透性均应通过试验确定。

附录 L 土的渗透变形判别

土体在渗流作用下发生破坏，由于土体颗粒级配和土体结构的不同，存在流土、管涌、接触冲刷和接触流失四种破坏形式。

1 流土：在上升的渗流作用下局部土体表面的隆起、顶穿，或者粗细颗粒群同时浮动而流失称为流土。前者多发生于表层在黏性土与其他细粒土组成的土体或较均匀的粉细砂层中，后者多发生在不均匀的砂土层中。

2 管涌：土体中的细颗粒在渗流作用下，由骨架孔隙通道流失称为管涌，主要发生在砂砾石地基中。

3 接触冲刷：当渗流沿着两种渗透系数不同的土层接触面或建筑物与地基的接触面流动时，沿接触面带走细颗粒称接触冲刷。

4 接触流失：在层次分明、渗透系数相差悬殊的两土层中，当渗流垂直于层面将渗透系数小的一层中的细颗粒带到渗透系数大的一层中的现象称为接触流失。

前两种类型主要出现在单一土层地基中，后两种类型多出现在多层结构地基中。除分散性黏性土外，黏性土的渗透变形形式主要是流土。本附录土的渗透变形判定主要适用于天然地基。

由多种粒径组成的天然不均匀土层，可视为由粗、细两部分组成，粗粒为骨架，细粒为填料，混合料的渗流特性决定于占质量30%的细粒的渗透性质，因此对土的孔隙大小起决定作用的是细粒。

最优细粒含量是判别渗透破坏形式的标准。最优级配时，即粗粒孔隙全被细粒料充满时的细料颗粒含量为最优细粒含量，可由式（1）确定。

$$P_{\mathrm{cp}} = \frac{0.30 + 3n^2 - n}{1 - n} \qquad (1)$$

式中 P_{cp}——最优细粒颗粒含量（%）；
    n——孔隙率（%）。

试验和计算结果共同证明，最优级配时的细粒颗粒含量变化于30%左右的不大范围内。从实用观点出发，可以认为细粒颗粒含量等于30%是细料开始参与骨架作用的界限值。当细粒颗粒含量小于30%时，填不满粗粒的孔隙，因此对渗透系数起控制作用的是粗粒的渗透性；当细粒颗粒含量大于30%时，混合料的孔隙开始与细粒发生密切关系。

将许多级配不连续土的渗透稳定试验结果，根据破坏水力比降与细粒颗粒含量的关系绘成曲线，可得图1的形式，图中当 $P_c < 25\%$ 时破坏水力比降很小，仅变化于 $0.1 \sim 0.25$ 之间，破坏水力比降不随细粒颗

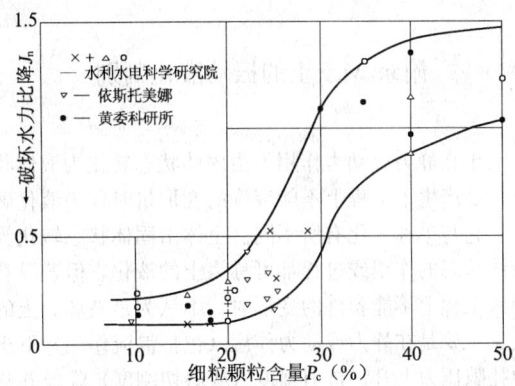

图1 破坏水力比降与细粒颗粒含量关系曲线

粒含量的变化而变化。这表明当 $P_c < 25\%$ 时，各种混合料中的细粒均处于不稳定状态，渗透破坏都是管涌的一种形式。当 $P_c > 35\%$ 时，破坏水力比降的变化随细粒颗粒含量的增大而缓慢增加，其值接近或大于理论计算的流土比降。

这表明细粒土全部填满了粗粒孔隙，渗透破坏形式变为流土型。图1从渗透稳定试验方面进一步证明了最优细粒颗粒含量的理论是正确的，而且阐明了 $P_c > 25\%$ 以后，细粒开始逐渐受约束，直到 $P_c > 35\%$ 时细粒和粗粒之间完全形成了统一的整体。对于级配连续的土，同样可用细粒颗粒含量作为渗透破坏形式的判别标准，关键问题是细粒区分粒径问题，可用几何平均粒径 $d_r = \sqrt{d_{70} d_{10}}$ 作为区分粒径，有一定的可靠性。

原规范中土的渗透系数近似计算公式为 $k = 6.3C_u^{-3/8}/d_{20}^2$ ，是考虑到 C_u 较容易获得，公式较实用。但根据近年的有关工程经验，其计算的结果误差较大。因此，本次修订过程中，推荐采用根据孔隙率 n 来计算。当缺少孔隙率试验数据时，也可按原公式近似计算。

由于土颗粒组成有连续级配的土和不连续级配的土，此外土的密实程度或孔隙率对于临界水力比降的影响也是很明显的。因此，本附录针对上述情况，分别列出几种通用的判别方法，可根据土层的地质条件选择或进行综合比较。对于重要的大型工程或地层结构复杂的地基土的临界水力比降和允许水力比降应通过专门试验确定。

渗透变形的允许水力比降是以土的临界水力比降除以安全系数确定的，本附录提出的安全系数 $1.5 \sim 2$ 是指一般情况而言的。通常流土破坏是土体整体破坏，对水工建筑物的危害较大，安全系数取2，对于特别重要的工程也可用2.5。管涌比降是土粒在孔隙中开始移动并被带走时的水力比降，一般情况下，土体在此水力比降下还有一定的承受水力比降的潜力，故取1.5的安全系数。

附录 M 土的振动液化判别

土在静力或动力作用下由固体状态转化为液体状态，并产生了工程上不能容许的变形量时称为液化破坏。它与单称液化有所不同。土体由固体状态转化为液体状态的作用或过程都可称为土的液化，但若没有导致工程上不能容许的变形时，不认为是破坏。土的液化主要是在静力或动力作用（包括渗流作用）下土中孔隙压力上升、抗剪强度（或剪切刚度）降低并趋于消失所引起的，表现为喷水冒砂、丧失承载能力或发生无限度或有限度的流动变形。本附录主要给出评价地震时可能发生液化破坏土层的原则和一些判别标准。

地震时可能发生液化破坏的土层，较常见于粒径小于 0.005mm 的黏粒含量质量百分率 ρ_c（%）不大于 3，塑性指数 I_p 不大于 3 的饱和无黏性土，以及黏粒含量 ρ_c（%）大于 3，但不大于 25，塑性指数 I_p 大于 3，但不大于 15 的少黏性土中，可根据土层的天然结构、颗粒组成、松密程度、地震前和地震时的受力状态、边界条件和排水条件以及地震历时等因素，结合现场勘察和室内试验，综合分析判别。判别工作分为初判和复判两个阶段。初判主要应用已有的勘察资料或较简单的测试手段对土层进行初步鉴别，以排除不会发生液化的土层。对于初判可能发生液化的土层，则再作进一步复判。对于重要工程，则应做更深入的专门研究。

初判的目的在于排除一些不需要再进一步考虑液化问题的土，以减少勘察工作量。因此，所列判别指标，从安全出发，大都选用了临近可能发生液化的上限。

本规范在液化土初判标准中提出晚更新世 Q_3 或以前的土，一般可判为不液化，主要依据是在邢台、海城、唐山等地震中没有发现 Q_3 及 Q_3 以前地质年代的土层发生过液化的实际资料。

鉴于水工建筑物正常运用时的地下水位往往不同于地质勘察时的地下水位，而抗震设计需要考虑工程正常运用后的情况，因此特别写明为工程正常运用后的地下水位。

本附录式（M.0.3-1）中，深度折减系数 γ_d 不仅随土层深度 Z 的增大而减小（$\leqslant 1$），并且在同一个深度的变化幅度又随 Z 的增大而增加很大。因此如何选择合适的 γ_d 值，涉及土层性质、厚度以及地震特征等多种因素，是一个很复杂的问题。经过表 7 的对比分析，作为初判应用，并从安全考虑，本附录建议采用不同深度的 γ_d 值，同时考虑其上限保证率不小于 85%，上限误差率不大于 14.6%。

表 7 深度折减系数 γ_d 取值及其上限保证率和误差率分析

深度 Z (m)	范围值			平均值			征求意见稿 $\gamma_d=1.0-0.01Z$			修改后建议值			
	上限量	下限量	变幅	数值 γ_d	误差率	上限保证率（%）	数值 γ_d	上限保证率（%）	上限误差率（%）	公式	数值 γ_d	上限保证率（%）	上限误差率（%）
0	1.00	1.00	0.00	1.00	0.0	100	1.00	100	0.0		1.00	100	0.0
5	0.99	0.95	0.04	0.97	±2.1	98	0.95	96	4.2	$\gamma_d=1.0-0.01Z$	0.95	96	4.2
10	0.96	0.84	0.12	0.90	±6.7	94	0.90	94	6.7		0.90	94	6.7
15	0.90	0.60	0.30	0.75	±20.0	83	0.85	94	5.9	$\gamma_d=1.1-0.02Z$	0.80	89	12.5
20	0.82	0.42	0.40	0.62	±32.2	76	0.80	98	2.5		0.70	85	14.6
25	0.76	0.33	0.43	0.55	±39.4	72	0.75	99	1.3	$\gamma_d=0.9-0.01Z$	0.65	86	14.5
30	0.70	0.30	0.40	0.50	±40.0	71	0.70	100	0.0		0.60	86	14.6

关于用剪切波速判别土层液化的标准，过去曾与标准贯入试验进行过比较和印证，但大都只限于深度 15m 范围以内，因为标准贯入试验的判别公式只适用于 Z 小于 15m 的情况。大于 15m 深度的情况，目前尚缺乏实际资料印证。为了便于初判应用，本附录给出了可以延伸到深度 30m 的初判标准。对于深度大于 30m 的情况，建议仍用 $\gamma_d=0.9-0.01Z$，但不小于 0.5。

建设部抗震办公室从 1986 年以后要求新的抗震设计烈度范围，由过去的七、八、九度扩伸到六、七、八、九、十度。但是以标准贯入试验作为判别土液化的标准方法，尚缺乏对六度地震区情况的研究和必要的现场实际数据，因此暂缺。设计烈度为十度的水利水电工程几乎没有，因此也未列入十度。

本附录表 M.0.4-2 中采用"液化临界相对密度 $(Dr)_{cr}$（%）"一词，是作为相对密度 Dr（%）的界限值提出来的，以示区别。表 M.0.4-2 中包括了地震设防烈度六、七、八、九度的液化临界相对密度值，它们都是有宏观实际资料作为依据的，与国家现行标准《水工建筑物抗震设计规范》DL 5073 一致。相对密度可适用于含有粗于砂粒（粒径 2mm）的无黏性土（如砾等），并可用于控制无黏性土填筑时的压实标准，但是标准贯入试验主要适用于砂土和少黏性土地基。因此，相对密度标准可以延伸标准贯入试验所不能判别的范围。在标准贯入试验适用的范围内，可以标准贯入试验锤击数作为判别的主要依据，同时相对密度也可用以相互印证。

相对含水量即少黏性土的饱和含水量 W_s 与液限含水量 W_L 之比。由于 $W_U = W_s/W_L$，从而饱和含水量 $W_s = W_L \cdot W_U$。本规范规定 $W_U \geqslant 0.9$ 可判为可能液化土，因此 $W_s \geqslant 0.9W_L$ 亦可判为可能液化土。两者是一致的。关于液性指数 $I_L \geqslant 0.75$ 作为可能液化土的判别标准则没有变动。饱和少黏性土相对含水量及液性指数的判别可以作为标准贯入试验延伸到少黏性土范围的印证之用。

附录 N 岩体结构分类

N.0.1 岩体结构类型的划分标准是以原规范附录 K 为基础并经适当修改提出的。鉴于层状结构岩体中不属于层面的其他裂隙的存在，其间距在评价岩体结构特征时是必须考虑的。因此，根据结构面的间距将层状结构岩体分为五个亚类，名称仍沿用层状单层厚度分类，如巨厚层状结构、厚层状结构、中厚层状结构、互层状结构和薄层状结构等，但二者划分是有差别的。将原"镶嵌碎裂结构"分为"镶嵌结构"和"块裂结构"，其完整程度一致，但岩块间结合程度不同，"镶嵌结构"岩块嵌合紧密，仍具较好的整体性，而"块裂结构"岩块间有泥质物或岩质充填，结构较松弛。

附录 P 岩体地应力和岩爆的判别

岩体初始应力或称地应力、天然应力，是天然状态下，由于受自重和构造运动作用，存在于岩体内部的应力，是客观存在的确定的物理量，是岩石工程的基本外荷载之一。岩体初始应力是三维应力状态，一般为压应力。岩体初始应力场受多种因素的影响，是一系列自然因素作用所产生的综合效应，一般其主要影响因素为埋深、构造运动、地形地貌、地壳剥蚀程度等。对水电水利工程实践而言，因地下工程的埋深极少超过 2500m，其初始应力应以自重应力和构造应力为主，不考虑地热应力。

P.0.1 准确地获得岩体初始应力值的最有效方法是进行现场测试。对大型工程或特殊工程，应现场实测岩体初始应力，以获得其定量数据；对一般工程，有实测岩体初始应力数据者，应采用实测值，无实测资料时，可根据地质勘探资料，对岩体初始应力场进行评估。

在其他因素影响不显著的情况下，岩体初始应力为自重应力场。上覆岩体的重量是垂直向主应力，沿深度按直线分布增加。

历次发生的地质构造运动，常影响并改变自重应力场。国内外大量实测资料表明，垂直向主应力值（σ_V）往往大于岩体自重。若用 $\lambda_0 = \sigma_V/\gamma H$ 表示这个比例系数，我国实测资料统计表明，埋深小于 1000m 时，$\lambda_0 < 0.8$ 者约占 17%，$\lambda_0 = 0.8 \sim 1.2$ 者约占 34%，$\lambda_0 > 1.2$ 者约占 49%，大部分在 0.8~3.0 之间，约占 77%。埋深在 1000~2500m 时，国内实测资料较少，统计国内外 32 组实测资料，$\lambda_0 < 0.8$ 者约占 28%，$\lambda_0 = 0.8 \sim 1.2$ 者约占 66%，$\lambda_0 > 1.2$ 者约占 6%，大部分在 0.6~1.2 之间，约占 78%。

国内外的实测水平应力，当埋深小于 1000m 时，普遍大于泊松效应产生的 $\gamma H \cdot \mu/(1-\mu)$，且多数大于或接近实测垂直应力。用最大水平应力（$\sigma_{H1}$）与（$\sigma_V$）之比表示侧压系数（$\lambda_1 = \sigma_{H1}/\sigma_V$），一般 λ_1 为 0.5~5.5，大部分在 0.8~3.0 之间。埋深在 1000~2500m 时，一般 λ_1 为 0.6~2.5，大部分在 0.7~2.0 之间。

表 P.0.1 给出的垂直向主应力（σ_V）和最大水平向主应力（σ_{H1}）的取值，是根据实测资料统计的，在取值时，应根据不同地区构造应力影响程度确定。

实测资料还表明，水平应力并不总是占优势，到达一定深度以后，水平应力逐渐趋向等于或小于垂直应力，即趋向静水压力场。这个转变点的深度，即临界深度，经实测资料统计，大约在 1000~1500m 之间。如锦屏二级、秦岭隧道均在 1000 余米。

确定初始应力的方向是一个极为复杂的问题，本附录没有具体给出，在使用本附录 P.0.1 条第 2 款时，可用以下方法对初始应力的方向进行评估。

分析历次构造运动，特别是近期构造运动，确定新构造体系，进行地质力学分析，根据构造线确定应力场主轴方向。根据地质构造和岩石强度理论，一般认为自重应力是主应力之一，另一主应力与断裂构造体系正交。对于正断层，σ_V 为大主应力，即 $\sigma_1 = \gamma H$，小主应力 σ_3 与断层带正交；对于逆断层，σ_V 为小主应力，即 $\sigma_3 = \gamma H$，σ_1 与断层带正交；对于平移断层，σ_V 为中间应力，即 $\sigma_2 = \gamma H$，σ_1 与断层面成 $30° \sim 45°$ 的交角，且 σ_1 与 σ_3 均为水平方向。一般地说，断层带附近应力值低，随着远离断层，应力值增高，并趋向稳定的初始应力值。

工程区的现代区域平均应力场也可用区域地震震

源机制解求得。

P.0.2 岩体初始应力的分类是在《工程岩体分级标准》GB 50218—94 的基础上，扩大了范围，增加了"中等地应力"和"低地应力"，并增加了最大主应力量级的定量划分数值。实测资料表明，岩爆和岩芯饼化的发生部位，大多数最大主应力值在 20～25MPa 以上，因此，高地应力以最大主应力值 20MPa 为界进行划分。实测资料还表明，在中等地应力范围（10～20MPa）也有局部发生岩爆或岩芯饼化的现象，如锦屏二级水电站工程的大理岩、二郎山隧道的泥岩、白鹤滩水电站工程的玄武岩、宝泉抽水蓄能电站的斜长片麻岩等。低地应力（小于 10MPa）区未见岩爆或岩芯饼化的现象。

岩体初始应力的分类除考虑最大主应力量级外，尚需考虑岩石的性质，本附录表 P.0.2 采用 R_b/σ_m 作为评价"应力情况"的定量指标之一，一般情况下，该指标应与最大主应力量级同时满足才属于该等级的应力区，不同时满足时，从安全考虑，应以先满足高等级应力区的指标作为判别指标。

需要指出的是，空间最大主应力与工程轴线（如洞室轴线）夹角的不同，对工程岩体稳定的影响程度也不同，垂直工程轴线方向的最大初始应力对工程岩体稳定的影响最大。本附录表 P.0.2 中的 R_b/σ_m，σ_m 不考虑应力方向，主要原因是：一方面，在工程轴线（如洞室轴线）选择时，均需考虑与最大初始应力的交角；另一方面，便于工程技术人员应用。

由于中、高初始应力引起的岩爆和岩芯饼化现象，已为工程实践所证实。

P.0.3 国内外对岩爆的分级和判别多种多样，尚无统一的标准。在众多的岩爆分级中以四级分类较多，表 P.0.3 给出了四级分类，较符合我国已发生岩爆的工程的实际。

岩爆的判别方法较多，归纳起来有应力判据、能量判据和岩性判据。应力判据主要考虑洞室切向应力与岩石单轴抗压强度的关系确定岩爆等级；能量判据根据弹性能量指标（W_{et}）大小判别和预测岩爆等级；岩性判据认为岩爆最主要的岩性条件是单轴抗压强度和抗拉强度，洞室切向应力和岩石单轴抗压强度之比要大于等于单轴抗压强度和抗拉强度的比值才发生岩爆。表 P.0.3 利用围岩强度应力比 R_b/σ_m 的大小进行岩爆等级的判别，考虑了岩体初始应力场和岩石的性质，虽然岩爆的发生是洞室开挖的应力重分布引起的，但应力重分布的基础是岩体的初始应力，因此，用围岩的初始最大主应力也可反映洞室开挖后应力重分布的相对大小。利用围岩强度应力比 R_b/σ_m 的大小进行岩爆等级的判别既可与岩体地应力的分类配套，又便于操作。经 26 个工程的统计，有较高的吻合率。

临界埋深公式由我国侯发亮教授提出，公式中仅考虑了岩石的性质，未考虑围岩的应力，因此，临界埋深应与围岩强度应力比 R_b/σ_m（小于 7）同时判别。

有的学者认为，岩石静力学还不能阐明岩爆的全部机理，初始应力及开挖引起的应力重分布是岩爆发生的背景与基础，但不是全部，还存在地应力外的其他诱发机制，按目前的研究还不能提出有效的预报方法和控制措施，还需要进行系统的岩爆灾害的岩石动力学机理研究。但目前的实际情况是，大量的工程施工均已遇到了岩爆，迫切需要对岩爆进行判别、分级，并有相应的支持措施。

表 P.0.3 是对部分工程岩爆事件的总结，具有代表性，可在今后的工程实践中不断完善和发展。

中华人民共和国国家标准

水泥工厂设计规范

Code for design of cement plant

GB 50295—2008

主编部门：国家建筑材料工业标准定额总站
批准部门：中华人民共和国住房和城乡建设部
施行日期：２００９年１月１日

中华人民共和国住房和城乡建设部
公　告

第 120 号

关于发布国家标准
《水泥工厂设计规范》的公告

现批准《水泥工厂设计规范》为国家标准，编号为 GB 50295—2008，自 2009 年 1 月 1 日起实施。其中，第 1.0.6、3.1.10、5.1.1（1）、5.4.2、5.4.3、5.4.4、5.7.4（1、2、3、4、8、9）、7.6.9（1、2）、7.9.4（2、3）、7.11.2（7）、8.6.9、9.2.5（2）、9.2.13、9.4.6、9.5.1、9.5.6、10.2.1（5）、10.3.3（7）、10.3.4、10.4.3（5）、11.4.6（1）、11.4.13条（款）为强制性条文，必须严格执行。原《水泥工厂设计规范》GB 50295—1999 同时废止。

本规范由我部标准定额研究所组织中国计划出版社出版发行。

中华人民共和国住房和城乡建设部
二〇〇八年九月二十四日

前　言

本规范是根据建设部"关于印发《2005 年工程建设标准规范制订、修订计划（第二批）》的通知"（建标函〔2005〕124 号）的要求，由天津水泥工业设计研究院有限公司、中国水泥协会会同中材国际南京水泥工业设计研究院、成都建材工业设计研究院有限公司、南京凯盛水泥技术工程有限公司等有关单位对原国家标准《水泥工厂设计规范》GB 50295—1999 进行修订的基础上编制完成的。

本规范修订后共分 13 章 9 个附录，主要内容有：总则、设计规模及依据、厂址选择及总体规划、原料与燃料、生产工艺、总图运输、电气及自动化、建筑结构、给水排水、供热通风与空气调节、机修、电修和余热利用。

本次修订的主要内容有：
1. 对水泥工厂规模定义进行了调整。
2. 增加了土地利用规划的内容。
3. 增加了废弃物利用及处置的内容。
4. 增加了管理信息系统的内容。
5. 取消了机械修理中铸造及木模的内容。
6. 增加了自动化仪表维修的内容。
7. 取消了有关节能的内容。
8. 取消了有关矿山的内容。
9. 取消了附录 B 及有关环保的内容。

10. 增加了余热利用的内容。

本规范以黑体字标志的条文为强制性条文，必须严格执行。

本规范由住房城乡建设部负责管理和对强制性条文的解释，由国家建筑材料工业标准定额总站负责日常管理，由天津水泥工业设计研究院有限公司负责具体内容解释。本规范在执行过程中，请各单位结合工程实际，注意积累资料，总结经验，如发现需要修改和补充之处，请将意见和有关资料寄交天津水泥工业设计研究院有限公司（地址：天津市北辰区引河里北道 1 号，邮编：300400），以供今后修订时参考。

本规范主编单位、参编单位和主要起草人：

主 编 单 位： 天津水泥工业设计研究院有限公司
中国水泥协会

参 编 单 位： 中材国际南京水泥工业设计研究院
南京凯盛水泥技术工程有限公司
成都建材工业设计研究院有限公司

主要起草人： 曾学敏　吴佐民　狄东仁　范毓林
郭天代　胡芝娟　白　波　杨路林
王自清　张万利　李蔚光　于德生
严红玲　韩久威　宣轶群　张万昌
王兆明　潘云汉　李慧荣　遇广堃
董兰起　吴　涛　朱晓彬　范琼璋

目　次

1 总 则

1.0.1 为在水泥工厂设计中，贯彻执行国家技术经济政策，做到安全可靠、技术先进、环保节能、经济合理，制定本规范。

1.0.2 本规范适用于新建、扩建、改建水泥工厂生产线的工程设计（含熟料基地、水泥粉磨站及散装站）。

1.0.3 水泥工厂设计应进行综合效益和市场需求分析研究，应选用先进、适用、经济、可靠的生产工艺和装备；并应降低工程投资、提高劳动生产率、缩短建设周期。

1.0.4 水泥工厂设计应根据地区条件，依托城镇或同邻近工农业在交通运输、动力公用设施、文教卫生、综合利用和生活设施等方面的协作。

1.0.5 水泥工厂扩建、改建工程应利用原有设施、场地及资源。

1.0.6 水泥工厂设计应采用新型干法水泥生产工艺，严禁新建和扩建湿法回转窑、立波尔窑、干法中空窑等国家产业政策禁止建设的水泥生产线。

1.0.7 水泥工厂设计宜利用工业废弃物，并应综合利用资源和能源。

1.0.8 水泥工厂设计除应符合本规范外，尚应符合国家现行有关标准的规定。

2 设计规模及依据

2.1 设 计 规 模

2.1.1 水泥工厂生产线的设计规模，应结合产品市场流向和原、燃料来源等确定，并应按下列规定划分：

  1 单线日产水泥熟料 4000t 及以上的生产线应为大型规模。

  2 单线日产水泥熟料 4000t 以下、2000t 及以上生产线应为中型规模。

  3 单线日产水泥熟料 2000t 以下生产线应为小型规模。

2.2 设 计 依 据

2.2.1 建设单位应提供设计基础资料。设计基础资料应包括下列主要内容：

  1 实行审批制的建设项目，在进行项目可行性研究时，应有批准的项目建议书或项目预可行性研究报告（含厂址选择报告）；在进行初步设计时，应有批准的项目可行性研究报告（含厂址选择报告）；在进行施工图设计时，应有批准的初步设计文件。

  实行核准制的建设项目，在进行初步设计和施工图设计时，应有批准的项目申请报告（含厂址选择报告）。

  2 经国家或省级矿产资源主管部门批准的资源勘探报告（石灰石和硅铝质原料）。

  3 原、燃料工艺性能试验报告。

  4 厂区及厂外设石灰石破碎车间场地的工程地质和水文地质勘探报告。

  5 水源地水文地质和工程地质勘探报告，附水源地及输水线路的地形图 1：2000 或 1：1000；或供水意向书或协议书或可行性研究报告。

  6 供电与通信意向书或协议书或可行性研究报告。

  7 外购原料、燃料供应意向书或协议书。

  8 交通运输（承担运量、接轨方案、水运、公路运输等）意向书或协议书或可行性研究报告。

  9 主管部门同意征用建设用地的书面文件。

  10 下列地形测量图：

    1）区域地形图1：10000、1：50000或1：5000。

    2）厂区及矿区地形图：可行性研究、初步设计阶段1：2000 或 1：1000，施工图设计阶段1：1000 或 1：500。

    3）铁路专用线地形图1：2000 或 1：1000。

  11 建厂地区气象和水文资料（含厂区洪水资料）。

  12 地震烈度的鉴定报告。

  13 建厂地区的城建规划要求。

  14 环境影响评价报告及环境保护部门对建厂的要求。

  15 安全要求。

  16 污水排放意向书或协议书。

  17 地方建筑材料价格及概、预算和技术经济资料。

  18 与地区协作的其他协议书和文件。

3 厂址选择及总体规划

3.1 厂 址 选 择

3.1.1 厂址选择应符合工业布局和区域建设规划的要求，并应按照国家有关法律、法规及前期工作的规定进行。

3.1.2 厂址选择应根据建设规模、原料与燃料来源、交通运输、供电供水、工程地质、环境保护、企业协作条件、场地现有设施和产品市场流向等进行技术经济比较后确定。

3.1.3 厂址宜设置在石灰石矿山附近，并应有经济合理的交通运输条件。同时应有利于同邻近企业和城镇的协作，不宜将厂址单独设在远离城镇、交通不便的地区。

3.1.4 厂址应满足连续生产要求及发展规划所需的电源和水源，其厂外输电、输水线路应短捷，并应便于维护管理。

3.1.5 工厂用地应充分利用地形、缩短内部运距和节约用地。

3.1.6 厂址应根据远期规划的要求，在满足近期所需的场地面积和不增加建设投资的前提下，适当留有发展的余地。

3.1.7 厂址应具有满足工程建设要求的工程地质和水文地质条件，并应避开有用矿藏。

3.1.8 厂址应位于城镇和居住区全年最小频率风向的上风侧，不应选在窝风地段。

3.1.9 厂址标高宜高于防洪标准的洪水位加 0.5m。若低于上述标高时，厂区应有防洪设施，并应在初期工程中一次建成。当厂址位于内涝地区，并有排涝设施时，厂址标高应为设计内涝水位加 0.5m。厂区位于山区时，应设置防、排山洪的设施。

3.1.10 水泥工厂的防洪标准应符合现行国家标准《防洪标准》GB 50201 的有关规定。新型干法水泥工厂尚应符合表 3.1.10 的规定。

表 3.1.10 新型干法水泥工厂防洪标准

级别	工厂规模	重现期（年）
Ⅰ	大型规模	≥100
Ⅱ	中型规模	≥50～100
Ⅲ	小型规模	≥25～50

注：多条生产线的工厂相应提高防洪标准。

3.1.11 桥涵、隧道、车辆、码头等外部运输条件及运输方式，应符合运大件或超大件设备的要求。

3.2 总 体 规 划

3.2.1 水泥工厂的总体规划，应符合所在地区的区域规划或城镇规划的要求，宜与城镇居民区和邻近工业企业在环境保护、交通运输、动力公用、修理、仓储、文教卫生、生活设施等方面协作。

3.2.2 水泥工厂的总体规划应合理布置厂区，并应处理好厂区与石灰石矿山、硅铝质原料矿山、水源地、给水处理场、污水处理场、总降压变电站、铁路接轨站、厂外铁路及水运码头等之间的关系。

3.2.3 水泥工厂的总体规划应正确处理近期和远期的关系。近期规划应合理集中布置，远期规划应预留发展，分期征地，不得先征待用。

3.2.4 水泥工厂外部运输方式的选择，宜符合下列规定：

1 应根据当地运输条件确定厂外运输方式。当厂区邻近自然水系，具有较好的港口和通航条件时，应以水运为主；采用陆路运输时，应根据运量、运距、铁路接轨条件等比较后确定铁路、公路运输方案，并应按市场供销情况，决定铁路、公路承担运量比例。

2 应根据建厂地区对散装水泥的接受能力、中转储存及装卸运输等条件配置水泥散装外运设施，并应提高散装水泥在各种运输方式中的比例。

3 厂外铁路接轨点及线路进厂方向的选定，应与厂区平面布置及竖向设计密切配合，经多方案技术经济比较后确定，并应规划企业站、轨道衡线及机车整备作业线等设施的位置。

4 企业站的设置，应根据运量大小、作业要求、管理方式及接轨站的条件等比较后确定，并应充分利用路网铁路站场的能力，不应重复建设。有条件在接轨站上增设交接线、租用铁路机车时，宜采用货物交接方式，可不设企业站。

5 水泥工厂厂外道路与城镇及居住区公路的连接，应平顺短捷。厂区与铁路车站、码头、水源地、矿山工业场地，以及邻近协作企业之间，均应有方便的道路联系。

3.2.5 厂外动力公用设施的布置，宜符合下列规定：

1 总降压变电站，应设置在工厂负荷中心附近，并应保证进出线方便，同时应避开污染源排放点，宜设在多尘污染源上风侧。

2 以江、河取水的水源地，应位于厂区的上游，且岸线稳定而又不妨碍通航的地段，并应符合河道整治规划的要求。

高位水池及水塔，应设置在不会因渗漏溢流引起滑坡、坍塌的地段。

3 沿江、河岸边布置的污水处理场及其排出口，应位于厂区的下游，并应满足卫生防护距离的要求，同时应处于全年最小频率风向的上风侧。

4 集中供热的锅炉房，宜设置在热负荷中心附近，应处于全年最小频率风向的上风侧，并应有方便的燃煤储存场地及炉渣排放条件。

3.3 土 地 利 用 规 划

3.3.1 厂址选择应利用荒地劣地、山坡地，不应占用耕地，并应促进建设用地的集约利用和优化配置。

3.3.2 厂区布置应利用地形高差合理设置台段。应在满足工艺流程的前提下缩短内部物料输送距离，减少工厂占地面积。工厂总图布置应预留发展用地，近期工程中与生产工艺密切联系的部分，可预留在厂区内，其他预留发展用地宜在厂区一侧，不应预留在厂区中部，不应提前征用土地。

3.3.3 新建水泥厂厂区建筑系数不得低于 30%。水泥厂工业项目行政及生活服务设施用地面积不得超过该工业项目总用地的 7%。

4 原料与燃料

4.1 一 般 规 定

4.1.1 在提出对主要配料用原料不同品级的质量要

求时，除应符合国家现行标准《冶金、化工石灰岩及白云岩、水泥原料矿产地质勘查规范》DZ/T 0213 的有关规定外，尚应根据矿床赋存条件和质量特征利用矿产资源。

4.1.2 应根据原料与燃料质量、储量及原料工艺性能试验等，确定或调整产品方案和原料品种。主要原料产地宜设置在厂址附近。

4.1.3 主要配料用原料宜采用或搭配低品位原料、工业废渣作为替代原料，并应通过原料工艺性能试验确认其技术可行性和经济合理性。

4.2 原 料

4.2.1 用于水泥生产的石灰质原料，其开采宜符合下列规定：

1 石灰质原料的质量指标宜符合表 4.2.1 的规定。

表 4.2.1 石灰质原料质量指标

石灰质原料	含 量
氧化钙	>48.00%
氧化镁	<3.00%
碱	<0.60%
三氧化硫	<0.50%
游离氧化硅	<8.00%（石英质）或<4.00%（燧石质）
氯离子	<0.03%

2 产品方案中对氧化镁或碱含量有限量要求时，应相应变更本条第 1 款中氧化镁或碱的质量要求。

3 矿区内赋存的夹层、围岩及覆盖层等岩石质物料，条件许可时，经合理搭配可掺入加以综合利用。

4 矿床中的裂隙土、岩溶充填物及覆盖土等松散物料，当其化学成分适宜时，在满足水泥原料配料前提下，可合理搭配掺用。

4.2.2 硅铝质原料宜符合下列规定：

1 硅铝质原料的主要质量指标宜符合表 4.2.2 的规定。

表 4.2.2 硅铝质原料主要质量指标

硅铝质原料	指 标
硅酸率	3.00～4.00
铝氧率	1.50～3.00
氧化镁	含量<3.00%
碱	含量<4.00%
三氧化硫	含量<1.00%
氯离子	含量<0.03%

2 产品方案中对氧化镁或碱含量有限量要求时，应相应变更本条第 1 款中氧化镁或碱的质量要求。

3 在资源条件允许时，应首选岩石状硅铝质原料。

4.2.3 铁质校正原料主要质量指标应符合下列要求：

1 三氧化二铁含量大于 40.00%。

2 氧化镁含量小于 3.00%。

3 碱含量小于 2.00%。

4.2.4 原料硅酸率较低且无法满足配料要求时，宜增加硅质校正原料，其主要质量指标应符合下列要求：

1 二氧化硅含量大于 80.00% 或硅酸率大于 4.00。

2 氧化镁含量小于 3.00%。

3 碱含量小于 2.00%。

4.2.5 原料铝氧率较低且无法满足配料要求时，宜增加铝质校正原料，其主要质量指标应符合下列要求：

1 三氧化二铝含量大于 25.00%。

2 氧化镁含量小于 3.00%。

3 碱含量小于 2.00%。

4.2.6 第 4.2.1～4.2.5 条的指标中，以石灰质原料质量指标为主，应根据其有害组分含量高低来调整其他配料原料中相应有害组分含量指标，最终应以满足熟料率值及其有害组分限量为准。

4.3 煅 烧 用 煤

4.3.1 煅烧用煤宜选择灰分、含硫量、挥发分、发热量适当的燃煤，原煤宜定矿定点供应。

4.3.2 煅烧用煤的质量，应符合表 4.3.2 的要求。在满足熟料质量的前提下，煅烧用煤可使用劣质煤、低品位煤及替代燃料。

表 4.3.2 煅烧用煤的一般质量要求

序 号	名 称	符 号	数 值
1	灰分	Aad	≤28.00%
2	挥发分	Vad	≤35.00%
3	硫含量	St, ad	≤2.00%
4	低位发热量	Qnet, ad	≥23000 kJ/kg
5	水分	Mt	≤15.00%

4.4 调 凝 剂

4.4.1 调凝剂的选择应符合下列规定：

1 石膏可单独使用，硬石膏在试验确认后可单独使用或与石膏混合使用。

2 采用工业副产品的石膏时，应经过试验证明其对水泥性能无不良影响时方可使用。

4.4.2 用作调凝剂的石膏和硬石膏，应符合现行国家标准《用于水泥中的石膏和硬石膏》GB 5483 的规定。

4.5 混 合 材 料

4.5.1 混合材料的选择应符合下列要求：

1 应根据产品的性能要求确定是否掺加混合材料。

2 应根据熟料质量、混合材料质量及其价格、运输条件等选择混合材料及其产地。

3 应经过试验，确认混合材料是否符合相应的现行国家有关标准的规定，并应确定其最佳掺入量。

4.5.2 用作混合材料的粒化高炉矿渣，应符合现行国家标准《用于水泥中的粒化高炉矿渣》GB/T 203 的规定。

4.5.3 用作混合材料的火山灰，应符合现行国家标准《用于水泥中的火山灰质混合材料》GB/T 2847 的规定。

4.5.4 用作混合材料的粉煤灰，应符合现行国家标准《用于水泥和混凝土中的粉煤灰》GB/T 1596 的规定。

4.5.5 用作混合材料的回转窑窑灰，应符合国家现行标准《掺入水泥中的回转窑窑灰》JC/T 742 的规定。

4.5.6 石灰石可作为非活性混合材料使用，其三氧化二铝含量不得超过 2.50%。

4.5.7 用于复合硅酸盐水泥的其他种类混合材料，应先判定其活性，并应符合下列规定：

1 粒化电炉磷渣混合材料应符合现行国家标准《用于水泥中的粒化电炉磷渣》GB/T 6645 的规定。

2 粒化增钙液态渣混合材料应符合国家现行标准《用于水泥中的粒化增钙液态渣》JC 454 的规定。

3 粒化铬铁渣混合材料应符合现行国家标准《用于水泥中的粒化铬铁渣》JC 417 的规定。

4 粒化高炉钛矿渣混合材料应符合国家现行标准《用于水泥中的粒化高炉钛矿渣》JC 418 的规定。

4.6 配料设计

4.6.1 配料设计应符合下列规定：

1 熟料率值目标值和波动范围，应根据原料与燃料质量特性、产品品种要求等确定。

2 配料所用原、燃料化学成分及煤质资料应准确可靠，并应具有代表性和实用性。

3 应经过多方案比较后，推荐最佳方案。

4.6.2 水泥中化学成分的允许含量，应符合表 4.6.2 的规定。

表 4.6.2 水泥中化学成分的允许含量

水泥品种 技术要求	硅酸盐水泥		普通水泥	矿渣水泥	火山灰水泥	粉煤灰水泥	复合水泥
	P.I	P.II	P.O	P.S	P.P	P.F	P.C
不溶物（%）	≤0.75	≤1.50	—	—	—	—	—
烧失量（%）	≤3.00	≤3.50	≤5.00	—	—	—	—
三氧化硫（%）	≤3.50			≤4.00			≤3.50
氧化镁（%）	水泥中≤5.00			熟料中≤5.00			
	水泥压蒸合格，水泥中≤6.00			水泥压蒸合格，熟料中≤6.00			
碱（%）	要求低碱水泥时≤0.60%或由用户确定			由用户确定			

4.7 原、燃料工艺性能试验

4.7.1 水泥工厂设计应进行原、燃料工艺性能试验。对新的原料品种及工业废渣，应提前进行试验研究。

4.7.2 原、燃料工艺性能试验应符合下列规定：

1 原、燃料工艺性能试验应进行实验室规模试验，新的原料品种及工业废渣还应进行半工业规模试验。

2 主体设计单位应根据原料资源条件和生产方法等提出正式取样要求。取样要求应包括样品种类、质量要求、样品重量。

3 试样应具有充分代表性。

4.7.3 在原、燃料工艺性能试验项目中，应包括燃尽特性、可磨性、磨蚀性、易磨性、易烧性、挥发性等；采用辊式磨时，宜进行辊式磨的磨蚀性和易磨性试验；对湿粘性物料宜做塑性指数试验。以上试验项目应根据水泥工厂生产特点和工艺要求进行选择，并应符合下列规定：

1 煤磨选型与设计时，原煤的易磨性指数测定，应符合现行国家标准《煤的可磨性指数测定方法（哈德格罗夫法）》GB/T 2565 的规定。

2 生料粉磨流程、磨机选型等工艺设计时，原料和生料混合料的粉磨功指数或辊式磨的物料易磨性指数的测定，应符合国家现行标准《水泥原料易磨性试验方法》JC/T 734 的规定。

3 设计生料配料方案以及确定生料细度、熟料率值时，水泥生料易烧性能的判别，应符合国家现行标准《水泥生料易烧性试验方法》JC/T 735 的规定。

4.8 原、燃料综合利用

4.8.1 原、燃料综合利用应满足工厂产品方案的要求。

4.8.2 使用低品位原、燃料后，其所含有害组分对产品性能及自然环境应无不良影响。

4.8.3 矿床中的低品位原料及可供其他工业部门利用的原料，应按国家现行标准《冶金、化工石灰岩及白云岩、水泥原料矿产地质勘查规范》DZ/T 0213 的规定进行综合勘探与评价。

4.9 废弃物的利用

4.9.1 水泥工厂利用的废弃物可分为作为替代原料的废弃物和作为替代燃料在水泥煅烧过程中加入的可燃废弃物。

4.9.2 替代原料和替代燃料的利用应满足工厂产品方案的要求。

4.9.3 利用废弃物后，废弃物的处理量不得影响熟料质量，所含有害组分应对产品性能及自然环境无不良影响。

5 生 产 工 艺

5.1 一 般 规 定

5.1.1 水泥生产工艺流程的设计和工艺设备的选型，应符合下列规定：

　　1 禁止采用明令淘汰的技术工艺和设备。

　　2 应根据生产方法、生产规模、产品品种、原料与燃料性能和建厂条件等比较后确定工艺流程和主机设备。

　　3 应选择生产可靠、环境污染小、能耗低、管理维修方便、投资省的工艺流程和设备。

　　4 应采用有利于提高资源综合利用水平的新技术、新工艺、新设备。

　　5 应在满足成品与半成品的质量要求下，减少工艺环节和缩短物料运输距离。

　　6 附属设备的选型应有一定的储备。在保证生产的前提下，可减少附属设备的台数，同类附属设备的型号宜统一。

5.1.2 工艺布置应符合下列规定：

　　1 总平面布置应满足工艺流程的要求，并应结合地形、地质和运输的要求。

　　2 工艺布置宜留有合理的发展空间。

　　3 车间布置宜根据工艺流程和设备选型综合确定，并应在平面和空间布置上，满足施工、安装、操作、维护、监测和通行的要求。

　　4 露天布置应满足生产操作、维护检修及现行国家环境保护法规要求。露天布置的设备、管件与库顶板或厂房连接处应密封防雨。

5.1.3 物料平衡计算，应符合下列规定：

　　1 完整水泥生产线和熟料生产线的物料平衡计算应以烧成系统的熟料产量为基准，水泥粉磨站的物料平衡计算应以水泥产量为基准。

　　2 完整水泥生产线和熟料生产线的物料平衡计算中，各原料的干料消耗定额应由生料消耗定额和配比确定；生料的消耗定额应由生料的理论消耗量和生产损失组成。石膏、混合材的干料消耗定额应按照水泥中的掺入量计算，并应计入生产损失。燃料消耗定额应按烧成用煤和烘干用煤分别计算。

　　3 应根据各物料的水分将干料消耗定额换算为湿料消耗定额，再计算得出每小时、每天和每年的干、湿料需要量。

　　4 完整水泥生产线和熟料生产线的生产损失，煤为2.0%，其他原料应为0.5%。对于水泥粉磨站，熟料、石膏及其混合材生产损失应为0.5%。

5.1.4 主要工艺设备的设计年利用率，应按工厂规模、生产系统的复杂程度、主机类型、设备来源、使用条件等确定，并应符合表5.1.4的规定。

表 5.1.4　主要工艺设备设计年利用率

序号	主要工艺设备名称	年利用率（%）
1	回转窑	≥85
2	原料磨	65～80
3	水泥磨	60～80
4	煤磨	60～75
5	石灰石破碎机	20～50
6	水泥包装机	≥20

5.1.5 主要生产系统工作制度，可根据各系统的相互关系，以及与外部条件相联系的情况确定，并宜符合表5.1.5的规定。

表 5.1.5　主要生产系统工作制度

序号	主要生产系统名称	每周工作天数（d）	每天工作班制
1	石灰石破碎	5～7	1～2
2	石灰石预均化（堆料）	5～7	1～2
3	石灰石预均化（取料）	7	3
4	原料粉磨	7	3
5	生料均化及入窑	7	3
6	煤粉制备	7	3
7	熟料烧成	7	3
8	熟料储存及输送	7	3
9	水泥粉磨	7	3
10	水泥储存	7	3
11	水泥包装及散装	5～7	1～3
12	煤、石膏、硅铝质原料破碎	5～7	1～2
13	压缩空气站	7	3

注：工作班制按每班8h计。

5.1.6 各种物料储存期应根据工厂规模、物料来源、物料性能、运输方式、储库型式、工厂控制水平、市场因素等具体情况确定，并宜符合表5.1.6的规定。

表 5.1.6　各种物料储存期 （d）

序号	物料名称	库内储存（湿料）	库内储存（干料）	露天储存	总量
1	石灰质原料	3～7	—	0～10	3～10
2	硅铝质原料	5～30	0～3	—	5～30
3	铁质原料	10～30	—	—	10～30
4	煤	7～30	—	0～3	7～30
5	生料	—	1～3	—	1～3
6	熟料	—	5～20	—	5～20
7	石膏	—	—	20～35	20～35
8	混合材料	0～10	2～5	0～25	2～30
9	水泥	—	3～14	—	3～14

注：1 物料储存期是按窑日产量为基准作平衡计算。

　　2 如石灰质原料、硅铝质原料系外购，或由国家铁路、水运进厂时，可取上限。

　　3 物料采用矩形预均化堆场以2堆储存时，应以1堆计算储存期；圆形预均化堆场应以料堆容积的2/3计算储存期。

　　4 熟料外运时和水泥粉磨站的熟料储存期可适当放宽。

　　5 混合材料应视其来源、运距及品种确定储存期。

　　6 水泥储存期应与熟料储存期统一考虑，并结合市场需求、交通运输条件确定。

　　7 库内储存指预均化堆场、圆库、联合储库、堆棚等储库的储存方式。

　　8 原煤不得长期露天储存，可临时储存。

5.1.7 预分解窑各种规模生产线熟料烧成热耗，宜符合表5.1.7的规定。

表5.1.7　预分解窑各种规模生产线熟料烧成热耗

生产线规模	单位熟料烧成热耗（kJ/kg）	单位熟料烧成热耗（kcal/kg）
2000～4000t/d（含2000t/d）	≤3178	≤760
4000 t/d 及以上	≤3050	≤730

注：1　热耗值为燃料采用煤且生产正常情况的设计考核指标。

　　2　窑型热耗值的设定条件：生料中等易烧性，煤热值大于23000kJ/kg（5500kcal/kg）（空气干燥基），海拔低于500m，熟料冷却篦式冷却机，无旁路放风时情况。

　　3　采用重油、天然气等不同类型燃料时，热耗值应根据具体情况进行校正。

5.1.8 主机性能考核应在原、燃料成分及性能均满足设计条件下进行，其考核要求宜符合表5.1.8的规定。

表5.1.8　主机性能考核要求

生产系统	考核时间	考核内容
原料粉磨系统	连续运转2d，每天运转不少于22h	平均小时产量、生料细度、合格率、系统产品电耗
水泥粉磨系统	连续运转2d，每天运转不少于22h，	平均小时产量、水泥比表面积、合格率、系统产品电耗
烧成系统	连续运转3d，停窑不超过2次，累计不超过4h	平均日产量、单位熟料热耗、熟料质量（游离钙含量，7d和28d强度等）、系统产品电耗

5.1.9 生产车间的检修设施应符合下列要求：

　1　主要设备或需检修的部件较大，其检修机械化水平应较高，石灰石破碎机、石膏破碎机、粉磨设备的传动装置、有厂房的辊式磨等的厂房内，宜设置桥式起重机、悬挂式起重机等起吊设备。对设有厂房的大型风机、大型提升机、选粉机、辊压机等设备上方，宜设置电动葫芦、单轨小车或其他型式的起吊设备。

　2　起重设备的起重量，应按检修起吊最重件或需同时起吊的组合件重量确定。

　3　起重机的轨顶标高及其他起吊设施的设置高度，应满足起吊物件最大起吊高度的要求。

　4　厂房的设计和设备布置，不得影响检修起重设施的运行和物件的起吊。

　5　检修平台或留有安装检修需要的空间、门洞

和设备外运检修的运输通道，宜根据不同设备的安装检修要求设置。

5.1.10 物料输送设计宜符合下列规定：

　1　物料输送设备的选型，应根据输送物料的性质、输送能力、输送距离、输送高度等结合工艺布置确定。

　2　输送设备的输送能力，应高于实际最大输送量，其富余量宜按不同的输送设备及来料波动情况确定。

　3　输送设备的转运点，宜设置除尘装置，下料溜子应降低落差，粒状物料的下料溜子内，应有防磨和降低噪声的措施。

5.1.11 生产控制应根据工艺过程控制、质量控制及程序逻辑控制的要求，进行检测、调节、监控。

5.1.12 特殊地区的工艺设计应符合下列要求：

　1　在海拔高度大于500m的地区建厂，空气压缩机和风机的风量、压力应进行校正。

　2　在海拔高度大于500m的地区建厂，回转窑、预热器、烘干磨、烘干机、冷却机等设备及系统的工艺计算数据，应根据海拔高度作修正。

　3　在海拔高度大于1000m的地区及湿热地区建厂，电动机及设备轴承等订货时应满足特殊要求。

　4　在寒冷地区建厂，宜扩大保温范围，并应采取生产时气路、油路、水路畅通的措施，同时应采取防冻措施。

5.2　物料破碎

5.2.1 物料破碎系统的位置，应根据工厂资源情况、矿山开采外部运输条件、厂区位置以及工艺布置等确定。

5.2.2 破碎系统的生产能力，应根据工厂原料与燃料年需要量、年工作天数、破碎系统工作班制以及运输不均衡等确定。

5.2.3 破碎机型式和破碎段数的选择，应根据工厂规模、物料性能、开采粒度和产品粒度要求、磨蚀性以及夹土情况等确定。

5.2.4 单段破碎系统宜选用锤式破碎机或反击式破碎机；二段破碎系统的一级破碎机宜选用颚式、旋回式等；二级破碎机宜选用锤式、反击式或圆锥式等。

5.2.5 原、燃料破碎机前的喂料斗容量，应根据破碎机规格、来车车型、载重量及来车间歇时间确定。

5.2.6 大块石灰石的喂料设备，宜采用重型板式喂料机，其宽度应满足矿石粒度和破碎机入口宽度的要求；板式喂料机应能重载启动，且可调速。

5.2.7 破碎机出料口宜设置受料胶带输送机，其宽度应与出料口大小、出料量相适应。

5.2.8 石灰石、砂岩、铁矿石、煤、石膏、熟料等破碎系统，应设置除尘装置。

5.2.9 物料破碎后输送系统的能力，应满足破碎机

瞬时最大出料能力。

5.2.10 硅铝质、铁质原料宜根据物料物理性能、开采粒度和产品粒度、生产能力的要求确定破碎系统段数和破碎机型式。当开采粒度满足入磨要求时，可不进行破碎。

5.2.11 硅铝质原料破碎机前的料仓宜设为浅式仓、大出料口、较大仓壁倾角，仓壁上宜设置树脂衬板等防粘结材料。

5.2.12 硅铝质原料破碎的喂料设备，宜选用带调速装置的中型或轻型板式喂料机。

5.2.13 煤的破碎宜采用一段破碎系统，破碎机可选用锤式、反击式、环锤式等破碎机。

5.2.14 石膏破碎宜采用一段破碎系统，破碎设备可采用锤式、反击式、细颚式破碎机等。喂料设备宜采用能调速的板式喂料机。

5.2.15 熟料破碎宜采用与冷却机配套的锤式或辊式破碎机。

5.3 原、燃料预均化及储存

5.3.1 凡有下列任一情况时，原料应设置预均化设施：

  1 矿床赋存条件复杂，矿石品位或主要有害元素的波动幅度较大。

  2 矿床中有可以搭配利用的夹层，覆盖物及裂隙土等低品位原料。

  3 适应某种水分大、粘性高的物料的物理性能，需采取预配料或预混合式。

  4 充分利用矿山资源，减少剥离需外购高品位原料搭配。

5.3.2 凡有下列任一情况时，原煤应设置预均化设施：

  1 原煤质量变化较大，或入窑煤粉质量不能保证相邻两次检测的波动范围。

  2 原煤来源于多处，或煤种亦为多种。

  3 煤质较差，不符合本规范第 4.3.2 条的要求，或因调节硫碱比需采用配煤方式。

5.3.3 预均化堆场应根据原、燃料性能进行设计，并应符合工厂规模、储存方式、自动化水平、环保要求以及投资等要求。

5.3.4 原、燃料预均化堆场设计应符合下列规定：

  1 料堆层数原料宜为 400~500 层，煤可略少，均化系数可取 3~7，宜根据进入堆场原、燃料成分的波动大小确定。

  2 堆场形式的选择，应根据工厂的总体布置、厂区地形、扩建前景、物料性能及质量波动等确定。

  3 堆料方式可采用人字形堆料法。堆料机型式宜根据堆场形式选用。

  4 取料方式可采用端面取料或侧面取料。

  5 混合料预均化堆场，在预混合前应进行预配料。

  6 当采用两种或两种以上的煤时，宜分别堆存搭配后进入预均化堆场。

  7 堆料机卸料端应设料位探测器，并应能随料堆高低自动调节卸料点高度。

  8 堆料机出料地沟内宜设通风设施，也可设置对流通风通道。

5.3.5 预均化堆场的厂房设置应根据建厂地区的气候条件、环保要求确定。

5.3.6 简易预均化堆场或库的设计应符合下列规定：

  1 简易预均化堆场宜设 2 个料堆。

  2 简易预均化库宜分两组。

5.4 废物处置

5.4.1 水泥工厂协同处置废物应采用新型干法水泥生产工艺，应根据废弃物的特性经技术经济比较后确定处理工艺和设备。

5.4.2 在废物贮存、输送、预处理及最终处置环节设计中，应采取防止气味、粉尘的发散及溶析渗漏等二次污染发生的措施。

5.4.3 水泥生产协同处置废物时，水泥工厂焚烧废弃物排放标准不应超过表 5.4.3 的规定。

表 5.4.3　水泥工厂焚烧废弃物排放标准（mg/m³）

组　分	限　制　值
含尘浓度	30
氯化氢	10
氟化氢	1
氮氧化物	500
镉和铊	0.05
汞	0.05
重金属总量	0.5
二噁英/呋喃类	0.1 ng I-TEQ/m³
二氧化硫	50
有机残碳	10

注：TEQ 为标准毒性单位。

5.4.4 水泥工厂协同处置废物时，水泥熟料和水泥产品中重金属含量应满足表 5.4.4 的要求，其中天然放射性核镭-226、钍-232、钾-40 等的放射性比活度应符合现行国家标准《建筑材料放射性核素限量》GB 6566 的规定。

表 5.4.4　水泥熟料和水泥中
重金属含量要求（mg/kg）

元　素	熟　料	水泥（P.I）
锑	5	—
砷	40	—
铍	5	—
镉	1.5	1.5

续表 5.4.4

元 素	熟 料	水泥 (P.I)
铬	150	—
钴	50	—
铜	100	—
锡	25	—
汞	未检出	0.5
镍	100	—
铅	100	—
硒	5	—
铊	2	2
锌	500	—

5.5 原料粉磨

5.5.1 原料粉磨配料站设计应符合下列规定:

1 配料仓的容量应满足原料磨生产的需要。当采用储存库配料时,其容量应按储存要求确定。

2 配料仓的设计应保证物料在仓内不起拱、不挂壁、不堵仓,自上而下流动顺畅。湿粘物料宜采用浅仓,并应加大出料口的长宽比,其锥壁倾角不应小于70°,且应在仓壁铺设防粘、耐磨材料。

3 喂料设备宜选用定量给料机,计量精度误差不应大于±0.5%,喂料量调节范围应为1:10;湿粘性物料宜在定量给料机前加设运行速度较低的预给料机,且料仓出料口的长宽比宜适当加大。

4 配料仓设在联合储库内时,仓的上口尺寸应满足抓斗起重机卸料的要求。

5 当选用辊式磨、辊压机等作为预粉磨或粉磨设备时,应设除铁及金属探测报警装置。

5.5.2 原料粉磨系统的选型宜符合下列规定:

1 应利用预热器和冷却机废气余热作为烘干热源。

2 一台窑宜配置一套原料粉磨系统。

3 主机选择应根据原料的易磨性和磨蚀性、对系统的产量要求及各种粉磨系统特点确定,应选用节能的辊式磨等粉磨设备。

5.5.3 原料磨的产量应根据窑日产量、料耗、磨机日工作小时、台数等确定。

5.5.4 原料粉磨系统的布置宜符合下列规定:

1 原料粉磨系统在利用预热器废气烘干原料时,宜布置在预热器塔架和废气处理系统附近。

2 原料粉磨系统设计中,选粉机等设备的布置应便于操作和维护检修。

3 带烘干的磨机在进、出料口宜设置锁风装置。

4 利用废气余热的原料粉磨系统可设置备用热风炉。

5 辊式磨可露天布置。

6 球磨机中心的高度宜取磨机直径的0.8～1.0倍。

7 球磨机研磨体的装载应设置提升装置。

8 磨机润滑系统油泵站的布置,应保证回油管畅通。

9 球磨机两端轴承基础内侧应设顶磨基础。

10 中心传动的球磨机其传动部分和磨机厂房之间宜设隔墙。

11 不宜入辊压机的原料,可直接送入磨机或选粉机。

12 辊压机喂料仓内应保持一定的料位。

5.5.5 原料粉磨系统产品质量应符合下列规定:

1 出磨生料水分应控制在0.5%以下,最大不得超过1.0%。

2 生料细度应按原料易烧性试验、熟料质量要求等确定,80μm方孔筛筛余宜为10%～14%,200μm方孔筛筛余不宜大于1.5%。

5.5.6 原料粉磨系统的除尘设计应符合下列规定:

1 配料仓顶和仓底及输送设备转运点均应设除尘设施。

2 磨机用预热器或冷却机废气作为烘干热源时,可与预热器或冷却机废气合用一台除尘器,除尘系统应保温。

5.5.7 原料粉磨系统的配料控制,应保证生料达到规定的化学成分,生产控制系统应符合本规范第5.1.11条和第7.10节的有关规定。

5.6 生料均化、储存及入窑

5.6.1 生料均化库的选型应符合下列规定:

1 均化方式宜选用连续式均化库。

2 入窑生料的氧化钙含量的标准偏差应小于±0.25%。

3 入库生料水分应控制在0.5%以下,最大不得超过1.0%,入库生料中不得混有大颗粒原料、研磨体等杂物。

4 生料均化库顶和库底应设置除尘设备。

5.6.2 连续式生料均化库的设计应符合下列规定:

1 每条工艺生产线宜配备1～2个连续式均化库,其高径比宜取2～2.5。

2 生料入库应均匀分散,库顶进料装置宜选用库顶生料分配器多点入库。

3 充气系统的设计应降低阻力。充气箱布置应减少库内的充气死区,并应选择透气性能好、布气均匀及耐磨的透气层材料。充气箱和管路系统应密封良好。

4 宜选用定容式鼓风机供气,鼓风机应有备用,充气量应根据库底充气型式确定,充气压力宜为40～70kPa。

5 库底的配气设备,宜选用空气分配器、电磁阀、气动或电动球阀。

6 可采用库底或库侧卸料,每库应有两个及以上卸料口,并应选配有手动检修闸门、快速开闭阀和流量控制阀的卸料装置。

7 在严寒或多雨地区,宜设置库顶房。

8 库顶与预热器塔架之间宜设置巡检通道。出库生料宜设置回库的输送回路。

5.6.3 生料入窑系统设计应符合下列规定:

1 喂料仓的料位应稳定,可采用荷重传感器,也可设置料位计和相应的调节回路,规模较小的生产线可设溢料回流设施。

2 喂料设备应喂料准确,并可调节喂料量。计量设备精度允许误差应为±1%,并应满足计量标定的要求。

3 入窑系统输送设备转运点宜设置除尘装置。

5.7 煤 粉 制 备

5.7.1 煤粉制备系统应根据窑的工艺要求及煤的品种、煤质等选用。宜采用中间仓式系统。

5.7.2 煤粉制备系统设计应符合下列规定:

1 煤粉制备选用烘干带粉磨的系统,宜选用辊式磨。

2 煤粉制备的位置应根据煤的特性、工艺布置要求确定,可布置在窑头或预热器塔架附近。

3 原煤仓的容量应满足煤磨生产的需要,下料应通畅。

4 喂煤设备可采用定量或定容式喂料机,并应采取入磨锁风措施。

5 煤粉的选粉宜采用动态选粉机,动态选粉机的布置应便于锥体部分的检查和上部传动装置的检修,粗粉下料管上应设锁风装置。

6 煤粉制备系统的选粉机可布置在露天,并应装设防爆阀,且应便于防爆阀的检修。

7 煤粉仓的容量应满足窑生产的需要。煤粉仓应下料通畅。

8 煤粉制备系统的选粉机、除尘器及所有非标风管应保温和接地。

9 煤粉系统的所有风管及溜子应减少拐弯,需拐弯时,应防止煤粉堆积。

10 采用辊式磨时,原煤入磨前应设置除铁及金属探测报警装置。

11 煤粉制备车间所有工艺设备、风管及溜子均应采取接地措施。

5.7.3 出磨的煤粉水分不应大于1.5%,细度应根据煤质和燃烧器型式确定。

5.7.4 煤粉制备系统的安全防爆设计应符合下列规定:

1 **煤磨、选粉机、除尘器、煤粉仓等处应装设防爆阀。**

2 **防爆阀前的短管长度不应大于10倍的短管当量直径。**

3 **防爆阀前的短管应垂直布置。**

4 **当采用带膜片的防爆阀时,阀膜片面应与水平面成45°夹角,并应采取防雨雪措施。**

5 防爆阀的设置及大小应符合下列规定:

　1) 磨机进、出口管道上的防爆阀截面积不应小于管道截面积的70%。

　2) 选粉机、旋风分离器及粗粉分离器的顶盖上,防爆阀的总截面积可按分离器每立方米容积不小于0.04m² 计算。

　3) 煤粉仓上的防爆阀总截面积可按煤粉仓每立方米容积0.01m² 计算,但最小不应少于0.5m²。

6 防爆阀应设置检查和维修平台。

7 煤磨进出口应设温度监测装置。在煤粉仓、除尘器上应设温度和一氧化碳监测及自动报警装置。

8 **除尘器进口应设置停电状态下自动动作的快速截断阀。**

9 **辊式煤磨、煤粉仓、除尘器等设备应设置灭火装置。**

5.7.5 煤粉制备烘干热源设计应符合下列规定:

1 利用烧成系统余热作为烘干热源时,宜在热风入煤磨前设置除尘设施。

2 煤粉制备系统宜设置备用热风炉;当设有两台煤磨时可共用一座备用热风炉。

5.7.6 煤粉制备系统的除尘设计应符合下列规定:

1 除尘设备应选用煤磨专用的除尘器,除尘设备应有防燃、防爆、防静电及防结露等设施。

2 进入除尘器的气体温度应高于露点温度25℃。

5.7.7 煤粉制备系统的控制设计应符合本规范第5.1.11条和第7.10.3条的规定。

5.7.8 煤粉供及分解炉系统应分别设置计量喂煤装置,可设置一个或两个煤粉仓,并应设荷重传感器,煤粉输送宜采用气力输送。

5.8 熟 料 烧 成

5.8.1 预分解窑系统的布置应符合下列规定:

1 在满足工艺生产要求的前提下,应布置紧凑,占地面积小,预热器塔架高度应较低。

2 预热器塔架除应根据布置要求设置各层主平台外,在需操作和维护的地方均应设置平台,并应留有足够的安全操作空间。

3 检修时需临时堆放耐火材料的各层楼面上,应留有放置耐火材料的位置。

4 压缩空气系统管路应接至预热器塔架各层主平台。

5 窑尾塔架宜设置载货电梯。

5.8.2 预热器系统的设计应符合下列规定：

1 预热器系统宜按生产能力确定采用单列、双列或多列布置，宜采用五级或六级预热器。

2 预热器技术性能应符合下列要求：

1）系统的压损不宜大于5.5kPa。

2）预热器系统排出气体的温度，采用六级预热器时不应高于290℃，采用五级预热器时不应高于320℃。

3）预热器的分离效率不应低于92%。

4）系统的密闭性能应好，锁风装置应灵活。

5）预热器的风管和料管应有吸收热膨胀的措施。

6）预热器应有捅料和防堵措施。

5.8.3 分解炉选型及设计应符合下列规定：

1 宜根据原、燃料性能确定炉型和炉体结构参数。

2 分解炉中气体的停留时间可根据分解炉的型式及原、燃料性能确定。燃料在分解炉内应能完全燃烧，其气体停留时间宜大于2s。入窑物料的表观分解率应达到90%～95%。

3 分解炉用煤量的比例宜占总用煤量的55%～65%；当采用旁路放风时，分解炉的用煤比例应根据不同的放风量做相应调整。

5.8.4 窑尾高温风机选型、布置应符合下列规定：

1 风机效率应大于80%，正常工作温度不应低于350℃，风机应耐磨损、耐磨蚀；其风量、风压、最高温度应适应系统最不利工况，并应留有15%的储备。

2 风机应根据工厂规模、控制水平及工艺要求等条件选择变频调速方式。

3 风机进风口应设调节阀门。

4 系统中的高温风机应根据工艺系统的要求确定位置，可布置在预热器与增湿塔之间，也可布置在增湿塔后。

5 高温风机露天布置时，其传动部分应加设防雨设施。

5.8.5 废气处理系统设计宜符合下列规定：

1 系统排出的废气宜进行余热利用，废气应经过调质、降温、除尘处理后排入大气。

2 废气处理系统可选用袋式除尘器或电除尘器，宜布置在预热器塔架附近。

3 增湿塔应有调节性能，并应满足长期安全运行的要求。

4 废气处理系统的风管、增湿塔、除尘器应采取保温措施。

5 废气处理热风管道布置宜紧凑合理，不宜水平布置。

6 设备与管道连接处及管道两个固定支座间均应设膨胀节。

7 增湿塔和除尘器的输送设备宜有较大的储备能力。

8 废气烟囱出口直径宜根据烟囱出口流速确定，其流速可取10～16m/s。废气烟囱高度，应符合现行国家标准《水泥工业大气污染物排放标准》GB 4915的规定。回转窑及窑磨一体化废气烟囱应设置烟气颗粒物、二氧化硫和氮氧化物连续监测装置。连续监测装置应符合国家现行标准《固定污染源烟气排放连续监测系统技术要求及检测方法》HJ/T 76的规定。

9 回转窑及窑磨一体化废气采用电除尘器时，其入口应设置一氧化碳检测装置。

10 废气处理系统的控制，应平衡预热器高温风机、磨系统排风机和除尘器排风机之间的关系。

11 废气处理系统的回灰，应设置送入生料均化库或窑灰仓的设施，也可设置直接输送入窑的设施。设旁路放风系统的工厂，对旁路放风收下的回灰，应同时提出处理方案。

5.8.6 回转窑的设计应符合下列规定：

1 回转窑的规格应根据烧成系统产量的要求，结合原、燃料条件以及预热器、分解炉、冷却机的配置情况确定。

2 回转窑长径比宜取10～16，斜度应为3.5%～4.0%，最高转速宜为3.0～4.0r/min，调速范围宜为1：10。

3 回转窑应设置筒体温度的检测装置，烧成带筒体冷却宜采用强制风冷。

4 回转窑的主电机宜采用无级变速电动机，并应设置辅助传动，辅助传动应有备用电源。

5.8.7 回转窑的布置应符合下列要求：

1 回转窑中心高度，宜根据熟料冷却机的型式及布置确定。当设有两台以上回转窑时，两窑中心距的确定应满足窑头和窑尾设备的布置要求。

2 回转窑的安装尺寸应根据冷窑确定；窑基础之间的水平距离，应根据热膨胀后的尺寸确定；窑筒体轴向热膨胀计算，应以传动装置附近带挡轮的轮带中心为基准点，向两端膨胀；窑基础之间应设置联通走道，并应与窑头平台及窑尾平台相联通。

3 回转窑传动部分可不设厂房和专用的检修设备，但应设置防雨设施。回转窑传动部分与窑筒体间应设置隔热设施。

5.8.8 分解炉三次风管的设计应符合下列规定：

1 三次风可从冷却机的上壳体或窑门罩引出。

2 三次风管宜布置成倾斜"一"字形，否则应采取清灰措施。

3 三次风管内的风速宜取18～22m/s。

5.8.9 烧成系统煤粉燃烧器的配置应符合下列要求：

1 回转窑的煤粉燃烧器应采用带有喷油点火装置的多通道燃烧器，并应设置一套供燃烧器点火用的供油系统。燃烧器的伸入长度和角度应可调整。

    2 多通道煤粉燃烧器的一次风量占理论空气需要量的比例不宜大于15%；一次风的送煤风和净风的比例应按不同型式的燃烧器确定。

    3 分解炉的燃烧器应根据分解炉的型式和煤质确定。

    4 一次风机宜配备事故风机或备用风机。

5.8.10 在窑头平台上方应设置机械化吊运耐火砖的设备；平台上应设置耐火砖的堆放位置；平台的设计应计入耐火砖堆放荷载；窑头厂房应设置散热、通风、采光设施。

5.8.11 熟料冷却机的配置宜符合下列规定：

    1 冷却机的热回收率不应低于72%，出冷却机的熟料温度应小于环境温度加70℃。

    2 熟料冷却机需用的单位熟料冷却空气量，可根据不同型式的箅式冷却机确定。

    3 箅式冷却机的余风宜充分利用，可用于原料、煤和混合材料的烘干或余热发电。

    4 熟料冷却机余风的除尘，宜采用电除尘器或袋式除尘器。采用电除尘器时，冷却机宜设置可调节水量的喷水系统。采用袋式除尘器时，废气入袋式除尘器前宜设置冷却器。

    5 箅式冷却机的中心线，应偏在窑内中心线物料升起的一侧。

5.8.12 烧成系统的控制设计应符合本规范第5.1.11条和第7.10节的有关规定。

5.9　熟料、混合材料、石膏储存及输送

5.9.1 熟料输送系统的设计宜符合下列规定：

    1 熟料输送机的能力应满足窑生产的需要，并应根据熟料温度的不均衡性进行选型。

    2 自冷却机到熟料库的熟料输送机宜采用链斗输送机、槽式（链板）输送机、链式输送机等。

    3 熟料输送机地坑应采取通风和防水措施。

    4 在熟料输送机进料处，应采取除尘措施；在转运点和入熟料库的下料处，应设置除尘器。

5.9.2 储库选型应符合下列规定：

    1 熟料储存方式应根据工厂规模、地基条件、熟料温度、环保要求等确定选用圆库或帐篷库。

    2 石膏的储存可分露天堆存及储库储存，大块石膏宜采用露天堆存，碎石膏宜采用储库储存。

    3 粒状湿混合材料宜采用露天堆场或堆棚储存。粒状干混合材料宜采用圆库储存。

    4 混合材料为粉煤灰等干粉状物料时，应采用圆库储存。

5.9.3 储库设计应符合下列规定：

    1 储库的规格、个数应根据生产规模及物料储存期要求确定。

    2 熟料储存可设生烧料储库。

    3 圆库、帐篷库等卸料口个数的设置，应保证储库的自然卸空率不低于65%。

    4 熟料、混合材料、石膏储库的卸料设备，可选用扇形阀门、振动给料机等。卸料量有计量配料要求时，宜选用定量给料机。

    5 储库出料口与卸料设备间宜设置闸门，卸料设备的下料应降低落差。

    6 熟料出库输送设备宜选用耐热胶带输送机，且其上倾角度宜小于14°，但受料段的上倾角度应适当降低。

    7 熟料、混合材料、石膏储库的库顶及库底应设置防尘和除尘设施。

    8 圆库或帐篷库卸料输送地沟应设置通风换气设施和安全出口。

    9 有熟料外运的工厂，宜单独设置熟料出库装车系统。

    10 易被熟料颗粒冲刷的工艺非标准件、阀门等，应采取防磨损和降噪声措施。

5.10　水泥粉磨

5.10.1 水泥粉磨配料站设计宜符合下列规定：

    1 喂入粉磨系统的物料粒度，应根据粉磨设备的型式和规格确定。

    2 配料仓的容量应满足水泥磨生产的需要。采用储存库配料时，其容量应按储存期要求确定。

    3 喂料设备宜选用定量给料机，称量误差应小于±0.5%。喂料量调节范围应为1:10。

    4 选用辊式磨、辊压机及筒辊磨作为粉磨设备时，应设置除铁器、金属探测报警装置和旁路系统，具有破坏性的金属件严禁进入挤压设备。

5.10.2 水泥粉磨系统可选用开路或闭路球磨系统、带辊压机或辊式磨和球磨的组合粉磨系统、辊式磨和球磨的组合粉磨系统、筒辊磨系统等。上述系统的选择应根据生产规模、物料性能、水泥品种、投资条件，经技术经济比较后确定。

5.10.3 水泥粉磨系统中主要设备的选型应符合下列规定：

    1 水泥磨机台数应根据生产规模、品种、粉磨系统特点确定，磨机的规格应根据生产能力、日工作小时、物料的易磨性等确定，并应选用节能的粉磨工艺系统和设备。

    2 水泥输送应根据输送距离、高度、总图布置、能耗、投资等综合比较后确定，宜采用机械输送。

5.10.4 水泥粉磨系统的布置宜符合下列规定：

    1 球磨机中心的高度宜取磨机直径的0.8～1.0倍。

    2 中心传动的球磨机其传动部分和磨机厂房间应设置隔墙。

    3 磨机研磨体的装载宜设置提升装置。

4 选粉机、提升机、大型风机等上方应设置提升装置或吊钩，并应留出起吊空间。

5 磨机润滑系统的油泵站布置，应保证回油顺畅。

6 磨机两端轴承基础内侧应设置顶磨基础。

7 不宜入辊压机的物料，可直接送入磨机或选粉机。

8 辊压机喂料仓内应保持一定的料柱。

9 磨机出料口应设置锁风装置。

5.10.5 水泥粉磨成品的质量，应符合现行国家标准《通用硅酸盐水泥》GB 175、《快硬硅酸盐水泥》GB 199、《铝酸盐水泥》GB 201 和《中热硅酸盐水泥 低热硅酸盐水泥 低热矿渣硅酸盐水泥》GB 200 等的规定。

5.10.6 水泥球磨系统应采用磨内通风。大型磨机可加设磨内喷水。

5.10.7 水泥粉磨系统和配料仓顶及仓底输送设备转运点均应设置除尘装置。严寒地区的除尘系统应采取保温措施。

5.10.8 易被物料磨损的工艺非标准件、阀门以及风管等，应采取耐磨和降噪措施。

5.10.9 水泥粉磨系统的控制设计应符合本规范第5.1.11 条和第 7.10 节的有关规定。

5.11 水 泥 储 存

5.11.1 水泥库的个数宜根据装库和卸库的要求、水泥成品质量的检验要求、同时生产的水泥品种及市场需要与运输条件确定，并应符合储存期规定。

5.11.2 水泥库底宜设置充气卸料装置，卸料口宜设置防止压料起拱的减压锥或其他设施。在寒冷地区的充气卸料装置应采取防冻结措施。

5.11.3 水泥库底充气气源宜采用定容式鼓风机，库底充气箱总面积不应小于库底总面积的 30%。

5.11.4 水泥库卸料设备宜采用电控流量控制阀。

5.11.5 水泥库顶、库底均应设置除尘装置。

5.11.6 水泥输送和除尘器的回灰宜按不同品种水泥分类处置。

5.12 水泥包装、成品堆存及水泥散装

5.12.1 包装机的选型和台数宜根据工厂规模、水泥品种、袋装比例、运输方式、运输条件等确定。

5.12.2 水泥库输送至包装系统间宜设置中间仓，中间仓的容积应计入缓冲量。

5.12.3 包装机前宜设置筛分设备。

5.12.4 包装机所在平面应设有操作空间及包装袋堆存空间，并应设置提升装置吊运包装袋。

5.12.5 包装机和卸袋输送装置下方宜设置回灰仓，并应有回灰输送装置。

5.12.6 袋装水泥胶带输送装置宜采用平型胶带输送机。

5.12.7 包装机的气控系统应采用无油干燥的压缩空气。

5.12.8 包装生产线的控制系统应与水泥库底的卸料设备相联锁，中间仓宜设置荷重传感器或料位计，水泥库底卸料装置的开停应根据仓内水泥的重量或料位控制。

5.12.9 水泥包装系统的提升机、筛分设备、中间仓、包装机、清包器、卸袋机、胶带输送机等处均应采取除尘措施，除尘装置应根据生产规模集中或分散设置。

5.12.10 成品库的设置规格及水平宜根据水泥运输和发运条件、袋装与散装的能力以及水泥库储存量等确定。

5.12.11 成品库站台及铁路专用线上方应设置雨棚，站台建筑物与铁路装车线间的关系应符合现行国家标准《铁路车站及枢纽设计规范》GB 50091 的要求；汽车袋装站台标高应根据车型确定。

5.12.12 包装系统采用直接装车时，包装机台数和发运设备的配置，应满足装车车位和装车时间的要求。

5.12.13 采用大袋包装并设置成品库时，成品库荷载应根据大袋规格及堆存情况确定，并应在成品库中设置相应的起吊运输设备。

5.12.14 包装袋库储存量宜根据包装袋供应来源确定。

5.12.15 包装袋库设计应采取防潮、防火措施。

5.12.16 水泥散装宜单独设置散装库，散装设施应按火车、汽车、水运等散装运输方式配置，并应分别满足车位、泊位、散装量、装车装船时间的要求。水泥散装能力不宜小于 70% 的水泥生产能力。

5.12.17 散装水泥库宜采用充气卸料，气源可采用定容式鼓风机。

5.12.18 散装水泥的入库、卸料及装车应设置除尘装置。

5.12.19 水泥输送和除尘器的回灰宜按不同品种水泥分类处置。

5.13 物 料 烘 干

5.13.1 烘干系统的设置应符合下列要求：

1 物料因水分大需单独烘干时可设置烘干系统。

2 烘干后物料终水分应满足输送、储存、计量及入磨物料综合水分要求。

5.13.2 烘干系统的设计应符合下列规定：

1 应根据物料的性能及烘干量选择系统工艺方案。

2 烘干机前应设置防堵的浅式喂料仓。

3 烘干机的进料输送系统中宜设置可控制式喂料装置。

4 烘干机的热源宜利用预热器废气或箅式冷却机的废气余热。无法利用废气余热时，可单独设置燃烧室，宜选用沸腾燃烧炉式燃烧室。

5.13.3 烘干系统的布置应符合下列规定：

1 烘干系统的位置应便于余热利用，并应设置在储库附近。

2 烘干厂房设计及设备布置，应满足安装、检修、生产操作及通风散热的要求。

3 烘干机和燃烧室应设置热工测量孔和仪表。

5.13.4 烘干系统应设置除尘装置。

5.14 压缩空气站

5.14.1 压缩空气站设计应满足工艺用气要求，并应符合现行国家标准《工业自动化仪表气源压力范围和质量》GB 4830 和《压缩空气站设计规范》GB 50029 的有关规定。

5.14.2 用于阀门控制、脉冲喷吹、空气炮等对气体质量要求较高设备的压缩空气，应进行净化处理。

5.14.3 压缩空气站可集中或分散设置，宜设置在用气负荷中心附近，不应出现粉尘污染。

5.14.4 空气压缩机的选型和台数，应根据空气用量和压力要求，以及气路系统损耗和必要的储备量确定，并应设置备用机组。空气压缩机宜选用效率高、节能和低噪声的设备。

5.15 化 验 室

5.15.1 中央化验室的设计应符合下列要求：

1 化学分析：全套试验仪器和设备配备应符合现行国家标准《水泥化学分析方法》GB/T 176 的有关规定。可对水泥、熟料、生料、原燃材料进行常规分析，此分析结果可作为 X 荧光分析的校正依据。

2 X 荧光分析：应设置一套 X 荧光分析装置，该装置宜设置在中央控制室。有条件的工厂可采用中子在线分析仪。

3 物理检测：应测定物料的细度、比表面积、含水量、容重及强度等物理特性。

4 强度测定：应进行包括水泥物理强度测定、凝结时间、安定性及标准稠度用水量测定等全套试验，并应设置成型室、养护室、小磨房等。

5.15.2 中央化验室应设置满足生产质量控制要求的仪器和装置。

5.15.3 中央化验室宜设置岩相分析。

5.15.4 化验室小磨房宜单独设计。

5.16 耐 火 材 料

5.16.1 耐火材料的选择和配套应符合下列规定：

1 耐火材料质量应符合现行有关国家耐火材料标准要求。不得采用污染环境、重金属含量超标的耐火材料。

2 烧成系统设备配用的衬料品种，应根据窑的规格、原燃料性能、工艺操作参数及配用设备类型确定。

3 预分解窑窑用耐火材料的配置，应符合表5.16.1-1 的规定。

表 5.16.1-1 预分解窑窑用耐火材料的配置

部位名称	耐火材料品种	配置长度
窑出口	刚玉质浇注料、高热高铝浇注料、莫来石高强耐火浇注料、硅莫砖	<700mm（与设备挡砖圈配合）
冷却带	碱性砖、抗剥落高铝砖、硅莫砖	1D
烧成带	碱性砖	5～8D
过渡带	碱性砖（尖晶石砖）、抗剥落高铝砖、特种高铝砖、硅莫砖	2～4D
分解带	耐碱隔热砖、抗剥落高铝砖	2～3D
入料口	高铝质浇注料、抗剥落高铝砖、特种高铝砖	<1000mm

注：D 为窑筒体内径。

4 预分解窑系统的固定设备，应包括预热器、分解炉、窑门罩、三次风管、箅式冷却机、喷煤管等，其耐火材料的配置应符合表5.16.1-2的规定。

表 5.16.1-2 预分解窑系统固定设备耐火材料的配置

部位名称	隔热层	工 作 层
预热器、分解炉、上升烟道	陶瓷纤维板、硅酸钙板、隔热砖	拱顶型耐碱砖、高强耐碱砖、抗剥落高铝砖、高强耐碱浇注料、高铝质浇注料、碳化硅质抗结皮浇注料
三次风管	硅酸钙板	硅莫砖、高强耐碱砖、高强耐碱浇注料、高铝低水泥浇注料
窑门罩	陶瓷纤维板、硅酸钙板、隔热砖	抗剥落高铝砖、高铝质浇注料
箅式冷却机	陶瓷纤维板、硅酸钙板、隔热砖	抗剥落高铝砖、碳化硅复合砖、高强耐碱浇注料、高铝质浇注料、钢纤维增强浇注料、高铝低水泥浇注料
喷煤管	—	高性能喷煤管专用浇注料、莫来石质喷煤管专用浇注料、刚玉质浇注料

5.16.2 耐火泥浆应与耐火砖性能匹配，不同类别的耐火砖和耐火泥浆不得相互配用，耐火砖与耐火泥浆匹配的要求应符合表5.16.2的规定。

表 5.16.2　耐火砖与耐火泥浆匹配的要求

耐　火　砖	耐　火　泥　浆
系列耐碱砖	相对应的耐碱火泥
系列高铝砖（含普通型、抗剥落型、磷酸盐结合及特种高铝砖）	高铝质火泥，磷酸盐结合火泥，P$_A$-80 型高铝质火泥等
镁铬砖	镁铬质火泥，镁铁火泥
尖晶石砖	镁质及尖晶石质火泥
硅莫砖	相对应的硅莫火泥
硅藻土砖	硅藻土砖用气硬性火泥
硅酸钙板	专用胶结剂

5.16.3　回转窑衬料的设计应符合下列规定：

　　1　窑内砖型设计宜采用 VDZ 或 ISO 标准系列，并应符合下列要求：

　　　1）衬砖选型：高铝质、粘土质衬砖宜采用 ISO 标准系列。

　　　2）窑内衬砖宜采用单层。

　　　3）窑内低温部位使用的高强隔热砖强度不得小于 10MPa。

　　　4）窑内衬砖厚度范围值宜符合表 5.16.3 的规定。

表 5.16.3　窑内衬砖厚度范围值（mm）

直　　径	≤3600	3600～4200	4200～6000
镁质砖	180～200	200～220	220～250
高铝质砖	150～180	180～200	200～220

　　　5）新型窑衬砖长度宜为 198mm。

　　　6）窑内楔形砖的小头应有标记。

　　2　窑内衬砖的衬砌宜符合下列要求：

　　　1）窑内衬砖宜采用环砌。

　　　2）镁质砖宜采用干砌或湿砌；高铝质砖应采用湿砌。

　　　3）窑内衬砖的砌筑，纵向砖缝：镁质衬砖为 1mm；高铝质衬砖不得大于 2mm；环向砖缝：镁质衬砖为 2mm；高铝质衬砖为 2mm。

　　　4）镁质衬砖干砌时，每环砖应使用铁板夹紧。

　　3　窑内衬砖使用的耐火泥浆宜符合下列要求：

　　　1）窑内衬砖使用的耐火泥浆品种宜符合本规范第 5.16.2 条的规定。

　　　2）衬砖采用对筒体有腐蚀性的耐火泥浆砌筑时，该耐火泥浆不得直接接触筒体，与筒体接触的砖面应采用对筒体无腐蚀性的耐火泥浆。

　　4　窑内挡砖圈设计宜符合下列要求：

　　　1）窑头应设置一道挡砖圈，窑尾挡砖圈的数量宜按窑长和衬砖外形等确定。

　　　2）窑皮稳定存在的部位，可不设置挡砖圈。

　　　3）距轮带和大牙轮 4m 内，不得设置挡砖圈。

　　　4）挡砖圈应有足够的强度，受热时变形应小，其型式应根据使用条件确定。

　　　5）挡砖圈应与筒体垂直，其偏斜不得大于 1.5mm。

　　5　窑头衬砖的外形应与保护铁匹配。

　　6　窑筒体孔洞四周的衬砖砌筑应保证热气流不接触金属筒体。

　　7　窑筒体两端及筒体孔洞四周衬砌宜采用耐火浇注料。耐火浇注料应配置锚件，锚件形状及数量、排列方式应能固定浇注料，并应预留灌注、振捣位置，同时应设置结构缝和伸缩缝。

5.16.4　预分解窑固定设备衬料设计应符合下列规定：

　　1　圆柱体衬砖宜采用两种砖型搭配设计；锥体衬砖宜采用三种砖型搭配设计；平面墙体宜采用直形砖和锚固砖搭配设计，其高温区宜采用短挂砖与把钉作为锚件与浇注料搭配设计，其低温区宜采用把钉作为锚件与浇注料搭配设计。弧形面的平面墙体，可采用直形砖和楔形砖搭配设计，也可采用把钉作为锚件与浇注料搭配设计。

　　2　衬体高度较高时应设置托砖板分段砌筑。托砖板在工作温度下应具有足够的强度，板面应平整。托砖板处可设置托砖。托砖的设置应与托砖板匹配，应保证托砖板不直接接触热气流，且应留有一定的膨胀空间。

　　3　所有墙体砌筑宜设置隔热层。

　　4　工作层耐火砖厚度及隔热砖厚度，宜采用 65、114、230mm 或 75、124、250mm。

　　5　隔热层厚度应根据工作温度、筒体表面要求温度和所用隔热材料的导热系数确定。工作温度小于 1100℃ 时，隔热层宜采用硅酸钙板。硅酸钙板单层厚度宜小于 80mm，厚度大于 80mm 时，宜采用双层，每层厚度应大于 30mm；工作温度大于 1100℃ 时，应采用隔热砖。

　　6　锚固件在工作温度下应具有足够的强度；应选配相应的锚固砖；锚固件应焊在壳体上，其设置的数量及位置应保证墙体上衬砖牢固，并应紧靠壳体。

　　7　固定设备墙体砌筑时，衬砖应错砖，砖缝不得大于 2mm。隔热层与工作层间的缝隙宜取 1～2mm。

　　8　墙体应留有膨胀缝，其纵向膨胀缝宽度不应大于 10mm，二道缝膨胀的间距应经计算确定，隔热层不应设置膨胀缝。每排托砖板与下层墙体间应留有膨胀缝，缝内应填充耐高温的陶瓷纤维棉。

　　9　各固定设备墙体的直墙、顶盖、孔洞四周，以及形状复杂的部位宜采用耐火浇注料，其厚度不应小于 50mm；耐火浇注料与金属筒壁间的隔热层宜采用硅酸钙板。

10 使用耐火浇注料应配置锚钉，其形状及数量、排列方式应以固定住浇注料为准，并应预留振捣位置及设置结构缝和膨胀缝。

注：砖型的设计宜采用 VDZ 或 ISO 标准系列。

5.16.5 预分解窑耐火材料宜储存在耐火材料库，其有效面积应符合表 5.16.5 的规定。

表 5.16.5 预分解窑耐火材料库有效面积

预分解窑产量（t/d）	7500	6000	4000	2000
耐火材料库有效面积（m²）	1800	1500	1000	700

5.17 工艺计量、测量与生产控制

5.17.1 水泥生产过程中，从原、燃料进厂到水泥出厂的各个环节，应配置相应的计量装置，并应符合下列规定：

1 原、燃料进厂可根据物料运输方式的不同采用相应的计量装置。

2 原料磨、水泥磨的磨头配料宜采用定量给料秤或其他型式的配料秤，选粉机的粗粉流量宜计量。

3 入窑生料粉宜采用调速式粉体物料定量给料、冲击式固体流量计、失重式给料秤等计量装置。

4 入窑及分解炉用煤粉宜采用天平秤、转子秤、固体流量计、失重式给料秤或其他型式的计量装置。

5 出窑熟料宜采用熟料链斗秤或其他型式的计量装置。

6 生料库、熟料库、水泥库等应设置相应的料位计，各种喂料仓应设置料位计或荷重传感器。

7 袋装水泥计量应采取标定和校正措施。

8 出厂散装水泥宜采用汽车衡、轨道衡或其他型式的计量装置。

5.17.2 计量装置应满足精度要求，用于生产控制时其计量精度误差应为±0.5%～±1.0%，用于商业计量的计量精度应满足商业计量要求。

5.17.3 工艺系统设计宜满足计量装置的标定要求。

5.17.4 工艺系统设计应设置过程控制和系统监测仪表，并应满足下列要求：

1 工艺过程测量信号可设置为指示、记录、调节、累计、报警、遥控、联锁等。关键过程测量信号应设置多级报警、联锁或控制。

2 仪表量程过程参数值的单位应符合法定计量单位。

3 宜对工艺设备设置控制和监测的测点。

6 总图运输

6.1 一般规定

6.1.1 总图运输设计应根据工业布局和城市规划的

要求，选定经济合理的厂址，并应进行多方案技术经济比较后，选出布置协调、生产可靠、技术先进、效益良好的总体设计。

6.1.2 总平面设计应贯彻合理和节约用地的原则。新型干法水泥工厂厂区用地指标不宜超过表 6.1.2 的规定。

表 6.1.2 新型干法水泥工厂厂区用地指标

工 厂 规 模	大型规模	中型规模	小型规模
厂区用地指标（万 m²）	28～36	18～23	12～21
建（构）筑物、露天堆场及室外操作场占地面积（万 m²）	8.4～10.8	6.0～6.9	3.6～6.3

注：6000t/d 以上规模生产线用地指标可适当超出本表所限。

6.1.3 改建、扩建的水泥工厂总平面设计，应利用现有的场地和设施，并应减少施工对生产的影响。

6.1.4 工厂总平面设计，应进行多方案的技术经济比较后，选择最佳设计方案，并应列出其主要技术经济指标，各项指标计算方法应符合现行国家标准《工业企业总平面设计规范》GB 50187 的规定，并应包括下列内容：

1 厂区用地面积（万 m²）。

2 建（构）筑物及露天设备用地面积（m²）。

3 露天堆场及作业场用地面积（m²）。

4 建筑系数（%）。

5 厂内铁路长度（km）。

6 厂内道路及广场用地面积（m²）。

7 绿地率（%）。

8 土石方工程量：挖方（土方、石方）（m³）、填方（m³）、挡土墙圬工工程量（m³）。

6.1.5 总平面设计应符合现行国家标准《工业企业总平面设计规范》GB 50187 和《建筑设计防火规范》GB 50016 等的规定。在设防烈度六度及以上地震区、湿陷性黄土地区、膨胀土地区、软土地区和冻土地区等特殊自然条件地区建设工厂，还应符合现行国家标准《建筑抗震设计规范》GB 50011、《湿陷性黄土地区建筑规范》GB 50025 和《膨胀土地区建筑技术规范》GBJ 112 等的规定。

6.2 总平面设计

6.2.1 厂区及功能分区内各项设施的布置，应紧凑协调、外形规整划一，并应合理划分功能分区，单个小建筑物宜合并，也可并入大型厂房内部，并不应突破建筑红线。

6.2.2 厂区的通道宽度，应满足下列要求：

1 应满足通道两侧建（构）筑物及露天设施对防火、防尘、防振动、防噪声及安全卫生间距的要求。

2 应满足铁路、道路与带式输送机通廊等工业

运输线路的布置要求。

3 应满足各种工程管线的布置要求。

4 应满足绿化设施的布置要求。

5 应满足施工、安装与检修要求。

6 应满足竖向设计中护坡、挡土墙等的布置要求。

6.2.3 建（构）筑物的布置，应利用地形、地势和工程地质及水文地质条件。

6.2.4 厂内外铁路、道路连接应方便短捷，人流和货流不应交叉干扰。

6.2.5 总平面设计中预留的发展用地及近期工程中与生产工艺密切联系的部分，可预留在厂区内，其他应预留在厂外。

6.2.6 生产设施的布置应符合下列规定：

1 生产设施中各种圆库、窑尾预热器塔架、粉磨厂房等高大建（构）筑物，应布置在工程地质、水文地质良好，地基承载能力较高的地段。

2 生产设施间联系密切的胶带机廊的布置，应简捷顺畅，不应迂回折返。

3 氧气、乙炔气瓶库、汽车库及煤粉制备等厂房的布置应满足防火防爆的要求。建（构）筑物的防火间距，应符合本规范附录 A 的规定。

4 窑尾烟囱应布置在厂前区全年最小频率风向的上风侧。

5 成品发运和物料装卸区内，铁路装卸线两端标高宜一致，宜沿地形等高线布置。该区域宜布置在厂一侧的边缘地带，也可布置在铁路、道路货运出入口附近。

6 石灰石破碎车间应布置在矿山。

6.2.7 露天堆场的设计应符合下列规定：

1 应满足大宗原料与燃料卸车、倒堆储存及转运的要求，并应设置卸车货位及堆存场地，同时应配置卸车、倒堆、转运设备。

2 铁路卸车线应按工厂规模与物料运量确定，卸车线应集中布置。物料分堆应就近储存，不应相互干扰混杂，同时应便于转运。煤的分堆堆存应符合现行国家标准《建筑设计防火规范》GB 50016 的规定。

3 料堆长度应根据运输方式、卸车方式及卸车时间所要求的卸车货位确定，料堆间应具有不小于 4m 的间隔通道，堆场长度不应大于料堆总长；堆场宽度应根据建设场地条件和倒堆转运要求确定，并应满足生产对储存量的要求。

4 露天堆场的储存期，应根据工厂规模、货物运距及运输条件确定，并应符合本规范第 5.1.6 条的规定。

5 堆场设计储存能力，应满足生产对储存期及卸车长度的要求。

6 链斗卸车机应采用卸料臂可旋转 180°、能与装卸桥会让，并附有自动清底的设备；螺旋卸车机应

根据调车设备和卸车坑等条件采用；卸车机台数应根据一次来车数量及允许卸车时间确定。

7 倒堆转运设备的选择，应根据工厂规模、物料数量、工程地质及投资等确定。大中型厂宜选用装卸桥，小型厂宜选用装载机配合地面胶带输送机。

8 露天堆场竖向设计及雨水排除，应与厂区密切配合、协调一致。有条件时，雨水宜先汇集至沉淀池后，再排至厂区雨水排除系统。

6.2.8 厂区动力、公用设施的布置，应符合下列规定：

1 总降压变电站应布置在窑尾烟囱及其他烟气粉尘散发点全年最小频率风向的下风侧。110kV 总降压变电站，宜布置在厂区边缘高压线进线方便的一侧。10～35kV 总降压变电站，宜布置在原料粉磨、水泥粉磨厂房或负荷中心附近。

2 总降压变电站的总平面布置，应紧凑合理，并宜留有扩建余地；站区场地应满足主要设备运输及消防要求，其主要道路宽度不应小于 3.5m。

3 车间变电所、电力室、控制室，应附设在所服务的车间一侧；布置几个部门共用的变电所时，不应越过建筑红线，不得影响管沟及通道的使用。

4 压缩空气站应布置在原料调配库、生料均化库和水泥粉磨等主要供气点附近，应妥善处理振动、噪声对周围环境的影响，并应具有较好的通风条件及朝向。

5 循环水池、循环水泵房和冷却塔的布置，应位于所服务的主要生产车间附近。其环境应清洁、无粉尘污染。循环水采用重力流回水时，循环水池应布置在地势较低的地段。

6 污水处理场及污水排出口，应设置在全年最小频率风向的上风侧，以及厂区较低一侧的边缘地带。

7 采暖锅炉房宜布置在厂前区的食堂、浴室等生活设施附近，并应设置煤和炉渣堆场及交通运输道路；应对烟尘、煤和炉渣堆场对周围建筑物和周围景观的影响采取处理措施。

6.2.9 机械修理设施及仓库宜组成机修仓库区，并应布置在生产区与厂前区间，其布置除应满足生产管理和环保卫生等方面的要求外，尚应符合下列规定：

1 电气仪表修理和机钳修理厂房，应布置在环境洁净，朝向、采光及通风条件较好的地段，机钳修理厂房室外应设置堆场。

2 铆、锻、焊修理厂房应布置在距厂前区较远地段，并应设置室外操作场及堆场。

3 汽车修理厂房应布置在生产汽车库附近，室外应设置停车场、试车道、洗车台，并应布置在货运出入口附近。

4 环保、管道、建筑等维修厂房，应布置在机修区的边缘地带，并应设置室外操作场和物料堆场。

5 氧气瓶库、乙炔气瓶库，应布置在厂区和机修区的边缘安全地带，并应符合现行国家标准《建筑防火设计规范》GB 50016 的规定，其周围应设置消防道路。

6 材料库宜布置在主要生产区和机修区附近，并应设置室外堆场。

7 备品备件库宜布置在机修区附近，并应与厂内铁路卸车线及道路有方便的联系，室外应设置堆场。

8 耐火材料库宜布置在烧成车间附近，并应接近窑头。

6.2.10 运输及计量设施应符合下列规定：

1 水泥工厂内燃机车车库应根据存放兼日常维修保养用设置，维修水平宜按日常维修保养设计，面积可按一台机车确定。

内燃机车车库宜布置在企业站最外一股线上，该股线应设置加油设施等准备作业设施，也可设置专用的准备作业线。

不设企业站而在接轨站进行车辆交接时，内燃机车库可布置在厂内卸车线附近。准备作业线可布置在煤堆场附近。

2 生产汽车库的布置，应符合现行国家标准《汽车库、修车库、停车场设计防火规范》GB 50067 的规定，并应符合下列要求：

1) 应布置在货运出入口附近。
2) 宜与汽车修理、汽车加油站、洗车台等设施联合成组布置。
3) 应避开人流出入口和厂内铁路。

3 汽车加油站的布置应符合现行国家标准《汽车加油加气站设计与施工规范》GB 50156 的有关规定，并应设置开阔的场地和回车道路。

4 路厂联合办公室应布置在专用线外侧、入口处附近，其对进入车辆及其前方应具有良好的可视度。

5 轨道衡应设置在厂外专用计量线上，或企业站专用股道上。轨道衡线应采用通过式布置，其长度应按轨道衡类型、一次称车辆数确定。轨道衡两端宜设不小于 50m 的平直线，困难时不应小于 15m。两端有主要道口时，道口与轨道衡间的距离，不宜小于最长过磅列车或车组的长度。

6 汽车衡应布置在厂区货运道路重车行车方向的右侧，道路路面边缘以外，不得占用正常行车道。

6.2.11 厂前区生产管理及生活设施的布置，应符合下列规定：

1 厂前区应位于厂区全年最小频率风向的下风侧，并应布置在便于生产管理、环境优美、主要人流出入口附近，同时厂区位置应便于城镇和居住区交通运输。

2 厂前区建筑物应满足日照、采光、通风等要求，其建筑型式、艺术风格，应与当地建筑相协调。

3 工厂办公楼、中央控制室等生产管理及辅助生产设施，宜布置在厂前区的中心地段。

4 食堂、浴室、锅炉房等生活设施，宜集中布置，并应对烟气、煤堆场粉尘对周围环境的影响采取处理措施。

5 单身（倒班）宿舍、警卫（消防）宿舍，宜布置在厂前区边缘地带。

6 生产管理及消防车库，宜布置在主要出入口附近，且消防车库应布置在紧靠道路一侧，并应设置消防练习的场地。

6.3 交通运输

6.3.1 厂外铁路设计应符合下列规定：

1 厂外铁路接轨点的确定，应保证线路短捷顺直、对路网铁路主要车流干扰最少，并应保证厂外铁路各股线进出接轨站便利。

接轨站如需增加到发线、存车线及交接线等直接配套工程，应在选定接轨点时统一规划。

2 应全面规划企业站、轨道衡线、机车准备作业线、安全线等。

3 厂外铁路应从线路平面、纵横断面全面规划，并应避开高填深挖地段或工程地质不良地段。线路较长时，应作多方案技术经济比较。

6.3.2 厂内铁路设计应符合下列规定：

1 装卸线的股道数量应根据铁路牵引定数、装卸作业时间及装卸作业方式确定。线路有效长度及卸货位长度，宜按接纳1/4～1/2直达列车进厂设计，并应与铁路有关部门商定，取得书面协议文件。

2 厂内铁路应集中布置，并应减少道岔区扇形地带占用地面积。

3 线路平面设计方案应作多方案比较后确定。

4 厂内铁路装卸货位段应为平坡直线，装卸作业区咽喉道岔前方的一段线路的坡度应满足列车启动的要求，其长度不应小于该作业区最大车组长度、机车长度及列车附加距离之和。列车停车附加距离不得小于20m。

5 厂内铁路的末端，应设车挡和车挡表示器。车挡前的附加距离与车挡后的安全距离，应符合下列规定：

1) 装卸站台的末端至车挡的附加距离应为10m。
2) 车间或仓库内采用弹簧式车挡或弯轨式车挡的附加距离，不宜小于5m。
3) 车挡后面的安全距离，车间内不应小于6m，露天不应小于15m。上述安全距离内，严禁修建建（构）筑物或安装设备。

6.3.3 厂外道路设计应符合下列规定：

1 厂外道路设计应符合现行国家标准《厂矿道

《路设计规范》GBJ 22 的有关规定，并应符合下列要求：

    1）工厂通往城镇和居住区的道路，可按三级或四级道路标准设计，其路面宽度宜为 7m，可按具体条件设置人行道或非机动车道。

    2）通往水源地、总降压变电所、爆破材料库等的道路，应按辅助道路标准设计。

  2 厂外道路设计方案应作多方案比较后确定，在条件基本相同的情况下，应采用山脊线或山坡线，山区道路应多挖少填，也可作台口式路堑。

  3 工厂通往城镇和居住区的道路，应与连接的城镇道路标准一致。通往居住区道路为专用道路时，应设置路灯照明。

6.3.4 厂内道路设计应符合下列规定：

  1 厂内道路可分为主干道、次干道、支道、车间引道和人行道等类型，应根据分类采用相应的技术标准设置，并应符合本规范附录 B 的规定。

  2 厂内道路的布置应满足交通运输、安装检修、防火灭火、安全卫生、管线和绿化布置等要求，与厂外道路连接应平顺简捷，路型路面结构应协调一致。

  3 人流和货流不应交叉干扰。主次干道货运繁忙、人流集中的地段，应在道路两侧（或一侧）设置人行道。

  4 厂内道路应与车间建筑红线平行成环形布置。个别边缘地段作尽头式布置时，应设置回车场（道），其形式及各部尺寸，应按通过的车型确定。

  5 厂内道路的互相交叉，宜采用平面正交，且应设置在直线路段上。斜交时，交叉角不宜小于 45°。

  6 路面标高应与厂区竖向设计及雨水排除相协调。公路型道路的标高应与附近场地标高相协调。城市型道路的路面标高，应低于附近车间室外散水坡脚标高，并应满足室外场地排水的要求。

  7 路面结构组合类型应根据交通量、路基因素、当地气候条件、道路性质、当地筑路材料、施工及养护维修条件确定。

6.3.5 工业码头设计应符合下列规定：

  1 码头总体设计及工艺设计，应利用港址的水域和陆域条件。工厂与码头间的输送系统及联络道路、公用工程、码头型式、装卸工艺等应作多方案比较选定。

  2 码头总平面设计，应根据总体设计的要求，并应根据生产工艺、地形地物、工程地质、水文地质、气象气候等条件，布置水域和陆域各项设施，同时应满足安全生产的要求。

  3 岸坡陡直稳定、水位变化不大时，宜采用固定式直立码头；岸坡平缓、水位落差较大时，宜采用浮码头。

  4 码头装卸机械的选择，应与船舶类型、船队编组、航班周期等相适应，并应满足航运部门对装卸时间的要求，同时应与厂区输送系统密切配合。

  5 码头的水域布置，应符合下列要求：

    1）码头前沿高程，应保证在设计高水位的情况下，码头仍能正常作业，并应便于码头和场地的衔接。

    2）码头水域的平面尺度，应满足船舶靠离、系缆和装卸作业的要求。

    3）码头泊位（船位）数量及各个泊位（船位）的长度，应根据运量和设计船舶外形确定。

  6 码头的陆域布置，应符合下列要求：

    1）装卸机械、中转储库、运输系统等生产设施应布置在码头前沿的场地附近，动力、公用、修理等辅助生产设施应紧邻其布置，生产管理及生活设施应布置在主要出入口附近。

    2）物料运输应顺畅、路径应短捷。装卸船舶的货物采用无轨车辆直接转运时，进出码头平台（或趸船）的通道不宜少于 2 条，且场地道路宜采用环形布置。

    3）陆域场地的设计标高，应与码头前沿高程相适应；场地排水坡度宜为 5‰～10‰，对渗水性土壤的坡度可取下限，其他土壤应取上限。

6.4 竖 向 设 计

6.4.1 竖向设计应与总平面设计同时进行。竖向设计方案中，厂内外交通运输、工艺流程、远近期发展规划、建（构）筑物基础、雨水排除及土石方量平衡等，应结合洪（潮、涝）水位、水文、工程地质、地形地物及气象等综合确定。

6.4.2 竖向设计有高边坡填、挖方时，应与厂区岩土工程勘察一并提出勘察要求；对可能失稳的边坡及相邻地段应进行工程地质测绘、勘察、试验、观测和分析计算，并应作出稳定性评价，同时应对人工边坡提出最优开挖、填坡坡角；对可能失稳的边坡应提出防护处理措施。

6.4.3 厂区不应被洪水、潮水及内涝水淹浸。场地设计标高应符合本规范第 3.1.9 条的规定。

6.4.4 厂内外铁路、道路及排水设施等标高的连接，应具有较好的技术条件，铁路标高设计应符合现行国家标准《工业企业标准轨距铁路设计规范》GBJ 12 的有关规定，并应与铁路有关部门协商确定。厂区出入口道路路面标高，宜高于厂外道路路面标高，并应连接平顺。

6.4.5 工业厂房室内地坪标高，宜高出室外地坪标高 0.20m，民用建筑宜高出 0.30～0.60m。

6.4.6 竖向设计应采用平坡式或阶梯式。建设场地较为平坦、自然地面横坡度在 3% 以下时，宜采用平坡式布置；自然地面横坡坡度大于 5％，应作阶梯式布置。台阶的划分应与厂区功能分区一致。

6.4.7 阶梯式竖向设计，台阶的长边应平行地形等高线布置；台阶的宽度应根据建筑红线、道路、管线、绿化、地形、地质等确定；台阶的高度宜为 3～6m，两台阶之间宜用挡土墙连接。

6.4.8 竖向设计台阶阶顶至建筑物的距离，应根据建筑物基础大小、形式及埋深与土壤条件计算确定，且不得小于 2.5m。台阶坡脚至建筑物的距离，应满足通风、采光、排水及开挖基槽对边坡或挡土墙的稳定性要求。建筑为朝阳面时，该距离不宜小于台阶高度的 1.15 倍，且不应小于 2m；建筑为朝阴面时，该距离不应小于 2m。每个台阶内部应满足联络道路、车间引道、工程管线、排水系统等的布置要求，各建筑地面应设置排水坡。

6.4.9 竖向设计宜采用设计标高、坡向表示法，应标注所有场地特征点、变坡点的设计标高及排水坡向，并应满足施工时的可操作性。

6.4.10 挡土墙高度在 10m 以下时，可采用浆砌块石结构；10m 以上时，应根据地基和施工条件，通过技术经济比较后设计墙体结构。

6.5 土（石）方工程

6.5.1 厂区整平标高，应根据土（石）方工程量、土（石）方来源、土（石）方余方的处理、建（构）筑物基础工程量、建（构）筑物基础挖方量、挡土墙支护工程量等确定。

6.5.2 填（挖）方量的平衡除应包括场地填（挖）方量，还应包括建（构）筑物基础（地坑）的挖方量。道路路基挖方量、沟管挖方量、挡土墙、护坡基础挖方量等均应参与土（石）方量平衡。计算平衡时，应计算土壤松散系数及填方高度的回落值。余方堆存或弃置均应采取保护措施，不得危害环境及农田水利设施。

6.5.3 场地表层耕土、淤泥和腐殖土应先挖出集中堆放，并应用作绿化或覆土造田，不得用作填方材料。表土用作填土前应清除其中的植被树根等杂物。

6.5.4 场地平整土（石）方的施工质量，应符合现行国家标准《土方与爆破工程施工及验收规范》GBJ 201 的有关规定。

6.6 雨 水 排 除

6.6.1 厂区应设置雨水排水系统，可按下列原则采用明沟或暗管等排除方式：

1 厂区雨水排除宜采用明沟排水方式。

2 厂区地形平缓、占地面积大，宜采用暗管排水。

3 填方地段土质较差、明沟渗漏沉陷严重、造成铺砌不经济时，可采用暗管排水。

4 可根据功能分区的不同区域及每一区域车流量、人流量的不同特点，采用不同的排水方式。

6.6.2 厂区雨水排水设计流量及断面尺寸的计算，应符合现行国家标准《室外排水设计规范》GB 50014 的有关规定。

6.6.3 雨水明沟的走向应与厂内铁路、道路的边沟结合，其平面位置应由线路方向确定。水沟边紧靠路肩外侧的沟岸标高，应随线路纵坡升降；另一侧沟岸标高，应根据场地整平标高及坡度确定。

6.6.4 铺砌明沟的矩形断面，沟底最小宽度不宜小于 0.4m，沟起点最小深度不得小于 0.2m。沟底纵坡宜为 5‰～20‰，最小可采用 3‰，个别地形平坦的困难地段，可采用 2‰。

6.6.5 厂区占地面积较大、地形条件允许时，雨水排水系统应就近分散排除；排出口应铺砌加固；雨水应排入自然水系，不得对其他工程设施及农田水利造成危害，并应取得当地农业和有关部门的书面协议文件。

6.7 防 洪 工 程

6.7.1 厂区防洪堤或防洪沟等防洪工程的设置，应经过技术经济比较后确定。

6.7.2 防洪堤顶设计标高，应高出设计防洪标准水位 0.5m；有波浪侵袭和壅水影响时，应增加波浪侵袭高度和壅水高度。

6.7.3 防洪堤内的积水形成内涝时，可向湖、塘等低地自流排除；内涝水位较高、不能自流排除时，应采取机械排涝措施。

6.7.4 山区建厂时应在靠山坡一侧设置防洪沟，可采用由高向低将山洪引入自然水系排走；防洪沟跨越沟谷地段，可局部筑堤或设渡槽通过；防洪沟排出口应铺砌加固；防洪沟不得直接接至农田。

6.7.5 防洪沟宜分段向厂区两端沿短捷路线分散布置，并应利用地形减少挖方及铺砌加固工程量；防洪沟不宜穿过厂区，需穿越时，应从建筑密度较小地段穿过，并应铺砌加固，或做成暗沟；防洪沟太深时，可加盖板填土做成涵洞，但涵洞顶不得布置永久性建筑物。

6.7.6 防洪沟设置在厂区挖方坡顶时，防洪沟与坡顶距离不宜小于 5m；防洪沟铺砌加固时，防洪沟与坡顶距离不应小于 2.5m。

6.7.7 防洪沟紧靠厂区围墙外布置时，沟墙及沟底应采用浆砌或混凝土铺砌。铺砌段至坡顶的边坡，应根据土质情况采用不同的防护方式。防洪沟转角处应采用平曲线连接，曲线最小半径应为水面宽度的 5～10 倍。

6.7.8 防洪沟的横截面尺寸，应根据设计洪水流量及防洪纵坡等计算确定。设计沟深应满足设计水深加 0.2m 的要求。沟底宽度有变化时，宽沟段与窄沟段间应设置 6～10m 的过渡段。

6.8 管线综合布置

6.8.1 管线敷设方式应根据工程地质、场地条件、施工安装、管理维修以及工艺流程布置等确定，可采用直埋式、集中管沟或架空敷设方式。

6.8.2 水泥工厂的电缆沟、热力管网、给排水管沟等地下管沟中，产生相互影响的管线不宜同沟敷设，其中电缆沟应单独设置。

6.8.3 管线同沟敷设时，给水管、热力管应布置在管沟上部，工业废水管、生活排水管等应布置在下部。

6.8.4 管线（沟）应直线敷设，并应与建筑红线及道路平行布置，但不宜横穿露天堆场或车间内部，并应减少管线与铁路、道路及其他干管的交叉。若交叉，宜为正交或交叉角不小于 45°。

6.8.5 干管宜布置在主要用户及支管较多一侧，不应多次穿过道路，也可将管线分类布置在道路两侧。电力、电信电缆应布置在主要生产车间一侧，给排水管线应布置在辅助生产车间及生活设施一侧。

6.8.6 管线综合布置宜按下列顺序，自建筑红线向道路方向布置：

1 工艺管道或管廊、管架。
2 通信、电力电缆（直埋、电缆沟或桥架）。
3 热力管架或管沟。
4 生产、生活给水管道或管沟。
5 生产废（回）水管道。
6 生活污水管道。
7 消防给水管道。
8 雨水暗管或明沟。
9 照明及电信杆柱。

6.8.7 消防给水管道与道路边的距离应小于 2m，可与生产、生活给水管合用。雨水暗管或明沟应布置在路肩外侧。照明及电信杆柱可设在路肩上。

6.8.8 管线综合布置，应符合现行国家标准《工业企业总平面设计规范》GB 50187 的有关规定。

6.8.9 地下管线、管沟，不应布置在建（构）筑物的基础压力影响范围以内；不应平行敷设在铁路路基和混凝土路面的下面；需穿过路面或广场时，可设钢筋混凝土盖板管沟；管线可布置在草坪及灌木下面，不应布置在乔木下面；直埋地下管线，不应平行重叠敷设。

6.8.10 工厂分期建设时，管线布置应全面规划，近期管线穿越远期用地时，不应影响远期用地的使用。一次建成的工厂，管线用地宜留有发展的余地。

6.8.11 地下管线之间的最小水平净距，宜符合本规范附录 C 的规定。

6.8.12 地下管线、架空管线与建（构）筑物之间的最小水平净距，宜符合本规范附录 D 的规定。

6.8.13 改建、扩建工程中的管线综合布置，不应妨碍现有管线的正常使用。管线间距无法满足本规范第 6.8.11 和 6.8.12 条的规定时可适当减小，但不应小于 0.4m。

6.8.14 地下管线之间或与铁路、道路交叉的最小垂直净距，宜符合本规范附录 E 的规定。

6.9 绿 化 设 计

6.9.1 绿化设计应满足水泥工厂的特点、环境保护、工业卫生、厂容景观的要求，并应符合当地自然条件、植物生态习性及抗污性能的要求。

6.9.2 新建工厂的厂区绿地率不宜小于 15%，改、扩建工厂的厂区绿地率不宜小于 10%。厂区绿地率也不应大于 20%。

6.9.3 绿化树种选择应符合下列规定：

1 应选择具有抗污染、抗风沙、抗盐碱、抗病虫害、滞尘、耐旱、耐涝、耐潮湿、耐严寒、耐高温、耐修剪，且适宜当地自然条件、易成活、生长快等特点的树种和花种。

2 应根据不同地段特点及其特殊需要选择。散发粉尘的联合储库、包装车间、露天堆场等地段，宜选择枝叶茂密、叶面粗糙、滞尘能力强的树种；产生强噪声、振动的粉磨厂房、压缩空气站、破碎车间周围，可选择绿篱、常绿灌木和枝叶茂密的常绿乔木，并应使其组成防护林带；厂前区及工厂主要出入口宜选择观赏性强、美化效果好的树种和花种。

6.9.4 厂内道路弯道及交叉口、铁路与道路平交道口附近的绿化设计，应符合现行国家标准《工业企业标准轨距铁路设计规范》GBJ 12 的有关规定。

6.9.5 厂区受风沙侵袭时，应设置半透明结构的防风林带，并应设置在受风沙侵袭季节盛行风向的上风侧。

6.9.6 挖、填方边坡宜铺草皮加固，坡脚、坡顶宜种植根系发达的灌木丛。

6.9.7 树木与建（构）筑物和地下管线的最小间距，应符合现行国家标准《工业企业总平面设计规范》GB 50187 的有关规定。

7 电气及自动化

7.1 一 般 规 定

7.1.1 电气及自动化设计应满足生产工艺以及节能、降耗、保护环境和保障人身安全的要求。

7.1.2 电器及仪表装置应采取防尘、绝缘等措施。

7.1.3 电气及自动化设计中应采用先进、实用及节能的成套设备和定型产品，严禁采用淘汰产品。

7.2 供配电系统

7.2.1 供电范围应包括厂区、石灰石矿山、其他原料矿山、码头、居住区、水源地及水处理厂等。

供配电方案应根据负荷性质、用电容量、工程特点和地区供电条件确定。

7.2.2 电力负荷分级应符合下列规定：

1 窑的辅助传动及润滑装置、高温风机的辅助传动及润滑装置、篦式冷却机的一室风机、磨机的高压油泵、中央控制室重要设备电源、保证生产安全的循环水泵、无高位水池及消防水泵、重要或危险场所的应急照明、工艺要求的其他重要设备应作为一级负荷。

2 主要生产流程用电设备、重要场所的照明及通讯设备等应作为二级负荷。

3 不属于一级和二级负荷者应作为三级负荷。

7.2.3 供电电源应根据工厂规模、供电距离、工厂发展规划、当地电网现状和发展规划等条件，经过技术经济比较后确定，并应符合下列规定：

1 供电电源为专用供电回路，且工厂附近又无其他电源时，宜采用单电源加柴油发电机供电方案。

2 条件允许时，供电电源宜采用双电源双回路供电方案。

3 受到条件限制、不能取得双电源供电时，可采用一路工作电源和一路备用电源的供电方案，也可采用一路工作电源和一路保安电源的供电方案。

4 供电电源（区域变电站）设在工厂边缘时，可结合用电负荷情况，采用多回路直接向工厂内负荷中心（配电站及配电点）的供电方案。

5 不同规模工厂（包括矿山）的一级负荷保安电源容量不宜小于下列规定：

1）2000t/d 级以下规模工厂为 300kW。

2）2000t/d 级及以上、4000t/d 级以下规模工厂为 500～800kW。

3）4000t/d 级及以上规模工厂为 800～1200kW。

7.2.4 供电电压宜符合下列规定：

1 日产熟料 2000t 级以下规模的工厂宜采用 10～35kV 电压供电。

2 日产熟料 2000t 级及以上、4000t 级以下规模的工厂，宜采用 35～110kV 电压供电。

3 日产熟料 4000t 级及以上规模的工厂宜采用 110kV 电压供电。

7.2.5 供配电系统应符合下列要求：

1 两个主电源供电时，应采用同级电压供电；当一个主电源和一个备用电源供电，或一个主电源和一个保安电源供电时，可采用不同等级的电压供电。

2 同时供电的两个回路，每个回路宜按用电负荷的 100% 设计。

3 供电系统应简单可靠，同一电压的配电级数不宜多于两级。

4 中、低压配电宜采用放射式为主。

5 只设置一台变压器的变电所或电动机控制中心之间的低压回路，宜设置联络回路。

6 中压配电宜采用 10kV 电压，中压电动机宜采用 10kV 电压等级的电动机。

7.2.6 无功功率补偿应符合下列规定：

1 水泥工厂功率因数应满足供电部门的要求。

2 无功功率补偿，宜采用高压补偿与低压补偿相结合、集中补偿与就地补偿相结合的补偿方式。

3 低压无功功率补偿宜采用自动补偿。

4 容量超过 2000kV·A 的中压电容器组宜采用自动补偿。

7.3 35～110kV 总降压站

7.3.1 厂区 35kV 总降压站，宜采用户内布置。110kV 变电站应根据厂区条件确定采用户内布置或户外布置。采用 GIS 组合电器的 110kV 开关设备宜采用户外布置。

7.3.2 总降压站站址的选择，应符合本规范第 3.2.5 和 6.2.8 条的规定。

7.3.3 主变压器和主结线的设计应符合下列规定：

1 主变压器的台数和容量，应根据地区供电条件、负荷性质、用电容量、运行方式、工艺生产线数量等因素综合确定。

2 装设两台主变压器的降压站，当断开一台时，另一台主变压器的容量不应小于 60%～70% 的全部负荷，并应保证用户的一、二级负荷。

3 装设三种电压的降压站，如通过主变压器各侧线圈的功率均达到该变压器容量的 15% 以上时，主变压器宜采用三线圈变压器。

4 主变压器采用普通变压器无法满足电力系统和用户对电压质量的要求时，宜采用有载调压变压器。

5 总降压站的主结线，应根据降压站负荷容量、变压器台数、出线回路、供电部门的要求等条件确定。

6 总降压站进线为两回路时，35～110kV 电压等级宜采用桥形接线；35kV 电压等级可采用单母线分段设联络开关接线。

7 总降压站设置两台主变压器时，6～10kV 侧宜采用单母线分段设联络开关接线。

8 用电负荷小于 1800kV·A 的线路终端降压站或分支降压站，且满足电力网安全运行和继电保护的要求时，高压侧可采用熔断器保护。

7.3.4 总降压站的站用电源和操作电源应符合下列规定：

1 总降压站的站用电源宜设置一台站用变压器，并应从附近变电所低压侧引一专用站用电备用回路。

2 总降压站为双电源、双变压器且附近又无低压电源时，可设置两台容量相同、互为备用的站用变压器。

3 总降压站为单电源加保安电源时，应从保安电源引一路低压电源作为站用电源备用回路。

4 总降压站为 35kV 进线时，站用电变压器应接在 35kV 母线上。总降压站为 110kV 进线时，站用变压器应接在中压母线上。

5 操作电源宜采用免维护铅酸蓄电池作为直流电源，并应设置充电、浮充电用的硅整流装置。蓄电池容量，应满足合闸、分闸、信号和继电保护的要求。

7.3.5 总降压站的保护和控制应符合下列规定：

1 总降压变电站保护宜采用微机保护装置。

2 主进线的保护供电不宜采用重合闸和备自投。

3 总降压变电站的控制应采用变电站综合自动化系统控制，并应通过调制解调器与上一级变电站通讯。

4 工厂未设变电站综合自动化系统时，微机保护装置信号应进入工厂计算机控制系统。

5 总降压变电站采用控制屏（台）控制时，35kV 和 110kV 开关设备宜采用控制屏（台）操作，中压系统宜采用在中压配电柜上就地操作。

7.3.6 高压配电装置应选用带安全闭锁装置及联锁装置的产品，其布置应便于设备的操作、搬运、检修和实验，并应保证进出线方便。

7.4 6～10kV 配电站及车间变电所

7.4.1 电源进线为 6kV 或 10kV 的配电站，进线侧应装设断路器。分配电所采用单母线接线时，电源进线开关可不装设断路器，只设隔离开关。其中压母线宜采用单母线或单母线分段接线方式。

7.4.2 车间变电所的进线侧宜装设负荷开关或隔离开关。其低压母线宜采用单母线或单母线分段接线方式。

7.4.3 6kV 或 10kV 固定式配电装置的出线侧，在有反馈的出线回路或架空出线回路中，宜装设线路隔离开关。

7.4.4 6kV 或 10kV 的配电站宜采用中置移开式开关柜。

7.4.5 变压器低压侧的总开关和母线分段开关，宜采用低压断路器。

7.4.6 配电站直流操作电源，宜采用一组免维护铅酸蓄电池，并应具有充电、浮充电的硅整流装置。电池容量应满足合闸、分闸、信号和继电保护的要求。

7.4.7 配电站的站用电源，宜引自就近的变压器低压侧配电回路，在无法取得低压电源时，可另设站用变压器。

7.4.8 装有两台及以上变压器的变电所，一台变压器断开时，其余变压器容量应保证一级负荷及部分二级负荷的用电。

7.4.9 配电站或变电所应紧邻负荷中心布置，宜采用电缆进出线；配电站或变电所不设在厂区时，也可采用架空进线。配电站或变电所位置应保证进出线方便。

7.4.10 厂区的变电所或配电站宜采用户内布置。水源地等场所的变电所、配电站，宜采用杆上变压器型式。

7.4.11 TN 及 TT 系统接地型式的低压电网中，采用低压配电变压器时，宜选用"D，yn11"接线组别的三相变压器。

7.5 厂区配电线路

7.5.1 工厂电源输电线路及配电线路应根据现场条件、经济合理性及减少土地资源占用等，采用架空线路、电缆线路或其他敷设方式。

7.5.2 厂区电缆可采用电缆沟、电缆隧道、电缆桥架或电缆通廊等敷设方式。当沿同一路径敷设的电力、控制缆线数量少于 8 根时，可采用直埋敷设方式或穿保护管埋地敷设方式。

7.5.3 电缆敷设应选择最短路径，并应避开规划中拟发展的地方，同时应减少与铁路、道路、排水沟、给排水管、热力管沟和其他管沟的交叉。

7.5.4 敷设电缆和计算电缆长度时，应留有一定的余量。

7.5.5 电缆敷设应符合现行国家标准《低压配电装置及线路设计规范》GBJ 54、《电力工程电缆设计规范》GB 50217 及本规范附录 C、D、E 的规定。

7.6 车间配电及拖动控制

7.6.1 电动机的选择应符合下列规定：

1 主机对起动条件、调速及制动无特殊要求时，应采用鼠笼型电动机。

2 颚式破碎机、大容量锤式破碎机、磨机等对起动转矩、转动惯量、电源容量有特殊要求，且起动条件不允许采用鼠笼型电动机时，可采用绕线型电动机。

3 需调速的风机电动机，可采用鼠笼型电动机或绕线型电动机。

4 回转窑可采用直流电动机或变频调速电机驱动，并应满足起动转矩的要求。

5 需调速的各种喂料机，应采用鼠笼型交流变频调速电动机。

6 电动机额定功率的选择应符合下列规定：

1）负荷平衡的连续工作方式的机械，应按机械的轴功率选择。对装备飞轮等装置的机械，应计入转动惯量的影响。

2）负荷变动的连续工作方式的机械，宜按等值电流或等值转矩法选择，并应按允许过载转矩校验。

3）选择电动机额定功率时，应根据机械类型及其重要性计入储备系数。

7 电动机使用地点的海拔高度和介质温度，应符合电动机的技术条件。与规定工作条件不符时，电动机的额定功率应按制造厂的资料予以校正。

8 交流电动机的电压宜按容量选择。200kW及以上的非调速电机，应采用6kV或10kV；200kW以下的，应采用380V。

9 电动机的型式及防护等级，应与周围环境条件相适应。

7.6.2 电动机的起动方式应符合下列规定：

1 满足下列条件的鼠笼型电动机，应采用全电压起动。

1）生产机械允许承受全电压起动时的冲击力矩；

2）电动机起动时，其端子电压应保证机械要求的起动转矩，配电母线上的电压不宜超过额定电压的15%；

3）制造厂对电动机的起动方式无特殊要求。

2 鼠笼电动机当不符合全电压起动条件时，可采用软起动装置，也可采用其他起动方式。

3 有调速要求时，电动机的起动方式应与调速方式相配合。

4 绕线型电动机，宜采用转子回路接入液体变阻器或频敏变阻器起动，其起动转矩应符合生产机械的要求。

7.6.3 电动机的调速应符合下列规定：

1 电动机调速方案的选择，应满足工艺设备对调速范围、调速精度和平滑性的要求，并应对调速方案的技术先进、安全可靠、节能效果、功率因数、谐波干扰、使用维护、投资等进行综合技术经济比较。

2 需调速的喂料机、选粉机、冷却机等宜采用变频调速，也可采用液压调速装置。

3 回转窑当采用数字式直流调速时，应调节电枢电压实现恒转矩调速。

回转窑采用双电机拖动时，应对两台电动机由于特性不一致引起的负荷分配不均衡采取措施。

4 需调速的风机调速方案应经技术经济比较后确定。可选用变频调速，也可采用调速型液力耦合器调速或其他调速方式。

5 使用调速设备时，应符合现行国家标准《电能质量 公用电网谐波》GB/T 14549 的有关规定。

7.6.4 电动机的保护应符合下列规定：

1 低压交流电动机应设置短路保护和接地故障保护，并应根据具体情况分别装设过负荷保护、断相保护和低电压保护，同时应符合现行国家标准《通用用电设备配电设计规范》GB 50055 的有关规定。

2 低压交流电动机的短路保护装置，宜采用低压断路器的瞬动过电流脱扣器，并应满足电动机起动及灵敏度要求。

3 低压交流电动机的接地故障保护应符合现行国家标准《低压配电设计规范》GB 50054 的有关规定。

4 低压交流电动机的断相保护装置，宜采用带断相保护的三相热继电器，也可采用温度保护或专用断相保护装置。

5 交流电动机的低电压保护装置，宜采用接触器的电磁线圈或低压断路器的失压脱扣器作为低电压保护装置。采用电磁线圈作为低压保护时，其控制回路宜由电动机的主回路供电；由其他电源供电主回路失压时，应自动断开控制电源。

6 下列情况应装设电动机的过负荷保护：

1）容易过负荷的电动机。

2）风机类电动机、磨机、破碎机电动机等起动应限制起动时间的电动机。

3）连续运行无人监视的电动机。

7 低压交流电动机的过负荷保护，宜采用热继电器或低压断路器的延时脱扣器作保护装置。

8 连续运行的三相电动机应设置断相保护装置。

9 直流电动机应设置短路保护、过负荷保护和失磁保护。

10 3～10kV异步电动机的保护，应符合现行国家标准《电力装置的继电保护和自动装置设计规范》GB 50062 的有关规定。

7.6.5 电动机的控制应符合下列要求：

1 机旁手动操作长期运行的大、中型绕线电动机，应设置提刷装置，并应设置电刷提起位置的联锁装置。

2 电动机集中控制时，起动前应先发起动预报信号；控制点应设置电动机运行信号和故障报警信号；移动设备应设置设备位置信号。生产上互有关联的集中控制点间、集中控制点与有关岗位之间应设置联络信号。

3 集中控制的电动机应设置"集中—机旁"的控制方式。选择在机旁方式时，电动机可通过机旁控制按钮进行单机试车。电动机应设置机旁停车按钮。机旁停车按钮无法确保设备立即停车时，还应增设紧急停车按钮。

4 斗式提升机应在尾轮部位增设紧急停车按钮。带式输送机应在巡视通道一侧或两侧设置拉绳开关，拉绳开关宜每隔25m设置一个。与其他设备有联锁关系的输送设备，宜采用速度开关作应答信号；移动机械有行程限制时，行程两端应设置限位保护。

5 起吊设备、检修设备的电源回路，宜增设就地安装的保护开关，并应设置漏电保护装置。

7.6.6 低压配电系统应符合下列规定：

1 车间用电设备的交流低压电源，宜由设置在电力室或车间变电所的变压器提供。车间低压配电宜采用 380/220V 的 TN 系统。

    2 对拥有一、二级负荷的电力室或车间变电所,宜设置两台及以上变压器,采用单母线分段运行。当只设置一台变压器时,应设置低压联络线,且备用电源应由附近电力室或车间变电所提供。

    3 同一生产流程的电动机或其他用电设备,宜由同一段母线供电。多条生产工艺线的公用设备,宜由不同母线上的两路电源受电,并应设置电源切换装置。

    4 车间的单相负荷,宜均匀地分配在三相线路中。

7.6.7 电气测量仪表的配置,应符合现行国家标准《电力装置的电测量仪表装置设计规范》GB 50063 的有关规定,并应符合下列要求:

    1 各电力室、变电所的低压进线回路,宜设置带转换开关、测三相电压的电压表及三相电流表。

    2 需单独经济核算的馈电回路、总照明回路应装三相电流表及三相四线有功电度表。

    3 容量为 55kW 及以上的电动机、调速电动机、容易过载的电动机及工艺要求监视负荷的电动机,宜设置电流监视。

    4 车间内的配电箱或控制箱,应设置指示电源电压的电压表。

    5 无功补偿电容器回路应设置三相电流表、功率因数表、三相无功电度表。

    6 母线联络回路宜设置三相电流表。

    7 供直流电动机用电的整流装置上,宜设置测电枢回路的直流电压表、电流表、测励磁回路的电压表、电流表及电动机转速表。

7.6.8 车间配电线路及敷设应符合下列规定:

    1 车间配电设计宜采用铜铝材质导体。但有下列情况之一时,应采用铜芯电线或电缆:

      1)重要的保护、控制、测量、信号回路。

      2)直流电动机的励磁回路,导体截面小于 $6mm^2$。

      3)随设备移动的线路。

      4)用电设备振动很大的线路,导体截面小于 $16mm^2$。

      5)对铝有腐蚀的场所或其他有专门规定的场所。

    2 配电线路的保护,应符合现行国家标准《低压配电设计规范》GB 50054 中的有关规定。

    3 主要生产车间的配电线路敷设宜采用电缆沟(在底层)或电缆桥架敷设;辅助生产车间宜采用钢管配线。

    4 导线穿钢管不应敷设在有喷火和红料危险的场所,并应采取隔热措施,同时宜选用阻燃电缆。采用桥架敷设时,应加设盖板。

    5 交流回路中采用单芯电缆时,应采用无钢带铠装或非磁性材料护套的电缆,且不得采用导线磁材料保护管。单芯电缆敷设,应满足下列要求:

      1)保证并联电缆间的电流分布均匀。

      2)接触电缆外皮时无危险。

      3)防止邻近金属部件发热。

    6 用于配线的钢管敷设在地坪内时,其钢管直径不得小于 15mm;需穿基础时不得小于 20mm;敷设在楼板内时钢管直径应与楼板厚度相适应,但不得小于 15mm。用于配线的钢管最大直径不宜大于 80mm。

    7 穿管绝缘导线或电缆的总截面积,不宜超过管内截面积的 40%。

    8 穿钢管的交流导线,应三相回路共管敷设。

    9 下列情况外的不同回路的线路,不应穿同一根金属管:

      1)一台电动机的所有回路。

      2)同一设备多台电动机的所有回路。

      3)同一生产系统无干扰要求的信号、测量和控制回路。

    10 6 芯以上的控制电缆,应预留不小于 15%的备用芯数。

    11 导线穿过下沉不等的地区或伸缩缝时,应采取保护措施。

    12 起重机的供电,宜采用固定式滑触线(用型钢)、安全滑接输电装置或软电缆供电。

    13 起重机在工作范围的任何位置内,尖峰电流时,自供电变压器低压母线至起重机电动机端子的电压降,不得超过其额定电压的 15%,无法达到上述要求时,应根据具体情况采取下列措施:

      1)电源线宜接在滑触线的中间。

      2)增大供电线截面。

      3)增设辅助线。

      4)分段供电。

    14 起重机滑触线每隔 30～50m 设置一个温度补偿装置,其位置可结合厂房伸缩设置。

    15 起重机滑触线宜布置于驾驶室对侧,如有困难需布置于同侧时,对人员上、下时可能触及滑触线段的地方,应采取防护措施。

    16 固定式滑触线距地面高度不得低于 3.5m。

    17 卸料小车、移动皮带机,宜采用软电缆或安全滑接输电装置供电;长预均化库堆料机,宜采用电缆滚筒或安全滑接输电装置供电;长预均化库取料机及链斗卸车机,宜采用电缆滚筒供电;圆形预均化库堆、取料机,宜采用集电环供电。

7.6.9 爆炸及火灾危险场所分区与电力装置设计,应执行现行国家标准《爆炸和火灾危险环境电力装置设计规范》GB 50058 并应符合下列规定:

    1 氧气瓶库、乙炔气瓶库、燃油泵房等爆炸危险区域,应划分为 2 区。

2 煤粉制备车间应划分为 22 区，煤均化库应划分为 23 区。

3 通风良好时，应降低爆炸危险区域等级；通风不良时，应提高爆炸危险区域等级。

7.7 照 明

7.7.1 照明设计应符合下列规定：

1 水泥工厂照明设计应符合现行国家标准《建筑照明设计标准》GB 50034 的有关规定。

2 工作面上照度值应根据设备、管道、梁柱、灰尘等影响条件确定，且应满足规定值。

3 水泥工厂的照明方式应分为一般照明、局部照明和混合照明。在一个工作场所内，不应只装设局部照明。装设局部照明的工作场所，其装设地点应符合表 7.7.1 的规定。

表 7.7.1 工作场所装设局部照明的地点

工作场所名称	装设局部照明的地点
磨房	轴承油位检测
提升机	底部检修门
拉链机、链斗输送机	尾轮
库底、仓底、磨头	喂料设备
泵房	控制屏、仪表屏
控制室、配电室	盘后

4 照明供电线路应安全、可靠。在烧成车间、高温风机及热力管线附近布线时应远离热源。

5 照明设施应保证维护检修安全方便。除特殊场所外，灯具悬挂高度不宜高于 4.5m。

6 应采用混光照明。

7.7.2 照度标准应符合下列规定：

1 户内和户外照明的最低照度值，应符合本规范附录 F 的规定。附录 F 未包括的，可根据相似场所的照度值确定。计算照度值时，应计入补偿系数。

水泥工厂的中央控制室、控制室、电气及自动化仪表修理室、高低压电气室、化验室、办公室及需要有较高照明环境的车间的照明设计，在满足照度要求的同时，还宜符合统一眩光值及一般显色指数的要求。

2 照明器电压宜为其额定电压的 95%～105%。

7.7.3 照明光源的选择应符合下列规定：

1 照明光源宜采用冷光源。

2 应急照明应采用能瞬时点燃的白炽灯或荧光灯，也可采用标准应急灯。

3 窑、磨、破碎等主要生产车间，宜采用高压钠灯、金属卤化物灯等耐振动的光源；化验室、设计室、控制室、电话机房及消防办公室等宜采用细管径荧光灯或三基色稀土荧光灯。预均化堆场和预均化库等大面积照明的场所，宜采用冷光源投光灯、高压钠

灯或金属卤化物灯等。各种储库和输送皮带廊宜采用新型螺口荧光灯。

7.7.4 灯具的选型应符合下列规定：

1 灯具型式宜根据环境条件、被照面上配光要求及灯具效率等选择。

2 地坑、水泵房、浴室、水泥库底、包装平台等场所，宜采用防水防尘灯具；室外走廊采用防水灯头。层高超过 7m 时应采用深罩型工厂灯；煤粉制备及煤预均化库的照明灯具应符合火灾危险环境 22 区及 23 区的要求，防护等级应为 IP5X；油泵房、汽车库等场所使用的防爆灯具，应符合现行国家标准《爆炸和火灾危险环境电力装置设计规范》GB 50058 的有关规定。

3 照明灯具安装高度低于 2.2m 时，应采取安全保护措施。

7.7.5 照明电压的选择应符合下列规定：

1 照明电压宜为 220V。

2 窑、磨、烘干机、篦式冷却机、电除尘器、大型袋除尘器等金属导体设备内检修用手提灯电压不应超过 12V。其他场所检修用手提行灯的供电电压不应超过 36V。

3 安装在高温、潮湿、有导电地面的场所，且安装高度距地面为 2.2m 及以下，易触及而无防止触电措施的照明灯具，其使用电压不应超过 24V。

7.7.6 照明供电方式的选择应符合下列规定：

1 正常照明电源在要求较高的场所，宜与电力负荷分设变压器供电；生产厂房的正常照明线路，应与电力线路分开；照明与动力负荷共用变压器，且车间变电所低压侧采用放射式配电时，车间照明电源应接自低压配电屏的照明回路。

2 电压在 36V 及以下的局部照明和检修照明电源，宜由固定式降压变压器供电；降压变压器的电源侧应设置短路保护，严禁采用自耦降压变压器供电，接地应符合现行国家标准《工业与民用电力装置的接地设计规范》GBJ 65 的有关规定。

3 总降压站、中央控制室等重要工作场所的应急照明应采用应急灯。

4 烧成系统、原料粉磨、水泥粉磨、循环水泵房、消防泵房等连续生产的主要生产车间可采用动力与照明双电源切换。

5 供电回路的分组及控制，应符合下列要求：

1) 使用小功率光源的室内照明线路，每一单相回路的电流不宜超过 16A；照明灯具数量不宜超过 25 个；高强气体放电灯的照明，每一单相分支回路的电流不宜超过 30A。

2) 照明插座、楼梯间及门廊的照明灯，宜由单独回路供电。

3) 三相线路的各相负荷宜分配均衡。最大

相负荷不宜大于三相负荷平均值的115%，最小相负荷不宜小于三相负荷平均值的85%；同时供电给多个照明配电箱的线路，各相电流差不应超过10%。气体放电灯为主的照明线路的负荷计算，应计入功率因数影响，且中线截面不应小于相线截面。

    4) 车间内的照明宜在照明配电箱上集中分区控制；生活室、控制室、门灯等宜分散控制；道路照明宜自动控制。

    5) 多层厂房内，照明配电箱应设在便于维护的位置。

7.7.7 室外照明设计应符合下列规定：

    1 下列地点应设置室外照明：

    1) 露天堆场、露天皮带廊。

    2) 窑中走道、预热器顶、电除尘器平台、道路等。

    3) 装卸站台、码头等。

    2 走道及平台宜采用小功率卤化物或紧凑型荧光灯。

    3 室外照明宜采用分散控制或自动控制，并宜采用防水灯头及防水开关。

7.7.8 值班照明、警卫照明、障碍照明以及无窗封闭厂房等特殊种类照明的设计，应符合下列规定：

    1 值班照明除应正常照明外，宜设置应急照明。

    2 窑尾预热器塔架、增湿塔、烟囱等高大建（构）筑物障碍照明的装设应执行所在地区航空或交通部门的有关规定。

    3 各类库底、地坑等低于地面的建（构）筑物及其他无窗厂房应设正常照明电源，并宜设置应急照明；最低照度应按附录F中相应车间要求的照度提高一级，厂房出入口处照度宜提高一级。

7.7.9 厂区内主要采用TN-C的低压配电系统，其照明配电系统应局部采用TN-S系统，并应设置专用PE线。

7.7.10 照明配电箱的插座回路应装设漏电保护器，其PE线的截面应与相线截面相等。PE线一端应与插座的接地孔相接，另一端应与照明配电箱接地PE母线相接。插座回路的N线不得与其他回路的N线共用。

7.7.11 厂区道路照明线路设计应符合下列规定：

    1 厂区道路的照明宜采用高压钠灯，并应采用防护式灯具。

    2 大、中型厂厂区道路照明线路，宜采用电缆直埋敷设。小型厂可采用架空敷设。

    3 厂区道路照明除各回路应设保护外，每个照明器宜单独设置熔断器保护。

    4 照明线路三相负荷应分配均衡，最大与最小相负荷电流差不宜超过30%。

7.8 防雷保护

7.8.1 建筑物防雷措施应根据地理、地质、气象、环境、雷电活动规律以及被保护物的特点确定。

7.8.2 生产厂房及辅助建筑物应根据其生产性质、发生雷电事故的可能性、后果及防雷要求进行分类，并应符合下列规定：

    1 氧气瓶库、乙炔气瓶库、燃油及储油系统、总降压站，预计雷击次数大于0.3次/a的住宅、办公楼等应为第二类。

    2 凡属下列情况之一时，应为第三类：

    1) 预计雷击次数大于或等于0.06次/a，且小于0.3次/a的住宅、办公楼等一般性民用建筑物。

    2) 预计雷击次数大于或等于0.06次/a的一般性工业建筑物。

    3) 煤粉制备车间、煤预均化堆场。

    4) 平均雷暴日大于15d/a的地区，高度为15m及以上的烟囱、水塔等孤立的高耸建筑物；平均雷暴日小于或等于15d/a的地区，高度为20m及以上的烟囱、水塔等孤立的高耸建筑物。

7.8.3 各类防雷建筑物的防雷措施，应符合现行国家标准《建筑物防雷设计规范》GB 50057的规定。

7.9 电气系统接地

7.9.1 水泥工厂电气系统接地应包括工作接地、保护接地、防雷接地、电子设备接地和防静电接地等。

7.9.2 水泥工厂自电力网受电的35~110kV电压级系统的接地方式，应与供电部门协商确定。

7.9.3 3~10kV电压级，宜采用中性点不接地的小电流接地系统。

7.9.4 厂区低压配电系统接地宜采用TN系统。TN系统的型式，应根据工程情况经技术经济比较后确定，并应符合下列规定：

    1 由同一台发电机、同一台变压器或同一段母线向一个建筑物供电的低压配电系统，应采用同一种系统接地型式。建筑物以外的电气设备，宜单独接地。

    2 在TN-C或TN-C-S系统接地型式中，严禁断开PEN线，不得装设断开PEN线的任何电器。

    3 在TN-C-S系统接地型式中，应在由TN-C转为TN-S系统的用户进线配电箱处，将PEN线分为PE线和N线，分开后两者严禁再合并。

    4 在TN-S接地型式中，N线上不应装设只将N线断开的电气器件；当需要断开N线时，应装设相线和N线一起切断的保护电器。

7.9.5 变电所内，不同用途、不同电压的电气设备，除另有规定者外，应使用一个总的接地装置，接地电阻应符合其中最小值的要求。

7.9.6 全厂的共同接地装置，应通过电缆隧道、电缆沟、电缆桥架中的接地干线、铠装电缆的金属外皮、低压电缆中的 PE 线连成电气通路，并应形成全厂接地网。

7.9.7 共同接地装置宜利用自然接地体，但严禁利用输送易燃易爆物质的管道。自然接地体能够满足要求时，除变电所外，可不设人工接地体，但应校验自然接地体的热稳定。

7.9.8 电除尘设备的工作接地极，应设置在电除尘设备附近，与建筑物及其他系统接地极距离不应小于3m。其接地电阻应满足电除尘设备的要求，并应采用单独引下线连接到接地装置上。

7.9.9 直流回路不得利用自然接地体作为零线、接地线和接地体。直流回路专用中性线、接地体及接地线不得与自然接地体相连接。

7.9.10 接地导体的选择及其对接地电阻的要求等，应符合现行国家标准《工业与民用电力装置的接地设计规范》GBJ 65 的有关规定。

7.10　生产过程自动化

7.10.1 新型干法水泥生产线的自动化设计，应符合下列规定：

1 应设置集散型计算机控制系统，其控制、管理范围宜从预均化堆场至水泥或熟料成品。石灰石破碎及水泥包装的管理和控制，宜分设独立的现场控制室及现场操作站。石灰石破碎及水泥包装的运行信号应与集散型计算机控制系统通讯。

2 热工测控点集中的区域以及数据量较大的配套设备，宜采用现场总线智能仪表，也可局部采用智能仪表，并应以通讯方式接入集散型计算机控制系统。

3 工厂主生产线上的低压电气系统设备可采用智能化控制，并应通过标准开放网络与集散型计算机控制系统通讯。

4 应设置生料质量控制系统，宜采用 X 射线多道光谱分析仪，也可加设 1 个扫描通道，同时应与集散型计算机控制系统通讯。生料分析采样应采用连续性自动取样、人工送样和人工制样装置的方式，并可加设自动送样和自动制样装置。两台以上的生料磨工艺线，宜配置两台制样研磨机。

5 测量窑筒体温度和窑轮带间隙，应采用定点式带微机控制的在线扫描红外测温装置。

6 窑头和篦式冷却机应设置专用高温工业电视装置；生产过程的关键区域，尚应设置闭路工业电视装置。

7 宜设置水泥工厂生产管理信息系统。

7.10.2 原料系统过程检测与控制，应符合下列规定：

1 带热电阻的破碎机轴承、电动机轴承及绕组应设置温度检测和报警。原料输送宜设置原料计量，破碎机宜设置负荷控制等装置。

2 原料预均化堆场的堆、取料机，应设置可编程控制器为主的控制系统。其控制系统应具备手动、自动及遥控等功能，并宜设置工业电视监视系统。

3 原料粉磨系统的检测与控制，应符合下列规定：

　　1) 对反映主机设备安全及工艺过程正常运行的参数，应进行检测、显示及报警。

　　2) 宜设置原料磨负荷控制回路。

　　3) 宜设置磨机出口气体温度、磨机进口气体压力、磨机风量控制回路。

　　4) 采用辊式磨装置时，应根据辊式磨控制要求，设置相应的检测及控制回路。

　　5) 应设置增湿塔出口气体温度控制回路。

7.10.3 煤粉制备系统过程检测与控制，应符合下列规定：

1 煤粉制备系统自动化设计，应符合现行国家标准《爆炸和火灾危险环境电力装置设计规范》GB 50058 的有关规定。煤粉制备车间、煤预均化库应分别按火灾危险环境 22 区、23 区的要求选择现场一次仪表，防护等级应为 IP54。

2 对反映主机设备安全及工艺过程正常运行的参数，应进行检测、显示及报警。

3 电除尘器或袋除尘器出口一氧化碳含量及煤粉仓，应进行温度检测、报警，并应对煤粉仓一氧化碳含量进行检测、报警。

4 宜设置磨机出口温度、磨机进口气体压力及磨机负荷控制回路。

5 采用辊式磨装置时，应根据辊式磨本身的控制要求，设置相应的检测及控制回路。

7.10.4 烧成系统过程检测与控制，应符合下列规定：

1 生料均化库及生料入窑，应符合下列规定：

　　1) 生料均化库库底充气控制，宜采用可编程控制器控制装置，也可采用集散型计算机控制系统控制。

　　2) 应设置生料喂料控制回路，并宜设置自动在线流量校正装置。

　　3) 应设置仓重控制回路。

2 预热器及分解炉，应符合下列规定：

　　1) 各级预热器的出口或进口应设置气体温度及压力检测装置。

　　2) 预热器卸料管宜设置物料温度检测装置。

　　3) 易发生堵料的预热器锥体部宜设置防堵检测装置。

　　4) 预热器一级筒出口应设置气体成分检测及分析装置。预热器五级筒出口或窑尾烟室宜增设气体成分检测及分析装置。

　　5）宜设置分解炉温度控制回路。

　　6）宜设置三次风空气温度及压力检测装置。

　　3　回转窑应符合下列规定：

　　1）应设置窑尾烟室气体温度及压力检测装置。

　　2）宜设置窑烧成带温度检测及二次空气温度检测装置。

　　3）应设置回转窑托轮轴承温度检测装置，并宜设置回转窑位移及轮带间隙等检测装置。窑的减速机和主电机的润滑装置，应根据设备要求设置相应的检测装置。

　　4）宜设置窑头负压控制回路。

　　5）应设置线扫描胴体测温装置监测回转窑胴体表面温度。

　　4　冷却机及熟料输送，应符合下列规定：

　　1）应设置篦式冷却机篦板温度及篦下压力等参数检测装置。

　　2）宜设置各室风机风量、篦床负荷检测及篦板速度控制回路。

　　3）宜设置熟料温度检测及熟料计量装置。

　　4）熟料库应设置料位检测装置。

7.10.5　水泥粉磨系统过程检测与控制，应符合下列规定：

　　1　水泥磨采用球磨时，应符合下列规定：

　　1）对反映主机设备安全及工艺过程正常运行的参数，应进行检测、显示及报警。

　　2）宜设置粉磨系统负荷控制回路。

　　2　水泥磨采用预粉磨装置时，应符合下列规定：

　　1）宜增设喂料仓料位控制回路。

　　2）应根据预粉磨装置控制要求，设置相应的控制回路。

7.10.6　水泥储存、包装及发送系统过程检测与控制，应符合下列规定：

　　1　水泥库应设置料位检测装置。

　　2　宜设置中间仓料位控制回路。

　　3　独立设置的水泥包装车间，宜采用小型可编程控制器控制。

7.11　控　制　室

7.11.1　控制室的布置应符合下列规定：

　　1　应根据工艺控制要求和自动化设计原则，设置中央控制室或分车间控制室；辅助车间应按需要设置控制室；分车间控制室不宜过于分散。

　　2　控制室宜设置在被控区域的适中位置，并应满足生产控制的要求。

7.11.2　控制室的设置应符合下列要求：

　　1　应设置防尘、防火、隔声、隔热和通风等设施。

　　2　面积应满足设备安装、操作维修和检修等

要求。

　　3　室内不应有无关的工艺管道通过。

　　4　控制室内部应设置中央控制室、荧光分析室、生料样品制备室和仪表维修室等。

　　5　对采用集散型计算机控制系统的新建生产工艺线，宜设中央控制室。中央控制室应布置在有较好的采光和通风、噪声小、灰尘少、振动小、无有害气体侵袭的位置。净空高度宜为 2.8～3.2m。同时应铺设防静电活动地板，地板架空高度宜为 250～350mm。

　　6　设有集散型计算机控制系统和 X 射线分析仪等的控制室，应根据设备的要求设置空气调节系统，其室内计算温度及湿度应符合本规范附录 J 的规定。其他控制室应根据设备要求设空气调节装置。

　　7　控制室消防设施的设置应符合现行国家标准《建筑防火设计规范》GB 50016 的有关规定。

7.12　仪表及其电源、气源

7.12.1　一次检测仪表的选择，应符合下列规定：

　　1　应采用质量与性能稳定、精度满足要求的仪表。

　　2　变送单元的精度不应低于 0.5 级。

　　3　宜采用机电一体化仪表。

7.12.2　二次仪表的选择，应符合下列规定：

　　1　应采用性能稳定、抗干扰能力强的显示及控制仪表。采用集散型计算机控制系统时，如无特殊需要，不应设置二次仪表。

　　2　反映主机设备安全及工艺过程正常运行，以及对历史过程进行分析的重要参数，应设置记录仪表。

　　3　反映主机设备安全及工艺过程正常运行的一般参数，应设置指示仪表。

　　4　计量原料与燃料、半成品、成品等，应设置积算仪表。

　　5　越限报警的参数，应设置报警仪。

　　6　二次仪表的精度，应符合下列规定：

　　1）数字式不应低于 0.5 级。

　　2）模拟式不应低于 1.5 级。

7.12.3　仪表电源应符合下列规定：

　　1　仪表电源的负荷级别，不应低于工艺设备用电的负荷级别，并应从低压配电屏专用回路供电。

　　2　电源应满足用电设备所需的技术参数。

　　3　中央控制室操作站、X 射线分析室及现场控制站供电，应符合下列要求：

　　1）系统用电负荷应按现有设备总容量的 1.2～1.5 倍计算。

　　2）中控室操作站及 X 荧光分析仪宜采用双回路，并应从不同的变压器配出；现场控制站的供电电源，宜采用单回路供电。

3）应设专用配电盘，且不应与照明、动力等混用；供电质量应满足设备要求。

4）应设置不间断电源装置，其容量不应小于实际容量的1.5倍。中央控制室操作站、X射线仪和现场控制站的不间断电源供电延续时间均不宜小于30min。

7.12.4 仪表气源应满足各用气设备的要求，仪表设计应符合现行国家标准《工业自动化仪表气源压力范围和质量》GB 4830 的有关规定。

7.13 电缆及抗干扰

7.13.1 电缆选型应符合下列规定：

1 控制电缆宜采用聚氯乙烯电缆，也可采用聚乙烯绝缘或聚氯乙烯护套铜芯电缆；模拟信号电缆，宜采用屏蔽对绞铜芯电缆。

2 控制系统数据通讯电缆，应根据系统的要求采用。

3 与热电偶相连的导线，应采用和热电偶相匹配的补偿导线。

4 控制电缆截面宜采用 $1.0 \sim 1.5 \text{mm}^2$；模拟信号电缆截面宜采用 $0.75 \sim 1.5 \text{mm}^2$；补偿导线线芯截面宜采用 $1.5 \sim 2.5 \text{mm}^2$。

5 采用多芯控制电缆时，宜留有15%的备用芯数。

6 主干通讯网及室外远距离通讯线路应采用光缆。

7.13.2 电缆抗干扰措施应符合下列规定：

1 电力电缆应与控制电缆、模拟信号电缆分层敷设。1kV 以下的电力电缆和控制电缆可并列分开敷设。

2 电缆屏蔽层应接地，接地方法应符合本规范第7.14.6条的规定。

3 支架上的电缆，敷设时应按照电力电缆、控制电缆、信号电缆的顺序由上至下排列敷设。数据通讯电缆应敷设在电缆桥架中的专用电缆槽内。

4 线路沿温度超过 65℃的设备表面敷设时，应采取隔热措施，宜采用耐高温电缆；在火源场所敷设时，应采用阻燃电缆，并采取防火措施。

5 电缆沟内两侧均有支架时，1kV 以下电力电缆、控制电缆、信号电缆、数据通讯电缆应与 1kV 以上电缆分别敷设于两侧支架上。

6 线路不宜敷设在易受机械损伤、有腐蚀性介质排放、潮湿以及有强磁场和强静电干扰的区域。无法避免时，应采取保护措施或屏蔽措施。

7 明敷设的仪表信号线路，与具有强磁场和强静场的电气设备之间的净距，宜大于 1.5m；采用屏蔽电缆或穿金属保护管敷设时，宜大于 0.8m。

8 直接埋地敷设的电缆，不应沿任何地下管线的上方或下方平行敷设。沿地下管道两侧平行敷设或

交叉时，最小净距应符合本规范附录 C 和附录 E 的规定。

9 补偿导线外应加设保护管，也可在汇线槽内敷设，且不宜与其他线路在同一根保护管内敷设，同时不宜直接埋地。

7.14 自动化系统接地

7.14.1 自动化系统接地装置的设置，应满足人身和设备安全及自动控制系统正常运行的要求。

7.14.2 自动化系统的接地方式应符合下列要求：

1 工作接地应根据控制系统及仪器设备的要求确定。

2 保护接地应引至电气保护接地装置。

3 屏蔽接地的接地电阻不应大于4Ω。

7.14.3 自动化系统接地宜设置单独接地装置。工作接地和屏蔽接地可共用一组接地体，接地电阻应按其中最小值确定，每种接地应设置独立接地干线引至接地体。

7.14.4 静电防护接地的接地极，可借用其他接地装置；如设单独接地极，其接地电阻不应大于30Ω。

7.14.5 控制系统应采用单点接地。

7.14.6 信号线的屏蔽层接地点选择，应符合下列要求：

1 信号源在测点现场接地时，屏蔽线的屏蔽层应在现场接地。

2 信号源在测点现场不接地时，屏蔽线的屏蔽层应在控制柜端接地。

7.15 通信与广播系统

7.15.1 水泥工厂的电话设计应包括厂区、矿区电话系统及调度电话系统。

7.15.2 厂区电话设计应符合下列规定：

1 工厂的电话系统，宜采用由市话局直配方式，并应以工厂与市话通讯衔接的厂区进口总配线架为界。工厂应同时设置传真及计算机局域网。

2 工厂自备电话站时，宜设置一个电话站。当有自备矿山且远离厂区时，可分别设置电话站，但宜采用同一程式的用户交换机。

3 电话用户配置数量，大中型厂不宜超过 1000 门，可为设计选型的电话机容量的130%～160%。

4 自备电话站应采用程控交换机。

5 自备电话站址的选择，应结合工厂的近、远期规划、地形及位置等确定。厂区电话站单独建站时，宜设置在厂区办公楼内。电话站的技术用房不应设置在潮湿、振动及灰尘较大的场所。

6 自备电话站宜设置话务员及电话交换机室、总配线架室、维修室等。交换机的容量在 500 门及以下且总配线架（箱）采用小型插入式端子箱时，可将交换机设置于交换机室与话务员室；容量大于 500 门

时，交换机话务台与总配线架宜分别设置于不同房间内。话务台的安装，宜保证话务员通过观察正视或侧视到机列上的信号灯。

7 电话网的编号计划，应符合现行国家标准《国家通信网自动电话编号》GB 3971.1 的有关规定，并应符合当地电话局的有关规定。

8 程控用户交换机的电源应稳定，并应配置交流稳压设备，同时宜设置蓄电池组。48V 直流电源输出端的全程压降，应符合系统要求。杂音计脉动电压值不宜大于 2.4mV。超过允许值时，应加设滤波设备。电源系统中，应采取电源中断时对存储器的保护措施。

9 电话站宜设置工作照明及应急照明。电话站有蓄电池时，应急照明宜由蓄电池供电。200 门及以上的电话站交换机室与话务员室、电力室宜设置应急照明。电话站的工作照明，蓄电池室外宜采用节能荧光灯。

10 单独设置电话站时，建筑物耐火等级应为二级，抗震设计应按电话站所在地区规定烈度提高一度。

7.15.3 自备电话站交换机的中继方式，宜符合下列规定：

1 市内电话局的中继方式，交换机设备容量小于 50 门或中继线数小于 5 对时，宜采用双向中继方式；交换机设备容量为 50～500 门或中继线数大于 5 对时，宜采用单向中继方式，也可采用部分双向与部分单向混合的中继方式；交换机设备容量大于 500 门或中继线数大于 37 对时，宜采用单向中继方式。

采用部分双向与部分单向混合的中继方式时，应保证任何一方向的呼叫信号，均可先选用单向中继线，再选用双向中继线。

交换机中继线安装数量，应根据当地电话局的有关规定和市话中继话务量大小确定。

2 大中型厂的交换机容量较大，且有数字传输要求时，程控交换机进入市内电话局的中继方式，宜采用全自动直拨。

7.15.4 调度电话应符合下列要求：

1 大中型工厂宜单独设置调度电话系统。

2 电话会议宜利用具有会议电话系统的厂区电话总机，或程控调度电话总机，不宜单独设置会议电话系统。

3 调度电话总机容量，应根据工厂规模和用户需求确定。大中型厂可选用 100 门，并应留有 10%～30%的备用量。

4 调度电话总机宜设置中继线至厂区的自备电话总机。水泥工厂调度总机，宜直接对调度分机的各生产岗位进行调度、指挥生产，不宜设置多级调度电话系统。

5 工厂设置调度电话时，各车间办公室、值班室、控制室等主要生产岗位均应设置调度电话分机。调度电话分机应按总机的要求选用，并宜选用同一制式的分机。煤粉制备车间应采用防爆型分机。

6 调度电话站宜设置生产调度室，并宜布置于中央控制室附近。

7 设备间的电缆和导线的敷设，宜采用地下线槽或暗管敷设方式。

7.15.5 广播系统应符合下列规定：

1 可根据需要设置一级有线广播。广播网的分路应根据广播用户地点、播音要求、广播线路路由等确定，广播线路应采用双线回路。

2 广播设计应符合现行国家标准《工业企业通信设计规范》GBJ 42 的有关规定。工厂设置火灾事故广播时，应符合现行国家标准《火灾自动报警系统设计规范》GB 50116 的有关规定。

7.15.6 公用闭路电视系统或共用天线电视系统可根据需要设置，并宜设置技术用房。居住区远离厂区，或因地形复杂等有碍线路敷设时，也可设置多个独立的共用天线电视系统。办公楼、俱乐部、培训及文化活动楼、食堂、招待所、居住区等场所宜设置公用闭路电视系统或共用天线电视系统，并应符合现行国家标准《工业企业共用天线电视系统设计规范》GBJ 120 的有关规定。

7.15.7 通信、广播系统应设置工作接地、保护接地和防雷接地，并应符合现行国家标准《工业企业通信设计规范》GBJ 42 和《工业企业通信接地设计规范》GBJ 79 的有关规定。

7.16 管理信息系统

7.16.1 水泥工厂的管理信息系统，应包括综合布线系统、系统配置与编程功能。系统对生产过程的监视和管理，应通过作业计划处理，生产数据收集应综合处理，并应保证生产管理者合理调度。

7.16.2 水泥工厂的综合布线系统设计，应符合下列规定：

1 系统应采用开放式星型拓扑结构，并应采用光缆和铜芯对绞电缆混合组网，建筑物内应采用铜芯对绞电缆组网，各建筑物之间宜采用光缆。

2 综合布线系统设计应符合现行国家标准《综合布线系统工程设计规范》GB 50311 的有关规定。

7.16.3 水泥工厂的管理信息系统配置，应符合下列规定：

1 宜设置专用服务器，服务器宜设置专门的房间，不可使用集散型计算机控制系统服务器。

2 工厂管理信息系统与集散型计算机控制系统之间应采用硬件网关通讯或通过微机软件方式通讯，并应保证集散型计算机控制系统的安全，可采用软硬件防火墙关闭不必需的通讯端口。工厂管理信息系统应显示集散型计算机控制系统的实时数据。

3 工厂管理信息系统与生料质量控制系统之间应实现通讯，并应取得荧光分析仪或其他成分分析系统所分析的各种化验分析结果。

4 工厂管理信息系统与各地中衡、轨道衡等计量管理系统之间应实现通讯，并应取得相关秤重和其他信息结果。

5 工厂管理信息系统与变电站管理系统之间应实现通讯，并应取得相关的电量等数据。

6 工厂管理信息系统与工厂其他生产管理相关的计算机系统之间应实现通讯，并应取得所需要的数据。

7 工厂管理信息系统应为开放的系统，并应与企业资源计划系统和其他管理系统相结合。

7.16.4 水泥工厂的管理信息系统应包括下列功能：

1 系统可采用客户机/服务器结构，也可采用浏览器/服务器结构，还可采用混合结构。

2 系统应在办公自动化平台上展开，并应与办公自动化系统有机地结合起来。

3 数据采集处理及通过软件或硬件的数据通讯，应将集散型计算机控制系统数据库转换为管理信息系统数据库。

4 系统应具有数据流程图显示功能，并应以模拟流程图的方式显示生产现场系统的实际运行情况，同时数据显示应分为数字方式和图形方式。

5 系统应具有形成趋势曲线的功能，并应对重要的生产数据进行长时间记录，同时应以曲线的方式显示。

6 系统应具有质量信息管理功能。系统应以质量台账为基础，对化验数据进行全面管理，并应具备自动台账生成、考核分析等功能。

7 系统应具有生产报表自动生成与分析功能。应能根据采集到的生产过程数据，完成按车间、分厂对生产过程参数的分类查询和主机设备运转统计、产品的产量统计、原材料的消耗统计、电量及煤耗统计、历史分析和成本分析等。

8 系统宜具有设备管理功能，应能记录从设备采购到安装调试、日常操作、维护、润滑、维修、大修、故障、报废等信息。

8 建筑结构

8.1 一般规定

8.1.1 建筑结构设计应满足生产工艺的要求，并应保证生产工艺必需的操作、检修面积和空间，同时应满足采光、通风、防寒、隔热、防水、防雨、隔声、卫生标准等要求。

8.1.2 建筑结构设计应采用成熟和符合国家产业政策的新结构、新材料、新技术。

8.1.3 建（构）筑物安全等级应符合表8.1.3的规定。

表 8.1.3　建（构）筑物安全等级

安全等级	破坏后果	建（构）筑物名称
二级	严重	三级以外的建（构）筑物
三级	不严重	露天堆场、装载机棚、推土机棚、卷扬机房、扳道房、各种小型物料堆棚、材料库、厕所

8.1.4 建（构）筑物抗震设防分类，应根据其使用功能的重要性、工厂的生产规模、停产后经济损失的大小和修复的难易程度等划分，并应符合表8.1.4的规定。

表 8.1.4　建（构）筑物抗震设防分类

抗震设防类别	建（构）筑物名称
乙类	大、中型水泥工厂的总降压变电站、中央控制室
丙类	除乙、丁类以外的建（构）筑物
丁类	露天堆场、装载机棚、推土机棚、卷扬机房、扳道房、各种小型物料堆棚、材料库、厕所

8.1.5 建（构）筑物的防火设计，应符合现行国家标准《建筑设计防火规范》GB 50016 的有关规定。水泥工厂的主要生产车间及建（构）筑物的火灾危险性类别、建筑耐火等级应符合本规范附录A的规定。

8.1.6 功能相近的辅助车间、生产管理及生活建筑宜合并建设。

8.2 生产车间与辅助车间

8.2.1 生产厂房的全部工作地带，白天应利用直接自然采光；因工艺和使用条件的限制，自然采光无法满足要求时，可采用人工照明为辅的混合采光；有条件的地区应利用太阳能。

8.2.2 厂房内工作平台上部的净高及楼梯平台至上部构件底面的高度不宜低于2.0m。

8.2.3 固定设备或有封闭罩的运行设备旁的通道净宽不应小于0.7m；运转机械旁的通道净宽不应小于1m。

8.2.4 辅助车间的设计应满足各主体专业的要求，并宜具有自然采光和自然通风。因生产工艺有特殊要求的可除外。

8.3 辅助用室、生产管理及生活建筑

8.3.1 水泥工厂的生产辅助用室，宜包括值班室、控制室及存衣室、卫生间和浴室等生活用室。

8.3.2 辅助用室外围护结构的热工性能，应符合现行国家标准《公共建筑节能设计标准》GB 50189 的

有关规定。

8.3.3 控制室设计除应符合本规范第7.11.2条规定外，尚应符合下列要求：

　　1 控制室应布置在便于观察设备运行的部位，并应设置固定观察窗。

　　2 控制室的楼地面、墙面及顶棚的布置应便于保洁，必要时可做活动地板和吊顶。

　　3 室内允许噪声级不应高于60dB（A）。

8.3.4 生产管理及生活建筑可包括厂前区的工厂办公楼或综合服务楼（行政中心）、食堂、锅炉房、浴室、职工宿舍、招待所、卫生所（急救站）、工厂标识物、围墙大门、警卫室等。

8.4 建筑构造设计

8.4.1 屋面设计应符合下列要求：

　　1 厂前区及辅助建筑的屋面可采取有组织排水，生产厂房的屋面可采取自由排水。钢筋混凝土屋面坡度不应小于1：50，金属压型板屋面坡度不宜小于1：10，当板面无横缝时坡度可控制在1：13。

　　2 厂房高度大于6m时，应设置可直接到达屋面的垂直爬梯。垂直爬梯的高度大于6m时，应设置护笼。

　　3 屋面上有需要操作或巡检的设备，并利用屋面作楼梯平台时，屋面四周或使用范围内应设置防护栏杆。

　　4 从厂房内可直接通达圆库库顶时，其库顶的周边应设置防护栏杆。

　　5 车间内开敞式地坑地沟深度大于0.5m时，应根据其所处位置加设防护栏杆。

8.4.2 墙体设计应符合下列要求：

　　1 框架填充墙应采用各类砌块、非粘土空心砖、页岩等烧结砖或轻质板材。

　　2 钢结构墙面应采用金属压型板等轻质板材。钢筋混凝土框架厂房的外墙也可采用金属压型板或其他大型板材。

　　3 在寒冷及风沙大的地区，建筑应设置封闭式围护结构。散热量较大及无需防护的车间，可采用开敞式或半开敞式厂房，并应采取防雨措施。

　　4 原料粉磨、煤粉制备、破碎车间、罗茨风机房、压缩空气站等车间，应减少外墙上的门、窗面积，外墙围护结构应具有隔声能力。预均化堆场等车间，宜设置封闭式围护结构。

8.4.3 有设备出入车间的大门尺寸，其高、宽应分别大于设备0.6m。人行门宽不应小于0.9m。

8.4.4 生产车间宜采用平开窗。墙面难以到达的高处，宜采用固定的采光及通风口。

8.4.5 有隔声及防火要求的门窗，应采用相应等级的配件。

8.4.6 楼梯及防护栏杆的设计应符合下列要求：

　　1 生产车间可采用金属梯作为工作平台交通梯，楼层间疏散梯的设置应符合现行国家标准《建筑防火设计规范》GB 50016的有关规定，且主梯宽度不应小于0.9m。

　　2 钢梯角度不宜大于45°。室外钢梯宜采用钢格板踏步。

　　3 煤粉制备车间应设置上下连通的钢筋混凝土楼梯或钢梯，楼梯角度可采用40°或45°。

　　4 车间各类平台的临空周边、垂直运输孔洞以及楼梯洞口的周边，应设置防护栏杆，且栏杆底部应设置高度不小于100mm的防护板。

8.4.7 楼面、地面、散水的设计应符合下列要求：

　　1 建（构）筑物的外围应设置散水，人行门下应设置台阶，车行门下应设置坡道。

　　2 生产车间及辅助车间宜采用混凝土地面，也可采用水泥砂浆或随捣随抹光楼面。

　　3 有洁净、耐酸碱、不发火花等要求及布有电线的地、楼面，应采用水磨石、地砖、防火花地面及抗静电活动地板。

　　4 湿陷性黄土、膨胀土、冻胀土地区的地面、散水、台阶、坡道设计应符合现行国家标准《湿陷性黄土地区建筑规范》GB 50025、《膨胀土地区建筑技术规范》GBJ 112及《冻土地区建筑地基基础设计规范》JGJ 118的有关规定。

　　5 卫生间、盥洗室等房间地、楼面标高，宜低于与之相通的走廊或房间的地、楼面20mm。位于楼层上的此类房间，其楼面尚应设置整体防水层。

　　6 输送天桥的走道，坡度为6°～12°时，应设置礓礤；大于12°时，应设置踏步。无屋盖输送走廊的地面应设置断水条，其间距不应大于10m；输送走廊斜屋面应设置挡水条，其间距不应大于10m。

8.4.8 地沟、地坑及地下防水的设计，应符合下列要求：

　　1 地下水设防标高应根据地下水的稳定水位、场地滞水及建厂后场地地下水位变化确定。最高地下设计水位，应为稳定的最高地下水位或最高滞水水位以上0.5m，但不应超过室内地坪标高。

　　2 地坑底面低于地下水设防标高时，应按有压水设防，可采用防水混凝土或防水混凝土另加柔性防水层的双层防护做法；地坑底面高于地下水设防标高时，可按无压水进行防潮处理。地坑及地下廊分缝处，应进行防水处理。

　　3 地沟、地坑应设置集水坑。

8.5 主要结构选型

8.5.1 建（构）筑物的基础，应采用天然地基。下列情况之一时，宜采用人工地基：

　　1 天然地基的承载力或变形无法满足建（构）筑物的使用要求。

2 地基具有承载力满足要求的下卧层。

3 地震区地基含有无法满足抗液化要求的土层。

8.5.2 多层厂房宜采用现浇钢筋混凝土框架结构。单层厂房宜根据跨度采用钢结构或钢筋混凝土结构。

8.5.3 预热器塔架的底层宜采用钢筋混凝土结构，上部宜采用钢结构或钢混组合结构；中小型厂也可采用钢筋混凝土结构。

8.5.4 圆形预均化库、帐篷库和长条形预均化库等大跨度屋盖结构，应采用轻型钢结构。

8.5.5 大中型筒仓应采用现浇钢筋混凝土结构。直径大于或等于21m的深仓，可采用预应力或部分预应力钢筋混凝土结构。

8.5.6 回转窑基础，可采用大块式、墙式、箱形或框架式的结构。

8.6 结 构 布 置

8.6.1 厂房的柱网应整齐，并应符合建筑模数要求；平台梁板布置应规则。

8.6.2 厂房内的大型设备基础、独立的构筑物、整体的地坑等，宜与厂房柱的基础分开设置。

8.6.3 与厂房相毗邻的建筑物，宜采用沉降缝或伸缩缝与厂房分开设置。

8.6.4 筒仓边的喂料楼、提升机楼和楼梯间，其结构宜与筒仓为一整体。

8.6.5 辊压机基础宜设置在地面上。设置在楼板上时，应采取加强措施。

8.6.6 建筑在高压缩性软土地基上的厂房，建筑物室内地面或附近有大面积堆料时，应计算堆料对建筑物基础的影响，并应对差异沉降采取相应措施。

8.6.7 输送天桥支在厂房或筒仓上时，宜在天桥支点处设置滚动支座。

8.6.8 建（构）筑物沉降观测点的设置应符合现行国家标准《建筑地基基础设计规范》GB 50007的有关规定，并应进行变形观测。

8.6.9 长期处于磨损工作状态下的结构构件，应采取抗磨损措施，且结构层外应单独设置耐磨层，并应对耐磨层进行定期检查。

8.7 设 计 荷 载

8.7.1 建（构）筑物楼面的均布活荷载的标准值及其组合值、频遇值、准永久值系数，应根据生产的实际情况采用，也可按表8.7.1采用。

表8.7.1 建（构）筑物楼面均布活荷载

类　别	标准值 (kN/m²)	组合值 系数	频遇值 系数	准永久 值系数
一、生产车间平台、楼梯、输送机转运站	4	0.7	0.7	0.6
二、胶带、绞刀、斜槽输送机走廊、一般走道	2	0.7	0.7	0.6

续表8.7.1

类　别		标准值 (kN/m²)	组合值 系数	频遇值 系数	准永久 值系数
三、地坑盖、站台、窑、磨等基础挑出的走道		10	1.0	0.8	0.6
四、窑头看火平台（预热器塔架平台）堆放耐火砖的部分	计算平台板和梁	20 (15)	1.0	0.8	0.6
	计算框架梁和柱	15 (10)	0.7	0.7	0.6
五、民用建筑		按《建筑结构荷载规范》 GB 50009采用			

注：带括号的标准值用于预热器塔架平台。

8.7.2 建（构）筑物屋面水平投影面上的均布活荷载的标准值及其组合值、频遇值、准永久值系数，应按表8.7.2采用。

**表8.7.2 建（构）筑物屋面水平
投影面上的均布活荷载**

类　别	标准值 (kN/m²)	组合值 系数	频遇值 系数	准永久值 系数
一、压型钢板等轻型屋面	0.5(0.3)	0.7	0.5	0
二、不上人的平屋面	0.5	0.7	0.5	0
三、上人的平屋面	2.0	0.7	0.5	0.4

注：1 屋面兼作楼面时，应按楼面考虑。

　　2 不与雪荷载同时考虑。

　　3 带括号的数值适用于不同结构规范的取值。

8.7.3 建（构）筑物屋面水平投影面上的积灰荷载的标准值及其组合值、频遇值、准永久值系数，应按表8.7.3采用。

**表8.7.3 建（构）筑物屋面水平投影
面上的积灰荷载**

类　别	标准值 (kN/m²)	组合值 系数	频遇值 系数	准永久值 系数
一、有灰源的车间及与其相连的建筑物	1 (0.5)	0.9	0.9	0.8
二、除一、三项以外的建（构）筑物	0.5	0.9	0.9	0.8
三、水源地、码头、居住区等建筑物	0	—	—	—

注：1 有灰源的车间包括破碎车间，石灰石、煤及辅助原料均化库，卸车坑，磨房，调配站，窑头厂房，喂料楼，熟料库，烘干车间，包装车间等。

　　2 在使用中有较严格的收尘、清灰措施保证时，对于轻型屋面积灰荷载也可采用括号内数值，但应在设计文件中注明该条件及使用要求。

　　3 积灰荷载仅适用于屋面坡度不大于25°时；屋面坡度为25°～45°时，其积灰荷载按插入法取值。屋面坡度为45°及以上时，不考虑积灰荷载。

　　4 屋面板和檩条的设计，应符合现行国家标准《建筑结构荷载规范》GB 50009的有关规定。

　　5 带括号的数值适用于不同结构规范的取值。

8.7.4 建（构）筑物的设备荷载标准值，应根据工艺要求的数值采用。计算时应将其分解为永久荷载和可变荷载。准永久值系数应采用 0.8。

8.7.5 无试验资料时，各种物料的重力密度、内摩擦角和摩擦系数可按本规范附录 G 采用。

8.8 结 构 计 算

8.8.1 预热器塔架、双曲线冷却塔、水塔、烟囱以及高度与宽度之比大于 4 的框架、天桥支架等的设计，均应计入风振系数。

8.8.2 预热器塔架、高度与宽度之比大于 4 的框架及天桥支架，在风荷载作用下，顶点的水平位移与总高度之比，不应大于1：500；在多遇地震作用下，不应大于1：450。物料转运站的框架宜根据变形对设备运行的影响控制水平位移。

8.8.3 计算地震作用时，可变荷载的组合值系数应按表 8.8.3 采用。

表 8.8.3 组合值系数

可变荷载种类	组合值系数
雪荷载	0.5
屋面积灰荷载	0.5
屋面活荷载	0
楼面活荷载	0.5
设备荷载	0.8

8.8.4 回转窑基础和磨基础的地基反力，不宜出现拉力。同一设备的相邻两个基础之间的不均匀差异沉降量不应大于 10mm。

8.8.5 回转窑基础和管磨基础，可不作动力计算。

8.8.6 回转窑基础、磨基础、破碎机基础和大型风机基础，可不作抗震验算。

8.8.7 有温度变化的管磨基础和筒式烘干机的基础，应计入轴向的温度伸缩力。

9 给 水 排 水

9.1 一 般 规 定

9.1.1 给水排水设计应满足生产、生活和消防用水的要求，并应符合下列规定：

1 应根据地区水资源的总体规划，与邻近城镇和工农业部门协商对水的综合利用。

2 应采取循环用水、一水多用、中水回用等措施。

3 应合理利用水资源和保护水体，排水设计应符合现行国家标准《污水综合排放标准》GB 8978的有关规定。

9.2 给 水

9.2.1 生产、生活用水量的确定，应符合下列规定：

1 生产用水量应根据生产工艺的要求确定。

2 厂区生活用水量，宜为 30～50L/（人·班），其小时变化系数宜取 1.5～2.5，且其用水时间宜为8h；厂区淋浴用水量，宜为 40～60L/（人·班），其淋浴延续时间宜为 1h。

3 居住区生活用水量，应符合现行国家标准《室外给水设计规范》GB 50013 的有关规定。

4 浇洒道路和场地用水量，宜为 2.0～3.0L/（m²·d）；绿化用水量，宜为 1.0～3.0L/（m²·d）。

5 冲洗汽车用水量和公共建筑生活用水量，应符合现行国家标准《建筑给水排水设计规范》GB 50015的有关规定。

6 中央化验室用水量，宜为 30～50m³/d，且用水时间宜为 8h；机电修理车间用水量，宜为 10～20m³/d，且用水时间宜为 8h。

7 设计未预见用水量，可按生产、生活总用水量的 15%～30%计算。

9.2.2 机械设备轴承冷却水的温度宜小于 32℃，其碳酸盐硬度宜控制在 80～450mg/L，悬浮物宜小于20mg/L，pH 值宜为 6.5～8.5，并应满足水质稳定的要求。

9.2.3 锅炉、化验、空气调节和生活等用水水质，用于供给箅式冷却机、增湿塔、立磨喷雾和其他仪表等生产用水时，碳酸盐硬度宜小于 450mg/L。

9.2.4 生产用水水压应根据生产要求确定。车间进口的水压，宜为 0.25～0.40MPa，部分设备水压要求较高时，可局部加压。

9.2.5 给水水源的选择，应根据水资源勘察资料和总体规划的要求，通过技术经济比较后确定，并应符合下列要求：

1 水资源应丰富可靠，并应满足生产、生活和消防的用水量要求；同时生活饮用水的水源应采用符合现行国家标准《生活饮用水卫生标准》GB 5749 有关水源水质卫生要求的地下水。

2 **生活饮用水水质应符合现行国家标准《生活饮用水卫生标准》GB 5749 的有关规定。**

3 应选用水质不需净化处理，或只需简易净化处理的水源。

4 有条件时，可与农业、水利、邻近城镇和工业企业协作，综合利用水资源。

5 水源工程及其配套设施应安全、经济，便于施工、管理和维护。

9.2.6 取用地下水时，取水量应小于允许开采水量。采用管井时，应设置备用井。备用井数量可按任何一口井或其设备事故时仍能满足 80%设计取水量确定，但不得少于一口井。

9.2.7 取用地表水时，枯水期的流量保证率应为90%～97%。大中型厂和水源丰富地区，宜取大值；小型厂和缺水地区，可取小值。

9.2.8 取水泵站和取水构筑物的最高水位，宜按100年一遇的频率设计；枯水位的保证率，宜按95%设计、99%校核。小型厂可按50年一遇的最高水位频率设计，枯水位的保证率可按90%设计、95%校核。

9.2.9 水源至工厂的输水工程，应根据地形条件采用重力输水。输水管线宜设置两条，当其中一条故障时，应保证通过80%设计水量；当水源至工厂只设置一条输水管，或多座水源井分别以单管向工厂输水时，厂内应设置安全贮水池或其他安全供水的设施。

9.2.10 给水处理厂的生产能力，应根据工厂总体规划的要求确定，并应满足生产、生活最高日供水量加消防补充水量和自用水量。

9.2.11 生产给水宜采用敞开式循环水系统，循环回水可采用压力流或重力流。新型干法水泥工厂的生产用水重复利用率不应低于85%；循环冷却水系统应保持水质和水量平衡，可采用自然或人工方式降低水温，应进行水质稳定计算，并应采取水质稳定措施或其他水质处理措施，同时应符合现行国家标准《工业循环冷却水处理设计规范》GB 50050 的有关规定。

部分水质要求较高的生产用水，可由生活给水系统供水。

9.2.12 在一个水泵站内，宜选用同类型的水泵；每一组生产给水泵，应设置备用泵，但冷却塔给水泵可不设备用泵。

9.2.13 生活饮用水管道，不得与非生活饮用水管道及非城镇生活饮用水管道直接连接。

9.2.14 生活和消防给水系统应设置水量调节贮存设施，有条件时应选择高位贮水池。

9.2.15 生产和生活、厂内和厂外的用水应分别计量。外购水总管、自备水井管、生产车间和辅助部门，均应设置用水计量器具。各车间和公用建筑生活用水应独立计量。循环水泵站计量仪表的设置应符合现行国家标准《工业循环冷却水处理设计规范》GB 50050 的有关规定。不允许停水点的用水计量器具应设置旁通管路和控制阀。

9.3 排　水

9.3.1 排水工程设计应结合当地规划，综合设计生活污水、工业废水、洪水和雨水的排除。生产污水、生活污水宜采用合流制，雨水宜单独排除。不可回收的生产废水，可排入雨水或生活污水排水系统。

9.3.2 生产排水量应根据生产用水的要求及循环水水质稳定的要求确定。生活污水量的确定应符合现行国家标准《室外排水设计规范》GB 50014 的有关规定，也可按生活用水量的80%～90%计算。

9.3.3 下列各处污水排入排水管网前，应进行局部处理：

　1　建筑物排出的粪便污水，宜先排入分散或集中设置的化粪池。

　2　回转窑和烘干机的托轮水槽的废水不宜排出；但需排出时，应设置除油设施。

　3　汽车洗车台的污水排出及食堂含油污水排出时，应设置沉淀和除油设施。

　4　化验室的成型室和细度室的排水，应设置除砂设施。

　5　化验室的化学分析室、机械修理、电气设备修理车间和其他车间的蓄电池室排出的含酸碱污水，应设置水中和处理设施。

　6　锅炉房排出的温度高于40℃的废水，应设置降温设施。

9.3.4 水泥工厂的污水处理程度及污水排放，应符合现行国家标准《污水综合排放标准》GB 8978 的有关规定，并应取得地区环保主管部门的同意。

9.4 车间给水排水

9.4.1 车间和独立建筑物的给水排水系统，应与室外给水排水系统协调一致。

9.4.2 生产用水设备的进口水压，应根据生产工艺和设备的要求确定。

9.4.3 篦式冷却机和增湿塔喷雾给水泵宜设置调节水箱自灌引水。

9.4.4 石灰石卸车坑、石灰石破碎车间等喷淋除尘用水，宜由生产给水系统供水，也可由生活给水系统供水。水压不足时，应局部加压。

9.4.5 生产车间内的给水管道，宜采用枝状布置。

9.4.6 给水排水管道应根据建厂地区气候条件和建筑物特性，采取防冻和防结露措施。

9.4.7 建筑物的引入管和压力循环回水出户管，应设置控制阀门。用水设备的管道最高部位，宜设置排气阀；管道最低部位，宜设置放水阀。

9.5 工厂消防及其用水

9.5.1 水泥工厂应设计消防给水，并应按建筑物类别及使用功能，设置固定灭火装置和火灾自动报警装置。消防设计应符合现行国家标准《建筑设计防火规范》GB 50016 的有关规定。

9.5.2 厂区和独立居住区，同一时间内的火灾次数，应按一次计算。

9.5.3 消防用水量应符合现行国家标准《建筑设计防火规范》GB 50016 的有关规定。

9.5.4 当工厂设置消防车、移动式消防泵或由附近的消防站协作来满足消防灭火时的水压要求时，室外消防给水应采用低压给水系统，管道的压力应保证消防灭火时最不利点消火栓的水压不小于 0.10MPa（从室外地面算起）。消防给水系统可与生活给水系统或生产给水系统合并。设有储油系统时，油库区应采用独立的消防给水系统。

9.5.5 室外消防给水管网应采用环状布置。居住区及小型厂厂区，其室外消防用水量不超过 15L/s 时，可采用枝状布置。

9.5.6 下列车间和建筑物应设置室内消防给水：

    1 煤粉制备车间。

    2 煤预均化库。

    3 中央控制室。

    4 超过 2 个车位的修车库。

    5 停车数量超过 5 辆的汽车库和停车场。

    6 超过 5 层或体积超过 $10000m^3$ 的单身宿舍、招待所及工厂其他辅助用建筑。

9.5.7 煤粉制备车间，在确保最不利点的消防用水量和水压时，可不设置屋顶水箱。

9.5.8 寒冷地区水泥工厂非采暖车间内的消防管道应采取放空防冻的措施，在总进口处宜设置快速启闭装置。

9.5.9 耐火等级为一、二级，无明火及可燃物较少的丁、戊类高层厂房，每层工作平台工人少于 2 人，且各层平台人数总和不超过 10 人时，可不设置室内消防给水。

9.5.10 固定灭火装置的设置，应符合下列规定：

    1 主机房的建筑面积不小于 $140m^2$ 的电子计算机房中的主机房和基本工作间的已记录磁（纸）介质库，应设置固定灭火装置。特殊重要设备室宜设置气体灭火设备。

    2 单台容量为 40MV·A 及以上的可燃油油浸电力变压器水喷雾装置或其他固定灭火装置的设置，应符合现行国家标准《建筑设计防火规范》GB 50016 和《水喷雾灭火系统设计规范》GB 50219 的有关规定。

    3 储油系统的油罐区，应采用固定式低倍数空气泡沫灭火装置和喷水冷却装置。容量小于 $200m^3$ 的地上油罐，及半地下、地下、覆土和卧式油罐，可采用移动式泡沫灭火装置。

    4 煤磨电除尘器的入口处，应根据工艺要求设置二氧化碳灭火装置，并应在煤磨和煤粉仓附近设置干粉灭火器或其他灭火装置。

    5 设有集中空气调节系统的招待所、无楼层服务台的客房及综合办公楼内的走道、办公室、餐厅、商店、库房，应设置闭式自动喷水灭火设备。

9.5.11 下列部位应设置火灾检测与自动报警装置：

    1 大中型电子计算机房。

    2 贵重的机器、仪器、仪表设备室。

    3 办公楼内的重要档案、资料库。

    4 设有二氧化碳及其他气体固定灭火装置的房间。

9.5.12 水泥工厂的建筑物应设置灭火器，并应符合现行国家标准《建筑灭火器配置设计规范》

GB 50140 的有关规定。

9.5.13 设有火灾自动报警装置和自动灭火装置的建筑物，宜设消防控制室，并应符合现行国家标准《建筑设计防火规范》GB 50016 的有关规定。

9.5.14 煤粉制备车间，宜采用独立布置的方式。与窑头厂房合并时，应采用耐火极限不低于 3h 的非燃烧体隔墙。

10 供热、通风与空气调节

10.1 一般规定

10.1.1 供热、通风与空气调节设计方案的选择，应根据建厂地区气象条件、总图布置、工艺和控制要求、区域能源状况及环境保护要求，并应通过技术经济比较后确定。

10.1.2 供热、通风与空气调节室外气象计算参数，应符合现行国家标准《采暖通风与空气调节设计规范》GB 50019 的有关规定。其中未列出的，可采用地理和气候条件相似的临近气象台站的气象资料。

10.2 供 热

10.2.1 采暖设计应符合下列规定：

    1 累年日平均温度稳定低于或等于 5℃，且日数大于或等于 90d 的地区，宜设置集中采暖。

    位于集中采暖地区的生产管理和生活建筑，且有防寒要求或经常有人停留、工作，并对室内温度有一定要求的生产及辅助生产建筑，应设置集中采暖。

    2 非集中采暖地区的水泥工厂，如需采暖时，其生产管理和生活建筑、生产车间的控制室、值班室及辅助生产建筑，可设置集中采暖。

    3 设置集中采暖的生产管理、生活建筑、生产及辅助生产建筑，位于严寒或寒冷地区，且在非工作时间或中断使用的时间室内温度需保持在 0℃ 以上时，应按 5℃ 设置值班采暖。工艺系统及生产设备对环境温度另有要求时，室内采暖计算温度可根据要求确定。

    各类磨房、水泥包装等高大的生产厂房，不宜设置全面采暖；有温度要求的工作区域，应采用隔断围护结构，并应设置局部采暖或设置取暖室。

    4 采暖建筑物远离热力管网、热力管网布置困难、采暖建筑物过高，且采暖热负荷仅为小型控制室或值班室时，可设置局部采暖。

    5 贮存或生产过程中产生易燃、易爆气体或物料的建筑物，严禁采用明火采暖。采用电热采暖时，应采用防爆型电暖器及插座。

    6 不同供热方式的采暖间歇附加值，宜按表 10.2.1 采用。

表 10.2.1 不同供暖方式的采暖间歇附加值

供热方式	供热热源类型	供热时间(h/d)	间歇附加值(%)
连续供热	热电站或生产线余热供热、区域连续供热锅炉房	24	0
调节运行供热	小区集中供热锅炉房	16～24	10
间歇供热	小型锅炉房(白天运行)	8～10	20

注：间歇附加值按采暖房间总耗热量计算。

7 建筑物冬季采暖室内计算温度，应符合国家现行标准《采暖居住建筑节能检验标准》JGJ 132 的有关规定。

8 采暖热媒选择应符合下列规定：

1) 一般寒冷地区的厂区、厂前区采暖热媒，宜采用 95～70℃ 低温热水。

2) 严寒地区的厂区、厂前区采暖热媒，宜采用 110～70℃ 高温热水。

3) 严寒地区的生产线物料储运和除尘设备保温供热热媒宜采用蒸汽，其他生产车间采暖热媒可采用蒸汽。蒸汽温度不应高于 120℃，其凝结水回收率不得低于 60%。

4) 利用余热或天然热源采暖时，采暖热媒及其参数可根据具体情况确定。

10.2.2 热源的设计应符合下列规定：

1 所需热负荷的供应，应根据所在区域的供热规划确定。其热负荷可由区域热电站或区域锅炉房供热时，不应单独设置锅炉房。

2 锅炉房设计，应根据工厂总体规划留有扩建余地。改建、扩建工程，应利用原有建筑物、设备和管道。

3 锅炉房的位置选择，应符合下列规定：

1) 锅炉房应布置在热负荷中心附近，并应布置在厂前区或厂前区与主要用热建筑间的地势较低的位置。

2) 锅炉房应布置在所在区域常年或冬季主导风向的下风侧，并应有利于自然通风和采光。

3) 燃煤锅炉房附近应设置可存放 5～10d 用煤量的煤堆场和 3～5d 灰渣量的灰渣场。堆场设计应便于运输及利于防尘，并应符合防火要求。锅炉房采用联合上煤、联合除渣时，还应设置运煤、除渣设施用地。

4) 锅炉房与邻近建(构)筑物之间的距离，应符合现行国家标准《建筑设计防火规范》GB 50016 及本规范附录 A 的有关规定。

4 锅炉台数与炉型的确定应符合下列规定：

1) 锅炉房内相同参数的锅炉台数不宜少于两台。采用一台能满足热负荷和检修要求时，可只设置一台。

　　按蒸汽与热水炉型每种不宜超过两台，选用多台锅炉时，应通过技术经济比较确定。

2) 一般寒冷地区采暖锅炉可不设置备用锅炉。但其中一台停止运行时，其余锅炉应满足 60%～75% 热负荷的要求。

3) 严寒地区的生产建筑采暖及除尘设备保温供热，应设置备用锅炉。

4) 生活供汽应设置备用锅炉。

5) 以水泥窑余热或余热发电抽汽作为采暖、生活用汽热源，且只有一台窑设有余热供热或余热发电抽汽供热时，应设置备用锅炉。

6) 有热水采暖和生活用汽要求，且两种热负荷均较小的厂区锅炉房，宜采用蒸汽锅炉，并应设置汽水换热装置。

5 以热电厂或余热发电抽汽作为水泥工厂采暖、生活用汽热源时，应设置汽水换热站或采取减压措施。汽水换热器的容量和台数，应根据采暖总热负荷选择。严寒地区换热器应设置备用换热器，一般寒冷地区可不设备用换热器。但当其中一台换热器停止运行时，其余设备应能满足 60%～70% 热负荷的要求。

6 锅炉房控制室应有较好的朝向，其观察窗对锅炉应有较好的观察视野。燃煤锅炉总容量折合 12 蒸吨以上的锅炉房，宜设置化验室、维修间和生活间。

7 燃煤锅炉总容量折合小于 12 蒸吨的锅炉房，每台锅炉可单独设置机械上煤、机械除渣装置。严寒地区燃煤锅炉总容量折合等于或大于 12 蒸吨，或一般寒冷地区要求机械化程度较高的锅炉房，从煤堆场到锅炉房内运煤，宜采用间歇机械化设备装卸和间歇机械化设备运煤。锅炉除渣宜采用联合除渣机。

8 燃煤锅炉房的鼓、引风机应设置在厂房内，但鼓风机不应设置在锅炉间内。当鼓、引风机设置在室外时，应采取防雨、消声等措施。

9 燃煤锅炉房烟囱高度、个数及烟尘、二氧化硫排放浓度，应符合现行国家标准《锅炉大气污染物排放标准》GB 13271 的有关规定。

10 锅炉房应根据其规模、供热对象分别设置计量仪表检测。

10.2.3 室外热力管网的设计，应符合下列规定：

1 热水采暖管网应采用双管闭式循环系统。蒸汽采暖管网宜采用开式系统，其凝结水应回收。凝结水量小且回收系统复杂时，可就地减温排放。

2 热力管网敷设应符合下列要求：

1) 热力管网敷设型式，应根据建设场地地形、地质、水文、气象条件以及对美观的要求等确定。改建、扩建工程尚应根据原有管网及建（构）筑物情况确定。

  2）采用直理敷设的热力管网，敷设于地下水位以下的直埋管，应有防水措施。穿越铁路或不允许开挖的交通干道时，应加设套管。

  3）采用地沟敷设的热力管网，连接各采暖用户的支管宜采用不通行地沟；供热干管及检修不允许开挖的地段，宜采用半通行地沟；当各种管道共沟敷设时，宜采用通行地沟，热力管应在管沟的上部，并应符合本规范第 6.8.2 和 6.8.3 条的规定。

  4）新建厂的热力管网宜采用直埋或地沟敷设，当建设场地不允许时，可采用架空敷设。改建、扩建工程的热力管网，宜采用架空敷设。严寒地区不宜采用架空敷设。

  5）各采暖用户热力管入口处均应装设调节阀，并应安装在入户阀门井内。沿墙敷设的架空热力管，室外安装阀门有困难时，入户阀门可安装在室内。

  6）地下敷设的热力管沟、阀门井外壁，以及直埋管道、架空管道保温结构表面，与建（构）筑物、道路、铁路及各种管道的最小水平净距、垂直净距，应符合本规范附录 C～附录 E 的规定。

  7）热负荷较大的生产及辅助生产建筑物，其采暖入口处，宜设置分户热计量装置。且宜设置温度、压力检测管座。

10.3 通　　风

10.3.1 自然通风设计应符合下列规定：

  1 以自然通风为主的窑头厂房、冷却机房、烘干车间、各类磨房及余热发电的汽轮发电机房等建筑物，其方位宜根据主要进风面、建筑物形式，按夏季有利的风向布置。

  2 底层门洞、侧窗宜作为自然通风的进风口，上部侧窗宜作为自然通风的排风口；烘干机房宜设置排风天窗。侧窗和天窗的窗扇，应开启方便灵活；高侧窗应设置开窗平台。

  3 采用自然通风的建筑物，车间内工作地点的夏季空气温度，应符合表 10.3.1 的要求。当空气温度超出规定值时，应设置机械通风。

表 10.3.1　车间内工作地点的夏季空气温度规定值

夏季通风室外计算温度（℃）	≤22	23	24	25	26	27	28	29～32	≥32
允许温差	10	9	8	7	6	5	4	3	2
工作地点温度	≤32			32				32～35	35

注：如受条件限制，在采取通风降温措施后仍达不到本表要求时，允许温差加大 1～2℃。

  4 产生余热、余湿的地坑、压缩空气站等生产厂房，首先应采用自然通风消除余热、余湿，达不到卫生条件和生产要求时，应采用机械通风。

10.3.2 生产设备冷却通风的设计，应符合下列规定：

  1 新型干法生产线的回转窑，其烧成带筒体应根据设备要求设置通风冷却系统。

  2 对有风冷降温要求的回转窑烧成带轮带（从窑头起 1 号或 1 号及 2 号轮带），应根据设备所需的风量、风压要求，设计成独立的通风冷却系统。

  3 窑中主传动、各种磨机及辊压机等电动机的风冷，应根据制造厂的要求进行通风设计，并应对通风系统采取过滤措施。

  4 窑头看火平台应设置可移动的轴流通风机，其工作地点风速应按 2～4m/s 计算。

10.3.3 生产与辅助生产建筑的机械通风设计，应符合下列要求：

  1 凡产生余热、余湿及有害气体的建筑，应以消除有害物质计算通风量，当缺乏必要的资料时，可按房间换气次数确定。水泥工厂建筑物通风换气次数，宜按本规范附录 H 采用。

  2 输送冷、热物料地坑及地下皮带机走廊应设置通风系统。进风采用自然补风时，断面风速宜为 0.5～0.7m/s；补风的室外进风口宜设置在空气洁净的地方，专门设置的进风口应高出室外地坪 2m，当设在绿化地带时，不宜小于 1m；排风系统的吸风口位置的设置应保证抑制热、尘等扩散，且排风口应高出室外地坪 2.5m 以上。

  3 炎热地区的包装车间包装工人插袋处，宜设置局部过滤送风装置。

  4 化验室通风柜排风量，应按保持工作孔风速 0.5～0.6m/s 计算。其排风机及管道应采取防腐措施。

  5 有机械送风的配电室，送入室内的空气应经过滤处理。配电室应设置排风系统，其风量宜为送风系统风量的 90%。

  6 炎热地区的各车间配电室、电除尘器整流室，应设置机械排风系统。

  7 设有二氧化碳或其他气体等固定灭火装置的中央控制室及其他建筑物，应按消防要求设置局部排风系统。

  8 炎热地区机、电修车间的各工段厂房内，除应设置移动式通风机外，对于散热及产生有害气体的铆锻焊工段、电修的喷漆间等，尚应设置局部排风系统。

  9 汽车保养的碱水清洗间、发动机修理间，应设置机械排风系统，并应采用防腐风机。

  10 循环水泵站的加氯间及污水泵站的地坑，均应设置机械排风系统。加氯间的排风口应设置在房间的下部。污水泵站吸风口的设置，气流不应短路。

10.3.4 事故通风的设计，应符合下列规定：

1 总降压变电站、配电站的高压开关柜室、电容器室、氧气瓶库、乙炔气瓶库、汽车保养间的充电间、电瓶修理间、射油泵间、燃油附件间及喷漆间等辅助生产厂房，应设置事故排风装置。当事故排风与排热、排湿系统合用时，通风量应根据计算确定，但换气次数不应小于 **12** 次/h。

2 事故排风机开关应分别在室内、外便于操作的地点设置。

3 事故排风机应设置在有害气体或有爆炸危险物质散发量最大的地点，并应采取防止气流短路措施。

4 排除有爆炸危险物质的局部排风系统，通风机的电机应采用防爆型。

5 电缆隧道应设置事故排风，排风量应按隧道断面风速0.5～0.7m/s 计算，并应采用自然补风。风口距室外地面的高度，进风口不应低于 **2m**，排风口不应低于 **2.5m**。

10.4 空 气 调 节

10.4.1 中央控制室、中央化验室、供配电系统控制室、计量管理监测站及轨道衡等，应根据生产工艺设备的要求，设置空气调节系统；厂前区要求较高的办公楼、综合服务楼、招待所及食堂等建筑物，可根据当地气象条件或建设单位的要求，设置空气调节系统。

水泥工厂建筑物空气调节室内计算温、湿度参数要求，宜按本规范附录 J 确定。

10.4.2 空气调节房间的布置及围护结构，应符合下列规定：

1 中央控制室、中央化验室及其他建筑内，要求设置空气调节的房间，不宜顶层布置，宜集中布置，其外墙宜北向，并应减少外窗面积，同时向阳窗应采取遮阳措施。

2 中央控制室和中央化验室的成型室、养生室设置在底层时，应设置双层窗。炎热地区的中央控制室空气调节房间宜设置外走廊。

3 中央控制室空气调节房间设置在顶层时，应设置顶棚，炎热地区宜设通风屋顶。

4 空调房间的通风窗夏季应能开启，冬季应能密闭。

5 空气调节房间围护结构的最大传热系数和采暖期最小传热热阻应符合现行国家标准《采暖通风与空气调节设计规范》GB 50019 的有关规定。

10.4.3 空气调节系统的设计，应符合下列规定：

1 中央控制室、中央化验室、办公楼、招待所等有空气调节要求的建筑物，当总图布置比较集中，且所需空调总面积较大时，宜采用设置集中冷站的集中空气调节系统。集中冷站应设置在冷负荷中心。

2 有空气调节要求的建筑物，当总图布置比较分散，且每幢建筑物所需空调面积较大时，各建筑物宜采用独立的集中空气调节系统，其空调机房宜设置在建筑物底层或地下室。

3 各主要生产车间控制室、电力室及建筑物中仅个别房间有空调需要时，宜采用局部空气调节系统。

4 中央控制室、中央化验室等有温、湿度要求的集中空气调节系统，应设置温、湿度自动控制装置。

5 集中空气调节系统送、回风总管，以及新风系统的送风管道上，均应设置防火装置。所有风道、保温材料等应采用非燃烧材料或难燃烧材料。

10.4.4 空气调节设备选型应符合下列规定：

1 设置集中冷站的集中空气调节系统的冷源，宜采用冷水机组。冷水机组台数不应少于两台，当其中一台发生故障停运时，其余冷水机组应保证中央控制室、中央化验室所需空气调节的冷负荷。

2 单体集中空气调节系统，应根据建筑物温、湿度要求，分别选用空气调节设备。有特殊要求的办公楼、招待所等建筑物，宜采用冷水机组与风机盘管加新风机组。冷水机组不宜少于两台，可不设置备用机组；中央控制室、中央化验室宜采用整体的恒温、恒湿机组，且不应少于两台，亦不应超过四台。一台机组发生故障停运时，其余机组应能满足设计冷负荷的要求；中央化验室的成型室、养生室设在地下室时，可根据当地环境温度，设置一台整体式恒温、恒湿机组。

11 机械设备修理

11.1 一 般 规 定

11.1.1 机械设备修理车间的装备水平，应根据水泥工厂的生产规模和当地的协作条件确定。大中型厂协作条件较差时，应设置中修能力的装备水平；协作条件有保证时，可按小修设置。

11.1.2 机械设备的维修，应根据工厂的管理体制，采取集中为主或集中与分散相结合的方式。设置生产车间维修组时，应根据主要负责本车间机械设备的日常维护工作设置。

11.1.3 大型备件、锻钢件、精密件、专用件、标准件等应由外协加工或供货商供货。

11.1.4 机械设备修理应由机钳、铆锻焊、热处理等工段组成，有附属矿山时，还应包括矿山设备维修。机械设备修理的辅助设施应包括备品备件库、乙炔气瓶和氧气瓶库，以及办公室和更衣室等生活设施。

11.1.5 机械设备修理工作量宜根据自给率的 15%～30%确定，可按下列公式计算：

$$W=\frac{Qg}{1000} \tag{11.1.5}$$

式中 W——机械备件年需要量（t）；

Q——水泥年产量（t）；

g——单位产品备件消耗指标（kg/t），取 0.6～1.1。对小型厂取 1.1，中型厂取 0.7，大型厂取 0.6。

11.1.6 机械设备修理车间的工作班制，除机钳工段机床加工宜为两班制外，其他工段应为一班制。

11.2 工段组成与装备

11.2.1 机钳工段宜由机床加工、钳工装配和辅助工种等生产系统，以及工具间、生活间和办公室等组成。

11.2.2 机钳工段配置应符合下列规定：

1 机床数量应根据备件的加工量和机床的年加工量确定，各类机床数应根据机床分配比例和工厂加工特点选择。

2 机钳工段机床配置宜符合表 11.2.2 的规定。

表 11.2.2 机钳工段机床配置（台）

机床名称	小型厂	中型厂	大型厂
普通车床	4	5～6	8
龙门刨床	—	1	1
牛头刨床	1	2	2
插床	—	1	1
铣床	—	1	1
摇臂钻床	1	1	1
立式钻床	1	1	1
桥式起重机	起重量 $Q=5t$，1 台	起重量 $Q=10t$，1 台	起重量 $Q=10t$，1 台

11.2.3 铆锻焊工段宜由锻造和焊接工段组成。其主要设备的配置应符合下列规定：

1 锻造工段的设备规格应根据消耗件中的锻件规格、材质和锻造工艺确定。

2 焊接工段的切割设备规格应根据金属结构件钢板厚度确定；焊接设备规格应根据焊接方法和年工作量确定。

3 铆锻焊工段主要设备配置宜符合表 11.2.3 的规定。

表 11.2.3 铆锻焊工段主要设备配置

设备名称	小型厂	中型厂	大型厂
室式加热炉，炉底面积 0.4m²	—	△	△
75kg 空气锤	△	△	△
400kg 空气锤	—	△	△
剪板机，剪板厚度小于 13mm	—	△	△
三辊卷板机，最大板厚 19mm	—	△	△
空气压缩机 $Q=0.9m^3/min$，$p=0.7MPa$	△	△	△

续表 11.2.3

设备名称	小型厂	中型厂	大型厂
铁砧	△	△	△
焊接整流器	△	△	△
焊接变压器	△	△	△
焊接发电机	△	△	△
半自动切割机	—	△	△
铆钉机	△	△	△
钻床	△	△	△
车间内起重机 $Q=5t$	△	△	△

注："△"表示需要，"—"表示不需要。

11.2.4 热处理工段宜设置普通热处理间、金相检验间、硬度测试间、办公室和生活间等。主要设备应根据年热处理工作量和热处理工件的规格尺寸设置，宜设置箱式电阻炉、井式电阻炉、淬火油槽、淬火水槽、硬度计、金相试样抛光机和金相显微镜等。

11.3 工段布置

11.3.1 机钳工段面积应包括生产机床占用面积，以及钳工装配、工具间和仓库等所需面积。机钳工段面积指标应符合表 11.3.1 的规定。

表 11.3.1 机钳工段面积指标

项 目	面积指标
生产机床	按每台机床平均面积指标为 45m² 计算
钳工装配	按生产机床面积的 20% 计算
工具间、仓库	按生产机床面积的 10% 计算

注：生产机床总面积中不包括办公室和生活间，设计时按工厂要求确定。

11.3.2 机钳工段的机床布置，应符合下列规定：

1 应保证安全作业，并应便于机床检修、自然采光及切屑清理，同时应布置紧凑。

2 机床间距尺寸应符合表 11.3.2 的规定。

表 11.3.2 机床间距尺寸（mm）

机床间距尺寸		中小型机床	大型机床
机床与墙之间的距离	与墙之间有操作位置	1000～1200	1200～1500
	与墙之间无操作位置	机床外形或柱子或墙的距离 600～800	
机床与机床之间的距离	与机床左右之间的距离	800～1500	1500～3000
	前后之间有一个操作位置	1000～1200	1200～1500
	前后之间有两个及以上操作位置	适当加大	
机床与通道之间的距离	无操作位置	200～400	600～800
	有操作位置	800～1200	

3 机床间距尺寸除应保证本条第 2 款要求外，尚应保证机床基础与厂房柱子基础的最小距离和起重机吊钩活动的极限范围。

11.3.3 铆锻焊工段的锻造部分可布置在车间端部，可采用隔墙与铆焊部分分开。铆锻焊工段面积指标应符合表 11.3.3 的规定。

表 11.3.3　铆锻焊工段面积指标

项　　目		面积指标
锻压机组	铁砧	30m²
	75kg 空气锤	50m²
	400kg 空气锤	100m²
燃料、毛坯及锻件堆放		按锻压机组面积的 30% 计算
铆焊		按 0.3t/a·m² 单位产量指标计算
露天作业		按工段面积的 60% 计算

注：工段面积不包括办公室和生活间。

11.3.4 铆锻焊工段的设备布置应符合安全、采光和检修的要求，并应满足加工过程中原材料堆放和操作方便所需的间距。锻造部分的空气锤中心与墙的间距，75kg 空气锤应为 2800mm，400kg 空气锤应为 3500mm；空气锤与加热炉的间距，75kg 空气锤为 1500mm，400kg 空气锤为 1800mm。

11.3.5 热处理工段的面积可为 189～216m²，其中生产面积应为 75%，辅助部分和生活设施应为 25%。工段布置时，炉子与墙的距离应为 1000～2000mm，炉子相互间距应为 1200～1500mm，炉口与淬火槽的距离应为 1500～2000mm。

11.4　工段厂房

11.4.1 机修车间各工段的生产火灾危险性类别及建筑最低耐火等级应符合本规范附录 A 的规定。

11.4.2 机钳工段的厂房跨度应采用建筑模数制，宜采用 9、12、15、18m；厂房各种门的尺寸及适用范围宜符合表 11.4.2 的要求。

表 11.4.2　机钳工段厂房各种门的尺寸及适用范围

门的尺寸（宽×高）(m)	适　应　范　围
1.0×2.1	行人便门、办公室生活间、辅助材料库和工具室门
1.5×2.1	辅助车间手推车进出门
2.1×2.4 或 2.4×2.4	平板车、电瓶车进出门
3.6×3.6 或 4.2×4.2	重型载重汽车进出门

11.4.3 机钳工段生产用水量，应按每加工 1t 备件的耗水量为 1.1m³/t 计算，机钳工段应配置升压手压泵。每台机床的冷却水量，宜按 0.6L/h 或 0.01m³/d（两班生产）计算；中小型磨床可按 0.02m³/d（两班生产）计算。

11.4.4 机钳工段应按机床要求设计供配电，检修平台、钳工台、划线平台、砂轮机等设备附近应设置动力插座；在布置机床设备的部位，每隔 8～12m 应设置一只局部照明插座。

11.4.5 铆锻焊工段的铆焊部分地面荷载宜为 2t/m²，其放置机床部分的地面荷载宜为 1～3t/m²。锻造部分地面荷载宜为 3t/m²，并应具有耐热、耐压、耐振性能；氧气瓶库、乙炔瓶库的地面、墙壁应具有防水、防腐蚀性能。

11.4.6 铆锻焊工段的氧气瓶库、乙炔气瓶库设计应符合下列规定：

1 氧气瓶库、乙炔气瓶库与有爆炸危险的房间的距离应大于 30m，氧气瓶库和乙炔气瓶库周围 25m 以内的建筑物严禁采用明火取暖，且库内应设置通风和消防设施。同时库内应采用防爆型照明，照明开关应设置在门外。

2 氧气瓶库、乙炔气瓶库与其他建筑物的防火间距应符合本规范附录 A 的规定。

11.4.7 卷板机、剪板机等大型设备附近应设置动力插座。

11.4.8 热处理工段应设置机械通风，并应符合本规范第 10.3.3 条第 8 款的规定。

11.4.9 热处理工段的厂房建筑不应采用木结构，地面荷载宜为 3～5t/m²，且地面应具有耐高温、耐冲击、耐油、易冲洗的性能。

11.4.10 热处理工段宜采用独立建筑物，若与其他车间合并时，应至少有一长边的外侧墙与其他车间互相隔开。

11.4.11 机械设备修理车间应设置备品备件库、氧气瓶库和乙炔气瓶库。机械设备修理车间贮库面积可按表 11.4.11 采用。

表 11.4.11　机械设备修理车间贮库面积

库　　名	规格（宽×长）(m)	面积（m²）
备品备件库	12×42	504
	15×42	630
	18×54	972
氧气瓶库、乙炔瓶库	6×12	72
	12×24	144

11.4.12 工段厂房应根据工厂规模和协作条件，设计面积不等的两个备品备件库。两个备品备件库可分别选用 5～10t 和 3t 的电动单梁起重机。库房的地面荷载宜为 2～3t/m²。

11.4.13 氧气瓶库与乙炔气瓶库在同一建筑物内时，应采用隔墙将氧气瓶库与乙炔气瓶库隔开。库内地面材质应具有防火和防腐蚀性能，且地面荷载应为 0.8～1t/m²。

12　电气设备及仪表修理

12.1　一般规定

12.1.1 水泥工厂中应设置电气设备及电气仪表修理

车间和自动化仪表维修车间。

12.1.2 电气设备及电气仪表修理车间的规模应根据工厂规模、电气装备水平及外部协作条件确定。

12.1.3 在大中型厂的主要生产车间，可根据需要设置电气维修间。

12.1.4 电气设备及电气仪表修理车间宜设置在机修车间附近，不宜与铆锻焊工段相邻。

12.1.5 电气设备及电气仪表修理车间内应设置电动或手动单梁起重机，其起重量应满足起吊最大检修部件的要求。

12.2 电气设备及电气仪表修理车间规模

12.2.1 水泥工厂电气修理，应能对电动机、变压器、配电装置、配电线路、电气设备及电气仪表进行修理，并应根据工厂电动机、变压器台数、装机容量及表12.2.1的规定划分车间规模。

表 12.2.1 电气设备及电气仪表修理车间规模划分

水泥工厂规模	电动机、变压器总台数	车间规模
4000t/d 级及以上规模	800 台以上	中型或大型
4000t/d 级以下、2000t/d 级及以上规模	400～800 台	中型或小型

12.2.2 电气设备及电气仪表修理车间的设计规模，应满足工厂扩建的要求，主要设备和厂房宜一次建成，其他设备可按扩建需要逐步增加。

12.2.3 电气设备及电气仪表修理车间的面积可按下列原则设计：

　　1 电气设备年送检率可按装备数量的15%～25%确定，设备台数可按表12.2.1中电动机和变压器的总台数计算，每台送检设备所需面积可按5～6m² 确定。

　　2 不同规模电气设备及电气仪表修理车间的面积宜符合下列规定：

　　　1）小型车间为500m²。

　　　2）中型车间为900m²。

　　　3）大型车间为1000m²。

12.2.4 电气设备及电气仪表修理车间内应设置供设备检修用的材料及备品备件库。全厂电气设备备品备件库的规模，应与全厂仓库统一设计。

12.2.5 独立的电气设备及电气仪表修理车间宜设置办公室、更衣室、厕所等辅助和生活用房。

12.2.6 厂房有起重设备时，其净高不应低于6.5m；无起重设备时，不应低于4.5m。

12.3 电气设备及电气仪表修理内容与设备选择

12.3.1 电气设备及电气仪表修理车间对电气设备的维修，应包括下列内容：

　　1 110kV 及以下电气设备的检修与预防性试验。

　　2 0.5级及以下电气仪表的检验与修理。0.2级以上的仪表校验宜外部协作。

　　3 容量为2000kV·A 及以下变压器，或中、小型中、低压电动机的大修与中修。

　　工厂的主变压器或大型中压电动机及特殊电动机的修理宜外部协作。

　　4 变压器油的再生与处理。

　　5 电气设备零部件及易损件的修配与制造。

　　6 配电线路（架空线、电缆）的维修。

12.3.2 电气设备及电气仪表修理车间应设置拆装钳工、机械加工、变压器油再生与处理、电气试验、绕线下线、浸漆干燥、外线维修、电气仪表维修、电子及元器件维修等。

12.3.3 电气设备及电气仪表修理车间的设备选择与配置，应满足各工段检修任务的要求，并应与机修车间密切协作。

12.3.4 电气设备及电气仪表修理车间的设备和仪表应选用功能全、性能好的新型设备，不得选用劣质或淘汰产品。

12.3.5 电气设备及电气仪表修理车间附近无气源时，应设置移动式空气压缩机。

12.4 电气设备及电气仪表修理车间配置

12.4.1 电气设备及电气仪表修理车间应按主要工艺的顺序配置，不应出现物件的倒流和交叉。

12.4.2 电气设备及电气仪表修理车间有主、辅跨时，应将拆装钳工、机械加工、变压器修理、电气试验及待试设备场地等布置在主跨；应将绕线下线、浸漆干燥、外线检修、仪表修理及其他辅助建筑布置在辅跨。

12.4.3 电气设备及电气仪表修理车间与机修金工车间合建时，宜共用起重设备，并宜在两车间之间设置半墙隔开，同时应在半墙上设置连通两车间的门。

12.4.4 电气设备及电气仪表修理车间应有良好的采光。厂房高度应满足设备起吊要求。有起重设备时，大门尺寸应满足汽车载运变压器进出的要求。

12.4.5 电气试验室的高压区，应设置固定或移动的栏杆和信号标志。

12.4.6 浸漆干燥及油处理间应满足防火要求，并应设置机械通风装置。

12.4.7 电气设备及电气仪表修理车间内应设置生产、生活用水点。

12.4.8 检修和储存电子元器件的房间，宜设置空气调节装置。

12.4.9 电气仪表修理的房间，应采用水磨石地面。油再生与处理间，宜采用瓷砖地面。变压器吊芯间，宜采用耐油沥青混凝土地面。

12.4.10 含六氟化硫的高压断路器检修时，应采取安全防护措施，并应设置机械通风装置。

12.5 电气仪表维修

12.5.1 电气设备及电气仪表修理车间应设置电气仪表维修室和备品备件库，其装置水平宜符合下列规定：

1 大中型厂宜按中修水平设置。具备外部协作条件时，可按小修水平设置，且宜增加备品备件的品种和数量。

2 大中型厂在地处边远地区，当地机加工与仪器仪表工业基础薄弱，且不具备外部协作条件时，可按大修水平设置。

12.5.2 电气仪表维修室应具有良好的采光，同时应设置防火、防尘及防振等设施。

12.6 自动化仪表维修

12.6.1 大中型水泥工厂应设置自动化仪表维修室。

12.6.2 自动化仪表维修室宜设置于工厂中央控制室楼内。

12.6.3 自动化仪表维修室应配备基本的检测、调校、维修设备仪表。对于专业性较强的自动化仪表、计算机系统的重要仪表维修工作，应由专业厂或外部协作解决。

12.6.4 自动化仪表维修室的房间，应采用防静电地板或水磨石地面，并应有良好的采光，同时应设置空气调节装置。

13 余 热 利 用

13.1 一 般 规 定

13.1.1 水泥厂废气余热利用应在保证水泥生产线设计指标不变的条件下进行。烧成系统多余的废气余热宜用于发电。

13.1.2 水泥生产线设计中宜预留窑头和窑尾废气余热利用的建设场地及系统接口。

13.1.3 余热利用系统的建设不应影响水泥生产的正常运行，不应提高水泥生产热耗、降低产量。

13.1.4 余热利用系统设计与建设宜在水泥生产线达产且稳定运行，并对运行工况进行热工标定后进行。

13.1.5 原有水泥生产线增加余热利用系统时，应对生产线中的相关设备进行核算，并应确定余热利用装备的参数。

13.1.6 水泥生产线的煤磨烘干用热风宜取自窑尾高温风机后。

13.1.7 窑尾设置余热利用装置时，窑尾收尘宜采用布袋除尘器。

13.1.8 在余热利用装置的进出烟气管道之间应设置旁通管道，并应在装置进口和旁通烟道分别设置风量调节阀门。余热利用装置应采取防磨、防漏风、清灰和回灰措施。

13.1.9 余热利用系统的主厂房宜设置在窑头、窑尾余热锅炉附近。

13.1.10 余热利用系统的化学水车间用水宜由工厂生活给水系统供给；循环冷却水补充水宜由工厂水净化车间的生产用水、污水处理的中水或水源直接补给。

13.1.11 余热利用系统的废气调节阀门的控制应由水泥生产线中控操作，其控制状态、参数值应反馈至余热电站控制系统。

13.1.12 余热利用系统的电气及自动化控制水平应与水泥生产线控制水平一致。

13.1.13 余热利用系统的设备应选用成熟可靠的国产设备。

13.1.14 余热利用系统宜利用水泥生产线的设施、机构等，并不应重复建设。

13.1.15 高寒地区和高湿热带地区的电气仪表设备，应采取防冻和防湿热措施。

13.2 余 热 发 电

13.2.1 余热发电的形式应符合下列规定：

1 余热发电宜采用纯余热系统，并应采用汽水循环方式，同时系统应简化。

2 热力系统宜采用单压系统。当采用双压或多压系统时，应通过技术经济比较确定。

13.2.2 装机规模应符合下列规定：

1 余热电站的装机规模应按水泥生产线稳定的最大工况废气参数确定。

2 余热电站的装机规模宜采用标准系列的汽轮发电机组，并应利用汽轮发电机组允许的超发能力。

13.2.3 余热电站控制系统的设计应符合下列规定：

1 余热电站宜设置独立的配电中心和控制中心。高、低压配电室的布置应视场地情况和开关设备的数量合并或分开，电站的中央控制室宜布置在汽轮发电机组运转层平面。

2 余热电站应通过集散型计算机控制系统对余热电站的汽、水、油等系统实施监控和操作。

3 余热电站的继电保护控制宜采用综合自动化保护装置。

4 余热电站的站用低压配电宜采用集中配电。站用变压器宜采用干式变压器，变压器的配置宜采用暗备用方式。厂用低压母线段应设置保安联络电源。

13.2.4 余热电站的接入系统应符合下列规定：

1 接入系统并网点宜选择总降压变电站 6 或 10kV 的某母线段作为并网关口。

2 余热电站为单台发电机组时，电站 6 或 10kV 母线宜采用单母线接线方式，联络线应采用单回电缆线路与总降压变电站 6 或 10kV 母线段对应连接；余热电站为两台或多台发电机组时，电站6 或 10kV 母线可采用单母线分段接线方式，联络线应采用双回电缆线路与总降压变电站 6 或 10kV 母线段对应连接。

3 发电机组的启动电源应取自外电网或水泥厂自备的备用电源。

4 同期并网点应设置在发电机出口开关处。

5 发电机出口开关处,应设置发电机组安全自动保护装置。

6 建设项目所在地区电业部门对系统调度管理有要求时,在总降压变电站侧 6 或 10kV 母线段联络线的并网关口开关处应加设双低解列装置,且电压采集应取自主变上级系统侧母线电压。

7 电站接入系统设计的远动信息量应根据"接入系统报告"进行设置。

8 接入系统设计中,系统短路电流应按照当地电业部门提供的系统短路参数及发电机组的短路参数计算确定。

9 接入系统设计中,系统继电保护整定计算值应经当地电业部门确认。

13.2.5 水泥生产线与余热电站的配合,应符合下列规定:

1 窑头工艺设计时,应根据余热电站对废气利用要求的冷却机出风位置进行工艺布置。

2 窑尾末级预热器及出口管道应采取保温措施。

3 生料磨及煤磨烘干用风管道设计应满足工艺与余热电站要求。

13.3 利用余热供热及制冷

13.3.1 位于集中采暖地区的工厂宜利用烧成系统废气余热进行采暖供热。设置余热发电时,应对热电联供方案进行技术经济比较后确定。

13.3.2 余热锅炉供热能力,应根据工厂最终规模的热负荷、增扩建的裕量确定。

13.3.3 通过技术改造新增余热供热工程的,应利用原有设施。

13.3.4 余热锅炉供热热媒设计应符合下列规定:

1 供热负荷仅为采暖热负荷时,应采用热水循环系统。

2 供热负荷除采暖负荷外,还包括其他用途时,宜采用蒸汽为热媒。蒸汽参数应满足所有热用户中的最高要求。

13.3.5 同一供热系统中,仅设有一台余热锅炉时,应设置备用热源;有两条以上水泥窑且同时设有余热锅炉时,可不设置备用热源。

13.3.6 采暖热源由余热电站抽汽提供时,应设置汽-水换热站。建厂地区夏季具有一定空调冷负荷时,可采用水泥窑余热锅炉作为吸收式制冷的热源。

附录 B 水泥工厂厂内道路主要技术标准

表 B 水泥工厂厂内道路主要技术标准

序号	标准名称	选用条件及范围	单位	数值
1	设计车速	通用	km/h	15
2	路面宽度	大、中型厂主干道	m	9.0~7.0
		大型厂次干道	m	7.0~6.0
		中型厂次干道,小型厂主干道	m	6.0~5.0
		小型厂次干道	m	6.0~4.5
		大、中、小型厂支道	m	4.5~3.0
		人行道	m	0.75~2.0
3	路肩宽度	困难时用下限	m	0.75~1.5
4	最小转弯半径(路面边缘计)	车间引道	m	6
		行驶 4~8t 单辆汽车	m	9
		4~8t 汽车带一挂车	m	12
		15~25t 平板挂车	m	15
		40~60t 平板挂车	m	18
5	最大纵坡	自行车、手推车道	%	3.5
		各类型厂主干道	%	6
		各类型厂次干道	%	8
		各类型厂支道车间引道	%	9

附录 A　水泥工厂建（构）筑物生产的火灾危险性类别、耐火等级及防火间距

表 A　水泥工厂建（构）筑物生产的火灾危险性类别、耐火等级及防火间距（m）

下表为三角形防火间距矩阵。左侧列出各建（构）筑物的序号、生产火灾危险性类别、最低耐火等级及名称（序号 1~36，自下而上排列）；上方为相同建（构）筑物（序号 1~36，自左至右）的名称、生产火灾危险性类别及最低耐火等级。各栏内数值为相应两建（构）筑物间的防火间距（m）。

列（上方）建（构）筑物对照：

序号	生产火灾危险性类别	最低耐火等级	建（构）筑物名称
—	—	—	**主要生产厂房**
1	戊	二	石灰石、辅助原料破碎
2	丙	二	煤破碎
3	戊	二	原料预均化堆场
4	丙	二	煤预均化堆场
5	戊	二	钢筋混凝土圆库
6	戊	二	原料、水泥粉磨
7	丁	二	烧成窑尾
8	丁	二	烧成窑头
9	乙	二	煤粉制备
10	丙	一	窑头点火油库
11	丁	二	熟料储存库
12	戊	二	水泥包装成品库
13	丁	二	辅助原料烘干
—	—	—	**辅助生产厂房**
14	戊	二	耐火材料库、备品备件库
15	丙	二	材料库
16	丁	二	压缩空气站
17	丙	二	总降压变电站
18	丙	二	车间变电所
19	戊	二	循环水、雨水、污水泵站
20	戊	二	机钳工段
21	丁	二	铆、锻、焊工段
22	戊	二	电气、仪表维修
23	丙	二	生产汽车、装载机、推土机库
24	甲	一	氧气、乙炔气瓶库
25	丁	二	锅炉房
26	戊	二	汽车衡、轨道衡
27	丙	一	中央控制室
28	丙	二	中央化验室
—	—	—	**生产管理、生活建筑**
29	—	二	工厂办公楼
30	—	二	车间办公室、路厂联合办公室
31	—	二	招待所
32	—	二	单身、倒班宿舍
33	—	二	厂区食堂、浴室
34	—	—	厂内铁路中心线
35	—	—	厂内道路路边
36	—	—	厂内围墙中心线

防火间距矩阵（行序号 36→1；列序号 1→36；单位 m）：

序号	建（构）筑物名称	1	2	3	4	5	6	7	8	9	10	11	12	13	14	15	16	17	18	19	20	21	22	23	24	25	26	27	28	29	30	31	32	33	34	35
36	厂内围墙中心线	6	6	6	6	6	6	6	6	6	6	6	6	6	6	6	6	6	6	6	6	6	6	6	6	6	6	6	6	6	6	6	6	6	5	4
35	厂内道路路边	3	6	6	6	6	6	6	6	6	6	6	6	6	9	6	6	4	6	4	6	6	6	6	10	6	—	8	8	6	6	6	6	6	4	
34	厂内铁路中心线	6	9	9	9	9	9	9	9	9	9	9	9	9	4	6	6	4	6	12	6	6	6	12	20	9	—	30	30	25	6	25	25	20		
33	厂区食堂、浴室	12	16	12	16	12	12	16	12	25	16	16	16	16	12	16	12	16	20	12	12	16	16	25	12	12	12	12	12	10	10	10	10			
32	单身、倒班宿舍	12	16	12	16	12	12	16	12	25	16	16	16	16	12	16	12	16	16	12	12	16	16	25	12	16	15	12		10	10					
31	招待所	10	16	12	16	12	12	16	12	25	16	16	16	16	12	16	12	16	16	12	12	16	16	25	12	12		12								
30	车间办公室、路厂联合办公室	10	10	10	12	10	10	12	10	14	10				10	10	10	10	10	10	10	10	10													
29	工厂办公楼	10	10	10	12	10	11	10	50	10	10				10	10	10	10	10						50											
28	中央化验室	10	10	10	12	10	10	13	10						10	10	10	10	10						25											
27	中央控制室	10	10	10	12	10	10								10	10	10	10	10						25											
26	汽车衡、轨道衡	12	10	12	12	12	12								12	12	12	12	12					12	12											
25	锅炉房	10	10	10	12	10	10								10	10	10	10	10						25											
24	氧气、乙炔气瓶库	12	15	12	15	12	12	25	25	25	15	15	15	15	12	15	12	15	12	12	12	12	25	15	20											
23	生产汽车、装载机、推土机库	10	10	10	12	10	10								10	10	10	10	10				12	12	12											
22	电气、仪表维修	10	10	10	12	10	10								10	10	10	10	10			12														
21	铆、锻、焊工段	10	10	10	12	10	10								10	10	10	10	10		25	12														
20	机钳工段	10	10	10	12	10	10								10	10	10	10	10	12																
19	循环水、雨水、污水泵站	10	10	10	12	10	10								10	10	10	10	10																	
18	车间变电所	10	10	10	12	10	10								10	10	10	12	15																	
17	总降压变电站	10	10	10	12	10	10								10	10	10	15	15																	
16	压缩空气站	10	10	10	12	10	10								10	10																				
15	材料库	10	10	10	12	10	10								12																					
14	耐火材料库、备品备件库	10	10	10	10	15	10	15	15	10	15	15	10	10																						
13	辅助原料烘干	10	12	10	10	10	12	10	12	12	10																									
12	水泥包装成品库	10	10	10	10	10	10	10																												
11	熟料储存库	10	10	10	12	12																														
10	窑头点火油库	10	10	10	10	10	13																													
9	煤粉制备	10	10	10	10	10	13																													
8	烧成窑头	10	10	10	12	10	10	12																												
7	烧成窑尾	13	13	13	13	13	13																													
6	原料、水泥粉磨	10																																		
5	钢筋混凝土圆库	10	10	10																																
4	煤预均化堆场	10	10	10																																
3	原料预均化堆场	8	10																																	
2	煤破碎	10																																		
1	石灰石、辅助原料破碎																																			

注：1　煤粉输送天桥的生产火灾危险性类别为乙类，原煤输送天桥为丙类，其他非燃烧材料输送天桥均为戊类；物料输送天桥的最低耐火等级为三级。

2　综合材料库油漆油脂储存部分的火灾危险性类别为丙类，机械备品备件储存部分为丁类，其他金属材料储存部分为戊类。

3　整个一座厂房或一座厂房防火墙间各部分的耐火等级，应按照其中火灾危险性最大的部分来确定。

续表B

序号	标准名称	选用条件及范围		单位	数值
6	最小竖曲线半径	凹型（Δi>2‰时设置）		m	100
		凸型（Δi>2‰时设置）		m	300
7	视距	会车视距		m	30
		停车视距		m	15
		交叉口停车视距		m	20
8	车间引道最小长度	汽车引道（大车用上限）		m	6～9
		消防车引道		m	15
		救护车引道		m	6
		电瓶车引道		m	4
		叉车引道		m	6
9	净空高度	路面至建筑物底部		m	4.5

附录C　地下管线最小水平净距

表C　地下管线最小水平净距（m）

管线名称		给水管（mm）				压缩空气管	热力管（沟）	电缆沟	通信电缆		电力电缆（kV）		
		<75	75～150	200～400	>400				管道	直埋	<1	1～10	<35
生产废水管（mm）	<800	0.7	0.8	1.0	1.0	0.8	1.0	1.0	0.8	0.8	0.6	0.8	1.0
	800～1500	0.8	1.0	1.2	1.2	1.0	1.2	1.2	1.0	1.0	0.8	1.0	1.0
	>1500	1.0	1.2	1.5	1.5	1.2	1.5	1.5	1.0	1.0	1.0	1.0	1.0
生活污水管（mm）	<300	0.7	0.8	1.0	1.2	0.8	1.0	1.0	0.8	0.8	0.6	0.8	1.0
	400～600	0.8	1.0	1.2	1.5	1.0	1.2	1.2	1.0	1.0	0.8	1.00	1.0
	>600	1.0	1.2	1.5	2.0	1.2	1.5	1.5	1.0	1.0	1.0	1.0	1.0
电力电缆（kV）	<1	0.6	0.6	0.8	0.8	0.8	1.0	0.5	0.5	0.5	—	—	—
	1～10	0.8	0.8	1.0	1.0	0.8	1.0	0.5	0.5	0.5	—	—	—
	<35	1.0	1.0	1.0	1.0	1.0	1.0	0.5	0.5	0.5	—	—	—
通信电缆	管道	0.5	0.5	1.0	1.2	1.0	0.6	0.5	—	—	—	—	—
	直埋	0.5	0.5	1.0	1.2	0.8	0.8	0.5	—	—	—	—	—
电缆沟		0.8	1.0	1.2	1.5	1.0	2.0		—	—	—	—	—
热力管（沟）		0.8	1.0	1.2	1.5	1.0							
压缩空气管		0.8	1.0	1.2	1.5								

注：1　同类管线未作规定，按具体情况确定。
　　2　管径均指公称直径。

附录 D 地下管线、架空管线与建（构）筑物之间最小水平净距

表 D 地下管线、架空管线与建（构）筑物之间最小水平净距（m）

管线名称及规格 / 建（构）筑物名称	给水管（mm）				排水管（污水/雨水）（mm）			电力电缆（kV）		通信电缆	电缆沟	热力管（沟）	压缩空气管	架空管线
	<75	75~150	200~400	>400	<300 <800	400~600 800~1500	>600 >1500	<10	10~35					
建（构）筑物基础外缘	2.0	2.0	2.5	3.0	1.5	2.0	2.5	0.5	0.6	0.5	1.5	1.5	1.5	—
围墙基础外缘	1.0	1.0	1.0	1.0	1.0	1.0	1.0	0.5	0.5	0.5	1.0	1.0	1.0	1.0
排水沟外缘	0.8	0.8	0.8	0.8	0.8	0.8	1.0	0.8	1.0	1.0	1.0	0.8	0.8	—
铁路中心线	3.3	3.3	3.8	3.8	3.8	4.3	4.8	2.5	3.0	2.5	2.5	3.8	2.5	3.8
道路路面（肩）边缘	0.8	0.8	1.0	1.0	0.8	0.8	1.0	0.8	1.0	0.8	0.8	0.8	0.8	1.0
通信照明杆柱中心	0.8	0.8	1.0	1.0	0.8	1.0	1.2	0.8	0.8	0.8	0.8	0.8	0.8	1.0
低压电力杆柱中心	1.0	1.0	1.2	1.2	1.0	1.0	1.5	1.0	1.0	1.5	1.0	1.5	1.0	1.0
管架基础外缘	0.8	0.8	1.0	1.0	0.8	0.8	1.2	1.0	1.0	0.8	0.8	0.8	0.8	—
人行道外缘	0.5	0.5	0.8	0.8	0.5	0.5	0.8	0.8	0.8	0.8	0.8	0.8	0.8	0.5
建筑物外墙面 有门窗	—	—	—	—	—	—	—	—	—	—	—	—	—	3.0
建筑物外墙面 无门窗	—	—	—	—	—	—	—	—	—	—	—	—	—	1.5

注：1 铁路、道路有高差时应自坡脚（顶）算起。
2 低压电力杆柱应为380V及以下杆柱，超过者应按表中所列数值增加1.5～2.0倍。
3 管径均指公称直径。

附录 E 地下管线之间或地下管线与铁路、道路交叉的最小垂直净距

表 E 地下管线之间或地下管线与铁路、道路交叉的最小垂直净距（m）

名称	给水管	排水管（沟）	热力管（沟）	压缩空气管	通信电缆		电缆沟	电力电缆
					直埋	管道		
给水管	0.15	0.15	0.10	0.15	0.50	0.15	0.15	0.50
排水管（沟）	0.15	0.15	0.15	0.15	0.50	0.15	0.15	0.50
热力管（沟）	0.10	0.15	0.15	0.15	0.50	0.25	0.50	0.50
压缩空气管	0.15	0.15	0.15	0.15	0.50	0.25	0.50	0.50
通信电缆（直埋）	0.50	0.50	0.50	0.50	—	—	0.50	0.50
通信电缆（管道）	0.15	0.15	0.15	0.25	—	—	0.50	0.50
电缆沟	0.25	0.25	0.25	0.25	0.50	0.50	—	0.15
电力电缆	0.50	0.50	0.50	0.50	0.50	0.25	0.15	—
排水明沟沟底	0.50	0.50	0.50	0.50	0.50	0.50	0.50	0.50
铁路轨面	1.20							
道路路面	0.70							

注：1 净距除注明者外，应自管外壁或防护设施外缘算起。
2 生活饮用水管道与污水管道交叉时，其垂直净距不应小于0.4m。污水管道在上时，污水管应加固，其加固长度不应小于生活给水管道的外径加4m；生活给水管应采用钢管或钢套管，套管伸出交叉管的长度，每边不得小于3m，套管两端应密封。
3 有防护措施时，地下管沟与道路、铁路交叉的最小垂直净距，可小于表中所列数值。

附录 F 水泥工厂生产车间及辅助建筑最低照度标准

表 F 水泥工厂生产车间及辅助建筑最低照度标准

工作场所		视觉工作等级	最低照度（lx）			补偿系数
			混合照明		一般照明	
			局部照明	一般照明		
破碎车间	卸料口、皮带廊	Ⅷ	—	—	30	1.3
	破碎机、皮带端头、移动皮带	Ⅶ	—	—	60	1.3
粉磨车间	喂料平台	Ⅶ	100	40	—	1.3
	油泵站、磨机房	Ⅵ	—	—	100	1.2
	电机房、选粉机	Ⅵ	—	—	100	1.2
	磨轴承	Ⅵ	100	80	—	1.2
烘干车间	烘干机出口	Ⅶ	—	—	60	1.3
	烘干机、除尘器平台、烘干炉	Ⅶ	—	—	60	1.2
烧成车间	除尘整流室	Ⅴ	—	—	130	1.2
	窑主传动	Ⅵ	—	—	100	1.3
	窑头看火	Ⅵ	—	—	100	1.3
	熟料破碎输送	Ⅶ	75	60	—	1.3
	窑尾预热器	Ⅶ	—	—	60	1.3
	户外电除尘器	Ⅷ	—	—	30	1.3
煤粉制备	煤输送	Ⅷ	—	—	30	1.3
	热风炉	Ⅶ	—	—	45	1.3
	煤粉仓、喂料	Ⅶ	100	60	—	1.3
水泥包装、储存、均化堆场	包装机、平台	Ⅵ	—	—	80	1.4
	水泥库顶	Ⅵ	100	50	—	1.4
	水泥库底	Ⅳ	—	—	60	1.4
	走道、堆料区	Ⅸ	—	—	20	1.4
变、配电站控制室、电话站	主控制室、电话总机	Ⅳ甲	—	—	300	1.2
	高、低压配电室	Ⅴ	150	150	—	1.2
	发电机室	Ⅵ	—	—	100	1.2
	变压器电容器室	Ⅶ	—	—	60	1.2
	电缆隧道夹层	Ⅷ	—	—	30	1.2
	车间控制室	Ⅳ乙	—	—	200	1.2
生产管理及生活建筑	设计、制图室	Ⅳ乙	400	200	—	1.2
	办公、阅览室	Ⅴ	—	—	200	1.2
	会议、资料、卫生所	—	—	—	200	1.2
	值班室、更衣室	—	—	—	120	1.2
	职工宿舍	—	—	—	150	1.2
	楼梯、走廊、厕所	Ⅸ	—	—	20	1.2
	警卫室、食堂	Ⅶ	—	—	50	1.2

工 作 场 所		视觉工作等级	最低照度（lx）			补偿系数
			混合照明		一般照明	
			局部照明	一般照明		
化验楼	化学分析、工业分析、强度试验	Ⅳ甲	—	—	300	1.2
	高温炉、成型室	Ⅵ	—	—	100	1.2
	储存室、养生室	Ⅶ	—	—	60	1.2
机电修	仪表修理	Ⅳ	—	—	200	1.2
	机电钳、铆锻焊	Ⅴ	—	—	150	1.2
	绕线浸漆试验	—	—	—	150	1.2
	工具、金工	Ⅵ	—	—	75	1.2
生产车间及辅助车间	空压机房	Ⅵ	—	—	75	1.3
	锅炉房、水泵房、油泵房	Ⅶ	—	—	45	1.3
	材料库及装卸场地	Ⅷ	—	—	30	1.4
厂区道路堆场	道路、堆场	露天	—	—	10	1.3
	站台及装卸站	露天	—	—	20	1.3

附录 G 散料的物理特性参数

表 G 散料的物理特性参数

物 料 名 称	重力密度 r（kN/m³）	内摩擦角 Φ（°）	摩擦系数 f	
			对混凝土板	对钢板
石灰石	16	35	0.5	0.3
干粘土（松散）	16	35	0.5	0.3
湿粘土（含块）	17	30	0.3	0.2
碎石膏	15	35	0.5	0.35
干矿渣	11	30	0.5	0.35
湿矿渣	13	35	—	—
干砂	16	30	0.7	0.5
湿砂	18	35	0.6	0.4
页岩	15	35	0.5	0.3
砂岩	16	35	—	—
铁粉	17	30	—	—
铁粉（含碎块）	22	40	—	—
生料粉（充气）	11～14	0～30	—	—
生料粉（不充气）	14	30	0.58	0.3
沸石	15	33	—	—
电石渣（W＝60%）	12.8	0	—	—
熟料	16	33	0.5	0.3
水泥	16	30	0.58	0.3
煤块	9	33	0.5	0.3
煤粉、煤灰	8	25	0.55	0.4
煤矸石	16	35	0.6	0.45
夯实回填土	18	30	—	—

附录 H 水泥工厂建筑物通风换气次数

表 H 水泥工厂建筑物通风换气次数

建筑物名称		通风换气次数（次/h）
中央化验室	化学分析室	12
	药品储存室	4
	暗室	6
	岩相分析室	4
	工业分析室	4
	高温炉室	12
	成型室（设在地下室）	6
	小磨房	8
供配电系统	车间控制室	4
	高压开关柜室	12
	低压配电室	6～12
	电容器室	12
	电除尘器整流室	6～12
水处理站的加氯间		15
污水泵站地坑		8
氧气瓶库、乙炔气瓶库		3
汽车保养车间	充电间	10～15
	电瓶修理间	6
	射油泵间	7
	燃油附件间	5～6
	喷漆间	10～15
	发动机修理间	12
	碱水清洗间	8
压缩空气站		12

附录 J 水泥工厂建筑物空气调节室内计算温、湿度

表 J 水泥工厂建筑物空气调节室内计算温、湿度

建筑物名称		温度（℃）	湿度（%）
中央控制室	控制室	20±2	70±10
	计算机室	20±2	70±10
	X射线分析仪室	20±2	70±10
中央化验室	成型室	21±4	>50
	养生室	20±2	>90
	养护箱	20±3	>90
	天平室、强度室、凝结蒸煮、煤工业分析及精度较高的仪器室	17～25	—
各主要生产车间电力室的PC室		17～25	—
计量管理监测站		20±2	—
主要生产车间及辅助车间控制室		17～25	—
轨道衡、汽车衡、电话站		17～25	—
办公楼、招待所、食堂等舒适性空调		26	—

本规范用词说明

1 为便于在执行本规范条文时区别对待，对要求严格程度不同的用词说明如下：

　1）表示很严格，非这样做不可的用词：

　　正面词采用"必须"，反面词采用"严禁"。

　2）表示严格，在正常情况下均应这样做的用词：

正面词采用"应"，反面词采用"不应"或"不得"。

　3）表示允许稍有选择，在条件许可时首先应这样做的用词：

　　正面词采用"宜"，反面词采用"不宜"；

　　表示有选择，在一定条件下可以这样做的用词，采用"可"。

2 本规范中指明应按其他有关标准、规范执行的写法为"应符合……的规定"或"应按……执行"。

中华人民共和国国家标准

水泥工厂设计规范

GB 50295—2008

条 文 说 明

目　次

1 总 则

1.0.1 本条为制定本规范的目的。本条文提出"安全可靠、技术先进、环保节能、经济合理",是国家的技术经济政策,也是水泥工厂设计应贯彻的方针,建设节约型社会、发展循环经济是国家具有全局性和战略性的发展决策。

1.0.2 本条为本规范的适用范围。本规范是生产六大品种通用水泥及其他水泥的工厂,包括从原料配料到水泥成品的工程设计规范。生产其他水泥(如白水泥等特种水泥)的工厂设计,除原料配料及局部生产环节与生产通用水泥不同外,主要工程设计基本相同,可参照使用本规范。

1.0.3 为了促进水泥工业产业结构调整,实现可持续发展,本条规定了水泥工厂建设从设计方面应提高综合效益,加强资源节约与综合利用,做出最优设计方案。设计企业要转变观念,持续改进,为做出安全可靠、技术先进、环保节能、经济合理的水泥工厂设计而努力。

1.0.4 在我国装备制造产业日臻完善的条件下,水泥工厂的设计和建设不应搞"大而全"、"小而全",应充分考虑专业化和社会化的原则,尽量与其他行业企业协作,以节省投资,提高生产经营效益。

1.0.5 本条规定改、扩建工程应充分利用老厂原有条件,减免重复建设。

1.0.6 本次修订新增条款。本条为强制性条文,本规定是根据水泥工业产业结构调整的政策制定。以悬浮预热和预分解技术为核心的新型干法水泥生产线,具有热耗低、产量质量高的特点,已成为水泥工业发展的方向,在水泥生产线设计中,除某些特种水泥生产线建设可根据产品市场需求及建厂条件确定外,均应采用新型干法水泥生产工艺。

1.0.7 本次修订新增条款。根据近年来国家建设节约型社会及水泥工业发展趋势,以及水泥工业技术创新成果,应强调工业废弃物在水泥工业的利用及资源和能源在水泥工业的利用效率。

1.0.8 水泥工厂设计涉及国家有关政策、法规和标准、规范,故本条规定在设计中除执行本规范外,尚应符合国家现行的节能防火、劳动安全卫生、环境保护及计量等各行业相关的法规、标准和规范。水泥工厂设计应执行的主要国家相关法律法规如下:

《中华人民共和国建筑法》;
《中华人民共和国环境保护法》;
《中华人民共和国大气污染防治法》;
《中华人民共和国水污染防治法》;
《中华人民共和国固体废物污染环境防治法》;
《中华人民共和国环境噪声污染防治法》;
《中华人民共和国节约能源法》;
《中华人民共和国防震减灾法》;
《中华人民共和国环境影响评价法》;
《中华人民共和国劳动法》;
《中华人民共和国安全生产法》;
《特种设备安全监察条例》;
《中华人民共和国矿产资源法》;
《中华人民共和国土地管理法》;
《中华人民共和国水污染防治法实施细则》;
《中华人民共和国清洁生产促进法》;
《中华人民共和国煤炭法》;
《中华人民共和国可再生能源法》;
《中华人民共和国水法》;
《中华人民共和国消防法》;
《建设工程安全管理条例》;
《建设项目环境保护管理条例》。

2 设计规模及依据

2.1 设 计 规 模

本节中仅保留第2.1.1条,其他内容经修订后已调至总则和第5章生产工艺的第5.1节。

2.1.1 原规范中设计生产规模是根据原国家计委等部门《关于基本建设项目和大中型划分标准的规定》(1978) 234号文及原《新型干法水泥厂建设标准》划分的。随着近年来我国水泥工业飞速发展,设计规模应重新划分。本条规定主要是用以指导设计工作,它不同于工厂规模大小与行政管理有关的事项。各类设计规模均包括为其配套的水泥粉磨部分。

2.2 设 计 依 据

2.2.1 本条规定了设计基础资料提供的负责部门。设计是基本建设的首要环节,设计的好坏直接决定工厂投产后的效益。依据的设计基础资料和数据应准确可靠,满足进度要求。

列出的设计基础资料主要内容,是按多年设计工作实践的经验提出的,可随着设计项目的具体条件不同,有所增删,如附近无通航水体,则不需水运资料。

3 厂址选择及总体规划

3.1 厂 址 选 择

3.1.1 本条根据国家计委《基本建设设计工作管理暂行办法》〔计设(1983)1477号〕等有关文件关于建设地点的选择原则和有关要求而提出的。

3.1.2 厂址选择的优劣,不仅影响到投资和建设周期,而且还关系到工厂投产后的生产管理和发展。因此，要对方方面面进行考虑，并应认真进行技术经济比较，才能选出较优的厂址，以保证企业效益和社会效益的实现。

3.1.3 本条规定厂址宜靠近石灰石矿山，是由于水泥工厂的主要原料是石灰石，它的用量最大，每吨水泥熟料约用 1.35t。同时，水泥生产中物料吞吐量很大，应力求靠近铁路干线，以缩短专用线长度。除考虑接轨方便外，还应选择敷设专用线的有利地形，尽量避免架设桥梁和隧道。当采用水运时，厂址最好在靠近主航道的一侧。

3.1.4 水泥工厂的生产需要有可靠的电源和水源，是保证正常生产的必需条件。如回转窑、高温风机、篦式冷却机的一室风机、中央控制室的重要设备、循环水泵等突然断电，会造成较大损失。因此，应对这些一级供电设备备有保安电源，以确保生产安全。

3.1.5、3.1.6 根据十分珍惜、合理用地的基本国策作出规定，列入厂址选择的要求。

3.1.7 本条根据现行国家标准《建筑地基基础设计规范》GB 50007 的要求，及水泥工厂主机设备大而重的特点，对厂区的工程地质作了规定。对不能满足要求的厂址，还应采取加固措施。

3.1.8 根据《中华人民共和国环境保护法》和《建设项目环境保护管理办法》〔国环字（1986）003号〕的要求制定本条。

不应将厂址设在窝风地带，主要是厂址处在良好的自然通风地带，能较快地排出有害烟尘和气体。

3.1.9 本条规定是为了厂址不应受洪水或内涝威胁。

3.1.10 本条为强制性条文。规定当洪水或内涝不可避免时，工厂应按本条规定要求达到防洪标准，并具有可靠的防洪排涝措施。

3.1.11 选择厂址时，对运输大件水泥机械（如回转窑轮带）应考虑外部运输条件及运输方式的技术可行性与合理性，特别要避免因改建或加固铁路干线的桥涵、隧道等，增加投资。

3.2 总体规划

3.2.1 处理好工厂的外部关系，为水泥工厂总体规划的主要任务之一。本条规定了总体规划中工厂与外部关系的布置原则和要求，列出了有关部门和相关的事项，便于掌握。

3.2.2 本条规定了厂区与本厂所属其他单项工程内部关系的布置原则，为总体规划的另一主要内容，一般由区域位置图体现出来。

石灰石矿山含爆破材料库和矿山工业场地，硅铝质原料含砂岩、粉砂岩、页岩等，水源地含输水管线，总降压变电站指变电站或高压输电线。

3.2.3 根据工厂发展趋势和当地建设条件适当留有发展余地，正确处理近远期关系，以保证工厂最终总体规划的合理。

3.2.4 本条对外部运输方式的选择，各种运输设施的布置要求，作出规定。

1 外部运输方式的选择，过去是单打一的选择某种方式，排除其他方式，现行国家标准《工业企业总平面设计规范》GB 50187 第 3.3.2 条比较笼统，本款根据水泥工厂设计经验，提出根据当地运输条件确定，一般选择一种为主，其他方式配合进行的外部运输方式模式，并要求按市场供销情况测定铁路、公路承担运量的比例，使设计尽量符合实际。

2 散装水泥能节约木材，减少在运输环节中的浪费，降低成本，为当前国家方针、政策大力推广的新工艺，本款予以明确。同时指出三项制约因素，应得到落实，才能使用，如使用单位的接受能力；中转储存单位及仓库；装卸运输新设备的研制采用等。

3 厂外铁路的接轨关系和进线方向，对厂区的平面布置及竖向设计影响极大，经济效果较为突出，应足够重视。近年来铁路设计部门承揽厂外铁路设计，强调铁路要求有时过高，而总图运输设计应从总体规划的角度，掌握全局，使整个建设项目经济合理。对厂外铁路的一些附属工程，也提出了合理配置，达到协调配合、使用方便的要求。

4 增设企业站要增大投资、增加管理环节、设备利用率低、造成重复建设等弊端，应尽量避免。根据实践经验，当有条件在接轨站上增设交接线、租用铁路机车时，进行货物交接作业（含取送车及调车作业），对铁路和工厂双方有利。

5 本款为厂外道路的项目构成及布置要求。

3.2.5 水泥工厂余热发电设施及压缩空气站都设在厂内，110kV 以上总降压变电站，有时布置在厂区围墙以外，本条第 1 款作了规定。公用设施中的水源地、高位水池或水塔、污水处理场、集中供热的锅炉房等的布置要求，在本条各款中作了规定。

3.3 土地利用规划

本节为本次修订新增内容。强调厂址选择中应增加容积率控制指标，不占或少占良田，节约合理用地，提高土地利用率。

3.3.1、3.3.2 根据国土资源部《工业项目建设用地控制指标》（国土资发〔2008〕24号）（以下简称《控制指标》）的通知的要求，进一步加强建设用地的集约利用和优化配置。厂址选择时应尽量利用荒地劣地、山坡地，不占或少占耕地。要求总体布置充分利用地形。对于预留发展用地，总图布置有多种可能。为节约用地，有近期工程中与生产工艺密切联系的部分，可预留在厂区内。强调其他预留发展用地宜在厂区一侧，不应预留在厂区中部，不应提前征用土地。

3.3.3 本条目的在于优化总图设计，使布局紧凑，减少厂区用地面积。根据已建成的新型干法水泥工厂数据统计，厂区建筑系数能达到30%。根据《控制指标》的要求，水泥厂工业项目行政及生活服务设施用地面积不得超过项目总用地的7%。

4 原料与燃料

4.1 一般规定

本节是原、燃料选择的原则。

4.1.1 本条所指的对原料提出不同的质量要求，是指应根据原料与燃料特性、熟料品种生产技术要求等，确定适宜的熟料率值控制范围，并酌情加以调整。原则上，应首先满足熟料率值中石灰饱和系数（KH）和硅酸率（SM）的设定值，而铝氧率（AM）的设定值则可酌情加以调整。

4.1.2 本条要求在确定原料品种时，应适当考虑工厂投产后，产品品种增加或变更的可能性或可行性。另外还要在因地制宜、因原料制宜的前提下力求简化原料品种。

4.1.3 本条提出选择原料时，应考虑原料之间的匹配关系及各种替代原料的利用。首先考虑石灰质原料对辅助原料和燃料中有害组分限量要求，应随石灰质原料中相应组分含量高低而变化，最终以满足熟料中有害组分限量为准，而以上均需通过工艺性能试验确定。

4.2 原料

4.2.1 对矿床中CaO含量为45.00%～48.00%的石灰质原料，应根据其赋存特点和CaO含量大于等于48.00%矿石的品位高低和储量多少来确定其利用率，同时应考虑满足有害组分的限量要求。

本次修订对石灰质原料的质量指标要求规定作了适当修改。鉴于燃料中三氧化硫SO$_3$含量普遍偏高，石灰质原料中SO$_3$含量宜小于0.5%；根据各设计院的大量预分解窑生产线实际生产成熟经验，对游离氧化硅 f-SiO$_2$含量要求可放宽至8%（石英质），对Cl$^-$含量要求可放宽至0.03%（见表1）。

表1　石灰质原料质量指标修订前后对比

石灰质原料中所含	含量限量要求
氧化钙	>48.00%
氧化镁	<3.00%
碱	<0.60%（原1%）
三氧化硫	<0.50%
游离氧化硅	<8.00%（石英质，原<6.00%），或<4.00%（燧石质）
氯离子	<0.03%（原0.015%）

对矿床中CaO含量小于等于45.00%的石灰质原

料也应予以重视，特别是矿区内有高品位矿石或可外购到高品位矿石时，对这种泥灰岩（特别是低钙高硅者）更应予以充分注意和利用，但应经试验确认并需采用预均化措施。

矿床中的岩浆岩和非矿变质岩，一般情况下不宜利用，应予剔除。

对矿山伴生的硅铝质原料，应符合本条第4款规定，并应注意以下几点：

1 应尽可能均匀掺入，以尽量减少进厂石灰石成分波动幅度；

2 对水分较高、塑性指数较大者更应严格控制；

3 它们掺入后，不应导致在破碎、输送及储存等工艺环节中因严重堵塞而影响正常生产。

4.2.2 本条在本次修订中对硅铝质原料的质量指标要求规定作了适当修改，鉴于燃料中SO$_3$含量普遍偏高，硅铝质原料中SO$_3$含量宜小于1.0%；根据大量预分解窑生产线实际生产成熟经验，对Cl$^-$含量要求可放宽至0.03%（见表2）。

表2　硅铝质原料主要质量指标修订前后对比

硅铝质原料	指　标
硅酸率	3.00～4.00
铝氧率	1.50～3.00（原1～3）
氧化镁	含量<3.00%
碱	含量<4.00%
三氧化硫	含量<1.00%（原<2.00%）
氯离子	含量<0.03%（原0.015%）

对矿床中不符合本条质量要求的硅铝质原料，在满足配料要求前提下，可合理搭配加以综合利用。岩石状硅铝质原料是指如页岩类、粉砂岩类、砂矿类等原料。

对松散状硅铝质原料矿床中的砾石等夹层，一般均应予以剔除，以免造成进厂硅铝质原料化学成分大幅度波动及对破碎设备造成不利影响。当其混入后不对硅铝质原料化学成分带来较大波动，并不对破碎设备造成很大影响时，可考虑加以综合利用。

4.2.3 采用预分解窑生产时，当熟料硫碱摩尔比（S/R）过高或过低时，应注意选择适宜含硫量的铁质原料。

4.2.4 在保证配料要求及熟料碱含量的前提下，应首先选用易于加工且活性较好的硅质校正原料。

4.2.5 采用预分解窑生产时，在选用粉煤灰、炉渣和煤矸石等铝质校正原料时，应注意控制其烧失量（L.O.I）含量不超过8%～10%，以控制生料中含碳量，保证窑系统正常稳定生产。同时对铝质校正原料的质量指标中的三氧化二铝含量要求由">30.00%"调整为">25.00%"。

4.2.6 在满足熟料率值及其有害组分限量前提下，

不同原料的质量指标可互相调整、相互调剂。考虑质量指标时，首先确定石灰质原料指标，根据其有害组分含量高低来调整其他配料原料中相应有害组分含量指标。如石灰石中 Si_2O 含量较高，则其他原料中 Si_2O 含量指标就可酌情放宽；又如石灰石中 MgO 或 K_2O+Na_2O 含量较高，则其他原料中 MgO 或 K_2O+Na_2O 含量指标就需从严控制。

4.3 煅烧用煤

4.3.1 工厂所在地附近如有劣质煤，应酌情研究其单独使用或与优质煤搭配使用的可能性。

4.3.2 本条所列对煅烧用煤的质量要求，主要根据工艺煅烧要求和我国近几年重点水泥企业集团工厂实际生产资料。

由于近年来工程设计中已大量采用无烟煤作为熟料煅烧用煤，且工厂使用无烟煤已有成熟实践经验，因此煅烧用煤的质量要求可适当放宽，但挥发分质量要求宜小于等于35.00%（见表3）。

表3 煅烧用煤的一般质量要求修订前后对比

序号	名称	符号	数　值
1	灰分	Aad	≤28.00%（原≤30%）
2	挥发分	Vad	≤35.00%（原18～35）
3	硫含量	St, ad	≤2.00%（原<2%）
4	低位发热量	Qnet,ad	≥23000 kJ/kg（原<21736）
5	水分	Mt	≤15.00%（原<15%）

4.4 调 凝 剂

4.4.1 工业副产品的石膏是指如磷石膏、氟石膏等。石膏的分子式为 $CaSO_4 \cdot 2H_2O$，硬石膏分子式为 $CaSO_4$。

4.5 混 合 材 料

4.5.1 混合材料掺加量除应符合第4.5.1条规定外，还需说明下列问题：

1 对老厂扩建项目，可在同等条件下，参考老厂实际生产经验来确定。

2 新厂亦可采用类比法，即用全国大中型水泥工厂同类型、同品种及相同（或相似）混合材料实际掺加量等因素来确定。

3 混合材料掺加量应根据本厂熟料质量、混合材料质量，严格按国家标准执行。设计中应考虑根据国家经济贸易委员会 2002 年第 1 号公告《水泥企业质量管理规程》要求，混合材料掺加量波动范围为±2%。

4.5.7 用于复合硅酸盐水泥的其他种类混合材料的活性判定方法是：其 28d 水泥胶砂抗压强度比大于或等于75%为活性混合材料，而小于75%为非活性混合材料。

4.6 配 料 设 计

4.6.1 本条文对配料设计作了原则规定。

1 根据近年我国预分解窑生产实践经验，提出预分解窑熟料率值适宜控制范围见表4。

表4 预分解窑熟料率值修订前后对比

熟料率值	KH	SM	AM
推荐值	0.910（原0.88）	2.60（原2.50）	1.60
适宜范围	0.880～0.930（原0.86～0.90）	2.40～2.80	1.40～1.90

2 可行性研究阶段，配料计算用原料化学成分，一般应选用考虑贫化因素前、后全矿矿体（矿层）的平均化学成分进行配料计算。

如矿层倾角较小，且上、下矿层之间化学成分差别较大时，则应分矿层分别进行配料计算，并酌情提出几组配料方案。

4.6.2 配料时，熟料（或水泥）中有害组分含量控制值应低于本规范表4.6.2的允许值。

对合资、外资企业及国内企业出口水泥中的有害组分含量，应符合销售地国家（或地区）的水泥标准或合同规定。

本条主要依据现行国家标准《通用硅酸盐水泥》GB 175 和《复合硅酸盐水泥》GB 12958 制定。

4.7 原、燃料工艺性能试验

4.7.1、4.7.2 进行原、燃料工艺性能试验，是为正确选择原料品种和配料方案、确定工艺流程和主机设备选型及保证工厂生产优质、高产、低耗提供科学的重要参数和依据。它不仅是设计的依据，也是主机设备标定和指导生产的依据。

石灰质原料的试样应考虑影响矿石质量的各种因素，包括如硅化、白云岩化、岩浆岩和变质岩、岩溶充填物及覆盖物等。

4.7.3 原煤易磨性指数的测定，其目的是根据 HGI 值判定煤的易磨性能，用于煤磨选型工艺设计。

原料和生料混合料的粉磨功指数（W_i）或辊式磨的物料易磨性指数的测定，其目的是根据易磨性和磨蚀性等试验结果，用于进行选择生料粉磨流程、磨机选型等工艺设计。

水泥生料易烧性能的判别，其目的是根据易烧性试验及熟料岩相鉴定等结果，提出最佳生料配料方案、生料细度、熟料率值等，并结合窑型和煤质资料，提出煅烧工艺等方面的要求。

4.8 原、燃料综合利用

4.8.1 原、燃料的综合利用，主要应满足生产配料要求，不应导致使用后变更或增加配料品种，给配料和工艺流程带来不便。产品方案包括品种、标号、有害组分限量等。

4.9 废弃物的利用

本节为本次修订新增内容。利用工业自身副产品和废弃物作资源，提高资源循环利用率，是水泥工业发展循环经济的主要途径之一。废弃物分类共分3类——替代原料、替代燃料、难以处置的废弃物。

4.9.1、4.9.2 作为替代原料使用的废弃物主要是一些无机质污泥或者焦渣类工业废弃物。依据它们的化学组成，在原料配料时，可以用来替代某些原料或者校正原料。通常把工业石灰、石灰浆、电石渣、饮用水淤泥等工业废物作为水泥生产原料的钙质替代原料；铸造砂、微硅、废催化剂载体、硅石废料、石英砂岩粉、石英砂岩尾矿等可以作为硅质替代原料；炉渣、硫铁矿尾矿、赤铁矿渣、赤泥、锡渣、转化炉灰等则是良好的铁质替代原料；洗煤场废物、飞灰、流化床灰渣、石材废弃物等工业废物则可以作为硅、铝、钙质综合的替代原料；低硫石膏、化学灰泥等则可以代替石膏使用。作为替代燃料使用的废弃物，通常加工成为易于泵送的液体或者粉末，这样可以充分利用水泥行业现有的燃料输送系统，通过简单的改造或者增加少量的设备即可确保其作为燃料使用。可以作为固体类替代燃料的主要有废纸、造纸废弃物、石油焦、石墨灰、木炭、塑料废弃物、橡胶废弃物、旧轮胎、储物箱、灰化土、非放射性废白土、废木材、秸秆、农业废弃物、家庭废物、次品燃料、纤维、含油土壤、下水道淤泥、动物脂肪、骨粉等，这些工业废物通过一定的预处理流程均可以作为固态替代燃料使用；而液态的焦油、酸性淤泥、废油、石化废弃物、油漆厂废弃物（油漆类）、化学废弃物、溶剂废弃物、稀释废弃物、蜡状悬浊液、沥青浆、油泥等通过固液分离后可以作为优质的液态替代燃料使用。

4.9.3 在水泥熟料的生产过程中，通常需要控制原燃料中的 K_2O、Na_2O、SO_3、Cl^- 等有害组分的含量，而且这些有害组分是干扰新型干法水泥生产线系统正常运行的重要因素。通常水泥行业比较常用的控制指标为：在干基生料中，K_2O+Na_2O 含量小于等于1.00%，硫碱比（S/R）为 0.60~1.00，Cl^- 含量小于等于0.03%~0.04%。结合原有原料的有害组分特点，在常规生料固有的硫、氯、碱成分条件下，应对所处置的废弃物中上述干扰组分严格进行限量控制。

5 生产工艺

5.1 一般规定

5.1.1 本条根据建材工业技术政策，为推动技术进

步，提高产品质量，降低产品消耗，对水泥生产工艺和装备的选型原则作了规定。

1 本款是工艺流程和设备选型的强制性规定，必须符合当前国家产业政策，符合国家环境保护、劳动安全卫生、防火等相关法律和法规的要求，本次修订进一步强调了禁止采用国家明令淘汰落后的技术工艺和设备。

2 工艺流程是水泥工厂工艺设计的基础。表明水泥原料或半成品在水泥生产中所经历的加工环节。在工艺设计中，当工厂生产方法、规模、物料进出厂运输条件确定后，在确定系统选择和设备选型以前，应根据原料的条件和选用设备的性能，来确定工艺流程的各个环节。

3 本款规定了工艺流程和设备的选择原则，工厂投产后要求达到优质、高产、低消耗。因此要求技术先进、运转可靠、投资省、能耗少、环境污染小，在确保实现各项技术经济指标的前提下，以国情和综合效益为依据，积极采用新技术、新工艺、新装备、新材料，生产控制水平宜结合国内外技术发展状况确定。

4 本款所称资源综合利用是指共/伴生资源、低品位矿和尾矿资源综合利用，工业废弃物综合利用和废气、余热等再生资源回收利用，降低水泥工业能耗和提高余热再利用。建设节约型社会，是伴随我国整个现代化进程的长期任务，水泥工业作为资源消耗型工业，应在这方面作出更多贡献。

5 工艺流程应结合总图布置，力求简捷顺畅，避免迂回曲折，尽量缩短运输距离，以减少厂内运输的能量消耗和节约用地。因为工艺流程和总图布置一样，对工厂建成的技术经济指标有着重要影响，两者应结合进行，防止偏废。

6 附属设备对于主机应有一定的储备能力，以保证主机生产的连续性。不能因附属设备选型不当，而影响主机正常生产。附属设备的小时生产能力，应适当大于主机所要求的小时生产能力，其储备量则根据附属设备的种类、型号规格、使用地点和生产条件而定。

各种附属设备在保证正常生产的前提下，尽可能减少台数，设备的型号规格应尽量统一，其目的是便于设备订货，减少备品、配件的种类。

5.1.2 本条规定了工艺设计在总体布置和车间内部布置时，应遵循的原则。

1 本款提出了水泥工厂的工艺总平面设计的基本要求，各相关联系密切的生产系统等宜相邻布置，以便于缩短物料运输距离、管道长度和控制线路，方便生产管理，并节约用地，降低投资。

新型干法生产线的总体布置，与以往水泥工厂的布置有所不同，较多的是以主要车间按一条线布置，与生产流程的物料流向相一致；也是当前新型干法厂采用较多的一种模式；又如新型干法生产线，利用窑

尾预热器的废气烘干原、燃料，因此原料粉磨、煤粉制备都紧密地布置在窑尾附近，以缩短高温气体管道的长度，更好地利用余热，使得原料磨系统、生料均化系统与废气处理系统互相依赖，成为一个不可分割的整体。

2 工厂有扩建规划时，应恰当地处理好工厂当前建设与发展远景的关系，减少扩建时对原有生产线的影响。工厂无扩建规划时，对有可能进一步发挥潜力和扩大规模也要作适当规划。如果在设计中不给予适当考虑，就有可能给企业的发展带来困难。

如果在与用户的合同中，明确规定了扩建的任务，则在工厂总平面图和有关生产车间工艺布置图上，应留出扩建位置；有关的输送设备在选型布置时，可以预留扩建后需要的生产能力和预留出扩建位置；与扩建有关的建（构）筑物应考虑必要的衔接措施。

如在与用户的合同中，对扩建未作规定的，在设计布置时，也应考虑扩建的可能性。

3 工艺布置与工艺流程的选择和设备的选型密切相关，一方面，车间工艺布置直接取决于所选定的工艺流程和设备；而另一方面，工艺布置对工艺流程和设备的选择又有较大的影响，例如辊式粉磨系统布置简单，球磨闭路粉磨系统布置就较复杂；又如，由于工艺布置的要求，当输送距离较远时，粉状物料的输送不宜采用机械输送，而输送距离很近时，又不宜采用压缩空气输送。因此工艺布置应结合生产流程和设备选型全面考虑。此外，工艺布置又决定了设备的安装位置、前后设备的相互连接关系，生产操作维修的平面和空间、各种输送设备的长度和高度、车间内人行通道的位置和宽度、各种料仓的形式和大小、厂房面积和层高，以及方便于施工安装的预留设施等设计内容，对工厂的投资和今后的生产影响较大，因此在工艺布置时，应认真考虑，合理布置，既要满足各方面的要求，又要降低投资。

4 明确规定了露天布置要求。为降低工程投资，可采用露天布置，但应满足生产操作、维护检修、密封防雨及环保等要求。

5.1.3 本次修订增加本条，规定了物料平衡的计算要求，使得计算的基准、各原料的干料消耗定额和湿料消耗量的计算具有规范性。对生产损失作出具体规定，以便为企业税收等方面提供法律依据。

5.1.4 本条规定了工厂主要工艺设备的年利用率，是根据近年来设计投产工厂的设计数据和投产后的情况确定的。表5.1.4的数据包括了各种生产规模的主要工艺设备的利用率范围。由于各主机的利用率同生产方法、规模、各生产系统的复杂程度、设备性能等因素有关，因此设计时应结合具体条件确定。

关于避开高峰负荷的磨机利用率问题：近年来有些地区，逐步实行了"峰"、"谷"电差价计费的政策，水泥工厂的磨机是用电量最大的设备，有些地区新建水泥工厂要求窑磨配套时，考虑将来生产时，能不受"避峰"影响，能充分利用"低谷电"，选用磨机时规格加大，适当降低磨机利用率。这种情况投资虽然有所增加，但投产后，由于"低谷电"的经济效益，可能在不太长的时间内即能回收，这对某些企业也是提高经济效益的一项措施。对此特殊问题，在本规范条文中未作规定，设计时应根据具体情况，经过技术经济比较后，确定合适的磨机利用率。

5.1.5 本条文规定了工厂主要生产系统的工作制度，连续周的工作天数为7d，不连续周的工作天数为5～6d。与窑、磨主机联系密切的系统，都与窑、磨的工作制度相同；石灰石破碎的工作制度因和矿山的工作制度、外购石灰石来源、运输条件等有关，因此需根据具体情况采用连续周或不连续周。水泥包装、散装应根据袋装散装比例，以及外运条件而定，煤、石膏、粘土质原料破碎则和工厂规模设备选型有关。这些生产系统一般可用不连续周，特殊需要时采用连续周生产。

5.1.6 本条文规定了工厂各种物料的储存期，为了保证工厂均衡连续生产，各种物料在厂内需要有一定的储存量，并结合国内水泥工厂物料进出厂的运输情况，及产品质量控制要求、环保要求等多种因素，通过分析确定的。条文中包括了各种规模、窑型、物料来源、运输等情况的储存期范围。

表5.1.6中数字为"0"的是指物料不需要储存的情况，例如：有些工厂的石灰质原料不需要在露天堆存，有些干法厂的硅铝质原料只存进厂湿料，不需预烘干，因此，不需在库内储存干料。有些工厂混合材如矿渣烘干前的湿料不进库就在露天堆存，而粉煤灰进厂后不能露天堆存，需直接进库，因此在表中出现了"0"的数值。表内熟料储存期上限比以往规定有所增加，该值适用于外运熟料的工厂熟料外运和运输。气候、市场因素等条件有较大关系，因此条文中增加了熟料储存期上限值。在熟料外运的工厂，水泥储存库的储存期应相应减少，因此条文中降低了水泥储存库储存期下限的数值，在条文注6中阐明了水泥储存期应与熟料储存期统一考虑确定。

5.1.7 本条文规定了各种窑型的烧成热耗，表中数据系指按表5.1.8规定的时间和内容下达的指标，这也是国际通用惯例。条文中各种窑型的热耗，系根据近年设计投产的工厂设计指标和投产后的实际情况，结合国外的设计数据，综合分析而确定的。

5.1.8 本条文规定了工厂投产后，主要设备考核内容，其内容是根据已投产工厂的考核情况及国际惯例综合后规定的，目的是保证工厂投产后，各主要设备及系统能正常生产，保证产量和质量达到设计要求。

5.1.9 本条文对水泥工厂生产系统检修设施的要求作了原则规定。水泥工厂的主要设备如窑、磨、破碎机、空气压缩机等设备检修机械化的目的是：①加快检修的速度，缩短检修时间，提高设备利用率。②节省人力，减轻劳动强度，保证检修安全。由于不同规模工厂的设备规格不同，数量不同，因此大中型厂检修机械化程度应较高，小型厂可较低。主机设备需检修的部件体型较大、检修工作比较频繁，花费人力较多的地方，要求检修机械化程度较高，反之则较低。如磨机装球、耐火砖搬运、包装纸袋搬运等处均应设有相应的起吊运输设施。一些生产辅机则根据检修需要和布置条件，设置相应的不同水平的起吊措施，以方便于设备的检修。

5.1.10 本条文对物料输送设计作了原则规定。输送设备是水泥工厂中使用较多的附属设备，水泥工厂各主要生产设备依靠输送系统连接起来，形成连续生产的工艺线。水泥生产从原料准备到水泥成品出厂，需要输送的物料种类繁多、性质各异，输送设备应根据所输送物料的物理特性及温度等条件选用。由于物料输送高度以及输送距离等因素也决定着选用输送设备的型式和规格，所以还应结合工艺布置选用输送设备。

为了保证设备的正常运转，输送设备的输送能力应有一定的余量，应根据不同输送要求及来料波动情况而定，例如各种破碎机破碎后的物料量，以及除尘设备的回灰量，生产中波动较大；因此留的余量应考虑来料波动情况。

输送设备的转运点设置除尘，是为了防止灰尘飞扬、污染环境。输送磨蚀性高的物料（如熟料），应有防磨和降噪措施，以便提高工艺系统运转率和保护环境。

5.1.11 本条规定要求目的为保证水泥工厂稳定、安全地运行，对工艺过程、成品和半成品质量以及设备的运行进行必要的检测、调节和监控，以保证生产过程安全运行。其控制水平可根据不同的工厂规模确定。

5.1.12 本条规定了一些特殊地区建厂时，工艺设计应注意的问题：

1 由于水泥工厂的压缩空气消耗量是以海拔高度为0m，空气压力为101325Pa和大气温度为20℃时的自由空气为标准。由于随海拔的升高，大气压力和空气密度降低，空气重量减小，因此高海拔地区建厂时，空气压缩机在选型中，应对功率和压力进行校正。同样，对风机、除尘设备、气力输送系统等的功率、风压均应进行修正。

2 海拔高度对回转窑及其他热工设备的生产参数，有一定影响。回转窑在正常条件下，生产每千克熟料生成的废气量（以单位熟料标准状态下空气量计），一般是一定的。但是，由于高原上大气压力降低，根据气体压力和体积成反比的关系，生产每千克熟料需要的空气体积和生成的废气体积都将显著增加，因而提高了窑内气体风速，加大了飞灰量，增加了热耗，限制了回转窑的产量。同样在其他热工设备中的气体体积、风速也随大气压力降低而增加。因此在高原地区建厂，对热工设备的计算，应根据海拔高度作修正。

3 电动机运转时产生的热量，应及时排除，使电动机温度不超过一定数值，排除热量是依靠其本身所附带的风叶来实现的，在高原上空气的密度降低，但电动机的转速依然未变。因此，单位时间内通过的冷却用空气重量减少，从而使冷却作用降低，这时只有降低电动机的出力，才能保持温升在一定数值以内，所以选用电动机时对出力应作修正。

海拔高度较高（如西藏地区），空气因密度降低而容易被电离，因此高压电机内易产生电晕现象，所以选用电动机时应采用具有防电晕措施的电动机。

湿热带电机应选用湿热型电机。

4 在寒冷地区气温很低，要保证某些热工设备或除尘设备不致结露。其他如气动元件、电气仪表元件及润滑油等，对使用环境都有一定要求，因此在设备订货或生产中应注意这个问题，保证生产时气路、油路、水路的畅通。气路、油路、水路及除尘系统应有防冻措施，以免影响正常生产。在寒冷地区物料结冻，形成大块不能松散，很易在储库、料仓、料管等发生堵塞，为了保证正常生产，应注意妥善处理物料的冻结问题。在设计中应有相应措施来防止和处理堵塞故障的发生。

5.2　物料破碎

5.2.1 一般情况下，矿山距工厂较远时，石灰石破碎系统设在矿山为宜，可以减少大块石灰石运输的困难；破碎后用胶带输送石灰石进厂，可以节省人力和油料的消耗、降低石灰石成本，近年来投产的大中型工厂，大部分把破碎系统设在矿山。如果矿山和工厂距离较近；或规模较小的工厂，输送条件适宜时，可以设在厂区，或者是放在矿山与厂之间的位置上，因此石灰石破碎系统的位置应根据矿山和厂区的距离、矿山开采运输条件，经技术经济比较后确定。

5.2.2 水泥工厂石灰石破碎系统要求的生产能力一般按下式计算：

$$Q=\frac{Q_1}{K_1 K_2 K_3}\times K_4 \qquad (1)$$

式中　Q——破碎系统要求的小时产量（t/h）；

　　　Q_1——工厂石灰石年需要量（包括作混合材用量或外供石灰石量）；

　　　K_1——石灰石破碎车间全年工作天数；

　　　K_2——石灰石破碎车间每天工作班数；

　　　K_3——破碎车间每班工作小时数；

　　　K_4——矿山运输不均衡系数。

破碎系统生产能力应按上述因素确定。

5.2.3 本条提出了破碎流程的选择原则。各种物料破碎系统的成品粒度,主要取决于后续工序的粉磨系统对物料的粒度要求,根据粉磨系统的设备型式、性能确定破碎系统的成品粒度后,破碎系统的破碎比(石灰石破碎系统的进料最大块度与出料成品粒度之比)直接影响到破碎段数的确定和破碎机的选型。例如要求破碎系统破碎比大,则要求破碎机的破碎比也要大,如果选用一种破碎机能满足这一破碎比的要求,则选择一段破碎最好,因为与两段或多段破碎相比,单段破碎的设备台数少、生产流程简单、占地面积小、扬尘少、能耗低、投资省、生产成本低。但当矿石硬度高、游离二氧化硅含量大、磨耗比大时,破碎机的易损件消耗快。如果采用单段锤式破碎机时,锤头磨损快,影响产量和成品粒度,使用寿命短,因此石灰石破碎系统选择也和矿石物料性质、矿石磨蚀性试验结果有关。

5.2.4 新型单段锤式破碎机和反击式破碎机破碎比大(可达10~50,甚至在50以上),因此若条件合适可选用单段破碎的破碎机。其他型式的破碎机如颚式、旋回式等破碎比小,适用于两段破碎系统的一级破碎机。

5.2.5 本条提出了破碎机喂料斗的设计要求。如石灰石破碎机前的喂料斗容量,要满足破碎机连续运转和小时生产能力的要求,因此喂料斗容量应根据卸车方式、一次卸车量、来车间歇时间而定。

喂料斗后壁与侧壁相交线的空间角不应小于50°,喂料斗出料口宽度及高度要求便于出料,不致被料块堵塞而拉坏出料口护板。

5.2.6 根据我国水泥工厂生产实践,大中型厂大块石灰石的喂料设备采用重型板式喂料机较好,机械强度高,承受力大,链板输送方便出料,允许倾角大。

重型板式喂料机的板宽应与锤式破碎机的入料口宽度相配合,喂料方向宜在正面喂料,这样矿石能在破碎机全宽度均匀下料,锤头负荷均匀,破碎机效率高。

破碎机要求均匀喂料,当破碎机负荷大时,喂料量应及时减少,破碎机负荷小时,则增加喂料量,因此板式喂料机的速度应根据破碎机的负荷自动调节,采用无级调速可以使速度变化均匀稳定,同破碎机负荷的变化较好地匹配。

5.2.7 设置一条宽而短的受料胶带输送机,既可适应破碎机下料口的宽度,又可以避免输送碎石的长胶带输送机直接被破碎后的碎石撞击,从而可减少长胶带输送机的宽度和磨损,延长使用寿命,节省投资。

5.2.8 为满足日益严格的环保标准要求,改善工厂劳动卫生环境,本条提出收尘要求。

5.2.9 石灰石等物料破碎机的生产能力,不是绝对均匀稳定的,为了保证破碎机的正常运转,物料输送系统的能力,应按破碎机瞬时最大生产能力来考虑。

5.2.10 硅铝质原料品种繁多,物理性能各异,因此破碎机的型式和破碎级数的确定宜根据物料物理性能、粒度等因素确定。

5.2.11 为防止硅铝质原料压得太实,粘挂在仓壁上,使卸料不畅,本条对硅铝质原料仓提出了设计要求。

5.2.12 为适应大出料口的需要,采用板式喂料机。

5.2.13 煤的进厂粒度一般都不大,采用一段破碎系统,可以满足生产要求。

根据不同的用途,煤破碎后的成品粒度也不同,一般入磨的粒度为20~40mm,沸腾炉用煤粒度为8mm以下。

5.2.14 石膏用量较小,粒度较大,为减少环节,宜采用一段破碎系统。

5.2.15 箅式冷却机本身带有破碎机,因此不必单独设置熟料破碎机。

5.3 原、燃料预均化及储存

5.3.1、5.3.2 在可行性研究阶段,应计算全矿山或主勘探线的矿山化学成分标准偏差(S)和变异系数(C)。

在初步设计阶段,则应计算全矿山及早期各台段矿山化学成分的S和C。

低品位原料包括石灰质或硅铝质低品位原料。

对石灰质原料主要计算成分为CaO、MgO。某种成分变化较大时,或对配料有较大影响的也应计算,如SiO_2、R_2O等。

对硅铝质原料主要计算SM。某种成分变化较大时亦应计算,如SiO_2、MgO、R_2O等。

对燃煤则应计算A、V、Q_{net}的标准偏差及变异系数。

计算标准偏差及变异系数目的在于了解原料和燃料质量变化程度。

原料预均化是现代水泥生产达到优质、高产、低耗的最重要的条件之一。在一个完整的生料均化系统——均化链(从均化开采到入窑生料)中原料预均化是基础。

原料预均化堆场除有预均化和储存两个作用外,尚有综合利用资源、改善工作环境、减少污染、便于实施自动化控制和现代化管理等作用。

当今世界各国水泥工厂几乎都采用先进的自动化控制的原料预均化堆场。在我国已有该类设施的水泥工厂亦逐步增多,实践证明,对提高工厂效益起到了重要的作用。在改善产品结构、提高水泥质量、水泥行业"由大变强",进一步提高我国水泥工厂技术装备和自动化水平的今日,在我国大中型水泥工厂中,采用原料预均化堆场,是势在必行和必不可少的。

同样,在规模较大的水泥工厂采用煤的预均化堆场也是势在必行和必不可少的。

原煤质量变化较大，或入窑煤粉质量不能保证相邻两次检测的波动范围，即控制灰分 $A\pm2\%$，挥发分 $V\pm2\%$ 的条件时，应设置预均化设施。

5.3.3 预均化堆场不仅满足了大型水泥工厂对原、燃料的储存要求，而且在储存原、燃料的同时实现了预均化，它是一种先进的储存均化设施。其优点如下：

1 有利于稳定水泥窑的热工操作制度，提高熟料质量及窑长期安全运转。

2 采用预均化堆场可以大量利用低品位矿石、包括有害成分在规定极限边缘的矿石及许多非均质矿石，从而扩大了原料资源。

3 尽量利用夹层矿石，延长现有矿山使用年限。

但是采用预均化堆场的最大缺点是占地面积大，投资昂贵，因此决定是否采用预均化堆场，不仅是从原、燃料质量波动一个因素，还应结合储存工艺要求、自动化水平、环保要求、工厂规模的大小、投资等因素综合考虑后决定。

5.3.4 本条对预均化堆场设计作出了具体规定。

1 堆料层从理论上讲，层数越多，料堆横断面上物料成分的标准偏差越小，均化系数也越高。实际上由于预均化堆场原料本身存在波动，如原料矿山开采时，利用夹石及其他废石或者原料本身波动，还有堆料时物料离析作用。因此即使料层堆 600 层，均化系数也不容易超过 10。根据国外资料和国内经验，堆料层数宜 400～500 层，均化系数 3～7。

对某一个具体的预均化堆场设计，当已知物料的休止角、容重，且堆料长、宽、高、料堆容量、堆料机堆料能力已确定时，只要合理地选择堆料机的速度，就可以求得适宜的堆料层数。

2 堆场的形式有矩形和圆形两种，各有优缺点如下：

1) 占地面积：相同有效储量，圆形比矩形堆场约少占地 30%～40%。

2) 投资：由于圆形堆场比矩形堆场占地面积少，所以投资也略低。

3) 均化系数：圆形与矩形堆场均化系数基本相同。圆形堆场无端锥效应，但圆形堆场是环形料堆，内外圈料分布不如矩形堆场均匀。此外，对于消除长周期波动的影响，也不如矩形堆场优越。

4) 圆形堆场中心出料在均化粘性或含土多的物料时，易发生堵塞。

5) 圆形堆场无法扩建，只能另外新建堆场，而矩形堆场可以在原有堆场基础上加长扩建。

综上所述，矩形与圆形堆场各有利弊，应根据工厂的总体布置、厂区地形、扩建前景、物料性能及质量波动等经比较后确定。

3 堆料方式是指各层物料之间以什么样的方式相互重叠。现今预均化堆场所采用的堆料方式主要有

五种：人字形堆料、波浪形堆料、水平层堆料、倾斜层堆料、圆锥形堆料。其中以人字形堆料方法所需的设备较简单，均化系数也较好，因此现在采用人字形堆料方式最普遍，其缺点是物料颗粒离析比较显著。

目前堆料机有屋架轨道式胶带堆料机、悬臂胶带侧堆料机和回转悬臂式胶带堆料机等。屋架轨道式胶带堆料机用于矩形预均化堆场，悬臂胶带侧堆料机适用于矩形预均化堆场侧面堆料，回转悬臂胶带堆料机适用于圆形预均化堆场。

4 在堆料方式确定以后，为了保证均化系数，取料时，要求尽可能多地切取各层物料。取料方式主要有端面取料、侧面取料两种。端面取料采用桥式刮板取料机、桥式斗轮取料机。这种端面取料机应用最广，它适用于人字形、波浪形或水平层堆取料。侧面取料采用悬臂耙式取料机，这种侧面取料机应用也很广，特别适用于多种物料储存的堆场，但均化系数不如端面取料的桥式取料机。

5 混合料预均化堆场适用于石灰石和硅铝质原料预混合。当硅铝质原料水分、粘结性较大时，防止在储存和运输过程中的堵塞，可以和石灰石混合后入预均化堆场储存和均化。如果两种原料都需要均化，系统就复杂，成分不易控制，价格也昂贵。因此，这种情况不宜采用混合预均化堆场。

为了控制入混合预均化堆场前两种物料的配比，需要入堆场前对两种物料进行预配料。

6 根据水泥工厂使用煤的来源不定，煤质波动较大的情况，一些水泥工厂将进厂的不同质量的煤分别堆存，经过搭配后再进入预均化堆场，以提高均化效果。

7 为了解决扬尘问题，目前多采用可以升降的悬臂式胶带堆料机，在堆料机卸料端，设料位探测器来探测自身同料堆的距离，使卸料端自动同料堆保持一定距离，可减小物料落差，抑制扬尘，同时减轻物料离析作用。

5.3.5 预均化堆场一般应设置厂房。如处在高寒、风沙、多雨地区建厂，设置厂房较为合适；由于预均化堆场面积较大、造价较高，在满足环保要求的情况下，可暂不设置，但也应有今后补加的可能。

5.3.6 由于受投资的限制，可采用投资省、有一定均化效果的简易预均化堆场或库。简易预均化堆场设两个料堆，可采用胶带机分层堆料，装载机端部取料来达到均化目的。也可设两组库用胶带机库顶分层堆料，两组库轮流进出料，库底多点搭配来达到简易均化目的。

5.4 废物处置

本节为本次修订新增内容。水泥厂协同处置废物有利于节约资源、保护环境、改善生态状况。

5.4.1 利用水泥回转窑系统所具有的温度高、热惯

量大、工况稳定、气料流在窑系统滞留时间长、湍流强烈、碱性气氛等特点，处置原材料工业、生活垃圾及化工、医药等行业排出的危险废物，使其成为补充性替代原、燃料，又无二次污染产生，是实现废物减量化、无害化的有效途径。在我国，水泥厂协同处置废物，尤其是处置有毒有害废物才刚刚起步，因此，应对水泥窑处理有毒废弃物的生产可靠性和使用安全性进行科学研究，在不影响产品质量的前提下对废物进行处置。本条对水泥工厂处理废弃物设计作出了一般规定。

5.4.2 本条为强制性条文。在我国，水泥厂协同处置的大部分是未经预处理的废物，这与发达国家有所不同，因此要特别注意在贮存、输送、预处理等工艺过程不得产生二次污染。

5.4.3 本条为强制性条文。排放指标系参照欧盟标准提出，水泥厂协同处置废物时，其排放必须满足指标要求。

5.4.4 本条为强制性条文。我国现行水泥标准未对产品中的重金属含量提出要求，因此参照国外相关标准制定本条。对于进入水泥产品体系的重金属元素，能否安全地固化不浸出，与使用条件及不同的环境介质有关。

5.5 原料粉磨

5.5.1 本条对原料粉磨配料站设计作出了规定。

1 以往设计中规定主要物料的配料仓的容量不应小于磨机 3h 的喂料量，对大规格磨机在布置上有困难时可适当减少。原料磨配料仓容量参见表 5。

表5 水泥工厂原料磨配料仓的容量

厂 名	配料仓容量（t）				主要物料仓容量适应磨机运转时间（h）
	石灰石	混合料（粉煤灰）	硅铝质原料	硫酸渣	
冀东水泥厂	330	—	210	150	2.2
宁国水泥厂	330*	600	—	260	2.0
江南-小野田水泥厂	1000	—	450		3.125
烟台水泥厂	500	(150)	70	160	2.5
琉璃河水泥厂	392	(823)	405	82	2.8
新乡水泥厂	440.5	—	59.3	16.2	7.4
七里岗水泥厂	339		130	14.8	5.3
中国水泥厂	120*	290	120	100	～2.26

注：标注 * 的为校正料。

2 近几年我国新型干法水泥工厂，如宁国、耀县等厂，由于原料水分原因，都发生过堵仓，因此制定此款。

5.5.2 本条文阐明了原料粉磨系统选型原则。

1、2 原料粉磨利用烧成系统废气余热时，一台窑配一套原料粉磨系统，可以使废气管道简化，操作控制简单，且节省投资。

3 各种粉磨系统有不同的特点，对各种原料的物理特性有不同的适应范围。

1）辊式磨系统其主要特点是磨内集烘干、粉磨、选粉为一体，流程简单，粉磨效率高，其能耗可较管磨系统降低 10%～30%，利用窑尾预热器废气可烘干含水分 7%～8% 的原料，系统建筑空间小，可露天设置或加单层厂房，土建投资少，是目前国内首选的生料粉磨系统。但其对辊套材质及衬板材质要求较高，选用辊式磨应做原料磨蚀性试验。

2）中卸磨系统的特点是结合了风扫磨和尾卸磨的优点，热风从两端进磨，通风量较大，又设有烘干仓，利用窑尾预热器废气可烘干含水分 6%～7% 的原料，且磨机粗、细仓分开，有利于最佳配球，选粉机回料大部分回入细磨仓，小部分回粗磨仓，有利于冷料的流动性改善，又可便于磨内物料的平衡。其缺点是系统漏风较大，流程也较复杂。该磨系统在国内制造，生产都较成熟，也是一种成熟可靠的粉磨系统。

3）尾卸提升循环磨系统能力相对较小，系统特点是磨内物料用机械方式卸出，磨内风速不能太高，烘干能力较差，利用窑尾预热器废气仅可烘干含水分 4%～5% 的原料，磨机生产能力愈高，烘干能力愈是显得不足，对于系统能力水分较小的原料，可采用尾卸磨。

4）风扫磨系统阻力较小，烘干能力大，利用窑尾预热器废热可烘干原料水分 8%，但单位功率产量低，能耗较提升循环磨高出 10%～12%，尤其是用于含水较少的物料，由于风扫和提升物料所需的气体量大于烘干物料所需的热风量，则更不经济。

5）辊压机系统中辊压机适于挤压脆性物料，不宜喂入粘湿性的塑性物料。入辊压机物料的水分，一般认为含 2%～3% 的水分较为理想，因此粘湿物料最好不进入辊压机。如果喂料中含有足够的脆性物料，形成脆性料床，塑性成分仅是充填于脆性料床的空隙中，则对挤压物料的影响不大，允许有少量粘土喂入辊压机。一般情况下，尽量使硅铝质原料（粘土）从辊压机之后喂入粉磨系统。我国启新水泥厂原料粉磨系统采用辊压机，只有石灰石经过辊压机，其他几种原料不经辊压机而直接进磨。

5.5.3 以往对磨机的能力按年运转率考虑，对新型干法窑采用预热器废气余热作为烘干热源，窑磨运转基本一致，认为用日平衡来计算磨机产量较为合适，再结合以年运转率综合考虑。

5.5.4 本条规定了原料粉磨系统布置时的具体要求。

原料粉磨系统在利用预热器废气烘干原料时，为简化缩短入磨热风管道，方便操作管理，并使原料粉磨和窑的废气合用一套废气处理除尘系统，因此原料粉磨系统应靠近预热器塔架和废气处理系统布置。

为了防止漏风而降低热效率增加能耗，在带烘干的磨机进、出料口应设置锁风装置。

原料粉磨系统设置备用热风炉，是作为停窑没有热风时的备用热源。

辊式磨根据磨机本身结构，可以露天布置，国内已有此例。但在某些特殊气候条件下，如风沙、高寒、雨雪地区建厂，会带来生产操作的不便，是否设置厂房应根据当地气候等具体条件而定，因此条文中露天布置用"可"规定。

球磨机中心的高度宜取直径的 0.8～1.0 倍，系根据以往设计生产经验而定。磨机中心高度决定了磨房的标高。在满足换球的要求下，尽可能不增加厂房高度，取 0.8～1.0 倍的数值比较合适。

原料粉磨系统要求设置提升装置（如钢球提取器）是为了装球时减轻劳动强度，加快检修、装球速度，减少事故的发生。

为维修磨机中空轴轴瓦等，磨机两端轴承基础内侧加设顶磨基础。

5.5.5 本条文对粉磨系统的产品质量提出了要求。生料水分应控制在 0.5% 以下，这是由于生料输送及生料均化库均化的要求，水分过大，充气箱的充气层会堵塞，影响生料均化库的充气搅拌。

生料细度定为 80μm 方孔筛筛余 10%～14%，可根据生料易烧性性能选用。

5.5.6 本条对原料粉磨系统的除尘提出了要求。配料仓顶和仓底，以及输送设备转运点，由于物料下落差产生扬尘，故应设除尘点，配置除尘器。

当磨机利用预热器废气作为烘干热源时，可和预热器废气合用一台除尘器，这样可简化生产环节，方便管理，节约投资。

5.5.7 原料粉磨系统配料控制的目的，是为了保证生料达到规定的化学成分、细度，出磨物料水分和磨机的生产能力，并保证粉磨系统长期稳定安全运转。

5.6 生料均化、储存及入窑

5.6.1 生料均化库设计选型时，应根据进厂原料成分的波动、预均化条件及出磨生料质量控制水平等因素确定。根据入窑生料均齐性要求，结合工厂的实际情况，综合考虑均化库前各环节的均化作用，确定合适的均化库类型。连续式生料均化库工艺布置简单、占地少、电耗低、操作控制方便、投资省、技术成熟，入窑生料质量满足生产要求。

关于入窑生料，过去常以生料碳酸钙标准偏差为设计指标。根据近年投产的几个新型干法厂的生产统计，生料 CaO 标准偏差在 0.25% 时，不影响烧成和熟料质量，因此，参照国际惯例本条规定了入窑生料 CaO 标准偏差不大于 ±0.25%。

生料均化库高径比为库底板至顶板间筒体高度与库内径的比值。

据调查，生料均化库能保持长期、可靠、有效地运行，与出原料磨生料水分控制关系很大。水分低于 0.5% 的生料具有良好的流动性能；水分增加，生料流动性降低，且库底及库壁易结料，从而降低重力混合及气力均化效果，而研磨体等杂物入库易堵塞库卸料装置。

生料均化库库顶宜选用带灰斗及锁风装置的袋式除尘器，以免除尘器清灰时粉尘二次飞扬，影响除尘效率。

5.6.2 本条对连续式生料均化库的设计作出了具体规定。

生料进库采用多点进料对生料分散性好，直径较大的生料均化库采用多点入库，小直径均化库也可用单点进库。

定容式回转鼓风机，不因系统阻力变化而改变风量，因此作为连续式均化库的充气气源比较合适。

均化库应至少设有两个卸料口，对卸料、清库比较有利。

出均化库生料回库输送回路的主要作用，是烧成系统未投入使用或停窑时，均化库及窑喂料可进行带料试运转。

5.6.3 本条对干法生料入窑系统设计，规定了应包括的内容和具体要求。喂料仓的料位要稳定，才能稳定料仓出料口处的仓压，使喂料装置每一转喂出的生料重量可以相对稳定，保证喂料均匀，并能方便控制。

5.7 煤粉制备

5.7.1 煤粉经煤粉仓向窑和分解炉供煤粉，有利于窑内火焰及煤粉量的调节和计量标定，有利于窑系统热工制度的稳定。

5.7.2 本条对煤粉制备系统作出了具体的设计要求。

钢球煤磨结构简单，集烘干与粉磨于一体，能适用于任何煤种，包括煤矸石含量高的煤都可获得较高细度的煤粉，能可靠长期连续运转。其缺点是设备庞大，金属消耗量高，噪声大，电耗较高。

辊式磨单位电耗低、设备紧凑、占地少、金属消耗量少、噪声低，应优先选用。但对难磨的硬质煤不易磨细，如煤矸石含量较多时易造成排渣。当部件磨损时磨机的产量和煤粉的细度变化较大，当有随煤入煤磨的金属杂物时，容易损伤研磨部件。根据具体情况，可选择钢球煤磨。

在大型干法厂中煤粉制备的位置，当放在窑头附近时，利用冷却机的余热对原煤进行烘干，这样可适应含有较大水分的煤，对提高磨机产量有利，但这种热风中氧气的含量超过 14%，所以增大了煤磨系统爆炸的危险性。

当煤粉制备放在预热器塔附近时，可利用预热器的废气来做烘干热源，其氧气的含量低于 10%，增加了系统的安全性，但废气中湿含量大，对烘干水分高的原煤不利，磨机的产量不易发挥出来。因此应从工艺生产平面布置、利用预热的方案等因素全面衡量确定。

为了简化工艺流程，减小构筑物体积，节省投资，提高粉磨效率，应优先选用动态选粉机作为煤粉的选粉设备。

喂煤设备、动态选粉机回料管与煤粉的出料部位，均应设锁风装置，这主要是为了防止漏风，提高煤磨系统的热效率和分离效率，并降低能耗。

煤粉制备系统有关装备及风管的保温是为了防结露，接地是为了防静电。

5.7.3 出磨煤粉水分大小影响到煤粉输送和煤粉仓卸料，水分太大会使系统堵塞，并影响窑热工制度的稳定。

5.7.4 本条文规定了煤粉制备系统的安全防爆设计要求。其中 1～4、8、9 款为强制性条款。煤粉制备系统是易燃易爆的场所，因此煤粉制备系统的设计，必须根据系统中各部位的煤粉浓度、温度、CO 含量等的危险因素，切实做好防爆设计，保障设备安全运行，因此在动态选粉机、除尘器、煤粉仓、磨尾等处应设防爆阀。防爆阀应能防止泥污、雪荷载、过高的摩擦力引起的静态开启压力升高或由于腐蚀、材料疲劳引起的静态开启压力下降，损害防爆阀的性能，影响泄压效率。

在系统有关部位设置温度、CO 监测、报警、阀门及灭火等装置。自动报警装置应在一氧化碳含量达 0.5% 时报警；一氧化碳含量达 1.0% 时自动切断高压电源。

5.7.5 利用烧成余热作烘干热源，在热风入煤磨前设置旋风除尘器，是为了减少煤粉中的灰分。

煤粉制备系统的备用热源可根据工厂所在地条件、原煤来源及含水分情况确定。在我国南方多雨地区，或者煤磨采用辊式磨且布置在窑头利用冷却机废气作为烘干热源时，宜设置备用热源；备用热源可采用燃油热风炉，由于燃煤粉的燃烧室系统复杂，不推荐采用。当工厂自认为不要设备用热源时，工艺可在车间总体布置时预留相应位置，既可节省一次投资，将来又有加的可能性。

5.7.6 随着环保要求的提高和煤磨袋除尘器技术的成熟，煤磨系统的除尘推荐采用袋除尘器。从动态选粉机出来的气体和成品煤粉，直接进入袋除尘器。在个别寒冷地区，当原煤水分大，废气中湿含量高，易结露糊袋子时，煤磨除尘器可采用电除尘器。

5.7.7 为了使煤粉制备系统安全生产，系统设备正常运行，使煤粉制备过程处于最佳状态，以保证各项工艺指标的实现，因此在本条文中规定了按第

7.10.3 条对煤粉制备系统进行控制的要求。

5.7.8 本条文规定了煤粉计量输送系统的设计要求。煤粉输送采用机械输送较困难，一般采用气力输送较好。

5.8 熟料烧成

本节在此次修订中，删除了有关小型预热器系统及湿磨干烧预热预分解窑系统等相关内容，同时结合水泥工业技术发展对相关内容进行了调整。

5.8.1 本条根据预热预分解窑系统的布置特点作出了几点规定。预热器塔架除满足工艺生产要求外应满足安全生产要求并尽可能减少占地面积，节约基建投资，降低工人的劳动强度。

5.8.2 本条对预热器系统的设计作出了几点规定。

1 预热器系统的列数随着窑的生产能力的增大，由单列逐渐发展成多列。4000t/d 级以下的预热器系统有单列和双列两种，10000t/d 等特大规模的预热器系统也有采用三列的。

2 旋风预热器由多级旋风筒组合而成。在选用同类型的预热器时，预热器级数越多，则排出气体的温度越低，热回收量越多，但级数越多，每级温度降越少（见表 6），同时级数越多，系统的压力降越大，预热器塔架越高，因此是不经济的。根据目前的使用经验，五级或六级预热器较为经济合理。

表 6　不同级数预热器的温度分布

级数 n		1	2	3	4	5	6	7	8
气体出口温度	T_{G0}	527	404	345	310	288	273	262	254
	T_{G1}	900	680	572	510	470	443	423	409
	T_{G2}	—	900	754	670	616	579	553	533
	T_{G3}	—	—	900	798	732	688	655	633
	T_{G4}	—	—	—	900	825	775	739	712
	T_{G5}	—	—	—	—	900	844	805	776
	T_{G6}	—	—	—	—	—	900	858	827
	T_{G7}	—	—	—	—	—	—	900	867
	T_{G8}	—	—	—	—	—	—	—	900
物料出口温度 t_M		514	670	744	788	815	834	848	857
温度系数 Ψ		0.55	0.73	0.82	0.87	0.90	0.92	0.94	0.95
气体总温降 Δt_G		373	496	555	590	612	627	638	646
每级气体平均温降 Δt_{gi}		373	248	185	148	122	105	91	81

注：1　此表摘自《水泥的制造和应用》。

2　表中温度系数 $\Psi = \dfrac{t_M - t_{M0}}{t_{G0} - t_{M0}}$，其值为 0～1。

式中　t_M——预热器物料出口温度（℃）；

t_{M0}——预热器物料进口温度（℃）；

t_{G0}——预热器气体进口温度（℃）。

5.8.3 本条对分解炉的选型和设计作出了规定。

1 根据气流和物料在分解炉内的运动方式，分解炉有多种型式。分解炉是一种气固高温反应器，燃料在炉中燃烧放热，在870~900℃温度下，生料在悬浮或沸腾状态中进行无焰煅烧，同时完成传热和碳酸盐分解过程。根据投产工厂的生产实践和有关高等院校、设计科研单位，通过对已有分解炉的分析试验研究，认为不同原料配合的生料有其不同的分解特性，在相同的条件下，达到相同分解率的时间是有区别的，不同的生料其分解指数和终态分解率均有所不同。通常分解炉内燃料的燃烧速率制约着水泥生料的分解，不同来源的燃煤其燃烧特性差异较大，在分解炉内的燃尽时间、燃尽率等特性指标有所不同，因此宜采用原、燃料特性试验确定分解炉结构参数，并适当留有一定的余地，以适应生产波动。

2 当燃料中挥发分含量低时，燃料的燃烧较困难，而在纯空气中较易燃烧。分解炉的型式不同，其气固两相流场分布亦不相同，气体和固体粒子的运动轨迹亦有差别。因此各种型式分解炉设计的气体停留时间差别较大。根据工厂实际测试及运行状况，本条规定其停留时间宜大于2s。

3 根据国内外工厂实际生产情况，分解炉的用煤在55%~65%内为宜。当采用旁路放风时，热耗随放风量的变化而变化，分解炉的用煤比例也相应变化。

5.8.4 本条对窑尾高温风机的选型与布置提出了要求。

1、2 窑尾高温风机的风量大、风压高，气体中粉尘含量较大，因此对风机的要求较高。由于风机的功率较大，故要求风机的效率不低于80%，并要求能够调速。为保证窑生产能力有一定的发展余地，要求风机的风量和风压都有储备。

3 便于调节系统的风量与风压，便于风机轻载启动。

4 当原料粉磨采用辊式磨时，由于辊式磨通过的气体量较大，出预热器气体可先经增湿塔和高温风机后，全部送入辊式磨。亦可先经高温风机，将烘干原料和燃料需要的热空气分别送给煤磨和原料磨。当原料水分大时，高温风机宜放在增湿塔前。

5 高温风机设置在露天，可以取消厂房，减少投资，检修时可采用临时起吊设施，但传动部分设备应避免雨淋，故应加防雨设施。

5.8.5 本条对废气处理系统的设计作出了几项规定。

1 设计出预热器系统的废气温度在270~340℃，这部分热量可烘干原料、燃料或其他物料，也可利用余热发电。

余热利用废气由有关工艺系统处理，如用于煤磨车间作为煤的烘干热源时，由于其含尘浓度高，会增加煤的灰分，应经过除尘处理后，再送入煤磨。当用

作原料或其他物料的烘干热源时，则可以直接利用。

2 废气除尘器采用袋式除尘器或电除尘器，是技术上较成熟的高效除尘设备，使用都较普遍。一般来说，电除尘器投资大，操作费用低；而袋式除尘器投资较低，操作费用大，滤袋损坏维修费用较高。按照现行粉尘排放标准的规定，推荐采用袋式除尘器。

采用袋除尘器，根据滤袋材质耐温情况，需将废气温度降低至滤袋规定的要求后才可送入袋式除尘器除尘。

3 电除尘器对气体和粉尘的物理特性很敏感，预热器排出的废气比电阻在10^{12}~10^{13}Ω·cm，而电除尘器只适用于比电阻小于10^{11}Ω·cm，否则除尘效率达不到要求。因此要对废气做调质处理，通常配备增湿塔，气体通过增湿塔时，向塔内喷入高压雾化水，使废气温度降到140~150℃，湿度增加，粉比电阻可降到5×10^{10}Ω·cm，以保证电除尘器的除尘效率。

4 废气处理系统虽然废气温度与露点温度相差约100℃，但在通风不良的废气滞流区，外壁的局部地方温度仍可能低于露点温度。另外在窑的点火升温阶段，除尘器从冷态经废气加热逐渐升温，如有保温则除尘器温升快，冷凝水少，凝结后也能很快蒸发，减少机体的锈蚀，也减少细粉在极板上的粘结。

5 本款主要针对废气处理系统管道直径大又长的特点，应与废热利用相关的工艺系统尽量靠近，使管道布置紧凑合理，降低管道投资，减少散热损失。

6 本款是由于考虑管道热膨胀而制定的。

7 由于增湿塔和除尘器的出灰量不是稳定的，经常不定时塌落，其输送设备的能力应比正常的灰量大得多。

8 本款按《水泥工业大气污染物排放标准》GB 4915和《固定污染源烟气排放连续监测系统技术要求及检测方法》HJ/T 76制定。

9 在电除尘器进口处，设CO监测报警装置是防止CO过量使除尘器燃烧爆炸，损坏设备。要求报警装置在CO含量达0.5%时，自动报警；CO含量达1.0%时，自动切断高压电源。

10 由于预热器的废气余热作为原料磨的烘干热源，且和原料磨系统合用一台除尘器，所以废气处理系统的控制要协调好预热器高温风机，磨系统排风机及除尘器排风机的关系，以保证窑、磨正常生产。

11 当窑和原料磨同时运转时，废气处理系统的回灰可和出磨生料同时进入生料均化库，而当原料磨停开时，宜送至窑尾喂料系统。

在设有旁路放风系统的工厂，废气处理收下的回灰，由于有害成分很高，若进入生产线，将对窑的烧成不利，既易堵塞预热器系统，又降低熟料强度，因此窑灰要妥善处理。

5.8.6 本条是对回转窑设计的规定。

1 在确定新型干法回转窑的规格时，不仅应按照工厂规模对烧成系统产量的要求，而且还应结合具体的原、燃料条件、预热器型式、级数以及分解炉的流程是在线还是离线，分解炉的炉型、规格和配置的冷却机型式规格等具体情况综合确定。

2 国内现有生产厂的预热器窑和预分解窑的长径比（L/D），一般在 14～16，表7中列出了国内部分生产厂的预分解窑的长径比（L/D）值。随着预分解窑入窑物料分解率的提高，回转窑的转速也相应的提高，根据国内外的工厂资料，窑的转速一般在 3.0～4.0r/min，斜度通常在 3.5%～4.0%。部分新型干法厂的回转窑斜度和转速见表8。

表7 部分预分解窑长径比（L/D）值

序号	窑规格（m）	能力（t/d）	L/D	工厂名称
1	$\phi3.2\times50$	1000	15.63	槎头、天津等水泥厂
2	$\phi3.3\times50$	1000	15.15	滇西（高海拔地区）水泥厂
3	$\phi3.3\times52$	1200	15.76	浙江豪龙水泥厂
4	$\phi3.95\times56$	2000	14.18	顺昌、华新、海南昌江等水泥厂
5	$\phi4\times43$	2000	10.75	新疆、中国、湘乡等水泥厂
6	$\phi4\times60$	2500	15	获港、九里山等水泥厂
7	$\phi4.3\times66$	3000	15.3	太行邦正等水泥厂
8	$\phi4.55\times68$	3200	14.94	柳州水泥厂
9	$\phi4.6\times72$	4000	15.65	江南小野田水泥厂
10	$\phi4.7\times74$	4000	15.74	宁国水泥厂
11	$\phi4.7\times75$	4000	15.95	冀东水泥厂
12	$\phi4.75\times75$	4000	15.79	珠江水泥厂
13	$\phi4.8\times72$	5000	15	获港海螺水泥厂
14	$\phi5.0\times72$	5500	14.4	华新水泥厂
15	$\phi5.6\times87$	8000	15.53	池州海螺水泥厂
16	$\phi6.4/6.0\times90$	10000	14.1	枞阳海螺水泥厂

表8 部分回转窑斜度和转速

序号	窑规格（m）	能力（t/d）	斜度（%）	最高转速（r/min）	工厂名称
1	$\phi3.2\times50$	1000	3.5	3.37	槎头、天津等水泥厂
2	$\phi3.5\times52$	1200	3.5	3.91	浙江豪龙水泥厂

续表8

序号	窑规格（m）	能力（t/d）	斜度（%）	最高转速（r/min）	工厂名称
3	$\phi4\times43$	2000	3.5	3.4	新疆水泥厂
4	$\phi4\times60$	2500	3.5	4.0	获港、九里山等水泥厂
5	$\phi4.3\times66$	3000	3.5	4.0	太行邦正等水泥厂
6	$\phi4.55\times68$	3200	4.0	3.0	柳州水泥厂
7	$\phi4.7\times74$	4000	4.0	4.0	冀东水泥厂
8	$\phi4.75\times75$	4000	4.0	4.0	珠江水泥厂
9	$\phi4.8\times72$	5000	4.0	4.0	获港海螺水泥厂
10	$\phi5.0\times72$	5500	4.0	4.0	华新水泥厂
11	$\phi5.6\times87$	8000	4.0	3.0	池州海螺水泥厂
12	$\phi6.4/6.0\times90$	10000	4.0	3.5	枞阳海螺水泥厂

3 回转窑筒体温度是反映窑内煅烧状况和窑皮粘挂、窑衬烧蚀脱落及结圈情况，它直接影响到窑的安全运转。目前应用较成熟的是用红外线扫描测温技术来检测筒体温度。为降低回转窑烧成带筒体温度，可以采用水冷却和强制风冷。对于预分解窑大多采用强制风冷。

4 回转窑设置辅助传动主要是为了检修、保安和镶砌窑衬等需要。为保证辅助传动在紧急（如停电等）情况下能够起动，要设有备用电源。

5.8.7 本条对回转窑的窑中部分的布置作了设计规定。

1 回转窑的中心高度，一般可根据冷却机布置标高来确定，但当回转窑中心高度太高时，也可将窑头和窑尾布置标高综合考虑，从而确定将冷却机布置在地面上或低于地面。

2 回转窑基础布置尺寸的规定，是根据多年来在窑体的机械设计、工艺布置设计以及现场施工安装中所总结并遵循的规则。窑基础间联通走道的设置，是为了操作维护的方便，栏杆的设置应保证安全。

3 近十多年来，我国建成的大中型窑的窑中传动部分，均未设置厂房和专用固定的检修起吊设备，仅在传动装置上部设置了防雨设施，在传动装置和窑筒体之间加了隔热设施，布置时防雨、隔热也可兼顾。当需检修时，可采用临时起吊设备，实践证明，是可行的。

5.8.8 分解炉用的三次风均从冷却机抽取，抽取的位置可在箅式冷却机的上壳体，也可在窑门罩引出。当从上壳体抽取时，应通过沉降室后再送入分解炉；当在窑门罩引出时，可根据具体情况确定是否设置沉降室。根据实践经验，三次风管宜布置成倾斜"一"

字形，否则应在三次风管上采取清灰措施，以防止三次风管堵塞。

三次风管内的风速 18～22m/s 系实践经验的总结。

5.8.9 本条对烧成系统的煤粉燃烧器提出了配置要求。

1～3 多通道燃烧器是目前世界上较为先进并广泛用于回转窑的煤粉燃烧器。它的特点是：一次风量小，可灵活调节火焰的形状和长度，对不同灰分的煤质、不同的煤粉细度适应性强，特别是在灰分较高的情况下，使其达到完全燃烧，从而不仅较好地适应复杂多变的燃烧工况，提高了燃烧效率，而且对降低能耗也有较为明显的效果。

回转窑所需一次空气量，由于多通道燃烧器本身的结构和型式不同是有差异的，根据统计，各国采用的多通道燃烧器，一次风量的比例大多在 8%～14%。

4 本款规定有利于保护燃烧器不被烧坏和窑的连续安全生产。

5.8.10 本条目的是为了减轻繁重的体力劳动，并使窑头平台有良好的操作条件。

5.8.11 本条对熟料冷却机的选用提出了要求。

1 本款从现实性和先进性结合考虑，提出了冷却机的具体要求，以及对出冷却机熟料温度的要求。

2 篦式冷却机所需的冷却风量，要由各室被冷却的熟料量和温度以及篦式冷却机的结构来确定，条文中提出的控制风量，应根据不同型式的篦式冷却机所需的风量来确定。

3 篦式冷却机的余风，可利用作为原、燃料的烘干热源，也可用于余热发电。

4 熟料冷却机的余风除尘，可选用电除尘器或袋式除尘器，这两种除尘器各有特点。如采用袋式除尘器时，入除尘器前宜设置良好的空气冷却机降低废气温度，以适应和保护除尘器。

5 篦式冷却机的中心线，与窑中心线向窑内物料升起的一侧偏移的距离，应根据窑直径的大小和窑的转速等因素来决定，一般为 0.15～0.18D。对于直径较小的窑，可以考虑小于 0.15D，以保证料流在冷却机篦床上均匀分布。

5.9 熟料、混合材料、石膏储存及输送

5.9.1 本条对熟料输送系统设计作了几点规定。

1 由于出窑熟料量的波动及垮窑皮等因素，送入输送机的物料量是不稳定的，因此输送机的能力应有富裕量。

2 出篦式冷却机的熟料温度虽然在环境温度加65℃以下，但当有大块或垮窑皮出现不正常的情况时，出冷却机熟料温度会大大超过，有时会出现红料，因此，熟料输送机应满足窑在不正常时温度的情况。

3 熟料输送机地坑内温度高、操作条件差，应加强散热通风。

4 熟料输送应设有除尘设施，保护环境，防止生产损失。

5.9.2 本条对储库选型作了规定。

1 随着水泥生产技术的发展及进步，圆库、帐篷库在熟料生产线中被广泛采用。鉴于联合储库的粉尘飞扬对环境污染较严重，因此不推荐使用。

2 水泥生产用石膏一般运距大、块度较大，由于外购运输的条件，为满足生产要求需要较长的储存期，故大块石膏采用露天堆存方式，露天堆场堆存量大，可节省建筑费用。破碎后石膏可采用储库储存。碎石膏的储库储存方式与熟料、混合材的储存及入磨方式有关，可根据具体情况设置碎石膏储存库。

3 混合材料的品种繁多，物理性能各异，用量变化也大，综合考虑投资、环保等因素，故规定粒状湿混合材料采用露天堆场、堆棚等储存；粒状干混合材宜采用圆库储存。

5.9.3 在熟料、混合材料、石膏的储存方式确定后，其储库的规格、个数按生产规模及物料储存期要求经计算后即可确定。由物料自重卸料的圆库、帐篷库的有效储量及对建筑物的充分利用，因此要求卸料点个数的设置应保证储库的卸空率不低于 65%。

经生产实践证明，储库卸料口与卸料设备之间设置闸门是必要的，不仅为卸料设备的检修及更换提供了良好的条件，而且对物料的卸料量也能起到一定的控制作用。

出库熟料的输送，实践证明选胶带输送机既经济又可靠，但由于熟料的温度有时可能偏高及熟料流动性能好，因此，要求宜选用耐热胶带输送机，且其上倾角度宜小于 14°。

圆库及帐篷库的卸料输送地沟较长，操作空间狭小，落料点较多，其环境较差，故要求通风换气。

熟料、干混合材、石膏储库的物料入库及库底卸料点，必然有含尘气体排出，因此，要求库顶及库底均需设置除尘装置。

因为熟料磨蚀性非常高，因此容易被熟料颗粒冲刷的工艺非标准件、阀门等，应采取有效的防磨损措施。

5.10 水 泥 粉 磨

5.10.1 本条对水泥粉磨配料站的设计作了几点规定。

1 降低喂入粉磨系统的物料粒度，可以提高产量、降低粉磨电耗。一般磨机的喂料粒度要求小于 25mm，对于石膏的粒度可适当放宽。当采用辊式磨或辊压机时，其适宜的喂料粒度和规格有关，所以应根据辊式磨和辊压机的规格和设备性能来确定。

2 水泥粉磨配料仓的容量，主要是为了满足粉磨系统的连续运转。当配料仓设置在联合储库，并由抓斗吊车供料时，为避免吊车操作频繁，配料仓的有效容量应能满足磨机 3h 左右的用量。对于用提升机或胶带机供料的配料仓，或大型厂磨机小时用量较大时，可以适当减少配料仓的容量。

3 定量给料机属于重量式喂料设备，喂料准确度优于容量式喂料机，并能根据磨机负荷大小自动调节喂料量，准确记录粉磨系统的实际产量。称量误差应小于±0.5％，喂料量调节的范围为1：10，这是根据生产的需要。

4 由于熟料和石膏等物料在破碎运输过程中，易混入铁质物件，当进入辊式磨或辊压机等后，将对设备造成损坏，因此在上述设备前应设置除铁及报警装置。

5.10.2 水泥粉磨系统主要有开路和闭路球磨粉磨系统、带辊压机或辊式磨与球磨组成的粉磨系统、辊式磨以及筒辊磨系统等。

开路粉磨系统的主要优点是：流程简单，生产可靠，操作简便，运转率高；缺点是磨内过粉磨严重，粉磨效率低；当粉磨高强度等级水泥，即比表面积超过 320m²/kg 时，电耗增加较大，产品细度也不易调节，较适合粉磨单一品种的水泥。一级开路双仓小钢段粉磨系统，其粉磨效率可比一般的球磨开路系统有所提高，可磨制比表面积较高的水泥。

闭路粉磨系统在水泥粉磨作业中占有较大的比重，以双仓中长磨一级闭路粉磨系统居多。与开路粉磨相比，设备环节较多、操作维护复杂、厂房面积大、投资多，但粉磨效率高、产量高、电耗低、磨耗小、水泥温度低、产品细度易于调整、可以适应生产高比表面积和多种水泥的需要。

带辊压机或辊式磨与球磨组成的粉磨系统，同一般球磨闭路粉磨系统相比，产量高、电耗低、消耗少。

辊压机预粉磨可以通过调节部分料饼的再循环来达到和球磨能力相平衡，使入磨粒度均匀，提高料饼易磨性，对磨机操作有利。辊压机预粉磨的特点是流程简单，但辊压机担负的粉磨任务小，故系统节能作用亦小。

辊式磨预粉磨，将部分出磨物料再循环，可以减少当入磨物料粒度、易磨性变动时，会发生辊式磨功率的波动和磨机的振动。辊压机混合粉磨，磨后选粉机的部分粗粉，可回入辊压机进行再循环，组成了混合粉磨的流程。适当的粗粉回料可以使辊压机内料床更密实，辊压效果更好，但是回料比例不能太大，料饼再循环量也不宜太多。此种粉磨系统的辊压机，可以承担的粉磨任务比预粉磨稍大，其节能效果比预粉磨有所增加。

辊式磨混合粉磨的流程一般不用辊式磨出磨物料再循环，仅用选粉机粗粉循环，循环量不宜太大，否则会引起传动功率波动，料层不稳，增加操作困难。

辊压机联合粉磨的流程是辊压机应用中较理想的流程，辊压机自成系统，料饼经粗选粉机分选出半成品。粗颗粒全部返回辊压机再压，由于细粉已被选出，使辊压更为有效。细粉作为半成品喂入球磨机，因为粒度小而均匀，有利于磨机操作，易于配球，球径小粉磨效率高。虽然这种系统流程相对复杂，但辊压机承担的粉磨工作量，要比前两种系统大大增加，为此节能效果也更好。辊压机联合粉磨，经过多年的实践，已逐渐变成成熟的粉磨系统。

辊压机或辊式磨与球磨组成的不同的粉磨流程，其预粉磨设备在整个系统中承担的任务增加，相应的节能效果增加。

因此，本条规定了水泥粉磨系统，可根据生产规模、物料性能、水泥品种、投资条件，结合粉磨系统的特点，经技术经济比较确定。

5.10.3 本条规定了水泥粉磨系统中主要设备选型的要求。

1 水泥磨的选型与工厂生产规模、生产水泥的品种、物料的易磨性、粉磨系统的流程，以及日工作小时数、是否需要考虑"避峰"等这些因素有关，因此应根据这些具体条件来确定磨机规格和台数。

2 一般水泥近距离输送可选用机械输送，以节约能耗；远距离输送时，应根据具体条件综合比较确定后，采用经济合理的输送设备。

5.10.4 本条对水泥粉磨系统的布置作了几点规定。

1 为便于磨机检修和倒出研磨体的需要，根据生产实践的经验，确定磨机中心高宜取磨机直径的 0.8～1.0 倍。

2 磨机的传动部分宜和磨机房以隔墙隔开，以便在磨机检修时，保持减速机和电动机的清洁。

3 设置电动葫芦和钢球提取器是为减轻繁重的体力劳动，方便磨机研磨体的补充与更换。

4 便于这些设备的检修。

5 为了使磨机润滑系统的回油流畅，因此回油管的斜度应满足要求。

6 为便于磨机轴承检修，磨机两端轴承基础内侧应设顶磨基础。

7 为了保证辊压机的正常运行和提高工作效率，某些不宜进入辊压机的物料，应设旁路直接送入磨机或选粉机。

8 辊压机的工作原理要求喂入物料形成密实料柱，要求一定的喂料压力，并保证喂料的连续性和均匀性，因此辊压机的喂料小仓的设计，应根据辊压机的规格大小及喂料压力要求进行，且小仓的出口位置及仓角设计，应保证入辊压机的物料不致产生离析现象。

9 磨机出料口设锁风装置是为了减少漏风，保证粉磨系统正常的抽风量，满足系统操作要求，并降低电耗。

5.10.5 水泥粉磨成品的细度指标，系现行国家标准的要求，即对水泥细度的规定。

5.10.6 水泥温度过高会使石膏脱水，失去缓凝作用，影响水泥质量。

5.10.7 水泥粉磨系统生产环节较多，不仅因输送物料转运、配料仓物料的进出产生扬尘，而且生产系统中也有含尘气体排出，这些都应除尘。

5.10.8 熟料的磨蚀性非常高，对工艺非标准件、阀门以及风管等磨损大，应采取有效的防磨损和降低噪声的措施。

5.11 水泥储存

5.11.1 关于水泥成品质量检验所需天数，过去是按取得 7d 强度的结果来计算的。目前国内大中型水泥工厂，各生产环节控制较严格，水泥质量较稳定，水泥成品的质量检验，只要取得 3d 强度合格后，便可发运了。因此水泥储存期比过去可缩短一些。

5.11.2 水泥库的出料口当设在库底时，为防止物料起拱方便卸料，在卸料口的上方，宜设防止压料起拱的减压锥或采用其他措施。

5.11.3 用于水泥库库底充气的定容式鼓风机即罗茨风机，并应带过滤器、消声器、止回阀、安全阀、压力表等。

库底充气面积对不同类型的库是不同的，对常用的减压锥型库充气箱总面积，宜不小于库底面积的 30%，目的是减少卸料死角。

5.11.4 电控流量控制阀是指气动或电动流量控制阀，可根据包装系统的操作需要，遥控开停和电动调节卸料量。

水泥库底卸料的控制，是库底卸料装置上的电控电动开关阀，上包装机前中间仓的荷重传感器，或料位计的高、低位报警控制停或开。电动流量控制阀的开度，可根据需要由中间仓的荷重传感器，或料位计的指示来自动调节。

5.11.5 库顶收尘风量主要由以下组成：气力输送的风量、输送设备的风量、水泥入库排出的风量、落差引起的风量，以及即将放空时库底充气逸出的风量和漏风量等。水泥库底收尘风量主要有：水泥库底充气卸料风量、输送设备风量、漏风量等。

5.11.6 为了保证出厂水泥质量，特别是生产多品种水泥情况，应避免水泥输送和除尘器回灰时的不同品种水泥的混杂。

5.12 水泥包装、成品堆存及水泥散装

5.12.1 本条规定了包装机的选型原则，在计算包装机的工作制度时，宜采用两班制，每班工作时间不超过 7h。

5.12.2 为保证包装机的正常操作，使袋装水泥重量恒定，宜设置中间储仓，维持仓内料位稳定在一定范围内，此中间仓又能起缓冲作用，即当包装机停机、水泥库底停止卸料时，仓内尚可容纳从库到包装系统的输送设备中的水泥。

5.12.3 筛分设备主要为去除水泥中的杂物，常用回转筛或振动筛，在布置上应留有处理筛上物料的位置。

5.12.4 在包装机所在平面，由于要堆存包装袋，楼板应考虑包装袋堆存荷载。

5.12.5 回灰仓宜为钢板仓，仓上面的开口部分应设算板。

5.12.6 袋装水泥选用平型胶带输送机，带宽应为 650~800mm，带速为 0.8~1.0m/s。

5.12.8 根据经验中间仓的控制采用料位计或荷重传感器均可，但选用荷重传感器较好，因为荷重传感器设置在仓外，不受仓内物料的影响，称重准确，联锁可靠。

5.12.9 水泥包装系统宜采用一级高效袋式除尘器，负压操作，每台除尘器处理抽风点不宜多于 5 个，并设抽风罩及调节阀。

5.12.11 由于成品库水泥装车需要，铁路专用线上方应设雨棚，成品库四周可不砌墙，但在寒冷地区，可在铁路专用线外侧加砌隔墙。

5.12.12 条文中发运设备主要指各种型式的装车设备。

5.12.14 包装袋库的位置宜靠近包装车间，要满足卸车和进出库的方便，并应设有电动葫芦，当包装袋库设在包装厂房或成品库内时，应能直接将包装袋吊运到包装平台上。

5.12.15 包装袋属易燃物品，又怕受潮，故储库应考虑防火防潮。

5.12.16 散装设备宜采用专门的汽车散装装车机、火车散装装车机和装船机。装车机平台下的净空高度，应满足铁路规范要求。汽车装车机平台下净空高度，应根据散装汽车车型要求确定。

5.12.17 本条参照 5.11.3 条文说明。

5.12.18 本条参照 5.11.5 条文说明。

5.12.19 本条参照 5.11.6 条文说明。

5.13 物料烘干

5.13.1 混合材等物料烘干后终水分，能满足下道工序的要求即可。

5.13.2 本条规定了烘干系统的设计要求。

1 水泥工厂烘干物料的设备，有回转式烘干机、悬浮烘干机、流态化烘干机等，可根据被烘干物料量及物料性能和具体条件选择最佳方案。烘干机的单位容积蒸发强度，与烘干机的型式规格、内部结构形

式、物料种类及其物理性能、进出烘干机气体温度、进出烘干机物料水分、烘干机内风速等因素有关。正确选取蒸发强度，应参照相似条件的生产数据来确定。

2 烘干机前湿粘性物料喂料仓应为浅仓，主要为避免湿料压实出料困难。

3 要求控制喂料量，便于稳定烘干热工操作制度。

4 利用预热器和篦式冷却机排出的废气作为烘干热源，是有效利用废气余热的途径之一，可取得良好的经济效益和社会效益，在设计中应尽量利用。

5.13.3 本条根据生产实践，对烘干系统的位置、厂房设计、设备布置检修等作了设计规定。

5.13.4 应根据烘干机排出的气体含尘浓度和粉尘特性，以及工厂所在地环保要求的排放标准，确定除尘系统的方案。

5.14 压缩空气站

5.14.1 水泥工厂各用气点对压缩空气压力、质量要求不同，在设计压缩空气站时应根据实际需要，经济、合理地配置相应设备及管道。

5.14.2 关于压缩空气的质量，根据现行国家标准《工业自动化仪表气源压力范围和质量》GB 4830，其中规定：

——露点：在线压力下的气源露点应比环境温度下限值至少低10℃；

——含尘粒径：气源中含尘粒径不应大于3μm；

——含油量：气源中油分含量不应大于10mg/m³。

按现行国家标准《一般用压缩空气质量等级》GB/T 13277附录中，规定了压缩空气质量等级的推荐值。

5.14.3 压缩空气站集中还是分散设置，应根据用气负荷中心位置，尽量减少气体压力损失，经过比较后确定。为避免粉尘对空气压缩机的损害，压缩空气站应尽量布置在上风向。

5.14.4 本条规定了对空气压缩机的选型和台数配置，以及应考虑的因素。在生产中使用压缩空气的生产环节，要求气源不断，因此空气压缩机需有备用。通常采用的空气压缩机有活塞式和螺杆式两种。螺杆空气压缩机体积小、噪声小、节能好，推荐广泛采用。

5.15 化 验 室

5.15.1、5.15.2 中央化验室设计除了基本配置外，可根据工厂规模、生产品种、厂方的需要，增添部分测试用的高级仪器设备。

设置X荧光分析装置，可对生产过程中的原料、生料、熟料进行日常的分析检测。与生料质量控制软件配套使用，构成生料质量控制系统，控制出磨生料的质量，以确保窑的正常运转。

5.15.3 岩相分析对于研究配料、熟料煅烧制度对熟料晶体结构的关系有一定意义，但投资较大，工厂是否配置岩相分析，可根据社会协作情况和工厂具体情况确定。

5.15.4 为了避免振动、噪声、粉尘对化验室的影响，小磨房单独设置为好。

5.16 耐 火 材 料

5.16.1 本条文主要对预分解窑系统设备的耐火材料选型和配套规定了几条原则。

1 耐火材料质量要求见《耐火材料标准汇编》（中国标准出版社出版）。

2 衬料设计时，其配用材料应按照烧成系统设备的规格、原料与燃料性能、工艺操作参数等因素来选用。

窑的产量与直径的三次方成比例，窑产量愈高，直径愈大，其相应热力强度也高，对衬料材质性能要求也高。

原、燃料性质配料率值，与生料易烧性、液相量、液相性能及窑皮性能等有关，在衬料设计选用材料时，应考虑原燃料因素。

3、4 预分解窑入窑的二次空气温度高达1000～1200℃，窑尾废气温度在950℃以上，入窑物料温度在900℃左右，出窑熟料温度高达1350～1400℃，窑内温度高，整个窑内衬砖遭受热侵蚀较重。

窑筒体表面温度高，筒体易变形，易对衬砖产生机械应力。

窑速高，衬砖所受的磨蚀较重。

碱、氯、硫等有害物质的挥发、循环，在窑尾及预热器系统形成结皮，渗入砖的内部，造成碱浸蚀；上述没有挥发的有害物质，进入窑内后，由于其熔点较低，易形成液相，并与窑内物料生成窑皮，此时碱性物料易对衬砖造成碱盐渗入。预分解窑系统窑体和固定设备耐火材料品种的配置，是考虑在上述情况下选用的。

5.16.2 本条对不同耐火砖与耐火泥浆匹配要求作了规定。

5.16.3 本条对回转窑的衬料设计规定了几条原则。

1 回转窑内砖型设计方法有两种，一种是同一窑径配用同一规格的衬砖。不同直径的窑则砖的规格也不一致，此法优点是施工较方便，缺点是制造厂家为供应国内大量不同窑径的衬砖，生产中需频繁更换模具，才能满足用户要求，这样做不利于提高生产效率，保证质量。另一种是国际上使用较为广泛的两种砖型搭配设计，较有代表性的是德国标准VDZ-B型衬砖系列和国际标准ISOπ/3系列，现以VDZ-B型衬砖系列说明如下，VDZ-B型砖型尺寸见表9。

表 9　VDZ-B 砖型尺寸

砖型	型号	a	b	h	l	体积 (dm³)	适用窑直径 D(mm)
	B216	78	65			2.265	
	B316	76.5	66.5			2.265	
	B416	75	68			2.265	
	B616	74	69	160	198	2.265	2500～3000
	B816	74	71			2.2967	
	BP16	64	59			1.632	
	BP+16	83	77.5			1.948	
	B218	78	65			2.548	
	B318	76.5	66.5			2.548	
	B418	75	68			2.548	3000～3600
	B618	74	69	180	198	2.548	
	BP18	64	59			1.835	
	BP+18	83	77			2.192	
	B220	78	65			2.831	
	B320	76.5	66.5			2.831	
	B420	75	68			2.831	
	B520	74.5	68.5	200	198	2.831	3600～4200
	B620	74	69			2.831	
	B820	73	74			3.010	
	BP20	64	59			2.435	
	BP+20	83	76.2			3.152	
	B222	78	65			3.115	
	B322	76.5	66.5			3.115	
	B422	75	68			3.115	
	B522	74.5	68.5	220	198	3.115	4200～5200
	B622	74	69			3.115	
	B822	73	69			3.115	
	BP22	64	59			2.679	
	BP+22	83	75.5			3.452	
	B325	78	65			3.539	
	B425	76.5	66.5			3.539	
	B525	75	68			3.539	
	B625	74.5	68.5			3.539	
	B725	74	69	250	198	3.539	4200～5200
	B825	73	68.5			3.502	
	BP25	64	59			3.044	
	BP+25	83	74.5			3.898	

利用表 9 配砖优点是耐火材料生产厂家只需备用少量模具，生产中不需频繁更换，有利于生产效率和质量的提高。我国回转窑窑径规格较多，碱性砖宜采用 VDZ 砖型，从整体上对国家有利，值得推广。

窑内使用的衬砖材质主要有两种，一种为碱性砖，另一种为非碱性的高铝质砖。碱性砖的热膨胀率高，为 1%～1.2%（1000℃），而高铝质砖热膨胀率低，一般为 0.4%～0.6%（1000℃），窑内衬砖受热后发生膨胀，膨胀值要靠砖缝来消纳，热膨胀值愈高，所需的砖缝愈多。VDZ 砖型较薄，则适用于碱性砖，而 ISOπ/3 砖型较厚，则适用于高铝质砖。

2　本款对窑内衬砖衬砌作了规定。

从窑的砌筑角度来看，采用环砌较适宜，此法易砌也易拆卸，对生产有利。

镁砖应干砌，每环砖用铁板夹紧，其数量最多不超过 3 块，且同一个砖缝内不得嵌入两块钢板。环与环之间用纸板。考虑到我国现生产的镁砖外形尺寸偏

差较大，因而也可用湿砌。

砖缝主要用来消纳衬砖的热膨胀量，因此不同材质的衬砖，所处的工况温度以及与各圈砖的数量，决定了砖缝尺寸的数值。从实践生产过程中来看，窑运转时，筒体和衬砖相对滑动，若砖缝太小，则会出现衬砖集中在一侧，而边缘出现缝隙过大而松动掉砖。砖缝太小，当衬砖受热膨胀后，对衬砖本身产生过大的挤压力，因此砖缝要合适，条文中所示的砖缝数值是生产实践的经验值。

3　本款对窑用耐火泥浆品种作了规定；并对在窑衬砌筑时，为防止筒体腐蚀损坏，对有腐蚀性泥浆的使用提出了要求。

4　窑在运转时，窑筒体和衬砖做相对滑动，由于窑的斜度，使窑内衬砖和所粘附的窑皮向下滑动，形成巨大的推力，为了减缓此应力，在窑口和窑尾设置挡砖圈。

为减缓窑口耐热钢护板所受推力，在距窑口约 0.6m（目前最小为 0.42m）部位需设置一道挡砖圈，窑尾挡砖圈的数量按窑长来确定。烧成带（即窑皮稳定部位）、齿圈和轮带下，因设置挡砖圈后易产生局部热应力使筒体变形，因此不宜设置挡砖圈。

挡砖圈的形状及材质，应保证在所承受的工况条件下，有足够的强度，且受热膨胀后变形较小，从而使窑内衬砌稳定牢固，保证回转窑安全运转。

5　为使窑口保护铁不直接接触高温气流而损坏，本款对该部位衬砖外形提出了要求。

6　为保护窑筒体不直接接触高温气流而损坏，本款对窑筒体上孔洞四周的衬砌提出了要求。

7　耐火浇注料因维修时养护期龄长，窑内一般不采用。但窑头筒体直接暴露在高温气流内，易受热变形，致使该部位衬砖砌筑困难且易在生产过程中塌倒。窑尾为防止倒料，筒体外形为锥体，砖型复杂且数量少，上述两部位用耐火浇注料较合适。

5.16.4　本条对预分解窑固定设备衬料设计提出了几条要求。

固定设备衬体的外形各不相同，且形状复杂，我国一台引进的 4000t/d 大型预分解窑，固定设备衬料重量占总量 70% 以上，砖型数量超过 100 种。因此合理地选用砖型系列，将会减少衬砖的数量，有利于施工、维修。

固定设备的外形主要由圆弧体和直墙所组成，圆弧体主要为圆柱体和圆锥体。可供设计选用的砖型系列标准有两种，一种是现行国家标准《通用耐火砖形状尺寸》GB/T 2992 的标准，另一种是德国使用的耐火砖标准中的 G 系列和 H 系列砖。这两种标准均能满足圆柱和圆锥体两种衬砖设计要求。VDZ 型 G 和 H 系列的砖型尺寸见表 10。

1　固定设备圆柱体衬砖设计时，有两种方法，一种方法是不同直径的圆柱体需用不同尺寸的衬砖，

而固定设备的数量多，筒径不一，用这种方法设计，砖型数量就多。另一种方法是用楔形砖和直形砖搭配设计，可以少量的砖型满足不同直径的圆柱体衬砖要求，减少了砖型的数量，用此法，上述两种系列的砖均可满足要求。

表 10　VDZ 型 G 系列和 H 系列的砖型尺寸

砖型	型号	尺寸（mm）				体积（dm³）
		a	b	h	l	
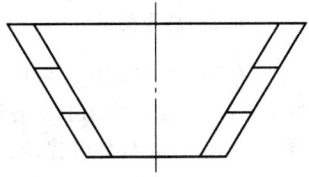	1G4	78	74	230	114	1.99
	1G10	81	71			
	1G16	84	68			
	1G24	88	64			
	1G50	101	51			
	2G4	66	62	250	124	1.98
	2G10	69	59			
	2G16	72	56			
	2G24	76	52			
	2G50	89	39			
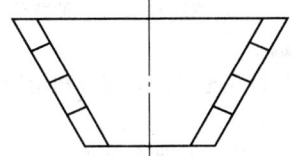	1H6	79	73	114	230	1.99
	1H10	81	71			
	H16	84	68			
	1H24	88	64			
	1H50	101	51			
	2H6	67	61	124	250	1.98
	2H10	69	59			
	2H16	72	56			
	2H24	76	52			
	2H50	89	39			

固定设备锥体衬砖设计方法有两种，一种是面与面斜交（图 1）。此法优点是同一层砖使用的砖型尺寸一致，砌筑方便。缺点是不同层将出现不同尺寸的砖型，且都是异形砖，制造管理不便。另一种方法是砖面和锥面垂直相交（图 2）。用德国耐火材料标准中的 G 系列和 H 系列型砖搭配设计，可满足衬砌要求。

图 1　砖面与锥面斜交

图 2　砖面与锥面垂直

在生产过程中，固定设备的高温段直墙经常出现衬体与壳体脱开而倒塌。其原因是热气流中的粉尘，随热气流穿过缝隙，接触金属筒体，而沉积在金属筒体受热膨胀后鼓出部位的缝隙内，粉尘愈积愈多，缝隙愈来愈大，最后使衬体和壳体脱开，致使衬体向内倾斜倒塌。

在衬砖砌筑中防止直墙倒塌的方法有两种，一是在金属筒体上焊接锚固件，并设计与之相配的锚固砖，在直墙上每隔一定的间距设置锚固件，由于各种锚固件型式不一，很难规定每平方米设置的数量。在设计中锚固件的设置以墙体不倒塌为原则。锚固件和锚固砖尽量做到形状简单，易于制造和安装。二是在工艺条件允许的情况下，将直墙用楔形砖和直型砖配合砌成弧形，弧形墙体受热膨胀后不易倒塌。目前最有效的方法是据不同的设备配置不同型式及间距的把钉作为锚件与浇注料配合砌筑，或高温设备以矮挂砖、把钉作为锚件形成网格，与耐火浇注料配合砌筑。避免了热气流穿过砖缝隙接触金属筒体，取得了很好的效果。

2　预分解窑系统固定设备体积大，很多设备的高度在 10m 以上，在此高度范围内，衬砖受热的总膨胀量较大，产生的热应力也较大，为减少衬砖受热产生的热应力，需要在设备筒体上设置托砖板，使衬体分段，为减少托砖板直接接触热气流，需设置与托砖板外形匹配的托砖。见图 3 托砖和托砖板相配合的示意图。热气流温度较高的设备，亦可在托砖板上下做宽约 500mm 浇注料。

3　固定设备的外表面大，为减少热辐射损失，宜设置隔热层。

4　本款中所列工作层耐火砖厚度和隔热砖厚度，是德国系列衬砖的标准尺寸。

5　硅酸钙板是隔热材料，目前有标准型（最高使用温度为 1000℃）和高温型（最高使用温度为 1100℃），均有多种规格，且导热系数低、容重低。制造时厚度好控制，使用灵活，施工方便。既可作为衬砖的隔热层，也可作为耐火浇注料的隔热层，施工工效较隔热砖快一倍以上，因此在设计时可优先选用。

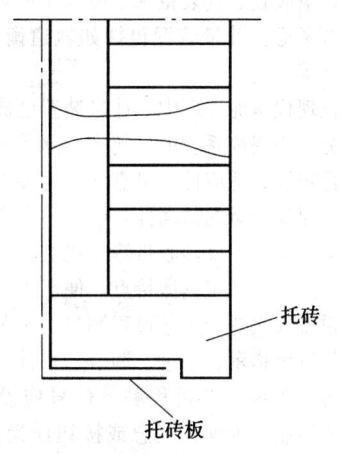

图 3　托砖和托砖板相配合示意图

硅酸钙板厚度一般以 30～80mm 较宜，小于 30 mm，制造较困难，大于 80 mm，因材料导热系数低，冷热面温差太大，易折断。

当工作温度超过 1100℃时，硅酸钙板不能承受此温度，则应采用隔热砖。

6 为使衬体牢固，本款对锚固件和锚固砖及其布置提出了要求。

7 衬砖错砌可使固定墙体砌筑牢固。为避免热气流穿透砖缝接触金属筒体，本款规定了砖缝尺寸。

8 衬体面积过大时，受热后体积产生膨胀，因此产生的应力使衬体出现裂纹，热气流穿过裂纹接触金属筒体使筒体发生变形，变形的筒体又对衬体产生应力。如此反复循环，致使衬体破坏。设计中留设热膨胀缝来消纳热膨胀应力，为阻止热气流通过膨胀缝接触金属筒体，缝内需堵塞高温陶瓷纤维。隔热层因膨胀量小，可不留设膨胀缝。

9 耐火浇注料可塑性好，能牢固地固定在金属筒体上。因而大量使用在各固定设备的形状复杂部位，容易倒塌的直墙，以及顶盖。

浇注料层厚度一般与所在位置的耐火砖的厚度相同，若单独设置，可根据需要确定其厚度，但厚度应大于 50 mm。低于此数值浇注料不易成型，浇注料层太厚，应考虑浇注料受热膨胀，根据具体情况进行处理。

10 耐火浇注料使用时应配置锚件（把钉，或短挂砖加把钉），材质应能承受浇注料衬体磨损变薄后锚件接触热气流的温度。

5.16.5 预分解窑配用的耐火材料，要防止受潮，因而应设置耐火材料库储存。本条文对耐火材料储存库的面积作了相应的规定。

5.17 工艺计量、测量与生产控制

5.17.1 根据《中华人民共和国计量法》和《中华人民共和国计量法实施细则》，为有利于生产控制、经营管理和经济核算，水泥工厂设计中，所有相应环节均应设置计量装置。其装备水平可与工厂规模、自动化程度协调考虑。计量装置包括如轨道衡、汽车衡、电子皮带秤等。

5.17.2 在现代水泥工厂中，计量装置已成为工艺装备的一部分，为提高系统的运转率，除了精度应满足要求外，稳定性、适应性、可靠性一定要充分考虑。

5.17.3 为保证计量的精确性，设计中应考虑标定措施，如旁路溜子、正反转胶带输送机等。

5.17.4 根据工艺系统具体特点，便于工艺操作和控制，需要设置仪表进行工艺过程测量。工艺过程的测量信号可设置为指示、记录、调节、累计、报警、遥控、联锁等。重要工艺过程测量信号应设置多级报警、联锁或控制，确保在紧急或按钮误操作情况下，保证人身和设备的安全。

6 总 图 运 输

6.1 一 般 规 定

6.1.1 工厂总体设计为工厂总图运输设计的基础和前提。本条明确了设计依据、原则和要求。

6.1.2 节省投资和节约用地是总图运输设计的两项重大任务，应贯穿设计始终。本条修改厂区用地面积是根据国土资源部关于《工业项目建设用地控制指标》的通知（国土资发〔2008〕24 号），结合近年来投产同等规模工厂厂区建设用地平均值，并按照新划分的规模对用地指标表进行了修订（见表 11）。

表 11 新型干法水泥工厂厂区用地指标修订前后对比

工厂规模	大型规模	中型规模	小型规模
厂区用地指标（万 m²）	28～36（原<32）	18～23（原<23）	12～21（原<15）
建（构）筑物、露天堆场及室外操作场地占地面积（万 m²）	8.4～10.8（原<7.5）	6.0～6.9（原<6.0）	3.6～6.3（原<3.8）

6.1.3 改建、扩建工程受原有场地、建筑、设备、运输等条件限制，增大了总图运输设计的难度，本条要求改建、扩建的水泥工厂应充分利用现有的场地和设施，以减少新征土地面积，减少建筑物拆迁废弃，使新老厂区总平面布置更趋于紧凑合理。

6.1.4 各种工程项目设计都应作多方案技术经济比较，工厂总平面尤为重要，技术经济指标直接反映设计方案的优劣。本条所列指标内容与《工业企业总平面设计规范》GB 50187 基本一致，恢复绿地率名词术语；铁路长度改为厂内铁路长度，不计厂外铁路长度。

6.2 总平面设计

6.2.1 功能分区有关问题的规定，根据《工业企业总平面设计规范》GB 50187 第 4.1.2 条并按实际经验，增加了单个小建筑物不突出建筑红线的具体规定。

6.2.2 确定通道宽度的规定，根据《工业企业总平面设计规范》GB 50187 第 4.1.4 条并结合有关专业情况略有增减。

6.2.3 为使厂区用地合理，充分利用地形为总平面设计的重要内容。

6.2.6 本条根据《工业企业总平面设计规范》GB 50187 第 4.2 节生产设施中各条内容，结合水泥厂生产特点编制。

1 具体列出窑、磨、圆库等高大建（构）筑物对工程地质水文地质的要求，是为了保证生产安全、节省工程造价。

2 生产设施布置紧凑，工艺流程畅通，胶带机廊简捷短直，是衡量工厂总平面设计优劣的主要标准，三者是一致的、统一的。但实际工作中矛盾不少，胶带机廊过多过长，迂回折返的现象时有发生，本款作出了规定，以节省基建投资、降低经营费用。

3 本款为《工业企业总平面设计规范》GB 50187第4.2.7条的具体化，结合水泥工厂特点将建（构）筑物防火间距列表作出了规定。

4 本款根据《工业企业总平面设计规范》GB 50187第4.2.3条制定。

5 结合铁路装卸区的特点，布置要求作了规定。

6 石灰石破碎车间，如有条件尽可能布置在石灰石矿山，利用地形高差布置，节约用地，减少对厂区的污染。根据《工业企业总平面设计规范》GB 50187第4.2.5条，结合水泥工厂具体化。

6.2.7 机械化原、燃料露天堆场，简称露天堆场，为生产设施中一个重要环节，内含铁路卸车、物料倒堆、储存、转运等生产流程，是总图运输设计中内容丰富、工作量大、影响面广的工程项目，故作出本条规定。

1 对露天堆场各生产环节的要求。

2 露天堆场平面布置原则。

3 确定露天堆场长度和宽度的依据、考虑的因素，提出了储存量的要求。

4 根据习惯用法，对露天堆场中各种物料的储存期作出具体规定。

5 规定了设计储存能力应满足生产对储存期及卸车长度的要求。

6 对露天堆场中各种设备相互配合的要求、卸车设备的选型及数量的确定。一般链斗卸车机由于无清底设备，而采用人工清底对卸车速度带来很大影响，因此本条文特提出自动清底设备的要求。

7 倒堆转运设备的选型原则。

8 对露天堆场竖向设计及雨水排除布置原则的规定。

6.2.8 厂内动力、公用设施的布置原则。

1、2 总降压变电站的布置原则。

3 车间供、配、变电和电力控制等小型建筑物以及工人值班、更衣等生活用室一般均应布置在车间内部，使用既方便，外形也整齐美观，并且不会影响通道的使用，过去有的厂在通道中布置车间变电所，迫使各种工程管线绕道拐弯布置，增加难度。

4 压缩空气站的布置以靠近用户、减少风量损失及注意噪声对环境的影响为主要原则，并兼顾其他要求。

5 按《工业企业总平面设计规范》GB 50187第4.3.9条的原则，结合水泥工厂的特点制定。

6 污水处理厂及污水排除口处于厂区较低一侧的边缘地带，便于向厂外低洼地排除雨水。

7 根据水泥工厂的实际情况，将锅炉房布置在厂前区边缘，既靠近主要供热点又要保持一定距离，特别要注意煤堆场、排渣场及烟囱对周围环境的影响。

6.2.9 本条提出对机修区或机修仓库区布置总的要求。水泥工厂此区一般集中布置，独立成区。

1 电气仪表修理设有精密设备、机钳修理，人员较集中，提出了环境、朝向、通风、采光等方面的要求，是工作的需要和对工作人员身体健康的关怀。

2 铆、锻、焊工段是影响附近环境的污染源，工作性质相近，产生不同程度的振动、噪声，散发烟气粉尘及明火花。厂前区人员集中，要求环境整洁、安静，二者应保持足够的距离。

3 水泥工厂汽车修理任务较小，厂区的汽车运输多为专业运输公司（或车队）承担，工厂自备车辆较少（个别老厂例外），汽车修理的规模可根据用户需要确定。

4 国内目前水泥厂很少设置建筑维修，但考虑到区域发展不平衡，作为过渡，本次修订暂予保留。

6.2.10 运输及计量设施根据实践经验规定了水泥工厂常规的6项。电机车库及信号楼、站房、扳道房、路厂联合办公室等就地布置，无特殊要求均未列出。由于蒸汽机车已停止生产，本次修订取消其相关规定，内燃机车相关内容虽然保留，但目前国内水泥厂极少设置专用内燃机车，考虑到老厂技改及过渡时期的需要，本次修订暂时仍予保留。相关设施如企业站、汽车加油站等也是同样。

生产汽车库布置在货运出入口附近，其目的是减少空车行程。

6.2.11 生产管理与生活设施组成厂前区为水泥工厂常规的做法，符合功能分区的要求，管理使用均较方便。

1、2 两款为厂前区布置总的要求和一般原则，有共通性。

3 对生产管理及辅助生产设施的布置要求。

4、5 两款为生活设施的布置原则和要求。

6 水泥工厂一般不设消防站，设置消防车的情况亦较少，大都由城市或邻近企业统一协作布设，消防车与生产管理用车合并建库的情况常有，警卫人员兼作消防人员，另设专职消防干部总揽其职，这是习惯做法。

6.3 交 通 运 输

6.3.1 本条厂外铁路设计包括：

1 厂外铁路布置原则和要求。

2 厂外铁路附属设施的布置原则。

3 铁路线路设计的原则和要求。

6.3.2 本条为厂内铁路设计的原则。

1 厂内铁路股道数量、有效长度及装卸货位长度确定的依据。

2 厂内铁路布置原则，过去多分散布置，近来由于卸车新设备的采用，集中布置有较多的优点，特予推荐。

3 线路平面设计原则及要求。

4 线路纵断面设计要求，应符合现行国家标准《工业企业总平面设计规范》GB 50187 有关规定。铁路新规范允许纵坡1.5‰，但装卸站装卸设备轨道施工均困难，平直为好。

近期国内水泥厂已很少设置专用铁路线，考虑到老厂改造及过渡时期的需要，本次修订对专用铁路线设计内容仍予保留。

6.3.3 本条为厂外道路的设计原则。

1 厂外道路设计的依据，采用技术指标为设计的基本条件，本款中 2 项结合水泥工厂的实际情况，根据现行国家标准《厂矿道路设计规范》GBJ 22 中的有关规定，规定了自工厂去往城镇和居住区的道路，各种辅助道路，以及各类型道路的布置原则和设计要求。

2 对山区道路的选线原则和设计要求作出规定，是设计经验的总结。

3 本款是结合水泥工厂的实际情况，依据经验编制。

6.3.4 本条为厂内道路的设计规定。

1 厂内道路类型的划分及技术标准的采用，可按功能及交通量分为主干道、次干道、支道、车间引道和人行道等类型，采用相应的技术标准。此款按现行国家标准《厂矿道路设计规范》GBJ 22 的有关规定，结合水泥工厂的实际情况编制。

2 根据《工业企业总平面设计规范》GB 50187 第 5.3.1 条制定。

3、4 道路布置原则。根据现行国家标准《工业企业总平面设计规范》GB 50187 第 5.3.1 及 5.3.3 条制定。

5 根据现行国家标准《工业企业总平面设计规范》GB 50187 第 5.3.7 条制定。

6、7 是水泥工厂厂区道路设计的经验总结，符合现行国家标准《厂矿道路设计规范》GBJ 22 的有关规定。

6.3.5 本条为工业码头的设计规定。

1 码头设计的依据及布置原则，符合现行国家标准《工业企业总平面设计规范》GB 50187 第 5.4.1 条，并明确提出工厂与码头之间的输送系统以及联络道路、公用工程、码头型式、装卸工艺等内容。

2 布置原则之二，根据现行国家标准《工业企业总平面设计规范》GB 50187 第 5.4.1 及 5.4.2 条制定。

3 码头型式选择原则。

4 码头装卸机械的选择原则。

5 码头水域布置要求，根据现行国家标准《工业企业总平面设计规范》GB 50187 第 5.4.3 条制定。

6 码头陆域布置要求，根据实际经验规定。

6.4 竖向设计

6.4.1 本条是竖向设计的原则。竖向设计是总图运输设计中一项极其重要的内容，而涉及的范围又很广，因此在设计时应全面考虑各种因素。

6.4.2 本条为新增内容。竖向设计中对大于 10m 的高边坡挖方的处理一定要慎重。根据信息反馈，由于设计挡墙或护坡缺乏相应的基础资料，设计有一定难度，造成山体滑移。为此要求提供岩土工程勘察报告作为设计依据。

6.4.4 根据现行国家标准《工业企业总平面设计规范》GB 50187 第 6.2.5 条制定。竖向设计经济合理，可以避免造成厂区土方和挡土墙等工程量加大，这方面的经验教训很多，特别是当厂外铁路、道路由外单位设计，互提资料尤应准确及时，避免脱节错位。

6.4.5 按现行国家标准《工业企业总平面设计规范》GB 50187 第 6.2.4 条制定。

6.4.6 竖向设计型式选择的条件，主要依地形复杂程度而定。当建设场地坡度在 3%～5%、工程地质较好、边坡较稳定并以机械施工时，应作经济比较来决定采用平坡式或阶梯式。

6.4.7 台阶宽度确定的因素，台阶高度及台阶之间连接方式的规定。台阶间用挡土墙连接，是为了避免自然放坡占地。

6.4.8 按现行国家标准《工业企业总平面设计规范》GB 50187 第 6.3.3 条制定。排水坡坡度要适当，确保不积水也不冲刷。

6.4.9、6.4.10 此两条为水泥工厂常规做法，是经验总结。

6.5 土（石）方工程

6.5.1 按现行国家标准《工业企业总平面设计规范》GB 50187 第 6.5.3 条制定。设计厂区整平方案时应作经济比较，尤其是采用阶梯式需做挡土墙等支护工程时应作经济比较。

6.5.2 土方平衡不是单纯的平整场地的土方计算平衡，应周全考虑各个方面。在平整过程中经常出现的余土的处理及防护问题应引起重视。

6.5.3 按现行国家标准《工业企业总平面设计规范》GB 50187 第 6.5.1 条制定。

6.6 雨水排除

6.6.1 雨水排除为水泥工业多年习惯用词、较场地排水更为确切。本条为水泥工业经验总结，不采用厂区"地面自然排渗"和"厂区宜采用暗管排水"的规定，因自然排渗不可靠，不安全；暗管造价高，按本条的原则结合实际选定为宜。对面积大的厂区，经经济比较、采用明沟（含盖板铺砌明沟）排水不经济时，可采用暗管。

6.6.2 按现行国家标准《工业企业总平面设计规范》GB 50187 第 6.4.2 条制定。

6.6.3 按现行国家标准《工业企业总平面设计规范》GB 50187 第 6.4.3 条制定。

6.6.4 按现行国家标准《工业企业总平面设计规范》GB 50187 第 6.4.5 条制定。

6.6.5 本条为水泥工厂设计经验总结，有现实意义。

6.7 防 洪 工 程

6.7.1 厂区临近江、河、湖水系、有被洪水淹没可能时，或靠近山坡、有被山洪冲袭可能时，需要设防洪工程。防洪工程包括防江、河、湖洪水、山洪、海潮及排除内涝。本条所称防洪工程专指防洪堤或防洪沟。

6.7.2 本条按照国家现行标准《城市防洪工程设计规范》CJJ 50 的有关规定制定。

6.7.3 规定自然排涝与机械排涝的条件。

6.7.4 本条为防山洪的防洪沟设计原则及排出口注意事项。这方面的经验教训较多，如某工程原来有小排水渠，可排入农田一侧的小水渠继续排走，可研、初步设计阶段口头联系均无意见，施工图均按此做出，进行施工时却不让排出了，只得另增 1km 多防洪沟绕道排出。柳州水泥厂扩建也有类似情况，改动多次。故如能与农田水利结合，满足灌溉要求，则应与当地主管部门协商，取得书面协议文件。

6.7.5 系经验总结，如双阳水泥厂有此情况。

6.7.6 按现行国家标准《工业企业总平面设计规范》GB 50187 第 6.4.7 条制定。

6.7.7、6.7.8 此两条为水泥工厂经常遇到的情况和设计中处理的方式，效果较好。

6.8 管线综合布置

6.8.1 本条规定管线敷设方式采用直埋集中管沟或架空敷设，应按当地条件，通过综合比较确定。

6.8.2 地下管沟的类别及能否共沟敷设的条件，系根据水泥工厂的具体情况制定。

6.8.3 管线共沟时的排列方式和顺序。

6.8.4、6.8.5 为管线综合方案设计的一般原则。第6.8.5 条的后半部为水泥工厂常用的做法，主要解决地下管线较多的水、电两专业之间的矛盾，让管线各行其道、力求线路短捷顺直，不致相互干扰，生产使用也较方便，效果较好。

6.8.6 管线综合排列的顺序，结合水泥工厂的特点制定。生产管道（压缩空气管、水泥输送管或斜槽等）的管廊、管架多沿厂房外侧架设，有时在建筑物上做管架支撑较为方便。

6.8.7 消防水管一般与生产、生活给水管合用，因有消火栓，故规定水管与路边最大间距不大于 2m。

6.8.8 管线综合布置发生矛盾的处理原则作出规定。

6.8.9 水泥工厂厂内道路多为混凝土路面，破坏路面检修管线，施工困难，且不经济。有关内容《工业企业总平面设计规范》GB 50187 用"不宜"一词，本规范穿路面与建筑物基础、铁路路基三者同样对待，均用"不应"一词，但明确指出是"混凝土路面"，其他柔性路或路肩下面可以放宽到"可"一级。

6.9 绿 化 设 计

6.9.1 本条是水泥工厂的特点作为绿化设计的主要依据。

6.9.3 为水泥工业的常规做法和经验总结，与水泥工厂具体情况密切结合，操作性较强，有现实意义。

6.9.5 按现行国家标准《工业企业总平面设计规范》GB 50187 第 8.2.10 条制定。

6.9.6 为水泥工厂经验总结。

7 电气及自动化

7.1 一 般 规 定

7.1.1～7.1.3 电气及自动化设计应综合考虑，合理确定设计方案。在满足工艺要求的前提下，本着既符合国情又要体现技术先进、经济合理、管理维护方便、安全运行的原则，在确定设计方案时应考虑近、远期结合，注意工厂扩建的可能性，在可能的条件下适当留有扩建余地，做到运行可靠、操作灵活、布置紧凑、维护管理方便。

在确定设计方案及设备选型时，应充分注意环境特点，以确保设备的安全可靠运行。

电气及自动化专业设备和技术发展很快，生产厂家很多，为保证电气设备安全可靠运行，设计中所选用的产品，一定要符合现行国家或行业部门的产品标准。生产厂应具有生产许可证，以保证产品质量。设备选型应选用技术先进、性能可靠、节约能源的成套设备和定型产品。经常注意技术发展动态，以杜绝淘汰产品的使用。

7.2 供 配 电 系 统

7.2.1 供配电系统的设计应本着保障人身安全、供电可靠、电能质量合格、技术先进和经济合理的原则。根据供电容量、工程特点和地区供电条件等合理确定设计方案。

7.2.2 水泥工厂的电力负荷，根据其重要性及中断供电后、人身安全、经济上所造成的损失和影响程度分为三个等级。其中一级负荷用电容量的大小与工厂规模密切相关。本条列出了一级负荷的范围及容量。

为了保证人身及设备安全，应保证一级负荷供电的可靠性。

7.2.3 大中型厂用电负荷大、一、二级负荷占60%~70%以上，生产连续性强，中断供电将会造成较大的经济损失。我国电网已具有相当规模，对于35~110kV的供电系统，一般是相当可靠的。降低投资，是建厂的关键之一。为此，根据当前我国供电情况及尽可能降低投资的要求，采用单电源供电，在工厂附近又无其他电源的条件下，以柴油发电作为保安电源，应成为重要选择方案（国产柴油发电机技术性能和运行是可靠的）。

当条件允许时，也可争取由两个独立电源供电；当条件不允许时，则可采用其他供电方案。总之，供电电源的选择是由多种因素决定的，应在满足可靠性和尽可能减少投资的前提下，结合具体条件决定之。

7.2.4 供电电压等级，应根据工厂规模及当地电网的条件，经过技术经济比较后确定。根据目前已设计或已投产厂的情况看，日产4000t及以上规模的工厂，以110kV供电者居多，考虑到220kV电压级，企业自行管理比较困难，一般是供电部门在工厂附近建220kV区域变电站，再以35kV或110kV向水泥厂供电，故4000t/d及以上规模厂宜采用110kV电压供电。日产熟料2000t以上及4000t以下规模，以35~110kV供电为主。日产熟料2000t以下规模厂，宜采用10~35kV供电，少数变电站在厂区边缘，则可采用6~10kV供电。

7.2.5 供配电系统的设计应简单可靠，便于操作及维护。中、低压配电系统配电方式宜采用放射式为主，以保证供电的可靠性。

为了减少电压等级，节约电能，在10kV供电系统中，应推广采用10kV电动机。

7.2.6 无功功率补偿应满足供电部门的要求。补偿方式应根据高、低压负荷分布情况，经过技术经济比较后确定补偿方案。根据多年的设计经验，采用高压补偿与低压补偿、集中与就地补偿相结合的方式，使得补偿效果最佳。

7.3 35~110kV总降压站

7.3.1 35kV变电站占用地面积小，适合建在厂区内部更靠近负荷中心，所以宜考虑户内布置。110kV变电站占用地面积大，经常布置厂区外围，随着水泥厂的粉尘污染逐渐减少，也可考虑户外布置。GIS户外型和户内型投资差别不是很大，110kV开关设备如采用GIS可考虑采用户外布置，节省土建费用。

7.3.2 本条提出了总降压站站址的选择原则。详见本规范第3.2.5和6.2.8条的规定。

7.3.3 本条提出主变压器型式及台数的选择原则。主变压器容量的选择，主要考虑在水泥工厂中，一、二级负荷约占全厂总负荷的60%~70%，单台主变

压器的额定容量，应满足全厂总计算负荷的60%~70%。当一台主变检修时，另一台主变应满足全厂主要生产工艺线运转，及重要设备的安全保护要求。

总降压站的主结线方式应根据可靠性、灵活性、安全性及经济性的原则考虑。当有两条电源进线时，通常110kV主接线采用桥形接线方式，35kV主接线通常采用单母线分段接线方式。6~10kV采用单母线分段接线方式，是我国当前水泥工厂总降压站或配电站最普遍采用的方式。水泥工厂生产连续性强，当工厂有多条生产工艺线时，为了减少故障时对生产的影响，配电回路出线应接至不同变压器的不同分段母线上，以最大限度地减少因停电事故造成的影响。

7.3.4 本条提出了对站用电源及操作电源的要求。

站用电源是供给降压站的操作、继电保护、信号、照明及其动力的电源，是保证可靠供电的重要环节，故降压站的电源，应采用双回路供电，确保可靠供电。同时还应注意节省投资，故本规范规定，在总降压站装一台站用变压器，再从附近变电所低压侧引一专用站用备用回路，作为专用的备用电源，两个电源互相切换，轮换检修。

在只有一回路电源进线，设一台主变压器时，为在主变压器停电检修时能够取得站用电源，站用电应能从保安电源来一路电源。

7.3.5 随着微机保护的发展，水泥厂高中压开关设备的保护基本上都采用了微机保护。本条文为了水泥厂的保护和控制适应电力行业的要求作出相应规定。

7.3.6 高压配电设备的安全要求逐步在提高，高压配电设备除满足本体的安全性要求外，还应满足其他的机械闭锁功能，如人去维修高压用电设备时，高压配电设备应有可靠的机械措施保证所维修的用电设备无法带电。高压配电室的布置，应满足便于操作、维护、检修、实验的要求，并使进出线方便。应符合有关现行国家标准及规范要求。

7.4 6~10kV配电站及车间变电所

7.4.1~7.4.5 根据水泥工厂的多年运行经验，对配电站及车间变电所的接线作了规定。即考虑了接线简单，又要保证供电的可靠性。

7.4.6、7.4.7 对配电站的站用电源和直流操作电源作了相应的规定。在设计中，站用电源和直流操作电源方案的确定，应经过技术经济比较后确定，既要保证供电的可靠性，又要节约投资，二者不可偏废。

7.4.8 对车间变电所设多台变压器时，作一般规定。

7.4.9、7.4.10 对配电站、变电所的站（所）址选择、采用何种型式及内部布置，作了相应规定。

7.5 厂区配电线路

7.5.1 原规范第8.5.1~8.5.3条合并为本条，从技术法规的角度强调技术经济指标，同时弱化设计指导

书特征。

7.6 车间配电及拖动控制

7.6.1 本条规定电动机型式选择应遵循的原则。

1 由于鼠笼型电动机具有结构简单、维护方便、价格低、运行可靠等优点，在无特殊要求及起动条件允许的情况下，应优先选用鼠笼型电动机。

2 本款为原规范第 8.6.1 条第 2 和 3 款合并。对于容量较大、起动力矩要求高、按起动条件选用鼠笼型电动机不合理时，根据国内外目前的实践，可选用绕线型电动机。同时考虑到随着技术进步，根据电源容量、电动机及其控制设备、附属设备的价格等因素，进行综合技术经济比较后，也可选用其他的型式，故将原条款中"应选"改为"可采用"。

3 为了节能应优先考虑选择调速的高温风机。选择的方案可以有绕线型电动机串级调速、鼠笼型电动机变频调速及鼠笼型电动机液力耦合器调速等。各种调速方案均有各自的优缺点，应根据具体情况经技术经济比较后确定最佳方案。另外删去了复杂的直流电机调速。

4 水泥回转窑是一个转动惯量大，要求起动转矩大，并要求平滑调速的设备。大容量窑传动以往多采用直流电动机可控硅调速方案。随着技术进步，国内、外都有成熟的变频调速电机驱动案例。

5 删去了目前水泥生产中技术落后、能耗高或控制复杂的一些电机形式及相关的控制方案，同样在后面的修改中删去了同步电机等及相关的控制方案。

7.6.2 本条规定电动机的起动方式。

1 鼠笼型电动机直接起动时，限制起动压降的规定，主要以不影响同一母线上其他用电设备的正常工作为原则。同时，还应保证被起动电动机不因起动压降而影响生产机械所要求的起动转矩。

3、4 有调速要求的生产机械，电动机的起动方式应与调速方式一并考虑。绕线型电动机宜采用转子回路接液体变阻器方式起动。

7.6.3 本条对电动机的调速设计作了规定。

1 电动机的调速方案很多，可分为交流调速与直流调速两类。直流调速主要指直流电动机可控硅调速方式。交流调速又可分为高效和低效两种。交流高效调速主要指变极调速、变频调速及可控硅串级调速等。这种调速方式能量损耗低、效率高。交流低效调速主要有电磁调速、异步电动机调速、绕线型电动机转子串电阻调速、交流电机液力耦合器调速等。在确定调速方案，特别是确定大容量电动机的调速方案时应从调速范围、调速性能、节能效果、使用维护、投资多少等各方面进行技术经济比较后确定最佳方案。

2 液压传动是针对喂料机、选粉机、冷却机等的调速要求。

3 窑采用双传动时，设计应采取技术措施，以保持两台电动机负荷的平衡。

4 需调速的风机如窑尾高温风机等。

5 对调速设备应采取相应的措施，抑制调速设备产生的有害谐波。

7.6.4 电动机的保护，应符合国家现行有关标准规范的要求。低压交流电动机应装设短路保护、接地故障保护、过负荷保护、断相和低电压保护等。直流电动机还应装设失磁保护。对于大于 2000kW 的大容量交流电动机还应装设差动保护。

7.6.5 本条规定电动机的控制要求：

1 带有提刷装置的绕线型电动机，电刷提起位置应有联锁装置，防止电动机在转子短路状态下起动，以保护设备安全。

2 设备集中控制时设置起动信号，主要是为了保证人身安全。生产中联系密切岗位应设联络信号，一般采用声、光信号。通讯量大的岗位间可设对讲电话，以保证及时协调生产中出现的问题。

3 在机旁设带钥匙的停车按钮，当设备检修时，将带钥匙按钮锁住，此时在集中与机旁均不能开车，从而保证检修人员的安全。

4 斗式提升机在尾轮部位设紧急停车按钮，主要为方便检修及保证人身安全。长胶带机每隔一定距离设拉绳开关，主要是为了出现紧急事故时及时停车，以保证人身安全。

5 起吊设备及检修设备的电源回路，宜就地设保护开关及漏电保护装置，主要为了保证检修时的人身安全，防止触电事故发生。

7.6.6 本条对低压配电系统作了规定。

2 本款主要是为了确保一、二级负荷的用电。

3 本款为保证公用设备供电的可靠。

4 车间内单相负荷应尽可能均匀地分配在三相中，以防止变压器中性线电流超过规定值。

7.6.7 本条规定了电气测量仪表配置原则。

7.6.8 车间配电线路的敷设方式，要注意使用条件和环境条件及特点。导线截面较小并且比较重要的控制、测量、信号回路以及不宜使用铝导体的场所，应采用铜芯导线或电缆，主要是为了节约有色金属和保证机械强度。

1 第 4）项振动很大的用电设备一般指磨机、重载物料输送装置。

4 有火灾危险及环境温度较高的场所，应采用阻燃电缆并采取保护措施，防止事故扩大。

5 交流回路中单芯电缆不应采用钢带铠装电缆或磁性材料保护管，防止因涡流效应引起发热，影响使用寿命。

6 配线用保护管的直径，在混凝土楼板内暗配时，不得小于 15mm。主要考虑小直径保护管机械强度低，施工时易变形，造成穿线困难损坏绝缘。

7 穿管绝缘导线或电缆的总截面积包括外护层。

15 起重机滑触线不应与驾驶室同侧布置，防止操作工人发生触电危险。

7.6.9 本条规定爆炸及火灾危险场所的划分及对电气设计的要求。氧气瓶库、乙炔气瓶库、燃油泵房等属于火灾爆炸危险场所；煤粉制备车间、煤粉仓、煤均化库等属火灾危险场所。这些场所的电气设计应符合国家现行有关标准规范的要求。爆炸危险区域划分，应根据通风条件进行调整。

7.7 照 明

7.7.1 本条对建（构）筑物的照明设计作了一般规定。

本条明确，按现行国家标准《建筑照明设计标准》GB 50034 要求，水泥工厂实施绿色照明：要以人为本，做到技术先进、经济合理、使用安全、维护管理方便。

水泥生产工艺复杂，管道纵横，设备重，土建柱梁布置不规则，为避免灯具布置与管道、工艺设备相碰，照明光线被大梁大柱遮住，影响照明效果，照明设计应注意与各有关专业的配合联系，以满足所需照度值。

应考虑水泥工厂的环境特征和灯具擦拭次数对照度有一定影响，因此设计时应考虑这种特点，应适当计入补偿系数。为减少维护工作量，宜选择寿命较长的光源。

烧成车间熟料出口温度有时高达近千度，干法水泥工厂窑尾废气出口温度、高温风机处温度也很高，灯具或电气管线接近高温时将容易损坏，且不安全，因此规定应远离这些高温场所。

照明设计应考虑今后维护。一般用立梯或双脚梯维护，故安装高度不宜太高。对于靠墙、柱安装的灯具可以稍高。而设于厂房中间的灯具，若不是采用吊车维修，则因梯子不可能太高，故限制其最高高度不宜大于 4.5m。

照明方式、照明种类、照明附属装置安装、照明布线等与一般工厂要求相同，故本规范不再重复。

7.7.2 由于电压波动对照度影响较大，故对电压值规定，不宜高于其额定电压的 105%，不宜低于其额定电压的 95%。

附录 F 是根据现行国家标准《建筑照明设计标准》GB 50034 的规定，结合水泥工厂的情况，对视觉作业等级进行规定。补偿系数是参考现行国家标准《建筑照明设计标准》GB 50034 的维护系数进行换算的。

对于水泥工厂中有一定特殊环境的场合，提出了在设计中满足照度要求的同时，还应体现统一眩光值（UGR）及一般显色指数（Ra）的要求。这是根据现行国家标准《建筑照明设计标准》GB 50034 制定的。

本规范表中规定的最低照度，仅为正常生产巡

视，未考虑晚间故障检修照度。故检修时需另接临时照明。

7.7.3 水泥工厂照明因灯具数量多，考虑节能，应采用冷光源。但因规模不同、占地面积不同、灯具密集度也不同，故宜采用混合照明。

根据现行国家标准《建筑照明设计标准》GB 50034 的规定，本规范除应急照明外，设计中应取消"荧光高压汞灯"和"白炽灯"的选择。大型车间宜选用高压钠灯、金属卤化物灯等寿命较长、耐振动的光源，一般车间或其他建筑物宜选用细管的荧光灯或新型螺口荧光灯，推广采用三基色稀土荧光灯。

7.7.4 本条对水泥工厂不同场合的灯具选型作了规定。根据对火灾危险场所灯具选型规定，本次修订增加了水泥工厂煤粉制备车间及煤预均化车间照明灯具选型中对于防护等级的要求。

7.7.5 本条规定主要按现行国家标准《建筑照明设计标准》GB 50034 的规定，提出水泥工厂内具体场所的照明电压要求。

7.7.6 本条按现行国家标准《建筑照明设计标准》GB 50034 的规定编制。重要工作场所的应急照明供电，因考虑有的厂房较大、用应急灯数量多、投资大，故提出可采用动力与照明双电源切换的方案。

三相线路中的最大负荷与最小负荷的电流差值的表述，以现行国家标准《建筑照明设计标准》GB 50034 的要求为准。

7.7.7 本条参照国家现行标准《机械工厂电力设计规范》JBJ 6 编制，提出水泥工厂应设室外照明的场所及要求。

7.7.8 本条规定无窗厂房应设应急照明。考虑库底、地坑等通常较少人，根据无窗场所的重要性，人员流动的程度而定。除航空障碍灯的设置要求是参照国家现行标准《民用建筑电气设计规范》JGJ/T 16 制定的外，其他要求都是参照《机械工厂电力设计规范》JBJ 6 编制。

7.7.9 本条是为用电安全而规定的。同时明确提出了水泥工厂照明配电系统应采用 TN-S 系统，使全厂形成 TN-C-S 低压配电系统。

7.8 防雷保护

防雷设计应认真调查了解当地气象及雷电活动情况，做到既要保证安全，又要经济合理。本规范对各建筑物，按其生产性质、发生雷电事故的可能性及其后果，按防雷要求分为三类。各类建筑物的防雷设计应符合国家现行有关规程及规范的要求。

7.9 电气系统接地

7.9.1 接地可分为工作接地（功能性接地）、保护接地、防雷接地、防静电接地和屏蔽接地等。接地对电力系统和电气装置的安全及其可靠运行，对操作、维

护、运行人员的人身安全，都起着十分重要的作用。所以，接地设计应严格遵循国家现行的有关规程、规范的要求，并增加工程建设标准强制性条文（工业建筑部分）有关接地的规定。

7.9.2 本条对水泥工厂各级电压等级的接地方式作出相应规定。自电力网受电的 35～110kV 电压级，是否需要接地，采用何种接地方式，要根据地区供电网的情况并与供电部门协商来确定。

7.9.4 厂区低压电力网接地宜采用 TN 系统，这是根据多年水泥工厂实际运行经验作出的规定。TN 系统，根据 N 线和 PE 线组合有三种型式：即 TN-S 系统，全系统的 N 线与 PE 线分开；TN-C-SC 系统，PE 线与 N 线是合在一起的，称为 PEN 线，但在某些用户端，PEN 线分成 PE 线和 N 线，一旦分开，以下线路中，不能再合并；TN-C 系统的 PE 线和 N 线一直是合一的。

三种接地系统，适用于不同的场合。对于一个工程采用何种型式，应根据工程特点、负荷性质、习惯做法、工程投资等情况和重要程度，以及国内、外及地区等条件，进行综合的技术经济比较后确定。

7.9.7 自然接地体指如水管、电缆外皮、金属结构等。

7.10 生产过程自动化

7.10.1 本条规定了新型干法生产线自动化设计原则。

1 条文中采用的"集散型计算机控制系统"（英文为 Distributed Control System）简称"DCS"，又名"分布式计算机控制系统"或"分散式控制系统"等，至今无确切定义，但均称"DCS"。从广义讲"DCS"有仪表型、PLC 型等。

集散型计算机控制系统概括起来是由集中管理部分、分散控制监测部分和通讯部分组成。它具有通用性强、系统组态灵活、控制功能完善、数据处理方便、显示操作集中、人机界面友好、安装简单规范、调试方便、运行安全、可靠等特点。从目前国内大中型厂正在运行的 DCS 表明，该系统对提高自动化水平和管理水平、提高产品质量、降低能耗、提高劳动生产率、保证生产安全等，创造了良好的经济效益和社会效益。所以对新型干法生产线均应设 DCS 进行控制。其控制范围宜从石灰石破碎及预均化堆场开始，直至水泥包装及成品。根据石灰石破碎和水泥包装成品部分的工艺特点，其管理及控制，宜采用独立的现场操作站方式，其运行信号应与 DCS 通讯，中央控制室可以监视其运行状态。本款还提出了 DCS 选择的基本原则。

根据 DCS 系统在水泥工厂多年的成功运行经验和性能价格比的提高，其监管范围应包括新型干法生产线的主工艺流程。同时考虑某些车间的工艺特点，

对本条作必要修正。

2 本款为新增内容。根据计算机技术的进步和市场的发展，增加采用计算机现场总线 FCS（Fieldbus Control System）的内容。

数据量较大的配套设备如辊式磨、原料调配秤等。

热工测控点集中的区域如烧成车间的窑尾预热器、窑头篦式冷却机等。

3 应用低压配电智能化技术，并通过标准开放网络（如 Profibus-DP 总线）与 DCS 系统通讯，实现中控室实时监控低压配电设备的运行，是水泥工厂进一步提高自动化水平的发展方向之一，在条件适宜时，应逐步推广。

4 本款规定应选用 X 射线多道光谱分析仪进行生料成分分析，并与计算机组成生料配料系统，自动控制生料率值。X 射线多道光谱分析仪的通道数，应根据原料成分和生产需要而定。取样装置应具有连续自动取样、自动缩分功能，使样品更具有代表性。当有条件时，可增加自动送样和自动制样装置，以进一步提高自动化水平。

5 本款要求采用定点式线扫描红外测温装置，用以对窑筒体表面温度和轮带间隙进行监视控制，并以三维图像的形式在 CRT 上显示。对于水泥工厂最重要设备之一的回转窑的安全可靠运行和延长使用寿命至关重要。

6 本款要求窑头和篦式冷却机应设置专用工业电视装置，是为了监视回转窑内的煅烧情况和冷却机内的工况。可采用彩色监视器以便更清楚地观察到实际工况。在预均化堆场、磨机的入料口等物料传输的关键位置设闭路工业电视装置，可采用多头少尾系统。宜采用黑白监视器，监视物料的传输情况，使中央控制室了解更多的信息，便于集中操作管理。

7 本款规定宜设置水泥工厂生产管理信息系统（简称 MIS）。其目的是为了提高大中型厂的决策、计划、协调与管理的能力，以增强企业的市场竞争力。

7.10.2 本条规定原料系统过程检测与控制。

1 对进厂原料进行计量，便于工厂进行经济核算。破碎机宜设电流及功率检测，以监视破碎机的负荷状况。有条件时宜设破碎机负荷调节回路，通过对喂料机的速度调节，调节喂料量，达到节能及保护设备安全的目的。

2 原料预均化堆场的堆、取料机应设置以 PLC 为主的控制系统。运行实践证明，该系统不仅保证安全生产、提高了自动化水平，由于具有远方遥控功能，从而改善了操作工人的工作环境。宜设置工业电视监视系统。其摄像头及监视器的数量，应根据堆场形式及工厂实际情况决定。

3 原料磨采用球磨时，负荷控制一般有三种方式：①选粉机粗粉回流量加新喂料量等于常量；②电

耳及提升机负荷；③电耳、回流量及提升机负荷。

在通常情况下，原料磨的负荷，宜采用电耳及提升机负荷方式。

磨机系统温度控制是为了保证磨机良好的烘干及粉磨作业，保证成品的水分达到规定要求。对磨机成品水分的控制一般有两种方法：一种是根据原料及成品水分，通过调节系统排风机风门开度，改变入磨热负量，控制烘干作业。另一种是通过调节热负管道的冷风阀开度，调节入磨热风量，控制烘干作业。两种方法相比，后一种方法有利于保持磨机系统的生产稳定。

原料磨系统采用辊式磨时，磨机负荷控制是采用进出口气体压差来实现的。

不同厂家生产的磨机及相同磨机的不同工艺流程，其控制系统不尽相同。为保证磨机系统的正常运行，通过对国内外已投运的辊磨系统的调研，通常情况下，磨机的控制主要是控制通过磨机的风量、磨机进风管处的压力及磨机出口温度。

增湿塔出口气体温度控制，是通过调节增湿塔的喷水量来实现的。控制增湿塔出口气体温度，主要是为了保证电除尘器及磨机系统正常运行。

4 为新增内容。对目前设计中广泛应用的辊式磨（立磨），应根据辊式磨本身的控制要求，设置相应的监测及控制回路。

7.10.3 本条规定煤粉制备系统过程检测与控制。

本条明确煤粉制备车间、煤预均化库应分别按火灾危险环境22区、23区要求选择现场一次仪表，并提出防护等级的要求。

设置CO含量检测是为了防止电除尘器、袋除尘器及粉煤仓燃烧和爆炸而采取的措施。为了保证磨机对煤的研磨、烘干作业，对煤粉的细度进行控制，并保证磨机的安全运行，应对磨机系统进行温度、负荷、风量的控制。另外，当煤磨生产时，钢球与磨体碰撞时会产生火花，因而在煤磨系统应有良好的监测与报警设施。

增加了当煤磨选用辊式磨时，应根据辊式磨本身的控制要求，设置相应的检测及控制回路。

7.10.4 本条规定烧成系统过程检测与控制。

1 本款是对生料均化及生料入窑的规定。

稳定的入窑生料，是保证窑系统正常运行的重要环节。因此应设置可靠的生料喂料控制回路，另外水泥生产是一个连续运行的工艺生产线，在进行计量精度校正时不能停窑，所以本项提出宜有生料入窑计量的在线校正功能。

设置仓重控制回路是为了保证喂料仓的料压稳定，从而稳定入窑生料量。

2 本款是对预热器及分解炉的规定。

1）通过对各级预热器进、出口温度、压力检测，并结合预热器出料温度检测，可以了解生料在各级预热器内的热交换情况。

3）在易堵料预热器的锥体部分，设差压或压力检测，可以了解预热器堵塞情况。

4）在窑尾烟室及预热器出口设气体成分分析检测，可以判断窑内及分解炉内生料、燃料及助燃空气的供给比例，结合窑的转速对烧成系统进行有效控制，保证烧成系统运转在最佳状态。

5）分解炉出口气体温度，表征物料在分解炉内预分解状况。设置分解炉出口气体温度控制回路，可保证物料在分解炉或预热器内预分解状态稳定。当分解炉压力一定、炉内物料量一定时，可根据出口气体温度，调节分解炉的喂煤量。

3 本款是对回转窑的规定。

1）窑尾烟室气体温度及压力，是表征窑内热工状况的重要参数，因此应设置温度及压力检测回路。

2）窑烧成带设置温度检测，可以了解窑内烧成带温度情况。

3）设置回转窑托轮轴承温度检测，是为了保证窑的安全运行。

4）设置窑头负压控制回路，是为了保证窑头的微负压。

4 本款是对冷却机及熟料输送的规定。

1）设置冷却机篦板温度检测，主要是为了防止篦板温度过热，起到保护篦板的作用。

2）设置各室风机风量、风压控制，是为了保证提供给窑内的二次风量、风温以保证冷却机的冷却效果。设置篦板速度控制，是为了稳定篦板上的熟料料层厚度。

7.10.5 本条规定水泥粉磨系统过程检测与控制。

1 水泥磨采用球磨时，磨机的负荷控制，宜采用磨音（电耳）、提升机功率和选粉机的粗粉回流量等参数来控制磨机负荷。

2 水泥磨采用预粉磨装置，如辊压机或辊式磨加球磨系统时，一般为了喂料稳定，工艺均设喂料仓。宜采用荷重传感器，测量仓内物料重量。设置仓重控制回路的目的，是为了保证喂料仓料压稳定，从而保证喂料稳定。

辊压机或辊式磨系统，可根据设备制造厂的要求，并结合水泥工厂设计中的控制方案，组成适合该系统的控制回路。

7.10.6 本条规定水泥储存、包装及发运系统过程检测与控制。设置中间仓料位控制回路，是为了稳定中间仓料面，同时避免发生空仓或仓满事故。对于独立设置的水泥储存、水泥包装站，可采用一套小型微机控制管理系统，作为包装系统生产线的自动控制装置，以降低工人的劳动强度，改善工作环境。

7.11 控 制 室

7.11.1 本条规定控制室的设置原则。

1 控制室的设置应根据工艺控制要求和自动化设计原则来确定。对日产熟料 1000t 及以上规模的生产线，应设中央控制室与相应的现场控制站。

对破碎车间、包装车间及其他辅助车间如堆场、散装、码头等离主生产车间较远或不是连续生产工作制时，宜单独设置控制室。

2 控制室是水泥生产过程控制与监测的中心，相关主体专业要像对待主体车间布置一样，将控制室纳入车间的规划布置。条文规定了确定控制室位置的基本原则。要求兼顾方便电缆管线进出及敷设，避开电磁干扰源、尘源和振源等的影响。

7.11.2 本条规定对控制室的设计要求。

1～3 规定了控制室对环境设施的基本要求。其目的是为了保证控制室内操作、维护、检修要求及仪器设备安全、可靠地运行，防止一切干扰和危害安全、可靠运行的因素发生。

4、5 规定了中央控制室的基本设施和对中央控制室的基本要求。本两款是根据目前大中型厂的实际设施统计和有关规范要求提出的。

6 对 DCS 和 X 射线分析仪等设备，应根据其要求设置空调系统。但随着科学技术的发展，电子设备对环境条件的要求越来越低，越来越重视人对工作环境的要求，所以当设备无特殊要求时，控制室的温度，宜控制在工作人员比较舒适的环境下，以提高工作效率。

7 对一般控制室应按国家有关规定和规范的要求设置消防设施。对中央控制室、X 射线分析室等有精密电子设备和仪器的场所，使用水、泡沫灭火剂和干粉灭火剂容易造成计算机系统电气短路和介质污染，引起二次灾害。而二氧化碳灭火剂具有灭火效果好、效率高、毒性小、无污染等特点。根据控制室面积、设备价值和工作性质，可采用移动式、半固定式或固定式二氧化碳灭火系统。

7.12 仪表及其电源、气源

7.12.1 本条是对一次检测仪表的规定。

1 一次检测仪表是生产过程检测和自动控制的基础。所以应选择质量可靠、性能稳定、技术先进、精度能满足控制要求的仪表，严禁选用劣质或淘汰产品。

2 本款规定了变送单元的精度不应低于 0.5 级，其目的是为了能保证正确反映工艺过程参数，满足生产操作管理要求。

3 在安装条件允许的情况下，宜采用机电一体化仪表。因为它集机、电技术于一体，使安装、使用、维护更方便。但在安装条件不能满足的情况下（如环境温度或防爆区域等），不宜使用机电一体化仪表。

7.12.2 本条是对二次仪表的规定。

1 本款是对二次仪表的基本要求。随着科学技术的发展，仪表向智能化数字化发展。在选型时应注意其可靠性、稳定性和抗干扰能力等。

2～5 规定了指示（报警）仪表、记录仪表和积算仪表的选择原则。

6 本款对二次仪表的精度提出了要求。根据水泥工厂实际运行经验，数字仪表精度不应低于 0.5 级，模拟式仪表不应低于 1.5 级。在特殊情况下，如非接触式测温仪表其精度不宜低于 2.5 级。

7.12.3 本条规定仪表的电源要求。

1 电气仪表是为生产服务的，应保证仪表电源的可靠性。为了提高仪表供电的质量，仪表电源应从低压配电屏专用回路供电，不应与冲击负荷共用同一回路，以免电压波动影响仪表正常运行。

3 中央控制室操作站、X 射线分析仪及现场控制站的供电电源，应有一定的富裕容量，一般可为用电量的 1.2～1.5 倍。此部分供电应属一级负荷，应有两个电源供电。并应设专用配电盘，不应与照明、动力混合供电，以保证电源质量。为了保证供电的可靠性，还应设在线式不间断电源（UPS）。UPS 有后备式及在线式两种。在线式有良好的抗交流侧噪声干扰的能力，并且在交流电源停电时，不需要转换时间，因此本款提出应设在线式 UPS 电源装置。

根据实际运行需要和 UPS 技术的发展，计算机系统的中央控制室操作站、现场操作站、X 射线仪室等需要不间断供电电源的 UPS 的供电延续时间均应为 30min。

7.12.4 本条规定仪表的气源要求。供给仪表的气源，应满足用气设备对所需压力及质量的要求，以保证用气设备工作可靠。

7.13 电缆及抗干扰

7.13.1 本条规定电缆选型原则。

1 聚氯乙烯或聚乙烯绝缘及护套电缆具有重量轻、弯曲性能好、耐油、耐酸碱腐蚀、不易燃烧、价格便宜等优点，用作控制电缆，其性能完全可以满足要求。

2 光纤电缆有其高带宽、低衰减、重量轻、耐高温、抗电磁干扰性好、通讯容量大、速度快等优点，因而在当今计算机通讯领域，光纤电缆已逐步取代同轴电缆或双绞电缆。因此有条件时，宜采用光纤电缆。

4 电缆截面应按其允许电流、短路热稳定、允许电压降、机械强度等要求选择。作为控制电缆及信号电缆，一般工作电压为 380V 及以下，并且所带负荷较小。所以本款提出主要根据机械强度确定电缆截面。

5 考虑到电缆质量、施工断损等情况，应留有备用芯数。备用量不宜少于总芯数的 15%。

7.13.2 本条规定电缆抗干扰的措施。

1 由于电力电缆与控制电缆敷设在一起时，会对控制电缆产生干扰，造成控制设备误动作。当电力电缆发生火灾后波及控制电缆，使控制设备不能及时做出反应，使事故进一步扩大造成巨大损失，修复困难。鉴于多年现场运行经验，同时考虑到电缆敷设及维修方便等因素，故电力电缆应与控制电缆及信号电缆分层敷设。

2 主要为了避免电场及磁场干扰而引起信号的波动和误差而采取的措施。

3 电缆群在通道中位于同侧的多层支架的配置，应执行现行国家标准《电力工程电缆设计规范》GB 50217 的要求。

多年现场运行经验表明，强电信号对不经隔离的数据通讯电缆信号有明显干扰，为消除此干扰信号，应采用金属线槽隔离。

4 为了保证线路安全，避免因周围环境影响而损坏线路。环境温度（沿超过 650℃ 设备表面敷设）过高及可能引起火灾的危险场所，应分别选用耐高温和阻燃电缆。

5 在电缆沟内两侧都有支架时，对 1kV 以上及以下电压的电缆敷设要求，应符合现行国家标准《电力工程电缆设计规范》GB 50217 的有关规定。

6 本款为了避免线路敷设时受到损坏，或信号受到干扰，保证正常工作所作的规定。

7 为了避免或减少电动机、发电机、变压器等具有强磁场或强电场的电气设备，对仪表线路内信号的干扰而规定。

8 本款中规定的数据均采用现行国家标准《电气装置安装工程电缆线路施工及验收规范》GB 50168 中的有关规定。

7.14 自动化系统接地

7.14.1 规定了自动化系统接地的目的。

7.14.2 自动化系统接地应根据控制设备的具体要求来确定，宜采用下列几种接地方式。

1 工作接地即对控制系统的直流"地"进行接地。直流地也称逻辑地，不同的控制系统对工作接地的要求不尽相同，要按设备说明书的要求设计。目的是使控制系统电路有一个统一的基准电位，但此基准电位并不一定就是大地的零电位，而只有一个等电位面。

2 保护接地是指在正常情况下不带电，但故障时有可能接触到危险电压的设备金属外壳，如机柜外壳、仪表外壳、面板等。其接地目的是为了保证人身安全和设备安全。

3 屏蔽接地的目的是为了防止磁场干扰。屏蔽的电缆在工作频率小于 1MHz 时，屏蔽层宜采用单端接地。当工作频率大于 1MHz 时，屏蔽层宜采用

两端接地。

7.14.3 为了防止干扰，宜把工作接地和屏蔽接地连到一个共用的接地体上，并与电气的交流接地网、与防雷接地体之间均应有足够的安全距离。但在工程设计中有时很难做到，无法满足自动化系统接地体与其他接地体之间保持安全距离的要求，可能产生反击现象。而采用共用一组接地体，可以防止这种反击现象，保证人员和设备的安全。共用接地体的接地电阻，应按最小值的要求确定，并按现行国家标准《建筑物防雷设计规范》GB 50057 的要求，采取相应的措施。

7.14.4 静电防护接地是清除静电的基本措施。为保证工作人员的安全，静电防护接地可以经限流电阻与其他接地装置相连，限流电阻的阻值宜为 $1.0M\Omega$。

7.14.5 为了避免对控制系统的电磁干扰，宜采用将多种接地的接地干线分别接到母排上，由接地母排采用一根接地干线与接地体相连接。控制系统至接地母排的连接导线，宜采用多股编织铜线，接地母排应尽量靠近接地体，使各接地点处于同一等电位上。

7.14.6 本条规定了信号线的屏蔽层接地点选择的基本原则。

7.15 通信与广播系统

7.15.1 水泥工厂电话系统应包括厂、矿区电话系统及调度电话系统。水泥工厂的通信系统，是为了加强企业管理、组织和调度生产，及时处理生产中遇到的各种问题，并与外界进行通信联系的重要设施。由于工厂的规模不同、所处地区不同，对通信及广播系统的要求也不相同。

工业企业的电话站及其线路网，是当地通信网的一个组成部分。因此进行工厂通信系统设计时，应结合工厂规模及其对通信系统的要求，结合工厂发展规划，并且与当地通信部门密切联系。在满足生产要求的前提下，确定切合实际、技术先进、经济合理的设计方案。

对改建、扩建企业，还应认真了解原有通信设备的种类、程式、容量等，以便统一考虑。

在现代大中型水泥工厂，为了使生产调度人员及时了解生产情况，迅速指挥生产，解决生产中出现的问题，一般均设有调度电话系统。该系统还可以召开生产调度会议。

7.15.2 本条对厂区电话设计作了具体规定。

1 在条件允许时，工厂的电话系统，宜优先采用由市话局直配方式。并根据企业需要，应同时设置传真及计算机局域网（LAN）。

2 在工厂自备电话站设计中，交换机程式的选用，主要应根据当地市话局有关规定及各地区邮电部门允许什么型号交换机联网的文件来确定。

3 随着我国通信事业不断发展，电话用户普及

率将会逐年提高。因此，在通信工程设计中，电话用户线路应留有一定的备用数量。本款结合水泥工厂特点引用了现行国家标准《工业企业通信设计规范》GBJ 42 的规定，用以确定电话站出站线路的近期容量。条文中指出留有 130%～160% 容量的选择范围。在设计时也可根据需要和建设单位要求综合考虑。

4 随着我国近年来通信事业的不断发展，在大中城市的水泥工厂电话站设计中，宜选用程控电话交换机，以适应当前通信技术发展的需要。

5 电话站属全厂通信指挥中心，故一般设在厂前区办公楼内，避开粉尘、噪声过大的车间。在电话站内不应有其他与电话站无关的管道和线路通过，确保电话站安全。

6 根据现行国家标准《工业企业通信设计规范》GBJ 42 中的规定，确定中继线数量。用户交换机具体应该配置多少条中继线，应与建设单位及当地市话局共同商定。

全自动直拨中继方式，即 DOD_1、DID 方式。

7 在一个电话网内，最好采用统一位数的用户号码制度。

8 程控式交换机用浮充稳压整流器直接供电时，对交流电电源质量应要求高一些。因为供电电源质量好坏，可直接影响程控式交换机的使用安全和寿命，故交流电源的电压波动范围超出允许值时，宜加装交流电源自动稳压器。

存储器指 RAM、ROM。

7.15.4 调度电话和会议电话是水泥工厂中组织指挥生产和企业管理的重要通信手段。为适应不同规模水泥工厂的需要，对大中型厂设置调度电话作了规定。

1 大中型厂业务量繁忙，为确保其调度功能的实现，宜单独设置调度电话系统。

2 为提高通路利用率节省投资，水泥工厂会议电话可用调度电话总机或厂区电话总机兼管，即平时作调度或厂区通信，需要时再利用其功能，作会议电话使用。

3 为适应工厂远期发展规划的需要，及考虑到总机局部元件损坏，需迅速倒换电路，以保证调度电话不间断，需留有适当备用量。

4 调度电话总机由中继线连至电话总机，是为满足调度电话总机的要求，并使某些重要用户可任选厂区电话或调度电话使用。

5 调度室及重要调度用户还应装设厂区电话的目的，是为了保证水泥工厂中调度电话或厂区电话中的两个系统中，其中一套系统出现故障时，仍可保证通信不间断，起到相互补偿作用。

调度电话分机选用同一种制式，有利于今后厂方维修、保养。防爆场所选用防爆型分机（装在值班室外时），是为了保证安全，以免电话分机使用时出现火花而引起爆炸。

7.15.5 本条是对水泥工厂广播系统的规定。一般工厂广播用于生产及宣传教育。在水泥工厂中为火灾自动报警系统所设置的火灾事故广播，是用于火灾时引导厂内人员迅速救火和撤离危险场所。所以火灾事故广播的控制方式、鸣响范围与一般广播不同。具体要求见现行国家标准《火灾自动报警系统设计规范》GB 50116 中的规定。

7.15.6 为了满足企业管理及职工文化教育的需要，大、中型企业应根据企业的条件、区域划分及地形情况等设计天线电视系统网络，并应与企业的发展规划及本地区的广播电视发展规划相适应。

根据需要，企业应设与地区联网的公用闭路电视系统或共用天线电视系统。其设计的传输网络或接收天线的主要性能要求等，应符合国家有关标准规范的要求。

7.15.7 通信系统的接地设施，是为了保证设备及人身安全，同时也是为了保证通信质量的要求。由于通信设备信号弱，而且灵敏度高，容易受到干扰，所以有条件时应将工作接地、保护接地及防雷接地分开单独设置。如果受条件限制不能分开时，也可以合用接地装置，但此时接地线截面、接地电阻值等一定要符合有关规程要求。

在土壤电阻率较高的地区，应采取人工降阻措施，以保证接地电阻要求。

7.16 管理信息系统

本节为新增内容。随着计算机与网络的普及和DCS 系统在水泥厂的普遍应用，基于管理水平的提高和提高工厂经济效益的目的，工厂管理信息系统作为工厂自动化的第三层，也逐步为大部分水泥企业所接受。

7.16.1 管理信息系统目标是有助于工厂设备（生产线）尽可能长的运转时间，保证合理的维修、维护备件，提供分析数据和预测。这样就可达到优质、高产、低消耗、降低产品成本、提高企业经济效益的目的。

系统实施分硬件配置、网络施工布线和软件开发编制过程。

7.16.2 网络布线应符合现行国家标准《综合布线系统工程设计规范》GB 50311 的规定。在中控室、办公楼、化验室内部可采用交换机放射布线，各建筑物间由于距离较远采用光缆布线，与厂外各分支机构或集团总部可采用 VPN 方式租用电信网络。

7.16.3 硬件配置建议采用带有域管理功能的服务器方式。专用服务器用于用户管理、内部邮件管理与网络数据库以及病毒防护，为保证其他系统的安全运行和网络自身的安全性，需要安装网络防火墙或（和）查杀病毒工具软件。

企业资源计划系统即 ERP。

7.16.4 软件功能的编制以满足用户要求为主，但对于所列基本功能应满足。

1 软件结构：C/S结构是客户机/服务器结构；B/S结构是浏览器/服务器结构。

3 数据采集一般采用 TCP/IP 或 OPC Server 与 DCS 系统通讯，同时保证 DCS 系统安全。

4 数据流程图可显示与集散型计算机控制系统类似的实时流程图画面。用户应能观察到生产线上温度、压力、调节阀、库位、喂料量、产量等模拟量的实时变化，并应能观察到重要主机设备如窑、磨等的运转情况。根据系统报警设定，还应能观察到开关量及模拟量的报警信息等。

5 趋势历史数据对比分析应满足用户不同年份的对比分析要求，以便用于生产优化。做到既可观察曲线的实时变化趋势，又可调出曲线的历史数据，分析历史变化趋势。在分析曲线时还可将相关的曲线放在同一个显示窗口，便于用户分析其数据变化的相关性，对生产状况及故障的分析起到重要的辅助作用。

6 质量信息管理包括原材料、生料、熟料、水泥及燃料的质量信息，并对这些质量数据提供保存、维护、查询、统计及回归分析。

7 系统可自动生成企业生产管理需要的各种工艺参数报表及生产报表。生成工艺参数报表时不需要人工干预，自动按月、日、班，生产过程工艺参数报表。生产报表中的数据应能自动获取，也可通过人工干预修正。

8 水泥生产设备在企业中占了极其重要的位置，如何统筹安排设备采购、降低设备维护费用、提高设备运转率、分厂或车间之间灵活调用闲置设备等都是设备管理主要解决的问题，本系统管理生产线上所有生产设备。

8 建 筑 结 构

8.1 一 般 规 定

8.1.1 建筑结构设计首先应满足生产工艺需要，保证对生产设备的保护、劳动者的安全，还应根据环境保护、地区气候特点，切实考虑自然条件对建筑设计的影响，并应符合相应的国家现行标准、规范和规定。如砖混结构的设计应符合现行国家标准《砌体结构设计规范》GB 50003 的有关规定等。

8.1.2 结构型式的选择应本着"技术先进、经济合理"的总原则，结合具体工程的规模、投资、所在地区施工水平、进度要求等因素综合考虑。在综合考虑的基础上，应积极采用成熟的新结构、新材料、新技术，以提高工程的科技含量，降低工程造价。

8.1.3 本条是根据现行国家标准《建筑结构可靠度设计统一标准》GB 50068 的要求，对水泥工厂各建（构）筑物安全等级按其破坏后果的严重性，进行具体划分。

8.1.4 本条是根据现行国家标准《建筑工程抗震设防分类标准》GB 50223，并结合水泥工厂的特点，对水泥工厂各建（构）筑物抗震设防分类的具体划分。

8.1.5 水泥工厂的建筑防火设计，应符合现行国家标准《建筑设计防火规范》GB 50016 及其他有关防火规范的规定。根据现行国家标准，结合水泥工厂的建筑特点制定附录 A。

8.2 生产车间与辅助车间

8.2.3 厂房内通道宽度应根据人行、配件的搬运及车辆通行等要求确定，并应按单人行走允许最小宽度要求考虑。

8.3 辅助用室、生产管理及生活建筑

8.3.2 本条是对采暖建筑的围护结构要满足国家现行节能设计标准中传热系数的限值、窗墙比及相关的构造要求，特别关注门窗的节能。

8.4 建筑构造设计

8.4.2 推动墙体改革是我国保护耕地、节约能源、综合利用工业废料的一项重要技术政策。建筑设计在墙体改革中应发挥龙头和纽带作用，依法行事，克服各种阻力，积极推广应用新型墙体材料。框架填充墙禁用实心粘土砖并限制使用粘土墙体制品，如粘土空心砖等，提倡使用各类砌块，用粉煤灰、煤矸石及页岩等制作的烧结砖，有条件时大力推行各类新型板材。

8.4.6 调研结果显示，各厂多有高空撒落物料的现象，故栏杆底部设置高度不小于 100mm 的防护板是很有必要的。

8.4.7 有关湿陷性黄土、膨胀土、冻胀土地区的地面、散水、台阶、坡道做法符合国家现行标准《湿陷性黄土地区建筑规范》GB 50025、《膨胀土地区建筑技术规范》GBJ 112、《建筑地基基础设计规范》GB 50007 和《冻土地区建筑地基基础设计规范》JGJ118 的有关规定。

8.5 主要结构选型

8.5.1 确定基础方案是水泥工厂结构设计的重要问题之一。在一般情况下，天然地基比人工地基经济，但对筒仓等重型建（构）筑物和在某些具体条件下，天然地基不一定能满足设计要求和达到经济合理的目的，故此时应采用人工地基。

8.5.3 本条文中钢混组合结构主要指钢管混凝土结构。对于预热器塔架，宜优先采用钢结构或钢混组合结构；当有特殊需要或要求时，对中小型厂也可采用钢筋混凝土结构。

8.5.5 对于直径小于21m的筒仓，目前一般采用钢筋混凝土结构。但对于直径大于等于21m的筒仓，可以考虑采用预应力筒仓，前提是要进行技术经济等方面的比较，经比较，证实经济合理时可以采用。

8.6 结构布置

8.6.1 在满足生产工艺要求和不增加面积的原则下，结构布置应力求传力途径简单明确。

8.6.6 在大面积料压作用下，软土等地基一般会发生较大的变形，从而引起附近建筑物基础位移、轨道开裂。大面积堆料下的软土等地基宜进行必要的地基处理。

8.6.9 根据某些水泥厂投产使用后的信息反馈，那些长期处于受磨损状态下的结构构件，存在明显的磨损，有些磨损非常严重，影响到结构安全。因此，这些受磨损构件表面应设置容易更换的耐磨层，并及时检查、更换。

8.7 设计荷载

8.7.2 压型钢板等轻型屋面的屋面均布活荷载可参见国家现行标准《门式刚架轻型房屋钢结构技术规程》CECS 102的屋面活荷载规定，在不同情况下屋面活荷载取值有所区别，取 0.5 或 0.3。

8.7.3 对于采用压型钢板等轻型屋面的钢屋盖，尤其是大跨度钢结构屋盖，积灰荷载的大小对结构用钢指标影响较大。通过对已投产水泥厂的调研发现，压型钢板等轻型屋面的积灰较少，因此，当收尘效果良好、积灰检查及清灰措施到位时，轻型屋面的积灰荷载可以取 $0.5kN/m^2$。但是，积灰是一个长期积累的过程，随着时间的推移，实际积灰荷载有可能超过设计积灰荷载，所以，在设计使用说明中应特别提醒业主要对积灰情况进行及时检查，必要时进行清灰。

8.7.4 工艺提供的荷载数值应包括动力系数。

8.8 结构计算

8.8.1 根据实践经验，高宽比大于4的框架、天桥支架的柔度较大，风振系数的影响不能忽略，应该加以考虑。

8.8.2 对预热器塔架和高宽比大于4的框架、天桥支架及转运站，在水平荷载作用下的顶点水平位移，经多年实际应用证明，规范提供的数值是适宜的。但有一点值得注意，对于高耸的转运站、支架等，在满足结构变形要求的情况下，还要控制最大水平位移数值，以免影响设备正常运行。

8.8.4 窑、磨基础允许差异沉降，现行国家标准《动力机器基础设计规范》GB 50040中没有规定，但设计中经常会碰到这个问题。根据国内经验并参考国外对窑、磨基础沉降提出的要求，本条差异沉降定为10mm是可行的。

8.8.7 有温度变化的管磨和筒式烘干机，轴向温度伸缩力的存在是明显的。现行国家标准《动力机器基础设计规范》GB 50040对此没有提及，故本条提出应加以考虑。

9 给水排水

9.1 一般规定

9.1.1 本条规定给水排水设计的基本原则。水是国家的重要资源，国家水法明确规定，应实行计划用水和厉行节约用水，合理利用、开发和保护水资源。国家环保和水污染防治法也明确规定，要保护自然水域，执行废水排放标准，防止废水对环境的污染。因此，应根据建厂地区水资源主管部门对水资源的总体规划，在保证用水水质的前提下，与有关方面协商对水的综合利用与协作，降低耗水指标，减少废水排放量，提高水的重复利用率。

9.2 给 水

9.2.1 本条规定水泥工厂的用水标准，包括生产用水量。工作人员生活用水量，居住区生活用水量，冲洗、化验和绿化用水量，以及未预见的用水量等。根据有关的国家规范结合多年设计生产的实际情况确定。生产用水包括全部生产和辅助生产各部位的用水，如：机械设备、电气自动化、空气调节、各种锅炉等用水，随生产规模、生产方法、设备选型、地区条件等因素而定。

关于厂区生活用水量、浇洒道路和绿化用水量，本条依据现行国家标准《建筑给水排水设计规范》GB 50015制定。由于水泥工厂一般远离城镇，大部分车间工作人员将不可避免地接触粉尘，地面也不可避免地有粉尘污染，因此在设计中，可根据实际情况取用较高值。

化验室主要是化验用水、养生槽养护试块用水、试块成型用水及清洗用水，一般根据同类规模由工艺提供用水量。修理车间主要是清洗用水和锻造工段淬火用水。该两处用水量不大，根据生产规模和装备情况确定用水量。

未预见用水量按生产、生活总用水量（新鲜水）15%～30%计算，主要对各种不可预见的用水量及系统渗漏等因素，适当留有富余，按生产规模取值。

9.2.2 水泥生产过程中，机械轴承产生的热当用水冷却时，一部分直接由水吸收，或由润滑油吸收，再以水冷却油。测定资料表明，一般要求油温不大于60℃，机械轴承冷却水给水温度宜小于32℃。同时，由于敞开式循环水系统，循环水与大气接触，水中游离及溶解 CO_2 大量散失，水温越高，CO_2 散失越严重，引起 $CaCO_3$ 沉积结垢。

水泥机械设备冷却水的水质要求，根据现行国家标准《工业循环冷却水处理设计规范》GB 50050 和其他行业标准的有关规定，结合水泥工厂设计与实践，规定碳酸盐硬度宜控制在 $80 \sim 450mg/L$ 之间（以 $CaCO_3$ 计），见表12。

9.2.3 本条规定锅炉、化验、空调和生活等用水水质均执行相应的国家标准。对部分水质要求较高的生产用水，由生活给水系统供水时，规定碳酸盐硬度宜小于 $450mg/L$（以 $CaCO_3$ 计），即应符合现行国家标准《生活饮用水卫生标准》GB 5749 的规定。

9.2.4 生产用水水压差别较大。车间进口水压本条规定为：$0.25 \sim 0.40MPa$，为常压，可以满足大部分用水设备的水压要求，使给水系统设计合理，但对于高楼层或远距离、高台段车间的个别用水部位，可能水压不足，可用管道泵或其他加压设备局部加压。对于水质要求高、水压为中高压的喷雾用水，一般自成系统，单独加压。

9.2.5 本条规定自备水源选择的基本原则。为满足水泥工厂正常生产、生活用水的需要，水源工程设计必须保证取水安全可靠、水量充足、水质符合要求、投资运营经济、维护管理方便。

表12 水质硬度的有关标准和规定

标准名称	用水名称	水质标准			备注
		项目	指标	以 $CaCO_3$ 计（mg/L）	
《工业循环冷却水处理设计规范》GB 50050	循环冷却水	碳酸盐硬度	$30 \sim 200mg/L$ 以 Ca^{2+} 计	$75 \sim 500$	适用于敞开式系统
《冷库设计规范》GB 50072	冷库冷却水 1. 立式冷凝器 淋水式冷凝器	碳酸盐硬度	$6 \sim 10me/L$	$300 \sim 500$	
	2. 卧式冷凝器 蒸发式冷凝器	碳酸盐硬度	$5 \sim 7me/L$	$250 \sim 350$	
	3. 氨压缩机等制冷设备	碳酸盐硬度	$5 \sim 7me/L$	$250 \sim 350$	
《生活饮用水卫生标准》GB 5749	生活饮用水	总硬度	$450mg/L$ 以 $CaCO_3$ 计	450	

9.2.6~9.2.8 取水工程中，对取用地下水应遵守地下水开采的原则，并确保采补平衡；对取用的地表水，枯水流量与水位的保证率及最高水位的确定是参照现行国家标准《室外给水设计规范》GB 50013 编制的。其中枯水位保证率的上限与《室外给水设计规范》GB 50013 和《火力发电厂设计技术规程》DL 5000 等均一致，采用 99%。

9.2.9 为了保证水泥工厂生产、生活用水的安全可靠，对输水管线的安全输水设计本条作了明确的规定。

9.2.10 水泥工厂自备水厂的规模，由生产、生活最大用水量加上消防补充水量和水厂自用水量等项确定，并根据水泥工厂的总体规划要求，确定是否留有扩建的可能。

9.2.11 本条规定生产给水系统的选择原则。在一般情况下，机械设备冷却水采用敞开式循环水系统，循环回水可结合工厂的具体布置，采用压力流和重力流。生产用水重复利用率是根据多年设计与实践经验确定的。其计算公式如下：

$$生产用水重复利用率 = \frac{生产间接循环回水量}{生产间接循环给水量 + 生产直接耗水量} \times 100\%$$

为了保持循环冷却水的水质平衡，应有保持水质稳定的措施，如：加水质稳定剂、加杀灭菌藻的措施、加旁滤改善水质浓缩、采用冷却塔降低水温等。

对水质要求较高的如增湿塔、篦式冷却机和立式磨等喷雾调温调湿用水、锅炉用水的原水、化验水和仪器仪表用水等的喷雾用水，本条规定"可"由生活给水系统供水。如有确保供水水质的措施，也可采用循环冷却水或中水回用作为备用水源。经验表明，循环水不可避免的有少量渗漏油污，含油水和杂质混合，易堵塞喷水系统。中水是污水、废水三级深度处理后的水，应有严格的管理和维护，才能确保连续的、稳定的供给符合要求的水，以维持正常生产。

9.2.12 本条参照现行国家标准《室外给水设计规范》GB 50013 结合水泥工厂的实际情况制定。

9.2.13 本条根据现行国家标准《工业企业设计卫生标准》GBZ 1 及《生活饮用水卫生标准》GB 5749

制定。

9.2.14 由于生活用水的不均匀性及消防要求贮存水量，本条规定生活和消防给水系统应设置水量调节贮存设施。在适用可靠的前提下，首先考虑利用厂区附近地形，设置高位贮水池，无高地可以利用或技术经济不合适时，可设置水塔；也可采用变频调速水泵或气压给水设备，但该产品应有当地公安消防部门的批准认证，同时当生活给水供给部分生产用水时，应有其他系统给水作备用，确保生产用水安全可靠。

9.2.15 本条规定设计用水计量的原则，根据《中华人民共和国计量法》及现行国家标准《用能单位能源计量器具配备和管理通则》GB 17167、《评价企业合理用水技术通则》GB/T 7119制定，并参照《水泥企业计量器具配备规范》DB 37/T 813，结合水泥工厂的实际情况，提出设置用水计量的具体规定，及确保安全生产的必要措施。

9.3 排　　水

9.3.1 本条对排水工程设计、排水系统划分作了规定。不可回收的生产废水，指循环冷却水的溢流水、排污水。

9.3.2 本条对生产排水量作了规定；对于生活污水量，应按现行国家规范的排水定额确定，为满足设计前期工作的需要，根据经验也可按生活用水量的80%～90%取值。

9.3.3 本条对部分车间和建筑物的污水排入排水管网之前，进行局部处理作了规定。处理设施通常设在室外，寒冷地区有的设在室内，可随建筑物项目划分为室内工程。

　　由于回转窑和烘干机的托轮已不要求用水，设备设计取消了水槽；老厂或小型厂这两种设备还有水槽，但可以不需要排水，水槽定期补水，积存油污由人工清除；如设有排水管，应设置隔油池（井）或其他除油设施。

9.3.4 本条规定水泥工厂的污水应根据国家和地方的排放标准确定处理方案。污水排放标准，应取得当地县以上环保主管部门的书面意见，因为地方标准与国家标准中污水排放标准一般基本相同，但也有的指标地方标准要求更高，都应执行。由于水泥工厂生产污水量较小，可与生活污水合并处理。生产废水主要是冷却水，只是水温略有升高，水质与原水相近，不含有毒有害物质，不需处理即可排放。生活污水宜集中处理后达标排放。

9.4 车间给水排水

9.4.1 本条规定室内外给水排水系统应协调一致。室内给水排水系统是按用水水质、水压的不同要求设置的，因此为满足用水要求，室内外相应的系统应一致。

9.4.2 本条规定生产设备的水压，应根据工艺和设备要求确定。由于生产规模、设备型号、制造厂家的不同，有不同的水压要求。一般分为两类：一类是低压，多数用水设备水压小于0.4MPa；一类是中压，用于喷雾喷嘴水压约为1.5～6.0MPa。生产工艺和设备无特殊要求时，一般可参照表13确定设备进口水压。

表 13　生产用水设备进口水压

用水设备名称	进口水压（MPa）
活塞式空气压缩机	0.10～0.40
螺杆式空气压缩机	0.15～0.40
润滑油冷却器	0.10～0.40
机械轴承（水套式）	0.05～0.40
喷淋除尘喷嘴（Y型）	0.20～0.40
立式磨喷嘴	1.5
箅式冷却机直流式喷嘴	1.5
箅式冷却机回流式喷嘴	3.3
增湿塔单流体压力式喷嘴	4.0～6.0
增湿塔回流式喷嘴	3.3

9.4.3 本条是对箅式冷却机和增湿塔给水系统的设计要求。这两种设备对供水量、水质和水压要求严格，供水直接影响正常生产。双流式喷嘴的旋流片进水槽缝隙，仅为0.7mm，过滤器的滤网为30～60目/cm²，当给水含有铁锈、油泥等杂质时，极易堵塞。同时，要求严格控制喷水量，所以宜采用调节水箱供水泵自灌引水。

9.4.4 由于这两项用水点通常在工厂的边远部位，生产过程需要控制用水量，对水压也有一定要求，为此，对石灰石卸车坑和石灰石破碎车间除尘喷水规定了需设计加压的措施。

9.4.5～9.4.7 根据现行国家标准《建筑给水排水设计规范》GB 50015，结合水泥工厂的设计与实践制定。

9.5 工厂消防及其用水

9.5.1 为了防止和减少火灾的危害，水泥工厂应有消防给水及消防设计。消防设计应征得当地公安消防部门的同意。消防给水系统的完善与否，直接影响到火灾的扑救效果。从一些老水泥工厂的火灾情况表明，在以下部位，如：煤粉制备车间的煤粉仓、煤粉电除尘器、煤堆场、汽车库和纸袋库等都曾发生火灾，造成了一定的损失，因此，本条规定应做好消防设计。

　　水泥工厂消防设计主要有关的现行国家标准如下：

　　《建筑设计防火规范》GB 50016；

《高层民用建筑设计防火规范》GB 50045；

《汽车库、修车库、停车场设计防火规范》GB 50067；

《石油库设计规范》GB 50074；

《汽车加油加气站设计与施工规范》GB 50156；

《低倍数泡沫灭火系统设计规范》GB 50151；

《二氧化碳灭火系统设计规范》GB 50193；

《自动喷水灭火系统设计规范》GB 50084；

《水喷雾灭火系统设计规范》GB 50219。

9.5.2 根据现行国家标准《建筑设计防火规范》GB 50016，水泥工厂基地面积等于或小于 $100 \times 10^4 m^2$，居住区人数等于或小于1.5 万人，故同一时间内的火灾次数应为一次。

9.5.3~9.5.5 根据现行国家标准《建筑设计防火规范》GB 50016结合水泥工厂具体情况制定。通常水泥工厂消防给水系统与生活给水系统合并，也可与生产给水系统合并，采用低压给水系统。对设有储油系统的消防给水，因有特殊要求，按规定油库区采用独立的消防给水系统。室外消防管网应布置成环状，只有在建设初期或消防水量不超过 15L/s 时，可布置成枝状。

9.5.6 根据国家消防技术规范，结合水泥工厂的具体情况制定。煤预均化库消火栓可设在消防安全门附近的外墙上，并应有防冻措施。中央控制室中计算机房的消防应采用符合规范要求或消防部门认可的气体灭火设备。汽车库的消防给水应按现行国家标准《汽车库、修车库、停车场设计防火规范》GB 50067 的要求确定。

根据水泥工厂的发展变化，本条将原第 10.5.6 条第 3、4、6、9 等款内容删除。

9.5.7 根据现行国家标准《建筑设计防火规范》GB 50016,结合水泥工厂的具体情况制定。

9.5.8 本条的制定是为保证及时供应消防用水。

9.5.9 根据现行国家标准《建筑设计防火规范》GB 50016,结合水泥工厂的具体情况制定。

9.5.10 本条对设置固定灭火装置作了具体规定。

1 特殊重要设备是指设置在重要部位和场所中，发生火灾后，严重影响生产和生活的关键设备。常用的气体灭火系统有二氧化碳、惰性气体、含氢氟烃（HFC）和卤代烷。这些气体的绝缘性能好、灭火后对保护对象不产生二次损害，是扑救电气、电子设备、贵重仪器设备火灾的良好灭火剂。考虑到二氧化碳气体的毒性，在有人场所的设置时应慎重。根据《中国消防行业哈龙整体淘汰计划》，我国于 2005 年停止生产卤代烷 1211 灭火剂，2010 年停止生产卤代烷 1301 灭火剂，因此卤代烷的使用已受到严格的限制。关于七氟丙烷（HFC－227ea）灭火系统设计的国家标准也已编制，七氟丙烷作为哈龙的替代品正在得到普及和推广。

2 容量在 40MV·A 及以上的可燃油油浸电力变压器内有大量的变压器油，规定宜采用水喷雾灭火。根据现行国家标准《建筑设计防火规范》GB 50016，如有条件，室内采取密封措施，技术经济合理时，也可采用二氧化碳或其他气体灭火。油量小的变压器不作规定，可用移动式灭火设备。

3 油罐区采用低倍数空气泡沫灭火和喷水冷却等的规定，是参照现行国家标准《石油库设计规范》GB 50074 制定。

4 煤磨电除尘设置二氧化碳灭火装置，根据现行国家标准《建筑设计防火规范》GB 50016 的原则，参考生产常规做法制定。

5 本款为设置自动喷水灭火设备的规定。由于水泥工厂的招待所和多功能综合办公楼，过去很少设置大的空调系统，近年来，随着国家的发展，国民经济水平的提高，一些大型、特大型及建筑标准要求高的水泥工厂，这些建筑物设有集中的空调系统。根据现行国家标准《建筑设计防火规范》GB 50016，应在其走道、办公室、餐厅、商店、库房和无楼层服务台的客房，设自动喷水灭火设备。在条件许可时，各楼层虽设有服务台，客房亦宜设自动喷水灭火设备。

9.5.11 为保证水泥工厂重要设备、仪表不受损坏，对设置火灾检测与自动报警装置的部位作了具体规定。《建筑设计防火规范》GB 50016 的条文说明：大中型电子计算机房指"价值在 100 万元以上，运算速度在 100 万次以上，字长在 32 位以上"的电子计算机房。贵重的机器、仪器、仪表设备室主要是指性质重要、价值特高的精密机器、仪器、仪表设备室。重要的档案、资料库一般是指人事和其他绝密、秘密的档案和资料库。

9.5.13 消防控制室是建筑物内防火、灭火设施的显示控制中心，也是火灾时的扑救指挥中心，地位十分重要。本条对设有火灾自动报警装置和自动灭火装置的建筑物，要优先考虑设置消防控制室。

9.5.14 煤粉制备车间宜独立布置，当与窑头厂房合建时，其间应加设非燃烧隔墙，这是根据现行国家标准《建筑防火设计规范》GB 50016 的要求确定的。

10 供热、通风与空气调节

10.1 一般规定

10.1.1 供热、通风与空气调节设计方案，直接涉及投资、能源、环境保护与管理使用。北方厂供热投资、能耗较大；南方厂空气调节设备投资及能耗较大，因此设计方案的选择，一定要根据建厂地区综合条件，确定技术先进可行、经济合理的设计方案。

10.1.2 本条规定以现行国家标准《采暖通风与空气调节设计规范》GB 50019 作为设计水泥工厂供热、

通风与空气调节的室外空气计算参数和计算方法的依据。

10.2 供　热

10.2.1 本条是对采暖设计的规定。

1 本款中给出了集中采暖地区的气象条件及设置集中采暖的原则。

2 是否设置集中采暖，它取决于企业的财力、物力以及对卫生条件的要求。目前有些厂地处集中采暖地区，但由于资金短缺，不设集中采暖。然而有些非集中采暖地区的工厂，企业效益较好，或外资、合资企业，卫生条件要求较高，要求设置采暖设施。现在有些非集中采暖地区的工厂，托幼及浴室等生活福利设施已设有集中采暖，本款就是依据上述具体情况制定的。

3 本款主要目的是为了防止在非工作时间或中断使用的时间内（如压缩空气站、罗茨风机房、有水冷却或消防要求的车间），水管和其他用水设备发生冻结现象。

由于生产厂房比较高大，从节省投资与能源角度出发，对工艺系统有温度要求的地点设置集中采暖，其他无温度要求的空间，可用围护结构隔断。

4 本款是从节省基建投资作出的规定。

5 本款从安全方面作了强制性规定。

6 由于供暖方式不同，造成采暖房间卫生条件差异较大，有的过热，有的偏冷，因此参考有关资料，规定了不同供暖方式的采暖间歇附加值。

8 热水和蒸汽是集中采暖系统常见的两种热媒。实践证明，热水采暖比蒸汽采暖具有节能、效果好、设施寿命长等优点，因此本款规定厂前区和厂区均采用热水采暖。但在严寒地区建厂，根据高大厂房和除尘设备的保温需要，为节省采暖投资，在保证卫生条件下，规定厂区可以采用蒸汽采暖。

10.2.2 本条是对供热热源的规定。

1 当水泥工厂所在区域有集中供热规划时，从节省投资、减少管理环节与环境污染等综合考虑，应按区域供热总体规划，确定水泥工厂供热热源。

2 本款规定了新建厂及改、扩建厂锅炉房设计的基本原则。做到远近期结合，以近期为主。

3 锅炉房位置选择，直接影响到供热系统的投资、运行、环境保护、安全防火、经营管理等诸因素，因此本款作了规定。

4、5 根据现行国家标准《锅炉房设计规范》GB 50041，结合水泥工厂特点，规定了工厂供热热源、锅炉台数确定的原则。锅炉型分为蒸汽锅炉与热水锅炉。新建锅炉房锅炉台数不宜过多，台数太多，说明单台锅炉容量过小，影响建筑面积大，投资增加，管理复杂，需通过技术经济比较确定。一般寒冷地区采暖供热不考虑备用锅炉，允许采暖期短时间

室内采暖温度适当降低。严寒地区以保障安全生产为目的，采暖供热应设置备用锅炉。由于水泥工厂一般建设在边远山区，有些地方，一年四季均需生活供汽，故应设置备用锅炉用于供应生活用汽。为节省投资，对一些既有生活用汽，又有少量采暖用热的区域，可采取设置蒸汽锅炉加换热器设计方案，保证供汽与供暖。

从发电厂抽汽，作为水泥工厂采暖、生活用汽的热源时，换热设备台数及容量选择的原则，同锅炉台数、容量选择的原则。

6 从采光、日晒等因素考虑，锅炉房控制室宜设在南向与东向，控制室面对锅炉间一侧应设通窗。对于较大的锅炉房（一般寒冷地区，大、中型厂锅炉吨位折合 12 蒸吨左右）人员较多、维修工作量较大，因此应设置必要的生产、生活辅助房间。对于严寒地区，大、中型厂的锅炉房设置生活辅助房间尤为必要。

7 为减轻工人劳动强度，锅炉房供煤与除渣，原则上均采用机械上煤、机械除渣。对于规模较大的锅炉房，供煤、除渣量大，当地处严寒地区，采暖期长，工作条件差，劳动量大，设置集中上煤，联合除渣是较适宜的。有些合资、独资企业或要求机械化程度较高的企业，为了减少劳动定员，要求锅炉房机械化程度较高时，也可采用集中上煤、联合除渣系统。

8、9 锅炉房的噪声、烟尘对环境影响较大，为减少噪声对环境影响，鼓、引风机应设置厂房，阻挡噪声传播。实际测定鼓、引风机设在厂房内可降低噪声 10~15dB（A）。鼓风机放在锅炉间是不适宜的：第一，工作环境噪声大；第二，鼓风需从室外补风，造成锅炉间温度降低。锅炉烟尘排放标准、烟囱高度及个数等应执行国家现行的标准。

10 仪表检测内容应包括：供蒸汽量、供热量、燃料消耗总量、原水消耗总量、凝结水回收量、热水系统补给水量及总耗电量等。

10.2.3 本条为对室外热力管网的规定。

1 厂区采暖热水管网采用双管闭式循环系统，主要考虑闭式循环系统可防止系统内软化水流失，补给水量小，以达到安全、经济运行的目的。目前水泥工厂采暖热水管网，均采用双管闭式循环系统。当采暖采用蒸汽管网时，一般采用开式系统。它的优点是：系统比较简单、效果好、运行管理方便。其缺点是对高压蒸汽采暖将浪费一些热能。蒸汽采暖的凝结水，从节能出发应尽量回收，回收方式可利用地形自流或设凝结水箱用水泵将其打回锅炉房。当采暖系统凝结水量太小，回收不经济时，也可就地排放。

2 本款规定了热力管网敷设的基本原则。从节省投资、减少占地及美观考虑以直埋敷设为宜。有的建设单位习惯采用地沟敷设，根据多年设计及使用实践，地沟敷设的主干沟以半通行地沟为宜，接往各采

暖用户支管可用不通行地沟。因建设场地紧张或解决严寒地区水管防冻问题，也常采用联合管沟方式。

对于改、扩建工程，地下管线复杂或新建厂因场地紧张，可采用架空敷设。新建厂厂区场地允许，从节能、安全运行等方面考虑采用直埋敷设或地沟敷设为好，尤其是在严寒地区。

无论直埋敷设或地沟敷设，其采暖入口的调节阀门，宜装在室外阀门井内。室外设阀门井有利于供热系统的调节和单个建筑检修放水。为保证工厂重点采暖用户的供热效果，在入口阀门井内应装设测量温度、压力的检测管座。

热负荷较大的生产及辅助生产建筑物指如：办公楼、中央控制室、中央化验室、招待所等。

10.3 通 风

10.3.1 本条为对自然通风设计的规定。

1、2 规定在水泥工厂总体布置时，对散热较大的厂房布置原则，应避免西晒，车间主要进风面应置于夏季最多风向一侧，以及采取的自然通风方式。

4 水泥工厂散热和湿度较大的车间、场所，一般是根据建厂所在地区环境状况，从建筑物布置及厂房围护结构上，考虑以自然通风方式消除湿、热；当工艺布置或工厂地处炎热地区，无法达到卫生条件时，应采用机械通风。

10.3.2 本条是对生产设备冷却通风设计的规定。

1 回转窑烧成带筒体通风冷却的目的，主要为了使窑砌衬内壁迅速有效地形成一层保护层（俗称挂窑皮），从而对窑砌衬耐火砖起到良好的保护作用，延长耐火砖的使用寿命，提高窑的运转率。同时，通风冷却还使窑筒体金属表面温度降低，减少了窑的轴向变形量，减轻金属热应力给窑的正常生产带来的影响。

2 窑筒体在受热后会产生一定的径向膨胀。而在轮带处的膨胀受限，从而在受限部位会产生较强的剪切应力，对这一部位进行通风冷却，可以大大减轻剪切应力对窑筒体金属材质的影响。

3 窑中主传动电机及各种磨机主电机的通风冷却，主要是因为电动机转子切割磁力线，做回转运行的同时，产生大量的热能。及时排除这部分热量，才能有效地保证电动机长期正常的运转。再则工厂环境中粉尘较大，为了防止粉尘沉积在转子、定子的表面，通风冷却系统应采取过滤措施。

4 窑头看火平台温度较高，设置可移动的轴流通风机，一是改善窑头看火平台工作环境，二是当窑故障停运检修时，可临时起到窑筒体冷却，便于检修的目的。

10.3.3 本条是对生产与辅助生产建筑机械通风设计的规定。

1 本款规定了机械通风的通风量计算原则，但实际上有些散热较大及产生有害气体的车间、场所，难以准确地计算出有害物质量，当缺乏必要的资料时，可按房间换气次数确定。根据水泥工厂设计与使用实践，参考现行国家标准《小型火力发电厂设计规范》GB 50049 及汽车保养有关资料，规定了水泥工厂各建筑物通风换气次数。

2 水泥工厂冷、热物料地下输送走廊和物料卸车坑较多，有的走廊长达几十米、上百米，而环境条件都较差：一是粉尘，二是湿热，本款规定了地下走廊通风设计基本原则。

3 包装车间插袋处，工人劳动强度较大又是热物料，特别是炎热地区，工人操作条件恶劣，故从以人为本的原则考虑制定本款。

4 化验室通风柜排风量，可根据标准通风柜标明的风量选取。该款规定的数据是参考《民用建筑采暖通风设计技术措施》提出的。通风柜排出的气体为含有酸、碱蒸气或潮湿气体，故应采用防腐风机及管道。

5 以往水泥工厂设计中，有的总降压变电站的配电室，设有机械过滤送风系统，室内保持正压，其目的是防止室外粉尘的侵入。当粉尘在带电体表面沉积较多，会影响电器零件正常工作，尤其是相对湿度较大的地区，潮湿粉尘的导电作用，会造成系统短路，因而配电室应根据环境状况及电器元件性能设机械过滤送风装置。

6 主要生产车间配电室由于导线及各种电器元件，在运转过程中都产生热量，尤其是炎热地区室内温度较高，不利于操作工人巡视与检修。电除尘器整流室中，整流器、整流变压器、导线及其他电器元件，运转过程中也散发出较多的热量。

8～10 生产辅助车间，在工作过程中散热及产生有害气体，如锻工工段、铆焊车间、水泵站的加氯间（散发氯气）等。为改善工作环境，保证卫生条件，需设置通风系统。凡是有腐蚀性气体产生的场所应设防腐风机，对于有害气体比重大于空气比重的，其排风口应设在房间的下部。

10.3.4 本条是对事故通风设计的规定。供配电系统的高压开关，其绝缘介质用油、加惰性气体等措施。当高压开关发生故障时，高温电弧使油燃烧，室内烟雾弥漫；或气瓶破裂，六氟化硫在电弧作用下，会产生多种有腐蚀性、刺激性和毒性物质。

在供电系统中设置电容器，其目的是为了提高其功率因数。但设置电容器会散发出大量热量；再则电容器在高压电作用下有可能被击穿，致使绝缘材料燃烧产生有害气体。

乙炔气瓶中空气与乙炔气混合物，当乙炔含量达到爆炸浓度 2.1%～8.1% 时，遇明火即可发生爆炸。

电缆隧道内电缆根数较多，导线发热量较大，当导线发生短路时，还会爆炸着火、产生氯气等有害气体。电缆隧道一般较长，通风阻力较大，故考虑设置机械排风系统。规定进、排风口高度，主要是保证进入隧道空气质量以及排风不致对人产生影响。

10.4 空 气 调 节

10.4.1 附录J中，中央化验室的试验室内空气调节计算温、湿度要求，是根据现行国家标准《水泥胶砂强度检验方法》GB 17671确定的。其他室内空气调节计算温、湿度要求，是根据电气自动化设备要求，以及多年设计、使用实践确定的。

10.4.2 为了保证空气调节房间的空调效果，节省投资与能耗，本条对空气调节房间的布置、朝向、围护结构等作了规定，并给出了空气调节房间围护结构的最大传热系数。

10.4.3 随着生产不断发展，工作生活条件不断改善，要求空气调节的建筑不断增加，本条规定了空气调节系统的设计原则。当所需空气调节的建筑布置比较集中时，从投资、维修管理、空气调节效果诸方面考虑，设置集中冷站的集中空气调节系统为宜。当所需空气调节的建筑布置比较分散，但空气调节面积又较大时，为节省投资与不必要的管道能耗，采用独立的集中空气调节系统为宜。

为保证空气调节效果，对有温、湿度要求的空气调节房间，应设置温、湿度自动控制装置。

为防止或减少火灾通过风管和保温材料蔓延，因此规定空气调节管道和保温材料，应采用非燃烧或难燃烧材料。

10.4.4 本条规定了空气调节设备选型基本原则。

冷水机组、风机盘管加新风机组，具有系统简单、维护管理方便、投资省、占用空间少等优点。中央控制室对湿度要求不十分严格，从生产实践看，目前不少中央控制室只设了单冷空调机组，而中央化验室湿度容易保证，因而集中冷站采用冷水机组、风机盘管加新风机组是可行的。根据生产需要，为保证中央控制室、中央化验室的室内气象条件，冷水机组不应少于两台。

为中央控制室、中央化验室设置独立空调系统时，仍以恒温、恒湿机组为宜，尤其是相对湿度较大的地区。机组应设备用，但机组最多不超过四台，台数太多说明单台容量太小，会造成资金浪费，管理不便。当中央化验室的成型室、养生室设在地下室时，因其围护结构热惰性较好，或采取某些临时措施，仍能维持所需气象条件时，机组可不设备用。

11 机械设备修理

11.1 一 般 规 定

11.1.1 本条规定水泥工厂机修车间设计的原则和它

的业务范围。由于水泥工厂是连续生产的重工业企业，如果生产维护和预防事故发生的措施不利，将会产生较大经济损失。因此，机修车间的设计，除重视修理之外，还应加强预防维护的管理内容，才能保证正常、持续运转。

我国自从改革开放以来，打破了大而全的格局，各地区的机修协作条件有了较大的改善。为了降低建设投资，应充分利用协作条件。对于大中型水泥工厂应积极创造条件，设置小修以节省投资。

11.1.2 本条是为使水泥工厂机修体制更加灵活而提出两种方式。目前两种体制共存，各厂应根据管理特点而选择。

11.1.3 水泥工厂的大型备件，国内都是采用外协解决，标准零部件外购，既保证质量也能降低成本。大型备件包括轮带、磨头、托轮等。

11.1.4 本条明确了水泥工厂机修车间最低限度的组成。这些工段是修理工作配套中不可缺少的几个部分。按其工厂规模可视其协作条件而定。但机钳、铆焊锻是必不可少的。

11.1.5 本条是确定机修车间规模、装备配置的基础依据。所给出的计算公式和采用15%～30%的自给率，是结合多年来对机修车间调查统计资料而得出的。

11.1.6 工作班制的确定是按加工量而定。由于机钳工作量大，并提高机床利用率，机床加工按两班制，其他工段均为一班制。主要是为确定劳动定员而用。

11.2 工段组成与装备

11.2.1～11.2.3 机钳工段的组成和机床配置，是按《冶金企业机修设计参考资料》（以下简称《设计资料》）所确定的原则和计算方法初算后，结合水泥工厂修理的特点确定机床总台数，然后按机床数量对各类机床分配比例，选择各种生产规模的机床台数。同时也要注意满足加工工序配套的需要，多年实践结果，除少数由于外加工量较差有所增加外，一般情况能满足维修的需要。

11.2.4 本条是根据水泥工厂维修一些风动备件、工具、锻模和少量机床零件热处理的需要，生产部分只设置普通热处理间，不设化学热处理、感应加热和发蓝等热处理间。水泥工厂机修热处理，只有普通热处理和辅助部分就能满足基本要求，其他热处理采用外协解决。条文规定的装备配置是按工件规格和配套的需要而选取的，多数是处于最低水平。

11.3 工段布置

11.3.1 机钳工段面积是按生产机床平均总面积乘以机床数，计算出面积指标。它包括了生产装备面积、钳工划线占用面积和工人操作面积，以及毛坯和型材的堆放面积。当有生产机床面积之后，再按比例计算钳工装配和工具与仓库面积，三项总和为机钳工段面积。设计时还应结合建厂地区和企业要求，加上办公室和生活设施的面积。

11.3.2 机床的布置原则和间距是按《设计资料》的数据选取的。这样才能满足安全、采光、吊装和检修的需要。

11.3.3 水泥工厂机修车间的铆焊和锻造都属于小型的，所以一般都合并在一个厂房，而采用隔墙分开以免相互干扰。生产面积是按《设计资料》所列的指标确定。经过实践，这些指标数据能满足实际生产操作的需要。

11.3.4 铆焊工段的设备布置，按《设计资料》所规定的数据选取的。

11.3.5 热处理工段面积的确定，是按热处理设备所占面积加上辅助面积构成工段面积。本条文规定 $189\sim216m^2$，即取 9m 跨，长为 $21\sim24m$。由于水泥工厂热处理设备较少，按《设计资料》选取，其面积有所增加。

11.4 工段厂房

11.4.1 生产火灾危险性类别及建筑最低耐火等级的确定，是按现行国家标准《建筑设计防火规范》GB 50016 的规定，结合水泥工厂机修车间的特点制定。

11.4.2 机钳工段的土建设计要求，是要符合建筑模数的规定，这样方能使用标准构件，方便设计与施工。

厂房各种门的尺寸，按标准规定选择，结合车间运输车辆的类型而定。

11.4.3 机钳工段的生产用水，主要是配置冷却液，或进行水压试验，如托轮轴瓦和磨机主轴的球面瓦等。用水量也包括洗手、洒地等，按最大指标计算选用 $1.1m^3/t$ 备件是能满足要求的。配置升压手压泵是为满足试验要求。

11.4.4 机钳工段需配置电控箱、配电盘和局部照明的设施。电气专业在计算容量时，要留一定的备用量，以便将来增加机床设备时备用。

11.4.5 铆焊部分地面荷载是根据《设计资料》的规定制定。氧气瓶和乙炔气瓶库房的地和墙要求较高，是由于消防的需要。

11.4.6 对氧气瓶库和乙炔气瓶库的设计，要做到建筑物与库房在一定距离范围内，禁止用明火取暖，是由于乙炔气与空气混合，当乙炔含量达到爆炸浓度（2%～8.1%）时，一遇明火即发生爆炸。为防止乙炔气瓶库房爆炸，规定应采用防爆型照明。

11.4.7 在大型设备附近设置动力插座，是由于这些部位有可能使用电动工具。

11.4.8 本条强调了机械通风的要求，是由于生产中油槽、水槽散发出油烟和水蒸气；加热炉和加热零件

表面都散发出对流热和辐射热；当燃烧不完全时，从炉壁、炉口逸出一氧化碳有害气体；在零件淬火时，产生有害物蒸气。

11.4.9、11.4.10 按《设计资料》的规定制定。不应采用木结构和最好是独立建筑物的规定，是由于热处理车间在生产过程中，散发出大量的热、水蒸气和有害气体所致。

11.4.11 水泥工厂的机修车间专用的贮库有两个就能满足生产要求，主要是贮存机修用备品备件、生产设备备件和氧气瓶、乙炔气瓶的库房。贮存量都比较少，尤其是目前供应方便，随时都能购置的情况下，库房还应适当减少。设计时，仍可在规定的范围内，视其建厂地区的情况而变化。

11.4.12 库房的起吊设备，小型厂可用 3t，大中型厂可用 5～10t。

11.4.13 氧气瓶库、乙炔气瓶库是按防火、防爆和耐腐蚀而要求地面防火、防腐蚀。

12 电气设备及仪表修理

12.1 一般规定

12.1.1 本条规定了水泥工厂电修车间的设计原则。为了加强对电气设备和自动化仪表的维护和巡检，并进行预防性计划检修，在水泥工厂应设电修车间和自动化仪表维修车间。电修和仪修车间应贯彻预防性检修为主，预防与修理并重的原则。

12.1.2 电修车间的规模不仅与工厂规模有关，还应充分考虑厂外协作条件。协作条件好的，电修车间的规模可适当减小。

12.1.3 为了对电气设备进行及时维修，在电气设备较多的大中型厂生产车间可设电气维修间，并配备必要的维修设备与工具。

12.1.4 本条规定了电修车间宜设在机修车间附近，以便与机修车间加强协作，如插、镗、磨、刨等机床设备，提高设备的利用率。但应远离锻造、铆焊工段，以免振动及环境污染。

12.1.5 电修车间应根据需要设置起重设备，以利于变压器吊芯、大型电动机等大件设备的检修。根据检修量的大小设电动或手动起重机。

12.2 电气设备及电气仪表修理车间规模

12.2.1 本条根据电修车间的检修内容及工厂的不同规模，将电修车间的规模分为大、中、小三种。其中电动机、变压器总台数及总装机容量，是根据现有不同规模的水泥工厂统计出来的。

12.2.2、12.2.3 电修车间的面积应考虑企业近期扩建情况，不宜盲目加大面积，条文中不同规模的电修车间的面积，是根据近年已建成的水泥工厂电修车间

面积统计出来的。

12.2.4 电修车间的库房，只考虑存放电修车间检修用的材料及备品备件。存放全厂电气设备的备品备件，应与工厂仓库统一规划设计，以免重复设置加大辅助车间面积。

12.2.5 独立的电修车间，应设置必要的辅助建筑房间，为维修工人创造较好的工作环境。

12.2.6 规定厂房高度，主要考虑电修车间维修的设备有大件，有起重设备时，还应考虑起吊件有一定的高度要求。

12.3 电气设备及电气仪表修理内容与设备选择

12.3.1、12.3.2 这两条规定了电修车间的主要任务及工艺组成。

12.3.3、12.3.4 电修车间检修设备及仪表的配置，应满足各工段的需要。并应选择实用、性能可靠产品，不得选用淘汰产品。防止配备的设备及仪表种类很多，但不切实际或型号陈旧，造成积压、浪费。

12.3.5 设置移动式空气压缩机，是为了给设备除尘提供气源。

12.4 电气设备及电气仪表修理车间配置

12.4.1 电修车间各工段的位置应考虑工艺流程，尽量避免检修的倒流和交叉。

12.4.2 电修车间有主、辅跨时，应将绕线下线、浸漆干燥、外线检修、仪表修理及其他辅助建筑放在辅跨，以减少主跨面积，节省投资。

12.4.3 本条规定是为了共用起重设备。

12.4.4 本条是对建筑采光提出的要求。厂房高度及门、窗设置应满足设备检修的要求。

12.4.5 本条规定高压试验区应设醒目标志，以保障人身安全。

12.4.6 浸漆干燥间及油处理间均属火灾危险场所，建筑物应满足防火要求。

12.4.7 设生产、生活用水点，以保证生产、生活的需要。

12.4.8 本条规定为满足电子元件及对空气的温度、湿度要求。

12.4.9 油再生与处理间及变压器吊芯间的地面，应考虑耐油。

12.4.10 由于六氟化硫（SF_6）气体具有优良的绝缘性能及灭弧性能，近年来在高压断路器中已普遍采用。SF_6气体比空气重，浓度大时不易扩散，在电弧、电火花作用下产生的气体对人体有害，检修时应注意防护，并应设通风装置，以保证人身安全。

12.5 电气仪表维修

12.5.1 本条是对仪表维修及其装备的基本要求，确定了仪表维修规模及维护设备设置的基本原则。随着

社会的发展和技术进步，相互协作也越来越密切。所以在设备配置上主要以满足日常维护和常规检验的需要。

根据对水泥工厂电气仪表维修的调研表明，小修水平其维修场所的建筑面积不宜大于 $100m^2$。中修水平其维修场所的建筑面积不宜超过 $200m^2$。

12.5.2 规定了电气仪表维修室的工作场所环境和工作条件所必需的基本要求。

12.6 自动化仪表维修

12.6.1 当前，我国水泥工厂的自动化和计算机控制已达较高水平，其系统的安全运行，直接关系到工厂能否正常生产及产品质量。因此，本条明确大中型水泥厂应设置自动化仪表维修室。

12.6.2 水泥工厂的计算机操作站（控制中心）和质量检测控制系统，集中于中央控制室，为便于检测、调校、维护的方便，维修室宜置于中央控制室内。

12.6.3 本条规定了维修室对检测、调校、维修设备仪表的基本要求，随着水泥工厂自动化水平的不断提高，其基本仪表维修也应逐步改进完善。自动化装置和计算机系统的专业化很强，因此，重要的系统检测与维修，还应由制造部门等专业厂家完成。

12.6.4 规定了维修室房间的环境条件和工作条件所必需的基本要求。

13 余 热 利 用

13.1 一 般 规 定

13.1.1 烧成系统多余的废气是指水泥生产系统不再利用或不影响如生料烘干、煤磨烘干用的废气。废气利用的前提是在保证水泥生产线设计指标（熟料热耗、熟料产量、熟料电耗）不变的条件下进行。即不能以提高熟料热耗、电耗、降低熟料产量为代价。"余热利用"系指对水泥生产系统不再利用的如生料烘干、煤磨烘干的废气余热的利用。

废气余热应首先用于发电，当本地区其他热（冷）负荷比较稳定且连续时也可以用于供热或热电联供。

13.1.2 根据十几年的水泥厂余热发电的设计与建设经验，生产线的设计没有考虑增加余热发电设施的可能，为后续的增加余热发电的技改工程带来极为不利的影响，例如：窑尾未留余热锅炉的位置，技改增加余热锅炉只得在现有的场地内挤，施工又不允许停产，使余热锅炉框架基础布置、施工难度极大；总平面布置上汽轮发电机房找不到靠近余热锅炉的场地，造成汽轮机房远离余热锅炉，致使主汽管道过长，造成能量损失，影响余热的有效回收。余热利用是资源综合利用、提高资源的有效利用率的主要手段，是国家《清洁生产促进法》、能源政策所提倡的。因此，

为了保证在水泥生产线建成以后较合理地利用废气余热，在水泥生产线的设计中应预留相关系统接口的可能，包括工艺流程、场地、总降变电站、给水系统等，以利在以后的扩建过程中顺利进行余热利用工程建设。如果有条件，最好在水泥生产线设计时对窑头、窑尾土建地下部分一次设计、施工，以便减少以后余热利用设施建设时的难度。其他部分如给排水管网、水源、室外管网、电缆桥架（沟道）等也应一次规划、分步实施。

13.1.3 本条是指余热利用系统是在保证水泥生产正常运行的前提下进行的，不能以降低水泥生产线的技术指标为代价，即余热利用后水泥生产线的电耗、热耗等主要能耗指标不能因为余热利用而提高，水泥熟料产量不能降低。

13.1.4 余热利用的废气参数的正确确定，关系到余热利用的充分性与可靠性。生产线的烧成系统设计一般是根据原料加工性能试验推荐的方案进行热工计算与选型，但投产后随着原燃料的变化，又受管理水平、操作习惯的影响，实际运行参数与设计确有差异。故本条建议在水泥生产线建成稳定运行一段时间后进行热工标定，取得实际运行参数，再与运行记录进行对照分析后确定余热利用的废气参数与热力系统配置。这样既使余热得到充分利用，又使热力系统合理，从而不影响烧成系统的热工稳定而确保生产的正常运行。

13.1.5 在原有水泥生产线增加余热利用系统时，因原生产线设计时没有考虑余热利用的因素，因此应对相关设备（如窑尾高温风机、窑头风机等）进行核算，如核算结果原有设备能力不足时，可采取措施调整余热利用设施的相关参数进行弥补（如减少烟气阻力等措施），以适应原有设备。同时应对增加余热利用设备对原水泥生产线的影响进行分析，如对增湿塔、窑尾除尘器、窑头除尘器使用效果的分析，确保原有设备运行正常，如分析结果不能正常运行或运行效果降低时，应采取有效措施保证原设备的正常运行。

13.1.6 本条是为提高余热资源回收率的措施之一。从余热利用的角度出发，应将废气中能回收的余热全部回收。例如，烧成系统废气利用配置通常是窑尾废气用于生料磨、煤磨烘干用，其入磨废气温度要求依物料入磨水分大小而异，一般要求 $220 \sim 280^\circ C$，仅当煤的水分较大时煤磨用风才取自冷却机废气。通常因窑尾废气风量较大，生料烘干一般不能完全利用，为此，为了提高余热资源回收率，建议条件允许时煤磨用烘干热风尽可能取自窑尾，这其中包含创造条件（改变煤磨选型）采用窑尾废气，以提高窑尾废气余热资源回收率。此时，窑头冷却机的废气生产工艺上不利用，故在余热利用上可通过余热锅炉或换热器将废气温度尽可能降至最低，以提高窑头废气余热资源

回收率。

13.1.7 从对运行的余热发电系统的标定，由于废气系统配置不同，增加余热发电系统后，对窑尾电收尘系统或多或少有一定影响，而通过调整也能够达到以前的水平，但按照《水泥工业大气污染物排放标准》GB 4915 规定的水泥窑排放标准（$50mg/m^3$）的要求，原电收尘器不一定能满足其要求，因此本规定建议尽量采用布袋除尘器。

13.1.8 为了保证余热利用系统故障时不影响水泥生产的正常运行，在余热利用装置的进出烟气管道之间应设旁通管道，并在装置进口和旁通烟道分别设置风量调节阀门。

窑头废气含尘浓度虽然不大，但粉尘颗粒较大，硬度较高，为了减少对余热利用设备（装置）的磨损，设备（装置）本身应设置有效的防磨损手段。

窑尾废气含尘浓度较高，设备（装置）应采取有效的清灰设计，防止堵灰等。

13.1.9 为降低余热锅炉主汽管道的热力损失，主厂房（汽轮机房）理应靠近余热锅炉。但考虑到在技改工程中受到原生产线总图布置的限制，也考虑到即使余热发电与生产线同步设计也因确保工艺流程顺畅、生产管理要求、具体的地形等因素的影响，做到主厂房应靠近余热锅炉的要求也可能有一定的困难，故本条规定为宜靠近余热锅炉。

13.1.11 余热利用的前提是确保生产线的正常运行，因此余热锅炉的进口、出口及旁通阀门（一般要求余热利用系统中烟道阀门采用电动调节阀门）的操作只能在水泥生产线中央控制室进行操控，余热电则不得随意操控，否则将影响水泥线正常生产。电站系统调节需要依据废气系统参数进行发电系统的控制，因此阀门的开关量（对应的风量、风压、风温）应反馈至电站控制系统。

电站系统的控制需要废气系统投、切余热锅炉烟道阀门或调整阀门开度时，应事先通知水泥生产线中控室进行相应操控。

13.1.12 在控制上，余热发电系统是水泥生产系统的一个分支，又有独立于水泥生产系统之外的特点。为水泥生产系统的稳定和发电系统的安全，两者之间的控制联络、数据传输应及时、准确、有效，故两者之间的控制水平应相互匹配。

13.1.14 为节省投资，避免重复建设，余热利用系统的运行维护的辅助设施等应尽量利用水泥生产线的设施，如机修、仪修等检修车间、材料库等辅助车间。

电站是工厂的一个车间。受厂级各职能机构管理，故相应的环保、职业卫生安全机构可不必另行设置。

13.2 余热发电

13.2.1 本条规定了余热发电的形式。

1 关于是否采用加补燃锅炉以稳定余热发电系统参数的方案，本规定考虑到，我国火电产业结构调整，为节能降耗关停小火电成效显著，供电煤耗2005年全国平均降到360g/（kW·h）左右，作为水泥厂带补燃炉的余热发电系统理想的供电煤耗也在370g/（kW·h）左右。在这种情况下从能源合理利用的角度出发，建设带补燃的余热发电显然是不合时宜的。国内水泥行业也建有一批补燃锅炉燃用煤矸石（$Q_d^Y \leqslant 12550kJ/kg$）的余热电站，电站的粉煤灰及炉渣全部回用于水泥生产，做到了废渣零排放。利用煤矸石符合国家现行政策，应予提倡。但考虑到，水泥厂能得到符合要求（$Q_d^Y \leqslant 12550kJ/kg$）、价格合适（使供电成本低于购电价），且能长期稳定供应煤矸石的可能性很小，故本规定虽仅提及余热发电宜不加补燃的纯余热方式，并不排斥符合政策要求的带补燃锅炉的烧煤矸石的余热发电系统。

2 余热发电的汽水循环方式主要有单压系统、双压（多压）系统、双压（多压）闪蒸系统。国内目前存在的系统以上三种均有，从实际运行的可靠性、稳定性、自用电指标等统计，在满足热量平衡的条件下，建议尽量首先采用单压系统，一定要用双压（多压）系统或双压（多压）闪蒸系统时，应通过技术经济比较确定。

13.2.2 本条规定了装机规模。

1 水泥生产线的废气参数随着原料配料成分、熟料产量、原料的易烧性等因素影响而变化，为提高余热资源回收率，余热电站的装机容量应以稳定的最大工况废气参数确定，以达到最大限度利用余热。

2 我国目前的汽轮发电机组额定容量划分为以下系列：（500kW）、750kW、（1000kW）、1500kW、3000kW、（4500kW）、6000kW、（7500kW）、12000kW等（带括弧的虽不是国标系列但多数厂家可以生产，此系列已约定俗成为"标准系列"）。余热电站的装机规模应尽量靠近标准系列，如选用了非标准系列的产品，生产厂家则要进行改型设计，出厂价要高出许多。设备订货时应对设备生产厂家提出利用超发能力的明确要求。

13.2.3 本条为余热电站的控制系统设计的规定。

1 利用水泥生产线废气余热发电主要由热力系统与发电系统组成。热力系统的热源是生产线废气，其热力循环是独立于生产线之外的循环系统；发电系统可以看做是水泥厂的另一"电源"，本电源即"电厂"，其运行、保护应独立于水泥生产线控制之外，故应独立设置配电和控制中心。高、低压配电设备（包括高压开关柜、低压配电屏和站用变压器等）集中分开设置或集中合并设置；考虑方便监控和操作，一般诸如电站控制屏、继电保护屏、计算机模件柜、计算机操作站等应尽量利用空间，分间隔紧凑地布置在汽轮机运转层平面的电站中央控制室内。

2 为便于对余热电站的汽、水、油等系统集中监控和操作，操作人员可直接通过DCS系统大屏幕对整个电站系统实施监控，有效地节省电站控制室占地空间。

3 随着我国电站综合自动化保护装置的发展和普及，电站继电保护装置应尽量采用综合保护装置，以取代常规电磁继电器，从而提高继电保护的准确性，减少继电器维修量。

4 根据目前国内电站的无油化设计理念，站用变压器一般选用干式变压器，站用变压器的配置一般采用暗备用方式配设。并将站用低压配电屏和站用变压器合并排列布置，充分利用空间。为使汽轮机系统安全、可靠运行，厂用低压母线段应设置保安联络电源，以保证站用电源不间断。

13.2.4 本条为余热电站接入系统的规定。

1 考虑到余热电站的供电电力能够被充分利用，余热电站接入系统并网点一般选择在总降压变电站6或10kV母线段作为并网关口。母线段指Ⅰ或Ⅱ段。

2 本款是根据纯余热电站的特点规定的，当余热电站为单台发电机组时，电站6或10kV母线宜采用单母线接线方式，联络线应采用单回电缆线路与总降压变电站6或10kV母线对应连接；当余热电站为两台或多台发电机组时，电站6或10kV母线可采用单母线分段接线方式，联络线应采用双回电缆线路与总降压变电站6或10kV母线对应连接。两台或多台发电机组也可方便地通过电站6或10kV母线联络开关进行联络，以适应电站灵活多变的运行方式。

3 根据新型干法水泥余热发电的性质和电站并网运行的要求，发电机的起动电源一般需要借助于外电网或水泥厂自备的备用电源（备用电源应满足机组厂用电起动需要）进行起动。电站起动正常后，实施同期并网操作，将发电机并入电网。

4 根据新型干法水泥生产线余热发电的特点，当总降压变电站6或10kV母线段因故障停电或外电网停电时，水泥窑系统也随之停运，相应的汽轮发电机组难以独立运行，以致停机。因此，纯低温余热电站一般难以维持小系统运行方式。所以，对于单台汽轮发电机组，同期并网点设置在发电机出口开关处即可。对于两台或多台机组，同期并网点的设置应根据工程需要和电站运行方式来确定。

5 为保证发电机组安全运行，在发电机出口开关处应设置发电机安全自动保护装置（包括：高频解列、高压解列、低频解列和低压解列装置）。

6 本条规定的目的是当电网系统发生短路故障时，迅速解列发电机，以消除发电机对系统的影响。

7 电站接入系统设计所需远动信息量（遥测量、遥信量和电度量等）的设置和信号采集方式，应根据当地电力局的要求，以当地电力设计单位出具的接入系统报告和审批意见为依据进行设置。

8 对于电站系统高压开关设备的选型和电缆截面的选择，一般在电站设计中应进行相应的短路电流计算。而系统的短路参数应以当地电业部门提供的系统短路参数为依据，并结合发电机的短路参数进行计算，最终确定开关设备的额定开断容量和配电电缆的截面。

9 电站高压系统继电保护整定计算一般由设计单位出具整定计算书。但由于电网系统继电保护整定时间级差不详，为防止越级跳闸，设计单位出具的电站高压系统继电保护整定计算应经当地电业部门确认（或由供电局重新计算，或由供电局签署确认意见）后，方可进行设定。

13.2.5 窑尾末级预热器及出口管道采取保温设计，是为了提高余热利用效率。

13.3 利用余热供热及制冷

13.3.1 我国北方地区冬季采暖期一般在 100～200d，每年需要消耗大量的资金和优质燃料，采暖锅炉对空排放的废气，由于收尘效果较差，空气污染十分严重。同时，水泥窑又不断排出大量的中、低温废气，造成的能源浪费十分惊人。所以，在采暖区不设置余热发电系统的工厂应优先考虑余热供热采暖。

13.3.2 一般水泥厂烧成系统废气余热量远远大于本厂（含附近的本厂居住区）采暖供热系统的热负荷，为了避免供热能力过大或过小造成的不必要浪费和重复建设，应以工厂最终规模的热负荷为主确定余热锅炉的供热能力。

13.3.3 本条主要针对工厂原有燃煤采暖锅炉房技改后增设余热供热装置时，应合理利用原有锅炉房的循环水泵、水处理装置和室外热力管网等设施，这样作既节省了投资，技改投运后又不会破坏原系统的平衡工况。

13.3.4 供热负荷除采暖负荷外，还包括其他用途，这里指设备保温、食堂、浴室用热及夏季空调。

13.3.5 本条是考虑水泥窑冬季停窑检修时，当单一热源长时间停运，将给热用户的工作、生活带来不便，又会造成采暖设施及室外管网的冻损。

13.3.6 设置汽-水换热站是为了便于电站凝结水回收，以节省水处理费用。

随着经济建设的发展和人民生活水平的不断提高，夏季空调用电比例迅速增长，利用水泥窑余热锅炉产生的蒸汽驱动作为吸收式制冷机组的热源，可以节约大量的能源，对南方炎热地区，尤其是与生活居住区、城镇距离较近的工厂，意义十分重大。

中华人民共和国国家标准

城市轨道交通工程测量规范

Code for urban rail transit engineering survey

GB 50308—2008

主编部门：北京市规划委员会
批准部门：中华人民共和国建设部
实施日期：2008年9月1日

中华人民共和国建设部
公 告

第 828 号

建设部关于发布国家标准
《城市轨道交通工程测量规范》的公告

现批准《城市轨道交通工程测量规范》为国家标准，编号为 GB 50308 - 2008，自 2008 年 9 月 1 日起实施。其中，第 1.0.7、6.1.8、18.5.1、18.6.4 条为强制性条文，必须严格执行。原《地下铁道、轻轨交通工程测量规范》GB 50308 - 1999 同时废止。

本规范由建设部标准定额研究所组织中国建筑工业出版社出版发行。

中华人民共和国建设部
2008 年 3 月 10 日

前 言

本规范是根据建设部"关于印发《2006 年工程建设标准规范制定、修订计划（第一批）》的通知"（建标［2006］77 号）的要求，由主编单位北京城建勘测设计研究院有限责任公司，会同来自全国生产、教学、科研和管理的参编单位及专家组成修订组，对原规范《地下铁道、轻轨交通工程测量规范》GB 50308 - 1999 进行全面修订而成。

在修订过程中，修订组广泛调查和总结了原规范执行情况，根据近年来我国城市轨道交通工程的发展状况，吸收了城市轨道交通工程测量的有关实践、科研和技术发展成果，借鉴了国（境）外有关成功经验和先进技术，并以多种方式，广泛征求了全国城市轨道交通工程测量方面有关专家和单位的意见，经反复讨论、修改，最后经审查定稿形成本规范。

修订后根据专家建议将本规范更名为《城市轨道交通工程测量规范》，本规范在原规范 18 章和 12 个附录的基础上修订为 20 章和 11 个附录。新增加的内容有第 16 章、第 20 章和第 5.4、6.6、6.7、19.6 节等内容，原有各章节条文的内容也进行较为全面的修订。

本规范中以黑体字标识的条文为强制性条文，必须严格执行。

本规范由建设部负责管理和对强制性条文的解释，主编单位负责具体技术内容的解释。在执行过程中，请各单位结合工程实践，如发现需要修改或补充之处，请将意见和建议寄至北京城建勘测设计研究院有限责任公司《城市轨道交通工程测量规范》国家标准管理组（地址：北京市朝阳区安慧里 5 区 6 号；邮编：100101；E-mail：webmaster@cki.com.cn）。

本规范的主编单位、参编单位和主要起草人：

主 编 单 位：北京城建勘测设计研究院有限责任公司

参 编 单 位：（按笔画排序）
上海岩土工程勘察设计研究院有限公司
广州市地下铁道设计研究院
中铁工程设计咨询集团有限公司
天津市测绘院
北京市轨道交通建设管理有限公司
北京市测绘设计研究院
同济大学
沈阳市勘察测绘研究院
南京测绘勘察研究院有限公司
重庆市轨道交通设计研究院有限责任公司
深圳市勘察测绘院
解放军信息工程大学

主要起草人：秦长利（以下按姓氏笔画排序）
于来法　马全明　马尧成　马海志
王双龙　王荣权　王镇全　张忠良
张晓沪　李小果　陈乃权　陈大勇
孟志义　林　莉　钟金宁　凌志平
黄　勇　潘国荣

目　次

1 总　则

1.0.1 为适应城市轨道交通建设发展的需要，统一城市轨道交通工程测量技术要求，遵循技术先进、经济合理、质量可靠和安全适用的原则，制定本规范。

1.0.2 本规范适用于城市轨道交通新建和旧线改造及运营期间的工程测量。

1.0.3 在同一城市内的轨道交通工程控制测量应满足下列要求：

　　1 平面和高程系统应与所在城市平面和高程系统一致；

　　2 工程建设前应在城市一、二等平面和高程控制网的基础上，建立专用平面、高程施工控制网，其与现有城市控制网重合点的坐标及高程较差，应分别不大于50mm和20mm；

　　3 施工前应对已建成的平面、高程控制网进行复测，建设中应对其进行检测。

1.0.4 城市间的轨道交通工程控制测量除应满足本规范1.0.3条中的2、3款外，还应采用统一的坐标、高程系统，当城市间坐标、高程系统不一致时应进行相应的换算。

1.0.5 线路工程控制测量应采用附合导线（网）和附合高程路线的形式。特殊情况下采用支导线、支水准路线时，必须制定检核措施。

1.0.6 在隧道贯通前，联系测量、地下平面控制测量和地下高程控制测量，随工程进度应至少独立进行三次，满足限差后应以各次测量的平均值指导隧道贯通。

1.0.7 暗、明挖隧道和高架结构横向贯通测量中误差为±50mm，高程贯通测量中误差为±25mm。

1.0.8 施工期间内和运营期一定时间内，应对线路结构和临近主要建筑、管线等进行变形监测，并应制定应急变形监测方案。

1.0.9 竣工测量应按工程竣工验收要求进行，其工作内容和测量技术要求，应符合现行国家测量规范、工程验收规范以及工程资料管理相关要求。

1.0.10 应根据国家有关法规，定期对测量仪器和工具进行检定。作业时应避免作业环境对仪器的影响。

1.0.11 城市轨道交通工程测量除执行本规范外，还应符合国家现行的有关标准的规定。

2 术语和符号

2.1 术　语

2.1.1 城市轨道交通 urban rail transit, mass transit
　　在不同形式轨道上运行的大、中运量的城市公共交通工具，是当代城市中地铁、轻轨、单轨、直线电机、磁浮等轨道交通的总称。

2.1.2 地铁　metro, underground railway, subway, tube
　　在城市中修建的高速、大运量的用电力机车牵引的轨道交通，远期单向高峰小时客流量超过30000人次。线路通常设在地下隧道中，有时也从地下延伸至地面或高架桥上。

2.1.3 轻轨　light rail transit
　　在城市中修建的高速、中运量的轨道交通客运系统，远期单向高峰小时客流量在10000～30000人次之间。线路设在地面、高架桥上或地下。

2.1.4 精密导线　precise traverse
　　城市轨道交通工程平面控制网的二等网，其测量技术要求与国家和城市现行规范中的四等导线基本一致，主要是缩短了导线总长度与导线边长，提高了点位精度。

2.1.5 二等水准　precise levelling
　　城市轨道交通工程测量高程控制网的二级网，其精度介于城市二、三等水准测量之间。

2.1.6 专项调查与测绘　special investigation surveying and mapping
　　城市轨道交通工程在设计阶段必须进行的沿线建筑、管线、水域、房屋拆迁和勘测定界等调查测绘工作。

2.1.7 定线测量　final survey, route location survey
　　将线路工程设计图纸上的线路位置测设于实地的测量工作。

2.1.8 线路中线测量　center line survey
　　对实地测设的线路中线点进行角度与边长的测量工作。

2.1.9 线路中线调整测量　track adjusting survey
　　把线路中线调整到设计位置上的测量工作。

2.1.10 近井点　control points near the well
　　布设在竖井旁，用于向地下传递坐标和方位的导线点或传递高程的水准点。

2.1.11 近井导线　adjacent traverse
　　附合在卫星定位控制点或精密导线点上，为测设近井点而布设的导线。

2.1.12 近井水准　adjacent levelling route
　　附合在一、二等水准点上，为测设近井高程点而布设的水准线路。

2.1.13 联系测量　connection survey
　　将地面测量坐标系统传递到地下，使地上、地下坐标系统相一致的测量工作。

2.1.14 陀螺经纬仪和铅垂仪组合定向 plumb instrument orientation in combination with gyro-theodolite
　　利用陀螺经纬仪和铅垂仪组合进行竖井定向的一种作业方法。

2.1.15 贯通测量 holing through survey

对相向掘进隧道或按要求掘进到一定地点与另一隧道相通的施工所进行的测量工作。

2.1.16 铺轨基标 track laying benchmark

线路轨道铺设所需的测量控制点。

2.1.17 建筑 building and structure

本规范定义为供人们进行生产、生活或其他活动的房屋、场所等建筑物和构筑物的总称。

2.1.18 限界 gauge

限定车辆运行及轨道周围建筑和设备超越的轮廓线。限界分为车辆限界、设备限界和建筑限界三种，是工程建设、管线和设备安装等必须遵守的依据。

2.1.19 车辆段 depot

具有配属车辆，承担车辆的运用管理、整备保养和检查，以及较高级别的车辆检修任务的基本生产单位。

2.1.20 变形监测 deformation and settlement monitoring

本规范定义为对建筑及地基或一定范围内岩土体、管线等的位移和沉降等变形所进行的测量工作，以及对建设工程的围岩、支护结构、工程环境进行的应力、应变、压力、轴力、振动和孔隙水压力等的监测工作。

2.2 符 号

a——固定误差、近井点至悬挂钢丝的最短距离；

b——比例误差系数（1×10^{-6}）；

B——隧道开挖宽度；

c——竖井中悬挂钢丝间的距离；

C——方向照准差，仪器加常数；

d——控制导线长度，相邻点间的距离，接触轨或接触轨至邻近轨道的距离；

D——贯通距离，测距边水平距离；

f——地球曲率和大气折光对垂直角的修正量；

f_β——附合导线或闭合导线环的方位角闭合差；

f_k——摄影焦距；

H_P——现有城市坐标系统投影面高程或城市轨道交通工程线路的平均高程；

H_m——测距边两端点的平均高程；

K——仪器乘常数，大气折光系数；

L——水准路线长度，附合路线长度，轨道梁长；

M——地形图比例尺分母，摄影比例尺分母；

M_Δ——每千米高差中数偶然中误差；

M_P——房屋建筑面积中误差；

M_L——界址边丈量中误差；

M_W——每千米高差中数全中误差；

m_β——测角中误差；

m_u——导线点横向中误差；

m_Φ——贯通中误差；

n——独立环中基线边的个数，同一边复测的次数，导线的角度个数，附合导线或导线环的角度个数，往返测水准路线的测段数，水准测量转点数，测站数，桥梁跨数；

N——同步环中基线边的个数，附合导线或闭合导线环的个数，附合线路和闭合线路的条数；

P——建筑面积，宗地面积；

R——地球平均曲率半径；

R_a——参考椭球体在测距边方向法截弧的曲率半径；

R_m——测距边中点的平均曲率半径；

S——气象及加、乘常数改正后的斜距；

S_0——气象及加、乘常数改正前的斜距；

W——附合线路或环线闭合差，环闭合差；

Y_m——测距边两端点横坐标平均值；

ΔY——测距边两端点近似横坐标的增量；

Δ——水准路线测段往返高差不符值；

σ——基线向量的弦长中误差。

3 地面平面控制测量

3.1 一 般 规 定

3.1.1 地面平面控制网应按城市轨道交通工程建设规划网中各条线路建设的先后次序，沿线路独立布设。布网时应根据线路延伸与其他线路交叉状况，在线路延伸和交叉地段，必须有两个以上的控制点相重合。城市近期规划与建设的城市轨道交通线路较多构成网络且原城市控制网不能满足建设需要时，宜建立一个覆盖全部线路的整体控制网。

3.1.2 平面控制网由两个等级组成，一等为卫星定位控制网，二等为精密导线网，并分级布设。

3.1.3 平面控制网的坐标系统应与所在城市现有坐标系统一致。投影面高程应与城市现有坐标系统投影面高程一致，若城市轨道交通工程线路轨道的平均高程与城市投影面高程的高差影响每千米大于 5mm 时，应采用其线路轨道平均高程作为投影面高程。

3.1.4 向隧道内传递坐标和方位时，应在每个井（洞）口或车站附近至少布设三个平面控制点作为联系测量的依据。

3.1.5 凡符合卫星定位控制网和精密导线网要求的现有城市控制点的标石应充分利用。

3.1.6 对已建成的卫星定位控制网和精密导线网应定期进行复测。第一次复测应在开工前进行，之后应每年或两年复测 1 次，且应根据控制点稳定情况适当调整复测频次。复测精度不应低于初测精度。

3.2 卫星定位控制网测量

3.2.1 卫星定位控制网测量前，应根据城市轨道交通线路规划设计，收集、分析线路沿线现有城市控制网的标石、精度等有关资料，并按静态相对定位原理进行控制网设计。

3.2.2 卫星定位控制网的主要技术指标应符合表3.2.2的规定。

表3.2.2 卫星定位控制网主要技术指标

平均边长（km）	最弱点的点位中误差（mm）	相邻点的相对点位中误差（mm）	最弱边的相对中误差	与现有城市控制点的坐标较差（mm）	不同线路控制网重合点坐标较差（mm）
2	±12	±10	$\dfrac{1}{100000}$	≤50	≤25

3.2.3 卫星定位控制网相邻点间基线精度按（3.2.3）式计算。

$$\sigma = \sqrt{a^2 + (bd)^2} \qquad (3.2.3)$$

式中 σ——标准差，即基线向量的弦长中误差（mm）；
a——固定误差（mm）；
b——比例误差系数（1×10^{-6}）；
d——相邻点间的距离（km）。

3.2.4 卫星定位控制网的布设应遵守以下原则：

1 卫星定位控制网内应重合3～5个现有城市一、二等控制点，控制点应均匀分布；在不同线路交叉有联络线处或同一线路前后期工程衔接处应布设2个以上的重合点，重合点坐标较差应满足表3.2.2的相关要求；

2 卫星定位控制网应沿线路两侧布设，控制点宜布设在隧道出入口、竖井或车站附近，车辆段附近应布设3～5个控制点，相邻控制点应满足通视要求；

3 卫星定位控制网非同步独立观测时，必须构成闭合环或附合路线。每个闭合环或附合路线中的边数不应大于6条。

3.2.5 卫星定位控制点的选点应符合以下要求：

1 控制点间应有两个以上方向通视；

2 当利用已有城市控制点时，应检查该点的稳定性及完好性；

3 控制点应选在利于长久保存、施测方便和施工变形影响范围以外的地方；

4 建筑上的控制点应选在便于联测的楼顶承重结构上；

5 控制点附近不应有大面积的水域或对电磁波反射（或吸引）强烈的物体；

6 控制点与无线电发射装置的间距应大于200m，与高压输电线的间距应大于50m。

3.2.6 卫星定位控制点均应埋设永久标石。建筑顶上的标石可现场浇注。标石宜按本规范附录A中的图A.0.1、图A.0.2、图A.0.3形式和规格埋设。埋

石结束后应按本规范附录A中A.0.6绘制点之记，点位标识应牢固清楚，并应办理测量标志委托保管书。

3.2.7 车站、洞口和竖井附近建筑上的卫星定位控制点上宜建造三脚钢架或竖立照准杆，三脚钢架宜按本规范附录A中的图A.0.4规格制作。

3.2.8 卫星定位控制网测量作业的基本技术要求应符合表3.2.8的规定。

表3.2.8 卫星定位控制网测量作业基本技术要求

项 目	要 求
接收机类型	双频或单频
观测量	载波相位
接收机标称精度	≤($10mm + 2 \times 10^{-6} \times D$)（D为相邻点间的距离）
卫星高度角（°）	≥15
同步观测接收机（台）	≥3
有效观测卫星数（颗）	≥4
平均重复设站数（次）	≥2
观测时段长度（min）	≥60
数据采样间隔（s）	≤10
点位几何图形强度因子（PDOP）	≤6

3.2.9 作业前应对卫星定位接收机和天线等设备进行常规检查，检查内容应包括：仪器检定结果、电池容量、光学对中器和接收机内存容量等。

3.2.10 观测前应根据接收机数量、控制网设计图形以及交通情况编制作业计划，观测中可根据实际情况进行必要的调整。

3.2.11 卫星定位控制网观测应满足下列要求：

1 天线定向标志应指向正北，且经整平、对中后，其对中误差应小于2mm；

2 每时段观测前、后量取天线高各一次，两次互差小于3mm时，应取其两次平均值作为最后结果；

3 应严格按规定的时间开机作业，保证同步观测同一组卫星；观测开始后，应及时记录或输入有关数据并随时注意卫星信号和信息存储情况；外业观测手簿应按本规范附录A中表A.0.5的内容逐项填写；

4 每日观测结束后，应及时将存储介质上的数据进行拷贝，并应及时将外业观测记录结果录入计算机进行数据处理。

3.2.12 平差前应对观测数据进行预处理。基线解算时，对于小于8km的短基线必须采用双差相位观测值和双差固定解；对8～30km长基线可在双差固定解和双差浮点解中选择最优结果。对周跳较多或数据质量欠佳的时段应进行删除或用分段处理后的数据进行解算。基线解算采用卫星广播星历坐标值作为基线

解的起算数据，基线解算结果中基线长度中误差输出值不应超过 2σ。

3.2.13 卫星定位控制网外业观测的全部数据应经同步环、独立环及复测边检核，并应满足下列要求：

1 同步环各坐标分量及全长闭合差应满足式 (3.2.13-1) ～ (3.2.13-5) 的要求：

$$W_x \leqslant \frac{\sqrt{N}}{5}\sigma \qquad (3.2.13\text{-}1)$$

$$W_y \leqslant \frac{\sqrt{N}}{5}\sigma \qquad (3.2.13\text{-}2)$$

$$W_z \leqslant \frac{\sqrt{N}}{5}\sigma \qquad (3.2.13\text{-}3)$$

$$W = \sqrt{W_x^2 + W_y^2 + W_z^2} \qquad (3.2.13\text{-}4)$$

$$W \leqslant \frac{\sqrt{3N}}{5}\sigma \qquad (3.2.13\text{-}5)$$

式中 N——同步环中基线边的个数；

$\quad\quad W$——环闭合差。

2 独立基线构成的独立环各坐标分量及全长闭合差应满足式 (3.2.13-6) ～ (3.2.13-9) 的要求：

$$W_x \leqslant 2\sqrt{n}\sigma \qquad (3.2.13\text{-}6)$$

$$W_y \leqslant 2\sqrt{n}\sigma \qquad (3.2.13\text{-}7)$$

$$W_z \leqslant 2\sqrt{n}\sigma \qquad (3.2.13\text{-}8)$$

$$W \leqslant 2\sqrt{3n}\sigma \qquad (3.2.13\text{-}9)$$

式中 n——独立环中基线边的个数。

3 复测基线长度较差应满足下式的要求：

$$d_s \leqslant 2\sqrt{n}\sigma \qquad (3.2.13\text{-}10)$$

式中 n——同一边复测的次数，通常为 2。

3.2.14 卫星定位控制网的平差要求应符合下列规定：

1 应将全部独立基线构成闭合图形，以三维基线向量及其相应方差协方差阵作为观测信息，以一个点的城市现有 WGS-84 坐标系的三维坐标作为起算数据，在 WGS-84 坐标系中进行三维无约束平差，并提供 WGS-84 坐标系的三维坐标、坐标差观测值的总改正数、基线边长及点位和边长的精度信息。基线向量改正数的绝对值应满足式 (3.2.14-1) ～ (3.2.14-3) 的要求：

$$V_{\Delta x} \leqslant 3\sigma \qquad (3.2.14\text{-}1)$$

$$V_{\Delta y} \leqslant 3\sigma \qquad (3.2.14\text{-}2)$$

$$V_{\Delta z} \leqslant 3\sigma \qquad (3.2.14\text{-}3)$$

2 应在所使用的城市坐标系中进行约束平差及精度评定，并应输出相应坐标系中的坐标、基线向量改正数、基线边长、方位角以及相关的中误差、相对点位中误差的精度信息，转换参数及其精度信息等。基线向量的改正数与同名基线无约束平差相应改正数的较差应满足式 (3.2.14-4) ～ (3.2.14-6) 的要求：

$$dV_{\Delta x} \leqslant 2\sigma \qquad (3.2.14\text{-}4)$$

$$dV_{\Delta y} \leqslant 2\sigma \qquad (3.2.14\text{-}5)$$

$$dV_{\Delta z} \leqslant 2\sigma \qquad (3.2.14\text{-}6)$$

3.2.15 进行约束平差后，当卫星定位控制点与现有城市控制点的重合点的坐标较差大于本规范表 3.2.2 的规定时，应检查已知点是否可靠，并对约束控制点和控制方位角进行筛选后，重新进行不同约束控制点或不同约束方位角的不同组合的约束平差。

3.2.16 卫星定位控制网测量结束后，应提交下列资料：

1 技术设计书；

2 控制点点之记及测量标志委托保管书；

3 控制网示意图；

4 外业观测手簿及其他记录；

5 控制网平差及精度评定资料；

6 控制点成果表；

7 技术总结。

3.3 精密导线网测量

3.3.1 精密导线网测量的主要技术要求应符合表 3.3.1 的规定。

表 3.3.1 精密导线测量主要技术要求

平均边长 (m)	闭合环或附合导线总长度 (km)	每边测距中误差 (mm)	测距相对中误差	测角中误差 (")	水平角测回数		边长测回数 I、II 级全站仪	方位角闭合差 (")	全长相对闭合差	相邻点的相对点位中误差 (mm)
					I 级全站仪	II 级全站仪				
350	3～4	±4	1/60000	±2.5	4	6	往返测距各 2 测回	±5$\sqrt{n}$	1/35000	±8

注：1 n 为导线的角度个数，一般不超过 12；
　　2 附合导线路线超长时，宜布设成结点导线网，结点间角度个数不超过 8 个；
　　3 全站仪的分级标准执行本规范附录 A 中表 A.0.7 的规定。

3.3.2 精密导线网应沿线路方向布设，并应布设成附合导线、闭合导线或结点导线网的形式。

3.3.3 选择精密导线点时应符合下列要求：

1 附合导线的边数宜少于 12 个，相邻边的短边不宜小于长边的 1/2，个别短边的边长不应小于 100m；

2 导线点的位置应选在施工变形影响范围以外稳定的地方，并应避开地下构筑物、地下管线等；

3 楼顶上的导线点宜选在靠近并能俯视线路、车站、车辆段一侧稳固的建筑上；

4 相邻导线点间以及导线点与其相连的卫星定位点之间的垂直角不应大于 $30°$，视线离障碍物的距离不应小于 1.5m，避免旁折光的影响；

5 在线路交叉及前、后期工程衔接的地方应布设适量的共用导线点；

6 应充分利用现有城市控制点标石。

3.3.4 在地面宜按本规范附录 A 中图 A.0.8 的规格埋设精密导线点标石，在楼顶可按本规范附录 A 中图 A.0.3 的规格埋设标石。埋设结束后应绘制点之记。

3.3.5 导线测量前应对仪器进行常规检查与校正，同时记录检校结果。

3.3.6 导线点上只有两个方向时，其水平角观测应符合以下要求：

1 应采用左、右角观测，左、右角平均值之和与 360°的较差应小于 4″；

2 前后视边长相差较大，观测需调焦时，宜采用同一方向正倒镜同时观测法，此时一个测回中不同方向可不考虑 2C 较差的限差；

3 水平角观测一测回内 2C 较差，Ⅰ级全站仪为 9″，Ⅱ级全站仪为 13″。同一方向值各测回较差，Ⅰ级全站仪为 6″，Ⅱ级全站仪为 9″。

3.3.7 在精密导线网结点或卫星定位控制点上观测水平角时应符合以下要求：

1 在附合导线两端的卫星定位控制点上观测时，宜联测两个卫星定位控制点方向，夹角的平均观测值与卫星定位控制点坐标反算夹角之差应小于 6″；

2 方向数超过 3 个时宜采用方向观测法，方向数不多于 3 个时可不归零；

3 方向观测法水平角观测的技术要求应符合表 3.3.7 的规定。

表 3.3.7　方向观测法水平角观测技术要求（″）

全站仪的等级	半测回归零差	一测回内 2C 较差	同一方向值各测回较差
Ⅰ级	6	9	6
Ⅱ级	8	13	9

3.3.8 附合精密导线或精密导线环的方位角闭合差（W_β），不应大于下式计算的值

$$W_\beta = \pm 2 m_\beta \sqrt{n} \qquad (3.3.8)$$

式中　m_β——本规范表 3.3.1 中的测角中误差（″）；

　　　n——附合导线或导线环的角度个数。

3.3.9 精密导线网测角中误差（M_0）应按下式计算：

$$M_0 = \pm \sqrt{\frac{1}{N}\left[\frac{f_\beta \cdot f_\beta}{n}\right]} \qquad (3.3.9)$$

式中　f_β——附合导线或闭合导线环的方位角闭合差；

　　　n——附合导线或导线环的角度个数；

　　　N——附合导线或闭合导线环的个数。

3.3.10 精密导线网测距时应符合下列要求：

1 距离测量除应符合本规范表 3.3.1 的要求外，还应符合表 3.3.10 的规定；

表 3.3.10　距离测量限差技术要求（mm）

全站仪等级	一测回中读数间较差	单程各测回间较差	往返测或不同时段结果较差
Ⅰ级	3	4	2·$(a+bd)$
Ⅱ级	4	6	

注：1　$(a+bd)$ 为仪器标称精度，a 为固定误差，b 为比例误差系数，d 为距离测量值（以千米计）；
　　2　一测回指照准目标一次读数 4 次。

2 测距时应读取温度和气压，测前、测后各读取一次，取平均值作为测站的气象数据。温度读至 0.2℃，气压读至 50Pa。

3.3.11 精密导线网边长应按下列要求进行改正：

1 气象改正，根据仪器提供的公式进行改正；也可以将气象数据输入全站仪内自动改正。

2 仪器加、乘常数改正值 S，应按下式计算：

$$S = S_0 + S_0 \cdot K + C \qquad (3.3.11\text{-}1)$$

式中　S_0——改正前的距离；

　　　C——仪器加常数；

　　　K——仪器乘常数。

3 利用垂直角计算水平距离 D 时应按下式计算：

$$D = S \cdot \cos(\alpha + f) \qquad (3.3.11\text{-}2)$$
$$f = (1 - K)\rho S \cdot \cos\alpha / (2R) \qquad (3.3.11\text{-}3)$$

式中　α——垂直角观测值；

　　　K——大气折光系数；

　　　S——经气象及加、乘常数改正后的斜距（m）；

　　　R——地球平均曲率半径（m）；

　　　f——地球曲率和大气折光对垂直角的修正量（″）；

　　　ρ——弧与度的换算常数，$\rho = 206265$（″）。

3.3.12 精密导线网测距边的高程归化和投影改化，应符合下列规定：

1 归化到城市轨道交通线路测区平均高程面上的测距边长度 D，应按下式计算：

$$D = D_0'\left[1 + \frac{H_p - H_m}{R_a}\right] \qquad (3.3.12\text{-}1)$$

式中　D_0'——测距两端点平均高程面上的水平距离(m)；

　　　R_a——参考椭球体在测距边方向法截弧的曲率半径（m）；

　　　H_p——现有城市坐标系统投影面高程或城市轨道交通工程线路的平均高程（m）；

　　　H_m——测距边两端点的平均高程（m）。

2 测距边在高斯投影面上的长度 D_z，按下式计算：

$$D_z = D\left[1 + \frac{Y_m^2}{2R_m^2} + \frac{\Delta Y^2}{24R_m^2}\right] \qquad (3.3.12\text{-}2)$$

式中　Y_m——测距边两端点横坐标平均值（m）；

　　　R_m——测距边中点的平均曲率半径（m）；

ΔY——测距边两端点近似横坐标的增量（m）。

3.3.13 精密导线网计算应采用严密平差方法，其精度应符合本规范表3.3.1的规定。

3.3.14 精密导线网测量结束后，应提交下列资料：

  1 技术设计书；

  2 外业观测记录与内业计算成果；

  3 导线网示意图；

  4 导线点点之记；

  5 导线点坐标及其精度评定成果表；

  6 技术总结。

4 地面高程控制测量

4.1 一般规定

4.1.1 城市轨道交通工程高程测量应采用统一的高程系统，并应与现有城市高程系统相一致。

4.1.2 城市轨道交通工程高程控制网为水准网，应分两个等级布设：一等水准网是与城市二等水准精度一致的水准网，二等水准网是加密的水准网。当现有城市一、二等水准点间距小于4km时，应一次布设城市轨道交通工程二等水准网。

4.1.3 水准网应沿线路附近布设成附合线路、闭合线路或结点网。二等水准点间距平均800m，联测城市一、二等水准点的总数不应少于3个，宜均匀分布。

4.1.4 水准网测量的主要技术要求应符合表4.1.4的规定。

表4.1.4 水准网测量的主要技术要求

水准测量等级	每千米高差中数中误差（mm）		附合水准路线平均长度（km）	水准仪等级	水准尺	观测次数		往返较差、附合或环线闭合差（mm）
	偶然中误差 M_Δ	全中误差 M_W				与已知点联测	附合或环线	
一等	±1	±2	35～45	DS1	铟瓦尺或条码尺	往返测各一次	往返测各一次	$\pm 4\sqrt{L}$
二等	±2	±4	2～4	DS1	铟瓦尺或条码尺	往返测各一次	往返测各一次	$\pm 8\sqrt{L}$

  注：1 L为往返测段、附合或环线的路线长（以km计）；

     2 采用数字水准仪测量的技术要求与同等级的光学水准仪测量技术要求相同。

4.1.5 水准点应选在施工影响的变形区域以外稳固、便于寻找、保存和引测的地方，宜每隔3km埋设1个深桩或基岩水准点。车站、竖井及车辆段附近水准点布设数量不应少于2个。

4.1.6 当水准路线跨越江、河、湖、塘且视线长度小于100m时，可采用一般水准测量方法进行观测；视线长度大于100m时，应进行跨河水准测量。跨河

水准测量可采用光学测微法、倾斜螺旋法、经纬仪倾角法和光电测距三角高程法等，其技术要求应符合现行国家标准《国家一、二等水准测量规范》GB 12897的相关规定。

4.1.7 水准点标石和标志应按本规范附录B中的图B.0.1、图B.0.2、图B.0.3和图B.0.4的形式和规格埋设。地层为软土的城市或地区应根据其岩土条件设计和埋设适宜的水准标石。水准点也可利用精密导线点标石，墙上水准点应选在稳固的永久性建筑上。

4.1.8 水准点标石埋设结束后，应绘制点之记，并办理水准点委托保管书。

4.1.9 对已建成的水准网应定期进行复测，第一次复测应在开工前进行，之后应1年复测1次，且应根据点位稳定情况适当调整复测频次。复测精度不应低于原测精度，高程较差不应大于$\sqrt{2}$倍高程中误差。当水准点标石被破坏时，应重新埋设，复测时统一观测。

4.2 水准网测量

4.2.1 作业前，应对所使用的水准测量仪器和标尺进行常规检查与校正。水准仪i角检查，在作业第一周内应每天1次，稳定后可半月1次。一等水准测量仪器i角应小于或等于15″；二等水准测量仪器i角应小于或等于20″。

4.2.2 一等及二等水准网测量的观测方法应符合下列规定：

  1 往测 奇数站上：后—前—前—后

         偶数站上：前—后—后—前

  2 返测 奇数站上：前—后—后—前

         偶数站上：后—前—前—后

  3 使用数字水准仪，应将有关参数、限差预先输入并选择自动观测模式，水准路线应避开强电磁场的干扰。

  4 一等水准每一测段的往测和返测，宜分别在上午、下午进行，也可在夜间观测。

  5 由往测转向返测时，两根水准尺必须互换位置，并应重新整置仪器。

4.2.3 水准测量观测的视线长度、视距差、视线高度应符合表4.2.3的规定。

**表4.2.3 水准测量观测的视线长度、
视距差、视线高度的要求（m）**

等级	视线长度		前后视距差	前后视距累计差	视线高度	
	仪器等级	视距			视线长度20m以上	视线长度20m以下
一等	DS1	≤50	≤1.0	≤3.0	≥0.5	≥0.3
二等	DS1	≤60	≤2.0	≤4.0	≥0.4	≥0.3

4.2.4 水准测量测站观测限差应符合表4.2.4的规定。

表 4.2.4　水准测量的测站观测限差（mm）

等级	上下丝读数平均值与中丝读数之差	基、辅分划读数之差	基、辅分划所测高差之差	检测间歇点高差之差
一等	3.0	0.4	0.6	1.0
二等	3.0	0.5	0.7	2.0

注：使用数字水准仪观测时，同一测站两次测量高差较差应满足基、辅分划所测高差较差的要求。

4.2.5　往返两次测量高差超限时应重测。重测后，一等水准应选取两次异向观测的合格成果，二等水准则应将重测成果与原测成果比较，其较差合格时，取其平均值。

4.2.6　水准测量的内业计算，应符合下列规定：

1　计算取位，高差中数取至 0.1mm；最后成果，一等水准取至 0.1mm，二等水准取至 1.0mm。

2　水准测量每千米的高差中数偶然中误差（M_Δ）按下式计算：

$$M_\Delta = \pm\sqrt{\frac{1}{4n}\left[\frac{\Delta\Delta}{L}\right]} \qquad (4.2.6\text{-}1)$$

式中　M_Δ——每千米高差中数偶然中误差（mm）；

L——水准测量的测段长度（km）；

Δ——水准路线测段往返高差不符值（mm）；

n——往返测水准路线的测段数。

3　当附合路线和水准环多于 20 个时，每千米水准测量高差中数全中误差（M_W）应按下式计算：

$$M_W = \pm\sqrt{\frac{1}{N}\left[\frac{WW}{L}\right]} \qquad (4.2.6\text{-}2)$$

式中　M_W——每千米高差中数全中误差（mm）；

W——附合线路或环线闭合差（mm）；

L——计算附合线路或环线闭合差时的相应路线长度（km）；

N——附合线路和闭合线路的条数。

4　水准网的数据处理应进行严密平差，并应计算每千米高差中数偶然中误差、高差全中误差、最弱点高程中误差和相邻点的相对高差中误差。

4.2.7　水准网测量结束后应提交下列资料：

1　技术设计书；

2　水准网示意图；

3　外业观测手簿及仪器检验资料；

4　点之记及水准点委托保管文件；

5　高程成果表和精度评定等资料；

6　技术总结。

5　线路带状地形测量

5.1　一般规定

5.1.1　本章适用于城市轨道交通工程沿线的大比例尺带状地形测量。

5.1.2　线路带状地形测量包括：图根控制测量、地形图测绘。

5.1.3　线路带状地形图测绘的比例尺可根据各设计阶段的需要选用 1：500、1：1000、1：2000，车站局部地区和区间重点部位按设计要求可选用 1：200。

5.1.4　地形图图式符号应按现行国家标准的地形图图式的规定执行。对国家标准中没有规定的图式符号可作补充，并应在技术设计和技术总结中说明，并绘制相应的图例。

5.1.5　线路带状地形图测绘可选用全站仪数字化测图、航空摄影测量成图、平板仪测图等能够达到本规范规定精度的测绘方法，并应提供数字化成果。

5.1.6　线路带状地形图的成图精度应符合下列要求：

1　地物点相对于邻近图根点的图上点位中误差：主要地物为 ±0.5mm，一般地物为 ±0.75mm；隐蔽、困难地区：主要地物为 ±0.75mm，一般地物为 ±1.13mm；邻近地物点间距图上中误差为 ±0.4mm；

2　地形图注记点的高程精度应符合表 5.1.6 的规定，等高线内插点的高程中误差：丘陵为 ±0.5H_d，山区为 ±0.7H_d，高山区为 ±1.0H_d，其中 H_d 为基本等高距。

表 5.1.6　地形图注记点的高程精度（m）

测点类别	铺装地面、桥面、路面、房基散水、门口、铁路轨顶	一般地形点
建成区或平坦地区	±0.05	±0.15
困难地区或山区	±0.08	±0.15

5.1.7　对于较平坦的地区可不勾绘等高线，对起伏较大的地区应勾绘等高线。同一图幅应采用一种基本等高距。

5.1.8　线路带状地形图应通过过程检查、最终检查无误后方可提供使用。有关检查方法、检查标准应按现行行业标准《测绘产品质量检查验收规定》CH1002 执行。

5.2　图根控制测量

5.2.1　图根点可利用城市轨道交通工程的地面各级控制点，也可利用城市各等级控制点进行加密。图根点密度应符合表 5.2.1 的规定，在地形复杂、隐蔽以及建筑密集区应适当加密。

表 5.2.1　图根点密度（点/km²）

测图比例尺	1：500	1：1000	1：2000
图根点密度	150	50	15

5.2.2　图根点测量宜采用附合导线，图根导线不宜超过二次附合。当图根导线无法附合时，可布设支导

线，但支导线边数不应超过4条。

5.2.3 图根导线测量技术要求应符合表 5.2.3 的规定。

表 5.2.3 图根导线测量技术要求

比例尺	附合导线长度（m）	平均边长（m）	测回数 Ⅲ级全站仪	导线相对闭合差	方位角闭合差（″）
1：500	900	80	1	1/4000	$\pm40\sqrt{n}$
1：1000	1800	150	1	1/4000	$\pm40\sqrt{n}$
1：2000	3000	250	1	1/4000	$\pm40\sqrt{n}$

注：1 n 为测站数；
　　2 当导线长度短于表中规定的 1/3 时，其坐标闭合差不应大于图上 0.3mm；
　　3 边长单程测距一测回（照准一次，测三次），读数较差应小于 5mm；
　　4 支导线长度不超过附合导线长度的 1/3，边数不应超过 4 条。水平角应测左、右角各一测回。

5.2.4 图根高程控制测量可采用图根水准或光电测距三角高程测量方法，并应按附合路线形式布设。

5.2.5 图根水准测量应使用不低于 DS3 级水准仪，采用单程观测，其主要技术要求应符合表 5.2.5 的规定。

表 5.2.5 图根水准测量主要技术要求

附合路线长度（km）	视线长度（m）	闭合差（mm）
≤5	≤100	$\pm8\sqrt{n}$ 或 $\pm30\sqrt{L}$

注：n 为测站数；
　　L 为水准路线长度，以千米计。

5.2.6 光电测距三角高程测量宜与图根导线测量同时进行。垂直角对向观测各一测回，边长单程观测一测回，仪器高、觇标高量至毫米，高程闭合差为 $\pm30\sqrt{\sum D}$（mm）（D 为测距边水平距离，单位为千米）。

5.3 线路带状地形图测绘

5.3.1 线路带状地形图分幅应符合下列要求：

　　1 带状地形图宜采用自由分幅，施测前应进行分幅设计；

　　2 自设计线路的起点沿线路前进方向顺序编号，编号以分数表示，分母为总图幅数，分子为所在图幅号；

　　3 图幅长度宜在 100～150cm 之间，相邻图幅长度不宜变化过大；

　　4 分幅不宜设在重要建筑、路口、设计的车站等地方。当线路有比较方案时，宜将其绘在同一幅图内。当设计人员对接图位置有特殊要求时，应满足设计人员的要求。

5.3.2 线路带状地形图施测宽度应依据设计要求确定。

5.3.3 线路带状地形图成果的数据格式、数据分类与代码应满足设计要求。

5.3.4 地形图上应展绘出各等级平面控制点、水准点，并用规定符号表示。

5.3.5 带状地形图测绘应包括以下主要内容：

　　1 居民地的各类建筑及主要附属设施的外围轮廓及结构特征等；

　　2 工矿建筑及其附属设施的位置、形状和性质特征等；

　　3 交通及附属设施的位置、类别、等级及结构特征等；

　　4 架空管线及附属设施的位置、线类、走向等；

　　5 水系及附属设施的范围、水涯线、流向、水深等；

　　6 境界、地貌和土质、植被等。

5.3.6 地形图测绘内容的表示方法、取舍和注记应执行国家现行标准的规定。

5.4 航空摄影测量

5.4.1 本节适用于采用摄影测量方法测绘 1：500、1：1000、1：2000 数字化图。

5.4.2 摄影资料应满足下列要求：

　　1 摄影比例尺应满足 1：500、1：1000、1：2000 成图的要求；

　　2 摄影质量应满足现行行业标准《城市测量规范》CJJ 8 的相关要求。

5.4.3 摄影测量的精度要求应符合下列规定：

　　1 影像分辨率应不低于 25μm；

　　2 像控点的精度：采用导线联测时，方位闭合差为 $\pm30''\sqrt{n}$，平差后导线相对闭合差不大于 1/10000；采用卫星定位测量时，像控点相对邻近已知点的点位误差为 ±30mm；

　　3 内业加密点相对于邻近平面控制点的点位中误差为图上±0.35mm，地物点相对于邻近平面控制点的点位中误差为图上±0.50mm；

　　4 内业加密点、等高线插求点相对于邻近高程控制点的高程中误差应满足现行行业标准《城市测量规范》CJJ 8 的相应要求。

5.4.4 像控点布设可根据航线数目选用航线网布点或区域网布点，像控点在像片上的位置以及像控点的布设方法、精度应满足现行行业标准《城市测量规范》CJJ 8 的相应要求。像控点测量宜采用光电测距导线、卫星定位静态或卫星定位动态等方法。

5.4.5 空中三角测量加密点的选择应符合下列规定：

　　1 加密点应选在航向三片重叠中线和旁向重叠中线的交点附近；

　　2 加密点在本片和邻片上影像均应清晰明显，易于量测；

3 加密点距像片边缘应大于 10mm。

5.4.6 空中三角测量的各项误差应符合下列规定：

1 内定向精度应小于 $12\mu m$；

2 相对定向精度应小于 1 个像素；

3 模型连接差：平面连接差不应大于 $0.06M$ (mm)，高程连接差不应大于 $0.04\dfrac{f_K}{b}M$ （mm），［M 为摄影比例尺分母，b 为摄影基线，f_k 为摄影焦距 （mm）］；

4 绝对定向完成后，定向点残差应小于加密点中误差的 75%，多余野外控制点残差应小于加密点中误差的 1.3 倍，区域网间公共点较差应小于加密点中误差的 2.0 倍。

5.4.7 测图的各种定向误差应满足以下要求：

1 内方位恢复定向精度应小于 $12\mu m$；

2 恢复相对定向精度应小于 1 个像素；

3 绝对定向各点平面坐标残差：平地及丘陵地区应小于图上 0.2mm；山区及高山区应小于图上 0.3mm。高程定向各点残差小于加密点高程中误差的 60%。

5.4.8 地物、地貌测绘应满足下列要求：

1 地物、地貌测绘内容应执行本规范第 5.3.5 条的规定；

2 相应地物、地貌的属性数据应根据设计需要同时采集；

3 成果图形文件格式宜为三维或二维的 DXF (DWG)、DGN 及适合于今后应用的其他格式；

4 符号库、线型库和汉字库必须符合现行的有关图式、地形要素分类与代码规定；

5 相邻像对的地物和等高线接边误差应分别小于地物点平面位置中误差和等高线中误差的 1.5 倍，个别应小于 2 倍。接边差应合理配赋，避免地物、地貌变形。

5.4.9 对于 1:500、1:1000 比例尺测图，城市建筑区、平坦地区和铺装路面，高程注记点宜由外业实测，其余地区高程注记点和等高线均可采用数字摄影测量方法进行测绘。

5.4.10 调绘时，应对航测内业成图进行全面实地检查、修测和补测，并对地理名称进行调查注记，对房檐进行改正等。

5.4.11 对调绘后的地形图进行编辑，地形图的表示、取舍和注记应符合现行行业标准《城市测量规范》CJJ 8 的相关规定。

5.4.12 采集带属性数据的图形，应进行拓扑分析。

6 专项调查与测绘

6.1 一般规定

6.1.1 本章适用于城市轨道交通工程线路中线两侧及车辆段范围内的管线、建筑、水域、房屋拆迁等专项调查与测绘。

6.1.2 专项测绘的坐标、高程系统应与城市轨道交通工程的坐标、高程系统一致。

6.1.3 专项调查应充分收集测区内已有的相关资料，并应通过检查、修测、补测和整理后予以利用。

6.1.4 专项调查与测绘的成图比例尺应符合下列要求：

1 平面图比例尺宜与线路带状地形图相同，局部地区详细图的比例尺宜为 1:50～1:200；

2 纵断面图比例尺：水平方向宜为 1:500～1:1000，竖直方向宜为 1:100；

3 横断面图比例尺宜按建筑复杂程度和地形起伏变化确定。

6.1.5 专项调查与测绘控制点、地物点的平面位置和高程，其精度应与线路带状地形图图根控制点、地物点相同。细部点相对于邻近控制点的精度要求应符合表 6.1.5 的规定。

表 6.1.5 细部点相对于邻近控制点的精度要求

细部点分类		平面点位中误差 （mm）	高程中误差 （mm）
解析法	重要细部点	±50	±30
	一般细部点	±70	±40
图解法	细部点	±0.5M	±70

注：1 重要细部点是指制约线路的建筑细部点和管线点；一般细部点是指重要细部点之外的细部点；
2 采用坐标反算房屋边长进行拆迁测量时，其平面位置精度应符合对重要细部点的规定；
3 M 为地形图比例尺的分母。

6.1.6 地下管线隐蔽点探测精度要求应符合表 6.1.6 的规定。

表 6.1.6 地下管线隐蔽点探测精度要求

管线中心埋深 h （cm）	平面位置限差 （cm）	埋深限差 （cm）
h≤100	±10	±15
h>100	±0.10h	±0.15h

6.1.7 专项调查与测绘细部点的坐标、高程可采用下列方法测量：

1 极坐标测量技术要求应符合表 6.1.7-1 的规定；

表 6.1.7-1 极坐标测量技术要求

测距方法	测距中误差或往返测较差相对误差	水平角观测回数	垂直角观测回数	测站至细部点最大距离 （m）
光电测距	±30mm	1	1	150
钢尺丈量	1/1000	1	1	50

注：角度测量仪器应不低于 III 级全站仪。

2 观测条件允许时，也可采用卫星定位方法测量，测量时应对细部点进行重复观测，平面、高程较差应不大于 2 倍的观测中误差；

3 高程测量使用水准测量方法时，应布设附（闭）合水准路线，水准线路长度不应超过 4km；高程闭合差应在 $\pm 40\sqrt{L}$mm 之内（L 为路线长度，以千米计）；观测应使用不低于 DS10 型精度的水准仪；

4 光电测距三角高程导线可附合在精密水准点或城市等级水准点上，其技术要求应符合表 6.1.7-2 的规定。

表 6.1.7-2　光电测距三角高程导线技术要求

导线长度（km）	最大边长（m）	每边测距中误差（mm）	垂直角中丝法观测测回数		往返高差较差（mm）	高程闭合差（mm）
			Ⅱ级全站仪	Ⅲ级全站仪		
4	100	± 15	1	2	$100\sqrt{d}$	$\pm 40\sqrt{L}$

注：1　d 为相邻点间距离（以千米计）；
　　2　L 为附合路线长度（以千米计）；
　　3　若垂直角小于 15°，距离可单向测定。

5 专项测绘还可采用能满足精度要求的其他测量方法。

6.1.8 作业人员进入检查井时，必须遵守国家有关安全保护规定，并应采取防止中毒、爆炸等意外事故发生的措施。

6.2　地下管线调查与测绘

6.2.1 对埋设于地下的给水、排水、燃气、热力、工业和电力、电信等管线，除管径小于 50mm 的给水管道和管径小于 200mm 的排水管道外，均应进行调查与测绘。

6.2.2 地下管线调查前的准备工作应符合下列要求：

1 必须全面收集和整理测区内已有的地下管线资料，包括各种地下管线图及技术说明等，并进行分析比较，确定其能否利用及需要补充的内容；

2 现场踏勘时，应察看地下管线分布和出露情况，直埋管线的地面标志保存情况，当地的地球物理条件及可能的干扰因素；

3 制定地下管线调查、探测和测绘的实施计划。

6.2.3 对线路沿线具有明显管线点的地下管线及其附属设施应进行实地调查、量测，记录管线点有关数据和填写管线调查表，并应符合下列规定：

1 实地调查时应查明管线的性质、类型、走向、电缆条数、材质、载体特征、敷设方式及日期、产权单位以及建筑和附属设施等；

2 在明显管线点上应测量地下管线的埋深；

3 当地下管线中心线偏离窨井中心间距大于 0.2m 时，应以管线在地面的投影位置设置管线测点，窨井作为专业管线附属物处理；

4 地下管廊、管沟或管线隧道应量测其外径或外壁断面尺寸。圆形断面可量测内直径，矩形断面可量取内宽度和高度，并应获取对应结构的厚度，同时在图上进行标注，单位以毫米表示。

6.2.4 隐蔽地下管线宜采用物探方法查明其位置、走向、埋深等，并应符合下列规定：

1 探查前应进行探查方法选择、试验和仪器检校；

2 隐蔽管线探测时应确定其交叉点、分支点、转折点、起终点及附属设施中心点等特征点在地面的投影位置，对设计、施工有特殊需要的位置也应进行探测；

3 经物探定位的管线点应设置地面标志并绘制点位示意图；

4 探查所获资料尚不能满足设计与施工要求时，应开挖调查与测绘。

6.2.5 地下管线的测绘内容应包括测量管线特征点、管线附属设施的平面位置及高程、管线剖面图及窨井平面图，并应符合下列规定：

1 应按本规范第 6.1.7 条规定的测量方法测量明显管线点和隐蔽管线点标志的坐标和高程；

2 平面图应绘制地下管线交叉、分支、转折、变径、变坡点及窨井（或小室）等位置，还应包括管线建筑及阀门、消火栓、排气、排水、排污装置等附属设施、管线走向、窨井轮廓以及井底高程等。

6.2.6 在综合地下管线图上应绘出偏距大于 0.2m 管线的实际位置。综合管线图以分色表示为宜，绘制综合地下管线图采用的图例、符号应按国家现行有关规定执行。

综合地下管线图上除绘制地下管线外，还应将道路、街坊以及与地下管线有参照作用的建筑绘于图上。

6.2.7 综合地下管线点成果表的内容宜包括：管线点号、管线连接点号、管线类型、管径或断面尺寸、材质、埋深、管线点坐标、高程、压力或电压、电缆根数或总孔数及已用孔数、权属单位和埋设日期等。

6.2.8 地下管线数字化成图应符合国家现行规范的有关规定，并应满足本章的有关技术要求。各种类型的管线和设施宜分层存储，并可根据设计需要输出专业管线图或综合管线图。

6.2.9 管线测绘完成后应按工区抽样检查。每一个工区隐蔽管线点和明显管线点的抽样数分别不少于各自总点数的 5%，样本应随机抽取，且分布均匀、合理。质量检查应安排不同作业人员重复调查与探测，检查内容应包含管线点的几何精度和属性等。

6.3　地下建筑测绘

6.3.1 地下建筑包括人防工程、地下停车场、地下商店、仓库、地下通道及其出入口、竖井等，对地下建筑应进行详细测绘。

6.3.2 地面、地下控制点测量均应布设成附合导线。有困难时，地下可布设成支导线。

6.3.3 导线测量应符合下列规定：

　　1 地面控制导线的技术要求，应按本规范第5.2节的规定执行；

　　2 地下控制导线可附合在地面控制导线点上，也可直接附合在精密导线点或城市导线点上，其技术要求应符合表6.3.3的规定。

表6.3.3　地下控制导线测量技术要求

导线长度（m）	平均边长（m）	每边测距相对中误差	水平角观测测回数（Ⅲ级全站仪）	方位角闭合差（"）	导线全长相对闭合差
300	30	1/2000	1	$\pm 90\sqrt{n}$	1/1000

注：1　n 为测站数。
　　2　困难地区导线超长或边长过短，应提高测量精度，导线坐标闭合差为±0.3m。
　　3　支导线测量技术要求应执行本规范第5.2.3条的规定。

6.3.4 地下控制导线宜通过地下建筑的出入口直接与地面控制点联测。

6.3.5 地下建筑的平面图及细部测量施测要求除应执行本规范第5.3节和第5.4节的有关规定外，还应符合下列规定：

　　1 测定地下建筑的内壁确定其内轮廓后，应调查或探测墙壁厚度，并应加绘外墙符号；困难时，次要建筑可仅绘制内轮廓；

　　2 地下建筑的底面高程注记应与地面高程注记相区分；

　　3 测绘地下建筑的各种附属设施。

6.3.6 地下通道除测量巷道及附属设施的平面位置外，还应测量起点、终点、折点、交点、变坡点等处内顶、内底板的高程，并应进行断面测量。在地下通道平面图上应注记断面尺寸、衬砌材料和通道名称等。

6.4　跨越线路的建筑测绘

6.4.1 对跨越线路的天桥、立交桥、栈桥和架空管线等主要建筑应进行测绘。

6.4.2 跨越线路建筑测绘宜采用解析法，并应按本规范第6.1.7条的规定测量建筑角点、外轮廓以及结构支撑柱等的坐标和高程。

6.4.3 架空管线的平面位置可通过测定其支架、杆、塔等支撑物体的位置进行推算，也可采用交会法直接测定，并应计算管线与线路中线的交角。

6.4.4 桥梁和管线应测定其离地面的净空高。电缆、电线应加测与线路中线相交处的悬高。

6.4.5 管线调查和细部测量方法应按本规范第6.2节和第5.3节的相关规定执行。

6.4.6 在平面图、纵断面图上应标注建筑的坐标、高程、宽度和净空高等数据，并编制相应成果表。

6.5　水域地形测量

6.5.1 水域应测绘水底地形图，测深点的布设可采用断面法或散点法。

6.5.2 测深断面宜垂直于岸线，当线路中线与岸线近似正交时，可平行于线路中线布设。断面间距为图上20mm，断面的起、终点应位于岸上且埋桩，并应按本规范第6.1.7条的规定测量断面起、终点的平面位置和高程。

6.5.3 测深点定位可采用下列方法：

　　1 断面法测深点间距为图上10mm，距起、终点的距离可采用光电测距法、断面索法、单角交会法等方法测定，方向可采用经纬仪控制；

　　2 散点法测深点间距宜为图上10～30mm，测深点定位可采用交会法、极坐标法和卫星定位等方法。点位中误差在图上为±2mm。

6.5.4 测深前应对测深仪器、工具进行检验。

6.5.5 测深精度应符合表6.5.5的规定。

表6.5.5　测深精度要求

水深范围（m）	测深仪器或工具	流速（m/s）	测深点深度中误差（m）
0～5	测深杆	—	±0.10
2～10 0～10	测深仪 测深锤	<1	±0.15
10～20	测深仪 测深锤	<0.5	±0.20
>20	测深仪 测深锤	静水	水深的1.5%～2.0%

注：当水底有大量水草时，不宜用测深仪测深。

6.5.6 在测深开始及结束时，应测断面处的水位。若水位涨落较快，应定时测量水位，也可设置临时水尺，与测深同步观测水位。

6.5.7 水域地形测量完成后除应绘制水域等高线图外，水域与地面等高线还应进行拼接。

6.5.8 测深过程中或测深结束后，应对测深断面进行检查。检查断面与测深断面宜垂直相交，检查点数不应少于5%。深度检查较差应符合表6.5.8的规定。

表6.5.8　深度检查较差

水深 H（m）	≤20	>20
深度检查较差（m）	≤0.4	≤0.02H

6.6　房屋拆迁测量

6.6.1 为轨道交通建设而进行的房屋拆迁测量包括拆迁定界、拆迁调查测量、拆迁房屋建筑面积测量。

6.6.2 拆迁定界依据规划及设计要求对拆迁范围线进行实地测设。建筑密集地段可在建筑上设置界线标记，空旷地区应埋设界线桩。

6.6.3 拆迁调查测量应满足下列要求：

1 调查前应收集测区范围内的现状地形图，将拆迁范围线展绘在地形图上；

2 对拆迁范围内的每栋建筑进行实地对照检查，有变化的应进行修测或补测；

3 对拆迁范围内的每栋房屋进行编号并实地标识；必要时实地拍摄能反映建筑现状、层数及结构特征的照片；

4 丈量房屋各边边长，测量房（层）高，记录门牌号、房（层）号、建筑结构类型和附属物相关数据；边长丈量可使用钢尺、手持测距仪、红外测距仪和全站仪等；

5 外业应绘制房屋分层测量草图，图形复杂处可绘制局部放大图；遇有地下室、复式房、夹层等应另行描绘；

6 当日工作结束后，应对采集的外业数据进行整理、绘图、编辑和检查。

6.6.4 拆迁房屋建筑面积测量，包括永久性房屋建筑面积测量和非永久（临时）性房屋建筑面积测量。非永久性房屋和附属物拆迁测量的详略程度，由规划或房地产行政主管部门确定。已有产权登记的房屋，不再进行房屋拆迁建筑面积测量。

6.6.5 房屋建筑面积计算和统计应满足下列规定：

1 应计算各层不同结构建筑面积和整栋房屋建筑面积；

2 对测区内房屋建筑面积逐栋汇总，并按不同建筑结构进行分类统计；对跨越范围线的房屋宜按拆迁范围线内的房屋部分和整栋房屋分别统计；

3 对外围轮廓复杂或不规则的房屋，应测定房屋特征点坐标，绘制房屋平面图形，计算房屋建筑面积；

4 编制房屋拆迁平面位置总图，图中应附房屋拆迁编号、门牌号等；

5 一栋房屋具有多个产权人时，应依据产权各方的合法建筑面积分割文件或协议进行计算；

6 房屋拆迁测量的长度单位为米，取至0.01m；面积单位为平方米，取至 $0.01m^2$。

6.6.6 对永久性房屋全部建筑面积、一半建筑面积和不计算建筑面积的范围划定，应按现行国家标准《房产测量规范 第一单元：房产测量规定》GB/T 17986.1的规定执行。对非永久性房屋，应执行规划或房屋行政管理部门的有关规定。

6.6.7 房屋建筑面积测算应独立计算两次，其较差不应大于2倍的建筑面积中误差，取中数作最后结果。房屋建筑面积测算中误差（M_P）按下式计算：

$$M_P \leqslant \pm (0.04\sqrt{P} + 0.003P) \qquad (6.6.7)$$

式中 M_P——建筑面积中误差；

P——建筑面积值（m^2）。

6.6.8 房屋拆迁测量结束后，应提供下列资料：

1 房屋拆迁平面位置图；

2 房屋拆迁建筑面积测算图；

3 房屋拆迁测量成果表，表中应包括：地址门牌，房屋用途、层数和结构，基底面积，建筑面积，房屋现状照片；

4 房屋拆迁测量成果汇总表；

5 房屋拆迁测量报告。

6.7 勘测定界测量

6.7.1 城市轨道交通工程建设用地勘测定界测量工作主要包括：前期准备、实地放样、界址测量、绘制勘测定界图以及面积量算。

6.7.2 前期准备工作包括接受委托、收集有关文件及资料、现场踏勘。

6.7.3 需要收集的有关文件及资料主要包括：

1 由建设单位提供的建设用地规划许可证、批准的初步设计和有关资料；

2 土地管理部门在前期对项目用地的审查意见；

3 由市县级人民政府民政部门提供的区（县）行政界线以及证明材料；

4 由土地管理部门提供的土地利用现状调查图以及由专业设计单位提供的比例尺不小于1：2000的建设项目工程总平面布置图。

6.7.4 现场踏勘应实地调查用地范围内的行政界线、地类界线及地下埋藏物等。同时收集项目建址附近的各类测量控制点资料，并了解勘测的通视条件以及标石的完好情况。

6.7.5 实地放样应满足下列要求：

1 对界址点、线以及其他重要的界标设施均应放样，如有需要应测设加桩；

2 界址桩放样宜采用极坐标法、卫星定位法和图解法等；

3 极坐标法放样时，观测应使用不低于Ⅲ级的全站仪，角度观测半测回，距离测量一测回；

4 卫星定位法放样时，其精度应不低于极坐标法测量的要求；

5 极坐标法、卫星定位法放样困难时，可利用现有建筑进行图解法放样；

6 放样完成后，应对放样点进行检核。

6.7.6 界址桩和界址线确定后，应进行界址测量。测量精度应满足下列要求：

1 界址点坐标相对邻近图根点的点位中误差为±5cm；

2 界址边丈量中误差为±5cm；

3 界址线与邻近地物或邻近界线的距离中误差应为±5cm。

6.7.7 勘测定界图可在土地利用现状调查图或地形图上编绘，或直接绘制。勘测定界图主要内容应包括界址点、权属界线、地类界线、用地面积等，各种符号与注记应按勘测定界图图例绘制，绘图比例尺不应小于 1∶2000。

6.7.8 面积量算可采用坐标法、几何图形法、求积仪法等。面积量算应满足下列要求：

　　1 宗地的地类应执行国家国土行政管理部门规定的土地分类标准；

　　2 宗地内有不同的地类，应分别计算每一地类的面积；

　　3 宗地内有若干权属单位，应根据国有土地使用证以及有关各方认可的权属界线，分别计算其用地面积；

　　4 图上两次面积量算的较差限差应小于 $0.0003M\sqrt{P}$（M 是比例尺分母，P 是宗地面积，单位为平方米）；几何图形法两次计算面积的较差限差应小于 $2.04M_L\sqrt{P}$（P 是宗地面积，单位为平方米；M_L 是界址边丈量中误差，单位为米）。

6.7.9 勘测定界测量结束后，应提交土地勘测定界技术报告书，供土地管理部门审查核定。土地勘测定界技术报告书包括：

　　1 勘测定界技术说明；

　　2 勘测定界表；

　　3 勘测面积表；

　　4 土地分类面积表；

　　5 用地范围略图；

　　6 界址点坐标成果表；

　　7 界址点点之记。

6.7.10 依法批准的建设项目用地范围、面积与呈报的不一致时，应根据审批结果对变化的部分重新进行勘测定界。重新勘测定界成果经验收合格后，应重新提交土地勘测定界技术报告书。

7 线路定线及纵横断面测量

7.1 一 般 规 定

7.1.1 城市轨道交通工程线路定线测量工作分初步设计定线和施工定线。定线测量应根据设计单位或建设单位的技术要求和有关资料进行。

7.1.2 当城市轨道交通工程的专用控制网未布设完成时，初步设计定线测量可利用线路带状地形图测量的控制点，若其密度不够时可加密。测量精度不应低于图根控制点的精度。施工定线测量必须利用专用控制网的卫星定位控制点、精密导线点进行。

7.1.3 定线测量前，应编制定线测量作业方案，并应对定线测量使用的线路设计资料进行复核。

7.1.4 纵横断面测量宜在初步设计定线完成后按设

计要求进行。纵断面应沿线路中线测量，横断面在直线段应与中线垂直；曲线段应沿法线方向布设。

7.2 初步设计定线测量

7.2.1 定线测量位置和测量精度应按设计要求及本规范的有关规定执行。

7.2.2 线路中线应埋设控制桩和加密桩，控制桩为百米桩和曲线要素桩。加密桩间距：直线段应为 50m，曲线段应为 30m。

7.2.3 定线测量时应将线路控制桩和加密桩等测设于实地，并标识清楚。当中线控制桩位于河、湖或建筑上时，应测设指示桩，其精度应与中线桩相同，并应注明中线控制桩与指示桩的相对关系。

7.2.4 开阔地区中线控制桩放样，可使用卫星定位、全站仪等测量仪器，采用解析法作业。建筑密集地区中线控制桩放样，可利用线路两侧建筑的明显特征点采用图解法定线。

7.2.5 线路中线控制桩放样精度应符合表 7.2.5 的规定。

表 7.2.5　线路中线控制桩放样精度

测量方法	相对于邻近控制点（地物点）的点位中误差（mm）
解析法	±50
图解法	±100

7.2.6 对影响设计线路的建筑、柱子和大型管道等，均应测定其特征点的坐标。

7.2.7 定线测量完成后，应进行线路中线测量，并与建筑细部坐标点进行检核。相邻中线控制桩实测距离与设计的距离较差应小于 70mm。相邻中线桩不通视时，宜采用间接测量的方法进行检核。

7.2.8 定线测量完成后，应提交下列资料：

　　1 定线测量技术总结报告；

　　2 定线测量成果表，见本规范附录 C 表 C.0.1；

　　3 定线测量交接桩书，见本规范附录 C 表 C.0.2。

7.3 纵横断面测量

7.3.1 纵断面应沿线路中线逐桩测量，并起闭于水准点上；水准路线长度应小于 1000m，其闭合差为 ±30mm。

7.3.2 纵断面、横断面测量可采用水准测量或光电测距三角高程测量，横断面点间距也可用皮尺、测绳等丈量。

7.3.3 纵断面图比例尺：水平方向宜为 1∶500～1∶2000，竖直方向宜为 1∶50～1∶200；横断面图比例尺宜为 1∶50～1∶200。

7.3.4 纵断面测量水准点和转点的读数取至毫米，

各间视点的读数取至厘米；横断面测量可直接记录高程或高差，高程或高差的读数取至厘米，距离读数取至分米。

7.3.5 直线段纵断桩距宜为 50m，曲线段纵断桩距宜为 20~30m，或按设计要求确定。

7.3.6 纵断面测量遇下列情况时应加桩：

1 铁路、公路、桥涵、建筑、水域、沟渠等处；

2 高差大于 0.3m 的坡、坎上下等地形突变处；

3 设计中有特殊要求的位置。

7.3.7 设计中所依据的铁路轨顶、桥面、路中、探坑等重要高程点位，应按图根点精度施测。

7.3.8 当已有地形图精度和比例尺满足相应纵、横断面测量技术要求时，可从地形图上择录纵、横断面数据，但设计中有特殊要求的点位应现场实测。

7.3.9 线路穿越河流时，在线路两侧应至少各加测一个河床横断面，断面与线路中线的间距应满足设计要求。

7.3.10 横断面在线路上的位置应与纵断面点相对应，横断面测量宽度及测点间距应符合下列规定：

1 左右线平行时，左线中线左侧、右线中线右侧各 30m 全部范围内；

2 左右线不平行时，左右线分别测量各中线两侧 30m 范围内；

3 特殊地段断面按设计要求确定；

4 横断面的断面测点间距宜为 10m，遇地形变化需加桩时，应执行本规范第 7.3.6 条有关规定。

7.3.11 横断面测量精度应符合下列规定：

1 实测横断面明显地物点的横距误差为图上 ±1mm；断面长度大于 100m 时，横距误差不应大于断面长度的 1/300；图择横断面横距误差不应大于所用地形图上 0.5mm。

2 同一横断面需转点施测时，应闭合至相邻横断面的中桩点，闭合差：平坦地区为 $\pm10\sqrt{n}$cm；山地为 $\pm20\sqrt{n}$cm（n 为转点数）；

3 实测横断面测点高程误差，明显地物点为 ±10cm，平坦地区的地形点为 ±30cm；山地不应大于一个基本等高距。

7.3.12 自来水厂、泵站、污水处理厂等临近水域时，应根据设计要求进行取水口或出水口的水域断面测量。

7.3.13 纵、横断面测量完成后，应提交下列资料：

1 技术报告；

2 纵、横断面图及数字文件；

3 设计需要的数据格式文件。

7.4 地面施工定线测量

7.4.1 地面施工定线测量前，应根据施工设计资料和定线任务书，编制地面施工定线测量方案。

7.4.2 定线时，线路双线平行地段宜定右线，非平行地段应定双线。

7.4.3 线路中线控制点宜选择百米桩及曲线要素点。

7.4.4 线路中线控制点放样时，可利用卫星定位控制点或精密导线点直接放样，条件不允许时应测设加密导线进行放样。

7.4.5 线路中线控制点放样完毕后，应进行线路中线测量。线路中线测量应将线路中线控制点联测成附合导线，使用不低于 II 级全站仪联测，水平角观测左、右角各一测回，边长往返观测各一测回。

7.4.6 线路中线测量应采用严密平差，平差后的最弱点横向中误差为 ±20mm，全长相对闭合差不应大于 1/20000。

7.4.7 线路中线控制点坐标实测值与设计值较差不应大于 20mm。超限时应进行归化改正，并对其进行检核测量。

7.4.8 线路中线控制点放样完成后应埋设固定标志并进行标识。

8 车辆段测量

8.1 一般规定

8.1.1 车辆段测量应包括施工场地、车场线、建筑及附属设施和联络线的施工控制测量和施工测量等。

8.1.2 设计阶段的地形图、管线图、纵横断面等测绘，应执行本规范第 5、第 6、第 7 章的有关规定。

8.1.3 施工控制网测量应利用前期建立的卫星定位控制点及二等水准点为起算依据，根据场地特点，平面控制网可采用导线测量、基线测量和卫星定位测量等方法。高程控制网可采用附合水准或结点水准网等形式。

8.1.4 施工控制网的精度应符合下列规定：

1 平面控制网应执行本规范第 3.3 节关于精密导线测量的有关规定；

2 高程控制网应执行本规范第 4 章关于二等水准测量的有关规定。

8.1.5 车辆段测量前应收集下列资料：

1 总平面图；

2 车场线路设计图、车场线与正线和地面铁路的联络线线路设计图；

3 相关的建筑结构图；

4 已有的测量资料。

8.2 车辆段施工控制测量

8.2.1 施工平面控制网宜与全线精密导线网同期布设，当受拆迁等场地条件限制时，也可分期布设。

8.2.2 施工平面控制点宜按车辆段总平面图布设，并应符合下列要求：

1 导线点和卫星定位点宜沿车辆段的四周布设；

2 狭长车辆段可沿主轴线布设基线，同一基线上的点不应少于 3 个，间距不应小于 100m；

3 控制点应便于与正线控制点的衔接联测及场区施工放样；

4 控制点选点还应符合本规范第 3.2.5 条和第 3.3.3 条的相关要求；

5 控制点埋石应符合本规范第 3.3.4 条的相关要求。

8.2.3 施工平面控制点测量应符合下列要求：

1 导线网测量的施测方法及技术要求与精密导线测量相同；

2 平面控制网采用卫星定位测量方法时，其控制点相邻点的相对点位中误差与精密导线测量相同；

3 基线点宜采用极坐标法、交会法测设，并与卫星定位点或精密导线点联测，精度应符合本规范第 7.4.6 条的要求，平差后应将点位归化到设计位置上，并使点间折角与 180° 较差小于 8″。

8.2.4 高程控制测量应符合下列要求：

1 高程控制网应一次布设，控制点数量应不少于 3 个；

2 高程控制测量应按本规范第 4 章关于二等水准测量技术要求施测；

3 施工平面控制点宜联测高程。

8.3 施工场地测量

8.3.1 施工场地测量包括场地平整、临时管线敷设、施工道路、临时建筑以及场地布置等测量。

8.3.2 场地平整测量应根据总体竖向设计及施工方案的有关要求进行，宜采用方格网法。方格网边长在平坦场区宜为 20m×20m，地形起伏场区宜为 10m×10m。

8.3.3 施工道路、临时管线与临时建筑的位置，应根据场区测量控制点和施工现场总平面图进行测设。场地内需要保留的原地下建筑、地下管线、古树等应进行细部测量。

8.3.4 施工场地测量允许误差应符合表 8.3.4 的规定。

表 8.3.4　施工场地测量允许误差（mm）

内　容	平面位置允许误差	高程允许误差
场地方格网测量	±50	±20
场区施工道路	±70	±50
临时上水管道	±70	±50
临时下水管道	±50	±50
临时电缆管线	±50	±70
临时建筑	±50	±30

8.4 建筑及附属设施施工测量

8.4.1 建筑及附属设施施工测量应包括建筑施工控制测量、建筑及附属设施细部点放样测量。

8.4.2 建筑施工平面控制网，应在车辆段施工控制网基础上布设，宜布设成矩形、十字轴线或平行于建筑外轮廓的多边形。

8.4.3 建筑施工平面控制网可依据建筑的不同类型分三级，其主要技术要求应符合表 8.4.3 的要求。

表 8.4.3　建筑施工平面控制网主要技术要求

等级	适用范围	测角、测距中误差		测距边长相对中误差
		测角（″）	测距（mm）	
一	钢结构、超高层、结构连续性高的建筑	±9	±3	1/24000
二	框架结构、高层、结构连续性一般的建筑	±12	±5	1/15000
三	附属设施	±24	±10	1/8000

8.4.4 建筑施工高程控制，可直接利用车辆段施工高程控制点，或在其基础上进行加密。加密高程控制点时，应采用水准测量方法，并构成附合（或闭合）水准路线。建筑施工高程控制测量精度要求，应执行本规范第 4 章关于二等水准测量的有关规定。

8.4.5 放样测量应依据施工控制网和设计图进行。

8.4.6 放样测量前应对设计资料及放样数据进行复核和计算。平面放样测量宜采用极坐标法、直角坐标法和交会法等。高程放样测量宜采用水准测量等方法。

8.4.7 细部放样和竖向投测误差应为建筑施工允许偏差的 1/3～1/2。

8.5 车场线、出入线及地面联络线测量

8.5.1 车场线、出入线及地面联络线测量包括定线测量、中线调整测量。

8.5.2 定线测量应以车辆段施工控制点为依据，采用极坐标法测设线路中线点、道岔中心、股道终点等，中线点坐标实测值与设计值较差不应大于 20mm。中线间距的实测值不应小于设计值。

8.5.3 中线调整测量应依据中线点坐标实测值与设计值较差进行，对超限的中线点应进行归化改正。

8.5.4 车场出入线测量工作宜与线路正线同时进行，当不同步时，应进行衔接中线点的联测及中线调整测量。

8.5.5 对联络线与地面铁路的接轨点，应测定其坐标和轨面高程，并注明里程。同时应从接轨点对已有地面铁路进行长度不小于 100m 的旧线测量。旧线测量时，应实测每 10m 间距的轨顶面高程、线路中线（包括曲线要素点）的位置，调查曲线半径、路基和上部建筑。

9 联系测量

9.1 一般规定

9.1.1 联系测量应包括：地面近井导线测量和近井水准测量；通过竖井、斜井、平硐、钻孔的定向测量和传递高程测量；地下近井导线测量和近井水准测量等。

9.1.2 定向测量宜采用下列方法：

1 联系三角形法；

2 陀螺经纬仪、铅垂仪（钢丝）组合法（见附录D）；

3 导线直接传递法；

4 投点定向法。

9.1.3 传递高程测量宜采用下列方法：

1 悬挂钢尺法；

2 光电测距三角高程法；

3 水准测量法。

9.1.4 地面近井点可直接利用卫星定位点和精密导线点测设，需进行导线点加密时，地面近井点与精密导线点应构成附合导线或闭合导线。近井导线总长不宜超过350m，导线边数不宜超过5条。

9.1.5 隧道贯通前的联系测量工作不应少于3次，宜在隧道掘进到100m、300m以及距贯通面100～200m时分别进行一次。当地下起始边方位角较差小于12″时，可取各次测量成果的平均值作为后续测量的起算数据指导隧道贯通。

9.1.6 定向测量的地下定向边不应少于2条，传递高程的地下近井高程点不应少于2个，作业前应对地下定向边之间和高程点之间的几何关系进行检核。

9.1.7 贯通面一侧的隧道长度大于1500m时，应增加联系测量次数或采用高精度联系测量方法等，提高定向测量精度。

9.2 地面近井点测量

9.2.1 地面近井点包括平面和高程近井点，应埋设在井口附近便于观测和保护的位置，并标识清楚。

9.2.2 平面近井点应按本规范第3章精密导线网测量的技术要求施测，最短边长不应小于50m，近井点的点位中误差为±10mm。

9.2.3 高程近井点应利用二等水准点直接测定，并应构成附合、闭合水准路线。高程近井点应按本规范第4章二等水准测量技术要求施测。

9.3 联系三角形测量

9.3.1 联系三角形测量，每次定向应独立进行三次，取三次平均值作为定向成果。

9.3.2 在同一竖井内可悬挂两根钢丝组成联系三角形。有条件时，应悬挂三根钢丝组成双联系三角形。

9.3.3 井上、井下联系三角形布置应满足下列要求：

1 竖井中悬挂钢丝间的距离 c 应尽可能长；

2 联系三角形锐角 γ、γ' 宜小于1°，呈直伸三角形；

3 a/c 及 a'/c 宜小于1.5，a、a' 为近井点至悬挂钢丝的最短距离。

9.3.4 联系三角形测量宜选用 $\phi0.3$mm 钢丝，悬挂10kg重锤，重锤应浸没在阻尼液中。

9.3.5 联系三角形边长测量可采用光电测距或经检定的钢尺丈量，每次应独立测量三测回，每测回三次读数，各测回较差应小于1mm。地上与地下丈量的钢丝间距较差应小于2mm。钢尺丈量时应施加钢尺鉴定时的拉力，并应进行倾斜、温度、尺长改正。

9.3.6 角度观测应采用不低于Ⅱ级全站仪，用方向观测法观测六测回，测角中误差应在±2.5″之内。

9.3.7 联系三角形定向推算的地下起始边方位角的较差应小于12″，方位角平均值中误差为±8″。

9.3.8 有条件时可采用两井定向等方法，地下起始边的定向精度应满足本规范第9.3.7条的要求。

9.4 陀螺经纬仪、铅垂仪（钢丝）组合定向测量

9.4.1 陀螺经纬仪、铅垂仪（钢丝）组合定向测量布置宜按本规范附录D进行。

9.4.2 全站仪精度应选用不低于Ⅱ级的精度，陀螺经纬仪的标称精度应小于20″，铅垂仪（钢丝）投点中误差为±3mm。悬挂的钢丝应符合本规范第9.3.4条的要求。

9.4.3 地下定向边陀螺方位角测量应采用"地面已知边—地下定向边—地面已知边"的测量程序。地下定向边的陀螺方位角测量每次应测三测回，测回间陀螺方位角较差应小于20″。隧道贯通前同一定向边陀螺方位角测量应独立进行三次，三次定向陀螺方位角较差应小于12″，三次定向陀螺方位角平均值中误差为±8″。

9.4.4 隧道内定向边边长应大于60m，视线距隧道边墙的距离应大于0.5m。

9.4.5 测定仪器常数的地面已知边宜与地下定向边的平面位置相接近。

9.4.6 陀螺经纬仪、铅垂仪（钢丝）组合每次定向应在3天内完成。

9.4.7 陀螺方位角测量可采用逆转点法、中天法等。

9.4.8 陀螺方位角测量应符合下列规定：

1 绝对零位偏移大于0.5格时，应进行零位校正；观测中的测前、测后零位平均值大于0.05格时，应该进行零位改正；

2 测前、测后各三测回测定的陀螺经纬仪常数平均值较差不应大于15″；

3 两条定向边陀螺方位角之差的角度值与全站仪实测角度值较差应小于10″。

9.4.9 铅垂仪投点应满足下列要求:

1 铅垂仪的支承台(架)与观测台应分离,互不影响;

2 铅垂仪的基座或旋转纵轴应与棱镜轴同轴,其偏心误差应小于0.2mm;

3 全站仪独立三测回测定铅垂仪的坐标互差应小于3mm。

9.5 导线直接传递测量

9.5.1 导线直接传递测量应按本规范第3.3节精密导线测量有关技术要求进行。

9.5.2 导线直接传递测量应独立测量两次,地下定向边方位角互差应小于12″,平均值中误差为±8″。

9.5.3 导线直接传递测量应符合下列要求:

1 宜采用具有双轴补偿的全站仪,无双轴补偿时应进行竖轴倾斜改正;

2 垂直角应小于30°;

3 仪器和觇牌安置宜采用强制对中或三联脚架法;

4 测回间应检查仪器和觇牌气泡的偏离情况,必要时重新整平。

9.5.4 导线边长必须对向观测。

9.6 投点定向测量

9.6.1 可在现有施工竖井搭设的平台或地面钻孔上,架设铅垂仪(钢丝)等向井下投点,进行定向测量。投点定向测量所使用投点仪精度不应低于1/30000。

9.6.2 投测的两点应相互通视,其间距应大于60m。

9.6.3 架设铅垂仪进行投点定向测量时,应独立进行两次,每次应在基座旋转120°的三个位置,对铅垂仪的平面坐标各测一测回。架设钢丝时,应独立测量三次,并应按本规范第9.3.5条和第9.3.6条的要求测量钢丝的平面坐标。

9.6.4 投点定向测量应按本规范第3.3节精密导线测量有关技术要求进行。

9.6.5 投点中误差为±3mm。地下定向边方位角互差应小于12″,平均值中误差为±8″。

9.7 高程联系测量

9.7.1 高程联系测量应包括地面近井水准测量、高程传递测量以及地下近井水准测量。

9.7.2 测定近井水准点高程的地面近井水准路线,应附合在地面二等水准点上。近井水准测量,应执行本规范第4.2节水准测量有关技术要求。

9.7.3 采用在竖井内悬挂钢尺的方法进行高程传递测量时,地上和地下安置的两台水准仪应同时读数,并应在钢尺上悬挂与钢尺鉴定时相同质量的重锤。

9.7.4 传递高程时,每次应独立观测三测回,测回间应变动仪器高,三测回测得地上、地下水准点间的高差较差应小于3mm。

9.7.5 高差应进行温度、尺长改正,当井深超过50m时应进行钢尺自重张力改正。

9.7.6 明挖施工或暗挖施工通过斜井进行高程传递测量时,可采用水准测量方法,也可采用光电测距三角高程测量的方法,其测量精度应符合本规范第4.2节中的二等水准测量相关技术要求。

10 地下控制测量

10.1 一般规定

10.1.1 地下控制测量包括地下平面控制测量和地下高程控制测量。

10.1.2 地下平面和高程控制测量起算点,应利用直接从地面通过联系测量传递到地下的近井点。

10.1.3 地下平面和高程控制点标志,应根据施工方法和隧道结构形状确定,并宜埋设在隧道底板、顶板或两侧边墙上。各种标志的形状和埋设位置,可在本规范附录E中选择确定。

10.1.4 贯通面一侧的隧道长度大于1500m时,应在适当位置,通过钻孔投测坐标点或加测陀螺方位角等方法提高控制导线精度。

10.1.5 地下平面和高程控制点使用前,必须进行检测。

10.2 平面控制测量

10.2.1 从隧道掘进起始点开始,直线隧道每掘进200m或曲线隧道每掘进100m时,应布设地下平面控制点,并进行地下平面控制测量。

10.2.2 隧道内控制点间平均边长宜为150m。曲线隧道控制点间距不应小于60m。

10.2.3 控制点应避开强光源、热源、淋水等地方,控制点间视线距隧道壁应大于0.5m。

10.2.4 平面控制测量应采用导线测量等方法,导线测量应使用不低于Ⅱ级全站仪施测,左右角各观测两测回,左右角平均值之和与360°较差应小于4″;边长往返观测各两测回,往返平均值较差应小于4mm。测角中误差为±2.5″,测距中误差为±3mm。

10.2.5 控制点点位横向中误差宜符合下式要求:

$$m_u \leqslant m_\Phi \times (0.8 \times d/D) \qquad (10.2.5)$$

式中　m_u——导线点横向中误差(mm);

　　　m_Φ——贯通中误差(mm);

　　　d——控制导线长度(m);

　　　D——贯通距离(m)。

10.2.6 每次延伸控制导线前,应对已有的控制导线点进行检测,并从稳定的控制点进行延伸测量。

10.2.7 控制导线点在隧道贯通前应至少测量三次，并应与竖井定向同步进行。重合点重复测量坐标值的较差应小于 $30×d/D$ (mm)，其中 d 为控制导线长度，D 为贯通距离，单位均为米。满足要求时，应取逐次平均值作为控制点的最终成果指导隧道掘进。

10.2.8 隧道长度超过 1500m 时，除满足本规范第 10.1.4 条要求外，还宜将控制导线布设成网或边角锁等。

10.2.9 相邻竖井间或相邻车站间隧道贯通后，地下平面控制点应构成附合导线（网）。

10.3 高程控制测量

10.3.1 高程控制测量应采用二等水准测量方法，并应起算于地下近井水准点。

10.3.2 高程控制点可利用地下导线点，单独埋设时宜每 200m 埋设一个。

10.3.3 地下高程控制测量的方法和精度，应符合本规范第 4.2 节中二等水准测量要求。水准线路往返较差、附合或闭合差为 $±8\sqrt{L}$ mm。

10.3.4 水准测量应在隧道贯通前进行三次，并应与传递高程测量同步进行。重复测量的高程点间的高程较差应小于 5mm，满足要求时，应取逐次平均值作为控制点的最终成果指导隧道掘进。

10.3.5 相邻竖井间或相邻车站间隧道贯通后，地下高程控制点应构成附合水准路线。

11 暗挖隧道、车站施工测量

11.1 一般规定

11.1.1 暗挖隧道施工测量包括施工导线测量、施工高程测量、车站施工测量、区间隧道施工测量和贯通误差测量等。

11.1.2 施工测量前，应熟悉设计图纸，检核设计数据，并对测量资料进行核对。

11.1.3 暗挖隧道掘进初期，施工测量应以联系测量成果为起算依据，进行地下施工导线和施工高程测量，测量前应对联系测量成果进行检核。

11.1.4 随着暗挖隧道的延伸，应以建立的地下平面控制点和地下高程控制点为依据进行地下施工导线和施工高程测量。

11.1.5 暗挖隧道施工测量应以地下平面控制点或施工导线点测设线路中线和隧道中线，以地下高程控制点或施工高程点测设施工高程控制线。

11.1.6 隧道掘进面距贯通面 60m 时，应对线路中线、隧道中线和高程控制线进行检核。

11.1.7 隧道贯通后，应随即进行平面和高程贯通误差测量。

11.2 施工导线和施工高程测量

11.2.1 施工导线边数不应超过 3 条，总长不应超过 180m。

11.2.2 施工导线点宜设置在线路中线或隧道中线上，也可埋设在其他位置。

11.2.3 施工导线测量技术要求应符合表 11.2.3 规定。

表 11.2.3 施工导线测量技术要求

仪器等级（全站仪）	测角中误差（″）	测距中误差（mm）	测回数
II	±6	±5	1
III	±6	±5	2

11.2.4 地下施工高程测量应采用水准测量方法，水准点宜每 50m 设置一个。

11.2.5 施工高程测量可采用不低于 DS3 级水准仪和区格式木制水准尺，并按城市四等水准测量技术要求进行往返观测，其闭合差为 $±20\sqrt{L}$ mm（L 以千米计）。

11.3 车站施工测量

11.3.1 施工竖井、斜井等地面放样，应测设结构四角或十字轴线，放样后应进行检核。临时结构放样中误差为 ±50mm，永久结构放样中误差为 ±20mm。

11.3.2 施工竖井、斜井竣工后应进行联系测量，联系测量的方法和精度应符合本规范第 9 章的有关要求。

11.3.3 车站采用分层开挖施工时，宜在各层测设地下控制点或基线，各控制点或基线点的测量中误差为 ±5mm。有条件时各层间应进行贯通测量。

11.3.4 采用导洞法施工，上层边孔拱部隧道和下层边孔隧道两侧各开挖到 100m 时，应进行上下层边孔的贯通测量，其上下层边孔贯通中误差为 ±30mm。贯通测量后必须进行上、下层线路中线的调整，并标定出隧道下层底板上的左、右线线路中线点和其他特征点。

11.3.5 采用双侧壁（桩）及梁柱导洞法施工时，应根据施工导线测设壁（桩）的位置，其测量允许误差为 ±5mm。

11.3.6 车站钢管柱的位置，应根据车站线路中线点测定，其测设允许误差为 ±3mm。钢管柱安装过程中应监测其垂直度，安装就位后应进行检核测量。

11.3.7 进行车站结构二衬施工测量时，应先恢复上、下层底板上的线路中线点和水准点，下层底板上恢复的线路中线点和水准点，应与车站两侧区间隧道的线路中线点进行贯通误差测量和线路调整，贯通误差分配时应考虑车站施工现状，下层底板上的线路中线点和水准点调整幅度不宜超过 5mm。

11.3.8 车站站台的结构和装饰施工，应使用已调整后的线路中线点和水准点。站台沿边线模板测设应以线路中线为依据，其间距误差为 0～+5mm。站台模板高程宜低于设计高程，测设误差为−5～0mm。

11.4 矿山法区间隧道施工测量

11.4.1 线路中线或结构中心线测设应利用地下平面控制点及施工导线点，高程控制线测设应利用地下高程控制点或施工高程点。

11.4.2 线路中线或结构中心线测定宜采用不低于Ⅲ级全站仪，高程控制线宜采用不低于 DS3 级的水准仪测定。隧道每掘进 30～50m 应重新标定中线和高程控制线，标定后应进行检查。

11.4.3 曲线隧道施工应视曲线半径的大小、曲线长度及施工方法，选择切线支距法或弦线支距法测设中线点。

11.4.4 利用激光指向仪指导隧道掘进时，应满足下列要求：

1 激光指向仪设置的位置和光束方向，应根据中线和高程控制线设定；

2 仪器设置必须安全牢固，激光指向仪安置距工作面的距离不应小于 30m；

3 隧道掘进中，应经常检查激光指向仪位置的正确性，并对光束进行校正。

11.4.5 采用喷锚构筑法施工时，宜以中线为依据，安装超前导管、管棚、钢拱架和边墙格栅以及控制喷射混凝土支护的厚度，其测量允许误差为±20mm。

11.4.6 采用弦线支距法测设曲线时，与弦线相对应的曲线矢距在下列条件下，应以弦线代替曲线：

1 开挖土方和进行导管、管棚、格栅等混凝土支护施工，矢距不大于 20mm；

2 混凝土结构施工，矢距不大于 10mm。

11.4.7 隧道二衬结构施工测量前应进行贯通测量，相邻车站或竖井间的地下控制导线和水准线路应形成附合线路并进行严密平差。

11.4.8 隧道二衬结构施工测量应符合下列要求：

1 以平差后的地下控制点作为二衬施工测量依据，进行中线和高程控制线测量；

2 在隧道未贯通前必须进行二衬施工时，应采取增加控制点测量次数（联系测量和控制点复测）、钻孔投点以及加测陀螺方位等方法，提高现有控制点的精度，并以其调整中线和高程控制线。同时应预留不小于 150m 长度的隧道不得进行二衬施工，作为贯通误差调整段。待预留段贯通后，应以平差后的控制点为依据进行二衬施工测量。

11.4.9 用台车浇筑隧道边墙二衬结构时，台车两端的中心点与中线偏离允许误差为±5mm。曲线段台车长度与其相应曲线的矢距不大于 5mm 时，台车长

度可代替曲线长度。台车两端隧道结构断面中心点的高程，应采用直接水准测设，与其相应里程的设计高程较差应小于 5mm。

11.5 盾构法区间隧道施工测量

11.5.1 盾构机始发井建成后，应利用联系测量成果加密测量控制点，满足中线测设、盾构机组装、反力架和导轨安装等测量需要。

11.5.2 始发井中，线路中线、反力架以及导轨测量控制点的三维坐标测设值与设计值较差应小于 3mm。

11.5.3 盾构机姿态测量时，在盾构机上所设置的测量标志应满足下列要求：

1 盾构机测量标志不应少于 3 个，测量标志应牢固设置在盾构机纵向或横向截面上，标志点间距离应尽量大，前标志点应靠近切口位置，标志可粘贴反射片或安置棱镜；

2 测量标志点的三维坐标系统应和盾构机几何坐标系统一致或建立明确的换算关系。

11.5.4 盾构机就位始发前，必须利用人工测量方法测定盾构机的初始位置和盾构机姿态，盾构机自身导向系统测得的成果应与人工测量结果一致。

11.5.5 盾构机姿态测量应满足下列要求：

1 盾构机姿态测量内容应包括平面偏差、高程偏差、俯仰角、方位角、滚转角及切口里程；

2 应及时利用盾构机配置的导向系统或人工测量法对盾构机姿态进行测量，并应定期采用人工测量的方法对导向系统测定的盾构机姿态数据进行检核校正；

3 盾构机配置的导向系统宜具有实时测量功能，人工辅助测量时，测量频率应根据其导向系统精度确定；盾构机始发 10 环内、到达接收井前 50 环内应增加人工测量频率；

4 利用地下平面控制点和高程控制点测定盾构机测量标志点，测量误差应在±3mm 以内；

5 盾构机姿态测量计算数据取位精度要求应符合表 11.5.5 的规定。

表 11.5.5 盾构机姿态测量计算数据取位精度要求

测量内容	取位精度
平面偏差	1mm
高程偏差	1mm
俯仰角	1′
方位角	1′
滚转角	1′
切口里程	0.01m

11.5.6 衬砌环测量要求应满足下列规定：

1 衬砌环测量应在盾尾内完成管片拼装和衬砌

环完成壁后注浆两个阶段进行；

2 在盾尾内管片拼装成环后应测量盾尾间隙；

3 衬砌环完成壁后注浆后，宜在管片出车架后进行测量，内容宜包括衬砌环中心坐标、底部高程、水平直径、垂直直径和前端面里程。测量误差为±3mm。

11.5.7 每次测量完成后，应及时提供盾构机和衬砌环测量结果，供修正运行轨迹使用。

11.5.8 盾构法施工测量的控制点宜设置在隧道顶部，其埋设形式见附录E中图E.0.2。

11.6 贯通误差测量

11.6.1 隧道贯通后应利用贯通面两侧平面和高程控制点进行贯通误差测量。

11.6.2 贯通误差测量应包括隧道的纵向、横向和方位角贯通误差测量以及高程贯通误差测量。

11.6.3 隧道的纵向、横向贯通误差，可根据两侧控制点测定贯通面上同一临时点的坐标闭合差，并应分别投影到线路和线路的法线方向上确定；也可利用两侧中线延伸到贯通面上同一里程处各自临时点的间距确定。方位角贯通误差可利用两侧控制点测定与贯通面相邻的同一导线边的方位角较差确定。

11.6.4 隧道高程贯通误差应由两侧地下高程控制点测定贯通面附近同一水准点的高程较差确定。

12 明挖隧道、车站施工测量

12.1 一般规定

12.1.1 明挖隧道、车站施工测量包括基坑围护结构、基坑开挖和结构施工测量等。

12.1.2 施工前测量人员应收集设计和测绘资料，并应根据施工方法和现场测量控制点状况制定施工测量方案。

12.1.3 施工测量前应对接收的测绘资料进行复核，对各类控制点进行检测，并应在施工过程中妥善保护测量标志。

12.1.4 施工放样应依据卫星定位点、精密导线点、线路中线控制点及二等水准点等测量控制点进行。

12.1.5 对线路中线控制点的检测方法和精度要求，应执行本规范第7.4节的有关规定。对精密导线点、二等水准点的检测方法和精度要求，应执行本规范第3.3节和第4.2节的有关规定。检测成果与原成果较差：精密导线点应小于10mm、二等水准点应小于5mm、线路中线控制点应小于15mm。

12.2 基坑围护结构施工测量

12.2.1 采用地下连续墙围护基坑时，其施工测量技术要求应符合下列规定：

1 连续墙的中心线放样中误差应为±10mm；

2 内外导墙应平行于地下连续墙中线，其放样允许误差应为±5mm；

3 连续墙槽施工中应测量其深度、宽度和铅垂度；

4 连续墙竣工后，应测定其实际中心位置与设计中心线的偏差，偏差值应小于30mm。

12.2.2 采用护坡桩围护基坑时，其施工测量技术要求应符合下列规定：

1 护坡桩地面位置放样，应依据线路中线控制点或导线点进行，放样允许误差纵向不应大于100mm，横向为0～+50mm；

2 桩成孔过程中，应测量孔深、孔径及其铅垂度；

3 采用预制桩施工过程中应监测桩的铅垂度；

4 护坡桩竣工后，应测定各桩位置及与轴线的偏差。其横向允许偏差值为0～+50mm。

12.3 基坑开挖施工测量

12.3.1 采用自然边坡的基坑，其边坡线位置应根据线路中线控制点进行放样，其放样允许误差为±50mm。

12.3.2 基坑开挖过程中，应使用坡度尺或采用其他方法检测边坡坡度，坡脚距隧道结构的距离应满足设计要求。

12.3.3 基坑开挖至底部后，应采用附合导线将线路中线引测到基坑底部。基坑底部线路中线纵向允许误差为±10mm，横向允许误差为±5mm。

12.3.4 高程传入基坑底部可采用水准测量方法或光电测距三角高程测量方法。光电测距三角高程测量应对向观测，垂直角观测、距离往返测距各两测回，仪器高和觇标高量至毫米。水准测量和光电测距三角高程测量精度要求应符合本规范第9.7.6条相关规定。

12.4 结构施工测量

12.4.1 结构底板绑扎钢筋前，应依据线路中线，在底板垫层上标定出钢筋摆放位置，放线允许误差应为±10mm。

12.4.2 底板混凝土模板、预埋件和变形缝的位置放样后，必须在混凝土浇筑前进行检核测量。

12.4.3 结构边墙、中墙模板支立前，应按设计要求，依据线路中线放样边墙内侧和中墙两侧线，放样允许偏差为0～+5mm。

12.4.4 顶板模板安装过程中，应将线路中线点和顶板宽度测设在模板上，并应测量模板高程，其高程测量允许误差为0～+10mm，中线测量允许误差为±10mm，宽度测量允许误差为-10～+15mm。

12.4.5 结构施工完成后，应对设置在底板上的线路中线点和高程控制点进行复测，测量方法和精度要求应按本规范第10.2节和第10.3节的有关规定执行。

12.4.6 采用盖挖逆作法的结构施工测量应按下列方法进行：

1 顶板立模前，应在连续墙或桩墙的顶面，每5m测量一个高程点并标定其位置，同时在连续墙或桩墙的侧面标出顶板底面设计高程线，其测量允许误差为0～+10mm；

2 中板施工前，应对顶板上的线路中线控制点和高程控制点进行检测，并通过顶板上的预留孔或预留口将这些控制点的坐标和高程传递到中板的基坑面上，作为支立中板模板和钢筋的依据；在浇筑混凝土前应对标定在模板上的线路中线控制点和高程点进行检核，其中线测量允许误差为±10mm，高程允许误差为0～+10mm；

3 底板的施工测量方法同中板，其中线允许误差应为±10mm，高程允许误差应在－10～0mm之内。

12.4.7 采用盖挖顺作法的隧道、车站结构施工测量方法和技术要求应符合暗挖隧道、车站结构的施工测量方法和技术要求。

12.4.8 相邻结构贯通后，应进行贯通误差测量。贯通误差测量的内容和方法应按本规范第11.6节的有关规定执行。

13 高架结构施工测量

13.1 一般规定

13.1.1 高架结构施工测量包括高架桥和高架车站的柱（墩）基础、柱（墩）、柱（墩）上的横梁、横梁上的纵梁等施工测量等。

13.1.2 进行高架线路结构施工测量时，应根据高架线路结构设计图，选择地面施工定线的中线控制点或卫星定位控制点、精密导线点和二等水准点等测量控制点作为起算点。测量前应对起算点进行检核。

13.1.3 当本规范第13.1.2条的控制点不能满足放样需要时，应加密控制点，加密控制点的施测应执行精密导线测量和二等水准测量的相关技术要求。

13.1.4 线路高架结构的测量应进行整体布局。分区、分段进行施工时，相邻区段的控制点和相邻结构应进行联测。

13.1.5 相邻结构贯通后，应进行贯通误差测量。贯通误差测量的内容和方法应按本规范第11.6节的有关规定执行。

13.2 柱、墩基础放样测量

13.2.1 柱、墩基础放样应依据线路中线控制点或精密导线点进行。放样可采用极坐标法等。放样后应进行检核。

13.2.2 同一里程多柱或柱下多桩组合的基础放样应分别进行，放样后应对柱或桩间的几何关系进行检核。

13.2.3 柱、墩基础放样精度应符合下列要求：

1 横向放样中误差为±5mm；

2 柱、墩间距的测量中误差为±5mm；

3 各跨的纵向累积测量中误差为±5$\sqrt{n}$mm（n为跨数）；

4 柱下基础高程测量中误差为±10mm。

13.2.4 基础放样后应测设基础施工控制桩，施工控制桩中的一条连线应垂直于线路方向，每条线的两侧应至少测设2个控制桩。

13.2.5 柱、墩基础施工时，应以施工控制桩为依据，测定基坑边沿线、基础结构混凝土模板位置线，其位置中误差为±10mm；基底高程、基础结构混凝土面或灌注桩桩顶的高程测量中误差为±10mm。

13.2.6 基础承台施工时，应对其中心或轴线位置、模板支立位置、顶面高程进行测量控制。基础承台中心或轴线位置测量中误差为±5mm、模板支立位置测量中误差为±7.5mm、顶面高程测量中误差为±5mm。

13.3 柱、墩施工测量

13.3.1 柱、墩施工时，应对柱、墩的中心位置、模板支立位置及尺寸、垂直度以及顶部高程等进行检测。柱、墩的中心位置测量中误差为±5mm、模板支立位置及尺寸测量中误差为±5mm、垂直度测量误差为1‰、顶部高程测量中误差为±5mm。

13.3.2 柱、墩施工测量应满足下列要求：

1 中心或轴线位置应利用施工控制桩或精密导线点进行测设；

2 施工模板位置线应以经纬仪或钢卷尺进行标定，并以墨线标记；

3 模板支立铅垂度可使用经纬仪或吊锤进行测量；

4 高程可采用水准测量方法测定，也可使用钢尺丈量测定，并应在设计高度标记高程线。

13.3.3 柱、墩施工完成后，应按下列要求测定柱、墩顶帽中心坐标和高程：

1 利用线路中线控制点及精密导线点等，将柱、墩的中心独立两次投测到顶部，两次投测较差应小于3mm；投测后应按本规范附录F中图F.0.1埋设中心标志，并进行点位坐标的测量，其实测值与设计值较差应小于10mm；

2 利用水准仪和悬吊的钢尺，将高程传递到每一个柱、墩顶部的高程点上。高程传递按城市四等水准测量精度要求独立测量两次，其较差应小于5mm。高程传递示意图见本规范附录F中图F.0.2。

13.4 横梁施工测量

13.4.1 横梁施工前，应对柱（墩）顶部的中心位置、高程及相邻柱距进行检核和调整。依据检核后的控制点进行横梁位置的标定。

13.4.2 横梁现浇前应检测模板支立的位置、方位和高程，其轴线测量中误差为±5mm，结构断面尺寸和高程测量中误差为±1.5mm。

13.4.3 预制梁安装前必须检查其几何尺寸和预埋件位置。

13.5 纵梁施工测量

13.5.1 纵梁架设前应对支承横梁上线路中线点、桥墩跨距和顶帽上的高程进行检测。

13.5.2 当采用混凝土预制纵梁为轨道梁时，拼装梁的中线和高程与线路设计中线和高程的较差应小于5mm。

13.5.3 采用混凝土现浇纵梁为轨道梁时，应在模板上测设线路中线和高程控制点，其测量误差为±5mm。

14 线路中线调整和结构断面测量

14.1 一般规定

14.1.1 线路中线调整和结构横、纵断面测量应按委托方的技术要求，根据工程情况和具体需要分段进行。

14.1.2 分区、分段施工的土建结构完成后，应及时进行贯通测量、线路中线点的调整测量和高程测量。

14.1.3 线路中线调整后，应根据调整后的测量成果进行隧道、车站和高架桥等的结构横、纵断面测量。

14.1.4 线路中线调整测量和高程测量、结构横、纵断面测量应按下列步骤进行：

　　1 测设线路中线点必须以区间贯通平差后的施工控制点为起算依据；

　　2 线路中线点应分段与施工控制点联测并形成附合导线，平差后应对线路中线点依据设计位置进行归化改正；同时，以贯通平差后的高程控制点为依据，施测线路中线点的高程；

　　3 以归化改正后的线路中线点或贯通平差后的施工控制点为依据，进行线路结构横、纵断面测量；

　　4 横、纵断面测量数据应及时提交给设计单位，根据设计反馈的意见，对不满足设计要求的数据应进行复核测量；

　　5 对结构断面超限等引起设计变更的区段，应根据变更后的设计要求按照本条1～4款的步骤重新进行线路中线定线，重新进行横、纵断面测量。

14.1.5 线路中线调整及结构横、纵断面测量使用的

测量仪器和精度等应与施工控制测量相同。

14.2 线路中线调整测量

14.2.1 线路中线调整测量应使线路的几何关系满足设计要求。

14.2.2 线路中线点进行联测时，联测的附合导线长度不应大于1500m，起算控制点宜选用车站或区间竖井投测的施工控制点，直线段中线点的间距宜为120m；曲线段除曲线要素外，中线点的间距不应小于60m。

14.2.3 对中线点组成的附合导线，应使用不低于Ⅱ级全站仪测量。水平角的左、右角各观测两测回，左、右角平均值之和与360°较差应小于6″；导线边长测量往返测各两测回，测回间较差应小于5mm，往返测平均值较差应小于4mm。

14.2.4 数据处理应采用严密平差，相邻中线点间纵、横向中误差应满足下列要求：

　　1 直线段：纵向中误差为±10mm，横向中误差为±5mm；

　　2 曲线段：纵向中误差为±5mm，横向中误差应根据曲线上中线点间距大小区别对待，曲线边长小于60m时，其横向中误差为±3mm；曲线边长大于60m时，其横向中误差为±5mm。

14.2.5 平差后的线路中线应依据设计坐标进行归化改正。对归化改正后的线路中线点的几何关系应重新检测，检测结果与设计值之差应满足下列要求：

　　1 直线段：实测水平角值与180°之差不应大于8″；

　　2 曲线段：实测水平角值与设计值之差应根据曲线段线路中线点的间距大小区别对待，当间距小于60m时，其角度值之差不应大于20″；当间距大于60m时，其角度值之差不应大于15″。

14.2.6 归化改正后的线路中线点检测满足要求后，应做好标志并标识清楚。

14.2.7 地下线与高架线间地面联络线的中线调整测量，应以地下线路的出（进）洞点及其线路方向和高架线路起（终）点及其线路方向为依据，进行地面联络线的中线调整测量。

14.2.8 线路中线调整测量完成后，应按委托方或本规范附录G中表G.0.1格式要求编制线路调整测量成果表。

14.3 结构断面测量

14.3.1 分区、分段施工的线路土建结构工程完成后，应对隧道、车站和高架桥的结构横断面和底板纵断面等进行测量。

14.3.2 结构横断面测量可采用支距法、全站仪解析法、断面仪法、摄影测量等方法。

14.3.3 结构横断面及底板纵断面测量应以贯通平

差后的施工平面和高程控制点及调整后的线路中线点为依据，按设计或工程需要进行。直线段每 6m、曲线段每 5m 测量一个横断面和底板高程点，结构横断面变化处和施工偏差较大段应加测断面。

14.3.4 结构横断面测量点的位置，应为建筑限界控制点或设计指定位置的断面点。

14.3.5 采用光面爆破与预裂爆破等方法施工的隧道，对于其不规则断面，除应按本规范第 14.3.1 条～第 14.3.4 条相关条款测量外，还应加测隧道突出处的断面和断面上的突出点。

14.3.6 结构横断面测量可采用不低于Ⅲ级全站仪或断面仪等测量设备进行测量。横断面里程中误差为 ±50mm,断面点与线路中线法距的测量中误差为 ±10mm,断面点高程的测量中误差为±20mm。

14.3.7 底板纵断面高程点可使用不低于 DS3 级水准仪测量，里程中误差为±50mm,高程测量中误差为±10mm。

14.3.8 断面测量完成后，应对结构断面测量成果进行检核，结构尺寸异常的断面应现场复测。

14.3.9 结构横断面和底板纵断面测量完成后，应按设计要求的数据格式编制和提供断面测量成果表，或按本规范附录 G 中的表 G.0.2、表 G.0.3 和表 G.0.4 编制结构断面测量成果表并绘制相关断面图。

14.4 变更后的线路中线调整测量

14.4.1 结构断面测量后，当结构断面净空不能满足要求，线路设计变更时，应根据变更后的设计文件重新测设变更区段线路中线点。

14.4.2 重新测设的变更区段线路中线点，应与变更区段两端的线路中线联测，并依据测量结果进行归化改正，归化改正后的线路中线点应标识清楚。

14.4.3 变更的线路中线调整测量，应执行本规范第 14.2 节相关规定。

14.4.4 变更区段内结构断面应重新测量，并执行本规范第 14.3 节相关规定。

15 铺轨基标测量

15.1 一般规定

15.1.1 铺轨基标应根据铺轨综合设计图，利用调整好的线路中线点或贯通平差后的控制点进行测设。

15.1.2 铺轨基标测设应对控制基标和加密基标进行测设。基标测设时，应首先测设控制基标，然后利用控制基标测设加密基标。

15.1.3 铺轨基标宜设置在线路中线上，也可设置在线路中线的一侧。

15.1.4 道岔基标应利用控制基标单独测设，道岔基标分为道岔控制基标和道岔加密基标，道岔基标宜设置在道岔直股和曲股的外侧。

15.1.5 控制基标应设置成等高等距，埋设永久标志；加密基标可设置成等距不等高，埋设临时标志。

15.1.6 铺轨基标的标志类型，可按本规范附录 H 中图 H.0.1 和图 H.0.2 进行设计。

15.1.7 铺轨基标应使用不低于Ⅱ级全站仪和 DS1 级水准仪测设。

15.1.8 铺轨基标测设完成后，应按本规范附录 H 中表 H.0.3、表 H.0.4 提交控制基标、加密基标和道岔基标测量成果表。

15.2 控制基标测量

15.2.1 控制基标在线路直线段宜每 120m 设置一个，曲线段除在曲线要素点上设置控制基标外，曲线要素点间距较大时还宜每 60m 设置一个。

15.2.2 控制基标设置在线路中线上时，在直线上，可采用截距法；在曲线上，曲线要素点的控制基标可直接埋设，其他控制基标利用中线点采用偏角法进行测设。控制基标设置在线路中线一侧时，可依据线路中线点按极坐标法测设。

15.2.3 控制基标的埋设宜按下列步骤进行：

1 埋设基标位置的结构底板上应凿毛处理；

2 依据基标设计值与底板间高差关系埋设基标底座；

3 基标标志调整到设计平面和高程位置，并初步固定。

15.2.4 控制基标埋设完成后，应对其进行检测，检测内容、方法与各项限差满足下列要求：

1 检测控制基标间夹角时，其左、右角各测两测回，左右角平均值之和与 360°较差应小于 6″；距离往返观测各两测回，测回较差及往返较差应小于 5mm；

2 直线段控制基标间的夹角与 180°较差应小于 8″,实测距离与设计距离较差应小于 10mm；曲线段控制基标间夹角与设计值较差计算出的线路横向偏差应小于 2mm,弦长测量值与设计值较差应小于 5mm；

3 控制基标高程测量应起算于施工高程控制点，按二等水准测量技术要求施测；控制基标高程实测值与设计值较差应小于 2mm,相邻控制基标间高差与设计值的高差较差应小于 2mm；

4 各项限差满足要求后，应进行永久固定。对未满足要求的，应进行平面位置和高程调整，调整后按本条第 1～3 款进行检查，直至满足要求为止。

15.3 加密基标测量

15.3.1 加密基标在线路直线段应每 6m、曲线段应每 5m 设置一个。

15.3.2 直线段加密基标测设方法和限差要求：

1 依据相邻控制基标采用量距法和水准测量方

法，逐一测定加密基标的位置和高程；

    2 加密基标为等高等距时，其埋设要求应符合本规范第 15.2.3 条的要求；

    3 加密基标平面位置和高程测定的限差应符合下列要求：

        1）纵向：相邻基标间纵向距离误差为 ±5mm；

        2）横向：加密基标偏离两控制基标间的方向线距离为 ±2mm；

        3）高程：相邻加密基标实测高差与设计高差较差不应大于 1mm，每个加密基标的实测高程与设计高程较差不应大于 2mm。

15.3.3 曲线段加密基标测设方法和限差要求如下：

    1 依据曲线上的控制基标，采用偏角法和水准测量方法，逐一测设曲线加密基标的位置和高程。

    2 曲线加密基标为等高等距时，其埋设要求应符合本规范第 15.2.3 条的要求。

    3 曲线加密基标平面位置和高程测定的限差应符合下列要求：

        1）纵向：相邻基标间纵向误差为 ±5mm；

        2）横向：加密基标相对于控制基标的横向偏差应为 ±2mm；

        3）高程：相邻加密基标实测高差与设计高差较差不应大于 1mm，每个加密基标的实测高程与设计高程较差不应大于 2mm。

15.3.4 直线和曲线加密基标测定后，应按本规范第 15.3.2 条和第 15.3.3 条的相关要求进行检测。

15.3.5 加密基标经检测满足各项限差要求后，应进行固定。

15.4   道岔基标测量

15.4.1 道岔基标应依据道岔铺轨设计图，利用控制基标测设道岔控制基标，然后利用道岔控制基标测设道岔加密基标。

15.4.2 各类道岔控制基标应按本规范附录 H 中图 H.0.5、图 H.0.6 和图 H.0.7 所示，在下列位置进行埋设：

    1 单开道岔控制基标应测设在岔头、岔尾、岔心和曲股位置或一侧；

    2 复式交分道岔控制基标应测设在长轴和短轴的两端及岔头、岔尾位置或一侧；

    3 交叉渡线道岔控制基标应测设在长轴和短轴的两端、岔头、岔尾以及与正线相交的岔心位置或一侧。

15.4.3 道岔控制基标应利用控制基标采用极坐标法测设，测设后应对道岔控制基标间及其与线路中线几何关系进行检测。

15.4.4 道岔控制基标间及其与线路中线几何关系应

满足下列要求：

    1 道岔控制基标间距离与设计值较差应小于 2mm；

    2 道岔控制基标高程与设计值较差应小于 2mm，相邻基标间的高差与设计值较差应小于 1mm；

    3 岔心相对于线路中线的里程（距离）与设计值较差应小于 10mm；

    4 道岔控制基标与线路中线的距离和设计值较差应小于 2mm；

    5 正线与辅助线交角的实测值与设计值较差：单开道岔不应大于 20″，复式交分道岔、交叉渡线道岔不应大于 10″。

15.4.5 道岔控制基标经检测满足各项限差要求后，应埋设永久标志。

15.4.6 道岔加密基标应利用道岔控制基标测设。测设后必须进行几何关系检测，并应满足本规范第 15.3 节中加密基标测设的相关技术要求。

16 磁悬浮和跨座式轨道交通工程测量

16.1   磁悬浮轨道交通工程测量

16.1.1 磁悬浮轨道交通工程测量包括首级控制网、高架结构施工、轨道梁精调控制网、轨道梁精密定位等测量。

16.1.2 首级平面控制网测量应执行本规范第 3.2 节相关技术规定，且控制点应埋设强制对中标志。

16.1.3 高程控制测量应满足下列要求：

    1 高程控制网分两级布设，首级高程控制网布设在地面上，应按国家一等水准测量技术要求施测；二级高程控制网布设在盖梁和轨道梁上，应按国家二等水准测量技术要求施测；

    2 高程控制网应布设成附合线、闭合路线或结点网。

16.1.4 高架结构施工测量应执行本规范第 3.3 节和第 13 章的相关技术规定。

16.1.5 轨道梁铺设时应建立精调平面控制网。轨道梁精调平面控制网测量应满足下列要求：

    1 轨道梁精调平面控制网应起算于首级平面控制网。分段布设时，每一段两端应至少包含两个首级控制点；相邻段轨道梁精调平面控制网应设立重合点；

    2 控制网宜采用边角网的形式进行布设，相邻控制点间应通视；

    3 控制点应埋设在盖梁和轨道梁上，并与地面上已有的高架结构施工控制点组成精调控制网；盖梁上控制点的点间距宜为 100～150m，地面上的高架结构施工控制点间距宜为 350m；

    4 控制点应采用强制对中标志；

    5 轨道梁精调平面控制网测角中误差为 ±0.7″，

边长测距中误差为±1.0mm；

6 水平角观测宜采用精度 DJ05 经纬仪，测角 9 测回；距离测量采用精度不低于 $1mm+1\times10^{-6}\times D$ 的测距仪，光电测距往返观测各两测回；

7 轨道梁精调平面控制网应经常进行检测并进行稳定性评价，检测方法和精度应与初测一致。

16.1.6 轨道梁精密定位测量应满足下列要求：

1 轨道梁定位精度：X、Y、Z 的实测值与设计值较差均应小于 1mm；

2 轨道梁定位测量起算于布设在轨道梁上的精调控制点，使用前应进行稳定性检测，确认稳定后方可进行轨道梁定位测量；

3 轨道梁精密定位分为基准梁定位和中间梁定位；基准梁和中间梁应交错布置，宜先进行高程定位，然后再进行平面定位；

4 基准梁定位应采用满足定位精度要求的全站仪与水准仪，精确测定轨道梁的三维空间位置，通过调位千斤顶精确定位；中间梁定位应根据游标卡尺等量测出的与基准梁的相对位置数据，利用调位千斤顶精密定位，测量数据应进行温度改正；

5 搁置在盖梁上的轨道梁，应在沉降趋于稳定后定位精调。

16.1.7 车辆运行前，应利用限界检查专用设备，进行建筑限界和设备限界检查测量。

16.2 跨座式轨道交通工程测量

16.2.1 跨座式单轨交通工程测量包括平面和高程控制网、隧道结构施工、高架结构施工、轨道梁架设等测量。

16.2.2 平面和高程控制网应执行本规范第 3 章、第 4 章的相关技术规定。

16.2.3 隧道施工测量应执行本规范第 11 章和第 12 章的相关技术规定。

16.2.4 高架结构施工测量应执行本规范第 13 章的相关技术规定。

16.2.5 轨道梁架设测量应满足下列要求：

1 轨道梁架设前，应对相邻桥墩的跨距、左右线间距和支座位置等进行检查测量。相邻盖梁左（右）线锚箱中心斜距和相邻盖梁左（右）线轨道梁端梁缝中心斜距精度：单跨允许偏差为±4mm；多跨允许偏差为 $\pm4\sqrt{n}$ mm（n 为跨数）；盖梁左、右线基座板中心距离及其与线路中心距离的允许偏差为±2mm；

2 轨道梁架设前，同时应对成品轨道梁的梁宽、梁高、梁长、走行面垂直度、端面倾斜度、两端面中心线夹角、顶面线形、侧面线形、指形板与梁表面高差和支座位置等进行检测，轨道梁线形精度要求应满足表 16.2.5 的规定；

表 16.2.5 轨道梁线形精度要求

测量项目	允许偏差
梁宽	端部±2mm，中部±4mm
梁高	±10mm
梁长	±10mm
走行面垂直度	±0.5%
端面倾斜度	±0.5%
两端面中心线夹角	±0.5%
顶面线形	整体±L/2500，局部±3mm/4m
侧面线形	整体±L/2500，局部±3mm/4m
指形板与梁表面高差	±2mm
支座位置	±1mm

注：L 表示轨道梁长。

3 轨道梁架设测量应使用全站仪和水准仪进行施测，施测后应进行检查测量。轨道线路中心横向允许偏差为±25mm；轨道梁线间距允许偏差为 0～+25mm；轨道梁高程允许偏差为−15～+30mm；轨面超高允许偏差为±7mm；

4 本条 1～3 款中各项测量工作的测量中误差，应为相应允许偏差的 1/2。

16.2.6 轨道梁架设完成后，应对轨道梁连接处线形和错台进行测量。轨道梁连接处水平线形曲线用 20m 弦长测量的矢距与设计值的允许偏差为±20mm，直线用 4m 弦长测量的横向允许偏差为±5mm；轨道梁竖向线形用 4m 弦长测量的矢距与设计值允许偏差为±5mm；顶面和侧面错台允许偏差为±2mm。测量中误差应为相应允许偏差的 1/2。

16.2.7 现浇梁测量应满足本章第 16.2.5 条和第 16.2.6 条相关技术规定。

16.2.8 道岔安装前，道岔底板及走行轨应满足以下要求：

1 岔前点和岔后点平面位置和高程允许偏差均为±3mm；

2 同组道岔各安装底板的基准中心与放线基准线的垂直允许偏差应为±2mm；

3 同一走行轨的各测点间高差允许偏差为±1mm；

4 相邻走行轨间高差允许偏差为±3mm；

5 相邻走行轨间距允许偏差为±5mm。

16.2.9 道岔安装后，活动端的转辙量允许偏差为±3mm，且直线状态下道岔钢梁应满足本章第 16.2.5 条和第 16.2.6 条相关技术规定。

16.2.10 道岔安装前、后的各项测量中误差，应为相应允许偏差的 1/2。

16.2.11 车辆运行前，应利用限界检查专用设备，进行一般建筑限界和特殊限界检查测量。特殊限界包括站台建筑限界、安全栅栏建筑限界、安全门建筑限界、屏蔽门建筑限界、道岔建筑限界、信号机建筑限界、接触线限界、接底板限界及综合管线等其他设施限界。

17 设备安装测量

17.1 一般规定

17.1.1 设备安装测量主要包括接触轨、接触网、隔断门、行车信号标志、线路标志、车站装饰及屏蔽门等安装测量。

17.1.2 编制安装测量方案应依据设备安装设计图，方案编制完成经审核批准后实施。

17.1.3 设备安装测量精度及限差应按相关设备安装技术要求确定。

17.1.4 安装完成后必须进行检查，确保设备不侵入限界。

17.2 接触轨、接触网安装测量

17.2.1 接触轨、接触网的放样测量，应利用铺轨基标或线路中线点进行。

17.2.2 采用极坐标方法确定接触轨（网）的平面位置，采用水准测量或光电测距三角高程方法测定接触轨（网）支架高程。

17.2.3 安装后应对接触轨、接触网与轨道或线路中线的几何关系进行检查，其安装允许偏差应满足现行国家标准《地下铁道工程施工及验收规范》GB 50299 的相关要求。

17.2.4 接触轨安装包括底座和轨条安装，轨条与相邻走行轨道的平面距离测量允许偏差为±6mm，高程测量允许偏差为±6mm。

17.2.5 隧道外接触网安装应包括支柱、硬横跨钢梁、软横跨钢梁和定位装置的安装定位；隧道内接触网安装应包括支撑结构的底座、定位臂、弹性支撑以及接触悬挂等，安装定位测量误差应为安装允许偏差的 1/2。

17.3 隔断门安装测量

17.3.1 隔断门安装测量，应根据隔断门施工设计图并利用铺轨基标及贯通调整后的线路中线控制点对隔断门中心的位置、轴线及高程进行放样。

17.3.2 隔断门门框中心与线路中线的横向偏差为±2mm，门框高程与设计值较差不大于 3mm，平面放样测量中误差为±1mm，高程放样测量中误差为±1.5mm。

17.3.3 隔断门导轨支撑基础的高程应采用水准测量方法测定，其与设计高程的较差应不大于 2mm，高

程放样测量中误差为±1mm。

17.4 行车信号与线路标志安装测量

17.4.1 行车信号安装测量主要包括自动闭塞的信号灯支架和停车线标志的放样测量，其里程位置允许误差为±100mm，放样测量中误差为±50mm。

17.4.2 线路标志安装测量主要包括线路的千米标、百米标、坡度标、竖曲线标、曲线元素标志、曲线要素标志和道岔警冲标位置的测设。线路标志应测定在隧道右侧距轨面 1.2m 高处边墙上或标定在钢轨的轨腰上，其里程允许误差为±100mm，轨腰上标志里程允许误差为±5mm，线路标志放样里程测量中误差分别为±50mm、±2.5mm。

17.4.3 安装的信号标志和线路标志，必须确保其外沿不侵入限界。

17.4.4 钢轨轨腰上的线路标志，应在整体道床施工和无缝钢轨锁定完毕后进行标定。

17.5 车站站台及屏蔽门安装测量

17.5.1 车站站台测量应包括站台沿位置和站台大厅高程测量。测量工作应根据施工设计图和有关施工规范的技术要求进行。

17.5.2 车站站台沿测量应利用车站站台两侧铺轨基标或线路中线点进行测设，其与线路中线距离允许偏差为 0～+3mm。

17.5.3 站台大厅高程应根据铺轨基标或施工控制水准点，采用水准测量方法测定，其高程允许偏差为±3mm。

17.5.4 车站屏蔽门安装应根据施工设计图和车站隧道的结构断面进行，并应利用站台两侧的铺轨基标或线路中线点放样屏蔽门在顶、底板的位置，其实测位置与设计较差不应大于 10mm。

18 变形监测

18.1 一般规定

18.1.1 本章适用于城市轨道交通工程建设和运营阶段结构自身及周边环境的变形监测。

18.1.2 变形监测方案应根据变形体特点以及岩土条件、埋深和结构特点、支护类型、开挖方式、建筑场地变形区内环境状况和设计要求等因素制定，并应包括变形体和环境条件发生异常时的应急变形监测方案。

18.1.3 变形监测工作应按全线或各施工段开工时间、工程进度以及工程需要适时开展。

18.1.4 变形监测应包括如下项目：

1 施工阶段包括支护结构、结构自身以及变形区内的地表、建筑、管线等周边环境；

2 运营阶段包括受运营或周边建设影响的轨道、道床、建筑结构和受运营影响的地表、建筑、管线等周边环境。

18.1.5 变形监测可采用几何测量、物理传感器测量、卫星定位测量、近景摄影测量和三维激光扫描等方法。

18.1.6 变形监测网应由基准点、工作基点和变形监测点组成，变形监测控制网应由基准点和工作基点组成。

18.1.7 变形监测点可按本规范附录 J 中图 J.0.2 的类型和埋设形式在变形体上能反映出变形特征的部位埋设。变形监测点应埋设牢固并标识清楚。易遭毁坏部位的变形监测点应加设保护装置。

18.1.8 变形监测的等级划分、精度要求和适用范围应符合表 18.1.8 的规定。

表 18.1.8 变形监测的等级划分、精度要求和适用范围

变形监测等级	垂直沉降监测		水平位移监测	适 用 范 围
	变形点的高程中误差（mm）	相邻变形点高差中误差（mm）	变形点的点位中误差（mm）	
I	±0.3	±0.1	±1.5	线路沿线对变形特别敏感的超高层、高耸建筑、精密工程设施、重要古建筑等以及有高精度要求的监测对象
II	±0.5	±0.3	±3.0	线路沿线对变形比较敏感的高层建筑、地下管线；建设工程的支护、结构，隧道拱顶下沉、结构收敛和运营阶段结构、轨道和道床以及有中等精度要求的监测对象
III	±1.0	±0.5	±6.0	线路沿线一般多层建筑、地表及施工和运营中的次要结构等以及有低等精度要求的监测对象

注：变形点的高程中误差和点位中误差是相对最近变形监测控制点而言。

18.1.9 变形监测应满足下列主要技术要求：

1 水平位移监测的主要技术要求和监测方法应符合表 18.1.9-1 的规定；

表 18.1.9-1 水平位移监测的主要技术要求和监测方法

等级	变形点的点位中误差（mm）	坐标较差或两次测量较差（mm）	主要监测方法
I	±1.5	2	坐标法（极坐标法、交会法等）或基准线法、投点法等
II	±3.0	4	
III	±6.0	8	

2 垂直沉降监测，应构成附合、闭合路线或结点网，其主要技术要求和主要监测方法应符合表 18.1.9-2 的规定。

表 18.1.9-2 垂直沉降监测主要技术要求和监测方法

等级	高程中误差（mm）	相邻点高差中误差（mm）	往返较差，附合或环线闭合差（mm）	主要监测方法
I	±0.3	±0.1	$0.15\sqrt{n}$	水准测量
II	±0.5	±0.3	$0.30\sqrt{n}$	水准测量
III	±1.0	±0.5	$0.60\sqrt{n}$	水准测量

注：n 为测站数。

18.1.10 使用传感器进行变形监测，同等级观测的仪器精度不应低于几何测量仪器。变形监测点监测精度不应低于表 18.1.8 的要求。

18.1.11 在变形监测过程中，变形体的变形量、变形速率等发生显著变化时，应及时调整变形监测方案，进行实时监测。

18.1.12 地上和地下都进行变形监测时，应同步进行监测工作。

18.1.13 对每单元变形体进行不同周期变形监测时，应在基本相同的环境下采用相同的观测路线和观测方法，使用相同的仪器和设备，并应固定观测人员。

18.1.14 观测记录中还应包括对施工现状、荷载变化、岩土条件、气象等情况的简单描述。

18.1.15 首次观测应独立观测 2 次，两次观测较差应满足本章第 18.1.9 条的要求，并取平均值作为初始值。

18.1.16 变形监测中应根据气象条件、施工进度和施工环境等状况对监测成果进行综合分析。定期对监测控制网的稳定性进行检测。各周期观测前应对选用的基准点、工作点进行检测。

18.2 监测控制网测量

18.2.1 水平位移监测控制网的布设应符合下列要求：

1 水平位移监测控制网可采用导线网、三角网、边角网、基准线和卫星定位等形式或方法，当采用基准线控制时，基准线上必须设立检核点；

2 基准点应埋设在变形区外，按变形监测精度要求可建造具有强制对中标志的观测墩，也可采用对中误差小于0.5mm的光学对中装置。水平位移监测控制网的基准点不应少于3个。

18.2.2 垂直沉降监测控制网的布设应符合下列要求：

1 垂直沉降监测控制网宜与城市轨道交通工程高程系统一致；

2 垂直沉降监测控制网可采用几何水准测量、光电测距三角高程测量、静力水准测量等方法。采用几何水准测量、光电测距三角高程测量时，应布设成闭合、附合或结点网；

3 垂直沉降监测控制网基准点不应少于3个，基准点可按本规范附录B中图B.0.1、图B.0.2、图B.0.3埋设在变形区外的基岩露头上、密实的砂卵石层或原状土层中，也可埋设在稳固建筑的墙上。受条件限制时，在变形区内也可按本规范附录J中图J.0.1埋设深层金属管基准点，金属管底应在变形影响深度以下。

18.2.3 采用导线网或边角网时，水平位移监测控制网主要技术要求应符合表18.2.3的规定。

表18.2.3 水平位移监测控制网主要技术要求

等级	相邻基准点的点位中误差(mm)	平均边长(m)	测角中误差(")	最弱边相对中误差	全站仪标称精度	水平角观测测回数	距离观测测回数 往测	距离观测测回数 返测
I	±1.5	150	±1.0	≤1/120000	$±1''$, $±(1mm+1×10^{-6}×D)$	9	4	4
II	±3.0	150	±1.8	≤1/70000	$±2''$, $±(2mm+2×10^{-6}×D)$	9	3	3
III	±6.0	150	±2.5	≤1/40000	$±2''$, $±(2mm+2×10^{-6}×D)$	6	2	2

18.2.4 采用水准测量方法时，垂直沉降监测控制网主要技术要求应符合表18.2.4-1、表18.2.4-2的规定。

表18.2.4-1 垂直沉降监测控制网主要技术要求

等级	相邻基准点高差中误差(mm)	测站高差中误差(mm)	往返较差、附合或环线闭合差(mm)	检测已测高差之较差(mm)
I	±0.3	±0.07	$±0.15\sqrt{n}$	$0.2\sqrt{n}$
II	±0.5	±0.15	$±0.30\sqrt{n}$	$0.4\sqrt{n}$
III	±1.0	±0.30	$±0.60\sqrt{n}$	$0.8\sqrt{n}$

注：n为测站数。

表18.2.4-2 水准观测主要技术要求

等级	仪器型号	水准尺	视线长度(m)	前后视距差(m)	前后视距累计差(m)	视线离地面最低高度(m)	基、辅分划读数较差(mm)	基、辅分划读数所测高差较差(mm)
I	DS05	铟瓦	≤15	≤0.3	≤1.0	0.5	≤0.3	≤0.4
II	DS05	铟瓦	≤30	≤0.5	≤1.5	0.3	≤0.3	≤0.4
III	DS1	铟瓦	≤50	≤1.0	≤3.0	0.3	≤0.5	≤0.7

18.2.5 采用其他方法布设监测控制网时，在满足相邻基准点精度要求下，其主要技术要求应符合本规范和相关技术规范的要求。

18.3 结构施工变形监测

18.3.1 各城市或地区在结构施工期间的变形监测内容，应根据具体情况在表18.3.1所列主要项目中选择：

表18.3.1 结构施工期间变形监测主要内容

监测项目		监测内容	主要监测仪器
必测项目	支护结构	护坡桩、连续墙、土钉墙的变形以及支撑轴力监测等	全站仪、水准仪、测斜仪、轴力计等
	建筑	建筑变形、隧道拱顶下沉和净空水平收敛、高架结构的柱（墩）沉降和梁的挠度监测等	全站仪、水准仪、收敛计、测斜仪等
	周边环境	施工变形区内建筑、地表、管线变形监测等	全站仪、水准仪、测斜仪、位移计等
选测项目	支护结构	支护和衬砌应力、锚杆轴力监测等	应变片、应变计、锚杆测力计等
	建筑	混凝土应力、钢筋内力及外力监测等	应变片、应变计、钢筋计等
	其他	地基回弹、围岩内部变形、围岩压力、围岩弹性波速测试、分层地基土沉降、爆破震动、孔隙水压力等	位移计、压力盒、波速仪、爆破震动测试仪、孔隙水测压计等

18.3.2 水平位移监测的方法可采用交会法、导线测量、极坐标法、小角法、基准线法等。

18.3.3 垂直沉降监测可采用几何水准测量、静力水准测量等方法。

18.3.4 使用物理传感器进行变形监测应选用本章表18.3.1中相应仪器，并按仪器操作要求进行作业。

18.3.5 结构变形监测工作应从施工前开始，直至稳定终止。变形监测中应遵守下列规定：

1 监测前应对施工现场岩土变化和工程状况进行察看并作简明记录；

2 分步施工时，每步应有完整的连续观测数据；

3 雨后、冻融、地震等对变形体稳定可能产生影响时应增加观测次数；

4 根据变形体的变形趋势，应及时适当调整观测周期。

18.3.6 隧道内监测点应在工程施工的同时埋设。初始观测值应在开挖后12h内采集。监测点断面应测注线路里程（或坐标）和高程。

18.3.7 隧道拱顶下沉、净空水平收敛和地表沉降等监测点，应按本规范附录J中图J.0.3在同一断面内布设。纵断面间距宜为10～50m，监测点横向间距宜为2～10m。

18.3.8 隧道内各项变形监测项目的监测频率，宜根据变形速度和变形量的大小以及施工状况，按表18.3.8的要求选择。

表 18.3.8 监测频率

变形速度 W (mm/d)	监测频率	施工状况	
		喷锚暗挖法	盾构掘进法
$W>10$	每天2次	距工作面1倍洞径	距盾尾1倍洞径
$5<W \leqslant 10$	每天1次	距工作面1～2倍洞径	距盾尾1～2倍洞径
$1<W \leqslant 5$	每2天1次	距工作面2～5倍洞径	距盾尾2～5倍洞径
$W \leqslant 1$	7～14天1次	距工作面>5倍洞径	距盾尾>5倍洞径

18.4 施工阶段沿线环境变形监测

18.4.1 施工阶段沿线环境变形监测包括下列主要对象和内容：

1 线路地表沉降观测；

2 变形区内燃气、热力和大直径给水、排水等主要管线变形监测；

3 变形区内高层、超高层、高耸建筑、古建筑、桥梁、铁路、经鉴定的危房等变形监测。

18.4.2 变形监测可采用本规范第18.3.2～18.3.4

条中的相应方法。

18.4.3 隧道上的地表沉降监测点应与隧道拱顶下沉和净空水平收敛点布置在同一断面内，并应在线路中线上及其两侧变形区内布设沉降监测点，地表监测点纵横向布置宜符合表18.4.3的规定。

表 18.4.3 地表沉降监测点纵横向布置要求（m）

隧道埋设深度 H	监测点纵向布置		监测点横向布置	
	点间距	横断面间距	点间距	断面宽度
$H>2B$	7～20	20～50	7～10	$>2H+B$
$B<H<2B$	5～15	10～20	5～7	$>2H+B$
$H<B$	3～10	10	2～5	$>2H+B$

注：B 为隧道开挖宽度。

18.4.4 地表沉降监测点应埋设在原状土层中，必要时应加设保护装置。沉降观测点埋设稳定后，方可进行初始观测。

18.4.5 在变形区内的燃气、大直径给水、排水、热力管线等观测体上应埋设监测点。如不能在变形体上直接设点，可在管线周围土体中埋设监测点，通过对周围土体变形监测，确定管线变形情况。

18.4.6 对线路两侧变形区内高层、超高层、高耸建筑、古建筑、桥梁、铁路等进行沉降观测时，观测点应根据其结构特点埋设在能明显反映建筑变形敏感的部位，标志点应和建筑外观协调一致。

18.4.7 环境变形监测应在施工（包括降水）前进行初始观测，并应从距开挖工作面前方 $H+h$（H 为隧道埋深，h 为隧道高度）处开始第二次观测，直到土建结构完工及观测对象稳定后结束。环境变形监测宜与隧道内变形监测同步进行。

18.4.8 隧道穿越地面建筑、铁路、桥梁、管线时，应在施工全过程中对隧道自身和穿越体进行监测，对穿越物体不能直接进行监测时，应增加对其周围土体的变形监测。监测点埋设范围：宽度为距地铁线路中心两侧各2倍洞径，长度为地铁最近结构边墙至穿越体前后距离为 $H+h$（H 为隧道埋深，h 为隧道高度）的范围。

18.5 运营阶段变形监测

18.5.1 在运营阶段，属于下列条件之一的应对相关线路或周边环境进行变形监测：

1 施工阶段的观测对象仍未稳定，需要继续进行观测的项目；

2 不良岩土条件和特殊岩土条件的地区（段）；

3 地面沉降变化大的城市或地区的轨道交通线路；

4 临近线路两侧进行建设施工的地段；

5 新建线路和既有线路衔接、交叉、穿越的地段；

6 新建线路穿越地下工程和大型管线的地段；

7 地震、列车振动等外力作用对线路产生较大影响的地段。

18.5.2 变形监测对象应包括现有线路轨道、道床和隧道、高架结构、车站等建筑以及受线路运营影响的周边环境变形区内的道路、建筑、管线、桥梁等。

18.5.3 运营阶段的变形监测方案应根据本规范第18.5.1条的要求制定。变形监测方案应包括施工阶段延续的和新增加的变形监测项目，延续项目的观测数据应保持其连续性。

18.5.4 延续的施工阶段变形监测项目，应继续利用原变形监测控制点对变形点进行观测。控制点和变形点被破坏时应进行恢复。

18.5.5 新增变形监测项目应按本规范第18.2.1条和第18.2.2条的规定埋设监测点，新增变形监测项目宜利用施工阶段布设的变形监测控制点，也可在远离变形区的出入口、横通道、通风竖井和车站、区间隧道等稳定的建筑结构上埋设新的控制点。

18.5.6 变形监测精度要求和作业方法执行本规范第18.1~18.4节的相关规定。

18.6 资料整理与信息反馈

18.6.1 对变形监测数据应及时进行检查、整理并填写报表、绘制变形体的时态等曲线图，按本规范附录J中图J.0.4绘制变形与施工开挖工作面距离关系图等。

18.6.2 监测结果分析应根据时态曲线形态，选择与实测数据拟合较好的函数进行回归分析，并结合变形体和施工环境现状预测变形体的变形趋势，为判断变形体以及施工环境的安全提供依据。

18.6.3 对变形监测数据应进行单独项目分析和多项目的综合分析，并应定期向委托方等单位提交阶段变形监测的各种图表和变形趋势分析报告。

18.6.4 建筑的允许变形值应根据设计要求和相关规范确定。当实测变形值大于允许变形值的2/3时，应及时上报，并应启动应急变形监测方案。

18.6.5 变形监测应满足信息化施工和管理的要求，并应建立变形监测信息数据库。

18.6.6 变形监测工作结束后应提交下列资料：

　1 变形监测成果表；

　2 变形监测点位置图；

　3 变形体变形量随时间、荷载等变化的时态曲线图；

　4 变形监测技术报告。

19 竣 工 测 量

19.1 一 般 规 定

19.1.1 竣工测量主要包括：线路轨道竣工测量；区间、车站和附属建筑结构竣工测量；线路沿线设备竣工测量；地下管线竣工测量。

19.1.2 竣工测量采用的坐标系统、高程系统、图式等应与原施工测量一致。

19.1.3 竣工测量时，应收集已有的测量资料并进行实地检测；对符合要求的测量资料应充分利用，对不符合要求的测量资料应重新测量。测量方法和精度要求应与施工测量相同，并应按实测的资料编绘竣工测量成果。

19.1.4 竣工测量成果资料应满足城市轨道交通工程竣工测量与验收的要求。

19.1.5 竣工测量完成后应提交下列成果：

　1 竣工测量成果表；

　2 竣工图；

　3 竣工测量报告。

19.2 线路轨道竣工测量

19.2.1 线路轨道竣工测量应包括铺轨基标和轨道铺设竣工测量。

19.2.2 在隧道内应以控制基标为起始数据，在地面应以地面控制点或控制基标为起始数据，进行线路轨道竣工测量。控制基标或地面控制点发生变化时，应重新进行控制测量，并以新的控制测量成果作为起始数据。

19.2.3 铺轨基标竣工测量应在道床铺设之后进行，宜主要检测控制基标间的夹角、距离和高程，其测量方法和精度要求应按照本规范第15章的有关技术要求执行，并应按本规范附录K中表K.0.1编制控制基标竣工测量成果表。

19.2.4 线路轨道竣工测量应在线路轨道锁定后，采用轨道尺对轨道与铺轨基标的几何关系和轨距进行测量。直线段应测量右股钢轨至铺轨基标间的距离和高程以及两股钢轨间的轨距和水平，曲线段还应加测轨距加宽和外轨对内轨的超高量。轨道距铺轨基标或线路中心线的允许偏差为±2mm，轨道高程允许偏差为±1mm，轨距允许偏差为-1mm~+2mm，左、右轨的水平允许偏差为±1mm。测量中误差应为允许偏差的1/2。

19.2.5 道岔区的线路轨道竣工测量，应以道岔铺轨基标为依据，分别测量基标与对应道岔轨道的位置、距离、高程以及轨距。道岔岔心里程位置允许偏差为±15mm，轨顶全长范围内高低差小于2mm，道岔轨道的高程、水平、轨距以及距铺轨基标距离的允许偏差应符合本规范第19.2.4条相关技术要求。

19.3 区间、车站和附属建筑结构竣工测量

19.3.1 区间、车站和附属建筑结构竣工测量应包括：

　1 区间隧道、高架桥、车站结构净空横断面的

竣工测量；

    2 区间隧道、高架桥、车站结构及附属建筑竣工测量。

19.3.2 对已有的区间隧道、高架桥、车站等结构断面测量成果进行外业抽检测量时，应以铺轨基标为依据，抽检比例应不少于 30%。对符合要求的断面测量资料应作为竣工测量成果，对不符合要求的测量资料应重新测量，并按实测的资料编绘断面竣工测量成果。

19.3.3 抽检的横断面测点数量、位置、测量方法和精度，应执行本规范第 14.3 节的相关规定，检测值与原测值较差不应大于 25mm。

19.3.4 区间隔断门结构竣工测量，应以隔断门前、后控制基标为基准，按本规范附录 K 中图 K.0.2 进行隧道瓶颈口 A-A、B-B、C-C、D-D 四个断面的测量，测量允许误差为±10mm。

19.3.5 区间隧道、高架桥、车站结构及附属建筑竣工测量应包括内容：

    1 地下区间隧道和地下车站及附属设施的内侧平面位置、高程和结构尺寸，并调查结构厚度；

    2 高架桥、高架车站及其柱（墩）的平面位置、高程、结构尺寸以及主要角点距相邻建筑的距离；

    3 车站出入口、通道和区间风道结构的平面位置、高程和结构尺寸。

19.3.6 地下区间隧道和地下车站及附属设施的结构厚度，宜根据地下施工测量成果或设计资料确定。

19.4 线路沿线设备竣工测量

19.4.1 线路沿线设备竣工测量应包括接触轨、接触网、风机以及行车信号与线路标志等主要设备的竣工测量。

19.4.2 接触轨、接触网竣工测量，应以铺轨基标为竣工测量依据，在直线段每 30m，曲线段每 10m，按本规范附录 K 中图 K.0.3 量测接触轨与左轨和接触网与右轨的间距（d、d'）和高差（Δh、$\Delta h'$），并按本规范附录 K 中表 K.0.4 填写竣工测量记录。接触轨和接触网平面允许偏差分别为±6mm、±10mm，高程允许偏差分别为±6mm、±10mm，测量中误差应为允许偏差的 1/2。

19.4.3 风机和风管位置竣工测量，应对其轴线、消声墙以及风管与线路轨道立体相交处主要部位进行测量。

19.4.4 行车信号与线路标志竣工测量，应包括其里程、与轨道的水平距离和高差测量；岔区的警冲标，应测定其到辙岔中心的距离以及与两侧钢轨的垂距。测量精度应符合本规范第 17.4 节相关技术要求。

19.4.5 车站站台两侧边墙广告箱等与轨道之间的水平距离和高差应进行测量，测量中误差应为±10mm。

19.5 地下管线竣工测量

19.5.1 地下管线竣工测量包括施工拆迁、改移、复

原的现有管线和新建管线的竣工测量等。

19.5.2 地下管线竣工测量应符合下列规定：

    1 在竣工覆土前，应测定各种管线起点或衔接点、折点、分支点、交叉点、变坡点的管线（或管沟）中心以及每个检查井中心、小室轮廓角点的坐标和高程，实测管径、结构尺寸和管底或管外顶的高程；

    2 对于覆土前来不及测量的点，应设定临时参考点和参考方向，并应测量管线点与临时参考点的相对关系；覆土后应统一测定临时参考点的位置，并应换算出管线的实际坐标和高程；

    3 测量仪器、测量方法和精度要求应执行本规范第 6 章有关规定。

19.5.3 竣工测量完成后应分类别、分区段提交下列资料：

    1 管线测量成果表；

    2 管线平面综合图；

    3 管线纵断面图；

    4 小室大样图；

    5 管线竣工测量技术报告。

19.6 磁悬浮和跨座式轨道交通工程竣工测量

19.6.1 磁悬浮轨道交通工程竣工测量应符合下列要求：

    1 轨道梁竣工测量应利用轨道梁精调平面控制网和二级高程控制网并依据相关验收标准进行。测量误差应为允许偏差的 1/2。

    2 除轨道梁以外的主体结构和附属设施等竣工测量，应执行本章的相关技术规定。

19.6.2 跨座式轨道交通工程竣工测量应符合下列要求：

    1 轨道梁竣工测量应利用卫星定位网或精密导线网、高程控制网并依据相关验收标准进行。测量误差应为允许偏差的 1/2。

    2 除轨道梁以外的主体结构和附属设施等竣工测量，应执行本章的相关技术规定。

20 测量成果资料验收

20.0.1 城市轨道交通工程测量成果，应在作业单位检查合格的基础上，由业主单位组织实施验收。

20.0.2 城市轨道交通工程测量成果的验收应符合现行行业标准《测绘产品质量检查验收规定》CH 1002 的要求，验收的依据应为工程合同、经批准的技术设计书及有关技术标准。

20.0.3 城市轨道交通工程设计阶段、施工阶段、竣工阶段的测量成果应分期进行验收。

20.0.4 提交验收的测量成果资料应包括下列内容：

    1 委托书或合同书、任务书；

2 技术设计书；

3 所利用的坐标和高程起算数据文件及来源证明、测量仪器的鉴定证书和检验、校准记录；

4 测量观测的原始记录、计算资料和测量成果；

5 技术报告书；

6 测量单位质量检查报告。

20.0.5 测量成果的验收应符合下列要求：

1 成果资料齐全、正确；

2 测量符合有关技术标准及技术设计的要求，重要技术方案变更应提供充分的论证说明材料并经批准；

3 使用的已知成果资料应具备有效性；

4 测量的各项原始记录应真实、可靠；

5 测量仪器应鉴定和检校合格，并存有记录；

6 测量成果应进行检校，并签注齐全；

7 测量技术报告书内容齐全。

20.0.6 测量成果验收内业抽查不应少于10%，外业复测不应少于5%。

20.0.7 测量成果验收结论分别是：批合格、批不合格。对批不合格的测量成果资料要退回作业单位返工，返工完成后应重新组织验收。

20.0.8 验收成果的提交应符合下列要求：

1 验收合格的测量成果应及时归档；

2 归档提交的测量成果应包括本章第20.0.4条规定的全部成果资料和验收报告书；

3 验收报告书的内容及格式，应符合现行行业标准《测绘产品质量检查验收规定》CH 1002的相关要求。

附录 A 地面平面控制测量

A.0.1 卫星定位控制点标石埋设见图 A.0.1。

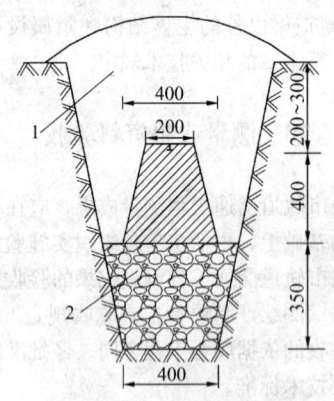

图 A.0.1 卫星定位控制点土
中标石埋设（单位：mm）
1—土；2—捣固之土石层

A.0.2 卫星定位控制点岩石标石埋设见图 A.0.2。

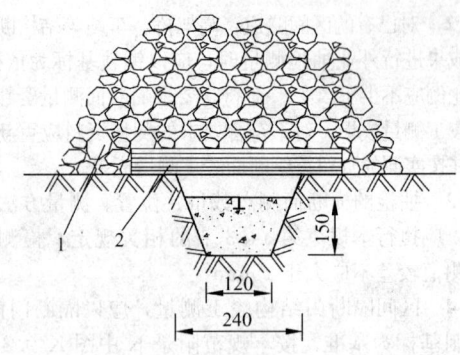

图 A.0.2 卫星定位控制点岩石标
石埋设（单位：mm）
1—石块；2—保护盖

A.0.3 卫星定位楼顶控制点标石埋设见图 A.0.3。

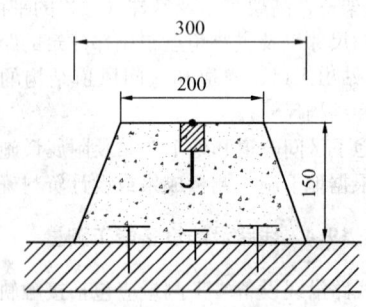

图 A.0.3 卫星定位楼顶控制点
标石埋设（单位：mm）

A.0.4 卫星定位控制点觇标见图 A.0.4。

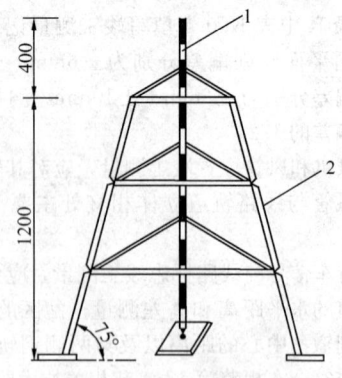

图 A.0.4 卫星定位控制点觇标（单位：mm）
1—照准杆；2—φ50钢管或50×50角钢

A.0.5 卫星定位外业观测手簿格式见表 A.0.5。

表 A.0.5 卫星定位外业观测手册手簿

_____线卫星定位外业观测手簿

观测者姓名_____ 日 期___年___月___日
测 站 名_____测站号_____ 时段号_____
天 气 状 况_____

测站近似坐标：　　　　　　　　本测站为：
经度：E　°　′　　　　　□_____新点
纬度：N　°　′　　　　　□_____等大地点
高程：_____（m）　　　　□_____等水准点
　　　　　　　　　　　　　　□_____

记录时间：□北京时间 □UTC □区时
开录时间：_____ 结束时间：_____

接收机号：_____ 天线号：_____
天 线 高：_____（m） 测后校核值：_____
1._____ 2._____ 3._____ 平均值：_____

测站略图及障碍物情况

观测状况记录
1. 电池电压_____
2. 接收卫星信号_____
3. 信噪比（SNR）_____
4. 故障情况_____

备 注：

A.0.6 卫星定位控制点点之记见表 A.0.6。

表 A.0.6 卫星定位控制点点之记

___年___月___日 记录：_____ 校对：_____

点名及种类	卫星定位点	名	标石说明（单、双层、类型、旧点）
		号	
	相邻点（名、号、里程、通视否）		
所在地			
（略图）			
备注			

A.0.7 全站仪的分级标准见表 A.0.7。

表 A.0.7 全站仪的分级标准

级 别	测角中误差（″）	测距中误差（mm）
I	≤±1	1+1×D
II	≤±2	3+2×D
III	≤±6	5+5×D

注：D 是测距边长，以千米为单位。

A.0.8 精密导线点标石埋设见图 A.0.8。

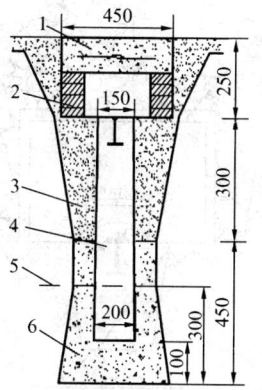

图 A.0.8 精密导线标石埋设（单位：mm）
1—盖；2—砖；3—素土；4—标石；5—冻土线；
6—混凝土

附录 B 地面高程控制测量

B.0.1 混凝土水准点标石埋设见图 B.0.1。

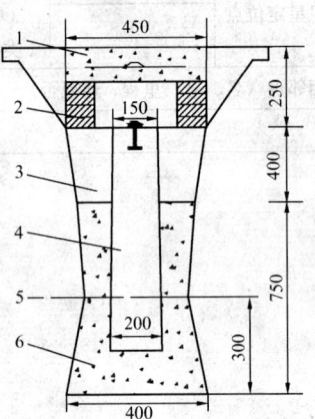

图 B.0.1 混凝土水准点标石埋设（单位：mm）

1—盖；2—砖；3—素土；4—标石；5—冻土线；6—混凝土

B.0.2 墙脚水准点标志埋设见图 B.0.2。

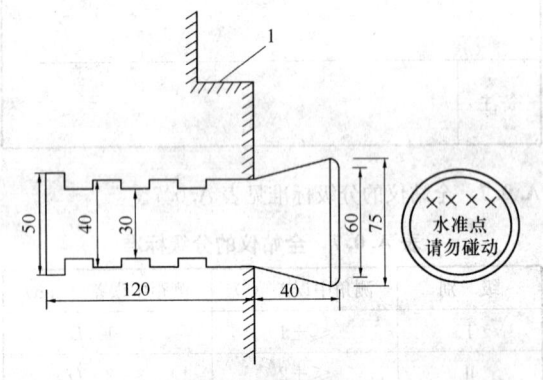

图 B.0.2 墙脚水准点标志埋设（单位：mm）

1—墙面

B.0.3 岩石水准点标石埋设见图 B.0.3。

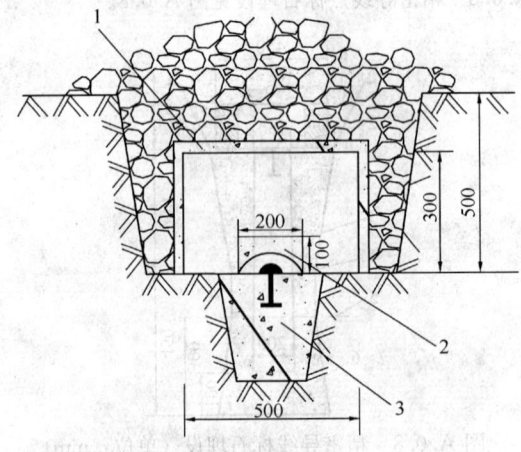

图 B.0.3 岩石水准点标石埋设（单位：mm）

1—混凝土盖板；2—混凝土盖板；3—混凝土

B.0.4 深桩水准点标志埋设见图 B.0.4。

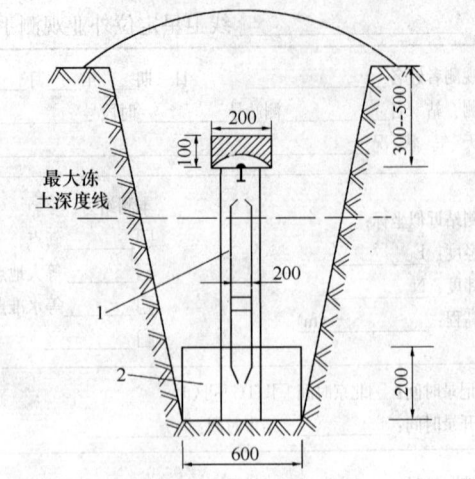

图 B.0.4 深桩水准点标志埋设（单位：mm）

1—混凝桩；2—混凝土桩座

附录 C 线路定线测量

C.0.1 定线测量成果表见表 C.0.1。

表 C.0.1 定线测量成果表

_____线线路中线定线测量成果表

线别 （左/右）	里程	边长 （m）	方位角 （°′″）	坐标（m）		桩类型	备注
				X	Y		

制表：____ 校核：____ ____年__月__日

C.0.2 定线测量交接桩书见表C.0.2。

表C.0.2 定线测量交接桩书

_____线定线测量交接桩书

线路中线（控制）点于_____年_____月_____日定测完毕，现于_____年_____月_____日由建设单位主持，设计单位、监理单位、施工单位、测量单位参加，在现场进行交、接桩。测量单位代表将定测在实地的桩点交给接桩单位代表，现场所交的所有桩点完整无缺、稳固，接桩单位接桩后应进行复测并妥善保护。如经复测有误，需在一周内反馈给测量单位，测量单位重新进行定测。

交桩单位名称_____（代表签字）_____

接桩单位名称_____（代表签字）_____

监理单位名称_____（代表签字）_____

设计单位名称_____（代表签字）_____

附件：线路定线测量成果表

附录 D 陀螺经纬仪、铅垂仪组合定向图

D.0.1 陀螺经纬仪、铅垂仪组合定向见图D.0.1。

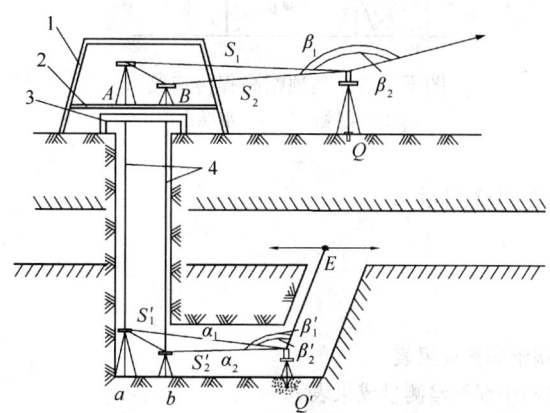

图 D.0.1 陀螺经纬仪、铅垂仪组合定向图

1—井架；2—仪器台；3—井台；4—视线

  Q——地面上近井点；

  Q'——地下近井点；

  A、B——铅垂仪位置；

  a、b——井底测量点位；

  β_1、β_2——地面观测角度；

  β_1'、β_2'——地下观测角度；

  S_1、S_2——地面测量距离；

  S_1'、S_2'——地下测量距离；

  α_1、α_2——陀螺方位角；

  $Q'E$——地下方位角起算边。

附录 E 地下平面和高程测量

E.0.1 隧道底板上施工控制导线点或线路中线点钢板标志见图E.0.1。

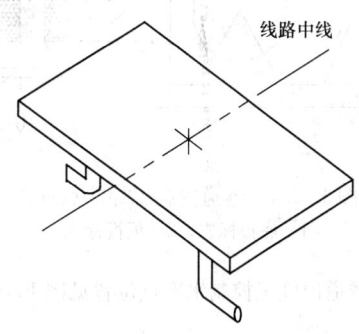

图 E.0.1 隧道底板上施工控制导线点
或线路中线点钢板标志

注：标志以 200mm×100mm×10mm 钢板和钢筋焊接而成，与底板钢筋焊接后，浇筑在底板混凝土中，点位经归化后，应在点位上钻 $\phi 2$ 深 5mm 的小孔并镶以黄铜丝。

E.0.2 隧道拱顶施工控制导线"吊篮"标志见图E.0.2。

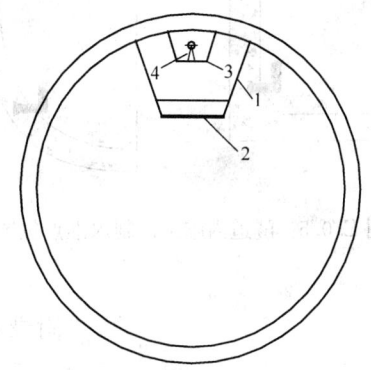

图 E.0.2 隧道拱顶施工控制导线"吊篮"标志
1—护栏；2—观测站台；3—仪器架设平台；4—仪器

E.0.3 隧道边墙施工控制导线点固定标志见图E.0.3。

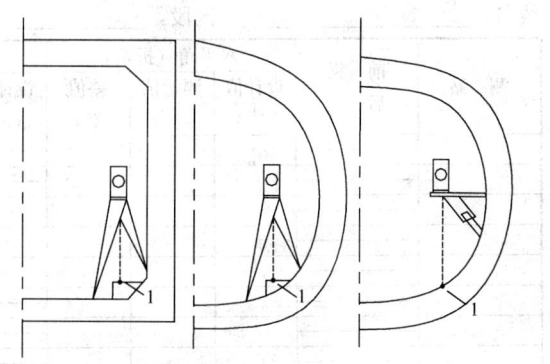

图 E.0.3 隧道边墙施工控制导线点固定标志
1—标志点

E. 0. 4 隧道内施工导线点标志见图 E. 0. 4。

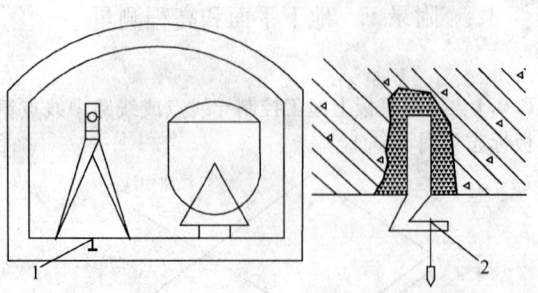

图 E. 0. 4　隧道内施工导线点标志
1—底板标志；2—顶板标志

E. 0. 5 隧道内施工控制水准点位置见图 E. 0. 5。

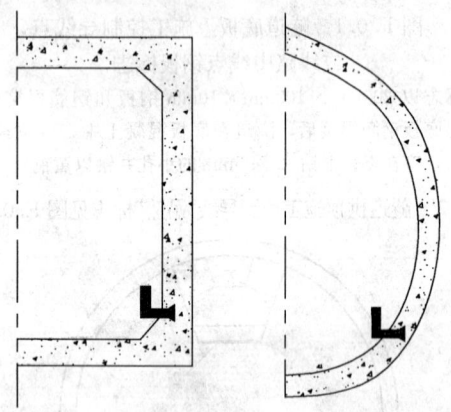

图 E. 0. 5　隧道内施工控制水准点位置

附录 F　高架线路施工测量

F. 0. 1 墩顶帽测量标志位置见图 F. 0. 1。

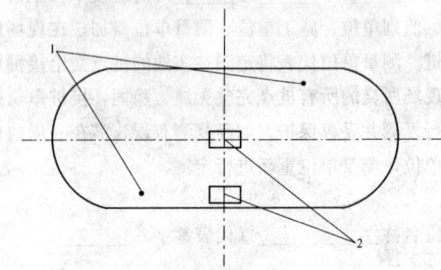

图 F. 0. 1　墩顶帽测量标志位置
1—水准点；2—钢板标志

F. 0. 2 墩顶帽高程传递测量见图 F. 0. 2。

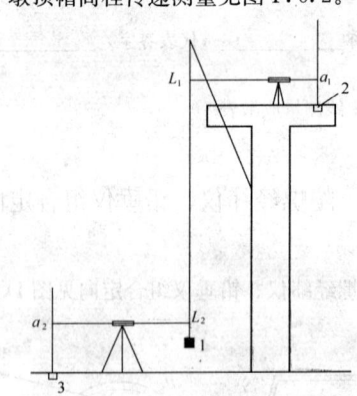

图 F. 0. 2　墩顶帽高程传递测量
1—重锤；2、3—水准点

附录 G　线路中线调整测量

G. 0. 1 线路中线调整测量成果表见表 G. 0. 1。

表 G. 0. 1　线路中线调整测量成果表

<u>　　　　　　　　　　　　　　</u>线路中线调整测量成果表

线名：_____　　区段：_____

测　站	前　视 后　视	水平角（折角）			距离（点间距）			坐标（m）		高程 (m)	备注
		设计值 (°′″)	测量值 (°′″)	差值 (″)	设计值 (m)	测量值 (m)	差值 (mm)	X	Y		

制表：_____　　检核：_____　　　　　　_____年_____月_____日

G. 0. 2 隧道横断面净空测量成果表见表 G. 0. 2。

表 G. 0. 2 隧道横断面净空测量成果表

左/右线自 K＿＿＿＿＿ 至 K＿＿＿＿＿ 　　测量记录：＿＿＿＿＿＿ 检查：＿＿＿＿＿＿ 　　＿＿＿＿＿年＿＿＿＿＿月＿＿＿＿＿日

里程	线路中线至边墙			线路中线至中墙			底板高程			顶板高程			备注
	设计宽度 (m)	实测宽度 (m)	差值 (mm)	设计宽度 (m)	实测宽度 (m)	差值 (mm)	设计值 (m)	实测值 (m)	差值 (mm)	设计值 (m)	实测值 (m)	差值 (mm)	
	上			上									
	中			中									
	下			下									
	上			上									
	中			中									
	下			下									
	上			上									
	中			中									
	下			下									
	上			上									
	中			中									
	下			下									
	上			上									
	中			中									
	下			下									
	上			上									
	中			中									
	下			下									
	上			上									
	中			中									
	下			下									

G. 0. 3 高架线路横断面测量成果表见表 G. 0. 3。

表 G. 0. 3 高架线路横断面测量成果表

左/右线自 K＿＿＿＿＿ 至 K＿＿＿＿＿ 　　测量记录：＿＿＿＿＿＿ 检查：＿＿＿＿＿＿ 　　＿＿＿＿＿年＿＿＿＿＿月＿＿＿＿＿日

里程	线路中线至左侧距离			线路中线至右侧距离			左侧高程			右侧高程			备注
	设计值 (m)	实测值 (m)	差值 (mm)	设计值 (m)	实测值 (m)	差值 (mm)	设计值 (m)	实测值 (m)	差值 (mm)	设计值 (m)	实测值 (m)	差值 (mm)	

G.0.4 线路结构底板纵断面测量成果表见表G.0.4。

表 G.0.4 线路结构底板纵断面测量成果表

线名：_____ 区段：_____

_____年___月___日

里程	高程 (m)	坡度 ‰	备注	里程	高程 (m)	坡度 ‰	备注

制表：_____ 检核：_____

附录 H 铺轨基标测量

H.0.1 矩形或直墙拱铺轨基标标志见图 H.0.1。

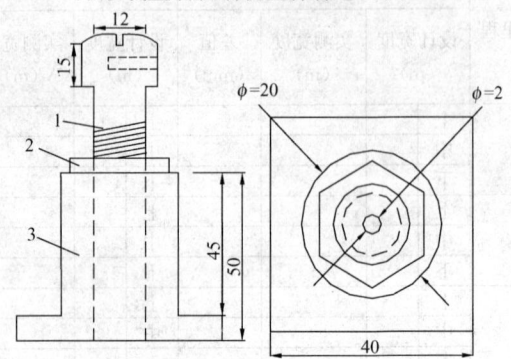

图 H.0.1 矩形或直墙拱铺轨基标标志（单位：mm）
1—M10×1.5 螺栓；2—螺母；3—基座

H.0.2 马蹄形或圆形隧道铺轨基标标志见图 H.0.2。

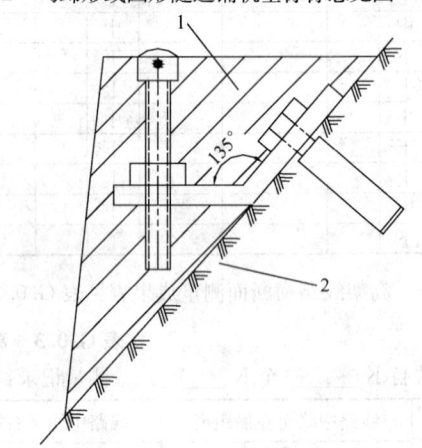

图 H.0.2 马蹄形或圆形隧道铺轨基标标志
1—混凝土；2—隧道结构

H.0.3 控制基标成果表见表 H.0.3。

表 H.0.3 控制基标成果表

线名：_____ _____年___月___日

里程	折角(° ′ ″)		X坐标(m)		Y坐标(m)		高程(m)	
	设计值 实测值	差值 (″)	设计值 检测值	差值 (mm)	设计值 检测值	差值 (mm)	轨面高 基标高	差值 (mm)

制表：_____ 检核：_____

H.0.4 加密基标成果表见表 H.0.4。

表 H.0.4　加密基标成果表

线名：_____　　　　　　　　　　　____年____月____日

里　程	设计轨面高程 （m）	实测基标高程 （m）	差　值 （mm）	里　程	设计轨面高程 （m）	实测基标高程 （m）	差　值 （mm）
备 注							

制表：_____　　　　　　　　　　　　　　　　　　　　　检核：_____

H.0.5　单开道岔铺轨基标示意见图 H.0.5。

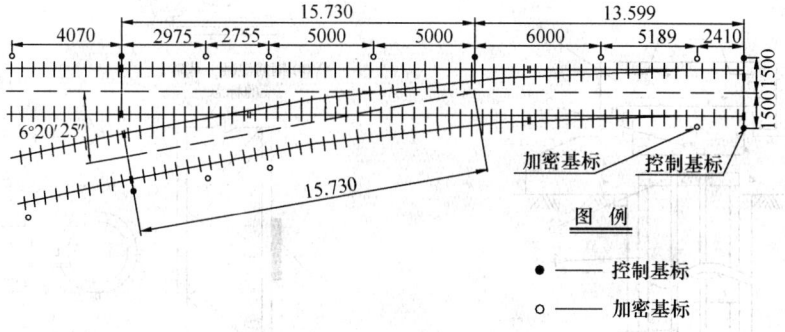

图 H.0.5　单开道岔铺轨基标示意

H.0.6　复式交分道岔铺轨基标示意见图 H.0.6。

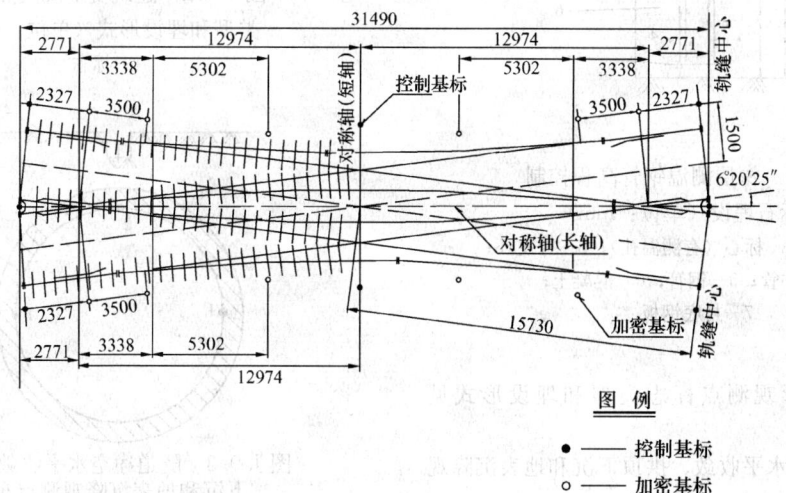

图 H.0.6　复式交分道岔铺轨基标示意

H. 0. 7 交叉渡线道岔铺轨基标示意见图 H. 0. 7。

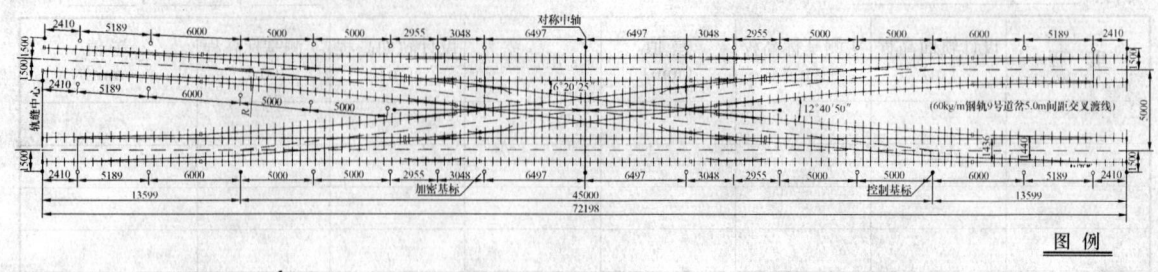

图 H. 0. 7 交叉渡线道岔铺轨基标示意

附录 J 变形监测

J. 0. 1 深层测温钢管高程控制点标石埋设见图 J. 0. 1。

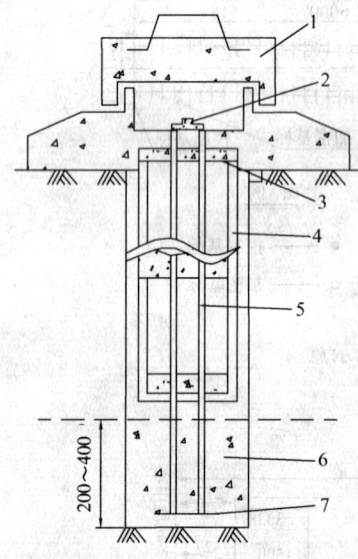

图 J. 0. 1 深层测温钢管高程控制
点标石埋设（单位：mm）

1—标志盖；2—标心（有测温孔）；3—橡皮环；
4—保护管；5—钢管；6—混凝土；
7—封底钢板

J. 0. 2 建筑变形观测点标志类型和埋设形式见图 J. 0. 2。

J. 0. 3 隧道净空水平收敛、拱顶下沉和地表沉降观测点布设见图 J. 0. 3。

J. 0. 4 变形与施工开挖工作面距离关系见图 J. 0. 4。

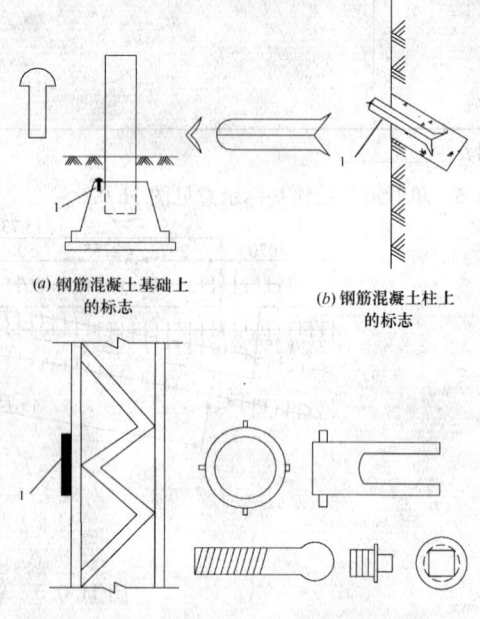

(a) 钢筋混凝土基础上的标志　　(b) 钢筋混凝土柱上的标志

(c) 钢柱上的标志　　(d) 隐蔽式的观测标志

图 J. 0. 2 建筑变形观测点标志
类型和埋设形式（单位：mm）
1—标志

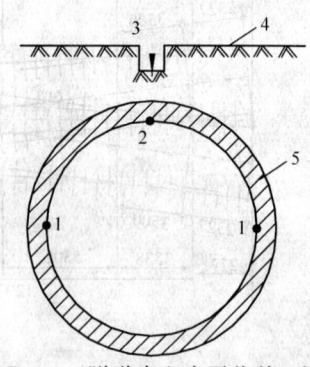

图 J. 0. 3 隧道净空水平收敛、拱顶
下沉和地表沉降观测点布设
1—净空水平收敛观测点；2—拱顶下沉观测点；
3—地表沉降观测点；4—地表；5—隧道结构

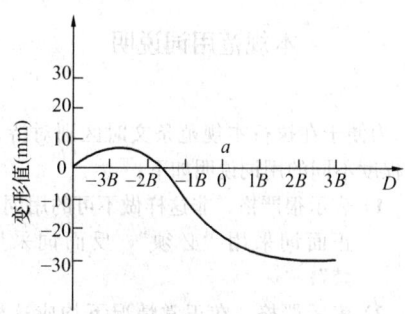

图 J.0.4　变形与施工开挖工作面距离关系
B—隧道开挖宽度（m）；a—开挖工作面；
D—距开挖工作面距离（m）

附录 K　竣 工 测 量

K.0.1　控制基标竣工测量成果见表 K.0.1。

表 K.0.1　控制基标竣工测量成果表

_____线_____段

控制基标名称和里程	间距(m)	实测夹角(°′″)	设计夹角(°′″)	夹角较差(″)		控制基标相对偏移量δ(mm)		控制基标高程			备注
				+	−	左	右	实测高程(m)	设计高程(m)	较差(mm)	

制表：_____　检核：_____　_____年____月____日

K.0.2　隔断门断面测量见图 K.0.2。

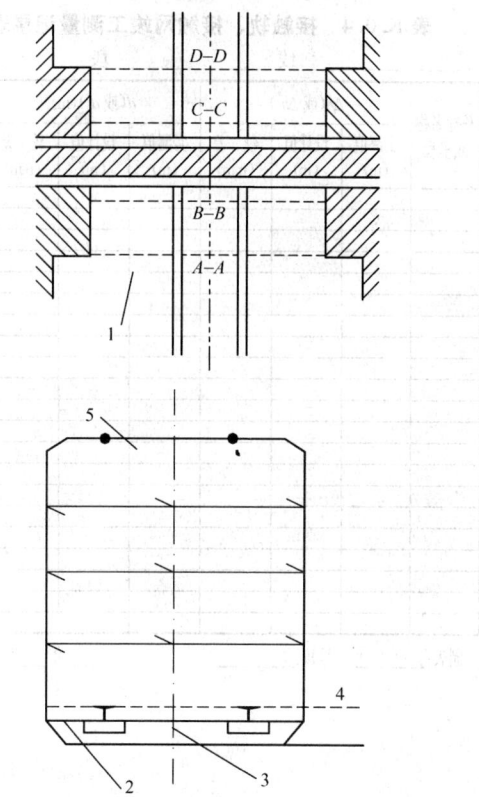

图 K.0.2　隔断门断面测量
1—隧道瓶颈口；2—底板；
3—线路中线；4—轨面；5—顶板
注：A—A、B—B、C—C、D—D 表示四个横断面；每横断面应测量左右轨面高程、2 个顶板点高程、3 个横距（其高度依据车辆、限界要求选定）。

K.0.3　接触轨、接触网竣工测量位置见图 K.0.3。

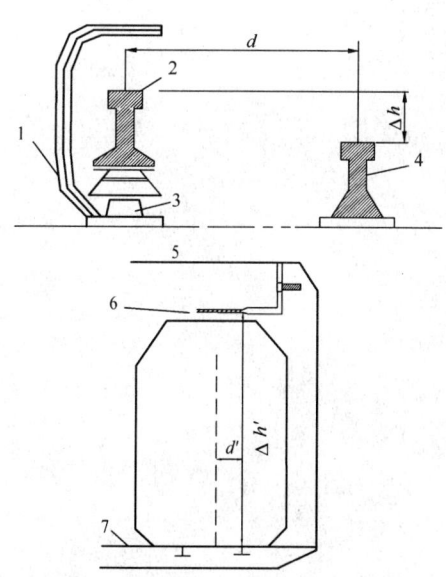

图 K.0.3　接触轨、接触网竣工测量位置
1—绝缘护板；2—接触轨；3—接触轨承台；
4—轨道；5—隧道顶板；6—接触网授电线；7—轨面

K.0.4 接触轨、接触网竣工测量记录见表 K.0.4。

表 K.0.4 接触轨、接触网竣工测量记录表

_____线_____段

基标名称或里程	Δh(或 $\Delta h'$)			d(或 d')(m)			备注
	实测值(m)	设计值(m)	较差(mm)	实测值(m)	设计值(m)	较差(mm)	

制表:_____ 检核:_____ ____年___月___日

本规范用词说明

1 为便于在执行本规范条文时区别对待,对要求严格程度不同的用词说明如下:

　　1)表示很严格,非这样做不可的用词:

　　　　正面词采用"必须",反面词采用"严禁";

　　2)表示严格,在正常情况下均应这样做的用词:

　　　　正面词采用"应",反面词采用"不应"或"不得";

　　3)表示允许稍有选择,在条件许可时首先应这样做的用词:

　　　　正面词采用"宜",反面词采用"不宜";

　　　　表示有选择,在一定条件下可以这样做的用词,采用"可"。

2 规范中指定应按其他有关标准、规范执行时,写法为"应符合……的规定"或"应按……执行"

中华人民共和国国家标准

城市轨道交通工程测量规范

GB 50308—2008

条 文 说 明

目 次

1 总 则

1.0.1 1965年以来，北京、天津、上海和广州等许多城市先后兴建城市轨道交通工程，但是一直没有统一的测量规范。根据建设部建标〔1998〕224号文《关于印发一九九八年工程建设标准规范修订计划（第二批）的通知要求》，为健全城市轨道交通工程建设规范，使城市轨道交通工程测量工作有统一的标准，主编单位编制了《地下铁道、轻轨交通工程测量规范》，并于2000年6月1日起实施。经过几年的实践，为适应技术发展，对原规范进行修订，并更名为《城市轨道交通工程测量规范》，以满足城市轨道交通发展的需要。

1.0.2 本规范内容涵盖城市轨道交通工程建设和运营各个阶段所应进行的主要测量工作。

1.0.3 为充分利用城市现有的测绘资料，参照国家现行标准《城市测量规范》CJJ 8中控制点、地形图及市政工程测量的基本精度规格，制定较差指标，以便测绘资料互相利用。

城市轨道交通工程平面和高程控制系统应与现有城市系统一致。由于城市轨道交通工程建设周期长、城市建设发展日新月异、工程施工场地为不稳定的载体等原因，对测量控制点的稳定和通视影响颇大，因此在施工前和建设中对控制点进行复（检）测极为重要。复（检）测工作不仅对评价测量控制点是否稳定提供了依据，而且对符合限差要求的复测结果与原测成果取平均值也提高了控制点的精度。

1.0.4 两个城市的坐标和高程系统往往不一致，为满足城市轨道交通工程建设要求，两个城市间的轨道交通工程必须采用统一的坐标和高程系统，如果条件限制不能采用统一的坐标和高程系统，两套系统应有严密的换算公式。

1.0.6 在隧道贯通前，联系测量、地下平面控制测量和地下高程控制测量，随工程进度应至少独立进行三次，主要是为了提高测量精度。

1.0.7 轨道交通工程最大贯通距离一般不超过1.5km，根据目前各地城市轨道交通工程设计要求和工程贯通误差现状以及建设单位测量设备状况、施工方法等制定本限差。本条给出的横向贯通测量中误差值为投影到线路法线方向的测量中误差。

贯通测量误差分为贯通测量允许误差和贯通测量中误差，横向贯通测量允许误差应为±100mm，高程贯通测量允许误差应为±50mm。贯通测量允许误差的1/2为贯通测量中误差。两个误差标准是一致的，使用中可任意选择。

1.0.8 城市中的轨道交通工程在建设和运营期间，对自身和环境的安全影响非常重要，应十分重视此项工作。制定的变形监测方案，应包括由于施工结构自身和环境的变形量及变形速率等超过设计和施工要求可能造成安全隐患时的应急变形监测措施与手段。

1.0.9 轨道交通工程的竣工测量是极其重要的。与其他工程竣工一样，不仅应将竣工测量资料提交城市建设档案馆存档，而且竣工测量资料对工程建成后的维修、改扩建是不可少的。

1.0.10 《中华人民共和国计量法实施细则》第二十五条规定"任何单位和个人不准在工作岗位上使用无检定合格印、证或者超过检定周期以及经检定不合格的计量器具"现将这些规定摘录如下：

《光学经纬仪检定规程》JJG 414规定的经纬仪检定内容，检定周期一般不超过一年。

《水准仪检定规程》JJG 425规定的水准仪检定内容，检定周期一般不超过一年。

《光电测距仪的检定规程》JJG 703规定的光电测距仪检定内容，检定周期最长不超过一年。

《钢卷尺检定规程》JJG 4规定的钢卷尺检定内容，检定周期最长不超过一年。

《水准标尺检定规程》JJG 8规定的水准标尺检定内容，检定周期为一年。

2 术语和符号

2.1 术 语

本术语中主要列入了具有城市轨道交通工程测量特点的测量和与测量有关的术语。同时为简化用词，对个别词汇赋予较广泛的含义，如"建筑"一词在本规范中包含了建筑物和构筑物两个词的意思。

2.2 符 号

城市轨道交通工程测量涉及内容和专业繁多，同一符号在不同专业中的意义不一样，因此规范中列出的符号代表多种意思，以供理解与掌握。

3 地面平面控制测量

3.1 一 般 规 定

3.1.2、3.1.3 地面平面控制网分两级布设，一是考虑到城市轨道交通建设与城市建设密不可分，工程设计所需的测量资料要互相利用，因此只有轨道交通工程控制网在城市二等网基础上布设，且坐标系统、高程系统与城市网一致，才能满足轨道交通工程控制网分期建立的需要，又便于使用各期测绘资料。二是因城市轨道交通工程各条线路为带状结构，车站较多，站间距较短，施工时又有一定数量的竖井，因此在城市二等网下只建立一个等级的首级网，控制点的数量偏少，满足不了施工测量的需要，所以必须在首级网下再布设二级网。地面平面控制网一等为卫星定位控制网，二等为精密导线网。卫星定位是一种先进的测量方法，不仅适用于一等卫星定位控制网测量，而且在城市开阔地区二等网也可以应用卫星定位技术，但其测量精度应满足精密导线网要求。

3.1.6 由于城市轨道交通工程的每一条线路建设周期较长，初期建立的平面和高程控制网点有可能发生位移和沉降，因此在本条和第4.1.9条中规定应定期对平面控制点及高程控制点进行复测。根据经验，除第一次在开工前进行外，一般宜1~2年复测1次。

3.2 卫星定位控制网测量

3.2.2 城市轨道交通工程地面控制网的精度要求，是根据城市测量的实际和暗挖隧道贯通精度的要求，以及国内外城市轨道交通建立地面控制网的经验而制定的。尤其对相邻点的相对精度的规定，主要是满足暗挖隧道、铺轨、界限及设备安装精度的要求。

提出横向贯通中误差应为±50mm，是根据误差理论及国内外地铁贯通测量的经验而制定的。为严格控制横向贯通测量误差，在各个测量环节的分配的一般原则为：地面控制测量中误差±25mm，联系测量中误差±20mm，地下导线测量中误差±30mm。因此±25mm应是规定卫星定位控制网和精密导线网测量精度与设计的依据。

表3.2.2中规定，卫星定位控制点与现有城市控制点的坐标较差为50mm，不同线路控制网重合点的坐标较差为25mm，是为了保证在轨道交通工程设计、定线时能够使用城市现有的大比例尺地形图和资料，以及保证各条线路交叉处控制点坐标基本一致，不能影响线路的衔接。

3.2.4 为了保证城市轨道交通工程卫星定位控制网的整体精度，要求网内应重合3~5个现有城市一、二等控制点，并能均匀分布。一方面既可以作为卫星定位控制网的起算数据和求定坐标转换参数，还可在卫星定位控制网平差时进行方案优化；另一方面能够保证控制网的精度均匀和减少尺度比的误差影响。

3.2.6 标石分为基本标石、岩石标石和建筑顶标石三种。

3.2.14、3.2.15 约束平差中当改正数的较差超限时，可以认为该基线或其附近基线有粗差，应采用软件提供的方法或人工干预的方法剔除粗差基线，直至符合本规范式（3.2.14-1）~（3.2.14-3）的要求。如果超限可能是已知约束值（坐标、边长、方位）与新建的卫星定位控制网不兼容引起的，应剔除某些误差大的已知点的约束值，重新进行约束平差，直至符合本规范式（3.2.14-4）~（3.2.14-6）的要求。

3.3 精密导线网测量

3.3.1 城市轨道交通工程平面控制网的精密导线网，

由表3.3.1知其测量的主要技术要求与国家其他现行规范中的导线不同，平均边长为350m，相邻点的相对点位中误差为±8mm，这样的要求完全是为满足轨道交通工程施工和保证暗挖隧道准确贯通的需要。

3.3.2 由于轨道交通工程线路多为直伸形状，精密导线网布设在卫星定位控制点之间，并应布设成附合导线形式。当条件限制不利于布设附合导线时，应布设成结点网形式。

3.3.6 前后视边长相差较大时，采用一般方法测角调焦幅度大，对测角误差影响显著。针对这一问题，工作实践中采用同一方向正倒镜同时观测法，可减少调焦误差对测角的影响。同一方向正倒镜同时观测法一测回的程序是：先盘左、盘右观测零方向（观测中不调焦），再瞄准另一方向调焦后，对盘右、盘左进行观测（观测中不调焦）。

4 地面高程控制测量

4.1.4 本规范总则中提出暗挖隧道高程贯通中误差为±25mm，根据误差理论和实践经验，高程贯通中误差在高程测量的各个环节作如下分配：地面高程控制测量的中误差为±16mm；向地下传递高程的中误差为±10mm；地下高程控制测量的高程中误差为±16mm。本规范表4.1.4中二等水准测量的主要技术规格就是根据±16mm的要求设计出来的。

4.1.5 一些城市或地区地表沉降比较大，造成水准点沉降，因此水准点每隔3km左右需埋设深桩水准点或基岩水准点，深桩水准点应埋设在稳定的持力层上。为方便施工或高程传递，车站、竖井及车辆段附近应布设水准点，为加强检核，其数量不应少于2个。

4.1.7 水准点标石可分为混凝土水准点标石、墙脚水准点标志、基岩水准点标石和深桩水准点标石四种。城市轨道交通工程地面高程控制网的二等水准网测量时，为满足轨道交通工程施工测量的需要，沿线路的精密导线点宜纳入水准路线中。

4.1.9 由于城市轨道交通工程建设的周期较长，水准点常常受到外界环境和施工建设的影响，必须定期对其复测。

5 线路带状地形测量

本章内容根据城市轨道交通工程特点、设计要求和《城市测量规范》CJJ 8相关技术规定编制。

6 专项调查与测绘

6.1 一般规定

6.1.4 为便于对照使用，通常将地上、地下建筑二者综合绘制在一张图上，故专项调查与测绘比例尺宜与带状地形图一致。对于某些专项图（如管线图），若管线过密，则经设计与施工单位同意后，可将较小比例尺线路图放大后再展绘管线图。

6.1.5 本条细部点的概念是指测区某些建筑的主要拐角点或几何中心。细部点测量是测定细部点坐标、高程的一项专门测量工作。原规范在条文中未对细部点的精度作明确规定，但在条文说明中有类似表达，只是在高程精度上有差异。原规范引用了现行国家标准《工程测量规范》GB 50026对细部点分类及其精度指标的规定，主要建（构）筑物点位中误差为±50mm，高程中误差为±20mm；次要建（构）筑物点位中误差为±70mm，高程中误差为±30mm。按《城市测量规范》CJJ 8-99的第7.3.6条规定，将上述两类建（构）筑物的高程中误差分别放宽到±30mm和±40mm，调整后的高程中误差与测绘方法相适应，也符合效益原则，且并不违背《工程测量规范》确定细部点精度指标的基本思路。因此，这次修订引用了现行行业标准《城市测量规范》CJJ 8有关细部点精度的规定。

6.1.6 本条依据《城市地下管线探测技术规程》CJJ 61—2003第3.0.12条（强制性条文）的规定，并结合城市轨道交通特点制定。

6.1.7 本条方法适用于测量建筑角点（特征点）或建筑轴线点的坐标和高程，包括细部点、管线点和线状地物的中线点等。

6.2 地下管线调查与测绘

6.2.2 地下管线由于其功能不同，分属各有关部门敷设和管理。而且敷设的年代亦不同，既有资料往往反映不了全貌，常有遗漏。因此，向主管部门调查是了解管线现状很重要的一环。特别是对隐蔽地下管线，除了搜集资料外还应向熟悉现场情况的有关部门调查了解。

6.2.3 本条第2款，明显管线点中窨井（包括检查井、闸门井、阀门井、仪表井、人孔和手孔等）的位置应为井盖的中心。

第4款规定断面尺寸应量外径或外壁，但在外业中量取外径（壁）比较困难，可通过量取内径加入壁厚求得外径。一般来说，不同类型、不同口径的管道（沟）壁厚有一定的规律。

6.2.4 本条第1款选择物探方法主要考虑以下因素：

① 地铁工程设计施工要求——这里是指对地铁施工区及其邻近的地下管线的普查与探测的要求（包括精度要求），通常由地铁工程设计部门提出。

② 探查对象——是指被探查管线的类型、材质、直径、载体、埋深、出露情况、接地条件等。

③ 地球物理条件——这里主要是指地下管线与其周围介质之间的物理特性上的差异，以及周围的干扰场等。

根据以上条件，选择成本低、效果好、效率高且能满足要求的物探方法和仪器。例如：

探查金属管线宜用电磁感应法；

探查钢筋混凝土管道可用磁偶极感应法；

在接地条件好的场地可用直流电法（电阻率法、充电法）探测金属、非金属管道与人防巷道；

地质雷达法、地震波法可用于探查金属、非金属管道及人防巷道；

探查热力管道可用红外辐射法等。

④ 方法试验——是指在探查区或邻近的已知管线上进行物探方法的试探测，以确定该方法和仪器的有效性、精度和有关参数。

本条第2款除管线特征点上需设置管线点外，施工场地的管线探测通常每5～10m间距设一个探测点，平面图比例尺宜为1：200～1：1000。地铁工程设计、施工特殊要求的探测点位应在探查任务中明确规定。

本条第4款提出经过物探，还不能查明管线的某些特性，或对于某些重要管线需要进一步落实位置或埋深，可与设计单位商榷选择适当部位开挖调查、测绘。

6.2.6 综合管线图分色一般为：给水——天蓝，排水——褐，燃气——粉红，热力——桔黄，工业——黑，电力——大红，电信——绿。

6.2.9 本条规定了地下管线探查的明显管线点检查及隐蔽管线点通过重复探查的质量检查比例；检查取样应随机，"随机取样"是指重复探查点应均匀分布于整个工区不同条件、不同埋深、不同类型的管线上，并具有代表性的管线点。本条还规定重复探查应在不同时间，由不同作业人员进行。明确了检查内容包括管线点的几何精度检查和属性调查结果检验。

6.3 地下建筑测绘

6.3.5 地下建筑轮廓在城市测量中规定测内壁，但在城市轨道交通建设中，地铁设计人员要求测外壁。地下建筑外壁可通过搜集已有资料（施工图、竣工图等）取得壁厚数据，也可用物探方法探测，同时在图上还应绘出外壁轮廓线。对于复杂的重要部位，可开挖量取壁厚。

6.4 跨越线路的建筑测绘

6.4.1 本条所指的天桥又称人行过街桥，立交的公路、铁路统称为立交桥，栈桥是运送货物过街或在铁路车站越过铁路站线运送货物的桥，另将管道置于栈桥上以越过障碍物的，又称管线桥等。

本节中所称的跨线建筑，不包括埋设在地下的跨越地铁工程的建筑。

6.5 水域地形测量

6.5.1 本条是城市轨道交通工程设计与施工的必需资料。水底地形图测量范围和技术要求由设计单位提出。水底纵、横断面可实测，也可利用相关资料编绘。

6.5.2 一般认为线路中线与岸线（或水流方向）相交在 $90°±10°$ 范围内即为近似正交，测深断面与线路中线平行布设时，与线路中线重合的测深断面为线路纵断面。

6.5.3 城市轨道交通工程穿过小的河、渠道，一般可直接观测，采用断面法测深、定位等较容易。对于跨越江、河、湖等宽阔水面的断面测深、定位除执行本规范外，还应执行国家有关规范。

6.5.4 用测深仪测深时，由于水质、水中生物、微生物以及电压波动等原因会影响测深精度。因此，可采用测深仪与其他直接测深工具的测深值进行比较，并进行改正。

6.6 房屋拆迁测量

6.6.1 已进行过产权登记的房屋，不宜再进行房屋拆迁建筑面积测算。

6.6.7 现行国家标准《房产测量规范 第一单元：房产测量规定》GB/T 17986.1-2000 将房屋建筑面积测算中误差分为三级：一级为 $±(0.01\sqrt{S}+0.0003S)$、二级为 $±(0.02\sqrt{S}+0.001S)$、三级为 $±(0.04\sqrt{S}+0.003S)$。该规范分级方法是把原行业标准《房产测量规范》CH 5001-1991 中的房屋面积精度标准作为最低一级，即第三级，把固定误差的精度等级系数定为2，把比例误差比例系数的精度等级系数定为3，然后加以处理和凑整。将建筑面积测算中误差定为三级的目的是考虑到各地房价差别很大，存在不同需求，给各地根据当地实际情况确定等级的机会。国家标准《房产测量规范》主要是适用于房屋竣工测量和房屋预售测量。而房屋拆迁测量与竣工测量、预售测量的测量范围不完全一致，它既要测量永久性建筑，又要测量临时建筑。一些农房、临时建筑受自身条件限制房屋边长测量精度提高比较困难，也没有必要。因此，本规范将房屋拆迁建筑面积中误差定为第三级比较符合实际情况。本规范房屋建筑面积用 P 表示。

7 线路定线及纵横断面测量

7.1 一 般 规 定

7.1.1 城市轨道交通工程的初步设计和施工设计，是采用解析设计，设计者依据地形图和沿线的重要建筑的位置，设计线路的走向，并在实地核实后，才将初步设计阶段的线路测设到地面上。

7.1.2 城市控制网的精度可以满足城市轨道交通工程初步设计定线要求，但对于施工定线，精度不够。因此，需建立专用控制网，其精度比城市一般控制网精度高，以满足施工定线或施工测量要求。

7.2 初步设计定线测量

7.2.6 线路初步设计定线时，可能由于地形图的不准确或图解误差大，使设计的线路与某些建筑发生矛盾，因此需测定建筑等的坐标和高程，用解析数据核实线路位置和走向。

7.2.7 为防止用极坐标法或交会法测定的各个单点线路位置的错误，因此要进行相互两点间的距离检测。当各线路中线点间通视，可将它们串测成闭合导线，通过坐标反算检查线路点间的距离是否符合要求。

7.3 纵横断面测量

本节纵横断面测量根据城市轨道交通工程测量对纵横断面的特殊要求，以及一般纵横断面测量要求编制。

7.4 地面施工定线测量

7.4.2 双线平行地段，定出右线后，即可根据右线将左线放出来。非平行地段，由于线路长度不一样，线路里程也不一样，应分别编制线路里程表。

7.4.6 当线路中线附合导线长度平均 1.5km，导线全长相对闭合差为 1/20000 时，其绝对闭合差为 $±75mm$，经计算中点的点位中误差约为 $±19mm$。实际测量精度一般要高于上述估算精度，因此规定横向中误差 $±20mm$，是可以达到的。

8 车辆段测量

8.1 一 般 规 定

8.1.1 车辆段为具有配属车辆，承担车辆的运用管理、整备保养和检查，以及较高级别的车辆检修任务的基本生产单位，也是地铁工程检修车辆和停放车辆的场所，形式上分为贯通式和尽端式车辆段。

8.1.3 平面控制网的形式，应根据场地大小、建筑配置和设计要求确定。

8.2 车辆段施工控制测量

8.2.2 基线是场区的控制主轴线，需要时也可增设辅助基线与主轴线构成方格网。

8.3 施工场地测量

8.3.2 场区方格网的布设要根据车辆段的工程施工设计总平面图进行设计，设计中应考虑联测方案、精度、点位扩展等情况。对场地平整的方格网边长，可根据场地的起伏、坡度等具体情况决定,本条提出了 20m×20m 和 10m×10m 两种规格,工作中可根据实际情况选用。

8.4 建筑及附属设施施工测量

8.4.2 建筑施工控制网是依附在车辆段施工控制网上的,其网形一般与建筑形状基本相同,其任务主要是为建筑施工服务。

8.4.3 按照建筑结构、层数、设备联系或生产工艺联系程度等情况,各等级建筑平面控制网对建筑的放样中误差分别为:一级 ±3mm,二级 ±5mm 和三级 ±10mm;按其轴线最大间距 50m 估算,相对中误差分别为 1/17000、1/10000、1/5000。考虑到建筑平面控制网的误差影响,设控制网中误差为 $m_{控}$,又顾及到建筑放样误差的影响,设放样中误差为 $m_{放}$,取 $m_{控} \leqslant m_{放}/\sqrt{2}$,则三个等级建筑控制网的边长相对中误差分别为 1/24000、1/15000、1/8000。同时按边角匹配的原则 $\left(m_{\beta} = \dfrac{m_s}{D}\rho\right)$,则各级建筑控制网的测角中误差分别为 ±9″、±12″、±24″。因此制定了本规范表 8.4.3 的各项指标。

8.5 车场线、出入线及地面联络线测量

8.5.2 车场线是一组尤如扫把状的平行股道,其中线间距测量误差不得有"负"误差,防止车辆进出场错车时,车辆间相互碰撞。

9 联系测量

9.1 一般规定

9.1.1 联系测量是将地面坐标、方位和高程传递到地下隧道,作为地下各项测量工作起算数据的一项综合测量工作。联系测量是隧道控制测量的重要环节,其精度对隧道贯通误差影响很大,必须引起重视。

9.1.2 本规范定向测量方法简介如下:

1 联系三角形法,适合于井口小、深度大的竖井进行联系测量。虽然其作业工作量较大,但其精度很稳定,因而国内很多单位仍在使用该法,在城市轨道交通联系测量工作中该法也得到广泛应用。

2 陀螺经纬仪、铅垂仪(钢丝)组合法,首先应用在北京地铁复八线段的施工测量中,在西单车站施工技术科研成果的鉴定会上,得到了与会专家肯定,其方法简单、精度高、作业时间短,此后推广到北京地铁复八线和全国各线的施工测量中。

3 导线直接传递法,较适合于井口大、深度浅(深度小于 30m)的竖井进行联系测量。用导线测量方法将坐标和方位直接传递到隧道内,如果不能一次传入隧道,可再经站厅层过渡传入隧道。此法工作量

较小、简单易行,在全国地铁中应用较多。

4 投点定向法,该法利用在车站两端的出土井搭设人仪分离的观测台,将坐标用投点仪直接投入井内,此法前提条件是井下两点应当通视。另外,当隧道贯通距离较长时,为控制隧道掘进的横向误差,对浅埋隧道可在地面钻一孔,用吊锤或光学、激光铅垂仪将坐标传入地下隧道内,将地下施工控制支导线变成坐标附合导线,由此提高地下施工控制导线精度,并使用平差后的导线成果继续指导隧道掘进。

9.1.3 在采用明挖法开挖隧道,从地面向基坑内不能用直接水准测量传递高程时,采用全站仪三角高程测量方法,应注意以下两点:

1 应采用有自动补偿的 Ⅱ 级全站仪或相当于 Ⅱ 级全站仪的仪器,其觇标高和仪器高,不能用小钢尺去量,而应采用无仪器高测定法或用水准仪直接测定。

2 必须采用同一架仪器往返观测,测得的高差较差小于 5mm 时,取平均值。

9.1.5 无论定向和高程传递,在隧道贯通前至少进行三次测量的原因如下:

1 一次测量不能满足贯通测量精度要求,多次测量可提高定向和传递高程的精度。

2 由于受隧道结构自身不稳定和施工的影响,隧道中的导线点易于变动。

3 增加隧道内支导线测量路线检核条件。

9.3 联系三角形测量

9.3.1 联系三角形测量是通过竖井悬挂两根钢丝,由井上导线点测定与钢丝的距离和角度,从而算得钢丝的坐标以及它们之间的方位角;然后在井下,把钢丝的坐标和方位角作为已知数据,通过测量和计算便可得出地下导线点的坐标和方位角,这样就把地上与地下导线联系起来了。见图 1。

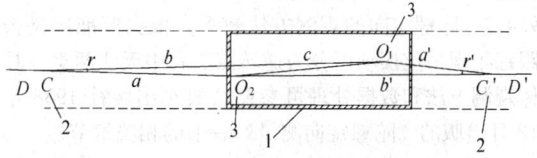

图 1 联系三角形定向图

1—施工竖井;2—C 为地面近井点、C' 为地下近井点;
3—O_1、O_2 为悬挂钢丝

9.3.2 悬挂三根钢丝组成双联系三角形,可以提高定向精度。

9.3.3

1 钢丝间的距离越长连接图形越好,根据竖井井口的直径尽量加大钢丝间的距离。

2 从竖井联系测量传递方位角的精度公式来看,减小 γ、γ',可提高方位角传递的精度,故规定小于 1°,实际操作中也容易做到。

3 $\frac{a}{c}$ 比值越小，越有利于提高精度，故一般选择井上、井下近井点时，宜使近井点距钢丝距离不超过两钢丝的间距 c。

9.4 陀螺经纬仪、铅垂仪（钢丝）组合定向测量

9.4.2 按照本规范的贯通误差配赋原则，联系测量中误差为 ±20mm，偏于安全考虑，本条规定竖井投点的点位中误差相对于临近竖井口的精密导线点为 ±10mm。我国城市地铁的埋深一般较浅，使用精度为 1/200000 的铅垂仪或荷重钢丝进行投点的精度一般均能达到要求。

9.4.3 本条所规定的是进行陀螺经纬仪定向的一般步骤，无论陀螺定向观测采用何种方法，一般均应遵循本条的步骤。

9.4.4 井下陀螺定向边，其边长应长短适中，边长太短时对中、照准误差对方位角精度影响较大，边长太长时由于隧道内粉尘分布不均匀以及照明条件有限等原因造成的照准误差也会影响方位角的精度。

9.4.5 测定仪器常数在竖井附近的已知控制点上进行时，由于已知边距待定边较近，可认为井上、井下的子午线收敛角影响相同。在这种情况下可不考虑子午线收敛角的影响，计算仪器常数的公式为：

$$\Delta = \alpha_0 - \alpha_T \tag{1}$$

从而

$$m_\Delta^2 = m_{\alpha_0}^2 + m_{\alpha_T}^2 \tag{2}$$

式中 α_0——已知边的坐标方位角；
      α_T——已知边的陀螺方位角。

另外，测定仪器常数的已知边，其方位角精度对仪器常数的精度有直接影响，因此已知边的方位角必须有较高的精度。

9.4.6 相关研究表明，陀螺经纬仪的仪器常数不是一个恒量，而是一个随时间和地点变化的量。因此规定陀螺定向各个步骤应在 3 天内完成，以避免时间过长造成仪器常数发生变化。

9.4.7 陀螺定向的观测方法较多，根据照准部是否跟踪陀螺吊丝摆动可分为逆转点法和中天法两类。具体观测方法和数据处理可参照解放军出版社 1988 年12 月出版的《陀螺定向测量》一书的相关章节。

9.5 导线直接传递测量

9.5.3 当导线定向传递边的相邻点存在较大高差时，一般测量仪器纵轴误差不易消除，因此采用的 Ⅰ、Ⅱ级全站仪要有双轴自动补偿功能，若全站仪没有这种补偿，应采用跨水准器进行纵轴倾斜误差改正。

10 地下控制测量

10.1 一般规定

10.1.5 城市轨道交通工程隧道结构在施工期间非常不稳定，因此埋设在隧道结构上的测量标志难免发生变化，同时由于施工单位不慎，将测量标志碰动和损坏也是屡见不鲜的，因此必须经常对其进行复测和检查。

10.2 平面控制测量

10.2.4 本条规定测左、右角的主要原因是：增加测站检核条件和提高测角精度。

10.2.6 在延伸施工控制导线测量前，应对现有施工控制导线前三个点进行检测。因为地铁施工控制导线点由于种种原因会发生变化，因此测量前对已有导线点进行检测十分必要。

10.3 高程控制测量

10.3.3 地下施工控制水准测量规定，采用地面二等水准测量的仪器、设备以及观测方法，主要是考虑隧道内铺轨基标的测设精度要求而制定的。

11 暗挖隧道、车站施工测量

11.1 一般规定

11.1.4 竖井内联系测量的控制点是直接从地面传递到井下的坚强控制点，隧道开挖初期必须由此指导隧道掘进。随着暗挖隧道的延伸，不断在延伸的隧道中布设地下施工平面和高程点，作为施工测量依据。但是，一旦地下施工平面和高程路线长度满足布设平面和高程控制的要求后，应进行地下控制测量。

11.1.7 隧道贯通后，进行贯通测量的目的是了解贯通情况并进行贯通误差调整测量。因为，城市轨道交通工程隧道有较严格的限界，为使隧道满足限界条件，贯通误差必须符合要求。在此前提下，隧道贯通后或二衬结构施工前进行线路中线调整测量，利用中线调整测量后的成果作为下一道工序隧道施工依据。

11.2 施工导线和施工高程测量

本节内容是根据全国城市轨道交通工程施工测量总结的实践经验和贯通误差设计要求编制而成。

11.3 车站施工测量

施工测量是为施工服务的，本节结合目前在全国城市轨道交通工程建设中，不同车站既有的施工方法，制定相应施工测量方法、技术要求。本节未涉及到的施工方法所需求的测量方法和技术要求应与本节制定的测量精度一致。

11.4 矿山法区间隧道施工测量

11.4.8 隧道二衬结构施工是隧道结构的最后一道工

序，为保证其施工质量和结构限界要求，隧道未贯通前不能进行二衬施工。这样做的目的是一旦贯通误差过大，可以在二衬结构施工中进行调整，避免结构限界超限。

11.5 盾构法区间隧道施工测量

11.5.1 盾构始发井建成后，应在井下适宜的位置埋设足够数量的测量控制点，并通过联系测量方法将坐标和高程传递到这些点上，指导盾构机在始发井的拼装工作。

11.5.3 盾构机上所设置的测量标志必须牢固、可靠；有条件时宜设置两套，既可用于检核，也可提高测量精度。

11.5.4 始发前盾构机的初始位置和姿态对正确掘进影响较大，必须准确测定。对于具有导向系统的盾构机也应利用人工测量方法进行检核测量，自动导向系统与人工测量结果一致，才能进行掘进施工。

11.5.5 盾构机生产厂家和型号不同则配置不一样，对自身具有导向测量系统的盾构机，其盾构机姿态和衬砌环状况，可由该导向测量系统以施工测量控制点为起算数据，实时测量和计算出来。但施工测量控制点数据和稳定状况需要依靠人工测量方法确定，由于隧道内观测条件差，测量所依据的控制点稳定状况不好，加之导向测量系统难免出故障，因此，掘进过程中应在一定的距离内用人工测量方法对盾构机姿态和衬砌环状况进行检核测量，且对盾构机的掘进提供修正参数。

11.5.6 管片测量应选择在盾尾中和脱离盾尾后分别进行。管片拼接完成后与盾尾脱离前测定衬砌环姿态，主要是为管片拼装机提供衬砌环拼装偏差的修正参数。与盾尾脱离后测定衬砌环姿态，主要提供衬砌环安装初始位置偏差的修正参数。衬砌环安装后的变形状况由监控量测提供。

12 明挖隧道、车站施工测量

12.1 一般规定

12.1.3 在施工测量前，有关单位向施工单位提交地面线路中线桩和地面控制测量及有关设计文件和资料，在建设单位的主持下签订交接桩文件，其内容为卫星定位控制点、精密导线点、水准点和埋设在地面的线路桩的桩号、名称、性能、中线桩标志的类型、埋设深度，以及定线测量的方法与精度等，并在现场交桩。同时在建设单位主持下，由设计、测量、施工的单位各方代表签字，交桩后施工单位应对这些桩点进行复测并采取措施妥善保护。

施工测量人员必须阅读线路平面图、剖面图、明挖基坑的断面图、连续墙、支护桩或其他围护结构的

设计图纸，并对线路里程、坐标、曲线、坡度、高程等资料以及设计图上标注的有关尺寸等进行复算和核对，发现错误立即会同相关单位协商解决。

13 高架结构施工测量

13.1 一般规定

高架线路结构工程与特大型桥梁线路工程和大型高架市政道路大体相同，因此参照特大桥引桥线路工程的特点，编制了高架线路工程施工测量的内容，制定了相应的测量限差，作为高架线路结构施工测量的标准。

高架线路工程是城市轨道交通工程中的一部分，车辆从隧道内行驶到地面后，上高架线路，有接轨问题。尽管高架线路结构的施工测量按桥梁工程的测量标准施测，但其线路测量应按城市轨道交通工程整体道床轨道线路测量标准施测。

13.4 横梁施工测量

13.4.1 随着城市轨道交通技术的发展，磁悬浮列车和梁式轨道列车以及更多其他形式的轨道列车将会广泛地应用到城市轨道交通中。由于轨道梁直接用于机车的行驶，因此进行支撑轨道梁横梁施工时，限差应严格要求，同时必须依据检核后的控制点对横梁的平面位置和高程按照相关工程技术要求进行精度控制。

14 线路中线调整和结构断面测量

14.1 一般规定

14.1.1 城市轨道交通工程运行模式、隧道施工工艺等不同，对线路施工的精度及限差要求亦不同。因此，关于线路调整、结构横断面和线路纵断面测量的精度及限差要求应依工程实际确定。

14.1.2 城市轨道交通工程是线性的系统工程，工程环节多，施工标段多。由于测量误差等影响，施工所依据的线路中线可能与设计位置有偏差，相临标段施工所用线路中线间也有差异，因此土建结构完成后必须进行贯通测量和线路调整测量。

14.2 线路中线调整测量

14.2.2 在隧道施工贯通后进行中线调整测量时，车站附近的控制点相对于其他控制点精度较高，应作为起算控制点。线路中线点之间形成的附合导线不宜太长，以控制误差积累。另外地铁车站间距一般在1500m左右，因此规定附合长度不大于1500m。

14.2.7 地下线与高架线的线路中线，由于测量的误

差，可能导致两段线路中线不统一，或者不在设计位置上，因此应进行线路中线调整测量。由于地面联络线路限界宽松，所以应以地下线路和高架线路为依据对地面联络线路进行调整。

14.3 结构断面测量

14.3.4 限界一般应根据车辆的轮廓尺寸和技术参数、轨道特性、受电方式、施工方法、设备安装等综合因素确定，并分为车辆限界、设备限界、建筑限界等。本条主要规定了对制约断面尺寸的建筑限界的测量位置。

区间隧道的限界控制点应位于结构两侧边墙和顶底板上。高架线路的限界控制点应根据其限界及设备安装位置而定，一般应位于防护栅栏和人行便道边沿以及地板上。车站的限界控制点一般一侧位于结构边墙，另一侧为站台沿和底板上。上述各限界控制点的高度应根据车辆尺寸和其上、中、下影响列车运行三个限界比较紧张的位置和顶、底板的线路中线而定。如：区间隧道的限界控制点，在北京一期地铁建设中规定其在两侧边墙的高度分别高于右轨轨面 0.400m、1.850m 和 3.250m 以及顶、底板的线路中线位置。

14.3.6 在横断面测量中，使用全站仪进行横断面测量精度较高，横断面点与线路中线法距测量误差能满足本规范规定±20mm的要求，但目前还有使用常规的支距法等测量横断面，因此，在测量的各个环节，如线路中线定线、支距测量等细致操作，应满足本规范要求。

14.4 变更后的线路中线调整测量

14.4.1 修改的线路设计文件，应由设计单位提供，而且这种修改的线路设计文件还要得到建设单位的审查批准和备案以后，以文件的形式由建设单位提供给测量单位，方可作为修改线路实地定线的依据。

15 铺轨基标测量

15.1 一 般 规 定

15.1.1 为确保地铁列车行驶的安全，铺轨基标测设，必须使用隧道贯通后并对贯通测量数据进行统一严密平差的测量控制点，因为这些测量控制点，已满足结构限界要求，利用其进行铺轨基标测设能符合线路关系，并保证轨道的平滑和圆顺。

铺轨基标的里程和高程，一般不需要施测单位另行计算，业主所提供的铺轨综合设计图已表述得非常清楚，基标测设时，只需严格按照铺轨综合设计图提供的设计数据进行测量。

15.1.2 城市轨道线路需埋设铺轨基标数量较多，每条线路（左线或右线）一般每千米约为 180 个，控制基标需要长期保存，加密基标则只要满足铺轨施工期间使用即可。

15.1.3 整体道床的铺轨基标一般设置在线路中线上，也可将铺轨基标测设在轨道一侧。圆形或马蹄形隧道可将铺轨基标设置在右侧的隧道边墙上。对于有渣轨道，铺轨基标一般放置在右侧的路肩上。

15.1.4 控制基标的等高，是指控制基标顶部高程与其所在里程处轨顶面的设计高程间的差值，应保持为一个固定常数 K。常数 K 一般取整体道床排水沟底部至轨顶面的设计高差，一般为 300～500mm。控制基标的等距，是指所有控制基标的中心位置与对应线路中线点在法线上的距离 D 保持相等，并根据铺设床的形式和整体道床水沟的位置而定。当采用碎石道床时，一般 D＝3000mm。当采用整体道床时，水沟设置在两侧，D 一般为 1500mm；水沟设置在中间时，D＝0。

15.2 控制基标测量

15.2.3 车站、矩形隧道、直墙拱形隧道以及浮置板施工后的盾构隧道等的基标埋设，一般按本条规定的三个步骤进行。对于盾构隧道浮置板未进行施工，且基标又设置在中线的某一侧落在衬砌环片上时，还应在衬砌环片上埋设钢筋，进行基标的底座加固。

16 磁悬浮和跨座式轨道交通工程测量

16.1 磁悬浮轨道交通工程测量

磁悬浮轨道交通工程地面和高架结构与一般城市轨道交通工程基本一致，这部分的施工测量方法和技术要求同本规范第 13 章相关内容。但是，轨道梁的架设精度要求很高，因此本节重点从建立精调控制网、轨道梁放样、调整等方面制定标准，供广大测绘技术人员参照执行。由于我国磁悬浮轨道交通工程建设还处在起步阶段，施工测量经验还不丰富，本节内容还有待于今后不断完善。

16.2 跨座式轨道交通工程测量

16.2.11 限界检查是单轨车辆上线在轨道梁上运行之前，利用限界检查专用设备，按照规定的方法和程序，检查工程是否满足限界设计要求。通过现状的限界检查，发现限界缺陷，提出整改要求，最终使限界满足单轨车辆上线运行的安全性、可靠性要求。建筑限界和车辆限界、轨道梁周围特殊限界见以下示意图（图2和图3）：

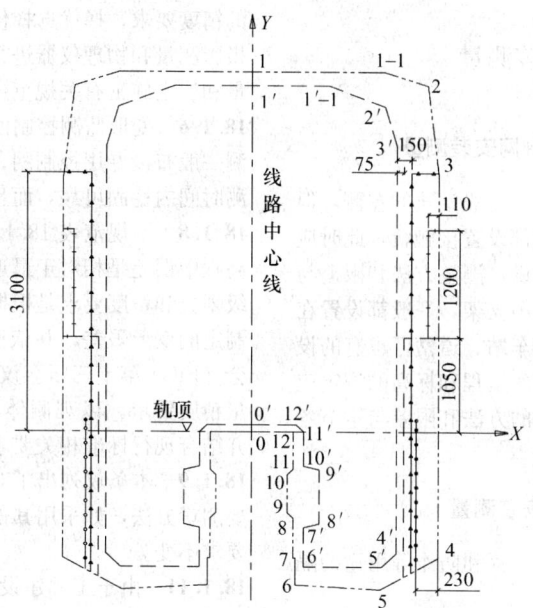

车辆限界坐标（单位 mm）

控制点	0′	1′	1′—1	2′	3′	4′	5′	6′	7′	8′	9′	10′	11′	12′
X	0	0	800	1380	1500	1500	1350	540	540	700	700	540	540	460
Y	80	3850	3850	3620	3080	—1350	—1500	—1500	—1060	—1020	—420	—380	0	80

建筑限界坐标（单位 mm）

控制点	0	1	1—1	2	3	4	5	6	7	8	9	10	11	12
X	0	0	1380	1820	1935	1935	1335	455	430	430	370	370	430	430
Y	0	4000	4000	3850	2880	—1400	—1750	—1700	—1400	—955	—895	—475	—415	0

图 2　建筑限界和车辆限界示意

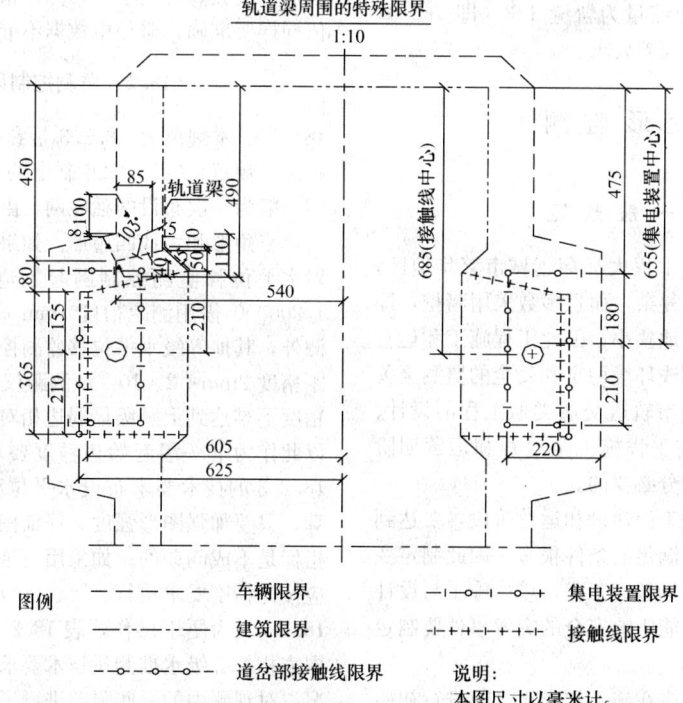

图例	—— — —— 车辆限界	—o—o— 集电装置限界
	—— 建筑限界	+—+—+ 接触线限界
	—o—o— 道岔部接触线限界	说明： 本图尺寸以毫米计。

图 3　轨道梁周围特殊限界示意

注：除图 3 所示意的限界外，还有客运站台建筑限界、安全栅建筑限界、道岔建筑限界、定期检修线、
　　存车线等车库内信号机建筑限界、接地装置限界、接地板限界。

17 设备安装测量

17.2 接触轨、接触网安装测量

接触轨通常设置在线路轨道左股钢轨的左侧，但当进入道岔区，轨道的左右侧都设置接触轨，此时应根据道岔区的设计图纸进行测设，测量方法和限差与本节各条款相同。接触网的悬吊支架，一般都设置在隧道线路中线的拱顶上，但在车站、道岔区也有的设置在隧道的边墙上，此时支架的里程和标高的测定应按照设计图纸进行测设。测设的方法和限差与本节各条款基本相同。

17.3 隔断门安装测量

17.3.1 隔断门包括用于人防工程和防淹等用途的隔断门。

17.4 行车信号与线路标志安装测量

17.4.4 城市轨道交通采用无缝轨道线路，在自动闭塞信号灯之间，轨道都没有接缝。无缝钢轨未锁之前，轨道随温度变化自由伸缩。在温度变化1℃时，500m的钢轨将伸缩6mm，若变化5℃即伸缩30mm，超过了在轨腰上标志的位置允许误差为±5mm的要求。因此必须在无缝钢轨锁定之后测定标志。如果曲线元素标志正好位于锁定长轨的呼吸区钢轨的接缝附近，尽管呼吸区最大伸缩量为轨缝1/2（即4mm），同样能满足标志测定的误差要求。

18 变形监测

18.1 一般规定

18.1.1 城市轨道交通工程大都穿越城市繁华地区，埋深浅，地层岩土条件复杂，而且多数采用暗挖，即使在明挖段也是工作场地狭小，因此工程施工和运营期间对自身结构以及沿线环境稳定和安全的监测至关重要。同时也为今后城市轨道交通类似工程的设计、施工提供依据。所以在工程施工全过程和运营期阶段，进行变形监测是十分必要的。

18.1.2 城市轨道交通工程建设和运营阶段，要达到安全施工和环境稳定，满足的条件很多，因此制定变形监测方案要考虑工程场地、工程环境、施工与设计水平等条件，同时对可能影响安全的突发事件要制定应急方案，防患于未然。

18.1.3 变形监测工作应在施工和降水之前进行初始观测，以后的观测要根据工程进度和需要及时开展工作。

18.1.5 测量单位可以根据监测的内容和对观测对象

的精度要求，择优选择仪器设备和测量方法，当采川摄影测量和物理仪器进行变形测量时，可参照摄影测量和岩土施工有关规范进行作业。

18.1.6 变形监测控制网是变形测量的依据，变形监测一般布设专用控制网，布设时要考虑到整个变形观测时间内稳固可靠，而且便于使用。

18.1.8 本规范表18.1.8中变形点的点位中误差和高程中误差是相对于最近基准点而言。变形测量的等级划分和精度要求是根据建筑结构形式、结构性质所制定的变形限差，并依照1971年国际测量工作联合会（FIG）第十三届会议中工程测量组提出的变形测量精度要求，以观测体容许变形值的1/20为原则，并结合现行标准相关要求而制定。

18.1.9 本条仅列出了对变形监测点的精度要求和主要测量方法，如采用其他方法进行变形监测，其精度要求不变。

18.1.11 由于工程建设和运营对工程结构和环境影响非常复杂，变形监测方案必须随变形体的变化和发展趋势及时进行修订，使之能适应变化的情况。

18.1.12 地上、地下同步进行变形测量是为了上、下对照，全面了解和掌握观测对象的变形状态。

18.1.13 这是为了减弱系统误差影响，提高观测精度。

18.1.14 记录观测时的施工、环境、岩土水文和气象等状况是为了便于分析变形原因。

18.1.15 变形测量的初始值是整个变形观测的基础数据，应提高观测精度，保证精确。变形测量的异常值同样要准确，避免由数据不准确而造成决策失误。

18.2 监测控制网测量

18.2.3 本规范表18.2.3是参照现行国家标准《工程测量规范》GB 50026制定的。水平位移监测控制网一般为一次布设的独立网，由于控制范围较小，多为单三角形和大地四边形。如果布设成三角网，除了对水平位移监测控制网起始边相对中误差不低于1/200000，需用测距精度$1mm+1×10^{-6}D$测距仪施测外，其他等级水平位移监测控制网起始边均可用测距精度$2mm+2×10^{-6}D$测距仪测定，它们的起始边精度不难达到上一级最强边相对中误差的要求。如果以此作为下一级起始边精度要求，并按照本规范表18.2.3的技术要求布设水平位移监测控制网，经估算，只要加强图形强度，仔细操作，达到规定的精度指标是不成问题的。如采用卫星定位布设控制网，也应按此精度要求执行。

18.2.4 为便于操作，表18.2.4-1和18.2.4-2参照国家相关等级水准测量技术要求，并根据实际测量状况，对观测中的一些限差进行了调整而编制。

18.3 结构施工变形监测

18.3.1 必测项目为保证城市轨道交通工程自身结构

和周边环境稳定及安全，同时反映建设对象在施工和运营中的状态而进行的日常监测项目。选测项目为设计人员和施工的特殊需要而进行的局部变形监测项目。

根据监测内容，除几何测量仪器外，所选择的主要物理仪器及其技术指标见表1（仪器厂家及仪器种类繁多本表仅供参考）：

表1 主要物理仪器及其技术指标

测量内容	主要测量仪器	测量范围	测量精度
净空水平收敛	YSJ-2型收敛计	测量距离50m，量程30~50m	系统误差0.003mm，分辨率0.01mm
水平位移测量	SDW-2型位移计	测量深度30~50m	0.1mm
倾斜测量	CX-01伺服加速计、数显型测斜仪	0°~53°，深度100m	±4mm/15m
围岩分层沉降	CT-1型电磁沉降仪	量程50m	±2mm
围岩压力测量	钢弦式土压力计	量程15000kPa	分辨率1%F.S 零飘±1%F.S
应力测量	CHL-2型弦式混凝土应力计	量程50MPa	分辨率0.15%F.S

18.3.6 要及时采集变形数据，尽量减少变形量损失。观测点注记里程主要是便于对地面、地下的数据进行对照。

18.3.7 断面间距应根据围岩类别、隧道埋深、断面尺寸等因素确定。

18.3.8 根据国家现行标准《铁路隧道喷锚构筑法技术规则》TBJ 108规定和盾构施工要求，可视围岩性质和其实际变形速度，根据本规范表18.3.8适当选择和调整测量频率。

18.4 施工阶段沿线环境变形监测

18.4.3 本规范表18.4.3是参照《铁路隧道喷锚构筑法技术规则》TBJ 108的规定和施工经验确定，适用于软弱破碎围岩。

18.4.4 线路地表的沉降观测点要埋实，沉降观测点若埋设在路面等容易破坏的地方要加设保护设施，如可在点上砌筑像地下管线手孔状的设施并加上保护盖。

18.4.5 对于不便在管线上设置观测点的管线，如燃气、锈蚀严重的管线等可观测其周围土体的变形，如埋设压力盒和位移计等，间接测量变形体的变形状况。

18.4.6 对地铁地表线路中线两侧2.5倍埋深范围的变形区内建筑等都需要进行监测。但是由于经济原因，可进行重点建筑的变形监测。另外有些建筑装修档次较高，为不破坏其内、外装修效果，变形观测点的式样设计和埋设应和观测对象外观协调。

18.4.7 根据工程经验，一般距开挖工作面前方 $H+h$（H 为隧道埋深，h 为隧道高度）范围，施工对穿越物体和其周围土体产生影响，因此应对其进行变形监测，并及时提供监测结论，确保工程安全。

18.6 资料整理与信息反馈

18.6.2 回归分析要有足够的数据，可选择如下类型回归函数：

$$U = A \cdot \lg(1+t)$$
$$U = A \cdot e^{-B/t}$$
$$U = t/(A+Bt)$$
$$U = A(1-e^{-B})$$
$$U = A + B/\lg(1+t)$$
$$U = A\{1-[1/(1+Bt)]^2\}$$

式中　U——位移值（mm）；

　　　A、B——回归系数；

　　　t——测点埋设后的时间（d）。

19 竣工测量

19.1 一般规定

19.1.2 竣工测量的起始依据：地面应以控制测量的卫星定位控制点、精密导线点、水准点为依据；地下应以铺轨控制基标为依据。

19.1.3 竣工测量记录了工程地面、地下建筑竣工后的实际位置、高程以及形体尺寸、材质等状况，是反映、评估施工质量的技术资料，应作为工程进行交接验收、管理维护、改建扩建的重要依据；作为建设及运营管理单位必须长期保存的技术文件；更是国家建设行政管理部门进行监督审查以及国有资产归档的主要技术档案。

竣工图的编制和测量，一般由各承办施工单位负责。按本规范和相关技术规范要求执行。但对某些施工中变更较多、技术复杂、竣工测量繁重的项目，或涉及全线整体质量评估及行车安全的项目，应统一由建设单位主持、组织或委托勘测单位测绘。

竣工测量基本方法和精度要求，与施工测量基本相同，但程序相反。竣工测量应选择竣工建筑的有关部位检测，并注记在原施工图上相应部位以便说明比较，如注记主轴线点坐标值、主要高程点、间距、方向以及重要的碎部点相关尺寸等。对一般施工中无变更的施工图，应在原图上加注竣工检测调查数据，经施工主管、工程监理审定后，作为竣工图。

对有变更的施工图，应将原图进行修改补充，注记说明，并附以设计变更通知单、竣工实测调查记录以及监理审核验收记录等，加工编制成正式竣工图。

19.1.4 全国各个地方建设工程竣工测量与验收的标准和要求不完全相同，因此建设工程竣工测量成果资料除满足本规范要求外，尚应满足地方主管部门的要求。

19.1.5 竣工成果资料除提供文本资料外，还应提交数字文档。

19.2 线路轨道竣工测量

19.2.1 为编制线路平面和纵、横断（含净空）面的竣工图以及轨道（含道岔）铺设竣工图，应进行线路轨道竣工测量。

19.3 区间、车站和附属建筑结构竣工测量

19.3.2、19.3.3 根据限界设计的要求，净空横断面竣工测量主要是对影响行车安全的净空断面点进行检查测量。根据断面形状，断面测量点应选择结构限界的关键点，例如马蹄形断面，测量点设置在每侧边墙各 3 个，顶和底板线路中线处各 1 个，边墙上测点的位置分别高于右轨轨面 0.400m、1.850m 和 3.250m 处。

19.3.4 隔断门在隧道中是重要的大型设备，其净空限界极为严格，为保证高速运行车辆的安全，在长轨锁定之后，必须进行精确细致的竣工测量。对于竣工资料不但要归档，而且还要根据竣工测量数据判断隔断门的安装质量是否达到设计要求。

19.4 线路沿线设备竣工测量

19.4.2 接触轨的受电方式是利用设在车厢左侧的受电器（电刷子），压紧在接触轨的顶面。受电器有固定长度、高度和弹簧压力。当接触轨与左轨的距离和高度满足设计要求，就可正常受电，因此，本条规定只需测出左轨和接触轨的距离和高差，以便衡量接触轨的安装质量。

接触网受电器是弓形的，它有固定的长度并压紧在接触网的输电线上，接触网弓形受电器只要压紧在满足设计高程的输电线上，就可正常受电。因此只需测出右轨和接触网输电线的高差和与右轨的距离就可衡量接触网安装的质量。

20 测量成果资料验收

本节是：根据城市轨道交通测量成果特点，以及国家测绘行业有关测量成果资料验收标准编制。

中华人民共和国国家标准

工业金属管道设计规范

Design code for industrial metallic piping

GB 50316—2000

(2008 年版)

主编部门：中华人民共和国原化学工业部
批准部门：中华人民共和国建设部
施行日期：２００１年１月１日

中华人民共和国建设部
公　　告

第 796 号

建设部关于发布国家标准
《工业金属管道设计规范》局部修订的公告

现批准《工业金属管道设计规范》GB 50316—2000 局部修订的条文，自 2008 年 7 月 1 日起实施。其中，第 13.1.3.6 款为强制性条文，必须严格执行。经此次修改的原条文同时废止。

局部修订的条文及具体内容，将在近期出版的《工程建设标准化》刊物上登载。

中华人民共和国建设部
二〇〇八年一月三十一日

关于发布国家标准
《工业金属管道设计规范》的通知

建标〔2000〕199 号

根据国家计委《一九九一年工程建设国家标准制订、修订计划》（计综合〔1991〕290 号）的要求，由原化学工业部会同有关部门共同制定的《工业金属管道设计规范》，经有关部门会审，批准为强制性国家标准，编号为 GB 50316—2000，自 2001 年 1 月 1 日起施行。

本规范由国家石油和化学工业局负责管理，中国寰球化学工程公司负责具体解释工作，建设部标准定额研究所组织中国计划出版社出版发行。

中华人民共和国建设部
二〇〇〇年九月二十六日

目　次

1 总 则

1.0.1 为了提高工业金属管道工程的设计水平,保证设计质量,制定本规范。

1.0.2 本规范适用于公称压力小于或等于42MPa的工业金属管道及非金属衬里的工业金属管道的设计。

1.0.3 本规范不适用于下列管道的设计:

    1.0.3.1 制造厂成套设计的设备或机器所属的管道;

    1.0.3.2 电力行业的管道;

    1.0.3.3 长输管道;

    1.0.3.4 矿井的管道;

    1.0.3.5 采暖通风与空气调节的管道及非圆形截面的管道;

    1.0.3.6 地下或室内给排水及消防给水管道;

    1.0.3.7 泡沫、二氧化碳及其他灭火系统的管道;

    1.0.3.8 城镇公用管道。

1.0.4 除另有注明外,本规范所述的压力均应为表压。

1.0.5 工业金属管道设计,除应执行本规范外,尚应符合国家现行有关标准的规定。

2 术语和符号

2.1 术 语

2.1.1 A1类流体 category A1 fluid

在本规范内系指剧毒流体,在输送过程中如有极少量的流体泄漏到环境中,被人吸入或与人体接触时,能造成严重中毒,脱离接触后,不能治愈。相当于现行国家标准《职业性接触毒物危害程度分级》GB 5044 中Ⅰ级(极度危害)的毒物。

2.1.2 A2类流体 category A2 fluid

在本规范内系指有毒流体,接触此类流体后,会有不同程度的中毒,脱离接触后可治愈。相当于《职业性接触毒物危害程度分级》GB 5044 中Ⅱ级及以下(高度、中度、轻度危害)的毒物。

2.1.3 B类流体 category B fluid

在本规范内系指这些流体在环境或操作条件下是一种气体或可闪蒸产生气体的液体,这些流体能点燃并在空气中连续燃烧。

2.1.4 D类流体 category D fluid

指不可燃、无毒、设计压力小于或等于1.0MPa 和设计温度高于−20~186℃之间的流体。

2.1.5 C类流体 category C fluid

系指不包括D类流体的不可燃、无毒的流体。

2.1.6 管道 piping

由管道组成件、管道支吊架等组成,用以输送、分配、混合、分离、排放、计量或控制流体流动。

2.1.7 管道系统 piping system

简称管系,按流体与设计条件划分的多根管道连接成的一组管道。

2.1.8 管道组成件 piping components

用于连接或装配成管道的元件,包括管子、管件、法兰、垫片、紧固件、阀门以及管道特殊件等。

2.1.9 管道特殊件 piping specialties

指非普通标准组成件,系按工程设计条件特殊制造的管道组成件,包括:膨胀节、补偿器、特殊阀门、爆破片、阻火器、过滤器、挠性接头及软管等。

2.1.10 斜接弯管(弯头) miter bends

采用管子或钢板制成的焊接弯管(弯头),具有与管子纵轴线不相垂直的斜接焊缝的管段拼接而成。

2.1.11 支管连接 branch connections

从主管引出支管的结构,包括整体加强的管件及带加强或不带加强的焊接结构的支管连接。

2.1.12 突面 raised face

为法兰密封面的一种形式,突起的平密封面在螺栓孔的内侧,代号为RF。

2.1.13 满平面 full face

也称全平面,为法兰密封面的一种形式,在法兰外径以内均为平密封面,代号为FF。

2.1.14 集液包 liquid collecting pocket(drip leg)

在气体或蒸汽管道的低点设置收集冷凝液的袋形装置。

2.1.15 管道支吊架 pipe supports and hangers

用于支承管道或约束管道位移的各种结构的总称,但不包括土建的结构。

2.1.16 固定支架 anchors

可使管系在支承此处不产生任何线位移和角位移,并可承受管道各方向的各种荷载的支架。

2.1.17 滑动支架 sliding supports

有滑动支承面的支架,可约束管道垂直向下方向的位移,不限制管道热胀或冷缩时的水平位移,承受包括自重在内的垂直方向的荷载。

2.1.18 刚性吊架 rigid hangers

带有铰接吊杆的管架结构,可约束管道垂直向下方向的位移,不限制管道热胀或冷缩时的水平位移,承受包括自重在内的垂直方向的荷载。

2.1.19 导向架 guides

可阻止因力矩和扭矩所产生旋转的支架,可对一个或一个以上方向进行导向,但管道可沿给定轴向位移。当用在水平管道时,支架还承受包括自重力在内的垂直方向荷载。通常导向架的结构兼有对某轴向或二个轴向限位的作用。

2.1.20 限位架 restraints

可限制管道在某点处指定方向的位移(可以是一个或一个以上方向线位移或角位移)的支架。规定位移值的限位架，称为定值限位架。

2.1.21 减振装置 vibrating eliminators

可控制管系高频低幅振动或低频高幅晃动的装置，不限制管系热胀冷缩。

2.1.22 阻尼装置 snubbers（dampers）

可控制管道瞬时冲击荷载或管系高速振动位移的装置，不限制管系热胀冷缩。

2.1.23 剧烈循环条件 severe cyclic condition

指管道计算的最大位移应力范围 σ_E 超过 0.8 倍许用的位移应力范围（即 0.8 $[\sigma]_A$）和当量循环数 N 大于 7000 或由设计确定的产生相等效果的条件。

2.1.24 应力增大系数 stress intensification factor

受弯矩的作用，在非直管的组成件中，产生疲劳损坏的最大弯曲应力与承受相同弯矩、相同直径及厚度的直管产生疲劳损坏的最大弯曲应力的比值，称为应力增大系数。因弯矩与管道组成件所在平面不同，有平面内及平面外的应力增大系数。

2.1.25 位移应力范围 displacement stress range

由管道热膨胀产生的位移所计算的应力称为位移应力范围。从最低温度到最高温度的全补偿值进行计算的应力，称为计算的最大位移应力范围。

2.1.26 附加位移 externally imposed displacements

指所计算管系的端点处因设备或其他连接管的热膨胀或其他位移附加给计算管系的位移量。

2.1.27 冷拉 cold spring

在安装管道时预先施加于管道的弹性变形，以产生预期的初始位移和应力，达到降低初始热态下管端的作用力和力矩。

2.1.28 柔性系数 flexibility factor

表示管道元件在承受力矩时，相对于直管而言其柔性增加的程度。即：在管道元件中由给定的力矩产生的每单位长度元件的角变形与相同直径及厚度的直管受同样力矩产生的角变形的比值。

2.1.29 公用工程管道 utility piping

相对于工艺管道而言，公用工程管道系指工厂（装置）的各工序中公用流体的管道。

2.1.30 管道和仪表流程图 piping and instrument diagram

简称 P&ID（或 PID）。此图上除表示设备外，主要表示连接的管道系统、仪表的符号及管道识别代号等。

2.2 符 号

A——主管开孔削弱所需的补强面积

A_1——补强范围内主管承受内、外压所需计算厚度和厚度附加量两者之外的多余金属面积

A_2——补强范围内支管承受内、外压所需计算厚度和厚度附加量两者之外的多余金属面积

A_3——补强范围内的角焊缝面积

A_4——补强范围内另加补强件的面积

A_5——补强范围内，挤压引出支管上承受内、外压所需厚度和厚度附加量两者之外的多余金属面积

A_k——材料的冲击功

B——补强区有效宽度

C_{1t}——支管厚度减薄（负偏差）的附加量

C_{1m}——主管厚度减薄（负偏差）的附加量

C_{1r}——补强板厚度减薄（负偏差）的附加量

C——厚度附加量之和

C_1——厚度减薄附加量，包括加工、开槽和螺纹深度及材料厚度负偏差

C_2——腐蚀或磨蚀附加量

C_f——修正系数

C_h——管道压力损失的裕度系数

C_p——定压热容

C_s——冷拉比，即冷拉值与全补偿值之比

C_v——定容热容

C.S.C.（L.C.）——关闭状态下锁住（未经批准不得开启）

C.S.O.（L.O.）——开启状态下锁住（未经批准不得关闭）

d——扣除厚度附加量后支管内径

d_o——支管名义外径

d_1——扣除厚度附加量后主管上斜开孔的长径

d_G——凹面或平面法兰垫片的内径或环槽式垫片平均直径

d_X——除去厚度附加量后挤压引出支管的内径

DN——管子或管件的公称直径

D_i——管子或管件内径

D_{iL}——异径管大端内径

D_{iS}——异径管小端内径

D_o——管子或管件外径

D_{OL}——异径管大端外径

D_{OS}——异径管小端外径

D_r——补强板的外径

E_c——铸件的质量系数

E_j——焊接接头系数

E_h——在最高或最低温度下管道材料的弹性模量

E_{20}——在安装温度下的管道材料的弹性模量

F_H——工作荷载

f_r——补强板材料与主管材料许用应力比

f_s——荷载变化系数

f——管道位移应力范围减小系数

g——重力加速度

h——尺寸系数

h_1——主管外侧法向补强的有效高度

h_2——支管有效补强高度

h_3——平盖内凹的深度

h_x——挤压引出支管的高度

i——应力增大系数

i_i——平面内应力增大系数

i_o——平面外应力增大系数

i_s——管道坡度

k——气体的绝热指数

K——柔性系数

K_1——与平盖结构有关的系数

K_2——用于斜接弯管的经验值

K_3——挤压引出支管补强系数

K_R——阻力系数

K_s——弹簧刚度

K_T——许用应力系数

L——管道长度

L_e——阀门和管件的当量长度

L_f——斜接弯管端节短边的长度

L_s——支吊架间距

L_{SL}——与异径管大端连接的直管加强段长度

L_{SS}——与异径管小端连接的直管加强段长度

M——气体分子量

M_A——由于自重和其他持续外载作用在管道横截面上的合成力矩

M_B——安全阀或释放阀的反座推力、管道内流量和压力的瞬时变化、风力或地震等产生的偶然荷载作用于管道横截面上的合成力矩

M_E——热胀当量合成力矩

M'_E——未计入应力增大系数的合成力矩

M_i——平面内热胀弯曲力矩

M_O——平面外热胀弯曲力矩

M_t——热胀扭转力矩

M_X——沿坐标轴 X 方向的力矩

M_Y——沿坐标轴 Y 方向的力矩

M_Z——沿坐标轴 Z 方向的力矩

n——序数

N——管系预计使用寿命下全位移循环当量数

N_E——与计算的最大位移应力范围 σ_E 相关的循环数

N_j——与按小于全位移计算的位移应力范围 σ_j 相关的循环数

P——设计压力

P_A——在设计温度下的许用压力

P_m——斜接弯管的最大许用内压力

PN——公称压力

P_T——试验压力

Q_L——异径管大端与直管连接的应力增值系数

Q_S——异径管小端与直管连接的应力增值系数

R——圆弧弯管的弯曲半径

R_1——斜接弯管的弯曲半径

R_c——管道运行初期在安装温度下对设备或端点的作用力和力矩

R_{c1}——管道应变自均衡后在安装温度下对设备或端点的作用力和力矩

R_E——以 E_{20} 和全补偿值计算的管道对端点的作用力和力矩

R_h——管道运行初期在最高或最低温度下对设备或端点的作用力和力矩

R_m——主管平均半径

r——平盖内圆角半径

r_o——管子或管件的平均半径

r_1、r_2、r_3——支管补强部位过渡半径

r_j——按小于全位移计算的位移应力范围 σ_j 与计算的最大位移应力范围 σ_E 之比

r_m——支管平均半径

r_p——支管补强部分外半径

r_x——在主管和支管轴线的平面内，外轮廓转角处的曲率半径

S——斜接弯管斜接段中心线处的间距

T——气体温度

T_1——对焊件较薄一侧的厚度

T_2——对焊件较厚一侧的厚度

T_c——三通圆角部（主支管相交处）厚度

T_t——主管计算厚度

T_{tn}——主管名义厚度

t——半管接头的端部厚度

t_b——支管补强部位有效厚度

t_c——角焊缝计算的有效厚度

t_{eb}——三通支管的有效厚度

t_{Fn}——管件的名义厚度

t_L——异径管名义厚度

t_{L1}——异径管大端名义厚度

t_{L2}——异径管小端名义厚度

t_{LC}——异径管锥部计算厚度

t_{LL}——异径管大端计算厚度

t_{LS}——异径管小端计算厚度

t_m——盲板计算厚度

t_p——平盖计算厚度

t_{pd}——平盖或盲板的设计厚度

t_r——补强板名义厚度

t_s ——直管计算厚度

t_{sd} ——直管设计厚度

t_{se} ——直管有效厚度

t_{sn} ——直管名义厚度

t_t ——支管计算厚度

t_{tn} ——支管名义厚度

t_X ——除去厚度附加量后在主管外表面处挤压引出支管的有效厚度

t_w ——插入式支管台的尺寸

v ——平均流速

v_c ——气体的声速或临界流速

W ——截面系数

W_B ——异径三通支管的有效截面系数

W_o ——质量流量

X ——法兰内侧角焊缝焊脚尺寸

X_{min} ——角焊缝最小焊脚尺寸

Y ——系数

Y_s ——管道自重弯曲挠度

α ——斜接弯管一条焊缝方向改变的角度（相邻斜接线夹角）

α_1 ——支管轴线与主管轴线的夹角

α_0 ——金属材料的平均线膨胀系数

β ——异径管斜边与轴线的夹角

θ ——斜接弯管一条焊缝方向改变的角度的 1/2（相邻斜接线夹角的一半）

θ_n ——支管补强部位过渡角度

δ ——最大计算纤维伸长率

δ_{ave} ——对接焊口错边量的平均值

δ_{max} ——对接焊口错边量的最大值

δ_1 ——基层金属的名义厚度

δ_2 ——复层金属扣除附加量后的有效厚度

Δ ——管道垂直热位移

ΔP_f ——直管的摩擦压力损失

ΔP_k ——局部的摩擦压力损失

ΔP_t ——管道总压力损失

η ——与平盖结构有关的系数

ρ ——流体密度

λ ——流体摩擦系数

σ_b ——材料标准抗拉强度下限值

σ_b^t ——材料在设计温度下的抗拉强度

σ_D^t ——材料在设计温度下经 10 万 h 断裂的持久强度的平均值

σ_E ——计算的最大位移应力范围

σ_j ——按小于全位移计算的位移应力范围

σ_L ——管道中由于压力、重力和其他持续荷载所产生的纵向应力之和

σ_n^t ——材料在设计温度下经 10 万 h 蠕变率为 1% 的蠕变极限

$\sigma_s(\sigma_{0.2})$ ——材料标准常温屈服点（或 0.2% 屈服强度）

$\sigma_s^t(\sigma_{0.2}^t)$ ——材料在设计温度下的屈服点（或 0.2% 屈服强度）

σ_T ——在试验条件下组成件的周向应力

$[\sigma]_T$ ——在试验温度下材料的许用应力

$[\sigma]^t$ ——在设计温度下材料的许用应力

$[\sigma]_o$ ——在设计温度下整体复合金属材料的许用应力

$[\sigma]_1$ ——在设计温度下基层金属的许用应力

$[\sigma]_2$ ——在设计温度下复层金属的许用应力

$[\sigma]_A$ ——许用的位移应力范围

$[\sigma]_c$ ——在分析中的位移循环内，金属材料在冷态（预计最低温度）下的许用应力

$[\sigma]_h$ ——在分析中的位移循环内，金属材料在热态（预计最高温度）下的许用应力

$[\sigma]_x$ ——决定组成件厚度时采用的计算温度下材料的许用应力

$[\sigma]_{RP}$ ——在设计温度下补强板材料的许用应力

$[\sigma]_M$ ——在设计温度下主管材料的许用应力

3 设计条件和设计基准

3.1 设 计 条 件

3.1.1 管道设计应根据压力、温度、流体特性等工艺条件，并结合环境和各种荷载等条件进行。

3.1.2 设计压力的确定应符合下列规定：

3.1.2.1 一条管道及其每个组成件的设计压力，不应小于运行中遇到的内压或外压与温度相偶合时最严重条件下的压力。最严重条件应为强度计算中管道组成件需要最大厚度及最高公称压力时的参数。但上述设计压力不应包括本章中允许的非经常性压力变动值。

3.1.2.2 下列特殊条件的管道，其设计压力应与第 3.1.2.1 款比较，并应取两者的较大值。

（1）输送制冷剂、液化烃类等气化温度低的流体的管道，设计压力不应小于阀被关闭或流体不流动时在最高环境温度下气化所能达到的最高压力；

（2）离心泵出口管道的设计压力不应小于吸入压力与扬程相应压力之和；

（3）没有压力泄放装置保护或与压力泄放装置隔离的管道，设计压力不应低于流体可达到的最大压力。

3.1.2.3 真空管道应按受外压设计，当装有安全控制装置时，设计压力应取 1.25 倍最大内外压力差或 0.1MPa 两者中的低值；无安全控制装置时，设计压力应取 0.1MPa。

3.1.2.4 装有泄压装置的管道的设计压力不应小于泄压装置开启的压力。

3.1.3 设计温度的确定应符合下列规定：

3.1.3.1 管道中每个组成件的设计温度，应不低于本规范第 3.1.2.1 款规定的需要最大厚度或最高公

称压力相对应的温度。设计温度的确定，还应包括流体温度、环境温度、阳光辐射、加热或冷却的流体温度等因素的影响。

设计的最低温度应为管道组成件的最低工作温度，此温度不应低于材料的使用温度下限。常用材料的使用温度下限，应符合本规范附录 A 的规定。

3.1.3.2 管道采用伴管或夹套加热时，应以外加热和管内流体温度中较高的温度为设计温度。

3.1.3.3 无隔热层的管道中，不同的管道组成件可具有不同的设计温度，管道组成件的设计温度应符合以下规定：

（1）流体温度低于 65℃ 时，管道组成件的设计温度可与流体温度相同；

（2）流体温度等于或大于 65℃ 时，除非按传热计算或试验确定有较低的平均壁温，管道组成件的设计温度不应低于以下的值：

阀门、管子、突缘短节、焊接管件和厚度与管子相似的其他管道组成件：为流体温度的 95%；

法兰（除松套法兰外），包括在管件和阀门上的法兰：为流体温度的 90%；

松套法兰：为流体温度的 85%；

法兰的紧固件：为流体温度的 80%。

3.1.3.4 外保温管道的设计温度应按第3.1.3.1款和第3.1.3.2款确定。当另有计算、试验或测定的结果时，可取其他温度。

3.1.3.5 内保温管道的设计温度，应根据传热计算或试验确定。

3.1.3.6 对于非金属材料衬里的管道，设计温度应取流体的最高工作温度。当无外隔热层时，外层金属的设计温度可通过传热计算、试验决定，或按第3.1.3.3款确定。

3.1.4 设计中应对以下环境影响采取有效措施：

3.1.4.1 管道中的气体或蒸气被冷却时，应确定压力降值。当管内产生真空时，管道应能承受在低温下的外部压力，或采取破坏真空的预防措施。

3.1.4.2 管道组成件应能承受或消除因静态流体受热膨胀而增加的压力，或采取预防措施。

3.1.4.3 当管道温度低于 0℃ 时，应防止切断阀、控制阀、泄压装置和其他管道组成件的活动部件外表面结冰。

3.1.5 管道应能承受以下的动力荷载：

3.1.5.1 管道应能承受外部或内部条件引起的水力冲击、液体或固体的撞击等的冲击荷载。

3.1.5.2 位于室外的地上管道应能承受风荷载。

3.1.5.3 在地震区的管道应能承受地震引起的水平力，并应符合有关国家现行抗震标准的规定。

3.1.5.4 管道的布置和支承设计应消除由于冲击、压力脉动、机器共振、风荷载等引起有害的管道振动的影响。

3.1.5.5 在管道布置和支架设计时，应能承受由于流体的减压或排放时所产生的反作用力。

3.1.6 管道承受的静荷载应包括固定荷载及活荷载。活荷载应包括输送流体重力或试验用的流体重力、寒冷地区的冰、雪重力及其他活动的临时荷载等。固定荷载应包括管道组成件、隔热材料以及由管道支承的其他永久性荷载。

3.1.7 设计中应分析以下热膨胀或收缩的影响：

3.1.7.1 管道被约束或固定，因热膨胀或收缩而产生的作用力和力矩。

3.1.7.2 管壁上温度发生急剧的变化，或由于温度分布不均匀而产生的管壁应力及荷载。

3.1.7.3 两种不同材料所组成的复合或衬里管道，因基层或复层热膨胀性能不同而产生的荷载及夹套管因内外管温度差而产生的荷载。

3.1.8 设计中应避免管道受压力循环荷载、温度循环荷载以及其他循环交变荷载所引起的疲劳破坏。

3.1.9 管道支架和连接设备的位移应作为计算的条件，包括设备或支架的热膨胀、地基下沉、潮水流动、风荷载等产生的位移。

3.1.10 对于焊接、热处理、加工成形、弯曲、低温操作以及易挥发性流体突然减压而产生的急冷作用等情况应保证材料韧性降低在允许的范围内。

3.1.11 当流体工作温度低于 -191℃ 时，在选择管道材料包括隔热材料时应按环境空气会出现冷凝和氧气浓缩的因素，确定管外覆盖层，或采取相应的措施。

3.2 设 计 基 准

3.2.1 管道组成件的压力-温度额定值应符合下列规定：

3.2.1.1 除本规范另有规定外，管道组成件的公称压力及对应的工作压力-温度额定值应符合国家现行标准。选用管道组成件时，该组成件标准中所规定的额定值，不应低于管道的设计压力和设计温度。

对于只标明公称压力的组成件，除另有规定外，在设计温度下的许用压力可按下式计算：

$$P_A = PN \frac{[\sigma]^t}{[\sigma]_x} \qquad (3.2.1)$$

式中　P_A——在设计温度下的许用压力（MPa）；

　　　PN——公称压力（MPa）；

　　　$[\sigma]^t$——在设计温度下材料的许用应力（MPa）；

　　　$[\sigma]_x$——决定组成件厚度时采用的计算温度下材料的许用应力（MPa）。

3.2.1.2 在国家现行标准中没有规定压力-温度额定值及公称压力的管道组成件，可用设计温度下材料的许用应力及组成件的有效厚度（名义厚度减去所有厚度附加量）通过计算来确定组成件的压力-温度额定值。

3.2.1.3 两种不同压力-温度参数的流体管道连结一起时，分隔两种流体的阀门参数应按较严重的条件决定。位于阀门任一侧的管道，应按其输送条件设计。

3.2.1.4 多条设计压力和设计温度不同的管道，用相同的管道组成件时，应按压力和温度相耦合时最严重条件下的某一条管道的压力和温度条件进行设计。

3.2.2 管道运行中的压力和温度的允许变动范围应符合下列规定：

3.2.2.1 金属管道在运行中其压力、温度或两者同时发生非经常性的变动，且下列所有规定都能满足时，应认为在允许的范围内。否则，必须按照压力-温度变动过程中耦合时最严重工况下的设计条件确定。

(1) 没有铸铁或其他非塑性金属的受压组成件。

(2) 公称压力产生的应力不应超过在设计温度下的屈服点。

(3) 纵向应力不应超过本规范规定的极限。

(4) 在管道寿命内，超过设计条件的压力-温度变动的总次数不应超过 1000 次。

(5) 在任何情况下，最高变动压力不应超过管道的试验压力。

(6) 超过设计条件的非经常性变动应符合下列限制之一。

允许超过压力值或提高温度的程度相当于允许提高许用应力值，其规定如下：

<u>一次变动持续时间不超过 10h，且每年累计不超过 100h 时，许用应力提高不得超过 33%。</u>

<u>一次变动持续时间不超过 50h，且每年累计不超过 500h 时，许用应力提高不得超过 20%。</u>

(7) 持续的和周期性的变动对系统中所有组成件的工作性能无影响。如压力变动对阀座等部件的密封无影响。

(8) 变动后的温度不应低于本规范附录 A 中规定的最低使用温度。

3.2.2.2 对于非金属衬里管道，压力和温度允许的变动值，应在取得成功的使用经验或经过试验证实可靠时，方可使用。

3.2.3 许用应力应符合下列规定：

3.2.3.1 本规范附录 A 中金属管道材料的许用应力系指许用拉应力，使用时应符合下列规定：

(1) 对于焊接的管道组成件用材料，采用本规范附录 A 的许用应力时，应另外计入焊接接头系数 E_j。

(2) 对于铸件，在本规范附录 A 表 A.0.5～表 A.0.7 中的许用应力已计入铸件的质量系数 E_c 值 0.80。

3.2.3.2 许用剪切应力为本规范附录 A 许用应力的 0.8 倍；支承面的许用压应力为许用应力的 1.6 倍；许用压应力为本规范附录 A 表中的许用应力。

3.2.3.3 确定许用应力的基准：

(1) 螺栓材料的许用应力应按表 3.2.3-1 确定。

(2) 除螺栓及铸铁材料外，对本规范所用的其他材料的许用应力，应按表 3.2.3-2 确定。

(3) 灰铸铁在设计温度下的许用应力值不应超过下列中的较低者：

标准抗拉强度下限值的 1/10；

设计温度下抗拉强度的 1/10。

(4) 可锻铸铁在设计温度下的许用应力值不应超过下列中的较低者：

标准抗拉强度下限值的 1/5；

设计温度下抗拉强度的 1/5。

表 3.2.3-1　螺栓材料的许用应力

材　料	螺栓直径 d(mm)	热处理状态	许用应力(MPa) 取下列各值中的最小值	
碳素钢	$d \leqslant M22$	热轧、正火	$\sigma_s^t/2.7$	$\sigma_D^t/1.5$
	$M24 \leqslant d \leqslant M48$		$\sigma_s^t/2.5$	
低合金钢、马氏体高合金钢	$d \leqslant M22$	调　质	$\sigma_s^t(\sigma_{0.2}^t)/3.5$	$\sigma_D^t/1.5$
	$M24 \leqslant d \leqslant M48$		$\sigma_s^t(\sigma_{0.2}^t)/3.0$	
	$d \geqslant M52$		$\sigma_s^t(\sigma_{0.2}^t)/2.7$	
奥氏体高合金钢	$d \leqslant M22$	固　溶	$\sigma_s^t(\sigma_{0.2}^t)/1.6$	
	$M24 \leqslant d \leqslant M48$		$\sigma_s^t(\sigma_{0.2}^t)/1.5$	

表 3.2.3-2　其他材料的许用应力

材　料	许用应力(MPa) 取下列各值中的最小值				
碳素钢及低合金钢	$\dfrac{\sigma_b}{3.0}$	$\dfrac{\sigma_s}{1.6}$	$\dfrac{\sigma_s^t}{1.6}$	$\dfrac{\sigma_D^t}{1.5}$	$\dfrac{\sigma_n^t}{1.0}$
高合金钢	$\dfrac{\sigma_b}{3.0}$	$\dfrac{\sigma_s(\sigma_{0.2})}{1.5}$	$\dfrac{\sigma_s^t(\sigma_{0.2}^t)}{1.5}$	$\dfrac{\sigma_D^t}{1.5}$	$\dfrac{\sigma_n^t}{1.0}$
有色金属	$\dfrac{\sigma_b}{4.0}$	$\dfrac{\sigma_s(\sigma_{0.2})}{1.5}$	$\dfrac{\sigma_s^t(\sigma_{0.2}^t)}{1.5}$		

注：对于奥氏体高合金钢管道组成件，当设计温度低于蠕变温度范围，且允许有微量的永久变形时，可适当提高许用应力值至 $\sigma_s^t(\sigma_{0.2}^t)$ 的 0.9 倍，但不应超过 $\sigma_s(\sigma_{0.2})$ 的 0.667 倍。此规定不适用于法兰或其他有微量永久变形会产生泄漏或故障的场合。

表中符号：

σ_b——材料标准抗拉强度下限值（MPa）；

$\sigma_s(\sigma_{0.2})$——材料标准常温屈服点（或 0.2% 屈服强度）（MPa）；

$\sigma_s^t(\sigma_{0.2}^t)$——材料在设计温度下的屈服点（或 0.2% 屈服强度）（MPa）；

σ_D^t——材料在设计温度下经 10 万 h 断裂的持久强度的平均值（MPa）；

σ_n^t——材料在设计温度下经 10 万 h 蠕变率为 1% 的蠕变极限（MPa）。

3.2.4 铸件质量系数 E_c 应符合下列规定：

3.2.4.1 质量系数 E_c 可用于国家现行标准中未规定压力—温度参数值的铸造组成件。

3.2.4.2 符合材料标准的灰铸铁件和可锻铸铁件质量系数 E_c 取 0.80。

3.2.4.3 其他金属的静态浇铸件，符合材料标准并经肉眼检验的阀门、法兰、管件和其他组成件的钢铸件，质量系数 E_c 取 0.80。

3.2.4.4 离心浇铸件，对只符合规定要求中的化学分析、抗拉试验、液压试验、压扁试验和肉眼检验的铸件，质量系数 E_c 取 0.80。

3.2.4.5 如对铸件进行补充检测，质量系数 E_c 可提高至表 3.2.4 的数值，但在任何情况下，质量系数不应超过 1.00。

表 3.2.4 铸件增加检测后的
质量系数 E_c

铸件检测方法	E_c
（1）表面机加工后检查	0.85
（2）磁粉或液渗检测	0.85
（3）超声波或射线检测	0.95
上述（1）＋（2）项检测	0.90
上述（1）＋（3）项或（2）＋（3）项检测	1.00

3.2.5 焊接接头系数 E_j 应根据表 3.2.5 中焊接接头的型式、焊接方法和焊接接头的检验要求确定。对有色金属管道熔化极氩弧焊 100% 无损检测时，单面对接接头系数为 0.85，双面对接接头系数为 0.90；局部无损检测时，对接接头系数同表 3.2.5。

表 3.2.5 焊接接头系数 E_j

焊接方法及检测要求		单面对接焊	双面对接焊
电熔焊	100%无损检测	0.90	1.00
	局部无损检测	0.80	0.85
	不作无损检测	0.60	0.70
电阻焊		0.65（不作无损检测）；0.85（100%涡流检测）	
加热炉焊		0.60	
螺旋缝自动焊		0.80～0.85（无损检测）	

注：无损检测指采用射线或超声波检测。

3.2.6 持续荷载的计算应力应符合下列规定：

3.2.6.1 管道组成件的厚度及补强计算满足本规范的要求，则由于内压所产生的应力应认为是安全的。

3.2.6.2 管道组成件的厚度及稳定性计算满足本规范的要求，则由于外压所产生的应力应认为是安全的。

3.2.6.3 管道中由于压力、重力和其他持续荷载所产生的纵向应力之和 σ_L，不应超过材料在预计最高温度下的许用应力 $[\sigma]_h$。

3.2.7 计算的最大位移应力范围 σ_E 应符合下列规定：

3.2.7.1 计算的最大位移应力范围 σ_E 不应超过按下式确定的许用的位移应力范围 $[\sigma]_A$：

$$[\sigma]_A = f (1.25 [\sigma]_c + 0.25 [\sigma]_h)$$
(3.2.7-1)

若 $[\sigma]_h$ 大于 σ_L，其差值可以加到上式中的 $0.25[\sigma]_h$ 项上，则许用位移应力范围为：

$$[\sigma]_A = f [1.25 ([\sigma]_c + [\sigma]_h) - \sigma_L]$$
(3.2.7-2)

式中 $[\sigma]_c$——在分析中的位移循环内，金属材料在冷态（预计最低温度）下的许用应力（MPa）；

$[\sigma]_h$——在分析中的位移循环内，金属材料在热态（预计最高温度）下的许用应力（MPa）；

σ_L——管道中由于压力、重力和其他持续荷载所产生的纵向应力之和（MPa）；

$[\sigma]_A$——许用的位移应力范围（MPa）；

f——管道位移应力范围减小系数。

（1）f 可由表 3.2.7 确定。

表 3.2.7 管道位移应力范围减小系数 f

循环当量数 N	系数 f
$N \leqslant 7000$	1.0
$7000 < N \leqslant 14000$	0.9
$14000 < N \leqslant 22000$	0.8
$22000 < N \leqslant 45000$	0.7
$45000 < N \leqslant 100000$	0.6
$100000 < N \leqslant 200000$	0.5
$200000 < N \leqslant 700000$	0.4
$700000 < N \leqslant 2000000$	0.3

（2）循环当量数 N 应按式（3.2.7-3）计算：

$$N = N_E + \sum [r_j^5 N_j], \quad j = 1, 2, \cdots, n$$
(3.2.7-3)

式中 N——管系预计使用寿命下全位移循环当量数；

N_E——与计算的最大位移应力范围 σ_E 相关的循环数；

σ_j——按小于全位移计算的位移应力范围；

r_j——按小于全位移计算的位移应力范围 σ_j 与计算的最大位移应力范围 σ_E 之比；

N_j——与按小于全位移计算的位移应力范围 σ_j 相关的循环数。

3.2.7.2 许用位移应力范围计算应符合下列补充规定：

（1）对于铸件，热态及冷态下的许用应力应计入铸件质量系数 E_c。对纵向焊接接头，热态及冷态下的许用应力（$[\sigma]_c$ 及 $[\sigma]_h$）不需乘焊接接头系数 E_j。

（2）管道位移应力范围减小系数 f 主要用于耐蚀性良好的管道，在主应力循环数高的地方，应采用抗腐蚀的材料。

3.2.8 偶然荷载与持续荷载产生的应力应按下列规定：

3.2.8.1 管道在工作状态下，受到内压、自重、其他持续荷载和偶然荷载所产生的纵向应力之和，应符合下式规定，且式中应力增大系数 i 的 0.75 倍的值不得小于 1。

$$\frac{PD_i^2}{D_o^2 - D_i^2} + 0.75i\frac{M_A}{W} + 0.75i\frac{M_B}{W} \leq K_T [\sigma]_h$$

$$(3.2.8)$$

式中 K_T——许用应力系数，当偶然荷载作用时间每次不超过 10h，每年累计不超过 100h 时，$K_T = 1.33$；当偶然荷载作用时间每次不超过 50h，每年累计不超过 500h 时，$K_T = 1.2$；

M_A——由于自重和其他持续外载作用在管道横截面上的合成力矩（N·mm）；

M_B——安全阀或释放阀的反座推力、管道内流量和压力的瞬时变化、风力或地震等产生的偶然荷载作用于管道横截面上的合成力矩（N·mm）；

W——截面系数（mm³）；

i——应力增大系数，按附录 E 计算；

P——设计压力（MPa）；

D_i——管子或管件内径（mm）；

D_o——管子或管件外径（mm）。

3.2.8.2 在试验条件下所产生的应力可不受本规范第 3.2.6 及 3.2.7 条的限制，可不计入其他临时性荷载。

3.2.8.3 地震烈度在 9 度及以上时，应进行地震验算。

3.2.8.4 不需要考虑风和地震荷载同时发生。

4 材 料

4.1 一 般 规 定

4.1.1 管道材料的选用必须依据管道的使用条件（设计压力、设计温度、流体类别）、经济性、耐蚀性、材料的焊接及加工等性能，同时应符合本规范所提出的材料韧性要求及其他规定。

4.1.2 用于管道的材料，其规格与性能应符合国家现行标准的规定。

4.1.3 使用本规范未列出的材料，应符合国家现行的相应材料标准，包括化学成分、物理和力学特性、制造工艺方法、热处理、检验以及本规范其他方面的规定。

4.2 金属材料的使用温度

4.2.1 材料使用温度，除了应符合本规范附录 A 的规定外，还需依据流体腐蚀的影响及对材料性能的影响等确定。

4.2.2 材料的使用温度上下限应符合下列规定：

4.2.2.1 除了低温低应力工况外，材料的使用温度，不应超出本规范附录 A 所规定的温度上限和温度下限。

4.2.2.2 未列入本规范附录 A 中的材料，决定其使用温度时应符合以下规定：

（1）在使用温度条件下应保证材料的适用性和可靠性；

（2）在使用温度下，材料应具有对流体及外界环境影响的抵抗力；

（3）应按本规范第 3.2.3 条的规定确定材料的许用应力。

4.3 金属材料的低温韧性试验要求

4.3.1 管道设计温度低于或等于 $-20℃$，而高于本规范附录 A 中使用温度下限的碳素钢、低合金钢、中合金钢和高合金铁素体钢，出厂材料及采用焊接堆积的焊缝金属和热影响区应进行低温冲击试验。

4.3.2 奥氏体不锈钢，含碳量大于 0.1%，设计温度低于 $-20℃$ 而高于本规范附录 A 中使用温度下限时，出厂的材料及采用焊接堆积的焊缝金属和热影响区应进行低温冲击试验。

4.3.3 奥氏体高合金钢的使用温度等于或高于 $-196℃$ 时，可免做低温冲击试验。

4.3.4 符合下列条件之一时，管道材料可免做低温冲击试验：

4.3.4.1 使用温度等于或高于 $-45℃$，且不低于本规范附录 A 中材料使用温度下限，同时，材料的厚度无法制备 5mm 厚试样时。

4.3.4.2 除了抗拉强度下限值大于 540MPa 的钢材及螺栓材料外，使用的材料在低温低应力工况下，若设计温度加 50℃ 后，高于 $-20℃$ 时。

注：低温低应力工况为设计温度低于或等于 $-20℃$ 的受压的管道组成件，其环向应力小于或等于钢材标准中屈服点的 1/6，且不大于 50MPa 的工况。

4.3.5 需热处理的材料，应在热处理后进行冲击试验。

4.3.6 下列条件的材料用于管道时，母材、焊缝及热影响区应增加冲击试验：

（1）Q235-A、Q235-B 及 Q235-C 材料，使用温度在图 4.3.6 曲线 A 以下至附录 A 表中使用温度下限（$-10℃$）范围内时。

（2）钢号为 10、20、20g、16Mn、20R、16MnR 及 15MnVR 的材料，使用温度在图 4.3.6 曲线 B 以下至附录 A 表中使用温度下限范围内时。

（3）使用温度低于 0℃ 至附录 A 表中使用温度下限范围内的 18MnMoNbR、13MnNiMoNbR 及 Cr-Mo 低合金钢（不包括低温钢）的任意厚度的钢板。

4.3.7 在温度下限以上使用有色金属和它的合金材料时，如填充金属成分与母材成分不同，焊接接头应

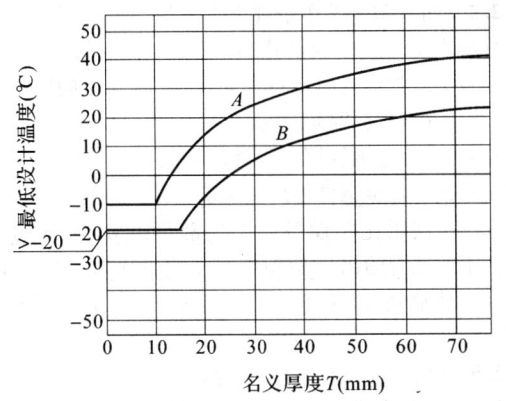

图 4.3.6　碳钢、锰钢材料冲击试验的温度

进行低温拉伸试验，延伸率应符合设计规定。

4.3.8 制造厂已作过冲击试验的材料，但加工后经过热处理时，应进行低温冲击试验。

4.3.9 焊接结构中，对热影响区的低温冲击试验可满足对基体材料的冲击试验。

4.3.10 材料冲击试验的方法应按现行国家标准《金属夏比缺口冲击试验方法》GB/T 229 的规定。在低温下的冲击功值应符合低温用材料标准或表 4.3.10 的规定。当冲击功不相同的基体材料焊接一起时，其冲击试验能量应符合较小抗拉强度的基体材料的要求。

表 4.3.10　夏比低温冲击试验的冲击功

材　料	材料标准抗拉强度下限值 σ_b (MPa)	试样数	冲击功 A_k (J)
碳钢和低合金钢	$\sigma_b \leqslant 450$	三个试样平均值 其中最小值	≥18 12.6
碳钢和低合金钢	$450 < \sigma_b \leqslant 515$	三个试样平均值 其中最小值	≥20 14
碳钢和低合金钢	$515 < \sigma_b \leqslant 650$	三个试样平均值 其中最小值	≥27 18.9
奥氏体高合金钢		三个试样平均值 其中最小值	≥31 21.7

注：①表中冲击功数值适用于标准试样，如用小型试样时，冲击功 A_k 应乘以试样的实际宽度与标准宽度（10mm）之比。
②本表碳钢和低合金钢的冲击试验数据适用于镇静钢。
③抗拉强度大于 650MPa 的钢材，冲击功与 650MPa 材料相同。

4.3.11 试样应从同批、同规格、同样加工、焊接和热处理条件的材料中制取。

4.4　材料的使用要求

4.4.1 制造管道组成件用钢材应符合下列规定：

4.4.1.1 Q235-A、Q235-B 及 Q235-C 材料宜用于 C 及 D 类流体管道，且设计压力不宜大于 1.6MPa。Q235-A·F 材料仅宜用于输送 D 类流体的管道及设计温度小于或等于 250℃的管道支吊架。

4.4.1.2 奥氏体不锈钢使用温度高于 525℃时，钢中含碳量不应小于 0.04%。

4.4.1.3 受压管道组成件使用附录 A 中表 A.0.2 所列的钢板时，应对以下钢板逐张进行超声波检测：

（1）低温钢厚度大于 20mm。

（2）20R 及 16MnR 厚度大于 30mm。

（3）其他低合金钢厚度大于 25mm。

以上质量不应低于Ⅲ级。

（4）对于调质钢板不论厚度多少，均须检测，质量不应低于Ⅱ级。

4.4.1.4 调质状态供货的钢材，应按设计条件进行常温或低温冲击试验。

4.4.1.5 钢材的使用状态应按本规范附录 A 的规定。设计指定供货状态与国家现行材料标准的规定不同时，应在设计文件中注明。

4.4.1.6 低温管道用钢应采用镇静钢。

4.4.2 铸铁类材料使用范围应符合下列规定：

4.4.2.1 球墨铸铁用作受压部件时，其设计温度不应超过 350℃，设计压力不应超过 2.5MPa。在常温下，设计压力不宜超过 4.0MPa。

4.4.2.2 （本款删除）

4.4.2.3 下述铸铁不宜在剧烈循环条件下使用。对过热、机械振动及误操作等采取防护措施时，可限制在下列范围内使用：

（1）灰铸铁件不宜使用于输送 B 类流体的管道上，在特殊情况下必须使用时，其设计温度不应高于 150℃，设计压力不应超过 1.0MPa；C 类流体管道使用灰铸铁件的设计压力不宜超过 1.6MPa，设计温度不宜超过 230℃；

（2）可锻铸铁用于 C 类流体管道，设计温度不应高于 230℃，设计压力不应大于 2.5MPa；或用于设计温度为 300℃时，设计压力不应大于 2.0MPa；用于 B 类流体管道，设计温度不应高于 150℃，设计压力不应大于 2.5MPa；

(3) 高硅铸铁不得用于 B 类流体。

4.4.3 使用其他金属材料应符合下列规定：

4.4.3.1 在火灾危险区内，不宜使用铜、铝材料。

4.4.3.2 铅、锡及其合金管道不得用于 B 类流体。

4.4.3.3 铜、铝与其他金属连接时，有电解液存在情况下，应考虑产生电化腐蚀的可能性。

4.4.4 使用复合金属和衬里材料应符合下列规定：

4.4.4.1 管道组成件由符合有关材料标准要求的整体复合钢板制成时，其基层（外层）金属和复层金属应符合本规范第 4.1 节的规定。

（1）整体复合材料的管道耐压强度计算，可根据扣除所有厚度附加量后的基层和复层金属的总厚度来计算。

（2）基层和复层金属的许用应力可按本规范附录A的规定。但复层金属的许用应力取值不应大于基层金属的许用应力值。

整体复合材料的许用应力可按式（4.4.4）计算：

$$[\sigma]_o = \frac{[\sigma]_1 \delta_1 + [\sigma]_2 \delta_2}{\delta_1 + \delta_2} \qquad (4.4.4)$$

式中 $[\sigma]_o$——在设计温度下整体复合金属材料的许用应力（MPa）；

$[\sigma]_1$——在设计温度下基层金属的许用应力（MPa）；

$[\sigma]_2$——在设计温度下复层金属的许用应力（MPa）；

δ_1——基层金属的名义厚度（mm）；

δ_2——复层金属扣除附加量后的有效厚度（mm）。

4.4.4.2 对于非整体结构的金属复层或衬里的管道组成件，其基层金属材料的厚度应符合耐压强度计算的厚度，计算厚度不应包括复层或衬里的厚度。

4.4.4.3 除本条的要求外，在本规范中对输送不同流体的管道材料所作的各种限制，不适用于管道组成件的复层材料或衬里材料。复层或衬里材料和基层材料以及粘结剂应根据设计条件及流体性质选用。

4.4.4.4 复层为奥氏体不锈钢时，使用温度不宜超过400℃。

4.4.4.5 非金属衬里材料的使用温度范围可按本规范附录C的规定。

4.4.5 选择连接接头和辅助材料诸如胶泥、溶剂、钎焊材料、填料、衬垫及"O"形环、螺纹的润滑剂与密封剂等用以制作或用作密封接头时，对上述材料与所输送流体应有相容性。

5 管道组成件的选用

5.1 一般规定

5.1.1 管道组成件应符合本规范耐压设计规定，并应符合国家现行标准的规定。

5.1.2 管道组成件成型及焊后热处理的要求应符合本规范附录G的规定。

5.1.3 管道组成件的检验应符合本规范附录J的规定。

5.1.4 管道组成件用材料应符合本规范第4章及附录A中材料标准的规定。

5.2 管 子

5.2.1 采用直缝焊接钢管时，应符合本规范附录J及本规范表3.2.5的规定。

5.2.2 剧烈循环操作条件下的管道，宜采用国家现行标准中所列的无缝钢管和铜、铝、钛、镍无缝管，采用直缝电焊钢管时应符合本章第5.2.1条的规定。

5.2.3 （本条删除）

5.2.4 当无缝钢管用于设计压力大于或等于10MPa时，碳钢、合金钢管的出厂检验项目不应低于现行国家标准《高压化肥设备用无缝钢管》GB 6479 的规定，不锈钢管的出厂检验项目不应低于现行国家标准《流体输送用不锈钢无缝钢管》GB/T 14976 的规定。

5.2.5 钢管厚度应符合本规范附录D的规定。

5.2.6 夹套管的内管宜采用无缝管。

5.2.7 输送氧气用管子应符合本规范有关安全的规定。

5.3 弯管及斜接弯管

5.3.1 采用圆弧弯管应符合下列规定：

5.3.1.1 按照国家现行标准制造、弯曲后的弯管，其外侧减薄处厚度不应小于直管的计算厚度加上腐蚀附加量之和。

5.3.1.2 管道中不应使用折皱弯管。

5.3.1.3 钢管弯曲后截面不圆度应符合下列规定：

（1）受内压时，任一横截面上最大外径与最小外径之差不应超过名义外径的8%；

（2）受外压时，任一横截面上最大外径与最小外径之差不应超过名义外径的3%。

5.3.2 采用斜接弯管应符合下列规定：

5.3.2.1 按本规范规定进行耐压计算、制造、焊接的斜接弯管，可与制造弯管的直管一样用于相同的工作条件。但斜接弯管的设计压力不宜超过2.5MPa。

5.3.2.2 斜接弯管，其一条焊缝方向改变的角度 α 大于45°者，仅可用于输送D类流体，不得用于输送其他类流体。

5.3.2.3 剧烈循环条件下的管道中采用斜接弯管时，其一条焊缝方向改变的角度不应大于22.5°。

5.3.2.4 夹套管道的内管应采用圆弧弯头或弯管，不应采用斜接弯管。

5.4 管件及支管连接

5.4.1 剧烈循环操作条件下采用的管件应符合下列规定：

5.4.1.1 采用锻造件及轧制无缝管件；

5.4.1.2 轧制焊接件，焊接接头系数应大于或等于0.9；

5.4.1.3 铸钢件，铸件质量系数 E_c 不应小于0.90，并应符合本规范第3.2.4条的规定。

5.4.1.4 不锈钢对焊管件的厚度应符合附录D第D.0.1条的规定。

5.4.2 普通管件及非标准异径管的选用应符合下列规定：

5.4.2.1 普通管件包括弯头、三通、四通、异径管及管帽等工厂制造的标准管件。

5.4.2.2 选用对焊端的圆弧弯头时应采用长半径（弯曲半径为公称直径的1.5倍）的弯头。短半径弯头仅可在布置特殊需要时使用。

5.4.2.3 采用钢板热压成型及组焊（两半焊接合成）的管件时，应符合本规范附录J第J.1.1条的规定。

5.4.2.4 无特殊要求时，宜优先选用钢制管件。螺纹连接的可锻铸铁定型管件，宜用于D类流体的地上管道中。

5.4.2.5 对焊端的标准管件的外径系列及端部名义厚度应在工程设计中指定。管件内部厚度应根据设计压力、设计温度及腐蚀附加量条件由制造厂决定。管件内部可局部加厚，但各部位均不应小于其端部厚度。

5.4.2.6 钢板卷焊的非标准异径管设计压力不宜超过2.5MPa。并应按本规范进行计算。

5.4.3 预制的突缘短节的选用应符合下列规定：

5.4.3.1 在本条中的要求仅用于单独制造的突缘短节，不适用于特殊管件，也不适用于管端整体锻制的突缘。

5.4.3.2 焊接加工的突缘短节，符合下列条件时，则可与其相接的管子一样，适用于相同的工作条件。

（1）突缘的外径必须符合法兰标准或设计指定法兰标准的突缘短节的尺寸要求。

（2）突缘的厚度不应小于与其相连管子的名义厚度。

（3）突缘短节的材料宜与管子材料相同。

（4）应按焊接加工的突缘短节（图5.4.3）的要求加工。

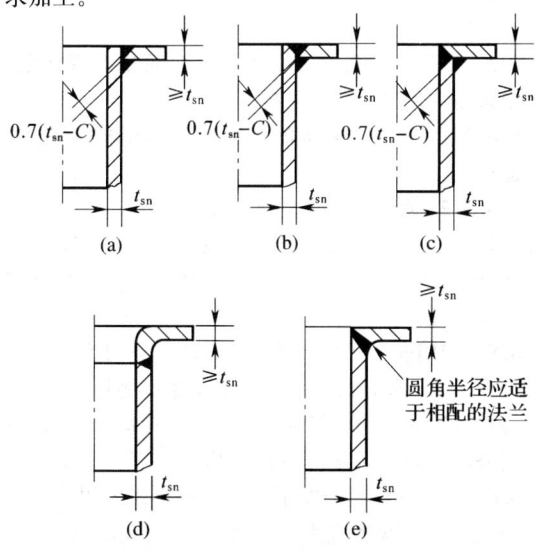

图 5.4.3　焊接加工的突缘短节

注：焊接后应对突缘部进行机械加工，密封面的粗糙度应符合法兰标准要求。焊缝的检测应符合附录J第J.1节的规定。

5.4.3.3 整体扩口翻边的突缘短节，当符合下列条件时，则可与其相接的管子一样，适用于相同的工作条件。

（1）突缘的外径必须符合法兰标准或设计指定法兰标准的突缘短节的尺寸要求。

（2）翻边的圆角半径应与相应的法兰相配。

（3）在任意一点上所得的突缘厚度，不应小于最小管壁厚度的95%乘以管子的外半径与翻边厚度测量点处半径之比。

5.4.3.4 剧烈循环操作条件下的突缘短节。

（1） 焊接加工的突缘短节（图5.4.3），用于剧烈循环操作条件时，应选用该图中（d）或（e）的形式加工，还应满足本条第5.4.3.2款的要求。

（2） 整体扩口翻边的突缘短节，不得用于剧烈循环条件下。

5.4.4 焊接支管及预制的支管连接件的选用应符合下列规定：

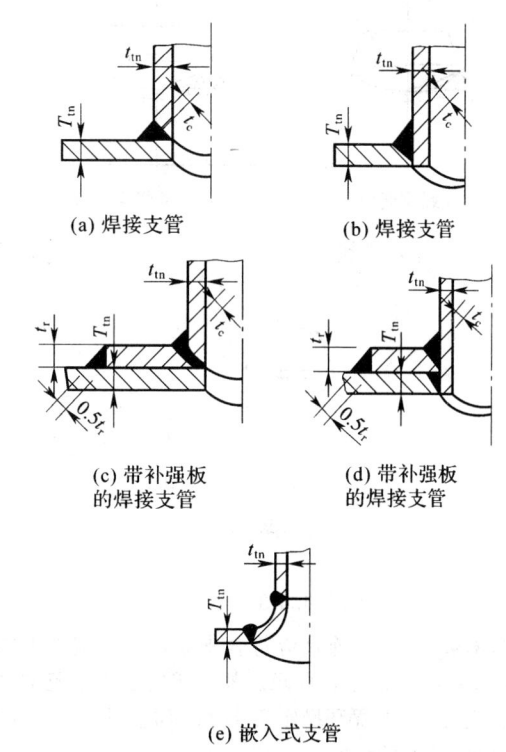

图 5.4.4-1　支管连接焊缝的形式

注：①T_{tn}——主管名义厚度（mm）；t_{tn}——支管名义厚度（mm）；t_c——角焊缝计算的有效厚度，可取$0.7t_{tn}$或6.5mm两者的较小值；t_r——补强板名义厚度（mm）。

②所示尺寸为最小的合格焊缝尺寸。

③采用图5.4.4-1（c）及（d）连接方式时，应在补强板的高位开有ϕ5的排气孔；补强板应与主管和支管很好地贴合。采用图5.4.4-1（a）和（c）时，支管内径和主管开孔直径之间偏差不应大于3mm。

5.4.4.1 除采用本章第 5.4.2 条的三通及四通外，可根据本节要求选用下列的支管连接结构：

(1) 焊接支管，见图 5.4.4-1 (a)、(b)、(c)、(d)；

(2) 半管接头，见图 5.4.4-2；

(3) 支管台，见图 5.4.4-3；

(4) 嵌入式支管，图 5.4.4-1 (e)。

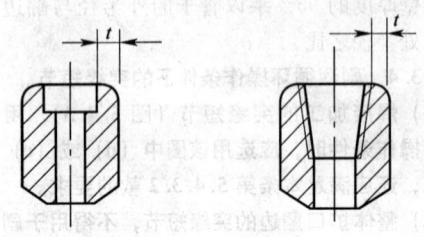

图 5.4.4-2 半管接头

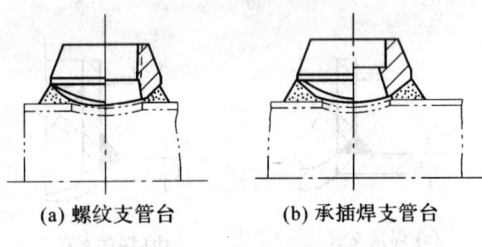

(a) 螺纹支管台　　　　(b) 承插焊支管台

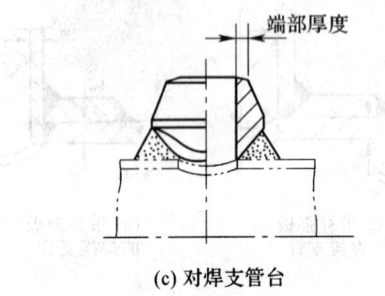

(c) 对焊支管台

图 5.4.4-3 支管台

5.4.4.2 支管连接应符合支管连接焊缝的形式（图 5.4.4-1）的结构要求。补强应符合本规范的规定。当用于剧烈循环操作条件时，<u>不应采用图 5.4.4-1 中 (a)、(c) 的结构</u>。

5.4.4.3 <u>公称压力大于或等于 10MPa 的管道</u>，主支管为异径时，<u>不宜采用焊接支管</u>，宜采用三通，或在主管上开孔并焊接支管台。当主支管为等径时宜采用三通。

5.4.4.4 选用半管接头作为支管连接时，其公称直径不宜大于 50mm。

5.4.4.5 有振动的管道可采用三通或支管台或嵌入式支管。不应采用焊接支管。

5.4.4.6 主管外径与厚度之比 $\left(\dfrac{D_o}{T_{tn}-C_{1m}}\right)$ 大于或等于 100 时，支管外径应小于主管外径的 1/2。

5.5 阀　门

5.5.1 用于各类流体的阀门类型、结构及其各部件材料，应根据流体的特性、设计温度、设计压力及本规范第 3.2.1 条的规定选用。

5.5.2 选用手动阀门，当开启力大于 400N 时，宜采用齿轮操纵结构。

5.5.3 阀盖与阀体连接的螺栓少于 4 个的阀门，应仅用于输送 D 类流体的管道。公称压力超过 1.6MPa 的蒸汽管道不应使用螺纹连接的阀盖。

5.5.4 用于高温或低温流体的阀门，宜采用改善填料使用条件的阀盖伸长的结构形式。

5.5.5 输送 B 类流体的管道上使用软密封球阀时，应选用防（耐）火型结构的球阀。

5.5.6 阀门的材料应符合本规范第 4 章的规定。对于磨蚀性大的流体，阀座及阀芯应选用耐磨损的材料。对于有磨蚀的流体，选用闸阀时，宜为明杆结构形式。

5.5.7 除耐腐蚀的要求外，输送 B 类流体的管道上宜用钢制阀体的阀门。

5.5.8 端部焊接的小阀，当焊接及热处理过程中阀座会变形时，应选用长阀体型或端部带短管的阀门。

5.5.9 对于氧气管道不应使用快开、快闭型的阀门。阀内垫片及填料不应采用易脱落碎屑、纤维的材料或可燃的材料制成。

5.6 法　兰

5.6.1 标准法兰的公称压力的确定，应符合本规范第 3.2.1 条第 3.2.1.1 款的规定。

5.6.2 当采用非标准法兰时，必须按本规范的规定进行耐压强度计算。

5.6.3 下列任一种情况的管道，应采用对焊法兰。不应采用平焊（滑套）法兰。

5.6.3.1 预计有频繁的大幅度温度循环条件下的管道；

5.6.3.2 剧烈循环条件下的管道。

5.6.4 在刚性大，不便于拆装或公称直径大于或等于 400mm 的管道上设盲板时，宜在法兰上设顶开螺栓（顶丝）。

5.6.5 配用非金属垫片的法兰，法兰密封面的粗糙度宜为 3.2～6.4μm。对于配用缠绕式垫片的法兰，应为光滑的密封面，粗糙度宜为 1.6～3.2μm，并应采用公称压力大于或等于 2.0MPa 的法兰。

5.6.6 当金属法兰与非金属法兰连接或采用脆性材料的法兰时，两者宜为全平面（FF）型法兰。当必须采用突面（RF）型法兰时，应有防止螺栓过载而损坏法兰的措施。

5.6.7 有频繁大幅度温度循环的情况下，承插焊法兰和螺纹法兰不宜用于高于 260℃ 及低于 -45℃。

5.7 垫　片

5.7.1 选用的垫片应使所需的密封负荷与法兰的设计压力、密封面、法兰强度及其螺栓连接相适应，垫片的材料应适应流体性质及工作条件。

5.7.2 缠绕式垫片用在凸凹面法兰上时宜带内环，用在突面（RF）型法兰上时宜带外定位环。

5.7.3 用于全平面（FF）型法兰的垫片，应为全平面非金属垫片。

5.7.4 非金属垫片的外径可超过突面（RF）型法兰密封面的外径，制成"自对中"式的垫片。

5.7.5 用于不锈钢法兰的非金属垫片，其氯离子的含量不得超过 50×10^{-6}。

5.8 紧　固　件

5.8.1 管道用紧固件，包括六角头螺栓、双头螺柱、螺母和垫圈等零件。

5.8.2 应选用国家现行标准中的标准紧固件，并在本规范附录 A 所规定材料的范围内选用。

5.8.3 用于法兰连接的紧固件材料，应符合国家现行的法兰标准的规定，并与垫片类型相适应。

5.8.4 法兰连接用紧固件螺纹的螺距不宜大于 3mm。直径 M30 以上的紧固件可采用细牙螺纹。

5.8.5 碳钢紧固件应符合国家现行法兰标准中规定的使用温度。

5.8.6 用于各种不同法兰的紧固件应符合下列规定：

5.8.6.1 在一对法兰中有一个是铸铁、青铜或其他铸造法兰，则紧固件要使用较低强度的法兰所配的紧固件材料。但符合下列条件时，可按所述任一个法兰配选紧固件材料。

（1）两个法兰均为全平面，并采用全平面的垫片；

（2）考虑到持续载荷、位移应变、临时荷载以及法兰强度各方面的因素，对拧紧螺栓的顺序和扭矩已作了规定。

5.8.6.2 当不同等级的法兰以螺栓紧固在一起时，拧紧螺栓的扭矩应符合低等级法兰的要求。

5.8.7 在剧烈循环条件下，法兰连接用的螺栓或双头螺柱，应采用合金钢的材料。

5.8.8 金属管道组成件上采用直接拧入螺柱的螺纹孔时，应有足够的螺孔深度，对于钢制件其深度至少应等于公称螺纹直径，对于铸铁件不应小于 1.5 倍的公称螺纹直径。

5.9 管道组成件连接结构选用要求

5.9.1 焊接接头的选用，应符合下列规定：

5.9.1.1 焊缝坡口应符合现行国家标准《气焊、手工电弧焊及气体保护焊焊缝坡口的基本形式与尺寸》GB/T 985 及《埋弧焊焊缝坡口的基本形式与尺寸》GB/T 986 的规定。

5.9.1.2 承插焊连接接头的选用：

（1）公称直径不宜大于 50mm，连接结构应符合本规范附录 H 第 H.1 节的规定。

（2）不得用于有缝隙腐蚀的流体工况中。

（3）大于 DN40 的管径不应用于剧烈循环条件下。

5.9.1.3 对焊接头的选用：

（1）在钢管道中除有维修拆卸要求外，应采用对焊接头。

（2）当材料强度相同而不同厚度的管道组成件组对对接，而厚度较厚一端内壁或外壁形成错边量大于 2mm 或超过设计规定的数值时，应符合本规范附录 H 第 H.2 节的规定。

5.9.1.4 平焊（滑套）法兰的焊接应符合本规范附录 H 第 H.1.4条的规定。

5.9.2 螺纹连接（螺纹密封）接头的选用，应符合下列规定：

5.9.2.1 不得用于有缝隙腐蚀的流体工况中。

5.9.2.2 需密封焊的螺纹连接的接头，不得使用密封材料。

5.9.2.3 不应使用于扭矩大的或有振动的管道上。在热膨胀可能使螺纹松开时，应采取预防措施。

5.9.2.4 在剧烈循环条件下，螺纹连接仅限用于温度计套管上（与测温元件的连接）。

5.9.2.5 直螺纹管接头与锥管螺纹相接的结构仅用于 D 类流体管道。

5.9.2.6 除了《低压流体输送用焊接钢管》GB/T 3091 标准中按普通和加厚两种厚度的钢管可用于外螺纹连接外，其他外螺纹的钢管及管件的厚度（最小值）应符合本规范附录 D 表 D.0.2 的规定。

5.9.2.7 B 类流体的管道用锥管螺纹连接时，公称直径不宜大于 20mm，当有严格防泄漏的要求时，应采用密封焊。

5.9.2.8 锥管螺纹密封的接头，设计温度不宜大于 200℃，对于 C 类流体管道，当公称直径为 32～50mm 时，设计压力不应大于 4MPa；公称直径 25mm 时，设计压力不应大于 8MPa；公称直径小于或等于 20mm 时，设计压力不应大于 10MPa。高于上述压力应采用密封焊。

5.9.3 其他形式连接接头的使用，应符合下列规定：

5.9.3.1 用水泥填充的铸铁管承插接头仅限于 D 类流体。这种管道应有防止接头松开的合理支承的措施。

5.9.3.2 在剧烈循环条件下及 B 类流体管道中不应使用钎焊接头。

5.9.3.3 粘接接头不应使用于金属的压力管道中。

5.9.3.4 除管端用透镜垫密封外，管端作为密封面伸出螺纹法兰面以压紧垫片的结构（图 5.9.3-1）仅限用于 D 类流体的管道。

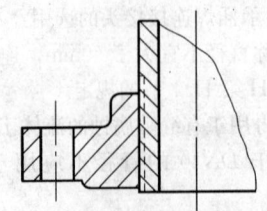

图 5.9.3-1　管端作为密封面
伸出螺纹法兰面的结构

5.9.3.5　用端面的垫片密封而不是用螺纹密封的直螺纹接头（图 5.9.3-2）与主管焊接时，应防止密封面发生变形。图 5.9.3-2 (a) 的结构不得用于 B 类流体。

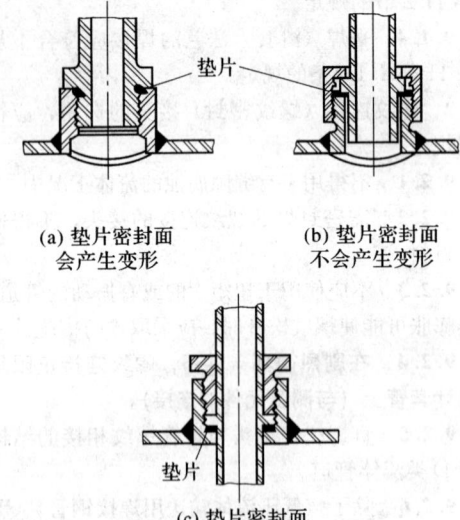

(a) 垫片密封面　　　(b) 垫片密封面
会产生变形　　　　不会产生变形

垫片

(c) 垫片密封面
不会产生变形

图 5.9.3-2　典型的直螺纹接头

5.10　管道特殊件

5.10.1　在输送 B 类流体的管道中，不应使用带填料密封的补偿器。

5.10.2　波纹膨胀节和金属软管不得用于受扭转的场合。

5.10.3　使用波纹膨胀节时，应按其各种形式的性能合理选用。设计中应计算其使用寿命及反力。有冷拉时，应在设计文件中指明。还应考虑环境温度降低时流体可能冷凝及结冰的影响。

5.10.4　仅在开车期间对转动设备进行安全防护时，可在其入口管道内设置临时过滤器。

5.10.5　疏水阀入口、喷头或喷射器入口及制备溶液系统有关的泵入口等管道上应设置永久过滤器。

5.10.6　应根据工艺要求决定过滤器筛网的网目。

5.11　非金属衬里的管道组成件

5.11.1　非金属衬里的管道组成件的材料选用，应符

合本规范第 4.4.4 条的规定。

5.11.2　非金属衬里的管道组成件的端部连接结构，宜采用金属法兰连接，除耐火材料衬里以外，应使衬里延伸覆盖整个法兰密封面上，且应牢固结合、平整。

5.11.3　所有组成件的基层金属部分的选用要求，应符合本章第 5.2 节至第 5.6 节及第 5.9 节的规定。

5.11.4　非耐火材料衬里的管道用于火灾危险区时，应有防护措施。

5.11.5　特制的垫环，可用于非金属衬里管道作为安装长度的调整。

6　金属管道组成件耐压强度计算

6.1　一　般　规　定

6.1.1　本章所列的计算方法适用于工程设计中所需的管道组成件的设计计算。对于已标明公称压力的管道组成件不必再按本章进行计算。

6.1.2　标准的对焊管件的耐压强度要求，应符合本规范第 5.4.2 条第 5.4.2.5 款的规定。

6.1.3　本章中组成件耐压强度计算厚度（简称计算厚度）。设计厚度为计算厚度与厚度附加量之和。名义厚度为计算厚度加厚度附加量后圆整至该组成件的材料标准规格的厚度。有效厚度为名义厚度减去附加量的差值。最小厚度为计算厚度与腐蚀或磨蚀附加量之和。

6.2　直　　管

6.2.1　承受内压直管的厚度计算，应符合下列规定：

6.2.1.1　当直管计算厚度 t_s 小于管子外径 D_o 的 1/6 时，直管的计算厚度不应小于式（6.2.1-1）计算的值。设计厚度应按式（6.2.1-2）计算。

$$t_s = \frac{PD_o}{2([\sigma]^t E_j + PY)} \tag{6.2.1-1}$$

$$t_{sd} = t_s + C \tag{6.2.1-2}$$

$$C = C_1 + C_2 \tag{6.2.1-3}$$

Y 系数的确定，应符合下列规定：

当 $t_s < D_o/6$ 时，按表 6.2.1 选取；

当 $t_s \geqslant D_o/6$ 时，　$Y = \dfrac{D_i + 2C}{D_i + D_o + 2C}$ （6.2.1-4）

式中　t_s——直管计算厚度（mm）；

P——设计压力（MPa）；

D_o——管子外径（mm）；

D_i——管子内径（mm）；

$[\sigma]^t$——在设计温度下材料的许用应力（MPa）；

E_j——焊接接头系数；

t_{sd}——直管设计厚度（mm）；

C——厚度附加量之和（mm）；

C_1——厚度减薄附加量，包括加工、开槽和螺纹深度及材料厚度负偏差（mm）；

C_2——腐蚀或磨蚀附加量（mm）；

Y——系数。

表 6.2.1　系数 Y 值

材　料	温　　度（℃）					
	≤482	510	538	566	593	≥621
铁素体钢	0.4	0.5	0.7	0.7	0.7	0.7
奥氏体钢	0.4	0.4	0.4	0.4	0.5	0.7
其他韧性金属	0.4	0.4	0.4	0.4	0.4	0.4

注：①介于表列的中间温度的 Y 值可用内插法计算。
②对于铸铁材料 $Y=0$。

6.2.1.2　当直管计算厚度 t_s 大于或等于管子外径 D_o 的 1/6 时，或设计压力 P 与在设计温度下材料的许用应力 $[\sigma]^t$ 和焊接接头系数 E_j 乘积之比 $\left(\dfrac{P}{[\sigma]^t E_j}\right)$ 大于 0.385 时，直管厚度的计算，需按断裂理论、疲劳和热应力的因素予以特别考虑。

6.2.2　承受外压的直管厚度和加强要求，应符合现行国家标准《钢制压力容器》GB 150 的规定。

6.3　斜接弯管

6.3.1　承受内压的斜接弯管（图 6.3.1）的耐压强度计算，应符合下列规定：

6.3.1.1　本节适用于由一条焊缝方向改变的角度 α 大于 3°的管段构成的斜接弯管的强度计算。当斜接弯管 α 角小于或等于 3°时，可免做强度计算。

6.3.1.2　多接缝斜接弯管的最大许用内压力 P_m，应取式（6.3.1-1）和式（6.3.1-2）中计算的较小值。

$$P_m = \frac{[\sigma]^t E_j t_{se}}{r_o}\left[\frac{t_{se}}{t_{se}+0.643 \mathrm{tg}\theta\,(r_o t_{se})^{0.5}}\right]$$
(6.3.1-1)

$$P_m = \frac{[\sigma]^t E_j t_{se}}{r_o}\left(\frac{R_1-r_o}{R_1-0.5r_o}\right)$$　（6.3.1-2）

$$t_{se}=t_{sn}-C$$　（6.3.1-3）

式中　θ——斜接弯管一条焊缝方向改变的角度 α 的 1/2（°）；

r_o——管子的平均半径（mm）；

R_1——斜接弯管的弯曲半径（mm）；

P_m——斜接弯管的最大许用内压力（MPa）；

t_{se}——直管有效厚度（mm）；

t_{sn}——直管名义厚度（mm）。

6.3.1.3　单接缝斜接弯管的最大许用内压力的计算，应符合下列规定：

（1）角度 θ 小于或等于 22.5°的单接缝斜接弯管的最大许用内压力 P_m，应按式（6.3.1-1）计算。

（2）角度 θ 大于 22.5°的单接缝斜接弯管的最大许用内压力 P_m，应按式（6.3.1-4）计算。

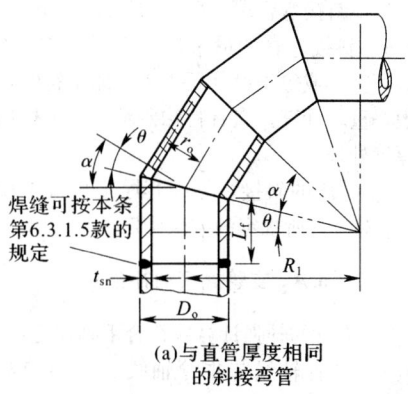

(a)与直管厚度相同的斜接弯管

端部焊接结构应按本规范附录H图H.2.2规定

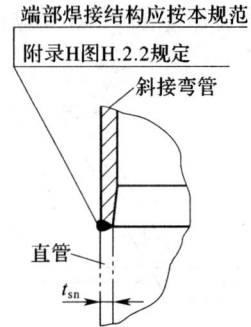

(b)厚度大于直管的斜接弯管两端的焊接结构

图 6.3.1　斜接弯管

$$P_m = \frac{[\sigma]^t E_j t_{se}}{r_o}\left[\frac{t_{se}}{t_{se}+1.25 \mathrm{tg}\theta\,(r_o t_{se})^{0.5}}\right]$$
(6.3.1-4)

6.3.1.4　斜接弯管的弯曲半径 R_1 值应符合式（6.3.1-5）的规定。

$$R_1 \geqslant \frac{K_2}{\mathrm{tg}\theta}+\frac{D_o}{2}$$　（6.3.1-5）

式中经验值 K_2 根据直管有效厚度确定，并应符合表 6.3.1 的规定。

表 6.3.1　用于斜接弯管的经验值 K_2（mm）

t_{se}	K_2
$t_{se} \leqslant 12.5$	25
$12.5 < t_{se} < 22$	$2t_{se}$
$t_{se} \geqslant 22$	$[2t_{se}/3]+30$

常用的弯曲半径 R_1 值宜在 1.0 至 1.5 倍公称直径 DN 之间。公称直径 DN 不宜小于 300mm。

6.3.1.5　图 6.3.1 中斜接弯管的端部焊缝，仅在其厚度大于与其连接的直管厚度时，或采用制造厂的预制件时需要。斜接弯管端节短边的长度 L_f 取式（6.3.1-6）和式（6.3.1-7）中计算的较大值。

$$L_f = 2.5\,(r_o t_{se})^{0.5}$$　（6.3.1-6）

$$L_f = \mathrm{tg}\theta\,(R_1-r_o)$$　（6.3.1-7）

式中　L_f——斜接弯管端节短边的长度（mm）。

6.3.1.6　斜接弯管的最大许用内压力 P_m 的计算结果，必须大于或等于设计压力 P。如不符时，应增加焊缝数，重新计算。当有特殊要求时，可按增加斜接弯管厚度处理。

6.3.2　承受外压的斜接弯管，其厚度可按本规范第 6.2.2 条中对直管所规定的方法确定。

6.4　支管连接的补强

6.4.1　焊接支管的补强计算应符合下列规定：

6.4.1.1　支管轴线与主管轴线斜交的结构形式（图 6.4.1），图中支管轴线与主管轴线的夹角 α_1 用于 $45°\sim90°$。主管为焊接管时，焊缝应位于主管的斜下方。

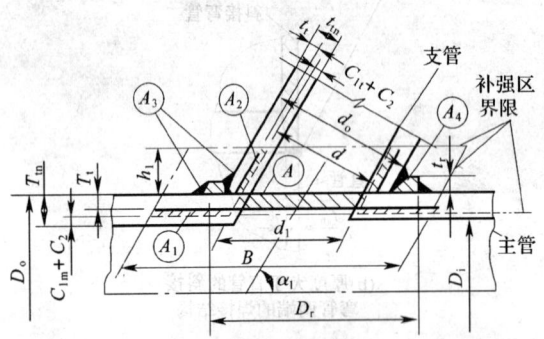

图 6.4.1　支管连接的补强

6.4.1.2　主管开孔的补强计算。

（1）主管开孔需补强的面积 A，应按式（6.4.1-1）确定：

$$A = T_t d_1 (2 - \sin\alpha_1) \qquad (6.4.1\text{-}1)$$

$$d_1 = d / \sin\alpha_1 \qquad (6.4.1\text{-}2)$$

$$d = d_o - 2t_{tn} + 2(C_{1t} + C_2) \qquad (6.4.1\text{-}3)$$

（2）开孔补强有效范围的计算：

$$B = \begin{cases} 2d_1 \\ d_1 + 2(T_{tn} + t_{tn}) - 2(C_{1m} + C_{1t} + 2C_2) \end{cases}$$
$$(6.4.1\text{-}4)$$

取以上两者中之大者

$$h_1 = \begin{cases} 2.5(T_{tn} - C_{1m} - C_2) \\ 2.5(t_{tn} - C_{1t} - C_2) + t_r \end{cases} \qquad (6.4.1\text{-}5)$$

取以上两者中之小者

式中　T_t——主管计算厚度（mm）；
　　　A——主管开孔削弱所需的补强面积（mm²）；
　　　α_1——支管轴线与主管轴线的夹角（°）；
　　　d_o——支管名义外径（mm）；
　　　d_1——扣除厚度附加量后主管上斜开孔的长径（mm）；
　　　d——扣除厚度附加量后支管内径（mm）；
　　　C_{1t}——支管厚度减薄（负偏差）的附加量（mm）；
　　　C_{1m}——主管厚度减薄（负偏差）的附加量（mm）；

　　　C_2——腐蚀或磨蚀附加量（mm）；
　　　t_r——补强板名义厚度（mm）；
　　　B——补强区有效宽度（mm）；
　　　T_{tn}——主管名义厚度（mm）；
　　　t_{tn}——支管名义厚度（mm）；
　　　h_1——主管外侧法向补强的有效高度（mm）。

（3）各补强面积按下列公式计算，如有加筋板时，不应计入补强面积内。

$$A_1 = (B - d_1)(T_{tn} - T_t - C_{1m} - C_2) \qquad (6.4.1\text{-}6)$$

$$A_2 = 2h_1(t_{tn} - t_t - C_{1t} - C_2) / \sin\alpha_1 \qquad (6.4.1\text{-}7)$$

A_3 应按实际角焊缝截面计算面积。

$$A_4 = (D_r - d_o / \sin\alpha_1)(t_r - C_{1r}) f_r \qquad (6.4.1\text{-}8)$$

$$f_r = [\sigma]_{RP} / [\sigma]_M \qquad (6.4.1\text{-}9)$$

当 $[\sigma]_{RP} \geqslant [\sigma]_M$ 时，$f_r = 1$。

（4）补强面积计算结果应符合下式规定：

$$A_1 + A_2 + A_3 + A_4 \geqslant A \qquad (6.4.1\text{-}10)$$

式中　A_1——补强范围内主管承受内、外压所需计算厚度和厚度附加量两者之外的多余金属面积（mm²）；
　　　A_2——补强范围内支管承受内、外压所需计算厚度和厚度附加量两者之外的多余金属面积（mm²）；
　　　A_3——补强范围内的角焊缝面积（mm²）；
　　　A_4——补强范围内另加补强件的面积（mm²）；
　　　t_t——支管计算厚度（mm）；
　　　C_{1r}——补强板厚度减薄（负偏差）的附加量（mm）；
　　　D_r——补强板的外径（mm）；
　　　f_r——补强板材料与主管材料的许用应力比；
　$[\sigma]_{RP}$——在设计温度下补强板材料的许用应力（MPa）；
　$[\sigma]_M^t$——在设计温度下主管材料的许用应力（MPa）。

6.4.2　主管上多支管的补强应符合下列规定：

6.4.2.1　当主管上任意两个或两个以上相邻开孔的中心距小于相邻两孔平均直径的 2 倍，其补强范围重叠时（图 6.4.2），此两个或两个以上的开孔必须按本规范第 6.4.1 条规定进行补强计算，并采用联合补强方式进行补强。

6.4.2.2　采用联合补强时，总补强面积不应小于各孔单独补强所需补强面积之和。置于两相邻孔之间的补强面积至少应等于各孔所需补强面积之和的 50%，且此两相邻孔中心距至少应等于两开孔平均直径的 1.5 倍。

6.4.2.3　在计算补强面积时，任何部分截面不得重复计入。

6.4.3　挤压引出支管的补强应符合下列规定：

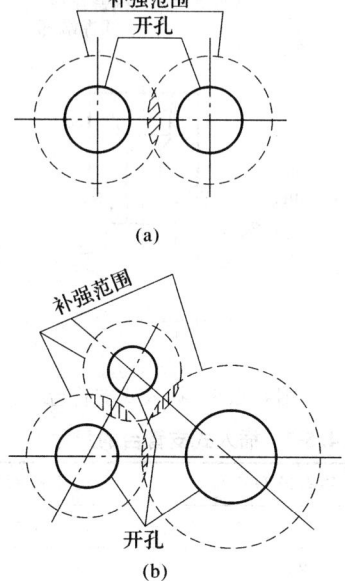

(a)

(b)

图 6.4.2　多个开孔的补强

6.4.3.1 挤压引出支管包括曲率半径在内应采用一个或多个压模直接在主管上挤压形成。

6.4.3.2 支管的轴线必须与主管轴线正交，且在主管表面以上的挤压引出支管高度 h_x 应等于或大于在主管和支管轴线的平面内，外轮廓转角处的曲率半径 r_x。

6.4.3.3 在主管和支管轴线的平面内，外轮廓转角处曲率半径 r_x 与支管名义外径 d_o 有关，并应符合下列规定：

（1）r_x 最小值：r_x 取 $0.05d_o$ 或 38mm 的较小值。

（2）r_x 最大值：当 $d_o < DN200$ 时，r_x 不应大于 32mm；

当 $d_o \geqslant DN200$ 时，r_x 不应大于 $0.1d_o + 13mm$。

（3）当外轮廓由多个半径组成时，上述（1）和（2）的要求适用以一个与 45° 圆弧过渡连接的最佳配合半径为最大半径。

6.4.3.4 本条不适用于用补强圈、垫板或鞍形板等各种另加补强零件的管口。

6.4.3.5 补强计算应符合图 6.4.3 及以下规定：

（1）补强有效范围。

$$B = 2d_x$$
$$h_2 = 0.7\sqrt{d_o t_x} \quad (6.4.3\text{-}1)$$

式中　B——补强区有效宽度（mm）；

h_2——支管有效补强高度（mm）；

d_o——支管名义外径（mm）；

t_x——除去厚度附加量后，在主管外表面处挤压引出支管的有效厚度（mm）；

d_x——除去厚度附加量后挤压引出支管的内径（mm）。

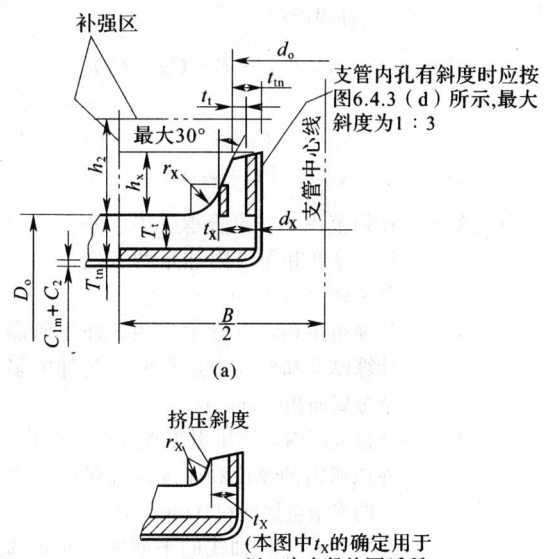

(a)

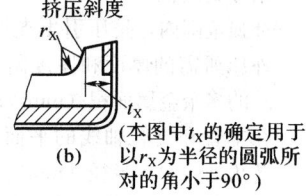

(b)

（本图中 t_x 的确定用于以 r_x 为半径的圆弧所对的角小于 90°）

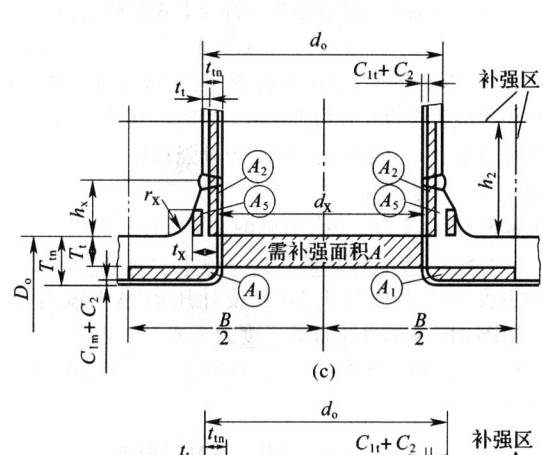

(c)

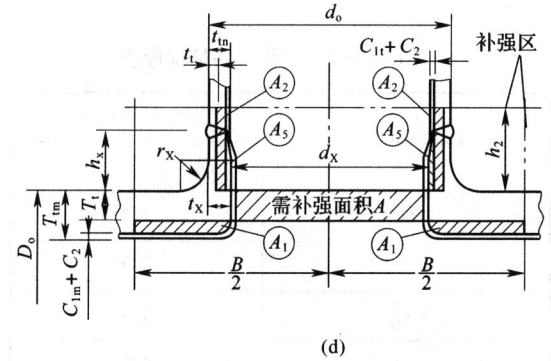

(d)

图 6.4.3　挤压引出支管形式

注：本图对第 6.4.3 条中采用的符号作了图示，但不表示完整的详图或可取的结构方案。

（2）需要的补强面积 A。

$$A = K_3 (T_t)(d_x) \quad (6.4.3\text{-}2)$$

式中　K_3——挤压引出支管补强系数；

当 $d_o/D_o > 0.6$，$K_3 = 1.0$

当 $0.15 < d_o/D_o \leqslant 0.6$ 时，$K_3 = 0.6 + 2(d_o/D_o)/3$

当 $d_o/D_o \leqslant 0.15$ 时，$K_3 = 0.7$。

（3）可利用的补强面积。

$$A_1 = (B - d_X)(T_{tn} - T_t - C_{1m} - C_2)$$
$$(6.4.3-3)$$
$$A_2 = 2h_2(t_{tn} - t_t - C_{1t} - C_2) \quad (6.4.3-4)$$
$$A_5 = 2r_x(t_X + C_{1t} + C_2 - t_{tn}) \quad (6.4.3-5)$$

式中　A_1——补强范围内，主管承受内、外压所需计算厚度和厚度附加量两者之外的多余金属面积（mm^2）；

　　　A_2——补强范围内，支管承受内、外压所需计算厚度和厚度附加量两者之外的多余金属面积（mm^2）；

　　　A_5——补强范围内，挤压引出支管上承受内、外压所需的厚度和厚度附加量两者之外的多余金属面积（mm^2）；

　　　r_x——在主管和支管轴线的平面内，外轮廓转角处的曲率半径（mm）。

（4）补强面积计算结果应符合下式的规定：
$$A_1 + A_2 + A_5 \geqslant A \quad (6.4.3-6)$$

6.4.4 当多个挤压引出支管中任意两相邻孔的中心距小于该相邻两孔平均直径的2倍时，其补强规定与本规范第6.4.2条规定相同。但补强计算应符合本规范第6.4.3条的规定。

6.4.5 其他支管连接件补强的要求应符合下列规定：

6.4.5.1 <u>半管接头的公称直径小于或等于50mm</u>和主管公称直径的1/4，且设计压力小于或等于10MPa时，在接头端部处厚度大于或等于表6.4.5-1的厚度t，并符合图5.4.4-2的形式时，可免做补强计算。

表 6.4.5-1　半管接头端部厚度（mm）

DN	厚度 t，最小值
15	4.1
20	4.3
25	5.0
32	5.3
40	5.5
50	6.0

6.4.5.2 选用对焊支管台、螺纹支管台及承插焊支管台（图5.4.4-3），应按设计压力-温度参数条件整体补强。对焊支管台的端部厚度，应等于支管的厚度。

6.4.5.3 设计温度低于或等于400℃及设计压力小于或等于7.1MPa的工况下，可以使用插入式支管台（图6.4.5），当其公称直径小于或等于50mm及尺寸t_w符合表6.4.5-2时，可免做补强计算。

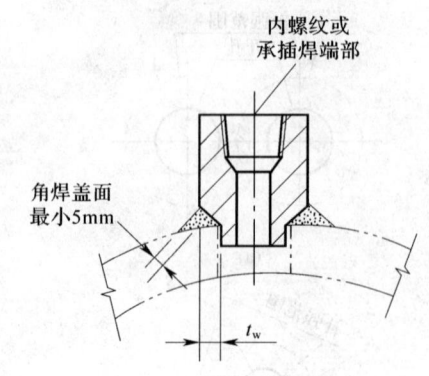

图 6.4.5　插入式支管台

表 6.4.5-2　插入式支管台的尺寸 t_w（mm）

公称直径 DN	尺寸 t_w 最小值
15	4.8
20	5.6
25	6.4
40	7.1
50	8.7

6.5　非标准异径管

6.5.1 无折边的非标准异径管（图6.5.1）的设计，应符合下列规定：

6.5.1.1 无折边的异径管可采用钢板卷焊，对偏心异径管的焊缝宜位于图6.5.1（b）所示的位置。

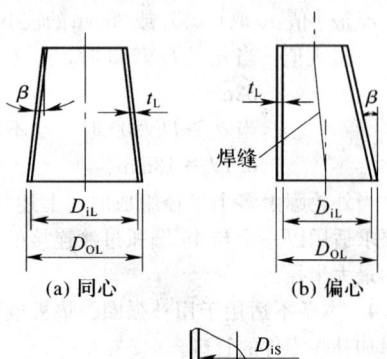

（a）同心　　　　（b）偏心

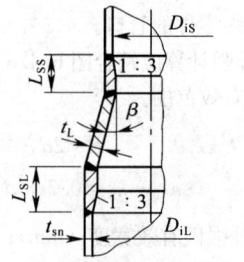

（c）两端带直加强段的异径管

图 6.5.1　无折边的异径管

6.5.1.2 无折边异径管的设计压力，应符合本规范第5.4.2条第5.4.2.6款的规定。

6.5.1.3 同心异径管，斜边与轴线的夹角 β 不宜大于 $15°$。偏心异径管斜边与端部轴线的夹角 β 不宜大于 $30°$。

6.5.2 受内压无折边异径管的厚度，应按下列规定确定：

6.5.2.1 应按设定的斜边与轴线的夹角 β，以下列三个公式计算异径管各部的厚度，选其厚度最大值。

$$t_{LC} = \frac{PD_{OL}}{2\,(\,[\sigma]^t E_j + PY\,)\,\cos\beta} \quad (6.5.2-1)$$

$$t_{LL} = \frac{Q_L PD_{iL}}{2\,[\sigma]^t E_j - P} \;\text{或}\; t_{LL} = \frac{Q_L PD_{OL}}{2\,[\sigma]^t E_j + (2Q_L - 1)\,P}$$

$$(6.5.2-2)$$

$$t_{LS} = \frac{Q_S PD_{iS}}{2\,[\sigma]^t E_j - P} \;\text{或}\; t_{LS} = \frac{Q_S PD_{OS}}{2\,[\sigma]^t E_j + (2Q_S - 1)\,P}$$

$$(6.5.2-3)$$

式中 t_{LC}——异径管锥部计算厚度（mm）；
     t_{LL}——异径管大端计算厚度（mm）；
     t_{LS}——异径管小端计算厚度（mm）；
     P——设计压力（MPa）；
     D_{OL}——异径管大端外径（mm）；
     D_{OS}——异径管小端外径（mm）；
     β——异径管斜边与轴线的夹角（°）；
     D_{iL}——异径管大端内径（mm）；
     D_{iS}——异径管小端内径（mm）；
     Q_L——异径管大端与直管连接的应力增值系数，（图6.5.2-1）；
     Q_S——异径管小端与直管连接的应力增值系数，（图6.5.2-2）。

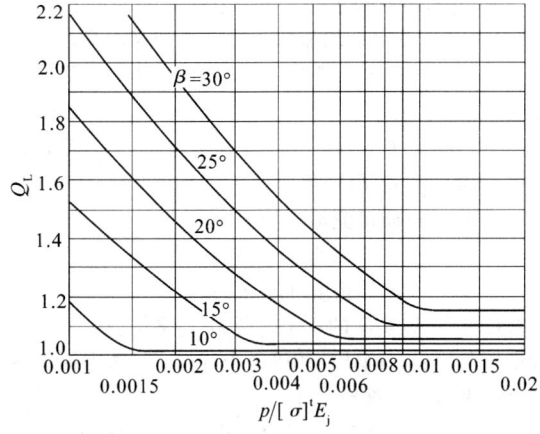

图 6.5.2-1   异径管大端与圆筒连接处 Q_L 值图
注：曲线系按最大应力强度（主要为轴向弯曲应力）绘制，控制值为 $3\,[\sigma]^t$。

6.5.2.2 异径管厚度的选取：

（1）当计算的厚度最大值小于或等于大端连接的直管有效厚度 t_{se} 时，异径管的名义厚度可取与直管

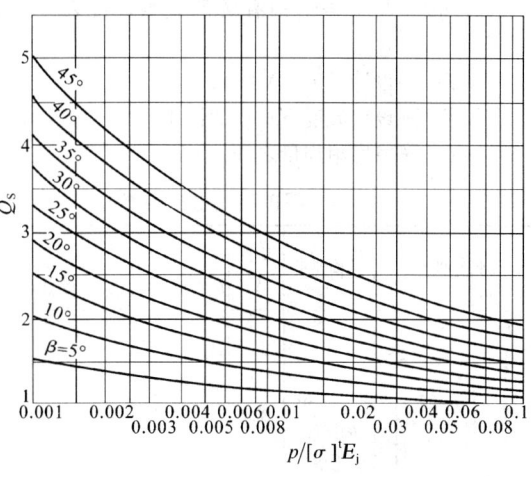

图 6.5.2-2   异径管小端与圆筒连接处的 Q_S 值图
注：曲线系按连接处每侧 $0.25\sqrt{0.5 D_{iS} t_{LS}}$ 范围内的薄膜应力强度（由平均环向拉应力和平均径向压应力计算所得）绘制，控制值为 $1.1\,[\sigma]^t$。

相同的名义厚度。

（2）当计算的厚度最大值大于大端连接的直管有效厚度 t_{se} 时，应按下述要求处理：

管道布置允许减小斜边与轴线的夹角 β 时，可重新计算；

不能改小斜边与轴线的夹角 β 时，可采用本条第 6.5.2.1 款计算的厚度最大值，并采用本规范第 6.5.1 条图 6.5.1（c）的结构，该异径管应在两端增加直管的加强段。

（3）异径管名义厚度 t_L 应为计算厚度、厚度附加量 C 及材料厚度圆整值之和。

6.5.2.3 直管加强段的长度，应按下列计算确定：

$$L_{SL} = 2\sqrt{0.5 D_{iL} t_{LL}} \quad (6.5.2-4)$$

$$L_{SS} = \sqrt{D_{iS} t_{LS}} \quad (6.5.2-5)$$

式中 L_{SL}——与异径管大端连接的直管加强段的长度（mm）；
     L_{SS}——与异径管小端连接的直管加强段的长度（mm）。

6.5.3 承受外压的异径管厚度及加强要求，应按现行国家标准《钢制压力容器》GB 150 的规定。

6.6 平 盖

6.6.1 无拼接焊缝平盖厚度应按式（6.6.1-1）及式（6.6.1-2）计算。

$$t_p = K_1(D_i + 2C)[P/(\,[\sigma]^t \eta\,)]^{0.5} \quad (6.6.1-1)$$

$$t_{pd} = t_p + C \quad (6.6.1-2)$$

式中 t_{pd}——平盖的设计厚度（mm）；
     t_p——平盖计算厚度（mm）；
     D_i——管子内径（mm）；

K_1，η——与平盖结构有关的系数，按表 6.6.1 选用；

P——设计压力（MPa）；

$[\sigma]^t$——设计温度下材料的许用应力（MPa）；

C——厚度附加量之和（mm）。

表 6.6.1 平盖结构形式系数

平盖型式	结构要求	系数 K_1	系数 η		注
			$h_3 > 2t_{sn}$	$2t_{sn} > h_3 > t_{sn}$	
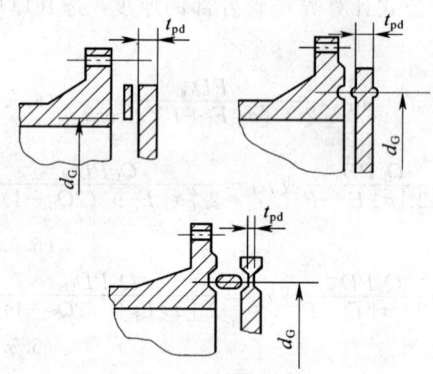	$r \geq 2 \times \dfrac{t_{sn}}{t_{pd}}$ $h_3 \geq t_{sn}$ V 形焊口	0.4	1.05	1.00	①
	V 形焊口加角焊	0.6	0.85		①②
		0.4	1.05		①③
	V 形焊口加角焊	0.6	0.85		①④

注：①坡口尺寸应符合本规范第 5.9.1 条第 5.9.1.1 款的规定。
　　②用于公称压力小于或等于 2.5MPa 和公称直径小于或等于 400mm 的管道。
　　③只用于水压试验。公称直径小于或等于 400mm 的管道。
　　④用于公称压力小于 2.5MPa 和公称直径小于 40mm 的管道。

6.6.2　在平盖中心开孔时，应按现行国家标准《钢制压力容器》GB 150 规定进行补强计算。

6.7　特殊法兰和盲板

6.7.1　特殊要求的非标准法兰可按现行国家标准《钢制压力容器》GB 150 进行设计。

6.7.2　夹在两法兰之间的盲板（图 6.7.2），其计算厚度可按式（6.7.2-1）确定。用整体钢板制造时，式中焊接接头系数 E_j 等于 1。对于永久性盲板应按式（6.7.2-2）增加厚度附加量。

$$t_m = 0.433 d_G [P/([\sigma]^t \cdot E_j)]^{0.5} \quad (6.7.2\text{-}1)$$

$$t_{pd} = t_m + 2C_2 + C_1 \quad (6.7.2\text{-}2)$$

式中　t_m——盲板计算厚度（mm）；

　　　d_G——凹面或平面法兰垫片的内径或环槽式垫片平均直径（mm）；

P——设计压力（MPa）；

$[\sigma]^t$——在设计温度下材料的许用应力（MPa）；

E_j——焊接接头系数；

t_{pd}——盲板的设计厚度（mm）；

C_2——腐蚀或磨蚀附加量（mm）；

C_1——厚度减薄附加量（mm）。

图 6.7.2　夹在法兰间的盲板

7　管径确定及压力损失计算

7.1　管径的确定

7.1.1　管径应根据流体的流量、性质、流速及管道允许的压力损失等确定。

7.1.2　对大直径厚壁合金钢等管道管径的确定，应进行建设费用和运行费用方面的经济比较。

7.1.3　除另有规定或采取有效措施外，容易堵塞的液体不宜采用公称直径小于 25mm 的管道。

7.1.4　除有特殊要求外，可按下述方法确定管径：

　7.1.4.1　设定平均流速并按下式初算内径，再根据工程设计规定的管子系列调整为实际内径。最后复核实际平均流速。

$$D_i = 0.0188 [W_o/v\rho]^{0.5} \quad (7.1.4)$$

式中　D_i——管子内径（m）；

　　　W_o——质量流量（kg/h）；

　　　v——平均流速（m/s）；

　　　ρ——流体密度（kg/m³）。

　7.1.4.2　以实际的管子内径 D_i 与平均流速 v 核算管道压力损失，确认选用管径为可行。如压力损失不满足要求时，应重新计算。

7.1.5　管道平均流速的选择，应符合下列规定：

　7.1.5.1　平均流速应根据流体的性质、状态和管道允许的压力损失选用。

　7.1.5.2　放空管道的阀后管道流速，不应大于下式计算的气体声速。

$$v_c = 91.20(KT/M)^{0.5} \quad (7.1.5\text{-}1)$$

$$k = \frac{C_p}{C_v} \quad (7.1.5\text{-}2)$$

式中 v_c ——气体的声速或临界流速（m/s）；
　　　k ——气体的绝热指数；
　C_p、C_v——定压热容，定容热容[J/(g·K)]；
　　　T ——气体温度（K）；
　　　M ——气体分子量。

7.2 单相流管道压力损失

7.2.1 本节内容仅适用于输送牛顿型流体的管道压力损失的计算，包括直管的摩擦压力损失和局部（阀门和管件）的摩擦压力损失计算，不包括加速度损失及静压差等的计算。

7.2.2 液体管道摩擦压力损失的计算，应符合下列规定：

7.2.2.1 圆形直管的摩擦压力损失，应按式（7.2.2-1）计算。

$$\Delta P_f = 10^{-5} \frac{\lambda \rho v^2}{2g} \cdot \frac{L}{D_i} \qquad (7.2.2\text{-}1)$$

式中 ΔP_f ——直管的摩擦压力损失（MPa）；
　　　L ——管道长度（m）；
　　　g ——重力加速度（m/s²）；
　　　D_i——管子内径（m）；
　　　v ——平均流速（m/s）；
　　　ρ ——流体密度（kg/m³）；
　　　λ ——流体摩擦系数。

7.2.2.2 局部的摩擦压力损失的计算，可采用当量长度法或阻力系数法。

（1）当量长度法：

$$\Delta P_k = 10^{-5} \frac{\lambda \rho v^2}{2g} \cdot \frac{L_e}{D_i} \qquad (7.2.2\text{-}2)$$

（2）阻力系数法：

$$\Delta P_k = 10^{-5} \cdot K_R \frac{\rho v^2}{2g} \qquad (7.2.2\text{-}3)$$

式中 ΔP_k ——局部的摩擦压力损失（MPa）；
　　　L_e ——阀门和管件的当量长度（m）；
　　　K_R——阻力系数。

7.2.2.3 液体管道总压力损失为直管的摩擦压力损失与局部的摩擦压力损失之和，并应计入适当的裕度。其裕度系数，宜取 1.05～1.15。

$$\Delta P_t = C_h (\Delta P_f + \Delta P_k) \qquad (7.2.2\text{-}4)$$

式中 ΔP_t ——管道总压力损失（MPa）；
　　　C_h——管道压力损失的裕度系数。

7.2.3 气体管道摩擦压力损失的计算，应符合下列规定：

7.2.3.1 当总压力损失小于起点压力的 10% 时，可采用本规范第 7.2.2 条的公式，计算摩擦压力损失。

7.2.3.2 当总压力损失为起点压力的 10%～20% 时，仍采用本规范第 7.2.2 条的公式，但应以平均密度计算摩擦压力损失。

7.2.3.3 对于某些系统总压力损失大于起点压力

的 20% 时，应把管道分成足够多的段数，逐段进行计算，最后得到各段压力损失之和。各段管道仍应采用本规范第 7.2.2 条的公式计算。

7.3 气液两相流管道压力损失

7.3.1 气液混合物中，气相体积（体积含气率）在 6%～98% 范围内时，宜采用两相流方法计算管道压力损失。

7.3.2 计算气液两相流管道压力损失时，首先应设定管径进行流型的判断；如流型为柱状流或活塞流时，应缩小管径，使流型成为环状流或分散流。

7.3.3 气液两相流管道压力损失的计算，应采用经过验证认为实用的计算方法。总压力损失宜按计算值乘以 1.3～3.0 的裕度系数。

7.3.4 气液两相流为闪蒸型时，应分析沿管道流动时质量含气率变化对压力损失计算的误差，当管道进出口质量含气率的变化大于 5% 时，可分段进行计算，计算方法与非闪蒸型两相流管道的压力损失计算方法相同。

8 管道的布置

8.1 地上管道

Ⅰ 一般规定

8.1.1 管道布置应满足工艺及管道和仪表流程图的要求。

8.1.2 管道布置应满足便于生产操作、安装及维修的要求。宜采用架空敷设，规划布局应整齐有序。在车间内或装置内不便维修的区域，不宜将输送强腐蚀性及 B 类流体的管道敷设在地下。

8.1.3 具有热胀和冷缩的管道，布置中配合进行柔性计算的范围不应小于本规范和工程设计的规定。

8.1.4 管道布置中应按本规范第 3.1.5 条的要求控制管道的振动。

Ⅱ 管道的净空高度及净距

8.1.5 架空管道穿过道路、铁路及人行道等的净空高度系指管道隔热层或支承构件最低点的高度，净空高度应符合下列规定：

（1）电力机车的铁路，轨顶以上　≥6.6m；
（2）铁路轨顶以上　≥5.5m；
（3）道路　推荐值≥5.0m；最小值 4.5m；
（4）装置内管廊横梁的底面　≥4.0m；
（5）装置内管廊下面的管道，在通道上方　≥3.2m；
（6）人行道，在道路旁　≥2.2m；
（7）人行过道，在装置小区内　≥2.0m。
（8）管道与高压电力线路间交叉净距应符合架空电力线路现行国家标准的规定。

8.1.6 在外管架（廊）上敷设管道时，管架边缘至建筑物或其他设施的水平距离除按以下要求外，还应符合现行国家标准《石油化工企业设计防火规范》GB 50160、《工业企业总平面设计规范》GB 50187 及《建筑设计防火规范》GBJ 16 的规定。

管架边缘与以下设施的水平距离：
(1) 至铁路轨外侧 ≥3.0m；
(2) 至道路边缘 ≥1.0m；
(3) 至人行道边缘 ≥0.5m；
(4) 至厂区围墙中心 ≥1.0m；
(5) 至有门窗的建筑物外墙 ≥3.0m；
(6) 至无门窗的建筑物外墙 ≥1.5m。

8.1.7 布置管道时应合理规划操作人行通道及维修通道。操作人行通道的宽度不宜小于 0.8m。

8.1.8 两根平行布置的管道，任何突出部位至另一管子或突出部位或隔热层外壁的净距，不宜小于25mm。裸管的管壁与管壁间净距不宜小于50mm，在热（冷）位移后隔热层外壁不应相碰。

Ⅲ 一般布置要求

8.1.9 多层管廊的层间距离应满足管道安装要求。腐蚀性的液体管道应布置在管廊下层。高温管道不应布置在对电缆有热影响的下方位置。

8.1.10 沿地面敷设的管道，不可避免穿越人行通道时，应备有跨越桥。

8.1.11 在道路、铁路上方的管道不应安装阀门、法兰、螺纹接头及带有填料的补偿器等可能泄漏的组成件。

8.1.12 沿墙布置的管道，不应影响门窗的开闭。

8.1.13 腐蚀性液体的管道，不宜布置在转动设备的上方。

8.1.14 泵的管道应符合下列要求：

8.1.14.1 泵的入口管布置应满足净正吸入压头（气蚀余量）的要求；

8.1.14.2 双吸离心泵的入口管应避免配管不当造成偏流；

8.1.14.3 离心泵入口处水平的偏心异径管一般采用顶平布置，但在异径管与向上弯的弯头直接连接的情况下，可采用底平布置。异径管应靠近泵入口。

8.1.15 与容器连接的管道布置应符合下列规定：

8.1.15.1 对非定型设备的管口方位，应结合设备内部结构及工艺要求进行布置；

8.1.15.2 对大型贮罐至泵的管道，确定罐的管口标高及第一个支架位置时，该管道应能适应贮罐基础的沉降。

8.1.15.3 卧式容器及换热器的固定侧支座及活动侧支座，应按管道布置要求明确规定，固定支座位置应有利于主要管道的柔性计算。

8.1.16 布置管道应留有转动设备维修、操作和设备内填充物装卸及消防车道等所需空间。

8.1.17 吊装孔范围内不应布置管道。在设备内件抽出区域及设备法兰拆卸区内不应布置管道。

8.1.18 仪表接口的设置应符合下列规定：

8.1.18.1 就地指示仪表接口的位置应设在操作人员看得清的高度；

8.1.18.2 管道上的仪表接口应按仪表专业的要求设置，并应满足元件装卸所需的空间。

8.1.18.3 设计压力不大于 6.3MPa 或设计温度不大于 425℃的蒸汽管道，仪表接口公称直径不应小于15mm。大于上述条件及有振动的管道，仪表接口公称直径不应小于 20mm，当主管公称直径小于 20mm时，仪表接口不应小于主管径。

8.1.19 管道的结构应符合下列规定：

8.1.19.1 两条对接焊缝间的距离，不应小于 3 倍焊件的厚度，需焊后热处理时，不宜小于 6 倍焊件的厚度。且应符合下列要求：

公称直径小于 50mm 的管道，焊缝间距不宜小于 50mm；

公称直径大于或等于 50mm 的管道，焊缝间距不宜小于 100mm。

8.1.19.2 管道的环焊缝不宜在管托的范围内。需热处理的焊缝从外侧距支架边缘的净距宜大于焊缝宽度的 5 倍，且不应小于 100mm。

8.1.19.3 不宜在管道焊缝及边缘上开孔与接管。当不可避免时，应经强度校核。

8.1.19.4 管道在现场弯管的弯曲半径不宜小于3.5 倍管外径；焊缝距弯管的起弯点不宜小于100mm，且不应小于管外径。

8.1.19.5 螺纹连接的管道，每个分支应在阀门等维修件附近设置一个活接头。但阀门采用法兰连接时，可不设活接头。

8.1.19.6 除端部带直管的对焊管件外，不应将标准的对焊管件与滑套法兰直连。

8.1.20 蒸汽管道或可凝性气体管道的支管宜从主管的上方相接。蒸汽冷凝液支管应从收回总管的上方接入。

8.1.21 管道布置时应留出试生产、施工、吹扫等所需的临时接口。

8.1.22 管道穿过安全隔离墙时应加套管。在套管内的管段不应有焊缝，管子与套管间的间隙应以不燃烧的软质材料填满。

Ⅳ B类流体管道布置要求

8.1.23 **B 类流体的管道，不得安装在通风不良的厂房内、室内的吊顶内及建（构）筑物封闭的夹层内。**

8.1.24 密度比环境空气大的室外 B 类气体管道，当有法兰、螺纹连接或有填料结构的管道组成件时，不应紧靠有门窗的建筑物敷设，可按本规范第 8.1.6 条处理。

8.1.25 **B 类流体的管道不得穿过与其无关的建**

筑物。

8.1.26 B类流体的管道不应在高温管道两侧相邻布置，也不应布置在高温管道上方有热影响的位置。

8.1.27 B类流体管道与仪表及电气的电缆相邻敷设时，平行净距不宜小于1m。电缆在下方敷设时，交叉净距不应小于0.5m。当管道采用焊接连接结构并无阀门时，其平行净距可取上述净距的50%。

8.1.28 B类液体排放应符合本规范有关章节的规定。含油的水应先排入油水分离装置。

8.1.29 B类流体管道与氧气管道的平行净距不应小于500mm。交叉净距不应小于250mm。当管道采用焊接连接结构并无阀门时，其平行净距可取上述净距的50%。

V 阀门的布置

8.1.30 应按照阀门的结构、工作原理、正确流向及制造厂的要求采用水平或直立或阀杆向上方倾斜等安装方式。

8.1.31 所有安全阀、减压阀及控制阀的位置，应便于调整及维修，并留有抽出阀芯的空间，当位置过高时，应设置平台。所有手动阀门应布置在便于操作的高度范围内。

8.1.32 阀门宜布置在热位移小的位置。

8.1.33 换热器等设备的可拆端盖上，设有管口并需接阀门时，应备有可拆管段，并将切断阀布置在端盖拆卸区的外侧。

8.1.34 除管道和仪表流程图上指定的要求外，对于紧急处理及防火需要开或关的阀门，应位于安全和方便操作的地方。

8.1.35 安全阀的管道布置应考虑开启时反力及其方向，其位置应便于出口管的支架设计。阀的接管承受弯矩时，应有足够的强度。

VI 高点排气及低点排液的设置

8.1.36 管道的高点与低点均应分别备有排气口与排液口，并位于容易接近的地方。如该处（相同高度）有其他接口可利用时，可另设排气口或排液口。除管廊上的管道外，对于公称直径小于或等于25mm的管道可省去排气口。对于蒸汽伴热管迂回时出现的低点处，可不设排液口。

8.1.37 高点排气管的公称直径最小应为15mm；低点排液管的公称直径最小应为20mm。当主管公称直径为15mm时，可采用等径的排液口。

8.1.38 气体管道的高点排气可不设阀门，接管口应采用法兰盖或管帽等加以封闭。

8.1.39 所有排液口最低点与地面或平台的距离不宜小于150mm。

8.1.40 饱和蒸汽管道的低点应设集液包及蒸汽疏水阀组。

VII 放空口的位置

8.1.41 B类气体的放空管管口及安全阀排放口与平台或建筑物的相对距离应符合现行国家标准《石油化工企业设计防火规范》GB 50160第4.4.9条的规定。

8.1.42 放空口位置除上述要求外，还应符合现行国家标准《制定地方大气污染物排放标准的技术方法》GB/T 13201的规定。

8.2 沟内管道

8.2.1 沟内管道布置应符合以下规定：

8.2.1.1 管道的布置应方便检修及更换管道组成件。为保证安全运行，沟内应有排水措施。对于地下水位高且沟内易积水的地区，地沟及管道又无可靠的防水措施时，不宜将管道布置在管沟内。

8.2.1.2 沟与铁路、道路、建筑物的距离应根据建筑物基础的结构、路基、管道敷设的深度、管径、流体压力及管道井的结构等条件来决定，并应符合附录F的规定。

8.2.1.3 避免将管沟平行布置在主通道的下面。

8.2.1.4 本规范第8.1节中有关管道排列、结构、排气、排液等条款也适用于沟内管道。

8.2.2 可通行管沟的管道布置应符合以下规定：

8.2.2.1 在无可靠的通风条件及无安全措施时，不得在通行管沟内布置窒息性及B类流体的管道。

8.2.2.2 沟内过道净宽不宜小于0.7m，净高不宜小于1.8m。

8.2.2.3 对于长的管沟应设安全出入口，每隔100m应设有人孔及直梯，必要时设安装孔。

8.2.3 不可通行管沟的管道布置应符合下列规定：

8.2.3.1 当沟内布置经常操作的阀门时，阀门应布置在不影响通行的地方，必要时可增设阀门伸长杆，将手轮引伸至靠近活动沟盖背面的高度处。

8.2.3.2 B类流体的管道不宜设在密闭的沟内。在明沟中不宜敷设密度比环境空气大的B类气体管道。当不可避免时，应在沟内填满细砂，并应定期检查管道使用情况。

8.3 埋地管道

8.3.1 埋地管道与铁路、道路及建筑物的最小水平距离应符合本规范附录F表F的规定。

8.3.2 管道与管道及电缆间的最小水平间距应符合现行国家标准《工业企业总平面设计规范》GB 50187的规定。

8.3.3 大直径薄壁管道深埋时，应满足土壤压力下的稳定性及刚度要求。

8.3.4 从道路下面穿越的管道，其顶部至路面不宜小于0.7m。

8.3.5 从铁路下面穿越的管道应设套管，套管顶至铁轨底的距离不应小于1.2m。

8.3.6 管道与电缆间交叉净距不应小于0.5m。电缆宜敷设在热管道下面，腐蚀性流体管道上面。

8.3.7 B 类流体、氧气和热力管道与其他管道的交叉净距不应小于 0.25m；C 类及 D 类流体管道间的交叉净距不宜小于 0.15m。

8.3.8 管道埋深应在冰冻线以下。当无法实现时，应有可靠的防冻保护措施。

8.3.9 设有补偿器、阀门及其他需维修的管道组成件时，应将其布置在符合安全要求的井室中，井内应有宽度大于或等于 0.5m 的维修空间。

8.3.10 有加热保护的（如伴热）管道不应直接埋地，可设在管沟内。

8.3.11 挖土共沟敷设管道的要求应符合现行国家标准《工业企业总平面设计规范》GB 50187 的规定。

8.3.12 带有隔热层及外护套的埋地管道，布置时应有足够柔性，并在外套内有内管热胀的余地。无补偿直埋方法，可用于温度小于或等于 120℃ 的 D 类流体的管道，并应按国家现行直埋供热管道标准的规定进行设计与施工。

9 金属管道的膨胀和柔性

9.1 一 般 规 定

9.1.1 管道对所连接机器设备的作用力和力矩应符合设备制造厂提出的允许的作用力和力矩的规定。当超过规定值，同时可能协商解决时，应取得制造厂的书面认可。管道对压力容器管口上的作用力和力矩应作为校核容器强度的依据条件。

9.1.2 经柔性计算确认为剧烈循环条件的管道时，应按本规范核对管道组成件选用的规定；当不能满足要求时，应修改设计，降低计算的位移应力范围，使剧烈循环条件变为非剧烈循环条件。

9.2 管道柔性计算的范围及方法

9.2.1 柔性计算的范围应符合下列规定：

9.2.1.1 管道的设计温度小于或等于 −50℃ 或大于或等于 100℃，均应为柔性计算的范围。

9.2.1.2 对柔性计算的公称直径范围应按设计温度和管道布置的具体情况在工程设计时确定。

9.2.1.3 第 9.2.1.1 款所述条件以外的，且符合下列条件之一的管道，应列入柔性计算的范围：

（1）受室外环境温度影响的无隔热层长距离的管道；

（2）管道端点附加位移量大，不能用经验判断其柔性的管道；

（3）小支管与大管连接，且大管有位移并会影响柔性的判断时，小管应与大管同时计算。

9.2.1.4 具备下列条件之一的管道，可不做柔性分析：

（1）该管道与某一运行情况良好的管道完全相同；

（2）该管道与已经过柔性分析合格的管道相比较，几乎没有变化。

9.2.2 柔性计算方法应符合下列规定：

9.2.2.1 对于与敏感机器、设备相连的或高温、高压或循环当量数大于 7000 等重要的以及工程设计有严格要求的管道，应采用计算机程序进行柔性计算。

9.2.2.2 对简单的 L 型、Π 型、Z 型等管道，可采用表格法、图解法等验算，但所采用的表和图必须是经计算验证的。

9.2.2.3 无分支管道或管系的局部作为计算机柔性计算前的初步判断时，可采用简化的分析方法。

9.3 管道柔性计算的基本要求

9.3.1 计算管系的划分应符合下列规定：

9.3.1.1 管系可按设备连接点或固定点划分为若干计算分管系，每一计算分管系中应包括其所有管道组成件和各种支吊架。

9.3.1.2 分叉管道不宜从分叉点处进行分段计算，只有当分叉支管的刚度与主管刚度相差悬殊时（小管对大管的牵制作用很小，可略去不计时）才可分段，但计算支管时应计入主管在分叉点处附加给支管口准确的线位移和角位移。

9.3.2 柔性计算符合下列规定：

9.3.2.1 管道与设备相连接时，应计入管道端点处的附加位移，包括线位移和角位移；

9.3.2.2 进行分析和计算的管件，应按本规范附录 E 计入柔性系数和应力增大系数；

9.3.2.3 应计入不同类型的支吊架的作用；

9.3.2.4 管道运行中可能出现各种工况时，应按各工况的条件分别计算；

9.3.2.5 计算中的任何假设与简化，不应对计算结果的作用力、应力等产生不利或不安全的影响；

9.3.2.6 支吊架生根在有位移的设备上时，计算时应计入此项热位移值。

9.4 管道的位移应力

9.4.1 计算管道上各点的力矩时，应采用从安装温度到最高温度或最低温度的全补偿值，并可用本规范附录 B 表 B.0.2 中的线膨胀系数和本规范附录 B 表 B.0.1 中在安装温度下管道材料的弹性模量。

9.4.2 各点当量合成力矩的计算，应符合下列规定：

9.4.2.1 计算点在弯管和各类弯头上时：

（1）平面内、平面外弯曲，取不同的应力增大系数时，应根据弯管或弯头的力矩（图 9.4.2-1），并按式（9.4.2-1）计算其当量合成力矩。

$$M_E = \left[(i_i M_i)^2 + (i_o M_o)^2 + M_t^2 \right]^{0.5}$$

$$(9.4.2-1)$$

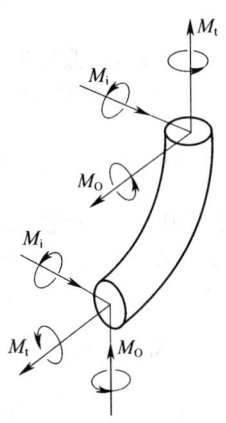

图 9.4.2-1 平面内、平面外应力
增大系数取不同值时
弯管或弯头的力矩

式中 M_E——热胀当量合成力矩（N·mm）；

M_i——平面内热胀弯曲力矩（N·mm）；

M_O——平面外热胀弯曲力矩（N·mm）；

M_t——热胀扭转力矩（N·mm）；

i_i——平面内应力增大系数，见附录 E；

i_O——平面外应力增大系数，见附录 E。

（2）当平面内、平面外弯曲均取相同的应力增大系数 i，即取平面内、平面外应力增大系数两者中的大值时，应按弯管或弯头的力矩（图 9.4.2-2），并按式（9.4.2-2）计算其合成力矩。

$$M'_E = (M_X{}^2 + M_Y{}^2 + M_Z{}^2)^{0.5} \quad (9.4.2-2)$$

式中 M'_E——未计入应力增大系数的合成力矩（N·mm）；

M_X——沿坐标轴 X 方向的力矩（N·mm）；

M_Y——沿坐标轴 Y 方向的力矩（N·mm）；

M_Z——沿坐标轴 Z 方向的力矩（N·mm）。

9.4.2.2 当计算点在三通的交叉点处时：

（1）平面内、平面外弯曲取不同的应力增大系数

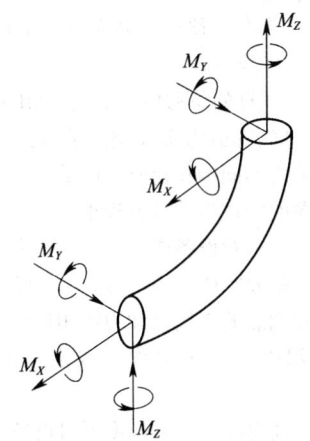

图 9.4.2-2 平面内、平面外应力
增大系数取两者中大值时
弯管或弯头的力矩

时，应按三通的力矩（图 9.4.2-3），并按式（9.4.2-1）计算各连接分支作用在三通交叉点的合成力矩。

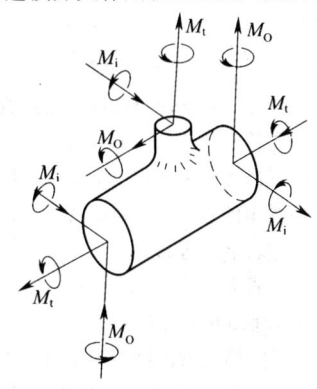

图 9.4.2-3 平面内、平面外应力
增大系数取不同值时三通的力矩

（2）平面内、平面外弯曲均取相同的应力增大系数 i，即取平面内、平面外应力增大系数两者中的大值时，应按三通的力矩（图 9.4.2-4），并按式（9.4.2-2）计算各连接分支作用在三通交叉点的合成力矩。

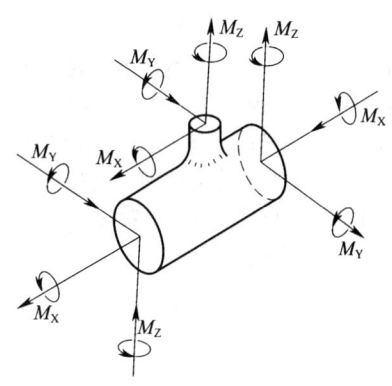

图 9.4.2-4 平面内、平面外应力
增大系数取两者中大值时三通的力矩

注：①上图中力矩位置仅为示意的，应取作用于三通各分支交叉点的力矩。

②每个三通交叉点处的 3 个合成力矩，分别用于计算应力。

③上述计算也适用于其他型式的支管连接。

9.4.2.3 当计算点在直管上时，计算当量合成力矩中的应力增大系数应取 1，并应按第 9.4.2.1 款的公式计算。

9.4.3 截面系数的计算应符合下列规定：

9.4.3.1 直管、弯管、弯头、等径三通的主、支管及异径三通的主管的截面系数，应按式(9.4.3-1)计算。

$$W = \frac{\pi}{32 D_o} (D_o{}^4 - D_i{}^4) \quad (9.4.3-1)$$

式中 D_o——管子外径（mm）；

D_i——管子内径（mm）；

W——截面系数（mm^3）。

9.4.3.2 异径三通支管的有效截面系数，应按式（9.4.3-2）计算。

$$W_B = \pi(r_m)^2 t_{cb} \qquad (9.4.3-2)$$

式中　W_B——异径三通支管的有效截面系数（mm^3）；

r_m——支管平均半径（mm）；

t_{cb}——三通支管的有效厚度，取 T_{tn} 和 $i_i t_{tn}$ 二者中的较小值（mm）；

T_{tn}——主管名义厚度（mm）；

t_{tn}——支管名义厚度（mm）。

注：T_{tn} 和 t_{tn} 应取相配主管和支管的名义厚度。

9.4.4 计算管道位移应力范围应符合下列规定：

9.4.4.1 当平面内、平面外弯曲采用不同的应力增大系数时，对于异径三通支管或其他组焊形式的异径支管连接点处的位移应力范围，应按式（9.4.4-2）计算，其余管道组成件（部位）处的位移应力范围应按式（9.4.4-1）计算。

$$\sigma_E = \frac{M_E}{W} \qquad (9.4.4-1)$$

$$\sigma_E = \frac{M_E}{W_B} \qquad (9.4.4-2)$$

式中　σ_E——计算的最大位移应力范围（MPa）。

9.4.4.2 当平面内、平面外弯曲采用相同的应力增大系数时，对于异径三通支管或其他组焊形式的异径支管连接点处的位移应力范围，应按式（9.4.4-4）计算，其余管道组成件（部位）处的位移应力范围应按式（9.4.4-3）计算。

$$\sigma_E = \frac{iM'_E}{W} \qquad (9.4.4-3)$$

$$\sigma_E = \frac{iM'_E}{W_B} \qquad (9.4.4-4)$$

式中　i——应力增大系数。

9.4.5 管道位移应力范围的评定标准，为控制管道计算的最大位移应力范围 σ_E，必须符合式（9.4.5）的规定。

$$\sigma_E \leqslant [\sigma]_A \qquad (9.4.5)$$

式中许用的位移应力范围 $[\sigma]_A$，应符合本规范第 3.2.7 条的规定。

9.5 管道对设备或端点的作用力

9.5.1 设计管道时，应根据可能出现的各种工况，包括运行初期、运行、停运、松弛后及承受偶然荷载等工况分别计算作用力和力矩。当计算机程序中不包括滑动支架的摩擦力时，应采用手算修正管端的作用力。

9.5.2 当管道无冷拉或各方向采用相同冷拉比时，管道对端点或设备接口处的作用力和力矩的计算可按下列规定，并宜用于无中间约束，只有两个固定端点的简单管道系统。

9.5.2.1 在最高温度或最低温度下，管道对设备或端点的作用力和力矩，应按式（9.5.2-1）计算。

$$R_h = \left[1 - (2/3)C_S\right]\frac{E_h}{E_{20}}R_E \qquad (9.5.2-1)$$

9.5.2.2 在安装温度下，管道对设备或端点的作用力和力矩，应按式（9.5.2-2）及式（9.5.2-3）计算。

$$R_C = C_S R_E \qquad (9.5.2-2)$$

或

$$R_{C1} = \left(1 - \frac{[\sigma]_h}{\sigma_E} \times \frac{E_{20}}{E_h}\right)R_E \qquad (9.5.2-3)$$

当 $\dfrac{[\sigma]_h}{\sigma_E} \times \dfrac{E_{20}}{E_h} < 1$ 时，取 R_C 和 R_{C1} 中的大值；

当 $\dfrac{[\sigma]_h}{\sigma_E} \times \dfrac{E_{20}}{E_h} \geqslant 1$ 时，取 R_C 为安装温度下对管端和设备接口处的作用力和力矩。

式中　C_S——冷拉比，由设计者根据需要确定，可在 0～100% 中取用；

E_h——在最高或最低温度下管道材料的弹性模量（MPa）；

E_{20}——在安装温度下的管道材料的弹性模量，一般可取材料在 20℃ 时的弹性模量（MPa）；

R_h——管道运行初期在最高或最低温度下对设备或端点的作用力（N）和力矩（N·mm）；

R_C——管道运行初期在安装温度下对设备或端点的作用力（N）和力矩（N·mm）；

R_E——以 E_{20} 和全补偿值计算的管道对端点的作用力（N）和力矩（N·mm）；

R_{C1}——管道应变自均衡后在安装温度下对设备或端点的作用力（N）和力矩（N·mm）；

$[\sigma]_h$——在分析中的位移循环内，金属材料在热态（预计最高温度）下的许用应力（MPa）；

σ_E——计算的位移应力范围（MPa）。

9.5.3 当计算的管道为多固定点的复杂管系或沿坐标轴各方向采用不同冷拉比时，应采用管元件的变形系数及各方向的冷拉值等的方程组，计算运行初期在安装温度下，管道对设备或端点的作用力和力矩，并与本规范式（9.5.2-3）计算管道自均衡后在安装温度下对设备或端点的作用力和力矩相比较，取其较大值作为安装温度下管道对设备或端点的作用力和力矩。

管道在最高温度或最低温度下对设备或端点的作用力和力矩，应按下式计算：

$$R_h = \left[R_E - (2/3)R_C\right]\frac{E_h}{E_{20}} \qquad (9.5.3)$$

9.6 改善管道柔性的措施

9.6.1 管道设计中可利用管道自身的弯曲或扭转产生的变位来达到热胀或冷缩时的自补偿，当其柔性不能满足要求时，可采用下列办法改善管道的柔性：

    9.6.1.1 调整支吊架的形式与位置；

    9.6.1.2 改变管道走向。

9.6.2 当受条件限制，不能采用本规范第 9.6.1 条的方法改善管道的柔性时，可根据管道设计参数和类别选用补偿装置。

10 管道支吊架

10.1 一 般 规 定

10.1.1 在管道支吊架的布置设计中，管道的纵向应力，应符合本规范第 3.2.6 及 3.2.8 条的规定。

10.1.2 应优先选用标准的及通用的支吊架，对主要受力的支吊架结构的零部件应进行强度及刚度计算。

10.2 支吊架的设置及最大间距

10.2.1 支吊架位置和形式，应符合管道布置情况和管道柔性计算的要求。可选用有效的包括特殊形式的支架，控制管道位移和防止管道振动。

10.2.2 装有膨胀节的管道，固定架、导向架和限位架等的设置应符合产品特性及使用要求。

10.2.3 支吊架生根在建（构）筑物的构件上时，该构件应有足够的强度和刚度。

10.2.4 支吊架的设置不应影响设备和管道的运行操作及维修。

10.2.5 管道上有重力大的管道组成件时，应核算支吊架间距，或在管道组成件的附近设置支吊架。

10.2.6 支吊架的设置，应使支管连接点和法兰接头处承受的弯矩值，控制在安全的范围内。

10.2.7 水平管道支吊架最大间距应满足强度和刚度条件。强度条件是控制管道自重弯曲应力不应超过设计温度下材料许用应力的一半。刚度条件是限制管道自重产生的弯曲挠度，一般管道设计挠度不应超过 15mm。装置外管道的挠度允许适当放宽，但不应超过 38mm。敷设无坡度的蒸汽管道，其挠度不宜超过10mm。

<u>其他有特殊要求的管道需采用更小的挠度值时，可按国家现行标准执行。</u>

10.2.8 对于不允许积液并带有坡度的管道，支吊架间距除满足本规范第 10.2.7 条要求外，它与挠度及坡度之间的关系还应符合式（10.2.8）的要求。

$$L_S \leqslant \frac{2Y_S i_S}{\sqrt{1+i_S^2}-1} \tag{10.2.8}$$

式中 Y_S ——管道自重弯曲挠度（mm）；

    L_S ——支吊架间距（mm）；

i_S ——管道坡度。

10.2.9 对有压力脉动的管道，决定支架间距时，应核算管道固有频率，防止管道产生共振。

10.3 支吊架荷载

10.3.1 支吊架的设计应承受下述荷载：

    10.3.1.1 应承受本规范第 3.1.6 条所述的各项重力及支吊架零部件的重力。

    10.3.1.2 应承受在管道运行期间可能产生变化的下列荷载：

    （1）管道热胀冷缩和其他位移产生的作用力和力矩；

    （2）弹簧支吊架向刚性支吊架或固定支架的转移荷载；

    （3）压力不平衡式的波纹膨胀节或填函式补偿器等的内压作用力及弹性力；

    （4）活动支吊架的摩擦力。

    10.3.1.3 经柔性计算的管道，支吊架荷载应与柔性计算结果一致。当柔性计算程序中未计及滑动支架摩擦力或其他荷载时，应在支吊架荷载计算中计入。

    10.3.1.4 液压试验、清洗或钝化时的液体重力、管内流体突然变化引起的力、流体排放时产生的反力、风力以及地震力等在使用期间瞬时和偶尔发生的荷载应根据工程设计情况计入。

10.3.2 支吊架的荷载组合应按使用过程中的各种工况分别进行计算，并对同时作用在支吊架上的所有荷载加以组合，取其中最不利的组合作为支吊架结构设计的依据。

10.4 材料和许用应力

10.4.1 支吊架用材料应符合下列规定：

    10.4.1.1 管道支吊架用材料应符合本规范第 4 章的规定。

    10.4.1.2 与管道组成件直接接触的支吊架零部件材料应按管道的设计温度选用；直接与管道组成件焊接的支吊架零部件材料应与管道组成件材料具有相容性。

    10.4.1.3 铸铁材料不宜用在受拉伸荷载处；可锻铸铁不应承受冲击荷载。

    10.4.1.4 保冷管道支架加垫的木块，宜采用红松类或不易干裂的硬木并应经防腐处理。

10.4.2 支吊架零部件的抗拉、抗压许用应力按本规范第 3.2.3 条及本规范附录 A 选取。其他许用应力应符合下列规定：

    10.4.2.1 （本款删除）

    10.4.2.2 螺纹拉杆的抗拉许用应力应按该材料许用应力降低不少于 25%。

10.5 支吊架结构设计及选用

10.5.1 支吊架的管托及活动部位的结构应符合下列

规定：

10.5.1.1 对于无隔热层管道，除大管（液体管公称直径大于或等于 500mm，气体管公称直径大于或等于 600mm）带有管托或托板外，可将管子直接放置在管廊的梁上。

10.5.1.2 支吊架的滑动面和铰接活动部位应露在隔热层以外。

10.5.1.3 螺旋焊管放在管廊或其他结构的梁上时，应设置管托。

10.5.1.4 设计滑动管托时，应采用该点管道热位移所需的相应管托长度。采用偏置安装时，设计文件中应标明偏置量及偏置方向。

10.5.2 与管道组成件接触的支吊架零部件与管道组成件间在规定的约束方向应无相对位移；该零部件结构的设计应控制管壁应力，防止管道局部塑性变形。

10.5.3 与管道组成件接触的不可拆卸的支吊架零部件应符合下列规定：

10.5.3.1 应控制支吊架零部件与管道组成件连接处的局部应力。

10.5.3.2 直接焊在管道组成件上的管托、吊板、导向板、耳板等材料应适于焊接，宜采用与管道组成件相同的材料，焊接、预热和热处理应符合本规范的规定。

10.5.4 与管道组成件接触的可拆卸的支吊架零部件应符合下列规定：

10.5.4.1 在垂直管道上的承重管夹应防止与管道组成件间产生滑移，可在管道组成件上焊挡块或沿其轴线方向焊肋板。

10.5.4.2 碳钢的支吊架零部件与有色金属或不锈钢管道组成件不应直接接触，在接触面之间可增加非金属材料的隔离垫层或相应措施。

10.5.5 支吊架的连接件的设计应符合下列规定：

10.5.5.1 螺纹拉杆的最大承载力可根据其许用应力和螺纹根部截面计算。吊杆直径不宜小于 10mm。

10.5.5.2 当吊架有水平位移时，拉杆两端应为铰接，两铰接点间应有足够长度。对刚性拉杆吊架，可活动的拉杆长度不应小于吊点处水平位移的 20 倍，吊杆与垂直线夹角不应大于 3°；对弹性吊架，可活动的拉杆长度不应小于吊点处水平位移的 15 倍，吊杆与垂直线夹角不应大于 4°。

10.5.5.3 吊架的吊杆应有足够的螺纹长度，并可根据结构需要设置松紧螺母（花篮螺栓），螺纹连接处应设置锁紧螺母。

10.5.6 弹簧支吊架、减振装置和阻尼装置的选用，应符合下列规定：

10.5.6.1 可变（变力）弹簧支吊架可用于管道支吊点有垂直方向位移处，同时承受该方向的自重荷载。弹簧在任何工况下所受的荷载均不应超过其最大允许荷载。可变弹簧支吊架可根据国家现行标准选用，并应符合下列要求：

（1）由管道垂直方向热位移引起的荷载变化系数按式(10.5.6)计算：

$$f_S = \frac{\Delta \cdot K_S}{F_H} \times 100\% \qquad (10.5.6)$$

式中　f_S——荷载变化系数；

　　　Δ——管道垂直热位移（mm）；

　　　K_S——弹簧刚度（N/mm）；

　　　F_H——工作荷载（N）。

荷载变化系数不应大于 35%，重要管道及与敏感设备相连接的管道，荷载变化系数不宜大于 25%。

（2）可变弹簧支吊架应设有荷载和行程指示器及位置锁定装置，并应在行程指示器的范围内使用。处于锁定位置时应可承受 2 倍最大工作荷载；对于不带外筒的简易可变弹簧支吊架仅可用在不需准确计算荷载和位移之处。

（3）应设有防止弹簧发生不同心度、弯曲或偏心荷载和意外失效的措施。

10.5.6.2 在管道支吊点处垂直方向有大位移量时，可选用恒力弹簧支吊架，并应符合下列规定：

（1）应设有荷载和行程指示器以及位置锁定装置，在锁定位置时该组件应可承受 2 倍最大工作荷载；

（2）应设有可在现场调整荷载的结构，加或减荷载的调节量均不应小于设计荷载的 10%；

（3）选用恒力弹簧支吊架的名义位移量，除应满足支吊点计算位移量要求外，应根据计算荷载和热位移的精度不同，按标准规定留有裕量。

10.5.6.3 减振装置和阻尼装置的设计和选用，应符合下列规定：

（1）管道用减振装置可选用弹簧减振器，其结构设计宜符合下述规定：

应承受管道振动力而不承受管道的重力，最大防振力不应小于工程设计的要求值，并设有可调结构；

最大行程应根据对其防振力调节量和管道位移等因素确定。

（2）阻尼装置的结构设计宜符合下述规定：

不应约束管道的热胀和冷缩，不承受管道的重力；

应承受管道动力分析所要求的瞬态最大动力荷载，在该工况下具有高阻尼特性；

液压式阻尼装置内的工作介质宜为阻燃油；

有效行程应大于因管道位移引起的阻尼装置的轴向位移值。

10.5.7 与土建结构或基础或设备相连接的管道支吊架的钢结构的设计，应符合下列规定：

10.5.7.1 应满足最大荷载时的强度要求。

10.5.7.2 应满足下列刚度条件：

（1）用于固定支架、限位和阻尼装置时，梁的最大挠度不应大于 0.002 倍梁的计算长度；

（2）用于其他支架时，梁的最大挠度不应大于 0.004 倍梁的计算长度；

（3）采用悬臂梁时，悬臂长度不宜大于 800mm。

10.5.7.3 采用非对称型钢且承载着力点不通过弯曲中心时，设计时应对偏心受力产生的扭转影响进行核算。

11 设计对组成件制造、管道施工及检验的要求

11.1 一般规定

11.1.1 工程施工及检验的要求，除了应符合本规范的规定外，还应符合现行国家标准《工业金属管道工程施工及验收规范》GB 50235 的规定。

11.2 金属的焊接

11.2.1 焊接材料的选用及焊前预热，应符合现行国家标准《现场设备、工业金属管道焊接工程施工及验收规范》GB 50236 的规定。

11.2.2 端部为焊接连接的阀门，施焊时所采用的焊接程序以及热处理，应避免阀座的严密性受破坏。

11.2.3 支管焊接应符合本规范第 5.4.4 条第 5.4.4.2 款支管连接焊缝的形式（见图 5.4.4-1）的规定。

11.2.4 管道的焊接结构应符合本规范附录 H 的规定。

11.3 金属的热处理

11.3.1 管子弯曲及管件成形后的热处理，除应符合本规范附录 G 第 G.1 节的规定外，有应力腐蚀的管道及其他对消除残余应力有严格要求的管道，需热处理时，必须在设计文件中规定。

11.3.2 焊后需要热处理的管道组成件的厚度，应符合本规范附录 G 第 G.2 节的规定。

11.4 检验

11.4.1 设计者应对所设计的管道依据流体类别、设计压力、设计温度参数、是否剧烈循环等条件进行综合归类，列入设计文件，作为检测的依据。

11.4.2 除有特殊要求外，管道无损检测可按本规范附录 J 的规定。

11.4.3 管子制造的检验应符合本规范第 5.2.1 及 5.2.4 条的规定。

11.5 试压

11.5.1 承受内压管道的液压及气压试验的压力应符合国家现行标准的规定。采用气压试验的管道应在工程设计文件中指定。

11.5.2 对于气体管道，当整体试水压条件不具备时，可采用安装前的分段液压强度试验及安装后固定口应进行 100% 无损检测，且检测合格后还应进行气密性试验。

11.5.3 液压或气压试验条件下组成件的内压圆周应力不得超过式（11.5.3-2）及式（11.5.3-3）的规定。如超过时，应降低试验压力。试验条件下组成件的周向应力应按式（11.5.3-1）计算：

$$\sigma_T = \frac{P_T \left[D_o - (t_{sn} - C)\right]}{2 (t_{sn} - C)} \quad (11.5.3-1)$$

液压试验时，　　$\sigma_T \leqslant 0.9 E_j \sigma_s$ 　（11.5.3-2）

气压试验时，　　$\sigma_T \leqslant 0.8 E_j \sigma_s$ 　（11.5.3-3）

式中　σ_T ——在试验条件下组成件的周向应力（MPa）；

D_o ——管子外径（mm）；

t_{sn} ——直管名义厚度（mm）；

C ——所有厚度附加量之和（mm）；

E_j ——焊接接头系数；

P_T ——试验压力（MPa）；

σ_s ——材料标准常温屈服点（MPa）。

11.5.4 承受外压管道的液压试验应符合下列规定：

11.5.4.1 真空管道可按承受内压 0.2MPa 进行试压。对于需要检查稳定性的大直径管道，应按试验压力通过计算校核承受外压时的稳定性。

11.5.4.2 夹套管的内管应经液压试验及检验合格后，才能施工外套管。外套管应按本规范第 11.5.1 条的规定试压。

11.5.4.3 夹套管的内管应按内、外部较高一侧的试验压力进行内压试验。但设计者还应校核外压试验压力下内管的稳定性。

11.5.5 不能采用液压及气压试验的管道，可采用替代性试验，并应在工程设计文件中指明。替代性试验的管道，应符合下列规定：

11.5.5.1 对于所有环焊缝应进行 100% 射线检测；

11.5.5.2 检测后应进行气密试验；

11.5.5.3 管道组成件的无损检测应按本规范附录 J 的规定。

11.5.6 要求进行气密试验的管道应符合下列规定：

11.5.6.1 对 B 类流体管道，气密试验压力等于设计压力，在此压力下，用发泡剂检查法兰、螺纹、填料等处，无气泡为合格。输送制冷剂等气化温度低的流体的管道，也应进行气密试验。

11.5.6.2 对真空管道，应在液压试验合格后，进行 24h 真空度试验，增压率不超过 5% 为合格。

11.6 其他要求

11.6.1 安装中不得在滑动支架底板处临时点焊定位。仪表及电气任何构件不得焊在滑动支架上。

11.6.2 从有热位移的主管引出小直径的支管时,小管支架的类型和结构应按设计要求,并不应限制主管的位移。采用现场决定任何支架结构的范围,一般限于设计温度为常温的公称直径小于或等于40mm的管道。

11.6.3 大型贮罐(或大水池)的管道与泵或其他独立基础的设备连接,或贮罐底部管道沿地面敷设在支架上时,应注意贮罐基础沉降的影响。对此类管道,要求在贮罐液压试验后安装;或将贮罐接口处法兰在液压试验且基础初阶段沉降后再连接。

11.6.4 除耐火材料衬里管道按设计要求焊接外,对于其他非金属衬里管道不应在现场施焊,焊在管道组成件上的支吊架零部件,应在工厂预制时焊好。

11.6.5 对于非金属衬里的每根管最后封闭短管的长度,应在现场实测长度后提交制造厂,或采用其他设计认可的或本规范第5.11.5条的措施,但不得使用多层软垫片组合填充间隙的方法。

11.6.6 管道布置图中未表示的,由现场施工时决定走向的小管道,包括伴热管和仪表管等,应布置整齐,走向合理,并应在其他管道安装完后,根据工程规定、设计文件的要求进行安装。

12 隔热、隔声、消声及防腐

12.1 隔 热

12.1.1 有关管道保温和保冷的计算、材料选择及结构要求等可按现行国家标准《设备及管道保温技术通则》GB/T 4272、《设备及管道保温设计导则》GB/T 8175、《设备及管道保冷技术通则》GB/T 11790及《工业设备及管道绝热工程设计规范》GB 50264进行设计。

12.1.2 严禁镀锌的隔热辅助材料与不锈钢管接触。

12.1.3 有关伴热的隔热结构,应符合下列规定:

　12.1.3.1 碳钢的伴热管与不锈钢管子之间应采用非金属材料隔开;

　12.1.3.2 当流体或管道材料不允许产生局部过热时,在伴热管与被伴热管之间应采用隔热件隔开。

12.1.4 奥氏体不锈钢管道用的吸水型(毛细作用)外隔热材料,应按本规范附录L规定的要求进行试验,材料中溶于水的Cl^-及($Na^+ + SiO_3^{2-}$)的分析含量应在图12.1.4曲线右下方区域内。试产的产品试验还应证明隔热材料对不锈钢不产生表面腐蚀及应力腐蚀破裂。

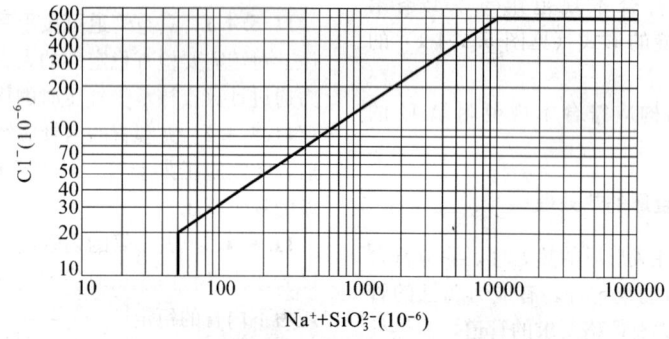

图 12.1.4　岩棉及矿棉等隔热材料中 Cl^- 含量与($Na^+ + SiO_3^{2-}$) 含量的关系

12.1.5 隔热结构的外保护层应能有效地防止雨水进入隔热层内。

12.2 隔声和消声

12.2.1 防噪声要求应按现行国家标准《工业企业噪声控制设计规范》GBJ 87的规定。

12.2.2 对于与离心压缩机、螺杆压缩机或轴流压缩机等连接的管道,以及压差大的减压阀管道等,当噪声超过90dB时,应有隔声措施。

12.2.3 一般采用软质材料做隔声层,外保护层可与隔热结构的外保护层的材料相同。

12.2.4 室外的隔声结构应能防止雨水进入。

12.2.5 不锈钢管道的隔声材料应符合本规范第12.1.4条的规定。

12.2.6 放空管道噪声超过规定值时,应设置消声器。

12.3 防腐及涂漆

12.3.1 埋地钢管道的外表面应制作防腐层,防腐层数应按所设计的管道及土壤情况决定。必要时,对长距离及不便检查维修的区域内的管道,可增加阴极保护措施。

12.3.2 地上管道的外表面防锈,一般采用涂漆,涂层类别应能耐环境大气的腐蚀。

12.3.3 涂层的底漆与面漆应配套使用。外有隔热层的管道，一般只涂底漆。不锈钢、有色金属及镀锌钢管道等，可不涂漆。

12.3.4 涂漆前管道外表面的清理，应符合涂料产品的相应要求。当有特殊的要求时，应在设计文件中规定。

12.3.5 涂漆颜色及标志可按现行国家标准《工业管路的基本识别色和识别符号》GB 7231 和有关标准执行，补充要求应在工程设计文件中规定。

13 输送 A1 类和 A2 类流体管道的补充规定

13.1 A1 类流体管道的补充规定

13.1.1 设计条件应符合下列补充规定：

13.1.1.1 采用流体温度以外的任何温度作为设计温度时，应通过传热计算或实验验证。

13.1.1.2 管道设计中应进行动载分析，使有害的振动及脉冲影响减小到无害的程度。

13.1.1.3 可通过管道布置、组成件选用等方法防止出现剧烈循环条件。

13.1.1.4 不应按本规范第 3.2.2 条设计。

13.1.1.5 泄压装置的最大泄放压力，不得超过设计压力的 1.1 倍。

13.1.2 材料的选用应符合下列补充规定：

13.1.2.1 不应使用任何脆性材料。

13.1.2.2 铅、锡及其合金仅用于衬里。

13.1.3 管道组成件的选用，应符合下列补充规定：

13.1.3.1 选用焊接钢管应符合本规范附录 J 的规定；

13.1.3.2 斜接弯管的一条焊缝方向改变不应大于 22.5°。

13.1.3.3 扩口翻边的突缘短节选用要求：

（1）使用温度不应超过 200℃，使用的压力不应超过公称压力 2.0MPa 碳钢标准法兰的许用压力；

（2）管径不应大于公称直径 100mm，扩口前的壁厚不应小于下列数值：

公称直径	厚度（最小值）
15～20mm	2.5mm
25～50mm	3.0mm
65～100mm	3.5mm

13.1.3.4 支管连接应优先选用标准三通，其次为支管台或嵌入式支管。

13.1.3.5 阀门的选用要求：

（1）应采用防止阀杆填料处泄漏的阀门，包括波纹管密封的截止阀、旋塞型或其他具有可靠的密封结构型式的阀门。

（2）阀盖应为法兰连接，至少用四根螺栓。采用足够机械强度的直螺纹连接方式，金属对金属接触的密封的结构要进行密封焊。

13.1.3.6 法兰的选用要求：

（1）不应采用平焊（平板式）法兰；

（2）除了采用焊唇垫片外，法兰公称压力的选用宜留有大于或等于 25% 的裕量，且不应低于公称压力 2.0MPa；

（3）采用软垫片时，应选用凹凸面或榫槽面的法兰。

13.1.3.7 承插焊管件应仅限用于公称直径小于或等于 40mm。

13.1.3.8 锥管螺纹密封的结构，应限用于公称直径小于或等于 20mm，并采用密封焊。

13.1.3.9 采用直螺纹以垫片密封的结构时，应在拧紧时及拧紧后组成件的密封面不会产生相对转动的结构。例如本规范第 5.9.3 条图 5.9.3-2 中（b）和（c）的结构。

13.1.3.10 管道接头选用要求：

（1）不应使用钎焊接头；

（2）不应使用粘接接头、胀接接头及填充物堵缝接头；

（3）不应在对焊口内使用分块的衬环。

13.1.3.11 不应使用带填料密封的补偿器。

13.1.3.12 选用不锈钢对焊管件的厚度，应符合本规范附录 D 第 D.0.1 条的规定。

13.1.4 管道的布置应符合下列补充规定：

13.1.4.1 除有可靠的安全措施外，不便维修的区域，不宜将管道敷设在地下。当工艺要求必须埋地敷设时，应有监测泄漏、防止腐蚀、收集有害流体等的安全措施。

13.1.4.2 设置在安全隔墙或隔板内的管道，其手动阀门应采用阀门伸长杆引至隔墙（板）外操作。

13.1.4.3 不应在可通行管沟内布置 A1 类流体管道。

13.1.4.4 A1 类流体不应直接排入下水道及大气中，应排入封闭系统内。

13.1.5 柔性计算不应使用简化的分析方法。

13.1.6 管道施工及检验应符合下列补充规定：

13.1.6.1 碳钢管道壁厚大于或等于 19mm 时应进行焊后热处理。

13.1.6.2 管道应进行气密试验。

13.1.6.3 管道施工的无损检测应符合本规范附录 J 的规定。

13.2 A2 类流体管道的补充规定

13.2.1 高硅铸铁不得用于 A2 类流体的管道。

13.2.2 应采用防止阀杆填料处泄漏的可靠的密封结构形式的阀门。

13.2.3 除耐腐蚀的要求外，宜采用钢制阀体的阀门。

13.2.4 应对玻璃液位计、视镜等采取安全防护措施。

13.2.5 气体排放口应符合环保的要求，液体不应直接排入下水道。

13.2.6 不宜采用平焊（平板式）法兰。

13.2.7 当采用锥管螺纹密封时，不应大于公称直径20mm。A2 类流体的中、高度危害毒物的管道，应采用密封焊。

13.2.8 不应使用带填料密封的补偿器。

13.2.9 本规范第 8.1.2 条同样适用于 A2 类流体。

13.2.10 不应在可通行沟内布置 A2 类流体的管道。

13.2.11 A2 类气体管道应进行气密试验。

13.2.12 管道的无损检测，应符合本规范附录 J 的规定。

13.2.13 对于Ⅱ级（高度）危害的 A2 类流体的管道，除了应符合本规范第 13.2.1 至 13.2.12 条的规定外，还应符合本规范第 13.1.3 条第 13.1.3.6 款第（3）项、第 13.1.3 条第 13.1.3.9 款及第 13.1.3 条第 13.1.3.10 款第（2）项的规定。

14 管道系统的安全规定

14.1 一般规定

14.1.1 管道系统中的安全设计要求除按本章的规定外，还应符合国家现行标准中的有关安全规程的规定。

14.2 超压保护

14.2.1 除本规范第 3.2.2 条规定外，在运行中可能超压的管道系统均应设置泄压装置。泄压装置可采用安全阀、爆破片或二者组合使用。

14.2.2 不宜使用安全阀的场合可用爆破片。爆破片设计爆破压力与正常最大工作压力的差值，应有一定的裕量。此差值根据爆破片的材料和工作压力的脉动情况而定。

14.2.3 安全阀应分别按排放气（汽）体或液体进行选用，并考虑背压的影响。

14.2.4 安全阀的开启压力（整定压力）除工艺有特殊要求外，为正常最大工作压力的 1.1 倍，最低为 1.05 倍。但对于本规范第 3.1.2 条第 3.1.2.2 款所述管道，安全阀的开启压力应取本规范第 3.1.2 条的条件和该管道设计压力的较大值。

14.2.5 安全阀入口管道的压力损失宜小于开启压力的3%,安全阀出口管道压力损失不宜超过开启压力的 10%。

14.2.6 安全阀的最大泄放压力不宜超过管道设计压力的1.1倍。火灾事故时，其最大泄放压力不应超过设计压力的 1.21 倍。

14.2.7 安全阀或爆破片的入口管道和出口管道上不宜设置切断阀。但工艺有特殊要求必须设置切断阀时，还应设置旁通阀及就地压力表。正常工作时安全阀或爆破片入口或出口的切断阀应在开启状态下锁住。旁通阀应在关闭状态下锁住。工程设计图中应按下列规定加标注符号：

L.O. 或 C.S.O＝开启状态下锁住（未经批准不得关闭）；

L.C. 或 C.S.C＝关闭状态下锁住（未经批准不得开启）。

14.2.8 双安全阀出入口设置三通式转换阀时，两个转换阀应有可靠的联锁机构。安全阀与转换阀之间的管道，应有排空措施。

14.2.9 当设计选用泄压装置时，宜向制造厂提供详细数据，制造厂应保证产品性能符合数据表的要求。

14.3 阀 门

14.3.1 需防止流体倒流的管道上，应设置止回阀。

14.3.2 正常运行中，某些阀门必须严格控制在开或关的位置时，设计中应附加锁定或铅封的要求。并应在设计图中按本规范第 14.2.7 条标注代号。此类阀门只允许在维修时，严格监督下使用，并经过有关负责人批准。

14.4 盲 板

14.4.1 当装置内停运维修时，装置外可能或要求继续运行的管道，在装置边界处除设置切断阀外，还应在阀门的靠装置一侧的法兰处设置盲板。

14.4.2 运行中，当有的设备需切断检修时，在阀门与设备之间法兰接头处应设置盲板。对于 B 类流体管道、阀门与盲板之间装有小放空阀时，放空阀后的管道，应引至安全地点。

14.4.3 压力试验及气密试验需隔断的位置，应设置盲板。

14.4.4 流体温度低于−5℃时，或大气腐蚀严重的场合，宜使用分离式盲板，即插板与垫环。不宜使用"8"字盲板。

14.4.5 插板与垫环应有识别标记，标记部位应伸出法兰。

14.5 排 放

14.5.1 各类流体排放，应符合下列规定：

14.5.1.1 B 类液体应排入封闭的收集系统，严禁直接排入下水道。

14.5.1.2 密度比环境空气大的 B 类气体应排入火炬系统，密度比环境空气小的 B 类气体，在允许不设火炬及符合卫生标准的情况下，可排入大气。

14.5.1.3 C 和 D 类无闪蒸的液体，在符合卫生标准及水道材料使用温度和无腐蚀的情况下，可排入下水道。

14.5.2 工艺要求的放空管应按排放量和工作压力决

定管径。排放口流速，应符合本规范第 7.1.5 条的规定。

14.5.3 不经常使用的常压放空管口，应加设防鸟网。

14.6 其 他 要 求

14.6.1 在寒冷气候条件下，室外管道应有下列的防冻措施：

14.6.1.1 冷却器的进出水管道和冷却水总管的末端，应设置防冻旁通管或其他防冻措施。

14.6.1.2 在寒冷地区的气体管道中有冷凝液生成时，或液体管道有死角区（包括仪表管道）或排液管可能冻结时，宜设置伴热管。

14.6.2 对于安装在室内的输送 B 类流体管道的薄弱环节的组成件，如玻璃液位计、视镜等，应有安全防护措施。

14.6.3 管道系统所产生的静电，可通过设备及土建结构的接地网接地。其他防静电要求应符合现行国家标准《防止静电事故通用导则》GB 12158 的规定。

14.6.4 重要设备在运行中，不允许流体中断时，宜采用双管或设置带有隔断阀门的环状管网等安全措施。

14.6.5 下列情况应设置阻火设施：

14.6.5.1 与明火设备连接的 B 类气体的减压后的管道，包括火炬管道；

14.6.5.2 需隔断易着火的管道（包括放空管）与其连接的设备时。

14.6.6 氧气管道设计应符合下列规定：

14.6.6.1 对于强氧化性流体（氧或氟）管道，应在管道预制后、安装前分段或单件按国家现行标准《脱脂工程施工及验收规范》HG 20202 进行脱脂，包括所有组成件与流体接触的表面均应脱脂。脱脂后的管道组成件应采用氮气或空气吹净封闭，防止再污染。并应避免残存的脱脂介质与氧气形成危险的混合物。

14.6.6.2 氧气管组成件的选用，除按本规范其他章节的规定外，还应符合下列补充规定：

（1）在产品系列范围内，宜选用无缝的管子和管件。

（2）管子管件焊接应采用氩弧焊打底。

（3）设计压力大于 3MPa 时，宜采用奥氏体不锈钢管。

（4）碳素钢和低合金钢管道上设有调压阀时，调压阀前后1.5m范围内宜采用奥氏体不锈钢管及管件。

（5）阀门选用应符合本规范第 5.5.9 条的规定。

14.6.6.3 除非工艺流程有特殊设计要求及可靠的安全措施保证，氧气管道与 B 类流体管道严禁直接连接。

14.6.6.4 氧气管道的流速限制、静电接地及管道布置等设计要求，应符合现行国家标准《氧气站设计规范》GB 50030 及有关氧气安全技术规程的规定。

14.6.7 采用夹套管道时，应根据流体凝固点的高低，其他物性改变条件及工艺要求，选择下列结构：

14.6.7.1 全 夹 套——管子、管件、法兰颈（背）部及阀门均有夹套；

14.6.7.2 部分夹套——除法兰颈（背）部、阀门及支管连接部没有夹套外，其他部分均有夹套；

14.6.7.3 简易夹套——管子（直管）有夹套，环焊缝宜位于夹套外。

附录 A 金属管道材料的许用应力

A.0.1 常用钢管许用应力，见表 A.0.1。

表 A.0.1 常用钢管许用应力

钢 号	标准号	使用状态	厚度(mm)	常温强度指标 σ_b (MPa)	常温强度指标 σ_s (MPa)	在下列温度(℃)下的许用应力(MPa)																使用温度下限(℃)	注
						≤20	100	150	200	250	300	350	400	425	450	475	500	525	550	575	600		
碳素钢钢管（焊接管）																							
Q235-A Q235-B	GB/T 13793		≤12	375	235	113	113	113	105	94	86	77	—	—	—	—	—	—	—	—	—	—10	①
20	GB/T 13793		≤12.7	390	(235)	130	130	125	116	104	95	86	—	—	—	—	—	—	—	—	—	—20	⑤①
碳素钢钢管（无缝管）																							
10	GB 9948	热轧、正火	≤16	330	205	110	110	106	101	92	83	77	71	69	61	—	—	—	—	—	—29 正火状态	③
10	GB 6479 GB/T 8163	热轧、正火	≤15	335	205	112	112	108	101	92	83	77	71	69	61							
			16～40	335	195	112	110	104	98	89	79	74	68	66	61							
10	GB 3087	热轧、正火	≤26	333	196	111	110	104	98	89	79	74	68	66	61							

钢 号	标准号	使用状态	厚度(mm)	σb(MPa)	σs(MPa)	≤20	100	150	200	250	300	350	400	425	450	475	500	525	550	575	600	使用温度下限(℃)	注
碳素钢钢管（无缝管）																							
20	GB/T 8163	热轧、正火	≤15	390	245	130	130	130	123	110	101	92	86	83	61	—	—	—	—	—	—		
			16~40	390	235	130	130	125	116	104	95	86	79	78	61	—	—	—	—	—	—		
20	GB 3087	热轧、正火	≤15	392	245	131	130	130	123	110	101	92	86	83	61	—	—	—	—	—	—	-20	③ ⑤
			16~26	392	226	131	130	124	113	101	93	84	77	75	61	—	—	—	—	—	—		
20	GB 9948	热轧、正火	≤16	410	245	137	137	132	123	110	101	92	86	83	61	—	—	—	—	—	—		
20G	GB 6479 GB 5310	正火	≤16	410	245	137	137	132	123	110	101	92	86	83	61	—	—	—	—	—	—		
			17~40	410	235	137	132	126	116	104	95	86	79	78	61	—	—	—	—	—	—		
低合金钢钢管（无缝管）																							
16Mn	GB 6479 GB/T 8163	正火	≤15	490	320	163	163	163	159	147	135	126	119	93	66	43	—	—	—	—	—	-40	
			16~40	490	310	163	163	163	153	141	129	119	116	93	66	43	—	—	—	—	—		
09MnD	—	正火	≤16	400	240	133	133	128	119	106	97	88	—	—	—	—	—	—	—	—	—	-50	④
12CrMo 12CrMoG	GB 6479 GB 5310	正火加回火	≤16	410	205	128	113	108	101	95	89	83	77	75	74	72	71	50	—			-20	⑤
			17~40	410	195	122	110	104	98	92	86	79	74	72	71	69	68	50	—				
12CrMo	GB 9948	正火加回火	≤16	410	205	128	113	108	101	95	89	83	77	75	74	72	71	50	—				
15CrMo	GB 9948	正火加回火	≤16	440	235	147	132	123	116	110	101	95	89	87	86	84	83	58	37	—			
15CrMo 15CrMoG	GB 6479 GB 5310	正火加回火	≤16	440	235	147	132	123	116	110	101	95	89	87	86	84	83	58	37				
			17~40	440	225	141	126	116	110	104	95	89	86	84	83	81	79	58	37				
12Cr1MoVG	GB 5310	正火加回火	≤16	470	255	147	144	135	126	119	110	104	98	96	95	92	89	82	57	35	—		
12Cr2Mo 12Cr2MoG	GB 6479 GB 5310	正火加回火	≤16	450	280	150	150	150	147	144	141	138	134	131	128	119	89	61	46	37	—		
			17~40	450	270	150	150	147	141	138	134	131	128	126	123	119	89	61	46	37	—		
1Cr5Mo	GB 6479 GB 9948 / GB 6479	退火	≤16	390	195	122	110	104	101	98	95	92	89	87	86	83	62	46	35	26	18		
			17~40	390	185	116	104	98	95	92	89	86	83	81	79	78	62	46	35	26	18		
10MoWVNb	GB 6479	正火加回火	≤16	470	295	157	157	157	156	153	147	141	135	130	126	121	97	—	—	—			
			17~40	470	285	157	157	156	150	147	141	135	129	121	119	111	97	—	—	—			

续表 A.0.1

钢号	标准号	使用状态	厚度(mm)	在下列温度(℃)下的许用应力(MPa) ≤20	100	150	200	250	300	350	400	425	450	475	500	525	550	575	600	625	650	675	700	使用温度下限(℃)	注
高合金钢钢管																									
0Cr13	GB/T 14976	退火	≤18	137	126	123	120	119	117	112	109	105	100	89	72	53	38	26	16	—	—	—	—	−20	⑤
0Cr19Ni9	GB/T 12771	固溶	≤14	137	137	137	130	122	114	111	107	105	103	101	100	98	91	79	64	52	42	32	27	−196	②①
0Cr18Ni9	GB/T 14976		≤18	137	114	103	96	90	85	82	79	78	76	75	74	73	71	67	62	52	42	32	27		②①
0Cr18Ni11Ti	GB/T 12771	固溶或稳定化	≤14	137	137	137	130	122	114	111	108	106	105	104	103	101	83	58	44	33	25	18	13		②①
0Cr18Ni10Ti	GB/T 14976		≤18	137	114	103	96	90	85	82	80	79	78	77	76	75	74	58	44	33	25	18	13		②①
0Cr17Ni12Mo2	GB/T 12771	固溶	≤14	137	137	137	134	125	118	113	111	110	109	108	107	106	105	96	81	65	50	38	30		②①
	GB/T 14976		≤18	137	117	107	99	93	87	84	82	81	81	80	79	78	78	76	73	65	50	38	30		②①
0Cr18Ni12Mo2Ti	GB/T 14976	固溶	≤18	137	137	137	134	125	118	113	111	110	109	108	107	—	—	—	—	—	—	—	—		②
				137	117	107	99	93	87	84	82	81	81	80	79	—	—	—	—	—	—	—	—		②
0Cr19Ni13Mo3	GB/T 14976	固溶	≤18	137	137	137	134	125	118	113	111	110	109	108	107	106	105	96	81	65	50	38	30		②
				137	117	107	99	93	87	84	82	81	81	80	79	78	78	76	73	65	50	38	30		②
00Cr19Ni11	GB/T 12771	固溶	≤14	118	118	118	110	103	98	94	91	89	—	—	—	—	—	—	—	—	—	—	—		②①
00Cr19Ni10	GB/T 14976		≤18	118	97	87	81	76	73	69	67	66	—	—	—	—	—	—	—	—	—	—	—		②①
00Cr17Ni14Mo2	GB/T 12771	固溶	≤14	118	118	117	108	100	95	90	86	85	84	—	—	—	—	—	—	—	—	—	—		②①
	GB/T 14976		≤18	118	97	87	80	74	70	67	64	63	62	—	—	—	—	—	—	—	—	—	—		②①
00Cr19Ni13Mo3	GB/T 14976	固溶	≤18	118	118	118	118	118	118	113	111	110	109	—	—	—	—	—	—	—	—	—	—		②
				118	117	107	99	93	87	84	82	81	81	—	—	—	—	—	—	—	—	—	—		②

注：中间温度的许用应力，可按本表的数值用内插法求得。

①GB 12771、GB 13793 焊接钢管的许用应力，未计入焊接接头系数，见本规范第 3.2.3 条规定。

②该行许用应力，仅适用于允许产生微量永久变形之元件。

③使用温度上限不宜超过粗线的界限。粗线以上的数值仅用于特殊条件或短期使用。

④钢管的技术要求应符合《钢制压力容器》GB 150 附录 A 的规定。

⑤使用温度下限为 −20℃ 的材料，根据本规范第 4.3.1 条的规定，宜在大于 −20℃ 的条件下使用，不需做低温韧性试验。

A.0.2 常用钢板许用应力，见表 A.0.2。

表 A.0.2 常用钢板许用应力

钢号	标准号	使用状态	厚度(mm)	常温强度指标 σb(MPa)	σs(MPa)	在下列温度(℃)下的许用应力(MPa) ≤20	100	150	200	250	300	350	400	425	450	475	500	525	550	575	600	使用温度下限(℃)	注
碳素钢钢板																							
Q235-A·F	GB/T 912	热轧	3~4	375	235	113	113	113	105	94	—	—	—	—	—	—	—	—	—	—	—	0	①
	GB/T 3274		4.5~16	375	235	113	113	113	105	94	—	—	—	—	—	—	—	—	—	—	—		
Q235-A	GB/T 912	热轧	3~4	375	235	113	113	113	105	94	86	77	—	—	—	—	—	—	—	—	—	−10	①
	GB/T 3274		4.5~16	375	235	113	113	113	105	94	86	77	—	—	—	—	—	—	—	—	—		
			>16~40	375	225	113	113	107	99	91	83	75	—	—	—	—	—	—	—	—	—		
Q235-B	GB/T 912	热轧	3~4	375	235	113	113	113	105	94	86	77	—	—	—	—	—	—	—	—	—	−10	①
	GB/T 3274		4.5~16	375	235	113	113	113	105	94	86	77	—	—	—	—	—	—	—	—	—		
			>16~40	375	225	113	113	107	99	91	83	75	—	—	—	—	—	—	—	—	—		
Q235-C	GB/T 912	热轧	3~4	375	235	125	125	125	116	104	95	86	79	—	—	—	—	—	—	—	—	−10	
	GB/T 3274		4.5~16	375	235	125	125	125	116	104	95	86	79	—	—	—	—	—	—	—	—		
			>16~40	375	225	125	125	119	110	101	92	83	77	—	—	—	—	—	—	—	—		

续表 A.0.2

钢号	标准号	使用状态	厚度(mm)	常温强度指标 σb(MPa)	σs(MPa)	在下列温度(℃)下的许用应力(MPa) ≤20	100	150	200	250	300	350	400	425	450	475	500	525	550	575	600	使用温度下限(℃)	注
碳素钢钢板																							
20R	GB 6654	热轧或正火	6~16	400	245	133	133	132	123	110	101	92	86	83	61	—	—	—	—	—	—	−20	③⑤
			>16~36	400	235	133	132	126	116	104	95	86	79	78	61	—	—	—	—	—	—		
			>36~60	400	225	133	126	119	110	101	92	83	77	75	61	—	—	—	—	—	—		
			>60~100	390	205	128	115	110	103	92	84	77	71	68	61	—	—	—	—	—	—		
低合金钢钢板																							
16MnR	GB 6654	热轧、正火	6~16	510	345	170	170	170	170	156	144	134	125	93	66	43	—	—	—	—	—	−20	⑤
			>16~36	490	325	163	163	163	159	147	134	125	119	93	66	43	—	—	—	—	—		
			>36~60	470	305	157	157	157	150	138	125	116	109	93	66	43	—	—	—	—	—		
			>60~100	460	285	153	153	150	141	128	116	109	103	93	66	43	—	—	—	—	—		
			>100~120	450	275	150	150	147	138	125	113	106	100	93	66	43	—	—	—	—	—		
15MnVR	GB 6654	热轧、正火	6~16	530	390	177	177	177	177	177	172	159	147	—	—	—	—	—	—	—	—	−20	⑤
			>16~36	510	370	170	170	170	170	170	163	150	138	—	—	—	—	—	—	—	—		
			>36~60	490	350	163	163	163	163	163	153	141	131	—	—	—	—	—	—	—	—		
18MnMoNbR	GB 6654	正火加回火	30~60	590	440	197	197	197	197	197	197	197	197	197	177	117	—	—	—	—	—	−20	⑤
			>60~100	570	410	190	190	190	190	190	190	190	190	190	177	117	—	—	—	—	—		
13MnNiMoNbR	GB 6654	正火加回火	30~100	570	390	190	190	190	190	190	190	190	190	—	—	—	—	—	—	—	—	−20	⑤
			>100~120	570	380	190	190	190	190	190	190	190	188	—	—	—	—	—	—	—	—		
07MnCrMoVR	—	调质	16~50	610	490	203	203	203	203	203	203	203	—	—	—	—	—	—	—	—	—	−20	④⑤
07MnNiCrMoVDR	—	调质	16~50	610	490	203	203	203	203	203	203	203	—	—	—	—	—	—	—	—	—	−40	④
16MnDR	GB 3531	正火	6~16	490	315	163	163	163	156	144	131	122	—	—	—	—	—	—	—	—	—	−40	
			>16~36	470	295	157	157	156	147	134	122	113	—	—	—	—	—	—	—	—	—	−40	
			>36~60	450	275	150	150	147	138	125	113	106	—	—	—	—	—	—	—	—	—	−30	
			>60~100	450	255	150	147	138	128	116	106	100	—	—	—	—	—	—	—	—	—	−30	
低合金钢钢板																							
09MnNiDR	GB 3531	正火或正火加回火	6~16	440	300	147	147	147	147	147	147	138	—	—	—	—	—	—	—	—	—	−70	
			>16~36	430	280	143	143	143	143	143	138	128	—	—	—	—	—	—	—	—	—		
			>36~60	430	260	143	143	143	141	134	128	119	—	—	—	—	—	—	—	—	—		
15MnNiDR	GB 3531	正火或正火加回火	6~16	490	325	163	163	—	—	—	—	—	—	—	—	—	—	—	—	—	—	−45	
			>16~36	470	305	157	157	—	—	—	—	—	—	—	—	—	—	—	—	—	—		
			>36~60	460	290	153	153	—	—	—	—	—	—	—	—	—	—	—	—	—	—		
15CrMoR	GB 6654	正火加回火	6~60	450	295	150	150	150	150	141	131	125	118	115	112	110	88	58	37	—	—	−20	⑤
			>60~100	450	275	150	150	147	138	131	123	116	110	107	104	103	88	58	37	—	—		
14Cr1MoR	—	正火加回火	6~120	515	310	172	172	169	159	153	144	138	131	127	122	116	88	58	37	—	—	−20	④⑤

钢 号	标准号	使用状态	厚度(mm)	在下列温度(℃)下的许用应力(MPa)																			使用温度下限(℃)	注
				≤20	100	150	200	250	300	350	400	425	450	475	500	525	550	575	600	625	650	675	700		
高合金钢钢板																									
0Cr13	GB 4237	退火	2~60	137	126	123	120	119	117	112	109	105	100	89	72	53	38	26	16	—	—	—	—	−20	⑤
0Cr18Ni9	GB 4237	固溶	2~60	137	137	137	130	122	114	111	107	105	103	101	100	98	91	79	64	52	42	32	27	−196	②
				137	114	103	96	90	85	82	79	78	76	75	74	73	71	67	62	52	42	32	27		
0Cr18Ni10Ti	GB 4237	固溶或稳定化	2~60	137	137	137	130	122	114	111	108	106	105	104	103	101	83	58	44	33	25	18	13		②
				137	114	103	96	90	85	82	80	79	78	77	76	75	74	58	44	33	25	18	13		
0Cr17Ni12Mo2	GB 4237	固溶	2~60	137	137	137	134	125	118	113	111	110	109	108	107	106	105	96	81	65	50	38	30		②
				137	117	107	99	93	87	84	82	81	81	80	79	78	78	76	73	65	50	38	30		
0Cr18Ni12Mo2Ti	GB 4237	固溶	2~60	137	137	137	134	125	118	113	111	110	109	108	107	—	—	—	—	—	—	—	—	−196	②
				137	117	107	99	93	87	84	82	81	81	80	79	—	—	—	—	—	—	—	—		
0Cr19Ni13Mo3	GB 4237	固溶	2~60	137	137	137	134	125	118	113	111	110	109	108	107	106	105	96	81	65	50	38	30		②
				137	117	107	99	93	87	84	82	81	81	80	79	78	78	76	73	65	50	38	30		
00Cr19Ni10	GB 4237	固溶	2~60	118	118	118	110	103	98	94	91	89	—	—	—	—	—	—	—	—	—	—	—		②
				118	97	87	81	76	73	69	67	66	—	—	—	—	—	—	—	—	—	—	—		
00Cr17Ni14Mo2	GB 4237	固溶	2~60	118	118	117	108	100	95	90	86	85	84	—	—	—	—	—	—	—	—	—	—	−196	②
				118	97	87	80	74	70	67	64	63	62	—	—	—	—	—	—	—	—	—	—		
00Cr19Ni13Mo3	GB 4237	固溶	2~60	118	118	118	118	118	118	113	111	110	109	—	—	—	—	—	—	—	—	—	—		②
				118	117	107	99	93	87	84	82	81	81	—	—	—	—	—	—	—	—	—	—		

注：中间温度的许用应力，可按本表的数值用内插法求得。

①所列许用应力，已乘质量系数 0.9。

②该行许用应力，仅适用于允许产生微量永久变形之元件。对于法兰或其他有微量永久变形就引起泄漏或故障的场合不能采用。

③使用温度上限不宜超过粗线的界限。

④该钢板技术要求应符合 GB 150 附录 A 的规定。

⑤使用温度下限为−20℃的材料，要求同本规范附录 A 表 A.0.1 的注⑤。

A.0.3 常用螺栓许用应力，见表 A.0.3。

表 A.0.3 常用螺栓许用应力

钢 号	钢材标准号	钢材使用状态	螺栓规格(mm)	常温强度指标		在下列温度(℃)下的许用应力(MPa)															使用温度下限(℃)	注
				σ_b(MPa)	σ_s(MPa)	≤20	100	150	200	250	300	350	400	425	450	475	500	525	550	575	600		
碳素钢螺栓																							
Q235−A	GB 700	热轧	≤M20	375	235	87	78	74	69	62	56	—	—	—	—	—	—	—	—	—	—	−10	
35	GB 699	正火	≤M22	530	315	117	105	98	91	82	74	69	—	—	—	—	—	—	—	—	—	−20	②
			M24~M27	510	295	118	106	100	92	84	76	70	—	—	—	—	—	—	—	—	—		
低合金钢螺栓																							
40MnB	GB 3077	调质	≤M22	805	685	196	176	171	165	162	154	143	126	—	—	—	—	—	—	—	—	−20	②
			M24~M36	765	635	212	189	183	180	176	167	154	137	—	—	—	—	—	—	—	—		
40MnVB	GB 3077	调质	≤M22	835	735	210	190	185	179	176	168	157	140	—	—	—	—	—	—	—	—		②
			M24~M36	805	685	228	206	199	196	193	183	170	154	—	—	—	—	—	—	—	—		
40Cr	GB 3077	调质	≤M22	805	685	196	176	171	165	162	157	148	134	—	—	—	—	—	—	—	—		
			M24~M36	765	635	212	189	183	180	176	170	160	147	—	—	—	—	—	—	—	—		

续表 A.0.3

低合金钢螺栓

钢号	钢材标准号	钢材使用状态	螺栓规格(mm)	σb(MPa)	σs(MPa)	≤20	100	150	200	250	300	350	400	425	450	475	500	525	550	575	600	使用温度下限(℃)	注
30CrMoA	GB 3077	调质	≤M22	700	550	157	141	137	134	131	129	124	116	111	107	103	79	—	—	—	—	−100	
			M24~M48	660	500	167	150	145	142	140	137	132	123	118	113	108	79	—	—	—	—		
			M52~M56	660	500	185	167	161	157	156	152	146	137	131	126	111	79	—	—	—	—		
35CrMoA	GB 3077	调质	≤M22	835	735	210	190	185	179	176	174	165	154	147	140	111	79	—	—	—	—	−100	
			M24~M48	805	685	228	206	199	196	193	189	180	170	162	150	111	79	—	—	—	—		
			M52~M80	805	685	254	229	221	218	214	210	200	189	180	150	111	79	—	—	—	—		
			M52~M105	735	590	219	196	189	185	181	178	171	160	153	145	111	79	—	—	—	—		
35CrMoVA	GB 3077	调质	M52~M105	835	735	272	247	240	232	229	225	218	207	201	—	—	—	—	—	—	—	−20	②
			M110~M140	785	665	246	221	214	210	207	203	196	189	183	—	—	—	—	—	—	—		
25Cr2MoVA	GB 3077	调质	≤M22	835	735	210	190	185	179	176	174	168	160	156	151	141	131	72	39	—	—	−20	②
			M24~M48	835	735	245	222	216	209	206	203	196	186	181	176	168	131	72	39	—	—		
			M52~M105	805	685	254	229	221	218	214	210	203	196	191	185	176	131	72	39	—	—		
			M110~M140	735	590	219	196	189	185	181	178	174	167	164	160	153	131	72	39	—	—		
40CrNiMoA	GB 3077	调质	M50~M140	930	825	306	291	281	274	267	257	244	—	—	—	—	—	—	—	—	—	−50	①
1Cr5Mo	GB 1221	调质	≤M22	590	390	111	101	97	94	92	91	90	87	84	81	77	62	46	35	26	18	−20	②
			M24~M48	590	390	130	118	113	109	108	106	105	101	98	95	83	62	46	35	26	18		

高合金钢螺栓

钢号	钢材标准号	钢材使用状态	螺栓规格(mm)	≤20	100	150	200	250	300	350	400	450	500	525	550	575	600	625	650	675	700	使用温度下限(℃)	注
2Cr13	GB 1220	调质	≤M22	126	117	111	106	103	100	97	91	—	—	—	—	—	—	—	—	—	—	−20	②
			M24~M27	147	137	130	123	120	117	113	107	—	—	—	—	—	—	—	—	—	—		
0Cr18Ni9	GB 1220	固溶	≤M22	129	107	97	90	84	79	77	74	71	69	68	66	63	58	52	42	32	27	−196	
			M24~M48	137	114	103	96	90	85	82	79	76	74	73	71	67	62	52	42	32	27		
0Cr17Ni12Mo2	GB 1220	固溶	≤M22	129	109	101	93	87	82	79	77	76	75	74	73	71	68	65	50	38	30		
			M24~M48	137	117	107	99	93	87	84	82	81	79	78	78	75	73	65	50	38	30		
0Cr18Ni10Ti	GB 1220	固溶	≤M22	129	107	97	90	84	79	77	75	73	71	70	69	58	44	33	25	18	13		
			M24~M48	137	114	103	96	90	85	82	80	78	76	75	74	58	44	33	25	18	13		

注：中间温度的许用应力，可按本表的数值用内插法求得。

①M80 及以下使用温度下限为−70℃。

②使用温度下限为−20℃的材料，要求同本规范附录 A 表 A.0.1 的注⑤。

A.0.4 常用锻件许用应力，见表 A.0.4。

表 A.0.4 常用锻件许用应力

钢号	锻件标准号	公称厚度(mm)	σb(MPa)	σs(MPa)	≤20	100	150	200	250	300	350	400	425	450	475	500	525	550	575	600	使用温度下限(℃)	注
碳素钢锻件																						
20	JB 4726	≤200	390	215	130	119	113	104	95	86	79	74	72	61	41	—	—	—	—	—	−20	③④
35	JB 4726	≤100	510	265	166	147	141	129	116	108	98	92	85	61	41	—	—	—	—	—		①③④
		>100~300	490	245	153	141	134	126	113	104	95	89	85	61	41	—	—	—	—	—		

续表 A.0.4

钢号	锻件标准号	公称厚度(mm)	常温强度指标 σ_b (MPa)	σ_s (MPa)	≤20	100	150	200	250	300	350	400	425	450	475	500	525	550	575	600	使用温度下限(℃)	注
低合金钢锻件																						
16Mn	JB 4726	≤300	450	275	150	150	147	135	129	116	110	104	93	66	43	—	—	—	—	—	−20	④
20MnMo	JB 4726	≤300	530	370	177	177	177	177	177	177	171	163	156	131	84	49	—	—	—	—	−20	④
		>300~500	510	350	170	170	170	170	170	169	163	153	147	131	84	49	—	—	—	—	−20	④
		>500~700	490	330	163	163	163	163	163	163	156	147	141	131	84	49	—	—	—	—	−20	④
20MnMoNb	JB 4726	≤300	620	470	207	207	207	207	207	207	207	207	207	177	117	—	—	—	—	—	−20	④
		>300~500	610	460	203	203	203	203	203	203	203	203	203	177	117	—	—	—	—	—	−20	④
16MnD	JB 4727	≤300	450	275	150	150	147	135	129	116	110	—	—	—	—	—	—	—	—	—	−40	
09MnNiD	JB 4727	≤300	420	260	140	140	140	140	134	128	119	—	—	—	—	—	—	—	—	—	−70	
20MnMoD	JB 4727	≤300	530	370	177	177	177	177	177	177	171	—	—	—	—	—	—	—	—	—	−30	
		>300~500	510	350	170	170	170	170	170	169	163	—	—	—	—	—	—	—	—	—	−30	
		>500~700	490	330	163	163	163	163	163	163	156	—	—	—	—	—	—	—	—	—	−20	
08MnNiCrMoVD	JB 4727	≤300	600	480	200	200	200	200	200	200	200	—	—	—	—	—	—	—	—	—	−40	
10Ni3MoVD	JB 4727	≤300	600	480	200	200	—	—	—	—	—	—	—	—	—	—	—	—	—	—	−50	
15CrMo	JB 4726	≤300	440	275	147	147	147	138	132	123	116	110	107	104	103	88	58	37	—	—	−20	④
		>300~500	430	255	143	143	135	126	119	110	104	98	96	95	93	88	58	37	—	—	−20	④
12Cr1MoV	JB 4726	≤300	440	255	147	144	135	126	119	110	104	98	96	95	92	89	82	57	35	—	−20	④
		>300~500	430	245	143	141	131	126	119	110	104	98	96	95	92	89	82	57	35	—	−20	④
12Cr2Mo1	JB 4726	≤300	510	310	170	170	169	163	159	156	153	150	147	144	119	89	61	46	37	—	−20	④
		>300~500	500	300	167	167	166	159	156	153	150	147	144	141	119	89	61	46	37	—	−20	④
1Cr5Mo	JB 4726	≤500	590	390	197	197	197	197	197	197	197	190	136	107	83	62	46	35	26	18	−20	④
35CrMo	JB 4726	≤300	620	440	207	207	207	207	207	207	207	200	194	150	111	79	50	—	—	—	−20	①④
		>300~500	610	430	203	203	203	203	203	203	203	200	194	150	111	79	50	—	—	—	−20	①④

钢号	锻件标准号	公称厚度(mm)	≤20	100	150	200	250	300	350	400	425	450	475	500	525	550	575	600	625	650	675	700	使用温度下限(℃)	注
高合金钢锻件																								
0Cr13	JB 4728	≤100	137	126	123	120	119	117	112	109	105	100	89	72	53	38	26	16	—	—	—	—	−20	④
0Cr18Ni9	JB 4728	≤200	137	137	137	130	122	114	111	107	105	103	101	100	98	91	79	64	52	42	32	27	−196	②
			137	114	103	96	90	85	82	79	78	76	75	74	73	71	67	62	52	42	32	27	−196	②
0Cr18Ni10Ti	JB 4728	≤200	137	137	137	130	122	114	111	108	106	105	104	103	101	83	58	44	33	25	18	13	−196	②
			137	114	103	96	90	85	82	80	79	78	77	76	75	74	58	44	33	25	18	13	−196	②
0Cr17Ni12Mo2	JB 4728	≤200	137	137	137	134	125	118	113	111	110	109	108	107	106	105	96	81	65	50	38	30	−196	②
			137	117	107	99	93	87	84	82	81	81	80	79	78	78	76	73	65	50	38	30	−196	②
00Cr19Ni10	JB 4728	≤200	117	117	117	110	103	98	94	91	89	—	—	—	—	—	—	—	—	—	—	—	−196	②
			117	97	87	81	76	73	69	67	66	—	—	—	—	—	—	—	—	—	—	—	−196	②
00Cr17Ni14Mo2	JB 4728	≤200	117	117	117	108	100	95	90	86	85	84	—	—	—	—	—	—	—	—	—	—	−196	②
			117	97	87	80	74	70	67	64	63	62	—	—	—	—	—	—	—	—	—	—	−196	②

注：中间温度的许用应力，可按本表的数值用内插法求得。

①该锻件不得用于焊接结构。

②该行许用应力，仅适用于允许产生微量永久变形之元件，对于法兰或其他有微量永久变形就引起泄漏或故障的场合不能采用。

③使用温度上限不宜超过粗线的界限。

④使用温度下限为−20℃的材料，要求同本规范附录 A 表 A.0.1 的注⑤。

A.0.5 碳素钢铸件的许用应力，见表 A.0.5。

表 A.0.5 碳素钢铸件的许用应力

牌 号	标准号	含碳量 (%)	常温强度指标		在下列温度（℃）下的许用应力（MPa）								使用温度下限 (℃)	注
			σ_b(MPa)	σ_s(MPa)	≤20	100	150	200	300	350	400	425		
ZG200-400H		0.2	400	200	100									
ZG230-450H	GB 7659	0.2	450	230	115									
ZG275-485H		0.25	485	275	129	待定	待定	待定	待定	待定	待定	待定	—20	①
ZG200-400	GB 11352	0.2	400	200	100									
ZG230-450		0.3	450	230	115									

注：表中许用应力值已乘质量系数 0.8。

① 使用温度下限要求见本规范附录 A 表 A.0.1 注⑤。

A.0.6 球墨铸铁件的许用应力，见表 A.0.6。

表 A.0.6 球墨铸铁件的许用应力

牌 号	标准号	金相组织	常温强度指标		在下列温度（℃）下的许用应力（MPa）							使用温度下限 (℃)
			σ_b(MPa)	$\sigma_{0.2}$(MPa)	≤20	100	150	200	250	300	350	
QT400-18		铁素体	400	250	106							
QT400-15	GB 1348	铁素体	400	250	106	待定	待定	待定	待定	待定	待定	—10
QT450-10		铁素体	450	310	120							
QT500-7		铁素体＋珠光体	500	320	133							

注：表中许用应力值已乘质量系数 0.8。

A.0.7 铸铁件的许用应力，见表 A.0.7。

表 A.0.7 铸铁件的许用应力

牌 号	标准号	金相组织	壁厚 (mm)	常温强度指标		在下列温度（℃）下的许用应力（MPa）						使用温度下限 (℃)
				σ_b(MPa)	$\sigma_{0.2}$(MPa)	≤20	100	150	200	250	300	
可锻铸铁												
KTH300-06			—	300	—	48						
KTH330-08	GB 9440		—	330	—	52.8	待定	待定	待定	待定	待定	—10
KTH350-10			—	350	200	56						
KTH370-12			—	370	—	59						
灰铸铁												
HT100		铁素体	2.5～10	130	—	10.4						—10
			10～20	100	—	8.0						
			20～30	90	—	7.2						
	GB 9439		30～50	80	—	6.4	待定	待定	待定	待定	待定	
HT150		珠光体＋铁素体20%	2.5～10	175	—	14.0						—10
			10～20	145	—	11.6						
			20～30	130	—	10.4						
			30～50	120	—	9.6						
灰铸铁												
HT200		珠光体	2.5～10	220	—	17.6						—10
			10～20	195	—	15.6						
			20～30	170	—	13.6						
			30～50	160	—	12.8						
HT250		珠光体	4～10	270	—	21.6						—10
	GB 9439		10～20	240	—	19.2						
			20～30	220	—	17.6	待定	待定	待定	待定	待定	
			30～50	200	—	16.0						
HT300		100% 珠光体	10～20	290	—	23.2						—10
			20～30	250	—	20.0						
			30～50	230	—	18.4						
HT350		100% 珠光体	10～20	340	—	27.2						—10
			20～30	290	—	23.2						
			30～50	260	—	20.8						

注：表中许用应力值已乘质量系数 0.8。

A.0.8 铝及铝合金管的许用应力，见表 A.0.8。

表 A.0.8 铝及铝合金管的许用应力

牌 号		状态代号		σ_b ≥ (MPa)	$\sigma_{0.2}$ ≥ (MPa)	设计温度（℃）下的最大许用拉伸应力值（MPa）									使用温度下限（℃）
旧	新	旧	新			$-269\sim20$	40	65	75	100	125	150	175	200	
L1	1070A	M	O	(55)	(15)	10	10	—	10	9	8	7	6	5	
		R	H112	(55)	(15)	10	10	—	10	9	8	7	6	5	
L2	1060	M	O	(60)	(15)	10	10	—	10	9	8	7	6	5	
		R	H112	(60)	(15)	10	10	—	10	9	8	7	6	5	
L3	1050A	M	O	(60)	(15)	10	10	—	10	9	8	7	6	5	
		R	H112	(65)	(20)	13	13	—	13	12	11	10	8	6	
L5	1200	M	O	(75)	(20)	13	13	—	13	12	11	10	8	6	-269
		R	H112	(75)	(20)	13	13	—	13	12	11	10	8	6	
LF21	3A21 3003	M	O	(95)	(35)	23	23	—	23	23	20	16	13	10	
		R	H112	(95)	(35)	23	23	—	23	23	20	16	13	10	
LF2	5A02	M	O	(165)	(65)	41	41	—	41	41	41	37	28	17	
LF3	5A03	M	O	175	75	43	43	43	—	—	—	—	—	—	
		R	H112	175	65	43	43	43	—	—	—	—	—	—	
LF5	5A05	M	O	215	85	53	53	53	—	—	—	—	—	—	
		R	H112	255	105	63	63	63	—	—	—	—	—	—	

注：①表中产品标准尺寸：GB 6893 拉（轧），制管外径 6～120mm，壁厚 0.5～5mm；GB 4437.1 挤压管，外径 25～300mm，壁厚 5～32.5mm，外径 310～500mm，壁厚 15～50mm。
②表中状态代号：0 为退火状态，H112 为热作状态。
③新牌号见现行国家标准《变形铝及铝合金化学成分》GB/T 3190。
④表中（）内的数值为标准中未规定的推荐合格指标。

附录 B 金属材料物理性质

B.0.1 金属材料的弹性模量，见表 B.0.1。

表 B.0.1 金属材料的弹性模量

材 料	在下列温度（℃）下的弹性模量（10^3MPa）																		
	-196	-150	-100	-20	20	100	150	200	250	300	350	400	450	475	500	550	600	650	700
碳素钢（C≤0.30%）	—	—	—	194	192	191	189	186	183	179	173	165	150	133	—	—	—	—	—
碳素钢（C>0.30%）、碳锰钢	—	—	—	208	206	203	200	196	190	186	179	170	158	151	—	—	—	—	—
碳钼钢、低铬钼钢（至 Cr3Mo）	—	—	—	208	206	203	200	198	194	190	186	180	174	170	165	153	138	—	—
中铬钼钢（Cr5Mo～Cr9Mo）	—	—	—	191	189	187	185	182	180	176	173	169	165	163	161	156	150	—	—
奥氏体不锈钢（至 Cr25Ni20）	210	207	205	199	195	191	187	184	181	177	173	169	164	162	160	155	151	147	143
高铬钢（Cr13～Cr17）	—	—	—	203	201	198	195	191	187	181	175	165	156	153	—	—	—	—	—
灰铸铁	—	—	—	92	91	89	87	84	81										
铝及铝合金	76	75	73	71	69	66	63	60											
紫铜	116	115	114	111	110	107	106	104	101	99	96								
蒙乃尔合金（Ni67-Cu30）	192	189	186	182	179	175	172	170	168	167	165	161	158	156	154	152	149	—	—
铜镍合金（Cu70-Ni30）	160	158	157	154	151	148	145	143	140	136	131	—	—	—	—	—	—	—	—

B.0.2 金属材料的平均线膨胀系数值，见表 B.0.2。

表 B.0.2　金属材料的平均线膨胀系数值

材　料	在下列温度与20℃之间的平均线膨胀系数 α（10^{-6}/℃）																		
	−196	−150	−100	−50	0	50	100	150	200	250	300	350	400	450	500	550	600	650	700
碳素钢、碳钼钢、低铬钼钢（至 Cr3Mo）	—	—	9.89	10.39	10.76	11.12	11.53	11.88	12.25	12.56	12.90	13.24	13.58	13.93	14.22	14.42	14.62	—	—
铬钼钢（Cr5Mo～Cr9Mo）	—	—	—	9.77	10.16	10.52	10.91	11.15	11.39	11.66	11.90	12.15	12.38	12.63	12.86	13.05	13.18	—	—
奥氏体不锈钢（Cr18-Ni9至Cr19Ni14）	14.67	15.08	15.45	15.97	16.28	16.54	16.84	17.06	17.25	17.42	17.61	17.79	17.99	18.19	18.34	18.58	18.71	18.87	18.97
高铬钢（Cr13、Cr17）	—	—	—	8.95	9.29	9.59	9.94	10.20	10.45	10.67	10.96	11.21	11.41	11.61	11.81	11.97	12.11		
Cr25-Ni20	—	—	—	—		15.84	15.98	16.05	16.06	16.07	16.11	16.13	16.17	16.33	16.56	16.66	16.91	17.14	
灰铸铁	—	—	—	—			10.39	10.68	10.97	11.26	11.55	11.85							
球墨铸铁	—	—	—	9.48	10.08	10.55	10.89	11.26	11.66	12.20	12.50	12.71							
蒙乃尔（Monel）Ni67-Cu30	9.99	11.06	12.13	12.81	13.26	13.70	14.16	14.45	14.74	15.06	15.36	15.67	15.98	16.28	16.60	16.90	17.18		
铝	17.86	18.72	19.65	20.78	21.65	22.52	23.38	23.92	24.47	24.93	—	—	—	—	—	—	—	—	—
青铜	15.13	15.43	15.76	16.41	16.97	17.53	18.07	18.22	18.41	18.55	18.73								
黄铜	14.77	15.03	15.32	16.05	16.56	17.10	17.62	18.01	18.41	18.77	19.14								
铜及铜合金	13.99	14.99	15.70	16.07	16.63	16.96	17.24	17.48	17.71	17.87	18.18								
Cu70～Ni30	12.00	12.64	13.33	13.98	14.47	14.94	15.41	15.69	16.02	—	—	—	—	—	—	—	—	—	—

附录 C　非金属衬里材料的使用温度范围

表 C　非金属衬里材料的使用温度范围

材　料		使用温度（℃）		材　料		使用温度（℃）	
		最　低	最　高			最　低	最　高
硬聚氯乙烯	PVC	−15	60	聚丙烯	PP	−10	100
聚乙烯　低密度	LDPE	−30	60	聚四氟乙烯	PTFE	−100	200
高密度	HDPE	−30	70	天然橡胶		−20	65
				硼硅玻璃		—	150

注：①本表的数据仅用于一般情况，设计中尚应根据流体腐蚀性、使用压力及材料成分与性能差异等影响综合考虑。
　　②按指定衬里材料标准或牌号的非金属衬里的金属管道组成件，使用温度范围应按有关国家现行标准规定，并应符合本规范中基层材料的使用温度上下限及低温韧性试验的规定。

附录 D　钢管及钢制管件厚度的规定

D.0.1 剧烈循环条件或 A1 类流体的管道，采用不锈钢管子及对焊管件时，不应小于表 D.0.1 所列的厚度。

表 D.0.1　剧烈循环条件或 A1 类流体管道用不锈钢管子及
对焊管件的厚度（最小值）（mm）

DN	厚度（最小值）	DN	厚度（最小值）	DN	厚度（最小值）
15	2.5	(65)	3.5	300	5
20	2.5	80	3.5	350	5
25	3	100	3.5	400	5
		(125)	3.5		
(32)	3	150	3.5	450	5
40	3	200	4	500	6
50	3	250	4.5	(550)	6
				600	6.5

D.0.2 外螺纹的钢管和外螺纹钢管件的厚度（最小值）应按表 D.0.2 的规定。

D.0.3 内螺纹管件及承插焊管件的厚度应符合现行国家标准的规定。

D.0.4 （本条删除）

表 D.0.2　外螺纹的钢管及钢管件的厚度（最小值）

流　体	材　料	公称直径 DN	厚度（最小值）（mm）
所有	碳钢	15	3.5
		20	3.9
		25	4.5
		32	4.8
		40	5.0
		50	3.9
		>50	不用
所有	不锈钢	15	2.7
		20	2.8
		25	3.2
		32	3.5
		40	3.6
		50	3.9
		>50	不用
需有安全防护时	碳钢或不锈钢	15	2.7
		20	2.8
		25	3.2
		32	3.5
		40	3.6
		50	3.9
		65	5.0
		80	5.4
		100	6.0
		150	6.0

注：①采用外螺纹钢管的外径应符合《无缝钢管尺寸、外形、重量及允许偏差》GB/T 17395 的"标准化"系列。

②如果采用《低压流体输送用镀锌焊接钢管》GB/T 3091 中 $DN \leqslant 150$ 的钢管时，厚度不受本表的限制。

附录 E　柔性系数和应力增大系数

E.0.1 柔性系数和应力增大系数，见表 E.0.1。

表 E.0.1　柔性系数和应力增大系数

名　称	柔性系数 K	应力增大系数 ①⑦		尺寸系数 h	简　图
		平面外 i_o	平面内 i_i		
弯头或弯管 ①②③⑥⑧	$\dfrac{1.65}{h}$	$\dfrac{0.75}{h^{2/3}}$	$\dfrac{0.9}{h^{2/3}}$	$\dfrac{t_{Fn}R}{r_o^2}$	
窄间距斜接弯管或弯头 $S < r_o (1+\tan\theta)$ ①②③⑧	$\dfrac{1.52}{h^{5/6}}$	$\dfrac{0.9}{h^{2/3}}$	$\dfrac{0.9}{h^{2/3}}$	$\dfrac{\cot\theta}{2}\dfrac{t_{sn}\cdot S}{r_o^2}$	
单节斜接弯管或宽间距斜接弯管 $S \geqslant r_o (1+\tan\theta)$，$\theta \leqslant 22.5°$ ①②⑧	$\dfrac{1.52}{h^{5/6}}$	$\dfrac{0.9}{h^{2/3}}$	$\dfrac{0.9}{h^{2/3}}$	$\dfrac{(1+\cot\theta)}{2}\dfrac{t_{sn}}{r_o}$	

名　称	柔性系数 K	应力增大系数 ①⑦		尺寸系数 h	简　图
		平面外 i_o	平面内 i_i		
标准对焊三通 $r_x \geqslant \dfrac{1}{8}d_o$ ①②⑬ $T_c \geqslant 1.5T_{tn}$	1	$\dfrac{0.9}{h^{2/3}}$	$\dfrac{3}{4}i_o + 1/4$	$4.4\dfrac{T_{tn}}{r_o}$	
加强焊接支管或焊制三通 ①②⑤⑬	1	$\dfrac{0.9}{h^{2/3}}$	$\dfrac{3}{4}i_o + 1/4$	$\dfrac{(T_{tn}+1/2t_r)^{2.5}}{T_{tn}^{1.5}r_o}$	
未加强焊接支管或焊制三通 ①②⑬	1	$\dfrac{0.9}{h^{2/3}}$	$\dfrac{3}{4}i_o + 1/4$	$\dfrac{T_{tn}}{r_o}$	
挤压成型对焊三通 $r_x \geqslant 0.05d_o$, $T_c < 1.5T_{tn}$ ①②⑬	1	$\dfrac{0.9}{h^{2/3}}$	$\dfrac{3}{4}i_o + 1/4$	$\left(1+\dfrac{r_x}{r_o}\right)\dfrac{T_{tn}}{r_o}$	
嵌入式支管 $r_x \geqslant \dfrac{1}{8}d_o$ ①② $T_c \geqslant 1.5T_{tn}$	1	$\dfrac{0.9}{h^{2/3}}$	$\dfrac{3}{4}i_o + 1/4$	$4.4\dfrac{T_{tn}}{r_o}$	
对焊支管台①②	1	$\dfrac{0.9}{h^{2/3}}$	$\dfrac{0.9}{h^{2/3}}$	$3.3\dfrac{T_{tn}}{r_o}$	见图 5.4.4-3 (c)

名　称	柔性系数 K	应力增大系数 i	简　图
支管接头 ②⑫	1	用于校核支管端部 $1.5\left(\dfrac{R_m}{T_{tn}}\right)^{2/3}\left(\dfrac{r_m}{R_m}\right)^{1/2}\times\left(\dfrac{t_{tn}}{T_{tn}}\right)\left(\dfrac{r_m}{r_p}\right)$	见图 E.0.4
对接焊或对焊法兰 $t_{sn} \geqslant 6\text{mm}$ ②⑩ $\delta_{max} \leqslant 1.6\text{mm}$, $\delta_{ave}/t_{sn} \leqslant 0.13$	1	1.0	
对接焊 $t_{sn} \geqslant 6\text{mm}$ ②⑩ $\delta_{max} \leqslant 3.2\text{mm}$, $\delta_{ave}/t_{sn} =$ 任何值 对接焊 $t_{sn} < 6\text{mm}$ ②⑩ $\delta_{max} \leqslant 1.6\text{mm}$, $\delta_{ave}/t_{sn} \leqslant 0.33$	1 1	最大 1.9 或 $0.9 + 2.7\,(\delta_{ave}/t_{sn})$, 最小 1.0	
角焊 ⑨	1	2.1 或 1.3	见图 E.0.5
削薄过渡段 ②	1	最大 1.9 或 $1.3 + 0.0036\dfrac{D_o}{t_{sn}} + 3.6\dfrac{\delta_{max}}{t_{sn}}$	

名　　称	柔性系数 K	应力增大系数 ①⑦		尺寸系数 h	简　　图
		平面外 i_o	平面内 i_i		
同心异径管 ⑪	1	最大 2.0 或 $0.5+0.01\beta\left(\dfrac{D_{os}}{t_{L2}}\right)^{1/2}$			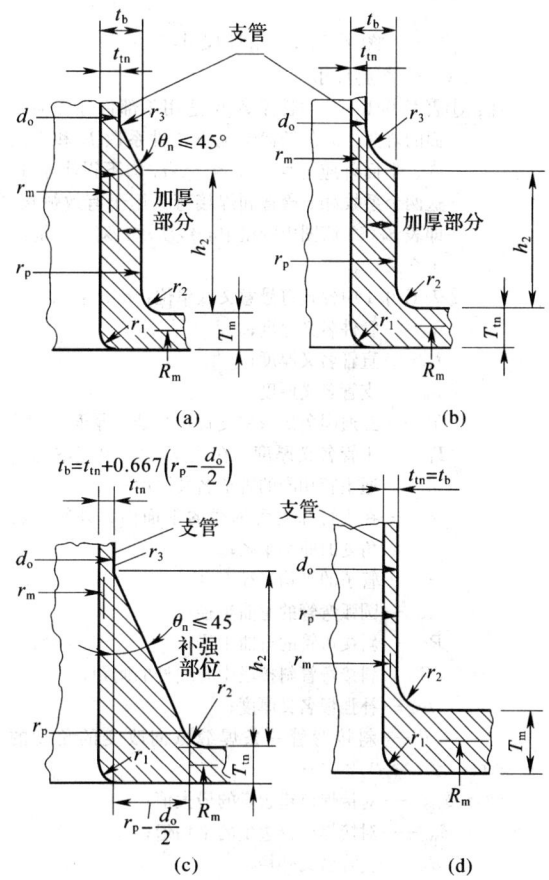
波纹直管或带波纹或皱纹弯管 ④	5	2.5			
螺纹管接头或螺纹法兰	1	2.3			
松套法兰	1	1.6			
内外侧焊的平焊法兰	1	1.2			

E.0.2 尺寸系数 h 与柔性系数及应力增大系数的关系，见图 E.0.2。

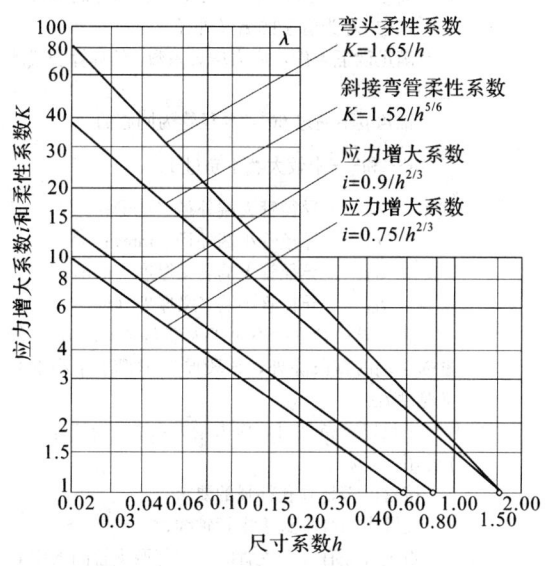

弯头柔性系数 $K=1.65/h$

斜接弯管柔性系数 $K=1.52/h^{5/6}$

应力增大系数 $i=0.9/h^{2/3}$

应力增大系数 $i=0.75/h^{2/3}$

图 E.0.2　尺寸系数 h 与柔性系数及应力
增大系数的关系

E.0.3 修正系数 C_f，见图 E.0.3。

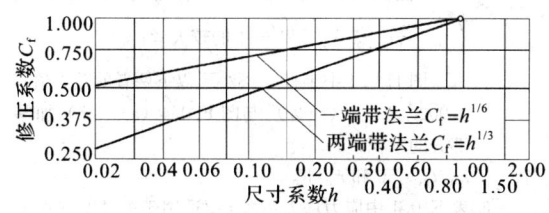

一端带法兰 $C_f=h^{1/6}$

两端带法兰 $C_f=h^{1/3}$

图 E.0.3　修正系数 C_f

E.0.4 支管接头尺寸，见图 E.0.4。

图 E.0.4　支管接头尺寸（mm）

d_o——支管名义外径；　　　　t_{tn}——支管名义厚度；

h_2——支管有效补强高度；　　T_{tn}——主管名义厚度；

R_m——主管平均半径；　　　　θ_n——支管补强部位过渡角度（°）；

t_b——支管补强部位有效厚度；r_p——支管补强部分外半径；

r_m——支管平均半径；r_1、r_2、r_3——支管补强部位过渡半径

E.0.5 角焊尺寸，见图 E.0.5。

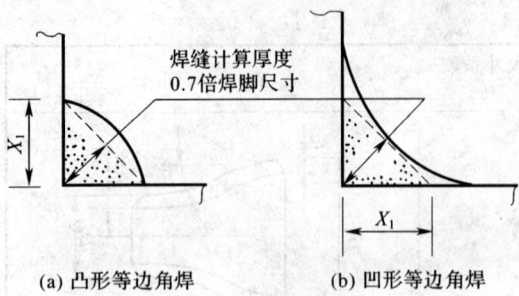

(a) 凸形等边角焊　　　(b) 凹形等边角焊

焊缝计算厚度
0.7倍焊脚尺寸

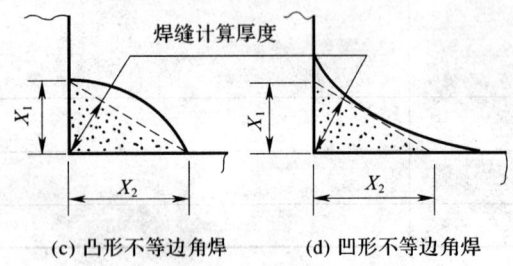

(c) 凸形不等边角焊　　(d) 凹形不等边角焊

焊缝计算厚度

图 E.0.5　角焊尺寸

X_1、X_2——焊脚尺寸

注：①表 E.0.1 中的柔性系数 K 适用于部件在任何平面的弯曲，但在任何情况下柔性系数 K 和平面内、平面外应力增大系数 i_i、i_o 均不得小于 1。这两个系数对于弯管和焊接弯头用于有效弧长，即表 E.0.1 简图中的粗中心线所示；对于三通用于交叉点。

②表 E.0.1 中各式符号意义（单位：mm）：

t_{Fn}——管件名义厚度；

t_{sn}——直管名义厚度；

t_{tn}——支管名义厚度；

T_c——三通圆角部（主支管相交处）厚度；

T_{tn}——主管名义厚度，在表 E.0.1 中应取与三通主管相配的管子名义厚度；

r_x——在主管和支管轴线的平面内，外轮廓转角处的曲率半径；

r_o——管子的平均半径；

R——圆弧弯管的弯曲半径；

R_1——斜接弯管的弯曲半径；

S——斜接弯管斜接段中心线处的间距；

t_r——补强板名义厚度；

θ——斜接弯管一条焊缝方向改变的角度的 1/2（°）；

δ_{max}——对接焊口错边量的最大值；

δ_{ave}——对接焊口错边量的平均值；

d_o——支管名义外径。

柔性系数 K、应力增大系数 i 值可从表 E.0.1 中公式计算出尺寸系数 h 值后，从图 E.0.2 直接查取。

③当法兰装在一端或两端时，表 E.0.1 中的应力增大系数 i 和柔性系数 K 值应用修正系数 C_f 进行校正。C_f 值根据表 E.0.1 计算的尺寸系数 h 值从图 E.0.3 查取。

④表中所示系数适用于弯曲，扭转的柔性系数为 0.9。

⑤适用于补强板名义厚度 t_r 不大于 1.5 倍主管名义厚度 T_{tn} 的条件。当 $t_r \geqslant 1.5 T_{tn}$ 时，$h = 4 \dfrac{T_{tn}}{r_o}$。

⑥铸造对接焊弯头的厚度要比所连接的管子的厚度大得多，设计者应考虑该增大的厚度造成的影响，否则会产生较大的误差。

⑦若需要时，平面内与平面外的应力增大系数 i 均可用 $0.9/h^{2/3}$ 进行计算。

⑧对于大直径薄壁弯管和弯头，内压会对柔性系数和应力增大系数有显著影响，应将表 E.0.1 中的柔性系数 K 除以下式：

$$\left[1 + 6\left(\frac{P}{E_{20}}\right)\left(\frac{r_o}{t_{sn}}\right)^{7/3}\left(\frac{R}{r_o}\right)^{1/3}\right]$$

将表 E.0.1 中的应力增大系数 i 除以下式：

$$\left[1 + 3.25\left(\frac{P}{E_{20}}\right)\left(\frac{r_o}{t_{sn}}\right)^{5/2}\left(\frac{R}{r_o}\right)^{2/3}\right]$$

式中　P——设计压力（MPa）；

E_{20}——在安装温度下的管材的弹性模量（MPa）。

⑨对于承插焊管件，若焊缝边缘与管壁过渡平滑，符合本附录图 E.0.5，不等边凹形角焊的应力增大系数取 1.3。

⑩该应力增大系数用于管壁厚度在 0.875～1.1 倍直管名义厚度 t_{sn} 之间，轴向距离为 $\sqrt{D_o t_{sn}}$ 的对接焊口。式中 D_o 为管子的名义外径。

⑪只有满足以下条件，应力增大系数 i 的计算公式才适用：

锥角 β 不超过 60°，异径管为同心的；

$\dfrac{D_{oL}}{t_{L1}}$ 和 $\dfrac{D_{oS}}{t_{L2}}$ 中较大者不超过 100。

式中　D_{oL}——异径管大端外径（mm）；

D_{oS}——异径管小端外径（mm）；

t_{L1}——异径管大端名义厚度（mm）；

t_{L2}——异径管小端名义厚度（mm）。

整个异径管厚度不小于大端名义厚度 t_{L1}，但紧邻小端的直段除外，该段厚度不得小于小端名义厚度 t_{L2}。

⑫只有满足以下条件时，应力增大系数 i 的计算公式才适用：

接管已满足开孔补强的要求；

支管中心线垂直于主管轴线；

当主管上有几个支管时，相邻两支管间的中心距，沿主管外表面轴向不得小于该两个支管内半径总和的 3 倍，沿主管外表面周向弧长不得小于该两个支管内半径总和的 2 倍；

图 E.0.4 中半径 r_1 在主管名义厚度 T_{tn} 的 10% 和 50% 之间；

图 E.0.4 中半径 r_2 不得小于 $t_b/2$ 或 $\left(t_{tn} + r_p - \dfrac{d_o}{2}\right)/2$ 和 $\dfrac{t_{tn}}{2}$ 中的较大者；

图 E.0.4 中半径 r_3 不小于以下两者的较大值：$0.002\theta_n d_o$；2 $(\sin\theta_n)^3$ 与图 E.0.4 (a)、(b) 加厚部分的乘积；

$r_m/t_{tn} \leqslant 50$ 和 $r_m/R_m \leqslant 0.5$。

⑬表 E.0.1 中应力增大系数 i 值适用于等径的支管连接，对于异径的支管连接未获得足够数据前。可采用等径的数据。

附录 F 室外地下管道与铁路、道路及建筑物间的距离

室外地下管道与铁路、道路及建筑物等设施的最小水平净距（m）

表 F

输送的流体及状态		建、构筑物基础外缘		铁路轨外侧	道路边缘	围墙基础外侧	电杆柱中心		
		有地下室	无地下室				通信	电力	高压电
B类液体		6	4	4.5	1	1	1.2	1.5	2
B类气体	$P \leq 0.005$	2	1	3	0.6	0.6	0.6	1.5	2
	$0.005 < P \leq 0.2$	2.5	1.5	3.5	0.6	0.6	0.6		
	$0.2 < P \leq 0.4$	3	2	4	0.8	0.6	0.6		
	$0.4 < P \leq 0.8$	5	4	4.5	1	1	1		
	$P > 0.8$	7	6	5	1	1	1.5		
氧气	$P \leq 1.6$	3	2.5	2.5	0.8	1	0.8	1.5	2
	$P > 1.6$	5	3						
C、D类流体	热力管	1.5~3（见注4）		3	0.8~1	1	0.8	1	1.5
	液体	3		3~4	0.8~1	1	0.8~1.2	1	2
	气体 $P \leq 0.25$	1.5		2	0.6	0.6	0.6	1	1.5
	$0.25 < P \leq 0.6$	1.5		2	0.6	0.6	0.6		
	$0.6 < P \leq 1.0$	2		2	0.6	0.6	0.6		
	$1.0 < P \leq 1.6$	2.5		2.5	0.8	0.8	1		
	$P > 1.6$	3		2.5	0.8	0.8	1		

注：①除注明者外，表列净距应自管（沟）壁或防护设施的外缘算起。
②管道低于基础时，除满足表列净距外，还应不小于管道埋设深度与基础深度之差，并应根据土壤条件确定净距。
③P 为设计压力（MPa）。
④按 C、D 类气体的设计压力决定净距。
⑤当铁路和道路是路堤或路堑时，其与管线之间的水平净距应由路堤坡脚或路堑坡顶算起；有边沟和天沟时，应从沟的外缘算起。并应符合现行国家标准《工业企业总平面设计规范》GB 50187 的规定。

附录 G 管道热处理的规定

G.1 管子弯曲后的热处理

G.1.1 钢管弯曲后的热处理除本附录的规定外，还应符合现行国家标准《工业金属管道工程施工及验收规范》GB 50235 的规定。

G.1.2 管子冷弯后，存在下述任何一种情况均应进行热处理：

G.1.2.1 碳素钢和含铬、钼的合金钢管但不包括

奥氏体不锈钢管的弯制，其最大计算纤维伸长率超过该管子标准所规定的最小延伸率的50%时；

G.1.2.2 需要进行冲击试验的材料，弯管的最大计算纤维伸长率超过5%时。

G.1.3 最大计算纤维伸长率δ应采用式（G.1.3）计算。

$$\delta = \frac{D_o}{2R} \times 100\% \qquad (G.1.3)$$

式中 D_o——管子外径（mm）；

R——圆弧弯管的弯曲半径（mm）。

G.1.4 黑色金属冷弯系指在低于转变温度范围以下进行；热弯系指在高于转变温度范围以上进行。

G.2 焊后需热处理的管道厚度

G.2.1 管道焊前预热和焊后需要热处理的厚度及要求，除按本规范的规定外，还应符合《现场设备、工业管道焊接工程施工及验收规范》GB 50236 的规定及《钢制压力容器》GB 150 第 10.4 节的规定。

G.2.2 当 15CrMo 材料含碳量高于 0.15％时，任何壁厚均宜进行焊后热处理。

G.2.3 当管子或管件采用焊接连接时，推荐的预热和热处理要求所采用的厚度，应是连接接头处的较厚的壁厚，但下列情况除外：

G.2.3.1 对于支管连接的情况，不论支管是整体补强或补强板或鞍座，在确定是否要热处理时，均不应考虑补强用的金属（不含焊缝）。但在通过支管的任意平面内，当穿过焊缝的厚度超过规定需要热处理的最薄的材料厚度的 2 倍时，即使接头处各组成件的厚度小于此最薄的厚度，仍需进行热处理。本规范第 5.4.4 条，支管连接焊缝的形式（本规范图 5.4.4-1）所示的穿过焊缝的厚度，应按表 G.2.3 计算：

表 G.2.3 支管连接结构的热处理厚度

结 构 图	穿过焊缝的厚度
本规范图 5.4.4-1（a）	$t_{tn}+t_c$
本规范图 5.4.4-1（b）	$T_{tn}+t_c$
本规范图 5.4.4-1（c）	$t_{tn}+t_c$ 或 t_r+t_c 取较大值
本规范图 5.4.4-1（d）	$T_{tn}+t_r+t_c$

注：符号意义见本规范第 5.4.4 条。

G.2.3.2 对于平焊（滑套）法兰和承插焊法兰以及公称直径小于或等于 50mm 的管子连接的角焊缝，公称直径小于或等于 50mm 的螺纹接头的密封焊缝以及装在不论多大管子外表面的非受压件，如吊耳或其他管道支承件等，只要在任一平面内，穿过焊缝的厚度超过规定需要热处理的最薄的材料厚度的 2 倍时，即使接头处各组成件的厚度小于此最薄的厚度，仍需进行热处理，但下述情况可不需要热处理：

（1）对于碳素钢材料，角焊缝厚度不大于 16mm，与母材的厚度无关。

（2）对于含铬、钼的低中合金钢材料，当角焊缝厚度不大于 13mm 时，如采用了不低于推荐的最低预热温度，且母材规定的最小抗拉强度小于 490MPa 时，不论母材的厚度是多少。

（3）对于铁素体材料，当其焊缝采用非空冷硬化的填充金属焊成时。

附录 H 管道的焊接结构

H.1 角 焊

H.1.1 角焊缝斜边可以是凸形或凹形的，并应符合

附录 E 图 E.0.5 的规定。

H.1.2 承插焊管件与管子的焊接应符合其连接要求（图 H.1.2）的规定。

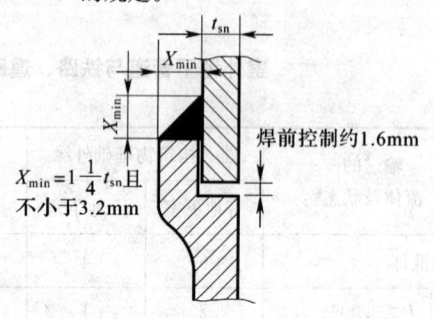

$$X_{min}=1\frac{1}{4}t_{sn}且不小于3.2mm$$

焊前控制约1.6mm

图 H.1.2 承插焊管件连接要求

H.1.3 承插焊法兰与管子的连接应符合下列规定：

H.1.3.1 承插焊法兰的焊缝应符合其连接要求（图 H.1.3）的规定。

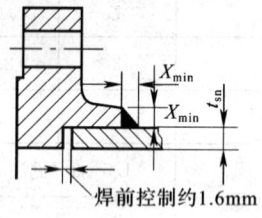

焊前控制约1.6mm

图 H.1.3 承插焊法兰的连接要求

H.1.3.2 尺寸 X_{min} 为直管名义厚度 t_{sn} 的 1.4 倍或法兰颈部厚度两者中的较小值。

H.1.4 平焊（滑套）法兰与管子的内外侧焊（图 H.1.4）应符合下列规定：

H.1.4.1 尺寸 X 为直管名义厚度 t_{sn} 或6.4mm 中的较小值。

H.1.4.2 尺寸 X_{min} 为直管名义厚度 t_{sn} 的 1.4 倍或法兰颈部厚度两者中的较小值。

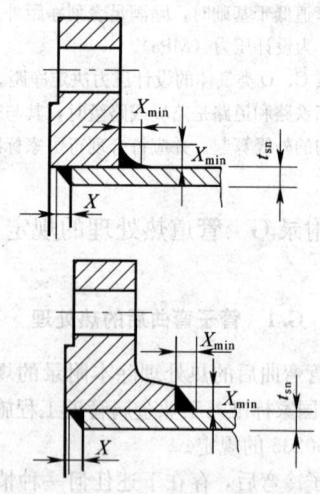

图 H.1.4 平焊（滑套）法兰内侧和外侧焊缝

H.2 对 焊

H.2.1 对焊坡口形式及尺寸除了按本规范的规定外，还应符合现行国家标准《现场设备、工业管道焊接工程施工及验收规范》GB 50236的规定。

H.2.2 不同厚度的管道组成件对焊要求应符合下列规定：

H.2.2.1 应符合对焊端部形式（图 H.2.2）的规定。

H.2.2.2 用于管件时如受长度条件的限制，图 H.2.2 中15°角可改为30°角。

H.2.3 热处理温度范围不同的两种材料，不应采用焊接连接。

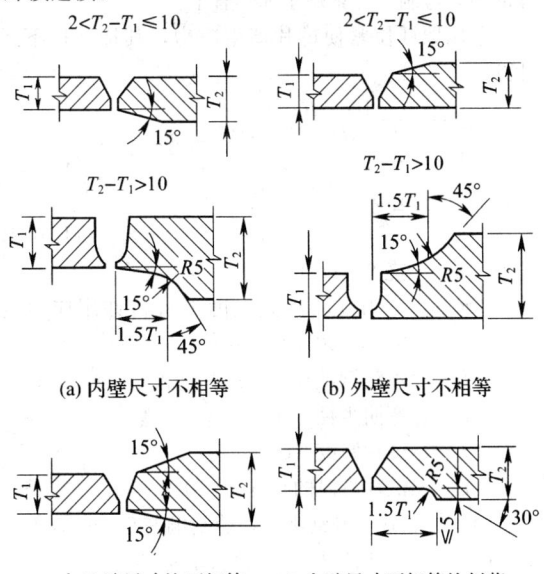

$2 < T_2 - T_1 \leqslant 10$

$2 < T_2 - T_1 \leqslant 10$

$T_2 - T_1 > 10$

(a) 内壁尺寸不相等　　(b) 外壁尺寸不相等

(c) 内外壁尺寸均不相等　　(d) 内壁尺寸不相等的削薄

图 H.2.2　不同厚度管道组成件的对焊端部形式

注：坡口尺寸应符合本规范附录 H 第 H.2.1 条的规定。

附录 J　管道的无损检测

J.1　管道组成件制造的无损检测

J.1.1 管道组成件的无损检测应不低于现行国家标准中规定的无损检测要求。下列情况应在设计文件中补充规定：

J.1.1.1 在现行国家标准中指定产品按用户要求协商决定的无损检测项目，且设计需要时；

J.1.1.2 产品标准中采用涡流探伤时，除 D 类流体管道外，还应增加焊缝的 100% 超声波检测。

J.1.2 不属于钢管制造厂生产线制造的钢板卷管（焊接钢管），板材应符合本规范第 4.4.1 条第 4.4.1.3 款的规定。纵向及环向焊缝的无损检测比例应不低于本附录中"管道施工中的无损检测"的

规定。

J.1.3 剧烈循环条件或做替代性试验的管道，用焊接钢管时，其焊缝应进行 100% 无损检测。

J.1.4 焊缝的无损检测均指采用超声波或射线检测。

J.1.5 检测合格标准应符合现行国家标准《现场设备、工业金属管道焊接工程施工及验收规范》GB 50236及《工业金属管道工程施工及验收规范》GB 50235的规定。

J.2　管道施工中的无损检测

J.2.1 现场管道施工中对于环焊缝、斜接弯管或弯头焊缝及嵌入式支管的对焊缝应按表 J.2.1 的要求进行无损检测。工程设计另有不同检测的要求时，应按工程设计文件的规定执行。

J.2.2 除注明外，无损检测均指采用射线照相或超声波检测。

表 J.2.1　管道施工中的无损检测

无损检测比例	需要检测的管道
100%	（1）做替代性试验的管道
	（2）剧烈循环条件
	（3）A1 类流体
	（4）设计压力大于或等于 10MPa 的 B 类及 A2 类流体
	（5）设计压力大于或等于 4MPa，设计温度高于或等于 400℃ 的 B 类及 A2 类流体
	（6）设计压力大于或等于 10MPa，设计温度高于或等于 400℃ 的 C 类流体
	（7）设计温度低于 −29℃ 的所有流体
10%	（8）设计压力大于或等于 4MPa，且低于以上（4）～（6）项参数的 B 类、C 类及 A2 类流体
5%	（9）除上述 100% 和 10% 的检测及 D 类流体以外的管道
不作无损检测	（10）所有 D 类流体管道

注：①对于 D 类流体管道，要求进行抽查时，应在设计文件中规定，抽查不合格应修复，但不要求加倍抽查。

②夹套内管的所有焊缝在夹套以内时应经 100% 无损检测。

J.2.3 检测合格标准应符合有关管道施工及焊接的现行国家规范的规定。

J.2.4 本附录表 J.2.1 中 100% 无损检测的管道，其承插焊焊缝及支管连接的焊缝可采用磁粉或液体渗透

法检测，或按工程设计文件的规定进行检测。

J.2.5 氧气管道按 C 类流体的检测要求。

J.2.6 局部无损检测的焊缝选择应保证每一个焊工焊接的焊缝都按比例进行检测。

J.2.7 施工工地制造的管道组成件应符合本附录第 J.1.2 条的规定。

J.2.8 对制造厂生产的制品，需要现场抽查时，应在工程设计文件中指定。

附录 K 本规范用词说明

K.0.1 为便于在执行本规范条文时区别对待，对要求严格程度不同的用词说明如下：

(1) 表示很严格，非这样做不可的用词：

正面词采用"必须"；

反面词采用"严禁"。

(2) 表示严格，在正常情况下均应这样做的用词：

正面词采用"应"；

反面词采用"不应"或"不得"。

(3) 表示允许稍有选择，在条件许可时，首先应这样做的用词：

正面词采用"宜"或"可"；

反面词采用"不宜"。

K.0.2 条文中指明应按其他有关标准、规范执行的写法为"应符合……要求或规定"或"应按……执行"。

附录 L 用于奥氏体不锈钢的隔热材料产品的试验规定

L.0.1 本附录是奥氏体不锈钢管道用的吸水型（毛细作用）外隔热材料，包括岩棉、矿棉类等产品的试验规定。

L.0.2 当吸水型外隔热材料用于奥氏体不锈钢管道时，应进行下列两种试验并合格：

L.0.2.1 根据隔热材料产品的原料来源，试产的产品应先经对不锈钢滴液腐蚀试验（图 L.0.2），以试片不应产生表面腐蚀或应力腐蚀破裂为合格。

试验方法要点：

(1) 从隔热试样外表面滴入蒸馏水，通过隔热试样渗到有应力状态的不锈钢试片的热表面上，使溶有氯离子的水蒸发。试验 28d 后，检查不锈钢试片的腐蚀情况。

(2) 试片共 4 套。

(3) 不锈钢试片安装前，应经敏化处理（加热至 650℃，在炉内缓冷），表面应采用湿带磨机磨光、清

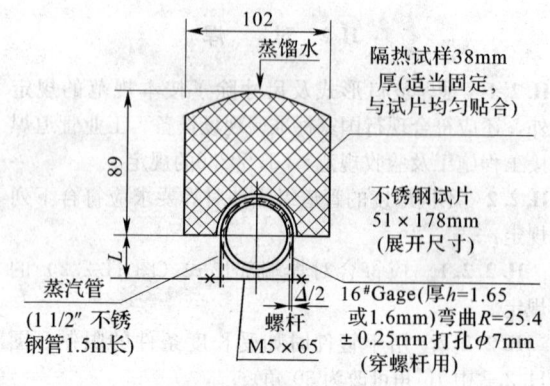

图 L.0.2 隔热材料对不锈钢滴液腐蚀试验装置

理油污，弯制后应紧贴于加热管上。

采用螺杆拉紧使试片产生应力，其挠度按下式计算：

$$\Delta = \left[\frac{12\sigma(2R+h)}{(L+R)(8R+h)hE}\right] \times \left[\frac{L^3}{3} + R\left(\frac{\pi}{2}L^2 + \frac{\pi}{4}R^2 + 2LR\right)\right]$$

(L.0.2)

式中 Δ——挠度（cm）；

σ——应力（取试验温度下材料许用应力的 80%～90%）（MPa）；

E——不锈钢试片材料的弹性模量（MPa）；

R——弯曲半径（cm）；

h——试片厚度（cm）；

L——试片直段的长度（cm）。

(4) 加热管初调到沸点，控制偏差 0～+5.6℃。

(5) 每个隔热试样（块）滴入水量 250±25mL/d，应观察到试片表面变湿。试片温度由加热管上的温度监测器指示，维持试片表面达到沸水温度，偏差 ±6℃。

(6) 试验 28d±6h 结束，试验期内如发生停运，应补加试验时间，使每个试片上的总液量送满 28×250mL=7000mL。

(7) 试片拆下清理并检查弯曲的表面，再用 2″外径管子为轴，将试片回弯接近原始状态（展平）进行清理并放大 10～30 倍检查有无裂纹，如未发现裂纹，应采用液体涂色渗透进一步检查。将检查结果提出报告。

L.0.2.2 原料来源与试产的原料相同的情况下，批量产品质量控制，需经以下水溶解试验及分析并符合本规范第 12.1.4 条的规定。

(1) 溶液提取方法要点：取隔热材料产品（模制品薄片 1.6～3.2mm 或棉毡小条）20g 试样，在炉内 100±5℃下烘干至恒重（±0.1g），放入 400mL 蒸馏水中煮沸 30±5min 后，冷却至室温，再加蒸馏水至 500mL，搅匀，经过滤后得溶液，供分析用。

(2) 在 25℃时测定溶液的 pH 值应为 7～11.7。

（3）隔热材料中可溶的离子含量计算：

Cl^-（$\mu g/g$）＝溶液中的浓度（$\mu g/mL$）×GCF

Na^+（$\mu g/g$）＝溶液中的浓度（$\mu g/mL$）×GCF

SiO_3^{2-}（$\mu g/g$）＝溶液中 SiO_2 浓度（$\mu g/mL$）×

（76/60）×GCF

式中　GCF——重度换算系数，GCF＝液体重（g）/试样重（g）＝500/20＝25。

附加说明

本规范主编单位、参加单位

和主要起草人名单

主 编 单 位：中国寰球化学工程公司

参 加 单 位：华北电力设计院

中石化北京设计院

北京钢铁设计研究总院

中国成达化学工程公司

中国五环化学工程公司

主要起草人：郑茂鼎　翁燕珠　赵　勇　郑天荪

盛青萍　范志增　张明群　李贤根

章　德　张师荣　夏蒙尔　胡海岭

中华人民共和国国家标准

工业金属管道设计规范

GB 50316—2000

条 文 说 明

前　言

根据国家计委计综合〔1991〕290 号文附件《一九九一年工程建设国家标准制订、修订计划》的要求，结合建设部（91）建标计字第 10 号文的安排，由原化学工业部为主编部门，中国寰球化学工程公司为主编单位，华北电力设计院、北京钢铁设计研究总院、中石化北京设计院、原化工部第四设计院、原化工部第八设计院为参编单位共同制订的《工业金属管道设计规范》（GB 50316—2000），经建设部 2000 年 9 月 26 日以建标〔2000〕199 号文批准，并会同国家质量技术监督局联合发布。

本规范是通用的适用于工厂区的工业金属管道规范，是在总结了我国各行业多年来管道设计实践的经验，并借鉴了工业发达国家先进标准编制而成的。

国家石油和化学工业局已行文，将原化学工业部组织编制的工程建设强制性国家标准交由中国工程建设标准化协会化工工程委员会管理。

为了便于广大设计、施工、科研、学校等有关人员在使用本规范时能正确理解和执行条文规定，《工业金属管道设计规范》编制组按章、节、条的顺序，编制了本条文说明，供使用人员参考。

各单位在使用中，注意总结经验，积累资料，如发现本规范及条文说明中需要修改和补充之处，请将意见和有关资料函寄北京亚运村安慧里四区 16 号楼中国工程建设标准化协会化工工程委员会秘书处（邮编 100723），以便今后进行修订。

中华人民共和国原化学工业部

目 次

1 总 则

1.0.2 本规范适用于金属管道也包括非金属衬里的金属管道。主要考虑目前非金属管道设计资料还不多，故未编入。另外，本规范与现行国家标准《工业金属管道工程施工及验收规范》GB 50235制定的范围取得一致。

本规范的管辖范围为工业生产装置（工厂）和辅助设施的管道，包括储罐区、装卸站及连接的界外管道等。但不包括非金属管道以及本规范第1.0.3条中所列的管道。

对于给排水管道应按设计所依据的规范来划分，例如设备周围的地上水管应属于本规范的范围。地下给排水管道通常是按给排水规范设计。对于水处理、泵房及冷却塔等管道也可作为辅助设施，按本规范执行，但主要依据工程设计决定。

除仪表制造厂配套的管道外，与工艺或公用工程管道直接连接的仪表管道，可按本规范执行。

本规范中规定的公称压力上限为42MPa，与国家现行标准中钢制管法兰的压力上限值一致。

本规范未规定使用温度范围，因材料选用与许用温度已有直接关系。

1.0.3 第1.0.3.2款电力行业的管道也包括核电的管道。输送粉料或粒料的气流输送管道，由于其制造上的特殊性，一般属于制造厂成套设计范围。工业管道穿越居民区时，应符合城镇公用管道的有关规定。

1.0.5 本规范条文及附录中引用的标准和规范如下：

《钢制压力容器》	GB 150
《金属夏比缺口冲击试验方法》	GB/T 229
《优质碳素结构钢技术条件》	GB/T 699
《碳素结构钢》	GB/T 700
《碳素结构钢和低合金结构钢 热轧薄钢板及钢带》	GB/T 912
《气焊、手工电弧焊及气体保护焊焊缝坡口的基本形式与尺寸》	GB/T 985
《埋弧焊焊缝坡口的基本形式与尺寸》	GB/T 986
《不锈钢棒》	GB/T 1220
《耐热钢棒》	GB/T 1221
《球墨铸铁件》	GB/T 1348
《低中压锅炉用无缝钢管》	GB 3087
《合金结构钢技术条件》	GB/T 3077
《低压流体输送用焊接钢管》	GB/T 3091
《碳素结构钢和低合金结构钢 热轧厚钢板和钢带》	GB/T 3274
《低温压力容器低合金钢厚钢板技术条件》	GB 3531
《制定地方大气污染物排放标准的技术方法》	GB/T 13201
《变形铝及铝合金化学成分》	GB/T 3190
《不锈钢热轧钢板》	GB/T 4237
《设备和管道保温技术通则》	GB/T 4272
《铝及铝合金热挤压管》	GB/T 4437.1
《职业性接触毒物危害程度分级》	GB 5044
《高压锅炉用无缝钢管》	GB 5310
《化肥设备用高压无缝钢管》	GB 6479
《压力容器用碳素钢和低合金钢厚钢板》	GB 6654
《工业用铝及铝合金拉（轧）制管》	GB/T 6893
《工业管路的基本识别色和识别符号》	GB 7231
《焊接结构用碳素钢铸件》	GB/T 7659
《输送流体用无缝钢管》	GB/T 8163
《设备及管道保温设计导则》	GB/T 8175
《灰铸铁件》	GB/T 9439
《可锻铸铁件》	GB/T 9440
《石油裂化用无缝钢管》	GB 9948
《一般工程用铸造碳钢件》	GB/T 11352
《设备及管道保冷技术通则》	GB/T 11790
《防止静电事故通用导则》	GB 12158
《流体输送用不锈钢焊接钢管》	GB/T 12771
《直缝电焊钢管》	GB/T 13793
《流体输送用不锈钢无缝钢管》	GB/T 14976
《氧气站设计规范》	GB 50030
《石油化工企业设计防火规范》	GB 50160
《工业企业总平面设计规范》	GB 50187
《工业金属管道工程施工及验收规范》	GB 50235
《现场设备、工业管道焊接工程施工及验收规范》	GB 50236
《工业设备及管道绝热工程设计规范》	GB 50264
《建筑设计防火规范》	GBJ 16
《工业企业噪声控制设计规范》	GBJ 87
《压力容器用碳素钢和低合金钢锻件》	JB 4726
《低温压力容器用碳素钢和低合金钢锻件》	JB 4727
《压力容器用不锈钢锻件》	JB 4728
《脱脂工程施工及验收规范》	HG 20202

2 术语和符号

2.1 术 语

2.1.1～2.1.5 在本规范中，流体划分为五类；其中有三类与美国《工艺管道规范 ASME B31.3》（以下简称"ASME B31.3")中的 M 类、D 类流体和可燃流体相同。流体类别用代号是为了条文叙述的方便，并不是危险程度的排序。因未全面计入设计压力、温度的影响。这里，流体分类不同于管道分类。有的流体既是 B 类流体同时又是有毒流体，在设计上均应遵循两类流体的有关条文的规定。氧气管道按本规范附录 J 第 J.2.5 条属于 C 类流体。

2.1.11 "支管连接"是管道分支处所有结构形式的总称，它包括下列整体件及焊接件：

（1）工厂制造的整体的或焊制的管件：如三通、斜三通、四通等。

（2）焊接支管：在主管上开孔直接焊直管，有带或不带补强板的结构。

（3）半管接头（Half coupling）：在主管上开孔，焊接半管接头。半管接头的常用直径为 DN15～40。半管接头的连接端有内螺纹（锥管）及承插焊两种。

（4）支管台：在主管上开孔，焊接整体补强的支管台。常用支管台的连接端有三种即：对焊支管台（Weldolet）、承插焊支管台（Sockolet）及螺纹支管台（Thredolet）。

（5）嵌入式支管（Sweepolet）：在主管上开一个比支管外缘直径略大一些的孔，加工对焊的坡口，将其焊接一起，此种支管具有大的圆角，焊接后尤如整体三通。可用于有振动的管道上。

以上（2）～（5）项在支管两侧的主管上没有焊缝，不能称为三通。

2.1.12 本规范中"突面"是指法兰的 RF 型密封面，避免与凹凸面混淆。

2.1.18 L 型及 U 型的支架，虽然在上部生根，但有滑动支承面，不能列入刚性吊架内。因此刚性吊架系用圆钢吊杆，一般均带有铰接的结构。

2.1.23 计算的位移应力范围 σ_E 见本规范第 9.4.4 条。许用的位移应力范围和当量循环数 N 见本规范第 3.2.7 条的规定。

2.1.27 "冷拉"与"冷紧"以前都使用过，英文名称为"Cold Spring"，即管道冷态下预拉紧的意思。因现行国家标准《工业金属管道工程施工及验收规范》GB 50235 把低温下紧法兰螺栓叫做冷紧，因此本规范统一称一种"冷拉"以示区别。

2.1.29 公用工程管道通常指冷却水、加热用蒸汽、热水、伴管用热油及吹扫置换用空气、氮气等。

2.2　符　号

全补偿值的解释，见本规范第 9.4.1 条的条文说明。

原 T_m 更正为 T_{tn}。

3　设计条件和设计基准

3.1　设　计　条　件

3.1.2 第 3.1.2.1 款　设计压力的规定与 ASME B31.3 的规定一致。此规定适用于一条管道的组成件有不同的工作压力和工作温度。在工艺流程中，例如：控制阀及减压阀前后的管道、两股不同参数的流体汇合、流态变化及开停工操作等，都可能出现一条管道或某些组成件有多组的工作压力-温度参数。设计时必须在这几组工作参数中，找出压力和温度相耦合时最严重条件下的压力，作为设计压力。按此条件，管道组成件需要最大厚度，这是保证管道运行安全的重要条件。

在比较几组参数时，应在各组的 $P/[\sigma]^t$ 中取最大值。$[\sigma]^t$ 是设计温度下的许用应力，P 为设计压力。$P/[\sigma]^t$ 最大值即是压力—温度相耦合最严重的条件。

管道运行中，经常遇到的比正常工作更高的压力，例如泄压装置开启的压力，是 1.1 倍工作压力，见本规范第 14.2.6 条。这情况在本规范第 3.1.2 条第 3.1.2.4 款中已作了规定。所以，前面 $P/[\sigma]^t$ 中也应考虑这个因素。

第 3.1.2.2 款　所述的条件在工程设计中较常见，设计时要注意某些流体的特性，有的流体工作温度和压力有一定的关系。

第 3.1.2.3 款　真空管道的设计压力符合现行国家标准《钢制压力容器》GB 150 的规定。

3.1.3 根据国内工程设计的实践经验和国外引进工程的设计规定，管道的设计温度一般都按最高工作温度适当增加裕量。由于各种生产流程的差异，流体的性质差别，这种裕量只能在工程设计中规定。

第 3.1.3.3 款　无隔热层管道组成件的设计温度，是根据散热情况不同而规定的，并参照 ASME B31.3 的规定。一条无隔热层管道中，各组成件的设计温度用于强度核算时可以是不同的。

3.1.4 在第 3.1.4.3 款中管道组成件外表面是由于大气中水蒸气结冰，但在活动部件处必须采取措施防止结冰。本条参照了 ASME B31.3 的规定。

3.1.5 第 3.1.5.3 款　国家现行标准有《室外给水排水和燃气热力工程抗震设计规范》GB 50032 及《石油化工企业非埋地管道抗震设计通则》SH 3039。其余各款参照 ASME B31.3 的规定。

3.1.6～3.1.11 参照了 ASME B31.3 的规定。

3.2 设计基准

3.2.1 有的法兰标准中用"压力-温度等级"这个名称。即国外标准中"压力-温度额定参数"(Pressure-temperature rating)。实际上,它是与公称压力对应的许用工作压力和工作温度的额定值。本规范称为"压力-温度额定值"。

第3.2.1.4款 在工程设计中编制"管道等级及材料选用"时,常把材料相同和设计参数相近的多条管道编在一个等级内。因此,应在各条管道的设计参数 $P/[\sigma]^t$ 中找出最大值,作为这个等级的设计压力和设计温度。

对于几种标准的额定值有差异时,要注意选用安全的值。

3.2.2 压力或温度非经常性变动的程度,相当于许用应力的提高幅度,数据参照了 ASME B31.3 的规定。

3.2.3 材料的许用应力与现行国家标准《钢制压力容器》GB 150 的规定一致。

3.2.4 铸件质量系数本规范表 3.2.4 参照了 ASME B31.3 的规定。

3.2.5 焊接接头系数是参照现行国家标准《钢制压力容器》GB 150 的规定,并符合我国施工的实际水平,但比 ASME B31.1 及 B31.3 规定低一些,例如:在 ASME B31.1 中单面对焊 100% 探伤时,$E_j=1$,本规范取 0.9。此外,当超声波检测有疑点时,应采用射线照相进行判断。

3.2.6 参照 ASME B31.3 的规定。

3.2.7 第3.2.7.1款 许用位移应力范围的公式(3.2.7-1)及(3.2.7-2)是国际上通用的规定。由于 ASME B31.1 的钢材许用应力值 $[\sigma]_c$ 及 $[\sigma]_h$ 都低于 ASME B31.3,虽然基准公式是相同,但许用位移应力范围的计算值则是不同的,即 ASME B31.3 规定 $[\sigma]_A$ 值高于按 ASME B31.1 规定的 $[\sigma]_A$ 值。本规范附录 A 中材料的许用应力所依据的安全系数与 ASME B31.3 相当,所以许用位移应力范围 $[\sigma]_A$ 的计算值高于 ASME B31.1 的规定。

第3.2.7.2款 有腐蚀和高温下工作的管道,会降低循环寿命。特别是在蠕变温度范围工作的管道,设计时可以采取蠕变监测的措施,在运行中加强监督。

3.2.8 管道在工作状态下,受到压力、自重、其他持续荷载和偶然荷载所产生的应力之和的规定,是参照 ASME B31.1 的规定。K_T 系数是参照 ASME B31.3 的规定。在本规范式(3.2.8)中,第一项 $\dfrac{PD_i^2}{D_o^2-D_i^2}$ 有的标准用 $\dfrac{PD_o}{4t_{sn}}$ 或 $\dfrac{PD_o}{4t_{Fn}}$ 代替。

4 材 料

4.2 金属材料的使用温度

4.2.1 材料的使用温度与流体腐蚀的因素有关,在腐蚀手册中可查到数据。但本规范附录 A 所规定的使用温度是没有考虑流体腐蚀影响的。

4.2.2 碳钢材料超过 425℃,长期使用有石墨化倾向。

4.3 金属材料的低温韧性试验要求

4.3.1 碳钢和低、中合金钢进行低温冲击试验的温度,是与现行国家标准《钢制压力容器》GB 150 取得一致。即在 −20℃ 及以下使用的低温材料、焊缝和热影响区都要做冲击试验。

4.3.2、4.3.3 符合现行国家标准《钢制压力容器》GB 150 的规定。

4.3.4 碳钢材料在低温低应力工况下,最低使用温度可降至 −70℃ 并免做冲击试验。第4.3.4.2款是参照 GB 150 的规定。根据低温低应力工况下使用温度降低量,$20^\#$ 钢管如加厚,在应力很低的情况下,可用于低于 −20℃ 的寒冷地区及冷冻系统中。

4.3.6 本条第(1)、(2)项曲线 A、B 参照了 ASME B31.3 的规定。曲线 B 开头从 −29℃ 改为 −20℃。第(3)项参照 GB 150 的规定。

4.3.7~4.3.9 参照了 ASME B31.3 的规定。

4.3.10 材料的冲击韧性试验方法,按照现行国家标准的规定。并采用 V 型缺口试样。本规范的冲击功数据与现行国家标准《钢制压力容器》GB 150 的规定相符。这些数据与 ASME B31.3 的冲击功数据是相近的。

4.4 材料的使用要求

4.4.1 第4.4.1.1款是根据工程中本专业使用 Q235 钢材的经验规定的。第4.4.1.2款、第4.4.1.3款符合现行国家标准《钢制压力容器》GB 150 的规定。

4.4.2 球墨铸铁使用温度最高为 350℃ 与管件标准一致。ASME B31.3 为 343℃。在 ASME B31.1 中规定设计温度不高于 230℃,设计压力不大于 2.4MPa。可锻铸铁最高使用温度本规范规定为 300℃,符合阀门的设计条件。ASME B31.3 定为 343℃。对于 C 类流体管道用可锻铸铁时,使用压力与温度的规定参照阀门的设计条件及 ASME B31.1 的规定。国家现行灰铸铁管件标准所订的最高温度为 300℃。按中国的灰铸铁阀门,一般规定用于公称压力 PN 不超过 1.6MPa,温度不高于 200℃。

4.4.3 本条参照了 ASME B31.3 的规定。

4.4.4 作为衬里用非金属材料，由于牌号不同，其力学性能和物理性质的数据在本规范中未列出，设计时可向制造厂询问。

对于整体复合金属材料的许用应力公式及本条第 4.4.4.4 款的规定，与现行国家标准《钢制压力容器》GB 150 规定相同。

第 4.4.4.2 及 4.4.4.3 款参照了 ASME B31.3 的规定。

4.4.5 本条参照了 ASME B31.3 的规定。

5 管道组成件的选用

5.2 管　子

5.2.1 有关标准中提到："奥氏体不锈钢焊接钢管不得用于毒性程度为极度危害的介质"的规定，不适用于本规范。

5.2.2 设计选用直缝焊接钢管时，焊接接头系数应与无损检测的要求相对应。

5.2.4 有关标准中提到："GB/T 8163 仅可用于 10MPa 以下"的规定，不适用于本规范。

5.2.7 氧气管道用钢管的要求在第 14 章中有规定。

5.3 弯管及斜接弯管

5.3.1 本规范不推荐采用折皱的弯管。

5.3.2 斜接弯管的设计压力小于或等于 2.5MPa 是根据工程设计一般规定，其他规定参照 ASME B31.3 的规定。

5.4 管件及支管连接

5.4.1 本条参照了 ASME B31.3 的规定。

5.4.2 第 5.4.2.4 款　可锻铸铁螺纹管件宜用于饮用水及采暖热水等非生产的地上管道中。在装置内管道或地下管道使用钢制螺纹管件，对采用密封焊提供方便。

第 5.4.2.5 款　除了设计的管道材料文件中提供的数据外，为了使管件内部最薄弱部位的强度可满足设计要求，设计者应在采购要求的文件中给出设计压力、设计温度及腐蚀附加量数据，作为制造厂计算决定对焊端标准管件内部厚度的依据。

第 5.4.2.6 款　钢板卷焊异径管的设计压力的限制与斜接弯管规定一致。

5.4.3 "突缘短节"是与 ASME B31.3 的"LAP"对应的，LAP 有加工焊制的和翻边制的两类。目前国内有的产品称为"翻边短节"，考虑该类元件不一定要用翻边结构，且翻边形式易出现裂纹，较难制造。本标准在条文中规定为"突缘短节"。此元件国

外也称"Stub end"。突缘短节的要求参照了 ASME B31.3 的规定。

第 5.4.3.4 款第（2）项　采用整体翻边的突缘短节时，如遇到剧烈循环条件，设计者可降低计算的位移应力范围值，使成为非剧烈循环条件。

5.4.4 第 5.4.4.1 款　支管连接的结构形式，见本规范条文说明第 2.1.11 条。

第 5.4.4.2 款　剧烈循环条件下的使用要求，参照 ASME B31.3 的规定。

第 5.4.4.3 款　所指的三通为标准中所示结构的三通，主管与支管的过渡区为圆弧形。

第 5.4.4.5 款　要求 100％无损检测的管道中，使用嵌入式支管，可满足焊缝检测的要求。

第 5.4.4.6 款　参照了 ASME B31.3 的规定。

5.5 阀　门

5.5.3 阀盖连接螺栓的数量参照了 ASME B31.3 的规定。公称压力大于 1.6MPa 的螺纹连接阀盖的阀门，不应用于蒸汽管道上，是参照 ASME B31.1 的规定。

5.5.6 对于饱和蒸汽，因夹带小水点，在流速大时，易对阀座及阀芯造成磨损，要求用耐磨材料，例如采用堆焊硬质合金等。本条还对其他有磨蚀性流体作出规定。

5.5.8 使用短型阀体，加焊短管时，这种短管是在制造厂焊好的。

5.5.9 阀门的手柄旋转 90°开或关的阀门，或开关速度与其相当或更快的阀门，属于快开快闭型阀门。

5.6 法　兰

5.6.1 法兰的压力-温度额定值，见下列国家现行标准：

《铸铁管法兰技术条件》GB/T 17241.7 附录 A；

《钢制管法兰技术条件》GB/T 9124；

《钢制管法兰压力-温度等级》HG 20604 及 HG 20625；

《管路法兰技术条件》JB/T 74。

5.6.3 本条参照了 ASME B31.3 的规定。

5.6.6 防止螺栓过载的有效措施应采用测力扳手安装。

5.6.7 本条参照了《法兰标准 ASME B16.5》的规定。

5.7 垫　片

5.7.2 大于 $DN600$ 的 RF 型法兰上用的缠绕垫，除应带外环之外还可加带内环，增加刚度以防损坏。

5.7.4 "自对中"是当螺栓装入法兰的孔中后，挡住垫片外缘，使垫片自动对中心，因此垫片外径应符合此要求。

5.7.5 氯离子的含量，按现行国家标准《工业金属管道工程施工及验收规范》GB 50235 的规定。

5.8 紧 固 件

5.8.4 法兰用紧固件螺纹的螺距，控制在 3mm 以内，主要考虑安装时有利于拧紧螺栓的操作，避免几个螺栓受力偏差过大。因此，M30 以上的螺栓需要用细牙螺纹。

5.8.6、5.8.8 参照了 ASME B31.3 的规定。

5.9 管道组成件连接结构选用要求

5.9.1 第 5.9.1.2 款第（1）项 承插焊组成件的管径使用范围，系按多数引进工程使用情况考虑的。

第 5.9.1.3 款第（2）项 对焊接头最大错边量 2mm 的规定，与现行国家标准《工业金属管道工程施工及验收规范》GB 50235 一致。

第 5.9.1.4 款 国际上称 SLIP-ON 法兰，译为"滑套"法兰，它可以包括现行法兰标准中所述的平焊法兰及带颈的平焊法兰。"平焊法兰"是来自原苏联标准的名称，即"плоский приъарный фланец"意思是"平板焊接的法兰"。目前中国法兰标准已将"平焊"扩大到带颈法兰上了。本规范在平焊后加"（滑套）"表示，包括平板及带颈平焊两种法兰在内。此外，所有平焊（滑套）法兰在本规范中均要求内外侧焊。

5.9.2 第 5.9.2.5 款 指不用密封焊，采用螺纹密封的情况。

第 5.9.2.6 款 外螺纹连接的钢管及管件，其厚度应满足制作螺纹的切削深度的要求，同时外径的系列也要符合螺纹标准的规定。

第 5.9.2.7 款 有温度波动的管道或螺纹易松动的情况，应采用密封焊。

第 5.9.2.8 款 用螺纹密封的 C 类流体管道组成件，其管径与工作压力的关系是参照 ASME B31.1 的规定。

5.9.3 第 5.9.3.4、5.9.3.5 款 参照了 ASME B31.3 的规定。

5.10 管道特殊件

本节是根据工程设计经验编制的。

5.11 非金属衬里的管道组成件

5.11.5 垫环不是垫片，是一种特殊件，其材料与管子相同。垫环安装在两个法兰中间，依靠长的双头螺柱将其夹紧，每一垫环的两个密封面均需配用垫片。有的垫环可制成带引出口的，作为高点排气和低点排液的接口。在非金属衬里的金属管道中，垫环允许作为调整管长的目的来使用。垫环的长度通常在 50mm 以内。

6 金属管道组成件耐压强度计算

6.1 一 般 规 定

6.1.1、6.1.2 本章所列的管道组成件耐压强度计算的内容，是工程设计中常遇到的计算，不包括标准件的强度计算。

6.2 直 管

6.2.1 直管的压力设计，其计算方法参照了 ASME B31.3 的规定。对于 Y 系数在本规范表 6.2.1 的注释中，铸铁是指灰铸铁及可锻铸铁。

6.3 斜 接 弯 管

6.3.1 承受内压的斜接弯管的承压计算，参照了 ASME B31.3 的规定。

6.4 支管连接的补强

6.4.1、6.4.2 焊接支管补强计算参照了 ASME B31.3 的规定，该计算是以等面积补强的原则进行的。

6.4.3 在管道设计中，除了采用支管焊接在主管上的形式外，挤压引出口的形式也是经常采用的。故本条列出了挤压引出口的强度设计，这里所列计算方法是参照了 ASME B31.3 的规定，这种方法对于整体加强的支管连接件的设计都是适用的。

6.4.5 第 6.4.5.1 款 参照了 ASME B31.1 和 B31.3 的规定。

第 6.4.5.3 款 参照了 ASME B31.1 的规定。

6.5 非标准异径管

6.5.1 无折边形式的异径管与标准异径管不同，即其两端无过渡圆弧而直接与直管焊接的形式，是在压力较低，锥角较小的条件下经常用到的。本规范仅给出这种形式的耐压强度设计的规定，对需用带折边异径管而标准中又不包括的情况时，可按现行国家标准《钢制压力容器》GB 150 有关条款的规定进行设计。

在无折边异径管与直管连接处，由于结构的不连续性，在内压作用下该处必然产生较大的局部应力，异径管的斜边与轴线的夹角 β 越大，局部应力也越大，β 角超过 30°时，局部应力过大，结构不合理，因此规定 β 角不宜大于 30°。有时即使未超过 30°，也可能出现较大局部应力，因此需要加强。

6.5.2 根据弹性薄壳理论分析结果，在异径管大端与直管连接处的应力状况中，薄膜应力已不是主要控制因素，轴向弯曲应力是其主要控制因素，轴向弯曲应力在该部位属于二次应力范畴，故应力极限取设计温度下材料的许用应力 $[\sigma]^t$ 的 3 倍。这就是本规范中图 6.5.2-1 的控制值。在异径管小端与直管连接处的应力状况则主要为平均周向拉应力与平均径向压应力，在应力分类中属局部薄膜应力范畴，其应力极限可取设计温度下材料的许用应力 $[\sigma]^t$ 的 1.5 倍，然而由于此处局部薄膜应力有可能超出通常壳体边缘效应的分布范围，从而超出局部薄膜应力的范畴。为安全起见，取设计温度下材料的许用应力 $[\sigma]^t$ 的 1.1 倍。这就是本规范图 6.5.2-2 中的控制值。

关于与直管连接处两侧加强段的计算规定和曲线均符合现行国家标准《钢制压力容器》GB 150 的规定。

对于偏心异径管在上述的 GB 150 标准中并未明确规定。《ASME 锅炉及压力容器规范》是给出非对称型的异径管，即斜边与轴线的夹角 β 不等的情况的设计规定，并规定 β 角不等时，以大的 β 角代入计算式进行计算。其极端情况即小 β 角为零度，这就是本标准所述的偏心异径管。

6.6　平　盖

管道上采用平盖实际是一种管端焊接连接的平盖，本规范参照电力标准编制，并给出了不同结构型式的系数，这比在一般压力容器设计规范中给出的平盖结构特征系数更适于管道使用，故本规范以此为基础。

6.7　特殊法兰和盲板

对于腐蚀附加量，按双面均被腐蚀的情况考虑。盲板的计算是参照了 ASME B31.1 及 B31.3 的规定。

7　管径确定及压力损失计算

7.1　管径的确定

7.1.2　需进行经济比较的不锈钢管径，可由设计者按工程设计经验确定。

7.1.5　本条的流速只提出选取的原则。具体数值按设计经验选用。选用流速需避免流体冲击和固体颗粒或浆状物沉积。

7.2　单相流管道压力损失

7.2.1　牛顿型流体的流动是符合牛顿定律的，非牛顿型流体具有流变特性，不能用一般的流体力学方法计算，本规范不适用。固体的气流输送，也不能用一般的流体力学方法计算。

7.2.2、7.2.3　单相流管道压力损失计算中，有关流体的摩擦系数、阻力系数和阀门、管件的当量长度等可按各行业的设计规定选用，因这些数据不可能作为强制性规定列入本规范内。同时，由于计算中不可避免存在一些偏差，因此留有裕度系数。一般情况，推荐裕度系数取 1.15，只有在计算准确度高，已有实

践经验的情况，才可取低限的裕度系数。

7.3　气液两相流管道压力损失

7.3.1　两相流体中气相体积 6%～98% 取自工程设计规定。

7.3.2　流型判断对于避免管道产生剧烈振动起很大作用。流体为闪蒸型时，流型判断更为重要。如能做到改变振源的条件则是消除振动的最好方法。此外，设计中要考虑到不同流动类型间的单位压力损失相差很大的特点，设计中可对邻近的流动类型加以考虑，并将其压力损失做计算与比较。

7.3.3　对于气液两相流管道的压力损失计算，目前尚难提出统一的计算方法，因此未列入本规范内。另外，考虑计算结果与实际间的误差可能大于单相流，设计者可根据设计经验在比较宽的裕度系数 1.3～3.0 的范围内选用。

7.3.4　质量含气率变化大于 5% 时的计算规定，是参照国家现行标准《石油化工企业工艺装置管径选择导则》SHJ 35 的规定编制的。

8　管道的布置

8.1　地　上　管　道

Ⅰ　一　般　规　定

8.1.1　按照国际上多数工程公司的设计惯例，要求在流程图标注特殊要求，例如：管道坡度、无袋形、液封高度、对称布置、阀门和仪表的位置以及其他工艺要求等。这些标注对提高管道设计的质量具有积极的意义。

Ⅱ　管道的净空高度及净距

8.1.5　对管道净空高度，除了按现行国家标准《工业企业总平面设计规范》GB 50187 和《石油化工企业设计防火规范》GB 50160 的规定之外，还从工程设计的实践中总结比较适中的数据，符合经济合理的原则。例如架空管道越过道路最小净空推荐为 5.0m，与 GB 50187 规范的规定一致。但在 GB 50187 规范中还有一条注释允许采用 4.5m 的说明。越过铁路最小净空除 5.5m 外，增加电机车铁路最小净空 6.6m。装置内管廊，常为多层，底层不能过高，定为 ≥4m 净空。管廊下的管道最小净空定为 3.2m，是考虑通行维修车辆。关于管道与电力线路的净距应符合现行国家标准《66kV 及以下架空电力线路设计规范》GB 50061 的规定。

需要说明的是上述道路系指工厂区内的道路，不应包括工厂区以外的公路。

8.1.6　符合现行国家标准《工业企业总平面设计规

范》GB 50187 的规定。

8.1.8 平行管道的净距是按下列决定的：

以突出部位为准决定间隙，国外工程公司大多取 25mm，我们过去习惯用 50mm，现认为太大，本规范取最小净距为 25mm。同时，裸管间的净距定为 50mm，两者同时满足。

Ⅲ 一般布置要求

8.1.18 第 8.1.18.3 款　参照了 ASME B31.1 的规定。

8.1.19 两焊缝间最小距离，过去施工规范规定 200mm 且不小于 1D。考虑到阀门组及小管布置很不适用，本规范从结构的技术要求上考虑，定为不小于 3 倍焊件壁厚，有热处理要求时取 6 倍壁厚。另外还从外观上考虑，规定了对于公称直径小于 50mm 的管子，焊缝距离不宜小于 50mm；对于公称直径大于或等于 50mm 的管子，焊缝中心距不宜小于 100mm。焊口旁有削薄时，可按未削薄的厚度计算。

8.1.20 冷凝液支管与总管的连接方位，是考虑两相流的特点，有利于防振。

Ⅳ B 类流体管道布置要求

8.1.24 室外 B 类流体管道，特别是密度大的 B 类气体管道，如果靠有门窗的建筑物敷设，接头泄漏时，对室内的安全不利。因此，这种管道应布置在管廊上，与建筑物保持一定距离。见本规范第 8.1.6 条。

8.1.25 符合现行国家标准《石油化工企业设计防火规范》GB 50160 的规定。

8.1.26 本条参照现行国家标准《石油化工企业设计防火规范》GB 50160 第 4.3.5 条中规定的液化烃管道与 250℃管道不应相邻布置。管道中特殊件、阀门、法兰等可能存在保温不良的情况，设计中应注意热管道对 B 类流体管道的影响。

8.1.27 本条符合现行国家标准《氢氧站设计规范》GB 50177 及《乙炔站设计规范》GB 50031 的规定。

8.1.29 本条符合现行国家标准《氧气站设计规范》GB 50030 的规定。

Ⅴ 阀门的布置

8.1.35 安全阀排放时反力方向，要注意分析。如阀出口管有弯头时，在放空口处产生的反力是主要的。反力的计算可参照 ASME B31.1 附录Ⅱ中设计安全阀装置非强制性规定。

Ⅵ 高点排气及低点排液的设置

8.1.36~8.1.40 根据国外引进工程的设计规定编制的。

Ⅶ 放空口的位置

8.1.41 B 类气体放空口与平台及建筑物的相对距离，根据现行国家标准《石油化工企业设计防火规范》GB 50160 的规定，与连续排放还是间断排放有关，见图 1。安全阀放空属于间断排放。

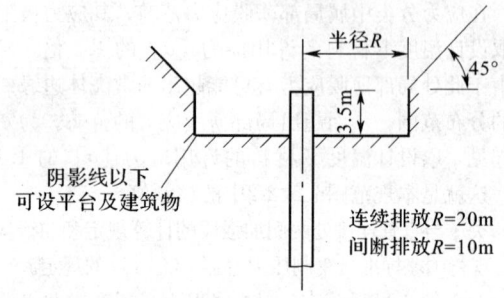

连续排放R=20m
间断排放R=10m

阴影线以下可设平台及建筑物

半径R
45°
3.5m

图 1　B 类气体放空口与平台及建筑物的相对距离

8.1.42 对于排气筒的高度及位置，与环境条件、风向、对附近设施的影响等有关，本条明确要按环保的标准进行设计。

8.2 沟内管道

8.2.2 第 8.2.2.2 款　数据符合现行国家标准《锅炉房设计规范》GB 50041 的规定。

8.2.3 第 8.2.3.2 款　填砂的措施，符合现行国家标准《石油化工企业设计防火规范》GB 50160 中条文说明第 3.5.5 条的要求。

8.3 埋地管道

8.3.4 地下管与道路路面的距离符合现行国家标准《小型火力发电厂设计规范》GB 50049 的规定。

8.3.5~8.3.7 所列数据符合现行国家标准《氧气站设计规范》GB 50030、《乙炔站设计规范》GB 50031、《氢氧站设计规范》GB 50177、《小型火力发电厂设计规范》GB 50049 等的规定。

8.3.12 直埋的管道采用无补偿方法时，一般要求在回填土前将管道加热至设计指定的温度，在最后所有封闭段上安装伸缩节处将外套与管道焊死，起到与"预拉"的相同作用。这种直埋管道在 120℃下使用时，计算应力要求在材料的受拉伸和受压缩所规定的应力值以内，不应产生塑性变形，这与地上管道的设计要求是不同的。

9 金属管道的膨胀和柔性

9.1 一般规定

9.1.1 管系对约束点（诸如管端设备接口处等）产生作用力和力矩。作用力和力矩过大，需加以限制，以防造成以下危害：

（1）作用力和力矩过大，在管道与设备或管道组成件的连接处易发生泄漏或损坏。

（2）作用力和力矩过大会导致与管道相连接的设

备内部（泵、汽轮机、透平压缩机等）产生过量的应力和变形，无法正常运行甚至引起机件的损坏。

9.1.2 本规范对剧烈循环条件的管道有关系的条文号列于下，以便查对：本规范第 2.1.23、5.2.2 条，第 5.3.2.3 款，第 5.4.1 条，第 5.4.3.4、5.4.4.2 款，第 5.6.3、5.8.7 条，第 5.9.1.2、5.9.2.4、5.9.3.2 款，第 11.4.1 条，第 13.1.1.3 款；附录 D 第 D.0.1 条，附录 J 第 J.1.3、J.2.1 条。

9.2 管道柔性计算的范围及方法

9.2.1 管道柔性计算的范围基本上包括了 −50℃ 以下的冷管道以及绝大部分的热管道。但按管道公称直径规定柔性计算的范围，与设计温度、管道重要性、尤其与管道布置的具体情况有关。如管道布置的刚性大，虽然管径小些，柔性也未必合格。而计算人员的经验有助于这种判断。所以计算的管径范围要在工程设计时确定。随着微机的日益广泛使用和管道计算程序及一体化设计的完善，用计算机计算的管道范围可能随之扩大。

对于诸如高温高压蒸汽管道的疏水管，虽然它们管径不大，可不在计算范围内，但由于在工作条件下，关断阀上游管道仍处于高温状态，要求它具有较好的自补偿能力；同时，这类小管道由于与主管道相比其刚度甚小，相差悬殊，致使在工作条件下，主管道热位移时对小管道产生较大的牵连，往往因此造成小管道与主管道相接处损坏。为此，对此类小管道要进行计算。

9.2.2 柔性计算的方法分为用计算机程序进行分析、近似方法及简化判断法等。柔性计算人员的经验与采用的计算方法的选择有关，条文已明确重要的管道需要用计算机程序计算。对于复杂的管道系统都是在用电子计算机程序进行计算之列。简化计算包括采用图表计算在内，一般要求计算结果可信，又能节省设计计算的工时的情况下使用。

9.3 管道柔性计算的基本要求

9.3.2 在设计中导向架的结构应符合计算程序中所设定的约束条件。对于滑动支架所产生的摩擦力在计算程序中没有考虑时，则计算结果会有误差。

9.4 管道的位移应力

9.4.1 全补偿值是管系由冷态到热态间的变化所引起的，包括有管系本身的热膨胀值和管道端点的附加位移值。

9.4.2 当量力矩的计算。在计算当量合成力矩时，不论计算点是在弯头弯管上还是在三通上，应力增大系数可有两种取法，一种是分别用平面内应力增大系数 i_i 和平面外应力增大系数 i_o 代入计算式中，详见本规范式（9.4.2-1）。这与 ASME B31.3 表示方法相同，同时该规范也提到："如需要时，i_i 和 i_o 都可采用 $0.9/h^{2/3}$ 的同一应力增大系数。"另一种是对应力增大系数不分平面内和平面外，均取 $0.9/h^{2/3}$，这与原能源部标准和 ASME B31.1 规范相同，但应力增大系数仅在应力计算时用。本规范求当量力矩的公式，上述两种同时编入。

在柔性计算中，应注意检查法兰接头处的合成弯矩值，并加以控制。以防在热态下产生泄漏。见本规范条文说明第 9.1.1 条的要求。

9.4.3 截面系数的计算参照了 ASME B31.1 及 B31.3 的规定。

9.4.4 热胀应力范围的计算。工业管道大多数使用了具有良好塑性的管材，它们在运行初期往往不会因二次应力过大而马上引起管道的破坏，总要经历反复启动停运多次重复地交变运行，才可能产生疲劳破坏。因此，对该类型应力的限制就不取决于某一时间的应力水平，而取决于交变的应力范围和交变循环的次数。本规范对这种应力是计算其应力范围。并按本规范第 3.2.7 条式（3.2.7-1）及式（3.2.7-2）进行限制。由于当量力矩编入两种公式，故热胀应力范围的计算式也有两种公式，见本规范式（9.4.4-1）～式（9.4.4-4）。

虽然超过屈服极限的应力在运行状态下随时间的推移而减小，但热态、冷态的应变会自均衡至一定程度而稳定下来，任一循环中热态与冷态应变的总和却基本保持不变，把冷态与热应变总和称为应变范围；冷态与热态应力总和称为应力范围。

管道热胀或位移应力不直接与外力相平衡，具有自限性。热胀和其他位移在运行条件下产生的初应力大到某一程度，就会由于屈服、蠕变、应力松弛而降低下来，回到停运状态则出现相反方向的应力，这种现象类似于管系的冷拉，称为自拉。它与管材性能、运行温度、初应力水平、安装应力大小、持续运行时间长短等因素有关。

9.4.5 本条中热胀应力范围的评定，在本规范第 3.2.7 条的条文说明中已有详细解释。

9.5 管道对设备或端点的作用力

9.5.1～9.5.3 在计算运行初期冷态作用力时，计算补偿值即冷补偿值仅为冷拉值；在计算运行初期热态作用力时，计算补偿值除管系热膨胀值和管道端点的附加位移值外，还要计及冷拉值的无效部分（不冷拉就不存在这项）。

9.6 改善管道柔性的措施

9.6.1 改善管系的柔性问题，首先需考虑能否用改变支架型式来解决。因管系可能存在局部过应变。

当管系结构中的绝大部分或比较大的范围处于弹性状态，仅有很小部分管道运行在非弹性范围，就会发生弹性转移引起应变集中。当管道工作在蠕变范围且变形分布很不均匀时，这种现象就更突出。管系中刚性强的部分与刚性弱的部分相连接时，随时间的推移，作用在结构两端的位移将发生再分布，刚性强的部分应变减小，刚性弱的部分应变增大，发生局部过应变，并易引起屈服变形。

为保证管系整体结构安全运行，避免因弹性转移引起的局部过应变，设计管系时应在以下方面充分注意：

（1）管系中小直径管道与大直径或刚性强的管道串联相接；

（2）管系中局部管道的尺寸或断面缩小，或者是采用了性能较弱的管道材料；

（3）管系中管道材质和规格相同，但在布置格局上大部分的管道处于或接近中性轴（或推力线），小部分管道偏离中性轴，甚至有较多的偏离却要吸收较大的应变。

上述情况应在布置管道时尽量避免，尤其采用延展性较低的材料时更应引起重视。若无法避免，就应采取一些有效措施如加限位装置等。

10 管道支吊架

10.2 支吊架的设置及最大间距

10.2.2 装有波纹膨胀节的管道，固定架、导向架的设置，必须与波纹膨胀节的形式与要求相吻合。有的工程在管道水压试验时，曾因支架未装妥当，液压产生的推力，使膨胀节损坏，造成延误工期及经济损失。今后应引起足够重视，防止此类事故的发生。

10.2.6 法兰接头处承受自重引起的弯矩过大时，对防止流体泄漏非常不利。最简单的减小此项弯矩的方法，是在法兰附近选择合适的位置并增设支吊架。

10.2.7 本条中有关管道挠度的规定是按常规管道考虑的，也符合工程设计现行的规定。

10.3 支吊架荷载

10.3.2 支吊架零部件结构的设计荷载取最不利荷载组合作为支吊架结构设计的依据。但对荷载取值和计算中产生的偏差要有足够的分析，考虑足够裕度和安全系数。

各种偏差包括计算偏差和安装偏差，其中计算偏差包括无法预料的管子壁厚正偏差，保温容重和厚度偏差，管托或管吊架偏置引起荷重分配偏差，以及荷重分配采用简化计算方法引起的误差等。

10.4 材料和许用应力

10.4.1 直接与管道焊接的支吊架零部件材料与管道材料的相容性的要求，其目的是便于管道与支吊架施焊，且不产生应力腐蚀及其他材料性能的影响。

10.4.2 支吊架零部件用螺纹拉杆时，许用应力应降低 25%，是与美国《管道支吊架选用》MSS SP-69及《管道支吊架—材料、设计及制造》MSS SP-58 标准的规定一致，此规定是考虑安装和使用条件等因素。

10.5 支吊架结构设计及选用

10.5.1 第 10.5.1.1 款 有管托或托板的大管的管径范围是根据工程设计中常规做法确定的。

第 10.5.1.4 款 在试车期间管道热位移使管托滑落到梁下的事故并非罕见。设计中可用加长管托或偏置安装的方法来解决，但还应注意管道施工中预制时误差的影响。

10.5.5 第 10.5.5.1 款 螺纹拉杆的最大承载力，本规范规定根据其许用应力和螺纹根部面积计算。在现行国家标准《钢制压力容器》GB 150 中，是以螺栓的螺纹小径或无螺纹部分最小直径，两者取小者计算截面积。但本规范是用于支吊架的拉杆，无螺纹部分没有减小直径，故本规范的规定实际上与 GB 150 标准的规定相同。

第 10.5.5.2 款 一般弹性吊架铰接点间的吊杆最小长度不应小于吊点处水平位移的 15 倍，这时吊杆偏斜角度在 4°以内。若吊杆垂直角度大于 4°时，根据设计经验可将吊点偏置水平位移的 1/2 安装。超过上述规定时，可采用其他滑动支架，或配置顶部能滚动的行走装置的吊架。

规定刚性吊架铰接点间的吊杆最小长度不应小于吊点处水平位移的 20 倍。该规定比弹性吊架严格，目的在于使拉杆不至于因水平变位引起应力超过许用值。

10.5.6 第 10.5.6.2 款 恒力弹簧支吊架。在恒力弹簧支吊架中的名义位移量 $\Delta_{名义}$ 为根据支吊点处计算垂直位移量 $\Delta_{计算}$ 的准确程度予以修正后的位移。可按标准规定取裕量。

当位移计算不准确时，可加大裕量如下：

$$\Delta_{名义} = (1.2 \sim 1.25) \Delta_{计算} \qquad (1)$$

第 10.5.6.3 款 液压式阻尼装置（液压减振器）是阻尼装置中的一种结构形式。

10.5.7 在管道支吊架结构中，梁的挠度及悬臂梁的长度等规定是符合工程设计中通常采用的控制值。

11 设计对组成件制造、
管道施工及检验的要求

11.1 一 般 规 定

11.1.1 本章的内容，主要是对管道施工及检验做补充规定以及在设计文件中应指明的施工要求。

11.2 金属的焊接

11.2.2 如阀门为焊接端时，在焊接时应避免阀座产生变形。对于小阀有时因条件限制可按本规范条文说明第5.5.8条的要求处理。

11.3 金属的热处理

11.3.1 管件成形在制造厂进行时，应在采购要求的文件中对热处理要求加以规定。

11.4 检 验

11.4.1 设计者可依据本规范附录J的规定及工程设计的特殊要求，编制管道无损检测要求的设计文件。如何归类问题，应由设计者考虑，如利用管道标注的识别代号或材料选用的分类代号等归类。但还应注意到施工人员不能区分本规范附录J表J.2.1中的流体类别、替代性试验的管道及剧烈循环条件的管道等。对此应在文件中补充说明。

11.5 试 压

11.5.1 试验压力的计算式为 $P_T = K_t P \dfrac{[\sigma]_T}{[\sigma]}$，$K_t$ 系数按依据的标准规定。在现行国家标准《工业金属管道工程施工及验收规范》GB 50235 中规定液压试验的系数 K_t 为 1.5，气压试验的系数 K_t 为 1.15；在电厂管道设计规定中，规定液压试验的系数 K_t 为1.25。

11.5.2 当管道安装后，不具备整体水压试验的条件，也不能采用气压试验时，如确认安装前分段水压试验比替代性试验更经济、更易行的情况下，可采用本条所述的方法。段与段之间组装连接的横向焊口应按固定口要求施工。

11.5.3 试压时对周向应力的限制与钢制压力容器标准相同。厚度附加量之和 C，在设计文件中应能查得到。以便施工人员计算。

11.5.4 承受外压管道的试压要求与现行国家标准《钢制压力容器》GB 150 规定一致。

11.5.5 有的管道因工艺流体的原因不能做水压试验，做气压试验又受试验压力的限制，这样情况下，只能采用替代性试验，但是试验压力较低，焊缝和母材的质量应严格检验。工程设计时，应在文件中指明试压的方法，并按本规范第11.4.1条提出检验要求。

11.5.6 气密试验要求与现行国家标准《工业金属管道工程施工及验收规范》GB 50235 规定一致。至于哪些管道要做气密试验，应在设计文件中指明。

11.6 其 他 要 求

11.6.1~11.6.3 系根据以往施工中经常出现的此类问题而编的。除可在设计文件中特别说明外，同时要求各专业施工人员安装中尽量多了解与工艺管道设计及设备布置等有关的要求，采取措施保证工程质量，避免发生事故。

12 隔热、隔声、消声及防腐

12.1 隔 热

12.1.4 雨水有可能通过与管道相连的金属构件或从隔热层端部进入隔热层内。为了避免奥氏体不锈钢管道的隔热材料湿水后浓缩的氯造成不锈钢应力腐蚀，必须对隔热材料含氯量作出规定。见本规范图12.1.4。该规定适用于岩棉及矿渣棉类等吸水型的隔热材料，本规定是参照美国《用于奥氏体不锈钢的吸水型隔热材料》ASTM C795 的规定。

本条要点如下：

（1）规定了三种离子是材料中溶于水的离子含量，不是在固体隔热材料中全部含量。

（2）$Na^+ + SiO_3^{2-}$ 具有抑制氯对不锈钢腐蚀的作用。其含量大有利于抗腐蚀，最少为50ppm。

（3）试验方法及分析规定是参照 ASTM C692 及 C871 的规定。

（4）隔热材料制造厂应提供其产品的 Cl^- 及（$Na^+ + SiO_3^{2-}$）含量分析的合格证，及试产产品试验的合格证。

12.3 防腐及涂漆

12.3.4 管道外表面的清理，对于现场施工而言，一般采用手工工具或动力工具可达到的清理级别。对于新建工程，采用更高的清理级别如喷砂清理时，需要在工程设计文件中规定。清理级别按国家现行标准《化工设备管道外防腐设计规定》HG 20679 的规定，手工和动力工具清理有 St2 及 St3 两个质量等级；喷射或抛射清理有 Sa1、Sa2、$Sa2\frac{1}{2}$、Sa3 四个质量等级。

12.3.5 现行国家标准《工业管路的基本识别色和识别符号》GB 7231 所规定的识别色，在工厂设计中往往不够用，还需要采用行业标准或工程设计文件作补充规定。

13 输送 A1 类和 A2 类流体管道的补充规定

13.1 A1 类流体管道的补充规定

13.1.1 是参照 ASME B31.3 的规定。

13.1.2 第 13.1.2.1 款 脆性材料包括铸铁 玻璃及其他任何脆性材料。

13.1.3 第 13.1.3.2、13.1.3.3、13.1.3.7、13.1.3.9、13.1.3.10 及 13.1.3.12 款 是参照 ASME B31.3 的规定。

第 13.1.3.4 款 对于管径大的低压管道，当采用焊接支管时，宜选用图 5.4.4-1 (b)、(d) 的结构。

第 13.1.3.5 款第 (1) 项　国际上多采用特殊结构的旋塞阀，作为防漏的阀门。旋塞与阀体间形成可靠的密封面，不用普通填料。但有的阀门要求有润滑的结构，因此在阀的上部还需加填料以密封注入的润滑剂。波纹管密封的阀门是填料零泄漏的结构。两段填料间加孔环并带小引出口的结构，可将填料漏出的流体送至收集点。也可向填料挤入密封剂。

第 13.1.3.6 款第 (2) 项　根据 A1 类流体需严格防泄漏的要求提出的措施，压力等级过低的法兰易泄漏，不应采用。但焊唇垫片是焊接密封的结构，不需要额外提高法兰的公称压力。比较经济。有关焊唇垫片参见"《工业金属管道设计规范》应用提示"P110 的相关内容。

第 13.1.3.8 款　是参照 ASME B31.1 的规定。

第 13.1.3.11 款　包括球型补偿器及填料函式补偿器等。

13.1.4　第 13.1.4.1 款　所指的安全措施，包括防漏、监测、报警、有害流体的收集处理等措施。一般情况，A1 类流体管道埋地敷设时应装在套管内，套管要加强防腐及增加上述措施。

13.1.5　是参照 ASME B31.3 的规定。

13.1.6　第 13.1.6.1 及 13.1.6.2 款　是参照 ASME B31.3 的规定。

13.2　A2 类流体管道的补充规定

13.2.4　指采用安全罩将事故时流出的有害流体通过导管引至安全地点的防护措施，或采用非脆性材料等防护措施。

13.2.7　本条中螺纹公称直径小于或等于 20mm 是参照 ASME B31.1 的规定。根据实际使用情况，对密封焊范围做了修订，稍有减小。

14　管道系统的安全规定

14.2　超压保护

14.2.1　可能超压的管道系统，在规范中没有列出，按常规情况，以下应设置超压保护：

（1）有化学反应的设备或管道；

（2）压缩机与容积式泵等的出口管；

（3）减压阀后管道；

（4）封闭的设备及管道内由于火灾、加热或工艺条件或环境影响产生流体热膨胀或液体气化而超压；

（5）换热器管束损坏使低压侧超压等。

安全阀与爆破片组合使用的要求，见现行国家标准《钢制压力容器》GB 150 标准的规定。

14.2.2　采用爆破片的安全泄放装置的系统中，管道设计压力应大于或等于爆破片的设计爆破压力加上爆

破片制造厂推荐的裕量。不同类型爆破片需要的裕量变化很大，选用时应与爆破片制造厂研究决定所需裕量。因此装有爆破片的管道，应注意设计压力的决定。爆破片适用于：具有聚合物生成的条件；不允许有一点泄漏的地方；其他原因使安全阀不能起有效作用的场合。

14.2.3　安全泄气阀用于气体或蒸汽相当于国外的 Safety Valve；安全泄液阀用于液体相当于 Relief Valve；安全泄压阀气体和液体兼用，相当于 Safety and relief Valve。

14.2.5、14.2.6　安全阀管道的压降和出入口压力：

阀入口侧：阀开启时系统压力为 1.1 倍工作压力，阀开最大时入口管压降最大为 0.033 倍工作压力。如果系统设计压力等于开启压力而且入口管压降略去不计时，允许最大泄放压力为 1.21 倍工作压力。

阀出口侧：背压最大为开启压力的 10%，即 0.11 倍工作压力。

14.2.9　选用泄压装置时，要求产品性能符合工艺设计条件的要求，按照国际上习惯做法，应向制造厂提出数据表，制造厂通过计算进行选型后提供必要的资料用于工程设计中。因此制造厂应对泄压装置的使用性能及质量负责。

14.4　盲　　板

14.4.2　对于仅短期使用的输送 B 类流体的管道，也允许采用拆卸短管，不用盲板，即在双阀之间设置可拆卸短管，短管拆下时，应在阀门处加法兰盖封闭。

14.4.4　流体温度 < -5℃，不使用"8"字盲板，是根据国外引进工程的设计规定。

14.5　排　　放

14.5.1　第 14.5.1.3 款对蒸汽冷凝液的排放，应考虑不影响装置内的操作环境，并保护下水道不至于损坏。因此，冷凝液宜先经汽液分离并降温后排放。

14.6　其　他　要　求

14.6.1　在本规范内，寒冷气候是指一月份平均气温不大于 4℃。

14.6.4　本条所指的重要设备，在运行中如中断流体会造成严重事故的情况。

14.6.6　氧气的性质与 A1、A2、B、C、D 类流体都有差异，有其特殊要求。在生产中氧气管道内要避免有残存或带入可燃物；施工焊接时不应在管内壁留有焊渣，安装中管道组成件要经严格脱脂；组成件材料的选用要加以限制。这些规定都是为了防止管道本身不至于被引燃烧毁。

14.6.7　全夹套一般用于需严格控制和保持流体温度的场合，例如凝固点高于 100℃ 的流体当温度降低时极易堵塞管道。简易夹套一般用于流体温度允许有波

动，加热温度不均不会影响生产的场合。部分夹套用于流体重要性介于以上两种之间者。

附录 A 金属管道材料的许用应力

附录 A 中列有常用钢管、钢板、螺栓、钢锻件、铸铁和某些有色金属管材料的机械性能资料。表中还列有某些材料在各种设计温度下的许用应力值。上述资料数据主要取自现行的国家标准，详见各表格。下面对编制依据作几点说明。

1. 许用应力是按材料的力学性能除以相应的安全系数而得，但安全系数的取定与诸多因素有关，例如材料性能、荷载、设计方法、质量管理水平、操作使用经验等，是一个比较复杂的课题，很难用很少的人力，在很短的时间内，制订一个专用的系列。

国内外的标准和规范中采用的安全系数不尽相同，而且随着时间的推移和科学技术的进步，还在不断地修订。下面着重介绍 ASME 和我国的有关标准或规范在安全系数取定准则方面的情况，供使用参考。

（1）ASME B31.3 中提出的确定金属材料许用应力值的准则如下：

1）在设计温度下的螺栓材料设计应力值不应超过下列的最小值：

①除了下列③的规定外，取 1/4 的常温下规定的最小抗拉强度（SMTS）和 1/4 的设计温度下的抗拉强度的较小者；

②除了下列③的规定外，取 2/3 的常温下规定的最小屈服强度（SMYS）和 2/3 的设计温度下的屈服强度的较小者；

③在蠕变范围以下的温度时，对于已经热处理或应变硬化而使强度有所提高的螺栓材料，取 1/5 的常温下规定的最小抗拉强度（SMTS）和 1/4 的常温下规定的最小屈服强度（SMYS）的较小者（除非这些数值小于退火材料的相应值，则此时应取退火的数值）；

④取每 1000h 具有 0.01% 蠕变率的平均应力的 100%；

⑤取 100000h 终了的平均断裂应力的 67%；

⑥取 100000h 终了的最小断裂应力的 80%。

2）铸铁：在设计温度下铸铁的基本许用应力不应超过下列的较小者：

①常温下规定的最小抗拉强度（SMTS）的 1/10；

②在设计温度下抗拉强度的 1/10。

3）可锻铸铁：其基本许用应力在设计温度下不应超过下列的较小者：

①常温下规定的最小抗拉强度的 1/5；

②在设计温度下抗拉强度的 1/5。

4）其他材料：上述以外的材料的许用应力不应超过下列的最小值：

①1/3 的常温下规定的最小抗拉强度（SMTS）和 1/3 的设计温度下的抗拉强度中的较小者；

②除了下列③的规定外，取 2/3 的常温下规定的最小屈服强度（SMYS）和 2/3 的设计温度下的屈服强度中的较小者；

③对于奥氏体不锈钢和镍合金钢具有相似的应力-应变情况者，取 2/3 的常温下规定的最小屈服强度（SMYS）和 90% 的设计温度下的屈服强度中的较小者；

④对于蠕变率为每 1000h 0.01% 者，取 100% 的平均应力值；

⑤对于在 100000h 终了断裂者，取其 67% 的平均应力值；

⑥对于在 100000h 终了断裂者，取其最小应力的 80%。

5）应用限制：按照上述 4）③确定的应力值不推荐用于法兰接点和相似组成件，因在这些部位只要有少许变形就会导致泄漏和失效，见本规范附录 A 表 A.0.2 及表 A.0.4 的注解。

（2）ASME B31.1 中提出的管道用的铁基和非铁基材料许用应力的准则与 ASME B31.3 的规定不同，即前者抗拉强度的安全系数为 4。

（3）现行国家标准《钢制压力容器》GB 150 与本规范中所规定的钢材安全系数相同，详见本规范第 3 章表 3.2.3-1 及表 3.2.3-2。

从上述提供的国内外有关的标准和规范看，美国的 ASME 规范是目前国际上公认的压力容器中最广泛使用的规范。管道的性能和工作情况虽不完全等同于压力容器，但有许多相似之处，因此在确定材料的安全系数方面所采取的准则基本上也是一致的。GB 150 所采用的钢材安全系数，除了热处理的螺栓外，与 ASME B31.3 的主要规定也基本上是一致的。

再则，GB 150 是在原石油、化工和机械三部标准实施数十年的基础上，总结大量的工程实践经验，以理论和实验研究为指导，并吸收了国外同类先进标准的有关内容编制而成的。应该说是切合我国实际的。因此，本规范基本上用 GB 150 的数据。

2. 关于经热处理的螺栓的许用应力问题，在 ASME B31.3 中有以下规定："常温下抗拉强度的安全系数为 5，常温下屈服点的安全系数为 4。"

ASME B31.3 中是考虑经热处理的螺栓其力学性能在使用中有可能降低，故采用较高的安全系数。这对于避免法兰泄漏应是有利的。但由于现行法兰标准大多是参照欧美法兰体系编制的，法兰设计计算还有基准温度不同的问题，条件比较复杂，今后有必要进一步研究，合理解决调质螺栓的许用应力的问题。目前，仍按 GB 150 规定的许用应力。

3. 关于铸铁的力学性能。本规范附录 A 中表 A.0.6、A.0.7 系按国家标准列出了灰铸铁、可锻铸铁和球墨铸铁的常温力学性能及许用应力，已计入铸件的质量系数 0.8。在表 A.0.6 及 A.0.7 中暂缺较高温度下的许用应力。选用阀门时，可按本规范条文说明第 5.6.1 条中所列的标准，按公称压力及温度决定最大工作压力。

4. 关于有色金属材料的力学性能。考虑到铝是工业管道工程中可能使用的材料，本规范仅编了附录 A 的表 A.0.8 "铝和铝合金管的许用应力"。其他铝材的许用应力数据，可按《铝制焊接容器》JB/T 4734 标准的规定。

5. 在 GB 150 的许用应力表中钢管的标准还不全，故本规范补充了碳钢、不锈钢焊接管及锅炉用钢管等的许用应力。

附录 B 金属材料物理性质

金属管道材料的物理性质，符合现行国家标准《钢制压力容器》GB 150 的规定与 ASME B31.3 管道规范的数据基本相同。

附录 C 非金属衬里材料的使用温度范围

非金属衬里材料的使用温度范围，是根据材料性能及工程设计使用经验编制的。

本规范附录 C 表 C 的注②所述非金属衬里的金属管道组成件的国家现行标准如下：

《衬塑（PP、PE、PVC）钢管和管件》HG 20538；

《衬四氟乙烯钢管和管件》HG 21562；

《衬胶钢管和管件》HG 21501。

附录 D 钢管及钢制管件厚度的规定

钢管及钢制管件的厚度（最小值），是参照 ASME B31.3 的规定。在本规范附录 D 表 D.0.2 中安全防护是指防止管道损坏和人身保护的措施，这种措施是特殊考虑的、外加的。

附录 E 柔性系数和应力增大系数

本规范附录 E 与国家现行标准《火力发电厂汽水管道应力计算技术规定》SDGJ6 及 ASME B31.1、

B31.3 等规定一致。下面作几点说明，其中符号意义见附录 E。

1. 根据目前国内支管连接实际使用和进展情况，列入挤压成型对焊三通（Extruded Welding Tee）和嵌入式支管（Welded-in Contour insert）。

2. 在 ASME B31.1 规定中，应力增大系数不分平面内和平面外，其组成件的应力增大系数均取为 $\frac{0.9}{h^{2/3}}$；而 ASME B31.3 在力矩计算和应力计算中均采用了平面内和平面外两种应力增大系数，但两个标准的规定并不矛盾。因在 ASME B31.3 注释中规定平面内、外的 i 均可取 $\frac{0.9}{h^{2/3}}$，在本规范附录 E 的注⑦中也有相同的说明。

3. 加强焊接支管，在 ASME B31.1 中规定，适用于 $t_r \leqslant 1.5T_{tn}$；当 $t_r > 1.5T_{tn}$ 时，尺寸系数 $h = 4.05 \frac{T_{tn}}{r_o}$；ASME B31.3 规定，$h = 4 \frac{T_{tn}}{r_o}$ 虽两者仅差 1.25%，为适应最新版本，使之略有裕度，本规范取用 $h = 4 \frac{T_{tn}}{r_o}$。

4. 本规范附录 E 注释的说明：

（1）注①~⑧与国家现行标准《火力发电厂汽水管道应力计算技术规定》SDGJ6 及 ASME B31.3 的规定一致。

（2）⑨~⒀与国家现行标准《火力发电厂汽水管道应力计算技术规定》SDGJ6 及 ASME B31.1 的规定一致。

5. 本规范附录 E 图 E.0.2 中应力增大系数不分平面内、平面外弯曲均取用 $i = \frac{0.9}{h^{2/3}}$ 时，另一曲线 $i = \frac{0.75}{h^{2/3}}$ 就可不使用了。

6. 标准对焊三通，外形尺寸符合现行国家标准《钢制对焊无缝管件》GB 12459 及《钢板制对焊管件》GB/T 13401，在 ASME B31.1 和 B31.3 中，该三通符合美国《工厂轧制对焊钢管件 ASME B16.9》的尺寸，在 ASME B31.3 中，还规定 $r_x \geqslant \frac{1}{8} d_o$，$T_c \geqslant 1.5T_{tn}$。见本规范附录 E 表 E.0.1。

附录 F 室外地下管道与铁路、道路及建筑物间的距离

表 F 室外地下管道与铁路、道路及建筑物等设施的水平净距是根据现行国家标准《氧气站设计规范》GB 50030、《乙炔站设计规范》GB 50031、《小型火力发电厂设计规范》GB 50049、《氢氧站设计规范》GB 50177 和《工业企业总平面设计规范》GB 50187 等的规定综合编制的。

附录 G 管道热处理的规定

G.1 管子弯曲后的热处理

G.1.2 无缝钢管标准中所列的纵向延伸率的规定，作为冷弯是否需要热处理的对比依据，现将钢管标准的规定值列在下面表 4 中。

表 4 无缝钢管的纵向延伸率

钢　号	标　准　号	纵向延伸率 δ（%）
10	GB 3087　GB 6479　GB/T 8163　GB 9948	24
20	GB 3087　GB/T 8163	20
20	GB 9948	21
20G	GB 5310　GB 6479	24
16Mn	GB 6479	21
12CrMo	GB 5310　GB 6479　GB 9948	21
15CrMo	GB 5310　GB 6479　GB 9948	21
12Cr2Mo	GB 5310　GB 6479	20
1Cr2Mo	GB 9948	(22)
1Cr5Mo	GB 6479　GB 9948	22
12Cr1MoV	GB 5310	21
12Cr2MoWVTiB	GB 5310	18
12Cr3MoVSiTiB	GB 5310	16
10MoWVNb	GB 6479	19

注：表中列入钢管标准的延伸率指标，但标准中未按钢管壁厚分别列出延伸率。在实际供应的钢管中，如有必要可在同批量中按壁厚作拉伸试验取得纵向延伸率数据，且宜由制造厂提供。

G.1.3 增大弯曲半径，可降低计算的纤维伸长率。碳钢的小管有时采用冷弯，弯管半径大于或等于 5D 时，方可免做热处理。

G.2 焊后需热处理的管道厚度

G.2.2、G.2.3 焊后热处理的管道壁厚的补充规定，是与 ASME B31.3 的规定一致。

G.2.3.2 本款参照 ASME B31.3 的规定。

附录 H 管道的焊接结构

管道的焊接结构参照了 ASME B31.3 的规定。

附录 J 管道的无损检测

J.1 管道组成件制造的无损检测

J.1.1 选用国家现行焊接钢管标准时，设计要求的无损检测超出标准规定时，应在设计文件中说明。

J.2 管道施工中的无损检测

J.2.1 本条对管道的无损检测的比例做出一般性的规定。并根据以下几个部分规定综合编制的：

（1）根据本规范有关条文的要求，如：

做替代性试验的管道，在施工中不做水压及气压试验，因此管子和管件制造以及现场组焊的环焊缝均进行无损检测。

由于剧烈循环条件的管道疲劳损坏的可能性大于其他管道，所以对焊缝的检测有严格的要求。这是参照 ASME B31.3 的规定。

（2）本规范附录 J 表 J.2.1 中（3）～（7）及（9）、（10）项符合现行国家标准《工业金属管道工程施工及验收规范》GB 50235 的规定。本规范由于与现行国家标准《工业金属管道工程施工及验收规范》一致，仍保留附录 J 表 J.2.1 中的第（3）项。

在 D 类流体管道中，不作无损检测条件下，施工中被忽视焊接质量的可能性很大，特别是大直径的 D 类气体管道，忽视质量是不安全的。因此，本规范附录 J 表 J.2.1 的注释中增加了抽查的规定。

附录 L 用于奥氏体不锈钢的隔热材料产品的试验规定

本附录为新增加的。参照标准见本规范第 12.1.4 条的条文说明。

中华人民共和国国家标准

钢质石油储罐防腐蚀工程技术规范

Technical code for anticorrosive engineering of the steel petroleum tank

GB 50393—2008

主编部门：中国石油化工集团公司
批准部门：中华人民共和国建设部
施行日期：2008年7月1日

中华人民共和国建设部
公 告

第 788 号

建设部关于发布国家标准
《钢质石油储罐防腐蚀工程技术规范》的公告

现批准《钢质石油储罐防腐蚀工程技术规范》为国家标准，编号为 GB 50393—2008，自 2008 年 7 月 1 日起实施。其中，第 3.0.6、3.0.7、4.1.3、4.1.4、4.2.2、4.2.14 (1)、5.2.7、5.3.1、6.0.1 条为强制性条文，必须严格执行。

本规范由建设部标准定额研究所组织中国计划出版社出版发行。

中华人民共和国建设部
二〇〇八年一月十四日

前 言

本规范是根据建设部建标〔2004〕67 号文《关于印发"二〇〇四年工程建设国家标准制定、修订计划"的通知》的要求，由中国石化集团洛阳石油化工工程公司会同有关科研、设计、生产和施工等单位共同编制的。

本规范在编制过程中，编制组进行了广泛的调查研究，认真总结了我国近 10 年来石油储罐防腐蚀工程在科研、设计、施工和运行维护等方面的经验，同时参考了国内外关于石油储罐防腐蚀工程的大量标准和资料，广泛征求了国内石油化工、石油天然气等行业的科研、设计、生产、施工及防腐材料生产等单位的意见，最后经审查定稿。

本规范共分 7 章和 7 个附录，主要内容包括总则、术语、一般规定、设计、施工、交工验收和运行维护与检测等。

本规范中以黑体字标志的条文为强制性条文，必须严格执行。本规范由建设部负责管理和对强制性条文的解释，中国石化集团洛阳石油化工工程公司负责具体技术内容的解释。

在执行过程中，请各单位结合工程实践，认真总结经验，如发现需要修改或补充之处，请将意见和建议寄往中国石化集团洛阳石油化工工程公司（地址：河南省洛阳市 063 信箱，邮编：471003，电话：0379－64885572，传真：0379－64885209，电子信箱：wjh99784@sohu.com、wangjingh@lpec.com.cn）。

本规范主编单位、参编单位和主要起草人：

主 编 单 位：中国石化集团洛阳石油化工工程公司

参 编 单 位：中国石化股份有限公司茂名分公司
中国石化镇海炼化股份有限公司
中国石化上海石油化工股份有限公司
中国舶船重工集团第七二五研究所
中国石油天然气管道工程有限公司
上海百利加防腐工程有限公司

主要起草人：王菁辉　陈光章　郭 鹏　胡士信
刘小辉　龚春欢　周家祥　李宏斌
罗 明　贾鹏林　崔中强　吴晓滨

目　次

1 总　则

1.0.1 为了规范钢质石油储罐（以下简称储罐）防腐蚀工程的设计、施工、验收、运行维护与检测，确保工程质量和安全运行，制定本规范。

1.0.2 本规范适用于新建储罐的防腐蚀工程。

1.0.3 储罐防腐蚀工程，除应执行本规范的规定外，尚应符合国家现行有关标准的规定。

2 术　语

2.0.1 钢质石油储罐　steel petroleum tank
　　用于储存石油及石油产品的钢质容器，在本规范中，指常压立式圆筒形焊接储罐。

2.0.2 基底　substrate
　　需要进行涂装或已经涂装过需再度涂装的钢材表面。

2.0.3 表面预处理　surface pretreatment
　　在涂装前，除去基底表面附着物或生成的异物，以提高基底表面与涂层的附着力或赋予表面以一定的耐蚀性能的过程。

2.0.4 喷射处理　blasting
　　利用高速磨料流的冲击作用清理和粗化基底表面的过程。

2.0.5 磨料　abrasive
　　用作喷射处理介质的天然或合成固体材料。

2.0.6 露点　dew point
　　空气中的水汽在钢材表面凝结成水珠时的温度。

2.0.7 氧化皮　mill scale
　　钢材在制作或热处理过程中，表面形成的氧化膜层。

2.0.8 表面清洁度　surface cleanness
　　表面处理后金属表面的洁净程度。

2.0.9 表面粗糙度　surface roughness
　　金属表面处理后具有的较小间距和峰谷所构成的微观几何形状特性。

2.0.10 锚纹深度　maximum height of the profile
　　在取样长度内，轮廓峰顶线和轮廓谷底线之间的距离，它决定了涂层的最小厚度值，也称最大锚纹深度，简称锚纹深度。

2.0.11 涂层　coat
　　为使金属表面与周围环境隔离，以达到防腐蚀或装饰目的，涂敷在金属表面的保护层。

2.0.12 防腐蚀涂料　corrosion protective coating
　　涂敷在金属表面，使其与环境分离达到耐腐蚀目的的涂料。

2.0.13 导静电涂料　antistatic coating
　　具有导静电功能的涂料。

2.0.14 孔隙　pinhole
　　从涂层表面一直穿透到金属表面的细孔。

2.0.15 表面电阻　surface resistivity or electrical surface resistivity
　　涂层的表面电阻。

2.0.16 阴极保护　cathodic protection
　　通过降低腐蚀电位使金属腐蚀速率显著减小的电位法而达到的电化学保护。

2.0.17 牺牲阳极　sacrificial anode
　　在离子导电的介质中，与被保护体相连，可以提供阴极保护电流的金属电极或合金电极。

2.0.18 强制电流　impressed current
　　由外部施加的电流。

2.0.19 辅助阳极　impressed current anode
　　与强制电流电源的正极相连的电极。

2.0.20 填充料　backfill
　　为改善埋地阳极或电极的工作条件，填塞在阳极或电极四周的导电性材料。

2.0.21 保护电位　protective potential
　　金属达到有效保护所需要的电位值。

2.0.22 保护电流密度　protective current density
　　金属达到有效保护所需要的电流密度。

2.0.23 极化电位　polarized potential
　　由于电流的流动引起电极/电解质界面电位的偏移成为极化状态下的电位。

2.0.24 参比电极　reference electrode
　　在测量电位时用以作为参照，具有稳定可再现电位的电极，通常采用铜/硫酸铜参比电极，简称"CSE"，也可采用高纯锌电极、甘汞电极或氯化银电极。

2.0.25 通电电位　switch-on potential
　　通电时测得的罐/介质电位。

2.0.26 断电电位　switch-off potential
　　断电瞬间测得的罐/介质电位。

2.0.27 IR降　IR drop
　　电流在介质中流动所造成的电阻压降。

2.0.28 测试桩　test station
　　用于测量阴极保护参数的装置。

3 一般规定

3.0.1 设计储罐时应采取防腐蚀措施；储罐的防腐蚀工程应与主体工程同时设计、同时施工、同时投用。

3.0.2 当采用涂层保护时，储罐防腐蚀涂层的设计寿命不宜低于 7 年。

3.0.3 罐径不小于 8 m 的储罐，底板外表面除涂敷防腐涂层外，尚可考虑采用阴极保护，阴极保护设计寿命不得低于 20 年。

3.0.4 原油储罐底板内表面和油水分界线以下的壁

板内表面应采用牺牲阳极和绝缘型防腐蚀涂层相结合的保护形式，并且应达到下列要求：

1 防腐蚀涂层的表面电阻率不应低于 $10^{13}\,\Omega$，涂层应具有耐热性、耐油性、耐盐性、耐水性和耐酸碱性；

2 牺牲阳极应采用铝合金阳极；

3 保护电流密度设计值不得低于 $10mA/m^2$。

3.0.5 防腐蚀工程的施工应按设计文件规定进行。当需要变更设计、材料代用或采用新材料时，应征得原设计单位确认。

3.0.6 防腐蚀工程所用材料，应具有产品质量证明文件，其质量应符合本规范及国家现行有关标准的规定。产品质量证明文件，应包括下列内容：

1 产品质量合格证及材料检测报告；

2 质量技术指标及检测方法；

3 复检报告或技术鉴定文件。

3.0.7 储罐防腐蚀工程应同时具备下列条件方可进行施工：

1 设计、施工、使用材料、检测及其他技术文件齐全，施工图纸已经会审；

2 施工方案应经过有关方面确认和技术交底，并进行了技术培训和安全技术教育；

3 所用各种原材料、施工机具和检验仪器等检测合格；

4 防护设施安全可靠，原材料、施工机具和施工设施齐全，施工用水、电、气能够满足现场连续施工的要求。

3.0.8 储罐内防腐蚀工程应经验收，并应在养护期满后方可投入使用；闲置期间储罐不得充水。如果闲置时间超过两周，宜采取必要的保护措施。

3.0.9 设计和施工中所涉及的有关工业卫生、安全、劳动保护和环境保护除应执行现行国家标准《石油化工企业设计防火规范》GB 50160、《涂装作业安全规程涂漆前处理工艺安全及其通风净化》GB 7692、《涂装作业安全规程涂漆工艺安全及其通风净化》GB 6514、《工业企业设计卫生标准》GBZ 1 和《爆炸和火灾危险环境电力装置设计规范》GB 50058 中的规定外，还应执行国家其他现行有关标准的规定。

4 设 计

4.1 涂 层 保 护

4.1.1 应根据储罐的材质、储存介质、温度、部位、外部环境等不同情况采取合理的涂层保护。

4.1.2 防腐蚀涂料的性能应符合附录 A 的要求。

4.1.3 当储罐内采用绝缘型防腐蚀涂料时，涂层的表面电阻率应不低于 $10^{13}\,\Omega$。

4.1.4 当采用导静电型防腐蚀涂料时，应采用本征型导静电防腐蚀涂料或非碳系的浅色添加型导静电防腐蚀涂料，涂层的表面电阻率应为 $10^8\sim10^{11}\,\Omega$。

4.1.5 原油储罐的涂层保护工程应满足下列要求：

1 原油储罐底板内表面和油水分界线以下的壁板内表面，应采用绝缘型防腐蚀涂料；底漆宜采用环氧类涂料，中间漆可采用厚浆型环氧玻璃鳞片、厚浆型环氧云母类等防腐蚀涂料，面漆应采用耐酸碱、耐盐水、耐硫化物、耐油和耐温的防腐蚀涂料；涂层干膜厚度应依据涂层配套体系而定，且不宜低于 $300\mu m$。

2 浮顶罐钢制浮顶底板外表面和浮顶侧板外表面应采用耐油的导静电防腐蚀涂料，涂层干膜厚度不宜低于 $250\mu m$。

3 浮顶罐内壁上部和浮顶外表面应采用耐水耐候性防腐蚀涂料，底漆宜采用富锌类防腐蚀涂料，面漆可采用氟碳类、丙烯酸-聚氨酯等耐候性防腐蚀涂料，涂层干膜厚度应依据涂层配套体系而定，且不宜低于 $200\mu m$；内壁上部的涂装高度宜为 $1.5\sim3.0m$。

4 拱顶罐内壁顶部采用绝缘性防腐蚀涂料，底漆宜采用富锌类防腐蚀涂料，面漆应采用耐水、耐油的防腐蚀涂料；涂层干膜厚度应依据涂层配套体系确定，且不宜低于 $200\mu m$。

5 有保温层的地上原油储罐外壁应采用耐水性防腐蚀涂层，底漆宜采用富锌类防腐蚀涂料，面漆应采用耐水性防腐蚀涂料；涂层干膜厚度不宜低于 $150\mu m$。

6 无保温层的地上原油储罐外壁底漆应采用富锌类防腐蚀涂料，面漆可采用氟碳类、丙烯酸-聚氨酯等耐水耐候性防腐蚀涂层；涂层干膜厚度应依据涂层配套体系确定，且不宜低于 $200\mu m$。

7 除浮顶罐外的原油储罐顶的要求应符合本条第 6 款的规定。

8 洞穴原油储罐外壁应采用耐水性防腐蚀涂层；底漆宜采用富锌类防腐蚀涂料，面漆可采用环氧类、聚氨酯类防腐蚀涂料；涂层干膜厚度应依据涂层配套体系确定，不宜低于 $300\mu m$。

4.1.6 产品储罐的涂层保护工程应满足下列要求：

1 产品储罐内表面应采用耐油性导静电防腐蚀涂料，底漆宜采用富锌防腐蚀涂料，面漆可采用本征型或浅色的环氧类或聚氨酯类等导静电防腐蚀涂料，涂层干膜厚度不宜低于 $200\mu m$，其中底板内表面不宜低于 $300\mu m$。

2 产品储罐外壁的涂层保护工程应符合本规范第 4.1.5 第 6 款的要求。

4.1.7 中间产品储罐的涂层保护工程应满足下列要求：

1 中间产品储罐内表面底漆宜采用无机富锌类防腐蚀涂料，面漆应耐热、耐油性导静电防腐蚀涂层；涂层干膜厚度不宜低于 $250\mu m$，其中底表面不宜低于 $350\mu m$。

2 中间产品储罐外壁的涂层保护工程应符合本

规范第4.1.5条第6款的要求。

　　3　渣油储罐和污油储罐的内外涂层保护工程应符合本规范第4.1.7条第1款和第2款的要求。

4.1.8　存储低粘度原油、中间馏分油及轻质产品油等易挥发油品的储罐外壁宜采用耐候性热反射隔热防腐蚀复合涂层；涂层干膜厚度应由涂层配套体系确定，且不宜小于$250\mu m$。

4.1.9　当储罐采用喷金属外加封孔涂层保护时，金属涂层厚度不宜低于$180\mu m$，封孔涂层厚度不宜低于$60\mu m$，涂料的选择应符合本规范第4.1.5～4.1.7条的要求。

4.1.10　储罐的边缘板可采用弹性防水涂料贴覆无蜡中碱玻璃布或防水胶带的防腐蚀措施；当采用弹性防水涂料贴覆玻璃布时，应符合下列要求：

　　1　底漆的粘度应为50～60s（涂-4杯）。

　　2　一次弹性胶泥应在罐壁与罐外边缘板之间填注压紧并形成平整的斜面；二次胶泥厚度不得小于3mm，应使面漆的厚度均匀分布。

　　3　底板与罐基础接触部分的空隙应采用弹性防水材料填充。

　　4　玻璃布的贴覆接缝处重叠不应小于50mm，且不应有褶痕。

4.1.11　储罐加热盘管应根据加热介质的温度，选择合适的防腐蚀涂料，涂层干膜厚度不宜低于$250\mu m$。

4.1.12　梯子、扶手、平台等储罐外钢结构的涂层可按照本规范第4.1.5条第6款的要求采取保护措施。

4.1.13　各种储罐不同部位涂料可按本规范表附录A选用。

4.2　阴　极　保　护

4.2.1　原油储罐底板内表面应采用牺牲阳极法；根据具体情况储罐底板外表面可采用强制电流法阴极保护措施，或采用牺牲阳极法。

4.2.2　当储罐施加阴极保护时，应满足下列要求：

　　1　当原油储罐底板内表面施加阴极保护措施时，罐/介质电位（铜/硫酸铜饱和溶液）应为$-1100\sim-850mV$；

　　2　当储罐底板外表面或与土壤接触的壁板施加阴极保护措施时，罐/介质电位（铜/硫酸铜饱和溶液）应为$-1100\sim-850mV$，或者罐/介质极化电位偏移不应小于100mV。

4.2.3　设计原油储罐底板内表面的阴极保护系统时应考虑下列因素：

　　1　罐底、壁板及其他内构件与海水或原油沉积水等腐蚀性介质相接触的表面积，应考虑其涂层和表面状况。

　　2　腐蚀性介质的化学成分和温度。

4.2.4　原油储罐底板内表面的保护电流密度不得低于$10mA/m^2$，并应符合下列规定：

　　1　有防腐涂层的钢表面保护电流密度范围应为$10\sim30mA/m^2$。

　　2　无防腐涂层的钢表面保护电流密度范围应为$30\sim150mA/m^2$，充海水期间为$70\sim100mA/m^2$；在含有H_2S或O_2等去极化剂和在较高温度的环境下，应提高保护电流密度。

4.2.5　原油储罐内壁铝合金牺牲阳极的性能应符合本规范附录B.1的要求。

4.2.6　原油储罐底板内表面具体阴极保护设计应符合本规范附录B.2的规定。

4.2.7　石油储罐外底板的阴极保护系统的设计应考虑下列因素：

　　1　罐区和储罐的设计资料、相邻的地上和地下金属构筑物分布和电缆导管的路径等。

　　2　可利用电源位置、可能的干扰源和杂散电流的存在与否等。

　　3　自然电位、土壤电阻率、地下水位、土壤腐蚀情况、冻土层深度、基岩深度和现场条件等。

　　4　已有的或规划中的阴极保护系统。

　　5　系统的电绝缘性、电连续性、接地极等。

　　6　保护电流需量。

　　7　其他维护和运行参数。

4.2.8　原油储罐内阳极的布设应符合下列规定：

　　1　阳极应均匀布设。

　　2　阳极块的下表面与罐底板内表面的距离宜为50～70mm。

　　3　在沉积水出口部位应适当增加阳极块的数量。

4.2.9　新建储罐如接触海水时，罐内应采用临时性牺牲阳极保护措施；牺牲阳极可安装在罐底板和浮顶上。

4.2.10　强制电流电源设备，可选用整流器或恒电位仪。在防爆区域使用的电源设备应符合现行国家标准《爆炸和火灾危险环境电力装置设计规范》GB 50058的要求，直流电源的容量应有10%～50%的裕量，电源的驱动电压应考虑所选用阳极允许电压的额定值。

4.2.11　储罐外底板阳极的布设应符合下列规定：

　　1　阳极应均匀布设。

　　2　当采用牺牲阳极法时，阳极数量应能满足总电流的需要，并应保证阳极设计寿命；在罐周布设时，阳极应距罐底周边2～3m，埋地深度应超过3m；宜采用镁合金阳极，性能应符合本规范附录B.3要求。

　　3　当采用强制电流法时，应避免干扰已有设备运行和对邻近构筑物产生杂散电流；当采用斜井式时，阳极应靠近罐底中心。

4.2.12　采用阴极保护的储罐与相邻的非保护金属构筑物之间应施加电绝缘，施加电绝缘时应满足下列要求：

　　1　应在与储罐相连接的管道和其他金属构件的

适当位置设置电绝缘。

2 电绝缘装置上应采取防电击、电涌的措施，如安装极化电池、避雷器、接地电池等。

3 电绝缘设备可选用绝缘法兰或绝缘接头。

4.2.13 所要保护的构件应连续导电。

4.2.14 储罐的接地极应符合下列规定：

1 应采用电极电位较罐体材料低的材料。

2 宜采用纯锌棒等材料。

4.2.15 阴极保护系统应设置测试点或测试桩，并应满足下列要求：

1 罐周应设 1~4 个测试点，罐底中心点应埋设参比电极。

2 罐底其他位置应根据罐径大小适当埋设参比电极，罐径小于 12m 的石油储罐可不设埋地参比电极。

3 参比电极宜为长效 CSE 电极和锌参比电极的双电极。

4 已建储罐罐底电位的测量，可通过在罐底设置带孔塑料管的方式进行测量，塑料管的施工不应对罐基础造成威胁。

5 测量时应保证罐内具有足够高的液位。

6 测量电位时可采用可替代的参比电极。

4.2.16 当阴极保护系统运行对周围金属构筑物所造成的干扰影响超过＋100mV 时，可采取重新布置阳极位置、改变阴阳极通电点或给被干扰物提供防护等措施。

4.2.17 罐群或罐区的区域性阴极保护可采用深井阳极和分布式浅埋阳极相结合的措施。

4.2.18 油罐底板外表面具体阴极保护设计计算应符合本规范附录 B.4~B.7 的规定。

5 施 工

5.1 一 般 规 定

5.1.1 储罐防腐蚀施工应由具有三级及以上防腐保温工程专业承包资质或具有二级及以上石油化工工程施工总承包资质的企业实施。

5.1.2 从事储罐防腐蚀施工的企业应具备相应的施工能力、检测手段，并应具有健全的质量管理体系和责任制度。

5.1.3 应根据储罐钢材表面不同的锈蚀情况和涂装设计要求编制合理可行的表面处理施工方案，应结合储罐的类型、部位和设计要求编制合理可行的涂装施工方案，并严格按照施工方案组织施工。

5.1.4 涂料应经检验合格后方能使用。

5.2 表 面 处 理

5.2.1 表面处理方式应采用磨料喷射处理，只有在喷射处理无法到达的区域方可采用动力或手工工具进行处理。

5.2.2 喷射处理前，应按下列规定进行预处理：

1 对待涂钢质储罐表面进行预检。

2 宜采用高压洁净水对钢表面进行冲洗，水压不应低于 15MPa。

3 应采用动力或手工工具对焊缝、焊渣、毛刺、边缘弯角和喷射处理无法到达的区域进行处理。

5.2.3 储罐钢表面的喷射处理应符合下列规定：

1 压缩空气流应经过脱水脱油处理。

2 喷射枪气流的出口压力宜为 0.5~0.8MPa。

3 循环使用的磨料应有专门回收装置。

5.2.4 磨料和设备应按本规范附录 C 的规定选用。

5.2.5 表面喷射处理后，应采用洁净的压缩空气吹扫，用真空吸尘器清理所有待涂的钢表面，并应尽快实施底涂。

5.2.6 表面处理后至实施底涂前，钢材表面温度应至少比露点温度高出 3℃（露点温度见本规范附录 D），储罐内空气相对湿度不宜高于 80%。

5.2.7 石油储罐钢表面经处理后表面清洁度应符合下列要求：

1 采用磨料喷射处理后的钢表面除锈等级应达到现行国家标准《涂装前钢材表面锈蚀等级和除锈等级》GB 8923 中 Sa2.5 级或 Sa3 级。

2 采用手工或动力工具处理的局部钢表面应达到 St3 级。

3 表面可溶性氯化物残留量不得高于 5μg/cm²，其中罐内液体浸润的区域不得高于 3μg/cm²。

5.2.8 石油储罐的钢表面经处理后表面粗糙度应符合设计文件及下列要求：

1 采用金属热喷涂时，锚纹深度应为 60~90μm。

2 采用涂料涂装时，锚纹深度应为 40~80μm；有机富锌涂料锚纹深度为 40~60μm，无机富锌涂料锚纹深度为 60~80μm。

3 当设计文件另有规定时，表面粗糙度应符合设计文件和所用涂料的要求。

5.2.9 涂料的配制和涂装施工应符合下列规定：

1 基底表面如有凹凸不平、焊缝波纹及非圆弧拐角，应先进行处理。

2 双组分或多组分涂料的配制应严格按照涂料使用说明书进行，并配置专用搅拌器搅拌均匀，如有结皮，应用 200 目筛网过滤后，并在规定的时间内把涂料用完。

3 涂装间隔时间，应严格按照涂料使用说明书的要求，在规定的时间内涂敷底漆、中间漆和面漆。

4 涂层厚度应均匀，不得漏涂或误涂。

5 对每道涂层的湿膜厚度进行检测。

6 刷涂时，层间应纵横交错，每层宜往复进行。

5.2.10 表面清洁度和表面粗糙度可按本规范附录 E 的

要求进行测定。测定时，也可按照现场制作的样板或图像样本，但现场制作的样板应采取适当的措施妥善保护。

5.2.11 储罐的加热盘管宜在罐外进行表面处理，且表面处理前应检测壁厚；管束式盘管应在组焊完压力试验合格后进行表面处理，光管式盘管应先分段预制，尺寸检验合格后进行表面处理；加热盘管的表面经处理后的表面清洁度和表面粗糙度还应满足所选涂料的设计要求。

5.3 涂　装

5.3.1 涂料供方应提供符合国家现行标准的涂料施工使用指南，施工使用指南应包括下列内容：

　　1 防腐蚀涂装的基底处理要求。

　　2 防腐蚀涂料的施工安全措施和涂装的施工工艺。

　　3 防腐蚀涂料和涂层的检测手段。

　　4 防腐蚀涂层的维护预案。

5.3.2 涂装时，钢表面温度应高出现场露点温度3℃，且不宜高于50℃。

5.3.3 当施工环境通风较差时，应采取强制通风。

5.3.4 涂装前应进行试涂，试涂合格后方可进行正式涂装。

5.3.5 涂装前应按下列规定对涂装表面进行检查和清理：

　　1 全面检查待涂表面和焊缝处，如有缺陷应以适当的方式进行处理。

　　2 采用洁净的压缩空气吹扫或真空吸尘器清理待涂的钢表面。

　　3 检查待涂表面的表面清洁度和表面粗糙度是否达到要求。

5.3.6 检查合格后应尽快涂敷底漆。

5.3.7 储罐涂层完工，在拆卸脚手架等过程中，宜对涂层妥善保护，避免机械碰撞和损伤，如有损伤应按原工艺修复。

5.3.8 储罐的加热盘管的涂装施工，应符合下列规定：

　　1 涂料底漆应全部覆盖金属表面，点蚀凹坑应采用腻子填补找平处理。

　　2 宜在罐外进行施工，可采用喷涂或刷涂，加热盘管两头应各预留100mm范围不涂，等罐内组焊完成且水压试验合格后再补涂。

　　3 质量检验应在涂层完全固化后进行，检验内容应符合本规范第5.6.5条的要求。

　　4 对检验不合格的涂层应重新补涂并复检，直至合格为止。

5.3.9 储罐还可采用高压无气喷涂施工。

5.4 金属涂层施工

5.4.1 金属涂层应为铝、锌及其合金，施工应采用热喷涂方式。

5.4.2 铝、锌及其合金的组成、施工检查及验收应按现行国家标准《金属和其他无机覆盖层热喷涂锌、铝及其合金》GB/T 9793的规定进行检验，合格后方可封闭涂装。

5.4.3 封闭涂装时，应符合下列规定：

　　1 对原油储罐应采用绝缘型防腐蚀涂料进行封孔，涂层厚度不得低于60μm。

　　2 对产品储罐、中间产品储罐和污油储罐应采用第4.1.6条规定的面漆进行封孔，涂层厚度不得低于60μm。

　　3 涂装体系与金属涂层应具有良好的附着力。

5.5 阴极保护施工

5.5.1 罐内牺牲阳极阴极保护工程的施工，应符合下列要求：

　　1 按图纸确定阳极分布的位置并画线。

　　2 用焊接法固定阳极于罐体，单边焊缝长度不小于50mm。

5.5.2 罐外牺牲阳极阴极保护工程的施工，应符合下列要求：

　　1 牺牲阳极填料配比符合要求，用量充足，采用预包装法施工时，应选用天然纤维编织袋，严禁使用化纤品。

　　2 装包前阳极表面应进行打磨，除去氧化膜等杂质，包装时确保阳极位于填料的中央。

　　3 应采用吊装工具将预包装的阳极就位，全部过程不得牵拉阳极的电缆引线。

5.5.3 强制电流阴极保护工程的施工，应符合下列要求：

　　1 阳极施工过程中应确保阳极电缆及接头密封完整无破损。

　　2 电源设备的安装应满足所选设备的功能要求，不得将电源的正、负极接反。

　　3 电缆连接应采用铜焊或铝热焊接，埋地电缆敷设时应留有松弛度。

5.6 施工过程检查与控制

5.6.1 施工前应检查本规范第3.0.7条所规定的内容：

　　1 所有防腐蚀材料经第三方确认合格，工程管理部门和施工单位共同确认签字方可施工作业。

　　2 基底经表面预处理后应全面检查，合格后方可办理工序交接手续，经过签证后方可进行施工。

5.6.2 原材料的质量要求及检查方法应符合本规范附录A、B和C的要求。

5.6.3 处理后钢表面的质量要求应符合本规范第5.2.6条和第5.2.7条的规定，检查方法应符合本规范附录E的要求。

5.6.4 涂装过程中的质量检查应包括下列内容：

1 每道涂层的外观应平整、颜色一致，无漏涂、泛锈、气泡、流挂、皱皮、咬底、剥落、开裂等缺陷。

2 湿膜厚度或金属涂层厚度应符合要求。

3 涂装间隔时间应符合涂料使用施工指南的要求。

5.6.5 涂装完成漆膜实干后，涂装质量应按本规范附录F的方法检查，并符合下列规定：

1 外观应符合本规范第5.6.4条第1款的要求。

2 涂层厚度不得低于设计值。对于原油储罐、中间产品储罐和污油储罐，应符合附录F的"90-10"规则；对于产品储罐，应符合附录F的"85-15"规则。

3 绝缘型涂层应无孔隙，检测时，应采用电火花检漏仪；导静电涂层的孔隙率不应大于2个/m²，检测时，宜采用5倍以上放大镜。

4 导静电涂层表面电阻应符合设计值，检测时，应采用涂料表面电阻测定仪。

5.6.6 阴极保护工程施工质量的检查，应包括下列内容：

1 材料和设备的检查，应符合本规范第5.6.1条的要求。

2 对罐内牺牲阳极的安装位置和焊接质量进行检查。

3 对罐外阴极保护系统的阳极位置、填料用量、电缆接头的质量进行检测。

4 对罐底参比电极的埋设位置、填包状况、电位进行检测，并确保电缆连接可靠。

5 对测试装置的安装位置、导线连接及接线柱标识进行检查。

5.6.7 施工过程的安全检查，应包括下列内容：

1 安全生产责任制。

2 防火、防爆、防雷安全措施。

3 作业人员防护措施。

4 原材料储存安全技术。

5 除锈、容器内作业、电气、起重、脚手架等的安全作业技术。

6 防腐蚀涂装的"三废"治理措施。

6 交 工 验 收

6.0.1 石油储罐防腐蚀工程未经交工验收，不得投入生产使用。

6.0.2 石油储罐防腐蚀工程验收时，应提供以下资料：

1 设计文件和设计变更文件。

2 施工方案和施工记录。

3 原材料质量证明文件。

4 隐蔽工程验收记录。

5 施工质量检查与控制记录。

6 施工过程中出现的有关技术问题的处理记录。

7 返修记录。

8 交工验收检查检测记录。

7 运行维护与检测

7.1 涂层保护

7.1.1 储罐涂层交工验收并投用后，不宜进行焊接等动火作业。

7.1.2 对底部易积水的储罐，在运行过程中应定期排水并作相应的记录。

7.1.3 应对储罐内防腐涂（镀）层进行检查，如有脱落、起皮、粉化缺陷，应及时进行修复。

7.1.4 清罐前，清罐方案应由防腐专业技术人员会审，应避免损伤涂层。

7.1.5 使用单位应建立储罐的防腐管理档案，档案的内容应包括：

1 防腐施工资料。

2 防腐涂层使用情况。

3 历次的腐蚀调查情况、防腐方案、测厚记录、事故记录等。

7.1.6 应对储罐的外防腐涂层及边缘板防腐层进行日常巡检，每半年至少进行一次专业检查，如发现涂层破损或罐体腐蚀，应进行评估，确定是否需要进行维修，并作相应的记录。

7.2 阴极保护

7.2.1 开罐时，应检查罐内牺牲阳极的溶解情况，阳极与储罐的接触点是否完好等，测量其保护电位，根据检查情况确定牺牲阳极是否要重新安装或更换。

7.2.2 新建的阴极保护系统在启动之前，应对储罐原始参数进行测量，测量的项目有：

1 罐内采用牺牲阳极阴极保护系统进行保护时，可采用便携式参比电极对罐内沉积水部位的保护电位进行测量。

2 罐外阴极保护的测量内容包括：

  1) 罐底外壁/地自然电位；

  2) 牺牲阳极接地电阻或辅助阳极的接地电阻；

  3) 与储罐相连的埋地管线的自然电位；

  4) 与储罐相邻的其他地下金属结构物的自然电位；

  5) 如果有电绝缘装置，应对其绝缘性能进行检验。

7.2.3 阴极保护系统投产运行后，应及时进行电参数测量和检验，以验证是否满足设计要求。测试项目有：

  1) 保护电位；

  2) 保护电流；

  3) 相互干扰影响；

4）接地电池或其他防护装置的性能。

7.2.4 阴极保护系统稳定运行后，应每半年检测一次。

7.2.5 在储罐维修期间，阴极保护系统如果停止运行，应当尽快重新启动。

7.2.6 阴极保护的运行管理应符合下列要求：

1 牺牲阳极可每年进行一次综合测试，日常管理可每月测量保护电位。

2 如发现保护参数异常或故障，应立即进行检测，并重新调整参数。

3 所有测试应详细记录，并对当天的气象参数进行登记。

4 对于故障和异常现象发生时，除详细测试外还应拍照留档，条件允许时应录像。

5 所有相关资料和测试记录，应有专门的技术管理部门负责，并永久保存，这些资料和记录应包括：

1）基础数据；

2）设计图纸和交工图纸；

3）设备手册和产品说明书；

4）关键的控制部位、测试点位置；

5）定期检测记录以及维修记录等。

附录 A 储罐用防腐蚀涂料

A.1 一般规定

A.1.1 储罐用防腐蚀涂料除应符合本规范的规定外，尚应符合国家其他现行标准的规定。

A.1.2 储罐用防腐蚀涂料的检验分物理机械性能的检验和防腐蚀性能的检验；其中，涂料的取样应符合现行国家标准《涂料产品的取样》GB 3186 的规定，漆膜的制备应符合现行国家标准《漆膜一般制备法》GB 1727 的规定。

A.1.3 储罐用防腐蚀涂料（中间漆除外）的主要物理机械性能指标，应符合表 A.1.3 的要求。

表 A.1.3　防腐蚀涂料的物理机械性能指标

项　　目	技术指标	试验方法	备注
漆膜外观颜色	色调均匀一致，漆膜平整	GB 1729	—
柔韧性	≤1mm	GB 1731	4倍放大镜
附着力	1级	GB 1720	200g
耐冲击性	≥50kg·cm	GB 1732	
干燥时间	表干≤2h，实干≤24h	GB 1728	

A.2 绝缘型防腐蚀涂料

A.2.1 绝缘型防腐蚀涂料主要适用于原油储罐1.5m 以下的壁板内表面和底板内表面等部位。

A.2.2 绝缘型防腐蚀涂料的主要技术指标，应满足表 A.2.2 的要求。

表 A.2.2　绝缘型防腐蚀涂料绝缘涂层性能和防腐蚀性能指标

项　　目	技术指标	试验方法	试验条件
表面电阻	$\geq 10^{13}\Omega$	—	—
耐热性	漆膜完好，无剥落、无起皱、无裂纹、无起泡、无生锈、无变色等现象，失光率≤20%	GB 1735	180℃，24h
耐汽油性		GB 1734	60℃，720h
耐盐水性（3%NaCl）		GB 1763	60℃，720h
耐碱性（5%NaOH）		GB 1763	720h
耐酸性（5%H$_2$SO$_4$）		GB 1763	720h

A.3 导静电型防腐蚀涂料

A.3.1 导静电型防腐蚀涂料主要适用于成品油储罐。

A.3.2 导静电型防腐蚀涂料的主要技术指标，应满足表 A.3.2 的要求。

表 A.3.2　导静电型防腐蚀涂料技术指标

项　　目	技术指标	试验方法	试验条件
表面电阻	$10^8 \sim 10^{11}\Omega$	—	—
耐湿热性	一级	GB 1740	1000h
耐盐雾性	一级，涂层无红锈	GB 1771	1000h
耐汽油性	漆膜完好，无剥落、无起皱、无裂纹、无起泡、无生锈、无变色等现象，失光率≤20%	GB 1734	60℃，720h
耐碱性（5% NaOH）		GB 1763	720h
耐酸性（5% H$_2$SO$_4$）		GB 1763	720h

A.4 氟碳类防腐蚀涂料

A.4.1 氟碳类防腐蚀涂料主要用于储罐外壁防腐蚀涂层的面漆。

A.4.2 氟碳类防腐蚀涂料应具有良好的耐水性和耐候性，其主要技术指标，应满足表 A.4.2 的要求：

表 A.4.2　氟碳类防腐蚀涂料技术指标

项　　目	技术指标	试验方法	试验条件
树脂氟含量	≥20%		
固体含量	≥60%	GB 1725	
细度	≤30μm	GB 1724	
耐水性	≥120h	GB 1733	沸水法
耐候性	优（装饰性）	GB 1767	8000h
抗老化性	一级	GB 1865	3000h
耐碱性（5% NaOH）	漆膜完好，无剥落、无起皱、无裂纹、无起泡、无生锈、无变色等现象，失光率≤20%	GB 1763	720h
耐酸性（5% H$_2$SO$_4$）		GB 1763	720h

A.5 富锌类防腐蚀涂料

A.5.1 富锌类防腐蚀涂料主要适用于石油储罐外壁和内壁防腐蚀涂层的底漆。

A.5.2 富锌类防腐蚀涂料的主要技术指标,应满足表 A.5.2 的要求。

表 A.5.2 富锌类防腐蚀涂料技术指标

项　　目	技术指标	试验方法	试验条件
干膜锌含量	≥80%	—	—
固体含量	≥65	GB 1725	160℃
耐湿热性	一级	GB 1740	1000h
耐盐雾性	一级,涂层无红锈	GB 1771	720h

A.6 有机硅类防腐蚀涂料

A.6.1 有机硅类防腐蚀涂料主要适用于加热盘管等高温部位。

A.6.2 有机硅类防腐蚀涂料防腐蚀性能的主要技术指标,应符合表 A.2.2 的要求。

A.7 热反射隔热防腐蚀涂料

A.7.1 热反射隔热防腐蚀涂料主要适用于存储易挥发油品(包括低粘度原油、中间馏分油及轻质产品油)的储罐外壁。

A.7.2 热反射隔热防腐蚀涂料的主要技术指标,应满足表 A.7.2 的要求。

表 A.7.2 热反射隔热类防腐蚀涂料技术指标

项　　目	技术指标	标准方法	试验条件
反射率 ρ	≥70%	GB/T 13452.3	波长为 0.3~1.35μm
半球发射率 ε	≥60%	GB/T 2680—94	波长为 8~13.5μm
导热系数 λ	≤0.25W/cm·K	GB/T 10297	—
防腐蚀性能	同表 A.2.2		

A.8 热喷涂锌、铝及其合金

A.8.1 热喷涂锌、铝及其合金主要适用于储罐内壁的防腐蚀工程。

A.8.2 锌、铝及其合金化学成分应满足下列条件:

　　1 铝应符合现行国家标准《中国新旧合金牌号对照表》GB 3190 中的 L2 的质量要求,即 Al ≥99.5%。

　　2 铝合金应符合现行国家标准《中国新旧合金牌号对照表》GB 3190 中的 LF5 的质量要求,即含 5%Mg 的铝镁合金。

　　3 锌应符合现行国家标准《锌锭》GB/T 470 中的 Zn-1 的质量要求,即 Zn≥99.99%。

　　4 锌合金中,锌的成分应符合现行国家标准《锌锭》GB/T 470 中 Zn-1 的质量要求,即 Zn≥

99.99%,铝的成分应符合现行国家标准《中国新旧合金牌号对照表》GB 3190 中 L1 的质量要求,即 Al≥99.7%,可选用不同比例的锌铝合金。

附录 B 储罐用阴极保护材料

B.1 原油储罐内铝合金牺牲阳极

B.1.1 当原油储罐内采用铝合金牺牲阳极时,阳极材料的化学成分,应符合表 B.1.1 的规定。

表 B.1.1 原油储罐内铝合金牺牲阳极化学成分

化学成分	Zn	In	Si	Fe	Cu	Al
含量%	2.5~4.5	0.018~0.050	≤0.10	≤0.10	≤0.01	余量

B.1.2 铝合金牺牲阳极化学成分的分析应符合现行国家标准《铝-锌-铟系合金牺牲阳极化学分析方法》GB 4949 的规定。

B.1.3 原油储罐内铝合金牺牲阳极的电化学性能,应符合表 B.1.3 的规定。

表 B.1.3 原油储罐内铝合金牺牲阳极电化学性能

电化学性能	指　标
开路电位(V)	−1.18~−1.10
工作电位(V)	−1.12~−1.05
电流效率(%)	≥85
实际电容量(A·h/kg)	≥2400
消耗率〔kg/(A·a)〕	≤3.65

注:开路电位和工作电位均相对于铜/硫酸铜参比电极。

B.1.4 电化学性能的测试,应符合现行国家标准《牺牲阳极电化学性能试验方法》GB/T 17848 的规定;应采用人造海水或洁净的天然海水作为试验介质。

B.2 原油储罐底板内表面阴极保护计算原则

B.2.1 选定阴极保护电流密度时,应符合本规范第 4.2.4 条的规定,可根据文献资料和经验选取,也可通过馈电试验选取。

B.2.2 所需总保护电流 $I_{总}$ 可按下式计算:

$$I_{总} = S \times I \qquad (B.2.2)$$

式中　S——被保护的面积(m^2);

　　　I——阴极保护电流密度(mA/m^2)。

B.2.3 单块牺牲阳极输出电流 I_a 可按下式计算:

$$I_a = \Delta E/R \qquad (B.2.3)$$

式中　ΔE——驱动电位,取 0.3V;

R——回路总电阻，即阳极的接地电阻（Ω）。

B.2.4 牺牲阳极块的使用数量 n 可按下式计算：

$$n = I_总 / I_a \qquad (B.2.4)$$

B.2.5 牺牲阳极的使用寿命可按下式计算：

$$Y = \frac{W \times A \times \eta}{8760 \times I_a} \qquad (B.2.5)$$

式中 W——牺牲阳极的实际重量（kg）；

A——牺牲阳极的理论电容量（A·h/kg）；

η——牺牲阳极电流效率（%）；

I_a——牺牲阳极发生的电流（A）。

B.3 镁合金阳极的性能

B.3.1 镁基牺牲阳极的化学成分应符合表 B.3.1 的规定。

表 B.3.1 镁基牺牲阳极化学成分

阳极种类		镁-铝-锌Ⅰ	镁-铝-锌Ⅱ	镁-锰	高纯镁
化学成分（%）	Al	5.3~6.7	2.7~3.5	<0.05	<0.02
	Zn	2.5~3.5	0.7~1.3	<0.03	<0.03
	Mn	0.15~0.60	0.15~0.60	1.2~2.0	<0.01
	Mg	余量	余量	余量	≥99.9
	Fe	≤0.005	≤0.005	≤0.005	≤0.005
	Cu	≤0.01	≤0.01	≤0.02	≤0.004
	Ni	≤0.001	≤0.001	≤0.001	≤0.001
	Si	≤0.05	≤0.05	≤0.05	≤0.01

B.3.2 镁基牺牲阳极化学成分的分析应符合现行国家标准《镁及镁合金化学分析方法》GB/T 13748.1～GB/T 13748.10 的规定。

B.3.3 带状镁阳极应采用高纯镁或镁锰合金。

B.3.4 铝基、镁基和锌基牺牲阳极的规格型号、包装和运输应分别符合现行国家标准《铝-锌-铟系合金牺牲阳极》GB 4948 和《镁合金牺牲阳极》GB/T 17731 的规定。

B.3.5 埋地牺牲阳极地床填充料应符合下列要求：

1 填充料应具有电阻率低、渗透性好、保湿性好等特点。

2 配方可采用石膏粉：工业硫化钠：膨润土的质量百分比为 75：5：20 的专用化学填料包。

3 填料包中填充料厚度应为 5～10cm。

B.4 辅 助 阳 极

B.4.1 高硅铸铁阳极应满足下列要求：

1 高硅铸铁阳极的允许电流密度为 5～80A/m²，消耗率应小于 0.5kg/（A·a）。

2 阳极引出线截面积不应小于 10mm²，长度不应小于 1.5m，与阳极的接触电阻应小于 0.01Ω。

3 高硅铸铁阳极的化学成分应符合表 B.0.4 的规定。

表 B.4.1 高硅铸铁阳极的化学成分

类型	化学成分（%）						
	Si	Mn	C	Cr	Fe	P	S
普通	14.25~15.25	0.5~0.8	0.8~1.05	—	余量	≤0.25	≤0.1
加铬	15.25	0.8	0.8~14	4~5	余量	≤0.25	≤0.1

B.4.2 石墨阳极应满足下列要求：

1 石墨阳极的允许电流密度为 5～10A/m²，消耗率应小于 0.6 kg/（A·a）。

2 石墨阳极的石墨化程度不应小于 81%，灰分应小于 0.5%。

3 电阻率范围应在 9.5～11.0 Ω·mm²/m 之内。

4 气孔率范围应在 25%～30% 之内。

5 阳极引出线要求同 B.4.1.2。

B.4.3 柔性阳极应满足下列要求：

1 最大输出电流为 82 mA/m（无填充料时为 52 mA/m），最小弯曲半径为 150mm。

2 柔性阳极铜芯截面积不应小于 20mm²，阳极外径不应小于 15mm。

B.4.4 金属氧化物阳极应满足下列要求：

1 消耗率应小于 6×10^{-6} kg/（A·a）。

2 电阻率应小于 0.14 Ω/m。

B.4.5 辅助阳极地床填充料应符合下列要求：

1 可使用焦炭粒，但含碳量应大于 85%。

2 焦炭粒最大粒径宜小于 15mm，填充料厚度应为 50～100mm。

3 当采用预包覆焦炭粉的柔性阳极或金属氧化物阳极时，可不采用填充料。

B.5 参 比 电 极

B.5.1 参比电极的位置应尽量靠近罐底板，并尽量远离阳极，不得接触阳极。

B.5.2 石油储罐用埋地型参比电极应符合下列要求：

1 埋地型参比电极应具有极化电位小、稳定性好的特点。对 CSE 电极不应小于 ±10mV，对高纯锌（锌含量大于 99.995%）电极不应小于 ±30mV。

2 使用寿命应与阴极保护设计寿命一致。

B.6 恒 电 位 仪

B.6.1 恒电位仪应在室内工作，其技术性能要求如下：

1 给定电位：－0.500～－2.000V（连续可调）。

2 电位控制精度：≤±5mV。

3 输入阻抗：≥1MΩ。

4 绝缘电阻：>2MΩ。

5 抗交流干扰能力：≥24V。

6 耐电压：≥1500V。

7 满载纹波系数：单相≤10%，三相≤8%。

B.7 金属氧化物阳极阴极保护计算原则

B.7.1 进行金属氧化物阳极阴极保护计算时，可按如下参数选取：

1 设计寿命：不低于40年。

2 保护电流密度：不低于10mA/m²。

3 阴极保护极化电位偏移：不小于100mV。

4 阳极埋深：0.15～0.35m。

5 设计温度：16～48℃。

6 回填沙的电阻率200～500Ω·m。

7 阳极片之间的间隔间距可按表B.7.1选择。

表 B.7.1 金属氧化物阳极系列阳极片、导电片参考间距

储罐直径（m）	阳极片间距（m）	导电片间距（m）
80以上	2.0	8.0
60	1.6	6.0
40	1.4	5.0
30	1.2	4.0
20	1.0	4.0
18	1.0	4.0

B.7.2 所需总保护电流 $I_{总}$ 可按式B.2.2计算。

B.7.3 所需阳极的总长度 L 可按下式计算：

$$L = I_{总}/I_{额} \qquad (B.7.3)$$

式中 $I_{额}$——单位阳极长度可产生的电流（mA/m）。

B.7.4 阳极接地电阻 R_N 可按下式计算：

$$R_N = \frac{\rho \times Q}{2\pi L}\left(\ln\frac{2L^2}{rD} - 2\right) \qquad (B.7.4)$$

式中 ρ——土壤电阻率（Ω·m）；

L——阳极片长度（m）；

r——阳极片等量半径（m）；

D——阳极网埋深（m）；

Q——电阻系数，取1.5。

B.7.5 阳极实际使用寿命可按下式计算：

$$Y = \frac{W}{8760 \times I_{实} \times \omega} \qquad (B.7.5)$$

式中 W——阳极的实际重量（kg）；

$I_{实}$——阳极实际发生的电流（A）；

ω——阳极片的消耗率［kg/（A·h）］。

B.7.6 恒电位仪容量的选择可按下式计算：

$$V_{REC} = 1.2 \times I \times R_T \qquad (B.7.6-1)$$

式中 V_{REC}——恒电位仪输出电压（V）；

$I_{总}$——所需的总的保护电流（A）；

R——回路总电阻（Ω）；

$$R = R_N + R_w + R_C \qquad (B.7.6-2)$$

式中 R_N——阳极接地电阻（Ω）；

R_w——导线电阻（Ω）；

R_C——被保护体接地电阻（Ω）；

$$R_C = R_s/S \qquad (B.7.6-3)$$

式中 R_s——涂层电阻率（Ω/m²）；

S——总表面积（m²）；

R_C——取决于罐底板涂层状况，如是裸钢板则 $R_C = 0$。

附录 C 磨料和表面处理设备

C.1 磨 料

C.1.1 应根据表面处理等级要求，按表C.1.1选择合适的磨料，不得使用海砂，不宜使用河砂。

表 C.1.1 石油储罐表面处理常用磨料

类型		缩写	原始颗粒形状①	比较样块②	备注
金属磨料（M）	冷硬铸铁	M/CI	G	G	主要用于压缩空气喷射处理
	高碳钢	M/HCS	S或G	S	主要用于抛丸喷射处理
	低碳钢	M/LCS	S	S	
	钢丝切段	M/CW	C		
	氧化铝砂	M/AL	G	G	
非金属磨料（N）	硅砂	N/SI	G	G	主要用于压缩空气喷射处理
	橄榄石砂	N/OL	G	G	
	石榴石砂	N/GA	G	G	
	硅化钙渣	N/FE	G	G	主要用于压缩空气喷射处理
	铜矿砂	N/CU	G	G	

注：①原始颗粒形状：S—丸粒，圆形；G—砂粒，不规则角形；C—圆柱粒，锐角边缘。

②评定最终表面粗糙度时使用的比较样块，可参照ISO 8503.2规定。

C.1.2 磨料应满足现行国家标准《涂覆涂料前钢材表面处理 表面处理方法 磨料喷射清理》GB/T 18839.2 的规定，并且不得含有腐蚀性成分和影响涂层附着力的污物。

C.1.3 磨料应是干燥的（当加入到高压液体中或水砂混合料喷砂清理系统除外），且应能自由流动，使之能均匀进入喷射流中。

C.1.4 应在喷砂处理前进行预先试验以确定磨料。

C.1.5 磨料颗粒的硬度，应符合下列规定：

1 钢砂和钢丸应达到洛氏C 40～60；

2 非金属磨料应达到莫氏6级。

C.1.6 磨料颗粒的尺寸范围的选择，应考虑表面粗糙度的要求和表面洁净度的要求。表 C.1.6 给出了部分磨料尺寸与表面粗糙度对应关系。

表 C.1.6 部分磨料尺寸与表面粗糙度对应表

磨料种类	磨料尺寸				
钢砂	G80	G50	G40	G40	G25
钢丸	S110	S170	S230	S280	S330/S390
石英砂①	30/60	16/35	16/35	8/35	8/20
石榴矿砂	80	36	36	16	16
氧化铝	100	50	36	24	—
铜矿砂	20/40	12/40	12/40	10/40	10/40
表面粗糙度(μm)	25	37.5	50	62.5	75/100

注：由于硅化物对健康有害，宜避免使用石英砂。

C.1.7 磨料在反复循环使用过程中应考虑除去粉尘和污染物，并适当补充新的磨料以保持其预定的颗粒大小范围和颗粒大小分布。

C.2 表面处理设备

C.2.1 可按表 C.2.1 选用合适的设备进行表面处理。

表 C.2.1 表面处理常用设备

设备名称	用 途
空压机	为喷射处理提供压缩空气和动力，输出压力不应低于0.55MPa
去湿机	用于降低储罐内空气的湿度，使之符合涂装的条件
暖风机	用于提高储罐内的温度，使之符合涂装的条件
排风机	用于降低储罐内扬尘和易爆易燃气体
吸砂机	用于及时排除储罐内积聚的废砂，尤其在浮顶部位作业时
高压冲洗机	用于清除钢表面的氯化物，水压不宜低于 15MPa
油水分离器	脱离压缩空气中的水汽和油
压力平衡罐	当使用多台空压机时，保障每支喷枪的压力和流量相等

C.2.2 所有设备的操作应严格执行国家现行关于安全、健康和环境保护方面的规定。

C.2.3 设备应定期检查和维护，保证设备的正常运转。

附录 D 露点温度值查对表

表 D 露点温度值查对表

空气温度 (℃)	在下列相对湿度下的露点温度（℃）						
	30%	40%	50%	60%	70%	80%	90%
10	−6.7	−2.9	0.1	2.6	4.8	6.7	8.4
12	−5.0	−1.1	1.9	4.5	6.7	8.7	10.4
14	−3.3	0.6	3.8	6.4	8.6	10.6	12.4
16	−1.5	2.4	5.6	8.3	10.5	12.6	14.4
18	0.2	4.2	7.4	10.1	12.5	14.5	16.3
20	1.9	6.0	9.3	12.0	14.4	16.4	18.3
22	3.7	7.8	11.1	13.9	16.3	18.4	20.3
24	5.4	9.6	12.9	15.8	18.2	20.3	22.3
26	7.1	11.4	14.8	17.6	20.1	22.3	24.2
28	8.8	13.1	16.6	19.5	22.0	24.2	26.2
30	10.5	14.9	18.4	21.4	23.9	26.2	28.2
32	12.3	16.7	20.3	23.2	25.8	28.1	30.1
34	14.0	18.5	22.1	25.1	27.7	30.0	32.1
36	15.7	20.3	23.9	27.0	29.6	32.0	34.1
38	17.4	22.1	25.7	28.9	31.6	33.9	36.1
40	19.1	23.8	27.6	30.7	33.5	35.9	38.0
42	20.8	25.6	29.1	32.6	35.4	37.3	40.0
44	22.5	27.3	31.2	34.5	37.3	39.7	42.0
46	24.2	29.1	33.0	36.3	39.2	41.7	43.9
48	25.9	30.9	34.8	38.2	41.1	43.6	45.9
50	27.6	32.6	36.7	40.0	43.0	45.6	47.9

注：表 D 露点温度值查对表给出了空气温度和相对湿度所对应的露点温度，使用该表时应注意下列几点：
①各行空气温度值，找到接近实际测量值的较高值和较低值。
②各行相对湿度值，找到接近实际测量值的较高值和较低值。
③找出相应的四个露点温度，分两步进行线性内插计算，并四舍五入至 0.1℃。
④表 D 中的数值是可以通过公式（D.0.1）计算得到的。

$$t_d = 243.175 \times \frac{(243.175+t)\,(\ln 0.01 + \ln\varphi) + 17.08085t}{234.175 \times 17.08085 - (243.175+t)\,(\ln 0.01 + \ln\varphi)}$$

(D.0.1)

式中 t_d——露点温度（℃）；

t——空气温度（℃）；

φ——空气湿度（%）。

附录 E 表面处理等级及测定

E.1 表面锈蚀等级和除锈等级测定

E.1.1 石油储罐钢材表面锈蚀等级和除锈等级的测定，应采用目视对比测定法；测定时，应符合现行国家标准《涂装前钢材表面锈蚀等级和除锈等级》GB 8923第四章的规定，并应进行拍照。

E.1.2 锈蚀等级，宜按照现行国家标准 GB 8923 第二章的规定进行确定。

E.1.3 在本规范中，除锈等级分为三级，即 Sa2.5、Sa3 和 St3，宜按照现行国家标准 GB 8923 第 3.2.3 条和第 3.3.3 条的规定进行确定。

E.2 表面粗糙度的测定方法

E.2.1 应在现场用表面粗糙度测定仪对表面粗糙度进行测定；测量时，应符合现行国家标准《产品几何技术规范 表面结构 轮廓法评定表面结构的规则和方法》GB/T 10610 的规定。

E.2.2 测定过程应符合下列要求：

1 应按本规范第 F.1.2 条的要求选择检测区域位置；

2 在检测区域内选择 5 个检测点，每个检测点面积应为 100cm² 的正方形；

3 在检测点内任意取 3 个点进行测量，测量结果取平均值。

E.2.3 表面粗糙度的表示应符合现行国家标准《表面粗糙度参数及其数值》GB/T 1031 和《产品几何技术规范 表面结构 轮廓法 表面结构的术语、定义及参数》GB/T 3505 的规定。

E.3 钢表面可溶性氯化物测定方法

E.3.1 应在现场对钢表面的可溶性氯化物进行测定；测量时可参考国际标准《涂敷涂料前钢材表面处理 表面清洁度的评定试验 水溶性盐的电导仪现场测定方法》ISO 8502.9。

E.3.2 测量过程应符合下列要求：

1 可参照本规范第 F.1.2 条的要求，选择合适的检测区域位置。

2 在检测区域内选择合适的检测点，每个检测点面积应为 100cm²。

3 用 50ml 的纯水或去离子水擦洗检测点，擦洗过程至少为 3min，擦洗过程中，水不得滴出或溢出检测点与擦洗工具。

4 收集擦洗液，若擦洗液不足 50ml，应加水补足。

5 对擦洗液的可溶性氯化物含量进行测定，测定结果以 mg/l（NaCl 的含量）的数值表示。

E.3.3 钢表面可溶性氯化物的含量结果表示：

$$P = P_{NaCl}/2 \qquad (E.3.3)$$

式中 P——钢表面可溶性氯化物的含量（μg/cm²）；

P_{NaCl}——擦洗液中可溶性氯化物含量，即 mg/l 的数值。

附录 F 涂装质量检验规则及方法

F.1 一般规定

F.1.1 当采取抽检时，应选择具有代表性的受检区域。

F.1.2 受检区域的选择应符合下列规定：

1 选择若干受检区域，每块区域面积可为 10m²，每一单独区域不得断开。

2 受检区域的面积的总和不应小于总面积的 5%，其中重点部位不得小于 10%。

F.1.3 检验时涂层表面应是干燥的，无附着物的。

F.1.4 检验仪器应具有良好的重复性和再现性。

F.1.5 检验过程中如发现质量不合格时，应采取适当方式处理，然后重复整个检验过程。

F.2 "90-10" 规则

F.2.1 用仪器进行测量的结果，允许有 10% 的读数可低于规定值，但每一单独读数不得低于规定值的 90%。

F.2.2 "90-10" 规则的具体要求如下：

1 按本规范第 F.1.2 条的要求选择合适的检测区域。

2 在每块区域任意确定 5 个面积为 100cm² 的正方形，并在正方形里选择三点进行测量，结果取平均值。

注：举例说明，以涂装面积为 4000m²，规定涂层厚度为 200μm 为例。

1）任选 20 个区域，每块面积为 10m²，符合总面积的 5%。

2）在每块区域任意确定 5 个面积为 100cm² 的正方形，并在正方形里选择三点进行测量，结果取平均值。本例可获得 100 个数据。

3）本例中获得的 100 个数据，可允许 10 个数据低于 200μm，但每一单独点的测量值不得低于 180μm，如下表所示。

测得数据（μm）	平均值（μm）	合格与否
179　200　221	200	不合格
200　180　181	187	不合格
190　200　210	200	合格

F.3 "85-15" 规则

F.3.1 用仪器进行的测量结果，允许有 15% 的读数可低于规定值，但每一单独读数又不得低于规定值的 85%。

F.3.2 "85-15" 规则的具体要求，应符合本规范第 F.2.2 条的要求。

F.4 涂层厚度的测量

F.4.1 应采用磁性测厚仪对涂层厚度进行测量。

F.4.2 测量时，应按照现行国家标准《磁性金属基体上非金属覆盖层厚度测量磁性方法》GB 4956 的规定执行。

F.4.3 测量过程应符合本规范第 F.2.2 条的要求。

F.4.4 测量弯曲表面（如加热盘管等）时，仪器应进行专门的校准。

F.5 涂层孔隙率的测量

F.5.1 应采用电火花检漏仪或 5～10 倍放大镜对涂层孔隙率进行测量。

F.5.2 当采用电火花检漏仪测量时，应符合下列要求：

1 按本规范第 F.1.2 条的要求选择检测区域位置。

2 探测电极沿涂层表面移动时应始终保持与涂层表面紧密接触，并通过观察电火花的出现来确定孔隙的位置。

3 确定检测区域孔隙的个数。

F.5.3 电火花检漏仪检测电压应符合公式（F.5.3）的规定：

$$V = 3294 \sqrt{T_c} \qquad (F.5.3)$$

式中　V——检测电压（V）；

　　　T_c——涂层厚度（mm）。

注：当涂层厚度分别为 350μm、300μm、250μm、200μm、150μm 和 60μm 时，对应的检测电压分别为 2000V、1800V、1700V、1500V、1300V 和 800V。

F.6 涂层表面电阻的测量

F.6.1 可采用涂料表面电阻测定仪对涂层表面电阻进行测量。

F.6.2 测量时，应符合下列要求：

1 按本规范第 F.1.2 条的要求选择检测区域位置。

2 在检测区域内选择 5 个检测点，每个检测点面积可为 400cm²。

3 在检测点内任意取 3 个点进行测量，测量结果取平均值。

附录 G 阴极保护电位的测试方法

G.1 储罐的罐/地极化电位－850mV

G.1.1 测量应符合以下准则：钢质储罐相对饱和铜/硫酸铜参比电极的极化电位至少－850mV。为了避免储罐去极化过快，断电时间不应超过 3s。测试时必须断开与储罐直接连接的牺牲阳极组。如果存在杂散电流或其他电流源且不能被中断时，测量就存在误差。为此建议采用测试探头或辅助试片，用探头或试片断电法代替。

G.1.2 影响断电测试方法准确度的电流源包括：

1 牺牲阳极。

2 相邻的其他阴极保护系统。

3 电气化铁路。

4 原电池或双金属电池。

5 直流采矿设备。

6 极化水平不同的相邻储罐。

7 与之搭接的其他构筑物。

G.1.3 基本测试设备包括：

1 具备足够输入阻抗的电压表。通常情况下，数字式仪表具备 $10^7 \Omega$ 的输入阻抗。

2 不同颜色的仪表引线。

3 CSE 或其他参比电极。

G.1.4 测试步骤：

1 测试前确认阴极保护设备已安装且运行正常。

2 在所有影响储罐电位的直流电源系统中安装电流中断设备。

3 确定参比电极的安放位置。

4 确定测试点位置。

5 在测试点处用电压表连接储罐和参比电极。

6 记录罐/地通电电位、瞬间断电电位，断电位测量应在0.5～1.0s内完成。

G.2 储罐的阴极极化电位差至少 100mV

G.2.1 测试应符合以下准则：钢质储罐和与土壤接触的饱和铜/硫酸铜参比电极之间测得的极化电位差至少 100mV。测试时必须断开与储罐直接连接的牺牲阳极组。本方法适合在腐蚀电位较低的储罐环境中使用，对未涂敷的或覆盖层失效的储罐尤其有效。

G.2.2 影响该测试方法准确度的电流源包括：

1 牺牲阳极。

2 相邻的其他阴极保护系统。

3 电气化铁路。

4 原电池或双金属电池。

5 直流采矿设备。

6 极化水平不同的相邻储罐。

7 与之搭接的其他构筑物。

8 直流焊接设备。

G.2.3 基本测试设备：

1 具备足够输入阻抗的电压表。通常情况下，数字式仪表具备 $10^7\Omega$ 的输入阻抗。

2 不同颜色的仪表引线。

3 CSE 或其他参比电极。

G.2.4 测试步骤：

1 极化衰减的测试步骤：

　　1）测试前确认阴极保护设备已安装且运行正常；

　　2）确认所有影响储罐电位的直流电源系统可被中断；

　　3）确定参比电极的安放位置；

　　4）确定测试点位置；

　　5）在测试点处用电压表连接储罐和参比电极；

　　6）记录罐/地通电电位、瞬间断电电位；

　　注：罐/地断电电位是计算极化衰减的基准值。

　　7）断开在测量点处影响电位测量的所有直流电源系统；

　　8）连续测量和记录储罐/电解质电位，直到它达到稳定的去极化水平。

2 极化形成的测试步骤：

　　1）测试前确认阴极保护设备已安装且尚未开始运行；

　　2）确定参比电极的安放位置；

　　3）确定测试点位置；

　　4）在测试点处用电压表连接储罐和参比电极；

　　5）记录罐/地自然电位，该电位是计算极化形成的基准值；

　　6）运行阴极保护设备，确定罐/地电位达到极化值；

　　7）确认在所有影响储罐电位的直流电源系统中已安装电流中断设备；

　　8）记录罐/地通电电位、瞬间断电电位；

　　9）瞬时断电电位和自然电位的差值即为极化形成的数值。

本规范用词说明

1 为便于在执行本规范条文时区别对待，对要求严格程度不同的用词说明如下：

　　1）表示很严格，非这样做不可的用词：

　　　　正面词采用"必须"，反面词采用"严禁"。

　　2）表示严格，在正常情况下均应这样做的用词：

　　　　正面词采用"应"，反面词采用"不应"或"不得"。

　　3）表示允许稍有选择，在条件许可时首先应这样做的用词：

　　　　正面词采用"宜"，反面词采用"不宜"；

　　　　表示有选择，在一定条件下可以这样做的用词，采用"可"。

2 本规范中指明应按其他有关标准、规范执行的写法为"应符合……的规定"或"应按……执行"。

中华人民共和国国家标准

钢质石油储罐防腐蚀工程技术规范

GB 50393—2008

条 文 说 明

目 次

1 总 则

1.0.1 石油储罐防腐蚀工程主要包括涂层保护和阴极保护两种手段。目前涂层保护工程出现的问题比较多，主要有：

1 在设计方面，源于理论误解而在涂料的选型上出现错误。例如，在原油罐底的防腐蚀和导静电问题上，原油罐底部采用导静电涂料，不仅使罐体加重腐蚀，而且还会使牺牲阳极加速消耗。石油储罐因涂料的选择不当而造成腐蚀加重的情况时有发生，给石油储罐的安全和使用带来了不少隐患。

2 在施工方面，表面处理等级达不到要求，所选涂料的质量要求不统一，在具体操作上各行其是，造成涂装质量差别很大。

3 在维护方面，重视程度不高，忽视维修，使遭到破坏的涂层得不到及时适当的处理，从而导致涂层失去保护作用。

为了确保工程质量，避免上述问题的发生，制定本规范。大量的工程实践证明，加强对施工过程的控制，可有效减少损失和资源浪费，有利提高防腐蚀的效果，从而对整个防腐蚀工程的安全性、耐久性提供可靠的保障。本规范在制定过程中对施工控制作了较多的规定。

1.0.2 强调了本规范的适用范围。本规范在制定过程中重点对新建大型原油储罐的防腐蚀工程进行了规定。首先，因为原油的腐蚀问题比较严重，腐蚀原因又很复杂；其次，因为原油罐底的防腐蚀在设计上出现理论性错误，导致腐蚀更加严重；最后，因为目前我国正在加强原油储备能力的建设，在石油储罐防腐蚀工程方面还缺乏统一的相关国家标准。本规范在制定过程中也对成品油罐进行了专门的规定。成品油罐包括汽油罐、柴油罐、煤油罐等。这类储罐的油品温度较低，罐底存水较少，并且储罐的数量也较多。对这类储罐规定了应采用的导静电防腐涂层的结构及类型。中间产品罐作为炼厂中比较特殊的储罐，因为其在特殊的腐蚀环境和腐蚀介质下出现了诸多的腐蚀问题，所以在规范的制定过程中对中间产品罐作了规定。同时，本规范对渣油罐和污油罐也作了规定。其他如污水罐、气体罐（柜），本规范没有专门的规定，在设计、施工过程中可参考本规范。

1.0.3 石油储罐属于火灾和爆炸等危险性设施，是安全保护的重点设备，所以首先必须做到安全可靠。

本规范是石油储罐防腐蚀工程专业性技术规范，是针对石油储罐防腐蚀工程而制定的，因此在设计和施工过程中，如遇到其他标准与本规范的规定不一致的情况，应执行本规范的规定。

防腐蚀工程所涉及的专业较多，许多防腐蚀材料具有一定的毒性，施工环境恶劣，施工条件苛刻，所以对施工的安全技术、劳动保护和环境污染等方面的要求必须严格，在这些方面，国家的法律法规和相关标准都有严格明确的规定，必须执行。

2 术 语

本章列出了石油储罐防腐蚀工程中的相关术语，主要包括涂层保护和阴极保护两个方面，而侧重于涂层保护方面的表面处理施工及检测。

3 一 般 规 定

3.0.1 石油储罐被腐蚀所造成的危害是不容置疑的，如不采取防腐蚀措施，储罐的使用寿命会大大降低。

储罐在主体设计时应同时考虑所储存的油品种类以及储罐所处的外部环境和地质等情况，采用合理有效的防腐蚀措施，并且应做到与主体工程同步设计、同步施工和同步投产使用，这样才能经济、有效地发挥防腐蚀措施的作用。

3.0.2 本条规定是基于石油储罐的生产维护周期和经济合理性方面的考虑。通常油品储罐使用6～7年后进行清罐检修，特别是储罐内防腐涂层使用寿命若低于7年，则罐内壁及罐底板内表面明显有被储存介质腐蚀的倾向。

3.0.3 对于罐径小于8m的储罐不必采用阴极保护措施。大多数储罐的罐径大于8m，造价高。依据储罐的实际情况，由于石油储罐底板外表面与土壤接触，有受到含有腐蚀性的雨水和地下水腐蚀的危险。国内外普遍对土壤侧涂敷涂层加阴极保护。虽然焊缝处5～10cm的宽度因无法涂敷而裸露，但涂层部分可以使阴极保护电流大大降低，从而延长阴极保护系统的使用寿命。

无论强制电流法还是牺牲阳极法用于油罐外底板的阴极保护，若保护寿命低于20年，则没有实际价值。

3.0.4 本条因为其重要性和特殊性，所以作为一般规定。原油罐内壁下部和底板内表面的腐蚀情况比较复杂。罐底有一定高度的沉积水，沉积水的腐蚀性强。沉积水本身是导电介质，不会产生静电积累，所以不必采用导静电涂料，而应采用绝缘型防腐涂层和牺牲阳极联合保护技术。因为强制电流阴极保护系统要使用电源，而且电器回路连接复杂，存在产生电火花而引燃易燃易爆介质的可能性，所以采用牺牲阳极保护方法对罐内壁下部和底板内表面进行保护更为合理。

1 当绝缘型防腐涂料的表面电阻率达到$10^{13}\ \Omega$时，涂层的绝缘性能好，阳极块的消耗率低，涂层防腐蚀性能优异，可以达到长效防腐。

2 原油储罐内沉积水部位的牺牲阳极材料应采用铝合金牺牲阳极，因为锌阳极在温度高于54℃的情况下可能发生极性逆转，而镁阳极易产生火花，因此应采用铝合金阳极。

3 当保护电流密度为 $10mA/m^2$ 时，在初期保护电流显得偏大，在中后期时适中。

3.0.5 储罐防腐蚀施工时，应严格按照防腐设计方案进行。因为设计方案由经验丰富的专业人员设计并已经过评审，随意变动可能影响防腐效果。新材料日益增多，但规范的制定往往滞后于材料与技术的发展，为保证新材料和新技术得到应用，本规范提倡采用新技术和新材料，但采用的新技术和新材料必须通过试验获得可靠数据或有充分实践证明不影响最终防腐蚀效果，并征得设计部门同意，方可采用。

3.0.6 原材料质量的优劣直接关系到储罐防腐蚀工程的好坏。目前国内防腐蚀材料的生产单位很多，有的产品质量不稳定，因为产品质量不合格而导致的质量事故时有发生。为防止不合格材料或不符合设计要求的材料用于石油储罐的防腐蚀工程，本条规定了必须具有产品质量证明文件。本规范只对部分产品作了规定，其他的应符合国家或行业的现行标准。

1 有国家现行标准依据的，材料供货方必须提供材料检测报告和产品合格证书，作为自查自检材料。

2 没有标准依据的，材料供货方必须提供材料的质量技术指标和相应的检测方法。

3 进入施工现场的材料应有复检报告，对于新材料和新技术必须提供省部级以上的技术鉴定报告，提供质量技术指标和相应的检测方法，以此作为第三方检验的依据。

原材料的检验应遵循的原则是：自查自检，互查互检，他方检验。原材料不仅应有供货方提供的检验报告，而且应经过业主的检验或第三方的检验，方可进入施工现场。对于新材料和新技术经过科学和合理的鉴定后采用，从而能保证优质材料和先进技术的使用。

3.0.7 本条规定了施工必须具备的条件，对施工机具和检验仪器进行了规定，目的是为了保证施工质量。

3.0.8 罐内有的涂层在涂装完成后需要有一定的养护期，只有在养护期满后方可使用；有的储罐在涂装完成后尚未投用，造成闲置，闲置期间为了避免对涂层的损坏，应采取相应的防护措施，储罐充水会对涂层造成一定的损伤，因此规定储罐闲置期间不得充水。

3.0.9 防腐蚀工程涉及专业较多，许多防腐蚀材料为有毒性、易燃，高空作业施工环境恶劣，施工条件苛刻，所以对施工的安全技术、劳动保护和环境污染等方面的要求必须严格。

4 设 计

4.1 涂层保护

4.1.1 储罐采用涂层保护时应根据不同的储存介质采用不同的防腐涂层体系。不同的油品介质其腐蚀性不同，同一储罐的不同部位其腐蚀程度也不相同，因此，对储罐内防腐蚀涂层的耐蚀性要求就有所不同；储存介质温度不同对涂层的耐温性要求也不同。所以，应根据具体情况具体分析，合理地选择涂层保护方案。

4.1.2 各种防腐蚀涂料其性能应达到一定的指标要求，才能表现出应有的防腐性能。因此，附录 A 中列出了油罐可能使用的各种防腐涂料的基本性能指标。

4.1.3 涂层的表面电阻率大于等于 $10^{13}\ \Omega$ 可以认为是绝缘的。就防腐涂层来说，其表面电阻越大，防腐性能越好。

4.1.4 导静电涂料分为本征型和添加型两类。本征型利用基料本身的导静电能力来实现导静电；添加型主要通过填料来实现导静电，常见的主要以添加金属和金属氧化物及炭黑为主，添加金属和金属氧化物浅色导静电涂料，与以添加炭黑为主的黑色导静电涂料有所区别。由于炭黑系列的导静电涂料在使用过程中污染油品、耐腐蚀性差等缺陷，本规范限制了炭黑系列的导静电涂料的使用。本规范提倡使用本征型导静电涂料。

美国国家消防协会标准《静电作业规范》NFPA77 明确提出，涂料的电阻率应高于介质的电阻率，并不宜超过 $10^{11}\ \Omega$ 。导静电涂料的电阻率低于油品的电阻率的 $1\sim2$ 数量级，可以认为是安全的。

4.1.5 原油储罐的油水分界线高度是相对固定的，涂装的高度应至少高于最高油水分界线 20cm。原油储罐内部的腐蚀程度以罐底内表面和与底板"T"形相交的第一、二圈板最为严重，罐顶次之，罐壁最轻；通常罐底板的涂层厚度应大于罐顶，罐壁因腐蚀轻微而一般不进行涂装。

1 原油储罐底板内表面的面漆要求具有耐酸碱、耐盐水、耐硫化物、耐油等特性，它与罐底沉积水中复杂的化学成分有关。短期耐热180℃是基于蒸罐或清罐等操作而考虑的。由于沉降水是强腐蚀渗透性介质，底漆采用附着力强的环氧类防腐蚀漆，中间采用耐渗透性强的含玻璃鳞片或云母的环氧厚浆涂料，防止腐蚀性离子渗透穿过涂层，面漆采用耐油和酸、碱、盐和具有耐热性的防腐蚀涂料，这样的配套体系比较合理。因此，防腐涂层的厚度应在 $350\mu m$ 以上才能达到与阴极保护相配套的长效防腐效果。

2 浮顶罐因浮盘始终与原油接触并处于活动状态下，有产生静电的倾向，所以该部位应采用导静电涂层。

3 浮顶罐内壁顶部和浮顶上表面因长期处于大气环境下，所以要求涂层具有耐水性和耐候性，其内壁上部的涂装高度可根据浮顶活动最高高度而定，通常情况下涂装高度为 $1.5\sim3.0m$。

4 拱顶罐顶部由于存在油气、水蒸气、空气及油品中挥发性的硫化氢等，在温度变化的条件下，罐内气体产生"呼吸"作用，气体在罐顶是流动的，所以要求涂层应具有耐水性、耐油性、耐候性。

5 有保温层的原油储罐外防腐涂层应具有耐水性是基于保温层内部容易存留水分而考虑的。富锌漆是性能良好的防锈底漆，这是防腐所必需的。

6 无保温层的地上原油储罐外防腐同样也应采用富锌漆作为底漆，面漆由于长期受紫外线和大气的破坏，因此面漆必须采用耐候性好的氟碳漆和丙烯酸-聚氨酯类防腐涂层，防腐涂层总厚度应在 200μm 以上较为合理。

7 原油罐顶（浮顶罐除外）的防腐除了满足本规范第 4.1.5 条第 6 款外，还应满足有一定的耐磨性，因检修维护阶段通常会有人员在罐顶作业。

8 地下储罐由于不受大气紫外线的作用，仅为水和水蒸气的作用，因此，底漆必须用富锌漆，面漆用耐水性好的环氧类、聚氨酯类或其他耐水性良好的防腐涂料。地下储罐由于不方便施工修补，因此，涂层厚度应达到 300μm。

4.1.6 通常石油产品的电阻率较原油要高出 3～4 个数量级，油品的装卸容易产生静电积累，储罐内表面防腐涂层应具有耐油性和导静电性。其中，外防腐与无保温层的原油罐的外防腐相同。

4.1.7 石油炼制过程的中间产品其腐蚀性一般要高于相应的石油产品，通常高于常温，储罐内表面涂层应具有耐热性和耐油性。其中，外壁保护涂层除了满足本规范第 4.1.5 条第 6 款的要求外，涂层也应具有一定的耐热性。内防腐则除了满足导静电外也还应有耐热性要求，以满足涂层长期在一定温度下使用的需要。

4.1.8 本条规定的应用对象为易挥发性油品（包括低粘度原油、中间馏分油、轻质产品油等）的储罐外壁。"热反射隔热"，即太阳光（可见光和近红外两者占热能的 90%）中绝大部分被涂层表面反射掉，把涂层及基体吸收的可见光和近红外及紫外光能以红外辐射方式，通过大气窗口发射到大气外层，以达到降温的目的。所以，规定的技术指标是反射率 $R \geqslant 70\%$（白色$\geqslant 90\%$ GB/T 13452.3），半球发射率 $\varepsilon \geqslant 60\%$（GB/T 2680）而不是笼统地讲降低温度多少度；隔热，是由于中间涂层中含有经过特种处理的空心微球阻挡热能传递，从而起到隔热作用，所以规定的技术指标是导热系数 $\rho \leqslant 0.25 \text{W/cm} \cdot \text{K}$（GB/T 10297）。热反射隔热防腐蚀涂料是由热反射涂层（内含所需波段内反射率最高的粉料）、隔热中间层（内含经过特殊处理的空心微球）和环氧富锌或环氧云母底漆等三层组成，干膜厚度不应小于 250μm。

4.1.9 对于本规范第 4.1.7 条中规定的中间产品罐，也可采用喷涂金属外加耐热性导静电防腐涂料封孔，因为金属的耐热性更好，具有导电性又有阴极保护功能，但必须达到一定的厚度，封孔涂层的厚度也应保证，否则会发生更为严重的腐蚀。

4.1.10 油罐底外边缘板的腐蚀原因，一是由于油罐的基座与罐体底板结合的部位，随着环境主要是温度的变化使底板径向发生伸缩；二是由于油罐装卸的油量变化引起油罐的变形，当油罐充液后由于静液压力作用产生较大的环向应力，使油罐沿半径方向产生水平变位，而边缘板由于与底板牢固地焊在一起无法向外扩张，结果在边缘板处发生变形，从而产生边缘应力，该应力与基座对边缘板的抵抗力共同作用导致底板外环部的塑性变形；当空罐时，罐体恢复原状，边缘板却由于塑性变形而向上翘曲。过去国内的油罐底板边缘板防水的习惯做法是沥青灌缝或敷沥青砂，但投入使用后检查发现成功的很少，也有用橡胶沥青或环氧玻璃布进行防水，但前者的耐老化性能差，粘接强度不够；后者的弹性差，使用后发生开裂、拉脱等现象，效果极不理想。2001 年 5 月中国石化集团公司颁发了关于《加工高含硫原油储罐防腐蚀技术管理规定》，该规定附录 2 中规定，油罐底板边缘板的防渗水防腐施工宜采用 CTPU 防水涂料贴覆玻璃布的施工工艺，采用该工艺施工的储罐边缘板防腐层最长的已使用 6 年无开裂、渗水，外观良好。CTPU 的特点是：防水效果好、粘接性好、有很好的抗变形能力（拉伸率达 500%）、维修容易、使用寿命长。

4.1.11 加热盘管因加热介质温度的不同，对涂层的耐热性要求也有所不同。一般情况下，采用有机硅涂料较多，也有采用酚醛环氧涂料的，但主要应根据加热介质温度来选择。

4.2 阴 极 保 护

4.2.1 由于石油储罐内油气环境较复杂，存在易燃易爆的危险性，而外加电流阴极保护系统驱动电压高，电器回路连接复杂，存在产生电火花而引燃易燃易爆介质的可能性，所以本规范推荐采用牺牲阳极保护方法对罐内进行保护。

本条对于罐底板外壁的阴极保护的方式提出推荐意见，通常大的储罐采用强制电流法是比较经济的，但也不能排除牺牲阳极方式的可能性。从经济上考虑，罐径小，电阻率合适的情况下，牺牲阳极方式仍是最佳的选择。

4.2.2 关于阴极保护准则，国际上认识基本一致。自 1992 年 NACE RP 0169 标准修订后，IR 降的成分基本上不允许含在其内，所以现在所提的电位准则均应认为是不含 IR 降成分的，给出的 $-1100 \sim -850$mV 应是断电时测得的电位，通电电位的值已没有实际意义。-100mV 的准则通常用于金属表面、耗电量大、自然电位低的场合。

4.2.3 进行罐内保护面积计算时，罐内的附属钢结构应在考虑范围之内，但由于其结构复杂，表面积往往不易精确计算，故在计算保护面积时，可将储罐内壁板沉积水高度的面积和储罐底板内表面的面积的和乘以 1.1～1.2 的系数。罐底沉积水部位的涂料种类和质量与牺牲阳极保护设计密切相关，涂层质量好，保护电流密度可减少，阳极用量可降低。

腐蚀性介质的化学成分和温度与铝合金牺牲阳极材料的选择有关。现行国家标准《铝-锌-铟系合金牺牲阳极》GB/T 4948 规定了五种成分的铝合金牺牲阳极。实验证明，不是所有铝阳极都适合在原油沉积水中使用，如铝-锌-铟-镁-钛阳极在高温下易产生晶间腐蚀，电化学性能明显劣化，所以在进行牺牲阳极保护设计时，应根据沉积水的化学成分和温度进行阳极材料筛选。

4.2.4 保护电流密度是进行阴极保护设计的关键技术指标，而本指标是根据工程实践经验和参照国外有关标准确定的。美国 NACE RP0575 标准规定，保护电流密度范围为 50～400mA/m^2，如无法确定电流密度时，设计时可采用 100mA/m^2。根据我国大型石油储罐的现状和大量的工程实践经验，原油储罐中沉积水中钢表面所需要的保护电流密度范围取 30～150mA/m^2 比较合适，其中有保护层的钢表面保护电流密度范围应为 10～30mA/m^2；无保护层的钢表面保护电流密度范围应为 30～150mA/m^2；充海水期间，裸露的钢表面所需要的保护电流密度范围为 70～100mA/m^2。

4.2.7 阴极保护设计所要考虑的因素很多，本条只列出了一些主要影响保护方案的因素，如果考虑不全面则会影响整体保护效果。

4.2.8 罐内沉积水的高度是不确定的，牺牲阳极只有在电解质的环境下才能起到阴极保护作用，阳极块的下表面与罐内底板的距离在 50～70mm 比较适当，高于 70mm 则沉积水位低时牺牲阳极不发挥作用，而低于 50mm 时则清扫报不方便。

大量实践表明沉积水出口部位的阳极消耗很快，需要增加阳极块的数量，一般情况下可增加 1～2 块。

4.2.9 在海滨地区新建的大型储罐为节约经费，通常采用充海水试压，由于海水本身的强腐蚀性，试压完成后，罐内钢板往往锈迹斑斑，如果采用小型铝合金或镁合金牺牲阳极进行临时保护，钢板表面则不会产生锈蚀，从而能够节约大量的时间和经费，这已在很多油罐的建设过程中采用过。

4.2.10 本条对电源的选用提出要求，主要有电源形式、防爆要求、容量和工作范围的规定，均属电器产品的常规要求。这里提醒一点，对于有些阳极产品，如网状金属氧化物（MMO）阳极，因存在有击穿电压的问题，所以所选的电源设备的电压不应超过此限（详见 BS 7361 标准和 W. v. 贝克曼《阴极保护手册》第三版等文献）。

4.2.11 储罐底板外侧阴极保护阳极的布置原则应是保护电流分布均匀，互相干扰影响小。

4.2.12 在国外文献中曾有"没有电绝缘就没有阴极保护"的观点，可见电绝缘对于阴极保护有多么重要，储罐阴极保护也不例外。目前国内有一种说法，采用 MMO 阳极的罐底阴极保护可以不要电绝缘。这种笼统的说法是不准确的，还要看具体条件。

4.2.13 本条是确保保护电流流动的必要条件。

4.2.14 为了减小保护电流消耗，避免不必要的腐蚀电流的形成，在罐体接地上不应采用比钢铁电位还正的材料做接地极。

4.2.15 阴极保护水平和效果的检测是以保护电位为标准的，如果测试位置不合理或测量方法有问题都会造成误判。对于大型储罐，因直径太大，电流分布不会太均匀，因而保护电位测量的位置显得十分重要。一般要求罐周边要有多处，罐中心点位置必须要有一处，只有这样才能对保护电流分布有个大致的认识。由于罐底的参比电极埋设是一次性的，在电极埋完后罐基础还要施工，易造成硫酸铜电极的破坏，所以应采用双电极体系，再者锌的参比电极寿命也比较长，是理想的参比电极。

4.2.16 这是防干扰的要求，+100mV 是直流干扰所不允许的，可参照现行石油天然气行业标准《埋地钢质管道直流排流保护技术标准》SY/T 0017。

4.2.17 罐群或罐区的保护，单独采用一种阳极形式，有时可能达不到预想效果，在局部还要增加一些分布式阳极补充，两者结合是较为理想的。

5 施 工

5.1 一 般 规 定

本节主要对施工企业的资质进行了规定，目的是为了保证施工质量。企业的资质是其技术、管理和资源等总体水准的体现，达到要求则有可能保证防腐蚀工程的整体效果，否则整体效果就会受到影响。

5.2 表 面 处 理

5.2.1 钢板表面的腐蚀状况分为 A、B、C、D 四个等级；不同等级的表面状况，表面处理方案有所不同，储罐用钢表面处理等级要求达到 Sa2.5 级，轧制的新钢板和有腐蚀坑的旧钢板的施工方法、材料消耗、压缩空气的压力等有很大差异。因此，应根据实际情况制定合理的施工方案。

本规范推荐采用磨料喷射处理，本条强调只有在喷射处理无法到达的区域方可采用动力或手工工具进行处理。

5.2.2 石油储罐受化工大气、海洋大气的腐蚀，在安装或使用过程中，表面会残留盐分、油脂、化学品和其他污染物，如果直接进行喷射或打磨处理，一部分污染物会随着磨料或锈蚀产物脱离钢材表面，还有一部分将会在处理过程中，被嵌入表面锚纹中，形成油膜等；当涂装涂料时，这些嵌入表面的污染物会严重影响涂料与金属基体的附着力。因此，在进行喷射处理前应采用高压洁净水冲洗表面。

5.2.4 附录 C 所选的设备和磨料是达到要求的除锈效果的必要条件。没有这些条件作保证是不可能达到所要求的除锈等级的。

5.2.5 喷射处理后，基体表面可能有灰尘等，把灰尘等清除干净需要手段，使用洁净的压缩空气和真空吸尘器等手段，目的是将吸附在新鲜的、粗糙的钢材表面上的灰尘等清理干净，确保底涂时基体表面达到涂装施工要求。清理完成后，应立即底涂，拖延时间可能会使基体洁净的表面又受到污染。

5.2.6 使用温、湿度测试仪测定空气温度和相对湿度，对照露点温度表查出该温度、湿度下的露点温度；再与当时的钢材表面温度（可用钢材表面温度仪测定）比较，决定是否可以施工，因为如果钢材表面结露则影响需要防腐的钢材底漆的附着力。

5.2.7 本条规定了油罐防腐涂装时金属基体应达到的洁净程度和氯离子污染量的控制指标。借助现场快速测试包或数字式氯含量测试仪可以测量钢材表面可溶性氯化物含量。

5.2.8 本条是对涂装前表面处理的具体要求，不同的防腐涂装要求不同的锚纹深度，不同的底漆也需要不同的锚纹深度。每种涂料都有特定的锚纹深度要求。

锚纹深度的检查不能仅凭肉眼，应使用专门的粗糙度检测仪。

5.2.10 表面清洁度和表面粗糙度现场样板，应在业主代表、监理等的共同监督下现场制作，用专门的仪器检测合格后，妥善保护，防止其被污染、锈蚀，方可作为参照物。

5.3 涂 装

5.3.1 每种涂料都应该有切实可行的施工指南才可能保证涂层最终的性能。本条强调了涂料供方应提供涂料的施工使用指南。

1 不同的涂料对基层的处理要求和处理工艺会有所不同，采取的处理方式不当会造成涂装失败。

2 由于涂料往往由多种化学组分组成，不能排除在涂装过程中对人体造成伤害，涂料供方应提供安全施工方面的相关数据，同时还应提供可能出现人体伤害情况下的处理措施。

3 对于涂料的特殊指标，如果现行标准没有规定的，涂料供方应提供相应的检测方法，由第三方进行检验。

4 在涂装完成并投入使用后，涂层在使用过程

中会遇到各种各样的问题，涂料供方应提供相应的维护预案。

5.3.2 钢表面的涂装温度应高于露点，环境温度不宜高于 50℃，否则涂层中溶剂挥发太快会产生过多的针孔。

5.3.4 强调了涂装施工现场试涂的重要性，如果现场试涂不合格那或者涂料不合格，或者涂装工艺或涂装条件不合格。

5.3.5 涂装前的检查和清理是十分必要的。钢材表面如有凹凸不平，可批刮薄层腻子；钢材表面应无裂缝、起皮、拉口等缺陷，大部分这类缺陷是在表面预处理后才显现出来，如果出现这种情况，则应进行打磨、焊接处理，甚至更换钢材。这条是具体涂装时应该注意的一些必不可少的方面。表面处理结束至涂敷底漆之间的时间间隔，一般情况下不应超过 4h，在海滨潮湿地区一般不应超过 2h。腻子应与涂料匹配，腻子干透后打磨平整，清理干净后实施底涂。

5.3.7 本条主要是强调在涂装完工后应注意保护涂层，如有破坏则应按原方案进行重涂直至达到要求。

5.3.8 本条是针对加热盘管的防腐提出的具体要求，因为加热盘管的温度高，腐蚀严重，其防腐既要达到要求又不影响传热。

5.3.9 储罐高压无气喷涂效果也比较理想，已被大量采用。

5.4 金属涂层施工

本节在制定过程中主要参考了现行国家标准《金属和其他无机覆盖层 热喷涂 锌、铝及其合金》GB/T 9793 和中国石化集团公司颁布的《加工高含硫原油储罐防腐蚀技术管理规定》中的内容。

5.5 阴极保护施工

5.5.1 罐内牺牲阳极与储罐钢板的连接可采用焊接或螺栓固定的方式，但建议采用焊接方式安装；为了保证焊接的牢靠，单边焊缝长度不小于 50mm。

5.5.2 罐外阳极的电缆引线应密封好，并应保证在阴极保护设计寿命内不被损坏；因电缆引线损坏而使牺牲阳极无法给罐底提供保护电流的现象往往是由于施工过程中牵拉阳极的电缆引线造成的。

5.5.3 本条提出了外加电源阴极保护施工时的具体要求和注意事项，以确保保护系统的正常运行。

5.6 施工过程检查与控制

施工过程的质量检查是防腐蚀工程检查的重点，施工时必须严格按照施工方案进行。施工直接决定涂装质量的优劣，必须加强施工过程的质量检查与控制。

5.6.1 检查是否达到本规范第 3.0.7 条的要求，即：施工设计完成、经过了审核、具有明确的签署文件和

完整可靠的技术文件方可开始施工，施工作业所需的图纸齐备，经过会审才不会在施工过程中出现分歧。施工所用防腐材料进行了抽检，出具由权威质检部门的检测报告，供货方、业主和施工方三方共同认可才不会出现以后互相推诿的纠纷。基底的检查符合设计要求，才不会出现表面处理不当或防腐涂装不合理的现象。

5.6.2 本条是对油罐防腐用材料质量的特殊要求，必须满足，否则会造成危害。这类材料有特定的检测方法。

5.6.3 表面处理效果是否达到应用要求，对最终防腐效果影响非常大，因此检测方法必须具体、可操作和能明显进行判别表面处理效果。

5.6.4 油罐防腐涂料在施工过程中容易出现与其他涂料相同的问题。如出现涂层不平整、颜色不一致、漏涂、泛锈、气泡、流挂、皱皮、咬底、剥落、开裂等缺陷。因此，每一层是否达到所要求的厚度，涂装的层数是否符合要求、涂层的针孔率等是否达到要求等都应进行检查，否则会留下质量隐患。

5.6.5 防腐涂层干燥后，应检查干膜厚度是否达到设计要求，涂层表面状况如何等。对于原油储罐、中间产品储罐和污油储罐，由于腐蚀比较严重，因此要求要比成品油罐严格，要求采用"90-10"规则，而成品油罐则要求采用"85-15"规则来检查涂层的厚度。绝缘型涂层应采用电火花检漏仪检测空隙率，而导静电防腐涂层则用 5 倍放大镜检测空隙率。用涂料表面电阻仪来检测绝缘型涂层和导静电涂层的电阻率。

5.6.6 阴极保护工程的检测有具体的要求，所用阳极材料的成分是否达到国标要求，质量是否稳定，重量是否达到要求，所选设备型号、稳定性等是否合乎要求，罐内的阳极焊接是否牢固，位置正确与否等，罐外阳极位置、填料数量、质量、参比电极的数量、位置、电缆连接、测试桩的连接绝缘密封等，都影响最终的防腐效果。

5.6.7 人身安全、财产安全应贯彻整个施工过程，因此施工过程的安全检查非常重要。应制定安全生产责任制，做到每一步都有人负责安全，每一步都注意安全。应制定防火、防爆、防雷安全措施，作业人员防护措施，原材料储存安全技术规定。除锈及容器内作业，电气、起重、脚手架等安全作业技术要落到实处。此外，施工过程中的废物处理不得污染环境。

6 交工验收

6.0.1 石油储罐防腐蚀工程涉及：

1 防腐设计：包括防腐涂料和阴极保护。

2 防腐施工。

3 防腐施工过程质量检测。

4 防腐效果检测。

6.0.2 石油储罐防腐蚀工程完工需要验收内容很多，包括设计文件、施工方案和记录、施工所选的防腐材料（包括防腐涂料和阴极保护材料）的质量合格证明文件以及施工过程中的设计替代、材料更换、返修过程记录（包括返修点的位置等）以及最终各种检测结果（包括防腐涂层的厚度、表面电阻、针孔率、保护电位、断电电位等），这些文件完整齐全才能有效证明防腐工程是否真正达到预期的防腐效果。

7 运行维护与检测

7.1 涂层保护

7.1.1 储罐涂层竣工验收合格后，不宜再进行任何强度和严密性试验，因为试验带有一定的压力，有可能对已完工涂层造成损伤。虽然涂层与钢底材有一定的附着力，但在较大的外压与卸压状态下会使涂层产生收缩与膨胀的内应力，有可能产生微裂纹，使涂层屏蔽与防腐性能降低。储罐涂层施工验收合格后，更不能进行焊接动火作业，特别是储罐焊接牺牲阳极应在涂装前完成。

7.1.2 储罐底部积水中含有一定量的氯离子、H_2S 与溶解氧，这些都会加重罐底的腐蚀，为减轻对罐底的腐蚀应明确规定定期排水并作相应记录。有条件的最好能安装自动脱水系统，以保证油罐污水在最低液位。

7.1.3 对储罐涂层应妥善保护，国家现行标准《常压立式圆筒型钢质储罐维修检修规程》SHS 012—2004 中规定储罐的检修周期为 3～6 年，各单位根据这一规定安排储罐的检修，储罐的腐蚀情况及防腐层的使用情况也应同时检查，发现涂层有缺陷应根据检测结果确定是否需要补涂或重新整体防腐。

7.1.4 本条为清罐时的具体要求。任何机械损伤，均将造成储罐涂层的局部缺陷，腐蚀介质就会从该缺陷处渗入而侵蚀金属基体，造成毗邻处涂层的脱落，腐蚀扩大。对防腐涂层尚在使用寿命期内的储罐，在制订清罐方案时应有防腐专业人员参与会审，避免防腐层的损坏。

7.1.5 储罐建立防腐档案，是设备管理最基本的需要。

7.1.6 巡检是对油罐的防腐工程日常管理的主要内容，以便及时发现问题并及时整改。

7.2 阴极保护

7.2.1 本条规定对原油罐底板内表面所采用的牺牲阳极情况进行检查，以确定该系统是否完好，还是需要修补完善等。

7.2.2 本条规定了新建的阴极保护系统的各种电化

学参数应该进行测量的内容。不同的介质环境需要测量不同的参数。本条对储罐底板侧阴极保护投产前的测试项目提出要求，这是十分必要的，因为投产后有些参数测量将变得十分困难，甚至不可能，这些原始参数将作为档案永久保存，以供日后管理中参比。

7.2.3 为了检验阴极保护投用后的效果，必须进行保护参数的测量，其基本参数是保护电位（测量方法在附录 G 中给出），本条是保护电位测量的最基本要求，主要有测量点的位置、参比电极的位置、参比电极的选择和罐内液位的要求。只有满足这些要求，才能测量出真实的保护电位和电位分布。

7.2.4 阴极保护系统运行半年后应该进行运行情况的检查，测量保护参数，以确定系统是否需要参数调整，设备是否需要修理维护等。

7.2.5 储罐系统检修维护后，间断的时间不宜太长，否则再次启动时阴极保护系统会受到不良影响。阴极保护系统投入运行后，一般都运行稳定，只要电源工作正常就可视为保护正常，管理工作中，维护系统的正常工作是主要的，保护电位不必测量太频繁，因为标准要求采用断电测量，使电源经常通/断操作，会对保护的连续性造成一定的影响。阴极保护系统投入运行后，如遇停电，停电时间不宜过长。

7.2.6 本条给出了管理工作中的主要内容，也是基本要求，各单位可能还会在此基础上补加其他的内容，不过一座储罐的档案是必不可少的，应永久保存。

附录 A 储罐用防腐蚀涂料

A.1 一 般 规 定

储罐用防腐涂料必须具备一般防腐蚀涂料所应该具有的物理机械性能，包括附着力、柔韧性、硬度、冲击强度、粘度、密度、固体含量等一系列性能指标，此外还应具备储存油品这种特殊介质相适应的一些性能，包括导静电性等。这些指标的测试应严格按照国标方法进行。

A.2 绝缘型防腐蚀材料

由于原油携带无机盐和水，储存中无机盐和水沉积在罐底，一般沉积水高度在 1.5m 左右时，应进行排水。由于涂层与腐蚀性、渗透性很强的无机盐和沉降水等接触，容易被破坏，金属容易被腐蚀。特别容易发生电化学腐蚀，因此，在罐底 1.5m 左右的壁板和罐底只能使用绝缘性防腐蚀涂层，而且涂层的电阻越大，绝缘性越好，防腐效果越好；相反，涂层导电性越好，则耐腐蚀性越差。所以，对这段罐壁和罐底的涂层的表面电阻有特别要求。

A.3 导静电型防腐蚀涂料

成品油储罐所储存的绝缘性油品在装卸等过程中，容易产生静电，静电对储罐来说非常危险，因此本规范严格要求对这些静电要导出。依据国内外导静电经验和实验结果，此类储罐的防腐涂层必须采用导静电防腐型涂料，静电指标严格执行安全要求，导静电性能指标——涂层表面电阻低于 $10^8\Omega$ 时，涂层的耐蚀性将降低，高于 $10^{11}\Omega$ 时，导静电性处于不安全范围。

A.4 氟碳类防腐蚀涂料

氟碳类防腐蚀涂料主要用在油罐的外防腐，油罐的外防腐涂层与大气接触，特别是紫外线。普通的外防腐涂层的基体容易被紫外线所破坏，涂层的高分子基体容易在紫外线作用下发生链的断裂，涂层寿命短。而氟碳防腐蚀涂料的高分子基体由于存在键能很大的氟碳键，紫外线很难破坏，高分子链不易断裂，因此，储罐的外防腐应采用氟碳类防腐蚀涂料。但是此类涂料的耐紫外线的能力与涂层高分子基体中氟的含量有直接关系，因此表 A.4 规定了此类涂料的基本性能要求。

A.5 富锌类防腐蚀材料

富锌类防腐涂料主要用做油罐内外防腐涂层的底漆。其中，涂层中的锌起到阴极保护作用。阴极保护作用时间的长短与涂层中锌的含量有直接关系，锌含量越高，作用时间越长，但锌含量超过 90%，涂层的其他物理机械性能将降低。当涂层中锌的含量低于 80% 时，涂层的阴极保护作用时间较短，已无法满足油罐防腐的要求。因此表 A.5.2 列出了富锌类防腐蚀涂料的最低要求。

A.6 有机硅类防腐蚀涂料

有机硅类防腐蚀涂料主要用于加热盘管等高温部位的防腐蚀，普通的防腐蚀涂料在加热盘管的工作条件下已经失去保护作用，仅有机硅涂料具有耐高温性能。

A.7 热反射隔热防腐蚀涂料

热反射隔热防腐蚀涂料主要用于易挥发轻质油品储罐的外防腐，由于轻质油品在夏天或气温较高时，容易挥发损失大量油品，使油罐的内部温度低于环境温度能够减少挥发量。国内此类涂料大多机理不明，涂层的性能指标无法测定，因此表 A.7.2 中明确了此类涂料形成涂层的技术指标和检测方法。

A.8 热喷涂锌铝及其合金

热喷涂锌、铝及其合金主要用于油罐内防腐。

附录 B 储罐用阴极保护材料

原油罐由于易发生电化学腐蚀，因此在罐内应采用电化学方法——使用牺牲阳极的阴极保护技术。由于储存介质的特殊性，要求阳极不被原油所污染，而且能够满足油品温度变化的要求。由于锌阳极易发生电位逆转，而镁阳极有碰撞产生电火花的危险，因此必须采用铝合金阳极。铝合金牺牲阳极化学成分的分析应符合现行国家标准《铝-锌-锢系合金牺牲阳极化学分析方法》GB 4949。

附录 C 磨料和表面处理设备

C.1 磨 料

不同的磨料产生不同的效果，不同的基体需要不同的磨料，不同的防腐涂层也需要不同的磨料。海砂含有氯离子等无机盐，容易产生腐蚀，而且不易清理，因此，磨料中海砂是要禁止使用的。不同的涂层需要不同的表面粗糙度或锚纹深度，需要不同的磨料，选用不同的磨料粒度。

C.2 表面处理设备

不同的磨料需要不同的设备，精良的设备是质量的保证。空压机、去湿机、暖风机、排风机、吸砂机、高压冲洗机、油水分离机和压力平衡罐等设备的安全正常使用是实施处理的基础。

附录 D 露点温度值查对表

表面处理的结果与很多因素有关，其中与空气的湿度也有很大关系，湿度越大，处理后的金属表面越容易发生返锈，越容易增加处理的难度。不同的湿度应采用不同的除湿参数。

附录 E 表面处理等级及测定

E.1 表面锈蚀等级和除锈等级测定

表面锈蚀等级和除锈等级目前仍然采用的是目视评定对比法，本节主要引用了现行国家标准《涂装前钢材表面锈蚀等级和除锈等级》GB 8923 中的规定。

影响目视评定结果的因素很多，其中主要有：a) 喷射除锈所用的磨料，手工和动力工具除锈所用的工具；b) 钢材本身的颜色；c) 不属于标准锈蚀等级的表面锈蚀状态；d) 表面不平整、工具划痕；e) 照明不均匀；f) 因磨料冲击表面的角度不同而造成的阴影等。所以，在评定时应在良好的光照环境下进行，样板或照片应靠近钢材表面。评定时拍照存档也是必要的。

除锈等级评定时也可以用现场制作样板。

E.2 表面粗糙度的测定方法

本规范推荐采用表面粗糙度测定仪对表面粗糙度进行测定，表面粗糙度的参数表示方法较多，在本规范中采用轮廓最大高度，在涂装中也称最大锚纹深度，简称锚纹深度，即 R_z。轮廓最大高度在国家标准《产品几何技术规范 表面结构 轮廓法 表面结构的术语、定义及参数》GB/T 3505—1983 是用 R_y 表示的。具体解释可参考 GB/T 3505—2000。

在涂装中也有采用比较样块法的，比较样块法主要通过目视和触觉来评定，可参考现行国家标准《涂装前钢材表面粗糙度等级的评定（比较样块法）》GB/T 13288—91。由于比较样块法对评定结果的影响因素较多，故本规范推荐采用触针式表面粗糙度测定仪进行测定。

E.3 钢表面可溶性氯化物测定方法

钢表面的可溶性氯化物也是引起涂装失败的原因之一，因此，表面处理后应尽快实施底涂。本规范推荐在施工现场进行可溶性氯化物的测定，测定时主要采用电导仪。国际标准《涂敷涂料前钢材表面处理表面清洁度的评定试验 水溶性盐的电导仪现场测定方法》ISO 8502.9 对此作出了相关规定。

取样的方法直接影响到现场测定结果，本规范根据通用做法和相关标准规定了取样要求。

取样时主要用纯水或去离子水擦洗钢表面，使可溶性氯化物溶解于擦洗液，然后分析擦洗液中氯化物的含量。

现行国家标准《涂敷涂料前钢材表面处理表面清洁度的评定试验 清理过的表面上氯化物的实验室测定》GB/T 18570.2 中规定擦洗过程至少为 5min，由于本规范规定的取样面积为 100cm²，认为擦洗过程超过 3min 是可以的。

附录 F 涂装质量检验规则及方法

F.1 一 般 规 定

F.1.1 受检区域应该能够代表涂装工程的质量，其涂料类型、表面处理等级、涂装工艺、涂层指标以及涂装部位应基本一致。

F.1.2 重点部位的确定应依据相关规定由设计部门

或业主方来确定。

F.2 "90-10"规则

F.2.1 在测量的数据中，每一单独测量数据不得低于规定值的90%，否则，即可判为不合格。

F.2.2 例中第一组数据说明的是179μm 低于规定值的90%，第二组数据说明的是低于规定值的数据个数超过了总数据个数的10%，这样即可判为不合格。

F.4 涂层厚度的测量

涂层厚度测量的方法及表面测厚仪品种较多，应用比较普遍。本规范推荐采用磁性测厚仪，因磁性测厚法更准确、更实用、操作更简便。

待测表面的曲率对磁性测量有影响，因此测量时应对仪器进行专门的校准。

磁性测厚法对待测表面形状的陡变比较敏感，因此靠近边缘或内转角处进行测量也是不可靠的，测量时也应对仪器进行专门的校准。

F.5 涂层孔隙率的测量

涂层孔隙（也称针孔）是涂装质量的隐患，本规范推荐采用电火花检漏仪进行测量，不建议采用低压湿海绵法测量。

由于检测电压与涂层厚度有关，应符合公式（F.5.3）的规定。公式（F.5.3）主要适用于涂层厚度小于1mm的情况，本规范中的涂层厚度一般小于1mm。但当涂层厚度超过1mm时，则检测电压与涂层厚度的关系应为：

$$V = 7843 \sqrt{T_c}$$

此外检测电压也可以用涂层每毫米厚的绝缘击穿电压乘以涂层最小允许厚度来确定。

当采用电火花检漏仪检测出孔隙及其他缺陷时，应采用原工艺及时进行修补。

F.6 涂层表面电阻的测量

涂层表面电阻的测定应在现场进行，测定时可采用涂料表面电阻测定仪。涂层表面的电阻是正方形涂层两对边间测得的电阻值，与涂层厚度和正方形大小无关。

目前，国际上常用的涂层表面电阻测定仪的电极主要为平行刀电极，可直接读数。

附录 G 阴极保护电位的测试方法

本附录参考了《埋地或水下金属管道系统阴极保护准则的标准测试方法》NACE TM 0497 和《埋地或水下金属储罐系统阴极保护准则测量技术》NACE TM 0101 两部标准编制。

G.1 储罐的罐/地极化电位－850mV

G.1.1 储罐的罐/地极化电位－850mV 是衡量储罐阴极保护水平最重要的指标，过去国内均采用通电条件下测得，这里含有 IR 降误差，因此国内外近几年均采用了断电测量技术，本条是这一技术的一般原则要求。

G.1.2 本条提醒注意影响测量精度的主要因素，测量过程中应尽量克服。

G.1.3 本条是实施测量的基本仪器和材料。

G.1.4 本条给出基本的测量过程。

G.2 储罐的阴极极化电位差至少100mV

G.2.1 本条给出储罐的阴极极化电位差至少100mV 准则测试方法的一般性说明和要求。

G.2.2 本条提醒注意影响测量精度的主要因素，测量过程中尽量克服。

G.2.3 本条是测量的基本仪器和材料。

G.2.4 本条给出基本的测量过程，分为极化形成和极化衰减两个测量方法。

中华人民共和国国家标准

纺织工业企业环境保护设计规范

Code for design of environmental protection of textile industry enterprise

GB 50425－2008

主编部门：中 国 纺 织 工 业 协 会
批准部门：中华人民共和国住房和城乡建设部
施行日期：2 0 0 9 年 4 月 1 日

中华人民共和国住房和城乡建设部
公　告

第 131 号

关于发布国家标准
《纺织工业企业环境保护设计规范》的公告

现批准《纺织工业企业环境保护设计规范》为国家标准，编号为 GB 50425—2008，自 2009 年 4 月 1 日起实施。其中，第 3.1.4、3.2.4、3.23.12、4.4.8 (2)、6.1.9 条（款）为强制性条文，必须严格执行。

本规范由我部标准定额研究所组织中国计划出版社出版发行。

中华人民共和国住房和城乡建设部
二〇〇八年十月十五日

前　言

本规范是根据建设部"关于印发《2005 年工程建设标准规范制定、修订计划（第二批）》的通知"（建标函〔2005〕124 号）的要求，由上海纺织建筑设计研究院会同有关单位共同编制完成的。

本规范在编制过程中，认真总结了近年来我国纺织工业企业环境保护工程的设计和运行经验，广泛征求全国有关纺织科研、设计、生产企业、大专院校的专家学者的意见，经反复讨论、修改，最后经审查定稿。

本规范共 8 章和 1 个附录，主要内容有：总则，术语、符号，废水处理，废水回用，废气处理，废渣处置与利用，噪声控制，绿化。

本规范中以黑体字标志的条文为强制性条文，必须严格执行。

本规范由住房和城乡建设部负责管理和对强制性条文的解释，由中国纺织工业协会负责日常管理，由上海纺织建筑设计研究院负责具体技术内容的解释。本规范在执行过程中，请各单位注意总结经验，积累资料，如有补充和修改之处，请将意见寄至上海纺织建筑设计研究院（地址：上海市长寿路 130 号，邮政编码：200060，E-mail：yinzw731@126.com），以供修订时参考。

本规范主编单位、参编单位和主要起草人：

主 编 单 位：上海纺织建筑设计研究院

参 编 单 位：中国纺织工业设计院
东华大学
浙江水美环保工程有限公司
河南省纺织设计院
丹东海燕化纤有限公司

主要起草人：蒋震华　尹振文　曹志敏　刘　芳
杨　波　李学志　陈季华　余淦申
黄迎春　张茂海　郑　伟　周义德

目 次

1 总 则

1.0.1 为防治纺织工业所产生的污染，指导和规范纺织工业企业环境保护工程的设计，制定本规范。

1.0.2 本规范适用于纺织工业企业建设项目新建、改建、扩建工程的环境保护设计，包括以纺织工业企业为主的开发区环境保护建设项目。

1.0.3 纺织工业环境保护设计应确保达到环境保护规定的要求，选择技术先进、经济合理、安全可靠的处理工艺，积极采用经鉴定后的新工艺、新设备和新材料，大力推广资源综合利用和废水回用技术，选用节能降耗的设备，注意二次污染的防治。

1.0.4 新建项目必须严格控制污染物排放总量，排放标准应符合国家、行业或地方有关规定。改建、扩建项目应以新带老，在合理利用原有治理设施条件下同时治理。各类建设项目应首先采取废水的综合利用、回收处理及重复使用。

1.0.5 纺织工业企业必须执行环境影响报告书（表）的审批制度，执行环保设施与主体工程同时设计、同时施工、同时投产的"三同时"制度，未经批准环境影响报告书（表）的建设项目，不得交付工程设计。当建设项目发生较大改变时，应按原有审批程序重新批复的内容修改设计。

1.0.6 纺织工业企业环境保护设计，除应符合本规范的规定外，尚应符合国家现行的有关标准的规定。

2 术语、符号

2.1 术 语

2.1.1 小时不均匀系数 hourly unevenness coefficient

最高日最大时废水量与最高日平均时废水量的比值。

2.1.2 最大小时废水量 maximum hourly flow of waste water

指最高日内的最大时的废水量。

2.1.3 特定排水 specific drainage

指非正常情况下的排水。

2.1.4 处理水 treating water

指废水处理过程中的排水或最终排水。

2.1.5 清洁废水 clear waste water

指后整理工序排出的洗涤水、地面冲洗水、设备冷却水、空调排水、循环冷却水系统排水和软化系统排水等。

2.1.6 回用水 reclaimed water

废水经处理达到相应的水质标准后回用于各种用途水的总称。

2.1.7 回用水系统 reclaimed water system

由回用水原水系统、回用水处理系统和供水系统组成的废水回用水工程。

2.1.8 深度处理 complete treatment

对清洁废水或达到排放标准的废水，为达到回用目的而进一步处理的过程。

2.1.9 印染废水 dyeing waste water

印染加工过程中产生的水。

2.1.10 碱减量废水 alkali reduction waste water

仿真丝织物在强碱条件下，使用织物减量加工过程中所产生的水。

2.1.11 上浆废水 sizing waste water

指棉布在织造前经纱上浆产生的水。

2.1.12 退浆废水 desizing waste water

在退浆过程中产生的水。

2.1.13 洗毛废水 waste water of wool scouring

原毛经碱洗、热洗、冷洗等加工过程，去除原毛上的羊毛脂、羊汗、砂土等杂质所产生的水。

2.1.14 炭化废水 waste water of carbonized process

洗净毛用5%～6%的硫酸浸渍后，在高温下去除草屑等植物性纤维所产生的水。

2.1.15 制丝废水 waste water of silk boiling off

制丝工序所产生的水。

2.1.16 炼绸废水 waste water of silk washing

利用化学品、配合物理的机械作用去除丝织物上所带的杂质、污渍和丝胶所产生的水。

2.1.17 丝绸印染废水 waste water of dyed silk

丝绸染色、印花过程中产生的水。

2.1.18 绢纺精炼脱胶废水 degumming waste water of silk

绢丝经精炼脱胶后产生的水。

2.1.19 麻脱胶废水 degumming waste water of ramie

麻在化学或生物作用下脱胶所产生的水。

2.1.20 麻纺织品染整废水 dyeing & finish waste water of linen

麻纺织染整、后整理和辅助车间产生的水。

2.1.21 浆粕黑液 black liguid of pulp

将棉短绒或木材在强碱液中高温蒸煮，从蒸煮浆分离出来的液体。

2.1.22 粘胶废水 waste water of viscose processing

原液、纺丝、后处理和酸站产生的水。

2.1.23 聚酯废水 waste water of polyester processing

聚酯生产过程中产生的水。

2.1.24 涤纶纺丝废水 waste water of polyester fiber processing

涤纶纺丝生产过程中产生的水。

2.1.25 涤纶综合废水 combined sewage of polyester fiber plant

聚酯及纤维厂所排放的聚酯废水、涤纶纺丝废水、生活污水及其他辅助车间排放水的总称。

2.1.26 腈纶废水 waste water of acrylic fiber processing

腈纶生产过程中聚合、原液、纺丝、后处理和回收等工段排放的生产水。

2.2 符　号

BOD₅——生化需氧量；

BOD_5——生化需氧量；

COD——化学耗氧量；

CMC——羧甲基纤维素；

DSS——绝干污泥；

MLSS——混合液污泥浓度；

PAM——聚丙烯酰胺；

PAC——碱式氯化铝；

PVA——聚乙烯醇；

SS——悬浮物；

α——混合液中氧在水中传递系数与清水中氧在水中传递系数之比；

β——混合液饱和溶解氧值与清水中饱和溶解氧值之比。

3 废水处理

3.1 一般规定

3.1.1 废水处理工程应根据污染源的来源、组分、排放规律、排放标准、排放量和排放浓度进行设计。必要时应对排放量和排放浓度取样测定。

3.1.2 废水中可利用的资源应综合利用，废水排水应采用浓淡分流、清浊分流的方法，对浓废水应单独预处理，对清洁废水应重复使用或处理后回用。

3.1.3 废水的处理或综合利用，应采取防止二次污染的措施。

3.1.4 敞开水池必须设置安全栏杆，产生腐蚀性气体或有害气体的废水设施，应采取防腐和安全防护措施，高架处理构筑物应设置避雷设施。

3.2 格栅、格网

3.2.1 格栅栅距宜选用 5～20mm，粗、细格栅应各设一道，泵前格栅应根据水泵要求确定。

3.2.2 格栅宜采用人工格栅，当处理废水量较大时宜采用机械格栅。

3.2.3 格栅应按最大小时废水量设计。

3.2.4 机械格栅应设置出渣平台及栏杆等安全设施。

3.2.5 废水中棉短绒、纤维、纤维凝絮物较多时应采用格网，并应采取便于清除格网上杂质的措施。

3.2.6 废水中纤维物较多时，应在车间排出口处设置格栅或格网。

3.2.7 用于含腐蚀性废水处理的格栅和格网应采取防腐措施。

3.3 集 水 池

3.3.1 当废水输送管（沟）距废水处理站较远且废水流量不均时，宜设置集水池。

3.3.2 集水池容积应按最大一台提升泵的 10～30min 出水量设计。当格栅和集水池合建时集水池容积可适当放大，但不宜大于最大一台提升泵的 45min 出水量。

3.3.3 集水池提升泵启闭应由液位计控制，每小时启闭次数不应大于 6 次。

3.4 水泵及水泵房

3.4.1 废水（污泥）提升泵应自灌引水，不应采用底阀及人工引水。

3.4.2 废水提升泵应设置一台备用泵，四台以上时应设置两台备用泵。

3.4.3 地下泵房应设置集水坑和排水泵。地下泵房应设置通排风措施、操作平台和楼梯。

3.4.4 每台水泵的出水管应设置压力表、止回阀和阀门。

3.4.5 水泵吸水管和出水管流速、吸水喇叭口应按有关规定设计。

3.4.6 水泵至处理装置的出水管应设置计量装置，宜采用电磁流量计或其他计量装置。

3.4.7 水泵应根据水量、水质和扬程确定，宜选用低噪声节能型水泵。

3.4.8 调节池提升泵应按平均小时流量设计。

3.4.9 无小时不均匀系数资料时，大型厂可采用1.4～1.7，中型厂可采用1.7～2.0，小型厂可采用2.0～3.0。

3.4.10 泵房内起重设备、机组间净距、通道宽度、配电箱前宽度和泵房净高均应符合现行国家标准《室外排水设计规范》GB 50014 的有关规定。

3.5 调 节 池

3.5.1 调节池容积应根据排放规律、水质水量变化情况、生产班次、处理工艺、周工作日等因素确定，在无确切的数据时，应选用8～12h平均小时流量设计。当废水处理班次和生产班次不一致或周工作日为5d时应经计算确定。

3.5.2 调节池宜敞开设置，若为封闭时应有通排风设施。

3.5.3 调节池内应设置曝气系统，当调节池后处理单元为水解酸化池时应采取搅拌措施。

3.5.4 调节池不应作处理单元使用。

3.5.5 调节池应设置集水坑。

3.5.6 调节池预曝气气量应按每 100m³ 池容积的

$1.0 \sim 1.5 m^3/min$ 设计，采用射流曝气时，搅拌功率不应小于 $10W/m^3$。

3.5.7 有特定排水、生产事故排水或设备大修时应设置事故池。事故池容积应大于一次事故排水量或特定排水量。

3.6 降温和保温

3.6.1 温度大于 $70℃$ 的局部高温废水应设置热量回收利用设施。

3.6.2 采用生物处理工艺且废水温度大于 $38℃$ 时，应设置冷却装置；当大于 $38℃$ 且温差小于 $3℃$ 时，可采用调节池预曝气或喷淋冷却的降温措施；当大于 $38℃$ 且温差大于 $3℃$ 时，应采用温度为 $5 \sim 25℃$ 的废水冷却塔或换热设备降温。冷却塔应根据废水水温和当地气象参数设计。

3.6.3 冷却塔应设置旁通管，冬季温度较低时，废水可不经冷却直接进入处理装置。

3.6.4 冷却塔宜设置在调节池提升泵后。

3.6.5 寒冷地区应采取保温措施，废水温度小于 $10℃$ 且采用生物处理时，小型废水处理装置可设置在室内。大型废水处理装置宜设置在地下或半地下，宜加盖或加热。

3.7 pH 调整

3.7.1 废水处理的 pH 值宜为 $6 \sim 9$，当 pH 值小于 6 或大于 9 时应采取 pH 调整措施。

3.7.2 pH 调整池停留时间可按 $20 \sim 30min$ 设计，宜采用机械搅拌或空气搅拌。

3.7.3 pH 调整池宜分成二格串联。

3.7.4 pH 调整池宜在每格出口处末端设置 pH 计，并应自动控制投加 pH 调整剂的量。

3.7.5 含碱量较高的废水可用作锅炉消烟除尘装置的喷淋水，使用时应核算碱量和水量的平衡。高碱废水应采取除杂措施，除尘后的废水应采取沉渣和去除 SS 措施。

3.7.6 丝光碱液浓度大于等于 $40 \sim 50g/L$ 的废液，应设置碱回收装置。丝光碱液浓度小于 $40g/L$ 的废液，采取套用或综合利用措施。

3.8 预 沉 池

3.8.1 废水悬浮物浓度较高时应设置预沉池，也可结合前级加药混凝处理单元一并设计。

3.8.2 预沉池宜采用沉淀法设计。

3.9 高浓度废水处理

3.9.1 高浓度废水可设置专用的集水池，并应采用均匀方式进入调节池。

3.9.2 碱减量废水（含退浆煮炼废水）应采用酸析法预处理，脱水后泥饼宜外卖。

3.9.3 各类残浆不得任意倾倒至排水管（沟），应设置残浆收集池或分批缓慢进入废水处理站，有条件时应充分利用。

3.9.4 非水溶性染料的染色残液宜采用超滤法回收。

3.9.5 含有 PVA 浆料废水宜采用盐析胶凝法回收 PVA 浆料。

3.9.6 含有 CMC 浆料废水宜采用铝盐混凝法预处理。

3.9.7 高色度染色浓废水宜采用加药混凝法预处理。

3.9.8 锦纶浸胶废水宜采用加药混凝法预处理。

3.10 消 泡 措 施

3.10.1 用于消泡的喷淋水应采用处理水。

3.10.2 废水处理单元液面泡沫较多时宜加消泡剂。

3.11 有害有毒物质的处理

3.11.1 硫化染料脚水宜采用铁盐混凝法预处理，当采用酸析法时应采取除臭措施。

3.11.2 氯漂残液不得任意排放，排放前应在漂缸内投入小苏打脱氯。

3.11.3 双氧水漂白残液排放应避开生物处理培养驯化阶段。

3.11.4 食堂、机修等排出的含油废水应在排出口处设置隔油池。

3.11.5 氧化染料染色残液应单独采用加药混凝法预处理。

3.11.6 雕刻车间排出的含重金属废水应单独预处理。

3.11.7 煤气站废水应单独预处理。

3.11.8 二硫化碳生产车间排出的含高浓度二硫化碳废水应循环使用或回收利用。

3.12 药 剂 系 统

3.12.1 药剂贮存应符合下列要求：

　　1 液体药剂贮存槽贮存量不应小于一周使用量。

　　2 固体药剂仓库不应小于一个月使用量。

　　3 当药剂不适宜贮存时，应就地制造并使用。

3.12.2 固体或黏度较高药剂溶解时应采用机械搅拌。对寒冷地区或难溶解的药剂应根据药剂性质和需要采取加温措施。

3.12.3 药液输送应符合下列要求：

　　1 药液输送应设置计量设备。

　　2 计量设备宜采用计量泵，并应设置一台备台。

　　3 药剂杂质较多时应采取除杂质措施。

　　4 药液输送管道的材质应根据药剂性质和输送压力选用。

3.12.4 药剂品种、投加量和产生的污泥量应根据工程具体情况确定。

3.12.5 药剂的投加混合和絮凝方式，应根据工程具体情况选用处理单元，并应合理确定停留时间和速度梯度。

3.12.6 混凝剂的使用应根据废水水质、处理后水质要求和水温变化等确定。

3.13 供氧设施和风机房

3.13.1 供氧设备的供氧量和风压的确定，应符合下列要求：

1 废水水质影响系数应取 0.3~0.5，其中当表面活性剂较多或废水中影响充氧物质较多时应取低值。溶解氧饱和系数宜取 0.8~0.9。

2 当废水水温较高时应进行温度系数的修正。

3 空气中含氧量和比重应根据当地大气压修正。

4 空气扩散曝气时应根据产品性能中氧利用系数取均值或低值。

5 废水中还原性物质较多且曝气时间较长时，应增加供氧量。

6 采用罗茨风机时，应根据气态方程式计算风量影响系数。

7 供氧设备风压应根据风机特性、风管损失、空气扩散装置的阻力及曝气水深等因素计算确定。

8 采用离心风机时，在设计风机风压时应增加室外气温与风机工况参数中所使用标准温度之间差值所引起离心风机的风压损失，离心风机工作点不得接近风机的喘振区，并宜设置风量调节装置。

9 选用风机时额定风量不得小于经修正后供氧量的 95%。

3.13.2 空气扩散装置宜选用氧利用系数高、混合效果好、质量可靠、阻力损失小以及容易安装维修的产品。

3.13.3 风机房设计应符合下列要求：

1 风机应设置备台，工作风机四台以上时，应设置两台备用风机，并应按最大风机设置备台。

2 每台风机应采取防止水流倒灌的安全保护措施。

3 风机与输气管连接处，宜设置柔性连接管，气管最低处宜设置泄放口，必要时加装消声措施。

4 应根据风机性能和扩散器的要求，设置空气除尘装置。

5 当风机出口温度大于 60℃时，输气管宜采用钢管，并应采取温度补偿措施。

6 风机房起重设备应按风机最大部件或电动机重量确定。

7 风机之间通道净宽度不应小于 0.6m，大型风机不应小于 1.5m。

8 风机及管道设计应符合本规范第 7 章的有关规定。

9 风机房应采取风机隔振、风机消声、风机房吸声及隔声等控制措施。

10 风机房内应设置通风排风措施和配电室（箱）。

11 风机房内应留设通道，其宽度应满足维修要求。

3.14 污泥脱水

3.14.1 污泥体积和浓度应根据废水中悬浮固体量、处理过程中产生污泥量、废水处理所用药剂品种和投药量，以及处理单元等确定。

3.14.2 污泥池可分别设置化学污泥池和生物污泥池，也可合建。污泥池容积应根据污泥排放规律确定，可选用 12~24h 污泥量设置，当污泥连续排放时可适当减小。

3.14.3 污泥浓缩池可采用间歇浓缩或连续浓缩。间歇污泥浓缩池宜采用 2~3 格轮流使用，浓缩时间应采用 16~24h。

连续污泥浓缩池应按污泥固体负荷 30~60kg/m² · d 设计，停留时间不应小于 16~24h。气浮污泥可不进行污泥浓缩。

3.14.4 污泥平均浓度宜采用 5~7g/L，浓缩后污泥浓度不应小于 20g/L。脱水后污泥含水率应按所选设备确定，且不应大于 85%，压滤机泥饼含水率宜取 75%~80%。

3.14.5 污泥脱水前应进行污泥的调理，常用药剂应根据处理工艺、浓缩污泥性质确定。污泥反应宜采用机械反应，停留时间应根据日排放污泥量、脱水机类型和脱水机工作时间确定。带式压滤机系统的污泥反应停留时间宜为 15~30min，加药量应由试验确定，也可按照类似污泥的数据确定。

3.14.6 污泥脱水设备应根据浓缩污泥性质和脱水要求，经技术经济比较后选型。

3.14.7 压滤机进料泵宜采用隔膜泵。当选用螺杆泵时，不得采用高转速螺杆泵，转速应控制在 200~400r/min。输出压力宜为 0.4~0.6MPa，板框产泥率可按 1kg 绝干污泥／（m² · h）设计。工作时间不宜大于 16h。

3.14.8 带式压滤机冲洗水应采用处理水。

3.14.9 污泥脱水机房通道可按水泵房通道设计，并应设置起吊设施及通排风装置。脱水后泥饼应设置污泥堆棚。污泥堆棚外应设置收集雨水、渗液、冲洗水的明沟，并应采用管道接至调节池。

3.15 印染废水处理

3.15.1 印染废水处理工艺应符合下列要求：

1 应根据织物原料、产品种类、水质特点、受纳水体的环境条件、当地的排放要求和废水回收利用的可能情况，经过技术经济比较后，选择和采用不同的印染废水处理工艺。

2 印染废水处理应采用生物处理为主、物化处理为辅的综合处理工艺路线。

3 生物处理技术宜采用厌氧水解酸化与好氧生物处理相结合的处理工艺。

4 物化处理技术宜采用絮凝沉淀、絮凝气浮或化学氧化脱色等方法。

5 涤纶仿真丝绸中的碱减量废水应单独分流，经碱液回用、加酸调整 pH 值、泥水分离后，再同其他印染废水混合后进行综合处理。

3.15.2 常用的处理工艺流程应符合下列规定：

1 棉机织物印染废水，应由格栅、调节池、pH 调整、厌氧水解酸化、好氧生物处理、（絮凝）二次沉淀、脱色等处理单元组成。

2 棉针织物印染废水，应由格栅、调节池、pH 调整、好氧生物处理、（絮凝）二次沉淀、脱色等处理单元组成。

3 毛精纺染整废水应由格栅、调节池、水解酸化池、好氧池、混凝沉淀、曝气生物滤池等处理单元组成。毛粗纺染整废水应在水解酸化池前增加处理措施。

4 麻纺印染废水可按棉印染废水处理工艺设计。

3.15.3 主要处理单元对 COD、BOD_5 和色度的去除率应根据处理水质、相关的设计参数和处理设备等因素确定，当缺乏资料时，可按表 3.15.3 选用。

表 3.15.3　处理单元去除率（%）

处理单元 项目	厌氧水解酸化	好氧生物处理		絮凝沉淀或絮凝气浮
		活性污泥法	生物膜法	
COD	15～25	60～70	55～60	30～50
BOD_5	10～20	90～95	85～90	15～25
色度	40～60	45～55	45～55	50～70

3.15.4 预处理的设计参数应符合本规范第 3.1～3.11 节的有关规定。

3.15.5 厌氧水解酸化、好氧生物处理主要设计参数，应符合表 3.15.5 的规定。

表 3.15.5　厌氧水解酸化、好氧生物处理主要设计参数

处理单元 项目	厌氧水解酸化	好氧生物处理	
		活性污泥法	接触氧化生物膜法
污泥负荷〔kgBOD_5/(kgMLSS·d)〕	—	0.1～0.25	—
容积负荷〔gBOD_5/(m³ 填料·d)〕	—	—	0.5～0.8
容积负荷〔kgCOD/(m³·d)〕	1.0～2.0	—	—

注：污泥负荷、容积负荷均为进水负荷。

3.15.6 沉淀池设计应符合下列规定：

1 沉淀池型式宜采用竖流式或辐流式。

2 二次沉淀池不应采用斜板或斜管沉淀池。

3 澄清区高度不应小于 2.0m。

4 二次沉淀池表面水力负荷应采用 0.6～0.8m³/(m²·d)。

5 絮凝沉淀池表面水力负荷应采用 0.8～1.0m³/(m²·d)。

3.15.7 当缺乏资料时，印染废水处理产生的污泥量，应符合下列规定：

1 活性污泥法产泥量宜为 0.4～0.6kgDSS/kg-BOD_5。

2 生物接触氧化法产泥量宜为 0.2～0.4kgDSS/kgBOD_5。

3 生物处理排泥量宜为废水处理量的 1.5%～2.0%，污泥含水率宜为 99.3%～99.4%。

4 生物处理后的絮凝沉淀处理排泥量宜为废水处理量的 3%～5%，生物处理前的絮凝沉淀处理排泥量宜为 4%～6%。污泥含水率宜为 99.4%～99.5%。

5 絮凝气浮排泥量宜为废水处理量的 1%～2%，含水率宜为 99.5%～99%。

3.15.8 采用污泥浓缩池时，污泥浓缩时间应为 16～24h，浓缩后污泥含水率不应小于 98%。

3.15.9 脱水污泥应根据污泥性质和当地条件处置。

3.16　洗毛废水处理

3.16.1 洗毛废水处理工艺应符合下列规定：

1 提取羊毛脂的洗毛废水应经捞毛机、调节池、絮凝预处理后进入厌氧、好氧、曝气生物滤池处理系统。

2 应在调节池进口处设置捞毛机。

3 调节池底部应设置吸刮泥机或真空吸泥机；调节池应分两格，并应交替吸泥；调节池停留时间宜为 4h。

4 提升泵应采用自吸泵，泵的吸水管宜安装可上下移动的网罩。

3.16.2 洗毛废水进行生物处理前应采用絮凝法预处理，宜加硫酸铝或碱式氯化铝进行沉淀或气浮，预处理效率宜为 85%～90%，出水 COD 宜为 1500～3000mg/L。

3.16.3 预处理后的废水宜采用厌氧、好氧、曝气生物滤池处理。

3.16.4 炭化酸槽废水处理工艺应符合下列要求：

1 废水中含 5%～6% 硫酸经沉淀后可回用 97%。

2 产生 1%～3% 污泥可送至污泥处理系统。

3.16.5 炭化水洗和中和槽废水应设置调节池、pH 调整、除气塔、絮凝沉淀和过滤等处理工艺。

3.16.6 炭化废水处理工艺应符合下列规定：

1 明沟和调节池应采取防腐措施。

2 pH 调整宜采用变速中和滤池或其他 pH 调整

措施。

3 除气池的水力停留时间应大于 4h，气水比应为 10：1。

4 废水回用时宜设置絮凝沉淀和过滤处理单元。

5 清水池应供回用及过滤池反冲洗水使用，其有效容积应根据回用水变化情况确定。

3.17 麻脱胶废水处理

3.17.1 麻脱胶废水处理工艺应采用除杂、调节、厌氧、水解酸化、好氧处理工艺，并应符合下列规定：

1 废水处理时应设置去除短纤维的圆网或过滤机等除杂设施。

2 废水处理流程中应设置调节池，调节池有效容积应根据废水水量的变动周期确定。在缺乏资料时可按废水的平均流量 8～12h 确定，高浓度废水和低浓度废水应分别设置调节池。

3 进入厌氧池的废水 pH 值应为 6.5～7.5。

4 水解酸化池中宜设置搅拌器。

5 水解酸化池出水宜与 30～40 倍拷麻漂洗水混合，并应一并进入活性污泥法或生物接触氧化法处理构筑物。

3.18 丝绸废水处理

3.18.1 煮茧废水宜采用厌氧、好氧处理工艺。

3.18.2 缫丝废水宜采用水解酸化、好氧处理工艺。

3.18.3 绢纺精炼废水宜采用水解酸化、好氧、曝气生物滤池处理工艺。

3.19 浆粕、粘胶纤维废水处理

3.19.1 浆粕废水处理工艺应符合下列规定：

1 排放废水应按废水水质采取分流措施，并应根据污染轻重分别处理或回收利用。处理后的废水应达到国家现行的有关排放标准的规定。废水对外排放口应设置计量和方便取样的设施。

2 蒸煮工段排出的黑液经碱回收装置后，应先单独预处理后，再进一步处理或与其他工段废水混合处理。

3 洗选工段的废水应该循环利用，最后排出的废水应送至废水处理场；漂白工段的高浓度有害废水应单独预处理后再与其他工段的废水混合进行生物处理。

4 有粘胶纤维生产的工厂，浆粕废水经预处理后宜与粘胶纤维废水混合处理。

5 采用二级生物处理装置的废水处理场，宜设置调节池，调节池容量不应小于 4h 的设计处理量。

3.19.2 浆粕废水处理工艺应符合下列要求：

1 浆粕废水应单独处理，工艺流程应为黑液经格网、调节池、絮凝沉淀池后再与其他废水混合进入水解酸化、好氧、混凝沉淀、曝气生物滤池等处理单元。

2 浆粕废水与粘胶废水混合处理工艺应为粘胶废水经格网、调节池、吹脱池后的废水与预处理后黑液混合，经絮凝沉淀、水解酸化后再与其他废水一并进入好氧、絮凝沉淀、曝气生物滤池等处理单元。

3.19.3 浆粕废水的物化及生物处理设计参数应符合本规范第 3.19.5 条的规定。

3.19.4 粘胶纤维废水处理工艺应符合下列规定：

1 酸性废水中含锌离子高的粘胶短纤维集束二浴废水、粘胶长丝离心纺丝的去酸水或粘胶长丝速续纺丝机的水洗水应与其他酸性废水分开处理。可采用溶剂萃取法、离子交换法及沉淀法回收锌离子。

2 二硫化碳储罐的水封水、压送水及回收时的直接喷淋冷却水，应经处理后循环使用或排放。

3.19.5 粘胶纤维废水处理工艺应符合下列规定：

1 粘胶短纤维及粘胶长丝废水，均可采用将酸性及碱性废水分别经格网进入各自的调节池，再一并进入吹脱、絮凝沉淀、好氧、絮凝沉淀池等处理工艺。

2 调节池应符合下列要求：

1）调节池的容积宜按大于 4h 的废水设计平均小时流量。

2）酸性、碱性废水应分别设置调节池，且应分别设置为两格。

3）严寒地区应采取防冻措施。

3 吹脱池应符合下列要求：

1）吹脱池中废水的停留时间宜为 30～50min，也可根据废水中有害气体含量调整时间。

2）吹脱池及池内设备应做防酸蚀处理。

3）吹脱池应设置盖板密封，并应设置排气塔。

4 当碱性废水量不足时，应对酸性废水中和处理，并应投加石灰或电石渣。当锌含量高时还应加入混凝剂和助凝剂进行絮凝沉淀除锌。

5 混合池和絮凝池应符合下列要求：

1）混合池的混合方式宜采用浆板式搅拌机或鼓风曝气等。

2）混合池混合时间应为 10～30s。

3）混合池宜设置 pH 仪自控装置。

4）絮凝池应采用机械或水力反应池。

5）絮凝池水力停留时间宜为 20～30min。

6 沉淀池可采用平流式沉淀池、斜板（管）沉淀池或辐流式沉淀池。二次沉淀池可采用辐流式沉淀池，不宜采用斜板（管）沉淀池。

7 生物处理应符合下列要求：

1）曝气池污泥负荷宜为 0.2～0.3kgBOD$_5$/（kgMLSS·d）混合液悬浮固体平均浓度宜采用 1.5～2.5g/L，污泥回流比宜采用 50%～100%。

2）接触氧化法设计负荷应由试验或按照相似污水的实际运行资料确定。无资料时，容积负荷宜小于 0.6kgBOD$_5$/（m^3·d）。

3.19.6 处理含锌废水及二硫化碳废水的过滤器滤料宜采用石英砂。

3.19.7 回收二硫化碳时，宜采用压力式活性炭吸附塔。

3.20 腈纶废水处理

3.20.1 腈纶硫氰酸钠湿法纺丝生产废水处理应设置调节池。生产废水宜经冷却降温和中和后再进入后续处理单元。

3.20.2 湿法纺丝腈纶生产废水宜采用生物脱氮处理工艺。

3.20.3 腈纶干法纺丝生产废水处理应设置调节池。生产废水宜经冷却降温和中和后进入后续处理单元。

3.20.4 干法纺丝腈纶生产废水宜采用厌氧-好氧（生物脱氮）处理工艺。

3.21 聚酯废水处理

3.21.1 聚酯废水宜在车间排出口处设置集水井，并应采用泵输送至废水处理站。

3.21.2 废水处理应设置事故池。

3.21.3 聚酯废水应设置调节池和 pH 值调整池。

3.21.4 聚酯废水宜采用厌氧生物反应系统进行预处理。

3.21.5 厌氧生物反应系统内应投加营养料。

3.21.6 经厌氧生物反应系统预处理后的废水应与其他低浓度废水合并，并应采用好氧生物处理。

3.21.7 涤纶长丝和短丝的油剂废水应采用絮凝分离系统进行预处理，处理后废水应与其他废水合并进行好氧生物处理。

3.21.8 涤纶综合废水应按水质划分排水系统。聚酯废水应采用厌氧生物反应系统进行预处理，涤纶纺丝废水应采用絮凝、分离系统进行预处理，经处理后废水应再与全厂其他各类废水合并进行好氧生物处理。

3.21.9 生物处理后剩余污泥和纺丝废水处理后污泥应进行污泥贮存、浓缩、调理和脱水处理。

3.22 锦纶、氨纶、丙纶废水处理

3.22.1 锦纶生产废水应按质分类，并合理划分排水系统。废水处理应设置调节池。

3.22.2 锦纶纺丝生产废水宜采用生物脱氮处理。

3.22.3 锦纶帘子布厂浸胶废水应经预处理后再与其他生产废水合并进行生物处理。

3.22.4 氨纶生产废水应按质分类，并应合理划分排水系统。废水处理应设置调节池。

3.22.5 氨纶生产废水宜采用厌氧和生物脱氮处理工艺。

3.22.6 丙纶生产过程产生的浓油剂废液宜单独收集处理。

3.22.7 丙纶生产过程中冲洗地面等排出的生产废水可与生活污水合并进行生化处理。

3.23 废水处理厂（站）的选址和总体布置

3.23.1 废水处理厂（站）的选择，应符合纺织工厂总体规划和管线综合布置的要求。

3.23.2 废水处理厂（站）应设置在城镇夏季最小频率风向的上风侧。

3.23.3 废水处理厂（站）分期建设时，废水处理厂（站）占地面积应按远期规模确定，并应进行总体规划。

3.23.4 废水处理厂（站）总体布置应根据各建（构）筑物的功能和处理流程要求，结合地形、地质条件等因素，经技术经济比较确定，并应便于施工、维护和管理。

3.23.5 生产辅助用房和生活管理用房应满足处理工艺和日常管理的要求。

3.23.6 废水处理厂（站）应根据处理流程要求，分为水处理系统、药剂系统、鼓风机房、污泥处理系统，并应保持合理间距，平面布置应满足施工、设备安装、各类管线连接简捷和维修管理方便的要求。

3.23.7 废水处理单元的竖向设计应利用原有地形，并宜符合土方平衡和降低能耗的要求。

3.23.8 废水处理厂（站）消防设计应符合现行国家标准《建筑设计防火规范》GB 50016 的有关规定。

3.23.9 废水处理厂（站）可在适当位置设置堆放材料、药剂、废渣、停车等场地。

3.23.10 废水处理厂（站）的各种管线应合理安排，避免相互干扰，并应连接简捷流畅，同时应便于清通和维修。

3.23.11 各处理单元应合理设置超越管线和维修放空设施。

3.23.12 新鲜水供水管与处理装置连接时，必须采取防止污染给水系统的措施。

3.23.13 独立废水处理厂（站）供电宜按二级负荷设计。纺织工业企业内处理厂（站）供电等级，应与主车间相同。

3.23.14 废水处理厂（站）除应设置计量装置外，也可设置仪表和控制系统，并应根据环保部门要求设置在线监测仪。

3.23.15 废水处理厂（站）附属建筑物面积，应根据废水处理厂（站）规模、处理工艺、管理体制等结合当地实际情况确定。

3.23.16 废水处理厂（站）的风机房及其他高噪声场所应采取噪声控制措施。

4 废水回用

4.1 一般规定

4.1.1 工厂生产系统的洁净冷却水、直流水应有组织地加以收集、集中、处理后回用，经处理后能达到

回用水水质标准的生产中产生的轻度污染废水，宜进行回用。

4.1.2 纺织厂的空调冷却水回水应收集后回用，严禁直接排放。

4.1.3 浆粕厂抄浆工序的白水应全部回收利用，可用于本工序或其他工序。

4.1.4 粘胶纤维厂经处理达标的废水应回用到相应水质要求的工序或场所。

4.1.5 粘胶纤维厂的黄化机冲洗水、粘胶过滤机拆车前的封闭冲洗水、长丝和短丝酸站的蒸发结晶回水、原液蒸喷回水、工艺冷凝回水均应收集利用，设备冷却水、工艺冷却水均应循环利用。

4.1.6 印染加工宜采用逆流漂洗技术。

4.2 回用水水源及原水水质

4.2.1 回用水原水应采用轻度污染的废水或经处理达标排放的废水。

4.2.2 回用水原水水质，应通过调研、取样分析测试或通过同类型工厂类比确定。当缺乏资料时，可按照表 4.2.2 确定。

表 4.2.2 回用水原水水质 (mg/L)

水质＼原水	pH值	COD	BOD$_5$	色度（稀释倍数）	SS	氨氮	硫化物	六价铬	铜	苯胺类	二氧化氯
轻度污染的废水	6~9	80~100	20~30	40~60	60~100						
达标排放的废水	6~9	100	25	40	70	15	1.0	0.5	0.5	1.0	0.5

4.3 回用水用途和水质标准

4.3.1 回用水的回用应以本厂为主，厂外区域为辅。

4.3.2 用作冲洗地面、冲厕、冲洗车辆、绿化、建筑施工等的回用水，其水质应符合现行国家标准《城市污水再生利用　城市杂用水水质》GB/T 18920 的有关规定。

4.3.3 用作染色、漂洗等的回用水，其水质应符合现行国家标准《印染工厂设计规范》GB 50426 的有关规定。

4.3.4 用作景观环境的回用水，其水质应符合现行国家标准《城市污水再利用　景观环境用水水质》GB/T 18921 的有关规定。

4.3.5 如有条件时，回用水可用作循环冷却水补充水，其水质应符合现行国家标准《城市污水再利用　工业用水水质》GB/T 19923 的有关规定。

4.3.6 当回用水同时用作多种用途时，其水质应按最高水质标准确定。个别水量较小且水质要求更高的用水，可采取深度处理。

4.4 回用水系统型式

4.4.1 回用水系统应包括原水系统、水处理系统和供水系统。

4.4.2 回用水系统应采用轻度污染的废水同污染严重的废水分流的原水系统。

4.4.3 原水系统的管道和附属构筑物应采取防渗和防漏措施，并应设置防止不符合原水水质要求的排水进入原水系统的设施。

4.4.4 回用水系统应设置原水池。原水池的调节容积应根据生产工艺周期、回用水的原水量及处理量的逐时变化设计。在缺乏资料时，调节容积应符合下列规定：

　　1 回用水系统连续运行时，原水池的调节容积应按日处理水量的 20%~30% 计算。

　　2 回用水系统间歇运行时，原水池的调节容积应按工艺运行周期计算。

4.4.5 回用水原水系统应设置计量装置。

4.4.6 回用水系统处理设施应设置清水贮存池。清水贮存池的调节容积应根据处理水量及回用水用水量的逐时变化设计。在缺乏资料时，清水贮存池的调节容积应符合下列规定：

　　1 回用水系统连续运行时，清水贮存池调节容积应按日回用水量的 10%~20% 计算。

　　2 回用水系统间歇运行时，清水贮存池调节容积应按工艺运行周期计算。

4.4.7 清水贮存池上应设置新鲜水补充水管，其管径应按最大时补充水量确定。

4.4.8 新鲜水补充水管管口的设置应符合下列要求：

　　1 管口高出回用水池（箱）溢流水位的最小空间间隙不宜小于补充水管管径的 2.5 倍。

　　2 管口应设置管道倒流防止器或采取其他隔断措施。

4.4.9 回用水系统供水量应按照不同的用途和相应的用水定额经计算确定。

4.4.10 回用水供水系统应根据使用要求设置计量装置。

4.4.11 回用水供水系统管道应建成独立的供水系统。应设置防止回用水供水系统对城市给水系统和饮用水系统水质污染的设施。

4.4.12 回用水管道应采用防止微生物腐蚀的塑料管道。

4.5 回用水处理系统

4.5.1 回用水处理工艺应根据回用水原水水质和水量、回用水水质要求和不同的用途等因素，经技术经济比较后确定。

4.5.2 轻度污染的废水用作回用水水源时，可采用物化处理为主或生物和物化处理相结合的工艺流程，并应符合下列要求：

    1 物化处理为主的处理工艺，宜采用格栅、调节池、絮凝泥水分离、过滤和消毒处理流程。

    2 生物处理和物化处理相结合的处理工艺，宜采用格栅、调节池、生物处理、絮凝泥水分离、过滤和消毒处理流程。

4.5.3 二级生物处理达标排放的废水用作回用水水源时，应采用微污染生物处理、絮凝泥水分离、过滤和消毒处理流程。

4.5.4 回用水处理系统中的生物处理和深度生物处理宜采用生物膜法。

4.5.5 回用水水质有更高要求时，可再增加深度处理单元的一种或几种组合。

4.5.6 絮凝沉淀、澄清、气浮、过滤、活性炭吸附的设计，应符合现行国家标准《污水再生利用工程设计规范》GB 50335 的有关规定。

4.5.7 生物处理和深度处理等单元的设计，当无试验资料时，可按照同类型工程运行参数和国家有关规定执行。

4.5.8 回用水应进行消毒处理，宜采用二氧化氯、紫外线、臭氧等消毒方法。处理规模较大并采取严格的安全措施时可采用液氯消毒。采用液氯消毒时，有效氯浓度宜为 5～10mg/L，应连续投加，消毒接触时间应大于 30min，也可由试验确定。

5 废气处理

5.1 一般规定

5.1.1 废气处理应采用不产生或少产生有害气体的生产工艺。对有害气体浓度超过国家标准的装置、工序、车间，应设置废气处理及回收装置，达标合格后才可按要求向高空排放。

5.1.2 排气塔的高度应根据当地的自然状况通过计算确定，其计算宜符合现行国家标准《制定地方大气污染物排放标准的技术方法》GB/T 3840 的有关规定。

5.1.3 散发有害气体，但其浓度未超过国家标准的装置、工序、车间，除应加强自然通风外，还应采用局部机械通风。

5.1.4 化验室应设置密闭排风柜，也可同时设置通风设施。

5.1.5 对可能造成大气污染的原材料、产品和废弃物等，应采取加以防护的措施。

5.2 粘胶纤维厂废气处理

5.2.1 有二硫化碳制造车间的粘胶纤维生产企业，对于二硫化碳生产所产生的尾气应进行尾气回收、处理后才可达标排放。

5.2.2 生产过程中产生二硫化碳、硫化氢等有害气体的设备应设置密闭的排气装置，有害气体经汇集后可集中处理或排放，不得无组织排放。

5.2.3 粘胶纤维生产废气治理工艺应根据具体情况选择处理工艺。

5.2.4 废气排气塔高度应根据二硫化碳、硫化氢排放速率和小时排放量计算确定。

5.2.5 废水处理站内的调节池、吹脱池所产生的废气宜回收利用，技术上不可能或不经济时，应设置排气塔集中向高空排放，排气塔高度应通过计算确定。

5.3 腈纶厂废气处理

5.3.1 腈纶生产中产生的有毒、有害气体不应直接排放，应经处理并达到国家规定的排放标准后，才可排放。

5.3.2 丙烯腈、醋酸乙烯、丙烯酸甲酯储罐的排空管逸散的气体，应经淋洗吸收或其他方法处理后排放。

5.3.3 以二甲基乙酰胺为溶剂的废丝溶解系统和回收粗二甲基乙酰胺槽排出的气体均应经冷却吸收后排放。

5.3.4 聚合釜、聚合体淤浆槽排出的尾气应经淋洗吸收后排放。

5.3.5 干法纺丝生产中储罐区、聚合工段的浆料过滤排出的废气应通过淋洗塔洗涤回收后排放。纺丝工段、牵伸及后加工排出的废气应通过淋洗塔洗涤回收后排放。

5.4 聚酯厂废气处理

5.4.1 聚酯生产过程中排出的有害气体不得无组织排放，应符合国家现行有关排放标准的规定。

5.4.2 酯化工序乙二醇分离塔塔顶气体冷凝液，宜先进行汽提处理后再排放。

5.5 锦纶厂废气处理

5.5.1 锦纶生产中聚合车间浓缩槽、反应槽、聚合器排出含有微量己二胺的蒸气、废气，应通过喷淋塔洗涤后排放。

5.5.2 锦纶生产中产生的废气，应进行洗涤，并应回收其单体后再排放，回收的单体可再用于聚合过程。

6 废渣处置与利用

6.1 一般规定

6.1.1 车间内散发粉尘的工序应采用密闭的生产设备，并应设置吸尘和通风除尘系统。分离出来的粉尘应综合利用或作无害化处置。

6.1.2 废渣的综合利用应根据废渣的性质、数量以及类别，并结合各地区和工厂周围的地理环境等实际条件，并应经技术经济比较确定处置方法，不得任意丢弃。

6.1.3 废渣、废弃物、有毒有害残渣（残液）等堆放场地，应采取防止雨水冲刷、渗漏、淤塞、飞扬、恶臭等措施。

6.1.4 可燃废渣、废弃物等进行焚烧时，应采取防止有毒气体产生的净化措施，焚烧后残渣应采取处置措施。

6.1.5 废渣、废弃物在处理、综合利用或处置时，应设置防止产生二次污染的措施。

6.1.6 生产过程、设备检修及事故停车排放的废渣（废液），应设置专用的收集容器，并应加以处理或处置，严禁任意外排。

6.1.7 对普通的生活垃圾、废布、废水处理污泥等无害废渣，在外运过程中不得渗漏。

6.1.8 纺织工业企业总图设计时应设置废渣、废弃物临时堆放场地，并不得影响周围环境。

6.1.9 对含重金属的废渣或废液，必须设置专用容器和存放场所，并应有专人负责管理，严禁乱堆、乱放。

6.2 毛、麻、印染厂废渣处置

6.2.1 对毛、麻等产生短纤维的废料应回收利用，不能利用时应纳入生活垃圾。

6.3 棉纺厂废渣处置

6.3.1 纺纱工艺生产除尘系统落下的尘杂，宜设置废棉处理装置。

6.3.2 纺织厂产生的废渣应设置分类堆放储仓，严禁散装搬运和露天堆放，并应采取防止粉尘二次飞扬的措施，同时宜定期进行无害化处理。

6.3.3 纺织生产中产生的各种废弃物，应分类存放，并应回收利用，严禁随意抛弃。

6.4 粘胶厂废渣处置

6.4.1 粘胶纤维生产中排出的二硫化碳废渣、硫黄废渣、废粘胶、废丝及废水处理厂污泥脱水后的泥饼，应设置暂存场地，并应定期统一处置。

6.4.2 硫黄废渣应设置硫黄回收装置进行回收，残渣应妥善处理。

6.4.3 废粘胶应集中收集，并应经过滤等处理后回用。

6.4.4 废丝应集中存放，并应经洗涤干燥后回收。回收处理间应设置通风排毒设施。

6.4.5 生产中产生的副产品芒硝应集中存放，存放室应采取耐腐蚀的残酸收集措施。芒硝不得露天堆放。

6.5 腈纶厂废渣处置

6.5.1 腈纶纺丝生产中产生的废浆料、废滤布、废原液、蒸馏残渣宜采用焚烧处理；干燥机废聚合粉末宜根据具体情况回收或采用填埋处置。

6.5.2 纺丝过程产生的半制品废丝、废块，宜采取再溶解方法回收。

6.6 锦纶、氨纶、丙纶厂废渣处置

6.6.1 锦纶生产中产生的废聚合物胶块和聚合物带条、废切片、废丝等，应收集回收综合利用。

6.6.2 锦纶帘子布厂浸胶废液和吸附浸胶废水的硅藻土废渣，应采用填埋处置。

6.6.3 氨纶生产中产生的废胶块、废聚合物、废丝等，宜采用焚烧或填埋处置。

6.6.4 丙纶生产中产生的聚丙烯粉末、胶块及废丝宜回收和综合利用，亚硝酸盐渣等不能回收利用的废渣应填埋处置。

7 噪声控制

7.1 一般规定

7.1.1 纺织工业企业建设项目的噪声控制应防止或降低空气动力噪声、机械噪声、电磁噪声等对环境和职工健康的不良影响，并应符合现行国家标准《工业企业厂界噪声标准》GB 12348 的有关规定。

7.1.2 噪声控制应首先从声源上进行控制，如仍未达到规定的噪声标准时，应视具体情况设置隔声、消声、吸声、隔振等控制措施。

7.1.3 噪声控制措施应在对声源的分布、噪声强度、频谱特性及运行工况等调研评估基础上进行。

7.2 噪声控制

7.2.1 产生高噪声的纺织工业企业，不得设置在居住、医疗、文教等要求安静区域范围内。

7.2.2 纺织化纤工厂总体布置，宜符合下列规定：

1 在满足生产要求和技术经济合理的条件下，应根据使用功能将生活、办公、生产区等分区布置，并应将高、低噪声车间和站房分开布置。

2 高、低噪声区之间，宜布置对噪声不敏感的

辅助车间、堆场、料场和绿化带等。

7.2.3 纺织工业企业应采用低噪声的新工艺、新设备。对产生高压气体排放的设备应严格控制。

7.2.4 管道设计应选择合理流速，管道截面和介质流向应避免急剧变化。

7.2.5 管道与强烈振动的设备应采用柔性连接，强烈振动管道在建（构）物上应采用弹性支承。

7.2.6 高噪声的车间、泵房、制冷站、空压站等站房，应单独设置机房，站房的建筑设计应采取吸声和隔声等噪声控制措施。

7.2.7 空调室宜采用吸入式空调，进排风窗宜采用气楼方式。

7.2.8 车间空调、除尘风机宜选用噪声低的通风机，风机机座应采取防震隔振措施，风机进出风口应合理布局。

7.2.9 空压站应在吸气、排气管上加装消声器等消声设施，且应使消声器出口气流速度小于等于60m/s，并应利用声源的指向性特点将排气孔排向天空或水体中。

7.3 噪声控制措施

7.3.1 可根据噪声源或高噪声场所的具体情况采取隔声罩、隔声间、隔声屏等控制措施。

7.3.2 隔声设施的降低噪声量宜符合下列规定：

1 单台强噪声设备的隔声罩应符合下列规定：
1）固定密闭型 30～40dB。
2）活动密闭型 15～30dB。
3）局部开放型 10～20dB。
4）带有通风散热消声型 15～25dB。

2 多台的站房或场所的隔声间应为 20～50dB。

3 无法封闭的噪声源设备的隔声屏应为 10～20dB。

7.3.3 隔声罩设计宜采用带有阻尼的轻薄材质，内侧面应敷设吸声层，必要时可加设护面层。有强烈振动声源时，应避免与声源及基础之间刚性连接。

7.3.4 隔声间设计应符合下列规定：

1 对空气声的隔离宜采用厚、重、密实的构件，结构声的隔离宜采用薄、轻、柔顺的构件，也可采用复合构件，构件内侧面应有吸声饰面。

2 墙体门窗宜具有良好密闭性，通风换气口和管线穿墙处采取密封及吸声措施。

3 机械通风机进出口宜设置消声装置。

7.3.5 隔声屏宜接近声源，朝声源的一面宜饰吸声材料。隔声屏构造应具有良好的隔声能力。

7.3.6 管道辐射较强噪声，宜设置管道阻尼隔声包扎的降噪设施。

7.3.7 消声控制设计应符合下列规定：

1 中、高频稳态气流产生的噪声宜采用阻性或以阻性为主的复合式消声器；低、中频为主的脉冲气流产生的噪声宜采用抗性或以抗性为主的复合式消声器；高温、高压、高速排气放空噪声可采用节流减压或小孔喷注消声器，也可采用两者复合的消声器。

2 有特殊要求的消声器，应满足防潮、防腐、防火、耐高温、耐油污及净化等要求。

3 应根据使用要求选择通过排气放空消声器的气体流速。

4 宜根据功能需要选用消声器，非标消声器设计应经计算确定。

7.3.8 混响声明显的车间、站房宜采取下列吸声措施：

1 吸声措施应符合下列要求：
1）面积较小且对降噪量要求较高时，宜在围护结构内面采用吸声措施。
2）面积较大、声源分散、体型扁平的车间，宜作吸声顶。吸声顶面积宜为建筑面积的 40%。
3）声源集中局部区域，除应设置隔声屏外，宜在局部区域的门、墙面做局部吸声处理，也可悬挂空间吸声体。

2 吸声构件应符合下列要求：
1）高中频噪声材料厚度应为 50mm，可采用成型吸声板。当要求高时吸声材料厚度应为 50～80mm，宜采用无甲醛或微甲醛的离心玻璃棉等多孔吸声材料，并应加适当的保护面层。
2）宽频带噪声吸声材料厚度可在多孔材料后面留 50～100mm 的空气层，也可采用 80～150mm 厚的吸声层。
3）当室内湿度较高或有清洁要求时，可采用薄膜覆盖的多孔材料或单、双层微孔板吸声结构，微孔板厚和孔径不应大于 1mm，穿孔率宜为 0.5%～3%，总腔深可取 50～200mm。

3 吸声措施和材料应满足防火、防潮、防腐、防尘、安全和卫生方面的要求，同时应满足通风、采光、照明及装修等方面的要求。

7.3.9 凡产生较强振动及固体噪声传递影响的设备，应采取隔振措施，并宜布置在底层，管道与设备之间应设置柔性连接。产生较强振动或冲击噪声从而引起固体声传播及振动辐射噪声的设备，应采取隔振降噪措施。

8 绿 化

8.1 一般规定

8.1.1 厂区绿化设计应按国家现行有关环境保护的法律、法规及所在地区有关规定执行。

8.1.2 厂区绿化设计应根据总体规划、企业类型、消防安全、自然环境和植物习性等因素合理布置。

8.1.3 绿化植物的选择，应符合下列要求：

  1 应以乡土植物为主，引进物种应得到有关部门批准。

  2 应选择有益于改善环境的防污植物。

  3 应选择适应性强、易栽易管的植物。

8.2 绿化布置

8.2.1 厂区绿化布置，应符合下列要求：

  1 绿化设计应与总平面布置、竖向设计、管线综合布置相适应，并应与周围环境和建（构）筑物相协调。

  2 绿化布置应有利于安全生产、消防作业和物流运输。

  3 绿化布置不应妨碍生产设施、辅助设施等扩散有害废气。

  4 绿化应利用可用地段和零星空地。

8.2.2 生产设施区不宜种植含油脂多和飞花扬絮的树种；公用设施及辅助设施区宜混合种植常绿乔木、灌木和草坪；罐区及装卸设施区宜种植草坪或其他植被植物。行政管理及福利设施区宜种植绿篱、乔木或灌木；厂区道路行道树宜选择能净化空气、过滤扬尘和遮阳降温的树种。

8.2.3 散发有害废气的生产设施及辅助设施周围，应选择抗污、净化能力强的防污植物。宜种植草坪、矮小乔木或灌木。

8.2.4 绿化树木与建（构）筑物及地下管线的最小间距应符合现行国家标准《建筑给水排水设计规范》GB 50015的有关规定。埋地管线地面及其周围，宜种植草坪或灌木。架空管线附近，宜种植灌木。

8.2.5 绿地率应符合当地有关部门或国家有关部门的规定，应由总体规划设计确定。

附录A 废水处理厂（站）排水管道与其他地下管线（构筑物）的最小净距

A.0.1 排水管与建（构）筑物的水平净距，当埋深小于建（构）筑物基础时，在不影响基础和满足施工及维护条件下可适当放宽；当埋深大于建（构）筑物基础时宜按土壤性质计算确定，但不得小于下列数值：

  1 排水管与给水管的水平净距不宜小于1m，垂直净距不宜小于0.2m。

  2 排水管与排水管的水平净距不宜小于1m，垂直净距不宜小于0.15m。

  3 排水管与低压煤气管的水平净距不宜小于1m，垂直净距不宜小于0.15m。

  4 排水管与电缆的水平净距不宜小于1m，垂直净距不宜小于0.3m。

  5 排水管与乔木的水平净距不宜小于1.5m。

  6 排水管与道路边缘的水平净距不宜小于1m。

  7 排水管与路灯中心的水平净距不宜小于1m。

  8 排水管与乔木、路灯、道路同时存在时水平净距不宜小于2m。

A.0.2 水平净距应为外壁间净距，垂直净距应为下面管道外顶与上面管道基础间净距。但当采取充分措施后，A.0.1条规定的净距可适当减小。

本规范用词说明

  1 为便于在执行本规范条文时区别对待，对要求严格程度不同的用词说明如下：

  1）表示很严格，非这样做不可的用词：
    正面词采用"必须"，反面词采用"严禁"。

  2）表示严格，在正常情况下均应这样做的用词：
    正面词采用"应"，反面词采用"不应"或"不得"。

  3）表示允许稍有选择，在条件许可时首先应这样做的用词：
    正面词采用"宜"，反面词采用"不宜"；
    表示有选择，在一定条件下可以这样做的用词，采用"可"。

  2 本规范中指明应按其他有关标准、规范执行的写法为"应符合……的规定"或"应按……执行"。

中华人民共和国国家标准

纺织工业企业环境保护设计规范

GB 50425—2008

条 文 说 明

目 次

1 总 则

1.0.2 凡以纺织工业企业为主的环境保护项目，不论规模大小均应执行本规范。

1.0.4 应执行"以防为主、防治结合、综合利用"的方针，要求企业和设计单位在建厂时应首先积极采用清洁生产工艺，即严格控制单位产品资源消耗和污染量，使污染减少到最低限度；可靠处理（控制）技术是指在达标前提下采用行之有效、稳定达标的工艺；强调了废水回用措施，对新厂应优先考虑废水回用措施的要求，对老厂也应积极考虑废水回用措施。

3 废 水 处 理

3.1 一 般 规 定

3.1.2 对浓废水单独预处理后可削减综合废水水质的峰值使水质较为稳定，并可以减轻后续处理单元冲击负荷，对稳定达标有利。清洁废水分流后可经简单处理后回用，一般回用率在 20%～30%。

3.1.3 当无实测废水排放量和浓度时，可参照表 1 选用并作适当调整。

表 1 废水排水量和水质参考表

名 称		排水量	COD (mg/L)	BOD$_5$ (mg/L)	pH	色度 (倍)	SS	水温 (℃)	氨氮 (mg/L)	S^{2-} (mg/L)	Zn$^{2-1}$ (mg/L)	CS$_2$ (mg/L)
棉纺厂（上浆废水）		30～120m³/t 纱	7000～1000	—	—	—	—	—	—	—	—	—
织造喷水织机		2～4m³/台天	200～300	—	—	—	—	—	—	—	—	—
针织厂		1.5～2m³/百米	—	—	—	—	—	—	—	—	—	—
印染厂	机织物 门幅914mm	1.5～3m³/百米	1000～1500	250～400	10～12	300～500	—	—	—	—	—	—
	针织物	0.25～0.3m³/kg	400～800	150～200	8～9	200～400	—	—	—	—	—	—
漂染厂（机织物）		2～2.5m³/百米	800～1000	200～300	9.5～10.5	300～400	—	—	—	—	—	—
毛纺厂	洗毛 无闭路循环	10～35m³/t 洗净毛	15000～20000	6000～8000	8.5～9	—	8000～12000	—	—	—	—	—
	洗毛 有闭路循环	10m³/t 洗净毛	20000～30000	8000～12000								
	炭化	10m³/t 洗净毛	200～300	—	H$_2$SO$_4$ 1.5～2g/L	—	—	—	—	—	—	—
	粗纺厂（混纺）	3.5m³/百米	600～900	180～300	6～7	100～300	300～500	—	—	—	—	—
	精纺厂	2.3m³/百米	450～700	180～250	6～9	50～100	80～100	—	—	—	—	—
	绒线（混纺）	7.2m³/百米	500～800	80～150	6～7	80～150	100～150	—	—	—	—	—
丝绸厂	桑蚕丝	280～300m³/t 丝	—	—	—	—	—	—	—	—	—	—
	人造丝	100～120m³/t 丝	—	—	—	—	—	—	—	—	—	—
	真丝绸	300～350m³/百米	—	—	—	—	—	—	—	—	—	—
	合成绸	350～400m³/百米	—	—	—	—	—	—	—	—	—	—
	丝绒	550～600m³/百米	—	—	—	—	—	—	—	—	—	—
	煮茧废水	—	1500～2000	700～1000	9	—	150～310	80	—	—	—	—
	缫丝废水	—	150～200	70～80	7～8.5	—	80～110	40	—	—	—	—
	炼绸废水	—	500～800	200～300	7.5～8	—	100～180	—	6～27	—	—	—
	丝绸印染废水	—	250～450	80～150	6～7.5	—	100～?	—	3～12	—	—	—
	绢纺精炼脱胶浓废水	—	9000～10000	2000～5000	9～10.5	—	800～2800	90～98	30～70	—	—	—
	冲洗水	—	250～550	150～300	7～8	—	200～400	—	15～17	—	—	—
	丝绸炼染厂	—	500～800	200～300	7.5～8	100～200	—	—	6～27	—	—	—
	丝绸印花厂	—	400～650	150～250	5.5～7.5	50～250	—	—	8～24	—	—	—
	丝绸印染联合厂	—	250～450	80～150	6～7.5	250～500	—	—	3～12	—	—	—
	染丝厂	—	550～650	90～140	7.5～8.5	300～400	—	—	—	—	—	—

续表1

续表1

名称			排水量	COD (mg/L)	BOD₅ (mg/L)	pH	色度(倍)	SS	水温(℃)	氨氮(mg/L)	S²⁻(mg/L)	Zn²⁺(mg/L)	CS₂(mg/L)
麻纺织染整厂	苎麻脱胶	化学法	700m³/t精干麻	一	一	—	—	—	—	—	—	—	—
		酶脱胶	460m³/t精干麻	一	一	—	—	—	—	—	—	—	—
	麻及混纺织厂		200m³/t织物	一	一	—	—	—	—	—	—	—	—
	苎麻化学脱胶废水	煮炼废水	11~12m³/t麻	14000~20000	5000~8000	13~14	—	—	—	—	—	—	—
		一煮洗麻废水	11~12m³/t麻	1600~2000	700~800	12~13	—	—	—	—	—	—	—
		二煮洗麻废水	11~12m³/t麻	750~900	280~300	11~13	—	—	—	—	—	—	—
		浸酸废水	10m³/t麻	1300~1500	500~800	2~3	—	—	—	—	—	—	—
		拷麻废水	250m³/t麻	260~320	100~140	7~8	—	—	—	—	—	—	—
		漂酸废水	10m³/t麻	900~1000	300~400	5~6	—	—	—	—	—	—	—
	亚麻脱胶废水	浸解废水	一	一	1300~2400	4.6~5.4	—	—	—	—	—	—	—
		洗涤废水	一	一	330~860	6.2~6.4	—	—	—	—	—	—	—
		压榨废水	一	一	590~1100	6.3~6.8	—	—	—	—	—	—	—
		均化池废水	一	一	380~1300	5.8~6.8	—	—	—	—	—	—	—
	染整废水		一	一	一	—	—	—	—	—	—	—	—
浆粕粘胶厂	浆粕废水	本色（全厂排水）	150m³/t浆粕										
		漂白（全厂排水）	240m³/t浆粕										
		黑液 无碱回收		10000~15000	2400~3600								
		黑液 有碱回收		6000	2000								
		中段废水		1000	700~1000								
	粘胶废水	短纤 酸性废水	100~180m³/t纤维	150~600	50~200	2~3		200~300			<7	30~70	1~2
		短纤 碱性废水	50~120m³/t纤维										
		长丝 酸性废水	300~500m³/t纤维	150~600	50~200	2~3		200~300			<7	30~70	1~2
		长丝 碱性废水	100~300m³/t纤维										
	粘胶废水	酸性废水	一	200~300	一	1~2					6		
		碱性废水		5000~6000							30~50		
腈纶厂	硫氰酸钠法		180m³/t产品	800~900	500	7~7.5					丙烯腈 260~270	Na·CN 60	
	DMF干洗		16.6m³/t产品	2000	一	一			50		DMF 85	SO₃²⁻ 1000	
涤纶厂		短纤废水	0.5~1m³/t产品	2000~15000	600~2500	3~7							
		长丝废水	0.7~1.3m³/t产品										
	聚酯	无气提	0.2~0.4m³/t产品	7000~15000	B/C 0.4~0.5	3~7							
		有气提		3000~8000									
锦纶厂	涤丝废水		318m³/t产品	117	5.8	7.3	3	8.7	一	1.2	一	一	一
	长丝		260m³/t产品	91	4.1	7.7	4.5	3.0	一	2.5	一	一	一
	帘子线布		161m³/t产品	78	12.7	7.9	2.6	4.9	一	0.1	一	一	一
氨纶厂废水			20~30m³/t产品	1.7~2.1 kg/t产品	一	一	一	一			DMAC 45~55 kg/t产品		

3.1.4 为改善操作条件和确保操作人员安全，凡敞开水池需设置栏杆。由于废水处理站场地空旷，凡有高架设施应设防雷接地装置。凡含腐蚀性气体的废水，应有耐腐蚀设施。对有毒有害气体，应有气体检测与报警装置。

3.2 格栅、格网

3.2.4 格栅出渣平台周围必须设置栏杆以保护人身安全。

3.2.6 针对废水中纤维或悬浮杂质较多场合下采用本条，例如苎麻废水、粘胶废水。

3.3 集 水 池

3.3.2 处理水量大于 5000m³/d 时采用 10min，1000～5000m³/d 时采用 10～20min，小于 1000m³/d 时采用 30min。

3.4 水泵及水泵房

3.4.9 大型厂指处理水量大于 5000 m³/d，中型厂指处理水量 1000～5000m³/d，小型厂指处理水量小于 1000m³/d。

3.5 调 节 池

3.5.1 当其他章节有规定者除外。

3.5.2 当调节池封闭时应设通排风措施，主要考虑维修时保护人身安全。

3.5.3 调节池内设曝气系统或液下搅拌设备，目的是防沉、均质、氧化一定量还原性物质，去除一定量挥发性有机物。

3.5.7 事故池一般在大型化纤工厂废水处理站内设置。主要考虑如下因素：生产发生事故时的应急排水；设备大检修前装置放空排水；罐区初期雨水；罐区火灾时的消防排水；废水处理进水水质有严格要求且设 COD 在线仪自动切换措施时（即大于设计 COD 值）的废水进入事故池。初期雨水按最大暴雨量 15min 考虑。事故池容积一般按一天处理水量考虑。

3.7 pH 调 整

3.7.6 含碱废液的回收和利用不仅可节约加酸运行费用，对企业产生明显经济效益，也可降低废水中含热量，对生化处理有利。

3.8 预 沉 池

3.8.1 当悬浮物浓度大于 1000mg/L 时或进入生物处理系统悬浮物浓度大于 500mg/L 时应考虑预沉池。

3.11 有害有毒物质的处理

3.11.1 进入生物处理单元废水一般控制硫化物在 40mg/L 之内。

3.11.2 氯漂残液排入生物处理装置，可降低生物处理效率，甚至使微生物中毒。

3.11.3 H_2O_2 漂白液排放时应避开生物处理培养驯化阶段，主要原因是氧量太高不利生物的培养驯化，甚至使微生物自身氧化。

3.12 药 剂 系 统

3.12.2 一般药剂溶液浓度（重量比）宜采用 10%，对黏度较高难溶解药剂溶液浓度（重量比）宜采用 1‰，对杂质较多，在输送过程中易沉积的药剂溶液浓度（重量比）宜采用 5%。

3.12.4 药剂品种投加量和产生污泥量，应根据同类厂经验或小试确定。

3.12.5 混合池可采用水力、曝气、机械、静态混合器等方式，絮凝池应严格控制流速、停留时间和速度梯度。

3.12.6 混凝剂使用应根据废水 pH 值、碱度、温度、悬浮物浓度、废水其他成分（表面活性、分散剂、还原性物质等）综合考虑。对水溶性、非离子和阳离子有机物不宜采用常用的混凝剂和助凝剂。

3.13 供氧设施和风机房

3.13.1 罗茨风机风量影响系数（指风机附近环境干球温度影响因素）可按罗茨风机进口风量的 80% 考虑。

离心风机风压损失可按环境温度与风机工况标准温度（20℃）差值计算，一般每升高 1℃ 风压损失为 2kPa。

3.15 印染废水处理

3.15.1 印染废水处理工艺选择原则：

1 处理工艺选择时除通常应考虑的原则外，本条将水的回收利用要求亦作为处理工艺选择原则之一。印染废水经处理后全部或部分地回收利用，在一定程度上会影响到处理工艺的选择。在实际工程设计中应引起注意的是：达标排放的废水水质不等同于满足回用水质要求；反之，能满足回用的水质，未必须是达标排放的废水水质。而是应根据水的回收利用要求具体分析确定。

2 本款系参照国家环保总局制订的《印染废水污染防治技术政策》而列入。我国印染废水处理从 20 世纪 70 年代初起步至今已有 30 余年。30 多年来经过不断摸索，总结经验，根据我国印染废水排放的实际和国家相应的排放标准要求，印染废水处理工艺渐趋成熟。印染废水处理工艺应以采用生物处理为主、物化处理为辅的综合处理工艺路线。

3 20 世纪 80 年代国内开始进行了厌氧水解酸化处理印染废水的技术研究，取得了成效。90 年以后逐渐在印染废水处理工程中推广应用。厌氧水解酸化的原理是，利用生长在厌氧水解池中的兼性微生物作用，将印染废水中的高分子化合物分解为低分子化合物，将复杂有机物降解为较为简单的有机物，提高废水中的 BOD_5/COD 比值，从而改善后续的生物处理条件。同时，厌氧水解酸化处理单元能降解部分有机污染物，对 COD、BOD_5 有一定去除率。

4 本款列入了成熟的、常用的、行之有效的物化处理技术。此外，还有活性炭吸附、生物活性炭、紫外线光氧化等在某些印染废水处理工程中有过应用，但不普遍，本款未将这些技术列入。应结合具体工程情况，如需采用这些物化处理技术，应经过试验或参照同类型工程经验与参数再予以应用。

3.15.5 厌氧水解酸化、好氧生物处理单元的污泥负荷、容积负荷等设计参数的取值，同印染废水的水质有关。废水的有机污染物浓度高，BOD_5/COD 比值小，则取污泥负荷或容积负荷的下限；反之亦然。

3.15.6 本条的沉淀池主要设计参数是针对印染废水的特点而提出。关于沉淀池的其他设计参数可按《室外排水设计规范》GB 50014 执行。

3.15.7 本条参照《纺织工业企业环境保护设计规定》FJJ 108—89（试行）第 6.4.2 条编写，并做适当修改。

3.15.9 脱水污泥的出路，目前常用的方法有填埋、掺入煤渣中制砖等。江苏盛泽、无锡等地近年来采用炉窑烘干的方法，对经机械脱水的印染废水处理污泥进一步做无害化、减量化、干化处理，干化处理后的污泥含水率为 30% 左右，脱干污泥可制成高热值的辅助燃料。

3.16 洗毛废水处理

洗毛是用机械作用和化学作用从原毛中去除羊毛脂、羊汗和砂土等杂质，从而获得松散洁白的羊毛纤维的加工过程，洗净毛为原毛重的 30%～70%，而原毛中有 30%～70% 的杂质进入废水中。

废水处理设备应根据洗毛机形式而定，同时应考虑原毛品质。

3.16.1 对本条各款说明如下：

1 本款洗毛废水处理工艺为常规工艺。洗毛废水是高浓度有机废水，对于 1、2、3 槽（澳毛）或 2、3 槽（国毛）洗毛水必须实行闭路循环，用离心分离机提取羊毛脂。4、5、6 槽漂洗水及离心分离后的含脂泥水混合废水形成洗毛废水，有机物的浓度很高，其中澳毛：COD 约 20000mg/L，BOD_5 9000～10000mg/L；国毛：COD 约 10000mg/L，BOD_5 4500～5000mg/L。

2 毛纤维很多，需在调节池进口处设置自动捞毛机。

3 洗毛废水中 SS、泥砂高达上万 mg/L，调节池底部设吸刮泥机或采用真空吸泥机；调节池必须分

两格，交替进行吸泥；调节池停留时间小于 4h，可防止夏天羊毛脂腐化。

4 提升泵采用自吸泵，泵的吸水口处安装上下可以移动网罩，防止毛纤维进入进水管。

3.16.2 洗毛废水含羊毛脂 0.3%～0.6%，进入生物处理前必须采用物化法预处理，污泥中羊毛脂可回收。沉淀池表面水力负荷应小于 0.8$m^3/(m^2 \cdot h)$，气浮池气固比 0.06 以上，出水 COD1500～3000mg/L。

3.16.3 预处理后的洗毛废水进入厌氧—好氧—曝气生物滤池处理系统。厌氧池容积负荷 1～2kgCOD/$(m^3 \cdot d)$。好氧池容积负荷 1.4～2.8kgCOD/$(m^3 \cdot d)$。曝气生物滤池容积负荷 3.6kgCOD/$(m^3 \cdot d)$。总 COD 去除率 80%～90%。

3.16.4 经洗毛后的洗净毛含草屑等植物性杂质，配置 5%～6% 硫酸进行炭化，经 105℃ 植物性杂质炭化而被除去。

3.16.5 炭化水洗和中和槽废水处理工艺：

1 酸槽废水（含 H_2SO_4 5%～6%）必须采用回收工艺，废水中硫酸浓度宜小于 2g/L。

2 炭化冲洗槽（长流水）和中和槽废水，pH 值为 2，COD 值约 320～460mg/L，采用化学中和后水回用于生产，常用石灰石变速中和滤池处理。石灰石粒径 3～4mm，高度为 1m，上升滤速为 50～60m/h。

3 当采用石灰石中和滤池时，中和滤池出水必须进行除气（CO_2 气体），使 pH 值大于 6～6.5，然后进行化学絮凝处理，过滤后的清水才能回用。

3.17 麻脱胶废水处理

3.17.1 本条前三款说明如下：

1 废水处理前必须设置去除短纤维的圆网、短纤维过滤机或其他装置。

2 废水处理流程中必须设调节池，使废水的 pH 值降至处理设施（厌氧池）要求的数值 6.5～7.5。

3 厌氧消化装置宜设气、固、液三相分离装置，以确保厌氧消化池的污泥不至于流失，也可采用体外分离系统。

3.18 丝绸废水处理

3.18.1 煮茧废水水温高达 90～98℃，偏碱性，B/C 为 0.6，炼桶中废水 COD 约 9000～10000mg/L，煮茧废水的 COD 约 1500～2000mg/L。

3.18.2 缫丝废水（含印染废水）B/C 为 0.4，COD 约 400～800mg/L，氨氮 20～30mg/L，SS 约 100～200mg/L。

3.18.3 绢纺精炼废水一般与煮茧废水合并处理时，常采用中温厌氧前处理工艺，随后再与其他废水进行水解酸化，好氧（脱氮）处理工艺，厌氧停留时间一般为 72h，并有降温（至中温）和保温措施，调节池

停留时间 14～20h。

3.19 浆粕、粘胶纤维废水处理

3.19.1 浆粕废水处理一般规定：

1 不同的工序排放的废水性质不同，不同性质的废水应采取不同的处理措施。有的可以直接排放，有的简单处理就可以排放，有的需要多级处理才能排放。为了节省投资和降低处理成本，排放废水应首先考虑回收利用（全厂综合考虑），然后按水质采取分流措施，按污染轻重分别处理。处理后的废水应达到国家或行业规定的排放标准才能排放。为方便取样检测，应按环保部门要求设置排放池和在线仪。

2 碱回收不仅可以减轻废水处理负担，更主要的是可以回收碱及蒸汽。该工段的其他废水是指放气过程冷凝下来的冷凝污水、刷洗水等，量比较小，污染较轻，可以与其他工段的废水一起集中处理。

3 洗选各工序的生产用水必须按照从后往前的顺序循环利用，最后排出的无法再利用的废水才去废水处理场。

漂白后浆料洗涤废水中一般氯的浓度较高，如果不单独处理，含氯的废水在与其他工序的废水混合进行生物处理时会使微生物中毒。

4 黑液酸析也可以利用粘胶纤维产生过程中排出的酸性废水，经中和沉淀预处理后再与其他废水混合处理，可节省投资，降低运行成本。

5 设调节池的目的是为了调蓄进水量和均匀水质，其容积一般为 4～6h 的设计处理水量。

3.19.2 浆粕废水的处理工艺：

1 这种工艺适用于只生产浆粕的工厂的废水处理。浆粕废水分黑液及中段废水。黑液含有大量的木质素、半纤维素、碱等，色度也很高，BOD_5/COD 小于 0.2，可生化性差，应单独预处理。经细格网过滤回收纤维素，絮凝沉淀法去除部分有机物，再经水解酸化池降解大分子有机物，提高水质可生化性。经过预处理后水质适合进行好氧生物处理。中段废水为浆粕生产过程中洗、选、漂产生废水，污染物指标比黑液低，经简单过滤后可与预处理后黑液混合进行好氧生物处理。曝气生物滤池是为了进一步降低 COD 和色度，可根据排放要求而定。

2 这种流程适合同时生产浆粕及粘胶纤维工厂的废水处理。黑液碱性强，需酸中和；粘胶酸性废水酸性强，需碱中和。将两种废水简单混合可达到中和目的，节省单独处理时需要的酸及碱，降低运行成本，减少投资。

3.19.3 浆粕废水的生物处理方法与粘胶纤维废水生物处理方法基本相同，设计时可结合实际选择本节粘胶纤维废水处理中的生物处理单元。

3.19.4 粘胶纤维废水处理的一般规定：

提供了粘胶废水中各种污染物常用的处理方法。二硫化碳及硫化氢在酸性条件下可通过吹脱去除，锌离子可在碱性条件下絮凝沉淀去除，有机物可通过生物处理降解并通过沉淀去除。经过这几个主要处理单元，处理水能达到国家污水综合排放一级标准。

1 本款给出 3 种常用的从粘胶废水中回收锌的处理工艺。二浴水锌含量 1.1～2g/L，去酸水中锌含量也在 1g/L 左右，这些废水中锌不回收利用是很大浪费，同时也增加后续处理构筑物负荷。

1）二浴含锌废水采用溶剂萃取法可取得良好效果。二浴废水温度很高，并且含有 H_2S 和 CS_2 气体和其他悬浮物等，不能满足萃取的工艺要求。因此在萃取前先进行料液的预处理，再进行萃取，萃取剂可循环使用。反萃取液 H_2SO_4 内的 $ZnSO_4$ 经浓缩至一定浓度后回酸站用于生产。去酸水同样可以采用这种工艺。

2）用离子交换树脂从二浴废水、去酸水、淋洗废水中吸附锌，工业生产证明，效果良好。

3）采用石灰-苛性钠二次沉淀法，是把石灰乳加入废水中，生成硫酸钙沉淀，上层清液再用苛性钠处理，以沉淀氢氧化锌，纯度可达 99%，能在生产上回用。

2 二硫化碳含量较高的废水可用吸附回收法回收二硫化碳，处理水可回用。废水必须经过过滤去掉悬浮物后才能进入吸附塔。饱和时进行解析。解析时蒸汽通入吸附器，使二硫化碳和蒸汽的混合气体进入冷凝器回收二硫化碳。

3.19.5 粘胶纤维废水处理工艺：

1 粘胶纤维废水单独处理时的工艺流程：酸性及碱性废水混合后会产生二硫化碳、硫化氢气体及纤维素，因此应分别设调节池。废水经提升后一起进入吹脱池，这时废水水质适合吹脱二硫化碳、硫化氢气体。再进入混合池、絮凝池、沉淀池进行物化处理去除锌。物化处理后水质适宜采用好氧生物处理，一般采用活性污泥、生物接触氧化法。

2 在废水处理厂中设置调节池的规定：

1）由于工业废水水质、水量变化很大，如不调节会对生物处理产生冲击，无法保证处理效果。因此要按废水水质、水量变化周期确定调节池容积。

2）生产中排出酸性废水或碱性废水的时间不同，有些是连续排放，有些是间歇排放，且酸性废水与碱性废水混合会产生有毒气体，因此应分别贮存，再按一定比例进入后续处理构筑物，以达到一定 pH 值，为管理维修方便应设 2 格。

3 吹脱池为粘胶废水处理中很重要的构筑物，它关系到 H_2S 和 CS_2 的去除效率。通常向池内鼓风曝气，促使液体与空气充分接触，使废水中的溶解气体挥发出来。

1）根据国内废水处理生产运行经验，要达到同

样的出水浓度，进水有害气体浓度越高，需要的曝气时间越长，曝气强度也越高，因此可根据有害气体浓度确定曝气时间长短，浓度越高时间越长一些。一般粘胶废水曝气时间在 30～50min，根据具体情况决定。

2）S^{2-} 在 pH 值 2.5 时 95% 以上是以 H_2S 气体形式存在，因此，吹脱池中废水为酸性，池内壁及设备应做防酸蚀处理。

3）吹脱出的 H_2S、CS_2 气体均为有害气体，应集中高空排放或回收处理。

4 粘胶废水中酸性废水与碱性废水比例大约为 3：1，碱性废水严重不足，因此需加入碱中和。石灰是最常用的碱性中和剂，而且石灰与硫酸反应生成硫酸钙沉淀，可以网捕水中悬浮物与氢氧化锌颗粒一起沉淀，同时具有絮凝的作用。如果水中锌离子含量多，为达到处理效果，还需加入混凝剂、助凝剂等形成更大矾花，絮凝沉淀。

5～7 参照《室外排水设计规范》GB 50014 制定。生物处理单元设计参数应按国内同类厂经验进行调整。

3.19.6 含锌废水及二硫化碳废水均显酸性，有一定腐蚀性。石英砂滤料价格较廉且耐腐蚀性强，所以可采用石英砂作为滤料。过滤器设计参数参照一般《给水排水设计手册》设计，并根据实际运行经验进行调整。

3.19.7 关于活性炭吸附塔设计规定。设计参数可参照一般《给水排水设计手册》设计，并根据实际运行经验进行调整。

3.20 腈纶废水处理

目前腈纶生产有多种工艺路线，按溶剂区分，主要有硫氰酸钠（NaSCN）、二甲基甲酰胺（DMF）、二甲基乙酰胺（DMAC）、二甲基亚砜（DMSO）、丙酮、碳酸乙烯酯（EC）、硝酸（HNO_3）和氯化锌（$ZnCl_2$）等。但采用前三种居多，即以硫氰酸钠（NaSCN）为溶剂的一步法或二步法湿法路线，以二甲基甲酰胺（DMF）、二甲基乙酰胺（DMAC）为溶剂的有机干法和湿法路线。由于生产工艺路线不同，所采用的溶剂不同，生产废水排水量和水质组成有很大区别。

3.20.1、3.20.2 国内大中型腈纶湿法纺丝生产：采用硫氰酸钠一步法工艺的工厂有过去的兰州化学纤维厂等，目前一步法已逐趋淘汰，多数采用硫氰酸钠二步法工艺，主要像大庆石化腈纶厂、安庆石化腈纶厂、上海金阳腈纶厂等；采用二甲基乙酰胺（DMAC）为溶剂的湿法工艺路线工厂有吉林奇峰腈纶有限公司等。采用二甲基乙酰胺湿纺工艺和硫氰酸钠二步法工艺排出的废水中污染物浓度有很大差异。

湿法纺丝腈纶生产废水水量和浓度变化很大，调

节池的容积应考虑其变化频率。

湿法纺丝腈纶生产废水处理应注意低聚物的预处理，以保证废水处理设施的安全稳定运行。湿法纺丝腈纶生产废水处理方法在国内有成功运行经验的主要有选用优势菌种的生物处理；纯氧曝气（UNOX）生物处理；厌氧-好氧生物处理等。

3.20.3、3.20.4 国内腈纶干法纺丝生产：采用 DMF 干法工艺路线的工厂有抚顺、淄博、秦皇岛、宁波和茂名腈纶厂。干法纺丝腈纶生产废水水量和浓度变化很大，调节池的容积应考虑其变化频率。

干法纺丝腈纶生产废水处理宜采用预处理将低聚物和干粉（单体高聚物）分离出，以保证后续废水处理设备的安全运行。干法纺丝腈纶生产废水处理方法一般宜采用厌氧-好氧生化处理。

3.21 聚酯废水处理

3.21.2 本条规定主要考虑到生产过程中一旦发生事故时将产生大量的超高浓度的废水，而这部分超高浓度废水是不能排放的，也是废水处理系统在短时间内不能承受的，因此需设事故池来储存这部分超高浓度废水。

3.21.3 由于涤纶聚酯废水间歇排水，且排放废水 pH 值较低，COD 浓度较高，冲击负荷较大，废水处理前应进行水质、水量、pH 调节。

3.21.4～3.21.6 由于聚酯废水还存在一定数量的生物难降解的溶解性 COD，要达标排放（COD≤100mg/L），采用传统的"好氧生物-物化"处理系统难以达标，且占地大，能耗高，处理费用昂贵。而采用厌氧生物反应系统进行预处理可以达到较高的 COD 去除率。根据调研，上海联吉合纤有限公司、江苏恒力化纤有限公司及江苏申久化纤有限公司等大型化纤企业的废水处理采用了厌氧生物处理系统，COD 去除率可高达 80%，最终处理后出水可达到国家一级排放标准，同时可大量减少生物污泥量。

3.21.7 涤纶纺丝废水在鼓风曝气条件下产生大量泡沫，不宜采用好氧生物反应处理系统，根据对金山石化股份有限公司事业部及上海联吉合纤有限公司等大型化纤企业调研，涤纶纺丝废水采用絮凝、分离系统进行处理，经破乳、絮凝、固液分离，可以达到较高的 COD 和油的去除率。

3.21.8 根据聚酯及纤维厂生产过程中所排放的涤纶聚酯废水及涤纶纺丝废水的水质特性，应分别进行预处理，因此不同类型的废水应采用相互独立的排水系统。当纤维厂生产规模较小时，由于涤纶纺丝废水水量较少，可与一般生产、生活废水合后进行好氧生物处理。

3.22 锦纶、氨纶、丙纶废水处理

3.22.1 锦纶生产过程排出的废水所含污染物种类及

浓度随生产工艺路线变化；锦纶帘子布生产过程排出的浸胶废水主要污染物为清洗浸胶槽排出的废浸胶原液，几种废水为间断排放，水量不大，但 COD、SS 浓度很高。

3.22.2、3.22.3 锦纶帘子布厂浸胶废水一般采用絮凝、过滤将废浸胶原液分离后再与其他生产废水合并进行生物处理。生物处理宜采用 SBR 好氧生物处理、厌氧-好氧处理等方法。

3.22.4 氨纶纺丝的方法有四种：即干法、湿法、化学反应法、融熔挤压法。氨纶生产过程排出的生产废水随生产工艺路线不同所含污染物种类和浓度也不同。

3.22.5 氨纶生产废水处理国内已有成功的运行经验，处理工艺一般采用厌氧-好氧生物处理。

3.23 废水处理厂（站）的选址和总体布置

3.23.2 因夏季对周围环境影响较大，应考虑废水处理厂（站）设在城镇夏季主导风向的下风侧。

3.23.12 新鲜水管指市政给水管，当与处理装置连接时，一旦某种原因倒流时，对市政给水管不论其水质是否被污染，都称为"倒流污染"，国内外均有严格控制"倒流污染"要求。为此必需设防污隔断阀，具体措施可按照《建筑给水排水设计规范》GB 50015 执行。

4 废水回用

4.1 一般规定

4.1.2 纺织厂空调冷却水回水再利用途径包括，以地下水为冷源使用过后的回水，经过处理后全部回灌并不得污染地下水水源。

4.1.6 本条为清洁生产范围。在印染工厂废水回用时只要技术上可行，条件允许，首先应尽可能地实现在生产过程中的回用，以充分利用水资源，减少排污。

4.2 回用水水源及原水水质

4.2.1 本条所指的回用水水源主要指生产废水。从受污染的程度，回用处理的难度，回用水供水安全与保证性等因素考虑，生产过程中产生的轻度污染的废水，如水洗、后整理排水等，应优先考虑作为回用水水源。

4.2.2 本条将回用水水源分为两类。一是在生产排水管网系统进行了清浊分流的前提下，以轻度污染的废水为回用水水源；二是以二级生物处理后达标排放的废水为回用水水源。轻度污染的废水水质因产品、加工工艺、设备等而异，应通过调研、具有代表性的取样测试、分析对比等方法确定原水水质。如无实测资

料，本条给出了一个参考水质范围。未经清浊分流的废水不能直接作为回用水水源，必须经二级生物处理达到国家排放标准后方可作为回用水水源。此时，达标排放的废水水质即是回用水源水水质。

4.3 回用水用途和水质标准

4.3.1 废水回用，主要用于本厂的各种不同用途用水。当有条件或者有需要的情况下，如纺织工业企业所在的区域内，其他单位需要水力冲灰水，循环冷却水补充水，或者市政景观环境用水等，经过技术经济比较后，废水亦可作为区域范围内的其他用途用水。

4.3.3 印染废水经处理后可作为印染加工中的染色、漂洗等用水水源。但是，其水质必须符合印染生产用水水质要求。由于不同的产品种类和生产设备，对印染生产用水水质会有差异，所以，在印染废水作为生产工艺回用水时，必须按工厂的实际要求确定回用水水质。一般印染生产用水水质项目有：透明度、色度、pH 值、铁、锰、悬浮物、硬度等，水质指标除按印染用水水质标准要求外，也可根据工艺要求确定。

4.3.6 从技术经济综合考虑出发，在确定回用水水质标准时，要处理好普遍性和特殊性之间的关系。一般当回用水同时作为多种用途时，按最高用水水质来确定。但是，当个别水量小而要求更高的用水，则另行进行深度处理。

4.4 回用水系统型式

4.4.1 回用水工程牵涉给水排水领域中的诸多内容。就系统组成而言，包括排水（即原水系统）、水处理（处理系统）和给水（供水系统）。而水处理系统又是废水生物处理同给水的絮凝沉淀、过滤、消毒以及深度处理的技术单元（如活性炭吸附、软化、除盐等）的综合应用。所以，回用水工程必须将各个环节有机结合，综合规划，才能达到其功能要求。

4.4.2 轻度污染的废水属于"优质"回用水水源，按照"优质优用，分质回用"的原则，在工厂排水系统设计时，宜优先考虑清浊分流，为废水回用的实施创造条件，奠定基础。

4.4.3 回用水原水系统即是生产排水系统。据调查，由于施工和维护等方面原因，一般工厂的生产排水系统的渗漏都比较严重，所以特别提出，对原水系统要有防渗防漏措施，并应有防止其他不符合水质要求的排水接入措施，以保证系统正常运行。

4.4.4 由于回用水的原水系统对生产排水系统的依赖性，供水系统同回用水对象的密切相关性，所以，回用水系统的运行方式应同生产运行方式同步。即以生产运行方式确定回用水系统按连续或者间歇运行，再以此计算原水清水池或清水贮存池的调节容积。

4.4.7 为了保证回用水供水的安全可靠性，以新鲜水作为回用水的备用水源。在清水贮存池上设置新鲜水补充水管。

4.4.8 参照《建筑给水排水设计规范》GB 50015 第3.2.3条关于"城市给水管道严禁与自备水源的供水管道直接连接"，第3.2.4条关于"生活饮用水不得因管道产生虹吸回流而受污染"的相关规定，制订本条款。

4.4.11 为了防止回用水系统对给水系统的水质污染，保障城市给水系统和饮用水系统安全卫生供水，必须采取相应的措施，这些安全措施可参照《建筑中水设计规范》GB 50336 关于"安全防护和监（检）测控制"的规定执行。

4.5 回用水处理系统

4.5.1 本条是确定回用水处理工艺的依据，其中关键的是回用水原水水质和不同的回用对象水质要求。回用水原水水质应通过调研、取样分析取得可靠数据后确定。回用水水质视不同对象来确定。在确定回用水水质时要从实际出发，因对象而异，不是一味追求"水质标准愈高愈好"。如回用水作为直流冷却水时，其浊度、COD、氨氮等均不作要求，在确定回用水处理工艺流程时，这些指标可以不套用污水排放标准的要求。

4.5.2 本条适用于以轻度污染的废水为回用水水源的情况，根据不同的回用水用途，提出了两种可参考的处理工艺流程。

1 当回用水水质对有机污染物指标要求不高或无明确要求时，如：直流冷却水、绿化、道路清扫、冲洗地面、建筑施工等用水，可采用絮凝沉淀、过滤、消毒为主的工艺流程，处理效率可参考表2。

表2 回用水处理中混凝沉淀过程处理去除率（%）

项 目	去 除 率		
	絮凝沉淀	过滤	综合
浊度	50~60	30~60	70~85
SS	50~60	50~80	70~85
BOD$_5$	20~30	10~15	30~40
COD	30~40	10~15	35~45
色度	40~50	10~20	40~60
铁	40~60	40~60	60~80

2 当回用水质对有机污染物指标有要求或要求较高时，如部分生产用水、景观环境用水等，可采用生物处理同物化处理相结合的工艺流程。

4.5.4 回用水原水属于低浓度有机污染废水。对低浓度或微污染水源适宜采用生物膜法处理。国内在同类型工程中又以采用生物接触氧化法为多。近几年来，东华大学等单位亦有采用曝气生物滤池、生物活性炭法处理的。但是，在采用这些方法时应有一定的试验或运行数据作为设计参考参数。

4.5.5 当回用水用作生产工艺用水、循环冷却补充用水时，对回用水水质要求，除有机污染物指标外，还有色度、铁、锰、硬度、CT、氨氮等指标。为满足这些要求，须增加深度处理的其他技术单元。根据不同的水质要求，这些技术单元可包括除铁、除锰、活性炭吸附、臭氧氧化、离子交换、微滤、超滤、反渗透、膜生物反应器等。

4.5.7 回用水处理的生物处理和深度处理等技术单元设计参数应通过试验确定。如无试验资料，生物接触氧化设计参数可参照本规范第3.15.5条和第3.15.7条的规定，取其低值。近几年，曝气生物滤池、活性炭吸附在回用水处理工程开始得到应用，其运行参数可作为同类型工程设计的参考。深度处理技术单元的去除率可参照表3。

表3 深度处理技术单元的去除率（%）

项 目	离子交换	臭氧氧化	反渗透
BOD$_5$	25~50	20~30	≥50
COD	25~50	≥50	≥50
SS	≥50	—	≥50
氨氮	≥50	—	≥50
总磷	—	—	≥50
色度	—	≥70	≥50
浊度	—	—	≥50

4.5.8 出于安全和卫生考虑，回用水必须消毒。回用水处理设施与给水工程相比，规模小，管理简单，近几年，紫外线消毒在国内水处理工程中逐渐应用。但一般不推荐采用液氯消毒，而推荐采用二氧化氯、紫外线、臭氧等消毒方法。

5 废气处理

5.1 一般规定

5.1.1 工艺选择上应采用不产生或少产生有害气体的成熟方案。当有害气体浓度超过国家标准要求时，必须设置废气处理、回收装置，处理达到国家标准后才能向高空排放，不得借自然通风向外排放。当技术上不可能或经济上不合理时，应设机械排风通过排气塔集中向高空排放，但排放量不能超过国家标准规定。

5.1.2 排气塔的高度必须按有害气体排放量计算确定，一是根据各生产企业当地的自然状况，二是参照现行国家标准《制定地方大气污染物排放标准的技术

《方法》GB/T 3840 和所排放气体的浓度值。

5.1.3 当车间内有害气体浓度未超过国家标准时也应加强通风设施，降低有害气体的浓度。

5.1.4 在分析化验室，要在样品分析地点或设备处安装排风柜，设置通风设施，使有害气体及时排出。

5.1.5 对 CS_2 气体、纺丝凝固浴等可造成污染的物质要严格管理，丝饼存放间必须设置通风设施，及时排除有毒气体。

5.2 粘胶纤维厂废气处理

5.2.1 CS_2 的生产有木炭硫黄法和甲烷硫黄法等工艺，其尾气中均含有一定量的 H_2S、CS_2 气体，必须进行尾气回收。尾气中的 CS_2 可采用低温冷凝法及吸附法回收，H_2S 可采用改进的克劳斯炉法回收，尾气达到排放标准后高空排放。

5.2.2 对于生产中使用或产生 CS_2、H_2S 气体的设备，如：黄化机、纺丝机、精炼机、CS_2 冷凝器等必须设置密闭有效的排风设施，以降低车间空气被污染的程度。

5.2.3 处理高浓度、低风量的粘纤废气，国外有许多先进技术，主要是采用燃烧加催化的方法使废气中的 CS_2、H_2S 转化成 SO_3，最后将 SO_3 转变成 H_2SO_4，该方法工艺可靠、简单，但只适用于 CS_2 浓度在 $10g/m^3$ 以上的废气，且投资大。

处理低浓度、大风量粘纤废气的方法有意大利斯尼亚公司的生物膜处理法、奥地利兰精公司的BIOGAT 生物处理技术、瑞士毛雷尔公司的 SUL-FOX-REG 法等，最低可以处理 CS_2 浓度 $500mg/m^3$，H_2S 浓度 $300mg/m^3$ 的废气；此外国外很早就利用活性炭吸附 CS_2 的废气处理方法，但是对 H_2S 的预处理效果不理想，未能充分发挥活性炭的吸附作用。

国内已有的栲胶法、ADA 法碱式喷淋、克劳斯炉法等工艺适合处理浓度高的气体，但存在处理效率低、运行成本高等问题。

目前国内应用最多的是活性炭吸附法，H_2S 的预处理采用湿法吸收，效果不是很好，还不能充分发挥吸附效果。目前国内行业内认为较好的方法是采用干法脱除 H_2S 的工艺，即全吸附干法脱硫工艺，具有操作简单、运行稳定、净化效果好等特点，H_2S 去除率接近 100%，CS_2 回收率达 85%左右。该工艺由四个工序组成：湿法预去除 H_2S 及其他杂质、催化转化法清除 H_2S、活性炭吸附 CS_2、CS_2 的冷凝回收。

```
              碱液    催化剂
生产废气→水洗塔→吸收塔→H₂S转化器→
除湿器→活性炭吸附→排气塔→高空排放
         CS₂冷凝器→CS₂贮罐
```

粘胶纤维废气处理工艺很多，特别是国外的技术，不同的处理工艺，参数也不一样，在设计时应根据不同的工艺确定参数。但由于废气处理投资较大，运行费用高，因此在选择工艺路线和确定工艺参数时必须遵守成熟、可靠、经济的原则。

5.2.4 排气塔的高度和允许排放有害气体的浓度按现行国家标准《制定地方大气污染物排放标准的技术方法》GB/T 3840 和《恶臭污染物排放标准》GB 14554 的规定进行计算确定。当无资料时可参考表 4 的数值。

表 4 粘胶纤维厂排气塔高度与排放量一般关系

序号	排气塔高度 (m)	排放量（kg/h）	
		CS_2	H_2S
1	60	24	5.2
2	80	43	9.3
3	100	68	14
4	120	97	21

排气塔高度应根据 CS_2、H_2S 的排放量和当地的风速、风向等气象资料，按扩散至地面时应符合国家规定的最高允许浓度核算。

5.2.5 关于污水处理中产生废气处理规定：

调节池、吹脱池均有硫化氢、二硫化碳气体排出，应首先考虑废气回收利用，其回收方法在本节废气处理工艺中规定。如废气中硫化氢、二硫化碳浓度很低，目前废气处理技术还处理不了或不经济时，应设排气塔集中向高空排放。排气塔高度应根据当地的自然条件、大气的本底浓度及硫化氢、二硫化碳的排放量按扩散到地面符合标准规定的最高允许浓度计算，计算公式见现行国家标准《制定地方大气污染物排放标准的技术方法》GB/T 3840。

5.3 腈纶厂废气处理

5.3.1 丙烯腈系高毒类化学药品，其蒸气经呼吸道吸入会造成人体急性中毒，不及时抢救会造成死亡。火灾危险类别属甲类。

5.3.2 醋酸乙烯属中毒类化学药品，但空气中高浓度时会导致人体呼吸系统损害。丙烯酸甲酯对人体皮肤、眼黏膜会造成吸收中毒，所以，在现行国家标准《大气污染物综合排放标准》GB 16297 中都有严格规定的限值。

5.3.3 二甲基乙酰胺属中毒类化学药品，会经皮肤吸收，刺激皮肤及黏膜，根据国家现有规定按有毒物品规定运输。

5.3.4 聚合釜、聚合体淤浆槽排出的尾气中因含有一定量未反应的丙烯腈等单体，故应适当处理后进行排放。

5.5 锦纶厂废气处理

5.5.1 聚合车间的废气主要来自浓缩槽、反应器、聚合器排出含有微量己二胺的水蒸气，废气采用喷淋塔洗涤。锦纶纺丝过程有少量单体及低聚物挥发排出，在强力丝生产中有少量油剂挥发排出，废气收集后宜采用过滤等方法处理。

6 废渣处置与利用

6.1 一般规定

6.1.1 车间内散发粉尘的工序,如石灰乳制备间人工投配时粉尘很大,需设吸尘和通风除尘系统,一般采用加湿除尘设备,分离出石灰乳流入石灰乳搅拌槽。

6.1.2 纺织工业企业废渣,有各类容器中化学物质的残液、煤渣、废布、纤维絮、边角料、化纤生产过程中未成型或已成型的废丝废块、二硫化碳生产的残渣、生活垃圾、污水处理产生污泥等各类可利用或不可利用的废渣、废液。

6.1.3 堆放场地应与主体工程相协调,应与生活区及水体保持规定的距离,应有防止二次污染措施。

6.1.4 焚烧后的排放气体应符合现有环保和卫生标准,焚烧后残渣应严格按要求处置。

6.1.5 废渣(残液)不论在处理、处置、输送、副产品等方面均需考虑防止二次污染措施。

6.1.9 根据现行国家标准《危险废物鉴别标准》GB 5085.1—1996、GB 5085.2—1996规定:凡具有腐蚀性、急性毒性、浸出毒性、反应性、传染性、放射性等废渣(残液),必须设置专用容器和存放场所,并有专人负责管理。

6.4 粘胶厂废渣处置

6.4.3 粘胶过滤产生的凝固胶块呈碱性,集中收在碱性废料箱内;由纺丝机上清理出的废胶块已带酸性,不能与碱性胶块相混,以免发生反应,散发有害气体,要集中收集在酸性料箱中。废胶集中收集后回收处理或运往城市垃圾站统一处理。

6.4.4 生产过程中产生的废丝量很大,应集中存放,并经洗涤干燥后按废丝出售,无回收价值的集中后送到城市垃圾站统一处理。废丝散发有毒气体,回收处理间应设通风排毒设施。

6.4.5 生产中产生的芒硝为酸性,应集中存放。可用作软化水站再生剂,也可制成元明粉出售。芒硝很容易吸潮,不得露天堆放。

6.6 锦纶、氨纶、丙纶厂废渣处置

6.6.1 锦纶纺丝组件更换时产生废聚合物胶块及废丝等可收集回收加工塑料制品。

7 噪声控制

7.1 一般规定

7.1.2 从声源上控制噪声产生是最经济有效的。如采用低噪声风机,加上消声器、隔声罩等措施控制噪声,仍达不到标准时才采用噪声控制措施。

7.1.3 噪声控制设计时强调对声源的声学特性和具体情况调研后才能采取有效措施。

7.2 噪声控制

7.2.2 绿化对噪声衰减有一定作用,例:宽20m,高10m的常绿树可衰减10~12dB(A)。

7.3 噪声控制措施

7.3.2 所推荐的设计降噪量应按现行国家标准《工业企业噪声控制设计规范》GBJ 87执行。

7.3.3 设备和基础之间不得刚性连接。

7.3.4 指出对空气声隔离和对结构声隔离应采用不同构件,防止漏声的密闭、吸声、消声措施等要求,并应注意隔声间通排风、降温的重要性。

7.3.7 消声控制主要是指通风机、压缩机、内燃机等的进出口管道及各类排气、放空装置的消声措施。工艺生产中各类排气管需要消声时可参考。根据参考资料和现行规范综合后推荐消声量不宜超过40dB。限制气流速度是保证消声器性能的三个主要评价指标之一(消声量、压力损失、气流再生噪声),选择时应特别慎重。

7.3.8 吸声措施只能吸收反射声(即降低混响声),而对直达声降噪没有效果。

本条强调了对各类吸声构件材质、厚度、孔径、开孔率等的要求,以及其他需要考虑的吸声措施和材料要求。

8 绿 化

8.1 一般规定

8.1.1 绿化设计应依法和按有关部门规定设计。

8.1.2 厂区绿化应综合平衡多种因素、合理布局和选择抗污、净化、防尘、减噪和美化环境的植物,对改善和保护环境有十分重要的意义。

8.1.3 绿化植物的选择,关系到绿化设计是否经济、合理、有效。

1 乡土植物来源可靠、成活率高、价格低、经济有效。引进物种有可能造成生态环境破坏。如果选用,必须得到有关部门批准。

2 不同的植物具有不同的防污功能,有些植物有抗某种有害气体功能,有些植物有吸收某种有害气体、吸滞粉尘功能。所以,根据污染物有针对性地选择防污植物品种,可以达到辅助改善环境的目的。选择防污植物,可参考《城市园林绿化手册》(北京出版社 1983年版)或相关资料。

3 绿化植物选择成活率高、抗病虫害及养护管

理方便的品种，可投入较少人力、物力，收到较好的绿化效果。

8.2 绿化布置

8.2.1 绿化设计是总体规划的重要组成部分。绿化设计应充分考虑和妥善处理与之相关因素的关系。

1 绿化布置应与总平面布置、竖向设计和管线综合布置相适应，与周围环境和建（构）筑物相协调，避免相互干扰。

2 绿化布置不得影响安全生产、消防作业和物流运输，是绿化设计的一项重要原则。否则，不利于安全生产或使绿化植物遭到破坏。

3 绿化布置应有利于有害废气扩散，不应妨碍通风。

4 节约用地是一项基本国策，不应因绿化而扩大用地面积。

8.2.2 生产设施区，应注意防火和清洁生产，不宜种植含油脂多、飞花扬絮树种；公用设施及辅助设施区应选择能净化空气、降低噪声、清洁卫生的植物。宜种植常绿乔木、灌木、草坪，并合理搭配；罐区及装卸设施区，一般为企业防火、防爆、防泄漏的重点区域。为有利于消防作业和有害废气扩散，宜种植草坪或其他植被植物；行政管理及福利设施区，在与其他区相邻一侧，应适当绿化，形成必须的绿化隔离带，减少污染物和噪声危害；厂区道路行道树是厂区绿化的骨架，可以起到挡风、吸尘、遮阳、降噪、净化空气和美化环境的作用。行道树在满足环保要求、消防安全及运输条件下，宜选择常绿树与落叶树相搭配、整齐规则和协调一致。

8.2.3 利用防污植物改善环境功能。种植草坪、矮小乔木、灌木，有利于有害废气扩散。

8.2.4 绿化树木与建（构）筑物及地下管线的最小间距应符合相关标准规定。

8.2.5 绿地率应根据企业类型和所在地区的具体条件，按当地有关部门规定，由总体规划设计确定。

中华人民共和国国家标准

高炉炼铁工艺设计规范

Code for design of blast furnace ironmaking technology

GB 50427—2008

主编部门：中 国 冶 金 建 设 协 会
批准部门：中华人民共和国建设部
施行日期：２００８年７月１日

中华人民共和国建设部
公 告

第 785 号

建设部关于发布国家标准
《高炉炼铁工艺设计规范》的公告

现批准《高炉炼铁工艺设计规范》为国家标准，编号为 GB 50427—2008，自 2008 年 7 月 1 日起实施。其中，第 6.0.11、13.1.1、15.0.4、16.0.7 条为强制性条文，必须严格执行。

本规范由建设部标准定额研究所组织中国计划出版社出版发行。

中华人民共和国建设部
二〇〇八年一月十四日

前 言

本规范是根据建设部建标函〔2005〕124 号文《关于印发"2005 年工程建设标准规范制订、修订计划（第二批）"的通知》的要求，由中冶赛迪工程技术股份有限公司（原重庆钢铁设计研究总院）会同有关单位共同编制而成的。

本规范在编制过程中，规范编制组学习了有关现行国家法律、法规、政策及标准；进行了调查研究，开展了必要的专题研究和技术论证；总结了多年高炉炼铁工艺设计的经验；广泛征求了有关生产、设计、大专院校的意见，对全面贯彻高炉炼铁技术方针和疑难问题进行了反复的研讨和修改，最后经审查定稿。

本规范共分 16 章，主要内容有：总则，术语，基本规定，原料、燃料和技术指标，能源和资源利用，矿槽、焦槽及上料系统，炉顶，炉体，风口平台及出铁场，高炉炉渣处理及其利用，热风炉，高炉煤气清洗及煤气余压发电，喷吹煤粉及富氧，检测和自动化，环境保护，节约用水。

本规范以黑体字标志的条文为强制性条文，必须严格执行。

本规范由建设部负责管理和对强制性条文的解释，由中冶赛迪工程技术股份有限公司负责具体技术内容的解释。本规范在执行过程中，请各单位注意总结经验，积累资料，随时将有关意见和建议反馈给中冶赛迪工程技术股份有限公司（地址：重庆市渝中区双钢路一号，邮政编码：400013），以便今后修订时参考。

本规范主编单位、参编单位和主要起草人：

主编单位： 中冶赛迪工程技术股份有限公司

参编单位： 宝山钢铁股份有限公司
鞍钢新钢铁有限责任公司
中冶京诚工程技术股份有限公司
中冶南方工程技术股份有限公司
首钢设计院
鞍钢设计院
武汉钢铁（集团）公司
本溪钢铁（集团）有限责任公司
中冶华天工程技术股份有限公司
中冶东方工程技术股份有限公司
攀枝花钢铁（集团）公司

主要起草人： 项钟庸　陶荣尧　汤清华　王 冬
彭安祥　陈映明　柳 萌　唐振炎
苏 蔚　邵诗兵　王明强　马永武
韩忠礼　汤传盛　张 勇

目　次

1 总 则

1.0.1 为贯彻科学发展观和《钢铁产业发展政策》，保证高炉炼铁工艺设计做到技术先进、经济合理、节约资源、安全实用、保护环境，制定本规范。

1.0.2 本规范适用于高炉炼铁的新建和改造工程的工艺设计。

1.0.3 新建高炉的有效容积必须达到 1000m³ 及以上。沿海深水港地区建设钢铁项目，高炉有效容积必须大于 3000m³。

1.0.4 高炉炼铁工艺设计应以精料为基础，采用喷煤、高风温、高压、富氧、低硅冶炼等炼铁技术。应全面贯彻高效、优质、低耗、长寿、环保的炼铁技术方针。

1.0.5 高炉炼铁工艺设计除应执行本规范的规定外，尚应符合国家现行有关标准、规范的规定。

2 术 语

2.0.1 高炉有效容积 effective volume of blast furnace
高炉有效高度内包容的容积。

2.0.2 高炉有效高度 effective height of blast furnace
指高炉零料线至出铁口中心线之间的垂直距离。

2.0.3 高炉有效容积利用系数 utilization coefficient of blast furnace, productivity coefficient, productivity
高炉日产量与高炉有效容积之比。

2.0.4 作业率 operation rate
指高炉实际作业时间占日历时间的百分数。

2.0.5 焦比 coke ratio, coke rate
高炉冶炼每吨生铁所消耗的干焦炭量，也称入炉焦比。

2.0.6 煤比 coal ratio, coal rate
高炉冶炼每吨生铁所消耗的煤粉量。

2.0.7 小块焦比 coke nut ratio, coke nut rate
高炉冶炼每吨生铁所消耗的干小块焦炭量。

2.0.8 燃料比 fuel ratio, fuel rate
高炉冶炼每吨生铁所消耗的焦炭、煤粉、小块焦炭等燃料的总和。

2.0.9 炼铁工序单位能耗 heat consumption per ton hot metal
高炉冶炼每吨生铁所消耗的各种能源量，包括工序耗用的燃料和动力等能源的总消耗量。炼铁工序单位能耗等于炼铁工序消耗能量除以生铁产量。

2.0.10 富氧率 oxygen enrichment
富氧后鼓风中氧气含量增加的百分数。

3 基 本 规 定

3.0.1 高炉应分为 1000m³、2000m³、3000m³、4000m³、5000m³ 炉容级别。每个级别应代表一个高炉有效容积范围。

3.0.2 高炉炼铁工艺设计，应按本规范的要求落实原料、燃料的质量和供应条件。

3.0.3 高炉炉容应大型化，新建高炉车间或炼铁厂的最终规模宜为 2～3 座。

3.0.4 高炉炼铁工艺设计应结合国情、厂情进行多方案比较，经综合分析后，提出推荐方案。

3.0.5 高炉炼铁工艺设计，必须设置副产物和能源的回收利用设施。节能、降耗和环保设施应与高炉主体工程同时设计，同时施工，同时投产。

3.0.6 新建或改建的高炉及其附属设施应执行国家关于废气、废水、固体废弃物、噪声等有关法规和规定。

3.0.7 在选择高炉设备时应提高设备的可靠性和监控水平。

3.0.8 熔融状态的铁水、熔渣采用铁路或厂区道路运输。进入高炉的固体物料和运出的物料宜采用胶带运输。

4 原料、燃料和技术指标

4.1 原料和燃料要求

4.1.1 入炉原料应以烧结矿和球团矿为主。应采用高碱度烧结矿，搭配酸性球团矿或部分块矿，在高炉中不宜加入熔剂。

4.1.2 入炉原料含铁品位及熟料率，应符合表4.1.2的规定。

表 4.1.2 入炉原料含铁品位及熟料率要求

炉容级别 (m³)	1000	2000	3000	4000	5000
平均含铁	≥56%	≥58%	≥59%	≥59%	≥60%
熟料率	≥85%	≥85%	≥85%	≥85%	≥85%

注：平均含铁的要求不包括特殊矿。

4.1.3 烧结矿质量应符合表 4.1.3 的规定。

表 4.1.3 烧结矿质量要求

炉容级别 (m³)	1000	2000	3000	4000	5000
铁分波动	≤±0.5%	≤±0.5%	≤±0.5%	≤±0.5%	≤±0.5%
碱度波动	≤±0.08%	≤±0.08%	≤±0.08%	≤±0.08%	≤±0.08%
铁分和碱度波动的达标率	≥80%	≥85%	≥90%	≥95%	≥98%
含FeO	≤9.0%	≤8.8%	≤8.5%	≤8.0%	≤8.0%
FeO波动	≤±1.0%	≤±1.0%	≤±1.0%	≤±1.0%	≤±1.0%
转鼓指数 +6.3mm	≥68%	≥72%	≥76%	≥78%	≥78%

注：碱度为 CaO/SiO_2。

4.1.4 球团矿质量应符合表4.1.4的规定。

表 4.1.4　球团矿质量要求

炉容级别 （m³）	1000	2000	3000	4000	5000
含铁量	≥63%	≥63%	≥64%	≥64%	≥64%
转鼓指数 +6.3mm	≥86%	≥89%	≥92%	≥92%	≥92%
耐磨指数 -0.5mm	≤5%	≤5%	≤4%	≤4%	≤4%
常温耐压 强度 （N/个球）	≥2000	≥2000	≥2000	≥2500	≥2500
低温还原 粉化率 +3.15mm	≥65%	≥80%	≥85%	≥89%	≥89%
膨胀率	≤15%	≤15%	≤15%	≤15%	≤15%
铁分波动	≤±0.5%	≤±0.5%	≤±0.5%	≤±0.5%	≤±0.5%

注：不包括特殊矿石。

4.1.5 入炉块矿质量应符合表4.1.5的规定。

表 4.1.5　入炉块矿质量要求

炉容级别 （m³）	1000	2000	3000	4000	5000
含铁量	≥62%	≥62%	≥64%	≥64%	≥64%
热爆裂 性能	—	—	≤1%	<1%	<1%
铁分波动	≤±0.5%	≤±0.5%	≤±0.5%	≤±0.5%	≤±0.5%

4.1.6 原料粒度应符合表4.1.6的规定。

表 4.1.6　原料粒度要求

烧 结 矿		块 矿		球 团 矿	
粒度范围 （mm）	5～50	粒度范围 （mm）	5～30	粒度范围 （mm）	6～18
粒度大于 50mm	≤8%	粒度大于 30mm	≤10%	粒度 9 ～18mm	≥85%
粒度小于 5mm	≤5%	粒度小于 5mm	≤5%	粒度小于 6mm	≤5%

注：石灰石、白云石、萤石、锰矿、硅石粒度应与块矿粒度相同。

4.1.7 焦炭质量应符合表4.1.7的规定。

表 4.1.7　焦炭质量要求

炉容级别 （m³）	1000	2000	3000	4000	5000
M_{40}	≥78%	≥82%	≥84%	≥85%	≥86%
M_{10}	≤8.0%	≤7.5%	≤7.0%	≤6.5%	≤6.0%
反应后强度 CSR	≥58%	≥60%	≥62%	≥64%	≥65%
反应性指数 CRI	≤28%	≤26%	≤25%	≤25%	≤25%
焦炭灰分	≤13%	≤13%	≤12.5%	≤12%	≤12%
焦炭含硫	≤0.7%	≤0.7%	≤0.7%	≤0.6%	≤0.6%
焦炭粒度 范围（mm）	75～25	75～25	75～25	75～25	75～30
大于上限	≤10%	≤10%	≤10%	≤10%	≤10%
小于下限	≤8%	≤8%	≤8%	≤8%	≤8%

4.1.8 高炉喷吹用煤应根据资源条件进行选择。喷吹煤质量应符合表4.1.8的规定。

表 4.1.8　喷吹煤质量要求

炉容级别 （m³）	1000	2000	3000	4000	5000
灰分 A_{ad}	≤12%	≤11%	≤10%	≤9%	≤9%
含硫 $S_{t,ad}$	≤0.7%	≤0.7%	≤0.7%	≤0.6%	≤0.6%

4.1.9 入炉原料和燃料应控制有害杂质量。其控制值宜符合表4.1.9的规定。

**表 4.1.9　入炉原料和燃料有害
杂质量控制值（kg/t）**

K_2O+Na_2O	≤3.0
Zn	≤0.15
Pb	≤0.15
As	≤0.1
S	≤4.0
Cl⁻	≤0.6

4.2　高炉技术指标

4.2.1 高炉的设计年平均利用系数、燃料比和焦比应符合表4.2.1的规定。

表 4.2.1　设计年平均利用系数、燃料比和焦比

炉容级别 （m³）	1000	2000	3000	4000	5000
设计年平均 利用系数 〔t/m³·d〕	2.0~2.4	2.0~2.35	2.0~2.3	2.0~2.3	2.0~2.25
设计年平均 燃料比 （kg/t）	≤520	≤515	≤510	≤505	≤500
设计年 平均焦比 （kg/t）	≤360	≤340	≤330	≤310	≤310

注：不包括特殊矿石炼铁的设计指标。

4.2.2 高炉设计年作业率宜为96%。

高炉设计年产量应按下式计算：

高炉设计年产量（t）＝高炉有效容积（m³）×设计年平均利用系数〔t/（m³·d）〕×设计年作业率×年日历日数(d)

(4.2.2)

4.2.3 高炉设计最高设备能力应按正常设计年平均利用系数增加 0.1~0.2t/（m³·d）预留。大于或等于 2000m³ 高炉最高设备能力不应超过 2.5t/（m³·d）。

4.2.4 炼铁工序单位能耗应符合表4.2.4的规定。

表 4.2.4　炼铁工序单位能耗

炉容级别 （m³）	1000	2000	3000	4000	5000
炼铁工序 单位能耗 （kgce/t）	≤430	≤425	≤420	≤415	≤410

注：不包括特殊矿石炼铁的设计指标。

4.2.5 高炉鼓风流量应根据高炉物料平衡计算确定。当不富氧时，冶炼每吨生铁消耗风量值宜符合表 4.2.5 的规定。

表 4.2.5　冶炼每吨生铁消耗风量值（不富氧）

燃料比 （kg/t）	540	530	520	510	500
消耗风量 （m³/t）	≤1310	≤1270	≤1240	≤1210	≤1180

注：耗风量为标准状态。

4.2.6 在选择鼓风机风量时，应符合下列要求：

　1　应按设计的高炉产量、燃料比，以及由富氧率折算的每吨生铁消耗风量来确定鼓风机的正常作业点。

　2　应当适当提高高炉的燃料比，或降低富氧率来计算鼓风机的最大入炉风量。如采用鼓风机前富氧还要考虑氧气通过鼓风机的量。

　3　计算鼓风机的最大标准风量时，如热风炉换炉采取定风压操作时，还应考虑增加的充风量，可不考虑漏风损失，计算结果应为鼓风机的最大能力点。如热风炉换炉采取定风量操作，且不考虑热风炉的充风量时，3000m³ 及以上高炉的鼓风漏风损失应小于 1.5%；3000m³ 以下高炉鼓风漏风损失应小于 2%。

4.2.7 鼓风机的出口压力应满足高炉炉顶压力、炉内料柱阻力损失和送风系统阻力损失的要求。

4.2.8 高炉均应采用高压操作，高炉的炉顶设计压力值宜符合表 4.2.8 的规定。

表 4.2.8　高炉的炉顶设计压力值

炉容级别 （m³）	1000	2000	3000	4000	5000
炉顶设计 压力 （kPa）	200	200~250	220~280	250~300	280~300

注：压力为表压。

4.2.9 高炉的料柱阻力损失、送风系统阻力损失及高炉鼓风机出口压力宜符合表 4.2.9 的规定。

表 4.2.9　高炉的料柱阻力损失、送风系统阻力损失及高炉鼓风机出口压力值

炉容级别 （m³）	1000	2000	3000	4000	5000
料柱阻损 （MPa）	0.12~0.14	0.14~0.16	0.16~0.18	0.18~0.20	0.19~0.23
送风系统 阻损 （MPa）	0.025	0.025	0.03	0.035	0.035
炉顶压力 （MPa）	0.20	0.20~0.25	0.22~0.28	0.25~0.30	0.28~0.30
鼓风机出 口压力 （MPa）	0.34~0.37	0.36~0.44	0.40~0.49	0.45~0.54	0.49~0.57

注：1　如果冷风管道长度较长，应适当增加送风系统阻力损失。

　　2　压力为表压。

4.2.10 在最终确定鼓风机最高出口压力时，还宜增加风压的波动值。小于或等于 3000m³ 级高炉可提高 0.02MPa，4000m³ 及以上高炉可提高 0.04MPa。

5　能源和资源利用

5.0.1 高炉炼铁设计应采取节约资源和能源的措施。

5.0.2 喷煤设施的喷煤量应按照最佳节能效果和经济效果来确定。

5.0.3 高炉炼铁设计应避免向大气排放高炉煤气。

5.0.4 高炉炼铁设计必须设置高炉渣综合利用设施。

5.0.5 含铁尘泥必须回收利用,粗煤气灰和除尘灰应作为烧结原料,高锌煤气灰宜回收锌以后作炼铁原料。

5.0.6 高炉冷却水、煤气清洗用水、冲渣水、干渣冷却用水等均应设置循环水系统,并应尽量少排放或不排放。

5.0.7 我国南方地区宜采用脱湿鼓风,北方地区宜采用调湿鼓风。

5.0.8 高炉炼铁设计应充分利用废热、废气和余压等。

5.0.9 高炉炼铁设计应采取防止能源介质泄漏和送风系统漏风的措施。

6 矿槽、焦槽及上料系统

6.0.1 矿槽、焦槽数目应根据原料品种、贮存时间及清槽、检修等综合因素确定,并应符合容积大、槽数少的要求。焦槽的贮存时间应为8~10h。高炉烧结矿槽贮存时间宜为10~14h。烧结矿分级入炉时,可采用上限值。其他原料和贮存时间应大于12h。

烧结矿槽的最大跌落高度不宜大于14m。每座高炉的烧结矿筛不得少于4台,小粒级烧结矿或焦炭筛不得少于2台。

6.0.2 矿槽和焦槽应进行炉料的在库量管理。

6.0.3 烧结矿、焦炭在入炉前必须在矿槽、焦槽下进行过筛。

6.0.4 入炉原料、燃料均应设置称量误差补正和焦炭水分补正设施。

6.0.5 矿槽、焦槽的上下部均应采用胶带机运输设施,并应减少转运、跌落次数和落差。

6.0.6 上料形式应结合地形、总图运输、炉容大小和出铁场布置综合考虑。高炉的上料形式宜符合表6.0.6的规定。

表 6.0.6　高炉的上料形式

炉容级别 (m³)	<2000	≥2000
上料形式	斜桥料车上料或胶带机上料	胶带机上料

6.0.7 上料系统的设计能力应满足不同料批装料制度和最高日产量时赶料的要求。新建高炉按年平均利用系数和正常料批计算的上料设备作业率宜采用65%~70%。

6.0.8 槽下矿石称量漏斗容积,按一台烧结矿筛检修时,其余烧结矿筛应保证正常供料设置。

6.0.9 高炉炼铁设计宜采用烧结矿分级入炉,且回收利用小粒度烧结矿,应回收利用小块焦炭。小块焦炭宜加入矿石料批中混装入炉。

6.0.10 焦炭和矿石集中胶带运输机应设置金属检除装置。

6.0.11 上料料车或主胶带机下部设置车辆及人行通道时,必须设置防止物料高空坠落的防护设施。

7 炉　顶

7.0.1 高炉宜采用无料钟炉顶。

7.0.2 高炉装料设备的容积应根据矿石料批重量确定。高炉矿石料批重量宜符合表7.0.2的规定。

表 7.0.2　高炉矿石料批重量

炉容级别 (m³)	1000	2000	3000	4000	5000
正常矿石批重 (t)	30~60	50~95	80~125	115~140	135~170
最大矿石批重 (t)	35~70	60~100	90~140	126~160	150~190

7.0.3 高炉炉顶装料系统的设计能力必须与高炉上料设备的能力相匹配,并应满足不同料批装料制度和最高日产量时赶料的要求。

7.0.4 高炉炉顶设备应设置完善的检修维护设施。

8 炉　体

8.0.1 高炉一代炉役的工作年限应达到15年以上。在高炉一代炉役期间,单位高炉容积的产铁量应达到或大于10000t。

8.0.2 高炉炼铁设计应按照长寿技术的要求,选用冷却设备结构型式、材质、冷却介质、耐火材料、砌体结构及监控技术。

8.0.3 高炉冷却设备应符合下列要求:

　　1 高炉炉底宜采用水冷。炉缸、炉底侧壁宜采用光面冷却壁。

　　2 炉腹宜采用铸铁或铜冷却壁,也可采用密集式铜冷却板。

　　3 炉腰和炉身中、下部的冷却设备宜采用强化型铸铁镶砖冷却壁、铜冷却壁或密集式铜冷却板,也可采用冷却板和冷却壁组合的形式。

　　4 炉身上部宜采用镶砖冷却壁。

　　5 高炉炉体宜采用全冷却壁薄炉衬炉体结构。

8.0.4 高炉炉体、炉底应采用软水密闭循环冷却。在水源充足、水质好的地区也可采用工业水开路循环冷却。

8.0.5 高炉砌体的设计应根据炉容和冷却结构,以及各部位的工作条件选用耐火材料。

风口带宜采用组合砖结构。

炉缸、炉底应采用全炭砖或复合炭砖炉底结构，并应采用优质炭砖砌筑。

8.0.6 高炉采用的优质炭砖和炭块除应提出常规性能指标的要求外，还应提出导热系数、透气度、抗氧化性、抗碱性、抗铁水侵蚀性等指标的要求。

8.0.7 高炉采用的优质碳化硅砖，除应提出常规性能指标的要求外，还应提出导热率、抗渣性、热震稳定性、抗氧化性、线膨胀系数等适宜炉身中、下部工作的指标要求。

8.0.8 高炉应采用自立式结构，并应设置炉体框架。1000m³级高炉也可采用不设高炉炉体框架的集约型设计。

8.0.9 高炉风口数目的确定，应符合炼铁工艺的要求，并应符合风口区炉壳开孔和结构的要求。风口数目宜符合表8.0.9的规定。

表 8.0.9　风口数目

炉容 （m³）	1000	1500	2000	2500	3000	3500	4000	4500	5000
风口数目 （个）	16～20	18～26	24～28	26～30	28～32	30～34	34～38	36～40	40～42

9　风口平台及出铁场

9.0.1 主沟长度应符合渣铁分离的要求，并应采用摆动流嘴缩短渣沟和支铁沟的长度，同时应选用大容量鱼雷罐车或铁水罐车。

9.0.2 高炉应减少渣口数目，渣量小于350kg/t时应取消渣口。出铁口和渣口数目应按高炉日产量计算，并应符合表9.0.2的规定。

表 9.0.2　高炉的出铁口和渣口数目

炉容级别 （m³）	1000	2000	3000	4000	5000
铁口数目 （个）	1～2	2～3	3～4	4	4～5
渣口数目 （个）	2～0	0	0	0	0

9.0.3 新建高炉的出铁场内设有两个出铁口时，两个出铁口之间的夹角应等于或大于60°。

9.0.4 炉前泥炮和开口机的性能应满足高炉强化生产的要求，并应满足对出铁口管理的要求。

9.0.5 渣铁沟宜采用耐火浇注料或预制块。主沟宜采用固定式。

9.0.6 风口平台和出铁场应设置起重设备，以及专用机械。出铁场主跨起重机的起重量，不宜按主沟整体修理的要求设置。

9.0.7 出铁场平台和风口平台面积应满足炉前操作的要求，出铁场平台面积宜符合表9.0.7的规定。

表 9.0.7　高炉出铁场平台面积

炉容级别 （m³）	1000	2000	3000	4000	5000
出铁场 平台面积 （m²/m³）	≤2.2	≤2.2	≤2.1	≤2.0	≤1.8

9.0.8 风口平台设计应满足通风除尘、炉前设备检修的要求，宜扩大风口平台的面积。

9.0.9 高炉炉前采用鱼雷罐车时，应设置铁水液位检测装置。

9.0.10 新建大于2000m³级高炉宜采用道路上出铁场。

10　高炉炉渣处理及其利用

10.0.1 在炉前冲制水渣时，应保证水渣的质量，并应满足节水的要求，冲渣水必须循环使用。

10.0.2 水渣设施的能力应满足全部炉渣冲制水渣，并应设置干渣处理设施或其他备用设施。干渣处理设施的能力，宜满足开炉初期和水渣设施检修时高炉的正常生产。

10.0.3 炉前冲渣点宜设置在出铁场外，并应设置必要的安全设施。

11　热　风　炉

11.0.1 热风炉系统应采取提高热效率、降低燃料消耗的措施。

11.0.2 热风炉采用的燃料应根据全厂煤气平衡确定。宜采用高热值煤气，有条件的企业宜采用转炉煤气。

11.0.3 采用单一高炉煤气作燃料时，热风炉可采用自身余热、蓄热热风炉和前置炉等方法预热助燃空气，也可采用各种换热器预热煤气。

11.0.4 热风炉设计应同时满足加热能力和长寿的要求。不同炉容级别的设计风温及热风炉结构型式宜符合表11.0.4的规定。

**表 11.0.4　不同炉容级别的设计风温及
热风炉结构型式**

炉容级别 （m³）	1000	2000	3000	4000	5000
设计风温 （℃）	1200～1250	1200～1250	1200～1250	1250	1250
热风炉 型式	内燃或顶燃	内燃、顶燃或外燃	内燃、顶燃或外燃	外燃	外燃
热风炉 座数	3	3～4	3～4	3～4	3～4
设计拱 顶温度 （℃）	1300～1400	1350～1450	1350～1450	1450	1450

11.0.5 热风炉的设计寿命应达到25～30年。

11.0.6 热风炉蓄热面积及格子砖重量，应按入炉风量为基准的传热计算确定，单位炉容的蓄热面积宜为65～75m²，不得超过85m²（不含球式热风炉）。

11.0.7 热风炉应采用致密性耐火材料及组合砖。耐火材料除应提出常规性能指标要求外，还应提出抗蠕变性能指标要求。高温区的粘土质和高铝质耐火砖的蠕变率均应小于0.7%（1200～1500℃，50h，0.2MPa）。硅质耐火砖应控制残余石英含量，不宜大于1.0%，真比重不宜大于2.34，蠕变率宜小于0.5%（1500℃，50h，0.2MPa）。

11.0.8 采用常规材料的炉箅子、支柱时，热风炉排出的烟气温度不得超过350℃；采用耐热材料时，可采用400～450℃。热风炉排出烟气的余热应回收利用，设计中应配置余热回收装置预热空气和煤气。采用干法除尘时，可不预热煤气。

11.0.9 用于热风炉的助燃空气的含尘量宜小于10mg/m³。确定助燃风机压力时，应包括余热回收装置在内的系统流路阻力损失。助燃空气压力值宜符合表11.0.9的规定。

表11.0.9　助燃空气压力值

炉容级别 （m³）	1000	2000	3000	4000	5000
助燃 空气压力 （kPa）	≥10		≥12		

注：当采用热风炉自身预热、蓄热式热风炉或换热器预热助燃空气时，还应增加助燃空气的压力。

11.0.10 管道上应设置伸缩管。

11.0.11 热风炉宜设置余压回收装置。

12 高炉煤气净化及煤气余压发电

12.0.1 高炉煤气发生量应根据高炉物料平衡计算确定，并应精确计算高炉的自耗用量。

12.0.2 炉顶煤气正常温度应小于250℃，炉顶应设置打水措施，最高温度不宜超过300℃。粗煤气除尘器的出口煤气含尘量应小于10g/m³（标态）。

12.0.3 粗煤气除尘器必须设置防止炉尘溢出和煤气泄漏的卸灰装置。

12.0.4 高炉必须设置炉顶煤气余压发电装置，并应与高炉同步投产。

12.0.5 高炉煤气净化设计应采用高炉煤气干式除尘装置，并应保证装置的可靠运行。煤气干式除尘系统的作业率应与高炉一致。

12.0.6 高炉煤气清洗及炉顶煤气余压发电系统应有效控制炉顶压力，并应保证高炉安全正常运行。

12.0.7 净煤气含尘量不应大于5mg/m³。净煤气机

械水含量不应大于7g/m³。

12.0.8 湿式煤气清洗装置的净煤气温度，在并入全厂管网前不宜超过40℃。

12.0.9 确定热风炉净煤气接点压力时，应包括余热回收装置的阻损在内的系统流路阻力损失。净煤气接点压力值应符合表12.0.9的规定。

表12.0.9　净煤气接点压力值的要求

炉容级别 （m³）	1000	2000	3000	4000	5000
煤气压力 （kPa）	≥8		≥10		

13 喷吹煤粉及富氧

13.1 喷吹煤粉

13.1.1 新建或改造的高炉必须设置喷煤设施。

13.1.2 高炉喷吹煤粉量应根据原料、燃料、风温、富氧、鼓风含湿和炉顶压力等条件，以及煤粉的置换比确定。

13.1.3 高炉喷煤量宜符合表13.1.3的规定。

表13.1.3　高炉喷煤量

富氧率（%）	0～1.0	1.0～2.0	2.0～3.0	≥3.0
每吨铁喷煤量（kg/t）	100～130	130～170	170～200	≥200

注：当采用自然湿度或加湿鼓风，风温为1050～1100℃时，可采用表中下限值；当焦炭强度高、渣量低，并采用脱湿鼓风，热风温度为1200～1250℃，炉顶压力超过0.2MPa时，可采用上限值。

13.1.4 喷煤设备的最大能力应以正常产量时的喷煤量为基础，富裕20%。

13.1.5 小于200网目的煤粉粒度应大于60%，含水量应小于1.5%。

13.1.6 高炉喷煤宜采用直接喷吹方式，喷吹站宜靠近高炉。

13.1.7 煤粉仓的容积应与贮煤仓的容积统一考虑，煤粉仓的总容积应满足制粉系统发生故障时高炉变料的要求。

13.1.8 喷吹罐的容量宜按维持喷吹25～40min的量设计。

13.1.9 喷吹煤粉应计量准确，分配均匀。

13.1.10 粉煤收集应采用一级负压布袋收集系统。各卸粉点应设置捕集罩，并应经净化处理后，再经风机、消声器、烟囱向大气排放。排放气体含尘浓度应小于50mg/m³。

13.1.11 输送介质可采用氮气或压缩空气，到达风

口前的压力应高于热风压力 50～100kPa。

当采用压缩空气时，应单独设置喷煤专用空气压缩机组。压缩空气应以脱水、脱油处理。

13.1.12 当喷吹烟煤或混合煤时，煤粉制备、喷吹系统的设计应符合现行国家标准《高炉喷吹烟煤系统防爆安全规程》GB 16543 的有关规定，并应设置安全设施。

13.2 富氧鼓风

13.2.1 高炉宜采用富氧鼓风，富氧率应经过技术经济比较确定。

13.2.2 高炉富氧氧气加入点可设置在鼓风机前，也可设置在鼓风机与放风阀之间的冷风管上。供给高炉的氧气压力，应根据鼓风站与氧气站的距离和加入点的压力确定。

新建钢铁企业宜采用鼓风机前富氧。

13.2.3 高炉富氧氧气的纯度应根据氧气供应条件确定，高炉可采用低纯度氧气。

14 检测和自动化

14.0.1 电气、仪表及计算机设计应根据生产工艺要求、工厂技术及管理水平与资金等条件，采用经济实用、互相协调的电气、仪表及计算机系统。

14.0.2 高炉应配置较为齐全的测量仪表。

14.0.3 高炉应设置基础自动化和过程自动化两级控制系统，进行高炉的操作、管理和控制。有条件的高炉还可设置辅助生产管理计算机系统。

14.0.4 高炉应根据实际情况设置实用、有效的数学模型。高炉人工智能应总结本厂或本炉的操作经验，立足自主开发。

14.0.5 控制系统的设计应考虑系统结构的标准化及人机接口的统一化。

14.0.6 设备选型时，应考虑设备的先进性、实用性、可靠性、开放性。

14.0.7 高炉内衬、冷却设备和冷却系统，必须设置完善的监测和管理系统。

14.0.8 在高炉监测系统中，必须加强对能源介质的计量和管理，应设置炼铁厂级，以及单个高炉的各种能源介质的计量。

15 环境保护

15.0.1 高炉炼铁设计宜选用无毒、无害的原料，并应采用资源和能源消耗低、污染物排放少的清洁生产工艺、技术和设备。

15.0.2 高炉生产所产生的煤气、固体废弃物、废水等均应采取资源化措施予以利用。

15.0.3 高炉炼铁设计所产生的烟尘、粉尘的治理，应符合下列规定：

1 高炉出铁场烟尘、矿槽、焦槽、炉顶装料、煤粉制备、均排压放散等设备和物料输送系统的所有产尘点的粉尘都必须采取除尘措施，并应回收利用，同时应防止无组织排放。烟气的排放必须符合现行国家标准《工业炉窑大气污染物排放标准》GB 9078 和《大气污染物综合排放标准》GB 16297 的有关规定。采用蒸汽透平鼓风时，必须保证锅炉烟气排放符合现行国家标准《锅炉大气污染物排放标准》GB 13271 的有关规定。高炉炼铁区域的所有建构筑物均不宜考虑积灰荷载。

2 出铁场主铁沟及渣铁沟必须设置沟盖，产生的烟尘应采取除尘措施。应控制无组织的烟尘排放，对紧靠出铁口的主铁沟宜设置移动沟盖，并宜在打开或封堵出铁口时，收集和处理移动沟盖未盖上的瞬间所产生的烟尘。

3 采用不经水洗的原煤时，煤场到高炉制粉间原煤运输、破碎、筛分产生的粉尘必须采取除尘措施。磨煤机、喷吹罐压力排放等也应采取防止粉尘污染的措施，并应回收利用粉尘。

15.0.4 煤气清洗废水、冲渣废水、干渣冷却废水等含有有毒有害物质的废水，必须处理后重复利用，不得外排。

15.0.5 在采用水冲渣时，应减少炉渣冲渣过程和运输过程对环境的污染。还应采取措施回收冲水渣产生的蒸汽。

15.0.6 高炉炼铁设计应采取下列防噪声措施：

1 高炉、鼓风、热风炉冷风放风阀、助燃风机、排压阀、炉顶煤气余压发电透平、调压阀组、煤气清洗、喷煤、除尘及其管道等系统，均应选用低噪声设备或采取噪声控制措施，并应达到有关噪声标准的要求。

2 高炉炉顶必须设置均压煤气排压消音器。高炉必须设置炉顶排压煤气除尘，宜设置炉顶排压煤气回收装置。

3 高炉喷煤系统中，磨煤机、喷吹罐压力排放阀和压缩空气机等，均应采取降低噪声的措施。

15.0.7 环保设备应具有足够的可靠性，并应设置维修设施。当环保设备停机或出现故障时，应采取避免对环境产生有害影响的措施。

15.0.8 高炉炼铁设计宜设置一定比例的绿化面积。

16 节约用水

16.0.1 高炉炼铁应符合国家有关节约用水法律法规和标准的要求，选择节约用水的工艺。

16.0.2 高炉设计应确保循环水水质稳定，并应减少水循环过程中的蒸发、风吹、泄漏损失。

16.0.3 沿海钢铁厂宜利用海水作间接冷却水。

16.0.4 以江河水、湖水等地表水为原水，经常规处理产生低硬度的水时，高炉可采用开路循环冷却水系统。在水质硬度高或较高的地区，应对生产新水进行软化，并应采用软水密闭循环冷却水系统。在气象条件允许的地区，宜采用空气冷却器冷却循环水。

16.0.5 高炉应根据不同用水水质和水压要求，分别设置供水系统，并应根据不同水质和水温的要求串级使用。

16.0.6 在正常生产时，高炉炉体冷却的闭路循环软水进口温度不宜超过50℃。在高炉炉体峰值热负荷时，短时排水温度可提高到70℃。

16.0.7 **高炉必须设置安全供水系统。**

16.0.8 安全供水系统宜采用柴油泵机组供水。对工业水冷却的高炉还可设置高位水池或高位水塔。安全供水量应减少到正常供水量的50%～70%。应急柴油机泵的启动时间不应超过10s。

16.0.9 炼铁区域消防系统的设置应符合现行国家标准《建筑设计防火规范》GB 50016和《钢铁冶金企业设计防火规范》GB 50414的有关规定。

本规范用词说明

1 为便于在执行本规范条文时区别对待，对要求严格程度不同的用词说明如下：

1）表示很严格，非这样做不可的用词：

正面词采用"必须"，反面词采用"严禁"。

2）表示严格，在正常情况下均应这样做的用词：

正面词采用"应"，反面词采用"不应"或"不得"。

3）表示允许稍有选择，在条件许可时首先应这样做的用词：

正面词采用"宜"，反面词采用"不宜"；

表示有选择，在一定条件下可以这样做的用词，采用"可"。

2 本规范中指明应按其他有关标准、规范执行的写法为"应符合……的规定"或"应按……执行"。

中华人民共和国国家标准

高炉炼铁工艺设计规范

GB 50427—2008

条 文 说 明

目 次

1 总 则

1.0.1 本条是高炉炼铁工艺设计必须遵循的原则。

1.0.2 大修和改造高炉的情况复杂，应结合具体情况参照本规范执行。

1.0.3 本条按《钢铁产业发展政策》的规定。

1.0.4 本条规定了高炉炼铁工艺设计的指导思想和目标，体现了高炉炼铁全面贯彻科学发展观，转变增长方式。我国高炉炼铁长期生产实践总结的高产、优质、低耗、长寿"八字"方针，应当全面贯彻执行。在钢铁工业新的发展时期，将"高产"改为"高效"更为全面，并增加了环境保护，成为"十字"方针。

设计应全面贯彻以精料为基础，高效、优质、低耗、长寿、环保的炼铁方针，认真研究优化操作指标。

截至 2004 年底，我国已有高炉炼铁能力 37885 万 t，有富裕的生产能力。新建高炉必须具有优越的条件，投产后必须具有较强的竞争力，能迅速达到高效、优质、低耗、低成本的生产指标，具有淘汰落后生产能力的实力，依靠市场经济规律，达到产业升级的目标。

我国钢铁工业在生产数量规模上已居世界首位，但在产品品种质量、技术装备水平、资源消耗、环境保护等方面与先进国家仍有相当差距。今后我们的努力方向就是依靠技术创新缩小差距，赶超先进。

2 术 语

2.0.1 国内、国外衡量高炉产能的指标有：高炉有效容积、内容积、工作容积、总容积、炉缸断面积或直径等。我国和俄罗斯等国家多用高炉有效容积，日本用内容积，欧美用工作容积、总容积、炉缸断面积等。当高炉采用无料钟炉顶时，有效容积与内容积几乎相等。遵循我国的习惯，本规范采用有效容积作为高炉尺寸大小的标志。

在计算高炉有效容积时，高炉炉缸和炉喉部分容积按照设计内型的炉缸尺寸和炉喉尺寸计算，其余部分应将保护砖和保护喷涂层均计算在有效容积之内。当铜冷却壁热面不砌砖也不镶砖，只喷涂耐材时，可扣除 100mm 以下的喷涂层厚度，不计算在高炉有效容积之内。炉缸直径由风口带永久砖衬围砌成的内表面直径所决定。

国外在计算高炉工作容积、内容积时也与上述规定相似，不同点在于高炉下部的基准线不同，高炉工作容积是以风口中心线为基准，内容积是以设计内型的炉缸直径与出铁口底面的交点为基准引出的水平线为基准，国外薄壁高炉也如此计算。

2.0.2 高炉有效高度的定义为高炉零料线至出铁口中心线之间的垂直距离。

料钟式高炉的零料线是指大钟下降下沿位置。无

料钟式高炉的零料线可设置在炉喉钢砖上沿位置。

出铁口中心线的定义是指设计内型的炉缸直径与出铁口通道中心线的交点为基准点引出的水平线。

2.0.3 高炉设备效用指标有：高炉年平均利用系数、作业率和高炉寿命。高炉年平均利用系数、作业率和高炉寿命是衡量高炉炼铁操作、管理、工艺技术水平和设备利用程度的综合技术经济指标。高炉利用系数还受企业经营、销售状况和前后工序之间平衡的支配。在合理范围内的利用系数对高炉长寿和节焦、节能、降耗有利，过度强化高炉冶炼对寿命、节焦、节能和降耗有影响。

我国采用的是高炉有效容积利用系数，是指高炉每立方米高炉有效容积一昼夜的生铁产量。高炉有效容积利用系数的计算式为：

高炉有效容积利用系数$[(t/(m^3 \cdot d)]$

= 高炉日产量(t/d)/高炉有效容积(m^3) (1)

国内、外在计算高炉的利用系数时，经常使用高炉有效容积利用系数、内容积利用系数、工作容积利用系数、总容积利用系数、炉缸断面积利用系数等。与 2.0.1 的有效容积相对应，本规范采用高炉有效容积利用系数作为衡量设备效用的主要指标之一。

欧美按工作容积和规定年作业率来计算利用系数，因此他们的利用系数较高。在今后市场多变的情况下，高炉生产的弹性是很重要的。

近来有些炼铁专家建议，用炉缸断面积利用系数来作为高炉设备的效用指标。理由如下：

（1）高炉有效容积利用系数与高炉炉缸断面积利用系数的着重点不同，前者着重容积的效用率，后者着重于炉缸断面积的效用率。当使用炉缸断面积利用系数时，大小高炉的差别就不明显了。

（2）由于采用薄壁高炉一代的设计内型几乎不变，不像厚壁高炉那样在操作中内型扩大。如果严格按照本规范和国际上定义的高炉容积计算，容积利用系数会有所下降，而对同样直径的高炉，无论厚壁或薄壁，其炉缸断面积利用系数没有影响。

但是我们目前仍习惯用高炉容积利用系数评价高炉的效用率。此外，关键是要对利用系数有正确认识。应该认为，此项指标还与整个企业前后生产工序的配套、产品的销售情况等有关，不能完全代表高炉炼铁的技术水平。

2.0.4 欧美国家经常采用作业率，在《中国钢铁工业生产统计指标体系》中衡量其他设备的效用指标时，均采用了作业率。唯有衡量高炉设备的效用指标中没有采用作业率指标，而采用原苏联高炉炼铁设计的年工作天数。本规范使用作业率。

原苏联设计计算高炉年产量时，在年日历天数中扣除高炉大、中修分摊到每年的时间，从而引入了年工作天数。而高炉寿命很长，如何分摊到每年，无法

统计，因此各厂在设计和计算的天数也不统一，有按355天计算，也有按350天计算的，相当于作业率96%～98%。

2.0.5～2.0.8 在高炉炼铁中燃料比、焦比、煤比有突出的作用，是衡量高炉生产水平和技术水平的重要技术经济指标，能够全面衡量炼铁过程的优劣。

本规范按照中国钢铁工业协会《中国钢铁工业生产统计指标体系》定义焦比和煤比。焦比的计算式如下：

焦比（kg/t）＝入炉干焦炭耗用量（kg）/生铁产量（t）

(2)

煤比的计算式如下：

煤比（kg/t）＝煤粉耗用量（kg）/生铁产量（t） (3)

小块焦比的计算式如下：

小块焦比（kg/t）
＝入炉干小块焦炭耗用量（kg）/生铁产量（t） (4)

燃料比为高炉冶炼每吨生铁所消耗的燃料总用量。包括入炉焦比、煤比、小块焦比等之和。其计算式如下：

燃料比（kg/t）
＝焦比（kg/t）＋煤比（kg/t）＋小块焦比（kg/t）

(5)

设计指标中全部以生产合格炼钢生铁来计算。焦比、煤比、小块焦比和燃料比均不考虑折算系数。本规范不采用综合焦比或折算焦比等不能真实反映燃料消耗量的指标并与国外的计算方法相同，以便比较。

2.0.9 用炼铁工序单位能耗来衡量生产每吨合格生铁所消耗的各种能源量，是炼铁生产十分重要的指标。炼铁工序单位能耗用标准煤来计量时，计算式如下：

炼铁工序单位能耗（kg 标准煤/t）
＝炼铁工序净耗能量（kg 标准煤）/生铁产量（t）

(6)

在研究建设高炉的可行性和初步设计时，应当着重研究降低燃料比、降低焦比、节能、降耗及回收利用的技术和装备。要把降低炼铁工序单位能耗放在重要的地位。

3 基 本 规 定

3.0.1 本规范采用 1000m³、2000m³、3000m³、4000m³、5000m³ 炉容级别的高炉来进行管理。每个级别代表一个高炉有效容积范围。例如，1000m³ 级代表有效容积从 1000m³ 至 1999m³ 范围的高炉；2000m³ 级代表有效容积从 2000m³ 至 2999m³ 范围的高炉；3000m³ 级代表有效容积从 3000m³ 至 3999m³ 范围的高炉；4000m³ 级代表有效容积从 4000m³ 至 4999m³ 范围的高炉；5000m³ 级代表有效容积 5000m³ 以上范围的高炉。

据不完全统计，我国 2001 年底只有 1000m³ 以上的高炉 50 座，2003 年底有 57 座，2004 年底有 77 座，其构成如表 1。

表 1 中国高炉构成（至 2004 年底）

炉容级别（m³）	1000	2000	3000	4000	总数
高炉座数	44	25	5	3	77
占总数	57.1%	32.5%	6.5%	3.9%	100%
高炉容积（m³）	55792	58393	16000	12476	142661
占总数	39.1%	40.9%	11.2%	8.8%	100%
平均炉容（m³/座）	1268.0	2335.7	3200.0	4158.7	1852.7

大于 1000m³ 高炉的平均炉容仍然是偏小的，高炉的平均炉容还不到 2000m³。有效容积 3000m³ 以上高炉的座数约占 10%。

由于我国高炉大型化的发展迅猛，过去高炉划分档次的概念已经完全不能适用，而且建立新的高炉档次的概念又会很快过时，故本规范不作大、中、小高炉档次的规定。

最近高炉大型化的发展趋势喜人。O 厂目前有 11 座高炉，总容积 17295m³，平均每座高炉炉容为 1572.3m³。O 厂将有两座 3200m³ 高炉投产，在新 2 号投产前已经在 2005 年 8 月拆除能耗高的一排 1 号 633m³ 高炉，2 号 888m³ 高炉，4 号 1000m³ 高炉，9 号 983m³ 高炉；二排高炉也将在另一座 3200m³ 高炉投产时拆除 3 号 831m³ 高炉，5 号 970m³ 高炉，6 号 1050m³ 高炉。将这些高炉合成两座 2580m³ 高炉。总计有 8 座高炉，高炉容积为 22500m³，平均每座高炉容积为 2812.5m³。平均每座高炉增加容积 1240.2m³。

H 厂 3 号 1070m³ 高炉已经停炉，还将淘汰 4 号高炉，平均炉容将达到 2950m³。平均每座高炉容积增加 1370m³。

K 厂 5 号 1036m³ 高炉已于 2005 年 6 月拆除。

3.0.2 原料、燃料是高炉炼铁工艺设计的先决条件，精料对高炉生产的影响起着至关重要的作用。大型高炉更以高质量的原料、燃料为基础，其质量和供应条件必须落实，应严格禁止原料、燃料条件不落实的高炉建设。对供应原料、燃料质量差，达不到规定要求而拟建设高炉者，必须进行技术经济专题论证，并请主管部门专题审批确认。

3.0.3 本条规定的目的是促使高炉大型化，有利于管理、物料运输和少占土地。

3.0.4 本条规定了设计应进行多方案比较，严禁只搞单一方案。在比较优缺点时要客观、实事求是。在方案比较中，应尽量推荐使用国内自主技术和设备的方案。经过全面综合分析比较后，提出推荐方案报请上级机关核准或备案。

3.0.6 新建或改造的高炉必须注重环境保护。严格控制排放量，改造的高炉总排放量应低于原先的排放量。新建项目必须经过环保评估合格后方可进行建设。

3.0.8 采用胶带运输的运费低，花费的人力少，在条件允许的情况下宜尽量采用胶带运输。

4 原料、燃料和技术指标

4.1 原料和燃料要求

4.1.1 高炉炼铁需大量利用矿产资源，利用国内和国外的矿产资源是重要的国家政策。按照《钢铁产业发展政策》要求："内陆地区钢铁企业应结合本地市场和矿石资源状况，以矿定产，……以可持续生产为主要考虑因素"。因此，在高炉炼铁工程规划阶段就必须落实矿石质量和供应能力。

沿海地区企业所需的铁矿石可尽量依靠海外市场解决。国外矿产资源丰富、品位高，可以提高高炉的操作指标，在价格合适的条件下，作为补充国内资源的不足，应予以利用。国内资源和国外资源的性能不同，要尽量利用和发挥两种资源各自的优势。

近年来，铁矿石的进口情况见表2。

表2　近年来生铁产量和铁矿石进口情况（亿t）

年份（年）	2000	2001	2002	2003	2004
生铁产量	1.31	1.43	1.71	2.02	2.52
进口铁矿石量	0.70	0.92	1.11	1.48	2.08

4.1.2 根据我国富矿少、贫矿多的资源现状，铁矿石的原矿品位平均仅在30%左右，必须细磨、精选才能得到高品位的铁精矿，适宜生产球团矿，并且生产球团矿的能耗较烧结矿低（2004年烧结平均工序能耗为66.38kg标准煤/t，球团工序能耗为32～50kg标准煤/t），有利于炼铁系统节能。故入炉原料应以烧结矿和球团矿为主。为了提高烧结矿的强度，应采用高碱度烧结矿，搭配酸性球团矿或部分块矿，使高炉不加熔剂。

《钢铁产业发展政策》规定："企业应积极采用精料入炉、富氧喷吹、大型高炉……先进工艺技术和装备。"精料是基础。

提高入炉铁矿石含铁品位和熟料率是精料的主要内容。近年来，随着国外矿使用的增多，以及国内选矿技术的提高，入炉矿石含铁品位不断提高。2004年入炉铁矿石品位见表3。

表3　2004年度1000m³以上高炉入炉品位

炉容级别（m³）	4000	3000	2000	1000*
TFe	60.17%	59.99%	58.86%	58.2%

注：*表示已扣除W厂使用的特殊矿石。

如果个别国内铁矿石选矿后仍达不到规定品位，必须经过专题论证，企业的经济效益合适，方可降低入炉品位。

4.1.3 烧结矿是高炉使用最多的人造块矿。2004年我国各厂烧结矿质量指标见表4～表6。

表4　拥有3000m³以上高炉的厂家烧结矿指标

厂家	R厂	O厂	N厂
转鼓指数	82.58%	78.16%～79.96%	76.67%～77.41%
FeO	7.63%	8.22%～8.61%	6.66%～8.23%

原料进入烧结之前均应经过混匀料场混匀。均应保证烧结矿的铁分、碱度和FeO的波动值。考虑到不同级别高炉的原料场装备水平的差异，不同炉容的高炉达到要求波动值的达标率也不同。

4.1.4 近年来N厂、K厂、O厂等厂都在建设大型球团厂，球团矿的使用比例将不断提高。2004年国内主要球团厂球团矿的质量见表7。

表5　拥有2000～3000m³以上高炉的厂家烧结矿指标

厂家	K厂	M厂二铁	J厂北铁	H厂二铁	A厂
FeO	9.25%～9.77%	8.03%	7.88%～8.93%	7.24%～8.98%	7.63%
转鼓指数	77.14%～77.31%	82.3%	78.96%～79.06%	79.55%～81.25%	78.07%
厂家	Sa厂	U厂	P厂	T厂	Q厂
FeO	7.9%～8.02%	8.88%～8.96%	7.72%～10.47%	8.76%	7%
转鼓指数	75.23%～75.36%	74.79%～75.6%	71%～71.08%	74.49%	72.86%

表6　拥有1000～2000m³以上高炉的厂家烧结矿指标

厂家	D厂	E厂	B厂	F厂	C厂	G厂
FeO	8.09%	10.63%～13.13%	10.51%～10.91%	8.14%～8.29%	8.6%～8.95%	8.74%
转鼓指数	77.51%	65.61%～72.09%	70.2%～73.19%	81.97%～82.13%	80.06%～82.72%	76.46%
厂家	Z厂	L厂二	W厂	V厂	I厂	Y厂
FeO	9.41%	9.07%～9.27%	7.51%	9.57%	7.98%～8.8%	8.85%
转鼓指数	73.89%	75.68%～75.82%	68.85%	76.6%	75.18%	67.66%

表7 国内主要球团厂球团矿的质量

厂家	O厂	K厂	P厂	H厂	M厂	Q厂
TFe	64.33%	65.06%~65.22%	61.17%~62.45%	61.99%	62.23%	63.73%
成品球抗压强度（N/个）	2545	2096~2218			2678~2700	2275
转鼓指数	93.14%		86.55%~87.42%	92.18%	92.28%~92.33%	90.65%

厂家	T厂	M厂	D厂	L厂	V厂	G厂
TFe	62.67%	62.49%	64.08%	63.35%	62.44%	63.25%
成品球抗压强度（N/个）	1990	3029	3143	2328.6	2975	
转鼓指数	93.08%	92.09%	92.02%	86.69%	91.2%	

进口球团矿有酸性和自熔性两种，由合同规定看，全铁品位都在64%以上，常温耐压强度在2000~2450，还原后耐压强度294~300，膨胀率16%~20%。

4.1.5 国内高品位入炉块矿数量较少，国外入炉块矿品位有下降趋势。入炉块矿宜采用还原性能好的赤铁矿。

4.1.6 在进入高炉车间之前必须进行筛分、整粒，粒度和含粉率合格的原料、燃料方可进入高炉矿槽和焦槽。烧结矿应在烧结厂运往高炉之前进行整粒处理。

4.1.7 高炉大型化、高喷煤比，对焦炭质量提出了更高和更全面的要求。由于炼焦技术的进步，通过改善炼焦工艺能够大幅度提高焦炭的质量。近年各级高炉焦炭质量的统计数据如表8~表11。

表8 4000m³级高炉的焦炭质量指标

年份（年）	2002	2003	2004
A_h	11.29%	11.32%	11.71%
S	0.51%	0.55%	0.56%
M_{40}	89.31%	88.9%	89.5%
M_{10}	5.44%	5.55%	

表9 3000m³级高炉的焦炭质量指标

年份（年）	2002	2003	2004
A_h	12.60%	12.50%	12.75%
S	0.50%	0.54%	0.59%
M_{40}	80.36%	80.03%	80.74%
M_{10}	7.37%	7.44%	7.20%

表10 2000m³级高炉的焦炭质量指标

年份（年）	2002	2003	2004
A_h	12.46%	12.46%	13.02%
S	0.60%	0.61%	0.67%
M_{40}	81.04%	81.47%	81.12%
M_{10}	7.57%	6.69%	7.20%

表11 1000m³级高炉的焦炭质量指标

年份（年）	2002	2003	2004
A_h	12.29%	12.26%	12.90%
S	0.61%	0.60%	0.64%
M_{40}	79.97%	79.85%	80.1%
M_{10}	7.33%	7.76%	7.50%

对焦炭强度的要求方面，各厂增添了热强度性能指标。M厂1号高炉着力改善焦炭质量，特别是焦炭的高温性能。焦炭高温性能改善的同时，降低焦比，增加负荷的情况见表12。

表12 M厂焦炭高温性能及焦炭负荷的情况

年份（年）	1996	1998	2000	2001	2002	2003	2004
CRI	29.3%	27.6%	27.5%	26.3%	24.8%	24.47%	22.7%
CSR	60.8%	62.8%	64.4%	65.1%	66.2%	67.67%	69.5%
O/C	3.6	4.0	4.2	4.3	4.24	4.43	4.72
灰分	13.29%	12.69%	12.30%	12.31%	12.00%	12.18%	12.30%
硫分	0.72%	0.72%	0.68%	0.70%	0.68%	1.19%	0.68%

4.1.8 高炉喷吹煤粉是节约资源、降低成本、实现持续发展的重要技术。在高炉的燃料消耗中，随着喷吹用煤比重增大，喷吹用煤的质量对冶炼过程的影响也将增大，因此提出了较高的要求。

4.1.9 硫、磷等杂质影响生铁的质量，钾、钠、锌等杂质加剧了焦炭的破损和炉底、炉体砖衬侵蚀，既影响生产，又影响高炉寿命，有必要加以控制。

1998年F厂1号高炉第三代炉体进行破损调查，发现有害元素金属锌、红锌矿、锌尖晶石，除了在沉积碳、耐火砖边缘及裂缝中富集外，几乎所有的裂隙中都有ZnO充填。F厂高炉中上部红锌矿富集的试样中 ZnO 高达 46.57%～88.3%，炉缸试样中 ZnO 含量达 42%。炉内有大量钾霞石形成，还有碳酸钾和硅酸钾存在，表明碱金属也是炉衬破损的主要原因之一。因此提出要减少入炉碱金属负荷，提高炉渣排碱能力，减少原料、燃料碱金属含量，控制含锌炉料的使用。

1999 年 N 厂 1 号高炉第二代，入炉原料含碱金属及锌负荷较高，分别为 7kg/t 和 0.45kg/t，碱金属和锌的危害较突出，该高炉中修后只使用了不到 4 年。

S 厂 8 号 1050m³ 高炉 2003 年 5 月 2 日投产，生产一年多风口大套开裂，冷却设备损坏，其原因之一是碱金属负荷高，2003 年为 4.18kg/t，2004 年高达 7.89kg/t。

T 厂 6 号 2000m³ 高炉风口普遍发生严重上翘，主要原因是入炉有害元素量过大。逐年有害元素的入炉量的变化见表 13。高炉所有 26 个风口 2002 年上翘幅度为 2.4°～8.26°，平均 5.79°；由于控制了有害元素，2003 年情况有所好转，2004 年的上翘幅度为 0°～3.78°，平均为 1.31°。控制入炉有害元素起到了一定的作用。

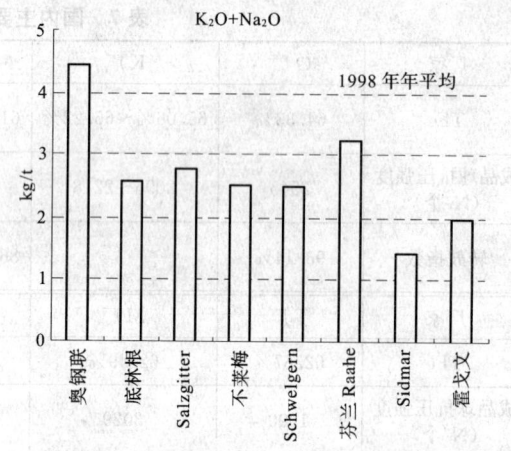

图 1　国外高炉入炉的碱金属量数据

表 13　T 厂 6 号高炉历年有害元素的变化

年份（年）	碱负荷（kg/t）	铅负荷（kg/t）	锌负荷（kg/t）
1999	4.75	0.328	0.831
2000	4.58	0.345	0.748
2001	4.79	0.339	0.786
2002	4.60	0.251	0.835
2003	4.41	0.176	0.885
2004	4.36	0.156	0.764

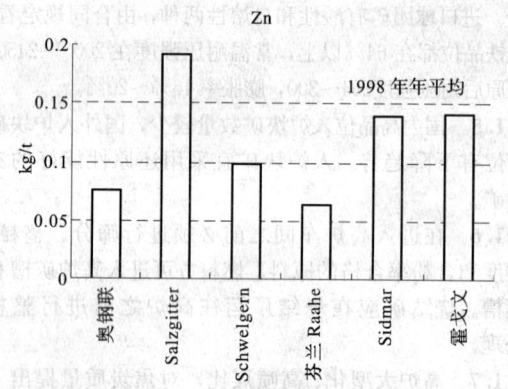

图 2　国外高炉入炉的锌量数据

日本君津等厂烧结机曾经使用钾、钠高的原料，发生烧结机主电除尘效率大幅度下降等负面影响。

4.2　高炉技术指标

4.2.1　高炉设计选用的年平均利用系数、燃料比、焦比等主要设计指标，应根据原料、燃料条件、风温、富氧率、高炉装备水平等综合因素，并参照条件基本相同且操作较好的高炉的生产指标来选取。

根据炼铁信息网提供的统计数据，按高炉炉容级别列出了近年来各高炉的利用系数、焦比和燃料比的数据，见表 14～表 17。

R 厂入炉碱金属控制在 2.0kg/t，日本、法国和比利时西德马厂为 3.0kg/t。新日铁锌的控制指标为 0.15kg/t，奥钢联为 0.11kg/t。一般铅控制在 0.15kg/t。国外高炉的入炉的碱金属量和锌量见图 1 和图 2。

表 14　4000m³ 级高炉年平均利用系数、燃料比和焦比（含小块焦）

厂名，炉号	高炉容积（m³）	操作指标	年份（年）				
			2000	2001	2002	2003	2004
R 厂 3 号高炉	4350	利用系数（t/m³·d）	2.293	2.300	2.338	2.353	2.425
		焦比（kg/t）	289	294	290	290	303
		燃料比（kg/t）	495	500	493	493	497
R 厂 2 号高炉	4063	利用系数（t/m³·d）	2.174	2.172	2.121	2.164	2.251
		焦比（kg/t）	326	331	324	325	327
		燃料比（kg/t）	499	498	493	489	497

厂名，炉号	高炉容积（m³）	操作指标	年份（年）				
			2000	2001	2002	2003	2004
R厂1号高炉	4063	利用系数（t/m³·d）	2.290	2.281	2.293	2.221	2.237
		焦比（kg/t）	269	263	262	286	287
		燃料比（kg/t）	497	497	496	495	499

表 15　3000m³ 级高炉年平均利用系数、燃料比和焦比

厂名，炉号	高炉容积（m³）	操作指标	年份（年）				
			2000	2001	2002	2003	2004
N厂5号高炉	3200	利用系数（t/m³·d）	2.185	2.230	2.310	2.208	2.156
		焦比（kg/t）	399	396	387	377	363
		燃料比（kg/t）	521	520	511	515	500
N厂6号高炉	3200	利用系数（t/m³·d）					2.043
		焦比（kg/t）					471
		燃料比（kg/t）					569
O厂新1号高炉	3200	利用系数（t/m³·d）					2.312
		焦比（kg/t）					366
		燃料比（kg/t）					515

表 16　2000m³ 级高炉年平均利用系数、燃料比和焦比

厂名，炉号	高炉容积（m³）	操作指标	年份（年）				
			2000	2001	2002	2003	2004
O厂10号高炉	2580	利用系数（t/m³·d）	2.134	2.240	2.280	2.140	2.180
		焦比（kg/t）	390	377	357	357	374
		燃料比（kg/t）	537	522	506	517	510
O厂7号高炉	2557	利用系数（t/m³·d）	1.627	1.720	1.560	大修	2.102
		焦比（kg/t）	438	422	408		418
		燃料比（kg/t）	562	555	542		508
J厂3号高炉	2560	利用系数（t/m³·d）	1.900	2.070	2.240	2.115	2.154
		焦比（kg/t）	501	430	362	438	399
		燃料比（kg/t）	524	496	471	507	506
K厂1号高炉	2536	利用系数（t/m³·d）	2.254	2.119	2.327	2.211	2.164
		焦比（含小块焦）（kg/t）	395	392	373	430	467
		燃料比（kg/t）	517	528	520	517	526
K厂3号高炉	2536	利用系数（t/m³·d）	2.190	2.310	2.290	2.237	2.270
		焦比（含小块焦）（kg/t）	400	374	370	427	427
		燃料比（kg/t）	515	515	509	520	508
N厂4号高炉	2516	利用系数（t/m³·d）	2.120	2.090	2.020	2.118	2.123
		焦比（kg/t）	405	403	400	383	376
		燃料比（kg/t）	518	518	518	518	520
A厂2炉	2500	利用系数（t/m³·d）	1.995	2.170	2.050	2.223	2.446
		焦比（kg/t）	377	343	367	382	363
		燃料比（kg/t）	478	459	492	507	478

続表 16

厂名，炉号	高炉容积（m³）	操作指标	年份（年）				
			2000	2001	2002	2003	2004
M厂四铁1号炉	2500	利用系数（t/m³·d）	1.900	2.190	2.340	2.180	2.330
		焦比（kg/t）	390	362	361	396	340
		燃料比（kg/t）	505	488	489	503	483
N厂1号高炉	2200	利用系数（t/m³·d）		2.030	2.080	2.212	2.146
		焦比（kg/t）		457	445	410	413
		燃料比（kg/t）		539	539	518	529
K厂4号高炉	2100	利用系数（t/m³·d）	2.150	2.240	2.200	2.055	2.288
		焦比（含小块焦）（kg/t）	437	408	406	460	442
		燃料比（kg/t）	550	523	514	537	504
U厂7号高炉	2000	利用系数（t/m³·d）	1.463	1.860	2.088	2.258	2.467
		焦比（kg/t）	487	397	355	376	400
		燃料比（kg/t）	544	511	515	525	544

表 17　1000m³ 级高炉年平均利用系数、燃料比和焦比

厂名，炉号	高炉容积（m³）	操作指标	年份（年）				
			2000	2001	2002	2003	2004
K厂2号高炉	1780	利用系数（t/m³·d）	2.126	2.120	2.280	2.580	2.163
		焦比（含小块焦）（kg/t）	401	416	358	373	403
		燃料比（kg/t）	522	531	503	492	475
B厂4号高炉	1650	利用系数（t/m³·d）	1.936	2.120	2.230		2.247
		焦比（kg/t）	413	362	353	357	341
		燃料比（kg/t）	503	483	472	477	484
N厂2号高炉	1536	利用系数（t/m³·d）	2.024	1.970	1.920	1.889	1.754
		焦比（kg/t）	409	411	420	410	414
		燃料比（kg/t）	516	522	534	520	528
N厂3号高炉	1513	利用系数（t/m³·d）	1.800	1.840		1.813	1.845
		焦比（kg/t）	454	453		426	420
		燃料比（kg/t）	544	546		517	514
U厂5号高炉	1260	利用系数（t/m³·d）	1.879	1.870	2.080	2.063	2.007
		焦比（kg/t）	375	410	367	377	453
		燃料比（kg/t）	509	520	491	518	561
J厂1号高炉	1260	利用系数（t/m³·d）	1.660	2.100	2.220	2.245	2.240
		焦比（kg/t）	415	399	349	397	371
		燃料比（kg/t）	513	524	481	502	500
C厂3号高炉	1250	利用系数（t/m³·d）	2.122	2.146	2.252	2.320	2.194
		焦比（kg/t）	405	393	396	392	412
		燃料比（kg/t）	507	503	492	491	500

厂名，炉号	高炉容积（m³）	操作指标	年份（年）				
			2000	2001	2002	2003	2004
C厂1号高炉	1250	利用系数（t/m³·d）	2.083	2.088	2.104	2.244	2.208
		焦比（kg/t）	400	396	407	399	391
		燃料比（kg/t）	504	505	506	492	494
B厂3号高炉	1200	利用系数（t/m³·d）	1.930	2.030	2.070	2.159	1.921
		焦比（kg/t）	472	406	399	375	494
		燃料比（kg/t）	569	511	501	485	500
H厂4号高炉	1070	利用系数（t/m³·d）	1.928	1.950	2.080	2.014	2.199
		焦比（kg/t）	485	486	454	489	438
		燃料比（kg/t）	592	597	556	567	526
O厂6号高炉	1050	利用系数（t/m³·d）	1.710	1.820	2.000	1.853	2.139
		焦比（kg/t）	436	418	444	444	428
		燃料比（kg/t）	568	554	572	559	531

在对表中的数据进行分析后，得知 $1000m^3$ 级和 $2000m^3$ 级高炉的利用系数参差不齐，不见得能与 $3000m^3$ 级和 $4000m^3$ 级高炉媲美。

我国的能源、矿产资源和环境状况对经济发展已构成严重的制约。高炉炼铁应把节约资源作为基点，发展循环经济，建设资源节约型、环境友好型的高炉。切实走新型炼铁工业的发展道路，坚持节约发展、清洁发展、安全发展，实现可持续发展。

制约我国高炉指标改善的主要因素是高炉燃料比高，大型高炉的优势在于燃料比较低。各级高炉的燃料比统计见图3。

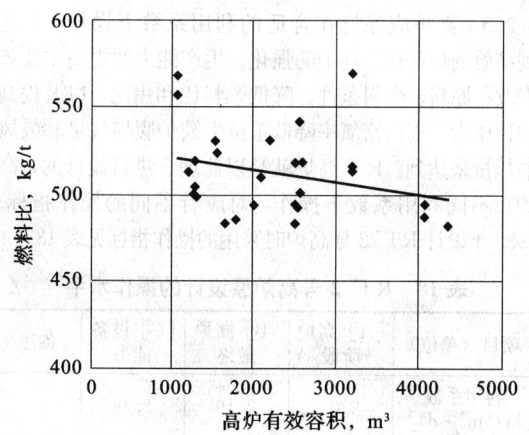

图3　高炉炉容与燃料比的统计数据

我国炼铁技术已经进入世界先进行列，但在高炉寿命、能耗指标、燃料比以及设备效用率等方面，仍与世界先进水平存在一定的差距。我国是能源和焦煤缺乏的国家，在燃料比、焦比、能耗指标方面必须引起炼铁界的高度重视。重视能耗指标应当超过对利用系数的追求。

从20世纪50年代引进了原苏联的"冶炼强度"指标。由于50多年来，不断地对冶炼强度的合理值进行争论。炼铁界虽然已经不再使用冶炼强度，然而高炉炼铁设计仍然使用原苏联的设计体系。因此不得不再次研究冶炼强度与燃料比和利用系数之间的关系。

根据炼铁信息网提供的表14～表17中的高炉操作指标作成冶炼强度与燃料比的关系图，见图4。图中由计算机作出了趋势线，得到与过去研究相符的结果。

强化高炉和提高利用系数是提高企业经济效益的手段之一，而更重要的提高效益的办法是降低消耗。提高利用系数一定要从降低燃料比着手。改善原料、燃料条件和采取各种降低燃料比的措施，提高利用系数才能获得最大的经济效益。这是近年来，高炉提高利用系数和提高经济效益的宝贵经验。由图4可知，实践证明，低的燃料比才能有高的利用系数，两者有着明显的关系。

在一定的原料、燃料条件和技术措施的情况下，冶炼强度与燃料比和焦比的关系存在一个燃料比最低的区域。经过研究分析，认为这个最低焦比的冶炼强度区域在 $1.0～1.1t/(m^3·d)$ 范围内。高炉强化需要降低燃料比和提高冶炼强度并重，特别要把措施用在降低焦比上。

由图4可知，我国高炉的冶炼强度与燃料比之间的关系可以分成三类：图中冶炼强度在 $1.05～1.15t/(m^3·d)$ 区域的中间区域，各方面条件比较好，获得了低的燃料比；低于 $1.05t/(m^3·d)$ 的区域原料、燃料及其他条件差，高炉难以强化，而且燃料比高；高于 $1.15t/(m^3·d)$ 的区域的高炉强化程度超过原料、燃料的容许范围，引起燃料比的升高。根据分析，虽然这批高炉的冶炼强度很高，而利用系数却不高，因为利用系数是冶炼强度除以燃料比。当燃料比的升高

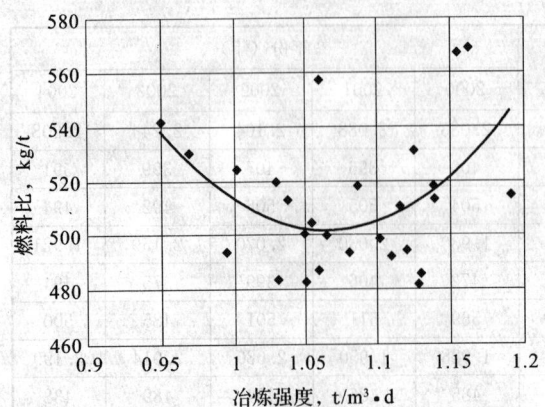

图 4　各厂高炉冶炼强度与燃料比的关系

超过冶炼强度的升高时，提高冶炼强度，利用系数反而下降。由此，更应以降低燃料比为中心环节。

中间区域的高炉，如 R 厂 1、2 号高炉、M 厂 1、2 号高炉、A 厂 2 号高炉、C 厂 1、3 号高炉、U 厂 7 号高炉、B 厂 4 号高炉等都是中等冶炼强度和燃料比低的高炉。R 厂 3 座高炉富氧率较高，冶炼强度也较高，而燃料比又低。由于目前高炉强化的技术措施比较多，如高炉顶压力、高富氧率等因素，使得数据比较分散，要花费更多的力量才能寻求其规律。但是，对几十座高炉的分析可知，几乎所有高炉的冶炼强度与燃料比关系都呈图 4 的 U 字形。而增加冶炼强度由于燃料比升高得更快，亦即在利用系数与燃料比的图表中，高冶炼强度、高燃料比区域的那些数据点的位置处于低利用系数的区域之内，使得利用系数与燃料比往往不呈 U 字形。因此，选择合适的利用系数还应由冶炼强度与燃料比的关系曲线确定。

由于目前高炉强化的技术措施比较多，如提高炉顶压力、提高富氧率等，冶炼强度确实不能作为高炉强化的指标。我国应建立自己的高炉强化指标和自己的设计体系，建议应建立以炉腹煤气量作为指标的体系。

根据以降低燃料比来提高利用系数的观点，在进一步确定合适的上、下限值时，研究了各级高炉的燃料比与冶炼强度的关系。图 4 的 U 字形曲线有普遍性，设计的年平均利用系数的上、下限应选取燃料比低的区域。

本规范研究了历年的生产统计数据，规定的设计年平均利用系数应该是正常年份所能达到的，用一代高炉的平均利用系数的统计数据来选择设计年平均利用系数则太低，也不够恰当。为了能较早的回收投资，必须有较高的利用系数，因此设定了下限值。在改善了原料、燃料的条件下，高炉的年平均利用系数仍然存在着上限值。本规范设定了年平均利用系数的上限值，只要降低燃料比、提高炉顶压力、提高富氧率，完全能够取得更高的利用系数。本规范设置上限值的目的是为了克服过高的年平均利用系数引起的如下弊端：

（1）对全面贯彻高炉炼铁的技术方针不利。如果

过分利用提高冶炼强度的方法，而不是以降低燃料比的方式来提高利用系数，不符合钢铁产业发展政策的要求，不符合钢铁工业可持续发展的道路。

（2）不利于炼铁车间综合设备能力的发挥。设计过程一般根据总体规模先定产量，高炉的上料能力、送风系统和煤气除尘系统的能力，渣铁处理系统的能力等，都是直接按铁产量定的，唯有炉容有较大弹性。

高炉本体的投资在总投资中的比重一般为 10%～15%。在设计时很有必要考虑设备综合能力的利用效率，防止出现"大马拉小车"现象。

（3）不利于企业的生产平衡，使高炉生产始终处于被动状态。炼铁经常处于生产的"瓶颈"，使得整个企业的投资和设备能力难以发挥。

（4）从我国的钢铁产业政策和能源政策来看，首先要抓的是能耗，利用系数将在次要位置。只有以降低能耗而得到的高利用系数才是值得推崇的。

（5）过高的利用系数将导致燃料比、能耗上升，高炉寿命缩短，对降低成本不利。

总之，设计要反对设定过高的、不易达到的利用系数，造成能力的长期积压，避免在低的设备效率、高的空运转率下运行；防止宽打窄用。

4.2.2　为了与钢铁企业其他生产单元相衔接，与国外高炉指标一致，为了生产统计方便，本规范采用作业率，而不采用原苏联的年规定工作日数。过去对规定工作日数定义为日历日数减掉大、中修休风日数。

高炉寿命已延长至 15 年以上，并取消了中修。高炉大修期限又取决于生产组织和大修规模等不确定因素，无法分摊到每年中。

4.2.3　高炉应保持在合适的利用系数下操作，以达到绩效的最佳化。高炉的强化、生产能力的提高主要依靠改善原料、燃料条件、降低燃料比和焦比，以及提高炉顶压力、提高富氧率降低单位生铁炉腹煤气量和鼓风消耗量来达到。R 厂高炉就是以此理念进行设计的，高炉在不同利用系数下操作，对应有不同的操作指标。1985 年设计 R 厂 2 号高炉时采用的操作指标见表 18。

表 18　R 厂 2 号高炉原设计的操作水平

项目（单位）	[A] 高炉阶段	[B] 高炉最终	[C] 设备能力	备注
利用系数 [t/(m³·d)]	2.02	2.19	2.46	
燃料比（kg/t）	540	502	484	
焦比（kg/t）	480	430	400	
煤比（kg/t）	60	80	100	
湿度（g/Nm³）	15	10	平均 6	夏季 9
富氧率	≤3%	≤3%	最高 4%	
热风温度（℃）	≥1200	≥1250	最高 1310	
鼓风风量（Nm³/min）	7210	6770		

4.2.6　最大入炉标态风量和鼓风机量大出口标态风量的计算例见表 19。

表 19　最大入炉标态风量和鼓风机最大出口标态风量计算例

指标单位	高　炉									
炉容级别（m³）	1000		2000		3000		4000		5000	
炉容（m³）	1000	1500	2000	2500	3000	3500	4000	4500	5000	5500
利用系数 [t/(m³·d)]	2.3	2.3	2.25	2.25	2.2	2.2	2.2	2.2	2.2	2.15
燃料比（kg/t）	540	540	530	530	520	520	505	505	505	505
冶炼强度 [t/(m³·d)]	1.24	1.24	1.19	1.19	1.14	1.14	1.11	1.11	1.11	1.09
焦比（kg/t）	360	360	340	340	330	330	310	310	310	310
富氧率	0	0	0	0	1%	1%	1.5%	1.5%	1.5%	1.5%
不富氧耗风量（Nm³/t）	1311	1311	1275	1275	1242	1242	1196	1196	1196	1196
耗风量（Nm³/t）	1311	1311	1275	1275	1186	1186	1116	1116	1116	1116
最大入炉风量（Nm³/min）	2093	3140	3985	4982	5434	6339	6821	7673	8526	9165
热风炉充风量（Nm³/min）	300	400	400	500	600	700	850	900	900	950
风机出口风量（Nm³/min）	2393	3540	4385	5482	6034	7039	7671	8573	9426	10115
较正常增加率	37.9	36.0	30.5	30.8	24.3	24.3	20.0	19.2	17.9	17.7
炉容/风量	2.39	2.36	2.19	2.19	2.01	2.01	1.92	1.91	1.89	1.84

热风炉换炉时采取定风压操作，不考虑漏风损失；采用定风量操作的鼓风机，漏风损失按≤2%考虑。

在选择高炉鼓风机时，高炉正常入炉风量点应在鼓风机的高效率区域。

由于目前大多数高炉没有采用新的送风系统，管道漏风损失严重。而采用了新的送风系统，克服了漏风，鼓风机的设备能力得以正常发挥，并减少了能量损失。如 R 厂、O 厂新 1 号高炉等采用了新的送风系统，几乎看不出漏风。

本规范预留的鼓风机富裕能力，主要在如下方面：首先，从单位耗风量取的值较计算要高；其次，计算时降低了富氧量，采用设计或更高的富氧率计算鼓风机的能力就有了富裕；第三，考虑了热风炉的充风量；第四，若采用冷却脱湿，鼓风机的能力就更富裕。因此在选择鼓风机时，风量不宜大于本计算例。例如，R 厂 4 号高炉炉容为 4747m³，仍采用 8800Nm³/min 鼓风机。单位炉容的风量仅为 1.85Nm³/min，以后 R 厂高炉大修都要扩容。

统计了国内、欧洲和日本高炉鼓风机的实际配置情况并进行了比较，得知欧洲和日本的单位炉容鼓风机风量较我国小得多。欧洲和日本高炉单位炉容的鼓风机风量为 1.5～1.9Nm³/min。

过去我国由原苏联进口的大型高炉鼓风机，以及我国早期制造的鼓风机均未采用标准状态的风量标示，如 K-3250、K4250、Z3250 等。因此鼓风机的单位炉容的风量偏高，误导了鼓风机风量的选择，造成目前新配鼓风机的风量普遍偏高的现象。

C 厂高炉原设计采用 Z3250 汽动鼓风机，因风量有余，后将高炉炉容增大 18%，同时调整鼓风机叶轮。蒸汽耗用量也由 53～55t/h 降低到 45t/h。实践证明，C 厂高炉生产中对贯彻高效、优质、低耗、长寿的方针比较好。

R 厂高炉鼓风机不是由冶炼强度确定的，而是由高炉炉腹煤气量的上限值和高炉透气阻力系数确定的。这种方法比较科学，正确地指引了提高利用系数必须降低燃料比。而我国沿用原苏联的方法，用冶炼强度来确定高炉鼓风机。冶炼强度是一把双刃剑，高炉不能靠提高冶炼强度——多烧燃料来强化。在新的条件下，高富氧和提高炉顶压力，使得高炉的强化不单纯依靠鼓风。R 厂 3、4 号高炉单位炉容鼓风机的风量分别为 2.023 和 1.854Nm³/min。3 号高炉 2004 年利用系数达 2.425t/(m³·d)，11 月月平均利用系数达到 2.624t/(m³·d)。

N 厂改变了鼓风机与高炉炉容不匹配的矛盾，杜绝了"大马拉小车"现象，减少了放风操作，使吨铁耗风量下降，每吨生铁的动力消耗降低了 2～3kgce/t。

目前反映 1000m³ 高炉的风压不够高，有可能因选取过大的鼓风机，风机长期在低风量区域运行时，靠近了鼓风机的喘振线，因而被迫降低风压运行。

4.2.8 炉顶压力应随炉容的扩大而增加，尤其在 3000m³ 以上的高炉必须采用更高的炉顶压力来强化操作。随着炉顶压力的提高，对操作、设备维修和管理都有更高的要求。

各厂新建和改造的高炉均采用了高压操作，历年高炉炉顶压力的实际值见表 20。

表 20　高炉炉顶压力实际值（kPa）

厂名，炉号	高炉容积（m³）	年份（年）				
		2000	2001	2002	2003	2004
R 厂 3 号高炉	4350	224	231	234	233	233
R 厂 2 号高炉	4063	212	216	225	228	226
R 厂 1 号高炉	4063	214	207	229	232	222
N 厂 5 号高炉	3200	210	208	203	208	206
O 厂新 1 号高炉	3200					216
H 厂 5 号高炉	2600	69	72	75	139	156
O 厂 7 号高炉	2557	116	116	128	119	147
O 厂 10 号高炉	2580	160	166	171	167	150
O 厂 11 号高炉	2580	140	153	152	176	152

厂名，炉号	高炉容积（m³）	年份（年）				
		2000	2001	2002	2003	2004
J厂3号高炉	2560	184	195	197	164	193
K厂1号高炉	2536	185	188	187	188	185
K厂3号高炉	2536	152	186	189	188	188
N厂4号高炉	2516	177	182	186	185	190
A厂2号高炉	2500		172.0	181.0	170.0	185
M厂1号高炉	2500	165	153	171	171	202
N厂1号高炉	2200	101		186	191	203
P厂3号高炉	2200	141	138	132	159	156
P厂4号高炉	2200	147	145	144	144	161
K厂4号高炉	2100	188	181	183	183	183
T厂6号高炉	2000	130	150	99	143	139
U厂7号高炉	2000		116	137	136	149
J厂2号高炉	2000	165	164	167	169	189
K厂2号高炉	1780	152	152	153	158	175
N厂2号高炉	1536	145	149	148	147	158
N厂3号高炉	1513	131	131	133	132	136
W厂4号高炉	1350	135	134	132	131	118
U厂5号高炉	1260	100	158	158	159	163
J厂1号高炉	1260		157	160	159	161
L厂8号高炉	1260	149	149	150	147	159
C厂3号高炉	1250	139	139	144	148	138
C厂2号高炉	1250	137	137	133	135	137
W厂1号高炉	1200	119	121	117	118	118
W厂2号高炉	1200	119	119	119	110	118

高压操作是强化高炉冶炼、提高产量、降低焦比的先进技术，均应采用。目前除R厂、N厂等厂大型高炉的炉顶压力已长期稳定在220kPa以上，K厂、C厂、N厂（含2516m³）、W厂等大型高炉的炉顶压力一般为200kPa以上，其他高炉只维持在150kPa左右。在500～1000m³的中型高炉中，顶压均在80～150kPa。本规范提出宜提高炉顶压力值。

4.2.9 从国内、欧洲和日本高炉鼓风机的实际配置比较来看，我国高炉鼓风机的能力都比较大，高炉风压和炉顶压力也有提高的余地。1000m³级高炉鼓风机的额定出口压力在0.31～0.46MPa之间，有的高炉已经具备炉顶压力达到0.25MPa的条件；2000m³级高炉鼓风机的额定出口压力在0.40～0.52MPa之间；3000m³级高炉鼓风机的额定出口压力在0.45～0.49MPa之间；4000m³级高炉鼓风机的额定出口压力为0.51MPa。

4.2.10 在确定高炉鼓风机轴功率时，如果以包括充风时的鼓风量来计算功率，则不应取鼓风机的最高出口压力计算。因为鼓风机在热风炉换炉时应保持正常

的送风压力。如果包括充风风量时，则鼓风机的电动机功率及配套设施容量都将增加8%～10%，是不合适的。因此当计算鼓风机轴功率时，考虑了热风炉换炉的风量就不再增加风压的波动值。

5 能源和资源利用

5.0.1 钢铁企业的能源和资源消耗主要在高炉炼铁系统，同样约有70%的排放物来自炼铁系统，因此高炉炼铁工艺设计应遵循环境保护设计的理念和指导思想。循环经济理念是一种新的经济发展模式，也是一种新的污染治理方式。设计必须重视从源头抓起，充分重视资源和能源的"减量化"——降低原料、燃料消耗。将"减量化"的理念在高炉的生产工艺、技术装备、技术经济指标和具体的设计中体现出来，才能提高资源和能源利用率，有效地降低污染物的发生量，降低"三废"治理的资金投入和运行费用，扭转污染末端治理产生的弊端。

资源和能源的综合利用是实施循环经济的主要手段之一，是"减量化"措施的下一个层次。首先要从源头抓起，在采用先进工艺不能"减量化"的条件下，再通过回收综合利用，减小资源和能源的消耗，达到低消耗、低排放、减小环境不良影响的目的。

在我国钢铁工业产能高速增长的同时，能源增长的幅度低于产量增幅约5个百分点。说明钢铁工业对节能降耗作出了贡献。但是，在能耗方面与发达国家相比还有相当差距，国外主要产钢国家（英、日、法、德）2000年的平均吨钢可比能耗为642kgce。2004年我国重点钢铁企业平均吨钢可比能耗为705kgce，与主要产钢国家相比高出9.81%。2004年重点钢铁企业炼铁工序能耗为469.93kgce/t。主要是由于我国钢铁工业装备的能耗水平差，约有70%的装备落后于国际水平。

我国钢铁工业节能必须以炼铁系统为重点。炼铁系统能耗占整个钢铁企业总能耗的70%左右，高炉炼铁工序能耗占总能耗的48%～58%。R厂2004年的炼铁工序能耗为395.41kgce/t。只有少数钢铁企业的炼铁工序能耗达到世界先进水平，见表21、表22。

表21 钢铁企业炼铁工序单位能耗（kgce/t）

年份（年）／厂名	2001	2002	2003	2004
R厂	402.30	395.35	394.27	395.41
A厂	446.61	456.22	445.26	414.39
C厂	447.94	447.85	424.12	428.46
S厂	430.07	421.91	436.89	420.26
X厂	453.28	433.98	418.67	426.92
B厂	437.13	426.71	433.70	434.69

表 22　各高炉的炼铁工序单位能耗（kgce/t）

厂名，炉号	高炉容积	2002 年	2003 年	2004 年
R 厂 1 号高炉	4063	399.60	403.70	403.14
R 厂 2 号高炉	4063	396.42	389.09	394.71
R 厂 3 号高炉	4350	390.40	392.02	392.30
O 厂新 1 号高炉	3200			416.12
O 厂 10 号高炉	2580			453.47
O 厂 11 号高炉	2580			472.79
O 厂 7 号高炉	2557			447.61
H 厂 6 号高炉	2600			472.2
K 厂 1 号高炉	2536	440.98	448.14	467.94
K 厂 3 号高炉	2536	450.13	468.81	455.39
K 厂 4 号高炉	2100	464.13	466.96	437.46
K 厂 2 号高炉	1780	447.28	435.50	416.51
B 厂 4 号高炉	1650		426	413
L 厂 8 号高炉	1260	439.09	438.94	
C 厂 1 号高炉	1250	459.93	426.64	426.75
C 厂 3 号高炉	1250	444.33	425.42	423.53
O 厂 6 号高炉	1050			470.60
O 厂 4 号高炉	1000			452.84

在炼铁工序能耗中，支出项主要是还原剂——焦炭和煤粉等，以燃料比作为指标的消耗，回收项主要是高炉煤气和余压发电等回收的能量。工序能耗中的燃料消耗超过整个高炉的炼铁工序能耗约 20%～30%，因此在炼铁节能和治理污染的源头，都必须紧紧抓住降低燃料比和焦比这个中心环节。

高炉耗用大量能量，应积极推广节能措施，加强节能管理。高炉又为整个钢铁厂提供二次能源，高炉煤气的平衡对企业的生产有重大的影响。

我国钢铁工业的电能消耗大，日本钢铁厂外购电力占总购入能源的 11.9%，而我国平均在 26% 左右。其中原因之一是我国钢铁企业利用余热、余能发电量低；其次是设备的选择富裕量大，设备效用率低，设备设计的节能观念不强。在高炉的工序能耗中，电能消耗约占 3%～5%。高炉设备设计和设备选择中应当采取多种节约能源的方案和措施。

目前我国资材消耗（如炉前炮泥、沟泥消耗，备品备件和材料的消耗）指标落后，引起维修费用的提高。R 厂高炉的维修费用和资材的消耗与国外先进高炉相比有一定的差距。按照《钢铁产业发展政策》和《中华人民共和国节约能源法》中的规定，节能项目必须与主体工程同时设计、同时施工、同时投产使用。

5.0.2 喷煤改变了高炉炼铁用能结构，是高炉炼铁系统结构优化的中心环节，是国内、外炼铁技术发展的趋势。高炉喷吹煤粉是有效的节焦、节能措施

（2004 年全国平均焦化工序能耗为 142.21kgce/t，煤粉制备能耗 20～35kgce/t），以煤代焦减少炼焦对环境的污染，有良好的经济效益和社会效益。

大量喷吹煤粉需要许多条件的支持，如提高原料、燃料质量、提高风温、降低鼓风湿度、提高富氧率、降低渣量等等，因此是高炉结构调整的中心环节，应进行详细研究提高喷煤量的各项措施。

5.0.3 我国钢铁工业的煤气利用率较低，根据 2004 年的统计，重点钢铁企业的高炉煤气放散率为 4.4%，其中有 18 个企业的高炉煤气放散率大于 10%，有 5 家企业高于 20%，最高达 24.88%。

高炉煤气作为一种低热值二次能源应尽可能予以利用，减少放散率。

高炉开炉、停炉和休风及非正常状态下直接排放煤气对环境影响很大，烟尘浓度超过排放标准 200～300 倍，排出的 CO 经大气扩散到达地面时的浓度大大超过环境标准，因此应考虑有效措施，尽量减少高炉煤气直接排放。

5.0.4 按目前全国铁产量估算，高炉渣年产量在 1 亿 t 左右，综合利用率在 85%～90%，除了含稀土铁矿和高钛高炉渣目前的综合利用尚待解决外，高炉渣的综合利用技术现已很成熟，主要用于建筑材料行业，以高炉水渣用于水泥厂生产矿渣水泥最为广泛。

5.0.5 高炉工程的含铁尘泥指粗煤气除尘灰、煤气清洗污泥（或干式除尘灰）、其他除尘系统排灰。含铁尘泥应进行分类收集以便于利用，设计中应考虑收集、运输、贮存和利用设施。含铁尘泥的利用一般作为烧结配料使用。煤气清洗污泥（灰）中易富集锌元素，锌在高炉冶炼中是有害元素，会对高炉炉衬产生破坏作用，因此煤气清洗污泥（灰）宜尽可能考虑脱锌后再利用。

5.0.6 国家对钢铁工业水资源消耗的要求逐年提高，高炉工程用水设置循环系统是节水措施的最基本要求，应在此基础上提高用水管理装备水平，增加水质稳定和水质保证措施，进一步提高重复利用率。根据 R 厂的统计，铁前工序新水耗量占全厂 30% 左右，是耗水最大的二级生产厂，R 厂通过提高浓缩倍数、强化计量管理、加强水质稳定、采取串接水再利用和改造失水点等措施，高炉吨铁工业新水消耗已降低到 0.7m³ 以下。

5.0.7 采用脱湿鼓风，可提高干风温度，利于稳定炉况，是增加煤粉喷吹量、降低焦比的有效技术措施之一。采取冷却脱湿可降低鼓风机吸入口的空气温度，改善吸入条件，增加鼓风量，减少鼓风机能源消耗量，也是一种有效的节能措施。

5.0.8 高炉的废热、废气、余压均应充分利用。高炉冲水渣水的热量、炉顶均压排压煤气、热风炉排风的风量均应利用。高炉鼓风的冷风温度在 200℃ 左右，热风炉废气温度在 250℃ 左右，均有大量热量可以利用。

6 矿槽、焦槽及上料系统

6.0.1 焦槽、矿槽主要的作用是满足高炉生产和配料方面的调节。为了在烧结设备检修时能向高炉正常供料,一般应考虑原料、燃料的落地贮存设施。矿槽、焦槽的贮存时间主要是考虑供料系统皮带检修及高炉生产波动时,能确保高炉正常生产。矿槽的数目要满足矿种及矿槽倒换和检修的要求。由于供矿系统的皮带比运焦皮带容易损坏,焦炉的生产也比较稳定,因此,矿槽的贮存时间多于焦槽时间。

在编制《炼铁设计参考资料》时对各级高炉烧结矿槽和焦槽的贮存时间作了长时间的调查研究,实践证明《炼铁设计参考资料》的推荐意见是合适的。但因目前高炉焦比的降低,焦槽的实际贮存时间已经延长,故作了适当放宽。

《炼铁设计参考资料》推荐的烧结矿槽和焦槽贮存时间见表23。

表23 矿槽、焦槽的贮存时间

高炉容积 (m³)	烧结矿槽贮存时间 (h)	焦槽贮存时间 (h)
2500	9~14	6~8
2000	9~14	6~8
1500	10~16	6~8
1000	14~22	6~8

R厂高炉矿槽、焦槽的设计容积及贮存时间见表24。

表24 R厂高炉矿槽、焦槽的容积及贮存时间

厂名,炉号	炉容 (m³)	焦槽总容积 (m³)	焦槽数目 (个)	焦炭贮存时间 (h)	矿槽总容积 (m³)	矿槽数目 (个)	烧结矿槽容积 (m³)	烧结矿贮存时间 (h)
R厂1号高炉	4063	2700	6	6.0	4696	16	3396	10.0
R厂2号高炉	4063	2700	6	6.0	4696	16	3396	10.0

由于R厂高炉喷吹煤粉,焦比大幅度下降,焦槽实际贮存时间延长至10h以上,能够满足高炉生产的要求。而矿槽略显不足。

R厂高炉能够采用较小的烧结矿槽容积是成功地使用了落地烧结矿的缘故。近年来,C厂高炉总结经验,也成功地使用了落地烧结矿。在使用落地烧结矿时保持高槽位;加强槽下筛分,调整高炉操作。

P厂3号高炉矿槽和焦槽偏小,其贮存时间如表25所示。

表25 P厂3号高炉矿槽、焦槽容积及贮存时间

厂名,炉号	炉容 (m³)	焦槽总容积 (m³)	焦槽数目 (个)	焦炭贮存时间 (h)	矿槽总容积 (m³)	矿槽数目 (个)	烧结矿槽容积 (m³)	烧结矿贮存时间 (h)
P厂3号高炉	2200	920	2	3.28	2800	24	1440	7.45

P厂实际使用比较紧张,特别是焦炭槽的容量小,以及装满系数的影响更显得紧张。

6.0.2 矿槽和焦槽在库量的管理能保证原料、燃料的贮存量,从而减少矿槽和焦槽的贮存时间,发挥计算机的管理功能和效益。

6.0.3 为了减少焦粉及矿粉入炉量,改善炉内透气性,烧结矿槽及焦槽下必须设置筛分设施。在选择筛分设备时应重视筛分效率。

R厂高炉充分发挥槽下焦炭筛和矿石筛的能力,尽量减少每台筛子的给料量,采用减薄筛面上的料层,精细筛除粉末。烧结矿经槽下筛分后,烧结矿中小于3mm的粉末量要求小于3%。I厂3号高炉在2001年底改造了烧结矿振动筛,使入炉烧结矿中小于5mm的粉末减少了45.23%,5mm的粉末量下降到4.896%。改善了料柱透气性,利用系数由2001年的2.207t/(m³·d)提高至2002年的2.320t/(m³·d),综合焦比由506.1kg/t下降至497.44kg/t。

M厂2500m³ 高炉加强了焦炭筛的筛网管理,2001年以来入炉焦炭中<10mm的焦粉含量小于0.8%,对提高利用系数和降低燃烧比起了很大的作用。

R厂1号高炉2005年12月6日入炉焦炭粒度分析见表26。

表26 R厂1号高炉入炉焦炭粒度

<15mm	15~25mm	25~50mm	50~75mm	>75mm
1.6%	2.6%	41.3%	45.1%	9.4%

6.0.4 本条规定对入炉原料应设置称量误差补正和焦炭水分补正设施,这是稳定高炉操作的有效措施,这一技术目前已普遍采用。

6.0.5 由于已经普遍采用冷烧结矿,因此本条规定矿槽、焦槽的上、下部均采用胶带运输,减少烧结矿和焦炭的破碎。

6.0.6 我国传统设计高炉均为斜桥料车上料,其优点是占地面积小、能耗低、投资少,比较适宜单出铁场布置的高炉。皮带上料的主要优点是矿槽、焦槽布置远离高炉,炉前广阔,有利于除尘环保设施的设置,但资金和用地紧张的小于或等于2000m³ 级高炉也可以采用料车上料。国内部分高炉上料形式及主要装备水平见表27、表28。

表27 国内2000m³ 以上高炉的主要工艺装备水平

厂名,炉号	炉容 (m³)	上料形式	炉顶设备形式	炉体冷却形式		出铁场数目	渣铁口数目	
				水系统	冷却设备		铁口	渣口
T厂6号高炉	2000	皮带	无钟	密闭	冷却板	2	3	0
E厂1号高炉	2000	皮带	无钟	密闭	冷却壁	2	3	0
P厂3号高炉	2200	料车	无钟	开路	冷却板壁		3	0
P厂4号高炉	2200	皮带	无钟	开路	冷却板壁		4	0

续表27

厂名，炉号	炉容(m³)	上料形式	炉顶设备形式	炉体冷却形式		出铁场数目	渣铁口数目	
				水系统	冷却设备		铁口	渣口
O厂7号高炉	2503	料车	钟式	密闭	冷却壁	2	2	2
O厂11号高炉	2580	皮带	无钟	密闭	冷却壁	2	3	0
O厂10号高炉	2580	皮带	无钟	密闭	冷却壁	圆形	4	0
O厂新1号高炉	3200	皮带	无钟	密闭	冷却板	2	4	0
K厂1号高炉	2536	皮带	无钟	密闭	冷却壁	圆形	3	0
K厂3号高炉	2536	皮带	无钟	两种	冷却壁	圆形	3	0
J厂3号高炉	2560	皮带	无钟	密闭	冷却壁	2	3	0
N厂4号高炉	2516	料车	无钟	密闭	冷却壁	2	3	0
N厂	2200	料车	无钟	密闭	冷却壁	2	3	0
N厂5号高炉	3200	皮带	无钟	密闭	冷却壁	圆形	4	0
M厂1号高炉	2500	皮带	无钟	开路	冷却壁	2	4	0
A厂2号高炉	2500	皮带	无钟	开路	冷却板	2	4	0
H厂5号高炉	2600	皮带	无钟	密闭	冷却壁	2	4	0
H厂6号高炉	2600	皮带	无钟	密闭	冷却壁	2	4	0
R厂1号高炉	4063	皮带	钟阀式	开路	冷却板	2	4	0
R厂2号高炉	4063	皮带	无钟	开路	冷却板	2	4	0
R厂3号高炉	4350	皮带	无钟	密闭	冷却壁	2	4	0
R厂4号高炉	4747	皮带	无钟	开路	冷却板壁	2	4	0

注：开路为工业水开路循环水冷却；密闭为软水密闭循环水冷却。

冷却设备型式主要是炉身的冷却设备型式。

表28 国内1000m³级高炉的主要工艺装备水平

厂名，炉号	炉容(m³)	上料形式	炉顶设备形式	炉体冷却形式		出铁场数目	渣铁口数目	
				水系统	冷却设备		铁口	渣口
K厂2号高炉	1780	皮带	无钟	密闭	冷却壁	圆形	2	0
P厂2号高炉	1800	料车		开路	冷却壁	1	2	
B厂3号高炉	1200	料车	钟式	密闭	冷却壁	1	1	—
V厂5号高炉	1200	皮带	无钟	开路	冷却壁	1	1	0
H厂3号高炉	1070	料罐	钟式	开路	冷却壁	1	1	1
H厂4号高炉	1070	料罐	钟式	开路	冷却壁	1	1	1
C厂1号高炉	1250	料车	无钟	开路	冷却板壁	2	2	2
C厂3号高炉	1250	料车	无钟	开路	冷却板壁	2	2	2
W厂1号高炉	1200	皮带	无钟	密闭	冷却壁	1	2	
W厂2号高炉	1200	料车	钟式	开路	冷却壁	1	2	
W厂3号高炉	1200	料车	钟式	开路	冷却壁	1	2	
W厂4号高炉	1350	皮带	无钟	密闭	冷却壁	2	2	
Y厂1号高炉	1200	料车	钟式	密闭	冷却板壁	1	2	
J厂2号高炉	1260	皮带	无钟	密闭	冷却壁	1	2	
L厂8号高炉	1260	皮带	无钟	密闭	冷却壁	1	2	
Z厂5号高炉	1080	料车	无钟	密闭	冷却壁	1	2	

续表28

厂名，炉号	炉容(m³)	上料形式	炉顶设备形式	炉体冷却形式		出铁场数目	渣铁口数目	
				水系统	冷却设备		铁口	渣口
Z厂6号高炉	1380	料车	无钟	密闭	冷却壁	1	2	0

注：开路为工业水开路循环水冷却；密闭为软水密闭循环水冷却。

冷却设备形式主要是炉身的冷却设备形式。

6.0.7 上料设备富裕能力的确定与高炉生产指标、焦炭批重和赶料要求等因素有关。设备富裕能力主要是满足高炉最高日产铁量，以及低料线时能满足赶料的要求。富裕能力过大，将使设备效率不能发挥；富裕能力过小，将不能满足高炉高产和赶料的需要。按年平均设计指标计算作业率为65%，是考虑低于正常料线1.5m时，20min内恢复料线；作业率75%，低于正常料线0.8m时，在1h内恢复料线。如果低料线在1h内还不能恢复正常料线时，则应采取减风操作。

本条规定作业率为65%～70%，对改造高炉可根据实际条件不超过75%。

6.0.9 为节约焦炭充分利用资源，目前大部分高炉已经采用小块焦的回收利用，一般回收的小块焦粒度为10～25mm。有的高炉采用了烧结矿分级入炉；有的高炉还使用了小粒度烧结矿（一般为3～5mm），避免重复烧结，以节约能源。

例如，O厂新1、2号高炉采用了烧结矿分级入炉，烧结矿分为5～12mm和大于12mm两级。

又如，M厂1号高炉2001年至2004年使用小块焦和小粒度烧结矿的用量见表29。

表29 M厂1号高炉小块焦和小粒度烧结矿使用量

年份（年）	2001	2002	2003	2004
小块焦（kg/t）	25	34	34	29
小粒度烧结矿（kg/t）	23	22	25	34

向高炉装入小粒度烧结矿时，要单独成批加入高炉。为了更好地改善透气性，应防止小粒度烧结矿对透气性的不良影响。

6.0.10 为了生产安全和人身安全必须采用的安全措施。在M厂和R厂生产初期发生过铁件划伤主胶带的事故，因此规定了应设置金属检除装置。

6.0.11 上料料车或主胶带机在运输矿石、焦炭等炉料时，可能发生摔落伤人的事故，故规定此条。

7 炉 顶

7.0.1 为了改善布料技术，我国大部分高炉已经采用无料钟炉顶装料设备，见表27、表28。

7.0.2 由于高炉广泛采用了喷煤，在高喷煤量的条件下，随着喷煤量的提高，炉内矿焦比的大幅度上升，高炉焦炭料批的重量迅速下降，焦炭料批容积不再是决定高炉装料设备料斗容积的因素，而是受矿石批重和高炉透气性的限制。本条文提出应根据用矿石批重来决定装料设备的容积。见表30。

表30　高炉矿批重量的统计资料

厂名，炉号	炉容(m³)	矿批重量(t)	炉喉矿石层厚(m)	平均风量(m³/min)	批重/风量(之比)	料速批数(h)
R厂3号高炉	4350	132	0.915	6750	1.96%	5.63
R厂2号高炉	4063	119	0.933	6230	1.91%	5.10
R厂1号高炉	4063	123	0.964	6220	1.98%	5.08
N厂5号高炉	3200	70	0.670	6000	1.17%	7.15
H厂5号高炉	2600	48	0.505	5271	0.91%	
O厂11号高炉	2580	58	0.606	5600	1.04%	6.75
K厂1号高炉	2536	55	0.631	4933	1.11%	7.36
M厂1号高炉	2500	61	0.626	4132	1.48%	7.08
P厂4号高炉	2200	40	0.495	3900	1.03%	6.66
F厂1号高炉	1800	39	0.614	3740	1.04%	6.98
L厂8号高炉	1260	25.5	0.481	2400	1.06%	7.40
U厂5号高炉	1260	24	0.451	2300	1.04%	7.28
C厂3号高炉	1250	25	0.519	2407	1.04%	7.77
Y厂2号高炉	1200	24	0.515	2390		6.40
F厂2号高炉	1000	30	0.634	2380	1.26%	5.74

7.0.3 本条文的说明与6.0.7条相关联，并且应与槽下系统统一考虑，保证6.0.7条规定的设备作业率。

7.0.4 国内、外均对高炉炉顶的除尘十分重视，目前胶带上料的高炉炉顶均已设置炉顶除尘装置；料车上料的高炉炉顶也应采取除尘措施，重视环境保护。

8　炉　体

8.0.1 高炉寿命的定义和指标是指导高炉设计和生产管理的重要指标，也是指导高炉技术进步的方向。高炉长寿能节约大修费用，提高设备效用指标，增产生铁，减少人力物力消耗，降低吨铁固定资产投资。

长寿高炉应是一代炉龄（无中修）的时间与单位炉容一代炉龄的产铁量，两个指标均应同时达到本条的规定。某些高炉的大修情况见表31。

到2004年底，大于1000m³高炉已有24座寿命超过8年。目前已有两座生产的高炉一代寿命即将超过15年和单位炉容产铁量已经达到或即将达到11000t。

8.0.2 高炉长寿是一项系统工程，要注重整体的长寿优化设计，进行全方位的改进，实行综合治理。高效冷却设备与优质耐火炉衬的有效匹配，确保高炉各部同步长寿；使用质量稳定的优质原料、燃料，保证高炉稳定运行；在降低燃料比的前提下取得高产；采用有效的监测和维护手段是实现高炉长寿的重要保证。

表31　高炉大修情况及单位炉容一代炉役的产铁量

厂名，炉号	炉代	高炉容积(m³)	炉寿(d)	中修次数	炉役开始时间	炉役终止时间	一代产铁量(万t)	单位炉容产铁量(t/m³)	平均利用系数[t/(m³·d)]
R厂1号高炉	1	4063	3853	0	1985.9.15	1996.4.2	3229.7	7949	2.064
R厂2号高炉	1	4063	>5160	0	1991.6.29	生产中	>4100	>10000	~2.09
R厂3号高炉	1	4350	>3650	0	1994.9.20	生产中	>3810	>8700	~2.18
N厂5号高炉	1	3200	>5100	0	1991.10.19	生产中	>3000	>9400	~1.90
O厂10号高炉		2557	4135	0			1592.6	6228.5	1.506
K厂1号高炉	1	2536	>4094	0	1994.8.9	生产中	2233	>8806	2.15
K厂3号高炉		2536	>4527	0	1993.6.2	生产中	2516	>9920	2.19
W厂4号高炉	1	1350	5302	0	1989.9.25	2004.4.1	1282	9496.3	1.791
C厂2号高炉	2	1250	3913	0	1986.12.27	1997.9.12	877.7	7022	1.795
C厂1号高炉	2	1080	3602	0	1986.1.15	1995.11.25	753.6	6978	1.937

8.0.3 高炉冷却设备是决定高炉一代寿命的关键，特别是高炉炉腹、炉腰和炉身下部。20世纪90年代以后，国外已有50多座高炉采用了铜冷却壁，对延长高炉寿命会有很好的效果。国内近期投产或在建高炉，有20多座大于2500m³高炉采用了铜冷却壁。

铜冷却壁的导热性好，冷却强度大，冷却壁体温度均匀，表面工作温度很低，能快速形成稳定的渣皮。淡化了高炉内衬的作用，有利于采用薄壁结构。

8.0.4 软水密闭循环冷却技术有较快发展，如N厂、O厂、H厂、B厂、J厂、R厂、W厂等一些大型高炉均已采用。因此，本条规定设计应根据水源、水质情况选用软水密闭循环冷却或工业水开路循环冷却。

8.0.5 不同容积的高炉和高炉的不同部位应选用不同的耐火材料。提高炉缸、炉底和炉身中、下部砌体质量是延长高炉寿命的重要条件。

20世纪80年代以后，我国高炉炉缸、炉底采用综合炉底，结构和冷却得到了改进，寿命大幅度延长。R厂1号（第一代）、2号高炉炉缸、炉底采用日本炭砖，炉底设陶瓷垫；N厂5号高炉采用日本炭砖，炉底设陶瓷垫；H厂5号高炉、O厂新2、3号高炉及R厂3号高炉采用了美联炭热压小块炭砖，炉底设陶瓷垫都达到了长寿的目的。但是目前国产炭砖的性能较差，迫切需要提高国产炭砖的质量。

碳化硅砖具有导热系数高，抗热震性好的特点，适宜在炉体中下部使用。

8.0.6、8.0.7 大型高炉用炭砖、SiC 砖对延长高炉寿命极为重要。目前，耐火材料标准理化性能指标不全，甚至缺少一些极为重要的指标，难以满足本规范中对高炉长寿的要求。因此，本规范中根据工艺特点提出应增加的一些主要性能项目要求，今后修订耐材标准时应该考虑。

9 风口平台及出铁场

9.0.1 设计风口平台出铁场应适当延长主沟长度，改善渣铁分离。为了缩短渣、支铁沟长度，减少劳动强度，减少浇料消耗，采用摆动流嘴，选用大容量鱼雷罐车或铁水罐车，减少铁罐配置数量。

9.0.2 当出铁口的操作、维护良好时，一般每个出铁口的昼夜出铁量约 3500t。新建 1000m³ 级高炉采用 2 个出铁口能减轻炉前作业强度。而出铁场数目是影响总图布置、占地面积和投资的重要因素，从节约用地的角度出发，1000m³ 高炉采用 2 个出铁口，也可设一个出铁场。

国外高炉随着炮泥质量的提高，改善了出铁口的维护，延长出铁时间和每次铁量。生产实践证明，高炉有减少出铁口的趋势，如君津 4 号高炉第一代炉容 4930m³ 采用 5 个出铁口，第二代为 5150m³ 高炉出铁口改为 4 个，第三代为 5555m³ 仍为 4 个出铁口。福山 3 号高炉和君津 2 号高炉为 3000m³ 高炉出铁口由 3 个改为 2 个。新建高炉出铁口数目应与炉容和每个出铁口所能承受的日出铁量相适应，尽量减少出铁口的数目。

目前吨铁渣量为 300kg/t 左右，已不放上渣，所以没有必要设置渣口。若采用复合矿冶炼时，可设渣口。

N厂 3 号 1513m³ 高炉，经大修后，设有 2 个出铁口，1 个渣口，1 个出铁场，两个出铁口呈 40°布置。由于入炉矿品位提高，渣量减少，一般堵出铁口 50min 后才上渣，且渣中带铁多，放渣速度慢，放上渣量只有 30t 左右。另外，渣口容易损坏，平均每月坏渣口 11.4 个。渣口损坏后，严重影响生产。经过研究后，决定加强出铁口维护，不放上渣，实践证明是可行的。K厂 4 号 2100m³ 高炉设置 2 个出铁口，还设有 1 个备用渣口，自 1992 年投产以来，已连续生产 13 年，该备用渣从未使用过。

9.0.3 我国大多数高炉，采用矩形出铁场、矩形框架。有 2 个以上出铁口的高炉也可采用圆形出铁场，均可保证出铁口间的夹角在 60°~120°之间。

9.0.4 新建或改造的高炉，都采用了液压泥炮、液压开口机。除了要求提高泥炮推力和开口机的能力以外，建议增加检测和自动化的功能，以加强对出铁口的监控和维护。

对于大于 3000m³ 高炉要求减少出铁次数，控制出铁速度，延长出铁时间。高质量的炮泥对出尽渣铁、确保出铁口深度有重要作用。

R厂投产 20 年来不断调整炮泥的配料，改善炮泥质量，在高产、高压、低硅的生产条件下，日出铁次数控制在 12~14 次。

N厂 5 号 3200m³ 高炉，1991 年建成投产，随着生产的发展，原配置的电动泥炮、开口机不能满足生产要求，后来更换为 BG-500 液压泥炮并对原开口机不断改造，满足了生产要求，并开发和使用了高强度的出铁口炮泥。通过研究，又成功开发出一种高强度的环保型树脂出铁口炮泥，消除了沥青所造成的污染，它在保证出铁口深度、出铁稳定性、出铁速度、出铁口可钻性和可塑性方面，均可满足 0.25MPa 炉顶压力的要求。

M厂 1 号 2500m³ 高炉用炮泥质量控制出铁，根据高炉生产情况不同，渣铁流速要求不同，以及随着季节的变化，对炮泥马夏值进行调节，优化出铁操作。

N厂 6 号 3200m³ 高炉，出铁场设备的控制采用了便携式遥控器、操作台和现场操作箱三种操作控制形式，提高了炉前设备操作的自动化水平。

9.0.5 自 20 世纪 90 年代以来，N厂、K厂、O厂、R厂、P厂等都采用了固定主沟，有利于延长主沟寿命，采用了摆动流嘴，缩短了支铁沟的长度。主沟内衬用浇注料现场制作，在浇注设备难于工作的位置采用了预制沟，接头处采用捣打。R厂 1、2 号高炉曾经使用过活动主沟，目前均已改为固定主沟。

R厂高炉的浇注料的固定主沟一次通铁量达 12 万 t 以上。

N厂为满足 4 号 2516m³ 高炉 2 个出铁口和 2 条主沟的炉前操作要求，成功开发出一种高强度的快干浇注料，硬化时间由原来的 200min 以上缩短为 40~60min，抗热爆裂温度提高到 550℃以上，从而收到了快速干燥的效果，满足了生产要求。随后，为解决在浇注过程中的偏析问题，又研制成功自流快干浇注料，减轻了操作人员的劳动强度，降低了噪声污染，满足了高炉强化冶炼要求。

M厂 1 号 2500m³ 高炉用浇注料制作泥套取代原来使用捣打料制作的泥套，改进后的工艺具有易喷补，粘结好，成型快，修补时间短，强度高的优点。

9.0.6 风口平台和出铁场的起重设备及专用机械，包括主跨和副跨起重机、悬臂起重机、主沟沟盖揭盖机等。由于采用固定主沟主跨起重机不应考虑整个主沟（包括耐火材料）的起吊荷载，可能的最大荷载将是修理炮泥的荷载。

9.0.7 由于采用固定主沟，在原地修理，出铁场内不必考虑主沟修理场地，为减少出铁场面积创造了条件。

圆形出铁场布置紧凑，环行吊车作业面大，出铁场的建筑面积小。N厂6号高炉出铁场直径80m，汽车可直接上出铁场平台。设置4个铁口，铁口之间的夹角为90°，出铁场下方有6条铁路线，每2个铁口共用2条铁水罐车停放线，一条走行线，呈岛式布置。

9.0.8 扩大风口平台面积，方便更换风口操作。目前K厂、T厂6号高炉，O厂新1高炉，以及新建的一批高炉均加大了风口平台面积，特别是在出铁口上方设置了活动平台，方便检修。

9.0.9 为加强计量、控制和核算，大于2000m³高炉一般在炉前每个鱼雷罐车停放位置下设置铁水计量设施，小于4000m³高炉也可以集中设置铁水计量设施。

9.0.10 M厂1号2500m³高炉设2个对称纵向布置的矩形出铁场，3个出铁口成Y型布置，为了便于出铁场物料的装卸作业，采用公路与出铁场连通，汽车可以直接驶入出铁场平台。出铁场与风口平台通过坡道连接，2t叉车可以上风口平台，这给更换风口装置带来很大方便。

10 高炉炉渣处理及其利用

10.0.1 目前，新建高炉一般采用底滤法、轮法、螺旋法、英巴法等在炉前冲制水渣（特殊矿渣除外）。冲制水渣的设备均能保证水渣的质量，玻璃化程度可以达到90%～95%，水渣平均粒度为0.2～3.0mm，水渣含水≤15%的要求，应尽量提高冲渣设施的脱水能力，控制渣中带水小于12%。在选择炉渣粒化装置时要考虑选用节约用水、能满足环保要求的工艺。冲渣水全部循环使用，不外排污染物，以保护环境。

10.0.2 高炉炉渣冲制成水渣是综合利用的好方法，目前已经普遍用于制造或代替水泥，先进的高炉水渣设施已经100%得到利用。新建或改造高炉水渣设施的能力，应能满足全部高炉炉渣冲制水渣的要求。在此情况下，仍需设置干渣处理设施或渣罐运输等备用设施，以满足开炉初期和水渣设施检修时高炉的正常操作。此时产生的干渣，大多数厂用于做道碴等铺路材料，也已得到了充分利用。

10.0.3 目前，新建或改造高炉前冲渣点一般设在出铁场外边缘，在此处设有操作平台、检修用单轨吊车、排烟罩、双路走梯等必要的安全设施。

11 热 风 炉

11.0.1 热风炉的设计指导思想是尽量提高热风炉热效率，降低燃料消耗，提高风温。这是高炉炼铁技术的重要内容，是降低能耗，创建资源节约型企业的重要手段。

提高热风炉热系统热效率应从以下几个方面入手：一、合理的热风炉结构设计，减少热损失；二、回收热风炉废气余热；三、采用高效陶瓷燃烧器。

11.0.2 根据各厂煤气平衡，选择符合本厂的燃料，大致可分为三种情况：一、高炉煤气配加少量焦炉煤气作为热风炉燃料；二、高炉煤气配加适量转炉煤气作为热风炉燃料；三、100%高炉煤气作为热风炉燃料。

在钢铁联合企业中焦炉煤气十分紧张。但根据2004年金属学会统计，华南是缺乏能源的地区，还有两个企业的焦炉煤气的放散量超过20%，全国还有4个企业超过15%。

随着煤气利用率的提高，高炉煤气CO含量和热值不断下降。有些高炉，煤气CO含量约为21%，煤气热值约为3100kJ/m³，热风炉全烧高炉煤气时，风温只能达到1050℃左右，不能满足高炉的要求。大多数厂缺乏焦炉煤气，转炉煤气热值一般为6700kJ/m³，应尽量用转炉煤气来代替，可以全部置换焦炉煤气，获得1200～1250℃的高风温。许多厂转炉煤气尚未利用，十分可惜。

自1995年开始，R厂3号高炉用转炉煤气全部置换焦炉煤气的年平均风温见表32。

表32　R厂3号高炉历年平均风温

年份（年）	1999	2000	2001	2002	2003	2004
年平均风温（℃）	1246.1	1246.2	1248.7	1248.5	1248.0	1239.1

目前N厂也已使用转炉煤气。

11.0.3 当缺乏高热值煤气富化高炉煤气时，可考虑采取热风炉自身余热预热助燃空气、助燃空气蓄热装置和前置炉等装置利用高炉煤气提高风温。

为实现1200℃以上风温，O厂炼铁厂10号高炉和7号高炉（两座高炉有效容积均为2580m³）采用的就是这种预热工艺。O厂7号高炉于2004年进行改造大修，对热风炉系统进行了改造，采用4座外燃式热风炉，两烧一送一预热工作制度，即用送风先行炉在转入燃烧期之前预热助燃空气至400℃以上，利用管式换热器和热风炉废气预热煤气至200℃以上。O厂7号高炉于2004年9月11日建成投产，采用单一高炉煤气作为热风炉燃料，自2004年12月起，风温水平一直保持在1200℃。

O厂11号高炉热风炉于1998年采用了带有附加加热装置的双预热工艺，由附加燃烧炉产生的高温烟气与热风炉低温烟气混合，混合烟气（温度一般控制在约450℃）经过换热器分别将空气和煤气预热至250℃以上，从而在单烧高炉煤气条件下月平均风温达到了1170℃，目前保持在1120℃。B厂4号高炉带有附加加热装置，自2000年12月投入运行以来一直正常工作，空气、煤气预热温度均控制在200～250℃，在单烧高炉煤气条件下，风温达到1150℃以上。

K厂2号高炉在大修时新建了内燃热风炉，将原有的2座顶燃式热风炉作为预热助燃空气的热风炉。2004年10月份预热助燃空气温度达到600℃，月平均风温达到了1250℃。O厂新2号高炉采用了专用球式预热炉预热助燃空气。

2004年使用单烧高炉煤气预热助燃空气获得高风温的方法和效果见表33。

表33　预热方法及风温

厂名，炉号	O厂7号高炉	O厂10号高炉	K厂2号高炉	O厂11号高炉	B厂4号高炉
预热方法	自身余热	自身余热	预热热风炉	前置炉	前置炉
风温（℃）	1144	1129	1118*	1048	1159

注：*为2003年的数据。

11.0.4　我国重点钢铁企业2001年、2002年、2003

年和2004年的年平均风温分别为1081℃、1066℃、1082℃和1074℃。较1991年提高了约100℃。近年来，我国使用球式热风炉的高炉风温也有大幅度的提高，有一批球式热风炉的年平均风温达到1100℃以上。

R厂外燃式热风炉的风温不但在国内处于领先地位，而且在世界上也名列前茅。

我国近年来50座1000m³及以上高炉热风炉基本特性和风温水平状况，见表34。

我国高炉配置3座或4座热风炉的情况及占高炉座数的比例见表35。

我国高炉热风炉的结构型式及占热风炉总座数的比例见表36。

近年来，我国高炉风温范围及占高炉比例的统计数据见表37。

表34　近年来1000m³及以上高炉热风炉风温水平状况

厂名，炉号	炉容（m³）	热风炉基本特性			风温（℃）			备注
		配置数目（座）	形式	单位炉容蓄热面积（m²/m³）	1999年	2002年2月～4月	2004年	
O厂10号高炉	2580	4	外燃	88.85	1122	1140	1120	1995.2.12投产
O厂号11高炉	2580	4	内燃	91.0	1035 —	1000	1049	2001.12.16大修后投产
O厂新1号高炉	3200	3	内燃	74.8			1173	2003.4.9投产
P厂1号高炉	1513 / 2200	4	内燃	3 / 86.9	1180	1180 —	1105	
P厂3号高炉	2200	4	外燃	82.54	1212	1210	1115	
P厂4号高炉	2200	4	外燃	92.53	1201	1210	1071	
R厂1号高炉	4063	4	外燃	75.12	1245	1247.8	1246	1985.9.15投产
R厂2号高炉	4063	4	外燃	75.12	1232	1243	1225	1991.6.29投产
R厂3号高炉	4350	4	外燃	70.16	1246	1248.7	1246	1994.9.20投产
H厂5号高炉	2000 / 2600	4	外燃	110	990 —	1150	1047	2001年改造后投产
A厂2号高炉	2500				899		1154	1999.10.8投产
K厂1号高炉	2536	4	顶燃	95.58	1071	1100	1004	1994.8.9投产
K厂3号高炉	2536	4	顶燃	95.58	1088	1100	1055	1993.6.2投产
K厂4号高炉	2100	4	顶燃	97.64	1059	1069	1041	1992.5.15投产
J厂3号高炉	2560	3	内燃	73.08	1053	1160	1108	1998.9.26投产
N厂1号高炉	1386 / 2200	3	内燃 内燃	77	970		1151	改造后2001年投产
N厂4号高炉	2516	4	内燃	90	1117		1138	1996.9.28投产
N厂5号高炉	3200	4	内燃	85.6	1125		1097	1991.10.19投产
N厂6号高炉	3200	4	内燃				1085	2004.7投产
U厂7号高炉	2000	4	外燃	66.54		1150	1099	2000.6.29投产
T厂6号高炉	2000				982		1035	1998.12.25投产
Q厂6号高炉	2200						1099	2003年投产
K厂2号高炉	1780	3	内燃	82.38			1041	2003.5.23大修后投产

厂名，炉号	炉容 (m³)	热风炉基本特性			风温（℃）			备 注
		配置数目（座）	形式	单位炉容蓄热面积（m²/m³）	1999年	2002年 2月~4月	2004年	
O厂6号高炉	1050	3	外燃	66.97		970	1031	1976年投产
C厂1号高炉	1250	3	内燃	87.45	1136	1100	1141	1997.10.8投产
C厂2号高炉	1250	3	内燃	89.88			1131	2004.3.28投产
C厂3号高炉	1250	4	内燃	87.45	1115	1100	1127	1995.12.16投产
W厂1号高炉	1200	3	内燃	72.97	1034	1080		
W厂2号高炉	1200	3	内燃	85.04	1104	1100	1115	
W厂3号高炉	1200	3	内燃	80.14	1107	1070	1093	
W厂4号高炉	1350	4	外燃	88.41	1175	1180	1153	
K厂2号高炉	1726	4 / 3	顶燃 / 内燃	67.21	1038	1024	1012	
N厂2号高炉	1536	3	内燃	85.0	1070		1085	
M厂8号高炉	2500	4	外燃	92.8	1065	1150 (1085)	1163	1994.4.25投产 （ ）为年平均
L厂8号高炉	1260	4	内燃	86.7	1007	1010	1078	引进
U厂5号高炉	1260	4	外燃	90	1040	1070	1073	
J厂3号高炉	1260	4	内燃	88.5		1080	1082	
J厂4号高炉	1260	4	内燃	88.5	1041	1045		
F厂1号高炉	1513 / 1800	3	内燃	85	1007	1000~1200	1172	
F厂2号高炉	1000	4	内燃	88.99		1000~1100	954	
V厂5号高炉	1200	4	内燃	84	975	842	897	
Y厂2号高炉	1200	3	内燃	67.2	1063	1060	1061	
B厂3号高炉	1200	3	内燃	82.01	847	1022	1070	
B厂4号高炉	1350 / 1650	4	内燃	73.64	1011	1137	1159	2000.10 大修扩容
I厂1号高炉	1000	3	内燃	85.04	1033		1097	
I厂3号高炉	1000	3	内燃	86.35	938		1092	

表 35 高炉配置热风炉座数的统计

年 份	高炉座数	热风炉总数	配置4座热风炉		配置3座热风炉		备 注
			高炉座数	%	高炉座数	%	
1999年	41	144	21	51.22	20	48.78	
2002年 2月~4月	46	164	26	56.52	20	43.48	

表 36 国内高炉配置的热风炉结构形式

年 份	内燃式		外燃式		顶燃式		球式		备 注
	座数	%	座数	%	座数	%	座数	%	
1999年	79	54.86	49	34.03	16	11.11	0	0	
2002年 2月~4月	95	57.93	53	32.32	16	9~7.5	1	1	

表 37 高炉风温的统计数据

年 份	高炉座数	≥1200℃		1200～1100℃		1100～1000℃		<1000℃		备 注
		座数	%	座数	%	座数	%	座数	%	
1999 年	41	5	12.20	10	24.39	17	41.46	9	21.95	
2002 年 2 月～4 月	46	9	19.57	15	32.61	19	41.30	3	6.52	
2004 年	57	3	5.26	21	36.84	26	45.62	7	12.28	

目前我国高炉风温，只有 R 厂高炉的风温达到了国际先进水平，个别企业的个别高炉风温接近国际先进水平。我国乃至全世界的焦煤资源是十分有限的，按目前高炉炼铁规模、发展速度及能耗水平计算，全世界已经探明的焦煤储量仅能维持几十年，这种严峻的现实要求高炉炼铁工作者必须以务实负责的态度，一方面要积极研究开发焦煤的替代能源，另一方面则要不断的采取降低焦比的措施，而提高热风炉风温正是降低焦比的有力措施之一，这也正是制订本条规范的出发点。本规范对设计风温制定了较高的标准，符合国内外炼铁工艺技术的发展趋势和要求，尽管在具体操作中实现上述设计风温有一定难度，但经过努力是完全可以实现的。

热风炉的形式和座数影响投资较大，我国 1000～2000m³ 的高炉大多采用 3～4 座内燃式或顶燃式热风炉。2000～3000m³ 的高炉采用内燃式或外燃式热风炉为主，少数高炉采用了顶燃式热风炉。我国大于 4000m³ 高炉全部采用了 4 座外燃式热风炉，如 R 厂 4 座 4000m³ 级高炉全部采用了 4 座外燃式热风炉，自 1998 年起，风温一直保持在 1230℃ 以上，特别是 1 号高炉热风炉自 1985 年 9 月投入运行以来，一直稳定工作，热风炉一代寿命预计可达 25 年以上。

外燃式热风炉与内燃式热风炉相比，具有整体结构稳定、烟气在蓄热室格孔中分布均匀，有利于热能的充分利用，有利于延长寿命等优点，其缺点是占地大，异型砖多，投资高，适宜 2000m³ 及更大炉容级别高炉采用。内燃式热风炉具有结构紧凑、占地少、投资省等优点，对于 4000m³ 及以上的大型高炉，内燃式热风炉拱顶明显大于外燃式热风炉拱顶，拱顶尺寸较大，拱顶砌砖的整体稳定性就较差。另外，由于内燃式热风炉自身结构的限制，烟气流在蓄热室中的分布也不如外燃式热风炉均匀。顶燃式热风炉具有与内燃式热风炉类似的优点，如结构紧凑、占地少、投资省和热损失少等，其缺点是燃烧入口砌砖不稳定。

设置 4 座热风炉与设置 3 座热风炉相比，其优点是当一座热风炉损坏检修时，降低风温值较少，有利于交错并联操作，提高风温；其缺点是投资高。因此，可以采用 3～4 座热风炉。

11.0.5 热风炉的设计寿命应满足高炉两代炉役（25

～30 年）的规定，符合当代炼铁技术的发展要求和国内外高炉热风炉的实际运行情况，高温长寿热风炉技术是一项成熟技术，在世界范围内已得到应用，这些成熟技术是热风炉实现高温长寿目标的重要保证。在世界范围内高温长寿热风炉并不乏例，日本、欧洲的许多大型高炉热风炉的工作年限都已超过 20 年，国内 R 厂 1 号高炉、O 厂 6 号高炉热风炉等也超过了 20 年，这些高炉的热风炉在长期的实际运行中积累了大量的高温长寿经验。在热风炉设计中，要充分借鉴这些成功经验，同时配合健全完善的生产管理和检修维护制度，本规范制定的长寿目标是能够实现的。

通过提升技术装备水平、采用高质量耐火材料、建立健全生产检修制度等措施可以实现本规范制定的长寿目标。R 厂高炉热风炉（特别是 1 号高炉热风炉）实现了长寿的目标。

热风炉寿命主要与设计、设备与耐材的制造与施工质量、生产操作与运行维护等因素有关。

高温长寿热风炉设计的主要内容包括：各部位温度区间的计算与划分、各部位耐材的选择、薄弱易损部位（如热风出口、热风管道各三叉口、拱顶与拱顶联络管）的耐材结构设计、高效陶瓷燃烧器的设计、送风管系的设计（包括合理设置波纹膨胀节及合理的管道砌砖等）、合理的墙体结构设计（设置适宜的膨胀缝和滑动缝）以及热风炉炉壳结构设计。

有了好的热风炉设计，不等于热风炉就一定会长寿，好的热风炉设计仅仅是热风炉实现长寿的必要条件之一，还必须对设备和耐材的制造与施工质量、生产操作与运行维护等影响热风炉长寿的因素给予充分重视，并按照相应的规范和标准对这些因素进行严格控制。

11.0.6 热风炉蓄热面积及格子砖重量与燃烧和送风周期、操作制度、烟气流速、废气温度等因素有关，蓄热面积和砖重过大，将导致基建投资增加，过小将影响风温。因此，一般应根据条件计算确定。设计原则应是适当提高拱顶温度和废气温度，适当缩短送风周期，不混风，适当缩小格孔和余热利用有助于减少蓄热面积和砖重。

我国单位炉容的热风炉蓄热面积统计见表38，表中同时统计了相应蓄热面积的高炉座数占高炉总数的比例。我国单位炉容的热风炉蓄热面积比欧洲和日本高很多，国外单位炉容的蓄热面积多为 60～80m²/m³ 之间，还有一批高炉小于 60m²/m³。

表38 高炉单位炉容蓄热面积（m²/m³）的统计

年份	高炉座数	<70		70~80		80~90		90~100		100~110		备注
		座数	%	座数	%	座数	%	座数	%	座数	%	
1999年	41	3	7.32	13	31.71	17	41.46	7	17.07	1	2.44	
2002年2月~4月	46	4	8.7	15	32.61	19	41.30	7	15.22	2	4.34	

热风炉蓄热面积及格子砖质量是热风炉基建费用和热风炉性能的重要参数，本条文规定了热风炉单位炉容的蓄热面积的上、下限。规定上限的目的是保证热风炉能够满足提供设计规定风温的要求。下限是根据理论计算和热风炉操作实践，增加更多的热风炉蓄热面积起不到提高风温的目的，反而增加很多投资。

根据45座高炉1999年至2004年6年间的平均风温统计数据，做成高炉单位炉容的蓄热面积与风温的关系图（见图5）。由图可知，风温不完全取决于蓄热面积，热风炉的蓄热面积对风温的影响不大，蓄热面积超过100m²/m³的风温低于蓄热面积小的热风炉，甚至还低于蓄热面积75m²/m³的热风炉。这是由于蓄热面积大，废气温度不容易升高。热风炉换炉周期长，导致风温降落大，风温低。

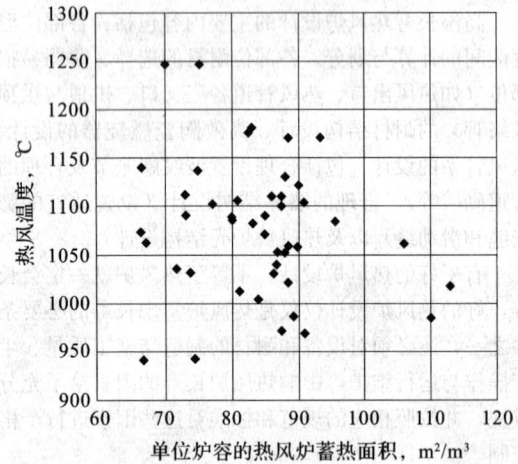

图5 1999年至2004年我国高炉平均风温
与蓄热面积的关系

靠增大热风炉蓄热面积来提高风温的办法是不全面的。因为决定风温高低不是依靠蓄热量，而是依靠高温区的蓄热量。因此在单位炉容蓄热面积65~75m²，甚至蓄热面积更低的条件下，改善热风炉操作，例如缩短换炉周期，就能获得高风温。

R厂3和4号高炉单位炉容蓄热面积分别为70m²和68.1m²，风温达1220~1250℃。

11.0.7 热风炉实现高温、长寿，耐火材料质量是最

重要的条件。耐火材料蠕变性能是表示耐材在温度和应力长期作用下的变形趋势，是衡量耐材承受热风炉工况条件的一个重要指标。本条在参照国内外的某些行业标准和国内近期大型高温长寿热风炉设计中通常采用的蠕变率数据的基础上，确定了不同材质低蠕变砖的蠕变率。

11.0.8 采用常规材料（如普通耐热铸铁）制作热风炉炉算子、支柱时，由于受到炉算子、支柱材质工作温度的限制，热风炉排出的烟气温度不得超过350℃。因为350℃是常规材料的最高安全工作温度，超过该温度后，常规材料的抗压强度、抗弯强度等机械性能将显著下降，直至失效。热风炉算子、支柱长期承受高温荷载及周期性温度波动的作用，工况条件较为恶劣，因此须严格控制热风炉烟气温度，使之低于炉算子及支柱的最高安全工作温度。

当采用常规材料制作热风炉炉算子、支柱时，热风炉烟气温度可控制在250~300℃；当采用耐热铸铁时，烟气温度可控制在350~400℃，O厂新1、2、3号，N厂7号高炉已经采用。热风炉的烟气热量必须进行回收利用，既可提高风温，又可节能，国内已广泛采用。因此，本条规定应配置余热回收装置预热助燃空气和煤气。采用全干法除尘时，可不预热煤气。

11.0.9 本规范规定热风炉助燃空气的含尘量宜小于10mg/m³，是为了确保热风炉格孔不渣化、不堵塞，延长寿命。

热风炉助燃风机压力应能克服整个热风炉系统（包括预热系统）的阻力损失，本规范规定的助燃空气压力是根据通常的计算结果及国内各厂实际采用的数据确定的。当采用热风炉自身预热、蓄热式热风炉预热助燃空气时，根据O厂的实践经验，应在表11.0.9规定的基础上适当增加助燃空气的压力。如O厂7号高炉、O厂10号高炉采用热风炉自身预热方式，O厂新2号高炉和O厂新3号高炉采用蓄热式热风炉预热助燃空气方式，这4座高炉热风炉助燃风机压力均为15kPa。

11.0.10 随着热风炉风温水平的逐步提高，热风炉设计和使用寿命的不断延长，热风炉管系，特别是热风管道工作条件越来越苛刻，如热风各出口、三叉口扭曲变形，焊缝开裂漏风等，热风管道正在成为热风炉实现长寿的一个限制环节。在热风炉管系上广泛应用了各种形式的伸缩管来吸收各个方向上的膨胀，从而消除热风炉各管道钢壳的高温膨胀应力和结构应力，允许管道在径向和轴向上出现一定程度的变形，以期实现热风炉各管道长期平稳运行。设置伸缩管的另一个作用是方便各阀门的安装和拆卸，如O厂新2号、新3号高炉热风炉热风阀和煤气燃烧阀附近管道上均安装了相应的伸缩管。

11.0.11 M厂高炉热风炉换炉时利用了送风热风炉

废风的剩余压力,作为即将送风热风炉的充风量,减少风量波动,节约充风量约 40%,减少能量损失。

12 高炉煤气净化及煤气余压发电

12.0.1 钢铁企业的能源来源由两部分组成。一部分是外购煤、电等;另一部分是由炼焦或冶炼过程转变产生的可燃气体。前者占钢铁企业总能源的 55% 左右;后者约占 35%,数额很大,高炉煤气占据相当大的份额。回收高炉煤气的能量占炼铁工序能耗的 40%~45%,自耗量约 40%~50%,对钢铁企业的能源平衡和能源设施的配置影响很大。

准确计算高炉煤气的参数十分重要,如煤气发生量、温度、压力、成分、含水量等。应避免煤气量计算的偏差,影响企业能源设施的配置和高炉余压发电装置 TRT 的能力。

由于在计算煤气量时,与每吨生铁的耗风量有关,因此吨铁耗风量应准确计算。

12.0.2 考虑炉顶设备的安全,制订了炉顶温度的上限。正常操作时,煤气温度应小于 250℃,超过 300℃ 应采取炉顶打水措施。

12.0.3 随着炉顶压力的提高,粗煤气卸灰装置也应注意安全。

12.0.4 《钢铁产业发展政策》规定新建高炉必须同步配套高炉余压发电装置 TRT。高炉炉顶压力提高后,煤气余压能源应予回收。

目前,我国高炉,除了 K 厂、R 厂、C 厂、N 厂一些高炉设置了余压回收装置以外,还有部分有条件设置 TRT 装置的企业尚未设置,应尽快设置。2004 年部分高炉炉顶余压发电装置的情况见表 39。

表 39 高炉炉顶余压发电装置 TRT 回收的电量

厂名,炉号	炉顶压力 (kPa)	TRT 型式	型号	发电机容量 kW (MVA)	回收电量 kW·h/a (kW·h)	占工序能耗	备注
R 厂 1 号高炉	226.8	湿	MES70-3-3000	17440	109821350	2.76%	
R 厂 2 号高炉	230.8	湿	KSA-140HA	18000	124070620	2.81%	
R 厂 3 号高炉	238.9	干湿	KDA-200HA	18000/25200	132365888	2.88%	
R 厂 4 号高炉		湿	KSA-140	24400			
N 厂 1 号高炉	230	湿	TP2657/2.87-1.319	(12.50)	(4591.0)		
N 厂 2 号高炉	169	湿	TP1778/2.585-1.136	(7.50)	(647.9)		
N 厂 3 号高炉	136	湿	TP1920/2.03-1.15	4500	(1157.16)		
N 厂 4 号高炉	191	湿	TP2781/2.717-1.166	(12.50)	(5063.6)		
N 厂 5 号高炉	206	干湿		(25.00)	(4851.0)		
O 厂新 1 号高炉	215.75	湿	TP4050/2.773-1.161	15000	54049090	1.90%	
O 厂 7 号高炉	147	湿	TP3470/2.204-1.191	10000		0.07%	大修
P 厂	148	湿	TP33801	10000	39420000	1.53%	
W 厂 4 号高炉	118	干/湿	KDY-80H	7520	46000000		
C 厂 1 号高炉	137	湿	QFR-6-2-6.3	6000	588480	0.05%	大修
C 厂 2 号高炉	139	湿	QFR-6-2-6.3	6000	9403340	0.78%	大修
C 厂 3 号高炉	138	湿	QF-3-2	3000	10564760	0.98%	

注:括号内的数据对应于括号的单位。

2004 年 R 厂三座高炉 TRT 每年共发电约 3.6 亿 kW·h,高炉每吨生铁的耗电量为 54.53kW·h,每吨生铁通过 TRT 回收的电量为 35.2kW·h。回收的电能占消耗电能的 64.55%。R 厂 1 号高炉 TRT 装置从 1986 年 3 月投产到 1990 年 2 月累计发电 4.1 亿 kW·h,取得巨大经济效益。

2000 年至 2004 年 R 厂高炉 TRT 年平均吨铁回收的电量见表 40。

表 40 R 厂高炉历年 TRT 吨铁回收的电量 (kW·h)

年份(年)	2000	2001	2002	2003	2004
R 厂 1 号高炉	32.42			32.27	33.02
R 厂 2 号高炉	35.81	39.80	39.20	36.84	37.06
R 厂 3 号高炉	35.30	37.48	36.61	36.39	34.31

近年来，N厂也由少数高炉配置 TRT，普及到每座高炉都设置了 TRT，发电量上升到 1.35 亿 kW·h，提高了炼铁工序整体能源回收水平。N厂高炉配置的 TRT 设备概况，见表 41。

表 41　N厂高炉配置的 TRT 设备概况

高炉号	1	2	3	4	5	6
高炉容积（m³）	2200	1536	1513	2516	3200	3200
透平型式	湿法轴流反动式	湿法轴流反动式	湿法轴流反动式	湿法轴流反动式	干湿两用轴流反动式	湿法轴流反动式
顶压控制方式	二级静叶可调	二级静叶可调	调速阀控制	二级静叶可调	调速阀及全静叶控制	全静叶控制
发电机功率（kW·h）	10000	3256	2770	9000	25000	15000
制造厂家	陕鼓	陕鼓	陕鼓	陕鼓	日本	日本
投产年月	2001.10	2000.10	1989.11	2003.11	1991.10	2005.9

O厂新 1 号高炉 2003 年 4 月投产，在 2004 年 TRT 回收电量 20.29kW·h。

12.0.5　高炉煤气干式除尘能使炉顶余压发电装置多回收 36% 左右的能量，因此本规范希望能积极采用。但是由于过去煤气清洗系统不能只用煤气干式除尘，还要用湿式除尘备用，因此没有得到广泛推广。从 1974 年至今的 30 余年中，我国高炉煤气干法滤袋除尘工艺的技术发展迅速，技术日趋势完善。

采用高炉煤气干式煤气除尘装置的具体要求：

（1）1000m³ 级高炉必须采用全干式煤气除尘和干式 TRT 发电，不得备用湿式除尘；

（2）2000m³ 级高炉应采用全干式煤气除尘和干式 TRT 发电，不宜备用湿式除尘；

（3）3000m³ 级和大于 3000m³ 级的高炉研究开发采用全干式煤气除尘和干式 TRT 发电，为稳妥起见可备用临时湿式除尘，并采用干湿两用 TRT 发电装置。

国内 K厂、G厂、So厂等的高炉全干式除尘煤气试验效果良好，有了成功的经验。G厂 2580m³ 高炉开发了高炉煤气干法滤袋除尘的关键，即高炉煤气快速升、降温的技术，部分解决了由于煤气温度突然升高而烧毁滤袋的问题。目前国内、外投产的高炉都能达到投产后 2~4h 即引入煤气清洗系统，而高炉煤气温度要在近 10h 以后才能达到 80℃ 以上，期间有大量煤气放散，应予解决。如果高炉煤气的放散率控制在湿式除尘的水平，满足环保要求，安全、可靠，高炉煤气全干式除尘将迅速推广。

13　喷吹煤粉及富氧

13.1　喷吹煤粉

13.1.1　高炉喷煤是改变高炉用能结构的关键技术，是一项有效的节能措施。高炉以煤代焦，可以缓解焦煤的资源短缺，降低生铁成本。国内外都在发展这项技术。我国从 20 世纪 60 年代开始发展喷煤技术，随着喷煤技术的发展，一些企业相应增加富氧量，取得良好效果。R厂富氧 2% 左右，每吨生铁的喷煤量已达到 200kg/t 以上；O厂、N厂等企业喷煤量也达到 150kg/t 铁以上。

13.1.2　高炉喷煤技术是一项综合性的技术。提高喷煤量必须提高原料、燃料的质量、风温、富氧率、炉顶压力，以及相应降低鼓风湿度。一般来说，无烟煤固定碳高，喷煤后置换比高；烟煤挥发分高，燃烧性能好；喷吹混合煤既可提高置换比，又能提高煤粉的燃烧性能。

R厂采用了脱湿鼓风，脱湿鼓风对提高喷煤的效果是显著的。

13.1.3　高炉喷煤量应根据原料、燃料和富氧条件来确定。喷煤设施能力的确定应根据高炉的喷煤量合理确定。

R厂 2000 年至 2004 年实际生产中，在富氧率 2%~3% 时，每吨生铁的平均喷煤量达到 200~260kg。R厂 2 号高炉受喷煤设备能力的限制喷煤量较低，平均富氧率接近 2%，平均喷煤量达到 170kg/t。

图 6 统计了 2000 年至 2004 年我国高炉的平均风温、富氧率和喷煤量的关系。显然，喷煤量高低与富氧率和风温有密切的关系。

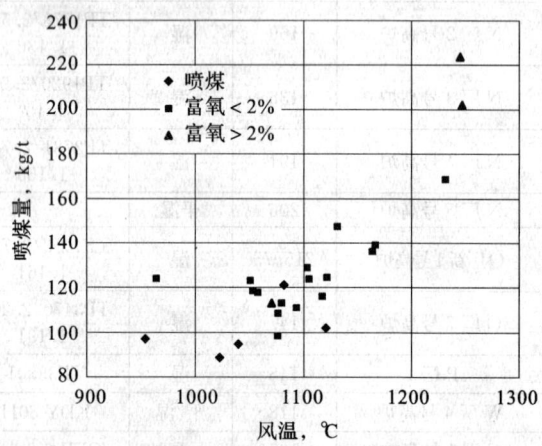

图 6　喷煤量与风温和富氧率关系的统计数据
（2000~2004 年平均）

13.1.4　由于增加吨铁喷煤量是一项系统工程，而增加喷煤设备的能力比较容易，实际上除了各方面条件好的高炉一段时间内能够达到每吨生铁的最高喷煤量 250kg/t 外，绝大多数高炉还存在差距，因此作了富裕率的限制。

13.1.5　高炉喷吹煤粉的粒度有两类：粒煤的粒度较粗，<2mm 的粒度在 95% 以上；细磨煤粉的粒度应达到一定的粒度。过去对细磨煤粉粒度的要求沿用发电厂的要求；小于 200 网目（0.074mm）大于 80%。

本规范作了调查，欧洲一些国家要求煤粉粒度大于 0.09mm（R_{90}）的应小于 20%。为此对煤粉粒度的要求作了适当放宽。

根据 C 厂、R 厂等厂的实际生产情况，本条对煤粉粒度作了调整。C 厂、R 厂等厂的煤粉粒度见表 42、表 43。

表 42 C 厂的煤粉粒度

网目							备注
>40	40~60	60~120	120~140	140~180	180~200	<200	
0.04%	0.57%	1.36%	5.84%	9.54%	22.15%	61.00%	

表 43 2004 年 R 厂煤粉粒度

网目					备注
>50	50~100	100~200	200~325	<325	
1.3%	16.9%	63.1%	16.2%	2.4%	

O 厂曾经对煤粉粒度的筛分方法进行过一系列的研究，煤粉的吸水性很强，干燥的煤粉在冷却过程中放置 2h，含水量达到 10% 以上，影响粒度分析。虽然采取了一系列措施，2005 年 12 月上、中旬平均，小于 200 网目粒度的煤粉在 70.0%~77.7% 范围内。

13.1.6 制粉、喷吹合并的集中喷吹系统，不仅节省基建投资，节约能耗，也可简化操作和维修。目前国内外很多企业采用这种流程，因此，本条规定制粉间布置尽量靠近高炉，实现一次直接喷吹流程。

13.1.7 煤粉仓主要是考虑制粉设备出现故障时起缓冲作用。在制粉设备出现故障时，煤粉仓能满足 4~6h 的需要。

13.1.8 喷吹罐为高压容器，在满足倒换罐的条件下，其容量应尽量小一些。目前已经提高了喷煤系统的自动化水平，煤粉在喷吹罐内的流化状态改善，倾向于按 25min 设计。

R 厂 1 号高炉喷吹罐的容量只考虑了满足喷吹 17.3min 的要求。

13.2 富氧鼓风

13.2.1 高炉富氧鼓风是强化高炉冶炼，提高产量，提高理论燃烧温度的日常调剂手段。但富氧鼓风主要受制氧的能耗高和氧气价格的限制，提倡低富氧，多喷煤，具体的富氧程度需要技术经济比较后确定。

13.2.2 关于氧气供给的位置也需根据具体条件确定。新建钢铁企业最好把高炉鼓风站和氧气站布置在相邻的位置，氧气站产生的氧气不必加压，直接由鼓风机吸入口吸入，可以减少氧气加压的能耗。

13.2.3 高炉可以使用低纯度氧气，低纯度氧气的成本较低，但需全厂统一考虑。C 厂采用了低浓度氧气，氧气含量为 90%。U 厂采用了变压吸附法制取低纯度的氧气。单独的氧气系统，有利于高炉的富氧，高炉富氧率能够保证。

14 检测和自动化

14.0.1 高炉自动化的程度必须与高炉操作水平、管理水平相适应，采用自动化系统后应有实际效果。自动化的效益必须体现在高炉生产的技术经济指标、生产效益、节约投资等方面。

14.0.2 高炉自动化控制一般划分 3 个功能层次：

1 基础自动化级（L1）：主要完成生产过程的数据采集和初步处理，数据显示和记录，数据设定和生产操作，执行对生产过程的连续调节控制和逻辑顺序控制。

2 过程控制级（L2）：主要完成生产过程的操作指导、作业管理、数学模型与高炉专家系统、数据处理和存储、报表、通信等。

3 生产控制级（L3）：主要从企业管理（ERP）系统接受生产计划，一直到各铁、焦、烧生产单元作业计划的编制、生产调度、物流管理、库存管理、生产技术标准、设备管理、生产管理、数据管理等整个铁前三厂各车间的生产控制与管理。

高炉自动化水平应与高炉和企业自身的总体装备水平及管理需要相适应，新建高炉一般应设置基础自动化级（L1）和过程控制级（L2）。是否上生产控制级（L3），要由企业现有管理水平和自身需要决定。

我国高炉自动化水平已有很大提高，新建大型高炉一般均设置了基础自动化和过程自动化。目前，国内一些主要企业高炉还配置计算机管理系统，从实际生产使用情况看，只有基础自动化级（L1）的检测手段齐备，检测精度高、可靠、实用，过程控制级（L2）和生产控制级（L3）的功能才能有效发挥。

14.0.4 过程控制级（L2）和生产控制级（L3）的装备水平依赖于基础自动化级（L1）。

应根据企业的实际使用情况选择有实效的数学模型。新建或改造的高炉可以根据实际需要选择有实效的数学模型，如炉底侵蚀模型，热风燃烧模型等。至于高炉专家系统，应在大量积累技术和经验的条件下，最好选择基础条件好、管理水平高的高炉，总结本厂或本高炉的操作经验进行研究开发。依靠外人经验通过计算机来指导高炉具体操作的方法，能否取得实效，值得商榷。

14.0.5 电气顺序控制和仪表调节控制宜采用同一种控制装置以减少备件种类，更好地利用控制系统资源。宜充分利用 PC 操作终端多视窗、多任务的特性，尽量减少操作终端，节省操作室占地，减少操作人员。

14.0.6 在自动化控制设备的选型上，应立足国产设备为主。在确保先进性的前提下，还要考虑经济性、实用性、可维护性、开放性等因素。

14.0.7 提出了计算机和自动化系统需要进行大量的

实时管理和历史资料的管理，如高炉冷却系统的运行状态直接关系到高炉寿命，应针对冷却水的温度、压力、流量等设置较为齐全的检测装置，并进行适时监视和跟踪管理。对延长高炉寿命和热风炉寿命，降低资材消耗能起巨大的作用。

R厂高炉强调计算机的管理作用，在这方面有许多成功的经验。

14.0.8 为节约能源，应该加强能源介质的测量，为企业能源调配、协调和管理提供基础。R厂炼铁工序能耗低，有赖于能源介质的测量和管理系统的完备。

15 环境保护

15.0.1 污染物的发生量与采用的原料、燃料和生产工艺直接有关。应将环境保护作为原料、燃料选择及处理和生产工艺选择，以及设备选型必须考虑的条件之一，是"减量化"措施的下一个层次。首先要从源头抓起，在采用先进工艺不能"减量化"的条件下，采用降低能源消耗和清洁的原料、燃料，清洁的生产工艺和清洁的生产设备，从源头减少污染物的发生量，尽可能减少在"三废"治理设施上的不必要投入。

《中华人民共和国环境保护法》规定"必须对建设项目产生的污染和对环境的影响作出评价"。环境影响评价及其环境保护行政主管部门的审批意见应在可行性研究和初步设计中体现。建设项目的环境保护措施必须与主体工程同时设计、同时施工、同时投产使用。

15.0.2 污染物必须做到达标排放，这是环境保护设计的最基本要求，新建和改造的高炉环境保护治理设施应采用先进的工艺和设备，使排放的污染物浓度和数量低于标准要求。力争实现"零排放"。

15.0.3 烟尘是高炉工程的主要环境污染物，本条规定了高炉工程中几个主要的烟尘污染源的治理，除此之外的其他产尘设施如铁水预处理、碾泥机室、铸铁机和高炉工程的其他设施均必须设置除尘。出铁场的除尘包括了铁口、铁沟、渣沟、撇渣器、摆动流嘴、铁水罐等，对出铁场二次烟尘也必须采取除尘措施。

现代高炉设计均考虑设置沟盖，避免无组织的烟尘逸散，对环境要求高的高炉还设置了揭盖机，应予推广。K厂高炉、R厂3号高炉、N厂6号高炉均设有揭盖机，并有多种型式。如，K厂揭盖机传动装置安装在炉体框架柱上；R厂揭盖机安装在风口平台之下，沿风口平台下面的轨道走行；N厂揭盖机安装在风口平台之下，通过旋转臂架和升降装置可将沟盖盖到主沟前段，实现出铁过程中主沟全封闭，且不影响开铁口、堵铁口等炉前操作。该机所带沟盖能将主沟前段全部盖上，实现出铁过程中主沟全封闭、无烟尘排放操作，改善出铁场操作环境。出铁场应设有较为完善的通风除尘设施，其中铁口、砂口、渣铁沟、摆动流嘴等处都应设置强力抽风除尘点，能有效地防止出铁过程烟尘对环境的污染；铁口区域不仅设置侧抽还设置了顶抽，极大地提高了除尘效率。

热风炉排放的污染物浓度和数量取决于使用的燃料质量，若排放的污染物超过现行国家标准《工业炉窑大气污染物排放标准》GB 9078的要求，也应采取措施使烟气达标排放。向鼓风机提供蒸汽的锅炉，应根据锅炉房的使用功能执行相应的污染物排放标准，并根据国家和地方的环境保护政策设置燃煤烟气脱硫装置。

根据国家标准《工业炉窑大气污染物排放标准》GB 9078，高炉烟（粉）尘排放浓度三级标准为$150mg/m^3$，二级标准为$100mg/m^3$，目前国内先进钢铁企业采用布袋除尘器时，烟（粉）尘排放浓度能够稳定在$35mg/m^3$以下。

15.0.4 高炉煤气清洗废水除含有大量悬浮物外，还含有挥发酚和氰化物，现有的煤气清洗废水处理工艺不具有脱除挥发酚和氰化物的功能，因此即便外排废水量不大，对环境容量较小的水体的不良影响也是不容忽视的。在采用水冲渣工艺的高炉上，通过串接排污的用水方式能够达到炼铁废水不外排，这已经在国内有多年的成功经验。

15.0.5 水冲渣蒸汽中含有H_2S和SO_2成分，对环境产生污染，对钢结构等产生腐蚀作用，可通过采取冷水喷淋或其他方法降低危害。

15.0.6 高炉工程最大的噪声源声级可达到125dB（A），是钢铁企业中对声环境影响最大的生产单元之一。声环境污染控制必须保证钢铁企业的厂界达到厂界噪声标准，厂界噪声标准根据环境功能区类别确定，一般为Ⅱ类60dB（A）（昼间）、50dB（A）（夜间）或Ⅲ类65dB（A）（昼间）、55dB（A）（夜间）。本条所指噪声控制措施包括3个方面，在总图布置上尽可能使高噪声源远离厂界，在设备选型上尽可能选用低噪声设备，采取消声、隔声、阻尼、减振等措施。此外，还应考虑工作岗位的噪声控制要求，保护操作人员的健康。

15.0.7 1980年国外曾经有邻近环境保护区的钢铁厂，因高炉除尘设备出现故障，不符合与当地签订的协议，为了遵循法规而被迫高炉停产、全厂停工的情况。我国环保法规日益严格，对环境保护设备应提高可靠性，特别是在采用干法煤气净化工艺时要充分考虑可能产生的环境风险，设计中应在技术上考虑避免或减小风险的措施，防止污染事故的发生。

15.0.8 绿化主要用以补偿高炉炼铁工程建设和生产时对生态的影响，具有调节小气候、吸收有毒有害气体、滞尘、抑尘、降低噪声的功能，能够降低无组织排放粉尘的扩散，还有美化和改善工作环境，调节心理的作用。绿地面积大小应遵守地方政府的绿化相关规定。

16 节约用水

16.0.1 中国是个水资源缺乏的国家，我国水资源分布极不平衡，大部分水资源集中在中部及东南部地区，广大的西北、华北以及河南、山东等地区严重缺水，不但影响了工农业的生产，甚至直接影响了广大居民的生活。然而，中国又是水资源浪费比较严重的国家，节水意识淡薄和工农业技术落后造成水资源的浪费，因此，节约用水是关系我国可持续发展的紧迫任务，为此，国家专门颁布了《中国节水技术政策大纲》，要求我国广大群众和各行各业加强节水意识，采取多种措施和办法，节约用水。

冶金行业节约用水迫在眉睫，而高炉炼铁又是冶金行业的用水大户，因此，高炉节约用水，是整个冶金行业节约用水的重要环节。

16.0.2 高炉炼铁主要用水为冷却设备冷却用水、二次冷却水、炉渣处理用水、煤气清洗除尘用水以及生活用水、消防用水等。其中，冷却设备冷却用水、二次冷却水、炉渣处理用水、煤气清洗除尘用水占绝大部分，因此，在这些方面采用新工艺、新技术对于高炉节约用水尤为重要。

1 新建和改造高炉时，应采取循环冷却方式。循环冷却分开路循环和密闭循环两种，开路循环一般采用普通工业水或工业净化水冷却，冷却效果相对较差，用水量大，补水量多，只适合在少部分水资源特别丰富的地区使用。

密闭循环一般采用软水或脱盐水，冷却水量小，冷却效果好，补充水量少，应在今后的高炉建设中大量推广应用。软水密闭循环系统具有安全可靠、耗水量少、占地小、投资省等优点。

联合软水密闭循环系统采用串联与并联的方式，将独立软水密闭循环系统的三个独立系统合并成一个系统，在保证冷却效果提高的情况下，水量大幅度减少，节省投资，降低能耗。

目前，高炉净循环水开路循环系统，其循环率一般应大于98%，高炉软水密闭循环系统，其循环率应大于99.8%，N厂采用软水密闭循环的高炉其循环率已高达99.9%以上。

2 密闭循环冷却的冷却水一般还需进行二次冷却，以置换出热量。二次冷却的主要方式有：喷淋、水—水换热器、喷淋换热器、空冷换热器等冷却方式。喷淋冷却水的蒸发量较大，水的损耗较多；水—水换热器冷却效果好，但需要较多的二次冷却水量，水的损耗仍然较大；喷淋换热器冷却效果较好，用水相对较少；空冷换热器冷却是最节水的方式。因此今

后应在气象条件适合的缺水地区，推广喷淋换热器冷却和空冷换热器冷却。T厂6号高炉使用了空冷换热器冷却，效果良好。

3 我国目前采用的节水型炉渣处理工艺有：轮法、明特法、英巴法和带冷凝回收的英巴法。轮法和英巴法吨渣耗水约0.4t，带冷凝回收的英巴法，由于其蒸汽得到冷凝回收，耗水量减少到约0.3t，今后应大力推广类似工艺。目前，我国R厂、N厂、O厂、H厂、Sa厂等部分高炉采用了此工艺，节水效果明显。

其他方法也应采用蒸汽冷凝回收技术，以改善环境和节约用水。

4 煤气除尘分湿式和干式两类：我国大部分高炉采用湿式煤气除尘工艺，在湿式煤气除尘高炉中，二文一洗涤塔工艺，耗水量大应逐步淘汰。蒸喷塔文工艺和环缝洗涤塔工艺用水量只有传统工艺的一半左右，节水效果较明显。干式煤气除尘几乎不用水，应予推广。目前已有一批炉容1000m³以上的高炉使用全干式煤气除尘，是今后发展的方向。

5 应采取保证水质，提高循环水的浓缩倍数、减少排污和泄漏等非蒸发水量的措施。

16.0.3 沿海钢铁企业的高炉应积极采用海水作为二次冷却介质，以节约淡水资源。但利用海水时，水—水热交换器需使用钛金属制造，以及海水输送管道防腐，增加了基建投资，因此需要进行综合比较确定。

16.0.4 高炉选用循环水系统时应根据当地具体取水和水质条件确定，采用节约用水的系统。以江河水、湖水等地表水为原水，经常规处理水的硬度（以 $CaCO_3$ 计）≤140mg/l 时，高炉可采用开路循环水系统。

16.0.5 对于采用工业水冷却的高炉，应采取串联供水冷却，特别在热负荷小的地方，要尽量采用多级串联方式。

采用软水和脱盐水密闭循环冷却的高炉，也应采取串联方式冷却。N厂4、5号高炉冷却壁冷却软水采用全串联方式，节水效果较好；N厂1、6号采用联合软水方式，进一步将炉底、风口、热风阀等串联，节水效果更加明显。

16.0.6 提高炉体冷却的软水温度，可以节约用水，减少二次冷却水水量，同时也是选用空冷换热器的必要条件之一。

T厂6号高炉采用空冷换热器，节约了全部二次冷却水，正常运行时，进水温度约为56℃，高炉生产近7年，冷却板只损坏了1块。

16.0.7 高炉为高温、高压设备，高炉的正常运行和安全运行全靠冷却水维持。高炉炼铁设计必须设置安全供水系统，以保证人身和设备的安全。

中华人民共和国国家标准

带式输送机工程设计规范

Code for design of belt conveyor engineering

GB 50431—2008

主编部门：中 国 煤 炭 建 设 协 会
批准部门：中华人民共和国住房和城乡建设部
施行日期：２００８ 年 １２ 月 １ 日

中华人民共和国住房和城乡建设部
公　告

第 52 号

关于发布国家标准
《带式输送机工程设计规范》的公告

现批准《带式输送机工程设计规范》为国家标准，编号为 GB 50431—2008，自 2008 年 12 月 1 日起实施。其中，第 7.1.3、8.3.1、9.4.4、9.6.1、10.1.1、10.1.2、10.5.1、13.1.1、14.2.4 条为强制性条文，必须严格执行。

本规范由我部标准定额研究所组织中国计划出版社出版发行。

中华人民共和国住房和城乡建设部
二○○八年六月三日

前　　言

本规范是根据原建设部《关于印发"2005 年工程建设标准规范制订、修订计划（第二批）"的通知》（建标函〔2005〕124 号）的要求，由中煤国际工程集团沈阳设计研究院会同有关单位共同编制而成的。

在编制过程中，规范编制组进行了广泛调查研究，总结了我国带式输送机工程设计和设备制造经验，参考了国家及煤炭、电力等行业的带式输送机有关规定，为便于与国际接轨，借鉴了 ISO、DIN、CEMA 等有关标准、规定及国外的设计经验，对规范条文反复讨论修改，并广泛征求了有关设计部门、研究部门、大学、制造厂和专家的意见，最后经审查定稿。

本规范共分 15 章和 3 个附录，主要内容有：总则，符号，输送量、带速和带宽，运行阻力与驱动功率，输送带张力，启动加速与减速停车，输送带，向下输送的带式输送机，主要部件，安全保护装置，整机布置，辅助设备，消防与粉尘防治，电气与控制，优化设计及动态分析等。

本规范以黑体字标志的条文为强制性条文，必须严格执行。

本规范由住房和城乡建设部负责管理和对强制性条文的解释，由中国煤炭建设协会负责日常管理工作，由中煤国际工程集团沈阳设计研究院负责具体内容的解释。本规范在执行过程中，请各单位结合工程实践，认真总结经验，如发现需要修改或补充之处，请将意见和建议寄交中煤国际工程集团沈阳设计研究院（地址：辽宁省沈阳市沈河区先农坛路 12 号，邮编：110015），以便今后修订时参考。

本规范主编单位、参编单位和主要起草人：

主 编 单 位：中煤国际工程集团沈阳设计研究院

参 编 单 位：北京起重运输机械研究所
　　　　　　　沈阳矿山机械（集团）有限公司
　　　　　　　唐山冶金矿山机械厂
　　　　　　　中煤邯郸设计工程有限责任公司
　　　　　　　东北大学
　　　　　　　中国矿业大学
　　　　　　　太原科技大学
　　　　　　　中煤国际工程集团北京华宇公司
　　　　　　　国电华北电力设计院工程有限公司
　　　　　　　中冶京诚工程技术有限公司

主要起草人：张振文　王宝林　张尊敬　宋伟刚
　　　　　　　于学谦　许　坚　杨明华　艾文太
　　　　　　　马培忠　张铁军　张庆民　孙　晓
　　　　　　　闫发尧　王永本　董光中　刘建华
　　　　　　　杨金莲　张宝宝　晋松田　张绍元
　　　　　　　邵建华　郭晓放　李洪森　韩　刚
　　　　　　　孟文俊

目　次

1 总　则

1.0.1 为在带式输送机工程设计中贯彻执行国家有关法律、法规和方针政策，统一和规范带式输送机工程设计，确保工程质量，保障安全生产，做到技术先进和经济合理，制定本规范。

1.0.2 本规范适用于利用托辊支承、依靠传动滚筒与输送带之间摩擦力传递牵引力的带式输送机工程设计。

本规范不适用于钢丝绳牵引、管状、气垫等特殊型式带式输送机工程设计。

1.0.3 带式输送机工程被输送物料的堆积密度宜为 $0.50\sim2.80$ t/m³，物料温度不应高于 $60℃$，工作环境温度应为 $-25\sim+40℃$。

1.0.4 带式输送机工程设计除应符合本规范的规定外，尚应符合国家现行的有关标准的规定。

2 符　号

a——输送带平均加（减）速度；

a_1、a_m——物料的最大、平均粒度尺寸；

a_B——带式输送机制动停车减速度；

a_O、a_U——承载、回程分支托辊组的间距；

A——输送带清扫器与输送带的接触面积；

A_C——溜槽的断面积；

b——输送带装载物料的可用宽度；

b_1——导料槽间的宽度；

B——输送带宽度；

C——附加阻力系数；

C_0——计算系数；

C_ε——槽形系数；

d——输送带的厚度；

d_B——输送带的织物芯层的厚度或输送带的钢丝绳直径；

d_G——托辊直径；

d_0——滚筒轴承的平均直径；

D——滚筒或传动滚筒直径；

e——自然对数的底；

f——模拟摩擦系数；

f_a——工况系数；

f_d——冲击系数；

f_e——托辊载荷系数；

f_p——将输送带视为挠性体时输送带横截面振动固有频率；

f_r——托辊转动的频率；

f_R——运行系数；

F——滚筒上输送带的平均张力；

F_1、F_2——输送带在传动滚筒绕入点、绕出点的张力；

F_A——带式输送机各运动体的总惯性力；

F_{bA}——在受料点和加速段被输送物料与输送带间的惯性阻力和摩擦阻力；

F_B——制动停车所需的制动力；

F_{BE}——减力停车时传动滚筒的驱动圆周力；

F_f——在加速段被输送物料与导料槽间的摩擦阻力；

F_g——计算固有频率处输送带张力；

F_{gl}——被输送物料与导料槽间的摩擦阻力；

F_H——主要阻力；

F_i——沿输送带运行方向第 i 点的张力（或输送带稳定运行工况弧段起点处的张力）；

F_{i+1}、F_{i-1}——输送带第 $(i+1)$、$(i-1)$ 点的张力；

$F_{(i-1)\sim i}$——输送带第 $(i-1)$ 点到第 i 点的区段上，输送带各项运行阻力之和；

F_1——输送带绕经滚筒的缠绕阻力；

F_{max}——输送带稳定运行的最大张力；

F_{min}——输送带最小张力；

F_N——附加阻力；

F_p——犁式卸料器的摩擦阻力；

F_r——输送带清扫器的摩擦阻力；

F_{S1}——主要特种阻力；

F_{S2}——附加特种阻力；

F_{Si}、$F_{S(i+1)}$——输送带在拉紧滚筒绕入点、绕出点的张力；

F_{Sp}——输送带拉紧滚筒的拉紧力；

F_{St}——倾斜阻力；

F_t——非传动滚筒轴承阻力；

F_T——滚筒上输送带绕入点与绕出点张力和滚筒旋转部分所受重力的矢量和；

F_{Tm}——拉紧滚筒预拉紧力；

F_U——稳定运行传动滚筒圆周力；

F_{UA}、F_{UB}——启动工况、制动工况传动滚筒圆周力；

F_ε——托辊前倾的附加摩擦阻力；

g——重力加速度；

h、h_r——输送带在相邻两托辊组之间的下垂量、垂度；

H——带式输送机受料点和卸料点间的高差；

i——飞轮或制动轮与传动滚筒的速比；

i_i——第 i 个转动部件至传动滚筒的传动比；

I_V——带式输送机每秒设计输送量；

J_f——飞轮的转动惯量；

J_i——第 i 个滚筒的转动惯量；

J_{iD}——驱动单元第 i 个转动部件的转动惯量；

k——带式输送机倾斜系数；

k_0——带式输送机实际启动系数；

k_1——托辊旋转部分质量变换为直线运动等效质量的转换系数；

k_2——逆止装置工况系数；

k_a——驱动装置启动系数；

k_d——带式输送机动载荷系数；

k_p——犁式卸料器的阻力系数；

k_s——水分蒸发和洒水不平衡系数；

k_t——与输送带类型和接头有关的相对基准疲劳强度系数；

l——导料槽的长度；

l_3——承载托辊组中间辊的长度；

l_b——加速段导料槽的长度；

l_N——输送带安装附加行程；

l_{Sp}——拉紧滚筒的拉紧行程；

L——带式输送机长度（头尾滚筒的中心距）；

L_a——输送带接头斜边投影长度；

$L_{i\sim(i+1)}$——第 i 点到第 $(i+1)$ 点区段的长度；

L_S——输送带最小阶梯长度；

L_u——输送带接头制作的总长度；

L_v——输送带接头的长度；

L_ϵ——装有前倾托辊的输送段长度；

m_D——带式输送机旋转部件转换到输送带上直线运动的等效质量；

m_f——飞轮转换到输送带上直线运动的等效质量；

$m_{(i-1)\sim i}$——输送带第 $(i-1)$ 点到第 i 点的区段上，参与加（减）速的运动体的质量或等效质量；

m_L——带式输送机运动体（输送带、物料和托辊）转换到输送带上直线运动的等效质量；

M——逆止装置额定逆止力矩；

M_B——制动轮所需的制动力矩；

M_L——带式输送机所需逆止力矩；

n——织物芯输送带的芯层数；

n_1——每日冲洗次数；

n_D——带式输送机的驱动单元数；

p——输送带清扫器与输送带间的压力；

$[P]$——输送带许用比压；

$[P']$——钢丝绳芯输送带钢丝绳下的许用比压；

P_A、P_M——传动滚筒、驱动电动机所需运行功率；

P_{MI}——带式输送机实际选用的驱动电动机的功率之和；

P_O、$P_O{}'$——承载分支托辊静载荷、动载荷；

P_U、$P_U{}'$——回程分支托辊静载荷、动载荷；

q_3——单位面积的冲洗水量；

q_B——每米输送带的质量；

q_G——输送带上每米物料的质量；

q_{RO}、q_{RU}——带式输送机承载分支、回程分支每米机长托辊旋转部分质量；

Q——带式输送机设计输送量；

Q_m、Q_v——带式输送机理论质量、理论体积输送量；

Q_o——工程设计要求的带式输送机工程系统输送量；

r_D——传动滚筒的半径；

r_i——第 i 个滚筒的半径；

R_1、R_2——凸弧段、凹弧段曲率半径；

S——输送带上物料的最大横截面面积；

S_1、S_2——输送带上物料的上部、下部横截面面积；

S_A——输送带安全系数；

S_d——冲洗地面面积；

S_0——与输送带工作环境及接头特征有关的安全系数；

S_y——与输送带运行条件有关的安全系数；

t_1——输送带的钢丝绳间距；

v——输送带速度或物料在溜槽的平均速度；

v_0——受料点物料在输送带运行方向上的速度分量；

W——用水量；

α——弧段的圆心角；

δ——带式输送机在运行方向上的倾斜角；

ϵ——托辊组侧辊轴线相对于垂直输送带纵向轴线平面的前倾角；

ϵ_0——输送带弹性伸长和永久伸长综合系数；

ϵ_1——托辊组间的输送带屈挠率；

η——制动轮到传动滚筒的传动效率；

η_1、η_2——驱动系统正功率、负功率运行时的传动效率；

θ——被输送物料的运行堆积角；

λ——槽形托辊组侧辊轴线与水平线间的夹角；

μ——传动滚筒与橡胶输送带间的摩擦系数；

μ_1、μ_2——物料与输送带间、导料槽间的摩擦系数；

μ_3——输送带清扫器与输送带间的摩擦系数；

μ_0——托辊与输送带间摩擦系数；

ρ——被输送散状物料的堆积密度；

σ_N——输送带额定拉断强度；

φ——输送带在传动滚筒上的围包角；

φ_1——溜槽的装满系数；

φ_2、φ_3——物料加湿前、加湿后的外在水分所占质量比。

3 输送量、带速和带宽

3.1 输 送 量

3.1.1 带式输送机设计输送量，应满足下式要求：

$$Q_0 \leqslant Q \leqslant Q_v (Q_m) \qquad (3.1.1)$$

式中 Q_0——工程设计要求的带式输送机工程系统输送量（m^3/h 或 t/h）；

Q——带式输送机设计输送量（m^3/h 或 t/h）；

Q_v——带式输送机理论体积输送量（m^3/h）；

Q_m——带式输送机理论质量输送量（t/h）。

3.1.2 带式输送机理论输送量，可按下列公式计算：

1 理论体积输送量：

$$Q_v = 3600 S v k \qquad (3.1.2-1)$$

2 理论质量输送量：

$$Q_m = 3600 S v k \rho \qquad (3.1.2-2)$$

式中 S——输送带上物料的最大横截面面积（m^2）；

v——输送带速度（m/s）；

k——带式输送机倾斜系数；

ρ——被输送散状物料的堆积密度（t/m^3）。

3.1.3 输送带上物料的最大横截面面积，应根据输送带的可用宽度、承载托辊的数量、中间辊长度、槽形托辊组侧辊轴线与水平线间的夹角及输送带上物料的运行堆积角确定，见本规范附录 A。可按下列公式计算：

1 水平输送时，输送带上物料的最大横截面面积，可按下式计算：

$$S = S_1 + S_2 \qquad (3.1.3-1)$$

式中 S_1——输送带上物料的上部横截面面积（m^2）；

S_2——输送带上物料的下部横截面面积（m^2）。

2 三托辊输送带上物料的横截面面积（见图 3.1.3-1），可按下列公式计算：

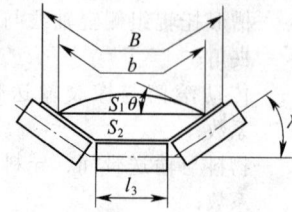

图 3.1.3-1　三托辊输送带上物料的横截面

$$S_1 = [l_3 + (b-l_3)\cos\lambda]^2 \frac{\tan\theta}{6} \quad (3.1.3-2)$$

$$S_2 = \left(l_3 + \frac{b-l_3}{2}\cos\lambda\right)\left(\frac{b-l_3}{2}\sin\lambda\right) \quad (3.1.3-3)$$

式中 l_3——承载托辊组中间辊的长度（m）；

b——输送带装载物料的可用宽度（m）；

λ——槽形托辊组侧辊轴线与水平线间的夹角（°）；

θ——被输送物料的运行堆积角（°）。θ 值与物料的特性、流动性、输送带速度和带式输送机长度有关。通常比静堆积角小 5°～15°，有些物料可能小 20°。如无运行堆积角的实测数据，可按物料的静堆积角的 50%～75% 近似计算，或按照表 3.1.3 选取，对高带速、长距离的带式输送机取小值。

表 3.1.3　一般特性的普通物料堆积角数值

物料的特性	流动性	静堆积角（°）	运行堆积角 θ（°）
粒度均匀、非常小的圆颗粒、非常湿或非常干的物料，如砂、混凝土浆等	非常好	10～19	5
中等重量的圆、干燥光滑的颗粒，如整粒的谷物和豆类等	好	20～25	10
规则、粒状物料，如化肥、砂石、洗过的砾石等	一般	26～29	15
不规则、中等重量的颗粒状或块状物料，如无烟煤、棉籽饼、黏土等	一般	30～34	20
典型的普通物料，如大多数矿石、烟煤、石块等	一般	35～39	25
不规则、黏性、纤维状，互相交错的物料，如木屑、甘蔗渣、用过的铸造砂型等	差	>40	30

3 二托辊输送带上物料的横截面面积（见图 3.1.3-2），可按下列公式计算：

$$S_1 = b^2 \cos^2\lambda \frac{\tan\theta}{6} \qquad (3.1.3-4)$$

$$S_2 = \frac{b^2}{4} \cos\lambda \sin\lambda \qquad (3.1.3-5)$$

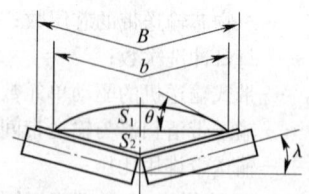

图 3.1.3-2　二托辊输送带上物料的横截面

4 单托辊输送带上物料的横截面面积（见图 3.1.3-3），可按下式计算：

$$S = S_1 = b^2 \frac{\tan\theta}{6} \qquad (3.1.3-6)$$

5 输送带装载物料的可用宽度，可按下列公式计算：

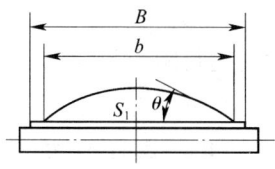

图 3.1.3-3 单托辊输送带上物料的横截面

1) $B \leqslant 2m$ 时：$b = 0.9B - 0.05$ (3.1.3-7)

2) $B > 2m$ 时：$b = B - 0.25$ (3.1.3-8)

式中 B——输送带宽度（m）。

3.1.4 倾斜带式输送机或具有倾斜段的带式输送机，倾斜系数应计入输送带上物料的上部横截面面积减小的因素，并应符合下列规定：

1 当在带式输送机的倾斜段加料，且均匀输送经筛分的中等块状的物料时，倾斜系数可按下式计算：

$$k = 1 - \frac{S_1}{S}\left(1 - \sqrt{\frac{\cos^2\delta - \cos^2\theta}{1 - \cos^2\theta}}\right)$$ (3.1.4)

式中 δ——带式输送机在运行方向上的倾斜角（°）；

θ——被输送物料的运行堆积角，应取物料实际运行堆积角值。

2 输送一般流动性物料，倾斜系数可按照表3.1.4选取。当被输送的物料较轻、运行堆积角较小时，应适当减小表3.1.4中 k 值。当输送黏性物料时，可适当增大 k 值。

3.2 带 速

3.2.1 带速选择应符合下列规定：

1 输送带速度，应根据带式输送机工作和环境条件、安装地点、物料性质、物料粒度及组成、输送带宽度等因素确定；

2 长距离、大输送量带式输送机，宜选择较高的带速；

表 3.1.4 倾斜系数

δ (°)	k
2	1.0
4	0.99
6	0.98
8	0.97
10	0.95
12	0.93
14	0.91
16	0.89
18	0.85
20	0.81
21	0.78
22	0.76
23	0.73
24	0.71
25	0.68
26	0.66
27	0.64
28	0.61
29	0.59
30	0.56

3 向下输送块状物料及输送容易起尘物料的带式输送机，宜降低带速；

4 有特殊要求的带式输送机，可根据需要确定。

3.2.2 带式输送机带速，宜符合 0.8，1.0，1.25，1.6，2.0，2.5，3.15，（3.55），4.0，（4.5），5.0，（5.6），6.3，7.1m/s 的速度系列。

3.2.3 带式输送机带速与输送带宽度的匹配范围，可按照表3.2.3选取。特殊要求的带式输送机带速，应根据带式输送机的类型和工作要求确定。

表 3.2.3 带式输送机带速与输送带宽度的匹配范围

带宽 B (mm)	输送带速度 v (m/s)													
	0.8	1.0	1.25	1.6	2.0	2.5	3.15	(3.55)	4.0	(4.5)	5.0	(5.6)	6.3	7.1
500	√	√	√	√	√	√	—	—	—	—	—	—	—	—
650	√	√	√	√	√	√	—	—	—	—	—	—	—	—
800	√	√	√	√	√	√	√	√	—	—	—	—	—	—
1000	√	√	√	√	√	√	√	√	√	—	—	—	—	—
1200	—	√	√	√	√	√	√	√	√	√	√	—	—	—
1400	—	—	√	√	√	√	√	√	√	√	√	√	—	—
1600	—	—	—	√	√	√	√	√	√	√	√	√	√	—
1800	—	—	—	√	√	√	√	√	√	√	√	√	√	√
2000	—	—	—	—	√	√	√	√	√	√	√	√	√	√
2200	—	—	—	—	—	(√)	√	√	√	√	√	√	√	√
2400	—	—	—	—	—	(√)	√	√	√	√	√	√	√	√
2600	—	—	—	—	—	—	(√)	√	√	√	√	√	√	√
2800	—	—	—	—	—	—	(√)	√	√	√	√	√	√	√

注：1 "√"为带速推荐值；

2 "（√）"为输送大块物料的带速可用值。

3.3 带 宽

3.3.1 带式输送机带宽，应根据带式输送机设计输送量、带速和被输送物料的粒度确定。选择的带宽应符合现行国家标准《带式输送机基本参数与尺寸》GB 987 的有关规定。

3.3.2 带宽选择应符合下列规定：

1 应根据本规范第 3.2 节初选带速；

2 应根据带式输送机承载托辊数量、槽形托辊组侧辊轴线与水平线间的夹角和物料的运行堆积角计算，也可从本规范附录 A 查出满足输送量要求的带宽；

3 应按被输送物料的粒度尺寸校核带宽：

1) 根据物料的最大粒度尺寸、粒度组成及物料的运行堆积角等因素校核。运行堆积角为 20°～30° 的通常物料，带宽可按表 3.3.2 选取；

2) 当没有可靠的物料粒度组成数据时，对带宽为 1600mm 以下的带式输送机，可按下列公式校核带宽：

未经筛分的散状物料，当大块含量在 10% 以内时：

$$B \geqslant 2a_1 + 0.2 \qquad (3.3.2\text{-}1)$$

经过筛分的散状物料：

$$B \geqslant 3a_m + 0.2 \qquad (3.3.2\text{-}2)$$

式中　a_1——物料的最大粒度尺寸（m）；

　　　a_m——物料的平均粒度尺寸（m），系物料的最大块和最小块尺寸的平均值。

3) 当输送坚硬岩石类物料时，最大粒度尺寸不宜超过 350mm。普通物料不宜超过 500mm。

表 3.3.2　带式输送机输送物料的最大粒度尺寸 (mm)

带宽 B (mm)	物料中大块的含量（质量百分率%）			
	10	20	50	100
500	140～90	130～80	120～70	100～50
650	210～110	190～100	160～90	120～65
800	270～130	250～120	220～110	150～80
1000	340～160	300～150	260～140	180～100
1200	390～200	350～190	300～170	220～130
1400	450～230	400～220	340～200	260～150
1600	500～260	450～240	380～220	290～180
1800	550～290	480～270	420～240	320～200
2000	580～320	500～300	450～260	350～230
2200	600～350	520～320	480～290	380～260
≥2400	620～380	550～360	500～330	410～280

注：1　物料的运行堆积角为 20° 时选大值，30° 时选小值；

　　2　输送岩石类物料时，宜降低最大粒度尺寸。

4 运行阻力与驱动功率

4.1 运行阻力

4.1.1 带式输送机运行总阻力计算，应包括下列阻力：

1 主要阻力；

2 附加阻力；

3 主要特种阻力；

4 附加特种阻力；

5 倾斜阻力。

4.1.2 主要阻力，可按下列公式计算：

$$F_H = fL\left[q_{RO} + q_{RU} + (2q_B + q_G)\cos\delta\right]g$$
$$(4.1.2\text{-}1)$$

$$q_G = \frac{Q}{3.6v} \qquad (4.1.2\text{-}2)$$

式中　F_H——主要阻力（N）；

　　　f——模拟摩擦系数，可按表 4.1.2 选取；

　　　L——带式输送机长度（头尾滚筒的中心距）（m）；

　　　q_{RO}——带式输送机承载分支每米机长托辊旋转部分质量（kg/m）；

　　　q_{RU}——带式输送机回程分支每米机长托辊旋转部分质量（kg/m）；

　　　q_B——每米输送带的质量（kg/m）；

　　　q_G——输送带上每米物料的质量（kg/m）；

　　　g——重力加速度，9.81m/s²。

表 4.1.2　模拟摩擦系数

安装情况	工作条件	f
水平、向上输送及向下输送的电动工况	工作环境良好，制造、安装良好，带速不大于 5m/s，物料的内摩擦系数中等以下，槽形托辊组侧辊轴线与水平线间的夹角不大于 30°，环境温度不低于 20℃	0.020
	工作环境较好，制造、安装正常，物料的内摩擦系数中等，槽形托辊组侧辊轴线与水平线间的夹角大于 30°	0.022
	工作环境多尘，带速大于 5m/s，物料的内摩擦系数大，环境温度低	0.023～0.030
向下输送	制造、安装正常，电动机为发电运行工况	0.012

4.1.3 附加阻力，可按下列公式计算：

$$F_N = F_{bA} + F_f + F_1 + F_t \qquad (4.1.3\text{-}1)$$

$$F_{bA} = 1000I_V\rho(v - v_0) \qquad (4.1.3\text{-}2)$$

$$F_f = \frac{1000\mu_2 I_V^2 \rho g l_b}{\left(\frac{v+v_0}{2}\right)^2 b_1^2} \qquad (4.1.3\text{-}3)$$

$$l_b \geqslant \frac{v^2 - v_0^2}{2g\mu_1} \qquad (4.1.3\text{-}4)$$

纤维芯输送带:

$$F_1 = 9B\left(140 + 0.01\frac{F}{B}\right)\frac{d}{D} \qquad (4.1.3\text{-}5)$$

钢丝绳芯输送带:

$$F_1 = 12B\left(200 + 0.01\frac{F}{B}\right)\frac{d}{D} \qquad (4.1.3\text{-}6)$$

$$F_t = 0.005 d_0 \frac{F_T}{D} \qquad (4.1.3\text{-}7)$$

式中 F_N ——附加阻力（N）；

F_{bA} ——在受料点和加速段被输送物料与输送带间的惯性阻力和摩擦阻力（N）；

F_f ——在加速段被输送物料与导料槽间的摩擦阻力（N）；

F_1 ——输送带绕经滚筒的缠绕阻力（N）；

F_t ——非传动滚筒轴承阻力（N），可按 450N 估算；

I_V ——带式输送机每秒设计输送量（m³/s）；

v_0 ——受料点物料在输送带运行方向上的速度分量（m/s）；

μ_2 ——物料与导料槽间的摩擦系数，取 0.5 ~0.7；

l_b ——加速段导料槽的长度（m）；

b_1 ——导料槽间的宽度（m）；

μ_1 ——物料与输送带间的摩擦系数，取 0.5 ~0.7；

F ——滚筒上输送带的平均张力（N）；

d ——输送带的厚度（m）；

D ——滚筒直径（m）；

d_0 ——滚筒轴承的平均直径（m）；

F_T ——滚筒上输送带绕入点与绕出点张力和滚筒旋转部分所受重力的矢量和（N）。

4.1.4 主要特种阻力，可按下列公式计算：

$$F_{S1} = F_\epsilon + F_{gl} \qquad (4.1.4\text{-}1)$$

1 托辊前倾的附加摩擦阻力，可按下列公式计算：

1）装有三个等长托辊的承载分支前倾托辊组：

$$F_\epsilon = C_\epsilon \mu_0 L_\epsilon (q_B + q_G) g \cos\delta \sin\epsilon \qquad (4.1.4\text{-}2)$$

2）装有两个托辊的回程分支前倾托辊组：

$$F_\epsilon = \mu_0 L_\epsilon q_B g \cos\lambda \cos\delta \sin\epsilon \qquad (4.1.4\text{-}3)$$

2 被输送物料与导料槽间的摩擦阻力，可按下式计算：

$$F_{gl} = \frac{1000\mu_2 I_V^2 \rho g l}{v^2 b_1^2} \qquad (4.1.4\text{-}4)$$

式中 F_{S1} ——主要特种阻力（N）；

F_ϵ ——托辊前倾的附加摩擦阻力（N）；

F_{gl} ——被输送物料与导料槽间的摩擦阻力（N）；

C_ϵ ——槽形系数。当槽形托辊组侧辊轴线与水平线间的夹角为 30° 时，C_ϵ 取 0.4；夹角为 35° 时，取 0.43；夹角为 45° 时，取 0.5；

μ_0 ——托辊与输送带间摩擦系数。取 0.3~0.4；

L_ϵ ——装有前倾托辊的输送段长度（m）；

ϵ ——托辊组侧辊轴线相对于垂直输送带纵向轴线平面的前倾角（°）；

l ——导料槽的长度（m）。

4.1.5 附加特种阻力，可按下列公式计算：

$$F_{S2} = F_r + F_p \qquad (4.1.5\text{-}1)$$

$$F_r = \sum A p \mu_3 \qquad (4.1.5\text{-}2)$$

$$F_p = B k_p \qquad (4.1.5\text{-}3)$$

式中 F_{S2} ——附加特种阻力（N）；

F_r ——输送带清扫器的摩擦阻力（N）；

F_p ——犁式卸料器的摩擦阻力（N）；

A ——输送带清扫器与输送带的接触面积（m²）；

p ——输送带清扫器与输送带间的压力，宜取 3×10^4 ~ 10×10^4 N/m²；

μ_3 ——输送带清扫器与输送带间的摩擦系数，宜取 0.5~0.7；

k_p ——犁式卸料器的阻力系数，宜取 1500N/m。

4.1.6 倾斜阻力，应按下式计算：

$$F_{St} = q_G H g \qquad (4.1.6)$$

式中 F_{St} ——倾斜阻力（N），带式输送机向上输送时为正值，向下输送为负值；

H ——带式输送机受料点和卸料点间的高差（m）。

4.2 传动滚筒圆周力

4.2.1 带式输送机传动滚筒所需圆周力，应按下列规定计算：

1 布置简单的带式输送机，传动滚筒在稳定运行时所需圆周力，应按全程满载计算；

2 具有倾角变化的带式输送机，传动滚筒所需圆周力应按下列工况分别计算：

1）全长空载；

2）全长满载；

3）水平段、上运段或微倾角下运段有载，有载段做正功，其余区段空载；

4）只下运段有载，有载段做负功，其他区段空载；

5）根据上述不同工况计算出最大圆周力（传动滚筒所需圆周力）；

3 带式输送机稳定运行在发电工况（传动滚筒圆周力计算为负值）时，传动滚筒圆周力，应按最大绝对值计算；

4 带式输送机连续稳定运行，且传动滚筒圆周力为正值，而某一工况为负值时，应按正值的最大值和负值的最大绝对值分别计算，并应取两者最大值；

5 当某一工况，传动滚筒圆周力为负值（带式输送机运行在发电工况）时，应按本规范第8章的有关规定计算。

4.2.2 传动滚筒所需圆周力，应按下列公式计算：

1 适用于所有的带式输送机长度的一般计算公式：

$$F_U = F_H + F_N + F_{S1} + F_{S2} + F_{St} \quad (4.2.2\text{-}1)$$

2 当带式输送机长度大于80m时，可按下列公式计算：

$$F_U = CF_H + F_{S1} + F_{S2} + F_{St} \quad (4.2.2\text{-}2)$$

式中 F_U——稳定运行传动滚筒所需圆周力（N）；

C——附加阻力系数。附加阻力系数为带式输送机长度的函数，可按表4.2.2或图4.2.2选取。

表 4.2.2 附加阻力系数

带式输送机长度（m）	附加阻力系数
80	1.92
100	1.78
150	1.58
200	1.45
300	1.31
400	1.25
500	1.20
600	1.17
700	1.14
800	1.12
900	1.10
1000	1.09
1500	1.06
2000	1.05
2500	1.04
5000	1.03

4.3 电动机功率

4.3.1 带式输送机稳定运行时传动滚筒所需运行功率，应按下式计算：

$$P_A = \frac{F_U v}{1000} \quad (4.3.1)$$

式中 P_A——传动滚筒所需运行功率（kW）。

4.3.2 驱动电动机所需功率，应符合下列规定：

1 带式输送机为正功率运行时，应按下式计算：

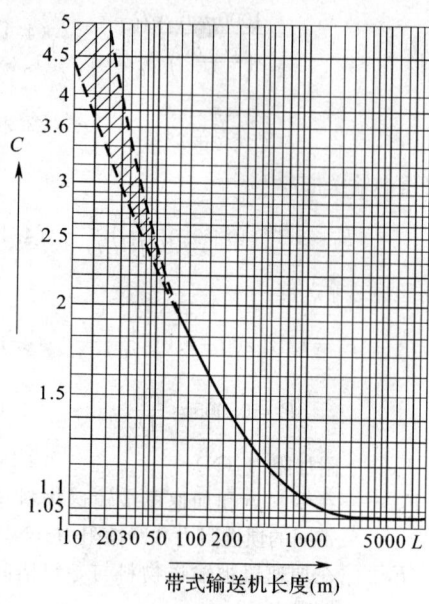

图 4.2.2 带式输送机长度与附加阻力系数变化曲线

$$P_M = \frac{P_A}{\eta_1} \quad (4.3.2\text{-}1)$$

2 带式输送机为负功率运行时，应按下式计算：

$$P_M = P_A \eta_2 \quad (4.3.2\text{-}2)$$

式中 P_M——驱动电动机所需运行功率（kW）；

η_1——驱动系统正功率运行时的传动效率。η_1应根据驱动系统各组成部分的效率综合确定，宜为0.85～0.95；

η_2——驱动系统负功率运行时的传动效率，宜为0.95～1.0。

3 应根据电动机功率计算值及带式输送机工程的具体工作条件，按照电动机标准系列参数选取电动机。

4.4 驱动功率分配

4.4.1 大功率带式输送机宜采用多驱动单元。驱动单元配置，应根据带式输送机驱动功率值、输送系统驱动装置通用性和经济性确定。

4.4.2 带式输送机驱动单元分配，应符合下列要求：

1 多驱动装置的带式输送机，宜采用等功率分配法。可采用下列驱动单元配置：

单滚筒驱动：双驱动单元；

双滚筒驱动：双驱动单元、三驱动单元、四驱动单元；

三滚筒驱动：三驱动单元、四驱动单元、五驱动单元、六驱动单元。

2 驱动单元，可采用下列功率分配比：

双滚筒驱动：1∶1、2∶1、2∶2；

三滚筒驱动：1∶1∶1、2∶1∶1、2∶2∶1、2∶2∶2。

4.4.3 多驱动单元的带式输送机，驱动单元宜采用相同的配置，配置部件应采用同型号部件。对于长距离带式输送机，可采用带式输送机中间助力多点驱动方式。

5 输送带张力

5.1 输送带张力要求

5.1.1 输送带张力，必须满足下列要求：

1 在稳定运行、启动和制动工况下，输送带与传动滚筒间不应打滑；

2 相邻两组托辊组间的输送带垂度不应超过允许值。

5.1.2 输送带在传动滚筒绕入点的张力和绕出点的张力，应满足传递牵引力的要求，并应按启动、稳定运行、制动工况及运行工作条件，分别按下列规定计算：

1 启动工况应符合下列规定：

  1）向上输送、水平输送及运行总阻力为正值的向下输送的带式输送机张力（见图 5.1.2-1），应满足下列公式要求：

$$F_{UA} = F_1 - F_2 \qquad (5.1.2-1)$$

$$F_2 \geqslant F_{UA} \frac{1}{e^{\mu\varphi} - 1} \qquad (5.1.2-2)$$

式中 F_{UA}——启动工况传动滚筒圆周力（N）；

      F_1——输送带在传动滚筒绕入点的张力（N）；

      F_2——输送带在传动滚筒绕出点的张力（N）；

      e——自然对数的底；

      μ——传动滚筒与橡胶输送带间的摩擦系数。见表 5.1.2；

      φ——输送带在传动滚筒上的围包角（rad）。

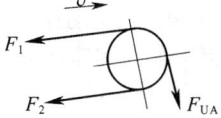

图 5.1.2-1 启动工况总阻力为正值的张力

表 5.1.2 传动滚筒与橡胶输送带间的摩擦系数

运行条件	传动滚筒覆盖面型式			
	光面滚筒	人字形或菱形沟槽的橡胶覆盖面	人字形或菱形沟槽的聚酯覆盖面	人字形或菱形沟槽的陶瓷覆盖面
干燥	0.35～0.40	0.40～0.45	0.35～0.40	0.40～0.45
清洁、潮湿（有水）	0.10	0.35	0.35	0.35～0.40
污浊和潮湿（有泥土或黏泥沙）	0.05～0.10	0.25～0.30	0.20	0.35

2）总阻力为负值的向下输送的带式输送机张力（见图 5.1.2-2），应满足下列公式要求：

$$F_{UA} = F_2 - F_1 \qquad (5.1.2-3)$$

$$F_1 > F_{UA} \frac{1}{e^{\mu\varphi} - 1} \qquad (5.1.2-4)$$

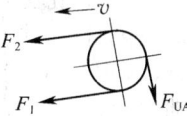

图 5.1.2-2 启动工况总阻力为负值的张力

2 稳定运行工况应符合下列规定：

  1）向上输送、水平输送及总阻力为正值的向下运输的带式输送机张力，应满足下式要求：

$$F_2 > F_U \frac{1}{e^{\mu\varphi} - 1} \qquad (5.1.2-5)$$

  2）总阻力为负值的向下输送的带式输送机，输送带带动传动滚筒反馈能量，应满足下式要求：

$$F_1 > F_U \frac{1}{e^{\mu\varphi} - 1} \qquad (5.1.2-6)$$

3 制动工况应符合下列规定：

  1）向上输送、水平输送及总阻力为正值的向下输送的带式输送机张力（见图 5.1.2-3），应满足下列公式要求：

$$F_{UB} = F_2 - F_1 \qquad (5.1.2-7)$$

$$F_{UB} \leqslant F_1 \ (e^{\mu\varphi} - 1) \qquad (5.1.2-8)$$

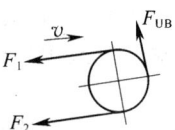

图 5.1.2-3 制动工况总阻力为正值的张力

  2）总阻力为负值的向下输送的带式输送机张力（见图5.1.2-4），应满足下列公式要求：

$$F_{UB} = F_2 - F_1 \qquad (5.1.2-9)$$

$$F_{UB} \leqslant F_1 \ (e^{\mu\varphi} - 1) \qquad (5.1.2-10)$$

式中 F_{UB}——制动工况传动滚筒圆周力（N）。

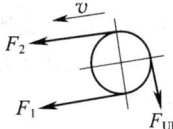

图 5.1.2-4 制动工况总阻力为负值的张力

4 多滚筒及多点驱动时，输送带在各传动滚筒的绕入点和绕出点的张力，应满足上述第1、2、3款的规定。

5.1.3 输送带的垂度，应符合下列规定：

1 输送带的垂度，可用下列公式计算：

  1）承载分支：

$$h_r = \frac{h}{a_O} \qquad (5.1.3-1)$$

2）回程分支：

$$h_r = \frac{h}{a_U} \qquad (5.1.3-2)$$

式中 h_r——输送带在相邻两托辊组之间的垂度。通常，h_r 应限制在 0.01~0.02；稳定运行工况，宜取 0.01；

h——输送带在相邻两托辊组之间的下垂量（m）；

a_O——承载分支托辊组的间距（m）；

a_U——回程分支托辊组的间距（m）。

2　输送带在允许的最大垂度条件下，最小张力可按下列公式计算：

1）承载分支：

$$F_{min} \geqslant \frac{a_O (q_G + q_B) g}{8h_{rmax}} \qquad (5.1.3-3)$$

2）回程分支：

$$F_{min} \geqslant \frac{a_U q_B g}{8h_{rmax}} \qquad (5.1.3-4)$$

式中 F_{min}——输送带最小张力（N）。

5.2　输送带各点的张力计算

5.2.1　输送带各点的张力，应根据带式输送机的布置及各段的长度和走向、传动滚筒的数量和布置、驱动和制动特性、拉紧装置的类型和布置，以及运行工况等因素确定。输送带各点的张力，可根据带式输送机的不同要求，将输送带分别按刚体、弹性或黏弹性体计算。

5.2.2　一般带式输送机，输送带可按刚体计算。有倾角起伏变化时，应分段计算运行阻力。运行阻力应按本规范第 4.1 节的有关公式计算。输送带相邻两点的张力，可按下列公式计算：

1　稳定运行工况：

$$F_i = F_{i-1} + F_{(i-1)\sim i} \qquad (5.2.2-1)$$

式中 F_i——沿输送带运行方向第 i 点的张力（N）；

$F_{(i-1)}$——输送带第（$i-1$）点的张力（N）；

$F_{(i-1)\sim i}$——输送带第（$i-1$）点到第 i 点的区段上，输送带各项运行阻力之和（N）。

2　非稳定运行工况：

$$F_i = F_{(i-1)} + F_{(i-1)\sim i} \pm m_{(i-1)\sim i} a \qquad (5.2.2-2)$$

式中 $m_{(i-1)\sim i}$——输送带第（$i-1$）点到第 i 点的区段上，参与加（减）速的运动体的质量或等效质量（kg）；

a——输送带平均加（减）速度（m/s²）。

5.2.3　长距离、大输送量、高带速的大型带式输送机，以及倾角起伏多变、布置复杂的带式输送机，宜将输送带按弹性、黏弹性体计算。

5.3　拉　紧　力

5.3.1　带式输送机运行时，拉紧装置的拉紧力应符合下列规定：

1　输送带拉紧滚筒的拉紧力，可按下式计算：

$$F_{Sp} = F_{Si} + F_{S(i+1)} \qquad (5.3.1)$$

式中 F_{Sp}——输送带拉紧滚筒的拉紧力（N）；

F_{Si}——输送带在拉紧滚筒绕入点的张力值（N），应为最不利工况时的张力值；

$F_{S(i+1)}$——输送带在拉紧滚筒绕出点的张力值（N），应为最不利工况时的张力值。

2　采用不能自动调节拉紧力的固定式拉紧装置时，带式输送机运行时的拉紧力，应保证在各种工况下输送带的张力满足本规范第 5.1.1 条的规定。

5.3.2　固定式拉紧装置，在静止状态下拉紧滚筒的预拉紧力，可按下式计算：

$$F_{Tm} = \frac{1}{L} \sum \frac{(F_i + F_{i+1}) L_{i\sim(i+1)}}{2} \qquad (5.3.2)$$

式中 F_{Tm}——拉紧滚筒预拉紧力（N）；

$F_{(i+1)}$——输送带第（$i+1$）点的张力（N），应按最不利工况确定；

$L_{i\sim(i+1)}$——第 i 点到第（$i+1$）点区段的长度（m）。

6　启动加速与减速停车

6.1　惯　性　力

6.1.1　带式输送机在启动加速和减速停车期间，当将输送带视为刚体时，惯性力可按下式计算：

$$F_A = \pm (m_L + m_D) a \qquad (6.1.1)$$

式中 F_A——带式输送机各运动体的总惯性力（N）；

m_L——带式输送机运动体（输送带、物料和托辊）转换到输送带上直线运动的等效质量（kg）；

m_D——带式输送机旋转部件转换到输送带上直线运动的等效质量（kg）。不含托辊部分。

6.1.2　带式输送机运动体转换到输送带上直线运动的等效质量，可按下式计算：

$$m_L = (2q_B + q_G + k_1 q_{RO} + k_1 q_{RU}) L \qquad (6.1.2)$$

式中 k_1——托辊旋转部分质量变换为直线运动等效质量的转换系数，宜取 0.9。

6.1.3　带式输送机旋转部件转换到输送带上直线运动的等效质量，可按下式计算：

$$m_D = \frac{n_D \sum J_{iD} i_i^2}{r_D^2} + \sum \frac{J_i}{r_i^2} \qquad (6.1.3)$$

式中 n_D——带式输送机的驱动单元数；

J_{iD}——驱动单元第 i 个转动部件的转动惯量

（kg·m²）；

i_i——第 i 个转动部件至传动滚筒的传动比；

r_D——传动滚筒的半径（m）；

J_i——第 i 个滚筒的转动惯量（kg·m²）；

r_i——第 i 个滚筒的半径（m）。

6.2 启动加速

6.2.1 带式输送机启动加速度，应符合下列规定：

1 机长超过 200m 的带式输送机，启动平均加速度不应大于 0.3m/s²；

2 倾斜输送物料的带式输送机，加速度的选择，应保证物料与输送带间不打滑；

3 机长超过 500m 的带式输送机（电动工况）或机长超过 200m 的向下输送的带式输送机（发电工况），启动平均加速度不宜大于 0.2m/s²；倾角变化较大、布置复杂的长距离带式输送机，不宜大于 0.1m/s²；

4 带式输送机的启动加速时间，不应超过驱动电动机允许的启动时间或软启动装置允许的最长启动时间。

6.2.2 带式输送机启动时实际平均加速度，可按下列公式计算：

$$a=\frac{(k_0-1)F_U}{m_L+m_D}\qquad(6.2.2-1)$$

$$k_0=k_a\frac{P_{MI}}{P_M}\qquad(6.2.2-2)$$

式中 k_0——带式输送机实际启动系数；

P_{MI}——带式输送机实际选用的驱动电动机的功率之和（kW）；

k_a——驱动装置启动系数。

6.2.3 水平和向上输送的带式输送机驱动装置启动系数，应符合下列规定：

1 中小型带式输送机，可取 1.3～1.7；

2 鼠笼型电动机可通过限矩型液力耦合器与减速器联接方式，按制造厂提供的电动机与限矩型液力耦合器联合特性曲线，计算传动滚筒启动圆周力和平均启动系数；

3 绕线型电动机或直流电动机直联减速器方式，可按所选电动机的启动特性曲线，求出启动系数；

4 用可控启动装置启动时，可通过动态分析或由供货方提供。

6.3 减速停车

6.3.1 带式输送机减速停车的减速度，应符合下列规定：

1 带式输送机减速停车时，平均减速度不应大于 0.3m/s²；

2 大型及中长距离以上的带式输送机减速停车时，平均减速度不宜大于 0.2m/s²；

3 输送线路倾角变化较大、布置复杂的大型长距离带式输送机减速停车时，平均减速度不宜大于 0.1m/s²。

6.3.2 大型带式输送机，可根据性能参数采用自由停车、减力停车、增惯停车或制动停车等减速停车方式。

6.3.3 带式输送机自由停车平均减速度，可按下式计算：

$$a=\frac{F_U}{m_L+m_D}\qquad(6.3.3)$$

6.3.4 带式输送机自由停车减速度大于规定值的向上输送的带式输送机，采用减力停车时，传动滚筒驱动圆周力，可按下式计算：

$$F_{BE}=-(m_L+m_D)a+F_U\qquad(6.3.4)$$

式中 F_{BE}——减力停车时传动滚筒的驱动圆周力（N）。

6.3.5 带式输送机在减力停车条件下，采用增惯停车时，可在驱动装置高速轴加装增惯飞轮。飞轮的转动惯量，可按下列公式计算：

$$J_f=\frac{m_f r_D^2}{i^2}\qquad(6.3.5-1)$$

$$m_f=\frac{F_U}{a}-(m_L+m_D)\qquad(6.3.5-2)$$

式中 J_f——飞轮的转动惯量（kg·m²）；

m_f——飞轮转换到输送带上直线运动的等效质量（kg）；

i——飞轮与传动滚筒的速比。

6.3.6 水平或近水平带式输送机，当满载自由停车的减速时间过长时，应采用制动停车方式。制动停车所需制动力和制动力矩，可按下列公式计算：

1 制动停车所需制动力：

$$F_B=(m_L+m_D)a_B-F_U\qquad(6.3.6-1)$$

式中 F_B——制动停车所需的制动力（N）；

a_B——带式输送机制动停车减速度（m/s²）。

2 制动轮所需的制动力矩：

$$M_B=\frac{F_B D}{2i}\eta\qquad(6.3.6-2)$$

式中 M_B——制动轮所需的制动力矩（N·m）；

i——制动轮与传动滚筒的速比；

η——制动轮到传动滚筒的传动效率。

7 输 送 带

7.1 输送带选择

7.1.1 输送带应满足下列要求：

1 应有足够的纵向拉伸强度；

2 应有良好的负荷支承能力和成槽性；

3 应有合理的上、下覆盖层厚度；

4 覆盖层性能应满足物料冲击和磨耗要求；

5 应满足物料特性和工作环境条件要求。

7.1.2 输送带应根据带式输送机长度、输送量、输送带张力、输送的物料特性、受料条件、工作环境等因素选择，并应符合下列规定：

　　1 短距离带式输送机，宜选用聚酯织物芯输送带。大输送量、长距离、提升高度大、张力大的带式输送机，宜选用钢丝绳芯输送带；

　　2 被输送的物料中含有尺寸较大的块状物料，并在受料点的直接落差较大时，宜选用抗冲击、防撕裂型输送带；

　　3 分层织物芯输送带的最大布层数，不宜超过6层。当输送的物料对输送带厚度有特殊要求时，可适当增大；

　　4 井下带式输送机可选用煤矿用织物整芯阻燃输送带。

7.1.3 煤矿井下及其他散发可燃粉尘、可燃气体的工作场所，必须采用阻燃输送带。

7.1.4 输送带的工作环境温度或被输送物料的温度超过本规范第1.0.3条的规定时，输送带应按下列要求选择：

　　1 输送带的工作环境温度低于－25℃时，应选用耐寒输送带；

　　2 被输送的物料温度高于60℃时，应选用耐热输送带；高于125℃时，应选用耐高温输送带。

7.1.5 由多台带式输送机组成的带式输送机工程系统，在确定输送带宽度、带芯结构、强度等级、覆盖层性能及厚度时，应根据输送系统的通用性、经济性和可靠性综合比较确定。

7.2 覆盖层的确定

7.2.1 输送带覆盖层的类型和性能参数，应根据输送的物料性质、受料条件、工作环境条件等因素确定。

7.2.2 输送带覆盖层的厚度，应根据输送的物料堆积密度、最大粒度尺寸、粒度组成、物料磨琢性、受料高度，以及输送带工作循环时间等因素确定，并应符合下列规定：

　　1 输送带覆盖层的厚度，应保证在规定使用期内芯层不会因覆盖层磨损而暴露；

　　2 分层织物芯输送带的上覆盖层与下覆盖层的厚度之比，不宜大于3∶1。

7.2.3 织物芯输送带的覆盖层最小厚度可按表7.2.3-1选择，并应根据输送带工作条件，按表7.2.3-2与表7.2.3-3确定相应的上覆盖层附加厚度。

表 7.2.3-1　输送带上下覆盖层最小厚度

芯体材料	标　准　值
棉织物（CC） 尼龙（NN） 聚酯（EP）	根据不同织物分别为1～2mm

表 7.2.3-2　输送带覆盖层附加厚度估价值

有影响的参数和估价值		
A. 载荷情况	有利	1
	正常	2
	不利	3
B. 载荷频繁度	少	1
	正常	2
	频繁	3
C. 粒度	细	1
	正常	2
	粗	3
D. 密度	轻	1
	正常	2
	重	3
E. 过载度	少	1
	正常	2
	强	3

表 7.2.3-3　输送带覆盖层附加厚度

评价值总数(A+B+C+D+E)	附加厚度标准值(mm)
5～6	0～1
7～8	1～3
9～11	3～6
12～13	6～10
14～15	>10

7.2.4 钢丝绳芯输送带的覆盖层厚度，应符合下列规定：

　　1 普通用途钢丝绳芯输送带，上覆盖层最小厚度的标准值，不应小于0.7倍钢丝绳直径，且不得小于4mm。并应根据输送带工作条件，按表7.2.3-2、表7.2.3-3选择相应的上覆盖层附加厚度。同时上覆盖层的厚度，不应小于表7.2.4的规定；

　　2 普通用途钢丝绳芯输送带的下覆盖层厚度，可按表7.2.4选取；

　　3 阻燃钢丝绳芯输送带的上覆盖层厚度，不宜小于表7.2.4的规定；

　　4 织物整芯阻燃输送带，上下橡胶覆盖层厚度不应小于1.5mm，上下塑料覆盖层厚度不应小于0.8mm。

表 7.2.4　钢丝绳芯输送带的覆盖层最小厚度　（mm）

输送带 纵向拉伸强度值 （N/mm）	普通钢丝绳芯输送带	阻燃钢丝绳芯输送带
	上、下覆盖层厚度	上覆盖层厚度
630	5	5
800	5	5
1000	6	6
1250	6	6
1600	6	6
2000	6	6
2500	6	6
3150	8	8
3500	8	8
4000	8	8
4500	8	8
5000	8.5	8.5
5400	9	9

7.2.5 输送特殊物料的输送带，覆盖层厚度应根据特殊要求确定。

7.2.6 输送带覆盖层性能，应根据被输送物料的磨琢性、冲击性及堆积密度等因素选择，并应符合下列规定：

1 输送不同种类物料的输送带，覆盖层性能指标宜按表7.2.6选取；

2 当输送的物料硬度大、磨琢性大、工作条件恶劣时，可适当提高覆盖层性能；

3 输送有特殊性能要求的物料，或在特殊环境下工作时，应选用相应性能的输送带覆盖层。

表 7.2.6 输送不同种类物料的输送带覆盖层性能指标

物料性质	有磨琢性及冲击性的大块料，如岩石类硬物料，强划裂工作条件		有磨琢性及冲击性的中小块料，一般工作条件		强磨琢性工作条件		磨琢性小的物料
带芯类型	钢丝绳芯	织物芯	钢丝绳芯	织物芯	钢丝绳芯	织物芯	钢丝绳芯及耐寒、耐热、耐酸碱、一般难燃输送带
等级代号	H		L		D		P
覆盖层性能 拉伸强度（MPa）	≥25	≥24	≥20	≥15	≥18	≥18	≥14
扯断伸长率（%）	≥450	≥450	≥400	≥350	≥400	≥400	≥350
磨耗量（mm³）	≤120	≤120	≤150	≤200	≤90	≤100	≤200

注：1 输送带覆盖层的等级代号及相关物理性能，钢丝绳芯输送带应符合现行国家标准《普通用途钢丝绳芯输送带》GB/T 9770 的有关规定；织物芯输送带应符合现行国家标准《输送带具有橡胶或塑料覆盖层的普通用途织物芯输送带》GB/T 7984 的有关规定；

2 织物芯输送带，包括整芯、单层芯、双层芯、多层芯包边或切边输送带，其覆盖层可以是橡胶、塑料或橡塑并用材料；

3 输送带硫化橡胶耐磨性能测定方法，应符合现行国家标准《硫化橡胶耐磨性能的测定（旋转辊筒式磨耗法）》GB/T 9867 的有关规定。

7.3 输送带接头

7.3.1 输送带的接头型式，应根据输送带类型和带式输送机特征选择，并应符合下列规定：

1 钢丝绳芯输送带，应采用硫化接头；

2 多层织物芯输送带，宜采用硫化接头；

3 织物整芯输送带，宜采用胶粘接头，也可采用机械接头。

7.3.2 输送带硫化接头，应符合下列规定：

1 分层织物芯输送带宜采用阶梯式接头。最小接头长度，可按本规范附录B选择；

2 钢丝绳芯输送带，可根据拉伸强度等级采用一级或多级硫化接头。硫化接头级数和最小接头长度，可按本规范附录B选择；

3 硫化接头型式宜为斜接头，在特殊条件下可采用垂直接头型式。

7.3.3 特殊类型的输送带接头方法，应按相应的规定执行。

7.3.4 大型及重要的带式输送机输送带接头，宜在设计文件中注明技术要求，并应在施工前进行接头强度试验。

7.4 输送带安全系数

7.4.1 输送带安全系数，应根据输送带类型、工作条件、接头特性，以及带式输送机启、制动性能等因素确定，并应符合下列规定：

1 输送带额定拉断强度，可按下式计算：

$$\sigma_N \geq \frac{F_{max}}{B} S_A \qquad (7.4.1)$$

式中 σ_N——输送带额定拉断强度（N/mm）；

F_{max}——输送带稳定运行的最大张力（N）；

B——输送带宽度（mm）；

S_A——输送带安全系数。

2 织物芯输送带安全系数，棉织物芯输送带，宜取8～9；尼龙、聚酯织物芯输送带，宜取10～12；

3 钢丝绳芯输送带安全系数，可取7～9；当对带式输送机采取可控软启、制动措施时，可取5～7。

8 向下输送的带式输送机

8.1 一般规定

8.1.1 正常稳定负载运行时，传动滚筒圆周力为负值的向下输送的带式输送机，圆周力应按下列工况计算：

1 全程满载，为发电运行工况；

2 向下输送段满载，其他向上输送段、水平段或微倾角向下输送段空载，圆周力绝对值为最大负值的发电运行工况；

3 全程空载，形成电动运行工况；

4 向上输送段、水平段和微倾角向下输送段满载，其他向下输送段空载，形成圆周力最大的电动运行工况；

5 上述1、2款中的两种工况的圆周力计算，应按发电工况选取模拟摩擦系数；3、4款中的两种工况应按电动工况选取模拟摩擦系数。

8.1.2 带式输送机发电运行工况和制动工况，应按计入超载系数后的输送量计算。输送量超载系数，应根据给料量的精度及稳定程度确定，对于散状物料特性不稳定的场合，输送量超载系数不宜小于1.1。

设计宜采用能控制均匀给料的给料设备，并应能随时控制停止给料。

8.1.3 电动机功率计算，应符合下列规定：

1 应按第8.1.1条第1款中的工况计算电动机功率，并应按第8.1.1条第2款中的工况校核电动机过载能力；

2 应按8.1.1条第3款中的工况计算电动机功率和校核电动机启动能力，并应按第8.1.1条第4款中的工况，校核电动机过载和启动能力；

3 采用动力制动时，应按制动工况校核电动机过载能力。制动圆周力可按第8.1.4条的规定计算；

4 在上述计算基础上，应计入电动机功率备用系数。备用系数宜为1.0～1.2。

8.1.4 制动圆周力计算，应符合下列规定：

1 工作制动圆周力，应按第8.1.1条第1款中的工况计算，并应按第8.1.1条第2款中的工况计入输送量超载系数进行校核。制动减速应符合本规范第6.3节的规定；

2 带式输送机处于静止状态时，安全制动圆周力应按第8.1.1条第2款中的工况计算，并应计入输送量超载系数和安全制动安全系数。安全制动安全系数不应小于1.5。

8.1.5 输送带拉紧力计算，应符合下列规定：

1 输送带拉紧力，应满足各种工况下输送带在传动滚筒或制动滚筒上不打滑。当采用多滚筒驱动时，应计入功率分配不平衡的影响；

输送带与滚筒之间的摩擦系数，应按最不利工作条件确定；

2 各工况所需拉紧力相差较大时，宜采用拉紧力可调的拉紧装置。

8.2 启 动

8.2.1 向下输送的带式输送机，在满载及部分区段负载形成发电工况时，应首先利用物料的重力滑行启动，并应设自动超速保护装置。

8.2.2 当向下输送的带式输送机的载荷情况不能实现重力滑行启动，需由驱动电动机启动时，应采取使启动平稳的措施。启动加速度应符合本规范第6.2节的规定。

8.3 制 动

8.3.1 向下输送的带式输送机必须装设制动装置，制动系统应满足下列要求：

1 工作制动应在带式输送机最不利的工况下，满足控制带式输送机减速停车的要求；

2 安全制动应在带式输送机最不利的工况下，满足停车后制动带式输送机的要求。

8.3.2 负值圆周力绝对值大的向下输送的带式输送机，制动装置宜具有逐渐加载和平稳停车的制动性能。当按本规范第8.1.4条第1款计算，两种工况的工作制动圆周力相差较大时，宜采用能自动控制减速度的制动系统。

8.3.3 制动装置的选型，应符合下列规定：

1 应根据环境及使用条件对闸瓦摩擦系数的不利影响，按制动装置实际可能提供的最小制动力矩为选型依据；

2 制动装置的制动力应具有调节功能；

3 机械摩擦式制动装置，必须按制动力进行发热校验计算。许用温度应根据制动装置的技术条件和工作环境条件确定。当温度超限时应采取降温措施或增加降速装置；

4 降速装置可采用液力、液压、液粘装置，也可采用动力制动。当降速装置将带速降到预定带速后，可利用机械摩擦式制动装置减速停车；

5 负值圆周力绝对值较大的向下输送的带式输送机，应在减速机低速轴或滚筒轴上设常闭式制动装置。

8.4 驱动装置要求

8.4.1 驱动装置各零部件的动力传递特性，在电动工况和发电工况下，应满足动力正向和反向传递的要求。

8.4.2 驱动装置各零部件的允许转速，应满足电动机超过同步转速，达到所限定的超速值运行。

9 主 要 部 件

9.1 滚 筒

9.1.1 带式输送机滚筒直径，应根据输送带带芯的类型、张力等因素确定，并应符合下列规定：

1 传动滚筒直径，可按下列规定确定：

1）传动滚筒最小直径，可按下式计算：

$$D = C_0 d_B \qquad (9.1.1-1)$$

式中 D——传动滚筒直径（mm）；

C_0——计算系数。棉织物芯输送带，宜取80；尼龙织物芯输送带，宜取90；聚酯织物芯输送带，宜取108；钢丝绳芯输送带，宜取145；

d_B——输送带的织物芯层的厚度或输送带钢丝绳直径（mm）。

2）应根据传动滚筒直径的计算值，按表9.1.1选取滚筒直径；

3）传动滚筒，应根据载荷情况，按式（9.1.1-2）和式（9.1.1-3）进行面压校验。

表 9.1.1　稳定工况最小滚筒直径标准值（无摩擦面层）（mm）

传动滚筒直径（mm）	滚筒的张力利用率 $\dfrac{F_{max}}{\sigma_N B}\cdot 8\cdot 100\%$											
	>100%滚筒组别			>60%~100%滚筒组别			>30%~60%滚筒组别			30%滚筒组别		
	A	B	C	A	B	C	A	B	C	A	B	C
200	250	200	160	200	160	125	160	125	100	125	125	100
250	315	250	200	250	200	160	200	160	125	160	160	125
315	400	315	250	315	250	200	250	200	160	200	200	160
400	500	400	315	400	315	250	315	250	200	250	250	200
500	630	500	400	500	400	315	400	315	250	315	315	250
630	800	630	500	630	500	400	500	400	315	400	400	315
800	1000	800	630	800	630	500	630	500	400	500	500	400
1000	1250	1000	800	1000	800	630	800	630	500	630	630	500
1250	1400	1250	1000	1250	1000	800	1000	800	630	800	800	630
1400	1600	1400	1000	1400	1250	1000	1250	1000	800	1000	1000	800
1600	1800	1600	1250	1600	1250	1000	1250	1000	800	1000	1000	800
1800	2000	1800	1250	1600	1400	1250	1400	1250	1000	1250	1250	1000
2000	2200	2000	1400	2000	1600	1250	1400	1250	1000	1250	1250	1000

注：1　A组为在较高输送带张力区内的传动滚筒和其他滚筒；B组为在较低输送带张力区的改向滚筒；C组为围包角≤30°的改向滚筒；

2　B为输送带宽度（mm）。

2　传动滚筒的直径，可按下列公式进行面压验算：

1）根据输送带许用比压计算：

$$D \geqslant \frac{F_1 + F_2}{[P]\,B} \qquad (9.1.1\text{-}2)$$

2）根据输送带钢丝绳下的许用比压计算：

$$D \geqslant \frac{(F_1 + F_2)\,t_1}{[P']\,B d_B} \qquad (9.1.1\text{-}3)$$

式中　$[P]$——输送带许用比压（MPa）。由输送带制造厂提供。无资料时，钢丝绳芯输送带，可取 0.6MPa；织物芯输送带，可取 0.4MPa；

$[P']$——钢丝绳芯输送带钢丝绳下的许用比压（MPa）。由输送带制造厂提供。无资料时，可取 1.2MPa；

B——输送带宽度（mm）；

t_1——输送带的钢丝绳间距（mm）；

d_B——输送带的钢丝绳直径（mm）。

3　改向滚筒直径，可根据传动滚筒直径、改向滚筒的张力利用率、改向滚筒围包角，按表 9.1.1 选取。

对受力大的改向滚筒，应按本规范第 9.1.3 条进行校核。

9.1.2　传动滚筒和改向滚筒的结构，应根据滚筒的承载能力选择。滚筒表面型式选择，宜符合下列要求：

1　传动滚筒的表面型式，应根据传递的圆周力和工作条件等因素选择。当传递的圆周力大、工作环境条件较差、环境温度较低时，应采用胶面传动滚筒；对传递圆周力较小、工作环境条件较好的小型带式输送机，可采用光面传动滚筒；特殊要求时，可采用其他的滚筒表面型式；

2　胶面传动滚筒应有人字形沟槽或菱形沟槽。双向运行的传动滚筒应采用菱形沟槽；

3　工作环境条件较差或与输送带承载面接触的改向滚筒，应采用胶面滚筒；

4　煤矿井下或寒冷场所使用的传动滚筒和改向滚筒，其胶面性能应符合工作环境的要求。

9.1.3　滚筒的载荷条件，应符合下列规定：

1　传动滚筒的载荷，可按带式输送机稳定运行工况计算传动滚筒所承受的扭矩和合张力。对输送量大、提升高度大、布置复杂的重要带式输送机，应按最不利运行工况的载荷条件选择传动滚筒；

2　改向滚筒的载荷，可按带式输送机稳定运行工况的载荷条件计算合张力。对重要的大张力带式输送机，应取各种运行工况中最大值。

9.1.4　电动滚筒的直径、滚筒表面型式及载荷条件，可根据本规范第 9.1.1~9.1.3 条的有关规定确定。

9.2　托 辊 组

9.2.1　托辊组的选择，应符合下列要求：

1　托辊组托辊的直径，应满足带速要求，可按表 9.2.1 选取；

2　托辊组的托辊长度，应根据带宽和托辊组托辊的数量确定，并应符合现行国家标准《带式输送机托辊　基本参数与尺寸》GB/T 990 的有关规定；

3　带式输送机的输送量或输送带的质量较大时，应按本规范附录 C 的规定，对承载分支和回程分支托辊的承载能力进行验算；

4　带式输送机为露天布置或工作条件恶劣时，托辊轴承的密封应符合工作环境条件的要求。

表 9.2.1　不同托辊直径允许的带速值

辊径（mm）	带速（m/s）													
	0.8	1.0	1.25	1.6	2.0	2.5	3.15	(3.55)	4.0	(4.5)	5.0	(5.6)	6.3	7.1
89	√	√	√	√	√	√	—							
108	√	√	√	√	√	√								
133	—			√	√	√								
159					√	√	√							
194							√							
219									√		√		√	√

9.2.2 托辊组的形式选择,应符合下列要求:

1 固定式带式输送机,宜采用固定托辊组;向上输送、倾角较小的向下输送的带式输送机的承载分支及向下输送、倾角较小的向上输送的带式输送机的回程分支,可采用吊挂托辊组;

2 移置式、半移置式带式输送机,宜采用吊挂托辊组;

3 带式输送机受料点应设缓冲托辊组;

4 带式输送机槽形过渡段,应根据本规范第11.4节的规定设过渡托辊组;

5 固定托辊组的承载分支可设前倾、调心等托辊组。回程分支可设V形、反V形等托辊组。

9.2.3 托辊组的布置,应符合下列规定:

1 受料段缓冲托辊组,布置范围应大于来料溜槽口的尺寸。缓冲托辊组的间距,应根据物料的输送量、堆积密度、粒度尺寸和在受料区落料高度确定,宜为承载分支标准段托辊组间距的1/2～1/3。当输送量大、物料的堆积密度和粒度大或落料高差较大时,可按缓冲托辊直径的1.2～1.5倍布置;

2 带式输送机的过渡段较大时,应在过渡段设过渡托辊组;

3 带式输送机承载分支,标准段托辊组间距宜为1.0～1.5m,回程分支宜为3.0～6.0m。长距离或输送带张力较大的带式输送机,可增大托辊组间距,亦可根据需要采用不等间距布置;

4 凸弧段承载分支的托辊组间距,应根据托辊的承载能力和附加载荷确定,宜为标准段的1/2;

5 固定式短距离带式输送机,可在承载分支每10～12组槽形托辊组设一组自动纠偏托辊组;采用吊挂或前倾托辊组的带式输送机,可不设自动纠偏托辊组;

6 对中等长度以上的带式输送机,可在带式输送机适当位置设部分前倾托辊组;

7 露天布置、环境温度较低或输送的物料黏性较大时,宜在回程分支设梳形托辊组,可根据物料黏性情况增设部分螺旋梳形托辊组。

9.3 机 架

9.3.1 带式输送机机架,应满足下列要求:

1 应满足带式输送机性能、参数和工作条件要求,并应便于与之相连接部件的安装和调整;

2 机架结构应满足带式输送机部件的布置和载荷的要求。

9.3.2 带式输送机头架、尾架型式,应符合下列要求:

1 头架宜采用三角形结构型式,小型带式输送机头架可采用其他型钢焊接结构;

2 煤矿井下及运输困难的场所,宜采用组合式机架;

3 移置式带式输送机头架,宜采用滑撬式结构或运输车辆整体驮运式型式;尾架宜采用滑撬式。

9.3.3 中间架的结构,应符合下列规定:

1 固定不动的带式输送机,宜采用固定式中间架;

2 井下巷道等特殊工作条件的带式输送机,可采用吊挂式、绳架式型式;

3 移置式带式输送机,应采用滑撬式中间架,其结构应满足移设的要求。

9.3.4 带式输送机钢结构件的防锈与涂漆,应符合现行国家标准《带式输送机技术条件》GB 10595的有关规定。特殊地点使用的带式输送机,应提出相应的防腐蚀要求。

9.4 驱 动 装 置

9.4.1 带式输送机驱动装置,应满足下列要求:

1 应具有良好的启、制动性能,并应保证带式输送机在各种工况下可靠的启、制动;

2 应满足加速度的要求;

3 电动机启动时,对电网的冲击应小;

4 大中型带式输送机的多机驱动,应具有较好的电动机负荷均衡能力;

5 大型带式输送机的驱动装置,应具有良好的控制启、制动性能。

9.4.2 可根据带式输送机的工作参数和性能要求,采用下列主要驱动装置:

1 37kW及以下的单机驱动的带式输送机,宜采用鼠笼型电动机与减速器直联驱动装置;

2 45kW及以上的带式输送机,宜采用鼠笼型电动机、限矩型液力耦合器、减速器驱动装置;

3 鼠笼型电动机、调速型液力耦合器、液粘装置、变频调速装置等驱动系统,宜用于长距离和布置复杂的大型带式输送机;

4 绕线型电动机、减速器驱动装置,宜用于大中型多机驱动带式输送机;

5 电动滚筒驱动装置,宜用于功率较小的短距离带式输送机及空间布置紧凑的小型带式输送机。

9.4.3 带式输送机驱动装置的工作环境温度低于−25℃时,应根据油质的要求,对减速器润滑油采取保温或加热措施。中长距离带式输送机,必要时可采用怠速驱动装置。

9.4.4 有爆炸气体或粉尘爆炸危险的特殊环境条件下的驱动装置,其电气设备应符合现行国家标准《爆炸和火灾危险环境电力装置设计规范》GB 50058的有关规定。

9.4.5 驱动装置的安装位置,应根据带式输送机工作环境条件、工艺布置、输送带张力、设备安装、维修及供电系统等条件确定,可采用下列布置方式:

1 头部或尾部单滚筒驱动;

2 头部或尾部多滚筒驱动;

3 中间多点驱动。

9.4.6 移置式带式输送机的驱动装置,应采用轴装式浮动支撑型式。

9.5 拉紧装置

9.5.1 拉紧装置应根据带式输送机长度、布置和要求确定，并应满足下列要求：

1 应满足输送带在启动、制动、逆止工况必需的张力和输送带垂度要求；

2 应满足拉紧滚筒在各种工况下位置的变化要求；

3 应满足储备带长行程的要求（螺旋拉紧除外）。

9.5.2 重锤式拉紧装置，可按下列要求选择：

1 带式输送机长度大于50m，并有安装空间时，宜采用垂直式重锤拉紧；

2 中长距离的带式输送机，当布置垂直重锤拉紧有困难时，宜采用塔架式重锤拉紧装置或车式拉紧装置；

3 向上输送的带式输送机，当倾角较大时可采用尾部重载车式拉紧装置。

9.5.3 固定式拉紧装置，应符合下列要求：

1 螺旋拉紧装置，宜用于长度不大于50m的短距离带式输送机；

2 固定式电动绞车拉紧装置，宜用于中长距离带式输送机。

9.5.4 自动式拉紧装置，宜用于拉紧力大并需要根据工况自动调整拉紧力的大型带式输送机。自动式拉紧装置的响应速度，应满足带式输送机启动和制动要求。

9.5.5 拉紧滚筒的拉紧行程，应根据带式输送机的长度、启动和制动方式、输送带的特性等因素确定，可按下式计算：

$$l_{Sp} \geqslant (\varepsilon_0 + \varepsilon_1) L + l_N \qquad (9.5.5)$$

式中 l_{Sp}——拉紧滚筒的拉紧行程（m）；

ε_0——输送带弹性伸长和永久伸长综合系数；

ε_1——托辊组间的输送带屈挠率；

l_N——输送带安装附加行程（m）。

9.5.6 不同类型输送带的输送带弹性伸长和永久伸长综合系数、托辊组间的输送带屈挠率及安装附加行程，可按表9.5.6选取。

表9.5.6 不同类型输送带的输送带弹性伸长和永久伸长综合系数、托辊组间的输送带屈挠率及安装附加行程

输送带类型		ε_0	ε_1	l_N (m)
分层织物芯	帆布	0.015~0.02	0.001	1~2
	尼龙	0.015~0.02	0.001	1~2
	聚酯	0.01~0.015	0.001	1~2
钢丝绳芯		0.0025	0.001	$l_u+0.5$

注：1 l_N与带式输送机长度及采用的输送带强度有关，带式输送机机长或输送带强度越高，取大值，反之取小值。当带式输送机采用螺旋拉紧时，可不考虑l_N；

2 l_u为输送带接头制作的总长度，见本规范附录B。

9.5.7 拉紧装置布置，应符合下列要求：

1 宜设在带式输送机稳定运行工况的输送带最小张力处；

2 较长的水平带式输送机，或倾角在3°以下的倾斜带式输送机，拉紧装置宜设在紧靠传动滚筒的输送带绕出侧；

3 机长较短的带式输送机，或倾角大于3°的向上输送的带式输送机，拉紧装置可布置在带式输送机尾部；

4 长距离带式输送机拉紧装置的位置，应进行张力分析后确定。特别长的带式输送机，经过动态分析后，可在带式输送机尾部或适当位置增设拉紧装置。

9.6 制动和逆止装置

9.6.1 倾斜带式输送机制动或逆止装置的选择，应符合下列规定：

1 发生逆转的向上输送的带式输送机，应装设制动装置或逆止装置；发生逆转的向上输送的大型带式输送机，应同时装设逆止装置和制动装置；

2 向下输送的带式输送机，必须装设制动装置；

3 向上及向下输送的带式输送机，制动装置的制动力矩不得小于带式输送机所需制动力矩的1.5倍。

9.6.2 长距离、大输送量、高带速的水平或微倾斜带式输送机，以及需要通过机械制动进行控制停机时间的带式输送机，应装设制动装置。

9.6.3 逆止装置的选择和布置，应符合下列规定：

1 带式输送机所需逆止力矩，可按下式计算：

$$M_L = (F_{St} - F_H) \frac{D}{2} \qquad (9.6.3-1)$$

式中 M_L——带式输送机所需逆止力矩（N·m）；

F_H——主要阻力（N）。按本规范第4.1节的公式计算，其中模拟摩擦系数取0.012~0.016。

2 带式输送机滚筒轴上的逆止装置，额定逆止力矩，可按下式计算：

$$M = k_2 M_L \qquad (9.6.3-2)$$

式中 M——逆止装置额定逆止力矩（N·m）；

k_2——逆止装置工况系数，取1.5~2.0，每天工作不超过3~4次，取低值，否则取较高值。

3 向上输送的带式输送机，逆止装置宜装设在头部滚筒轴、减速器输出轴或传动滚筒轴上，并应按本规范第5.1.2条第3款进行校核。

4 在一台带式输送机上安装多台机械逆止装置时，若逆止装置之间不能均衡受力，则每台逆止装置必须满足整台带式输送机所需的逆止力。并应验算与逆止装置相连的减速器输出轴或传动滚筒轴及其连接件的强度。

9.7 清 扫 器

9.7.1 在带式输送机卸料处应设清扫输送带承载面粘料的输送带清扫器。运送黏性大的物料时，宜设多道清扫器。

9.7.2 在带式输送机尾部的输送带回程段，或在可能有物料绕入的其他改向滚筒前，应设输送带空段清扫器。

9.7.3 露天布置的带式输送机，当工作条件较差或输送黏性物料时，应在与输送带承载面接触的滚筒上设清扫滚筒粘料的滚筒清扫器。并宜在可能有物料绕入的其他滚筒上，设滚筒清扫器。

9.7.4 露天布置的带式输送机，宜在带式输送机的水平段设雨雪清扫器。

9.8 输送带翻转装置

9.8.1 输送黏性物料的中长距离以上的固定式带式输送机，或用回程带输送物料的固定式带式输送机，宜设输送带翻转装置。

9.8.2 输送带翻转装置的类型和翻转长度（见图9.8.2），应根据输送带的宽度、横向刚度、弹性特性及输送带运行速度确定。当翻转装置位于下分支输送带的低张力区范围内时，可按表9.8.2选取。否则，应核算翻转长度。

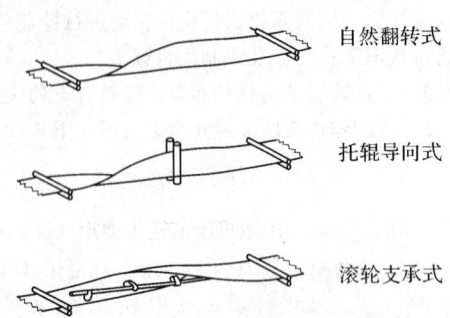

自然翻转式

托辊导向式

滚轮支承式

图 9.8.2 翻转装置的示意图

表 9.8.2 输送带翻转装置允许带宽及翻转长度值

输送带翻转装置类型	允许的输送带最大宽度(mm)	输送带类型		
		帆布	聚酯	钢丝绳芯
自然翻转式	1200	8B	10B	—
托辊导向式	1600	10B	12.5B	22B
滚轮支承式	2400	—	10B	15B

10 安全保护装置

10.1 一般规定

10.1.1 在带式输送机的输送线路中，必须装设下列检测保护装置：

1 拉线保护装置；

2 输送带打滑检测装置；

3 输送带防跑偏装置；

4 钢丝绳芯输送带纵向撕裂保护装置。

10.1.2 带式输送机的安全保护设计，应符合现行国家标准《带式输送机安全规范》GB 14784 的有关规定。

10.1.3 带式输送机拉紧装置为动力拉紧时，应设瞬时张力检测装置，拉紧装置应装设行程限位开关。

10.1.4 有 6 级以上大风侵袭危险的地区，露天布置的带式输送机宜设防输送带被吹翻的保护设施。

10.1.5 电气保护，应符合本规范第 14.5 节的有关规定。

10.2 紧 急 开 关

10.2.1 转载站应设紧急停机开关。在带式输送机人行道沿线，应设拉线保护装置。当带式输送机两侧设有人行道时，应在带式输送机两侧沿线同时设拉线保护装置。

10.2.2 带式输送机沿线的拉线保护装置间距，不宜超过 60m。

10.3 输送带保护装置

10.3.1 输送带打滑检测装置的选择，应符合下列规定：

1 小型短距离带式输送机，可设输送带速度检测装置；

2 长距离、张力大的大型带式输送机，输送带的打滑检测装置应能对带式输送机启动、稳定运行、制动全过程进行速度检测；

3 输送带允许的速度滑差率，应根据输送带张力、带速等条件确定。输送带张力较大时，在各种工况下允许速度滑差率，宜按下列范围选取：

　　1）报警信号：速度滑差率大于或等于 8%；

　　2）停机信号：速度滑差率大于或等于 8% 及运行时间大于或等于 20s，或速度滑差率大于或等于 12% 及运行时间大于或等于 5s。

10.3.2 输送带防跑偏装置的布置，应符合下列规定：

1 输送带防跑偏装置，宜设在带式输送机头部、尾部、凸弧段或凹弧段两侧机架上；

2 采用固定式托辊组的长距离带式输送机，可在带式输送机中间段增设防跑偏装置；

3 当带式输送机较短或采用吊挂式托辊组时，可只设在带式输送机头部和尾部。

10.3.3 输送带纵向撕裂保护装置，宜设在受料点等输送带易撕裂处。

10.3.4 重要的向上输送的钢丝绳芯输送带带式输送机，宜设钢丝绳芯输送带的接头监测装置。

10.4 料流检测保护装置

10.4.1 由多台带式输送机组成的输送系统，在带式输送机上设有湿式除尘的自动控制洒水系统时，应装设料流检测装置。

10.4.2 带式输送机应装设防物料堵塞溢料的溜槽堵塞检测装置。堵塞检测装置应满足振动、物料冲击和潮湿的工作条件要求。

10.5 向下输送的带式输送机保护装置

10.5.1 向下输送的带式输送机，应采取避免带式输送机运行超速事故的超速保护和失电保护措施。

10.5.2 当向下输送的带式输送机发生超速达到一级限定值时，应自动停止向带式输送机给料；当超速达二级限定值时，应自动制动减速进行停车。

超速的限定值应根据设备的具体情况确定。一级超速值不宜大于额定速度的 5%，二级超速值不宜大于额定速度的 10%。

10.5.3 向下输送的带式输送机，在供电系统故障停电时，应能自动进入要求的制动停机工况。

11 整机布置

11.1 一般规定

11.1.1 带式输送机的最大允许倾角，应根据被输送物料的种类及特性、带式输送机特性及技术参数、输送带类型、工作条件确定。

11.1.2 带式输送机线路布置，应减少中间转载环节，并应避免带式输送机倾角有较大的变化。

11.1.3 露天布置的长距离带式输送机，沿线应设维修车辆通道。当带式输送机多台并列布置时，维修车辆通道的位置应便于每条带式输送机线路维修。

11.2 受 料

11.2.1 带式输送机的受料，应满足输送系统工艺、布置、工作条件的要求。受料设备能力应与带式输送机设计输送量相适应，并应满足物料特性的要求。

11.2.2 高带速或输送块状物料的带式输送机，受料段应水平或微倾斜布置。当必须设在倾斜段时，应采取安全措施。

11.2.3 带式输送机受料段，不宜设在带式输送机槽形过渡段。

11.2.4 导料槽的布置，应符合下列规定：

　　1 导料槽的长度，应根据带式输送机的带速、物料特性、来料卸料溜槽的卸料角度等因素确定。导料槽的长度，应大于物料加速到稳定运行所需长度。

　　当物料流向输送带的方向与输送带运行方向间的夹角较小时，导料槽的长度可按 1.2 倍带速计算，但最小长度不宜小于 1.5m。当该夹角较大或在导料槽上装有除尘器时，应增加导料槽的长度；

　　2 多点受料的带式输送机，当受料点的间距较小时，可在受料点之间沿线全部设导料槽。当受料点的间距大于 10m 时，各受料点可单独设导料槽；中间受料点暂不受料的导料槽人料口应便于物料顺畅通过。

11.3 卸 料

11.3.1 带式输送机卸料设备，应根据物料的性质及工作条件布置，并应减小料流与带式输送机运行方向的夹角。卸料设备能力应与带式输送机受料设施相适应。

11.3.2 带式输送机需在多点卸料时，应根据物料特性、带式输送机参数等因素选择卸料设备，并应符合下列规定：

　　1 犁式卸料器宜设在带式输送机水平段，并应符合下列规定：

　　　　1）输送带接头应光滑，速度不宜大于 2.5m/s；

　　　　2）块状物料粒度不宜大于 25mm，混合物料的最大粒度不宜大于 50mm；

　　　　3）不宜用于卸载磨琢性大的物料。

　　2 卸料车应设在带式输送机水平段，并应根据输送的物料特性和卸料车结构选择输送带速度。

　　3 可逆配仓带式输送机应水平布置。

　　4 采用伸缩头多点卸料的带式输送机，伸缩头部分应水平布置。

11.3.3 溜槽的设计，应满足输送量、被输送物料的最大粒度的要求，并应符合下列规定：

　　1 倾斜段溜槽断面的净高度，不应小于 1.5 倍的物料最大粒度。分叉溜槽、变向溜槽等易造成物料堵塞的部位，应加大溜槽的断面尺寸；

　　2 溜槽布置，应降低物料垂直跌落高度。输送易碎或粒度较大物料时，应采取缓冲措施，并应使溜槽有合理的斜度。输送块状、硬度大、磨琢性大的物料时，溜槽应设耐磨或格栅衬板；

　　3 当带式输送机的带速大于 3.15m/s 时，宜在卸料溜槽设固定或可调缓冲板；

　　4 卸料带式输送机与受料带式输送机的运行方向的水平夹角大于 30°时，卸料溜槽宜设可调挡板；

　　5 大型溜槽应设检查门，检查门的位置应便于人员接近；

　　6 当环境工作温度低于 −25℃，或输送黏性物料时，溜槽应采取防冻及防粘措施。

11.3.4 高带速或输送块状物料的带式输送机溜槽，应采取防噪声措施。

11.4 槽形过渡段

11.4.1 槽形过渡段的最小长度（图 11.4.1-1 和图 11.4.1-2），可按表 11.4.1-1 和表 11.4.1-2 选取。

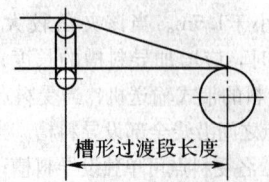

图 11.4.1-1 滚筒顶面位于槽形托辊组槽底面时，
槽形过渡段长度示意图

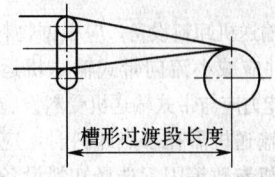

图 11.4.1-2 滚筒顶面处于槽形托辊组
槽深的 1/2 时，槽形过渡段长度示意图

表 11.4.1-1 滚筒顶面位于槽形托辊组槽底面时，槽形过渡段的最小长度

托辊槽形托辊组侧辊槽轴线与水平线间的夹角（°）	张力利用率（%）	织物芯输送带	钢丝绳芯输送带
20	<60	1.2B	2.8B
	60~90	1.6B	3.2B
	>90	1.8B	4.0B
35	<60	1.8B	3.6B
	60~90	2.4B	5.2B
	>90	3.2B	6.8B
45	<60	2.4B	4.4B
	60~90	3.2B	6.4B
	>90	4.0B	8.0B

表 11.4.1-2 滚筒顶面处于槽形托辊组槽深的 1/2 时，槽形过渡段的最小长度

槽形托辊组侧辊轴线与水平线间的夹角（°）	张力利用率（%）	织物芯输送带	钢丝绳芯输送带
20	<60	0.6B	1.0B
	60~90	0.8B	1.6B
	>90	0.9B	2.0B
35	<60	1.0B	1.8B
	60~90	1.3B	2.6B
	>90	1.6B	3.4B
45	<60	1.3B	2.3B
	60~90	1.6B	3.2B
	>90	2.0B	4.0B

注：1 张力利用率为输送带实际张力与许用张力的比率（%）；
　2 B 为输送带的宽度。

11.4.2 当在带式输送机槽形过渡段设过渡托辊组时，应根据过渡托辊组的位置选择槽形托辊组侧辊轴线与水平线间的夹角。

11.5 凸弧段与凹弧段

11.5.1 带式输送机凸弧段的曲率半径，应保证槽形输送带通过凸弧段时，输送带中间部分不隆起。弧段最小曲率半径可按下列公式计算：

　1 织物芯输送带：
$$R_1 \geqslant (38 \sim 42) B \sin \lambda \qquad (11.5.1\text{-}1)$$
　2 钢丝绳芯输送带：
$$R_1 \geqslant (110 \sim 167) B \sin \lambda \qquad (11.5.1\text{-}2)$$

式中　R_1——凸弧段曲率半径（m）。对于张力较大的带式输送机，或在输送带高张力区的凸弧段，宜选用较大的曲率半径值。

11.5.2 带式输送机凹弧段设计，应符合下列规定：

　1 在各种工况下，凹弧段的输送带不应抬起脱离托辊，或出现输送带边缘松弛皱曲现象。凹弧段最小曲率半径可按下列公式计算：

$$R_2 \geqslant \frac{k_d F_i}{q_B g \cos \alpha} \qquad (11.5.2)$$

式中　R_2——凹弧段曲率半径（m）；
　　　k_d——带式输送机动载荷系数，宜取 1.2~1.5。对惯性小，启、制动平稳的带式输送机可取 1.2~1.3，否则取大值；对具有软启、制动装置的带式输送机，可取1.2；
　　　F_i——输送带稳定运行工况弧段起点处的张力（N）。对布置复杂的带式输送机，F_i 应取最不利载荷条件下计算值；
　　　α——弧段的圆心角（°）。

　2 当空间布置困难，凹弧段输送带在最不利工况下有可能抬起时，应采取保证输送带抬起后不与其他物体碰撞的措施，也可设防输送带抬起的安全装置。

11.6 转载站及驱动站

11.6.1 转载站的布置，应减小物料落差，并应便于溜槽等设备的布置和调整。

11.6.2 转载站或驱动站的布置，应便于设备安装和检修，室内净高度不应小于 2500mm。当设检修平台时，平台面以上的净高度不宜小于 1900mm。

11.6.3 转载站和驱动站，应设起重梁或起重设备。起重梁或起重设备的布置应便于滚筒、驱动装置等主要设备的安装和拆卸。起重梁的高度应满足设备起吊的要求。

11.7 栈桥和地道

11.7.1 带式输送机栈桥，可采用封闭式、半敞开式或敞开式结构。

带式输送机栈桥和地道的净空尺寸，不应小于表11.7.1的数值。

表 11.7.1 带式输送机栈桥和地道的最小净空尺寸（mm）

建筑物名称		最小净高度	人行道最小净宽度	检修道最小净宽度
栈桥	单台 $B\leqslant1400$	2200	700	500
	单台 $B>1400$	2500	800	600
	双台 $B\leqslant1400$	2200	1000（中间人行道）	500
	双台 $B>1400$	2500	1200（中间人行道）	600
地道	单台 $B\leqslant1400$	2200	700	500
	单台 $B>1400$	2200	800	600
	双台 $B\leqslant1400$	2200	1000（中间人行道）	500
	双台 $B>1400$	2500	1200（中间人行道）	600

注：1 单台带式输送机栈桥，采用敞开式结构并在两侧设人行道时，人行道净宽度可按不小于700mm设计；

2 带式输送机栈桥或地道的净高度，系指垂直地面的净高度。当地道为拱形结构时，其拱脚高度不宜小于1.8m；

3 当3台及以上带式输送机并列布置时，栈桥或地道的净高度，宜适当增大。

11.7.2 半敞开式、敞开式栈桥，应根据当地的气候条件、环保及安全要求设计，并应符合下列规定：

1 敞开式栈桥的带式输送机，宜设防雨罩。防雨罩观察窗应便于观察物料运行情况；

2 带式输送机外侧，应设防护栏杆。防护栏杆的高度宜为1050mm；当栈桥距地面高度等于或大于20m时，防护栏杆的高度不得小于1200mm。

11.7.3 带式输送机栈桥跨越道路或设备时，应符合下列规定：

1 跨越铁路或道路时，栈桥下的净空尺寸应符合现行国家标准《工业企业标准轨距铁路设计规范》GBJ 12和《厂矿道路设计规范》GBJ 22的有关规定；

2 跨越设备或通道时，应设防止物料撒落的防护设施。

11.7.4 长距离固定式带式输送机无横向通道时，应在带式输送机上设人行跨线桥，人行跨线桥的间距或相邻两出口的距离，不宜大于150m。

人行跨线桥斜梯的净宽宜为700mm。

11.7.5 带式输送机栈桥和地道，应设安全出口，由操作点至安全出口的距离，不宜大于75m。

12 辅 助 设 备

12.0.1 带式输送机工程系统，可根据物料情况和工程需要，设金属监测器和除铁器、物料计量、采样及输送带更换装置等辅助设备，并应配备输送带接头设备。

12.0.2 金属监测器、除铁器的布置，应符合下列规定：

1 金属监测器，应设在输送系统起点的带式输送机上；

2 除铁器宜设在带式输送机头部卸料处或带式输送机中部。除铁器的布置，应便于吸出铁器的卸载和运输。

12.0.3 输送带硫化器的选择与布置，应符合下列规定：

1 电热硫化器应根据输送带类型、规格及强度确定。在煤矿井下或有爆炸气体危险的场所，电热硫化器必须满足防爆环境的要求；

2 输送带硫化作业，应设在电源方便、便于硫化作业的地点，并应便于输送带的铺设。当需在低温环境下进行接头硫化作业时，应采取保温措施。

12.0.4 带式输送机工程系统的计量装置选型，应符合下列规定：

1 计量装置的类型，应根据物料的性质、环境条件及输送系统对计量精度的要求确定。可选用电子皮带秤或核子皮带秤；

2 电子皮带秤的精度，应根据系统要求确定。电子皮带秤的安装，应符合现行国家标准《电子皮带秤》GB/T 7721的有关规定；

3 核子皮带秤的安全防护，应符合现行国家标准《含密封源仪表的放射卫生防护标准》GB 16368的有关规定；

4 工作条件较差、采用吊挂等柔性托辊、精度要求不高且输送的物料类别固定不变时，可采用核子皮带秤。

12.0.5 带式输送机工程系统的采样装置，应根据不同的用户要求和物料性质确定。

13 消防与粉尘防治

13.1 消 防

13.1.1 带式输送机工程系统应设完整的消防给水系统，消防用水及各建（构）筑物消防设计，应符合现行国家标准《建筑设计防火规范》GB 50016和《自动喷水灭火系统设计规范》GB 50084的有关规定。

13.1.2 带式输送机输送系统主要建（构）筑物和设备灭火设施，宜采用灭火器及消火栓。

13.1.3 移置式带式输送机及半移置式带式输送机的输送系统，沿输送系统铺设的消防给水管路，应满足带式输送机移动的要求。

在寒冷地区，消防给水管路的布置和敷设，应采取防冻措施。

13.2 除　尘

13.2.1 输送易起尘的物料时，应在带式输送机物料转载点采取密封和除尘措施。可根据物料性质，采用湿式除尘、干式除尘或干式除尘与湿式除尘联合除尘方式。当工艺不允许对物料加湿时，应采用干式除尘。

13.2.2 输送物料的洒水除尘加湿系统，应设在输送系统的起尘处。加湿系统宜采用自动控制。洒水除尘的用水量，应根据物料的水分及输送量确定。

13.2.3 机械除尘装置，应根据除尘设备的净化效率、运营费用、工作可靠性及操作管理方便等情况确定。除尘装置控制应与工艺设备进行连锁。

13.2.4 寒冷环境条件下，有可能发生冰冻的洒水喷雾除尘系统，应采取防寒措施。

13.3 清　扫

13.3.1 带式输送机栈桥、转载站地面的粉尘，宜采用水力冲洗清扫。

13.3.2 带式输送机栈桥及转载站，宜设专用冲洗管道。

13.3.3 地面冲洗后的污水及清扫器喷水清扫的污水，宜自流排泄，并应在楼板孔洞周围和伸缩缝处做防水处理。污水应就近排放到地面污水系统统一处理。

14 电气与控制

14.1 供电电源

14.1.1 同一条带式输送机工程输送系统的每台带式输送机，宜采用同一电源供电。当输送系统有中间料仓缓冲时，可酌情处理。

14.1.2 重要部位的大型带式输送机工程系统，宜采用双回路供电。

14.1.3 地面带式输送机的供电电压，可采用 10kV、6kV、0.66kV、0.38kV，煤矿井下带式输送机供电电压，可采用 10kV、6kV、1.14kV、0.66kV。

14.2 配　电

14.2.1 带式输送机的过负荷和短路保护，应根据负载启动特性确定。

14.2.2 带式输送机的控制电器，应满足温度、湿度、海拔高度、腐蚀、粉尘、爆炸、振动等环境的要求。

14.2.3 电动机、限位开关、插座等电气设备的结构部件和构架之间的连接表面有适当的导电面积时，在它们之间可不单独加保护导体连接。

14.2.4 爆炸和火灾危险环境下的带式输送机的配电，应符合现行国家标准《爆炸和火灾危险环境电力装置设计规范》GB 50058 的有关规定。

14.2.5 带式输送机栈桥、驱动站、控制站的防雷，应符合现行国家标准《建筑物防雷设计规范》GB 50057 的有关规定。

14.3 单机控制

14.3.1 带式输送机应具有就地启动和停止控制功能。

14.3.2 带式输送机工程输送系统启动预告时，应能就地因故停止启动。

14.3.3 带式输送机应能在紧急状态下断开电源停机，并应使制动设备在安全时间内实现制动。

14.3.4 对不需动力制动的驱动系统，紧急停机控制回路应采用断开带式输送机驱动电机接触器控制电源的直接作用方式，并应采用非自动复位式开关。

14.4 集中控制

14.4.1 简单的带式输送机工程输送系统，可采用小型可编程序控制器或继电器控制。

14.4.2 由多台带式输送机或多台设备组成的带式输送机工程输送系统，宜采用可编程序控制器为主机的集中控制，并应设上位计算机。

14.4.3 上位计算机应对系统各电气设备的状态监视和参数显示，并应完成生产数据文件管理。

14.4.4 带式输送机输送系统的电气联锁，应符合生产要求，并应保证安全，同时应可靠、简单、经济。

14.4.5 带式输送机输送系统的启动和停止程序，应按工艺要求确定。带式输送机输送系统中任何一台设备故障停机时，应使来料方向的带式输送机立即顺序停机。当带式输送机工程输送系统中间有料仓时，可根据具体情况处理。

14.4.6 带式输送机输送系统，应能解除联锁就地操作。

14.4.7 集中控制系统应设下列安全措施：

 1 启动预告信号，启动预告时间不应少于 10s；

 2 事故信号；

 3 对不需动力制动的驱动系统，紧急停机控制回路应采用直接作用方式；

 4 带式输送机宜在机旁装设就地/集中控制选择开关。

14.5 电气保护

14.5.1 带式输送机的驱动系统，应有完善的电气保护。主回路应有电压、电流表指示器，并应有断路、短路、漏电、欠压、过流（过载）、缺相、接地等保护。

14.6 通　信

14.6.1 带式输送机工程输送系统应设有行政管理通信和生产调度通信。

15 优化设计及动态分析

15.1 优化设计

15.1.1 大型带式输送机工程，宜进行设计优化。

15.2 动态分析

15.2.1 具有下列主要特征的大型带式输送机，宜采用动态分析方法进行优化设计：

1 带式输送机长度为 1.5km 以上；

2 带式输送机采用多点驱动或制动；

3 带式输送机线路有多个变坡段，特别是在带式输送机线路上有明显的上坡和下坡区段的变化；

4 带式输送机在不同工况下运行阻力具有明显的差异。

15.2.2 带式输送机的动态分析应对不利工况进行改进或调整设计，可根据情况分别采取下列措施：

1 调整或改换驱动装置，从而达到驱动装置驱动特性的调整；

2 在适当的位置增设制动装置；

3 改变拉紧装置的型式、拉紧力或位置；

4 必要时在驱动装置上增设飞轮；

5 对带式输送机驱动装置和制动装置采取控制措施；

6 改变停机方式。

15.3 避免共振设计

15.3.1 高速及大型带式输送机，应采取避免带式输送机发生共振的措施。

15.3.2 带式输送机可采取增大托辊直径、改变托辊间距或采用不等间距布置等方法避免共振。

附录 A 输送带上物料的横截面面积

表 A.1 等长三托辊输送带上物料横截面面积（m²）

带式输送机参数		物料的运行堆积角 θ（°）				
带宽 B（mm）	槽形托辊组侧辊轴线与水平线间的夹角（°）	10	15	20	25	30
500	20	0.01448	0.01678	0.01918	0.02175	0.02454
	25	0.01655	0.01877	0.02110	0.02358	0.02627
	30	0.01842	0.02055	0.02278	0.02515	0.02773
	35	0.02006	0.02208	0.02420	0.02646	0.02891
	40	0.02145	0.02335	0.02535	0.02748	0.02978
	45	0.02257	0.02435	0.02621	0.02820	0.03036

带式输送机参数		物料的运行堆积角 θ（°）				
带宽 B（mm）	槽形托辊组侧辊轴线与水平线间的夹角（°）	10	15	20	25	30
650	20	0.02659	0.03068	0.03498	0.03955	0.04451
	25	0.03043	0.03437	0.03851	0.04291	0.04769
	30	0.03386	0.03763	0.04158	0.04579	0.05036
	35	0.03684	0.04041	0.04415	0.04814	0.05247
	40	0.03934	0.04269	0.04620	0.04994	0.05400
	45	0.04134	0.04465	0.04771	0.05119	0.05496
800	20	0.04161	0.04804	0.05477	0.06194	0.06973
	25	0.04761	0.05380	0.06029	0.06721	0.07471
	30	0.05298	0.05890	0.06510	0.07171	0.07888
	35	0.05766	0.06326	0.06914	0.07540	0.08219
	40	0.06158	0.06684	0.07235	0.07823	0.08460
	45	0.06470	0.06960	0.07472	0.08019	0.08612
1000	20	0.06813	0.07844	0.08925	0.10076	0.11325
	25	0.07798	0.08790	0.09830	0.10938	0.12140
	30	0.08677	0.09623	0.10614	0.11670	0.12817
	35	0.09437	0.10330	0.11267	0.12265	0.13348
	40	0.10069	0.10905	0.11782	0.12716	0.13729
	45	0.10567	0.11342	0.12154	0.13019	0.13958
1200	20	0.09973	0.11487	0.13075	0.14766	0.16602
	25	0.11414	0.12872	0.14399	0.16028	0.17795
	30	0.12700	0.14091	0.15548	0.17102	0.18787
	35	0.13814	0.15129	0.16506	0.17975	0.19568
	40	0.14742	0.15973	0.17263	0.18638	0.20130
	45	0.15475	0.16617	0.17813	0.19088	0.20471
1400	20	0.13894	0.15981	0.18168	0.20499	0.23028
	25	0.15905	0.17911	0.20014	0.22255	0.24687
	30	0.17695	0.19607	0.21610	0.23745	0.26062
	35	0.19240	0.21044	0.22935	0.24951	0.27137
	40	0.20521	0.22207	0.23975	0.25858	0.27902
	45	0.21525	0.23085	0.24720	0.26463	0.28354
1600	20	0.18416	0.21167	0.24051	0.27125	0.30459
	25	0.21082	0.23726	0.26498	0.29451	0.32657
	30	0.23452	0.25971	0.28610	0.31422	0.34474
	35	0.25495	0.27870	0.30359	0.33012	0.35891
	40	0.27185	0.29403	0.31728	0.34205	0.36893
	45	0.28505	0.30555	0.32703	0.34992	0.37477

续表 A.1

带宽 B (mm)	槽形托辊组侧辊轴线与水平线间的夹角 (°)	10	15	20	25	30
1800	20	0.23572	0.27080	0.30757	0.34675	0.38927
	25	0.26985	0.30355	0.33888	0.37652	0.41737
	30	0.30017	0.33225	0.36587	0.40171	0.44059
	35	0.32627	0.35651	0.38821	0.42198	0.45863
	40	0.34782	0.37604	0.40562	0.43714	0.47134
	45	0.36460	0.39066	0.41797	0.44708	0.47867
2000	20	0.29251	0.33611	0.38180	0.43050	0.48333
	25	0.33486	0.37675	0.42065	0.46745	0.51822
	30	0.37250	0.41238	0.45417	0.49872	0.54705
	35	0.40491	0.44251	0.48192	0.52391	0.56948
	40	0.43169	0.46679	0.50357	0.54277	0.58531
	45	0.45256	0.48498	0.51896	0.55517	0.59447
2200	20	0.36753	0.42154	0.47814	0.53847	0.60392
	25	0.42078	0.47261	0.52692	0.58481	0.64762
	30	0.46795	0.51720	0.56882	0.62383	0.68353
	35	0.50837	0.55471	0.60328	0.65503	0.71120
	40	0.54152	0.58467	0.62989	0.67808	0.73038
	45	0.56706	0.60680	0.64844	0.69283	0.74099
2400	20	0.44442	0.51014	0.57902	0.65243	0.73209
	25	0.50879	0.57190	0.63803	0.70852	0.78500
	30	0.56590	0.62592	0.68882	0.75586	0.82860
	35	0.61495	0.67147	0.73071	0.79385	0.86235
	40	0.65532	0.70801	0.76323	0.82208	0.88594
	45	0.68658	0.73517	0.78610	0.84038	0.89927
2600	20	0.53577	0.61415	0.69629	0.78384	0.87883
	25	0.61340	0.68858	0.76737	0.85134	0.94246
	30	0.68210	0.75350	0.82834	0.90810	0.99464
	35	0.74086	0.80800	0.87836	0.95335	1.03472
	40	0.78894	0.85140	0.91686	0.98663	1.06233
	45	0.82582	0.88329	0.94352	1.00771	1.07736
2800	20	0.62790	0.72028	0.81709	0.92027	1.03222
	25	0.71887	0.80753	0.90043	0.99945	1.10690
	30	0.79948	0.88374	0.97205	1.06617	1.16829
	35	0.86858	0.94787	1.03097	1.11954	1.21564
	40	0.92529	0.99913	1.07653	1.15901	1.24851
	45	0.96902	1.03704	1.10834	1.18432	1.26677

表 A.2　二托辊输送带上物料横截面面积（m²）

带宽 B (mm)	槽形托辊组侧辊轴线与水平线间的夹角 (°)	10	15	20	25	30
500	20	0.01701	0.01917	0.02143	0.02384	0.02645
	25	0.01918	0.02119	0.02329	0.02553	0.02797
	30	0.02085	0.02268	0.02460	0.02665	0.02887
	35	0.02195	0.02359	0.02531	0.02714	0.02912
650	20	0.03043	0.03428	0.03833	0.04264	0.04732
	25	0.03432	0.03791	0.04167	0.04568	0.05003
	30	0.03729	0.04057	0.04401	0.04767	0.05164
	35	0.03926	0.04220	0.04527	0.04855	0.05210
800	20	0.04772	0.05377	0.06011	0.06687	0.07421
	25	0.05382	0.05945	0.06535	0.07164	0.07847
	30	0.05849	0.06363	0.06902	0.07476	0.08099
	35	0.06158	0.06618	0.07100	0.07614	0.08171
1000	20	0.07680	0.08654	0.09675	0.10763	0.11944
	25	0.08662	0.09569	0.10518	0.11531	0.12629
	30	0.09414	0.10241	0.11108	0.12033	0.13035
	35	0.09911	0.10652	0.11428	0.12254	0.13152
1200	20	0.11277	0.12708	0.14207	0.15805	0.17539
	25	0.12720	0.14050	0.15445	0.16931	0.18544
	30	0.13823	0.15038	0.16311	0.17668	0.19141
	35	0.14554	0.15641	0.16780	0.17994	0.19312
1400	20	0.15563	0.17537	0.19606	0.21811	0.24204
	25	0.17554	0.19390	0.21315	0.23366	0.25592
	30	0.19076	0.20753	0.22510	0.24383	0.26416
	35	0.20085	0.21585	0.23157	0.24833	0.26651
1600	20	0.20538	0.23143	0.25874	0.28783	0.31941
	25	0.23165	0.25588	0.28128	0.30835	0.33772
	30	0.25174	0.27387	0.29706	0.32178	0.34859
	35	0.26505	0.28485	0.30559	0.32771	0.35170
1800	20	0.26202	0.29525	0.33008	0.36721	0.40749
	25	0.29553	0.32645	0.35885	0.39338	0.43085
	30	0.32116	0.34939	0.37898	0.41051	0.44472
	35	0.33814	0.36339	0.38986	0.41807	0.44868
2000	20	0.32554	0.36683	0.41011	0.45624	0.50628
	25	0.36718	0.40559	0.44585	0.48875	0.53531
	30	0.39903	0.43410	0.47086	0.51003	0.55254
	35	0.42012	0.45150	0.48438	0.51943	0.55747

表 A.3　单托辊输送带上物料横截面面积（m²）

带宽 B (mm)	物料的运行堆积角 θ (°)				
	10	15	20	25	30
500	0.00470	0.00715	0.00971	0.01243	0.01540
650	0.00841	0.01278	0.01736	0.02224	0.02754
800	0.01319	0.02005	0.02723	0.03489	0.04320
1000	0.02123	0.03227	0.04383	0.05615	0.06952
1200	0.03118	0.04738	0.06436	0.08245	0.10209
1400	0.04303	0.06538	0.08881	0.11379	0.14088
1600	0.05678	0.08628	0.11720	0.15016	0.18592
1800	0.07244	0.11008	0.14953	0.19157	0.23719
2000	0.09000	0.13677	0.18578	0.23801	0.29469

附录 B　输送带硫化接头计算

B.0.1　钢丝绳芯和分层织物芯橡胶输送带的硫化接头的长度（见图 B.0.1），可按下式计算：

$$L_u = L_v + L_a \qquad (B.0.1)$$

式中　L_u——输送带接头制作的总长度（m）；

　　　L_v——输送带接头的长度（m）；

　　　L_a——输送带接头斜边投影长度（m），可取 $0.3B$。在特定条件下，可采用垂直接头型式。

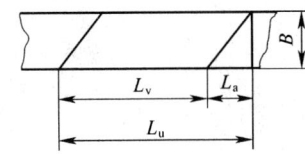

图 B.0.1　输送带硫化接头的长度

B.0.2　钢丝绳芯输送带硫化接头级数与最小接头长度，可按表 B.0.2 选取。

表 B.0.2　钢丝绳芯输送带硫化
接头级数与最小接头长度

输送带规格	接头级数	最小接头长度（m）
ST630	1 级	0.55
ST800	1 级	0.60
ST1000	1 级	0.60
ST1250	1 级	0.65
ST1600	2 级	1.05
ST2000	2 级	1.15
ST2500	2 级	1.35
ST3150	2 级	1.65
ST3500	3 级	2.35
ST4000	3 级	2.65
ST4500	3 级	2.80
ST5000	4 级	4.05
ST5400	4 级	4.45

注：当输送带制造厂对最小接头长度有技术要求时，按制造厂的要求确定。

B.0.3　分层织物芯输送带硫化接头长度，应符合下列规定：

1　多层织物芯输送带阶梯式接头，宜采用斜接头（见图 B.0.1）。

2　芯层为 3 层及以上的织物芯输送带，最小接头长度可按下式计算，也可按表 B.0.3 选取：

$$L_v = (n-1)L_s + 0.05 \qquad (B.0.3)$$

式中　L_S——输送带最小阶梯度（m）；

　　　n——织物芯输送带的芯层数。

表 B.0.3　3 层及以上的输送带硫化接头长度

织物芯层拉断强度 (N/mm·层)	L_S(m)	最小接头长度 L_v(m)			
		3 层	4 层	5 层	6 层
≤100	0.15	0.35	0.50	0.65	0.80
125～160	0.20	0.45	0.65	0.85	1.05
200～250	0.25	0.55	0.80	1.05	1.30
315～400	0.30	0.65	0.95	1.25	1.55
500～630	0.35	0.75	1.10	1.45	1.80

附录 C　托辊载荷计算

C.0.1　托辊静载荷可按下列公式计算：

1　承载分支托辊（不包括凸弧段）：

$$P_O = f_e a_O (q_G + q_B) g \qquad (C.0.1-1)$$

2　回程分支托辊（不包括凸弧段）：

$$P_U = f_e a_U q_B g \qquad (C.0.1-2)$$

式中　P_O——承载分支托辊静载荷（N）；

　　　f_e——托辊载荷系数。见表 C.0.1；

　　　P_U——回程分支托辊静载荷（N）。

表 C.0.1　托辊载荷系数

托辊型式	f_e
一个辊	1.0
二个辊	0.63
三个辊	0.8

C.0.2　托辊动载荷可按下列公式计算：

1　承载分支托辊：

$$P'_O = P_O f_R f_d f_a \qquad (C.0.2-1)$$

2　回程分支托辊：

$$P'_U = P_U f_R f_a \qquad (C.0.2-2)$$

式中　P'_O——承载分支托辊动载荷（N）；

　　　P'_U——回程分支托辊动载荷（N）；

　　　f_R——运行系数。见表 C.0.2-1；

　　　f_d——冲击系数。见表 C.0.2-2；

　　　f_a——工况系数。见表 C.0.2-3。

C.0.3　按式（C.0.1-1）、（C.0.1-2）、（C.0.2-1）和（C.0.2-2）计算后，应取最大值选择承载分支和回程分支托辊。

表 C.0.2-1　运行系数

每天运行时间 T (h)	f_R
$T<6$	0.8
$6{\leqslant}T{\leqslant}9$	1.0
$9<T{\leqslant}16$	1.1
$T>16$	1.2

表 C.0.2-2　冲击系数

物料粒度 D_0 (mm)	带　速 v (m/s)								
	2.0	2.5	3.15	4.0	4.5	5.0	5.6	6.3	7.1
$D_0{\leqslant}100$	1.00	1.00	1.00	1.00	1.00	1.00	1.02	1.05	1.09
$100<D_0{\leqslant}150$	1.02	1.03	1.06	1.09	1.11	1.13	1.17	1.23	1.28
$150<D_0{\leqslant}300$ 且细料中有少量大块	1.04	1.06	1.11	1.16	1.19	1.24	1.30	1.39	1.51
$150<D_0{\leqslant}300$ 且块料中有少量大块	1.06	1.09	1.14	1.21	1.27	1.35	1.45	1.57	1.73
$150<D_0{\leqslant}300$	1.20	1.32	1.57	1.90	2.09	2.30	2.60	2.94	3.50

表 C.0.2-3　工况系数

工　况　条　件	f_a
正常工作和维修条件好	1.00
有腐蚀或磨琢性物料	1.10
磨琢性较高的物料	1.15

本规范用词说明

1 为便于在执行本规范条文时区别对待，对要求严格程度不同的用词说明如下：

1) 表示很严格，非这样做不可的用词：
正面词采用"必须"，反面词采用"严禁"。

2) 表示严格，在正常情况下均应这样做的用词：
正面词采用"应"，反面词采用"不应"或"不得"。

3) 表示允许稍有选择，在条件许可时首先应这样做的用词：
正面词采用"宜"，反面词采用"不宜"；
表示有选择，在一定条件下可以这样做的用词，采用"可"。

2 本规范中指明应按其他有关标准、规范执行的写法为"应符合……的规定"或"应按……执行"。

中华人民共和国国家标准

带式输送机工程设计规范

GB 50431—2008

条 文 说 明

前　言

《带式输送机工程设计规范》GB 50431—2008，经住房和城乡建设部 2008 年 6 月 17 日以第 52 号公告批准发布，自 2008 年 12 月 1 日开始实施。为便于使用者正确理解和执行本规范，特按章、节、条顺序编制了本规范条文说明，供使用者参考。在使用过程中如发现本条文说明有修改或补充之处，请将意见函告

中煤国际工程集团沈阳设计研究院。

本规范主要审查人：王　鹰　张喜军　王荣相
　　　　　　　　　李　镜　刘　毅　鲍巍超
　　　　　　　　　李　群　王恩光　于　岩
　　　　　　　　　胡　军

目　　次

1 总　　则

1.0.1 带式输送机是重要和关键的散状物料输送设备，编制本规范的目的是统一和规范带式输送机工程设计，以满足我国带式输送机工程设计需要。本规范的编制，参照了国内带式输送机及输送带有关标准、规程的规定和经验总结，同时借鉴了国际标准和国外有关标准的规定，与相关标准进行了协调，以使本规范具有技术上的先进性、经济上的合理性、安全上的可靠性和实施上的可操作性。

1.0.2、1.0.3 本规范适用于所有用于输送各种散状物料的通用带式输送机工程设计。当被输送物料的堆积密度及工作环境温度超出本规范规定的适用范围时，设计应根据工程要求和物料的特点确定。

1.0.4 在我国带式输送机的应用极为广泛，是各行业不可缺少的散状物料输送设备。带式输送机工程设计，应符合本规范的规定。除此而外，还应执行现行国家标准《带式输送机安全规范》GB 14784 等的有关规定。

2 符　　号

所用符号，系参照现行国家标准《运输机械术语 带式输送机》GB/T 14521.4—1993 的规定及国家标准《连续搬运设备 带承载托辊的带式输送机 运行功率和张力计算》GB/T 17119—1997 的符号编制的。对于一些没有规定的符号，系参照国内和国外习惯用法编制的。

3 输送量、带速和带宽

3.1 输　送　量

3.1.1 带式输送机设计输送量，系指带式输送机在设计工况单位时间内输送物料的质量或体积，应根据工程设计要求的带式输送机工程系统输送量确定。

带式输送机工程系统输送量，系指按相关工程的有关设计标准的规定，并计入带式输送机系统生产能力不平衡等因素确定的输送量。

3.1.2 带式输送机理论输送量，为输送带具有最大允许装满程度时最大小时输送物料的体积（或质量）。其计算系依据现行国家标准《连续搬运设备 带承载托辊的带式输送机 运行功率和张力计算》GB/T 17119—1997 的规定制订的。

带式输送机的理论输送量，除受带式输送机水平输送时输送带上物料的最大横截面面积和输送带速度影响外，还与物料的特性、粒度及组成、实际的运行堆积角、带式输送机的运行条件、给料的均匀性等因

素及倾斜输送时的上部横截面面积减少的影响有关。

3.1.3 输送带上物料的最大横截面面积的计算，系依据现行国家标准《连续搬运设备 带承载托辊的带式输送机 运行功率和张力计算》GB/T 17119—1997 的规定编制的。

被输送物料的运行堆积角，与物料的流动性、粒度及组成、形状、表面粗糙度或光滑程度、含水量等因素有关，并应根据输送带速度、带式输送机长度等因素确定。一般可按物料静堆积角的 $50\%\sim75\%$ 近似计算。一般工作条件和输送普通物料时的运行堆积角，可参照表 3.1.3 的数值选取。表 3.1.3 的数据系参照了美国 CEMA 标准的规定制订的。高带速（$\geqslant$4m/s）或长距离带式输送机（$\geqslant$1500m）或流动性好的物料取小值，如露天矿连续开采工艺系统的长距离带式输送机，最低可取到 15°。

表 1 和表 2 为美国 CEMA 标准给出的常用散状物料的特性，该表为正常条件和一般物料情况下的物料特性，有时同一种物料的各个特性也可能不同，特别是物料的静堆积角和最大倾角，设计应考虑特定条件下的特性变化，如大气湿度、长期储存等。

表 1　常用散状物料特性

物料名称	堆积密度 ρ（t/m³）	静堆积角（°）	运行方向最大倾斜角（°）	分级代码
粉状明矾	0.72～0.80	30～44	—	B35
块状明矾	0.80～0.96	30～44	—	B35
铝矾土	0.80～1.04	22	10～12	B27M
铝屑*	0.11～0.24	45	—	E46Y
氢氧化铝	0.29	34	20～24	C35
氧化铝	1.12～1.92	29	—	A27M
硫酸铝	0.86	32	17	D35
硝酸铵	0.72	30～44	—	C36NUS*
硫酸铵（粒状）	0.72～0.93	44	—	C35TU*
细晶岩	1.12～1.28	30～44	—	A35
石棉矿或石棉岩矿	1.30	30～44	—	D37R
磨细的黑灰	1.68	32	17	B35①
干煤灰，76mm 及以下	0.56～0.64	45	—	D46T
湿煤灰，76mm 及以下	0.72～0.88	30～44	—	B36
飞灰	0.64～0.72	42	20～25	A37
煤气发生器的湿灰	1.25	—	—	D47T
铺路用的沥青	1.28～1.36	—	—	C45
破碎成 13mm 及以下的沥青	0.72	30～44	—	C35

物料名称	堆积密度ρ (t/m³)	静堆积角 (°)	运行方向最大倾斜角(°)	分级代码
甘蔗渣	0.11～0.16	45	—	E45Y
酚醛塑料和类似的塑料粉	0.56～0.72	45	—	B45
重晶石（硫酸钡）	2.88	30～44	—	B36
碳酸钡	1.15	45	—	A45
树皮、碎木料*	0.16～0.32	45	27	E45VY
大麦	0.59～0.77	23	10～15	B25N
玄武岩	1.28～1.65	20～28	—	B26
铝土矿，原矿	1.28～1.44	31	17	E37
铝土矿，破碎，76mm及以下	1.20～1.36	30～44	20	D37
100目及以下的膨润土	0.80～0.96	42	20	A36XY
荞麦	0.59～0.67	25	11～13	B25N
破碎过的电石	1.12～1.28	30～44	—	D36N
干燥的活性炭细粉	0.13～0.32	20～29	—	B26Y
粒状炭黑	0.32～0.40	25	—	B25Q
炭黑粉	0.06～0.11	30～44	—	A35Y①
铸铁碎屑	1.44～1.92	45	—	C36
硅酸盐水泥	1.15～1.59	30～44	20～23	A36M
疏散的硅酸盐水泥	0.96～1.20	—	—	A16M
水泥熟料	1.20～1.52	30～40	18～20	D37
高炉渣	0.91	35	18～20	D37T*
煤渣	0.64	35	20	D37T*
无烟煤（3mm及以下）	1.0	35	18	B35TY
无烟煤（筛分后）	0.88～1.0	27	16	C26
矿井烟煤（筛分后）	0.72～0.90	35	16	D35T
矿井烟煤，原煤	0.72～0.90	38	18	D35T
矿井烟煤，12mm以下粉末	0.69～0.80	40	22	C35T
露天矿采出的未洗烟煤	0.80～0.96	—	—	D36T
褐煤	0.64～0.72	38	22	D36T
松散焦炭	0.37～0.56	30～44	18	D37QVT
焦炭，6mm及以下	0.40～0.56	30～44	20～22	C37Y
铜矿石	1.92～2.4	30～44	20	D37*
脱粒的谷物	0.72	21	10	C25NW
去壳的谷物	0.64～0.72	30～44	—	B35W
麦片、玉米粉	0.51～0.64	35	22	B35W
碎玻璃	1.28～1.92	30～44	20	D37Z
白云石块	1.28～1.60	30～44	22	D36
白云石粉	0.74	41	—	B36
挖掘出的干泥土	1.12～1.28	35	20	B36

物料名称	堆积密度ρ (t/m³)	静堆积角 (°)	运行方向最大倾斜角(°)	分级代码
含黏土的湿土	1.60～1.76	45	23	B46
13mm筛下长石	1.12～1.36	38	18	B36
38～76mm块状长石	1.44～1.76	34	17	D36
糖厂的压滤渣	1.12	—	—	A15
小麦粉	0.56～0.64	45	21	B35P
鹅卵石	1.44～1.76	30	12	D36
石膏，13mm筛下	1.12～1.28	40	21	C36
石膏块，38～76mm	1.12～1.28	30	15	D36
铁矿石	1.60～3.20	35	18～20	D36*
铁矿石团粒	1.86～2.08	30～44	13～15	D37Q
高岭土，76mm及以下	1.00	35	19	D36
铅矿石	3.20～4.32	30	15	B36RT*
风干的褐煤	0.72～0.88	30～44	—	D35
石灰，磨碎3mm及以下	0.96～1.04	43	23	D35X
熟石灰，3mm及以下	0.64	40	21	D35MX
破碎的石灰石	1.36～1.44	38	18	C36X
泥灰岩	1.28	30～44	—	C37
带壳的花生	0.24～0.38	30～44	—	D35Q
花生仁	0.56～0.72	30～44	—	C35Q
挖掘机挖的软岩	1.60～1.76	30～44	22	D36
普通干燥粗盐	0.64～0.88	—	18～22	C36TU
普通干燥细盐	1.12～1.28	25	11	D26TUW
湿河砂	1.40～1.90	45	20～24	B47
干河砂	1.44～1.76	35	16～18	B37
型芯砂（铸造砂型用）	1.04	41	26	B35X
干燥的矿泥、煤泥、污泥	0.72～0.88	30～44	—	B36
含水的矿泥、煤泥、污泥	0.88	30～44	—	B36
破碎的页岩	1.36～1.44	39	22	C36
经破碎的高炉渣	1.28～1.44	25	10	A27
小麦	0.72～0.77	28	12	C25N
木屑	0.16～0.48	45	27	E45WY
大米	0.72～0.77	19	8	B15
水稻	0.58	30～44	—	B35M
木炭	0.29～0.40	35	20～25	D36Q

注：1 *可能变化较大；

2 物料的堆积密度及静堆积角因物料的水分、粒度不同而变化，应以实测为准，无实测数据可参考本表。向下输送的倾斜角应减小。

表 2　物料的分级

物　料　特　性		代码
粒度	非常细——100 目及以下	A
	细——3mm 及以下	B
	颗粒——小于 13mm	C
	块状——含 13mm 以上的块	D
	不规则形状——不规则、黏性、纤维状、相互交错的物料	E
流动性	流动性非常好，静堆积角小于 19°	1
	流动性好，静堆积角 20°～29°	2
	流动性一般，静堆积角 30°～39°	3
	流动性差，静堆积角 40°及以上	4
磨琢性	非磨琢性	5
	磨琢性	6
	磨琢性强	7
	非常锋利，易割破或擦伤输送带覆盖层	8
其他特性	灰尘非常大	L
	充气性并具有易流动性	M
	含有易爆炸性粉尘	N
	易被污染，影响使用或销售	P
	易分解，影响使用或销售	Q
	散发有害烟尘或粉尘	R
	具有强腐蚀性	S
	具有中等腐蚀性	T
	具有吸湿性	U
	互相交错	V
	会产生油或化学物质——可能影响某些橡胶制品	W
	可在压力下结实	X
	非常轻或蓬松——可能被风吹散	Y
	高温物料	Z

注：一种流动性好、有磨琢性，并含有爆炸性粉尘的细物料，标识为：A26N。

3.1.4 倾斜系数的计算公式（3.1.4），系根据德国工业标准《连续搬动设备　输送散状物料的带式输送机　计算及设计基础》DIN 22101—2002、现行国家标准《连续搬运设备　带承载托辊的带式输送机　运行功率和张力计算》GB/T 17119—1997 的规定制订的。公式（3.1.4）适用于带式输送机在运行方向上的倾斜角小于被输送物料的运行堆积角的带式输送机。当带式输送机在运行方向上的倾斜角大于或等于被输送物料的运行堆积角时，只有下部横截面面积存在。

公式（3.1.4）中的运行堆积角 θ 值，应与公式（3.1.3-2～3.1.3-6）中运行堆积角 θ 有区别。公式（3.1.3-2～3.1.3-6）中的 θ 值，是计算上部横截面面积 S_1 时，考虑物料特性和带式输送机长度等因素偏保守的安全值。在用公式（3.1.4）计算倾斜系数时，为了避免仍采用计算 S_1 所用的更安全的 θ 值，使倾斜带式输送机的装料断面过小，德国工业标准 DIN 22101—2002 规定，倾斜系数计算应采用物料的实际运行堆积角值。

"经筛分的中等块状的物料"，按我国粒度分级规定，中块的范围为 25～50mm。

表 3.1.4 中倾斜系数值，为正常情况下输送一般流动性物料的经验参考值，系参考日本等输送带制造厂的经验制订的。当 δ 角大于 20°时，设计者应根据带式输送机的工作条件、运行工况等情况确定倾斜系数值。

3.2　带　速

3.2.1 带速是直接影响带式输送机性能和经济性的重要参数，提高带式输送机设计输送量的途径，一般通过提高带速或增大带宽来实现，提高带速较经济。在国外，为了提高输送系统的经济性，一般采用较高的带速，以 5.0～6.0m/s 为多，带速高的达 10.0m/s。我国的带式输送机也在向高带速发展，如元宝山露天煤矿的带式输送机最高为 5.85m/s，准格尔黑岱沟露天煤矿为 5.0m/s，小龙潭布沼坝露天煤矿、霍林河露天煤矿为 4.0m/s，大柳塔主井为 5.2m/s。通过多年的实践，高带速的应用为设计和制造积累了丰富的经验，带式输送机设计应首先考虑采用较高的带速。

矿山及地面的干线带式输送机系统，一般运距长、输送量大，为保证技术经济合理性，宜选择较高的带速，可采用 6.3m/s。

输送块状物料的倾斜带式输送机及无封闭输送粉尘大的粉状物料带式输送机，或有特殊要求时，宜适当降低带速。

3.2.2 为更加经济选择带速，在带速系列中增加了 3.55、4.5 和 5.6m/s 非标准带速值。如特殊需要，可选用其他非标准带速值。

3.3　带　宽

3.3.1 输送带宽度是影响带式输送机经济性的重要参数，带宽的选择不仅要带式输送机单机参数具有合理性，还应评价带式输送机工程系统的通用性和合理性。设计应综合比较和选择带宽和带速。

3.3.2 带式输送机带宽的选择应保证不撒料，初选带宽后应校核物料粒度尺寸。

1 带式输送机允许的最大粒度尺寸，影响的因素较多，表3.3.2的数值考虑了物料的运行堆积角、最大粒度尺寸和粒度组成等参数的影响。表3.3.2的数值系参照美国 CEMA 标准的规定和前苏联的资料制订的。对相同的粒度组成，由于物料的运行堆积角不同，其允许的最大粒度尺寸相差较大。通常，在同一带宽和大块含量相同的情况下，物料的运行堆积角越大，则允许的物料粒度尺寸相对越小。因此，表3.3.2 中给出了运行堆积角为 20°～30°时常用物料的最大粒度尺寸范围。当运行堆积角超过 30°时，允许的最大粒度尺寸应适当减小。

根据实践经验，较大的带宽虽然理论上可输送较大的粒度尺寸，但过大的粒度会对带式输送机造成危害，增加了对受料点托辊的冲击和输送带的磨耗。目前国内和国外的散状物料运输，一般需对大块进行破碎处理，大块尺寸一般不超过 500mm。因此本规范将 1600mm 以上的较大带宽的允许最大粒度尺寸适当下调。如确需运送更大的粒度，应对带式输送机转载溜槽结构、受料点的缓冲、托辊承载能力等采取必要的措施。

2 如无物料粒度的组成数据，可按公式(3.3.2-1)及（3.3.2-2）估算。但应用值不宜超过表 3.3.2 建议的粒度尺寸范围。

4 运行阻力与驱动功率

4.1 运 行 阻 力

4.1.1 带式输送机运行阻力的计算，系根据现行国家标准《连续搬运设备 带承载托辊的带式输送机运行功率和张力计算》GB/T 17119—1997 的规定制订的。

4.1.2 带式输送机的主要阻力，包括承载分支和回程分支托辊的旋转阻力，输送带的前进阻力。

运行输送带的模拟摩擦系数 f，为包括托辊的旋转阻力和输送带前进阻力等的综合摩擦系数。根据国际标准 ISO 5048：1989 和现行国家标准《连续搬运设备 带承载托辊的带式输送机 运行功率和张力计算》GB/T 17119—1997 的规定，通常取 0.020 作为模拟摩擦系数的基本数值进行计算，并根据下列不同情况确定模拟摩擦系数值：

1 对于固定的经过适当找正过的带式输送机，如托辊转动灵活，用来输送内摩擦系数小的物料，模拟摩擦系数可减低约 20%，到 0.016；如带式输送机找正不良，输送内摩擦系数大的物料，f 值可超过基本值约 50%，达到 0.030。

2 模拟摩擦系数基本值采用 0.020，仅适用于具有下列情况的带式输送机：

1）实际输送量为额定能力的 70%～110%；

2）输送内摩擦系数为中等的物料；

3）带式输送机承载分支为 3 个辊的承载托辊，托辊轴承采用迷宫式密封、托辊直径为 108～

159mm，侧辊的槽角为 30°；

4）输送带速度约为 5.0m/s；

5）工作环境温度为 20℃；

6）带式输送机承载分支托辊间距为 1.0～1.5m，回程分支托辊间距约为 3.0m。

3 在下列情况下，带式输送机模拟摩擦系数可超过 0.020，甚至达到 0.030：

1）被输送物料的内摩擦系数较大；

2）承载托辊侧辊的槽角大于 30°；

3）输送带速度大于 5.0m/s；

4）托辊直径小于 108mm；

5）工作环境温度低于 20℃；

6）输送带张力降低；

7）输送带采用织物芯等软芯层，覆盖层厚而柔软；

8）带式输送机找正不良；

9）运行条件：多灰、潮湿或为黏性的物料；

10）带式输送机承载分支托辊间距大于 1.5m，回程分支托辊间距大于 3.0m。

4 带式输送机制造和安装质量较好，可采用较小的模拟摩擦系数。

5 向下输送的带式输送机，为发电运行工况时，为保证安全，模拟摩擦系数应取 0.012。

由于模拟摩擦系数与诸多影响因素有关，设计应根据带式输送机制造和安装状况、参数和工作环境温度确定。如工作环境温度低于—25℃，模拟摩擦系数可能达到 0.030，过低的工作环境温度甚至超过 0.030。

4.1.3 带式输送机的附加阻力包括物料在加料段的惯性阻力和摩擦阻力、物料在加料段导料槽侧壁上的摩擦阻力、除传动滚筒以外的滚筒轴承阻力和输送带在滚筒上缠绕的阻力。

公式（4.1.3-7）中的 d_0 系指滚筒轴承的滚柱中心的回转圆尺寸。

4.1.4 带式输送机的主要特种阻力，通常包括托辊前倾的附加摩擦阻力、带式输送机设导料槽时的被输送物料与导料槽间的摩擦阻力。

4.1.5 带式输送机的附加特种阻力，通常包括清扫器与输送带产生的摩擦阻力、犁式卸料器的摩擦阻力及卸料车的摩擦阻力等。通常，可忽略卸料车的摩擦阻力进行简化计算。

4.1.6 带式输送机的倾斜阻力，是倾斜带式输送机的物料提升或下降阻力。输送带向上提升物料时，倾斜阻力为正值；向下输送物料时，倾斜阻力为负值。

4.2 传动滚筒圆周力

4.2.1 布置复杂的带式输送机，运行工况比较复杂，为保证带式输送机在任何工况下安全可靠地运行，应根据带式输送机的倾角及起伏情况，分别计算各种工况下传动滚筒所需圆周力（所有传动滚筒圆周力之和），取各种工况中的最大值。

4.2.2 传动滚筒所需圆周力，为带式输送机稳定运行工况各项阻力之和。一般计算公式（4.2.2-1），对所有长度的带式输送机都适用。特别对长度小于80m的短带式输送机，为保证计算结果的准确性，一般使用该公式。当带式输送机长度大于80m、布置简单（如水平或向下输送），仅在受料点设有导料槽时，可按简化公式（4.2.2-2）进行计算。

4.3 电动机功率

4.3.2 电动机所需功率是带式输送机在稳定运行工况，并考虑驱动系统传动效率等因素，传动滚筒所需运行功率的计算值。驱动系统传动效率，主要包括减速器、耦合器及联轴节传动效率、多机驱动功率的不平衡等驱动系统综合效率。正功率运行和负功率运行的驱动系统传动效率值，系根据国际标准 ISO 5048：1989 和现行国家标准《连续搬运设备 带承载托辊的带式输送机 运行功率和张力计算》GB/T 17119—1997 的规定制订的。

驱动系统传动效率，可根据驱动系统的减速器传动效率、多机驱动功率不平衡系数等各组成部分的效率综合确定。如采用鼠笼电动机配液力耦合器时，应另计入液力耦合器的效率。对多机驱动功率不平衡系数，采用鼠笼型电动机配调速型液力耦合器时，可取0.95；配变频调速或 CST 等可控启动系统时，可取0.97～0.98。

传动效率 η 中的数值，不包括电压降的影响。根据现行国家标准《供配电系统设计规范》GB 50052 对供配电系统电压和电能质量的规定，及电动机本身对供电电压的允许波动范围，通常情况下，不考虑电压降对驱动系统传动效率的影响。仅对特殊地区，电压波动较大，难以保证电动机的供电电压时，可计入电压降的影响系数。

特殊工作条件的电动机，功率计算应根据工作条件，如工作温度、海拔高度等因素确定。

4.4 驱动功率分配

4.4.1 带式输送机驱动单元的配置，应进行技术和经济比较确定。大功率系指带式输送机的驱动功率≥1000kW，小功率指带式输送机的驱动功率≤75kW。

4.4.3 多驱动单元的带式输送机，驱动单元配置部件应采用同型号部件，可减少功率不平衡等因素影响，便于部件互换和维修。

对于长距离带式输送机，经过方案比较，可采用直线摩擦式驱动或中间滚筒驱动等中间助力多点驱动方式，以降低输送带的最大张力。

5 输送带张力

5.2 输送带各点的张力计算

5.2.2 当输送带按刚体计算时，输送带沿程各点的张力，可按下列步骤计算：

1 按本规范第 5.1.3 条的输送带垂度限制条件，计算输送带的最小允许张力 F_{min}；以该张力点为起始点，按 5.2.2 条非稳定运行工况（启动和制动工况），输送带相邻两点的张力计算方法来计算输送带各点的张力；按 5.1.2 条传递牵引力条件要求，校核传动滚筒绕入点和绕出点的张力计算值，若不能满足要求，需按步骤 2 计算；

2 按本规范 5.1.2 条传递牵引力条件要求，计算输送带绕出点所需要的最小张力值；以此值为起始点，按 5.2.2 条非稳定运行工况（启动和制动工况），输送带相邻两点的张力计算方法来计算输送带各点的张力，并按 5.1.3 条输送带垂度限制条件校核最小张力值。若不能满足要求，则需按步骤 1 计算；

3 用步骤 1 及 2 的方法计算出各点的张力后，还应根据拉紧装置的特性确定实际拉紧力，如实际拉紧力与上述计算的拉紧力不一致，则应将调整后的拉紧力（单边张力）为起始点，计算带式输送机各点的张力；

4 有倾角起伏变化的带式输送机，应分段计算运行阻力，可按本规范 5.2.2 条稳定运行工况，输送带相邻两点的张力计算方法和本规范第 4.2.1 条规定的各种工况，对输送带各点的张力进行计算；

5 公式（5.2.2-1）及（5.2.2-2）关于输送带相邻两点的张力计算方法，不适用于输送带在传动滚筒或制动滚筒的绕入点与绕出点之间的张力关系。

5.2.3 输送带各点张力的计算，过去传统的设计是将输送带按刚体来计算，由于用这种计算方法得出的加减速过程中输送带的动张力结果不准确，往往对大型、布置复杂带式输送机采用加大输送带安全系数的办法解决。

输送带按其受力特性属黏弹性体。弹性波在黏弹性体内的传播，既有一定的波速又受一定的阻尼作用，致使在加速过程中输送带张力在不同位置、不同时刻都有变化。将输送带按黏弹性材料的力学特性计入，并综合计入驱动装置驱动力特性、带式输送机各运动体的质量分布、线路各区段的坡度变化、输送带运行阻力等各种影响因素，建立带式输送机运行动力学数学模型，可较准确计算出启动和停车过程中输送带各点不同时间的速度、加速度及张力变化（即带式输送机动态分析）。为准确计算启动和停车过程输送带各点张力，对于长距离带式输送机、大输送量（≥3000t/h）及高带速的大型带式输送机，或倾角多变、布置复杂的带式输送机，宜将输送带按黏弹性体计算，进行动态分析，以使设计经济合理，避免带式输送机出现运行事故。

国外从 20 世纪 80 年代开始就对一些长距离和布置复杂的带式输送机，将输送带按黏弹性体进行动态分析计算。通过分析，改进设计布置和驱动方式，降低了输送带强度（安全系数降到 5 以下），提高了带式输送机的可靠性和经济合理性。

5.3 拉 紧 力

5.3.1 输送带拉紧滚筒的拉紧力，是输送带在运行状态下拉紧滚筒应具有的拉紧力。为保证带式输送机在各种运行工况（启动、稳定运行、制动工况）下正常工作，拉紧滚筒的拉紧力应按最不利的条件设计，满足传动滚筒传递动力和输送带垂度限制条件的要求。

5.3.2 预拉紧力，是采用固定式拉紧的带式输送机，在静止状态下施加在拉紧滚筒的拉紧力。由于加减速时惯性力的影响，输送带所受的张力可能发生较大的变化，输送带各点的变形量随之改变，但输送带的总变形量不变，特别对于带式输送机线路有起伏的固定式拉紧的带式输送机，应对各种工况进行计算，按最不利的条件选择预拉紧力，保证在各种工况下，能满足本规范第 5.1 节的要求。

6 启动加速与减速停车

6.1 惯 性 力

6.1.1 带式输送机在加速和减速期间，惯性力的作用使带式输送机出现下列动力现象：

1 输送带的张力发生剧变，严重时造成破坏；

2 输送带在传动滚筒和制动滚筒的绕入点与绕出点的张力比值改变，严重时发生输送带打滑；

3 凹弧段的输送带脱离托辊而产生飘带；

4 张力变成负值的输送带区域发生折皱堆叠；

5 重锤拉紧装置的行程超过限位；

6 输送物料在输送带上发生滑动；

7 制动装置失灵，倾斜带式输送机上的物料下滑力推动输送带，造成飞车（特别是向下输送的带式输送机）。

带式输送机设计需对惯性力进行计算，并采取措施减少惯性力对设备的不良作用，保证带式输送机正常工作。

公式（6.1.1）中的"等效质量"，是指"转换到输送带上直线运动的等效质量"。

6.1.2 带式输送机运动体（输送带、物料和托辊）转换到输送带上直线运动的等效质量计算，将带式输送机承载分支及回程分支的每米机长托辊旋转部分的

质量 q_{RO} 和 q_{RU} 乘以系数 k_1，使其转换为输送带上直线运动的等效质量。

6.1.3 带式输送机除托辊外的旋转部件的等效质量 m_D，应包括驱动装置的电机、高速轴联轴器、液力耦合器、制动轮、减速器、低速轴联轴器、逆止装置及所有滚筒等旋转部件转换到输送带上直线运动的等效质量。公式（6.1.3）中 J_{iD} 应为驱动单元第 i 个高速轴上旋转部件或转换到高速轴上的转动部件的转动惯量。

6.2 启动加速

6.2.1 控制带式输送机加速度的目的是改善带式输送机的启动性能和降低输送带的动张力，减少冲击。设计应根据带式输送机性能、参数要求，选择符合要求的加速度。

1 带式输送机启动时，倾角变化越大、带式输送机长度越长，等效质量越大，则惯性力的作用使带式输送机出现的动力现象越复杂，对加速度控制应越严格，加速度取值应越小。因此，长距离带式输送机，特别是布置复杂、倾角变化较大的长距离带式输送机，平均加速度不宜大于 0.1m/s²；

长度 500m 以上的带式输送机（电动工况）或机长超过 200m 的向下输送的带式输送机（发电工况），启动加速度过大会造成带式输送机的动力现象突出，为改善带式输送机启动工况，不宜大于 0.2m/s²；

2 对倾角较大的向上或向下输送的倾斜带式输送机，在输送微小颗粒物料时，为保证物料与输送带间不打滑，启动加速度和制动减速度，应按下列公式进行校核：

1）启动时：
$$a \leqslant (\mu_1 \cos\delta_{max} - \sin\delta_{max})g \qquad (1)$$

2）制动时：
$$|a| \leqslant |\mu_1 \cos\delta_{max} + \sin\delta_{max}|g \qquad (2)$$

式中 μ_1——物料与输送带间的摩擦系数，取 0.5～0.7。

6.2.3 带式输送机驱动装置启动系数，为驱动装置对负载的启动能力。较简单的中小型带式输送机，通常采用直联减速器或通过限矩型液力耦合器联接减速器，可取 1.3～1.7。复杂的大型带式输送机，进行精确计算，通过动态分析求得。

6.3 减速停车

6.3.1 带式输送机在满载正常减速停车时，平均减速度应不大于 0.3m/s²。当带式输送机紧急停车或故障停电时，应采取措施减缓停车，使平均减速度不超过 0.3m/s²。

带式输送机长度越大、布置越复杂，带式输送机减速度应越小。对大型带式输送机（驱动功率≥1000kW、机长≥1500m）及机长 500m 以上的带式输

送机，满载正常停车时平均减速度不宜大于 0.2m/s²。布置复杂的大型长距离带式输送机，应减小减速度，不宜大于 0.1m/s²。

对有些带式输送机，在紧急停车或故障停电情况下，空载停车减速度难以满足要求时，可适当增大。

6.3.2 自由停车、减力停车、增惯停车和制动停车，是为保证带式输送机达到规定的减速度所采用的停车方式，对大型带式输送机，可根据布置及性能参数选择：

1 自由停车：切断驱动电动机电源后，由带式输送机本身运行阻力消耗运动能量的停车方式。适用于自由停车时停车时间满足要求的带式输送机；

2 减力停车：逐渐减小带式输送机驱动力的停车方式。如向上输送的带式输送机，当自由停车时间小于规定值时，需通过逐渐减小带式输送机驱动力延长停车时间，以保证规定的减速度值；

3 增惯停车：当自由停车时间小于规定值并采用减力停车时，为避免因电力故障使减力停车失效达不到减速时间要求而采用的停车方式。增惯停车，通常在驱动装置高速轴加装惯性飞轮，利用飞轮惯量延长停车时间，减小减速度；

4 制动停车：当带式输送机自由停车时间大于规定值时，需对带式输送机施加制动力的停车方式。

7 输 送 带

7.1 输送带选择

7.1.2 短距离带式输送机（80m 以内），输送带的张力较小，织物芯输送带可满足要求。而聚酯织物芯输送带，比棉织物芯输送带伸长率小、抗拉强度高，宜优先选用。大输送量、长距离带式输送机及提升高度大的带式输送机，一般输送带的张力大，宜采用钢丝绳芯输送带。

钢丝绳芯输送带，一般无横向承拉构件，容易被金属件、坚硬或大块物料划伤撕裂。当输送堆积密度大的块状物料时，在受料点容易划伤撕裂输送带，特别当受料点物料的直接落差较大时，更容易出现输送带的纵向撕裂事故。为保证输送带运行的可靠性，除在受料点采取措施避免或减少撕裂事故的发生外，宜对输送带的选型提出抗冲击、防撕裂的要求。

短距离带式输送机，在受料点受冲击频率比长距离带式输送机高，当采用钢丝绳芯输送带时，可根据受料点布置和物料的硬度、块度特性，确定输送带的抗冲击、耐撕裂要求。

当采用分层织物芯输送带时，应合理地选择输送带层数。层数过少，会造成输送带槽性在托辊组间变平缓引起撒料及增大运行阻力。层数过多，厚度和刚度增大，不利于运转的稳定性，易引起脱层，增加了滚筒的直径。根据国内外设计使用经验及制造厂的建议，织物芯输送带的层数，宜为 3～6 层。除特殊要求外，最多不应超过 8 层。

7.1.3 该条为强制性条文，规定在有爆炸、燃烧危险的工作场所，必须采用阻燃输送带，以保证安全，避免或减少可能出现的事故。

7.1.4 输送带在寒冷环境条件下工作时，普通输送带的覆盖层易出现变硬、表面龟裂、成槽性差，甚至发生输送带在滚筒上打滑现象。设计应根据寒冷环境的工作温度，选用相应温度等级耐寒输送带，保证设备可靠运转。

当被输送物料的温度高于 60℃ 时，普通输送带覆盖层难以适应高温的要求，应选用相应温度等级的耐热或耐高温输送带。

7.1.5 对同一工程项目，为便于管理和维修，输送带的选择，除考虑单机的合理性，还应综合评价输送系统的通用性和经济性，尽量减少输送带的类型和规格。

7.2 覆盖层的确定

7.2.2 输送带的上覆盖层厚度，当输送密度大、粒度大或磨琢性大的物料时应选用较厚的上覆盖层。对工作循环时间较短的输送带，当被输送的物料堆积密度大、粒度尺寸较大时，宜适当加大上覆盖层厚度，以保证输送带在规定使用期内不会出现覆盖层过早磨损而使芯层暴露造成损害，影响使用寿命。

为减小输送带运行阻力，下覆盖层厚度不宜大，但对分层织物芯输送带应有合理的上下覆盖层厚度比例，以避免产生不允许的横向起拱。德国工业标准《连续搬运设备 输送散状物料的带式输送机 计算及设计基础》DIN 22101—2002 规定，上下覆盖层厚度比，宜控制在 3：1 以内，对于钢丝绳芯输送带不限制这个比值。

7.2.3 织物芯输送带的下覆盖层厚度，应在计划使用期内输送带芯层不会因覆盖层与滚筒或托辊磨损而暴露，在任何情况下覆盖层最小厚度都不应该小于表 7.2.3-1 规定的数值。织物芯输送带的上覆盖层厚度，因受物料等多种因素影响，应在表 7.2.3-1 的基础上，加上表 7.2.3-3 规定的覆盖层附加厚度值。

表 7.2.3-1～表 7.2.3-3 的数值系参照德国工业标准《连续搬运设备 输送散状物料的带式输送机 计算及设计基础》DIN22101—2002 规定制订的。

7.2.4 钢丝绳芯输送带覆盖层厚度规定，系参照德国工业标准《连续搬运设备 输送散状物料的带式输送机 计算及设计基础》DIN 22101—2002 的规定制订的。同时，参考了现行国家标准《普通用途钢丝绳芯输送带》GB/T 9770—2001 及《煤矿用阻燃钢丝绳芯输送带 技术条件》MT 668—1997 关于覆盖层厚度的标准系列值。

当在钢丝绳芯输送带覆盖层内设有预埋线圈等检测保护元件时，覆盖层的最小厚度应考虑增加保护元件后厚度增加的因素。

7.2.5 输送含油性、酸性、碱性和温度较高等特殊物料的输送带，覆盖层厚度应根据物料的特性、工作条件及要求确定。

7.2.6 输送带覆盖层性能，包括覆盖层拉伸强度、扯断伸长率、磨耗性能等，应根据被输送物料的性质选择相应性能的覆盖层。输送岩石类或大块物料的钢丝绳芯输送带，应选用拉伸强度大和耐磨性能好的覆盖层，拉伸强度不宜小于 20MPa，磨耗量不宜大于 150mm³。对一些磨损性大的物料可选用"D"级强耐磨性覆盖层。

7.3 输送带接头

7.3.1 输送带硫化接头，强度利用率高、接头光滑、寿命长，并有成熟应用经验，橡胶输送带应广泛采用。对钢丝绳芯输送带，应采用硫化接头方法。

冷黏合和机械连接接头，由于接头强度利用率低，可有限制的用于拉伸强度较低的水平布置的多层织物芯输送带。

织物整芯输送带，采用胶粘接头强度高，可达到 90% 以上，可充分利用带体的额定强度，宜首先采用胶粘接头。

7.3.2 橡胶输送带硫化接头方法和最小接头长度规定，系参照德国工业标准《普通用途钢丝绳芯输送带》DIN 22131 的有关规定，并依据现行国家标准《普通用途钢丝绳芯输送带》GB/T 9770—2001 的规定制订的。当制造厂对输送带接头有特殊技术要求时，可另行确定。

7.3.4 输送带接头是输送带的最薄弱环节，是影响输送带安全系数的关键部位。为保证接头的可靠性，应由输送带制造厂或经专业培训、有资格的专业人员，严格按接头技术要求进行施工。大型、重要带式输送机（如主提升系统）或提升高度较大的带式输送机，或采用不同厂家、不同批次的一些重要输送带接头，应进行强度试验。为保证接头强度的要求，必要时可定期进行影像检查。

7.4 输送带安全系数

7.4.1 输送带安全系数，关系到带式输送机安全、投资和运营费，设计应根据带式输送机具体条件合理确定安全系数值。德国工业标准《连续搬运设备 输送散状物料的带式输送机 计算与设计基础》DIN 22101—2002，将钢丝绳芯输送带设计安全系数，由 DIN 22101—1982 规定的 6.7～9.5 改为根据输送带运行条件和接头特征等因素确定，使输送带设计安全系数大为降低，最低可到 4.5。美国等国外一些带式

输送机动态分析公司及专家，认为随着带式输送机启、制动性能的提高及输送带接头参数和技术的改进，ST 1000～ST 6000 钢丝绳芯输送带安全系数，可降到 5.5 以下，并已应用多年。德国、英国、澳大利亚等国家正在运行的一些长距离带式输送机，钢丝绳芯输送带安全系数已降为 4.5～5.5。

在我国，随着带式输送机设计水平和输送带制造技术的提高，钢丝绳芯输送带的接头技术和质量有很大提高，如采用可控软启、制动技术，安全系数值可取 5～7。亦可参照德国工业标准《连续搬运设备 输送散状物料的带式输送机 计算与设计基础》DIN 22101—2002 的规定，参照下式计算：

$$S_A = \frac{S_0 S_y}{k_t} \qquad (3)$$

式中 S_0——与输送带工作环境及接头特征有关的安全系数，见表3；

S_y——与输送带运行条件有关的安全系数，见表4；

k_t——与输送带类型和接头有关的相对基准疲劳强度系数。当钢丝绳芯输送带的纵向拉伸强度为 1000～5400N/mm，其硫化接头的结构严格按德国工业标准 DIN 22129—4 的规定进行施工时，k_t 可取 0.45。对已老化或已使用过的输送带，应对 k_t 值进行修正。

表3 安全系数 S_0 值

输送带接头特征	特 征 分 类		
大气	正常	无尘	有漂浮灰尘
防晒	正常	良好	一般
温度	适中	18℃≤温度≤22℃	<10℃或>30℃
工作场所	正常	宽敞	窄小
工人技能	正常	优	一般
连接材料质量	正常	新	达到使用性极限
硫化装置质量	正常	优	一般
安全系数 S_0	1.1	有效安全系数	
		低 1.0	高 1.2

表4 安全系数 S_y 值

输送带和接头动态性能分类	特 征 分 类		
寿命期望值	正常	低	高
失灵时引起的连续故障	正常	低	高
化学/物理方面的应力	正常	低	高
启动/停止	>3/d <30/d	≤3/d	≥30/d
回转频率	>2/h <1/min	≤2/h	≥1/min
安全系数 S_y	1.7	有效安全系数	
		低 1.5	高 1.9

为保证输送带接头效率，保证接头的安全可靠性，对大型带式输送机及强度大、重要的输送带接头，设计应提出技术要求，对输送带接头进行必要的接头试验，以确保接头强度要求。

8 向下输送的带式输送机

8.1 一般规定

8.1.1 向下输送的带式输送机计算规定，适用于正常稳定负载运行时传动滚筒圆周力为负值的向下输送的带式输送机。

输送带各点的张力计算，应根据不同的计算目的（例如：计算凹弧段的飘带或皱曲等），采用不同的载荷组合。同时，在同一工况下，可以分别对各区段采用不同的模拟摩擦系数，以及对带式输送机各部件上产生的附加阻力和特种阻力分别取大值或小值。对于线路布置复杂（有向上和向下输送段）的带式输送机，为计算输送带某一点的张力极限值（最大值或最小值），需要对可能发生的各种工况分别进行计算，然后进行比较确定。

对加速和减速工况下输送带张力精确计算，可按本规范第 15.2 节的要求进行。

8.1.2 向下输送的带式输送机，传动滚筒圆周力为物料下滑力与带式输送机阻力之差。向下输送的带式输送机圆周力（尤其是带式输送机倾角较小时）对输送量的变化敏感，带式输送机超载会引起超速，严重时可能发生飞车等恶性事故。因此，应考虑带式输送机超载因素的影响，采取均衡给料措施，在设计计算中，应计入输送量超载因素，使带式输送机有相应的备用能力。

8.1.5 确定拉紧装置位置时，应注意电动运行工况与发电运行工况下传动滚筒上输送带松边和紧边位置的改变。当各工况所需拉紧力相差较大时，采用拉紧力可调的拉紧装置，有可能降低输送带的强度等级。

8.3 制 动

8.3.1 向下输送的带式输送机，制动装置应有工作制动和安全制动。工作制动装置应在最不利的工况，可靠地控制带式输送机，按规定的减速度制动停车。安全制动是带式输送机在最不利的工况停机后，能保持足够的制动力使带式输送机处于可靠的停机状态。

8.3.3 制动装置应能实现制动力可调，以满足向下输送的带式输送机的特殊需要，保证带式输送机的安全运行。

9 主 要 部 件

9.1 滚 筒

9.1.1 滚筒直径，应根据下列因素确定：

1 不同带芯材料的输送带，绕过滚筒时产生的弯曲应力；

2 输送带承受的应力；

3 输送带与滚筒之间的平均比压。

滚筒直径计算公式和表 9.1.1 的规定，系参照德国工业标准《连续搬运设备 输送散状物料的带式输送机 计算及设计基础》DIN 22101—2002 的规定制订的。

为了保证高张力区的传动滚筒面压不超过允许值，应进行面压校核。

9.1.2 传动滚筒和改向滚筒的结构，根据承载能力大小，可选用下列型式：

1 轴与轮毂为单键联结的单幅板焊接筒体结构。传动滚筒为单向出轴；

2 轴与轮毂为胀套联结。传动滚筒为单向出轴或双向出轴；

3 轴与轮毂为胀套联结，筒体为铸焊结构。传动滚筒为单向出轴或双向出轴。

通常，受力不大的滚筒，选用轴与轮毂为单键联结的单幅板焊接筒体结构。对扭矩及合张力大的传动滚筒或合张力大的改向滚筒，宜选用轴与轮毂为胀套联结，筒体为铸焊结构。

胶面传动滚筒可增加滚筒与输送带之间的摩擦系数，并可避免粘料，适用于圆周力较大、工作环境条件差、环境温度较低的条件。

胶面传动滚筒，采用人字形沟槽时应考虑滚筒旋转的方向性。双向运行的可逆带式输送机，传动滚筒胶面应为菱形沟槽。

对于工作环境条件较差的改向滚筒，为避免粘料应采用胶面滚筒。

9.2 托 辊 组

9.2.1 托辊所允许的带速，原则上按托辊转数不超过 600r/min 为基础计算。对输送量超过 3000t/h 或输送带质量较大的带式输送机，应对承载分支和回程分支托辊进行静载荷和动载荷验算。

9.2.2 吊挂托辊组具有柔性和自调重心功能，有利于防跑偏，特别适用于移置式、半移置式带式输送机。但对于向下输送的承载分支，由于吊挂托辊组中间辊的前移造成侧辊后倾，同样，对向上输送的回程分支，其侧辊向后倾斜，对防止输送带的跑偏不利。因此，对倾斜角度较大的固定式带式输送机，应评估吊挂托辊组上述因素的影响。

9.2.3 托辊组的布置，应根据带式输送机的参数和工作条件确定：

1 中长距离以上的带式输送机，输送带的张力较大，槽形过渡段长度（第一组槽形托辊组至滚筒的距离）往往大于标准托辊组间距。当槽形过渡段距离的计算值大于标准托辊组间距的 1.5 倍时，在槽形过渡段应设过渡托辊组，避免输送带悬空过大造成撒料或槽形托辊组负载太大；

2 托辊组间距，应根据带式输送机布置及参数确定。一般带式输送机，承载分支托辊组的间距可为1.0～1.2m，回程分支可为3.0m；长距离带式输送机的输送带张力较大，承载分支托辊组间距可增大为1.5m。经过动态设计的带式输送机，在满足输送带垂度要求的情况下，托辊组间距可大于1.5m。

3 前倾托辊组可起到对输送带纠正跑偏的作用，但托辊的前倾也增加了输送带的磨损，增加了带式输送机的驱动功率。对300m以上的带式输送机，不宜全部采用前倾托辊组，宜在头部和尾部设部分前倾托辊组。前倾托辊组的侧辊前倾角度越大，输送带的磨损越严重，因此，设计采用的前倾托辊组侧辊前倾角不宜大于3°；

4 露天布置或工作环境温度低，或输送黏性物料时，带式输送机回程分支的托辊易粘物料，钢面托辊粘料更为严重，容易造成输送带跑偏。恶劣工作条件，带式输送机回程分支宜全部采用梳形托辊组或增设部分螺旋托辊组，以防止物料黏结在托辊上。当工作条件较好时，回程分支可只设部分梳形托辊组。

9.3 机 架

9.3.1 带式输送机机架，包括头架、尾架和中间架。其型式和结构应满足带式输送机的性能、参数及工作条件要求，设计应根据带式输送机的具体要求选择。

9.3.2 头架与尾架是用于支承滚筒并承受输送带张力的装置，应根据带式输送机参数和要求采用相应机架型式和结构：

1 三角形头架和尾架，结构简单、受力好。布置简单的固定式带式输送机应优先选用。带宽较小和输送带张力较小的小型带式输送机（驱动功率75kW以内、机长80m以内），可采用简单的型钢焊接结构机架；

2 需定期移动的移置式带式输送机，头架和尾架不仅要满足带式输送机工作的要求，而且要满足移设时具有简便和可靠的要求。根据带式输送机的带宽和重量，中小型移置式带式输送机头架，多采用结构简单的滑撬式；大型移置式带式输送机的头架，因重量大，滑撬式移置困难，可采用驮运式型式。尾架重量相对较轻，可采用滑撬式结构。

9.3.3 固定式中间架，结构简单，投资少，适用于固定不动的带式输送机。固定式中间架的支腿，可通过螺栓（或焊接）固定在混凝土基础或地面预埋件上。

移置式带式输送机，因经常整体拖挪移动，为满足移设要求、其中间架需采用滑橇底座。中间架结构设计应考虑移动时中间架的变形影响。

9.4 驱动装置

9.4.2 带式输送机驱动装置，应根据带式输送机工作参数和性能要求选择，常用的主要型式：

1 鼠笼型电动机与减速器直联驱动装置，为电动机直接负载启动驱动系统。启动电流大，带式输送机启动加速度大，易引起输送带打滑。宜用于驱动功率37kW及以下的单机驱动的小型短距离带式输送机；

2 鼠笼型电动机配限矩型液力耦合器的驱动装置，电动机与限矩型液力耦合器联合作用可改善带式输送机的启动性能，宜用于45kW及以上的带式输送机。新型加大后辅腔及侧辅腔的限矩型液力耦合器，启动性能有较大的改善，加大了限矩型液力耦合器的应用范围；

3 具有控制启、制动性能的驱动系统，包括调速型液力耦合器、CST系统、变频调速系统等。调速型液力耦合器可使带式输送机得到较宽的调速范围，较好地改善带式输送机启动、制动性能和调整多机驱动功率平衡，降低输送带的动张力。在我国调速型液力耦合器的制造和使用有较成熟的经验，可用于大中型带式输送机。变频调速和液粘装置、CST系统，具有控制启、制动功能，可对带式输送机启动加速和减速停机进行较精确的控制，较好地解决和改善长距离、大输送量及布置复杂的带式输送机的启、制动性能。宜用于长距离、布置复杂的大型带式输送机；

4 绕线型电动机、减速器驱动装置，在电动机转子回路采用串接电阻的方法改变电动机特性，可解决带式输送机启动控制和多机驱动系统功率平衡，宜用于大中型多机驱动带式输送机；

5 电动滚筒驱动装置，布置紧凑，占空间小，宜用于55kW以下的小功率带式输送机。

9.4.3 寒冷地区使用的带式输送机，当机长超过500m时，可增设约10%正常带速的慢速驱动系统，以避免长时间停机造成输送带与托辊或滚筒间黏结。

9.4.4 本条为强制性条文，带式输送机在具有爆炸危险的粉尘和气体环境工作，具有一定危险性，驱动装置的电气设备应符合现行国家标准《爆炸和火灾危险环境电力装置设计规范》GB 50058的规定。

9.4.5 带式输送机驱动装置的位置，除考虑带式输送机本机的合理性外，还应考虑工作条件、供电系统、交通及检修条件等影响。

单滚筒驱动，宜用于中小型带式输送机，可将驱动装置布置在带式输送机头部或尾部。多滚筒驱动，能传递较大功率和降低输送带张力，宜用于驱动功率较大的大中型带式输送机。对大型长距离带式输送机，经过驱动方案比较，可采用中间多点驱动。

9.4.6 移置式带式输送机的机架，在移设时容易产生变形。将驱动装置直接固定在机架上，机架的变形将影响驱动装置的安装精度，容易造成驱动装置故障，甚至造成损坏。驱动装置应安装在独立的驱动装置架上，并采用浮动支撑型式，可避免带式输送机机架变形对驱动装置产生影响。

轻型的小型移动带式输送机，其驱动装置型式或驱动装置架的结构可采取其他措施。

9.5 拉紧装置

9.5.1 拉紧装置的作用是拉紧输送带，使之具有保证正常运行、启动和制动时的最小张力，避免输送带打滑，防止输送带在托辊组之间的垂度超过允许值。

9.5.2 重锤式拉紧为恒张力拉紧方式，结构简单，在带式输送机启、制动或正常运行时可保证拉紧力不变，在国内外应用范围较广，最大带式输送机长度达10km，为设计优先选择的拉紧方式。

中长距离带式输送机，需较大的拉紧行程，可将拉紧滚筒小车布置在带式输送机下部，传动滚筒低张力侧，通过布置在带式输送机一侧的重锤拉紧塔架实现重锤拉紧。

带式输送机倾角较大时，可采用尾部重载小车式拉紧装置。

9.5.3 固定式拉紧装置，包括螺旋拉紧装置、固定式电动绞车拉紧装置等，拉紧滚筒的位置在各种工况下保持不变。螺旋拉紧装置所需的拉紧力一般通过丝杠手动调整，适用于长度50m以内的短距离带式输送机。对轻型物料和输送量特小的带式输送机，可适当增大应用范围。

固定式电动绞车拉紧装置，拉紧力大，可用于中长距离带式输送机。

9.5.4 自动式拉紧装置，包括自动式电动绞车或自动式液压拉紧装置。可根据带式输送机启动、运行、制动运行工况的不同要求，自动调整输送带拉紧力和响应拉紧滚筒的位置变化要求，宜用于布置复杂的大型带式输送机。

9.5.5 拉紧行程，主要用于补偿输送带弹性伸长、永久伸长、托辊间屈挠率、更换滚筒时放松输送带及储备输送带重新接头时所需的附加行程。对于长距离带式输送机采用可控启、制动装置时，特别是进行了动态分析时可减小拉紧行程。

9.6 制动和逆止装置

9.6.1 向下输送的带式输送机达到一定角度时，容易发生超速，向上输送的带式输送机容易发生逆转。现行国家标准《带式输送机安全规范》GB 14784—93规定，倾斜带式输送机应装设防止超速或逆转的装置，以保证设备的安全运行，使在带式输送机停机、动力被切断或出现故障时起保护作用。

制动装置是保证带式输送机不发生逆转或超速的装置，也可用来控制停机时间。逆止装置是上运带式

输送机停机时，防止输送带倒转的安全装置。美国CEMA标准规定，为安全将带式输送机的摩擦阻力按减少50％计算，即当垂直提升载荷所需的力大于水平运动的输送带和负荷所需阻力的1/2时，应设逆止装置。

大型的发生逆转的向上输送的带式输送机及主提升等重要的带式输送机，输送带倒转的危险性大，根据美国CEMA标准要求，为避免发生机械故障可能出现输送带倒转现象，除装设电动制动装置外，作为安全措施还应装设逆止装置。

9.6.2 水平及微倾斜向上输送的带式输送机或向下输送的带式输送机，当停机时间超过允许值时，一般通过制动装置来控制停机时间。长距离、大输送量、高带速的水平或微倾斜带式输送机，惯性力较大，停机时间可能超过允许停机时间，此时，应装设制动装置。

9.6.3 带式输送机逆止装置额定逆止力矩的计算及逆止装置工况系数的选择，系参照美国和日本有关制造厂的规定制订的。一台带式输送机上安装多台机械逆止装置时，一般难以保证逆止装置之间受力均衡，为保证带式输送机的安全运转，要求每台逆止装置必须满足整台带式输送机所需的逆止力。

9.7 清扫器

9.7.1 由于输送的物料性质、气候条件等因素影响，与物料接触的输送带承载面容易出现粘料现象，特别是输送黏性物料或在严寒地区输送黏性物料时，输送带粘料现象更为严重。应根据具体工作条件，采取不同结构、多道清扫、喷水清扫等输送带清扫装置，保证带式输送机的正常运转。

9.7.3 寒冷气候条件或输送黏性物料的露天带式输送机，物料易粘在输送带上，并粘在与输送带承载面接触的滚筒表面上。在这类滚筒处，应设清扫滚筒粘料的清扫器。避免由于滚筒的粘料，造成输送带跑偏或损坏输送带。同时，对虽与输送带非承载面接触，但有可能有物料绕入并造成滚筒表面粘料时，宜设清扫滚筒的清扫器。

9.7.4 露天的有水平或微倾斜段的带式输送机，在雨季停机状态下，其槽形输送带上会积存大量雨水，给输送系统的转载站造成污染，并影响带式输送机的安全运行。根据需要，宜在这些带式输送机的水平段上设雨雪清扫器，及时清扫雨雪。

9.8 输送带翻转装置

9.8.1 采用输送带翻转装置的目的，是在回程段将输送带翻转，使与物料接触的输送带承载面翻转到上面，避免与下分支托辊接触，有利于带式输送机下分支的清洁和减少下分支托辊的磨损。对输送黏性物料的带式输送机，效果明显。由于翻转装置需要一定的

空间高度，宜用于中长距离以上的固定式带式输送机。需用回程输送带输送物料时，翻转装置的作用是实现在回程段用输送带的承载面输送物料。

9.8.2 翻转装置设在带式输送机下分支的机头和机尾附近。输送带翻转装置的长度，系指输送带翻转180°所需长度。一般在输送带翻转装载的前后，各设一对水平托辊，以便输送带翻转的定位。

输送带翻转长度与输送带的宽度、类型及翻转装置的类型有关。翻转装置的常用类型有自然翻转式、托辊导向式和滚轮支承式。自然翻转式为翻转过程中不需任何装置的自然翻转。表 9.8.2 的数值，系参照德国工业标准《连续搬运设备 输送散状物料的带式输送机 计算及设计基础》DIN 22101—2002 的规定制订的。

10 安全保护装置

10.1 一般规定

10.1.1 为保证带式输送机的安全运行，在带式输送机上应设拉线保护装置、输送带打滑检测装置、输送带防跑偏装置、钢丝绳芯输送带的纵向撕裂保护装置等必需的安全检测保护装置，本条是强制性条文，目的是提高带式输送机工程系统的安全性和保证运行的可靠性。除上述强制性要求外，为避免输送带撕裂造成损失，输送块状物料的织物芯输送带也宜设纵向撕裂保护装置。其他安全检测保护装置，根据带式输送机需要选择。

10.1.3 对于固定式或自动式电动绞车拉紧及液压拉紧的带式输送机，应装有张力检测装置，并应在拉紧装置的极限位置设限位开关，目的是保证拉紧装置的安全运行。

10.2 紧急开关

10.2.2 带式输送机沿线设的紧急拉线保护装置的拉线，应便于人员操作和安全，宜采用包塑细钢丝绳。为了减少钢丝绳的下垂，便于人员操作，拉线保护装置间距不宜超过 60m，宜每 3~6m 设一组托绳环。

10.3 输送带保护装置

10.3.1 短距离（80m 以内）及张力小的带式输送机，输送带打滑检测装置，可只检测带式输送机稳定运行时输送带是否打滑。但为避免在启动过程中有可能出现输送带打滑，带式输送机系统控制可采取限定启动时间的超限措施，以检测启动过程中的打滑。

长距离带式输送机，一般输送带张力较大，输送带打滑超过允许范围时将造成极大的危害，而带式输送机启、制动状态最容易发生输送带打滑。因此，应采用对带式输送机的传动滚筒及从动系统的速度进行

比较的打滑检测装置，实现对带式输送机的启动、稳定运转、制动全过程进行打滑检测，以避免输送带打滑超过允许范围，保证带式输送机在各种工况下的安全运行。其速度滑差率的规定，系参照德国带式输送机制造厂家的规定制订的。

10.3.2 输送带防跑偏装置的作用是及时检测输送带跑偏（横向位移）的状况，当输送带跑偏超过一定值时，跑偏检测装置发出报警信号或停机信号，避免带式输送机发生安全事故。输送带防跑偏装置的位置，应是输送带易跑偏或输送带跑偏造成危险的地方。

10.3.4 矿井提升及提升高度较大等重要的向上输送的钢丝绳芯输送带带式输送机，为了保证带式输送机的安全运行，便于随时检测输送带的接头状态，宜设钢丝绳芯输送带接头动态检测装置。

10.4 料流检测保护装置

10.4.1 湿式除尘的自动控制洒水系统，为了避免无料洒水造成环境和设备污染等不利影响，应通过料流检测装置控制洒水系统。料流检测装置也适用于根据料流来控制输送系统各设备的启动。

10.4.2 带式输送机特别是高带速及输送量大的带式输送机，由于瞬间流量较大，溜槽堵塞事故将对系统造成严重后果，因此，在受料及相连的卸料溜槽应设溜槽堵塞检测装置。转载站环境一般都较差，露天作业更为严重，溜槽堵塞检测装置应满足振动、物料冲击和潮湿等工作条件的要求。

10.5 向下输送的带式输送机保护装置

10.5.2 向下输送的带式输送机超速限定值，应根据电动机发电运行状态的工作特性曲线及电气保护系统确定。在发出一级超速信号，停止向带式输送机给料后，带式输送机将继续加速一段时间，待将物料卸掉相当数量后，才开始逐渐减速。因此，一级超速限定值宜取小值，以有效的控制超速，避免发生二级超速，造成制动停机影响生产。在一级超速解除后，应在带速降至不大于额定速度后，再重新给料。

在发出二级超速信号时，应能够安全制动停机，而不会造成设备及有关设施发生破坏。在发生二级超速制动停机后，应检查设备及供电有无故障，在确认排除故障后，才能启动带式输送机。为了避免出现二级超速而进行制动停机，二级超速限定值与一级超速限定值的差值不宜太小。

11 整机布置

11.1 一般规定

11.1.1 带式输送机最大允许倾角的确定，受多种因素影响，其基本因素是被输送物料的种类及特性（堆

积密度、粒度及组成、水分、静堆积角等）。通常，最大允许倾角随着物料的堆积角增大而增大。同时，受外部环境及输送带承载面材料特性的影响，如在寒冷地区露天布置的带式输送机，低温使输送带表面摩擦系数降低，其最大允许倾角减小。

对具有防滑措施的特殊输送带或槽角较大的深槽带式输送机，应根据其结构确定最大允许倾角。

11.1.3 对多台并列布置的长距离输送系统，为便于带式输送机设备的安装和检修，沿线应有维修车辆通道。维修车辆通道位置，应能满足每台带式输送机的安装和维修要求。在带式输送机之间设的维修车辆通道，应考虑维修车辆进出和作业方便。

11.2 受 料

11.2.2 输送块状物料或带速大于 4m/s 时，倾斜受料段易出现物料的滚动和撒落等安全隐患，设计应避开倾斜段受料，特别是不应在倾斜角较大的倾斜段受料。当确需在倾斜段布置受料段时，为保证运行系统的安全，应采取增加导料槽长度等可靠措施。

11.2.3 带式输送机受料段，包括导料槽、缓冲托辊组及纵向撕裂检测保护等装置。为保证导料槽、缓冲托辊组与输送带的合理匹配，受料段布置宜避开过渡段。

11.2.4 导料槽的作用，是引导落入输送带上的物料，平稳达到正常带速，避免撒料。导料槽的长度，系指从受料中心点到输送方向上导料槽终点的长度。导料槽的长度取决于带速和物料流向输送带方向的分速度。当此角度较小时导料槽的长度可取小值，但最小长度不宜小于 1.5m，以保证料流的稳定。

垂直受料或在倾斜段受料时，应加大导料槽的长度。

设备上及厂房内的小型带式输送机，导料槽可根据工作条件布置。

11.3 卸 料

11.3.1 卸料设备在向带式输送机卸料时，应保证在合理流速情况下，使物料流向带式输送机运行方向，与带式输送机运行方向间的夹角尽量小。卸于输送带的物料，在达到额定带速前易产生紊流，当输送具有磨琢性或锐利的块状物料时，应避免垂直卸料，杜绝受料带式输送机逆向受料，以减小物料对输送带的冲击和磨损。

11.3.2 犁式卸料器，为固定式定点卸料方式。为减少对输送带的磨损，输送带速度不宜过高。卸载大于 50mm 大块和磨琢性物料时，易造成输送带过度磨损，应限制使用。

卸料车为连续移动式的卸料方式，可在卸料车的行走范围内任意点卸料。为便于卸料车行走，卸料车应设在带式输送机的水平段。目前，国内卸料车的常用带速不大于 2.5m/s。在国外露天矿山，卸料车可作为物料分流进行多点卸料，其带速达到 5m/s。设计可根据工程需要进行选择，当用于高带速带式输送机时，卸料车结构设计，应满足要求。

11.3.3 溜槽断面尺寸，与物料的性质、溜槽的结构有关，并取决于输送量和物料的最大粒度尺寸。根据煤炭系统的溜槽通用设计资料，溜槽断面积按下式计算：

$$A_C = \frac{Q}{3600\varphi_1 v\rho} \tag{4}$$

式中 A_C——溜槽的断面积（m^2）；

Q——带式输送机设计输送量（t/h）；

φ_1——溜槽的装满系数。可取 0.2～0.5，通常，煤取0.3～0.5，矸石取 0.2～0.4；

v——物料在溜槽的平均速度（m/s）。根据物料的特性，可取 0.75～2.0 m/s，>13mm 的块煤及矸石取0.75，原煤及精煤可取 1.5。

各行业可根据物料的特点确定溜槽断面。对输送系统，由于带式输送机减速度不同，停机时容易造成物料在溜槽堆积，带式输送机卸料溜槽及受料溜槽的容积，还应保证带式输送机系统在正常停机和紧急停机时不溢料。

在低温环境下工作或输送黏性物料时，物料易粘在溜槽内壁上，造成溜槽断面减小，容易发生物料堵塞。可在溜槽与物料接触的溜槽内壁设防粘、耐磨衬板。低温环境下的溜槽倾斜段，应耐寒、防粘衬板材料。在严寒地区，必要时采取加热措施。

11.4 槽形过渡段

11.4.1 带式输送机槽形过渡段长度，系指滚筒与相邻槽形托辊组之间的距离。槽形过渡段应使输送带边缘最大张力不超过输送带最大张力的 130%。

对输送带张力较大的过渡段，为防止输送带边缘产生过大的附加拉应力，减少过渡段的长度，滚筒的上平面宜高于槽形托辊组中心辊平面 1/3～1/2 槽深。

11.4.2 在槽形过渡段设的过渡托辊组之间或与相邻的槽形托辊组的距离，宜与标准槽形托辊组之间的距离相一致。并根据过渡托辊组的位置，合理的确定过渡托辊组的槽形托辊组侧辊轴线与水平线间的夹角，保证输送带均匀过渡，避免输送带在过渡托辊组上出现悬空等现象。

11.5 凸弧段与凹弧段

11.5.2 带式输送机的凹弧段，因输送带属于黏弹性体，按经验公式计算的凹弧段曲率半径值与实际需要有可能差异较大，设计可根据带式输送机布置情况进行调整。条件允许时，宜选用较大曲率半径值。

对空间较小、布置困难的小型带式输送机，或移动设备（堆取料机、卸料车等）上的带式输送机凹弧段，可根据需要布置，但应采取安全措施。德国移动设备的设计标准，按凹弧段输送带上有 25% 额定输送量的物料计算曲率半径值。

11.7 栈桥和地道

11.7.1 带式输送机栈桥和地道的净空尺寸，系参照煤炭、电力及国内有关设计资料，并依据国家标准的规定制订的最低要求，各行业可根据系统具体要求和特点，作适当调整，但最小不应小于表 11.7.1 规定的净空尺寸。

12 辅 助 设 备

12.0.3 电热硫化器是影响输送带接头质量的关键设备，应根据输送带的类型、规格及强度合理进行选择。硫化器加热板规格，应满足输送带接头尺寸、压力、温升等技术要求。

煤矿井下及有爆炸气体环境工作场所，必须采用防爆电热硫化器。并应轻便，便于拆装、搬运和操作。

12.0.4 带式输送机工程系统的电子皮带秤计量精度比核子皮带秤高，但对环境及安装条件要求严格，维护量比核子皮带秤大。对工作条件恶劣，带式输送机长度过短或柔性托辊的带式输送机，电子皮带秤难以保证精度，可选用核子皮带秤。核子皮带秤对带式输送机的安装等条件要求不严，但要求带式输送机的物料相对固定，粒度不宜大。

13 消防与粉尘防治

13.1 消 防

13.1.3 移置式及半移置式带式输送机，需经常进行搬迁或整体移置时，沿带式输送机敷设的消防给水管材，应满足移设造成的弯曲和变形影响。

在严寒地区，除考虑上述影响外，还应考虑冻结的影响。一般在固定地点设地下防冻快速启闭装置，带式输送机的消防给水管路为干式系统。

13.2 除 尘

13.2.1 输送物料的外在水分较小时，在输送或转载过程中易产生粉尘，如煤的外在水分小于 7% 时，易产生煤尘，煤中粉煤含量较多时，扬尘更为严重。应根据输送物料的类型和要求，在转载环节设除尘装置。除尘应采用以预防为主，综合防治措施，以满足环保的要求。

13.2.2 对输送物料进行加湿除尘时，应喷洒均匀避免局部过湿造成溜槽堵塞，洒水除尘用水量，可按下列参考式计算：

$$W=Q(\varphi_3-\varphi_2)\frac{k_s}{100} \qquad (5)$$

式中　W——用水量（t/h）；

　　　Q——带式输送机设计输送量（t/h）；

　　　φ_3——物料加湿后的外在水分所占质量比（%），煤可取 8%～10%。其他物料，根据需要确定；

　　　φ_2——物料加湿前的外在水分所占质量比（%）；

　　　k_s——水分蒸发和洒水不平衡系数。可取 1.3～1.5。

13.3 清 扫

13.3.1 带式输送机转载站、栈桥地面的水力冲洗的供水点位置，应便于清洗工作的操作，其间距不宜大于 30m。

带式输送机转载站、栈桥地面的水力冲洗的用水量，可按下式计算：

$$W=q_3 S_d n_1 \qquad (6)$$

式中　W——用水量（m³/d）；

　　　q_3——单位面积的冲洗水量。q_3 可取 0.006～0.01m³/m²；

　　　S_d——冲洗地面面积（m²）；

　　　n_1——每日冲洗次数，可取 2～3。

14 电气与控制

14.1 供电电源

14.1.1 对同一带式输送机工程输送系统的各设备，如由多个电源供电，任一电源故障都会影响该输送系统的正常工作，为提高系统的可靠性，对同一个输送系统，宜由单一的电源供电。

14.1.2 对一些重要部位的大型带式输送机工程系统，采用双回路供电，可保证设备可靠运行。任一回路故障，另一回路可保证设备正常运转。

14.2 配 电

14.2.1 熔断器作为短路保护时，应根据其特性及电动机启动情况确定。采用过负荷继电器保护时，保护装置的动作时间应能躲开启动电流非周期分量衰减时间。

14.2.2 对移置式带式输送机，当控制电器设备安装在头架上时，应考虑振动的影响，并采取必要的措施，避免控制电器误动作对人员和设备造成损害。

14.2.3 当电气设备的结构部件（如电动机、限位开关、插座等）和构架之间的连接表面有适当的导电面积时，可视为等电位连接。

14.3 单机控制

14.3.1 带式输送机解除联锁时应具备就地启动和停止控制的功能，便于设备检修和调试。

14.3.2 为保证人身及设备的安全，带式输送机启动预告时应能因故就地停止。

14.3.3 在紧急状态下，应能用紧急停机开关或拉线保护装置断开电源停机，避免故障扩大，保障安全。

14.3.4 对不需动力制动的驱动系统，采用非自动复位式按钮，主要是为了确保安全，在故障未排除之前，不允许在其他地方进行操作。

14.4 集中控制

14.4.2 可编程序控制器具有较强的逻辑控制能力，可实现实时控制，抗干扰能力强、使用方便。具有多条带式输送机系统或由多种设备组成的带式输送机工程输送系统，宜采用可编程序控制器。

14.4.3 设上位机可代替模拟盘，功能更完善。

14.4.4 联锁线有多种启动、停止方式，应适合工艺要求和运行的需要。

14.4.5 为避免物料堆积，输送线路中任一设备故障停机时，应使来料方向的带式输送机立即停机。

14.4.6 带式输送机输送线路应能解除联锁就地操作，以便就地调试带式输送机。

14.4.7 启动预告信号一般采用音响信号，带式输送机距离较长时，可沿线分段设置启动预告信号。事故信号便于人员随时了解设备运行状态，保障安全。直接作用方式紧急停机控制回路可更可靠地保障设备及人身安全。

15 优化设计及动态分析

15.1 优化设计

15.1.1 带式输送机工程设计不仅从满足输送量考虑带宽和带速的搭配，为达到技术经济合理，对大型带式输送机工程设计应进行优化，寻求最佳参数搭配和合理的结构设计，降低运营费用。

15.2 动态分析

15.2.1 带式输送机设计，在进行功率和张力计算时，通常是将输送带按刚体考虑。因而，造成在带式输送机启动和停机工况下所计算出的输送带张力，与实际情况相比存在较大的差异。

带式输送机动态分析是将输送带按黏弹性体（或弹性体）的力学性质，并综合计入驱动装置的机械特性与控制方式、各运动体的质量分布、线路各区段的坡度变化、各种运行阻力、输送带的初始张力、输送带的垂度变化、拉紧装置的型式、位置和拉紧力等因素的作用，建立带式输送机动力学模型，求得带式输送机非稳态运行过程中输送带各点随时间的推移所发生的速度、加速度及张力的变化。预报按传统的静态设计方法设计，带式输送机在启动和停机过程中可能出现的动态危险和不安全之处。提出改进和调整的措施，给出最优的设计和控制参数。

动态危险和不安全环节，主要有：带式输送机上输送带峰值高张力；可能出现不利工况的输送带低张力；拉紧装置的位移超出设计行程，位移的响应速度是否满足动态要求等。

15.3 避免共振设计

15.3.1 带式输送机的共振是指输送带的横截面振动固有频率与托辊转动的频率相近而发生共振，从而造成带式输送机发生共振，加速托辊和机架的破坏。避免共振设计是使输送带的固有频率与作为振源的托辊的激振频率避开。避免共振设计主要是针对满载稳定工况，个别情况需考虑空载稳定工况。

避免共振应满足下列条件：

1 低带速带式输送机：

$$f_r < f_p \tag{7}$$

$$f_r = \frac{v}{\pi d_G} \tag{8}$$

式中 f_r——托辊转动的频率（Hz）；

f_p——将输送带视为挠性体时输送带横截面振动固有频率（Hz）；

d_G——托辊直径（m）。

2 输送带的横截面振动固有频率 f_p，可按下列公式计算：

承载分支：

$$f_p = \frac{1}{2a_O} \sqrt{\frac{F_g}{q_G + q_B}} \tag{9}$$

回程分支：

$$f_p = \frac{1}{2a_U} \sqrt{\frac{F_g}{q_B}} \tag{10}$$

式中 F_g——计算固有频率处输送带张力（N）。

中华人民共和国国家标准

开发建设项目水土保持技术规范

Technical code on soil and water conservation
of development and construction projects

GB 50433—2008

主编部门：中华人民共和国水利部
批准部门：中华人民共和国建设部
施行日期：2008年7月1日

中华人民共和国建设部
公　　告

第 787 号

建设部关于发布国家标准
《开发建设项目水土保持技术规范》的公告

现批准《开发建设项目水土保持技术规范》为国家标准，编号为 GB 50433—2008，自 2008 年 7 月 1 日起实施。其中，第 3.1.1、3.2.1（1、2、3、4）、3.2.2（1、2）、3.2.3（1、2、3）、3.2.4（1、2、3、4、5）、3.2.5、3.3.1、3.3.2、3.3.3（1、3、4、5）、3.3.4、3.3.5、3.3.6、3.3.7、3.3.8（1、2、3、5）、3.4.1（1、2）、3.4.2（1、2、3）、3.4.3、5.1.1（5）、5.2.6（2）条（款）为强制性条文，必须严格执行。

本规范由建设部标准定额研究所组织中国计划出版社出版发行。

中华人民共和国建设部

二〇〇八年一月十四日

前　　言

本规范是根据建设部建标〔2003〕102 号文《关于印发"二〇〇二～二〇〇三年度工程建设国家标准制订修订计划"的通知》的要求，由水利部水土保持监测中心会同有关单位共同编制而成。

在规范编制过程中，编制组进行了广泛深入的调查研究，认真总结了《开发建设项目水土保持方案技术规范》SL 204—98 实施 9 年来的实践经验，吸收了相关行业设计规范的最新成果，认真研究分析了水土保持工作的现状和发展趋势，并在广泛征求意见的基础上，通过反复讨论、修改和完善，最后召开相关行业参加的全国性会议，邀请有关专家审查定稿。

本规范共分为 14 章和两个附录。主要内容是总则、术语、基本规定、各设计阶段的任务、水土保持方案、水土保持初步设计专章、拦渣工程、斜坡防护工程、土地整治工程、防洪排导工程、降水蓄渗工程、临时防护工程、植被建设工程、防风固沙工程等。

本规范中用黑体字标志的条文为强制性条文，必须严格执行。

本规范由建设部负责管理和对强制性条文的解释，由水利部负责日常管理，由水利部水土保持监测中心负责具体技术内容的解释。

本规范在执行过程中，请各单位注意总结经验，积累资料，随时将有关意见和建议反馈给水利部水土保持监测中心（北京市宣武区白广路二条 2 号，邮政编码 100053），以供今后修订时参考。

本规范主编单位、参编单位和主要起草人：

主 编 单 位：水利部水土保持监测中心

参 编 单 位：水利部水利水电规划设计总院

长江流域水土保持监测中心站

黄河水利委员会天水水土保持科学试验站

松辽水利委员会水土保持处

中国水电工程顾问集团公司

中国电力工程顾问集团公司

铁道第二勘察设计院

交通部公路科学研究所

中国有色工程设计研究集团

煤炭工业环境保护办公室

主要起草人：姜德文　郭索彦　赵永军　王治国

蔡建勤　张长印　秦百顺　李仁华

袁普金　孟令钦

目 次

1 总 则

1.0.1 为贯彻国家有关法律、法规，预防、控制和治理开发建设活动导致的水土流失，减轻对生态环境可能产生的负面影响，防止水土流失危害，制定本规范。

1.0.2 本规范适用于建设或生产过程中可能引起水土流失的开发建设项目的水土流失防治。

1.0.3 开发建设项目的水土流失防治应重视调查研究，鼓励采用新技术、新工艺和新材料，做到因地制宜，综合防治，实用美观。

1.0.4 水土保持工程设计除应符合本规范外，尚应符合国家现行有关标准的规定。

2 术 语

2.0.1 水土流失防治责任范围 the range of responsebility for soil erosion control

项目建设单位依法应承担水土流失防治义务的区域，由项目建设区和直接影响区组成。

2.0.2 项目建设区 construction area

开发建设项目建设征地、占地、使用及管辖的地域。

2.0.3 直接影响区 probable impact area

在项目建设过程中可能对项目建设区以外造成水土流失危害的地域。

2.0.4 主体工程 principal part of the project

开发建设项目所包括的主要工程及附属工程的统称，不包括专门设计的水土保持工程。

2.0.5 线型开发建设项目 line-type engineering

布局跨度较大、呈线状分布的公路、铁路、管道、输电线路、渠道等开发建设项目。

2.0.6 点型开发建设项目 block-type engineering

布局相对集中、呈点状分布的矿山、电厂、水利枢纽等开发建设项目。

2.0.7 建设类项目 constructive engineering

基本建设竣工后，在运营期基本没有开挖、取土（石、料）、弃土（石、渣）等生产活动的公路、铁路、机场、水工程、港口、码头、水电站、核电站、输变电工程、通信工程、管道工程、城镇新区等开发建设项目。

2.0.8 建设生产类项目 constructive and productive engineering

基本建设竣工后，在运营期仍存在开挖地表、取土（石、料）、弃土（石、渣）等生产活动的燃煤电站、建材、矿产和石油天然气开采及冶炼等开发建设项目。

2.0.9 方案设计水平年 target year of design

主体工程完工后，方案确定的水土保持措施实施完毕并初步发挥效益的时间。建设类项目为主体工程完工后的当年或后一年，建设生产类项目为主体工程完工后投入生产之年或后一年。

3 基 本 规 定

3.1 一 般 规 定

3.1.1 开发建设项目水土流失防治及其措施总体布局应遵循下列规定：

1 应控制和减少对原地貌、地表植被、水系的扰动和损毁，保护原地表植被、表土及结皮层，减少占用水、土资源，提高利用效率。

2 开挖、排弃、堆垫的场地必须采取拦挡、护坡、截排水以及其他整治措施。

3 弃土（石、渣）应综合利用，不能利用的应集中堆放在专门的存放地，并按"先拦后弃"的原则采取拦挡措施，不得在江河、湖泊、建成水库及河道管理范围内布设弃土（石、渣）场。

4 施工过程必须有临时防护措施。

5 施工迹地应及时进行土地整治，采取水土保持措施，恢复其利用功能。

3.1.2 开发建设项目水土保持设计文件应符合下列规定：

1 当主体工程建设地点、工程规模或布局发生变化时，水土保持方案及其设计文件应重新报批。

2 当取土（石、料）场、弃土（石、渣）场、各类防护工程等发生较大变化时，应编制水土保持工程变更设计文件。

3 涉及移民（拆迁）安置及专项设施改（迁）建的建设项目，规模较小的，水土保持方案中应根据移民与占地规划，提出水土保持措施布局与规划，明确水土流失防治责任，估列水土保持投资；规模较大的，应单独编报水土保持方案。

4 征占地面积在1hm² 以上或挖填土石方总量在1万 m³ 以上的开发建设项目，必须编报水土保持方案报告书，其他开发建设项目必须编报水土保持方案报告表，其内容和格式应分别符合附录A、附录B的规定。

5 水土流失防治措施应分阶段进行设计，其内容和要求应符合本规范第7～14 章的规定。

6 在施工准备期前，应由监测单位编制水土保持监测设计与实施计划，为开展水土保持监测工作提供指导。

3.2 对主体工程的约束性规定

3.2.1 工程选址（线）、建设方案及布局应符合下列规定：

1 选址（线）必须兼顾水土保持要求，应避开泥石流易发区、崩塌滑坡危险区以及易引起严重水土流失和生态恶化的地区。

2 选址（线）应避开全国水土保持监测网络中的水土保持监测站点、重点试验区，不得占用国家确定的水土保持长期定位观测站。

3 城镇新区的建设项目应提高植被建设标准和景观效果，还应建设灌溉、排水和雨水利用设施。

4 公路、铁路工程在高填深挖路段，应采用加大桥隧比例的方案，减少大填大挖。填高大于20m或挖深大于30m的，必须有桥隧比选方案。路堤、路堑在保证边坡稳定的基础上，应采用植物防护或工程与植物防护相结合的设计方案。

5 选址（线）宜避开生态脆弱区、固定半固定沙丘区、国家划定的水土流失重点预防保护区和重点治理成果区，最大限度地保护现有土地和植被的水土保持功能。

6 工程占地不宜占用农耕地，特别是水浇地、水田等生产力较高的土地。

3.2.2 取土（石、料）场选址应符合下列规定：

1 严禁在县级以上人民政府划定的崩塌和滑坡危险区、泥石流易发区内设置取土（石、料）场。

2 在山区、丘陵区选址，应分析诱发崩塌、滑坡和泥石流的可能性。

3 应符合城镇、景区等规划要求，并与周边景观相互协调，宜避开正常的可视范围。

4 在河道取砂（砾）料的应遵循河道管理的有关规定。

3.2.3 弃土（石、渣）场选址应符合下列规定：

1 不得影响周边公共设施、工业企业、居民点等的安全。

2 涉及河道的，应符合治导规划及防洪行洪的规定，不得在河道、湖泊管理范围内设置弃土（石、渣）场。

3 禁止在对重要基础设施、人民群众生命财产安全及行洪安全有重大影响的区域布设弃土（石、渣）场；

4 不宜布设在流量较大的沟道，否则应进行防洪论证。

5 在山丘区宜选择荒沟、凹地、支毛沟，平原区宜选择凹地、荒地，风沙区应避开风口和易产生风蚀的地方。

3.2.4 主体工程施工组织设计应符合下列规定：

1 控制施工场地占地，避开植被良好区。

2 应合理安排施工，减少开挖量和废弃量，防止重复开挖和土（石、渣）多次倒运。

3 应合理安排施工进度与时序，缩小裸露面积和减少裸露时间，减少施工过程中因降水和风等水土流失影响因素可能产生的水土流失。

4 在河岸陡坡开挖土石方，以及开挖边坡下方有河渠、公路、铁路和居民点时，开挖土石必须设计渣石渡槽、溜渣洞等专门设施，将开挖的土石渣导出

后及时运至弃土（石、渣）场或专用场地，防止弃渣造成危害。

5 施工开挖、填筑、堆置等裸露面，应采取临时拦挡、排水、沉沙、覆盖等措施。

6 料场宜分台阶开采，控制开挖深度。爆破开挖应控制装药量和爆破范围，有效控制可能造成的水土流失。

7 弃土（石、渣）应分类堆放，布设专门的临时倒运或回填料的场地。

3.2.5 工程施工应符合下列规定：

1 施工道路、伴行道路、检修道路等应控制在规定范围内，减小施工扰动范围，采取拦挡、排水等措施，必要时可设置桥隧；临时道路在施工结束后应进行迹地恢复。

2 主体工程动工前，应剥离熟土层并集中堆放，施工结束后作为复耕地、林草地的覆土。

3 减少地表裸露的时间，遇暴雨或大风天气应加强临时防护。雨季填筑土方时应随挖、随运、随填、随压，避免产生水土流失。

4 临时堆土（石、渣）及料场加工的成品料应集中堆放，设置沉沙、拦挡等措施。

5 开挖土石和取料场地应先设置截排水、沉沙、拦挡等措施后再开挖。不得在指定取土（石、料）场以外的地方乱挖。

6 土（砂、石、渣）料在运输过程中应采取保护措施，防止沿途散溢，造成水土流失。

3.2.6 工程管理应符合下列规定：

1 将水土保持工程纳入招标文件、施工合同，将施工过程中防治水土流失的责任落实到施工单位。合同段划分要考虑合理调配土石方，减少取、弃土（石）方数量和临时占地数量。

2 工程监理文件中应落实水土保持工程监理的具体内容和要求，由监理单位控制水土保持工程的进度、质量和投资。

3 在水土保持监测文件中应落实水土保持监测的具体内容和要求，由监测单位开展水土流失动态变化及防治效果的监测。

4 建设单位应通过合同管理、宣传培训和检查验收等手段对水土流失防治工作进行控制。

5 工程检查验收文件中应落实水土保持工程检查验收程序、标准和要求，在主体工程竣工验收前完成水土保持设施的专项验收。

6 外购土（砂、石）料的，必须选择合法的土（砂、石）料场，并在供料合同中明确水土流失防治责任。

3.3 不同水土流失类型区的特殊规定

3.3.1 风沙区的建设项目应符合下列规定：

1 应控制施工场地和施工道路等扰动范围，保

护地表结皮层。

2 应采取砾（片、碎）石覆盖、沙障、草方格或化学固化等措施。

3 植被恢复应同步建设灌溉设施。

4 沿河环湖滨海平原风沙区应选择耐盐碱的植物品种。

3.3.2 东北黑土区的建设项目应符合下列规定：

1 应保护现有天然林、人工林及草地。

2 清基作业时，应剥离表土并集中堆放，用于植被恢复。

3 在丘陵沟壑区还应有地面径流排导工程。

4 工程措施应有防治冻害的要求。

3.3.3 西北黄土高原区的建设项目应符合下列规定：

1 在沟壑区，应对边坡削坡开级并放缓坡度（45°以下），应采取沟道防护、沟头防护措施并控制塬面或梁峁地面径流。

2 沟道弃渣可与淤地坝建设结合。

3 应设置排水与蓄水设施，防止泥石流等灾害。

4 因水制宜布设植物措施，降水量在 400mm 以下地区植被恢复应以灌草为主，400mm 以上（含400mm）地区应乔灌草结合。

5 在干旱草原区，应控制施工范围，保护原地貌，减少对草地及地表结皮的破坏，防止土地沙化。

3.3.4 北方土石山区的建设项目应符合下列规定：

1 应保存和综合利用表土。

2 弃土（石、渣）场应做好防洪排水、工程拦挡，防止引发泥石流；弃土（石、渣）应平整后用于造地。

3 应采取措施恢复林草植被。

4 高寒山区应保护天然植被，工程措施应有防治冻害的要求。

3.3.5 西南土石山区的建设项目应符合下列规定：

1 应做好表土的剥离与利用，恢复耕地或植被。

2 弃土（石、渣）场选址、堆放及防护应避免产生滑坡及泥石流问题。

3 施工场地、渣料场上部坡面应布设截排水工程，可根据实际情况适当提高防护标准。

4 秦岭、大别山、鄂西山地区应提高植物措施比重，保护汉江等上游水源区。

5 川西山地草甸区应控制施工范围，保护表土和草皮，并及时恢复植被；工程措施应有防治冻害的要求。

6 应保护和建设水系，石灰岩地区还应避免破坏地下暗河和溶洞等地下水系。

3.3.6 南方红壤丘陵区的建设项目应符合下列规定：

1 应做好坡面水系工程，防止引发崩岗、滑坡等灾害。

2 应保护地表耕作层，加强土地整治，及时恢复农田和排灌系统。

3 弃土（石、渣）的拦护应结合降雨条件，适当提高设计标准。

3.3.7 青藏高原冻融侵蚀区的建设项目应符合下列规定：

1 应控制施工便道及施工场地的扰动范围。

2 保护现有植被和地表结皮，需剥离高山草甸（天然草皮）的，应妥善保存，及时移植。

3 应与周围景观相协调，土石料场和渣场应远离项目一定距离或避开交通要道的可视范围。

4 工程建设应有防治冻土翻浆的措施。

3.3.8 平原和城市的建设项目应符合下列规定：

1 应保存和利用表土（农田耕作层）。

2 应控制地面硬化面积，综合利用地表径流。

3 平原河网区应保持原有水系的通畅，防止水系紊乱和河道淤积。

4 植被措施需提高标准时，可按园林设计要求布设。

5 封闭施工，遮盖运输，土石方及堆料应设置拦挡及覆盖措施，防止大风扬尘或造成城市管网的淤积。

6 取土场宜以宽浅式为主，注重复耕，做好复耕区的排水、防涝工程。

7 弃土（石、渣）应分类堆放，宜结合其他基本建设项目综合利用。

3.4 不同类型建设项目的特殊规定

3.4.1 线型建设类工程应符合下列规定：

1 穿（跨）越工程的基础开挖、围堰拆除等施工过程中产生的土石方、泥浆应采取有效防护措施。

2 陡坡开挖时，应在边坡下部先行设置拦挡及排水设施，边坡上部布设截水沟。

3 隧道进出口紧临江河、较大沟道时，不宜在隧道进出口布设永久渣场。

4 输变电工程位于坡面的塔基宜采取"全方位、高低腿"型式，开挖前应设置拦挡和排水设施。

5 土质边坡开挖不宜超过 45°，高度不宜超过 30m。

6 公路、铁路等项目的取（弃）土场宜布设在沿线视线以外。

3.4.2 点型建设类工程应符合下列规定：

1 弃土（石、渣）应分类集中堆放。

2 对水利枢纽、水电站等工程，弃渣场选址应布设在大坝下游或水库回水区以外。

3 在城镇及其规划区、开发区、工业园区的项目，应提高防护标准。

4 施工导流不宜采用自溃式围堰。

3.4.3 点型建设生产类工程应符合下列规定：

1 剥离表层土应集中保存，采取防护措施，最终利用。

2 露天采掘场，应采取截排水和边坡防护等措施，防止滑坡、塌方和冲刷。

3 排土（渣、矸石等）场地应事先设置拦挡设施，弃土（石、渣）必须有序堆放，并及时采取植物措施。

4 可能造成环境污染的废弃土（石、渣、废液）等应设置专门的处置场，并符合相应防治标准。

5 采石场应在开采范围周边布设截排水工程，防止径流冲刷。施工过程中应控制开采作业范围，不得对周边造成影响。

6 排土场、采掘场等场地应及时复耕或恢复林草植被。

7 井下开采的项目，应防止疏干水和地下排水对地表土壤水分和植被的影响。采空塌陷区应有保护水系、保护和恢复土地生产力等方面的措施。

4 各设计阶段的任务

4.1 基 本 要 求

4.1.1 开发建设项目水土保持工程设计可分为项目建议书、可行性研究、初步设计和施工图设计四个阶段。

4.1.2 开发建设项目在项目建议书阶段应有水土保持章节。工程可行性研究阶段（或项目核准前）必须编报水土保持方案，并达到可行性研究深度，工程可行性研究报告中应有水土保持章节。初步设计阶段应根据批准的水土保持方案和有关技术标准，进行水土保持初步设计，工程的初步设计应有水土保持篇章。施工图阶段应进行水土保持施工图设计。

4.2 主 要 任 务

4.2.1 项目建议书阶段的主要任务应包括下列内容：

1 简要说明项目区水土流失现状与环境状况，预防监督与治理状况。

2 明确水土流失防治责任。

3 初步分析项目建设过程中可能对水土流失的影响。

4 提出水土流失防治总体要求，初拟水土流失防治措施体系及总体布局，提出下一阶段要解决的主要问题。

5 确定水土保持投资估算的原则和依据，匡算水土保持投资。

4.2.2 可行性研究阶段的主要任务应包括下列内容：

1 开展相应深度的勘测与调查以及必要的试验研究。

2 从水土保持角度论证主体工程设计方案的合理性及制约因素。

3 对主体工程的选址（线）、总体布置、施工组

织、施工工艺等比选方案进行水土保持分析评价，对主体工程提出优化设计要求和推荐意见。

4 估算弃土（石、渣）量及其流向，分析土石方平衡，初步提出分类堆放及综合利用的途径。

5 基本确定水土流失防治责任范围、水土流失防治分区及水土流失防治目标等。

6 分析工程建设过程中可能引起水土流失的环节、因素，定量预测水力侵蚀、风力侵蚀量及分布，定性分析引发重力侵蚀、泥石流等灾害的可能性。定性分析开发建设所造成的水土流失危害类型及程度。

7 确定水土流失防治措施总体布局，按防治工程分类进行典型设计并明确工程设计标准，估算工程量。对主要防治工程的类型、布置进行比选，基本确定防治方案。初步拟定水土保持工程施工组织设计。

8 基本确定水土保持监测内容、项目、方法、时段、频次，初步选定地面监测的点位，估算所需的人工和物耗。

9 编制水土保持工程投资估算，估算防治措施的分项投资及总投资，分析水土保持效益，定量分析水土流失防治效果。

10 拟定水土流失防治工作的保障措施。

4.2.3 初步设计阶段的主要任务应包括下列内容：

1 开展相应深度的勘测与调查。

2 分区（段）复核土石方平衡及弃土（石、渣）场、取料场的布置。

3 复核水土流失防治责任范围、水土流失防治分区和水土保持措施总体布局。

4 在项目划分的基础上进行水土流失防治措施的设计，说明施工方法及质量要求，进一步细化施工组织设计。

5 编制水土保持监测设计与实施计划。

6 编制水土保持投资概算。

4.2.4 施工图设计阶段的主要任务应包括下列内容：

1 进行水土流失防治单项工程的施工图设计。

2 计算工程量，编制工程预算。

5 水土保持方案

5.1 一 般 规 定

5.1.1 开发建设项目水土保持方案应达到下列防治水土流失的基本目标：

1 项目建设区的原有水土流失得到基本治理。

2 新增水土流失得到有效控制。

3 生态得到最大限度的保护，环境得到明显改善。

4 水土保持设施安全有效。

5 **扰动土地整治率、水土流失总治理度、土壤流失控制比、拦渣率、林草植被恢复率、林草覆盖率**

等指标达到现行国家标准《开发建设项目水土流失防治标准》GB 50434—2008 的要求。

5.1.2 水土流失防治责任范围的确定应符合下列规定：

1 开发建设项目防治水土流失的责任范围包括项目建设区和直接影响区。

2 项目建设区包括永久征地、临时占地、租赁土地以及其他属于建设单位管辖范围的土地。经分析论证确定的施工过程中必然扰动和埋压的范围应列入项目建设区。

3 直接影响区应通过调查、分析确定。

5.1.3 水土保持方案中水土保持工程的界定应符合下列原则：

1 主导功能原则。以防治水土流失为目标的工程为水土保持工程；以主体设计功能为主，同时具有水土保持功能的工程，不作为水土保持工程。

2 责任区分原则。对建设项目临时征、占地范围内的各项防护工程均作为水土保持工程。

3 试验排除原则。难以区分以主体设计功能为主或以水土保持功能为主的工程，可按破坏性试验的原则进行排除。假定没有这些工程，主体设计功能仍旧可以发挥作用，但会产生较大的水土流失，此类工程应作为水土保持工程。

5.1.4 主体工程及比选方案的水土保持分析与评价应包括以下内容：

1 主体工程是否满足本规范第 3 章的要求。

2 工程选址（线）、总体布局、施工组织（施工布置、交通条件、施工工艺及时序等）。

3 弃土（石、渣）场选址、数量、容量、占地类型及面积。

4 取料场分布、位置、储量、开采方式等。

5 主体工程防护措施的标准、等级、型式、范围等。

5.1.5 对生态可能有重大影响和严重危害的，总体布置和主体工程设计中不能满足水保持要求的，应提出要求与建议。

5.1.6 对施工交通、土石方调配、施工时序等应提出水土保持要求和建议。

5.1.7 对主体工程有否定性意见的，应由主体设计单位重新论证。

5.2 调查和勘测的一般规定

5.2.1 地质、地貌的调查内容与方法应符合下列规定：

1 地质调查内容应包括地质构造、断裂和断层、岩性、地下水、地震烈度、不良地质灾害等与水土保持有关的工程地质情况等。

2 地质调查应采取资料收集和野外调查方式进行。

3 地貌调查内容应包括项目区内的地形、地面坡度、沟壑密度、地表物质组成、土地利用类型等。

4 调查方法应采用地形图调绘（比例尺 1/5000～1/10000），也可采用航片判读、地形图与实地调查相结合的方法。

5.2.2 气象、水文的调查内容与方法应符合下列规定：

1 气象调查内容应包括项目区所处气候带、干旱及湿润气候类型，气温，大于等于 10℃有效积温，蒸发量，多年平均降水量、极值及出现时间、降水年内分配，无霜期，冻土深度，年平均风速、年大风日数及沙尘天数。

2 水文调查内容应包括一定频率（5 年、10 年、20 年一遇）、一定时段（1h、6h、24h）降水量，地表水系，河道不同设计标准对应的洪水位等与工程防护布设和设计标准相关的水文、气象资料。

3 调查方法应以收集和分析资料为主，辅以必要的野外查勘。

4 气象资料系列长度宜在 30 年以上。

5.2.3 土壤、植被的调查内容和方法应符合下列规定：

1 土壤调查内容应包括地带性土壤类型、分布、土层厚度、土壤质地、土壤肥力、土壤的抗侵蚀性和抗冲刷性等。

2 调查方法应为收集资料、现场调查和取样化验相结合。

3 植被调查内容应包括地带性（或非地带性）植被类型，项目区植物种类、乡土树种、草种及分布，林草植被覆盖率。

4 植被类型的调查可采用野外调查或野外调查与航片判读相结合的方法，乡土树种、草种的种类和造林经验等情况采取收集资料和现场调查相结合的方法。

5.2.4 水土流失的调查内容和方法应符合下列规定：

1 水土流失调查内容应包括水土流失类型、面积及强度、现状土壤侵蚀（流失）量或模数、土壤流失容许量、水土流失发生、发展、危害及其造成原因等。

2 调查方法：

1）水土流失类型和面积应采取收集资料并结合现场实地勘察进行。

2）项目周边地区的土壤侵蚀状况应收集和使用国家最新公布的土壤侵蚀遥感调查成果，项目区的土壤侵蚀状况应以调查、实测为主。

3）土壤侵蚀（流失）模数宜采用本工程和类比工程实测资料分析确定，采用数学模型法应有当地 3 年以上实测验证的参数。

4）水土流失发生、发展、危害及其造成原因应以调查和收集资料为主。

5）扩建工程应调查原工程的水土流失及水土保持情况。

5.2.5 水土保持的调查内容和方法应包括：

1 水土保持重点防治区划分成果，水土流失防治主要经验、研究成果。

2 水土流失治理程度，水土保持设施，成功的防治工程设计、组织实施和管护经验等。

3 主要经验与成果应采用资料收集和访问等方法，治理情况应采用实地调查与收集资料相结合的方法。

5.2.6 工程调查与勘测的调查内容和方法应符合下列规定：

1 主体工程的平面布局、施工组织可采用收集相关资料及设计文件的方法。

2 **对 100 万 m³ 以上的取土（石、料）场、弃土（石、渣）场以及其他重要的防护工程必须收集工程地质勘测资料及地形图（比例尺不低于 1/10000），并进行必要的补充测量。**

3 工程建设可能影响的范围应采用资料收集与实地调查相结合的方法。

5.3 项目概况介绍的基本要求

5.3.1 基本情况应包括建设项目名称、项目法人单位、项目所在地的地理位置（应附平面位置图）、建设目的与性质，工程任务、等级与规模，总投资及土建投资，建设工期等主要技术经济指标等，并附主体工程特性表。

5.3.2 项目组成及布置概况介绍应包括下列内容：

1 项目建设基本内容，单项工程的名称、建设规模、平面布置等（应附平面布置图）。扩建项目还应说明与已建工程的关系。

2 项目附属工程，包括供电系统、给排水系统、通信系统、本项目内外交通等。

5.3.3 施工组织概述应包括下列内容：

1 施工布置、施工工艺、主要工序及时序，分段或分部分进行施工的工程应列表说明，重点阐述与水土保持直接相关的内容。可附主要施工工艺（方法）流程图。

2 施工方法特别是土石方工程挖、填、运、弃的施工方法、工艺。

3 建设生产用的土、石、砂、砂砾料等建筑材料的数量、来源、综合加工系统，料场的数量、位置、可采量等。

4 施工所用的水、电、风等能量供应方式及设施布局情况。

5.3.4 工程征占地可包括永久性占地和临时性征占地，应按项目组成及行政区分别说明占地性质、占地类型、占地面积等情况。

5.3.5 土石方工程量应分项说明工程土石方挖方、填方、调入方、调出方、外借方、弃方量。土石方平衡应根据项目设计资料、标段划分、地形地貌、运距、土石料质量、回填利用率、剥采比等合理确定取土（石）量、弃土（石、渣）量和开采、堆弃地点、形态等。并附土石方平衡表、土石方流向框图。

对于铁路、公路的隧道、穿山、穿河流等土石方开挖工程，应说明出渣方法、出渣量及弃土（石、渣）的处置方案。

5.3.6 工程投资应说明主体工程总投资、土建投资、资本金构成及来源等。

5.3.7 进度安排应说明主体工程总工期，包括施工准备期、开工时间、完工时间、投产时间、验收时间，建设进度安排以及施工季节的安排等。对于分期建设的项目，还应说明后续项目的立项计划，并附施工进度表。

5.3.8 拆迁与移民安置应包括移民规模、搬迁规划、拆迁范围，安置原则、安置形式，生产、拆迁和安置责任。

5.4 项目区概况介绍的基本要求

5.4.1 自然环境概况的介绍应包括下列内容：

1 地质。包括项目区所处的大地构造位置和地质结构，岩层和岩性，断层和断裂结构和地震烈度、不良地质灾害等。

2 地貌。包括项目建设区域的地貌类型、地表形态要素、地表物质组成等。

3 气象。包括项目建设区所处气候带、干旱及湿润气候类型，代表性气象站的年均气温，无霜期，大于等于 10℃ 有效积温，极端最高气温，极端最低气温，最高月平均气温，最低月平均气温；冻土深度；多年平均降水量及降水的时空分布，5 年、10 年及 20 年一遇最大日降水量，反映降雨强度的一定频率的 1h、6h 或 24h 降雨量；年平均蒸发量，大风日数，平均风速，主导风向等与植物措施配置相关的气候因子。线性工程的气象特征值应分段表述。

4 水文。包括项目建设区及周边区域水系及河道冲淤情况，地表水、地下水状况，河流泥沙平均含沙量，径流模数，洪水（水位、水量）与建设场地的关系等情况，如有沟道工程应说明不同频率洪峰流量、洪水总量；并说明植被建设等生态用水的来源和保证率。

5 土壤。包括项目区及周边区域土壤类型、分布、理化性质等，并说明土壤的可蚀性。

6 植被。包括项目区及周边区域林草植被类型、当地乡土树（草）种，主要群落类型、植被的垂直及水平分布、覆盖率、生长状况等基本情况。

7 其他。包括可能被工程影响的其他环境资源，项目区内的历史上多发的自然灾害。

5.4.2 对点型工程，可适当扩展到项目区范围外，线型工程以乡（镇）、县（市、区）为单位进行调查统计。不需单独编报移民拆迁安置区水土保持方案的，应说明拟安置或迁建区的位置、面积、土地利用现状等基本情况。应包括下列内容：

1 项目区人口、人均收入、产业结构。

2 项目区域的土地类型、利用现状、分布及其面积，基本农田、林地等情况，人均土地及耕地等。

5.4.3 水土流失及水土保持现状的介绍应包括下列内容：

1 水土流失现状。项目区及周边区域水土流失类型、流失强度、土壤侵蚀模数、土壤流失容许量等，并列表、附图说明。项目周边区域的水土流失对工程项目的影响。

2 水土保持现状。项目区及周边区域水土流失治理现状、主要经验、成功的防治工程类型、设计标准、林草品种和管护经验，项目区水土保持设施，水土流失重点防治区划分成果，同类型开发建设项目水土保持经验等。

3 项目区内的水土保持现状。项目区内现有水土保持设施的类型、数量、保存状况、防治水土流失的效果等。扩建项目还应介绍上期工程水土保持开展情况和存在问题。

5.5 主体工程水土保持分析与评价

5.5.1 分析评价内容应符合下列规定：

1 分析评价主体工程是否满足本规范第 3 章的基本规定。

2 从主体工程的选线（址）、总体布置、施工方法与工艺、土石料场选址、弃土（石、渣）场选址、占地类型及面积等方面，用扰动面积、土石方量、损坏植被面积、水土流失量及危害、工程投资等指标做出水土资源占用评价、水土流失影响评价和景观评价，提出或认定推荐方案。

3 对主体设计选定的弃土（石、渣）场从水土保持角度进行比选和综合分析，不符合水土保持要求的，必须提出新的场址；主体工程设计深度不够的，由水土保持与主体设计单位共同调查、分析比选，确定弃土（石、渣）场。

4 综合分析挖填方的施工时段、土石料组成成分、运距、回填利用率等因素，从水土保持角度提出土石方调配的合理化建议，并对施工时序是否做到"先拦后弃"做出评价。

5.5.2 评价主体工程设计，应从布置、范围、标准等方面评价能否控制水土流失，是否满足水土保持要求。

5.5.3 经分析与评价，对主体工程设计中不能满足水土保持要求的应提出要求或在方案中进行补充、设计。

5.6 水土流失防治责任范围及防治分区

5.6.1 项目建设区范围应包括建（构）筑物占地、

施工临时生产、生活设施占地，施工道路（公路、便道等）占地，料场（土、石、砂砾、骨料等）占地，弃渣（土、石、灰等）场占地，对外交通、供水管线、通信、施工用电线路等线型工程占地，水库正常蓄水位淹没区等永久和临时占地面积。改建、扩建工程项目与现有工程共用部分也应列入项目建设区。建设区除文字叙述外还应列表、附图说明。

5.6.2 直接影响区应包括规模较小的拆迁安置和道路等专项设施迁建区，排洪泄水区下游，开挖面下边坡，道路两侧，灰渣场下风向，塌陷区，水库周边影响区，地下开采对地面的影响区，工程引发滑坡、泥石流、崩塌的区域等。应依据区域地形地貌、自然条件和主体工程设计文件，结合对类比工程的调查，根据风向、边坡、洪水下泄、排水、塌陷、水库水位消落、水库周边可能引起的浸渍，排洪涵洞上、下游的滞洪、冲刷等因素，经分析后确定，不应简单外延。

5.6.3 水土流失防治分区应符合下列规定：

1 在确定防治责任范围的基础上应划分防治分区，并分区进行典型设计，计算工程量。

2 应根据野外调查（勘测）结果，在确定的防治责任范围内，依据主体工程布局、施工扰动特点、建设时序、地貌特征、自然属性、水土流失影响等进行分区。

3 分区的原则应符合下列要求：

  1）各分区之间具有显著差异性。

  2）各分区内造成水土流失的主导因子相近或相似。

  3）一级分区应具有控制性、整体性、全局性，线型工程应按地貌类型划分一级区。

  4）二级及其以下分区应结合工程布局和施工区进行逐级分区。

  5）各级分区应层次分明，具有关联性和系统性。

4 宜采取实地调查勘测、资料收集与数据分析相结合的方法进行分区。

5 分区结果应包括文字、图、表说明。

5.7 水土流失预测的基本要求

5.7.1 水土流失预测应在主体工程设计功能的基础上，根据自然条件、施工扰动特点等进行预测。可从气象（降水、大风）、土壤可蚀性、地形地貌、施工方法等方面进行水土流失影响因素甄别，分析项目生产建设产生水土流失的客观条件。

5.7.2 扰动前土壤侵蚀模数应根据自然条件、当地水文手册、土壤侵蚀模数等值线图、库坝工程淤积观测、相关试验研究等资料合理确定，并作为水土流失预测分析的基础。扰动后土壤侵蚀模数应根据施工工艺、施工时序、下垫面、汇流面积、汇流量的变化及相关试验等综合确定。

5.7.3 开发建设项目可能产生的水土流失量应按施工准备期、施工期、自然恢复期三个时段进行预测。每个预测单元的预测时段按最不利的情况考虑，超过雨季（风季）长度的按全年计算，不超过雨季（风季）长度的按占雨季（风季）长度的比例计算。

5.7.4 水土流失预测单元的划分应符合下列要求：

1 地形地貌、扰动地表的物质组成相近。

2 扰动方式相似。

3 土地利用现状基本相同。

4 降水或大风特征值（降雨量、强度与降雨的年内分配等）基本一致。

5.7.5 水土流失预测内容包括开挖扰动地表面积、损坏水土保持设施的数量、弃土（石、渣）量、水土流失量、新增水土流失量、水土流失危害等。

5.7.6 水土流失量预测方法的选择应符合下列规定：

1 采用类比法进行水土流失预测。

1）当具有类似工程水土流失实测资料时，应列表分析预测工程与实测工程在地形地貌和气象特征、植被类型和覆盖率、土壤、扰动地表的组成物质和坡度、坡长、侵蚀类型、弃土（石、渣）的堆积形态等水土流失主要因子的可比性。

2）当预测工程与实测工程具有较强的可比性时，可采用类比法进行水土流失预测，根据对水土流失影响的因子比较，对有关参数进行修正。

土壤流失量可按下式计算：

$$W = \sum_{i=1}^{n} \sum_{k=1}^{3} F_i \times M_{ik} \times T_{ik} \quad (5.7.6\text{-}1)$$

新增土壤流失量可按下式计算：

$$\Delta W = \sum_{i=1}^{n} \sum_{k=1}^{3} F_i \times \Delta M_{ik} \times T_{ik} \quad (5.7.6\text{-}2)$$

$$\Delta M_{ik} = \frac{(M_{ik} - M_{i0}) + |M_{ik} - M_{i0}|}{2}$$

$$(5.7.6\text{-}3)$$

式中 W——扰动地表土壤流失量，t；

ΔW——扰动地表新增土壤流失量，t；

i——预测单元（1，2，3，……n）；

k——预测时段，1，2，3，指施工准备期、施工期和自然恢复期；

F_i——第 i 个预测单元的面积，km^2；

M_{ik}——扰动后不同预测单元不同时段的土壤侵蚀模数，$t/(km^2 \cdot a)$；

ΔM_{ik}——不同单元各时段新增土壤侵蚀模数，$t/(km^2 \cdot a)$；

M_{i0}——扰动前不同预测单元土壤侵蚀模数，$t/(km^2 \cdot a)$；

T_{ik}——预测时段（扰动时段），a。

注：1 当各区土壤侵蚀强度恢复到土壤侵蚀容许值及

以下时，不再计算。

2 当弃土弃渣外表面积每年变化时应分年计算和预测。

2 有条件的地方可采用当地科学试验研究成果并经鉴定认可的公式和方法。

3 宜通过试验、观测等方法进行水土流失预测，可在项目区设立监测小区（或径流小区）和土壤流失观测场，采用天然或人工模拟（降雨）试验，取得不同预测单元的土壤流失模数。通过对上述指标的论证分析与调整后，采用类比法的公式进行计算。

5.7.7 位于大中城市及周边地区、南方石漠化地区和西北干旱地区的开发建设项目，以及有大量疏干水和排水的项目，还应进行水损失（或水资源流失、有效水资源的减少）的预测，以减轻城市排水防洪压力，改善水环境。预测基础应为工程按设计建成后的情况。

水损失的预测宜采用径流系数法，可按下式计算：

$$W_w = \sum_{1}^{n} [F_i \times H_i \times (a_i - a_{i0})] \quad (5.7.7)$$

式中 W_w——扰动地表水流失量，m^3；

F_i——第 i 个预测单元的面积，km^2；

H_i——项目区年降雨量，mm；

α_i——预测单元扰动地表的径流系数；

α_{i0}——预测单元原状地表的径流系数。

5.7.8 对项目可能造成的水土流失危害进行预测和分析。预测水土流失危害形式、程度，可能产生的后果。

5.7.9 根据预测结果，分析并明确产生水土流失的重点区域（地段）和时段、水土流失防治和监测的重点区段和时段，并对防治措施布设提出指导性意见。

5.8 水土流失防治措施布局

5.8.1 水土流失防治措施的布局应遵循下列原则：

1 结合工程实际和项目区水土流失现状，因地制宜、因害设防、总体设计、全面布局、科学配置，并与周边景观相协调。

1）在干旱、半干旱地区以工程、防风固沙等措施为主，辅之以必要的植物措施。

2）在半湿润区采用以植物措施、土地整治与工程措施相结合的防治措施。

3）在湿润区应有挡护、坡面排水工程、植被恢复等措施。

2 减少对原地貌和植被的破坏面积，合理布设弃土（石、渣）场、取料场，弃土（石、渣）应分类集中堆放。

3 项目建设过程中应注重生态环境保护，设置临时性防护措施，减少施工过程中造成的人为扰动及产生的废弃土（石、渣）。

4 宜吸收当地水土保持的成功经验，借鉴国内外先进技术。

5.8.2 防治措施布局要求应符合下列规定：

1 在分区布设防护措施时，应结合各分区的水土流失特点提出相应的防治措施、防治重点和要求，保证各防治分区的关联性、系统性和科学性。

2 植物措施应在对立地条件的分析基础上，推荐多树种、多草种，供设计时进一步优化。

3 防治水蚀、风蚀的植物措施应有针对性，水蚀风蚀复合区的措施应兼顾两种侵蚀类型的防治。

5.8.3 应对所拟定的重要防护工程进行方案比选，提出推荐方案。防治措施比选的重点地段应为大型弃渣（土、石）场、取料（土、石）场、高路堑、大型开挖面等。防治措施比选的内容应包括防护措施类型、防护效果、投资等。防治措施比选的考虑因素应包括工程安全、水土保持防护效果、施工条件、立地条件、工程投资等。

5.8.4 水土保持工程施工组织设计应包括施工组织、施工条件、施工材料来源及施工方法与质量要求等内容。进度安排应符合下列规定：

1 应遵循"三同时"制度，按照主体工程施工组织设计、建设工期、工艺流程，坚持积极稳妥、留有余地、尽快发挥效益的原则，以水土保持分区进行措施布设，考虑施工的季节性、施工顺序、措施保证、工程质量和施工安全，分期实施，合理安排，保证水土保持工程施工的组织性、计划性、有序性以及资金、材料和机械设备等资源的有效配置，确保工程按期完成。

2 分期实施应与主体工程协调一致，根据工程量组织劳动力，使其相互协调，避免窝工浪费。

3 应先工程措施再植物措施，工程措施应安排在非主汛期，大的土方工程宜避开汛期。植物措施应以春季、秋季为主。施工建设中，应按"先拦后弃"的原则，先期安排水土保持措施的实施。结合四季自然特点和工程建设特点及水土流失类型，在适宜的季节进行相应的措施布设。

5.9 水土保持监测的基本要求

5.9.1 开发建设项目水土保持监测应按照国家现行标准《水土保持监测技术规程》SL 277—2002 的规定进行。在水土保持方案中，应确定监测的内容、项目、方法、时段、频次，初步确定定点监测点位，估算所需的人工和物耗。能够指导监测机构编制监测实施计划，落实监测的具体工作。监测成果应能全面反映开发建设项目水土流失及其防治情况。

5.9.2 水土保持监测时段应从施工准备期前开始，至设计水平年结束。建设生产类项目还应对运行期进行监测。

5.9.3 水土保持重点监测应包括下列内容：

1 项目区水土保持生态环境变化监测。应包括地形、地貌和水系的变化情况，建设项目占地和扰动地表面积，挖填方数量及面积，弃土、弃石、弃渣量及堆放面积，项目区林草覆盖率等。

2 项目区水土流失动态监测。应包括水土流失面积、强度和总量的变化及其对下游及周边地区造成的危害与趋势。

3 水土保持措施防治效果监测。应包括各类防治措施的数量和质量，林草措施的成活率、保存率、生长情况及覆盖率，工程措施的稳定性、完好程度和运行情况，以及各类防治措施的拦渣保土效果。

5.9.4 开发建设项目水土流失的监测应以水土流失严重区域为重点。不同类型建设项目的监测重点区域的选择应遵循下列规定：

1 采矿类工程应为露天采矿的排土（石）场、地下采矿的弃土（渣）场和地面塌陷区，以及铁路和公路专用线，集中排水区下游。

2 交通铁路工程应为施工过程中弃土（渣）场、取土（石）场、大型开挖破坏面和土石料临时转运场，集中排水区下游和施工道路。

3 电力工程应为电厂施工中弃土（渣）场、取土（石）场、临时堆土场、施工道路和火力发电厂运行期贮灰场。

4 冶炼工程应为施工中弃土（渣）场、取土（石）场和运行期添加料场、尾矿（渣）场，施工和生产道路。

5 水工程应为施工中弃土（渣）场、取土（石）场、大型开挖面、排水泄洪区下游、施工期临时堆土（渣）场。

6 建筑及城镇建设工程应为施工中的地面开挖、弃土弃渣和土石料的临时堆放地。

7 其他工程应为施工或运行中易造成水土流失的部位和工作面。

5.9.5 水土流失危害的监测可根据水土流失防治措施的薄弱环节以及生产生活集中区设置。施工过程中防治措施不能及时到位的施工区（段）应重点监测。

5.9.6 开发建设项目水土保持监测站点的布设应根据开发建设项目扰动地表的面积、涉及的不同水土流失类型、扰动开挖和堆积形态、植被状况、水土保持设施及其布局，以及交通、通信等条件综合确定。应根据工程特点与扰动地表特征分别布设不同的监测点，并应符合下列要求：

1 对弃土弃渣场、取料场及大型开挖面宜布设监测小区。

2 项目区较为集中的工程宜布设监测控制站（或卡口站）。

3 项目区类型复杂、分散、人为活动干扰小的工程宜布设简易观测场。

5.9.7 开发建设项目水土保持监测布点应符合下列

规定：

1 建设类项目施工期宜布设临时监测点；建设生产类项目施工期宜布设临时监测点，生产运行期可布设长期监测点；工程规模大、环境影响范围广、建设周期长的大型建设项目应布设长期监测点；特大型建设项目监测点的布设还应符合国家或区域水土保持监测网络布局的要求，并纳入相应监测站网的统一管理。

2 制定和完善调查和巡查制度，扩大监测覆盖面，并作为上述监测点的补充。

3 监测小区、简易土壤侵蚀观测场应在同一水土流失类型区平行布设，平行监测点的数目不得少于3个。对铁路、公路、输油（气）管道、输电等线型工程，还应在不同水土流失类型区布设平行监测点。

5.9.8 监测点的场地选择应符合下列规定：

1 每个监测点都应有较强的代表性，对所在水土流失类型区和监测重点要有代表意义，原地表与扰动地表应具有一定的可比性。

2 各种观测场地应适当集中，不同监测项目宜相互结合。

3 宜避免人为活动的干扰。

4 交通方便，便于监测管理。

5 监测小区应根据需要布设不同坡度和坡长的径流小区进行同步监测。

6 控制（卡口）站的主要工程设施应与小流域水文、泥沙及其动力特性相适应。

7 简易土壤侵蚀观测场应避免周边来水对观测场的影响。

8 风蚀量监测点应避免围墙、建筑物、大型施工机械等对监测的影响。

9 重力侵蚀监测点应根据开发建设项目可能造成的侵蚀部位布设。滑坡监测应针对变形迹象明显、潜在威胁大的滑坡体和滑坡群布置；泥石流监测应在泥石流危险性评价的基础上进行布设。

5.9.9 开发建设项目水土保持监测应采取定位监测与实地调查、巡查监测相结合的方法，有条件的大型建设项目可同时采用遥感监测方法。监测方法的选择应遵循下列原则：

1 小型工程宜采取调查监测或场地巡查的监测方法。

2 大中型工程应采取地面监测、调查监测和场地巡查监测相结合的方法。

3 规模大、影响范围广、有条件的特大型工程除地面监测、调查监测和场地巡查监测外，还可采用遥感监测的方法。

4 水土流失影响因子和水土流失量的监测应采用地面监测法。

5 扰动面积、弃渣量、地表植被和水土保持设施运行情况等项目的监测应采用调查法和实测法。

6 施工过程中时空变化多、定位监测困难的项目可采用场地巡查法监测。

5.9.10 标准径流小区的建设应按国家相关标准建设。

5.9.11 非标准径流小区的观测设施可参照标准径流小区建设。

5.9.12 具备条件的可建设人工模拟降雨径流小区进行观测。

5.9.13 以控制站进行监测的应能满足监测工作的需要。

5.9.14 风蚀监测应根据扰动地表情况、可能产生风蚀的区域和数量，合理布设监测点主要是布设集沙池和插钎等。

5.10 实施保障措施的规定

5.10.1 项目法人必须将水土保持工程纳入项目的招标投标管理中，并在设计、施工、监理、验收等各个环节逐一落实，合同文件中应有明确的水土保持条款。

5.10.2 水土保持方案确定的各项水土流失防治措施均应在工程初步设计及施工图设计阶段予以落实，编制单册或专章。重大变更应按规定程序重新编报水土保持方案。

5.10.3 施工管理应满足下列要求：

1 施工期应控制和管理车辆机械的运行范围，防止扩大对地表的扰动。

2 应设立保护地表及植被的警示牌。施工过程应保护表土与植被。

3 应有施工及生活用火安全措施，防止火灾烧毁地表植被。

4 应对泄洪防洪设施进行经常性检查维护，保证其防洪效果和通畅。

5 建成的水土保持工程应有明确的管理维护要求。

5.10.4 从事水土保持监理工作的单位应具有水土保持工程监理资质。

5.10.5 从事水土保持监测工作的单位应具有水土保持监测资质。

5.10.6 建设单位应经常开展水土保持工作的检查。

5.10.7 主体工程投入运行前必须首先验收水土保持设施。验收内容、程序等应符合国家有关规定。

5.10.8 水土保持工程验收后，应由项目法人负责对永久占地区的水土保持设施进行后续管护与维修；临时占地区内的水土保持设施应由项目法人移交土地权属单位或个人继续管理维护。

5.11 结论及建议

5.11.1 结论中应明确有无限制工程建设的制约因素，对主体工程方案比选的结论性意见，水土保持方案的最终结论。

5.11.2 应提出对主体工程及施工组织的水土保持要求，水土保持工程后续设计的要求，明确下阶段需进一步深入研究的问题。

5.12 水土保持方案编制主要内容的规定

5.12.1 开发建设项目可行性研究阶段（项目核准阶段）水土保持方案报告书的编制内容应遵循附录 A 的规定。

5.12.2 开发建设项目水土保持方案报告表的编制内容应遵循附录 B 的规定。

6 水土保持初步设计专章

6.1 一般规定

6.1.1 初步设计阶段水土保持专章的编制应达到本节规定的要求。

6.1.2 水土流失防治措施设计应符合下列要求：

1 应进行相应深度的勘测与调查。

2 应对每一分区或分段开展水土保持措施设计。

3 水土保持措施的平面布局图应在带等高线的地形图上绘制。

4 应提出项目划分的原则，按水土保持工程质量评定的有关规定，明确水土保持单位工程、分部工程和单元工程的数量。

5 应进一步细化施工组织设计。

6 与主体工程衔接密切的工程的图纸可放至主体工程初步设计文件的其他章节，但应在本专章中列表说明。

6.1.3 水土保持投资概算应符合下列要求：

1 水土保持概算投资与水土保持方案估算投资不宜有大的增减。应列表说明增减的工程项目、工程量及投资。

2 基本预备费等主要费率应与主体工程一致，并纳入工程建设总投资。

3 应明确分年度投资、各单位工程的投资。

6.2 水土保持专章主要内容的规定

6.2.1 概述应包括下列内容：

1 水土保持专章节设计的依据。主要包括相关规范、水土保持方案及其审批意见、工程可行性研究报告审批文件中与水土保持有关的内容、主体工程专业设计规范等。

2 项目概况。说明开发建设项目规模的建设性质、项目组成主要技术指标（各组成项目名称、占地、土石方平衡及流向等）、本期工程与水土保持有关的主要生产工艺、施工方法及工艺等，还应介绍项目前期工作情况和方案设计水平年。

3 自然环境概况。应说明开发建设项目主体工程及主要单项工程的地理位置、地形地貌，项目区水文、气象、土壤、植被、水土流失及水土保持现状、项目区及项目区同类工程水土流失治理经验。还应说明开发建设项目区主要水土流失特征、项目区不良地质现象（发生区段、不良地质类型）、本期工程水土保持工程特性。

4 社会经济概况。需描述建设项目区行政区经济、土地利用现状、水土流失及水土保持现状。

6.2.2 水土流失预测应包括下列内容：

1 复核工程弃土弃渣量、施工扰动面积及损毁的水土保持设施数量。

2 复核水土流失预测结果。

3 复核水土流失危害性分析。

6.2.3 水土流失防治总则应符合下列要求：

1 明确项目区水土流失防治原则。包括国家对水土保持、环境保护的总体要求，水土保持工程必须遵照与主体工程同时设计、同时施工、同时竣工验收、同时投产使用的原则等。

2 确定水土流失防治目标。包括设计水平年的扰动土地整治率、水土流失总治理度、土壤流失控制比、拦渣率、林草植被恢复率、林草覆盖率等。

3 确定水土流失防治责任范围。列表说明项目建设区永久占地和临时占地、项目建设区可能影响的区段。

4 分析与评价水土保持功能。分析各单项水土保持措施的功能和安全性，评价是否满足防治目标的要求。对水土保持工程设计的选型、施工材料、稳定性验算等方面进行技术经济论证，确定水土保持措施的合理性。

6.2.4 水土保持工程措施设计应符合下列规定：

1 应明确主体工程征占地范围内的水土保持工程措施的设计标准和工程量，主体工程已经设计的应注明图号；主体工程没有设计的应作补充设计。

2 对主体工程征占地范围外的渣场、料场等，应逐个进行设计，并明确设计标准和工程量。

3 应列表汇总所有的工程措施，进行项目划分。

6.2.5 水土保持植物措施设计应符合下列规定：

1 逐片进行水土保持植物措施设计。

2 立体防护，乔灌草结合。

3 对工程永久占地范围、有观赏要求的区域可提出园林设计的要求，明确设计标准和具体位置。

4 提出初期抚育管理的措施，并概算相应投资。

5 根据实际情况，设计灌溉措施。

6.2.6 水土保持临时措施设计应符合下列规定：

1 图纸上应明确措施的位置、实施时间。

2 应明确施工结束后的拆除要求。

3 应明确度汛、防台风等的要求及相应制度。

6.2.7 水土保持管理应符合下列要求：

1 明确施工责任及培训制度。

2 确定水土保持工程监理的相关要求。

3 确定水土保持工程的组织实施方式。

4 明确水土保持专项验收的时间、经费及保障措施。

6.2.8 水土保持监测应符合下列要求：

1 确定水土保持监测时段。

2 确定水土保持监测内容，包括各土建工程水土流失量、植被覆盖率、水土保持设施实施效果。

3 确定水土保持监测点布设。

4 确定水土保持监测方法及监测设施。

5 提出监测的工作量及成果要求。

6.2.9 水土保持投资概算应符合下列要求：

1 编制水土保持初步设计的相关费用。

2 进行水土保持投资概算的分析。

3 安排水土保持工程分年度计划。

4 进行水土保持效益分析。

6.2.10 水土保持专章附件应包括下列内容：

1 弃渣等废弃物的综合利用协议书。

2 外购土石料等的水土流失防治责任书。

3 水土保持监理、监测的意向书等。

4 水土保持工程特性表。

5 水土流失防治分区及各分区的防治措施体系图。

6 水土保持工程措施设计图册。

7 水土保持植物措施设计图册。

8 水土保持临时防护措施设计图。

9 土石方调配流向图。

10 水土保持监测点位布设图。

7 拦渣工程

7.1 一般规定

7.1.1 开发建设项目在施工期和生产运行期造成大量弃土、弃石、弃渣、尾矿和其他废弃固体物质时，必须布置专门的堆放场地，将其分类集中堆放，并修建拦渣工程。

7.1.2 根据弃土、弃石、弃渣等堆放的位置和堆放方式，结合地形、地质、水文条件等，布置拦渣工程，有效控制水土流失。

7.1.3 拦渣工程主要有拦渣坝（尾矿库）、挡渣墙、拦渣堤三种形式，其防洪标准及设计标准，应按其所处位置的重要程度和河道的等级分别确定，并应进行相应的洪峰流量计算。

7.1.4 对含有有害元素的尾矿（灰渣等），拦挡设施的设计必须符合其特殊要求，尾水处理必须符合有关废水处理的规定，防止废水下泄给下游带来危害。

7.1.5 拦渣工程布设除应遵循本规范外，还应符合国家现行有关挡土墙和堤防工程设计标准规范的要求。

7.2 适用条件

7.2.1 在沟道中置弃土、弃石、弃渣、尾矿时，必须修建拦渣坝（尾矿库）。

7.2.2 弃土、弃石、弃渣等堆置物易发生滑塌，当堆置在坡顶及斜坡面时，必须修建挡渣墙。

7.2.3 弃土、弃石、弃渣等堆置于河（沟）道旁边时，必须按防洪治导线布置拦渣堤。拦渣堤具有防洪要求时，应结合防洪堤进行布置。

7.3 设计要求

7.3.1 拦渣坝（尾矿库）的设计应符合下列要求：

1 坝址选择应结合下列因素：

1）河（沟）谷地形平缓，河（沟）床狭窄，有足够的库容拦挡洪水、泥沙和废弃物。

2）两岸地质地貌条件适合布置溢洪道、放水设施和施工场地。

3）坝基宜为新鲜岩石或紧密的土基，无断层破碎带，无地下水出露。

4）坝址附近筑坝所需土、石、砂料充足，且取料方便，水源条件能满足施工要求。

5）排废距离近，库区淹没损失小，废弃物的堆放不会增加对下游河（沟）道的淤积，并不影响河道的行洪和下游的防洪。

2 防洪标准的确定应遵循下列原则：

1）项目及工矿企业的拦渣坝（尾矿库）根据库容或坝高的规模分为五个等级，防洪标准可按照国家标准《防洪标准》GB 50201—1994 表 4.0.5 中的规定选择确定。沟道中的拦渣坝防洪标准还应符合水土保持治沟骨干工程的规定。

2）当拦渣坝（尾矿库）一旦失事对下游的城镇、工矿企业、交通运输等设施造成严重危害，或有害物质会大量扩散时，应比规定确定的防洪标准提高一等或二等。对于特别重要的拦渣坝（尾矿库），除采用Ⅰ等的最高防洪标准外，还应采取专门的防护措施。

3 上游及周边来水处理应遵循下列原则：

1）拦渣坝上游洪水较小时，设置导洪堤或排洪渠，将区间洪水排泄至拦渣坝的溢洪道或泄洪洞进口，将洪水排泄至下游。

2）拦渣坝上游有较大洪水时，应在拦渣坝的上游修建拦洪坝，在此情况下拦渣坝溢洪道、泄洪洞的泄洪流量，由拦洪坝下泄流量与两坝之间的区间洪水流量组合调节确定。

3) 拦渣坝上游来洪量较大且无条件修建拦洪坝时，应修建防洪拦渣坝，该坝同时具有拦渣和防洪双重作用。经技术经济分析之后，择优确定可靠、经济、合理的设计和施工方案。

4 拦渣坝坝高与库容的确定应遵循下列原则：

1) 拦渣坝总库容由拦渣库容、拦泥库容、滞洪库容三部分组成。

2) 坝顶高程为总库容在水位—库容曲线上对应的高程，加上安全超高之和。

7.3.2 挡渣墙的设计应符合下列要求：

1 水土保持工程可采用重力式、悬臂式、扶臂式和加筋式等型式的挡渣墙。

2 墙址及走向选择：

1) 应沿弃土、弃石、弃渣坡脚或相对较高的坡面上布置挡渣墙，有效降低挡渣墙的高度。地基宜为新鲜不易风化的岩石或密实土层。

2) 挡渣墙沿线地基土层中的含水量和密度应均匀单一，避免地基不均匀沉陷引起墙基和墙体断裂等形式的变形。

3) 挡渣墙的长度应与水流方向一致，避免截断沟谷和水流。若无法避免则应修建排水建筑物。

4) 挡渣墙线应顺直，转折处采用平滑曲线连接。

3 渣体及上方与周边来水处理：

1) 当挡渣墙及渣体上游集流面积较小，坡面径流或洪水对渣体及挡渣墙冲刷较轻时，可采取排洪渠、暗管、导洪堤等排洪工程将洪水排泄至挡渣墙下游。

2) 排洪渠、暗管、涵洞、导洪堤等排洪工程设计与施工技术要求可按照本规范相关规定执行。

3) 当挡渣墙及渣体上游集流面积较大，坡面径流或洪水对渣体及挡渣墙造成较大冲刷时，应采取引洪渠、拦洪坝等蓄洪引洪工程，将洪水排泄至挡渣墙下游或拦蓄在坝内有控制地下泄。

4) 引洪渠、拦洪坝等工程设计与施工技术要求可按照本规范相关规定执行。

7.3.3 拦渣堤应符合下列要求：

1 拦渣堤宜选择在河道较宽处，不宜在河流凹岸侧建设。宜少占用河床的面积。当在河漫滩地上建设拦渣堤时，应减少占地面积，不得影响河道的行洪宽度。

2 拦渣堤的布设应符合下列要求：

1) 应按照《河道管理条例》的要求，获得相应河道管理部门的批准。

2) 设计标准应与其相应的河道防洪标准相对应。

3) 建设过程中严禁泥土石进入河道。

3 堤线选择与河流治导线可按照本规范中堤线选择与平面布置的有关规定执行。

4 拦渣堤可分为沟岸拦渣堤、河岸拦渣堤。弃土、弃石、弃渣堆置于沟道边时，应采用沟岸拦渣堤；弃土、弃石、弃渣堆置于河道边时，应采用河岸拦渣堤。

5 防洪标准应满足下列要求：

1) 拦渣堤设计必须同时满足防洪和拦渣的双重要求。

2) 拦渣堤的防洪标准与堤防工程相同，可按照本规范堤防工程的规定执行。

3) 堤顶高程必须同时满足防洪与拦渣的双重要求，取二者的大值。防洪堤高根据设计洪水、风浪爬高、安全超高、拦渣量综合确定。

7.3.4 围渣堰的设计应符合下列要求：

1 平地堆渣场，根据堆置高度、弃土（渣、沙、石、灰）容重和岩性综合分析稳定性，布置拦挡工程和土地整治工程。当堆置高度低于3m时，外围修筑围渣（土、沙、石、灰）堰，并平堆覆土改造成为农林草地。当堆置高度高于3m（含3m）时，外围修筑挡渣（土、沙、石、灰）墙，内修筑阶式水平梯田等，并覆土改造成为农林草地。

2 按照筑堰材料围渣堰可分为土围堰、土石围堰、砌石围堰。根据堰外洪水冲刷作用大小，对土围堰、土石围堰堰顶和外坡采用块石、混凝土或钢筋混凝土预制板（块）护坡。围渣堰断面形式可采用梯形。根据渣场地形地质、水文、施工条件、筑堰材料、弃渣岩性和数量等选择堰型。

3 应根据堰外河道防洪水位、河槽宽度，并结合围渣堰周边排洪排水系统工程布置等，分析确定围渣堰的平面布置。围渣堰纵断面线宜采用直线形，大弯就势、小弯取直，使表面规则平整。

4 防洪标准可按照拦渣堤的规定执行。

7.3.5 贮灰场、尾矿库、尾沙库、赤泥库的设计应满足下列要求：

1 当工矿企业有采场剥离土石、尾矿、尾沙、赤泥、灰渣排弃时，必须修筑拦灰坝、尾矿（沙、泥）库，防止在水力或风力作用下产生流失，避免淤积堵塞下游河（沟）道、污染环境等危害。对于有毒有害尾矿、尾沙、赤泥、废灰等必须按照国家有关标准进行处理，否则不得出库（场）及向下游排放。

2 工程布设应满足下列要求：

1) 排洪防洪要求可按照拦渣坝的规定执行。

2) 尾矿（沙、石、渣）库坝型选择与坝体断面设计，不仅应考虑地形地质、水文、施工、贮灰（或拦蓄尾矿）等条件，也应考虑利用尾矿（沙、石、渣）修筑和加高加固坝体，可按照国家行业标准《选矿厂尾矿设施设计规范》ZBJ 1—90 的有关规定执行。

   3）贮灰场宜布置在水源区、工业区和居民区主导风向的下游，其飞灰与排水对环境的影响必须符合国家有关环境保护标准的规定。

3 根据地质地貌条件可选择山谷型、平原型、山坡型等型式的挡渣堤。

4 工程布置应满足下列要求：

   1）库区内地质、地貌、水文条件良好，两岸岸坡地形适宜于布置溢洪道、放水工程。

   2）坝址上游汇流面积小，库容大，能够拦蓄施工与运行期的弃土（石、沙、灰）等废弃物。

   3）库区淹没损失小，移民人数少，占用耕地面积少，破坏植被数量小。

   4）库区附近有质地良好、贮量丰富的土、石筑坝材料，开采运输方便，施工条件较好。

   5）贮灰场也可布置在塌陷区、废矿井、废采石场、水塘、海涂、滩地。

8 斜坡防护工程

8.1 一般规定

8.1.1 对开发建设项目因开挖、回填、弃土（石、沙、渣）形成的坡面，应根据地形、地质、水文条件、施工方式等因素，采取挡墙、削坡开级、工程护坡、植物护坡、坡面固定、滑坡防治等边坡防护措施。

8.1.2 对开挖、削坡、取土（石）形成的土（沙）质坡面或风化严重的岩石坡面，在降水渗流的渗透、地表径流及沟道洪水的冲刷作用下容易产生湿陷、坍塌、滑坡、岩石风化等边坡失稳现象的，应采取挡墙工程，保证边坡的稳定。

8.1.3 对易风化岩石或泥质岩层坡面，采用削坡卸荷稳定边坡工程之后，应采取锚喷工程支护，固定坡面。

8.1.4 对易发生滑坡的坡面，应根据滑坡体的岩层构造、地层岩性、塑性滑动层、地表地下分布状况，以及人为开挖情况等造成滑坡的主导因素，采取削坡反压、拦排地表水、排除地下水、滑坡体上造林、抗滑桩、抗滑墙等滑坡整治工程。

8.1.5 对经防护达到安全稳定要求的边坡，宜恢复林草植被。

8.2 适用条件

8.2.1 水土保持工程的挡墙型式可分为浆砌石挡墙、混凝土挡墙、钢筋混凝土挡墙和钢筋（铅丝）笼挡墙等。应根据坡面的高度、地层岩性、地质构造、水文条件、施工条件、筑墙材料等条件，综合分析确定挡墙型式。墙型选择、断面设计、稳定性分析、基础处理等可按照本规范挡渣墙工程的规定执行。

8.2.2 对高度大于 4m、坡度陡于 1.0∶1.5 的边坡，宜采用削坡开级工程。

8.2.3 对堆置物或山体不稳定处形成的高陡边坡，或坡脚遭受水流淘刷的，应采取工程护坡措施。

8.2.4 对边坡缓于 1.0∶1.5 的土质或沙质坡面，可采取植物护坡工程。

8.2.5 对条件较复杂的不稳定边坡，应采取综合护坡工程。

8.2.6 对易风化岩石或泥质岩层坡面，采用稳定边坡措施后，应采取锚喷工程支护，控制岩石变形，将松动岩块胶结，防止岩石风化，堵塞渗水通道，填补缺陷和平整表面。

8.2.7 对滑坡地段应采取滑坡治理工程。

8.3 设计要求

8.3.1 土质坡面削坡开级工程可分为直线形、折线形、阶梯形、大平台形等型式。应根据边坡的土质与暴雨径流条件，确定每一小平台的宽度与两平台间的高差，削坡后应保证土坡的稳定。小平台宽可取 1.5～2m，两平台间高差可取 6～12m。干旱、半干旱地区两平台间高差宜大些，湿润、半湿润地区两平台间高差宜小些。

8.3.2 石质边坡削坡适用于坡面陡直或坡型呈凸型，荷载不平衡，或存在软弱岩石夹层，且岩层走向沿坡体下倾的非稳定边坡。

8.3.3 削坡开级应符合下列要求：

1 土质削坡或石质削坡，应在距最终坡脚 1m 处，修建排洪沟。

2 削坡开级后的土质坡面，应采取植物护坡措施。

3 在阶梯形的小平台和大平台形的大平台中，根据土质情况，因地制宜种植草类、灌木、乔木。

4 在坡面采取削坡工程时，必须布置山坡截水沟、平台截水沟、急流槽、排水边沟等排水系统，防止削坡坡面径流及坡面上方地表径流对坡面的冲刷。排水系统应符合下列要求：

   1）在坡面上方距开挖（或填筑）边缘线 10m 以外布置山坡截水沟工程。

   2）在阶梯形和大平台形削坡平台布置平台截水沟。

   3）顺削坡面或坡面两侧布置急流槽或明（暗）沟工程，将山坡截水沟和平台截水沟中径流排泄至排水边沟。

   4）在削坡坡脚布置排水边沟，将急流槽中的洪水或径流排泄至河道（沟道），以及其他排水系统中。

8.3.4 砌石护坡有干砌石护坡和浆砌石护坡两种形式，应根据土质和洪水条件选用，并应符合下列要求：

   1 干砌石护坡的设计应满足下列要求：

     1）坡面较缓（1.0∶2.5～1.0∶3.0）、受水流冲刷较轻的土质或软质岩石坡面，宜采用单层干砌块石护坡或双层干砌块石护坡。

     2）干砌石护坡的坡度，应与防护对象的坡度一致，根据土体的结构性质而定，土质坚实的砌石坡度可陡些；反之则应缓些。

   2 浆砌石护坡的设计应满足下列要求：

     1）坡度在1.0∶1.0～1.0∶2.0之间，或坡面位于沟岸、河岸，下部可能遭受水流冲刷，且洪水冲击力强的防护地段，宜采用浆砌石护坡。

     2）浆砌石护坡由面层和起反滤作用的垫层组成；原坡面如为砂、砾、卵石，可不设垫层；对长度较大的浆砌石护坡，应沿纵向设置伸缩缝，并用沥青沙浆或沥青木条填塞。

8.3.5 混凝土护坡的设计应符合下列要求：

   1 在边坡坡脚可能遭受强烈洪水冲刷的陡坡段，采取混凝土（或钢筋混凝土）护坡，必要时应加锚固定。

   2 边坡介于1.0∶1.0～1.0∶0.5之间，高度小于3m的坡面，应采用现浇混凝土或混凝土预制块护坡；边坡陡于1.0∶0.5的，应采用钢筋混凝土护坡。

   3 坡面有涌水现象时，应采用粗砂、碎石或砂砾等设置反滤层并设排水管。涌水量较大时，应修筑盲沟排水。

8.3.6 坡脚为沟岸、河岸可能遭受洪水冲刷的部分，对枯水位以下的坡脚应采取抛石护坡。抛石护坡应根据不同情况选用散抛块石、石笼抛石或草袋抛石等方式。

8.3.7 在基岩裂隙不太发育、无大面积崩塌的坡面，应采用喷浆机进行喷水泥沙浆或喷混凝土护坡，防止基岩的风化剥落。

8.3.8 在路旁或人口聚集地，坡度陡于1∶1的土质、沙质坡面，可采用格状框条护坡。

8.3.9 在坡度缓于1∶1，高度小于4m，有涌水坡段可采用砌石草皮护坡。

8.3.10 挂网喷草（水力播种）可按照本规范护坡及植被建设的有关规定执行。

8.3.11 对于稳定性差的岩石坡面应采取喷浆固坡、锚杆支护、喷锚支护、喷锚加筋支护等喷锚护坡工程，特别对破碎、软弱、稳定性极差的岩层，应在开挖后立即喷射混凝土，以保证施工安全。并应符合下列要求：

   1 在基岩裂隙细小、岩层较为完整的坡段，宜采用喷混凝土或砂浆护坡。

   2 在节理、裂隙、层理发育的岩石坡面，根据岩石破坏的可能形态（局部或整体性破坏），宜采用局部（对个别危石）锚杆加固，或在整个横断面上系统锚杆加固。

   3 对强度不高或完整性差的岩石坡面，当仅采用锚杆加固难于维持锚杆之间那部分围岩稳定时，应采用锚杆与喷混凝土联合加固。

8.3.12 根据造成滑坡的主导因素，应采取削坡反压、拦排地表水、排除地下水等措施，修建抗滑桩、抗滑墙和预应力锚固等滑坡整治工程或在滑坡体上造林，并对坡面进行防护。

8.3.13 对于边坡坡度或削坡开级后坡度缓于1∶1.5的土质或沙质坡面，应采取植物护坡措施，其类型可分为种草护坡和造林护坡两种类型，并应符合本规范第13章植被建设工程中的植物护坡规定。

9 土地整治工程

9.1 一般规定

9.1.1 开发建设项目在基建施工与生产运行中，应按照"挖填平衡"的设计原则，减小开挖占用土地以及弃土（石、渣）数量，将需要土地整治的面积控制在最小范围以内。

9.1.2 由于采、挖、排、弃等作业形成的废弃土地、排土场、堆渣场、尾矿库、沉陷区等，应根据立地条件采取相应的土地整治工程，改造成农林草用地或其他用地，以及公共用地、居民生活用地等。

9.1.3 对基建施工中形成的坑凹地，应及时利用废弃土石料回填平整，表层覆熟化土恢复成为可利用地。

9.1.4 弃土（石、渣）应首先利用，作为建筑、公路及其他建设用料等。整治利用应符合下列要求：

   1 对无法回填利用的外排弃土（石、沙、渣）和尾矿（砂、渣）等固体物质，应合理布置排土（石、沙、渣）场、贮灰场、尾矿场，采取挡土（石、沙、渣）墙、拦渣坝、拦渣堤等拦挡工程。

   2 弃置场地应有排水工程（包括地表排水和地下排水工程）、上游来水的排导工程。

   3 对终止使用的弃土（石、沙、渣）场表面，应采取平整和覆土措施，改造成为可利用地。

   4 根据整治后土地的立地条件和项目区生产建设或环境绿化需要，应采取深耕深松、增施有机肥等土壤改良措施，并配套灌溉设施，分别改造成农林草用地、水面养殖利用或其他用地。

9.2 适 用 条 件

9.2.1 对施工场地、取料场地的坑凹应进行整治。

9.2.2 对弃渣场应进行场地整治。

9.2.3 对整治后的土地应进一步开发利用。

9.3 设 计 要 求

9.3.1 土地整治工程布局应符合下列要求：

　1 土地整治应与蓄水保土相结合。根据坑凹与弃土（石、沙、渣）场的地形、土壤、降水等立地条件，按"坡度越小，地块越大"的原则划分土地整治单元。按照立地条件差异，将坑凹地与弃土（石、沙、渣）场分别整治成地块大小不等的平地、平缓坡地、水平梯田、窄条梯田或台田。对形成的田面应采取覆土、田块平整、打畦围堰等蓄水保土措施。

　2 土地整治应与生态环境建设相协调。土地整治必须确定合理的农林草用地比例，扩大林草面积。在有条件的地方宜布置农林草各种生态景点，改善并美化项目区的生态环境，使项目区建设与生态环境有机融合。土地整治应明确目的，以林草措施为主、改善和优化生态环境，也可改造成农业用地、生态用地、公共用地、居民生活用地等，并与周边生态环境相协调。

　3 土地整治应与防排水工程相结合。应在坑凹回填物、弃土（石、沙、渣）场地、周边或渣体底部布置防排水工程，与土地整治工程相结合。并应对场地上游实施水土流失综合治理。

　4 土地整治应与治污相结合。应按照国家有关排污标准，对项目排放的流体污染物和固体污染物采取净化处理，然后采取土地整治工程，防止有毒物质毒化污染土壤、地表水和地下水，影响农作物生长。

9.3.2 坑凹回填工程布局应符合下列要求：

　1 坑凹回填应利用废弃土、石料或矿渣，回填后坑平渣尽。

　2 坑田回填应根据坑凹容积与废土、弃石体积，合理安排废土、弃石的倒运路线与倾倒方式，提高回填工效。

　3 坑凹回填后，应进一步平整地面，表层覆土，并修建四周的防洪排水设施，为开发利用创造条件。

　4 有条件的地方可将坑凹改建为蓄水池，蓄积降雨，合理开发利用水资源。

9.3.3 对采空塌陷的土地在采取裂缝填充、土地整治措施的基础上，应结合土地利用规划、国家对土地复垦的规定、因地制宜进行整治，恢复为林地、草地、梯田等，有的可改造为鱼塘。

9.3.4 对排土场及堆放弃土、弃石、弃渣、尾砂等的场地，在采取拦渣工程的基础上，终止使用后应进行整治和改造。整治后的土地利用方向应符合下列规定：

　1 经整治后的土地应恢复其生产力，根据整治后土地的位置、坡度、质量等特点确定用途。土质较好，有一定水利条件的，可恢复为农地、林地、草地、水面和其他用地，但应作进一步的加工处理。

　2 经整治形成的平地和缓坡地（15°以下），土质较好，有一定水利条件的，可作为农业用地。

　3 整治后地面坡度陡于或等于15°或土质较差的，可作为林业和草业用地；乔、灌、草合理配置，恢复植被，保持水土。

　4 有水源的坑凹地和常年积水较深、能稳定蓄水的沉陷地，可修成鱼塘、蓄水池等，进行水面利用和蓄水发展灌溉。蓄水池位置应与地下采矿点保持较远的距离，避免对地下开采作业造成危害。

　5 根据项目区的实际需要，土地经过专门处理后，可进行其他利用。

10 防洪排导工程

10.1 一 般 规 定

10.1.1 开发建设项目在基建施工和生产运行中，由于损坏地面和弃土、弃石、弃渣，易遭受洪水危害时，必须布置防洪排导工程。

10.1.2 根据开发建设项目的实际情况，可采取拦洪坝、排洪渠、涵洞、防洪堤、护岸护滩、泥石流治理等防洪排导工程。

10.2 适 用 条 件

10.2.1 根据洪水的来水量及其危害程度，应采取不同的防洪工程。

　1 项目区上游有小流域沟道洪水集中危害时，应在沟中修建拦洪坝。

　2 项目区一侧或周边坡面有洪水危害时，应在坡面与坡脚修建排洪渠，并对坡面进行综合治理。项目区内各类场地道路以及其他地面排水，应与排洪渠衔接顺畅，形成有效的洪水排泄系统。

　3 当坡面或沟道洪水与项目区的道路、建筑物、堆渣场等发生交叉时应采取涵洞或暗管进行地下排洪。

　4 项目区紧靠沟岸、河岸，洪水影响项目区安全时，应修建防洪堤。

　5 项目区内沟岸、河岸在洪水作用下易发生坍塌时，应布置护岸护滩工程。

　6 对泥石流沟道应实施专项治理工程。

10.3 设 计 要 求

10.3.1 拦洪坝可采用土坝、堆石坝、浆砌石坝和混凝土坝等形式。沟道中的拦洪坝可采用相当于水土保持治沟骨干工程的防洪标准，按表10.3.1采用。

表 10.3.1　沟道拦洪坝防洪标准

工 程 等 级		五	四
总库容（$10^4 m^3$）		50～100	100～500
洪水重现期（年）	设计	20～30	30～50
	校核	200～300	300～500
设计淤积年限（年）		10～20	20～30

注：开发建设项目也可根据本身的重要性，另定较高的标准，使项目的防洪标准与主体工程的防洪标准相适应。

10.3.2 护岸护滩工程应符合下列要求：

1 护岸护滩工程的布设原则：

1) 护岸护滩工程可分为坡式护岸、坝式护岸护滩和墙式护岸三种类型，应根据河（沟）岸的地形地质和水文条件选择采用。

2) 工程布置之前，应对河（沟）道两岸的情况进行调查研究，分析在修建护岸护滩工程之后，下游或对岸是否会发生新的冲刷。

3) 工程应按地形布置，外沿顺直，宜避免急剧弯曲。

4) 应根据最高洪水位与背水面有无塌岸情况确定是否需预留出堆积崩塌砂石的余地。

2 坡式护岸的设计要求为：枯水位以下采取坡脚防护工程，枯水位与洪水位之间采取护坡工程。

3 坝式护岸护滩的设计应满足下列要求：

1) 坝式护岸护滩可分为丁坝、顺坝两种形式，应根据具体情况分析选用。丁坝、顺坝的修建必须遵循河道规划治导线，并按规定经认可后方可实施。

2) 丁坝、顺坝可依托滩岸修建，丁坝可按河流治导线在凹岸成组布置，丁坝坝头位置在规划的治导线上；顺坝沿治导线布置。

3) 丁坝、顺坝布设时必须符合河道整治规划的要求，不得构成对凸岸的影响。

4) 按结构及水位关系、水流条件，选择采用淹没或不淹没坝、透水或不透水坝。

4 墙式护岸的临水面可采取直立式，背水面可采取直立式、斜坡式、折线式、卸荷台阶式及其他形式。墙体材料可采用钢筋混凝土、混凝土、浆砌石等。断面尺寸及墙基嵌入河床下的深度根据基岩埋深、冲坑深度及稳定性验算分析确定。

10.3.3 堤防工程布设及其防洪应符合下列要求：

1 堤线应根据防洪规划，按规划治导线要求，并根据防护区范围、防护对象的要求、土地综合利用以及行政区划等因素，经过技术经济分析比较后确定堤线。

2 防洪堤应布置在土质较好、基础稳定的滩岸上，沿高地或一侧傍山布置，宜避开软弱地基、低凹地带、古河道和强透水层地带。

3 堤线走向宜平顺，堤段间宜用平滑曲线连接，不宜采用折线或急弯。

4 堤线走向应与河势相适应，与洪水主流方向大致平行。

5 堤线宜选择在拆迁房屋、工厂等建筑物较少的地带，建成后便于管理养护、防汛抢险和工程管理单位的综合经营。

6 堤防工程防洪标准依据现行国家标准《防洪标准》GB 50201—1994 的规定执行。防护区内各防护对象的防洪标准差别较大时，可分段采用不同防洪标准。

7 堤防设计应符合现行国家标准《堤防工程设计规范》GB 50286—1998 的规定。

10.3.4 排洪排水工程布设与型式选择应符合下列要求：

1 建设排洪渠体系将项目区周边山坡来洪安全排泄，并与项目区排水系统相结合。当山坡或沟道洪水以及项目区本身需排泄的地表径流与道路、建筑物交叉时，应采取涵洞或暗管排洪。

2 排洪排水工程可分为明渠、暗管、竖井、涵洞等型式。应根据项目区周边来洪量及项目区内地表径流量选择确定。

10.3.5 排导工程（泥石流沟道治理工程）的设计应符合下列要求：

1 在需要排泄泥石流或控制泥石流走向和堆积位置时，可根据泥石流的性质采用排导槽或渡槽等排导工程。

2 排导槽的布设应符合下列要求：

1) 在泥石流堆积扇或堆积阶地上修建排导槽，使泥石流按预定路线排泄。

2) 根据排导流量，确定排导槽的断面和比降，保证泥石流不漫槽。

3) 排泄区下游应有充足的停淤场，泥石流导流后不产生漫淤、漫流等危害。

3 渡槽的布设应符合下列要求：在铁路、公路、水渠、管道或其他线型设施与泥石流流经区或堆积区交叉处，需修建渡槽使泥石流从渡槽通过，避免对各类设施造成危害。

4 停淤场的布设应符合下列要求：将泥石流阻挡于保护区之外，减少泥石流的下泄量，减轻排导工程的压力。

10.3.6 沟床固定与泥石流拦挡工程应符合下列要求：

1 对沟床可采取钢筋混凝土沟床加固工程、木笼沟床加固工程、石笼沟床加固工程。在如滑坡等需要富有柔性沟床加固的地方，可用木笼或石笼沟床加固工程。

2 在布置格栅坝、桩林的沟道中，同时布置拦沙坝（含谷坊），拦蓄经筛分的沙砾与洪水，以巩固沟床、稳定沟坡，减轻对下游的危害。

3 在沟道中修筑混凝土、钢筋混凝土或浆砌石重力坝，其过水部分应用钢材作成格栅，拦挡泥石流中的巨石与大漂砾石，并使其余泥水下泄，减小石砾冲撞作用。

10.3.7 施工过程中淤积物清淤清障应符合下列要求：

1 应清淤清障（包括施工过程中的淤积物），保障与项目区有关的河流、沟道泄洪顺畅。

2 清淤清障之前应调查河道、沟道内淤积物或障碍物的范围、种类与堆积量，提出清障清淤的施工方案。河道清障清淤的施工期应安排在汛前。

3 应设置专用的土、渣、淤泥堆置场地。宜利用荒地、凹地堆置清淤清障物，不得占用耕地和其他施工场地，有条件的应将清理的淤泥与平沟平凹造地相结合。

4 堆置场四周必须设置拦护工程，其型式应根据堆置场地条件选择确定。

11 降水蓄渗工程

11.1 一般规定

11.1.1 对因开发建设活动对地面、沟道的降水入渗、过流影响应进行分析，并采取降水蓄渗措施。

11.1.2 坡面漫流的分析应包括以下内容：

1 在项目区范围内，由于基建施工和生产运行使土壤性状、土壤湿度、土层剖面特性、植被、地形、土地利用等下垫面条件发生变化，硬化地面、开挖裸露面等，使地面糙率变小，其蓄渗降雨的能力下降，坡面漫流速度增大。

2 产流历时缩短而产流量增大，其冲刷作用增强，地下水补给减少。

3 填土（石、沙、渣）或弃土（石、沙、渣、灰）孔隙率增大，蓄渗能力增大，产流历时延长而产流量减小，土壤含水量增加，对于填方或废弃物的稳定产生不利影响。

11.1.3 河槽集流的分析应包括以下内容：

1 坡面漫流从上游向下游汇集，在项目区内或在项目区下游汇流到流域出口断面形成沟（河）道径流。

2 由于基建施工和生产运行使沟（河）道的下垫面条件发生变化，河槽集流的历时、集流速度发生变化。

3 项目区硬化地面、开挖裸露面，使坡面漫流、河槽集流量增大，径流特别是洪水对河（沟）道的冲刷作用增强。

11.2 适用条件

11.2.1 对由于项目基建施工和生产运行引起坡面漫流和河槽集流增大，地表的冲刷作用增强，必须采取水土保持防护工程，与项目防护工程形成完整的防御体系，有效地防止水土流失，并保证工程项目稳定和生产运行的安全。

11.2.2 硬化面积宜限制在项目区空闲地总面积的1/3以下。地面、人行道路面硬化结构宜采用透水

形式。

11.2.3 应恢复并增加项目区内林草植被覆盖率，植被恢复面积应达到项目区空闲地总面积的2/3以上。

11.3 设计要求

11.3.1 对产生径流的坡面应根据地形条件，采取水平阶、水平沟、窄梯田、鱼鳞坑等蓄水工程。

11.3.2 对径流汇集的坡面应根据地形条件，采取水窖、涝池、蓄水池、沉沙池等径流拦蓄工程。

11.3.3 项目区位于干旱、半干旱地区时，应结合项目工程供水排水系统，布置专用于植被绿化的引水、蓄水、灌溉工程。

12 临时防护工程

12.1 一般规定

12.1.1 施工建设中，临时堆土（石、渣），必须设置专门堆放地，集中堆放，并应采取拦挡、覆盖等措施。

12.1.2 对施工开挖、剥离的地表熟土，应安排场地集中堆放，用于工程施工结束后场地的覆土利用。

12.1.3 施工中的裸露地，在遇暴雨、大风时应布设防护措施。

12.1.4 施工建设场地应布设临时拦护、排水、沉沙等设施，防止施工期间的水土流失。

12.1.5 裸露时间超过一个生长季节的，应进行临时种草。

12.1.6 临时施工道路应统一规划，提出典型设计，并采取临时性的防护措施。

12.1.7 施工中对下游及周边造成影响的，必须采取相应的防护措施。

12.2 适用条件

12.2.1 临时防护工程适用于工程项目的施工准备期和基建施工期。

12.2.2 临时防护工程宜布设在项目工程的施工场地及其周边。

12.2.3 防护对象应为施工场地的扰动面、占压区等。

12.3 设计要求

12.3.1 施工场地开挖应符合下列规定：

1 对施工场地的地表熟土层，剥离后应集中存放于专门堆放场地，并采取措施防止其流失。

2 对植被稀少、生长缓慢地区的林草、草皮等，应将地表植被连同其下熟土层一起移植于其他地方，工程结束后回植于施工场地。

3 项目建设施工中，临时堆土（石、渣）及建材应分类集中堆放，并建临时性挡渣、排水、沉沙等工程，对堆放时间长的土、石、渣体，还应临时种草。

12.3.2 表面覆盖应符合下列规定：

1 对临时堆放的渣土，应用土工布、塑料布、抑尘网等覆盖，避免水土流失。

2 风沙区部分场地可用草、树枝等临时覆盖。

12.3.3 临时挡土（石）工程应符合下列规定：

1 宜在施工场地的边坡下侧修建。

2 平地区应在临时弃渣体周边布设。

3 临时挡土（石）工程的规模应根据渣体的规模、地面坡度、降雨等情况分析确定。

4 临时挡土（石）工程防洪标准可根据确定的工程规模，相应的弃渣防治工程的防洪标准确定。

12.3.4 临时排水设施应符合下列规定：

1 在施工场地的周边，应建临时排水设施。

2 临时排水设施可采用排水沟（渠）、暗涵（洞）、临时土（石）方挖沟等，也可利用抽排水管。

3 临时排水设施的规模和标准，应根据工程规模、施工场地、集水面积、气象等情况分析确定。

4 临时排水设施的防洪标准应根据确定的工程规模，相应的弃渣防治工程的防洪标准确定。

12.3.5 沉沙池应符合下列规定：

1 对施工场地产生的泥沙进行沉积。

2 位置应选在挖泥和运输方便的地方，有利于清淤。

3 容量应根据地形地质、降雨时泥沙径流量，确定一次暴雨搬运堆积泥沙的数量。

4 沉沙池的设计施工应遵循国家行业标准《水利水电工程沉沙池设计规范》SL 269—2001。

12.3.6 临时种草场地应采取土地整治、播撒草籽措施，可按照本规范第13章规定执行。

12.3.7 施工组织设计应符合下列要求：

1 项目在施工和运行期，各种车辆、运输设备应固定行驶路线，不得任意开辟道路，减少对地面的扰动。

2 应明确标识场内交通道路的边界，规范车辆的行驶。

3 临时道路宜采用砾石、卵石及碎石铺压路面，防止暴雨、大风造成的危害。

4 应合理确定工程的施工期，避免在大风季和暴雨季施工。

13 植被建设工程

13.1 一般规定

13.1.1 开发建设项目在规划设计阶段应合理规划，减少征占、压埋地表和植被的范围。

13.1.2 对开挖破损面、堆弃面、占压破损面及边坡，在安全稳定的前提下，宜采取植物防护措施，恢复自然景观。

13.1.3 不同区域和不同建设项目类型，应分别确定植被建设目标。城区的植被建设应以观赏型为主，偏远区域应以防护型为主。

13.1.4 植物防护可采取种草、造林等措施。

13.1.5 在南方地形较缓或稳定边坡的地方，可采取封育管护措施恢复自然植被。

13.1.6 渣面、工程不再使用的临时占地等应进行植被建设。

13.1.7 对高陡裸露岩石边坡，可采用攀缘植物分台阶实施绿化。

13.2 适用条件

13.2.1 当项目区处于下列区域时，应进行植被建设：

1 水土保持生态工程建设的区域。

2 植被相对稀少的区域。

3 天然林保护、水源涵养林、自然保护区、旅游区、城市及城近郊区的区域。

4 易造成大量植被破坏的项目区。

5 适宜造林种草、绿化美化防护的项目区。

13.3 设计要求

13.3.1 植被恢复应符合下列规定：

1 工程建设的取土（料）场、弃土（渣）场、开挖面等，施工结束后应恢复植被。

2 施工临时占地、施工营地、临时道路、设备及材料堆放场地等应恢复植被，原属性为农田的应复耕。

3 项目区的裸露地，适应种植林草的应恢复植被。

13.3.2 种草护坡应符合下列规定：

1 对坡比小于 1.0∶1.5，土层较薄的沙质或土质坡面，可采取种草护坡工程。

2 种草护坡应先将坡面进行整治，并选用生长快的低矮匍匐型草种。

3 种草护坡应根据不同的坡面情况，采用不同的方法。土质坡面宜采取直接播种法；密实的土质边坡，宜采取埋植法；在风沙坡地，应先设沙障，固定流沙，再播种草籽。

4 种草后 1～2 年内，应进行必要的封禁和抚育措施。

13.3.3 造林护坡应符合下列规定：

1 对坡度适宜，有一定土层、立地条件较好的地方，应采用造林护坡。

2 护坡造林应采用深根性与浅根性相结合的乔灌木混交方式，同时选用适应当地条件、速生的乔木和灌木树种。

3 在坡面的坡度、坡向和土质较复杂的地方，应将造林护坡与种草护坡结合起来，实行乔、灌、草相结合的植物或藤本植物护坡。

4 坡面采取植苗造林时，苗木宜带土栽植，并应适当密植。

13.3.4 砌石草皮护坡应符合下列规定：

1 在坡度缓于 1∶1，高度小于 4m，坡面有涌水的坡段，应采用砌石草皮护坡。

2 坡面的 1/2～2/3 以下应采取浆砌石护坡，上部采取草皮护坡。在坡面从上到下，每隔 3～5m 沿等高线修一条宽 30～50cm 砌石条带，条带间的坡面种植草皮。

3 砌石部位宜在坡面下部的涌水处或松散地层显露处，在涌水较大处设反滤层及排水设施。

13.3.5 格状框条护坡应符合下列规定：

1 位于路旁或人口聚居地的土质或沙土质边坡，宜采用格状框条护坡。

2 用浆砌石在坡面做成网格状。网格尺寸为 2.0m×2.0m，或将每格上部做成圆拱形；上下两层网格呈"品"字形排列。浆砌石部分宽 0.5m 左右。

3 采用预制件时，应在护坡现场直接浇制宽 20～40cm，长 12m 的混凝土或用钢筋混凝土预制构件，修成格式建筑物。当格式建筑物可能沿坡面下滑时，应固定框格交叉点或在坡面深埋横向框条。

4 应在网格内种植草。

13.3.6 在水库周边应根据地形地质条件建设岸坡防护绿化林、防浪林、护滩林、护岸林带等植被防护工程。

13.3.7 项目区内的永久性道路，应进行道路绿化；项目区的四周，应进行周边绿化；有的厂矿企业区内应布设防火林带与卫生林带；有条件的应结合绿化建立景观小区。

13.3.8 沿项目区周边应按照水土保持与防风固沙林带技术要求布置带状绿化工程。林带布设应采用乔灌混交，隔行配置，长江以南以常绿树种为主。

13.3.9 开发建设项目的居住区、办公区应进行园林绿化。

13.3.10 有条件的可利用原地形地貌和排弃的土、石、渣，修建风景观赏点、游览区、停车场等设施，开发旅游业。

13.3.11 风景林应符合下列规定：

1 结合游览休憩活动的风景林，其疏密配合应恰当，疏林下或林中空地，可结合布置草地或园林小品等。应适当配置林间小路，使其构成幽美环境。

2 树种的组成及其色彩、形态的搭配，对周围景物、地形变化等应综合考虑。

3 绿篱应采用灌木紧密栽植。

13.3.12 花卉种植应符合下列规定：

1 在广场中心、道路交叉处、建筑物入口处及其四周，可设花坛或花台。

2 在墙基、斜坡、台阶两旁、建筑物空间和道路两侧，可设置花境。

3 对需装饰的地物或墙壁可采用以观赏为主的攀缘植物覆盖，可建成花墙。

13.3.13 草坪布设应符合下列规定：

1 布设要求。

1）较大面积的草坪布设应与周围园林环境有机结合，形成旷达疏朗的园林环境，同时还应利用地貌的起伏变化，创造出不同的竖向空间境域。

2）草坪的地面坡度应小于土壤的自然稳定角（小于 30°）。如超过则应采取护坡工程。运动场草坪排水坡度宜为 0.01 左右，游憩草坪排水坡度宜为 0.02～0.05，最大不超过 0.15。

2 铺设草坪的草种，应具有耐践踏、耐修剪、抗旱力较强等特性。北方地区还应重视草种的耐寒性。

3 应根据不同草种的特点，分别采取铺草皮、种草鞭和播草籽等不同的种植方式。

14 防风固沙工程

14.1 一般规定

14.1.1 开发建设项目在基建施工和生产运行中开挖扰动地面、损坏植被，引发土地沙化，或开发建设项目在风沙区，遭受风沙危害时，应采取防风固沙工程。

14.1.2 应根据项目区所在地风沙危害的不同特点，布置防风固沙工程，并应符合下列要求：

1 项目区位于北方沙化地区时，宜采取沙障固沙、营造防风固沙林带、固沙草带、引水拉沙造田，以及防止风蚀的农业技术等综合措施。

2 项目区位于黄泛区古河道沙地时，宜先治理风口，堵住风源，采取翻淤压沙、造林固沙等措施，将沙地改造成果园地或农田。

3 项目区位于东南沿海岸线沙带时，宜选择抗风沙树种，采用客土植树等方法，营造海岸防风林带。

14.2 适用条件

14.2.1 项目区位于北方沙化地区、风沙危害区。

14.2.2 工程建设（生产）易引发土地沙化的项目区。

14.3 设计要求

14.3.1 应根据项目所处风蚀沙化类型区，工程施工及运行带来的风蚀沙化危害，按照下列原则选择沙障固沙类型：

1 根据沙障在地面分布形状布设带状沙障、方格状（或网状）沙障。

2 根据沙障的不同材料布设柴草沙障、粘土沙障、卵石或其他材料沙障。

3 根据铺设沙障的柴草与地面的角度布设平铺式沙障、直立式沙障。

14.3.2 应在项目区周边营造防风固沙林带，沙区风口处进行风口造林，林带间和风口内进行成片造林。

14.3.3 种草固沙应符合下列要求：

  1 固沙草种选择。

    1）耐寒、耐旱、耐瘠薄、抗逆性强。

    2）侧根发达、萌芽力强，不怕沙压、沙埋。

    3）固沙能力强、繁殖容易、有较高的经济价值。

  2 固沙种草。

    1）布置在流沙基本得到控制后进行带状或成片种草，改造和利用沙地。

    2）建立草籽繁育基地，有条件的可进行灌溉。

    3）固沙种草方法宜采取人工播种，地广人稀的地区可采取飞机播种。

    4）项目在风沙区内，需改造利用沙丘为项目服务时，可采用平整沙丘造地的工程。

14.3.4 平整沙丘应符合下列要求：

  1 在没有水源的风沙区，应采用推土机加人工的方式平整沙丘造地。

  2 已平整的沙丘四周应及时采取沙障、造林、种草等固沙工程。

  3 项目位于有水源条件的风沙区时，应采用引水（或抽水）拉沙造地，增加项目建设生产用地，有效保护和改善生态环境。

附录 A　水土保持方案报告书内容规定

A.0.1 综合说明应简要说明下列内容：

  1 主体工程的概况、方案设计深度及方案设计水平年。

  2 项目所在地的水土流失重点防治区划分情况，防治标准执行等级。

  3 主体工程水土保持分析评价结论。

  4 水土流失防治责任范围及面积。

  5 水土流失预测结果。主要包括损坏水土保持设施数量、建设期水土流失总量及新增量、水土流失重点区段及时段。

  6 水土保持措施总体布局、主要工程量。

  7 水土保持投资估算及效益分析。

  8 结论与建议。

  9 水土保持方案特性表（见附表 A.0.1）。

附表 A.0.1　开发建设项目水土保持方案特性表样式

项目名称		流域管理机构	
涉及省区	涉及地市或个数		涉及县或个数
项目规模	总投资（万元）		土建投资（万元）
动工时间	完工时间		方案设计水平年
项目组成	建设区域	长度/面积（m/hm²）	挖方量（万m³）	填方量（万m³）
国家或省级重点防治区类型		地貌类型	
土壤类型		气候类型	
植被类型		原地貌土壤侵蚀模数[t/(km²·a)]	
防治责任范围面积（hm²）		土壤容许流失量[t/(km²·a)]	
项目建设区（hm²）		扰动地表面积（hm²）	
直接影响区（hm²）		损坏水保设施面积（hm²）	
建设期水土流失预测总量（t）		新增水土流失量（t）	
新增水土流失主要区域			
防治目标	扰动土地整治率（%）	水土流失总治理度（%）	
	土壤流失控制比	拦渣率（%）	
	植被恢复系数（%）	林草覆盖率（%）	
防治措施	分区	工程措施	植物措施	临时措施
	投资（万元）			
水土保持总投资（万元）		独立费用（万元）	
水土保持监理费（万元）	监测费（万元）		补偿费（万元）
方案编制单位		建设单位	
法定代表人及电话		法定代表人及电话	
地址		地址	
邮编		邮编	
联系人及电话		联系人及电话	
传真		传真	
电子信箱		电子信箱	

填表说明：①动工时间为施工准备期开始时间；②重点防治区类型指项目所在地归属于各级水土流失重点预防保护区、重点监督区和重点治理区的情况；③防治目标填写设计水平年时规划的综合目标值；④防治措施指汇总的建设期各类防治措施的数量，如工程措施中填写浆砌石挡墙（措施名称）及长度（措施量）；⑤水土保持总投资不包括运行期的各类费用。

A.0.2 水土保持方案编制总则应包括下列内容：

  1 方案编制的目的与意义。

  2 编制依据。包括法律、法规、规章、规范性文件、技术规范与标准、相关资料等。

  3 水土流失防治的执行标准。按《开发建设项目水土流失防治标准》GB 50434—2008 的规定，说明本项目水土流失防治的执行标准。

4 指导思想。

5 编制原则。

6 设计深度和方案设计水平年。

A.0.3 项目概况应按本规范第 5.3 节中的规定，说明项目基本情况、项目组成及总体布置、施工组织、工程征占地、土石方量、工程投资、进度安排、拆迁与安置等情况。若有与其他项目的依托关系应予说明。

A.0.4 项目区概况应按本规范第 5.4 节中的规定，简要说明项目所在区域自然条件、社会经济、土地利用情况，水土流失现状及防治情况，区域内生态建设与开发建设项目水土保持可借鉴的经验。

A.0.5 主体工程水土保持分析与评价应包括下列内容：

1 主体工程方案比选及制约性因素分析与评价。

2 主体工程占地类型、面积和占地性质的分析与评价。

3 主体工程土石方平衡、弃土（石、渣）场、取料场的布置、施工组织、施工方法与工艺等评价。

4 主体工程设计的水土保持分析与评价。

5 工程建设与生产对水土流失的影响因素分析。

6 结论性意见、要求与建议。

A.0.6 防治责任范围及防治分区应包括下列内容：

1 分行政区划（以县为单位）列表说明工程占地类型、面积和占地性质等。

2 责任范围确定的依据。

3 防治责任范围，用文、表、图说明项目建设区、直接影响区的范围、面积等情况。

4 水土流失防治分区。

A.0.7 水土流失预测应包括下列内容：

1 预测范围和预测时段。

2 预测方法。应说明土壤侵蚀背景值、扰动后的模数值的取值依据。

3 水土流失预测成果。应说明项目建设可能产生的水土流失量、损坏水土保持设施面积。

4 水土流失危害分析与评价。

5 预测结论及指导性意见。

A.0.8 防治目标及防治措施布设应包括下列内容：

1 提出定性与定量的防治目标。

2 水土流失防治措施布设原则。

3 水土流失防治措施体系和总体布局。应附防治措施体系框图。

4 不同类型防治工程的典型设计。

5 防治措施及工程量应分区，分工程措施、植物措施、临时措施列表说明各项防治工程的工程量。

6 水土保持施工组织设计。

7 水土保持措施进度安排。

A.0.9 水土保持监测应包括下列内容：

1 监测时段。

2 监测区域（段）、监测点位。

3 监测内容、方法及监测频次。

4 监测工作量。应说明监测土建设施、消耗性材料、监测设备、监测所需人工等。

5 水土保持监测成果要求。

A.0.10 投资估算及效益分析应包括下列内容：

1 投资估算的编制原则、依据、方法。

2 水土保持投资概述。应附投资估算汇总表、分年度投资表、工程单价汇总表、材料用量汇总表。

3 防治效果预测。应对照制定的目标，验算六项目标的达到情况。

4 水土保持损益分析。应从水土资源、生态与环境等方面进行损益分析与评价。

A.0.11 实施保障措施应包括下列内容：

1 组织领导与管理。

2 后续设计。

3 水土保持工程招标、投标。

4 水土保持工程建设监理。

5 水土保持监测。

6 施工管理。

7 检查与验收等。

8 资金来源及使用管理。

A.0.12 结论及建议应包括下列内容：

1 水土保持方案总体结论。

2 下阶段水土保持要求。

A.0.13 附件、附图、附表，应符合下列规定：

1 附件应包括下列内容：

1）项目立项的有关申报文件、工程可行性研究意见。

2）水土保持投资估（概）算附表。

3）其他。

2 附图应包括下列内容：

1）项目所在（经）地的地理位置图。

2）项目区地貌及水系图。

3）项目总平面布置图。

4）项目区土壤侵蚀强度分布图、土地利用现状图、水土保持防治区划分图。

5）水土流失防治责任范围图。

6）水土流失防治分区及水土保持措施总体布局图。

7）水土保持措施典型设计图。

8）水土保持监测点位布局图。

附录 B 水土保持方案报告表内容规定

编号：

类别：

简要说明：

项目简述、项目区概述、产生水土流失的环节分析，防治责任范围，措施设计及图纸，工程量及进度，投资，实施意见。

水土保持方案报告表
（参考格式）

项目名称：

送审单位（个人）

法定代表人：

地　　址：

联　系　人：

电　　话：

报送时间：

项目概况	项目名称		
	项目负责人	地　点	
	占地面积	工程投资	
	开工时间	完工时间	
	生产能力	生产年限	
可能造成水土流失	弃土（石、渣）量		
	造成水土流失面积		
	损坏水保设施		
	估算的水土流失量		
	预测水土流失危害		
水土保持措施及投资	工程措施		投资
	植物措施		投资
	临时工程		投资
	其他	补偿费	
		投资	
水土保持总投资			

续表

分年度实施计划	年度	措施工程量	投资
编制单位			
资格证书编号			
编制人员			
岗位证书号			

注：1　附生产建设项目地理位置平面图、设计总图各一份。

2　本表一式三份，经水行政主管部门审查批准后，一份留水行政主管部门作为监督检查依据，一份送项目审批部门作为审批项目依据，一份留本单位（或个人）作为实施依据。

3　在生产建设项目施工过程中，必须按"水土保持方案报告表"中的内容实施各项水土保持措施，并接受水行政主管部门监督检查。

4　用此表表达不清的事项，可用附件表述。

本规范用词说明

1　为便于在执行本规范条文时区别对待，对要求严格程度不同的用词说明如下：

1）表示很严格，非这样做不可的用词：

正面词采用"必须"，反面词采用"严禁"。

2）表示严格，在正常情况下均应这样做的用词：

正面词采用"应"，反面词采用"不应"或"不得"。

3）表示允许稍有选择，在条件许可时首先应这样做的用词：

正面词采用"宜"，反面词采用"不宜"；

表示有选择，在一定条件下可以这样做的用词，采用"可"。

2　本规范中指明应按其他有关标准、规范执行的写法为"应符合……的规定"或"应按……执行"。

中华人民共和国国家标准

开发建设项目水土保持技术规范

GB 50433—2008

条 文 说 明

目　次

1 总　则

1.0.2 建设或生产过程中可能引起水土流失的开发建设项目指公路、铁路、机场、港口、码头、水工程、电力工程、通信工程、管道工程、国防工程、矿产和石油天然气开采及冶炼、工厂建设、建材、城镇新区建设、地质勘探、考古、滩涂开发、生态移民、荒地开发、林木采伐等项目。

3 基本规定

3.1 一般规定

3.1.1 根据防洪法及河道管理条例的规定，河道、湖泊的管理范围分两种情况：一是有堤防的河道、湖泊，其管理范围为两岸堤防之间的水域、沙洲、滩地（包括可耕地）、行洪区，两岸堤防及护堤地；二是无堤防的河道、湖泊，其管理范围为历史最高洪水位或设计洪水位之间的水域、沙洲、滩地和行洪区。在上述范围内均不得设立弃土（石、渣）场。水库、水电站工程，其建设过程中的弃渣经充分论证确需在库区内堆存的，须经有关主管部门同意后，可在设计的死库容水位以下堆置，但必须采取拦挡、防护措施，确保不产生水土流失及其他危害。

3.1.2 涉及移民（拆迁）安置及专项设施改（迁）建的建设项目，规模的界定参见水利部有关规定。

3.2 对主体工程的约束性规定

3.2.1 泥石流易发区、崩塌滑坡危险区系指县级以上人民政府水行政主管部门依法划定并公告的相应区域。城镇新区的建设项目主要包括城市各类工业园区、产业园区、科技园区、各类开发区和小城镇建设及其改造等建设项目。

3.2.3 根据防洪法及河道管理条例的规定，禁止在河道、湖泊管理范围内建设妨碍行洪的建筑物、构筑物，禁止倾倒垃圾、渣土。在河岸边弃渣应严格遵循这一规定。

3.2.5 一般情况下，当预报日降雨量50mm以上的暴雨、风速大于5m/s的大风时，应采取覆盖、防护等措施，减轻产生的水土流失。

3.3 不同水土流失类型区的特殊规定

3.3.1 风沙区主要包括两大区域。一是"三北"戈壁沙漠及沙地风沙区。主要分布于长城沿线以北地区，该区域气候干旱少雨，风力侵蚀强烈，荒漠化严重，沙漠蚕食绿洲，直接危害农、林、牧业；二是沿河、环湖、滨海平原风沙区。该区域主要是江、河、湖、海岸边沉积的泥沙，干燥遇大风形成并逐步扩大，造成掩埋各类生产用地的危害。

3.3.2 东北黑土区。南界为吉林省南部，东西北三面为大小兴安岭和长白山所围绕。主要包括三大区。一是低山丘陵区，有大、小兴安岭地区，系森林地带，坡缓谷宽，岩性为花岗岩及页岩，发育暗棕壤，多为轻度侵蚀；有长白山千山山地丘陵区，系林草灌丛，岩性为花岗岩等，发育暗棕壤，棕壤，多为轻度、中度侵蚀；有三江平原区（黑龙江、乌苏里江及松花江冲积平原）古河床，自然形成低岗地，河间低洼地为沼泽草甸，岗洼之间为平原，多为微度侵蚀。二是漫川漫岗区，指松嫩平原，属冲积、洪积台地，地势倾斜，坳谷和岗地相间的地貌特征，多为中度侵蚀，局部强度侵蚀。三是平原区和草原区，主要是湿地、草场和珍贵野生动植物栖息地，多为微度、轻度侵蚀。

3.3.3 西北黄土高原区。西为青海日月山，西北为贺兰山，北为阴山，南为秦岭，东为太行山。地带性土壤：在半湿润气候带自西向东依次为灰褐土、黑垆土、褐土；在干旱及半干旱气候带自西向东依次为灰钙土、棕钙土、栗钙土。水力侵蚀普遍且极为严重。主要分八个类型区。一是黄土高原丘陵沟壑区，广泛分布在山西、陕西、内蒙古中西部、甘肃、宁夏、青海等省（区）的黄土高原地区。该区的主要特点是地形破碎，千沟万壑，水土流失较为严重，以坡面冲刷和沟道切割侵蚀为主要侵蚀方式。二是黄土高原沟壑区，主要为甘肃陇东地区、陕西渭北、山西的西南部等部分地区。地形由塬、坡、沟组成，塬面宽平，坡陡沟深，水土流失严重。以塬面径流侵蚀使塬面耕地不断被蚕食减少、高原沟壑不断扩大为主要侵蚀方式。三是黄土阶地区，主要是黄土高原地区较大河流两岸的河谷阶地。地面平坦，土壤侵蚀较轻。四是冲积平原区，包括渭河、汾河等河谷和黄河河套平原。地面平坦，除河岸、渠岸坍塌外，无明显的侵蚀。五是高地草原区，主要分布于青海、四川、甘肃接壤的青藏高原东缘地带。为高山草原，有较好的植被，土壤侵蚀微弱，人口稀少，破坏较轻，局部地区有风蚀。六是干旱草原区，分布于山西、陕西、内蒙古接壤区、甘肃东北部。为沙质土壤草原，植被覆盖较低，多与风沙区交错出现，草皮破坏，极易形成沙化中、强度侵蚀。七是土石山区，六盘山、太子山等黄土高原的土石山地区。有良好的林草植被，耕地少，侵蚀轻微。八是林区，主要包括子午岭、黄龙山林区和散见于各土石山区的林地。林草植被繁茂，耕地较少，土壤侵蚀轻微。

3.3.4 北方土石山区。东北漫岗丘陵以南，黄土高原以东，淮河以北，包括东北南部、河北、山西、内蒙古、河南、山东等部分地区。主要有六个类型区。一是太行山山地地区，属暖温带半湿润区，包括大五台山、小五台山、太行山和中条山地，是海河五大水系发源地。主要由片麻岩、碳酸岩类组成，以褐土为主，中度、强度侵蚀，是华北地区侵蚀最严重的地区。二是辽西—冀北山地区，岩性为花岗岩类、片麻岩类和砂页岩类，发育山地褐土和栗钙土，水力侵蚀强烈，为泥石流易发区，风力侵蚀有发展。三是山东丘陵区，地处山东半岛，由片麻岩类、花岗岩类等组成，发育棕壤、褐土，土层薄，属中度侵蚀。四是阿尔泰山地区，地处新疆东北部，阿尔泰山南坡，山地森林草原，微度侵蚀。五是松辽平原松花江、辽河冲积平原，发育厚层黑钙土和草甸土，低岗地有轻微侵蚀。六是黄淮海平原北部，北部以太行山、燕山为界，南部以淮河为界，是黄、淮、海三条河的冲积平原，仅古河道岗地有微弱侵蚀。

3.3.5 西南土石山区。包括云贵高原、四川盆地，湘西及桂西，山高坡陡，石多土少，高温多雨，岩溶发育。山崩、滑坡、泥石流分布广。主要有五个类型区。一是四川山地丘陵，除成都平原外，多为山地和丘陵，是长江上游泥沙主要来源区之一，水土流失严重。二是云贵高原山地，该区有雪峰山、大娄山、乌蒙山等，土层薄，基岩裸露，主要由碳酸盐岩类和砂页岩类组成，发育黄壤、红壤和黄棕壤。以水力侵蚀为主，滑坡、泥石流等重力侵蚀也非常发育。坪坝地为石灰土，以溶蚀为主。多为轻、中度侵蚀，局部地区强度侵蚀。三是横断山地区。包括藏南高山深谷、横断山脉、无量山及西双版纳地区，多为轻度、中度侵蚀。该区地质构造运动活跃，地层复杂，在沟谷陡坡常易发生崩塌，局部地区有泥石流。四是秦岭、大别山、鄂西山地区，位于黄土高原、黄淮海平原以南，四川盆地、长江中下游平原以北。由浅变质岩类和花岗岩类组成，发育黄棕壤土。该区地质构造复杂，岩层破碎，泥石流发育，山高坡陡，气温低，暴雨量大，植被分布不均衡，土层较厚，轻度侵蚀。五是川西山地草甸区，包括大凉山、邛崃蛛山、大雪山等，由碎屑岩类发育棕壤和褐土，多为微度、轻度侵蚀。

3.3.6 南方红壤丘陵区。主要有三个类型区。一是江南山地丘陵，南以南岭为界，西以云贵高原为界，包括幕阜山、罗霄山、黄山、武夷山等。以花岗岩类、碎屑岩类组成山地丘陵，山间多为红色小盆地，发育红壤、黄壤、水稻土。林地侵蚀较轻，荒地侵蚀居中，农地侵蚀较严重，其中以花岗岩地区最为严重。山区大部分区域植被较好，应加强预防保护。二是岭南平原丘陵区，包括广东、海南岛和桂东地区。以花岗岩类和砂页岩类为主，发育赤红壤和砖红壤，局部花岗岩风化层深厚，崩岗侵蚀严重。应对现有植被加强保护，特别是热带树草种的保护。三是长江中下游平原，位于宜昌以东，包括两湖平原、鄱阳湖平原、太湖流域。地势平坦，河流交错。平地及低缓的坡地多为农田。河道比降较缓，降雨主要集中在汛期，容易遭受渍涝，微度侵蚀区。

3.3.7 青藏高原冻融侵蚀区。主要有两个类型区。一是高原高寒草原冻融风蚀区，该区位于藏北高原，发育莎嘎土。二是藏北高原高寒草原冻融侵蚀区，该区位于高原的东部与南部，高山冰川与湖泊相间，发育莎嘎土等，局部有冰川泥石流。

3.3.8 平原和城市。城市是开发建设项目的密集地，易产生垃圾、粉尘、灰尘，污染环境。山区城市有洪水威胁。平原水土流失轻微，人为扰动会加重水土流失。

3.4　不同类型建设项目的特殊规定

3.4.1~3.4.3 对不同类型的开发建设项目提出了需特别注意的问题，其前提是首先达到前几节的基本规定和要求。

4　各设计阶段的任务

各行业的前期工作阶段划分和深度不完全一致，实际工作中需根据行业特点做适当深化或补充。并应按下列要求进行：

1　水土保持工程的投资估（概）算编制依据、编制定额、价格水平年与基础单价、主要工程单价中的相关费率等应与主体工程一致；主体工程没有明确规定的，应采用水利部《开发建设项目水土保持工程投资概（估）算编制规定》、《水土保持工程概算定额》及相关行业、地方标准和当地现行价。水土保持投资费用构成应按《开发建设项目水土保持工程概（估）算编制规定》执行。

2　植物措施中需要达到园林化标准的部分，应采用园林行业的单位指标计算。

3　水土保持投资估算总表按工程措施、植物措施、临时工程和独立费用、预备费和水土保持设施补偿费几部分，计列静态投资。分部工程估算表、分年度投资表按照防治分区计列上述各项投资，跨省（直辖市、自治区）项目还应按省（直辖市、自治区）分列投资。

4　独立费用应包括建设单位管理费、水土保持方案编制及勘测设计费、水土保持监理费、水土保持监测费、质量监督检测费、技术文件咨询服务费、水土保持设施技术评估及验收费等，并列入总投资。

5　投资估（概）算附表及附件主要包括总估（概）算表、分部工程估（概）算表、独立费用估（概）算表、分年度投资表、工程单价汇总表、材料价格预算表、施工机械台时费汇总表、工程措施单价表、植物措施单价表等。

5　水土保持方案

5.1　一般规定

5.1.1 开发建设项目水土流失防治除应符合本规范

的基本规定外，还应达到现行国家标准《开发建设项目水土流失防治标准》GB 50434—2008 的要求。

5.1.4～5.1.7 对主体工程的各比选方案进行水土保持评价，并提出水土保持意见。当主体工程推荐方案的水土保持评价较其他方案优越或差别不大时，评价结论应认可推荐方案。当推荐方案的水土保持评价明显劣于其他方案时，如果主体工程总投资与其他方案差别不大时，应提出更换推荐方案的建议；如果推荐方案的总投资明显低于其他方案，宜针对推荐方案进行水土保持设计，宜提高水土流失防治标准（等级），减少工程建设可能增加的水土流失。

主体工程比选方案的水土保持评价重点从优化施工工艺，减少施工占地和工程开挖以及对原地貌的扰动等方面进行比较，从有效控制水土流失的角度考虑，比较不同布局和施工方案可能导致的水土流失强度，施工场地宜避开植被良好的区域、高产农田和水土保持预防保护区。

5.6 水土流失防治责任范围及防治分区

5.6.1 项目建设区主要包括项目永久征地、临时占地、租赁土地、管辖范围等土地权属明确，需由项目法人对其区域内的水土流失进行预防或治理的范围。其主要特点是必然发生、与建设项目直接相关。项目建设区需根据整个项目的施工活动来确定，不得肢解转移。因建设单位一般不会直接施工，所有的施工均需外委，但防治责任均应由建设单位负责，不能无限转包最终至个人。在外购土、石料时，合同中应予明确水土流失防治责任，并报当地（县级）水行政主管部门备案。

5.6.2 直接影响区指因项目生产建设活动可能造成水土流失及危害的项目建设区以外的其他区域，其主要特点是由项目建设所诱发、可能（也可能不）加剧水土流失的范围，如若加剧水土流失应由建设单位进行防治的范围。方案编制时需在调查类比工程的基础上进行分析以确定直接影响区。当类比工程极少时，直接影响区可参考下列范围研究确定：

线型工程：山区上边坡 5m，下边坡 50m；桥隧上边坡 5m，下边坡 8m；管道两侧各 5～10m。丘陵区上边坡 5m，下边坡 20m。风沙两侧各 50m。平原区两侧各 2m。

点型工程：有坡面开挖的两侧各 2m。塌陷区面积按有关行业技术标准的规定确定。

5.7 水土流失预测的基本要求

对风蚀、重力侵蚀等水土流失类型，可根据有关试验、研究的经验公式，经修正后进行水土流失量的预测。

5.9 水土保持监测的基本要求

5.9.10 标准径流小区主要设施应符合下列规定：

1 径流小区：标准径流小区坡面应为矩形。宽度应取 5m，方向应与等高线平行；水平投影长度应为 20m，坡度应为 15°，方向垂直于等高线。对比小区的坡度可采用工程的既有坡度。

2 集流槽：集流槽位于径流小区底端，宜采用混凝土做成 20cm×20cm 的矩形断面；集流槽上缘与径流小区下缘同高，宽度不宜超过 10cm；集流槽底设不小于 2% 的比降向引水槽方向倾斜；集流槽表面应光滑。

3 导流槽：导流槽紧接集流槽，宜采用镀锌铁皮或金属管等做成导流管。

4 径流池（或集流桶）：径流池宜采用便于清除沉积物的宽浅式浆砌石做成，也可采用镀锌铁皮或钢板等制作。径流池（或集流桶）的容积应根据当地的降雨及产流情况确定，以不小于小区内一次降雨总径流量为宜。如产流量过大，可采用一级或多级分流桶进行分流。分流桶内应安装纱网或其他过滤设施。集流桶和分流桶均应在顶部加盖、底部开孔。

5 边墙：位于径流小区边界的边墙，宜采用混凝土或砖砌筑而成，边墙应高出地面 20cm 以上，埋入地下 20cm。上缘向小区外呈 60° 倾斜。

6 排水沟：排水沟位于径流小区边墙的外侧，宜采用混凝土或砖砌筑成梯形断面，尺寸应能满足小区周围排水的要求。

5.9.11 非标准径流小区的观测设施与标准径流小区基本一致。当非标准径流小区的面积较大或地面组成物质的颗粒较粗时应适当加大集流槽和导流槽的断面尺寸。

5.9.12 人工模拟降雨径流小区主要设施应符合下列规定：

1 小区及小区周围防护设施、集流设施与标准径流小区一致。

2 蓄水池宜采用钢筋混凝土浇筑而成，蓄水池的容积应不小于小区设计降水总量的两倍，并不小于 100m³。

3 水泵应根据设计降雨量的大小及蓄水池、水源的距离等确定。

4 主管道的直径不得小于 12cm，支管道的直径不得小于 5cm，长度应能满足场地布设的需要。

5 宜用侧喷式降雨器。

6 防风帐篷及其固定设施：用于野外人工模拟降雨试验中防止风吹对降雨效果的影响。

5.9.13 控制站的主要设施应符合下列规定：

1 测流建筑物宜采用下列几种形式：

1）巴塞尔量水槽宜采用砖砌水泥砂浆护面或钢筋混凝土制成，断面大小应与控制断面的流量相适应。

2）薄壁量水堰应采用 3～5mm 的钢板制成。

3）三角形量水堰宜采用钢筋混凝土制成。

4）三角形剖面堰宜采用砖砌水泥砂浆护面或钢筋混凝土制成。

2 监测房规模应根据监测时段及监测人员等确定，宜采用土木结构或钢混结构，监测房的面积应能满足监测人员工作及生活的要求。

6 水土保持初步设计专章

本章对水土保持初步设计提出要求。

在主体工程设计中，应贯彻"预防为主、综合防治"的思想，全面落实水土流失防治措施的设计，在水土流失较为严重或可能造成水土流失灾害的地域，在施工组织设计中应注意施工时序，对重点防护措施进行重点设计。

工程初步设计文件中必须贯彻可行性研究阶段批复的水土保持方案，在工程初步设计文件审批前应送达当地水行政主管部门征求意见并备案，水行政主管部门签收后应对照水土保持方案及批复，及时对水土保持措施的设计落实情况提出意见或建议。水利部及省级水行政主管部门批复水土保持方案的设计文件应送达省级水行政主管部门，地、市及县级水行政主管部门批复水土保持方案的设计文件应送达批复机关。

根据建设区自然条件和水土流失特点，合理安排建设时序。建设期应避开容易产生水土流失的季节和时间，在水土流失影响较小，甚至不易产生水土流失的时段进行集中建设。水土保持措施的施工组织设计，可采取边施工、边布设临时性防护措施的方法；也可以在工程建设过程中，同步开展永久性防护措施与临时性防护措施相结合的防治工作，以节约时间和劳动量，提高水土流失防治效果。

开发建设项目水土保持监测设施主要有地面监测设施和便携监测设备。地面监测设施主要指标准径流小区（或径流场）、简易土壤侵蚀观测场及控制站。

7 拦渣工程

7.3 设计要求

7.3.1 拦渣坝的设计。

1 坝高与库容。拦渣库容与拦泥库容根据项目区生产运行情况，确定每年的排渣量；根据每年排渣量和拦渣坝的使用年限，确定拦渣库容；若为项目建设施工期一次性排渣，则该排渣总量即为拦渣库容；根据每年的来沙量和拦渣坝的使用年限确定拦泥库容。

2 坝型选择。坝型分为一次成坝与多次成坝。根据坝址区地形、地质、水文、施工、运行等条件，结合弃土、弃石、弃渣、尾矿等排弃物的岩性，综合分析确定拦渣坝（尾坝库）的坝型。

　　1）碾压式土石坝坝型选择及断面设计参照《碾压式土石坝设计规范》SL 274—2001第三章中的规定。宜利用弃土、弃石、弃渣、尾矿等修筑心墙或斜墙坝，以降低工程造价。

　　2）水坠坝坝型选择及断面设计参照《水坠坝技术规范》SL 302—2004的有关要求确定。

　　3）当基础为坚硬完整的新鲜岩石，弃石中不易风化块石含量较多时，宜选择布置浆砌石坝。浆砌石坝的有关设计施工参照《浆砌石坝设计规范》SL 25—2006中的有关规定。

3 稳定性分析。根据不同的坝型分别采用不同的坝体稳定分析方法。

水坠坝稳定计算。参照《水坠坝技术规范》SL 302—2004中的计算方法进行稳定分析。

碾压式土石坝稳定计算。参照《碾压式土石坝设计规范》SL 274—2001第八章中的稳定计算方法进行分析。

浆砌石坝稳定分析参照《浆砌石坝设计规范》SL 25—2006第五章中计算方法进行稳定分析。

4 排洪与放水建筑物。根据坝址两岸地形地质条件、泄洪流量等因素，确定溢洪道、放水工程的型式。溢洪道分为明渠式溢洪道、陡坡式溢洪道两种型式。放水工程分为卧管式、竖井式两种型式。溢洪道设计参照《水土保持治沟骨干工程技术规范》SL 289—2003中4.2节执行。放水工程设计参照该规范中4.3节执行。

5 基础处理。根据坝型、坝基的地质条件、筑坝施工方式等，采取相应的基础处理方法。

水坠坝基础处理参照《水坠坝技术规范》SL 302—2004中的要求执行。

碾压坝基础处理参照《碾压式土石坝设计规范》SL 274—2001第六章中的规定执行。

浆砌石坝基础处理参照《浆砌石坝设计规范》SL 25—2006第八章中的规定执行。

7.3.2 挡渣墙的设计。

1 墙型选择。根据拦渣数量、渣体岩性、地形地质条件、建筑材料等因素选择确定墙型。选择墙型应在防止水土流失、保证墙体安全的基础上，按照经济、可靠、合理、美观的原则，进行多种设计方案分析比较，选择确定最佳墙型。

2 重力式挡渣墙。重力式挡渣墙一般用浆砌块石砌筑或混凝土浇筑，依靠自重与基底摩擦力维持墙身的稳定。适用于墙高小于6m，地基土质较好的情况。重力式挡渣墙构造由墙背、墙面、墙顶、护栏等组成。

　　1）墙背。重力式挡渣墙墙背有仰斜式、垂直式、俯斜式、衡重式等形式（见图1）。仰斜式墙背通体与渣体边坡贴合，所受土压力小，开挖回填量较小，墙身断面面积小。但在设计与施工中应注意仰斜墙背的坡度不得缓于1∶0.3，以便于施工。在地面横坡陡峻，俯斜式挡渣墙墙背所受的土压力较大时，俯斜式挡渣墙采用陡直墙面，以减小墙高，俯斜墙背可砌筑成台阶形，从而增加墙背与渣体间的摩擦力。垂直墙背介于两者之间。凸形折线墙背是仰斜式挡渣墙上部墙背改为俯斜形，以减小上部断面尺寸，多用于较长斜坡坡脚地段的陡坎处。衡重式挡渣墙上下墙之间设置衡重台，采用陡直的墙面，适用于山区地形陡峻处的边坡，上墙俯斜墙背的坡度1：0.25～1：0.45，下墙仰斜墙背坡度1：0.25，上下墙高之比采用2：3。

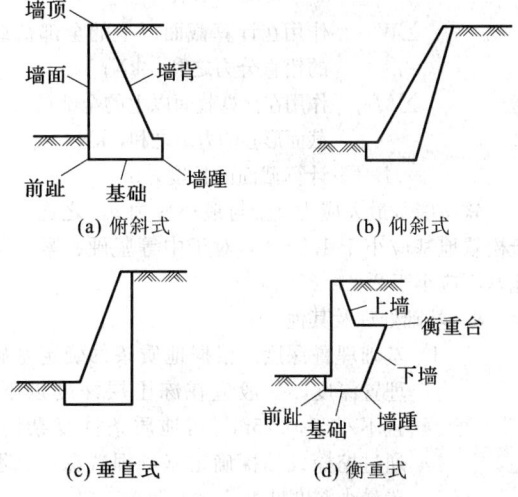

图 1　重力式挡渣墙形式

　2) 墙面。一般墙面均为平面，其坡度与墙背协调一致，墙面坡度直接影响挡渣墙的高度，在地面横坡较陡时墙面坡度一般为 1：0.05～1：0.2，矮墙采用陡直墙面，地面平缓时一般采用1：0.2～1：0.35。

　3) 墙顶。浆砌块石挡墙墙顶宽不小于0.5m，另需砌筑厚度≥0.4m的顶帽，若不砌筑顶帽，墙顶应以大块石砌筑，并用砂浆勾缝。

　4) 护栏。在交通要道、地势陡峻地段的挡渣墙应设置护栏。

3　悬臂式挡渣墙。当墙高超过5m，地基土质较差，当地石料缺乏，在堆渣体下游有重要工程时，采用悬臂式钢筋混凝土挡渣墙。悬臂式挡渣墙由立壁、底板组成，具有三个悬壁即立壁、趾板和踵板（见图2）。其特点是：主要依靠踵板上的填土重量维持结构稳定性，墙身断面面积小，自重轻，节省材料，适用于墙身较高的情况。

4　扶臂式挡渣墙。适用于防护要求高，墙高大于10m情况。扶臂式挡渣墙的主体是悬臂式挡渣墙，沿墙长度方向每隔一定距离布置一个扶臂，以保持挡

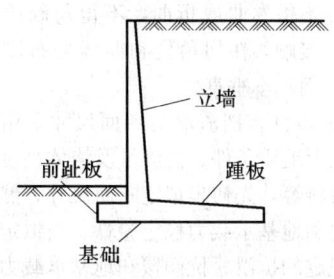

图 2　悬臂式挡渣墙形式

渣墙的整体性，增加挡渣量。墙体为钢筋混凝土结构（见图3）。扶臂式挡渣墙在维持结构稳定、断面面积等方面与悬臂式挡渣墙基本相似。

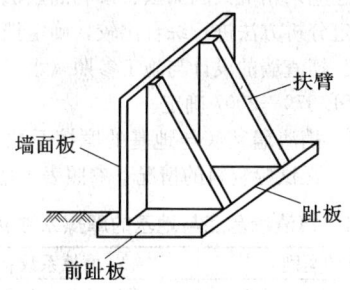

图 3　扶臂式挡渣墙形式

5　加筋式挡渣墙在稳定的地基上可采用加筋式挡渣墙结构（见图4），其墙体及基础的断面、加筋材料和长度应根据作用在墙上的各项荷载分别按墙体外部稳定性和筋材内部稳定性试算确定。由于加筋式挡渣墙的墙体基础的断面较小，且筋材的铺设和墙后的填方渣土是随着墙体的砌筑上升而上升的，因此计算加筋式挡渣墙的稳定需要按施工的顺序分段计算，在上升阶段时，要同时满足墙体外部稳定性和筋材内部稳定性的要求。

　1) 筋材主强度方向应垂直于墙面，以销钉固定。对柔性筋式挡墙，相邻织物搭接至少15cm。地基沉陷量较大时，相邻织物应予缝接；对格栅筋材，相邻片应扎紧。

　2) 筋带设计为钢塑复合筋带时，筋带应从面板预留孔中穿过，折回另一端对齐，严禁筋带在孔上绕成死结，筋带成扇形辐射在压实整平的填料上，不能重叠，

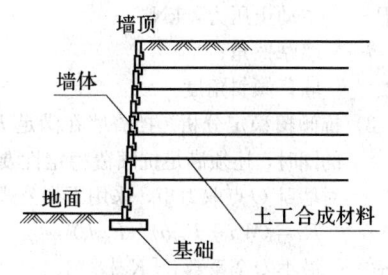

图 4　加筋式挡渣墙结构示意图

不得卷曲或折曲，不得与硬质棱角直接接触，在拐角处和曲线处布筋方向与墙面基本垂直。

6 断面设计。挡渣墙的断面尺寸采用试算法确定。根据地形地质条件、拦渣量及渣体高度、弃渣岩性、建筑材料等，先初步拟定断面尺寸，然后进行抗滑、抗倾覆和地基承载力稳定验算。当拟定的断面既符合规范规定的抗滑、抗倾覆和地基承载力要求，而断面面积又小时，即为合理的断面尺寸。

7 稳定性分析。挡渣墙须对抗滑、抗倾覆、地基承载力进行稳定性分析。其安全系数分别采用1.3、1.5、1.2。在实际应用中，特别对于一些重要的挡渣墙还采用瑞典圆弧法、泰勒圆表法、条分法等多种稳定分析方法进行综合比较，确定挡渣墙稳定安全系数。挡渣墙的设计与施工参照《水工挡土墙设计规范》SL 379—2007确定。

1) 挡渣墙基底与地基的摩擦系数 μ 值，在无试验资料的情况下参照表1选用。

表1 挡渣墙基底与地基的摩擦系数 μ 值

土的类别		摩擦系数 μ
黏性土	可塑	0.25~0.3
	硬塑	0.3~0.35
	坚硬	0.35~0.45
粉土	$S_r \leqslant 0.5$	0.3~0.4
中砂、粗砂、砾砂		0.4~0.5
碎石土		0.4~0.5
软质岩石		0.4~0.55
表面粗糙的硬质岩石		0.65~0.75

注：表中 S_r 是与基础形状有关的形状系数，$S_r = 1 \sim 0.4B/L$；B 为基础宽度，m；L 为基础长度，m。

2) 抗滑稳定可用下列公式计算：
$$K_s = (W + P_{ay})\mu / P_{ax} \qquad (1)$$

式中 K_s——最小抗滑安全系数，$[K_s] \geqslant 1.3$；
W——墙体自重，kN；
P_{ay}——主动土压力的垂直分力，$P_{ay} = P_a \sin(\delta + \varepsilon)$，kN；
μ——基底摩擦系数，由试验确定或参考表1；
P_{ax}——主动土压力的水平分力，$P_{ax} = P_a \cos(\delta + \varepsilon)$，kN；
P_a——主动土压力，kN；
δ——墙摩擦角；
ε——墙背倾斜角度。

3) 抗倾覆稳定分析。挡渣墙在满足 $K_s \geqslant 1.3$ 的同时，还须满足抗倾覆稳定性要求。即对墙趾 O 点取力矩，采用下列公式计算：
$$K_t = (Wa + P_{ay}b)/(P_{ax}h) \qquad (2)$$

式中 K_t——最小安全系数，$[K_t] \geqslant 1.5$；
Wa——墙体自重 W 对 O 点的力矩，kN·m；

$P_{ay}b$——主动土压力的垂直分力对 O 点的力矩，kN·m；
$P_{ax}h$——主动土压力的水平分力对 O 点的力矩，kN·m。

其他符号同前。

4) 地基承载力验算。基底应力应小于地基承载力，地基允许承载力 $[R]$ 通过试验或参考有关设计手册确定。基底应力采用下列偏心受压公式计算：
$$\sigma_{yu} = \sum W/B + 6 \sum M/B^2 \qquad (3)$$
$$\sigma_{yd} = \sum W/B - 6 \sum M/B^2$$

式中 σ_{yu}、σ_{yd}——水平截面上的正应力，kN/m²，σ_{yu}、$\sigma_{yd} \leqslant [R]$；
$\sum W$——作用在计算截面以上的全部荷载的铅直分力之和，kN；
$\sum M$——作用在计算截面以上的全部荷载对截面形心的力矩之和，kN·m；
B——计算截面的长度，m。

软质墙基最大应力 σ_{max} 与最小应力 σ_{min} 之比，对于松软地基应小于1.5~2，对于中等坚硬、紧密的地基则应小于2~3。

8 基础处理及其他。

1) 基础埋置深度。根据地质条件确定基础埋置深度，一般应在冻土层深度以下，且不小于 0.25m。当地质条件复杂时，通过挖探或钻探确定基础埋置深度。埋置最小深度见表2。

表2 重力式挡渣墙基础最小埋置深度

地层类别	埋入深度(m)	距斜坡地面水平距离(m)
较完整的硬质岩层	0.25	0.25~0.5
一般硬质岩层	0.6	0.6~1.5
软质岩层	1.0	1.0~2.0
土层	≥1.0	1.5~2.5

2) 伸缩沉陷缝。根据地形地质条件、气候条件、墙高及断面尺寸等，设置伸缩缝和沉陷缝，防止因地基不均匀沉陷和温度变化引起墙体裂缝。设计和施工时，一般将二者合并设置，沿墙线方向每隔10~15m设置一道缝宽2~3cm的伸缩沉陷缝，缝内填塞沥青麻絮、沥青木板、聚氨酯、胶泥或其他止水材料。

3) 清基。施工过程中必须将基础范围内风化严重的岩石、杂草、树根、表层腐殖土、淤泥等杂物清除。

4) 墙后排水。当墙后水位较高时，应将渣体中出露的地下水以及由降水形成的渗透水流及时排除，有效降低墙后水位，减小墙身水压力，增加墙体稳定性，应设置排水孔等排水设施。排水孔径5~

10cm，间距 2～3m，排水孔出口应高于墙前水位。排水孔的设计参照《水工挡土墙设计规范》SL 379—2007 确定。

7.3.3 拦渣堤的设计。

1 拦渣堤高度确定。堤顶高程须同时满足防洪与拦渣的双重要求，即选取两者中的最大值。拦渣堤高根据设计洪水、风浪爬高、安全超高、拦渣量综合确定。按拦渣要求确定堤高时，首先根据项目基建施工与生产运行中弃土、弃石、弃渣的数量，确定在设计时段内拦渣堤的拦渣总量。其次由堆渣总量和堤防长度计算确定堆渣高程，再加上预留的覆土厚度和爬高即为堤顶高程。

2 断面设计。根据拟建拦渣堤区段内的地形、地质、水文、筑堤材料、施工、堆渣量、堆渣岩性等因素，选择确定拦渣堤的断面型式及尺寸。先参照已建防洪堤的结构及尺寸拟定设计断面，经稳定分析和技术经济比较后，确定安全、可靠、经济、合理、美观的断面型式和尺寸。

3 基础处理。对堤基范围内的地形地质、水文地质条件进行详细的勘察，将风化岩石、软弱夹层、淤泥、腐殖土等加以清理。对于土堤须布置防渗体，减少渗流，防止产生管涌和流土等渗透变形，保证土堤的安全。对于各类不良地基处理设计参照有关规范和手册。

7.3.4 围渣堰的设计。

1 断面设计。堰顶高程：围渣堰的防洪水位必须高于堰外河道防洪水位，堰顶超高按照《水利水电工程等级划分及洪水标准》SL 252—2000 表 4.0.6 和表 4.0.7 确定。堰顶宽度：根据交通、施工条件、拦渣量、筑堰材料和稳定分析等，确定堰顶宽度，一般为 4～5m，堰顶有交通要求时，按其要求确定。围渣堰内外坡度：先初步拟定堰坡，然后进行稳定分析，确定安全可靠、经济合理的堰体断面。

2 稳定性分析。土石围堰参照《碾压式土石坝设计规范》SL 274—2001 中的方法进行稳定分析，砌石围堰参照《浆砌石坝设计规范》SL 25—2006 中的方法进行计算。

3 基础处理。土石围堰参照《碾压式土石坝设计规范》SL 274—2001 第六章中的方法进行基础处理，砌石围堰参照《浆砌石坝设计规范》SL 25—2006 第八章中的方法进行基础处理。

7.3.5 贮灰场、尾矿库、尾沙库、赤泥库的设计。

1 库容。尾矿库库容一般按下式计算：

$$V = WN/(\gamma_a \eta_z) \tag{4}$$

式中 V——尾矿（沙）库所需库容，m^3；

W——选矿厂每年排出的尾矿（尾沙、贮灰、尾渣）量，t/a；

N——选矿厂的设计生产年限，a；

γ_a——尾矿（沙、石、灰、渣）库终期库容利用系数，与尾矿（沙、石、灰、渣）库

的形状、尾矿（沙、石、灰、渣）粒径、排放方式等有关；

η_z——尾矿（沙、灰、渣）堆积干容重，t/m^3。

2 等级与防洪标准。尾矿库分为Ⅰ、Ⅱ、Ⅲ、Ⅳ、Ⅴ级，按尾矿（沙）库的总库容、总坝高和上下游防洪要求等分析确定。根据尾矿库的等级按水利工程或其他行业的规范或标准，确定其防洪标准及枢纽建筑物的级别。尾矿库的等级标准见表 3。

表 3　尾矿（沙）库等级标准

总库容或坝高	尾矿（沙）库等级	防洪标准[重现期（年）]	
		设计	校核
具备提高等级条件的Ⅱ、Ⅲ等工程	Ⅰ		2000～1000
$V > 10^8 m^3$ 或 $H > 100m$	Ⅱ	200～100	1000～500
$V = 10^7 \sim 10^8 m^3$ 或 $H = 60 \sim 100m$	Ⅲ	100～50	500～200
$V = 10^6 \sim 10^7 m^3$ 或 $H = 30 \sim 60m$	Ⅳ	50～30	200～100
$V = 10^6 \sim 10^7 m^3$ 或 $H < 30m$	Ⅴ	30～20	100～50

注：防洪标准还应参考《城镇防洪》（1983）和《防洪标准》GB 50201—94。

3 坝型选择。尾矿库的坝型分为均质坝、非均质坝。非均质坝分为心墙坝和斜墙坝。根据坝址处地形地质条件、当地筑坝材料、施工条件、尾矿（沙）岩性和数量，选择经济、合理、可靠、美观的坝型，并采用废土、废石、废沙、废渣等废弃物修筑非均质坝。尾矿（沙）坝一般由初期坝、堆积坝两部分组成。

1）初期坝。在排弃土（沙、渣）、贮灰之前，采用土石料修筑而成。

2）堆积坝。当尾矿（沙）堆积到初期坝设计堆积高程时，必须加高加固坝体，以满足拦蓄尾矿（沙）的要求。一般采用尾矿（沙）或土石修筑加高，但当尾矿（沙）或废石不符合筑坝要求时，采用当地材料修筑加高。

4 排洪排水蓄水系统。将上游来洪及库内澄清水通过排洪排水系统排出。一般由排水井（塔）、排水管、削力池、溢洪道、截（排）洪沟、谷坊、拦水坝、蓄水池及坡面水土流失治理工程等构筑物组成。

1）排水系统进水建筑物的布置，应保证在运用期排水尾矿（沙）水澄清及排泄要求。

2）排水建筑物的形式。排水井的形式有窗口式、井圈叠装式、框架挡板式、浆砌块石式。排洪量较小的采用前两种形式，排洪量较大时采用后两种形式。常用排

水管形式有圆形、拱形、矩形。当地形地质条件良好，结合水处理与水循环利用等，开挖泄水洞。

  3）排水排洪系统水力计算。根据库坝防洪标准及建筑物的等级，参照《水利水电工程设计洪水计算规范》SL 44—2006 和其他有关规范和手册，分析计算库坝设计及校核洪水总量、洪峰流量，并确定管道中水流流态（自由式泄流、半有压流、有压流），然后参考《水利工程水利计算规范》SL 104—95 及其他有关专业手册计算。

  5 基础处理。碾压式土石坝基础工程参照《碾压式土石坝设计规范》SL 274—2001 第六章、第七章的规定执行，浆砌石坝基础工程处理参照《浆砌石坝设计规范》SL 25—2006 第八章中规定执行。

  6 尾矿（沙）坝设计与施工。参照《选矿厂尾矿设施设计规范》ZBJ 1—90、《碾压式土石坝设计规范》SL 274—2001、《浆砌石坝设计规范》SL 25—2006 或其他国家及行业标准执行。分期加高加固坝设计与施工参照《碾压式土石坝设计规范》SL 274—2001 第九章的规定执行。

8 斜坡防护工程

8.3 设 计 要 求

8.3.1 不同型式的土质坡面削坡开级应符合下列要求：

  1 直线形削坡开级：

  1）适用于高度小于 15m、结构紧密的均质土坡，或高度小于 10m 的非均质土坡。

  2）从上到下，削成同一坡度，削坡后比原坡度减缓，达到该类土质的稳定坡度。

  3）对有松散夹层的土坡，其松散部分应采取加固措施。

  2 折线形削坡开级：

  1）适用于高 12～15m、结构比较松散的土坡，特别适用于上部结构较松散、下部结构较紧密的土坡。

  2）重点是削缓上部，削坡后保持上部较缓、下部较陡的折线形。

  3）上下部的高度和坡比，根据土坡高度与土质情况，具体分析确定，以削坡后能保证稳定安全为原则。

  3 阶梯形削坡开级：

  1）适用于高度在 12m 以上、结构较松散，或高度在 20m 以上、结构较紧密的均质土坡。

  2）每一阶小平台的宽度和两平台间的高差，根据当地土质与暴雨径流情况，具体研究确定。

  3）开级后应保证土坡稳定。

  4 大平台形削坡开级：

  1）适用于高度大于 30m、结构松散或在 8 度以上高烈度地震区的土坡。

  2）大平台一般开在土坡中部，宽 4m 以上。平台具体位置与尺寸，需考虑地震的影响，限制土质坡高度。

  3）大平台尺寸基本确定后，需对边坡进行稳定性验算。

8.3.2 石质坡面的削坡开级应符合下列要求：

  1 除坡面石质坚硬、不易风化的外，削坡后的坡比一般应缓于 1∶1。

  2 石质坡面削坡，应留出齿槽，齿槽间距 3～5m，宽度 1～2m。在齿槽上修筑排水明沟或渗沟，一般深 10～30cm，宽 20～50cm。

  3 削坡后因土质疏松可能产生碎落或塌方的坡脚，应采取工程措施予以防护。石质坡面削坡，应留出齿槽，在齿槽上修筑排水明沟和渗沟。

8.3.3 削坡后的坡脚均需在距坡脚 1m 处，开挖防洪排水沟，具体尺寸根据坡面来水量计算确定。

8.3.4 干砌石和浆砌石护坡应符合下列要求：

  1 干砌石护坡。坡面有涌水现象时，在砌石与土基之间铺设不小于 15cm 厚的碎石、粗砂或砂砾石作为反滤层。用平整块石砌筑封顶。根据土层的结构性质确定干砌石护坡坡度，一般坡度为 1∶2.5～1∶3，个别为 1∶2。

  2 浆砌石护坡。浆砌石护坡面层铺砌厚度为 25～35cm，垫层分为单层和双层两种形式，单层厚 5～15cm，双层 20～25cm。当浆砌石护坡长度较大时，沿纵向每隔 10～15m 设置一道宽 2～3cm 的伸缩缝。

8.3.5 混凝土预制块护坡，砌块长宽各 30～50cm。坡面涌水量较大时在涌水处下端水平设置盲沟，具体尺寸根据涌水量大小计算确定。

8.3.7 喷浆护坡应符合下列要求：

  1 喷水泥砂浆的砂石料最大粒径为 15mm，水泥与砂石的重量比 1∶4～1∶5，砂率 50%～60%，水灰比 0.4～0.5，速凝剂添加量为水泥重量的 3% 左右。

  2 喷浆前须清除坡面活动岩石、废渣、浮土、草根等杂物，采用浆砌块石或混凝土填堵大缝隙、大坑洼。

  3 根据土料质地和情况，对破碎程度较轻的坡段，采用胶泥喷涂护坡，或用胶泥作为喷浆垫层。

8.3.8 格状框条护坡种草应符合下列要求：

  1 用浆砌石在坡面上作成网格状，网格尺寸一般为 2m²，或将每格上部做成圆拱形，上下两层网格呈"品"字形排列。浆砌石部分宽 0.5m 左右。

2 一般采用混凝土或钢筋混凝土预制构件修筑格式建筑物，预制件规格为宽 20～40cm、长 100cm。

8.3.9 砌石草皮护坡有两种形式，根据具体条件选择采用。

1 坡面下部 1/2～2/3 范围内采取浆砌石护坡，上部采取草皮护坡。

2 在坡面从上到下每隔 3～5m，沿等高线修一条宽 30～50cm 砌石条带，条带间坡面种植草皮。

3 砌石部位一般在坡面下部的涌水处或松散地层显露处，在涌水较大处设置反滤层。

8.3.11 喷锚护坡工程应符合下列要求：

1 喷浆固坡。喷射水泥砂浆厚度为 5～10cm，喷射混凝土厚度为 10～25cm，在冻融地区喷射厚度宜在 10cm 以上。在地质软弱、温差大的地区，喷射厚度应相应增厚。喷射水泥砂浆的砂石料最大粒径 15mm，水泥与砂石重量比为 1:4～1:5，砂率 50%～60%，水灰比 0.4～0.5。喷射混凝土时，灰砂石比（c:s:g）1:3:1～1:5:3，水灰比为 0.4～0.5。在坡面高、压送距离长的坡面上喷射时，采用易于压送的配合比标准，灰砂石比为 1:4:1，水灰比用 0.5。喷混凝土的力学指标应符合：混凝土标号不低于 C20，抗拉强度不低于 1.5MPa（15kg/cm²），抗冻标号不低于 S8，喷层与岩层的黏结强度在中等以上的岩石中不宜小于 0.5MPa（5kg/cm²）。

2 锚杆支护。锚杆应穿过松弱区或塑性区进入岩层或弹性区一定深度。锚杆杆径为 16～25mm，长 2～4m，间距一般不宜大于锚杆长度的 1/2，对不良岩石边坡应大于 1.25m，锚杆应垂直于主结构面，当结构面不明显时，可与坡面垂直。

3 喷锚加筋支护。对软弱、破碎岩层，如锚杆和喷混凝土所提供的支护反力不足时，还可加钢筋网，以提高喷层的整体性和强度并减少温度裂缝。钢筋网一般用 $\phi6mm$～$\phi12mm$，网格尺寸为 20cm×20cm～30cm×30cm，距岩面 3～5cm 与锚杆焊接在一起，钢筋的喷混凝土保护层厚度不应小于 5cm。

4 断面的结构设计。根据岩石类别、坡面的形状和尺寸以及使用条件等因素，按工程类比法确定喷锚支护参数。也可利用不同理论计算方法（如组合梁、悬吊、冲切等）进行计算。

5 稳定性分析。采用有限元法、弹性理论法、材料力学法等稳定分析方法，对坡面稳定性进行分析。根据分析结果采取坡面支护工程。

8.3.12 滑坡整治工程应符合下列要求：

1 削坡反压。适用于上陡下缓的移动式滑坡。将上部陡坡削缓，减轻上部荷载，将上部削土反压在下缓坡上，控制上部向下滑动（见图 5）。

2 拦排地表水、排除地下水。在地面径流及渗流、地下水较易导致滑坡的条件下，采取拦排水工程。首先在滑坡体外边缘开挖截水沟并布置排水沟，

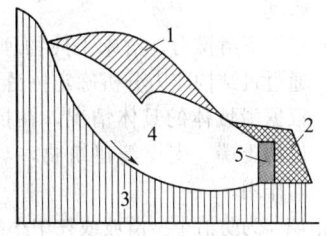

图 5　削坡反压
1—削土减重部位；2—卸土修堤反压；
3—不透水层；4—滑坡体；5—渗沟

将来自滑坡体外围的地表径流截排到滑坡体下游坡脚以外。同时在滑床面修建纵、横排水系统，排除滑坡体内地下径流，防止进入滑动面引起土体下滑。其设计按防洪排水工程规定执行。

3 滑坡体上造林。滑坡体基本稳定，但在人为挖损的条件下，仍有滑坡潜在危险的坡面，在滑坡体上种植深根性乔木和灌木，利用植物根系固定坡面，同时利用植物蒸腾作用，减少地下水对滑坡的促动。具体设计按植被工程建设规定执行（见图 6）。

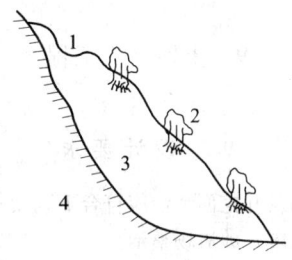

图 6　滑坡体上造林
1—排水沟；2—坡面造林；
3—滑坡体；4—不透水层

4 抗滑桩。对建设施工区坡面构造中两种岩层间有塑性滑动层，开挖后易引起上部剧烈滑动位移时，通过在地基内打桩加固滑坡土体稳定坡面，或在滑动层与基岩间打入楔子，阻止滑坡体滑动（见图 7）。

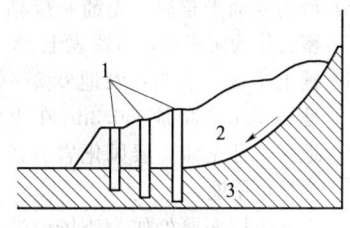

图 7　抗滑桩
1—抗滑桩；2—滑坡体；3—不透水层

抗滑桩应符合下列要求：

1）抗滑桩主要适用浅层及中型非塑滑坡前缘，不宜用于塑流状深层滑坡。

2）根据作用于桩上土体特性、下滑力大小及施工条件等，确定抗滑桩断面及布设

3）根据下滑推力、滑床土体物理力学性质，通过桩结构应力分析确定抗滑埋深。

4）根据滑坡体的具体情况，在抗滑桩间加设挡土墙、支撑等建筑物，与抗滑桩共同作用。

5 抗滑墙。为防治小型滑坡或在中小型滑坡的前缘进行填土反压整治滑坡时，采用抗滑墙工程（见图8）。

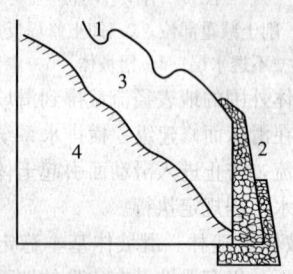

图 8　抗滑墙
1—排水沟；2—挡滑墙并块石护坡；
3—滑坡体；4—不透水层

9　土地整治工程

9.3　设计要求

9.3.1　渣场及开挖面整治应符合下列要求：

1　平（缓）地渣场整治。

1）以平地作为渣场且堆渣高度在 3m 左右时，周围修建的挡渣墙应高出渣面 1m。长江流域达到 0.3m 或 0.5m 以上，以便覆土利用。

2）堆渣场应先修筑挡渣墙，然后从墙脚开始逐层向后延伸（每层厚 0.5～0.6m），堆渣至最终高度时，渣面应大致平整，以便覆土改造利用。

3）渣场表面平整后，先铺一层粘土并碾压密实作为防渗层，再覆表土。

4）铺土厚度一般为：农地 0.5～0.8m，林地≥0.5m，草地≥0.3m。在土料缺乏的地区，可先铺一层风化岩石碎屑，改造为林草用地。

5）选择土层深厚处作为渣场改造土料的取土场，取土后及时平整处理，减少新的破坏。

6）拦渣坝和拦渣堤内弃土（石、沙、渣）填满后，须采取渣面平整或覆土措施，按上述方法改造成为可利用地。

2　坡地渣场整治。

1）以坡地作为排土（石、砂、渣）场时，

除对排弃物自然边坡及坡脚采取护坡工程外，渣场顶部应平整，外沿修筑截排水工程，内侧修建排水系统，中间作为造林、种草用地。

2）根据用地需要，将渣面修整成为窄条梯田、梯地、反坡梯田等，再用熟化土逐台铺垫。

3　尾矿（沙）、粉煤灰、赤泥等场地整治。

1）对尾矿（沙）库中有毒有害物质必须采取净化处理措施，防止库内污水下泄给下游河流及环境造成污染。

2）尾矿（沙）库、粉煤灰场、赤泥库排废期满后，先铺设粘土或其他类型的防渗层，然后铺熟化土，改造成为农林草用地或其他用地，防止有毒有害物质对种植物的污染危害。

3）粘土防渗层厚度≥0.3m，表土铺设厚度同前。

4）沟中洪水处理应符合本规范防洪标准的规定。

4　开挖破损面整治。

1）对破损坡面采取护坡工程，并在距开挖边缘线 10m 以外布置截排水工程，避免取土场上方地表径流对边坡坡面的冲刷，保证边坡稳定。护坡工程的型式宜采用植物护坡。对取土场平面采取平整、覆土等土地整治工程，同时采取农业技术措施，尽快恢复和提高土地生产力。

2）山坡坡地取土场。施工前应将表土集中堆放，施工与生产取土之后及时对取土场平面进行平整，并铺覆熟化土，改造成农林草或其他用地，铺土厚度同上。

3）山坡取石场。利用取石过程中废弃的细颗粒碎石、岩屑等平整取石场平面，其上铺设不小于 0.25m 的黏土防渗层，然后根据用地需要铺覆熟化土，改造成农林草用地或其他用地。在缺乏土料的地区铺垫一层风化岩石碎屑之后，将取石场平面作为林草用地或其他用地。铺土厚度同上。

9.3.2　坑凹回填与利用应符合下列要求：

1　凹形迹地整理。在流域中下游区，坑凹地多改造为水塘，对洼地边坡夯实，四周采取植物措施；流域上游地区的坑凹地多数改造成台地（梯地），按梯田建设的要求进行整治。

2　矿坑整治。对矿坑地应采取回填、整平、覆土措施，复垦成为农林草用地。

1）回填工程。浅坑浅凹一般采用条带式分条填埋，或任意工作线（面）回填，回填材料利用废弃土（石、沙、渣、灰）。回填方式根据坑凹地形地质、地层岩性、施工条件及其面积确定。深坑深凹根据原工程设计中有关边坡和采场工作面稳定设计、采排方式以及采场处理等设计，确定回填工程的方式。坡地坑凹先修筑拦挡建筑物，然后采用分阶后退方式回填坑凹。降水量大的地方，浅坑浅凹地要配套水系工程。

　　2）平整工程。坑凹回填工程之后，采取粗、细两种平整方式对堆垫场地进行平整。对于平地和宽缓平地上的坑凹回填后，堆垫高度基本接近原地面时，采取全面粗整平，待地面沉陷稳定后，补填沉陷缝（穴）并进行细整平和覆土。

　　3 凹形采石（挖砂）场整治可分别采用下列方法：

　　1）在干旱、半干旱地区，首先利用岩石碎屑平整采石场坑凹，然后铺覆 0.3m 厚的粘土防渗层，在黄土区或有取土条件的地方，对平整土地表面覆土；在土料缺乏的地区，可先铺一层易风化岩石碎屑，改造为林草用地。铺土厚度同上。

　　2）在降水量丰沛、地下水出露地区，当凹形取石场（挖砂场）周边有充足土料时，采用岩屑、废沙填平坑凹、表层铺土，将取石场改造为农林用地，种植耐湿耐涝农作物或乔灌木，铺土厚度根据用地需求确定。若缺乏土料则采取坑凹平整和边坡修整加固工程，将其改造成蓄水池（塘）作为水产养殖用地。

　　4 凹形取土场整治。根据地形地质地貌条件、周边地表径流量大小情况，采用边坡防护工程、截排水工程、坡面水系工程和土地整治工程。

　　1）对干旱、半干旱地区且无地下水出露的凹形取土场，采用生土填平坑凹，表层按农林草用地要求铺覆熟化土，覆土厚度同上。若取土场周边无熟化土，则采取深耕、深松、增施有机肥、种植有机物含量高的农作物或草类等耕作措施改良土壤。

　　2）对降水量丰沛、地下水出露地区，当土壤、水分等符合农林草类植物种植要求时，采取土地平整、覆土措施，将取土场改造成为农地或林地，并种植适宜农作物或乔灌木，同时在周边布置截（引、排）水工程和边坡防护工程。

　　3）当取土场内外水量丰富、水质较好，适合养殖水产品或种植水生植物时，可用

粘土、砌石、混凝土等防渗处理工程，并修筑引水排水工程，将其改造成为养殖场或水生植物种植场。

　　4）当土质较差时，采取边坡防护、场地粗平整和植被自然恢复工程。

　　9.3.4 整治后的土地利用应符合下列要求：

　　1 按下列土地适宜性评价原则确定土地利用恢复方向。

　　1）综合分析的原则。根据建设项目的生产工艺、项目区自然条件、社会经济状况、水土保持治理要求等，综合分析评价整治土地适宜性。

　　2）主导因子原则。对各种影响土地生产力的因子进行筛选，选择主导因子特别是限制因子，分析评价土地适宜性。

　　3）土地生产力与土地利用相结合的原则。由于整治后的土地生产力提高需经过一个稳定过程，在不同时段采取不同的土地利用方式。初期土地生产力低时作为林草用地，中后期土地生产力提高后作为农业用地。

　　4）优先恢复为耕地、林草地的原则。在人口多、耕地少的地区，应优先将各种弃土（沙、石、渣）场等废弃土地恢复为耕地。对原为荒地或不需改造成耕地的，宜恢复为林草地。

　　5）效益优先原则。即基础效益、生态效益、经济效益最佳原则。

　　2 采取下列土地改良措施：

　　1）种植绿肥植物。种植具有根瘤菌或其他固氮菌的植物，主要是豆科植物，改良土壤。

　　2）加速风化措施。土地表面为风化物时，采取加速土壤风化的措施，如城市污泥、河泥、湖泥、锯末等改良物质，接种苔藓、地衣促进风化。

　　3）增施有机肥。对于贫瘠土地，通过理化分析，确定氮磷钾比例增施有机肥，改良土壤理化性质。

　　4）对于 pH 值过低或过高的土地，施加化学物料如黑矾、石膏、石灰等改善土壤。

　　5）土地改良措施参照《水土保持综合治理技术规范》GB/T 16453.1—1996 第一篇中的规定执行。

10 防洪排导工程

10.3 设 计 要 求

10.3.1 拦洪坝设计应符合下列要求：

1 坝址选择。

1) 坝址处地形地质条件良好，基础为抗风化岩石或密实土。应避开较大弯道、跌水、泉眼、断层、滑坡体、洞穴等，坝肩应无冲沟。

2) 河（沟）地形平缓，河床较窄，坝轴线短，库容大。

3) 有适宜于布置溢洪道、放水工程的地形地质条件。

4) 坝址上下游有充足的筑坝土、砂、石等建筑材料，有水源条件。

5) 库区淹没损失小，对村镇、工矿、铁路、公路、高压线路等建筑物的安全影响小。

2 水文计算。

1) 设计洪水计算。对于有资料地区的设计洪水，应依据《水利水电工程设计洪水计算规范》SL 44—2006 进行分析计算；对于无资料地区的设计洪水，应依据《水利水电工程设计洪水计算规范》SL 44—2006、各省、区、市编制的《暴雨洪水图集》，以及各地编制的《水文手册》所提供的方法进行多种计算，通过分析论证选用合理的结果。

2) 调洪演算。当拟建工程上游无设计标准较高的坝库时，采取单坝调洪演算；当拟建工程上游有设计标准较高的坝库时，采取双坝调洪演算。具体技术可按照《水利工程水利计算规范》SL 104—95 执行。

3 库容与坝高。

1) 拦洪坝总库容，包括拦泥库容和滞洪库容两部分。根据坝址以上年来沙量和淤积年限，确定拦泥库容；根据来洪量与排洪量确定滞洪库容。具体方法参照《水土保持治沟骨干工程技术规范》SL 289—2003 中的规定执行。

2) 拦洪坝坝顶高程的确定，可参照本规范拦渣坝的规定。

4 土坝的断面设计。

1) 坝顶宽度的确定。按不同的坝高和施工方法采取不同的坝顶宽度。当有交通要求时，应按通行车辆的标准确定，一般单车道为5m，双车道为7m。坝顶无交通要求时，坝顶宽度参照《水土保持治沟骨干工程技术规范》SL 289—2003 确定。

2) 坝坡。上游坝坡应比下游坝坡缓，坝体高度越大，坝坡应越缓，水坠坝坝坡应比碾压坝坝坡缓。坝坡比可参照《水土

保持治沟骨干工程技术规范》SL 289—2003 中的规定，按其所提供的经验数据初步拟定，最终通过坝体稳定分析确定。

3) 边埂。采用水坠法施工的土坝，根据建筑材料与坝高、施工方法确定。一般坝高较小和土料含沙量较大时，边埂宽度可小些；坝高较大、土料含粘量较大时，边埂宽度可大些。具体技术参照《水土保持治沟骨干工程技术规范》SL 289—2003 的规定。

4) 坝体排水。在粘土、岩石地基或有清水的沟道上筑坝，在下游坝坡坡脚应设置排水设施。根据不同条件分棱体排水、贴坡排水等形式。具体参照《碾压式土石坝设计规范》SL 274—2001 的规定执行。

5 应力计算与稳定性分析。

1) 坝体稳定分析依照《碾压式土石坝设计规范》SL 274—2001 第八章中的要求及其附录 A 中提供的方法计算。水坠坝边埂自身稳定计算等参照《水土保持治沟骨干工程技术规范》SL 289—2003 中的规定。

2) 水坠坝应对施工中和施工后期坝坡整体稳定及边埂自身稳定进行计算，竣工后进行稳定渗流期下游坝坡稳定计算和上游库水位骤降时坝坡稳定验算。

3) 碾压式土坝应对运行期下游坝坡稳定性及上游库水位骤降时坝坡稳定性进行验算。

6 放水建筑物。

1) 卧管式放水工程。适用于坝上游岸坡基础条件较好，坡度为 $1:2 \sim 1:3$。包括卧管、涵管及消力池三部分，具体技术要求参照《水土保持治沟骨干工程技术规范》SL 289—2003 的规定。

2) 竖井式放水工程。适用于布置在土坝上游坝坡上，且坝体基础较好。包括竖井、消力井及涵管设计，具体技术参照《水土保持治沟骨干工程技术规范》SL 289—2003 中的有关规定。

7 溢洪道设计。

1) 陡坡式溢洪道。适用于坝高 20m 以上、库容 $50 \times 10^4 \mathrm{m}^3$ 以上的较大型坝库。由进口段、陡坡段和消力池三部分组成，具体技术参照《水土保持治沟骨干工程技术规范》SL 289—2003 中的规定。

2) 明渠式溢洪道。适用于坝高 20m 以下、库容 $50 \times 10^4 \mathrm{m}^3$ 以下的中小型坝库。具

体技术参照《水土保持治沟骨干工程技术规范》SL 289—2003 中的规定。

8 基础处理。
  1) 根据坝型、坝基的地质条件、筑坝施工方式等，采取相应的基础处理方法。
  2) 水坠坝基础处理参照《水坠坝技术规范》SL 302—2004 第八章中的规定执行。
  3) 碾压坝基础处理参照《碾压式土石坝设计规范》SL 274—2001 第六章中的规定执行。

10.3.2 护岸护滩工程设计应符合下列要求：

1 抛石护脚。
  1) 抛石范围上部自枯水位开始，下部根据河床地形而定。对深泓线距岸较远的河段，抛石至河岸底坡度达 1：3～1：4 的地方。对深泓线逼近岸边的河段，应抛至深泓线。
  2) 抛石直径一般为 40～60cm，抛石大小以能经受水流冲击，不被冲走为原则。
  3) 抛石边坡应小于块石体在水中的临界休止角（一般为 1：1.4～1：1.5，不大于 1：1.5～1：1.8），等于或小于饱和情况下河（沟）岸稳定边坡。
  4) 抛石厚度一般为 0.8～1.2m，相当于块石直径的 2 倍；在接坡段紧接枯水位处，加抛顶宽 2～3m 的平台；岸坡陡峻处（局部坡大于 1：1.5，重点险段大于 1：1.8），需加大抛石厚度。

2 石笼护脚。
  1) 石笼护脚多用于水流流速大于 5m/s，岸坡较陡的河（沟）段。
  2) 石笼由铅丝、钢筋、木条、竹篾、荆条等制作成网格笼状物，内装块石、砾石或卵石。铺设厚度一般为 1.0～1.5m。
  3) 其他技术要求与抛石护脚相同。

3 柴枕护脚。
  1) 柴枕抛护范围，上端在常年枯水位以下 1m，其上加抛接坡石，柴枕外脚加抛压脚大块石或石笼。
  2) 柴枕规格根据防护要求和施工条件确定，一般枕长 10～15m，枕径 0.6～1.0m，柴石体积比约 7.0：3.0。柴枕一般采用单抛护，根据需要也可采取双层或三层抛护。

4 柴排护脚。
  1) 用于沉排护岸，其岸坡比不大于1.0：2.5，排体上端在枯水位以下 1.0m。
  2) 排体下部边缘，应达到最大冲刷深处，并要下沉后仍保持大于 1：2.5 的坡度。

  3) 相邻排体之间向下游搭接不小于1m。

5 丁坝。
  1) 丁坝间距一般按坝长的 1～3 倍。
  2) 浆砌石丁坝的主要尺寸如下：坝顶高程一般高出设计水位 1m 左右；坝体长度根据工程的具体情况确定，以使水流不冲对岸为原则；坝顶宽度一般为 1～3m；两侧坡度为 1：1.5～1：2；不影响对岸岸滩。
  3) 土心丁坝坝身用壤土、砂壤土填筑，坝身与护坡之间设置垫层，一般采用砂石、土工织物做成。其主要尺寸如下：坝顶高程一般为 5～10m，根据工程的需要确定；裹护部分的背水坡一般为 1：1.5～1：2，迎水坡与背水坡相同或适当变陡；坝顶面护砌厚度一般为 0.5～1.0m；护坡和护脚的结构、形式与坡式护岸基本相同。

6 顺坝。
  1) 一般分为土质顺坝、石质顺坝与土石顺坝三类。
  2) 顺坝轴线方向与水流方向接近平行，或略有微小交角。
  3) 土质顺坝坝顶宽度 2～5m，一般 3m 左右，背水坡不小于1：2，迎水坡不小于 1：1.5～1：2。石质顺坝坝顶宽 1.5～3m，背水坡 1：1.5～1：2，迎水坡 1：1～1：1.5。土石顺坝坝基为细沙河床时，应布置沉排，沉排伸出坝基的宽度，背水坡不小于 6m，迎水坡不小于 3m。

7 墙式护岸。
  1) 墙后与岸坡之间应回填沙、砾石，与墙顶相平。墙体设置排水孔，排水孔处设反滤层。
  2) 沿墙式护岸长度方向设置变形缝，其分段长度：钢筋混凝土结构 20m，混凝土结构 15m，浆砌石结构 10m。岩基上的墙体分段长度可适当加长。
  3) 墙式护岸嵌入岸坡以下的墙基结构，可采用地下连续墙结构或沉井结构。
  4) 地下连续墙要采用钢筋混凝土结构，断面尺寸根据分析计算确定。
  5) 沉井一般采用钢筋混凝土结构，应力分析计算方法与沉井结构相同。

8 在河流的弯道处，凹岸水位比凸岸水位高出的数据可按公式（5）进行近似计算：

$$H = V^2 B/gR \qquad (5)$$

式中　H——凹岸水位与凸岸水位之差，m；
　　　V——水流流速，m/s；
　　　B——河（沟）道宽度，m；
　　　R——弯道曲率半径，m；

g——重力加速度，取 9.8m/s^2。

10.3.3 堤防工程设计应符合下列要求：

1 堤距分析。

1）根据河段防洪规划及其治导线确定堤距，上下游、左右岸统筹兼顾，保障必要的行洪宽度，使设计洪水从两堤之间安全通过。河段两岸防洪堤之间的距离（或一岸防洪堤与对岸高地之间的距离）应大致相等，不宜突然放大或缩小。

2）堤距设计根据河道纵横断面、水力要素、河流特性及冲淤变化，分别计算不同堤距的河道设计水面线、设计堤顶高程线、工程量及工程投资；根据不同堤距的技术经济指标，考虑对设计有重大影响的自然因素和社会因素，分析确定堤距。

3）确定堤距时，要考虑现有水文资料系列的局限性、滩区的滞洪淤沙作用、社会经济发展要求，留有余地。

4）利用河道上原有堤防洪，应以不影响行洪安全为前提。

2 堤距洪水计算。洪水验算按均匀流公式计算，对冲淤变化较大的河流可建立一维饱和（或非饱和）输沙模型推求水面线。均匀流计算按滩槽分别计算。计算方法见公式（6）、公式（7）。

$$B=B_1+B_2+B_3 \tag{6}$$
$$Q=Q_1+Q_2+Q_3 \tag{7}$$
$$Q_1=(1/n_1)B_1h^{5/3}J^{1/2}$$
$$Q_2=(1/n_2)B_2h_2^{5/3}J^{1/2}$$
$$Q_3=(1/n_3)B_3h_3^{5/3}J^{1/2}$$

式中 Q——设计流量，m^3/s；

J——水面比降；

n——糙率；

B——河宽，m；

h——平均水深，m。

Q、B、h 等符号的角标1、2、3分别代表主槽和两边河漫滩。

3 堤型选择。

1）根据筑堤材料和填筑形式，选择均质土堤或分区填筑非均质土堤。非均质土堤分为斜墙式、心墙或混合型。

2）堤型选择根据堤段所在地的地形、堤址地质、筑堤材料、施工条件、工程造价等因素，经过技术经济比较综合分析确定。

3）同一堤线的各堤段根据具体条件分别采用不同堤型。在堤型变换处应处理好结合部位工程连接。

4 堤防设计水位线。在拟建堤防区段内沿程有接近设计流量的观测水位资料时，根据控制站设计水位和水面比降推算堤防沿程设计水位，并考虑桥梁、码头、跨河、拦河等建筑物的壅水作用。当沿程无接近设计流量的观测水位资料时，根据控制站设计水位推求水面线来确定堤防沿程设计水位。在推求水面曲线时，应根据实测或调查洪水资料推求糙率，并利用上、下游水文站实测水位进行检验。

5 堤身断面设计。

1）土堤堤顶和堤坡依据地形地质、设计水位、筑堤材料及交通条件，分段确定。可参照已建成的防洪堤结构初步选定标准断面，经稳定分析与技术经济比较后，确定堤身断面结构及尺寸。

2）堤顶高程按设计洪水位、风浪爬高、安全超高三者之和确定。当土堤临水面设有坚固的防浪墙时，防浪墙顶高程可视为设计堤顶高程。土堤堤顶应高于设计水位 0.5m 以上。土堤预留沉降加高，通常采用堤高的 3%～8%。地震沉降加高一般可不考虑，但对于特别重要堤防的软弱地基上的堤防，须专门论证确定。

3）堤顶宽度根据防汛、管理、施工、结构等要求确定。一般Ⅰ、Ⅱ级堤防顶宽6m，Ⅲ级以下堤防不小于3m。堤顶有交通和存放物料要求时，须专门设置回车场、避车道、存料场等，其间距和尺寸根据需要确定。

4）堤顶路面结构根据防汛的管理要求确定。常用结构形式有粘土、砂石、混凝土、沥青混凝土预制块等。堤顶应向一侧或两侧倾斜，坡度2%～3%。

5）堤坡根据筑堤材料、堤高、施工方法及运用情况，经稳定分析计算确定。土堤常用的坡度为1∶2.5～1∶4。

6）土堤戗台尺寸根据堤身结构、防渗、交通等因素，并经稳定分析后确定。堤高超过 6m 时可设置2～3m 的戗台。

7）土堤临水面应有护坡工程。护坡工程应坚固耐久、就地取材、造价低、便于施工和维修。

8）土堤背水坡及临水坡前有较高、较宽滩地或为不经常过水的季节性河流时，应优先选择草皮护坡。

6 防渗体。

1）防渗体的位置应使堤身浸润线和背水坡渗流溢出比降下降到允许范围之内，并满足结构与施工要求。

2）防渗体主要有斜墙、心墙等形式。堤身其他防渗设施的必要性及形式，应根据渗流计算及技术经济比较选定。

3) 土质防渗体断面自上而下逐渐加厚。其顶部最小水平宽度不小于1m，如为机械施工，可依其要求确定。底部厚度斜墙不小于设计水头的1/5，心墙不小于设计水头的1/4。防渗体的顶部在设计水位以上的最小超高为0.5m。防渗体的顶部和斜墙临水面应设置保护层。

4) 填筑土料的透水性不相同时，应将抗渗性好的土料填筑于临水面一侧。

7 浆砌石防洪堤。

1) 在地形狭窄的河（沟）道中，水流流速较大，防洪要求高时，应修建浆砌石防洪堤。

2) 堤顶高程设计与土堤相同。

3) 堤顶宽度。浆砌石堤顶一般宽0.5～1.0m，迎水面边坡1:0.3～1:0.5，堤顶安全超高0.5m，石堤基础埋深应在水流的冲刷深度以下，且不小于0.5m。

4) 堤坡。参照挡土墙设计。浆砌石拦洪堤沿长方向应预留变形缝。

8 防洪堤安全加高及安全系数。

1) 防洪堤工程的安全加高，根据工程的级别，按表4的规定选用。

表4 防洪堤的安全加高

防洪堤级别	1	2	3	4	5
安全加高（m）	1.0	0.9	0.7	0.6	0.5

2) 土堤的抗滑稳定安全系数，不小于表5规定的数值。

表5 土堤的抗滑安全系数

运用条件	防洪堤工程的级别				
	1	2	3	4	5
设计条件	1.30	1.25	1.20	1.15	1.10
地震条件	1.10	1.05	1.00	—	—

10.3.4 排洪排水工程应符合下列要求：

1 排洪渠工程。

1) 土质排洪渠。在有洪水危害的山坡上部或下部，按设计断面半挖半填，修筑土质排洪渠，不加衬砌，结构简单，取材方便，节省投资。适用于渠道比降和流速较小且渠道土质较密实的渠段。

2) 衬砌排洪渠。用浆砌石或混凝土将土质排洪渠底部和边坡加以衬砌。适用于渠道比降和流速较大的渠段。

3) 三合土排洪渠。排洪渠的填方部分用三合土分层填筑夯实。三合土中土、砂、石灰混合比例为6:3:1。适用范围介于前两者之间的渠段。

2 坡面洪峰流量确定。

1) 清水洪峰流量。根据各地水文手册中有关参数按公式（8）计算：

$$Q_B = 0.278kiF \qquad (8)$$

式中 Q_B——最大清水流量，m^3/s；

k——径流系数；

i——平均1h降雨强度，mm/h；

F——山坡集水面积，km^2。

2) 高含沙洪峰流量。洪水容重1.1～1.5 t/m^3，采取公式（9）计算：

$$Q_S = Q_B(1+\varphi) \qquad (9)$$

式中 Q_S——高含沙洪水洪峰流量，m^3/s；

Q_B——最大清水流量，m^3/s；

φ——修正系数。

3 排洪渠断面确定。

1) 一般采用梯形断面。渠内过水断面水深按均匀流公式计算。

2) 梯形填方渠道断面，渠堤顶宽1.5～2.5m，渠道过水断面通过计算确定。

3) 安全超高按明渠均匀流公式算得水深后，增加安全超高。

4) 排洪渠纵断面设计应将地面线、渠底线、水面线、渠顶线绘制在纵断面设计图中。

4 排洪涵洞布设。

1) 一般分为浆砌石拱形涵洞、钢筋混凝土箱形涵洞、钢筋混凝土盖板涵洞三种类型。

2) 浆砌石拱形涵洞。其底板和侧墙用浆砌块石砌筑，顶拱用浆砌粗料石砌筑。当拱上垂直荷载较大时，采用矢跨比为1/2的半圆拱；当拱上荷载较小时，采用矢跨比小于1/2的圆弧拱。

3) 钢筋混凝土箱形涵洞。其顶板、底板及侧墙为钢筋混凝土整体框形结构，适合布置在项目区内地质条件复杂的地段，排除坡面和地表径流。

4) 钢筋混凝土盖板涵洞。涵洞边墙和底板由浆砌块石砌筑，顶部用预制的钢筋混凝土板覆盖。

5) 涵洞排洪流量计算方法与排洪渠相同。

5 涵洞断面尺寸确定。

1) 涵洞中水流流态按明渠均匀流计算。由于边墙垂直、下部为矩形渠槽，其过水断面按公式（10）与公式（11）计算：

$$A = bh \qquad (10)$$

$$A = Q/v \qquad (11)$$

式中 A——过水面积，m^2；

Q——最大排洪流量，m^3/s；

v——水流流速，m/s；

b——涵洞底宽，m；

h——最大水深，m。

2）最大流速 v 的计算可根据一般小型水利手册，分别选用公式（12）与公式（13）：

$$v = C(Ri)^{1/2} \tag{12}$$
$$v = R^{2/3} i^{1/2}/n \tag{13}$$

式中　R——水力半径，m；

v——最大流速，m/s；

i——涵洞纵坡比降；

n——涵洞糙率；

C——流速系数，$C = R^{1/6}/n$，$m^{1/2}/s$。

A 与 R 通过试算求解。

3）涵洞高度的计算用公式（10）求得的过水断面，其水深 h 加上不小于 0.3m 超高，即为涵洞净高。

4）涵洞纵坡比降的确定。排洪涵洞应有较大的比降，以利于淤积物的下泄。沟道入口衔接段在渡槽进口前需有 15~20 倍槽宽的直线引流段，与渡槽进口平滑衔接。

10.3.5 排导工程。

1 排导槽。

1）排导槽自上而下由进口段、急流段和出口段三段组成。进口段宜呈喇叭状，并设渐变段与急流段顺畅衔接。

2）排导槽出口下游的排泄区宜顺直或通过裁弯取直后比较顺直，以利于泥石流流动。排导槽应有足够的纵向坡度，或采取一定的工程措施后有足够的纵坡，保证泥石流的顺畅下泄，不淤不堵排导槽。

2 渡槽。

1）渡槽由沟道入流衔接段、进口段、槽身、出口段和沟道出流衔接段五部分组成。进口段采用梯形或弧形喇叭口断面，从衔接段渐变到槽身。渐变段长度一般大于 5~15 倍槽宽，且须大于 20m，其扩散角应小于 8°~15°。

2）槽身段。根据槽下跨越物确定其宽度，其长度为跨越物净宽的 2~2.5 倍。

3）渡槽出口段与出流衔接段应顺畅连接，宜避开弯曲沟道，以免在槽尾附近散留停淤。

4）沟道出流衔接段其断面与比降，应使泥石流顺畅地流出渡槽出口，并不产生淤积或冲刷，以保证渡槽的正常使用。

5）适宜采用渡槽的条件：

①泥石流频繁暴发，高含沙洪水与常流水交替出现，沟道经常受冲刷；

②泥石流最大流量不超过 200m³/s，其中固体物质粒径最大不超过 1.5m；

③具有足够的地形高差，能满足线路设施立体交

叉净空的要求；

④进出口顺畅，基础有足够的承载力和抗冲刷能力。

6）不宜采用渡槽的条件：沟道迁徙无常，沟床冲淤变化剧烈，洪水流量、容重和固体物质粒径变幅很大的高黏性泥石流，以及含巨大漂砾的泥石流。

3 停淤场。停淤场分为侧向、正向、凹地三种形式，根据停淤场的地形地质条件、泥石流的走向、物质组成、数量等因素选择采用。

1）侧向停淤场。当堆积扇和低阶地面较宽、纵坡较缓时，将堆积扇径向垄岗或宽谷一侧山麓修筑成侧向围堤，在泥石流流动方向构成半封闭的侧向停淤场，将泥石流控制在预定范围内停淤。其布置要求为：

①入流口布置在沟道或堆积扇纵坡转折变化处，并略偏向下游，使上部纵坡大于下部，便于布置入流设施并使泥石流获得较大落差。

②在弯道凹岸中点偏上游处布置侧向溢流堰，沟底修筑并适当抬高潜槛，以实现侧向入流与分流。在低水位时侧向溢流堰应使洪水顺沟道排泄，高水位时也能侧向分流，使泥石流的分流与停淤达到自动调节。

③停淤场入流口处沟床设计横向坡度，应使进入停淤场内的泥石流迅速散开，铺满沟床并立即流走，以免在堰首发生拥塞、滞流，并防止累积性淤积而堵塞入流口。

④停淤场应具有开阔、渐变的平面形状，采取修整措施消除阻碍流动的急弯和死角。

2）正向停淤场。当泥石流出沟口后，下游有公路或其他需保护的建筑物时，在堆积扇的扇腰处垂直于流向修建正向停淤场。布置要点：

① 正向停淤场由齿状拦挡坝与正向防护围堤结合而成，拦挡坝的两端出口，齿状拦挡坝与公路、河流之间修筑防护围堤，形成高低两级正向停淤场，见图9。

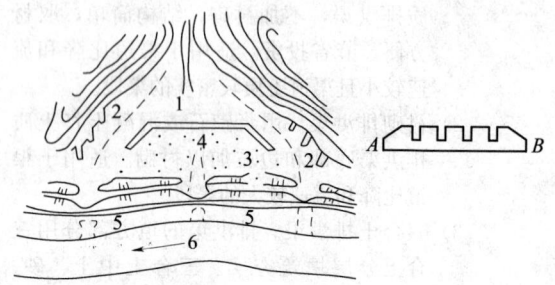

图 9　正向停淤场

1—正向停淤堤；2—导流坝；3—围堤；4—停淤场；

5—公路；6—主河

②拦挡坝两端不封闭，两侧预留排泄道，在堆积扇上形成第一级高阶停淤场，具有正面阻滞停淤、两侧泄流的功能，以加快停淤和水土（石）分离。

③拦挡坝顶部修筑疏齿状溢流口，在拦挡石砾的同时，将分选不带石砾的洪水排向下游。

④在齿状拦挡坝下游河岸（公路路基上游）修建围堤，构成第二级低阶停淤场。经齿状拦挡坝排入的洪水在此处停淤。

⑤沿堆积扇两侧开挖排洪沟，引导停淤后的洪水排入河道。

3）凹地停淤场。泥石流活跃、沿主河槽一侧有扇间凹地时，修建凹地停淤场。按下列要求布置：

①在堆积扇上修建导流堤，将泥石流引入扇间凹地停淤。凹地两侧受相邻两个堆积扇挟持约束，形成天然围堤。

②根据凹地容积及泥石流总量确定是否在下游出口处修筑拦挡工程，以及拦挡工程的规模。

③在凹地停淤场出口以下开挖排洪渠，将停淤后的洪水排入下游河道。

10.3.6 沟床固定与泥石流拦挡工程。

格栅坝过流格栅有梁式、耙式、齿状等多种形式。

1 沟床加固工程。

1）断面确定。沟床加固工程的断面确定、稳定分析与拦沙坝基本相同，但一般高度多在5m以下，尤其是高度为2～3m左右，顶宽1～1.5m，下游坡度1：0.2，上游坡为直角。在排导工程最上游端设置的沟床加固工程通过稳定计算，确定上游坡度。

2）过水断面的确定。过水断面应能使设计流量安全通过。排导工程最上游端部沟床加固工程，考虑到其与拦沙坝一样蓄水，根据堰流公式确定过水断面，按平均流速和设计流量的关系求所需面积。

3）沟床加固工程的方向。其方向应与下游流向成直角。

4）护坦工程的长度按公式（14）计算，护坦的厚度一般为0.7～1.0m。纵坡应水平，并采用混凝土结构。

$$L = (2 \sim 3) h \qquad (14)$$

式中 h——溢流水面至护坦面的高度，m。

5）边墙沟床加固工程修筑边墙时，为避免跌水的冲刷，将边墙基础设计在由肩部垂直下落线的后侧。在护坦部具有使落下水流不溢流的高度。

6）端墙根据设计流量、沟床粒径、沟床加固工程的落差等，还应考虑端墙下游防冲条件来确定，一般为2～3m。将端墙上下游坡均作成90°，顶宽0.7～1m。

7）翼墙设计。排导工程中的沟床加固工程时，应每隔几段将沟床加固工程的翼部建筑在岩体中。

8）最下游端沟床加固工程过水部分按堰堤断面设计。

2 潜坝加固工程。设计原则与沟床加固工程相同。高度根据沟床演变的幅度确定，一般为2m左右，顶部高程与设计沟床高程齐平，顶宽0.5～1.5m左右，上游坡为90°，下游坡根据稳定计算求得，一般为1：0.2。在潜坝下游回填抛石或石笼，防止冲刷。翼部设计与沟床加固工程相同。

3 铺砌工程。铺砌工程一般分为块石铺砌工程、混凝土块铺砌工程和混凝土铺筑工程。

1）块石铺砌工程。在坡度缓于1：10、垂直高度小于2m、坡面长小于7m时，采取块石铺砌工程。块石铺砌工程中的挡墙采用浆砌（30～40cm）毛方石、杂毛方石料。混凝土块铺砌工程背填混凝土厚度为5～10cm，垫层用碎石、大卵石夯填，厚度10～24cm，沿坡面纵向按10m间隔设置隔墙。

2）混凝土铺筑工程。在坡度较陡的岩坡面上采用混凝土铺筑工程，防止由风化引起的剥离崩落。地面坡度缓于1：0.5，坡面高度≤20m。采用阶梯式铺筑时，每一阶坡面高度为15m，护坡道宽1m以上。垂高在5m以上时应作基础。当坡度在1：10时一般采用素混凝土铺设。当坡度为1：0.5陡坡时，采用钢筋混凝土铺筑，厚度为0.2～0.8m。为使其与山地成为整体，锚固桩以1～4m²一根，贯入深度为混凝土厚度的1.5～3倍。在纵向上每10～20m设置一条伸缩缝。

3）排导工程中底部铺砌。对于排导工程其底板受到泥石流的频繁磨损作用，应采取铺砌加固工程。铺砌厚度一般为20～30cm，磨损严重时采用50～100cm。铺砌材料采用块石、现浇或预制混凝土及钢筋混凝土。

4 拦沙坝（含谷坊）。

1）拦沙坝一般为浆砌石或混凝土、钢筋混凝土实体重力坝，坝高5m以上，单坝库容 $1 \times 10^4 \sim 10 \times 10^4 \mathrm{m}^3$。

2）坝址选择根据项目区特点和要求，坝体按小型水利工程设计。

5 固沟工程。在容易滑塌、崩塌的沟段，布置谷坊、淤地坝和其他固沟工程，巩固沟床，稳定沟坡，减轻沟蚀，控制崩塌、滑坡等重力侵蚀的发生。

1）谷坊。在小流域沟底比降大、沟底下切

严重的沟段，布置土谷坊、石谷坊、柳谷坊等类型的沟道工程。具体设计与施工技术要求参照《水土保持综合治理技术规范 沟壑治理技术》GB/T 16453.3—1996 第二篇的规定执行。

2) 淤地坝。坝址选择、坝型确定、断面设计等参照《水土保持综合治理技术规范 沟壑治理技术》GB/T 16453.3—1996 第五篇的规定执行。

3) 沟底防冲林。在纵坡比降较小的沟道，顺沟成片造林，巩固沟底，缓流落淤；在纵坡比降较大、下切严重的沟段，在谷坊淤积面上成片造林。造林规格与技术参考《造林技术规程》GB/T 15776—1995 等标准的规定。

6 梁式坝。

1) 在重力坝中部预留溢流口，口上用钢材作成格栅形横梁（见图 10），梁间隔应能上下调整，以便根据坝后泥沙淤积和泥石流活动变化状况，及时调整梁间隔。

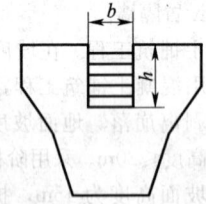

图 10　梁式坝

2) 溢流口一般采用矩形断面，高为 h，宽为 b，高宽比 $h/b = 1.5 \sim 2$。

3) 筛分率 e 按公式（15）计算：

$$e = V_1/V_2 \tag{15}$$

式中　V_1——一次泥石流过程中库内泥沙滞留量，m^3；

　　　V_2——通过坝体下泄的泥沙量，m^3。

4) 当下泄粒径 $D_c = 0.5 D_m$，滞留库内的泥沙百分比为 20% 时，梁式坝筛分效果正常（D_m 为流体中砾石最大粒径）。

5) 在同一沟段按筛孔大小，从上向下布置梁式坝坝系，以达到最高的筛分效率。

7 耙式坝。

1) 坝和溢流口的形式与梁式坝相同（见图 11），不同的是在溢流口处用钢材作成格状耙式竖梁。

2) 筛分率 e 计算与梁式坝相同。

8 齿状坝。

1) 将重力坝的顶部作成齿状溢流口，齿口采用窄深式三角形、梯形、矩形断面（见图 12）。

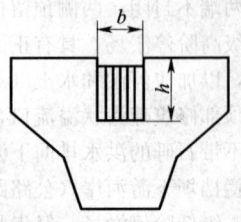

图 11　耙式坝

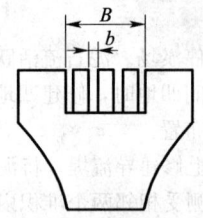

图 12　齿状坝

2) 齿口尺寸。一般要求齿口宽深比 $h/b = 1:1 \sim 2:1$。

3) 齿口密度应符合公式（16）的要求：

$$0.2 < (\sum b/B) < 0.6 \tag{16}$$

式中　b——齿口宽度，m；

　　　B——溢流口总宽度，m。

当 $\sum b/B = 0.4$ 时，调节量效果最佳。

4) 齿口宽与拦截作用关系。设 D_{m1} 与 D_{m2} 分别为中小洪水与大洪水可挟带泥沙的最大粒径，则当 $b/D_{m1} > (2 \sim 3)$ 和 $b/D_{m2} \leqslant 1.5$ 时，拦截效果最佳。

5) 齿口宽与闭塞条件。设 D_m 为洪水中可挟带泥沙的最大粒径，则当 $b/D_m > 2$ 时不闭塞，$b/D_m \leqslant 1.5$ 时为闭塞。

9 桩林。

1) 在泥石流间歇发生、暴发频率较低的沟道中下游，用型钢、钢管桩或钢筋混凝土桩，垂直沟道成排打桩形成桩林，拦阻泥石流中粗大石砾和其他固体物质，削弱其破坏力。

2) 在沟中垂直泥石流流向，布置两排或多排桩，每两排桩上下交错成"品"字形。设 D_m 为洪水中挟带的最大粒径，桩间距为 b，二者之比应符合公式（17）的要求：

$$b/D_m > 1.5 \sim 2 \tag{17}$$

3) 当桩林总长在地面外露部分在 $3 \sim 8m$ 范围内时，桩高 h 为间距 b 的 $2 \sim 4$ 倍。

4) 桩基应埋在冲刷线以下，且埋置长度不应小于总长度的 1/3。

5) 桩林的受力分析与结构设计与悬臂梁类同。

11 降水蓄渗工程

11.3 设计要求

11.3.1 坡面蓄水工程应符合以下要求：

1 水平阶。适应于地形较为完整、土层较厚、坡度在15°～25°之间坡面，阶面宽1～1.5m。具有3°～5°反坡。上下两阶之间水平距离以设计造林行距为准。在阶面上能全部拦蓄各阶台间斜坡径流，由此确定阶面宽度、反坡坡度（或阶边设埂），或调整阶间距离。树苗种植于距阶边0.3～0.5m（约1/3阶宽）处。

2 水平沟。适用于在15°～25°之间的陡坡，沟口上宽0.6～1.0m，沟底宽0.3～0.5m，沟深0.4～0.6m，沟由半挖半填筑而成，内侧挖出的生土用在外侧筑埂。树苗植于沟底外侧。根据设计造林行距和坡面径流量大小确定上下沟的间距和水平沟断面尺寸。

3 窄梯田。在坡度较缓、土层较厚的坡地种植果树或其他立地条件要求较高的经济树木时，采取窄梯田。田面宽2～3m，田边蓄水埂高0.3m，顶宽0.3m，根据果树设计行距确定上下两台梯田间距。田面修筑平整后将挖方生土部分耕翻0.3m左右，在田面中挖穴种植果树。

4 鱼鳞坑。适用于地形破碎、土层较薄、不能采用带状整地的坡地。每坑平面呈半圆形，长径0.8～1.5m，短径0.3～0.5m，坑内取土在下沿筑成弧状土埂，高0.2～0.3m（中部高，两端低）。各坑在坡面基本沿等高线布置，上下两行坑口呈"品"字形错开排列。根据设计造林行距和株距，确定坑的行距和穴距，树苗种植在坑内距上沿0.2～0.3m范围，坑两端开挖宽深均为0.2～0.3m的倒"八"字形截水沟。

11.3.2 径流拦蓄工程应符合以下要求：

1 水窖。在来水量不大的路旁或硬化地面修井式水窖，水窖容积一般为30～50m³。土质坚硬且蓄水量需求较大的地方，修筑窑式水窖，容积为100～200m³。水窖设计与施工参照《雨水集蓄利用工程技术规范》SL 267—2001确定。

2 涝池。在土质坚硬且渗透性较小、低于路面的路旁（或道路附近），布置涝池拦蓄道路径流，防止道路冲刷与沟头前进，同时供项目区植被绿化灌溉、用水。涝池工程设计与施工参照《雨水集蓄利用工程技术规范》SL 267—2001确定。

　1）一般涝池容积100～500m³，通常沿一条道路多处布置。

　2）大型涝池容积在500m³至数万m³之间，用于容蓄项目区内及周边大量来水。

　3）路壕蓄水堰。在路面低于两侧地面形成1～2m的路壕处，将道路改在较高一侧的地面上，而在路壕中分段修筑小土坝作为蓄水堰，拦蓄暴雨径流。单堰容积随路壕的宽度和深度、土坝的高度、道路坡度而定，一般为500～1000m³。

3 蓄水池与沉沙池设计与施工参照《雨水集蓄利用工程技术规范》SL 267—2001确定。

　1）蓄水池一般布置在坡脚或坡面局部低凹处，与排水沟（或排水型截水沟）末端相连，以容蓄坡面径流。根据坡面径流总量、蓄排关系、施工条件、使用条件，确定蓄水池的分布与容量。

　2）沉沙池一般布置在蓄水池进水口上游，排水沟（或排水型截水沟）排出水流中泥沙经沉沙池沉淀之后，将清水排入蓄水池中。

11.3.3 植被建设的引水、蓄水、灌溉工程应符合以下要求：

1 引水工程。引水工程的形式可采用引水渠、引水管道，根据项目区水源条件确定。

　1）当项目区内及附近有河流、充足的地下水出露时，修筑引水渠工程。当埋深较浅具备开采条件时，布置小型抽水泵站，通过引水工程灌溉林草。引水渠的断面及型式根据灌溉用水量确定。

　2）当项目区范围内无地表径流可供引水灌溉时，应结合项目工程供排水系统，布置专用林草灌溉引水管线。引水流量和管径根据林草用水量确定。

　3）引水工程设计与施工参照有关设计手册确定。

2 蓄水工程。根据项目区水源条件，在道路、硬化地面附近布置蓄水池、水窖、涝池等蓄水工程，灌溉林草植被。蓄水池的型式、工程设计与施工参照《雨水集蓄利用工程技术规范》SL 267—2001确定。

3 灌溉工程。根据林草生长需要进行缺水期补充灌溉，灌溉可以采用喷灌、滴灌、管灌等节灌方式，不宜采用漫灌方式。灌溉工程设计与施工参照有关设计手册确定。

12 临时防护工程

12.3 设计要求

12.3.1～12.3.6 沉沙临时防护措施应简便、易行、实用，随主体工程施工进度及时布设。

13 植被建设工程

13.1 一般规定

13.1.1 项目区造林与种草设计、施工应参照下列国

家标准、行业标准中的规定执行:

1 《水土保持综合治理技术规范 荒地治理技术》GB/T 16453.2—1996 中第一篇至第三篇的规定和附录 A、B、C。

2 《封山(沙)育林技术》GB/T 15163—2004。

3 《飞机播种治沙技术要求》LY/T 1186—1996。

4 《生态公益林建设技术规程》GB/T 18337—2001。

5 园林规划设计标准等相关标准。

13.1.6 特殊场地植被建设工程应符合下列要求:

1 防火林带。易燃、易爆厂矿企业及其车间、仓库周围,布置与绿化工程相结合的防火林带。

    1)防火林带采用阴阳性树种混交、行间混交配置。一般布置 2~4 行,两行种植时,靠近建筑物的一行为耐阴树种,三行或四行种植时,中间行为耐阴性树种,两边为阳性树种。

    2)防火林带与建筑物间的距离在 4~10m 范围内。

    3)防火林带树种采用含水量高、不易燃烧的阔叶树,如椴树、复叶槭树、刺槐、白蜡、栓皮栎、杨树等。

2 卫生防护林带。在易产生粉尘、烟尘及大气污染物,并存在噪声、高温等污染环境的厂矿企业,应布置与绿化工程相结合的卫生防护林带。大型卫生防护林带应与农田、草地、灌木林地结合,平行布置 1~4 条主林带,并适当配置副林带。林带宽度分为 1000m、500m、300m、100m、50m。

3 实验室及精密仪器车间。卫生防护林带与实验室或车间外围的绿化带、草坪、灌木相结合形成封闭环境,阻挡尘埃、风沙、烟尘等污染物。林带与车间距离以不妨碍采光为原则。不选择易产生绒毛、飞絮及多花粉的树种如杨、柳等。

4 噪声车间。在锻压、车工、焊接等有噪声的车间周围,布置自然式树丛种植,宽度不小于 10m 的卫生防护林带,采用枝叶茂密、叶面大的树种,并考虑乔木与灌木相结合。

5 高温车间。在炼钢、翻沙、热处理等高温度车间周围,布置浓密高大的乔木林带,以遮荫避阳、降低温度,树种不得选用针叶或其他高含油脂树种。

6 污染车间。在产生"三废"的车间周围布置林带,调节气候、减小风速,在车间上风向配置疏透结构的林带,以利空气流通,下风向布置多层紧密结构的林带,以减少污染物外移。根据污染物与树种抗性选择树种,抗 SO_2 功能强的树种主要有毛白杨、五角枫、大麻黄、白蜡等,抗 HF 强的树种有臭椿、梧桐、青杨等。

13.3 设计要求

13.3.6 堤岸滩绿化工程应符合下列要求:

1 岸坡防护绿化。

    1)在水库最高洪水位线以上,由疏松母质组成、坡度 30°以下的库岸布置岸坡防风防蚀林,如果库岸为陡峭基岩,无法布置防浪林,可根据条件在陡岸边一定距离布置种植防风林或攀缘植物。林带结构采用紧密结构或疏透结构。

    2)树种。距离库岸较近的区域选择旱柳、垂柳等耐水淹树种。距离水面较远、水分条件差,选择耐旱的松、柏类树种。

    3)林带宽度。根据水库洪水位以上土壤侵蚀类型及水面线以上周边面积大小,确定林带宽度,同一水库各区段可采取不同的林带宽度。

    4)防风防蚀林应与水库环境美化、水上旅游等综合规划结合,以增加水库生态景观。

2 防浪林。在水库正常水位线以上的岸坡布置防浪灌木林,树种以柳等耐水淹灌木为主,根据水面起浪高度确定造林宽度。

3 护滩林。对于水分条件较好的坝后低湿地和低洼滩地,可营造速生丰产林。对于具备蓄水条件的坑塘,可整治成养鱼塘、种藕塘等池塘工程。

4 护岸林带。沿河岸、渠系两岸、防洪堤、沟岸布置护岸林带,防止洪水冲刷河(沟)岸、岸边农田、堤防、渠道边坡。根据水分和土壤等立地条件,选择布置耐洪涝、耐盐碱、喜阴湿、根系发达的乔灌木林带。主要树种有:杨、柳、落叶松、池杉等乔木,芦苇等灌木。渠道、堤防等洪水位以上的地带可种植香根草、小米草等。

13.3.7 交通道路绿化应符合下列要求:

1 道路两侧绿化。

    1)根据主体工程道路布置与设计,沿道路两侧布置绿化工程。

    2)行道树应选择高度不小于 5m,主干通直、抗病虫害的树种。在道路转弯处行道树不应遮挡司机视线及妨碍车辆正常行驶。

    3)厂区道路绿化不宜妨碍车间采光,行道树与建筑物、地上及地下管线的间距在 1.5~2m 以上,离高压线的间距应大于 5m。

    4)公路、铁路等交通绿化工程,应按相关规范标准设计与施工。

2 道路绿化布置。

    1)宽度超过 20m 的大型道路两侧各植两条林带,其中道路内侧栽植大树冠落叶行道树,建筑物一侧栽植小树冠行道树,在分车道绿化带栽植常绿树,在人行道绿化带栽植落叶乔木，其下布置花坛与草坪。

2) 宽度 5～10m 的道路，两侧各栽一行树冠较大的行道树，公路两旁人行道绿化带与两侧建筑物基础绿化带相配合，或连成整块。基础绿化带栽植小乔木、灌木、花卉或铺设草皮。

3) 宽度不足 5m 的窄型道路，两侧栽植小树冠树种，如妨碍建筑物室内采光，则栽植低矮灌木、多年生花草，铺设草皮。

3 道路绿化树种。

道路绿化树种应形态美观、树冠高大、枝叶繁茂、耐修剪，适应性和抗污染能力强，病虫害少，没有或较少产生污染环境的种毛、飞絮或散发异味。

4 铁路绿化。

1) 铁路绿化一般近铁轨侧种植灌木，外侧种植乔木。种植乔木时，与外轨的距离必须大于 8m，种植灌木时，与外轨的距离必须大于 6m。

2) 铁路路堤边坡采用草皮、灌木护坡，不宜种植乔木。根据征地范围在坡脚外侧种植乔灌木。

3) 路堑顶部距截水沟 2m 以外栽植乔木。在路堑边坡与护坡工程相结合种植草皮或灌木。

4) 在公路与铁路交叉处，一般自交叉道口每侧 40m 以内，公路线路距交叉口每侧 50m 以内形成菱形地段内，不宜种植乔木，可种植 1m 以下的灌木。

5) 铁路转弯处，其内侧至少预留出 200m 的视距，在此范围内不得种植阻挡视线的乔灌木。

6) 当铁路通过市区或居民区时，应留出较宽的绿化带种植乔灌木，防尘隔噪声。

7) 在铁路站台上布置不妨碍人车通行的花坛、水池及庭荫树，供旅客休息。

5 公路绿化。

1) 采用乔木、灌木、草本、花卉覆盖公路两侧边坡、分隔带及沿线空地，包括护路林带、中央分隔带、停车场绿化、交叉道口绿化、路旁附属建筑物绿化、路基路堑边坡绿化及公路周围闲置地绿化，采取点、线、面结合，乔、灌、草结合的原则布置绿化工程。

2) 城区段公路绿化与街道绿化类似。

3) 乡村区段公路根据"美化环境，防护道路"的原则布置绿化工程。高速公路和一级公路路堤两侧排水沟外缘、路堑坡顶排水沟外缘（无排水沟和截水沟时为路堤或护坡坡脚外缘、或坡顶外缘）征地范围内（1～3m 或更宽）应种植一行或多行乔木或灌木林带，局部种植草坪。路堤、路堑边坡绿化与护坡工程相结合，种植攀缘植物。中央隔离带一般宽 1～1.5m，种植常绿灌木、花卉或可修剪的针叶树，并与草坪相结合。公路附属建筑物间空闲地根据立地条件进行绿化。二、三、四级公路根据条件布置绿化工程。

4) 公路绿化树种要求：抗污染（尾气）、耐修剪、抗病虫害，与周边环境较为协调且形态美观。树种选择应注重常绿与落叶、阔叶与针叶、速生与慢生、乔木与灌木、绿化与美化相结合，特别是长里程公路，每隔适当距离可变换主栽树种，增加生物多样性和绿化景观。

13.3.9 生活区、厂区道路绿化应符合下列要求：

1 工业区和生活区道路绿化具有组织交通、联系分隔生产系统或生活小区，防尘隔噪、净化空气、降低辐射、缓和日温的作用。

2 工业区和生活区绿化，应与交通运输、架空管线、地下管道及电缆等设施统一布置，综合协调植物生长与生产运行及居民生活之间的关系，避免相互干扰。

3 工业区和生活区立地条件和环境较差，土质瘠薄，辐射热高，尘埃和有害气体危害大，人为损伤频繁的，宜选择耐瘠薄、耐修剪、抗污染、吸尘、防噪作用大，并具有美化环境的树种，主要有悬铃木、泡桐、国槐、油松、侧柏、广玉兰、乌桕、香樟等。

4 工业区和生活区坡地及空闲地规划布置草坪，与护坡工程、周边绿化工程构成绿色屏障，防止水土流失，美化工业生产和居民生活环境。

13.3.11 园林化种植、园林化植树应根据不同条件，分别采取孤植、对植、丛植、群植、带植、风景林和绿篱等多种形式。应符合下列要求：

1 孤植。

1) 单株树木孤植，要求发挥树木的个体美，作为园林构图中的主景；也可将数株同一树种密集种植为一个单元，起到相同效果。

2) 孤植位置。孤植树木的四周应留出最适宜的观赏视距，一般配置在大草坪及空地中央，地势开阔的水边、高地、庭园中、山石旁，或用于道路与小河的弯曲转折处。

3) 孤植树种。孤植树木宜选用树体高大、姿态优美、轮廓富于变化、花果繁茂、色彩艳丽的树种，如松类、雪松、云杉、银杏、香樟、七叶树、国槐等。
2 对植。
1) 采用同一树种的树木，垂直于主景的几何中轴线作对称（对应）栽植。
2) 对植位置。常用于大门入口处或桥头等地。
3) 对植的灵活处理。自然式园林布局，可采用非对称栽植，即允许树木大小姿态有所差异，与中轴线距离不等，但须左右均衡，如左侧为一株大树，则右侧可为两株小树。
3 丛植。
1) 将两三株至十几株乔木加上若干灌木栽植在一起，以表现群体美，同时表现树丛中的个体美。
2) 丛植树种。以庇荫为主时，树种全由乔木组成，树下配置自然山石、坐椅等供人休憩。以观赏为主时，用乔木和灌木混交，中心配置具独特价值的观赏树。
4 群植。
1) 将二三十株或更多的乔、灌木栽植于一处，组成一种封闭式群体，以突出群体美。林冠部分与林缘部分的树木，应分别表现为树冠美与林缘美。群植的配置应具长期的稳定性。
2) 群植位置。主要布置在有足够视距的开阔地段，或在道路交叉角上。也可作为隐蔽、境界林种植。
5 带植。
1) 布设成带状树群，要求林冠线有高低起伏，林缘线有曲折变化。
2) 带植位置。布设于园林中不同区域的分界处，划分园林空间，也可作为河流与园路林道两侧的配景。
3) 带植树种。用乔木、亚乔木、大小灌木以及多年生花卉组成纯林或混交林。
6 绿篱。
1) 绿篱种类根据绿篱高度有下列四类：绿墙高 1.6m 以上；高绿篱高 1.2～1.6m；中绿篱高 0.5～1.2m；低绿篱高 0.5m 以下。
2) 根据绿篱的树种，有下列五类：常绿篱由常绿灌木组成；落叶篱由带叶灌木组成；花篱由开花灌木组成；果篱由赏果灌木组成；蔓篱是将种植的蔓生植物缠绕在制好的钢架或竹架上。
3) 建造绿篱应选用萌蘖力和再生力强、分枝多、耐修剪、叶片小而稠密、易繁殖、生长较慢的树种。

13.3.13 草坪设计应符合下列要求：
1 草坪类型。
1) 自然式草坪。按照原有地形、土壤等条件，种植草类并配置花卉、乔灌木，形成与周围环境协调的绿色景观。
2) 规则式草坪。绿地内按照规则的几何图案布置草地、道路、花坛、丛林、水体等园林建筑观赏景物。
3) 单纯草坪。种植早熟禾、野牛草等单一草种而成的草坪，适用于小面积绿地种植。
4) 混合草坪。由紫羊茅、欧剪股颖和黑麦草等多种类草坪植物混合播种而成。适用于大面积的草坪。
5) 缀花草坪。由禾本科植物与少量低矮但开花鲜艳的草花植物组成。草坪点缀植物有秋水仙、石蒜、韭兰等。此类草坪适用于自然草坪。
2 草坪植物选择。草坪植物大部分为多年生禾本科植物（少量为莎草科植物），应具有耐践踏、植株矮小、枝叶茂密、耐旱、抗病性强、水平根茎和匍匐茎发达、花叶观赏期长等特点。草坪植物草种参考表6选用。

表 6 草坪植物草种

种植地区(气候带)	草　　种
"三北"地区	细叶早熟禾、野牛草、硬羊茅、绵羊茅、细叶剪股颖、狗芽根、白颖苔草、燕麦草等
华东、华中地区	假俭草、结缕草、草地早熟禾、狗芽根、苇状羊茅、两耳草等
华南地区	假俭草、结缕草、龙爪茅、地毯草、竹节草、钝叶草、狗芽根、黑麦草等多种

14 防风固沙工程

14.3 设计要求

14.3.1 沙障固沙应符合下列要求：
1 沙障类型与布设。
1) 根据防风沙的需要一般布设二类沙障：带状沙障即沙障在地面呈带状分布，带的走向垂直于主风向；方格状（或网状）沙障即沙障在地面呈方格状（或网状）分布，主要用于风向不稳定，除主风向外，还有较强侧向风的地区。
2) 根据建设材料设置三类沙障：柴草沙障即大部由柴草或作物秸秆作成，是平铺沙障的主要材料；黏土沙障即少数地方沙层较浅，或沙丘附近有碱滩地，用黏土压沙，堆成土埂，作为沙障；采用卵石或其他材料（如活性沙生植物枝茎）作成沙障。

  3）根据铺设沙障的柴草与地面角度分为二种沙障：平铺式沙障即将作沙障的柴草横卧平铺在地面，上压枝条、沙土或小木桩固定；直立式沙障，将作沙障的柴草直立，一部分埋压在沙中，一部分露出地面。

  2 沙障设计与施工。根据项目所处风蚀沙化类型区，项目施工及运行带来的风蚀沙化危害，选择确定沙障固沙类型。沙障固沙的设计与施工技术参照《水土保持综合治理技术规范 风沙治理技术》GB/T 16453.5—1996 第四章的规定执行。

14.3.2 防风固沙造林应符合下列要求：

  1 防风固沙林带。

   1）林带走向。主林带走向应垂直于主风方向，或呈小于 45°的偏角。副林带和主林带正交。道路两侧林带一般"林随路走"。

   2）林带宽度。基干林带一般宽 20～50m。农田防护林带的主林带宽 8～12m，副林带宽 4～6m。

   3）林带间距。基干林带一般间距 50～100m，农田防护林网间距按乔木壮龄期平均树高的 15～20 倍计算。

   4）林带结构。根据各地不同条件，分别采用疏透结构林带、紧密结构林带、通风结构林带。

  2 风口造林。

   1）在风口先布设与主风垂直的带状沙障，宽1～2m，间距20～30m，在沙障的保护下进行风口造林。

   2）风口造林林型应选择紧密结构的乔、灌木混交林，株距0.5m，行距1.0m，乔灌比例1：1，隔株或隔行栽植。

  3 片状造林。

   1）在风蚀较轻的沙地、固定低沙丘与半固定沙丘，采取直接成片造林，全面固沙。

   2）在流动沙丘区应先布置沙障，减缓风速，固定流沙，同时造林。主要方式为：在迎风坡脚下种植灌木，拉低沙丘，在背风坡丘间低地栽植成片乔木林带，阻挡流沙前移。

  4 造林树种。

   1）乔木树种。应具有耐干旱、瘠薄、耐风打、耐沙埋、生长快、根系发达、分枝多、冠幅大、繁殖容易、抗病虫害、经济价值高等特点。北方选择的树种应耐严寒，南方选择的树种应耐高温。

   2）灌木树种。要求防风效果好，抗干旱、耐沙埋、枝叶繁茂、萌蘖力强、条材（或薪材）产量高、质量好。

  5 造林密度。

   1）立地条件较好的固定沙丘与丘间地，乔木与灌木比例1：2或1：1；杨树、旱柳、白榆等 300～1200 株/hm²；樟子松、侧柏 1500～4500 株/hm²。

   2）立地条件较差的流动或半流动沙地采用沙障固沙造林，以灌木为主。单行或双行条带式密植，适当加大行带间距离，增加挡风固沙作用。株距 1～1.5m，行带距 3～6m，1000～3000 株/hm²。

  6 造林整地。

   1）固定或半固定沙地应于前一年秋末或冬初整地，第二年春季栽植。流动沙地应随挖随栽。

   2）沙地造林采用带状整地，带宽 1～1.5m。禁止采用全面整地，以免引起风蚀。

  7 沙地土壤改良。

   1）引洪漫地。在河流两岸且地形平缓的风沙区，洪水季节将洪水引至整平的沙地内进行淤灌，待淤泥达 30cm 以上时，即可种树、草、农作物。

   2）封沙育草。在一定时期内确定一定范围的沙地，禁止放牧及樵采，以利于恢复植被，固定流沙，增加土壤有机质，改善土壤结构，然后造林种草，开发利用。

  8 沙地造林方法。

   1）植苗造林。植苗造林是果树、针叶树及大多数阔叶树等树种的主要造林方法，也是沙地造林的主要方法。萌芽力强的刺槐、紫穗槐等采取截干造林，减少水分蒸发，提高造林成活率。

   2）播种造林。对花棒、柠条、踏郎、沙蒿、紫穗槐等种子来源广泛的树种，采用播种造林。

   3）分殖造林。对小叶杨、合作杨、旱柳、沙柳、柽柳等茎秆易生根的树种可采取分殖造林。

   4）造林固沙的有关设计与施工技术参照《水土保持综合治理技术规范 风沙治理技术》GB/T 16453.5—1996 第五章中的规定执行。

14.3.3 种草固沙的设计与施工等有关技术参照《水土保持综合治理技术规范 风沙治理技术》GB/T 16453.5—1996 第六章中的规定执行。

14.3.4 平整沙丘及引水拉沙造地有关技术参照《水土保持综合治理技术规范 风沙治理技术》GB/T 16453.5—1996 第六章中的规定执行。

中华人民共和国国家标准

开发建设项目水土流失防治标准

Control standards for soil and water loss on
development and construction projects

GB 50434—2008

主编部门：中华人民共和国水利部
批准部门：中华人民共和国建设部
施行日期：２００８年７月１日

中华人民共和国建设部
公　告

第 786 号

建设部关于发布国家标准
《开发建设项目水土流失防治标准》的公告

现批准《开发建设项目水土流失防治标准》为国家标准，编号为 GB 50434—2008，自 2008 年 7 月 1 日起实施。其中，第 3.0.1（3、4、5）、6.0.1 条（款）为强制性条文，必须严格执行。

本规范由建设部标准定额研究所组织中国计划出版社出版发行。

中华人民共和国建设部
二〇〇八年一月十四日

前　　言

本标准是根据建设部建标〔2003〕102 号文《关于印发"二〇〇二～二〇〇三年度工程建设国家标准制订修订计划"的通知》的要求，由水利部水土保持监测中心会同水利部水利水电规划设计总院和北京水保生态工程咨询公司共同编制而成。

在标准编制过程中，编制组进行了广泛深入的调查研究，认真总结了《开发建设项目水土保持方案技术规范》SL 204—98 实施 9 年来的实践经验，吸收了相关行业设计规范的最新成果，认真研究分析了水土保持工作的现状和发展趋势，并在广泛征求意见的基础上，通过反复讨论、修改和完善，最后召开相关行业参加的全国性会议，邀请有关专家审查定稿。

本标准共 6 章，主要内容有总则、术语、基本规定、项目类型及时段划分、防治标准等级与适用范围、防治标准。

本标准中用黑体字标志的条文为强制性条文，必须严格执行。

本标准由建设部负责管理和对强制性条文的解释，由水利部负责日常管理，由水利部水土保持监测中心负责具体技术内容的解释。

本标准在执行过程中，请各单位注意总结经验，积累资料，随时将有关意见和建议反馈给水利部水土保持监测中心评估处（北京市宣武区白广路二条 2 号，电话：52231359，邮政编码：100053），以便今后修订时参考。

本标准主编单位、参编单位和主要起草人：

主　编　单　位：水利部水土保持监测中心

参　编　单　位：水利部水利水电规划设计总院
　　　　　　　　北京水保生态工程咨询公司

主要起草人：郭索彦　姜德文　王治国　蔡建勤
　　　　　　赵永军　李光辉　张长印

目　　次

1 总 则

1.0.1 为了贯彻《中华人民共和国水土保持法》及其实施条例和国家有关法律、法规，加强开发建设项目水土保持方案的编制、审查、实施、监理、监测、评估和验收的管理，制定本标准。

1.0.2 本标准适用于可能引起水土流失的开发建设项目的水土流失防治。

1.0.3 开发建设项目的水土流失防治应采用新理论、新技术和新方法，不断提高防治工程的质量和效益。

1.0.4 开发建设项目的水土流失防治除应遵循本标准外，还应符合国家现行有关标准的规定。

2 术 语

2.0.1 扰动土地整治率 treatment percentage of disturbed land

项目建设区内扰动土地的整治面积占扰动土地总面积的百分比。

2.0.2 水土流失总治理度 controlled percentage of erosion area

项目建设区内水土流失治理达标面积占水土流失总面积的百分比。

2.0.3 土壤流失控制比 controlled ratio of soil erosion modulus

项目建设区内，容许土壤流失量与治理后的平均土壤流失强度之比。

2.0.4 拦渣率 percentage of dammed slag or ashes

项目建设区内采取措施实际拦挡的弃土（石、渣）量与工程弃土（石、渣）总量的百分比。

2.0.5 林草植被恢复率 recovery percentage of the forestry and grass

项目建设区内，林草类植被面积占可恢复林草植被（在目前经济、技术条件下适宜于恢复林草植被）面积的百分比。

2.0.6 林草覆盖率 percentage of the forestry and grass coverage

林草类植被面积占项目建设区面积的百分比。

3 基 本 规 定

3.0.1 开发建设项目水土流失防治应遵循下列要求：

1 开发建设项目应按照"水土保持设施必须与主体工程同时设计、同时施工、同时投产使用"的规定，坚持"预防优先，先拦后弃"的原则，有效控制水土流失。

2 开发建设项目水土流失防治的基本要求应符合现行国家标准《开发建设项目水土保持技术规范》

GB 50433—2008 第 3 章的有关规定。

3 应对防治责任区范围内的生产建设活动引起的水土流失进行防治，并使各类土地的土壤流失量下降到本标准规定的流失量及以下。

4 应对防治责任范围内未扰动的、超过容许土壤流失量的地域进行水土流失防治，并使其土壤流失量符合本标准规定量。

5 开发建设项目应在建设和生产过程进行水土保持监测，对水土流失状况、环境变化、防治效果等进行监测、监控，保证各阶段的水土流失防治达到本标准规定的要求。

3.0.2 开发建设项目在各阶段的水土流失防治工作应遵循《开发建设项目水土保持技术规范》GB 50433—2008 第 4 章的规定。

3.0.3 开发建设项目水土流失防治指标应包括扰动土地整治率、水土流失总治理度、土壤流失控制比、拦渣率、林草植被恢复率、林草覆盖率等六项，根据开发建设项目所处地理位置可分为三级。

4 项目类型及时段划分

4.0.1 开发建设项目按建设和生产运行情况可划分为建设类和建设生产类。并按类别划分时段。

4.0.2 建设类项目可包括公路、铁路、机场、港口码头、水工程、电力工程（水电、核电、风电、输变电）、通信工程、输油输气管道、国防工程、城镇建设、开发区建设、地质勘探等水土流失主要发生在建设期的项目，其时段标准划分为施工期、试运行期。

4.0.3 建设生产类项目可包括矿产和石油天然气开采及冶炼、建材、火力发电、考古、滩涂开发、生态移民、荒地开发、林木采伐等水土流失发生在建设期和生产运行期的项目，其时段标准划分为施工期、试运行期、生产运行期。生产运行期应为从投产使用始至终止服务年，不同类型项目可根据生产运行期的长短再划分不同的时段，但标准不得降低。

5 防治标准等级与适用范围

5.0.1 开发建设项目水土流失防治标准的等级应按项目所处水土流失防治区和区域水土保持生态功能重要性确定。

5.0.2 按开发建设项目所处水土流失防治区确定水土流失防治标准执行等级时应符合下列规定：

1 一级标准：依法划定的国家级水土流失重点预防保护区、重点监督区和重点治理区及省级重点预防保护区。

2 二级标准：依法划定的省级水土流失重点治理区和重点监督区。

3 三级标准：一级标准和二级标准未涉及的其他区域。

5.0.3 按开发建设项目所处地理位置、水系、河道、水资源及水功能、防洪功能等确定水土流失防治标准执行等级时应符合下列规定：

1 一级标准：开发建设项目生产建设活动对国家和省级人民政府依法确定的重要江河、湖泊的防洪河段、水源保护区、水库周边、生态功能保护区、景观保护区、经济开发区等直接产生重大水土流失影响，并经水土保持方案论证确认作为一级标准防治的区域。

2 二级标准：开发建设项目生产建设活动对国家和省、地级人民政府依法确定的重要江河、湖泊的防洪河段、水源保护区、水库周边、生态功能保护区、景观保护区、经济开发区等直接产生较大水土流失影响，并经水土保持方案论证确认作为二级标准防治的区域。

3 三级标准：一、二级标准未涉及的区域。

5.0.4 当按第5.0.2条、第5.0.3条的规定确定防治标准执行等级出现交叉时，按下列规定执行：

1 同一项目所处区域出现两个标准时，采用高一级标准。

2 线型工程项目应根据第5.0.2条、第5.0.3条的规定分别采用不同的标准。

6 防治标准

6.0.1 开发建设项目水土流失防治标准应分类、分级、分时段确定，其指标值必须达到表6.0.1-1和表6.0.1-2的规定。

表6.0.1-1 建设类项目水土流失防治标准

分级 分类　　时段	一级标准		二级标准		三级标准	
	施工期	试运行期	施工期	试运行期	施工期	试运行期
1 扰动土地整治率（%）	*	95	*	95	*	90
2 水土流失总治理度（%）	*	95	*	85	*	80
3 土壤流失控制比	0.7	0.8	0.5	0.7	0.4	0.4
4 拦渣率（%）	95	95	90	95	85	90
5 林草植被恢复率（%）	*	97	*	95	*	90
6 林草覆盖率（%）	*	25	*	20	*	15

注："*"表示指标值应根据批准的水土保持方案措施实施进度，通过动态监测获得，并作为竣工验收的依据之一。

表6.0.1-2 建设生产类项目水土流失防治标准

分级 分类　　时段	一级标准			二级标准			三级标准		
	施工期	试运行期	生产运行期	施工期	试运行期	生产运行期	施工期	试运行期	生产运行期
1 扰动土地整治率（%）	*	95	>95	*	95	>95	*	90	>90
2 水土流失总治理度（%）	*	90	>90	*	85	>85	*	80	>80
3 土壤流失控制比	0.7	0.8	0.7	0.5	0.7	0.5	0.4	0.5	0.4
4 拦渣率（%）	95	98	98	90	95	95	85	95	85
5 林草植被恢复率（%）	*	97	97	*	95	>95	*	90	>90
6 林草覆盖率（%）	*	25	>25	*	20	>20	*	15	>15

注："*"表示指标值应根据批准的水土保持方案措施实施进度，通过动态监测获得，并作为竣工验收的依据之一。

6.0.2 矿山企业和水工程在计算各项防治指标值时，其露天矿山的采坑面积、井工矿山的塌陷区面积、水工程的水域面积应属于防治责任面积，但不包括在总防治面积内。

6.0.3 开发建设项目水土保持方案编制、施工阶段检查、竣工验收及生产运行管理等，应符合本标准规定的分类分级分时段防治指标的要求。在竣工验收时，除满足规定的验收指标外，各项水土保持设施质量必须达到国家有关质量技术标准的要求。

6.0.4 表6.0.1-1和表6.0.1-2中水土流失总治理度（%）、林草植被恢复率（%）、林草覆盖率（%），应以多年平均年降水量400～600mm的区域为基准，降水量不在此范围时可根据下列原则适当提高或降低表中指标值：

1 降水量300mm以下地区，可根据降水量与有无灌溉条件及当地生产实践经验分析确定。

2 降水量300～400mm的地区，表中的绝对值可降低3～5。

3 降水量600～800mm的地区，表中的绝对值宜提高1～2。

4 降水量800mm以上地区，表中的绝对值宜提高2以上。

6.0.5 表6.0.1-1和表6.0.1-2中土壤流失控制比应以现状土壤侵蚀强度属中度侵蚀为主的区域为基准，以其他侵蚀强度为主的区域，可根据下列原则适当提高或降低表中指标的绝对值：

1 以轻度侵蚀为主的区域应大于或等于1。

2 以中度以上侵蚀为主的区域可降低0.1～0.2，但最小不得低于0.3。

3 同一开发建设项目土壤流失控制比，可根实际需要分区分级确定。

6.0.6 表 6.0.1-1 和表 6.0.1-2 中山区丘陵区线型工程，拦渣率值可减少 5；在高山峡谷地形复杂的地段，表中的拦渣率值可减少 10。

本标准用词说明

1 为便于在执行本标准条文时区别对待，对要求严格程度不同的用词说明如下：

    1）表示很严格，非这样做不可的用词：

正面词采用"必须"，反面词采用"严禁"。

    2）表示严格，在正常情况下均应这样做的用词：

正面词采用"应"，反面词采用"不应"或"不得"。

    3）表示允许稍有选择，在条件许可时首先应这样做的用词：

正面词采用"宜"，反面词采用"不宜"；

表示有选择，在一定条件下可以这样做的用词，采用"可"。

2 本标准中指明应按其他有关标准、规范执行的写法为"应符合……的规定"或"应按……执行"。

中华人民共和国国家标准

开发建设项目水土流失防治标准

GB 50434—2008

条 文 说 明

目 次

1 总　则

1.0.2　本标准主要适用于各类开发建设项目水土保持方案编制的设计目标控制、水土流失预测结果检验校核、水土流失防治措施布局合理性论证、水土流失防治效益分析以及开发建设项目竣工检查监督、验收中，水土保持设施的总体评估与竣工达标验收。

2 术　语

2.0.1　扰动土地是指开发建设项目在生产建设活动中形成的各类挖损、占压、堆弃用地，均以垂直投影面积计。扰动土地整治面积，指对扰动土地采取各类整治措施的面积，包括永久建筑物面积。不扰动的土地面积不计算在内，如水工程建设过程不扰动的水域面积不统计在内。

2.0.2　水土流失面积包括因开发建设项目生产建设活动导致或诱发的水土流失面积，以及项目建设区内尚未达到容许土壤流失量的未扰动地表水土流失的面积。水土流失防治面积是指对水土流失区域采取水土保持措施，并使土壤流失量达到容许土壤流失量或以下的面积，以及建立良好排水体系，并不对周边产生冲刷的地面硬化面积和永久建筑物占用地面积。弃土弃渣场地在采取挡护措施并进行土地整治和植被恢复，土壤流失量达到容许流失量后，才能作为防治面积。

2.0.3　开发建设项目的土壤流失量是指项目区验收或某一监测时段，防治责任范围内的平均土壤流失量。

水力侵蚀的容许土壤流失量的指标按《土壤侵蚀分类分级标准》SL 190—96 执行；风力侵蚀的容许土壤流失量可参考以下值：沿河、环湖、滨海风沙区为 500t/km² · a；风蚀水蚀交错区为 1000t/km² · a；北方风沙区为 1000～2500t/km² · a，具体数量值可根据原地貌风蚀强度确定；其他侵蚀类型暂不作定量规定。

2.0.4　弃土弃渣量是指项目生产建设过程中产生的弃土、弃石、弃渣量，也包括临时弃土弃渣。

2.0.5　可恢复植被面积是指在当前技术经济条件下，通过分析论证确定的可以采取植物措施的面积，不含国家规定应恢复农耕的面积，以批准的水土保持方案数据为准。

2.0.6　林草面积是指开发建设项目的项目建设区内所有人工和天然森林、灌木林和草地的面积。其中森林的郁闭度应达到 0.2 以上（不含 0.2）；灌木林和草地的覆盖率应达到 0.4 以上（不含 0.4）。零星植树可根据不同树种的造林密度折合为面积。

3 基本规定

3.0.1　开发建设项目水土流失防治措施的实施进度应与主体工程的实施进度相协调，对可能产生的水土流失应预先采取预防措施。对工程临时和永久弃土（石、渣）应在先采取拦挡措施的基础上，进行倾倒。

4 项目类型及时段划分

4.0.1～4.0.3　条文中未列出的其他建设项目，应根据项目在生产运行期是否还存在着开挖、堆弃等造成水土流失的活动进行类别划归。

5 防治标准等级与适用范围

5.0.1～5.0.4　条文中依法划定是指经县级以上人民政府公告的或经其他法定程序确定的。条文规定的经水土保持方案论证确认是指在水土保持方案编制阶段，经专家论证并由相应水行政主管部门认可的。

6 防治标准

6.0.4　本条文是依据我国降水量与森林、草地的分布关系确定的。

6.0.5、6.0.6　在我国当前技术经济条件下，很多地区的水土流失治理达到容许值有一定困难，根据全国各地水土流失综合治理试验、示范工程的实践与探索，本标准经综合考虑做了适当调整。

中华人民共和国国家标准

炼 钢 工 艺 设 计 规 范

Code for design of steelmaking technology

GB 50439—2008

主编部门：中 国 冶 金 建 设 协 会
批准部门：中华人民共和国建设部
施行日期：2 0 0 8 年 8 月 1 日

中华人民共和国建设部
公　告

第784号

建设部关于发布国家标准
《炼钢工艺设计规范》的公告

现批准《炼钢工艺设计规范》为国家标准，编号为 GB 50439—2008，自 2008 年 8 月 1 日起实施。其中，第 3.1.11、3.2.2、3.2.3、4.1.4、4.1.10、4.1.11、4.1.13、4.2.5、4.3.13、4.4.8、4.5.2、5.1.4、5.1.11、5.1.12、5.1.14、5.2.8、5.3.13、5.4.7、5.5.3、6.1.7、6.1.12 条为强制性条文，必须严格执行。

本规范由建设部标准定额研究所组织中国计划出版社出版发行。

中华人民共和国建设部
二〇〇八年一月十四日

前　　言

本规范是根据建设部建标函〔2005〕124 号文件《关于印发"2005 年工程建设标准规范制订、修订计划（第二批）"的通知》的要求，由中冶京诚工程技术有限公司会同有关单位共同编制完成的。

本规范共有 6 章，分为总则、术语、铁水预处理、转炉炼钢、电炉炼钢、炉外精炼设施。其内容主要按铁水预处理、转炉炼钢、电炉炼钢、炉外精炼四部分，分别就总体工艺设计、原材料供应、设备选型、车间工艺布置等方面作了规定。

本规范以黑体字表示的条文为强制性条文，必须严格执行。

本规范由建设部负责管理和对强制性条文的解释，由中冶京诚工程技术有限公司负责具体技术内容的解释。本规范在执行过程中，请各单位注意总结经验，积累资料，将有关意见反馈给中冶京诚工程技术

有限公司质量安全部（地址：北京市经济技术开发区建安街 7 号，邮政编码：100176，E-mail：qiuxiao-hong@ceri.com.cn），以便今后修订时参考。

本规范主编单位、参编单位和主要起草人：

主 编 单 位：中冶京诚工程技术有限公司

参 编 单 位：中冶赛迪工程技术股份有限公司
中冶南方工程技术有限公司
中冶华天工程技术有限公司
中冶东方工程技术有限公司
鞍钢集团设计研究院
上海宝钢工程技术有限公司

主要起草人：宋华德　张温永　戈义彬　杨宁川
洪保仪　秦平果　陈林权　李仰东
冀中年　钦明申　徐汉明　卢仲海

目　　次

1 总　则

1.0.1 为使炼钢工艺设计贯彻国家经济政策和技术政策，使炼钢工程建设做到技术先进、经济合理、节能环保、安全适用，制定本规范。

1.0.2 本规范适用于新建的以转炉、电炉为主要冶炼设备的炼钢车间工艺设计。

1.0.3 炼钢工艺设计除应执行本规范的规定外，尚应符合国家现行有关标准规范的规定。

2 术　语

2.0.1 Consteel 电炉　Consteel Electric Arc Furnace

一种往电炉连续加入经高温废气预热废钢的超高功率电炉。

2.0.2 VD　Vacuum Degassing

一种钢液真空脱气装置，它将带钢液的钢包置于与真空泵连通的密闭的真空罐内，从钢包底部通入氩气搅拌钢液，使钢液在真空状态下发生脱气反应。

2.0.3 VOD　Vacuum Oxygen Decarburization

一种主要用来精炼不锈钢的真空吹氧脱碳精炼装置，它在 VD 的真空罐盖上增设氧枪，向真空罐内钢液面吹氧，在真空状态下对含铬钢液进行"脱碳保铬"精炼。

2.0.4 CAS‐OB　Composition Adjustments by Sealed argon bubbling and Blowing Oxygen

一种在钢包内利用金属（铝）燃烧产生的氧化热加热钢液，或在浸入罩内加合金调整钢液成分的装置。

2.0.5 RH　Rheinstahl Huttenwerk Heraus

一种真空脱气方法，它利用真空罐底部两条插入钢液的耐火管，其中一条通以氩气，导致两管内的钢液产生密度差，从而使钢液在钢包与真空罐之间上下循环流动，发生脱气反应。

2.0.6 RH‐KTB　Rhcinstahl Huttenwerk Heraus-Kawasaki Top Blowing

系指在 RH 真空罐顶部插入一根氧枪，并向钢液吹氧脱碳，用以精炼超低碳钢与不锈钢的方法。

2.0.7 LF　Ladle Furnace

一种在常压下从钢包底部吹氩，并用电弧对钢液进行加热以精炼钢液和均匀钢液成分、温度的装置。

2.0.8 AOD　Argon Oxygen Decarburization

一种在转炉的钢液熔池侧面，按不同比例往钢液吹入氧气与氩气的脱碳精炼炉，主要用于冶炼不锈钢。

2.0.9 喂丝（WF）　Wire Feeding

在常压下往钢水罐内的钢水喂入金属丝线或包芯线对钢水进行处理的装置。

2.0.10 二步法　two step process

不锈钢生产的一种基本工艺。由电炉熔化铬、镍、废钢等固体原料，并使炉料完成粗脱碳，然后由 AOD 或 VOD 精炼炉进行"脱碳保铬"精炼，直至要求的成分。

2.0.11 三步法　three step process

不锈钢生产的一种工艺。由电炉或转炉熔化铬、镍、废钢等固体原料，然后由复吹转炉（或 AOD 炉）进行粗脱碳，再经 VOD 精炼炉深脱碳，可以生产包括超低碳品种的各种不锈钢。

3 铁水预处理

3.1 总体工艺设计

3.1.1 新建与改、扩建转炉炼钢厂，应设铁水预处理装置。

3.1.2 铁水脱硫预处理宜采用喷吹法或机械搅拌法。经预脱硫处理后铁水的硫含量不应高于 0.015%，对于生产超低硫钢种用的铁水不应高于 0.005%。

3.1.3 高炉铁水罐、混铁车鱼雷罐、转炉兑铁水罐均可作为铁水预脱硫的反应容器，宜选用转炉兑铁水罐。铁水罐内铁水面以上自由空间高度，喷吹法时不应小于 500mm，机械搅拌法时不应小于 700mm。

3.1.4 铁水预脱磷处理应符合下列要求：

　　1 铁水磷含量高于 0.12%，或生产含磷不大于 0.005% 的超低磷钢种时，应采用铁水罐喷吹法或转炉炉内预脱磷工艺；

　　2 铁水罐喷吹法预脱磷时，应采用专用铁水罐，铁水面上自由空间高度不应小于 1500mm。转炉炉内脱磷宜采用转炉炉役前、后期分别承担炼钢与脱磷任务的方式，也可采用专用脱磷转炉的方式；

　　3 经炉外铁水脱磷预处理后，铁水磷含量不应高于 0.030%。转炉炉内脱磷预处理后的铁水磷含量不应高于 0.010%。对于超低磷钢种，预处理后铁水磷含量不应高于 0.005%。

3.1.5 采用铁水炉外脱磷处理时，铁水应先进行脱硅预处理，铁水硅含量不应高于 0.20%。

3.1.6 需要生产超低硫、超低磷钢种的转炉炼钢车间，宜采用铁水三脱（脱硅、脱磷、脱硫）预处理工艺。

3.1.7 喷吹法预处理，宜采用氮气作载流气体。氮气纯度不应低于 99.9%，压力不应小于 1.0MPa，并应干燥无油，露点宜为 -20℃ 或 -40℃（用于喷镁粉），供气流量应按浓相输送气粉比和供粉强度要求确定。

3.1.8 铁水预处理站设计，除应设置处理装置本体的成套机械、液压、阀站、电气、仪表设备外，还应配置粉剂储运、介质供应、炉渣处理、烟气收集净化、喷枪（或搅拌器）制作存放与维修，及有关安全防护等相关设施。

3.1.9 铁水预处理装置的操作控制，应采用由逻辑程序控制和（或）集散控制系统组成仪电一体化的基础自动化控制，并应设置过程控制计算机实施静态控制。

3.1.10 对铁水预处理装置的各种工艺过程参数，应配置检测仪表，所有被检测参数应输入到基础自动化控制系统。铁水温度测量应在现场设置大屏幕显示和现场操作箱。

3.1.11 铁水预处理设施，必须配置烟气与粉尘净化设施，一、二次烟尘应经净化处理，排放气体中含尘量必须符合国家现行有关标准的规定。

3.1.12 铁水预处理站应配置出渣装置。渣罐（盘）的运输与更换应方便。

3.2 粉 剂

3.2.1 应采用高效、安全、经济的物料作为预处理反应剂。可采用下列粉剂：

　　1 脱硫可采用石灰粉和萤石粉混合物，或镁基石灰粉和萤石粉混合物，或钝化镁粉；

　　2 脱磷与脱硅可采用石灰粉、萤石粉和氧化铁粉（氧化铁皮、矿石粉、烧结矿粉、炼钢炉尘）混合物。

3.2.2 脱硫剂严禁采用严重污染环境的碳酸钠等钠系脱硫粉剂。

3.2.3 采用碳化钙、炭粉作脱硫剂时，其贮存、运输与使用，必须采取防火、防爆等安全措施。

3.3 主要设备设计要求

3.3.1 机械搅拌法预处理装置搅拌头的升降应采用双钢丝绳卷扬方式，并应配备钢丝绳过载及防落检测器。

3.3.2 粉料贮存仓容积应满足24h以上用量，当采用气力输送进料方式时，贮存仓应按8～20kPa工作压力设计。石灰粉、碳化钙、碳、镁等粉剂贮仓应采用干燥的氮气保护。

3.3.3 粉料发送罐容积应满足一炉以上用量，最大工作压力应按1.0MPa设计。发送罐出口处的流态化部件宜采用可拆式结构。

3.3.4 喷吹法铁水预处理装置的粉料称量，系统误差应小于0.3%，料重应采用减量法显示，并应能显示喷粉速度，称量信号应与喷吹操作的自动控制连锁。

3.3.5 预处理装置气路系统的控制阀，应为电开式或气开式，并应带阀位指示。

3.3.6 喷粉枪与氧枪应设置备用枪，工作枪与备用枪可采用遥控更换方式或起重机吊换方式。

3.3.7 铁水预处理站宜配置自动测温取样机械，探头插入深度应在铁水面以下300～500mm。

3.3.8 铁水预处理站应包括铁水罐运输与倾翻设备、出渣装置、渣罐（盘）及其运输设施、喷粉枪及其升降机械（或搅拌头及其旋转升降机械）、粉料储存与发送（或加入）系统和测温取样机械。

3.4 工艺布置

3.4.1 铁水预处理站的工艺布置，应保证铁水罐流程顺畅无干扰，并应减少铁水罐的调运路程。

3.4.2 采用混铁车鱼雷罐脱硫及（或）脱磷预处理时，应设置单独的铁水预处理站、扒渣间和倒渣间。

3.4.3 采用转炉兑铁水罐预处理时，铁水预处理站应设在主厂房原料跨，也可设在与原料跨厂房毗连的偏跨内。

3.4.4 铁水预处理站的工艺布置，可选用下列作业方式：

　　1 1台铁水罐车与1台扒渣机同工位作业方式；

　　2 2台铁水罐车与2台扒渣机，1个处理工位与2个扒渣工位，2套铁水罐车与扒渣机依次轮流作业的方式。

3.4.5 铁水预处理装置宜采用高架式布置，主工作平台的均布负荷宜为10kN/m²。

4、转 炉 炼 钢

4.1 总体工艺设计

4.1.1 转炉炼钢车间设计应采用铁水预处理—复吹转炉—炉外精炼—全连铸的基本工艺路线。

4.1.2 新建转炉炼钢车间转炉与连铸宜采用一对一配置。

4.1.3 转炉炼钢车间内转炉座数宜选用1座或2座，不宜大于3座，不应设置备用炉座。

4.1.4 转炉炼钢车间的安全环保设施必须与主体工艺装备配套完善、同步建成。

4.1.5 转炉炼钢车间内外部各工序环节应协调顺畅，并应保证所有原材料、钢水、炉渣等物料流向与路径互不交叉干扰。

4.1.6 转炉的公称容量应为炉役期的平均出钢量，最大出钢量应为公称容量的1.05～1.1倍，转炉宜采用定量法操作。

4.1.7 转炉吹炼炉座的年生产能力应按下列公式计算：

$$Q = 1440GN/T \qquad (4.1.7-1)$$

$$N = 365 - n_1 - n_2 - n_3 - n_4 \qquad (4.1.7-2)$$

式中　Q——每一吹炼炉座年产合格钢水量（t/a）；

　　　　G——转炉炉役期内每炉平均出钢量（t/炉）；

　　　　T——每炉钢平均冶炼时间（min/炉）；

　　　　N——转炉的年有效作业天数（d/a）；

n_1——年修炉天数（d/a）；

n_2——年日常计划检修天数（d/a）；

n_3——年车间集中检修天数（d/a）；

n_4——年生产耽误天数（d/a）。

4.1.8 转炉炼钢车间的组成，宜符合下列规定：

1 主要生产系统宜包括主厂房、铁水预处理站、铁水倒罐间、废钢配料间、炉渣间、烟气净化设施及煤气回收设施、余热蒸汽回收利用设施；

2 辅助生产系统宜包括铁合金贮运设施、散状原料贮运设施、快速分析室、空压站、车间变配电所、水处理设施、生活福利设施；

3 设计应根据生产规模、原材料供应情况等具体条件确定车间实际组成；

4 氧气、氩气、氮气与燃料的供应设施，及车库、耐火材料库、备品备件库、杂品库、机修电修车辆修理设施与消防设施应由全厂统一安排。

4.1.9 炼钢区域的总体布置应符合下列规定：

1 除铁水、钢坯、炉渣或其他大宗物料可采用铁路运输外，炼钢区域内的物料运应采用无轨运输方式，也可采用专用轨道线运输方式；

2 烟气净化设施及煤气回收设施宜临近主厂房布置；

3 当采用炉下电动渣罐车直运炉渣间的出渣方式时，炉渣间宜靠近主厂房布置。

4.1.10 转炉炼钢车间工艺设计必须符合下列要求：

1 转炉的一、二次烟尘必须进行收集净化处理，净化后排放气体含尘量必须符合国家现行有关标准的规定；

2 铁水倒罐站、铁水预处理站、散状料加料系统等其他烟气与粉尘发生点必须设除尘系统，净化后排放气体含尘量必须符合国家现行有关标准的规定；

3 凡易发生漏钢事故和因有害气体泄漏而有爆炸、中毒危险的区域，必须采取安全防范措施。

4.1.11 转炉炼钢的工序能耗必须符合国家现行有关标准的规定，并应符合下列要求：

1 必须配套建设煤气回收系统；

2 必须回收利用汽化冷却烟罩与烟道等产生的余热蒸汽。

4.1.12 转炉炼钢产生的废钢、废渣、废砖和炉尘应回收利用。铁水中含有可利用的铌、钒、钛等合金元素时，应采用合理的冶炼工艺予以回收。

4.1.13 转炉炼钢车间必须采用两路电源供电，关键工艺设备应设置失电事故驱动装置，基础自动化和过程控制计算机系统必须设置应急电源。

4.1.14 新建转炉的冶炼控制，宜采用以副枪检测系统和（或）炉气成分连续分析系统作为实时信号反馈的动态闭环过程控制。

4.1.15 转炉的各种工艺过程和能源介质的工作参数，均应配置检测仪表，所有被检测参数应输入到基础自动化控制系统。冶炼试样应采用快速分析系统，数据应传输到过程控制计算机系统。

4.1.16 转炉炼钢使用的气体介质、燃料、冷却水及其管道，应符合下列规定：

1 氧气、氩气、氮气、蒸汽、压缩空气和燃料的供应能力应按设计规定的工作制度配备，并应按吨钢耗量和转炉车间的小时生产率计算；

2 管道能力应按车间最大瞬时流量确定；

3 贮气罐容积应满足车间高峰用量，同时适应用量的波动和当供应源因事故停供时，贮气罐的贮备量至少应满足一炉钢冶炼的需要；

4 冷却水参数应按各用户要求的压力与流量确定；

5 应确保各用户接点处要求的工作参数与质量要求；

6 车间分期建设时，各种介质的主管道宜按最终规模一次建成，而相关公用设施可视具体条件，或在总图上预留发展面积，也可在厂房内预留增建机组的条件。

4.1.17 新建转炉炼钢车间主要技术经济指标宜按表4.1.17确定。

表 4.1.17 新建转炉炼钢车间主要技术经济指标

序号	项　目	单位	指　标
1	平均出钢量	t	与公称容量相等
2	每炉钢平均冶炼时间	min	32～40
3	转炉年有效工作天数	d/a	365d 与年非生产天数之差
4	钢铁料	kg/t	1060～1080
5	铁合金	kg/t	10～20
6	石灰	kg/t	30～50
7	白云石	kg/t	15～20
8	炉衬耐材	kg/t	0.2～0.5
9	氧气	Nm³/t	55
10	氮气	Nm³/t	20～25
11	氩气	Nm³/t	0.5～1
12	压缩空气	m³/t	15～20
13	车间电耗(不包括除尘与水处理)	(kW·h)/t	20～30
14	循环水	m³/t	10～15
15	新水	m³/t	0.5～0.75
16	转炉煤气回收量	Nm³/t	80～100
17	蒸汽回收量	kg/t	50～80

注：1 消耗指标均为每吨合格钢水消耗；

2 铁合金消耗按生产普碳、低合金钢种考虑；

3 石灰耗量按铁水脱硫预处理考虑；

4 氧气消耗包括车间零星用氧；

5 炉衬消耗按溅渣护炉考虑，炉龄约5000～8000炉；

6 以上数据系按常规转炉考虑。

4.2 原材料供应

4.2.1 转炉炼钢车间宜采用铁水罐供应铁水，也可采用混铁车供应铁水。

4.2.2 兑入转炉的铁水，温度应高于1250℃，成分应符合预处理铁水要求。

4.2.3 转炉冶炼造渣用散状材料，粒度应为5～40mm，成分应符合国家现行有关标准的规定。石灰应采用本厂或临近区域生产的新鲜的冶金用活性石灰，其成分应符合国家现行标准《冶金石灰》YB/T 042的有关规定。散状材料的地下料仓间的贮料量应大于1昼夜，高位料仓的贮料量活性石灰应满足8h以上用量，其他材料不应小于12～16h用量。

4.2.4 转炉装料废钢应符合下列规定：

1 转炉装料废钢比，可根据转炉容量大小在20%～10%选用。废钢的硫、磷总量应小于0.1%，夹渣应小于10%；

2 转炉装料前，废钢应进行挑拣分类和必要加工处理，并应分类堆存；

3 单块废钢尺寸和重量符合现行国家标准《废钢铁》GB 4223的有关规定。

4.2.5 转炉装料废钢中严禁混入爆炸物或封闭容器。

4.2.6 废钢加料料槽应按废钢堆密度0.7～1.0t/m³和一槽装炉的原则设计。

4.2.7 新建转炉炼钢车间，应设置单独的废钢配料间分类堆存废钢，并应按要求进行废钢配料装槽作业，然后用专用车辆送入主厂房原料跨。废钢配料间应能满足3～10d的废钢用量。

4.2.8 转炉冶炼用的铁合金，应外购粒度为5～40mm的合格料。炼钢车间不应设破碎加工设施和烘烤干燥设施。铁合金的成分应符合国家现行有关标准的规定。铁合金在贮运过程中应防止混料、淋雨或沾水。

4.2.9 铁合金宜由铁合金库贮存和供给。

4.3 转炉及相关设备选型

4.3.1 转炉容量系列应为30t、50t、80t、100t、120t、150t、200t、250t、300t。新建转炉炼钢车间应选用系列规定的容量，且不应小于120t。

4.3.2 转炉新砌炉衬的容积比应为0.9～1.0m³/t。炉壳的高径比应在1.30～1.60。

4.3.3 转炉炉型应为对称炉帽、直筒形炉身。容量不大于80t的转炉，宜采用截锥形活炉底，修炉宜为下修方式或简易上修方式。容量不小于100t的转炉，宜采用筒球形或锥球形死炉底，修炉宜为上修方式。

4.3.4 转炉宜采用水冷炉口、水冷耳轴或水冷炉帽。炉底和耳轴应按复吹要求设计。转炉托圈宜采用水冷或风冷，托圈与炉壳之间的间隙宜适当留大。炉壳与托圈的连接可采用球铰三支点上连接或三点

悬挂式下连接。托圈耳轴可采用一端游动轴承座。

4.3.5 转炉应采用扭力杆型全悬挂式倾动机构，当采用交流变频或直流电动机无级调速时，转速应为0.1～1.5r/min。

4.3.6 设计的转炉倾动力矩，应满足正常操作最大合成力矩的要求。容量不大于200t的转炉应按全正力矩设计，发生断电或机械故障时应能靠自重回复零位。容量200t以上转炉宜采用正负力矩设计。

4.3.7 新建转炉应采用挡渣出钢技术，并应设置挡渣装置和出钢口衬砖更换设备，同时应配置机械化拆炉、补炉、修炉和溅渣护炉所需设施。

4.3.8 每座转炉应配置两根遥控快速更换的氧枪，以及相应的氧枪升降与横移装置。氧枪升降应采用双钢丝绳卷扬，速度应为2～40m/min，可两级调速或无级调速。氧枪升降装置应配置钢丝绳张力测定和防坠装置。枪位的特定停点应与转炉倾动、烟罩升降、氧气开闭、氧枪冷却水温度和流量连锁控制。

4.3.9 转炉应采用3～6拉瓦尔孔水冷氧枪，氧气在枪体内的最大设计流速不应超过50m/s，喷孔出口马赫数应在1.8～2.1（脱磷转炉除外）。氧枪冷却水硬度不得超过178ppm，悬浮物应小于50mg/L，冷却水出水温度不应超过50℃（夏季），进出水温差不应超过15℃。

4.3.10 新建转炉应配备副枪机械装置和自动控制系统。

4.3.11 氧枪的氧气和冷却水阀门与检测元件，应集中配置在专门的阀门站内。阀门站内及引往氧枪的氧气管道与阀件应采用不锈钢质或铜质。氧气阀站的氧气管上应旁接溅渣护炉用高压氮气管及相应的阀件与检测元件。

4.3.12 转炉烟罩和烟道应按未燃法设计，烟罩与炉口之间应设可升降的活动罩裙。烟罩上的枪口与料口均应采用氮封，裙罩和烟罩之间可采用氮封或水封。转炉烟罩、裙罩、烟道的冷却方式，宜采用全汽化冷却；容量120t及以上的转炉烟罩与罩裙也可采用热水密闭循环冷却。

4.3.13 转炉炼钢车间内吊运铁水、钢水和满罐液渣时，必须采用铸造起重机。

4.3.14 铸造起重机的能力应按转炉最大出钢量、钢水罐重量和钢渣重量确定。转炉兑铁水起重机宜选用同级或低一级铸造起重机。

4.3.15 转炉烟气净化系统应确保高效而稳定的净化效果和较强的抗污泥粘堵能力，新建转炉的一次烟尘宜采用干法电除尘净化。二次烟尘应由带前后移动门的转炉周围密闭室（狗窝）收集，并应引往净化系统。一次烟尘净化系统能力应根据最大脱碳速度0.45～0.5%/min，以及转炉装入最大铁水量计算。

4.3.16 转炉炉下渣罐容量应能盛下1～2炉炉渣，渣量应按40～80kg/t钢确定。

4.3.17 转炉复吹气源除应配备氮气和氩气外，尚应配备氧气或压缩空气，在缺少氩气的地方可设置二氧化碳或一氧化碳气源。供气压力不宜小于2MPa。供气系统阀门与检测元件应配备齐全。

4.4 转炉炼钢车间布置与厂房

4.4.1 转炉应采用高架式布置。转炉工作平台面标高，应按低于转炉耳轴标高的1/2炉口内直径再减去250～300mm设计。转炉耳轴标高应按炉体转动最大半径圆高出出钢钢水罐最高点200～300mm确定。转炉采用下修方式时，应校核炉底车、修炉车的进出条件；在采用转炉炉内铁水预脱磷处理时，还应适应接受半钢水的转炉兑铁水罐的布置高度。

4.4.2 转炉所在处的厂房柱间距，除应能布置包括倾动机构在内的全部转炉设备外，还应满足两相邻转炉的操作条件，可按表4.4.2选用。

表4.4.2 转炉所在处的厂房柱间距

转炉公称容量（t）	柱间距（m）
≤100	12～21
120～200	24～27
≥200	27～30

4.4.3 转炉炼钢车间主厂房宜采用多跨毗连的布置形式，应依次由加料跨、炉子跨、炉外精炼和（或）钢水罐转运跨组成。炉子跨应设在加料跨与炉外精炼和（或）钢水罐转运跨之间。浇注系统以后各跨的数量与参数，应根据连铸系统布置方案确定。

4.4.4 转炉炼钢车间主厂房各跨参数应符合下列规定：

1 加料跨：跨度宜为21～30m，应根据转炉容量大小和废钢区、铁水区的工艺布置确定。应根据转炉兑铁水的关系确定起重机轨面标高，当轨面标高太高不便于废钢料槽配料作业时，废钢区可设置低轨起重机；

2 炉子跨：跨度宜为12～27m，应根据转炉容量大小和该炉内转炉散状料加料系统、修炉系统、烟气净化系统、汽化冷却烟道的汽包等设备的布置要求确定。该跨的高度应根据汽包、氧枪及副枪升降装置的高度要求确定。该跨间为多层平台结构时，应设置去各层平台的电梯与楼梯；

3 炉外精炼和（或）钢水罐转运跨厂房参数，可按本规范第5.4.2条确定。

4.4.5 转炉炼钢车间主厂房的工艺布置，应根据工艺流程按分区作业的原则确定，并应做到工艺顺行、物料流向互不交叉、各工序作业互不干扰。

4.4.6 转炉炼钢车间主厂房的设计应符合下列规定：

1 主厂房应采用钢结构厂房，其屋面应能承受风、雨、雪、灰等动静负荷，并应有较好的清灰

条件；

2 各跨起重机轨道两侧与厂房两端山墙处应设贯通的安全走道，并应在高于或等于主工作平台的厂房柱间配置连通主要跨间和主要操作平台的参观通道；

3 各热源发生点上空应设置气楼。每跨屋架上应配置适当数量的检修起重机用的起重设备；

4 各跨间门洞尺寸除应满足各种物料运输车辆的要求外，还应满足车间内大型工艺装备的大部件进出条件；

5 车间地坪宜采用混凝土地坪，地坪上应设置标志鲜明的人行安全走道。

4.4.7 转炉主工作平台设计均布负荷宜按20～30kN/m²确定，拆炉机作业区域的负荷要求应根据设备资料确定。炉子跨内其余各层平台设计均布负荷宜按5～8kN/m²确定；转炉上修时，炉口平台堆砖区均布负荷宜按20kN/m²确定。

4.4.8 转炉炼钢车间内邻近铁水、钢水、液体炉渣等热辐射区的平台梁柱、起重机梁、厂房柱及其他建（构）筑物必须采取隔热防护措施。

4.4.9 主厂房与辅助生产间的配置关系，应确保物料流程顺行，并应减少物料倒运次数和运输距离。

4.5 炉渣处理

4.5.1 转炉宜采用炉下电动渣罐车运往炉渣间的出渣方式，当采用抱罐汽车运输炉下渣罐时，应采用专线运输。炉渣应在回收废钢后综合利用。

4.5.2 炉渣间内吊运液体渣罐时，必须采用铸造起重机。

4.5.3 炉渣间的位置与布置，不应对周围环境与相近建筑物安全造成影响。炉渣间可根据地区气象条件采用露天栈桥、局部加房盖或全部加房盖的不同形式。

4.5.4 转炉炉渣、脱磷渣或脱硫渣宜分类进行处理。炉渣需进一步加工时，应另设炉渣加工间。

5 电炉炼钢

5.1 总体工艺设计

5.1.1 选用电炉炼钢应具备可靠的废钢或其他固态铁原料供应条件，以及充分的电力供应条件。

5.1.2 新建超高功率电炉应包含下列配套技术：

1 偏心炉底出钢及留钢留渣操作技术；

2 管式水冷炉壁和水冷炉盖；

3 水冷铜钢复合或铝合金导电横臂；

4 炉壁集束射流氧枪与喷碳枪；

5 泡沫渣埋弧冶炼技术；

6 炉盖与钢包机械化加料系统；

7 计算机自动控制技术；

8 静止型动态无功补偿装置；

9 机械化拆炉与修炉设施。

5.1.3 新建超高功率电炉除应符合本规范第5.1.2条的规定外，也可选用下列配套技术：

1 炉门碳氧喷枪机械手；

2 氧燃烧嘴。

5.1.4 新建、改建或扩建电炉应采用直接排烟与电炉周围密闭罩（或导流罩）、屋顶罩相结合的一、二次烟尘收集净化系统。

5.1.5 电炉炼钢车间设计应采用超高功率电炉—炉外精炼—全连铸的基本工艺路线，并应符合下列规定：

1 新建电炉配置的变压器吨钢单位功率水平宜为600～1000kV·A/t；对带有废气预热废钢技术的电炉，或采用铁水热装工艺的电炉，可选用偏下限的单位功率水平；

2 电炉后步应配置钢包精炼炉，并应根据钢种质量要求，配置VD真空处理等其他炉外精炼设施；

3 新建、改建和扩建电炉炼钢车间，应采用全连铸。

5.1.6 电炉选型设计时应根据条件选用下列技术：

1 直流或交流高阻抗供电技术；

2 高温废气预热废钢技术；

3 废气中一氧化碳后燃烧技术与以化学能代替电能的各种节能技术。

5.1.7 电炉的公称容量应为其平均出钢量，最大出钢量应为公称容量的1.05～1.2倍。在满足年产量前提下，应减少车间内的炉座数，并应选择功率水平高、容量大的电炉。车间内电炉座数不宜超过2座。

5.1.8 每炉钢平均冶炼时间应根据电炉的类型、配置的变压器单位功率水平、原料条件等因素确定。电炉的年生产能力应按下列公式计算：

$$Q=1440GN/T \qquad (5.1.8-1)$$
$$N=365-n_1-n_2-n_3-n_4 \qquad (5.1.8-2)$$

式中 Q——每座电炉年产合格钢水量（t/a）；

G——电炉炉役期内每炉平均出钢量（t/炉）；

T——每炉钢平均冶炼时间（min/炉）；

N——电炉的年有效作业天数（d/a）；

n_1——年修炉天数（d/a）；

n_2——年日常计划检修天数（d/a）；

n_3——年车间集中检修天数（d/a）；

n_4——年生产耽误天数（d/a）。

5.1.9 电炉炼钢车间的合理组成应根据生产规模、工艺流程、厂区条件、厂内外协作条件与原材料供应情况确定，可在下列一般组成中兼并取舍：

1 主要生产系统包括主厂房、废钢配料间、炉渣间、烟气净化设施；

2 辅助生产系统包括铁合金贮存设施、料仓间

及皮带通廊（以直接还原铁为主要炉料时采用）、快速分析室、空压站、车间变配电所、水处理设施、生活福利设施；

3 氧气、氩气、氮气、燃料的供应设施，及耐火材料仓库、备品备件库、杂品库、机修电修车辆修理设施应由全厂统一安排。

5.1.10 电炉炼钢车间相关生产设施应在总图布置合理的前提下，配置在邻近主厂房的区域。在确定具体布置时，应符合下列规定：

1 废钢配料间与主厂房炉子跨距离不宜太远，规模较小的车间，废钢配料跨可直接与炉子跨毗连；

2 炉渣间宜脱离主厂房，但采用炉下渣罐车运送渣罐时，距离不宜太远。采用抱罐汽车运输并热泼液体渣时，或在电炉炉下直接热泼渣，再用汽车将炉渣运往炉渣间时，炉渣间宜布置于距主厂房较远且周围建（构）筑物较少的地区。抱罐汽车的运行应设专线；

3 电炉的烟气净化设施宜靠近主厂房。

5.1.11 电炉炼钢车间工程设计必须符合下列规定：

1 电炉产生的一、二次烟尘，必须进行收集净化，净化后排放气体含尘量必须符合国家现行有关标准的规定；

2 车间内钢包精炼炉与其他产生烟尘的炉外精炼设施必须设置除尘设备；

3 对不采用电炉周围密闭罩的超高功率电炉，应采取操作室隔音与厂房隔音等措施。

5.1.12 电炉炼钢的工序能耗必须符合国家现行有关标准的规定。

5.1.13 电炉冶炼中产生的废渣、废钢、废电极、废砖和炉尘应回收利用。

5.1.14 电炉炼钢车间必须设置两路电源供电，基础自动化与过程控制计算机系统必须设置应急电源。

5.1.15 电炉的操作控制，应采用由逻辑程序控制和（或）集散控制系统组成仪电一体化的基础自动化控制。

5.1.16 电炉的各种工艺过程和能源介质的工作参数，应配置齐全的检测仪表，所有被检测参数应输入到基础自动化控制系统。冶炼试样应采用光谱仪等快速分析。

5.1.17 电炉炼钢车间使用的气体介质、燃料、冷却水及其管道，应符合下列规定：

1 氧气、氩气、氮气、蒸汽、压缩空气，以及燃料的供应能力应根据吨钢耗量和电炉的小时生产率计算，但管道能力应按车间最大瞬时流量确定；

2 贮气罐容积应满足车间高峰用量，同时适应用量的波动及供应源因事故停供时，贮气罐的贮备量应满足至少一炉钢冶炼的需要；

3 冷却水参数应按用户要求的压力与流量确定；

4 应确保车间内各用户接点处的介质工作参数

要求和质量要求；

5 电炉及钢包精炼炉等高温工作的工艺设备应设置 30～60min 的事故安全供水能力；

6 在车间分期建设情况下，各种介质的主管道应按最终规模一次建成，而相关公用设施可根据具体条件，或在总图上预留发展面积，也可在厂房内预留增建机组的条件。

5.1.18 电炉主要技术经济指标宜按表 5.1.18 确定。

表 5.1.18　电炉主要技术经济指标

序号	项　目	单位	指　标
1	平均出钢量	t	与公称容量相等
2	每炉钢平均冶炼时间	min	38～60(取决于电炉形式、原料条件、单位功率水平等条件)
3	电炉年有效工作天数	d/a	365d 与年非生产天数之差
4	钢铁料	kg/t	1060～1080
5	铁合金	kg/t	10～60(不包括不锈钢与高合金钢)
6	石灰	kg/t	40～50
7	白云石	kg/t	5～10
8	炉衬耐材	kg/t	3.5～5(包括补炉料)
9	电极	kg/t	0.8～2(根据电耗与电炉形式)
10	冶炼电耗	(kW·h)/t	340～400(不包括精炼炉)
11	车间动力电耗(包括水处理与除尘)	(kW·h)/t	25～35
12	氧气	Nm³/t	25～40
13	氮气(或氩气)	Nm³/t	0.3～0.7(熔池搅拌用)
14	压缩空气	m³/t	10～15
15	燃料	MJ/t	90～180
16	循环水	m³/t	10～20
17	新水	m³/t	0.5～1.0

注：1　消耗指标均为每吨合格钢水消耗；
　　2　表中消耗指标按常规交流电炉以废钢为原料的条件考虑；
　　3　氧气消耗包括车间零星用氧。

5.2　原材料供应

5.2.1　入炉废钢的质量要求应符合现行国家标准《废钢铁》GB 4223 的有关规定。

5.2.2　废钢的堆密度不应小于 0.7t/m³，轻、中、重废钢应合理搭配，单块废钢的尺寸和重量应符合现行国家标准《废钢铁》GB 4223 的有关规定。

5.2.3　对入厂废钢进行分拣，剔除有色金属、有机物、密闭容器、爆炸物等，应根据废钢来源和质量情况进行必要的加工处理。废钢堆场面积应满足 1～2 个月废钢用量。

5.2.4　废钢配料间应为带盖厂房，其面积应满足 3～10d 废钢用量储存的要求；废钢配料间应设置废钢称量设施，其区域内料格或坑的布置，应满足对废钢种类和规格进行分类堆存的要求，废钢贮存与配料作业可采用计算机管理。

5.2.5　每座超高功率电炉应设置两条废钢料篮车运输线，并应由配料间往主厂房炉子跨运送装炉废钢料。往电炉加料用的废钢料篮应具有适当的容积，每炉钢加料次数不应大于两次。

5.2.6　电炉炼钢采用直接还原铁作原料时，应符合下列规定：

1　直接还原铁的质量应符合表 5.2.6-1 和表 5.2.6-2 规定。

表 5.2.6-1　直接还原铁的化学成分

牌　号		H88	H90	H92	H94
化学成分(质量分数)(%)	全　铁	≥88.0～<90.0	≥90.0～<92.0	≥92.0～<94.0	≥94.0
	C	由供需双方协商确定			
	P　1级	≤0.030			
	2级	＞0.030～0.060			
	S　1类	≤0.015			
	2类	＞0.015～0.030			
	SiO₂(酸性脉石)	≤7.50	≤6.00	≤4.50	≤3.00
	As、Sn、Sb、Pb 和 Bi	As、Sn、Sb、Pb、Bi 各≤0.002			
	Cu	≤0.010			

注：表中五害元素的化学成分，适于冶炼纯净钢所用的还原铁，根据用途不同，可由供需双方协商确定。

表 5.2.6-2　直接还原铁的金属化率

等　级	金属化率(%)
1级	≥94.0
2级	≥92.0
3级	≥90.0
4级	≥88.0

2　当直接还原铁用量大于 20% 时，应设置贮存料仓间，并应通过皮带运输系统送往电炉车间加料跨的高位料仓，再通过机械化加料系统，从炉盖加入电炉，其连续加料速度应为 15～35kg/min·MW。直接还原铁(球团)的贮存料仓应设充氮保护系统。

5.2.7　电炉宜采用部分铁水或生铁为原料，其比例宜为 30%，不宜大于 40%，其成分应符合国家现行标准《炼钢用生铁》YB/T 5296 的有关规定。

5.2.8 严禁为电炉铁水热装工艺配建专用小高炉。严禁经由国家或地区公交线路运输铁水。

5.2.9 电炉冶炼造渣用散状材料，粒度应为5～40mm，成分应符合国家现行标准的有关规定。石灰应采用本厂或临近区域生产的新鲜的冶金用活性石灰，成分应符合国家现行标准《冶金石灰》YB/T 042的有关规定。

5.2.10 电炉钢厂应外购合格铁合金料。铁合金的化学成分应符合国家现行有关标准的有关规定，粒度应为5～40mm。贮存中应严格分类保管，并应防止混料和沾水。运输过程中应防雨、防湿。电炉车间内不应设铁合金破碎与烘烤设施。

5.3 主要工艺设备选配

5.3.1 电炉的容量系列应为：30t、50（或60）t、70t、90（或100）t、120t、150t、180（或200）t。新建电炉容量不应小于70t。

5.3.2 电炉容量与炉壳直径、变压器额定功率的配置关系宜符合表5.3.2的规定。

表5.3.2 电炉容量与炉壳直径、变压器额定功率的配置关系

电炉公称容量（t）	电炉炉壳直径（mm）	变压器额定容量（MV·A）
30	4600	20～30
50（60）	5200（5400）	35～50
70	5800	45～70
90（100）	6200（6500）	60～100
120	6700	72～120
150	7100	90～140
180（200）	7500（7800）	160～200

注：表中括弧内数据为同一挡级的另一种规格选择。

5.3.3 电炉变压器的调压方式应采用有载调压方式。

5.3.4 电炉宜采用全平台的结构形式。设计确定倾动中心线位置时，应保证倾动机械失灵时电炉能自动回复原始位置。

5.3.5 电炉应采用管式水冷炉盖和可分式炉壳。上炉壳应由钢管制作的笼形骨架和内挂的管式水冷炉壁块构成。下炉壳应为厚钢板焊接的筒球状壳体，内部应衬砌（筑）耐火材料构成熔池。

5.3.6 电炉应采用偏心炉底出钢方式。

5.3.7 电炉应采用全液压传动方式。电炉往炉门侧出渣倾动角度应为12°，往出钢侧倾动角度应为15°，并应具有出钢至规定重量时，电炉能自动快速回倾至原始位置的能力。炉盖升降行程应为400～500mm，旋转角度应为67°～80°，电极与炉盖宜同步旋转，也可采用电极与炉盖分开旋转的方式。

5.3.8 电极升降的位置调节宜采用比例阀加电极调节器的方式。当电极以最大速度运行时，电极调节系统的响应时间不应大于100ms。导电极臂与立柱之间应绝缘可靠。电极臂与短网的总长度在满足电极升降与旋转运动条件下应尽可能短，并应在任意空间位置上保持等腰或等边三角形布置，三相短网阻抗不平衡系数不应大于5%。

5.3.9 电炉液压系统宜采用水乙二醇非燃介质。液压系统应保证其工作的可靠性，当发生停电事故时，应仍能将电极提升一定高度，并应能倾动出钢。

5.3.10 电炉应配置炉壁集束射流氧枪和喷碳枪等吹氧、喷碳设施，其供氧与喷碳能力应满足冶炼强度与泡沫渣埋弧冶炼的要求。

5.3.11 电炉炉盖与钢水罐机械化加料系统的高位贮存仓数量不应少于12个，容积应满足16h以上用量，活性石灰料仓应满足8h以上用量。加料系统可在电炉主控室与炉后出钢操作台上集中控制。电子秤的系统称量误差不应大于0.5%。

5.3.12 除Consteel电炉以外，其他各种电炉宜在电炉周围设置密闭罩或导流罩。密闭罩的内形尺寸应适应电炉前后倾动和炉盖旋开时的临界尺寸，移动加料门的开启度应满足炉壳吊换作业的要求，抽气口应设在出钢口上空。密闭罩内壁应敷设隔热吸音材料。

5.3.13 电炉车间内吊运铁水、钢水和满罐液渣时，必须采用铸造起重机。

5.3.14 与电炉配套的铸造起重机的规格，应根据电炉最大出钢量、钢水罐重量与炉渣量确定。

5.4 电炉炼钢车间布置与厂房

5.4.1 电炉炼钢车间的总体布置应符合下列规定：

1 电炉炼钢车间主厂房宜采用依次由炉子跨、加料跨、炉外精炼和（或）钢包转运跨多跨并列毗连的布置形式。电炉在炉子跨内应横向布置；

2 单座电炉的车间，炉子跨与加料跨可采用与精炼以后各跨垂直布置的形式，也可采用电炉和炉外精炼同跨布置与连铸浇注跨并列毗连的布置形式。两种布置形式，电炉在炉子跨内都应纵向布置；

3 炉容量小于50t的电炉车间，可不设加料跨，可在炉旁设简易加料设施；

4 废钢配料间宜与主厂房分开单独设置；

5 废钢等大宗物料可采用火车运输，炼钢区域内其余物料应采用无轨运输方式，并应保证进出主厂房的各种物料运输灵活顺畅、无干扰。

5.4.2 电炉炼钢车间主厂房参数的确定应符合下列规定：

1 炉子跨：跨度应为21～30m，应保证变压器室外墙面至对侧厂房柱之间的净空，能顺利通过废钢料篮与吊换的炉壳。起重机轨面标高，应保证电炉更换电极的正常作业，带有密闭罩的电炉，起重机梁底防护结构下缘至梁下部分密闭罩最高点的净空不应小于0.5m。电炉所在处厂房柱间距宜为18～36m，并应根据电炉容量及其外形尺寸确定；

2 加料跨：跨度应为12～18m，应根据加料系统、炉外精炼系统的设备与建（构）筑物布置确定。其高度应按设备的立面布置情况确定，当采用起重机吊底开料罐进料方式时，轨面标高应按底开料罐跨越料仓顶面平台栏杆的安全高度确定；

3 炉外精炼和（或）钢水罐转运跨：跨度应为21～30m，应根据总体工艺布置情况确定。起重机轨面标高应按炉外精炼设备高度和连铸大包回转台的高度确定，并应保证钢水罐座入回转台后包括钢水罐加盖机构的最高点至起重机梁底防护结构下缘之间净空不小于0.5m。

5.4.3 电炉应采用高架布置方式，应采用炉下电动钢水罐车出钢。电炉炉门坎水平线至工作平台面的高度宜为500～600mm。确定工作平台标高及电炉周围平台开孔时，应校核出钢、出渣时电炉各种运动与相邻设备、建（构）筑物的动态关系。

5.4.4 电炉炼钢车间内不宜设置不同容量的电炉。车间内装备1座以上相同容量的电炉时，电炉与变压器宜采用同侧布置的形式。

5.4.5 炉容量不小于50t的电炉炼钢车间主厂房应符合下列规定：

1 应采用钢结构主厂房；

2 主厂房应通风散热良好，其屋面应能承受风、雨、雪、灰等动静负荷，并应有较好的清灰条件；

3 主厂房各跨起重机轨道两侧与厂房两端山墙处应设贯通的安全走道，并应在高于或等于主工作平台的厂房柱间配置连通各跨与各主要工作平台的参观通道；

4 各跨厂房屋架上应适当配置起重机的检修设施；

5 在电炉、精炼装置等热源点上空应设置气楼，电炉上空也可设屋顶罩；

6 炉子跨的门洞尺寸应满足废钢料篮、炉壳、变压器等大型设备通过，并应留有足够的安全净空；

7 车间宜采用混凝土地坪，各跨地坪上应设置带有鲜明标志的人行安全走道。

5.4.6 电炉工作平台宜采用钢结构平台，设计的均布负荷应为20～25kN/m²，炉座上修时应为30kN/m²。原料跨各层平台的均布负荷应为5～8kN/m²。

5.4.7 电炉炼钢车间内邻近钢水、液体炉渣等热辐射区的平台梁柱、起重机梁、厂房柱及其他建（构）筑物必须采取隔热防护措施。

5.4.8 电炉和钢包炉变压器室墙在短网开孔及临近水冷电缆的电磁感应区范围内的土建结构，应采取防电磁感应措施。

5.5 炉渣处理

5.5.1 电炉可采用炉下电动渣罐车，也可采用抱罐汽车将液渣运至中间渣场热泼或冷凝后翻罐倒渣的出渣方式，或采用在炉下地坪直接热泼炉渣，打水冷碎后用装载机装汽车外运的方式。对炉下热泼区地坪与周围建（构）筑物应采用铸铁板进行隔热防护，并应采取防止爆炸事故发生的措施。

5.5.2 电炉炼钢车间设置炉渣间时，可根据地区气候条件，采用露天栈桥或部分带房盖栈桥，也可采用堤坝式热泼渣场。炉渣处理可采用固体渣翻罐并破碎方式，也可采用液渣热泼打水冷碎方式。

5.5.3 炉渣间内吊运液体渣罐时，必须采用铸造起重机。

5.5.4 以废钢为原料时，电炉渣量宜为50～80kg/t，渣中的废钢应回收，并应回收利用炉渣。当炉渣回收需进一步加工时，应另设炉渣加工间。

6 炉外精炼设施

6.1 总体工艺设计

6.1.1 新建、改建和扩建炼钢车间应采用初炼炉—炉外精炼—连铸"三位一体"的基本工艺路线。

6.1.2 应从优化炼钢—连铸总体生产工艺，以及满足品种质量要求出发，结合投资费用、生产成本、介质供应条件等因素，从下列各种炉外精炼装置中选用1种或数种与初炼炉、连铸机组成完整的在线作业线：

1 LF：在常压下对钢水罐内钢水底吹氩搅拌的同时，用电弧加热钢水。用于均匀和调整钢水成分和温度，降低钢水的硫、氧与夹杂含量，并在炼钢炉与连铸之间起缓冲协调作用，组织连铸多炉连浇；

2 CAS：在钢水罐内底吹氩搅拌钢水均匀成分与温度，并通过充满氩气的浸渍罩往钢水加合金调整成分，提高合金收得率；

3 AOD：在常压下用氩、氮等惰性气体稀释炉气，对含铬半钢水吹氧进行"脱碳保铬"精炼，专门用来生产不锈钢；

4 VD：将满罐钢水置于密闭真空罐内，在真空下往钢水罐内底吹氩搅拌钢水进行真空脱气，可降低钢内的〔H〕、〔O〕、〔N〕与夹杂含量，均匀钢水温度与成分，可精确微调钢水成分，提高合金收得率；

5 VOD：在VD基础上增加顶吹氧枪，在真空下往钢水罐内钢水吹氧，对含铬半钢水进行"脱碳保铬"精炼，可生产0.03%以下的超低碳不锈钢，不吹氧时具有VD功能；

6 RH：真空室底部两根环流管插入钢水罐的钢液内，通过上升管内充氩气产生的"气泡泵"作用，使钢水不断从上升管流入真空室，再从下降管回入钢水罐，形成循环流动，并在真空室内实现对钢水的真空脱气处理，称循环法钢水真空处理，其功能与VD法相同；

7 RH-KTB：在 RH 装置上增加顶氧枪，进行真空吹氧脱碳可至 0.03% 以下，主要用来生产超低碳钢；

8 WF：常压下往钢水罐内的钢水在底吹氩气的同时喂入各种不同丝线进行处理。最常用的是喂铝线进行钢水的终脱氧，或喂硅钙包芯线脱硫并改变夹杂形态，也可喂其他合金包芯线调整钢水成分。

6.1.3 不锈钢冶炼应根据具体条件采用"二步法"或"三步法"工艺。

6.1.4 炉外精炼时炼钢炉应采用无渣或少渣出钢技术，并应准确控制出钢量。初炼钢水的温度与成分均应符合炉外精炼的要求。

6.1.5 炉外精炼装置的公称容量应为其平均处理钢水量，并应与炼钢炉的公称容量一致，其实际处理量应能适应炼钢炉出钢量在合理范围内的波动。

6.1.6 炉外精炼的生产能力，除应按本身的精炼周期和作业率确定外，还应满足与炼钢炉和连铸的匹配关系。常用炉外精炼设备作业率应符合下列要求：

1 LF、VD、VOD 作业率应为 80%~90%；

2 RH、RH-KTB 单真空室作业率应为 50%~60%，双真空室作业率应为 75%~80%。

6.1.7 炉外精炼设施必须设置双路供电电源，基础自动化与过程控制计算机系统必须设置应急电源，关键设备应设置断电事故驱动。

6.1.8 精炼设备的操作控制，应采用由逻辑程序控制和（或）集散控制系统组成仪电一体化的基础自动化控制，并应设置计算机进行过程控制。

6.1.9 炉外精炼用的各种工艺过程和能源介质的工作参数，均应配置检测仪表，所有被检测参数均应输入到基础自动化控制系统。工艺过程参数的检测应符合下列规定：

1 用于成分微调的称量设备的精度，应能满足成分偏差的允许范围，其系统称量误差不应大于 0.3%；

2 真空精炼设备的真空度测量，应配备不同量程的多种真空计，应有两种以上不同真空计测定极限真空度，以及能在特定真空度发出信号与有关控制连锁的真空继电器。设计应配置真空泵性能测试用的有关仪表与器具；

3 蒸汽喷射真空泵的工作蒸汽、钢水搅拌用氩气、VOD 与 RH-KTB 用的氧气、AOD 与其他复吹转炉用工艺气体的重要工作参数及配气操作均应设置自动调节系统；

4 VD、VOD、RH 等真空精炼装置应配备监视真空罐（室）内钢液面的彩色工业电视；

5 VOD、RH-KTB 等真空吹氧脱碳精炼装置，应配备废气成分中一氧化碳、二氧化碳、氧、氮、氩连续分析与废气流量检测设施，并应通过数模动态控制脱碳过程；

6 各种精炼装置应设置钢水测温取样装置，在现场应用大屏幕显示钢水温度。试样应采用快速分析，并应设置钢中气体、超低碳与超低硫等特种分析仪器。

6.1.10 蒸汽喷射真空泵冷凝器的冷却水进水温度不应高于 35℃，工作蒸汽宜采用带 5~10℃ 微过热度的干饱和蒸汽，蒸汽总管调压阀前的汽源压力与流量，均应大于真空泵设计规定值的 20%~30%，供汽系统应能适应真空精炼短时间歇的工作特点，并应保证蒸汽工作参数的稳定。

6.1.11 炉外精炼所需的氩气、氮气、氧气、压缩空气等介质，应保证其质量要求和接点处压力、流量的工作参数。介质的质量应符合下列规定：

1 用于钢水罐钢水搅拌与复吹转炉终期熔池搅拌的氩气纯度不应低于 99.99%。钢水罐搅拌用氩气除工作气流外，还应配置冲击气流，冲击气流的压力不应小于 1.6MPa；

2 用于代氩的氮气，其纯度不应低于 99.9%；

3 氧气纯度不应低于 99.5%。

6.1.12 炉外精炼设计必须符合下列规定：

1 精炼过程中产生烟尘的精炼装置，必须配备烟气和粉尘收集净化设施；

2 VD、VOD 的真空罐以及各种精炼装置的钢水罐运输车轨道基础，必须采取漏钢事故的处理措施。钢水罐车升降式 RH、RH-KTB 装置必须采取防止漏钢钢水浸入地下液压机械的措施；

3 必须采取降低蒸汽喷射真空泵的噪音污染的隔音措施；

4 用于真空吹氧脱碳精炼的 VOD、VD 真空自然脱碳，以及 RH-KTB 的真空泵水封池（或热水箱）必须采取密封措施，真空泵与水封池的废气放散管应引至厂房屋顶以上 2~4m。

6.1.13 真空吹氧脱碳精炼装置 VOD、RH-KTB 应采用氮气稀释破坏真空，并应设有自动与大气压平衡的装置，其供氧系统的阀门与管道应采用不锈钢或铜质。VD 等真空脱气装置宜采用大气破坏真空，其充气点应靠近真空罐，宜直接设在真空罐盖上。

6.1.14 应采用高效的钢水罐烘烤器，钢水罐烘烤温度不应低于 1000℃，宜在初炼炉出钢线上设置在线钢包烘烤器。

6.2 铁合金与造渣料

6.2.1 炉外精炼用铁合金成分除应符合国家现行有关标准外，还应符合下列规定：

1 应采用高品位铁合金，特殊情况下应采用

90％硅铁和金属锰；

　　2　精炼超低碳钢时，对最后调整成分用的铁合金应严格限制碳含量；

　　3　铁合金的粒度，非真空精炼为 5～40mm，真空精炼为 5～30mm；

　　4　铁合金在储存运输中应防止混料，并应防雨和防湿。

6.2.2　造渣用石灰应为新鲜的冶金活性石灰。用于非真空精炼的粒度应为 5～40mm，用于真空精炼的粒度应为 5～30mm。石灰成分应符合国家现行标准《冶金石灰》YB/T 042 的有关规定。

6.3　炉外精炼主体设备设计要求

6.3.1　精炼用钢水罐的内型，其钢水部分的直径与高度比应为 0.9～1.1，钢液面以上的自由空间高度应根据不同精炼方法，按下列规定确定：

　　1　用于 RH 应为 400～600mm；

　　2　单独用于 LF 应为 600mm；

　　3　用于 VD 应为 800～1000mm；

　　4　用于 VOD 应为 1200mm 以上。

6.3.2　LF 配备的变压器单位功率应为 150～200kV·A/t，钢水加热速度应达到 4～5℃/min。应采用水冷铜钢复合（或铝合金）导电臂，电极中心圆直径宜小，二次侧短网长度宜短，三相导体应在任意横截面上为等腰或等边三角形布置，三相阻抗不平衡度应小于 5%。电极的升降行程应满足最小处理钢水量的要求，宜为公称容量的 50%～80%。LF 应采用管式全水冷钢水罐盖，钢水罐盖的结构形式及与钢水罐口的配合关系，应能保持钢液面上良好的还原性气氛。

6.3.3　RH 应根据精炼钢种与钢水罐尺寸确定真空室的主要参数。钢水罐（或真空室）升降宜采用液压机构，升降速度不应小于 500mm/min，升降行程应满足处理最小钢水量的要求。真空室应设加热装置，并应使处理前真空室内壁表面温度达到 1400℃ 以上。可采用双真空室小车移动方式，两个真空室可分别移动于处理工位与等待工位，依次轮换工作。

6.3.4　VD、VOD 的真空罐的设计选型，宜符合下列规定：

　　1　VD、VOD 的真空罐直径应满足钢水罐吊放作业时进钩和退钩的要求，其高度除应按钢水罐高度确定外，还应满足容纳漏钢钢水需要的空间；

　　2　真空罐罐体与罐盖之间的大法兰密封圈应设置遮护装置；

　　3　真空罐盖的升降可采用液压或电动方式，罐盖与罐体扣合时，罐盖应处于自由搁放状态；

　　4　真空罐盖上的设备与管线应合理布置，VOD 时氧枪应位于钢水罐的中心线上，真空料罐的下料管应靠近钢水罐底氩气透气塞位置，测温取样枪应位于钢液面较平静的区域，气封针孔摄像仪与观察孔的位置与角度应保证清晰地观察钢液面的升降；

　　5　当炼钢炉冶炼时间较短时，可采用双真空罐形式。

6.3.5　AOD 炉容积比可按 0.5～0.6m³/t 设计，其炉型与倾动机构的设计可按氧气转炉设计。AOD 炉宜采用活炉座，每一炉座应配备 2～3 个炉壳。其供氧强度不应小于 1.5Nm³/t·min，供氩强度不应小于 1Nm³/t·min。当要求 AOD 冶炼时间短于 60min、初始碳含量不高于 2.5% 时，应设置顶氧枪。AOD 炉应配备散状料加料系统、除尘系统与专用的配气阀站。

6.3.6　真空精炼炉应配置 4～6 级蒸汽喷射真空泵作为抽真空设备，也可将水环真空泵作为前置级与蒸汽喷射真空泵组合。真空泵抽气能力应根据不同精炼装置的废气生成量与系统总容积确定，并应保证真空室的工作真空度达到 66.7Pa，且从大气压达到 66.7Pa 的时间不应大于 8min。设计应对真空系统所有设备的制造、安装、检漏、调试规定具体的技术要求。

6.3.7　精炼炉应配置机械化加料系统，并应设置 8～12 个高位贮存料仓，物料贮存时间应大于 8h，加料装置的系统称量误差不应大于 0.3%。

6.4　炉外精炼装置在车间中的布置原则

6.4.1　炉外精炼装置在车间中的平面位置应满足与炼钢炉、连铸机的配合关系，宜设在精炼和（或）钢水罐转运跨内的出钢线与连铸机大包回转台之间的区域内。

6.4.2　炉外精炼装置不宜布置在炼钢炉出钢线上。

6.4.3　炉外精炼装置可采用高架式或坑式布置。新建炼钢车间宜采用高架式布置。

6.4.4　真空精炼装置的蒸汽喷射真空泵与加料系统，宜布置于转炉炼钢车间的炉子跨或电炉炼钢车间的加料跨，也可在邻近主厂房处设单独的真空泵房，真空管道的长度不宜超过 40m。

6.4.5　炉外精炼装置主体设备位置、工作平台高度及平面尺寸，应满足各种操作条件和设备维护要求。当两台以上炉外精炼装置相邻布置时，工作平台高度宜一致，且两者的平台应连通。工作平台的设计均布负荷应为 10kN/m²。

本规范用词说明

　　1　为便于在执行本规范条文时区别对待，对要求严格程度不同的用词说明如下：

　　1）表示很严格，非这样做不可的用词：
　　　　正面词采用"必须"，反面词采用"严禁"。

　　2）表示严格，在正常情况下均应这样做的用词：
　　　　正面词采用"应"，反面词采用"不应"或

"不得"。

3）表示允许稍有选择，在条件许可时首先应这样做的用词：

正面词采用"宜"，反面词采用"不宜"；

表示有选择，在一定条件下可以这样做的用词，采用"可"。

2 本规范中指明应按其他有关标准、规范执行的写法为"应符合……的规定"或"应按……执行"。

中华人民共和国国家标准

炼 钢 工 艺 设 计 规 范

GB 50439—2008

条 文 说 明

目 次

1 总 则

1.0.2 新建的转炉、电炉炼钢车间，条件允许其完全按本规范的要求进行设计，而旧有炼钢车间改、扩建则因实际条件限制，难以完全执行本规范，故应注意结合实际条件，凡条件允许的都应按本规范执行。

1.0.3 炼钢工程设计除本规范规定的内容以外，还将涉及许多其他标准规范，如有关环保、安全、防火、节能等国家标准规范，炼钢工程设计都必须遵循，由于相关标准规范众多，不一一列出，而且有些国家标准（如节能设计规范等）正在修订之中，故本条文仅作原则性规定。

2 术 语

2.0.2 VD与RH都是钢液真空处理装置，处理效果基本相同，但VD法设备简单，投资费用低，建设时间短，生产操作与维修简单，故VD在炼钢工程中得到广泛应用。

2.0.4 CAS-OB法开发初期主要用以作为钢水在钢水罐内加铝氧化升温的一种手段，但铝氧化后的生成物 Al_2O_3 是钢内的有害夹杂，严重污染了钢水，尤其会造成连铸时浇注水口堵塞，因而，该法目前已很少用于吹氧升温，仅用于均匀钢水成分与温度和调整钢水成分，叫CAS法。

2.0.7 LF是常压下在钢水罐内用氩气搅拌钢水的同时，用电弧加热并精炼钢水，由于设备简单，投资费用低，建设时间短，生产操作与设备维护简便，故在炼钢工程中得到广泛应用。

3 铁水预处理

3.1 总体工艺设计

3.1.1 现今转炉都以单渣法操作，一般脱硫率为40%，为保证普通连铸坯对浇注钢水硫含量不高于0.020%的要求，故加入转炉的铁水硫含量不应高于0.030%，实际上，炼铁铁水的硫含量绝大多数都高于此值。国内外大量生产实践证明，铁水预处理是转炉生产实现高效、优质、低耗、低成本的重大措施，尤其是铁水预脱硫，因其比炼钢过程中脱硫更为容易，既经济而又高效，故新建与改、扩建炼钢厂都应建设铁水脱硫预处理装置，以减轻转炉作业负荷，提高整个炼钢生产的总体效益。

3.1.2 选择铁水预脱硫方法与脱硫粉剂时，应综合考虑生产成本、铁水条件与脱硫深度要求及与转炉冶炼时间的匹配关系等因素。机械搅拌法与喷吹石灰粉成本低，但铁水温度损失大，处理时间长。单吹镁

脱硫效率高，处理时间短，温度损失小，但原料成本高。

铁水脱硫预处理的脱硫效率高，鉴于大方坯与板坯连铸机要求浇注钢水的硫含量不高于0.015%，故以此作为脱硫处理后铁水硫含量的上限值。超低硫钢种硫含量的上限为0.005%，故以此作为用于该钢种的脱硫预处理后铁水硫含量的上限值。

3.1.3 转炉兑铁水罐的形状与混铁车的鱼雷罐比较，喷粉枪插入铁水更深，脱硫粉剂在铁水内移动路程更长，脱硫反应进行得更为充分，因而更适合于铁水预处理的反应。与高炉铁水罐比较，它没有高炉铁水罐的罐口凝铁粘渣现象，铁水面上的高炉渣也少，因而更便于操作管理，故应优先选用。

3.1.4 磷虽在转炉冶炼前期易于氧化去除，但在冶炼后期的高温阶段，炉渣内的 P_2O_5 易被还原回入钢水，即出现回磷现象，因而铁水磷高于0.12%，或生产超低磷钢时，铁水应进行预脱磷处理。

转炉炉内脱磷效果好，而且比炉外预脱磷对环境污染少、铁损低。鉴于转炉平均炉龄已达5000炉以上，利用炉役后期进行铁水炉内预脱磷处理是合适的，故确定转炉容量与座数时宜兼顾铁水预脱磷要求。建设专用预脱磷转炉，虽然条件好，但投资与占地面积增加较多，建设周期延长，一般不宜采用。

3.1.5 铁水预脱磷时，若铁水硅含量高于0.20%，因硅氧化使铁水温度上升过多，会引起脱磷反应的困难，同时造成炉渣碱度降低和渣量过大，扒渣的难度增加，作业时间延长，故铁水硅含量高于0.20%，应先对铁水进行脱硅预处理。

3.1.6 铁水三脱预处理，每一步处理后，都必须将该步的预处理渣扒除，三种处理的工位可以分开设置，也可以在同一工位中依次进行，即采用联合处理方式。联合方式的最大优点是节省了上下工序之间铁水罐的调运次数与时间，同时减少了占地面积与设备，节约了投资。

3.1.11 铁水预处理设施工作时，铁水罐上空会产生较多的烟尘，脱硫处理主要是石灰等粉尘，脱硅与脱磷处理主要是氧化铁烟尘，这些都会污染环境，故应予以收集净化处理。一般采用干法布袋除尘器过滤，排放废气中的含尘量必须符合国家标准的规定。

3.2 粉 剂

3.2.1 所列脱硫粉剂为目前普遍使用的粉剂。石灰粉价格便宜，脱硫后不易发生回硫现象，但用量较大，铁水温度损失也大；而镁粉脱硫效率高，用量小，铁水温度损失低，但镁粉价格高，而且单吹镁时，因为渣量太少，易发生回硫现象。故实际生产中，往往根据具体情况灵活使用两种粉剂，如深脱硫时先喷石灰粉，然后再单喷镁粉。

3.2.2 钠系粉剂在使用中会逸散出大量具有强腐蚀

性的 Na_2O 等粉尘，对作业人员健康与周围物体造成严重损害，故严禁采用。

3.2.3 CaC_2 虽脱硫效果较好，但易发生爆炸事故，要求在生产、运输、贮存各环节必须采取严格的安全防护措施。目前采用的钝化镁粉，不仅脱硫效率高，而且安全可靠，故不宜再用 CaC_2 作脱硫剂。

3.3 主要设备设计要求

3.3.2 贮存仓采用气力输送进料时，会受到输粉气流压力的冲击，故按 20kPa 微正压设计。

3.3.4 料重采用减量法显示，即显示的不是发送罐中存留的粉料重量，而是喷入铁水的粉料重量（即发送罐中减少的粉料量）。减量法显示值（kg）除以时间（min）即为供粉速度（kg/min）。

3.4 工艺布置

3.4.4 1台铁水罐车与1台扒渣机同工位作业方式；2台铁水罐车与2台扒渣机，1个处理工位与2个扒渣工位分开，2套铁水罐车与扒渣机依次轮流作业的方式，应根据车间布置条件及对预处理站的能力要求来选择，后一种方式由于2个扒渣工位与处理工位分开设置，2罐铁水可以轮换作业，从而缩短处理时间，可适应高效率工作要求，在要求预处理时间短的情况下，选用这种方式比较合适。

4 转炉炼钢

4.1 总体工艺设计

4.1.1 20世纪90年代后期，我国新建的转炉炼钢车间大部分已采用本条文所示的"四位一体"基本工艺路线，但现有大部分转炉炼钢车间，铁水预处理与炉外精炼装备的配套还很不充分，应通过改扩建积极提高这方面的水平。

4.1.3 长期以来，我国转炉炼钢车间一直采用"二吹一"或"三吹二"的工作制度，这是因为过去转炉炉龄短，很少超过 1000 炉，必须设置备用炉座，即 1 座或 2 座转炉在吹炼，必须有另 1 座备用转炉在进行修炉作业，方可维持车间内要求的吹炼炉座数的连续生产，以完成车间的产量计划。自 20 世纪 90 年代后期，我国转炉钢厂普遍推广溅渣护炉技术以来，转炉炉龄大幅度提高，2003 年上半年，全国转炉平均炉龄为 4468 炉，2005 年已超过 5000 炉，即转炉的一个炉役期已超过 100d，每座转炉每年修炉 1～3 次即可，每年需要修炉时间约 20d，已完全无必要再设置备用炉座，因而，在转炉炼钢车间工程设计中，已将转炉的工作制度由"二吹一"或"三吹二"相应改为"一吹一"或"二吹二"。为降低投资、减少占地面

积、简化生产管理、提高生产效率，设计在满足产量要求的前提下，应选用较大的炉容量和较少的炉座数，车间内转炉炉座数过多，因车间日产炉数过高，生产配合与调度作业过分复杂，往往会增加耽误与干扰，以致生产效率降低，影响技术经济指标，故车间内炉座数不宜大于 3 座。

4.1.6 我国转炉钢厂习惯于转炉严重过装操作，有的出钢量超过公称容量的 50%，这加速了设备的损坏，破坏了相关系统与装备的协调关系，有时造成技术经济指标的恶化，因而是不合理的，故规定转炉公称容量为其平均出钢量，最大出钢量为公称容量的 1.05～1.1 倍，并推荐转炉采用定量法操作，因为，定量法操作有利于车间内各工序稳定地运行，有利于保护设备，有利于提高工效。

4.1.7 目前工程设计中，炼钢炉年生产能力的计算有两种方法：一种是传统的计算方法，按年有效作业天数计算，即本条文规定的方法；另一种是按平均日产钢炉数计算的方法。这两种方法实际上没有本质上的不同，只是对炼钢炉的实际工作时间的表达方式不同而已，但前一种方法更能反映出炼钢生产各相关主辅系统的配合要求，尤其是对各生产部门与工序最大生产能力的配合要求，后一种方法在这方面显然有所不足，故本规范采用传统计算方法。

年有效作业天数，当炼钢炉与单台连铸机配合时，由于炼钢炉本身的作业率高于连铸机的作业率，这时连铸成了车间产量的决定因素，炼钢炉的作业将因连铸造成耽误，故炼钢炉的有效作业天数将与连铸一致。当炼钢炉与多台连铸机或部分连铸（即带有模铸）配合时，炼钢炉的有效作业天数可按年日历天数扣除各项非生产天数计算。

4.1.9 若采用抱罐汽车运送液渣至中间渣场热泼工艺，中间渣场宜设在距主厂房较远且周围建筑物较少的地区，最好设置抱罐汽车运行专线，避免与铁路和其他交通线路交错。

4.1.10 转炉烟气中含有较多的氧化铁粉尘，散状料系统的各转运点会外逸灰尘等粉尘，都会严重污染环境，必须予以收集净化处理，净化后排放废气的含尘量应符合国家标准的规定。

转炉一次烟尘除尘系统与煤气回收系统具有爆炸与中毒的危险，设计必须采取相应安全措施，如设置废气成分连续检测与控制设施、现场设置危险警示牌等。

4.1.11 新的转炉炼钢的工序能耗标准正在拟订中，国内目前大、中型转炉炼钢车间已可实现负能炼钢。实现负能炼钢的关键就是回收利用转炉煤气（吨钢回收煤气 80～120 Nm^3）与余热蒸汽（吨钢回收不小于 80kg）。

4.1.12 凡需通过炉渣回收有用元素时，设计中应对炉渣的富集与处理作出妥善安排，如冶炼高磷铁水

（或对高磷铁水进行预脱磷处理）时，应对含高 P_2O_5 炉渣与普通炉渣分类堆存与处理，以便将高磷炉渣回收作为生产磷肥的原料。

4.1.13 转炉、电炉、炉外精炼等工艺装备与车间内重要辅助装备的供电必须可靠，以防止发生重大人身或设备安全事故，故设计必须采取两路供电。

4.2 原材料供应

4.2.1 我国转炉炼钢车间采用混铁车运送铁水较少，因为混铁车使用成本太高，故目前大多数转炉车间采用了混铁炉。混铁炉贮存铁水的做法，实际上是从平炉车间沿用过来的，因为平炉对铁水的成分与温度波动极其敏感，用混铁炉贮存铁水可以减轻这种波动，但氧气转炉对铁水成分与温度的波动不像平炉敏感，故对于转炉来说，混铁炉并不是必需的，国外各转炉钢厂很少使用混铁炉即可说明这一点，混铁炉不仅增加了设备与生产环节，而且增加了能耗与成本，尤其是严重污染了车间的生产环境，新建转炉炼钢工程中不应再采用混铁炉储存铁水，故本规范删去了混铁炉贮存铁水的内容。用转炉兑铁水罐直接供应转炉铁水的工艺，工序简化，能耗降低，投资与成本最少，故应大力提倡，宜优先采用。

4.2.3 石灰成分按国家现行标准《冶金石灰》YB/T 042 中普通冶金石灰一级指标要求。

4.2.5 入炉废钢内混入爆炸物、密闭容器将会直接酿成转炉、电炉爆炸事故，造成重大人身伤亡与设备破坏事故。这类事故国内实际发生不少，故必须严格防止，设计应对入炉废钢采取分拣、密闭容器切割等措施。

4.2.7 以往中小型转炉钢厂，废钢配料作业一般在加料跨废钢区进行，因面积小，废钢贮存量太少，这种方式难以适应高效生产的要求，新建转炉容量不小于 120t，单炉年产合格钢水 150 万～200 万 t，故应设置单独的废钢配料间，但其面积（即废钢贮存量）可视总图布置条件确定。

4.3 转炉及相关设备选型

4.3.1 2002 年，我国共有转炉 232 座，其中容量不大于 49t 的 154 座，50～99t 的 46 座，100～299t 的 29 座，300t 及以上的 3 座。我国转炉容量已向大型化发展，100t 及以上的转炉已成为转炉炼钢生产的主力，与原《炼钢工艺设计技术规定》YB 9058—92 比较，转炉的容量系列中去掉了 20（15）t 一档，因为，在我国钢铁工业结构优化过程中，30t 以下小转炉多数已（将）被淘汰，增加了 80t 一档，这是近几年国内实际新建的容量级。根据当前国家《钢铁产业发展政策》的规定，我国新建转炉要求容量不小于 120t。系列中仍保留 120t 以下的容量级，是因为我国还有相当数量的中小型转炉，需要通过技术改造和优

化组合逐步向大型转炉发展，同时还考虑到国际市场上仍有中小型转炉的需要，故予以保留。

4.3.6 容量不大于 200t 的转炉倾动力矩按全正力矩设计，是为了保证操作安全。容量 200t 及以上转炉的倾动力矩按正负力矩设计是从节能角度考虑，其力矩曲线的特点是新炉为全正力矩，老炉为微负力矩，老炉炉口结渣时为全负力矩，设计应考虑事故驱动，其操作安全性由事故电源或蓄电池组来保证，以便断电情况下能强制低速复位。

4.3.7 转炉渣为氧化渣，对后步炉外精炼有害，从三位一体基本工艺路线的要求考虑，为保证炉外精炼的冶金效果，转炉必须采取挡渣出钢的技术措施。

4.3.10 转炉冶炼轴承钢等中、高碳特殊钢，应装备副枪以实现计算机闭环动态过程控制，但 100t 及以下的转炉，因炉口尺寸限制，难以安装副枪设备，故新建的容量 120t 及以上的转炉一般应配备副枪，为今后转炉生产特钢品种创造条件。

4.3.13 国内有的炼钢厂采用高一级普通桥式起重机吊运铁水、钢水或满罐液渣，这是违反安全规程的，易酿成重大的人身安全事故，我国一些炼钢厂曾有过惨痛的教训，必须坚决制止与纠正。

4.3.14 当前炼钢工程设计中，浇注用的铸造起重机的规格有越来越大的倾向，这是不适当的，应按本条文规定正确选配铸造起重机。

4.3.17 转炉底吹气源目前一般为氮气与氩气，增加氧气或压缩空气，将有利于提高脱碳速度，避免底吹喷口堵塞，应予提倡。

4.5 炉渣处理

炉渣处理目前采用的有以下几种方法：

1 焖渣和坨渣破碎：通过热态固体渣适度打水焖渣和利用锤头在渣坑内击碎坨渣，使炉渣粉碎，选出废钢后装车运往渣场或炉渣加工处；

2 热泼渣：将液态渣倾倒于渣床或多个浅渣盘上，通过打水冷却碎裂成小渣块，回收金属后装车送往渣场或炉渣加工处。该法效率较高，适用于大型转炉钢厂；

3 炉渣水淬或气淬：渣罐内液渣通过开孔流出落入高速水流（或铺散于水淬床上）或气流中，被水流或气流打散并急速冷却形成细粒。该法处理的渣活性好，较易利用，但因水淬存在爆炸危险，选用时必须考虑相应的安全措施；

4 炉渣轮齿水淬：渣罐内液渣倒入流槽流落时，被旋转的粒化轮的轮齿打碎，再被冲击水流打散并急速冷却。

实际生产中普遍使用的转炉炉渣处理方法为焖渣法和热泼法，少数生产厂采用水淬或气淬，轮齿水淬法尚处于试用阶段。

5 电炉炼钢

5.1 总体工艺设计

5.1.1 我国现有（包括在建）转炉炼钢能力已超过 4.0 亿 t，而电炉炼钢能力仅为 4000 多万 t，电炉钢比例仅为 15％左右（世界电炉钢比例为 30％）。我国铁矿资源不足，2004 年依靠进口矿达 52％，转炉钢比例太高，造成不可再生资源的严重浪费，交通负荷过大，尤其是带来严重的环境污染，因而，随着我国废钢资源的迅速增长和电力供应状况的改善，今后应该大力发展电炉炼钢。

5.1.2 超高功率电炉技术是以高效、低耗、节能、环保为特点的当代电炉炼钢技术。超高功率电炉技术的核心内容包括三个方面：首先，电炉本身装备方面，变压器单位功率水平必须不低于 600kV·A/t 钢水，电炉必须采用管式水冷炉壁与炉盖，采用偏心炉底出钢与铜钢复合导电横臂；其次，电炉的配套装备方面，必须采用超音速射流氧枪与喷碳装置，采用仪电一体化的基础自动化与计算机过程控制结合的控制技术，采用一、二次烟尘联合收集净化技术，采用炉盖与钢水罐机械化加料系统，选用高阻抗供电、废气预热废钢、炉气一氧化碳后燃烧等节能技术，采用机械化补炉、修炉技术；第三，在冶炼操作技术方面，必须采用留钢留渣法与泡沫渣电弧冶炼操作法。

本条文中所列各项配套技术，除炉门碳氧喷枪机械手、氧燃烧嘴、直流电弧技术或交流高阻抗供电技术可根据具体情况选择外，其余各项新建电炉均应采用。

5.1.4 新建、改建或扩建电炉采用直接排烟与电炉周围密闭罩（或导流罩）、屋顶罩相结合的一、二次烟尘收集净化系统可达到最佳除尘效果和环境效益，一般设计都应采用三者结合的除尘系统。

5.1.5 带废钢预热技术的电炉和采用铁水热装工艺的电炉，因吨钢电耗较低，故变压器功率水平可偏低些，如 Consteel 电炉与竖炉，其变压器容量按 550～700kV·A/t 选配即可。

当代电炉已成为熔化固体炉料（废钢、生铁、直接还原铁、碳化铁等）和去磷脱碳的简单工具，钢水的精炼任务完全由炉外精炼装置承担，因而电炉后步应配置钢包精炼炉（LF）和 VD 等真空精炼装置。当电炉冶炼时间短于 45min，或生产品种中低氧含量（=20ppm）钢种的比例较高时，1 台电炉后面还需配置多台钢包精炼炉。

新建和改扩建电炉炼钢车间，只有在市场需要生产小批量特定规格产品时，方可考虑少量的模铸生产。

5.1.6 交流高阻抗供电技术，是在交流电炉变压器的一次侧串联一个固定电抗器或一个饱和电抗器，其结果是二次电压提高，电弧加长，二次电流降低，电弧的稳定性与对熔池钢水的穿透力与搅动力提高，这些变化，使电炉热效率提高。冶炼时间缩短，电耗与电极消耗降低，电极消耗指标接近直流电炉。但由于电弧加长，必须制造更厚的泡沫渣。交流电炉采用高阻抗供电技术后，其性能指标接近直流电炉，而其设备与操作维护都比直流电炉简单，故交流电炉采用该技术以来新建的直流电炉越来越少了。

废气预热废钢，回收废气中的物理热与化学能，约可降低电耗 70～100kW·h/t。在实际生产中得到广泛应用的，有德国福克斯公司的竖井式电炉，意大利德兴公司的 Consteel 电炉。但必须指出，竖井式电炉由于必须采用氧燃烧嘴，增加了燃料消耗，以致其总能耗节约不多。

利用废气中一氧化碳后燃烧技术降低电耗的电炉有德国德马克公司的 Korfarc 电炉。

以一次能源（煤、焦炭）代替部分电能的电炉，有意大利达涅利公司的 Danarc 电炉。

5.1.7 我国旧有的小型电炉往往严重过装操作，易损坏设备或酿成事故。20 世纪 90 年代后期以来建设的超高功率电炉，最大出钢量已控制在公称容量的 1.2 倍。

选择功率水平高、容量大的电炉，不仅在相同生产规模条件下，可减少设备重量与占地面积、节省投资费用、缩短建设周期，而且与后步的炉外精炼和连铸构成一对一的配合关系，可大大简化生产管理，提高生产效率，最大程度地发挥超高功率电炉高效生产的特点。因而车间内的电炉座数最好是 1 座，不宜超过 2 座。

5.1.11 电炉炼钢车间最大的污染源是电炉与钢包精炼炉的废气，废气中含有较多的氧化铁粉尘，故必须予以收集净化处理，一般采用干法布袋除尘器过滤，净化后废气中含尘量不应大于国家排放标准的规定。

5.1.12 由于现代电炉技术发展迅速，与 20 世纪比较，电炉的工序能耗已大大降低。影响电炉能耗的主要因素是原料条件与电炉形式。目前，新的根据不同原料条件和不同形式电炉炼钢的能耗国家标准正在拟订中。

5.1.14 转炉、电炉、炉外精炼等工艺装备与车间内重要辅助装备的供电必须可靠，以防止发生重大人身或设备安全事故，故设计必须采取两路供电。

5.2 原材料供应

5.2.6 表 5.2.6-1 和表 5.2.6-2 摘自《炼钢用直接还原铁》（报批稿）。

5.2.7 适当的生铁或铁水比，可提高炉料的化学能，有利于降低电耗，但若比例过高，氧化碳所需的时间增加，以致冶炼时间延长，指标反而恶化，生铁或铁水比以 30% 为宜。

5.2.8 关于电炉铁水热装工艺，从改善钢水质量的角度考虑应予肯定，但从节能与环保的角度看则须区别对待，如果企业有现成的富余铁水可供电炉，可以说是节能，因为可显著降低冶炼电耗，如果专为电炉热装铁水而建设小高炉生产铁水，尽管电炉的冶炼电耗降低了，但全厂的总能耗与占地面积却大大增加，还带来交通运输量、炉渣等废物量大量增加，严重污染环境等问题，因而从总体上说是极不合理的，国家钢铁产业政策已明确不支持这种做法，故设计应予"禁止"。

目前不少电炉钢厂，利用邻近地区的小高炉铁水，通过国家或地区公交线路运输铁水进行热装，这直接违反炼钢安全规程，存在重大的人身伤害与火灾危险隐患，应坚决予以禁止。

5.2.9 石灰成分按国家现行标准《冶金石灰》YB/T 042 中普通冶金石灰一级指标要求。

5.3 主要工艺设备选配

5.3.1 电炉容量系列是以我国当前电炉实际容量组成为依据的，表 1 列出我国电炉容量与座数的变化情况。

表 1 我国电炉容量的变化

年 份	1994	2000	2001	2002
总座数	1606	204	201	199
容量 100t 及以上电炉座数	1	12	11	12
容量 50～99t 电炉座数	15	20	22	24
容量 11～49t 电炉座数	1590	100	102	104
容量 10t 及以下电炉座数		72	66	59

由表 1 可见，20 世纪后期，我国大量容量 30t 以下的小电炉被淘汰，电炉的容量组成已明显向大型化方向发展。

新电炉容量系列中，取消了 30t 以下的小电炉，因为我国今后基本上不会再建这类小电炉。系列中增加了 120t 级电炉，因为虽然国内未建，但国际上采用的不少，故仍列入系列。考虑到我国电炉钢比太低，电炉炼钢必将会有一个大发展，完全有可能建设 150t 以上容量级的大电炉，故电炉容量系列中增加了 180（200）t，并列为同一挡级。

根据《钢铁产业发展政策》规定，新建炼钢厂电炉容量不应小于 70t，但考虑到我国目前还有相当数量的小电炉，还需要相当长的时间通过技术改造和优化组合，才能逐步向大型电炉转化，对于某些特钢厂，为满足小批量生产的市场需要，配置少数容量较小的电炉是合理的，此外，还考虑到国际市场的需要，因而系列中保留了 30t、50t 容量级。

5.3.2 表 5.3.2 中数据仅供电炉选型时参考。确定

变压器额定容量时，应根据冶炼时间要求、氧气用量、炉料装入量、电耗指标等数据进行计算，并结合考虑采用的冶炼工艺、电炉的形式等因素。当采用直流电弧炉时，变压器容量宜偏高；当采用铁水热装工艺或带废气预热废钢技术时，变压器容量可适当偏低。

5.3.4 全平台式电炉与半平台式电炉比较，结构更为简单紧凑，设备重量轻。倾动机械失灵时，电炉能自动从任意位置回复原始位置，是确保安全的基本要求，关键在于通过重心计算和电炉倾动计算正确确定倾动中心线的位置。

5.3.8 电极升降机构由水冷电极夹持器、水冷铜钢复合（或铝合金）导电横臂、电极立柱与导向轮组、液压缸及其支撑结构组成。二次侧短网为从变压器二次侧抽头开始，依次由补偿器、水冷导电铜管、水冷电缆、水冷铜钢复合导电横臂和水冷电极夹持器组成。短网各组元的断面积与相邻部件的接触面积的合理选择，三相短网的长度与其在空间布置的相互关系，是决定短网阻抗和工作可靠性的主要因素。而三相短网在空间的位置，它们在电流变化时相互引起的感抗，是造成三相阻抗不平衡的主要原因，三相短网在任意空间位置上，保持等腰（或等边）三角形关系，就可使三相阻抗不平衡系数不大于 5%。

5.3.9 水乙二醇为非燃物质，且不易老化，使用安全可靠。为保证电炉液压系统工作的可靠性，选用液压泵的工作参数（工作压力与油量）应留有适当余地，一般配置 1 台备用液压泵。除电极升降采用比例阀（也可以用伺服阀）外，其余均采用电磁换向阀并以集成块形式安装于公用的阀台上。液压系统还应考虑一定容积的蓄势器，以保证系统的背压与停电事故状态工作要求。

5.3.10 现代电炉采用氧气加速废钢熔化，作为去磷脱碳的氧化剂，用以制造泡沫渣与实现炉气中 CO 后燃烧以降低电耗，因而，氧气的用量达到 30～40Nm³/t，供氧强度达到 1.5～2.0Nm³/t·min，故电炉必须配置适当数量与规格的炉壁水冷集束射流氧枪与碳枪（包括炭粉贮仓与发送装置），或（与）炉门水冷碳氧喷枪机械手（包括炭粉贮仓与发送装置）。前一种方式吹氧，不必开启炉门，有利于提高电炉热效率，故近几年来得到广泛应用。

5.3.11 高位贮存仓数量 12 个以上，以便满足合金的不同种类和品位的数量要求。因一般大夜班停止高位贮存仓的上料作业，故贮存时间应大于 16h。活性石灰因用量大，而且不宜因存放时间太长而吸收水分，故料仓容积 8h 以上用量即可，在中班末期加满料即可满足大夜班生产的需要。

5.3.12 Consteel 电炉因冶炼期间不开启炉门，二次烟尘逸散少，同时整个冶炼在相当于普通电炉的精炼期平静的工况下进行，电弧稳定，噪音小于 90dB，

故不必设置电炉周围密闭罩。

5.3.13 国内有的炼钢厂采用高一级普通桥式起重机吊运铁水、钢水或满罐液渣，这是违反安全规程的，易酿成重大的人身安全事故，我国一些炼钢厂曾有过惨痛的教训，必须坚决制止与纠正。

5.3.14 当前炼钢工程设计中，浇注用的铸造起重机的规格有越来越大的倾向，这是不适当的，应按本条文规定正确选配铸造起重机。

5.4 电炉炼钢车间布置与厂房

5.4.1 本条文所列电炉炼钢车间主厂房两种布置形式，是对现有超高功率电炉炼钢车间主厂房实际布置形式的归纳，生产实践证明都是可行的，但以多跨毗连的布置形式为优，因这种形式，车间内物流干扰少，便于各工序充分发挥其效能，能较好地适应超高功率电炉炼钢车间高效生产的要求，且为远期发展留有条件。

主厂房采用多跨毗连布置形式时，电炉在炉子跨内采用横向布置方式。只有当车间内为单座电炉，炉子跨垂直于精炼与钢包转运跨及浇注系统各跨，或电炉与炉外精炼采用同跨布置时，才采用电炉在跨间内纵向布置方式。电炉横向布置时，电炉的纵向中心线与加料跨厂房柱行列线的最小距离，应保证能用起重机顺利地吊换电极，电炉的横向中心线至变压器室外墙的距离，应满足电炉设备设计尺寸要求，在工艺布置上应校核炉盖旋转时导电横臂尾部与变压器室墙上电缆架的关系，以免碰撞。电炉在炉子跨中平面位置的确定，还需要综合考虑装料、吊换炉壳、出钢、变压器检修吊装及电炉密闭罩的布置等因素。

炉容量小于 50t 的电炉车间，一般不设加料跨，可在炉旁设简易的炉盖加料系统。容量不小于 50t 电炉车间，应设置加料跨。加料跨散状料贮存的进料方式，在以全废钢法冶炼时，一般可采用起重机吊底开料罐进料的方式，当以部分直接还原铁为炉料（≥20%）时，宜采用皮带运输机进料，容量不小于 100t 且小时生产率很高的电炉车间，也可采用皮带运输机的进料方式。

5.4.4 车间内电炉容量不同，与其相关的工艺装备，如钢水罐、炉外精炼装置等均需采取不同规格，导致设备与备件数量大大增加，生产管理与调度作业复杂，生产效率受到影响，故不宜采用。

车间内装备 1 座以上相同容量电炉时，电炉与变压器采取同侧布置的形式，可大大节省设计、建设与设备维修的工作量。

5.5 炉渣处理

5.5.1 采用电炉炉下地坪直接热泼炉渣，打水冷碎后用装载机装汽车外运的出渣方式，已被实践证明是可行的，其最大的好处是取消了渣罐，降低了生产成本；其次是减少了炉渣处理的中间环节，提高了工作效率。实践证明，这种方式已可满足每炉钢 40min 的生产节奏。主要问题是加强安全防范措施，防止发生爆炸事故。

6 炉外精炼设施

6.1 总体工艺设计

6.1.1 根据基本工艺路线的要求，设计应对炼钢车间的精炼钢比有明确要求，从而对每一种炉外精炼装置的产量和流程组合都有明确规定，在明确其任务时，不仅考虑不同钢种的质量要求，更要考虑总体工艺优化的需要，以取得最佳的技术经济指标和效益。

6.1.2 当代炼钢生产根据优化工艺需要和钢种质量要求，广泛采用以下典型的炉外精炼选型组合：

1 转炉炼钢车间（铁水必须经预脱硫处理）。

普碳钢均匀成分与温度、调整成分：吹氩搅拌、CAS 或 LF 法处理；

大量生产超低碳钢品种：转炉＋LF＋RH-KTB＋喂丝*；

生产不锈钢：

产量较大，无 0.03%C 以下超低碳品种：转炉＋AOD（或复吹转炉）＋LF＋喂丝*；

产量不大，有 0.03%C 以下超低碳品种：转炉＋LF＋VOD＋喂丝*；

50 万 t/a 以上，生产各品种的专业性不锈钢厂：转炉＋AOD（或复吹转炉）＋LF＋VOD＋喂丝*；

生产其他品种：转炉＋LF＋VD＋喂丝*。

2 电炉炼钢车间。

生产不锈钢：

产量较大，无 0.03%C 以下超低碳品种：电炉＋AOD（或复吹转炉）＋LF＋喂丝*；

产量不大，有 0.03%C 以下超低碳品种：电炉＋LF＋VOD＋喂丝*；

50 万 t/a 以上，生产各品种的专业性不锈钢厂：电炉＋AOD（或复吹转炉）＋LF＋VOD＋喂丝*；

生产其他品种：电炉＋LF＋VD＋喂丝*。

上述生产不锈钢的工艺流程，也可以用来生产管线钢、硅钢等低碳与超低碳钢。

注：喂丝* 一般与 LF、VD、VOD、RH、RH-KTB组合。

以上炉外精炼各种典型组合模式中都有 LF。需要说明的是，我国转炉钢厂目前配置 LF 还很少，实际上还处于起步阶段，而电炉钢则早已普及，这是因为，我国绝大多数转炉钢厂至今以生产普碳品种为主，对炉外精炼的重要性体会不深，尤其是对 LF 在现代炼钢工艺中的重要性体会不深。LF，不仅是生产低硫低氧洁净钢的必需设备，而且在优化初炼炉到连铸的整个工艺中起着更为重要的作用,它改善连铸钢水的质量,使连铸的工艺条件稳定,并在初炼炉与连铸之间起缓冲协调作用,有利于组织多炉连浇。但应该注意,LF 在精炼低硫和低氧钢时,需要造还原渣与较高的钢水温度,因而作业时间较长(可能达 60~70min/炉),往往会超过初炼炉的冶炼时间,此时,每台初炼炉后需要配置多台 LF。因而,从发展看,和电炉一样,转炉后步配置 LF 同样是必要的,LF 也必将在转炉钢厂得到普及。

喂丝设备一般与炉外精炼设备组合配置。但在双钢水罐车式 LF 配置喂丝设备时,须注意喂丝作业不应占用加热工位的时间,否则,双钢水罐车方案的优点将被抵消。

6.1.3 当代不锈钢生产有"二步法"与"三步法"两种基本工艺,应根据原料条件、生产规模、品种质量要求等因素,确定基本工艺与精炼设备选择。下述说明介绍目前不锈钢生产的典型选型。

以铁水为原料生产不锈钢时,必须对铁水进行三脱(脱硅、脱磷、脱硫)预处理。

1 无 0.03% C 以下超低碳品种的不锈钢厂,采用以下"二步法"工艺生产:

1)转炉 + AOD(或其他复吹转炉)+ LF + 喂丝*:以铁水为大部分铁原料,转炉承担高碳铬铁或铬矿石的熔化(用铬矿石时为熔融还原)和部分脱碳任务,由于热量不足,需补加一定量的焦炭,出钢碳控制在 2.00%~2.50%。AOD(或其他复吹转炉)承担脱碳任务,出钢碳根据钢种要求确定,最低可达 0.03%。LF 的主要任务是组织多炉连浇,同时均匀钢水成分与温度。喂丝进行钢水终脱氧。该工艺一般按每炉钢 60~70min 的周期组织生产。

2)电炉 + AOD(或其他复吹转炉)+ LF + 喂丝*:以废钢为大部分铁原料,电炉承担高碳铬铁和废钢(也可以采用部分铁水热装代替废钢)的熔化及部分脱碳任务,出钢碳控制在 1.50%~2.00%。AOD(或其他复吹转炉)承担脱碳任务,出钢碳根据钢种要求确定,最低可达 0.03%。LF 的主要任务是组织多炉连浇,同时均匀钢水成分与温度。喂丝进行钢水终脱氧。该工艺一般按每炉钢 60~70min 的周期组织生产。

采用此工艺时,若以铁水作为主要铁原料,则电炉可采用两种方案:一是采用大容量电炉,电炉承受全部铁水与废钢和大部分碳素铬铁与镍原料,电炉承担固体炉料的熔化、炉料的部分脱碳和升温任务,生产供 AOD(或其他复吹转炉)使用的预熔体;二是采用小容量电炉,电炉只承担碳素铬铁、镍原料和少量废钢的熔化与升温任务,电炉熔炼的熔体与铁水合兑成预熔体再加入 AOD(或其他复吹转炉)进行脱碳冶炼。

2 规模不大于 30 万 t/a,需生产 0.03% C 以下超低碳不锈钢品种,或者虽无 0.03% C 以下超低碳不锈钢品种,但要求达到真空精炼钢的质量水平,则采用电炉 + LF + VOD + 喂丝*的"二步法"工艺:

电炉承担高碳铬铁和废钢(也可以采用部分铁水热装代替废钢)的熔化及粗脱碳任务,出钢碳控制在 0.5%~0.6%。VOD 承担深脱碳和钢液真空处理、调整成分的任务,出钢碳根据钢种要求确定,最低可达 0.003%。LF 的主要任务是组织多炉连浇,同时均匀钢水成分与温度。喂丝进行钢水终脱氧。

此工艺中,VOD 的精炼时间超过 80min,将使连铸难以组织多炉连浇,会降低钢水收得率,为此,VOD 应采用双真空罐、真空罐盖车移动的形式,可将非真空作业时间排除于精炼周期之外,仍可按每炉钢 60~70min 的周期组织生产,有利于提高连浇炉数。

3 规模 50 万 t/a 及以上,包括所有品种的专业性不锈钢厂,采用以下"三步法"工艺生产:

1)转炉 + AOD(或其他复吹转炉)+ LF + VOD + 喂丝*:以铁水为大部分铁原料,转炉承担高碳铬铁或铬矿石的熔化(用铬矿石时为熔融还原)和部分脱碳任务,由于热量不足,需补加一定量的焦炭,出钢碳控制在 2.00%~2.50%。AOD(或其他复吹转炉)承担粗脱碳任务,出钢碳控制在 0.20%~0.30%。VOD 承担深脱碳和钢液真空处理、调整成分的任务,出钢碳根据钢种要求确定。LF 主要任务是组织多炉连浇,同时均匀钢水成分与温度。喂丝进行钢水终脱氧。该工艺按每炉钢 60~70min 的周期组织生产。

2)电炉 + AOD(或其他复吹转炉)+ LF + VOD + 喂丝*:以废钢为大部分铁原料,电炉承担高碳铬铁和废钢(也可以采用部分铁水热装代替废钢)的熔化及部分脱碳任务,出钢碳控制在1.50%~2.00%。AOD(或其他复吹转炉)承担粗脱碳任务,出钢碳控制在 0.20%~0.30%。VOD 承担深脱碳和钢液真空处理、调整成分的任务,出钢碳根据钢种要求确定。LF 主要任务是组织多炉连浇,同时均匀钢水成分与温度。喂丝进行钢水终脱氧。该工艺按每炉钢 60~70min 的周期组织生产。

采用此工艺时,若以铁水作为主要原料,则电炉可采用两种方案:一是采用大容量电炉,电炉接受全部铁水与废钢和大部分碳素铬铁与镍原料,承担固体炉料的熔化、炉料的部分脱碳和升温任务,生产供 AOD(或其他复吹转炉)使用的预熔体;二是采用小容量电炉,电炉只承担碳素铬铁、镍原料和少量废钢的熔化与升温任务,电炉熔炼的熔体与铁水合兑成预熔体再加入 AOD(或其他复吹转炉)进行粗脱碳冶炼。

采用"三步法"工艺时,碳含量 0.03% 以上的不锈钢品种,若其质量不需要按真空精炼钢的水平要求，则可以按初炼炉＋AOD（或其他复吹转炉）＋LF＋喂丝*的"二步法"工艺生产。

6.1.5 根据实践经验，VD、LF 的容量一般不宜小于 30t，小于 30t 时，因钢包温度降低太大，影响取得理想的冶金效果。RH、RH-KTB 的容量推荐不小于 50t，小于 50t 时，因钢水罐上口内直径太小，真空室的环流管（吸嘴）插入钢包较困难。

由于各种炉外精炼装置对钢水面以上的自由空间高度有一定要求，故实际处理量应在满足自由空间的前提下，在合理的范围内波动。

6.1.6 炉外精炼的精炼周期，取决于精炼装置的形式与精炼工艺等许多因素，应用最多的几种炉外精炼装置的精炼周期推荐值如下：

LF   30～60min

VD、RH   30～50min

VOD   60～100min（取决于钢水初始含碳量）

RH-KTB   30～50min（取决于钢水初始含碳量）

AOD   50～70min（取决于钢水初始含碳量）

上述精炼周期均指单工位形式的精炼装置，若 LF 采用双钢包车移动形式，VD、VOD 采用双真空罐、真空罐盖车移动形式，则喂丝与吊包的时间可排除于 LF 与 VD、VOD 的精炼周期之外。

RH、RH-KTB 的精炼周期系指单处理工位的装置，若 RH、RH-KTB 采用双处理工位形式，则其精炼周期可以缩短 20～30min（可将非真空作业时间排除于精炼周期之外）。

此外，在同样初始碳含量下，RH-KTB 的脱碳时间可比 VOD 少 30%～50%。

6.1.7 转炉、电炉、炉外精炼等工艺装备与车间内重要辅助装备的供电必须可靠，以防止发生重大人身或设备安全事故，故设计必须采取两路供电。

6.1.10 供应蒸汽喷射真空泵的蒸汽类别必须符合设计规定，因为饱和蒸汽与过热蒸汽的质量、热熔量、绝热膨胀系数均不同，如果使用的蒸汽类别不符合设计规定，将不可能达到设计的工作性能。国内外绝大多数蒸汽喷射真空泵是按饱和蒸汽设计的，为了使蒸汽干度较高，不含机械水，以免腐蚀蒸汽喷嘴，所以以带微过热度的干饱和蒸汽为宜。

根据德国资料，蒸汽喷射真空泵工作 2～3 年后，喷嘴直径会因磨损扩大 3%，此时，为保持其工作性能的稳定，蒸汽流量必须相应增加约 10%（或提高蒸汽的工作压力），因而，设计的供汽系统，在车间进汽总管处的汽源供汽压力与流量，应大于真空泵设计值 20%～30%，以保证蒸汽喷射真空泵长期性能稳定。

设计应对供汽系统能否长期保持蒸汽工作参数的稳定予以充分重视。国内许多厂的实践经验已证明，采用厂内容量不大的管网蒸汽作蒸汽喷射真空泵的汽源，因受其他蒸汽用户工况的影响，真空泵工作时，往往蒸汽参数剧烈波动，导致真空泵性能严重恶化，无法正常工作。因而，如无足够大容量的管网蒸汽，一般以设置专用快速锅炉供汽为宜。

6.1.12 钢水罐车升降式 RH、RH-KTB 装置的液压升降机械，位于处理工位的轨道地坑内，钢水罐漏钢时，泄漏钢水易漏入地坑而引燃液压机械，导致严重火灾事故。2005 年 4 月，国内某厂即发生过这样的事故，导致人员伤亡。因而，必须采取措施防止泄漏钢水漏入地下液压机械。

由于 VOD、RH-KTB 吹氧脱碳时的废气中含有较高比例的 CO，真空泵冷凝器排水中也含有 CO，易逸散于真空泵水封池（或热水箱）周围地区的大气内，国内某厂的 VOD 曾发生工作人员在水封池区域中毒的事故。因而，必须对水封池（或热水箱）采取密闭措施，并设废气放散管引至厂房屋顶以上 2～4m 处。

6.1.13 VOD、RH-KTB 等真空吹氧脱碳精炼装置，因为废气中含有较高比例的 CO，存在爆炸危险，为此，宜采用氮气稀释法破坏真空，但因氮气有较高的压力，充压过高同样会造成安全事故，故破坏真空系统必须设置自动与大气压平衡的设施。VD 装置虽不吹氧脱碳，但当采用 VCD（真空碳脱氧）工艺时，废气中也有一定量的 CO，有些用户为确保安全，也采用氮气破坏真空，若采用空气破坏真空，应将充气点靠近真空罐，或直接设在真空罐盖上，可将含 CO 的废气迅速赶往低温的真空泵一端，可大大减少爆炸危险。

6.2 铁合金与造渣料

6.2.2 石灰成分按国家现行标准《冶金石灰》YB/T 042 中普通冶金石灰一级指标要求。

6.3 炉外精炼主体设备设计要求

6.3.1 本条文中 D/H（直径/高度）和钢液面以上自由空间高度的数值均指新钢包。

6.3.2 LF 变压器吨钢单位功率水平是影响加热效率的关键因素，由于钢水罐内钢水的温度降与钢水罐的容量存在相反的线性关系，故小容量 LF 的吨钢单位功率应选配得要高些，但功率负荷大小同时又受钢水罐直径的限制，小容量钢水罐内壁表面距电极近，受电弧作用的耐火材料侵蚀指数高，钢水罐衬砖寿命大大降低，因而，需综合上述因素合理选配，或参考已有成熟设备的参数确定。

中华人民共和国国家标准

城市公共设施规划规范

Code for urban public facilities planning

GB 50442—2008

主编部门：中华人民共和国建设部
批准部门：中华人民共和国建设部
施行日期：2008年7月1日

中华人民共和国建设部
公　告

第 804 号

建设部关于发布国家标准
《城市公共设施规划规范》的公告

现批准《城市公共设施规划规范》为国家标准，编号为 GB 50442 - 2008，自 2008 年 7 月 1 日起实施。其中，第 1.0.5、3.0.1、5.0.1、5.0.3、6.0.1、7.0.2、8.0.1、9.0.1、9.0.3 条为强制性条文，必须严格执行。

本规范由建设部标准定额研究所组织中国建筑工业出版社出版发行。

中华人民共和国建设部
2008 年 2 月 3 日

前　言

根据建设部《关于印发"二〇〇一～二〇〇二年度工程建设国家标准制订、修订计划"的通知》（建标 [2002] 85 号）要求，由建设部技术归口办公室组织，天津市城市规划设计研究院主编，上海市城市规划设计研究院、深圳市城市规划设计研究院、江苏省城市规划设计研究院、贵州省城乡规划设计研究院、河南省城乡规划设计研究院共同编制了《城市公共设施规划规范》（以下简称规范）。

本规范在编制过程中，开展了广泛调查研究，并对调研资料进行了认真分析总结，同时参考了国家相关的标准规范、规定和部分省市的地方相关文件规定，征求了上海、杭州、陕西、成都、延吉、昆明等城市规划局、规划院的意见，多次听取了有关专家的意见。

本规范的主要内容与国家标准《城市用地分类与规划建设用地标准》GBJ 137 - 90 中公共设施用地 C_1 ～C_6 和 C_9 中的社会福利部分相对应。各类公共设施规划用地指标是按实现小康社会目标，依据城市经济和第三产业的发展现状，在 2003 年用地平均水平的基础上，按照合理用地和节约用地的原则，对各类公共设施规划用地指标做了适当调整，其中行政办公设施规划用地指标略有降低。

本规范以黑体字标志的条文是强制性条文，必须严格执行。

本规范由建设部负责管理和对强制性条文的解释，天津市城市规划设计研究院负责具体技术内容的解释。在实施过程中，如发现有需要修改和补充之处，请将意见和有关资料寄送天津市城市规划设计研究院《城市公共设施规划规范》编制组（地址：天津市河西区黄埔南路 81 号万顺大厦 B 座，邮编：300201）。

主 编 单 位：天津市城市规划设计研究院
参 编 单 位：上海市城市规划设计研究院
　　　　　　深圳市城市规划设计研究院
　　　　　　江苏省城市规划设计研究院
　　　　　　贵州省城乡规划设计研究院
　　　　　　河南省城乡规划设计研究院
主要起草人：王德俊　张振业　陈冀霞　王　婕
　　　　　　沈国平　赵　苑　胡海波　王诗煌
　　　　　　马　军　李春梅　李金铎　周　劲
　　　　　　袁锦富　严恩杰　陈维明　夏丽萍

目　次

1 总　则

1.0.1 为提高城市公共设施规划的科学性，合理配置和布局城市各项公共设施用地，集约和节约用地，创建和谐、优美的城市环境，制定本规范。

1.0.2 本规范适用于设市城市的城市总体规划及大、中城市的城市分区规划编制中的公共设施规划。

1.0.3 城市公共设施用地分类，应与城市用地分类相对应，分为：行政办公、商业金融、文化娱乐、体育、医疗卫生、教育科研设计和社会福利设施用地。

1.0.4 城市公共设施用地指标应依据规划城市规模确定。城市规模与人口规模划分应符合表 1.0.4 的规定。

表 1.0.4　城市规模与人口规模划分标准

城市规模	小城市	中等城市	大　城　市		
			Ⅰ	Ⅱ	Ⅲ
人口规模（万人）	<20	20~<50	50~<100	100~<200	≥200

1.0.5 城市公共设施规划用地综合（总）指标应符合表 1.0.5 的规定。

表 1.0.5　城市公共设施规划用地综合（总）指标

城市规模\分项	小城市	中等城市	大　城　市		
			Ⅰ	Ⅱ	Ⅲ
占中心城区规划用地比例（%）	8.6~11.4	9.2~12.3	10.3~13.8	11.6~15.4	13.0~17.5
人均规划用地（m²/人）	8.8~12.0	9.1~12.4	9.1~12.4	9.5~12.8	10.0~13.2

1.0.6 各项城市公共设施用地布局，应根据城市的性质和人口规模、用地和环境条件、设施的功能要求等进行综合协调与统一安排，以满足社会需求和发挥设施效益。

1.0.7 有专项发展要求的特色城市，其相应的公共设施规划用地标准若突破本规范的规定，需经论证报上级主管部门批准。但不得突破城市公共设施规划用地综合（总）指标。

1.0.8 城市公共设施规划除应符合本规范外，还应符合国家有关标准的规定。

2 术　语

2.0.1 城市公共设施用地 city public facilities land use

指在城市总体规划中的行政办公、商业金融、文化娱乐、体育、医疗卫生、教育科研设计、社会福利共七类用地的统称。

2.0.2 行政办公用地 administrative office land use

指党政行政机关、党派和团体等市属机构，以及非市属的行政管理机构和其他办公设施用地。

2.0.3 商业金融用地 commercial and financial land use

指城市居住区级以上（不含居住区级）的商业和服务业、金融和保险业等设施的用地。

2.0.4 文化娱乐用地 cultural entertainment land use

指城市各类文化和娱乐设施用地，主要包括：广播电视和出版类、图书和展览类、影剧院、游乐、文化艺术类等设施的用地。

2.0.5 体育用地 sports land use

指市级和区级体育场馆及训练场地等设施用地。

2.0.6 医疗卫生用地 medical and sanitary land use

指医疗、保健、防疫、康复、急救、疗养等设施用地。

2.0.7 教育科研设计用地 education and scientific research land use

指有固定校址和用地范围的高等院校、中等专业学校、科研和勘察设计院所、信息和成人高等培训学校等设施用地。

2.0.8 社会福利用地 social welfare land use

指为孤儿、残疾人、老龄人等社会弱势群体所设置的学习、康复、服务、救助等设施的用地。

3 行 政 办 公

3.0.1 行政办公设施规划用地指标应符合表 3.0.1 的规定。

表 3.0.1　行政办公设施规划用地指标

城市规模\分项	小城市	中等城市	大　城　市		
			Ⅰ	Ⅱ	Ⅲ
占中心城区规划用地比例（%）	0.8~1.2	0.8~1.3	0.9~1.3	1.0~1.4	1.0~1.5
人均规划用地（m²/人）	0.8~1.3	0.8~1.3	0.8~1.2	0.8~1.1	0.8~1.1

3.0.2 行政办公设施用地布局宜采取集中与分散相结合的方式，以利提高效率。

4 商 业 金 融

4.0.1 商业金融设施规划用地指标宜符合表 4.0.1 的规定。

表 4.0.1　商业金融设施规划用地指标

城市规模 分项	小城市	中等城市	大城市		
			Ⅰ	Ⅱ	Ⅲ
占中心城区规划用地比例（%）	3.1~4.2	3.3~4.4	3.5~4.8	3.8~5.3	4.2~5.9
人均规划用地（m²/人）	3.3~4.4	3.3~4.3	3.2~4.2	3.2~4.0	3.2~4.0

4.0.2　商业金融设施宜按市级、区级和地区级分级设置，形成相应等级和规模的商业金融中心。各级商业金融中心规划用地指标宜符合表 4.0.2 的规定。

表 4.0.2　各级商业金融中心规划用地指标（hm²）

城市规模 级别	小城市	中等城市	大城市		
			Ⅰ	Ⅱ	Ⅲ
市级商业金融中心	30~40	40~60	60~100	100~150	150~240
区级商业金融中心	—	10~20	20~60	60~80	80~100
地区级商业金融中心	—	—	12~16	16~20	20~40

注：400 万人口以上城市，市级商业金融中心规划用地面积可按 1.2~1.4 的系数进行调整。

4.0.3　商业金融中心的规划布局应符合下列基本要求：

1　商业金融中心应以人口规模为依据合理配置，市级商业金融中心服务人口宜为 50~100 万人，服务半径不宜超过 8km；区级商业金融中心服务人口宜为 50 万人以下，服务半径不宜超过 4km；地区级商业金融中心服务人口宜为 10 万人以下，服务半径不宜超过 1.5km。

2　商业金融中心规划用地应具有良好的交通条件，但不宜沿城市交通主干路两侧布局。

3　在历史文化保护城区不宜布局新的大型商业金融设施用地。

4.0.4　商品批发场地宜根据所经营的商品门类选址布局，所经营商品对环境有污染的还应按照有关标准规定，规划安全防护距离。

5　文化娱乐

5.0.1　文化娱乐设施规划用地指标应符合表 5.0.1 的规定。

表 5.0.1　文化娱乐设施规划用地指标

城市规模 分项	小城市	中等城市	大城市		
			Ⅰ	Ⅱ	Ⅲ
占中心城区规划用地比例（%）	0.8~1.0	0.8~1.1	0.9~1.2	1.1~1.3	1.1~1.5
人均规划用地（m²/人）	0.8~1.1	0.8~1.1	0.8~1.0	0.8~1.0	0.8~1.0

5.0.2　文化娱乐设施规划各类设施的规划用地比例宜符合表 5.0.2 的规定。

表 5.0.2　文化娱乐各类设施占文化娱乐设施规划用地比例

设施类别	广播电视和出版类	图书和展览类	影剧院、游乐、文化艺术类
占文化娱乐设施规划用地比例（%）	10~15	20~35	50~70

5.0.3　具有公益性的各类文化娱乐设施的规划用地比例不得低于表 5.0.3 的规定。

表 5.0.3　公益性的各类文化娱乐设施规划用地比例

设施类别	广播电视和出版类	图书和展览类	影剧院、游乐、文化艺术类
占文化娱乐设施规划用地比例（%）	10	20	50

5.0.4　规划中宜保留原有的文化娱乐设施，规划新的大型游乐设施用地应选址在城市中心区外围交通方便的地段。

6　体育

6.0.1　体育设施规划用地指标应符合表 6.0.1 的规定，并保障具有公益性的各类体育设施规划用地比例。

表 6.0.1　体育设施规划用地指标

城市规模 分项	小城市	中等城市	大城市		
			Ⅰ	Ⅱ	Ⅲ
占中心城区规划用地比例（%）	0.6~0.7	0.6~0.7	0.6~0.8	0.7~0.8	0.7~0.9
人均规划用地（m²/人）	0.6~0.7	0.6~0.7	0.6~0.7	0.6~0.8	0.6~0.8

6.0.2　大中城市宜分级设置市级和区级体育设施，其规划用地指标宜符合表 6.0.2 的规定。

表 6.0.2　市级、区级体育设施规划用地指标（hm²）

城市规模 分项	小城市	中等城市	大城市		
			Ⅰ	Ⅱ	Ⅲ
市级体育设施	9~12	12~15	15~20	20~30	30~80
区级体育设施	—	6~9	9~11	10~15	10~20

6.0.3　根据拟定举办体育赛事的类别和规模，新建体育设施用地布局应满足用地功能、环境和交通疏散

的要求，并适当留有发展用地。

6.0.4 群众性体育活动设施，宜布局在方便、安全、对生活休息干扰小的地段。

7 医疗卫生

7.0.1 医疗卫生设施规划千人指标床位数应符合表7.0.1的规定。

表7.0.1 医疗卫生设施规划千人指标床位数（床/千人）

城市规模	小城市	中等城市	大城市		
			Ⅰ	Ⅱ	Ⅲ
千人指标床位数	4~5	4~5	5~6	6~7	≥7

7.0.2 医疗卫生设施规划用地指标应符合表7.0.2的规定。

表7.0.2 医疗卫生设施规划用地指标

城市规模 / 分项	小城市	中等城市	大城市		
			Ⅰ	Ⅱ	Ⅲ
占中心城区规划用地比例（%）	0.7~0.8	0.7~0.8	0.7~1.0	0.9~1.1	1.0~1.2
人均规划用地（m²/人）	0.6~0.7	0.6~0.8	0.7~0.9	0.8~1.0	0.9~1.1

7.0.3 疗养院规划用地宜布局在自然环境较好的地段，规划用地指标应符合表7.0.3的规定。

表7.0.3 疗养设施规划用地指标

规模	小型	中型	大型	特大型
床位数（床）	50~100	100~300	300~500	>500
规划用地（hm²）	1~3	>3~6	>6~9	>9

7.0.4 医疗卫生设施用地布局应考虑服务半径，选址在环境安静交通便利的地段。传染性疾病的医疗卫生设施宜选址在城市边缘地区的下风方向。大城市应规划预留"应急"医疗设用地。

8 教育科研设计

8.0.1 教育科研设计设施规划用地指标应符合表8.0.1的规定。

表8.0.1 教育科研设计设施规划用地指标

城市规模 / 分项	小城市	中等城市	大城市		
			Ⅰ	Ⅱ	Ⅲ
占中心城区规划用地比例（%）	2.4~3.0	2.9~3.6	3.4~4.2	4.0~5.0	4.8~6.0
人均规划用地（m²/人）	2.5~3.2	2.9~3.8	3.0~4.0	3.2~4.5	3.6~4.8

8.0.2 教育设施规划用地指标，应按学校发展规模计算。

8.0.3 新建高等院校和对场地有特殊要求重建的科研院所，宜在城市边缘地区选址，并宜适当集中布局。

9 社 会 福 利

9.0.1 社会福利设施规划用地指标应符合表9.0.1的规定。

表9.0.1 社会福利设施规划用地指标

城市规模 / 分项	小城市	中等城市	大城市		
			Ⅰ	Ⅱ	Ⅲ
占中心城区规划用地比例（%）	0.2~0.3	0.3~0.4	0.3~0.5	0.3~0.5	0.3~0.5
人均规划用地（m²/人）	0.2~0.3	0.3~0.4	0.2~0.4	0.2~0.4	0.2~0.4

9.0.2 老年人设施布局宜邻近居住区环境较好的地段，其规划人均用地指标宜为0.1~0.3m²。

9.0.3 残疾人康复设施应在交通便利，且车流、人流干扰少的地带选址，其规划用地指标应符合表9.0.3的规定。

表9.0.3 残疾人康复设施规划用地指标

城市规模	小城市	中等城市	大城市		
			Ⅰ	Ⅱ	Ⅲ
规划用地（hm²）	0.5~1.0	1.0~1.8	1.8~3.5	3.5~5	≥5

9.0.4 儿童福利院设施宜邻近居住区选址，其规划用地指标应符合表9.0.4的规定。

表9.0.4 儿童福利设施规划用地指标

标准类型	一般标准	较高标准	高标准
单项规划用地（hm²）	0.8~1.2	1.2~2	≥2

注：1. 一般标准指中小城市普通儿童福利设施。
    2. 较高标准指大城市设施要求较高的儿童福利设施。
    3. 高标准指SOS国际儿童村及其他有专项要求的儿童福利设施。

附录A 城市公共设施规划用地指标汇总表

表A

分项指标 \ 城市规模 \ 指标分项	小城市	中等城市	大城市 I	大城市 II	大城市 III
行政办公 占中心城区规划用地比例（%）	0.8~1.2	0.8~1.3	0.9~1.3	1.0~1.4	1.0~1.5
行政办公 人均规划用地（m²/人）	0.8~1.3	0.8~1.3	0.8~1.2	0.8~1.1	0.8~1.1
商业金融 占中心城区规划用地比例（%）	3.1~4.2	3.3~4.4	3.5~4.8	3.8~5.3	4.2~5.9
商业金融 人均规划用地（m²/人）	3.3~4.4	3.3~4.3	3.2~4.2	3.2~4.0	3.2~4.0
文化娱乐 占中心城区规划用地比例（%）	0.8~1.0	0.8~1.1	0.9~1.2	1.1~1.3	1.1~1.5
文化娱乐 人均规划用地（m²/人）	0.8~1.1	0.8~1.1	0.8~1.0	0.8~1.0	0.8~1.0
体育 占中心城区规划用地比例（%）	0.6~0.7	0.6~0.7	0.6~0.8	0.7~0.8	0.7~0.9
体育 人均规划用地（m²/人）	0.6~0.7	0.6~0.7	0.6~0.7	0.6~0.8	0.6~0.8
医疗卫生 占中心城区规划用地比例（%）	0.7~0.8	0.7~0.8	0.7~1.0	0.9~1.1	1.0~1.2
医疗卫生 人均规划用地（m²/人）	0.6~0.7	0.6~0.8	0.7~0.9	0.8~1.0	0.9~1.1

续表A

分项指标 \ 城市规模 \ 指标分项	小城市	中等城市	大城市 I	大城市 II	大城市 III
教育科研设计 占中心城区规划用地比例（%）	2.4~3.0	2.9~3.6	3.4~4.2	4.0~5.0	4.8~6.0
教育科研设计 人均规划用地（m²/人）	2.5~3.2	2.9~3.8	3.0~4.0	3.2~4.5	3.6~4.8
社会福利 占中心城区规划用地比例（%）	0.2~0.3	0.3~0.4	0.3~0.5	0.3~0.5	0.3~0.5
社会福利 人均规划用地（m²/人）	0.2~0.3	0.2~0.4	0.2~0.4	0.2~0.4	0.2~0.4
综合总指标 占中心城区规划用地比例（%）	8.6~11.4	9.2~12.3	10.3~13.8	11.6~15.4	13.0~17.5
综合总指标 人均规划用地（m²/人）	8.8~12.0	9.1~12.4	9.1~12.4	9.5~12.8	10.0~13.2

本规范用词说明

1 为便于在执行本规范条文时区别对待，对要求严格程度不同的用词说明如下：

1）表示很严格，非这样做不可的：

正面词采用"必须"；

反面词采用"严禁"。

2）表示严格，在正常情况下均应这样做的：

正面词采用"应"；

反面词采用"不应"或"不得"。

3）表示允许稍有选择，在条件许可时首先应这样做的：

正面词采用"宜"或"可"；

反面词采用"不宜"。

2 条文中指定应按其他有关标准、规范执行时，写法为"应符合……的规定"。

中华人民共和国国家标准

城市公共设施规划规范

GB 50442—2008

条 文 说 明

前　言

根据建设部《关于印发"二〇〇一～二〇〇二年度工程建设国家标准制订、修订计划"的通知》（建标〔2002〕85号）要求，对《城市公共设施规划规范》进行编制工作。

为了便于广大规划、设计、科研、院校和管理等有关单位人员，在使用本规范时能正确理解和执行条文规定，对需要说明的条文的制定依据和执行中需要注意的问题予以说明。

本条文说明供国内有关部门和单位参考。在使用中如发现本条文说明有不妥之处请将意见反馈给天津市城市规划设计研究院《城市公共设施规划规范》编制组。

目　次

1 总 则

1.0.1 为了提高城市公共设施规划的科学性、适用性、先进性，提高社会、经济和环境的综合效益，保持城市协调、有序的发展，本规范确定了城市居住区级以上公共设施的内容、范围和用地标准。

1.0.3 本规范城市公共设施的分类和内容范围的依据是国家标准《城市用地分类与规划建设用地标准》GBJ 137-90，相对应的公共设施有七大类，即：行政办公、商业金融、文化娱乐、体育、医疗卫生、教育科研设计和社会福利。在使用本规范时，应注意的几个问题：

    1 本规范未包括以上七大类以外的城市公共设施用地的内容。因为 C7 文物古迹用地国家相关文件提出应保持原有用地，并且也不是每个城市都拥有历史上遗留的文物古迹。C9 其他公共设施用地（除社会福利外）各城市的配置极不平衡，也不都是城市规划必配的项目。

    2 随着市场经济的逐渐完善，出现了一些新的城市公共设施项目，如：为商业、超市服务的物流中心，各种类型的批发市场等，由于相应的研究还不够深入，其规划用地本规范未作规定。

    3 城市中各类经营性的办公设施不包括在本规范中的行政办公设施内。

    4 城市中各科研设计部门很多，本规范主要指国家和省、市级的公办科研设计单位。

1.0.4 城市规模是参考原《中华人民共和国城市规划法》总则第四条规定，依城市非农业人口数划分为小城市、中等城市、大城市。由于 50 万人口及以上的城市均为大城市，从 50～200 万人口以上，规模幅度差距很大，城市功能结构也不相同，为了适应大城市这一人口幅度的变化，为合理地确定相对应的公共设施配置标准，将大城市分为 50～<100 万人口，100～<200 万人口和≥200 万人口三个层次。

    我国城市人口增长速度较快，目前多数省会城市和省辖市的非农业人口都超过了 200 万，本规范人口规模是以中心城区范围内非农业人口数量为基数。

1.0.5 城市公共设施分为强制性和指导性两类。强制性公共设施主要指城市必须设置的公益性公共设施，主要有行政办公、体育、教育科研设计、医疗卫生、社会福利以及文化娱乐中的图书馆、展览馆、博物馆、文化馆、青少年宫、广播电视等设施。指导性设施主要指城市依据实际情况配置的经营性公共设施，主要有商业金融、电影院、剧场、游乐等设施。

    城市公共设施规划用地指标确定的主要依据是：

    1 该指标的标准是根据国家经济发展达到小康水平的目标确定的。小康水平的标准是国家统计局提出的 14 项指标的量化值，其中第三产业增加值主要

由商业金融、旅游、文化娱乐等公共设施承载。

    2 调研资料。经过对 69 个城市调研资料的整理、分析比较提出指标数据，见下表：

调研资料与规范指标对比表

指标类别	调研资料		规范指标
	现 状	规 划	
城市公共设施用地占中心城区用地的比例（％）	8.4～15.4	10.3～18.7	8.4～17.6
公共设施人均规划用地（m²/人）	6.5～14.4	10.1～20.6	8.4～14.3

    3 参照了国家相关规范、规定、条例、统计报告及部分省市的相关法规。

    本规范征求意见稿、报审稿曾多方征求国内城市规划部分知名专家和部分省市规划主管部门领导的意见，经整理分析比较后确定了规划用地指标。

    本规范两类规划用地指标，"占中心城区规划用地比例"和"人均规划用地"是以城市中心城区的规划范围的用地面积和在其居住的非农业人口为基准进行计算的。中心城区是一个城市主要功能的核心区，是城市公共设施集中区，是城市公众活动集中场所，是城市吸引和辐射效应的主要平台。对于城市中心城区外的具有城市功能的地区，可按规划范围及其非农业人口规模对应本规范中城市规模和人口规模，编制城市公共设施总体规划。

1.0.7 有专项发展要求的特色城市，如被国家批准保护的历史文化名城或有独特自然景观的旅游城市等，这些城市如对公共设施中的相关设施有侧重要求，须经专项论证可行，并经行政主管部门批准后，方可突破规范中相关设施分项指标，但不得突破城市公共设施规划用地综合（总）指标。

3 行 政 办 公

3.0.1 本规范行政办公设施规划用地指标的确定主要依据是：

    1 2003 年对 69 个城市的现状和规划调研资料。经整理分析，调研资料显示，一般中小城市的行政办公占地比较大，其原因是中小城市的行政办公建筑多为平房或 2～3 层，大城市行政办公建筑多为多层或高层，低层建筑占地面积多，多层或高层占地面积少；二是中小城市人均用地面积较宽裕，大城市人均用地相对偏紧；三是中小城市有的家属宿舍也包含在行政办公用地中。

    2 原国家计委 2001 年文件《党政机关办公用房建设标准》规定了具体的行政办公建设标准。

    3 随着政企分开，精简机构的实施，适当减少

行政办公规划用地。本规范中该设施占规划用地比例，比现状调研平均数据降低了 0.6%，人均规划用地面积降低了 0.1%。

3.0.2 目前我国城市各级党政等行政办公地点比较分散。为了实现现代化办公环境，有条件的宜适当集中，规划行政办公中心，便于资源共享，提高工作效率，节约土地资源。

4 商 业 金 融

4.0.1 商业金融设施规划用地指标是通过对商业金融设施调研资料分析后确定的。目前各城市都是处于递增的态势，特别是大城市，增长速度很快，有的城市商业设施增长已超过需求。金融系统除国家四大银行（中行、工行、农行、建行）外，还有股份制银行、集体制银行、合资银行、独资银行、外资银行等，其设施规模规划用地都在快速增长。

4.0.2 商业金融设施分级设置是按照国家城市行政区划对应为市级、区级和地区级商业金融中心。各级商业金融中心规划用地指标是在调研资料的基础上适应不同规模城市发展需要制定的。中小城市指标上下限幅度小些，大城市指标上下限幅度大些，主要是适应大城市快速发展的需要。同时，对 400 万人口以上城市采用上限值也可能满足不了发展的需求，故本规范提出 400 万人口以上大城市市级商业金融中心规划用地面积可乘以 1.2～1.4 的系数。市级商业金融中心包括市级副中心。各行政区宜规划区级商业金融中心。地区级商业中心是几个居住区范围的商业中心设施。各级商业金融中心规划用地面积中包括该中心的绿地、广场、停车场等设施。

4.0.3 各级商业金融设施布局的基本要求：

　　1 城市各级商业金融中心的规划布局服务人口半径是根据商务部、建设部《关于做好地级城市商业网点规划工作的通知》（商建发〔2004〕18 号）所提出的原则性意见，又参考了部分省市的相关文件对商业网点规划布局的要求。

　　2 商业金融设施规划布点要以人为本，注意城市交通网与商业金融中心协调发展，既要有良好交通通达性，又不要对城市交通干道造成干扰，特别不宜在城市交通主干路两侧沿路布置商业金融中心设施。

　　3 大型商业金融设施，主要依据《商店建筑设计规范》JGJ 48-88，对各类商店进行分类。建筑面积大于 5000m² 为大型商业建筑；建筑面积 1000～5000m² 为中型商业建筑；建筑面积小于 1000m² 为小型商业建筑。

5 文 化 娱 乐

5.0.1 城市文化娱乐设施规划用地指标主要依据全国部分城市的调研资料。调研资料显示小城市的文化娱乐设施规划用地占城市规划用地的百分比大多高于大城市，这与城市功能、结构不相适应。随着城市规模的增大，文化娱乐设施门类增多，规模加大，相应的用地指标也应有所递增。因此依据国家相关规范，对大城市文化娱乐设施规划用地的比例做了较大的提高，中小城市也适当提高了比例。

5.0.2、5.0.3 三类文化娱乐设施划分的主要依据是设施的公益性和经营性，其次考虑设施的功能。根据调研资料分析，三类公共设施的规划用地的比例，宜符合表 5.0.2 的规定。该比例数据的确定主要是考虑每类设施需要规划建设的数量和规模。广播电视和出版类，包括广播电台、电视台，一般城市设在一处即可，其他接转台用地面积很小。出版和报刊数量少，占地面积小，社会上各大学出版社等都设在本校用地范围内。所以，广播电视和出版类占文化娱乐用地的 10%～15% 即可；图书和展览类包括图书馆，一般为市、区两级，新华书店属经营性的，除单独规划建设的图书大厦外，多设在综合性的商业设施内，占地面积小、数量多。展览性设施种类多，占地面积大，属于市级公共文化设施。所以，图书和展览类占文化娱乐类用地的 20%～35% 为宜；影剧院、游乐、文化艺术类包括的门类多，分为市、区两级设施，包括文化馆、文化宫、青年宫、影剧院、夜总会等，占地面积大。所以，影剧院、游乐、文化艺术类占文化娱乐设施用地的 50%～70% 为宜。

5.0.4 总体规划旧城区宜保留原有区位适中的文化娱乐设施，规模标准不能满足规划要求的，应按照规划改扩建的需要提出用地控制范围。

6 体 育

6.0.1 各城市都很重视体育设施用地规划。但调研资料显示，按照国家的要求，一是体育用地不足；二是城市中体育设施布局不均；三是有的中小城市体育设施用地很少甚至没有；四是体育设施利用率低，很少向市民开放。按照原城乡建设环境保护部、原国家体育运动委员会颁布的《城市公共体育运动设施用地定额指标暂行规定》的要求，本规范体育设施规划用地指标在调研资料的基础上提高了 30%～60%。

体育设施是公益性设施，城市总体规划中要严格按照本规范的规划用地指标安排体育设施用地。

6.0.2 根据原城乡建设环境保护部和原国家体育运动委员会颁布的《城市公共体育运动设施用地定额指标暂行规定》，参照部分省市的调研资料，制定了市级、区级体育设施规划用地指标（表 6.0.2）。大中城市宜分级设置体育设施，即：市级体育中心设施，区级体育场、馆应结合行政区划安排。区级体育场、馆因条件限制不能集中规划布置的，可将体育设施指标社区化，并采取区域互补的方式，提高相邻行政区的体育设施配套标准。

7 医疗卫生

7.0.1 参考原国家建委、卫生部编制的《综合医院建设标准》（征求意见稿）规定的医疗卫生设施建设标准，以床位千人指标为基本计量单位，并规定每床用地指标为 80～130m²。本规范床位千人指标的确定，一是通过全国 69 个大中城市调研，其资料显示我国各相同规模城市医院的每千人床位是不平衡的，沿海一些大城市多数是 6～7 床/千人，有些城市已超过 7 床/千人，达到 8～9 床/千人，而我国中部西部地区的多数城市都在 5 床/千人以下，有些中小城市只有 2～3 床/千人。二是参照美国及我国香港、台湾地区的有关资料，确定本规范的床位千人指标。

7.0.2 调研资料显示，我国多数城市医疗卫生设施用地是偏低的，造成医疗卫生设备用地不合标准，停车场地没有或不足，几乎没有绿化用地等，造成医疗卫生设施环境脏、乱、差，不符合现代化建设的需要。本规范参考原国家建委、卫生部编制的《综合医院建设标准》（征求意见稿），每床用地指标 80～130m² 的规定，在调研资料的基础上制定了医疗卫生设施规划用地的指标。实施中根据城市的性质、规模、现状条件、经济发展状况等多种因素，选用规划用地指标，宜考虑预留用地。

7.0.3 城市疗养院的规划用地标准，根据建设部、卫生部 1989 年颁布的《综合医院建筑设计规范》JGJ 49-88 中疗养院用地标准，并参照部分城市的调研资料，适当提高了疗养院规划用地指标。本规划用地指标包括疗养院建设中的绿化、停车场、健身活动场地等，根据城市的规模选用该指标。

8 教育科研设计

8.0.1 教育科研设计设施规划用地指标是教育、科研、设计三项设施的综合指标。确定该指标主要参照了建设部、原国家计委、原国家教委批准发布的《普通高等学校建筑规划面积指标》建标〔1992〕245 号的通知，原国家科委发布的相关科研设施文件及建筑设计规范等相关标准。调研资料显示，大城市教育事业发展很快，中小城市主要是中等专业学校，规模较小，发展较慢。本规范为使我国教育、科研、设计适应快速发展的现代化经济建设的需要，在调研资料的基础上提高了 5% 左右的规划用地指标。中小城市该类设施规划用地指标的选用不宜低于下限值。

8.0.3 新建高等院校和对场地有特殊要求（如有试验场地等要求）的教育、科研院所，不宜在城市中心区选址，宜在城市边缘或距城市较远的环境较好的地段规划选址。

9 社会福利

9.0.1 城市社会福利设施是构建和谐社会的重要部分，调研资料反映出目前各城市社会福利设施发展较慢，用地标准较低，特别是中小城市多数没有市级的福利设施。确定本指标除根据调研资料外，参照民政部发布的相关设施文件，征询了天津市社会福利管理部门的意见，适当提高了社会福利设施规划用地指标。中小城市选用不宜低于下限值。

9.0.2 老年设施规划用地首先考虑需求。中国人的传统生活方式，老年人和子女共同居住生活的约占老年人口的 75%。孤寡老人和子女因各种原因不能予以扶持而需要料理的老年人，选择各种形式的老年设施。老年设施的环境、护理条件、护理水平影响老年人的选择。老年人和子女的经济条件也是老年人选择老年设施的重要因素。本规范规定人均老年设施规划用地为 0.1～0.3m²，就是考虑到不同的需求。一般中小城市，人均收入偏低的地区，依实际情况可选择较低值，大城市人均收入较高的地区，依实际情况可选用较高值。

9.0.3 残疾人在城市人口中占有一定比例，应为他们规划建设康复中心，营造康复身体、培训技能的条件。社会残疾人康复中心设施用地标准，根据城市人口的规模，按表 9.0.3 指标确定。

9.0.4 儿童福利设施规划用地，从现状调查情况看，多数中、小城市比较少，设施用地小、建筑简陋。本规范为了体现对儿童群体的社会关怀和福利保障，规划儿童社会福利设施用地。表 9.0.4 的规划用地标准是根据调查资料综合分析后提出的。

中华人民共和国国家标准

建筑灭火器配置验收及检查规范

Code for acceptance and inspection of extinguisher
distribution in buildings

GB 50444—2008

主编部门：中华人民共和国公安部
批准部门：中华人民共和国住房和城乡建设部
施行日期：2008年11月1日

中华人民共和国住房和城乡建设部

公　告

第 97 号

关于发布国家标准《建筑灭火器配置
验收及检查规范》的公告

　　现批准《建筑灭火器配置验收及检查规范》为国家标准，编号为 GB 50444—2008，自 2008 年 11 月 1 日起实施。其中，第 2.2.1、3.1.3、3.1.5、3.2.2、4.1.1、4.2.1、4.2.2、4.2.3、4.2.4、5.3.2、5.4.1、5.4.2、5.4.3、5.4.4 条为强制性条文，必须严格执行。

　　本规范由我部标准定额研究所组织中国计划出版社出版发行。

中华人民共和国住房和城乡建设部
二〇〇八年八月十三日

前　　言

　　本规范是根据建设部建标〔2004〕67 号"关于印发《二〇〇四年工程建设国家标准制订、修订计划》的通知"的要求，由公安部上海消防研究所会同有关单位共同编制完成。

　　本规范的编制，遵照"预防为主、防消结合"的消防工作方针，在总结我国灭火器生产、检验、维护、管理、科研和工程应用现状及经验的基础上，深入进行调查研究，广泛征求国内有关科研、设计、制造、消防监督、使用单位等的意见，并参照了国际标准相关规定，结合我国工程实际，反复讨论、认真修改，最后经专家和有关部门审查定稿。

　　本规范共 5 章和 3 个附录，包括：总则、基本规定、安装设置、配置验收及检查与维护。

　　本规范以黑体字标志的条文为强制性条文，必须严格执行。

　　本规范由住房和城乡建设部负责管理和对强制性条文的解释，由公安部负责日常管理，由公安部上海消防研究所负责具体内容解释。本规范在执行过程中，请各单位结合工程实践，认真总结经验，如发现需要修改或补充之处，请将意见和建议寄至公安部上海消防研究所《建筑灭火器配置验收及检查规范》管理组（地址：上海市中山南二路 601 号，邮编：200032，传真：021－54961900），以便今后修改和补充。

　　本规范主编单位、参编单位和主要起草人：

主 编 单 位：公安部上海消防研究所

参 编 单 位：中国建筑设计研究院
　　　　　　　华东建筑设计研究院
　　　　　　　中煤国际工程集团北京华宇工程有限公司
　　　　　　　北京市公安消防总队
　　　　　　　上海市公安消防总队
　　　　　　　天津市公安消防总队
　　　　　　　重庆市公安消防总队
　　　　　　　浙江省公安消防总队
　　　　　　　太原市公安消防支队
　　　　　　　大连市公安消防支队
　　　　　　　杭州消防设备有限公司
　　　　　　　广东平安消防设备有限公司

主要起草人：胡传平　唐祝华　赵　锂　王宝伟
　　　　　　　冯旭东　张之立　李玉强　南江林
　　　　　　　诸　容　俞颖飞　李跃伟　王卫东
　　　　　　　曹丽英　陶玉灵　姜　宁　张　峰
　　　　　　　朱　磊　厉华根　冯　松　程　欣
　　　　　　　陈　池　衣永生

目　　次

1 总　则

1.0.1 为保障建筑灭火器（以下简称灭火器）的合理安装配置和安全使用，及时有效地扑灭初起火灾，减少火灾危害，保护人身和财产安全，制定本规范。

1.0.2 本规范适用于工业与民用建筑中灭火器的安装设置、验收、检查和维护。

本规范不适用于生产或储存炸药、弹药、火工品、花炮的厂房或库房。

1.0.3 灭火器的安装设置、验收、检查和维护，除执行本规范的规定外，尚应符合国家现行有关标准的规定。

2 基本规定

2.1 质量管理

2.1.1 灭火器安装设置前应具备下列条件：

1 建筑灭火器配置设计图、设计说明、材料表应齐全；

2 设计单位应向建设、施工、监理单位进行技术交底；

3 施工现场应满足灭火器安装设置的要求。

2.1.2 灭火器的配置类型、规格、数量及其设置位置应符合批准的工程设计文件和施工技术标准。修改设计应由设计单位出具设计变更通知单。

2.1.3 安装设置前应对灭火器、灭火器箱及其附件等进行进场质量检查，检查不合格不得进行安装设置。

2.2 材料、器材

2.2.1 灭火器的进场检查应符合下列要求：

1 灭火器应符合市场准入的规定，并应有出厂合格证和相关证书；

2 灭火器的铭牌、生产日期和维修日期等标志应齐全；

3 灭火器的类型、规格、灭火级别和数量应符合配置设计要求；

4 灭火器筒体应无明显缺陷和机械损伤；

5 灭火器的保险装置应完好；

6 灭火器压力指示器的指针应在绿区范围内；

7 推车式灭火器的行驶机构应完好。

检查数量：全数检查。

检查办法：观察检查，资料检查。

2.2.2 灭火器箱的进场检查应符合下列要求：

1 灭火器箱应有出厂合格证和型式检验报告；

2 灭火器箱外观应无明显缺陷和机械损伤；

3 灭火器箱应开启灵活。

检查数量：全数检查。

检查办法：观察检查，资料检查。

2.2.3 设置灭火器的挂钩、托架应符合配置设计要求，无明显缺陷和机械损伤，并应有出厂合格证。

检查数量：全数检查。

检查办法：观察检查，资料检查。

2.2.4 发光指示标志应无明显缺陷和损伤，并应有出厂合格证和型式检验报告。

检查数量：全数检查。

检查办法：观察检查，资料检查。

3 安装设置

3.1 一般规定

3.1.1 灭火器的安装设置应包括灭火器、灭火器箱、挂钩、托架和发光指示标志等的安装。

3.1.2 灭火器的安装设置应按照建筑灭火器配置设计图和安装说明进行，安装设置单位应按照本规范附录 A 的规定编制建筑灭火器配置定位编码表。

3.1.3 灭火器的安装设置应便于取用，且不得影响安全疏散。

3.1.4 灭火器的安装设置应稳固，灭火器的铭牌应朝外，灭火器的器头宜向上。

3.1.5 灭火器设置点的环境温度不得超出灭火器的使用温度范围。

3.2 手提式灭火器的安装设置

3.2.1 手提式灭火器宜设置在灭火器箱内或挂钩、托架上。对于环境干燥、洁净的场所，手提式灭火器可直接放置在地面上。

检查数量：全数检查。

检查方法：观察检查。

3.2.2 灭火器箱不应被遮挡、上锁或拴系。

检查数量：全数检查。

检查方法：观察检查。

3.2.3 灭火器箱的箱门开启应方便灵活，其箱门开启后不得阻挡人员安全疏散。除不影响灭火器取用和人员疏散的场合外，开门型灭火器箱的箱门开启角度不应小于 175°，翻盖型灭火器箱的翻盖开启角度不应小于 100°。

检查数量：全数检查。

检查方法：观察检查与实测。

3.2.4 挂钩、托架安装后应能承受一定的静载荷，不应出现松动、脱落、断裂和明显变形。

检查数量：随机抽查 20%，但不少于 3 个；总数少于 3 个时，全数检查。

检查方法：以 5 倍的手提式灭火器的载荷悬挂于挂钩、托架上，作用 5min，观察是否出现松动、脱落、断裂和明显变形等现象；当 5 倍的手提式灭火器质量小于 45kg 时，应按 45kg 进行检查。

3.2.5 挂钩、托架安装应符合下列要求：

1 应保证可用徒手的方式便捷地取用设置在挂钩、托架上的手提式灭火器；

2 当两具及两具以上的手提式灭火器相邻设置在挂钩、托架上时，应可任意地取用其中一具。

检查数量：随机抽查 20%，但不少于 3 个；总数少于 3 个时，全数检查。

检查方法：观察检查和实际操作。

3.2.6 设有夹持带的挂钩、托架，夹持带的打开方式应从正面可以看到。当夹持带打开时，灭火器不应掉落。

检查数量：随机抽查 20%，但不少于 3 个；总数少于 3 个时，全数检查。

检查方法：观察检查与实际操作。

3.2.7 嵌墙式灭火器箱及挂钩、托架的安装高度应满足手提式灭火器顶部离地面距离不大于 1.50m，底部离地面距离不小于 0.08m 的规定。

检查数量：随机抽查 20%，但不少于 3 个；总数少于 3 个时，全数检查。

检查方法：观察检查与实测。

3.3 推车式灭火器的设置

3.3.1 推车式灭火器宜设置在平坦场地，不得设置在台阶上。在没有外力作用下，推车式灭火器不得自行滑动。

检查数量：全数检查。

检查方法：观察检查。

3.3.2 推车式灭火器的设置和防止自行滑动的固定措施等均不得影响其操作使用和正常行驶移动。

检查数量：全数检查。

检查方法：观察检查。

3.4 其 他

3.4.1 在有视线障碍的设置点安装设置灭火器时，应在醒目的地方设置指示灭火器位置的发光标志。

检查数量：全数检查。

检查方法：观察检查。

3.4.2 在灭火器箱的箱体正面和灭火器设置点附近的墙面上应设置指示灭火器位置的标志，并宜选用发光标志。

检查数量：全数检查。

检查方法：观察检查。

3.4.3 设置在室外的灭火器应采取防湿、防寒、防晒等保护措施。

检查数量：全数检查。

检查方法：观察检查。

3.4.4 当灭火器设置在潮湿性或腐蚀性的场所时，应采取防湿或防腐蚀措施。

检查数量：全数检查。

检查方法：观察检查。

4 配 置 验 收

4.1 一 般 规 定

4.1.1 灭火器安装设置后，必须进行配置验收，验收不合格不得投入使用。

4.1.2 灭火器配置验收应由建设单位组织设计、安装、监理等单位按照建筑灭火器配置设计文件进行。

4.1.3 灭火器配置验收时，安装单位应提交下列技术资料：

1 建筑灭火器配置工程竣工图、建筑灭火器配置定位编码表；

2 灭火器配置设计说明、建筑设计防火审核意见书；

3 灭火器的有关质量证书、出厂合格证、使用维护说明书等。

4.1.4 灭火器配置验收应按本规范附录 B 的要求填写建筑灭火器配置验收报告。

4.2 配 置 验 收

4.2.1 灭火器的类型、规格、灭火级别和配置数量应符合建筑灭火器配置设计要求。

检查数量：按照灭火器配置单元的总数，随机抽查 20%，并不得少于 3 个；少于 3 个配置单元的，全数检查。歌舞娱乐放映游艺场所、甲乙类火灾危险性场所、文物保护单位，全数检查。

验收方法：对照建筑灭火器配置设计图进行。

4.2.2 灭火器的产品质量必须符合国家有关产品标准的要求。

检查数量：随机抽查 20%，查看灭火器的外观质量。全数检查灭火器的合格手续。

验收方法：现场直观检查，查验产品有关质量证书。

4.2.3 在同一灭火器配置单元内，采用不同类型灭火器时，其灭火剂应能相容。

检查数量：随机抽查 20%。

验收方法：对照建筑灭火器配置设计文件和灭火器铭牌，现场核实。

4.2.4 灭火器的保护距离应符合现行国家标准《建筑灭火器配置设计规范》GB 50140 的有关规定，灭火器的设置应保证配置场所的任一点都在灭火器设置点的保护范围内。

检查数量：按照灭火器配置单元的总数，随机抽查 20%；少于 3 个配置单元的，全数检查。

验收方法：用尺丈量。

4.2.5 灭火器设置点附近应无障碍物，取用灭火器方便，且不得影响人员安全疏散。

　　检查数量：全数检查。

　　验收方法：观察检查。

4.2.6 灭火器箱应符合本规范第3.2.2、3.2.3条的规定。

　　检查数量：随机抽查20%，但不少于3个；少于3个全数检查。

　　验收方法：观察检查与实测。

4.2.7 灭火器的挂钩、托架应符合本规范第3.2.4～3.2.6条的规定。

　　检查数量：随机抽查5%，但不少于3个；少于3个全数检查。

　　验收方法：观察检查与实测。

4.2.8 灭火器采用挂钩、托架或嵌墙式灭火器箱安装设置时，灭火器的设置高度应符合现行国家标准《建筑灭火器配置设计规范》GB 50140的要求，其设置点与设计点的垂直偏差不应大于0.01m。

　　检查数量：随机抽查20%，但不少于3个；少于3个全数检查。

　　验收方法：观察检查与实测。

4.2.9 推车式灭火器的设置，应符合本规范第3.3.1、3.3.2条的规定。

　　检查数量：全数检查。

　　验收方法：观察检查。

4.2.10 灭火器的位置标识，应符合本规范第3.4.1、3.4.2条的规定。

　　检查数量：全数检查。

　　验收方法：观察检查。

4.2.11 灭火器的摆放应稳固。灭火器的设置点应通风、干燥、洁净，其环境温度不得超出灭火器的使用温度范围。设置在室外和特殊场所的灭火器应采取相应的保护措施。

　　检查数量：全数检查。

　　验收方法：观察检查。

4.3　配置验收判定规则

4.3.1 灭火器配置验收应按独立建筑进行，局部验收可按申报的范围进行。

4.3.2 灭火器配置验收的判定规则应符合下列要求：

　　1 缺陷项目应按本规范附录B的规定划分为：严重缺陷项（A）、重缺陷项（B）和轻缺陷项（C）。

　　2 合格判定条件应为：A=0，且B≤1，且B+C≤4，否则为不合格。

5　检查与维护

5.1　一般规定

5.1.1 灭火器的检查与维护应由相关技术人员承担。

5.1.2 每次送修的灭火器数量不得超过计算单元配置灭火器总数量的1/4。超出时，应选择相同类型和操作方法的灭火器替代，替代灭火器的灭火级别不应小于原配置灭火器的灭火级别。

5.1.3 检查或维修后的灭火器均应按原设置点位置摆放。

5.1.4 需维修、报废的灭火器应由灭火器生产企业或专业维修单位进行。

5.2　检　　查

5.2.1 灭火器的配置、外观等应按附录C的要求每月进行一次检查。

5.2.2 下列场所配置的灭火器，应按附录C的要求每半月进行一次检查。

　　1 候车（机、船）室、歌舞娱乐放映游艺等人员密集的公共场所；

　　2 堆场、罐区、石油化工装置区、加油站、锅炉房、地下室等场所。

5.2.3 日常巡检发现灭火器被挪动，缺少零部件，或灭火器配置场所的使用性质发生变化等情况时，应及时处置。

5.2.4 灭火器的检查记录应予保留。

5.3　送　　修

5.3.1 存在机械损伤、明显锈蚀、灭火剂泄露、被开启使用过或符合其他维修条件的灭火器应及时进行维修。

5.3.2 灭火器的维修期限应符合表5.3.2的规定。

表5.3.2　灭火器的维修期限

灭火器类型		维修期限
水基型 灭火器	手提式水基型灭火器	出厂期满3年； 首次维修以后每满1年
	推车式水基型灭火器	
干粉 灭火器	手提式（贮压式）干粉灭火器	出厂期满5年； 首次维修以后每满2年
	手提式（储气瓶式）干粉灭火器	
	推车式（贮压式）干粉灭火器	
	推车式（储气瓶式）干粉灭火器	
洁净气体 灭火器	手提式洁净气体灭火器	
	推车式洁净气体灭火器	
二氧化碳 灭火器	手提式二氧化碳灭火器	
	推车式二氧化碳灭火器	

5.4 报 废

5.4.1 下列类型的灭火器应报废：

1 酸碱型灭火器；

2 化学泡沫型灭火器；

3 倒置使用型灭火器；

4 氯溴甲烷、四氯化碳灭火器；

5 国家政策明令淘汰的其他类型灭火器。

5.4.2 有下列情况之一的灭火器应报废：

1 筒体严重锈蚀，锈蚀面积大于、等于筒体总面积的1/3，表面有凹坑；

2 筒体明显变形，机械损伤严重；

3 器头存在裂纹、无泄压机构；

4 筒体为平底等结构不合理；

5 没有间歇喷射机构的手提式；

6 没有生产厂名称和出厂年月，包括铭牌脱落，或虽有铭牌，但已看不清生产厂名称，或出厂年月钢印无法识别；

7 筒体有锡焊、铜焊或补缀等修补痕迹；

8 被火烧过。

5.4.3 灭火器出厂时间达到或超过表5.4.3规定的报废期限时应报废。

表 5.4.3 灭火器的报废期限

灭火器类型		报废期限（年）
水基型灭火器	手提式水基型灭火器	6
	推车式水基型灭火器	
干粉灭火器	手提式（贮压式）干粉灭火器	10
	手提式（储气瓶式）干粉灭火器	
	推车式（贮压式）干粉灭火器	
	推车式（储气瓶式）干粉灭火器	
洁净气体灭火器	手提式洁净气体灭火器	
	推车式洁净气体灭火器	
二氧化碳灭火器	手提式二氧化碳灭火器	12
	推车式二氧化碳灭火器	

5.4.4 灭火器报废后，应按照等效替代的原则进行更换。

附录 A 建筑灭火器配置定位编码表

表 A 建筑灭火器配置定位编码表

配置计算单元分类	□独立单元 □组合单元	单元名称	
单元保护面积	$S=$ m²	设置点数	$N=$
单元需配灭火级别	$Q=$ A $Q=$ B	设置点需配灭火级别	$Q_e=$ A $Q_e=$ B

设置点编号	灭火器编号	灭火器型号规格	灭火器设置点实配灭火级别	灭火器设置方式	灭火器设置点位置描述	备注
			$Q_e=$ A $Q_e=$ B	□灭火器箱内 □挂钩、托架上 □地面上		
			$Q_e=$ A $Q_e=$ B	□灭火器箱内 □挂钩、托架上 □地面上		
			$Q_e=$ A $Q_e=$ B	□灭火器箱内 □挂钩、托架上 □地面上		
			$Q_e=$ A $Q_e=$ B	□灭火器箱内 □挂钩、托架上 □地面上		
			$Q_e=$ A $Q_e=$ B	□灭火器箱内 □挂钩、托架上 □地面上		
			$Q_e=$ A $Q_e=$ B	□灭火器箱内 □挂钩、托架上 □地面上		
			$Q_e=$ A $Q_e=$ B	□灭火器箱内 □挂钩、托架上 □地面上		
			$Q_e=$ A $Q_e=$ B	□灭火器箱内 □挂钩、托架上 □地面上		
			$Q_e=$ A $Q_e=$ B	□灭火器箱内 □挂钩、托架上 □地面上		
			$Q_e=$ A $Q_e=$ B	□灭火器箱内 □挂钩、托架上 □地面上		
单元实配灭火级别		$Q=$ A $Q=$ B		单元实配灭火器数量		

序号	检查项目	缺陷项	检查记录	检查结论
11	设有夹持带的挂钩、托架，夹持带的打开方式应从正面可以看到。当夹持带打开时，手提式灭火器不应掉落	轻(C) 4.2.7/3.2.6		
12	嵌墙式灭火器箱及灭火器挂钩、托架的安装高度，应符合现行国家标准《建筑灭火器配置设计规范》GB 50140 关于手提式灭火器顶部离地面距离不大于1.50m，底部离地面距离不小于0.08m的规定，其设置点与设计点的垂直偏差不大于0.01m	轻(C) 4.2.8/3.2.7		
13	推车式灭火器宜设置在平坦场地，不得设置在台阶上。在没有外力作用下，推车式灭火器不得自行滑动	轻(C) 4.2.9/3.3.1		
14	推车式灭火器的设置和防止自行滑动的固定措施等均不得影响其操作使用和正常行驶移动	轻(C) 4.2.9/3.3.2		
15	在有视线障碍的设置点安装设置灭火器时，应在醒目的地方设置指示灭火器位置的发光标志	重(B) 4.2.10/3.4.1		
16	在灭火器箱的箱体正面和灭火器设置点附近的墙面上，应设置指示灭火器位置的标志，这些标志宜选用发光标志	轻(C) 4.2.10/3.4.2		
17	灭火器的摆放应稳固。灭火器的铭牌应朝外，灭火器的器头宜向上	重(B) 4.2.11/3.1.4		
18	灭火器的设置点应通风、干燥、洁净，其环境温度不得超出灭火器的使用温度范围。设置在室外和特殊场所的灭火器应采取相应的保护措施	重(B) 4.2.11/3.1.5 /3.4.3/3.4.4		

附录 B　建筑灭火器配置缺陷项分类及验收报告

表 B　建筑灭火器配置缺陷项分类及验收报告

工程名称		工程地址	
建设单位		设计单位	
监理单位		施工单位	

序号	检查项目	缺陷项	检查记录	检查结论
1	灭火器的类型、规格、灭火级别和配置数量应符合建筑灭火器配置设计要求	严重(A) 4.2.1		
2	灭火器的产品质量必须符合国家有关产品标准的要求	严重(A) 4.2.2		
3	在同一灭火器配置单元内，采用不同类型灭火器时，其灭火剂应能相容	严重(A) 4.2.3		
4	灭火器的保护距离应符合现行国家标准《建筑灭火器配置设计规范》GB 50140 的有关规定，灭火器的设置应保证配置场所的任一点都在灭火器设置点的保护范围内	严重(A) 4.2.4		
5	灭火器设置点附近应无障碍物，取用灭火器方便，且不得影响人员安全疏散	重(B) 4.2.5/3.1.3		
6	手提式灭火器宜设置在灭火器箱内或挂钩、托架上，或干燥、洁净的地面上	重(B) 4.2.5/3.2.1		
7	灭火器(箱)不应被遮挡、拴系或上锁	重(B) 4.2.6/3.2.2		
8	灭火器箱的箱门开启应方便灵活，其箱门开启后不得阻挡人员安全疏散。除不影响取用和疏散的场合外，开门型灭火器箱的箱门开启角度应不小于175°，翻盖型灭火器箱的翻盖开启角度应不小于100°	轻(C) 4.2.6/3.2.3		
9	挂钩、托架安装后应能承受一定的静载荷，不应出现松动、脱落、断裂和明显变形。以5倍的手提式灭火器的载荷(不小于45kg)悬挂于挂钩、托架上，作用5min，观察检查	重(B) 4.2.7/3.2.4		
10	挂钩、托架安装后，应保证可用徒手的方式便捷地取用手提式灭火器。当两具及两具以上的手提式灭火器相邻设置在挂钩、托架上时，应保证可任意地取用其中一具	重(B) 4.2.7/3.2.5		

综合结论			
验收单位	施工单位签章： 日期：		监理单位签章： 日期：
	设计单位签章： 日期：		建设单位签章： 日期：

附录 C 建筑灭火器检查内容、要求及记录

表 C 建筑灭火器检查内容、要求及记录

	检查内容和要求	检查记录	检查结论
配置检查	1. 灭火器是否放置在配置图表规定的设置点位置		
	2. 灭火器的落地、托架、挂钩等设置方式是否符合配置设计要求。手提式灭火器的挂钩、托架安装后是否能承受一定的静载荷，并不出现松动、脱落、断裂和明显变形		
	3. 灭火器的铭牌是否朝外，并且器头宜向上		
	4. 灭火器的类型、规格、灭火级别和配置数量是否符合配置设计要求		
	5. 灭火器配置场所的使用性质，包括可燃物的种类和物态等，是否发生变化		
	6. 灭火器是否达到送修条件和维修期限		
	7. 灭火器是否达到报废条件和报废期限		
	8. 室外灭火器是否有防雨、防晒等保护措施		
	9. 灭火器周围是否存在有障碍物、遮挡、拴系等影响取用的现象		
	10. 灭火器箱是否上锁，箱内是否干燥、清洁		
	11. 特殊场所中灭火器的保护措施是否完好		

续表 C

	检查内容和要求	检查记录	检查结论
外观检查	12. 灭火器的铭牌是否无残缺，并清晰明了		
	13. 灭火器铭牌上关于灭火剂、驱动气体的种类、充装压力、总质量、灭火级别、制造厂名和生产日期或维修日期等标志及操作说明是否齐全		
	14. 灭火器的铅封、销门等保险装置是否未损坏或遗失		
	15. 灭火器的筒体是否无明显的损伤（磕伤、划伤）、缺陷、锈蚀（特别是筒底和焊缝）、泄漏		
	16. 灭火器喷射软管是否完好、无明显龟裂，喷嘴不堵塞		
	17. 灭火器的驱动气体压力是否在工作压力范围内（贮压式灭火器查看压力指示器是否指示在绿色范围内，二氧化碳灭火器和储气瓶式灭火器可用称重法检查）		
	18. 灭火器的零部件是否齐全，并且无松动、脱落或损伤现象		
	19. 灭火器是否未开启、喷射过		

本规范用词说明

1 为便于在执行本规范条文时区别对待，对要求严格程度不同的用词说明如下：

1）表示很严格，非这样做不可的用词：
    正面词采用"必须"，反面词采用"严禁"。

2）表示严格，在正常情况下均应这样做的用词：
    正面词采用"应"，反面词采用"不应"或"不得"。

3）表示允许稍有选择，在条件许可时首先应这样做的用词：
    正面词采用"宜"，反面词采用"不宜"；
    表示有选择，在一定条件下可以这样做的用词，采用"可"。

2 本规范中指明应按其他有关标准、规范执行的写法为"应符合……的规定"或"应按……执行"。

中华人民共和国国家标准

建筑灭火器配置验收及检查规范

GB 50444—2008

条 文 说 明

目 次

1 总　则

1.0.1　制定本规范的目的是为了保障建筑灭火器的安装配置质量和安全使用，及时有效地扑灭建筑场所的初起火灾，尽量减少火灾危害，保护人身和财产安全。

1.0.2　本条规定了本规范的适用范围和不适用范围。其适用范围和现行国家标准《建筑灭火器配置设计规范》GB 50140 的适用范围是一致的。

　　本规范适用于建筑（包括所有生产、使用或储存可燃物的，新建、改建、扩建以及现已投入使用的各类工业与民用建筑）工程中灭火器的安装设置、竣工验收、日常检查及维护管理。本规范可供公安机关的消防监督员执行消防工程验收和防火检查等公务时使用，也可供建筑物用户（使用单位）的消防安全员、保安员进行消防安全自查、自验工作使用。

　　由于目前现有的各类灭火器均不能扑灭可燃物的爆炸性火灾，所以本规范并不适用于生产或储存炸药、弹药、火工品、花炮的厂房或库房。

1.0.3　本规范属于专业性较强的技术性法规，其内容涉及范围较广，故在对建筑灭火器进行安装设置、竣工验收、日常检查及维护管理时，除执行本规范外，尚应符合国家现行的有关规范、标准的规定。

　　本规范的相关现行国家标准有《建筑灭火器配置设计规范》GB 50140 等。

2 基 本 规 定

2.1 质 量 管 理

2.1.1　本条首先规定了建筑灭火器安装设置前应具备的基本条件，包括建筑灭火器配置设计图、设计说明和材料表等。本条还规定了设计单位要向施工、建设、监理单位进行技术交底，以便施工单位等正确理解设计文件和图纸，也有利于有关单位对施工过程进行监督，从而保证施工质量。

2.1.2　为保证建筑灭火器安装设置的施工质量，本条规定施工单位要按照经行政主管部门批准的工程设计文件和施工技术标准进行施工。本条还规定了修改设计需由设计单位出具设计变更通知单，施工单位无权自行修改和变更设计要求。

2.1.3　本条规定在建筑灭火器安装设置前要对灭火器、灭火器箱及其附件进行进场质量检查，这对保障灭火器的安装设置质量是非常必要的。进场质量检查不合格者，不得安装使用。

2.2 材料、器材

2.2.1　为防止不合格的灭火器产品进入使用领域，

本条规定在安装设置前建设单位和施工单位要对建筑选配的灭火器进行进场检查，认真把关。目前我国消防产品的市场准入规则实行强制性产品认证（CCC认证）、型式认可和强制检验三种制度，所以，对于强制性产品认证的消防产品，要求提供产品的强制性产品认证证书。对于型式认可的消防产品，要求提供产品的型式认可证书。对于强制检验的消防产品，要求提供产品检测周期内的型式检验报告。同时，还要具体检查相应的灭火器产品是否标记有认证标志、型式认可标志或型式检验报告编号。

　　手提式灭火器和推车式灭火器的产品质量应当分别符合现行国家标准《手提式灭火器　第1部分：性能和结构要求》GB 4351.1、《手提式灭火器　第2部分：手提二氧化碳灭火器钢质无缝瓶体的要求》GB 4351.2 和《推车式灭火器》GB 8109 的规定。

　　本条属于强制性条文，应当严格执行。

2.2.2　本条规定在安装设置前要对灭火器箱进行进场检查。灭火器箱的产品质量应当符合行业标准《灭火器箱》GA 139—1996 的规定。

　　目前，灭火器箱遵循的市场准入规则是强制检验制度。在进场检查时，要检查产品是否具有国家检验中心出具的型式检验报告和产品出厂合格证。同时，也要对产品的外观质量和使用功能进行检查。

2.2.3　本条规定在现场要检查安装设置灭火器的挂钩、托架是否符合建筑灭火器配置的设计要求，并规定建筑选配的挂钩、托架均要具有出厂合格证。

2.2.4　本条对灭火器、灭火器箱及墙面上指示灭火器设置位置所使用的发光标志，提出了质量保证要求，规定在进场前要检查发光标志的出厂合格证和型式检验报告。本条还规定要检查发光标志的外观，要求无明显缺陷和损伤。

3 安 装 设 置

3.1 一 般 规 定

3.1.1　本条规定了灭火器安装设置所包括的对象和内容，即灭火器的设置，灭火器箱的设置或安装、手提式灭火器挂钩、托架的安装以及发光指示标志的安装。

3.1.2　本条规定了建筑灭火器的安装设置要根据现行国家标准《建筑灭火器配置设计规范》GB 50140和建筑灭火器配置设计图来确定在哪些位置，设置何种灭火器。

　　同时，本条要求灭火器的安装设置单位需根据设计单位提供的建筑灭火器配置设计图和安装说明来确定灭火器的安装设置方式，进行灭火器、灭火器箱或手提式灭火器挂钩、托架的安装设置。

　　本条还规定安装设置单位要依据本规范附录 A

的规定编制建筑灭火器配置定位编码表。

3.1.3 本条之所以提出灭火器在安装设置后应便于取用，且不得影响安全疏散的要求，是考虑到这些要求很重要，涉及能否真正充分发挥灭火器及时有效地扑灭建筑场所初起火灾的作用，并保证人员疏散时的安全。这些要求能否完全做到，除了正确配置设计之外，还与在实际安装设置中的具体情况有关，即是否按照建筑灭火器配置设计图和安装说明进行安装设置，安装设置的质量是否达到要求，因此需要作出规定。

本条属于强制性条文，应当严格执行。

3.1.4 灭火器的安装设置要求铭牌朝外，器头向上，便于人员识别和紧急情况下使用。同时，本条对灭火器的本身安全也提出了稳固设置的要求。

3.1.5 本条要求灭火器设置点的环境温度要与灭火器的使用温度范围相适应，是为了防止在超出使用温度范围上限时，灭火器驱动气体压力过高而可能导致灭火器爆裂，也防止在低于使用温度范围下限时，灭火器驱动气体压力偏低，影响灭火器的灭火效果。

本条属于强制性条文，应当严格执行。

3.2 手提式灭火器的安装设置

3.2.1 手提式灭火器通常要设置在灭火器箱内或挂钩、托架上，这不仅对于手提式灭火器本身的保护具有一定的益处，可以防止灭火器被水浸渍，受潮，生锈，而且灭火器也不易被随意挪动或碰翻。放置在灭火器箱内的灭火器，还可以防止日晒、雨淋等环境条件对灭火器的不利影响。

对于地面铺设大理石、地板或地毯、环境干燥、洁净的建筑场所，可以将手提式灭火器直接放置在地面上。例如：洁净厂房、电子计算机房、通信机房和宾馆等灭火器配置场所。

3.2.2 本条规定灭火器箱在安装设置后，不允许灭火器箱被遮挡、拴系或上锁等影响取用灭火器的情况发生。

本条属于强制性条文，应当严格执行。

3.2.3 本条规定灭火器箱门的开启要方便，灵活，且箱门开启后不得阻挡人员的安全疏散。灭火器箱在安装设置后也要求达到行业标准《灭火器箱》GA 139—1996规定的要求。开门式灭火器箱的箱门开启角度不应小于175°，此时箱门几乎可以达到与箱体在一个平面上，从而保证了既便于取用灭火器，又不造成箱门开启后阻挡人员安全疏散。翻盖式灭火器箱的翻盖开启角度不应小于100°，此时翻盖可倾斜至箱体后侧，同时前部上挡板自动落下，从而保证了在取用灭火器时，不需要扶住翻盖，也不需将灭火器抬得很高就能便捷拿出。

当然，在开阔、宽敞的空间，不影响取用灭火器和人员疏散的场所，可不必作此要求。

3.2.4 手提式灭火器的挂钩和托架等安装配件，需要长年累月地固定、支撑灭火器，因此要求挂钩、托架安装后应能承受一定的静载荷。检查时，可将5倍的手提式灭火器的载荷（不小于45kg）悬挂于挂钩、托架上，作用5min，观察其是否出现松动、脱落、断裂和明显变形等现象。如其不够牢固，灭火器跌落，有可能造成灭火器损坏或人身伤害。

3.2.5 本条是针对安装设置后的手提式灭火器的挂钩、托架，要求其能够保证：用徒手的方式，即不借助任何工具，就能方便、快速地取用设置在其中的灭火器。这项规定，可以防止有些挂钩、托架，因过分强调牢固而造成结构过度繁琐、复杂，甚至出现不能徒手取用的情况。

当两具或两具以上手提式灭火器，通过挂钩、托架相邻设置时，要求保证在取用其中的任一具灭火器时，都不会受到相邻设置的另一具或几具灭火器的影响。

3.2.6 对于设有夹持带的挂钩、托架，主要是靠夹持带来保持灭火器不会发生倾倒或跌落。为了保证关键时刻能顺利打开夹持带，本条规定应从正面就能看清、了解夹持带的打开方式，并要求当夹持带打开时，不能发生因灭火器跌落造成灭火器损坏或伤人事故。

3.2.7 根据现行国家标准《建筑灭火器配置设计规范》GB 50140的要求，手提式灭火器顶部离地面高度不应大于1.50m，底部离地面高度不宜小于0.08m。因此，嵌墙式灭火器箱、挂钩、托架的安装高度应当保证设置在灭火器箱内或挂钩、托架上的手提式灭火器都能符合这些要求。

应当注意的是，这里并不是直接规定嵌墙式灭火器箱、挂钩、托架本身的安装高度，而是规定灭火器的实际安装高度，两者并不完全等同。例如，嵌墙式灭火器箱的顶部高度可超过1.50m，只要其中设置的灭火器顶部不超过1.50m，就是符合规范要求的。又如，挂钩本身高度虽然没有超过1.50m，但设置在其上的灭火器顶部高度超过了1.50m的话，这就不符合规范要求了。

3.3 推车式灭火器的设置

3.3.1 推车式灭火器的总质量较大，并且是通过移动机构来拉动或推动的。当其设置在斜坡上时容易发生自行滑动。另外，当其设置在台阶上时，不便于移动和操作。因此，本条规定推车式灭火器要设置在平坦场地，不能设置在台阶上。

本条还规定，推车式灭火器的设置方式应当保证：在没有外力作用下，灭火器不得自行滑动，避免其可能突然滑动或翻倒，造成灭火器损坏或伤人事故。

3.3.2 本条规定推车式灭火器的设置和防止自行滑

动的固定措施等均不得影响其操作使用和正常行驶移动。因此，推车式灭火器不能采用绳索、铁丝或锁链等进行捆扎、固定，可用木块等卡住轮子，防止自行滑动。当使用时，能方便地拆除、撤去这些固定措施，不影响推车式灭火器的正常操作和行驶。

3.4 其 他

3.4.1 现行国家标准《建筑灭火器配置设计规范》GB 50140 规定，在有视线障碍的灭火器设置点，应设置指示其位置的发光标志。在安装设置灭火器时，同样也应当将其作为安装设置的一项内容加以要求。故相应提出在有视线障碍的场所安装设置灭火器时，需要在醒目处的墙面上设置发光指示标志。

现行国家标准《消防安全标志》GB 13495 中的灭火器标志，其图形说明中规定：该标志指示灭火器的存放地点，除非灭火器立即可见，否则该标志应与箭头一起使用。

3.4.2 本条规定：在灭火器箱的箱体正面和灭火器设置点附近的墙面上应设置指示灭火器位置的标志，这些标志宜选用发光标志。

在手提式灭火器筒体上粘贴发光标志，已在现行国家标准《手提式灭火器 第 1 部分：性能和结构要求》GB 4351.1 中做出了规定，但当其放入灭火器箱中，该发光标志就看不见了。为了继续发挥这一作用，推荐在灭火器箱的箱体正面也粘贴发光标志，以延续或代替放在箱内的手提式灭火器发光标志的作用，使人们在黑暗中也能及时发现灭火器设置点的位置，从而可迅速地取到灭火器，及时扑救初起火灾。

3.4.3 设置在室外的灭火器，如没有采取防护措施，在某些情况和条件下，不可避免地会使灭火器受到风吹、雨淋、日晒、低温等因素的影响。为了保证灭火器的安全性和有效性，要求对灭火器采取遮阳防晒、挡雨防湿、保温防寒等相应的保护措施。

3.4.4 当灭火器需要设置在潮湿或腐蚀性的场所时，则要求对这些灭火器采取防湿和防腐蚀的措施。例如，给灭火器套上专用的防护外罩，或选用不锈钢筒体灭火器等。

4 配置验收

4.1 一般规定

4.1.1 本条规定了在建筑灭火器安装设置工程竣工之后，需要进行建筑灭火器配置的工程验收，验收不合格者不得投入使用。

本条属于强制性条文，应当严格执行。

4.1.2 本条是对建筑灭火器配置验收的基本要求。

建设单位应当组织设计单位、安装设置单位和监理单位，按照建筑灭火器配置设计文件进行验收，其目的是为了保障建筑灭火器的有效使用和安全操作。建设单位组织验收合格之后，可按照有关规定向建筑工程管辖区公安消防监督机构申报验收。

4.1.3 本条规定了在建筑灭火器配置验收前，安装设置单位需要提交建筑灭火器配置设计工程竣工图和建筑灭火器配置定位编码表等主要技术文件。

4.1.4 本条为建筑灭火器配置验收报告给出了标准表格。以往，对建筑灭火器配置验收比较随意，不利于建筑灭火器配置验收工作的规范化。建筑灭火器配置验收报告的具体格式见附录 B。

4.2 配置验收

4.2.1 实际配置灭火器的类型、规格、灭火级别和数量都要符合建筑灭火器配置设计要求，应当以建筑灭火器配置设计图、配置设计说明和建筑设计防火审核意见书为依据。关于检查数量的确定，分两种情况：①对火灾危险性大，人员流动量大，公众聚集的重要建筑场所，例如歌舞娱乐放映游艺场所、甲乙类火灾危险性场所、文物保护单位等，为了防止群死群伤的事故发生，应当全数检查。②对于其他场所，则以灭火器配置单元为检查单位，数量多时抽检，数量少时全检。

本条属于强制性条文，应当严格执行。

4.2.2 考虑到有关灭火器产品质量配置验收的可操作性，本条规定分两种情况进行：①对灭火器的外观质量，采取抽样检查的方式。②对灭火器的内在质量方面的合格性文件，采取全数检查的方式。

本条属于强制性条文，应当严格执行。

4.2.3 本条规定在同一配置单元内采用不同类型灭火器时，其灭火剂之间应当互相能够相容。并规定采用抽样检查的方式，对照经审核批准的建筑灭火器配置设计图和灭火器铭牌，现场核实。

本条属于强制性条文，应当严格执行。

4.2.4 灭火器的保护距离应当保持在现行国家标准《建筑灭火器配置设计规范》GB 50140 的规定范围内。在实际情况中，由于灭火器经常被随意挪动，故其保护距离常常满足不了配置设计规范的规定。这一情况很常见，应在配置验收工作中给予重视。本条规定该项验收以灭火器配置单元为检查单位，抽样比例为 20%。

本条属于强制性条文，应当严格执行。

4.2.5 本条规定在灭火器设置点的附近应当没有障碍物，不能影响灭火器的取用，也不能使疏散通道局部变窄以至影响人员安全疏散。本条规定全数观察检查。

4.2.6 有关灭火器箱的验收内容及要求详见本规范第 3 章第 2 节的有关要求。本条规定采用抽样检查的方式，抽样比例为 20%。

4.2.7 有关灭火器的挂钩、托架的验收内容及要求详见本规范第 3 章第 2 节的有关要求。本条规定采用抽样检查的方式，抽样比例为 5%。

4.2.8 灭火器的设置高度应当保持在现行国家标准《建筑灭火器配置设计规范》GB 50140 的规定范围内。允许设置高度存在安装误差，本条给出了垂直偏差值。本条规定采用抽样检查的方式，抽样比例为 20%。

4.2.9 有关推车式灭火器的验收内容及要求详见本规范第 3 章第 3 节的有关要求。本条规定全数观察检查。

4.2.10 有关灭火器的位置标识的验收内容及要求详见本规范第 3 章第 4 节的有关要求。本条规定全数观察检查。

4.2.11 本条规定灭火器的摆放应稳固，并对灭火器设置的环境提出了具体要求。对室内灭火器安装设置环境，要求通风，干燥，洁净。对室外灭火器安装设置环境，要求防止日光曝晒和风吹雨淋。本条规定全数观察检查。

4.3 配置验收判定规则

4.3.1 由于建筑灭火器的安装设置是独立性的施工过程，与消火栓系统安装工程、自动喷水灭火系统安装工程等在地位上是平等的，所以也是分部工程。建筑灭火器配置的验收应以一幢建筑物内的灭火器安装设置工程为一个分部工程进行评定。局部申报验收时，申报范围内的灭火器安装设置工程亦可作为一个分部工程对待。

4.3.2 本条给出了建筑灭火器配置工程验收合格与否的判定基准，系根据缺陷项的分类（严重缺陷项 A、重缺陷项 B、轻缺陷项 C）和数量进行综合判定。

建筑灭火器的安装设置工程量比灭火系统少一些，建筑灭火器配置的竣工验收内容及缺陷项也比灭火系统少得多，应当是一个相对简化的验收过程。因此，本条规定的建筑灭火器配置验收合格判定的总原则是：

严重缺陷项（A）：应当为零，A=0。

重缺陷项（B）：只允许出现 1 项，B≤1。

轻缺陷项（C）：当严重缺陷项（A）和重缺陷项（B）的数量均为零时，轻缺陷项（C）的数量不得大于 4；当严重缺陷项（A）的数量为零时，若有 1 个重缺陷项（B），则轻缺陷项（C）的数量不得大于 3。

综上所述，建筑灭火器配置验收合格判定的具体执行条件是 A=0，B=0，C≤4；A=0，B=1，C≤3。否则为不合格。

为便于执行本条规定，本规范附录 B 给出了各种缺陷项的分类方式和具体内容。

5 检查与维护

5.1 一般规定

5.1.1 本条规定建筑灭火器的检查与维护应当由相关技术人员负责。因为这是一项重要的需要落实到人的技术工作。

5.1.2 为了保障在建筑灭火器配置场所内持续保有一定的扑救初起火灾的安全防护能力，即在每个灭火器配置单元中，不能因为灭火器的送出维修而影响灭火器的整体灭火能力，本条规定每次送去维修的灭火器数量不得超过该单元配置灭火器总数量的 1/4。超出时，应当选择类型规格和操作方法均相同的备用灭火器来替代，替代灭火器的灭火级别不能小于原配置灭火器的灭火级别。

5.1.3 本条要求维修好的灭火器应当按原配置位置设置，不能随意变动原设置点的位置。这是因为在建筑灭火器配置设计的过程中，已经依据现行国家标准《建筑灭火器配置设计规范》GB 50140 关于灭火器保护距离和灭火器定位的具体规定，确定了灭火器设置点的位置。

5.1.4 灭火器的维修和报废是专业性很强的技术工作，而且具有一定的危险性，不是任何单位或个人都能安全操作的。本条规定应当由灭火器生产企业或灭火器专业维修单位承担灭火器的维修和报废工作。

5.2 检　　查

5.2.1 本条规定了普通建筑场所每月至少要对灭火器进行一次全面的检查，包括配置检查和外观检查。本规范附录 C 全面、详细地规定了灭火器月检应当检查的具体内容和要求。

5.2.2 本条规定实际上是 5.2.1 的例外情况，属于加严检查，要求每半个月进行一次检查。本条第 1 款所列的诸如候车（机、船）室和歌舞娱乐放映游艺场所等人员流动量大、公众聚集场所，若发生火灾，容易造成群死群伤恶性事故。第 2 款所列的诸如堆场、罐区、石油化工装置区、加油站、锅炉房、地下室等场所，若发生火灾，容易造成人员、财产的严重损失，这是因为甲乙类物品火灾危险性大，地下建筑灭火救援困难，要求灭火器更要保持随时能够安全使用的正常状态。

因此，本条规定应当采取提高检查频率的措施来实现此目的，要求每半个月按附录 C 规定的内容和要求进行一次全面检查。

附录 C 中第 11 项规定的"特殊场所"是指潮湿、腐蚀、高温、低温场所。

5.2.3 本条是对灭火器日常巡检的具体规定。对于灭火器位置变动、缺少零部件以及配置场所使用性质发生变化等一些容易发现的问题，要求及时纠正。

5.2.4 本条规定灭火器的月检、半月检和日常巡检都应当保存检查记录。

5.3 送　修

5.3.1 本条规定了灭火器需要送修的具体条件，包括在检查中发现灭火器存在机械损伤、明显锈蚀、灭火剂泄露、被开启使用过或符合其他维修条件的灭火器，都需要送到灭火器生产企业或灭火器专业维修单位，及时地进行维修。

5.3.2 本条对灭火器的维修期限做出了详细规定。只要达到或超过维修期限，即使灭火器未曾使用过，也应送修。本条还规定了首次维修之后的灭火器维修期限间隔。

　　本条属于强制性条文，应当严格执行。

　　本规范规定了灭火器的送修，至于灭火器如何维修，由行业标准《灭火器维修与报废规程》GA 95—2007进行规定。

5.4 报　废

5.4.1 本条规定了应当报废的5种灭火器类型。这些类型的灭火器，均系技术落后，产品过时。酸碱型灭火器、化学泡沫灭火器的灭火剂对灭火器筒体腐蚀性强，使用时要倒置，容易产生爆炸危险。氯溴甲烷灭火器、四氯化碳灭火器的灭火剂毒性大，已经淘汰。这些灭火器类型列入了国家颁布的淘汰目录，产品标准也已经废止。在灭火器月检、半月检、日常巡检时，若发现这些类型的灭火器，应当予以报废。

　　本条属于强制性条文，应当严格执行。

5.4.2 本条规定了灭火器应当予以报废的8种情况。存在上述8种情况之一的灭火器，使用时有可能对人员产生伤害。因此，若发现这些灭火器，应当予以报废。

　　本条属于强制性条文，应当严格执行。

　　至于在灭火器维修过程中发现的质量问题，诸如水压试验强度不合格、筒体和器头的螺纹受损、灭火器筒体内部防腐层损坏等，而应当予以报废的灭火器，则由行业标准《灭火器维修与报废规程》GA 95—2007具体规定。

5.4.3 本条确定了灭火器的报废期限。任何一种灭火器的使用寿命都是有限的，使用超过报废期限的灭火器，不仅会影响灭火效果，而且有可能对使用人员造成伤害。因此，只要达到或超过报废期限，即使灭火器未曾使用过，均应予以报废。本条规定与维修期限的原则相呼应，水基型灭火器的报废期限较短，干粉、洁净气体灭火器的报废期限较长，二氧化碳灭火器的报废期限最长。

　　本条属于强制性条文，应当严格执行。

　　灭火器应用广泛，是扑救各类工业与民用建筑初起火灾的常规灭火装备。由于灭火器筒体内部充有驱动气体，因此，使用时会有一定的危险性。坚持灭火器的定期维修和到期报废，就是为了保障灭火器安全使用，能够及时有效地扑灭初起火灾，尽量地减少火灾危害，保护人身和财产安全。

　　焊接结构、承受低压的灭火器，水压试验的次数太多，对其结构、金相及焊缝等影响较大，因此其水压试验周期、维修期限宜短一些，水压试验次数应少一些，总次数不超过3次，其报废期限则也应当短一些。无缝钢管结构、承受高压的灭火器筒体，其水压试验的总次数不超过4次，其报废期限则也应当长一些。

　　水基型灭火器的灭火剂对灭火器筒体的腐蚀较为明显，其水压试验周期、维修期限较短，出厂期满3年应当进行首次维修，以后每隔1年进行一次维修，但总共不超过3次。即：3+1+1＝5，5年后的下一年报废，就确定了水基型灭火器报废期限为6年。

　　干粉灭火器和洁净气体灭火器出厂期满5年应当进行首次维修，以后每隔2年进行一次维修，但总共不超过3次。即：5+2+2＝9，9年后的下一年报废，就确定了干粉灭火器和洁净气体灭火器报废期限为10年。

　　二氧化碳灭火器出厂期满5年应当进行首次维修，以后每隔2年进行一次维修，但总共不超过4次。即：5+2+2+2＝11，11年后的下一年报废，就确定了二氧化碳灭火器报废期限为12年。

5.4.4 为保证灭火器的报废不影响灭火器配置场所的总体灭火能力，本条特做此规定。灭火器报废后，应当按照等效替代的原则进行更换。等效替代的含义主要包括：新配灭火器的灭火种类、温度适用范围等应与原配灭火器一致，其灭火级别和配置数量均不得低于原配灭火器。

　　本条属于强制性条文，应当严格执行。

中华人民共和国国家标准

村庄整治技术规范

Technique code for village rehabilitation

GB 50445—2008

主编部门：中华人民共和国住房和城乡建设部
批准部门：中华人民共和国住房和城乡建设部
施行日期：2 0 0 8 年 8 月 1 日

中华人民共和国住房和城乡建设部
公　告

第 6 号

关于发布国家标准
《村庄整治技术规范》的公告

　　现批准《村庄整治技术规范》为国家标准，编号为 GB 50445—2008，自 2008 年 8 月 1 日起实施。其中，第 3.1.6、3.2.2（1、2、5）、3.2.3（4）、3.2.5（2）、3.3.2（4、5）、3.3.6、3.4.1（3）、3.4.3（1）、3.4.4（3）、3.4.6、3.5.3（1）、3.5.4、3.5.6、4.1.5、4.3.2、6.2.4（2）、8.4.4、8.4.7、10.4.2、10.5.3、11.1.2（1）条（款）为强制性条文，必须严格执行。

　　本规范由我部标准定额研究所组织中国建筑工业出版社出版发行。

中华人民共和国住房和城乡建设部
2008 年 3 月 31 日

前　　言

　　本规范是根据建设部《2007 年工程建设标准规范制订、修订计划（第一批）》（建标〔2007〕125 号）的要求，由中国建筑设计研究院会同有关设计、研究和教学单位编制而成。

　　本规范主要内容包括：1. 总则；2. 术语；3. 安全与防灾；4. 给水设施；5. 垃圾收集与处理；6. 粪便处理；7. 排水设施；8. 道路桥梁及交通安全设施；9. 公共环境；10. 坑塘河道；11. 历史文化遗产与乡土特色保护；12. 生活用能。

　　本规范以黑体字标志的条文为强制性条文，必须严格执行。

　　本规范由住房和城乡建设部负责管理和对强制性条文的解释，由中国建筑设计研究院负责具体技术内容的解释。

　　在执行过程中，请各有关单位及时将实践中的意见和建议反馈给中国建筑设计研究院（地址：北京市西城区车公庄大街 19 号，邮政编码：100044），以便修订时参考。

　　本规范主编单位：中国建筑设计研究院

　　本规范参编单位：北京工业大学
北京市市政工程设计研究总院
中国城市建设研究院
中国疾病预防控制中心环境与健康相关产品安全所
武汉市城市规划设计研究院
北京市城市规划设计研究院

本规范主要起草人：	方　明	赵　辉	邵爱云
	单彦名	杜白操	马东辉
	赵志军	徐海云	潘力军
	邵辉煌	冯　驰	陈　敏
	杜　遂	傅　晶	魏保军
	郭小东	苏经宇	崔招女
	刘学功	李　艺	黄文雄
	王友斌	王俊起	白　芳
	徐贺文	陈雄志	仝德良
	潘一玲	董艳芳	冯新刚

目　次

1 总　则

1.0.1 为提高村庄整治的质量和水平，规范村庄整治工作，改善农民生产生活条件和农村人居环境质量，稳步推进社会主义新农村建设，促进农村经济、社会、环境协调发展，制定本规范。

1.0.2 本规范适用于全国现有村庄的整治。

1.0.3 村庄整治应充分利用现有房屋、设施及自然和人工环境，通过政府帮扶与农民自主参与相结合的形式，分期分批整治改造农民最急需、最基本的设施和相关项目，以低成本投入、低资源消耗的方式改善农村人居环境，防止大拆大建、破坏历史风貌和资源。

1.0.4 村庄整治应因地制宜、量力而行、循序渐进、分期分批进行，并应充分传承当地历史文化传统，防止违背群众意愿，搞突击运动。并应符合下列基本原则：

　　1 充分利用已有条件及设施，坚持以现有设施的整治、改造、维护为主，尊重农民意愿、保护农民权益，严禁盲目拆建农民住宅；

　　2 各类设施整治应做到安全、经济、方便使用与管理，注重实效，分类指导，不应简单套用城镇模式大兴土木、铺张浪费；

　　3 根据当地经济社会发展水平、农民生产方式与生活习惯，结合农村人口及村庄发展的长期趋势，科学制定支持村庄整治的县域选点计划；

　　4 综合考虑整治项目的急需性、公益性和经济可承受性，确定整治项目和整治时序，分步实施；

　　5 充分利用与村庄整治相适应的成熟技术、工艺和设备，优先采用当地原材料，保护、节约和合理利用能源资源，节约使用土地；

　　6 严格保护村庄自然生态环境和历史文化遗产，传承和弘扬传统文化；严禁毁林开山，随意填塘，破坏特色景观与传统风貌，毁坏历史文化遗存。

1.0.5 村庄整治项目应包括安全与防灾、给水设施、垃圾收集与处理、粪便处理、排水设施、道路桥梁及交通安全设施、公共环境、坑塘河道、历史文化遗产与乡土特色保护、生活用能等。具体整治项目应根据实际需要与经济条件，由村民自主选择确定，涉及生命财产安全与生产生活最急需的整治项目应优先开展。

　　村庄整治应符合有关规划要求。当村庄规模较大、需整治项目较多、情况较复杂时，应编制村庄整治规划作为指导。

1.0.6 村庄整治除应符合本规范外，尚应符合国家现行有关标准的规定。

2 术　语

2.0.1 村庄整治　village rehabilitation
　　对农村居民生活和生产的聚居点的整顿和治理。

2.0.2 次生灾害　secondary induced disasters
　　自然灾害造成工程结构和自然环境破坏而引发的连锁性灾害。常见的有次生火灾、爆炸、洪水、有毒有害物质溢出或泄漏、传染病、地质灾害等。

2.0.3 基础设施　infrastructures
　　维持村庄或区域生存的功能系统和对国计民生、村庄防灾有重大影响的供电、供水、供气、交通及对抗灾救灾起重要作用的指挥、通信、医疗、消防、物资供应与保障等基础性工程设施系统，也称生命线工程。

2.0.4 浊度　turbidity
　　反映天然水及饮用水物理性状的指标，是悬浮物、胶态物或两者共同作用造成的在光线方面的散射或吸收状态，也称浑浊度。

2.0.5 可生物降解的有机垃圾　biodegradable waste
　　指可以腐烂的有机垃圾，如食物残渣、树叶、草等植物垃圾等。

2.0.6 堆肥　composting
　　在有氧和有控制的条件下通过微生物的作用对分类收集的有机垃圾进行的生物分解过程，制作产生肥料。

2.0.7 粪便无害化处理　feces harmless treatment
　　有效降低粪便中生物性致病因子数量，使病原微生物失去传染性，控制疾病传播的过程。

2.0.8 卫生厕所　sanitary latrine
　　有墙、有顶，厕坑及贮粪池不渗漏，厕内清洁，无蝇蛆，基本无臭，贮粪池密闭有盖，粪便及时清除并进行无害化处理的厕所。

2.0.9 户厕　household latrine
　　供农村家庭成员便溺用的场所，由厕屋、便器、贮粪池组成。

2.0.10 水冲式厕所　water closed latrine
　　具有给水和完整的排水设施的厕所。

2.0.11 人工湿地　artificial wetland
　　人工筑成的水池或沟槽，底面铺设防渗漏隔水层，填充一定深度的土壤或填料层，种植芦苇类维管束植物或根系发达的水生植物，污水由湿地一端通过布水管渠进入，与生长在填料表面的微生物和水中溶解氧进行充分接触而获得净化。

2.0.12 生物滤池　biological filter
　　污水处理构筑物，内置填料做载体，污水由上往下喷淋过程中与载体上的微生物及自下向上流动的空气充分接触，获得净化。

2.0.13 稳定塘　stabilization pond

污水停留时间长的天然或人工塘。主要依靠微生物好氧和（或）厌氧作用，以多极串连运行，稳定污水中的有机污染物。

2.0.14 表面水力负荷 hydraulic surface loading

每平方米表面积单位时间内通过的污水体积数。

2.0.15 坑塘 pit-pond

人工开挖或天然形成的储水洼地，包括养殖、种植塘及湖泊、河渠形成的支汊水体等。

2.0.16 滚水坝 overflow dam

高度较低的溢流水坝，控制坝前较低的水位，也称滚水堰。

2.0.17 塘堰 small reservoir

山丘区的小型蓄水工程，用以拦蓄地面径流，供灌溉及居民生活用水，也称塘坝。

2.0.18 历史文化遗产 cultural heritage

具有历史文化价值的古遗址、建（构）筑物、村庄格局。

2.0.19 历史文化名村 historic village

由住房和城乡建设部与国家文物局公布的、保存文物特别丰富并具有重大历史价值或革命纪念意义，能较完整地反映一定历史时期的传统风貌和地方民族特色的村落。

2.0.20 生物质成型燃料 biomass briquette

将农作物秸秆、农林废弃物、能源作物等生物质通过高压在高温或常温下压缩成热值达 11932～18840kJ/kg 的高密度棒状或颗粒状的燃料。

2.0.21 太阳房 solar house

依靠建筑物本身构造和建筑材料的热工性能，吸收和储存太阳光热量，满足使用需要的房屋。

3 安全与防灾

3.1 一般规定

3.1.1 村庄整治应综合考虑火灾、洪灾、震灾、风灾、地质灾害、雷击、雪灾和冻融等灾害影响，贯彻预防为主，防、抗、避、救相结合的方针，坚持灾害综合防御、群防群治的原则，综合整治、平灾结合，保障村庄可持续发展和村民生命安全。

3.1.2 村庄整治应达到在遭遇正常设防水准下的灾害时，村庄生命线系统和重要设施基本正常，整体功能基本正常，不发生严重次生灾害，保障农民生命安全的基本防御目标。

3.1.3 村庄整治应根据灾害危险性、灾害影响情况及防灾要求，确定工作内容，并应符合下列规定：

1 火灾、洪灾和按表 3.1.3 确定的灾害危险性为 C 类和 D 类等对村庄具有较严重威胁的灾种，村庄存在重大危险源时，应进行重点整治，除应符合本规范规定外，尚应按照国家有关法律法规和技术标准

规定进行防灾整治和防灾建设，条件许可时应纳入城乡综合防灾体系一进行；

表 3.1.3 灾害危险性分类

灾种 \ 灾害危险性	划分依据	A	B	C	D
地震	地震基本加速度 a(g)	$a<0.05$	$0.05 \leqslant a<0.15$	$0.15 \leqslant a<0.30$	$a \geqslant 0.30$
风	基本风压 w_0 (kN/m²)	$w_0<0.3$	$0.3 \leqslant w_0<0.5$	$0.5 \leqslant w_0<0.7$	$w_0 \geqslant 0.7$
地质	地质灾害分区	一般区		易发区、地质环境条件为中等和复杂程度	危险区
雪	基本雪压 s_0 (kN/m²)	$s_0<0.30$	$0.30 \leqslant s_0<0.45$	$0.45 \leqslant s_0<0.60$	$s_0 \geqslant 0.60$
冻融	最冷月平均气温(℃)	>0	$-5 \sim 0$	$-10 \sim -5$	<-10

2 除第 1 款规定外的一般危险性的常见灾害，可按群防群治的原则进行综合整治；

3 应充分考虑各类安全和灾害因素的连锁性和相互影响，并应符合下列规定：

1）应按各项灾害整治和避灾疏散的防灾要求，对各类次生灾害源点进行综合整治；

2）应按照火灾、洪灾、毒气泄漏扩散、爆炸、放射性污染等次生灾害危险源的种类和分布，对需要保障防灾安全的重要区域和源点，分类分级采取防护措施，综合整治；

3）应考虑公共卫生突发事件灾后流行性传染病和疫情，建立临时隔离、救治设施。

3.1.4 现状存在隐患的生命线工程和重要设施、学校和村民集中活动场所等公共建筑应进行整治改造，并应符合国家现行标准《建筑抗震设计规范》GB 50011、《建筑设计防火规范》GB 50016、《建筑结构荷载规范》GB 50009、《建筑地基基础设计规范》GB 50007、《冻土地区建筑地基基础设计规范》JGJ 118 等的要求。

存在结构性安全隐患的农民住宅应进行整治，消除危险因素。

3.1.5 村庄洪水、地震、地质、强风、雪、冻融等灾害防御，宜将下列设施作为重点保护对象，按照国家现行相关标准优先整治：

1 变电站（室）、邮电（通信）室、粮库（站）、卫生所（医务室）、广播站、消防站等生命线系统的

关键部位；

2 学校等公共建筑。

3.1.6 村庄现状用地中的下列危险性地段，禁止进行农民住宅和公共建筑建设，既有建筑工程必须进行拆除迁建，基础设施线状工程无法避开时，应采取有效措施减轻场地破坏作用，满足工程建设要求：

1 可能发生滑坡、崩塌、地陷、地裂、泥石流等的场地；

2 发震断裂带上可能发生地表位错的部位；

3 行洪河道；

4 其他难以整治和防御的灾害高危害影响区。

3.1.7 对潜在危险性或其他限制使用条件尚未查明或难以查明的建设用地，应作为限制性用地。

3.2 消防整治

3.2.1 村庄消防整治应贯彻预防为主、防消结合的方针，积极推进消防工作社会化，针对消防安全布局、消防站、消防供水、消防通信、消防通道、消防装备、建筑防火等内容进行综合整治。

3.2.2 村庄应按照下列安全布局要求进行消防整治：

1 村庄内生产、储存易燃易爆化学物品的工厂、仓库必须设在村庄边缘或相对独立的安全地带，并与人员密集的公共建筑保持规定的防火安全距离。

严重影响村庄安全的工厂、仓库、堆场、储罐等必须迁移或改造，采取限期迁移或改变生产使用性质等措施，消除不安全因素。

2 生产和储存易燃易爆物品的工厂、仓库、堆场、储罐等与居住、医疗、教育、集会、娱乐、市场等之间的防火间距不应小于 **50m**，并应符合下列规定：

1) 烟花爆竹生产工厂的布置应符合现行国家标准《民用爆破器材工厂设计安全规范》GB 50089 的要求；

2) 《建筑设计防火规范》GB 50016 规定的甲、乙、丙类液体储罐和罐区应单独布置在规划区常年主导风向下风或侧风方向，并应考虑对其他村庄和人员聚集区的影响。

3 合理选择村庄输送甲、乙、丙类液体、可燃气体管道的位置，严禁在其管上修建任何建筑物、构筑物或堆放物资。管道和阀门井盖应有明显标志。

4 应合理选择液化石油气供应站的瓶库、汽车加油站和煤气、天然气调压站、沼气池及沼气储罐的位置，并采取有效的消防措施，确保安全。

燃气调压设施或气化设施四周安全间距需满足城镇燃气输配的相关规定，且该范围内不能堆放易燃易爆物品。通过管道供应燃气的村庄，低压燃气管道的敷设也应满足城镇燃气输配的有关规范，且燃气管道之上不能堆放柴草、农作物秸秆、农林器械等杂物。

5 打谷场和易燃、可燃材料堆场，汽车、大型拖拉机车库，村庄的集贸市场或营业摊点的设置以及村庄与成片林的间距应符合农村建筑防火的有关规定，不得堵塞消防通道和影响消火栓的使用。

6 村庄各类用地中建筑的防火分区、防火间距和消防通道的设置，均应符合农村建筑防火的有关规定；在人口密集地区应规划布置避难区域；原有耐火等级低、相互毗连的建筑密集区或大面积棚户区，应采取防火分隔、提高耐火性能的措施，开辟防火隔离带和消防通道，增设消防水源，改善消防条件，消除火灾隐患。防火分隔宜按 30～50 户的要求进行，呈阶梯布局的村寨，应沿坡纵向开辟防火隔离带。防火墙修建应高出建筑物 50cm 以上。

7 堆量较大的柴草、饲料等可燃物的存放应符合下列规定：

1) 宜设置在村庄常年主导风向的下风侧或全年最小频率风向的上风侧；

2) 当村庄的三、四级耐火等级建筑密集时，宜设置在村庄外；

3) 不应设置在电气设备附近及电气线路下方；

4) 柴草堆场与建筑物的防火间距不宜小于 25m；

5) 堆垛不宜过高过大，应保持一定安全距离。

8 村庄宜在适当位置设置普及消防安全常识的固定消防宣传栏；易燃易爆区域应设置消防安全警示标志。

3.2.3 村庄建筑整治应符合下列防火规定：

1 村庄厂（库）房和民用建筑的耐火等级、允许层数、允许占地面积及建筑构造防火要求应符合农村建筑防火的有关规定；

2 既有耐火等级低的老建筑有条件时应逐步加以改造，采取提高耐火等级等措施消除火灾隐患；

3 村庄电气线路与电气设备的安装使用应符合国家电气设计技术规范和农村建筑防火的有关规定；村庄建筑电气应接地，配电线路应安装过载保护和漏电保护装置，电线宜采用线槽或穿管保护，不应直接敷设在可燃装修材料或可燃构件上，当必须敷设时应采取穿金属管、阻燃塑料管保护；

4 现状存在火灾隐患的公共建筑，应根据《建筑设计防火规范》GB 50016 等国家相关标准进行整治改造；

5 村庄应积极采用先进、安全的生活用火方式，推广使用沼气和集中供热；火源和气源的使用管理应符合农村建筑防火的有关规定；

6 保护性文物建筑应建立完善的消防设施。

3.2.4 村庄消防供水宜采用消防、生产、生活合一的供水系统，并应符合下列规定：

1 具备给水管网条件时，管网及消火栓的布置、水量、水压应符合现行国家标准《建筑设计防火规范》GB 50016 及农村建筑防火的有关规定；利用给水管道设置消火栓，间距不应大于 120m；

2 不具备给水管网条件时，应利用河湖、池塘、水渠等水源进行消防通道和消防供水设施整治；利用天然水源时，应保证枯水期最低水位和冬季消防用水的可靠性；

3 给水管网或天然水源不能满足消防用水时，宜设置消防水池，消防水池的容积应满足消防水量的要求；寒冷地区的消防水池应采取防冻措施；

4 利用天然水源或消防水池作为消防水源时，应配置消防泵或手抬机动泵等消防供水设备。

3.2.5 村庄整治应按照国家有关规定配置消防设施，并应符合下列规定：

1 消防站的设置应根据村庄规模、区域位置、发展状况及火灾危险程度等因素确定，确需设置消防站时应符合下列规定：

1）消防站布局应符合接到报警 5min 内消防人员到达责任区边缘的要求，并应设在责任区内的适中位置和便于消防车辆迅速出动的地段；

2）消防站的建设用地面积宜符合表 3.2.5 的规定；

3）村庄的消防站应设置由电话交换站或电话分局至消防站接警室的火警专线，并应与上一级消防站、邻近地区消防站，以及供水、供电、供气、义务消防组织等部门建立消防通信联网。

表 3.2.5 消防站规模分级

消防站类型	责任区面积（km²）	建设用地面积（m²）
标准型普通消防站	≤7.0	2400～4500
小型普通消防站	≤4.0	400～1400

2 5000 人以上村庄应设置义务消防值班室和义务消防组织，配备通信设备和灭火设施。

3.2.6 村庄消防通道应符合现行国家标准《建筑设计防火规范》GB 50016 及农村建筑防火的有关规定，并应符合下列规定：

1 消防通道可利用交通道路，应与其他公路相连通；消防通道上禁止设立影响消防车通行的隔离桩、栏杆等障碍物；当管架、栈桥等障碍物跨越道路时，净高不应小于 4m；

2 消防通道宽度不宜小于 4m，转弯半径不宜小于 8m；

3 建房、挖坑、堆柴草饲料等活动，不得影响消防车通行；

4 消防通道宜成环状布置或设置平坦的回车场；尽端式消防回车场不应小于 15m×15m，并应满足相应的消防规范要求。

3.3 防洪及内涝整治

3.3.1 受江、河、湖、海、山洪、内涝威胁的村庄应进行防洪整治，并应符合下列规定：

1 防洪整治应结合实际，遵循综合治理、确保重点、防汛与抗旱相结合、工程措施与非工程措施相结合的原则。根据洪灾类型确定防洪标准：

1）沿江、河、湖泊村庄防洪标准不应低于其所处江河流域的防洪标准；

2）邻近大型或重要工矿企业、交通运输设施、动力设施、通信设施、文物古迹和旅游设施等防护对象的村庄，当不能分别进行防护时，应按"就高不就低"的原则确定设防标准及防洪设施。

2 应合理利用岸线，防洪设施选线应适应防洪现状和天然岸线走向。

3 受台风、暴雨、潮汐威胁的村庄，整治时应符合防御台风、暴雨、潮汐的要求。

4 根据历史降水资料易形成内涝的平原、洼地、水网圩区、山谷、盆地等地区的村庄整治应完善除涝排水系统。

3.3.2 村庄的防洪工程和防洪措施应与当地江河流域、农田水利、水土保持、绿化造林等规划相结合并应符合下列规定：

1 居住在行洪河道内的村民，应逐步组织外迁；

2 结合当地江河走向、地势和农田水利设施布置泄洪沟、防洪堤和蓄洪库等防洪设施；对可能造成滑坡的山体、坡地，应加砌石块护坡或挡土墙；防洪（潮）堤的设置应符合国家有关标准的规定；

3 村庄范围内的河道、湖泊中阻碍行洪的障碍物，应制定限期清除措施；

4 在指定的分洪口门附近和洪水主流区域内，严禁设置有碍行洪的各种建筑物，既有建筑物必须拆除；

5 位于防洪区内的村庄，应在建筑群体中设置具有避洪、救灾功能的公共建筑物，并应采用有利于人员避洪的建筑结构形式，满足避洪疏散要求；避洪房屋应依据现行国家标准《蓄滞洪区建筑工程技术规范》GB 50181 的有关规定进行整治；

6 蓄滞洪区的土地利用、开发必须符合防洪要求，建筑场地选择、避洪场所设置等应符合《蓄滞洪区建筑工程技术规范》GB 50181 的有关规定并应符合下列规定：

1）指定的分洪口门附近和洪水主流区域内的土地应只限于农牧业以及其他露天方式使用，保持自然空地状态；

2）蓄滞洪区内的高地、旧堤应予保留，以备临时避洪；

3）蓄滞洪区内存在有毒、严重污染物质的工厂和仓库必须制定限期拆除迁移措施。

3.3.3 村庄应选择适宜的防内涝措施，当村庄用地外围有较大汇水需汇入或穿越村庄用地时，宜用边沟或排（截）洪沟组织用地外围的地面汇水排除。

3.3.4 村庄排涝整治措施包括扩大坑塘水体调节容量、疏浚河道、扩建排涝泵站等，应符合下列规定：

    1 排涝标准应与服务区域人口规模、经济发展状况相适应，重现期可采用5～20年；

    2 具有排涝功能的河道应按原有设计标准增加排涝流量校核河道过水断面；

    3 具有旱涝调节功能的坑塘应按排涝设计标准控制坑塘水体的调节容量及调节水位，坑塘常水位与调节水位差宜控制在0.5～1.0m；

    4 排涝整治应优先考虑扩大坑塘水体调节容量，强化坑塘旱涝调节功能；主要方法包括：

      1）将原有单一渔业养殖功能坑塘改为养殖与旱涝调节兼顾的综合功能坑塘；

      2）调整农业用地结构，将地势低洼的原有耕地改为旱涝调节坑塘；

      3）受土地条件限制地区，宜采用疏浚河道、新（扩）建排涝泵站的整治方式。

3.3.5 村庄防洪救援系统，应包括应急疏散点、救生机械（船只）、医疗救护、物资储备和报警装置等。

3.3.6 村庄防洪通信报警信号必须能送达每户家庭，并应能告知村庄区域内每个人。

3.4 其他防灾项目整治

3.4.1 地质灾害综合整治应符合下列规定：

    1 应根据所在地区灾害环境和可能发生灾害的类型重点防御：山区村庄重点防御边坡失稳的滑坡、崩塌和泥石流等灾害；矿区和岩溶发育地区的村庄重点防御地面下沉的塌陷和沉降灾害；

    2 地质灾害危险区应及时采取工程治理或者搬迁避让措施，保证村民生命和财产安全；地质灾害治理工程应与地质灾害规模、严重程度以及对人民生命和财产安全的危害程度相适应；

    3 地质灾害危险区内禁止爆破、削坡、进行工程建设以及从事其他可能引发地质灾害的活动；

    4 对可能造成滑坡的山体、坡地，应加砌石块护坡或挡土墙。

3.4.2 位于地震基本烈度六度及以上地区的村庄应符合下列规定：

    1 根据抗震防灾要求统一整治村庄建设用地和建筑，并应符合下列规定：

      1）对村庄中需要加强防灾安全的重要建筑，进行加固改造整治；

      2）对高密度、高危险性地区及抗震能力薄弱的建筑应制定分区加固、改造或拆迁

措施，综合整治；位于本规范第3.1.6条规定的不适宜用地上的建筑应进行拆迁、外移，位于本规范第3.1.7条规定的限制性用地上的建筑应进行拆迁、外移或消除限制性使用因素。

    2 地震设防区村庄应充分估计地震对防洪工程的影响，防洪工程设计应符合现行行业标准《水工建筑物抗震设计规范》SL 203的规定。

3.4.3 村庄防风减灾整治应根据风灾危害影响统筹安排进行整治，并应符合下列规定：

    1 风灾危险性为D类地区的村庄建设用地选址应避开与风向一致的谷口、山口等易形成风灾的地段；

    2 风灾危险性为C类地区的村庄建设用地选址宜避开与风向一致的谷口、山口等易形成风灾的地段；

    3 村庄内部绿化树种选择应满足抵御风灾正面袭击的要求；

    4 防风减灾整治应根据风灾危害影响，按照防御风灾要求和工程防风措施，对建设用地、建筑工程、基础设施、非结构构件统筹安排进行整治，对于台风灾害危险地区村庄，应综合考虑台风可能造成的大风、风浪、风暴潮、暴雨洪灾等风灾要求；

    5 风灾危险性C类和D类地区村庄应根据建设和发展要求，采取在迎风方向的边缘种植密集型防护林带或设置挡风墙等措施，减小暴风雪对村庄的威胁和破坏。

3.4.4 村庄防雪灾整治应符合下列规定：

    1 村庄建筑应符合现行国家标准《建筑结构荷载规范》GB 50009的有关规定，并应符合下列规定：

      1）暴风雪严重地区应统一考虑本规范第3.4.3条防风减灾的整治要求；

      2）建筑物屋顶宜采用适宜的屋面形式；

      3）建筑物不宜设高低屋面。

    2 根据雪压分布、地形地貌和风力对雪压的影响，划分建筑工程的有利场地和不利场地，合理布局和整治村庄建筑、生命线工程和重要设施。

    3 雪灾危害严重地区村庄应制定雪灾防御避灾疏散方案，建立避灾疏散场所，对人员疏散、避灾疏散场所的医疗和物资供应等作出合理规划和安排。

    4 雪灾危险性C类和D类地区的村庄整治时应符合本规范第3.4.3条第5款的规定。

3.4.5 村庄冻融灾害防御整治应符合下列规定：

    1 多年冻土不宜作为采暖建筑地基，当用作建筑地基时，应符合现行国家标准的有关规定；

    2 山区建筑物应设置截水沟或地下暗沟，防止地表水和潜流水浸入基础，造成冻融灾害；

    3 根据场地冻土、季节冻土标准冻深的分布情况，地基土的冻胀性和融陷性，合理确定生命线工程

和重要设施的室外管网布局和埋深。

3.4.6 雷暴多发地区村庄内部易燃易爆场所、物资仓储、通信和广播电视设施、电力设施、电子设备、村民住宅及其他需要防雷的建（构）筑物、场所和设施，必须安装避雷、防雷设施。

3.5 避灾疏散

3.5.1 村庄避灾疏散应综合考虑各种灾害的防御要求，统筹进行避灾疏散场所与避灾疏散道路的安排与整治。

3.5.2 村庄道路出入口数量不宜少于 2 个，1000 人以上的村庄与出入口相连的主干道路有效宽度不宜小于 7m，避灾疏散场所内外的避灾疏散主通道的有效宽度不宜小于 4m。

3.5.3 避灾疏散场地应与村庄内部的晾晒场地、空旷地、绿地或其他建设用地等综合考虑，与火灾、洪灾、海啸、滑坡、山崩、场地液化、矿山采空区塌陷等其他防灾要求相结合，并应符合下列规定：

    1 应避开本规范第 3.1.6 条规定的危险用地区段和次生灾害严重的地段；

    2 应具备明显标志和良好交通条件；

    3 有多个进出口，便于人员与车辆进出；

    4 应至少有一处具备临时供水等必备生活条件的疏散场地。

3.5.4 避灾疏散场所距次生灾害危险源的距离应满足国家现行有关标准要求；四周有次生火灾或爆炸危险源时，应设防火隔离带或防火林带。避灾疏散场所与周围易燃建筑等一般火灾危险源之间应设置宽度不少于 **30m** 的防火安全带。

3.5.5 村庄防洪保护区应制定就地避洪设施规划，有效利用安全堤防，合理规划和设置安全庄台、避洪房屋、围埝、避水台、避洪杆架等避洪场所。

3.5.6 修建围埝、安全庄台、避水台等就地避洪安全设施时，其位置应避开分洪口、主流顶冲和深水区，其安全超高值应符合表 3.5.6 规定。安全庄台、避水台迎流面应设护坡，并设置行人台阶或坡道。

表 3.5.6 就地避洪安全设施的安全超高

安全设施	安置人口（人）	安全超高（m）
围埝	地位重要、防护面大、安置人口超过 10000 的密集区	>2.0
	≥10000	2.0~1.5
	≥1000，<10000	1.5~1.0
	<1000	1.0
安全庄台、避水台	≥1000	1.5~1.0
	<1000	1.0~0.5

注：安全超高指在蓄、滞洪时的最高洪水位以上，考虑水面浪高等因素，避洪安全设施需要增加的富余高度。

3.5.7 防洪区的村庄宜在房前屋后种植高杆树木。

3.5.8 蓄滞洪区内学校、工厂等单位应利用屋顶或平台等建设集体避洪安全设施。

4 给水设施

4.1 一般规定

4.1.1 村庄给水设施整治应充分利用现有条件，改造完善现有设施，保障饮水安全。

4.1.2 村庄给水设施整治应实现水量满足用水需求，水质达标。整治后生活饮用水水量不应低于 40～60L/（人·d），集中式给水工程配水管网的供水水压应满足用户接管点处的最小服务水头。水质应符合现行国家标准《生活饮用水卫生标准》GB 5749 的规定。

4.1.3 村庄给水设施整治的主要内容包括水源、给水方式、给水处理工艺、现有设备设施和输配水管道的整治，并应根据当地实际情况完善其他必要的设备设施。

4.1.4 集中式给水工程整治的设计、施工应根据供水规模，由具有相应资质的专业单位负责。

4.1.5 生活饮用水必须经过消毒。凡与生活饮用水接触的材料、设备和化学药剂等应符合国家现行有关生活饮用水卫生安全的规定。

4.1.6 村庄给水设施整治应符合本规范第 3.1.6 条的规定。

4.2 给水方式

4.2.1 给水方式分为集中式和分散式两类。

4.2.2 给水方式应根据当地水源条件、能源条件、经济条件、技术水平及规划要求等因素进行方案综合比较后确定。

4.2.3 村庄靠近城市或集镇时，应依据经济、安全、实用的原则，优先选择城市或集镇的配水管网延伸供水。

4.2.4 村庄距离城市、集镇较远或无条件时，应建设给水工程，联村、联片供水或单村供水。无条件建设集中式给水工程的村庄，可选择手动泵、引泉池或雨水收集等单户或联户分散式给水方式。

4.3 水 源

4.3.1 水源整治内容为现有水源保护区内污染源的清理整治，或根据需要选择新水源。

4.3.2 应建立水源保护区。保护区内严禁一切有碍水源水质的行为和建设任何可能危害水源水质的设施。

4.3.3 现有水源保护区内所有污染源应进行清理整治。

4.3.4 选择新水源时，应根据当地条件，进行水资源勘察。所选水源应水量充沛、水质符合相关要求，无条件地区可收集雨（雪）水作为水源。

水源水质应符合下列规定：

1 采用地下水为生活饮用水水源时，水质应符合现行国家标准《地下水质量标准》GB/T 14848 的规定；

2 采用地表水为生活饮用水水源时，水质应符合现行国家标准《地表水环境质量标准》GB 3838 的规定。

4.3.5 水源水质不能满足上述要求时，应采取必要的处理工艺，使处理后的水质符合现行国家标准《生活饮用水卫生标准》GB 5749 的规定。

4.4 集中式给水工程

4.4.1 给水处理工艺的整治应符合下列规定：

1 应根据水源水质、设计规模、处理后水质要求，参照相似条件下已有水厂的运行经验，确定水处理工艺流程与构筑物；

2 原水含铁、锰量超标，可采用曝气氧化工艺；

3 原水含氟量超标，可采用活性氧化铝吸附或混凝沉淀工艺；

4 原水含盐量（苦咸水）超标，可采用电渗析或反渗透工艺；

5 原水含砷量超标，可采用多介质过滤工艺；

6 原水浊度超标可采用下列处理工艺：

    1） 原水浊度长期不超过 20NTU，瞬时不超过 60NTU，可采用慢滤或接触过滤工艺；

    2） 原水浊度长期不超过 500NTU，瞬时不超过 1000NTU，可采用两级粗滤加慢滤或混凝沉淀（澄清）工艺；

7 原水藻类、氨氮或有机物超标（微污染的地表水），可在混凝沉淀前增加预氧化工艺，或在混凝沉淀后增加活性炭深度处理工艺。

4.4.2 设备设施的整治应符合下列规定：

1 给水工程设施的整治主要包括现有给水厂站及生产建（构）筑物、调节构筑物以及水泵、消毒等设备设施的整治或根据整治需要增加必要的设备设施；

2 给水厂站及生产建（构）筑物的整治应符合下列规定：

    1） 应符合本规范第 3.1.6 条的规定；

    2） 给水厂站生产建（构）筑物（含厂外泵房等）周围 30m 范围内现有的厕所、化粪池和禽畜饲养场应迁出，且不应堆放垃圾、粪便、废渣和铺设污水管渠；

    3） 有条件的厂站应配备简易水质检验设备；

    4） 无计量装置的出厂水总干管应增设计量装置；

3 调节构筑物的整治应符合下列规定：

    1） 清水池、高位水池应有保证水的流动、避免死角的措施，容积大于 50m³ 时应设导流墙，增加清洗及通气等措施；

    2） 清水池和高位水池应加盖，设通气孔、溢流管和检修孔，并有防止杂物和爬虫进入池内的措施；

    3） 室外清水池和高位水池周围及顶部宜覆土；

    4） 无避雷设施的水塔和高位水池应增设避雷设施；

4 水泵的整治应符合下列规定：

    1） 不能满足水量、水压要求的水泵宜进行更换；

    2） 不能适应水量、水压变化要求的水泵宜增设变频设施；

    3） 当水泵向高地供水时，应在出水总干管上安装水锤防护装置；

5 消毒设施的整治应符合下列规定：

    1） 消毒方法和消毒剂的选择应根据当地条件、消毒剂来源、原水水质、出水水质要求、给水处理工艺等，通过技术经济比较确定；可采用氯、二氧化氯、臭氧、紫外线等消毒方法，消毒剂与水的接触时间不应小于 30min；

    2） 消毒剂以及消毒系统应符合国家相关标准、规范的规定。

4.4.3 输配水管道的整治应符合下列规定：

1 现有供水不畅的输配水管道应进行疏通或更新，以解决跑、冒、滴、漏和二次污染等问题；

2 输水管道的整治应符合下列规定：

    1） 应满足管道埋设要求，尽量缩短线路长度，避免急转弯、较大的起伏、穿越不良地质地段，减少穿越铁路、公路、河流等障碍物；

    2） 新建或改造的管道应充分利用地形条件，优先采用重力流输水；

3 配水管道宜沿现有道路或规划道路敷设，地形高差较大时，宜在适当位置设加压或减压设施；

4 村庄生活饮用水配水管道不应与非生活饮用水管道、各单位自备生活饮用水管道连接；

5 输配水管道的埋设深度应根据冰冻情况、外部荷载、管材性能等因素确定；露天管道宜设调节管道伸缩设施，并设置保证管道稳定的措施，还应根据需要采取防冻保温措施；

6 输配水管道在管道隆起点上应设自动进（排）气阀；排气阀口径宜为管道直径的 1/12～1/8，且不小于 15mm；

7 管道低凹处应设泄水阀，泄水阀口径宜为管道直径的 1/5～1/3；

8 管道分水点下游的干管和分水支管上应设检修阀;

9 室外管道上的闸阀、蝶阀、进(排)气阀、泄水阀、减压阀、消火栓、水表等宜设在井内,并有防冻、防淹措施。

4.5 分散式给水工程

4.5.1 手动泵给水工程的整治应符合下列规定:

1 手动泵给水工程由水源井、井台和手动泵组成;

2 水源井应选择在水量充沛、水质良好、环境卫生、运输方便、靠近用水中心、便于施工管理、易于排水、安全可靠的地点,并应符合本规范第4.3.2条的规定;

3 水源井周边应保持环境卫生,并应有排水设施;

4 井台应高出周边地面,高差不应小于0.2m。

4.5.2 引泉池给水工程的整治应符合下列规定:

1 引泉池给水工程由山泉水水源、引泉池与供水管网组成;

2 整治前应对泉水出露的地形、水文地质条件等进行实地勘察,确定水源的补给及泉水类型;

3 引泉池应设顶盖封闭,并设通风管;管口宜向下弯曲,包扎细网;引泉池进口、检修孔孔盖应高出周边地面0.1~0.2m;池壁应密封不透水,壁外用黏土夯实稳固,黏土层厚度为0.3~0.5m;引泉池周围应作不透水层,地面以一定坡度坡向排水沟;

4 引泉池池壁上部应设置溢流管,管径比出水管管径大一级,出水管距池底0.1~0.2m,可在池底设置排空管。

4.5.3 雨水收集给水工程的整治应符合下列规定:

1 依据收集场地的不同,雨水收集系统可分为屋顶集水式与地面集水式雨水收集系统两类;

2 屋顶集水式雨水收集系统由屋顶集水场、集水槽、落水管、输水管、简易净化装置(粗滤池)、贮水池、取水设备等组成;

3 地面集水式雨水收集系统由地面集水场、汇水渠、简易净化装置(沉砂池、沉淀池、粗滤池)、贮水池、取水设备等组成;

4 集水场的整治应符合下列规定:

  1) 集水能力应满足用水量需求,并应与贮水池的容积相配套;

  2) 集水面应采用集水性好的材料;

  3) 集水面的坡度应大于0.2%,并设集水槽(管)或汇水渠(管);

  4) 集水面应避开畜禽圈、粪坑、垃圾堆、农药、肥料等污染源;

  5) 贮水池应符合本规范第4.4.2条有关调节构筑物的整治要求。

4.6 维 护 技 术

4.6.1 验收应符合下列规定:

1 集中式给水工程应通过竣工验收后,方可投入运行;

2 建(构)筑物、给水管井、混凝土结构、砌体结构、管道工程、机电设备等施工及验收均应符合国家有关施工及验收规范的规定。

4.6.2 运行管理应符合下列规定:

1 集中式给水工程应设置管理机构或由相关部门兼管,明确职责,落实管理人员;

2 供水单位根据具体情况,建立包括水源卫生防护、水质检验、岗位责任、运行操作、安全规程、交接班、维护保养、成本核算、计量收费等运行管理制度和突发事件处理预案,按制度进行管理;

3 供水单位应取得取水许可证、卫生许可证,运行管理人员应有健康合格证;

4 供水单位应根据工程具体情况建立水质检验制度,配备检验人员和检验设备,对原水、出厂水和管网末梢水进行水质检验,并接受当地卫生部门的监督;水质检验项目和频率等应根据当地卫生主管部门的要求进行;

5 分散式给水村庄的供水主管部门应建立巡视检查制度,了解水源保护和村民饮水情况,发现问题应及时采取措施,保证安全供水。

5 垃圾收集与处理

5.1 一 般 规 定

5.1.1 村庄垃圾应及时收集、清运,保持村庄整洁。

5.1.2 村庄生活垃圾宜就地分类回收利用,减少集中处理垃圾量。

5.1.3 人口密度较高的区域,生活垃圾处理设施应在县域范围内统一规划建设,宜推行村庄收集、乡镇集中运输、县域内定点集中处理的方式,暂时不能纳入集中处理的垃圾,可选择就近简易填埋处理。

5.1.4 工业废弃物、家庭有毒有害垃圾宜单独收集处置,少量非有害的工业废弃物可与生活垃圾一起处置。塑料等不易腐烂的包装物应定期收集,可沿村庄内部道路合理设置废弃物遗弃收集点。

5.2 垃圾收集与运输

5.2.1 生活垃圾宜推行分类收集,循环利用。

5.2.2 垃圾收集点应放置垃圾桶或设置垃圾收集池(屋),并应符合下列规定:

1 收集点可根据实际需要设置,每个村庄不应少于1个垃圾收集点;

2 收集频次可根据实际需要设定,可选择每周

1～2次。

5.2.3 垃圾收集点应规范卫生保护措施,防止二次污染。蝇、蚊孳生季节,应定时喷洒消毒及灭蚊蝇药物。

5.2.4 垃圾运输过程中应保持封闭或覆盖,避免遗撒。

5.3 垃圾处理

5.3.1 废纸、废金属等废品类垃圾可定期出售。

5.3.2 可生物降解的有机垃圾单独收集后应就地处理,可结合粪便、污泥及秸秆等农业废弃物进行资源化处理,包括家庭堆肥处理、村庄堆肥处理和利用农村沼气工程厌氧消化处理。

5.3.3 家庭堆肥处理可在庭院或农田中采用木条等材料围成约 $1m^3$ 空间堆放可生物降解的有机垃圾,堆肥时间不宜少于 2 个月。庭院里进行家庭堆肥处理可用土覆盖。

5.3.4 村庄集中堆肥处理,宜采用条形堆肥方式,时间不宜少于 2～3 个月。条形堆肥场地可选择在田间、田头或草地、林地旁。

5.3.5 设置人畜粪便沼气池的村庄,可将可生物降解的有机垃圾粉碎后与畜粪混合处理。

5.3.6 砖、瓦、石块、渣土等无机垃圾宜作为建筑材料进行回收利用;未能回收利用的砖、瓦、石块、渣土等无机垃圾可在土地整理时回填使用。

5.3.7 暂时不能纳入集中处理的其他垃圾,可采用简易填埋处理,并应符合下列规定:

　　1 简易填埋处理场严禁选址于村庄水源保护区范围内,宜选择在村庄主导风向下风向,且应避免占用农田、林地等农业生产用地;宜选择地下水位低并有不渗水黏土层的坑地或洼地;选址与村庄居住建筑用地的距离不宜小于卫生防护距离要求;

　　2 简易填埋(堆放)场主要处置暂时不能纳入集中处理的其他垃圾,倾倒过程应进行简单覆盖,场址四周宜设置简易截洪设施;

　　3 简易填埋处理场底部宜采用自然黏性土防渗。

6 粪 便 处 理

6.1 一 般 规 定

6.1.1 村庄整治应实现粪便无害化处理,预防疾病,保障村民身体健康,防止粪便污染环境。

6.1.2 应按实际需要选择厕所类型,其改造和建设应符合国家有关的规定。

　　户厕改造宜实现一户一厕。

6.1.3 人、畜粪便应在无害化处理后进行农业应用,减少对水体与环境的污染。

6.1.4 当地主管部门应对新改建厕所的粪便无害化处理效果进行抽样检测,粪大肠菌、蛔虫卵应符合现行国家标准《粪便无害化卫生标准》GB 7959 的规定;血吸虫病流行地区的厕所应符合卫生部门的有关规定。

6.2 卫生厕所类型选择

6.2.1 村庄整治中应综合考虑当地经济发展状况、自然地理条件、人文民俗习惯、农业生产方式等因素,选用适宜的厕所类型:

　　1 三格化粪池厕所;

　　2 三联通沼气池式厕所;

　　3 粪尿分集式生态卫生厕所;

　　4 水冲式厕所;

　　5 双瓮漏斗式厕所;

　　6 阁楼堆肥式厕所;

　　7 双坑交替式厕所;

　　8 深坑式厕所。

6.2.2 厕所类型选择应符合下列规定:

　　1 不具备上、下水设施的村庄,不宜建水冲式厕所。水冲式厕所排出的粪便污水应与通往污水处理设施的管网相连接;

　　2 家庭饲养牲畜的农户,宜建造三联通沼气池式厕所;

　　3 寒冷地区建造三联通沼气池式厕所应保持温度,宜与蔬菜大棚等农业生产设施结合建设;

　　4 干旱地区的村庄可建造粪尿分集式生态卫生厕所、双坑交替式厕所、阁楼堆肥式厕所或双瓮漏斗式厕所;

　　5 寒冷地区的村庄可采用深坑式厕所,贮粪池底部应低于当地冻土层;

　　6 非农牧业地区的村庄,不宜选用粪尿分集式生态卫生厕所。

6.2.3 户厕应满足建造技术要求、方便使用与管理,与饮用水源保持必要的安全卫生距离,并应符合下列规定:

　　1 地上厕屋应满足农户自身需要;

　　2 地下结构应符合无害化卫生厕所要求、坚固耐用、经济方便;特殊地质条件地区,应由当地建筑设计部门提出建造的质量安全要求。

6.2.4 为防止人畜共患病,还应符合下列规定:

　　1 禁止人畜混居,避免人禽混居;

　　2 血吸虫病流行地区与其他肠道传染病高发地区村庄的沼气池式户厕,不应采用可随时取沼液与沼液随意溢流排放的设计模式,严禁将沼液作为牲畜的饲料添加剂、养鱼、养禽等,严禁向任何水域排放粪便污水和沼液。

6.2.5 使用预制式贮粪池、便器与厕所其他关键设备前,应进行安全性与功能性的技术鉴定,符合要求的方可生产。

6.3 厕所建造与卫生管理要求

6.3.1 厕所建造与卫生管理应符合下列规定：

1 三格化粪池厕所：

  1）厕所内应有贮水容器；

  2）排气管应与三格化粪池的第一池相通，高于厕屋 500mm 以上；

  3）使用前，贮粪池应进行渗漏测试，不渗漏方可投入使用；

  4）贮粪池投入运行前，应向第一池注入水至浸没第一池过粪管口；

  5）应定期检查过粪管是否堵塞，并及时进行疏通；

  6）第三格的粪液应及时清掏，清掏的粪渣、粪皮及沼气池的沉渣应进行堆肥等无害化处理；

  7）禁止在第一池取粪用肥；禁止向第二、三池倒入新鲜粪液；禁止将洗浴水、畜禽粪通入贮粪池；

  8）厕纸不宜丢入厕坑。

2 三联通沼气池式厕所：

  1）厕所内应有贮水容器；

  2）新建沼气池需经 7d 以上养护，经试水、试压，不漏气、不漏水后方可投料使用；

  3）首次投料启动采用沼气池沉渣或污染物作为接种物时，接种量为总发酵液的 10%～15%，采用旧沼气池发酵液作为接种物时，应大于 30%；

  4）沼气池发酵液含水量一般为 90%～95%，料液碳氮比一般为 20∶1，发酵最宜 pH 值为 6.8，沼液应经沉淀后于溢流贮存处掏取；

  5）根据当地用肥季节和习惯，沼气池宜每年出料 1～2 次；

  6）使用和检查维修沼气池时，必须严格防火、防爆和防止窒息事故发生；

  7）严禁在进粪端取粪用肥，严禁将洗浴水通入厕所的发酵间，严禁向沼气池投入剧毒农药和各种杀虫剂、杀菌剂。

3 粪尿分集式生态卫生厕所：

  1）应有覆盖料；

  2）应设置贮粪池与贮尿池，贮粪池向阳采光，贮尿池避光密封；应单独设置男士使用的小便器，管道与贮尿池连接；

  3）出粪口盖板应用涂黑金属板制作；

  4）便器为粪尿分别收集型，南方村庄尿收集口直径宜为 30mm，北方村庄尿收集口直径宜为 60mm；

  5）地下水位高的地区宜建造地上或半地上式贮粪池；

  6）新厕所使用前在坑内垫入约 100mm 干灰；便后在粪坑内加入干灰（草木灰、炉灰、庭院土等），用量为粪便量 3 倍以上；厕坑潮湿时应加入适量干灰；尿肥施用时需兑入 3～5 倍的水；冬季非耕作期不使用尿肥时，应密闭和低温保存；

  7）单坑在使用过程中，应不定期将粪坑堆积的粪便向外侧翻倒，翻倒时将外侧储存 6 个月以上干燥的粪便清掏出施肥；

  8）厕纸不宜丢入厕坑。

4 水冲式厕所：

  1）用水量需适度；

  2）便器应用水封；

  3）寒冷地区厕所宜建造在室内，上下水管线应采取防冻措施。

5 双瓮漏斗式厕所：

  1）厕所内应有贮水容器；

  2）排气管应与厕所的前瓮相通，高于厕屋 500mm 以上；

  3）使用前应先加水试渗漏，不渗漏后方可投入运行；

  4）启用前，应向前瓮加清水至浸没前瓮过粪管口；

  5）后瓮粪液应及时清掏，严禁向后瓮倒入新鲜粪液；

  6）后瓮粪液如形成白色菌膜，表明运行良好；未形成白色菌膜应调整用水量；

  7）厕纸不宜丢入厕坑。

6 阁楼堆肥式厕所：

  1）应保持贮粪池通风；粪便、垃圾可作为堆肥原料；

  2）贮粪池内的粪便发酵堆肥储存期为半年，厕坑容积根据每人每天粪便量与覆盖料量按 4kg 计算；

  3）需要用肥前 1 个月，应增加湿度达到可以升温的条件并保持粪堆温度 50℃ 以上 5～7d，放置 20～30d 腐熟，清出粪肥，循环应用。

7 双坑交替式厕所：

  1）便后应用干细土覆盖吸收水分并使粪尿与空气隔开；

  2）应集中使用其中一个厕坑，满后封闭，为封存坑；同时启用另一个坑，为使用坑，满后封闭；将第一个粪便清掏后，继续交替使用；

  3）封存半年以上的厕粪可直接用作肥料，不足半年的清掏后应经堆肥等无害化处理。

8 深坑式厕所：

1）清掏粪便应进行堆肥处理后方可施肥应用；

2）滑粪道斜坡长与排粪口长之比宜为2:1，坡度应达到60°，排便口应加盖；

3）排气管设计应与贮粪池连通，设在厕屋内侧、外侧均可，可用砖砌或采用陶管，直径100mm；修建时应高出厕屋顶500mm以上，同时安装防风帽；

4）贮粪池口应有盖，口（直）径不应大于300 mm，并高于地面100～150mm。

6.3.2 贮粪池应避免粪便裸露。

7 排水设施

7.1 一般规定

7.1.1 村庄排水设施整治包括确定排放标准、整治排水收集系统和污水处理设施。

7.1.2 排水量包括污水量和雨水量，污水量包括生活污水量及生产污水量。排水量可按下列规定计算：

1 生活污水量可按生活用水量的75%～90%进行计算；

2 生产污水量及变化系数可按产品种类、生产工艺特点及用水量确定，也可按生产用水量的75%～90%进行计算；

3 雨水量可按照临近城市的标准进行计算。

7.1.3 污水排放应符合现行国家标准《污水综合排放标准》GB 8978的有关规定；污水用于农田灌溉应符合现行国家标准《农田灌溉水质标准》GB 5084的有关规定。

7.1.4 村庄应根据自身条件，建设和完善排水收集系统，采用雨污分流或雨污合流方式排水。

7.1.5 有条件且位于城镇污水处理厂服务范围内的村庄，应建设和完善污水收集系统，将污水纳入到城镇污水处理厂集中处理；位于城镇污水处理厂服务范围外的村庄，应联村或单村建设污水处理站。

无条件的村庄，可采用分散式排水方式，结合现状排水，疏通整治排水沟渠，并应符合下列规定：

1 雨水可就近排入水系或坑塘，不应出现雨水倒灌农民住宅和重要建筑物的现象；

2 采用人工湿地等污水处理设施的村庄，生活污水可与雨水合流排放，但应经常清理排水沟渠，防止污水中有机物腐烂，影响村庄环境卫生。

7.1.6 粪便污水、养殖业污水、工业废水不应污染地表水和地下水饮用水源和其他功能性水体。并应符合下列规定：

1 粪便污水应经化粪池、沼气池等进行卫生处理或制作有机肥料，出水达到标准后引至村庄水系下游的低质水体或直接利用；

2 养殖业污水宜单独收集入沼气池制作有机肥料，出水达到标准后引至水系下游的低质水体或直接利用；

3 工业废水处理达到标准后，应排入村庄排水沟渠或村庄水系。

7.1.7 缺水地区的村庄应合理利用生活污水。

7.1.8 村庄排水设施应符合本规范第3.1.6条的规定。

7.2 排水收集系统

7.2.1 排水宜采用雨污分流，统一排放。条件不具备时，可采用雨污合流，但应逐步实现分流。雨污分流时的雨水就近排入村庄水系，雨污分流时的污水、雨污合流时的合流污水应输送至污水处理站进行处理，或排入村庄水系的低质水体。

7.2.2 雨水应有序排放，雨水沟渠可与道路边沟结合。污水应有序暗流排放，可采用排水管道或暗渠。雨水和污水管渠均按重力流计算。

7.2.3 排水沟渠沿道路敷设，应尽量避免穿越广场、公共绿地等，避免与排洪沟、铁路等障碍物交叉。

7.2.4 寒冷地区，排水管道应铺设在冻土层以下，并有防冻措施。

7.2.5 排水收集系统整治应符合下列规定：

1 雨水排放可根据当地条件，采用明沟或暗渠收集方式；雨水沟渠应充分利用地形，及时就近排入池塘、河流或湖泊等水体，并应定时清理维护，防止被生活垃圾、淤泥淤积堵塞；

2 雨水排水沟渠的纵坡不应小于0.3%，雨水沟渠的宽度及深度应根据各地降雨量确定，沟渠底部宽度不宜小于0.15m，深度不宜小于0.12m；

3 雨水排水沟渠砌筑可选用混凝土或砖石、条石等地方材料；

4 南方多雨地区房屋四周应设置排水沟渠；北方地区房屋外墙外地坪应设置散水，宽度不应小于0.50m，外墙勒脚高度不应低于0.45m，一般采用石材、水泥等材料砌筑；特殊干旱地区房屋四周可用黏土夯实排水；

5 有条件的村庄，宜采用管道收集生活污水，应根据人口数量和人均用水量计算污水总量，并估算管径，管径不应小于150mm；

6 污水管道宜依据地形坡度铺设，坡度不应小于0.3%，距离建筑物外墙应大于2.5m，距离树木中心应大于1.5m，管材可选用混凝土管、陶土管、塑料管等多种地方材料；污水管道应设置检查井。

7.3 污水处理设施

7.3.1 有条件的村庄，应联村或单村建设污水处理站。并应符合下列规定：

1 雨污分流时，将污水输送至污水处理站进行处理；

2 雨污合流时，将合流污水输送至污水处理站进行处理；在污水处理站前，宜设置截流井，排除雨季的合流污水；

3 污水处理站可采用人工湿地、生物滤池或稳定塘等生化处理技术，也可根据当地条件，采用其他有工程实例或成熟经验的处理技术。

7.3.2 村庄污水处理站应选址在夏季主导风向下方、村庄水系下游，并应靠近受纳水体或农田灌溉区。

7.3.3 村庄的工业废水和养殖业污水经过处理达到现行国家标准《污水综合排放标准》GB 8978 的要求后，可输送至村庄污水处理站进行处理。

7.3.4 污水处理站出水应符合现行国家标准《城镇污水处理厂污染物排放标准》GB 18918 的有关规定；污水处理站出水用于农田灌溉时，应符合现行国家标准《农田灌溉水质标准》GB 5084 的有关规定。

7.3.5 人工湿地适合处理纯生活污水或雨污合流污水，占地面积较大，宜采用二级串联。

7.3.6 生物滤池的平面形状宜采用圆形或矩形。填料应质坚、耐腐蚀、高强度、比表面积大、空隙率高，宜采用碎石、卵石、炉渣、焦炭等无机滤料。

7.3.7 地理环境适合且技术条件允许时，村庄污水可考虑采用荒地、废地以及坑塘、洼地等稳定塘处理系统。用作二级处理的稳定塘系统，处理规模不宜大于 5000m³/d。

7.4 维 护 技 术

7.4.1 村庄排水设施中的构筑物、砌体结构、管道工程、机电设备等施工验收均应符合国家有关施工及验收的规定，并应进行必要的复验和外观检查。

7.4.2 运行与管理应符合下列规定：

1 井盖开启、损坏或遗失时，应立即采取安全防护措施，并及时更换；

2 井深不超过 3m，在穿竹片牵引钢丝绳和掏挖污泥时，不宜下井操作；

3 下井人员应经过安全技术培训，学会人工急救和防护用具、照明及通信设备的使用方法；

4 操作人员下井作业时，应开启上下游检查井盖通风，井上应有 2 人监护，监护人员不得擅离职守；每次下井连续作业时间不宜超过 1h；

5 严禁进入管径小于 800mm 的管道作业；

6 严禁把杂物投入下水道。

8 道路桥梁及交通安全设施

8.1 一 般 规 定

8.1.1 道路桥梁及交通安全设施整治应遵循安全、适用、环保、耐久和经济的原则。

8.1.2 道路桥梁及交通安全设施整治应利用现有条件和资源，通过整治，恢复或改善道路的交通功能，并使道路布局科学合理。

8.1.3 道路桥梁及交通安全设施整治应按照规划、设计、施工、竣工验收和养护管理阶段分步进行。

8.1.4 当地主管部门应组织对道路桥梁及交通安全设施进行质量验收。

8.2 道 路 工 程

8.2.1 村庄整治应合理保留原有路网形态和结构，必要时应打通"断头路"，保证有效联系。并应考虑消防需要设置消防通道，并应符合本规范第 3.2.6 条的规定。

8.2.2 道路路面宽度及铺装形式应满足不同功能要求，有所区别。路肩宽度可采用 0.25～0.75m。

1 主要道路：

主要道路路面宽度不宜小于 4.0m；路面铺装材料应因地制宜，宜采用沥青混凝土路面、水泥混凝土路面、块石路面等形式，平原区排水困难或多雨地区的村庄，宜采用水泥混凝土或块石路面；

2 次要道路：

次要道路路面宽度不宜小于 2.5m；路面宽度为单车道时，可根据实际情况设置错车道；路面铺装宜采用沥青混凝土路面、水泥混凝土路面、块石路面及预制混凝土方砖路面等形式；

3 宅间道路：

宅间道路路面宽度不宜大于 2.5m；路面铺装宜采用水泥混凝土路面、石材路面、预制混凝土方砖路面、无机结合料稳定路面及其他适合的地方材料。

8.2.3 村庄道路标高宜低于两侧建筑场地标高。路基路面排水应充分利用地形和天然水系及现有的农田水利排灌系统。平原地区村庄道路宜依靠路侧边沟排水，山区村庄道路可利用道路纵坡自然排水。各种排水设施的尺寸和形式应根据实际情况选择确定，并应符合本规范第 7.2.5 条的规定。

8.2.4 村庄道路纵坡度应控制在 0.3%～3.5% 之间，山区特殊路段纵坡度大于 3.5% 时，宜采取相应的防滑措施。

8.2.5 村庄道路横坡宜采用双面坡形式，宽度小于 3.0m 的窄路面可以采用单面坡。坡度应控制在 1%～3% 之间，纵坡度大时取低值，纵坡度小时取高值；干旱地区村庄取低值，多雨地区村庄取高值；严寒积雪地区村庄取低值。

8.2.6 村庄道路路堤边坡坡面应采取适当形式进行防护。宜采用干砌片石护坡、浆砌片石护坡、植草砖护坡及植草护坡等多种形式。

8.2.7 村庄道路采用水泥或沥青路面时，土质路基压实应采用重型击实标准控制，路基实度应符合表 8.2.7 的规定，达不到表 8.2.7 要求的路段，宜采用砂石等其他路面结构类型。

表 8.2.7 路 基 压 实 度

填挖类别	零填及挖方	填 方	
路床顶面以下深度(m)	0～0.3	0～0.8	≥0.8
压实度(%)	≥90	≥90	≥87

8.2.8 路面结构层所选材料应满足强度、稳定性及耐久性的要求,并结合当地自然条件、地方材料及工程投资等情况确定。各种结构层厚度应根据道路使用功能、施工工艺、材料规格及强度形成原理等因素综合考虑确定。

8.2.9 沥青混凝土路面适用于主要道路和次要道路,施工工艺流程及方法可按照现行相关标准规定进行,施工过程中应加强质量监督,保证工程质量。

8.2.10 水泥混凝土路面适用于各类村庄道路,施工工艺流程及方法可按照现行相关标准规定进行,施工过程中应加强质量监督,保证工程质量。

8.2.11 石材类面及预制混凝土方砖类路面适用于次要道路和宅间道路,块石路面可用于主要道路,施工工艺流程可参照整平层施工、放线、铺砌石材或预制混凝土方砖、勾缝或灌缝、养护的步骤进行。

8.2.12 无机结合料稳定路面适用于宅间道路,施工工艺流程及方法可按照现行相关标准规定进行,施工过程中应加强质量监督,保证工程质量。

8.3 桥 涵 工 程

8.3.1 当过境公路桥梁穿越村庄时,在满足过境交通的前提下,应充分考虑混合交通特点,设置必要的机动车与非机动车隔离措施。

8.3.2 现有桥梁荷载等级达不到相关规定的,应采用限载通行、加固等方式加以利用。新建桥梁荷载等级应符合有关标准的规定。

8.3.3 现有窄桥加宽应采用与原桥梁相同或相近的结构形式和跨径,使结构受力均匀,并保证桥梁基础的抗冲刷能力。

8.3.4 应对现有桥涵防护设施进行整修、加固及完善,重点部位为桥梁栏杆、桥头护栏。

8.3.5 桥面坡度过大的机动车与非机动车混行的中小桥梁,桥面纵坡不应大于3%;非机动车流量很大时,桥面纵坡不应大于2.5%。

8.3.6 村庄道路整治中,应考虑桥梁两端与道路衔接线形顺畅,交通组织合理;行人密集区的桥梁宜设人行步道,宽度不宜小于0.75m。

8.3.7 河湖水网密集地区,桥下净空应符合通航标准,还应考虑排洪、流冰、漂流物及河床冲淤等情况。

8.3.8 因自然条件分隔,居民出行困难而搭设的行人便桥,应确保安全,并与周围环境相协调。

8.3.9 现有桥涵及其他排水设施应进行必要整合,进行疏浚,保证正常发挥排水作用。

8.4 交通安全设施

8.4.1 村庄道路整治中,应结合路面情况完善各类交通设施,包括交通标志、交通标线及安全防护设施等。

8.4.2 当公路穿越村庄时,村庄入口应设置标志,道路两侧应设置宅路分离挡墙、护栏等防护设施;当公路未穿越村庄时,可在村庄入口处设置限载、限高标志和限高设施,限制大型机动车通行。

8.4.3 在公路与村庄道路形成的平面交叉口处应设置减速让行、停车让行等交通标志,并配合划定减速让行线、停车让行线等交通标线;还可设置交通信号灯。

8.4.4 村庄道路通过学校、集市、商店等人流较多路段时,应设置限制速度、注意行人等标志及减速坎、减速丘等减速设施,并配合划定人行横道线,也可设置其他交通安全设施。

8.4.5 村庄道路遇有滨河路及路侧地形陡峭等危险路段时应设置护栏标志路界,对行驶车辆起到警示和保护作用。护栏可采用垛式、墙式及栏式等多种形式。

8.4.6 现有各类桥梁及通道可分别设置限载、限高及限宽标志,必要时应设置限高、限宽设施,保证桥梁与通道的行车安全与畅通。

8.4.7 村庄道路建筑界限内严禁堆放杂物、垃圾,并应拆除各类违章建筑。

8.4.8 可在村庄主要道路上设置交通照明设施,为机动车、非机动车及行人出行提供便利。

8.4.9 村庄中零散分布的空地,可开辟为停车位,供机动车及其他农用车辆停放。

8.4.10 交通标志、标线的形状、规格、图案及颜色应符合现行国家标准《道路交通标志和标线》GB 5768 的规定。

9 公 共 环 境

9.1 一 般 规 定

9.1.1 村庄公共环境整治应遵循适用、经济、安全和环保的原则,恢复和改善村庄公共服务功能,美化自然与人工环境,保护村庄历史文化风貌,并应结合地域、气候、民族、风俗营造村庄个性。

9.1.2 村庄公共环境整治应覆盖村庄建设用地范围内除家庭宅院外的全部公有空间,包括:河道水塘、水系整治;晾晒场地等设施整治;建设用地整治;景观环境整治;公共活动场所整治及公共服务设施整治等内容。

9.1.3 应根据村民需要，并考虑老年人、残疾人和少年儿童活动的特殊要求进行村庄公共环境整治。

9.2 整 治 措 施

9.2.1 村庄内部废弃农民住宅、闲置房屋与闲置用地，可采取下列措施改造利用：

1 闲置且安全可靠的村办企业厂房、仓库等集体用房应根据其特点加以改造利用；原有建筑与新功能要求不符时，可进行局部改造；

2 废弃农民住宅应根据一户一宅和村民自愿的原则，合理整治利用；

3 暂时不能利用的村庄内部闲置用地，应整治绿化。

9.2.2 村庄景观环境整治应符合下列规定：

1 村庄主要街道两侧可采用绿化等手法适当美化，街巷两侧乱搭乱建的违章建（构）筑物及其他设施予以拆除；

2 公共场所的沟渠、池塘、人行便道的铺装宜采用当地砖、石、木、草等材料，手法宜提倡自然，岸线应避免简单的直锐线条，人行便道避免过度铺装；

3 村庄重要场所可布置环境小品，应简朴亲切，以农村特色题材为主，突出地域文化民族特色；

4 公共服务建筑应满足基本功能要求，宜小不宜大，建筑形式与色彩应与村庄整体风貌协调；

5 根据村庄历史沿革、文化传统、地域和民族特色确定建筑外观整治的风格和基调；

6 引导村民逐步整合现有农民住宅的形式、体量、色彩及高度，形成整洁协调的村容风貌；

7 保留利用村庄现有水系的自然岸线，整治边坡与岸线建筑环境，形成自然岸线景观；

8 保护利用村庄内部的古树名木、祠堂、名人故居、碑牌甬道、井台渡口等特色文化景观，并应符合本规范第11.2.3条的规定。

9.2.3 村庄公共活动场所整治应符合下列规定：

1 公共活动场所宜靠近村委会、文化站及祠堂等公共活动集中的地段，也可根据自然环境特点，选择村庄内水体周边、坡地等处的宽阔位置设置，并应符合本规范第3.1.6条的规定；

2 已有公共活动场所的村庄应充分利用和改善现有条件，满足村民生产生活需要；无公共活动场所或公共活动场所缺乏的村庄，应采取改造利用现有闲置建设用地作为公共活动场所的方式，严禁以侵占农田、毁林填塘等方式大面积新建公共活动场所；

3 公共活动场所整治时应保留现有场地上的高大乔木及景观良好的成片林木、植被，保证公共活动场所的良好环境；

4 公共活动场地应平整、畅通，无坑洼、无积水、雨雪天无淤泥；条件允许的村庄可设置照明灯具；

5 公共活动场所可根据村民使用需要，与打谷场、晒场、非危险品的临时堆场、小型运动场地及避灾疏散地等合并设置；当公共活动场地兼作村庄避灾疏散场地使用时，应符合本规范第3.5.3条的规定；

6 公共活动场所可配套设置坐凳、儿童游玩设施、健身器材、村务公开栏、科普宣传栏及阅报栏等设施，提高综合使用功能；

7 公共活动场所上下台阶处应设置缓坡，方便老年人、残疾人使用。

9.2.4 村庄公共服务设施的整治应按照科学配置、完善功能、相对集中、方便使用、有利管理的原则，并应符合下列规定：

1 应根据村庄经济条件及实际需要确定公共服务设施的配置项目、建设规模，严禁超越本村实际，盲目求大求全；

2 公共服务设施的设置应符合有关部门要求及相关规划内容；

3 小学的设置及规模应符合当地教育部门的要求及相关规划，合理确定。

9.2.5 村庄人员活动密集的场所宜设置公共厕所，并应符合本规范第6.2.1条的规定。

10 坑 塘 河 道

10.1 一 般 规 定

10.1.1 坑塘河道应保障使用功能，满足村庄生产、生活及防灾需要。严禁采用填埋方式废弃、占用坑塘河道。坑塘使用功能包括旱涝调节、渔业养殖、农作物种植、消防水源、杂用水、水景观及污水净化等，河道使用功能包括排洪、取水和水景观等。

10.1.2 坑塘河道应符合下列规定：

1 具备补水和排水条件，满足水体利用要求；

2 水体容量、水深、控制水位及水质标准应符合相关使用功能的要求；不同功能的坑塘河道对水体的控制标准可按表10.1.2确定。

表 10.1.2 不同功能坑塘河道水体控制标准

坑塘功能	最小水面面积（m²）	河道宽度（m）	适宜水深（m）	水质类别
旱涝调节坑塘	50000	—	1.0～2.0	V
渔业养殖坑塘	600～700	—	>1.5	Ⅲ
农作物种植坑塘	600～700		1.0	V
杂用水坑塘	1000～2000		0.5～1.0	Ⅳ
水景观坑塘	500～1000		>0.2	V
污水处理坑塘（厌氧）	600～1200		2.5～5.0	—
污水处理坑塘（好氧）	1500～3000		1.0～1.5	—

坑塘功能	最小水面面积（m²）	河道宽度（m）	适宜水深（m）	水质类别
行洪河道	—		—	—
生活饮用水河道	—	≥自然河道宽度	>1.0	Ⅱ～Ⅲ
工业取水河道			>1.0	Ⅳ
农业取水河道			>1.0	Ⅴ
水景观河道			>0.2	Ⅴ

注：坑塘河道水质类别不应低于表中规定标准。

10.1.3 坑塘河道存在下列情况时，应根据当地条件进行整治：

1 坑塘河道使用功能受到限制，影响村庄公共安全、经济发展或环境卫生；

2 废弃坑塘土地闲置，重新使用具有明显的生态、环境或经济效益。

10.1.4 坑塘河道整治应结合村庄综合整治统一实施，处理好与防洪、灌溉等相关设施的关系。

10.1.5 应根据自然条件、环境要求、产业状况及坑塘现有水体容量、水质现状等调整和优化坑塘功能，并应符合下列规定：

1 临近湖泊的坑塘应以旱涝调节为主要功能，兼顾渔业养殖功能；临近村庄的坑塘应以消防备用水源、生活杂用水为主要功能；临近村庄集中排污方向的坑塘宜优先作为污水净化功能使用；

2 坑塘功能调整不应取消和降低原有坑塘旱涝调节功能；

3 河道整治不应改变原有功能，应以维护河道行洪、取水功能为主要目的；已废弃坑塘在满足本规范第10.1.2条有关规定的情况下，可采取拆除障碍物、清理坑塘、疏浚坑塘进出水明渠、改造相关涵闸等措施整治，恢复其基本使用功能。

10.2 补 水

10.2.1 雨量充沛、地下水位较高地区的村庄，应充分利用降雨、地下水进行坑塘河道的自然补水；自然补水不能满足水体容量要求时，可采用人工方式。

10.2.2 坑塘河道补水整治应贯彻开源节流方针，并应符合下列规定：

1 根据当地水资源条件调整用水结构，发展与水资源相适应的产业类型，提高工业循环用水率，减少或取缔高耗水、低产能的中小型企业；

2 污水宜集中收集、集中处理，经处理水质达标后可用于农业灌溉，减少新鲜水取用量。

10.2.3 山区、丘陵地区的村庄宜充分利用现有水库效能进行蓄水；平原河网、湖泊密集地区的村庄宜充分利用现有取水泵站能力引水，并适度增加旱涝调节坑塘，提高村庄旱季补水应变能力。

10.2.4 坑塘人工补水可根据当地条件，选择人工引水和人工蓄水两种方式。

1 人工引水应符合下列规定：

1） 原有引水明渠水源基本断流时，宜重新选择水源，采用人工引水方式补水；水源地宜选择临近坑塘、水量充沛的河道、湖泊、水库或其他旱涝调节坑塘，并应符合本规范第4.3.2、4.3.4的规定；

2） 引水方式宜优先选择涵闸控制的自流引水方式，其次选择泵站抽升引水方式；

3） 引水明渠的布置应根据引水方位、地形条件选择在地势低洼、顺坡、线路较短的位置；引水明渠构造结合自然地形可采用浆砌砖、块石护砌明渠或土明渠；

4） 平原地区宜采用土明渠，山区及丘陵地区宜采用块石、砖护砌明渠。

2 人工蓄水应符合下列规定：

1） 坑塘原有引水明渠水源出现季节性缺水时，可选用人工蓄水方式补水；

2） 可采用在坑塘下游排水口处设置节制闸或滚水坝的蓄水方式补水；

3） 水深要求变化较大的坑塘应采用节制闸控制，按坑塘不同水深要求控制节制闸的开启水位；水深要求变化不大的坑塘可采用滚水坝控制，坝顶高度按坑塘正常水深相应水位高度控制。

10.2.5 有取水功能的河道出现自然补水不足时，可采取下列措施：

1 因水源断流出现自然补水不足时，下游取水构筑物较多的河道应采用人工引水方式保障河道最小流量；下游取水构筑物较少的河道可废弃原有取水构筑物，另选水源地取水，并应符合本规范第4.3.2、4.3.4的规定；

2 因季节性缺水出现自然补水不足时，可采取局部工程措施人工蓄水；可在取水构筑物处适当挖深河床，降低进水孔或吸水管高度，满足取水水泵有效吸水深度，河床挖深不宜超过1m。

10.3 扩 容

10.3.1 坑塘水体容量不能满足功能要求时，可进行坑塘扩容。

10.3.2 可通过扩大坑塘用地面积、提高坑塘有效水深两种形式进行坑塘扩容，并应符合下列规定：

1 应结合坑塘使用功能、用地条件选择扩容方案，宜首先选择清淤疏浚方式，满足坑塘有效水深；

2 坑塘扩容规模除特殊要求外，水面面积和水深应符合本规范第10.1.2条的有关规定。

10.3.3 坑塘扩容整治与周边其他土地利用发生矛盾时，对旱涝调节、污水处理等涉及生产保障、公共安全、环境卫生的坑塘，应遵循扩容优先的原则，其他坑塘应遵循因地制宜、相互协调的原则。

10.3.4 旱涝调节坑塘扩容整治应与村庄防灾、排水工程整治相协调，水体调节容量、调蓄水位应达到原有水利排灌控制要求。无相关规定的，其水面面积、常年水深应满足本规范第 10.1.2 条有关规定的低限要求，并应符合本规范第 3.3.4 条的相关规定。

10.3.5 旱涝调节坑塘扩容整治应充分利用地势低洼区域的湖汊，并应符合下列规定：

　　1 严禁随意在湖汊等地势低洼的坑塘上填土建造房屋，已建房屋应逐步拆除；

　　2 原有单一渔业养殖功能坑塘可改为养殖与旱涝调节兼顾的综合功能坑塘；

　　3 调整农业用地结构，退田还湖，宜将地势低洼的原有耕地改为旱涝调节坑塘；

　　4 受土地条件限制、无法实施旱涝调节坑塘扩容整治的村庄，应按统一防灾要求进行整治，弥补现有旱涝调节坑塘水体调节容量的不足。

10.3.6 水景观坑塘扩容整治应根据用地现状，利用闲置土地扩容，满足水景观要求。

10.4　水环境与景观

10.4.1 加强坑塘河道水环境保护，充分发挥功能作用。

10.4.2 坑塘河道水环境保护应符合下列规定：

　　1 设有集中式饮用水源取水口的河道、塘堰水体保护应符合本规范第 4.3.2、4.3.3 条的规定；

　　2 作为生活杂用水的坑塘不得有污水排入。

10.4.3 村庄采用氧化沟和稳定塘技术处理污水的，应选择距离村庄不小于 300m、并位于夏季主导风向下风向的坑塘，其周边应建设旁通渠，疏导汇流雨水直接排入下游水体。

10.4.4 不满足使用功能的水体应进行重点整治，按照先截污、后清淤、再修复的顺序逐步提高水体水质，并应符合下列规定：

　　1 现有污水排放口应进行截污整治，建设截污管道排入污水集中处理场地；

　　2 未接纳工业有毒有害污水的坑塘，清淤淤泥宜用作旱地作物肥料，且不应露天堆放；接纳工业有毒有害污水的坑塘，清淤淤泥应运送到附近污泥处置场进行无害化处置，无条件的可结合村庄垃圾简易填埋场处理，并应符合本规范第 5.3.7 条的规定；

　　3 水体修复宜采用岸边带形种植芦苇、水中种植荷花等喜水植物方式。

10.4.5 村庄内部或临近村庄的水体可结合村庄布局进行景观建设，包括修建水边步道、开辟滨水活动场所、局部设置亲水平台及修整岸边植物等内容。水体护坡宜采用自然护坡，适度采用硬质块砌。严禁在水上建设餐饮、住宅等可能污染水体的建筑，水上游览

设施建设不应分隔水体和减少水面面积。

10.5　安全防护与管理

10.5.1 有危险和存在安全隐患的坑塘河道应实施安全防护整治。

10.5.2 坑塘安全防护应针对坑塘水深采用不同措施，保障村民生命安全。安全措施包括设置护栏、设置警示标志牌、改造边坡、降低水深、拓宽及平整岸边道路等措施，并应符合下列规定：

　　1 水深在 0.80～1.20m 的水体、拦洪溪沟及蓄水塘堰的泄洪沟渠，应在显著位置设置固定的警示标志牌；水深超过 1.20m 的水体除设置警示标志牌以外，还应采取安全措施；

　　2 坑塘水体宜减少直立式护坡，采用缓坡形式边坡，边坡值不应大于 1:2；

　　3 不宜设置缓坡的水体，应在临水村庄的道路、公共场所等地段设置安全护栏，高度不应低于 1.05m，栏条净间距不应大于 12cm；其他临水区段水边通道宽度不应小于 1.20m，且应保证通道平整。

10.5.3 严禁在坑塘河道内倾倒垃圾、建筑渣土。

10.5.4 对坑塘河道实施维护管理，定期清淤保洁，保障整治效果。

11　历史文化遗产与乡土特色保护

11.1　一般规定

11.1.1 村庄整治中应严格、科学保护历史文化遗产和乡土特色，延续与弘扬优秀的历史文化传统和农村特色、地域特色、民族特色。对于国家历史文化名村和各级文物保护单位，应按照相关法律法规的规定划定保护范围，严格进行保护。

11.1.2 村庄中历史文化遗产和乡土特色应严格进行保护，并符合下列规定：

　　1 下列内容应按照现行相关法律、法规、标准的规定划定保护范围，严格进行保护：

　　　　1) 国家、省、市、县级文物保护单位；

　　　　2) 国家历史文化名村；

　　　　3) 树龄在 100 年以上的古树以及在历史上或社会上有重大影响的中外历代名人、领袖人物所植或者具有极其重要的历史、文化价值、纪念意义的名木。

　　2 其他具有历史文化价值的古遗址、建（构）筑物、村庄格局和具有农村特色、地域特色以及民族特色的建筑风貌、场所空间和自然景观应经过认定，严格进行保护。

11.1.3 村庄历史文化遗产和乡土特色保护工作应包括：

　　1 调查、甄别、认定保护对象；

2 制定保护及管理措施。

11.1.4 村庄整治不得破坏或改变经认定应予以保护的历史文化遗产，整治措施应确保遗存的安全性和遗产环境的和谐性。

历史文化遗产分布区内的村庄整治应制定专项方案，并会同文物行政部门论证通过后方可实施；涉及文物保护单位的整治措施应符合国家文物保护法律法规的相关规定。

11.1.5 村庄整治应注重保护具有乡土特色的建（构）筑物风貌、山水植被等自然景观及与村庄风俗、节庆、纪念等活动密切关联的特定建筑、场所和地点等，并保持与乡土特色风貌的和谐。

11.2 保护措施

11.2.1 历史文化遗产与乡土特色保护应符合下列规定：

1 保护范围的划定和管理应按照《中华人民共和国文物保护法》、《城市紫线管理办法》执行，保护范围内严禁从事破坏历史文化遗产和乡土特色的活动；

2 具备保护修缮需求和相应技术、经济条件的村庄，应按照历史文化遗产与乡土特色保护要求制定和实施保护修缮措施；

3 暂不具备保护修缮需求和技术、经济条件的村庄，应严格保护遗存与特色现状，严禁随意拆除翻新，可视病害情况严重程度适当采取临时性、可再处理的抢救性保护措施。

11.2.2 历史文化遗产与乡土特色保护措施，应以保护历史遗存、保存历史和乡土文化信息、延续和传承传统、特色风貌为目标，主要包括下列内容：

1 历史遗存保护主要采取保养维护、现状修整、重点修复、抢险加固、搬迁及破坏性依附物清理等保护措施；

2 建（构）筑物特色风貌保护主要采取不改变外观特征，调整、完善内部布局及设施的改善措施；

3 村庄特色场所空间保护主要采取完整保护特定的活动场所与环境，重点改善安全保障和完善基础设施的保护措施；

4 自然景观特色风貌保护主要采取保护自然形貌、维护生态功能的保护措施。

11.2.3 历史文化遗产的周边环境应实施景观整治，周边的建（构）筑物形象和绿化景观应保持乡土特色并与历史文化遗产的历史环境和传统风貌相和谐。

文物保护单位、历史文化名村保护范围及建设控制地带内的村庄整治应符合国家有关文物保护法律法规的规定，并应与编制的文物保护规划和历史文化名村保护规划相衔接。

11.2.4 历史文化名村的整治工作中应保护村庄的历史文化遗产、历史功能布局、道路系统、传统空间尺度及传统景观风貌，并应按照国家法律法规的有关规定制定、实施保护和整治措施。

12 生 活 用 能

12.1 一 般 规 定

12.1.1 村庄生活应节约能源，保护生态环境，开发利用可再生能源。

12.1.2 能源使用时应保证安全，防止燃烧排放物危害身体健康。

12.1.3 村庄炊事及生活热水用能应逐步以太阳能、改良的生物质燃料等清洁环保能源代替低效率的燃煤、燃柴等常规能源消费类型。并应符合下列规定：

1 选用符合标准的太阳能热利用产品，建筑物的设计与施工应为太阳能利用提供必备条件，既有建筑物安装太阳能装置不应影响建筑物质量与安全；

2 可根据村庄条件选择沼气、改良的生物质燃料、液化天然气或液化石油气等气体燃料，燃气供应场站应规范选址，燃气储运不应遗留安全隐患；

3 城市附近的村庄可就近选择城镇管道燃气。

12.1.4 新建房屋应采取节能措施，宜采用保温技术与材料、被动式太阳房技术。有条件地区的村庄应逐步对既有房屋实施节能改造。

12.1.5 应因地制宜确定能源利用形式，可采用太阳能、改良的生物质燃料及沼气等实用能源。鼓励开发先进能源利用技术及建设示范工程，宜逐步规模化和市场化。

12.2 技 术 措 施

12.2.1 应推广使用省柴节煤炉灶，并应符合下列规定：

1 省柴炉灶的热效率不应低于20%，北方地区"炕连灶"柴灶热能综合利用效率不应低于50%；

2 需使用煤炭进行炊事或供暖的地区，节煤炉灶热效率不应低于25%，小型燃煤单元集中供暖锅炉房热效率不应低于50%。

12.2.2 生物质资源丰富区域，应逐步以热效率较高的生物质成型燃料替代秸秆、薪柴、煤炭等。生物质成型燃料生产厂宜根据燃料需求情况由村庄独建或多个村庄合建。

12.2.3 居住密集，且具有大中型养殖场的村庄，应由村庄或镇建设大中型沼气供气系统，并应符合下列规定：

1 沼气生产厂的选址应位于村庄常年风向的下风向，不应占用基本农田；

2 沼气供应系统的设计、施工、验收等应符合现行行业标准《沼气工程技术规范》NY/T 1220 的有关规定；

3 沼液及沼渣应规范排放或综合利用，不应污染河道或地下水。

12.2.4 村庄新建公共建筑应采用太阳房，寒冷及严寒地区村庄的农民住宅宜采用被动式太阳房。

12.2.5 既有房屋的节能化改造宜根据现有建筑保温技术和材料的价格性能比，并考虑改造的方便和可操作性，分期分批实施。

12.2.6 年平均风速大于2~3m/s的地区，若具备适合风力发电机安装的场地，可考虑使用风能。

家用风力发电系统应定期维护保养。村办风力发电系统应由专人负责维护保养，维护保养员须掌握相关技术。

12.2.7 根据当地资源条件，村庄可选择实施下列实用技术：

1 距电力系统较远的山区村庄，可采用微水电或小水电进行供电；

2 距电力系统较远的沿海村庄，可采用小型潮汐发电技术进行供电；

3 距电力系统较远、但地热资源丰富的村庄，可采用小型地热发电技术进行供电；

4 已实现供电且地温资源丰富的村庄，可采用热泵技术供应冬季采暖或夏季制冷。

本规范用词说明

1 为便于在执行本规范条文时区别对待，对要求严格程度不同的用词说明如下：

    1）表示很严格，非这样做不可的用词：
        正面词采用"必须"，反面词采用"严禁"；

    2）表示严格，在正常情况下均应这样做的用词：
        正面词采用"应"，反面词采用"不应"或"不得"；

    3）表示允许稍有选择，在条件许可时首先应这样做的用词：
        正面词采用"宜"，反面词采用"不宜"；
        表示有选择，在一定条件下可以这样做的用词，采用"可"。

2 条文中指明应按其他有关标准、规范执行时，写法为："应符合……规定"或"应按……执行"。

中华人民共和国国家标准

村庄整治技术规范

GB 50445—2008

条 文 说 明

前　言

《村庄整治技术规范》GB 50445—2008 经住房和城乡建设部 2008 年 3 月 31 日以第 6 号公告批准发布。

为便于有一定文化知识的农民及基层技术人员在使用本规范时，能正确理解和执行条文规定，《村庄整治技术规范》编制组按章、节、条顺序编制了本规范的条文说明，供使用者参考。在使用中如发现本规范条文和说明有不妥之处，请将意见函寄至中国建筑设计研究院（地址：北京市西城区车公庄大街 19 号，邮政编码：100044）。

目 次

1 总 则

1.0.1 为规范并指导有一定文化知识的农民及基层技术人员开展村庄整治工作,确保其科学化、系统化进行,制定本规范。

1.0.2 规范实施中严格避免将村庄整治等同于新村建设的做法。根据村庄整治工作安排,现阶段村庄整治宜以较大规模村庄为主,对从长远发展来看需要迁并的较小规模村庄及各级城乡规划不予保留的村庄不宜进行重点整治,避免浪费投资;如规划确定迁并的村庄确需整治,可参照本规范执行。

1.0.3 开展村庄整治,必须坚持以邓小平理论和"三个代表"重要思想为指导,贯彻落实科学发展观,以农村实际为出发点,以"治大、治散、治乱、治空"等"治旧"工作为重点,围绕推进社会主义新农村建设、全面建设小康社会和构建社会主义和谐社会的目标,改善农村人居环境,改变农村落后面貌。

村庄长远发展应遵循各地编制的各级城乡规划内容要求,村庄整治工作应重点解决当前农村地区的基本生产生活条件较差、人居环境亟待改善等问题,兼顾长远。

1.0.4 开展村庄整治工作,必须尊重农民意愿,保障农民权益,并应全面考虑下列工作要求:

　1 应首先明确村庄整治工作中,农民的实施主体和受益主体地位;"整治什么、怎么整治、整治到什么程度"等问题应由农民自主决定;必须防止借村庄整治活动侵害农民权益,影响农村社会稳定的各类行为;

　2 一切从农村实际出发,结合当地地形、地貌特点,因地制宜进行村庄整治;应避免超越当地农村发展阶段,大拆大建、急于求成、盲目照搬城镇建设模式等行为,防止"负债搞建设"、"大搞新村建设"等情况的发生;

　3 村庄整治应综合考虑国家政策,并根据当地的实际情况,首先做好选点工作,避免盲目铺开;

　4 应根据村庄经济情况,结合本村实际和农民生产生活需要,按照轻重缓急程度,合理选择具体的整治项目;优先解决当地农民最急迫、最关心的实际问题,逐步改善村庄生产生活条件;

　5 村庄整治要贯彻资源优化配置与调剂利用的方针;提倡自力更生、就地取材、厉行节约、多办实事;村庄发展所需空间和物质条件,必须立足于土地的集约利用和能源的高效利用,积极开发和推广资源节约、替代和循环利用技术;

　6 注重自然生态保护,保持原有村落格局,维护乡土特色,展现民俗风情,弘扬传统文化,倡导文明乡风;村庄的自然生态环境具有不可再生性和不可替代性的基本特征,村庄整治过程中要注意保护性的

利用。

具有历史文化遗产和传统的村庄,是历史见证的实物形态,具有不可替代的历史价值、艺术价值和科学价值。整治过程中应重视保护与利用的关系,在保护的前提下发展,以发展促保护。

1.0.5 村庄整治以政府帮扶与农民自主参与相结合的形式,重点整治农村公共设施项目,对于农民住宅等非公有设施的整治应根据农民意愿逐步自主进行,本规范不作硬性规定。

　1 编制村庄整治规划,应符合下列规定:

　　1) 立足现有条件及设施,以"治旧"为中心,避免混同于其他建设性规划;

　　2) 以公共设施与公共环境整治、改善为主要内容,采用入户访谈、座谈讨论、问卷调查等形式,广泛征求农民意愿,结合当地实际,科学评估,合理确定整治项目、整治措施及整治时序;

　　3) 提出村庄整治工作的技术要求、实施建议与行动计划;

　　4) 注重当前需要,兼顾长远发展,统筹相关规划的内容与要求;

　　5) 提供符合村庄整治实施要求的主要技术文件。

　2 村庄整治规划应收集下列相关技术资料:

　　1) 与村庄整治涉及项目相关的现行国家标准、行业标准文件;

　　2) 村庄地形及现状图(1/2000~1/1000),有条件村庄还应准备村域地形图;若无现成图件,应及时进行测绘;

　　3) 村庄的地质资料(重点包括地震断裂带、滑坡、山洪、泥石流等),以及水源与水源地资料。

　3 村庄整治规划成果应达到"两图三表一书"的要求:

　　1) 现状图:标明地形地貌、河湖水面、坑(水)塘、道路、工程管线、公共厕所、垃圾站点、集中畜禽饲养场以及其他公共设施,各类用地及建筑的范围、性质、层数、质量等与村庄整治密切相关的内容;

　　2) 整治布局图:除标明山林、水体、道路、农用地、建设用地等用地的范围外,应根据确定的整治项目,标明主次道路红线位置、横断面、交叉点坐标及标高;给水设施及管线走向、管径、主要控制标高;水面、坑塘及排水沟渠位置、走向、宽度、主要控制标高及沟渠形式;配电线路的走向;公共活动场所、集中场院、绿地、路灯、公共厕所、垃圾收

集转运点等公共设施的位置、规模和范围；集中禽畜圈舍、集中沼气池等的位置与规模；燃气、供热管线的走向、管径；重点保护的民房、祠堂、历史建筑物与构筑物、古树名木等；拟拆迁农宅及腾退建设用地的范围与用途；近期拟建房农户的数量及安排；其他有关设施和构筑物的位置等；

3）主要指标表：包括整治前后村庄人口、农户数量、居住面积指标、基础设施配置及人居环境主要指标的变化情况；

4）投资估算表：估算所选整治项目的工程量与用工量，估算和汇总投资量；

5）实施计划表：根据实际需要和承受能力，提出实施整治的计划安排，包括整治项目清单、具体内容、整治措施、用工量、所需资金或物资量，以及实施进度计划等；

6）说明书：包括现状条件分析与评估，选择确定整治项目的依据及原则，整治项目的工程量、实施步骤及投资估算，各整治项目的技术要领、施工方式及工法，实施村庄整治的保障措施以及整治后项目的运行维护管理办法等建议，需要说明的其他事项等。

1.0.6 本规范为综合性通用规范，涉及多种专业，这些专业都颁布了相应的专业标准和规范。因此，进行村庄整治时，除应执行本规范的规定外，还应遵守国家现行有关强制性标准的相关规定。

3 安全与防灾

3.1 一般规定

3.1.1 村庄安全防灾与城市不同，我国村庄量大、面广，不同地区村庄人口规模、自然条件、历史环境、发展基础、经济状况差别很大，灾种类型、灾损程度、防灾避灾的能力差别也较大，因此不同地区村庄安全防灾整治的内容和要求也有较大差别。村庄整治时，应以灾害出现频率较高、灾损程度较大的主要灾种为主，综合防御。

3.1.2 村庄灾害种类较多，不确定性通常很大，防御水准和要求也有较大差异。制定统一的村庄安全与防灾防御目标难度较大，本规范中所规定的基本防御目标是从村庄功能和工程设施的防灾安全角度确定，将保护人的生命安全放在第一位。各地可根据村庄整治的具体要求及建设与发展的实际情况，确定防御目标。

目前我国尚无统一的灾害设防标准，因此本规范

所指"正常设防水准下的灾害"是按照国家法律法规和相关标准所确定的灾害设防标准，相当于中等至大规模灾害影响，地震是指设防烈度（50年超越概率10%）灾害影响，风和雪是指50年一遇灾害影响，洪水灾害是指所确定的防洪标准下的灾害影响，地质灾害通常指地质灾害防治工程的设防要求，不低于所保护对象的防御目标。村庄灾害防御设防标准、用地选择、防灾措施需根据安全与防灾目标、灾害设防要求和国家现行标准规定制定，具有强制性要求。

3.1.3 当前，我国各地村庄遭受的灾害类型、灾害程度差异较大，根据村庄整治的工作特点及要求，村庄整治中安全防灾的重点在于：根据村庄实际，采用切实可行的有效措施，较大限度地降低和减少各类灾害损失，最大程度地保证村民生命财产安全。对于受到重大灾害影响、必须实施整村搬迁、异地安置等措施的村庄，应纳入县域镇村布局规划中统筹考虑，不属于村庄整治的工作内容。村庄整治不是一项根治性的、彻底解除各类灾害威胁的工作，对于重大灾害的防治，还应依赖于相关重大基础设施工程的建设和改造进行。

村庄整治应按照我国有关法律法规和本规范的规定，合理确定村庄安全防灾整治的灾害种类。目前我国尚无统一的灾害危险水准的分类分级规定，本条根据现行国家法律法规和标准规定给出。如无明确规定的灾种，可参照执行。

目前我国尚无统一的洪水危险性分区，按照《中华人民共和国防洪法》，防洪区是指洪水泛滥可能淹及的地区，分为洪泛区、蓄滞洪区和防洪保护区。洪泛区是指尚无工程设施保护的洪水泛滥所及的地区。蓄滞洪区是指包括分洪口在内的河堤背水面以外临时贮存洪水的低洼地区及湖泊等。防洪保护区是指在防洪标准内受防洪工程设施保护的地区。洪泛区、蓄滞洪区和防洪保护区的范围，在各级防洪规划或者防御洪水方案中划定，并报请省级以上人民政府按照国务院规定的权限批准后予以公告。这些地区的村庄应把洪灾作为重点整治内容。

村庄风应依据防灾要求、历史风灾资料、风速观测数据，根据现行国家标准《建筑结构荷载规范》GB 50009的有关规定确定。我国目前尚无统一的村庄建设风灾防御标准，因此按照《建筑结构荷载规范》GB 50009的有关规定确定。

地质灾害分区是指按照地质灾害防治规划所确定的地质灾害危险分区。地质灾害易发区是指历史上经常发生并出现损失的地区。地质灾害危险区是指发生过重大地质灾害并导致重大损失的地区。地质灾害易发区、危险区应按照地质灾害的评价结果确定。地质灾害环境条件一般包括地形、地貌、地质构造、岩土条件、水文地质条件及人类活动等，这些环境条件影响和制约地质灾害的形成、发展和危害程度。地质环

境条件复杂程度分类可按表1进行。

表1 地质环境条件复杂程度分类表

复　杂	中　等	简　单
地质灾害发育强烈	地质灾害发育中等	地质灾害一般不发育
地形与地貌类型复杂	地形较简单,地貌类型单一	地形简单,地貌类型单一
地质构造复杂,岩性岩相变化大,岩土体工程地质性质不良	地质构造较复杂,岩性岩相不稳定,岩土体工程地质性质较差	地质构造简单,岩性单一,岩土体工程地质性质良好
工程水文地质条件差	工程水文地质条件较差	工程水文地质条件良好
破坏地质环境的人类工程活动强烈	破坏地质环境的人类工程活动较强烈	破坏地质环境的人类工程活动一般

注:每类5项条件中,有1项符合条件者即归为该类型。

基本雪压按现行国家标准《建筑结构荷载规范》GB 50009附表D.4给出的50年一遇的雪压采用。当基本雪压值在现行国家标准《建筑结构荷载规范》GB 50009附表D.4没有给出时,可按上述规范附图D.5.1全国基本雪压分布图近似确定。山区的基本雪压应通过实际调查后确定。当无实测资料时,可按当地邻近空旷平坦地面的基本雪压乘以系数1.2采用。

村庄整治过程中,有条件的村庄可根据需要进行次生灾害评估,可按下列要求进行:

1 次生火灾划定高危险区;

2 提出需要加强防灾安全的重要水利设施或海岸设施;

3 对于爆炸、毒气扩散、放射性污染、海啸、泥石流、滑坡等次生灾害可根据当地条件选择提出需要加强防灾安全的重要源点。

3.1.4、3.1.5 村庄的生命线工程和重要设施、学校和村民集中活动场所是重要建筑,应按照国家有关标准进行设计和建造。在部分农村地区的祠堂等一些村民集聚的传统场所,由于建造年代较长,存在多种安全隐患,是村庄整治中必须关注的建筑。村庄整治应按照基础设施布局、设防、设施节点的防灾处理、设施的防灾备用率等防灾要求,对村庄供电、供水、交通、通信、医疗、消防等系统的重要设施,根据其在防灾救灾中的重要性和薄弱环节,进行加固改造整治。

3.1.6 我国的村庄绝大部分是历史上自然发展形成的。根据各地村庄整治的要求,本规范重点针对危险性不适宜地段的设施与建(构)筑物,根据土地利用防灾适宜性分类和建设用地限制性要求对相应的工程设施进行整治。在村庄整治过程中,对于一些规模较大的村庄,重点通过工程性措施防治或降低可能发生的灾害影响,对于个别规模较小分散布局的村落和散居

农户的整治重点在躲避,可通过避让危险性不适宜地段的方式解决安全居住问题。

土地利用防灾适宜性可根据各灾种灾害影响,综合考虑用地布局、社会经济等因素,按表2进行分类,建设用地选择适宜性好的场地,避开不适宜场地,不符合表3要求的工程采取加固或拆除等综合整治措施。

表2 土地利用防灾适宜性分类

类	级	适宜性地质、地形、地貌描述
适宜S	S1	不存在场地不利和破坏因素: (1)属稳定基岩、坚硬土或开阔、平坦、密实、均匀的中硬土等场地稳定、土质均匀、地基稳定的场地; (2)地质环境条件简单,无地质灾害破坏作用影响; (3)无明显地震破坏效应; (4)地下水对工程建设无影响; (5)地形起伏即使较大但排水条件尚可
适宜S	S2	存在轻微影响的场地不利或破坏因素,一般无需采取整治措施或只需简单处理: (1)属中硬土或中软土场地,场地稳定性较差,土质较均匀、密实,地基较稳定; (2)地质环境条件简单或中等,无地质灾害破坏作用影响或影响轻微,易于整治; (3)虽存在一定的软弱土、液化土,但无液化发生或仅有轻微液化的可能,软土一般不发生震陷或震陷很轻,无明显的其他地震破坏效应; (4)地下水对工程建设影响较小; (5)地形起伏虽较大但排水条件尚可
适宜S	S3	存在中等影响的场地不利或破坏因素,工程建设时需采取一定整治措施或对工程上部结构采取防灾措施: (1)中软或软弱场地,土质软弱或不均匀,地基不稳定; (2)场地稳定性差,地质环境条件复杂,地质灾害破坏作用影响大,较难整治; (3)软弱土或液化土较发育,可能发生中等程度及以上液化或软土可能震陷且震陷较重,其他地震破坏效应影响较小; (4)地下水对工程建设有较大影响; (5)地形起伏大,易形成内涝
有条件适宜Sc	Sc	存在严重影响的场地不利或破坏因素,工程建设时需采取消除性整治措施,或采取一定整治措施并对工程上部结构采取防灾措施: (1)场地不稳定,动力地质作用强烈,环境工程地质条件严重恶化,不易整治; (2)土质极差,地基存在严重失稳的可能性; (3)软弱土或液化土发育,可能发生严重液化或软土可能震陷且震陷严重; (4)条状突出的山嘴,高耸孤立的山丘,非岩质的陡坡,河岸和边坡的边缘,平面分布上成因、岩性、状态明显不均匀的土层(如故河道、疏松的断层破碎带、暗埋的塘滨沟谷和半填半挖地基)等地质环境条件复杂,地质灾害危险性大; (5)洪水或地下水对工程建设有严重威胁

续表2

类	级	适宜性地质、地形、地貌描述
不适宜 N	NR	NP 中危险和危害程度较低的场地
	NP	存在严重影响的场地破坏因素的通常难以整治的危险性区域： （1）可能发生滑坡、崩塌、地陷、地裂、泥石流等的场地； （2）发震断裂带上可能发生地表位错的部位； （3）其他难以整治和防御的灾害高危害影响区； （4）行洪河道

注：1 根据该表划分每一类场地工程建设适宜性类别，从适宜性最差开始向适宜性好依次推定，其中一项属于该类即划为该类场地；

2 表中未列条件，可按其对场地工程建设的影响程度比照推定。

表3 村庄建设用地选择要求

类	级	村庄建设限制性要求
适宜 S	S1	开挖山体进行建设时，应保证人工边坡的
	S2	稳定性，并应符合国家相关标准要求
	S3	工程建设应考虑不利因素影响，应按照国家相关标准采取一定的场地破坏工程治理措施，结构体系的选择适当考虑场地的动力特性，上部结构根据需要可选择采取一定工程措施抗御灾害的破坏，对于Ⅰ、Ⅱ、Ⅲ级工程尚应采取适当的加强措施
	S4	工程建设应考虑不利因素影响，应按照国家相关标准采取消除场地破坏影响的工程治理措施，或从治理场地破坏和上部结构加强两方面采取较完善的治理措施，结构体系的选择应考虑场地的动力特性。不宜选作Ⅰ、Ⅱ、Ⅲ级工程建设用地，无法避让时应采取完全消除场地破坏影响的工程措施
有条件适宜 Sc		暂时不宜作为建设用地。作为工程建设用地时，应查明用地危险程度，属于危险地段时，应按照不适宜用地相应规定执行，危险性较低时，可按照相应适宜性类型的用地规定执行
不适宜 N	NR	优先用作非建设用地，不宜用作工程建设用地。对于村庄线状基础设施用地无法避开时，生命线管线工程应采取有效措施适应场地破坏作用
	NP	禁止作为工程建设用地。基础设施管线工程无法避开时，应采取有效措施减轻场地破坏作用，满足工程建设要求

表2中的适宜性分类主要依据灾害影响程度、治理难易程度和工程建设要求进行规定，其中"有条件适宜"主要指潜在的不适宜用地，但由于某些限制，场地不利因素未能明确确定，若要进行使用，需要查明用地危险程度和消除限制性因素。

村庄用地选择与建设工程项目的重要性分类密切

相关。本规范总结了我国10多种规范中的工程项目重要性分类，从村庄综合防灾要求出发，考虑到完整性列出了全部4类分类标准（见表4）。

通过村庄土地利用适宜性综合评价得到的村庄建设用地的防灾适宜性分类，主要包括下列内容：

1 村庄土地利用防灾适宜性综合评价可搜集整理、分析利用已有资料和工程地质测绘与调查结果，综合考虑各灾种的评价要求，安排必要的勘探、测试，对其进行灾害环境、地质和场地条件方面的综合评价；进行工程地质勘察时，可按照现行标准《城市规划工程地质勘察规范》CJJ 57和《城市抗震防灾规划标准》GB 50413的有关规定适当降低要求进行；

表4 建设工程项目重要性分类表

重要性等级	破坏后果	项目类别
Ⅰ	极严重	甲类建筑；核电站，一级水工建筑物、三级特等医院等
Ⅱ	很严重	重大建设项目：乙类建筑；开发区建设、城镇新区建设；重大的次生灾害源工程；二级（含）以上公路、铁路、机场、大型水利工程、电力工程、港口码头、矿山、集中供水水源地、垃圾处理场、水处理厂等
Ⅲ	严重	重要建设项目：20层以上高层建筑，14层以上体型复杂高层建筑；重要的次生灾害源工程；三级（含）以上公路、铁路、机场、中型水利工程、电力工程、港口码头、矿山、集中供水水源地、垃圾处理场、水处理厂等
Ⅳ	Ⅳa 较不严重	村庄新区建设，学校等公共建筑，供水、供电等基础设施，对村庄可能产生较大影响的易燃、易爆物品，有毒、有污染的化学物品等次生灾害源工程
	Ⅳb 不严重	其他一般工程

2 村庄用地抗震防灾性能评价包括：用地抗震防灾类型分区、地震破坏及不利地形影响估计；从抗震要求的角度，进行抗震适宜性综合评价，划出潜在危险地段；进行适宜性分区，并提出村庄规划建设用地选择与相应村庄建设的抗震防灾要求和对策；

3 地质灾害影响评价应充分搜集和建立村庄及其周边地区地层岩性、地质构造、地形地貌、地下水活动、地震、地下矿产开采及气象等基础资料，对灾害历史及其影响，灾害类型、特点和规模，灾害的成因环境和条件，灾害的危险性和危害性等进行评估；在可能和必要的条件下，考虑到地质灾害评估的专业性和复杂性，可由专业技术人员为村庄整治提供灾害发生的环境基础资料和地质灾害危险性、危害性评估成果。

3.2 消防整治

3.2.1~3.2.6 消防设施是村庄最重要的公共设施之一。村庄消防整治应根据现状及发展要求、易燃物的存在与可燃性、人口与建筑物密度、引发火灾的偶然性因素及历史火灾经验等，进行火灾危险源的调查及其影响评估，提出相应防御要求和整治措施，包括村庄消防安全布局、村庄建筑消防、消防分区、消防通道、消防用水、消防设施安排等。

3.3 防洪及内涝整治

3.3.1 位于防洪区和易形成内涝地区的村庄需要考虑防洪整治。

1 统筹兼顾流域防洪要求，村庄防洪标准应不低于其所处江河流域的防洪标准。

大型工矿企业、交通运输设施、文物古迹和风景区被洪水淹没后，损失大、影响严重，防洪标准应相对较高。本款从统筹兼顾上述防洪要求，减少洪水灾害损失考虑，对邻近上述地区村庄的防洪整治规定：当不能分别进行防护时，应按就高不就低原则，按较高防洪标准执行。

2 水流流态、泥沙运动、河岸、海岸的不利影响，将直接影响村庄乃至更大范围的防洪，村庄防洪设施选线应适应防洪现状和天然岸线走向，并应合理利用岸线。

3.3.2 防洪工程及防洪措施是保障村庄防洪安全的主要对策。在进行村庄防洪整治时，建设场地选择地势较高、较平坦且易于排水的地区可避免被洪水淹没；建设场地距主干道较近，考虑一旦村庄被洪水淹没时可及时组织人员撤离。河道是用于行洪的，《中华人民共和国防洪法》规定任何人不得在河道内设置阻碍行洪的障碍物，对于已建房屋等人工建筑物，整治时需清除。

蓄滞洪区土地利用、开发必须符合国家有关法规、标准的要求。分洪口门附近建造的房屋会妨碍洪水畅流，同时在洪水冲（击）刷作用下将被破坏。为减少蓄滞洪或突然溃堤时人员伤亡和经济损失，蓄滞洪区内新建永久性房屋（包括学校、商店、机关、企事业房屋等）应按照《蓄滞洪区建筑工程技术规范》GB 50181 的要求设计、建造能避洪救人的平顶结构形式。

3.3.3、3.3.4 村庄防洪排涝是村庄整治的内容之一，在南方等多雨地区和水网地带更是村庄整治的重要内容。要对村庄的地形、地质、水文和所在地区年均降雨量等条件综合分析，兼顾现状与规划、近期与远期、局部与整体，充分利用现有的自然条件，合理有效组织地面排水。

防内涝工程措施：

1 当只有局部用地受涝又无大的外来汇水且有

蓄涝洼地可以利用时，可采取蓄调防涝方案，利用蓄积的内涝水改善环境或作它用；建设用地可采用重力排水；

2 当内涝频率不大又无大的外来汇水、区域内易于实施筑堤防涝方案，且比采用回填防涝方案更经济合理时，可采用局部抽排防涝；

3 当内涝频率高又有大的外来汇水且不能集中组织抽排，但附近有土可取，采用回填防涝方案较筑堤防涝更经济合理时可采用局部回填方案；此时，回填用地高程高于设防水位不应小于 0.5m，用地内地面雨水采用重力排水；

4 当内涝频率高又有大的外来汇水且受涝影响范围大，但附近又无土可取时，需设置防涝堤来保护用地。防涝堤宜高于设防水位 0.5m，用地内雨水采用局部抽排。当采用筑堤抽排防涝时，用地的规划高程可不作规定；

5 村庄用地外围多数还有较大汇水需汇入或穿越村庄用地范围后才能排出，若不妥善组织，任由外围雨水进入村庄用地内的雨水排放系统，将大大增加投资，甚至形成内涝威胁，影响整个村庄雨水排放系统的正常使用，因此宜在用地外围设置雨水边沟，在村庄用地内设置排（导）洪沟，共同排除外围过境雨水。

3.3.5 洪水发生后，环境恶化，蚊蝇孳生，常伴有胃肠道疾病发生，严重者可导致瘟疫发生。因此，村庄整治中应根据洪水灾区人口数量，合理规划设置应急疏散点、救生机械（船只）、医疗救护（救护点、医护人员）、物资储备和报警装置等。

3.4 其他防灾项目整治

3.4.1 地质灾害防御改造应尽量保持或少改变天然环境，防止人为破坏和改变天然稳定的环境。地质灾害是指在特殊的地质环境条件（地质构造、地形地貌、岩土特征和地表地下水等）下，由内动力或外动力作用、或两者共同作用、或人为因素引起的灾害，通常包括山体崩塌、滑坡、泥石流、地面塌陷、地裂缝、地面沉降等。

地质灾害的发生有天然因素和人为因素。危害较大、常见的灾害类型有：引起边坡失稳的崩塌、滑坡、塌方和泥石流等，主要发育在山区、陡峭的边坡；引起地面下沉的塌陷和沉降，在矿区和岩溶发育地区常见；引起地面开裂的断错和地裂缝等，主要发育于断裂带附近。发育在山区的滑坡、塌方和泥石流等危害最突出，是山区防灾的重点。

3.4.2 村庄的地震基本烈度应按国家规定权限审批颁发的文件或图件采用。通常情况下，地震动峰值加速度的取值可根据现行国家标准《中国地震动参数区划图》GB 18306 确定；地震基本烈度按照现行国家标准《中国地震动参数区划图》GB 18306 使用说明中地震动峰值加速度与地震基本烈度的对应关系确定。当有按国家规定权限审批颁发的抗震设防区划、地震动小区划等文件或图件时，可按相关文件或图件确定。

3.4.3 风力具有难以预测和不可避免性，需从建筑物选址、结构形式、房屋构件之间的连接等方面制定技术措施。

3.4.4 暴风雪灾预防需从村庄布局、建筑物选址、屋顶结构形式等方面采取措施。

3.4.5 冻融灾害是寒冷地区村庄建筑工程破坏的典型因素，尤其对于重要工程应按照国家相关标准采用防冻融措施。

1 多年冻土用作建筑地基时，应符合现行标准《建筑地基基础设计规范》GB 50007、《膨胀土地区建筑技术规范》GBJ 112、《湿陷性黄土地区建筑规范》GBJ 25、《冻土地区建筑地基基础设计规范》JGJ 118、《冻土工程地质勘察规范》GB 50324 中的有关规定。

2、3 为防止施工和使用期间的雨水、地表水、生产废水和生活污水浸入地基，应配置排水设施。在山区应设置截水沟或在建筑物下设置暗沟，以排走地表水和潜水流，避免因基础堵水造成冻害。

低洼场地，可采用非冻胀性土填方，填土高度不应小于 0.5m，范围不应小于散水坡宽度加 1.5m。基础外面可用一定厚度的非冻胀性土层或隔热材料在一定宽度内进行保温，其厚度与宽度宜通过热工计算确定，可用强夯法消除土的冻胀性。

3.4.6 雷电对建（构）筑物、电子电气设备和人、畜危害很大，我国很多地区常见雷电伤人的报道。因此，雷电灾害频发地区的村庄，在整治时应针对雷电防灾进行整治。

3.5 避灾疏散

3.5.1 避灾疏散是临灾预报发布后或灾害发生时把需要避灾疏散的人员从灾害程度高的场所安全撤离，集结到预定的、满足防灾安全要求的避灾疏散场所。

避灾疏散安排应坚持"平灾结合"原则。避灾疏散场所平时可用于村民教育、体育、文娱和粮食晾晒等其他生活、生产活动，临灾预报发布后或灾害发生时用于避灾疏散。避灾疏散通道、消防通道和防火隔离带平时作为交通、消防和防火设施，避灾疏散时启动其防灾功能。

避灾疏散人员包括需要避灾疏散的村庄居民和流动人口，同时应考虑避灾疏散人员的分布。村庄整治中需对避灾疏散场所建设、维护与管理，避灾疏散实施过程，避灾疏散宣传教育活动或演习提出要求和管理对策。

3.5.2 通道有效宽度指扣除灾后堆积物的道路的实际宽度。建筑倒塌后废墟的高度可按建筑高度的 1/2

计算。疏散道路两侧的建筑倒塌后其废墟不应覆盖疏散通道。疏散通道应当避开易燃建筑和可能发生的火源。对重要的疏散通道要考虑防火措施。

3.5.3 避灾疏散场所需综合考虑防止火灾、洪灾、海啸、滑坡、山崩、场地液化及矿山采空区塌陷等各类灾害和次生灾害。用地可连成一片，也可由比邻的多片用地构成，从防止次生火灾的角度考虑，疏散场地不宜太小。

3.5.4 防火安全带是隔离避灾疏散场所与火源的中间地带，可以是空地、河流、耐火建筑及防火树林带、其他绿化带等。若避灾疏散场所周围有木制建筑群、发生火灾危险性比较大的建筑或风速较大的地域，防火安全带的宽度应适当增加。

防火树林带可防止火灾热辐射对避灾疏散人员的伤害，应选择对火焰遮蔽率高、抗热辐射能力强的树种。规划建设新的避灾疏散场所时，可提出周围建筑的耐火性能要求。发生火灾后避灾疏散人员可在避灾疏散场所内向远离火源方向移动，当火灾威胁到避灾避难人员安全时，应从安全通道撤离到邻近避灾疏散场所或实施远程疏散。临时建筑和帐篷之间留有消防通道。严格控制避灾疏散场所内的火源。

3.5.5、3.5.6 防洪整治应对保护区内用于就地避洪的设施进行整治，对安全堤防、安全庄台、避洪房屋、围墙、避水台、避洪杆架等应根据需要就地避洪的人员、牲畜、生活必需品以及重要农机具数量等进行合理整治和建设。

3.5.7 高杆树木可就地避洪，村民住宅旁宜有计划种植高杆树木，以便分洪时，就近避险。

3.5.8 蓄滞洪区启用或自然溃堤后的水深一般较深，多在 3～10m 之间，对于蓄滞洪区内的办公、学校、商店、厂房、仓库等建筑设置避洪安全设施是保障蓄滞洪区内生命和财产安全的重要措施，可作为临时避难场所，也能为转移营救提供宝贵的时间。

4 给水设施

4.1 一般规定

4.1.1 我国北方地区、西部地区有水源性缺水问题，南方地区、沿海地区则出现了水质性缺水问题；同时我国农村给水设施存在设施老化、给水水源安全防护距离不足、缺乏必要的水净化处理设备、消毒设施等问题。为了保障用水安全，保证村民身体健康，给水设施整治在村庄整治中不可缺失，是村庄整治的重要内容。

2004 年 11 月，水利部、卫生部联合颁布了《农村饮用水安全卫生评价指标体系》，分安全和基本安全两个级别，由水质、水量、方便程度和保证率四项指标组成。四项指标中只要有一项低于安全或基本安全最低值，就不能定为饮水安全或基本安全。

水质：符合现行国家标准《生活饮用水卫生标准》GB 5749 要求的为安全；符合《农村实施〈生活饮用水卫生标准〉准则》要求的为基本安全。

水量：每人每天可获得的水量不低于 40～60L 为安全；不低于 20～40L 为基本安全。

方便程度：人力取水往返时间不超过 10min 为安全；取水往返时间不超过 20min 为基本安全。

保证率：供水保证率不低于 95% 为安全；不低于 90% 为基本安全。

4.1.2 本条是关于给水设施整治目标的规定。

集中式给水工程配水管网用户接管点处的最小服务水头，单层建筑可按 5～10m 计，建筑每增加 1 层，水头可按增加 3.5m 计算。

4.1.3 本条是关于给水设施整治内容的规定。

4.1.4 本条是关于集中式给水工程整治设计、施工单位资质的规定。

4.1.5 本条是关于给水设施整治卫生安全的规定。

4.3 水　源

4.3.1 本条是关于水源整治内容的规定。

4.3.2 本条是关于水源保护的规定。

饮用水水源保护区的划分应符合现行行业标准《饮用水水源保护区划分技术规范》HJ/T 338 的规定，并应符合国家及地方水源保护条例的规定。

　1　地下水水源保护应符合下列规定：

　　1）水源井的影响半径范围内，不应开凿其他生产用水井；保护区内不应使用工业废水或生活污水灌溉，不应施用持久性或剧毒农药，不应修建渗水厕所、污废水渗水坑、堆放废渣、垃圾或铺设污水渠道，不得从事破坏深层土层活动；

　　2）雨季应及时疏导地表积水，防止积水渗入和漫溢到水源井内；

　　3）渗渠、大口井等受地表水影响的地下水源，防护措施应遵照地表水水源保护要求执行。

　2　地表水水源保护应符合下列规定：

　　1）水源保护区内不应从事捕捞、网箱养鱼、放鸭、停靠船只、洗涤和游泳等可能污染水源的任何活动，并应设置明显的范围标志和禁止事项的告示牌；

　　2）水源保护区内不应排入工业废水和生活污水；其沿岸防护范围内，不应堆放废渣、垃圾，不应设立有毒、有害物品仓库及堆栈；不得从事放牧等可能污染该段水域水质的活动；

　　3）水源保护区内不得新增排污口，现有排污口应结合村庄排水设施整治予以取缔。

　　4）输水渠道、作预沉池（或调蓄池）的天然池塘的防护措施与上述要求相同。

4.3.3 本条是关于水源保护区内污染源清理整治的规定。

4.3.4 本条是关于选择新水源的规定。

4.4 集中式给水工程

4.4.1 本条是关于给水处理工艺整治的规定。

　1　本款是关于给水处理工艺整治原则的规定。

　2　原水含铁、锰超标可采用下列处理工艺：

　3　原水含氟超标可采用下列处理工艺：

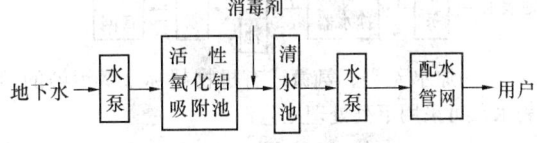

或

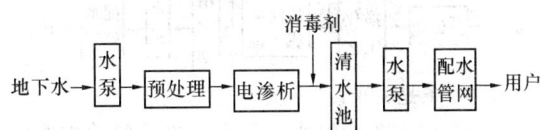

　4　原水含盐量超标（苦咸水）可采用下列处理工艺：

　5　原水含砷超标可采用下列处理工艺：

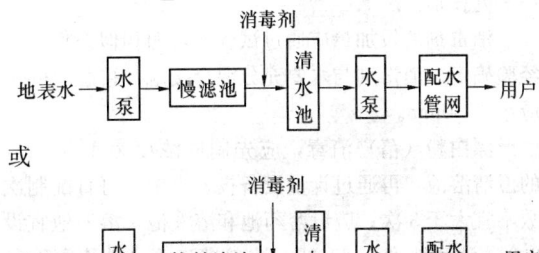

　6　原水浊度超标可采用下列处理工艺：

　　1）原水浊度长期不超过 20NTU，瞬时不超过 60NTU 的地表水，可采用下列处理工艺：

或

2） 原水浊度长期不超过 500NTU，瞬时不超过 1000NTU 的地表水，可采用下列处理工艺：

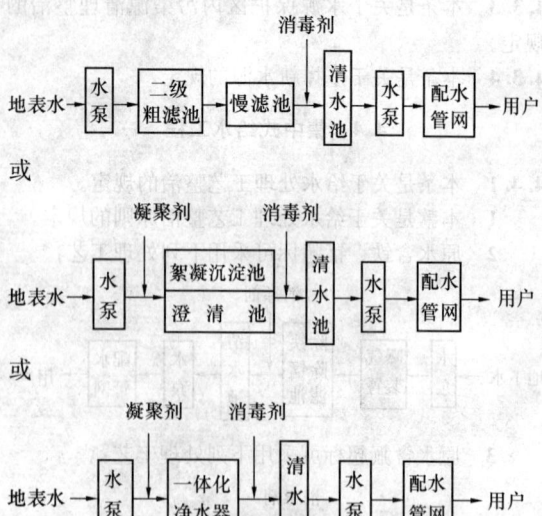

7 原水藻类、氨氮或有机物超标（微污染的地表水）可采用下列处理工艺：

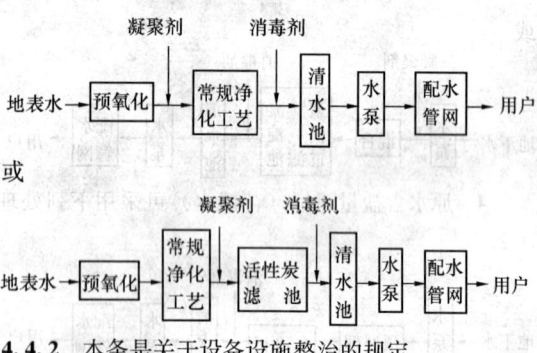

4.4.2 本条是关于设备设施整治的规定。

1 本款是关于给水工程设备设施整治内容的规定。

2 本款是关于给水厂站及生产建（构）筑物整治的规定。

3 本款是关于调节构筑物整治的规定。

4 本款是关于水泵整治的规定。

5 本款是关于消毒设施整治的规定。

消毒剂的投加点应根据原水水质、工艺流程和消毒方法等确定。可在水源井、清水池、高位水池或水塔等处投加。

消毒剂的投加量应通过试验或参照相似条件运行经验确定。消毒剂与水要充分混合接触，接触时间不应小于 30min。

漂白粉（精）消毒，应先制成浓度为 1%～2% 的澄清溶液，再通过计量设备投入水中，每日配制次数不宜大于 3 次；应设溶药池和溶液池，溶液池宜设 2 个，池底坡度 $i \geqslant 0.02$，坡向排渣管，排渣管管径不应小于 50mm。

次氯酸钠消毒宜采用次氯酸钠发生器现场制备，并应有相应有效的安全设施。

二氧化氯消毒宜采用化学法现场制备，并应有相应有效的安全设施。

4.4.3 本条是关于输配水管道整治的规定。

1 本款是关于输配水管道整治目标的规定。

2 本款是关于输水管道整治原则的规定。

3 本款是关于配水管道整治原则的规定。

4 本款是关于生活饮用水管网与非生活饮用水管道、各单位自备生活饮用水管道连接的规定。

5 本款是关于输配水管道埋设深度的规定。

6～9 本款是关于输配水管道附属设备设施整治的规定。

4.5 分散式给水工程

4.5.1 本条是关于手动泵给水工程整治的规定。

4.5.2 本条是关于引泉池给水工程整治的规定。

4.5.3 本条是关于雨水收集给水工程整治的规定。

4.6 维护技术

4.6.1 本条是关于给水工程整治验收的规定。

4.6.2 本条是关于给水工程运行管理的规定。

1、2 本款是关于运行管理制度的规定。

供水单位应规范运营机制，努力提高管理水平，确保安全、稳定、优质和低耗供水。

水源管理应符合下列规定：

1） 供水单位可参照《饮用水水源保护区污染防治管理规定》，结合实际情况，合理设置生活饮用水水源保护区，并设置明显标志；应经常巡视，及时处理影响水源安全的问题；

2） 任何单位和个人在水源保护区内进行建设活动，应征得供水单位和当地主管部门的批准。

3 本款是关于供水单位和管理人员应取得卫生许可的规定。

4 本款是关于水质检验的规定。

5 本款是关于分散式供水村庄建立巡查制度的规定。

5 垃圾收集与处理

5.1 一般规定

5.1.1 垃圾处理是村庄整治的重要内容。本条是对村庄垃圾处理的一般性要求，尤其是针对村庄普遍缺乏垃圾收集设施、垃圾随意弃置的现状，对村庄环境治理提出出垃圾应收集清运的具体管理要求。

5.1.2 垃圾宜回收利用，垃圾分类收集是实现垃圾资源化的最有效途径。通过垃圾分类收集，不仅可直接回收大量废旧原料，实现垃圾减量化，而且可减少垃圾运输费用，简化垃圾处理工艺，降低垃圾处理成本。

5.1.3 小规模的卫生填埋场和焚烧厂若要达到环保要求，成本高，技术管理要求高，正常运行难，因此集中处理一定规模的垃圾十分必要，一些人口密度较高区域推行的村收集、乡镇运输、县集中处理的模式正是适应这一要求的有益探索。为了减少生活垃圾收集和运输成本，实行分类收集是必要的。通过分类收集，将大部分易腐烂的有机垃圾、砖瓦、灰渣等无机垃圾单独收集，就地处理和利用，将塑料等不易腐烂的包装物为主的其他垃圾集中收集处理，能有效降低收集运输与处理费用。对暂时缺乏集中处理条件的村庄，建议就近进行简易填埋处理。

5.1.4 生活垃圾中不得混入含有有毒有害成分的工业垃圾，废日光灯管、废弃农药、药品等家庭有害垃圾也应逐步建立单独收集体系。

5.2 垃圾收集与运输

5.2.1 生活垃圾主要内容的划定：

　　1 废品类垃圾主要包括：金属、废纸、动物皮毛等；

　　2 可生物降解的有机垃圾主要包括：烂蔬菜、烂水果、瓜果皮、剩菜、剩饭、咖啡茶叶残渣、蛋壳、花生壳、面包、麦片、花园及植物垃圾、骨头、海鲜贝壳、灌木枝条、小木块、小木条、废纸、皮毛、头发、遗弃粪便等；

　　3 无机垃圾主要包括煤灰渣、渣土、碎砖瓦及草木灰等。

5.2.2 垃圾收集设施设置应根据具体需要确定，可以单户配置，也可以多户配置，每个村庄不应少于1个垃圾收集点。收集设施宜防雨、防渗、防漏，避免污染周围环境。密闭式垃圾收集点可根据需要采用垃圾桶、垃圾箱等多种形式。

5.3 垃 圾 处 理

5.3.3 家庭堆肥处理是指在庭院或农田中将可生物降解的有机垃圾集中堆放处理，并自然发酵的过程，为促进发酵过程的自然通风，可用当地材料（如木条、钢筋或其他材料），围成约$0.5\sim1.0\text{m}^3$的空间作为垃圾集中堆放地。平均温度应达到50℃以上并至少保持5d。

5.3.4 村庄集中堆肥处理指将家庭单独收集的可生物降解的有机垃圾集中处理。在无条件实行家庭堆肥的家庭和村庄，需要将单独收集的可生物降解的有机垃圾集中处理。

　　村庄集中堆肥处理宜采用条形堆肥，即将垃圾堆为长条形，断面为三角形或梯形，堆高约1m，断面面积约1m^2，条形堆肥长度可根据场地大小确定，间距以方便翻堆为宜。条形堆肥的发酵腐熟时间宜在$2\sim3$个月以上，并应采用机械或人工手段定期翻堆，增加垃圾堆体的透气性和均匀性。

5.3.7 简易填埋处理场应根据村庄及乡镇实际需要选择，适当分散建设，规模不宜过大，否则可能带来集中污染风险。

6 粪 便 处 理

6.1 一 般 规 定

6.1.1 解决农村地区人的粪便污染，防止致病微生物污染环境，预防与粪便相关的人畜共患病、肠道传染病，从源头控制污染源、切断传播途径是村庄整治的重要目标。厕所是人类生活最基本的卫生设施，也是解决人排泄物无害化的关键设施。村庄整治中应加强卫生厕所建设和管理，控制肠道传染病、寄生虫病及部分生物媒介传染病传播。

6.1.2 农村户厕应与村庄整治统一规划，协调进行，降低重复建设带来的浪费、减少厕所模式选择错误和建造不规范带来的损失。在部分疾病流行地区，如血吸虫病流行地区，由于对粪便中携带致病微生物处理有特殊要求，所以农村户厕的设计必须符合相应规范标准要求及疾病防控的要求。

6.1.3 无害化处理后的粪便中含有大量氮磷钾等营养物质，合理并充分利用，能减少化肥用量，利于粪污资源化，并能保护土壤、促进农作物生长、改善水体富营养化造成的面源环境污染，保持生态系统的良性循环，符合循环经济的要求。

6.1.4 厕所无害化效果评价工作专业性强，必须由相关主管部门进行检测和评价。粪大肠菌是有代表意义的肠道致病菌和指示菌，蛔虫卵在环境中的存活能力要强于其他寄生虫卵，当粪大肠菌值$\geq10^{-2}$、蛔虫卵的去除率$\geq95\%$时，其他寄生虫病的危害降低，因此要求检测粪大肠菌和蛔虫卵的相关指标，检测方法可按照现行国家标准《粪便无害化卫生标准》GB 7959的规定进行。

6.2 卫生厕所类型选择

6.2.1 为使村民了解建造卫生厕所的意义，提高参与程度，使卫生厕所建造、使用、管理具有可持续性，专业技术人员应根据当地自然条件、风俗习惯、生产方式、给排水设施和经济发展状况等，指导村民选择厕所模式及建造材料。厕所建造要注重实用，不宜在形式上过大投入，要与经济发展状况相适应。

　　卫生厕所建设可因地制宜地从鉴定确认为卫生厕所的模式中选择。三格化粪池式厕所、三联通沼气池式厕所、粪尿分集式生态卫生厕所、双瓮漏斗式厕所、完整下水道水冲式厕所是目前我国农村应用较多的厕所模式。详细的设计、建造参数和图纸参见《中国农村卫生厕所技术指南》。

6.2.2 厕所类型选择应符合下列规定：

1 城镇周边地区或经济较发达地区的村庄，建有污水处理场及上、下水设施，具备水冲式厕所的建造条件；但有些村庄无污水排放系统，甚至直接将污水排入池塘，也大量建造水冲式厕所，会造成环境质量迅速下降，所以本款提出要求：粪便污水必须与通往污水处理厂的管网相连接，不能随意排放；

2 一头猪的粪便量，至少相当于6个人的粪便量，家庭饲养农户至少有3～4头猪，猪粪便有助于生成沼气，但普通三格化粪池厕所贮粪池容量小，无法容纳全部粪便量，因此提倡家庭饲养业的农户建造三联通沼气池式厕所；

3 寒冷地区，冬季使用三联通沼气池生产沼气必须保持一定的温度，0℃左右的温度无法正常运转，单独加温沼气池不现实，可采用沼气池与蔬菜大棚结合使用方式；

4 干旱缺水地区的村庄，推荐选用用水量很少的粪尿分集式生态卫生厕所、双坑交替式厕所、阁楼堆肥式厕所及双瓮漏斗式厕所；

5 目前尚无可推广应用的针对寒冷地区的户厕模式，暂以深坑式户厕代用，为保证厕所卫生与使用的安全性，贮粪池底部须低于当地冻土层，否则极易冻裂或翻浆时变形；

6 粪尿分集式生态卫生厕所将粪便和尿分别收集、处理，作为农业肥料使用，因此非农业地区的村庄不宜选用粪尿分集式生态卫生厕所。

6.2.3 厕所应符合建造技术要求，贮粪池不渗不漏，对浅层水污染概率低。本规范提出卫生防护距离要求，但如与粪便无害化建造技术要求矛盾时，应首先服从无害化建造技术的要求。出于卫生与使用安全的考虑，厕所地下结构应坚固耐用、经济方便，但特殊地质条件地区有特殊要求，可由当地主管部门提出具体的质量与安全要求，地上厕屋则可自行选择。

6.2.4 沼气式厕所若要达到发酵均匀、提高沼气产气效率的目的需增加搅拌，粪便中未死亡的寄生虫卵就会伴随沼液一起排出，影响无害化效果。因此提出在血吸虫病流行地区及其他肠道传染病高发地区村庄的沼气池式户厕，不采用随时取沼液与沼液随意溢流排放的设计。

目前厕所粪便无害化处理程度有限，粪液排入水体，会造成富营养化，未死亡的寄生虫卵进入水体，会形成疾病传播条件，造成肠道致病菌传播，不利于预防疾病。因此，禁止向任何水域排放粪便污水和沼液，禁止将沼液作为牲畜的饲料添加剂养鱼、养禽等。

6.2.5 目前农村厕具生产还未形成产业化、市场化，为保障农民的切身利益，应对厂家生产的预制式贮粪池、便器等其他关键设备进行安全性能与功能性能的技术鉴定，符合安全与技术要求的设备方可进入市场。选择产品时应检查检测报告，并将生产厂家的资质证明、产品合格证与产品检测报告的复印件存档备查。便器与建厕材料应坚固耐用，利于卫生清洁与环境保护；建造材料应为正规生产厂家的合格产品，选择产品时应查验质量鉴定报告，并将复印件存档备查。

6.3 厕所建造与卫生管理要求

6.3.1 厕所建造与卫生管理应符合下列规定：

1 三格化粪池厕所正式启用前应在第一格池内注水100～200L，水位应高出过粪管下端口，用水量以每人每天3～4L为宜。每年宜进行1～2次厕所维护，使用中如果发现第三池出现粪皮时应及时清掏。化粪池盖板应盖严，防止发生意外。清渣或取粪水时，不得在池边点灯、吸烟，防止沼气遇火爆炸。清掏出的粪渣、粪皮及沼气池沉渣中含有大量未死亡的寄生虫卵等致病微生物，需经堆肥等无害化处理。

目前厕所使用与管理方面存在很多问题，例如粪便如果直接倒入三格化粪池的二、三池的后池，无害化效果就会破坏，产生臭味，因此禁止向二、三池倒入新鲜粪液。从粪便无害化效果分析，将洗浴水通入三格化粪池厕所贮粪池的做法不可取。粪水应与污水分流，生活污水不得排入化粪池。而且本规范确定的贮粪池无能力处理畜、禽粪，因此不提倡将畜、禽粪便通入三格化粪池厕所贮粪池。

2 应合理配置并充分利用畜粪、垫圈草、铡碎和粉碎并经适当堆沤的作物秸秆、蔬菜叶茎、水生植物、青杂草等作为三联通沼气池式厕所的原料。

禁止在三联通沼气池的进粪端取粪用肥。每年宜进行1～2次厕所维护，清渣时，不得在池边点灯、吸烟，防沼气遇火爆炸。清掏出的粪渣、粪皮及沼气池沉渣中含有大量未死亡的寄生虫卵等致病微生物，需经堆肥等无害化处理。沼液内含有氮磷钾和富有营养的氨基酸，可作为肥料，但是严禁作为牲畜的饲料添加剂养鱼、养禽等。

3 粪尿分集式生态卫生厕所使用前应在厕坑内加5～10cm灰土，便后以灰土覆盖，灰土量应大于粪便量3倍以上。粪便必须用覆盖料覆盖，充足加灰能使粪便保持干燥，促进粪便无害化。但不同覆盖料达到粪便无害化的时间有所不同，草木灰的覆盖时间不应少于3个月，炉灰、锯末、黄土等的覆盖时间不应少于10个月。粪便在厕坑内堆存时间约为半年至一年。尿液不应流入贮粪池，尿液储存容器应避光并较密闭，容量能保证存放10d以上，加5倍水稀释后，可直接用于农作物施肥。

5 对于双瓮漏斗式厕所，新厕建成使用前应向前瓮加水，水面要超过前瓮过粪管开口处。每天应用少量水（每人每天不宜超过1L）清洗漏斗便器。每年定期清除前瓮粪渣1次，清除的粪渣经堆肥等无害化处理后，可用于农业施肥。应使用后瓮粪液，防止直接从前瓮取粪，并应注意养护和维修工作，保持正常运转。

6 对于阁楼堆肥式厕所，新厕建成使用前和每次清理完粪肥后，应先在贮粪池底通风管上铺约100mm厚的干草或干牛马粪和一层土，使其既有透气空间，又便于吸收水分。每次便后及时用庭院土覆盖粪便，应将生活垃圾、牲畜粪便（牛、马、羊、鸡粪）适时投入贮粪池内，不定期进行混匀平整，形成500mm以上厚度的堆积层。

需要用肥前1.5～2个月，应人工调整配比，加入适量的水（污水、洗米水、洗菜水等）使水分达到约40%。表层用草与土覆盖使其升温发酵，经0.5月的高温发酵能达到粪便无害化效果，要符合农田可应用的腐熟肥的要求，则需1.5个月以上的时间。非用肥期，应保持厕坑干燥，防止粪便发酵升温。

污物应随时清扫。塑料与不可降解物、有毒有害物不能投入厕坑。

7 对于双坑交替式厕所，新厕建成使用前，厕坑底部要撒一层细土，将出粪口挡板周边用泥密封。厕所内要存放细干土，每次便后加土覆盖。定期将厕坑中间粪便推向周边。便器盖用时拿开，便后塞严。双坑交替使用，一坑满后封闭，同时启用第二厕坑。粪便经高温堆肥等无害化处理后方可做农肥使用。应保持清洁卫生，定期清扫。

8 深坑式厕所入冬前，应将贮粪池内粪便清掏干净，清掏出的粪便应经堆肥等无害化处理。厕所应定期清扫，保持干净。

6.3.2 避免粪便裸露是控制蚊蝇孳生、减少厕所臭味的关键。应避免设计方案与建造技术方面的缺陷，关注使用过程中出现的问题，避免粪便裸露。

7 排 水 设 施

7.1 一 般 规 定

7.1.1 我国农村绝大多数村庄没有污水、雨水的收集排放和处理设施，对农村人居环境造成极大危害，在村庄整治中采用符合当地实际的做法解决村庄生活污水、雨水的排放和处理，可以有效地改善农村的人居环境。

7.1.2 本条是关于排水量计算的规定。

村庄排水分为生活污水、生产污水，径流雨水和冰雪融化水统称为雨水。

生活污水量可按生活用水量的75%～90%进行估算。

生产污水量及变化系数，要根据乡镇工业产品的种类、生产工艺特点和用水量确定。为便于操作，也可按生产用水量的75%～90%进行估算。水重复利用率高的工厂取下限值。

雨水量与当地自然条件、气候特征有关，可参照临近城市的相应标准计算。

7.1.3 本条是关于污水排放标准的规定。

7.1.7 缺水地区雨水、生活污水收集利用的具体措施如下：

1 缺水地区宜采用集流场收集雨水，集流场可分为屋面集流场和地面集流场，收集的雨水宜采用水窖贮存；

2 有条件地区村庄可在农家房前或田间利用露天水池收集贮存雨水；

3 生活污水输送至污水处理站，处理达标后，就近排入村庄水系或用于农田灌溉等；

4 没有污水处理设施时，生活污水经化粪池、沼气池等进行卫生处理后可直接利用。

7.2 排水收集系统

7.2.1 本条是关于选择排水收集系统的规定。

村庄排水宜选择雨污分流。在降雨量较少的地区也可选择雨污合流。

7.2.2 本条是关于雨污水排放的规定。

7.2.3 本条是关于排水沟渠敷设的规定。

7.2.4 本条是关于寒冷地区排水管道敷设深度的规定。

7.2.5 本条是关于排水收集系统整治的规定。

规定了对雨水和污水管渠设计的具体要求，包括管渠形式、材料、尺寸和坡度等。雨水排水沟渠断面形式可参考图1。

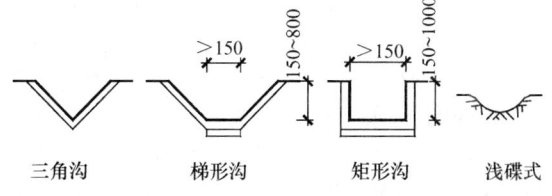

图1 排水沟渠断面形式

房屋四周排水沟渠做法可参考图2。

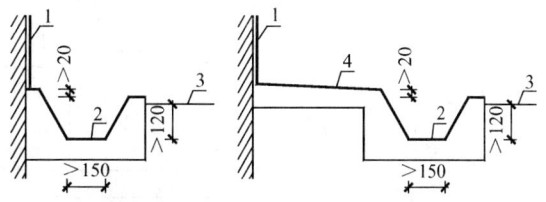

图2 房屋排水沟渠做法

1—外墙勒脚；2—纵坡度 0.3%～0.5%；

3—室外地坪；4—散水坡

无条件修建污水管道的村庄，可参考图1、图2的形式，加盖建造暗渠排放生活污水。

7.3 污水处理设施

7.3.1 本条是关于污水处理站的规定。

 1 本款是关于雨污分流时污水处理站进水的规定。

 2 本款是关于雨污合流时污水处理站进水的规定。

 3 本款是关于采用污水处理工艺的规定。

7.3.2 本款是关于污水处理站选址的规定。

7.3.3 本款是关于工业废水和养殖业污水排入污水处理站要求的规定。

7.3.4 本款是关于污水处理站出水要求的规定。

7.3.5 人工湿地系统水质净化技术是一种生态工程方法。基本原理是在一定的填料上种植特定的湿地植物，建立起人工湿地生态系统，当污水通过系统时，经砂石、土壤过滤，植物根际的多种微生物活动，污水中的污染物和营养物质被吸收、转化或分解，水质得到净化。经过人工湿地系统处理后的水，可达到地表水水质标准，可直接排入饮用水源或景观用水的湖泊、水库或河流中。因此，特别适合饮用水源或景观用水区附近生活污水的处理、受污染水体的处理，或为这些水体提供清洁水源补充。

人工湿地处理污水采用类型包括地表流湿地、潜流湿地、垂直流湿地及其组合，一般将处理污水与景观相结合。并应符合下列规定：

 1 应设置拦污格栅去除悬浮杂质，其后设置沉淀池预处理，停留时间应大于1h；

 2 一级人工湿地为潜流湿地，填料为大颗粒卵石，粒径30～50mm，停留时间应大于18h；

 3 二级人工湿地为垂直流湿地，填料为小颗粒卵石，粒径4～32mm，停留时间应大于6h；

 4 人工湿地表面宜种植芦苇、水葱、菖蒲、茭白等根系发达的水生植物。

图3是利用人工湿地处理村庄生活污水的典型工艺流程，图4、图5分别是一级人工湿地和二级人工湿地的结构示意图。

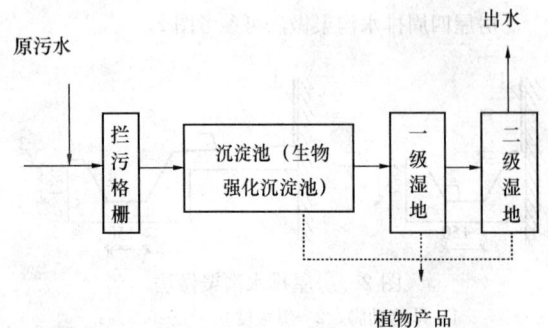

图3　人工湿地处理村庄生活污水的工艺流程

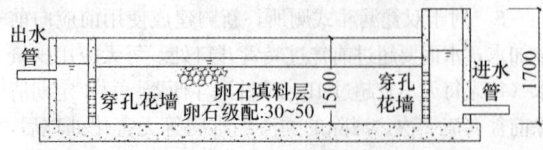

图4　一级人工湿地结构示意

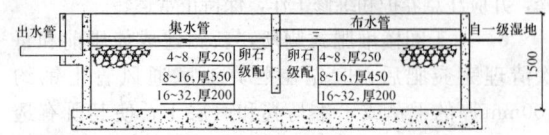

图5　二级人工湿地结构示意

7.3.6 生物滤池由池体、填料、布水装置及排水系统等四部分组成，可为圆形，也可为矩形。滤池填料应高强度、耐腐蚀、比表面积大、空隙率高和使用寿命长。对碎石、卵石、炉渣等无机滤料可就地取材。图6是生物滤池结构示意图。

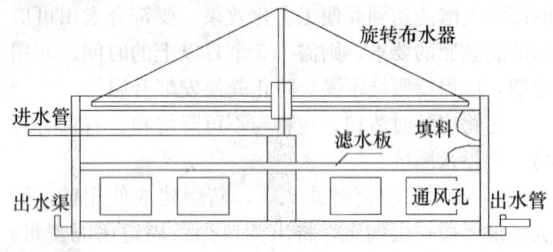

图6　生物滤池结构示意

生物滤池应符合下列规定：

 1 生物滤池的布水装置可采用固定或旋转布水器。生物滤池布水应使污水均匀分布在整个滤池表面，可提高滤池处理效果。布水装置可采用间歇喷洒布水系统或旋转式布水器。高负荷生物滤池多采用旋转式布水器，由固定的进水竖管、配水短管和可以转动的布水横管组成。每根横管的断面积由设计流量和流速决定；布水横管的根数取决于滤池和水力负荷的大小，最大时可采用4根，一般用2根。

 2 生物滤池底部空间的高度不应小于0.6m，沿滤池池壁四周下部应设置自然通风孔，其总面积不应小于池表面积的1%。

 3 生物滤池的池底应设1%～2%的坡度坡向集水沟，集水沟以0.5%～2%的坡度坡向总排水沟，并有冲洗底部排水渠的措施。

 4 低负荷生物滤池采用碎石类填料时，应符合下列要求：

  1） 滤池下层填料粒径宜为60～100mm，厚0.2m；上层填料粒径宜为30～50mm，厚1.3～1.8m；

  2） 正常气温时表面水力负荷以滤池面积计，宜为1～3m³/（m²·d），低温条件下宜降低负荷。

 5 高负荷生物滤池采用碎石类填料时，应符合下列要求：

1）滤池下层填料粒径宜为 70～100mm，厚 0.2m；上层填料粒径宜为 40～70mm，厚度不宜大于 1.8m；

2）正常气温时表面水力负荷以滤池面积计，宜为 10～36m³/（m²·d），低温条件下宜降低负荷。

当生物滤池表面水力负荷小于规定的数值时，应采取回流；当原水有机物浓度过高或处理水达不到水质排放标准时，应采用回流。

生物滤池典型负荷见表 5。

表 5　生物滤池典型负荷

处理要求	工艺类型	填料的比表面积（m²/m³）	容积负荷		表面水力负荷[（m³/(m²·h)]
			kgBOD₅/（m³·d）	kgNH₄⁺-N/（m³·d）	
部分处理	高负荷	40～100	0.50～5.00	—	0.20～2.00
碳氧化/硝化	低负荷	80～200	0.05～5.00	0.01～0.05	0.03～0.10
三级硝化	低负荷	150～200	<40mg BOD₅/L*	0.04～0.05	0.20～1.00

注：* 为装置进水浓度。

7.3.7 稳定塘是人工的、接近自然的生态系统，具有管理方便、能耗低等优点，但占地面积较大。选用稳定塘时，必须考虑是否有足够的土地可供利用，并应对工程投资和运行费用作全面的经济比较。我国地少价高，稳定塘占地约为活性污泥法二级处理厂用地面积的 13.3～66.7 倍，因此，稳定塘建设规模不宜大于 5000m³/d。

在地理环境适合且技术条件允许时，村庄污水处理设施可采用荒地、废地以及坑塘、洼地等建设稳定塘处理系统。并应符合下列规定：

1 稳定塘设计应根据试验资料确定。无试验资料时，根据污水水质、处理程度、当地气候及日照等条件，总停留时间以 20～120d 为宜。

温度、光照等气候因素对稳定塘处理效果的影响十分重要，决定稳定塘的处理效果以及塘内优势细菌、藻类及其他水生生物的种群。冰封期长的地区，总停留时间应适当延长。稳定塘的停留时间与冬季平均气温有关，气温高时，停留时间短；气温低时，停留时间长。为保证出水水质，冬季平均气温在 0℃ 以下时，总水力停留时间以不少于塘面封冻期为宜。本条的停留时间适用于好氧稳定塘和兼性稳定塘。稳定塘典型设计参数见表 6。

表 6　稳定塘典型设计参数

塘类型	水力停留时间（d）	水深（m）	BOD₅ 去除率（%）
好氧稳定塘	10～40	1.0～1.5	80～95
兼性稳定塘	25～80	1.5～2.5	60～85
厌氧稳定塘	5～30	2.5～5.0	20～70
曝气稳定塘	3～20	2.5～5.0	80～95
深度处理稳定塘	4～12	0.6～1.0	30～50

2 污水进入稳定塘前，宜进行预处理，预处理一般为物理处理，目的在于尽量去除水中杂质或不利于后续处理的物质，减少稳定塘容积。应设置格栅，污水含砂量高时应设置沉砂池。但污水流量小于 1000m³/d 的小型稳定塘前可不设沉淀池，否则将增加塘外处理污泥的困难。处理较大水流量的稳定塘前，可设沉淀池，防止塘底沉积大量污泥，减少容积。

3 稳定塘串联的级数不宜少于 3 级，第一级塘有效深度不宜小于 3m。

4 稳定塘宜采用多点进水。当只设一个进水口和一个出水口，并把进水口和出水口设在长度方向中心线上时，则断流严重，容积利用系数可低至 0.36。进水口与出水口离得太近，也会使塘内存在较大死水区。为取得较好的水力条件和运转效果，推流式稳定塘宜采用多个进水口装置，出水口尽可能布置在距进水口远一点的位置上。风能产生环流，为减小这种环流，进出水口轴线布置在与当地主导风向相垂直的方向上，也可以利用导流墙，减小风产生环流的影响。

5 稳定塘应有防渗措施，与村民住宅区之间应设置卫生防护带。无防渗层的稳定塘很可能影响和污染地下水，因此必须采取防渗措施，包括自然防渗和人工防渗。稳定塘在春初秋末容易散出臭气，所以，塘址应在村庄主导风向的下风侧，并与村民住宅之间设置卫生防护带，以降低影响。

6 稳定塘污泥蓄泥量为 40～100L/（人·年），一级塘应分格并联运行，轮换清除污泥。

7 多级稳定塘处理的最后出水中，一般含有藻类、浮游生物，可作鱼饵，在其后可设置养鱼塘，但水质必须符合相关标准的规定。

7.4　维 护 技 术

7.4.1、7.4.2 人工湿地的运行与管理应符合下列规定：

进水量应控制在设计允许范围内，并不得长时间断流；监管湿地植物，包括收割管理、病虫害防治、霜冻害管理、应急处理管理等；加强污水的预处理，避免一级碎石床人工湿地堵塞；控制不良气味的产生。

生物滤池的运行与管理应符合下列规定：

应定期检查运行周期，调试验收阶段宜根据不同季节、不同水质制订多套运行方案作为运行指南，并规定运行周期的合理范围；滤速应控制在设计范围内，过低会造成下层滤床堵塞，过高则不能保证出水水质；应每周检查生物滤池的堵塞状况，定期清理筛网、出水槽、溢流堰、出水稳流栅等处沉积的藻类、滤料或其他污物；清理滤料承托层、滤头及滤板下部时，应将生物滤池放空，如果属于非正常的堵塞而停运，可通过检修孔进入滤板下部局部清理；工作人员进入生物滤板下部必须有安全措施，系安全带，启动反洗风机以低风量为滤板下部通风，并与外边守候人员保持联系。

稳定塘的运行与管理应符合下列规定：

进水量应控制在设计范围内，避免负荷过高，产生厌氧异味；应监管稳定塘内水生植物，包括收割管理、病虫害防治与霜冻害管理、应急处理管理等；应定期清理塘底泥；应监管稳定塘的防渗性能，避免污水污染饮用水水源或功能性水体。

8 道路桥梁及交通安全设施

8.1 一般规定

8.1.1 村庄的道路桥梁是农村生活空间的基本组成要素，村民日常活动须臾不能离开。目前多数村庄内部道路为自然形成，缺少连通和铺装，不少地方是"晴天一身土、雨天一身泥"，严重影响了出行活动。拥有平坦、干净的道路是村民的迫切愿望，是村庄整治的重点内容。

村庄道路桥梁及交通安全设施整治要因地制宜，结合当地的实际条件和经济发展状况，实事求是，量力而行。同时村庄整治工作要做到：以人为本，从大处着眼，小处入手，使各种设施更加人性化；制定合理的施工方案和安全措施，保障施工安全；利用一切可以利用的条件和手段，创造整洁美观的道路环境；形成村庄特色，注重与自然环境的和谐发展；提高道路桥梁及交通安全设施的使用年限；节约各项有限资源，合理降低工程成本。

8.1.2 村庄道路桥梁及交通安全设施整治应充分利用现有条件和设施，从便利生产、方便生活的需要出发，凡是能用的和经改造整治后能用的都应继续使用，并在原有基础上得到改善。同时注重美化环境，创建文明整洁、设施完善、美观和谐的社会主义新农村。

8.1.3 村庄道路桥梁及交通安全设施整治是一项基本建设工作，应符合国家基本建设程序的有关规定，严格控制好建设过程中的几个重要环节，即规划、设计、施工、竣工验收及养护管理。同时按照建设部建村〔2005〕174号文件《关于村庄整治工作的指导意见》的要求："编制村庄整治规划和行动计划，合理确定整治项目和规模，提出具体实施方案和要求，规范运作程序，明确监督检查的内容与形式"。

8.1.4 村庄道路桥梁及交通安全设施整治工程竣工后，应由当地主管部门组织施工单位、监理单位及相关单位，对工程质量进行综合验收。验收标准应符合交通运输部《农村公路建设质量管理办法（试行）》及国家有关规定。

村庄道路桥梁及交通安全设施整治完成后，养护

管理工作是长期任务，必须做到领导负责、职责明确、分级管理，建立有效的长效机制，健全养护管理体系，使这项工作制度化、科学化、规范化，保证道路桥梁及交通安全设施完好，处于良好的技术状态。

8.2 道 路 工 程

8.2.1 村庄经过长期的演变和发展，逐步形成现有的风格和规模，路网形态与结构有其充分的合理性和实用性。但是有些道路因受到地形及周围环境的影响和限制，过于狭窄，且缺少连通和铺装，不仅影响生产生活的便利，也造成了安全隐患。为了贯彻安全与防灾的基本防御目标，应着力提高村庄路网的通达性，拓宽或打通一些"断头路"。

8.2.2 按照使用功能，本规范将村庄道路分为三个层次，即主要道路、次要道路、宅间道路。由于村庄的自然、地理、环境、道路条件等实际情况各不相同，因此村庄道路桥梁及交通安全设施整治中应根据村庄特点，准确把握各类道路的使用功能。

村庄道路路面铺装形式应满足道路功能要求，不同道路功能的铺装应有所区别。路肩宽度可根据实际空间采用 0.25m、0.50m 或 0.75m。

1 主要道路：

村庄主要道路是将村内各条道路与村口连接起来的道路，解决村庄内部各种车辆的对外交通，路面较宽，路面两侧可设置路缘石，考虑边沟排水，边沟可采用暗排形式，或采用干砌片石、浆砌片石、混凝土预制块等明排形式。主要道路路基路面应具有足够的承载力和稳定性。因此，路面铺装一般可采用沥青混凝土路面、水泥混凝土路面、块石路面等形式。平原区排水有困难地区或潮湿地区，宜采用水泥混凝土路面。

2 次要道路：

村庄次要道路是村内各区域与主要道路的连接道路，主要供农用小型机动车及畜力车通行，次要道路交通量及车辆荷载较小。路面宽度为单车道时，可设置必要的错车道。对路面的结构功能一般要求较低，因此路面铺装类型应重点考虑经济、环保、和谐等因素，因地制宜采用不同类型的路面铺装。平原区可采用沥青混凝土路面或水泥混凝土路面，山区可采用水泥混凝土路面、石材路面、预制混凝土方砖路面等形式。

3 宅间道路：

村庄宅间道路是村民宅前屋后与次要道路的连接道路，是村民每日生活、生产的必经之路，宅间道路承担的交通量最小，仅供非机动车及行人通行，路面宽度一般较小。路面铺装可因地制宜采用水泥混凝土路面、石材路面、预制混凝土方砖及透水砖、无机结合料稳定路面等路面形式，也可通过不同材料的组合、拼砌花纹，组成多种不同风格样式，体现当地

特色。

8.2.3 根据地表水排放需要,村庄道路标高宜低于两侧建筑场地标高。路面排水应充分利用地形并与地表排水系统配合,合理选定各种排水设备的类型和位置,确定排水功能,形成完整的排水系统。平原地区村庄道路主要依靠路侧边沟排水,特殊困难道路纵坡度小于 0.3%时,应设置锯齿形边沟,沟底保持 0.3%～0.5%的最小纵坡度,出水口附近的纵坡度应根据地形高差、地质情况作特殊处理。山区村庄道路可利用道路纵坡自然排水。

8.2.4 村庄道路纵坡度应控制在 0.3%～3.5%之间,道路最小纵坡度是为满足路面迅速排水的要求。道路最大纵坡度是根据汽车的动力性能、农用车辆与非机动车行驶的需要及行车速度、行车安全、驾驶条件、便利生产生活等不同要求作出规定。遇有特殊困难道路纵坡度大于 3.5%时,应采取必要的防滑措施,如礓嚓路面、路面拉毛、路面刻槽等。

8.2.5 村庄道路路拱一般采用双面坡形式,宽度小于 3m 的窄路面可以采用单面坡。横坡度应根据路面宽度、面层类型、纵坡度及气候等条件确定。

8.2.6 村庄道路路堤边坡坡面容易受到地表水的冲刷,造成边坡失稳,影响路基的承载力和稳定,因此应采取边坡防护措施。如干砌片石、浆砌片石、植草砖、植草等多种形式,路堤边坡防护整治应与村庄环境、绿化整治相结合。

8.2.7 表 8.2.7 中内容符合现行行业标准《城市道路设计规范》CJJ 37 中关于城市道路支路的规定。

8.2.8 各类路面结构应根据当地条件确定,厚度可参照表 7 的规定。各结构层最小厚度是综合考虑了施工工艺、材料规格及强度形成原理等多种因素而确定的。路基压实需考虑压实过程中对周围建筑的振动,可采用大型碾压设备和小型电动夯及人工木夯相结合的做法,减少对周围建筑的影响。

表 7 各类路面结构层最小厚度

路面形式	结构层类型	结构层最小厚度（cm）
水泥路面	水泥混凝土	18.0
沥青路面	沥青混凝土	3.0
	沥青碎石	3.0
	沥青贯入式	4.0
	沥青表面处治	1.5
其他路面	砖块路面	12.0
	块石路面	15.0
	预制混凝土方砖路面	10.0
路面基层	水泥稳定类	15.0
	石灰稳定类	15.0
	工业废渣类	15.0
	柔性基层	10.0

注：表中数值符合交通运输部《农村公路建设暂行技术要求》中的有关规定。

8.2.9 沥青混凝土路面适用于主要道路和次要道路,施工过程中应加强质量监督,保证工程质量。沥青混凝土路面结构层组合形式,可参考图 7。

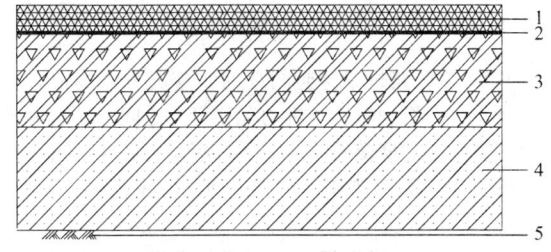

图 7 沥青混凝土路面结构层
1—细粒式沥青混凝土；2—乳化沥青透层；
3—石灰、粉煤灰、砾石；4—石灰土；5—土基

8.2.10 水泥混凝土路面适用于各类村庄道路,施工过程中应加强质量监督,保证工程质量。水泥混凝土路面结构层组合形式,可参考图 8。

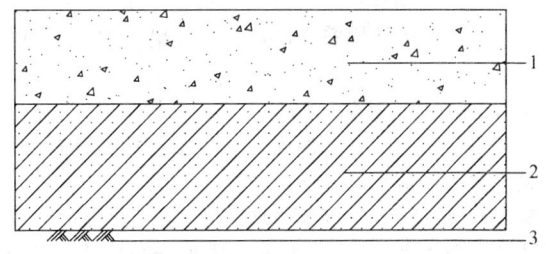

图 8 水泥混凝土路面结构层
1—水泥混凝土；2—石灰土；3—土基

8.2.11 石材类路面及预制混凝土方砖类路面主要适用于次要道路和宅间道路,块石路面可用于主要道路,施工工艺流程及方法可参照《简明公路施工手册》、《市政工程施工手册》(第二卷)的规定。石材及预制混凝土方砖路面结构层组合形式,可参考图 9、图 10。

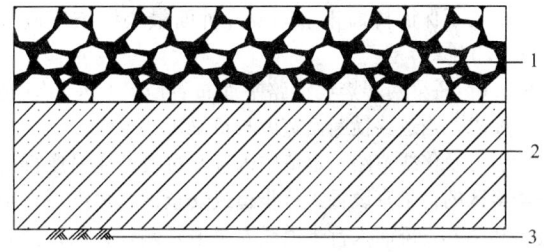

图 9 石材类路面结构层
1—片石、块石；2—石灰土；3—土基

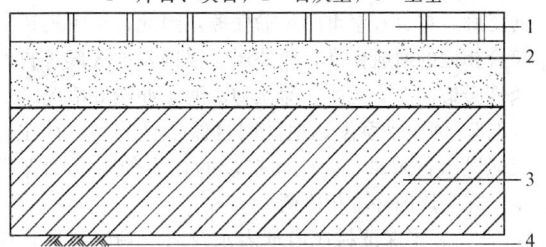

图 10 预制混凝土方砖路面结构层
1—预制混凝土方砖；2—素混凝土；3—石灰土；4—土基

8.2.12 无机结合料（包括水泥、石灰或工业废渣等）稳定路面适用于宅间道路，施工过程中应加强质量监督，保证工程质量。

8.3 桥涵工程

8.3.1 当公路桥梁穿越村庄时，应充分考虑混合交通特点，即机动车、非机动车和行人之间的干扰和冲突，在满足过境交通的前提下，应设置必要的机动车与非机动车隔离措施，如人行步道、隔离栅、隔离墩等。

8.3.2 村庄内现有桥梁，在荷载等级达不到相关规定的情况下，如果没有限载措施，桥梁结构安全会受到很大影响。应本着安全使用的原则，采取限载通行或桥梁加固等措施。

8.3.3 村庄内现有窄桥难以适应交通需要，可采取桥梁加宽的措施满足交通需求。桥梁加宽应采用与原桥梁相同或相近的结构形式和跨径，使结构受力均匀，保证桥梁结构安全，并保证桥梁基础的抗冲刷能力。

8.3.4 对现有桥涵的防护设施包括桥梁栏杆、桥头护栏等应进行整修、加固。对需要设置而没有设置的防护设施应加以完善。

8.3.5 小型桥涵的桥面纵坡度应与路线纵坡度一致。大、中型桥涵纵断面线形应根据两岸地势、通航要求及道路纵断面线形要求布置为对称的凸形线形，或一面纵坡。

平原地区：机动车与非机动车混行时纵坡度应控制在3%以内；非机动车流量很大时宜采用纵坡度不大于2.5%。

山区：当桥梁两端道路纵坡度较大时，桥面纵坡度可适当增大，但不应大于桥梁两端道路的纵坡度。

为了保证桥面排水顺畅，桥面最小纵坡度应大于0.3%。

8.3.6 桥梁两端接线道路平面布置应满足车流顺畅的要求，当道路横断面宽度与桥梁不一致时，应在桥梁引道及接线道路一定范围内逐渐过渡。在村庄行人密集区的桥梁宜设置人行步道或安全道，宽度不宜小于0.75m，桥面人行步道或安全道外侧，必须设置人行道栏杆，高度可取1.00～1.20m。

8.3.7 在河湖水网密集地区，河道水系是重要的交通走廊，担负着繁重的运输任务，因此，桥下河道应符合相应的通航标准。此外还应根据各地气候等自然条件考虑泄洪、流冰、漂流物及河床冲淤等情况。

8.3.8 河湖水系发达地区因自然条件分隔，往往造成居民出行困难，为此而搭设的行人便桥应确保安全，并与周围环境相协调。

8.3.9 为了保证村庄内地表水及时、顺畅排除，应对现有桥涵及其他排水设施的过水断面进行有效清理疏浚，冲刷比较严重的河床和沟渠可采取硬化边坡措施，保证正常排水功能。

8.4 交通安全设施

8.4.1 村庄道路整治中，需要结合路面情况完善各类交通安全设施，便于组织、引导及管理出行，保证道路交通的安全与畅通。道路交通安全设施指村庄内部各类交通标志、标线及安全防护设施等。

8.4.2 当公路穿越村庄时，主要安全隐患是机动车与道路两侧居住村民的出入及路边堆放杂物之间的冲突，因此应设置宅路分离设施，如宅路分离挡墙、护栏等；还可在村庄入口适当位置设置标志，提醒驾驶员小心驾驶；当公路未穿越村庄时，由于村庄内部道路条件的限制，不适合大型机动车行驶，因此可在村庄入口处设置限行标志、限高标志和门架式限高设施，限制大型机动车通行。

8.4.3 在公路与村庄道路形成的平面交叉口处，主要安全隐患是直行和转弯车辆与相交道路车辆和行人之间的冲突，因此应设置"减速让行、停车让行"等标志，并配合划定"减速让行线、停止让行线"等，合理分配通行优先权，保证过境交通车辆优先通行。

8.4.4 村庄道路通过学校、集市、商店等人流较多路段，主要安全隐患是机动车与行人密集之间的冲突，必须设置限制速度、注意行人等标志，并设置减速坎、减速丘等设施，同时配合划定人行横道线，也可根据需要设置其他交通安全设施。

8.4.5 村庄道路遇有滨河路及路侧地形陡峭等危险路段时，应根据实际情况设置护栏，保证车辆与行人的安全，护栏的形式分为垛式、墙式及栏式。

8.4.6 村庄道路整治中对现有穿越铁路、公路的车行通道或人行通道应设置限高、限宽、限载标志，必要时应设置门架式限高、限宽设施，以保证通道的安全与畅通。车行通道及人行通道的净空要求可按照现行行业标准《公路工程技术标准》JTG B01的规定执行。

8.4.7 村庄道路建筑界限内严禁堆放各类杂物、垃圾、晾晒粮食，并拆除各类违章建筑，保证道路的畅通和安全。

8.4.8 村庄道路桥梁及交通安全设施整治过程中可结合各地村庄建设规划，在经济条件、供电条件允许的情况下，在村庄主要道路上设置交通照明设施，为机动车、非机动车及行人提供出行的视觉条件。

8.4.9 随着经济的发展，农业机械化水平的提高，村庄各类机动车辆、农用车辆及农用机械的保有量逐年提高，因此在村庄整治过程中要充分考虑各类车辆、机械的存放空间，充分利用村庄内部零散空地，开辟停车场、停车位，使动态交通与静态交通相适应。

8.4.10 设置合理完善的交通安全设施可最大限度减少安全事故隐患，降低事故损失，构建人车路相互和谐、祥和安宁的生活环境。其设置应适当、有效，并应对村民进行交通安全教育、交通知识的普及和宣传。

9 公 共 环 境

9.1 一 般 规 定

9.1.1 村庄的公共环境与村民生活密切相关,是村庄整治中不容忽视的内容。各地经济、社会发展水平差距较大,自然条件和风俗习惯也有很大差异,因此不同地区村庄的公用设施的改造与完善,应因地制宜,分类指导。

9.1.2 村庄属地范围内的公共建筑物、公共服务场所,及除农村宅院以外的土地、水体、植物及空间在内的自然要素和人工要素,都属于公共环境的范畴。

9.1.3 老年人、残疾人及青少年儿童都是社会特殊人群,公共环境的整治要考虑到上述特殊人群的行为方式,提供便利措施,强调使用的安全性,消除隐患。残疾人坡道形式可参考图11。

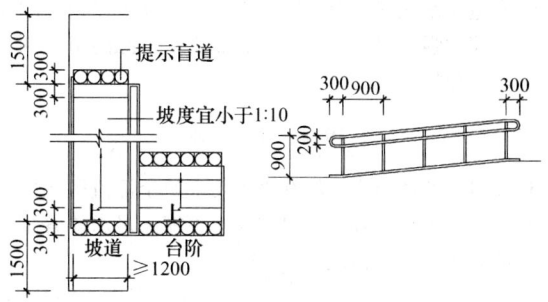

图 11 残疾人坡道参考做法

9.2 整 治 措 施

9.2.1 闲置房屋与闲置用地整治,应坚持一户一宅的基本政策,对一户多宅、空置原住宅造成的空心村,应合理规划、民主决策,拆除质量面貌较差或有安全隐患的旧宅。

9.2.2 景观环境整治主要包括建筑物外观整治、绿化整治、景观整治。

   1 建筑物外观的装饰和美化可采取下列措施:

    1)建筑物外墙应选用当地材料(木、竹、砖、石、砂岩、天然混凝土等),采用当地常见形式(虎皮墙、毛石墙、编竹墙、天然混凝土墙、砂岩墙等),并运用低造价施工方式(粉刷、假斩石、剁斧石及干粘石等),降低造价,塑造地方风格;

    2)建筑物外立面粉刷剥落、细部残缺甚至墙体损坏等,应及时修补和翻新;

    3)对建筑物的屋顶形式、底层、顶层、尽端转角、楼梯间、阳台露台、外廊、山墙、出入口、门窗洞口及装饰细部等局部可

    适当装饰和美化,达到外观整治要求;

    4)应整合太阳能、沼气系统、遮阳板等设备部件与建筑物构件的关系,使建筑外观和谐统一。

   2 村庄绿化环境整治可采取下列措施:

    1)将村庄入口、道路两旁、无建筑物的滨水地区及不适宜建设地段作为绿化布置的重点;

    2)集中活动场所宜设置集中绿化,不宜贪大求多;可利用不宜建设的废弃场地布置小型绿地;也可在建筑和围墙外修建花池,宽度以0.6~1.0m为宜;还可种植花草树木,做到环境优美,整洁卫生;

    3)村庄绿化应以乔木为主,灌木为辅,必要时以草点缀,植物宜选用具有地方特色、多样性、经济性、易生长、抗病害及生态效益好的品种;

    4)应保留村庄现有河道水系,并进行必要的整治和疏通,改善水质环境;

    5)道路两旁绿化应以自然设计手法为主,绿化配置错落有致,以乔木种植为主、灌木点缀为辅,单株乔木树池形式,可参考图12;

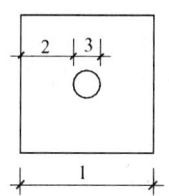

图 12 树池形式、
1—树池长宽宜大于或等于900mm;
2—树池边距树木宜大于或
等于400mm;3—树木直径

    6)可结合边沟布置绿化带,宽度以1.5~2.0m为宜。

   3 景观环境整治是对村内各类环境景观的整治,根据村庄实际情况,主要包括村口景观、水体及岸线景观、街道景观、场地景观、文化景观及院落景观等。

9.2.4 村庄公共服务设施位置要适中,村委会、文化中心、商业服务等建筑宜结合公共活动场地统一建设。公共服务设施的配建面积可按每人0.5~1.0m²计,根据实际建设条件而定。

10 坑 塘 河 道

10.1 一 般 规 定

10.1.1 村庄内部的坑塘河道与人居环境密切相关,

近些年村庄内部的水体和沿岸环境日趋恶化，严重影响公共卫生和村容村貌，是村庄整治的重点内容之一。

坑塘整治对象主要指村庄内部与村民生产生活直接密切关联，有一定蓄水容量的低地、湿地、洼地等，包括村内养殖、种植用的自然水塘，也包括人工采石、挖砂、取土等形成的蓄水低地。河道整治对象主要指流经村内的自然河道和各类人工开挖的沟渠。

坑塘按照农村坑塘常见利用方式分类。河道沟渠按照基本功能分类，不包含航运功能。

10.1.2　坑塘河道的配套设施、水体及用地是坑塘河道功能能否正常发挥的重要因素。不同功能坑塘河道对水体控制标准按相关行业生产和技术要求来控制。

各功能坑塘河道水体控制要求：

1　旱涝调节坑塘：功能与水体容量大小成正比，为保证基本旱涝调节功能，按坑塘界定的最大容量 $10^5 m^3$ 的 1/2 及最小水深 1m 确定最小水面面积，水质按满足农业用水标准确定；

2　渔业养殖和农作物种植坑塘：最小水面面积按农田常用计量单位 1 亩确定，适宜水深按照农业生产一般要求确定；

3　杂用水坑塘：对水面面积无严格规定，考虑该功能坑塘对水质有一定要求，通过适当扩大坑塘水面面积扩增水体容量，以保障水体交换；控制水深以 0.5～1.0m 为宜，易于促进微生物对水体的净化作用；

4　水景观坑塘：对水面面积无严格规定，水深按能满足湿地、浅水滩景观要求即可；

5　污水处理坑塘：按照稳定塘污水自然处理方式控制坑塘水体；坑塘适宜水深依据《室外排水设计规范》GB 50014 提供的典型设计参数确定，即好氧稳定塘按 1.0～1.5m 确定，厌氧稳定塘按 2.5～5.0m 确定；坑塘最小水面面积依据污水处理量、坑塘水深及其他工艺要求确定；根据村庄人口数量和污水量排放标准，村庄排污量一般在 50～500m³/d 之间，按照处理规模 50m³/d 确定最小水面面积；另依据现行国家标准《室外排水设计规范》GB 50014，污水总停留时间按 60d 计算，因此好氧稳定塘最小水面面积按 1500～3000m² 控制，厌氧稳定塘则按 600～1200m² 控制；

6　河道：河道均有行洪功能，应按照自然形成的河道宽度控制；具有取水功能的河道，水深按照取水构筑物最小进水深度确定；

7　水体水质：各功能坑塘河道水质类别执行现行国家标准《地表水环境质量标准》GB 3838，依据地表水水域环境功能和保护目标，按功能高低依次划分为五类；Ⅰ类主要适用于源头水、国家自然保护区；Ⅱ类主要适用于集中式生活饮用水地表水源

地一级保护区、珍稀水生生物栖息地、鱼虾类产场、仔稚幼鱼的索饵场等；Ⅲ类主要适用于集中式生活饮用水地表水源地二级保护区、鱼虾类越冬场、洄游通道、水产养殖区等渔业水域及游泳区；Ⅳ类主要适用于一般工业用水区及人体非直接接触的娱乐用水区；Ⅴ类主要适用于农业用水区及一般景观要求水域。

10.1.3　坑塘河道整治应优先考虑公共性，具备易于实施的建设条件，防止盲目整治现象。

10.1.4　坑塘河道整治的基本原则：防止因局部坑塘河道整治影响整体防洪、灌溉要求；控制规模，避免出现以整治坑塘河道为由进行圈地。

10.1.5　坑塘河道功能调整的依据：

1　应首先明确整治对象的功能，村庄坑塘的使用功能应合理分配，满足经济、安全、环境、生活等方面要求，如渔业养殖、农业种植坑塘满足经济要求，旱涝调节坑塘满足安全和经济要求，污水净化坑塘、水景观坑塘满足环境要求；

2　不同功能的坑塘对自然地势、所在位置、水体容量、水质状况有不同要求，因此提出原则性的要求，并加强了对涉及安全和农业用水水源的旱涝调节坑塘的保护。

10.2　补　　水

10.2.1　坑塘河道自然补水主要来源于汇流区域雨水和浅层地下水的补给。自然补水不能满足水体容量要求的有下列两种情况：

1　自然河渠上游因沿途取水量增多而水源减小；

2　坑塘河道面积萎缩，蓄水容量相应减小。

10.2.2　社会用水量的不断增长是坑塘河道自然补水困难的主要原因，实施开源节流是缓解坑塘河道缺水的有效举措。

10.2.3　本条是关于利用坑塘河道现有水利设施的原则。

10.2.4　人工补水措施应保障可持续的引水量，减少引水明渠投资和输水能耗。

引水明渠断面及坡度规定：对引水流量较小、水体容量有限的坑塘，明渠断面可参考图 13，坡度可参考表 8 控制。根据明渠断面和坡度对应关系，该明渠断面最小流量可达 0.40m³/s 以上，日引水流量达 $3.5 \times 10^4 m^3$，对水体容量 $10^5 m^3$ 的最大坑塘，3d 内可完成最大容量补水。

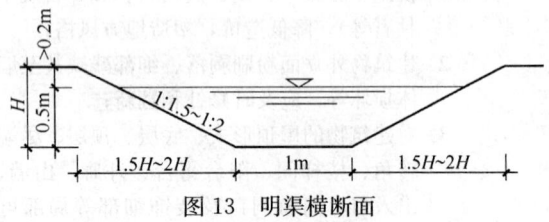

图 13　明渠横断面

表 8　明渠坡度控制标准

水渠类别	粗糙系数	最大流速 (m/s)	最大坡度	最小流速 (m/s)	最小坡度
黏土及草皮护面	0.025~0.030	1.2	0.004		0.0007
干砌块石	0.022	2.0	0.009	0.4	0.0004
浆砌块石	0.017	3.0	0.012		0.0003
浆砌砖	0.015	3.0	0.009		0.0002

明渠构造形式选择：平原地区引水渠坡度较缓，土明渠基本能适应流速要求，采用土明渠可节省明渠整治投资；山区及丘陵地区明渠坡度较大，常有水流冲刷现象，宜选择构造承载力较高的明渠，可参考图 14。

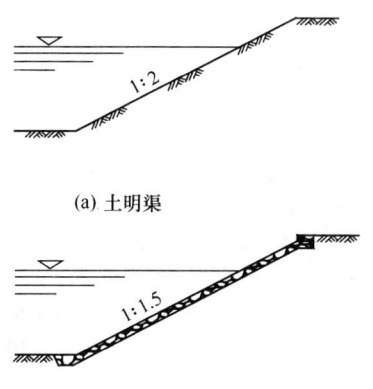

(a) 土明渠

(b) 块石护坡明渠

图 14　不同类别明渠

不同功能坑塘的蓄水方式选用：旱涝调节坑塘水位变化大，适宜采用节制闸方式蓄水；其他功能的坑塘水位变化较小，适宜采用滚水坝方式蓄水，可参考图 15。

10.2.5　有取水功能河道的人工补水整治规定：

1　人工引水和重选水源地均受到投入资金、实施效益等因素的影响，应通过方案比选后选择实施措

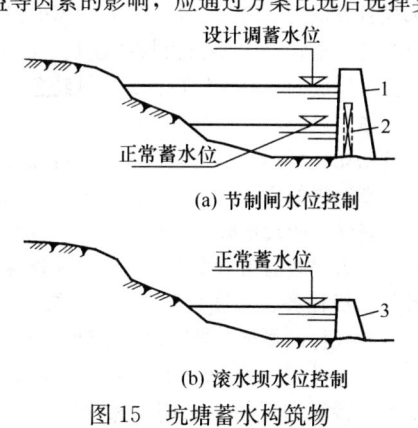

(a) 节制闸水位控制

(b) 滚水坝水位控制

图 15　坑塘蓄水构筑物

1—节制闸坝体；2—闸门；3—滚水坝

施，对取水功能要求较高的河道应采取人工引水方式，尽量减少对生产、生活取水的影响；

2　采取局部工程措施进行人工蓄水主要适用于易于改造的简易取水构筑物，可参考图 16；规定河床挖深不宜超过 1m，是依据现行国家标准《室外给水设计规范》GB 50013 规定取水构筑物顶面进水孔距河床最小高度为 1m 而确定，以限制河床的挖深。

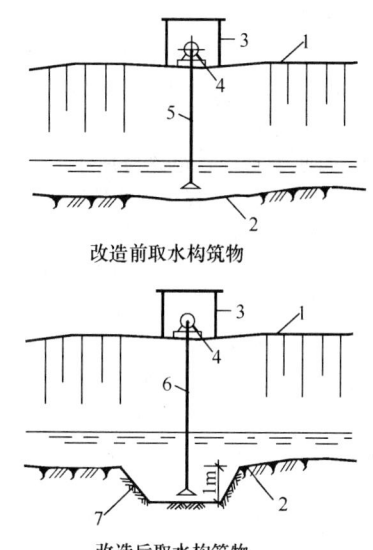

改造前取水构筑物

改造后取水构筑物

图 16　取水构筑物人工蓄水改造

1—河床岸边；2—河床底部；3—取水泵房；
4—水泵；5—原吸水管；6—改造后吸水管；
7—人工蓄水坑

10.3　扩　　容

10.3.1　本条是关于扩容整治的对象与整治的前提条件。

10.3.2　为避免因坑塘扩容影响周边土地其他功能的利用，本条明确了扩容方案的选择原则。同时为限制扩容超量，减少土地浪费，规定了扩容规模。

10.3.3　旱涝调节、污水处理等涉及生产保障、公共安全、环境的坑塘与渔业养殖、农业种植经济类型的坑塘比较，前者社会影响较大，因此在坑塘扩容整治与周边其他土地利用设施发生矛盾时，明确了两者不同的协调原则。"扩容优先"，明确了保证扩容，周边其他设施相应改造或废除的原则；"因地制宜、相互协调"，明确了扩容与周边其他设施对土地的利用要求处于平等位置，应以相互协调为原则，甚至扩容整治需服从于其他设施对土地的利用要求。

10.3.4、10.3.5　旱涝调节坑塘是村庄及地区排涝防灾系统的组成部分，对水体调节容量、水位控制有统一要求。旱涝调节坑塘应充分利用地势低洼区域的湖汊进行扩容整治，并应符合排涝防灾工程要求。

10.3.6　本条明确水景观坑塘扩容与村庄建设的相互关系。

10.4 水环境与景观

10.4.1 坑塘河道功能的发挥，需要水体具备一定的物化条件，并达到一定环境标准，因此，在生产和生活过程中必须加强对水体环境的保护，保证各类水体合理使用，充分发挥主导功能。

10.4.2 生活性用水水体的保护对象包括生活饮用水水源和生活杂用水。

10.4.3 利用坑塘水体进行村庄生活污水处理是一种特殊利用方式，为了避免对村庄环境造成不利影响，坑塘应距离村庄足够的防护距离，且处于夏季主导风向下风向，为便于管理，距离村庄不宜超过500m；同时，应减少污染物在未经处理的情况下进入下游水体的情况，在其他处理设施不到位的情况下，降雨汇流会导致污水处理坑塘内污染物随雨水直接排入下游水体，因此，将坑塘作为污水处理场所时，应同步建设必要的工程阻止周边雨水汇流入坑塘。

10.4.4 改善水质的措施有多种，但最基本的措施仍然是减少进入水体的污染物数量，在解决外源污染物基础上还不能满足水体水质要求的，可采取清淤措施。

对不同的淤泥成分应采取不同的处理措施。只接纳农村生活污水的淤泥一般肥分较高而重金属等沉积性毒害物质含量极少，在经过消毒处理后是比较好的农业有机肥料，应积极回用。对工业有毒有害污水污染的坑塘淤泥应采取无害化处理措施。

10.4.5 农村水体景观环境的整治应以自然为主，适当建设一些供村民休息、散步和日常户外娱乐活动的设施，要有利于日常管理维护，并不得对水系和水体造成破坏，特别要防止借旅游为名建设水上餐厅、水上度假屋等。

有依水建屋历史的江南、岭南等水乡，应在历史文化保护的基础上采取水污染控制措施，应参照本规范"严禁在水上建设餐饮、住宅等可能污染水体的建筑"的规定执行。

10.5 安全防护与管理

10.5.1 本条是关于坑塘河道安全防护整治的一般规定。

10.5.2 本条是关于坑塘河道安全防护整治的措施。

1 坑塘河道水深不超过0.8m基本无危险，超过1.2m的在发生危险时自救比较容易，但对于拦洪、泄洪沟渠，由于突发性强、流速快，即使水深不足0.8m也很危险，因此，这类水体周边必须设置警示标志；

2 水体边坡设置应结合自然护坡建设，根据地质情况确定，一般地质情况边坡值不大于1:2即可，松散型砂质不应大于1:2.5，粉类地质不应大于1:3；

3 人群相对集中的临水地段，应采取较高标准的安全护栏防范措施；人员稀少的临水地段，则可采取控制水边通道最低宽度的一般防范措施，减少投资；护栏最低控制高度可按照现行行业标准《公园设计规范》CJJ 48确定，栏条净间距按防护小孩要求控制；水边通道最低宽度按保证两人对向交会时的安全要求控制。

10.5.3 坑塘河道内堆放垃圾、建筑渣土，会严重影响水体容量，污染水质。村庄垃圾、建筑渣土应结合环卫整治要求统一处理。

10.5.4 本条是关于坑塘河道用地实施维护管理的规定。

11 历史文化遗产与乡土特色保护

11.1 一 般 规 定

11.1.1~11.1.3 村庄的历史文化遗产与乡土特色保存有大量不可再生的历史和乡土文化信息，是村庄中宝贵的文化资源，是世代认知与特殊记忆的符号，是全体村民的共同遗产和精神财富。对村庄历史文化遗产和乡土特色风貌的科学保护与合理利用，有助于村民了解历史、延续和弘扬优秀的文化传统，将对农村精神文明建设和社会发展起到积极作用。

村庄中的历史文化遗产和乡土特色保护往往同村庄特定的物质环境和人文环境密切关联，需要在整治工作中认真甄别并做好保护。

在规划中应按照《城市紫线管理办法》来执行。

国家、省、市、县级文物保护单位类型包括：古文化遗址、古墓葬、古建筑、石窟寺、石刻、壁画、近代现代重要史迹和代表性建筑等。

村庄中的其他文化遗产主要包括：古遗址、古代民居、祠堂、庙宇、商铺等建筑物，近代现代史迹和代表性建筑，古井、古桥、古道路、古塔、古碑刻、古墓葬、其他古迹等人工构筑物。

古树名木一般指在人类历史过程中保存下来的年代久远或具有重要科研、历史、文化价值的树木。

村庄的乡土特色主要指由村庄建筑、山水环境、树木植被等构成的具有农村特色、地域特色、民族特色的村庄整体风貌，以及与村庄中的风俗、节庆、纪念等活动密切关联的特定建筑、场所和地点等。

村庄整治中的文化遗产保护应首先通过调查和认定工作，科学、明确地确定保护对象。调查和认定工作应由地方人民政府负责主管，由政府文物保护工作部门承担组织任务、开展具体工作、实施监督管理，并应充分吸收村民意见，鼓励村民主动参与村庄历史文化遗产与乡土特色的认定和保护工作，对不同性质、类型、特征的保护对象制定相应的保护和管理措施。

11.1.4、11.1.5 对有历史文化遗产和乡土特色的村庄，村庄整治时应注意与不同性质、类型、特征保护对象的保护需求相衔接。涉及历史文化遗产的应与文物行政部门先沟通，应保证不影响遗存和风貌的真实、完整保护；涉及乡土特色的应保证风貌协调。

村庄中有保留地上或地下历史文化遗存分布的区域，区域内的基础设施建设、建筑改造整饰、环境景观整治等工程，不得对历史文化遗产的保存造成安全威胁或不良影响。整治工程方案应按照历史文化遗产的保护要求进行专项研究和设计，在会同文物行政部门论证通过后方可实施。凡是涉及土地下挖的工程项目，必须按地下遗存保护要求设计下挖深度，不得对遗存造成破坏；凡是在地上遗存分布范围内进行的工程项目，一方面应尽量避让、绕行，不得对遗存造成破坏，一方面需要在形象上尽量保证与遗产的历史环境风貌相和谐。

11.2 保护措施

11.2.1 历史文化遗产和乡土特色保护，应根据相应的技术和经济条件，具体开展。

11.2.2 村庄历史文化遗产与乡土特色保护，要针对不同的保护目标采取相应的、不同力度的保护措施。

历史遗存类的保护措施，重点在于尽可能使遗存得到真实和完整地保存；建（构）筑物特色风貌的保护措施，重点在于外观特征保护和内部设施改善；特色场所的保护措施，重点在于空间和环境的保护、改善；自然景观特色的保护措施，重点在于自然形貌和生态功能保护。

11.2.3 保护历史文化遗产与乡土特色，必须注意环境风貌的整体和谐。村庄中历史文化遗产周边的建筑物，在需要实施整饰或改造时，可在建筑体量、外形、屋顶样式、门窗样式、外墙材料、基本色彩等方面保持与村庄传统、特色风貌的和谐；历史文化遗产周边的绿化配置宜选用本地植被品种，绿化设计宜采用自然化的手法，花坛、路灯、公共休息座凳、地面铺装等景观设施在外形设计上应尽可能简洁、小型、淡化形象，材料选择要同时具备可识别性和环境和谐性。

11.2.4 历史文化名村整治工作中的历史文化遗产和乡土特色保护，可按照现行国家标准《历史文化名城保护规划规范》GB 50357 有关历史城区的保护要求制定和实施保护整治措施。

《历史文化名城保护规划规范》GB 50357 对历史城区的保护包括下列规定：第 3.4.1 条 历史城区道路系统要保持或延续原有道路格局；对富有特色的街巷，应保持原有的空间尺度。第 3.4.4 条 历史城区的交通组织应以疏解交通为主，宜将穿越交通、转换交通布局在历史城区外围。第 3.4.7 条 道路及路口的拓宽改造，其断面形式及拓宽尺度应充分考虑历史

街道的原有空间特征。第 3.5.1 条 历史城区内应完善市政管线和设施。当市政管线和设施按常规设置与文物古迹、历史建筑及历史环境要素的保护发生矛盾时，应在满足保护要求的前提下采取工程技术措施加以解决。

12 生活用能

12.1 一般规定

12.1.1 我国大部分人口分布在农村，大部分生活用能也分布在农村。相对于较大的生活用能需求，村庄可直接利用的能源资源量十分有限；同时，我国农村地区还存在能源利用效率低、能源利用方式落后、能源浪费严重的问题。因此，重视节约能源，有效减少各类能源使用量，改善用能紧张状况，是村庄整治的重点内容之一。

我国部分村庄生活用能供需矛盾突出，若不加以引导，可能会出现草木过度采伐、生态环境恶化的局面。因此，能源获取必须注重保护生态环境，实现可持续发展。

可再生能源是非化石能源，指在自然界中可以不断再生、永续利用、取之不尽、用之不竭的资源，它对环境无害或危害极小，而且分布广泛，适宜就地开发和利用，主要包括太阳能、风能、水能、沼气能、生物质能和地热能等。发展可再生能源，有利于保护环境，并可增加能源供应，改善能源结构，保障能源安全。

12.1.2 燃料室内燃烧及不完全燃烧会降低氧气含量，增加二氧化碳、一氧化碳等有害物质含量，对空气带来较大污染。长期处在被污染的空气中，人体健康会受到影响，甚至会引发各类中毒事件。有条件的村庄可按照现行国家标准《室内空气质量标准》GB/T 18883 的规定执行。

12.1.3 受村庄区位、自然条件、经济条件、传统习惯的制约，不同地区各类能源的资源分布、利用成本等差异较大，呈现出不同的发展模式和发展速度。当前，以压缩秸秆颗粒、复合燃料等代替煤炭、传统燃柴作为炊事用能，是村庄用能向优质能源转变的重要方式之一。各村庄可结合当地条件选择供能方式及类型。

12.1.4 节能建筑可大量节约冬季采暖及夏季空调用能。

12.1.5 我国省柴节煤炉灶、生物质压缩燃料、沼气利用、风能利用及太阳能等能源利用技术已基本成熟，从节能、卫生、方便等角度考虑，值得推广。

还有一些能源利用技术目前尚处于发展阶段，未来有可能成为解决村庄能源问题的技术之一。比如秸秆气化技术，在我国部分村庄已经建立了秸秆气化集

中供气示范工程，生产的燃气可用于炊事，较为便利；类似技术应继续进行试点、完善，条件成熟后可逐步推广利用。

12.2 技 术 措 施

12.2.1 目前省柴节煤炉灶已进行商业化生产，热效率较一般炉灶大幅度提高。

12.2.2 目前我国大部分村庄仍然消耗大量生物质作为基本炊事及冬季取暖燃料，利用方式多为直接燃烧，热效率仅 10% 左右，而且厨房和居室烟尘污染严重。

生物质成型燃料有生产方便、燃烧充分、干净卫生等优点，可广泛用于家庭炊事、取暖、小型热水锅炉等。目前国产秸秆颗粒燃料成型机，设备寿命期内平均每年成本大约 130 元/t，每吨秸秆颗粒燃料售价约为 250 元，与煤炭相比有明显的价格优势。因此，应加大扶持力度，发展燃料加工产业，推广生物质燃料的使用。

12.2.3 沼气是有机物质在厌氧环境中，在一定的温度、湿度、酸碱度的条件下，通过微生物发酵作用产生的一种可燃气体。目前我国沼气工程成套技术，能较好适应原料特性差异，而且具有投资小、运行费用低的优点。

沼气池的基本类型有水压式沼气池、浮罩式沼气池、半塑式沼气池及罐式沼气池四种。应根据当地气温、地质、建设位置等条件确定沼气池的选型。

户用沼气池容积应与家庭煮饭、烧水、照明等生活需求量匹配，并适当考虑生产需求。按发酵间和贮气箱总容积计算，每人平均按 1.5~2m³ 计算为宜。北方地区气温较低，可取上限；南方地区气温较高，可取下限。

沼气供应系统的设计、施工、验收应符合国家现行标准、规范，图 17 为水压式沼气池示例。

12.2.4 太阳房是太阳能热利用比较好的形式之一，分为主动式和被动式两大类。主动式太阳房是以太阳能集热器、管道、散热器、风机或泵、贮热装置等组成的强制循环的太阳能采暖系统，控制调节方便、灵活，但一次投资高，维修管理工作量大，技术较复杂，仍要耗费一定的常规能源。

被动式太阳房通过建筑和周围环境的合理布置，内部空间和外部形体的巧妙处理，建筑材料和结构的恰当选择，在冬季能集取、保持、贮存、分布太阳热能，解决建筑物采暖问题。被动式太阳房是一种阳光射进房屋、自然加以利用的途径，不需要或仅使用很少的动力和机械设备，运行费用和风险低。

太阳房应符合下列规定：

1 太阳房宜选址在背风向阳位置，朝向宜在南偏东或偏西 15° 以内，保证整个采暖期内南向房屋有充足日照，夏季避免过多日晒；

2 房屋间距宜大于前面建筑物高度的 2 倍；

3 房屋形状最好采用东西延长的长方形，且墙面上无过多的凸凹变化；宜在满足抗震要求的情况下，加大南窗面积，减小北窗面积，取消东西窗，采用双层窗，有条件的可采用塑钢窗；

4 应根据用途确定内部房间安排，主要房间如住宅的卧室、起居室和学校的教室等安排在南向，辅助房间如住宅的厨房、卫生间和教室的走廊等安排在北向；

5 太阳房的墙体应具有集热、贮热和保温功能，屋顶及地面应采取保温措施；

6 严寒地区被动式太阳房用于农民住宅，宜与火炕结合。

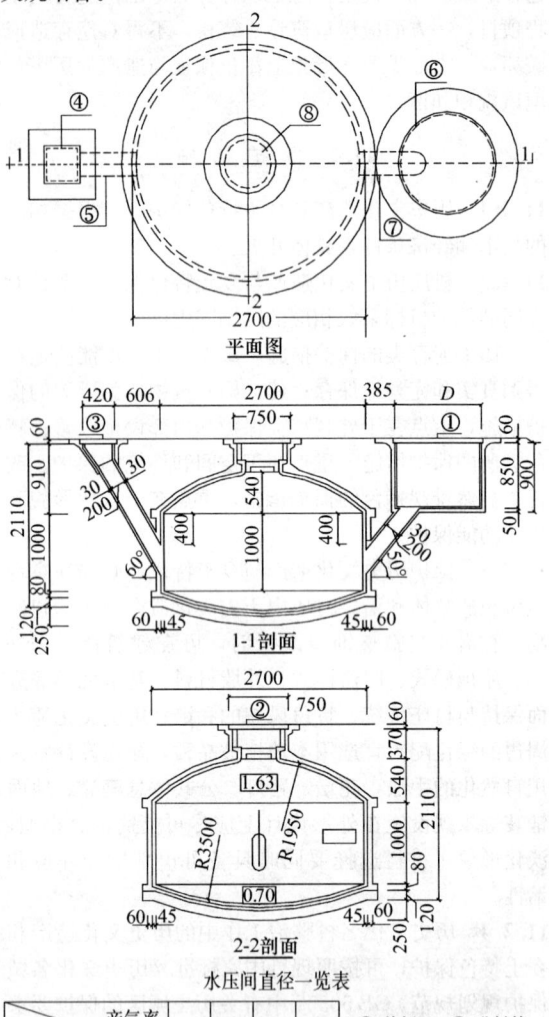

水压间直径一览表

产气率 分项	0.15	0.20	0.25	0.30
水压间容积 (m³)	0.51	0.68	0.85	1.02
水压间直径 D (m)	0.87	1.01	1.13	1.24
盖板 1 直径 (m)	0.93	1.07	1.19	1.30

① 盖板 1　⑤ 进料管
② 盖板 2　⑥ 水压间
③ 盖板 3　⑦ 出料管
④ 进料口　⑧ 蓄水池

图 17　水压式沼气池示例

12.2.5 经济条件较好的村庄，旧有房屋的节能化改造可参照以下 2 种改造措施：

1 合瓦屋面旧平房保温节能改造措施：

1）外墙：聚合物砂浆聚苯板外墙外保温，保温厚度 40mm；

　　2）外窗：在通常的外窗内侧增加一层钢窗或塑钢窗，形成双层窗；

　　3）吊顶：在原吊顶上铺玻璃棉板，或更换玻璃棉板吊顶，厚度 30mm。

　2　平瓦屋面旧平房保温节能改造措施：

　　1）外墙：聚合物砂浆聚苯板外墙外保温，保温厚度 50mm；

　　2）外窗：更换为塑钢双玻窗；

　　3）吊顶：在原吊顶上铺玻璃棉板，或更换玻璃棉板吊顶，厚度 30mm。

　　通过对北京某实际项目跟踪分析，分别对农村住宅外墙、外窗、吊顶实施改造，平均投资 180～250 元/m²，建筑能耗降低约 40%～60%，节能效果显著。

12.2.6　小型风力发电能够为无电和缺少常规能源地区的村庄解决生活和部分生产用电。我国小型风力发电技术较为成熟，具备从 100W 到 10kW 多个风力发电机组生产能力，且有启动风速低、低速发电性能好、限速可靠、运行平稳、价格便宜等优点。

　　有条件的地区，风力发电应与电力系统并网。如并网难度较大，可采用离网型小型风力发电技术，风力机的选型、安装数量应与村庄电力需求相当。

12.2.7　微水电指发电容量不大于 10kW 的水电机组，小水电指发电容量大于 10kW、不大于 100kW 的水电机组。

　　我国海洋能源十分丰富，且利用技术日趋成熟，已建潮汐发电站总装机容量为 5930kW，年发电量为 1.02×10^8 kW·h。建立潮汐电站，可解决缺电地区村庄生活用电。

　　我国地热资源已探明储量约合 463Gt 标准煤，但利用率十分低。目前我国已具备大规模开发地热的能力，地热发电已具有一定的商业化运行基础，地热供暖在我国已大量采用，基于地热的矿水医疗保健和旅游产业也发展迅速。但受成本、回灌、环保等因素制约，村庄采暖及制冷尚不具备使用地热的条件。在高温地热资源丰富的地区，可建立地热电站，解决缺电地区生活用电。

　　热泵技术通过装置吸收周围环境，例如自然空气、地下水、河水、海水及污水等低温热源的热能，转换为较高温热源释放至所需空间内，既可用作供热采暖设备，也可用作制冷降温设备，能节约大量能源，但相对于锅炉房采暖，设备投资偏大。

中华人民共和国国家标准

盾构法隧道施工与验收规范

Code for construction and acceptance of shield tunnelling method

GB 50446—2008

主编部门：中华人民共和国住房和城乡建设部
批准部门：中华人民共和国住房和城乡建设部
施行日期：2 0 0 8 年 9 月 1 日

中华人民共和国住房和城乡建设部
公　告

第 8 号

关于发布国家标准
《盾构法隧道施工与验收规范》的公告

现批准《盾构法隧道施工与验收规范》为国家标准，编号为 GB 50446—2008，自 2008 年 9 月 1 日起实施。其中，第 3.0.10、3.0.11、4.1.4、5.1.5、5.1.6、6.4.1、7.9.5、12.0.1、15.1.2、15.4.4、16.0.1 条为强制性条文，必须严格执行。

本规范由我部标准定额研究所组织中国建筑工业出版社出版发行。

中华人民共和国住房和城乡建设部

2008 年 3 月 31 日

前　言

根据建设部建标函〔2005〕84 号文的要求，标准编制组经广泛调查研究，认真总结实践经验，参考有关国际标准和国外先进标准，并在广泛征求意见的基础上，制定了本规范。

本规范的主要技术内容是：1. 总则；2. 术语；3. 基本规定；4. 施工准备；5. 施工测量；6. 管片制作；7. 盾构掘进施工；8. 特殊地段施工；9. 管片拼装；10. 壁后注浆；11. 隧道防水；12. 施工安全、卫生与环境保护；13. 盾构的保养与维修；14. 隧道施工运输；15. 监控量测；16. 钢筋混凝土管片验收；17. 成型隧道验收。

本规范中以黑体字标志的条文为强制性条文，必须严格执行。

本规范由住房和城乡建设部负责管理和对强制性条文的解释，住房和城乡建设部科技发展促进中心负责具体技术内容的解释。在执行过程中，请各单位结合工程实践，认真总结经验，如发现需要修改或补充之处，请将意见和建议寄住房和城乡建设部科技发展促进中心（地址：北京市三里河路 9 号；邮政编码：100835），以供今后修订时参考。

本规范主编单位、参编单位、主要起草人名单：

主　编　单　位：住房和城乡建设部科技发展促进中心

参　编　单　位：北京城建集团有限责任公司
　　　　　　　　中铁隧道集团有限公司
　　　　　　　　上海隧道工程股份有限公司
　　　　　　　　北京城建地铁地基市政工程有限公司
　　　　　　　　北京城建勘测设计研究院有限责任公司
　　　　　　　　北京城建建材工业有限公司

主要起草人：张庆风　王　甦　万姜林　杨国祥
　　　　　　杜文库　李桧祥　傅德明　华　东
　　　　　　叶慷慨　吴惠明　梁　洋　秦长利
　　　　　　蔡亚宁　何　云　张　峰　蒙先君
　　　　　　汪恭胜　陈立生　朱建春　高立新
　　　　　　虞祖艺　恽　军　高万春　魏新良
　　　　　　朱海良　李朝忠　于　静　王建林
　　　　　　吴鸣冈　章龙管

目　　次

1 总 则

1.0.1 为了加强盾构法隧道工程施工管理，统一盾构隧道工程的施工技术与质量验收标准，确保施工过程的工程安全、环境安全和工程质量，制定本规范。

1.0.2 本规范适用于采用盾构法施工、预制管片拼装式隧道衬砌结构的施工与质量验收。

1.0.3 本规范所指的盾构包括土压平衡盾构、泥水平衡盾构和复合盾构。

1.0.4 盾构法隧道工程的承发包合同和工程技术文件对施工与质量的要求不应低于本规范的规定。

1.0.5 盾构法隧道工程施工期间，应对邻近建（构）筑物、地下管网等进行监测；对重要或有特殊保护要求的建（构）筑物，应根据需要采取必要的技术措施。

1.0.6 盾构法隧道工程的施工与质量验收除应执行本规范外，尚应符合国家现行相关标准的规定。

2 术 语

2.0.1 盾构 shield
盾构掘进机的简称，是在钢壳体保护下完成隧道掘进、拼装作业，由主机和后配套组成的机电一体化设备。

2.0.2 工作井 working shaft
盾构组装、拆卸、调头、吊运管片和出渣土等使用的工作竖井，包括盾构始发工作井、盾构接收工作井等。

2.0.3 盾构始发 shield launching
盾构开始掘进的施工过程。

2.0.4 盾构接收 shield arrival
盾构到达接收位置的施工过程。

2.0.5 盾构基座 shield cradle
用于保持盾构始发、接收等姿态的支撑装置。

2.0.6 负环管片 temporary segment
为盾构始发掘进传递推力的临时管片。

2.0.7 反力架 reaction frame
为盾构始发掘进提供反力的支撑装置。

2.0.8 管片 segment
隧道预制衬砌环的基本单元，管片的类型有钢筋混凝土管片、纤维混凝土管片、钢管片、铸铁管片、复合管片等。

2.0.9 开模 mould loosening
打开管片模板的过程。

2.0.10 出模 demoulding
管片脱离模具的过程。

2.0.11 防水密封条 sealing gasket
用于管片接缝处的防水材料。

2.0.12 壁后注浆 back-fillgrouting
用浆液填充隧道衬砌环与地层之间空隙的施工工艺。

2.0.13 铰接装置 articulation
以液压千斤顶连接，可调节前后壳体姿态的装置。

2.0.14 调头 u-turn 或 turn back
盾构施工完成一段隧道后调转方向的过程。

2.0.15 过站 station-crossing
利用专用设备把盾构拖拉或顶推通过车站的过程。

2.0.16 小半径曲线 curve in small radius
地铁隧道平面曲线半径小于 300m，其他隧道小于 $40D$（D 为盾构外径）的曲线。

2.0.17 大坡度 big gradient
隧道坡度大于 3‰。

2.0.18 姿态 position and stance
盾构的空间状态，通常采用横向偏差、竖向偏差、俯仰角、方位角、滚转角和切口里程等数据描述。

2.0.19 椭圆度 ovality
圆形隧道管片衬砌拼装成环后最大与最小直径的差值。

2.0.20 错台 step
成型隧道相邻管片接缝处的高差。

3 基 本 规 定

3.0.1 盾构法隧道施工应执行相应的施工技术标准，应有健全的质量管理体系、质量控制和检验制度。

3.0.2 盾构的类型和技术性能应满足工程地质和水文地质条件、线路条件、环境安全和隧道结构设计要求。

3.0.3 盾构法隧道施工现场必须有足够的场地，满足工作井、龙门吊、管片存放、浆液站、泥水处理设施、材料、渣土堆放、充电间、供配电站、控制室、库房等生产设施用地要求。

3.0.4 盾构法隧道施工时，必须采取有效的技术和监控量测措施，控制地表变形，保证地下管网和邻近建（构）筑物的安全。

3.0.5 盾构法隧道施工使用的管片质量必须符合设计和本规范的要求。

3.0.6 管片拼装连接螺栓紧固件、防水密封条的规格、质量应符合设计要求。

3.0.7 盾构法隧道施工时必须严格监控盾构姿态，确保隧道轴线精度在本规范允许偏差范围内。

3.0.8 盾构法隧道施工时，必须保证管片拼装质量在本规范允许偏差范围内。

3.0.9 盾构隧道防水必须满足设计和国家现行相关

规范的要求。

3.0.10 盾构法隧道施工必须采取安全措施，确保施工人员和设备安全。

3.0.11 盾构法隧道施工必须采取必要的环境保护措施。

3.0.12 质量合格应符合下列规定：

    1 主控项目的质量100％合格；

    2 一般项目的质量95％合格；

    3 具有完备的施工操作依据和质量验收记录。

4 施 工 准 备

4.1 一 般 规 定

4.1.1 在隧道施工前，必须具备下列资料：

    1 工程地质和水文地质勘察报告；

    2 施工沿线的环境、地下管线和障碍物等的调查报告；

    3 施工所需的设计图纸资料和工程技术要求文件；

    4 工程施工有关合同文件。

4.1.2 工程所使用的原材料、半成品和成品的质量，除应符合本规范外，尚应符合设计要求和国家现行相关标准的规定。

4.1.3 对净距小的两条隧道包括邻近既有隧道的施工，应采取适当措施减小施工的相互影响，保证隧道施工及结构安全。

4.1.4 盾构掘进施工必须建立施工测量和监控量测系统。

4.1.5 应根据隧道所处的工程地质和水文地质条件、隧道线路条件和结构设计条件、环境保护要求等进行盾构选型、设计和制造。

4.1.6 盾构掘进施工前，应完成下列主要工作：

    1 记录各工作井井位里程及坐标；

    2 记录洞门钢圈制作精度和安装后的标高、坐标；

    3 进行盾构组装、调试与验收；

    4 盾构基座、负环管片和反力架等设施及定向测量数据的检查验收；

    5 准备预制管片；

    6 准备盾构掘进施工的各类报表。

4.2 前 期 调 查

4.2.1 应详细了解施工段的工程地质和水文地质情况，必要时应进行补充地质勘察。

4.2.2 应对工程影响范围内的道路、交通流量、地面建（构）筑物及文物等进行现场踏勘和调查，对需要加固或基础托换的建（构）筑物应作详细的调查，必要时应作鉴定，并提前做好施工方案。

4.2.3 应对工程影响范围内的地下障碍物、地下构筑物及地下管线等进行调查，必要时可进行探查。

4.2.4 应了解工程所在地的环境保护要求，进行工程环境调查。

4.3 技 术 准 备

4.3.1 应编制施工组织设计，并经审批。特殊地段的施工必须编制专项方案。

4.3.2 必须进行施工前的技术培训与技术交底。

4.3.3 根据工程特点和环境条件，应完成测量及监控量测的准备工作。

4.4 设备、设施准备

4.4.1 盾构选型及配套设备应符合下列规定：

    1 根据隧道功能、外径、长度、埋深等参数，工程地质和水文地质条件、沿线地形、建（构）筑物、地下管线等环境条件以及对地层变形的控制要求，结合开挖、衬砌、施工安全、经济和工期等因素，综合分析确定；

    2 盾构及配套设备应由专业厂家制造，其质量必须符合设计要求；盾构制造完成后应经总装调试合格后出厂，并应提供盾构质量保证书；

    3 根据盾构类型、掘进方法、隧道施工中各项工艺的要求，配置必要的辅助设施；

    4 应配置符合工程需要的浆液站，泥水平衡盾构应设置相应的泥水处理装置，并应符合环境保护要求；

    5 选择合理的水平运输及垂直提升设备；

    6 供电设备必须满足盾构施工的要求。

4.4.2 盾构始发和接收工作井内设施的准备应符合下列规定：

    1 始发工作井内的盾构基座必须满足盾构组装、调试及始发所需条件；

    2 接收工作井内的盾构基座应保证安全接收盾构，并满足盾构检修、解体或整体移位的要求；

    3 设置满足始发要求的反力架；

    4 设置满足始发和接收要求的洞门密封装置。

4.5 工 作 井

4.5.1 工作井应符合下列规定：

    1 依据地质条件、环境条件选择安全、经济、对周边影响小的施工方法；

    2 始发工作井的长度应大于盾构主机长度3m，宽度应大于盾构直径3m；

    3 接收工作井的平面内净尺寸应满足盾构接收、解体或整体移位的要求；

    4 始发、接收工作井的井底板宜低于进、出洞洞门底标高700mm；

    5 工作井预留洞门直径应满足盾构始发和接收

的要求，并应按下式计算：

$$D_s \geq H \cdot \tan\alpha + (D/\cos\alpha) + \Delta e + \Delta s + \Delta g$$

$$(4.5.1)$$

式中 D_s——工作井预留洞门直径（m）；

H——洞门井壁厚度（m）；

α——隧道轴线与洞门轴线的夹角（°）（采取平面或纵坡夹角的值）；

D——盾构的外径（m）；

Δe——设计规定的始发或接收工作井预留口直径大于盾构外径的差值（m）（通常始发工作井为0.10m，接收工作井为0.20m）；

Δs——测量误差（m）（通常为0.10m）；

Δg——盾构基座安装高程误差（m）（通常为0.05m）。

6 洞圈、密封及其他预理件等应在盾构始发或接收前按要求安设完成，并应符合质量要求。

4.5.2 当洞口段土体不能满足盾构始发和接收对防水、防坍等安全要求时，必须采取加固措施，并应符合下列要求：

1 加固方案可根据洞口附近隧道埋深、工程地质和水文地质条件、盾构类型、盾构外径、地面环境等条件确定，加固方法可选用注浆、旋喷桩、搅拌桩、玻璃纤维桩、SMW桩、冻结法、降水法等；

2 当洞口处于砂性土或有承压水地层时，应采取降水、堵漏等防止涌水、涌砂措施；

3 必须对加固的钻孔位置进行复核，当确认钻孔位置无地下管线后方能开钻。孔位允许偏差为±40mm，垂直度允许偏差为1%，并应确保桩体相互搭接；

4 应对洞口段土体的加固效果作检查，加固体强度、抗渗指标必须经现场取样试验确定，并应满足设计要求。

5 施工测量

5.1 一般规定

5.1.1 施工测量主要内容应包括地面控制测量、联系测量、地下控制测量、掘进施工测量、贯通测量和竣工测量。

5.1.2 测量前，应对施工现场进行踏勘，接收和收集相关测量资料，办理测量资料交接手续，并对既有测量控制点进行复测和保护。

5.1.3 应结合盾构及配置的导向系统的精度、特点和人工测量仪器精度等，制定盾构施工测量方案。

5.1.4 盾构施工隧道贯通测量中误差应符合表5.1.4规定。

表 5.1.4 隧道贯通测量中误差（mm）

铁路、地铁隧道	横向贯通测量中误差	±50
	高程贯通测量中误差	±25
公路、水工隧道	横向贯通测量中误差	±75
	高程贯通测量中误差	±25

5.1.5 同一贯通区间内始发和接收工作井所使用的地面近井控制点间必须进行直接联测，并与区间内的其他地面控制点构成附合路线或附合网。

5.1.6 隧道贯通后必须分别以始发和接收工作井的地下近井控制点为起算数据，采用附合路线形式，对原有控制点重新组合或布设并施测地下控制网。

5.1.7 地面施工测量控制点必须埋设在施工影响的变形区以外。由于施工现场条件限制，埋设在变形区内的施工测量控制点必须经常检测。

5.2 地面控制测量

5.2.1 依据全线既有控制网的现状、坐标和高程系统、布网方法、布网层次和精度等状况，选择适宜的坐标、高程起算控制点，制定盾构施工控制测量方案。平面和高程控制网应与当地控制网联测。

5.2.2 平面控制网宜分为2个等级，一等控制网宜采用GPS网、二等控制网宜采用导线网，在满足精度要求的情况下可采用其他方法布网。高程控制网可采用水准测量方法一次布网。

5.2.3 控制网测量技术要求应符合下列规定：

1 一等平面控制网（GPS）测量技术要求应符合表5.2.3-1规定；

表 5.2.3-1 一等平面控制网（GPS）测量技术要求

平均边长（km）	最弱点的点位中误差（mm）	相邻点的相对点位中误差（mm）	最弱边的相对中误差	与现有控制点的坐标较差（mm）
2	±12	±10	1/100000	≤50

2 二等平面控制网（导线）测量技术要求应符合表5.2.3-2规定；

表 5.2.3-2 二等平面控制网（导线）测量技术要求

平均边长（m）	导线长度（km）	每边测距中误差（mm）	测距相对中误差	测角中误差（″）	测回数 DJ1	测回数 DJ2	方位角闭合差（″）	全长相对闭合差	相邻点的相对点位中误差（mm）
350	3~4	±4	1/60000	±2.5	4	6	±5$\sqrt{n}$	1/35000	±8

3 高程控制网（水准）测量技术要求应符合表5.2.3-3规定。

表 5.2.3-3　高程控制网（水准）测量技术要求

每千米高差中数中误差（mm）		路线长度（km）	水准仪等级	水准尺	观测次数		往返较差、附合或环线闭合差	
偶然中误差	全中误差				与已知点联测	附合或环线	平地（mm）	山地（mm）
±2	±4	2～4	DS1	钢尺或条码尺	往返各一次	往返各一次	±8$\sqrt{L}$	±2$\sqrt{n}$

注：L 为往返测段、附合或环线的路线长度（单位：km），n 为单程的测站数。

5.2.4 在盾构始发和接收工作井间必须建立统一的施工控制测量系统，每个井口应布设不少于 3 个控制点。

5.2.5 当水准路线跨越江、河、湖、海时，应进行跨河水准测量。跨河水准测量可采用光学测微法、倾斜螺旋法、经纬仪倾角法和测距三角高程法等，并应执行现行国家标准《国家一、二等水准测量规范》GB 12897 的规定。当视线长度小于 100m 时，可采用一般方法进行水准测量。

5.3 联 系 测 量

5.3.1 联系测量主要内容应包括地面近井导线测量和近井高程测量、工作井定向测量和导入高程测量，以及地下近井导线测量和近井高程测量等。

5.3.2 地面近井导线和近井高程路线应采用附合路线形式，近井导线测量和近井高程测量技术要求应符合本规范表 5.2.3-2 和表 5.2.3-3 的规定。

5.3.3 当采用联系三角形方法进行工作井定向测量时，应符合下列规定：

1 每次应独立定向 3 次；

2 悬吊钢丝间距（c 值）应尽量大；

3 联系三角形应成直伸形；

4 a/c（或 a_1/c）不应大于 1.5（a 和 a_1 分别为地面和地下连接点与其最近钢丝的距离）；

5 仪器至钢丝的距离可采用钢尺丈量或在钢丝上粘贴反射片进行电磁波测距，地面、地下同一边测量较差应小于 2mm；

6 角度观测应使用 DJ2 经纬仪或同等测角精度的全站仪，采用全圆测回法观测四测回，测角中误差为 ±2″；

7 各测回测定的地下起始边方位角较差应小于 20″，方位角平均值中误差为 ±12″。

5.3.4 当采用陀螺经纬仪和垂准仪组合定向时，应符合下列规定：

1 全站仪角度标称精度不应低于 2″，测距标称精度不应低于 2mm+2mm×10^{-6}×D（D 为测量距离，单位：km）；

2 陀螺经纬仪 1 次定向精度应小于 20″；

3 垂准仪投点中误差为 ±3mm；

4 同一边应定向 3 次，每测间回陀螺方位角较差应小于 20″，独立三次定向陀螺方位角平均值中误差为 ±12″。

5.3.5 导入高程测量应符合下列规定：

1 在工作井内悬吊钢尺进行高程传递测量时，地面、地下的两台水准仪应同时读数，并在钢尺上悬吊与检定钢尺时相同质量的重锤；

2 传递高程时应独立进行 3 次测量，高程较差应小于 3mm；

3 高差应进行温度、尺长改正。

5.3.6 地下应埋设永久近井点。近井导线点不应少于 3 个，点间边长宜大于 50m。近井高程点不应少于 2 个。

5.3.7 在贯通区间始发工作井联系测量不应少于 3 次，在初始推进 50～100m 及贯通前 200m 时，应进行联系测量。

5.4 地下控制测量

5.4.1 地下控制测量主要内容应包括地下施工导线测量、施工控制导线测量、地下施工水准测量和施工控制水准测量。

5.4.2 地下控制测量起算点必须采用直接从地面通过联系测量传递到工作井下的平面和高程控制点，通常地下平面起算点不应少于 3 个，起算方位边不应少于 2 条，高程起算点不应少于 2 个。

5.4.3 控制点应埋设在稳定的隧道结构上，通常位于隧道两侧或顶、底板便于观测的位置，并应埋设强制对中装置。

5.4.4 地下控制网宜为支导线和支水准路线，当有联络通道时，应形成附合导线或结点网。

5.4.5 施工导线和施工水准应随隧道掘进布设，当直线隧道掘进长度大于 200m 或到达曲线段时，应布设施工控制导线和控制水准。

5.4.6 施工控制导线应满足下列技术要求：

1 直线隧道的导线平均边长宜为 150m，曲线隧道的导线平均边长宜为 60m；

2 采用 DJ2 全站仪施测，左右角各测 2 测回，左右角平均值之和与 360° 较差应小于 6″；

3 导线点横向中误差 m_u 宜满足下列要求：

$$m_u \leqslant m \times 4l_d / 5L_d \qquad (5.4.6)$$

式中 m_u——导线点横向中误差（mm）；

m——贯通中误差（mm）；

l_d——导线长度（m）；

L_d——贯通距离（m）。

5.4.7 施工控制水准应符合下列规定：

1 水准点宜按每 200m 间距设置 1 个；

2 水准点可利用导线点，也可单独埋设；

3 水准测量技术要求应符合本规范表 5.2.3-3

的规定。

5.4.8 延伸地下控制导线和控制水准时，应对现有施工控制点进行检测，并选择稳定点进行延伸测量。

5.4.9 在隧道贯通前，地下控制导线和控制水准测量不应少于 3 次。重合点坐标较差应小于 10mm，且应采用平均值作为测量结果。

5.4.10 当采用支导线方法布设地下控制网不能满足隧道贯通误差要求时，应采用布设导线网或加测陀螺边等方法，也可使用高精度测量仪器。

5.5 掘 进 施 工 测 量

5.5.1 盾构始发工作井建成后，应采用联系测量方法，将平面和高程测量数据传入井下控制点，并应满足盾构组装、基座和反力架等安装以及盾构始发对测量的要求。

5.5.2 盾构测量标志点应符合下列规定：

1 标志点应牢固设置在盾构纵向或横向截面上，且不应少于 2 个，标志点间距离应尽量大，标志点可粘贴反射片或安置棱镜；

2 标志点间三维坐标系统应和盾构几何坐标系统一致，当不一致时，应建立明确的换算关系。

5.5.3 盾构就位后应利用人工测量方法准确测定盾构的初始姿态，盾构自身导向系统测量结果应与人工测量结果一致。

5.5.4 盾构姿态测量应满足下列要求：

1 盾构姿态测量主要内容应包括横向偏差、竖向偏差、俯仰角、方位角、滚转角和切口里程；

2 盾构姿态计算数据精度要求应符合表 5.5.4 规定；

表 5.5.4 数据计算精度要求

名　　称	单　位	精度要求
横向偏差	mm	1
竖向偏差	mm	1
俯仰角	′	1
方位角	′	1
滚转角	′	1
切口里程	m	0.01

3 盾构配置的导向系统宜具有实时测量功能，当采用人工辅助测量时，测量频率应根据其导向系统精度确定；当盾构始发掘进和距接收工作井 50m 内时，应增加人工测量频率；

4 当以地下控制导线点和水准点测定盾构测量标志点时，测量误差为 ±3mm。

5.5.5 衬砌环测量应在完成管片拼装后进行盾尾间隙测量；在衬砌环完成壁后注浆，宜在管片出车架后进行测量，其内容包括衬砌环中心坐标、底部高程、水平直径、垂直直径和前端面里程，测量误差为 ±3mm。

5.5.6 应根据测量结果及时调整盾构姿态。

5.6 贯 通 测 量

5.6.1 隧道贯通后应进行贯通测量，测量主要内容应包括隧道的纵、横向和高程贯通误差测量。

5.6.2 贯通测量时，应在贯通面设置贯通相遇点。

5.6.3 纵、横向贯通误差，可利用隧道贯通面两侧平面控制点测定贯通相遇点的坐标闭合差确定，也可利用隧道贯通面两侧中线在贯通相遇点的间距测定；隧道的纵、横向贯通误差应投影到线路的法线方向上。

5.6.4 应利用隧道贯通面两侧高程控制点进行高程贯通误差测量。

5.7 竣 工 测 量

5.7.1 隧道贯通后以始发和接收工作井内的控制点为起算点，对隧道内的导线点和水准点分别重新组成附合路线或附合网，测量结果作为后续施工的测量依据。

5.7.2 隧道竣工测量主要内容应包括隧道轴线平面偏差、高程偏差、衬砌环椭圆度以及隧道纵、横断面测量等。

5.7.3 地铁、铁路隧道在直线段每 12m、曲线段每 5m 测量 1 个横断面，断面上的测点位置、数量应按设计要求确定；公路、水工隧道应按设计要求确定断面间距和测点位置。

5.7.4 横断面测量可采用全站仪极坐标法或断面仪等进行测量，测量误差为 ±10mm。

5.7.5 竣工测量结果应按要求归档，并作为隧道验收依据。

6 管 片 制 作

6.1 一 般 规 定

6.1.1 混凝土管片应由具备相应资质等级的厂家制造。

6.1.2 管片制造厂家应具有健全的质量管理体系及质量控制和质量检验制度。

6.1.3 管片制造应编制施工组织设计或技术方案，并经审查批准。

6.2 准 备 工 作

6.2.1 生产线布置应符合工艺要求。

6.2.2 模具安装完毕后应进行质量验收。

6.2.3 混凝土搅拌、运输、振捣、养护等设备完成安装调试和安全检查后，应进行验收；各种计量器具、设备应通过检定。

6.2.4 原材料应经检验合格；混凝土应经试配确定配合比，其性能应符合设计及本规范要求。

6.2.5 对操作人员应进行技术培训，经培训合格后，方可进行操作，特殊工种应持证上岗。

6.3 原材料要求

6.3.1 钢筋混凝土管片原材料应符合下列规定：

1 具备产品质量证明文件，并应复检合格；

2 宜采用非碱活性骨料；当采用碱活性骨料时，混凝土中碱含量的限值应符合现行国家标准《混凝土结构设计规范》GB 50010的规定；

3 预埋件规格和性能应符合设计要求。

6.3.2 钢管片的钢材、焊接材料、防腐涂料、稀释剂和固化剂等材料的品种、规格、性能等应符合设计要求。

6.4 钢筋混凝土管片模具

6.4.1 模具必须具有足够的承载能力、刚度、稳定性和良好的密封性能，并应满足管片的尺寸和形状要求。

6.4.2 模具应便于安装和拆卸。

6.4.3 模具验收应符合下列规定：

1 模具制造应编制完善的技术文件；

2 模具材料应符合质量要求，选用焊条的材质应与被焊物的材质相适应；

3 模具各组成部件加工精度应符合设计要求；

4 模具安装后应进行初验，符合设计要求后可试生产；在试生产的管片中，应随机抽取3环进行水平拼装检验，合格后方可正式验收。

6.4.4 合模、开模与出模应符合下列规定：

1 合模前应清理模具各部位，脱模剂涂刷应薄而均匀，无积聚、流淌现象；

2 应按模具使用说明书规定的顺序合模和开模，并应对模具进行检查；

3 螺栓孔预埋件、中心吊装孔预埋件以及其他预埋件和模具接触面应密封良好，钢筋骨架和预埋件严禁接触脱模剂；

4 管片出模强度应符合设计要求；当设计无要求时，强度应根据管片尺寸、混凝土强度设计等级、起吊方式和存放形式等因素综合确定；

5 开模和出模时应注意保护模具。

6.4.5 模具周转100次时必须进行检验，允许偏差和检验方法应符合表6.4.5的规定。

表 6.4.5 模具允许偏差和检验方法

项 目	允许偏差(mm)	检验工具	检查数量
宽度	±0.4	内径千分尺	6点/个
弧、弦长	±0.4	样板、塞尺	2点/个、每点2次
内腔高度	−1～+2	高度尺	4点/个

6.5 钢 筋

6.5.1 钢筋和骨架制作应符合下列基本规定：

1 钢筋的品种、级别和规格应符合设计要求。当钢筋的品种、级别或规格需作变更时，应办理设计变更；

2 钢筋骨架连接应符合设计要求，并应在符合要求的胎具上制作；

3 钢筋骨架应进行试生产，检验合格后方可批量制作。

6.5.2 钢筋加工应符合下列规定：

1 应按钢筋料表进行钢筋切断或弯曲；

2 弧形钢筋加工时应防止平面翘曲，成型后表面不得有裂纹，并应验证成型尺寸；

3 钢筋调直和主筋的弯钩、弯折应符合现行国家标准《混凝土结构工程施工质量验收规范》GB 50204的规定；

4 箍筋除焊接封闭外，末端应作弯钩，弯钩构造应符合设计要求；当设计无要求时，应符合下列规定：

1）箍筋弯钩的弯弧内直径应符合现行国家标准《混凝土结构工程施工质量验收规范》GB 50204的规定；

2）箍筋弯钩的弯折角度应为135°，且弯后平直部分长度不应小于10倍箍筋直径。

6.5.3 钢筋骨架成型应符合下列规定：

1 骨架连接时，应按料表核对钢筋级别、规格、长度、根数及胎具型号；

2 采用焊接连接时，应根据钢筋级别、直径及焊机性能进行试焊，并确定焊接参数后，方可批量施焊；焊接骨架的焊点设置应符合设计要求；当设计无规定时，应采用对称跳点焊接；

3 焊接前应对焊接处进行检查，不应有水锈、油渍，焊接后不应有焊接缺陷；

4 骨架入模后，各部位保护层应符合设计要求。

6.5.4 钢筋及骨架制作与安装质量应符合下列规定：

1 浇筑混凝土前，应进行钢筋隐蔽工程验收。验收项目主要包括下列内容：

1）纵向主筋的品种、规格、数量、位置等；

2）箍筋、横向钢筋的品种、规格、数量、间距等；

3）预埋件的规格、数量、位置等。

2 钢筋加工偏差和检验方法应符合表6.5.4-1的规定；

表 6.5.4-1 钢筋加工允许偏差和检验方法

项 目	允许偏差(mm)	检验工具	检验数量
主筋和构造筋长度	±10	钢卷尺	每班同设备生产15环同类型钢骨架，应抽检不少于5根
主筋折弯点位置	±10		
箍筋内净尺寸	±5		

3 钢筋骨架制作、安装偏差和检验方法应符合表 6.5.4-2 的规定。

表 6.5.4-2　钢筋骨架制作、安装允许偏差和检验方法

项　　目		允许偏差 (mm)	检验工具	检验数量
钢筋骨架	长	+5，−10		按日生产量的 3% 进行抽检，每日抽检不少于 3 件，且每件检验4点
	宽	+5，−10		
	高	+5，−10	钢卷尺	
主筋	间距	±5		
	层距	±5		
	保护层厚度	+5，−3		
箍筋间距		±10		
分布筋间距		±5		

6.6　混 凝 土

6.6.1　检验混凝土强度用的试件尺寸及强度的尺寸换算系数应按现行国家标准《混凝土结构工程施工质量验收规范》GB 50204执行，试件的成型方法、养护条件及强度试验方法应符合现行国家标准《普通混凝土力学性能试验方法标准》GB/T 50081 的规定；强度评定应符合现行国家标准《混凝土强度检验评定标准》GBJ 107 的规定。

6.6.2　混凝土的冬期施工应符合国家现行标准《建筑工程冬期施工规程》JGJ 104 的规定。

6.6.3　混凝土配合比设计应符合下列规定：

　1　混凝土坍落度不宜大于 70mm；

　2　在满足设计要求及施工性能的前提下，可适当减少水泥用量；

　3　混凝土中碱含量和氯离子含量应符合现行国家标准《混凝土结构设计规范》GB 50010 的规定；

　4　混凝土的抗渗等级应符合设计要求。

6.6.4　混凝土生产与运输应符合下列规定：

　1　首次使用的混凝土配合比应进行开盘鉴定，其工作性应满足设计要求；生产时应至少留置 1 组标准养护试件，作为验证配合比的依据；

　2　应按施工配合比投放原材料，其计量偏差应符合现行国家标准《混凝土结构工程施工质量验收规范》GB 50204 的规定；

　3　每工作班至少测定 1 次砂石含水率，并应根据测定结果及时调整施工配合比；

　4　混凝土应搅拌均匀，和易性良好，应在搅拌或浇筑现场检测坍落度，并逐盘检查混凝土黏聚性和保水性；

　5　混凝土运输、浇筑及间歇的全部时间不应超过混凝土的初凝时间。

6.6.5　混凝土浇筑应符合下列规定：

　1　混凝土应连续浇筑，并应根据生产条件选择适当的振捣方式，振捣应密实，不得漏振或过振；

　2　浇筑混凝土时不得扰动预埋件；

　3　管片浇筑成型后，在初凝前应再次进行压面；

　4　浇筑混凝土时留置的试件应符合现行国家标准《混凝土结构工程施工质量验收规范》GB 50204 的规定。

6.6.6　混凝土养护应符合下列规定：

　1　混凝土浇筑成型后至开模前，应覆盖保湿，可采用蒸汽养护或自然养护；

　2　采用蒸汽养护时，应经试验确定养护制度，并监控温度变化作好记录；

　3　管片出模后宜进行养护。

6.7　钢筋混凝土管片

6.7.1　应在内弧面角部进行标识，标示内容应包括：管片型号、管片编号、模具编号、生产日期、生产厂家。

6.7.2　管片的质量要求应符合下列规定：

　1　应按设计要求进行结构性能检验，检验结果应符合设计要求；

　2　管片强度和抗渗等级应符合设计要求；

　3　吊装预埋件首次使用前必须进行抗拉拔试验，试验结果应符合设计要求；

　4　管片不应存在露筋、孔洞、疏松、夹渣、有害裂缝、缺棱掉角、飞边等缺陷，麻面面积不得大于管片面积的 5％；

　5　日生产每 15 环应抽取 1 块管片进行检验，允许偏差和检验方法应符合表 6.7.2 的规定。

表 6.7.2　管片允许偏差和检验方法

项　　目	允许偏差(mm)	检验工具	检验数量
宽度	±1	卡尺	3点
弧、弦长	±1	样板、塞尺	3点
厚度	+3，−1	钢卷尺	3点

6.7.3　每生产 200 环管片后应进行水平拼装检验 1 次，其允许偏差和检验方法应符合表 6.7.3 的规定。

表 6.7.3　管片水平拼装检验允许偏差和检验方法

项　　目	允许偏差(mm)	检验频率	检验工具
环向缝间隙	2	每缝测6点	塞尺
纵向缝间隙	2	每缝测2点	塞尺
成环后内径	±2	测4条(不放衬垫)	钢卷尺
成环后外径	+6，−2	测4条(不放衬垫)	钢卷尺

6.8　钢筋混凝土管片贮存与运输

6.8.1　管片贮存场地必须坚实平整。

6.8.2 管片可采用内弧面向上或单片侧立的方式码放，每层管片之间应正确设置垫木，码放高度应经计算确定。

6.8.3 管片运输应采取适当的防护措施。

6.9 钢 管 片

6.9.1 钢管片制作应符合下列要求：

1 构件必须采用整块钢材，严禁拼接；

2 钢材如有弯曲应矫正后使用。矫正后钢材表面不应有明显的凹面或损伤，划痕深度不应大于0.5mm，且不应大于该钢材厚度负允许偏差的1/2；

3 钢材焊接宜采用二氧化碳气体保护焊，并应符合国家现行标准《二氧化碳气体保护焊工艺规程》JB/T 9186 的规定。

6.9.2 钢管片质量应符合下列要求：

1 钢管片尺寸偏差、水平拼装和检验方法应符合本规范第 6.7.2 条中第 5 款和第 6.7.3 条的规定；

2 焊缝表面不得有焊接缺陷；

3 主要焊缝应按 50% 比例进行着色探伤（PT）或磁粉探伤（MT）检查。

7 盾构掘进施工

7.1 一 般 规 定

7.1.1 盾构现场组装完成后必须对各系统进行调试并验收。

7.1.2 盾构掘进施工划分为始发、掘进和接收三个阶段，施工中应根据每个阶段施工特点采取针对性技术措施，保证施工安全，并应满足质量及环保要求。

7.1.3 应在盾构起始段 50～100m 进行试掘进，并根据试掘进调整、确定掘进参数。

7.1.4 盾构掘进施工必须严格控制排土量、盾构姿态和地层变形。

7.1.5 盾构掘进至一个管片环宽度时，应停止掘进，进行管片拼装。管片拼装时，应采取措施保持土仓内压力，防止盾构后退。

7.1.6 盾构掘进过程中必须对成环管片与地层的间隙充填注浆。

7.1.7 盾构掘进过程中应保持盾构与配套设备、抽排水与通风设备、水平运输与垂直提升设备、泥浆管道输送设备、供电系统等正常运转，并保持盾尾密封。

7.1.8 盾构掘进过程中遇到下列情况时，应及时处理：

1 盾构前方地层发生坍塌或遇有障碍；

2 盾构本体滚动角不小于 3°；

3 盾构轴线偏离隧道轴线不小于 50mm；

4 盾构推力与预计值相差较大；

5 管片严重开裂或严重错台；

6 壁后注浆系统发生故障无法注浆；

7 盾构掘进扭矩发生异常波动；

8 动力系统、密封系统、控制系统等发生故障。

7.1.9 在曲线段施工时，应考虑已成环管片竖向、横向位移对隧道轴线的影响。

7.1.10 应按设定的掘进参数沿设计轴线进行盾构掘进，并应作好详细记录。

7.1.11 根据横向偏差和转动偏差，应采取措施调整盾构姿态，并应防止过量纠偏。

7.1.12 盾构暂停掘进时，应采取措施稳定开挖面，防止坍塌。

7.1.13 必须对盾构姿态与管片状态进行人工复核测量。

7.2 盾构的组装、调试

7.2.1 组装前应完成下列准备工作：

1 根据盾构部件情况、场地条件，制定详细的盾构组装方案；

2 根据部件尺寸和重量选择组装设备。

7.2.2 大件吊装作业必须由具有资质的专业队伍负责。

7.2.3 盾构组装应按相关作业安全操作规程和组装方案进行。

7.2.4 现场应配备消防设备，明火、电焊作业时，必须有专人负责。

7.2.5 组装后，必须进行各系统的空载调试，然后进行整机空载调试。

7.3 盾构现场验收

7.3.1 应按盾构主要功能及使用要求制定现场验收大纲，验收的主要项目应包括下列内容：

1 盾构壳体；

2 切削刀盘；

3 拼装机；

4 螺旋输送机（土压平衡盾构）；

5 皮带运输机（土压平衡盾构）；

6 泥水输送系统（泥水平衡盾构）；

7 同步注浆系统；

8 集中润滑系统；

9 液压系统；

10 铰接装置；

11 电气系统；

12 渣土改良系统；

13 盾尾密封系统。

7.3.2 盾构各系统验收合格并确认正常运转后，方可开始掘进施工。

7.3.3 现场验收时，应详细记录盾构运转状况、掘进情况，并进行评估，满足技术要求后，签认验收文件。

7.4 盾 构 始 发

7.4.1 始发掘进前，应对洞门经改良后的土体进行质量检查，合格后方可始发掘进；应制定洞门围护结构破除方案，采取适当的密封措施，保证始发安全。

7.4.2 始发掘进时应对盾构姿态进行复核。

7.4.3 负环管片定位时，管片环面应与隧道轴线垂直。

7.4.4 始发掘进过程中应保护盾构的各种管线，及时跟进后配套台车，并对管片拼装、壁后注浆、出土及材料运输等作业工序进行妥善管理。

7.4.5 始发掘进过程中应严格控制盾构的姿态和推力，并加强监测，根据监测结果调整掘进参数。

7.5 土压平衡盾构掘进

7.5.1 应根据隧道工程地质和水文地质条件、隧道埋深、线路平面与坡度、地表环境、施工监测结果、盾构姿态以及盾构初始掘进阶段的经验设定盾构滚转角、俯仰角、偏角、刀盘转速、推力、扭矩、螺旋输送机转速、土仓压力、排土量等掘进参数。

7.5.2 掘进中应监测和记录盾构运转情况、掘进参数变化、排出渣土状况，并及时分析反馈，调整掘进参数，控制盾构姿态。

7.5.3 必须使开挖土充满土仓，并使排土量与开挖土量相平衡。

7.5.4 必须严格按注浆工艺进行壁后注浆，并根据注浆效果调整注浆参数。

7.5.5 应根据工程地质和水文地质条件，注入适当的添加剂，保持土质流塑状态。

7.6 泥水平衡盾构掘进

7.6.1 应根据隧道工程地质与水文地质条件、隧道埋深、线路平面与坡度、地表环境、施工监测结果、盾构姿态以及盾构始发掘进阶段的经验设定盾构滚转角、俯仰角、偏角、刀盘转速、推力、扭矩、送排泥水压力和流量、排土量等掘进参数。

7.6.2 应合理确定泥浆参数，对泥浆性能进行检测，并进行动态管理。

7.6.3 应设定和保持泥浆压力与开挖面的水土压力以及排出渣土量与开挖渣土量相平衡，并根据掘进状况进行调整和控制。

7.6.4 当掘进过程遇有大粒径石块时，应采用破碎机破碎，并宜采用隔栅沉淀箱等砾石分离装置分离大粒径砾石，防止堵塞管道。

7.6.5 应在泥水管路完全卸压后进行泥水管路延伸、更换。

7.6.6 泥水分离设备应满足渣土砂粒径要求，处理能力应满足最大排送渣土量的要求，渣土的存放与搬运应符合环境保护的有关要求。

7.6.7 必须严格按注浆工艺进行壁后注浆，并根据注浆效果调整注浆参数。

7.7 复合盾构掘进

7.7.1 应根据地层软硬情况、地下水状况、地表沉降控制要求等选择合适的掘进模式。

7.7.2 当采用土压平衡模式掘进时，宜按本规范第7.5节有关规定执行。

7.7.3 掘进模式的转换宜采用局部气压模式（半敞开模式）作为过渡模式，并在地质条件较好地层中完成。

7.7.4 掘进前，应根据地层软硬不均匀分布情况，确定刀具组合和更换刀具计划，并应在掘进中加强刀具磨损的检测。

7.7.5 应根据地层状况采用相应措施对地层和渣土进行改良，降低对刀盘刀具和螺旋输送机的磨损。

7.8 盾构姿态控制

7.8.1 盾构掘进过程中应随时监测和控制盾构姿态，使隧道轴线控制在设计允许偏差范围内。

7.8.2 在竖曲线与平曲线施工时，应考虑已成环衬砌环竖向、横向位移对隧道轴线控制的影响。

7.8.3 应对盾构姿态及管片状态进行测量和人工复核，并详细记录。当发现偏差时，应及时采取措施纠偏。

7.8.4 实施盾构纠偏必须逐环、小量纠偏，必须防止过量纠偏而损坏已拼装管片和盾尾密封。

7.8.5 根据盾构的横向和竖向偏差及转动偏差，可采取千斤顶分组控制或使用仿行刀适量超挖或反转刀盘等措施调整盾构姿态。

7.9 刀 具 更 换

7.9.1 应预先确定刀具更换的地点与方法，并做好相关准备工作。

7.9.2 刀具更换宜选择在工作井或地质条件较好、地层较稳定的地段进行。

7.9.3 在不稳定地层更换刀具时，必须采取地层加固或压气法等措施，确保开挖面稳定。

7.9.4 带压进仓更换刀具前，必须完成下列准备工作：

　　1 对带压进仓作业设备进行全面检查和试运行；

　　2 采用两种不同动力装置，保证不间断供气；

　　3 气压作业区严禁采用明火。当确需使用电焊气割时，应对所用设备加强安全检查，还必须加强通风并增加消防设备。

7.9.5 带压更换刀具必须符合下列规定：

　　1 通过计算和试验确定合理气压，稳定工作面和防止地下水渗漏；

2 刀盘前方地层和土仓满足气密性要求；

3 由专业技术人员对开挖面稳定状态和刀盘、刀具磨损状况进行检查，确定刀具更换专项方案与安全操作规定；

4 作业人员应按照刀具更换专项方案和安全操作规定更换刀具；

5 保持开挖面和土仓空气新鲜；

6 作业人员进仓工作时间符合表7.9.5规定。

表7.9.5 进仓工作时间

仓内压力 （MPa）	工作时间		
	仓内工作时间 （h）	加压时间 （min）	减压时间 （min）
0.01～0.13	5	6	14
0.13～0.17	4.5	7	24
0.17～0.255	3	9	51

注：24h内只允许工作1次。

7.9.6 应作好刀具更换记录。

7.10 盾 构 接 收

7.10.1 接收前应制定接收施工方案，主要内容应包括接收掘进、管片拼装、壁后注浆、洞门外土体加固、洞门围护破除、洞门钢圈密封等。

7.10.2 盾构到达接收工作井100m前，必须对盾构轴线进行测量并作调整，保证盾构准确进入接收洞门。

7.10.3 盾构到达接收工作井10m内，应控制盾构掘进速度、开挖面压力等。

7.10.4 应按预定的破除方法破除洞门。

7.10.5 盾构主机进入接收工作井后，应及时密封管片环与洞门间隙。

7.10.6 盾构到达接收工作井前，应采取适当措施，使拼装管片环缝挤压密实，确保密封防水效果。

7.11 盾构调头和过站

7.11.1 调头和过站前，应做好施工现场调查、技术方案以及现场准备工作，调头和过站设备必须满足盾构安全调头和过站要求。

7.11.2 盾构调头和过站时必须有专人指挥，专人观察盾构转向或移动状态，避免方向偏离或碰撞。

7.11.3 调头和过站后完成盾构管线的连接工作，连接后应按本规范第7.2.5条执行。

7.12 盾 构 解 体

7.12.1 盾构解体前，应制定详细的解体方案，并准备解体使用的吊装设备、工具、材料等。

7.12.2 盾构解体前，应对各部件进行检查，并应对液压系统和电气系统进行标识。

7.12.3 对已拆卸的零部件应做好清理和维护保养工作。

8 特殊地段施工

8.1 一 般 规 定

8.1.1 盾构进入下列特殊地段，必须采取相应施工措施，确保施工安全：

1 覆土厚度不大于盾构直径的浅覆土层地段；

2 小半径曲线地段；

3 大坡度地段；

4 地下管线和地下障碍物地段；

5 建（构）筑物的地段；

6 平行盾构隧道净间距小于盾构直径70%的小净距地段；

7 江河地段；

8 地质条件复杂地段（软硬不均互层地段）和砂卵石地段。

8.1.2 特殊地段和特殊地质施工应符合下列规定：

1 必须详细查明和分析地质状况和隧道周边环境状况，确定专项施工技术措施；

2 应根据隧道所处位置与地层条件，合理设定开挖面压力，控制地层变形；

3 应根据隧道所处位置与工程地质、水文地质条件，确定壁后注浆的材料、压力与流量，在施工过程中根据量测结果，进行相关调整；

4 应对地表及建（构）筑物等沉降进行评估，必要时，应加密监测测点、提高监测频率，并应根据监测结果及时调整掘进参数。

8.2 特殊地段的施工措施

8.2.1 浅覆土层地段施工应符合下列规定：

1 控制掘进参数，减少施工对环境影响；

2 控制盾构姿态，防止发生突变。

8.2.2 小半径曲线地段施工应符合下列规定：

1 控制推进反力引起的管片环变形、移动、渗水等；

2 使用超挖装置时，应控制超挖量；

3 壁后注浆应选择体积变化小、早期强度高、速凝型的注浆材料；

4 增加施工测量频率；

5 采取措施防止后配套车架脱轨或倾覆；

6 防止管片错台和严重开裂。

8.2.3 大坡度地段施工应符合下列规定：

1 选择牵引机车时，应进行必要的计算，车辆应采取防溜措施；

2 上坡时应加大盾构下半部分推力，对后方台车应采取防止脱滑措施；

3 壁后注浆宜采用收缩率小、早期强度高的浆液。

8.2.4 地下管线与地下障碍物地段施工应符合下列规定:

1 应详细查明地下管线类型、位置、允许变形值等,制定专项施工方案;

2 对受施工影响可能产生较大变形的管线,应根据具体情况进行加固或改移;

3 应及时调整掘进速度和出渣量,减少地表的沉降和隆起,确保管线安全;

4 施工前应查明障碍物,并制定处理方案;

5 从地面处理地下障碍物时,应选择合理的处理方法,处理后应进行回填,确保盾构安全通过;

6 在开挖面拆除障碍物时,可选择带压作业或加固地层的施工方法,控制地层的开挖量,确保开挖面的稳定,并应配备所需的设备及设施。

8.2.5 建(构)筑物地段施工应符合下列规定:

1 盾构施工前,应对建(构)筑物地段进行详细调查,评估施工对建(构)筑物的影响,并应采取相应的保护措施,控制地表变形;

2 根据建(构)筑物基础与结构的类型、现状,可采取加固或托换措施;

3 应加强地表和建(构)筑物变形监测及反馈,调整盾构掘进参数;

4 壁后注浆应使用快凝早强注浆材料,并保证质量。

8.2.6 小净距隧道施工应符合下列规定:

1 施工前,分析施工对已建隧道的影响或平行隧道掘进时的相互影响,采取相应的施工措施;

2 施工时,应控制掘进速度、土仓压力、出渣量、注浆压力等,减少对邻近隧道的影响;

3 对先行和既有隧道应加强监控量测;

4 可采取加固隧道间的土体、先行隧道内支设钢支撑等辅助措施控制地层和隧道变形。

8.2.7 江河地段施工应符合下列规定:

1 应详细查明工程地质和水文地质条件和河床状况,设定适当的开挖面压力,加强开挖面管理与掘进参数控制,防止冒浆和地层坍塌;

2 必须配备足够的排水设备与设施;

3 应采用快凝早强注浆材料,加强壁后同步注浆和二次注浆;

4 穿过江河前,应对盾构密封系统进行全面检查和处理;

5 长距离穿越江河时,应根据地层条件预测刀具和盾尾密封的磨损,制定更换方案;

6 应采取措施防止对堤岸的影响。

8.2.8 地质条件复杂地段和砂卵石地段施工应符合下列规定:

1 穿过复杂地层、地段(软硬不均互层),应优先选择复合式盾构;

2 应综合考虑所穿过地段地质条件,合理选择

刀盘形式和刀具配制方式、数量;

3 应选择适当地点,及时更换刀具或改变其配置,以适应前方地层的掘进;

4 应根据开挖面地质预测信息,调整掘进参数、壁后注浆参数和土仓压力,保证开挖面的稳定和掘进速度;

5 采用土压平衡盾构通过砂卵石地段时,应进行渣土改良;

6 采用泥水平衡盾构通过砂卵石地段时,应根据砾石含量和粒径确定破碎方法和泥浆配比;

7 遇有大孤石影响掘进时,应采取措施排除。

9 管片拼装

9.1 一般规定

9.1.1 必须使用质量合格的管片和防水密封条。

9.1.2 应根据上一衬砌环姿态、盾构姿态、盾尾间隙等确定管片排序。

9.1.3 应按拼装工艺要求逐块拼装,并及时联结成环。

9.1.4 拼装管片时,拼装机作业范围内严禁站人。

9.2 拼装前的准备

9.2.1 对管片及防水密封条应进行验收,并应按拼装顺序存放。

9.2.2 对上一衬砌环端面应进行质量检查。

9.2.3 对拼装机具和材料应进行检查。

9.3 拼装作业

9.3.1 应严格控制盾构千斤顶的压力和伸缩量,并应保持盾构姿态稳定。

9.3.2 管片连接螺栓紧固质量应符合设计要求。

9.3.3 拼装管片时应防止管片及防水密封条损坏。

9.3.4 对已拼装成环的衬砌环应进行椭圆度抽查,确保拼装精度。

9.3.5 在曲线段拼装管片时,应使各种管片在环向定位准确,隧道轴线应符合设计要求。

9.3.6 在特殊位置拼装管片时,应根据特殊管片的设计位置,预先调整盾构姿态和盾尾间隙,管片拼装应符合设计要求。

9.4 管片拼装质量控制

9.4.1 管片拼装应严格按拼装设计要求进行,管片不得有内外贯穿裂缝和宽度大于0.2mm的裂缝及混凝土剥落现象。

9.4.2 管片防水密封质量应符合设计要求,不得缺损,粘结应牢固、平整,防水垫圈不得遗漏。

9.4.3 螺栓质量及拧紧度必须符合设计要求。

9.4.4 管片拼装过程中应对隧道轴线和高程进行控制，其允许偏差和检验方法应符合表9.4.4的规定。

表9.4.4　隧道轴线和高程允许偏差和检验方法

项目	允许偏差（mm）			检验方法	检查频率
	地铁隧道	公路隧道	水工隧道		
隧道轴线平面位置	±50	±75	±100	用经纬仪测中线	1点/环
隧道轴线高程	±50	±75	±100	用水准仪测高程	1点/环

9.4.5 施工中管片拼装允许偏差和检验方法应符合表9.4.5的规定。

表9.4.5　管片拼装允许偏差和检验方法

项目	允许偏差（mm）			检验方法	检查频率
	地铁隧道	公路隧道	水工隧道		
衬砌环直径椭圆度	±5‰D	±6‰D	±8‰D	尺量后计算	4点/环
相邻管片的径向错台	5	6	8	用尺量	4点/环
相邻环片环面错台	6	7	8	用尺量	1点/环

注：D指隧道的外直径，单位：mm。

9.4.6 粘贴管片防水密封条前应将管片密封条槽清理干净，粘贴后的防水密封条应牢固、平整、严密、位置正确，不得有起鼓、超长和缺口现象。管片防水密封条粘贴完毕并达到粘贴时间要求后方可拼装。管片拼装前应对粘贴的密封条进行检查，拼装时不得损坏密封条。

9.4.7 螺栓孔密封胶圈应按设计要求安装，不得遗漏，且不宜外露。

9.4.8 管片嵌缝防水应符合设计要求。当无设计要求时，应符合现行国家标准《地下工程防水技术规范》GB 50108‐2001中第8.1.8条的规定。

9.5　管片修补

9.5.1 当管片表面出现缺棱掉角、混凝土剥落、大于0.2mm宽的裂缝或贯穿性裂缝等缺陷时，必须进行修补。

9.5.2 管片修补时，应分析管片破损原因及程度，制定修补方案。

9.5.3 修补材料强度不应低于管片强度。

10　壁后注浆

10.1　一般规定

10.1.1 壁后注浆分为同步注浆、即时注浆和二次补强注浆等，应根据工程地质条件、地表沉降状态、环境要求及设备情况等选择注浆方式和注浆参数。

10.1.2 同步注浆和即时注浆必须与盾构掘进同步进行。

10.1.3 壁后注浆过程中，必须采取措施减少注浆施工对周围环境的影响。

10.2　注浆参数的选择

10.2.1 注浆压力应根据地质条件、注浆方式、管片强度、设备性能、浆液特性和隧道埋深等综合因素确定。

10.2.2 同步注浆和即时注浆的注浆量充填系数应根据地层条件、施工状态和环境要求确定，充填系数宜为1.30～2.50。

10.2.3 同步注浆的注浆速度应根据注浆量和掘进速度确定。

10.2.4 根据隧道稳定状态和环境保护要求，可进行二次补强注浆。二次补强注浆的注浆量和注浆速度应根据环境条件和沉降监测结果等确定。

10.3　注浆前的准备

10.3.1 应根据注浆要求进行注浆材料的试验和选择。可按地质条件、隧道条件和工程环境合理选用单液或双液注浆材料。

10.3.2 壁后注浆材料应满足强度、流动性、可填充性、凝结时间、收缩率、环保等要求。

10.3.3 应按注浆施工要求准备拌浆、贮浆、注浆设备，并应进行试运转。

10.4　注浆作业

10.4.1 注浆用浆液应符合下列规定：

　　1　浆液应按设计配合比拌制；

　　2　浆液的相对密度、稠度、和易性、杂物最大粒径、凝结时间、凝结后强度、浆体固化收缩率均应满足工程要求；

　　3　拌制后浆液应易于压注，在运输过程中不得离析和沉淀。

10.4.2 注浆作业应连续进行。

10.4.3 宜配备对注浆量、注浆压力、注浆时间等参数进行自动记录的仪器。

10.4.4 注浆作业时，应观察注浆压力及流量变化，严格控制注浆参数。

10.4.5 注浆作业后，应及时清洗注浆设备和管路。

10.4.6 管片与地层间隙应填充密实，并应确保衬砌环稳定，不得漏水。

11　隧道防水

11.1　一般规定

11.1.1 盾构隧道防水应以管片自防水为基础，接缝防水为重点，并应对特殊部位进行防水处理，形成完整的防水体系。

11.1.2 盾构隧道防水应满足环境保护和设计要求。

11.1.3 防水材料在运输、堆放、拼装前应采取防雨、防潮措施。

11.2 接缝防水

11.2.1 防水材料必须按设计要求选择，施工前应分批进行抽检。

11.2.2 防水密封条粘贴应符合下列规定：

1 按管片型号使用，严禁尺寸不符或有质量缺陷；

2 变形缝、柔性接头等管片接缝防水的处理应符合设计要求。

11.2.3 管片采用嵌缝防水材料时，槽缝应清理，并应使用专用工具填塞平整、密实。

11.3 特殊部位的防水

11.3.1 采用注浆孔进行注浆时，注浆结束后应对注浆孔进行密封防水处理。

11.3.2 隧道与工作井、联络通道等附属构筑物的接缝防水处理应按设计要求进行。

12 施工安全、卫生与环境保护

12.0.1 根据盾构类型、地质条件和工程实际，应制定盾构安全技术操作规程和应急预案，确保施工作业在安全和卫生环境下进行。

12.0.2 应根据盾构设备状况、地质条件、施工方法、进度和隧道掘进长度等条件，选用适用的通风方式、通风设备及隧道内温度控制措施，并应符合国家现行相关标准的规定。

12.0.3 隧道内作业场所必须设置照明设施。

12.0.4 隧道内作业场所必须配备消防设施。

12.0.5 隧道和工作井内必须安置足够的排水设备。

12.0.6 隧道内作业位置与场所必须保证作业通道畅通。

12.0.7 当存在可燃性或有害气体时，必须使用专用仪器进行检测，并应加强通风，可燃性或有害气体浓度应控制在安全允许范围内。

12.0.8 施工作业环境气体必须符合下列规定：

1 空气中氧气含量不得小于 20%；

2 瓦斯浓度应小于 0.75%；

3 有害气体浓度：

1）一氧化碳不得超过 30mg/m³；

2）二氧化碳不得超过 0.5%（按体积计）；

3）氮氧化物换算成二氧化氮不得超过 5mg/m³。

12.0.9 隧道内温度不应高于 32℃。

12.0.10 隧道内噪声不应大于 90dB。

12.0.11 施工通风必须符合下列规定：

1 应采取机械通风（通常选用压入式通风）；

2 按隧道内施工高峰期人数，每人需供应新鲜空气不得小于 3m³/min，隧道最低风速不得小于 0.25m/s。

12.0.12 应采取措施避免施工噪声、振动、水质和土壤污染及地表下沉等对周边环境造成影响。

13 盾构的保养与维修

13.0.1 盾构的保养与维修必须坚持"预防为主、状态检测、强制保养、按需维修、养修并重"的原则，并应由专业人员进行保养与维修。

13.0.2 应按盾构生产厂家提供的设备说明书定期进行盾构及配套设备的保养与维修。

13.0.3 必须按计划对盾构进行保养与维修。

13.0.4 保养与维修工作应进行记录。

13.0.5 盾构长期停止掘进时，仍应进行保养与维修。

14 隧道施工运输

14.1 一般规定

14.1.1 盾构隧道施工运输应根据隧道直径、长度、纵坡、盾构的类型、掘进速度选择合理的运输方式、运输设备及其配套设施。运输能力应满足盾构掘进与管片拼装要求。

14.1.2 隧道内水平运输宜采用轨道运输方式，垂直提升宜采用门吊、悬臂吊等提升方式。

14.1.3 泥水平衡盾构和泥水运输应采用泥浆泵和管道组成的管道运输系统。

14.1.4 应根据最大起重重量对提升机能力和索具、挂钩、杆件承载力等进行验算。

14.1.5 水平运输和垂直提升应采取防溜和防坠落措施。

14.2 水平运输

14.2.1 水平运输的轨道应保持平稳、顺直、牢固，并应进行养护。

14.2.2 长距离掘进时，宜在适当位置设置会车道。

14.2.3 牵引设备的牵引能力应满足隧道最大纵坡和运输重量的要求。

14.2.4 车辆配置应满足出渣、进料及盾构掘进速度的要求。

14.3 垂直提升

14.3.1 垂直提升方式应根据工作井深度、盾构施工速度等因素综合考虑。

14.3.2 提升设备的提升能力应满足出渣、进料的要求。

14.3.3 垂直提升时，应根据安全需要采取稳定措施。

14.3.4 垂直提升通道内不得有任何障碍物。

14.4 管道运输

14.4.1 采用泥水平衡盾构时，管道运输系统应满足出渣和掘进速度的要求。

14.4.2 长距离掘进时，应在适当距离设置管道运输接力设备。

14.4.3 对输送泵和管道应经常进行检查和维修。

15 监控量测

15.1 一般规定

15.1.1 施工中应结合施工环境、工程地质和水文地质条件、掘进速度等制定监控量测方案。

15.1.2 监控量测范围应包括盾构隧道和沿线施工环境，对突发的变形异常情况必须启动应急监测方案。

15.1.3 在监控量测中可根据观测对象的变形量、变形速率等调整监控量测方案。

15.1.4 地上、地下同一断面内的监控量测数据应同步采集，并应收集同期盾构施工参数进行分析。

15.1.5 监控量测仪器和设备应满足量测精度、抗干扰性、可靠等要求。

15.1.6 监控量测项目应按表 15.1.6 选择。穿越水系和建（构）筑物或有特殊要求等地段的监控量测项目应根据设计要求确定。

表 15.1.6 监控量测项目

类别	监 测 项 目
必测项目	施工线路地表隆沉、沿线建(构)筑物和管线变形测量
	隧道变形测量
选测项目	地中位移
	衬砌环内力
	地层与管片的接触应力

15.1.7 沉降测量可采用水准测量方法，水准基点应埋设在变形影响范围外，且不得少于 3 个。

15.1.8 水平位移测量可采用边角测量、GPS 等方法，应建立水平位移监测控制网，水平位移监测控制点宜采用具有强制对中装置的观测墩和照准装置。

15.1.9 当采用物理传感器进行监控量测时，应按各类仪器的埋设规定和监控量测方案的要求埋设传感器。

15.1.10 当采用静力水准测量方法进行沉降量测时，

静力水准的埋设、连接、观测、数据处理等应符合相关技术要求，测量精度应与水准测量要求相同。

15.1.11 观测点应埋设在能够反映变形、便于观测、易于保存的位置。

15.2 隧道环境监控量测

15.2.1 隧道环境监控量测应包括地表沉降观测、邻近建（构）筑物变形量测和地下管线变形量测等。

15.2.2 地表沉降观测应沿线路中线按断面布设，当城市隧道埋深小于 2 倍洞径时，纵断面监测点间距宜为 3～10m，横断面间距宜为 50～100m，监测的横断面宽度应大于变形影响范围，监测点间距宜为 3～5m。对特殊地段，地表沉降观测断面和观测点的设置应编制专项方案。

15.2.3 应根据结构状况、重要程度、影响大小对邻近建（构）筑物有选择地进行变形量测。

15.2.4 邻近地下管线的变形量测应直接在管线上设置观测点。对无法直接观测的管线应去除其覆盖土体进行观测或监测管线周围土体变形。

15.2.5 应从距开挖工作面前方隧道埋深与直径之和的距离处进行初始观测，直至监测对象稳定时结束。

15.2.6 变形测量频率应根据工程要求和监测对象的变形量和变形速率确定。

15.2.7 盾构穿越地面建（构）筑物、铁路、桥梁、管线等时应对穿越的建（构）筑物进行观测外，还宜对邻近周围土体进行变形观测。

15.2.8 变形量测等级划分与精度应符合现行国家标准《城市轨道交通工程测量规范》GB 50308 的要求。

15.2.9 变形量测的主要方法和精度要求应符合现行国家标准《城市轨道交通工程测量规范》GB 50308 的要求。

15.2.10 当采用物理传感仪器进行监控量测时，测量精度不应低于现行国家标准《城市轨道交通工程测量规范》GB 50308 的规定。

15.3 隧道结构监控量测

15.3.1 隧道结构监控量测内容应包括隧道沉降和椭圆度量测，必要时，还应进行衬砌环应力等量测。

15.3.2 隧道管片应力测量宜采用应力计量测。

15.3.3 初始观测值应在管片壁后注浆凝固后 12h 内量测。

15.3.4 变形量测频率宜按本规范第 15.2.6 条规定执行。

15.3.5 变形量测方法应按本规范第 15.1.9 条规定执行，测量精度应符合现行国家标准《城市轨道交通工程测量规范》GB 50308 的规定。

15.4 资料整理和信息反馈

15.4.1 宜利用计算机实现测量数据采集实时化、数据处理自动化、数据输出标准化，并应建立监控量测数据库。

15.4.2 应结合施工和现场环境状况对监控量测数据定期进行综合分析，并应绘制变形时态曲线图。

15.4.3 宜选择与实测数据拟合较好的函数对时态曲线进行回归分析，并应对变形趋势进行预测。

15.4.4 当实测变形值大于允许变形的2/3时，必须及时通报建设、施工、监理等单位，并应采取相应措施。

15.4.5 监控量测完成后应及时提供监测成果。

15.4.6 工程竣工后应提供监控量测技术总结报告。

16 钢筋混凝土管片验收

Ⅰ 主控项目

16.0.1 管片出厂时的混凝土强度与抗渗等级必须符合设计要求。

  检查数量：应符合现行国家标准《混凝土结构工程施工质量验收规范》GB 50204 的规定。

  检验方法：检查同条件混凝土试件的强度和抗渗报告。

16.0.2 管片混凝土外观质量不应有严重缺陷，管片外观质量缺陷等级宜按表16.0.2划分。

  检查数量：全数检查。

  检验方法：观察或尺量。

表 16.0.2　混凝土管片外观质量缺陷等级

缺陷	缺陷描述	等级
露筋	管片内钢筋未被混凝土包裹而外露	严重缺陷
蜂窝	混凝土表面缺少水泥砂浆而形成石子外露	严重缺陷
孔洞	混凝土内孔穴深度和长度均超过保护层厚度	严重缺陷
夹渣	混凝土内夹有杂物且深度超过保护层厚度	严重缺陷
疏松	混凝土中局部不密实	严重缺陷
裂缝	可见的贯穿裂缝	严重缺陷
	长度超过密封槽、宽度大于0.1mm，且深度大于1mm的裂缝	严重缺陷
	非贯穿性干缩裂缝	一般缺陷
外形缺陷	棱角磕碰、飞边等	一般缺陷
外表缺陷	密封槽部位在长度500mm的范围内存在直径大于5mm、深度大于5mm的气泡超过5个	严重缺陷
	管片表面麻面、掉皮、起砂、存在少量气泡等	一般缺陷

Ⅱ 一般项目

16.0.3 存在一般缺陷的管片数量不得大于同期生产管片总数量的10%，并应由生产厂家按技术要求处理后重新验收。

  检查数量：全数检查。

  检验方法：观察，检查技术处理方案。

16.0.4 管片的尺寸偏差应符合本规范第6.7.2条第5款的规定。

  检查数量：每日生产且不超过15环，抽查1环。

  检验方法：尺量。

16.0.5 水平拼装检验的频率和结果应符合本规范第6.7.3条的规定。

  检验方法：尺量。

16.0.6 管片成品检漏测试应按设计要求进行。

  检查数量：管片每生产100环应抽查1块管片进行检漏测试，连续3次达到检测标准，则改为每生产200环抽查1块管片，再连续3次达到检测标准，按最终检测频率为400环抽查1块管片进行检漏测试。如出现一次不达标，则恢复每100环抽查1块管片的最初检测频率，再按上述要求进行抽查。当检漏频率为每100环抽查1块管片时，如出现不达标，则双倍复检，如再出现不达标，必须逐块检测。

  检查方法：观察、尺量。

17 成型隧道验收

Ⅰ 主控项目

17.0.1 结构表面应无裂缝、无缺棱掉角，管片接缝应符合设计要求。

  检验数量：全数检验。

  检验方法：观察检验，检查施工日志。

17.0.2 隧道防水应符合设计要求。

  检验数量：逐环检验。

  检验方法：观察检验，检查施工日志。

17.0.3 衬砌结构不应侵入建筑限界。

  检查数量：每5环检验1次。

  检验方法：全站仪、水准仪测量。

17.0.4 隧道轴线平面位置和高程偏差应符合表17.0.4的规定。

表 17.0.4　隧道轴线平面位置和高程偏差

项　目	允许偏差（mm）			检验方法	检查频率
	地铁隧道	公路隧道	水工隧道		
隧道轴线平面位置	±100	±150	±150	用全站仪测中线	10环
隧道轴线高程	±100	±150	±150	用水准仪测高程	10环

Ⅱ 一般项目

17.0.5 隧道允许偏差值应符合表 17.0.5 的规定。

表 17.0.5 隧道允许偏差

项　目	允许偏差（mm）			检验方法	检查频率
	地铁隧道	公路隧道	水工隧道		
衬砌环直径椭圆度	±0.6%D	±0.8%D	±1%D	尺量后计算	10 环
相邻管片的径向错台	10	12	15	尺量	4 点/环
相邻管片环向错台	15	17	20	尺量	1 点/环

注：D 指隧道的外直径，单位：mm。

本规范用词说明

1 为便于在执行本规范条文时区别对待，对要求严格程度不同的用词用语说明如下：

　　1）表示很严格，非这样做不可的：

　　　　正面词采用"必须"，反面词采用"严禁"。

　　2）表示严格，在正常情况下均应这样做的：

　　　　正面词采用"应"，反面词采用"不应"或"不得"。

　　3）表示允许稍有选择，在条件许可时首先这样做的：

　　　　正面词采用"宜"，反面词采用"不宜"。

　　4）表示有选择，在一定条件下可以这样做的，采用"可"。

2 条文中指明应按其他有关标准执行的写法为："应符合……的规定"或"应按……执行"。

中华人民共和国国家标准

盾构法隧道施工与验收规范

GB 50446—2008

条 文 说 明

前　言

《盾构法隧道施工与验收规范》GB 50446—2008 经住房与城乡建设部 2008 年 3 月 31 日以第 8 号公告批准、发布。

为便于广大设计、施工、科研、学校等单位有关人员在使用本标准时能正确理解和执行条文规定，《盾构法隧道施工与验收规范》编制组按章、节、条顺序编制了本标准的条文说明，供使用者参考。在使用中如发现本条文说明有不妥之处，请将意见函寄住房与城乡建设部科技发展促进中心（地址：北京市三里河路 9 号；邮政编码：100835）。

目 次

1 总　则

1.0.1 编制本规范的目的是为加强盾构法隧道工程的施工管理，确保施工过程的工程安全、环境安全和工程质量，统一盾构法隧道工程的施工技术与质量验收标准。本规范不包括盾构隧道的设计、使用和维护方面的内容。

1.0.4 本规范是对盾构法隧道结构工程施工技术和工程质量的最低要求，应严格遵守。因此，承发包合同（如质量要求等）和工程技术文件（如设计文件、企业标准、施工技术方案等）对工程技术和质量的要求不得低于本规范的规定。

当承发包合同和设计文件对施工质量的要求高于本规范的规定时，验收时应以承发包合同和设计文件为准。

1.0.5 盾构法隧道工程施工期间，应对邻近建（构）筑物、地下管网进行监测，对重要的有特殊要求的建（构）筑物，应及时采取注浆、加固、支护等技术措施，保证邻近建（构）筑物、地下管网的安全。

1.0.6 本规范未规定的内容应按照国家现行相关标准执行。

2 术　语

本章给出了本规范有关章节引用的 20 条术语。因盾构及其施工技术都是新技术，目前在术语上存在地区和习惯差异，通过本规范统一盾构法施工及验收的相关术语。

本规范的术语主要参考《地铁设计规范》、《地下铁道、轻轨交通岩土勘察规范》、《城市轨道交通工程测量规范》、《地下铁道工程施工及验收规范》、《地下铁道设计施工》等标准和资料，经编制组集中归纳和整理，编入本规范。

本规范的术语是从盾构法隧道施工与验收的角度赋予其含义，同时还给出相应的推荐性英文术语，供参考。

3 基 本 规 定

3.0.1 对于盾构法隧道施工现场的技术质量管理，要求有相应的施工技术标准、健全的质量管理体系、施工质量控制和检验制度；对具体的施工项目，要求有经审查批准的施工组织设计和施工技术方案，并能在施工过程中有效运行。

施工组织设计和施工技术方案应按程序审批，对涉及隧道结构安全和人身安全的内容，应有明确的规定和相应的措施。

3.0.12 相关单位应有质量验收记录和施工质量验收

程序和组织。其中，检验层次为：生产班组的自检、交接检；施工单位质量检验部门的专业检查和评定，监理单位（建设单位）组织的验收。

在施工过程中，各工序均应得到监理单位（建设单位）的检查认可，以避免质量缺陷累积造成更大损失。

根据有关规定和工程合同的规定，对工程质量起重要作用或有争议的检验项目，应由各方参与见证检测，以确保施工过程中关键部位的质量得到控制。

4 施 工 准 备

4.1 一 般 规 定

4.1.1 盾构法隧道施工是一项综合性的施工技术，施工方法的确定关键在于全面掌握与工程有关的资料。在施工之前全面了解工程规模、要求、地质和环境条件，有利于正确采取经济合理的施工措施。

4.1.2 工程所使用的材料、半成品或成品都必须符合国家现行有关标准和设计要求，特别是地下工程防水的特殊性，防水密封条、注浆等材料在使用前应按规定进行抽检。

4.1.5 选择合适的盾构类型、配置优异功能和技术性能对安全、顺利、经济地完成盾构隧道的施工至关重要。盾构选型及功能配置应遵循安全可靠、适用耐久、功能齐备、操作方便、经济先进的原则。

盾构在施工中遇到的各种条件复杂多变，因此必须根据对这些条件的调查资料综合考虑盾构选型和功能及技术性能配置。选型应考虑的因素主要是：

1 工程地质及水文地质条件。包括：地层岩性及分布状况、地层软硬程度、地下水位、地层渗透性等，同时要特别注意：大直径卵砾石地层、漂石、高灵敏度软土、松散沙层、软硬混合地层、地中障碍物、可燃及有害气体等。

2 隧道线路条件。包括：曲线半径及长度、坡度、净空横断面、上覆土层厚度、连续掘进长度等。

3 隧道结构设计条件。包括：衬砌形式、参数等。

4 环境条件。包括：工程周边的建（构）筑物状况、地下管线情况、道路交通状况、控制沉降要求。

4.2 前 期 调 查

4.2.2～4.2.4 为防止资料与实际工况条件不符，施工前应进行工程环境的调查和实地踏勘，为制定施工组织设计提供足够的依据，调查的主要内容有：

1 土地使用情况——根据报告和附图，实地踏勘调查各种建筑物的使用功能、结构形式、基础类型及其与隧道的相对位置等；

2 道路种类和路面交通情况；

3 工程用地情况——主要对施工场地及材料堆放场地、弃土场地、运输路线等作必要的调查；

4 施工用电和给排水设施条件；

5 有关环境保护的法律和法规；

6 地下障碍物及管线。

4.3 技术准备

4.3.1 采用盾构法隧道施工，施工过程中施工方法很难改变，因此，在施工前应依据工程特点、工程地质和水文地质条件、隧道结构、工程环境条件及环境保护等级、盾构类型与性能等编制施工组织设计，并应经审批作为施工依据。

4.3.2 应对盾构主控室操作人员、管片拼装操作人员、电气与机械保养维修人员等进行技术培训。

4.3.3 施工前，应建立工程测量控制系统和完成掘进前的联系测量工作，同时应根据施工组织设计和地面建（构）筑物保护专项方案等预先布设地面监测网点。

4.4 设备、设施准备

4.4.1 第2款 盾构配套设备应包括渣土运输设备、管片运输设备、电力设备、通风降温设备、照明设备、壁后注浆设备、泥水处理设备与设施、泥浆配置与设施、油脂注入设备、添加剂注入设备等。

为保证盾构及配套设备的质量，并确保安全而有效地组织现场施工，盾构及主要配套设备应由专业厂家设计及制造。盾构在工厂内制造完成后，必须进行整机调试，检查核实盾构设备的供油系统、液压系统、控制系统和电气系统的状况，调试机械运转状态和控制系统的性能，确保盾构出厂具备良好的性能，防止设备缺陷造成施工困难。

第3款 盾构法施工是一项综合性的施工工艺，要使盾构掘进施工顺利进行，必须配备各种辅助设施，各种辅助设施必须与盾构的特点及施工技术要求相适应。主要应具有以下辅助设施：

1) 材料堆放场和仓库；

2) 联络通信设施；

3) 施工通风设施；

4) 充电设备；

5) 浆液搅拌站及相应管路和运输设备；

6) 给排水设备；

7) 压缩空气设备；

8) 盾构出发与到达及调头设备与设施；

9) 渣土临时存放场。

第4款 浆液站的规模应满足施工需要，站内还须配有浆体质量测定的设备。泥水平衡盾构应设置相应的泥水分离和处理设备，选用的浆液和泥水分离处理效果应符合环保要求。

第5款 在确定水平运输和垂直提升方案及选择设备时，必须根据作业循环所需的运输量详细考虑，同时还应符合各种材料运输要求，所有的运输车辆、起重机械、吊具要按有关安全规程的规定定期进行检查、维修、保养与更换。

4.5 工 作 井

4.5.1 第1款 根据地质条件与周边环境条件以及工作井的深度与断面大小，通常采用明挖法施工，其围护结构可选择钢板桩、连续墙法、各种钻孔桩等，也可采用沉井法施工工作井。

采用盾构法施工时，一般需在盾构掘进的始端和终端设置工作井，按工作井的用途，分为盾构始发工作井和接收工作井，而在竣工后多被用作地铁车站、排水、通风等永久性结构。工作竖井一般都设在隧道轴线上，用明挖法施工。本节内容主要是说明工作井施工后应满足盾构法施工的必要条件。

盾构始发工作井是用于组装、调试盾构，隧道施工期间作为管片、其他施工材料、设备、出渣的垂直运输及作业人员的出入通道。井的平面净尺寸必须满足上述各项的要求。一般情况下在盾构两侧各留1.5m作为盾构安装作业的空间。盾构的前后应留出洞口封门拆除、初期推进时出渣、管片运输和其他作业所需的空间，工作井的长度应大于盾构主机长度3.0m。

接收工作井宽应大于盾构直径1.5m，工作井的长度应大于盾构主机长度2.0m。

根据盾构的安装、拆除作业、洞口与隧道的接头处理作业等需要，确定洞口底至工作井底板顶面的最小高度。

从理论上来说，井壁预留洞口大小略比盾构的外径大一些即可（盾构外径含外壳突出部分），但考虑到井壁洞口的施工误差、隧道设计轴线与洞口轴线间的夹角、密封装置的需要，需留出足够的余量。

4.5.2 第4款 对于洞口段需要加固的土体，采用不同方法加固后均须达到设计要求的强度，起到防塌、防水作用。必须现场取芯做强度、抗渗和土工试验验证加固效果，如不能满足设计要求时，应分析原因并采取补强措施，以保证盾构始发和接收的安全。

5 施 工 测 量

5.1 一 般 规 定

5.1.4 本条是按照盾构单向掘进距离一般不超过2km确定贯通中误差；当大于2km时，按一般方法和仪器不能满足贯通中误差要求时，应采用精密测量方法和高精度仪器进行贯通测量，以满足表5.1.4规定的贯通中误差要求。当不能达到贯通误差要求时，应根据实际情况，确定适宜的贯通误差要求，但不得影响隧道建筑限界。

5.1.5 始发和接收工作井所使用的地面近井控制点间进行直接联测，可以减少测量环节，提高测量精度，是保证隧道贯通的必要措施。

5.2 地面控制测量

5.2.1 全线或部分采用盾构法施工都应了解施工地区坐标和高程系统，以及已有控制网布设的方法、层次、精度等情况，这样才能制定合理的盾构施工控制测量方案。通常地面控制网是在现有高一级控制网下加密的施工控制网；如果由于条件限制，只能布设独立的专用控制网，有条件时，应与当地高一级控制网进行联测。

5.2.2 施工平面一等控制网应在已有的国家二等三角网或 B 级 GPS 控制网下布设。二等控制网应在本规范一等控制网或国家 C 级 GPS 控制网或国家三等三角网下布设。

高程控制网应在已有的国家二等水准网的基础上一次布设全面网。

5.2.3 表 5.2.3-1、表 5.2.3-2、表 5.2.3-3 规定的主要技术要求是根据《城市轨道交通工程测量规范》制定的。

上述技术要求是按贯通测量距离小于 2km，平面贯通测量误差 ±50mm，高程贯通测量误差 ±25mm 设计的；若依据的技术条件发生变化，则应重新制定技术要求。

5.3 联 系 测 量

5.3.2 地面近井导线和近井高程路线采用附合路线形式可进行路线检核，提高测量精度，近井导线和高程测量技术要求与地面控制相同，同样是为了提高近井点测量精度。

5.3.3～5.3.4 联系三角形定向方法和陀螺仪与垂准仪组合定向法都是竖井定向测量的常用方法。对传统联系三角形定向精度可以按下式进行估算：

$$M_{\alpha\theta} = \pm\sqrt{M_{\perp}^2 + M_{\top}^2 + \theta^2} \quad (1)$$

式中　$M_{\perp}$——地上连接误差；
　　　$M_{\top}$——地下连接误差；
　　　θ——投向误差。

根据《城市轨道交通工程测量规范》在地铁定向测量中限定的误差要求：
地上的连接误差

$$M_{\perp} = \pm\sqrt{M_{\alpha DC}^2 + M_{\varphi}^2 + M_{\alpha}^2}，一般为 \pm5''；\quad (2)$$

地下的连接误差

$$M_{\top} = \pm\sqrt{M_{\alpha 1}^2 + M_{\varphi}^2 + M_{\delta 1}^2}，一般为 \pm7''；\quad (3)$$

投向误差 $\theta = \pm e/c \times \rho''$；当 c 为 5m，e 为 0.5mm 时，此时 θ 的中误差将达到 20.6"。

$$M_{\alpha\theta} = \pm\sqrt{M_{\perp}^2 + M_{\top}^2 + \theta^2}$$
$$= \pm\sqrt{5^2 + 7^2 + 20.6^2} = \pm22.3$$

在上述总误差中，地上测量误差占 5%，地下测量误差占 10%，投向误差占 85%。欲提高定向精度，提高钢丝的投向误差是关键。为此，除满足上述联系三角形一般最有利的形状外，为减弱风流对悬吊钢丝的影响，沿隧道风流方向合理布设垂线位置可减小投向误差。另外除布设单一联系三角形外，也可采用布设组合联系三角形的办法，提高地下起始边的定向精度。

陀螺仪与垂准仪联合定向方法的定向精度取决于陀螺仪本身的定向精度。陀螺仪与垂准仪联合定向采用双投点、双定向的作业方法，采用定向精度比较高的陀螺仪进行定向，一次定向中误差可以小于 5"。现代的陀螺定向已经实现全自动定向，在定向精度、定向操作上都有了很大提高和改变，与传统定向测量相比精度高、速度快。该方法的特点是：陀螺仪定向以前的各个环节的方向测量误差不累计，垂准仪投点误差比较大，其作为一个误差常量影响贯通误差。

5.3.5 导入高程测量以在竖井内悬吊钢尺进行高程传递测量为主要方法，每次观测要独立，要有检核条件和措施。

5.3.6 规定地下近井导线点和近井高程点数量，使各类点间构成检核条件。

5.4 地下控制测量

5.4.2 规定地下控制测量起算点数量，使地下具有足够的检核测量条件。

5.4.3 根据测量实践，盾构施工 60m 以后，隧道结构已经趋于稳定，在稳定处设置地下控制点。导线点的稳定情况，通过重复测量确定，一般不少于 3 次。导线点应采用强制对中装置，控制点可在隧道两侧交叉设置。对曲线隧道，特别是连续同向曲线隧道，要注意旁折光的影响。直接用于盾构施工测量的控制点，可设置在隧道顶板上或隧道两侧。

5.4.5 隧道掘进初期，根据施工现场条件一般先布设精度较低的施工导线和施工水准，当具备条件后及时选择部分施工导线和施工水准点组成施工控制导线。曲线半径较小时，施工控制可不受曲线要素点的限制，应选较长的导线边。

5.4.6 施工控制导线点横向中误差是依据导线长度与贯通距离之比并乘以 4/5 计算的。施工控制导线最远点横向中误差通常不大于贯通中误差即满足要求，但是为提高施工控制导线点精度，并考虑下一级施工导线的误差，取 4/5 作为比例系数。

5.4.8 当隧道结构不稳定时，埋设的地下控制导线点和控制水准点易变动，故每次控制测量必须对施工控制点进行检测。

5.4.10 当贯通误差要求不变，隧道贯通距离大于本规范规定的长度时，应采取下列措施增强地下控制网强度，提高测量精度：

 1 地下控制测量布设形式可以采用图形强度比较高的布网形式；

 2 在地下导线测量中，加测一定数量的陀螺方位角，可以限制测角误差的累积，提高定向精度。同时，在某些受折光影响大的导线边上加测陀螺方位角，还可以消除和减弱系统误差对方位的影响；

 3 从地面向地下钻孔，增加地上和地下联系测量次数。

5.5 掘进施工测量

5.5.2 盾构上所设置的测量标志必须牢固、可靠；有条件时宜设置两套，便于检核和提高测量精度。

5.5.4 可根据盾构自身导向装置的精度，按照误差传播理论计算可能产生 1/3 贯通测量误差的距离，在此距离内应进行人工测量，把施工误差控制在允许范围内。

5.5.5 衬砌环测量可采用盾构导向系统与人工测量相结合的方法，衬砌环安装后的变形可作为监控量测的初始测量成果。

5.6 贯 通 测 量

5.6.3 贯通误差分解至线路法线方向可直观反映出贯通结果与线路、限界的关系。

5.7 竣 工 测 量

5.7.1 隧道贯通后进行贯道导线的附合路线测量，并重新平差后，为断面测量、限界测量、铺轨测量和设备安装测量等提供较高精度的测量控制点。

5.7.2 竣工测量工作内容可根据设计要求选择，横向偏差、高程偏差指相对于衬砌环设计轴线的偏差。

5.7.3 断面上的测点位置、数量应根据隧道结构形状、设备、行车条件等对断面的要求，由设计确定。

6 管 片 制 作

6.1 一 般 规 定

6.1.1、6.1.2 对管片生产厂家的资质和质量管理及质量保证体系提出了要求，预制厂家推行全过程质量控制是确保管片质量稳定并不断改进的最基本条件。

6.1.3 编制施工组织设计或技术方案应对涉及结构安全和人身安全的内容作出明确的规定，其目的是在保证安全的前提下使管片生产有序、安排合理，采取各种预控措施以保证质量。

6.3 原材料要求

6.3.2 钢板的厚度、型钢的规格尺寸是影响承载力的主要因素，进场验收时应重点抽查钢板厚度和型钢规格尺寸。

 对水工隧道尤其是排污隧道应按设计要求采取防腐抗蚀措施。通常钢管片的防腐要求严格，故对防腐涂料、稀释剂和固化剂等材料提出要求。

6.4 钢筋混凝土管片模具

6.4.1 本条是保证混凝土管片成型质量关键项目。其中，模具的稳定性更深层次的性能是指模具在设计周转次数内不变形，以满足对反复振捣、高温和温度重复变化等抗疲劳性能的要求。

6.4.3 第 4 款 模具是保证管片质量的最重要的环节，其材质和制作精度要求高，制作模具必须具有完善的技术文件，并严格按照技术文件要求进行制作。在实际生产中，不仅要对模具进行实测实量，还应考虑荷载、振动等影响因素，必须进行管片试生产，并经水平拼装检测合格才能通过验收。

6.5 钢 筋

6.5.1 第 2、3 款 由于弧形骨架加工尺寸不易保证，所以要求骨架必须试制，检验合格后才能批量制作，且应该在预先制作好的胎具上进行骨架成型，以保证骨架焊接成型精度。

6.5.2 第 3 款 盘条供应的钢筋使用前需要调直。调直宜采用机械方法，也可采用冷拉方法，但应控制冷拉伸长率，以免影响钢筋的力学性能。

6.5.3 第 1、2 款 在正式焊接之前，必须采用与生产相同条件进行焊接工艺试验，了解钢筋焊接性能，选择最佳焊接参数，每种牌号、每种规格钢筋至少做 1 组试件。当不合格时，应改进工艺，调整参数，直至合格为止。采用的焊接工艺参数应做好记录。

 第 3 款 为了防止焊接部位产生夹渣、气孔等缺陷，在焊接区域内，钢筋表面锈蚀、油污等必须清除。

6.5.4 第 2、3 款 抽样检查数量采用了"双控"的方法，即按比例抽样的同时，还限定了抽样的最小数量。

6.6 混 凝 土

6.6.3 第 1 款 应以经济、合理的原则进行混凝土配合比设计，并按《普通混凝土拌合物性能试验方法标准》GB/T 50080 等进行试验、试配，以满足混凝土强度、耐久性和工作性的要求，不得采用经验配合比。同时，低坍落度混凝土有利于减少管片成品裂缝的出现。随着混凝土技术的发展，当有可靠的技术保证时也可采用大流动性混凝土。

第2款 根据《地下铁道工程施工及验收规范》GB 50299中关于防水混凝土的规定，防水混凝土的水泥用量不得少于280kg/m³。本规范根据目前混凝土技术水平的发展现状提出，在管片混凝土的各项性能满足设计要求和施工性能的前提下，可适当减少水泥用量。

第3、4款 对混凝土中碱含量和氯离子含量加以限制和确保管片的抗渗等级是保证管片耐久性的有效措施。

6.6.4 第5款 混凝土的初凝时间与水泥品种、凝结条件、掺用外加剂的品种和数量等因素有关，应由试验确定。当施工环境气温较高时，还应考虑气温对混凝土初凝时间的影响。规定混凝土应连续浇筑并在低层初凝之前将上一层浇筑完毕。当因停电等意外原因造成低层混凝土已初凝时，则应在继续浇筑混凝土之前，按照施工技术方案对混凝土接槎的要求进行处理，使新旧混凝土结合紧密，保证混凝土结构的整体性。

6.6.5 第3款 施工经验表明：初凝前压面有利于减少混凝土表面的塑性裂缝。对于完成混凝土浇筑的外弧面，应强调压面密实。

6.6.6 第3款 出模后的管片宜加强早期养护，且养护周期不宜少于14d。养护可采用水中养护、喷淋养护、涂刷养护剂及其他可以达到预期养护效果的方法；在条件允许时，优先采用水中养护。但对于采用潮湿养护特别是水中养护时，要避免管片内部温度与水温存在过大温差而导致混凝土开裂。对于冬期施工期间生产的管片，宜采用适当的措施进行保温和防护。

6.7 钢筋混凝土管片

6.7.1 管片标记的作用是便于其质量的可追溯性，对于采用倒班作业的生产厂家，还应增加生产流水号码。

6.7.2 第4、5款 管片制作完成后，应对构件外观质量和尺寸偏差进行检查，并作出记录。当检查发现缺陷时应按本规范的有关规定执行。

6.8 钢筋混凝土管片贮存与运输

6.8.2 管片码放高度需要结合存放场地的地基承载力、管片出模强度和管片承压强度等相关因素验算后确定。当采用内弧面向上的方法贮存时，各层垫木应位于同一直线，两条直线相交于管片圆心；采用单片侧立方法贮存时，上下层管片应一一对应，不得错位。

6.8.3 运输管片时，每层之间应有支垫且必须稳固，同时应采取防护措施防止碰撞损伤。

6.9 钢 管 片

6.9.1 第3款 二氧化碳气体保护焊是具有焊接变形小、质量好、效率高、操作性好等优点的焊接方法。

6.9.2 主要焊缝是指钢管片两侧面板与两端面板间的焊缝，以及它们与顶弧板之间的焊缝。

7 盾构掘进施工

7.1 一 般 规 定

7.1.2 盾构始发施工阶段是指从破除洞门、盾构初始推进到盾构掘进、管片拼装、壁后注浆、渣土运输等全工序展开前的施工阶段；盾构接收施工阶段是指盾构刀盘距离到达洞门或贯通面一倍盾构主机长度内的掘进施工及盾构主机完全进入接收基座的施工阶段。

7.1.3 在盾构起始段50～100m进行试掘进，是为了掌握、摸索、了解、验证盾构适应性能及施工规律。在此段施工中应根据控制地表变形及环保的要求，沿隧道轴线和与轴线垂直的横断面布设地表变形量测点，施工时跟踪量测地表的沉降、隆起变形；并分析调整盾构掘进推力、掘进速度、盾构正面土压力及壁后注浆量和压力等施工参数，从而为盾构后续掘进阶段取得优化的施工参数和施工操作经验。

7.1.10 应通过盾构主控室监视与监测设定的土压力值、盾构的推进速率与油压、纵坡、刀盘油压与转速、螺旋机的油压与转速、进土速率，以及盾构左右腰对称千斤顶伸出长度等是否在优化的施工参数范围内，发现异常情况应及时调整。

7.1.11 盾构的内径与管片外径有一定施工间隙，盾构纠偏只能在此范围内调整，过量纠偏会引起盾壳卡住管片而导致管片挤压损坏或增加新一环管片拼装的困难。

根据施工经验，盾构纵坡和平面纠偏量最大值可分别按以下公式求得。

1 盾构纵坡最大纠偏量可按下式计算：

$$i = (i_盾 - i_衬) \leqslant [i] \tag{4}$$

式中 i——盾构与管片相对坡度；

$i_盾$——盾构推进后实际纵坡；

$i_衬$——已成隧道管片纵坡；

$[i]$——允许坡度差值。

2 盾构平面最大纠偏量可按下式计算：

$$\Delta L < S \times \tan\alpha \tag{5}$$

式中 α——盾构与衬砌允许的水平夹角；

S——两腰对称的千斤顶的中心距（mm）；

ΔL——两腰对称千斤顶伸出长度的允许差值（mm）。

要控制一次最大纠偏值在允许范围之内。纠偏系统使用铰接压缸，行程为250mm，最大纠偏值为150mm，铰接角度为右或左边1.5°，上下为0.5°。

盾构旋转角纠偏一般不大于 VMT 显示的转动值（rotate）10（旋转弧长与盾构外壳半径之比）。

盾构纠偏要做到及时、连续、限量，过量纠偏会使盾构与隧道的轴线产生较大的夹角，影响盾尾密封效果；同时过量纠偏也会增加盾构对地层的扰动。

7.1.12 当盾构因故停止掘进时，应根据暂停时间长短、开挖面地层、隧道埋深、地表变形等条件，对开挖面进行封闭，对盾尾与管片间的空隙进行嵌缝密封处理。可在盾构支撑环面与已拼装的管片环面间加设支撑，防止盾构后退。

对于泥水平衡盾构还应关闭泥浆管阀门，保持压力以稳定开挖面。

7.2 盾构的组装、调试

7.2.5 盾构是集机、电、液、控为一体的复杂大型设备，包含了多个不同功能系统，若在掘进中发生问题，处理十分困难且易导致地层坍塌。因此，在现场组装后，必须首先对各个系统进行空载调试，使其满足设计功能要求。然后必须进行整机联动调试，使盾构整机处于正常状态，以确保盾构始发掘进的顺利进行。

7.3 盾构现场验收

7.3.1 第 1 款 盾构壳体符合下列规定：
1) 外径符合设计要求；
2) 长度符合设计要求；
3) 盾壳表面平整；
4) 在盾构推进千斤顶活动范围内，盾尾内表面平整，无突出焊缝，盾尾椭圆度在允许的范围内。

第 2 款 切削刀盘应符合下列规定：
1) 连接用的高强度螺栓应按盾构制造厂家的设计要求配置，使用扭力扳手检查达到设计扭矩值，采用焊接形式时应符合设计要求；
2) 切削刀盘空载运行各档正向、反向各15min，各减速机及传运部分无异常响声；
3) 集中润滑系统应进行流量和压力的测试，各润滑部件的受油情况必须达到设计要求；
4) 刀具装配应牢固，不得出现松动，刀具硬质合金焊接可靠坚固，且不得有裂纹。

第 3 款 拼装机应符合下列规定：
1) 空载测试时，各部件的行程、回转角度、提升距离、平移距离、调节距离应符合设计要求，各系统的工作压力必须满足设计要求；
2) 负载测试时，拼装机作回转、平移、提升、调节等动作运行平稳，回转运动停止可靠，各滚轮、挡轮安装定位准确、安全可靠，各系统的工作压力正常。

第 4 款 螺旋输送机应符合下列规定：
1) 应在掘进过程中进行验收，驱动部分负载运转平稳，不应有卡死、异常响声，液压工作压力应小于设计值；
2) 手动调节比例阀时，螺旋输送机的转速应有相应的变化；
3) 螺旋输送机伸缩油缸、前后仓门的相关传感器灵敏度应符合设计要求。

第 5 款 皮带运输机应满足下列要求：
1) 空载测试时，不得有皮带跑偏现象；
2) 负载测试时，运转平稳，无振动和异常响声；全部托辊和滚筒均运转灵活。

第 6 款 泥水输送系统各泵的压力、流量应符合设计要求，电气系统操作灵敏、可靠、安全。

第 7 款 同步注浆系统应符合下列规定：
1) 搅拌机安装完毕；
2) 系统管路布置合理。

第 8 款 集中润滑系统应符合下列规定：
1) 系统管路布置合理；
2) 各润滑部位无油脂溢出；
3) 各循环开关动作次数达到设计值。

第 9 款 液压系统应符合下列规定：
1) 系统管路配管布置合理；
2) 系统的泵组工作声音正常，无异常振动；
3) 各系统的调定压力符合设计要求；
4) 各系统空载压力正常；
5) 所有系统工作的泄油压力正常；
6) 各传感器、压力开关、压力表等工作正常；
7) 对系统经耐压试验，无泄漏；
8) 系统处于工作状态时，油箱温度正常。

第 10 款 铰接装置应符合下列规定：
1) 铰接液压缸配管线路、阀组等布置合理，状态良好；
2) 铰接液压缸的伸缩动作状况、动作控制和油缸行程良好；
3) 铰接液压缸工作压力符合设计要求；
4) 密封装置集中润滑工作正常，密封圈充满油脂。

第 11 款 电气系统应符合下列规定：
1 通电前验收项目：
1) 电器型号、规格符合设计要求；
2) 高、低压箱柜等符合要求；
3) 电器安装牢固、平正；
4) 电器接地符合设计要求；
5) 电器和电缆绝缘电阻符合安全标准。

2 通电后验收项目：

1) 操作动作宜灵活、可靠；

2) 电磁器件无异常噪声；

3) 线圈及接线端子温度不超过规定值。

第12款 渣土改良系统应符合下列规定：

1) 泡沫泵性能符合设计要求，运转状况正常；

2) 积压式输送泵能力符合设计要求，管路布置连接正确。

第13款 盾尾密封系统应符合下列规定：

1) 密封刷的安装质量符合要求；

2) 密封油脂注入泵性能符合设计要求，运转状况正常。

7.3.3 盾构验收应在经过施工一定长度隧道后进行，应根据盾构实际运转状况、掘进状况对照约定的验收考核内容及指标，由盾构设计、制造和使用方共同进行评估，达到设计制造和约定的技术要求后签认验收文件，履行验收手续，完成盾构验收。

7.4 盾构始发

7.4.1 土体加固质量检查主要内容包括土体加固范围、加固体的止水效果和强度，土体强度提高值和止水效果应达到设计要求，防止地层发生坍塌或涌水。

7.4.2、7.4.3 对盾构姿态作检查，采取措施使其稳定和负环管片定位正确的规定，都是为了确保盾构始发进入地层沿设计的轴线水平掘进。当盾构进入软土时，应考虑到盾构可能下沉，水平标高可按预计下沉量抬高。

7.4.4 由于受工作井井下场地尺寸的限制，始发施工时盾构后配套通常还在地面，需要接长管线来使盾构掘进，尚不能形成正常的施工掘进、管片拼装、壁后注浆、出土运输等。因此，应随盾构掘进适时延长并保护好管线，适时跟踪后配套台车，并尽快形成正常掘进全工序施工作业流程。

7.4.5 盾构始发进入起始段施工，一般为50～100m，起始段是掌握、摸索、了解、验证盾构适应性能及施工规律的过程。在此段施工中应根据控制地表变形和环保要求，沿隧道轴线和与轴线垂直的横断面，布设地表变形量测点，施工时跟踪量测地表的沉降、隆起变形，并分析调整盾构掘进推力、掘进速度、盾构正面土压力及壁后注浆量和压力等掘进参数，从而为盾构后续掘进阶段取得优化的施工参数和施工操作经验。

7.5 土压平衡盾构掘进

7.5.1 可从盾构掘进两环以上的状态测量资料分析出盾构掘进趋势，并通过地表变形量测数据判定预设的土仓压力的准确程度，从而调整施工参数，制定出当班的盾构掘进指令。盾构掘进指令一般包括以下内容：每环掘进时的盾构姿态纠偏值、注浆压力与每环的注浆量、管片类型、最大掘进速度和推进油缸行程差、最大扭矩、螺旋输送机的最大转速等。

7.5.3 适当保持土仓压力的目的是控制地表变形和确保开挖面的稳定。如果土仓压力不足，可能发生开挖面漏水或坍塌；如果压力过大，会引起刀盘扭矩或推力的增大而导致掘进速度下降或喷涌。土仓压力是利用开挖下来的渣土充满土仓来建立的，通过使开挖的渣土量与排出的渣土量相平衡的方法来保持。因此，应根据盾构推进中所产生的地表变形，刀盘扭矩、推力和推进速度等的变化及时调整土仓压力。应根据土仓压力的变化及时观测并适当控制螺旋输送机的转速。

7.5.5 根据盾构穿过的地层条件，可有选择地向土仓内适当注入泥浆或水、泡沫剂、聚合物等，以改良仓内土质，使其保持一定程度的塑性流动状态。建立土仓内平衡土压力，保持开挖面的稳定，同时易于排土。

7.6 泥水平衡盾构掘进

7.6.2 泥浆管理主要包括泥浆制作、泥浆性能检测，送排泥浆压力、排渣量的计算与控制，泥浆分离等。

泥浆性能包括物理稳定性、化学稳定性、相对密度、黏度、含砂率、pH值等。为了控制泥浆特性，特别是在选定配合比和新浆调制期间，应对上列泥浆性能进行测试。在盾构掘进中，泥浆检测的主要项目是相对密度、黏度和含砂率。

根据地层条件的变化以及泥水分离效果，需要对循环泥浆质量进行调整，使其保持在最佳状态。调整方法主要采用向泥水中添加分散剂、增黏剂、黏土颗粒等添加剂进行调整，必要时须舍弃劣质泥浆，制作新浆。

7.6.3 泥水平衡盾构掘进施工的特征是循环泥浆，用泥浆维持开挖面的稳定，又使开挖渣土成为泥浆用管道输送出地面。要根据开挖面地层条件，地下水状态、隧道埋深条件等对排泥量、泥浆质量、送排泥流量、排泥流速进行设定和管理。

1 泥浆压力的设定与管理：应根据开挖面地层条件与土水压力合理地设定泥浆压力。如果泥浆压力不足，可能发生开挖面的坍塌；泥浆压力过大，又可能出现泥浆喷涌。保持泥浆压力在设定的范围内，一般压力波动允许范围为±0.02MPa；

2 排土量的设定与管理：为了保持开挖面稳定和顺利地进行掘进开挖，排土量的设定原则是使排土与开挖的土量相平衡。排土量可用盾构上配备的流量计和比重计进行检测，通过采集数据进行计算，泥水平衡主要是流量平衡和质量平衡。排土量可按以下公式估算：

理论掘削量＝π/4×D^2×推进行程 　　(6)

实际掘削量＝排泥流量－送泥流量 (7)

干渣量＝排泥流量×排泥泥浆相对密度－送泥流量
×送泥泥浆相对密度
(8)

通过计算求出偏差，以检查开挖面状态，也可据此推断开挖面的地层变化。

7.7 复合盾构掘进

7.7.1 复合盾构是一种不同于一般盾构的新型盾构，其主要特点是具有一机三模式和复合刀盘，即：一台盾构可以分别采用土压平衡、敞开式或半敞开式（局部气压）三种掘进模式掘进；刀盘既可以单独安装掘进硬岩的滚刀或掘进软土的齿刀，也可以两种掘进刀具混装，因此，复合盾构既适用于较高强度（抗压强度不超过 80MPa）的岩石地层和软流塑地层施工，也适用于软硬不均匀地层的施工，并能根据地层条件及周边环境条件需要采用适当的掘进模式掘进，确保开挖面地层稳定，控制地表沉降，保护建（构）筑物。在盾构穿过地层为软硬不均匀且复杂变化的复合地层时，应根据地层软硬情况、地下水状况、地表沉降控制要求等选择合适的掘进模式。当地层软弱、地下水丰富，且地表沉降要求高时，应采用土压平衡模式掘进；当地层较硬且稳定可采用敞开模式掘进；当地层软硬不均匀时，则可采用半敞开模式或土压平衡模式掘进。

7.7.2 当复合盾构采用土压平衡模式掘进时，其掘进技术要求、操作方法及掘进管理等与土压平衡盾构相同。

7.7.3 复合盾构的土压平衡、敞开式和半敞开式三种掘进模式在掘进中可以相互转换，在掘进模式转换过程中，特别是土压平衡和敞开模式相互转换时，采用半敞开模式来逐步过渡并在地层条件较好、稳定性较高的地层中完成掘进模式转换，有利于防止在掘进模式转换中发生涌水、地层过大沉降或坍塌，确保施工安全。

7.7.4 不同的刀具其破岩（土）机理不同，相同的刀具对不同地层掘进效果差异大，因此，在掘进前，应针对盾构掘进通过的地层在隧道纵向和横断面的分布情况来确定具体的掘进刀具的组合布置方式和更换刀具的计划。如：对于全断面为岩石地层应采用盘形滚刀破岩；全断面为软土（岩）应采用齿刀掘进；断面内为岩、土且软硬混合地层则应采用滚刀和齿刀混合布置。

地层的软硬不均匀会对刀具产生非正常的磨损（如弦磨、偏磨等）甚至损坏，因此，在软硬不均复杂地层的盾构掘进中，应通过对盾构掘进速率、参数和排出渣土等的变化状况的观察分析或采取进仓观测等方法加强对刀具磨损的检测，据此及时调整或恰当实施换刀计划，以较少的刀具消耗实现较高的掘进

效率。

7.7.5 因岩石地层以及岩、土混合地层含泥量小，开挖下来的渣土流塑性差，形成对开挖面支撑和止水作用的平衡压力效果差，并且地层和渣土对刀盘、刀具和螺旋出土机构的磨损大，因此盾构掘进中应采取渣土改良措施，向刀盘前、土仓内和螺旋输送机内注入添加剂，如：泡沫剂、膨润土浆、聚合物等，以改善渣土的流塑性，稳定工作面和防止喷涌，并降低对刀盘、刀具和螺旋出土机构的磨损。

7.8 盾构姿态控制

7.8.1～7.8.5 盾构掘进施工中，应经常测量和复核隧道轴线、管片状态及盾构姿态，发现偏差应及时纠正。应采用调整盾构姿态的方法来纠偏，纠正横向偏差和竖向偏差时，采取分区控制盾构推进千斤顶的方法进行纠偏；纠正滚动偏差时采用改变刀盘旋转方向、施加反向旋转力矩的方法进行纠偏；曲线段纠偏时可采取使用盾构超挖刀适当超挖增大建筑间隙的办法来纠偏。当偏差过大时，应在较长距离内分次限量逐步纠偏。纠偏时应防止损坏已拼装的管片和防止盾尾漏浆。

7.9 刀 具 更 换

7.9.1～7.9.3 地层条件发生变化成长距离掘进，尤其通过砂卵石地层时，为保证盾构施工安全，需要更换刀具。更换刀具作业顺序一般为先除去土仓中的泥水、渣土，清除刀头上粘附的砂土，设置脚手架，确认需更换的刀头，运入工具、刀具、器材，进行拆卸、更换刀具。

由于更换刀具作业复杂而且时间比较长，容易造成盾构整体下沉、地层变形、地表沉降、损坏地表和地下建（构）筑物等。因此，应采取地层加固措施，保持开挖面稳定。

7.9.6 更换记录应包括刀具编号、原刀具类型、刀具磨损量、刀具运行时间、更换原因、更换刀具类型、位置、数量、更换时间和更换作业人员等。

7.10 盾 构 接 收

7.10.2 为了达到隧道贯通误差的要求和使盾构准确进入工作井已设置的洞门位置，因此规定在盾构到达前100m，对盾构轴线进行复测与调整。

7.10.3 为防止由于盾构推力过大以及盾构切口正面土体挤压而损坏工作井洞门结构，当切口离洞门 10m 起应保证出土量，切口离洞门结构 30～50cm 时盾构应停止掘进，并使切口正面土压力降到最低值，以确保洞门破除施工安全。

7.11 盾构调头和过站

7.11.1 盾构调头和过站可选择方案较多，可根据竖

井尺寸、盾构直径、重量及移动距离等决定。由于盾构重量大、体积大，起吊、移动调头工作时间长，因此必须预先编制安全、可靠的调头和过站技术方案。当盾构在工作井内调头时，可采用临时转向台调头；小直径且重量轻的盾构，可用起重机直接起吊调头。当盾构在井下通过车站移动至另一个区间掘进施工时，其移动距离较大，可采用移车台，或在预设轨道上使用顶推、牵引等方法调头。

8 特殊地段施工

8.1 一般规定

8.1.2 盾构在特殊地段施工与在一般地段施工不同，其掘进施工难度大、控制沉降要求严、安全风险高，如对穿过建（构）筑物施工时必须严格控制地表沉降保证建（构）筑物的安全；遇到地下障碍物盾构可能无法掘进；穿过江河时，若措施不当可能引起突水或灾难性后果。因此，盾构在特殊地段的施工技术及管理应遵守的规定比一般地段的施工要求更严格，必须制定并落实更详细的针对性计划和措施。

8.2 特殊地段的施工措施

8.2.1 由于覆土荷载减小，使开挖面压力允许范围缩小，在盾构掘进中，应严格控制开挖面压力，应特别注意使用的泥浆或添加剂的性能，尽量减小对地表的影响。

在浅覆土层地段，由于盾尾空隙会立即影响到地面或地下建（构）筑物，因此应对壁后注浆进行严格管理以控制地层变形，最好使用早期强度高、凝结时间短的壁后注浆材料。

穿过江河湖海浅覆土层施工，应采取保持开挖面稳定、防止泥浆或添加剂泄漏、喷出等措施。同时，还应采取防止隧道上浮和变形的相应措施。

8.2.2 第2款 使用超挖刀进行开挖时，超挖越大，小半径盾构掘进越容易，但是会引起隧道变形过大，应采用相关措施控制超挖量。

8.2.3 第2款 由于盾构前部较重，自重向前方倾斜，因此盾构在上坡掘进时，需要加大下半部范围盾构千斤顶的推进能力。

8.2.5 第2款 如果调整盾构掘进参数和注浆参数不能满足对地面建（构）筑物的保护要求，可对建（构）筑物的基础或结构进行加固或托换。

8.2.6 第1款 小净距隧道施工的相互影响，一般应考虑下列四种影响：

1）后续盾构的推进对先行隧道的挤压和松动效应；

2）后续盾构的盾尾通过对先行隧道的松动效应；

3）后续盾构的壁后注浆对先行隧道的挤压效应；

4）先行盾构引起的地层松弛而造成或引起后续盾构的偏移等。

伴随以上效应会发生管片变形、接头螺栓变形、断裂、漏水、地表下沉等现象。因此要采取相应措施，如加强变形监测等。

8.2.7 第1款 江河地段地层情况复杂，必须进行详细地质和水文地质调查，还应考虑地质钻孔的位置与对施工的影响；

第5款 通常河床下水量大、水压高且地质条件复杂，在水底地段更换刀具时，为防止涌水、坍塌，通常需要带压进仓更换刀具，其作业难度大、危险性高。因此在盾构长距离穿越江河掘进施工时，盾构应采用高可靠性的耐磨刀具和盾尾密封，尽量减少换刀和更换盾尾密封的次数和数量；施工中应根据地质条件、隧道长度、采用的掘进刀具、掘进参数，以及盾构掘进状况等预测刀具的磨损和盾尾密封的磨损情况，预先制定水底地段更换刀具和盾尾密封的计划和专项方案及防止涌水、坍塌的预案，做好包括换刀设备、设施、料具及应急抢险等在内的各项准备，并严格实施。

9 管片拼装

9.2 拼装前的准备

9.2.1 管片在地面上按拼装顺序排列堆放，并粘贴好管片接缝防水密封条，应备齐管片接缝的连接件和配件、防水垫圈等，并随第一块管片运送至拼装工作面。

9.3 拼装作业

9.3.1 拼装过程中按各块管片位置，应缩回相应位置的千斤顶，形成管片拼装空间使管片到位，然后伸出千斤顶完成底块管片的拼装作业。盾构司机在反复伸缩千斤顶时，必须保持盾构不后退、不变坡、不变向。

9.3.6 隧道曲线段使用楔形环管片拼装，拼装方法与直线段相同，但在小半径曲线段拼装时，应注意防止盾构千斤顶偏压引起管片开裂。因此要求准确定位第一环楔形管片并经检测，确认其位置准确后方可开始下一拼装管片循环。

10 壁后注浆

10.1 一般规定

10.1.1 同步注浆是在盾构掘进的同时通过安装在盾

构壳体外侧的注浆管和管片的注浆孔进行壁后注浆的方法；即时注浆是在掘进后迅速进行壁后注浆的方法；二次补强注浆是对壁后注浆的补充，其目的是填充注浆后的未填充部分，补充注浆材料收缩体积减小部分，处理渗漏水和处理由于隧道变形引起的管片、注浆材料、地层之间产生剥离状态进行填充注浆使其形成整体，提高止水效果等。注浆方法、工艺和单、双液材料等应根据地层性质、地面荷载、允许变形速率和变形值等进行合理选定。惰性浆液一般不宜用于对环境地表沉降和隧道变形有严格要求的工程。

10.2 注浆参数的选择

10.2.1 注浆压力应根据计算确定。注浆出口压力应稍大于注浆出口处的静止土压力，注浆压力一般大于出口压力 0.1～0.2MPa。通过计算的注浆压力不应过大导致浆液溢出地面或造成地表隆起，也不应过小而降低注浆作用。

10.2.2 同步或即时注浆的注浆量宜按下式计算：

$$Q = \lambda \times \pi (D^2 - d^2)L/4 \qquad (9)$$

式中　Q——注浆量（m^3）；

　　　λ——充填系数，根据地质情况，施工情况和环境要求确定；

　　　D——盾构切削外径（m）；

　　　d——预制管片外径（m）；

　　　L——每次充填长度（m）。

　　在施工中注浆量根据注浆效果应作调整，注浆量与盾构掘进时扰动土层范围有关，扰动范围是变量，一般情况下充填系数取 1.30～1.80；在裂隙比较发育或地下水量大的岩层地段，充填系数一般取 1.50～2.50。

10.3 注浆前的准备

10.3.2 注浆原材料的选用应按地质条件及环保要求并经试验合理选定，一般要求如下：

　　1 注浆作业全过程浆液不易产生离析；

　　2 具有较好的流动性，易于注浆施工；

　　3 压注后浆液固化收缩率小；

　　4 有较好的不透水性能；

　　5 压注后强度能很快超过土层；

　　6 使用前必须进行材料试验，符合要求后方可正式用于工程。

10.3.3 注浆设备按采用的注浆工艺合理选择，应包括：注浆泵、软管、管接头、阀门控制系统等。选用的设备应保证浆液流动畅通，接点连接牢固，防止漏浆。

　　拌浆设备宜采用强制式搅拌机，其容量要与施工用浆量相适应。拌浆站必须配有浆液质量测定的稠度仪，随时测定浆液流动性能。

10.4 注浆作业

10.4.4 注浆时应观测并控制注浆压力、注浆量，防止泄漏，并作好记录。当同步注浆作业发生故障时，应立即停止盾构掘进，及时排除故障。

10.4.5 注浆结束后应在一定压力下关闭浆液分配系统，同时打开回路管，停止注浆。注浆管路内压力降至零后拆下管路进行清洗。

11 隧 道 防 水

11.1 一 般 规 定

11.1.1 隧道主要渗、漏水通道是管片和管片环接缝。管片接缝防水一般采用防水密封条（止水带），通过螺栓和拼装管片成环后盾构千斤顶反力（压力、顶力）挤压密贴达到防水目的。管片拼装成环后，应检查接缝是否密贴和有无渗水，并采取再次紧固螺栓方法处理。对于严重渗漏处可采用二次补强注浆的方法处理。

　　对壁后注浆孔一般采用有密封垫圈的注浆孔塞防水。

　　对隧道沉降缝等特殊部位的防水应按设计要求进行。

11.2 接 缝 防 水

11.2.1 管片接缝防水密封条为工厂定型产品，应按设计标准选购与验收。必要时，应在现场做防水效果试验。

12 施工安全、卫生与环境保护

12.0.8～12.0.11 条文相关数据是根据国家现行标准《铁路隧道施工规范》TB 10264—2002 的规定和实际施工经验确定。

13 盾构的保养与维修

13.0.2 日常保养与维修在每班作业前后及运转时，由专业人员负责进行。

　　日常保养的工作内容是"检查、调整、紧固、润滑、清洁"，并对检查中发现的问题及时处置。专业人员对盾构运转状况进行外观目测和仪表数据观测，采用视、听、触、嗅等手段，检查盾构及后配套设备的运转情况，观测主控室的运转参数，检查机件的异响、异味、发热、裂纹、锈蚀、损伤、松动、油液色泽、油管滴漏等，初步判断盾构的工作状态。

　　日常保养与维修具体内容为：

　　1 各部位的螺栓、螺母松动检查并拧紧；

2 异常声音、发热检查；

3 液压油、润滑油、润滑脂、水、空气的异常泄漏检查；

4 各润滑部位供油、供脂情况检查并补充；

5 油位检查及补充；电源电压及掘进参数检查确认；

6 电气开关、按钮、指示灯、仪表、传感器检查并处置；

7 液压、电气、泥浆、水、空气等管线检查确认并处置；

8 安全阀设定压力检查并确认；

9 滤清器污染状况检查确认并处置。

盾构在使用过程中，必须进行定期保养。定期保养是指按规定的运转周期或掘进长度对盾构及后配套设备进行检查和维护。

定期保养与维修分为周、月、季、半年和年保养与维修。

1 周保养与维修的主要内容：

1）检查油位、液压油滤清器有无泄漏；

2）检查旋转接头，用润滑脂枪给轴承注油；

3）检查刀盘驱动主轴承，检测油污染程度、含水量；

4）检查刀盘驱动行星齿轮的油位，监听运行声音；

5）检查推进油缸，润滑关节轴承；

6）检查螺旋输送机变速器的油位，润滑螺旋输送机轴承、后闸门、伸缩导向（土压平衡盾构）；

7）清理电动机、液压油泵的污物；

8）检查铰接油缸，对润滑点注脂；

9）润滑管片拼装机、管片吊机、管片输送机的润滑点，润滑所有轴承和滑动面；

10）检查送排泥泵的密封及送排泥管道的磨损情况（泥水平衡盾构）；

11）检查空压机温度，检查凝结水和冷却器污染；

12）液压油箱油位开关操作测试；

13）检查皮带运输机各滚子的转动、刮板磨损情况（土压平衡盾构）；

14）检查壁后注浆系统所有接头处的密封情况，润滑所有润滑点，彻底清理管线；

15）检查并清洁主控室 PLC 及控制柜，检查旋钮、按钮、LED 显示的工作情况；

16）检查并清洁风水管卷筒及控制箱、高压电缆卷筒及控制箱、传感器及阀组、接线盒及插座盒、送排泥泵站、照明系统等；

17）检查变压器的油温、油标，清除变压器上的水污，监听变压器运行声音；

18）检查刀具的磨损情况，当刀具磨损达到一定程度或由于地层条件变化时，进行刀具更换。刀具更换必须在确保安全的前提下进行，并作好更换记录。

2 月保养与维修的内容还应包括下列内容：

1）润滑人闸的铰链；

2）检查螺旋输送机的螺旋管的壁厚（土压平衡盾构）；

3）检查皮带运输机变速器油位、皮带张力（土压平衡盾构）；

4）液压油取样检测，按质换油；检查或更换滤芯；

5）检查管片拼装机轴承的紧固螺栓；

6）检查空压机皮带、更换机油过滤器、按质换油；

7）润滑后配套拖车行走轮的调节螺栓和轮轴；

8）检查注浆压力表及传感器；

9）检查蓄能器氮气压力，必要时添加；

10）检查刀盘驱动装置行星齿轮的冷却水系统。

3 季保养与维修的内容还应包括下列内容：

1）润滑膨润土泵轴承（土压平衡盾构）；

2）更换油脂泵齿轮油；

3）更换后配套空压机空滤器、油滤器，检测溢流阀，紧固电气接头；

4）检查循环水回路的水质；

5）润滑送排泥泵的轴承（泥水平衡盾构）；

6）用超声探测仪检查送排泥弯管、送排泥泵壳体的壁厚（泥水平衡盾构）；

7）测量送排泥泵电动机的绝缘电阻（泥水平衡盾构）。

4 半年保养与维修的内容还应包括下列内容：

1）更换所有液压油滤清器；

2）检查刀盘驱动的齿轮油，必要时更换；

3）检查电缆卷筒、水管卷筒传动装置油位，检查链条张紧并润滑；

4）用压缩空气清洁后配套空压机溢流阀。

5 年保养与维修的内容还应包括下列内容：

1）注浆泵进行安全检查，检查主轴密封；

2）更换空压机空滤器，检查分离器，按质换油；

3）润滑电缆卷筒、水管卷筒的轴承，按质更换变速箱齿轮油；

4）检查紧固变压器接头，用干燥压缩空气清除灰尘；

5）更换皮带输送机齿轮油（土压平衡盾

构);

6）后配套拖车操作运行安全检查。

13.0.4 盾构是盾构法施工的关键设备，必须执行保养维修制度，并作好记录。

13.0.5 盾构长期停止掘进时，仍必须进行保养，其主要内容如下：

1 每个系统的设备空载运行（每隔 10～15d）；

2 暴露于空气中的接合面上涂抹油脂；

3 润滑维护。

14 隧道施工运输

14.1 一般规定

14.1.1 隧道施工运输主要包括：渣土、管片以及各种机具机械设备、材料器材的运输装卸。选用的运输设备应满足隧道施工计划进度、隧道断面尺寸、施工机具与材料的尺寸、重量等要求。垂直提升与水平运输的转换作业必须保证通信信号联络通畅。

14.2 水 平 运 输

14.2.1 隧道内水平运输一般采用轨道运输，使用电机车或内燃机车牵引，运输能力应满足盾构施工计划进度的要求，可根据隧道净空选用单轨、双轨运输，并按施工需要配备足够数量的编组列车。

通常应配备专用管片运输车、出渣斗车等。当使用平板车装运管片、轨料、钢管等大尺寸材料时，必须固定牢靠，不得超载、超限。

14.3 垂 直 提 升

14.3.3 操作人员应按指令作业，保持物件吊运平稳。

14.4 管 道 运 输

14.4.1 管道运输具有占用空间小、运输能力强等特点，通常适用于泥水平衡盾构的掘进施工。

通常情况下，泥浆泵能通过最大尺寸为管道直径的固体颗粒，泵送泥水混合物的最大密度为 1.5t/m³。泥浆管道内的流速应保证管道不堵塞。

送、排泥的管道应按需要设置泵和阀门。依据管道上设置的压力计、流量计、密度计等的实测值计算排泥量。

稳定地控制、调节开挖面的泥浆压，保证输送过程中在管道内无渣土沉淀。

排泥管直径根据盾构外径、开挖面的地层条件、盾构制造厂提供的参考数据确定。

14.4.2 盾构后部的可调速式泥浆泵，在盾构掘进时，经过可伸缩管或柔性软管把混合物输送到后部的管道中，在长距离输送时，应按需要设置泥浆泵和阀门。

14.4.3 管道接头处和拐弯处磨损较快，应定期进行检查和更换，避免发生爆裂。

15 监 控 量 测

15.1 一 般 规 定

15.1.2 监控量测方案除包括在一般情况下的方案外，还应包括可能因变形引发安全事故时应采取的方案，以便满足对突发异常变形或抢险等对监控量测的需要。

15.1.4 同步采集地上、地下观测数据，便于全面了解、分析变形动态。

15.2 隧道环境监控量测

15.2.2 地表沉降监测断面和监测点布置间隔应根据各地区地质条件和工程环境等，并通过实践在本条规定的区间值中选择。特殊地段应根据其特殊条件确定。

15.2.6 监测初期应按照监测方案规定的量测频率进行，监测中可根据实测变形量和变形速率等情况调整量测频率。

15.4 资料整理和信息反馈

15.4.3 回归分析常用函数如下：

$$U = A \times \lg(1+t) \tag{10}$$

$$U = A \times e^{-B/t} \tag{11}$$

$$U = t/(A+Bt) \tag{12}$$

$$U = A(1-e^{-Bt}) \tag{13}$$

$$U = A + B/[\lg(1+t)] \tag{14}$$

$$U = A\{1-[1/(1+Bt)]^2\} \tag{15}$$

式中 U——位移值（mm）；

A、B——回归系数；

t——测点埋设后的时间。

17 成型隧道验收

17.0.1 发现有本条所指质量问题必须采取可行的技术措施修补或加强处理，修补或加强处理方案需经业主和设计单位认可。

17.0.2 发现隧道防水效果达不到设计要求必须采取注浆、堵漏等可行的技术措施予以处理，处理方案需经业主和设计单位认可。

中华人民共和国国家标准

实验动物设施建筑技术规范

Architectural and technical code for laboratory animal facility

GB 50447—2008

主编部门：中华人民共和国住房和城乡建设部
批准部门：中华人民共和国住房和城乡建设部
施行日期：２００８年１２月１日

中华人民共和国住房和城乡建设部
公　告

第 96 号

关于发布国家标准
《实验动物设施建筑技术规范》的公告

现批准《实验动物设施建筑技术规范》为国家标准，编号为 GB 50447—2008，自 2008 年 12 月 1 日起实施。其中，第 4.2.11、4.3.18、6.1.3、7.3.3、7.3.7、7.3.8、8.0.6、8.0.10 条为强制性条文，必须严格执行。

本规范由我部标准定额研究所组织中国建筑工业出版社出版发行。

中华人民共和国住房和城乡建设部

2008 年 8 月 13 日

前　言

本规范是根据建设部《关于印发〈2005 年工程建设标准规范制订、修订计划（第一批）〉的通知》（建标函［2005］84 号）的要求，由中国建筑科学研究院会同有关科研、设计、施工、检测和管理单位共同编制而成。

在编制过程中，规范编制组进行了广泛、深入的调查研究，认真总结多年来实验动物设施建设的实践经验，积极采纳科研成果，参照有关国际和国内的技术标准，并在广泛征求意见的基础上，通过反复讨论、修改和完善，最后经审查定稿。

本规范包括 10 章和 2 个附录。主要内容是：规定了实验动物设施分类和技术指标；实验动物设施建筑和结构的技术要求；对作为规范核心内容的空调、通风和空气净化部分，则详尽地规定了气流组织、系统构成及系统部件和材料的选择方案、构造和设计要求；还规定了实验动物设施的给水排水、电气、自控和消防设施配置的原则；最后对施工、检测和验收的原则、方法做了必要的规定。

本规范中以黑体字标志的条文为强制性条文，必须严格执行。

本规范由住房和城乡建设部负责管理和对强制性条文的解释，中国建筑科学研究院负责具体技术内容的解释。

为了提高规范质量，请各单位和个人在执行本规范的过程中，认真总结经验，积累资料，如发现需要修改或补充之处，请将意见和建议反馈给中国建筑科学研究院（地址：北京市北三环东路 30 号；邮政编码：100013；电话：84278378；传真 84283555、84273077；电子邮件：qqwang @ 263. net，iac99 @ sina. com），以供今后修订时参考。

本规范主编单位、参编单位和主要起草人：

主 编 单 位：中国建筑科学研究院

参 编 单 位：中国医学科学院实验动物研究所
　　　　　　　北京市实验动物管理办公室
　　　　　　　浙江省实验动物质量监督检测站
　　　　　　　中国动物疫病预防控制中心
　　　　　　　中国建筑技术集团有限公司
　　　　　　　暨南大学医学院实验动物中心
　　　　　　　军事医学科学院实验动物中心
　　　　　　　北京森宁工程技术发展有限责任公司

主要起草人：王清勤　赵　力　秦、川　李根平
　　　　　　　张益昭　许钟麟　萨晓婴　李引擎
　　　　　　　曾　宇　王　荣　田克恭　田小虎
　　　　　　　傅江南　孙岩松　裴立人

目　次

1 总 则

1.0.1 为使实验动物设施在设计、施工、检测和验收方面满足环境保护和实验动物饲养环境的要求，做到技术先进、经济合理、使用安全、维护方便，制定本规范。

1.0.2 本规范适用于新建、改建、扩建的实验动物设施的设计、施工、工程检测和工程验收。

1.0.3 实验动物设施的建设应以实用、经济为原则。实验动物设施所用的设备和材料必须有符合要求的合格证、检验报告，并在有效期之内。属于新开发的产品、工艺，应有鉴定证书或试验证明材料。

1.0.4 实验动物生物安全实验室应同时满足现行国家标准《生物安全实验室建筑技术规范》GB 50346的规定。

1.0.5 实验动物设施的建设除应符合本规范的规定外，尚应符合国家现行有关标准的规定。

2 术 语

2.0.1 实验动物 laboratory animal

指经人工培育，对其携带微生物和寄生虫实行控制，遗传背景明确或者来源清楚，用于科学研究、教学、生产、检定以及其他科学实验的动物。

2.0.2 普通环境 conventional environment

符合动物居住的基本要求，控制人员和物品、动物出入，不能完全控制传染因子，但能控制野生动物的进入，适用于饲育基础级实验动物。

2.0.3 屏障环境 barrier environment

符合动物居住的要求，严格控制人员、物品和空气的进出，适用于饲育清洁实验动物及无特定病原体（specific pathogen free，简称SPF）实验动物。

2.0.4 隔离环境 isolation environment

采用无菌隔离装置以保持装置内无菌状态或无外来污染物。隔离装置内的空气、饲料、水、垫料和设备应无菌，动物和物料的动态传递须经特殊的传递系统，该系统既能保证与环境的绝对隔离，又能满足转运动物、物品时保持与内环境一致。适用于饲育无特定病原体、悉生（gnotobiotic）及无菌（germ free）实验动物。

2.0.5 实验动物实验设施 experiment facility for laboratory animal

指以研究、试验、教学、生物制品、药品及相关产品生产、质控等为目的而进行实验动物实验的建筑物和设备的总和。

包括动物实验区、辅助实验区、辅助区。

2.0.6 实验动物生产设施 breeding facility for laboratory animal

指用于实验动物生产的建筑物和设备的总称。

包括动物生产区、辅助生产区、辅助区。

2.0.7 普通环境设施 conventional environment facility

符合普通环境要求的，用于实验动物生产或动物实验的建筑物和设备的总称。

2.0.8 屏障环境设施 barrier environment facility

符合屏障环境要求的，用于实验动物生产或动物实验的建筑物和设备的总称。

2.0.9 独立通风笼具 individually ventilated cage（缩写：IVC）

一种以饲养盒为单位的实验动物饲养设备，空气经过高效过滤器处理后分别送入各独立饲养盒使饲养环境保持一定压力和洁净度，用以避免环境污染动物或动物污染环境。该设备用于饲养清洁、无特定病原体或感染动物。

2.0.10 隔离器 isolator

一种与外界隔离的实验动物饲养设备，空气经过高效过滤器后送入，物品经过无菌处理后方能进出饲养空间，该设备既能保证动物与外界隔离，又能满足动物所需要的特定环境。该设备用于饲养无特定病原体、悉生、无菌或感染动物。

2.0.11 层流架 laminar flow cabinet

一种饲养动物的架式多层设备，洁净空气以定向流的方式使饲养环境保持一定压力和洁净度，避免环境污染动物或动物污染环境。该设备用于饲养清洁、无特定病原体动物。

2.0.12 洁净度5级 cleanliness class 5

空气中大于等于$0.5\mu m$的尘粒数大于$352pc/m^3$到小于等于$3520pc/m^3$，大于等于$1\mu m$的尘粒数大于$83pc/m^3$到小于等于$832pc/m^3$，大于等于$5\mu m$的尘粒数小于等于$29pc/m^3$。

2.0.13 洁净度7级 cleanliness class 7

空气中大于等于$0.5\mu m$的尘粒数大于$35200pc/m^3$到小于等于$352000pc/m^3$，大于等于$1\mu m$的尘粒数大于$8320pc/m^3$到小于等于$83200pc/m^3$，大于等于$5\mu m$的尘粒数大于$293pc/m^3$到小于等于$2930pc/m^3$。

2.0.14 洁净度8级 cleanliness class 8

空气中大于等于$0.5\mu m$的尘粒数大于$352000pc/m^3$到小于等于$3520000pc/m^3$，大于等于$1\mu m$的尘粒数大于$83200pc/m^3$到小于等于$832000pc/m^3$，大于等于$5\mu m$的尘粒数大于$2930pc/m^3$到小于等于$29300pc/m^3$。

2.0.15 净化区 clean zone

指实验动物设施内空气悬浮粒子（包括生物粒子）浓度受控的限定空间。它的建造和使用应减少空间内诱入、产生和滞留粒子。空间内的其他参数如温度、湿度、压力等须按要求进行控制。

2.0.16 静态 at-rest

实验动物设施已经建成，空调净化系统和设备正常运行，工艺设备已经安装（运行或未运行），无工作人员和实验动物的状态。

2.0.17　综合性能评定　comprehensive performance judgment

对已竣工验收的实验动物设施的工程技术指标进行综合检测和评定。

3　分类和技术指标

3.1　实验动物环境设施的分类

3.1.1　按照空气净化的控制程度，实验动物环境设施可分为普通环境设施、屏障环境设施和隔离环境设施；按照设施的使用功能，可分为实验动物生产设施和实验动物实验设施。实验动物环境设施可按表3.1.1分类。

表 3.1.1　实验动物环境设施的分类

环境设施分类		使用功能	适用动物等级
普通环境		实验动物生产，动物实验，检疫	基础动物
屏障环境	正压	实验动物生产，动物实验，检疫	清洁动物、SPF 动物
	负压	动物实验，检疫	清洁动物、SPF 动物
隔离环境	正压	实验动物生产，动物实验，检疫	无菌动物、SPF 动物、悉生动物
	负压	动物实验，检疫	无菌动物、SPF 动物、悉生动物

3.2　实验动物设施的环境指标

3.2.1　实验动物生产设施动物生产区的环境指标应符合表3.2.1的要求。

表 3.2.1　动物生产区的环境指标

项目	指标						
	小鼠、大鼠、豚鼠、地鼠			犬、猴、猫、兔、小型猪			鸡
	普通环境	屏障环境	隔离环境	普通环境	屏障环境	隔离环境	屏障环境
温度,℃	18~29	20~26	16~28	20~26	16~28		
最大日温差,℃	—	4		4	4		
相对湿度,%	40~70						
最小换气次数,次/h	8	15	—	8	15		15
动物笼具周边处气流速度, m/s	≤0.2						

续表3.2.1

项目	指标						
	小鼠、大鼠、豚鼠、地鼠			犬、猴、猫、兔、小型猪			鸡
	普通环境	屏障环境	隔离环境	普通环境	屏障环境	隔离环境	屏障环境
与相通房间的最小静压差, Pa	—	10	50	—	10	50	10
空气洁净度,级	—	7		—	7		7
沉降菌最大平均浓度, 个/0.5h, φ90mm 平皿		3	无检出		3	无检出	3
氨浓度指标, mg/m³	≤14						
噪声, dB (A)	≤60						
照度, lx	最低工作照度	150					
	动物照度	15~20			100~200		5~10
昼夜明暗交替时间, h	12/12 或 10/14						

注：1　表中氨浓度指标为有实验动物时的指标。

　　2　普通环境的温度、湿度和换气次数指标为参考值，可根据实际需要确定。

　　3　隔离环境与所在房间的最小静压差应满足设备的要求。

　　4　隔离环境的空气洁净度等级根据设备的要求确定参数。

3.2.2　实验动物实验设施动物实验区的环境指标应符合表3.2.2的要求。

表 3.2.2　动物实验区的环境指标

项目	指标						
	小鼠、大鼠、豚鼠、地鼠			犬、猴、猫、兔、小型猪			鸡
	普通环境	屏障环境	隔离环境	普通环境	屏障环境	隔离环境	屏障环境
温度,℃	19~26	20~26	16~26	20~26	16~26		
最大日温差,℃	4	4	4	4	4		
相对湿度,%	40~70						
最小换气次数,次/h	8	15	—	8	15		
动物笼具周边处气流速度, m/s	≤0.2						
与相通房间的最小静压差, Pa		10	50		10	50	50
空气洁净度,级		7			7		7

续表 3.2.2

项 目	指 标						
	小鼠、大鼠、豚鼠、地鼠			犬、猴、猫、兔、小型猪			鸡
	普通环境	屏障环境	隔离环境	普通环境	屏障环境	隔离环境	隔离环境
沉降菌最大平均浓度，个/0.5h，φ90mm 平皿	—	3	无检出	—	3	无检出	无检出
氨浓度指标，mg/m³	≤14						
噪声，dB（A）	≤60						
照度，lx 最低工作照度	150						
照度，lx 动物照度	15~20			100~200			5~10
昼夜明暗交替时间，h	12/12 或 10/14						

注：1 表中氨浓度指标为有实验动物时的指标。
　　2 普通环境的温度、湿度和换气次数指标为参考值，可根据实际需要确定。
　　3 隔离环境与所在房间的最小静压差应满足设备的要求。
　　4 隔离环境的空气洁净度等级根据设备的要求确定参数。

3.2.3 屏障环境设施的辅助生产区（辅助实验区）主要环境指标应符合表 3.2.3 的规定。

表 3.2.3　屏障环境设施的辅助生产区（辅助实验区）主要环境指标

房间名称	洁净度级别	最小换气次数（次/h）	与室外方向上相通房间的最小压差（Pa）	温度（℃）	相对湿度（%）	噪声dB（A）	最低照度（lx）
洁物储存室	7	15	10	18~28	30~70	≤60	150
无害化消毒室	7 或 8	15 或 10	10	18~28	—	≤60	150
洁净走廊	7	15	10	18~28	30~70	≤60	150
污物走廊	7 或 8	15 或 10	10	18~28	—	≤60	150
缓冲间	7 或 8	15 或 10	10	18~28	—	≤60	150
二更	7	15	10	18~28	—	≤60	150
清洗消毒室	—	4	—	18~28	—	≤60	150
淋浴室	—	4	—	18~28	—	≤60	100
一更（脱、穿普通衣、工作服）	—	—	—	18~28	—	≤60	100

注：1 实验动物生产设施的待发室、检疫室和隔离观察室主要技术指标应符合表 3.2.1 的规定。
　　2 实验动物实验设施的待发室、检疫室和隔离观察室主要技术指标应符合表 3.2.2 的规定。
　　3 正压屏障环境的单走廊设施应保证动物生产区、动物实验区压力最高。正压屏障环境的双走廊或多走廊设施应保证洁净走廊的压力高于动物生产区、动物实验区；动物生产区、动物实验区的压力高于污物走廊。

4　建筑和结构

4.1　选址和总平面

4.1.1 实验动物设施的选址应符合下列要求：
　　1 应避开污染源。
　　2 宜选在环境空气质量及自然环境条件较好的区域。
　　3 宜远离有严重空气污染、振动或噪声干扰的铁路、码头、飞机场、交通要道、工厂、贮仓、堆场等区域。若不能远离上述区域则应布置在当地最大频率风向的上风侧或全年最小频率风向的下风侧。
　　4 应远离易燃、易爆物品的生产和储存区，并远离高压线路及其设施。
4.1.2 实验动物设施的总平面设计应符合下列要求：
　　1 基地的出入口不宜少于两处，人员出入口不宜兼做动物尸体及废弃物出口。
　　2 废弃物暂存处宜设置于隐蔽处。
　　3 周围不应种植影响实验动物生活环境的植物。

4.2　建 筑 布 局

4.2.1 实验动物生产设施按功能可分为动物生产区、辅助生产区和辅助区。动物生产区、辅助生产区合称为生产区。
4.2.2 实验动物实验设施按功能可分为动物实验区、辅助实验区和辅助区。动物实验区、辅助实验区合称为实验区。
4.2.3 实验动物设施生产区（实验区）与辅助区宜有明确分区。屏障环境设施的净化区内不应设置卫生间；不宜设置楼梯、电梯。
4.2.4 不同级别的实验动物应分开饲养；不同种类的实验动物宜分开饲养。
4.2.5 发出较大噪声的动物和对噪声敏感的动物宜设置在不同的生产区（实验区）内。
4.2.6 实验动物设施生产区（实验区）的平面布局可根据需要采用单走廊、双走廊或多走廊等方式。
4.2.7 实验动物设施主体建筑物的出入口不宜少于两个，人员出入口、洁物入口、污物出口宜分设。
4.2.8 实验动物设施的人员流线之间、物品流线之间和动物流线之间应避免交叉污染。
4.2.9 屏障环境设施净化区的人员入口应设置二次更衣室，二更可兼做缓冲间。
4.2.10 动物进入生产区（实验区）宜设置单独的通道，犬、猴、猪等实验动物入口宜设置洗浴间。
4.2.11 负压屏障环境设施应设置无害化处理设施或设备，废弃物品、笼具、动物尸体应经无害化处理后才能运出实验区。
4.2.12 实验动物设施宜设置检疫室或隔离观察室，

或两者均设置。

4.2.13 辅助区应设置用于储藏动物饲料、动物垫料等物品的用房。

4.3 建 筑 构 造

4.3.1 货物出入口宜设置坡道或卸货平台，坡道坡度不应大于 1/10。

4.3.2 设置排水沟或地漏的房间，排水坡度不应小于 1‰，地面应做防水处理。

4.3.3 动物实验室内动物饲养间与实验操作间宜分开设置。

4.3.4 屏障环境设施的清洗消毒室与洁物储存室之间应设置高压灭菌器等消毒设备。

4.3.5 清洗消毒室应设置地漏或排水沟，地面应做防水处理，墙面宜做防水处理。

4.3.6 屏障环境设施的净化区内不宜设排水沟。屏障环境设施的洁物储存室不应设置地漏。

4.3.7 动物实验设施应满足空调机、通风机等设备的空间要求，并应对噪声和振动进行处理。

4.3.8 二层以上的实验动物设施宜设置电梯。

4.3.9 楼梯宽度不宜小于 1.2m，走廊净宽不宜小于 1.5m，门洞宽度不宜小于 1.0m。

4.3.10 屏障环境设施生产区（实验区）的层高不宜小于 4.2m。室内净高不低于 2.4m，并应满足设备对净高的需求。

4.3.11 围护结构应选用无毒、无放射性材料。

4.3.12 空调风管和其他管线暗敷时，宜设置技术夹层。当采用轻质构造顶棚做技术夹层时，夹层内宜设检修通道。

4.3.13 墙面和顶棚的材料应易于清洗消毒、耐腐蚀、不起尘、不开裂、无反光、耐冲击、光滑防水。

4.3.14 屏障环境设施净化区内的门窗、墙壁、顶棚、楼（地）面应表面光洁，其构造和施工缝隙应采用可靠的密闭措施，墙面与地面相交位置应做半径不小于 30mm 的圆弧处理。

4.3.15 地面材料应防滑、耐磨、耐腐蚀、无渗漏，踢脚不应突出墙面。屏障环境设施的净化区内的地面垫层宜配筋，潮湿地区、经常用水冲洗的地面应做防水处理。

4.3.16 屏障环境设施净化区的门窗应有良好的密闭性。屏障环境设施的密闭门宜朝空气压力较高的房间开启，并宜能自动关闭，各房间门上宜设观察窗，缓冲室的门宜设互锁装置。

4.3.17 屏障环境设施净化区设置外窗时，应采用具有良好气密性的固定窗，不宜设窗台，宜与墙面齐平。啮齿类动物的实验动物设施的生产区（实验区）内不宜设外窗。

4.3.18 应有防止昆虫、野鼠等动物进入和实验动物外逃的措施。

4.3.19 实验动物设施应满足生物安全柜、动物隔离器、高压灭菌器等设备的尺寸要求，应留有足够的搬运孔洞和搬运通道，以及应满足设置局部隔离、防震、排热、排湿设施的需要。

4.3.20 屏障环境设施动物生产区（动物实验区）的房间和与其相通房间之间，以及不同净化级别房间之间宜设置压差显示装置。

4.4 结 构 要 求

4.4.1 屏障环境设施的结构安全等级不宜低于二级。

4.4.2 屏障环境设施不宜低于丙类建筑抗震设防。

4.4.3 屏障环境设施应能承载吊顶内设备管线的荷载，以及高压灭菌器、空调设备、清洗池等设备的荷载。

4.4.4 变形缝不宜穿越屏障环境设施的净化区，如穿越应采取措施满足净化要求。

5 空调、通风和空气净化

5.1 一 般 规 定

5.1.1 空调系统的划分和空调方式选择应经济合理，并应有利于实验动物设施的消毒、自动控制、节能运行，同时应避免交叉污染。

5.1.2 空调系统的设计应满足人员、动物、动物饲养设备、生物安全柜、高压灭菌器等的污染负荷及热湿负荷的要求。

5.1.3 送、排风系统的设计应满足所用动物饲养设备、生物安全柜等设备的使用条件。隔离器、动物解剖台、独立通风笼具等不应向室内排风。

5.1.4 实验动物设施的房间或区域需单独消毒时，其送、回（排）风支管应安装气密阀门。

5.1.5 空调净化系统宜选用特性曲线比较陡峭的风机。

5.1.6 屏障环境设施和隔离环境设施的动物生产区（动物实验区），应设置备用的送风机和排风机。当风机发生故障时，系统应能保证实验动物设施所需最小换气次数及温湿度要求。

5.1.7 实验动物设施的空调系统应采取节能措施。

5.1.8 实验动物设施过渡季节应满足温湿度要求。

5.2 送 风 系 统

5.2.1 使用开放式笼架具的屏障环境设施动物生产区（动物实验区）的送风系统宜采用全新风系统。采用回风系统时，对可能产生交叉污染的不同区域，回风经处理后可在本区域内自循环，但不应与其他实验动物区域的回风混合。

5.2.2 使用独立通风笼具的实验动物设施室内可以采用回风，其空调系统的新风量应满足下列要求：

1 补充室内排风与保持室内压力梯度；

2 实验动物和工作人员所需新风量。

5.2.3 屏障环境设施生产区（实验区）的送风系统应设置粗效、中效、高效三级空气过滤器。中效空气过滤器宜设在空调机组的正压段。

5.2.4 对于全新风系统，可在表冷器前设置一道保护用中效过滤器。

5.2.5 空调机组的安装位置应满足日常检查、维修及过滤器更换等的要求。

5.2.6 对于寒冷地区和严寒地区，空气处理设备应采取冬季防冻措施。

5.2.7 送风系统新风口的设置应符合下列要求：

1 新风口应采取有效的防雨措施。

2 新风口处应安装防鼠、防昆虫、阻挡绒毛等的保护网，且易于拆装和清洗。

3 新风口应高于室外地面 2.5m 以上，并远离排风口和其他污染源。

5.3 排 风 系 统

5.3.1 有正压要求的实验动物设施，排风系统的风机应与送风机连锁，送风机应先于排风机开启，后于排风机关闭。

5.3.2 有负压要求实验动物设施的排风机应与送风机连锁，排风机应先于送风机开启，后于送风机关闭。

5.3.3 有洁净度要求的相邻实验动物房间不应使用同一夹墙作为回（排）风道。

5.3.4 实验动物设施的排风不应影响周围环境的空气质量。当不能满足要求时，排风系统应设置消除污染的装置，且该装置应设在排风机的负压段。

5.3.5 屏障环境设施净化区的回（排）风口应有过滤功能，且宜有调节风量的措施。

5.3.6 清洗消毒间、淋浴室和卫生间的排风应单独设置。蒸汽高压灭菌器宜采用局部排风措施。

5.4 气 流 组 织

5.4.1 屏障环境设施净化区的气流组织宜采用上送下回（排）方式。

5.4.2 屏障环境设施净化区的回（排）风口下边沿离地面不宜低于 0.1m；回（排）风口风速不宜大于 2m/s。

5.4.3 送、回（排）风口应合理布置。

5.5 部 件 与 材 料

5.5.1 高效空气过滤器不应使用木制框架。

5.5.2 风管适当位置上应设置风量测量孔。

5.5.3 采用热回收装置的实验动物设施排风不应污染新风。

5.5.4 粗效、中效空气过滤器宜采用一次抛弃型。

5.5.5 空气处理设备的选用应符合下列要求：

1 不应采用淋水式空气处理机组。当采用表冷器时，通过盘管所在截面的气流速度不宜大于 2.0m/s。

2 空气过滤器前后宜安装压差计，测量接管应

通畅，安装严密。

3 宜选用蒸汽加湿器。

4 加湿设备与其后的过滤段之间应有足够的距离。

5 在空调机组内保持 1000Pa 的静压值时，箱体漏风率不应大于 2%。

6 净化空调送风系统的消声器或消声部件的材料应不产尘、不易附着灰尘，其填充材料不应使用玻璃纤维及其制品。

6 给 水 排 水

6.1 给 水

6.1.1 实验动物的饮用水定额应满足实验动物的饮用水需要。

6.1.2 普通动物饮水应符合现行国家标准《生活饮用水卫生标准》GB 5749 的要求。

6.1.3 **屏障环境设施的净化区和隔离环境设施的用水应达到无菌要求。**

6.1.4 屏障环境设施生产区（实验区）的给水干管宜敷设在技术夹层内。

6.1.5 管道穿越净化区的壁面处应采取可靠的密封措施。

6.1.6 管道外表面可能结露时，应采取有效的防结露措施。

6.1.7 屏障环境设施净化区内的给水管道和管件，应选用不生锈、耐腐蚀和连接方便可靠的管材和管件。

6.2 排 水

6.2.1 大型实验动物设施的生产区和实验区的排水宜单独设置化粪池。

6.2.2 实验动物生产设施和实验动物实验设施的排水宜与其他生活排水分开设置。

6.2.3 兔、羊等实验动物设施的排水管道管径不宜小于 DN150。

6.2.4 屏障环境设施的净化区内不宜穿越排水立管。

6.2.5 排水管道应采用不易生锈、耐腐蚀的管材。

6.2.6 屏障环境设施净化区内的地漏应采用密闭型。

7 电 气 和 自 控

7.1 配 电

7.1.1 屏障环境设施的动物生产区（动物实验区）的用电负荷不宜低于 2 级。当供电负荷达不到要求时，宜设置备用电源。

7.1.2 屏障环境设施的生产区（实验区）宜设置专用配电柜，配电柜宜设置在辅助区。

7.1.3 屏障环境设施净化区内的配电设备，应选择

不易积尘的暗装设备。

7.1.4 屏障环境设施净化区内的电气管线宜暗敷，设施内电气管线的管口，应采取可靠的密封措施。

7.1.5 实验动物设施的配电管线宜采用金属管，穿过墙和楼板的电线管应加套管，套管内应采用不收缩、不燃烧的材料密封。

7.2 照　　明

7.2.1 屏障环境设施净化区内的照明灯具，应采用密闭洁净灯。照明灯具宜吸顶安装；当嵌入暗装时，其安装缝隙应有可靠的密封措施。灯罩应采用不易破损、透光好的材料。

7.2.2 鸡、鼠等实验动物的动物照度应可以调节。

7.2.3 宜设置工作照明总开关。

7.3 自　　控

7.3.1 自控系统应遵循经济、安全、可靠、节能的原则，操作应简单明了。

7.3.2 屏障环境设施生产区（实验区）宜设门禁系统。缓冲间的门，宜采用互锁措施。

7.3.3 当出现紧急情况时，所有设置互锁功能的门应处于可开启状态。

7.3.4 屏障环境设施动物生产区（动物实验区）的送、排风机应设正常运转的指示，风机发生故障时应能报警，相应的备用风机应能自动或手动投入运行。

7.3.5 屏障环境设施动物生产区（动物实验区）的送风和排风机必须可靠连锁，风机的开机顺序应符合本规范第 5.3.1 条和第 5.3.2 条的要求。

7.3.6 屏障环境设施生产区（实验区）的净化空调系统的配电应设置自动和手动控制。

7.3.7 空气调节系统的电加热器应与送风机连锁，并应设无风断电、超温断电保护及报警装置。

7.3.8 电加热器的金属风管应接地。电加热器前后各 800mm 范围内的风管和穿过设有火源等容易起火部位的管道和保温材料，必须采用不燃材料。

7.3.9 屏障环境设施动物生产区（动物实验区）的温度、湿度、压差超过设定范围时，宜设置有效的声光报警装置。

7.3.10 自控系统应满足控制区域的温度、湿度要求。

7.3.11 屏障环境设施净化区的内外应有可靠的通信方式。

7.3.12 屏障环境设施生产区（实验区）内宜设必要的摄像监控装置。

8 消　防

8.0.1 新建实验动物设施的周边宜设置环行消防车道，或应沿建筑的两个长边设置消防车道。

8.0.2 屏障环境设施的耐火等级不应低于二级，或设置在不低于二级耐火等级的建筑中。

8.0.3 具有防火分隔作用且要求耐火极限值大于 0.75h 的隔墙，应砌至梁板底部，且不留缝隙。

8.0.4 屏障环境设施生产区（实验区）的吊顶空间较大的区域，其顶棚装修材料应为不燃材料且吊顶的耐火极限不应低于 0.5h。

8.0.5 实验动物设施生产区（实验区）的吊顶内可不设消防设施。

8.0.6 屏障环境设施应设置火灾事故照明。屏障环境设施的疏散走道和疏散门，应设置灯光疏散指示标志。当火灾事故照明和疏散指示标志采用蓄电池作备用电源时，蓄电池的连续供电时间不应少于 20min。

8.0.7 面积大于 50m² 的屏障环境设施净化区的安全出口的数目不应少于 2 个，其中 1 个安全出口可采用固定的钢化玻璃密闭。

8.0.8 屏障环境设施净化区疏散通道门的开启方向，可根据区域功能特点确定。

8.0.9 屏障环境设施宜设火灾自动报警装置。

8.0.10 屏障环境设施净化区内不应设置自动喷水灭火系统，应根据需要采取其他灭火措施。

8.0.11 实验动物设施内应设置消火栓系统且应保证两个水枪的充实水柱同时到达任何部位。

9 施 工 要 求

9.1 一 般 规 定

9.1.1 施工过程中应对每道工序制订具体的施工组织设计。

9.1.2 各道工序均应进行记录、检查，验收合格后方可进行下道工序施工。

9.1.3 施工安装完成后，应进行单机试运转和系统的联合试运转及调试，做好调试记录，并应编写调试报告。

9.2 建筑装饰

9.2.1 实验动物设施建筑装饰的施工应做到墙面平滑、地面平整、现场清洁。

9.2.2 实验动物设施有压差要求的房间的所有缝隙和孔洞都应填实，并在正压面采取可靠的密封措施。

9.2.3 有压差要求的房间宜在合适位置预留测压孔，测压孔未使用时应有密封措施。

9.2.4 屏障环境设施净化区内的墙面、顶棚材料的安装接缝应协调、美观，并应采取密封措施。

9.2.5 屏障环境设施净化区内的圆弧形阴阳角应采取密封措施。

9.3 空调净化

9.3.1 净化空调机组的基础对本层地面的高度不宜

低于200mm。

9.3.2 空调机组安装时设备底座应调平,并应做减振处理。检查门应平整,密封条应严密。正压段的门宜向内开,负压段的门宜向外开。表冷段的冷凝水水管上应设水封和阀门。粗效、中效空气过滤器的更换应方便。

9.3.3 送风、排风、新风管道的材料应符合设计要求,加工前应进行清洁处理,去掉表面油污和灰尘。

9.3.4 净化风管加工完毕后,应擦拭干净,并用塑料薄膜把两端封住,安装前不得去掉或损坏。

9.3.5 屏障环境设施净化区内的所有管道穿过顶棚和隔墙时,贯穿部位必须可靠密封。

9.3.6 屏障环境设施净化区内的送、排风管道宜暗装;明装时,应满足净化要求。

9.3.7 屏障环境设施净化区内的送、排风管道的咬口缝均应可靠密封。

9.3.8 调节装置应严密、调节灵活、操作方便。

9.3.9 采用除味装置时,应采取保护除味装置的过滤措施。

9.3.10 排风除味装置应有方便的现场更换条件。

10 检测和验收

10.1 工程检测

10.1.1 工程检测应包括建筑相关部门的工程质量检测和环境指标的检测。

10.1.2 工程检测应由有资质的工程质量检测部门进行。

10.1.3 工程检测的检测仪器应有计量单位的检定,并应在检定有效期内。

10.1.4 工程环境指标检测应在工艺设备已安装就绪,设施内无动物及工作人员,净化空调系统已连续运行24小时以上的静态下进行。

10.1.5 环境指标检测项目应满足表10.1.5的要求,检测结果应符合表3.2.1、表3.2.2、表3.2.3要求。

表 10.1.5　工程环境指标检测项目

序号	项　目	单　位
1	换气次数	次/h
2	静压差	Pa
3	含尘浓度	粒/L
4	温度	℃
5	相对湿度	%
6	沉降菌浓度	个/(φ90培养皿,30min)
7	噪声	dB(A)
8	工作照度和动物照度	lx
9	动物笼具周边处气流速度	m/s

续表 10.1.5

序号	项　目	单　位
10	送、排风系统连锁可靠性验证	—
11	备用送、排风机自动切换可靠性验证	—

注:1 检测项目1～8的检测方法应执行现行行业标准《洁净室施工及验收规范》JGJ 71的相关规定。

2 检测项目9的检测方法应按本章第10.1.6条执行。

3 屏障环境设施必须做检测项目10;普通环境设施可选做。

4 屏障环境设施的送、排风机采用互为备用的方式时,应做检测项目11。

5 实验动物设施检测记录用表参见附录A。

10.1.6 动物笼具处气流速度的检测方法应符合以下要求:

检测方法:测量面为迎风面(图10.1.6),距动物笼具0.1m,均匀布置测点,测点间距不大于0.2m,周边测点距离动物笼具侧壁不大于0.1m,每行至少测量3点,每列至少测量2点。

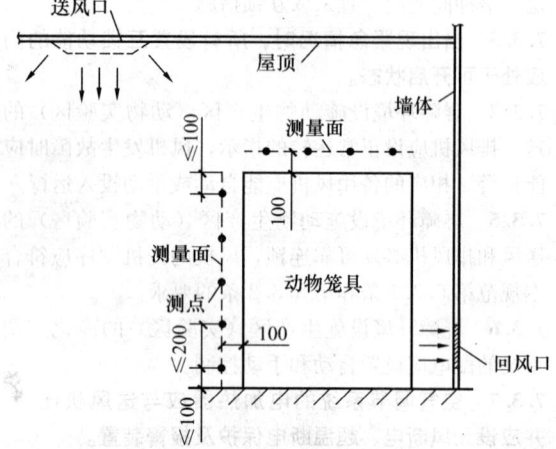

图 10.1.6　测点布置

评价标准:平均风速应满足表3.2.1、表3.2.2的要求,超过标准的测点数不超过测点总数的10%。

10.2 工程验收

10.2.1 在工程验收前,应委托有资质的工程质检部门进行环境指标的检测。

10.2.2 工程验收的内容应包括建设与设计文件、施工文件、建筑相关部门的质检文件、环境指标检测文件等。

10.2.3 工程验收应出具工程验收报告。实验动物设施的验收结论可分为合格、限期整改和不合格三类。对于符合规范要求的,判定为合格;对于存在问题,但经过整改后能符合规范要求的,判定为限期整改;对于不符合规范要求,又不具备整改条件的,判定为不合格。验收项目应按附录B的规定执行。

附录A 实验动物设施检测记录用表

A.0.1 实验动物设施施工单位自检情况，施工文件检查情况，IVC、隔离器等设备检测情况，屏障环境设施围护结构严密性检测情况应按表A.0.1填写。

A.0.2 实验动物设施风速或风量的检测记录表应按表A.0.2填写。

A.0.3 实验动物设施静压差的检测记录表应按表A.0.3填写。

A.0.4 实验动物设施含尘浓度的检测记录表应按表A.0.4填写。

A.0.5 实验动物设施温度、相对湿度的检测记录表应按表A.0.5填写。

A.0.6 实验动物设施沉降菌浓度的检测记录表应按表A.0.6填写。

A.0.7 实验动物设施噪声的检测记录表应按表A.0.7填写。

A.0.8 实验动物设施工作照度和动物照度的检测记录表应按表A.0.8填写。

A.0.9 实验动物设施动物笼具周边处气流速度的检测记录表应按表A.0.9填写。

A.0.10 实验动物设施送、排风系统连锁可靠性验证和备用送、排风机自动切换可靠性验证的检测记录表应按表A.0.10填写。

表A.0.1 实验动物设施检测记录
第 页 共 页

委托单位			
设施名称			
施工单位			
监理单位			
检测单位			
检测日期	记录编号		检测状态
检测依据			
1 施工单位自检情况			
2 施工文件检查情况			
3 IVC、隔离器等设备检测情况			
4 屏障环境设施围护结构严密性检测情况			

校核　　　　　　记录　　　　　　检验

表A.0.2 实验动物设施检测记录
第 页 共 页

5 风速或风量					
检测仪器名称		规格型号		编号	
检测前设备状况			检测后设备状况		
位置	风口	测点	风速(m/s)或风量(m³/h)		备注

校核　　　　　　记录　　　　　　检验

表A.0.3 实验动物设施检测记录
第 页 共 页

6 静压差检测		
检测仪器名称	规格型号	编号
检测前设备状况		检测后设备状况
检测位置	压差值（Pa）	备注

校核　　　　　　记录　　　　　　检验

表A.0.4　实验动物设施检测记录

7　含尘浓度					
检测仪器名称		规格型号		编号	
检测前设备状况		检测后设备状况			
位置	测点	粒径	含尘浓度（pc/　）		备注

校核　　　　　　　记录　　　检验

表A.0.6　实验动物设施检测记录

9　沉降菌浓度			
检测仪器名称		规格型号	编号
检测前设备状况		检测后设备状况	
房间名称	测点	沉降菌浓度　个/（φ90 培养皿，30min）	备注

校核　　　　　　　记录　　　检验

表A.0.5　实验动物设施检测记录

8　温度、相对湿度			
检测仪器名称		规格型号	编号
检测前设备状况		检测后设备状况	
房间名称	温度（℃）	相对湿度（%）	备注
室外			

校核　　　　　　　记录　　　检验

表A.0.7　实验动物设施检测记录

10　噪声			
检测仪器名称		规格型号	编号
检测前设备状况		检测后设备状况	
房间名称	测点	噪声 dB（A）	备注

校核　　　　　　　记录　　　检验

表 A.0.8　实验动物设施检测记录

11　照　　度				
检测仪器名称		规格型号		编号
检测前设备状况		检测后设备状况		
房间名称	测点	工作照度(lx)	动物照度(lx)	备注

校核　　　　　　记录　　　　　检验

表 A.0.9　实验动物设施检测记录

12　动物笼具周边处气流速度			
检测仪器名称		规格型号	编号
检测前设备状况		检测后设备状况	
房间名称	测点	动物笼具周边处气流速度(m/s)	备注

校核　　　　　　记录　　　　　检验

表 A.0.10　实验动物设施检测记录

13　送、排风系统连锁可靠性验证
14　备用送、排风机自动切换可靠性验证

校核　　　　　　记录　　　　　检验

附录 B　实验动物设施工程验收项目

B.0.1　实验动物设施建成后,应按照本附录列出的验收项目,逐项验收。

B.0.2　凡对工程质量有影响的项目有缺陷,属一般缺陷,其中对安全和工程质量有重大影响的项目有缺陷,属严重缺陷。根据两项缺陷的数量规定工程验收评价标准应按表 B.0.2 执行。

表 B.0.2　实验动物设施验收标准

标准类别	严重缺陷数	一般缺陷数
合格	0	<20%
限期整改	1～3	<20%
	0	≥20%
不合格	>3	0
	一次整改后仍未通过者	

注:百分数是缺陷数相对于应被检查项目总数的比例。

B.0.3　实验动物设施工程现场检查项目应按表 B.0.3 执行。

表 B.0.3 实验动物设施工程现场检查项目

续表 B.0.3

章	序号	检查出的问题	严重缺陷	一般缺陷	普通环境设施	屏障环境设施	隔离环境设备
实验动物设施的技术指标	1	动物生产区、动物实验区温度不符合要求	✓		✓	✓	✓
	2	其他房间温度不符合要求		✓	✓	✓	
	3	日温差不符合要求	✓		✓	✓	✓
	4	相对湿度不符合要求		✓	✓	✓	✓
	5	换气次数不足	✓		✓	✓	✓
	6	动物笼具周边处气流速度超过 0.2m/s	✓		✓	✓	✓
	7	动物生产区、动物实验区压差反向	✓			✓	✓
	8	压差不足		✓		✓	✓
	9	洁净度级别不够	✓			✓	✓
	10	沉降菌浓度超标	✓			✓	✓
	11	实验动物饲养房间或设备噪声超标	✓		✓	✓	✓
	12	其他房间噪声超标		✓	✓	✓	✓
	13	动物照度不满足要求	✓		✓	✓	✓
	14	工作照度不足		✓	✓	✓	✓
	15	动物生产区、动物实验区新风量不足	✓		✓	✓	
建筑	16	基地出入口只有一个，人员出入口兼做动物尸体和废弃物的出口		✓	✓	✓	
	17	未设置动物尸体与废弃物暂存处		✓	✓	✓	
	18	生产区（实验区）与辅助区未明确分设		✓	✓	✓	
	19	屏障环境设施的卫生间置于净化区内	✓			✓	
	20	屏障环境设施的楼梯、电梯置于生产区（试验区）内		✓		✓	
	21	犬、猴、猪等实验动物入口未设置单独入口或洗浴间		✓	✓	✓	
	22	负压屏障环境设施没有设置无害化消毒设施	✓			✓	
	23	动物实验室内动物饲养间与实验操作间未分开设置		✓	✓	✓	
	24	屏障环境设施未设置高压灭菌器等消毒设施	✓			✓	
建筑	25	清洗消毒间未设地漏或排水沟，地面未做防水处理	✓		✓	✓	
	26	清洗消毒间的墙面未做防水处理		✓	✓	✓	
	27	屏障环境设施的净化区内设置排水沟		✓		✓	
	28	屏障环境设施的洁物储存室设置地漏	✓			✓	
	29	墙面和顶棚为非易于清洗消毒、不耐腐蚀、起尘、开裂、反光、不光滑防水的材料		✓	✓	✓	
	30	屏障环境设施净化区内地面与墙面相交位置未做半径不小于 30mm 的圆弧处理		✓		✓	
	31	地面材料不防滑、不耐磨、不耐腐蚀，有渗漏，踢脚突出墙面		✓	✓	✓	
	32	屏障环境设施净化区的密封性未满足要求	✓			✓	
	33	没有防止昆虫、鼠等动物进入和外逃的措施	✓		✓	✓	
	34	设备的安装空间不够		✓	✓	✓	
	35	净化区变形缝的做法未满足洁净要求	✓			✓	
空气净化	36	实验动物生产设施和实验动物设施的空调系统未分开设置		✓	✓	✓	
	37	动物隔离器、动物解剖台等其他产生污染气溶胶的设备向室内排风		✓	✓	✓	✓
	38	屏障环境设施的动物生产区（动物实验区）送风机和排风机未考虑备用或当风机故障时，不能维持实验动物设施所需最小换气次数及温度要求（甲方可承受风机故障时损失的除外）	✓			✓	

1—34—14

章	序号	检查出的问题	评价		适用范围		
			严重缺陷	一般缺陷	普通环境设施	屏障环境设施	隔离环境设备
空气净化	39	屏障环境设施和隔离环境设施过渡季节不能满足温湿度要求	✓			✓	✓
	40	采用了淋水式空气处理器		✓	✓	✓	✓
	41	空调箱或过滤器箱内过滤器前后无压差计		✓	✓	✓	✓
	42	选用易生菌的加湿方式（如湿膜、高压微雾加湿器）		✓	✓	✓	✓
	43	加湿设备与其后的空气过滤段距离不够		✓	✓	✓	✓
	44	有净化要求的消声器或消声部件的材料不符合要求	✓			✓	✓
	45	屏障环境设施净化区送风系统未按规定设三级过滤	✓			✓	✓
	46	对于寒冷地区和严寒地区，未考虑冬季换热设备的防冻问题	✓		✓	✓	✓
	47	电加热器前后各800mm范围内的风管和穿过设有火源等容易起火部位的管道，未采用不燃保温材料	✓		✓	✓	✓
	48	新风口没有有效的防雨措施。未安装防鼠、防昆虫、阻挡绒毛等的保护网	✓		✓	✓	✓
	49	新风口未高出室外地面2.5m		✓	✓	✓	✓
	50	新风口易受排风口及其他污染源的影响		✓	✓	✓	✓
	51	送排风未连锁或连锁不当	✓		✓	✓	✓
	52	有洁净度要求的相邻实验动物房间使用同一回风夹墙作为排风	✓			✓	✓
	53	屏障环境设施的动物生产区（动物实验区）未采用上送下排（回）方式		✓		✓	
	54	高效过滤器用木质框架	✓		✓	✓	✓

章	序号	检查出的问题	评价		适用范围		
			严重缺陷	一般缺陷	普通环境设施	屏障环境设施	隔离环境设备
空气净化	55	风管未设置风量测量孔		✓	✓	✓	
	56	使用了可产生交叉污染的热回收装置	✓		✓	✓	✓
给水、排水	57	实验动物饮水不符合生活饮用水标准		✓	✓	✓	✓
	58	屏障环境设施和隔离环境设施净化区内的用水未经过灭菌	✓			✓	✓
	59	管道穿越净化区的壁面处未采取可靠的密封措施		✓		✓	✓
	60	管道表面可能结露，未采取有效的防结露措施		✓	✓	✓	✓
	61	屏障环境设施净化区内的给水管道，未选用不生锈、耐腐蚀和连接方便可靠的管材	✓			✓	
	62	大型的生产区（实验区）的排水未单独设置化粪池		✓	✓	✓	✓
	63	动物生产或实验设施的排水与建筑生活排水未分开设置		✓	✓	✓	✓
	64	小鼠等实验动物设施的排水管道管径小于DN75		✓		✓	✓
	65	兔、羊等实验动物设施的排水管道管径小于DN150		✓	✓	✓	✓
	66	屏障环境设施净化区内穿过排水立管		✓		✓	✓
	67	排水管道未采用不易生锈、耐腐蚀的管材		✓	✓	✓	✓
	68	屏障环境设施净化区内的地漏为非密闭型	✓			✓	

章	序号	检查出的问题	评价		适用范围		
			严重缺陷	一般缺陷	普通环境设施	屏障环境设施	隔离环境设备
电气设备和自控要求	69	屏障环境设施、隔离环境设施达不到用电负荷要求	✓			✓	✓
	70	屏障环境设施生产区（实验区）设施未设置独立配电柜		✓		✓	✓
	71	屏障环境设施配电柜设置在洁净区		✓		✓	
	72	屏障环境设施净化区内的电气设备未满足净化要求	✓			✓	
	73	屏障环境设施净化区内电气管线管口未采取可靠的密封措施		✓		✓	
	74	配电管线采用非金属管		✓		✓	
	75	净化区内穿过墙和楼板的电线管未采取可靠的密封		✓		✓	
	76	屏障环境设施净化区内的照明灯具为非密闭洁净灯	✓			✓	
	77	洁净灯具嵌入顶棚暗装的安装缝隙未有可靠的密封措施		✓		✓	
	78	鼠、鸡等动物照度的照明开关不可调节		✓	✓	✓	✓
	79	屏障环境设施净化区缓冲间的门，未采取互锁措施		✓		✓	
	80	当出现紧急情况时，设置互锁功能的门不能处于开启状态	✓			✓	
	81	屏障环境设施的动物生产区（动物实验区）未设风机正常运转指示与报警		✓		✓	
	82	备用风机不能正常投入运行	✓			✓	
	83	电加热器没有可靠的连锁、保护装置、接地	✓		✓	✓	
	84	温、湿度没有进行必要控制		✓	✓	✓	✓
	85	屏障环境设施净化区内外没有可靠的通信方式		✓		✓	

章	序号	检查出的问题	评价		适用范围		
			严重缺陷	一般缺陷	普通环境设施	屏障环境设施	隔离环境设备
消防要求	86	新建实验动物建筑未设置环行消防车道，或未沿两个长边设置消防车道	✓			✓	✓
	87	实验动物建筑的耐火等级低于2级或设置在低于2级耐火等级的建筑中	✓			✓	✓
	88	具有防火分隔作用且要求耐火极限值大于0.75h的隔墙未砌至梁板底部、留有缝隙	✓			✓	✓
	89	屏障环境设施的生产区（实验区）顶棚装修材料为可燃材料	✓			✓	
	90	屏障环境设施的生产区（实验区）吊顶的耐火极限低于0.5h	✓			✓	
	91	面积大于50m²的屏障环境设施净化区没有火灾事故照明或疏散指示标志	✓			✓	
	92	屏障环境设施安全出口的数目少于2个	✓			✓	
	93	屏障环境设施未设火灾自动报警装置		✓		✓	
	94	屏障环境设施设置自动喷水灭火系统		✓		✓	
	95	屏障环境设施未采取喷淋以外其他灭火措施	✓			✓	
	96	不能保证两个水枪的充实水柱同时到达任何部位	✓			✓	
工程检测结果	97	送风高效过滤器漏泄		✓	✓	✓	✓
	98	设备无合格的出厂检测报告	✓		✓	✓	
	99	无调试报告	✓		✓	✓	✓
	100	检测单位无资质	✓		✓	✓	✓

本规范用词说明

1　为便于在执行本规范条文时区别对待，对要求严格程度不同的用词说明如下：

　　1) 表示很严格，非这样做不可的：

正面词采用"必须",反面词采用"严禁";

2）表示严格,在正常情况下均应这样做的:
正面词采用"应",反面词采用"不应"或"不得";

3）表示允许稍有选择,在条件许可时首先应这样做的:
正面词采用"宜",反面词采用"不宜";
表示有选择,在一定条件下可以这样做的,采用"可"。

2　条文中指明应按其他有关标准、规范执行的写法为:"应按……执行"或"应符合……的规定"。

中华人民共和国国家标准

实验动物设施建筑技术规范

GB 50447—2008

条 文 说 明

目 次

1 总 则

1.0.1 我国实验动物设施的发展非常迅速，已建成了许多实验动物设施，积累了丰富的设计、施工经验。我国已制定了国家标准《实验动物 环境及设施》GB 14925，该规范规定了实验动物设施的环境要求。本规范是解决如何建设实验动物设施以满足实验动物设施的环境要求，包括建筑、结构、空调净化、消防、给排水、电气、工程检测与验收等。

1.0.2 本条规定了本规范的适用范围。

1.0.3 既要考虑到初投资，也要考虑运行费用。针对具体项目，应进行详细的技术经济分析。对实验动物设施中采用的设备、材料必须严格把关，不得迁就，必须采用合格的设备、材料和施工工艺。

1.0.5 下列标准规范所包含的条文，通过在本规范中引用而构成本规范的条文。使用本规范的各方应注意，研究是否可使用下列规范的最新版本。

《生活饮用水卫生标准》GB 5749—2006

《高效空气过滤器性能实验方法 透过率和阻力》GB 6165—85

《污水综合排放标准》GB 8978—1996

《高效空气过滤器》GB/T 13554—92

《组合式空调机组》GB/T 14294—1993

《空气过滤器》GB/T 14295—93

《实验动物 环境及设施》GB 14925

《医院消毒卫生标准》GB 15982—1995

《医疗机构水污染物排放标准》GB 18466—2005

《实验室生物安全通用要求》GB 19489—2004

《建筑给水排水设计规范》GB 50015—2003

《建筑设计防火规范》GB 50016—2006

《采暖通风与空气调节设计规范》GB 50019—2003

《压缩空气站设计规范》GB 50029—2003

《建筑照明设计标准》GB 50034—2004

《高层民用建筑设计防火规范》GB 50045—95(2005 年版)

《供配电系统设计规范》GB 50052—95

《低压配电设计规范》GB 50054—95

《洁净厂房设计规范》GB 50073—2001

《火灾自动报警系统设计规范》GB 50116—98

《建筑灭火器配置设计规范》GB 50140—2005

《建筑装饰装修工程质量验收规范》GB 50210—2001

《通风与空调工程施工质量验收规范》GB 50243—2002

《生物安全实验室建筑技术规范》GB 50346—2004

《民用建筑电气设计规范》JGJ 16—2008

《洁净室施工及验收规范》JGJ 71—90

2 术 语

2.0.2～2.0.4 普通环境、屏障环境、隔离环境是指实验动物直接接触的生活环境。

2.0.5、2.0.6 根据使用功能进行分类。

2.0.7、2.0.8 普通环境、屏障环境通过设施来实现，隔离环境通过隔离器等设备来实现。

2.0.12～2.0.14 关于实验动物设施空气洁净度等级的规定采用与国际接轨的命名方式。

2.0.15 净化区指实验动物设施内有空气洁净度要求的区域。

3 分类和技术指标

3.1 实验动物环境设施的分类

3.1.1 本条对实验动物环境设施进行分类，在建设实验动物设施时，应根据实验动物级别进行选择。

3.2 实验动物设施的环境指标

3.2.1、3.2.2 主要依据《实验动物 环境及设施》GB 14925 中的规定。

4 建筑和结构

4.1 选址和总平面

4.1.1 实验动物设施需要相对安静、无污染的环境，选址要尽量减小环境中的粉尘、噪声、电磁等其他有害因素对设施的影响；同时，实验动物设施会产生一定的污水、污物和废气，因此在选址中还要考虑实验动物设施对环境造成污染和影响。

4.1.2 在实验动物设施基地的总平面设计时，要考虑三种流线的组织：人员流线、动物流线、洁物流线和污物流线。尽可能做到人员流线与货物流线分开组织，尤其是运送动物尸体和废弃物的路线与人员进出基地的路线分开，如果能将洁物运入路线和污物运出路线分开则更佳。

设施的外围宜种植枝叶茂盛的常绿树种，不宜选用产生花絮、绒毛、粉尘等对大气有不良影响的树种，尤其不应种植对人和动物有毒、有害的树种。

4.2 建筑布局

4.2.1 动物生产区包括育种室、扩大群饲育室、生产群饲育室等；辅助生产区包括隔离观察室、检疫室、更衣室、缓冲间、清洗消毒室、洁物储存室、待发室、洁净走廊、污物走廊等；辅助区包括门厅、办公室、库房、机房、一般走廊、卫生间、楼梯等。

4.2.2 动物实验区包括饲育室和实验操作室、饲育室和实验操作室的前室或者后室、准备室（样品配制室）、手术室、解剖室（取材室）；辅助实验区包括更衣室、缓冲室、淋浴室、清洗消毒室、洁物储存室、检疫观察室、无害化消毒室、洁净走廊、污物走廊等；辅助区包括门厅、办公、库房、机房、一般走廊、厕所、楼梯等。

4.2.3 屏障环境设施净化区内设置卫生间容易造成污染，所以不应设置卫生间（采用特殊的卫生洁具，不造成污染的除外）。电梯的运行会产生噪声，同时造成屏障环境设施净化区内压力梯度的波动；如将电梯置于屏障环境设施净化区内，应采取有效的措施减小噪声干扰和压力梯度的波动。楼梯置于屏障环境设施净化区内，不利于清洁和洁净度要求，如将楼梯置于屏障环境设施净化区内，应满足空气净化的要求。

4.2.4 清洁级动物、SPF级动物和无菌级动物因其对环境要求各不相同，应分别饲养在不同的房间或不同区域里，条件困难的情况下可以在同一个房间内使用满足要求的不同的笼具进行饲养；不同种类动物的温度、湿度、照度等生存条件不同，因此宜分别饲养在不同房间或不同区域里。

4.2.5 本条是为了避免鸡、犬等产生较大噪声的动物对其他动物的影响，尤其是避免对胆小的鼠、兔等动物心理和生理的影响。

4.2.6 单走廊布局方式一般是指动物饲育室或实验室排列在走廊两侧，通过这一个走廊运入和运出物品；双走廊布局方式一般是指动物饲育室或实验室两侧分别设有洁净走廊和污物走廊，洁物通过洁净走廊运入，污物通过污物走廊运出；多走廊布局方式实际是多个双走廊方式的组合，例如将洁净走廊设于两排动物室的中间，外围两侧是污物走廊的三走廊方式。

双走廊或多走廊布局时，实验动物设施的实验准备室应与洁净走廊相通，并能方便地通向动物实验室；实验动物设施的手术室应与动物实验室相邻，或有便捷的路线相通；解剖、取样的负压屏障环境设施的解剖室应放在实验区内，并应与污物走廊相连或与无害化消毒室相邻。

4.2.8 本条中的避免交叉污染，包含了几个方面的意思：进入人流与出去人流尽量不交叉，以免出去人流污染进入人流；洁物进入与污物运出流线尽量不交叉，以免污物对洁物造成污染；动物进入与动物实验后运出的流线尽量不交叉，以免实验后的动物污染新进入的动物；不同人员之间、不同动物之间也应避免互相交叉污染。

单走廊的布局，流线上不可避免有交叉时，应通过管理尽量避免相互污染，如采取严格包装、分时控制、前室再次更衣等措施。

以双走廊布局的屏障环境实验动物设施为例，人员、动物、物品的工艺流线示意如下：

人员流线：一更——二更——洁净走廊——动物实验室——污物走廊——二更——淋浴（必要时）——一更

动物流线：动物接收——传递窗（消毒通道、动物洗浴）——洁净走廊——动物实验室——污物走廊——解剖室——（无害化消毒——）尸体暂存

物品流线：清洗消毒——高压灭菌器（传递窗、渡槽）——洁物储存间——洁净走廊——动物实验室——污物走廊——（解剖室——）（无害化消毒——）污物暂存

4.2.9 二次更衣室一般用于穿戴洁净衣物，同时可兼做缓冲间阻隔室外空气进入屏障环境设施。

4.2.10 动物进入宜与人员和物品进入通道分开，小型动物也可以和物品一样通过传递窗进入。动物洗浴间内应配备所需的设备，如热水器、电吹风等。

4.2.11 负压屏障环境设施内的动物实验一般在不同程度上对人员和环境有危害性，因此其所有物品必须经无害化处理后才能运出，无害化处理一般采用双扉高压灭菌器等设施。涉及放射性物质的负压屏障环境设施还要遵守放射性物质的相关规定处理后才能运出。

4.2.12 设置检疫室或隔离观察室是为了防止外来实验动物感染实验动物设施内已有的实验动物。

4.2.13 实验动物设施对各种库房的面积要求较大，设计时应加以充分考虑。

4.3 建 筑 构 造

4.3.1 卸货平台高度一般为1m左右，便于从货车上直接卸货。

4.3.2 本条主要是指用水直接冲洗的房间，应考虑足够的排水坡度，并做好地面防水。

4.3.3 本条规定是从动物伦理出发，避免实验操作对其他动物产生心理和生理影响，同时避免由此影响实验结果的准确性。

4.3.4 屏障环境设施净化区内的所有物品必须经过高压灭菌器、传递窗、渡槽等设备消毒后才能进入。

4.3.5 清洗消毒室有大量的用水需求，且排水中杂物较多，因此必须有良好的排水措施和防水处理。

4.3.6 屏障环境设施的净化区内设排水沟会影响整个环境的洁净度，如采用排水沟时，应采取可靠的措施满足洁净要求；而洁物储存室是屏障环境设施内对洁净要求较高的房间，设置地漏会有孳生霉菌的危险，因而不应设置；如果将纯水点设于洁物储存室内，需设置收集溢流水的设施。

4.3.7 有洁净度要求或生物安全级别要求的实验动物设施需要较大面积的空调机房，应在设计时充分考虑，并避免其噪声和振动对动物和实验仪器的影响。

4.3.8 实验动物设施每天都要运入大量的饲料、动物和运出污物、尸体等货物，因此二层以上需要设置

方便运送货物的电梯。有条件的情况下货物电梯和人员电梯宜分开，洁物电梯与污物电梯宜分设。

4.3.9 本条是为了保证设施内运送货物的宽度，尤其是实验区内的走廊宽度要满足运送动物、饲料小车的需要。

4.3.10 屏障环境设施的生产区（实验区）内净高应满足所选笼架具（和生物安全柜）的高度和检测、检修要求，但不宜过高，因为实验室内的体积越大，空调要维持同样的换气次数，所需的送风量就越大，不利于节能。

屏障环境设施的设备管道较多，需要很大的吊顶空间，因而应有足够的层高。

4.3.11 本条的围护结构包括屋顶、外墙、外窗、隔墙、隔断、楼板、梁柱等，都不应含有有毒、有放射性的物质。

4.3.12 本条所指技术夹层包括吊顶或设备夹层，主要用于布置设备管线，吊顶可以是有一定承重能力的可上人吊顶，也可以是不可上人的轻质吊顶；由于在生产区或实验区内的吊顶上留检修人孔会对生产或实验造成影响，因此在不上人轻质吊顶内需要设置检修通道，在辅助区内留检修人孔或活动吊顶。

4.3.13 本条对墙面和顶棚材料提出了定性的要求。

4.3.14 屏障环境设施的净化区由于有洁净度要求，应尽量减少积尘面和孳生微生物的可能，所以要求围护材料应表面光洁；本条所指的密闭措施包括：密封胶嵌缝、压缝条压缝、纤维布条粘贴压缝、加穿墙套管等；地面与墙面相交位置做圆弧处理，是为了减少卫生死角，便于清洁和消毒。

4.3.15 地面材料应防止人员滑倒，以免人员受伤、破坏生产或实验设施；洁净区内应尽量减少积尘面（特别是水平凸凹面），以免在室内气流作用下引起积尘的二次飞扬，因此踢脚应与墙面平齐或略缩进不大于3mm。屏障环境设施内因为有洁净度要求，地面混凝土层中宜配少量钢筋以防止地面开裂，从而避免裂缝中孳生微生物。潮湿地区应做好防潮处理，地面垫层中增加防潮层。

4.3.16 屏障环境设施的净化区，为了使门扇关闭紧密，密闭门一般开向压力较高的房间或走廊。

房间门上设密闭观察窗是为了使人不必进入室内便可方便地对动物进行观察，随时了解室内情况，观察窗应采用不易破碎的安全玻璃。缓冲室不宜有过多的门，宜设互锁装置使门不能同时打开，否则容易破坏压力平衡和气流方向，破坏洁净环境。

4.3.17 屏障环境设施净化区外窗的设置要求是为了满足洁净的要求。啮齿类动物是怕见光的，所以不宜设外窗，如果设外窗应有严格的遮光措施。普通环境设施如果没有机械通风系统，应有带防虫纱窗的窗户进行自然通风。

4.3.18 昆虫、野鼠等动物身上极易沾染和携带致病因子，应采取防护措施，如窗户应设纱窗，新风口、排风口处应设置保护网，门口处也应采取措施。

4.3.19 本条主要提醒设计人员要充分考虑实验室内体积比较大的设备的安装和检修尺寸，如生物安全柜、动物饲养设备、高压灭菌器等等，应留有足够的搬运孔洞和搬运通道；此外还应根据需要考虑采取局部隔离、防震、排热、排湿等措施。

4.3.20 设置压差显示装置是为了及时了解不同房间之间的空气压差，便于监督、管理和控制。

4.4 结 构 要 求

4.4.1 目前大量的新建建筑结构安全等级为二级，但实验动物设施普遍规模较小，还有不少既有建筑改建的项目，有可能达到二级有一定困难，但新建的屏障环境设施应不低于二级。

4.4.2 目前大量的新建建筑为丙类抗震设防，但实验动物设施普遍规模较小，还有不少既有建筑改建的项目，有可能达到丙类抗震设防有一定困难，但新建的屏障环境设施应不低于丙类抗震设防，达不到要求的既有建筑改建应进行抗震加固。

4.4.3 屏障环境设施吊顶内的设备管线和检修通道一般吊在上层楼板上，楼板荷载应加以考虑。设施中的高压灭菌器、空调设备的荷载也非常大，设计时应特别注意，并尽可能将大型高压灭菌器放在结构梁上或跨度较小的楼板上。

4.4.4 屏障环境设施的净化区内的变形缝处理不好，容易孳生微生物，严重影响设施环境，因此设计中尽量避免变形缝穿越。

5 空调、通风和空气净化

5.1 一 般 规 定

5.1.1 空调系统的划分和空调方式选择应根据工程的实际情况综合考虑。例如：实验动物实验设施中，根据不同实验内容来进行空调系统的划分，以利于节能。又如：实验动物生产设施和实验动物实验设施分别设置空调系统，这主要是因为这两种设施的使用时间不同，实验动物生产设施一般是连续工作的，而实验动物实验设施在未进行实验时，空调系统一般不运行的（除值班风机外）。

5.1.2 实验动物的热湿负荷比较大，应详细计算。实验动物的热负荷可参考表1：

表 1 实验动物的热负荷

动物品种	个体重量（kg）	全热量（W/kg）
小 鼠	0.02	41.4
雏 鸡	0.05	17.2

续表1

动物品种	个体重量(kg)	全热量(W/kg)
地鼠	0.11	20.6
鸽子	0.28	23.3
大鼠	0.30	21.1
豚鼠	0.41	19.7
鸡(成熟)	0.91	9.2
兔子	2.72	12.2
猫	3.18	11.7
猴子	4.08	11.7
狗	15.88	6.1
山羊	35.83	5.0
绵羊	44.91	6.1
小型猪	11.34	5.6
猪	249.48	4.4
小牛	136.08	3.1
母牛	453.60	1.9
马	453.60	1.9
成人	68.00	2.5

注：本表摘自加拿大实验动物管理委员会（CCAC）编著的《laboratory animal facilities - characteristics design and development》。

5.1.3 送、排风系统的设计应考虑所用设备的使用条件，包括设备的高度、安装间距、送排风方式等。产生污染气溶胶的设备不应向室内排风是为了防止污染室内环境。

5.1.4 安装气密阀门的作用是防止在消毒时，由于该房间或区域与其他房间共用空调净化系统而污染其他房间。

5.1.5 实验动物设施的空调净化系统，各级过滤器随着使用时间的增加，容尘量逐渐增加，系统阻力也逐渐增加，所需风机的风压也越大。选用风压变化较大时，风量变化较小的风机，可以使净化空调系统的风量变化较小，有利于空调净化系统的风量稳定在一定范围内。也可使用变频风机，保持系统风量的稳定，使风机的电机功率与所需风压相适应，可以降低风机的运行费用。

5.1.6 屏障环境设施动物生产区（动物实验区）的空调净化系统出现故障时，经济损失比较严重，所以送、排风机应考虑备用并满足温湿度要求。风机的备用方式一般采用空调机组中设置双风机，当送（排）风机出现故障时，备用风机立刻运行。若甲方运行管理到位，当风机出现故障时能及时修复，并且在修复期内，实验动物生产或动物实验基本不受影响的情况下，可不在空调系统中设置备用风机，而在机房备用

同型号的风机或风机电机。如果甲方根据自己的实际情况，可以承受风机出现故障情况下的损失，可不备用。

5.1.7 实验动物设施已建工程中全新风系统居多，其能耗比普通空调系统高很多，运行费用巨大。因此，在空调设计时，必须把"节能"作为一个重要条件来考虑，在满足使用功能的条件下，尽可能降低运行费用。

5.1.8 屏障环境设施和隔离环境设施对温湿度的要求较高，如果没有冷热源，过渡季节温湿度很难满足要求，应根据工程实际情况考虑过渡季节冷热源问题。

5.2 送风系统

5.2.1 对于使用开放式笼架具的屏障环境设施的动物生产区（动物实验区），工作人员和实验动物所处的是同一个环境，人和实验动物对氨、硫化氢等气体的敏感程度是不一样的，屏障环境设施既应满足实验动物也应满足工作人员的环境要求。对于屏障环境设施动物生产区（动物实验区）的回风经过粗效、中效、高效三级过滤器是能够满足洁净度的要求的，但对于氨、硫化氢等有害气体靠普通过滤器是不能去除的。已建工程的常用方式是采用全新风的空调方式，用新风稀释来保证屏障环境设施的空气质量。

采用全新风系统会造成空调系统的初投资和运行费用的大幅度增加，不利于空调系统的节能。采用回风时，可以采用室内合理的气流组织，提高通风效率（如笼具处局部排风等），或回风经过可靠的措施进行处理，使屏障环境设施的环境指标达到要求。

5.2.2 使用独立通风笼具的实验动物设施，独立通风笼具的排风是排到室外的，提高了通风的效率，独立通风笼具内的实验动物对房间环境的影响不大，故只对新风量提出了要求，而并未规定新风与回风的比例。

5.2.3 中效空气过滤器设在空调机组的正压段是为防止经过中效空气过滤器的送风再被污染。

5.2.4 对于全新风系统，新风量比较大，新风经过粗效过滤后，其含尘量还是比较大的，容易造成表冷器的表面积尘、阻塞空气通道，影响换热效率。

5.2.6 对于空气处理设备的防冻问题着重考虑新风处理设备的防冻问题，可以采用设新风电动阀并与新风机连锁、设防冻开关、设置辅助电加热器等方式。

5.3 排风系统

5.3.1、5.3.2 送风机与排风机的启停顺序是为了保证室内所需要的压力梯度。

5.3.3 相邻房间使用同一夹墙作为回（排）风道容易造成交叉污染，同时压差也不易调节。

5.3.4 实验动物设施的排风含有氨、硫化氢等污染

物，应采取有效措施进行处理以免影响周围人的生活、工作环境。

本条没有规定必须设置除味装置，主要是考虑到有些实验动物设施远离市区，或距周围建筑距离较远，或采用高空排放等措施，对周围人的生活、工作环境影响较小，这种情况下可以不设置除味装置。在不能满足要求时应设置除味装置，排风先除味再排放到大气中。除味装置设在负压段，是为了避免臭味通过排风管泄漏。

5.3.5 屏障环境设施净化区的回（排）风口安装粗效空气过滤器起预过滤的作用，在房间回（排）风口上设风量调节阀，可以方便地调节各房间的压差。

5.3.6 清洗消毒间、淋浴室和卫生间排风的湿度较高，如与其他房间共用排风管道可能污染其他房间。蒸汽高压灭菌器的局部排风是为了带走其所散发的热量。

5.4 气流组织

5.4.1 采用上送下回（排）的气流组织形式，对送风口和回（排）风口的位置要精心布置，使室内气流组织合理，尽可能减少气流停滞区域，确保室内可能被污染的空气以最快速度流向回（排）风口。洁净走廊、污物走廊可以上送上回。

5.4.2 回（排）风口下边太低容易将地面的灰尘卷起。

5.4.3 送、回（排）风口的布置应有利于污染物的排出，回（排）风口的布置应靠近污染源。

5.5 部件与材料

5.5.1 木制框架在高湿度的情况下容易孳生细菌。

5.5.2 测孔的作用有测量新风量、总风量、调节风量平衡等作用。测孔的位置和数量应满足需要。

5.5.3 实验动物设施排风的污染物浓度较高，使用的热回收装置不应污染新风。

5.5.4 高效空气过滤器都是一次抛弃型的。粗效、中效空气过滤器对送风起预过滤的作用，其过滤效果直接关系到高效空气过滤器的使用寿命，而高效空气过滤器的更换费用要比粗效、中效空气过滤器高得多。使用一次抛弃型粗效、中效过滤器才能更好保护高效过滤器。

5.5.5 本条对空气处理设备的选择作出了基本要求。

1 淋水式空气处理设备因其有繁殖微生物的条件，不适用生物洁净室系统。由于盘管表面有水滴，风速太大易使气流带水。

2 为了随时监测过滤器阻力，应设压差计。

3 从湿度控制和不给微生物创造孳生的条件方面考虑，如果有条件，推荐使用干蒸汽加湿装置加湿，如干蒸汽加湿、电极式加湿器、电热式加湿器等。

4 为防止过滤器受潮而有细菌繁殖，并保证加湿效果，加湿设备应和过滤段保持足够距离。

6 设备材料的选择都应减少产尘、积尘的机会。

6 给水排水

6.1 给　水

6.1.1 实验动物日饮用水量可参考表2。

表2　实验动物日饮用水量

动物品种	饮用水需要量	单位
小鼠（成熟龄）	4～7	mL
大鼠（50g）	20～45	mL
豚鼠（成熟龄）	85～150	mL
兔（1.4～2.3kg）	60～140	mL/kg
金黄地鼠（成熟龄）	8～12	mL
小型猪（成熟龄）	1～1.9	L
狗（成熟龄）	25～35	mL/kg
猫（成熟龄）	100～200	mL
红毛猴（成熟龄）	200～950	mL
鸡（成熟龄）	70	mL

本表是国内工程设计常采用的实验动物日饮用水量，仅作为工程设计的参考。

6.1.3 屏障环境设施的净化区和隔离环境设施的用水包括动物饮用水和洗刷用水均应达到无菌要求，主要是保证实验动物生产设施中生产的动物达到相应的动物级别的要求，保证实验动物实验设施中的动物实验结果的准确性。

6.1.4 屏障环境设施生产区（实验区）的给水干管设在技术夹层内便于维修，同时便于屏障环境设施内的清洁和减少积尘。

6.1.5 防止非净化区污染净化区，保证净化区与非净化区的静压差，易于保证洁净区的洁净度。

6.1.6 防止凝结水对装饰材料、电气设备等的破坏。

6.1.7 屏障环境设施净化区内的给水管道和管件，应该是不易积尘、容易清洁的材料，以满足净化要求。

6.2 排　水

6.2.1 大型实验动物设施的生产区（实验区）的粪便量较大，同时粪便中含有的病原微生物较多，单独设置化粪池有利于集中处理。

6.2.2 有利于根据不同区域排水的特点分别进行处理。

6.2.3 实验动物设施中实验动物的饲养密度比较大，同时排水中有动物皮毛、粪便等杂物，为防止堵塞排水管道，实验动物设施的排水管径比一般民用建筑的管径大。

6.2.4 尽量减少积尘点，同时防止排水管道泄漏污染屏障环境。如排水立管穿越屏障环境设施的净化区，则其排水立管应暗装，并且屏障环境设施所在的楼层不应设置检修口。

6.2.5 排水管道可采用建筑排水塑料管、柔性接口机制排水铸铁管等。高压灭菌器排水管道采用金属排水管、耐热塑料管等。

6.2.6 防止不符合洁净要求的地漏污染室内环境。

7 电气和自控

7.1 配　电

7.1.1 本条对实验动物设施的用电负荷并没有规定太严，主要是考虑使用条件的不同和我国现有的条件。

对于实验动物数量比较大的屏障环境设施的动物生产区（动物实验区），出现故障时造成的损失也较大，用电负荷一般不应低于2级。

对于普通环境实验动物设施，实验动物数量较少（不包括生物安全实验室）时，可根据实际情况选择用电负荷的等级。当后果比较严重、经济损失较大时，用电负荷不应低于2级。

7.1.2 设置专用配电柜主要考虑方便检修与电源切换。配电柜宜设置在辅助区是为了方便操作与检修。

7.1.3、7.1.4 主要是减少屏障环境设施净化区内的积尘点，保证屏障环境设施净化区的密闭性，有利于维持屏障环境设施内的洁净度与静压差。

7.1.5 金属配管不容易损坏，也可采用其他不燃材料。配电管线穿过防火分区时的做法应满足防火要求。

7.2 照　明

7.2.1 用密闭洁净灯主要是为了减少屏障环境设施净化区内的积尘点和易于清洁；吸顶安装有利于保证施工质量；当选用嵌入暗装灯具时，施工过程中对建筑装修配合的要求较高，如密封不严，屏障环境设施净化区的压差、洁净度都不易满足。

7.2.2 考虑到鸡、鼠等实验动物的动物照度很低，不调节则难以满足标准要求，因此其动物照度应可以调节（如调光开关）。

7.2.3 为了便于照明系统的集中管理，通常设置照明总开关。

7.3 自　控

7.3.1 本条是对自控系统的基本要求。

7.3.2 屏障环境设施生产区（实验区）的门禁系统可以方便工作人员管理，防止外来人员误入屏障环境设施污染实验动物。缓冲间的门是不应同时开启的，为防止工作人员误操作，缓冲室的门宜设置互锁装置。

7.3.3 缓冲室是人员进出的通道，在紧急情况（如火灾）下，所有设置互锁功能的门都应处于开启状态，人员能方便地进出，以利于疏散与救助。

7.3.4 屏障环境设施动物生产区（动物实验区）的送、排风机是保证屏障环境洁净度指标的关键，在送、排风机出现故障时，备用风机应及时投入运行，以免实验动物受到污染。

7.3.5 屏障环境设施动物生产区（动物实验区）的送、排风机的连锁可以防止其压差超过所允许的范围。

7.3.6 自动控制主要是指备用风机的切换、温湿度的控制等，手动控制是为了便于净化空调系统故障时的检修。

7.3.7 要求电加热器与送风机连锁，是一种保护控制，可避免系统中因无风电加热器单独工作导致的火灾。为了进一步提高安全可靠性，还要求设无风断电、超温断电保护措施。例如，用监视风机运行的压差开关信号及在电加热器后面设超温断电信号与风机启停连锁等方式，来保证电加热器的安全运行。

7.3.8 联接电加热器的金属风管接地，可避免造成触电类的事故。电加热器前后各800mm范围内的风管和穿过设有火源等容易起火部位的管道，采用不燃材料是为了满足防火要求。

7.3.9 声光报警是为了提醒维修人员尽快处理故障。但温度、湿度、压差计只需在典型房间设置，而不需每个房间都设。

7.3.10 温湿度变化范围大，不能满足实验动物的环境要求，也不利于空调系统的节能。

7.3.11 屏障环境设施净化区的工作人员进出净化区需要更衣，为了方便屏障环境设施净化区内工作人员之间及其与外部的联系，屏障环境设施应设可靠的通讯方式（如内部电话、对讲电话等）。

7.3.12 根据工程实际情况，必要时设置摄像监控装置，随时监控特定环境内的实验、动物的活动情况等。

8 消　防

8.0.1 实验动物设施的周边设置环形消防车道有利于消防车靠近建筑实施灭火，故要求在实验动物设施的周边宜设置环形消防车道。如设置环形车道有困难，则要求在建筑的两个长边设置消防车道。

8.0.2 综合考虑，二级耐火等级基本适合屏障环境设施的耐火要求，故要求独立建设的该类设施其耐火等级不应低于二级。当该类设施设置在其他的建筑物中时，包容它的建筑物必须做到不低于二级耐火等级。

8.0.3 本条要求是为了确保墙体分隔的有效性。

8.0.4、8.0.5 由于功能需要，有些局部区域具有较大的吊顶空间，为了保证该空间的防火安全性，故要求吊顶的材料为不燃且具有较高的耐火极限值。在此前提下，可不要求在吊顶内设消防设施。

8.0.6 本条规定了必须设置事故照明和灯光指示标志的原则、部位和条件。强调设置灯光疏散指示标志是为了确保疏散的可靠性。

8.0.7 面积大于50m²的在屏障环境设施净化区中要求安全出口的数量不应少于2个，是一个基本的原则。但考虑到这类设施对封闭性的特殊要求，规定其中1个出口可采用在紧急时能被击碎的钢化玻璃封闭。安全出口处应设置疏散指示标志和应急照明灯具。

8.0.8 一般情况下，疏散门应开向人流出走方向，但鉴于屏障环境设施净化区内特殊的洁净要求，以及该设施中人员实际数量的情况，故特别规定门的开启方向可根据功能特点确定。

8.0.9 本条建议屏障环境设施中宜设置火灾自动报警装置。这里没有强调应设火灾自动报警装置，是因为有的实验动物设施为独立建筑，且面积较小，没有必要设置火灾自动报警装置。当实验动物设施所在的建筑需要设置火灾自动报警装置时，实验动物设施内也应按要求设置火灾自动报警装置。

8.0.10 如果屏障环境设施净化区内设置自动喷水灭火装置，一旦出现自动喷洒设备误喷会导致该设施出现严重的污染后果。另外，实验动物设施内的可燃物质较少，故不要求设置自动喷水灭火系统，但应考虑在生产区（实验区）设置灭火器、消火栓等灭火措施。

8.0.11 给出了设置消火栓的原则和条件。屏障环境设施的消火栓尽量布置在非洁净区，如布置在洁净区内，消火栓应满足净化要求，并应作密封处理。

9 施工要求

9.1 一般规定

9.1.1 施工组织设计是工程质量的重要保证。

9.1.2、9.1.3 实验动物设施的工程施工涉及到建筑施工的各个专业，因此对施工的每道工序都应制定科学合理的施工计划和相应施工工艺，这是保证工期、质量的必要条件，并按照建筑工程资料管理

规程的要求编写必要的施工、检验、调试记录。

9.2 建筑装饰

9.2.1 为了保证施工质量达到设计要求，施工现场应做到清洁、有序。

9.2.2 如果实验动物设施有压差要求的房间密封不严，房间所要求的压差难以满足，同时房间泄漏的风量大，造成所需的新风量加大，不利于空调系统的节能。

9.2.3 很多工程中并未设置测压孔，而是通过门下的缝隙进行压差的测量。如果门的缝隙较大时，压差不容易满足；门的缝隙较小时（如负压屏障环境的密封门），容易将测压管压死，使测量不准确，所以建议预留测压孔。

9.2.4、9.2.5 条文主要是对装饰施工的美观、密封提出要求。

9.3 空调净化

9.3.1 净化空调机组的风压较大，对基础高度的要求主要是保证冷凝水的顺利排出。

9.3.2 空调机组安装前应先进行设备基础、空调设备等的现场检查，合格后方可进行安装。

9.3.3~9.3.7 对风管的制作加工、安装前的保护、安装等提出要求。

9.3.9、9.3.10 要求除味装置不仅安装方便，而且维修更换容易。

10 检测和验收

10.1 工程检测

10.1.4 本条规定了实验动物设施工程环境指标检测的状态。

10.1.5 表中所列的项目为必检项目。

10.1.6 室内气流速度对笼具内动物有影响是当此笼具具有和环境相通的孔、洞、格栅等，如果是密闭的笼具，这一风速就没有必要测。

10.2 工程验收

10.2.1 工程环境指标检测是工程验收的前提。

10.2.2 建设与设计文件、施工文件、建筑相关部门的质检文件、环境指标检测文件等是实验动物设施工程验收的基本文件，必须齐全。

10.2.3 本条规定了实验动物设施工程验收报告中验收结论的评价方法。

中华人民共和国国家标准

水泥基灌浆材料应用技术规范

Code for application technique of cementitious grout

GB/T 50448—2008

主编部门：中 国 冶 金 建 设 协 会
批准部门：中华人民共和国住房和城乡建设部
施行日期：２００８年８月１日

中华人民共和国住房和城乡建设部
公　告

第 7 号

关于发布国家标准
《水泥基灌浆材料应用技术规范》的公告

现批准《水泥基灌浆材料应用技术规范》为国家标准，编号为 GB/T 50448—2008，自 2008 年 8 月 1 日起实施。

本规范由我部标准定额研究所组织中国计划出版社出版发行。

中华人民共和国住房和城乡建设部
二〇〇八年三月三十一日

前　言

本规范是根据建设部建标函〔2005〕124 号文《关于印发"2005 年工程建设标准规范制订、修订计划（第二批）"的通知》的要求，由中国冶金建设协会组织中冶集团建筑研究总院会同有关设计、施工、生产厂家组成编制组，在广泛调研、开展专题试验研究、总结工程实践经验、参考国内外标准及有关资料、广泛征求各方意见的基础上共同编制完成。

本规范的主要内容有：总则、术语、基本规定、材料、进场复验、工程设计、施工、工程验收，共 8 章和 3 个附录。

本规范由建设部负责管理，由中冶集团建筑研究总院负责具体技术内容的解释。为提高标准质量，请各单位在执行本规范过程中，注意总结经验，积累资料，随时将建议和意见反馈给中冶集团建筑研究总院（地址：北京市海淀区西土城路 33 号；邮编：100088；E-mail：bnvc@bjnvc.com），以供今后修订时参考。

主 编 单 位：中冶集团建筑研究总院

参 编 单 位：中国京冶工程技术有限公司
北京纽维逊建筑工程技术有限公司
中国建筑材料科学研究总院
中冶京诚工程技术有限公司
中冶赛迪工程技术股份有限公司
中国石化工程建设公司
上海宝冶工程技术公司
中国石化洛阳石化工程公司
中国联合工程公司
北京市建筑设计研究院
北京国电华北电力工程有限公司
煤炭工业西安设计研究院
中国第二十二冶金建设公司中心实验室
天津水泥工业设计研究院
巴斯夫建材系统（中国）有限公司
湖南省白银新材料有限公司
黑龙江省火电第三工程公司

主要起草人：王　强　邹　新　郑　旗　邵正明
田　培　王立军　薛尚铃　张立华
聂向东　郑昆白　刘　武　鄢　磊
束伟农　郑洪有　王志杰　高连松
Frans de Peuter（德）　王成明
李洪生

目　次

1 总　则

1.0.1 为使水泥基灌浆材料在工程设计、施工和使用中做到技术先进、安全适用、经济合理、确保质量，制定本规范。

1.0.2 本规范适用于水泥基灌浆材料应用的检验与验收，灌浆工程的设计、施工、质量控制与工程验收。

1.0.3 应用水泥基灌浆材料的工程除应符合本规范外，尚应符合国家现行有关标准的规定。

2 术　语

2.0.1 水泥基灌浆材料　cementitious grout

一种由水泥、集料（或不含集料）、外加剂和矿物掺合料等原材料，经工业化生产的具有合理级分的干混料。加水拌和均匀后具有可灌注的流动性、微膨胀、高的早期和后期强度、不泌水等性能。

2.0.2 二次灌浆　baseplate grouting

在地脚螺栓锚固灌浆完毕后，对设备或钢结构柱脚的底板底面与混凝土基础表面之间进行的填充性灌浆工艺，以满足紧密接触底板并均匀传递荷载的要求。

2.0.3 自重法灌浆　self-leveling grouting

水泥基灌浆材料在灌浆过程中，利用其良好的流动性，依靠自身重力自行流动满足灌浆要求的方法。

2.0.4 高位漏斗法灌浆　high-level funnel grouting

水泥基灌浆材料在灌浆过程中，当其自行流动不能满足灌浆要求时，利用高位漏斗提高位能差，满足灌浆要求的方法。

2.0.5 压力法灌浆　pressure grouting

水泥基灌浆材料在灌浆过程中，采用灌浆增压设备，满足灌浆要求的方法。

2.0.6 早期膨胀　early age expansion

水泥基灌浆材料在加水拌和后产生且持续至初凝的体积膨胀。

2.0.7 硬化后膨胀　post-hardening expansion

水泥基灌浆材料在凝结硬化过程中，伴随着膨胀性水化产物的生成而产生的体积膨胀。

2.0.8 复合膨胀　combination expansion

同时具有早期膨胀和硬化后膨胀。

3 基本规定

3.0.1 水泥基灌浆材料适用于地脚螺栓锚固、设备基础或钢结构柱脚底板的灌浆、混凝土结构加固改造及后张预应力混凝土结构孔道灌浆。

3.0.2 水泥基灌浆材料应用设计应根据强度要求、设备运行时的环境温度、灌浆层厚度、地脚螺栓表面与孔壁的净间距、施工环境温度、养护措施等因素选择材料。水泥基灌浆材料应有生产厂家提供的工作环境温度范围、施工环境温度范围及相应的性能指标。

3.0.3 水泥基灌浆材料拌和用水的质量应符合国家现行标准《混凝土用水标准》JGJ 63 的有关规定。水泥基灌浆材料在施工时，应按照产品要求的用水量拌和，不得通过增加用水量来提高其流动性。

3.0.4 水泥基灌浆材料应用过程中，应采取措施避免操作人员吸入有害粉尘和造成环境污染。

4 材　料

4.1 水泥基灌浆材料性能

4.1.1 水泥基灌浆材料主要性能应符合表 4.1.1 的规定。

表 4.1.1　水泥基灌浆材料主要性能指标

类　别		Ⅰ类	Ⅱ类	Ⅲ类	Ⅳ类	
最大集料粒径（mm）			≤4.75		>4.75 且≤16	
流动度（mm）	初始值	≥380	≥340	≥290	≥270*	≥650**
	30min保留值	≥340	≥310	≥260	≥240*	≥550**
竖向膨胀率（%）	3h			0.1～3.5		
	24h与3h的膨胀值之差			0.02～0.5		
抗压强度（MPa）	1d			≥20.0		
	3d			≥40.0		
	28d			≥60.0		
对钢筋有无锈蚀作用				无		
泌水率（%）				0		

注：1　表中性能指标均应按产品要求的最大用水量检验；

2　*表示坍落度数值，**表示坍落扩展度数值；

3　水泥基灌浆材料类别的选择应按本规范第 6 章中的有关规定执行；

4　快凝快硬型水泥基灌浆材料的性能指标除 30min流动度（或坍落度和坍落扩展度）保留值、24h与 3h 的膨胀值之差及 24h 内抗压强度值由供需双方协商确定外，其他性能指标应符合本表的规定；

5　当Ⅳ类水泥基灌浆材料用于混凝土结构改造和加固时，对其 3h 的竖向膨胀率指标不作要求；

6　对用于冬期施工的水泥基灌浆材料的 30min 保留值和 24h 与 3h 的膨胀值之差不作要求。

4.1.2 用于冬期施工的水泥基灌浆材料性能除应符合表 4.1.1 规定外，尚应符合表 4.1.2 的规定。

表 4.1.2　用于冬期施工的水泥基灌浆材料性能指标

规定温度 （℃）	抗压强度比（%）		
	R_{-7}	R_{-7+28}	R_{-7+56}
—5	≥20	≥80	≥90
—10	≥12		

注：1　R_{-7} 表示负温养护 7d 的试件抗压强度值与标准养护 28d 的试件抗压强度值的比值。

2　R_{-7+28}、R_{-7+56} 分别表示负温养护 7d 转标准养护 28d 和负温养护 7d 转标准养护 56d 的试件抗压强度值与标准养护 28d 的试件抗压强度值的比值；

3　施工时最低温度可比规定温度低 5℃。

4.1.3　用于高温环境的水泥基灌浆材料性能除应符合表 4.1.1 的规定外，尚应符合表 4.1.3 的规定。

表 4.1.3　用于高温环境的
水泥基灌浆材料耐热性能指标

使用环境温度 （℃）	抗压强度比 （%）	热震性（20 次）
200～500	≥100	1）试块表面无脱落； 2）热震后的试件浸水端抗压强度与试件标准养护 28d 的抗压强度比（%）≥90

4.2　检　　验

4.2.1　流动度的检验应按附录 A.0.2 进行。

4.2.2　坍落度和坍落扩展度的检验应按附录 A.0.3 进行。

4.2.3　抗压强度的检验应按附录 A.0.4 进行。

4.2.4　竖向膨胀率的检验应按附录 A.0.5 进行。仲裁检验应按附录 A.0.5 规定的"方法一：架百分表法"进行。

4.2.5　对钢筋有无锈蚀作用的检验应按现行国家标准《混凝土外加剂》GB 8076 中附录 C 的规定进行。

4.2.6　泌水率的检验应按现行国家标准《普通混凝土拌合物性能试验方法标准》GB/T 50080 中 5.1 节的有关规定进行。浆体装入试样桶时不得振动或插捣。

4.2.7　氯离子含量的检验应按现行国家标准《混凝土外加剂匀质性试验方法》GB/T 8077 中第 9 章的方法进行。

4.2.8　用于冬期施工的水泥基灌浆材料性能检验应按附录 A.0.6 进行。

4.2.9　用于高温环境的水泥基灌浆材料性能检验应按附录 A.0.7 进行。

5　进场复验

5.1　一般规定

5.1.1　水泥基灌浆材料进场时应复验，合格后方可用于施工。

5.1.2　复验项目应包括水泥基灌浆材料性能和净含量。

5.1.3　进场复验应由经国家计量认证和实验室认可的检验单位按本规范第 4 章规定的检验方法进行检验。

5.1.4　复验性能指标应符合本规范第 4.1 节的相关要求。

5.1.5　净含量应符合下列要求：

　　1　每袋净质量应为 25kg 或 50kg，且不得少于标志质量的 99%；

　　2　随机抽取 40 袋 25kg 包装或 20 袋 50kg 包装的产品，其总净含量不得少于 1000kg；

　　3　其他包装形式由供需双方协商确定，但净含量应符合上述原则规定。

5.2　编号及取样

5.2.1　水泥基灌浆材料每 200t 为一个编号，不足一个编号的按一个编号计，每一编号为一个取样单位。

5.2.2　取样方法按现行国家标准《水泥取样方法》GB 12573 的有关规定进行。取样应有代表性，总量不得少于 30kg。

5.2.3　将样品混合均匀，用四分法，将每一编号取样量缩减至试验所需量的 2.5 倍。

5.3　试样及留样

5.3.1　每一编号取得的试样应充分混合均匀，分为两等份。其中一份按本规范表 4.1.1 规定的项目进行检验，另一份应密封保存至有效期，以备有疑问时进行仲裁检验。

5.4　技术资料

5.4.1　进场的水泥基灌浆材料应具有下列技术文件：产品合格证、使用说明书、出厂检验报告。

5.4.2　出厂检验报告内容应包括：产品名称与型号、检验依据标准、生产日期、用水量、流动度（或坍落度和坍落扩展度）的初始值和 30min 保留值、竖向膨胀率、1d 抗压强度、检验部门印章、检验人员签字（或代号）。当用户需要时，生产厂家应在水泥基灌浆材料发出之日起 7d 内补发 3d 抗压强度值、32d 内补发 28d 抗压强度值。

6　工　程　设　计

6.1　地脚螺栓锚固

6.1.1　地脚螺栓锚固宜根据表 6.1.1 的规定选择水

泥基灌浆材料。

表 6.1.1 地脚螺栓锚固用水泥基灌浆材料的选择

螺栓表面与孔壁的净间距（mm）	水泥基灌浆材料类别
15～50	Ⅱ类、Ⅲ类
50～100	Ⅲ类、Ⅳ类
>100	Ⅳ类

6.1.2 螺栓锚固埋设深度应满足设计要求，埋设深度不宜小于 15 倍的螺栓直径。

6.1.3 基础混凝土强度等级不宜低于 C20。

6.2 二次灌浆

6.2.1 二次灌浆除应满足设计强度要求外，尚宜根据灌浆层厚度按表 6.2.1 选择水泥基灌浆材料。

表 6.2.1 二次灌浆用水泥基灌浆材料的选择

灌浆层厚度（mm）	水泥基灌浆材料类别
5～30	Ⅰ类
20～100	Ⅱ类
80～200	Ⅲ类
>200	Ⅳ类

注：1 采用压力法或高位漏斗法灌浆施工时，可放宽水泥基灌浆材料的类别选择。

2 当灌浆层厚度大于 150mm 时，可平均分成两次灌浆。根据实际分层厚度按上表选择合适的水泥基灌浆材料类别。第二次灌浆宜在第一次灌浆 24h 后，灌浆前应对第一次灌浆层表面做凿毛处理。

6.2.2 设备基础混凝土强度等级不宜低于 C20。

6.3 混凝土结构改造和加固

6.3.1 混凝土柱采用加大截面加固法加固时（图 6.3.1），混凝土柱与模板的最小间距 b 不应小于 60mm，应采用第Ⅳ类水泥基灌浆材料。

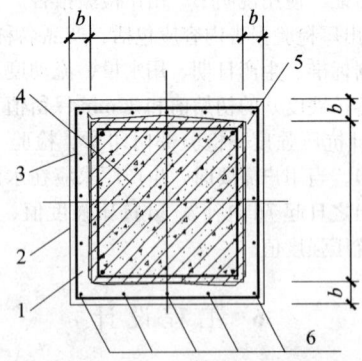

图 6.3.1 混凝土柱加大截面法灌浆加固
1—水泥基灌浆材料；2—模板；3—新增箍筋；
4—原混凝土柱；5—原混凝土面；6—新增纵向钢筋

6.3.2 混凝土柱采用加钢板套加固（图 6.3.2），原混凝土柱表面与外钢板套的最小间距 b 为 10～20mm 时，宜采用第Ⅰ、Ⅱ类水泥基灌浆材料；最小间距 b 不小于 20mm 时，宜采用第Ⅱ、Ⅲ类水泥基灌浆材料。

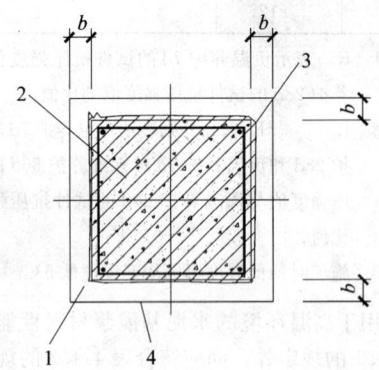

图 6.3.2 混凝土柱加钢板套法灌浆加固
1—水泥基灌浆材料；2—原混凝土柱；
3—原混凝土面；4—钢板套

6.3.3 混凝土柱采用干式外包钢加固法加固（图 6.3.3），角钢与模板的最小间距 b_1 不小于 30mm、角钢与原混凝土柱的最小间距 b_2 不小于 20mm 时，应采用第Ⅳ类水泥基灌浆材料。

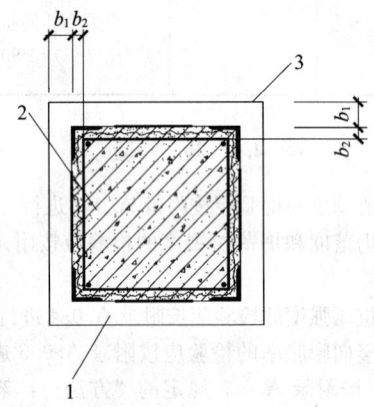

图 6.3.3 混凝土柱外包钢法灌浆加固
1—水泥基灌浆材料；2—原混凝土柱；3—外包角钢

6.3.4 混凝土梁采用加大截面法加固（图 6.3.4），梁侧表面与模板之间的最小间距 b_1 不小于 60mm 或梁的底面与模板之间的最小间距 b_2 不小于 80mm 时，应采用第Ⅳ类水泥基灌浆材料。

6.3.5 楼板采用叠合层法增加板厚加固（图 6.3.5），当楼板上层加固增加的板厚 b_1 不小于 40mm 或楼板下层加固增加的板厚 b_2 不小于 80mm 时，应采用第Ⅳ类水泥基灌浆材料。

6.3.6 混凝土结构施工中出现的蜂窝、孔洞、柱子烂根的修补，灌浆层厚度不小于 50mm 时，应采用第Ⅳ类水泥基灌浆材料。

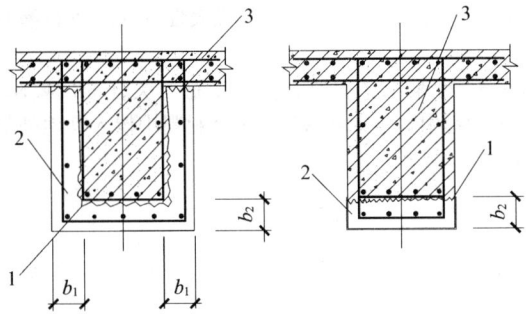

(a)混凝土梁侧面及底面　　(b)混凝土梁底面
　加大截面法灌浆加固　　　加大截面法灌浆加固

图 6.3.4　混凝土梁加大截面法灌浆加固
1—原混凝土面；2—水泥基灌浆材料；3—原梁截面

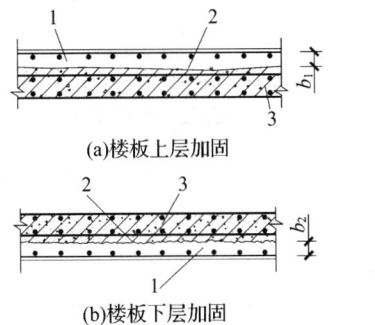

(a)楼板上层加固

(b)楼板下层加固

图 6.3.5　混凝土板叠合层法
增加板厚灌浆加固
1—水泥基灌浆材料；2—原混凝土面；
3—原混凝土楼板

6.4　后张预应力混凝土结构孔道灌浆

6.4.1 后张预应力混凝土结构孔道灌浆应根据现行国家标准《混凝土结构设计规范》GB 50010 环境类别分类，按表 6.4.1 的规定选择水泥基灌浆材料。

表 6.4.1　后张预应力混凝土结构
孔道用水泥基灌浆材料的选择

环境类别	一、二	三	四、五
灌浆材料	可采用第Ⅰ类水泥基灌浆材料	宜采用第Ⅰ类水泥基灌浆材料	应采用第Ⅰ类水泥基灌浆材料

6.4.2 水泥基灌浆材料性能要求：

　　1 氯离子含量不应超过水泥基灌浆材料总量的 0.06%；

　　2 当有特殊性能要求时，尚应符合相关标准或设计要求。

7　施　工

7.1　施工准备

7.1.1 施工现场质量管理应有相应的施工技术标准、健全的质量管理体系、施工质量控制和质量检验制度。灌浆前应有施工组织设计或施工技术方案，并经审查批准。

7.1.2 灌浆施工前应准备搅拌机具、灌浆设备、模板及养护物品。

7.1.3 模板支护除应符合现行国家标准《混凝土结构工程施工质量验收规范》GB 50204 中的有关规定外，尚应符合下列规定：

　　1 二次灌浆时，模板与设备底座四周的水平距离宜控制在 100mm 左右；模板顶部标高应不低于设备底座上表面 50mm（图7.1.3）；

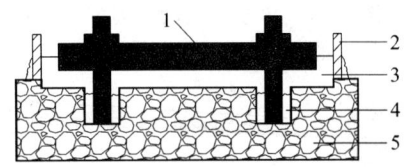

图 7.1.3　模板支设示意图
1—设备底座；2—模板；3—二次灌浆层；
4—地脚螺栓孔灌浆层；5—设备基础

　　2 混凝土结构改造加固时，模板支护应留有足够的灌浆孔及排气孔，灌浆孔的孔径不小于 50mm，间距不超过 1000mm，灌浆孔与排气孔应高于孔洞最高点 50mm。

7.2　拌　和

7.2.1 水泥基灌浆材料拌和时，应按照产品要求的用水量加水。

7.2.2 水泥基灌浆材料宜采用机械拌和。拌和时宜先加入 2/3 的水拌和约 3min，然后加入剩余水量拌和直至均匀。若生产厂家对产品有具体拌和要求，应按其要求进行拌和。

7.2.3 拌和地点宜靠近灌浆地点。

7.3　地脚螺栓锚固灌浆

7.3.1 锚固地脚螺栓施工工艺应符合附录B的要求。

7.3.2 地脚螺栓成孔时，螺栓孔的水平偏差不得大于 5mm，垂直度偏差不得大于 5°。螺栓孔壁应粗糙，应将孔内清理干净，不得有浮灰、油污等杂质，灌浆前用水浸泡 8～12h，清除孔内积水。当环境温度低于 5℃时应采取措施预热，温度保持在 10℃以上。

7.3.3 灌浆前应清除地脚螺栓表面的油污和铁锈。

7.3.4 将拌和好的水泥基灌浆材料灌入螺栓孔内时，可根据需要调整螺栓的位置。灌浆过程中严禁振捣，可适当插捣，灌浆结束后不得再次调整螺栓。

7.3.5 孔内灌浆层上表面宜低于基础混凝土表面 50mm 左右。

7.4　二次灌浆

7.4.1 二次灌浆应根据工程实际情况，选用合适的灌浆方法。工艺流程应符合附录C的要求。

7.4.2 灌浆前，应将与灌浆材料接触的设备底板和混凝土基础表面清理干净，不得有松动的碎石、浮浆、浮灰、油污、蜡质等。灌浆前24h，基础混凝土表面应充分润湿，灌浆前1h，清除积水。

7.4.3 二次灌浆时，应从一侧进行灌浆，直到从另一侧溢出为止，不得从相对两侧同时进行灌浆。灌浆开始后，必须连续进行，并尽可能缩短灌浆时间。

7.4.4 轨道基础或灌浆距离较长时，视实际工程情况可分段施工。

7.4.5 在灌浆过程中严禁振捣，必要时可采用灌浆助推器（图7.4.5）沿浆体流动方向的底部推动灌浆材料，严禁从灌浆层的中、上部推动。

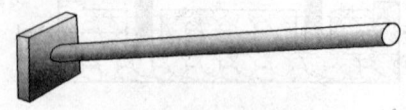

图 7.4.5 灌浆助推器

7.4.6 设备基础灌浆完毕后，宜在灌浆后3～6h沿底板边缘向外切45°斜角（图7.4.6）。

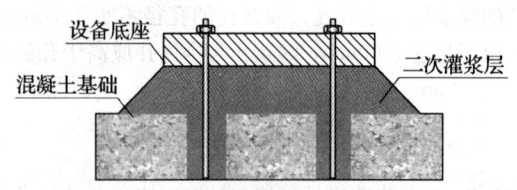

图 7.4.6 切边后示意图

7.5 混凝土结构改造和加固灌浆

7.5.1 水泥基灌浆材料接触的混凝土表面应充分凿毛。

7.5.2 混凝土结构缺陷修补，应剔除酥松的混凝土并使其露出钢筋，将修补区域边缘切成垂直形状，深度不小于20mm。

7.5.3 灌浆前应清除所有的碎石、粉尘或其他杂物，并湿润基层混凝土表面。

7.5.4 将拌和均匀的灌浆材料灌入模板中并适当敲击模板。

7.5.5 灌浆层厚度大于150mm时，应采取相关措施，防止产生温度裂缝。

7.6 后张预应力混凝土结构孔道灌浆

7.6.1 后张预应力混凝土结构孔道灌浆方法应根据现行国家标准《混凝土结构设计规范》GB 50010 环境类别分类，符合表7.6.1的规定。

表 7.6.1 灌浆工艺的选择

环境类别	一、二	三	四、五
灌浆工艺	可采用压力法灌浆或真空压浆法灌浆	宜采用压力法灌浆或真空压浆法灌浆	应采用真空压浆法灌浆

7.6.2 正式灌浆前宜选择有代表性的孔道进行灌浆试验。

7.6.3 灌浆工艺应符合国家现行有关标准的要求；灌浆过程中，不得在水泥基灌浆材料中掺入其他外加剂、掺和料。

7.7 冬期施工

7.7.1 日平均温度低于5℃时应按冬期施工并符合下列要求：

1 灌浆前应采取措施预热基础表面，使其温度保持在10℃以上，并清除积水；

2 应采用不超过65℃的温水拌和水泥基灌浆材料，浆体的入模温度在10℃以上；

3 受冻前，水泥基灌浆材料的抗压强度不得低于5MPa。

7.8 高温气候环境施工

7.8.1 灌浆部位温度大于35℃，应按高温气候环境施工并符合下列要求：

1 灌浆前24h采取措施，防止灌浆部位受到阳光直射或其他热辐射；

2 采取适当降温措施，与水泥基灌浆材料接触的混凝土基础和设备底板的温度不应大于35℃；

3 浆体的入模温度不应大于30℃；

4 灌浆后应及时采取保湿养护措施。

7.9 常温养护

7.9.1 灌浆时，日平均温度不应低于5℃，灌浆完毕后裸露部分应及时喷洒养护剂或覆盖塑料薄膜，加盖湿草袋保持湿润。采用塑料薄膜覆盖时，水泥基灌浆材料的裸露表面应覆盖严密，保持塑料薄膜内有凝结水。灌浆料表面不便浇水时，可喷洒养护剂。

7.9.2 应保持灌浆材料处于湿润状态，养护时间不得少于7d。

7.9.3 当采用快凝快硬型水泥基灌浆材料时，养护措施应根据产品要求的方法执行。

7.10 冬期施工养护

7.10.1 冬期施工，工程对强度增长无特殊要求时，灌浆完毕后裸露部分应及时覆盖塑料薄膜并加盖保温材料。起始养护温度不应低于5℃。在负温条件养护时不得浇水。

7.10.2 拆模后水泥基灌浆材料表面温度与环境温度之差大于20℃时，应采用保温材料覆盖养护。

7.10.3 如环境温度低于水泥基灌浆材料要求的最低施工温度或需要加快强度增长时，可采用人工加热养护方式；养护措施应符合国家现行标准《建筑工程冬期施工规程》JGJ 104 的有关规定。

8 工程验收

8.0.1 工程验收除应符合设计要求及现行国家标准《混凝土结构工程施工质量验收规范》GB 50204 的有关规定外，尚应符合下列规定：

1 灌浆施工时，以每50t为一个留样编号，不足50t时按一个编号计。

2 以标准养护条件下的抗压强度留样试块的测试数据作为验收数据；同条件养护试件的留置组数应根据实际需要确定。

3 留样试件尺寸及试验方法应按附录A的相关规定执行。

8.0.2 工程质量验收文件应包括水泥基灌浆材料的产品合格证、出厂检验报告和进场复验报告、施工检验报告、施工技术方案与施工记录等文件。

附录A 检验方法

A.0.1 实验室的温度、湿度应符合下列规定：

1 温度应为20℃±2℃，相对湿度应大于50%。

2 养护室的温度应为20℃±1℃，相对湿度应大于90%；养护水的温度应为20℃±1℃；

3 成型时，水泥基灌浆材料和拌和水的温度应与实验室的温度一致。

A.0.2 流动度检验应符合下列规定：

1 采用行星式水泥胶砂搅拌机搅拌，预先用潮湿的布擦拭搅拌锅和搅拌叶。

2 首先将1800g水泥基灌浆材料倒入搅拌锅中，开机搅拌，在10s内加入计量好的拌和用水，按水泥胶砂搅拌机的固定程序搅拌240s结束；若生产厂家对产品有具体搅拌要求，应按其要求进行搅拌。

3 预先用潮湿的布擦拭玻璃板和截锥圆模内壁，并将截锥圆模放置在玻璃板中心，然后将搅拌好的灌浆材料迅速倒满截锥圆模内，浆体与截锥圆模上口平齐。截锥圆模应符合现行国家标准《水泥胶砂流动度测定方法》GB/T 2419 的规定，尺寸为下口内径100mm±0.5mm，上口内径70mm±0.5mm，高60mm±0.5mm；玻璃板尺寸不小于500mm×500mm，并放置在水平试验台上。

4 徐徐提起截锥圆模，灌浆材料在无扰动条件下自由流动直至停止，用卡尺测量底面最大扩散直径及与其垂直方向的直径，计算平均值，作为流动度初始值，测试结果精确到1mm，取整后用mm表示并记录数据。

5 流动度初始值检验，从搅拌开始计时到测量结束，应在6min内完成。

6 流动度初始值测量完毕后，迅速将玻璃板上

的灌浆材料装入搅拌锅内，并用潮湿的布封盖搅拌锅，防止水分蒸发。

7 流动度初始值测量完毕后30min，重新将搅拌锅内灌浆材料按搅拌机的固定程序搅拌240s，然后重新按本条第3、4款测量流动度值，作为流动度30min保留值，并记录数据。

A.0.3 坍落度和坍落扩展度检验应符合下列规定：

1 采用强制式混凝土搅拌机拌和，预先用水润湿，不得有明水。

2 首先将20kg水泥基灌浆材料倒入搅拌机内，开机后10s内加入计量好的拌和用水，并搅拌180s；当生产厂家对产品有具体搅拌要求时，应按其要求进行搅拌。

3 将混凝土坍落度筒及底板用水润湿，但不得有明水，底板应平直，尺寸不小于800mm×800mm；把坍落度筒放在底板中心，然后用脚踩住两边的脚踏板，坍落度筒在装料时应保持固定的位置。

4 将搅拌好的水泥基灌浆材料一次性装满坍落度筒，不需插捣，用抹刀刮平。清除筒边底板上的灌浆材料，垂直平稳地提起坍落度筒，提离过程应在5~10s内完成，从开始装料到提坍落度筒的整个过程应在60s内完成。

5 用直尺测量灌浆料扩展后的坍落度和垂直方向上的扩展直径，计算两个所测直径的平均值，即为坍落扩展度初始值，测试结果精确到1mm，取整后用mm表示并记录数据。

6 坍落度和坍落扩展度初始值检验，从搅拌开始计时到测量结束，应在5min内完成。

7 坍落度和坍落扩展度初始值测量完毕后，迅速将底板上的灌浆材料装入搅拌机内，并用潮湿的布封盖搅拌机入料口，防止水分蒸发。

8 坍落度和坍落扩展度初始值测量完毕后30min，重新将搅拌机内灌浆材料搅拌180s，按本条第3、4、5条款测量坍落度和坍落扩展度，作为坍落度和坍落扩展度30min保留值并记录数据。

A.0.4 抗压强度检验应符合下列规定：

1 水泥基灌浆材料的最大集料粒径不大于4.75mm时，抗压强度标准试件应采用尺寸为40mm×40mm×160mm的棱柱体，抗压强度的检验应按现行国家标准《水泥胶砂强度检验方法（ISO法）》GB/T 17671中的有关规定执行。应采取非震动成型，按第A.0.2条搅拌水泥基灌浆材料，将拌和好的浆体直接灌入试模，浆体与试模的上边缘平齐。从搅拌开始计时到成型结束，应在6min内完成。

2 水泥基灌浆材料的最大集料粒径大于4.75mm且不大于16mm时，抗压强度采用尺寸100mm×100mm×100mm的立方体，抗压强度检验应依据现行国家标准《普通混凝土力学性能试验方法标准》GB/T 50081中的有关规定执行。按第A.0.3

条搅拌水泥基灌浆材料，将拌和好的浆体直接灌入试模，适当手工振动，浆体与试模的上边缘平齐。边长为 100mm 立方体抗压强度 $f_{cu,10}$ 应乘以表 A.0.4 的换算系数，作为标准抗压强度 $f_{cu,k}$。

表 A.0.4 边长为 100mm 立方体抗压强度 $f_{cu,10}$ 与边长为 150mm 立方体抗压强度 $f_{cu,k}$ 的折算系数

边长为 100mm 立方体强度 $f_{cu,10}$（MPa）	折算系数	边长为 100mm 立方体强度 $f_{cu,10}$（MPa）	折算系数
≤55	0.95	76~85	0.92
56~65	0.94	86~95	0.91
66~75	0.93	>96	0.90

A.0.5 竖向膨胀率检验应符合下列规定：

可以采用下述方法中的一种。

方法一：架百分表法

1 仪器设备应符合现行国家标准《混凝土外加剂应用技术规范》GB 50119 中附录 C 的有关规定。

2 试验步骤：

1）根据最大骨料的尺寸，按本规范第 A.0.2 条或第 A.0.3 条拌和水泥基灌浆材料。

2）将玻璃板平放在试模中间位置，并轻轻压住玻璃板。拌和料一次性从一侧倒满试模，至另一侧溢出并高于试模边缘约 2mm。对于Ⅳ类灌浆料，成型过程中可轻微插捣。

3）用湿棉丝覆盖玻璃板两侧的浆体。

4）把百分表测量头垂直放在玻璃板中央，并安装牢固。在 30s 内读取百分表初始读数 h_0；成型过程应在搅拌结束后 3min 内完成。

5）自加水拌和时起分别于 3h 和 24h 读取百分表的读数 h_t。整个测量过程中应保持棉丝湿润，装置不得受震动。成型养护温度均为 20℃±2℃。

3 按现行国家标准《混凝土外加剂应用技术规范》GB 50119 中附录 C.0.5 计算竖向膨胀率。

方法二：非接触式测量法

1 仪器设备：

1）激光发射接收系统及数据采集系统。

2）边长为 100mm 立方体混凝土用试模，拼装缝应紧密，不得漏水。或有效高度为 100mm，上口直径 100mm 的刚性圆锥形试模。

注：要求系统最小测量精度不大于 0.01mm，量程不小于 4mm，并有计量合格证明。

2 试验步骤：

1）根据最大骨料的尺寸，按第 A.0.2 条或第 A.0.3 条拌和水泥基灌浆材料。

2）将拌和料一次性倒满试模，浆体与试模上沿平齐。在浆体表面中间位置放置一个激光反射薄片。

3）将试模放置在激光测量探头的正下方，按照仪器的使用要求操作。

4）应在拌和后 5min 内完成上述操作，并开始测量，记录 3h 和 24h 的读数。当有特殊要求时，按要求的时间读取读数。

5）测量过程中应采取适当的保湿措施，避免浆体水分蒸发。

6）在测量过程中，不得振动、接触或移动试体和测试仪器。

3 竖向膨胀率按下式计算：

$$^OH = (I/H) \times 100\% \qquad (A.0.5)$$

式中 ^OH——竖向膨胀率（%），精确至 0.01；

I——激光反射薄片位移读数（mm），如果浆体发生收缩，记为负（一）；

H——试件的初始高度（100mm）。

A.0.6 用于冬期施工的水泥基灌浆材料检验应按国家现行标准《混凝土防冻剂》JC 475 中的有关养护制度执行，修改部分如下：

1 成型方法按本规范第 A.0.4 条的有关规定进行；

2 抗压强度比按下列公式计算：

$$R_{-7} = (f_{-7}/f_{28}) \times 100\% \qquad (A.0.6-1)$$
$$R_{-7+28} = (f_{-7+28}/f_{28}) \times 100\% \qquad (A.0.6-2)$$
$$R_{-7+56} = (f_{-7+56}/f_{28}) \times 100\% \qquad (A.0.6-3)$$

式中 f_{28}——标准养护条件养护 28d 受检水泥基灌浆材料抗压强度（MPa）；

f_{-7}——负温养护 7d 受检水泥基灌浆材料抗压强度（MPa）；

f_{-7+28}——负温养护 7d 转标准养护 28d 受检水泥基灌浆材料抗压强度（MPa）；

f_{-7+56}——负温养护 7d 转标准养护 56d 受检水泥基灌浆材料抗压强度（MPa）。

A.0.7 用于高温环境下的水泥基灌浆材料检验应符合下列规定：

1 抗压强度比的试验步骤如下：

1）按第 A.0.4 条制备试件。

2）试件成型后 24h 脱模，放置标准养护室养护至 28d。

3）试件在电热干燥箱中，于 110℃±5℃ 下干燥 24h。

4）试件按国家现行标准《致密耐火浇注料 线变化率试验方法》YB/T 5203 第 6.3 条进行加热，并在加热至受检规定温度时保温 3h，其受检规定温度按产品耐热性能指标确定。

5）抗压强度比按下式计算：
$$R_t = f_t / f_{28} \times 100\% \qquad (A.0.7)$$
式中　R_t——抗压强度比（%）；
　　　f_t——焙烧至受检规定温度的水泥基灌浆材料抗压强度（MPa）。

2　按本条款的要求制备试件、养护与烘干。热震性试验步骤如下：

1）将高温炉升温至规定温度，并保持恒温 15min。
2）将试块迅速放入高温炉，距离发热体表面不少于 30mm；保持 10min。
3）迅速取出试块，沿端部将试块的一半垂直浸入 20℃±2℃的水中 3min。
4）从水中取出试块，在空气中晾置 5min。
5）按 2）的步骤重复 20 次。每次应调节水温，并用试块同一端部浸入水中。
6）测定试块浸水端的抗压强度。

附录 B　锚固地脚螺栓施工工艺

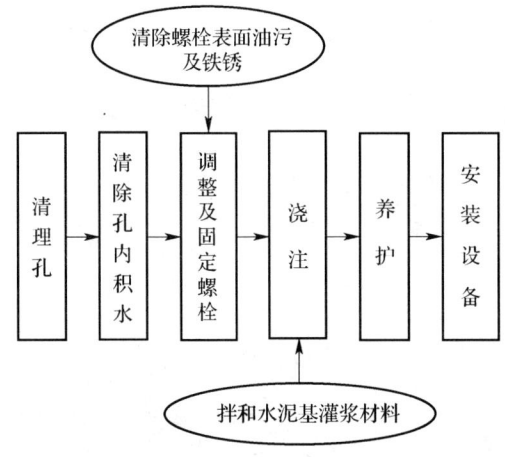

附录 C　二次灌浆施工工艺

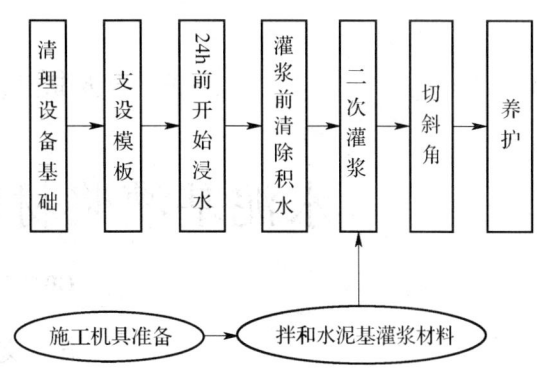

本规范用词说明

1　为便于在执行本规范条文时区别对待，对要求严格程度不同的用词说明如下：

1）表示很严格，非这样做不可的用词：
　　正面词采用"必须"；反面词采用"严禁"。
2）表示严格，在正常情况下均应这样做的用词：
　　正面词采用"应"；反面词采用"不应"或"不得"。
3）表示允许稍有选择，在条件许可时首先应这样做的用词：
　　正面词采用"宜"；反面词采用"不宜"；
　　表示有选择，在一定条件下可以这样做的用词，采用"可"。

2　本规范中指明应按其他有关标准、规范执行的写法为"应符合……的规定"或"应按……执行"。

中华人民共和国国家标准

水泥基灌浆材料应用技术规范

GB/T 50448—2008

条 文 说 明

目　次

1 总 则

1.0.1 我国自改革开放以来，冶金、石化和电力系统等从国外引进了轧钢、连铸、大型压缩机和大型发电机等大型、特大型设备。为了提高此类设备的安装精度，加快安装速度和延长设备使用寿命，水泥基灌浆材料得到广泛应用并得以迅速的发展。自 20 世纪 90 年代初，我国自主研发生产的水泥基灌浆材料在众多大中型企业的设备安装、建筑结构加固改造工程中得到广泛应用。该材料在国内已有近 20 年的工程应用历史。1997 年国家科委将水泥基灌浆材料列为国家科技成果重点推广项目。

目前国内从事水泥基灌浆材料的生产企业达二百余家，年产量 30～50 万 t。为规范产品质量、正确选型和指导施工，达到技术先进、安全适用、经济合理、确保质量，特制定本规范。

1.0.3 应用水泥基灌浆材料的工程尚应符合《混凝土结构设计规范》GB 50010、《混凝土结构工程施工质量验收规范》GB 50204、《建筑工程冬期施工规程》JGJ 104、《混凝土结构加固设计规范》GB 50367、《建筑工程预应力施工规程》CECS 180 等国家现行有关标准的规定。

2 术 语

2.0.1 水泥基灌浆材料绝大部分用于设备安装灌浆，起到固定地脚螺栓和传递设备荷载的作用，灌浆层与设备底板的实际接触面积非常重要。试验和工程中均发现，有的水泥基灌浆材料与底板的实际接触面积不大，没有很好地起到传递荷载的作用，不利于工程质量。

对于水泥基灌浆材料，有效承载面（effective bearing area）是一个很重要的概念。所谓有效承载面是指设备或钢结构柱脚底板下面灌浆材料实际接触底板并可传递受压荷载的面积与设备或钢结构柱脚的底板总面积之比，以百分数表示。美国标准 ASTM C1339—2002《耐化学腐蚀聚合物机械灌浆料流动性和承载面积的标准试验方法》（《Standard test method for flowability and bearing area of chemical-resistant polymer machinery grouts》）给出了耐化学腐蚀聚合物灌浆料的流动性和承载面积的试验方法。目前还没有精确测定表面气泡孔穴面积的方法，无法给出相应的技术指标，因此尚不能作为一项标准指标。生产、施工单位可以模拟工程情况，进行模拟试验，以改善产品的灌浆效果，或者选择有效承载面更高的产品用于施工。

2.0.6～2.0.8 根据美国标准 ASTM C 1107—2002

《干包装水硬水泥砂浆（非收缩的）标准规范》《Standard specification for packaged dry, hydraulic-cement grout（nonshrink）》，水泥基灌浆材料的体积变化分为硬化前体积控制、硬化后体积控制和复合体积控制三种类别。参照该分类方法，结合国内的测定方法和对不同类别产品的试验结果，本规范规定以水泥基灌浆材料加水拌和后 3h 的竖向膨胀值为早期膨胀指标，此时浆体处于塑性。随着水化的进行，逐步生成膨胀性水化产物，导致体积膨胀，定义为硬化后膨胀，而同时具有早期膨胀和硬化后膨胀，称为复合膨胀。

3 基本规定

3.0.2 由于工程情况各不相同，对灌浆材料的要求也不尽一样，因此必须根据工程具体条件，如施工条件、使用温度、灌浆层厚度、设计强度等级等，选择合适的灌浆材料。生产厂家除提供所必要的水泥基灌浆材料的性能外，应提供材料的使用温度、施工温度范围，供使用单位参考。

3.0.3 在施工时，需按照产品说明书规定的用水量拌和。增加用水量虽能提高流动性，但可能造成强度降低、沉降离析、表面气泡增多等问题，对材料的使用性能有不利影响。

4 材 料

4.1 水泥基灌浆材料性能

4.1.1 水泥基灌浆材料最重要的三项性能指标是流动度、竖向膨胀率和抗压强度。

1 流动度。本规范按流动度对材料进行分类，以突出该指标的重要性，也便于设计选型。

水泥基灌浆材料区别于其他水泥基材料的典型特征之一是该类材料具有好的流动性，依靠自身重力的作用，能够流进所要灌注的空隙，不需振捣能够密实填充。对于大型设备灌浆，或狭窄间隙灌浆，对流动性的要求更高。因此流动度的大小是该类材料是否具有可使用性的前提，顺利灌浆也是施工操作的第一步。假如流动性不够，灌浆施工时极易出现图 1 所示的情况，浆体不能顺利流满所要填充的空间，如果从另一侧进行补灌，显然会形成窝气，带来工程隐患。

水泥基灌浆材料施工时只需加水拌和均匀即可灌注。加大拌和用水量对增加流动性有利，而对强度、竖向膨胀和泌水率等均会产生不利影响。如果产品对拌和用水量非常敏感，水料比增加 1%，就会出现表面大量返泡，甚至泌水离析的情况，有效承载面很低，甚至失去承载作用，施工留样强度远低于材料检验强度。为避免出现上述现象，本规范规定按产品要

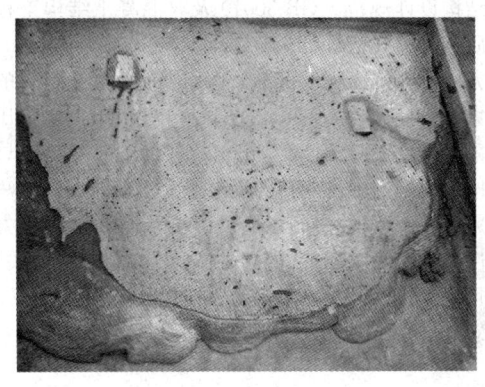

图 1　流动度不够灌浆易出现的情况

求的最大用水量，或者说产品能够达到的最大流动度为检验前提；如果施工时不需要大的流动度，可以降低拌和用水量，这样不会对工程造成不良后果。ASTM C 1107—2002 也要求按最大用水量检验材料的性能。

　　工程经验表明，水泥基灌浆材料须具有较好的流动性保持能力，确保拌和料经过一定时间后仍具有一定的流动度，以便顺利灌注。结合国内外施工说明，本规范规定 30min 流动度保留值。

　　对于Ⅳ类水泥基灌浆材料，参照现行国家标准《普通混凝土拌和物性能试验方法标准》GB/T 50080 和对自密实混凝土（砂浆）的相关性能要求，同时采用坍落度和坍落扩展度表征流动性，以避免坍落扩展度与坍落度所表征的流动性能不一致的情况。

　　2　竖向膨胀率。水泥基灌浆材料的另一个重要特性是该类材料具有膨胀性，以能够密实填充所灌注的空间，增大有效承载面，起到有效承载的作用。

　　采用国内工程中应用的产品，按照附录 A.0.5 方法一，测得复合型膨胀（图 2）、塑性膨胀（图 3）、硬化后膨胀（图 4）24h 内水泥基灌浆材料膨胀-时间关系曲线；按照方法二，测得某水泥基灌浆材料 24h 内膨胀-时间关系曲线如图 5。对于具有早期膨胀的水泥基灌浆材料，拌和成型后 10min 就能够显著观测到膨胀，且一直持续到 2~3h，在 3h 内完成。复合型膨胀的竖向膨胀率在 3h 后仍有显著增长。硬化后膨胀类型，成型初期浆体存在收缩，4h 后开始膨胀。

　　水泥基灌浆材料拌和后具有很大流动度，如果前期没有膨胀，必然存在收缩，包括塑性收缩和沉降收缩，即使后期的膨胀能够补偿前期的收缩（图 4），这种早期浆体的收缩对于灌浆的密实性有负面影响，容易引入空气，降低有效承载面；如果后期的膨胀不能补偿前期的收缩（图 5），将直接导致空鼓、灌浆层丧失承载功能。可见早期膨胀是一项重要特性，对克服塑性收缩，使得灌浆层更加密实，增大有效承载面，确保灌浆质量有重要意义。在硬化过程中，仍需要适当的膨胀（图 2），以进一步密实填充，并且在

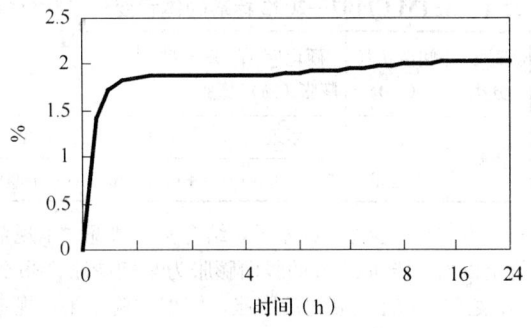

图 2　复合型膨胀曲线

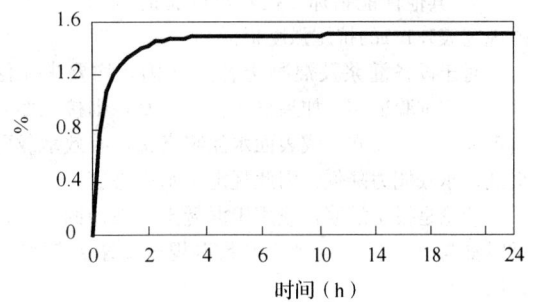

图 3　塑性膨胀曲线

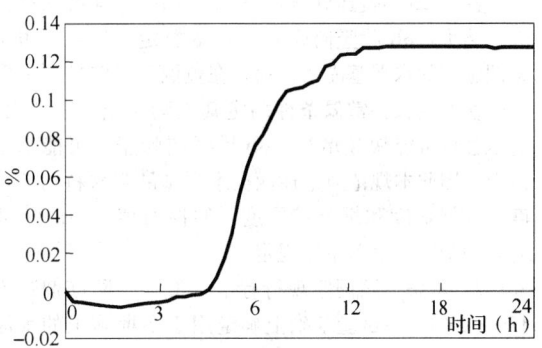

图 4　硬化后膨胀曲线

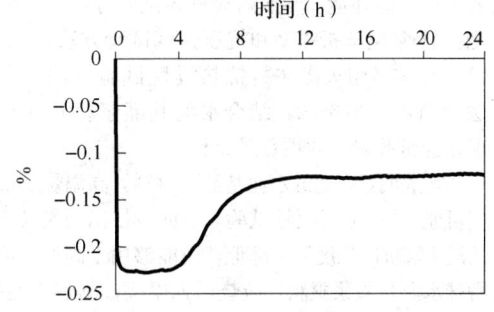

图 5　某水泥基灌浆材料膨胀曲线

硬化的水泥基灌浆材料中产生一定的膨胀应力，有利于补偿后期的收缩。

　　试验表明，24h 后竖向膨胀率指标基本达到最大值。

　　美国标准 ASTM C 1107—2002 对于水泥基灌浆材料的体积变化控制指标见表 1。

表 1　ASTM C1107—2002 标准的体积变化控制指标

膨胀分类	塑性膨胀（%）	硬化后膨胀（%）	复合型膨胀（%）	测定方法
指标	0～+4.0	不要求	0～+4.0	ASTM C827
	不要求	0～+0.3	0～+0.3	ASTM C 1090

考虑到检验方法的差异，结合实际情况，本规范规定以加水拌和后 3h 的竖向膨胀为早期膨胀，3h 到 24h 之间的膨胀为硬化后膨胀，依据试验结果，规定了竖向膨胀率指标。

3　其他性能指标。在对比试验的基础上，本规范规定表 4.1.1 的抗压强度指标。

对于设备灌浆及混凝土补强加固，均要求无泌水。对比试验证实，如果材料存在泌水，则接触面会出现大量气泡孔穴，或表面水泥浆富集，有效承载面很低，承载能力降低，因此规定泌水率为零。

无论是设备灌浆，或用于混凝土补强加固，灌浆材料都与钢铁材料接触，因此本规范要求对钢筋无锈蚀。

对于快凝快硬型水泥基灌浆材料，由于早期强度高，甚至 2h 的抗压强度能达到 20MPa，其流动性损失必然大，3h 后竖向膨胀率基本恒定；另外，用于冬期施工的水泥基灌浆材料，在负温养护时抗压强度能够快速增长，常温条件测定其流动性损失必然大，抗压强度可能快速增长，3h 后竖向膨胀率可能基本恒定，因此本规范对上述两类水泥基灌浆材料的流动度（或坍落度和坍落扩展度）的保留值、24h 与 3h 的竖向膨胀率之差不作规定。

4.1.2　本条参照国家现行标准《混凝土防冻剂》JC 475—2004，在试验基础上确定用于冬期施工的水泥基灌浆材料检验项目及指标。

4.1.3　当应用于冶金、水泥等行业，水泥基灌浆材料要承受高温环境。参照耐火材料试验方法《致密耐火浇注料 常温抗折强度和抗压强度试验方法》YB/T 5201—93 和《耐火浇注料抗热震性试验方法（水急冷法）》YB/T 2206.2，结合水泥基灌浆材料的具体情况，经试验确定此项目及指标。

试验表明，普通的水泥基灌浆材料，高温烧后抗压强度可能提高。但热震性试验，表面较快出现裂纹、脱落，浸水端抗压强度显著降低，而能够用于高温环境下的特殊水泥基灌浆材料，烧后强度高，耐热震性好。因此，本规范规定此两项指标作为控制指标。

4.2　检　验

4.2.3　对于集料粒径不大于 4.75mm 的水泥基灌浆材料，依据国家现行标准《水泥基灌浆材料》JC/T 986，抗压强度试件采用 40mm×40mm×160mm 的棱柱体，本规范也采用此尺寸试件作为标准试件；当此材料用于结构修补加固时，依据现行国家标准《混凝

土结构设计规范》GB 50010 及《混凝土结构工程施工质量验收规范》GB 50204，应以边长为 150mm 的立方体作为抗压强度标准试件。水泥基灌浆材料的最大集料粒径大于 4.75mm 且不大于 16mm 时，抗压强度采用尺寸 100mm×100mm×100mm 的立方体试件，且按现行国家标准《普通混凝土力学性能试验方法标准》GB/T 50081 进行试验。边长为 100mm 的立方体试件与边长为 150mm 的立方体标准试件的强度关系，采用国家现行标准《高强混凝土结构技术规程》CECS 104∶99 提出的抗压强度折算系数。

5　进 场 复 验

5.1　一 般 规 定

5.1.1～5.1.5　水泥基灌浆材料的质量对于工程质量乃至设备或结构的正常运行，有着直接的重要影响。使用前应对进场的材料进行复验，其中材料性能应委托给经国家计量认证和实验室认可的检验单位检验。

5.2　编号及取样

5.2.2～5.2.3　在进行检验前，应根据检验项目，计算所需材料的量。每灌注 1L 的体积，需要水泥基灌浆材料质量约为：Ⅰ类 1.9kg，Ⅱ～Ⅳ类 2.3kg。

5.4　技术资料

5.4.2　出厂检验报告项目应包括流动度（或坍落度）的初始值和 30min 保留值、竖向膨胀率、1d 抗压强度。这 3 个项目是水泥基灌浆材料的基本性能，也反映了材料是否具有使用性能。

6　工 程 设 计

6.1　地脚螺栓锚固

6.1.1　工程经验表明，对于螺栓表面与孔壁的净间距为 15～50mm 的地脚螺栓孔，根据深度的不同，可以采用Ⅱ类、Ⅲ类水泥基灌浆材料；50～100mm 的地脚螺栓孔，则可以采用Ⅲ类、Ⅳ类水泥基灌浆材料；螺栓表面与孔壁的净间距大于 100mm，此种情况对水平流动性要求低，宜选择使用Ⅳ类水泥基灌浆材料。

地脚螺栓的常见形式见图 6，其中又以弯钩、直钩、折弯钩和锚板类较为常见。锚固端异形或增加锚固件是为了增加地脚螺栓的锚固力和缩短地脚螺栓的锚固长度。

6.1.2　本规范仅给出埋设深度的下限，即便对无受力要求的地脚螺栓，从结构构造上其埋设深度也不宜小于 15 倍螺栓直径。具体应根据设计要求。

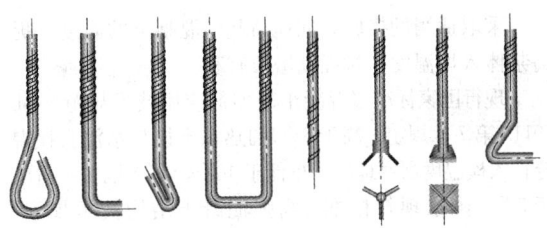

弯钩　直钩　弯折　U形　螺纹钢　爪式　锚板式　折弯钩

图 6　地脚螺栓常用形式

6.2 二次灌浆

6.2.1 在设备基础二次灌浆时，从便于灌浆施工、灌浆质量控制的要求，以自重法灌浆工艺为条件，以二次灌浆层的厚度为主要参数，对水泥基灌浆材料类别的选择作出规定。

6.3 混凝土结构改造和加固

6.3.1～6.3.3 对混凝土柱采用外包混凝土、角钢等方法增大柱截面时，根据增大截面的厚度，即灌浆层的厚度的大小及新增截面防裂要求等因素，对水泥基灌浆材料的选择作了相应的规定。一般宜用Ⅳ类水泥基灌浆材料，既便于施工又便于防裂。

6.3.4 对混凝土梁采用加大截面法补强加固时，无论是梁底增厚或梁侧梁底同时增厚（即梁三面同时增大截面的情况），根据相关的规程、规范的构造要求，增厚截面防裂要求，施工可实施性和以往的工程经验，其梁侧增厚不宜小于 60mm，梁底增厚不宜小于 80mm，采用Ⅳ类水泥基灌浆材料主要是为在便于施工的情况下利于防裂。

6.3.5、6.3.6 对混凝土楼板的补强加固，采用加大截面法（增加板厚）采用水泥基灌浆材料时，主要从便于施工和防止板面裂缝的需要，规定宜采用Ⅳ类水泥基灌浆材料。

6.4 后张预应力混凝土结构孔道灌浆

6.4.1 本条对需要采用水泥基灌浆材料的环境条件及材料选择作了相应规定。根据工程经验和工程实例，在使用除冰盐、严寒地区冬季水位变动环境、滨海室外、海水环境及人为或自然的侵蚀性物质影响的环境，采用水泥基灌浆材料是确保结构耐久性的关键措施。

现行国家标准《混凝土结构设计规范》GB 50010 对混凝土结构的环境类别分类见表 2。

6.4.2 氯离子对预应力筋有极强的腐蚀破坏作用。由于在恶劣环境条件下后张预应力结构孔道灌浆及锚具封锚的质量和耐久性要求高，在参考国家现行标准《建筑工程预应力施工规程》CECS 180：2005、《混凝土结构耐久性设计与施工指南》CCES 01—2004（2005 年修订版）和现行国家标准《混凝土结构工程施工质量验收规范》GB 50204 的基础上，本条对用于后张预应力孔道灌浆的水泥基灌浆材料的氯离子含量作了详细规定。

表 2　混凝土结构的环境类别

环境类别		条　件
一		室内正常环境
二	a	室内潮湿环境；非严寒和非寒冷地区的露天环境、与无侵蚀性的水或土壤直接接触的环境
	b	严寒和寒冷地区的露天环境、与无侵蚀性的水或土壤直接接触的环境
三		使用除冰盐；严寒和寒冷地区冬季水位变动的环境；滨海室外环境
四		海水环境
五		人为或自然的侵蚀性物质影响的环境

注：严寒和寒冷地区的划分应符合国家现行标准《民用建筑热工设计规程》JGJ 24 的规定。

7 施 工

7.1 施工准备

7.1.3 二次灌浆时，模板与设备周边应留出一定的距离，一般在 100mm 左右为宜。自重法灌浆时，灌浆侧的模板应根据流动距离适当加高，以提高两侧的位能差。

当用于结构加固和改造时，一般从高点灌浆。灌浆孔与排气孔应高于孔洞最高点 50mm 左右，让浆体从排气孔中排出。在确认不会窝气的情况下，再灌实灌浆孔和排气孔。

7.2 拌 和

7.2.2 推荐采用强制式搅拌机，如立式强制搅拌机。机械搅拌，拌和料均匀，可以缩短拌时间。搅拌时应先加入 2/3 的水，待拌和料团块全部打开后，再加入剩余水。搅拌量很小，或机械操作有困难时，可以采用人工搅拌。不宜采用滚筒式混凝土搅拌机，这类搅拌机在搅拌过程中容易引入较多空气，且易造成材料粘壁、拌和水计量不准等缺点。如果产品说明书对搅拌工艺有特殊要求，应按照产品说明书的要求操作。

7.2.3 应尽量缩短拌和料的运输距离，缩短料出搅拌机到灌入模板的时间。应采用对拌和料产生振动小的运输方式。

7.3 地脚螺栓锚固灌浆

7.3.2 国家现行标准《混凝土结构后锚固技术规程》JGJ 145—2004 第 9 章规定，锚孔应符合设计或产品说明书的要求。当无具体要求时，位置允许偏差不得大于 5mm，垂直度允许偏差不得大于 5°。灌注前应采取清理浮灰、用水浸泡等措施，对提高粘结力有益。

7.3.5 本条要求为便于养护。

7.4 二次灌浆

7.4.1 工程中常见灌浆方法有：自重法、高位漏斗法、压力法，其中最常见的是自重法。高位漏斗法能够适当提高位差，提高流动速度和增大灌浆距离。对于流动距离长、缝隙狭窄，底板下有复杂形状如剪切板、剪切栓排气困难等，应采用压力法灌浆，有利于确保工程质量。

7.4.3 为了排除气泡，应采取一侧灌浆，从另一侧溢出的工艺。对于非水平底板，应从低的一侧灌浆，从高点溢出。为此应适当提高灌浆点的模板高度。

连续灌浆，浆体持续流动，灌注距离长，浆体质量均一。间断灌浆可能导致分层，或后浇注的料推动前面的料存在困难，致使灌浆距离缩短。

7.4.4 硬化后，由于温度收缩、干缩等，材料存在一定的体积变形。因此，对于轨道等较长距离施工，应每隔一定距离留伸缩缝，根据具体情况分段，每段长不宜超过10m。

7.4.6 二次灌浆工程中，较常出现的情况是设备边缘外的水泥基灌浆材料产生裂纹。有的裂纹上下贯通，有的向设备边缘发展，一般到设备处停止。没有出现裂纹妨碍使用的工程实例，但裂纹影响美观。本规范借鉴工程经验，采取切除自由边的方法，以避免产生裂纹。

7.5 混凝土结构改造和加固灌浆

7.5.2 将修补区域边缘切成垂直形状，深度不应小于水泥基灌浆材料中最大骨料直径的两倍，有益于修补层与原混凝土基面的结合，确保修补后结构的整体性。

7.5.4 在改造和加固灌浆过程中，应适当敲击模板，消除模板表面气泡，且使填充更密实。

7.6 后张预应力混凝土结构孔道灌浆

7.6.1～7.6.3 在国家现行标准《建筑工程预应力施工规程》CECS 180：2005、《混凝土结构耐久性设计与施工指南》CCES 01—2004（2005年修订版）和现行国家标准《混凝土结构工程施工质量验收规范》GB 50204中对用于预应力孔道灌浆用水泥浆的灌浆工艺和技术要求都有具体规定。根据本规范6.4节的规定，应选用Ⅰ类灌浆材料，灌浆时应密实填充，保证工程质量。

7.7 冬 期 施 工

7.7.1 按国家现行标准《建筑工程冬期施工规程》JGJ 104—97规定，当室外日平均气温连续5d稳定低于5℃时即进入冬期施工。作为灌浆施工，时间短、灌注体积小、要求早强，因此日平均温度低于5℃时即要求按冬期施工操作。

如果灌浆过程和养护没有采取升温措施，应根据环境条件选择适合负温施工的水泥基灌浆材料。

采取适当的措施，如提高基础混凝土的温度、提高浆体入模温度，对强度增长有利。

现行国家标准《混凝土外加剂应用技术规范》GB 50119第7章规定，高于65℃的热水不得与水泥直接混合；入模温度严寒地区不得低于10℃，寒冷地区不得低于5℃。国家现行标准《高强混凝土结构技术规程》CECS 104：99规定，在冬期拌制泵送高强混凝土时，入模温度高于10℃。由于水泥基灌浆材料抗压强度高，含有外加剂等多种辅助材料，本规范规定拌和水温度不应超过65℃，并规定浆体入模温度大于10℃。

依据现行国家标准《混凝土外加剂应用技术规范》GB 50119，当抗压强度达到5MPa，可以保证严寒环境下（不低于−20℃）水泥基灌浆材料不受冻害。恢复到0℃以上后强度持续增长。

7.8 高温气候环境施工

7.8.1 随着温度的升高，水泥的水化速度快，且表面水分散失量增大，因此水泥基灌浆材料浆体流动度损失加大，可施工时间缩短，不利于施工操作；若养护不及时，导致产生较大的塑性收缩，浆体表面容易产生塑性收缩裂纹。借鉴国外经验，当温度大于35℃，应采取适当的措施，降低灌浆部位的温度，避免产生不利情况。

7.10 冬期施工养护

7.10.1～7.10.3 参照现行国家标准《混凝土结构工程施工质量验收规范》GB 50204和国家现行标准《建筑工程冬期施工规程》JGJ 104—97的相关规定编写。

可采用的人工加热养护方式，如蒸汽养护法、暖棚法、电热毯法、碘钨灯法。应采取充分的保水保湿措施，养护温度不得超过65℃。

环境温度不同，拆模时间和养护时间应不同。国家现行标准《水泥基灌浆材料施工技术规程》YB/T 9261—98规定如表3。

表3 拆模和养护时间与环境温度的关系

日最低气温（℃）	拆模时间（h）	养护时间（d）
−10～0	96	14
0～5	72	10
5～15	48	7
≥15	24	7

8 工 程 验 收

8.0.1 施工验收时应提供标准养护试块抗压强度数据。留样试件尺寸为：对于Ⅰ类、Ⅱ类、Ⅲ类，采用40mm×40mm×160mm的棱柱体，对于Ⅳ类，采用100mm×100mm×100mm的立方体。

中华人民共和国国家标准

城市容貌标准

Standard for urban appearance

GB 50449—2008

主编部门：中华人民共和国住房和城乡建设部
批准部门：中华人民共和国住房和城乡建设部
施行日期：２００９年５月１日

中华人民共和国住房和城乡建设部
公 告

第 129 号

关于发布国家标准
《城市容貌标准》的公告

现批准《城市容貌标准》为国家标准，编号为 GB 50449—2008，自 2009 年 5 月 1 日起实施。其中，第 4.0.2、5.0.9、7.0.5、8.0.4（2）、10.0.6 条（款）为强制性条文，必须严格执行。原《城市容貌标准》CJ/T 12—1999同时废止。

本标准由我部标准定额研究所组织中国计划出版社出版发行。

中华人民共和国住房和城乡建设部
二〇〇八年十月十五日

前 言

根据住房和城乡建设部"关于印发《二〇〇一～二〇〇二年度工程建设国家标准制订、修订计划》的通知"（建标〔2002〕85 号）的要求，本标准由上海市市容环境卫生管理局负责主编，具体由上海环境卫生工程设计院会同天津市环境卫生工程设计院共同对《城市容貌标准》CJ/T 12—1999 进行全面修订而成。

在本标准修订过程中，标准编制组经广泛调查研究，认真总结了国内外实践经验和科研成果，参考了有关国际标准和国外先进技术，把握发展趋势，完整梳理了城市容貌的内涵、外延，并在广泛征求全国相关单位意见的基础上，经反复讨论、修改，最后经专家审查定稿。

本标准修订后共有 11 章，主要修订内容是：

1. 增加了术语章节，对城市容貌、公共设施等标准中涉及的相关术语进行了规定；

2. 将原标准中公共设施章节中的有关城市道路容貌方面的规定单设一章，并进行修订和补充；

3. 增加了城市照明若干规定，并单设一章；

4. 增加了城市水域若干规定，并单设一章；

5. 增加了居住区若干规定，并单设一章；

6. 保留了原标准中已有章节，但对各章节内容进行了修订和补充。

本标准中以黑体字标志的条文为强制性条文，必须严格执行。

本标准由住房和城乡建设部负责管理和对强制性条文的解释，上海环境卫生工程设计院负责具体技术内容的解释。在执行过程中，请各单位结合工程实践，认真总结经验，如发现需要修改或补充之处，请将意见和建议寄上海环境卫生工程设计院（地址：上海市徐汇区石龙路 345 弄 11 号，邮政编码：200232）。

本标准主编单位、参编单位和主要起草人：

主 编 单 位：上海市市容环境卫生管理局

参 编 单 位：上海环境卫生工程设计院
天津市环境卫生工程设计院

主要起草人：冯肃伟　秦　峰　冯　蒂　陈善平
万云峰　郜　俊　吕世会　钦　濂
郑双杰　邓　枫　张　范　何俊宝

目　　次

1 总　　则

1.0.1 为加强城市容貌的建设与管理，创造整洁、美观的城市环境，保障人体健康与生命安全，促进经济社会可持续发展，制定本标准。

1.0.2 本标准适用于城市容貌的建设与管理。城市中的建（构）筑物、道路、园林绿化、公共设施、广告标志、照明、公共场所、城市水域、居住区等的容貌，均适用本标准。

1.0.3 城市容貌建设与管理应符合城市规划的要求，并应与城市社会经济发展、环境保护相协调。

1.0.4 城市容貌建设应充分体现城市特色，保持当地风貌，保持城市环境整洁、美观。

1.0.5 城市容貌的建设与管理，除应符合本标准外，尚应符合国家现行有关标准的规定。

2 术　　语

2.0.1 城市容貌 urban appearance

城市外观的综合反映，是与城市环境密切相关的城市建（构）筑物、道路、园林绿化、公共设施、广告标志、照明、公共场所、城市水域、居住区等构成的城市局部或整体景观。

2.0.2 公共设施 public facility

设置在道路和公共场所的交通、电力、通信、邮政、消防、环卫、生活服务、文体休闲等设施。

2.0.3 城市照明 urban lighting

城市功能照明和景观照明的总称，主要指城市范围内的道路、街巷、住宅区、桥梁、隧道、广场、公共绿地和建筑物等处的功能照明、景观照明。

2.0.4 公共场所 public area

机场、车站、港口、码头、影剧院、体育场（馆）、公园、广场等供公众从事社会活动的各类室外场所。

2.0.5 广告设施与标识 facilities of outdoor advertising and sign

广告设施是指利用户外场所、空间和设施等设置、悬挂、张贴的广告。标识是指招牌、路铭牌、指路牌、门牌及交通标志牌等视觉识别标志。

3 建（构）筑物

3.0.1 新建、扩建、改建的建（构）筑物应保持当地风貌，体现城市特色，其造型、装饰等应与所在区域环境相协调。

3.0.2 城市文物古迹、历史街区、历史文化名城应按现行国家标准《历史文化名城保护规划规范》GB 50357 的有关规定进行规划控制；历史保护建（构）

筑物不得擅自拆除、改建、装饰装修，并应设置专门标志；其他具有历史价值的建（构）筑物及具有代表性风格的建（构）筑物，宜保持原有风貌特色。

3.0.3 现有建（构）筑物应保持外形完好、整洁，保持设计建造时的形态和色彩，符合街景要求。破残的建（构）筑物外立面应及时整修。

3.0.4 建（构）筑物不得违章搭建附属设施。封闭阳台、安装防盗窗（门）及空调外机等设施，宜统一规范设置。电力、电信、有线电视、通信等空中架设的缆线宜保持规范、有序，不得乱拉乱设。

3.0.5 建筑物屋顶应保持整洁、美观，不得堆放杂物。屋顶安装的设施、设备应规范设置。屋顶色彩宜与周围景观相协调。

3.0.6 临街商店门面应美观，宜采用透视的防护设施，并与周边环境相协调。建筑物沿街立面设置的遮阳篷帐、空调外机等设施的下沿高度应符合现行国家标准《民用建筑设计通则》GB 50352 的规定。

3.0.7 城市道路两侧的用地分界宜采用透景围墙、绿篱、栅栏等形式，绿篱、栅栏的高度不宜超过1.6m。胡同里巷、楼群角道设置的景门，其造型、色调应与环境协调。

3.0.8 城市各类工地应有围墙、围栏遮挡，围墙的外观宜与环境相协调。临街建筑施工工地周围宜设置不低于2m的遮挡墙，市政设施、道路挖掘施工工地围墙高度不宜低于1.8m，围栏高度不宜低于1.6m。围墙、围栏保持整洁、完好、美观，并设有夜间照明装置；2m以上的工程立面宜使用符合规定的围网封闭。围墙外侧环境应保持整洁，不得堆放材料、机具、垃圾等，墙面不得有污迹，无乱张贴、乱涂画等现象。靠近围墙处的临时工棚屋顶及堆放物品高度不得超过围墙顶部。

3.0.9 城市雕塑和各种街景小品应规范设置，其造型、风格、色彩应与周边环境相协调，应定期保洁，保持完好、清洁和美观。

4 城市道路

4.0.1 城市道路应保持平坦、完好，便于通行。路面出现坑凹、碎裂、隆起、溢水以及水毁塌方等情况，应及时修复。

4.0.2 **城市道路在进行新建、扩建、改建、养护、维修等施工作业时，在施工现场应设置明显标志和安全防护设施。施工完毕后应及时平整现场、恢复路面、拆除防护设施。**

4.0.3 坡道、盲道等无障碍设施应畅通、完好，道缘石应整齐、无缺损。

4.0.4 道路上设置的井（箱）盖、雨箅应保持齐全、完好、正位，无缺损，不堵塞。

4.0.5 人行天桥、地下通道出入口构筑物造型应与周围环境相协调。

4.0.6 不得擅自占用城市道路用于加工、经营、堆放及搭建等。非机动车辆应有序停放，不得随意占用道路。

4.0.7 交通护栏、隔离墩应经常清洗、维护，出现损坏、空缺、移位、歪倒时，应及时更换、补充和校正。路面上的各类井盖出现松动、破损、移位、丢失时，应及时加固、更换、归位和补齐。

4.0.8 城市道路应保持整洁，不得乱扔垃圾，不得乱倒粪便、污水，不得任意焚烧落叶、枯草等废弃物。城市道路应定时清扫保洁，有条件的城市或路段宜对道路采用水洗除尘，影响交通的降雪应及时清除。

4.0.9 各种城市交通工具，应保持车容整洁、车况良好，防止燃油泄漏。运载散体、流体的车辆应密闭，不得污损路面。

5 园林绿化

5.0.1 城市绿化、美化应符合城市规划，并和新建、改建、扩建的工程项目同步建设、同时投入使用。

5.0.2 城市绿化应以绿为主，以美取胜，应遵循生物多样性及适地适树原则，合理配置乔、灌、草，注重季相变化，不得盲目引进外来植物。

5.0.3 城市绿地应定时进行养护，保持植物生长良好、叶面洁净美观，无明显病虫害、死树、地皮空秃。城市绿化养护应符合以下要求：

　1 公共绿地不宜出现单处面积大于 $1m^2$ 以上的泥土裸露。

　2 造型植物、攀缘植物和绿篱，应保持造型美观。绿地中模纹花坛、模纹组字等应保持完整、绚丽、鲜明。绿地围栏、标牌等设施应保持整洁、完好。

　3 绿地环境应整洁美观，无垃圾杂物堆放，并应及时清除渣土、枝叶等，严禁露天焚烧枯枝、落叶。

　4 行道树应保持树形整齐、树冠美观，无缺株、枯枝、死树和病虫害，定期修剪，不应妨碍车、人通行，且不应碰架空线。

5.0.4 城市道路绿地率指标应符合表5.0.4的规定。

表 5.0.4　道路绿地率指标

道路类型	道路绿地率
园林景观路	≥40%
红线宽度＞50m	≥30%
红线宽度40～50m	≥25%
红线宽度＜40m	≥20%

5.0.5 绿带、花坛（池）内的泥土土面应低于边缘石 10cm 以上，边缘石外侧面应保持完好、整洁。树池周围的土面应低于边缘石，宜采用草坪、碎石等覆盖，无泥土裸露。

5.0.6 对古树名木应进行统一管理、分别养护，并应制定保护措施、设置保护标志。

5.0.7 城市绿化应注重庭院、阳台绿化和垂直绿化。

5.0.8 河流两岸、水面周围，应进行绿化。

5.0.9 严禁违章侵占绿地，不得擅自在城市树木花草和绿化设施上悬挂或摆放与绿化无关的物品。

6 公共设施

6.0.1 公共设施应规范设置，标识应明显，外形、色彩应与周边环境相协调，并应保持完好、整洁、美观，无污迹、尘土，无乱涂写、乱刻画、乱张贴、乱吊挂，无破损、表面脱落现象。

6.0.2 各类摊、亭、棚的样式、材料、色彩等，应根据城市区域建筑特点统一设计、建造，宜兼顾功能适用与外形美观，并组合设计，一亭多用。

6.0.3 书报亭、售货亭、彩票亭等应保持干净整洁，亭体内外玻璃立面洁净透明；各类物品规范、有序放置，严禁跨门营业。

6.0.4 城市中不宜新建架空管线设施，对已有架空管线宜逐步改造入地或采取隐蔽措施。

6.0.5 电线杆、灯杆、指示杆等杆体无乱张贴、乱涂写、乱吊挂；各类标识、标牌有机组合、一杆多用。

6.0.6 候车亭应保持完整、美观，顶棚内外表面无明显积灰、无污迹；座位保持干净清洁，厅内无垃圾杂物、无明显灰尘；广告灯箱表面保持明亮，亮灯效果均匀；站台及周边环境保持整洁。

6.0.7 垃圾收集容器、垃圾收集站、垃圾转运站、公共厕所等环境卫生公共设施应保持整洁，不得污染环境；应定期维护和更新，设施完好率不应低于95%，并应运转正常。

6.0.8 公共健身、休闲设施应保持清洁、卫生。

7 广告设施与标识

7.0.1 广告设施与标识按面积大小分为大型、中型、小型，并应符合表7.0.1的规定。

表 7.0.1　广告设施与标识分类

类型	a (m) 或 S (m²)
大型	$a≥4$ 或 $S≥10$
中型	$4＞a＞2$ 或 $10＞S＞2.5$
小型	$a≤2$ 或 $S≤2.5$

注：a 指广告设施与标识的任一边边长，S 指广告设施与标识的单面面积。

7.0.2 广告设施与标识设置应符合城市专项规划，与周边环境相适应，兼顾昼夜景观。

7.0.3 广告设施与标识使用的文字、商标、图案应准确规范。陈旧、损坏的广告设施与标识应及时更新、修复，过期和失去使用价值的广告设施应及时拆除。

7.0.4 广告应张贴在指定场所，不得在沿街建（构）筑物、公共设施、桥梁及树木上涂写、刻画、张贴。

7.0.5 有下列情形之一的，严禁设置户外广告设施：

1 利用交通安全设施、交通标志的。

2 影响市政公共设施、交通安全设施、交通标志使用的。

3 妨碍居民正常生活，损害城市容貌或者建筑物形象的。

4 利用行道树或损毁绿地的。

5 国家机关、文物保护单位和名胜风景点的建筑控制地带。

6 当地县级以上地方人民政府禁止设置户外广告的区域。

7.0.6 人流密集、建筑密度高的城市道路沿线，城市主要景观道路沿线，主要景区内，严禁设置大型广告设施。

7.0.7 城市公共绿地周边应按城市规划要求设置广告设施，且宜设置小型广告设施。

7.0.8 对外交通道路、场站周边广告设施设置不宜过多，宜设置大、中型广告设施。

7.0.9 建筑物屋顶不宜设置大型广告设施，三层及以下建筑物屋顶不得设置大型广告设施，当在建筑物屋顶设置广告设施时，应严格控制广告设施的高度，且不得破坏建筑物结构；建筑物屋顶广告设施的底部构架不应裸露，高度不应大于1m，并应采取有效措施保证广告设施结构稳定、安装牢固。

7.0.10 同一建筑物外立面上的广告的高度、大小应协调有序，且不应超过屋顶，广告设置不应遮盖建筑物的玻璃幕墙和窗户。

7.0.11 人行道上不得设置大、中型广告，宜设置小型广告。宽度小于3m的人行道不得设置广告，人行道上设置广告的纵向间距不应小于25m。

7.0.12 车载广告色彩应协调，画面简洁明快、整洁美观。不应使用反光材料，不得影响识别和乘坐。

7.0.13 布幔、横幅、气球、彩虹气膜、空飘物、节目标语、广告彩旗等广告，应按批准的时间、地点设置。

7.0.14 招牌广告应规范设置；不应多层设置，宜在一层门檐以上、二层窗檐以下设置，其牌面高度不得大于3m，宽度不得超出建筑物两侧墙面，且必须与建筑立面平行。

7.0.15 路铭牌、指路牌、门牌及交通标志牌等标识应设置在适当的地点及位置，规格、色彩应分类统

一，形式、图案应与街景协调，并保持整洁、完好。

8 城市照明

8.0.1 城市照明应与建筑、道路、广场、园林绿化、水域、广告标志等被照明对象及周边环境相协调，并体现被照明对象的特征及功能。照明灯具和附属设备应妥善隐蔽安装，兼顾夜晚照明及白昼观瞻。

8.0.2 根据城市总体布局及功能分区，进行亮度等级划分，合理控制分区亮度，突出商业街区、城市广场等人流集中的公共区域、标志性建（构）筑物及主要景点等的景观照明。

8.0.3 城市景观照明与功能照明应统筹兼顾，做到经济合理，满足使用功能，景观效果良好。

8.0.4 城市照明应符合生态保护、环境保护的要求，避免光污染，并应符合以下规定：

1 城市照明设施的外溢光/杂散光应避免对行人和汽车驾驶员形成失能眩光或不舒适眩光。

2 城市照明灯具的眩光限制应符合表8.0.4的规定。

表 8.0.4 城市照明灯具的眩光限制

安装高度（m）	L 与 A 的关系
$h \leqslant 4.5$	$LA^{0.5} \leqslant 4000$
$4.5 < h \leqslant 6$	$LA^{0.5} \leqslant 5500$
$h > 6$	$LA^{0.5} \leqslant 7000$

注：1 L 为灯具与向下垂线成 85° 和 90° 方向间的最大平均亮度（cd/m²）。

2 A 为灯具在与向下垂线成 85° 和 90° 方向间的出光面积（m²），含所有表面。

3 城市景观照明设施应控制外溢光/杂散光，避免形成障害光。

4 室外灯具的上射逸出光不宜大于总输出光通的25%。在天文台（站）附近3km范围内的室外照明应从严控制，必须采用上射光通量比为零的道路照明灯具。

5 城市照明设施应避免光线对于乔木、灌木和其他花卉生长的影响。

8.0.5 新建、改建、扩建工程的照明设施应与主体工程同步设计、同步施工、同步投入使用。

8.0.6 城市照明应节约能源、保护环境，应采用高效、节能、美观的照明灯具及光源。

8.0.7 灯杆、灯具、配电柜等照明设备和器材应定期维护，并应保持整洁、完好，确保正常运行。

8.0.8 城市功能照明设施应完好，城市道路及公共场所装灯率及亮灯率均应达到95%。

9 公共场所

9.0.1 公共场所及其周边环境应保持整洁，无违章

设摊、无人员露宿。经营摊点应规范经营，无跨门营业，保持整洁卫生，不影响周围环境。

9.0.2 公共场所应保持清洁卫生，无垃圾、污水、痰迹等污物。

9.0.3 机动车停车场、非机动车停放点（亭、棚）应布局合理、设置规范，车辆停放整齐。非机动车停放点（亭、棚）不应设置在影响城市交通和城市容貌的主要道路、景观道路及景观区域内。

9.0.4 在公共场所举办节庆、文化、体育、宣传、商业等活动，应在指定地点进行，及时清扫保洁。

9.0.5 集贸市场内的经营设施以及垃圾收集容器、公共厕所等设施应规范设置、布局合理，保持干净、整洁、卫生。

10 城市水域

10.0.1 城市水域应力求自然、生态，与周围人文景观相协调。

10.0.2 水面应保持清洁，及时清除垃圾、粪便、油污、动物尸体、水生植物等漂浮废物。

10.0.3 水体必须严格控制污水超标排入，无发绿、发黑、发臭等现象。

10.0.4 水面漂浮物拦截装置应美观，与周边环境相协调，不得影响船舶的航行。

10.0.5 岸坡应保持整洁完好，无破损，无堆放垃圾，无定置渔网、渔箱、网箪，无违章建筑和堆积物品。亲水平台等休闲设施应安全、整洁、完好。

10.0.6 岸边不得有从事污染水体的餐饮、食品加工、洗染等经营活动，严禁设置家畜家禽等养殖场。

10.0.7 各类船舶、趸船及码头等临水建筑应保持容貌整洁，各种废弃物不得排入水体。

10.0.8 船舶装运垃圾、粪便和易飞扬散装货物时，应密闭加盖，无裸露现象，防止飘散物进入水体。

11 居 住 区

11.0.1 居住区内建筑物防盗门窗、遮阳雨棚等应规范设置，外墙及公共区域墙面无乱张贴、乱刻画、乱涂写，临街阳台外无晾晒衣物。各类架设管线应符合现行国家标准《城市居住区规划设计规范》GB 50180

的有关规定，不得乱拉乱设。

11.0.2 居住区内道路路面应完好畅通，整洁卫生，无违章搭建、占路设摊，无乱堆乱停。道路排水通畅，无堵塞。

11.0.3 居住区内公共设施应规范设置，合理布局，整洁完好。坐椅（具）、书报亭、邮箱、报栏、电线杆、变电箱等设施无乱张贴、乱刻画、乱涂写。

11.0.4 居住区内公共娱乐、健身休闲、绿化等场所无积存垃圾和积留污水，无堆物及违章搭建。

11.0.5 居住区的垃圾收集容器（房）、垃圾压缩收集站、公共厕所等环卫设施应规范设置，定期保洁和维护。

11.0.6 居住区内绿化植物应定期养护，无明显病虫害，无死树，无种植农作物、违章搭建等毁坏、侵占绿化用地现象。

11.0.7 居住区的各种导向牌、标志牌和示意地图应完好、整洁、美观。

11.0.8 居住区内不得利用居住建筑从事经营加工活动，严禁饲养鸡、鸭、鹅、兔、羊、猪等家禽家畜。居民饲养宠物和信鸽不得污染环境，对宠物在道路和其他公共场地排放的粪便，饲养人应当即时清除。

本标准用词说明

1 为便于在执行本标准条文时区别对待，对要求严格程度不同的用词说明如下：

　　1）表示很严格，非这样做不可的用词：
　　正面词采用"必须"，反面词采用"严禁"。

　　2）表示严格，在正常情况下均应这样做的用词：
　　正面词采用"应"，反面词采用"不应"或"不得"。

　　3）表示允许稍有选择，在条件许可时首先应这样做的用词：
　　正面词采用"宜"，反面词采用"不宜"；
　　表示有选择，在一定条件下可以这样做的用词，采用"可"。

2 本标准中指明应按其他有关标准、规范执行的写法为"应符合……的规定"或"应按……执行"。

中华人民共和国国家标准

城 市 容 貌 标 准

GB 50449—2008

条 文 说 明

目　次

1 总　则

1.0.1　本条规定了本标准的目的、意义。

1.0.2　本条规定了本标准的适用范围。

1.0.3、1.0.4　这两条提出了城市容貌建设的一般原则。

2 术　语

2.0.2　一般设置在道路及公共场所的公共设施包括各类公益性设施、公共服务性设施及广告设施，可细分为道路交通、公共交通、电力、通信、绿化、消防、环卫、道路照明、生活服务、文体休闲及广告标志设施。其中道路交通设施主要包括指示灯、信号灯控制箱、交通岗亭、护栏、隔离墩等；公共交通设施主要包括候车亭、公交站点指示牌、出租车扬招点、道路停车咪表、自行车棚、自行车架等；电力设施主要包括电杆、电线、电力控制箱、调压器等；通信设施主要包括通信线路、通信控制箱、电话亭、邮筒、通信信息亭等；绿化设施主要包括行道树树底隔栅、花坛、花池等；消防设施主要包括消防栓；环卫设施主要包括垃圾收集容器、垃圾收集站、垃圾转运站、公共厕所等；道路照明设施主要包括路灯、景观灯；生活服务设施主要包括书报亭、阅报栏、画廊、自动贩卖机、售卖亭、售票亭等；文体休闲设施主要包括坐椅、健身器材、雕塑等；广告标志设施主要包括各类广告设施、招牌、招贴栏以及路铭牌、门牌、道路标志、指示牌等标志。

公共设施中有关道路交通设施、绿化设施、道路照明设施及广告标志设施的相关规定分别在第4、5、7、8章中进行了详述，因此本标准的公共设施主要是第6章涉及的设施。

2.0.4　公共场所一般指提供公众从事社会活动的各种场所，是提供公众进行工作、学习、经济、文化、社交、娱乐、体育、参观、医疗、卫生、休息、旅游和满足部分生活需求所使用的一切公用建筑物、场所及其设施的总称。本标准所指的公共场所主要指影响城市容貌、位于室外的公共场所，主要包括以下几类：

1　机场、车站、港口、码头等交通设施的室外公共场所。

2　体育馆、学校、医院、电影院、博物馆、展览馆等公共设施的室外公共场所。

3　公园、广场、旅游景区（点）、城市居民户外休憩场所。

3 建（构）筑物

3.0.1　建（构）筑物单体是构成城市景观的主体，

是影响城市容貌的主要因素，各类建（构）筑物在建设前必须经有关部门审批。

城市容貌除应保持景观协调外，还应注重创造城市特色。一些城市不重视保持本地风貌，造成千城一面，毫无特色。应当阅读和尊重地方建筑风格形成过程，挖掘当地传统建筑风貌，利用现代技术来满足现代人的生活方式，创造各具特色的城市景观。

3.0.2　一个城市历史文化遗产的保护状况是城市文明的重要标志。在城市建设和发展中，必须正确处理现代化建设和历史文化保护的关系，尊重城市发展的历史，使城市的风貌随着岁月的流逝而更具内涵和底蕴。为使城市历史文脉得以保存，必须重视保护城市文物古迹，文物保护单位、历史街区，历史文化街区、历史古城，历史文化名城，应按照现行国家标准《历史文化名城保护规划规范》GB 50357 和《城市紫线管理办法》（建设部令第 119 号）有关规定进行规划控制。城市中其他具有历史价值的建（构）筑物以及具有代表性风格的建（构）筑物也应予以保护。

在实际工作中，一些城市根据实际情况增加了保护名目，补充了三个层次的空隙，是有意义的新发展。如在"文物保护单位"之外，增加"历史建筑"或"近代优秀建筑"的名目，保护有继续使用的要求，又不适合用"文物保护单位"保护方法的建（构）筑遗产；在"历史文化街区"之后增加"历史文化风貌区"的名目，保护那些不够"历史文化街区"标准，却又不应放弃的历史街区和历史性自然景观。另外，仔细地认定保护层次十分重要。属于文物保护单位的，不可轻易拆掉或仅保留外观，可称"原物保护"；属于历史文化街区的，要保护外观整体的风貌，不必强求所有建筑的"原汁原味"，可称"原貌保护"；历史文化名城中非文物古迹、非历史地段的大片地方，只求延续风貌特色，不必再提过高要求，可称"风貌保护"。

3.0.3　本条规定了对城市现状建（构）筑物的维护、管理要求。城市建（构）筑物的维护与管理牵涉到规划、市容、城管监察、房地等职能部门，在管理中应理顺管理体制，加强部门协作与沟通，建立宣传教育机制，加强宣传教育。单位和个人都应当保持建（构）筑物外观的整洁、美观。

3.0.4　本条规定了对建（构）筑物附属设施的管理要求。建（构）筑物上的附属设施是管理的难点，居民不同的生活习惯和需求，导致城市中各种形式的违章搭建活动屡禁不止，严重影响城市社区的市容景观。城市市容管理中应加强对居民的宣传教育，制止违章搭建活动。各地可根据当地实际情况制定对城市道路沿街建筑外立面的控制管理办法，以及建筑立面上安装空调机、窗罩、阳台罩、防盗网的规定等专项条文，对建筑物外立面进行更详细的管理。

3.0.5　本条规定了建筑屋顶的容貌要求。

3.0.6 本条规定了临街商业门店及出挑物的管理要求。商业门店的招牌设置应符合本标准第7章"广告设施与标志"的相关要求；临街建筑出挑物应符合现行国家标准《民用建筑设计通则》GB 50352的规定。

3.0.7 随着经济的不断发展和人民生活水平的提高，公众在追求宽敞、方便的建筑使用空间的同时，也追求舒适的建筑外部环境，这已成为一种趋势。当钢筋水泥的建筑挤满了城市每一寸土地时，人们感受到城市生活环境中最缺少的是绿色。当前的矛盾不仅是绿化面积与建筑用地的矛盾，还有绿色如何呈现的问题。以往用地分界常采用实体围墙的做法，妨碍了绿色在城市中的显现，因此，我们应在建筑与绿化中寻找平衡，追求绿化与建筑的整体与统一。采用透景围墙、绿篱、栅栏等显景的方式作为用地分界形式，把绿化的概念扩充到城市空间中解决城市绿色不足的矛盾，可以满足市民对绿色需求不断增大的愿望。

3.0.8 城市中各种工地产生的扬尘、噪声对环境造成很大危害，同时也给城市景观造成不良影响。为了保证工地自身的安全以及周边行人的安全，必须设置围墙、围栏设施。

3.0.9 本条规定了城市中的雕塑、街景小品的设置要求。城市雕塑建设必须按照住房和城乡建设部、文化部颁布的《城市雕塑建设管理办法》（文艺发〔1993〕40号）进行，必须符合当地城市规划要求，宜纳入当地城市总体规划和详细规划，有计划地分步实施。城市雕塑、街景小品的建设宜进行统一规划，保持地方特色，融入城市环境。

4 城市道路

4.0.2 城市道路施工现场应符合相关规定，除保障行人和交通车辆安全外，还要避免或减少施工作业对城市容貌和周围环境的影响。

4.0.3 本条明确了道路上无障碍设施的管理要求。供人们行走和使用的道路、交通的无障碍设施，应符合乘轮椅者、拄盲杖者及使用助行器者的通行与使用要求。

4.0.4 本条规定了井盖等道路附属设施的设置要求。

4.0.6 任何人不得随意占用城市道路，因特殊情况需要临时占用城市道路的，须经相关主管部门批准后，方可按照规定占用。经批准临时占用城市道路的，不得损坏城市道路；占用期满后，应当及时清理现场，恢复城市道路原状；损坏城市道路的，应当修复或者给予赔偿。"非机动车辆应有序停放"包含两层含义：一是应停放在规定区域，二是应停放整齐。

4.0.7 本条规定了对影响城市容貌的道路附属设施的管理、维护要求。各类城市道路附属设施，应符合城市道路养护规范；如因缺损影响交通和安全时，有关产权单位应当及时补缺或者修复。

4.0.8 城市道路主要承担交通功能，是人流量较大、人与人交流较多的城市空间，是展现城市容貌的最主要区域。本条主要对城市道路保洁管理的单位和个人，以及位于城市道路两侧的单位及行人的主体行为进行规定，并应符合《城市环境卫生质量标准》（建城〔1997〕21号）的要求。

本条规定了城市道路清扫保洁的作业质量要求。对于有条件的城市，例如水资源较为充足、社会经济条件较好的城市，可根据需要采用水冲式除尘，提倡采用中水；对于降雪城市尤其是北方城市，应做好除雪工作。清扫、保洁和垃圾清运应符合《城市环境卫生质量标准》（建城〔1997〕21号）的要求。

4.0.9 本条规定了在城市行驶的交通工具的环境卫生要求。

5 园林绿化

5.0.2 本条明确了城市绿化建设中应遵循的原则和功能要求。城市绿化应当根据当地的特点，利用原有的地形、地貌、水体、植被和历史文化遗址等自然、人文条件合理设置。

5.0.3 本条规定了城市绿化的管理养护要求。为满足这些要求，各地应按照《城市绿化条例》（中华人民共和国国务院令第100号），实行分工负责制。

　　1 城市的公共绿地、风景林地、防护绿地、行道树及干道绿化带的绿化，由城市人民政府城市绿化行政主管部门管理。

　　2 各单位管界内的防护绿地的绿化，由该单位按照国家有关规定管理。

　　3 单位自建的公园和单位附属绿地的绿化，由该单位管理。

　　4 居住区绿地的绿化，由城市人民政府城市绿化行政主管部门根据实际情况确定的单位管理；城市苗圃、草圃和花圃等，由其经营单位管理。

5.0.4 在规划道路红线宽度时应同时确定道路绿地率。道路绿地率是道路红线范围内各种绿带宽度之和占总宽度的百分比。

5.0.6 百年以上树龄的树木，稀有、珍贵树木，具有历史价值或者重要纪念意义的树木，均属古树名木。

5.0.7 庭院、阳台、屋顶、立交桥等绿化和建筑立面的垂直绿化构成了城市立体绿化，可作为城市绿化建设的重要补充，在满足绿化建设指标的同时，实现节约土地资源目标。城市的理想绿地面积应占城市总用地面积的50%以上，并且以植物造景为主来规划建设城市园林绿地系统，才可能达到人均绿化面积$60m^2$的最佳居住环境，才能充分发挥绿色植物的生态环境效益，维护生物多样性和城市生态平衡。在高楼林立的城市里，要达到人均绿化面积$60m^2$，仅靠平面绿化是不够的，还应该进行立体绿化。

5.0.8 本条规定了河流、水面的绿化要求。

5.0.9 本条文中的"绿地"指城市绿线内的用地，其范围按《城市绿线管理办法》（建设部令第112号）规定划定。城市绿地管理单位应建立、健全管理制度。任何单位和个人不得擅自占用城市绿化用地；确要临时占用城市绿化用地，须经城市绿化行政主管部门同意，并按照有关规定办理临时用地手续；占用的城市绿化用地，应当限期归还。

6 公 共 设 施

6.0.1 公共设施是丰富市民生活、完善城市服务功能、提高城市质量的重要组成部分，与城市居民联系十分紧密。城市范围内的公共设施，应按照各行业设施设置要求和城市规划总体要求进行规范设置，便于引导市民开展生活和生产活动。此外，目前公共设施上乱张贴、乱刻画、乱涂写的现象突出，对城市容貌的影响显著，故本条对其进行了规定。考虑到城市建设过程中涉及的公共设施较广，本条对原标准3.6条的设施范围进行了扩展，并增加了设施与周边环境协调的要求。

6.0.2 摊、亭、棚形式在城市区域内数量众多，对城市容貌的影响较大。近年来，上海、北京等大中城市提出了将各种小型的摊、亭、棚组合设计、一亭多用，在一定程度上减少了分散污染源，并且功能齐全、方便大众、易于管理。

6.0.3 书报亭、售货亭、彩票亭在城市范围内数量较多，与市民生活息息相关。从调研的情况来看，书报亭和售货亭的跨门营业现象突出，彩票亭的公告纸、公告牌的无序摆放情况较显著，对城市容貌的影响较为突出。

6.0.6 候车亭的人流量较大，部分城市的候车亭造型独特，成为城市中的风景线，而大多数城市将公益性宣传画、广告附于候车亭，大幅面图案的视觉效果较为强烈，如果整体环境卫生和景观效果较差，对于整个城市容貌的影响也较为显著。本条对候车亭的环境卫生、景观效果提出了要求。

6.0.7 本条规定了环卫公共设施的管理、维护要求。环卫公共设施的完好程度，对于其功能的良好发挥有密切的联系。参考国内外环卫规划中环卫设施完好率的现状，考虑到全国不同城市的普遍要求，制定了设施完好率为95%的标准。

6.0.8 公共健身、休闲设施大多为免费开放，向市民提供健身休闲的基础设施，具有多样性、大众性和公益性。保持这些设施的清洁、卫生，有利于设施功能的正常发挥，促进全民健身运动的开展。

7 广告设施与标识

7.0.1 本条参考全国各城市户外广告管理规定的相关要求，根据广告设施与标识面积的大小，将其分为大型、中型、小型。在按表7.0.1要求对广告设施与标识进行分类时，只要 a 或 S 任一值符合要求即成立，如当广告设施与标识的边长 $a \geqslant 4m$ 或面积 $S \geqslant 10m^2$，则此广告设施与标识即为大型。

7.0.2 本条针对国内广告设施与标识的设计、制作参差不齐的现状，规定广告设施及标识不仅应符合相关规划规定，还应追求"美"，并兼顾昼夜景观效果。

7.0.3 针对广告设施与标识在文字使用上出现的新问题，本条提出了建设、管理的具体要求。同时，在原标准第6.4条对广告过期后的处理方法基础上，增加了对未过期的广告的日常维护、保养工作。

7.0.4 一味限制广告会导致乱张贴广告的行为，甚至是极端行为，如屡禁不止的"城市牛皮癣"现象等。本条从疏导角度，提出广告必须张贴在指定场所，正确引导广告张贴行为。

7.0.5 本条明确了各城市应严禁设置广告的区域及位置，以免影响交通安全、城市形象及居民生活。本条中严禁设置户外广告设施的各类情形涵盖了《中华人民共和国广告法》（1995年2月1日起施行）第三十二条的规定，并增加了利用行道树或者损毁绿地的情形。

7.0.6 本条提出限制大型广告的设置区域，避免大型广告给人造成的压抑感觉，破坏城市整体形象。

7.0.7 本条对城市公共绿地周边的广告设置提出要求。

7.0.8 本条对对外交通道路沿线、场站周边广告设置提出要求。

7.0.9 本条明确了屋顶广告的设置控制要求。

7.0.10 本条明确了墙面广告的建设控制要求。

7.0.11 为解决全国各地普遍存在"人行道上的设施过多，公共空间拥挤"的问题，本条对人行道上的广告设置提出了要求，禁止在人行道上设置大、中型广告。

7.0.12 本条明确了交通工具上的广告设置、维护要求。

7.0.13 本条明确了布幔、横幅、气球、彩虹气膜、空飘物、节目标语、广告彩旗等广告的设置要求。

7.0.14 本条规定了沿街建（构）筑物立面招牌的具体设置要求，强调招牌面积不宜过大。

7.0.15 本条明确了各类标识的设置、管理要求，确保既准确导向又不影响城市容貌。

8 城 市 照 明

8.0.1 针对目前全国很多城市存在的过度照明问题，本条提出了适度景观照明的建设要求，城市照明设施设置不仅要取得良好的夜景效果，还要兼顾白天的景观效果。

8.0.2 本条提出了城市照明尤其是景观照明的布局原则。应适应城市总体布局及功能区划要求，科学合理、主次分明、重点突出、体现城市特点，避免雷同、缺乏整体性、造成资源浪费。

为使城市照明工作规范化及创造良好的城市夜景观，城市照明建设应按规划设计进行。城市照明规划设计一般分为城市照明总体规划、城市照明详细规划及城市照明节点设计三个层次，这样从宏观到微观、总体到局部进行控制，保证创造良好的城市夜景观。

8.0.3 由于全国大多数城市景观照明与功能照明（主要是道路功能照明）分属不同部门管理，因此在照明设施的规划设计、建设上存在各自为政的状况，从而造成重复设置、相互不协调的问题，因此本条提出了城市景观照明与功能照明应进行统一规划设计。

8.0.4 针对城市景观照明可能对居住、交通、环境造成的光污染、安全隐患及生态影响等，本条提出具体控制要求。

根据现行行业标准《建筑照明术语标准》JGJ 119，不舒适眩光指产生不舒适感觉，但并不一定降低视觉对象的可见度的眩光。

失能眩光指降低视觉对象的可见度，但并不一定产生不舒适感觉的眩光。

外溢光/杂散光指照明装置发出的落在目标区域或边界以外的光。

障害光指外溢光/杂散光的投射强度或方向足以引起人们烦躁、不舒适、注意力不集中或降低对于一些重要信息（如交通信号）的感知能力，甚至对动、植物亦会产生不良影响的光。

8.0.5 本条强调了城市照明设施事前控制的重要性。目前，城市照明尤其是景观照明很多是在主体工程建成后再实施的，宜造成对主体工程的损坏及重复施工，特别是建（构）筑物建成后再进行装饰照明工程，不仅难以达到良好的景观效果，而且可能破坏建（构）筑物外观与风格。

8.0.6 现今照明技术不断发展，世界各国不断研究出各种新型的照明设备，采用新材料、新技术、新光源，使照明设备越来越具有高光效、长寿命、低能耗、安全可靠等优点，另外还发明了具有自洁作用、不用电的、灭蚊等多种功能的照明设备，适应这一发展趋势，因此照明设施应选用先进的技术和设备，在节约能源、保护环境的前提下做到美观。

8.0.7 本条明确了照明设施设备的管理、维护要求。

8.0.8 本条明确了城市功能照明的几个重要建设指标。其中，装灯率指道路及城市广场、公园、码头、车站等公共场所的功能性照明的实际总装灯数量占按国家相关标准规定的应装总装灯数量的比率。亮灯率指道路及城市广场、公园、码头、车站等公共场所的功能性照明的总装灯数量中亮灯数量所占比率。

9 公共场所

9.0.1 本条规定了公共场所及其周边环境的总体容貌要求。在公共场所设置的经营摊点对城市容貌有着重大影响，本条特此提出了具体管理要求。

9.0.2 公共场所的清扫保洁应符合《城市环境卫生质量标准》（建城〔1997〕21号）的要求。

9.0.3 本条规定了机动车、非机动车停靠点的建设、管理要求。将原标准7.2条的"繁华地带"调整为"主要道路、景观道路及景观区域"，使其更清晰、准确。对原标准7.2条的存车处设置进行了具体描述。

9.0.4 本条规定了在公共场所举办各类活动的市容环境管理要求。现实社会生活中，在公共场所经常举办各类活动，其使用的临时设施以及产生的各类垃圾对城市容貌有着较大影响，为保持市容环境整洁，应及时清扫、处置各类垃圾，确保活动结束后无废弃物和临时设施。

9.0.5 本条规定了集贸市场的市容环境建设、管理要求。集贸市场是一个比较特殊的公共场所，人员流动性较大，产生各类垃圾较多，配套设施较多，对城市容貌影响较大，为保持市容环境整洁，对集贸市场的经营设施、环卫公共设施及其他附属（配套）设施进行了规定。同时，本条所称"集贸市场"是指经依法登记、注册，由市场经营服务机构经营，有若干经营者、消费者入场集中进行以生活消费品交易为主的场所。

10 城市水域

10.0.1 本章节中城市水域界定的范围与现行国家标准《城市规划基本术语标准》GB/T 50280中的规定一致。

10.0.2 本条明确了城市水域水面的容貌要求。为保持水面清洁，严禁向水体倾倒垃圾，发现废弃漂浮物应及时清除，不得长时间存留。

10.0.3 城市水域水体是城市水域容貌的直观体现，本条从控制水体色彩视觉角度明确了管理要求。具体应按照现行国家标准《地表水环境质量标准》GB 3838、《污水综合排放标准》GB 8978及其他一些相关污水排放标准严格执行，严禁不符合标准的废水排入城市水域水体，防止富营养化、发黑及发臭等现象发生。

10.0.4 漂浮物拦截装置对保持城市水域水面清洁具有重要作用，本条规定了其建设要求。

10.0.5 本条规定了城市水域岸坡的建设、管理和维护要求。

10.0.6 本条对水域岸边进行的相关经营活动提出了限制性管理要求。水域岸边一般指水域陆域部分，包括滨水的建筑用地、道路、绿地等，具体范围可由当地主管部门根据实际情况划定。

10.0.7 本条明确了各类船舶、趸船、码头的市容环境卫生要求。船舶扫舱垃圾应按规定要求处置；冲洗甲板或舱室时，应事先进行清扫，不得将货物残余、废水、油污排入水体。

10.0.8 采用密闭船舶可有效减少垃圾、粪便和飞扬物对城市水域水体的影响。

11 居 住 区

11.0.1 本条规定了居住区内建（构）筑物环境卫生水平及保持容貌美观的要求。

11.0.2 居住区道路作为车辆和人员的汇流途径，具有明确的导向性，并应适于消防车、救护车、商店货车和垃圾车等的通行，必须保证道路的完好通畅，不应设摊经营和堆物，应保持整洁卫生、排水通畅。

11.0.3 本条规定了居住区内公共设施布局、环境卫生及容貌要求。

11.0.4 本条规定了居住区公共场所应达到的环境卫生及容貌要求。

11.0.5 本条规定了居住区内垃圾收集容器、垃圾压缩收集站、公共厕所等环卫设施应保持的环境卫生水平。

11.0.6 居住区内绿化植物是小区景观重要组成部分，应保持生长良好，不得随意破坏。另外绿化围栏应完好、整洁，无破损；绿化作业产生的垃圾应及时清除，以免占道或造成污染。

11.0.7 本条规定了居住区内导向牌、标志牌应该满足导向功能及美观、整洁的要求。

11.0.8 为了不影响居住区内居民的日常生活和小区环境，制定本条。

中华人民共和国国家标准

煤矿主要通风机站设计规范

Code for design of main ventilating fan
station of coal mine

GB 50450—2008

主编部门：中 国 煤 炭 建 设 协 会
批准部门：中华人民共和国住房和城乡建设部
施行日期：２ ０ ０ ９ 年 ３ 月 １ 日

中华人民共和国住房和城乡建设部
公　告

第 135 号

关于发布国家标准《煤矿主要通风
机站设计规范》的公告

现批准《煤矿主要通风机站设计规范》为国家标准，编号为 GB 50450—2008，自 2009 年 3 月 1 日起实施。其中，第 3.1.1、3.1.2（2）、3.1.3、3.1.10、3.3.4（1、12）、3.3.5（1、5、8）、3.3.6（3）、4.1.1（1、4）、5.0.1、5.0.7（1、3）、5.0.10、6.1.3 条（款）为强制性条文，必须严格执行。

本规范由我部标准定额研究所组织中国计划出版社出版发行。

中华人民共和国住房和城乡建设部
二〇〇八年十月十五日

前　言

本规范是根据建设部《关于印发"2005 年工程建设标准规范制订、修订计划（第二批）"的通知》（建标函〔2005〕124 号）的要求，由中煤邯郸设计工程有限责任公司会同有关单位编制而成的。

本规范在编制过程中，编制组对部分生产矿井的主要通风机站进行了调查，访问了有关设计院、院校和制造厂家，针对本规范涉及的问题查阅了大量文献资料，作了分析研究，吸取了多年以来矿井通风的新技术、新设备和新经验，并广泛征求了设计、生产、安全监察和院校等单位的意见，经反复研究和修改，最后经审查定稿。

本规范共 8 章和 1 个附录，主要内容有：总则，术语和符号，主要通风机装置选择，主要通风机站的布置与安装，供配电、控制和照明，建筑与结构，采暖和通风，给水和排水。

本规范以黑体字标志的条文为强制性条文，必须严格执行。

本规范由住房和城乡建设部负责管理和对强制性条文的解释，由中国煤炭建设协会负责具体管理，由中煤邯郸设计工程有限责任公司负责具体技术内容的解释。本规范在执行过程中，如有新的实践经验或意见，请将有关资料寄送中煤邯郸设计工程有限责任公司《煤矿主要通风机站设计规范》编制组（地址：河北省邯郸市滏河北大街 114 号，邮编：056031），以供今后修订时参考。

本规范主编单位、参编单位和主要起草人：

主 编 单 位：中煤邯郸设计工程有限责任公司
　　　　　　（原煤炭工业邯郸设计研究院）
参 编 单 位：中煤国际工程集团沈阳设计研究院
　　　　　　中煤西安设计工程有限责任公司
　　　　　　煤炭工业合肥设计研究院
主要起草人：张晓四　徐培锷　邢国仓　赵书忠
　　　　　　宋建国　王宗祥　李志坤　吴　睿
　　　　　　朱杰利　蒋晓飞　宋中扬　李洪宇
　　　　　　门小莎　张彦彬　李永强　韩　猛

目　　次

1 总 则

1.0.1 为在煤矿主要通风机站的设计中贯彻执行国家发展煤炭工业的法规和技术政策，确保矿井安全生产及所采用的设备和设施等质量可靠、技术先进、经济合理、节能、环保，制定本规范。

1.0.2 本规范适用于新建、改建和扩建的煤矿主要通风机站的设计。

1.0.3 煤矿主要通风机站设计除应符合本规范外，尚应符合国家现行的有关标准的规定。

2 术语和符号

2.1 术 语

2.1.1 煤矿主要通风机站 main ventilating fan station of coal mine

安装在煤矿地面向全矿井、一翼或一个分区供风的通风机站。

2.1.2 主要通风机装置 main ventilator with accessory diffuser

主要通风机及其附属设施的总称。

2.1.3 置换风门 ventilating door for changing operating fan

用以倒换工作通风机的风门。

2.2 符 号

H——主要通风机风压；

h_d——扩散器的动压损失；

h_k——矿井计算风压；

h_{xs}——消声装置阻力损失；

h_{zh}——通风装置及风道阻力损失；

h_{zr}——矿井自然通风风压；

k——外部漏风系数；

k_f——富余系数；

N——电动机计算功率；

Q——主要通风机风量；

η——主要通风机工况点效率；

η_m——机械传动效率。

3 主要通风机装置选择

3.1 一般规定

3.1.1 矿井的每一风井必须安装2套同等能力的主要通风机装置，其中新建矿井的主要通风机装置型号、规格必须相同；2套主要通风机装置中的1套应作为备用；备用主要通风机装置必须能在10min内启动。

3.1.2 主要通风机的选型应符合下列规定：

1 可根据不同条件，经技术经济比较后，在轴流式和离心式通风机中选择最优机型。

2 严禁采用局部通风机或风机群作为主要通风机。

3.1.3 主要通风机必须装有反风设施，并应能在10min内改变巷道中的风流方向；当风流改变方向后，主要通风机的供风量不应小于正常供风量的40%。

3.1.4 每一风井主要通风机的设计风量和风压，应满足下列要求：

1 主要通风机使用年限内通风容易和通风困难两个时期的最小和最大风压及其相应风量。

2 如等积孔相差较大，风井服务年限较长，应分阶段计算风压和风量。

3 如达产时间较长，还应有投产时的风压和风量。

3.1.5 主要通风机应选择高效风机，并应以满足第一水平各个时期的风量和风压要求为主，适当照顾第二水平的需要。当工况变化大，经技术经济比较确认合理时，可分期选择电动机或主要通风机。

3.1.6 主要通风机的能力应与矿井通风网络特性相匹配。所选轴流式通风机在最大设计风量和风压时，叶片安装角度应比设备允许范围小5°；离心式通风机在最大设计风量和风压时的转速不应大于设备允许最高转速的90%。

3.1.7 主要通风机在各个时期均应运行在工业利用区，在正常生产期均应运行在高效区，且工况效率不宜低于70%。

3.1.8 主要通风机的工况点应位于通风机性能曲线峰点的右侧。轴流式通风机的工况点风压不应大于风机性能曲线最大风压的90%。

3.1.9 高海拔地区应根据当地空气密度对通风机性能曲线或通风网络曲线作相应修正。

3.1.10 煤矿主要通风机站内的噪声值不得超过85dB（A）。通风设备对附近居民区的噪声值应符合现行国家标准《工业企业厂界环境噪声排放标准》GB 12348 的有关规定。

3.2 主要通风机装置选择

3.2.1 主要通风机的选择计算应符合下列规定：

1 通风机性能参数应按下列公式计算：

1) 主要通风机必需风量：

$$Q_x = k \times Q_k \qquad (3.2.1-1)$$

式中 Q_x——主要通风机必需风量（m^3/s）；

Q_k——矿井的计算风量（m^3/s）；

k——外部漏风系数，专用回风井，应取1.05；兼作回风井的箕斗井，应取1.15；兼作升降人员用的回风井，应取 1.20；

2）主要通风机必需风压：

$$H_x = h_k + h_{zh} + h_{zr} + h_{xs} + h_d \quad (3.2.1-2)$$

式中 H_x——主要通风机必需风压（Pa）；

h_k——矿井计算风压（Pa）；

h_{zh}——通风装置及风道阻力损失（包括风井至通风机的各段风道及扩散器的阻力）（Pa），应根据具体情况计算，缺乏资料或在可行性研究阶段，可根据风机型式及大小，取 100~200Pa；

h_{zr}——矿井自然通风风压（Pa），若 h_k 已计入，则 h_{zr} 为零；

h_{xs}——消声装置（通风机装有消声装置时）阻力损失（Pa），由厂家提供，缺乏资料时可取 50~100Pa；

h_d——扩散器的动压损失（Pa），当通风方式为抽出式，而风机的特性以全压表示时，应计入此阻力。

2 主要通风机的选择应符合下列规定：

1）在满足通风机计算性能参数条件下，应根据本规范第3.2.1条第 1 款以及工况调节、场地条件和服务年限等要求，通过技术经济比较，在经过鉴定的新型节能产品中择优选取；

2）轴流式通风机若采用反转反风，或调整叶片角度反风，均应根据所选轴流式通风机的反风性能曲线计算反风量；

3）当选用离心式通风机时，应选用型号相同、出风角度相同、左右旋式风机各 1 台；

4）在技术可靠、经济合理情况下，宜选用具有动叶在线可调功能的轴流式通风机，或采用具有无级调速装置的通风机。

3.2.2 电动机的选择计算应符合下列规定：

1 电动机功率应按下式计算：

$$N = k_f \times \frac{Q_g \times H_g}{1000 \times \eta \times \eta_m} \quad (3.2.2)$$

式中 N——电动机计算功率（kW）；

Q_g——主要通风机工况点风量（m³/s）；

H_g——主要通风机工况点风压（Pa）；

η——主要通风机工况点效率（%）；

η_m——机械传动效率，联轴节可取 0.98，三角皮带传动可取 0.92；

k_f——富余系数，可取 1.1~1.2，对旋式风机，可取 1.2~1.3。

2 除应按计算功率选择电动机外，其功率尚应按下列不同情况进行校验：

1）轴流式通风机和叶轮直径 2m 以上的离心式通风机正常启动功率；

2）轴流式通风机反转反风功率；

3）调速装置故障时电动机全速运转功率。

3 当通风容易时期和通风困难时期电动机的轴功率之比小于 60%，经技术经济比较合理时，可分期选择电动机。所选电动机的负荷率不宜小于 60%。

3.2.3 工况调节方式的选择应根据不同条件从下列调节方式中采用最佳方式。

1 矿井生产期间的阶段性工况调节可采用下列方式：

1）改变轴流式通风机的叶轮：

——两级叶轮通风机，通风容易时期改为单级运行；

——调整叶片数；

——调整叶片安装角。

2）改变通风机转速：

——机械调速；

——电气调速。

3）调整前导器。

2 矿井生产期间当需要根据矿井所需风量随机连续调节通风机工况时，在技术可靠、经济合理条件下，宜采用电气调速以连续调节通风机转速，当主要通风机为轴流式通风机时，也可采用通风机在线随机连续调节叶片角度。

3.3 附属设施

3.3.1 置换风门、反风风门、监测密闭风门和检修风门应根据不同要求设置。

3.3.2 风门应符合下列规定：

1 动作应灵活可靠，密闭性应好，并应便于检修更换；在寒冷地区用以操作的风门及反风风门应有防冻结措施。

2 强度足够，风门与门框密接部分应平整、不易变形。

3 活动阻力应小。大尺寸风门若风压大，开闭困难，可设置减荷机构。

4 计算荷载应按服务年限内的最大风压计算，并应计入1.1~1.2的备用系数。

5 材料宜采用 Q235 钢或 Q345 钢，质量等级不宜低于 B 级。焊接风门不应采用沸腾钢，腐蚀性较强的环境宜采用耐蚀钢。

6 风门宜采用焊接结构。焊条应符合现行国家标准《碳钢焊条》GB/T 5117 或《低合金钢焊条》GB/T 5118 的规定，其型号应与主体金属的力学性能相适应。焊缝和焊接工艺应符合现行国家标准《钢结构设计规范》GB 50017 的规定。

7 操作风门及反风风门均应配有驱动装置，可采用电动机无绳传动方式。当采用风门绞车驱动时，风门绞车宜采用电动手摇两用绞车，并宜集中布置、集中操作。

8 用于风门绞车的钢丝绳的安全系数不应小

于 4。

　　9 风门应有防腐蚀措施。

3.3.3 主要通风机的出风侧应设扩散器，扩散器的效率不宜低于 50%，出口断面内不宜有涡流区，并应符合下列规定：

　　1 离心式通风机的金属扩散器，其结构尺寸可按本规范附录 A 设计，扩散角可取 8°～10°，出入口面积比可取 3～4。材料和制造工艺应符合第 3.3.2 条第 5 款和第 6 款的要求，并应有防腐蚀措施。

　　2 混凝土扩散器（塔）的结构尺寸应符合下列规定：

　　　　1）立式扩散塔宜采用圆锥形，其几何尺寸应采用厂家资料，当无厂家资料时，其出入口面积比可取 3.5。弯道内应装设导流叶片；

　　　　2）水平扩散器宜采用扁平矩形，出风口应斜向上方，外侧出风角度不宜大于 45°，内侧出风角度宜为 51°～53°。塔高宜取风道高度的 2 倍，并不得小于风道高度的 1.4 倍。其水平段向外应有不小于 4‰的下坡度，在最低处应设集水坑，并应以水槽引出。

3.3.4 风硐（道）设计应符合下列规定：

　　1 **最大风速不得超过 15m/s。**

　　2 设计风速不宜超过 12m/s。

　　3 宜避免弯道和截面大小急剧变化。

　　4 风流转向处应做成流线型，并应具有合理的几何尺寸。

　　5 风硐与风井的夹角不宜大于 45°。

　　6 风道交叉点的夹角不宜大于 60°，并应呈流线型。

　　7 后期需另建风机房时，在风道适当位置处应预留接口。

　　8 距风机进风侧 1～2m 处宜装设防护栅栏。

　　9 当场地条件允许时，风道水平直线段长度应满足测试要求，不宜小于风道高度（宽度）的 6 倍。风道布置应符合图 3.3.4 的规定。

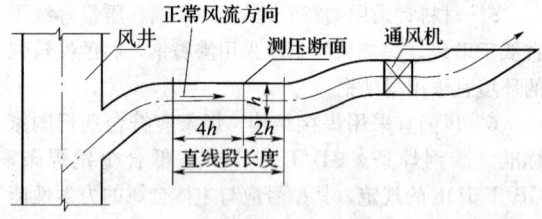

图 3.3.4　风道布置

　　10 在满足测试要求条件下风道宜短，但其长度应比风硐与风井接口处至风井防爆门的距离至少长10m。风道弯道数量应最少。

　　11 风道应有向风井方向的下坡，其坡度不宜小于 5‰，临近风井 1～2m 处应设置不低于 1.2m 的防坠栅栏。

　　12 压入式通风的风道应至少装设两道防火门，防火门应采用不燃材料制作，并应具有防腐蚀性能。

　　13 风道内设置的任何物件均应防火、防锈、并应可靠固定。

3.3.5 噪声防治应符合下列规定：

　　1 **主要通风机站的噪声值超过规定时，应装设消声装置。**

　　2 消声装置应设置在风机的出风侧，压入式主要通风机站若临近生产区或生活区，尚应在进风侧装设消声装置。

　　3 消声装置的有效面积不应小于风道面积。

　　4 消声装置的结构和位置应便于维修、更换和清洗。

　　5 **消声装置应采用不燃或阻燃材料制作。**

　　6 消声装置应具有防腐蚀性能。

　　7 主要通风机站临近生产区或生活区，必要时机房门窗可采取消声或隔音措施。

　　8 **主要通风机站的值班室应密闭隔音。**

3.3.6 压入式主要通风机站的进风孔应装设百叶窗，并应符合下列规定：

　　1 百叶窗的有效面积不应小于进风道的面积。

　　2 通过百叶窗的风速不宜超过 5m/s。

　　3 **进风孔的百叶窗应采用不燃材料制作。**

4　主要通风机站的布置与安装

4.1　一般规定

4.1.1 主要通风机站的位置应符合下列规定：

　　1 **主要通风机站必须设于地面。**

　　2 主要通风机站应确保不受洪水威胁。

　　3 主要通风机站应避开不良工程地质条件。

　　4 **通风机房及扩散器周围 20m 以内不得有烟火作业的建筑和设施。**

　　5 通风机房及扩散器与提升机房、变电所（不包括风机的配电室）、办公楼及居住楼的距离不宜小于 30m。

　　6 抽出式通风机站的扩散器出口与进风井、空气压缩机站的距离，应符合下列要求：

　　　　——对低瓦斯矿井不应小于 30m；

　　　　——对高瓦斯矿井不应小于 50m。

　　7 主要通风机站的位置宜布置在有利于利用夏季自然穿堂风的方位。

　　8 当主要通风机站单独位于风井场地时应设置围墙。

4.1.2 通风机站的布置应符合下列规定：

　　1 主要通风机宜与电动机同时布置在室内。轴流式通风机可布置在室外，并宜设防护棚；在寒冷地区或临近生产区、生活区时宜布置在室内。

2 室内布置应有主机区、电气区、附属设备区、检修区、值班室和备品区。分区应满足运转、维修、管理、安装、运输等要求，并应兼顾采暖、通风、隔噪和卫生等需要，同时应符合以下规定：

1) 主要通风机和电动机周围通道不应小于 1.5m；

2) 需离位就地检修的设备，宜集中设置检修区，其大小应按最大件及其周围通道不小于 0.8m 计算，其位置不得影响通风机正常运转维护，且应便于室内外搬运；

3) 机房高度应满足安装和检修起吊要求。起重质量大于 1t 时，宜设起重梁；最大起重质量大于 5t 时，宜设手动起重机；也可在机房屋顶上设置安装孔，利用吊车起吊设备，可不设专用起重机；

4) 应合理安排室内外搬运标高；

5) 管道不宜沿地坪敷设，架空敷设时不得妨碍通行和设备搬运；

6) 轴流式通风机前若有 S 形风道，必要时可在其集风器前的风道上方吊钩，两壁宜预设便于架设平台的构件，并应设置爬梯。

3 主要通风机站应根据具体情况，在风道或扩散器的适当位置处的断面上设置通风机装置性能测试的静压感受管和动压测试支承物，并应符合下列规定：

1) 当风道长度满足测试精度要求时，可在同一断面设置相对静压测试感受管和动压测试支承物，静压感受管不得少于 3 个，并应与值班室水柱计相连接；

2) 当风道长度不符合测试要求时，可在不同的较为适当的断面处分别设置相对静压感受管和数量足够的动压测试支承物；

3) 宜设置不停产测试通风机装置性能的进风设施。

4 轴流式主要通风机站，宜增设一个备用的置换风门，并应符合下列规定：

1) 备用风门应便于外移更换；

2) 使用备用风门的风道处应设有相应的门框，其对外开口不用时应可靠密封。

5 安装孔的设置应符合下列规定：

1) 机房墙壁上的安装孔应位于内外搬运方便处；

2) 当最大件通过时，安装孔的富余宽度和富余高度均不宜小于 300mm；

3) 安装孔宜结合机房大门设置。

4.2 主要通风机和电动机基础

4.2.1 主要通风机和电动机基础各部分尺寸除应符合厂家规定外，尚应符合下列规定：

1 机器底座边缘至基础边缘的距离不宜小于 100mm。

2 地脚螺栓轴线距基础边缘的距离不应小于 4 倍螺栓直径。

3 地脚螺栓预留孔边缘与基础边缘净距离不应小于 100mm。

4 地脚螺栓预留孔最小应为 80mm×80mm，螺栓距孔壁的距离不应小于 15mm。螺栓底端以下混凝土厚度，当为预埋地脚螺栓时不应小于 50mm，当为预留孔时不应小于 150mm。

5 设备基础二次灌浆层厚度不应小于 25mm，不宜大于 100mm，并应以微膨胀混凝土填充密实。

4.2.2 主要通风机和电动机更换应符合下列规定：

1 当后期需要更换通风机时，其布置及基础设计应为后期更换提供方便条件。

2 当后期需要更换电动机时，其基础设计应兼顾后期。

4.3 监测密闭风门和检修风门的设置

4.3.1 风道适当位置应设置监测密闭风门。

4.3.2 轴流式通风机的集风器前和扩散器侧壁应设置密闭性能良好的检修风门，其位置应便于出入，并不得与内部设施相妨碍。

4.3.3 需要时消声器前后可设置检修风门。

5 供配电、控制和照明

5.0.1 主要通风机站应有两回直接由变（配）电所馈出的供电线路；线路在末端配电装置上应相互切换，并应符合下列规定：

1 两回供电线路应来自各自的变压器和母线段，线路上不应分接任何负荷。

2 主要通风机的控制回路和辅助设备，必须有与主要设备同等可靠的备用电源。

3 当主要通风机为高压同步电动机驱动时，励磁装置的低压电源应引自高压供电的同一母线段。

5.0.2 主要通风机电动机应符合下列规定：

1 当容量在 200kW 及以下时宜采用低压，容量在 300kW 及以上时宜采用高压；容量在 200～300kW 时，应经技术经济比较后确定采用高压或低压。

2 当容量在 800kW 以下时，宜采用鼠笼型异步电动机；容量在 800kW 及以上时，采用同步电动机或异步电动机，宜根据主机厂配套情况经技术经济比较后确定。

3 当电动机或电网不能满足直接启动要求时，可采用绕线型异步电动机。

4 选用同步电动机时，应根据通风机的转向对电动机旋转方向提出要求。

5 内装电动机应为防爆型，外装电动机的防护等级不应低于 IP23。

5.0.3 采用异步电动机时，可选用变频调速或晶闸管串级调速。

5.0.4 同步电动机和鼠笼型异步电动机，应进行启动方式的选择和启动条件的验算，并应符合下列规定：

1 对于同步电动机，还应进行牵入条件的验算。

2 轴流式通风机采用同步电动机时，应按重载启动方式。

3 在进行启动方式选择计算时，应首先采用直接启动。当直接启动不允许时，可采用降压启动。

5.0.5 高压电动机的保护应符合下列规定：

1 高压电动机应装设绕组及引入线相间保护、过负荷保护、低电压保护；同步电动机还应装设失步保护和非同步冲击保护。上述保护应按现行国家标准《电力装置的继电保护和自动装置设计规范》GB 50062 的有关规定执行。

2 低电压保护装置的整定应按下列原则进行：

1) 当电源电压短时降低或短时中断后，根据生产过程不允许自启动的电动机，保护装置的电压整定值采用 40％～50％额定电压或略高，时限为 0.5～1.5s；

2) 当主要通风机用异步电动机传动时，保护装置的电压整定值采用 40％～50％额定电压，时限为 5～10s。

3 电动机单相接地故障保护设置应按现行国家标准《电力装置的继电保护和自动装置设计规范》GB 50062 的有关规定执行。

4 电动机的防雷保护应按现行国家标准《工业与民用电力装置的过电压保护设计规范》GBJ 64 中有关规定执行。

5.0.6 交流低压电动机应装设短路保护和接地保护，并应根据具体情况分别装设过负荷保护、断相保护和低电压保护。变压器保护应按现行国家标准《电力装置的继电保护和自动装置设计规范》GB 50062 有关规定执行。

5.0.7 主要通风机站的控制和监测仪表设置应符合下列规定：

1 主要通风机电动机必须装设电压表和电流表，并应装设有功电度表和无功电度表。同步电动机还应装设功率因数表，转子回路还应装设直流电流表和直流电压表。

2 如成套控制屏上已装有上述仪表时，配电装置上可不再重复装设。

3 主要通风机站内应装设下列仪表及传感器：

1) 水柱计、电流表、电压表、轴承温度计等仪表；

2) 主要通风机设备开停传感器；

3) 主要风门开关传感器；

4) 通风机风量和负压传感器；

5) 井下风流中瓦斯和一氧化碳含量传感器；

6) 连续检测通风机轴承温度和大容量电动机的定子绕组温度等检测保护仪表，并在超温时能发出声光超温信号。

4 本条第 3 款中的仪表及检测信息、声光信号应在值班室监视。

5 主要通风机宜集中监控。有条件时，可实现自动化运行，矿井生产调度室可监控。

6 集中控制时应实现远距离启动和停止主要通风机，需要反风时应保证远距离控制反风门，当主要通风机因故停车时，应保证自动启动备用通风机及其相应辅助装置、自动监控通风机和电动机的轴承润滑系统。应设置主要通风机运行、停车和事故停车的指示信号。

5.0.8 矿井装备的安全生产监控系统，应在通风机房设系统分站（测控设备），并应将工况参数及必要信息纳入安全生产监控系统。

5.0.9 主要通风机电动机的高压开关柜宜设在主要通风机站内；主要通风机站的配电室配电装置宜单列布置。电气设备的布置与安装应方便操作维护、搬运检修和调整测试，并应符合下列规定：

1 配电装置单列布置时操作通道的最小宽度应按现行国家标准《低压配电设计规范》GB 50054 和《10kV 及以下变电所设计规范》GB 50053 中有关规定执行。

2 高压配电室净空高度不宜小于 4m。配电室长度在 7m 及以下时，可设一个出口；长度超过 7m 时应设两个出口。

3 当电控设备在通风机站内布置时，电机与控制屏、控制屏或操作台之间净距不应小于 2m，转动机械侧面与配电装置或操作台净距不应小于 1.5m。控制屏和配电屏应采用单列布置，正面通道不应小于 1.5m，屏后不应小于 800mm。

5.0.10 主要通风机站值班室内必须设置直通煤矿调度室的电话，并应在值班室外设置外接信号。

5.0.11 主要通风机站的照明设计应按现行国家标准《建筑照明设计标准》GB 50034 中有关规定执行。站内应设置应急照明设施。

5.0.12 主要通风机站电力设备应有良好的接地保护。有关电力设备的接地应按现行国家标准《工业与民用电力装置的接地设计规范》GBJ 65 有关规定执行。主要通风机站的防雷保护应按现行国家标准《建筑物防雷设计规范》GB 50057 有关规定执行，并应按二类设计。

6 建筑与结构

6.1 一般规定

6.1.1 通风机房设计应根据工艺、地形、工程地质和施工等条件，经技术经济比较后确定。

6.1.2 通风机房的结构安全等级应为二级。

6.1.3 通风机房的抗震设防类别应为乙类。

6.1.4 通风机房的耐火等级应为二级。

6.1.5 通风机房的地基基础设计等级不应低于乙级。

6.1.6 通风机房的防雷保护应为二类。

6.1.7 通风机房应符合通风散热要求。

6.1.8 通风机房可采用钢筋混凝土结构、钢结构或砌体结构；风道应采用钢筋混凝土结构，有地下水影响时，应采取防水措施。

6.1.9 风机基础除应进行地基承载力计算外，尚应按现行国家标准《动力机器基础设计规范》GB 50040 的规定进行核算。

6.1.10 有条件时，风机基础宜与风道基础整体相连。

6.1.11 风道结构计算荷载应包括密闭负压及地面附加荷载。

6.1.12 风道应有向风井方向的下坡，其坡度不宜小于 5‰；当风机为水平排风时，其扩散器下部应设排水沟。

6.1.13 扩散器顶部应设置宽度不小于 800mm 的测风平台，平台两侧应设置不低于 1.2m 的栏杆，栏杆下部应设置高 200mm 的挡板。

6.2 构 造

6.2.1 风道混凝土强度等级不应低于 C25，受力钢筋的保护层厚度不应小于 30mm；有地下水影响时，应符合现行国家标准《地下工程防水技术规范》GB 50108 的规定。

6.2.2 风机及电动机基础混凝土强度等级不宜低于 C25；并应在基础四周和顶部配置直径 10～12mm、间距 200mm 的钢筋网。

6.2.3 其他设备基础可采用素混凝土或毛石混凝土基础，强度等级不宜低于 C15。

6.2.4 通风机房地面应采用不易起尘、耐冲洗的材料。

7 采暖和通风

7.0.1 累年日平均温度稳定低于或等于 5℃的日数大于或等于 90d 地区的通风机房，宜设置采暖设施，并且按集中采暖设计。

7.0.2 当机房远离供热热源，且不具备集中采暖条件时，可在人员经常停留的场所设置防爆式电暖气采暖。

7.0.3 通风机房采暖室内计算温度宜采用 15℃，在确定采暖热负荷时应扣除电动机的散热量。采暖热媒宜采用 130～70℃热水或 0.2MPa 饱和蒸汽。

7.0.4 机房宜采用自然通风。

8 给水和排水

8.0.1 主要通风机的冷却用水应循环使用。

8.0.2 通风机房内宜设拖布池，并应在地面上设置相应的地漏。

8.0.3 通风机房可不设室内消防给水，但应设沙箱及干粉灭火器。

附录 A 金属扩散器结构尺寸

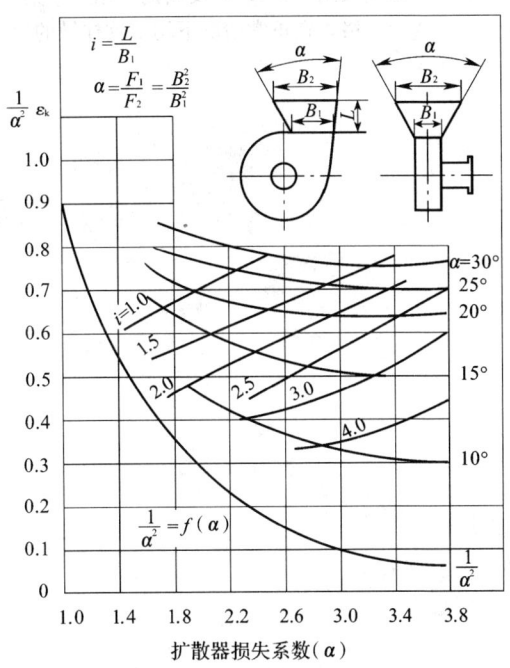

图 A.1 角锥型扩散器

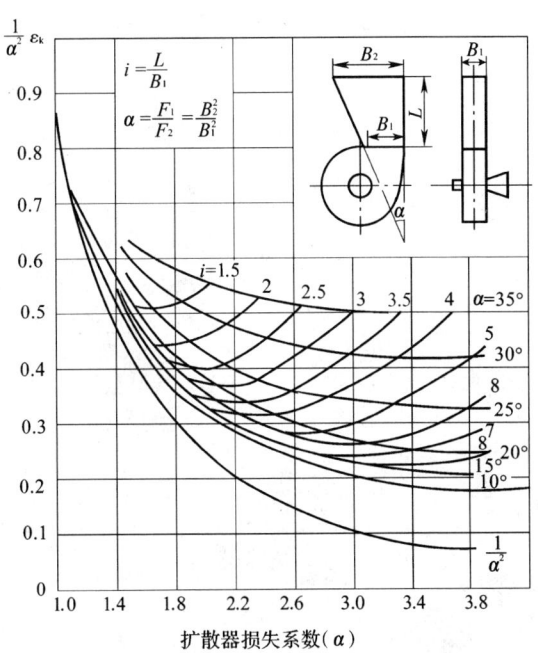

图 A.2 非对称扁平型扩散器

本规范用词说明

1 为便于在执行本规范条文时区别对待，对要求严格程度不同的用词说明如下：

　1) 表示很严格，非这样做不可的用词：

　　正面词采用"必须"，反面词采用"严禁"。

　2) 表示严格，在正常情况下均应这样做的用词：

正面词采用"应"，反面词采用"不应"或"不得"。

　3) 表示允许稍有选择，在条件许可时首先应这样做的用词：

　　正面词采用"宜"，反面词采用"不宜"；

　　表示有选择，在一定条件下可以这样做的用词，采用"可"。

2 本规范中指明应按其他有关标准、规范执行的写法为"应符合……的规定"或"应按……执行"。

中华人民共和国国家标准

煤矿主要通风机站设计规范

GB 50450—2008

条 文 说 明

前　言

《煤矿主要通风机站设计规范》GB 50450—2008，经住房和城乡建设部 2008 年 10 月 15 日以建设部第 135 号公告批准、发布。

为便于各单位和有关人员在使用本规范时能正确理解和执行本规范，特按章、节、条顺序编制了本规范的条文说明，供使用者参考。在使用中如发现本条文说明有不妥之处，请将意见函告中煤邯郸设计工程有限责任公司。

本规范主要审查人：刘　毅　鲍巍超　郭均生
　　　　　　　　　　陶绍斌　曾　涛　李玉谨
　　　　　　　　　　要书其　张春堂　姚贵英
　　　　　　　　　　玉新民　舒映辉　李书兴
　　　　　　　　　　于李萍

目　次

3 主要通风机装置选择

3.1 一般规定

3.1.1 新建矿井的每一风井应安装型号、规格相同的2套主要通风机设备及其附属装置。

3.1.2 对于大、中、小型各种矿井的不同条件，一般轴流式、对旋轴流式和离心式通风机各有其适用条件，关键是经技术经济比较，根据具体条件选择最优机型，不宜以某一机型的一般优点代替具体比较。

3.1.4 矿井的设计风量和风压是矿井主要通风机站设计的基础资料，决定着矿井主要通风机站的设计能否满足矿井通风需要，既保证矿井安全生产，又实现主要通风机经济运行。鉴于矿井服务年限一般较长，特别是大型矿井服务年限很长，矿井风压可能变化很大，风量也可能变化，为了通风机选型合理，矿井风量和风压作为设计基础资料应根据矿井生产的不同阶段和时间分期提出。

3.1.5 本条是针对多水平开采矿井，或只有一个水平但服务年限较长的矿井，为了做到合理选择设备而提出的。

3.1.6 影响矿井需要风量的因素具有不确定性，为了通风安全可靠，保证矿井安全和矿工人身安全，主要通风机的能力留有一定的储备系数是必要的。

3.1.7 主要通风机的工况效率是指静压效率，70%是指矿井正常生产期间的工况效率。

3.1.8 本条规定旨在从通风机的合理工况点角度确保其运行的稳定性。

3.1.9 厂家提供的通风机性能曲线是根据空气密度为 $1.2kg/m^3$ 绘制的，高海拔地区空气密度降低，因此应根据当地空气密度对通风机性能曲线作相应修正。若计算风压是按 $1.2kg/m^3$ 计算的，则风机特性曲线不必修正，但电动机功率仍应做相应修正。在 $1000\sim4000m$ 海拔之间，电动机的冷却效果不受影响。

3.2 主要通风机装置选择

3.2.1 本条第2款第2项旨在确保反风量不小于正常风量的40%。本条第2款第4项旨在根据瓦斯变化情况随机调节通风机工况，以实现既满足需要，又不过量的按需定量调节的最佳通风状态，这是矿井主要通风机站设计的发展方向。为此从机械或电气两方面提出实现此目标的技术条件。当然，这必须在技术可靠、经济合理的情况下才适宜。

3.2.2 为确保主要通风机通风的可靠性，电动机在合理的服务年限内，其功率均应满足不同情况时的功率需要。

3.2.3 本条是针对两种不同性质的调节：一种是针对设备选型时的工况设计而进行的阶段性工况调节；另一种是针对矿井生产期间根据需要风量而进行的随机连续工况调节。

3.3 附属设施

3.3.2 风门特别是置换风门和反风门等与主要通风机运行的可靠性、经济性和方便性关系很大，为此本条从灵活可靠、密闭性好、检修方便以及阻力、强度、材料、焊接、驱动和防腐蚀等方面提出要求。

3.3.3 主要通风机出风口的风速往往高达 30m/s，甚至更高，约占通风机所产生能量的 $35\%\sim40\%$。如何回收这一部分能量，是扩散器设计的基本课题。离心式通风机不带扩散器，轴流式通风机不带外扩散器，均需设计部门自行设计。设计的基本原则有二：一是效率要高；二是在条件允许、经济合理的情况下高度应尽量高些，以减少对环境的污染。

为此，根据前苏联中央流体动力学研究所有关资料、《矿井扇风机性能测定技术》、《流体力学及流体机械》、《矿井通风》、《矿内空气动力学与矿井通风系统》及《矿井通风系统分析与优化》等文献，对扩散器的设计提出一些规定。离心式通风机扩散器的几何尺寸，可参照附录A的曲线图进行设计，其出风口高度一般均较高。轴流式通风机的扩散塔和离心式通风机水平扩散器应注意其高度，特别是临近生活区和办公区的主要通风机站。

3.3.4 关于本条说明如下：

本条第1、2款系根据现行《煤矿安全规程》（2006年版）关于风道允许最高风速为 15m/s，以及"矿井通风系统安全可靠性指标"关于主要通风机能力备用系数为 1.2，确定风道正常风速不宜超过 12m/s。

本条第3~6款旨在减少风道阻力和风道长度。

本条第8款和第11款系根据《煤矿安全规程》1992年版《执行说明》而做出的规定。在临近风井 $1\sim2m$ 处设置防护栅栏，旨在防止人员坠落；在距风机进风侧 $1\sim2m$ 处设置防护栅栏，旨在防止人员或物件被吸入主要通风机。

本条第12款系根据现行《煤矿安全规程》（2006年版）第220条："压入式通风机的风道应至少装设两道防火门"而规定的。

风道长度与经济性、安全性、测试要求和场地条件有关。从经济性看，风道越短越好，但从主要通风机站的安全性看，根据《煤矿安全规程》1992年版《执行说明》第126条规定，其长度至少应比风硐与风井接口至风井口的距离长 10m。至于从通风机性能测试要求看，迄今说法各异，归纳如下：

——测试点应设置在风道直线段内，与上、下游局部阻力点的距离分别不小于 4 倍和 2 倍的风道高度。

——静压测点布置在风道直线段内，距通风机吸风口（或排放口）2倍动轮直径以远的稳定风流中。风量测点布置在风道直线段内，对风道直线段的长度，有的未指明；有的指出：测点上游距整流栅3倍风道宽度，下游距弯道2倍风道宽度，直线段长度约为7倍风道宽度再加2m；有的指出：前方不小于巷道宽度的3倍，后方不小于巷道宽度的8～10倍。

——测点布置在稳定的直线段上，距叶轮2.5～3倍的叶片长度处。

——静压测点布置在距通风机入口500～700mm处，风量测点布置在风道直线段，上游距整流栅3倍风道高度，下游距弯道2倍风道高度，总长约7倍风道高度再加2m。

——静压测点布置在工况调节装置与通风机进风口之间的风道直线段上的风流稳定处，轴流式通风机可在距进风口1倍动轮直径处，单吸风口的离心式通风机应布置控制闸门后2倍动轮直径以远处，双吸风口的离心式通风机应在风道分支前1倍动轮直径处。风量测点可布置在风道中距通风机进风口3～4倍动轮直径处。

虽然说法不一，但有一点是共同的，即测点宜布置在稳定风流段，以保证测试的精确性。据此并根据设计部门以往采用的数据，本规范暂仍沿用第一种说法：测点宜布置在风道直线段内，与上、下游局部阻力点的距离分别不小于4倍和2倍的风道高度（宽度）。此长度比最短的长，比最长的短，又为以往设计部门采用，故若场地条件允许，风道长度按此设置有利于测试的精确性和方便测量。若场地条件不允许，风道长度可不受此限定，测试点位置可根据具体条件设置，但精确性和方便性稍差些。

4 主要通风机站的布置与安装

4.1 一般规定

4.1.2 关于本条第3款和第4款说明如下：

1 由于场地和主要通风机结构以及主要通风机站的布置情况不同，主要通风机装置性能测试设施的位置也不同，故其位置只能用"在风道或扩散器的适当位置处的断面上"这一词语作概括性表述。至于第3款第2项关于风量测试点的位置及测点数量，根据不同条件可有不同做法。

2 大、中型矿井，为了不影响正常生产，在不停产正常通风情况下，为对备用通风机装置进行性能测试而预设测试进风门和备用的置换风门，可为测试提供方便条件。有的通风机带有可拆卸的进风筒，多数通风机不带此类设施，宜增设。

3 轴流式通风机每台在只装有一个置换风门情况下，备用风门可作为置换风门故障时的代替风门，

以利故障风门的更换修理而不影响正常通风。备用风门或置换风门根据具体配置情况可作为不停产测试备用通风机装置时的调节风门使用。

5 供配电、控制和照明

5.0.1 本条文是根据现行《煤矿安全规程》（2006年版）和现行国家标准《煤炭工业矿井设计规范》GB 50215—2005相应条款编写。为保证矿井主要通风机安全运行，应严格执行本条文，其详细说明参见现行国家标准《煤炭工业矿井设计规范》GB 50215—2005。

5.0.2 本条文规定包括两部分内容，一是电动机高压、低压的选择；二是电动机类型的选择。高、低压电动机的选择只是划定一相对界限，实际应用中可根据矿井的供电质量，特别是直供母线的短路容量，经计算和经济比较后选取。所以条文规定"宜采用"用词。对于异步电动机和同步电动机的选取，条文规定800kW及以上时，一般采用同步电动机并在采用同步电动机时加上考虑主机配套情况；因为目前对矿井用对旋通风机，厂家配套均为高、低压防爆异步电动机。虽然目前对矿井大型通风机配同步电动机有不同看法，但本条文规定根据同步电动机可改善电网质量的特点和一般矿井风井地高压母线不进行无功补偿的运行方式，结合矿井主要通风机必须长期运行的条件，条文提出了采用同步电动机或异步电动机需经技术经济比较的规定。

5.0.3 本条文规定的电气调速方式为串极调速和变频调速，两种调速方式的选用均需进行技术经济比较。通过对应用情况调研，应用效果不但符合国家节能政策，而且具有显著的经济效益。目前在电力系统应用较广的内反馈交流电动机调速是串极调速系统的进一步发展，具有投资省、性能稳定的特点，目前已经应用的最大电动机功率为2600kW；但目前只能应用于一般绕线电动机，因为电动机内部需要加反馈绕组。

5.0.4 本条文重点是正确选择电动机全压启动或降压启动方式。对于矿井通风机而言，其电动机直接启动时，所应考虑的主要条件是配电母线的电压不应低于额定电压的80%，且不影响母线所接其他负荷的正常运行，且应符合现行国家标准《通用用电设备配电设计规范》GB 50055—93的规定。所选电动机都要进行启动条件的验算。关于降压启动和软启动的设备选择，由于目前产品较多，应经技术经济比较后确定。

本条文是指高压电动机的保护装置设置。对于电动机相间短路保护，规定2000kW界线。根据有关资料，2000kW以上电动机一般在中性点有引出线，为装设纵联差动保护提供了可行条件。2000kW

以下电动机则采用电流速断保护。关于单相接地故障保护，引用现行国家标准《电力装置的继电保护和自动装置设计规范》GB 50062—92相关内容。当接地电流大于5A时，据有关资料证明可以将大电机的定子铁芯烧毁。装设有选择性的单相接地保护是必要的。

5.0.7 本条主要规定了测量仪表和保护装置的配置。提出了矿井通风机宜集中监控，有条件时，可实现自动化运行，矿井生产调度室可监控。这一提法主要依据目前通风机的类型情况，对旋风机在国内大量使用，其系统配置简单，便于实现自动化运行，目前控制设备和监测装置发展现状，已具备完成自动化运行的条件；国内已有部分矿井实现了通风机自动化运行，矿井生产调度室监控；个别矿井已无人值守，采用巡检；部分矿井引进的通风机，配置非常先进的自动化监控设备，运行情况均良好，取得了较理想的经济效益和社会效益。

7 采暖和通风

7.0.2 对于开采有瓦斯喷出区域的矿井和煤与瓦斯突出矿井，由于存在引起瓦斯煤尘爆炸的危险，不得采用隔热式火炉或防爆式电暖气取暖。

中华人民共和国国家标准

煤矿井下排水泵站及排水管路
设 计 规 范

Code for design of pumping station and
pipeline of under coal mine

GB 50451—2008

主编部门：中 国 煤 炭 建 设 协 会
批准部门：中华人民共和国住房和城乡建设部
施行日期：２ ０ ０ ９ 年 ３ 月 １ 日

中华人民共和国住房和城乡建设部
公　告

第 134 号

关于发布国家标准《煤矿井下排水泵站及排水管路设计规范》的公告

现批准《煤矿井下排水泵站及排水管路设计规范》为国家标准，编号为 GB 50451—2008，自 2009 年 3 月 1 日起实施。其中，第 4.1.1（1、2、3、4）、4.4.1（1）、5.1.1（2、6）、6.0.1、6.0.2、6.0.5、6.0.8 条（款）为强制性条文，必须严格执行。

本规范由我部标准定额研究所组织中国计划出版社出版发行。

中华人民共和国住房和城乡建设部
二〇〇八年十月十五日

前　　言

本规范是根据建设部建标函〔2005〕124 号文件《关于印发"2005 年工程建设标准规范制订、修订计划（第二批）"的通知》的要求，由中煤邯郸设计工程有限责任公司会同有关单位编制而成的。

本规范在编制过程中，编制组对部分生产矿井的排水泵站和管路进行了调查，访问了有关设计院、院校和制造厂家，针对本规范涉及的问题查阅了大量文献资料，作了分析研究，吸取了多年以来矿井排水的新技术、新设备和新经验，并广泛征求了设计、生产、安全监察和院校等单位的意见，经反复研究和修改，最后审查定稿。

本规范共 6 章，4 个附录，主要内容有：总则，术语和符号，泵站型式的选择，排水设备及管路选择，排水设备及管路布置与安装，供配电、控制和照明。

本规范以黑体字标志的条文为强制性条文，必须严格执行。

本规范由住房和城乡建设部负责管理和对强制性条文的解释，由中国煤炭建设协会负责日常管理，由中煤邯郸设计工程有限责任公司负责具体技术内容的解释。在本规范执行过程中，如有新的实践经验或意见，请将有关资料寄送中煤邯郸设计工程有限责任公司《煤矿井下排水泵站及排水管路设计规范》编制组（地址：河北省邯郸市滏河北大街 114 号，邮编：056031），以供今后修订时参考。

本规范主编单位、参编单位和主要起草人：

主 编 单 位： 中煤邯郸设计工程有限责任公司
（原煤炭工业邯郸设计研究院）

参 编 单 位： 中煤西安设计工程有限责任公司
湖南第一工业设计研究院
煤炭工业石家庄设计研究院

主要起草人： 张晓四　徐培锷　邢国仓　赵书忠
宋建国　邵一谋　朱杰利　蒋晓飞
要书其　门小莎　杨东辉　李永强
韩　猛

目　　次

1 总　则

1.0.1 为在煤矿井下排水泵站及排水管路设计中贯彻执行国家发展煤炭工业的法规和技术政策，确保矿井安全生产及所采用的工艺系统和设备等安全可靠、技术先进、经济合理、节能、环保，制定本规范。

1.0.2 本规范适用于新建、改建和扩建煤矿的下列工程设计：

 1 主排水泵站。

 2 采区排水泵站。

 3 井底水窝泵站。

 4 井下排水管路。

1.0.3 当矿井水需要进行处理时，应比较井下处理的合理性。

1.0.4 当矿井水质的 pH 值小于 5 时，应采取防酸措施。

1.0.5 煤矿井下排水泵站及排水管路设计除应符合本规范外，尚应符合国家现行的有关标准的规定。

2　术语和符号

2.1　术　语

2.1.1 煤矿井下排水泵站　pumping station of under coal mine

 由作为核心设备的水泵及其配套的驱动机、控制设备、管路、阀门、管件和必要的辅助设备以及硐室等所构成的井下排水工程。

2.1.2 主排水泵站　main pumping station

 用以排除全矿井、一个水平或一个分区涌水的排水泵站。

2.1.3 吸入式离心泵与潜水泵联合泵站　pumping station of suction pumps combined with submersible pumps

 吸入式离心泵与潜水泵联合设置共同承担排水任务的泵站。

2.2　符　号

 B——泵站硐室宽度；

 D_w——管子外径；

 D_x——吸水管滤网直径；

 G——水泵机组总重；

 H——泵井起重设备起吊高度；

 H_{qg}——泵站地坪至起重梁底面或起重机轨面高度；

 H_{smax}——水泵允许的最大吸水高度；

 H_w——管路未淤积时的水泵工况扬程；

 H_z——水泵轴中心线至水仓底板的安装高度；

 k_f——电动机的富余系数；

 L——泵站硐室长度；

 N——电动机计算容量；

 p——计算管段的最大工作压力；

 p'_a——水泵安装地点的大气压力；

 p'_v——水泵安装地点实际水温的饱和蒸汽压力；

 Q_p——通过配水闸阀的最大流量；

 Q_w——管路未淤积时的水泵工况流量；

 T_a——管路安装时的环境温度；

 T_j——所论管段的环境极值温度；

 $[\sigma]$——管材许用应力；

 $[\Delta h]$——水泵样本必需汽蚀余量；

 η_w——管路未淤积时的水泵工况效率；

 η_m——机械传动效率；

 δ——计入附加厚度后的管壁计算厚度；

 δ'——管子计算壁厚；

 φ——管子焊缝系数。

3　泵站型式的选择

3.0.1 矿井水文地质情况一般、水患危险小，且不致因为吸程问题造成布局困难以及因通风困难使泵站高温时，宜采用吸入式离心泵站。

3.0.2 下列情况宜采用潜水泵站：

 1 矿井水文地质情况复杂、涌水量大、有突水危险时。

 2 采用吸入式离心泵站，导致通风困难，泵站温度过高，而采取降温措施又不经济时。

 3 采用吸入式离心泵站，噪声超过规定，而采取措施又不经济时。

 4 当防水闸门不能确保安全时。

 5 煤（岩）与瓦斯突出矿井和瓦斯喷出区域，当矿用增安型设备尚不能解决或采用矿用防爆型设备不经济时。

3.0.3 当矿井水文地质情况复杂、有突水危险，且采用单一潜水泵站不经济时，可采用吸入式离心泵与潜水泵联合泵站。

4　排水设备及管路选择

4.1　主排水设备选择

4.1.1 主排水泵站的能力应符合下列规定：

 1 主排水泵站必须设置工作、备用和检修水泵。

 2 工作水泵的能力，应能在 20h 内排出矿井 24h 的正常涌水量。备用水泵的能力不应小于工作水泵能力的 70%。

 3 工作和备用水泵的总能力，应能在 20h 内排出矿井 24h 的最大涌水量。

4 检修水泵的能力不应小于工作水泵能力的 **25%**。

5 水文地质复杂、有突水危险的矿井，可根据情况增设水泵，或在泵站内预留安装水泵的位置。

6 工作水泵能力的计算应按备用管路不投入使用，且工作管路已淤积情况下的水泵工况排水量为准；工作和备用水泵总能力的计算应按全部管路投入使用，且管路已淤积情况下的水泵工况排水量为准；管路淤积所引起的附加阻力系数可取 1.7。

7 计算泵站能力时，如果管路内径不同，阻力损失宜分段计算。

4.1.2 主排水水泵的选择应符合下列规定：

1 应选用经过鉴定的同型号同厂家的高效节能产品，并宜选用耐磨泵。

2 水泵在整个运转期间其工况应位于高效区，效率不宜低于 70%。

3 吸入式离心泵应使水泵安装高度符合下列公式：

$$H_Z \leqslant H_{smax} \quad (4.1.2\text{-}1)$$

$$H_{smax} = \frac{p'_a - p'_v}{\gamma} - [\Delta h] - \Delta h_s \quad (4.1.2\text{-}2)$$

式中 H_Z——水泵轴中心线至水仓底板的安装高度（m）；

H_{smax}——水泵允许的最大吸水高度（m）；

p'_a——水泵安装地点的大气压力（Pa）；

p'_v——水泵安装地点实际水温的饱和蒸汽压力（Pa）；

γ——矿井水重度（N/m³），无实际资料时可取 1×10^4 N/m³；

Δh_s——吸水管阻力损失（m）；

$[\Delta h]$——水泵样本必需汽蚀余量（m）。

4 当含沙量超过 $5 \sim 10$kg/m³ 时，应适当降低吸水高度或增大矿井水的计算重度。

4.1.3 如果水泵与管路经各种可能匹配，但所选水泵的扬程和流量仍超过实际需要较多，或超出水泵的工业利用区时，可根据可能条件采取下列措施：

1 可适当切削离心泵叶轮，并应做静平衡试验。

2 可采用变频调速装置降低转速。

3 可与厂家协商特殊订货。

4.1.4 水泵电动机容量计算及选择应符合下列规定：

1 电动机容量应按下式计算：

$$N = k_f \times \frac{\gamma \times H_w \times Q_w}{1000 \times 3600 \times \eta_w \times \eta_m} \quad (4.1.4)$$

式中 N——电动机计算容量（kW）；

H_w——管路未淤积时的水泵工况扬程（m）；

Q_w——管路未淤积时的水泵工况流量（m³/h）；

η_w——管路未淤积时的水泵工况效率（%）；

η_m——机械传动效率，联轴节可取 0.98；

k_f——电动机的富余系数，水泵轴功率大于 100kW 时，可取 1.1；水泵轴功率小于或等于 100kW 时，可取 1.1~1.2。

2 电动机选择应符合本规范第 6 章的有关规定，并应能承受额定转速 1.2 倍的反转转速，且历时 2min 而无有害变形。

4.2 采区排水和井底水窝排水设备选择

4.2.1 采区排水设备的选择，应符合下列规定：

1 正常涌水量为 50m³/h 及以下，且最大涌水量为 100m³/h 及以下的采区，可选用 2 台水泵，其中 1 台工作，1 台备用；可敷设 1 条管路。工作水泵排水能力应能在 20h 内排出采区 24h 的正常涌水量；管路排水能力应能在 20h 内排出采区 24h 的最大涌水量。

2 正常涌水量大于 50m³/h 或最大涌水量大于 100m³/h 的采区、有突水危险或有综采工作面的采区，可增设水泵、管路或预留相应设备的安装位置；必要时可按本规范第 4.1.1 条第 1~4 款和第 4.4.1 条第 1 款执行。

4.2.2 井底水窝排水设备选择，应符合下列规定：

1 应设置 2 台同型号水泵，其中 1 台工作，1 台备用。

2 水泵排水能力应能在 20h 内排出水窝 24h 的积水量。

3 宜根据水窝条件选用潜污泵或泥浆泵。

4 水窝水泵配套的非潜水电动机应选用矿用防爆型电动机。

4.3 辅助设备和监测仪表选择

4.3.1 引水设备选择应符合下列规定：

1 吸入式离心水泵当具备无底阀引水条件时，宜采用无底阀射流引水方式；当水泵台数多，经技术经济比较确认合理时，可采用真空泵引水。

2 射流泵宜以排水管中的压力水作为能源，以压缩空气或洒水管中的压力水作为备用能源，两者不得同时使用；两种能源之间应装设隔离阀门，其压力应按两种能源中压力较大者取值。

3 当采用真空泵时，其台数不应少于 2 台，且应互为备用。

4.3.2 起重设备的选择应符合下列规定：

1 井下排水泵站当水泵电动机容量大于 100kW 时，应设置起重梁。

2 当水泵总台数超过 5 台或单台电动机容量在 1600kW 及以上时，可设置起重机。

4.3.3 监测仪表的选择应符合下列规定：

1 下列部位应装设压力表：

　1）排水泵站的水泵排出管上；

　2）采用多功能水泵控制阀时，该阀前后。

2 吸入式离心泵的吸水管上应装设真空表。

3 矿井主排水泵站的水泵排出管上宜装设流量计量装置。

4 以上仪表应具有防冲击功能。

4.3.4 排水泵站的干管上应装设放水管和放水阀，其直径宜采用50~80mm。放水管应伸入吸水井或配水井内。

4.4 管路、阀门及管件选择

4.4.1 排水管路的直径和趟数应与水泵选型一起经技术经济比较确定，并应符合下列规定：

1 主排水管路必须设置工作管路和备用管路，其中工作管路的能力应能配合工作水泵在20h内排出矿井24h的正常涌水量；工作和备用管路的总能力，应能配合工作和备用水泵在20h内排出矿井24h的最大涌水量。

2 管路和水泵的匹配，宜采用1泵1管。当水泵需要并联工作时应做并联计算，1趟管路宜并联2台水泵，最多不宜超过3台，但应验算1泵1管且管路未淤积时的电动机容量和水泵吸程。

3 1台水泵也可并联多趟管路，但必须验算电动机容量和水泵吸程，且综合经济效益应优于1泵1管工作方式。

4 水患严重的矿井，应在管子道和井筒内预留增设管路的空间和快速安装的条件。

4.4.2 排水管管径经估算后，应通过方案比较确定最佳管径。

4.4.3 管材选择应符合下列规定：

1 排水管路宜选用无缝钢管、螺旋焊接钢管或直缝焊接钢管。

2 斜井排水管路可选用球墨铸铁管。

3 复合材料管和塑料管满足要求时也可选用。

4.4.4 管材许用应力可按表4.4.4取值，若管材钢号不详，可按10号钢取值；若为其他钢号，许用应力可按屈服强度的0.4倍或抗拉强度的0.25倍取值。

表4.4.4 管材许用应力 (MPa)

钢号	钢 管			球墨铸铁管 (QT400)
	无缝钢管	螺旋焊接钢管 (双面焊，全探伤)	直缝焊接钢管	
10	85	85	79	
15	95	95	89	100
20	100	100	92	

4.4.5 排水管路的管壁厚度计算和选择应符合下列规定：

1 钢管管壁厚度应按下列公式计算：

$$\delta = \delta' + c \quad (4.4.5-1)$$

$$\delta' = \frac{p \times D_w}{2.3 \times ([\sigma] \times \varphi - 6.4) + p} \quad (4.4.5-2)$$

无缝钢管 $c = 0.15(\delta' + 1)$ (4.4.5-3)

式中 δ——计入附加厚度后的管壁计算厚度 (cm)；

δ'——管子计算壁厚 (cm)；

c——计入制造负偏差和腐蚀的附加厚度 (cm)；

p——计算管段的最大工作压力 (MPa)；

D_w——管子外径 (cm)；

φ——管子焊缝系数，无缝钢管可取1；螺旋焊接钢管双面焊 (全部探伤) 可取1；螺旋焊接钢管双面焊 (不探伤) 可取0.7；

$[\sigma]$——管材许用应力 (MPa)。

2 若排水高度较大，宜分段选择管壁厚度。

4.4.6 吸水管直径不得小于水泵吸入口直径，宜大于水泵吸入口直径1~3级，管内流速宜取0.8~1.5 m/s。

4.4.7 主排水泵站的阀门应符合下列规定：

1 当泵站的操作闸阀符合下列条件之一时，宜选用电动闸阀：

$P_N \geq 2.45$MPa，且$DN \geq 250$mm；

$P_N \geq 3.92$MPa，且$DN \geq 200$mm；

$P_N \geq 6.28$MPa，且$DN \geq 150$mm；

$P_N \geq 9.81$MPa，且$DN \geq 125$mm。

2 当采用水泵控制自动化时，可选用电动闸阀或液动闸阀。

3 主排水水泵出水管上可装设缓闭时间可调的多功能水泵控制阀代替操作闸阀及普通止回阀，或者使用缓闭止回阀、微阻缓闭止回阀代替普通止回阀。

4 以上各阀门的压力等级不应小于水泵零流量时的压力值。

4.4.8 配水闸阀应操作可靠，其直径可根据下式计算：

$$DN \geq 27 \sqrt{Q_p} \quad (4.4.8)$$

式中 DN——配水闸阀公称直径 (mm)；

Q_p——通过配水闸阀的最大流量 (m^3/h)。

5 排水设备及管路布置与安装

5.1 排水设备布置与安装

5.1.1 主排水泵站的布置应符合下列规定：

1 主排水泵站应设于敷设排水管路的井筒附近且与主变电所联合布置。当泵站与变电所为串联通风时，应将主排水泵站布置在变电所的上风侧，泵站与变电所之间应设置防火门。

2 主排水泵站应至少有 2 个出口，一个出口应采用斜巷通往井筒，并应高出泵站底板 7m 以上；另一个出口应通到井底车场，在此出口通路内，应设置易于关闭的防水防火密闭门。

3 泵站出口应设置栅栏门，通往井筒出口的栅栏门应向内开。当矿井采用轨道运输时，通往井筒和井底车场的通道内应铺设轨道，转运通道的宽度应使转运最大设备时两侧的间隙均不小于 150mm，转运通道的转向处应设置转运设施。

4 所有泵站地坪应有流向吸水井一侧不小于 3‰的坡度。

5 吸入式主排水泵站地坪应比其出口与车场或大巷连接处的底板高出 500mm。

6 泵站与水仓之间必须装设控制阀门。

7 泵站硐室应按现行国家标准《煤矿井底车场硐室设计规范》GB 50416 中的有关规定执行。

5.1.2 吸入式离心泵站的布置应符合本规范附录 A 的规定。

5.1.3 吸入式离心泵站设备安装应符合本规范附录 B 的规定。

5.1.4 潜水泵站的布置与安装应符合下列规定：

1 泵井布置方式应符合下列规定：

1) 一个泵井内可安装多台潜水泵；

2) 当泵的台数较多时可设置两个泵井，两泵井宜靠近布置；

3) 不得利用提升井筒作为泵井；

4) 泵井底部应设置清理装置；

5) 操作阀门处应设置操作平台及防护栏杆；

6) 泵井出车平台和其他平台均应铺设活动盖板；

7) 泵井内应设置爬梯。

2 泵井设备安装应符合下列规定：

1) 泵井宜设置起重设备，起重量应按整体起吊质量计算，有条件时起重设备宜布置在泵井顶部；

2) 泵井起重设备起吊高度可按下式计算：

$$H = h_a + h_b + h_{sh} + h_g \qquad (5.1.4)$$

式中 H——泵井起重设备起吊高度（m）；

h_a——设备底面高出运输通道地坪高度（m）；

h_b——水泵高度（m）；

h_{sh}——绳扣垂直长度（m）；

h_g——吊钩中心至梁底面或轨面距离（m）。

5.1.5 联合泵站的潜水泵布置应符合下列规定：

1 当潜水泵台数较少时，可与吸入式离心泵布置在同一泵站内的加深吸水井内。

2 当潜水泵台数较多时，应布置在专用泵井内，并应靠近卧泵站，且与平巷相通。

5.1.6 采区泵站可按主排水泵站布置。

5.1.7 斜井水窝泵站应布置在井底人行道一侧。

5.2 排水管路布置与安装

5.2.1 主排水泵站内的管路配置应符合下列规定：

1 每台水泵均应能经两趟管路排水，并宜作环形布置。

2 水泵的出水管上可装设多功能水泵控制阀和闸阀，或装设缓闭止回阀和闸阀。

3 泵站干管上应装设放水管和放水阀。

4 吸入式离心泵的吸水管不应有窝存气体的地方，吸水管的任何部分均不应高于水泵的吸入口。

5 吸水管下口应装设滤网，滤网的总过流面积不应小于吸水管口面积的 2 倍。

6 泵站内所有管路均应采用支架固定。

7 泵站内管路布置不得妨碍行人及设备搬运；排水管路架高敷设时其最低处距泵站地坪的高度不应小于 1.8m。

5.2.2 主排水管路敷设与安装应符合下列规定：

1 主排水管路宜敷设于副井或主井井筒内。如地质地形条件允许，且技术经济合理时，也可通过钻孔排水，钻孔排水的排水管宜采用钢管，并应全部焊接连接。

2 斜管子道和斜井井筒中的排水管路敷设与安装应符合下列规定：

1) 宜敷设在人行道侧或对侧；

2) 当排水管路沿底板敷设时可采用水泥墩支承，沿井壁敷设时可采用梁支承或吊挂，间距可取 4~10m；沿人行道侧巷道壁敷设时，若需架高敷设，其最低点至人行道踏步的高度不得小于 1.8m；

3) 在倾斜管路的最下部和中间若干处设置的防滑支墩或支承梁应按防止管路下滑设计；支承梁和支墩应作强度和防滑稳定性计算；防滑稳定系数允许值，对基本荷载组合可取 1.3，对偶然荷载组合可取 1.1。

3 立井井筒排水管路应敷设在专用管子间内，并应符合下列规定：

1) 当井筒中有梯子间时，排水管路宜靠近梯子间主梁或罐道梁，并宜与提升容器长边平行布置；

2) 排水管路在井筒中的布置应留有安装、检修和更换空间；

3) 在排水管路下部应设置弯头管座或直管座及其支承梁；当排水管路垂高较大时，宜在中间加设若干直管座及其支承梁，其间距可取 100~150m；

4) 在下端与支承梁刚性连接的排水管路段，当上端设有支承梁时，宜设置管路伸缩装置，并应与上端直管座下法兰连接；

5) 排水管路应卡定在井筒中的防弯梁上；相

邻防弯梁的间距不得大于管路纵向稳定计算值；防弯梁宜借用罐道梁或梯子间梁，不能借用时，应设置单独的防弯梁；管子和梁的卡定方式应为导向卡。

5.2.3 排水管路的连接应符合下列规定：

1 条件允许时应采用焊接连接，垂直管段宜采用外套管贴角焊接；焊接施工应符合现行《煤矿安全规程》的有关规定。

2 焊条应根据钢管母材材质选择，施焊工艺应符合国家现行有关焊接标准的规定。

3 焊接后，整条管路应按规定进行水压试验。

4 不便焊接处，排水管路可部分或全部采用快速管接头或法兰连接。

5.2.4 立井排水管路应按本规范附录 C 进行纵向稳定性计算。

5.2.5 排水管路、附件及支承梁应作防腐蚀处理。

5.3 主排水管路支承梁

5.3.1 排水管路支承梁的荷载应按本规范附录 D 的有关规定确定。

5.3.2 排水管路支承梁可视作在一个主平面内受弯的构件，其稳定性计算应符合现行国家标准《钢结构设计规范》GB 50017 的有关规定。

5.3.3 排水管路支承梁的材料应符合下列规定：

1 宜采用 Q235 钢、Q345 钢，等级不应低于 B、C 级。支承梁的钢材不应采用沸腾钢。在腐蚀性较强的环境下宜采用耐蚀钢。

2 焊条应符合现行国家标准《碳钢焊条》GB/T 5117 或《低合金钢焊条》GB/T 5118 的规定，其型号应与主体金属力学性能相适应。

3 当支承梁由两段拼接成整体时，宜采用高强螺栓连接。螺栓、螺母和垫圈应符合现行国家标准《钢结构用高强度大六角头螺栓》GB/T 1228、《钢结构用高强度大六角螺母》GB/T 1229、《钢结构用高强度垫圈》GB 1230 和《钢结构用高强度大六角头螺栓、大六角螺母、垫圈技术条件》GB/T 1231 的有关规定。

6 供配电、控制和照明

6.0.1 主排水泵站电源供电线路不得少于两回路，且应引自变电所的不同母线段。当任一回路因故障停止供电时，其余回路应能满足最大涌水量时的全部负荷，设备的控制回路和辅助设备的电源，必须设置与主要设备同等可靠的备用电源。

6.0.2 主排水泵站的电气设备选型应符合现行《煤矿安全规程》的有关规定，其配置应与所选择的水泵台数相适应，并应能使工作和备用水泵同时运行。

6.0.3 主排水泵的高、低压电动机采用直接启动时，变电所母线上的电压不宜低于额定电压的 85%。

6.0.4 主排水泵的控制，宜为就地控制和远距离集中监控，有条件时，可设计为自动化排水集中监控，应设置机旁就地控制箱，并应符合下列规定：

1 集中监控应装设电动机电流、电动机温度、轴承温度、启动水泵时真空度、排水管流量、水仓水位等监测装置，并应就地及集中显示，同时应能超限报警。

2 自动化排水集中监控，应根据水仓水位监测信号及水位变化率完成自动注水、闸阀的自动操作或多功能水泵控制阀的监测、自动开停，并应能轮换工作水泵。

3 集中监控装置与主排水泵站分设时，与主排水泵站之间应设置标志明显的启动联系信号。

4 机旁就地控制箱和集中监控装置应装设水泵紧停按钮。

5 矿井装备的安全生产监控系统，宜在主排水泵站设置系统分站（监控设备），并应将工况参数及必要的监测信息纳入安全生产监控系统。

6.0.5 主排水泵高压电动机的高压控制设备应具有短路、过负荷、接地和低电压释放保护功能。低压电动机的控制设备应具有短路、过负荷、单相断线、低电压、漏电闭锁保护装置及远程控制装置。

6.0.6 主排水泵电动机容量在 200kW 及以下时，宜采用低压鼠笼型电动机；300kW 及以上时，宜采用高压鼠笼型电动机；200～300kW 时，选择高、低压电动机应进行技术经济比选。条件允许时，启动方式应采用直接启动，并宜符合下列规定：

1 高压鼠笼型电动机宜符合下列规定：

1）直接启动：利用变电所具有断路器和接触器功能的高压开关柜作启动设备；

2）降压启动：选用高压电抗器综合启动柜，或经技术经济比较后，选用软启动装置。

2 低压鼠笼型电动机宜符合下列规定：

1）直接启动与降压启动均利用变电所配电室内低压开关柜作启动设备；

2）煤（岩）与瓦斯（二氧化碳）突出矿井，选用隔爆型磁力启动器作直接启动设备；

3）40kW 及以上电动机，应采用真空电磁启动器控制，降压启动方式宜选用星—三角或自耦变压器；经技术经济比较后，可采用软启动装置。

6.0.7 主排水泵站的配电室宜与井下中央变电所联合布置。硐室内各项高、低压配电设备与墙壁之间距离，应留出 500mm 以上的通道；各项设备相互之间，应留出 800mm 以上的通道。高压配电装置操作通道的最小净距应符合下列规定：

1 单列布置应为 1.5m，双列布置应为 2.0m。

2 高压手车式开关柜不宜采用双列布置,单列布置时操作通道的最小净距应为单车长加900mm。

3 电抗器不在柜内的高压综合启动柜可单台或两台一组布置,各台(组)之间应留有800mm及以上的间距。若电抗器在柜内且柜前或柜后检修的可不留间距。

6.0.8 主排水泵站内电力电缆和控制电缆的选择应符合现行《煤矿安全规程》的有关规定。用于潜水泵的电缆应具有防水性能。

6.0.9 电缆可沿墙敷设,在穿过地坪时应穿钢管保护。主排水泵站内电缆宜采用电缆沟敷设,沟中电缆应放在托架上,沟底应有通向吸水井的流水坡度。

6.0.10 主排水泵站应装设与矿调度室直接联系的电话。泵站内有值班室时,电话宜设置在值班室内且加装外引信号;无值班室时,电话宜设置在中央变电所。

6.0.11 主排水泵电动机及各电气设备应做接地保护,其接地干线应与井下总接地系统相接。

6.0.12 主排水泵站的照明灯具,宜采用矿用防爆节能灯,硐室底板上+0.8m水平面处的最低照度不应小于50lx。

6.0.13 井底水窝水泵电动机的控制宜采用自动控制,其声光信号应接到有人值班的场所;其供电电源应按矿井二级负荷设计。

6.0.14 采区泵站的配电,控制和照明,应参照上述条款执行。

附录 A 吸入式离心泵站的布置

A.0.1 吸入式离心泵站宜轴向单排布置。水泵台数较多,泵站长度过长时,如硐室围岩条件好,可采用双排布置。

A.0.2 单排布置泵站的硐室长度和宽度宜符合下列规定:

1 泵站硐室长度可按下式计算:

$$L \geqslant (N_{jz}-1) \times L_{jj} + N_{jz} \times L_{jz} + 2$$
$$\times (L_{dj}+0.3) + L_{jx} + L_{zb} \quad (A.0.2-1)$$

式中 L——泵站硐室长度(m);

N_{jz}——机组台数;

L_{jj}——机组净间距(m),应满足电动机转子抽芯和水泵的检修要求,如果设有集中检修区,则可适当减小,但不得小于0.8m;

L_{jz}——机组长度(m);

L_{dj}——大件(水泵、电机、平板车)中的最大长度(m);

L_{jx}——集中检修区长度(m),如果台数多,L_{jj} 又较长,则宜设检修区,以减小 L_{jj};如果不设,则为零;

L_{zb}——值班室长度(m),如果不设,或与集中检修区合并,或设置值班壁龛时,则为零。

当采用真空泵引水时,泵站硐室长度应增加真空泵布置所需长度。

2 泵站硐室宽度可按下列公式计算,并应取其大者:

$$B \geqslant B_1 + B_2 + B_4 + B_5 + 0.3 \quad (A.0.2-2)$$

$$B \geqslant B_1 + \frac{1}{2} \times B_2 + B_3 + B_4 + B_5 + 0.3$$
$$(A.0.2-3)$$

式中 B——泵站硐室宽度(m);

B_1——基础边(靠吸水井侧)至硐室壁的距离(m),宜取为 0.8~1.0m,并不应小于0.7m;

B_2——基础宽度(m);

B_3——水泵或电动机外形(靠轨道侧)至基础宽度中心线的距离(m);

B_4——大件(水泵、电机、平板车)中的最大宽度(m);

B_5——控制箱的厚度(m)。

A.0.3 双排布置泵站的硐室长度和宽度宜符合下列规定:

1 泵站硐室长度可按下式计算:

当 N_{jz} 为偶数时:

$$L \geqslant \frac{1}{2} \times N_{jz} \times (L_{jj}+L_{jz}) - L_{jj} + 2$$
$$\times (L_{dj}+0.3) + L_{jx} + L_{zb} \quad (A.0.3-1)$$

当 N_{jz} 为奇数时:

$$L \geqslant \frac{1}{2} \times (N_{jz}+1) \times (L_{jj}+L_{jz}) - L_{jj} + 2$$
$$\times (L_{dj}+0.3) + L_{jx} + L_{zb} \quad (A.0.3-2)$$

当采用真空泵引水时,泵站硐室长度应增加真空泵布置所需长度。

2 泵站宽度可按下列公式计算,并应取其大者:

$$B \geqslant 2 \times (B_1+B_2) + B_4 + 0.3 \quad (A.0.3-3)$$

$$B \geqslant 2 \times (B_1+B_3) + B_2 + B_4 + 0.3$$
$$(A.0.3-4)$$

A.0.4 泵站地坪至起重梁底面或起重机轨面的高度可按下列公式计算,并应取其大者:

$$H_{qg} \geqslant h_j + h_b + h_{dg} + h_{zf} + h_n + h_{st}$$
$$+ (n_c-0.5) \times h_{fl} + h_g \quad (A.0.4-1)$$

$$H_{qg} \geqslant h_j + h_\Delta + h_{dj} + h_{sh} + h_g \quad (A.0.4\text{-}2)$$

$$h_{sh} = k \times B_{dj} \quad (A.0.4\text{-}3)$$

式中　H_{qg}——泵站地坪至起重梁底面或起重机轨面高度（m）；

h_j——水泵基础顶面至泵站地坪高度（m）；

h_{dg}——短管长度（如果需要）（m）；

h_{zf}——闸阀高度（m）；

h_n——止回阀高度或多功能水泵控制阀高度（m）；

h_{st}——三通高度（m）；

h_{fl}——法兰直径（m）；

n_c——泵站干管层数；

h_Δ——设备吊离基础的高度（m），（$h_\Delta + h_j$）不小于平板车的高度；

h_{dj}——大件（水泵、电动机）中的最大高度（m）；

B_{dj}——大件（水泵、电动机）中的最大宽度（m）；

k——系数，起吊水泵可取 0.8，起吊电动机可取 1.2。

A.0.5 水泵吸水管和排水管（包括阀门）的质量不得由水泵支撑，应分别用支架承担。

A.0.6 每台水泵应有单独的吸水管，其长度不宜超过 10m，并应减少弯头的数量。

A.0.7 水泵、吸水管、配水井（吸水井）及水仓相互之间主要相关尺寸的确定，应满足图 A.0.7-1 和图 A.0.7-2 中有关尺寸的规定。

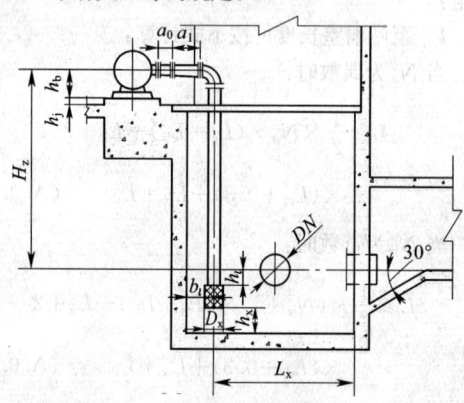

图 A.0.7-1　水泵、吸水管、配水井（吸水井）及水仓之间相互关系

A.0.8 每台水泵宜单独使用一个吸水小井，吸水井直径不得小于 $3D_x$，且不应小于 1.2m。单台水泵流量小于 $100m^3/h$ 时，可两台泵共用一个吸水小井，但两吸水管滤网中心线距离不宜小于 $3.5D_x$。

A.0.9 吸（配）水井井口应装设活动盖板，盖板宜采用不小于 5mm 厚的花纹钢板。

A.0.10 吸（配）水井内应设有爬梯，必要时可设搭板窝。

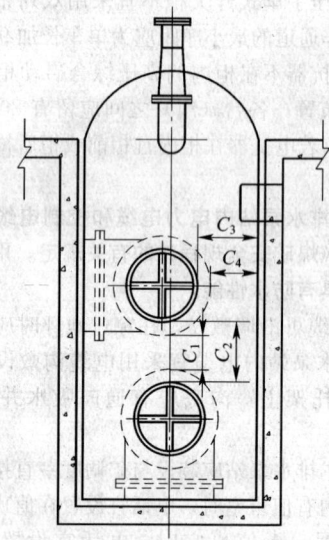

图 A.0.7-2　配水闸阀与配水井（吸水井）之间相互关系

图中　a_0——短管长度（mm）；

a_1——偏心异径管长度（mm），不宜小于大小管径差的 5 倍；

$(a_0 + a_1)$——水泵入口前直管段总长度（mm），不宜小于 3 倍的水泵吸水口直径；

b_l——吸水管滤网中心线距最近井壁的间距（mm），距水泵侧井壁可取（0.8～1.0）D_x，距侧壁可取 $1.5D_x$，且不小于 D_x + 100mm；

D_x——吸水管滤网直径（mm）；

C_1——配水闸阀法兰之间最小净距（mm），不应小于 150mm；

C_2——配水闸阀操作手轮之间净距（mm），不应小于 500mm；

C_3——配水闸阀操作手轮距配水井井壁间距（mm），不应小于 700mm，当双配水井集中布置共享一个壁龛时，可不受限制；

C_4——配水闸阀法兰距配水井井壁间距（mm），不应小于 200mm；

h_l——配（吸）水井最低水位到吸水管滤网上缘的距离（mm），不得小于（1.0～1.25）D_x，且不得小于 500mm；

h_x——吸水管滤网下缘距吸水井底距离（mm），不应小于（0.6～0.8）D_x，且不得小于 700mm；

L_x——吸水管滤网中心线至吸水井入口距离（mm），不应小于 $4D_x$。

附录 B　吸入式离心泵站设备安装

B.0.1 地脚螺栓应选用标准地脚螺栓，并应符合下列规定：

1 地脚螺栓直径应根据设备底座上地脚螺栓孔的孔径，按表 B.0.1 确定。

表 B.0.1 地脚螺栓直径

地脚螺栓孔径 D (mm)	12~13	>13~17	>17~22	>22~27	>27~33	>33~40	>40~48	>48~55	>55~65
地脚螺栓直径 d (mm)	10	12	16	20	24	30	36	42	48

2 地脚螺栓长度（图 B.0.1）应按下列情况分别计算：

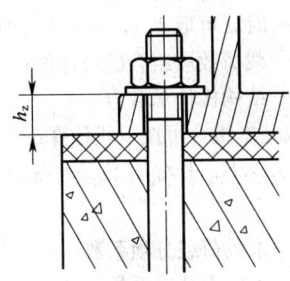

图 B.0.1 地脚螺栓长度计算

1）带弯钩地脚螺栓的长度应按下式计算：

$$l \geqslant 22d + h_z \qquad (B.0.1-1)$$

2）带锚板地脚螺栓的长度应按下式计算：

$$l \geqslant 17d + h_z \qquad (B.0.1-2)$$

式中　l——螺栓长度（mm）；

　　　d——螺栓直径（mm）；

　　　h_z——底座厚度（mm）。

B.0.2 水泵和电动机基础（图 B.0.2）应符合下列

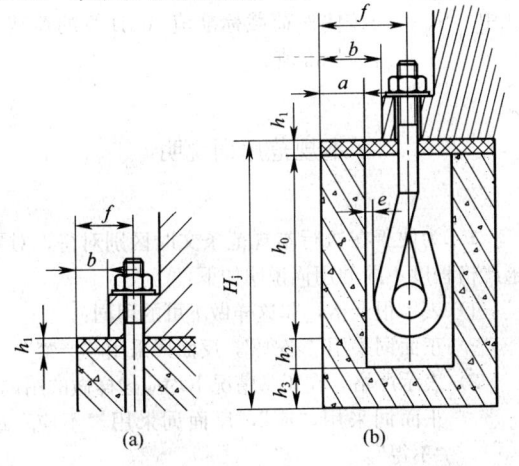

图 B.0.2 基础与地脚螺栓之间关系

(a) 地脚螺栓与基础边缘关系；

(b) 地脚螺栓孔与基础之间关系

b—机器底座边缘距基础边缘的距离（mm），不宜小于 100mm；f—基础螺栓轴线距基础边缘的距离（mm），不应小于 4 倍螺栓直径；a—基础螺栓预留孔边缘距基础边缘净距离（mm），不应小于 100mm；e—螺栓距孔壁的距离（mm），不应小于 15mm，且基础螺栓预留孔最小应为 80mm×80mm

规定：

1 水泵和电动机应安装在同一个混凝土基础之上。混凝土强度等级不应低于 C20。

2 当基础位于整体性较好的基岩上时，可采用锚桩（杆）基础。锚桩（杆）基础的设计应按现行国家标准《动力机器基础设计规范》GB 50040 的有关规定执行。

3 水泵和电动机的混凝土基础各部尺寸的确定应符合下列规定：

4 基础厚度可按下列公式计算，并应取其大者：

$$H_j \geqslant h_1 + h_0 + h_2 + h_3 \qquad (B.0.2-1)$$

$$H_j \geqslant (2.0 \sim 2.5) \times G / (\gamma_c \times S) \qquad (B.0.2-2)$$

式中　H_j——基础厚度（mm）；

　　　h_1——二次灌浆层厚度（mm），不应小于 25mm，不宜大于 100mm，并以微膨胀混凝土填充密实；

　　　h_0——地脚螺栓一次埋入长度（mm），不应小于 $20d - h_1$（带弯钩地脚螺栓）或 $15d - h_1$（带锚板地脚螺栓）；

　　　h_2——地脚螺栓底至预留孔底的距离（mm），宜取 50~100mm；

　　　h_3——预留孔底至基础底面的距离（mm），不应小于 100mm；

　　　G——水泵机组总重（kN）；

　　　S——基础平面面积（m²）；

　　　γ_c——混凝土重度（kN/m³），可取 22~24kN/m³。

5 机组的基础初步确定后，除工程实例证明可行者外，有条件时应按有关规范作静力计算和动力校核。

6 机组基础的四周应设集水槽，并应引入吸（配）水井。

B.0.3 水泵与电动机之间的联轴器应设防护罩。

附录 C　钢管路纵向稳定性计算

C.0.1 立井井筒排水管路可视为中心受压杆件，在确保纵向稳定的条件下，其最大允许约束长度应按下列公式计算：

$$l_w \leqslant \frac{i}{\mu} \lambda \sqrt{\frac{\sigma_s}{235}} \qquad (C.0.1-1)$$

$$\varphi \geqslant \frac{N}{A[\sigma]} \qquad (C.0.1-2)$$

式中　l_w——最大允许约束长度（m）；

　　　i——管子横断面惯性半径（m）；

　　　μ——长度系数，取决于两端约束条件：两端固定，可取 0.65；一端固定，一端铰支，可取 0.8；一端固定，另一端允许

侧移，可取 1.2；一端铰支，另一端允
许侧移，可取 2.1；

λ——柔度；

σ_s——管材屈服限（MPa）；

N——管路轴心压力（N）；

A——管子横断面面积（mm²）；

$[\sigma]$——管材许用应力（MPa），按本规范第
4.4.4 条规定取值；

φ——轴心受压杆件稳定系数。

表 C.0.1 轴心受压杆件稳定系数 φ

$\lambda\sqrt{\dfrac{\sigma_s}{235}}$	0	1	2	3	4	5	6	7	8	9
60	0.883	0.879	0.875	0.871	0.867	0.863	0.858	0.854	0.849	0.844
70	0.839	0.834	0.829	0.821	0.818	0.813	0.807	0.801	0.795	0.789
80	0.783	0.776	0.770	0.763	0.757	0.750	0.743	0.736	0.728	0.721
90	0.714	0.706	0.699	0.691	0.684	0.676	0.668	0.661	0.653	0.645
100	0.638	0.630	0.622	0.615	0.607	0.600	0.592	0.585	0.577	0.570
110	0.563	0.555	0.548	0.541	0.534	0.527	0.520	0.514	0.507	0.500
120	0.494	0.488	0.481	0.475	0.469	0.463	0.457	0.451	0.445	0.440
130	0.434	0.429	0.423	0.418	0.412	0.407	0.402	0.397	0.392	0.387
140	0.383	0.378	0.373	0.369	0.364	0.360	0.356	0.351	0.347	0.343
150	0.339	0.335	0.331	0.327	0.323	0.320	0.316	0.312	0.309	0.305
160	0.302	0.298	0.295	0.292	0.289	0.285	0.282	0.279	0.276	0.273
170	0.270	0.267	0.264	0.262	0.259	0.256	0.253	0.251	0.248	0.246
180	0.243	0.241	0.238	0.236	0.233	0.231	0.229	0.226	0.224	0.222
190	0.220	0.218	0.215	0.213	0.211	0.209	0.207	0.205	0.203	0.201
200	0.199	0.198	0.196	0.194	0.192	0.190	0.189	0.187	0.185	0.183
210	0.182	0.180	0.179	0.177	0.175	0.174	0.172	0.171	0.169	0.168
220	0.166	0.165	0.164	0.162	0.161	0.159	0.158	0.157	0.155	0.154
230	0.153	0.152	0.150	0.149	0.148	0.146	0.145	0.144	0.143	0.142
240	0.141	0.140	0.139	0.138	0.137	0.135	0.134	0.133	0.132	0.131

附录 D　排水管路支承梁的荷载

D.0.1 排水管路支承梁的荷载标准值应按下列规定
确定：

1 永久荷载标准值 G_k：支承梁自重、相应管
段管子和连接件以及防腐蚀材料的自重。

2 可变荷载标准值 Q_k：

1）水柱重标准值 Q_{1k}：底部支承梁所支承管路中
的水柱重；

2）温度变化标准值 Q_{2k}：不能自由伸缩的管路段
因温差引起的作用力，可按下式计算：

$$Q_{2k}=A\times E\times\alpha\times(T_j-T_a) \qquad (D.0.1)$$

式中　A——管子横断面金属面积（mm²）；

E——钢材弹性模量（MPa）；

α——钢材的线膨胀系数；

T_j——所论管段的环境极值温度（℃）；

T_a——管路安装时的环境温度（℃）。

3 偶然荷载标准值 A_k：水锤力根据止回阀设置
情况和水泵机组等条件计算决定。若采用多功能水泵
控制阀取代止回阀，水锤力可按设计扬程的 0.3～
0.5 倍计算。

D.0.2 排水管路支承梁的荷载效应组合应按下列规
定确定：

1 支承梁设计应按承载能力极限状态进行荷载
效应组合，并应符合下式要求：

$$\gamma_0\times S\leqslant R \qquad (D.0.2-1)$$

式中　γ_0——结构重要性系数；矿井寿命大于 50a
时，可取 1.1，小于 50a 时，可取 1.0；

S——载荷效应组合的设计值；

R——结构构件承载力。

2 荷载基本组合可按下式计算：

$$S=\gamma_G\times S_{G_k}+\gamma_{Q_1}\times S_{Q_{1k}}+\gamma_{Q_2}\times S_{Q_{2k}}$$

$$\qquad (D.0.2-2)$$

式中　γ_G——永久荷载分项系数，可取 1.2；

γ_{Q_1}——水柱重分项系数，可取 1.2；

γ_{Q_2}——温度变化分项系数，可取 1.4；

S_{G_k}——按永久荷载标准值 G_k 计算的荷载效应
标准值；

$S_{Q_{1k}}$——按水柱重标准值 Q_{1k} 计算的荷载效应标
准值；

$S_{Q_{2k}}$——按温度变化标准值 Q_{2k} 计算的荷载效应
标准值。

3 荷载偶然组合可按下式计算：

$$S=S_{G_k}+S_{Q_{1k}}+S_{Q_{2k}}+S_{A_k} \qquad (D.0.2-3)$$

式中　S_{A_k}——按偶然荷载标准值 A_k 计算的荷载效
应标准值。

本规范用词说明

1 为便于在执行本规范条文时区别对待，对要
求严格程度不同的用词说明如下：

1）表示很严格，非这样做不可的用词：
正面词采用"必须"，反面词采用"严禁"。

2）表示严格，在正常情况下均应这样做的用词：
正面词采用"应"，反面词采用"不应"或
"不得"。

3）表示允许稍有选择，在条件许可时首先应这
样做的用词：
正面词采用"宜"，反面词采用"不宜"。

表示有选择，在一定条件下可以这样做的用
词，采用"可"。

2 本规范中指明应按其他有关标准、规范执行
的写法为"应符合……的规定"或"应按……执行"。

中华人民共和国国家标准

煤矿井下排水泵站及排水管路
设 计 规 范

GB 50451—2008

条 文 说 明

前　言

《煤矿井下排水泵站及排水管路设计规范》GB 50451—2008，经住房和城乡建设部 2008 年 10 月 15 日以第 134 号公告批准、发布。

为便于各单位和有关人员在使用本规范时能正确理解和执行本规范，特按章、节、条顺序编制了本规范的条文说明，供使用用考参考。在使用中如发现本条文说明有不妥之处，请将意见函告中煤邯郸设计工程

有限责任公司。

本规范主要审查人： 刘　毅　　鲍巍超　郭均生
　　　　　　　　　　陶绍斌　　曾　涛　李玉谨
　　　　　　　　　　宋中扬　　李洪宇　张春堂
　　　　　　　　　　姚贵英　　玉新民　张彦彬
　　　　　　　　　　李书兴　　于李萍

目　　次

1 总 则

1.0.3 水是关系国计民生的重要资源，我国特别是北方地区水资源不足，已成为国民经济持续发展和生态环境优化的严重制约因素。矿井水处理能变害为利，既消除了矿井水对环境的污染，又提供了可利用的水资源。矿井水在井下处理与井上处理相比的好处有两点：一是直接用于井下洒水、湿式凿岩、煤层注水等生产用水和消防、水幕等矿井安全用水，既节省管路，又节省上下输水费用；二是既改善排水设备和排水管路的运行条件，提高其可靠性和使用寿命，又减少排水量，实现安全性与经济性两个目标。所以，若矿井水需要处理，可考虑井下处理的合理性。

4 排水设备及管路选择

4.1 主排水设备选择

4.1.1 本条文是对矿井主排水水泵能力的规定。对水泵的要求是从两个方面考虑保证安全的：第一是从正常涌水量考虑。正常涌水量是指矿井开采期间，单位时间内流入矿井的水量，包括充填水及其他用水。为了不间断地排除矿井正常涌水量，工作水泵的排水能力必须大于矿井正常涌水量。条文规定了工作水泵的能力，应能在 20h 排出 24h 的正常涌水量，即工作水泵的能力是正常涌水量的 1.2 倍。第二是从最大涌水量考虑。所谓最大涌水量是指受大气降水的影响，矿井涌水量增加到最大限度时的水量，不包括矿井大突水时的水量。确切地说矿井大突水时的水量应叫矿井最大突水量。工作和备用水泵的总能力，应能在 20h 排出矿井 24h 的最大涌水量，即最大涌水量的 1.2 倍。有些矿井受大气降水的影响很大，雨季时矿井最大涌水量和正常涌水量相差数量很大，备用水泵的能力若一律按 70% 规定，则不能保证安全，故又提出按最大涌水量计算的规定。按此规定配置备用泵，当矿井雨季最大涌水量和正常涌水量相差小于 70% 时，就可以减少备用水泵的台数。在计算水泵台数时，如出现小数时，应取偏大整数。

如要保持水泵的正常运转必须经常检修，所以规定了检修水泵的能力不应小于工作水泵能力的 25%。

水文地质条件复杂的矿井，可在主水泵房内预留安装一定数量水泵的位置。目的是为了防突水灾害，预留的数量应按预计可能突水量来确定。

4.1.2 含沙量超过 $5 \sim 10 kg/m^3$ 时应适当降低吸水高度或增大矿井水的计算重度。其原因是由于含沙量增大，矿井水重度增大，将会影响水泵的吸水高度，为确保排水设备的安全运行，应采取必要的措施。

4.1.3 叶轮切削的适当量与水泵比转数 n_s 有关，n_s

小于等于 60 时，切削量小于等于 20%，n_s 小于等于 120 时，切削量小于等于 15%。此切削量对水泵效率影响不大。不可同时切削两侧壁板。叶轮切削后必须做静平衡试验。

变频调速降低转速后，该转速应满足下列各式：

$$1.30 n_{lj1} \leqslant n' \leqslant 0.7 n_{lj2} \tag{1}$$

$$n' \geqslant 0.7n \tag{2}$$

式中 n ——水泵额定转速（r/min）；
n' ——水泵降速后转速（r/min）；
n_{lj1} ——水泵第一临界转速（r/min）；
n_{lj2} ——水泵第二临界转速（r/min）。

4.1.4 水泵因为某种原因可能反向旋转，例如止回阀失灵，其反转转速一般不超过 1.2 倍电动机额定转速，故水泵电动机应具有能承受 1.2 倍额定转速的反转转速的能力。

4.3 辅助设备和监测仪表选择

4.3.1 据国外资料，离心式水泵的故障约有 90% 是由于水泵汽蚀而引起。无底阀射流引水技术成熟，有利于减少吸水损失，提高吸水高度，避免汽蚀，减少水锤危害，既节能又能增强设备的可靠性和耐用性，若条件适合，宜采用；若条件不具备，其他引水方式又不经济，也可采用有底阀引水。

4.4 管路、阀门及管件选择

4.4.1 在排水管路直径及趟数既定的条件下，水泵并联运行能增大排水能力，2 台水泵并联运行，排水量约为单台水泵流量的 1.6～1.8 倍，台数越多，增加倍数越小，一般不宜超过 3 台。并联水泵可能单台运行，所以电动机功率和吸程必须按单台水泵运行验算；并联运行时电动机可能负荷率过低，影响效率，管内流速可能较大，增加损失，故水泵并联不仅应做排水量验算，还应做综合经济比较。几趟管路并联于 1 台水泵或几台水泵，可降低流速，减少能耗，但水泵流量增大，故必须验算电动机功率和水泵吸程。

4.4.2 排水管径的选择基本上取决于经济性，不论是经济管径还是经济流速，都以最佳经济效果为准。而影响管路选择经济性的因素多达 18 种，其中主要有：排水高度、正常排水量和最大排水量、管材机械性能、管路单价、电价、利率、物价指数、排水时间、管路总趟数和工作管路趟数等，其中有些还是可变的。因此，经济管径或经济流速是一个复杂问题，目前尚无公认的计算公式或合理参数，有待研究。至于 1.5～2.2m/s 这一所谓经济流速，乃是前苏联根据当时当地的条件提出的，故最佳管径的选择应通过技术经济比较确定。

4.4.3 目前可用于矿井排水的复合材料管为金属基复合材料管，有涂塑钢管和衬塑钢管，因增强体不同又有不同品种，其特点是既有钢管的强度，又有塑料的防腐蚀性能。此外，若排水压力不大，塑料管也可选用。

4.4.5 管壁厚度的计算公式约有 8 种，可分为薄壁管和厚壁管两类，其理论根据分别为不同的强度理论。用于矿井排水的无缝钢管属于薄壁管，因为钢管为塑性材料，故应按薄壁管并按第三或第四强度理论进行壁厚计算。本规范条文中（4.4.5-2）式是按第四强度理论导出的，适合矿井非高温条件。某些资料推荐的拉美计算公式以第二强度理论为根据，该理论适合脆性材料，为适应塑性材料，引入钢的波桑系数而导出，适合厚壁钢管，不宜用于薄壁钢管的壁厚计算。

附加厚度包括制造负偏差和腐蚀厚度，无缝钢管制造负偏差最大为 15%；年腐蚀量若按 0.1mm 计，管路寿命按 15a 计，则腐蚀厚度为 1.5mm。排水管路一般均作防腐蚀处理，排水管路的实际寿命会更长。

4.4.7 多功能水泵控制阀不仅可代替普通止回阀，又具有水锤消除器的功能。若因断电或其他原因突然停泵，该阀能自动实现两阶段先快后慢关阀停泵，使停泵暂态过程最高水压不大于水泵出口额定压力的 1.3～1.5 倍。该阀已在市政、钢铁、石油、石化、电力、建筑、铁路、矿山及消防等行业应用。三山岛金矿 435 泵站原用止回阀，2003 年因水锤引起管路爆裂，改用多功能水泵控制阀至今，效果良好。

4.4.8 配水闸阀直径计算公式中的系数有 26.3 和 28.8 两个不同数值，27 是为了简化。

5 排水设备及管路布置与安装

5.1 排水设备布置与安装

5.1.1 本条文是关于矿井主排水泵站硐室设置的规定。主排水泵站硐室是矿井排水系统的主要工程，其设置是否得当是关系到排水设施是否能长期正常运转的大问题，所以本条就主排水泵站硐室设计中几个涉及安全的问题做出了规定。

为了解决主排水泵站硐室通风降温和被淹时撤人，规定了主排水泵站至少有两个出口。一个出口用斜巷通到井筒，作为回风和设置水管、电缆之用；为了提高泵站的通风能力，规定了高出泵站底板 7m 以上。另一个出口通到井底车场，可以作为水泵安装时的运输通道，由于井底车场标高较低，作为进风通道也有利于泵站通风，为了防止泵房被淹和失火，又规定了在此出口通路内，应设置易于关闭的既能防水又能防火的密闭门。

为了防止水仓的水进入泵站，影响水泵的正常运转，又规定了泵站和水仓的连接通道应设置可靠的控制阀门。

5.2 排水管路布置与安装

5.2.2 立井井筒排水管路无论用法兰连接还是焊接连接，在下端与支承梁刚性连接的排水管路段，当上端设有支承梁时，均宜设置管路伸缩装置与上端支承梁连接，以消除温度应力和防止管路移位甚至失稳。虽然迄今不少矿井排水管路未装伸缩装置而未发生影响生产的事故，但也有些矿井的排水管路发生严重位移，有的竖向变形，使直管座螺栓拉断，例如开滦某矿；有的侧向位移，例如邢台某矿，最大侧向位移约达 1.4m，而且井筒下端管路的位移也很大；有的管路位移已影响矿井提升，例如淮南某矿副井井筒管路。

5.3 主排水管路支承梁

5.3.1 附录 D 中荷载效应组合有关系数的取值，其中 γ_0 是根据现行国家标准《建筑结构可靠度设计统一标准》GB 50068，γ_G 和 γ_Q 是参照现行国家标准《矿山井架设计规范》GB 50385 提出的。随着矿井产量的增大和井筒深度的增大，井筒管路支承梁的尺寸和数量也随之增大，不仅增大矿井钢材耗量，更重要的是关系到排水系统乃至矿井的安全性，应予以重视。但关于井筒管路支承梁的计算，迄今尚无统一方法，附录 D 的规定和有关参数仅供参考。

6 供配电、控制和照明

6.0.1 矿井主排水泵供电，在现行《煤矿安全规程》（2006 年版）第 442 条和现行国家标准《煤炭工业矿井设计规范》GB 50215 第 11.3.1 条已有明确规定。主排水泵站与井下中央变电所联合布置时，根据母线分段及运行情况，应保证工作水泵和备用水泵能同时开启。

6.0.2 现行《煤矿安全规程》（2006 年版）第 444 条规定，低瓦斯矿井的井底车场和高瓦斯矿井使用架线电机车运输的巷道中及沿该巷道的机电设备硐室内可以采用矿用一般型电气设备。目前除电动机外，其他电气设备均有矿用一般型。对于电动机，在上述条件下，为保证安全，有的地区规定选用隔爆型电动机。

6.0.3 随着矿井机械化水平的不断提高，井下设备单机容量不断增大。在主排水泵站与中央变电所联合布置时，为保证井下供电质量，本条规定在电网为额定电压时，启动母线电压降不宜大于额定电压的 15%，以保证拖动机械所要求的启动转矩而又不影响其他用电设备的正常运行。在现行国家标准《通用用电设备配电设计规范》GB 50055 中规定：交流电动机启动时，配电母线上的电压在电动机不频繁启动时，不宜低于额定电压的 85%。

6.0.4 根据目前矿井主排水泵电控设备和机械配套

设备的现状，已具备主排水泵自动化集中监控的条件。主排水泵自动化集中监控，一方面可实现减人提效，另一方面由于增加监控信息，提高了系统运行的安全可靠性；并可起到调节矿井用电峰值的作用。全国有多个矿井实现了主排水泵自动化运行，其运行工况和主要监测信息进入矿井信息网络，实现运行监控，具有很成熟的运行经验，取得理想的经济效益（如哈拉沟煤矿，山东华丰煤矿等）。所以，条文规定有条件时，可设计为自动化排水集中监控。

6.0.5 本条文是根据现行《煤矿安全规程》（2006年版）第455条和第457条规定编写。有关条文详细说明，请参阅现行国家标准《通用用电设备配电设计规范》GB 50055。

6.0.6 由于电动机产品情况，660V电动机的容量已达到300kW，所以条文中在300kW以上时，宜选用高压电动机，在200～300kW之间选择高压或低压电动机应进行技术经济比较。

6.0.8 本条文是根据现行《煤矿安全规程》（2006年版）第463条编写，主要是满足设备的维护、检修、调试及运行要求。

6.0.9 现行《煤矿安全规程》（2006年版）第467条已明确井下电缆的选用应遵照的十条规定。现行《煤矿安全规程》（2006年版）第468～472条，提出了对井下电缆敷设应遵守的相关规定，并可参照现行国家标准《低压配电设计规范》GB 50054关于电缆在电缆沟或隧道内敷设方面的相关规定。

中华人民共和国国家标准

古建筑防工业振动技术规范

Technical specifications for protection of historic
buildings against man-made vibration

GB/T 50452—2008

主编部门：中华人民共和国住房和城乡建设部
批准部门：中华人民共和国住房和城乡建设部
施行日期：２００９年１月１日

中华人民共和国住房和城乡建设部
公　告

第 121 号

关于发布国家标准
《古建筑防工业振动技术规范》的公告

现批准《古建筑防工业振动技术规范》为国家标准，编号为 GB/T 50452-2008，自 2009 年 1 月 1 日起实施。

本规范由我部标准定额研究所组织中国建筑工业出版社出版发行。

中华人民共和国住房和城乡建设部

2008 年 9 月 24 日

前　言

根据建设部《1999 年工程建设国家标准制订、修订计划》（建标〔1999〕308 号）的要求编制本规范。

本规范在编制前，开展了《工业环境振动对文物古迹的影响及相应规范》课题的研究，对主要的工业振源、全国有代表性的古建筑结构及古建筑材料等进行了现场测试和室内实验，取得了大量可供分析的原始数据；对古建筑结构的振动控制标准、结构的动力特性和响应等方面进行了理论研究和实际验证，为制订规范提供了科学的、可靠的依据。

在编制过程中，编制组以上述科研成果为依据、实践经验为基础，对规范的主要内容和问题，采取多种方式广泛征求有关单位和专家、学者的意见，反复讨论、修改，完成规范的送审稿和报批稿，经全国审查会定稿。

本规范分 8 章、2 个附录。主要内容为：古建筑结构的容许振动标准、工业振动对古建筑结构影响的评估、工业振源地面振动的传播、古建筑结构动力特性和响应的计算与测试、防振措施。

本规范由住房和城乡建设部负责管理和解释，五洲工程设计研究院负责具体技术内容解释。在执行过程中，请各单位总结经验，积累资料，如发现需要修改或补充之处，请将意见和建议寄五洲工程设计研究院（地址：北京市西便门内大街 85 号，邮编：100053），以供今后修订时参考。

本规范主编单位：五洲工程设计研究院（中国兵器工业第五设计研究院）

本规范参编单位：中国文化遗产研究院
中国汽车工业工程公司
中铁工程设计咨询集团有限公司
交通部规划研究院

本规范主要起草人：潘复兰　黄克忠　杨先健
许有全　汪亚干　马冬霞
王洪章　吴丽波

目　　次

1 总　　则

1.0.1 为防止工业振源引起的地面振动对古建筑结构产生有害影响，保护历史文化遗产，制定本规范。

1.0.2 本规范适用于：

　　1　工业交通基础设施等布局中古建筑结构的保护；

　　2　工业振动对古建筑结构影响的评估和防治。

1.0.3 工业交通基础设施等的布局和工业振动环境中古建筑结构的保护，应遵守《中华人民共和国文物保护法》，正确处理经济建设、社会发展与古建筑保护的关系。保护方案应经过技术经济比较确定。

1.0.4 古建筑防工业振动，除应执行本规范外，尚应符合国家现行有关标准的规定。

2　术语、符号

2.1　术　　语

2.1.1 古建筑　historic buildings

　　历代留传下来的对研究社会政治、经济、文化发展有价值的建筑物。

2.1.2 古建筑结构　historic building structure

　　古建筑的承重骨架。

2.1.3 古建筑木结构　historic timber structure

　　以木材作为承重骨架的古建筑结构。

2.1.4 古建筑砖石结构　historic brick masonry structure

　　以砖、石砌体为承重骨架的古建筑结构。

2.1.5 殿堂　palatial hall

　　古代建筑群中的主体建筑，包括殿和堂两类建筑形式。

2.1.6 楼阁　storeyed building

　　古代建筑中的多层建筑。

2.1.7 塔　pagoda

　　高耸型点式的多层建筑。

2.1.8 工业振动　man-made vibration

　　铁路（火车）、公（道）路（汽车）、城市轨道交通（地铁、城铁）、大型动力设备、工程施工等工业振源产生的振动。

2.1.9 动力特性　dynamic characteristic

　　表示结构动态特性的基本物理量，如固有频率、振型和阻尼等。

2.1.10 动力响应　dynamic response

　　结构受动力输入作用时的输出，如位移响应、速度响应、加速度响应等。

2.1.11 速度时程　velocity time history

　　结构质点振动速度在时域内的变化过程。

2.1.12 综合变形系数　multi-transfiguration coefficient

　　结构弯曲变形、剪切变形、转动惯量等对固有频率影响的系数。

2.1.13 质量刚度参数　mass and stiffness parameter

　　结构总体质量和刚度的大小及其分布的参数。

2.1.14 动力放大系数　dynamic magnification coefficient

　　单质点结构在工业振动作用下最大速度响应与地面同方向最大速度的比值。

2.1.15 防振距离　vibration-proof distance

　　将引起地面振动的振源远离古建筑结构，使之不受振动的有害影响所需的最小距离。

2.1.16 振源减振　vibration absorption of source

　　通过采取措施以减小振源产生的振动。

2.2　符　　号

2.2.1 作用及作用效应符号

　　f_r——工业振源地面振动频率；

　　f_j——结构第 j 阶固有频率；

　　V_r——工业振源地面振动速度；

　　V_{max}——结构最大速度响应。

2.2.2 几何参数和计算参数、系数符号

　　A——截面面积；

　　b_0——底面宽度；

　　H——计算总高度；

　　β——动力放大系数；

　　γ——振型参与系数；

　　α——综合变形系数；

　　λ——固有频率计算系数；

　　ψ——质量刚度参数。

2.2.3 材料性能及其他符号

　　E——弹性模量；

　　$[v]$——容许振动速度；

　　V_p——弹性纵波（拉压波）传播速度；

　　V_s——弹性横波（剪切波）传播速度。

3　古建筑结构的容许振动标准

3.1　一　般　规　定

3.1.1 古建筑结构的容许振动应以结构的最大动应变为控制标准，以振动速度表示。

3.1.2 古建筑结构的容许振动速度，应根据结构类型、保护级别和弹性波在古建筑结构中的传播速度选用。

3.1.3 列入世界文化遗产名录的古建筑，其结构容许振动速度应按全国重点文物保护单位的规定采用。

3.2 容许振动标准

3.2.1 古建筑砖石结构的容许振动速度应按表 3.2.1-1 和 3.2.1-2 的规定采用。

表 3.2.1-1 古建筑砖结构的容许振动速度 $[v]$
(mm/s)

保护级别	控制点位置	控制点方向	砖砌体 V_p (m/s)		
			<1600	1600～2100	>2100
全国重点文物保护单位	承重结构最高处	水平	0.15	0.15～0.20	0.20
省级文物保护单位	承重结构最高处	水平	0.27	0.27～0.36	0.36
市、县级文物保护单位	承重结构最高处	水平	0.45	0.45～0.60	0.60

注：当 V_p 介于 1600～2100m/s 之间时，$[v]$ 采用插入法取值。

表 3.2.1-2 古建筑石结构的容许振动速度 $[v]$
(mm/s)

保护级别	控制点位置	控制点方向	石砌体 V_p (m/s)		
			<2300	2300～2900	>2900
全国重点文物保护单位	承重结构最高处	水平	0.20	0.20～0.25	0.25
省级文物保护单位	承重结构最高处	水平	0.36	0.36～0.45	0.45
市、县级文物保护单位	承重结构最高处	水平	0.60	0.60～0.75	0.75

注：当 V_p 介于 2300～2900m/s 之间时，$[v]$ 采用插入法取值。

3.2.2 古建筑木结构的容许振动速度应按表 3.2.2 的规定采用。

表 3.2.2 古建筑木结构的容许振动速度 $[v]$
(mm/s)

保护级别	控制点位置	控制点方向	顺木纹 V_p (m/s)		
			<4600	4600～5600	>5600
全国重点文物保护单位	顶层柱顶	水平	0.18	0.18～0.22	0.22
省级文物保护单位	顶层柱顶	水平	0.25	0.25～0.30	0.30
市、县级文物保护单位	顶层柱顶	水平	0.29	0.29～0.35	0.35

注：当 V_p 介于 4600～5600m/s 之间时，$[v]$ 采用插入法取值。

3.2.3 石窟的容许振动速度应按表 3.2.3 的规定采用。

表 3.2.3 石窟的容许振动速度 $[v]$（mm/s）

保护级别	控制点位置	控制点方向	岩石类别	岩石 V_p (m/s)		
全国重点文物保护单位	窟顶	三向	砂岩	<1500	1500～1900	>1900
				0.10	0.10～0.13	0.13
			砾岩	<1800	1800～2600	>2600
				0.12	0.12～0.17	0.17
			灰岩	<3500	3500～4900	>4900
				0.22	0.22～0.31	0.31

注：1 表中三向指窟顶的径向、切向与竖向；
2 当 V_p 介于 1500～1900m/s、1800～2600m/s、3500～4900m/s 之间时，$[v]$ 采用插入法取值。

3.2.4 砖木混合结构的容许振动速度，主要以砖砌体为承重骨架的，可按表 3.2.1-1 采用；主要以木材为承重骨架的，可按表 3.2.2 采用。

4 工业振动对古建筑结构影响的评估

4.1 一般规定

4.1.1 评估工业振动对古建筑结构的影响，应根据工业振源和古建筑的现状调查、古建筑结构的容许振动速度标准以及计算或测试的古建筑结构速度响应，通过分析论证，提出评估意见。

4.1.2 古建筑结构速度响应的确定，宜采用计算法。当古建筑周边已有工业振源时，亦可采用测试法。

4.1.3 对古建筑进行现状调查和现场测试时，不得对古建筑造成损害。

4.2 评估步骤和方法

4.2.1 评估工业振动对古建筑结构的影响，可按下列步骤进行：

1 调查古建筑和工业振源的状况；
2 测试弹性波在古建筑结构中的传播速度；
3 确定古建筑结构的容许振动标准；
4 计算或测试古建筑结构的速度响应；
5 综合分析提出评估意见。

4.2.2 状况调查和资料收集应包括下列内容：

1 工业振源的类型、频率范围、分布状况及工程概况；
2 古建筑的修建年代、保护级别、结构类型、建筑材料、结构总高度、底面宽度、截面面积等及有关图纸；
3 工业振源与古建筑的地理位置、两者之间的距离以及场地土类别等。

4.2.3 弹性波传播速度的测试，应符合本规范附录 A 的规定。

4.2.4 古建筑结构的容许振动标准，应根据所调查的结构类型、保护级别和测得的弹性波传播速度按本规范第 3 章的规定确定。

4.2.5 古建筑结构速度响应的计算或测试，应分别按本规范第 6 章和第 7 章的规定进行。当计算值和测试值不同时，应取两者的较大值。

4.3 评估意见

4.3.1 工业振动对古建筑结构影响的评估意见应包括下列内容：

1 按本规范第 4.2.2 条规定的调查内容叙述工业振源和古建筑的基本情况；

2 古建筑结构容许振动标准的确定及其依据；

3 评估工业振动对古建筑结构影响所采用的方法及计算或测试结果；

4 对计算或测试结果与容许振动标准进行分析、比较，做出工业振动对古建筑结构是否造成有害影响的结论；

5 当工业振动对古建筑结构造成有害影响时，应提出防振方案和建议。

5 工业振源地面振动的传播

5.1 地面振动速度

5.1.1 工业振源引起的不同距离处的地面振动速度，可根据振源类型和场地土类别，按表 5.1.1 选用。

5.1.2 对表 5.1.1 中未做规定的振源和场地土，其不同距离处的地面振动速度，应按《地基动力特性测试规范》GB/T 50269 的规定进行现场测试。无条件时，可按本规范附录 B 进行计算。

表 5.1.1 地面振动速度 V_r（mm/s）

振源类型	场地土类别	V_s (m/s)	距离 r (m)								
			10	50	100	200	400	500	700	800	1000
火车	黏土	140~220	—	0.655	0.385	0.225	0.125	0.100	0.060	0.040	0.025
	粉细砂	150~200	—	0.825	0.435	0.220	0.110	0.085	0.050	0.035	0.020
	淤泥质粉质黏土	110~140	—	0.755	0.470	0.340	0.175	0.125	0.075	0.045	0.035
汽车	粉细砂	150~200	—	0.230	0.110	0.050	0.025	—	—	—	—
地铁	黏土	140~220	0.418	0.166	0.072	0.056	0.044	—	—	—	—
城铁	黏土	140~220	—	0.206	0.113	0.030	—	—	—	—	—
打桩	砂砾石	200~280	—	1.100	0.640	0.370	0.200	0.180	0.140	0.120	0.100
强夯	回填土	110~130	—	11.870	3.130	1.000	0.433	0.150	0.070	—	—

注：1 汽车的 V_r 值，当汽车载质量大于 7t 时，应乘 1.3；小于 4t 时，应乘 0.5；

2 地铁的 V_r 值，当距离 r 等于 1~3 倍地铁隧道埋深 h 时，应乘 1.2；

3 打桩的 V_r 为桩尖入土深度 22m 时之值；

4 强夯的 V_r 为夯锤质量 20t，落距 15m 时之值。

5.2 地面振动频率

5.2.1 工业振源引起的不同距离处的地面振动频率，可根据振源类型和场地土类别，按表 5.2.1 选用。

5.2.2 对表 5.2.1 中未做规定的振源和场地土，其不同距离处的地面振动频率，应按《地基动力特性测试规范》GB/T 50269 的规定进行现场测试。其测试数据应按本规范第 7.3 节的规定处理。

表 5.2.1 地面振动频率 f_r（Hz）

振源类型	场地土类别	V_s (m/s)	距离 r (m)								
			10	50	100	200	400	500	700	800	1000
火车	黏土	140~220	—	7.38	6.90	6.50	6.20	6.00	5.90	5.80	5.70
	粉细砂	150~200	—	5.80	5.30	4.90	4.50	4.30	4.20	4.10	4.00
	淤泥质粉质黏土	110~140	—	6.70	5.50	5.00	4.50	4.40	4.10	4.00	3.80
汽车	粉细砂	150~200	—	7.10	5.90	5.00	4.20	—	—	—	—
地铁	黏土	140~220	13.40	12.50	12.40	12.30	12.20	—	—	—	—
城铁	黏土	140~220	—	13.65	10.95	10.85	10.05	—	—	—	—
强夯	回填土	110~130	—	7.56	6.23	5.19	4.25	3.97	3.61	—	—

6 古建筑结构动力特性和响应的计算

6.1 一般规定

6.1.1 本章适用于古建筑砖石结构和木结构动力特性和响应的计算。

6.1.2 古建筑结构动力特性和响应的计算，应根据本规范第 4 章的规定对古建筑进行调查和收集资料，确定计算简图及相关数据。

6.1.3 古建筑结构动力特性和响应的计算，当结构对称时，可按任一主轴水平方向计算；当结构不对称时，应按各个主轴水平方向分别计算。

6.2 古建筑砖石结构

6.2.1 古建筑砖石古塔（图 6.2.1）的水平固有频率可按下式计算：

$$f_j = \frac{\alpha_j b_0}{2\pi H^2} \psi \qquad (6.2.1)$$

式中 f_j——结构第 j 阶固有频率（Hz）；

α_j——结构第 j 阶固有频率的综合变形系数，按表 6.2.1-1 选用；

b_0——结构底部宽度（两对边的距离）（m）；

H——结构计算总高度（台基顶至塔刹根部的高度）（m）；

ψ——结构质量刚度参数（m/s），按表 6.2.1-2 选用。

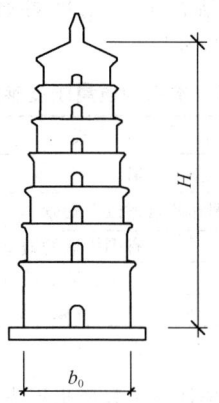

图 6.2.1 砖石古塔结构

表 6.2.1-1 砖石古塔的固有频率综合变形系数 α_j

H/b_m	b_m/b_0	0.60	0.65	0.70	0.80	0.90	1.00
2.0	α_1	1.175	1.106	1.049	0.961	0.899	0.842
	α_2	2.564	2.633	2.727	2.928	3.142	3.343
	α_3	4.348	4.637	4.939	5.580	6.220	6.868
3.0	α_1	1.414	1.301	1.213	1.081	0.987	0.911
	α_2	3.318	3.406	3.512	3.764	4.009	4.247
	α_3	5.843	6.239	6.667	7.527	8.394	9.255
5.0	α_1	1.596	1.455	1.326	1.162	1.043	0.955
	α_2	4.197	4.285	4.405	4.675	4.945	5.209
	α_3	7.867	8.426	9.004	10.160	11.297	12.409
8.0	α_1	1.678	1.502	1.376	1.194	1.068	0.974
	α_2	4.725	4.807	4.926	5.196	5.466	5.730
	α_3	9.450	10.135	10.826	12.171	13.477	14.740

注：b_m 为高度 H 范围内各层宽度对层高的加权平均值（m）。

表 6.2.1-2 砖石古塔质量刚度参数 ψ（m/s）

结构类型	ψ	结构类型	ψ
砖塔	$5.4H+615$	石塔	$2.4H+591$

6.2.2 古建筑砖石钟鼓楼、宫门（图 6.2.2）的水平固有频率应按下式计算：

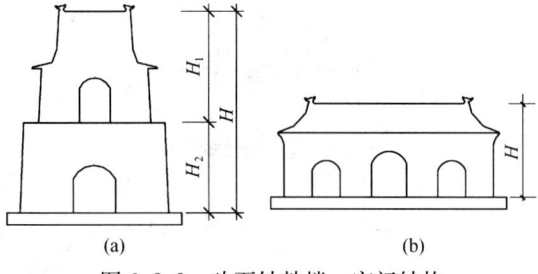

图 6.2.2 砖石钟鼓楼、宫门结构

(a) 钟鼓楼；(b) 宫门

$$f_j = \frac{1}{2\pi H}\lambda_j\psi \qquad (6.2.2)$$

式中 f_j——结构第 j 阶固有频率（Hz）；

H——结构计算总高度（台基顶至承重结构最高处的高度）（m）；

λ_j——结构第 j 阶固有频率计算系数，按表 6.2.2 选用；

ψ——结构质量刚度参数（m/s），取 230。

表 6.2.2 砖石钟鼓楼、宫门的固有频率计算系数 λ_j

H_2/H_1	A_2/A_1	0.2	0.4	0.6	0.8	1.0
0.6	λ_1	2.178	1.958	1.798	1.673	1.571
	λ_2	4.405	4.528	4.611	4.669	4.712
	λ_3	7.630	7.704	7.763	7.813	7.854
0.8	λ_1	2.272	2.002	1.818	1.680	1.571
	λ_2	4.068	4.322	4.491	4.616	4.712
	λ_3	8.269	8.122	8.012	7.925	7.854
1.0	λ_1	2.300	2.012	1.824	1.682	1.571
	λ_2	3.982	4.268	4.460	4.601	4.712
	λ_3	8.582	8.296	8.107	7.965	7.854

注：1 H_1 为台基顶至第一层台面的高度（m），H_2 为第一层台面至承重结构最高处的高度（m），H 为 H_1 与 H_2 之和；A_1 为第一层截面周边所围面积（m²），A_2 为第二层结构截面周边所围面积（m²）；

2 当 $H_2/H_1>1$ 时，按 H_1/H_2 选用；

3 对于单层结构，A_2/A_1 取 1.0，与 H_2/H_1 无关。

6.2.3 古建筑砖石结构在工业振源作用下的最大水平速度响应可按下式计算：

$$V_{max} = V_r\sqrt{\sum_{j=1}^{n}[\gamma_j\beta_j]^2} \qquad (6.2.3)$$

式中 V_{max}——结构最大速度响应（mm/s）；

V_r——基础处水平向地面振动速度（mm/s），按本规范第 5 章的规定选用；

n——振型叠加数，取 3；

γ_j——第 j 阶振型参与系数，古塔按表 6.2.3-1 选用；钟鼓楼、宫门按表 6.2.3-2 选用；

β_j——第 j 阶振型动力放大系数，按表 6.2.3-3 选用。

表 6.2.3-1 砖石古塔的振型参与系数 γ_j

H/b_m	b_m/b_0	0.6	0.65	0.7	0.8	0.9	1.0
2.0	γ_1	2.284	2.051	1.892	1.699	1.591	1.523
	γ_2	−2.164	−1.693	−1.394	−1.046	−0.856	−0.738
	γ_3	1.471	1.054	0.817	0.561	0.426	0.344

续表6.2.3-1

H/b_m	b_m/b_0	0.6	0.65	0.7	0.8	0.9	1.0
3.0	γ_1	2.412	2.129	1.947	1.736	1.619	1.547
	γ_2	−2.484	−1.896	−1.541	−1.143	−0.929	−0.796
	γ_3	1.786	1.256	0.964	0.654	0.495	0.397
5.0	γ_1	2.474	2.164	1.972	1.753	1.634	1.559
	γ_2	−2.742	−2.054	−1.654	−1.216	−0.984	−0.841
	γ_3	2.192	1.510	1.145	0.767	0.575	0.459
8.0	γ_1	2.487	2.171	1.978	1.758	1.638	1.563
	γ_2	−2.812	−2.097	−1.687	−1.240	−1.004	−0.858
	γ_3	2.388	1.631	1.232	0.822	0.615	0.491

注：b_m 为高度 H 范围内各层宽度对层高的加权平均值（m）。

表6.2.3-2 砖石钟鼓楼、宫门的振型参与系数 γ_j

H_2/H_1	A_2/A_1	0.2	0.4	0.6	0.8	1.0
0.6	γ_1	1.686	1.494	1.388	1.321	1.273
	γ_2	−0.931	−0.706	−0.579	−0.489	−0.424
	γ_3	0.386	0.341	0.306	0.277	0.255
0.8	γ_1	1.875	1.553	1.410	1.327	1.273
	γ_2	−1.064	−0.731	−0.578	−0.487	−0.424
	γ_3	0.414	0.351	0.309	0.278	0.255
1.0	γ_1	1.944	1.570	1.416	1.329	1.273
	γ_2	−1.122	−0.740	−0.579	−0.486	−0.424
	γ_3	0.522	0.382	0.318	0.281	0.255

注：1 H_1 为台基顶至第一层台面的高度（m），H_2 为第一层台面至承重结构最高处的高度（m），H 为 H_1 与 H_2 之和；A_1 为第一层截面周边所围面积（m²），A_2 为第二层结构截面周边所围面积（m²）；

2 当 $H_2/H_1 > 1$ 时，按 H_1/H_2 选用；

3 对于单层结构，A_2/A_1 取 1.0，与 H_2/H_1 无关。

表6.2.3-3 动力放大系数 β_j

f_r/f_j	0	0.3～0.8	1.0	1.4～1.9	2.3～2.8	3.3～3.9	≥5.0
β_j	1.0	7.0	10.0	6.0	4.0	2.5	1.0

注：1 f_r 值可按本规范第 5 章的规定选用；

2 当 f_r/f_j 介于表中数值之间时，β_j 采用插入法取值。

6.3 古建筑木结构

6.3.1 古建筑木结构的水平固有频率可按下式计算：

$$f_j = \frac{1}{2\pi H}\lambda_j\psi \qquad (6.3.1)$$

式中 f_j——结构第 j 阶固有频率（Hz）；

H——结构计算总高度（单檐木结构为台基顶至檐柱顶的高度；重檐殿堂、楼阁和木塔为台基顶至顶层檐柱顶的高度）（m）；

λ_j——结构第 j 阶固有频率计算系数，按第 6.3.2 条的规定选用；

ψ——结构质量刚度参数（m/s），按表 6.3.1 选用。

表6.3.1 木结构质量刚度参数 ψ（m/s）

结 构 形 式		ψ
木塔		110
楼阁和两重檐以上殿堂		60
单檐和两重檐殿堂	有围护墙的殿堂	52
	无围护墙的殿堂	33
	建造在城墙或城台上的殿堂	43

注：亭子按无围护墙的殿堂取值。

6.3.2 固有频率计算系数应根据古建筑檐数和层数分别按以下规定确定：

1 单檐木结构（图 6.3.2-1），λ_1 取 1.571。

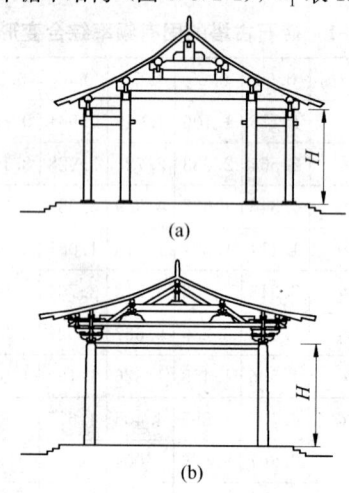

图 6.3.2-1 单檐木结构
(a) 无斗拱；(b) 有斗拱

2 两重檐的殿堂和两层楼阁（图 6.3.2-2），

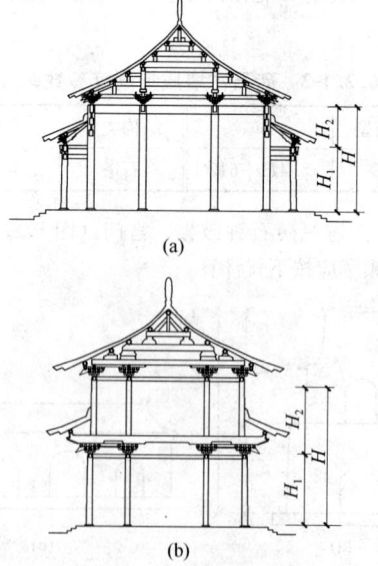

图 6.3.2-2 两重檐木结构
(a) 两重檐殿堂；(b) 两层楼阁

λ_j 应按表 6.3.2-1 选用。

表 6.3.2-1　两重檐木结构的固有频率计算系数 λ_j

H_2/H_1	A_2/A_1	0.5	0.6	0.7	0.8	0.9	1.0
0.6	λ_1	1.873	1.798	1.732	1.673	1.619	1.571
	λ_2	4.574	4.611	4.642	4.669	4.692	4.712
	λ_3	7.735	7.763	7.789	7.813	7.834	7.854
0.8	λ_1	1.903	1.818	1.745	1.680	1.623	1.571
	λ_2	4.414	4.491	4.558	4.616	4.667	4.712
	λ_3	8.064	8.012	7.966	7.925	7.888	7.854
1.0	λ_1	1.911	1.824	1.748	1.682	1.623	1.571
	λ_2	4.373	4.460	4.535	4.601	4.660	4.712
	λ_3	8.194	8.107	8.032	7.965	7.907	7.854

注：1　H_1 为台基顶至底层檐柱顶或二层楼面的高度
（m），H_2 为底层檐柱顶或二层楼面至顶层檐柱的
高度（m），H 为 H_1 与 H_2 之和；A_1、A_2 分别为
下檐柱和上檐柱外围周边所围面积（m²）；

2　当 $H_2/H_1 > 1$ 时，按 H_1/H_2 选用。

3　两重檐以上的殿堂、两层以上（含暗层）的
楼阁和木塔（图 6.3.2-3），λ_j 应按表 6.3.2-2 选
用。

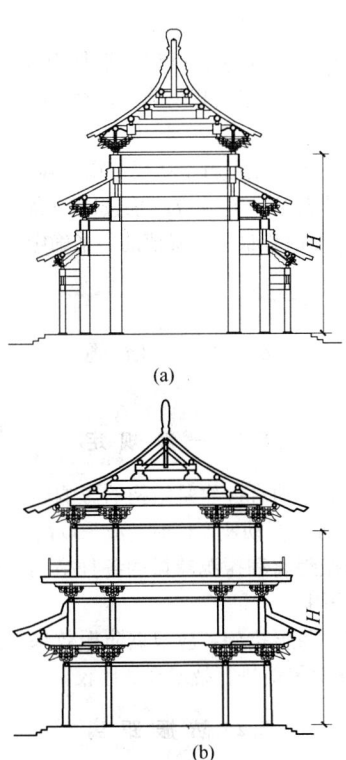

(a)

(b)

图 6.3.2-3　两重檐以上木结构
（a）两重檐以上殿堂；（b）两层以上楼阁和木塔

表 6.3.2-2　两重檐以上木结构的固有频率计算系数 λ_j

$\ln \dfrac{A_1}{A_2}$	λ_1	λ_2	λ_3
0	1.571	4.712	7.854
0.2	1.635	4.735	7.867
0.4	1.700	4.759	7.882
0.6	1.767	4.785	7.898
0.8	1.835	4.812	7.915
1.0	1.903	4.842	7.933
1.2	1.973	4.873	7.952
1.4	2.044	4.906	7.973
1.6	2.116	4.940	7.994
1.8	2.188	4.976	8.017

注：A_1、A_2 分别为底层和顶层檐柱外围周边所围的面积
（m²）。

6.3.3　古建筑木结构在工业振源作用下的最大水平
速度响应可按下式计算：

$$V_{\max} = V_r \sqrt{\sum_{j=1}^{n} [\gamma_j \beta_j]^2} \qquad (6.3.3)$$

式中　$V_{\max}$——结构最大速度响应（mm/s）；

　　　V_r——基础处水平向地面振动速度（mm/s），
按本规范第 5 章的规定选用；

　　　n——振型叠加数，单檐木结构取 1；其他
木结构取 3；

　　　γ_j——第 j 阶振型参与系数，单檐木结构取
1.273；两重檐木结构按表 6.3.3-1 选
用；两重檐以上木结构按表 6.3.3-2
选用；

　　　β_j——第 j 阶振型动力放大系数，按表
6.3.3-3 选用；

表 6.3.3-1　两重檐木结构的振型参与系数 γ_j

H_2/H_1	A_2/A_1	0.5	0.6	0.7	0.8	0.9	1.0
0.6	γ_1	1.435	1.388	1.351	1.321	1.295	1.273
	γ_2	-0.638	-0.579	-0.530	-0.489	-0.454	-0.424
	γ_3	0.322	0.306	0.291	0.277	0.266	0.255
0.8	γ_1	1.470	1.410	1.364	1.327	1.298	1.273
	γ_2	-0.644	-0.578	-0.528	-0.487	-0.453	-0.424
	γ_3	0.328	0.309	0.292	0.278	0.266	0.255
1.0	γ_1	1.480	1.416	1.367	1.329	1.299	1.273
	γ_2	-0.647	-0.579	-0.527	-0.486	-0.453	-0.424
	γ_3	0.345	0.318	0.297	0.281	0.266	0.255

注：1　H_1 为台基顶至底层檐柱顶或二层楼面的高度（m），H_2 为
底层檐柱顶或二层楼面至顶层檐柱的高度（m），H 为 H_1
与 H_2 之和；A_1、A_2 分别为下檐柱和上檐柱外围周边所围
面积（m²）；

2　当 $H_2/H_1 > 1$ 时，按 H_1/H_2 选用。

表 6.3.3-2　两重檐以上木结构的振型参与系数 γ_j

$\ln\dfrac{A_1}{A_2}$	γ_1	γ_2	γ_3
0	1.273	−0.424	0.255
0.2	1.298	−0.464	0.281
0.4	1.325	−0.508	0.309
0.6	1.354	−0.555	0.340
0.8	1.384	−0.605	0.373
1.0	1.417	−0.660	0.411
1.2	1.452	−0.718	0.451
1.4	1.490	−0.781	0.496
1.6	1.529	−0.850	0.544
1.8	1.572	−0.923	0.597

注：A_1、A_2 分别为底层和顶层檐柱外围周边所围的面积（m^2）。

表 6.3.3-3　动力放大系数 β_j

f_r/f_j	0	0.3～0.8	1.0	1.4～1.9	2.3～2.8	3.3～3.9	≥5.0
β_j	1.0	5.0	7.0	4.5	3.0	2.0	0.8

注：1　f_r 值可按本规范第 5 章的规定选用；
　　2　当 f_r/f_j 介于表中数值之间时，β_j 采用插入法取值。

7　古建筑结构动力特性和响应的测试

7.1　一般规定

7.1.1　本章适用于古建筑砖石结构、木结构的动力特性（固有频率、振型和阻尼）和响应的测试以及石窟的响应测试。

7.1.2　古建筑结构动力特性和响应的测试，当结构对称时，可按任一主轴水平方向测试；当结构不对称时，应按各个主轴水平方向分别测试。

7.2　测试方法

7.2.1　古建筑结构动力特性和响应的测试应符合下列要求：

　　1　测试仪器应满足低频、微幅的要求，其低频起始频率不应高于 0.5Hz，测振系统的分辨率不应低于 10^{-6}m/s；

　　2　测试仪器应在标准振动台上进行系统灵敏度系数的标定，并给出灵敏度系数随频率的变化曲线；

　　3　动力特性应在脉动环境下测试，结构响应应在工业振源作用下测试；测试时不得有任何机、电、人为干扰和一级以上风的影响；

　　4　传感器应牢固固定在被测结构构件上；测线电缆应与结构构件固定在一起，不得悬空；

　　5　测试时应详细记录测试日期、周边环境、风向风速、测试次数、记录时间、测试方向、测点位置、各测点对应的通道号、传感器编号、放大倍数以及标定值、各通道的记录情况等；

　　6　低通滤波频率和采样频率应根据所需频率范围设置，采样频率宜为 100～120Hz；记录时间每次不应少于 15min，记录次数不得少于 5 次。

7.2.2　古建筑结构动力特性测试宜按以下要求布置测点：

　　1　测砖石结构的水平振动，测点宜布置在各层平面刚度中心或其附近；

　　2　测木结构的水平振动，测点宜布置在中跨的各层柱顶和柱底。

7.2.3　古建筑结构响应测试应按以下要求布置测点：

　　1　测砖石结构的水平响应，测点应沿两个主轴方向分别布置在承重结构的最高处；

　　2　测木结构的水平响应，测点应布置在两个主轴中跨的顶层柱顶；

　　3　测石窟的响应，测点应布置在窟顶的径向、切向和竖向。

7.3　数据处理

7.3.1　数据分析前，应对实测原始记录信号去掉零点漂移和干扰，并对电信号干扰进行带阻滤波，处理波形的失真。

7.3.2　古建筑结构动力特性应按下列方法确定：

　　1　对处理后的记录进行自功率谱、互功率谱和相干函数分析，同时宜加指数窗，平均次数宜为 100 次左右；

　　2　结构固有频率和振型应根据自功率谱峰值、各层测点间的互功率谱相位确定，测点间相干函数不得小于 0.8；

　　3　模态阻尼比可由半功率带宽法确定。

7.3.3　古建筑结构响应应分别按同一高度、同一方向各测点速度时程最大峰峰值的一半确定，并取 5 次的平均值。

8　防振措施

8.1　一般规定

8.1.1　工业振动对古建筑结构的影响超过本规范第 3 章规定的容许振动速度值时，应采取防振措施。

8.1.2　防振距离和振源减振的各种措施，可单独采用或综合采用。

8.1.3　采用防振措施，应根据防振效果、技术可靠程度、施工难易等进行技术经济比较。

8.2　防振距离

8.2.1　采用计算法时，防振距离可按下列步骤确定：

　　1　根据工业振源与古建筑结构之间的距离，按本规范第 5 章表 5.1.1 和表 5.2.1 分别选用或测试该距离处的地面振动速度和振动频率；

2 按本规范第 6 章的规定求出古建筑结构的最大速度响应；

3 当 $V_{max} \leqslant [v]$ 时，则该距离满足防振要求；当 $V_{max} > [v]$ 时，则应调整距离，继续按以上步骤进行计算，直至 $V_{max} \leqslant [v]$。

8.2.2 采用测试法时，可按本规范第 7 章的规定测得古建筑结构的最大速度响应，当 $V_{max} \leqslant [v]$ 时，则工业振源与古建筑结构之间的距离满足防振要求；当 $V_{max} > [v]$ 时，则应采取防振措施。

8.3 振源减振

8.3.1 铁路减振可采用以下措施：

1 轨道减振，包括浮置板、弹性支承块、高弹性扣件、道碴垫；

2 无缝线路或重型钢轨；

3 减振型桥梁橡胶支座；

4 桥梁吸振器。

8.3.2 公路减振可采用以下措施：

1 加强养护维修，提高路面平整度，保持道路良好的技术状况；

2 采用沥青混凝土路面；

3 限制行车速度；

4 采用减振型桥梁伸缩缝和桥梁支座。

8.3.3 大型动力设备减振，可按国家现行标准《隔振设计规范》的有关规定执行。

8.3.4 古建筑保护区内不得实施强夯；保护区外的采石工程作业，应控制装药量。

附录 A 弹性波传播速度的测试

A.1 一般规定

A.1.1 本附录适用于古建筑木结构、古建筑砖石结构和石窟的弹性波传播速度测试。

A.1.2 弹性波传播速度测试采用非金属超声检测分析仪，其声时测读精度不得低于 0.1μs。

A.2 测试方法

A.2.1 弹性波传播速度的测试应符合下列规定：

1 弹性波传播速度应采用平测法测试（即发射换能器和接收换能器均布置在构件同一平面内）；

2 测点处的表面宜清洁、平整；

3 采用纵波换能器，换能器和测点表面间用黄油耦合；

4 用钢卷尺测量发射换能器和接收换能器两者中心的距离（以下简称测距），记录数据应精确到 1mm。

A.2.2 木结构的弹性波传播速度测试尚应符合下列规定：

1 测试柱子和主梁的顺纹纵波传播速度；

2 测点应布置在靠近柱底、主梁两端和跨中以及柱和主梁上有木节、裂缝、腐朽和虫蛀处；布置测点的柱子（包括金柱、檐柱和廊柱）和主梁分别不应少于其总数的 20%；

3 测距宜选择 400～600mm。

A.2.3 砖石结构的弹性波传播速度测试尚应符合下列规定：

1 测试砖石砌体的纵波传播速度；

2 测点应布置在承重墙底部和拱顶以及风化、开裂、鼓凸处；每层测点不应少于 10；

3 测距宜选择 200～250mm。

A.2.4 石窟的弹性波传播速度测试尚应符合下列规定：

1 测试石窟岩石的纵波传播速度；

2 测点应布置在窟顶、侧壁和窟底以及风化、开裂处；每处测点不应少于 10；

3 测距宜选择 200～250mm。

A.3 数据处理

A.3.1 每处测点应改变发射电压，读取 2 次声时，取其平均值为本测距的声时。对于声时异常的测点，必须测试和读取 3 次声时，读数差不宜大于 3%，以测值最接近的 2 次平均值作为本测距的声时。

A.3.2 测距除以平均声时为该测点的传播速度；所有测点的平均传播速度即为该古建筑结构的弹性波传播速度。

附录 B 地面振动传播和衰减的计算

B.0.1 距火车、汽车、地铁、打桩等工业振源中心 r 处地面的竖向或水平向振动速度，可按下式计算：

$$V_r = V_0 \sqrt{\frac{r_0}{r}\left[1 - \zeta\left(1 - \frac{r_0}{r}\right)\right]} \exp[-\alpha_0 f_0(r - r_0)]$$

(B.0.1)

式中 V_r——距振源中心 r 处地面振动速度（mm/s），当其计算值等于或小于场地地面脉动值时，其结果无效；

V_0——r_0 处地面振动速度（mm/s）；

r_0——振源半径（m），见第 B.0.2 条的规定；

r——距振源中心的距离（m）；

ζ——与振源半径等有关的几何衰减系数，见第 B.0.3 条的规定；

α_0——土的能量吸收系数（s/m），见第 B.0.4 条的规定；

f_0——地面振动频率（Hz）。

B.0.2 振源半径 r_0 可按下列规定取值：

1 火车

$$r_0 = 3.00 \text{m}$$

2 汽车

柔性路面，$r_0 = 3.25 \text{m}$

刚性路面，$r_0 = 3.00 \text{m}$

3 地铁

$$r \leqslant H, \quad r_0 = r_m$$
$$r > H, \quad r_0 = \delta_r r_m \qquad (\text{B.0.2-1})$$
$$r_m = 0.7\sqrt{\frac{BL}{\pi}} \qquad (\text{B.0.2-2})$$

式中　B——地铁隧道宽（m）；

L——牵引机车车身长（m）；

H——隧道底深度（m）；

δ_r——隧道埋深影响系数。

$$\frac{H}{r_m} \leqslant 2.5, \quad \delta_r = 1.30$$
$$\frac{H}{r_m} = 2.7, \quad \delta_r = 1.40$$
$$\frac{H}{r_m} \geqslant 3.0, \quad \delta_r = 1.50$$

4 打桩

$$r_0 = \beta r_p \qquad (\text{B.0.2-3})$$
$$r_p = 1.5\sqrt{\frac{F}{\pi}} \qquad (\text{B.0.2-4})$$

式中　β——系数，淤泥质黏土、新近沉积的黏土、非饱和松散砂，$\beta = 4.0$；软塑的黏土，$\beta = 5.0$；软塑的粉质黏土、饱和粉细砂，$\beta = 6.0$；

F——桩的面积（m²）。

B.0.3 几何衰减系数 ζ_0 与振源类型、土的性质和振源半径 r_0 有关，其值可按表 B.0.3-1～B.0.3-4 采用。

表 **B.0.3-1**　火车振源几何衰减系数 ζ_0

土　类	V_s（m/s）	ζ_0
硬塑粉质黏土	230～280	0.800～0.850
粉细砂层下卵石层	220～250	0.985～0.995
黏土及可塑粉质黏土	200～250	0.850～0.900
饱和淤泥质粉质黏土	80～110	0.845～0.880
松散的粉土、粉质黏土	150～200	0.840～0.885
松散的砾石土	250	0.910～0.980

表 **B.0.3-2**　汽车振源几何衰减系数 ζ_0

土　类	V_s（m/s）	ζ_0
硬塑粉质黏土	230～280	0.300～0.400
黏土及可塑粉质黏土	200～250	
淤泥质粉质黏土	90～110	

表 **B.0.3-3**　地铁振源几何衰减系数 ζ_0

土　类	V_s（m/s）	r 与 H 的关系	r_0（m）	ζ_0
饱和淤泥质粉质黏土黏土及可塑粉质黏土	80～280	$r \leqslant H$	5.00	0.800
			6.00	0.800
硬塑粉质黏土			$\geqslant 7.00$	0.750
硬塑粉质黏土黏土及可塑粉质黏土	150～280	$r > H$	5.00	0.400
			6.00	0.350
			$\geqslant 7.00$	0.150～0.250
饱和淤泥质粉质黏土	80～110	$r > H$	5.00	0.300～0.350
			6.00	0.250～0.300
			$\geqslant 7.00$	0.100～0.200

表 **B.0.3-4**　打桩振源几何衰减系数 ζ_0

土　类	V_s（m/s）	r_0（m）	ζ_0
软塑的黏土软塑粉质黏土、饱和粉细砂	100～220	$\leqslant 0.50$	0.720～0.955
		1.00	0.550
		2.00	0.450
		3.00	0.400
淤泥质黏土新近沉积的黏土非饱和松散砂	80～220	$\leqslant 0.50$	0.700～0.950
		1.00	0.500～0.550
		2.00	0.400
		3.00	0.350～0.400

B.0.4 能量吸收系数 α_0 可根据振源类型和土的性质按表 B.0.4 采用。

表 **B.0.4**　土的能量吸收系数 α_0

振源	土　类	V_s（m/s）	α_0（s/m）
火车	硬塑粉质黏土	230～280	$(1.15～1.20) \times 10^{-4}$
	粉细砂层下卵石层	220～250	$(1.23～1.27) \times 10^{-4}$
	黏土及可塑粉质黏土	200～250	$(1.85～2.50) \times 10^{-4}$
	饱和淤泥质粉质黏土	80～110	$(1.30～1.40) \times 10^{-4}$
	松散的粉土、粉质黏土	150～200	$(3.10～3.50) \times 10^{-4}$
	松散的砾石土	250	$(2.10～3.00) \times 10^{-4}$
汽车	硬塑粉质黏土	230～280	$(1.15～1.20) \times 10^{-4}$
	黏土及可塑粉质黏土	200～250	$(1.20～1.45) \times 10^{-4}$
	淤泥质粉质黏土	90～110	$(1.50～2.00) \times 10^{-4}$

续表 B. 0. 4

振源	土　类	V_s(m/s)	α_0(s/m)
地铁	硬塑粉质黏土	230～280	$(2.00～3.50)\times10^{-4}$
	黏土及可塑粉质黏土	200～250	$(2.15～2.20)\times10^{-4}$
	饱和淤泥质粉质黏土	80～110	$(2.25～2.45)\times10^{-4}$
打桩	软塑的黏土	150～220	$(12.50～14.50)\times10^{-4}$
	软塑粉质黏土、饱和粉细砂	100～120	$(12.00～13.00)\times10^{-4}$
	淤泥质黏土	90～110	$(12.00～13.00)\times10^{-4}$
	新近沉积的黏土	110～140	$(18.00～20.50)\times10^{-4}$
	非饱和松散砂	150～220	

B. 0. 5 动力设备引起的地面振动衰减，可按《动力机器基础设计规范》GB 50040 计算。

本规范用词说明

1　为便于在执行本规范条文时区别对待，对要求严格程度不同的用词说明如下：

1）表示很严格，非这样做不可的用词：
正面词采用"必须"，反面词采用"严禁"；

2）表示严格，在正常情况下均应这样做的用词：
正面词采用"应"，反面词采用"不应"或"不得"；

3）表示允许稍有选择，在条件许可时首先应这样做的用词：
正面词采用"宜"，反面词采用"不宜"；
表示有选择，在一定条件下可以这样做的用词，采用"可"。

2　条文中指明应按其他有关标准执行的写法为"应符合……的规定"或"应按……执行"。

中华人民共和国国家标准

古建筑防工业振动技术规范

GB/T 50452—2008

条 文 说 明

前　言

本规范在编制前，五洲工程设计研究院（中国兵器工业第五设计研究院）根据原国家计委高技术产业发展司计司高技函［1999］202号文批准《工业环境振动对文物古迹的影响及相应规范》立项的要求进行了以下主要工作：

在广泛调查、收集资料的基础上，论证了编制本规范的重要意义和必要性，并初步确定了为编制规范需要进行研究的课题和编制规范的主要内容。据此，提出了本项目的可行性研究报告，经建设部科技司于1999年10月在北京主持召开的专家论证会通过。

根据可行性研究报告和专家意见，于2000年开展课题研究。历时两年多，行程两万余公里，对130多处古建筑结构的动力特性、响应、弹性波传播速度等进行了现场实测和收集，共取得时程曲线11000多条；对火车、汽车、地铁等主要工业振动在土层中的传播和衰减进行了样本采集，测线总长达160km；对弹性波在古建筑材料中的传播速度、古建筑材料的动弹性模量、疲劳极限（设定疲劳次数为1000万次）等进行了390多个试件的室内实验（试件系从现场取回的古建筑材料），共获得曲线4100多条。

通过以上工作，对古建筑结构的动力特性、工业振动对古建筑结构的动力响应、容许振动的控制标准、波动理论在古建筑结构中的应用等方面进行了深入的研究，提出了《工业环境振动对文物古迹的影响及相应规范》研究报告。建设部科技司于2002年12月在北京主持召开鉴定会，对研究成果进行了鉴定，认为该研究成果达到了国际领先水平，其技术成熟程度和应用价值很高，可以作为编制规范的科学依据。

本规范编制组于2003年成立后，即根据上述研究成果，确定规范编写大纲，先后提出规范初稿和征求意见稿，广泛征求有关单位意见，并先后召开了6次小型座谈会，对征求意见稿进行修改，完成送审稿和报批稿，经全国审查会定稿。

本规范的重点内容和特点如下：

1　古建筑结构的容许振动标准

目前国内外的建筑结构容许振动标准是针对建筑结构本身的安全性制订的。由于古建筑的历史、文化和科学价值，更由于它是不可再生的，失去了就无法挽回，因此，不能和现代建筑一样，仅以安全性作为制订容许振动标准的依据，必须在考虑安全性的同时，还要考虑它的完整性。为此，本规范提出以疲劳极限作为古建筑结构容许振动标准的依据。当最大往复应力小于疲劳极限时，无论往复多少次，材料或结构的变形达到一定值后就不再继续增长，也不会产生疲劳破坏。根据这一特性，将古建筑结构的最大动应力控制在疲劳极限以下，这样，即使经过长期往复运动，古建筑结构不会产生新的裂缝，已有的裂纹也不会扩展。这是本规范与国内外相关标准规范的根本不同之处。

本规范还根据我国古建筑多、跨越年代长、现状差异大等特点，按古建筑结构类型、所用材料、保护级别及弹性波在古建筑结构中的传播速度等规定了相应的容许振动值。这与国内外相关标准规范对"有特别保护价值的建筑"仅按长期振动和短期振动各规定一个容许振动值有所不同。

2　古建筑结构动力特性和响应的计算

1）古建筑结构动力特性的计算

建筑结构动力特性的计算，关键在于建立符合实际的力学模型和准确求得结构的质量、刚度参数。目前常用的力学模型有：有限元模型、简化模型等。应用这些模型对大量古建筑结构进行计算，发现计算结果与现场实测相差甚远，原因在于古建筑结构长期经受风雨侵蚀，其质量、刚度变化甚大，很难计算出准确的数值。为此，本规范根据130多座古建筑结构的实测、分析，得出不同类型、不同材料、不同高度古建筑结构的质量、刚度参数，它反映了古建筑结构的体形特征、质量刚度分布和材料等对动力特性的影响，能较好地符合实际。

关于古建筑结构的力学模型，按材料的不同，可归纳为砖石结构和木结构两类。

就砖石结构而言，根据其高度、构造等分为砖石古塔和砖石钟鼓楼、宫门。对于砖石古塔，计算时采用变截面弯剪悬臂杆模型；对于砖石钟鼓楼、宫门，计算时采用阶形截面剪切悬臂杆模型。

就木结构而言，根据其檐数和层数分别建立计算模型。对于单檐木结构，计算时采用等截面剪切悬臂杆模型；对于两重檐殿堂和两层楼阁，计算时采用阶形截面剪切悬臂杆模型；对于两重檐以上的殿堂和两层以上的楼阁和木塔，计算时采用变截面剪切悬臂杆模型。

本规范按上述方法确定的质量、刚度参数和根据古建筑特点建立的力学模型计算出古建筑结构的动力特性，与实测结果基本吻合。

2）古建筑结构响应的计算

古建筑砖石结构、木结构的响应计算，均采用振型叠加法。

国内外相关标准规范对古建筑结构动力特性和响应未提出计算方法。

3 古建筑结构现状的判断

对古建筑结构现状的判断，国外相关标准规范未作规定。国内有的以年代作为依据，有的规范采用静态的方法对古建筑结构的状况进行调查，以确定其残损程度或等级。本规范采用测试弹性波在古建筑结构中的传播速度，以此作为确定古建筑结构容许振动指标的依据之一。根据对不同年代、不同材料、不同环境的各类古建筑结构弹性波传播速度的大量实测，并与古建筑结构的现状进行了对比分析，结果表明：弹性波传播速度能反映古建筑结构的现状。在此基础上，制订了判断古建筑木结构、古建筑砖石结构和石窟现状的弹性波传播速度范围。

4 工业振动对古建筑结构影响的评估

评估工业振源引起的振动对古建筑结构的影响，是为解决国民经济和社会发展规划中涉及古建筑结构保护的工业交通基础设施等的合理布局，以及为判断现有或拟建工业振源引起的振动是否对古建筑结构造成有害影响提供科学依据。

本规范规定了评估时确定古建筑结构速度响应的两种方法，即计算法和测试法，以及评估的依据和步骤。此外，还对弹性波传播速度的测试方法做了规定。

5 工业振动频率随距离的变化

国内外在进行地面振动衰减计算时，振源频率一般采用常量。理论和实测均证明：由于土质的非均匀性，振波在不同土层中的传播均存在频率随距离而变化的现象（即频散现象），这对于准确计算古建筑结构的动力响应十分重要。实测还表明：古建筑结构的固有频率（基频）一般在 $1\sim3Hz$ 之间，而工业振源的频率（如火车），在振源处约为 $10\sim15Hz$；在距振源 $1000m$ 处约为 $4\sim6Hz$。由此说明：在距振源一定距离处，振动强度虽然有所衰减，但振动频率却逐渐趋近于古建筑结构的固有频率，其动力响应有可能增大。因此，计算古建筑结构的动力响应时，必须考虑工业振源频率随距离的变化。本规范提出了火车、汽车等工业振源在黏土、淤泥质粉质黏土、粉细砂、砂砾石等土层上不同距离处振动速度和振动频率的统计数值和计算方法。

本规范对古建筑砖石结构、木结构和石窟分别规定的容许振动标准，涵盖了殿、堂、楼、阁、塔和石窟等古建筑结构类型。其他类型的古建筑，如牌楼、华表和影壁等的容许振动标准，有待今后进一步研究。

目　次

1 总　　则

1.0.1、1.0.2　随着我国建设事业的不断发展，铁路、公路、城市轨道交通（地铁、城铁）、大型动力设备等工业振源的迅速增加，对古塔、寺庙等古建筑的影响和危害也随之加剧，经济建设与古建筑保护之间的矛盾日益增多。如何保护古建筑不受工业振动的危害，国内外研究得不多，文献也很少，工程中碰到这类问题时，由于无章可依，常常束手无策。要实现经济和社会的可持续发展，必须在搞好经济建设的同时，保护好古建筑，这就需要制定一个科学的、符合实际的标准。

工业振动对古建筑的影响是个崭新的、跨学科的、难度很大的课题，各国学者研究较少，编制规范缺乏必要的资料和数据，故本规范编制前进行了专题研究。对主要的工业振源、有代表性的古建筑结构、各种古建筑材料等进行了现场测试和室内实验，取得了大量可供分析的原始数据，并从理论和实验等方面进行了全面系统地研究和分析，从而为制定规范提供了科学的、可靠的依据。

本规范制定的古建筑结构容许振动标准、工业振动对古建筑结构影响的评估、工业振源地面振动的传播、古建筑结构动力特性和响应的计算及测试等，可解决经济建设中涉及古建筑保护的工业交通基础设施等的总体规划和布局问题，以及现有和拟建工业振源引起的振动对古建筑结构影响的评估和防治。

1.0.3　一方面，我国历史悠久，前人创造和留下了极为丰富而珍贵的文化遗产，保护好这些文化遗产具有极其重要的历史意义和科学价值。另一方面，我国人口众多，底子薄，是个发展中的大国，亟待大力进行建设，发展经济。因此，条文规定对工业交通基础设施等的布局和工业振动对古建筑结构有害影响的防治，应遵守《中华人民共和国文物保护法》，正确处理经济建设、社会发展与古建筑保护的关系。

1.0.4　控制工业振动对古建筑的有害影响，除按本规范执行外，尚应符合国家及行业现行有关标准规范的规定，主要指振源减振的措施设计应按有关标准规范进行，例如：动力设备的减振，可按国家现行标准《隔振设计规范》设计；铁路和公路的减振措施，可分别按铁路和公路方面的有关标准规范设计。

2　术语、符号

2.1　术　　语

2.1.1～2.1.16　对本规范中需要予以定义或解释的主要名词术语作了规定。凡规范条文中已作规定或意义明确不需解释的，则未列出。

2.2　符　　号

2.2.1～2.2.3　所列符号为规范中的主要符号。为便于查阅，按"作用及作用效应"、"几何参数和计算参数、系数"、"材料性能及其他"分类列出，并依先拉丁字母、后希腊字母的顺序排列。

3　古建筑结构的容许振动标准

3.1　一　般　规　定

3.1.1　古建筑结构容许振动标准的制订，是从两个基本点出发的：一，工业振动对古建筑结构的影响是长期的、微小的，而地震的影响则是短暂的、强烈的；二，现代建筑的容许振动标准是针对结构本身的安全性制订的，而古建筑结构，由于其历史、文化和科学价值，不能和现代建筑一样仅考虑安全性，必须在考虑安全性的同时，还要考虑它的完整性。据此，本规范提出以疲劳极限作为古建筑结构防工业振动的控制指标，从而达到保护古建筑结构完整性的目的。

疲劳是材料或结构在往复荷载作用下由变形累积到一定程度后所导致的破坏。引起材料或结构疲劳破坏的下限值就是疲劳极限，当最大往复应力小于疲劳极限时，此应力的变化对材料或结构疲劳不起作用，也就是说当最大往复应力小于疲劳极限时，无论往复多少次，材料或结构的变形达到一定值后就不再继续增长，也不会产生疲劳破坏。根据这一特性，将古建筑结构承受的最大容许动应力（或动应变 $[\varepsilon]$）控制在疲劳极限以下，这样，即使经过无限多次往复运动，古建筑结构也不会产生新的裂缝，已有的裂缝也不会扩展。

工业振源产生的振动，通过土层以波动的形式传至古建筑结构，从而引起结构的动力反应。根据有限弹性介质中波动方程的解得知：古建筑结构上任一点的动应变（ε）与该处质点速度（v）成正比、与弹性波的传播速度（V_p、V_s）成反比。在工业振动作用下，当古建筑结构的动应变 ε 小于容许动应变 $[\varepsilon]$ 时，则认为工业振源产生的振动对古建筑结构无有害影响。为便于使用，容许振动标准以质点振动速度 $[v]$ 表示。

3.1.2　鉴于我国古建筑众多，其结构类型、所用建材及保护现状不尽相同，历史、科学价值也各异，故本规范规定古建筑结构的容许振动速度应根据其结构类型、保护级别和弹性波在古建筑结构中的传播速度选用。

3.1.3　由于世界文化遗产具有极高的历史、科学、文化和艺术价值，故规定列入世界文化遗产的古建筑，其结构容许振动速度应按全国重点保护单位的规定采用。

3.2 容许振动标准

3.2.1～3.2.4 表 3.2.1～3.2.3 中的容许振动速度值是根据上述原则，通过对不同古建筑材料 390 多个试件的室内实验、130 多座古建筑结构的现场测试以及理论分析确定的。表中保护级别的划分是根据《中华人民共和国文物保护法》第三条的规定，即依据古建筑的历史、艺术、科学价值确定为全国重点文物保护单位，省级文物保护单位，市、县级文物保护单位；弹性波在古建筑结构中的传播速度 V_p 系通过对不同年代、不同环境的各类古建筑弹性波传播速度的实测和分析加以规定的。测试和分析表明：弹性波传播速度能反映古建筑结构的现状。

4 工业振动对古建筑结构影响的评估

4.1 一般规定

4.1.1、4.1.2 评估工业振动对古建筑结构的影响，是为涉及古建筑保护的工业交通基础设施等振源的布局和解决文物保护与生产建设之间的矛盾提供科学依据。评估工业振动对古建筑结构的影响，首先要确定古建筑结构在振动作用下的速度响应，然后与古建筑结构的容许振动标准比较。条文中规定了两种确定速度响应的方法，即计算法和测试法。这两种方法，对古建筑周边已有工业振源来说，均可采用；对于工业交通基础设施等的布局和拟建项目有工业振源的情况来说，虽能测得古建筑结构的固有频率，但不能测得结构响应，因此只能采用计算法。

4.1.3 为保护好古建筑，本条根据《中华人民共和国文物保护法》第九条的规定，做出了进行现状调查和现场测试时不得对古建筑造成损害的规定。

4.2 评估步骤和方法

4.2.1～4.2.5 条文规定了评估工业振动对古建筑结构影响的步骤和方法。其中：现状调查和资料收集是评估的基础；容许振动速度值是评估的标准；计算或测试以及分析是评估的方法；工业振动对古建筑结构是否造成有害影响是评估的目的。因此，评估工业振源对古建筑结构的影响时，要按条文的规定进行，以做到资料翔实，数据可靠，论证充分，结论正确。

4.3 评估意见

4.3.1 本条规定了工业振动对古建筑结构影响的评估意见应包括的内容。其中，评估结论，即工业振源引起的振动对古建筑结构是否造成有害影响，是为协调生产建设与古建筑保护之间的矛盾提供依据；处理意见和建议，则是提出可供选用的处理

方案。

5 工业振源地面振动的传播

5.1 地面振动速度

5.1.1、5.1.2 工业振源引起的振动，通过土层以波动形式向外传播。在传播过程中，其幅值随距离增加而逐渐减小，并与振源类型、场地土类别有关。表 5.1.1 中所列不同距离处振动速度值是火车、汽车、地铁等工业振动在未采取减振措施时不同场地土中传播的实测资料分析后得出的。

V_r 是由 4100 多条工业振动衰减曲线的包络值得出的。其原因有二：一，古建筑的历史、文化、价值不同于一般建筑物。二，同一名称的场地土，自然环境不同，其性质差异甚大。

由于地铁振源在地下一定深度（h）处，振动传播过程与火车等地表振源不同，在地面距离 r 为（1～3）h 时，会出现振波叠加，故在这一范围内振动幅值相应增大。为此，规定当 r＝（1～3）h 时，V_r 按表 5.1.1 中数值乘 1.2。

5.2 地面振动频率

5.2.1、5.2.2 由于土质的非均匀性，振动在不同土层中的传播均存在频率随距离而变化的现象，也就是频散现象，这对于准确计算古建筑结构的动力响应十分重要，因为随着距离的增加，振动强度虽逐渐减弱，但振动频率却逐渐趋近于古建筑结构的固有频率，其动力响应可能增大。表 5.2.1 列出了工业振动在未采取减振措施时不同场地土中传播的频率随距离变化的实测值。

6 古建筑结构动力特性和响应的计算

6.1 一般规定

6.1.2、6.1.3 本章对古建筑结构动力特性和响应的计算，是基于线弹性、小变形的假定，这与本规范第 3 章规定的古建筑结构容许振动速度所对应的动应变（约为 $10^{-6}～10^{-5}$）相一致。

6.2 古建筑砖石结构

6.2.1、6.2.2 古建筑砖石结构根据其结构形式分为砖石古塔和砖石钟鼓楼、宫门。砖石古塔以弯剪振动为主，计算时采用变截面弯剪悬臂杆模型，公式（6.2.1）中不仅考虑了弯曲变形，还通过系数调整考虑了剪切变形等对结构频率的影响。砖石钟鼓楼、宫门以剪切振动为主，计算时采用阶形截面剪切悬臂杆模型，在表 6.2.2 只考虑剪切变形的影响。

由于砖石古塔沿高度方向尺寸收分的形式和量都不同，所以采用加权平均宽度 b_m。表6.2.1-1中 H/b_m 反映结构高宽比的变化，b_m/b_0 反映截面的收分变化。砖石钟鼓楼、宫门截面的收分为阶形，表6.2.2表示结构的频率取决于高度 H 及二阶高度比 H_2/H_1 和截面面积比 A_2/A_1，而与截面的大小无关。当高度 H 和 A_2/A_1 之比不变时，H_1 与 H_2 互换，频率不变。

质量刚度参数 ψ 与结构的质量刚度分布、截面尺寸和地基础等有关。由于古建筑的地基基础情况往往未知，古建筑砖石结构的弹性模量和质量密度离散性较大，截面形式复杂，为使理论计算能更好地符合实际，通过大量实测和统计、分析，得出砖石古塔和砖石钟鼓楼、宫门质量刚度参数的实用数值。

对有塔刹的砖石古塔，由于塔刹质量占古塔总质量的比重很小，因此整体频率计算（不包括塔刹局部的振动）时，可将塔刹质量按比例分布在塔身。计算显示，这样简化误差不超过3%。

经对13个不同结构形式、不同高宽比、不同地区古建筑砖石古塔固有频率的实测和计算比较，二者基本吻合。

6.2.3 古建筑砖石结构在工业振动作用下的速度响应计算，采用振型叠加法。考虑到工业振源的主要频率通常比较接近于结构的第二、第三阶固有频率，因此除了基本振型外，还应考虑高振型的影响。

表6.2.3-1、6.2.3-2中的振型参与系数 γ_j 系以第 j 振型 H 高度处振型坐标为1进行归一化后之值。

表6.2.3-3中的动力放大系数 β_j 是根据不同振源、不同场地土、不同距离处振动的360条实测记录计算统计得出的包络值。计算时取结构阻尼比为0.03。

6.3 古建筑木结构

6.3.1、6.3.2 古建筑木结构屋盖层和铺作层（斗拱层）的水平刚度远远大于木构架的水平刚度；结构平面面积大，相对平面尺寸而言，柱高却较小，经对近100座古建筑木结构殿堂、楼阁和古塔的统计，90%的木结构高宽比小于1，最大不超过2；实测也表明木结构沿高度方向的振型曲线接近剪切振动，故将木结构简化为剪切悬臂杆模型。根据木结构的檐数和层数，将单檐木结构简化为等截面剪切悬臂杆，两重檐殿堂和两层楼阁简化为阶形截面剪切悬臂杆，两重檐以上的殿堂和两层以上（含暗层）的楼阁以及古塔简化为变截面剪切悬臂杆。

结构质量刚度参数 ψ 反映了结构类型、体型特征、地基基础等对结构频率的影响。表6.3.1中所列的 ψ 值，系经过对110多座古建筑木结构实测、统计、分析确定的。并根据不同结构类型，将质量刚度参数 ψ 划分为五类。

固有频率计算系数 λ_j 反映整体水平变形以剪切

为主的古建筑木结构的几何尺寸（即结构周边所围面积沿高度变化）对频率的影响。根据结构周边所围面积沿高度的变化特点，将木结构固有频率计算系数分为等截面、阶形截面和变截面剪切悬臂杆进行计算。表6.3.2-1中 λ_j 取决于高度 H 及二阶高度比 H_2/H_1 和截面面积比 A_2/A_1，与截面大小无关，当高度 H 和 A_2/A_1 之比不变时，H_2 与 H_1 互换，频率不变。

6.3.3 古建筑木结构在工业振源作用下的速度响应采用振型叠加法。

表6.3.3-1、6.3.3-2中的振型参数与系数 γ_j 系以第 j 振型 H 高度处振型坐标为1进行归一化后之值。

表6.3.3-3中的动力放大系数 β_j 系根据不同振源、不同场地土、不同距离处振动的实测记录计算统计得出的包络值。计算时结构阻尼比取0.05。

7 古建筑结构动力特性和响应的测试

7.1 一般规定

7.1.1、7.1.2 对古建筑结构动力特性和响应的测试表明，水平方向速度响应最大，故规定按水平方向测试。

7.2 测试方法

7.2.1 本条主要规定了对测试仪器、测试环境以及测试操作的基本要求。

地脉动引起的结构振动一般很小，且频率较低，结构和工业振源的频带范围约为0.5～30Hz。按照采样定理，采样频率为所需频率上限的2倍即可，但实际工作中，最低采样频率通常取分析上限频率的3～5倍；考虑到频域分析中频率分辨率的要求，条文中提出采样频率宜为100～120Hz。

为了减小干扰的后期处理，提高采集、分析数据的准确性，对测试环境和测试记录做了规定。

7.2.2 古建筑木结构平面一般为正方形或矩形，两端有山墙、前后有檻墙和纵墙。为了获得较好的动力特性测试结果，振动测试时将传感器布置在中间跨的各层柱顶和柱底。测砖石结构水平振动时，为避免扭转振动的影响，将传感器布置在各层平面刚度中心。

7.2.3 响应测试的测点位置是依据反映整体承重结构最大响应的原则确定的。一般来说，古建筑最高处的响应是结构的最大响应，因而木结构的测点位置为中跨的顶层柱顶，砖石结构的测点为承重结构最高处；石窟的最大响应为窟顶。

7.3 数据处理

7.3.1 现场实测时应尽量避开机、电和人为干扰，调整零点漂移，但实际情况仍会或多或少的有一些干扰。因而数据分析前，应检查记录信号，通过去直流、删除干扰区段、对电信号进行带阻滤波等方法处理波形的失真。

7.3.2 对动力特性实测记录进行自功率谱、互功率谱分析时，为了减少频谱的泄漏，需要加窗函数。同时为了减小干扰，提高分析精度，平均次数不宜太少；平均次数太多又导致实测记录时间太长，综合上述的影响，平均次数宜为 100 次左右。

确定结构的频率和振型时，除了自功率谱的峰值和互功率谱的相位符合要求外，还要求测点间的相干函数不小于 0.8。相干函数小于 0.8 时，干扰太大，不能确定该频率为结构振动频率。

8 防振措施

8.1 一般规定

8.1.1 工业振动对古建筑结构的影响超过第 3 章规定的容许振动值时，将对古建筑结构造成有害影响。为了保护古建筑，应采取防振措施避免工业振动对古建筑结构的有害影响。

8.1.2、8.1.3 防振距离和振源减振是分别针对传播路径和工业振源而采取的防振措施；具体使用时，应根据防振效果、工程条件、技术难易程度等单独采用或综合采用。

8.2 防振距离

8.2.1、8.2.2 防振距离为工业振源引起的地面振动对古建筑结构不产生有害影响的最小距离。条文对防振距离的确定，按获得古建筑结构速度响应的计算法和测试法分别做了规定。前者既可用于工业交通基础设施等的布局，也可用于评估工业振动对古建筑结构的影响；后者仅用于古建筑周边有工业振源的评估。

8.3 振源减振

8.3.1～8.3.3 条文中对铁路和公路的减振分别列出了可供采用的措施，具体设计尚需按相应的国家和行业标准、规范进行；对大型动力设备的减振，规定按国家现行标准《隔振设计规范》的有关规定执行。

中华人民共和国国家标准

石油化工建（构）筑物抗震设防分类标准

Standard for classification of seismic
protection of buildings and special structures
in petrochemical engineering

GB 50453—2008

主编部门：中 国 石 油 化 工 集 团 公 司
批准部门：中华人民共和国住房和城乡建设部
施行日期：２ ０ ０ ９ 年 １ 月 １ 日

中华人民共和国住房和城乡建设部
公　告

第 122 号

关于发布国家标准《石油化工
建（构）筑物抗震设防分类标准》的公告

现批准《石油化工建（构）筑物抗震设防分类标准》为国家标准，编号为 GB 50453—2008，自 2009 年 1 月 1 日起实施。其中，第 3.0.2、3.0.3 条为强制性条文，必须严格执行。

本标准由我部标准定额研究所组织中国计划出版社出版发行。

中华人民共和国住房和城乡建设部

二〇〇八年九月二十四日

前　言

本标准是根据建设部《2005 年工程建设标准规范制订、修订计划》（第二批）（建标函〔2005〕124 号）的要求，由中国石化工程建设公司会同有关单位编制而成。

本标准在编制过程中，根据石油化工行业建筑物、构筑物的特点，调查总结了近年来国内外大地震的经验教训和石油化工行业建筑物、构筑物的抗震经验，吸收了现行国家标准《建筑工程抗震设防分类标准》GB 50223 和《建筑抗震设计规范》GB 50011 中的有关内容，考虑我国石油化工行业的经济条件和工程实践，并广泛征求了有关设计、勘察、施工、生产单位及抗震管理部门的意见，经反复讨论、修改和充实，最后经审查定稿。

本标准共分 7 章，主要内容包括：总则，术语，基本规定，炼油生产装置，化工生产装置，化纤生产装置，辅助生产及公用工程等设施。

本标准以黑体字标志的条文为强制性条文，必须严格执行。

本标准由住房和城乡建设部负责管理和对强制性条文的解释，中国石油化工集团公司负责日常管理，中国石化工程建设公司负责具体技术内容的解释。在执行过程中，请各单位结合工程实践，认真总结经验，并请将意见和有关资料寄至中国石化工程建设公司国家标准《石油化工建（构）筑物抗震设防分类标准》管理组（地址：北京市朝阳区安慧北里安园 21 号，邮政编码：100101），以便今后修订时参考。

本标准主编单位、参编单位和主要起草人：

主 编 单 位： 中国石化工程建设公司

参 编 单 位： 中国石化集团洛阳石油化工工程公司

中国石油大庆石化工程有限公司

天津辰鑫石化工程设计有限公司

主要起草人： 黄左坚　李立昌　滕宪忠　田平汉

黄秋云　王炳旺　张晓鹏　吴绍平

孙恒志　倪正理　孟兆禄

目　次

1 总　则

1.0.1 为确定石油化工建（构）筑物抗震设计的设防类别和相应的抗震设防标准，有效减轻地震灾害，根据石油化工行业特点制定本标准。

1.0.2 本标准适用于抗震设防烈度为 6～9 度地区，以石油、天然气及其产品为原料的新建、改建和扩建石油化工工程中建（构）筑物的抗震设防分类。

1.0.3 石油化工建（构）筑物抗震设防分类除执行本标准外，尚应符合国家现行有关标准的规定。

2 术　语

2.0.1 抗震设防分类 seismic fortification category for structures

　　根据建（构）筑物遭遇地震破坏后，可能造成人员伤亡、直接和间接经济损失、社会影响的程度及其在抗震救灾中的作用等因素，对各类建（构）筑物抗震设防类别的划分。

2.0.2 抗震设防烈度 seismic fortification intensity

　　按国家规定的权限批准作为一个地区抗震设防依据的地震烈度。一般情况下，按 50 年内超越概率 10% 的地震烈度确定。

2.0.3 抗震设防标准 seismic fortification criterion

　　衡量抗震设防要求高低的尺度。由抗震设防烈度或设计地震动参数及建（构）筑物使用功能的重要性确定。

2.0.4 抗震措施 seismic fortification measures

　　除地震作用计算和抗力计算以外的抗震设计内容，包括抗震构造措施。

2.0.5 抗震构造措施 details of seismic design

　　根据抗震概念设计原则，一般不需要计算而对结构和非结构细部所采取的技术措施。

3 基 本 规 定

3.0.1 石油化工建（构）筑物抗震设防的分类，应按下列原则确定：

　　1 地震破坏造成的人员伤亡、社会影响和直接及间接经济损失的大小；

　　2 结构使用功能失效后恢复的难易程度；

　　3 建（构）筑物各结构单元的重要性显著不同时，可按结构单元划分。

3.0.2 石油化工建（构）筑物抗震设防类别，应按其使用功能的重要性分为甲、乙、丙、丁四类。其划分应符合下列要求：

　　1 甲类建（构）筑物应属于特别重要或有特殊要求的建（构）筑物和地震时可能发生严重的次生灾害的建（构）筑物；

　　2 乙类建（构）筑物应属于重要的建（构）筑物，即地震时使用功能不能中断或需尽快恢复的建（构）筑物和可能发生较严重的次生灾害的建（构）筑物；

　　3 丙类建（构）筑物应属于除甲、乙、丁类以外的一般建（构）筑物；

　　4 丁类建（构）筑物应属于抗震次要建（构）筑物，即地震破坏不会造成人员伤亡和较大经济损失的建（构）筑物。

3.0.3 石油化工各类建（构）筑物的抗震设防标准，应符合下列要求：

　　1 甲类建（构）筑物：地震作用应高于本地区抗震设防烈度的要求，其值应按批准的地震安全性评价结果确定；抗震措施，当抗震设防烈度为 6～8 度时，应符合本地区抗震设防烈度提高一度的要求，当为 9 度时，应符合比 9 度抗震设防更高的要求；

　　2 乙类建（构）筑物：地震作用应符合本地区抗震设防烈度的要求；抗震措施，当抗震设防烈度为 6～8 度时，应符合本地区抗震设防烈度提高一度的要求，当为 9 度时，应符合比 9 度抗震设防更高的要求；地基基础的抗震措施应符合有关规定；

　　3 丙类建（构）筑物：地震作用和抗震措施均应符合本地区抗震设防烈度的要求；

　　4 丁类建（构）筑物：地震作用宜符合本地区抗震设防烈度的要求；抗震措施可适当低于本地区抗震设防烈度，当本地区抗震设防烈度为 6 度时，不应再降低。

4 炼油生产装置

4.0.1 本章适用于炼油生产装置建筑物、构筑物的抗震设防分类。

4.0.2 炼油生产装置建筑物的抗震设防分类，应符合表 4.0.2 的规定。

表 4.0.2　炼油生产装置建筑物抗震设防分类

序号	装置名称	建筑物名称	抗震设防分类			
			甲	乙	丙	丁
1	常压、常减压 催化裂化 催化裂解 连续重整 延迟焦化 减粘裂化 气体分馏 烷基化 异构化 甲基叔丁基醚 迭合 溶剂脱蜡脱油 石蜡成型 分子筛脱蜡 芳构化	主控室	—	★	—	—
		变配电室	—	★	—	—
		气压机厂房	—	★	—	—
		主风机厂房	—	★	—	—
		轻油泵房	—	★	—	—
		重油泵房	—	—	★	—
		真空过滤机厂房	—	★	—	—
		套管结晶器厂房	—	—	★	—
		石蜡成型厂房	—	—	★	—
		催化剂加料间	—	—	★	—
		机柜间	—	★	—	—
		其他小型建筑	—	—	★	—

续表4.0.2

序号	装置名称	建筑物名称	甲	乙	丙	丁
2	加氢、制氢加氢精制加氢裂化芳烃抽提临氢降凝	主控室	—	★	—	—
		变配电室	—	★	—	—
		压缩机厂房	—	★	—	—
		轻油泵房	—	★	—	—
		重油泵房	—	—	★	—
		机柜间	—	—	★	—
		其他小型建筑	—	—	★	—
3	氧化沥青溶剂脱沥青溶剂精制吸附精制污水汽提硫磺回收酸碱渣处理	主控室	—	★	—	—
		变配电室	—	★	—	—
		氧化沥青厂房	—	★	—	—
		溶剂脱沥青厂房	—	★	—	—
		溶剂精制厂房	—	★	—	—
		吸附精制厂房	—	★	—	—
		硫磺回收厂房	—	★	—	—
		酸碱渣处理厂房	—	—	★	—
		硫磺仓库	—	—	★	—
		机柜间	—	—	★	—
		其他小型建筑	—	—	★	—

注：1 "★"表示该建筑物所属的抗震设防类别。
2 表中未列出建筑物的抗震设防类别，设计时可按表中相近建筑物的抗震设防类别确定。

4.0.3 炼油生产装置构筑物的抗震设防分类，应符合表4.0.3的规定。

表4.0.3 炼油生产装置构筑物抗震设防分类

序号	构筑物类别	构筑物名称	甲	乙	丙	丁
1	框(构)架类	两器框架	—	★	—	—
		三旋框架	—	★	—	—
		加氢反应器框架	—	★	—	—
		重整反应器框架	—	★	—	—
		重整再生框架	—	★	—	—
		焦炭塔框架	—	★	—	—
		其他高悬重心设备框架	—	★	—	—
		一般设备框架	—	—	★	—
		独立式楼梯间及电梯间	—	—	★	—
		管架(含带空冷器管架)	—	—	★	—
		非设备框架	—	—	★	—
		小型操作平台	—	—	—	★
		露天栈桥系统	—	—	★	—

续表4.0.3

序号	构筑物类别	构筑物名称	甲	乙	丙	丁
2	塔、炉设备基础	构架式塔基础	—	★	—	—
		落地式塔基础(塔高H≥80m)	—	★	—	—
		落地式塔基础(塔高H<80m)	—	—	★	—
		炉基础	—	—	★	—
3	烟囱类	钢筋混凝土烟囱(高度H≥100m)	—	★	—	—
		钢筋混凝土烟囱(高度H<100m)	—	—	★	—
		钢烟囱基础	—	—	★	—
4	动力机器基础	构架式动力机器基础	—	★	—	—
		大块式、墙式动力机器基础	—	—	★	—
		其他动力机器基础(含泵基础)	—	—	★	—
5	卧式设备及容器基础类	高压冷换设备基础	—	★	—	—
		一般冷换设备基础	—	—	★	—
		构架式卧式容器基础	—	—	★	—
		容器基础	—	—	★	—
6	压力容器基础类	球罐基础	—	★	—	—
		压力储罐基础	—	★	—	—
7	池类	储焦池	—	—	★	—
		沥青成型池	—	—	★	—
		其他池类构筑物	—	—	★	—
8	管墩	固定管墩	—	—	★	—
		活动管墩	—	—	★	—
9	其他	管沟、电缆沟	—	—	—	★
		地下井类构筑物	—	—	—	★
		过桥	—	—	—	★

注：1 "★"表示该构筑物所属的抗震设防类别。
2 表中未列出构筑物的抗震设防类别，设计时可按表中相近构筑物的抗震设防类别确定。

5 化工生产装置

5.0.1 本章适用于化工生产装置建筑物、构筑物的抗震设防分类。

5.0.2 化工生产装置建筑物的抗震设防分类，应符合表5.0.2的规定。

表 5.0.2　化工生产装置建筑物抗震设防分类

序号	装置名称	建筑物名称	甲	乙	丙	丁
1	精细化工（包括苯酐、增塑剂不饱和树脂）	主控室	—	★	—	—
		变配电室	—	★	—	—
		机柜间	—	—	★	—
		包装厂房、成品仓库	—	—	★	—
		分析化验室	—	—	★	—
2	聚乙烯（包括高、低压聚乙烯、全密度聚乙烯等）	主控室	—	★	—	—
		变配电室	—	★	—	—
		机柜间	—	—	★	—
		压缩机厂房	—	★	—	—
		高压聚乙烯聚合厂房	—	★	—	—
		挤压造粒厂房	—	★	—	—
		催化剂配制厂房	—	★	—	—
		加工混合厂房	—	—	★	—
		空气过滤室	—	—	★	—
		添加剂库	—	—	★	—
		化学品库	—	—	★	—
		过氧化物储存室	—	★	—	—
		喷淋水房	—	—	★	—
		包装厂房、成品仓库	—	—	★	—
		维修间及杂品库	—	—	★	—
		分析化验室	—	—	★	—
3	氯乙烯、聚氯乙烯（包括单体、聚合及氯碱）	主控室	—	★	—	—
		变配电室	—	★	—	—
		机柜间	—	—	★	—
		氯压缩机厂房	—	★	—	—
		电解厂房	—	★	—	—
		蒸发厂房	—	★	—	—
		固碱厂房	—	★	—	—
		成品仓库	—	—	★	—
		冷冻站	—	—	★	—
		过氧化物储存室	—	—	★	—
		其他化学品储存室	—	★	—	—
		分析化验室	—	—	★	—
4	苯乙烯	主控室	—	★	—	—
		变配电室	—	★	—	—
		机柜间	—	—	★	—
		催化剂配制厂房	—	★	—	—
		化学品库	—	—	★	—
		冷冻站	—	—	★	—
		分析化验室	—	—	★	—

续表 5.0.2

序号	装置名称	建筑物名称	甲	乙	丙	丁
5	聚苯乙烯	主控室	—	★	—	—
		变配电室	—	★	—	—
		机柜间	—	—	★	—
		切粒厂房	—	★	—	—
		催化剂配制厂房	—	★	—	—
		橡胶库	—	—	★	—
		添加剂室	—	—	★	—
		包装厂房、成品仓库	—	—	★	—
6	对二甲苯对苯二甲酸	主控室	—	★	—	—
		变配电室	—	★	—	—
		机柜间	—	—	★	—
		氢气压缩机厂房	—	★	—	—
		空气压缩机厂房	—	★	—	—
		精对苯二甲酸（PTA）厂房	—	★	—	—
		对苯二甲酸（PA）厂房	—	★	—	—
		泡沫消防站	—	★	—	—
		泵房	—	—	★	—
		包装厂房、成品仓库	—	—	★	—
		化学品库	—	—	★	—
		维修间	—	—	★	—
7	苯酚丙酮	主控室	—	★	—	—
		变配电室	—	★	—	—
		机柜间	—	—	★	—
		泡沫消防室	—	★	—	—
		碳酸钠配制厂房	—	★	—	—
		装桶站及成品库	—	—	★	—
		维修间	—	—	★	—
		化学品库	—	—	★	—
		分析化验室	—	—	★	—
8	聚醚、环氧丙烷	主控室	—	★	—	—
		变配电室	—	★	—	—
		机柜间	—	—	★	—
		泡沫消防站	—	★	—	—
		暖房、冷藏室	—	—	★	—
		化学品库	—	—	★	—
		水质处理站	—	—	★	—
		装桶站	—	—	★	—
		分析化验室	—	—	★	—

序号	装置名称	建筑物名称	甲	乙	丙	丁
9	聚丙烯	主控室	—	★	—	—
		变配电室	—	★	—	—
		机柜间	—	—	★	—
		催化剂配制厂房	—	★	—	—
		挤压造粒厂房	—	★	—	—
		烷基铝贮存室	—	★	—	—
		制氢站	—	★	—	—
		包装厂房、成品仓库	—	—	★	—
		过氧化物储存室	—	★	—	—
		其他化学品储存室	—	—	★	—
		空压站	—	—	★	—
		分析化验室	—	—	★	—
		泵房	—	—	★	—
10	丁苯橡胶 丁腈橡胶 顺丁橡胶	主控室	—	★	—	—
		变配电室	—	★	—	—
		机柜间	—	—	★	—
		聚合厂房	—	★	—	—
		后处理厂房	—	—	★	—
		成品仓库	—	—	★	—
		冷冻站	—	—	★	—
		化学品库	—	—	★	—
11	丁二烯	主控室	—	★	—	—
		变配电室	—	★	—	—
		机柜间	—	—	★	—
		压缩机厂房	—	★	—	—
		泵房	—	—	★	—
12	间甲酚	主控室	—	★	—	—
		变配电室	—	★	—	—
		机柜间	—	—	★	—
		分析化验室	—	—	★	—
		丁基化羟基甲苯(BHT)切片厂房	—	—	★	—
13	乙醛	主控室	—	★	—	—
		变配电室	—	★	—	—
		机柜间	—	—	★	—
		主厂房	—	★	—	—
		中间泵房	—	—	★	—

序号	装置名称	建筑物名称	甲	乙	丙	丁
14	乙烯裂解	主控室	—	★	—	—
		变配电室	—	★	—	—
		机柜间	—	—	★	—
		发电机厂房	—	★	—	—
		压缩机厂房	—	★	—	—
		分析化验室	—	—	★	—
15	丙烯腈	主控室	—	★	—	—
		变配电室	—	★	—	—
		机柜间	—	—	★	—
		空压制冷机厂房	—	★	—	—
		分析化验室	—	—	★	—
16	硫胺	主厂房	—	★	—	—
		仓库	—	—	★	—
17	丙酮氰醇	主控室	—	★	—	—
		机柜间	—	—	★	—
		主厂房	—	★	—	—
		分析化验室	—	—	★	—
18	环氧乙烷/乙二醇	主控室	—	★	—	—
		机柜间	—	—	★	—
		空压站	—	★	—	—
		消防泵房	—	★	—	—
		压缩机厂房	—	★	—	—
		冷冻机厂房	—	—	★	—
		综合楼	—	—	★	—
19	氰化钠	主控室	—	★	—	—
		变配电室	—	★	—	—
		机柜间	—	—	★	—
		主厂房	—	★	—	—
		成品仓库	—	★	—	—
		分析化验室	—	—	★	—
20	醋酸乙烯	压缩机厂房	—	★	—	—
		冷冻空压机厂房	—	—	★	—
		综合楼	—	—	★	—
		药液调整厂房	—	—	★	—
		醇解机厂房	—	★	—	—
21	聚乙烯醇	包装厂房、成品仓库	—	—	★	—
		药液调整厂房	—	—	★	—

序号	装置名称	建筑物名称	甲	乙	丙	丁
22	化肥(合成氨、尿素)	主控室	—	★	—	—
		变配电室	—	★	—	—
		机柜间	—	—	★	—
		压缩机厂房	—	★	—	—
		分解蒸发(尿素)厂房	—	—	★	—
		尿素包装厂房	—	—	★	—
		尿素仓库(袋装、散装)	—	—	★	—
23	ABS	主控室	—	★	—	—
		变配电室	—	★	—	—
		机柜间	—	—	★	—
		切粒楼	—	★	—	—
		分析化验楼	—	—	★	—
		橡胶贮存室、引发剂贮存室	—	—	★	—
		包装厂房、成品仓库	—	—	—	★
24	双酚 A	控制配电室	—	★	—	—
		机柜间	—	—	★	—
		分析化验楼	—	—	★	—
		成品仓库	—	—	—	★
		后处理厂房	—	—	—	★
25	己内酰胺	主控室	—	★	—	—
		机柜间	—	—	★	—
		环己酮厂房	—	★	—	—
		羟胺厂房	—	★	—	—
		己内酰胺厂房	—	★	—	—
		制氢厂房	—	★	—	—
26	其他	泵棚	—	—	★	—

注：1 "★"表示该建筑物所属的抗震设防类别。
　　2 表中未列出建筑物的抗震设防类别，设计时可按表中相似建筑物的抗震设防类别确定。

5.0.3 化工生产装置构筑物的抗震设防分类，应符合表 5.0.3 的规定。

表 5.0.3　化工生产装置构筑物抗震设防分类

序号	构筑物类别	构筑物名称	甲	乙	丙	丁
1	框(构)架类	高悬重心的设备框(构)架及非规则框(构)架	—	★	—	—
		乙烯裂解构架	—	★	—	—
		一般规则框(构)架	—	—	★	—
		管架(含带空冷器管架)	—	—	★	—
		露天栈桥系统	—	—	★	—
		小型操作平台	—	—	—	★

序号	构筑物类别	构筑物名称	甲	乙	丙	丁
2	塔基础、料仓类	高度 H>80m 的造粒塔及自立塔型设备基础	—	★	—	—
		一般塔型设备基础	—	—	★	—
		立式容器基础	—	—	★	—
		成品料仓	—	—	★	—
		脱气料仓	—	★	—	—
3	动力机器基础	构架式动力机器基础	—	★	—	—
		高压压缩机基础	—	★	—	—
		挤压机基础	—	—	★	—
		其他动力机器基础(含泵基础)	—	—	★	—
4	卧式设备及容器基础	冷换设备基础	—	—	★	—
		卧式容器基础	—	—	★	—
5	压力容器基础	球罐基础	—	★	—	—
		压力储罐基础	—	★	—	—
6	管沟	地下及半地下管沟	—	—	—	★
7	管墩	固定管墩	—	—	★	—
		活动管墩	—	—	★	—
8	地下井类	地下井类构筑物	—	—	—	★
9	池类	污水处理池	—	—	★	—
		其他池类	—	—	★	—
10	烟囱类	钢筋混凝土烟囱(高度 H≥100m)	—	★	—	—
		钢筋混凝土烟囱(高度 H<100m)	—	—	★	—
		钢烟囱基础	—	—	★	—

注：1 "★"表示该构筑物所属的抗震设防类别。
　　2 表中未列出构筑物的抗震设防类别，设计时可按表中相近似构筑物的抗震设防类别确定。

6　化纤生产装置

6.0.1 本章适用于化纤生产装置建筑物、构筑物的抗震设防分类。

6.0.2 化纤生产装置建筑物的抗震设防分类，应符合表 6.0.2 的规定。

表 6.0.2 化纤生产装置建筑物抗震设防分类

序号	装置名称	建筑物名称	甲	乙	丙	丁
1	涤纶（长丝、短纤维）	纺丝厂房	—	—	★	—
		后处理车间	—	—	★	—
		化工原料库	—	—	★	—
		成品仓库	—	—	★	—
		冷冻站	—	—	★	—
		除盐水站	—	—	★	—
		空压站	—	—	★	—
		变配电室	—	★	—	—
		中心化验、物检室	—	—	★	—
2	腈纶（NaSCN法）	原料罐区泵房	—	★	—	—
		聚合厂房	—	★	—	—
		纺丝厂房	—	—	★	—
		回收厂房	—	—	★	—
		异丙醚工段厂房	—	★	—	—
		毛条厂房	—	—	★	—
		成品仓库	—	—	★	—
		冷冻站	—	—	★	—
		除盐水站	—	—	★	—
		空压站	—	—	★	—
		变配电室	—	★	—	—
		中心化验、物检室	—	—	★	—
		化学品库	—	—	★	—
		危险品库	—	★	—	—
3	腈纶（DMF干法）	聚合厂房	—	★	—	—
		聚合物干燥工段厂房	—	★	—	—
		纺丝厂房	—	—	★	—
		单体回收工段厂房	—	★	—	—
		溶剂 DMF 回收工段厂房	—	★	—	—
		毛条厂房	—	—	★	—
		成品仓库	—	—	★	—
		冷冻站	—	—	★	—
		除盐水站	—	—	★	—
		空压站	—	—	★	—
		变配电室	—	★	—	—
		中心化验、物检室	—	—	★	—
		化学品库	—	—	★	—
		危险品库	—	★	—	—

续表 6.0.2

序号	装置名称	建筑物名称	甲	乙	丙	丁
4	维纶	纺丝厂房	—	—	★	—
		整理工段厂房	—	★	—	—
		牵切纺厂房	—	—	★	—
		水洗厂房	—	—	★	—
		甲醛厂房	—	★	—	—
		成品仓库	—	—	★	—
		冷冻站	—	—	★	—
		除盐水站	—	—	★	—
		空压站	—	—	★	—
		变配电室	—	★	—	—
		中心化验、物检室	—	—	★	—
		化工原料库	—	—	★	—
5	聚酯	主厂房	—	—	★	—
		成品仓库	—	—	★	—
		冷冻站	—	—	★	—
		除盐水站	—	—	★	—
		空压站	—	—	★	—
		变配电室	—	★	—	—
		热媒站	—	—	★	—
		分析化验室	—	—	★	—
		化工原料库	—	—	★	—
6	锦纶	主厂房	—	★	—	—
		原料仓库	—	—	★	—
		成品仓库	—	—	★	—
		冷冻站	—	—	★	—
		除盐水站	—	—	★	—
		空压站	—	—	★	—
		变配电室	—	★	—	—
		中心化验、物检室	—	—	★	—
7	丙纶	主厂房	—	—	★	—
		原料仓库	—	—	★	—
		成品仓库	—	—	★	—
		冷冻站	—	—	★	—
		除盐水站	—	—	★	—
		空压站	—	—	★	—
		变配电室	—	★	—	—
		中心化验、物检室	—	—	★	—
		化学品库	—	—	★	—

续表 6.0.2

序号	装置名称	建筑物名称	甲	乙	丙	丁
8	锦纶帘子布	原丝厂房	—	—	★	—
		捻织厂房	—	—	★	—
		原料仓库	—	—	★	—
		成品仓库	—	—	★	—
		冷冻站	—	—	★	—
		除盐水站	—	—	★	—
		空压站	—	—	★	—
		变配电室	—	★	—	—
		中心化验、物检室	—	—	★	—
		浸胶厂房	—	—	★	—
9	粘胶纤维	磺化工段车间	—	★	—	—
		CS₂ 储存站、CS₂ 回收站	★	—	—	—
		纺丝及后处理车间	—	—	★	—
		酸站	—	—	★	—
		其他车间	—	—	★	—
10	工程塑料	主厂房	—	—	★	—
		成品仓库	—	—	★	—
		冷冻站	—	—	★	—
		除盐水站	—	—	★	—
		变配电室	—	★	—	—
		热媒站	—	—	★	—
		分析化验室	—	—	★	—
		化工原料库	—	—	★	—
11	薄膜装置	纺丝厂房	—	—	★	—
		后处理车间	—	—	★	—
		化工原料库	—	—	★	—
		成品仓库	—	—	★	—
		冷冻站	—	—	★	—
		循环水站	—	—	★	—
		空压站	—	—	★	—
		高配站	—	★	—	—
		物检室	—	—	★	—

注：1 "★"表示该建筑物所属的抗震设防类别。
　　2 表中未列出建筑物的抗震设防类别，设计时可按表中相近似建筑物的抗震设防类别确定。

6.0.3 化纤生产装置构筑物的抗震设防分类，可按照本标准第 5 章"化工生产装置"相近的构筑物进行分类。

7 辅助生产及公用工程等设施

7.0.1 本章适用于全厂性辅助生产及公用工程设施、仓储及运输设施、生产管理及服务等设施建(构)筑物的抗震设防分类。

7.0.2 全厂性辅助生产及公用工程设施、仓储及运输设施、生产管理及服务等设施建(构)筑物的抗震设防分类应符合表 7.0.2 的规定。

表 7.0.2 辅助生产及公用工程等设施建(构)筑物抗震设防分类

序号	设施名称	建(构)筑物名称	甲	乙	丙	丁
1	辅助生产及公用工程设施	中央控制室	—	★	—	—
		消防系统（包括消防站、消防车库及其值班室、消防水泵房、消防水池）	—	★	—	—
		中心化验室	—	—	★	—
		环保监测站	—	—	★	—
	火炬系统	火炬及排气筒塔架（高度 $H \geqslant 100m$）	—	★	—	—
		火炬及排气筒塔架（高度 $H < 100m$）	—	—	★	—
		地面火炬	—	—	★	—
		其他建(构)筑物	—	—	★	—
	污水处理场	系统管架	—	—	★	—
		沉砂池、沉淀池、生物处理池、曝气池、消化池等主要构筑物	—	—	★	—
		进水泵房	—	—	★	—
		其他建(构)筑物	—	—	★	—
		废渣堆埋场	—	—	★	—
		空分、空压、冷冻站	—	★	—	—
		换热站	—	—	★	—
	供电系统	总变电所	—	★	—	—
		区域变配电室	—	★	—	—
	供热、动力系统	动力站主厂房	—	★	—	—
		锅炉房	—	★	—	—
		发电机房	—	★	—	—
		余热锅炉单元	—	—	★	—
		钢筋混凝土烟囱（高度 $H \geqslant 100m$）	—	★	—	—
		钢筋混凝土烟囱（高度 $H < 100m$）	—	—	★	—
		凝结水站、脱盐水站、酸碱站	—	—	★	—
		其他建(构)筑物	—	—	★	—

续表7.0.2

序号	设施名称	建（构）筑物名称		甲	乙	丙	丁
1	辅助生产及公用工程设施	给排水系统	给水泵房、升压泵房	—	★	—	—
			污水泵房、污水提升泵房	—	—	★	—
			事故池	—	—	★	—
			地下沟、井	—	—	—	★
		循环水场	循环水泵房	—	—	★	—
			冷却塔	—	—	★	—
			其他建（构）筑物	—	—	★	—
		净化水场	送水泵房、加氯间、氯库	—	★	—	—
			沉淀池、过滤池、清水池等主要构筑物	—	—	★	—
			其他建（构）筑物	—	—	★	—
2	仓储及运输设施		液化烃储罐基础（包括全压力式或半冷冻式球罐、卧罐和全冷冻式储罐）	—	★	—	—
			可燃气体、助燃气体球罐基础	—	★	—	—
			圆筒形储罐基础（容积 V≥10 万立方米）	—	★	—	—
			圆筒形储罐基础（容积 V<10 万立方米）	—	—	★	—
			装卸栈台、栈桥、泵房	—	—	★	—
			防火堤、围堰、隔堤	—	—	★	—
			液化气灌装站	—	★	—	—
			其他灌装站	—	—	★	—
			洗罐站	—	—	★	—
			易燃、易爆、剧毒、放射性等危险品仓库	—	★	—	—
			设备、电气、仪表仓库	—	—	★	—
			原材料仓库	—	—	★	—
			成品仓库	—	—	★	—
			杂品仓库	—	—	—	★

续表7.0.2

序号	设施名称	建（构）筑物名称	甲	乙	丙	丁
3	生产管理及服务设施	生产指挥中心（包括应急救援中心）	—	★	—	—
		综合楼（含化验、控制、配电、维修、办公等）	—	★	—	—
		办公楼	—	—	★	—
		电信系统（通讯站）	—	★	—	—
		急救站	—	★	—	—
		职工食堂	—	—	★	—
		车库	—	—	★	—
		门卫室	—	—	★	—
		围墙	—	—	—	★
		维修间（包括机、电、仪）	—	—	★	—
		职工倒班宿舍	—	—	★	—
		自行车棚	—	—	—	★

注：1 "★"表示该建（构）筑物所属的抗震设防类别。
  2 表中办公楼建筑物，具有生产指挥和应急救援功能的结构单元应划为乙类。
  3 表中未列出建（构）筑物的抗震设防类别，设计时可按表中相近似建（构）筑物的抗震设防类别确定。

本标准用词说明

1 为便于在执行本标准条文时区别对待，对要求严格程度不同的用词说明如下：
  1）表示很严格，非这样做不可的用词：
    正面词采用"必须"，反面词采用"严禁"。
  2）表示严格，在正常情况下均应这样做的用词：
    正面词采用"应"，反面词采用"不应"或"不得"。
  3）表示允许稍有选择，在条件许可时首先应这样做的用词：
    正面词采用"宜"，反面词采用"不宜"；
    表示有选择，在一定条件下可以这样做的用词，采用"可"。
2 本标准中指明应按其他有关标准、规范执行的写法为"应符合……的规定"或"应按……执行"。

中华人民共和国国家标准

石油化工建(构)筑物抗震设防
分类标准

GB 50453—2008

条 文 说 明

目　次

1 总　则

1.0.1 根据我国现有技术和经济条件的实际情况，结合石油化工行业的特点，按照遭受地震破坏后可能造成的人员伤亡、经济损失和社会影响的程度及建筑功能在抗震救灾中的作用，将建（构）筑物分为不同的类别，区别对待并采取不同的设计要求，以达到减轻地震灾害，合理控制建设投资，这是抗震减灾的重要对策之一。

石油化工行业的特点是：

1 工厂的原料、成品或半成品大多数是可燃气体、液化烃和可燃液体。

2 生产大多数是在高温、高压条件下进行。

3 工艺装置和储运设施占地面积较大，可燃气体散发较多。

4 可燃物质泄漏的几率多，火灾、爆炸的危险性较大，可能造成较严重的次生灾害。

1.0.2 本标准是在行业标准《石油化工企业建筑抗震设防等级分类标准》SH 3049—93、《石油化工企业构筑物抗震设防分类标准》SH 3069—95 的基础上，根据石油化工行业加工、生产的物料特性和操作条件制定的，并与现行国家标准《建筑工程抗震设防分类标准》GB 50223、《建筑抗震设计规范》GB 50011—2001 和行业标准《石油化工构筑物抗震设计规范》SH/T 3147—2004 中的有关内容相协调。因此，新建、扩建石油化工建（构）筑物和改建石油化工建（构）筑物的结构单元，其抗震设防都应满足本标准要求。

1.0.3 本标准属于基础标准，各类石油化工建（构）筑物的抗震设防类别的划分需以本标准为依据。

3 基本规定

3.0.1 建筑工程抗震设防类别划分的基本原则是从抗震的角度，按建筑遭受地震损坏对各方面影响后果的严重性进行划分的。

3.0.2 本条将石油化工建（构）筑物划分为甲、乙、丙、丁四类，符合现行国家标准《建筑抗震设计规范》GB 50011—2001 的有关要求。各类建（构）筑物的抗震设计应符合国家现行有关标准的规定。

3.0.3 本条对各类建（构）筑物的抗震设防标准提出要求，除了乙类建（构）筑物外，基本上与现行国家标准《建筑工程抗震设防分类标准》GB 50223 的有关内容相同。

根据石油化工行业的特点，即使是较小的乙类建（构）筑物，其抗震设防标准也应符合本条要求，即"地震作用应符合本地区抗震设防烈度的要求；抗震措施，当抗震设防烈度为 6～8 度时，应符合本地区

抗震设防烈度提高一度的要求，当为 9 度时，应符合比 9 度抗震设防更高的要求"。

4 炼油生产装置

4.0.2、4.0.3 本章抗震设防分类在行业标准《石油化工企业建筑抗震设防等级分类标准》SH 3049—93、《石油化工企业构筑物抗震设防分类标准》SH 3069—95 的基础上作了调整，并补充增加了近十年来新引进生产装置的建筑物、构筑物分类，同时细化了构筑物的分类。

5 化工生产装置

5.0.1 本章适用于化工生产装置内的建筑物、构筑物。化工企业的油品储运、系统配套设施及辅助生产设施见第 7 章相关内容。

5.0.2 表 5.0.2 是按照近年来进行生产的装置不同而进行划定的。对于表 5.0.2 中未包括的装置或系统，设计时可参照相近的装置或系统建筑的抗震设防分类采用。

5.0.3 表 5.0.3 是依据构筑物的特点进行分类的。规则框架、非规则框架的定义可参照现行国家标准《建筑抗震设计规范》GB 50011—2001 和行业标准《石油化工构筑物抗震设计规范》SH/T 3147—2004 的有关规定。

6 化纤生产装置

6.0.2 本章建筑物抗震设防类别的划分是按照国内化纤装置已有的建筑物进行划分的。

7 辅助生产及公用工程等设施

7.0.1 本章适用于除工艺装置外的其他建筑物、构筑物的抗震设防分类。其他建筑物、构筑物主要是指全厂性辅助生产及公用工程设施、仓储及运输设施、生产管理及服务设施的建筑物和构筑物。辅助生产设施是指不直接参加生产过程而配合主要工艺装置完成其生产过程所必需的设施，如罐区、中心化验室、污水处理场、火炬等；公用工程设施是水、电、气、汽等设施的统称，如循环水系统、变配电所、锅炉房、空压站等；仓储设施是指储存原料及产品的仓库、储罐等；运输设施是指为完成特定物流而设置的专用铁路线、道路、码头等及相关的设施；生产管理及服务设施是指为全厂进行统一管理和调度而设置的生产指挥中心、办公楼、急救站、车库等。

7.0.2 由于辅助生产及公用工程等设施的建筑物、

构筑物种类繁多，在表7.0.2中将其一一列出是比较困难的，未列出的建（构）筑物的抗震设防类别，可参照表中相近似建（构）筑物的抗震设防类别确定。与铁路、码头有关的建筑物、构筑物的抗震设防分类应按国家现行有关抗震设防标准执行。

综合楼中不具有控制、配电功能的结构单元可划为丙类。

中华人民共和国国家标准

航空发动机试车台设计规范

Code for design of aero-engine test cell

GB 50454—2008

主编部门：中 国 航 空 工 业 集 团 公 司
批准部门：中华人民共和国住房和城乡建设部
施行日期：２ ０ ０ ９ 年 ６ 月 １ 日

中华人民共和国住房和城乡建设部
公　告

第 142 号

关于发布国家标准
《航空发动机试车台设计规范》的公告

现批准《航空发动机试车台设计规范》为国家标准，编号为 GB 50454—2008，自 2009 年 6 月 1 日起实施。其中，第 3.2.4、3.2.6、3.3.2 (3)、3.5.5、4.2.1、4.2.2、5.1.4、6.1.3、6.1.4、6.1.5、6.3.3、6.5.2、7.3.1 条（款）为强制性条文，必须严格执行。

本规范由我部标准定额研究所组织中国计划出版社出版发行。

中华人民共和国住房和城乡建设部
二〇〇八年十一月四日

前　　言

本规范是根据建设部"关于印发《2006 年工程建设标准规范制订、修订计划（第二批）》的通知"（建标〔2006〕136 号）的要求，由中国航空工业规划设计研究院会同中航第一集团公司沈阳发动机设计研究所、沈阳黎明发动机制造公司、公安部天津消防研究所等单位共同编制。

本规范在编制过程中，规范编制组开展了多项专题研究，进行了深入的调查分析，总结了正在使用的军、民用航空发动机试车台的设计、使用和维护经验的基础上，广泛征求了有关科研、生产使用、高等院校等部门和单位的意见，同时研究了国外有关标准，并与相关的标准进行了协调，最后经审查定稿。

本规范共分 9 章和 1 个附录。主要内容包括：总则，术语，工艺，噪声控制，建筑结构，电气，给水、排水和消防，采暖、通风和空气调节，动力设施等。

本规范中以黑体字标志的条文为强制性条文，必须严格执行。

本规范由住房和城乡建设部负责管理和对强制性条文的解释，由中国航空工业规划设计研究院负责具体内容的解释。在执行规范过程中，请各单位结合工程实际总结经验，如发现需要修改和补充之处，请将意见和建议寄至中国航空工业规划设计研究院（地址：北京市西城区德胜门外大街 12 号，邮编：100011），以供今后修订时参考。

本规范主编单位、参编单位和主要起草人：

主 编 单 位：中国航空工业规划设计研究院

参 编 单 位：中航第一集团公司沈阳发动机设计研究所

中航第一集团公司沈阳黎明发动机制造公司

公安部天津消防研究所

哈尔滨城林科技有限公司

江苏东泽环保科技有限公司

主要起草人：沈顺高　崔忠余　陈丹瑚　高福山
郑国华　王　超　杨振军　诸瑾燕
汤道敏　张中苏　张卫才　付桂宏
刘兴忠　朱明俊　王宗存　郝　骞
吴晓莉　涂　强　李晓谊　魏　旗
王瑞林　王世光　许根才　谢学林
邹中元

目　次

1 总　则

1.0.1 为适应航空发动机试车技术的发展，确保设计质量，在试车台设计中贯彻执行国家的有关方针政策，做到安全适用、技术先进、经济合理，制定本规范。

1.0.2 本规范适用于航空涡轮喷气、涡轮风扇、涡轮螺桨、涡轮轴发动机新建航空发动机室内地面试车台设计。

1.0.3 试车台设计除应符合本规范外，尚应符合国家现行有关标准、规范的规定。

2 术　语

2.0.1 航空发动机室内地面试车台　aero-engine enclosed test cell

航空发动机试车厂房和试车设备的统称，用于检查航空发动机的装配质量、工作性能和持久试车的试验设施，简称试车台。

2.0.2 基准试车台　master test cell

用于基准试车，对新建、改建的试车台进行校准的过程中起标准传递作用的试车台。

2.0.3 进气通道　intake stack

试车台的空气进气道、消声装置和整流装置等的统称。

2.0.4 试车间　test chamber

试车台中发动机安装、试验的区域。

2.0.5 排气通道　exhaust stack

试车台的排气引射筒、排气消声间及消声装置的统称。

2.0.6 试车台架　thrust frame

用来固定发动机并与推力传感器（针对涡喷、涡扇发动机）、测功器（针对涡轴、涡桨发动机）、二次仪表组成发动机（推力、功率）测量系统的重要设备。

2.0.7 发动机上部运输系统　engine handling system

将发动机由准备待试间运至试车间的上部轨道的运输系统。

2.0.8 操纵间　control room

放置操纵台等设备，供试车人员完成发动机试车工作的房间。

2.0.9 测试间　measurement room

放置各种测试仪器，供测试人员完成发动机试车测试工作的房间。

2.0.10 工艺设备间　hydraulic room

放置试车用滑油，液压操纵、液压泵负载系统等设备的房间。

2.0.11 准备待试间　preparation room

发动机试车前准备、试车后存放的房间。

2.0.12 电气设备间　electrical room

放置试车用电源、电气柜等设备的房间。

2.0.13 燃油设备间　fuel room

放置试车用燃油管道、油滤、阀门、流量测量装置等设备的房间。

2.0.14 燃油加温间　fuel heating room

放置试车用燃油加温设备的房间。

3 工　艺

3.1 一般规定

3.1.1 试车台的设计应根据发动机的类型和参数确定。发动机的主要类型应包括涡轮喷气发动机、涡轮风扇发动机、涡轮轴发动机、涡轮螺桨发动机；发动机主要参数应包括最大推力（功率）、最大质量/直径/长度、空气流量、排气温度、排气压力、最大燃油消耗量、尾喷口截面积。

3.1.2 带矢量喷口发动机的试车台，其排气系统应保证发动机在喷口偏转时排气顺畅。

3.1.3 进行反推力试车的发动机试车台，应设置反推力排气收集器。

3.1.4 试车台设计的基本参数宜包括进气道截面积、试车间长度、试车间截面积、排气道截面积、排气引射筒直径、排气引射筒长度、发动机中心标高。

3.1.5 厂房和主要设备的设计宜留有发展余地。

3.1.6 试车台的燃气排放设计应符合现行国家标准《环境空气质量标准》GB 3095 的有关规定。

3.2 气动设计

3.2.1 试车间压力降应符合下列规定：

　　1 试车间进气压力降不应大于 500Pa。

　　2 试车间内发动机进气截面与发动机排气截面间的静压差不应大于 100Pa。

3.2.2 试车台的平均气流速度应符合下列规定：

　　1 涡轮喷气发动机、小涵道比涡轮风扇发动机和涡轮轴发动机试车台，试车间内的平均气流速度不应大于 10m/s。

　　2 大涵道比涡轮风扇发动机和涡轮螺桨发动机试车台，试车间内的平均气流速度不宜大于 15m/s。

　　3 涡轮喷气发动机和小涵道比涡轮风扇发动机试车台进气消声装置内平均气流速度不应大于 20m/s。大涵道比涡轮风扇发动机和涡轮螺桨发动机试车台进气消声装置内平均气流速度不宜大于 30m/s。

　　4 迷宫式排气消声装置通道内的平均气流速度不宜大于 30m/s。板状排气消声装置通道内的平均气流速度不宜大于 50m/s。

5 排气塔口的平均气流速度不宜大于 30m/s。

3.2.3 试车间的空气流场及保证设施应符合下列要求：

1 发动机进口空气流场应均匀稳定，不应产生畸变。发动机进气口前端面或螺旋桨桨盘面到厂房进气通道的距离，对于垂直式进气通道，应大于试车间横截面对角线的距离；对于水平式进气通道，应大于试车间的高度。

2 试车台架及其他设备的布置对发动机进气流场和试车间内气流的流动损失应最小。

3 涡轮螺桨发动机试车台，应在螺旋桨工作截面处设置导流环。

4 采用垂直式进气或转折式进气时，宜在气流转弯处设置导流片或设置水平进气消声装置。

5 涡轮螺桨发动机或大涵道比涡轮风扇发动机试车台，发动机安装中心线宜与试车间的几何中心线相同。

6 测功台架迎风面积以及它的前缘距螺旋桨桨盘面的距离，对发动机的振动和其他性能不应产生影响。

7 排气通道应保证不产生燃气回流及排气反压振荡。排气塔口应高于进气塔口，也可在排气塔口设置折流板。

3.2.4 涡轮喷气和涡轮风扇发动机试车台的排气应采取降温措施。

3.2.5 涡轮喷气和涡轮风扇发动机试车台排气的调节措施，宜符合下列规定：

1 在排气引射筒混合段内或在开孔扩压器段表面宜设置节流装置。

2 发动机尾喷口排气截面到排气引射筒进口截面之间的距离宜调节。

3.2.6 试车台建筑结构设计中气动力负荷，应符合下列规定：

1 试车间的气动力负荷应符合下列规定：

　1）不带螺旋桨试车的发动机应为—1500Pa；

　2）带螺旋桨试车的发动机，桨前应为—1500Pa，桨后应为2000Pa。

2 进气通道和排气通道应根据气动力计算确定。

3.3　试车设备设计

3.3.1 试车设备应包括试车台架、排气引射筒、发动机进口空气加温装置、燃油加温装置和反推力排气收集器，试车工艺系统，辅助工艺系统以及参数测试系统等。

3.3.2 试车台架设计应符合下列要求：

1 试车台架动力特性应符合国家现行标准《航空涡轮喷气和涡轮风扇发动机通用规范》GJB 241和《航空涡轮螺桨和涡轮轴发动机通用规范》GJB 242的有关规定。

2 涡轮螺桨和涡轮轴发动机宜采用支撑式台架；涡轮喷气和涡轮风扇发动机宜采用悬挂式台架。批生产的试车台，宜采用发动机上部运输系统和快速接管装置。

3 试车台架的结构强度应承受被试发动机试车时的各种载荷。

4 与发动机连接的各种管路、电缆、导线的布置宜减小对推力测量的影响。

5 在试车过程中应测量发动机推力（功率），发动机推力（功率）测量系统精度允许偏差应为±0.5%，基准试车台架的推力测量系统精度允许偏差应为±0.25%。

6 对于需测量矢量推力的发动机试车台，应能测量发动机推力沿三个互相垂直方向的分量和力矩。

7 试车台架推力校准装置的传力路线宜与发动机的传力路线一致。

3.3.3 排气引射筒设计应符合下列要求：

1 结构尺寸应满足气动力设计要求。

2 节流装置应调节方便。

3 结构强度应能承受被试发动机排气脉动载荷引起的振动。

4 应满足被试发动机喷口偏转的要求。

5 应满足热膨胀引起的受力要求。

6 应满足穿墙处的隔声要求。

3.3.4 发动机进口空气加温装置设计应符合下列要求：

1 应满足被试发动机进口空气流场和温度场的要求。

2 结构应安全可靠，宜采用可移动式。

3 与发动机进气道的连接应密封。

3.3.5 燃油加温装置设计应符合下列要求：

1 应满足被试发动机燃油进口加温转换和加温范围的要求。

2 结构设计应安全可靠，并应便于检查和维护。

3 应设置在单独的防爆房间内。

3.3.6 反推力排气收集器应符合下列要求：

1 收集器气动力设计应保证被试发动机的反推气流顺畅排出。

2 收集器结构应安全可靠，可设计成固定式或可拆卸式。

3.3.7 试车工艺系统应符合下列要求：

1 系统应按被试发动机试车工艺要求设计。

2 系统应满足被试发动机和安装在发动机上的飞机附件工艺参数要求。

3 系统功能应满足被试发动机试车工艺的使用要求。

4 系统工作原理应符合飞机使用要求和被试发动机试车工艺要求。系统设计参数应按照飞机的同类系统选取，与发动机连接的附件宜选用飞机附件。

5 系统设计参数测量精度应符合国家现行标准《航空涡轮喷气和涡轮风扇发动机通用规范》GJB 241、《航空涡轮螺桨和涡轮轴发动机通用规范》GJB 242，以及被试发动机型号规范的要求。

6 系统与发动机工作系统的对接管路宜采用柔性连接。

7 系统设计应安全可靠、使用维护方便，管路穿墙处应做隔声处理。

3.3.8 辅助工艺系统设计应符合下列要求：

1 应按试车设备控制要求和试车工艺需要设计辅助系统。

2 系统设计应选用可靠性高的成品件。

3 系统设计应满足工艺设备使用维护要求。

3.3.9 参数测试系统设计应符合下列要求：

1 测试系统通道的数量、精度和量程应满足被试发动机工艺要求。

2 测试系统管路宜选用软管，并应设置可更换的工艺转接管。

3 测量管路设计应便于进行现场校准。

3.4 厂房布置

3.4.1 试车间、进气通道和排气通道截面尺寸应根据气动设计结果确定。

3.4.2 试车间的结构尺寸应满足发动机及设备运输、安装、拆卸和使用维护等要求。进气通道和排气通道应设置检修门，并应采取排水措施。在进气塔进气口处应设置防护网。

3.4.3 操纵间、测试间宜布置在试车间一侧，应满足观察、操纵发动机及测试要求；观察窗位置宜避开发动机旋转件部位。

3.4.4 工艺设备间和燃油设备间宜布置在厂房一层，并应靠近试车间。

3.4.5 燃油设备间应靠近外墙布置。

3.4.6 电气设备间的布置宜靠近试车间、工艺设备间和操纵间。

3.4.7 燃油、滑油、液压油等油类介质管路，不宜穿越电气设备间。

3.4.8 准备待试间的面积应满足发动机存放的需要。

3.4.9 库房、办公室和生活间等辅助房间应根据实际需要设置。

3.5 技术安全措施

3.5.1 试车间观察窗宜设置滚动护板。

3.5.2 工作平台应设置护栏，并应采取防滑措施。

3.5.3 发动机进气口应设置便于拆装的防护网。

3.5.4 发动机起动系统应与试车间进口大门、活动消声段、进气导流片和试车台架锁紧装置等设备联锁。发动机应在试车间进口大门、活动消声段、进气导流片和试车台架锁紧装置等设备处于试车规定的状态时起动。

3.5.5 试车间内燃油系统的供油管路应设置紧急切断阀。

3.5.6 操纵间、测试间、试车间内应设置应急照明，试车间内应设置警示电铃。

3.5.7 试车间的发动机试车部位、工艺设备间和燃油设备间应安装视频摄像机，并应在操纵间监控及录像。

4 噪 声 控 制

4.1 一 般 规 定

4.1.1 噪声控制应按发动机的类别及噪声特性、卫生防护距离和气动特性等要求进行设计。

4.1.2 噪声控制设施宜采用易于更换的消声装置和声学元件。声学元件宜采用流线体形。

4.1.3 用于噪声控制的构件和材料，应根据试车台所在地区的气候特点、消声通道中温度、流速等工作条件采取相应的保护措施，试车时不应向大气中散发粉尘或纤维等物质。

4.1.4 工艺系统和建筑设备宜选用低噪声的产品，不能满足要求时，应采取相应的噪声控制措施。

4.1.5 噪声控制设计除应符合本规范的要求外，尚应符合现行国家标准《工业企业噪声控制设计规范》GBJ 87、《工业企业设计卫生标准》GBZ 1 和《工业企业厂界噪声标准》GB 12348 等的有关规定。

4.2 厂区噪声标准

4.2.1 试车台厂房内噪声标准应符合表 4.2.1 的规定。

表 4.2.1 试车台厂房内噪声标准

名　　称	噪声限制值〔dB（A）〕
操纵间、测试间	80
准备待试间	85

4.2.2 由试车间外墙、进气口和排气口辐射的平均噪声值，在厂区距试车台 30m 处，不应大于 80dB（A）。

4.3 隔声与吸声设计

4.3.1 试车间、进气通道及排气通道围护结构的计权隔声量不宜小于 65dB。操纵间与试车间公用墙的计权隔声量不宜小于 70dB。

4.3.2 操纵间与试车间的隔墙上设置的隔声观察窗及带声锁的隔声门，相应的计权隔声量不宜小于 55dB。

4.3.3 试车间进口大门计权隔声量不宜小于 50dB。

4.3.4 进气通道及排气通道的隔声门宜设置在多段

消声装置的中部或后部。计权隔声量不宜小于40dB。

4.3.5 试车间设置的吸声层的吸声特性应根据发动机噪声特性确定。操纵间、测试间内的吸声顶棚和吸声墙面应保证其频率为500Hz和1000Hz时的平均吸声系数不小于0.30。

4.4 消声设计

4.4.1 进气通道宜采用塔式建筑。有防雨顶盖的进气塔宜设置吸声吊顶。

4.4.2 一次进气通道或二次进气通道,应按不同的进气目的、声源特性和消声量要求选择不同类型、不同长度的消声元件及其组合形式。

4.4.3 喷水降温的排气消声装置宜采用耐腐蚀的构件。

4.4.4 涡轮螺桨发动机试车台宜分别设置高温排气和常温排气通道。

4.4.5 温度超过350℃的高温排气通道,宜采用金属结构型消声装置。

5 建 筑 结 构

5.1 一 般 规 定

5.1.1 厂房各类用房的位置应按照功能分区布置。

5.1.2 厂房各部位的墙体及装修设计应满足使用需要。

5.1.3 厂房各主要部位的设计要求应符合表5.1.3的规定。

表5.1.3 厂房各主要部位的设计要求

名称\要求	空气进气道	试车间	引射筒间	排气消声间	操纵间和测试间
防灰屑	√	√	—	—	—
气动荷载	√	√	√	√	—
隔声	√	√	√	√	√
消声	√	√	—	√	—
吸声	√	√	—	—	√
耐高温	—	—	—	√	—
隔振	—	—	—	—	√

注:"√"表示有要求,"—"表示无要求。

5.1.4 厂房各主要部位的火灾危险性应符合表5.1.4的规定,厂房的耐火等级不应低于现行国家标准《建筑设计防火规范》GB 50016规定的二级。

表5.1.4 厂房各主要部位的火灾危险性类别

名 称	火灾危险性类别
试车间、燃油设备间、燃油加温间	乙
工艺设备间	丙
准备待试间	丁
操纵间、测试间、电气设备间	戊

5.2 厂 房 位 置

5.2.1 厂房与建(构)筑物的防火间距,应符合现行国家标准《建筑设计防火规范》GB 50016的有关规定。

5.2.2 试车台宜集中布置。

5.2.3 厂房布局应符合下列要求:

1 厂房应位于空气洁净的地段,不应靠近散发爆炸性、腐蚀性和有害气体及粉尘的场所,并应位于全年最小频率风向的下风侧。

2 厂房宜靠近发动机装配厂房、油封包装厂房和油库布置。

3 水平进气的试车台,进气通道进口端与临近建筑物之间的距离不应小于15m。

5.2.4 出入厂房的道路,坡度不宜大于6%。

5.3 厂房跨度和高度

5.3.1 厂房跨度和高度应按发动机类型及其布置的合理性确定,并宜符合建筑模数制和构件标准要求。厂房主要用房的跨度、高度不应低于表5.3.1的规定。

表5.3.1 厂房主要用房跨度、高度(m)

名 称	跨 度	高 度
试车间	按气动计算确定	按气动计算确定
操纵间、测试间	6	3.3
设备间	4	3
准备待试间	12	8

5.3.2 各房间门的宽度和高度应满足设备的安装、维修和运输的要求。

5.4 主体围护结构选型

5.4.1 空气进气道应符合下列要求:

1 空气进气道应采用纵横钢筋混凝土骨架的实心砌体结构或整体钢筋混凝土结构。

2 顶盖及挑檐板应采用钢筋混凝土结构,并应具有防雨水功能。

3 内墙面、地面及顶面应平滑、不起灰、不掉渣。

5.4.2 试车间应符合下列要求:

1 悬挂式试车台架的试车间应采用整体钢筋混凝土的围护结构。

2 地面面层应耐磨、平滑、不起灰。内墙面及顶棚应平滑、不掉渣。

3 试车间内有振动的混凝土设备基础、地坑等与地面的混凝土地坪之间应设置变形缝。

5.4.3 排气引射筒间应符合下列要求:

1 宜选用实心砖墙体和钢筋混凝土屋盖。引射筒间两端与试车间、排气消声间的变形缝应采取隔声措施，变形缝采取隔声措施后的隔声量宜相当于实心砖墙体隔声量。

2 屋面保温层宜采用容重较大的保温材料，宜按上人屋面设计。

5.4.4 排气消声间应符合下列要求：

1 应根据不同发动机类型的特点选择不同的围护结构。

2 障板式排气消声间的内墙宜设置吸声、隔热面层。

3 障板宜采用可自由伸缩的钢筋混凝土板梁，并应采取隔热措施。

4 排气消声间内顶层水平障板和地面应做不小于 1% 的坡度，坡面应朝向排水孔或雨水集水坑。

5.4.5 操纵间、测试间应符合下列要求：

1 宜采用钢筋混凝土框架结构，其结构应与试车间的结构脱开，并应采取隔声措施。小型试车台也可做单墙。

2 通向试车间应设置两道隔声门组成声锁，内侧隔声门的计权隔声量不应小于 30dB。

3 地面应采用防静电架空活动地板。

5.4.6 工艺设备间应符合下列要求：

1 应设置隔声门，计权隔声量不应小于 30dB。

2 应做防油渗地面。

5.5 主体结构的计算

5.5.1 进气通道、试车间和排气消声间结构上的气动力荷载值，应按本规范第 3.2 节的规定采用。结构计算时，气动力荷载的最大正值或负值应与风荷载叠加。

5.5.2 试车间结构承受试车台架的垂直荷载（含发动机自重）、发动机推力及绕发动机轴线的最大扭矩，均应按试车时的最大值计算。

5.5.3 操纵间和测试间的楼面活荷载不应小于 $5kN/m^2$。

5.5.4 温度作用的计算应符合下列要求：

1 应按结构隔热措施验算试车时产生的热气流传到钢筋混凝土构件表面的温度以及内外温度差。计算钢筋混凝土结构受热的温度作用时，应取室外极端最高温度。计算内外温度差引起的温度应力时，应取室外极端最低温度。

2 当构件表面温度大于 60℃，且小于等于 200℃时，抗热设计应符合现行国家标准《烟囱设计规范》GB 50051 的有关规定。

5.5.5 试车台厂房位于地震区时，抗震设计应符合现行国家标准《建筑抗震设计规范》GB 50011 的有关规定。

5.5.6 试车间、进气通道和排气消声间应进行地基变形计算，地基变形允许值应符合现行国家标准《建筑地基基础设计规范》GB 50007 的有关规定。

5.6 主体结构的构造

5.6.1 试车间应符合下列要求：

1 当采用悬挂式试车台架时，试车间侧墙宜采用钢筋混凝土墙；悬挂试车台架区域的顶板宜采用钢筋混凝土厚板，顶板的厚度不宜小于跨度的 1/10，且混凝土中的粗骨料不得采用卵石；屋面板厚度突变区域应采取加强措施。

2 当采用砖砌体结构时，砖的强度等级不应低于 MU15，混合砂浆强度等级不应低于 M5。试车间侧墙上门、窗洞孔四周均应做钢筋混凝土密封框，并应与水平圈梁浇成整体。

5.6.2 引射筒间应符合下列要求：

1 地面以上的钢筋混凝土构件应采用普通硅酸盐水泥或矿渣硅酸盐水泥配制的特制混凝土，特制混凝土的配合比应符合本规范附录 A 的规定。

2 引射筒基础与建筑物基础间应设置沉降缝。

5.6.3 排气消声间应符合下列要求：

1 支撑板状消声装置的梁应采用可滑动支座。

2 承受高温的钢筋混凝土构件表面温度不应大于 350℃，混凝土墙体表面温度不宜大于 200℃。

3 当钢筋混凝土构件表面温度大于 60℃，且小于等于 200℃时，应采用普通硅酸盐水泥或矿渣硅酸盐水泥配制的特制混凝土，特制混凝土的配合比应符合本规范附录 A 的规定。

4 当钢筋混凝土构件表面温度大于 200℃时，应采用普通硅酸盐水泥作胶结料的耐热混凝土，耐热混凝土的配合比应符合本规范附录 A 的规定。

5 当钢筋混凝土构件表面温度大于 150℃时，不得采用 HPB 235 级钢筋做竖向受力钢筋。

6 排气消声间采用多层构造时，砖砌体应采用耐热砂浆砌筑，耐热砂浆的配合比应符合本规范附录 A 的规定。砖的强度等级不宜低于 MU15，耐热砂浆的强度等级不应低于 M7.5。砖墙与钢筋混凝土墙拉结钢筋的间距不应大于 500mm。

7 耐热混凝土构件受力钢筋的混凝土保护层厚度，宜在现行国家标准《混凝土结构设计规范》GB 50010—2002 第 9.2.1 条相应规定值上增加 5mm。

6 电 气

6.1 电 力

6.1.1 电源系统的接地形式应为 TN-S 或 TN-C-S 系统。

6.1.2 配电装置内出线回路的配置方式，应根据用电设备所属工艺系统及设备间的相互关系综合确定。

6.1.3 燃油紧急切断阀和灭火系统应设置主电源和备用电源。

6.1.4 测量、报警、计算机数据采集系统的供电，应配备在线式交流不停电电源，电源连续供电时间不应少于 15min。

6.1.5 电动油门控制系统应配备单独的在线式交流不停电电源，电源连续供电时间不应少于 15min。

6.1.6 试车台配电系统导线线芯材质应采用铜芯，截面选择应满足载流量要求，并应按发动机试车规程要求校验其电压降。

6.1.7 电缆敷设应采取桥架为主要敷设方式，桥架的设置应满足相关电缆敷设要求。穿墙处电缆桥架内应设置防火和隔声封堵。

6.1.8 燃油设备间、燃油加温间等有爆炸危险的场所，电气设备、仪器应选择防爆类产品，并应符合现行国家标准《爆炸和火灾危险环境电力装置设计规范》GB 50058 的有关规定。

6.2 照 明

6.2.1 操纵间、测试间、电气设备间、工艺设备间等间房，宜采用节能型荧光灯。

6.2.2 试车间应采用金属卤化物等高强气体放电灯，灯具的选型应耐振、防眩光，并应便于日常维护。

6.2.3 试车间发动机区采用分区照明。

6.2.4 操纵间、试车间应装设应急照明。

6.2.5 燃油设备间、燃油加温间选用的灯具，应符合现行国家标准《爆炸和火灾危险环境电力装置设计规范》GB 50058 的有关规定。

6.2.6 试车台各类房间照度标准值应符合表 6.2.6 的规定，表 6.2.6 中未注明的房间照度标准值应符合现行国家标准《建筑照明设计标准》GB 50034 的有关规定。

表 6.2.6 试车台各类房间照度标准值

名　称	室内平均照度值（lx）
操纵间、测试间、准备待试间	150～300
电气设备间、工艺设备间	100～200
试车间发动机区	300～500
试车间其他部位	50～100

6.2.7 试车间照明采用的维护系数应为 0.6，其他房间应为 0.7。

6.3 防雷、接地

6.3.1 厂房的防雷措施应符合现行国家标准《建筑物防雷设计规范》GB 50057 和《建筑物电子信息系统防雷技术规范》GB 50343 的有关规定。

6.3.2 厂房应采用建筑构件防雷，当接地电阻无法达到要求时，应增加人工接地体。

6.3.3 防雷接地、防静电接地应与电气装置保护接地等共用同一接地装置，并应做等电位联结，接地装置电阻值应符合其中最小值的要求。

6.3.4 计算机系统功能性接地电阻应按产品技术要求进行设计，宜与试车台保护接地以一点接地方式共用同一接地装置，接地装置电阻值应符合其中最小值的要求。

6.4 测 控

6.4.1 操纵间不应引入用于测量的水、油、汽等管道。

6.4.2 测控系统应包括发动机及试车台辅助设备的控制、测量、视频监视和通讯系统。系统设置应满足被试发动机控制和试车工艺的要求。

6.4.3 测试系统的系统精度应满足国家现行标准《航空涡轮喷气和涡轮风扇发动机通用规范》GJB 241、《航空涡轮螺桨和涡轮轴发动机通用规范》GJB 242，以及被试发动机型号规范的要求。

6.4.4 测试系统基本功能应符合下列要求：

　　1 测试系统记录的数据应保证以曲线形式回放并以数据点和曲线形式打印输出，数据点的数量应保证过渡状态真实反映试车参数变化。

　　2 测试系统的全程数据记录和图像记录应可以自动开始和停止，且应记录开始动作与发动机起动联锁。

　　3 测试系统起动时应对磁盘空间及传感器的校验情况进行自动检查，自动检查出现问题时应停止进入试车界面。

　　4 测试系统记录的数据和曲线宜保存在数据库中。

6.4.5 发动机油门的控制宜采用带自校准功能的电动油门控制系统，执行机构宜采用直流电机。

6.4.6 测控系统的设计应满足屏蔽和隔离的技术要求，有抗干扰要求的测量用导线和电缆应采用双绞屏蔽测量电缆或专用电缆。电缆敷设应符合现行国家标准《建筑物电子信息系统防雷技术规范》GB 50343 的有关规定。

6.4.7 进出试车间、操纵间、测试间的管线，应采取隔声措施。

6.4.8 测控系统导线和电缆的选择应满足发动机试验对导线电阻值的技术要求。

6.5 弱 电

6.5.1 燃油设备间、燃油加温间、准备待试间、操纵间和测试间应设火灾自动报警探测器，火灾报警控制器宜设在总值班室。

6.5.2 燃油设备间、燃油加温间等有防爆要求的房间，应设置可燃气体报警装置，报警时应联动开启通风机。

6.5.3 操纵间、测试间、办公用房等处设置信息网络端口及电话端口。

6.5.4 试车台宜设置无线对讲系统。

6.5.5 火灾自动报警系统设计应符合现行国家标准《火灾自动报警系统设计规范》GB 50116 的有关规定。

7 给水、排水和消防

7.1 给　水

7.1.1 排气冷却喷水系统给水总管上应设置过滤器，喷水泵出水管应设置回流管。严寒及寒冷地区应采取防冻措施。

7.1.2 水力测功器等设备用水应采用循环水，水质要求应按设备技术要求确定。

7.1.3 液压泵负载系统等设备所需冷却水应设计为循环冷却系统。循环冷却水水质应符合现行国家标准《工业循环冷却水处理设计规范》GB 50050 的有关规定。严寒及寒冷地区冷却水应采取防冻措施。

7.1.4 循环水系统和给水系统采用的管材和管件，应符合现行国家标准《建筑给水排水设计规范》GB 50015 的有关规定。

7.2 排　水

7.2.1 试车间内的排水水封高度应大于试车间的最低空气压力和当地大气压力的差值，且不应小于 50mm。

7.2.2 进气消声间和排气消声间的地面应设排水设施。

7.2.3 屋面雨水宜直接外排，内排时不宜在室内设检查井。

7.2.4 排水系统采用的管材、管件和检查井，应符合现行国家标准《建筑给水排水设计规范》GB 50015 的有关规定。

7.3 消　防

7.3.1 试车间试车部位应设置局部自动灭火系统。燃油设备间和燃油加温间应设置全淹没式自动灭火系统。

7.3.2 除进气通道、试车间和排气通道外，厂房其他部位的室内消火栓灭火系统的设置应符合现行国家标准《建筑设计防火规范》GB 50016 的有关规定。

8 采暖、通风和空气调节

8.1 采　暖

8.1.1 采暖地区的厂房应采用集中采暖方式。室内采暖计算温度，应符合表 8.1.1 的规定。

表 8.1.1　室内采暖计算温度

名　　称	室内计算温度（℃）
操纵间、测试间	16～20
燃油设备间、燃油加温间、工艺设备间、电气设备间	10
准备待试间	14～16

8.1.2 集中采暖方式的热媒应根据厂区供热条件及安全、卫生、节能等要求确定，热媒宜采用热水。

8.1.3 对产生燃油蒸气的房间，应采用表面光滑的散热器。散热器与燃油管道的距离应大于 0.5m 或在散热器与燃油管道间采取隔热措施。

8.1.4 采暖室外计算温度低于−19℃的地区，准备待试间的外门宜设置热气幕。

8.1.5 采暖管道不宜穿越有防水要求的房间，确需穿过时，采暖管道的连接应采用焊接，且在房间内不得设置阀门。

8.2 通风和空气调节

8.2.1 通风管道由高噪声房间穿越低噪声房间或通向室外时，应采取消声或隔声措施。

8.2.2 各房间的通风换气次数应符合表 8.2.2 的规定。

表 8.2.2　各房间的通风换气次数

名　　称	换气次数（次/h）
燃油设备间、燃油加温间	12
工艺设备间	6
准备待试间	2

8.2.3 燃油设备间、燃油加温间应设置机械排风系统，且应选用防爆型排风设备。

8.2.4 发动机采用连接式导管排气时，试车间应设置机械排风系统。

8.2.5 发动机的起动发电机、交流发电机和加力燃烧室冷却吹风系统应满足下列要求：

　　1 吹风系统动压和风量应按技术条件确定，应设置测量及调节风压和风量的装置。

　　2 离心式通风机宜布置在试车间内或相邻的房间内，风机入口处应设置安全防护网及过滤装置。

8.2.6 安装在平台、屋顶及楼板上的通风机应设置弹性减振台座。

8.2.7 操纵间和测试间应设置空气调节装置，并应采取排除空调冷凝水的措施。

8.2.8 操纵间和测试间应满足室内人员所需最小新风量的要求。

9 动 力 设 施

9.1 一 般 规 定

9.1.1 动力消耗量应按发动机性能参数、年产量、试车台数量、试车时间、工作班制及试车设备需要确定。

9.2 压缩空气供应

9.2.1 供应方式应符合下列规定：

1 压缩空气由厂区或自备气源接入时，应做相应的空气处理。

2 压缩空气瞬时用量较大时，应采用储气罐，储气罐应设置在室外。

9.2.2 气体管道的连接应采用焊接。

9.2.3 压缩空气管道的设计除应符合本规范的要求外，尚应符合现行国家标准《压缩空气站设计规范》GB 50029 的有关规定。

9.2.4 压缩空气的质量应符合现行国家标准《一般用压缩空气质量等级》GB/T 13277 的有关规定。

9.3 燃油输送

9.3.1 燃油供、回油管道宜采用单母管制，供油管道的设计流量应按最大小时耗油量计算确定。

9.3.2 燃油供、回油管道宜采用不锈钢无缝钢管。当采用普通无缝钢管时，管道应做内防腐处理，采用的涂料应符合喷气燃料的要求。

9.3.3 供、回油管道上应设置钢制切断阀。

9.3.4 供、回油管道坡度不应小于 3‰，管道低点处应设置放水装置。

9.4 废油罐

9.4.1 试车台宜设置废油罐。废油罐可单独设置在试车台附近，也可设置在油库内；废油罐的数量和容量应根据试车使用情况确定；废油罐的布置应符合现行国家标准《石油库设计规范》GB 50074 的有关规定。

9.4.2 废油罐内废油应通过油泵装车或灌桶。

附录 A 耐热混凝土、砂浆的参考配合比及试验要求

A.0.1 排气消声间内的混凝土构件表面温度大于 60℃、小于等于 200℃时，应采用特制混凝土。特制混凝土可采用普通硅酸盐水泥或矿渣硅酸盐水泥配制，其粗骨料宜采用玄武岩、闪长岩、安山岩或纯净的石灰岩碎石，不得采用卵石，骨料最大粒径不大于 25mm。细骨料宜采用天然砂，颗粒坚硬、洁净，粘土、泥灰、粉末等不得超过砂的 30%，容重为 1500～1600kg/m³。配制混凝土的水泥强度等级不应低于 42.5 级，水胶比不宜大于 0.5，水泥用量不应大于 400kg/m³，混凝土强度等级不宜小于 C25。

A.0.2 排气消声间内的混凝土构件表面温度大于 200℃时，应采用普通硅酸盐水泥作胶结料的耐热混凝土，其强度等级不应小于 C25。混凝土内需加粉末状掺合料，其粗细骨料宜采用耐火粘土熟料或纯净的耐火砖碎块，其材质要求见表 A.0.2-1，其配合比可按照表 A.0.2-2、表 A.0.2-3 进行试配。

表 A.0.2-1 耐热混凝土的材料组成及技术要求

胶结料	粉末状掺合料	粗细骨料
≥42.5 级普通硅酸盐水泥	耐火度不低于 1610℃ 的磨细粘土熟料，通过 49 孔/mm² 筛的量不小于 70%	耐火度不低于 1910℃ 的粘土熟料砂及碎块，粗骨料粒径一般不大于 20mm

注：粗骨料粒径最大不应大于 25mm，且不应大于结构最小截面尺寸的 1/4 及不大于钢筋间距的 3/4。

表 A.0.2-2 耐热混凝土的配合比（质量比）

水泥	粉末状掺合料	细骨料	粗骨料	水胶比
1	0.5～0.8	1.6～1.9	2.0～2.5	0.35～0.45

注：1 水泥用量宜为 350kg/m³，最多不应大于 400kg/m³。当用矿渣硅酸盐水泥时，掺合料宜适当减少。

2 水胶比是指混凝土配制时的用水量与胶凝材料（水泥加矿物掺合料）总量之比，该比例对耐热混凝土的各项性能影响较显著，掺合料的含水量不应大于 1.5%。

表 A.0.2-3 骨料颗粒级配

骨料颗粒级配〔累计筛余，按质量计〕(%)						骨料化学成分含量 (%)		
粗骨料粒径 (mm)			细骨料粒径 (mm)			Al_2O_3	Fe_2O_3	SO_3
25	10	5	5	1.2	0.15			
0～5	30～60	90～100	0～10	20～55	90～100	>30	≤5.5	≤0.3

A.0.3 对耐热混凝土除进行一般的常温强度检验外，还应测定加热后残余抗压强度。根据排气消声间的情况，加热温度确定为 500℃。残余强度的测定方法，应符合下列要求：

1 制作 6 个 100mm×3100mm×3100mm 的立方体试块，在潮湿条件下养护 7d，养护温度为 18～22℃。

2 在 110±5℃ 的温度下烘干 32h，取 3 个试块做抗压强度试验，其强度平均值取为 R_1。

3 其余 3 个试块放在炉中以 150～200℃/h 的升温速度加热至 500℃，恒温 4h，然后和炉子一起冷却到室温。把冷却后的试块放在室温的水中浸泡 1d，然后 3 个试块分别做抗压强度试验，得出 3 个试块抗压强度的平均值，如果 3 个值中有 1 个值超过 R_1 的 ±15%，则将此值舍去，取余下 2 个值的平均值为 R_t；如果 3 个值中有 2 个值超过平均值的 ±15% 或任一试块未压时已有裂纹，则应重做试验。

4 加热后混凝土残余抗压强度比 R_1 / R_t，不应小于 $65\% \sim 70\%$，且 R_1 值应大于或等于常温混凝土强度等级的 80%。

A.0.4 排气温度大于等于 $300℃$ 且采用喷水降温时，消声间的耐热混凝土还应测定其对急冷急热温度变化抵抗能力的热抗震稳定性，其测定方法应符合下列要求：

1 将试块放入加热至 $500℃$ 的加热炉内，保温 40min，取出后即放入室温的冷水中，持续 $3 \sim 4\text{min}$，再从冷水中取出，在空气中放置 $5 \sim 10\text{min}$，然后再重复加热和冷却，每加热和冷却一次记为一次冷热交换，以此重复进行 40 次。

2 经过 40 次冷热交换的试块质量损失不应超过正常条件下试块质量的 20%，平均相对抗压强度应大于或等于 80%。

A.0.5 砌筑高温排气消声间砂浆的强度等级不应小于 $M7.5$，并应采用普通硅酸盐水泥掺细粘土熟料及粘土集料配制的粘土熟料水泥砂浆，其配合比可按表 A.0.5 确定。

表 A.0.5　耐热砂浆配合比　（质量比）

水　泥	磨细粘土熟料掺合料	粘土熟料砂
1	$0.6 \sim 1$	$2.8 \sim 3.2$

注：水泥的强度等级应大于或等于 32.5 级普通硅酸盐水泥，当采用矿渣硅酸盐水泥时，磨细掺合料用量可取较低值。

水量根据掺合料的多少及砂的颗粒组成度试确定，水与水泥加磨细掺合料的比例宜为 1 : 2。

砂浆应制作成长、宽、高各为 70mm 的试块，并应做高温（$500℃$）加热浸水后的残余强度试验。试验方法应符合本规范第 A.0.3 条的规定，加热后的强度与烘干强度之比不宜小于 80%。

本规范用词说明

1 为便于在执行本规范条文时区别对待，对要求严格程度不同的用词说明如下：

1）表示很严格，非这样做不可的用词：

正面词采用"必须"，反面词采用"严禁"。

2）表示严格，在正常情况下均应这样做的用词：

正面词采用"应"，反面词采用"不应"或"不得"。

3）表示允许稍有选择，在条件许可时首先应这样做的用词：

正面词采用"宜"，反面词采用"不宜"；

表示有选择，在一定条件下可以这样做的用词，采用"可"。

2 本规范中指明应按其他有关标准、规范执行的写法为"应符合……的规定"或"应按……执行"。

中华人民共和国国家标准

航空发动机试车台设计规范

GB 50454—2008

条 文 说 明

目　次

1 总 则

1.0.2 本规范适用于航空发动机室内地面试车台。不适用于露天试车台、高空模拟试车台和飞行试车台。

3 工 艺

3.1 一般规定

3.1.1 涡轮风扇发动机可分为大涵道比涡轮风扇发动机和小涵道比涡轮风扇发动机。本规范中大涵道比系指大型运输机和民用客机的发动机，涵道比为2.00～8.00。小涵道比系指军用加力型的发动机，涵道比一般小于2.00。

涡轮风扇发动机涵道比系指发动机外涵道空气流量与内涵道空气流量之比。

涡轮螺桨发动机试车台带桨试车时，桨流量应计入发动机空气流量；对于内、外涵道分别排气的涡轮风扇发动机，应分别给出其流量、温度、压力及喷口面积参数值。

3.2 气动设计

3.2.1 规定试车间的压力降，是限制发动机的推力修正量和厂房气动负荷。规定发动机进气与排气两截面间的静压差，是限制发动机的反向推力。

3.2.4 涡轮喷气和涡轮风扇发动机试车台排气降温方法有以下三种：

——一次空气引射降温；
——一次空气引射和喷水降温；
——二次空气引射降温。

3.2.6 不带螺旋桨的发动机试车时，试车间内空气流动是由发动机工作时吸入和高温燃气排气引射空气造成的，所以试车间内空气为负压。带螺旋桨发动机试车时，桨前试车间内空气流动是由发动机工作时螺旋桨旋转把空气从室外吸入试车间内，空气流动与不带螺旋桨情况一样为负压；空气通过螺旋桨时，由于螺旋桨转动对空气作功，所以试车间螺旋桨后的空气为正压。

3.3 试车设备设计

3.3.1 根据被试发动机的类型和试车工艺要求，试车设备一般由机械设备、试车工艺系统、辅助工艺系统和测控系统组成。

机械设备一般包括试车台架、排气引射筒、各种工作平台等。发动机需要在试车台上进行进气加温和反推力试验时，应按照要求配备进气加温装置和反推力排气导流装置。

试车工艺系统一般包括：燃油供应系统、起动机燃油供应系统、滑油供应系统、液压供应系统、液压泵负载系统、燃油泵负载系统、引气系统、抽真空系统、冷却吹风系统、发动机油门控制系统等。

辅助工艺系统一般包括升降平台、台架插拔销、快速接管装置、推力校准等液压系统，压缩空气干燥系统和滑油脱水系统等。

测控系统包括发动机起动及工作状态电气控制、发动机功率控制装置、试车数据采集处理系统、工艺系统电气控制、辅助设备电气控制和闭路监视系统、语音通信系统等。

3.3.2 发动机试车台架的结构强度，除承受发动机正常试车时推力、重力外，还要考虑承受发动机发生故障时产生的破坏力的作用。

3.4 厂房布置

3.4.8 多机种和修理厂的试车台，准备待试间的面积可适当加大。加温或加温加压试车台准备间的面积，应满足进气加温或加温加压装置的存放。

3.5 技术安全措施

3.5.1 滚动护板是防止发动机试车过程中发生意外危险时的保护装置。

3.5.4 设备的联锁控制主要是为保证设备按照规定和相互制约的程序进行工作，防止事故的发生。

3.5.5 燃油供应系统管路与发动机燃油进口相接，发动机试车时一旦发生事故，应快速切断供油，以减小事故造成的损失。为此，需要在试车间内燃油供应管路靠近发动机燃油进口处设置紧急切断阀。

4 噪声控制

4.1 一般规定

4.1.1 航空发动机的噪声特性采用与频率对应的声功率级 L_w 或声压级 L_p 表示。

典型航空发动机的声功率级 L_w 见表1～表3。

WP-7 涡轮喷气发动机在试车间的声压级 L_p 见表4。

WZ-6 涡轮轴发动机在试车间的声压级 L_p 见表5。

航空发动机的声功率远大于一般动力机械的声功率。例如推力为56.4kN的WP-7涡轮喷气发动机的声功率现场实测：中间状态为18.6kW，最大状态为50.8kW。

卫生防护距离应按现行国家标准《以噪声污染为主的工业企业设计卫生防护距离标准》GB 18083第2.1条的规定执行。

表1　F100-PW-100 涡轮风扇发动机（最大推力为 106kN）的声功率级 L_w

中心频率 (Hz) L_w / 状态	倍频带声功率级									总声功率级
	31.5	63	125	250	500	1000	2000	4000	8000	
	单位：dB　　　　基准值：$W_0=10^{-12}$W									
中间状态	145	155	160	162	160	155	151	149	146	167
最大状态	155	163	168	168	166	162	159	158	159	174

表2　CF-6-80C2B6F 涡轮风扇发动机起飞状态（推力为 273kN）的声功率级 L_w

中心频率 (Hz) L_w / 部位	倍频带声功率级									部位声功率级
	31.5	63	125	250	500	1000	2000	4000	8000	
	单位：dB　　　　基准值：$W_0=10^{-12}$W									
排气	150	155	152	149	145	141	140	139	137	159
进气	135	136	138	139	137	136	136	134	131	146

表3　WJ-6 涡轮螺桨发动机（带桨试车）起飞状态（4000HP）的声功率级 L_w

中心频率 (Hz) L_w / 部位	倍频带声功率级									部位声功率级
	31.5	63	125	250	500	1000	2000	4000	8000	
	单位：dB　　　　基准值：$W_0=10^{-12}$W									
排气	138	147	136	140	142	140	137	127	120	152
进气	121	146	143	145	146	142	138	138	135	150

表4　WP-7 涡轮喷气发动机（最大推力 56.4 kN）在试车间的声压级 L_p

中心频率 (Hz) L_P / 状态	倍频带声压级									总声压级 L (A声压级)
	31.5	63	125	250	500	1000	2000	4000	8000	
	单位：dB　　　　基准值：$P_0=2\times10^{-5}$Pa									
中间状态	116	122	133	139	142	139	137	136	133	147 (145)
最大状态	124	126	141	148	146	144	143	141	138	153 (150)

注：表中的试车间声压级，测点在发动机喷口出口端面，高度为发动机中心线水平面，距发动机中心线 1.5m 处。

表5　WZ-6 涡轮轴发动机（起飞功率 1130 kW）在试车间的声压级 L_p

中心频率 (Hz) L_P / 位置	倍频带声压级									总声压级 L (A声压级)
	31.5	63	125	250	500	1000	2000	4000	8000	
	单位：dB　　　　基准值：$P_0=2\times10^{-5}$Pa									
排气口	103	112	116	124	127	117	108	100	102	129 (125)

注：表中的试车间声压级，测点在发动机排气管出口端面侧 500mm，高度为发动机中心线水平面。

4.2 厂区噪声标准

4.2.1 噪声标准的规定值采用等效连续 A 声压级，用 L_{eq} 表示，单位 dB（A）。它取决于发动机试车过程的一个完整运行时段的噪声强度，测量结果应标明相应的采样时间长度。

对于涡轮喷气发动机试车噪声的 L_{eq} 测量，当不具备条件时，允许仅测量涡轮喷气发动机中间状态时各点的 L_A，替代各点的 L_{eq} 的测量。L_A 不得超过本规范表 4.2.1 中噪声限制值。

4.2.2 测定距试车台 30m 处的厂区噪声级，距离由试车间外轮廓处起算，沿试车台一侧的进气方位到排气方位，测点不应少于 5 个且均匀分布在 180°范围内，最后取多点测量的平均值作为评价指标。

4.3 隔声与吸声设计

计权隔声量 R_w 应按现行国家标准《建筑隔声评价标准》GBJ 121 的规定。

试车台围护结构的计权隔声量是按多机种试验要求确定的。对于试验单一机种的试车台，可按被试发动机的声功率级、频谱特性和环保要求，确定围护结构的隔声量和构造形式。

5 建筑结构

5.1 一般规定

5.1.4 发动机试车过程中大量使用航空煤油。在试车过程中，试车间、燃油设备间及燃油加温间内发生燃油泄漏而引起爆炸或燃烧的可能性很大，航空煤油的闪点低于 60℃，火灾危险为乙类；工艺设备间存有较大量的润滑油，其闪点高于 60℃，火灾危险为丙类。准备待试间的主要功能是存放发动机，室内空间通常是高大空间，虽然发动机内部存有部分用于密封的润滑油，因泄漏发生火灾的可能性很小。操纵间、测试间、电气设备间等空间主要是用于常温下测试及存放测试的设备，没有发生火灾的介质。

5.4 主体围护结构选型

5.4.1 空气进气道的挑檐板（或挡雨板）可通过挑出墙体外沿，且满足挑檐板边端和开口下边沿所形成的水平角小于或等于 45°来阻挡雨水的进入，见图 1。

5.4.2 悬挂式试车台架以外的其他形式试车台架的试车间围护结构可采用内配纵横间距为 4m 左右的后浇钢筋混凝土骨架组成的 500mm 或 620mm 厚砖墙，其上做现浇钢筋混凝土反梁顶板，梁上铺预制板加防水层，梁间填以 100～300mm 厚的轻质保温材料。

试车间的围护墙体为现浇混凝土时宜采用清水混凝土装饰，不宜采用抹灰层找平或直接刷内墙涂料的

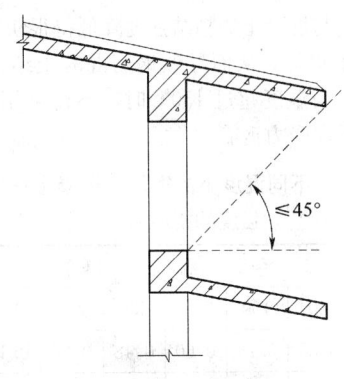

图 1 挑檐板角度

装修方式。

5.4.4 当要求土建做围护结构时，可根据使用需求选择下列三种形式之一：

1）当排气温度超过 200℃时，宜采用多层构造措施，一般做法见图 2。

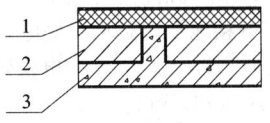

图 2 土建围护结构构造

1—消声砖或其他消声面层（吸声、隔热）；2—砖砌体（隔声、隔热）；3—钢筋混凝土板、柱（承重、围护、隔声）

2）当排气温度小于等于 200℃，且气动荷载小于等于 1.5kN/m² 时，宜采用内配纵横 4m 左右钢筋混凝土骨架组成的 500mm 或 620mm 厚砖砌体，内贴吸声、隔热面层。

3）当排气温度小于等于 200℃，且气动荷载大于 1.5kN/m² 时，应采用现浇钢筋混凝土的整体壁板，内贴吸声、隔热面层。

5.5 主体结构的计算

5.5.4 当采用非刚性材料（如玻璃棉等松散材料或隔热板）作隔热层时，应采取有效措施使隔热层不脱落。

5.6 主体结构的构造

试车台厂房主体部分构造要求是根据多年来设计和使用的经验做出的，主要有以下方面：1）保证结构整体性、密闭性；2）抗振；3）耐高温；4）温度收缩影响。

5.6.3 排气消声间一般采取多层做法进行隔热，以使混凝土表面温度不大于 200℃。但混凝土圈梁处隔热层较薄，可能大于 200℃。因此，本条规定了不同温度时对混凝土的要求。

从表 6 可以看出，当温度超过 150℃时，HPB235

级光圆钢筋与混凝土的粘结强度降低得很快，钢筋强度利用效率很低，从而导致钢筋混凝土结构很快失效。因此，当温度超过150℃时，不得采用HPB235级钢筋做纵向受力钢筋。

表6　不同温度下的钢筋与混凝土粘结强度的折减系数

钢筋类别	温　度（℃）						
	60	100	150	200	250	350	450
HPB235	0.82	0.75	0.60	0.48	0.35	0.17	0.00
HRB335	—	—	—	—	—	0.99	0.75

6 电 气

6.1 电 力

6.1.1 TN-S接地系统指整个系统的N线和PE线是分开的；TN-C-S接地系统是指厂房电源进线时，电源线路的N线和PE线合一，在配电柜做重复接地后配电系统的N线和PE线严格分开。

6.1.2 配电装置的配线方式除起重机、电动葫芦、风机、卷帘门等用电设备外，宜采用出线带接触器的配电装置。

6.1.3 燃油紧急切断阀和灭火系统等电气设备的电源应采用两路供电方式。该电源宜来自两台变压器；不具备上述条件时，应分别接自低压母线的不同段，备用电源应能自动投入。

6.1.4 试车台测量、报警、计算机数据采集系统的数据非常重要。为防止事故停电时数据丢失，供电系统应配置在线式交流不停电电源。

6.1.5 试车台上发动机试验时的各种状态控制都是由电动油门控制系统完成的。为保证在事故停电时电动油门控制系统正常工作，系统应配置在线式交流不停电电源。

6.3 防雷、接地

6.3.1 厂房内大量使用航空煤油，属于第二类防雷建筑物。

6.3.3 为了防止雷击电压对电子设备产生反击，要求防雷装置与其他接地物体之间保持足够的安全距离。但在工程设计中很难做到，可能产生反击现象。而采用共用一组接地体，降低了雷击时的电位差，可以防止这种反击现象，保证人员和电子设备的安全。共用接地装置的接地电阻应按最小值确定。

6.4 测 控

6.4.2 为保证试车台测控系统的可靠性和灵活性，建议采用PLC控制器组成分布式测控系统；设计多

型号发动机试车台时，建议采用触摸控制屏与PLC控制器组成的分布式测控系统配套使用。

6.4.4 试车台测控系统中传感器的选型，应优先选用符合国家质量标准且满足发动机测试精度要求的产品，推荐采用压力、温度扫描阀等适合试车台使用的产品。

6.4.6 测量电缆建议选用双绞屏蔽测量软电缆，宜与电力电缆、控制电缆等强电电缆分别敷设在不同的电缆桥架内，导线屏蔽层应接至活动地板下的铜排网。

6.4.8 分流器或互感器至电流表的导线，加大截面后可以减少电流测量误差。

6.5 弱 电

6.5.2 燃油设备间、燃油加温间等防爆房间均设置通风系统。当可燃气体报警装置报警时，联动开启通风机可及时排除房间内的可燃气体。

7 给水、排水和消防

7.1 给 水

7.1.1 喷水水泵出水管上应设回流管，主要是为了调节喷水流量。

7.2 排 水

7.2.1 发动机试车时，试车间内为负压，排水系统应做水封。

7.2.2 进气消声间的地面排水设施主要排除雨水，排气消声间的地面排水设施排除雨水和未汽化的排气冷却水。

7.3 消 防

7.3.1 气体灭火系统和局部气体与水喷雾灭火系统均应用于试车台。带短舱试车的发动机试车台宜采用局部气体与水喷雾灭火系统，在发动机短舱内采用局部气体灭火系统，在试车间采用水喷雾灭火系统。不带短舱试车的发动机，试车部位宜采用局部气体灭火系统。气体灭火系统宜采用二氧化碳灭火系统。

8 采暖、通风和空气调节

8.1 采 暖

8.1.1 设置集中采暖的房间不包括试车间、进气通道及排气通道。电气设备间有防水要求，不宜设置采暖散热器；在严寒地区且房间有两面以上为外墙时，方可设置散热器。

8.1.3 产生燃油蒸气房间的散热器与燃油管道和设备之间应有安全距离，否则应安装隔热板防护，隔热

板应采用不燃材料制作。

8.2 通风和空气调节

8.2.3 燃油设备间、燃油加温间通风主要是将散发于空气中的燃油蒸气有效排出，由于燃油蒸气的密度比空气重，宜从房间下部区域排出总排风量的 2/3，上部区域排出总排风量的 1/3。

9 动 力 设 施

9.2 压缩空气供应

9.2.1 压缩空气供应系统应设置油水分离器和油水过滤器。当对气质要求高时，可根据具体情况，选择高精度的过滤器、除油器和干燥装置。

9.3 燃 油 输 送

9.3.2 管线内防腐涂层直接与航空油料接触，关系到航空油料的质量安全，必须采用经技术鉴定合格的涂料。

9.3.3 钢阀的抗拉强度、韧性等性能均优于铸铁阀。为保证输油管道的安全，在石油化工、民航行业，输油管道已普遍采用钢阀。

9.3.4 将输油管道安装成一定的坡度，并设计低点排水装置，有利于输油管道中的水分聚集和排出。

9.4 废 油 罐

9.4.1 为便于试车台架废油的回收而设置废油罐。

9.4.2 油泵应布置在废油罐旁边或安装在人孔井内，以便有足够的吸力。

中华人民共和国国家标准

地下水封石洞油库设计规范

Code for design of underground oil storage
in rock caverns

GB 50455—2008

主编部门：中 国 石 油 化 工 集 团 公 司
批准部门：中华人民共和国住房和城乡建设部
施行日期：2 0 0 9 年 0 5 月 0 1 日

中华人民共和国住房和城乡建设部
公 告

第 130 号

关于发布国家标准
《地下水封石洞油库设计规范》的公告

现批准《地下水封石洞油库设计规范》为国家标准，编号为 GB 50455—2008，自 2009 年 5 月 1 日起实施。其中，第 3.0.3、3.0.7、4.0.4、4.0.5、6.2.1、6.2.2、6.3.1、6.3.2、7.2.7、7.2.8、7.2.9、8.8.1、9.1.2、9.1.3、9.1.4、10.2.1、10.3.6、12.0.6、13.2.2、13.2.3、13.2.4、13.2.5、14.1.3、14.1.4、14.2.1、14.2.2、14.2.3 条为强制性条文，必须严格执行。

本规范由我部标准定额研究所组织中国计划出版社出版发行。

中华人民共和国住房和城乡建设部
二〇〇八年十月十五日

前 言

本规范是根据建设部建标函〔2005〕124 号文件"关于印发《2005 年工程建设标准规范制订、修订计划（第二批）》的通知"要求，在国家发展和改革委员会石油储备办公室和国家石油储备中心的积极推动下，由青岛英派尔化学工程有限公司会同有关单位共同编制完成的。

地下水封洞库的储油方式，自 20 世纪 50 年代在瑞典问世以来，因具有安全、对地面环境影响小、少占耕地、节省大量钢材、油品质量不受损害、油品损耗小等优点，在北欧、韩国、日本等国家和地区已建设若干座类似的油库，储存原油及其产品，有成熟的设计、建设及生产经验，并有相关的标准。我国早在 20 世纪 70 年代建成该种油库储存原油、柴油，在 20 世纪 90 年代又建成储存 LPG 的水封洞库。在设计、建设及生产中，积累了一定的经验。

本规范在编制过程中，规范编制组对全国现有的水封洞库展开了调研，总结了我国水封洞库设计、建设、管理的经验，并对韩国、北欧已建及在建的水封洞库进行考察，参考了国内外有关规定和标准。对本规范涉及的内容展开了必要的专题研究和技术研讨，广泛征求设计、生产、消防监督等部门和单位的意见，对主要条文进行反复修改，最后经审查定稿。

本规范共分 15 章和 3 个附录，主要内容包括总则，术语，一般规定，库址选择，工程勘察，总体布置，储运，地下工程，消防设施，给排水及污水处理，电气，仪表及控制，采暖、通风和空气调节，环保及安全卫生，节能等。

本规范中以黑体字标志的条文为强制性条文，必须严格执行。

本规范由住房和城乡建设部负责管理和对强制性条文的解释，由中国石化集团公司负责日常管理工作，由青岛英派尔化学工程有限公司负责具体技术内容的解释。本规范在执行过程中，如发现需要修改补充之处，请将意见和有关资料寄送至青岛英派尔化学工程有限公司（地址：山东省青岛市崂山区海口路 277 号，邮政编码：266061），以便在今后修订时参考。

本规范主编单位、参编单位和主要起草人：

主 编 单 位： 青岛英派尔化学工程有限公司
参 编 单 位： 中国地质大学（北京）
中铁隧道集团有限公司
中国石化洛阳石化工程公司
国家石油储备中心
主要起草人： 杨 森　何凤友　张杰坤　郑大榕
文科武　李佩文　李玉忠　李春燕
修志勇　刘秀琴　许 敏　王敬奎
邵国芬　宋广贞　孙承志　彭振华
李俊彦　土化远

目　　次

1 总 则

1.0.1 为在地下水封石洞油库设计中贯彻执行国家有关方针政策，统一技术要求，节约能源资源，保护环境，做到安全适用、技术先进、经济合理，制定本规范。

1.0.2 本规范适用于储存具有储备性质的原油、汽油、柴油地下水封石洞油库的工程设计。

本规范不适用于人工洞内离（贴）壁钢罐、自然洞石油库、盐穴洞库的工程设计。

1.0.3 地下水封石洞油库设计除执行本规范外，尚应符合国家现行有关标准的规定。

2 术 语

2.0.1 地下水封石洞油库 underground oil storage in rock caverns

在稳定地下水位以下的岩体中开挖出的用来储存原油、汽油、柴油的地下空间系统。简称水封洞库。

2.0.2 洞室 cavern

在岩体内挖掘出的用于储存原油及其产品的地下空间。

2.0.3 洞罐 caverns tank

由一个或几个相互连通的洞室组成，功能相当于地面的一座油罐。

2.0.4 连接巷道 connecting tunnel

洞室之间相互连接的通道，保证储存的原油及其产品在洞室间相互流通，并保持液位等同。

2.0.5 施工巷道 access tunnel

为洞室的施工掘进，满足施工期间设备通行、出渣、通风、给排水、供电、人员通行的需要，从地面通往洞室的通道。

2.0.6 竖井 shaft

由洞室顶至地面或操作巷道的井。

2.0.7 竖井操作区 shaft operation area

竖井口周围供油泵、水泵、仪表、电气等的维护、操作和管理的区域。

2.0.8 水幕孔 water curtain hole

为保持地下水封条件，用于人工注水而钻的孔。

2.0.9 水幕巷道 water curtain tunnel

用于水幕孔施工的巷道，运营时储水，向水幕孔内补充水。

2.0.10 密封塞 concrete plug

设置在施工巷道或竖井内，用于封堵洞罐的钢筋混凝土结构。

2.0.11 泵坑 pump pit

在洞室底部，正对着竖井用于安放潜油泵、潜水泵及仪表的坑槽。

2.0.12 水垫层 water bed

在洞室的底部保持一定高度的用于沉淀原油及其产品内的杂质并汇集围岩渗出水的水层。

2.0.13 观测孔 logging hole

用于监测地下水位及水质的孔。

2.0.14 操作巷道 operation tunnel

由地面通向各竖井操作区的巷道。

2.0.15 建筑界限 storage perimeter

保持水封洞库结构稳定所需的建筑保护区域的边界线。

2.0.16 水力保护界限 hydrogeological perimeter

保持水封洞库稳定的设计地下水位所需的水力保护区域的边界线。

2.0.17 油气回收装置 vapor recovery unit

回收地下洞罐呼出油气的装置。

3 一 般 规 定

3.0.1 储存原油的水封洞库设计库容不宜小于 100 万 m^3，储存成品油的水封洞库设计库容不宜小于 50 万 m^3。

3.0.2 水封洞库储存油品的火灾危险性分类，应符合表 3.0.2 的规定。

表 3.0.2 水封洞库储存油品的火灾危险性分类

类 别		油品闪点 F_t（℃）
甲		$F_t < 28$
乙	A	$28 \leqslant F_t \leqslant 45$
	B	$45 < F_t < 60$
丙	A	$60 \leqslant F_t \leqslant 120$
	B	$F_t > 120$

注：闪点小于 60℃ 且大于或等于 55℃ 的轻柴油，如果操作温度小于或等于 40℃ 时，其火灾危险性可视为丙 A 类。

3.0.3 水封洞库内地面生产性建筑物和构筑物的耐火等级不得低于表 3.0.3 的规定。

表 3.0.3 水封洞库内生产性建筑物和
构筑物的耐火等级

序号	建筑物和构筑物	油品类型	耐火等级
1	油泵房、阀门室、竖井室	甲、乙	二级
		丙	三级
2	化验室、计量间、控制室、锅炉房、变配电间、空气压缩机房	—	二级
3	机修间、器材库、水泵房、油泵棚、阀门棚、竖井棚	—	三级

注：1 建筑物和构筑物构件的燃烧性能和耐火极限应符合现行国家标准《建筑设计防火规范》GB 50016 的规定。

2 三级耐火等级的建筑物和构筑物的构件不得采用可燃材料建造。

3.0.4 水封洞库储存原油时宜选择低凝原油。

3.0.5 水封洞库中不可维修的材料和设备的设计寿命不宜小于 50 年。

3.0.6 水封洞库及其外部连接的储运系统应具备应急投放能力。

3.0.7 水封洞库地面投影界限外 50m 内，不得建设影响地下储油洞罐稳定的建筑物和构筑物；不得从事危及地下洞库稳定和安全的活动。

3.0.8 水力保护界限应根据洞库区的水文地质条件确定，不宜小于地下储油洞罐地面投影外扩 200m。

3.0.9 水力保护界限内不应设置影响水封洞库水位变化的取水设施。

3.0.10 水封洞库预可行性研究、可行性研究、基础设计、详细设计应以相应阶段地质勘察成果为依据。

4 库 址 选 择

4.0.1 水封洞库库址选择应符合产业规划、环境保护、安全和卫生的要求，并应根据所在地区的气象、水文、交通、供水、供电、通信以及可用土地等条件确定。

4.0.2 库址选择应依托现有码头、油库、管道等储运设施，库址宜选择在油品需求量大、加工进口油较为集中的地区。

4.0.3 水封洞库的地质、水文条件应符合下列规定：

1 岩体的岩质应坚硬，完整性和稳定性应好，不应有张性断裂分布，岩石矿物成分不应影响储存油品质量；

2 应具有相对稳定的地下水位，地下岩体渗透系数应小于 10^{-5} m/d；

3 封堵后的洞库涌水量每 100 万 m^3 库容不宜大于 100 m^3/d。

4.0.4 水封洞库不应在下列地区内选址：

1 发震断裂或地震基本烈度 9 度及以上的地震区；

2 水源保护区；

3 国家级自然保护区。

4.0.5 水封洞库地上设施与周围居住区、工矿企业、交通线等的安全距离不得小于表 4.0.5 的规定，表中未列设施与周围建筑物和构筑物的安全距离应按现行国家标准《石油库设计规范》GB 50074 的有关规定执行。

表 4.0.5 水封洞库地上设施与周围居住区、工矿企业、交通线等的安全距离（m）

序号	名 称		安全距离		
			竖井	油气回收装置	火炬
1	居住区及公共建筑		60	75	120
2	工矿企业		40	50	120

续表 4.0.5

序号	名 称		安全距离		
			竖井	油气回收装置	火炬
3	铁路	国家铁路	200	200	200
4		企业铁路	30	30	80
5	公路	高速公路和一级公路	30	30	80
6		二、三级公路	25	30	80
7		其他公路	15	20	60
8	国家一、二级架空通信线路		40	40	80
9	架空电力线路和不属于国家一、二级的架空通信线路		1.5 倍杆高		80
10	爆破作业场地		300		300

注：1 计算间距的起讫点见附录 A。

2 对于电压大于或等于 35kV 的架空电力线，序号 9 中竖井和油气回收装置与电力线的安全距离除应满足本表要求外，还应大于 30m。

3 非水封洞库用的库外埋地电缆与水封洞库围墙的距离不应小于 3m。

4 工矿企业为非石油储存企业。若工矿企业为石油储存企业同期建设时，两洞库间距应为洞室跨距两倍以上，两洞库间应设垂直水幕相隔；不同期建设时，后期建设的施工巷道口与已建库的地下设施距离不应小于 300m，两洞库之间垂直水幕的设置应根据水力分析确定。与工矿企业地面油罐区相毗邻建设时，其相邻油罐之间的防火距离应取相邻油罐中较大罐直径的 1.5 倍，但不应小于 30m，其他建筑物和构筑物之间的防火距离应按本规范表 6.2.1 的规定增加 50%，火炬设施按本表执行。

5 与爆破作业场地的安全距离从油库围墙算起。

6 火炬为可能携带可燃液体的火炬，其他火炬应根据燃烧的辐射热计算确定与库外建筑物和构筑物的安全距离。

7 在库区外进行爆破作业时，洞罐产生的地震效应，应按现行国家标准《爆破安全规程》GB 6722 的有关规定执行。

5 工 程 勘 察

5.1 一 般 规 定

5.1.1 工程地质勘察应与设计阶段相适应，预可行性研究阶段应进行选址勘察，可行性研究阶段应进行初步勘察，基础设计阶段应进行详细勘察，详细设计与施工阶段应进行施工勘察。

5.1.2 施工前各勘察阶段应对岩体质量进行分级，施工勘察阶段应验证所确定的岩体质量分级，并应进行动态调整。

5.2 选址勘察

5.2.1 选址勘察应选择符合水封洞库工程地质、水文地质条件要求的库址，选址勘察库址不应少于两处。

5.2.2 选址勘察报告应包括下列内容：

1 库址区域的地形、地质、水文、气象、地震、交通等基本情况；

2 库址选择方案比较，推荐库址方案；

3 推荐库址 1∶10000 综合工程地质图；

4 推荐库址物探成果；

5 可用岩体的总面积、洞室轴线方向、洞罐埋深、洞室的高度与跨度；

6 存在问题及建议。

5.3 初步勘察

5.3.1 初步勘察应初步查明选定库址的工程地质和水文地质条件。

5.3.2 初步勘察报告应包括下列内容：

1 库址的地形地貌条件和物理地质现象；

2 库址区的岩性（层）、构造，岩层的产状，主要断层、破碎带和节理裂隙密集带的位置、产状、规模及其组合关系；

3 库址区的地下水位、渗透系数和水化学成分等水文参数；

4 库址区岩体质量预分级、地应力状态分布规律，提出洞室轴线方向、跨度、间距等有关地下工程布置的建议；

5 初步确定稳定地下水位标高，提出洞罐埋深建议；

6 岩（土）体的物理力学指标；

7 洞库涌水量的估算、地下水数值分析模拟、洞室岩体稳定性分析；

8 存在问题及建议。

5.4 详细勘察

5.4.1 详细勘察应基本查明确定库址的工程地质和水文地质条件。

5.4.2 详细勘察报告应包括下列内容：

1 库址区 1∶2000 综合工程地质图；

2 施工巷道口边坡、仰坡的稳定性分析；

3 库址区的岩性（层）、构造，岩层的产状，主要断层、破碎带和节理裂隙密集带的位置、产状、规模及其组合关系；

4 地下水位、渗透系数和水化学成分等水文参数、地下水监测成果，预测掘进时突然涌水的可能性，估算最大涌水量；

5 主要软弱结构面的分布和组合情况，并结合岩体应力评价洞顶、边墙和洞室交叉部位岩体的稳定

性，提出处理建议；

6 竖井的岩体结构、节理性质、岩体（块）特性、岩（土）体的物理力学指标；

7 岩体质量分级并建立地质模型；

8 按岩体质量分级结果确定建库岩体范围，提出洞室轴线方向、跨度、间距、巷道口位置等的建议；

9 确定稳定的地下水位标高，提出洞罐埋深建议；

10 库址岩体质量分段分级及范围、洞室稳定性分析评价；

11 存在问题及建议。

5.5 施工勘察

5.5.1 施工勘察应在详细勘察的基础上，结合施工开挖所暴露的实际地质情况进行实时勘察。

5.5.2 施工勘察应包括下列内容：

1 编制巷道、竖井、洞室的地质展示图和洞室顶、壁、底板基岩地质图以及洞室围岩含水实况展示图等；

2 测定岩体爆破松动圈及岩体应力；

3 进行超前地质预报；

4 实测洞库涌水量，预测洞库投产后地下水位恢复情况；

5 对复杂地质问题应进行工程地质论证，提出施工方案建议，必要时进行补充勘察；

6 编写施工勘察报告。

6 总 体 布 置

6.1 一 般 规 定

6.1.1 水封洞库内的设施宜分区布置，分区内主要设施宜按表 6.1.1 划分。

表 6.1.1 水封洞库分区及主要设施划分

序号	分 区	分区内主要设施
1	地下生产区	洞罐、施工巷道、操作巷道、竖井、水幕巷道等
2	地上生产区	油泵站、计量标定区、阀组区、竖井操作区、油气回收装置、火炬、通气管、地上油罐区、油品装卸设施等
3	辅助生产区	变配电所、消防设施、器材库、机修间、锅炉房、化验室、污水处理设施、气体补偿设施、中心控制室等
4	行政管理区	办公室、守卫室、汽车库等

注：竖井操作区位于操作巷道内时，划为地下生产区。

6.1.2 水封洞库的地上设施宜布置在地下生产区的

上方。

6.1.3 水封洞库地上设施使用性质相近的建筑物和构筑物，在符合生产使用和安全防火的要求下，宜合并设置。

6.2 总平面布置

6.2.1 水封洞库地上设施之间的最小防火距离应符合表 6.2.1 的规定。

表 6.2.1 水封洞库地上设施之间的最小防火距离（m）

序号	名　　　称	竖井	油气回收装置	火炬
1	油罐（地面）	40	25	90
2	油泵站	20	15	90
3	油气回收装置	25	—	90
4	油品装卸车鹤管	20	30	90
5	隔油池	20	20	90
6	消防泵房、消防站	30	30	90
7	有明火及可散发火花的建筑物及场所	20	30	60
8	中心控制室、独立变配电室	20	25	90
9	其他建筑物	15	15	90
10	火炬	90	90	—
11	围墙	10	10	10

注：1 油泵房从建筑物外墙算起，露天泵和泵棚从泵算起；

　　2 火炬为可能携带可燃液体的火炬，其他火炬应按根据燃烧的辐射热计算确定与建筑物和构筑物的防火间距；

　　3 围墙指水封洞库地上设施外边界围墙；

　　4 计算间距的起讫点见附录 A；

　　5 表中未列出的，最小防火距离应符合现行国家标准《石油库设计规范》GB 50074 的有关规定。

6.2.2 水封洞库的建筑界限应设置永久性标志。

6.2.3 水封洞库地上设施的外边界应设置高度不低于 2.5m 的非燃烧体实体围墙。洞库宜设置两个通向外部公路的出入口。行政管理区与其他分区之间宜设置围墙或围栅，并应设置单独的出入口。

6.2.4 道路的设置应符合下列规定：

　　1 水封洞库地面上的主要道路宜为郊区型，宽度不应小于 7m。

　　2 地上油罐组的道路设置应符合现行国家标准《石油库设计规范》GB 50074 的有关规定。

　　3 地上竖井操作区之间应设置道路；道路的宽度不应小于 7m，转弯半径不应小于 12m，并应与其他道路相通。受地形限制时可设置有回车场的尽头式道路。

　　4 应设置通向地下水监测孔的人行通道。

6.2.5 地上设施区宜进行绿化，地上生产区不宜种植含油脂较多的树木，宜选择水分较多的树种。

6.2.6 库区排洪及截洪设施不应与库区污水排放管连通。

6.3 竖 向 布 置

6.3.1 地上设施防洪标准应按洪水重现期不小于 50 年设计。

6.3.2 靠近江河、湖泊等地段时，场地的最低设计标高应高于计算洪水位 0.5m；在海岛、沿海地段或潮汐作用明显的河口段时，地上设施的最低设计标高应高于计算水位 1m；在无掩护海岸，尚应计入波浪超高。计算水位应采用高潮累积频率 10% 的潮位。

7 储 运

7.1 一 般 规 定

7.1.1 水封洞库储存每种油品的洞罐不宜少于 2 座。每座原油洞罐的容积不宜小于 40 万 m³，每座成品油洞罐的容积不宜小于 20 万 m³。

7.1.2 工艺流程应满足下列要求：

　　1 接收外部来油；

　　2 按品种分洞罐储存；

　　3 油品外输；

　　4 进出库油品计量；

　　5 油品倒罐；

　　6 洞罐内裂隙水提升处理；

　　7 油气处理。

7.1.3 水封洞库油泵站、油品装卸设施及管道设计应按现行国家标准《石油库设计规范》GB 50074 的有关规定执行，库外输油管道设计应按现行国家标准《输油管道工程设计规范》GB 50253 的有关规定执行。

7.2 洞 罐

7.2.1 洞罐应设置竖井，两个及两个以上洞室组成的洞罐的竖井不应少于两个。竖井宜直接通向地面，竖井口应根据环境条件设置，可设置成露天、棚或房等形式。受地形限制时可设置在操作巷道内。

7.2.2 洞罐竖井应满足管道、泵、仪表、电缆等安装及检修的要求。

7.2.3 竖井内的管道和套管应采取固定和消除液体冲击力的措施。

7.2.4 洞罐宜采用固定水位法储油。

7.2.5 洞室底部对应竖井处应设置泵坑，在泵坑四周应设置不低于 0.5m 高的混凝土围堰。

7.2.6 洞罐的装量系数不宜大于 0.95。

7.2.7 洞罐呼出的油气应进行处理，处理后的排放气体应符合现行国家标准《储油库大气污染物排放标准》GB 20950 的有关规定。洞罐发油时，应采取避免在洞罐内形成油气爆炸混合物的措施。

7.2.8 每个洞罐应设置通气管，通气管口应设置阻火器。

7.2.9 操作巷道应至少设置两个通向地面的出口。

7.2.10 操作巷道内的空间应满足操作和检修的需要。

7.2.11 巷道内的管道、设备应采取防潮措施。

7.3 潜油泵、潜水泵

7.3.1 洞罐应设置潜油泵、潜水泵。

7.3.2 潜油泵、潜水泵设置应符合下列规定：

　　1 潜油泵、潜水泵出口端应设置止回阀；

　　2 潜油泵、潜水泵应采取防振动的措施；

　　3 潜油泵可不设置备用泵；每座洞罐潜水泵不应少于两台；

　　4 潜油泵、潜水泵及其配套设施应设置泵的轴温、转子温度、定子温度、电机电流、电机冷却液温度等参数的检测及保护设施。

8 地 下 工 程

8.1 一 般 规 定

8.1.1 水封洞库地下工程设计中应利用围岩的自稳能力、承载能力和抗渗能力。

8.1.2 围岩应进行稳定性分析。洞室及其重要交叉点的围岩稳定宜采用经验类比法和数值模拟法验证确定，其他地下工程可根据地质条件采用经验类比法和块体平衡法确定。

8.1.3 地下工程掘进应采用光面爆破，爆破质量应符合现行国家标准《锚杆喷射混凝土支护技术规范》GB 50086 的有关规定。

8.1.4 水封洞库地下工程应采用动态设计。

8.2 设 计

8.2.1 洞室设计应符合下列规定：

　　1 当岩体处于低地应力区时，洞室的设计轴线方向应与岩体主要结构面走向成大角度相交；当岩体处于高地应力区时，洞轴线与近水平最大主应力方向宜平行或小角度相交。

　　2 洞室断面形状应根据岩体质量、地应力大小及施工方法确定。岩体自稳能力强时宜采用直墙圆拱式断面，岩体自稳能力差或地应力值较高时宜选用马蹄形或椭圆形断面。

　　3 洞室的断面宽度宜为 15～25m，高度不宜大于 30m，相邻洞室的净间距宜为洞室宽度的 1～2 倍。

　　4 洞室拱顶距微风化层顶面垂直距离不应小

于 20m。

　　5 洞室拱顶距设计稳定地下水位垂直距离应按下式计算且不宜小于 20m：

$$H_w = 100P + 15 \qquad (8.2.1)$$

式中　H_w——设计稳定地下水位至洞室拱顶的垂直距离（m）；

　　　　P——洞室内的气相设计压力（MPa）。

　　6 洞室分层掘进高度应根据施工机具等条件确定。

8.2.2 施工巷道设计应符合下列规定：

　　1 施工巷道洞口应设置在标高低、岩体完整性好的位置。

　　2 施工巷道的数量应根据洞罐的数量和施工工期确定。

　　3 巷道的断面应满足施工机具双向通行、施工人员单侧通行，以及通风、给排水、电力和其他设施占用空间的要求。断面形状宜采用直墙拱形断面，底板宜铺设钢筋混凝土路面。

　　4 施工巷道的转弯半径和纵向坡度应满足施工机具工作的要求。最大纵坡不宜大于 13%。

　　5 巷道口附近宜设置施工需要的场地。

　　6 地下库区施工完成后，施工巷道口应封闭。

8.2.3 连接巷道设计应符合下列规定：

　　1 连接巷道应保证相邻洞室内油品的流动通畅，最上方连接巷道的顶面标高应与洞室顶面标高一致；

　　2 连接巷道和施工巷道宜合并设置；

　　3 连接巷道断面形状宜采用直墙拱形，断面大小及数量可根据实际需要确定；连接巷道用作施工巷道时，应满足施工巷道的要求。

8.2.4 洞罐上方宜设置水平水幕系统，必要时，在相邻洞罐之间或洞罐外侧应设置垂直水幕系统。水幕系统布置应符合下列规定：

　　1 应满足洞库设计稳定地下水位的要求。

　　2 水平水幕系统中，水幕巷道尽端超出洞室外壁不应小于 20m，水幕孔超出洞室外壁不应小于 10m。垂直水幕系统中，水幕孔的孔深应超出洞室底面 10m。

　　3 水幕巷道底面至洞室顶面的垂直距离不宜小于 20m。

　　4 水幕巷道断面形状宜采用直墙拱形，断面大小应满足施工要求，跨度及高度不宜小于 4m。

　　5 水幕孔的间距宜为 10～20m，水幕孔直径宜为 76～100mm。

8.2.5 竖井设计应符合下列规定：

　　1 竖井宜靠近洞室的端头或边墙布置，地面竖井口宜设置在操作便利、地面标高较低的位置，竖井断面宜取圆形，直径应满足所安装的管道及施工的要求；

　　2 竖井毛洞的尺寸设计应包括支护所占用的

空间。

8.2.6 泵坑设计应符合下列规定：

1 泵坑应设置在竖井正下方洞室的底板上；

2 泵坑的尺寸应满足设备安装及操作的要求；

3 泵坑应分成两个槽，应分别设置潜油泵和潜水泵；

4 泵坑四周应设计高度不小于 0.5m 的挡水墙。

8.2.7 操作巷道设计应符合下列规定：

1 操作巷道底板标高宜设置在稳定地下水位上方；

2 操作巷道纵向宜设坡度，坡度应向外，坡度不宜小于 5‰；

3 操作巷道净宽不应小于 5m，净高不应小于 7m；

4 操作巷道口应设置密封防护门；

5 操作巷道内应采取防水和通风等措施；

6 操作巷道内竖井的上方应设置固定的起吊设施。

8.3 支 护

8.3.1 支护设计应符合下列规定：

1 Ⅰ级围岩，洞室的跨度不大于 10m 时不宜支护，大于 10m 时，在不危及施工安全的情况下可不支护，遇有局部不稳定块体时，应采用喷射混凝土及锚杆加固；Ⅱ级围岩，洞室的跨度不大于 5m 时不宜支护，大于 5m 时宜采用喷混凝土支护，遇有局部不稳定块体时，应采用锚杆加固。

2 Ⅲ、Ⅳ级围岩，可采用锚喷、挂网或钢架等联合支护，对Ⅴ、Ⅵ级围岩的支护应根据围岩的具体情况确定。

3 锚喷支护宜按工程类比法设计，并应根据监控量测的结果修正，对于洞室应辅助以理论计算。

4 预可行性研究阶段的锚喷支护设计，可按附录 B 选择支护类型及其参数。其他阶段的支护设计，应根据各阶段的地质勘察结果修正围岩级别、调整支护类型和参数。

5 施工巷道口应根据地质情况采用加固措施。

6 竖井的井壁在中风化围岩以上部分应采用钢筋混凝土及锚杆重点支护；在中风化围岩以下部分应采用加强锚杆喷射混凝土支护。

7 操作巷道顶、壁应采用喷射混凝土及锚杆支护，在操作巷道口围岩风化的部位，应加强支护。

8.3.2 喷射混凝土支护设计应符合下列规定：

1 喷射混凝土的强度等级不应低于 C20。喷层与围岩的粘结强度，Ⅰ、Ⅱ级围岩不宜低于 1.0MPa，Ⅲ级围岩不宜低于 0.8MPa。

2 喷射混凝土的抗渗等级不应小于 S6。喷射混凝土宜掺入速凝剂、减水剂、膨胀剂或复合型外加剂、钢纤维与合成纤维等材料，其品种及掺量应通过试验确定。

3 喷射混凝土的厚度可按附录 B 初选，并应按监控量测结果修正，厚度不应小于 50mm，最大厚度不宜大于 200mm。

8.3.3 掘进时，塑性变形较大及高地应力的围岩和产生岩爆的围岩，宜采用喷钢纤维混凝土支护，喷钢纤维混凝土支护应符合下列规定：

1 普通碳素钢纤维材料的抗拉强度设计值不宜低于 380MPa。

2 喷钢纤维混凝土 28d 龄期力学性能指标，宜符合下列规定：

1）重度宜为 23kN/m^3；

2）抗压强度设计不宜小于 32MPa；

3）抗折强度设计不宜小于 3MPa；

4）抗拉强度设计不宜小于 2MPa。

3 钢纤维直径宜为 0.3～0.5mm，长度宜为 20～25mm，掺量宜为混合料重的 3%～6%。

4 喷钢纤维混凝土厚度应按喷射混凝土厚度选取，钢纤维混凝土表面应喷普通混凝土，普通混凝土厚度不宜小于 30mm。

8.3.4 锚杆设计应符合下列规定：

1 对存在局部掉块的情况，锚杆的承载能力极限状态设计应符合下列规定：

1）拱腰以上的锚杆对不稳定块体的抗力，按下列公式计算：

$$S \leqslant R \qquad (8.3.4-1)$$

$$S = r_G G_k \qquad (8.3.4-2)$$

水泥砂浆锚杆：

$$R = nA_x f_y \qquad (8.3.4-3)$$

预应力锚杆：

$$R = nA_x \sigma_{con} \qquad (8.3.4-4)$$

式中 S——荷载效应组合的设计值；

R——锚杆抗力的设计值；

r_G——不稳定块体的作用分项系数，取 1.2；

G_k——不稳定块体自重标准值（N）；

n——锚杆根数；

A_x——单根锚杆的截面积（mm^2）；

f_y——单根锚杆的抗拉强度设计值（MPa）；

σ_{con}——预应力锚杆的设计控制抗拉力设计值（MPa）。

2）拱腰以下边墙上的锚杆对不稳定块体的抗力，按下列公式计算：

$$S \leqslant R \qquad (8.3.4-5)$$

$$S = r_{G1} G_{1k} \qquad (8.3.4-6)$$

水泥砂浆锚杆：

$$R = fr_{G2} G_{2k} + nA_s f_{gv} + CA \qquad (8.3.4-7)$$

预应力锚杆：

$$R = fr_{G2} G_{2k} + P_t + fP_n + CA \qquad (8.3.4-8)$$

式中 G_{1k}、G_{2k}——分别为不稳定块体平行、垂直作用滑动面的分力的标准值（N）；

A_s——单根锚杆的截面积（mm^2）；

A——岩块滑动面的面积（mm^2）；

n——锚杆根数；

C——岩块滑动面上的粘结强度（MPa）；

f_{gv}——锚杆的设计抗剪强度（MPa）；

f——滑动面上的摩擦系数；

P_t、P_n——分别为预应力锚束或锚杆作用于不稳定块体上的总压力在抗滑动方向及垂直于滑动方向上的分力（N）；

r_{G1}、r_{G2}——不稳定块体的作用分项系数，分别取1.2。

2 拱腰以上锚杆的布置方向宜有利于锚杆的受力，拱腰以下的锚杆宜逆着不稳定块体滑动方向布置。

3 对于裂隙较发育的围岩，锚杆在横断面上应垂直于主结构面布置，当主结构面不明显时，可与洞周边轮廓线垂直；在围岩表面上宜按梅花形布置；锚杆间距不宜大于锚杆长度的1/2，Ⅳ、Ⅴ级围岩中的锚杆间距宜为0.5～1m，并不得大于1.25m。

8.3.5 岩体破碎、裂隙发育的围岩，宜采用锚喷挂网支护，锚喷挂网支护设计应符合下列规定：

1 钢筋网的布置宜符合下列规定：

1）钢筋网的纵、环向钢筋直径宜为6～12mm，间距宜为150～200mm；

2）钢筋网与锚杆的连接宜采用焊接法，钢筋网的交叉点应连接牢固，宜采用隔点焊接，隔点应绑扎。

2 钢筋网喷混凝土保护层厚度不宜小于50mm。

8.4 防　水

8.4.1 防水应符合下列规定：

1 渗水部位应采用喷射混凝土或注浆进行处理；

2 处理后的日涌水量，每100万 m^3 库容不宜大于100 m^3；

3 应选择抗地下水及储存油品侵蚀的注浆材料。

8.4.2 在工程掘进前，预计涌水量大的地段和断层破碎带，宜采用预注浆；掘进后有较大渗漏水时，应采用后注浆。注浆应符合下列规定：

1 预注浆钻孔，应根据掘进面前方岩层裂隙状态、地下水情况、设备能力、浆液有效扩散半径、钻孔偏斜率和对注浆效果的要求等，综合分析后确定注浆孔数、布孔方式及钻孔角度。

2 预注浆的段长，应根据工程地质、水文地质条件、钻孔设备及工期要求确定，宜为10～50m，但掘进时应保留止水岩垫的厚度。

3 后注浆应在断层破碎带、裂隙密集带、围岩与岩脉接触带或水量较大处布孔，注浆加固深度宜为3～5m；大面积渗漏，布孔宜密，钻孔宜浅；裂隙渗漏，布孔宜疏，钻孔宜深。

4 后注浆钻孔深入围岩不应小于1m，孔径不宜小于40mm，孔距可根据渗漏水的情况确定。

5 预注浆或后注浆的压力，应大于静水压力0.5～1.5MPa。

8.5 密　封　塞

8.5.1 竖井与洞罐之间应设置竖井密封塞，施工巷道与洞罐之间应设置施工巷道密封塞。

8.5.2 密封塞在荷载作用下不应产生移动和泄漏。

8.5.3 竖井密封塞的结构计算应包括下列内容：

1）大气压力；

2）充水压力；

3）防渗层压力；

4）管道、套管及设备重量；

5）密封塞自重；

6）地震荷载和内部爆炸荷载。

8.5.4 施工巷道密封塞的结构计算应包括下列内容：

1）充水压力；

2）大气压力；

3）地震荷载和内部爆炸荷载。

8.5.5 密封塞厚度的设计，应符合下列规定：

1 密封塞在荷载组合作用下不应产生与围岩之间的相对移动和泄漏；

2 密封塞厚度设计值应满足混凝土与围岩界面处的剪切应力和混凝土抗压承载力验算、泄漏阻抗路径、容许的压力梯度变化值的要求；

3 有条件时，宜根据现场试验数据设计。

8.5.6 密封塞的构造设计应符合下列规定：

1 密封塞的定位应根据当地的地质和水文条件确定，不应布置在风化、断层、强渗透和不利节理倾向的地带上。密封塞键槽处合理选取爆破技术，并应减小对岩体的扰动。

2 密封塞宜采用素混凝土结构，并宜在上下表面对称配置双层双向限裂钢筋，裂缝宽度不宜大于0.2mm。

3 密封塞所用混凝土强度等级宜为C20～C35。上下表面的钢筋直径不应小于14mm，间距不宜大于200mm，混凝土保护层厚度不宜大于50mm。

4 管道和套管穿过密封塞时，应靠近密封塞中心，穿过部位宜增加补强钢筋，配筋应采用有限元数值模型进行应力验算。

5 密封塞混凝土内部宜埋设水冷散热管道。

6 密封塞键槽嵌入围岩的深度不宜小于1000mm。

7 密封塞键槽的周边围岩应进行锚杆支护及注浆密封。

8.5.7 竖井密封塞应与穿过的管道或套管进行稳固、密封连接。

8.5.8 下列部位应支护：

 1 密封塞周边的键槽；

 2 密封塞中心起每侧 10m 范围内的施工巷道或竖井；

 3 竖井外侧壁沿洞室轴线不小于 5m 范围内的洞室拱顶。

8.5.9 密封塞浇筑后边缘的混凝土应进行后注浆密封。

8.5.10 竖井密封塞上部应设置不小于 10m 的防渗填层。

8.5.11 洞罐与施工巷道之间的密封塞应设置人孔，在施工巷道充水前应将人孔封闭。

8.5.12 密封塞以外的施工巷道和竖井施工、安装完成后，宜用淡水充注至不低于设计稳定地下水位标高。

8.6 洞罐清理

8.6.1 在浇注密封塞前，应将洞罐和水幕巷道清洗干净。

8.6.2 洞罐底板上宜铺设不小于 80mm 的素混凝土层。

8.7 罐容标定

8.7.1 洞罐清理完成后，应对洞罐的容积进行标定。

8.7.2 标定成果应包括洞罐总容积、沿竖向每厘米对应的容积及罐容-高度曲线。

8.7.3 测量误差不应大于 0.5%。

8.7.4 进油时应利用液位计和流量计校核标定成果。

8.8 安全监测

8.8.1 地下水监测应符合下列规定：

 1 地下洞罐的四周应设置地下水位及水质监测孔，每边不应少于 2 个，地下水异常变化的部位应加密；

 2 地下水监测孔深度应低于洞室底面 10m。

8.8.2 其他监测应符合下列规定：

 1 在施工中应对围岩变形及围岩应力进行监测，在生产中宜对围岩稳定继续监测；

 2 当设置有水幕时应对水幕的压力或水位进行监测。

9 消防设施

9.1 一般规定

9.1.1 水封洞库应设置消防设施。水封洞库消防设施的设置，应根据洞库的容量、设施、油品火灾危险性和邻近单位的消防协作条件等因素确定。

9.1.2 水封洞库库区应设置独立消防给水系统。消防给水系统应符合现行国家标准《石油库设计规范》GB 50074 的有关规定。消防用水量应经计算确定，且不应小于 45L/s。火灾延续供水时间应按 3h 计算。

9.1.3 操作巷道内和每座竖井口附近应布置消火栓，消火栓之间的距离不应大于 60m。

9.1.4 消防水泵应采用双动力源。

9.1.5 消防给水和消防设施的设计，除应符合本规范的规定外，尚应符合现行国家标准《石油库设计规范》GB 50074 的有关规定。

9.2 灭火器材配置

9.2.1 灭火器材配置应符合下列规定：

 1 控制室、化验室等应选用二氧化碳灭火器，其他场所宜选用干粉型或泡沫型灭火器。

 2 每座竖井口应设置 2 具 8kg 手提式干粉灭火器和 1 具 50kg 推车式干粉灭火器。

 3 竖井操作区应配备灭火毯 6 块，每块灭火毯应为 1.5m×1m，灭火砂应为 2m³。输油泵房除应设置灭火器外，尚应配置 0.5m³ 的灭火砂。

 4 操作巷道内，应沿操作巷道每隔 30m 设置 2 具 8kg 手提式干粉灭火器。

9.2.2 灭火器材配置除应符合本规范的规定外，尚应符合现行国家标准《建筑灭火器配置设计规范》GB 50140 的有关规定。

10 给排水及污水处理

10.1 给 水

10.1.1 水封洞库用水应包括生活用水、消防用水和生产用水（含水幕系统用水）。

10.1.2 水封洞库所用水水源应就近选用地表水或城镇自来水。水源应满足各项用水对水质、水压、水量和水温等的要求。

10.1.3 水封洞库水源工程供水量的确定，应符合下列规定：

 1 洞库的生产用水量和生活用水量应按最大的小时用水量计算。

 2 洞库的生产用水量应根据生产过程和用水设备确定。

 3 洞库的生活用水量宜按 25～35 升/人·班、8h 用水时间和 2.5～3.0 的时间变化系数计算。洗浴用水量宜按 40～60 升/人·班和 1h 用水时间计算。

 4 消防、生产及生活用水采用同一水源时，水源工程的供水量应按最大消防用水量的 1.2 倍计算确定。采用消防水池时，应按消防水池的补充水量、生产用水量及生活用水量总和的 1.2 倍计算确定。

5 消防与生产采用同一水源、生活用水采用另一水源时，消防与生产用水的水源工程的用水量应按最大消防用水量的 1.2 倍计算确定。采用消防水池时，应按消防水池的补充水量与生产用水量总和的 1.2 倍计算确定。生活用水水源工程的供水量应按生活用水量的 1.2 倍计算确定。

6 消防用水采用单独水源、生产和生活用水合用另一水源时，消防用水水源工程的供水量应按最大消防用水量的 1.2 倍计算确定。设消防水池时消防用水水源工程的供水量应按消防水池补充水量的 1.2 倍计算确定。生产与生活用水水源工程的供水量，应按生产用水量和生活用水量之和的 1.2 倍计算确定。

10.1.4 水封洞库给水系统应符合现行国家标准《建筑给水排水设计规范》GB 50015 的有关规定。

10.2 排　　水

10.2.1 水封洞库的含油与不含油污水，应采用分流制排放。含油污水应采用管道排放。未被油品污染的地面雨水和生产废水应在排出水封洞库围墙前设置水封装置。

10.2.2 含油污水管道应在下列位置设置水封井：

1 建筑物、构筑物的排水管出口处；

2 支管与干管连接处；

3 干管上每隔 300m 处。

10.2.3 水封洞库处理后的污水自流排放管道在通过水封洞库围墙处应设置水封井。

10.2.4 水封井的水封高度不应小于 0.25m。水封井应设置沉泥段，沉泥段自最低的管底算起，其深度不应小于 0.25m。

10.2.5 雨水排放宜采用明沟系统。

10.3 污 水 处 理

10.3.1 污水处理宜依托邻近污水处理设施。

10.3.2 污水应经处理达到排放标准。

10.3.3 含油污水处理设施应设置污水调节池，其容积可按洞库裂隙水 5d 的排出量进行计算。

10.3.4 污水处理后宜回用。

10.3.5 含油污水的构筑物和设备宜封闭设置。

10.3.6 污水排放口应设置取样点和检测水质、测量水量的设施。

11 电　　气

11.1 供 配 电

11.1.1 水封洞库生产用电负荷应为二级负荷。

11.1.2 自动化控制系统及通信系统应采用不间断电源装置供电，蓄电池的后备供电时间不应小于 30min。

11.1.3 变（配）电所的供配电电压应符合下列规定：

1 变（配）电所的电源电压应根据用电容量、供电距离、当地公共电网现状等因素确定；

2 变（配）电所的一级配电电压应根据潜油泵电动机的额定电压确定，宜采用 6kV 或 10kV；

3 低压配电电压应采用 380/220V。

11.1.4 35～110kV 变电站和 6～10kV 变配电所的继电保护和监控系统，宜采用变电站微机综合自动化系统，变电站微机综合自动化系统应同时备有相应的手动操作系统。

11.1.5 建筑物和构筑物爆炸危险区域的等级范围划分及电气设备选型应按现行国家标准《爆炸和火灾危险环境电力装置设计规范》GB 50058 和《石油库设计规范》GB 50074 的有关规定执行。竖井及操作巷道爆炸危险区域的等级范围划分应符合本规范附录 C 的规定。

11.2 防雷及防静电

11.2.1 进入竖井的金属管道、套管在入口附近应分别设置两处接地点，接地电阻不宜大于 10Ω。

11.2.2 水封洞库地上设施的防雷和防静电设计，应符合现行国家标准《建筑物防雷设计规范》GB 50057 和《石油库设计规范》GB 50074 的有关规定。

11.2.3 水封洞库的控制、通信等电子信息系统设备的防雷击电磁脉冲设计，应符合下列规定：

1 信息系统设备所在的建筑物应按第三类防雷建筑物进行防直击雷设计；

2 进入建筑物和进入信息设备安装房间的所有金属导电物，在各防雷区界面处应做等电位连接，并宜采取屏蔽措施；

3 低压配电母线和不间断电源装置电源进线侧，应分别安装电涌保护器；

4 当通信线、数据线、控制电缆等采用屏蔽电缆时，其屏蔽层应做等电位连接；

5 在多雷区，仪表及控制系统应设置防雷保护设施。

11.2.4 防静电接地装置的接地电阻，不宜大于 100Ω。

11.2.5 水封洞库防雷接地、防静电接地、电气设备的工作接地、保护接地及信息系统的接地等，宜采用共用接地系统，其接地电阻不应大于 4Ω。

11.3 监测及报警

11.3.1 库区内应设置电视监视系统，监视系统应能覆盖竖井操作区、操作巷道及地上生产区。

11.3.2 库区内应设置火灾报警系统。地上生产区及操作巷道内应设置火灾报警设施。

12 仪表及控制

12.0.1 水封洞库应设置中心控制室，并应采用微机监控管理系统对整个库区的生产进行集中操作、控制和管理。

12.0.2 洞罐仪表的设置，应符合下列规定：

　1　应设置多点平均温度计；

　2　应设置就地压力表和压力变送器；

　3　应设置两套独立的液位变送器；

　4　应设置两套独立的油水界面变送器；

　5　应设置高、低液位和界面报警及自动联锁装置。

12.0.3 洞罐仪表应分别安装在不同的套管内，洞罐仪表变送单元宜安装在竖井操作区内。

12.0.4 洞库在掘进及生产过程中宜设置围岩稳定性监测设施。

12.0.5 洞库在掘进生产过程中宜设置地下水压力监测设施。

12.0.6 库区内易泄漏或聚积可燃气体的场所，应设置可燃气体浓度检测报警装置。

12.0.7 安全检测与控制系统应独立设置。

13 采暖、通风和空气调节

13.1 采　暖

13.1.1 水封洞库位于累年日平均温度低于或等于5℃的天数大于或等于90d的地区，生产厂房及辅助建筑物，当室内经常有人停留或生产对室内有一定要求时，宜设置集中采暖。

13.1.2 无可依托外来热源和可利用的生产余热时，宜自建供热锅炉房。

13.1.3 采暖供热介质宜为热水，供水温度宜为95℃，回水温度宜为70℃。

13.1.4 锅炉房设计应符合现行国家标准《锅炉房设计规范》GB 50041的有关规定。

13.1.5 室内采暖计算温度宜符合表13.1.5的规定，表中未列项目应按现行国家标准《采暖通风与空气调节设计规范》GB 50019的有关规定执行。

表13.1.5 室内采暖计算温度

序号	房间名称	采暖计算温度（℃）
1	水泵房、消防泵房、柴油发电机间、空气压缩机间、汽车库	5
2	油泵房	>8
3	机修间	14
4	计量间、化验室、办公室、值班室、休息室	18

13.2 通　风

13.2.1 工作区的劳动卫生条件应利用有组织的自然通风改善。当自然通风不能满足要求时，应采用机械通风。

13.2.2 竖井操作区通风应符合下列规定：

　1　当竖井上部为封闭建筑物时，除应采用有组织的自然通风外，尚应设置机械通风，换气次数不得小于10次/h。计算换气量时，房间高度小于6m时应按实际高度计算，房间高度大于6m时应按6m计算。

　2　建筑物通风应按下部区域排出总排风量的2/3、上部区域排出总排风量的1/3设计，机械通风装置的吸风口应靠近漏气设备或设置在窝气地面0.3m以下。

13.2.3 在爆炸危险区域内，风机应选用防爆型，并应采用直接传动或联轴传动。机械通风系统应采用不燃烧材料制作。风管、风机及其安装方式应采取导静电措施。

13.2.4 在设置有可燃气体浓度自动检测报警装置的房间内，其报警装置应与机械通风设备联动，并应设置手动开启装置。

13.2.5 操作巷道内，每座竖井口处应设置固定式通风设施，换气次数不应小于10次/h，出风管口应设置在操作巷道外，出风管口与洞口水平距离不应小于20m，且应高出洞口，并应采取防止油气倒灌的措施。

13.3 空气调节

13.3.1 操作室、机柜室、计算机室、工程师站室等，冬天室温宜为20±2℃，夏天室温宜为26±2℃，温度变化率宜小于5℃/h；相对湿度宜为50%±10%，湿度变化率宜小于6%/h。

13.3.2 中央控制室内的空气应洁净，并应符合下列要求：

　1　尘埃小于0.2mg/m³或粒径小于10μm；

　2　硫化氢小于10ppb；

　3　二氧化硫小于50ppb；

　4　氯气小于1ppb。

14 环保及安全卫生

14.1 环　保

14.1.1 水封洞库排放的大气污染物无组织排放的烃类应符合现行国家标准《储油库大气污染物排放标准》GB 20950的有关规定；锅炉烟气污染物的排放应符合现行国家标准《锅炉大气污染物排放标准》GB 13271的有关规定。

14.1.2 水封洞库设计应符合现行国家标准《工业企业噪声控制设计规范》GBJ 87的有关规定，噪声辐射源到达库区界墙外的噪声应符合现行国家标准《工业企业厂界噪声标准》GB 12348的有关规定。

14.1.3 水封洞库生活污水、生产污水及事故废水在排放前应经过处理，污水排放应符合现行国家标准

《污水综合排放标准》GB 8978 的有关规定。

14.1.4 水封洞库产生的各种固体废弃物应进行无害化处理。

14.1.5 水封洞库建设应对影响到的自然保护区、文物保护区采取预防和保护措施。

14.1.6 水封洞库进油时排出的油气应进行处理。

14.2 劳动安全卫生

14.2.1 库区的作业环境设计应符合现行国家标准《工业企业设计卫生标准》GBZ 1 和《工作场所有害因素职业接触限值》GBZ 2 的有关规定。

14.2.2 在操作巷道及中心控制室应配备便携式有毒有害气体检测仪和空气呼吸器等防护用具。

14.2.3 库区内易发生事故的区域和部位应设置安全标志，安全标志应符合现行国家标准《安全标志》GB 2894 的有关规定。

15 节 能

15.0.1 水封洞库设计应进行综合能耗分析。

15.0.2 水封洞库设计应采用节能设备，严禁使用国家明令淘汰的高能耗设备，宜利用太阳能、风能及水能。

15.0.3 水封洞库储满油后，待洞罐内油品的温度、压力恒定时，应关闭通气管的阀门密闭储存。

15.0.4 在技术经济合理的情况下应采取减少裂隙水的渗出量的措施。含油裂隙水经处理达标后宜回用。

附录 A　计算间距的起讫点

A.0.1 水封洞库地上设施的安全距离及防火距离计算起讫点，应符合下列规定：

1 道路——路边；
2 竖井——竖井边缘；
3 管道——管子中心（指明者除外）；
4 洞罐——洞罐外壁；
5 各种设备——最突出的外缘；
6 架空电力和通信线路——线路中心线；
7 埋地电力和通信电缆——电缆中心；
8 建筑物或构筑物——外墙凸出部位。

附录 B　锚喷支护类型及其参数

表 B.0.1　锚喷支护类型及其参数

围岩类别		I	II	III	IV
洞室	拱部	1) 局部 50～80 喷射混凝土 2) 局部锚杆 L=2.5～4m	1) 50～80 喷射混凝土 2) 布置 L=2.5～4m @2.5m 锚杆	1) 50～80 喷射混凝土 2) 布置 L=2.5～4m @2.0m 锚杆	1) 140 钢筋网喷射混凝土 2) 布置 L=2.5～4m @2.0m 锚杆
	边墙	局部锚杆 L=2.5～4m	局部锚杆 L=2.5～4m	1) 50～80 喷射混凝土 2) 布置 L=2.5～4m @2.5m 锚杆	1) 50～80 钢筋网喷射混凝土 2) 布置 L=2.5～4m @2.0m 锚杆
连接巷道	拱部	1) 局部 50～80 喷射混凝土 2) 局部锚杆 L=2.5m	1) 50～80 喷射混凝土 2) 局部锚杆 L=2.5m	1) 50～80 喷射混凝土 2) 布置 L=2.5m @2.0m 锚杆	1) 50～80 钢筋网喷射混凝土 2) 布置 L=2.5m @1.5m 锚杆
	边墙	局部锚杆 L=2.5m	局部锚杆 L=2.5m	局部锚杆 L=2.5m	1) 50～80 喷射混凝土 2) 布置 L=2.5m @2.0m 锚杆
主洞室与连接巷道交叉口	主洞	1) 50～80 喷射混凝土 2) 布置 L=2.5～4m @2.5m 锚杆	1) 50～80 喷射混凝土 2) 布置 L=2.5～4m @2.0m 锚杆	1) 50～80 喷射混凝土 2) 布置 L=2.5～4m @1.5m 锚杆	1) 140 钢筋网喷射混凝土 2) 布置 L=2.5～4m @1.5m 锚杆
	连接巷道	1) 50～80 喷射混凝土 2) 布置 L=2.5m @2.5m 锚杆	1) 50～80 喷射混凝土 2) 布置 L=2.5m @2.0m 锚杆	1) 50～80 喷射混凝土 2) 布置 L=2.5m @1.5m 锚杆	1) 140 钢筋网喷射混凝土 2) 布置 L=2.5m @1.5m 锚杆

围岩类别		I	II	III	IV
水幕巷道交叉口	拱部	1) 50～80 喷射混凝土 2) 布置 $L=2.5$m @2.0m 锚杆	1) 50～80 喷射混凝土 2) 布置 $L=2.5$m @2.0m 锚杆	1) 50～80 喷射混凝土 2) 布置 $L=2.5$m @2.0m 锚杆	1) 50～80 喷射混凝土 2) 布置 $L=2.5$m @2.0m 锚杆
	边墙	1) 50～80 喷射混凝土 2) 局部锚杆 $L=2.5$m	1) 50～80 喷射混凝土 2) 局部锚杆 $L=2.5$m	1) 50～80 喷射混凝土 2) 布置 $L=2.5$m @2.0m 锚杆	1) 50～80 喷射混凝土 2) 布置 $L=2.5$m @2.0m 锚杆
施工巷道	拱部	局部锚杆 $L=2.5$m	1) 50～80 喷射混凝土 2) 局部锚杆 $L=2.5$m	1) 50～80 喷射混凝土 2) 布置 $L=2.5$m @2.0m 锚杆	1) 140 钢筋网喷射混凝土 2) 布置 $L=2.5$m @1.5m 锚杆
	边墙	局部锚杆 $L=2.5$m	局部锚杆 $L=2.5$m	布置 $L=2.5$m @2.5m 锚杆	1) 50～80 喷射混凝土 2) 布置 $L=2.5$m @2.0m 锚杆
水幕巷道	拱部	局部锚杆 $L=2.0$m	局部锚杆 $L=2.0$m	局部锚杆 $L=2.0$m	1) 50～80 喷射混凝土 2) 局部锚杆 $L=2.0$m
	边墙	局部锚杆 $L=2.0$m	局部锚杆 $L=2.0$m	局部锚杆 $L=2.0$m	局部锚杆 $L=2.0$m
竖井	—	1) 50～80 钢筋网喷射混凝土 2) 局部锚杆 $L=2.0$m	1) 50～80 钢筋网喷射混凝土 2) 局部锚杆 $L=2.0$m	1) 50～80 钢筋网喷射混凝土 2) 局部锚杆 $L=2.0$m	1) 50～80 钢筋网喷射混凝土 2) 布置 $L=2.0$m @2.0m 锚杆
泵坑	—	1) 50～80 钢筋网喷射混凝土 2) 布置 $L=3.0$m @1.5m 锚杆	1) 50～80 钢筋网喷射混凝土 2) 布置 $L=3.0$m @1.5m 锚杆	1) 50～80 钢筋网喷射混凝土 2) 布置 $L=3.0$m @1.5m 锚杆	1) 50～80 钢筋网喷射混凝土 2) 布置 $L=3.0$m @1.5m 锚杆

注：1 表中@后数值为锚杆间距。

  2 表中单位除标明 m 外，其他为 mm。

附录 C 竖井及操作巷道爆炸危险区域的等级范围划分

C.0.1 爆炸危险区域的等级定义应符合现行国家标准《爆炸和火灾危险环境电力装置设计规范》GB 50058 的有关规定。

C.0.2 竖井室爆炸危险区域划分（图 C.0.2），应符合下列规定：

  1 竖井室内部空间应划分为 1 区；

  2 有孔墙或开式墙外与墙等高，且不小于 3m 的空间范围应划分为 2 区。

C.0.3 竖井口露天布置时，爆炸危险区域划分应以释放源为中心，半径为 1m 的球形空间和自地面算起

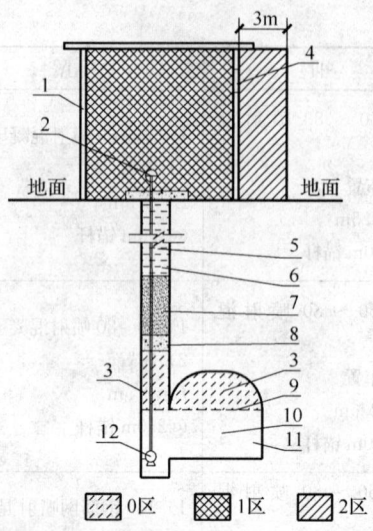

图 C.0.2　竖井室爆炸危险区域划分

1—封闭墙；2—释放源；3—油气；4—有孔墙或开式墙；
5—水；6—竖井；7—防渗填层；8—混凝土塞子；9—液
体表面；10—地下洞罐；11—油；12—泵

高 0.6m、半径为 3m 的圆柱体内空间应划分为 2 区
（图 C.0.3）。

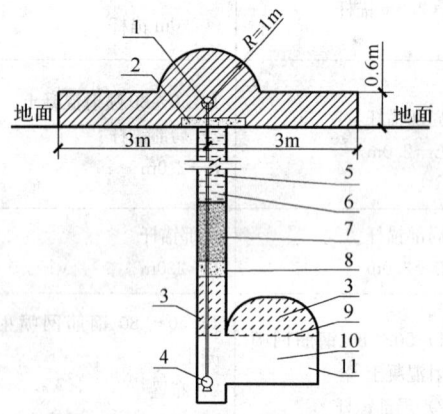

图 C.0.3　竖井口露天布置时爆炸危险区域划分

1—释放源；2—上盖板；3—油气；4—泵；5—水；
6—竖井；7—防渗填层；8—混凝土塞子；
9—液体表面；10—地下洞罐；11—油

C.0.4　操作巷道爆炸危险区域划分（图 C.0.4），应
符合下列规定：

　1　洞罐内液体表面以上的空间应划分为 0 区；

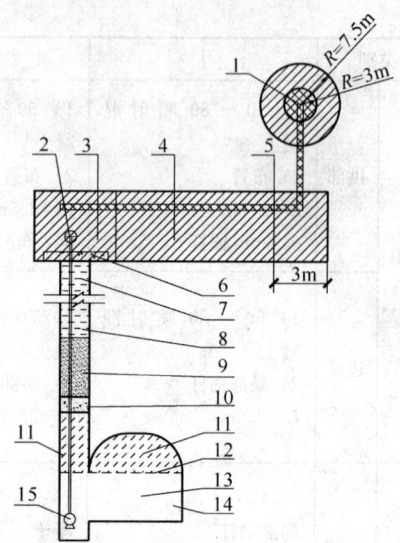

图 C.0.4　操作巷道爆炸危险区域划分

1—通风管口；2—释放源；3—竖井室；4—巷道；
5—洞口；6—上盖板；7—水；8—竖井；9—防
渗填层；10—混凝土塞子；11—油气；12—液
体表面；13—地下洞罐；14—油；15—泵

　2　以通气口为中心、半径为 3m 的球形空间应
划分为 1 区；

　3　通风良好的操作巷道内的竖井操作区、操作
巷道洞口外 3m 范围内空间应划分为 2 区。

本规范用词说明

　1　为便于在执行本规范条文时区别对待，对要
求严格程度不同的用词说明如下：

　　1）表示很严格，非这样做不可的用词：
　　　　正面词采用"必须"，反面词采用"严禁"。

　　2）表示严格，在正常情况下均应这样做的用词：
　　　　正面词采用"应"，反面词采用"不应"或
"不得"。

　　3）表示允许稍有选择，在条件许可时首先应这
样做的用词：
　　　　正面词采用"宜"，反面词采用"不宜"；
　　　　表示有选择，在一定条件下可以这样做的用
词，采用"可"。

　2　本规范中指明应按其他有关标准、规范执行
的写法为"应符合……的规定"或"应按……执行"。

中华人民共和国国家标准

地下水封石洞油库设计规范

GB 50455—2008

条 文 说 明

目　次

1 总 则

1.0.1 本条规定了设计水封洞库应遵循的原则要求。

水封洞库属爆炸和火灾危险性设施，所以必须做到安全可靠。技术先进是安全的有效保证，在保证安全的前提下，也要兼顾经济效益。本条提出的各项要求是对水封洞库设计提出的原则要求，设计单位和具体设计人员在设计水封洞库时应严格执行本规范的具体规定，采取各种有效措施，达到条文中提出的要求。

1.0.2 本条规定了本规范的适用范围和不适用范围。

本规范适用于新建、改建和扩建储备原油、汽油、柴油水封洞库的设计。

由于水封洞库储油原理与人工洞内离壁钢罐、贴壁钢罐、自然洞石油库、盐穴洞库完全不同，故本规范不适用于上述储存类型的储备库，LPG水封洞库由于储存压力高，储存介质的特殊性，应针对LPG水封洞库储存的特点，专门编制LPG地下水封石洞油库规范。

1.0.3 本条有两方面含义：

1 《地下水封石洞油库设计规范》是专业性技术规范，其适用范围和规定的技术内容，就是针对水封洞库设计而制定的。因此设计水封洞库应该执行《地下水封石洞油库设计规范》的规定。在设计水封洞库时，如遇到其他标准与本规范在同一问题上作出的规定不一致的情况，执行本规范的规定。

2 水封洞库设计涉及的专业较多，接触的面也广，本规范只能规定水封洞库特有的问题，对于其他专业性较强，且已有国家或行业标准作出规定的问题，本规范不便再做规定，以免产生矛盾，造成混乱。本规范明确规定者，按本规范执行；本规范未作规定者，可执行国家现行有关标准的规定。

3 一般规定

3.0.1 经过技术经济对比分析，100万m^3水封洞库和地面钢罐油库投资基本相当，库容小于100万m^3时，地面钢罐油库投资较为节省。所以采用水封洞库储油，其总库容设计储量不宜小于100万m^3。专门做技术经济分析专题研究，当水封洞库库容120万m^3时，单位造价656元/m^3，地面钢罐库容120万m^3时，单位造价697元/m^3，所以本条限定水封洞库的规模不宜小于100万m^3。当储存成品油时，储存容积为50万m^3水封洞库与地面钢罐投资基本相当，每立方米库容投资均在800~1000元，所以本条规定

水封洞库储存成品油时库容不宜小于50万m^3。

3.0.4 本条规定从节能的角度考虑，储备库应储备进口低凝原油或成品油，设计时不考虑加热设施。

3.0.5 水封洞库地下部分主要为洞罐，是开挖岩体形成的，使用年限较长，只要与其相连的不可维修的材料、设备设计时适当考虑其余量，用较少的投资就能使洞库的使用年限延长很多年。所以确定地下部分设计基准期50年，与同类工程相比较是适宜的。

3.0.6 国家石油储备库的主要作用之一就是为应急供应市场，水封洞库及其外部相连接的储运系统必须具备应急投放能力，与储备库相配套，方能发挥储备库的功能。

3.0.7~3.0.9 根据国内外地下洞库的经验，距离洞罐地面投影50m以外建一般建筑物对洞罐不产生影响，200m以外打井取水对洞罐不产生影响。水封洞库的地面建筑物和构筑物，一般基础较浅，建成后又没有什么振动，对储油洞室不会造成什么影响，可以建在水封洞库的上方地面。但不可控的外单位的建筑物和构筑物不能建在水封洞库的上方地面。经专题论证对水封洞库的稳定地下水位影响半径一般不超过200m，所以在水封洞库地面投影200m以内不能设置影响地下水位变化的取水设施。

4 库 址 选 择

4.0.1 本条原则性规定了水封洞库库址选择的要求。由于大部分水封洞库靠近码头或靠近城镇，所以水封洞库的建设应符合当地城镇的总体规划，包括地区交通运输规划及公用工程设施的规划等要求。

考虑到水封洞库进油时大呼吸排出的油气回收后的尾气对大气的环境有一定影响、排出的污水对地下水源有污染，所以本条规定了水封洞库应符合环境保护、安全、卫生的要求。

4.0.3 本条原则性规定了水封洞库选择的库址应具备的条件，水封洞库对工程地质及水文地质要求具备建库的条件，本条中的1、2、3款是决定水封洞库库址的关键条件。

为了保证水封洞库的洞室稳定和安全，应对水封洞库建库岩体的坚硬程度、完整性、稳定性、矿物成分以及断裂性质提出较高的要求。

由于油品直接与岩石、地下水等介质接触，如果这些介质中含有较多的有害元素，则可能会影响油品的质量，岩体的矿物成分常见的达50多种，造岩矿物又是由不同的化学元素组成的，其中一些元素如硫、铜、铅等对油品质量有一定的影响，所以对岩石矿物成分提出了原则性要求。

为了保证洞库运营经济、安全，保证水封效果，不致油气逸出，水封洞库必须设置在稳定的地下水位

以下的低渗透性岩体中。

水封洞库建在完整、坚硬、弱透水性的结晶岩体内，洞室涌水量一般很小。如果涌水量过大，则表明该库址岩体的裂隙较发育，岩体完整性较差，这将对洞室的稳定性带来不良影响，因此，洞库的涌水量可以作为评价库址优劣的一个重要参数，也是排水设计的重要参数。为了对库址岩体渗透性有定量的描述，参照国内外同类地下工程的经验，本规范规定封堵后每 100 万 m^3 库容每天的涌水量不大于 100m^3，以保证水封和洞室稳定，并减小洞库运营成本。

4.0.4 水封洞库为重要的大型储油库，在选址时不应在限定的地区选址，一方面为了水封洞库本身的安全，另一方面也为了保护特定的地区及设施不受水封洞库施工及运营的干扰。

4.0.5 为了减少水封洞库及地面设施与周围居住区、工矿企业和交通线在火灾事故中相互影响，防止油品污染环境，节约用地等，表 4.0.5 对水封洞库及地面设施与周围居住区、工矿企业、交通线等处的安全距离作了规定。

现对表 4.0.5 说明如下：

1 水封洞库由于洞罐深埋地下，正常储油时，进、出油管及通气管的阀门全部关闭，洞罐内油品封闭储存，没有油气散发，人为造成不安全因素很小，对环境影响很小。

水封洞库进、出油通过洞罐竖井，与油田采油井相似，所以本条文参考现行国家标准《石油天然气工程设计防火规范》GB 50183 表 4.0.7 中油气井与周围建筑物和构筑物，设施的防火间距中的自喷油井与各项的安全距离，并结合水封洞库的特点，对竖井与居住区，工矿企业和交通线的安全距离做了规定。这样既节省了土地又保证了安全性。

2 由于水封洞库与普通石油库不同，故本条给出了竖井、油气回收装置、火炬这三类特殊设施与外界设施的安全距离。

3 由于水封洞库储存的油品时间长，正常储存时没有油气排出，油泵站及火炬均不运转，在进油时呼出的油气经油气回收后，有较少量的尾气排出。条文中规定竖井与居住区及公共建筑安全距离为 60m。而油气回收装置安全距离为 75m，火炬安全距离 120m，与同级国家标准比较大致相同。

4 水封洞库的竖井、油气回收装置、火炬与工矿企业的安全距离，因各企业生产特点和火灾危险性千差万别，不可能分别规定，本条所规定的内容与国家同级标准对比，大致相同或相近。

5 水封洞库与国家铁路线及工业企业铁路线的安全距离，由于国家铁路线的重要性、行驶速度和运输量等远大于工业企业铁路线，因此其安全距离也较大。本条规定竖井、油气回收装置及火炬与国家铁路线的限定安全距离为 200m，与工业企业铁路线的安

全距离为 30m，火炬的限定安全距离均为 80m。

6 水封洞库洞罐竖井及油气回收装置与公路的安全距离，由于各种公路车辆可能产生明火，为避免相互影响，规定：高速公路和一级公路，距离竖井、油气回收装置安全距离均为 30m，二、三级公路距离竖井为 25m，其他公路距离竖井为 15m；油气回收装置距离高速公路及一、二、三级公路 30m，距离其他公路为 20m；火炬距离高速公路和一、二、三级公路安全距离为 80m，距离其他公路为 60m。

7 水封洞库与国家一、二级架空通信线路的安全距离，参照有关标准规定，竖井及油气回收装置安全距离不小于 40m，火炬为 80m。

8 水封洞库与架空电力线路和不属于国家一、二级的架空通信线路的安全距离，主要考虑倒杆事故。据 15 次倒杆事故统计，倒杆后偏移距离在 1m 以内的 6 起，偏移距离 2～3m 的 4 起，偏移距离为半杆高的 2 起，偏移距离为 1 杆高的 2 起，偏移距离大于 1.5 倍杆高的 1 起，本条限定安全距离 1.5 倍杆高。

9 火炬与居住区、工矿企业、交通线和国家一、二级架空通信线路等安全距离规定为 80～120m（其他公路 60m），本条规定与同级国家标准比较大致相同。

10 水封洞库与爆破作业场地安全距离，主要考虑爆破石块飞行的距离。

11 水封洞库地下部分与地上部分，由于地形的影响，分成两部分的较多，所以在表 4.0.5 分项列出与周围居住区、工矿企业、交通线等的安全距离。

12 两座地下水封洞库相毗邻建设时，后期建设的洞库施工巷道口距已建库的地下设施不应小于 300m，两洞库之间是否设置垂直水幕应根据水力分析确定。同期建设时两洞罐间距宜为洞室跨距 2 倍以上，两洞罐应设垂直水幕相隔。地下水封洞库与其他油库地面油罐区或工矿企业地面油罐区相毗邻建设时，其相邻油罐之间的防火距离可取相邻油罐中较大罐直径的 1.5 倍，但不应小于 30m，其他建筑物、构筑物之间的防火距离应按本规范表 6.2.1 的规定增加 50%，火炬设施按表 4.0.5 执行。

5 工程勘察

5.1 一般规定

5.1.1 水封洞库的勘察应遵循由表及里、由整体到局部、由定性到半定量或定量的规律进行，还要与设计阶段相适应，水封洞库勘察阶段的划分是在认识规律和与设计阶段相适应的基础上做出的。

5.1.2 岩体质量分级是地下洞室部署和施工组织的基本依据，初步勘察和详细勘察阶段要提供不同详细

程度的岩体质量分级，但由于地下工程地质问题的不可预见性，应以施工勘察阶段所最终确定的岩体质量分级作为动态设计的依据。为保证洞室的稳定性和洞库的水封性及经济性，地下水封石洞油库划定以Ⅰ、Ⅱ级为主体的岩体为适宜建库岩体，以Ⅲ级为主体的岩体为不适宜建库岩体，以Ⅳ、Ⅴ级为主体的岩体为不可建库岩体。

5.2 选址勘察

5.2.1 选址勘察就是要选择出符合水封洞库对岩性、工程地质和水文地质要求的库址场地，其重点工作是在已有资料的基础上，通过踏勘、线路地质调查、地质测绘、物探等手段，对各比选库址进行整体性把握，比选出拟选库址和备选库址，为工程预可行性研究提供依据。关于地震安全性评价与山体稳定性评价，由于现在国家要求重点工程必须做地震安全性评价和建设用地地质灾害危险性评价，因此，本规范对地震安全性评价与山体稳定性评价不做规定，仅提供工程场地的基本设防烈度即可。

5.2.2 为了设计的需要，选址勘察报告应为设计方提供必要的参数和建议。如比选库址的地形、岩性、地质构造、岩体完整性等，都是设计不可缺少的依据。在重点库址场地进行1:10000综合工程地质测绘，可以减少后续工作的盲目性，为合理布置勘察工作量，取得良好的勘察效果等提供依据。物探成果、可用岩体的总面积、洞室轴线方向、洞库埋深、洞室的高度与跨度是洞室布置与设计的重要依据，因此选址勘察报告也应给出这些成果和建议。

5.3 初步勘察

5.3.1 初步勘察是对选址勘察阶段确定的库址进行的初步勘察，初步勘察的目的是初步查明库址的工程地质和水文地质条件。

5.3.2 初步勘察着重要查明库区内的岩性、构造、岩体渗透性、地应力状态、岩土体物理力学性质、稳定地下水位等，为初步确定洞库轴线方向、洞跨、洞间距和埋深等整体布置提供依据，该阶段勘察还要为库区岩体进行初步分级，进一步划分出适宜建库岩体的范围，并要对库区岩体渗透性有初步的掌握，估算洞库的涌水量，对地下水和洞室稳定性进行数值模拟分析。

5.4 详细勘察

5.4.2 1:2000综合工程地质图是库址地质情况的综合反映，是后续工作的依据和重要参考，因此，详细勘察阶段填绘1:2000综合工程地质图是必须的。详细勘察应着重解决工程重点部位的工程地质问题，因此，详细勘察报告除了对库址区的岩性（层）、构造、岩层产状，主要断层、破碎带和节理裂隙密集带

的位置、产状、规模及其组合关系进行分析外，还应对主要软弱结构面的分布和组合情况，施工巷道口边坡、仰坡、竖井等的稳定性，以及突水的可能性进行分析，并给出合理的应对措施和建议。

5.5 施工勘察

5.5.1 地下工程具有很大的不可预见性，施工勘察主要是在详细勘察资料的基础上，结合施工开挖所获得的地下岩体构造实际情况，对前期的勘察成果进行验证和校正，根据前期勘察资料和实际地质规律，研究和论证对施工安全、工程质量有影响的水文地质、工程地质问题，进行超前地质预报，为优化设计提供依据，并为施工安全和工程质量提供保证。

5.5.2 编制巷道、竖井、洞库的地质展示图和洞库顶、壁、底板基岩地质图以及洞库围岩含水性展示图等是进行地质超前预报的依据。

测定岩体爆破松动圈及围岩应力是为优化支护设计提供依据。

超前地质预报是施工安全的保证，同时也是为施工设计优化提供依据，因此必须高度重视超前地质预报，应根据前期勘察资料和施工开挖时所掌握的地质规律及时准确地预测工作面前方一定距离内的地质情况，并及时处理施工中的问题，确保施工安全，保证工程质量。

对洞库涌水量进行实测可以获取洞库的实际涌水量，洞库实测动态涌水量也是预测洞库投产后地下水位恢复的重要依据。

在开挖过程遇到复杂的地质情况时，为保证施工安全，应补充一定的勘察工作量。

施工勘察报告应对施工方案和施工注意事项提出建议和总结，结合工程地质条件对地下工程部署提出处理或调整建议，并做出评价。施工勘察报告也是对工程施工中出现的问题和经验的总结。报告中应分析施工中出现的岩体失稳原因、处理措施与效果，还要对各类围岩的支护措施、喷锚质量、注浆封堵措施和效果进行总结。

6 总体布置

6.1 一般规定

6.1.1 水封洞库的地下生产区与地上设施自然分开。本条主要是针对地上设施的布置。由于地上设施所包含的各种建筑物和构筑物，火灾危险程度、散发油气量的多少、生产操作的方式等差别较大，有必要按生产操作、火灾危险程度、经营管理等特点进行分区布置。把特殊的区域加以隔离，限制一定人员的出入，有利于安全管理，并便于采取有效的消防措施。

6.1.2 水封洞库位于稳定地下水位以下的岩洞内，

距地面设施距离很大，比较安全。为节省占地，如果地面地形条件允许，宜将地上设施布置在地下生产区上方，形成立体布置以节省占地。

6.1.3　水封洞库地上设施所包含的建筑物和构筑物面积都不大，为减少占地、节约投资、便于生产操作和管理，在符合生产使用和满足安全的条件下，将性质相同或相近的建筑物和构筑物合并设置。如办公楼可与控制室合建；消防泵房可与消防器材、值班室合建；油泵站与计量间合建等。

6.2　总平面布置

6.2.1　水封洞库地上设施与地面油库相比较增加了竖井、油气回收装置和火炬。因此，表 6.2.1 规定了这三部分设施与其他设施之间的间距，其余的应符合现行国家标准《石油库设计规范》GB 50074 的规定。

　　1　竖井与其他设施之间的防火距离的说明。

　　由于竖井类似于油田采油井，又比油井安全。到目前为止国内外类似油库尚无发生火灾的先例。防火距离参考了《石油天然气工程设计防火规范》GB 50183 中自喷油井与其他设施的安全间距。竖井与地面油罐的安全距离定为 40m；竖井与油泵站的安全距离定为 20m；竖井与油气回收装置的安全距离定为 25m；竖井与隔油池的安全距离定为 20m；消防泵房和消防站为洞库中的主要消防设施，一旦竖井发生火灾，消防泵站应立即发挥作用且不受火灾威胁，它们与竖井的距离应保证竖井发生火灾时不影响其运转，且竖井散发的油气不致蔓延到消防泵房和消防设施，距离要适当增大，本条竖井与消防泵房、消防站的安全距离规定为 30m；竖井与有明火或散发火花地点的距离主要考虑油气不致蔓延到有明火或散发火花的地点引起爆炸或燃烧，也考虑到明火设施产生的飞火不会落到竖井附近，本条规定为 20m。以上竖井与各设施的安全距离与同级现行国家有关规范比较是可行的。

　　2　油气回收装置与各设施之间的安全距离，与国家现行同级规范比较是适宜的。

　　3　火炬与各设施之间的安全距离，主要是参照现行国家标准《石油化工企业设计防火规范》GB 50160 确定的。

6.2.2　水封洞库的建筑界限设置永久性标志，主要是避免外部建筑物和构筑物影响洞库的稳定性。

6.2.3　地上设施中散发油气、危险性大的设施应尽可能与一般火种隔离，禁止无关人员入内，建造围墙有利于防火和安全，也便于管理。洞库的出入口如果只有一个，在发生事故或维修时有可能导致交通不畅，特别是发生火灾时，由于进入的消防车、救护车、消防器材以及进出的人员较多，故规定设两个出入口。

6.2.4　水封洞库地面主要道路宜为郊区型，宽度不应小于 7m，在竖井操作区之间设置道路便于生产管

理、消防以及维修车辆的通行和调度，并与其他道路相通。考虑到水封洞库一般建在山区，受地形限制时，可设有回车场的尽头式道路。

6.2.5　洞库地上设施区宜进行绿化，可以美化和改善库内环境。油性大的树种易燃烧，不应在地面生产区内栽植。

6.2.6　本条规定一方面是为确保雨水与污水分流，另一方面是为避免库外洪水过大影响库区。

6.3　竖向布置

6.3.1　现行国家标准《防洪标准》GB 50201 中第 4.0.1 条，关于工矿企业的等级和防洪标准是这样规定的：大型规模工矿企业的防洪标准（重现期）为 100～50 年，中型规模工矿企业的防洪标准为 50～20 年，因此本条规定石油洞库的洪水重现期为 50 年。

6.3.2　参照交通部行业标准《海港总平面设计规范》JTJ 211—99 中第 4.3.3 条，本条增加了沿海等地段，水封洞库地上设施最低设计标准的规定："地上设施的最低设计标高，应高于计算水位 1m 及以上。在无掩护海岸，还应考虑波浪超高。计算水位应采用高潮累积频率 10% 的潮位。"因为我国沿海各港因潮型和潮差特点不同，南北方港口遭受台风涌水程度差异较大，南方港口特别是汕头、珠江、湛江和海南岛地区直接遭受台风，涌水增高显著，涌水高度在设计水位以上约 1.5～2.0m；而北方沿海港口受台风风力影响较弱，涌水高度较小，一般涌水高度在设计水位以上 1.0m 左右，不超过 1.3m。所以，地上设施的最低设计标高要结合当地情况确定。

7　储　　运

7.1　一般规定

7.1.1　水封洞库洞罐的数量由洞库规模、储存油品的品种、储存方案（油品单品种储存还是混合储存）及地质条件等因素综合考虑确定，一般每个品种不少于 2 座，主要从经济性和倒罐工艺两方面考虑。经测算成品油 1 座 20 万 m^3 洞罐和 2 座 10 万 m^3 钢罐工程投资基本相当，储存原油的水封洞库洞罐，还应考虑单罐容积满足一次单品种原油最大卸船量的要求，本条限定每座原油洞罐的容积不宜小于 40 万 m^3，与地面钢罐比较，经济上是合理的。

7.2　洞　　罐

7.2.1　地下洞罐的进油管道、出油管道、油气管道、裂隙水排出管道、潜油泵、潜水泵、各种测量仪表和电缆等必须通过竖井与地面设施相连；一般在地形条件允许的情况下，竖井直接通向地面较经济、安全，又便于竖井内的设备检修，只有在地形条件受限制，

比如竖井上面的山体较高，直接通向地面竖井较深，经技术经济比较不经济的情况下可设操作巷道。

7.2.2 洞罐竖井的直径设计主要考虑满足在其内安装的管道、泵、仪表、电缆等所占用空间的要求，同时也要考虑开挖竖井设备所需的最小尺寸。

7.2.3 竖井内的管道（套管）较长，洞罐进油或出油时这些管道如不采取固定措施，将产生较大振动，使管道失稳而破坏，同时也破坏管道与竖井封堵处的密封。

7.2.4 地下洞罐的储油方式有两种，一种是固定水位法储油，另一种是变动水位法储油。由于储备库库容较大（一般都大于 100 万 m^3），采用变动水位法储油，洞罐出油时将需要大量的水进洞罐以填补油的空间；进油时又要排出大量的含油污水需要处理或储存，不但运行费用高，而且洞库所在地是否有能满足供水的水源也是很大的问题。所以，宜采用固定水位法储油。

7.2.5 潜油泵、潜水泵需设置在泵坑内，在泵坑四周设 0.5m 高的混凝土围堰是确保洞罐底部有 0.5m 厚的水垫层，设置水垫层的主要目的是防止油泥及其他杂物进入泵坑，堵塞潜水泵。由于储备库周转次数较少，油泥沉积的量相对较少，一般 0.5m 高的水垫层就能满足要求。

7.2.6 洞罐的装量系数主要考虑罐底部存在的"水垫层"高度（洞罐可按 0.5m 考虑）和罐内原油的膨胀量（按最冷月和最热月埋设深度地温最大温差 10℃ 考虑，由于洞罐埋设深，实际温差很小）及罐内液位报警后 10～15min 的最大进油量。通过计算对于 100 万 m^3 洞罐上述三部分的量之和占洞罐容积的 3% 左右，即装量系数为 0.97。为安全起见，规定装量系数不宜大于 0.95。

7.2.7 洞罐进油时呼出的油气是通过油气回收装置回收还是通过火炬排放燃烧，可通过技术经济比较分析确定，但油气不允许直接排大气。无论采用哪种方法均应符合环保标准的要求。

本条规定主要从洞罐操作的安全角度考虑，采用惰性气体或烃类气体补偿，可防止空气进入洞罐内，产生爆炸性气体。

7.2.8 洞罐设置通气管主要是进油时油气从通气管向外排出，其直径大小应根据洞罐进油速度、通气管长度及背压等条件经计算确定。

7.2.9 洞库设有操作巷道时，为了便于事故时操作人员的疏散和撤离，至少应有两个出口通向地面，是为安全考虑。

8 地下工程

8.1 一般规定

8.1.1 本条主要从节约投资和缩短施工周期方面

考虑。

8.1.2 对围岩进行稳定分析是目前围岩加固设计中的一种方法，通常采用工程类比法和块体平衡法。洞室跨度较大，还需采用数值模拟法验证确定。

8.1.3 光面爆破可保证洞成型好，减轻爆破震动引起围岩松动。光面爆破的具体施工要求在现行国家标准《锚杆喷射混凝土支护技术规范》GB 50086 第 6 节有详细规定，故本条文不再规定。

8.1.4 动态设计是本规范围岩支护设计的基本原则。当地质勘察参数难以确定、设计理论和方法带有经验性和类比性时，根据施工中反馈的信息和监控资料完善设计，是一种客观求实、准确安全的设计方法，可以达到以下效果：

1 避免勘察结论失误。地质情况复杂、多变，受多种因素制约，地质勘察资料准确性的保证率较低，因勘察主要结论失误导致工程失败的现象不乏其例。因此，规定在施工开挖中补充"施工勘察"，收集地质资料，查对核实原地质勘察结论。这样可有效避免勘察结论失误而造成工程事故。

2 设计掌握施工开挖反映的真实地质特征、围岩变形量、应力测定值等，对原设计作校对和补充、完善设计，确保工程安全，设计合理。

3 围岩变形量、应力监测资料是加快施工速度或排危应急抢险，确保工程安全施工的重要依据。

4 有利于积累工程经验，总结和发展水封洞库工程支护技术。

8.2 设 计

8.2.1 洞室设计说明如下：

1 本款主要考虑保证洞室的稳定性和减少支护的工程量。

3 本款主要是参照国内外已建的工程经验提出的。

4 本款规定洞室顶距岩体微风化层顶面垂直距离不小于 20m，主要是考虑保证洞室顶面的围岩稳定，减少流向洞室的地下水量。

5 本款对安全储油的水封高度的规定，是根据洞室储油气相压力加上安全裕量决定的。

8.2.2 施工巷道设计说明：

1 合理选择施工巷道口是缩短工期，降低工程造价的重要前提。

3 施工巷道底面一般设计成厚度不小于 150mm 混凝土路面，必要时可配置构造钢筋。其目的是为减少运输洞室石渣大型翻斗车的轮胎磨损，路况好，有利运输。

4 本款主要根据一般施工机具和运输设备的爬坡能力确定。

6 封闭施工巷道口是为了防止发生意外人身安全事故。

8.2.3 本条第1款规定连接巷道和洞室顶面标高一致是为了保证一个洞罐内的油面标高一致。

8.2.4 水幕系统的设置是为了确保水封洞库的水封压力长期稳定。关于水幕系统的设置，目前学术上还存在争论，早期的水封油库一般都没有设水幕系统，但随着规模的扩大和可靠性要求的提高，近期的大型水封洞库及LPG洞库都设置了水幕系统。垂直水幕系统主要是为了防止储存不同油品间的油品互相运移。但目前的研究还给不出一个确切的是否一定要设置的结论。如果设计单位有把握不设水幕系统也能保证水封效果，也可不设。水幕系统的具体做法是根据经验提出的。

8.2.5 本条第1款规定竖井宜靠端头或边墙是为了固定管子，竖井口设在地面较低的位置是为了缩短竖井长度。

8.2.7 操作巷道设计要求说明如下：

  1 主要考虑减少渗水量。

  2 为了自流排水。

8.3 支 护

8.3.1 对支护设计要求说明如下：

  1、2 在水封洞库的设计和施工中，为充分利用围岩的自稳能力、承载能力和抗渗能力，减少投资，目前国内外的成功经验是采用不衬砌只用锚喷的水封洞库。锚喷在处理不良围岩中发挥着巨大的作用。在Ⅰ、Ⅱ级围岩中，国内外已有许多工程利用锚喷作永久支护，这些工程运行均良好。不衬砌和锚喷洞在现在地下岩洞工程建设中已被广泛应用，故根据实践经验提出本条规定。

  3 目前锚喷支护设计，主要有工程类比法、理论计算法和监控量测法三种，其中工程类比法是根据国内外大量的工程实践总结出来的，具有广泛的实用性，所以应用最普遍，在锚喷支护设计中占主导地位。因此，本规范规定"锚喷支护的设计，一般按工程类比法，对于洞室尚应辅助以理论计算和监控量测"。

  由于岩体变化复杂，地质和岩体力学参数难以准确地确定，而且在计算模式方面还存在一些问题，因而计算通常只是工程设计的一种辅助手段。但对于洞室，为确保施工和运行安全，还要通过理论分析对围岩的稳定性进行验算。

  监控量测法是近年发展起来的一种较为科学的设计方法。这种方法的核心是以综合反映各种地质因素和工程因素的围岩位移和位移速率作为围岩是否稳定的判断依据。该方法简单易行。对恶劣地质条件的工程更是不可缺少的设计方法。故在本条中列出，以引起设计者注意。

  4 附录B表B.0.1是按不同地质条件给出的永久性工程的锚、喷支护参数。该表中规定的参数是通过许多工程的实践资料统计分析而获得的，并参考了现行国家标准《锚杆喷射混凝土支护技术规范》GB 50086的有关规定。根据预可行性研究阶段的设计深度要求，可依此表选用支护类型和支护参数。

  地质环境复杂多变，人们对地质条件的认识需要逐步深化。在预可行性研究阶段很难查清所有的地质问题，以后可能会遇到更多的地质问题，所以根据出现的新问题修正围岩分级、调整支护参数，是锚喷设计中的重要工作，故在本条中也予以规定。

  5 施工巷道口部位靠近地表，一般都已风化、围岩完整性差，故应采用加固措施。

  6、7 竖井、操作巷道较为重要，应采用加固措施。

8.3.2 对喷射混凝土支护设计要求说明如下：

  1 喷射混凝土的设计强度是决定力学性质和耐久性的重要指标。目前随着喷射混凝土工艺水平的提高，新材料、高效减水剂、增粘剂、早强剂的引用，对喷射混凝土的力学性质有很大的改善，本规范规定其设计强度等级不应低于C20。

  喷射混凝土是依据同岩面的粘结强度传递应力，所以它同岩面的粘力至关重要，也是喷层和围岩共同工作的保证。喷射混凝土与围岩的粘结强度不仅与喷层有关，还与围岩的强度有关，因此本规范规定：取Ⅰ、Ⅱ级围岩不宜低于1.0MPa；Ⅲ级围岩不宜低于0.8MPa。

  2 因影响喷射混凝土的抗渗性能的因素多，均匀性质较差，故规定喷射混凝土的抗渗等级不应小于S6。外掺料对喷射混凝土的抗渗性能影响较大，特别是对收缩开裂及后期强度下降有较大影响，本条规定选用前应通过试验确定。

  3 工程实践证明，当喷层厚度在50mm以下时易收缩、开裂，从而降低喷层的整体性。据此，本规范规定喷层的最小厚度不应低于50mm。由于适应围岩变形的需要，要求喷层应有一定的柔性，喷层过厚增加其刚度，适应变形能力小，而且一次喷层过厚，回弹量大，易于发生喷层脱落，经济上损失大，据此本规范规定喷层最大厚度不宜大于200mm。

8.3.3 在流变性较大的岩石中，为适应较大变形的需要，在喷混凝土中掺入3%～6%的钢纤维是有效的措施。实测资料表明，在喷射中掺入适量直径（0.3～0.5mm）、长度（20～25mm），强度不低于380MPa的钢纤维，喷混凝土的抗拉强度可提高30%～60%，抗弯强度可提高30%～90%。

  但由于钢纤维的加入，在喷层中往往有部分垂直层面的钢纤维露出层面，平行于层面的钢纤维也有部分附于喷层表面，易于锈蚀，因此需要在其喷层表面再喷30～50mm混凝土加以保护。

8.3.4 对锚杆设计要求说明如下：

  大量工程实例证明，局部松动岩石，或局部的软弱岩体,往往是围岩的薄弱环节,对围岩稳定性影响很大,围岩失稳多由这些部位发生破坏引起。因此,对于整体坚硬完整,但有局部松动块的围岩,宜采用锚杆加固,若松动范围较大且较深,可采用锚束加固;对于局部软弱的岩体(如断层、节理密集带等),可采用锚杆(锚束)加固,还可布设钢筋网,必要时还宜进行固结灌浆加固。

1、2 在洞室围岩易于发生失稳的部位,可归纳为:

当结构面和洞壁切线方向平行或交角较小时,沿这一结构面容易发生剪切破坏;对于层面水平的岩体,顶拱易于失稳,边墙比较稳定;倾斜的岩层,层面与洞壁相贯的部位易于失稳;当夹角接近正交时,一般比较稳定。

洞室边墙与倾斜的结构面相交,若倾斜角大于结构面的摩擦角,结构面向洞室一侧倾斜的洞壁是很难自稳的,必须予以加固;另一侧洞壁,虽然也可能产生剪切破坏,但坍塌的危险要小些。对于拱座,结构面与拱座的斜切面平行的部位,剪切破坏范围很大,工程中遇有这种情况,围岩几乎都要失稳;结构面与拱座斜切面基本正交的一侧,剪切破坏区很小,只要下部边墙没有滑动破坏,则这一部位的拱顶一般较稳定。

对于倾斜产状的节理体系,浅洞室比中等埋深洞室的破坏范围要大。

当结构面有许多组并且都是倾斜产状时,拱顶及边墙都容易失稳破坏,拱顶易于塌落,两边墙易于滑移破坏。当两侧边墙滑移后,将使拱顶塌落破坏范围加大。

分析上列情况,易于破坏的位置不同,其锚杆对不稳定岩体的抗力亦不同,故分为拱腰以上锚杆及拱腰以下边墙上的锚杆分别进行计算。

另外,采用的锚杆类型不同,其计算方法略有不同,在本条中亦单独列出。锚杆的布置方向与岩层走向、结构面的组合情况密切相关,在设置锚杆时应引起注意。

3 锚杆(锚束)是防止岩块塌落、滑动等不稳定岩体的加固措施。在设计时应根据结构面的位置、产状及其组合情况,确定塌落体范围和滑动力大小,计算锚杆的数量和长度,计算方法见本条第1款。锚杆长度宜不等长,但都应伸入到稳定的岩层中,锚杆在稳定岩层中的长度,应根据需要提供的阻滑力大小计算决定,计算时应充分考虑结构面的产状、结构面的力学性质、锚杆的受力特点,并充分考虑结构面的组合关系和阻滑作用,经济合理地确定其长度。锚杆的间距应根据滑动范围和需要提供的总锚固力大小确定。

系统锚杆的间距,除受围岩稳定条件及锚杆长度制约外,在稳定性较差的岩体中,为使支护紧跟掘进工作面,锚杆的纵向间距还受掘进尺寸的影响。所以,锚杆纵向间距的选定,还要与选定的施工方法相适应。系统锚杆主要对围岩起整体加固作用。根据工程经验,为使一定深度的围岩形成承载拱,锚杆长度必须大于锚杆间距的两倍。因此,规定系统锚杆的间距不宜大于锚杆长度的1/2。但是,在Ⅳ、Ⅴ级围岩中,当锚杆长度超过2.5m时,若仍按间距不大于1/2锚杆长度的规定,则锚杆间的岩块可能因咬合和连锁不良,而导致掉块或坠落。因此,还规定在Ⅳ、Ⅴ级围岩中,锚杆间距不得大于1.25m。

8.3.5 对岩体破碎,裂隙发育的围岩,宜采用喷锚挂网支护。喷锚挂网支护设计要求说明如下:

1 在喷混凝土层中布设钢筋网,可以提高喷混凝土的抗剪切能力、支护抗力及增强支护的整体性。钢筋网与锚杆连接后还可以扩大支护范围,使锚杆、钢筋网、喷混凝土及一定深度的围岩形成范围较大的承载圈。钢筋网与锚杆的连接牢固。钢筋网如布置不当也会影响喷混凝土的质量,如钢筋网的直径过大,间距过小将影响喷混凝土与围岩的结合,甚至发生喷混凝土被钢筋网挡住,使喷层与岩层脱离的现象。据此提出本款规定。

2 为了保证钢筋网不锈蚀,钢筋网应有一定的保护层厚度,本规范按照混凝土构件的要求,规定不宜小于50mm。

8.4 防 水

8.4.1 对防水说明如下:

2 根据国内外的防水经验经处理后的日涌水量每100万 m^3 库容不宜大于100m^3。

3 目前广泛应用于注浆工程的材料是普通硅酸盐水泥。为了防止地下水的侵蚀,使用火山灰质硅酸盐水泥和矿渣硅酸盐水泥也不少。工程实践证明,后两种水泥的后加填料易分离,结石不具备强度,稀于1:1的浆液尤其如此。因此,建议当地下水具有侵蚀性时,可针对水的侵蚀性质,选用抗酸水泥等特种水泥,不得采用火山灰质硅酸盐水泥和矿渣硅酸岩水泥。

8.4.2 对注浆说明如下:

2 预注浆的段长,不仅要考虑工程地质和水文地质条件,主要是把相同孔隙或裂隙宽度的岩层放在同一注浆段内,以便浆液均匀扩散,而且要考虑工作实际,不使成本增加过多,还需要考虑钻孔时间,充分发挥钻机效率,缩短工程建设工期。

注浆段长的选用,液压凿岩台车的最大凿岩能力(ϕ108孔)为15m,孔深10m内效率发挥最好,因此,注浆段长的规定为10～50m,由于开挖后要留2～3m止浆岩墙,注浆段越长,开挖也越长,工期越短;但钻孔越深,钻孔速度低,进度越慢。因此,合理选择段长是加快注浆工期的关键。

5 注浆压力是浆液在裂隙中扩散、充填、压实、脱水的动力。注浆压力太小，浆液就不能充填裂隙，扩散范围也有限，注浆质量也差。注浆压力太高，会引起裂隙扩大，岩层移动和抬升，浆液易扩散到预定注浆范围之外，造成浪费。特别在浅埋洞室，会引起地表隆起，破坏地面设施，造成事故，因此，合理选择注浆压力，是注浆成败的关键。

8.5 密封塞

8.5.1 竖井的密封塞位置在保证安全的情况下宜靠近储油洞室顶面，有利于牢固的固定管道。

8.5.3、8.5.4 事故状态下密封塞应有一定的抗爆能力，国内外一般经验认为爆炸冲击压强不大于1.0MPa，故密封塞应能承受作用在其上的所有的荷载基本组合效应，同时应能承受不小于1.0MPa的洞室内压。

8.5.5 对密封塞厚度的设计说明如下：

1 密封塞厚度应同时满足与围岩之间不产生位移和泄漏。

2 泄漏阻抗路径包括三个方面：穿过密封塞自身、密封塞混凝土与围岩接触面泄漏、通过周边岩石的泄漏。水压力梯度值为密封塞两边的压力差除密封塞厚度。

3 根据现场试验数据设计密封塞厚度更精确可靠。

8.5.6 密封塞的构造设计说明如下：

1 对密封塞处的围岩以及密封塞键槽的爆破技术应有一定的要求。

2 密封塞一般采用素混凝土结构，最小跨厚比一般小于4，结构可按纯受压构件计算，可不配受力钢筋，若密封塞由于设备安装需要较多空洞，可以采用数值模型进行计算配筋。

3 密封塞采用的混凝土强度等级不宜太高，混凝土强度过高，产生大量水化热，使密封塞开裂。

4 竖井密封塞穿过的管道、套管较多且直径较大，密封塞的配筋应采用有限元数值模型进行应力验算。

5 大体积混凝土凝固时产生大量的水化热，如不及时散发出去，会使密封塞开裂。浇筑密封塞混凝土时，冷水从散热管道中流过，可带走水化热，减少水化热造成的密封塞开裂。

6 国内外已建成的地下水封石油洞库中，密封塞键槽嵌入围岩的深度一般为1m。密封塞厚度一般小于10m，密封塞键槽嵌入围岩的深度大于密封塞厚度的1/10，而混凝土轴心抗压强度设计值约为混凝土轴心抗拉强度设计值的10倍，故混凝土的抗压是安全的。

7 采用锚杆支护及注浆密封是为保证密封塞与围岩之间不移动，并增加密封塞的密封性能。

8.5.7 通过竖井密封塞的各种管道或套管的荷载主要传导到竖井密封塞上，故应与密封塞可靠、稳固地连接。

8.5.8 本条主要目的是增加密封塞的安全储备。

8.5.9、8.5.10 这两条主要目的是增加密封塞的密封性能。

8.5.11 施工巷道的密封塞留设的人孔，是最后洞罐内设备安装和调试的唯一进出口。

8.5.12 一般情况下施工巷道与水幕巷道是相通的，为保证水幕巷道有足够的水，故施工巷道应用洁净自来水充注至不低于水幕巷道水位标高。若施工巷道与水幕巷道不相通，为保证密封塞的安全储油及保持稳定的地下水位，施工巷道也应充水至稳定地下水位。

8.6 洞罐清理

8.6.1 洞罐、水幕巷道内，储油的施工巷道段等由于施工中顶、壁有很多粉尘，底面有很多碎石渣及喷射混凝土回弹的水泥浆、粉末等杂质。本条规定在上述空间施工后，应用高压水冲洗干净，避免这些粉尘等投产后落入油中，水幕巷道的粉尘流入注水孔中，堵塞岩石的渗水缝隙。

8.6.2 由于洞室内的杂质、粉尘、回弹的混凝土粉末不易用水清洗干净，同时长时间冲洗费水、费工。本条规定宜在洞罐底板上设置不小于80mm的素混凝土层，这样使洞罐储油环境改善。

8.7 罐容标定

8.7.3 在洞室内利用仪器标定误差较大。本条限定保证测量误差不应大于0.5%。

8.7.4 在洞室内直接测量的容积误差较大，在进油时利用液位计及流量计再次标定洞罐容积，校正洞罐直接测量的结果，用两种方法得出一个接近实际的罐容-高度曲线（m³/cm）。

8.8 安全监测

8.8.1 在施工及生产运行期，长期通过地下水监测孔对水封洞库顶上的地下水位进行观测，观察地下水位的变化，通过取监测孔水样进行分析，看地下水质有无变化。通过这些观察，可以了解水封洞罐储油的安全性、密封性等。

本条规定关键监测孔孔深在洞室底面以下10m，主要通过该孔监测洞罐的油品是否向外渗漏，可以监测洞罐的全高度。

8.8.2 对其他监测说明如下：

1 在施工及投产后，应长期观测围岩变形及围岩应力变化，在洞室上方施工巷道及水幕巷道中，宜长期安装监测围岩稳定性的监测仪。

2 对地下水压力进行监测，这条主要用于施工及生产过程中。在水幕孔中充满水，进行洞室施工掘进时封堵裂隙水，在水幕巷道及施工巷道中在洞室顶上钻孔。孔深距洞室顶不同的标高，测量每个测孔内地下水的压力，可以掌握地下水在距洞室顶不同高度时地下水的压力，并根据洞室施工及对地下水封堵的情况，测点压力变化情况，来判断地下水在洞室顶覆盖情况。投产后可以直接观测洞罐上方地下水压力变化，掌握地下水位的变动情况。

9 消 防 设 施

9.1 一 般 规 定

9.1.1 水封洞库是用来储存石油及其产品的油库，具有一定的火灾危险性，所以在地面部分和操作巷道内应设消防设施。

9.1.2 水封洞库是在稳定地下水位以下的岩体中挖掘的洞室，用来储存石油及其产品，由洞室组成的储油洞罐上部空间一般充满氮气，不能形成燃烧和爆炸条件，故地下洞罐不考虑消防措施。地上部分火灾危险性较大的仅有泵棚（房）、计量棚（房）、竖井口、油气回收设施和污水处理场的调节罐、除油设施；地下部分火灾危险性较大的仅有操作巷道。同地上油库相比，水封洞库火灾危险性小，非常安全，故可不配备专业消防车辆和专业消防人员。当地上部分有地上油罐时，应符合现行国家标准《石油库设计规范》GB 50074 的规定。

扑救一次火灾最大用水量不小于 45L/s，火灾延续供水时按 3h 计算，是参照现行国家标准《原油天然气工程设计防火规范》GB 50183 第 8.6.1 条的规定：“石油天然气生产装置区的消防水量应根据油气、站设计规模、火灾危险性类别及固定消防设施的设置情况等综合考虑确定。火灾延续时间按 3h 计算。”其中规定五级站场最大用水量 20L/s，四级站场 30L/s，三级站场 45L/s。石油洞库的地上部分和操作巷道的火灾危险远低于石油天然气生产的三级站场，但考虑水封洞库的储量一般高于 100 万 m³，且属于国家油品储备，提高消防能力，取石油天然气生产三级站场的数值。

辅助生产设施的消防水量同现行国家标准《石油化工企业防火设计规范》GB 50160 第 7.3.6 条。

9.1.3 当水封洞库设操作巷道时，应考虑操作巷道内管道、阀门、法兰等可能泄漏物料发生火灾时的消防。所以，除设置必要的消防器材外，沿操作巷道距离不大于 60m 及每座竖井口附近布置消火栓是合理的。

9.2 灭火器材配置

9.2.1 灭火器材对于扑救零星火灾是很有效的，干粉和泡沫能够导电，适用于油品火灾，不适合于控制

室、电话间、化验室等场所的火灾。

油品通过竖井口进出水封洞库，竖井口和竖井操作区设置灭火器、灭火毯及灭火砂是为了扑救初期和零星火灾。

10 给排水及污水处理

10.1 给 水

10.1.3 库区水源供水能力，是参照现行国家标准《石油库设计规范》GB 50074 制定的。

10.3 污水处理

10.3.3 水封洞库的含油裂隙污水量，可根据水文地质勘察报告和工程实际情况确定。为了稳定污水处理效果和便于操作，应设置调节池调节污水量和水质。调节池容积过大造成占地和投资增加，过小则不能满足调节污水处理的能力，综合考虑调节池容积按洞库裂隙水 5d 的排出量较适宜。

10.3.4 处理后的污水达标后宜回用主要是考虑节省能源和水资源。

11 电 气

11.1 供 配 电

11.1.1 水封洞库的库容量一般都很大，电力负荷多为装卸油作业用电和地下水封系统的用电，根据电力负荷分类标准将水封洞库的生产用电定为二级负荷。

11.1.2 自动控制、通信及事故照明等要求不允许中断供电的负荷，所以采用不间断电源装置（UPS）供电，根据需要，蓄电池的后备供电时间一般为 30min。

11.1.3 本条为库区变（配）电所的供配电电压的选择原则。

11.1.4 为安全操作与管理，对洞库的关键设备如潜油（水）泵、输油泵等考虑设置紧急手动操作系统是必要的。

11.2 防雷及防静电

11.2.1 此条是为防止高电位传入的措施。

11.2.4 因静电的电位较高，电流较小，其接地装置的接地电阻一般不大于 100Ω 即可，国外也有资料介绍不大于 1000Ω，目前国内一般采用不大于 100Ω。

11.2.5 不同用途的接地可共用一个总的接地装置，其接地电阻应符合其中最小值的要求，在一些行业的规范、设计手册均有这一规定数值，这一数值在过去的设计中均已采用，未发现问题。

11.3 监测及报警

11.3.1 地下水封洞库储量比较大，生产人员较少，一般库址多在临海山区，为便于在中心控制室监视库区各个地方，应设置电视监控系统，便于安全生产管理。

11.3.2 在库区易发生火灾的部位，均应设置火灾报警设施，便于及时发现火灾，将火灾消灭在萌芽中。

12 仪表及控制

12.0.2 对洞罐仪表设置的说明如下：

3、4 这两款是根据欧洲标准 Gas supply systems-Underground gas storage-Part 4：Functional recommendations for storage in rock caverns SS-EN1918-4 中的有关规定及欧洲已建成的水封洞库中液位和界面变送器的设置情况而提出的。

在水封洞库中，洞罐液位和界面是过程控制和安全联锁的重要参数，设置两套独立的液位变送器和界面变送器是为了保证液位和界面的可靠测量，提高过程控制系统的可靠性和安全性，满足生产过程自动控制和安全联锁的要求。

12.0.3 本条中规定"其变送单元宜安装在竖井操作区内"是为了仪表安装、调试、维护和维修方便。

12.0.4 根据欧洲标准《Gas supply systems-Underground gas storage-Part 4：Functional recommendations for storage in rock caverns》SS-EN1918-4 中的有关规定，参考欧洲及国内近几年已建成的水封洞库中地震监测仪的设置情况提出本条。

该设施安装投用后无法维修和更换，设计中应选用技术成熟、质量可靠的产品以保证其长期安全稳定地运行。

12.0.5 本条是参考欧洲及国内近几年已建成的水封洞库中地下水压力监测设施的设置情况而提出的。

设置地下水压力监测设施的目的是对地下水压力进行长期监测。该设施投用后无法维修和更换，设计中应选用技术成熟、质量可靠的产品以保证其长期安全稳定的运行。

12.0.7 为保证洞库安全生产，独立设置安全监测与控制系统，对全库运转设备的各种参数做到随时掌握控制。

13 采暖、通风和空气调节

13.1 采 暖

13.1.1 规定按气象指标划分集中采暖区，是根据国家对设置集中采暖的条件所规定的统一气象指标。

13.1.3 根据国务院 1986 年发布的《节约能源管理暂行条例》规定："建筑物的采暖设施，应当根据经济合理的原则，采用或者改为热水采暖"。实践证明，热水采暖较蒸汽采暖具有明显的经济效果，因此规定了采暖供热介质宜为热水。

13.1.5 表 13.1.5 中规定的冬季室内采暖计算温度，均为以往设计中采用的数据。

13.2 通 风

13.2.1 本条规定了水封洞库内建筑物通风换气的基本原则。这些建筑一般均为两面开窗开门，具有良好的自然通风条件，自然通风可有效地消除余热和冲淡油气浓度，因此强调充分利用自然通风。

13.2.2 对竖井操作区通风设计要求说明如下：

1 水封洞库竖井上部有封闭建筑物时，内设有输油管线及阀门仪表，为了防止油气在建筑物内的上部空间聚集，特别装有吊车时，油气的聚集会影响操作人员的健康和造成安全事故，故规定应设置机械通风，其换气次数不得小于 10 次/h。这一规定与同类规范比较是较适宜的。

13.3 空气调节

13.3.2 该条文依据现行国家标准《电工电子产品应用环境条件》GB 4798.1 和有关规定，对氯气含量一项加以严格限制。

14 环保及安全卫生

14.1 环 保

14.1.1 国家标准是我国境内项目应遵守执行的基本标准，故项目大气污染物排放执行国家标准是必要的。

14.1.4 对库区内生产及维修过程中产生的各种固体废弃物进行无害化处理是环境保护的基本要求。固体废弃物无害化处理的途径很多，应根据废弃物的特性，按照国家有关规定以及规范的要求，首先考虑固体废弃物的资源化处理。

14.1.5 在工程建设过程中产生的废渣、废水、振动、废气等危害因素对自然保护区、文物保护区以及其他环境敏感区等周边环境可能造成不良影响时，应按国家相关规范，采取有效的预防、保护及恢复等措施。

水封洞库的工程建设、运行与维护等各个过程，不应对自然环境和周边社会环境造成不良影响。因此，应根据项目具体情况，按国家相关规范的规定，对项目潜在的危害因素进行辨识和评估，针对存在的主要环境问题，提出解决的对策，采取有效的预防、保护及恢复等措施。

14.1.6 水封洞库进油时，可以排出与进油量体积相当的可燃性的油气，为了保护环境，消除火灾爆炸安全事故隐患，对洞库进油时排出的油气应采取回收或其他安全方式进行处理。

14.2 劳动安全卫生

14.2.2 为了保证劳动过程和事故救援过程中工作人员的安全，应根据水封洞库生产运行和生产维护过程中使用的生产介质的特性，结合实际生产工艺方案和维护方案，分析评估各种可能发生的生产事故，从而提出便携式有毒有害气体检测仪和空气呼吸器等劳动及安全防护用具的配备要求。

15 节 能

本章主要根据《中华人民共和国节约能源法》的相关条文，结合水封洞库工程的特点制定。

中华人民共和国国家标准

医药工业洁净厂房设计规范

Code for design of pharmaceutical industry clean room

GB 50457—2008

主编部门：中 国 医 药 工 程 设 计 协 会
批准部门：中华人民共和国住房和城乡建设部
施行日期：２ ０ ０ ９ 年 ６ 月 １ 日

中华人民共和国住房和城乡建设部
公　告

第 159 号

关于发布国家标准
《医药工业洁净厂房设计规范》的公告

现批准《医药工业洁净厂房设计规范》为国家标准，编号为 GB 50457—2008，自 2009 年 6 月 1 日起实施。其中，第 3.2.1、3.2.6、4.2.4、5.1.2（1、2、3）、5.1.6、5.1.7、5.1.8、5.1.14（1、2）、5.2.1（2）、5.2.2（1、2、5、7、8）、5.3.1、5.3.2、5.4.3（1、2、4）、6.1.2、6.1.4、6.1.9、6.4.1、6.4.2、6.4.3、6.4.5、7.1.1、7.1.8、7.2.2、7.2.3、7.2.5、7.2.12（1、2）、8.1.6、8.2.1、8.2.3、8.2.4、8.2.5、8.2.6、8.2.8、8.2.9、8.3.8（1、4）、9.1.3、9.1.4、9.2.5、9.2.7、9.2.8、9.2.10（3、4、5）、9.2.14、9.2.15、9.2.19、9.3.4、9.4.3、9.4.4、9.5.4、9.6.1、9.6.2、9.6.3、9.6.4、10.3.1、10.3.2、10.3.3、10.3.4（1）、10.4.1、10.4.2、10.4.3（2、3、4）、10.4.4、10.4.5、10.4.6（1）、11.2.7、11.2.8、11.3.3、11.3.4、11.3.5、11.3.6、11.4.3、11.4.4 条（款）为强制性条文，必须严格执行。

本规范由我部标准定额研究所组织中国计划出版社出版发行。

中华人民共和国住房和城乡建设部
二○○八年十一月十二日

前　　言

本规范是根据建设部"关于印发《2005 年工程建设标准规范制订、修订计划（第二批）》的通知"（建标函〔2005〕124 号）的要求，由中国石化集团上海工程有限公司会同中国医药集团武汉医药设计院和中国医药集团重庆医药设计院编制而成的。

本规范在编制过程中，结合近年来国内外 GMP《药品生产质量管理规范》和洁净技术的发展以及工程建设的实践，广泛征求了有关单位的意见，最后经审查定稿。

本规范中以黑体字标志的条文为强制性条文，必须严格执行。

本规范由住房和城乡建设部负责管理和对强制性条文的解释，由中国石化集团上海工程有限公司负责具体技术内容的解释。在本规范执行过程中，希望各单位结合工程实践，认真总结经验，如有需要修改和补充之处，请将意见和建议寄交中国石化集团上海工程有限公司（地址：上海市浦东新区张杨路 769 号，邮编 200120），以便今后修订时参考。

本规范主编单位、参编单位和主要起草人：

主 编 单 位： 中国石化集团上海工程有限公司

参 编 单 位： 中国医药集团武汉医药设计院
中国医药集团重庆医药设计院

主要起草人： 缪德骅　王福国　汪征飏　吴天和
刘　琳　陈宇奇　李安康　唐晓方
顾继红　俞友财　杨丽敏　陈芩晔
杨　军　杨一心　韩立新　黄金富
刘　元　吴　霞

目　　次

1 总　则

1.0.1 为在医药工业洁净厂房设计中贯彻执行国家有关方针政策和《药品生产质量管理规范》，做到技术先进、经济适用、安全可靠、确保质量，满足节约能源和环境保护的要求，制定本规范。

1.0.2 本规范适用于新建、扩建和改建的医药工业洁净厂房的设计。

1.0.3 医药工业洁净厂房的设计，应为施工安装、系统设施验证、维护管理、检修测试和安全运行创造必要的条件。

1.0.4 医药工业洁净厂房的设计，除应执行本规范外，尚应符合现行的国家有关标准的规定。

2 术　语

2.0.1 医药洁净室（区）　pharmaceutical clean room（zone）

空气悬浮粒子和微生物浓度，以及温度、湿度、压力等参数受控的房间或限定空间。

2.0.2 人员净化用室　room for cleaning human body

人员在进入洁净区之前按一定程序进行净化的房间。

2.0.3 物料净化用室　room for cleaning material

物料在进入洁净区之前按一定程序进行净化的房间。

2.0.4 悬浮粒子　airborne particles

用于空气洁净度分级的空气中悬浮粒子尺寸范围在 $0.5\sim5\mu m$ 的固体和液体粒子。

2.0.5 微生物　microorganisms

能够复制或传递基因物质的细菌或非细菌的微小生物实体。

2.0.6 含尘浓度　particle concentration

单位体积空气中悬浮粒子的颗数。

2.0.7 含菌浓度　microorganisms concentration

单位体积空气中微生物的数量。

2.0.8 空气洁净度　air cleanliness

以单位体积中空气某粒径粒子和微生物的数量来区分的洁净程度。

2.0.9 气流流型　air pattern

室内空气的流动形态和分布状态。

2.0.10 单向流　unidirectional airflow

沿单一方向呈平行流线并且横断面上风速一致的气流。

2.0.11 非单向流　non-unidirectional airflow

凡不符合单向流定义的气流。

2.0.12 混合流　mixed airflow

单向流和非单向流组合的气流。

2.0.13 气闸室　air lock

在洁净室（区）出入口，为了阻隔室外或邻室气流和压差控制而设置的房间。

2.0.14 传递柜　pass box

在洁净室隔墙上设置的传递物料和工器具的开口。两侧装有不能同时开启的柜门。

2.0.15 洁净工作服　clean working garment

为把工作人员产生的粒子和微生物限制在最低程度，所使用的发尘、发菌量少的洁净服装。

2.0.16 空态　as-built

设施已经建成，所有动力接通并运行，但无生产设备、材料及人员。

2.0.17 静态　at-rest

设施已经建成，生产设备已经安装，并按业主及供应商同意的状态运行，但无生产人员。

2.0.18 动态　operational

设施以规定的状态运行，有规定的人员在场，并在商定的状态下进行工作。

2.0.19 高效空气过滤器　high efficiency particulate air filter

在额定风量下，对粒径大于等于 $0.3\mu m$ 粒子的捕集效率在99.97％以上及气流阻力在254Pa以下的空气过滤器。

2.0.20 工艺用水　process water

药品生产工艺中使用的水，包括饮用水、纯化水和注射用水。

2.0.21 纯化水　purity water

蒸馏法、离子交换法、反渗透或其他适宜的方法制得的，不含任何附加剂，供药用的水。

2.0.22 注射用水　water for injection

纯化水经蒸馏制得的水。

2.0.23 专用消防口　fire-firing access

消防人员为灭火而进入建筑物的专用入口。

2.0.24 自净时间　cleanliness recovery characteristic

洁净室被污染后，净化空调系统从开始运行至恢复到稳定的规定室内洁净度等级的时间。

2.0.25 无菌洁净室　sterile clean room

用于无菌作业的洁净室。

2.0.26 浮游菌　airborne viable particles

医药洁净室（区）悬浮在空气中的菌落。

2.0.27 沉降菌　sedimental viable particles

医药洁净室（区）沉降在物体表面的菌落。

2.0.28 无菌　sterile

不存在活的微生物。

2.0.29 灭菌　sterilize

使非无菌体达到无菌状态。

2.0.30 无菌药品　sterile product

法定药品标准中列有无菌检查的制剂。

2.0.31 非无菌药品　non-sterile product

法定药品标准中未列无菌检查的制剂。

2.0.32 验证 validation

证明任何程序、生产过程、设备、物料、活动或系统确实能达到预期效果的有文件证明的一系列活动。

2.0.33 在位清洗 cleaning in place

系统或设备在原安装位置不作任何移动条件下的清洗。

2.0.34 在位灭菌 sterilization in place

系统或设备在原安装位置不作任何移动条件下的灭菌。

3 生产区域的环境参数

3.1 一 般 规 定

3.1.1 药品生产区域应符合国家现行《药品生产质量管理规范》关于环境参数的规定。

3.1.2 医药洁净室（区）应以微粒和微生物为主要控制对象，同时还应规定医药洁净室（区）环境的温度、湿度、压差、照度、噪声等参数。

3.1.3 环境空气中不应有异味以及有碍药品质量和人体健康的气体。

3.2 环境参数的设计要求

3.2.1 医药洁净室（区）的空气洁净度等级应按表3.2.1 划分。

表 3.2.1 医药洁净室（区）空气洁净度等级

空气洁净度等级	悬浮粒子最大允许数（个/m³）		微生物最大允许数	
	≥0.5μm	≥5μm	浮游菌（cfu/m³）	沉降菌（cfu/皿）
100	3500	0	5	1
10000	350000	2000	100	3
100000	3500000	20000	500	10
300000	10500000	60000	—	15

注：1 在静态条件下医药洁净室（区）监测的悬浮粒子数、浮游菌数或沉降菌数必须符合规定。测试方法应符合现行国家标准《医药工业洁净室（区）悬浮粒子的测试方法》GB/T 16292、《医药工业洁净室（区）浮游菌的测试方法》GB/T 16293 和《医药工业洁净室（区）沉降菌的测试方法》GB/T 16294 的有关规定；
　　 2 空气洁净度100级的医药洁净室（区），应对大于等于5μm尘粒的计数多次采样，当大于等于5μm尘粒多次出现时，可认为该测试数值是可靠的。

3.2.2 药品生产有关工序和环境区域的空气洁净度等级应符合国家现行《药品生产质量管理规范》和

附录 A 的要求。

3.2.3 医药洁净室（区）的温度和湿度，应符合下列规定：

　　1 生产工艺对温度和湿度无特殊要求时，空气洁净度100、10000级的医药洁净室（区）温度应为20～24℃，相对湿度应为45%～60%；空气洁净度100000级、300000级的医药洁净室（区）温度应为18～26℃，相对湿度应为45%～65%。

　　2 生产工艺对温度和湿度有特殊要求时，应根据工艺要求确定。

　　3 人员净化及生活用室的温度，冬季应为16～20℃，夏季应为26～30℃。

3.2.4 不同空气洁净度等级的医药洁净室（区）之间以及医药洁净室（区）与非洁净室（区）之间的空气静压差不应小于5Pa，医药洁净室（区）与室外大气的静压差不应小于10Pa。

3.2.5 医药洁净室（区）应根据生产要求提供照度，并应符合下列规定：

　　1 主要工作室一般照明的照度值宜为300 lx。

　　2 辅助工作室、走廊、气闸室、人员净化和物料净化用室的照度值不宜低于150 lx。

　　3 对照度有特殊要求的生产部位可设置局部照明。

3.2.6 非单向流医药洁净室（区）的噪声级（空态）不应大于60dB（A），单向流和混合流医药洁净室（区）的噪声级（空态）不应大于65dB（A）。

4 厂址选择和总平面布置

4.1 厂 址 选 择

4.1.1 厂区位置的选择，应经技术经济方案比较后确定，并应符合下列规定：

　　1 应设置在大气含尘浓度、含菌浓度和含有害气体浓度低，且自然环境好的区域。

　　2 宜远离铁路、码头、机场、交通要道，以及散发大量粉尘和有害气体的工厂、仓储、堆场，远离严重空气污染、水质污染、振动或噪声干扰的区域；如不能远离以上区域时，则应位于其最大频率风向上风侧。

4.1.2 医药工业洁净厂房新风口与市政交通主干道近基地侧道路红线之间的距离宜大于50m。

4.2 总 平 面 布 置

4.2.1 厂区的总平面布置应符合国家有关工业企业总体设计要求，并应满足环境保护的要求，同时应防止交叉污染。

4.2.2 厂区应按生产、行政、生活和辅助等功能布局。

4.2.3 医药工业洁净厂房应布置在厂区内环境整洁，且人流和货流不穿越或少穿越的地段，并应根据药品生产特点布局。

兼有原料药和制剂生产的药厂，原料药生产区应位于制剂生产区全年最大频率风向的下风侧。三废处理、锅炉房等有严重污染的区域，应位于厂区全年最大频率风向的下风侧。

4.2.4 青霉素类等高致敏性药品的生产厂房，应位于其他生产厂房全年最大频率风向的下风侧。

4.2.5 动物房的设置，应符合现行国家标准《实验动物环境及设施》GB/T 14925 等的有关规定。

4.2.6 医药工业洁净厂房周围宜设置环形消防车道，如有困难，可沿厂房的两个长边设置消防车道。

4.2.7 厂区主要道路的设置，应符合人流与货流分流的要求。医药工业洁净厂房周围道路面层，应采用整体性好、发尘少的材料。

4.2.8 医药工业洁净厂房周围应绿化。厂区内宜减少露土面积，不应种植易散发花粉或对药品生产产生不良影响的植物。

5 工艺设计

5.1 工艺布局

5.1.1 工艺布局应符合生产工艺流程及空气洁净度等级的要求，并应根据工艺设备安装和维修、管线布置、气流流型以及净化空调系统等各种技术措施的要求综合确定。

5.1.2 工艺布局应防止人流和物流之间的交叉污染，并应符合下列基本要求：

1 应分别设置人员和物料进出生产区域的出入口。对在生产过程中易造成污染的物料应设置专用出入口。

2 应分别设置人员和物料进入医药洁净室（区）前的净化用室和设施。

3 医药洁净室（区）内工艺设备和设施的设置，应符合生产工艺要求。生产和储存的区域不得用作非本区域内工作人员的通道。

4 输送人员和物料的电梯宜分开设置。电梯不应设置在医药洁净室内。需设置在医药洁净区的电梯，应采取确保医药洁净区空气洁净度等级要求的措施。

5 医药工业洁净厂房内物料传递路线宜短。

5.1.3 在符合工艺条件的前提下，医药工业洁净厂房内各种固定技术设施的布置，应根据净化空气调节系统的要求综合协调。

5.1.4 医药洁净室（区）的布置，应符合下列要求：

1 在满足生产工艺和噪声级要求的前提下，空气洁净度等级高的医药洁净室（区）宜靠近空气调节机房布置，空气洁净度等级相同的工序和医药洁净室（区）的布置宜相对集中。

2 不同空气洁净度等级医药洁净室（区）之间的人员出入和物料传送，应有防止污染措施。

5.1.5 医药工业洁净厂房内，宜靠近生产区设置与生产规模相适应的原辅物料、半成品和成品存放区域。存放区域内宜设置待验区和合格品区，也可采取控制物料待检和合格状态的措施。不合格品应设置专区存放。

5.1.6 青霉素类等高致敏性药品的生产厂房应独立设置。避孕药品、卡介苗、结核菌素的生产厂房必须与其他药品的生产厂房分开设置。

5.1.7 下列药品生产区之间，必须分开布置：

1 β—内酰胺结构类药品生产区与其他生产区。

2 中药材的前处理、提取和浓缩等生产区与其制剂生产区。

3 动物脏器、组织的洗涤或处理等生产区与其制剂生产区。

4 含不同核素的放射性药品的生产区。

5.1.8 下列生物制品的原料和成品，不得同时在同一生产区内加工和灌装：

1 生产用菌毒种与非生产用菌毒种。

2 生产用细胞与非生产用细胞。

3 强毒制品与非强毒制品。

4 死毒制品与活毒制品。

5 脱毒前制品与脱毒后制品。

6 活疫苗与灭活疫苗。

7 不同种类的人血液制品。

8 不同种类的预防制品。

5.1.9 生产辅助用室的布置和空气洁净度等级，应符合下列要求：

1 取样室宜设置在仓储区内，取样环境的空气洁净度等级应与使用被取样物料的医药洁净室（区）相同。无菌物料取样室应为无菌洁净室，取样环境的空气洁净度等级应与使用被取样物料的无菌操作环境相同，并应设置相应的物料和人员净化用室。

2 称量室宜设置在生产区内，称量室的空气洁净度等级应与使用被称量物料的医药洁净室（区）相同。

3 备料室宜靠近称量室布置，备料室的空气洁净度等级应与称量室相同。

4 设备、容器及工器具的清洗和清洗室的设置，应符合下列要求：

1) 空气洁净度 100 级、10000 级医药洁净室（区）的设备、容器及工器具宜在本区域外清洗，其清洗室的空气洁净度等级不应低于 100000 级。

2) 如需在医药洁净区内清洗的设备、容器及工器具，其清洗室的空气洁净度等级应与该医药洁净区相同。

　　3）设备、容器及工器具洗涤后应干燥，并应在与使用该设备、容器及工器具的医药洁净室（区）相同的空气洁净度等级下存放。无菌洁净室（区）的设备、容器及工器具洗涤后应及时灭菌，灭菌后应在保持其无菌状态措施下存放。

5.1.10　医药洁净室（区）的清洁工具洗涤和存放室不宜设置在洁净区域内。如需设置在洁净区域内时，医药洁净室（区）的空气洁净度等级应与使用清洁工具的洁净室（区）相同。

　　无菌洁净区域内不应设置清洁工具洗涤和存放室。

5.1.11　洁净工作服洗涤、干燥和整理，应符合下列要求：

　　1　空气洁净度100000级及以上的医药洁净室（区）的洁净工作服洗涤、干燥和整理室，其空气洁净度等级不应低于300000级。

　　2　空气洁净度300000级的医药洁净室（区）的洁净工作服可在清洁环境下洗涤和干燥。

　　3　不同空气洁净度等级的医药洁净室（区）内使用的工作服，应分别清洗和整理。

　　4　无菌工作服的洗涤和干燥设备宜专用。洗涤干燥后的无菌工作服应在空气洁净度100级单向流下整理，并应及时灭菌。

5.1.12　无菌洁净室的设置，应根据本规范第5.1.9、5.1.13条和附录A确定。

5.1.13　质量控制实验室的布置和空气洁净度等级，应符合下列规定：

　　1　检验、中药标本、留样观察以及其他各类实验室应与药品生产区分开设置。

　　2　各类实验室的设置，应符合下列要求：

　　1）阳性对照、无菌检查、微生物限度检查和抗生素微生物检定等实验室，以及放射性同位素检定室等应分开设置。

　　2）无菌检查室、微生物限度检查实验室应为无菌洁净室，其空气洁净度等级不应低于10000级，并应设置相应的人员净化和物料净化设施。

　　3）抗生素微生物检定实验室和放射性同位素检定室的空气洁净度等级不宜低于100000级。

　　3　有特殊要求的仪器应设置专门仪器室。

　　4　原料药中间产品质量检验对生产环境有影响时，其检验室不应设置在该生产区内。

5.1.14　下列情况的医药洁净室（区）应予以分隔：

　　1　生产的火灾危险性分类为甲、乙类与非甲、乙类生产区之间或有防火分隔要求时。

　　2　按药品生产工艺有分隔要求时。

　　3　生产联系少，且经常不同时使用的两个生产区域之间。

5.1.15　医药工业洁净厂房应设置防止昆虫和其他动物进入的设施。

5.2　人员净化

5.2.1　医药工业洁净厂房内人员净化用室和生活室的设置，应符合下列要求：

　　1　人员净化用室应根据产品生产工艺和空气洁净度等级要求设置。不同空气洁净度等级的医药洁净室（区）的人员净化用室宜分别设置。空气洁净度等级相同的无菌洁净室（区）和非无菌洁净室（区），其人员净化用室应分别设置。

　　2　人员净化用室应设置换鞋、存外衣、盥洗、消毒、更换洁净工作服、气闸等设施。

　　3　厕所、淋浴室、休息室等生活用室可根据需要设置，但不得对医药洁净室（区）产生不良影响。

5.2.2　人员净化用室和生活用室的设计，应符合下列要求：

　　1　人员净化用室入口处，应设置净鞋设施。

　　2　存外衣和更换洁净工作服的设施应分别设置。

　　3　外衣存衣柜应按设计人数每人一柜设置。

　　4　人员净化用室的空气净化要求，应符合本规范第9.2.11条的规定。

　　5　盥洗室应设置洗手和消毒设施。

　　6　厕所和浴室不得设置在医药洁净区域内，宜设置在人员净化用室外。需设置在人员净化用室内的厕所应有前室。

　　7　医药洁净区域的入口处应设置气闸室；气闸室的出入门应采取防止同时被开启的措施。

　　8　青霉素等高致敏性药品、某些甾体药品、高活性药品及有毒害药品的人员净化用室，应采取防止有毒有害物质被人体带出人员净化用室的措施。

5.2.3　医药工业洁净厂房内人员净化用室和生活室的面积，应根据不同空气洁净度等级和工作人员数量确定。

5.2.4　医药洁净室（区）的人员净化程序宜按图5.2.4布置。

```
换 →  更  →  洗  →  更换  → 手 → 气 → 洁
外    手      洁净       毒   消  闸   净
鞋 ←  衣  ←   工作服  ←        室 ← 室  室（区）
```

图5.2.4　医药洁净室（区）人员净化程序

5.3　物料净化

5.3.1　医药洁净室（区）的原辅物料、包装材料和其他物品出入口，应设置物料净化用室和设施。

5.3.2　进入无菌洁净室（区）的原辅物料、包装材料和其他物品，除应满足本规范第 5.3.1 条的规定外，尚应在出入口设置供物料、物品灭菌用的灭菌室和灭菌设施。

5.3.3 物料清洁室或灭菌室与医药洁净室（区）之间，应设置气闸室或传递柜。

5.3.4 传递柜密闭性应好，并应易于清洁。两边的传递门应有防止同时被开启的措施。传递柜的尺寸和结构，应满足传递物品的大小和重量所需要求。传送至无菌洁净室（区）的传递柜应设置相应的净化设施。

5.3.5 生产过程中产生的废弃物出口，宜单独设置专用传递设施，不宜与物料进口合用一个气闸室或传递柜。

5.4 工艺用水

5.4.1 饮用水的制备和使用，应符合下列要求：

　　1 饮用水的制备方式，应保证其水质符合现行国家标准《生活饮用水卫生标准》GB 5749 的有关规定。

　　2 饮用水的储存和输送，应符合本规范第 10.2.1 和 10.2.2 条的规定。

5.4.2 纯化水的制备、储存和分配，应符合下列要求：

　　1 纯化水的制备方式，应保证其水质电阻率大于 $0.5M\Omega \cdot cm$，并应符合现行《中华人民共和国药典》的纯化水标准的规定。

　　2 用于纯化水储罐和输送管道、管件等的材料，应无毒、耐腐蚀、易于消毒，并宜采用内壁抛光的优质不锈钢或其他不污染纯化水的材料。储罐的通气口应安装不脱落纤维的疏水性过滤器。

　　3 纯化水输送管道系统应采取循环方式。设计和安装时不应出现使水滞留和不易清洁的部位。循环的干管流速宜大于1.5m/s，不循环的支管长度不应大于管径的6倍。纯化水终端净化装置的设置应靠近使用点。

　　4 纯化水储罐和输送系统，应有清洗和消毒措施。

5.4.3 注射用水的制备、储存和使用，应符合下列要求：

　　1 注射用水的制备方式，应保证其水质符合现行《中华人民共和国药典》的注射用水标准的规定。

　　2 用于注射用水储罐和输送管道、管件等的材料，应无毒、耐腐蚀，并应采用内壁抛光的优质低碳不锈钢管或其他不污染注射用水的材料。储罐的通气口应安装不脱落纤维的疏水性除菌器。

　　3 注射用水的储存可采用65℃以上保温循环的方式，也可采用80℃以上或4℃以下保温的方式。循环时干管流速宜大于 1.5 m/s。

　　4 注射用水输送管道系统应采取循环方式。

　　5 注射用水输送管道系统设计和安装时，不应出现使水滞留和不易清洁的部位。使用点不循环支管长度

不应大于管径的6倍。注射用水终端净化装置的设置应靠近使用点。

　　6 输送注射用水的不锈钢管道，应采用内壁无斑痕的对接氩弧焊焊接。需要拆洗的不锈钢管道宜采用卡箍式、法兰等优质低碳不锈钢卫生管件连接，法兰垫片材料宜采用聚四氟乙烯。不锈钢管道焊接后宜钝化。

　　7 注射用水储罐和输送系统，应设置在位清洗和在位灭菌设施。

5.4.4 医药洁净室（区）内工艺用水系统的验证，应符合附录C的规定。

6 工 艺 管 道

6.1 一 般 规 定

6.1.1 医药洁净室（区）内应少敷设管道。工艺管道的干管，宜敷设在技术夹层或技术夹道中。需要拆洗和消毒的管道宜明敷。易燃、易爆、有毒物料管道应明敷，当需穿越技术夹层时，应采取安全密封措施。

6.1.2 管道在设计和安装时，不应出现使输送介质滞留和不易清洁的部位。

6.1.3 在满足工艺要求的前提下，工艺管道宜短。

6.1.4 工艺管道的干管系统应设置吹扫口、放净口和取样口。

6.1.5 输送纯化水的干管应符合本规范第 5.4.2 条的规定，输送注射用水的干管应符合本规范第 5.4.3 条的规定。

6.1.6 工艺管道不宜穿越与其无关的医药洁净室（区）。

6.1.7 输送有毒、易燃、有腐蚀性介质的工艺管道，应根据介质的理化性质控制物料的流速，并应符合本规范第 6.4 节的有关规定。

6.1.8 与药品直接接触的工业气体净化装置，应根据气源和生产工艺对气体纯度的要求选择。气体终端净化装置的设置，应靠近气点。

6.1.9 可燃气体和氧气管道的末端或最高点应设置放散管。引至室外的放散管应高出屋面 1m，并应采取防雨和防异物侵入措施。

6.2 管道材料、阀门和附件

6.2.1 管道、管件等材料和阀门应根据所输送物料的理化性质和使用工况选用。采用的材料和阀门应满足工艺要求，不应吸附和污染介质。

6.2.2 工艺物料的干管不宜采用软性管道，不得采用铸铁、陶瓷、玻璃等脆性材料。当采用塑性较差的材料时，应有加固和保护措施。

6.2.3 输送无菌介质和成品的管道材料宜采用内壁抛光的优质低碳不锈钢或其他不污染物料的材料；输送纯水的管道材料应符合本规范第5.4.2条的规定；输送注射用水的管道材料应符合本规范第5.4.3条的规定。

6.2.4 引入医药洁净室（区）的明敷管道，应采用不锈钢或其他不污染环境的材料。

6.2.5 工艺管道上的阀门、管件材质，应与连接的管道材质相适应。

6.2.6 医药洁净室（区）内采用的阀门、管件除应满足工艺要求外，尚应采用拆卸、清洗和检修方便的结构形式。

6.2.7 管道与设备宜采用金属管材连接。采用软管连接时，应采用金属软管。

6.3 管道的安装、保温

6.3.1 工艺管道的连接宜采用焊接。不锈钢管应采用内壁无斑痕的对接氩弧焊。

6.3.2 管道与阀门连接宜采用法兰、螺纹或其他密封性能优良的连接件。接触工艺物料的法兰和螺纹的密封圈应采用不易污染介质的材料。

6.3.3 穿越医药洁净室（区）墙、楼板、顶棚的管道应敷设套管，套管内的管段不应有焊缝、螺纹和法兰。管道与套管之间应有密封措施。

6.3.4 医药洁净室（区）内的管道，应排列整齐，宜减少阀门、管件和管道支架的设置。管道支架应采用不易锈蚀、表面不易脱落颗粒性物质的材料。

6.3.5 医药洁净室（区）内的管道，应根据管道的表面温度、发热或吸热量及环境的温度和湿度确定保温形式。冷保温管道的外壁温度不得低于环境的露点温度。

6.3.6 管道保温层表面应平整和光洁，不得有颗粒性物质脱落，并宜采用不锈钢或其他金属外壳保护。

6.3.7 医药洁净室（区）内的管道外壁，均应采取防锈措施。

6.3.8 医药洁净室（区）内的各类管道，均应设置指明内容物及流向的标志。

6.4 安全技术

6.4.1 存放及使用易燃、易爆、有毒介质设备的放散管应引至室外，并应设置相应的阻火装置、过滤装置和防雷保护设施。

6.4.2 输送易燃介质的管道，应设置导除静电的接地设施。

6.4.3 下列部位应设置易燃、易爆介质报警装置和事故排风装置，报警装置应与相应的事故排风装置相连锁：

1 甲、乙类火灾危险生产的介质入口室。

2 管廊、技术夹层或技术夹道内有易燃、易爆介质管道的易积聚处。

3 医药洁净室（区）内使用易燃、易爆介质处。

6.4.4 医药工业洁净厂房内不得使用压缩空气输送易燃、易爆介质。

6.4.5 各种气瓶应集中设置在医药洁净室（区）外。当日用气量不超过一瓶时，气瓶可设置在医药洁净室（区）内，但必须采取不积尘和易于清洁的措施。

7 设 备

7.1 一般规定

7.1.1 医药洁净室（区）内应采用防尘和防微生物污染的制药设备和设施。

7.1.2 用于制剂生产的配料、混合、灭菌等主要设备和用于原料药精制、干燥、包装的设备，其容量宜与批量相适应。

7.1.3 用于制剂包装的机械，应操作简单、不易产生差错。出现不合格、异物混入或性能故障时，应有调整或显示的功能。

7.1.4 制药设备和机械上的仪器仪表应计量准确，精确度应符合要求，调节控制应稳定。需控制计数的部位出现不合格或性能故障时，应有调整或显示功能。

7.1.5 制药设备保温层表面应平整和光洁，不得有颗粒性物质脱落。表面宜采用不锈钢或其他金属外壳保护。

7.1.6 当设备在不同空气洁净度等级的医药洁净室（区）之间安装时，应采用密封隔断装置。当确实无法密封时，应严格控制不同空气洁净度等级的医药洁净室（区）之间的压差。

7.1.7 空气洁净度10000级的医药洁净室（区）使用的传输设备不得穿越较低级别区域。

7.1.8 医药洁净室（区）内的各种设备均应选用低噪声产品。对于辐射噪声值超过洁净室容许值的设备，应设置专用隔声设施。

7.1.9 医药洁净室（区）与周围工程楼内强烈振动的设备及其管道连接时，应采取主动隔振措施。有精密设备、仪器仪表的医药洁净室（区），应根据各类振源对其影响采取被动隔振措施。

7.2 设计和选用

7.2.1 制药设备应结构简单、表面光洁和易于清洁。装有物料的制药设备应密闭。与物料直接接触的设备内壁，应光滑和平整，并应易于清洗、耐消毒和耐腐蚀。

7.2.2 与物料直接接触的制药设备内表面，应采用不与物料反应、不释放微粒、不吸附物料的材料。生产无菌药品的设备、容器、工器具等应采用优质低碳不锈钢。

7.2.3 制药设备的传动部件应密封，并应采取防止润滑油、冷却剂等泄漏的措施。

7.2.4 制药设备应经常清洗，需清洗和灭菌的零部件应易于拆装；不便移动的制药设备应设置在位清洗设施，需灭菌的制药设备应设置在位灭菌设施。

7.2.5 药液过滤不得使用吸附药物组分和释放异物的装置。

7.2.6 对生产中发尘量大的制药设备应设置捕尘装

置，排风应设置气体过滤和防止空气倒灌的装置。

7.2.7 与药物直接接触的干燥用空气、压缩空气、惰性气体等均应设置净化装置。经净化处理后，气体所含微粒和微生物应符合使用环境空气洁净度等级的要求。干燥设备出风口应有防止空气倒灌的装置。

7.2.8 有爆炸危险的设备的设计和选用，应符合现行国家标准《爆炸和火灾危险环境电力装置设计规范》GB 50058 等的有关规定。

7.2.9 医药洁净室（区）内设备的安装，不宜采用地脚螺栓。

7.2.10 制药设备应设置满足有关参数验证要求的测试点。

7.2.11 无菌洁净室（区）内的设备，除应符合本规范的规定外，尚应满足灭菌的需要。

7.2.12 特殊药品的生产设备，应符合下列规定：

1 青霉素类等高致敏性药品，β—内酰胺结构类药品，放射性类药品，卡介苗、结核菌素、芽孢杆菌类等生物制品，血液或动物脏器、组织类制品等的生产设备必须专用。

2 生产甾体激素类、抗肿瘤类药品制剂，当无法避免与其他药品交替使用同一设备时，应采取防护和清洁措施，并应进行设备清洁验证。

3 难以清洁的特殊药品的生产设备宜专用。

8 建 筑

8.1 一般规定

8.1.1 建筑平面和空间布局，应具有灵活性。医药洁净室（区）的主体结构宜采用大空间或大跨度柱网，不宜采用内墙承重体系。

8.1.2 医药工业洁净厂房围护结构的材料应满足保温、隔热、防火和防潮等要求。

8.1.3 医药工业洁净厂房主体结构的耐久性，应与室内装备和装修水平相适应，并应具有防火、控制温度变形和不均匀沉陷性能。厂房变形缝不宜穿越医药洁净室（区）；当需穿越时应有保证洁净区气密性的措施。

8.1.4 医药洁净室（区）应设置技术夹层或技术夹道。穿越楼层的竖向管线需暗敷时，宜设置技术竖井。技术夹层、技术夹道和技术竖井的形式、尺寸和构造，应满足风道和管线的安装、检修和防火要求。

8.1.5 医药洁净室（区）内的通道应留有适当宽度，物流通道宜设置防撞构件。

8.1.6 医药洁净室（区）的围护结构，应具有隔声性能。

8.2 防火和疏散

8.2.1 医药工业洁净厂房的耐火等级不应低于二级。

8.2.2 医药工业洁净厂房内防火分区最大允许的建筑面积，应符合下列规定：

1 甲、乙类医药工业洁净厂房，单层厂房宜为 3000m²，多层厂房宜为 2000m²。

2 丙、丁类医药工业洁净厂房，应符合现行国家标准《建筑设计防火规范》GB 50016 的有关规定。

8.2.3 医药洁净室（区）的顶棚和壁板（包括夹芯材料）应采用非燃烧体，且不得采用燃烧时产生有害物质的有机复合材料。顶棚的耐火极限不应低于 0.4h，壁板的耐火极限不应低于 0.5h，疏散走道的顶棚和壁板的耐火极限不应低于 1.0h。

8.2.4 技术竖井井壁应采用非燃烧体，其耐火极限不应低于 1.0h。井壁上检查门的耐火极限不应低于 0.6h；竖井内各层或间隔一层楼板处，应采用与楼板耐火极限相同的非燃烧体作水平防火分隔；穿越水平防火分隔的管线周围空隙，应采用耐火材料紧密填堵。

8.2.5 医药工业洁净厂房每一生产层、每一防火分区或每一洁净区的安全出口数目不应少于两个，但符合下列要求的可设一个：

1 甲、乙类生产厂房或生产区建筑面积不超过 100m²，且同一时间内的生产人数不超过 5 人。

2 丙、丁、戊类生产厂房，应符合现行国家标准《建筑设计防火规范》GB 50016 的有关规定。

8.2.6 安全出口应分散设置，从生产地点至安全出口不应经过曲折的人员净化路线，并应设置疏散标志，安全疏散距离应符合现行国家标准《建筑设计防火规范》GB 50016 的有关规定。

8.2.7 医药洁净区与非洁净区、医药洁净区与室外相通的安全疏散门应向疏散方向开启，并应加设闭门器，门扇四周应密闭。

8.2.8 医药工业洁净厂房及医药洁净室（区）同层外墙应设置供消防人员通往厂房洁净室（区）的门窗，门窗的洞口间距大于 80m 时，应在该段外墙设置专用消防口。

专用消防口的宽度不应小于 750mm，高度不应小于 1800mm，并应设置明显标志。楼层的消防口应设置阳台，并应从二层开始向上层架设钢梯。

8.2.9 有爆炸危险的医药洁净室（区）应设置泄压设施，其泄压值应符合现行国家标准《建筑设计防火规范》GB 50016 的有关规定。

8.3 室内装修

8.3.1 医药工业洁净厂房的建筑围护结构和室内装修，应采用气密性好且在温度和湿度变化的作用下变形小的材料。

8.3.2 医药洁净室（区）内装修应符合下列要求：

1 内表面应平整光滑、无裂缝、接口严密、无颗粒物脱落，并应耐清洗和耐消毒。

2 墙壁与地面交界处宜成弧形。踢脚不应突出墙面。

3 当采用砌体隔墙时，墙面应采用高级抹灰标准。

8.3.3 医药洁净室（区）的地面设计，应符合下列要求：

1 地面应满足生产工艺的要求。

2 地面应整体性好、平整、不开裂、耐磨、耐撞击和防潮，并应不易积聚静电且易于除尘清洗。

3 地面垫层宜配筋，潮湿地区垫层应做防潮构造。

8.3.4 医药工业洁净厂房技术夹层的墙面和顶棚应平整、光滑。需在技术夹层内更换高效空气过滤器时，其墙面和顶棚宜采用涂料饰面。

8.3.5 技术夹层采用轻质吊顶时，宜设置检修走道。

8.3.6 建筑风道和回风地沟的内表面装修，应与整个送、回风系统相适应，并应易于除尘。

8.3.7 医药洁净室（区）和人员净化用室设置外窗时，应采用气密性好的中空玻璃固定窗。

8.3.8 医药洁净室（区）内的门窗、墙壁、顶棚等的设计，应符合下列要求：

1 医药洁净室（区）内的门窗、墙壁、顶棚、地（楼）面的构造和施工缝隙，应采取密闭措施。

2 门框不宜设置门槛。

3 医药洁净区域的门、窗不宜采用木质材料。需采用时应经防腐处理，并应有严密的覆面层。

4 无菌洁净室（区）的门、窗不应采用木质材料。

8.3.9 医药洁净室（区）的门的大小应满足一般设备安装、修理和更换的要求。门宜朝空气洁净度等级较高的房间开启，并应加设闭门器。无窗洁净室的门上宜设置观察窗。

8.3.10 医药洁净室（区）的窗宜与内墙面齐平，不宜设置窗台。无菌洁净室的窗宜采用双层玻璃。

8.3.11 医药洁净室（区）内墙面与顶棚采用涂料面层时，应采用耐腐蚀、耐清洗、表面光滑和不易生霉的材料。

8.3.12 医药洁净室（区）内的色彩宜淡雅柔和。医药洁净室（区）内各表面材料的光反射系数，顶棚和墙面宜为 0.6～0.8，地面宜为 0.15～0.35。

8.3.13 医药洁净室（区）内装修材料的燃烧性能，应符合现行国家标准《建筑内部装修设计防火规范》GB 50222 的有关规定。

9 空 气 净 化

9.1 一 般 规 定

9.1.1 药品生产环境的空气洁净度等级的确定，除应符合本规范第 3.2.2 条的规定外，尚应符合下列要求：

1 医药洁净室（区）内有多种工序时，应根据生产工艺要求，采用相应的空气洁净度等级。

2 在满足生产工艺要求的前提下，医药洁净室的气流流型宜采用工作区局部净化或全室空气净化，也可采用工作区局部净化和全室空气净化相结合的形式。

9.1.2 医药洁净室（区）内温度、湿度、压差、噪声等环境参数的控制，应符合本规范第 3.2 节的规定。

9.1.3 医药洁净室（区）内的新鲜空气量，应取下列最大值：

1 补偿室内排风量和保持室内正压所需新鲜空气量。

2 室内每人新鲜空气量不应小于 40m³/h。

9.1.4 医药洁净室（区）与周围的空间，应按工艺要求维持正压差或负压差。

9.1.5 医药洁净室（区）不应采用散热器采暖。

9.1.6 医药洁净室（区）内的空气监测和净化空调系统维护要求，应符合附录 B 的规定。

9.1.7 医药洁净室（区）内净化空调系统的验证，应符合附录 C 的规定。

9.2 净化空气调节系统

9.2.1 空气洁净度 100 级、10000 级及 100000 级的空气净化处理，应采用粗效、中效、高效空气过滤器三级过滤。空气洁净度 300000 级的空气净化处理，可采用亚高效空气过滤器。

9.2.2 空气过滤器的选用和布置方式，应符合下列要求：

1 中效空气过滤器宜集中设置在净化空气处理机组的正压段。

2 高效或亚高效空气过滤器宜设置在净化空气调节系统的末端。

3 在回风和排风系统中，高效、亚高效空气过滤器及作为预过滤的中效过滤器应设置在系统的负压段。

4 中效、高效空气过滤器应按小于或等于额定风量选用。

5 设置在同一洁净区内的高效、亚高效过滤器运行时的阻力和效率宜相近。

9.2.3 净化空气调节系统与一般空气调节系统应分开设置。

9.2.4 下列情况的净化空气调节系统宜分开设置：

1 运行班次或使用时间不同。

2 对温、湿度控制要求差别大。

9.2.5 下列情况的净化空气调节系统的空气不应循环使用：

1 生产过程散发粉尘的洁净室（区），其室内空气如经处理仍不能避免交叉污染时。

2 生产中使用有机溶媒，且因气体积聚可构成爆炸或火灾危险的工序。

3 病原体操作区。

4 放射性药品生产区。

5 生产过程中产生大量有害物质、异味或挥发性气体的生产工序。

9.2.6 生产过程中散发粉尘的医药洁净室（区）应设置除尘设施，除尘器应设置在净化空气调节系统的负压段。采用单机除尘时，除尘器应设置在靠近发尘点的机房内；如机房门向医药洁净室（区）方向开启的，机房内环境要求宜与医药洁净室（区）相同。间歇使用的除尘系统，应有防止医药洁净室（区）压差变化的措施。

9.2.7 有爆炸危险的除尘系统，应采用有泄爆和防静电装置的防爆除尘器。防爆除尘器应设置在排尘系统的负压段，并应设置在独立的机房内或室外。

9.2.8 医药洁净室（区）的排风系统，应符合下列规定：

1 应采取防止室外气体倒灌的措施。

2 排放含有易燃、易爆物质气体的局部排风系统，应采取防火、防爆措施。

3 对直接排放超过国家排放标准的气体，排放时应采取处理措施。

4 对含有水蒸气和凝结性物质的排风系统，应设置坡度及排放口。

5 生产青霉素等特殊药品的排风系统应符合本规范第**9.6.4**条的规定。

9.2.9 采用熏蒸消毒灭菌的医药洁净室（区），应设置消毒排风设施。

9.2.10 下列情况的排风系统，应单独设置：

1 不同净化空气调节系统。

2 散发粉尘或有害气体的区域。

3 排放介质毒性为现行国家标准《职业性接触毒物危害程度分级》GB 5044 中规定的中度危害以上的区域。

4 排放介质混合后会加剧腐蚀、增加毒性、产生燃烧和爆炸危险性或发生交叉污染的区域。

5 排放易燃、易爆介质的区域。

9.2.11 人员净化用室中的更衣室、气闸室，应送入与洁净室（区）净化空气调节系统相同的洁净空气。人员净化用室的净化空气，应符合下列要求：

1 空气洁净度 100 级、10000 级医药洁净室（区）的更换洁净工作服室，换气次数宜为 15 次/h。

2 空气洁净度 100000 级医药洁净室（区）的更换洁净工作服室，换气次数宜为 10 次/h。

3 空气洁净度 300000 级医药洁净室（区）的更换洁净工作服室，换气次数宜为 8 次/h。

4 气闸室的空气洁净度等级应与相连的医药洁净室（区）空气洁净度等级相同。

5 人员净化用室各房间的空气应由里向外流动。

6 设置在人员净化室内的换鞋、存外衣、盥洗、厕所、淋浴室等生产辅助房间，应采取通风措施。

9.2.12 送风、回风和排风的启闭应连锁。正压洁净室（区）连锁程序为先启动送风机，再启动回风机和排风机；关闭时连锁程序应相反。

9.2.13 非连续运行的医药洁净室（区），可根据生产工艺要求设置值班送风。

9.2.14 放散大量有害气体或有爆炸气体的医药洁净室（区）应设置事故排风装置，事故排风系统应设置自动和手动控制开关，手动控制开关应分别设置在洁净室（区）内和洁净室（区）外便于操作的地点。

9.2.15 医药工业洁净厂房疏散走廊应设置排烟设施。医药工业洁净厂房防排烟设计应符合现行国家标准《建筑设计防火规范》GB 50016 的有关规定。

9.2.16 净化空调系统噪声超过允许值时，应采取隔声、消声、隔振等措施，消声设施不得影响洁净室净化条件。

9.2.17 医药洁净室（区）的压差应符合本规范第3.2.4条的规定。净化空调系统应采取维持系统风量和医药洁净室（区）内各房间压差的措施。

9.2.18 下列医药洁净室（区）应设置指示压差的装置：

1 不同空气洁净度等级的洁净室（区）之间。

2 无菌洁净室与非无菌洁净室之间。

3 按本规范第 9.2.19 条的规定，需保持相对负压的房间。

4 人员净化用室和物料净化用室的气闸室。

9.2.19 下列医药洁净室（区）应与相邻医药洁净室（区）保持相对负压：

1 生产过程中散发粉尘的医药洁净室（区）。

2 生产过程中使用有机溶媒的医药洁净室（区）。

3 生产过程中产生大量有害物质、热湿气体和异味的医药洁净室（区）。

4 青霉素等特殊药品的精制、干燥、包装室及其制剂产品的分装室。

5 病原体操作区。

6 放射性药品生产区。

9.2.20 质量控制实验室净化空调系统的设置，应符合下列要求：

1 实验室净化空调系统应与药品生产区分开。

2 无菌检查室、微生物限度检查实验室、抗生素微生物检定室和放射性同位素检定室的空气洁净度等级，应符合本规范第5.1.13条的规定。

3 阳性对照室和放射性同位素检定室等实验室不应利用回风，室内空气应经过滤后直接排至室外。

9.2.21 中药生产中要求"按医药洁净室（区）管理"的工序，其空气调节和通风，应符合下列规定：

1 应采取通风措施或设置空气调节系统。

2 进入生产区域的空气应经过粗效、中效空气过滤器两级过滤，室内应保持微正压。

3 生产过程中散发粉尘、有害物的房间应设置除尘或排风系统。

9.2.22 局部空气洁净度 100 级的单向流装置的设置，应符合下列要求：

1 应覆盖暴露非最终灭菌无菌药品、包装容器及传送设施的全部区域。

2 当单向流装置面积较大，且采用室内循环风运行时，应采取减少空气洁净度 100 级区域与室内周围环境温差的措施，空气洁净度 100 级区域内的温度不应大于室内设计温度 2℃，并不应高于 24℃。

3 空气洁净度 100 级的单向流装置，应采用侧墙下部或地面格栅回风。

4 局部空气洁净度 100 级的单向流装置外缘宜设置围帘，围帘高度宜低于操作面。

5 单向流装置的设置应便于安装、维修及更换空气过滤器。

9.2.23 净化空气调节系统的空气处理机组的设计和选用，应符合下列要求：

1 空气处理机组应有良好的气密性，箱内静压为 1000Pa 时，漏风率不得大于 1%。

2 空气处理机组内表面应光滑、耐腐蚀和易于清洁。

3 空气处理机组应有良好的绝热性能，外表面不得结露。

4 空气处理机组的送风机应按净化空气调节系统的总风量和总阻力选择，各级空气过滤器的阻力应按其初阻力的 1.5～2.0 倍计算。

5 空气处理机组的整体结构应有足够的强度，在运输、安装及运行时不得出现机组外壳变形。

9.3 气流流型和送风量

9.3.1 气流流型的设计应符合下列要求：

1 气流流型应满足空气洁净度等级的要求，空气洁净度 100 级时，气流应采用单向流流型。

2 空气洁净度 10000 级、100000 级和 300000 级时，气流应采用非单向流流型。非单向流气流流型应减少涡流区。

3 医药洁净室（区）气流分布应均匀。气流流速应满足生产工艺、空气洁净度等级和人体卫生的要求。

9.3.2 医药洁净室（区）气流的送、回风方式应符合下列要求：

1 医药洁净室（区）气流的送、回风方式应符合表 9.3.2 的规定。

表 9.3.2 医药洁净室（区）气流的送、回风方式

医药洁净室（区）空气洁净度等级	气流流型	送、回风方式
100 级	单向流	水平、垂直
10000 级	非单向流	顶送下侧回、侧送下侧回
100000 级	非单向流	顶送下侧回、侧送下侧回、顶送顶回
300000 级		

2 散发粉尘或有害物质的医药洁净室（区），不应采用走廊回风，且不宜采用顶部回风。

9.3.3 医药洁净室（区）内各种设施的布置，应满足气流流型和空气洁净度等级的要求，并应符合下列规定：

1 单向流医药洁净室（区）内不宜布置洁净工作台；在非单向流医药洁净室（区）内设置单向流洁净工作台时，其位置宜远离回风口。

2 易产生污染的工艺设备附近应设置排风口。

3 有局部排风装置或需排风的工艺设备，宜布置在医药洁净室（区）下风侧。

4 有发热量大的设备时，应有减少热气流对气流分布影响的措施。

5 余压阀宜设置在洁净空气流的下风侧。

9.3.4 医药洁净室（区）的送风量，应取下列最大值：

1 按表 9.3.4 中有关数据计算或按室内发尘量计算。

2 根据热、湿负荷计算确定的送风量。

3 向医药洁净室（区）内供给的新鲜空气量。

表 9.3.4 空气洁净度等级和送风量（静态）

空气洁净度等级	气流流型	平均风速（m/s）	换气次数（次/h）
100	单向流	0.2～0.5	—
10000	非单向流	—	15～25
100000	非单向流	—	10～15
300000	非单向流	—	8～12

注：**1** 换气次数适用于层高小于 4m 的医药洁净室（区）。

2 室内人员少、发尘少、热源少时应采用下限值。

9.4 风管和附件

9.4.1 风管断面尺寸应满足对内壁清洁处理的要求，宜设置清扫口。风管应采用不易脱落颗粒物质、不易锈蚀，且耐消毒的材料。

9.4.2 净化空气调节系统应按需要设置电动密闭阀、风量调节阀、防火阀、止回阀等附件。各医药洁净室（区）的送、回风管段，应设置风量调节阀。

9.4.3 下列情况的通风、净化空气调节系统的风管，应设置防火阀：

1 风管穿越防火区的隔墙处，穿越变形缝的防火隔墙的两侧。

2 净化空调系统总风管穿越通风、空气调节机房的隔墙和楼板处。

3 垂直风管与每层水平风管交接的水平管段上。

4 水平风管与垂直风管处于不同的防火分区时，水平风管与垂直风管的交接处。

9.4.4 风管穿越使用易燃、易爆介质生产区的隔墙或防爆隔墙时，应设置防火阀和止回阀。

9.4.5 医药洁净室（区）净化空气调节系统的风管和调节阀，以及高效空气过滤器的保护网、孔板和扩散孔板等附件的制作材料和涂料，应根据输送空气洁净度等级及所处空气环境条件确定。

9.4.6 医药洁净室（区）内排风系统的风管、调节阀和止回阀等附件的制作材料和涂料，应根据排除气体的性质及所处空气环境条件确定。

9.4.7 用于无菌洁净室（区）的送风管、排风管、风阀及风口的制作材料和涂料，应耐受消毒剂的腐蚀。

9.4.8 在空气过滤器前后，应设置测压孔或压差计。各系统风口的高效及亚高效空气过滤器设置的压差计不宜少于两支。在新风管以及送风、回风和排风总管上，应设置风量测定孔。

9.4.9 风管、附件及辅助材料的选择，应符合现行国家标准《洁净厂房设计规范》GB 50073 的有关规定。

9.5 监测与控制

9.5.1 医药工业洁净厂房应设置净化空气调节系统自动监测与控制装置。装置应具有参数检测、参数自动调节与控制、工况自动转换、设备状态显示、连锁与保护等功能。

9.5.2 在净化空气调节系统运行中，应对医药洁净室（区）的空气洁净度、温湿度、有检测要求的室内压差、净化空调机组等静态、动态运行及有关参数进行实时显示和记录，并应对送风风量等关键参数予以超限报警。

9.5.3 净化空气调节系统的风机宜采用变频控制。总风管上宜设置风量传感器及显示器。

9.5.4 净化空气调节系统的电加热及电加湿应与送风机连锁，并应设置无风和超温断电保护。采用电加湿时应设置无水保护。加热器的金属风管应接地。

9.5.5 净化空气调节冷热源和空气调节水系统的监测和控制，应符合现行国家标准《采暖通风与空气调节设计规范》GB 50019 的有关规定。

9.6 青霉素等药品生产洁净室的特殊要求

9.6.1 下列特殊药品生产的净化空气调节系统应独立设置，其排风口应位于其他药品净化空调系统进风口全年最大频率风向的下风侧，并应高于该建筑物屋面和净化空调系统的进风口：

1 青霉素等高致敏性药品。

2 β-内酰胺结构类药品。

3 避孕药品。

4 激素类药品。

5 抗肿瘤类药品。

6 强毒微生物及芽孢菌制品。

7 放射性药品。

8 有菌（毒）操作区。

9.6.2 青霉素等特殊药品的精制、干燥、包装室及其制剂产品的分装室的室内应保持正压，与相邻房间或区域之间应保持相对负压。

9.6.3 青霉素等特殊药品的生产区，应采取防止空气扩散至其他相邻区域的措施。

9.6.4 青霉素等特殊药品生产区的空气均应经高效空气过滤器过滤后排放。二类危险度以上病原体操作区及生物安全室，应将排风系统的高效空气过滤器安装在医药洁净室（区）内的排风口处。

10 给 水 排 水

10.1 一 般 规 定

10.1.1 医药洁净室（区）的给排水干管，应敷设在技术夹层或技术夹道内，也可地下埋设。

10.1.2 医药洁净室（区）内应少敷设管道，与本区域无关管道不宜穿越，引入医药洁净室（区）内的支管宜暗敷。

10.1.3 医药洁净室（区）内的管道外表面应采取防结露措施。防结露外表层应光滑、易于清洗，并不得对医药洁净室（区）造成污染。

10.1.4 给排水支管穿越医药洁净室（区）顶棚、墙壁和楼板处宜设置套管，管道与套道之间应密封，无法设置套管的部位应采取密封措施。

10.2 给 水

10.2.1 医药洁净室（区）应根据生产、生活和消防等各项用水对水质、水温、水压和水量的要求，分别设置直流、循环或重复利用的给水系统。

10.2.2 给水管材的选择，应符合下列要求：

1 生活给水管应选用耐腐蚀、安装连接方便管材，可采用塑料给水管、塑料和金属复合管、铜管、不锈钢管及经防腐处理的钢管。

2 循环冷却水管道宜采用钢管。

3 管道的配件宜采用与管道材料相应的材料。

10.2.3 人员净化用室的盥洗室内宜供应热水。

10.2.4 医药工业洁净厂房周围宜设置洒水设施。

10.3 排　水

10.3.1 医药工业洁净厂房的排水系统，应根据生产排出的废水性质、浓度、水量等确定。有害废水应经废水处理，达到国家排放标准后排出。

10.3.2 医药洁净室（区）内的排水设备以及与重力回水管道相连的设备，必须在其排出口以下部位设置水封装置，水封高度不应小于 50mm。排水系统应设置透气装置。

10.3.3 排水立管不应穿过空气洁净度 100 级、10000 级的医药洁净室（区）；排水立管穿越其他医药洁净室（区）时，不应设置检查口。

10.3.4 医药洁净室（区）内地漏的设置，应符合下列要求：

　　1 空气洁净度 100 级的医药洁净室（区）内不应设置地漏。

　　2 空气洁净度 10000 级、100000 级的医药洁净室（区）内，应少设置地漏；需设置时，地漏材质应不易腐蚀，内表面应光洁、易于清洗，应有密封盖，并应耐消毒灭菌。

　　3 空气洁净度 100 级、10000 级的医药洁净室（区）内不宜设置排水沟。

10.3.5 医药工业洁净厂房内应采用不易积存污物并易于清扫的卫生器具、管材、管架及其附件。

10.3.6 排水管道材料的选择，应符合下列要求：

　　1 排水管道应选用建筑排水塑料管及管件，也可选用柔性接口机制排水铸铁管及管件。

　　2 当排水温度大于 40℃时，应选用金属排水管或耐热塑料排水管。

10.4 消防设施

10.4.1 医药工业洁净厂房的消防设计应符合现行国家标准《建筑设计防火规范》GB 50016 的有关规定。

10.4.2 医药工业洁净厂房消防设施的设置，应根据生产的火灾危险性分类、建筑耐火等级、建筑物体积以及生产特点等确定。

10.4.3 医药工业洁净厂房消火栓的设置，应符合下列要求：

　　1 消火栓宜设置在非洁净区域或空气洁净度等级低的区域。设置在医药洁净区域的消火栓宜嵌入安装。

　　2 消火栓给水系统的消防用水量不应小于 10 l/s，每股水量不应小于 5 l/s。

　　3 消火栓同时使用的水枪数不应少于两支，水枪充实水柱不应小于 10m。

　　4 消火栓的栓口直径应为 65mm，配备的水带长度不应大于 25m，水枪喷嘴口径不应小于 19mm。

10.4.4 医药洁净室（区）及其可通行的技术夹层和技术夹道内，应同时设置灭火设施和消防给水系统。

10.4.5 医药工业洁净厂房配置的灭火器，应满足现行国家标准《建筑灭火器配置规范》GB 50140 的有关规定。

10.4.6 放置贵重设备仪器、物料的医药洁净室（区）设置固定灭火设施时，除应符合现行国家标准《建筑设计防火规范》GB 50016 的有关规定外，尚应符合下列要求：

　　1 当设置气体灭火系统时，不应采用卤代烷以及能导致人员窒息的灭火剂。

　　2 当设置自动喷水灭火系统时，宜采用预作用式自动喷水装置。

10.4.7 消防给水管道材料的选择，应符合下列要求：

　　1 消火栓系统应采用钢管及相应的管件。

　　2 自动喷水灭火系统应采用内外热镀锌钢管，也可采用铜管、不锈钢管和相应的管件。

11 电　气

11.1 配　电

11.1.1 医药工业洁净厂房的用电负荷等级和供电要求，应根据现行国家标准《供配电系统设计规范》GB 50052 和生产工艺确定。净化空气调节系统用电负荷、照明负荷宜由变电所专线供电。

11.1.2 医药工业洁净厂房的电源进线，应设置切断装置。切断装置宜设置在医药洁净区域外便于操作管理的地点。

11.1.3 医药工业洁净厂房的消防用电设备的供配电设计，应符合现行国家标准《建筑设计防火规范》GB 50016 的有关规定。

11.1.4 医药洁净室（区）内的配电设备，应选择不易积尘、便于擦拭和外壳不易锈蚀的小型加盖暗装配电箱及插座箱。医药洁净室（区）内不宜设置大型落地安装的配电设备，功率较大的设备宜由配电室直接供电。

11.1.5 医药工业洁净厂房内的配电线路，宜按生产区域设置配电回路。

11.1.6 医药工业洁净厂房通风系统的配电线路，宜根据不同防火分区设置配电回路。

11.1.7 医药洁净室（区）内的电气管线宜敷设在技术夹层或技术夹道内，管材应采用非燃烧体。医药洁净室（区）内连接至设备的电线管线和接地线宜暗敷，电气线路保护管宜采用不锈钢或其他不易锈蚀的材料，接地线宜采用不锈钢材料。

11.1.8 医药洁净室（区）内的电气管线管口，以及安装在墙上的各种电器设备与墙体接缝处均应密封。

11.2 照　明

11.2.1 医药洁净室（区）内的照明光源，宜采用高效荧光灯。生产工艺有特殊要求达不到照明设计的技术经济指标时，也可采用其他光源。

11.2.2 医药洁净室（区）内应选用外部造型简单、不易积尘、便于擦拭、易于消毒灭菌的照明灯具。

11.2.3 医药洁净室（区）内的照明灯具宜吸顶明装，灯具与顶棚接缝处应采取密封措施。需采用嵌入顶棚暗装时，安装缝隙应密封，其灯具结构应便于清扫，以及便于在顶棚上更换灯管及检修。

　　紫外线消毒灯的控制开关应设置在洁净室（区）外。

11.2.4 医药洁净室（区）应根据实际工作的要求提供照度。照度值应符合本规范第 3.2.5 条的要求。

11.2.5 医药洁净室（区）主要工作室，一般照明的照度均匀度不应小于 0.7。

11.2.6 有爆炸危险的医药洁净室（区），照明灯具的选用和安装，应符合现行国家标准《爆炸和火灾危险环境电力装置设计规范》GB 50058 的有关规定。

11.2.7 医药工业洁净厂房内应设置备用照明，并应满足所需场所或部位活动和操作的最低照明。

11.2.8 医药工业洁净厂房内应设置应急照明。在安全出口和疏散通道及转角处设置的疏散标志，应符合现行国家标准《建筑设计防火规范》GB 50016 的有关规定。在专用消防口处应设置红色应急照明灯。

11.2.9 医药工业洁净厂房的技术夹层内宜按需要设置检修照明。

11.3 通　信

11.3.1 医药工业洁净厂房内应设置与厂房内外联系的通信装置。医药洁净室（区）内宜选用不易积尘、便于擦拭、易于消毒灭菌的洁净电话。

11.3.2 医药工业洁净厂房可根据生产管理和生产工艺的要求，设置闭路电视监视系统。

11.3.3 医药工业洁净厂房的生产区（包括技术夹层）等应设置火灾探测器。医药工业洁净厂房生产区及走廊应设置手动火灾报警按钮。

11.3.4 医药工业洁净厂房应设置消防值班室或控制室。消防值班室或控制室不应设置在医药洁净室（区）内。消防值班室或控制室应设置消防专用电话总机。

11.3.5 医药工业洁净厂房的消防控制设备及线路连接、控制设备的控制及显示功能，应符合现行国家标准《建筑设计防火规范》GB 50016、《火灾自动报警系统设计规范》GB 50116 和《火灾自动报警系统施工及验收规范》GB 50166 等的有关规定。医药洁净室（区）内火灾报警应进行核实。

11.3.6 医药工业洁净厂房中易燃、易爆气体的储存、使用场所、管道入口室及管道阀门等易泄漏的地方，应设置可燃气体探测器。有毒气体的储存和使用场所应设置气体检测器。报警信号应联动启动或手动启动相应的事故排风机，并应将报警信号送至控制室。

11.4 静电防护及接地

11.4.1 医药工业洁净厂房应根据工艺生产要求采取静电防护措施。

11.4.2 医药洁净室（区）内的防静电地面，其性能应符合下列要求：

　　1 地面的面层应具有导电性能，并应保持长时间性能稳定。

　　2 地面的表层应采用静电耗散性的材料，其表面电阻率应为 $1.0 \times 10^5 \sim 1.0 \times 10^{12}\ \Omega \cdot cm$ 或体积电阻率为 $1.0 \times 10^4 \sim 1.0 \times 10^{11}\ \Omega \cdot cm$。

　　3 地面应采取导电泄放措施和接地构造，其对地泄放电阻值应为 $1.0 \times 10^5 \sim 1.0 \times 10^9\ \Omega$。

11.4.3 医药洁净室（区）的净化空气调节系统，应采取防静电接地措施。

11.4.4 医药洁净室（区）内产生静电危害的设备、流动液体、气体或粉体管道应采取防静电接地措施，其中有爆炸和火灾危险的设备和管道应符合现行国家标准《爆炸和火灾危险环境装置设计规范》GB 50058 的有关规定。

11.4.5 医药工业洁净厂房内不同功能的接地系统的设计应符合等电位连接的要求。

11.4.6 接地系统宜采用综合接地方式，接地电阻值应小于或等于 1Ω；选择分散接地方式时，各种功能接地系统的接地体与防雷接地系统的接地体之间的距离应大于 20m。医药工业洁净厂房的防雷接地系统设计应符合现行国家标准《建筑物防雷设计规范》GB 50057 的有关规定。

附录 A　药品生产环境的空气洁净度等级举例

表 A　药品生产环境的空气洁净度等级举例

空气洁净度等级 工序 药品分类	举　　例			
	100 级	10000 级	100000 级	300000 级
无菌药品　最终灭菌药品	大容量注射剂（≥50ml）灌封（背景为 10000 级）	1. 注射剂，稀配，滤过 2. 小容量注射剂的灌封 3. 直接接触药品的包装材料的最终处理	注射剂浓配或采用密闭系统的稀配	—

药品分类	工序	100 级	10000 级	100000 级	300000 级
无菌药品	非最终灭菌药品	1. 灌装前不需除菌滤过的药液配制 2. 注射剂的灌封、分装和压塞 3. 直接接触药品的包装材料最终处理后的暴露环境（或背景为10000级）	灌装前需除菌滤过的药液配制	1. 轧盖 2. 直接接触药品的包装材料最后一次精洗	—
无菌药品	其他无菌药品	—	供角膜创伤或手术用滴眼剂的配制和灌装	—	—
非无菌药品		—	—	1. 非最终灭菌口服液体药品的暴露工序 2. 深部组织创伤外用药品 3. 眼用药品的暴露工序 4. 除直肠用药外的腔道用药的暴露工序 5. 直接接触以上药品的包装材料最终处理的暴露工序	1. 最终灭菌口服液体药品的暴露工序 2. 口服固体药品的暴露工序 3. 表皮外用药品的暴露工序 4. 直肠用药的暴露工序 5. 直接接触以上药品的包装材料最终处理的暴露工序
原料药	无菌原料药	精制、干燥、包装的暴露环境（背景为10000级）	—	—	—
原料药	非无菌原料药	—	—	—	精制、干燥、包装的暴露环境
生物制品	灌装前不经除菌过滤的制品	配制、合并、灌封、冻干、加塞、添加稳定剂、佐剂、灭活剂等	—	—	—
生物制品	灌装前经除菌过滤的制品	灌封	配制、合并、精制、添加稳定剂、佐剂、灭活剂、除药过滤、超滤等		
生物制品		—	—	1. 原料血浆的合并 2. 非低温提取 3. 分装前巴氏消毒 4. 轧盖 5. 最终容器精洗等	
生物制品	口服制剂	—	—	发酵、培养密闭系统（暴露部分需无菌操作）	
生物制品	酶联免疫吸附试剂	—	—	包装、配液、分装、干燥	
生物制品	体外免疫试剂	—	—	生产环境	
生物制品	深部组织和大面积体表创伤用制品	—	—	配制、灌装	
放射性药品	无菌药品	同无菌药品相关要求			
放射性药品	非无菌药品	—	—	同非无菌药品相关要求	
放射性药品	无菌原料药	同无菌原料药			
放射性药品	非无菌原料药	—	—	同非无菌原料药	
放射性药品	放射性免疫分析盒各组分	—	—	—	制备

空气洁净度等级 工序 药品分类	举例			
	100 级	10000 级	100000 级	300000 级
中药 / 非创面外用制剂	—	—	—	制备
中药 / 直接入药的净药材、干膏	—	—	—	配料、粉碎、混合、过筛
中药 / 无菌药品	同无菌药品相关要求			—
			同非无菌药品相关要求	

注：表中粗线框内工序的操作室为无菌洁净室。

附录B 医药洁净室（区）的维护管理

B.0.1 医药洁净室（区）的使用，应符合下列规定：

1 人员应按本规范第 5.2.4 条的净化程序出入医药洁净室（区），限制非本洁净室（区）人员进入医药洁净室（区）。

2 物料、工器具、设备等进入医药洁净室（区）前必须净化，进入无菌洁净室（区）前还须消毒灭菌。物料、工器具、设备等净化和消毒灭菌后，应经传递窗或气闸室进入医药洁净室（区）。

3 空气洁净度 100 级、10000 级的净化空气调节系统宜连续运行。非连续运行的医药洁净室（区），在非生产班次时，净化空气调节系统应有保持室内正压、防止室内结露的措施。

4 当医药洁净室（区）采用高度真空吸尘器进行清扫时，必须定期检查吸尘器排气口的含尘浓度。

B.0.2 医药洁净室（区）的空气监测，应符合下列要求：

1 应对医药洁净室（区）空气定期监测。监测项目和频次应符合表 B.0.2 的规定。特殊要求的医药洁净室（区）另行规定。

表 B.0.2 医药洁净室（区）空气监测项目和频次

监测项目	监测频次			
	100 级	10000 级	100000 级	300000 级
温度、湿度	2次/班	2次/班	2次/班	2次/班
风量、风速	1次/周	1次/月	1次/月	1次/月
压差值	1次/周	1次/月	1次/月	1次/月
尘埃粒子	1次/周	1次/季	1次/半年	1次/半年
沉降菌	1次/班	1次/d	1~2次/月	1次/月
浮游菌	1次/周	1次/季	1次/半年	1次/半年

2 下列情况应更换高效过滤器：

1）气流速度降低，即使更换初效、中效空气过滤器后，气流速度仍不能增大时。

2）高效空气过滤器的阻力达到初阻力的 1.5~2 倍时。

3）高效空气过滤器出现无法修补的渗漏时。

B.0.3 医药洁净室（区）的维护，应符合下列要求：

1 医药洁净室（区）的维护管理，应包括对净化空气调节系统、生产设备、设施和操作人员的管理；应建立相应的管理制度和记录。

2 使用具有腐蚀、易燃、易爆等有毒有害物品的医药洁净室（区），应有相应的安全措施。

3 应建立医药洁净室（区）计划检修制度，对净化空气调节系统实行定期检修、保养制度。检修、保养记录应存档。

附录C 医药洁净室（区）的验证

C.0.1 医药洁净室（区）的验证，应包括下列内容：

1 医药洁净室（区）的验证，应包括室内系统及设施，如净化空气、工艺用水等系统及设施的安装确认、运行确认和性能确认。

2 系统及设施的安装确认，应包括各分部工程的外观检查和单机试运转。

3 系统及设施的运行确认，应在安装确认合格后进行。内容应包括带冷（热）源的系统联合试运转，并不应少于 8h。

4 医药洁净室（区）的综合性能确认，应包括表 C.0.1 项目的检测和评价。

表 C.0.1 医药洁净室（区）综合性能评定检测项目

序号	检测项目	单向流	非单向流
1	系统送风、新风、排风量		检测
	室内送风、回风、排风量		检测
2	静压值		检测
3	截面平均风速	检测	不测
4	空气洁净等级		检测
5	浮游菌、沉降菌		检测

续表 C.0.1

序号	检测项目	单向流	非单向流
6	室内温度、相对湿度	检测	
7	室内噪声级	检测	
8	室内照度和均匀度	检测	
9	流线平行性	必要时检测	
10	自净时间	必要时检测	

C.0.2 医药洁净室（区）的验证，应符合下列规定：

1 国家现行标准《洁净室施工及验收规范》JGJ 71。

2 现行国家标准《医药工业洁净室（区）悬浮粒子的测试方法》GB/T 16292。

3 现行国家标准《医药工业洁净室（区）浮悬菌的测试方法》GB/T 16293。

4 现行国家标准《医药工业洁净室（区）沉降菌的测试方法》GB/T 16294。

5 国家现行《药品生产质量管理规范》。

6 现行《中华人民共和国药典》。

C.0.3 医药洁净室（区）的验证，应包括下列文件：

1 医药洁净室（区）主要设计文件和竣工图。

2 主要设备的出厂合格证书、检验文件。

3 设备开箱检查记录、管道压力试验记录、管道系统吹洗脱脂记录、风管漏风记录、竣工验收记录。

4 单机试运转、系统联合试运转和医药洁净室（区）性能测试记录。

本规范用词说明

1 为便于在执行本规范条文时区别对待，对要求严格程度不同的用词说明如下：

1）表示很严格，非这样做不可的用词：

正面词采用"必须"，反面词采用"严禁"。

2）表示严格，在正常情况下均应这样做的用词：

正面词采用"应"，反面词采用"不应"或"不得"。

3）表示允许稍有选择，在条件许可时首先应这样做的用词：

正面词采用"宜"，反面词采用"不宜"；

表示有选择，在一定条件下可以这样做的用词，采用"可"。

2 本规范中指明应按其他有关标准、规范执行的写法为"应符合……的规定"或"应按……执行"。

中华人民共和国国家标准

医药工业洁净厂房设计规范

GB 50457—2008

条 文 说 明

目 次

1 总 则

1.0.1、1.0.2 本规范为全国通用的医药工业洁净厂房设计的国家标准。适用于新建、扩建和改建医药工业洁净厂房的设计。医药工业洁净厂房是指药品制剂、原料药、生物制品、放射性药品、药用辅料、直接接触药品的药用包装材料等生产中有空气洁净度等级要求的厂房。对于含有药用成分的非医药产品、非人用药品、无菌医疗器具、医院制剂等生产中有空气洁净度等级要求厂房的设计，可参照本规范执行。

药品分类复杂，制剂剂型多，产品生产工艺对生产环境控制各不相同，加之国内外 GMP 的进展，都会给设计提出新的要求。为了更好地体现国家标准的原则性和通用性，使其条款相对稳定而不必随着工艺技术的进步而频繁修改。因此，本规范所列各项规定均为医药工业洁净厂房设计的基本要求，使用时应首先准确、完整地执行本规范。

3 生产区域的环境参数

3.1 一般规定

3.1.2 空气中影响药品质量的污染物质不只是微粒，另一个重要的污染物质是微生物。虽然大多数微生物对人无害，致病菌只是其中少数，但微生物的生存特点使得它对药品的危害性比微粒更甚。微生物多指细菌和真菌，在空气中常黏附于微粒或以菌团形式存在。

药品受微粒和微生物污染后会变质，一旦进入人体将直接影响人体健康，甚至危及人的生命安全。因此，与其他工业洁净厂房不同，医药洁净室（区）必须以微粒和微生物为环境控制的主要对象。

3.2 环境参数的设计要求

3.2.1 GMP 是国际通行的药品生产和质量管理的基本准则，是 Good Manufacturing Practice 的英文缩写。《药品生产和质量管理规范》是 GMP 的中文译名。世界上主要发达国家和国际组织都制定了 GMP。我国于 1988 年颁布了国家 GMP。现行版为 1998 年修订版，简称 GMP（1998）。

医药洁净室（区）的空气洁净度等级标准直接引用了我国 GMP（1998）的规定。本规范制订过程中也曾考虑等效采用国际标准 ISO 14644-1——"洁净室及相关被控环境——㈠ 空气洁净度的分级"，以便与国际接轨。然而，由于以下原因而放弃：

1 该标准的空气洁净度仅以空气中的悬浮粒子浓度进行分级，没有相应的微生物允许值。

2 该标准的空气洁净度等级所规定的各种粒径的悬浮粒子最大浓度限值（表1）与我国 GMP（1998）的洁净室（区）空气洁净度级别表中悬浮粒子最大允许值（表2）不尽相同，其中 5μm 粒子的控制要求相差更大。

表1 ISO 14644-1 洁净室及洁净区空气中悬浮粒子洁净度等级

ISO 等级序数 (N)	大于或等于表中粒径的最大浓度限值 (pc/m³)					
	0.1μm	0.2μm	0.3μm	0.5μm	1μm	5μm
ISO Class 1	10	2	—	—	—	—
ISO Class 2	100	24	10	4	—	—
ISO Class 3	1000	237	102	35	8	—
ISO Class 4	10000	2370	1020	352	83	—
ISO Class 5	100000	23700	10200	3520	832	29
ISO Class 6	1000000	237000	102000	35200	8320	293
ISO Class 7				352000	83200	2930
ISO Class 8				3520000	832000	29300
ISO Class 9				35200000	8320000	29000

表2 GMP（1998）洁净室（区）空气洁净度等级

空气洁净度等级	悬浮粒子最大允许数（个/m³）		微生物最大允许数	
	≥0.5μm	≥5μm	浮游菌（cfu/m³）	沉降菌（cfu/皿）
100	3500	0	5	1
10000	350000	2000	100	3
100000	3500000	20000	500	10
300000	10500000	60000		15

3 该标准空气中悬浮粒子洁净度以等级序数"ISO ClassN"级表示，而我国 GMP（1998）的洁净室（区）空气洁净度级别表中的 300000 级，其悬浮粒子最大允许值无法在 ISO ClassN 级之间内插至相应级别。

同时，考虑到世界上主要发达国家和国际组织的 GMP 至今都没有等效采用 ISO 14644-1 标准，因此本规范中医药洁净室（区）空气洁净度等级标准未采用 ISO 14644-1 标准。

3.2.2 《药品生产和质量管理规范》（GMP）对药品生产主要工序环境的空气洁净度等级提出了明确的要求，是医药工业洁净厂房设计的主要依据。附录 A 系根据我国 GMP（1998）附录二"无菌药品"、附录三"非无菌药品"、附录四"原料药"、附录五"生物制品"、附录六"放射性药品"中有关规定整理。与附录 A 所列主要工序配套的其他工序，其空气洁净度等级可参照附录 A 相关内容确定。

3.2.3 我国 GMP（1998）第 17 条规定"无特殊要求时，洁净室（区）的温度应控制在 18～26℃，相对湿度控制在 45％ ～65％"。由于药品生产环境中，空气洁净度 100 级、10000 级多用于无菌药品生产的主要工序或对环境要求较高的场所，100000 级、300000 级则常用于非无菌药品生产或与无菌药品生产配套的辅助生产工序。两者相比，前者对环境控制要求更严。为此，本规范把 100 级、10000 级医药洁净室（区）的温度控制范围定在 20 ～24℃，相对湿度控制范围定在 45％ ～60％。100000 级、300000 级医药洁净室（区）温度控制范围仍为 18 ～26℃，相对湿度控制范围为 45％ ～65％。

我国 GMP（1998）第 17 条同时规定"洁净室（区）的温度和相对湿度应与药品生产工艺要求相适应"。因此本规范规定，生产工艺对温度和湿度有特殊要求时，应根据工艺要求确定。比如某些抗生素的无菌粉针剂、口服片及泡腾片等极易吸湿，而且吸湿后会降低效价，甚至失效，生产区必须根据工艺要求确定相对湿度；再如大多数生物制品，不能采用最终灭菌的方法，必须通过生产过程的无菌操作来确保产品无菌，并用低温、低湿方式抑制微生物的繁殖。因为微生物的代谢可能导致产品中细菌内毒素的增加，受细菌内毒素污染的药品一旦注入人体后会产生热原反应，严重的会危及生命。因此需要将空气洁净度等级要求高的医药洁净室（区）环境温湿度控制在较低的范围。

3.2.4 为了保证医药洁净室（区）在正常工作或空气平衡暂时受到破坏时，气流都能从空气洁净度高的区域流向空气洁净度低的区域，使医药洁净室（区）的空气洁净度不会受到污染空气的干扰，所以医药洁净室（区）之间必须保持一定的压差。

压差值的大小应选择适当。压差值选择过小，洁净室（区）的压差很容易被破坏，空气洁净度就会受到影响。压差值选择过大，会使净化空调系统的新风量增大，空调负荷增加，同时使中效、高效空气过滤器使用寿命缩短，故很不经济。因此，医药洁净室（区）压差值的大小应根据我国现有洁净室的建设经验，参照国内外有关标准和试验研究的结果合理地确定。

对此，国际标准 ISO 14644-1、美国联邦标准 FS 209E、日本工业标准 JIS 9920、俄罗斯国家标准 ГОСТР 50766-95 等现行的有关洁净室标准中都有明确规定，虽然各个国家规定不同等级的洁净室之间、洁净室与相邻的无洁净度级别的房间之间的最小压差值不尽相同，但最小压差值都在 5Pa 以上。

关于洁净室与室外的最小压差，据《洁净厂房设计规范》GB 50073 编制组研究结果，当室外风速大于 3m/s 时，产生的风压力接近 5Pa，若洁净室内压差值为 5Pa 时，室外的污染空气就有可能渗漏到室内。由《采暖通风和空气调节设计规范》GB 50019 编制组提供的全国气象资料统计，全国 203 个城市中有 74 个城市的冬夏平均风速大于 3m/s，占总数的

36.4％。因此，洁净室与室外的最小压差值必须大于 5Pa，才能抵御室外污染空气的渗透。本规范参照现行国家标准《洁净厂房设计规范》GB 50073，将医药洁净室（区）与室外的最小压差值定为 10Pa。

3.2.5 国际照明委员会（CIE）《室内照明指南》规定，无窗厂房的照度最低不能小于 500 lx。根据我国现有的电力水平，应以满足对照明的基本要求为依据，最低照度为 150 lx 时基本上能满足工人生理、心理上的要求。为提高生产效率，本规范采用我国 GMP（1998）第 14 条规定"主要工作室的照度宜为 300 lx；对照度有特殊要求的生产部位可设置局部照明"。至于辅助工作室、走廊、气闸室、人员净化和物料净化用室，考虑到与生产车间的明暗适应问题，规定其照度值不宜低于 150lx。

3.2.6 ISO/DIS 14644-4 标准中规定："应依据洁净室内人的舒适和安全要求及环境（如其他设备）的背景声压级来选择适宜的声压级。洁净室的声压级范围为 40～65dB（A）"。洁净室环境下的噪声控制主要在于保障正常操作运行，满足必要的谈话联系，提供舒适的工作环境。绝大多数国内外标准给出的允许值范围在 65～70dB（A）。

根据"洁净厂房噪声评价与标准的研究"成果，以 65dB（A）作为洁净室噪声容许值标准，感到高烦恼的工人低于 30％，对集中精神感到有较高影响的工人不到 10％，而对工作速度、动作准确性的影响则可忽略。从国内几个行业对不同气流流型洁净室的静态和动态噪声所进行的分析表明，不同气流流型的静态噪声有较大差异。非单向流洁净室的静态噪声实测值在 41～64dB（A）范围内，平均为 54dB（A）；单向流、混合流洁净室的静态噪声实测值在 51～75dB（A）范围内，平均为 65dB（A）。

4 厂址选择和总平面布置

4.1 厂 址 选 择

4.1.1 洁净厂房与其他工业厂房的区别在于洁净厂房内的生产工艺有空气洁净度要求；医药工业洁净厂房与其他工业洁净厂房相比，空气洁净度标准又有微生物的控制要求。其中，无菌药品对生产环境的微生物量控制更为严格。然而，室外大气中含有大量尘粒和细菌，据有关资料表明，不同区域环境的大气含尘、含菌浓度有很大差异（表 3）。

表 3 国内室外大气含尘、含菌浓度

	含尘浓度 ≥0.5μm（个/m³）	含菌浓度 微生物（cfu/m³）
工业区	(15 ～35) ×10⁷	(2.5 ～5) ×10⁴
市郊	(8 ～20) ×10⁷	(0.1 ～0.7) ×10⁴
农村	(4 ～8) ×10⁷	<0.1×10⁴

新建、迁建或改建时，将厂址选择在大气含尘、含菌浓度较低的地区，如农村、城市远郊等环境良好，周围无严重污染源的地方，这是建设医药工业洁净厂房的必要前提。因此，厂址不宜选择在有严重空气污染的城市工业区，应远离车站、码头、交通要道，远离散发大量粉尘、烟气和有害气体的工厂、仓储、堆场，远离严重空气污染、水质污染、振动或噪声干扰的区域。当不能远离时，也应选择位于严重空气污染源的最大频率风向上风侧。

4.1.2 根据现行国家标准《洁净厂房设计规范》GB 50073中的"环境尘源影响范围研究报告"，交通主干道全年最大频率风向下风侧50m内为严重污染区，100m外为轻污染区。因此，在确定洁净厂房与交通主干道之间距离时，要综合考虑如下因素：（1）洁净厂房与交通主干道之间的上下风向关系；（2）交通主干道的实际车流量（"环境尘源影响范围研究报告"测试时，车流量约为800辆/h）；（3）交通主干道与洁净厂房之间的绿化状况和其他阻尘措施；（4）交通主干道与洁净厂房间距的计算标准。

考虑到市政交通主干道对洁净厂房的污染主要由厂房的新风口传入，为避开交通主干道的严重污染区，因此规定医药工业洁净厂房新风口与市政交通主干道近基地侧道路红线之间距离宜大于50m。当洁净厂房处于交通主干道全年最大频率风向上风侧，或与交通主干道之间设有城市绿化带等阻尘措施时，可适当减小。

4.2 总平面布置

4.2.2 我国GMP（1998）第8条要求"生产、行政、生活和辅助区的总体布局应合理"，主要是指生产、行政、生活和辅助的功能各不相同，如在布置上不合理、不相对集中，势必互相带来干扰和妨碍，甚至产生污染，最终将影响药品生产。这条规定同样适用于这些功能同时存在于同一建筑物内的情况。

4.2.3 同样是药品生产，制剂和原料药的生产方式浑然不同。制剂生产是物理加工，全过程需要在医药工业洁净厂房内完成；而原料药生产的前工序大多属化工生产或生物合成等，三废多，污染严重，只是成品的粗品精制、干燥和包装工序才有洁净要求。因此，兼有原料药和制剂生产的药厂，应将污染相对严重的原料药生产区置于制剂生产区全年最大频率风向的下风侧，以减少对制剂生产的影响。

由于药品生产的各自特点，生产中产生的污染程度、对环境的洁净要求不尽相同，它们的相对位置也应予以合理安排。如生产青霉素类药品（详见第4.2.4条说明）、某些甾体药品、高活性、有毒害等药品的厂房应位于其他医药工业洁净厂房全年最大频率风向的下风侧；中药前处理、提取厂房也应置于制剂厂房的下风侧，以防产品之间的交叉污染。

厂址确定后，妥善处理厂区内医药工业洁净厂房与非洁净厂房，以及与其他严重污染源之间的相对位置显得十分重要。三废处理、锅炉房等是厂区内较为严重的污染区域，将它们相对集中，并置于厂区全年最大频率风向的下风侧，是确保洁净厂房少受污染的必要措施。在三废处理方面，还应合理安排废渣运输路线，不使运输过程污染环境，污染路面。

4.2.4 青霉素类药品是非常特殊的药品，它疗效确切但致敏性极高已众所周知，甚至使用者在皮试时就休克的也不乏其例。为此，国内外GMP对它的生产、管理都有严格规定。为了使青霉素类等高致敏性药品生产对其他药品生产所引起的污染危险性减少到最低程度，青霉素等高致敏性药品生产厂房应置于其他洁净厂房全年最大频率风向的下风侧。

4.2.7 药品生产所需的原辅物料、包装材料品种多、数量大，原料药生产还需要大量的化工原料，有些原料易燃、易爆、毒性大、腐蚀性强。因此，厂区主要道路应将人流与货流分开，这不仅是为了减少运输过程尘土飞扬，避免凭借人流带入医药工业洁净厂房，而且也能确保厂区安全。为实施主要道路的人流与货流分流，厂区应分别设置人流、货物的出入口。

4.2.8 医药工业洁净厂房周围绿化有利于降低大气中的含尘、含菌量。场地绿化应以种植草坪为主，小灌木为辅。厂区的露土宜覆盖，厂区内不应种植观赏花卉及高大乔木。因为花朵开放时产生大量花粉，1朵花的花粉颗粒有数千至上百万个，花粉粒径因花异，小的 $10 \sim 40\mu m$，大的 $100 \sim 150\mu m$。同时花的开放还会招惹昆虫。观赏花卉多为一年生植物，需经常翻土、播种、移植，从而破坏植被，使尘土飞扬。而高大乔木树冠覆盖面积大，其下部难以植被，增加厂区周围露土面积。不少乔木的落叶或花絮飞舞，都会增加大气中的悬浮颗粒。

5 工艺设计

5.1 工艺布局

5.1.1 医药工业洁净厂房内常有多种物料管道，如化工医药原料、药液、工艺用水、纯蒸汽、压缩空气和公用工程管道等，以及电气管线、净化空调系统的送回风管和局部排风管等，管线错综复杂。因此，进行管线综合布置时，必须在平面和标高上密切配合，综合考虑，才能做到安装、调试、清扫、使用和维修的方便及整齐美观。

为布置各种管道、桥架和高效空气过滤器等，厂房内一般均设置技术夹层或技术夹道，大多使用效果良好。进行管线综合布置设计和确定技术夹层层高时，应充分考虑技术夹层或夹道中净化空调系统的风管及配管、公用工程管道、工艺管道、电缆桥架检修通道等的合理安排，要有利于安装、检修。同时，必须严格遵守现行国家标准《建筑设计防火规范》GB 50016等的规定。还应对各种技术措施进行技术经济比较，做到技术可靠，经济合理，使用安全。

在工艺布局合理、紧凑及符合空气洁净度等级要求的前提下，布置时还应考虑大型设备在搬运、安装、维修等方面的便利，以及立体空间中各设计专业的合理协调。

5.1.2 影响药品生产质量的原因是多方面的，其中最主要的是生产过程对药品的污染和交叉污染，以及原因众多的人为差错。因此，最大限度地降低对药品的污染和交叉污染，克服人为差错是GMP的基本要素。这是实施GMP的重点，也是医药工业洁净厂房设计的重点。

在工艺布局中合理安排人流、物流，是防止生产过程中人流、物流之间交叉污染的有效措施。然而，根据药品生产的特点，要在工艺布局中将人流、物流决然分开或者设置专用通道都是不现实的。我国GMP（1998）第9条也是从原则上要求"厂房应按生产工艺流程及所要求的空气洁净级别进行合理布局"。

为防止人流、物流交叉污染，本条对工艺布局提出5项基本要求。

1 人员和物料进出生产区域的通道的出入口，使人流、物流分门而入，是为了避免人员和物料在出入口的频繁接触而发生交叉污染；对极易造成污染的原辅物料如活性炭等，生产过程中产生的废弃物如碎玻璃瓶、生物制品生产中排出的污物等，宜就近设置专用出入口。

2 人员和物料进入医药洁净室（区）前，分别在各自的净化用室中进行净化处理，有利于防止人员和物料的交叉污染。人员净化用室设置要求见本规范第5.2.3条、第5.2.4条，物料净化用室设置要求见本规范第5.3.1条、第5.3.2条。

3 医药洁净室（区）内应只设置必要的工艺设备和设施，是为减少无关人员和不必要的设备、设施对药品的污染，确保室内空气洁净度等级；工艺布局中要防止生产、储存的区域，如制剂生产区设置的半封闭式中间库，被非本区域工作人员当作通道，使药品受到污染。

4 由于电梯及其通行井道无法达到洁净要求，因此多层厂房中的电梯不应在医药洁净室内。需设置在医药洁净区的电梯，应有确保医药洁净区空气洁净度等级的措施，如在电梯前设置气闸室，防止电梯运行和开启时未经净化的空气直接进入医药洁净区；也可采取其他效果确切的措施。

5 医药工业洁净厂房内物料传递路线要短捷，不宜弯绕曲折，以免传输过程物料受到污染和交叉污染。

5.1.3 净化空气调节系统是确保医药洁净室（区）空气洁净度等级的主要措施，其送风口及排风口的布置应首先满足生产工艺需要，由于风口面积较大，因此在布置时应优先考虑，并与照明器材以及其他管线等设施合理协调。

5.1.4 我国GMP（1998）第19条要求"不同空气洁净度级别的洁净室（区）之间的人员及物料出入，应有防止交叉污染的措施"，这种措施在设计上一般采取设置气闸室或传递柜等设施。

5.1.5 药品生产品种、规格多，需要使用的原辅物料、包装材料也多，加之生产中的半成品和成品，每天都有大量的物料需要存放。如果没有足够的储存面积和合理的存放区域，就会造成人为差错和物料之间的交叉污染。我国GMP（1998）第12条要求"储存区应与生产规模相适应……存放物料、中间产品、待验品和成品，应最大限度地减少差错和交叉污染"。

为减少物料从厂区仓库到洁净厂房在运输途中的污染，医药工业洁净厂房内宜设置物料储存区。物料应按规定的使用期限储存，无规定使用期限的，其储存一般不超过3年。储存面积应根据生产规模、存放周期计算。储存区内物料按待验、合格和不合格物料分区管理或采取能控制物料状态的其他措施，其中不合格的物料应设置专区存放，并有易于识别的明显标志。对有温湿度或其他特殊要求的物料应按规定条件储存。储存区宜靠近生产区域，短捷的运输路线有利于防止物料在传输过程中的混杂和污染。

因生产需要在生产区域内设置的物料存放区，主要用于存放半成品、中间体和待验品。物料存放周期不宜太长，以免物料堆积过多，占地面积太大。检验周期长的待验品，从管理上可办理手续暂存医药工业洁净厂房储存区。存放区位置的确定以满足生产为主，宜减少在走廊上的运输路线。存放区可采用集中或分散的方式，视各生产企业管理模式而定。对于集中存放区（又称中间站）从布局上应避免成为无关人员的通道。

5.1.6 有关青霉素等高致敏性药品的特殊性已在本规范第4.2.4条说明中有所解释。为此，国内外GMP对它的生产、管理都有严格规定。美国CGMP要求"有关制造、处理及包装青霉素的操作均应在与其他人用药物产品隔离的设施中进行"；欧盟GMP（1997）提出"为使由于交叉污染引起的严重药品事故的危险性减至最低限度，一些特殊药品如致敏性物质（如青霉素类）、生物制品（如活微生物制品）的生产应采用专用的独立设施"；我国GMP（1998）第20条规定"生产青霉素类高致敏性药品必须使用独立的厂房与设施"，这是我国GMP对药品生产厂房设施最为严格的条款。

避孕药品、卡介苗、结核菌素等特殊药品的生产，对操作人员和生产环境也存在一定风险。我国

GMP（1998）第 21 条、附录五"生物制品"中规定，这些特殊药品的生产厂房应与其他生产厂房严格分开。与青霉素等高致敏性药品生产厂房不同，这些药品的生产厂房并不强调必须是独立的建筑物。因此，设计时这些药品的生产可在同一个建筑物内与其他医药生产厂房以实墙分割成互不关联的生产厂房，其人员、物料出入，所有生产设施如净化空调系统、工艺用水系统，以及其他公用工程系统，均与其他医药生产厂房严格分开。当然，也可以安排在各自独立的建筑物内，在总图布置上与其他医药生产厂房分开。

5.1.7 本条主要是对同一建筑物内，某些药品生产区与其他药品生产区，或同一药品生产的前后工序生产区之间的布置要求。

β-内酰胺结构类药品是抗生素中重要一族，由于它的性能特点，临床使用时也有许多限制规定，因此它的生产区要与其他药品生产区域严格分开。根据国家食品药品监督管理局（SFDA）2006 年 3 月 16 日"关于加强 β-内酰胺类药品生产质量管理的通知"：(1) β-内酰胺类药品中的单环、β-内酰胺类药品按普通药品管理；(2) 头孢霉素类、氧头孢烯类产品按头孢菌素类产品管理；(3) 半合成碳青霉烯类原料药及其制剂，均必须使用专用设备和独立的净化空气系统。

中药生产的原料是中药材，生物制品生产的原料是动物脏器或组织，它们都必须经过一系列加工才能成为制剂的原料。由于中药材的前处理、提取、浓缩，以及动物脏器、组织的洗涤或处理，要使用大量的有机溶媒、酸、碱，而且会产生大量的废气、废渣和异味，对制剂生产带来严重影响，因此要把前后两种决然不同的生产方式严格分开，以免污染成品质量；含不同核素的放射性药品有着不同的性能和作用，生产过程不得互相干扰，它们的生产区也应各自分开。

本条要求在生产区域上的严格分开，是指要有各自独立的生产区，相应的人员净化用室、物料净化用室，以及生产区域独立的净化空调系统。但进入同一建筑物的人员总更衣室、物料仓储区以及生产区域外的人员、物料走廊等仍可合用。

5.1.8 本条系根据我国 GMP（1998）第 22 条要求编制。设计时应根据生产企业的具体情况而定。如本条规定的这些生物制品的原料和成品需要同时加工或灌装时，生产区应分别设置；如采用交替生产的，则应在生产管理上进行合理安排，并应采取有效的防护措施和必要的验证。

5.1.9 本条是对生产辅助用室布置及室内的空气洁净度等级要求所作的规定：

1 取样室。为便于质检部门对购入的原辅材料进行检查，取样室一般宜设置在仓储区内。以往设计中，仓储区设取样室，为考虑人员、物料净化，要设置缓冲间、传递窗、换鞋、更衣室、气闸室等，造成辅助用房比取样室面积大得多的不合理现象。取样操作不同于生产，每次多则几十分钟，少的仅几分钟，而与其配套的净化空调系统则需要全天开启，造成面积、能源的很大浪费。我国 GMP（1998）第 26 条要求"取样环境的空气洁净度级别应与生产要求一致"，是因为取样操作有一定范围，对环境大小的理解应根据生产要求确定，但取样环境并不等同于取样室。由于药品生产全过程对空气洁净度等级的要求并不相同，本条明确取样环境应与使用该物料的生产环境一致。如使用该物料的生产环境空气洁净度等级为 100000 级、300000 级的，只要在取样局部区域设置一个与生产区空气洁净度等级相适应的净化环境或局部单向流装置，使得取样时原料暴露的环境符合相应要求即可，而取样室只要配置一般空调装置以保持室内清洁环境。这样可省去一大套人、物流净化程序及用房面积，既符合规范要求又比较合理；如使用该物料的生产环境空气洁净度等级为 10000 级的，取样操作可在 100000 级环境下的 100 级单向流罩下进行。考虑到非最终灭菌的无菌产品生产的特殊要求，无菌药品的取样应在无菌洁净室内进行，除了取样环境与生产操作的空气洁净度等级相一致外，还应设置相应的物料及人员净化用室。

2 称量室。世界卫生组织（WHO）GMP 提出"……起始物料的称量区可以是仓储区或生产区的一部分"。本规范把原辅料的称量室设置在生产区内，避免了为称量室再设物料和人员净化用室。称量工序的管理由生产企业管理体制而定，称量后的剩余物料应有专门存放区，以免差错和污染。由于称量操作时物料暴露于所在环境中，因此称量室的空气洁净度等级应与使用该物料的医药洁净室（区）一致。

3 备料室。备料室是从仓储区领来待称量物料存放的房间，宜靠近称量室。根据我国 GMP（1998）第 27 条要求"根据药品生产工艺要求，医药洁净室（区）设置的称量室和备料室，空气洁净度级别应与生产要求一致，并有捕尘和防止交叉污染的措施"，因此备料室的空气洁净度等级应与称量室相同。

4 设备、容器及工器具清洗室。设备、容器及工器具在清洗时会产生污染，如果为便于清洗而设置在生产区内的清洗室，其空气洁净度等级应与使用该设备、容器及工器具的洁净室（区）相同。

为避免洗涤后的设备、容器及工器具再次污染和微生物的繁殖，确保下次使用前的清洁，设备、容器及工器具洗涤后均应干燥，并应在与使用该设备、容器及工器具的洁净室（区）相同的空气洁净度等级下存放。

对于非最终灭菌的无菌产品的设备、容器、工器具以及从不可移动设备上拆卸的零部件，在 100000 级清洗室清洗及最终处理（如用注射用水淋洗等）

后，应及时灭菌。对灭菌后的设备、容器、工器具以及从不可移动设备上拆卸的零部件，应采取保持其无菌状态的措施，如密闭储存或在100级单向流保护下存放等。如采用双扉灭菌柜的，可在100级单向流保护下直接进入无菌区。

5.1.10 清洁工具的洗涤、存放地是重要污染源，不宜放在医药洁净区内，以免污染洁净区域环境。如果需要设在医药洁净区内，清洁工具洗涤、存放室的空气洁净度等级应与本区域相同。然而，有空气洁净度等级的存放室只是为清洁工具洗涤、存放提供洁净环境，至于要将含尘、含菌量高的抹布、拖把、吸尘器等工具清洗到符合规定要求，必须在清除、洗涤、消毒、干燥等方面另行采取措施。为避免对无菌洁净室（区）生产环境的污染，用于无菌洁净室（区）的清洁工具，使用后必须拿出无菌室（区）。无菌洁净区域内不应设置清洁工具洗涤、存放室。

5.1.11 本条对洁净工作服的洗涤、干燥和整理提出了要求。

1 我国 GMP（1998）附录一"总则"规定"100000级以上区域的洁净工作服应在洁净室（区）内洗涤、干燥和整理，必要时应按要求灭菌"。我国 GMP（1998）只规定了洗衣房应设置的位置，并未规定相应的空气洁净度控制标准。洗衣房设置在洁净区域内只是为洗衣提供净化环境，但并非洗衣质量的关键。工作服的洗涤质量取决于洗涤措施和过程。因此本规范规定100级、10000级、100000级医药洁净室（区）使用的洁净工作服，其洗涤、干燥、整理房间的空气洁净度等级不应低于300000级。

2 我国 GMP（1998）第52条要求"不同空气洁净度等级使用的工作服应分别清洗、整理"。对"分别清洗、整理"的理解，应视生产企业的具体情况。必须注意的是，不能把不同空气洁净度等级房间使用的工作服混放在同一台洗衣机里清洗。

3 为避免与非无菌工作服的交叉污染，无菌工作服不宜与其他工作服合用洗衣、干燥机，它的洗涤、干燥设备宜专用。无菌工作服干燥后应在100级单向流下整理、包扎，并及时灭菌。灭菌后应存放在与使用无菌工作服的无菌洁净室（区）相同空气洁净度等级的存放区待用。

5.1.12 无菌洁净室（区）是药品生产中专门用于无菌作业的洁净室（区）。在无菌洁净室（区）里，药品生产过程直接暴露于所在环境中，由于这些药品大多没有合适的灭菌方法，要确保产品无菌，必须对生产全过程进行无菌控制，因此它与一般的10000级医药洁净室（区）不同，对进入无菌洁净室（区）的人员、物料、设备、容器、工器具等都应经过无菌处理。本规范第 5.1.9、5.1.10、5.1.11、5.1.13、5.2.4、5.3.2、6.2.3、7.2.4、7.2.11、8.3.8、8.3.10、9.2.18、9.2.20 和 9.4.7 条等对此都有明确

规定，设计时应遵照执行。

5.1.13 为确保药品检验质量，防止不同检品之间交叉污染，国内外 GMP 对质量控制实验室都有严格要求。世界卫生组织（WHO）对质量控制实验室的设计提出"……实验室与生产区的空气供应系统应分开。用于生物、微生物和放射性同位素分析的实验室应有独立的空气处理系统和其他必要的辅助设施"。欧盟 GMP 要求"质量控制实验室应与生产区分开"。我国 GMP（1998）第28条规定"质量管理部门根据需要设置的检验、中药标本、留样观察以及其他各类实验室应与药品生产区分开。生物检定、微生物限度检定和放射性同位素检定要分室进行"。

本条规定系根据国内外 GMP 要求，并参照2000年9月国家药品监督管理局颁发的《药品检验所实验室质量管理规范（试行）》的规定确定。药品生产企业的质量控制实验室不同于药品检验所，检品和检验人员都较少，所以除作为无菌洁净室的无菌检查室、微生物限度检查实验室，应设置相应的人员净化和物料净化设施外，其他实验室的人员和物料的净化设施可视具体情况而定。

5.1.14 根据药品生产特点和生产技术的发展，近年来医药工业洁净厂房建设中大多采用大体量厂房。但药品生产品种规格多，工艺复杂，流程长，生产工序要求不一，从生产安全和工艺要求方面考虑，厂房内应予以分隔的情况较多，如使用与不使用易燃易爆介质的生产区域之间、洁净区域与非洁净区域之间、不同空气洁净度等级的洁净室（区）之间，以及相同空气洁净度等级洁净区域中容易造成污染和交叉污染的生产工序或生产装备之间等，均应予以分隔。

5.1.15 由于新建医药工业洁净厂房大多选择在市郊、农村，厂房外昆虫、鼠类等动物对洁净厂房容易构成威胁，为此厂房应因地制宜采取防止昆虫和其他动物进入的措施。

5.2 人员净化

5.2.1 在洁净厂房众多污染源中，人是洁净室中最大的污染源。一是人在新陈代谢过程中会释放或分泌污染物；二是人体表面、衣服能沾染、黏附和携带污染物；三是人在洁净室内的各种动作会产生大量微粒和微生物。要确保生产环境所需要的空气洁净度等级，对进入医药洁净室（区）的人员进行净化，限制人员携带和产生微粒和微生物是十分必要的。

本条对医药工业洁净厂房的人员净化用室和生活用室的设置作了规定。

1 为避免人员之间的污染和交叉污染，本规范要求不同空气洁净度等级医药洁净室（区）的人员净化用室宜分别设置；空气洁净度等级相同的无菌洁净室（区）和非无菌洁净室（区）的人员净化用室应分别设置。以非最终灭菌无菌冻干粉注射剂为例，在生

产工序中，玻瓶的洗涤、干燥、灭菌，胶塞的前处理等环境空气洁净度等级为100000级，药物除菌过滤前的称量、药液配制等环境空气洁净度等级为10000级（室内为非无菌），除菌药液的接收、灌装、半加塞、冻干等操作室为无菌洁净室，环境空气洁净度等级也是10000级。对该产品的生产区应分别设置出入100000级洁净室（区）、非无菌10000洁净室（区）和无菌洁净室（10000级）等三套人员净化用室，才能满足不同环境工作人员的净化要求。

2　换鞋、存外衣、更洁净工作服是人员净化的基本程序。通过换鞋、脱外衣、洗手消毒、更换洁净工作服，以去除人体、外衣表面沾染、黏附和携带的污染物。更衣后人员经气闸室进入医药洁净室（区）。气闸室是控制人员出入医药洁净室（区）时气流和压差的设施。

3　厕所、浴室、休息室等生活用室应视车间所在地区的自然条件、车间规模及工艺特征等具体情况，根据实际需要设置。例如：车间规模较大、人员集中或操作强度大的医药洁净室（区）宜设休息室。关于厕所、浴室的设置要求参见本规范第5.2.2条的规定。

5.2.2　对人员净化用室和生活用室的设计要求说明如下：

1　进入人员净化用室前净鞋的目的是为了保持入口处的清洁，不致受到外出鞋的严重污染。净鞋的方法很多，有擦鞋、水洗净鞋、粘鞋垫、换鞋、套鞋等。

为了保护人员净化用室的清洁，最彻底的办法是在更衣前将外出鞋脱去，换上清洁鞋或鞋套。最常用的有跨越鞋柜式换鞋，清洁平台上换鞋等，都有很好的效果。

2　外出服在家庭生活及户外活动中积有大量微尘和细菌，服装本身也会散发纤维屑，将外出服及随身携带的其他物品存放于更衣室专用的存衣柜内，避免外出服污染洁净工作服。

3　关于存衣柜的数量，考虑到国内洁净厂房的管理方式和习惯，外出服一般按个人闭锁使用，所以按在册人数每人一柜是必要的。洁净工作服柜一般也可按每人一柜设计，或集中将洁净工作服存放于设有流通洁净空气的洁净柜中，这样对保持洁净工作服的洁净效果更好。

4　人员净化用室的空气净化要求见本规范第9.2.11条及其说明。

5　手是交叉污染的媒介，人员在接触工作服之前洗手十分必要。操作中直接用手接触药物或药用原辅物料的人员可以戴洁净手套或在医药洁净室内洗手。

洗净的手不可用普通毛巾擦抹，因为普通毛巾易产生纤维尘，最好的办法是热风吹干，电热自动烘手器就是一种较好的选择。

6　洁净区内设置厕所和浴室不仅容易使洁净室受到污染，还会影响洁净区的压差控制。本规范规定医药洁净区内不得设厕所和浴室。

需要设在人员净化用室内的厕所应有前室缓冲，放置供人员入厕穿用的鞋套、外套。

7　人员更换洁净工作服室与洁净区域入口处之间设置气闸室，是为了保持洁净区域的空气洁净度等级和正压。气闸室的出入门应有防止同时被开启的措施，洁净室（区）空气洁净度等级高的，气闸室的出入门应采取连锁。

8　青霉素等高致敏性药品、某些甾体药品、高活性药品、有毒害药品等特殊药品的生产过程中，操作人员的洁净工作服上会不同程度沾染、吸附这些药品的微粒，为防止有毒害微粒通过更衣程序被人体携带外出，以上药品生产区人员在退出人员净化用室前，根据药品特点应分别采取阻止有毒害微粒外带措施。

5.2.3　关于人员净化用室建筑面积控制指标，参考现行国家标准《洁净厂房设计规范》GB 50073按每人2～4m² 考虑。当人员较多时，面积指标采用下限；人员较少时，面积指标采用上限。也可根据生产企业实际需要确定。

5.2.4　目前，国内新建或改建的医药工业洁净厂房，人员净化程序一般分为两部分，即总更衣和净化更衣。人员进入工厂，先在总更衣区脱下户外穿着的鞋子或套以鞋套，通过换鞋凳进入更衣区，将换下的外出服及携带的物品存入更衣箱，换上工厂统一工作服及工作鞋、帽进入一般生产区。需要进入医药洁净区的人员再通过不同空气洁净度等级洁净区的人员净化用室，更换相应的洁净工作服。总更衣区可设置厕所、浴室及休息室等。

人员进入医药洁净室（区）前按规定程序更衣的目的是为了防止由于人的因素使室内空气含尘、含菌量增加，因此最大限度地阻留人体脱落物是更衣的关键。实践证明，阻留效果的关键是：（1）工作服的材质，是否起尘、吸尘；（2）工作服的式样，是否配置齐全、包盖全面；（3）工作服的穿戴方式，是否穿戴完整、穿戴程序合理等。我国GMP（1998）第52条明确规定"工作服的选材、式样及穿戴方式应与生产操作和空气洁净度级别要求相适应，并不得混用。洁净工作服的质地应光滑、不产生静电、不脱落纤维和颗粒性物质。无菌工作服必须包盖全部头发、胡须及脚部，并能阻留人体脱落物"。

为此，本规范结合近年来国内外医药工业洁净厂房人员净化程序的工程实践，在确保更衣实际效果的前提下，简化了人员更衣程序。把原先按非无菌洁净室（区）和无菌洁净室（区）设置的两个人员净化程序统一为一个程序。因为进入无菌或非无菌洁净室

（区），都经过换鞋、更外衣、洗手、更洁净工作服、手消毒、气闸室等同样程序，只是更换的洁净工作服和洗手消毒要求不同。至于洁净工作服的性质（是无菌还是非无菌）、式样（对人体的包盖程度）和穿戴方式（配置要求、穿戴程序）应根据产品生产工艺（无菌或非无菌）和洁净室（区）空气洁净度等级确定。

在具体实施方面，有总更衣要求的药品生产企业，人员在总更衣室更换厂统一工作服、鞋帽。进入非无菌洁净室（区）时，其更换外衣（脱厂统一工作服）、洗手与更换洁净工作服、手消毒可在同一室内进行，外衣柜数量以最大班人数来定或采用挂衣钩即可；无总更衣要求的药品生产企业，人员进入非无菌洁净室（区）时，则更换外衣（脱外出服）、洗手与穿洁净工作服、手消毒应分两个房间进行，并且外衣柜的设置应按设计人员每人1柜。

进入无菌洁净室（区），无论企业是否有总更衣要求，人员都必须在更换外衣室脱外衣（厂统一工作服或外出服）、鞋（厂工作鞋或外出鞋），经洗手进入更换洁净工作服室，穿无菌洁净工作服。无菌服一般分内外两套，内衣为长袖上衣、长裤，手消毒后穿上带帽的连体无菌服及无菌鞋，再经手消毒后带上无菌手套，以最大限度地阻断人体代谢及携带的污染物。

当医药工业洁净厂房中有不同空气洁净度等级的洁净室（区）时，以往有些设计按进入洁净室（区）空气洁净度等级高低，采用递进式更衣程序，以适应不同空气洁净度等级洁净室（区）人员更衣需要。这样不但要求高洁净度洁净室的人员多次脱衣、穿衣，使更衣流于形式，而且还要穿越与他们无关的低洁净度洁净室（区）的更衣区，容易造成对该区域的污染和交叉污染。

对不同空气洁净度等级医药洁净室（区）的人员净化设施提出"宜"分别设置，是考虑到工程设计中可能存在的困难，但并不意味"递进式更衣程序"是不同空气洁净度等级洁净室人员净化程序的合理模式。

5.3 物料净化

5.3.1 为减少物料外包装上污染物质对医药洁净室（区）的污染，进入医药洁净室（区）的原辅物料、包装材料及其他物品等，必须在物料净化用室进行外表面清理或剥去外层的包装材料，经传递柜或放置在清洁托板上经气闸室进入医药洁净室（区）。

5.3.2 无菌洁净室是进行无菌操作的洁净室，要求进入无菌洁净室的所有物料和物品都必须保持无菌状态，因此要有确保进入物料和物品无菌的措施。

5.3.3 为阻隔医药洁净室（区）与物料清洁室或灭菌室的气流，保持医药洁净室（区）的压差，所以它们之间的物料传递应通过气闸室或传递柜。如使用双

扉灭菌柜，由于灭菌柜可起到气闸作用，则可不另设气闸室。

5.3.4 防止传递柜两边传递门同时被开启的措施，可根据医药洁净室（区）空气洁净度等级要求，采用连锁装置、灯光指示等方法。传送至无菌洁净室的传递柜，除上述要求外，还需设置交货装置、柜内净化消毒装置如高效空气过滤器、紫外灯等。

5.3.5 是否需要设置独立的废弃物出口，应根据废弃物的性质、数量、污染及危害程度等多种因素考虑。

5.4 工艺用水

5.4.1 饮用水、纯化水和注射用水都是药品生产的工艺用水，各用于药品生产的不同场合。饮用水还是制备纯化水的水源。

5.4.2 纯化水可直接用于部分药品生产，也是制备注射用水的水源。

1 纯化水的制备方法很多，有蒸馏法、离子交换法、反渗透法或其他组合方法等。在制备纯化水生产工艺流程时，应根据药品生产工艺要求，结合当地的水质、能源供应、三废处理要求，以及投资控制等因素优化选择，使纯化水质量符合现行《中华人民共和国药典》各项检查指标。控制纯化水的电阻率或电导率，是为了控制纯化水中的无机杂质总量，本规范规定纯化水的电阻率应大于0.5MΩ·cm，与我国药典要求的氯化物、硫酸盐、盐、硝酸盐、亚硝酸盐的控制量是一致的。

关于纯化水、注射用水的标准，我国药典与美国、欧盟药典在电导率（无机杂质控制指标）、总有机碳（有机杂质控制指标）、细菌内毒素、微生物等指标的限度控制方面不尽相同（参见表4），对水质和药品质量存在一定影响。为控制水中各种杂质和微生物量，本规范在管网设计，管路的材质、加工、安装、维护等方面作了较多规定。

表4 工艺用水标准（部分指标）比较

分类 项目	纯化水			注射用水		
	中国药典	美国药典	欧盟药典	中国药典	美国药典	欧盟药典
电导率	—	符合规定	<1.3μs/cm	—	符合规定	<1.1μs/cm
总有机碳	—	<0.5mg/l	<0.5mg/l	—	<0.5mg/l	<0.5mg/l
内毒素			<0.25 EU/ml	<0.25 EU/ml	<0.25 EU/ml	<0.25 EU/ml
微生物	<100 cfu/ml	<100 cfu/ml	<100 cfu/ml	<10cfu/ 100ml	<10cfu/ 100ml	<10cfu/ 100ml

2 我国药典对纯化水有"微生物限度"规定，每1ml纯化水细菌、霉菌和酵母菌总数不得超过100cfu。水系统设备、管道选材不当是造成水污染的主要原因。水系统的微生物污染还会导致纯化水中"细菌内毒素"增加。细菌内毒素又称"热原"，注射

后会使患者产生热原反应，严重的会危及生命。细菌内毒素耐热性强，如各种革兰氏阴性菌分离出来的热原，常规灭菌（121℃灭菌30min）对它并无影响，必须加热至180℃、4h才能将它杀灭。因此纯化水储罐和输送管道所用材料应为无毒，耐腐蚀及经得起消毒的材料。

纯化水输送管道的管材选择和管网设计是保证使用点水质的关键。

在纯化水管材选择方面，应考虑以下因素：

1) 材料的化学稳定性：纯化水是一种极好的溶剂，为了保证在输送过程中纯化水水质下降最小，必须选择化学稳定性极好的管材，也就是在所要求的纯化水中的溶出物最少。

2) 管道内壁的光洁度：管道内壁粗糙，即使微小的凹凸都会造成微粒的沉积和微生物的繁殖，导致微粒和细菌两项指标均不合格。

3) 管道及管件的接头处的平整度：接头处不平整或垫片尺寸不匹配，会产生水涡流和水滞留，造成微粒的沉积和微生物的繁殖。

如果水系统使用了不适当的材料如PVC，运行后PVC中微量增塑剂会被浸入到水中。采用不锈钢时，要选用焊接良好、内壁抛光的优质不锈钢。因为焊接缺陷、内壁粗糙会造成水系统污染。内壁抛光后表面光亮，水分不易被吸附、滞留在管道表面，而且极易被吹除干燥。受机械抛光的局限，国外已实施电抛光。

不锈钢管内壁光洁程度应据实而定。一般表面粗糙度为0.5μm时可视为光滑，粗糙度为0.25μm时可视为镜面程度。

纯化水储罐的通气口是外界含尘、含菌空气侵入水系统的主要途径，因此必须安装效果确切的疏水性呼吸过滤器以防大气中的尘粒、细菌倒灌。

3 为防止纯化水在输送过程或静止状态受微生物污染，纯化水的输送应采用循环供水管道系统，并需保持一定的流速，使水流呈湍流状态，以防止管壁形成微生物生物膜。生物膜是某些微生物应变的结果，它能保护微生物，一般的消毒剂很难将它杀灭，它的脱落便成了新的菌落。

管路设计安装时要保持坡度，以利放净剩水。还应避免出现水滞留和不易清洗的部位。管道的某些部位流量过低，微生物在这些管道表面、阀门和其他区域容易形成生物膜，成为持久性的污染源。生物膜很难消除，最好是防止它的生成。

4 纯化水储罐和输水系统的定期清洗是保证纯化水水质的重要手段，防止长期运行后，储罐和管道内壁产生沉积物及微生物积聚，使水质下降。由于纯化水储罐要经常消毒，而最可靠的消毒方法是使用饱

和蒸汽，因此储罐要选用可耐压的容器，不要使用不耐压的平底罐。

5.4.3 注射用水常用于无菌制剂的配料，也是药品生产的常用原料。

1 一般来说，注射用水的制备可采用蒸馏法、反渗透法和超滤法。由于反渗透法、超滤法均存在一定的缺陷，因此蒸馏法是中国药典确认的唯一制备方式。蒸馏法以纯化水作为原料，通过蒸发、汽液分离、冷凝等过程，去除水中的化学物质、微生物及细菌内毒素，以达到现行《中华人民共和国药典》注射用水的标准。

2 为保证注射用水在储存、输送的过程中不再受到二次污染，因此对储罐、输送管道及管件的材质有特殊的要求，必须使用无毒、耐腐蚀、可消毒灭菌，内壁抛光的优质低碳不锈钢（如316L钢）或其他不污染注射用水的材料。使用不锈钢材料时，除了要求焊接良好、内壁抛光外，焊接后宜进行钝化处理。因为不锈钢焊接后焊缝表面金相组织发生变化，导致比未焊接时更易受到腐蚀。焊接还会使不锈钢表面粗糙，对清洗和灭菌不利。对不锈钢材料进行钝化处理，可以在不锈钢表面形成钝化层，使它在常温下具有抗氧化和耐腐蚀的能力。

注射用水储罐的通气口是外界含尘、含菌空气侵入注射用水系统的主要途径。因此，储罐的通气口必须安装0.22μm疏水性呼吸过滤器，杜绝微粒和微生物的侵入。

3 为防止储存的注射用水受微生物污染，注射用水应采用80℃以上或4℃以下保温储存，或者65℃以上的保温循环。

4 为防止注射用水在输送或静止状态受微生物污染，注射用水输送系统（包括接至用水设备的支管）应为循环供水系统（使用点不循环支管长度不应大于管径的6倍）。循环干管应保持一定的流速以免微生物的再生和细菌内毒素的形成。设计及安装时要严格保持坡度，避免出现水滞留及不易清洗的盲管，要求在水系统灭菌前能将管道中的剩水放尽，确保灭菌效果。

7 长期使用后的注射用水储罐和输送系统容易造成污染，要定期进行清洗、灭菌。为确保清洗、灭菌效果，对不能移动、不可拆洗的储罐和输送管路、管件，应设置在位清洗（CIP）和在位灭菌设施（SIP）。这些设施应包括设置在被清洗、灭菌对象内的相应装置、制备、配置清洗液、纯蒸汽的装置及循环输送管路等。

5.4.4 工艺用水系统的验证，是对药品生产中所使用的工艺用水及其系统，在设计、选型、安装和运行上的正确性的测试和评估，证实该系统确实能达到设计要求。工艺用水系统的验证分为DQ（设计确认或预确认）、IQ（安装确认）、OQ（运行确认）、PQ

（性能确认）等阶段。工艺用水系统验证的主要内容参见表5。

表5　工艺用水系统的验证

程序	所需文件	确认内容
安装确认	1. 系统流程图、描述及设计参数 2. 水处理设备及管路安装调试记录 3. 仪器、仪表的校验记录 4. 设备操作手册及操作SOP（Standard Operating Procedure）及维修SOP； 5. 设计图纸及供应商提供的技术资料	1. 制水装置的安装以及电气、管道、蒸汽、压缩空气、仪表、供水、过滤器等的安装、连接情况检查 2. 管道分配系统的安装，包括材质、连接、试压、清洗、钝化、消毒等 3. 仪器仪表校正 4. 操作手册SOP
运行确认	1. 水质检验标准及检验操作规程 2. 工艺用水系统运行SOP 3. 工艺用水系统清洁SOP	1. 工艺用水系统操作参数的检测（包括过滤器、软水器、混合床、蒸馏水机等的运行并检查电压、电流、压缩空气、锅炉蒸汽、供水压力等以及设备、管路、阀门、水泵、储水容器等使用情况） 2. 水质的预先测试
性能确认	1. 取样SOP及重新取样规定 2. 工艺用水系统运行SOP 3. 工艺用水系统清洁、消毒灭菌SOP 4. 人员岗位培训SOP	1. 记录日常操作参数（混合床再生频率、储水罐、用水点的使用时间、温度、电阻率等） 2. 取样监测，持续三周。取样频率：储水罐、总送水口、总回水口每天取样；各使用点，注射用水为每天取样，纯化水可每周一次；各使用点均应定期取样

6　工艺管道

6.1　一般规定

6.1.1　为确保医药洁净室（区）的空气洁净度等级，减少清洁、维修工作量，洁净室（区）应少敷设各类管道。工艺管道的干管宜敷设在技术夹层或技术夹道内；垂直的干管也可用管道井的方式将其密闭。由于技术夹层中除工艺干管外，还有空调、通风管道，空调配管，公用工程管道以及电缆桥架等，因此设计时必须合理安排，优化布置，在方便维修的前提下，宜降低技术夹层的层高。为确保安全，技术夹层内不应敷设易燃、易爆、有毒的物料管道。如有必须穿越技术夹层的易燃、易爆、有毒的物料管道时，管道应敷设套管，套管内的管段不应有焊缝、螺纹和法兰。管

道与套管之间应有可靠的密封措施。

6.1.2　为了防止水平管道中出现输送介质在管道内滞留，除了设计和安装时应使水平管道保持一定坡度外，管径变化时应采用底平偏心异径管连接。还应避免管道产生气袋、液袋及盲肠，造成清洁、消毒和灭菌的困难。

6.1.4　为方便各种物料、介质管路系统的清扫、清洗、消毒，验证清洗、消毒效果，干管系统应设置必要的吹扫口、放净口和取样口。

6.1.8　将气体终端净化装置设在靠近用气点附近，可以避免输气管道污染，保证与药品直接接触的气体符合药用洁净要求。

6.1.9　可燃气体和氧气管道系统发生事故或气体纯度不符合要求时，需吹除置换，这些吹除的气体不能排在室内，所以在管道末端或最高点应设放散管，以便将气体排入大气。放散管的排放口应高出屋面1m，防止由于风向的影响使排放的气体倒灌回室内。

6.2　管道材料、阀门和附件

6.2.1　药品生产品种多、工艺复杂，需要输送的物料品种、名目繁多，性质各异。选用管道和阀门时，必须根据情况区别对待。原料药在制成粗品前，大多是化工生产或生物合成等，使用较多的是化工原料，酸碱性强、腐蚀性大；制剂生产时，物料管道输送的多为药液、工艺用水等，即使都是药液，由于药品性质不一，对管道和阀门要求也不尽相同。选用的管道材质及内壁粗糙度、阀门形式及材质，均应满足工艺要求，不应吸附和污染输送介质，同时也要给施工、维修提供方便。

制剂生产的物料管道宜采用优质不锈钢材料。常用的优质不锈钢有304、316和优质低碳不锈钢304L、306L等。304、304L、306钢常用于输送酸性介质、口服液生产中的药液和纯化水等管路。

为确保无菌产品生产工艺要求，对于输送无菌介质、注射用水、非最终灭菌无菌制剂药液的管路，宜采用优质低碳不锈钢材料（如306L钢），而且要求内壁抛光，有条件的要电抛光、钝化处理（参见第5.4.2条、第5.4.3条及其说明）。

阀门形式和材质的选用同样如此。制剂生产中使用的阀门与化工生产大不相同，它要求严格控制阀门对药品的污染，要求阀体不应成为污染物质积聚的死角。如不锈钢隔膜阀，除严密性好外，还具有阀件不直接接触药液、阀体死角体积小等优点，非常适用于注射用水、非最终灭菌无菌制剂药液的输送，也有利于消毒灭菌。

由于不同的管道、阀门价格相差很大，如304L、306L钢明显高于304、306钢；同一材质内壁处理后的表面粗糙度不同，价格相差也达1.3～1.6倍；隔膜阀价格比球阀约高2倍。因此，管道和阀门的选用

要根据具体情况区别对待，这样才能既满足生产工艺要求又经济合理。

6.2.2 软性管道虽然具有连接方便、长度随意、管道柔软等特点，但它只适用于不固定使用场合，作为工艺物料干管不合适，尤其是非金属软管吸附性强，有一定的渗透性，无法固定安装，不利于清洁，而且易老化变形，造成管道介质渗漏。同样，工艺物料干管也不能使用脆性材料，它易碎、易破损，既不安全，也容易造成环境污染。

6.2.3 本条条文说明同第6.2.1条。

6.2.6 为防止不同品种、规格，以及同一品种、规格的不同批号药品之间的交叉污染，我国GMP（1998）第70条要求"每次生产前要确认无上次生产的遗留物"。为此，每次生产结束后要对设备、管道等进行清洗、清场。要求管道、阀门尽量做到可拆卸，管道接口、管道与阀门的连接宜采用快开式结构，如卡箍式连接。

6.3 管道的安装、保温

6.3.1、6.3.2 医药工业洁净厂房内的管道连接，要根据不同药品要求加以选择。为确保管道连接的严密性，一般采用焊接方式。需要拆卸的管道以及管道与阀门的连接，宜采用法兰、螺纹连接。由于普通的法兰、螺纹连接方式容易在连接处积液，孳生污染物。因此，这种方式不适用于输送过滤后药液、无菌药液和注射用水的管路。对此，宜采用优质低碳不锈钢（如316L）的卫生配管、管件和阀门的卡箍式连接。

不锈钢管采用对接氩弧焊接时不施加不锈钢焊丝，它利用焊件本身熔化填满焊缝，从而保证内壁无焊缝、光滑，不存在死角。

接触物料的法兰、螺纹的密封垫圈，要使用不易污染介质的材料（如聚四氟乙烯）外，还要求其内径与管道内径大小一致、边缘光滑，以免积液，成为污染源。

6.3.3 为了防止因振动、热胀冷缩而影响墙、楼板和顶棚的整体性，所以穿越医药洁净室（区）墙、楼板和顶棚的管道要敷设套管。套管内的管段不应有焊缝，保证不会发生因有焊缝而出现的泄漏。管道与套管之间应用柔性、无毒的密封材料填堵，常用的有硅橡胶等。在墙面或顶棚管道穿出处宜加垫料压盖，以防填充物脱落。

6.3.4 医药洁净室（区）内明敷管道的管架及紧固件材料，应选择不锈钢或其他不易锈蚀的材料，不得采用钢涂漆，以免因油漆剥落而引起的污染。

6.3.6 为方便清洁沉降在管道表面的微粒和微生物，医药洁净室（区）内明敷管道保护层的外壳宜采用不锈钢材料。

6.3.8 由于医药洁净室（区）内物料、公用工程等各类管道很多，对明敷管道及连接设备的主要固定管道除了要求排列整齐，为方便操作、避免差错，我国GMP（1998）第33条要求"应标明物料名称、流向"。

6.4 安全技术

6.4.1 为了管道系统安全运行，使用易燃、易爆、有毒害介质的设备必须设置放散管，并必须引至室外。阻火器应装在室外，过滤装置起防止倒灌的作用，宜装在近设备处。

6.4.2 输送易燃介质的管道，应设置导除静电的接地设施以防止由于静电产生的火花而发生燃烧事故。管道接地线可与车间接地网相连接。在有钢支架或钢筋混凝土支架时，也可利用软金属线将管道与钢支架或钢筋混凝土支架的钢筋连通，作接地装置，但接地电阻应符合有关规定。

6.4.3 易燃易爆介质危险性大，容易发生燃烧爆炸事故，波及面广，危害性大，造成的损失严重。为此本条规定对可能发生易燃、易爆介质泄漏的管道或使用的部位应设置报警探头，一旦出现易燃、易爆介质泄漏达到报警浓度时，便能及时发出报警信号并自动开启事故排风系统，将易燃、易爆介质排除，降低其浓度不至于达到爆炸极限，防止燃烧、爆炸事故的发生，避免财产损失和人员伤亡。

6.4.5 各类气瓶均有产生爆炸的危险。医药工业洁净厂房大部分是密闭厂房，人员集中，精密设备和仪器多，为了确保安全，气瓶应集中设置在医药工业洁净厂房外，但考虑到有些医药洁净室（区）内用气量很少，为方便使用，故规定日用气量不超过一瓶时可设置在医药洁净室（区）内。但为保持医药洁净室（区）内的空气洁净度等级，设在医药洁净室内的钢瓶必须采取不易积尘和易于清洁的措施。

7 设 备

7.1 一般规定

7.1.1 制药设备直接接触药品，它的材料、结构、性能，与药品生产质量关系密切。因此，医药洁净室（区）应采用防尘、防微生物污染的设备和设施。国内外GMP都有专门章节对制药设备的选用、设计和维护作出明确规定。这些要求可归纳为：（1）应满足生产工艺和质量控制要求；（2）应不污染药品和生产环境；（3）应有利于清洗、消毒和灭菌；（4）应适应验证需要。

7.1.2 药品生产有"批号"概念。药品检验时按批取样，批号多，则取样量多，工作量大。不同药品生产的批号划分方法也不一样，如最终灭菌注射剂以同一配液罐一次所配量为一个批号，固体制剂以成形或分装前使用的同一台混合机为一个批号。因此，批号大小与设备有密切关系。用于制剂生产的配料、混合、灭菌等主要设备和用于原料药精制、干燥、包装的设备，其容量宜与批量相适应，以满足生产能力及其他技术、质量控制方面的要求，并能做到经济合理。

7.1.3 包装是药品生产的最后工序，也是产生人为差错和药品污染的多发区域。对于包装时常见的装量误差、异物混入等不合格现象，包装机械应有调整或显示功能，杜绝不合格产品出厂。

7.1.4 设备或机械上仪器仪表计量装置是否准确，精确度是否符合要求，是防止药品生产过程产生人为差错的重要措施，也是实施GMP的重点。

7.1.5 为防止设备表面的颗粒性物质落入设备内污染药品，设备表面应光洁。保温层表面宜用光洁、不易锈蚀、易清洁的金属外壳如不锈钢材料保护。

7.1.6 根据药品生产特点，不同空气洁净度等级要求的连续生产线必须在不同空气洁净度等级的洁净室（区）安装时，如液体制剂的洗灌封联动线，在玻瓶洗涤、干燥灭菌设备（位于100000级房间）与药液灌封设备（位于10000级房间）之间的隔墙应有可靠的密封。有些连续生产线需要穿越不同空气洁净度等级的洁净室（区），而穿越的墙洞又无法密封时，为防止不同空气洁净度等级的洁净室（区）之间空气污染，此时连续生产线穿墙处应采取措施（如空气洁净度等级高的房间气压高于空气洁净度等级低的房间），防止空气洁净度等级低的空气流向空气洁净度等级高的房间。

7.1.7 我国GMP（1998）附录一"总则"规定"10000级洁净室（区）使用的传输设备不得穿越较低级别区域"，为此应根据具体情况采取措施。有些连续生产线，如无菌分装注射剂的分装、加塞和轧盖，因传送带往返于不同空气洁净度等级的房间，为防止交叉污染必须将传送带分段设置。

7.1.8 控制设备噪声首先应从声源上着手。设计时应选用低噪声设备。在某些情况下，由于技术或经济上的原因而难于做到时，则应从噪声传播途径上采取降噪措施。

7.1.9 医药工业洁净厂房中使用的精密仪器和设备，如药品检验用的分析仪器，有精确度控制要求的设备和机械等，都有微振控制要求，厂房设计应首先对强振源采取隔振措施，以减小强振源对精密设备、仪器仪表的振动影响，在此基础上，精密设备、仪器仪表再根据各自的容许振动值采取被动隔振措施，就比较能够达到预定目的。

7.2 设计和选用

7.2.1 为防止生产物料在设备内的积聚，不易清洁，造成药品之间的污染和交叉污染，设备结构应简单。设备加工必须施以正确的焊接、抛光、钝化工艺，否

则会污染药物。焊缝和设备内壁应按规定要求抛光，抛光的目的在于使表面光洁，减少微生物在容器和管路内壁生成生物膜而污染药品，同时也有利于清洗、消毒或灭菌。内壁表面越光洁，达到同样清洗效果时所用的清洗时间就越少，达到同样消毒或灭菌效果时所用的杀灭时间也越少。接触纯化水、注射用水的设备、储罐和管路还需酸洗钝化，使其在表面形成抗氧化和抗腐蚀的氧化铬保护膜。医药洁净室（区）的设备还应密闭、避免敞口，以免混入异物污染药品，同时也可避免药品生产污染环境。

7.2.2 药品质量关系生命安全。设备、容器与药品直接接触，内表面材料与药品起反应、释放的微粒混入药品都会影响生产的药品安全、有效。对于不锈钢材料的选用，要根据介质产生腐蚀的情况、材料加工性能、药品工艺要求等因素综合考虑。生产无菌药品的设备、容器和工器具应选用含碳量低的316L不锈钢，包括：（1）注射用水及纯蒸汽系统的储罐和管路；（2）无菌制剂生产中接触药液、注射用水的设备、容器和管路；（3）需要蒸汽灭菌的设备、储罐和管路；（4）蒸汽加热干燥箱、带单向流的干燥箱等。

7.2.3 药品生产使用的发酵罐、反应罐中传动部位，因密封不良常发生润滑油、冷却油泄漏现象，对药品生产造成污染，必须对密封方式加以改进，防止润滑油、冷却剂泄漏。有些制剂包装机械的传动机构与包装作业机构混在一起，对药品直接构成污染风险，因此要把机械传动与操作部位作有效隔离。

7.2.4 积聚在设备、装置和系统中的污染物，每批完成后要及时清洗，定期消毒灭菌，这是防止药品污染和交叉污染的有效措施。对于不可移动或拆卸的设备是否具备CIP（在位清洗）和SIP（在位灭菌）装置，是鉴别该设备是否符合GMP的重要标志。

7.2.5 药液过滤是去除杂质，纯化药物品质的重要措施，过滤介质的材质选择不当将直接影响药品质量。如过滤介质吸附药物组分就会降低药物有效成分，过滤介质释放异物则会污染药物，从而严重影响药品的有效性和安全性。

7.2.6 为防止因生产设备发尘污染洁净室（区）环境，降低室内空气洁净度等级，对设备发尘量大的部位应采取局部捕尘、除尘措施；室内排风口应设气体过滤装置，以防含有药物成分的颗粒污染室外大气，同时也应防止室外未经过滤的含尘、含菌空气通过排风口倒灌至室内。

7.2.7 药品生产过程经常使用直接与药物接触的热空气、压缩空气、惰性气体等，若不采取净化措施将会对药物产生污染。这些气体的净化应符合使用环境的空气洁净度等级要求。使用环境是指气体与药物直接接触的环境。如该环境在100级单向流保护下，则净化后气体所含微粒和微生物量应符合100级标准。

7.2.8 药品生产使用有机溶媒或生产工艺需要高温

高压的设备都有防爆要求，国家对压力容器、防爆设备的设计、生产都有严格要求，用于医药洁净室（区）有防爆要求的设备，设计和选用时应予以严格执行。

7.2.9 医药洁净室（区）需要经常进行清扫、清洗、消毒或灭菌，为便于需要时设备移位，一般不宜采取固定安装方式。

7.2.10 制药设备验证，是对药品生产和质量控制中所使用的制药设备及其系统，在设计、选型、安装和运行上的正确性以及工艺适应性的测试和评估，证实该设备确实能达到设计要求和规定的技术指标。制药设备的验证分为 DQ（设计确认或预确认）、IQ（安装确认）、OQ（运行确认）、PQ（性能确认）等阶段。为确认制药设备在运行和性能方面确实有效，验证工作不是简单地重复常规操作，要考察它在运行中参数的波动性、性能的稳定性、所用仪表的可靠性、所提供 SOP 的适用性等。为此，在 OQ、PQ 阶段需要增加一些非常规操作的检测项目和检测手段，设备本体上要根据需要设有可供参数验证的测试孔、测试位置。

7.2.11 因为组成细菌的蛋白质分子只有在高温下才能被杀死，达到灭菌效果，所以无菌洁净室（区）的设备大多采用纯蒸汽灭菌。由于饱和蒸汽温度高（121℃），有一定压力（0.103MPa），因此，设备应耐高温、耐压力。不能耐受蒸汽灭菌的设备不能用于无菌药品生产。

7.2.12 我国 GMP（1998）对高致敏性、高生物活性、高毒性、高污染性等特殊药品的生产设备和设施有专门要求。本条系根据我国 GMP（1998）第 20 条、第 21 条、附录五等章节制定。

8 建 筑

8.1 一般规定

8.1.1 医药工业洁净厂房必须按照生产工艺流程和生产设备状况进行合理布局。由于医药工业洁净厂房内房间多、人流物流复杂，所以主体结构采用具有适当的灵活性的大跨度柱网，有利于合理布局、布置紧凑。考虑到药品品种规格变化会引起工艺流程的变动、设备设施的更新，所以不宜采用内墙承重体系。

8.1.2 由于我国地域广阔，有的地区年温差大、日温差也大，所以对医药工业洁净厂房围护结构的选材要特别慎重，应选择能适应当地气候条件，满足保温、隔热、防火、防潮等要求的材料，而且在构造上也应引起重视。

8.1.3 建筑设计对建筑装修耐久性有使用年限要求。同样，建筑物的主体结构要具备同建筑处理及其室内装备和装修水平相适应的等级水平。主体结构耐久性

也应有使用年限要求，两者应协调。此外，温度或沉陷不但可影响安全，而且还会破坏建筑装修的完整性及围护结构的气密性，故须对主体结构采取相应措施。

厂房变形缝应避免穿过医药洁净室（区），当单层厂房的变形缝无法避开穿过洁净室（区）时应有相应措施。多层厂房的变形缝不得穿过医药洁净室（区），因为穿过洁净室（区）的楼板的变形缝无法处理，而地面的开裂将影响洁净室（区）的洁净要求。

8.1.4 技术夹道若有检修门，宜开向非医药洁净区。当必须开向医药洁净区时，技术夹道内应设吊顶，且技术夹道内部装修标准应按所在医药洁净区要求。

8.1.5 医药洁净室（区）内通道应有适当宽度，不宜太窄。通道的宽度应考虑到设备安装检修的搬运、运输车的尺寸、运输量的大小及洁净室门朝走廊开启时占的空间。

8.1.6 控制医药洁净室（区）的噪声，主要在于保障正常操作运行，满足必要的谈话联系，提供舒适的工作环境。医药洁净室（区）内生产设备多，操作时容易产生噪声，为有效控制噪声传播，医药洁净室（区）的围护结构应隔声性能良好。

8.2 防火和疏散

医药工业洁净厂房在防火和疏散方面应注意下列特点：

1 由于空间密闭，火灾发生后，烟量特别大，热量无处散发，室内迅速升温，大大缩短全室各部位材料达到燃点的时间，对于疏散和扑救极为不利。当厂房外墙无窗时，室内发生的火灾往往一时不容易被外界发现，即使发现也不容易选定扑救突破口。

2 平面布置复杂、分隔多，增加了疏散路线上的障碍，延长了安全疏散的距离和时间。

3 不少医药洁净室通过风管彼此串通，当火灾发生，特别是火势初起未被发现而又继续送风的情况下，风管成为烟、火迅速外窜的重要通道，殃及其他房间。

4 某些药品生产使用易燃易爆物质，火灾危险性高。

此外，医药工业洁净厂房内往往有不少精密、贵重的设备、仪器，建设投资十分昂贵，一旦失火，损失极大。

鉴于以上特点，为了保障生命、财产的安全，减少火灾损失，本规范从防止起火与燃烧，便利疏散与抢救等方面考虑，对医药工业洁净厂房的建筑耐火等级与防火分隔，防火分区面积与疏散路线等提出较严格的要求。

8.2.1 对于医药工业洁净厂房，严格控制建筑物的耐火等级十分必要。本规定将医药工业洁净厂房耐火等级定为二级及二级以上，使建筑构配件耐火性能与

生产相适应，从而减少成灾的可能性。

8.2.3 根据上述特点，为避免因一处发生火灾而迅速蔓延，所以对洁净室的顶棚和壁板规定其燃烧性能应为非燃烧体。据了解目前国内不少洁净室用的金属壁板内夹芯材料为有机复合材料，因为这种材料燃烧时会产生窒息性气体、有害气体，不利于人员疏散，所以本条文规定不得采用有机复合材料。

由于考虑到医药工业洁净厂房的平面布置复杂、分隔多，增加了安全疏散的时间，为此对室内顶棚和壁板，以及疏散走道顶棚和壁板的耐火极限进行了规定。

8.2.4 本条规定了技术竖井井壁的防火构造要求。

为防止火灾时技术竖井的完整性受到破坏，要求技术井壁采用非燃烧体，耐火极限不小于 1.0 小时，井壁上的门应采用丙级防火门。

技术竖井是烟火竖向蔓延的通道，必须采取层间防火分隔措施；同样，当管道水平穿越防火分隔墙时，其四周间隙也应采取防火封堵措施。

8.2.5 因为制药设备体积相对较大，所以医药工业洁净厂房每一生产层、每一防火分区或每一洁净区的安全出入口，对甲、乙类生产厂房，生产区面积不超过 100 m² ，且同一时间内生产人数不超过 5 人时，设置一个安全出入口比较合适。

8.2.6 由于人员净化用室隔间多，路线迂回曲折，而且一个洁净区人员净化用室通道出入口只有一个，加上有些人员净化通道上的气闸室采用连锁装置，增加了人员疏散的难度，所以从生产地点至安全出口不应经过人员净化路线。

8.2.8 医药工业洁净厂房同层外墙设置通往洁净区的门窗或专用消防口，可方便消防人员的进入扑救。

8.2.9 有防爆要求的医药洁净室（区）应有泄压设施。可采取的泄压设施，如利用外墙泄压；当车间面积较大，或因工艺流程需要，无法将有防爆要求的洁净室布置在靠外墙时，可采用屋面泄压。

8.3 室内装修

8.3.1 医药洁净室（区）的气密性对保证室内洁净环境是很重要的条件。而材料在温、湿度变化时易变形而产生缝隙导致泄漏或发尘，所以医药工业洁净厂房的建筑围护材料和室内装修，应选用气密性良好，且在温、湿度变化的作用下变形小的材料。此条应与本规范第 8.1.3 条对主体结构应具有控制温度变形和不均匀沉陷性能的要求统一考虑。另外，要重视洁净室顶棚和墙体材料不同时，因不同材料的温度膨胀系数差异而导致交接处产生缝隙。

8.3.2 为了减少医药洁净室（区）建筑内表面积尘，防止在室内气流作用下引起积尘的二次飞扬，为了有利于室内清洁，便于除尘，所以，本规范对室内装修提出这些要求。室内顶棚与墙壁交界处、墙壁与墙壁

交界处，不强调做成弧形，若采用附加的弧形件，特别要保证连接处的密闭措施。

8.3.3 医药洁净室（区）地面要结合生产工艺要求考虑。有些药品生产要求地面耐腐蚀、防潮或耐磨等，因此首先应满足生产工艺要求。本条中提到地面垫层宜配筋，因为潮湿会破坏地面装饰层，潮湿地区垫层应做防潮构造，以保障地面的整体性和装饰面的耐久性。

8.3.4 为确保高效空气过滤器在安装时不受污染，对安装环境有一定要求。需要在技术夹层内更换高效空气过滤器的，技术夹层除了内表面应平整外，还要增刷涂料。

8.3.5 为方便维修人员在轻质吊顶的技术夹层内行走，技术夹层内宜设置检修走道，检修走道的吊点应与轻质吊顶的吊点分开。

8.3.7 医药洁净室（区）外窗采用中空玻璃固定窗时，特别强调应有良好的气密性，否则极易在夹层内渗入灰尘或造成结露，在严寒地区或寒冷地区可考虑采用热断桥型窗料，配以中空玻璃。

8.3.8 本条对医药洁净室（区）的门窗、墙壁、顶棚等的设计提出要求：

1 为确保医药洁净室（区）的空气洁净度等级，医药洁净室（区）内的门窗、墙壁、顶棚、地（楼）面的构造和施工缝隙应采取密闭措施。本条所指的密闭措施包括：密封胶嵌缝、压缝条压缝、纤维布条粘贴压缝和加穿墙套管等。

2 为避免室内灰尘在地面缝隙积聚，也为了便于生产运输车辆的出入，洁净室的门框不应设置门槛，但没有门槛也会造成室内外空气通过门框缝隙而对流，因此本条提出不宜设置门槛，以便据实而定。

3 木质材料的门窗易受药品生产时水汽、化学品、消毒剂等腐蚀而产生大量微粒，影响医药洁净室（区）的空气洁净度等级，一般不宜使用。需要使用时应采取防腐措施。

4 无菌洁净室是无菌作业的洁净室，对门窗等都有无菌要求，室内经常要进行灭菌处理，因此不应采用木质材料。

8.3.9 医药洁净室（区）的门宜朝空气洁净度等级较高的房间开启，目的是高洁净度房间相对于低洁净度房间有一定压差值，使门扇能关闭紧密。条文中用"宜"是从生产操作方面考虑，有的生产工艺存在火灾危险，要便于安全疏散，所以不作强制性要求，但应加装闭门器，以使门扇保持关闭状态。

医药洁净室（区）的门、窗框与墙壁的交界处应采取可靠的密闭措施，因为该处最易出现缝隙，尤其门扇启闭时造成门框的变形和振动，使门框与墙壁间产生裂缝，密闭措施可以采用密封嵌缝胶。

8.3.10 本条的目的是尽可能减少积尘面。当采用单层玻璃窗时，窗玻璃宜与产尘高的一侧或相对空气洁

净度等级高的一侧墙面平，另一侧做成斜窗台。无菌生产区的窗户宜为双层玻璃，二侧窗玻璃都与墙面平，采用双层玻璃窗时，要尽可能密闭。

8.3.12 医药洁净室（区）采光多需借助人工照明，再加上室内空气循环使用，因此，从人体卫生角度分析，其环境条件是较差的。为了改善环境，减少室内员工疲劳，故应特别注意室内建筑装修的色彩。考虑到医药工业洁净厂房一般工作精度较高，为减少视觉疲劳，改善室内的光照环境，需要一个明亮的室内空间。为此，医药洁净室的墙面与顶棚需采用较高的光反射系数。

9 空气净化

9.1 一般规定

9.1.1 我国GMP（1998）对药品生产主要工序环境的空气洁净度等级提出了明确的要求，是医药工业洁净厂房设计的主要依据。由于药品生产工艺复杂，同一产品各生产工序的空气洁净度等级要求有时并不相同，因此根据生产工艺要求，在洁净区域内对不同工序的生产环境应分别采用相应的空气洁净度等级。

在满足生产工艺要求的前提下，宜减少洁净区域的面积，尤其是空气洁净度等级高的洁净区域的面积。如非最终灭菌无菌注射剂的分装间，可采用在10000级背景下设置局部100级单向流区域，改变了以往全室单向流的做法，节省了投资和运行费用。

9.1.3 医药洁净室（区）的新鲜空气量应根据以下两部分风量之和，与室内人员所需的最少新鲜空气量相比较，取两项中的最大值。

室内所需新风量，为以下两部分风量之和：

1 室内的排风量。

2 保证室内压力所需压差风量（如对邻室为相对负压时，此风量为负值），压差风量宜采用缝隙法或换气次数法确定。

此外，医药洁净室（区）内必须保证每人新鲜空气量不小于 40m³/h。以上计算的新风量低于人均40m³/h时，应取此值。

系统的新风比不应简单地按照系统内所需人员的新风量与总风量之比，而应根据医药洁净区内人员密度最高房间所需新风量的新风比确定。

9.1.4 为了保证医药洁净室（区）在正常工作或空气平衡暂时受到破坏时，气流都能从空气洁净度等级高的区域流向空气洁净度等级低的区域，使医药洁净室（区）的洁净度不会受到污染空气的干扰，所以医药洁净室（区）必须保持一定的压差。

9.1.5 医药洁净室（区）内不应使用散热器采暖，是因为散热器及周围不易做清洁，易积灰，易对药品生产造成污染。

9.1.7 附录C中关于医药洁净室（区）的综合性能确认，应包括表C.0.1项目的检测和评价。

1 表中所列的检测项目不是每次都要测全。

2 表中规定的"检测"项目，是指不论何种检测都必须有此项检测结果，规定"必要时检测"的项目，是指有设计要求或业主要求，或者因评定、仲裁需要时检测的项目。

3 检测时按表C.0.1排定的顺序和内容进行。"风量"是所测项目的前提，风量不符合设计要求，其他项目达到要求也无意义。"风速"应在静压调整好后测定。至于"流线平行性"和"自净时间"，检测时要放烟，对空气洁净度、浮游菌和沉降菌、照度、温湿度等检测会有影响，应放在最后测。

附录C中关于净化空气调节系统验证主要内容参见表6。

表6 净化空气调节系统验证主要内容

程序	所需文件	确认内容
安装确认	1. 医药洁净室（区）平面布置及空气流向图（包括洁净度、气流、压差、温湿度、人物流向等）、空气流程图 2. 医药洁净室（区）净化空调系统描述及设计说明 3. 仪器、仪表、高效空气过滤器的检定记录，净化空调设备及风管的清洗记录 4. 净化空调系统操作规程及控制标准	1. 净化空调器、除湿机、风管的安装检查 2. 风管、净化空调设备的清洗及检查、运行调试 3. 中效空气过滤器的安装 4. 高效空气过滤器的安装 5. 高效空气过滤器的检漏
运行确认	1. 净化空调设备的运行调试报告 2. 医药洁净室（区）温湿度、压力、室内噪声级记录 3. 高效空气过滤器检漏记录、风速及气流流型报告 4. 净化空调调试及空气平衡报告 5. 悬浮粒子和微生物预检 6. 安装确认有关记录及报告	1. 净化空调设备的系统运行 2. 高效空气过滤器风速及房间气流流型 3. 室内温湿度、压力（或空气流向）等净化空调调试及空气平衡
性能确认	1.《医药工业洁净室（区）悬浮粒子的测试方法》GB/T 16292 2.《医药工业洁净室（区）浮游菌的测试方法》GB/T 16293 3.《医药工业洁净室（区）沉降菌的测试方法》GB/T 16294	1. 悬浮粒子测定 2. 浮游菌测定 3. 沉降菌测定

医药洁净室（区）空气净化系统的验证，是对药品生产中所使用的空气净化系统，在设计、选型、安装和运行上的正确性的测试和评估，证实该系统确实能达到设计要求。

9.2　净化空气调节系统

9.2.1　各种空气洁净度等级洁净室（区）的空气净化处理均应采用初效、中效、高效空气过滤器三级过滤。对于 300000 级洁净室的空气净化处理，由于空气洁净度等级较低，可采用亚高效空气过滤器作为末端过滤。亚高效空气过滤器的价格与高效空气过滤器相差不多，但由于亚高效空气过滤器的运行终阻力较高效空气过滤器低 150Pa 左右，可以节省经常运行费用。

9.2.2　中效空气过滤器宜集中设置在净化空气处理机组的正压段，因为考虑到负压段易漏风，会造成未经中效空气过滤器过滤的污染空气进入系统，降低中效过滤的效果，增加了空气中的含尘浓度，加大下游高效空气过滤器的过滤负担，缩短其使用年限。

在回风、排风系统中，由于空气中往往带有粉尘等有害物质，为防止未经过滤处理的空气泄漏，污染周围环境，因此应将过滤器设置在回风、排风机的负压吸入端，既起到保护环境的作用，又起到保护风机的作用。

空气过滤器的额定风量是在一定滤速下，其过滤效率和阻力最合理时的风量，因此空气过滤器一般按额定风量选用；但在设计中为了降低净化空调系统的系统总阻力，以及在选择高效空气过滤器送风风口时，由于房间的风量根据过滤器额定风量选择不到合适的过滤器时，允许按小于额定风量选用。

9.2.3　净化空调系统不能与一般空调系统合并，因为净化空调系统末端风口上往往装有高效空气过滤器，而一般空调系统风口上无过滤器，高效空气过滤器风口在运行过程中阻力会增加，而一般空调系统的风口运行中的阻力不变，所以随着运行时间的增加，可能出现医药洁净室（区）风量越来越小，并使医药洁净室（区）的房间或区域的空气压力发生变化。同时还考虑到医药洁净室（区）需要良好的密闭性，也不允许通过风道使医药洁净室（区）与一般空调房间相连通。

9.2.4　由于一个净化空调系统只能有一个送风参数，若温湿度控制要求差别大的医药洁净室

（区）合并为一个空调系统，送风参数势必要按照温湿度要求高的确定，才能同时满足要求低的区域（除非在送风支管上另设二次空气处理设备），这样会造成不必要的能量耗费，所以对温湿度要求差别大的区域宜设置不同的净化空调系统，以提供不同要求的送风参数。而有时系统区域较小，分开设置可能因空调系统过多而增加造价，在经过技术经济比较后也可合并设置。

9.2.5　净化空气调节系统应合理利用回风。但在药品生产过程中，如固体物料的粉碎、称量、配料、混合、制粒、压片、包衣、灌装等生产工序或房间，常会散发各种粉尘、有害物质等，为了防止通过空气循环造成药物的交叉污染，送入房间的空气应全部排出。在固体物料的生产中，因大部分生产工序均有粉尘散发，所以净化空调系统需要较大新风比，甚至高达 60%～70%，能耗很大。若能对空调回风中的粉尘等物质进行充分和有效的处理，使之不再因此而造成交叉污染，利用回风也就成为可能。图1、图2为某固体制剂车间对回风中粉尘处理后利用的示例，由于减少了净化空调的新风比，明显降低了经常运行费，也降低了初步投资费用。

在图1和图2所示回风经处理后利用的方案中，由于回风系统增加了中、高效空气过滤器（亚高效空气过滤器），运行中虽节省了冷、热负荷，但增加了更换过滤器的费用，也增加了系统的阻力，是否经济合理，应作技术经济比较而定。如工艺设备状况差、操作中粉尘散发大，则空气过滤器寿命很短，所增加的费用可能会超过直排风的运行费，所以要对工艺及设备的操作和运行情况进行综合考虑，以确定采用回风利用方案是否经济合理。

本条文中第2～5款，不涉及回风处理后再利用的问题，因此，这些生产环境的空气均不应循环

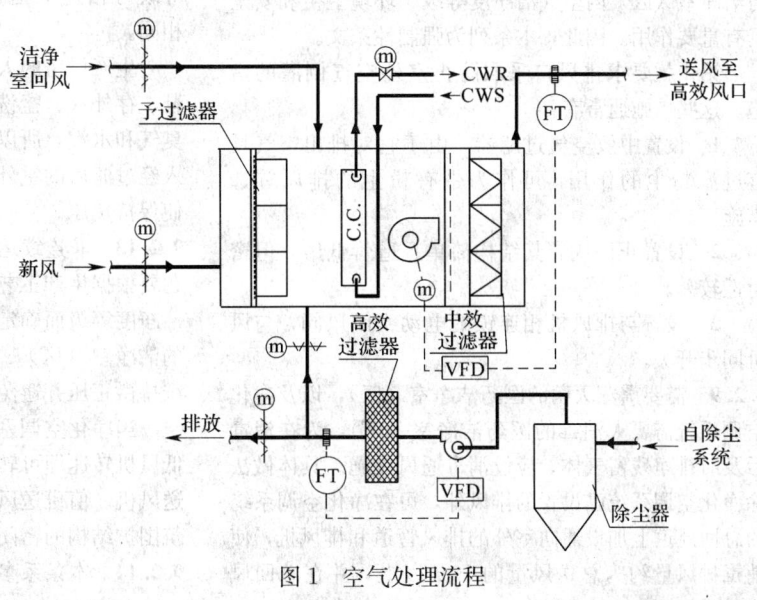

图 1　空气处理流程

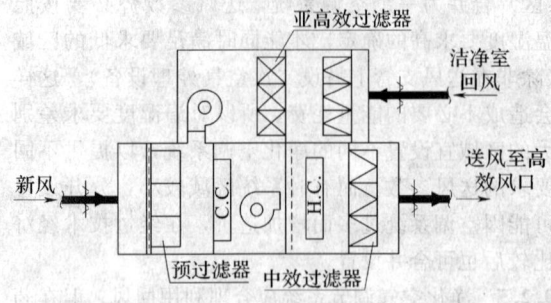

图 2　空气处理流程

利用。

9.2.6 若将除尘器直接设在生产房间内，可能出现的问题是：

1 噪声大，对操作人员造成影响。

2 进入除尘器的空气在室内循环时，若滤袋有泄漏，上一批物料可能随空气回至室内而造成混药。

3 除尘器清灰时易污染房间地面及环境。

所以单机除尘器宜设置在靠近需除尘房间的单独小机房内，并将除尘器排风接出，由于除尘器的启闭将影响房间的风量、压力平衡。因此，在工程设计上还要考虑当除尘器间歇工作时，为恒定生产房间压差采取的措施。

当采用集中式除尘系统时，机房应靠近需除尘房间的中心，以尽可能地缩短管线。

当机房门开向医药洁净室（区）时，由于除尘器操作人员的进出要通过医药洁净室（区），应向机房送入净化空气，风量可按相应空气洁净度等级换气次数的低限考虑，温湿度无严格要求。

9.2.7 对除尘系统的防火防爆要求系根据现行国家标准《建筑设计防火规范》GB 50016，并结合药品生产的具体情况而制定的。

9.2.8 医药洁净室（区）的排风系统，对于确保医药洁净室（区）内空气洁净度等级、环境卫生和安全具有重要作用。因此，本条列为强制性条文。

第 1 款要求排风口采取防止室外空气倒灌的措施。这些措施通常有：

1 设置中效空气过滤器。由于它对排出空气具有过滤粉尘的作用，可作为带有粉尘的排风首选措施。

2 设置止回阀。其结构简单、造价低廉，但密封性较差。

3 设置与排风机相连锁的电动密闭风阀，与风机同步开关。

9.2.9 需要熏蒸灭菌的医药洁净室（区），以及净化空调系统需要大消毒的医药洁净室（区），为在消毒后及时排净残留气体，应设消毒通风设施。具体做法除净化空调系统已设置的排风外，可在净化空调系统的总回风道上加设通向室外的排风管道和排风机，使消毒排风量约为总送风量的 50% 以上，并在总回风

和排风管上设消毒排风切换用风阀。如果在空调系统中已有较大风量的排风系统，可不必再另设。

9.2.10 为便于对各系统、各医药洁净室（区）进行风量平衡和压差调整，不同系统的排风应分开设置。

由于散发粉尘和有害气体区域的排风与一般排风的处置方式不同，同时又为了避免产生粉尘和有害气体区域与一般区域相串通，故两者的排风系统应分开设置。

本条文 3~5 款规定系参照现行国家标准《采暖通风与空气调节设计规范》GB 50019 制定。

9.2.11 我国 GMP（1998）第 51 条规定"更衣室、浴室及厕所的设置不得对洁净室（区）产生不良影响"。规定对更衣室的空气洁净度等级未提出具体要求。现行国家标准《洁净厂房设计规范》GB 50073 规定洁净工作服更衣室"宜按低于相邻洁净区空气洁净度等级 1~2 级设置"。由此可知，向更衣室送洁净空气只是为人员更衣提供良好的洁净环境，而阻留人员携带微粒和微生物的关键在于洁净工作服的式样、材质和穿戴方式，对此第 5.2.4 条说明已作了阐述。综合上述，本规范规定空气洁净度 10000 级以上洁净室的更换洁净工作服室换气次数宜为 15 次/h，100000 级洁净室的更换洁净工作服室换气次数宜为 10 次/h，300000 级洁净室的更换洁净工作服室换气次数宜为 8 次/h。上述换气次数均为所服务医药洁净室（区）换气次数的低限。人员净化用室入口处单独设置的换鞋室可取更低的换气次数，或利用上游更衣室的压出空气。本规范明确规定除进入医药洁净室（区）的气闸室空气洁净度等级与相连的医药洁净室（区）空气洁净度等级相同外，其他人员净化用室中各个房间均不列级，用送入洁净空气的风量来控制其洁净要求。

物料出入医药洁净室（区）的气闸室空气洁净度等级与相连的医药洁净室（区）空气洁净度等级相同。

生产厂房的人员总更衣区不属洁净区，其中的换鞋、存外衣、盥洗、厕所、淋浴等房间会产生灰尘、臭气和水汽，所以应设置通风措施。具体的做法可送入经过滤后的室外空气；厕所、浴室单独设置排风并使保持负压。

9.2.13 非连续运行的洁净室是否设置值班送风的问题要根据生产工艺的要求和医药洁净室（区）的空气洁净度等级而确定，如对于灭菌要求严格或湿热地区的洁净室（区），应设置值班送风，使洁净室（区）维持微正压并避免洁净室（区）内表面结露。

当净化空调系统采用变频调速风机时，只需要降低风机转速即可转为值班送风状态，不需再另设值班送风机。值班送风量应视净化空调系统具体情况及建筑围护结构的密闭情况计算确定。

9.2.14 本条系参照现行国家标准《采暖通风与空气

1—43—38

调节设计规范》GB 50019 制定，有关事故通风量、排风口设置位置等要求应根据该规范的相关规定执行。

9.2.15 现行国家标准《建筑设计防火规范》GB 50016 中关于防烟和排烟的规定，除适用于民用建筑和公共建筑外，也适用于工业厂房。因此，医药工业洁净厂房的防排烟设计应符合其规定。

9.2.16 为了对医药洁净室（区）进行噪声控制，需对医药洁净室（区）通风和空调系统进行噪声控制计算和减噪设计。当医药洁净室（区）空态噪声超标时，应采取消声等措施。当设置消声器时，应采用不易产尘的消声器，如微穿孔板消声器等。

为减小通风及空调系统噪声，设计中需注意：

1 选用高效率、低噪声设备。

2 风管内风速宜按下列规定选用：总风管为 6～10m/s；无送回风口的支风管为 4～6m/s；有送回风口的支风管为 2～5m/s。

3 通风及空调设备应带有减振、隔振装置，必要时需设隔振器和减振基础，设备与风管和配管的连接应设有柔性接管。

4 风道及阀门等通风构件要有足够的强度，以避免或减低所引起的气流噪声和振动。

5 风机和设备进出风口处的风管不宜急剧转弯、变径；必要时弯头等处应设导流叶片。

6 尽可能降低系统总阻力。

9.2.17 为保证医药洁净室（区）的空气洁净度等级，不同空气洁净度等级洁净室（区）之间、洁净室（区）与一般区、洁净室（区）与室外均应保持一定的压差，本规范第 3.2.4 条规定了最小压差值。

由于房间的压差取决于房间的送风与回风、排风量之差，要使房间的压差保持稳定，首先要使送入和排出房间的风量保持恒定，具体做法较多，如在总风管上设微差压传感器，当风量发生变化时，即可通过变频器改变风机转速，使总风量保持不变；又如在进出房间的风管上设定风量阀（CAV 阀），使进出房间的风量恒定不变；也可采用在洁净室内设差压传感器，当房间差压值偏高时，自动调节设在排风管上的变风量阀（VAV 阀），以使室内压力保持稳定。

同时，应在工程中避免影响或改变房间压差的做法：如在同一净化空调系统中，对个别房间进行排风、回风的切换，间歇性使用医药洁净室（区）排风系统，而不采用任何措施进行房间压力保护等。因为这些做法都会破坏房间的空气平衡而使房间压力发生变化。

9.2.19 本条所列的生产场所，在作业时均会产生粉尘、易燃易爆气体、有害物质或大量热湿气体和异味，这些房间相对于邻室、走廊或前室应保持不低于 5Pa 的负压，使室内气体不至逸出扩散，并应安装现场微差压计，以监测这些房间或生产区的压力保持情况。

9.2.20 质量控制实验室要对所有药品生产原料和成品进行检定和检验，为避免通过净化空调系统与药品生产区发生交叉污染，所以质量控制实验室净化空调系统应与生产区应严格分开。

由于阳性对照室、无菌检查室、放射性同位素检定室、抗生素微生物检定室和放射性同位素检定室等实验室之间不得互相干扰，为防止各室之间交叉污染，根据生产具体要求，各实验室可单独设置或几个实验室共用一个净化空调系统。对于有全排风要求的实验室，室内应保持相对负压，并设压力监测装置。

9.2.21 我国 GMP（1998）附录七"中药制剂"中要求下列生产厂房按"洁净室管理"：

1 非创伤面外用药制剂及其他特殊的中药制剂生产。

2 用于直接入药的净药材和干膏的配料、粉碎、混合、过筛等厂房。

对于上述厂房的生产环境并无空气洁净度等级要求，但要求人员、物料的进出及生产操作应参照医药洁净室（区）管理。在厂房设施上，为防止污染和交叉污染，厂房门窗应能密闭，要有良好的通风、除尘、降噪等设施。本条文中的三条措施就是根据这些要求制定的。由于要求厂房密闭，因此厂房内的通风装置是必不可少的。至于是否设置空调或降温装置，要视当地气象条件及作业场所发热发湿情况而定。为满足生产环境的清洁要求，送风系统宜经粗、中二级过滤并使室内维持微正压。

9.2.22 局部 100 级单向流装置的设置要求：

1 我国 GMP（1998）附录二"无菌药品"规定，最终灭菌大容量注射剂的灌封，非最终灭菌无菌注射剂的灌装、分装和压塞，以及直接接触药品的包装材料最终处理后的暴露环境等应在空气洁净度 10000 级背景下的局部 100 级环境下生产。然而，由于种种原因，有些药品生产企业没有将上述生产过程尤其是包装容器或半成品传送和短时存放等开口工序置于 100 级单向流的保护下。针对这一情况，本条强调非最终灭菌的无菌药品生产中全部暴露区域（而不是部分区域）均应处于空气洁净度 100 级单向流装置的保护下。

2 在以空气洁净度 10000 级为背景的 100 级单向流区域的设计中，有时采用单元式单向流装置拼装组合方式，用内置或外置风机作全循环运行。当单向流装置面积较大时，或单向流装置的循环空气又无法与 10000 级区的空气进行充分的交换时，100 级区内将会引起空气在不断循环过程中的热量积聚，造成 100 级区域内温度高于室温的现象，甚至超过工艺生产要求的环境温度。所以本条规定空气洁净度 100 级区域内的温度不应超过室内设计温度 2℃，最高不应高于 24℃；如超过时，就需要采取在单向流装置或循环风系统中引入净化空调系统送风或增设干式冷却盘管等措施。

3 由于局部 100 级区域的外部为 10000 级区域，为使 10000 级区域保持上送下回合理的气流组织形式，作为单向流装置回风口的位置应布置在房间的下部。

单向流装置回风口通常均设在箱体的上部，对此应通过风道将回风口引至房间的下部。

有些场合下，设有单向流装置的室内环境并无10000 级（如洗衣房内无菌工作服整理台、10000 级以下的取样室、抗生素微生物检定实验室等小范围100 级单向流区），可以不受下部回风的限制。

4 为保证空气洁净度 100 级区域内，尤其是与10000 级区相邻边缘区域单向流的空气流型不受干扰或破坏，在单向流装置的外边缘设置围帘十分有效。通常可采用 PVC 透明膜，高度宜低于操作面。根据有关试验结果，为确保工作面高度的空气洁净度等级，围帘离地面高度不宜大于 0.5m。

9.2.23 由于净化空气调节系统的特性，服务于净化空调系统的空调设备不同于服务于一般舒适性空调系统的空调设备。本条提出了净化空调设备设计和选用要求。

1 净化空调系统中风机的全压远高于一般空调，因此对空调处理设备的强度和气密性有着较高的要求，当空调箱内静压为 1000Pa 时，漏风率不得大于1％；设备整体结构需有足够强度，在运输、安装、运行中不得出现任何变形。

本条文对净化空调设备的漏风率规定较原《洁净室施工及验收规范》JGJ 71 略有提高，这是由于考虑到：（1）医药洁净室对控制外部污染物的特殊要求；（2）有利于节能；（3）原规范系于 1990 年制定，十多年来空调设备制造工艺已有较大提高，本条文规定漏风率小于等于 1％的要求，对大部分制造商在技术上是能做到的。

2 通常情况下，净化空调系统夏季空气处理露点温度较低，例如：为保持室内干球温度 22℃，相对湿度 50％，空调处理设备应将空气处理至 10～12℃；而一般舒适性空调处理设备只需将空气处理至 18～22℃，由于两者温差不同，若将一般空调设备保温板壁厚度用于净化空调设备，则有可能在板壁表面出现明显的结露现象，不但耗能，又使设备易受腐蚀。所以对于净化空调设备要求有更良好的绝热性能。

9.3 气流流型和送风量

9.3.1 对于空气洁净度等级要求不同的医药洁净室（区），所采用的气流流型也应不同，本条规定了各种空气洁净度等级应采用的气流流型。

为有利于迅速有效地排除尘粒，空气洁净度 100 级洁净室的气流流型大多采用单向流，我国也有采用非单向流 100 级的工程实例。本规范要求空气洁净度 100 级应采用单向流，与我国 GMP（1998）的规定有关。

我国 GMP（1998）规定药品生产洁净室（区）的空气洁净度分为 100、10000、100000 和 300000 四个等级（见表 2），而世界主要发达国家和国际组织的 GMP 大多采用 A（单向流 100 级）、B（非单向流100 级）、C（10000 级）、D（100000 级）四个等级。表 7 和表 8 为欧盟无菌药品 GMP 的空气洁净度分级表。以无菌药品为例，主要发达国家和国际组织的GMP 规定，A 级区为高风险作业局部区域（如灌装区、各种无菌连接区域），用单向流来保护作业区的环境状态，作业区的单向流应均匀送风，空气中粒子应进行连续测定；B 级区用于无菌配制和 A 级区所处的背景环境，建议 B 级区空气中粒子也连续测定；C、D 级区为无菌药品生产中其他相关工序的洁净区。规定非最终灭菌无菌药品的关键操作，必须在 B 级环境内的局部 A 级保护下进行。由于我国 GMP（1998）没有国际上惯用的 B 级，高风险作业局部区域通常用10000 级背景区域的局部 100 级来替代国外的 B＋A级。我国 GMP 中的 100 级虽然没有规定它的气流流型，但从它的适用范围来看，相当于国外 A 级。因此，医药工业洁净厂房中 100 级的气流流型应为单向流。国内有些工程采用全室非单向流 100 级来替代局部单向流 100 级，这样做只相当于国外的 B 级洁净室，并不能用于无菌药品的高风险作业。

表 7　欧盟无菌药品 GMP（2003）洁净区空气洁净度（悬浮粒子）分级

级别	静态		动态	
	最大允许悬浮粒子数/m³		最大允许悬浮粒子数/m³	
	0.5～5.0μm	>5.0μm	0.5～5.0μm	>5.0μm
A	3500	1	3500	1
B	3500	1	350000	2000
C	350000	2000	3500000	20000
D	3500000	20000	不作规定	不作规定

注：表中 A 级区气流速度：垂直单向流 0.3m/s，水平单向流 0.45 m/s。表中数值为 1 的区域>5.0μm 粒子应为 0，因无法从统计意义上证明它不存在，故设为 1。表中"不作规定"的区域，应根据生产操作性质来决定其限度。

表 8　欧盟无菌药品 GMP（2003）洁净区微生物控制分级

级别	浮游菌 cfu/m³	沉降菌（φ90mm 碟）cfu/4h	接触菌（φ55m 碟）cfu/碟	5 指手套 cfu/手套
A	<1	<1	<1	<1
B	10	5	5	5
C	100	50	25	—
D	200	100	50	—

注：表中 A 级区微生物小于 1 的要求为不检出微生物，即事实上的无菌。

9.3.2 医药洁净室（区）的气流流型与送、回风形式密切相关。对于空气洁净度 10000 级、100000 级、300000 级洁净室（区）应优先采用顶送下侧回的送、回风形式。从空气净化的原理而言，顶送下侧回优于侧送下侧回、顶送顶回风等形式。采用顶送下侧回的送、回风形式，达到同样的空气洁净度等级所需要的风量可低于其他几种形式。而顶送顶回风形式的最大优点是工程简单、造价低，但此种气流流型空气中尘粒沉降方向与回风的上升气流相逆，影响到空气中尘粒尤其是大颗粒尘埃的及时排出，所以它不适用于空气洁净度等级高的医药洁净室（区）。对于生产中有粉尘散发或存在重度大于空气的有害物质的房间，即使空气洁净度等级不高，也不能采用顶送顶回风形式。

气流的送、回风形式除满足医药洁净室（区）的净化要求外，还需根据工艺生产情况确定，如空气洁净度 10000 级医药洁净室（区）室内散发溶媒气体或水蒸气时，宜采用上下排风方式，以免上述气体在房间上部积聚。

散发粉尘和有害物的医药洁净室（区）若采用走廊回风，走廊必将成为尘埃沉降和有害物集中的空间，随着人流、物流的流动，对与走廊相连的各个房间很容易造成交叉污染，不能符合 GMP 的要求。对于易产生污染的工艺设备，应在其附近设置排风（排尘）口，并在不影响操作的情况下，使排风口尽可能靠近污染源，以使污染物尽快排走。

9.3.4 为保证空气洁净度等级所需的最低换气次数，本规范表 9.3.4 系根据现行国家标准《洁净厂房设计规范》GB 50073 制定。空气洁净度等级按静态测试，如设计时业主提出需按动态进行验收，则另行处理。

需要提出的是，医药洁净室（区）的换气次数并不能成为医药工业洁净厂房的验收标准，它只是洁净室（区）净化空气的一种手段，最终需根据洁净室（区）的检测作出评价。设计中换气次数尚需根据室内生产操作情况、人员、房间层高等具体情况确定。

由于医药洁净室（区）的送风量除要达到要求的空气洁净度等级外，还有温湿度和室内风量平衡（包括补偿室内排风量和为保持正压所需风量）等要求，所以应将这三种情况所需的送风量予以比较，并取其最大值作为医药洁净室（区）的送风量。

9.4 风管和附件

9.4.2 风道系统应根据需要设置通风附件，例如，新、回总管上的风阀用于调节新风比；新风管上设电动密闭阀用于防倒灌或冬季防冻；排风管上的止回阀或电动密闭阀是为了用于防室外空气倒灌等。

送风支管上的风阀常用于调节洁净室（区）送风

量，排出支管上的调节阀常用于调节洁净室（区）压差值。为便于分别调节各房间的风量和压差，各房间的支管和风阀应单独设置，不应几个房间共用支管和调节风阀。

9.4.3、9.4.4 系参照现行国家标准《建筑设计防火规范》GB 50016 有关条文编写。风管穿过变形缝有三种情况：一是变形缝两侧有防火隔断墙；二是变形缝一侧有防火隔断墙；三是变形缝两侧均没有防火隔断墙。规范条文是按第一种情况两侧设置防火阀。

9.4.5 从不影响空气净化效果及经济两个方面考虑，净化空调系统风管与附件的制作材料是随着输送空气净化程度的高低而定。洁净度高选用不易产尘的材料，洁净度低选用产尘少的材料。

9.4.6 排风系统风管与附件的制作材料应根据输送气体腐蚀性程度的强弱而定。

9.4.7 因无菌洁净室需要经常消毒灭菌，如灭菌措施通过净化空调系统实施，则送风管、排风管、风阀及风口的制作材料和涂料，应耐受消毒灭菌剂的腐蚀；如消毒灭菌剂不通过送风系统送入，则系统排风系统的制作材料和涂料仍应考虑耐受消毒灭菌剂的腐蚀。

9.4.8 各级空气过滤器前后设测压孔或压差计是为了便于运行中监测过滤器的阻力变化情况，以便及时清洗或更换。而各系统的风口高效（亚高效）空气过滤器因数量较多，没有必要全部都设压差计，但不宜少于两支。

9.4.9 由于通风管是火灾蔓延的通路之一，风管及附件应采用不燃材料，如各种金属板材等；对于用以排除腐蚀气体的风管，可采用耐腐蚀的难燃材料。风管保温和消声的不燃材料可采用如超细玻璃棉、岩棉等。难燃材料是指氧指数大于等于 32，燃烧性能符合 B1 级的材料，如难燃型玻璃钢、橡胶海绵等。

9.5 监测与控制

9.5.1 为确保洁净室的环境参数，保障系统的正常运行并有利于节能，医药工业洁净厂房的净化空调系统应设置自动监测与控制设施。自动监测与控制设施应包括以下功能：

参数检测：包括参数的在位检测和遥控检测。

自动调节：使某些运行参数自动保持规定值和按预定的规律变动。

自动控制：使系统中的设备及元件按规定的程序启停。

工况自动转换：指在多工况运行系统中，根据参数运行要求实时从某一运行工况转到另一运行工况。

参数和设备状态显示：通过集中监控系统中主机系统的显示或打印，以及在控制系统的器件显示某参数值（是否达到规定值或超差），或某设备的运行状态。

设备连锁：使相关设备按某一指定程序启停。

自动保护：指设备运行状态异常或某参数超过允许值时，发出报警信号或使系统中某些设备元件自动停止工作。

9.5.2 净化空调系统中设置的监测点，在设计时应根据系统情况加以确定。并根据需要对以下设备运行状态及有关参数进行实时显示和记录或超限报警。

1 室内洁净度的监测（主要监测空气中的悬浮粒子，因为微生物测定需要培养时间，不能实时显示）。

2 室内外温湿度。

3 空调机组送风和回风总管温湿度。

4 空气冷却器进出口的冷水温度。

5 加热器进出口的热媒温度和压力。

6 风机、水泵、转轮热交换、加湿器等设备启停状态。

7 各级空气过滤器及房间压差检测，应符合本规范第9.2.17条、第9.4.8条的规定。

8 送风风量超限报警。

9.5.3 由于净化空调系统中的阻力变化会影响风量，因此风机宜采用变频调速装置作恒定风量或定压控制。通常由总风道上的微差压传感器将信号送到调频控制装置。变频调速装置可对系统作定风量控制，以使房间压差保持稳定；也可根据需要对系统内的总压进行恒定控制。变频调速装置的使用，可得到明显的节能效果，并可兼作系统值班送风用，所以在净化空调系统中已得到日益广泛的应用。

9.5.4 为防止净化空调系统因停转而无风或超温，以及电加湿设备因断水而引起烧干时，造成设备损毁甚至引起火灾，本条文规定了电加热、电加湿应与风机连锁，并设超温断电保护，电加湿还应设无水保护。本条文涉及防火安全，所以列为强制条文。

9.6 青霉素等药品生产洁净室的特殊要求

9.6.1 本条所列药品都是致敏性高、生理活性强、毒理作用大的特殊药品，它们的共同特点是产品对操作人员和室内外环境有害。为了避免药物粉尘通过空气系统造成污染或交叉污染，本条规定了青霉素等特殊药品的净化空调系统和排风系统应单独设置，以避免对其他药品的污染；同样，也应避免排风对净化空调系统在引入新风时的污染。上述特殊药品的排风口应远离净化空调系统的进风口，并使进风口处于上风向，排风口应设在屋面等建筑物的高处，并高于进风口，与进风口保持垂直高差。

9.6.2 按本规范 9.6.1 条所列的青霉素等特殊药品，它们的精制、干燥和包装室及其制剂产品的分装室，是生产中药物粉尘容易暴露在空间的场所，它既要防止室外未经过滤的空气对药品生产的污染，又要防止室内特殊药品粉尘对邻室的污染，所以室内应保持正

压，与邻室之间应保持相对负压。

9.6.3 为防止青霉素等特殊药品生产区域内药品粉尘和气溶胶向周围其他区域扩散，还应有防止空气扩散至其他相邻区域的措施。如在人员净化通道和物料净化通道中设置正压气闸室，使气闸室压高于生产区，对生产区的空气流出起到隔断作用。

9.6.4 按本规范 9.6.1 条所列的青霉素等特殊药品，其生产区排出的空气中含有特殊药物的微粒，散发到室外大气会对环境造成污染，甚至影响人的生命安全，为此均应经高效空气过滤器过滤后排放。排放标准应根据特殊药品不同要求确定。

10 给 水 排 水

10.1 一 般 规 定

10.1.1、10.1.2 医药工业洁净厂房内给水排水管道的敷设方式直接影响医药洁净室（区）的空气洁净度。为最大限度地减少洁净室内给水排水管道，目前，医药工业洁净厂房的给水排水管道布置主要有以下形式：

1 各种干管应布置在技术夹层、技术夹道、技术竖井内。有上下夹层的洁净厂房，给水排水干管大都设在下夹层内。

2 暗装立管可布置在墙板、异型砖、管槽或技术夹道内。

3 支管由干管或立管引入医药洁净室（区），最好从上、下夹层引入 20～30cm 与设备二次接管相连。

4 安装在技术夹道内的管道及阀件，可明装也可暗装在壁柜内。壁柜上适当加设活动板，便于检修。

10.1.3 医药洁净室（区）内均为恒温恒压，而管道内的水与周围环境有温差，使管道外壁结露，从而影响医药洁净室（区）内的温度和湿度，故要求对有可能结露的管道采取防结露的措施。

对于防结露层的外表面，可以采用薄钢板或薄铝板作外壳，便于清洗而且不易产生灰尘。

10.1.4 管道穿越处的孔隙将直接影响医药洁净室（区）内的空气洁净度等级，本条要求主要是防止医药洁净室（区）外未净化空气从孔隙处渗入室内，影响室内的空气洁净度等级；此外，洁净室（区）内的洁净空气向室外渗漏，既会造成能量的浪费，也会影响室（区）内的空气洁净度等级。采用套管方式效果是明显的。无法设置套管的部位应采取严格的密封措施，如选用微孔海绵、有机硅橡胶、橡胶圈及环氧树脂冷胶等材料加以密封。

10.2 给 水

10.2.1 医药工业洁净厂房中生产、生活和消防等各

项用水对水质、水温、水压和水量会有较大的不同要求，分别设置将有利于各用水系统的管理和节约运行成本。

10.2.2　管材的选用应从它的耐腐蚀性能，连接的方便可靠，接口的耐久不渗漏，材料的温度变型，抗老化性能等因素综合确定。各种新型的给水管材，大多编制有推荐性的技术规程，可为设计、施工安装和验收提供依据。

10.2.4　医药工业洁净厂房周围设置洒水设施，是为了便于保持洁净厂房周围的环境卫生，方便绿化管理。

10.3　排　　水

10.3.1　医药工业洁净厂房的排水较为复杂：极少数的排水可经直流水隔套冷却后单独排至厂房外的雨水系统；大多数的排水因含有污染物，需经处理后才可排放；有些排水的温度高达 90℃（从灭菌柜排出的废水），应单独排至（管道需考虑耐高温）厂房外的降温池，降温后才可进入污水总管；而有些废水则可直接排入厂房外的污水总管。因此，应根据具体情况确定排水系统。医药工业洁净厂房排出的含有污染物废水，均需厂内废水处理站处理达标后，方可排出厂外。

10.3.2、10.3.4　医药洁净室（区）内重力排水系统的水封和透气对于维护洁净室（区）内各项指标是极其重要的。除了对于一般厂房防止臭气逸入外，对于洁净室（区）若不能保持水封，会产生室内外的空气对流，影响医药洁净室（区）的空气洁净度等级和温湿度，并消耗洁净室（区）的能量。

对于不经常从地面排水的，应不设置或少设置地漏，避免由于地漏的水封干枯造成污染。我国 GMP（1998）附录一"总则"规定，100 级医药洁净室（区）不得设置地漏。目前我国药品生产 100 级洁净室并不多见，大多采用 10000 级洁净室中局部 100 级方式，因此应严格执行 100 级区域内不设置地漏。

排水沟不易清洁，故空气洁净度 100 级、10000级医药洁净室（区）内不宜设置排水沟。

10.3.3　此条文主要是为了确保洁净室（区）的空气洁净度等级。

10.3.5　为防止污染物质在卫生器具内积聚，影响医药洁净室（区）的环境卫生，医药工业洁净厂房内采用不易积存污物、易于清扫的卫生器具、管材、管架及其附件。比如可采用白陶瓷或不锈钢卫生器具、选用优质的镀铬或工程塑料制造的、表面光滑、易于清洗的卫生器具配件、管材、管架及其附件。

10.3.6　厂房内应优先采用塑料排水管。建筑硬聚氯乙烯排水管具有质轻、便于安装、节能、不结垢和不锈蚀等特点。目前常用的橡胶接口机制的排水铸铁管，应根据建筑物性质、建筑标准、建筑高度和抗震要求选用。

排水温度大于 40℃ 时，如加热器、开水器的排水管道如采用普通塑料管，则会使其寿命大大缩短，甚至会软化损坏。

10.4　消防设施

10.4.1　根据工业建筑物对消防要求的不断提高和消防技术的进步，现行国家标准《建筑设计防火规范》GB 50016 及其相应的消防设计规范正不断修订完善，所以医药工业洁净厂房的消防设计应首先符合这些最基本的消防规范。

10.4.2　本条文是医药工业厂房消防设计的原则。消防设施是医药工业洁净厂房的一个重要组成部分，因为医药工业洁净厂房是一个相对密闭的建筑物，室内房间分隔多，通道狭窄而曲折，使人员的疏散和救火都比较困难。为了确保人员生命财产的安全，设计中应贯彻"以防为主，防消结合"的消防工作方针，除了采取有效的防火措施外，还必须设置必要的灭火设施及消防水排除系统。

医药工业洁净厂房消防系统的设置，应根据药品生产的工艺特点、对空气洁净度等级的不同要求，以及生产的火灾危险性分类、建筑耐火等级、建筑物体积、当地经济技术条件等因素确定。除了水消防外还应设置必要的灭火设备。

10.4.3　为正确、合理设置医药工业洁净厂房内的消火栓，本条对此作了规定。

尽管设在医药洁净区的消火栓采用嵌入式安装，但对医药洁净室（区）的洁净毕竟会有影响，为此，消火栓尽可能设置在非洁净区域。

现行国家标准《建筑设计防火规范》GB 50016关于厂房室内消火栓用水量规定，当高度小于等于 24m 及体积小于等于 10000m³ 时，其消火栓消防用水量 5 l/s。但根据药品生产特点此值偏小，故本条文制定了医药工业洁净厂房室内消火栓消防水的最低限制参数。

10.4.4　医药工业洁净厂房技术夹层和技术夹道内，物料管道多，易燃易爆介质多，物料管道与风管、电缆桥架等错综复杂。为确保可通行技术夹层和技术夹道的安全，按生产火灾危险性分类设置灭火设施和消防给水系统是完全必要的。

10.4.5　设置灭火器是扑救初期火灾最有效的手段，据统计，60%～80% 的建筑初期火灾，在消防队到达之前是靠灭火器扑火。所以医药工业洁净厂房各层、各场所均应按照现行国家标准《建筑灭火器配置设计规范》GBJ 140 的规定，配置灭火器。

10.4.6　当存放贵重设备仪器、物料的医药洁净室（区）设置自动喷水灭火系统时，采用预作用系统可防止管道泄漏或误喷造成水渍损失，而且消除了干式系统滞后喷水的现象。

医药工业洁净厂房造价高，设备仪器贵重，药品附加值高，但是生产中经常使用多种有火灾危险的物料，由于厂房密闭性强，室内通道狭窄而曲折，人员的疏散比较困难，一旦失火，不但经济损失惨重，而且人员疏散和扑救都较困难。

而卤代烷等气体灭火剂会导致人员窒息死亡，还会破坏大气臭氧层，影响人类生态环境，不应采用。

基于上述，洁净厂房除了必须设置消防给水系统及灭火器外，还应根据现行国家标准《建筑设计防火规范》GB 50016 的规定设置固定灭火装置，特别是设有贵重设备、仪器、物料的房间更需认真确定。

10.4.7 消火栓系统可采用普通钢管，而自动喷水灭火系统为保证配水管道的质量，避免不必要的检修，故要求报警阀后的管道应采用内外热镀锌钢管，以及铜管、不锈钢管和相应的管件等。

11 电 气

11.1 配 电

11.1.1 医药工业洁净厂房中工艺设备用电负荷等级应由其对供电可靠性的要求确定。此外，厂房净化空调系统的正常运行与药品生产密切相关，医药洁净室（区）空气洁净度对药品质量影响很大。对这些用电设备的可靠供电是保证生产的前提。医药工业洁净厂房一旦停电，室内空气会很快污染，严重影响药品质量。同时，医药工业洁净厂房是密闭厂房，由于停电造成送风中断，室内新鲜空气得不到补充，有害气体不能排出，对人员健康不利。因此，必须保持医药工业洁净厂房净化空调系统的正常运行。

医药工业洁净厂房需要高照度高质量照明。为获得良好和稳定的照明条件，除了合理设计照明形式、光源、照度等问题外，最重要的是保证供电电源的可靠性和稳定性。

医药工业洁净厂房照明电源直接由变电所低压照明盘专线供电，把它与动力供电线分开，避免引起照明电源电压频繁的和较大的波动，同时增加供电的可靠性。

如医药工业洁净厂房规模较大，厂房内设有变电所，就可满足本条文的要求。考虑到一些规模较小的洁净厂房，一般从外部变电所提供一至二回路低压电源进入厂房配电室，此时只要保证净化空调系统和照明系统为单独配电回路，也能满足安全可靠的运行要求，并可节约厂区电缆及开关设备的投资，给设计人员留有一定的选择余地。故本条文对由变电所专线供电的要求为"宜"。

11.1.2 从洁净厂房发生过火灾事故中了解，电气原因引起的火灾事故占很大比例。为了防止医药工业洁净厂房在节假日停止工作或无人值班时的电气火灾，

以及当火灾发生时便于可靠地切断电源，所以，电源进线（不包括消防用电）应设置切断装置。为了方便管理，切断装置宜设在非医药洁净区便于操作管理的地点。

11.1.3 消防用电设备供配电设计有严格要求，并在现行国家标准《建筑设计防火规范》GB 50016 中作了明确规定。医药工业洁净厂房从工程投资规模和厂房的密封性等方面考虑，防火设计更显重要，故把消防用电设备的供配电设计作为单独一条提出。

11.1.4 医药洁净室（区）内的配电设备暗装主要是为了防止积尘，便于清扫。另外，医药洁净室（区）建筑装修要求较高，配电箱应与室内墙体颜色、美观整齐相协调。对于大型配电设备，如落地式动力配电箱，暗装比较困难，为了减少积尘，宜放在非洁净区，如技术夹层或技术夹道等。

11.1.5 医药工业洁净厂房内通常根据产品类别划为不同的生产区域，据此设置配电回路，能满足计量及管理方面的要求。

11.1.6 由于药品生产剂型多，品种多，产品规模大小不一，致使通风系统的设备并不一定完全按照不同防火分区独立设置，故本条文对按防火分区分别设置配电线路的要求为"宜"。

11.1.7、11.1.8 由于医药洁净室（区）需要经常清洗，有些医药洁净室（区）的墙面、地面还有防腐要求，所以电气管线宜敷设在技术夹层、技术夹道内。考虑防火要求，管材应采用非燃烧体。出于同样原因，连接至设备的电线管线和接地线宜暗敷，并根据情况，电气线路保护管宜采用不锈钢或其他不易锈蚀的材料，接地线宜采用不锈钢材料。

当净化空调系统停止运行，该系统又未设值班送风时，为防止由于压差而使尘粒通过电线管线空隙渗入医药洁净室（区），所以，医药洁净室（区）与非洁净室（区）之间或不同空气洁净度等级医药洁净室（区）之间的电气管线口应作密封处理。

11.2 照 明

11.2.1 医药洁净室（区）的照明一般要求照度高。但灯具安装的数量受到送风风口数量和位置等条件的限制，这就要求在达到同一照度值情况下，安装灯具的个数最少。荧光灯的发光效率一般是白炽灯的3～4倍，而且发热量小，有利于空调节能。此外，医药洁净室（区）天然采光少，在选用光源时还需考虑其光谱分布宜接近于自然光，荧光灯基本能满足这一要求。因此，目前国内外医药洁净室一般均采用荧光灯作为照明光源。当有些医药洁净室（区）层高较高，采用一般荧光灯照明很难达到设计照度值时，可采用其他光色好、光效更高的光源。由于某些生产工艺对光源光色有特殊要求，或荧光灯对生产工艺和测试设备有干扰时，也可采用其他形式光源。

11.2.2、11.2.3 虽然照明灯具并不是医药洁净室（区）的主要尘源，但如果安装不妥，将会通过灯具缝隙渗入尘粒。由于医药洁净室（区）内与顶棚上的环境不同，为了减少医药洁净室（区）受到来自顶棚的污染，宜减少在顶棚上开孔。灯具嵌入顶棚暗装，在施工中往往造成密封不严，不能达到预期效果，而且投资大，发光效率低。实践证明，在非单向流洁净室中，选择照明灯具明装并不会使空气洁净度等级有所下降。

鉴于上述，医药洁净室（区）的灯具安装宜吸顶明装为好。但不应选用外部造型复杂、易积尘、不易擦拭、不易消毒灭菌的照明灯具。如灯具安装受到层高限制及工艺特殊要求必须暗装时，开孔的尺寸宜准确，一定要做好密封处理，以防尘粒渗入洁净室，灯具结构要便于清洁，便于更换灯管。

由于紫外线对人体皮肤有伤害，需要设置紫外消毒灯的房间，为便于操作，紫外灯的控制开关应设在医药洁净室（区）外。

11.2.4 照度与药品生产的关系见第3.2.5条说明。医药洁净室（区）照度值执行本规范第3.2.5条的规定。

11.2.5 根据调查，现有洁净厂房的照度均匀度一般都能达到0.7。使用者认为此值能满足要求。

11.2.6 有防爆要求的医药洁净室（区），其照明器具的选择和安装，根据国家有关规定应首先满足防爆要求，同时再考虑满足洁净要求。

11.2.7 医药工业洁净厂房的正常照明如因电源故障停电，将会造成有些药品生产报废，有的还会引发火灾、爆炸和中毒等事故，无论对人身安全、财产都会带来危险和损失，本条规定应设置备用照明，就是为了防止上述事故和情况发生。

备用照明应满足所需要的场所或部位进行各项活动和工作所需的最低照度值。一般场所备用照明的照度不应低于正常照明照度标准的1/10。消防控制室、应急发电机室、配电室及电话机房等房间的主要工作面上，备用照明的照度不宜低于正常照明的照度值。为减少灯具重复设置，节省投资，备用照明可作为正常照明的一部分。

11.2.8 医药工业洁净厂房是密闭厂房，内部分隔多，室内人员流动路线复杂，出入通道迂回，为便于事故情况下人员的疏散，及火灾时能救灾灭火，所以洁净厂房应设置供人员疏散用的应急照明。

在安全出口、疏散口和疏散通道转角处设置标志灯以便于疏散人员辨认通行方向，迅速撤离事故现场。在专用消防口设红色应急灯，以便于消防人员及时进入厂房进行灭火。

应急照明系统一般推荐采用内带蓄电池储能的灯具，每个区域按灯具总数的25%～30%均匀分散安装，灯具外形一致，平时作为正常照明的一部分，当

突发停电时，自动转入蓄电池供电状态，供操作人员作离开前的善后处理。也可采用部分灯具另设专用照明线路由EPS或柴油发电机组集中供电的形式，可视工程具体情况而定。

11.3 通　信

11.3.1 医药洁净室（区）设置与内外部联系的通信装置如电话、对讲电话等，主要用于：（1）正常的工作联系；（2）发生火灾时可与外部联系，及时采取有效的灭火措施；（3）减少非必须人员进入洁净室（区）内所产生的尘粒和微生物。

由于医药洁净室（区）有空气洁净度要求，药品生产需要定期消毒灭菌，因此医药洁净室（区）要选用表面光滑、不易积尘，便于擦拭并可消毒灭菌的电话。

11.3.2 为确保医药洁净室（区）的空气洁净度等级，宜减少室内人员人数。设置闭路电视监视系统可以减少非必须人员进入医药洁净室（区），同时对保障医药洁净室（区）的安全，比如及早发现火灾、防盗等也起到重要作用。

11.3.3 大多数医药洁净室（区）设有生产用的贵重设备、仪器和价值昂贵的物料和药品，一旦着火损失巨大。同时医药洁净室（区）内人员进出迂回曲折，人员疏散比较困难，火情不易被外部发现，消防人员难以接近，防火有一定困难，因此设置火灾自动报警装置十分重要。

目前我国生产的火灾报警探测器的种类较多，常用的有感烟式、紫外线感光式、红外线感光式、定温或差温式、烟温复合式和线性火灾探测器等。可以根据不同火灾形成的特征选择适当的火灾自动探测器。但由于自动探测器不同程度的存在误报的可能性，手动火灾报警按钮作为一种人工报警措施可以起到确认火灾的作用，也是必不可少的。

11.3.4 医药工业洁净厂房应设置火灾集中报警系统。为加强管理，保证系统可靠运行，集中报警控制器应设在专用的消防控制室或消防值班室内；消防专用电话线路的可靠性关系到火灾时消防通信指挥系统是否灵活畅通，故本条规定消防专用电话网络应独立布线，设置独立的消防通信系统，不能利用一般电话线路代替消防专用电话线路。

11.3.5 本条规定探测器报警后，强调人工核实和控制，当确认真正发生火灾后，按规定设置的联动控制设备进行操作并反馈信号，目的是减少损失。因为医药洁净室（区）内的生产要求与普通环境不同，对于空气洁净度等级高的医药洁净室（区），一旦关闭净化空调系统即使再恢复也会影响洁净度，甚至因达不到工艺生产要求而造成损失。

医药洁净室（区）内火灾报警核实后，消防联动控制设备可按以下程序操作：

1 启动室内消防水泵，接收其反馈信号。除自动控制外，还应在消防控制室设置手动直接控制装置。

2 关闭有关部位的电动防火阀，停止相应的空调循环风机、排风机及新风机。并接收其反馈信号。

3 关闭有关部位的电动防火门、防火卷帘门。

4 控制备用应急照明灯和疏散标志灯燃亮。

5 在消防控制室或低压配电室，应手动切断有关部位的非消防电源。

6 启动火灾应急扩音机，进行人工或自动播音。

7 控制电梯降至首层，并接收其反馈信号。

8 启动有关部位的防烟和排烟风机、排烟阀等，并接收反馈信号。

11.3.6 医药工业洁净厂房中，有不少使用和储存易燃、易爆气体的生产场所，为防止因气体泄漏而引起的火灾爆炸事故，在这些场所设置可燃气体探测器，是十分必要的措施；医药工业洁净厂房中，还有不少生产场所使用和储存有毒气体，在这些场所设置有毒气体检测器，并将报警信号与事故排风机相连，是保障人身安全的重要措施。

11.4 静电防护及接地

11.4.1 医药工业洁净厂房的室内环境中，许多场合存在着静电危害，从而导致：(1) 电子器件、电子仪器和电子设备的损坏、性能下降；(2) 人体遭受电击伤害；(3) 引燃引爆易燃易爆物质；(4) 因尘埃吸附影响环境空气洁净度。因此，医药工业洁净厂房工程设计中要十分重视防静电环境设计。

11.4.2 防静电地面采用具有导静电性能的材料，是防静电环境设计的基本要求。目前国内生产的防静电材料及制品有长效型、中效型和短效型。长效型必须是长时间保持静电耗散性能，时间为10年以上；短效型能维持静电耗散性能3年以内；中效型为3~10年的。医药工业洁净厂房一般为永久性建筑，因此条文规定防静电地面应选用具有长效性静电耗散性能的材料。

本条第2、3款中规定的防静电地面的表面电阻率、体积电阻率和地面对地泄放电阻值，是参照电子行业标准《电子产品制造与应用系统防静电系统检测通用规范》SJ/T 10694制定的。

11.4.3 净化空调系统的送回风口、风管和排风系统的排风管是易于产生静电的部位，因而规定了风口、风管的防静电接地的要求。

11.4.4 医药工业洁净厂房内可能产生静电的生产设备（包括防静电安全工作台）和容易产生静电的流动液体、气体或粉体的管道，应采取防静电接地措施，将静电导除。当这些设备与管道处在爆炸和火灾危险环境中时，设备和管道的连接安装要求更加严格，以防发生严重灾害。因此，强调执行现行国家标准《爆炸和火灾危险环境电力装置设计规范》GB 50058的规定。

11.4.6 为了解决好各个接地系统之间的相互关系，接地系统设计时，必须以防雷接地系统设计为基础。

除有特殊要求的设备外，大多数情况下各种功能接地系统首先推荐采用综合接地方式，即各类不同功能的接地共用一个户外接地系统。因分散接地对接地体之间的间距要求，在许多工程中因受场地限制而无法实现。当条件允许并且工程有要求时，也可采用分散接地。

中华人民共和国国家标准

跨座式单轨交通设计规范

Code for design of straddle monorail transit

GB 50458—2008

主编部门：重 庆 市 建 设 委 员 会
批准部门：中华人民共和国住房和城乡建设部
实施日期：２００９年２月１日

中华人民共和国住房和城乡建设部
公　　告

第 119 号

关于发布国家标准
《跨座式单轨交通设计规范》的公告

现批准《跨座式单轨交通设计规范》为国家标准，编号为GB 50458-2008，自 2009 年 2 月 1 日起实施。其中，第 1.0.5、1.0.10、1.0.12、1.0.19、3.1.2、3.2.2、4.2.1、4.2.2、4.2.3、4.2.4、4.2.5、4.2.6、4.3.1、4.3.4、5.3.8、6.1.3、6.1.4、7.1.8、7.3.1、7.3.2、7.4.5、7.5.1、7.7.7、7.7.10、8.1.2、8.2.6、9.3.4、9.4.12、11.1.3、 11.2.5、12.1.4、 12.3.1、 12.3.8、12.3.18、13.2.6（3）、13.2.7（3）、13.3.1（5）、13.3.4、14.1.6、 14.2.7、 14.3.10、 14.3.17、14.3.19、 14.4.1、 15.1.4、 15.2.1、 15.2.7、15.2.14、15.2.16、16.1.9、16.1.10、16.3.13（1、2、3、5、7）、16.4.3、17.1.4、17.10.2、17.10.6、18.4.1、18.4.3（3、6）、18.4.4（1）、18.4.5（2、3）、18.7.1、19.1.13、19.4.6、20.2.2、21.1.2、21.2.6（5）、21.8.1、22.1.7、22.1.8、22.1.9、22.3.6、 22.10.2、 22.10.3、23.1.3、 23.1.4、23.2.1、 23.2.2、 23.2.3、 23.2.4、 23.2.9、23.3.1、 23.3.8、23.3.10、23.4.4（1、6、7）、23.4.8、23.4.12、23.5.1、 23.7.1、 23.7.3、23.7.6、23.8.1、 23.8.4、 23.8.8、 23.9.1、23.9.6、23.10.1、23.11.1、24.8.1 条（款）为强制性条文，必须严格执行。

本规范由我部标准定额研究所组织中国建筑工业出版社出版发行。

中华人民共和国住房和城乡建设部
2008 年 9 月 24 日

前　　言

本规范是根据中华人民共和国建设部《关于印发 2005 年工程建设标准制订、修编计划（第一批）的通知》（建标函［2005］84 号）的要求编制的。

本规范是我国首次编制的跨座式单轨交通国家标准，共有 24 章、2 个附录，主要内容除城市轨道交通具有的常规专业技术内容外，还根据跨座式单轨交通的特点专门增订了车辆、轨道梁桥、道岔系统等章节，在其他有关章节中也依据跨座式单轨交通技术要求局部地增补了专门的规定。

本规范的制订是在深入总结和分析我国跨座式单轨交通建设经验及相关科研成果的基础上，广泛调查研究国外跨座式单轨交通建设技术与经验并参考海外相关技术文献，经过多方面征求意见，反复论证和修订，最后经审查定稿。

本规范以黑体字标志的条文为强制性条文，必须严格执行。

本规范由住房和城乡建设部负责管理和对强制性条文的解释，重庆市轨道交通总公司负责具体技术内容的解释。在本规范实施的过程中，希望各单位注意积累资料，总结经验，对于需要修改、补充的意见和建议，请寄交重庆市轨道交通总公司国家标准《跨座式单轨交通设计规范》管理组（地址：重庆市渝中区长 江 支 路 25 号，邮 编：400042，传 真：023-68808355，电子邮箱：cqmetro@cta.cq.cn）。

本规范主编单位、参编单位和主要起草人：

主 编 单 位：重庆市轨道交通总公司

参 编 单 位：中铁二院工程集团有限责任公司
北京城建设计研究总院
上海市隧道工程轨道交通设计研究院
重庆市轨道交通设计研究院
北车长春轨道客车股份有限公司
同济大学铁道与城市轨道交通研究院
中铁电气化勘测设计院

主要起草人：仲建华　周庆瑞　吴　波　张海波　林莉

（以下按姓氏笔画为序）

王　建　王仕春　王旭东　冯伯欣
向　红　任　强　孙　巍　朱祖熹
吴　明　吴焕君　李　珞　李国庆
沈晓阳　张明川　肖　珊　林绍平

范金富　季锦渝　罗湘萍　胡立中
俞加康　俞济涛　项丽琳　徐起万
聂绍富　高松柏　黄　河　曹克非
谢　林　谢风华　董　事　靳玉广
漆尔富

目　次

1 总　则

1.0.1 为保障跨座式单轨交通建设和运营安全可靠，做到以人为本、保护环境、经济适用和技术先进，制定本规范。

1.0.2 本规范适用于中运量城市轨道交通以高架线为主的跨座式单轨交通新建工程的设计。

1.0.3 跨座式单轨交通设计必须符合政府主管部门批准的城市总体规划和城市轨道交通线网规划。

1.0.4 跨座式单轨交通工程的设计年限应分为初期、近期、远期三期。初期为建成通车后第 3 年，近期为第 10 年，远期为第 25 年。

1.0.5 跨座式单轨交通线路必须为全封闭、双线右侧行车的线路，在安全防护系统的监控下保障列车运行安全。

1.0.6 跨座式单轨交通工程的设计应全线统一规划，建设规模、设备容量应按预测的远期客流量和系统运输能力确定，对于可分期建设的工程和配置的设备应预留分期建设和增容的条件。

1.0.7 跨座式单轨交通线路是城市轨道交通线网中的组成部分，线网中各线之间换乘便捷，并应与地面其他交通统一规划、有机衔接。

1.0.8 跨座式单轨交通设计应做到节省能源、节约资源、节约土地和实现工程项目生命周期内的价值最大化。

1.0.9 跨座式单轨交通工程设计在保证安全可靠和满足功能的前提下，应严格控制建设规模，降低工程造价和为运营创造降低成本的条件。

1.0.10 跨座式单轨交通主体工程结构及因损坏或大修时对系统运营产生重大影响的其他工程结构的设计使用年限应为 100 年。

1.0.11 跨座式单轨交通工程抗震设防烈度，应根据当地政府主管部门批准的地震安全性评价结果确定。

1.0.12 跨河流和临近河流的跨座式单轨交通地面和高架工程，应按不低于百年一遇的洪水频率进行设计。位于水域下的地下工程，当水体有可能危及工程使用安全时，应在地下工程的两端设置防淹门或采取其他防淹措施。

1.0.13 初期、近期和远期列车编组的车辆数，应分别根据预测的初、近和远期客流量、车辆定员数和设定的行车密度确定。

1.0.14 跨座式单轨交通的车辆基地、停车场、主变电所和控制中心的设置，应根据轨道交通线网规划统一布局，实现资源共享。

1.0.15 高架及地面车站和区间、地下车站出入口及风亭等地面建筑物的设计，应与城市景观和周边环境协调。

1.0.16 跨座式单轨交通应减少对周边生态环境的影响，各系统排放的废气、废水、废物应符合国家现行有关标准的相关规定。

1.0.17 跨座式单轨交通的车辆及机电设备，应采用满足功能要求、技术经济合理、成熟可靠的产品，并应逐步实现标准化、系列化和立足于国内生产。

1.0.18 跨座式单轨交通应逐步实现以行车指挥与列车运行为核心的机电设备综合自动化。

1.0.19 跨座式单轨交通应配置对火灾及其他灾害的防范和救援设施。

1.0.20 跨座式单轨交通设计除应遵守本规范的规定外，尚应符合国家现行相关标准和规范的规定。

2 术　语

2.0.1 单轨交通　monorail transit

城市中修建的采用电力牵引列车在一条轨道梁上运行的中运量轨道交通系统。根据车辆与轨道梁之间的位置关系，单轨交通可分为跨座式单轨交通和悬挂式单轨交通两种类型。

2.0.2 跨座式单轨交通　straddle monorail transit

为单轨交通的一种型式，车辆采用橡胶车轮跨行于梁轨合一的轨道梁上。车辆除走行轮外，在转向架的两侧尚有导向轮和稳定轮，夹行于轨道梁的两侧，保证车辆沿轨道安全平稳地行驶。

2.0.3 轨道梁　track beam

轨道梁是承载列车荷重和车辆运行导向的结构，同时也是供电、信号、通信等缆线的载体。跨座式单轨交通的轨道梁，通常采用预应力混凝土制成，常称 PC 梁（precast concrete track beam），在一些特殊区段也有采用钢梁或几种材料组成的复合梁体。

2.0.4 轨道梁桥　rail beam bridge

跨座式单轨交通轨道梁与直接支承轨道梁的桥墩、台及基础组成的桥梁体系，包括组合桥、道岔桥。轨道梁桥上需要设置轨道梁支座下摆、锚箱以及支座固定钢支架和测量定位设施。

2.0.5 组合桥　combined bridge

当轨道梁桥需要 30m 及以上跨度时，采用将标准断面的轨道梁、道岔架设在桥梁上，形成桥上桥的重叠结构。其上部为轨道梁或道岔，组合桥特指其下部支承轨道梁、道岔的桥梁结构。由较大跨度的组合断面轨道梁组成的桥梁结构也称为组合桥。

2.0.6 超高率　superelevation rate

曲线轨道梁横向倾斜的比率。超高率就是曲线地段轨道梁绕其中心旋转后角度的反正弦函数值的百分数。曲线地段为保证车辆在曲线上稳定运行而设置超高，用以平衡离心力的作用。

2.0.7 接触网 catenary

由正极接触轨和负极接触轨组成。正极接触轨和负极接触轨分别通过上网电缆和回流电缆与牵引变电所连接。

2.0.8 接触轨 contact rail

用金属轨条制成，装设在轨道梁的侧面，经过受流器向电动车辆供给牵引电能的导电轨。

2.0.9 关节型道岔 joint turnout

跨座式单轨交通线路中使用的一种特殊轨道转辙设备。关节型道岔的梁体由数节钢制轨道梁铰接组成，由台车支撑，采用电力等动力驱动，道岔梁一端固定，转辙时道岔梁整体移动并使道岔梁的活动端与另一条线路轨道梁衔接形成岔道，转换列车行驶路线。关节型道岔转辙后道岔梁纵向呈折线状。

2.0.10 关节可挠型道岔 joint flexible turnout

较关节型道岔构造复杂的一种特殊轨道转辙设备。关节可挠型道岔的梁体由数节钢制轨道梁铰接组成，由台车支撑，其梁两侧装有导向面板和稳定面板，转辙时道岔梁一端固定，梁整体移动并使梁的活动端与另一条线路轨道梁衔接形成岔道，转换列车行驶路线，转辙时挠曲装置在挠曲电机驱动下，将导向面板和稳定面板挠曲成设定的曲线面，能使列车以较高的速度平稳地通过道岔。道岔梁呈直线时，侧面的导向面板和稳定面板恢复成直线状。

2.0.11 挠曲电机 deflection motor

在关节可挠型道岔中实现导向面板和稳定面板挠曲的驱动电机。

2.0.12 道岔桥 turnout bridge

设置在高架线路段，用于安装道岔及附属设备的钢筋混凝土桥式平台。

2.0.13 道岔平台 turnout platform

设置在地面线路段，用于安装道岔及附属设备的钢筋混凝土坑式平台。

2.0.14 准移动闭塞 quasi moving block

前方列车与后续列车之间的最小安全追踪距离单元预先设定且固定不变，并根据前方目标状态设定列车的可行车距离和运行速度，是介于固定闭塞和移动闭塞之间的一种闭塞方式。

2.0.15 缓降装置 slow down set of vehicles

跨座式单轨交通车辆上用于在紧急情况下把乘客从车上疏散到地面的一种装置。

2.0.16 车辆基地 depot

跨座式单轨交通系统中提供车辆运用、检修和设备、设施的维修、保养以及材料、物资供应和技术培训等服务的综合性基地。主要设施、设备包括车辆段、综合维修中心、物资总库、培训中心和办公、生活设施等。

3 行车组织与运营管理

3.1 一般规定

3.1.1 跨座式单轨交通的运营组织设计必须满足各设计年限预测客流量的需求，并采取先进的运营组织方案，为乘客提供安全、快捷、优质的服务。

3.1.2 运营模式应按正常、非正常和紧急状态的要求进行设计。

3.1.3 系统运行速度目标是列车最高运行速度为80km/h，其旅行速度不宜低于30km/h。

3.1.4 运营线路的南北向线路应以由南至北为上行方向，反之为下行方向；东西向线路应以由西向东为上行方向，反之为下行方向；环形线路应以外侧线路为上行方向，内侧线路为下行方向。

3.2 系统运能设计

3.2.1 系统运能应满足各设计年限预测客流的需求，依据车辆及其定员的有关标准，确定列车编组和最大行车密度，计算系统最大设计运能。

3.2.2 系统最大设计能力应满足预测的远期高峰小时单向最大断面客流量的需要，远期设计最大行车密度不应少于每小时24对列车。

3.2.3 全线各折返站的折返能力应根据道岔转辙时间、过岔速度、列车长度、列车车门数量以及停站时间等因素综合确定。支线或车辆基地出入线接轨站的通过能力，应与正线设计行车密度相匹配。

3.3 行车组织

3.3.1 行车组织应满足运能需求，并应做到提高列车满载率、运营效率和降低运营成本。

3.3.2 每条线路应采用全封闭式独立运行模式，根据线网规划和行车条件，局部区段可采用共线运行。

3.3.3 根据全线客流分布特征，在高峰时段可组织大、小交路运行。

3.3.4 初期列车编组长度宜与近期编组一致；当近期、远期列车长度相近时，初期列车长度可与远期列车长度一致。列车编组长度不宜大于100m。

3.3.5 为保证系统的服务水平，初期高峰时段最小行车间隔不宜大于5min，近期、远期高峰时段最小行车间隔应根据客流预测资料确定。非高峰时段列车开行最大间隔时间不宜大于10min。

3.3.6 列车停站时间应根据车站最大上下车客流量、列车的发车间隔、车门数量和开关车门的时间等因素计算确定，停站时间不应少于20s；换乘站和折返站停站时间不应少于30s。

3.4 行车速度

3.4.1 列车通过直线状态的道岔时可满足列车最高

行驶速度的要求；通过曲线状态的关节可挠型道岔时限速为 25km/h；通过折线状态的关节型道岔时限速为 15km/h。

3.4.2 列车在车辆基地内运行限速为 15km/h；救援列车推送事故列车运行限速在走行系统和制动性能良好时为 25km/h；运营列车进站速度和不停车过站速度宜为 55km/h。

3.4.3 列车在曲线上的运行速度应根据曲线半径大小确定，曲线限速应按下列公式计算确定：

$$v_x = 4.65\sqrt{R} \qquad (3.4.3)$$

式中 v_x——列车通过曲线的最大速度（km/h）；

R——曲线半径（m）。

3.5 辅助线设置

3.5.1 线路起讫点站和折返站应设置折返线，中间折返站的折返形式宜采用站后折返。

3.5.2 沿线每隔 4～6 个车站（或间隔不大于 10km）应结合车站的布置设置故障列车停车线，并根据故障运行和维修作业的要求，设置必要的渡线。

3.5.3 两条线路之间应根据线网规划的要求设置联络线。

3.5.4 远离车辆基地的终点站，宜设置存车线。

3.5.5 车辆基地出入线宜在车站接轨，并宜设置为双线。

3.5.6 在有"Y"形支线运行的接轨站，或与其他正线共线运行的接轨站，应设置进站方向的平行进路。

3.6 运营管理

3.6.1 跨座式单轨交通应设置控制中心，负责所管辖线路的列车运行调度指挥、电力监控、环境及防灾报警系统监控、机电设备系统的维修等管理工作。根据线网资源共享条件，控制中心可多线共用。

3.6.2 运营管理机构和人员数量的安排应考虑专业化和社会化相结合，加大社会化力度，减少专业人员编制。每条线路的运营管理总人数的定员指标宜控制在平均每公里 80 人以下。

3.6.3 车站设备应采用智能化监控管理，采用控制中心、车站两级管理和控制中心、车站、就地三级控制。

3.6.4 运营管理宜采用中心站管理模式，将车站设备的巡视检查和日常维护交由中心站负责；车站及区间设备的定期维修应由维修中心统一负责，可采用巡视检查和定期维修相结合的方式，包括紧急抢修任务。

3.6.5 列车乘务制度宜采用单司机、轮乘制。

3.6.6 列车进行站后折返时，不得带客进入折返线。

3.6.7 车站内应有明显的导向标志，保障客流路径畅通，并应具有足够的紧急疏散能力。

3.6.8 系统宜采用计程、计时票价制，并应具备对客流数据和票务收入进行自行统计的能力。

4 车　辆

4.1 一般规定

4.1.1 车辆型式应根据客流预测、线路条件、环境条件及运营组织要求确定。

4.1.2 跨座式单轨交通车辆设计应符合下列规定：

　　1 供电电压：DC1500V；

　　2 车体结构材料：铝合金、不锈钢；

　　3 车辆种类：带有驾驶室的控制动车（Mc 车）或控制拖车（Tc 车）、无驾驶室的中间动车（M 车）或中间拖车（T 车）。

4.1.3 跨座式单轨交通车辆应符合国家现行标准《跨座式单轨交通车辆通用技术条件》CJ/T 287 的规定。主要技术规格可按表 4.1.3 选定。

表 4.1.3　跨座式单轨交通车辆主要技术规格

项目名称	车辆种类		备　注
	Mc 车 或 Tc 车	M 车 或 T 车	
轨道梁断面尺寸(mm)	850×1500（宽×高）		—
额定电压(V)	DC1500		—
车钩连接面间长度(mm)	15500	14600	—
车辆长度(mm)	14800	13900	—
车顶距轨道梁顶面高度(mm)	3840		空调装置顶面
车辆总高度(mm)	5300		—
车体宽度(mm)	2900		—
车辆最大宽度(mm)	2980		车门踏板处
客室地板面距轨道梁顶面高度(mm)	1130		—
车钩中心距轨道梁顶面高度(mm)	760		—
每辆车每侧客室门数(对)	2		—
客室门有效开度(mm)	≥1300		—
客室门洞高度(mm)	≥1820		—
座席人数(人)	32	36	—
定员人数(人)	151	165	6 人/m²
超员人数(人)	211	230	9 人/m²
车辆自重(t)	≤28.6	≤27.6	—
轴重(t)	≤11		—
设计最高速度(km/h)	88		—
最高运行速度(km/h)	80		—
启动加速度(m/s²)	≥0.83		—

续表 4.1.3

项目名称	车辆种类		备注
	Mc 车 或 Tc 车	M 车 或 T 车	
紧急制动减速度（m/s²）	≥1.25		—
常用制动减速度（m/s²）	≥1.1		最高制动位
冲击率极限（m/s³）	0.75		—
最大坡度（‰）	60		—
正线最小曲线半径（m）	100		—
车辆基地最小曲线半径（m）	50		—
车钩型式	列车两端为密接式车钩 列车中间为棒式车钩		—
转向架型式	无摇枕空气弹簧车辆转向架		—
转向架中心距（mm）	9600		—
空气弹簧中心距（mm）	2050		—
转向架主要尺寸：	—		—
走行轮固定轴距（mm）	1500		—
导向轮轴距（mm）	2500		—
走行轮自由直径（mm）	1006		—
导向轮自由直径（mm）	730		—
稳定轮自由直径（mm）	730		—

注：定员人数中 6 人/m² 及超员人数中 9 人/m² 是指每平方米有效站立面积站立的人数。在采用纵向座椅的情况下，有效站立面积是指客室地板面积减去座椅总数垂向投影面积以及投影面积前 250mm 内的面积以外所含高度不小于 1800mm 的面积。

4.2 安全与应急设施

4.2.1 列车的两端必须设有紧急疏散门，组成列车的各车辆之间必须贯通。

4.2.2 车辆每个客室车门必须配备缓降装置。

4.2.3 车体应设置防漏电保护装置，车体上应装设与车站和车辆段内接地板相匹配的接地电刷。车辆内各电气设备应有可靠的保护接地，接地线应有足够的截面。

4.2.4 列车必须具有纵向救援能力和横向救援能力并配备有相应的设施。纵向救援的渡板应安装在车辆上，同时，各车站应常备横向救援的跳板。

4.2.5 列车必须配备停放制动装置。停放制动的能力必须满足列车在超员（AW3）条件下能在最大坡道上的可靠停放。

4.2.6 列车应设有报警系统，客室内应设有紧急时乘客报警装置。

4.3 车辆与相关系统

4.3.1 车辆主保护系统与变电站保护系统应实现保护协调，在所有故障情况下应保证车辆主保护安全分断。

4.3.2 应采用再生制动能量吸收装置。再生制动能量吸收装置应采用地面设置。

4.3.3 列车应设有广播系统、无线通信系统、信息显示系统和乘客与司机的应急对讲装置。有条件的可设视频监视装置。车辆广播系统应与无线通信系统连接。

4.3.4 车辆应装设 ATC 或 ATP 信号车载设备。

5 限 界

5.1 一般规定

5.1.1 跨座式单轨交通的限界分为车辆限界、设备限界和建筑限界。集电装置限界和接地装置限界是车辆限界的组成部分，接触轨限界和接地板限界属于设备限界的辅助限界。

5.1.2 跨座式单轨交通限界应根据车辆轮廓线和车辆有关技术参数，结合轨道梁和接触轨的相关条件，并计及设备安装要求，按规定的计算方法进行设计。

5.1.3 车辆限界是车辆在平直线上正常运行状态下形成的最大动态包络线。车辆限界分为高架线及地面线车辆限界和地下区间车辆限界。高架线及地面线车辆限界是在地下区间车辆限界的基础上，另加上规定风荷载引起的横向和竖向偏移量。

5.1.4 设备限界是用来限制设备安装位置的控制线，应包括：

　　1 直线地段设备限界是在车辆限界外扩大一定的安全间隙后确定；

　　2 曲线地段设备限界是在直线地段设备限界的基础上，按平面曲线不同半径和车辆参数等因素计算确定（附录 A）。

5.1.5 建筑限界是在设备限界的基础上，考虑设备和管线安装尺寸后的最小有效断面。设备和设备限界之间宜留出 50mm 的安全间隙。当建筑侧面和顶面没有设备或管线时，建筑限界和设备限界的间隙不宜小于 200mm，困难条件下不得小于 100mm。

5.1.6 当相邻的两线间无墙、柱及其他设备时，两设备限界之间的安全间隙不得小于 100mm。

5.1.7 建筑限界中不包括测量误差值、施工误差值、结构沉降量和位移变量等。

5.1.8 跨座式单轨交通选用的车辆应符合本规范第 4.1.3 条和本规范第 5.2 节的有关规定。当选用与本规范不同的车辆时，应重新核算车辆限界、设备限界和建筑限界。

5.2 制定限界的主要技术参数

5.2.1 制定限界的车辆基本参数应符合表5.2.1的规定。

表 5.2.1 车辆基本参数

项 目 名 称	基本参数（mm）
计算车辆长度	14900
车辆最大宽度（车门踏板处）	2980
车体宽度	2900
车体顶面距轨道梁顶面高度	3550
空调装置顶面距轨道梁顶面高度	3840
车辆总高度	5300
转向架中心距	9600
导向轮轴距	2500
客室地板面距轨道梁顶面高度	1130
适用的车门类型	内藏门

5.2.2 制定限界的其他参数和要求应符合下列规定：

1 车辆最高运行速度为80km/h；

2 正线平面最小曲线半径为100m；

3 轨道梁断面尺寸（宽×高）为850mm×1500mm；

4 轨道梁最大超高率为12%；

5 轨道梁走行面与导向面、稳定面间允许的制造公差（直角度）为±5/1000rad；

6 超高设置方法为曲线轨道梁内侧降低半超高，外侧抬高半超高；

7 侧面安装的接触轨中心距轨道梁顶面高度为685mm；

8 高架及地面线风荷载为500N/m²；

9 正线采用关节可挠型道岔，车辆基地采用关节型道岔或具有同等性能的道岔。

5.3 制定建筑限界的原则

5.3.1 建筑限界分为高架线及地面线建筑限界、矩形隧道建筑限界、马蹄形隧道建筑限界和车辆基地车场线建筑限界。

5.3.2 建筑限界的坐标系规定为正交于名义轨道梁中心线的平面内的直角坐标，通过轨道梁顶面中点引出的水平坐标轴，以 X 表示，通过该中点垂直于水平坐标轴的垂直坐标轴，以 Y 表示。

5.3.3 高架线及地面线建筑限界的确定应符合下列规定：

1 高架线、地面线的区间建筑限界，应按高架线、地面线设备限界及设备安装尺寸计算确定，并应满足本规范第5.1.5条的要求；

2 轨道梁顶面距轨道梁桥墩盖梁面的距离不应小于2100mm；

3 线路设在路堑段时，路堑侧壁至轨道梁中心线的距离按本规范第5.3.4条确定。

5.3.4 矩形或马蹄形单线隧道建筑限界应符合下列规定：

1 地下区间建筑限界与设备限界之间的空间，应考虑设备和管线安装所需的尺寸，并应预留安装误差值、测量误差值和变形量。建筑限界与设备限界的最小间距不宜小于200mm，困难条件下不得小于100mm；

2 直线地段矩形隧道建筑限界，应在直线地段设备限界的基础上，按下列公式计算确定：

1）建筑限界宽度：

$$B = B_R + B_L \qquad (5.3.4-1)$$

轨道梁中心线至隧道右侧壁净空距离 B_R：

$$B_R = X_{s(max)} + b_1 + c \qquad (5.3.4-2)$$

轨道梁中心线至隧道左侧壁净空距离 B_L：

$$B_L = X_{s(max)} + b_2 + c \qquad (5.3.4-3)$$

式中 $X_{s(max)}$——直线地段设备限界最大宽度值（mm）；

b_1——右侧设备或支架最大安装宽度值（mm）；

b_2——左侧设备或支架最大安装宽度值（mm）；

c——安全间隙（mm）。

2）建筑限界高度（结构底板至隧道顶板）：

$$H = H_1 + H_2 \qquad (5.3.4-4)$$

$$H_1 = Y_{s(max)1} + h + c \qquad (5.3.4-5)$$

式中 H_1——轨道梁顶面至隧道顶板距离（mm）；

H_2——轨道梁顶面至结构底板面距离，不应小于2100mm；

$Y_{s(max)1}$——直线地段轨面以上设备限界最大高度值（mm）；

h——隧道顶部设备或支架最大安装高度值（mm）。

3 直线地段马蹄形隧道建筑限界，应在直线设备限界基础上，按下列原则确定：

1）直墙马蹄形隧道建筑限界，宜按矩形隧道建筑限界设计，拱顶曲率半径的制定，应满足本规范第5.3.4条第2款中安全间隙的要求；

2）曲墙马蹄形隧道建筑限界，宜按直墙马蹄形隧道建筑限界设计，曲墙曲率半径和仰拱曲率半径应与结构专业共同研究确定。

4 曲线地段矩形或马蹄形隧道建筑限界，应在曲线地段设备限界的基础上，按下列公式计算确定：

1）曲线地段内侧建筑限界宽度：

$$B_i = X_{ki}\cos\alpha + Y_{ki}\sin\alpha + b_1(或 b_2) + c \qquad (5.3.4-6)$$

2）曲线地段外侧建筑限界宽度：

$$B_a = X_{ka}\cos\alpha - Y_{ka}\sin\alpha + b_2 (\text{或} b_1) + c$$
$$(5.3.4-7)$$

3）曲线地段建筑限界高度加高值（仅用于矩形隧道）：

轨道梁顶面以上加高：
$$B_u = (X_{ku}\sin\alpha + Y_{ku}\cos\alpha) - Y_{s(max)1}$$
$$(5.3.4-8)$$

轨道梁顶面以下降低：
$$B_d = (X_{kd}\sin\alpha + |Y_{kd}\cos\alpha|) - |Y_{s(max)2}|$$
$$(5.3.4-9)$$
$$\alpha = \sin^{-1}(\theta_{ac})$$
$$(5.3.4-10)$$

式中 θ_{ac}——轨道梁超高率；

α——轨道梁超高角度；

(X_{ki}, Y_{ki})，(X_{ka}, Y_{ka})，(X_{ku}, Y_{ku})，(X_{kd}, Y_{kd})——超高倾斜前曲线地段设备限界控制点坐标值（mm）；

$Y_{s(max)2}$——直线地段轨面以下设备限界最大高度值（mm）。

5 区间曲线加宽范围包括圆曲线和缓和曲线，缓和曲线范围内的加宽量按线性渐变计算确定。

5.3.5 矩形隧道内安装风机时，应满足限界要求，局部可采取加宽或加高措施。

5.3.6 车站直线地段建筑限界应满足下列要求：

1 站台面至轨道梁顶面的高度：1050^0_{-10} mm；

2 站台计算长度内的站台边缘距轨道中心线的距离：1570^{+10}_0 mm；

3 站台计算长度外的站台边缘距轨道中心线的距离，宜按设备限界另加不小于50mm的安全间隙确定；

4 屏蔽门、安全门或安全栏栅轨道侧最外突出点（含弹性变形量）至车辆限界之间安全间隙应不小于25mm；当安全门或安全栏栅高度不足以保证乘客头、手伸出后的安全时，应另加安全距离；

5 车站范围内其余部位的建筑限界，按区间建筑限界的规定确定。

5.3.7 车站曲线地段的建筑限界应在车站直线段的建筑限界的基础上，根据曲线半径按相关计算方法进行水平加宽。

5.3.8 曲线车站站台边缘与车门踏板处之间的间隙不得大于180mm。

5.3.9 道岔区的建筑限界，应在直线地段建筑限界的基础上，根据不同类型道岔的曲线半径，按本规范附录A计算加宽。

5.3.10 轨道梁周围的特殊限界，包括接触轨限界、道岔区接触轨限界、接地板限界、接地装置限界和集电装置限界，应按本规范附录B.0.5相应的特殊限界要求确定。

5.3.11 车辆基地内建筑物或设备应满足下列要求：

1 车辆基地内信号机边缘至轨道梁中心线的距离应按照车辆轮廓加安全量确定；

2 车库内高架检修平台建筑限界，可按车辆轮廓加安全量确定；

3 车辆基地库外连续建筑物至设备限界的净距不应小于600mm。

6 线 路

6.1 一般规定

6.1.1 跨座式单轨交通线路分为正线、辅助线和车场线。

辅助线包括折返线、渡线、联络线、停车线、存车线及出入线。

6.1.2 线路的基本走向应根据城市总体规划和轨道交通线网规划研究确定。线路平面位置和高程应综合考虑城市现状与规划的道路、地面建筑物、管线和其他构筑物、文物古迹和环境保护要求、地形地貌、工程地质和水文地质、采用的结构类型与施工方法以及运营要求等因素，经技术经济比较后确定。

6.1.3 线路敷设应选用高架线。在特殊地段，经技术经济比较后，可采用局部地下线和地面线。线路在地下线、地面线和高架线的过渡段、地下线和地面线的过渡段、地下线和高架线的过渡段应设置安全防护设施。

6.1.4 跨座式单轨交通线路之间及与其他轨道交通线路之间的交叉应采用立体交叉。

6.1.5 线路纵断面设计应结合线路平面、行车速度、自然条件、施工方法，桥、隧、站建（构）筑物，以及障碍物及管线等因素合理确定。

6.1.6 车站分布应以规划为前提，结合客流集散点、各类交通枢纽点及轨道交通换乘点分布合理确定。

6.1.7 车站间距应根据城市轨道交通线网布局、线路性质、客流吸引范围、道路布局来确定。市区中心的相邻站距宜在1km左右，市区外围宜根据具体情况加大站间距离。

6.1.8 地面线路和高架线路距建筑物的距离，应根据行车安全、消防和景观等相关要求，以及采取相应的防范措施等因素，经综合比选确定。

6.1.9 全线车站、区间及车场应设置线路、信号及控制测量等标志、标线。

6.2 线路平面

6.2.1 线路平面曲线半径应结合车辆类型、行车速度、周边地形、地质、地物等条件，以及对工程、运营的影响确定。线路最小平面曲线半径正线和辅助线不得小于100m，并宜优先选取大半径曲线。车辆基地内不得小于50m。

6.2.2 在双线平行地段中的平面曲线宜按同心圆设计。

6.2.3 正线上除道岔外，在直线与半径不大于2000m的圆曲线之间均应采用三次抛物线型的缓和曲

表 6.2.3 缓和曲线长度表

曲线半径(m) \ 速度(km/h) 缓长(m)	80		75		70		65		60		55		50		45		40		35		30	
	一般	困难	一般	困难	一般	困难	一般	困难	一般	困难	一般	困难	一般	困难	一般	困难	一般	困难	一般	困难	一般	困难
3000																						
2500																						
2000																						
1500	25	20	20	15	15																	
1200	30	25	25	20	20	15	15															
1000	35	30	30	25	25	20	20	15	15													
800	45	35	35	30	30	25	25	20	20	15												
700	50	45	45	35	35	30	30	25	25	20	20											
650	55	45	45	40	35	30	30	25	25	20	20											
600	60	50	50	45	40	35	35	30	25	25	20	15										
550	65	55	55	45	45	35	35	30	30	25	20	20	15									
500	75	60	60	50	50	40	40	30	30	25	20	20										
450	80	65	65	55	55	45	45	35	30	25	25	20	15									
400	90	75	75	60	60	50	50	40	35	30	30	25	20	20	15							
350	105	85	85	70	70	55	55	45	35	35	30	25	25	20	20	15						
300	120	100	100	80	80	65	65	55	50	40	40	30	30	25	20	20	15					
250					100	80	80	65	65	50	50	40	35	30	30	25	20	20	15			
200							100	80	80	60	50	45	45	30	25	20	20	15				
150									80	65	60	50	45	35	30	25	20	15	15			
100															65	55	45	40	30	25	20	15
75																	60	50	40	35	25	20
50																					40	30

线连接。缓和曲线长度应根据曲线半径、最高行车速度或曲线限速，以及工程条件按不小于表 6.2.3 中规定值选用。特殊困难条件下，可采用不小于按 1m 整数倍的缓和曲线长度计算值。

特别困难条件下采用复曲线线型时，两圆曲线间插入的缓和曲线长度应等于或大于分别按两圆曲线半径求得的缓和曲线长度差值，且不应小于一节车辆长度，也可按 20m 计。

6.2.4 线路平面设计应优先采用两端等长缓和曲线的单曲线线型，不宜采用复曲线，特殊困难条件下，经技术经济比较后，可采用两端不等长缓和曲线的单曲线线型或复曲线线型。

6.2.5 车站宜设置在直线上，需设于曲线上时，其平面曲线半径不应小于 300m。

6.2.6 圆曲线及夹直线最小长度不应小于 20m。

6.2.7 曲线超高应符合下列要求：

1 正线上的圆曲线（除道岔附带曲线外），均应设置不大于 12% 的超高率；

2 允许欠超高率和允许过超高率分别为 5% 与 3%；

3 超高过渡方式及过渡段长度：

当平面缓和曲线为三次抛物线型时，超高过渡应呈直线变化，并宜在缓和曲线全长范围内完成；

当采用复曲线线型时，应从大半径曲线向小半径曲线方向过渡，过渡段长度应按下列公式计算：

$$L_c = L_1 - L_2 \qquad (6.2.7)$$

式中 L_c——超高过渡段长度（m）；
　　L_1——小半径圆曲线所需缓和曲线长（m）；
　　L_2——大半径圆曲线所需缓和曲线长（m）。

6.2.8 正线上直线地段线间距为3.7m。当线路曲线半径不大于300m时，线间距加宽量应按表6.2.8取值。

表6.2.8　线间距加宽量表

曲线半径 R(m)	300	250	200	150	100
线间距加宽量(mm)	50	50	100	150	250

6.3　线路纵断面

6.3.1 线路纵断面应结合线路平面、行车速度、自然条件、线路铺设方式、周边建筑物、道路、环境质量，以及工程条件进行设计。

　　并行地段上下行线宜按等高设计。

　　地面线的纵坡宜与城市道路基本一致，高架线应注意与城市景观的协调，当跨越城市道路、铁路时应满足其限界要求。采用地下线时，隧道内排水应畅通，其埋深应考虑隧道的工程地质与水文地质、施工方法，以及障碍物及管线的分布情况等。

6.3.2 区间正线的最大坡度为60‰。曲线上纵坡应考虑曲线阻力减缓纵坡，折减值可按下式计算：

$$\Delta i = 800/R \qquad (6.3.2)$$

式中 Δi——坡度折减值（‰）；
　　R——圆曲线半径（m）。

6.3.3 线路最短坡段长度不应小于远期列车编组长度。

6.3.4 车站站台范围内纵坡设置应符合下列要求：

　　1　车站站台应设置在一个坡道上，且竖曲线不得侵入；

　　2　地面站及高架站宜设在平坡上，地下站宜设置在2‰～3‰的坡道上。

6.3.5 竖曲线设置应符合下列要求：

　　1　相邻坡段的连接宜设计为较小的坡度差，当相邻坡度代数差为5‰及其以上时，均应设置圆曲线型竖曲线。当平曲线半径不大于400m时，竖曲线半径 R_v 不应小于3000m。当平曲线半径大于400m时，R_v 不应小于2000m。困难地段及车站两端 R_v 可减至1000m；

　　2　车站站台计算长度和道岔范围内不得设置竖曲线，竖曲线离开道岔端部的距离不应小于5m；

　　3　两相邻竖曲线端的距离不宜小于40m，困难条件下不应小于20m；

　　4　竖曲线和缓和曲线不宜重叠。

6.3.6 当纵坡等于或大于30‰时，坡段长度应按下式计算的长度进行限制：

$$L \leqslant 1200 - \frac{40i}{3} \qquad (6.3.6)$$

式中 L——坡段长（m）；
　　i——坡度值（‰）。

6.4　辅助线、车场线及道岔

6.4.1 辅助线及车场线最小平面曲线半径和最大纵坡应根据功能、行车速度确定，并应符合表6.4.1的规定。

表6.4.1　辅助线、车场线线路参数表

线　别		折返线	出入线	存车线、停车线及渡线	联络线	车场线
最小平面曲线半径（m）	一般	100	100	100	100	75
	困难	—	—	—	—	50
最大纵坡（‰）	一般	平坡	—	平坡	平坡	平坡
	困难	3	60	3	3	3

6.4.2 试车线应为平直线，困难条件下允许在线路端部设曲线，其线路应满足列车试验速度的要求，其他技术标准与正线标准一致。

6.4.3 道岔设置应符合下列要求：

　　1　道岔设置应满足正线运营、乘客舒适度、折返时间以及列车出入车辆段和段内调车的需要；

　　2　道岔应设在直线地段，道岔端部至平面曲线起点的距离不宜小于5m，车场线可减少到3m；

　　3　道岔宜靠近车站设置，道岔端部至车站站台计算长度端部的距离不应小于5m；

　　4　道岔应设在平坡上，困难条件下允许设在不大于3‰的坡道上。道岔端部至竖曲线起点的距离不应小于5m；

　　5　道岔的附带曲线半径：

　　　1）正线和辅助线不应小于100m；

　　　2）车场线不应小于50m；

　　　3）反向曲线间夹直线长不应小于10m。

　　6　道岔与道岔之间应设置衔接梁，衔接梁长度不应小于2m；

　　7　道岔类型应按下列要求采用：

　　　1）正线及折返线道岔应采用关节可挠型道岔，存车线、停车线宜采用关节型道岔；

　　　2）车场线、试车线、出入线及联络线宜采用关节型道岔或采用具有同等性能的道岔；

　　　3）出入线及联络线在与正线接轨处当作业能力有要求时宜采用关节可挠型道岔。

6.4.4 尽头式折返线有效长度宜按远期列车长度加40m计（不含车挡长度）；尽头式存车线、停车线有效长度宜按远期列车长度加24m计（不含车挡长度）；贯通式折返线、存车线、停车线有效长度宜按远期列车长度加10m计（不含车挡长度）。

7 车站建筑

7.1 一般规定

7.1.1 跨座式单轨交通车站的总体布局，应符合城市总体规划、城市交通规划、环境保护、城市景观和节约土地的要求，并应处理好与地面建筑、地下管线、地下构筑物及施工时的交通组织之间的关系。

7.1.2 车站设计必须满足客流和设备运行的需求，保证乘客乘降安全、集散迅速、功能分区明确、布置紧凑、便于管理，并应具有良好的通风、照明、卫生、防灾等设施。

7.1.3 车站的站厅、站台、出入口通道、人行楼梯、自动扶梯、售、检票口（机）等部位的通过能力，应按该站远期超高峰小时客流量确定。超高峰设计客流量为该站预测远期高峰小时客流量或客流控制期的高峰小时客流量乘以 1.1～1.4 超高峰系数。

7.1.4 车站应设公共厕所。

7.1.5 车站的防灾设计应按本规范第 23 章的规定执行。

7.1.6 设于道路中的车站应考虑运营时段兼顾过街客流的功能。

7.1.7 换乘车站应选择便捷的换乘形式，换乘的通过能力应满足超高峰客流量的需要。不能同步建设的换乘站应预留与后建车站的接口。换乘车站应考虑资源共享。

7.1.8 地面和高架车站站台应设安全栏栅或安全门，地下车站站台应设安全门、安全栏栅或屏蔽门。高架车站行车轨道区底部应采用封闭结构。

7.1.9 车站周边有物业开发的宜结合实施或预留衔接条件。

7.2 车站平面

7.2.1 站台计算长度应按远期列车编组辆数的有效使用长度加停车误差和作业长度计算。

　　1 有效使用长度——设安全栏栅或安全门的站台为首末两节车辆驾驶室门外侧之间的长度，设屏蔽门的站台为首末两节车辆驾驶室门不包括在内的屏蔽门所围长度；

　　2 停车误差——1～2m；当设安全门或屏蔽门时，宜为 ±0.3m。

7.2.2 站台宽度应按下列公式计算，并不得小于本规范表 7.8.2 所规定的数值：

　　岛式站台宽度：$B_d = 2b + n \cdot z + t$　　　(7.2.2-1)

　　侧式站台宽度：$B_c = b + z + t$　　　(7.2.2-2)

$$b = \frac{Q_{\text{上、下}} \cdot \rho}{L} + M \qquad (7.2.2\text{-}3)$$

式中　b——侧站台宽度（m）；

n——横向柱数；

z——横向柱宽（含装饰层厚度）（m）；

t——每组人行梯与自动扶梯宽度之和（含与柱间所留空隙）（m）；

$Q_{\text{上、下}}$——远期每列车高峰小时单侧上、下车设计客流量，换乘车站含换乘客流量（换算成高峰时段发车间隔内的设计客流量）（人）；

ρ——站台上人流密度（0.5m²/人）；

L——站台有效使用长度（m）；

M——站台边缘至安全栏栅或安全门、屏蔽门的立柱内侧距离（m）。

　　当站台计算长度小于 100m，且自动扶梯和人行楼梯不侵入站台计算长度时，则岛式站台宽度不应小于 5m（无柱）；侧式站台宽度不应小于 3m。

7.2.3 设在岛式站台层两端的设备及管理用房，可伸入站台计算长度内，但不应侵入侧站台计算宽度，且与最近梯口距离不应小于 8m。

7.2.4 站台上的人行楼梯和自动扶梯纵向分布宜均匀，且站台计算长度内任一点距最近梯口或通道口距离不应大于 50m。

7.2.5 站台计算长度范围内的站台建筑限界，应按本规范第 5.3.6 条和第 5.3.8 条执行。

7.2.6 设于站台层人行楼梯和自动扶梯的总量布置，除应满足上、下乘客的需要外，还应按站台层的事故疏散时间不大于 6min 进行验算。

7.2.7 高架车站站台层，除设置无障碍设施外，其他设备及管理用房不宜设于站台层。

7.2.8 车站站厅层应包括站厅公共区、自动扶梯、楼梯、电梯、设备及管理用房和出入口通道等，其中站厅公共区应分隔成为付费区和非付费区。

7.2.9 售票处距出入口通道口和进站检票处的距离不宜小于 5m，出站检票处距出站梯口的距离不宜小于 8m。当售检票设施设于站台层时，进出站检票机宜平行于线路方向设置。

7.2.10 对于分期实施的售检票设备应预留后期安装条件。

7.2.11 付费区与非付费区的分隔宜采用高度不小于 1.1m 的可透视栏栅，并应在适当部位安装可向疏散方向开启的栏栅门。栏栅门宽度宜按单开门设计，且不应小于 1.2m，门的总量宽度应满足事故疏散要求。

7.2.12 地下车站有人值班的主要设备及管理用房应集中一端布置，如需设消防泵房宜设于主通道旁。

7.2.13 车站及出入口应远离加油站、加气站或其他危险品场地，其距离应符合现行国家标准《汽车加油加气站设计与施工规范》GB 50156 的要求。

7.3 车站出入口

7.3.1 车站出入口的数量应根据分向客流和疏散要

求设置，但每座车站不得少于两个。每个出入口宽度应按远期分向设计客流量乘以 1.1～1.25 的不均匀系数计算确定。特殊情况下当某一出入口宽度不能满足分向客流时，应调整其他出入口宽度，以满足总设计客流量的通过能力。

7.3.2 地下一层侧式站台车站每侧出入口不得少于两个。两侧式站台之间的过轨通道不应计入出入口数量。

7.3.3 当出入口兼作过街通道时，出入口通道宽度、自动扶梯、人行楼梯的通过能力及其站厅相应部位应计入过街客流量，同时应设置夜间停运时的隔离措施。

7.3.4 出入口处的门不应采用平开门和弹簧门。

7.3.5 设于道路两侧的出入口宜平行于或垂直于道路红线，后退道路红线应满足当地规划部门的要求。当出入口开向城市主干道时，出入口前宜设集散场地。

7.3.6 地下车站出入口通道宜短、直。需弯折的通道弯折处不宜超过三处，弯折夹角不宜小于 90°，其长度不宜超过 100m，超过时宜设自动人行道。

7.3.7 地下车站出入口的地面标高应高出该出入口室外地面 300～450mm。当该高度不满足当地防洪要求时，在开口处应设防淹闸槽。

7.4 人行楼梯、自动扶梯、电梯

7.4.1 自动扶梯的设置数量，应按远期超高峰客流量、提升高度以及客流量不均衡系数等通过计算确定。近期应按超高峰小时客流规模配置，并应按远期超高峰客流规模预留设备安装条件。

7.4.2 乘客使用的人行楼梯宜采用 26°34′ 倾角，其宽度单向通行不宜小于 1.8m，双向通行不宜小于 2.4m，当宽度大于 3.6m 时应设置中间扶手。楼梯宽度宜符合建筑模数。

7.4.3 当在同一部位上、下行均采用自动扶梯并分别满足上、下行正常疏散客流量，以及同部位又设有人行楼梯时，其梯宽最小取 1.2m，倾角宜取 30°。

7.4.4 消防专用楼梯宽度不宜小于 1.2m。

7.4.5 车站出入口的提升高度超过 6m 时，应设上行自动扶梯；超过 12m 时应设上、下行自动扶梯。站台至站厅应设上行自动扶梯，高差超过 6m 时，应设上、下行自动扶梯。分期建设时应预留后期建设的自动扶梯位置。

7.4.6 自动扶梯应采用 30° 倾角，梯级有效净宽度宜采用 1m，运输速度宜采用 0.65m/s，设计通过能力不应大于 9600 人/h。客流小的车站也可采用梯级有效净宽 0.6m，运输速度宜采用 0.60m/s，设计通过能力不应大于 5400 人/h，但上、下两端水平梯级数均不应少于 3 个梯级。

7.4.7 当自动扶梯穿越楼层，且扶手带中心至开孔

边缘的净距小于 400mm 时，应设防碰撞安全标志。

7.4.8 两台相对布置的自动扶梯工作点间距宜大于 24m，困难时不得小于 16m。自动扶梯工作点至影响通行的障碍物间距宜大于 12m，困难时不得小于 8m。自动扶梯与人行楼梯相对布置时，自动扶梯工作点至楼梯第一级踏步的间距宜大于 15m，困难时不得小于 12m。

7.4.9 电梯宜选用无机房曳引电梯。电梯必须设置残疾人专用设施。

7.4.10 当地下车站采用的电梯超出地面标高时，应采用与地下车站出入口相同的措施，并应满足当地防淹要求。

7.5 安全门与屏蔽门

7.5.1 安全门或安全栏栅、屏蔽门的设置应满足限界的要求。

7.5.2 安全门或安全栏栅、屏蔽门应以站台计算长度中心线为基准对称纵向布置。滑动门应与列车门一一对应。滑动门的开启净宽度不应小于车辆门宽度加停车误差。当采用屏蔽门时，首末两节车辆驾驶室门不应包括在屏蔽门长度范围内。

7.5.3 屏蔽门的门净高度不得小于 2m，安全门和安全栏栅高度不得低于 1.2m。

7.5.4 对于呈坡度的站台面，安全门或安全栏栅、屏蔽门应随坡度设置，并应垂直于站台面。

7.5.5 站台屏蔽门端部应设向站台内侧开启的端门。沿站台长度方向应设向内侧开启的应急门，每侧不得少于二扇。

7.5.6 屏蔽门不应作为车站防火分隔设施。

7.5.7 屏蔽门或安全门位于土建结构的诱导缝、变形缝等部位应采取相应的构造措施。

7.5.8 屏蔽门应有明显的安全标志和使用标志。

7.6 无障碍设施

7.6.1 车站无障碍设施可采用电梯、轮椅升降机、斜坡道、导盲带或其他措施。地面车站升降设施宜采用斜坡道，地下及高架车站升降设施宜采用电梯或轮椅升降机。

7.6.2 当从站厅至站台采用电梯供老、弱、病、孕和管理人员兼用时应设于付费区。检票处应满足该人群通行尺寸和功能要求。当地面至站台层设置直达电梯时，应采取特殊收费措施。

7.6.3 位于站台层上的电梯门不宜正对行车轨道方向，也不应侵入站台计算长度内的侧站台宽度内。

7.6.4 导盲带可采用埋入式或后贴式。站台导盲带应铺设在侧站台内侧，同时其导盲带中心至柱（墙）面距离不应小于 450mm。

7.6.5 无障碍设施的配置应符合残疾人设施的有关规定。

7.7 车站环境设计

7.7.1 车站环境设计包括内部环境和外部环境。车站环境设计应简洁、明快、美观，充分利用结构和空间形态构成的艺术性，体现当地人文环境和现代交通建筑特点，宜做到装饰构件设计标准化、生产工厂化、施工装配化。

7.7.2 地面、高架车站应因地制宜地尽可能减小体量和具有良好的通透性。设于站台层的设备及管理用房应尽可能下移至站台板下的夹层内。

7.7.3 位于道路中的高架车站的站厅层，以设置公共区售检票设施为主，其余设备及管理用房宜移至站台板下夹层内或设于道路红线外的地面层。

7.7.4 高架车站站台层雨篷，在炎热地区宜采用半敞开式，寒冷地区应采用封闭式，并应具有隔热性能。

7.7.5 在严寒酷热地区的高架车站站台层宜设供老、弱、病、残、孕等乘客使用的空调候车室。

7.7.6 路侧的高架车站应采用地面站厅层和高架站台层为主的二层式建筑。

7.7.7 车站装修应采用防火、防潮、防腐、耐久、易清洁的环保材料，地面材料应防滑耐磨。

7.7.8 装修材料的选用宜本地化，并应便于施工及维修。

7.7.9 照明应选用节能、耐久的灯具，并应便于更换、清洁、保养。地面、高架车站应选用防尘、防潮、抗风的灯具。照度标准应符合本规范第 14 章的有关规定。

7.7.10 车站内应设置各种导向、事故疏散、服务乘客的标志标识，并应符合有关规定和要求。

7.7.11 车站公共区内（含出入口通道）设彩色灯箱广告时，其位置、色彩不得干扰导向、事故疏散、服务乘客的标志，且不应侵入乘客疏散空间。广告箱尺寸应模数化。

7.7.12 车站内设壁画等装饰时，应融合于车站装修环境之中，不应影响使用功能。

7.7.13 风亭（风井）、风道设计应符合下列规定：

1 地下车站所需风亭宜与地面建筑相结合设置，任何建筑物距进、排风（或活塞风）亭口部的直线距离应大于 5m；

2 进风亭格栅底部距地面的高度应大于 2m，排风口应比进风口高出 5m，或风口错开方向布置，且进、排风口最小净距应大于 5m；

3 当城市环境有特殊要求时，可采用敞口低风井。此时，风井底部应设排水措施，风口最低高度应满足防淹要求，开口处应有安全设施，进、排风井之间净距应满足消防要求。每座敞口低风井四周宜设置不小于 3m 宽的绿篱带；

4 活塞风道长度宜控制在 25m 之内。

7.8 最小高度、最小宽度、最大通过能力

7.8.1 车站各部位的最小高度应符合表 7.8.1 的规定。

表 7.8.1 车站各部位的最小高度（m）

名　称	最小高度
站厅公共区（地面装饰面至吊顶面）	3
地下车站站台公共区（地面装饰面至吊顶面）	3
地面、高架车站站台公共区（地面装饰面至风雨篷）	2.6
站台、站厅管理用房（地面装饰面至吊顶面）	2.4
通道或天桥（地面装饰面至吊顶面）	2.4
人行楼梯和自动扶梯（踏步面沿口至吊顶面）	2.3

7.8.2 车站各部位的最小宽度应符合表 7.8.2 的规定。

表 7.8.2 车站各部位的最小宽度（m）

名　称	最小宽度
岛式站台	8(5)(注1)
岛式站台的侧站台	2.5
侧式站台（长向范围内设梯）的侧站台	2.5(注2)
侧式站台（垂直于侧站台开通道口设梯）的侧站台	3
通道或天桥	2.4
单向公共区人行楼梯	1.8
双向公共区人行楼梯	2.4
消防专用楼梯	1.2

注：1 括号内的数值系指站台计算长度小于 100m；
　　2 侧式站台最小宽度不含楼扶梯宽度。

7.8.3 车站各部位的最大通过能力应符合表 7.8.3 的规定：

表 7.8.3 车站各部位的最大通过能力

部　位　名　称			每小时通过人数(人)
1m 宽楼梯	下行		4200
	上行		3700
	双向混行		3200
1m 宽通道	单向		5000
	双向混行		4000
1m 宽自动扶梯	输送速度 0.5m/s		8100
	输送速度 0.65m/s		≤9600
0.6m 宽自动扶梯	输送速度 0.5m/s		4500
	输送速度 0.60m/s		≤5400
人工售票口			1200
自动售票机			300(注1)
人工检票口			2600
自动检票机	三杆式	非接触 IC 卡	1800(1500)(注2)
	门扉式	非接触 IC 卡	2100(1800)(注2)

注：1 乘客使用熟练程度高时，通行能力可提高；
　　2 括号内的数值系指采用接触型卡的通过能力。

8 轨道梁桥

8.1 一般规定

8.1.1 本章适用于跨座式单轨交通的轨道梁、轨道梁桥、组合桥及道岔桥的结构设计。

未包括的内容按现行铁路桥涵设计规范执行。

8.1.2 跨座式单轨交通轨道梁各部位尺寸应满足列车走行轮、导向轮和稳定轮走行要求，同时应保证通信信号及供电系统环网电缆、接触轨在梁体上的安装要求。

轨道梁结构应具有足够的竖向、横向和抗扭刚度，并保证结构的整体性和稳定性。

8.1.3 轨道梁桥、组合桥及道岔桥应满足轨道梁安装要求，并应满足信号及供电系统缆线和低压配电系统及避雷接地的安装要求；道岔桥和道岔平台还应满足道岔平面布置、道岔及其控制系统的安装要求。

8.1.4 轨道梁应优先采用预应力混凝土结构，一般地段轨道梁桥宜采用等跨简支结构，并宜采用预制架设的设计、施工方法。

8.1.5 受轨道梁截面宽度尺寸限制，轨道梁长宜采用 20～30m。如需要采用 30m 以上跨径时，宜采用钢轨道梁或组合桥式结构。

8.1.6 轨道梁桥的桥墩应构造简洁、力求标准化并满足耐久性要求，其建筑形式、结构体量应充分考虑城市景观的要求。

8.1.7 墩位布置应符合城市规划要求。跨越铁路、道路时，桥下净空应满足铁路、道路界限要求并预留结构沉降量、铁路抬高量或道路路面翻修高度；跨越排洪河流时，应根据跨越河床的轨道梁桥长度按国家现行标准《铁路桥涵设计基本规范》TB 10002.1确定设计洪水频率；跨越通航河流时，其桥下净空应根据航道等级，满足现行国家标准《内河通航标准》GB 50139 的要求。

8.1.8 在列车静活载作用下，轨道梁竖向挠度不应超过其跨度的 1/800。根据道岔系统对道岔桥变形的要求，道岔桥由于挠度产生的梁端竖向折角应不大于 1/1250rad。钢轨道梁和组合桥梁部的竖向挠度按国家现行标准《铁路桥涵设计基本规范》TB 10002.1 执行。

8.1.9 轨道梁桥的横向自振频率不宜小于 70/L，L 为轨道梁桥的跨度(m)。对于组合桥，按国家现行标准《铁路桥涵设计基本规范》TB10002.1 执行。

8.1.10 轨道梁桥墩顶的弹性水平位移在列车荷载、横向摇摆力、离心力、风力和温度力的作用下，应符合下列规定：

顺桥方向： $\quad \triangle \leqslant 5\sqrt{L}$ （8.1.10）

式中 L——桥梁跨度(m)，当为不等跨时采用相邻

跨中的较小跨度；当 L<25m 时，L 按 25m 计；

$\triangle$——桥墩顶面处顺桥方向水平位移(mm)，包括由于墩身和基础的弹性变形及基底土弹性变形的影响。

横桥方向：由桥墩横向水平位移差引起的轨道梁端水平折角不得大于 2‰。

8.1.11 轨道梁桥墩台基础的沉降应按恒载计算。

对于外静定结构，其总沉降量与施工期间沉降量之差，不应超过下列容许值：

墩台均匀沉降量：50mm；

相邻墩台沉降量之差：20mm；

对于外静不定结构，其相邻墩台不均匀沉降量之差的容许值还应根据沉降对结构产生的附加影响确定。

8.1.12 预应力混凝土轨道梁的徐变上拱值应严格控制。轨道梁架设后，后期徐变上拱值不应超过 12mm。

8.1.13 轨道梁、轨道梁桥、组合桥和道岔桥应设置预拱度，预拱度值按恒载与 1/2 静活载所产生的挠度之和，并应考虑混凝土收缩及徐变影响。预应力混凝土结构尚需考虑预加应力的作用。

8.1.14 混凝土强度等级应符合下列规定：

1 轨道梁预应力混凝土强度等级不宜低于 C60、钢筋混凝土强度等级不宜低于 C40；

2 组合桥的梁部结构、道岔桥预应力混凝土、钢筋混凝土强度等级不宜低于 C40；

3 轨道梁桥、组合桥、道岔桥桥墩的钢筋混凝土强度等级不宜低于 C40，轨道梁桥、组合桥、道岔桥的基础、道岔平台及其基础的钢筋混凝土强度等级不宜低于 C30。

8.2 荷 载

8.2.1 跨座式单轨交通轨道梁桥结构设计，应根据结构的特性按表 8.2.1 所列的荷载，就其可能出现的最不利组合情况进行计算。

表 8.2.1 轨道梁桥荷载分类表

荷载分类		荷 载 名 称
主力	恒载	结构自重
		附属设备和附属建筑自重
		预加应力
		混凝土收缩及徐变影响
		基础变位的影响
		土压力
		静水压力及浮力
	活载	列车竖向静荷载
		列车竖向动力作用
		列车离心力
		列车横向摇摆力
		列车活载产生的土压力
		人群荷载

续表 8.2.1

荷载分类	荷 载 名 称
附加力	列车制动力或牵引力 风力 温度影响力 流水压力
特殊荷载	船只或汽车的撞击力 地震力 施工临时荷载 车挡的影响

注：1 如杆件的主要用途为承受某种附加力，则在计算此杆件时，该附加力应按主力计算；
2 列车横向摇摆力不与离心力组合；
3 流水压力不与制动力或牵引力组合；
4 地震力与其他荷载的组合应按现行国家标准《铁路工程抗震设计规范》GB 50111的规定执行；
5 计算中要求考虑的其他荷载，可根据其性质，分别列入上述三类荷载中。

8.2.2 轨道梁桥设计仅需考虑主力与一个方向(纵向或横向)的附加力组合。

8.2.3 轨道梁桥设计时应根据不同的荷载组合，将材料基本容许应力和地基容许承载力乘以表8.2.3中规定的提高系数。

表 8.2.3 荷载组合及容许应力提高系数表

序号	荷 载 组 合	容许应力提高系数
1	恒载＋列车竖向静荷载＋列车竖向动力作用＋列车横向荷载或离心力	1.00
2	1＋温度影响力	1.15
3	1＋风荷载	1.15
4	1＋温度影响力＋风荷载	1.25
5	1＋列车制动力及牵引力	1.25(1.00)
6	1＋车挡的影响	1.70
7	1＋船只或汽车的撞击力	1.70
8	恒载＋列车竖向静荷载＋人群荷载	1.70
9	轨道梁运输、架设工况组合荷载	1.25
10	恒载＋雪荷载	1.15
11	恒载＋列车竖向静荷载＋列车竖向动力作用＋地震力＋温度影响力	1.70

注：1 曲线上离心力与列车横向荷载取不利者计算；
2 对于钢结构、框架结构等受温度变化影响较大的结构，应计入温度变化的影响；对钢筋混凝土结构，应计入混凝土干燥收缩的影响；对预应力混凝土结构，应计入预应力、混凝土徐变及干燥收缩的影响；其计算应符合国家现行标准《铁路桥涵钢筋混凝土和预应力混凝土结构设计规范》TB 10002.3的规定；
3 组合3还应考虑恒载＋风荷载(无车)的情况；
4 组合5中括号内为高架车站的提高系数；
5 曲线上的荷载组合应考虑车辆行驶时轨道超高的影响及曲线停车状态的影响；
6 高架车站考虑地震力时，可不计列车竖向动力作用；
7 对于超静定结构，计算支点位移的影响时，容许应力不提高；但能保证完全恢复时，可采用1.15的提高系数。

8.2.4 计算结构自重时，一般材料重度应按国家现行标准《铁路桥涵设计基本规范》TB 10002.1的规定取用；对于附属设备和附属建筑的自重或材料重度，可按所属专业的现行规范或标准取用。

8.2.5 跨座式单轨交通车辆荷载、列车竖向静荷载和列车计算重心位置应按照超员、定员和空车三种状态考虑：

1 正线、出入段线、试车线、折返线、故障车停车线应按照超员状态荷载计算；

2 车辆段内其他库线按定员状态计算；

3 考虑疲劳和地震力影响时，按照定员状态计算；

4 考虑车挡影响时，按照空车状态计算。

8.2.6 列车竖向静活载确定应符合下列规定：

1 列车竖向静活载图式按本线列车的最大轴重、轴距及近、远期中最长的列车编组确定；

2 轨道梁设计按照单线行驶列车竖向荷载布置；

3 轨道梁桥下部结构设计，应按列车作用于每一条线路考虑，荷载不作折减；高架车站复线加载时，取一线停车、另一线行车状态；

4 影响线加载时，活载图式不得任意截取。

8.2.7 列车竖向动力作用时，列车竖向静活载应乘以动力系数 $(1+\mu)$，μ 值按照下式进行计算：

$$\mu = 20/(50+L) \qquad (8.2.7)$$

式中 L ——桥梁跨度(m)。

8.2.8 位于曲线上的轨道梁桥应考虑列车产生的离心力，其大小等于列车静活载乘以离心力率 C，C 值按下式计算：

$$C = V^2/127R \qquad (8.2.8)$$

式中 V ——本线设计最高列车速度(km/h)；

R ——曲线半径(m)。

离心力作用于轨道梁顶面以上车辆重心处。

轨道梁设计时，离心力的作用位置应考虑轨道梁设置超高后的影响。

8.2.9 列车横向摇摆力应按列车设计荷载单轴重的25%计算，一列车以一个水平集中荷载取最不利位置，在轨道梁顶面作用于垂直轨道梁轴线方向。

8.2.10 列车制动力或牵引力作用于车辆重心位置，应按列车竖向静活载的15%计算。

轨道梁设计应按单线计算列车制动力或牵引力。

轨道梁桥下部结构设计时制动力或牵引力应移至支座中心处，双线时应采用二线的制动力或牵引力；三线或三线以上时按照最不利情况考虑，不作折减。

8.2.11 列车制动力或牵引力在固定支座和活动支座的分配应按下列公式计算：

固定端： $P_1 = T - 0.1 \times R$ (8.2.11-1)

活动端： $P_2 = 0.1 \times R$ (8.2.11-2)

式中 P_1——作用于支座固定端的水平荷载；

P_2——作用于支座活动端的水平荷载；

T——作用于梁跨内的水平荷载；

R——作用于支座上的荷载反力；

0.1——摩擦系数。

8.2.12 活载在桥台后破坏棱体上引起的侧向土压力，应将活载换算成当量均布土层厚度计算。

8.2.13 轨道梁桥风荷载强度应按国家现行标准《铁路桥涵设计基本规范》TB10002.1的规定取值。

轨道梁设计应按单线计算轨道梁与列车风荷载。

轨道梁桥下部结构设计，双线轨道梁桥，线路等高时应按照100%、50%分别计算迎风面前后两线的列车与轨道梁风荷载；不等高时均应按照100%分别计算两线的列车与轨道梁风荷载。

三线及以上轨道梁桥，线路等高时应按照100%、50%、25%分别计算前后排列三条线路上的列车与轨道梁风荷载；线路不等高时应按照100%、100%、50%分别计算前后三条线路上的列车与轨道梁风荷载。

高架车站内列车风荷载应按照区间列车风荷载的50%计算。

与列车重叠的结构体不再计算风荷载。

8.2.14 温度变化的作用及混凝土收缩的影响，可按国家现行标准《铁路桥涵设计基本规范》TB 10002.1的规定执行。

设计时采用的基准温度，钢结构应以合拢时温度为准，温度变化范围 $-10℃ \sim +50℃$，日照部分与背光部分的温差取值为15℃。

混凝土结构随温度升降宜用当地月平均气温为参照来确定，一般取 $\pm20℃$。

混凝土收缩应按照降温15℃考虑。

混凝土结构不均匀日照温差可按 $\pm3℃$ 考虑。

钢结构线膨胀系数取 12×10^{-6}。

混凝土结构线膨胀系数取 10×10^{-6}。

8.2.15 当轨道梁桥桥墩有可能承受船只撞击时，应设防撞保护设施。当无法设置防撞保护设施时，船只撞击力可按国家现行标准《铁路桥涵设计基本规范》TB10002.1的规定计算。

8.2.16 当轨道梁桥墩柱有可能承受汽车撞击时，应设防撞保护设施。当无法设置防撞保护设施时，轨道梁桥墩柱设计必须考虑汽车对墩柱的撞击力。汽车撞击力顺汽车行驶方向时采用1000kN，垂直于汽车行驶方向时，采用500kN，作用在路面以上1.20m高度处。

8.2.17 地震作用应按现行国家标准《铁路工程抗震设计规范》GB 50111的相关规定计算。

8.2.18 轨道梁桥应按不同施工阶段的施工荷载和运营养护检修荷载进行验算。采用跨座式单轨交通架桥

机架设的轨道梁，应按照架桥工况对轨道梁和桥墩分别进行验算。

8.2.19 跨座式单轨交通线路终端的轨道梁及轨道梁桥、组合桥，应考虑车挡装置的影响。车挡装置对结构的冲击荷载，应根据车挡对列车冲撞荷载的吸收原理，考虑列车的速度及空车状态列车的荷载计算。

8.2.20 轨道梁桥、组合桥和道岔梁应考虑轨道梁支座负反力，设置相应的抗力装置。轨道梁支座负反力取以下两公式计算的最不利值：

$$R = R_1 + R_2 + R_3/1.5 + R_4 \quad (8.2.20-1)$$

$$R = R_2 + R_3/1.5 + R_5 \quad (8.2.20-2)$$

式中 R——支座反力(kN)；

R_1——包括列车动力作用的动载所产生的最大负反力(kN)；

R_2——加在使支座产生负反力部位上的静载所产生的支座反力(kN)；

R_3——加在使支座产生正反力部位上的静载所产生的支座反力(kN)；

R_4——风荷载产生的最大负反力(kN)；

R_5——地震产生的最大负反力(kN)。

8.3 设 计 原 则

8.3.1 钢筋混凝土、预应力混凝土和钢结构，应按容许应力法设计。其材料、容许应力、结构安全系数、结构计算方法及构造要求应符合国家现行标准《铁路桥涵钢筋混凝土和预应力混凝土结构设计规范》TB 10002.3、《铁路桥梁钢结构设计规范》TB 10002.2的规定。

8.3.2 预应力混凝土结构进行使用阶段各项应力、裂缝验算时，各项应力限值的采用应按国家现行标准《铁路桥涵钢筋混凝土和预应力混凝土结构设计规范》TB10002.3的规定执行。预应力混凝土轨道梁还应用以下荷载组合检查正截面强度：

1 1.3×(恒载)+2.5×(列车竖向静荷载+列车动力作用+车辆横向荷载)；

2 1.8×(恒载+列车竖向静荷载+列车动力作用+车辆横向荷载)；

3 1.3×(恒载+列车竖向静荷载+地震力)。

8.3.3 轨道梁桥混凝土和砌体结构的设计应按国家现行标准《铁路桥涵混凝土与砌体结构设计规范》TB 10002.4的规定执行。

8.3.4 预应力及钢筋混凝土轨道梁应进行弯扭、弯剪扭的强度计算。

8.3.5 轨道梁独柱式桥墩应按压弯构件进行斜截面校核，并应进行抗扭计算。

8.3.6 预应力及钢筋混凝土轨道梁设计应满足梁体内安装系统设备缆线布置要求，并应考虑其对截面的

削弱影响。

8.3.7 轨道梁支座应采用抗拉支座，支座的设置应满足线路纵坡要求及轨道梁安装精度要求。支座分固定和活动两种形式，其规格根据线路线形宜分为直线型和曲线型。

8.3.8 组合桥和道岔桥宜采用盆式橡胶支座，其反力和位移量应按国家现行标准《铁路桥梁盆式橡胶支座》TB/T 2331 的规定取值。支座计算应符合国家现行标准《铁路桥涵钢筋混凝土和预应力混凝土结构设计规范》TB 10002.3 的规定。

8.3.9 轨道梁桥、组合桥和道岔桥基础设计，应符合国家现行标准《铁路桥涵地基和基础设计规范》TB 10002.5 的规定；地基的物理力学指标应与国家现行标准《铁路桥涵地基和基础设计规范》TB 10002.5 中的规定相符。

8.4 构造要求

8.4.1 轨道梁间应设伸缩缝，伸缩缝除保证梁体能自由伸缩外，还应保证车辆走行轮、导向轮、稳定轮的行走面平顺连接，并应避免伸缩缝与轨道梁之间积水，保证整体符合耐久性要求。伸缩缝的锚固构件应在轨道梁预制时埋入。

8.4.2 轨道梁表面特别是钢制轨道梁及梁间接头的金属配件表面应采取防止车轮打滑和空转的措施。

8.4.3 轨道梁和轨道梁桥应满足抗拉力支座的埋设要求，组合桥的梁部结构和道岔桥上宜设置抗拉支座的台座。抗拉力支座的上摆的锚固构件应在轨道梁预制时埋入，下摆的锚固构件应在轨道梁桥、组合桥梁部结构和道岔桥上支座台座施工时埋入，轨道梁桥、组合桥的梁体结构和道岔桥上的支座台座处应预留更换支座时顶梁的位置；支座下支承垫石设置应满足国家现行标准《铁路桥涵设计基本规范》TB 10002.1 要求。

8.4.4 地下结构应预留安装轨道梁支座台座安装接口。当地下结构采用仰拱时，轨道梁支座台座宜直接设置在仰拱结构上；当地下结构采用钢筋混凝土底板时，轨道梁支座宜穿过底板设置基础，但轨道梁台座应与底板浇合，不设施工缝。

8.4.5 轨道梁桥桥墩盖梁顶面和组合桥梁部结构顶面、道岔桥和道岔平台应设置性能良好的排水设施，使其表面无积水。排水设施应便于检查、维修与更换。

8.4.6 钢筋混凝土、预应力混凝土轨道梁上敷设信号、供电环网电缆和接触轨等系统应在轨道梁制作时埋入预埋管道和预埋件；钢轨道梁宜在结构上预留信号、供电环网电缆等系统管线通道和接触轨安装接口板。

8.4.7 轨道梁桥桥墩、组合桥梁部结构及其桥墩、道岔桥和道岔平台上的信号、通信、供电环网电缆系统、牵引供电接触网系统和动力照明配电系统的安装，应采用在相应土建工程施工时埋入预埋管道和预埋件的方式。

8.4.8 道岔桥和道岔平台平面应满足道岔区布置要求，并应满足道岔及其控制装置和轨道梁支座台座布置要求，同时应预留安装接口。

8.4.9 轨道梁桥构造应便于检查和维护。

8.4.10 轨道梁桥结构的截面尺寸应能保证混凝土灌注及振捣质量。预应力钢筋或管道表面与结构表面之间的保护层厚度应满足国家现行标准《铁路桥涵钢筋混凝土和预应力混凝土结构设计规范》TB 10002.3 和国家现行有关混凝土结构耐久性设计规范的规定，轨道梁最小净保护层厚度不应小于 30mm。

8.4.11 预应力混凝土梁的封锚及接缝处，应在构造上采取防水措施，防止雨水渗入。管道压浆材料和压浆工艺应严格控制，有条件时应优先采用真空压浆工艺，确保压浆密实。对于结构有可能产生裂缝的部位，应适当增设防裂钢筋。

8.4.12 寒冷地区设于路面的桥墩受雨水侵蚀的混凝土部位、酸雨地区的高架结构等，应满足国家现行混凝土结构耐久性设计规范中关于除冰盐等氯化物环境、冻融环境、大气污染环境的混凝土材料和保护层厚度的规定。

9 高架车站结构

9.1 一般规定

9.1.1 高架车站结构形式应满足跨座式单轨交通车站的建筑功能和使用要求，应保证结构安全可靠、构造简洁、经济合理，并应具有良好的整体性、可延性和耐久性的要求。

9.1.2 车站结构应分别按施工阶段和使用阶段进行强度、刚度和稳定性计算，并保证有足够的承载力、刚度和稳定性。

9.2 荷 载

9.2.1 列车荷载应按本规范第 8 章中有关条款规定取值。

9.2.2 车站站厅、站台、楼梯、天桥的活荷载标准值应采用 4.0kPa，设备用房的活荷载应根据设备的重量、安装运输要求及工作状态等确定，但不得小于 4.0kPa，其他用房的活荷载标准值应按现行国家标准《建筑结构荷载规范》GB 50009 的有关规定取值。

9.3 设计原则

9.3.1 高架车站结构应充分考虑结构形式对城市景

观的影响。

9.3.2 高架车站结构设计，应根据使用功能要求，结合站点周边环境、城市规划、道路交通、地下管线及工程地质、水文地质条件等对结构和基础形式进行综合比选确定。

9.3.3 车站结构应考虑轨道梁、供电、通信、给排水、空调等各系统设备及管线的设置，为接口预留条件，并应考虑防排水、防雷击、防腐蚀等措施。

9.3.4 **高架车站抗震设防分类为乙类，结构安全等级为一级。**

9.3.5 轨道梁与车站结构完全分开布置形成独立轨道梁桥时，车站的孔跨布置及结构设计宜与区间高架结构相同；车站高架结构设计应按国家现行有关建筑设计规范执行。

9.3.6 轨道梁支承于车站结构或站台梁等车站结构构件支承于轨道梁桥上形成建桥合一结构体系时，轨道梁、支承轨道梁的横梁、支承横梁的墩柱等构件及基础，应按国家现行标准《铁路桥涵设计基本规范》TB 10002.1进行结构设计。当轨道梁简支于横梁布置时，内力分析可按平面刚架假定进行；当轨道梁与横梁刚接布置时，内力分析宜按空间刚架假定进行，由活载产生的内力，应根据影响线加载计算。除上述构件外的其余构件，应按国家现行有关建筑结构设计规范进行结构设计。

9.3.7 站台层结构设计时应考虑桥墩盖梁的竖向位移和相对纵横向水平位移的影响。

9.3.8 高架车站应按国家现行有关建筑结构设计规范设置变形缝，伸缩缝间距不宜大于50m。

9.3.9 高架车站站厅层、站台层不宜采用大悬臂结构，最大悬臂长不宜大于6m。设计时应验算悬臂端的竖向位移，并应按国家现行有关建筑结构设计规范的规定进行控制。

9.3.10 独柱高架车站结构应同区间高架桥结构统一验算盖梁。

9.4 构 造 要 求

9.4.1 高架车站结构宜采用钢筋混凝土结构或预应力混凝土结构，在条件许可的情况下，宜优先采用建桥分离结构形式，以减小列车振动影响。

9.4.2 车站站台与站厅层大跨度纵向框架梁在施工时应预先起拱，并按国家现行有关规范控制其挠度和裂缝宽度值。

9.4.3 对建桥合一的车站，车站建筑的站台与站厅梁、板、柱及站台雨篷等应按国家现行建筑结构设计规范进行设计；而对支承轨道梁的横梁、支承横梁的墩柱及墩柱基础应按国家现行有关建筑结构设计规范进行设计，同时尚应按国家现行标准《铁路桥涵设计基本规范》TB 10002.1进行验算。

9.4.4 高架车站的纵向柱距宜取10～15m，最大柱距不得超过20m。

9.4.5 高架车站结构配筋构造，仅受列车荷载的构件，可按国家现行标准《地铁设计规范》GB 50157、《铁路桥涵设计基本规范》TB 10002.1配置；兼受列车荷载的构件，应同时满足国家现行标准《地铁设计规范》GB 50157、《铁路桥涵设计基本规范》TB 10002.1及有关建筑结构设计规范的构造要求。

9.4.6 高架车站结构墩柱的布置，既应顾及道路现状交通，又要考虑远期道路按规划道路红线实施的可能，并采取防撞措施。

9.4.7 高架车站的梁及墩柱，其外观应进行适当的艺术处理，使其造型简洁美观，反映时代风格。

9.4.8 高架车站屋面雨水应采用有组织排水，落水管直径不宜小于150mm，并通过管道排至城市排水系统。排水设施应便于检查、维修与更换。

9.4.9 高架车站结构一般构件混凝土强度等级不宜低于C30。

9.4.10 站台层、站厅层现浇板厚度不宜小于120mm，并宜双层双向配筋。

9.4.11 站台雨篷宜采用轻型钢结构，与站台结构应有可靠连接。

9.4.12 **钢结构构件应做好防锈、防腐、防火处理。**

10 地 下 结 构

10.1 一 般 规 定

10.1.1 本章适用于下列地下结构的设计：
　　1 采用放坡或支护明挖施工的结构；
　　2 采用矿山法暗挖施工的结构。

10.1.2 结构设计依据的地质勘察资料应符合现行国家相关勘察标准的规定，根据结构特征考虑不同施工方法和地质条件对勘探的特殊要求，按各设计阶段的任务和目的确定工程勘察的内容和范围，并应通过施工中对地层的观察和监测反馈进行验证，其中暗挖施工结构的围岩分级应按国家现行标准《铁路隧道设计规范》TB 10003确定。

10.1.3 地下结构应根据工程建设条件，通过对技术经济、建设工期、环境影响和使用效果等综合研究，在确保工程建设安全、可靠的条件下，选择适宜的施工方法和结构形式，并考虑城市规划可能引起周围环境的变化对结构产生的影响。

10.1.4 地下结构应根据结构形式和施工方法等情况，采用与实际工况条件相符的设计方法，满足强度、刚度、稳定性要求，并应根据环境类别，主体结构按设计使用年限100年进行耐久性设计。

10.1.5 结构设计应满足建筑、限界、施工工艺等要求，并应考虑结构变形和施工误差的影响。

10.1.6 结构设计应根据轨道梁不同的支承结构形

式，考虑地基沉降对轨道梁产生的影响，满足轨道梁控制变形的要求。

10.1.7 地下结构处在含水地层中，应采取可靠的地下水处理和防治措施。

10.1.8 地下结构应根据周围环境保护和施工安全的要求，按照工程和水文地质条件、结构特征、支护类型和施工方法，进行监控量测设计，并应结合施工监测的反馈内容逐步实现信息化设计。

10.2 荷 载

10.2.1 作用在地下结构上的荷载，应按表10.2.1进行分类，并考虑荷载值在施工过程和使用年限内发生的变化，根据现行国家标准《建筑结构荷载规范》GB 50009 及其他相关规范的规定，按永久荷载、可变荷载、偶然荷载对结构整体或局部作用可能出现的最不利组合进行设计计算。

表 10.2.1 地下结构荷载分类表

荷载分类	荷 载 名 称
永久荷载	结构自重
	地层压力
	结构上部和破坏棱体范围的设施及建筑物压力
	水压力及浮力
	混凝土收缩及徐变影响
	预加应力
	设备重量
	地基下沉影响
可变荷载	地面车辆荷载及其动力作用
	地面车辆荷载引起的侧向土压力
	列车车辆荷载及其动力作用
	人群荷载
	温度变化影响
	冻胀力
	施工荷载
偶然荷载	地震力
	人防荷载
	落石冲击力

注：1 设计中要求考虑的其他荷载，可根据其性质分别列入上述三类荷载中；
2 表中所列荷载本节未加说明者，可按国家有关规范或根据实际情况确定；
3 施工荷载包括：设备、轨道梁运输及吊装荷载，施工机具及人群荷载，施工堆载，相邻结构施工的影响等。

10.2.2 地层压力、水压力、浮力、温度变化影响等荷载应根据结构所处的工程地质条件、水文地质条件、埋置深度、结构形式、施工方法、使用条件和相邻结构的影响等各类因素，并结合已建或类似工程的经验综合确定。

10.2.3 车站站台和站厅公共区、楼梯、通道、出入口等部位的人群均布荷载的标准值应采用 4.0kPa。

10.2.4 设备用房楼板的荷载应按本规范第 9.2.1 条规定执行。

10.3 设计原则

10.3.1 明挖施工的地下结构宜采用整体式钢筋混凝土结构。主体结构与支护结构之间，可根据结构特点、地层状况、使用要求等因素综合比较，选用复合式、叠合式等结构形式。

10.3.2 矿山法施工的地下结构宜采用复合式衬砌，其中二次衬砌应采用钢筋混凝土结构。结构断面形状、衬砌形式和尺寸应根据围岩状况、水文地质条件、埋置深度、使用要求和施工方法，通过工程类比和结构计算确定。

10.3.3 地下结构中采用明挖施工的结构应按概率极限状态法进行设计计算；采用矿山法施工的结构可按国家现行标准《铁路隧道设计规范》TB 10003 及其他相关规范的规定进行设计计算。

10.3.4 地下结构应分别按施工阶段和正常使用阶段进行强度、刚度、稳定性计算，并进行裂缝控制验算。当计入偶然荷载作用时，不需验算结构的裂缝宽度。

10.3.5 钢筋混凝土结构构件在一般环境中，按荷载效应标准组合并考虑长期作用影响时，最大计算裂缝宽度不应大于 0.3mm。当结构处于干湿交替、冻融或侵蚀等复杂环境中，最大计算裂缝宽度允许值应根据结构特征、施工方法、防水措施等因素综合确定。当按现行国家标准《混凝土结构设计规范》GB 50010 计算裂缝宽度，混凝土保护层厚度超过 30mm 时按30mm 取值。

10.3.6 明挖施工的结构设计应符合下列规定：

   1 施工阶段时应进行下列计算和验算：

   1） 基坑支护结构的强度和变形计算；

   2） 基坑稳定性验算；各类安全系数的取值应根据环境保护要求，参照相关规范确定。

   2 当结构的荷载形式、受力体系随施工顺序、开挖方式和工程措施发生变化时，计算时宜按结构的实际受载过程，以及施工阶段和使用阶段受力和变形的连续性考虑；

   3 结构分析宜按底板支承在弹性地基上的结构模型计算；对长条形的结构，可沿结构物纵向取单位长度按平面框架分析；对与地面建筑连成一体、结构形式变化复杂、空间受力作用明显的地下结构，宜按空间结构分析；

   4 结构应根据地形条件、地质状况、环境影响、结构特征等因素，在必要时进行抗浮、整体滑移及地基稳定性验算，并应满足相关规范的规定；

   5 采用盖挖逆筑或盖挖顺筑法施工的结构设计应符合现行国家标准《地铁设计规范》GB 50157 的

相关规定。

10.3.7 矿山法施工的结构设计应符合下列规定：

1 复合衬砌结构应分别进行初期支护和二次衬砌的设计计算，计算模型应符合结构的实际工作条件，反映围岩对结构的约束作用，并考虑施工中结构受载的变化过程；

2 初期支护应按施工期间的主要承载结构设计，其设计参数应采用工程类比确定、理论计算进行复核，并通过施工中监控量测进行修正；

3 结构设计和施工时，应对初期支护的稳定性进行判别，并根据选用的支护形式、围岩环境、结构特征、施工工艺等条件，合理地利用围岩自承能力，达到围岩和支护的稳定；

4 松散堆积层、含水砂层及软弱、膨胀性围岩中的初期支护结构应具有可靠的刚度和强度，并通过选择适宜的开挖方法、辅助措施，尽快完成二次衬砌的施工；

5 二次衬砌应综合围岩条件、埋置深度、施工方法、施工后外部荷载的变化、初期支护刚度作用以及与初期支护之间的构造特点等因素，确定设计的计算模型与方法；

6 矿山法施工的结构，应及时向初期支护背后和初期支护与二次衬砌之间压注结硬性浆液，确保围岩与结构的共同作用。

10.3.8 当地下结构构件直接承受列车荷载时，应考虑动力作用的影响，其计算及构造应符合国家现行标准《铁路桥涵钢筋混凝土和预应力混凝土结构设计规范》TB 10002.3 的相关规定。

10.3.9 当地下结构上方直接承受汽车荷载时，其计算及构造应符合国家现行标准《公路桥涵设计通用规范》JTGD 60 的相关要求。

10.4 构造要求

10.4.1 变形缝的设置应符合下列规定：

1 地下结构应根据施工工艺、围岩条件、气温变化、结构变形等情况考虑设置温度变形缝；缝的间距和构造可参照类似工程或当地工程的经验确定；

2 当结构纵向刚度突变、荷载和地基发生变化，可能引起较大的差异沉降而在结构中设置变形缝时，应采取可靠措施，确保变形缝两边的沉降差控制在允许变形范围围内，并不影响正常的使用和行车安全；

3 在车站结构与出入口通道等附属结构、出入口通道与周边地下建筑物、区间隧道与地面和高架结构的结合部应设置变形缝。

10.4.2 钢筋的混凝土保护层厚度应符合下列规定：

1 钢筋混凝土件中受力钢筋的混凝土保护层的厚度不得小于钢筋的公称直径，且在一般环境条件下应符合表 10.4.2 的规定；

2 车站结构中梁、柱、板、墙等主要受力构件，

以及隧道衬砌中的箍筋、分布筋和构造筋的混凝土保护层厚度不得小于 20mm；

表 10.4.2　混凝土保护层最小厚度（mm）

结构类别	明挖施工的结构											矿山法施工的结构		
	地下连续墙		灌注桩	钻孔咬合桩	顶板		楼板	侧墙		底板		初期支护或喷锚衬砌		二次衬砌
	外侧	内侧			外侧	内侧		外侧	内侧	外侧	内侧	外侧	内侧	
保护层厚度	70	50	70	80	50	40	30	50	40	50	40	40	40	35

注：1 车站内的楼梯及站台板等内部构件主筋的保护层厚度可采用 25mm；
　　2 侧墙采用叠合结构形式时，内村墙主筋的保护层厚度采用 30mm；
　　3 矿山法施工的结构当二次衬砌的厚度大于 50cm 时，主筋的保护层厚度应采用 40mm。

3 钢筋的混凝土保护层厚度除满足上述一般规定时，尚应符合混凝土结构的环境类别和耐久性设计所提出的要求。

10.4.3 钢筋混凝土结构构件中纵向受力钢筋的截面最小配筋率应符合表 10.4.3 的规定。

**表 10.4.3　钢筋混凝土结构构件中纵向受力
钢筋的最小配筋百分率（%）**

受力类型		最小配筋百分率				
受压构件	全部纵向钢筋	0.6				
	一侧纵向钢筋	0.2				
受弯构件、偏心受拉、轴心受拉构件一侧的受拉钢筋	钢筋种类	混凝土强度等级				
		C20	C25	C30	C40	C50
	HPB235	0.25	0.25	0.30	0.35	0.40
	HRB335	0.20	0.20	0.20	0.25	0.30

注：1 偏心受拉构件中的受压钢筋，应按受压构件一侧纵向钢筋考虑；
　　2 受压构件的全部纵向钢筋和一侧纵向钢筋的配筋率，以及轴心受拉构件和小偏心受拉构件一侧受拉钢筋的配筋率应按构件的全截面面积计算；受弯构件、大偏心受拉构件一侧受拉钢筋的配筋率应按全截面面积扣除受压翼缘面积后的截面面积计算；
　　3 当钢筋沿构件截面周边布置时，“一侧纵向钢筋”系指沿受力方向两个对边中的一边布置的纵向钢筋。

10.4.4 明挖施工的地下结构周边构件和车站中楼板的分布钢筋宜采用 HRB335 级钢筋，每侧分布钢筋配筋率不宜低于 0.2%，分布钢筋的间距不宜大于 150mm。

10.4.5 地下结构中的梁、柱、板、墙等混凝土构件的构造应满足现行国家标准《混凝土结构设计规范》GB 50010 的有关规定。当按规定的人防抗力等级设

防时，还应满足国家现行相关标准的规定。

11 工 程 防 水

11.1 一 般 规 定

11.1.1 跨座式单轨交通工程防水设计应根据结构构造特点、使用要求、环境类别、施工方法等进行，并应满足结构的安全、耐久和使用要求。

11.1.2 工程防水设计应符合"以防为主、刚柔结合、因地制宜、综合治理"的原则，并应定级正确、技术先进、方案可靠、经济合理、使用安全。

11.1.3 跨座式单轨交通地下工程的防水等级应符合下列规定：

1 地下车站结构的防水等级应为一级，不得有渗水，结构表面无湿渍；

2 地下区间隧道及联络通道等隧道结构防水等级应为二级，顶部不应滴水，底部不应积水。区间隧道的总湿渍面积不应大于总防水面积的 2‰，任意 $100m^2$ 内防水面积上的湿渍不应超过 3 处，单个湿渍最大面积不应大于 $0.2m^2$，其中，隧道工程平均渗漏量不应大于 $0.05L/(m^2 \cdot d)$，任意 $100m^2$ 的渗漏量不应大于 $0.15L/(m^2 \cdot d)$。湿渍应按面积大小换算后计入渗漏量中。

11.1.4 跨座式单轨交通应根据所处环境条件及运营的特点进行钢结构防腐蚀设计。

11.2 混凝土结构自防水

11.2.1 车站与区间的防水混凝土结构应符合下列规定：

1 结构厚度不应小于 250mm；

2 裂缝宽度应符合本规范第 10.3.5 条的规定；

3 保护层厚度应符合本规范表 10.4.2 的规定；

4 防水混凝土抗渗等级不应小于 P8。

11.2.2 地下连续墙、钻孔咬合桩等围护结构作为与内衬墙构成叠合结构时，应采用防水混凝土。防水混凝土的抗渗等级应比现行国家标准《地下工程防水技术规范》GB 50108 有关与埋深对应的规定等级降低一级。地下连续墙、钻孔咬合桩等围护结构作为分离墙时不要求抗渗等级。

11.2.3 地下车站结构和区间结构应根据环境类别与结构形式确定设置缝的种类与距离。

11.2.4 地下车站与区间混凝土结构的顶、底板不应设水平施工缝。结构垂直施工缝的间距宜控制在 6～25m 范围内。

11.2.5 防水混凝土的水胶比不应大于 0.50，在侵蚀性地层时，水胶比不应大于 0.45，并应严格控制胶凝材料用量。混凝土碱含量不应大于 $3.0kg/m^3$，混凝土中的氯离子含量不应大于胶凝材料总量

的 0.06%。

11.2.6 防水混凝土选用水泥品种宜采用低水化热、低含碱量的硅酸盐水泥或普通硅酸盐水泥，应避免使用早强水泥和高铝酸三钙的水泥。

防水混凝土可根据以下规定添加掺合料：

1 根据现行国家标准《用于水泥和混凝土中的粉煤灰》GB 1596 规定添加不低于 Ⅱ 级的粉煤灰；

2 根据现行国家标准《用于水泥和混凝土的粒化高炉矿渣粉》GB/T 18046 规定添加矿渣微粉等活性矿物掺合料；

3 根据现行国家标准《高强高性能混凝土用矿物外加剂》GB/T 18736 规定添加硅灰；

4 选用的掺合料不宜小于胶凝材料总量的 20%，掺入量应根据试配验证后确定。

11.2.7 粗骨料宜选用 5～25mm 连续级配的碎石，针片状颗粒含量应不大于 8%。同时，还应规定砂粒的细度模数为 2.3～3.0。此外，应控制石子和砂粒的含泥量，其质量要求应符合国家现行标准《普通混凝土用砂、石质量及检验方法标准》JGJ 52 的规定。

11.3 附加防水层

11.3.1 应根据结构构造特点、水文地质条件、施工环境条件等选择附加防水层的种类和设置方法。

11.3.2 地下车站与区间隧道当处于腐蚀性介质地层和地下水丰富的地层中，宜采用全包柔性附加防水层。附加防水层应设在迎水面或复合式衬砌间，在结构构造限制的条件下（如叠合式结构）可设内防水层。

11.3.3 矿山法施工的暗挖车站或地下区间的复合式衬砌，应结合工程实际在初期支护和内衬模筑混凝土间设置夹层防水层。防水层的设置应符合以下要求：

1 基面不平整度（D/L）应控制在 1/10～1/6 的范围内，D 为初期支护基层相邻两凸面凹进的深度，L 为初期支护基层相邻两凸面的间距；

2 塑料防水板背后应设置相应的分区注浆系统；

3 塑料防水板的接头应采用双缝热风焊，并进行真空检漏保证密封。

11.3.4 放坡或有支护的明挖隧道防水层可采用涂料、卷材、聚合物水泥（或砂浆）等现行国家标准《地下工程防水技术规范》GB 50108 中规定的防水层。

11.3.5 地下车站与区间隧道选用的不同防水材料应能相容，或可通过搭接材料过渡，形成连续整体密封体系。车站与地下区间隧道的结合部宜采用刚柔结合的密封区，并应根据结构构造形式选择与其匹配的防水措施。

11.4 细部构造防水

11.4.1 基坑中间桩与底板接头防水应满足下列

要求：

1 基坑中间桩桩头与底板混凝土结合面，应采用水泥基渗透结晶型防水材料或混凝土界面处理剂等材料处理，并应采用遇水膨胀止水条或密封胶等兜绕成圈密闭。

2 当桩头穿越底板防水层时，穿孔处周边应采用柔性涂层或遇水膨胀类止水条、密封胶封实。

11.4.2 基坑支撑窗洞防水应满足下列要求：

1 支撑割（拆）除后，在内衬上留有的窗洞施工缝，其缝面应清洗干净，并宜涂 0.8～1.5mm 厚的界面处理剂；

2 窗洞施工缝缝面宜设置遇水膨胀止水条（胶）或预留注浆管。

11.4.3 施工缝防水应符合下列规定：

1 水平施工缝止水宜采用止水带、缓膨胀类遇水膨胀止水条等；

2 垂直施工缝止水宜采用宽度不大于 250mm 的中埋式钢边橡胶止水带、中埋式橡胶止水带或遇水膨胀止水带等；

3 水平施工缝在浇筑混凝土前，应清除表面杂物及浮浆，应凿毛或涂混凝土界面剂、水泥基渗透结晶防水涂料等，再铺以 30～50mm 的 1:1～1:2 水泥砂浆；垂直施工缝在浇筑混凝土前，应凿毛或涂界面处理剂、水泥基渗透结晶防水涂料等；

4 逆筑法施工的施工缝止水条应采用水泥钉辅以胶粘剂于缝面逆向固定，并宜采用涂界面处理剂及补注浆等密封措施。

11.4.4 变形缝防水应符合下列规定：

1 应根据设计的防水等级、埋深水压、伸缩量大小，确定变形缝的设防道数、止水带（条）的形式与性能；

2 变形缝防水应首选中埋式止水带，其次选外贴式止水带、附贴式或可卸式止水带等内装式止水带；变形缝迎水与背水面的嵌缝胶，应分别采用拉伸模量小于和大于 0.4MPa 的密封胶；

3 变形缝防水中埋式止水带的设置：顶、底板的止水带应采用 V 形安装，止水转弯半径应不小于 250mm，止水带接头应不超过二处，并应设在顶部。

11.4.5 地下车站与区间隧道结构应严格控制相对沉降变形、允许伸缩变形，设计变形缝的距离应根据本规范第 10.4.1 条的规定确定。变形缝缝宽宜为 10～25mm，变形缝缝内应衬入低泊桑比的衬垫材料（如低密度聚乙烯板、丁腈软木橡胶板等）。顶板或拱顶变形缝内侧下宜预留疏排水管槽。

11.4.6 车站顶板结构如有大开孔，开孔处至相邻设缝的范围内浇筑的混凝土宜添加钢纤维。顶板、底板、侧墙浇筑的混凝土可采取掺入抗裂防水剂、合成纤维等措施加强防裂抗渗。

12 通风、空调与采暖

12.1 一般规定

12.1.1 跨座式单轨交通的内部空气环境应采用通风、空调或采暖系统进行控制。

12.1.2 跨座式单轨交通的内部空气环境范围应包括地下车站（站厅、站台、设备及管理用房、出入口通道、换乘通道）、地下区间（隧道、渡线、折返线、存车线、尽端线隧道等）、地面及高架车站，以及控制中心、车辆基地、主变电所等。

12.1.3 跨座式单轨交通的通风、空调与采暖系统应保证其内部空气环境能满足人员健康和设备正常运转的需要。

12.1.4 跨座式单轨交通通风、空调与采暖系统应具有下列功能：

1 当列车在正常运行时，应保证内部空气环境在规定标准范围内；

2 当列车阻塞在地下区间内时，应保证阻塞处的有效通风功能；

3 当列车在地下区间发生火灾事故时，应具备防烟排烟、通风功能；

4 当车站内发生火灾事故时，应具备防烟排烟、通风功能。

12.1.5 跨座式单轨交通的通风、空调与采暖系统设计和设备配置应充分考虑运营节能，并宜充分利用自然冷、热源。

12.1.6 在夏季当地年最热月月平均温度的平均值超过 25℃时，应通过技术经济比较确定地下车站是否采用空调系统。

12.1.7 通风、空调与采暖系统应按预测的远期客流量和最大的通过能力设计，设备配置应分期实施。

12.1.8 通风、空调与采暖系统的设备、管道及配件布置应为安装、操作、测量、调试和维修预留空间位置，通风和空调系统的机房内应设置设备起吊和冲洗设施。

12.1.9 设计应为大型通风和空调设备预留运输、安装通道及孔洞，并能铺设起吊设施。

12.1.10 通风、空调与采暖系统应选用高效、节能、紧凑型设备，系统设置应考虑综合的节能措施。

12.1.11 通风、空调与采暖系统的管材及保温材料、消声材料应采用不燃材料，当局部部位采用不燃材料有困难时，应采用不低于 B1 级的防火材料。管材及保温材料应具有防潮、防腐、防蛀、耐老化和无毒的性能。

12.1.12 控制中心、车辆基地、主变电所等地面相关建筑的通风、空调与采暖系统设计，除应满足工艺要求外，并应符合地面建筑现行有关设计规范的规定。

12.2 地面及高架线路

12.2.1 高架线和地面线车站的站厅和站台宜采用自然通风。必要时，站厅可设置机械通风或空调系统。

12.2.2 通风、空调与采暖的室外空气计算温度、相对湿度应符合现行国家标准《采暖通风与空气调节设计规范》GB 50019 的规定。

12.2.3 站厅采用机械通风系统时，站厅内的夏季计算温度不应超过室外计算温度3℃，且最高不应超过35℃。

12.2.4 站厅层设置空调系统时应符合下列规定：

　　1 站厅内的夏季计算温度应为29～30℃，相对湿度不应大于65%；

　　2 站厅通向站台的楼梯口、扶梯口处以及出入口宜设置风幕。

12.2.5 地面变电站宜采用自然通风降温；当自然通风不能达到设备对环境要求时，采用机械排风、自然进风的方式。

12.2.6 对于累年最冷月份室外平均温度低于−10℃的严寒地区的地面车站和高架车站的站台可不设采暖装置，站厅宜设采暖系统，其他地区车站的站厅、站台可不设置采暖系统。

12.2.7 站厅设采暖系统时，站厅内的设计温度为12℃，站厅的出入口和站厅通向站台的楼梯口、扶梯口应设热风幕。

12.2.8 采暖地区的车站管理用房应设采暖装置。

12.2.9 车站设备用房应根据工艺要求设置通风、空调与采暖系统，设计温度按工艺要求确定。

12.2.10 采暖室外计算温度及其他规定应符合现行国家标准《采暖通风与空气调节设计规范》GB50019的规定。

12.2.11 热源应尽可能采用附近热网，无条件时可采用无污染的热源。

12.3 地 下 线 路

Ⅰ 地 下 车 站

12.3.1 地下车站的新风进风应直接采自大气，排风应直接排出地面。

12.3.2 地下车站可不设采暖系统。

12.3.3 地下车站夏季室外空气计算温度应符合下列规定：

　　1 夏季通风室外空气计算温度采用近20年最热月月平均温度的平均值；

　　2 夏季空调室外空气计算干球温度采用近20年夏季跨座式单轨交通晚高峰负荷时平均每年不保证30h的干球温度；

　　3 夏季空调室外空气计算湿球温度采用近20年夏季跨座式单轨交通晚高峰负荷时平均每年不保证30h的湿球温度。

12.3.4 地下车站夏季站内空气计算温度和相对湿度应符合下列规定：

　　1 当车站采用通风系统时，站内夏季的空气计算温度不应高于室外空气计算温度5℃，且不应超过30℃；

　　2 当车站采用空调系统时，站厅的空气计算温度应比空调室外空气计算干球温度低2～3℃，且不应超过30℃；站台的空气计算温度应比站厅的空气计算温度低1～2℃，相对湿度均应在40%～65%之间。

12.3.5 地下车站冬季室外空气计算温度应采用近20年最冷月月平均温度的平均值。

12.3.6 地下车站冬季站内空气计算温度应不高于当地地层的自然温度，但最低温度不应低于12℃。

12.3.7 当通风系统采用开式运行时，每个乘客每小时需供应的新鲜空气量不应少于30m³；当采用闭式运行时，其新鲜空气量不应少于12.6m³，且系统的新风量不应少于总送风量的10%。

12.3.8 **当采用空调系统时，每个乘客每小时需供应的新鲜空气量不应少于12.6m³，且系统的新风量不应少于总送风量的10%。**

12.3.9 通风和空调系统设备运转传至站厅、站台厅的噪声不得超过70dB（A）。

12.3.10 地下车站宜在列车停靠在车站时的发热部位设置排风系统。

12.3.11 地下车站内空气中的 CO_2 浓度应小于1.5‰。

12.3.12 地下车站空气中可吸入颗粒物的日平均浓度应小于0.25mg/m³。

12.3.13 站厅和站台厅的瞬时风速不宜大于5m/s。

12.3.14 地下车站的出入口通道和长通道连续长度大于60m时，应采取通风或其他降温措施。

Ⅱ 地下车站设备及管理用房

12.3.15 地下车站的各类用房的新风进风应直接采自大气，排风应直接排出地面。

12.3.16 地下牵引变电所、降压变电所应设置机械通风系统，排风宜直接排至地面。通风量按排除余热量计算。当余热量很大，采用机械通风系统技术经济性不合理时，可设置冷风系统。

12.3.17 厕所应设置独立的机械排风、自然进风系统，排除的气体应直接排出地面。

12.3.18 **采用气体灭火的房间应设置机械通风系统，排除的气体必须直接排出地面。**

12.3.19 地下车站设备及管理用房的室外空气计算温度应符合下列规定：

　　1 夏季通风室外计算温度，应采用历年最热月

14时的月平均温度的平均值；

　　2 夏季空调室外计算干球温度，应采用历年平均不保证50h的干球温度；

　　3 夏季空调室外计算湿球温度，应采用历年平均不保证50h的湿球温度。

12.3.20 地下车站内的设备及管理用房的室内计算温度、相对湿度和换气次数应符合表12.3.20的规定。

表12.3.20　车站设备及管理用房计算温度与换气次数

房　间　名　称	冬季 计算温度(℃)	夏季 计算温度(℃)	夏季 相对湿度(%)	小时换气次数 进风	小时换气次数 排风
站长室、站务室、值班室、休息室	16	27	<65	6	6
车站控制室、广播室、控制室	18	27	40～60	6	5
售票室、票务室	18	27	40～60	6	5
车票分类/编码室、自动售检票机房	16	27	40～60	6	6
通信设备室、通信电源室、信号设备室、信号电源室	12	27	40～60	6	5
降压变电所、牵引降压混合变电所	—	36	—	按排除余热计算风量	
配电室、机械室	16	36	—	4	4
更衣室、修理间、清扫员室	16	27	<65	6	6
公共安全室、会议交接班室	16	27	<65	6	6
蓄电池室	16	30	—	6	6
茶水室	—	—	—		10
盥洗室、车站用品间	—	—	—	4	4
清扫工具间、气瓶室、储藏室	—	—	—		4
污水泵房、废水泵房、消防泵房	5	—	—		4
通风和空调机房、冷冻机房	—	—	—	6	6
折返线维修用房	12	30	—	6	6
厕所	>5	—	—		排风

注：小时换气次数是指通风工况下房间的最小换气量，厕所排风量每坑位按100m³/h计算，且小时换气次数不宜少于10次。

12.3.21 地下车站设备及管理用房内每个工作人员每小时需供应的新鲜空气量不应少于30m³，且新风量不少于总风量的10%。

12.3.22 地下车站设备及管理用房内空气中的CO_2浓度应小于1.5‰。

12.3.23 地下车站设备及管理用房内空气中的可吸入颗粒物的日平均浓度应小于0.25mg/m³。

12.3.24 地下车站设备及管理用房的通风系统、空调系统应有消声和减振措施。通风、空调设备传至各房间内的噪声不得超过60dB(A)。

12.3.25 通风和空调机房内的噪声不得超过90dB(A)。

Ⅲ　地　下　区　间

12.3.26 地下区间正常通风应采用活塞通风，当活塞通风不能满足排除余热要求或布置活塞通风道有困难时，应设置机械通风系统。

12.3.27 地下区间通风系统的新风进风应直接采自大气，排风应直接排出地面。

12.3.28 在计算隧道通风风量时，室外空气计算温度应符合下列规定：

　　1 夏季为近20年最热月月平均温度的平均值；

　　2 冬季为近20年最冷月月平均温度的平均值。

12.3.29 区间隧道夏季的最高温度应符合下列规定：

　　1 列车车厢不设置空调时，不得高于33℃；

　　2 列车车厢设置空调，车站站台不设置屏蔽门时，不得高于35℃；

　　3 列车车厢设置空调，车站站台设置屏蔽门时，不得高于40℃。

12.3.30 区间隧道冬季的平均温度不宜高于当地地层的自然温度，但最低温度不应低于5℃。

12.3.31 当需要在区间中部设置通风道时，通风道应设于区间隧道长度的1/2处，在困难情况下，其位置可移至不小于该区间隧道长度的1/3处，但离车站端部或洞口不宜小于400m。

Ⅳ　风亭、风道和风井

12.3.32 正常情况下，通风道和风井的风速不宜大于8m/s，站台下排风风道和列车顶部排风风道的风速不宜大于15m/s，风亭格栅的迎面风速不宜大于4m/s。

12.3.33 风亭出口的噪声应符合现行国家标准《城市区域环境噪声标准》GB 3096的规定。

12.4　空调冷源及水系统

12.4.1 空调系统的冷源应优先考虑自然冷源，无条件时可采用人工冷源，设于地下线路内的空调冷源宜采用电动压缩式制冷机组。

12.4.2 执行分时电价，峰谷电价差较大的地区，经技术经济综合比较，可采用蓄冷系统。

12.4.3 冷冻机房内冷水机组的选用不宜少于 2 台，可不设置备用机组，当只选用一台冷水机组时，宜选用多机头联控型机组。

12.4.4 冷冻水系统应采用闭式水系统，冷冻水泵宜与冷水机组一一匹配设置，可不设置备用泵。

12.4.5 冷却水应循环使用，冷却水泵宜与冷水机组一一匹配设置，可不设置备用泵。

12.4.6 冷却水的水质应符合现行国家标准《工业循环冷却水处理设计规范》GB 50050 及有关产品对水质的要求。

12.4.7 冷却塔应设置在通风良好的地方，并与周围环境相协调，其噪声应符合现行国家标准《城市区域环境噪声标准》GB 3096的规定。

12.5 通风与空调系统控制

12.5.1 通风和空调系统应根据当地的气候条件、跨座式单轨交通的热负荷情况及变化规律，制定科学、合理的运营模式，以满足人员正常需要和设备正常运转的要求，并充分实现系统的运营节能。

12.5.2 地下车站的通风和空调系统宜设就地控制、车站控制和中央控制的三级控制。

12.5.3 地下车站设备及管理用房通风和空调系统宜设就地控制、车站控制的两级控制。

12.5.4 地下区间通风系统宜设就地控制、车站控制、中央控制的三级控制。

12.5.5 地面和高架车站通风和空调系统宜设就地控制、车站控制的两级控制。

12.6 其　他

12.6.1 控制中心、车辆基地、主变电所等地面相关建筑应在满足工艺要求的前提下，按照地面建筑现行有关设计规范的规定执行。

12.6.2 跨座式单轨交通地面相关建筑的通风、空调与采暖系统的设计方案应根据建筑物的用途、功能、使用要求和设备运行需求等，结合国家有关安全、环保、节能等方针、政策，通过综合技术经济比较确定。

13　给水与排水

13.1　一般规定

13.1.1 跨座式单轨交通给水设计必须满足生产、生活和消防用水对水量、水压、水质的要求。

13.1.2 跨座式单轨交通的给水水源应优先采用城市自来水，当沿线无城市自来水时，应采取其他可靠的符合要求的供水水源。

13.1.3 给排水设计应考虑节约用水和综合利用措施，设备应选用节能产品。换乘站的给排水设备有条件时应考虑共用。

13.1.4 对太阳能资源较好的城市，给水宜利用太阳能热水。

13.1.5 跨座式单轨交通的排水系统，除生活及粪便污水应单独排放外，结构渗漏水、冲洗及消防废水和地下工程的列车出入线洞口、敞开出入口及风口的雨水可按合流制排放，但生活及粪便污水的排放必须符合当地和现行国家排水标准的规定。

13.1.6 给水设备的自动化程度，应根据运营管理的需要，结合当地具体情况，经过技术经济比较确定，但排水设备应按自动化管理设计。

13.2　给水系统

13.2.1 给水系统主要分为生产及生活给水系统和消防给水系统。为保证工作人员饮用水的水质，车站内应采用生产及生活用水和消防用水分开的给水系统。地下区间隧道的冲洗用水宜采用和消防用水共用系统。

13.2.2 地下车站及地面高架车站生产、生活给水系统，宜设置为枝状管网。

13.2.3 给水系统的用水量定额应符合下列规定：

　　1 工作人员的生活用水量为 $30\sim60\text{L}/(\text{人·班})$，小时变化系数为 $2.5\sim2.0$；

　　2 车站冲洗用水量为 $2\sim4\text{L}/(\text{m}^2\cdot\text{次})$，每日冲洗时间宜按 1h 计算；

　　3 冷水机组水系统的补充水量为冷却循环水量 $2\%\sim3\%$；

　　4 生产用水应按工艺要求确定；

　　5 消防用水应符合本规范第 23 章的有关规定。

13.2.4 给水系统的水质和防水质污染应符合下列规定：

　　1 生活用水的水质，应符合现行国家标准《生活饮用水卫生标准》GB5749 的规定；

　　2 生产和消防用水的水质，应按工艺要求确定；

　　3 由城市自来水管引入车站的消防给水管上应设倒流防止器。

13.2.5 给水系统的水压应符合下列规定：

　　1 生活用水设备和卫生器具的水压，应符合现行国家标准《建筑给水排水设计规范》GB 50015 的规定；

　　2 生产用水的水压应按工艺要求确定；

　　3 消防用水的水压应符合本规范第 23 章的规定。

13.2.6 给水管道布置和敷设应符合下列规定：

　　1 地下车站生产、生活和消防用水的城市自来水引入管宜由风道或人行通道引入，并和车站给水系统管网相接；

　　2 区间隧道给水干管的布置，宜设在行车方向右侧，且管道阀门和消火栓的设置应满足限界的要求；

3 给水管不得穿过变电所、通信信号机房、车站控制室和配电室等房间；

4 给水管处在环境温度3℃以下的场所及有可能结露的场所时，应有防冻或防结露措施，对消防给水管宜考虑电伴热保温；

5 管道的伸缩补偿器应按环境温度和管内水温变化等因素计算确定，但管道穿过结构伸缩缝、沉降缝、变形缝时，应设置管道伸缩器和剪切变形装置；

6 给水管穿过主体结构时，应设柔性防水套管。

13.2.7 管材、附件及主要设备选型应符合下列规定：

1 设在站台板下及区间隧道的给水管，宜采用球墨铸铁给水管及胶圈接口，但管卡间距不宜大于2m，管道转弯处和距接口不大于1m处应设管卡，曲线段管道和管道转接处宜采用法兰接口安装；

2 设在吊顶内的消防给水管，宜采用内外热镀锌钢管；

3 生活给水管应采用符合生活饮用水卫生标准的管材；

4 室外给水管道宜采用球墨铸铁给水管；

5 由市政自来水管道引入车站的生活给水管在地面应设水表井及相关阀门；

6 站厅及站台的两端应设冲洗水栓，且宜单独设置在冲洗水栓箱内；

7 区间隧道宜每隔100m设一个冲洗水栓。

13.3 排 水 系 统

13.3.1 排水量标准应符合下列规定：

1 生活用水排水量按生活用水量的95％计算；

2 生产排水量按工艺要求确定；

3 冲洗及消防废水排水量和用水量相同；

4 地下结构渗水量按0.5～1L/(m² · d)计算；

5 排雨水量按列车出入线洞口、敞开出入口和风口的汇水面积及当地50年一遇的暴雨强度计算。

13.3.2 跨座式单轨交通的排水系统主要分为污水排水系统、冲洗、消防废水及结构渗漏水排水系统和列车出入洞口、敞开出入口及风口的雨水排水系统。

13.3.3 排水系统排水泵站（房）的设置，应符合现行国家标准《地铁设计规范》GB 50157的规定。

13.3.4 高架和地面车站、控制中心和车辆基地等地面建筑的雨水排水量，应按5～10年最大暴雨强度计算，集流时间为5～10min。

13.3.5 地下车站站厅层边墙处及站台层宜每隔50m设地漏和排水立管，将废水排入站台层线路排水沟，自流入排水泵房的集水池。

13.3.6 地面及高架车站的污水、废水和雨水宜按重力流方式排入城市污水及雨水排水系统。地下站厅或站台层及地下通道，应按现行国家标准《地铁设计规范》GB50157的规定设置排水设施。

13.3.7 当污水沿城市污水排水系统可排入污水处理场时，是否设化粪池，应和当地城市市政管理部门商定。

13.3.8 主排水泵站、洞口排水泵站、车站排水泵房的排水泵宜于地面设压力检查井，由压力检查井和城市排水管道相接。检查井距建筑物外墙不应小于3m。洞口排水泵站宜设2～3根压力排水管，其他泵站（房）宜设1～2根压力排水管。

13.3.9 排水管道管材及排水泵选择应符合下列规定：

1 压力排水管宜采用普通钢管或内外热镀锌钢管，如处在有腐蚀性的地区宜采用钢塑管；

2 重力流排水管宜采用阻燃型UPVC排水管；

3 排水泵宜设计为自灌式潜污泵，并自带反冲洗装置。

13.4 车辆基地给排水及消防系统

13.4.1 给水用水量定额应按现行国家标准《建筑给水排水设计规范》GB 50015的规定执行。消防用水量应按现行国家标准《建筑设计防火规范》GB 50016的规定执行。

13.4.2 给水水源应采用城市自来水。

13.4.3 给水系统及给水设施应符合下列规定：

1 在技术经济合理的情况下，室外生产、生活和消防给水系统可按共用系统设计，也可按生产、生活和消防给水系统分开设计；

2 室内应按生产、生活和消防给水分开设计；

3 当城市自来水供水量和供水压力不能满足生产、生活用水要求时，应设加压泵和蓄水池；

4 室内应采用符合生活饮用水标准的管材；

5 车辆基地应设消防给水系统，其设计应按现行国家标准《建筑设计防火规范》GB 50016的规定执行；

6 如果城市自来水有两路水源，能保证消防用水量和供水压力时，可不设消防泵及消防水池；

7 在必须设消防泵房和消防水池时，消防水池容积应满足室内外消防用水量的需要；

8 室外及室内消防给水管应布置为环状管网，室外每隔120m设一座室外消火栓井，每隔80m设一个给水栓，消防稳压方式宜采用高位水箱或水塔，如设置高位水箱或水塔有困难时，可另设稳压装置；

9 室外管材宜采用球墨铸铁给水管，室内消防水管应采用内外热镀锌钢管。

13.4.4 排水量定额应符合下列规定：

1 生活排水量按用水量的90％～95％确定；

2 生产用水排水量按工艺要求确定；

3 冲洗和消防废水排水量和用水量相同。

13.4.5 缺水地区符合建设中水设施的车辆基地，应按照当地有关规定配套建设中水设施，中水设施必须与主体工程同时设计、同时施工。

13.4.6 车辆基地的停车列检库、检修库、试车线的检修坑和电缆沟、人行地道等低洼处，应有排水措施。

13.4.7 室内排水管宜采用阻燃型 UPVC 管，室外排水管宜采用塑料管或钢筋混凝土管。

13.4.8 对含油、含酸及含碱的生产废水，如不符合当地及国家规定的排放标准时，应经过处理达到排放标准后排放，并尽量回收利用。

13.4.9 如果车辆基地及停车场附近无城市污水排水系统时，其生活污水应按国家规定的排放标准进行处理，达到标准后排放。

13.4.10 车辆基地有条件时宜设置雨水收集和利用设施。

13.5 排水设备配置与监控

13.5.1 地下车站排水泵、区间主排水泵和洞口排水泵的配置与监控应符合下列规定：

1 设两台或三台排水泵时，平时一台或两台工作，最大水量时两台或三台同时工作；

2 排水泵应有自动控制和就地控制功能，必要时由车站控制室远程控制；

3 排水泵站（房）的集水池应设最高水位、开泵及停泵水位信号，并应设停泵水位信号发生故障后不停泵时的报警功能；

4 上述各种排水泵的工作状态及水位信号宜在车站控制室显示，但洞口排水泵的工作状态宜在控制中心显示。

13.5.2 地下车站污水泵、局部排水泵和临时排水泵的配置与监控应符合下列规定：

1 设两台排水泵，一台工作一台备用，能自动和手动切换，可自动和就地控制；

2 设最高水位报警信号和开泵停泵水位信号；如停泵水位信号发生故障时，应有不停泵时的报警功能；

3 排水泵工作状态应在车站控制室显示。

14 供 电

14.1 一般规定

14.1.1 供电系统应包括电源系统、牵引供电系统、动力照明系统、电力监控系统（SCADA）和防雷接地系统。电源系统应包括外部电源、主变电所（或电源开闭所）、中心降压变电所、中压供电网络和自备电源；牵引供电系统包括牵引变电所和接触网；动力照明系统包括降压变电所和动力照明配电系统。

14.1.2 跨座式单轨交通应从城市公共电网取得电源，外部电源供电方案应根据线网规划和城市电网进行规划设计，电源变电所可采用 35kV 及以上集中供电方式，并尽量实现资源共享。

14.1.3 供电系统应满足供电安全、可靠、经济、优质运行的基本要求，供电系统的规模和设计容量应按远期高峰小时的用电负荷要求进行设计，可按一次建成或分期建成的方式进行建设。电源系统设计应根据建设要求，从可行性研究阶段开始会同市电力部门确定下列各项：

1 外部电源供电方案和电源变电所设置；

2 供电系统的一次接线方案；

3 近、远期外部电源容量和电压偏差范围；

4 电能计量要求；

5 城市电网近、远期的规划资料和系统参数；

6 城市电网变电所出线继电保护与供电系统进线继电保护的设置和时限配合；

7 电力调度的要求和管理分工。

14.1.4 跨座式单轨交通中压供电网络的电压等级可采用 35kV、20kV 和 10kV。对于集中式供电方案，中压供电网络的电压等级应根据用电容量、供电距离、轨道梁下电缆敷设空间、城市电网现状及发展规划等因素，经技术经济综合比较确定。

14.1.5 跨座式单轨交通牵引用电负荷应为一级负荷；动力照明等用电负荷可分为一级负荷、二级负荷和三级负荷。

14.1.6 一级负荷应由双电源双回线路供电，当一个电源发生故障时，另一个电源不应同时受到损坏。一级负荷中特别重要的负荷，除由双电源供电外，尚应增设应急电源。

14.1.7 二级负荷宜由双回线路供电；对电梯及其他距变电所不超过半个站台有效长度的负荷，可由双电源单回线路供电；对电梯及其他距变电所超过 200m 长度的负荷，可由双电源双回线路供电。

14.1.8 三级负荷可为单电源单回线路供电，当系统中只有一个电源工作或供电容量不足时，允许自动切除该负荷。

14.1.9 下列电源可作为应急电源：

1 独立于正常电源的发电机组；

2 供电网络中独立于正常电源的专用馈电线路；

3 蓄电池。

14.1.10 在满足各种用电负荷供电要求的情况下，同一车站内的各种功能变电所应尽量合建。供电系统中的各类变电所均应有两个可靠的电源，每个进线电源的容量应满足变电所负担的全部一、二级负荷供电的要求。这两个电源可来自不同变电所，也可来自同一变电所的不同母线；在正常运行方式下，两个电源应同时供电且互为备用。主变电所应从城市电网至少接引两回电源进线，其中至少有一回为专线电源，并设两台有载调压主变压器。

14.1.11 供电系统的中压供电网络接线应简单、统一，便于运营管理及继电保护配置和减少系统电能损耗，宜采用环网接线，并采用牵引动力照明混合网络和按列车运行的远期通过能力设计；二回电源线路应互为备用，当变电所的任一回进线故障时，应由另一回进线负担其一、二级负荷的供电，中压网络末端的电压损失不宜超过 5%。

14.1.12 牵引负荷应根据线路条件、高峰时段的运行交路、行车密度、车辆编组和车辆性能等计算确定。

14.1.13 牵引网宜采用刚性接触网正极供电、刚性接触网负极回流、上下行分路双边供电的供电方式。直流牵引供电系统电压为 1500V，其波动范围为 1000～1800V。

14.1.14 在每座牵引变电所中应设两套整流机组，并采用等效 24 脉波整流方式。当一座牵引变电所解列时，由相邻牵引变电所实现越区供电。牵引变电所的布点和容量除应满足正常运行方式下远期高峰小时负荷要求外，还应满足该所越区供电时远期高峰小时的负荷需要。牵引整流机组的负荷特性应满足下列规定：

1　100%额定负荷——连续；
2　150%额定负荷——2h；
3　300%额定负荷——1min。

14.1.15 直流牵引系统及非线性用电设备所产生的谐波引起的电网电压正弦波形畸变率应予控制，并应满足电磁兼容的要求。

14.1.16 在供电系统中应设置列车再生制动能量吸收装置，设计方案应通过技术经济综合比较后确定。

14.1.17 为保证人身和车辆设备安全，应在每座车站及车辆基地和各牵引变电所中分别设置车体安全接地装置和接地保护装置。

14.1.18 主变电所的主变压器二次侧中性点宜采用小电阻接地方式，低压动力照明系统宜采用 TN-S 供电方式。

14.1.19 无功补偿应按整体平衡的原则考虑，对于在各降压变电所 0.4kV 侧分散就地补偿和在主变电所集中补偿的方案，应根据供电系统实际情况经技术经济比较后确定。

14.1.20 在车辆基地应设置供电工区，对供电设备进行管理与维护。

14.2 变 电 所

14.2.1 变电所可分为主变电所、电源开闭所、中心降压变电所、牵引变电所、降压变电所。当牵引变电所与降压变电所同时设置在同一车站时，宜合建成牵引降压混合变电所。

14.2.2 变电所的数量、容量及其在线路上的分布应在综合考虑的基础上由计算确定。牵引变电所间距的选择应满足供电容量、电压水平、电气保护等要求，变电所的选址应符合下列要求：

1　靠近负荷中心；
2　便于电缆线路引入、引出；
3　交通运输方便；
4　独立设置的变电所应靠近跨座式单轨交通线路，并应和城市规划相协调。该变电所与线路间应设置专用电缆通道。变电所的进所道路应利用城市或公用道路，新建进所道路和主要运输道路的宽度不应小于 3.5m 并具备回车条件。

14.2.3 变电所宜按无人值班设计。无人值班的变电所应根据跨座式单轨交通的特点采取必要的安全措施。

14.2.4 变电所的设备选择应安全可靠、技术先进和经济适用，应选用小型化、无油化、自动化、免维护或少维护、质量优良的产品，要适合于无人值班的运行条件。在地下变电所使用的电气设备及材料除应满足以上要求外，还应选用无卤、低烟、阻燃、低损耗、低噪声、防潮和无自爆型产品。

14.2.5 主变电所的主变压器台数和容量应根据近、远期负荷计算确定，宜分期实施，并在一台主变压器退出运行时其他变压器能负担供电范围内的一、二级负荷。

14.2.6 牵引整流机组的台数和容量应根据近、远期负荷计算确定，并在一座牵引变电所退出运行时，相邻的两座牵引变电所能分担其供电分区的牵引负荷。牵引变电所一台牵引整流机组退出运行时，另一台牵引整流机组具备运行条件时不应退出运行。

14.2.7 **中心降压变电所、降压变电所变压器的容量应满足在一台变压器退出运行时，另一台变压器能负担其供电范围内的一、二级负荷。**

14.2.8 变电所一次接线应在可靠的基础上力求简单。主变电所、中心降压变电所、降压变电所宜采用分段单母线接线。牵引变电所的整流机组宜接在同一段母线上；直流侧母线宜采用单母线接线。

14.2.9 主变电所电源侧宜设置谐波监测装置。

14.2.10 主变电所宜采用有载调压主变压器。

14.2.11 应根据车辆的型式设置列车再生制动能量吸收装置，该装置宜设置在牵引变电所，在变电所条件不满足或线路条件需要时，经计算也可设置在车站及区间。

14.2.12 牵引变电所的直流馈线回路应设置能分断最大短路电流和感性小电流的直流快速断路器。

14.2.13 牵引变电所直流负母线应经电阻接地，电阻值根据与车辆的保护情况计算确定。

14.2.14 变压器外廓与墙的最小净距为 800mm，中低压配电室内的各种通道最小宽度应符合相关现行国家标准的规定。

14.2.15 变电所的交、直流操作电源屏的电源应分别接自变电所的两段低压母线。

14.2.16 变电所的直流操作电源屏宜采用成套装置，正常运行时蓄电池应处于浮充状态。

14.2.17 变电所的直流操作电源屏的蓄电池容量应满足变电所 1h 停电的需要。

14.2.18 变电所继电保护装置应力求简单，并应满足可靠性、选择性、灵敏性和速动性的要求。

14.2.19 对交流中压供电线路的下列故障或异常运行应设置相应的保护装置：
1 相间短路；
2 单相接地；
3 过负荷；
4 过电压。

14.2.20 对交流 400V 供电线路的下列故障或异常运行应设置相应的保护装置：
1 相间短路；
2 单相接地。

14.2.21 对干式变压器的下列故障或异常运行应设置相应的保护装置：
1 绕组及其引出线的相间短路和在中性点直接接地（或小电阻接地）侧的单相接地短路；
2 绕组的匝间短路；
3 外部相间短路引起的过电流；
4 过负荷；
5 变压器温度升高超过限值。

14.2.22 对于牵引整流器的下列故障或异常运行应设置相应的保护装置：
1 外部相间短路引起的过电流；
2 内部短路；
3 元件故障；
4 元件温度升高超过限值。

14.2.23 对于直流牵引进线的故障或异常运行应设置下列保护装置：
1 大电流脱扣；
2 过电流；
3 过电压；
4 直流牵引设备的框架；
5 直流接地漏电；
6 低电压。

14.2.24 对于直流牵引馈线的故障或异常运行应设置下列保护装置：
1 大电流脱扣；
2 过电流；
3 电流变化率及电流增量；
4 双边联跳；
5 直流牵引设备的框架；
6 直流接地漏电；
7 低电压。

14.2.25 对于直流再生制动能量吸收装置馈线的故障或异常运行应设置下列基本保护装置：
1 大电流脱扣；
2 过电流；
3 元件故障；
4 元件温度升高超过限值。

14.2.26 变电所各级电压的进线与其母线联络开关应设置备用电源自动投入装置。

14.2.27 变电所直流牵引馈线应设置具有在线检测故障功能的自动重合闸装置。

14.2.28 变电所综合自动化系统应具备下列基本功能：
1 保护、控制、信号、测量；
2 与 SCADA 系统良好的接口；
3 程序操作控制；
4 开放的通信接口；
5 系统在线故障自检。

14.2.29 变电所应有计量功能。

14.3 接触网

14.3.1 接触网应由正极接触轨和负极接触轨组成。正极接触轨和负极接触轨应分别通过上网电缆和回流电缆与牵引变电所连接。

14.3.2 接触轨的授流方式应为侧接触式。接触轨载流及授流部分应由汇流排和接触线组成。

14.3.3 接触轨的安装位置及安装误差应满足接触轨限界的要求。

14.3.4 车辆受流器与接触轨在相对运动中应可靠接触。

14.3.5 汇流排、接触线的材料及截面的选择应满足近、远期高峰小时牵引所故障运行模式下载流量和最低网压的要求。

14.3.6 接触网的坡度发生变化时应满足以下规定：
1 接触线相对于轨道梁走行面的坡度应小于 7‰；
2 接触线相对于轨道梁侧面的坡度应小于 1‰。

14.3.7 支持绝缘子及其配套零件的强度安全系数，应不低于国家现行标准《铁路电力牵引供电设计规范》TB 10009 的有关规定。

14.3.8 正常工作状态下，正线接触网应采用由两个相邻牵引变电所构成双边供电方式；当某个中间牵引变电所退出运行时，相关正线接触网应由与该牵引变电所相邻的两个牵引变电所通过直流母线或纵向联络开关等方式越区供电，即采用大双边供电方式。

14.3.9 牵引变电所直流快速断路器至正线接触网间应设置隔离开关。

14.3.10 上网电缆、回流电缆的根数及截面，应根据大双边供电方式下的远期负荷计算确定。除道岔区外，每个回路的电缆根数不得少于两根。

14.3.11 接触网的电分段应设在下列各处：

1 有牵引变电所车站的车辆惰行处；

2 车辆基地内不同功能线路衔接处；

3 车辆基地出入线与正线衔接处；

4 待避线与正线衔接处。

14.3.12 当终端车站后面的正线区段作折返线时，其接触网宜单独分段，并通过隔离开关与正线连接。

14.3.13 停车列检库、检修库、静调库、试车线的接触网，宜由牵引变电所直接馈电。每条库线的接触网应设置带接地刀闸的双极隔离开关。

14.3.14 在折返线处接触网供电应有主、备两路电源，并应分别接自上、下行的正线接触网。

14.3.15 车辆基地中的接触网，应具有来自车辆基地牵引变电所的主电源及来自正线的备用电源。

14.3.16 接触网设计的气象条件，地下部分应根据环境控制条件确定，其余应符合国家现行标准《铁路电力牵引供电设计规范》TB 10009 中的规定。

14.3.17 接触网带电部分和轨道梁之间的最小净距，一般支持点处应为 96mm，馈线上网处应为 70mm。

14.3.18 在车站线路正极侧、距地面小于 3m 的线路正极侧以及锚段关节电连接处，宜设置防护板。防护板电气性能与物理性能应满足相关技术要求。

14.3.19 在车站线路、车辆基地、故障停留线有人员上下车区段的负极侧，应设置车体接地板。车体接地板应采取温度补偿措施。车体接地板应可靠接地，接地电阻不应大于 4Ω。

14.3.20 在正、负极接触轨上均应设置避雷器。避雷器应在下列位置设置：

1 地面高架区段每隔 500m 处；

2 地面高架区段馈线上网处；

3 隧道口处。

14.3.21 避雷器的工频接地电阻值不应大于 10Ω。

14.3.22 接触轨的支持点间距应根据汇流排的结构特性、集中荷载、汇流排自重以及受流器接触压力等因素确定。

14.3.23 接触轨应按"之"字形布置，拉出值宜为 ±60mm。

14.3.24 接触轨的锚段长度，应根据环境温度、载流温升、材料线胀系数、锚段关节补偿量、线路条件等因素确定。

14.4 电 缆

14.4.1 供电系统所采用的电缆应具有无卤、低烟、阻燃等性能，其中地面区段所采用的电缆阻燃性能不应低于 B 级，地下区段所采用的电缆阻燃性能不应低于 A 级。电缆在地面或高架桥上敷设时，其外护套还应具有防紫外线的功能。

14.4.2 为便于施工安装，中压环网供电电力电缆和低压直流电力电缆宜采用单芯型式。敷设时，中压环网供电电力电缆宜采取"品"字形布置，低压直流电

力电缆宜采取"一"字形布置。

14.4.3 供电电缆在高架区间敷设时，宜采用桥架并敷设于轨道梁下或疏散通道的电缆槽道内。

14.4.4 电缆中间接头宜设置在车站范围内。若必须设置在高架区间，电缆中间接头宜设置在桥墩上的电缆桥架中。

14.4.5 电缆敷设应满足车站、区间等处限界的要求。

14.4.6 车站或区间的接地干线应与每个金属电缆支架或吊架、桥架进行可靠电气连接，其两端应与变电所的接地网连接。

14.4.7 电缆桥架宜在桥墩处预留 10～30mm 的间隙作为桥架伸缩补偿用，电缆桥架的补偿处可同时设置接地扁钢的伸缩补偿，接地扁钢的补偿宜采用半径为 100mm 的半圆补偿环形式。

14.4.8 电缆在区间及车站内敷设时，各相关尺寸及距离应符合表 14.4.8 的规定。

表 14.4.8 电缆敷设的各相关尺寸及距离（mm）

项 目		电缆通道		电缆沟	
		水平	垂直	水平	垂直
两侧设支架的通道净宽		≥1000	—	≥300	—
一侧设支架的通道净宽		≥900	—	≥300	—
电缆支架层间距离	电力电缆	—	≥150 (200)	—	≥200 (250)
	控制电缆	—	≥100	—	120
电缆支架之间的距离	电力电缆	1000	1500	1000	
	控制电缆	800	1000	800	
车站站台板下电缆通道净高	人通行部分	≥1900			
	电缆敷设部分	≥1300			
变电所内电缆通道净高		≥1900			
电力电缆之间的净距		≥35	—	≥35	

注：1 表中括号内数字为 35kV 电缆标准；
　　2 电力电缆与控制电缆混敷时，电缆支架之间的距离宜采用控制电缆标准；
　　3 当确有困难时，地下车站站台板下电缆通道人通行部分的净高可适当降低，但不得低于 1300mm。

14.4.9 电缆吊架应设防止磁回路闭合的措施。

14.4.10 当电缆在同一通道中的同侧多层支架上敷设时，应符合下列规定：

1 应按电压等级由高至低的电力电缆、强电至弱电的控制电缆和信号电缆、通信电缆的顺序排列；当电缆敷设需要满足电缆引入或引出弯曲半径的要求时，也可按电压等级由低至高的顺序排列；

2 当支架层数受空间大小限制时，35kV 及以下相邻电压等级的电力电缆，可排列于同一层支架上，1kV 及以下的电力电缆可与弱电电缆敷设在同一层支架上。

14.4.11 中压交流单相电力电缆的金属护层应直接接地，且在金属护层上任一点非接地处的正常感应电压应符合下列规定：

1 未采取不能任意接触金属护层的安全措施时，不得大于 50V；

2 除上述情况外，不得大于 100V。

14.4.12 中压电力电缆金属护层的有效截面，应满足在可能的电缆故障短路电流的要求。

14.4.13 在车站等建筑物设施内，数量较多的电缆垂直敷设时应采用电缆竖井。

14.4.14 直接支持电缆用的电缆支架、吊架的允许跨距，应满足相关国家标准的电力电缆敷设规定。

14.4.15 电力电缆在敷设时，应在电缆中间接头两侧、电缆进出支（桥）架端部、拐弯处等紧邻部位的电缆上，采用经防腐处理的电缆卡子进行刚性固定。对于交流单相电力电缆，固定的间距还应满足短路电动力的要求。

14.4.16 用于电缆固定的部件，禁用钢丝直接捆扎电缆；对于交流单相电力电缆的刚性固定，宜采用不构成磁性闭合回路的夹具。

14.4.17 直埋敷设的电缆，应避免位于地下管道的正上方或下方。电缆与管道或道路、构筑物、电缆等之间的最小允许距离，应符合表 14.4.17 的要求。

表 14.4.17 直埋电缆与管道或道路、构筑物、电缆等之间的最小允许距离（m）

电缆直埋敷设时的配置情况		平 行	交 叉
控制电缆之间		—	0.5(注1)
电力电缆之间或与控制电缆之间	10kV 及以下电力电缆	0.1	0.5(注1)
	10kV 以上电力电缆	0.25(注2)	0.5(注1)
通信管线		0.15	0.05
不同部门使用的电缆		0.5(注2)	0.5(注1)
电缆与地下管沟	热力管沟	2.0(注3)	0.5(注1)
	油管或易燃气管道	1.0	0.5(注1)
	其他管道	0.5	0.5(注1)
电缆与建筑物基础		0.6(注3)	—
电缆与公路边		1.0(注3)	—
电缆与排水沟		1.0(注3)	—
电缆与树木的主干		0.7	—
电缆与 1kV 以下架空线电杆		1.0(注3)	—
电缆与 1kV 以上架空线杆塔基础		4.0(注3)	—

注：1 用隔板分隔或电缆穿管时可为 0.25m；
　　2 用隔板分隔或电缆穿管时可为 0.1m；
　　3 特殊情况可酌减但其值不应少于其一半。

14.4.18 电缆从室外进入室内的入口处、电缆竖井的出入口处、电缆穿越建筑物隔墙楼板的孔洞处以及各供电设备与电缆夹层之间的电缆开孔处，应采取防止电缆火灾蔓延的阻燃封堵及分隔措施。

14.5 动力与照明

14.5.1 动力与照明用电设备的负荷分级应符合下列规定：

1 一级负荷：应急照明、变电所操作电源、火灾自动报警系统设备、消防系统设备、消防电梯、地下车站站厅与站台照明、地下区间照明、排烟系统用风机及电动阀门、通信系统设备、信号系统设备、道岔系统设备、电力监控系统设备、环境与设备监控系统设备、自动售检票系统设备、门禁系统设备、兼作疏散用的自动扶梯、安全门、屏蔽门、防护门、防淹门、排雨泵、地下车站及区间排水泵；

2 二级负荷：地上车站站厅和站台照明、附属房间照明、普通风机、排污泵、电梯、自动扶梯、自动人行道；

3 三级负荷：空调制冷及水系统设备、锅炉设备、广告照明、清洁设备、电热设备、维修设备等。

14.5.2 动力与照明负荷供电方式应符合下列规定：

1 一级负荷由两回独立电源供电，两回电源在设备端进行切换。对于特别重要负荷，如变电所操作电源、火灾自动报警系统设备、通信系统设备、信号系统设备、电力监控系统设备、环境与设备监控系统设备、自动售检票系统设备，可另外设置蓄电池作为第三电源，容量应满足防灾和设备故障处理的要求；

2 二级负荷由两回独立电源供电，两回电源在 0.4kV 母线处进行切换；

3 三级负荷由一回电源供电。

14.5.3 动力与照明的负荷计算应采用需要系数法。

14.5.4 大容量设备或负荷性质重要的用电设备宜采用放射式配电。中小容量设备，宜采用树干式配电，链接的配电箱不应超过 3 个。

14.5.5 动力与照明用电设备的无功补偿宜在变电所内集中设置，对于容量较大、负荷平稳且经常使用的用电设备宜单独就地补偿。根据供电系统无功功率的分布特点，设置于变电所内的无功补偿装置可以考虑位置预留，待需要时投入设备。

14.5.6 正常运行情况下，用电设备端子处电压偏差允许值（以额定电压的百分数表示）宜符合下列要求：

1 电动机：±5%；

2 照明：一般±5%；区间+5%～−10%。

14.5.7 建筑净高小于 1.8m 的电缆通道应设置安全照明。

14.5.8 动力设备的控制根据需要可采用：

1 就地控制（包括手动与自动）；

2 车站控制；

3 中央控制。

14.5.9 车站应设站厅和站台照明、附属房间照明、广告照明、应急照明和导向标志照明等。照明配电箱宜集中设置。车站照明应分组控制。

14.5.10 车站站台、站厅、出入口等公共活动区域内，应设置节电照明，单独控制。

14.5.11 应急照明应设置在车站的站台、站厅、出入口、疏散通道、紧急出口、车站控制室、站长室、公安用房、通信机房、信号机房、变电所设备房、自动售检票机房、防灾报警机房、设备监控机房、消防泵房和区间隧道内。应急照明的电源在主电源停电后应自动切换至应急电源，应急照明供电时间不应小于60min。

14.5.12 区间隧道的露天出入口处应设置照明过渡段。

14.5.13 地下区间和道岔区应设置专用固定照明和维修用移动电器的电源设施；车站站厅和站台应设清扫用移动电器的电源插座；高架区间应设置维修用移动电器的电源设施。

14.5.14 动力与照明的插座回路应具有漏电保护功能。

14.5.15 当车站内设电炉、电热、分散式空调的电源时，宜采用单独回路供电。

14.5.16 车站的站厅、站台照明光源宜采用荧光灯；地上区间和地下区间的照明宜采用显色性较好的高光强气体放电灯。

14.5.17 地下车站及区间隧道的照度标准，应符合现行国家标准《地下铁道照明标准》GB/T16275中的规定。地面车站、高架车站、地面区间和高架区间的照度标准，可参照民用建筑设计规范执行。

14.6 电力监控系统

14.6.1 跨座式单轨交通供电系统应配置电力监控系统。电力监控系统的设备选型、系统容量和功能配置应能满足运营管理的需要，并考虑未来扩展的需要。

14.6.2 电力监控系统应包括主站、子站及数据传输通道。主站应设在控制中心大楼内。

14.6.3 电力监控系统主站的设计，应包括主站位置、系统构成、设备选型，以及系统功能、容量、监控范围等。

14.6.4 电力监控系统子站的设计，应确定子站设备的位置、容量、功能、选型。

14.6.5 电力监控系统通道的设计应包括通道的结构形式、主/备通道的配置方式、通道的接口形式和性能要求等。

14.6.6 监控对象应包括遥控对象、遥信对象和遥测对象三部分。

14.6.7 遥控对象应包括下列基本内容：

　　1　主变电所、开闭所、中心降压变电所、牵引变电所、降压变电所内10kV及以上电压等级的断路器、负荷开关及电动隔离开关；

　　2　牵引变电所的直流快速断路器、电动隔离开关；

　　3　降压变电所的低压进线断路器、低压母联断路器、三级负荷低压总开关；

　　4　接触网电动隔离开关；

　　5　有载调压变压器的调压开关；

　　6　列车再生制动能量吸收装置开关。

14.6.8 遥信对象应包括下列基本内容：

　　1　遥控对象的位置信号；

　　2　高中压各种保护动作信号；

　　3　交直流电源系统的故障信号；

　　4　降压变电所低压进线断路器、母联断路器、三级负荷低压总开关的保护动作信号；

　　5　直流接地漏电保护装置的动作信号；

　　6　列车再生制动能量吸收装置的电动隔离开关位置信号；

　　7　断路器手车位置信号；

　　8　控制方式。

14.6.9 遥测对象应包括下列基本内容：

　　1　主变电所进线电压、电流、功率、有功电度、无功电度；

　　2　主变电所中压母线电压、馈线电流；

　　3　牵引变电所进线电流，中压母线电压；

　　4　牵引整流机组电流与有功电度、直流母线电压、馈线电流、负极柜回流电流；

　　5　变电所交直流操作电源的母线电压。

14.6.10 电力监控系统的基本功能应包括下列内容：

　　1　遥控功能。遥控种类分单控、程控两种方式，系统应支持站内和跨站程控；

　　2　对供电系统设备运行状态的实时监视和故障报警；

　　3　对供电系统中主要运行参数的遥测；

　　4　汉化功能；

　　5　统计报表；

　　6　自诊断检测；

　　7　以友好的人机界面实现系统在线维护；

　　8　主/备通道的切换。

根据工程情况，在满足上述要求的基础上可以选配其他功能。

14.6.11 电力监控系统的结构宜采用1个主站监控N个子站的方式。

14.6.12 主站硬件应包括下列主要设备：

　　1　计算机设备（主机）与计算机网络；

　　2　人机接口设备；

　　3　打印记录设备和屏幕拷贝设备；

　　4　通信处理设备；

　　5　模拟盘或其他显示设备；

　　6　不间断电源设备（UPS）；

　　7　调试终端设备和打印设备。

14.6.13 主机应按照双重冗余系统的原则进行配置。

14.6.14 子站设备应具备下列基本功能：

　　1　远动控制输出；

　　2　现场数据采集（包括数字量、模拟量、脉冲量等）；

　　3　远动数据传输；

　　4　可脱离主站独立运行。

14.6.15 子站远动终端的通信规约应对用户完全

开放。

14.6.16 不间断电源设备的容量，应满足交流电源失电后，维持系统供电时间不少于30min。

14.6.17 远动数据传输通道宜采用通信系统的数据通道。在设计中应向通信设计部门提出对远动数据传输通道的技术要求。

14.6.18 电力监控系统的主要技术指标应符合下列规定：

  1 遥控命令传送时间：不大于1s；

  2 遥信变位传送时间：不大于2s；

  3 遥信分辨率（子站）：不大于10ms；

  4 遥测综合误差：不大于0.5%；

  5 双机自动切换时间：不大于30s；

  6 画面调用响应时间：不大于0.5s；

  7 系统可利用率：不小于99.8%；

  8 远动数据传输速率：不低于64kbps；

  9 平均无故障间隔时间（MTBF）：不低于50000h。

15 车站其他机电设备

15.1 电梯、自动扶梯和自动人行道

15.1.1 当设置曳引驱动电梯用于运送乘客时，应满足乘坐轮椅者和盲人使用。电梯的提升速度不应小于0.63m/s，载重量不小于1t。

15.1.2 自动扶梯供电应采用二级负荷；用于紧急疏散使用的自动扶梯供电应采用一级负荷。

15.1.3 自动扶梯和自动人行道的主要技术参数应符合表15.1.3的规定。

表15.1.3 自动扶梯和自动人行道的主要技术参数

项目名称	自动扶梯	自动人行道
梯级名义宽度	1000mm	1000mm
额定速度	≥0.5m/s	≥0.5m/s
倾斜角度	30°	0~12°
故障分类显示	有	有

15.1.4 车站自动扶梯应采用公共交通重载型自动扶梯，在任何3h间隔内，持续重载时间应不少于0.5h，载荷应达到100%制动载荷，其传输设备应采用不燃或难燃材料。

15.1.5 车站露天出入口，应采用室外型自动扶梯。

15.1.6 电梯井道顶部应设有起重吊环。机房面积应满足设备安装要求。机房设备的检修间距一般不小于500mm，电器设备应满足有关规定的间距要求。

15.1.7 电梯机房应为单独机房，应有通风和消防设施。有条件时可在机房设置空调。

15.1.8 自动扶梯和自动人行道应具有就地控制和自动控制功能。

15.1.9 自动扶梯和自动人行道应具有自动节能运行功能。

15.1.10 电梯、自动扶梯和自动人行道应纳入FAS或BAS系统实行监控。

15.2 安全门与屏蔽门

15.2.1 安全门与屏蔽门供电应采用一级负荷。

15.2.2 安全门与屏蔽门应保证在最小行车间隔条件下每天不少于20h的运行能力。

15.2.3 安全门与屏蔽门由机械和电气两部分组成。机械部分包括门体（包括滑动门、固定门、应急门和端门等）、地槛、框架结构、手动解锁装置等，电气部分包括门监控装置、门电源装置、门驱动装置以及电气锁闭装置等。

15.2.4 安全门与屏蔽门门体尺寸及布置，应考虑车门尺寸和部位，列车停车精度要求，以及列车停车位置等因素。

15.2.5 安全门与屏蔽门门体材料宜选用不锈钢或铝合金材料，玻璃应采用安全玻璃。

15.2.6 安全门与屏蔽门系统的综合荷载应考虑人群荷载、风荷载、冲击荷载，以及地震力的作用。

15.2.7 安全门与屏蔽门控制系统应保证在正常和非正常状态下的安全与可靠运行，在紧急状态下能保证乘客安全疏散。

15.2.8 安全门与屏蔽门控制系统可采用集中或分散供电方式，同时应配备应急电源保证安全门与屏蔽门系统所有滑动门不少于3次开关门动作。

15.2.9 安全门与屏蔽门系统设备应满足使用地区的气候环境要求。

15.2.10 本系统在任何故障情况下，确保所有活动门处于闭锁状态。

15.2.11 安全门和屏蔽门的开关应与列车车门的开关协调一致。

15.2.12 安全门与屏蔽门最小障碍物检测厚度不应大于8mm。

15.2.13 安全门与屏蔽门的操作模式按其优先级顺序分为手动控制、就地控制和自动控制等。

15.2.14 安全门与屏蔽门系统使用的绝缘材料、密封材料和所用的电线电缆均应采用无毒、低烟、阻燃，且不含有放射性成分的产品。

15.2.15 安全门与屏蔽门无故障使用次数不应小于100万次，设计使用年限不应低于30年。

15.2.16 安全门和屏蔽门的接地应可靠。

15.2.17 安全门和屏蔽门系统与信号、车辆、FAS、BAS、供电、土建等专业应有可靠的衔接。

16 道 岔

16.1 一般规定

16.1.1 为实现车辆在行驶中的转线、折返运行及车

辆基地内调车作业，在跨座式单轨交通正线、辅助线和车辆基地内的线路上应根据需要设置道岔。

16.1.2 道岔系统应符合"故障-安全"原则，应能满足车辆运行平稳、安全可靠的要求。

16.1.3 道岔设备在高架线路段应安装在道岔桥上，在地面线路段应安装在道岔专用平台上。

16.1.4 道岔设备采用的材料、器材、元件应符合现行国家机电产品和金属材料制品的制造、验收标准的规定。

16.1.5 道岔设备的设计和安装必须满足跨座式单轨交通的限界要求。

16.1.6 道岔设备应符合室外及隧道内的使用条件，金属构件表面应进行防锈蚀处理，在寒冷地区使用的道岔应配置防冻加热设施。

16.1.7 道岔在锁定状态下应能承受车辆运行荷载的扭曲力、冲击力及制动力等的反复作用，并应具有足够的刚度和强度以及抗倾覆的能力。

16.1.8 道岔设备的结构形式应能便于操作、检查维护及设备润滑。

16.1.9 道岔转辙时，各节点应位移同步、定位准确、锁定牢固。

16.1.10 道岔设备的供电应采用一级负荷。

16.1.11 道岔设备接地电阻值应小于4Ω，防雷接地电阻值应小于10Ω。

16.1.12 道岔应由信号系统进行控制。道岔的控制装置应具有集中控制、现场控制、手动控制三种方式。当信号系统和道岔控制电路发生故障时，应由人

工手动装置完成解锁、转辙和锁定。控制系统应具有安全保护功能。

16.1.13 道岔的转辙时间应包括从信号发出、解锁、转辙、锁定、信号回馈全过程。各型道岔的转辙时间应符合本规范表16.2.1的规定。

16.1.14 当道岔处于曲线或折线状态下车辆通过时应限速行驶。关节可挠型道岔的限制速度为25km/h，关节型道岔的限制速度为15km/h，当道岔处于直线状态时应满足列车最高行驶速度的要求。

16.1.15 道岔结构的设计使用年限为100年。

16.2 道 岔 类 型

16.2.1 跨座式单轨交通道岔按其结构组成和转辙后的线形状态分为关节型道岔和关节可挠型道岔。关节型道岔分为单开、对开、三开、五开、单渡线、双渡线、交叉渡线等型式；关节可挠型道岔分为单开、对开、单渡线、双渡线、交叉渡线等型式。道岔梁宽为850mm时的各型道岔的主要技术参数应符合表16.2.1的规定，其他梁宽尺寸的各型道岔技术参数可按表16.2.1选取。

16.2.2 单轨道岔根据其在线路中所处位置分为左开、右开和对开式。

16.2.3 渡线道岔宜设于线间距为4800mm的线路上，当线间距为3700mm的线路上需设置渡线道岔时，应在道岔活动端的轨道梁一侧设置可动式避让梁，其主要技术参数应符合本规范表16.2.1的规定。

表 16.2.1 跨座式单轨道岔主要类型及技术参数表

类型		道岔梁尺寸（一根梁）(mm)	全长(mm)	转辙量(mm)	曲线半径(mm)	允许列车通过速度(km/h)	台车数量(台)	转辙时间	附注
关节型道岔	单开道岔	W850×H1420×L5500	22000 (5500×4)	① 2400			5	15秒以内	—
	对开道岔	W850×H1420×L5500	22000 (5500×4)	① 2400		15（直线时不限速）			
	三开道岔	W850×H1420×L6000	30000 (6000×5)	① 2375 ② 2400 ③ 4775	—		6	转辙量2375mm 15秒以内	—
	五开道岔			① 2375 ② 2400 ③ 4775 ④ 4800 ⑤ 7175 ⑥ 9550				转辙量4775mm 25秒以内	

技术参数 / 类型	道岔梁尺寸（一根梁）(mm)	全长 (mm)	转辙量 (mm)	曲线半径 (mm)	允许列车通过速度 (km/h)	台车数量 (台)	转辙时间	附注
关节型道岔 — 单渡线道岔（线间距 3.7m）	道岔梁 W850×H1420×L5500　避让梁 W850×H1420×L7500	—	① 1850　② 550	—	15（直线时不限速）	渡线 10（5×2）　避让梁 4（2×2）	15秒以内	单开道岔：2组　避让梁：2组
关节型道岔 — 单渡线道岔（线间距 4.8m）	W850×H1420×L5500	—	① 2400	—	15（直线时不限速）	10（5×2）	15秒以内	单开道岔：2组
关节型道岔 — 双渡线道岔	W850×H1420×L5500	—	① 2400	—	15（直线时不限速）	10（5×2）	15秒以内	对开道岔：2组
关节可挠型道岔 — 单开道岔	W850×H1420×L5500	22000（5500×4）	① 2400	R=100456	25（直线时不限速）	5 台	15秒以内	—
关节可挠型道岔 — 对开道岔	W850×H1420×L5500	22000（5500×4）	① 2400	R=201500	25（直线时不限速）	5 台	15秒以内	—
关节可挠型道岔 — 单渡线道岔（线间距 3.7m）	道岔梁 W850×H1420×L5500　避让梁 W850×H1420×L7500	—	① 1850　② 550	R=130521	25（直线时不限速）	渡线 10（5×2）　避让梁 4（2×2）	15秒以内	单开道岔：2组　避让梁：2组

技术参数 / 类型	道岔梁尺寸（一根梁）(mm)	全长 (mm)	转辙量 (mm)	曲线半径 (mm)	允许列车通过速度 (km/h)	台车数量 (台)	转辙时间	附注
关节可挠型道岔 单渡线道岔（线间距4.8m）	W850×H1420×L5500	—	2400	R=100456				单开道岔:2组
双渡线道岔	W850×H1420×L5500		2400	R=201500	25（直线时不限速）	10（5×2）	15秒以内	对开道岔:2组
交叉渡线道岔	W850×H1420×L8900	—	2400 4.8m	R=276000		16（4×4）		单开道岔:4组 旋转梁:1组

16.3 道 岔 设 备

16.3.1 道岔设备应由机械装置、驱动装置和控制装置组成，采用电力驱动，并应在道岔梁的两侧安装车辆牵引供电接触轨。

16.3.2 道岔机械装置应包括道岔梁、接缝板、梁间连接装置、锁定装置、台车、手动转换装置、走行轨、安装底板和道岔固定端转动装置。关节可挠型道岔除以上部分外，还应包括单独安装的导向面板、稳定面板、挠曲装置等。

16.3.3 道岔梁设计应符合下列要求：

1 应具有车辆走行、导向、稳定和支承作用，并应能承受车辆通过时的运行荷载；

2 结构组成应包括梁本体、导向面板、稳定面板，两侧中部安装供电接触轨的底座支撑板，梁上应根据信号设施的要求留出安装位置，关节可挠型道岔尚应增设挠曲装置。关节可挠型道岔导向面板、稳定面板应与梁本体焊接在一起，关节可挠型道岔的导向面板和稳定面板应单独安装。

16.3.4 接缝板设置应符合下列要求：

1 道岔梁与道岔梁、道岔梁与相邻的轨道梁的走行面及两侧的导向面和稳定面的端部间应设置接缝板；

2 接缝板分活动式和固定式两种，活动式接缝板安装在道岔可动端的走行面端部。

16.3.5 道岔梁间连接装置中的转动轴宜采用 T 形轴形式。

16.3.6 驱动装置应符合下列要求：

1 应由转辙电机、安全离合器、减速机、传动轴、旋转臂、回转臂头及导向滑槽等组成；

2 应能使道岔在规定时间内完成启动、加速、匀速、减速、停止等动作过程；

3 应设有人工手动驱动装置。

16.3.7 锁定装置应符合下列要求：

1 应由锁定机构和锁定电机等组成；

2 应安全可靠、定位准确和锁定牢固，并能承受车辆通过时产生的离心力和冲击力；

3 应设置锁定位置自动检测装置并与控制信号系统联锁，当自动控制故障时，各锁定装置应能切换为人工操作方式。

16.3.8 台车应由台车架、台车轮、轴、轴承等组成，并应具有承受运行荷载和抗倾覆的能力。

16.3.9 走行轨应牢固地安装在道岔底板上，底板应能保证道岔的安装精度和使用精度，底板宜采用厚度不小于25mm的钢板。

16.3.10 道岔固定端转动装置是道岔的转辙中心，应能承受列车通过时产生的垂直力、纵向力及横向力。

16.3.11 关节可挠型道岔应设置挠曲装置及可在挠曲时变形的导向面板和稳定面板。

16.3.12 关节可挠型道岔的导向面板、稳定面板及挠曲装置应具有足够的强度和刚度，不应在运行时出现松动和异常的变形。

16.3.13 道岔控制装置应符合下列要求：

1 道岔控制装置应具备对道岔的各机构进行控制和检测的功能，并能按照信号系统发出的指令，使道岔完成解锁、转辙、锁闭、信号反馈和挠曲的动作，同时将道岔位置表示信号传给信号系统，并应与信号系统之间设授权、收权联锁电路；

2 应具有集中控制、现场控制、手动控制功能，并应具有系统检测、故障诊断、故障保护和报警功能；

3 控制电路应满足"故障—安全"原则；

4 检测点应采用切实可行的技术措施，确保检测信息的可靠；

5 联锁控制应采用安全型继电器；

6 电机应有一定的容量裕度，绝缘等级、防护等级应适合道岔的使用环境；

7 使用的电缆应为无卤、低烟、阻燃、防蚀、防潮和无放射性成分的产品；

8 控制柜应采取防潮、防湿、防鼠害、防虫进入及防外界温度影响的措施。

16.3.14 渡线道岔应在其各组道岔在规定位置时，才能构成位置表示。

16.3.15 道岔的电源设备应包括电源切换箱及接地端子箱。

16.3.16 道岔的转辙电机、挠曲电机、锁定电机应使用 AC380V、50Hz 的三相电源，控制电源应使用 AC220V、单相 50Hz 电源，信号控制应使用 DC24V 电源。

16.3.17 安装在道岔梁两侧的牵引供电接触轨应满足道岔的功能和要求，并应使车辆受电弓能顺利地取流，不应影响道岔控制信号和安全运行。

16.3.18 安装在道岔梁上的信号设施的敷设应满足信号系统要求和不影响道岔运行。

16.4 道岔系统设计原则

16.4.1 道岔的设置应由线路设计选择，道岔系统设计根据选择的结果提出系统要求，并应符合本规范 6.4 节的规定。

16.4.2 道岔系统设计时应根据线路条件和运营要求选择道岔设备的基本线型、道岔梁几何尺寸、转辙距离、转辙时间以及衔接梁型式及尺寸、线间距和可动式避让梁、道岔桥或道岔平台的最小尺寸及道岔安装凸台位置。

16.4.3 设置的道岔在定位或反位及渡线时，应保障车辆运行通过时平稳、安全、可靠。

16.4.4 道岔应满足车辆相关技术条件和参数的要求。

16.4.5 设置在有坡道的线路上的道岔应有防止车轮打滑和空转的措施。

16.4.6 道岔系统设计时，应标明道岔安装平台和道岔走行面的标高值，道岔的岔前点和岔后点的里程坐标及位置坐标、道岔区间线间距值。道岔梁的端面与相邻的轨道梁端面间距值应满足：

1 单开、单渡线道岔不动端：30^{+10}_{+0} mm，可动端 160^{+10}_{+0} mm；

2 三开、五开道岔不动端：40^{+10}_{+0} mm，可动端 160^{+10}_{+0} mm。

16.4.7 道岔系统应满足表 16.4.7 精度要求。

表 16.4.7　道岔精度参数表

项目名称	精　度
道岔梁全长（直线状态）	±10mm
梁整体水平直线度、导向面和稳定面直线度	8.8mm/22m
梁局部的直线度和平直度	3mm/4m
梁走行面和导向面及稳定面的垂直度	5/1000rad
道岔梁转辙时梁中点和梁端处的导向面、稳定面中心位置水平度	7/1000rad
相邻梁体接缝板水平错位	2mm
梁体与接缝板边表面高度差	2mm
安装轴线与线路轴线轴向和横向误差	±3mm
道岔不动端台车中心线与可动端台车中心线误差	±5mm
道岔的凸台中心线间误差	±3mm
道岔安装底板平面度	<2‰
同一安装底板的水平偏差	<3mm
两相邻台车轨道间轨道面的高低差	≤2mm

16.5 道岔安装原则

16.5.1 道岔应安装在坚实稳定的基础上，道岔桥或道岔平台不应有伸缩缝和裂纹，其沉降量和不均匀沉降量差应按本规范第 8.1.11 条要求执行。道岔区应有良好的排水设施，道岔平台上不应有积水。

16.5.2 道岔区应有足够的检修空间、通道和安装附属设施的条件及安全隔离设施。道岔区应有照明设施，其照度应不小于 50～100lx。道岔区应设置供维修使用的电源设施。

16.5.3 道岔桥上的供电电缆、通信及信号电缆、道岔控制电缆等应按电压等级分别布置在道岔桥两侧的电缆沟内。

16.5.4 道岔的台车走行基础（道岔安装凸台）和驱动装置安装基础（驱动装置安装凸台）应采用二次浇筑钢筋混凝土结构。道岔桥或道岔平台在施工时其凸台位置处应预留连接钢筋，凸台钢筋与预留钢筋间应采用焊接连接。

16.5.5 道岔区应设置视频监视设施，设置位置和数量应根据运营需要确定。

16.5.6 道岔区应设置专用电话。

17 通 信

17.1 一般规定

17.1.1 通信系统应满足跨座式单轨交通运输效率，保证行车安全、乘客安全，提高现代化管理水平和传递语言、数据、图像及文字等各种信息的需要。

17.1.2 通信系统的总体方案及系统容量，应在近期建设规模和远期发展规划相结合的基础上，进行多条线路的综合研究确定。

17.1.3 通信系统宜由传输系统、公务电话系统、专用电话系统、无线通信系统、广播系统、时钟系统、闭路电视系统、乘客信息系统、电源及接地系统等子系统组成。

17.1.4 通信系统在灾害、事故或突发事件的情况下应满足应急处理、抢险救灾的需要。

17.1.5 通信系统主要设备和模块应具有自检功能，并采取适当的冗余，故障时可自动切换并报警，控制中心可监测和采集车站设备运行及检测的结果。

17.1.6 通信系统与其他系统的接口设计，应明确接口内容、类型、数量、技术要求和安装位置，并应划分好系统之间的接口和工程界面。

17.1.7 通信系统的车载设备不得超出车辆轮廓线，地面设备不得侵入设备限界。

17.2 传输系统

17.2.1 为满足通信系统各子系统和信号、电力监控、防灾、环境与设备监控系统、自动售检票、计算机网络及公安通信等系统各种信息传输的要求，应建立以光纤通信为主的传输系统网络。

17.2.2 传输系统宜采用宽带光数字传输设备，同时应能满足各系统接口的需求。传输系统容量应根据跨座式单轨交通各业务部门对通道的需求确定，并应留有余量。跨座式单轨交通和其公安的宽带光数字传输系统可合建。

17.2.3 为保证各种行车安全信息及控制信息不间断地可靠传送，传输系统宜根据需要尽量利用不同径路的两条光缆构成自愈保护环。

17.2.4 光缆容量应满足传输系统、无线基站中继、闭路电视视频信号、其他专业和公安通信传输等需要，并应考虑远期发展的要求。

17.2.5 传输系统应配置传输网络管理系统和公务联络系统。传输网络管理中心设备宜设置在控制中心。

17.2.6 通信电缆、光缆在区间隧道内可采用沿墙架设方式，进入车站宜采用隐蔽敷设方式；高架区段电缆、光缆宜敷设在高架区间轨道梁下的电缆桥架上或在设有疏散通道的电缆槽道内；地面电缆、光缆宜采用管道或直埋方式。

通信电缆、光缆应与强电电缆分开敷设。

17.2.7 通信主干电缆、光缆应采用无卤、低烟、阻燃性电缆和光缆，在高架区间电缆的外护层应具有防阳光辐射的功能。

站内配线电缆应采用带有屏蔽层的塑料护套电缆。

17.2.8 跨座式单轨交通敷设的光缆可不设屏蔽地线，但接头两侧的金属护套及金属加强件应相互绝缘，光缆引入室内应做绝缘接头。

17.2.9 光缆、电缆进入终端设备之前，应设配线（纤）架及保安设备。

17.3 公务电话系统

17.3.1 公务电话系统用于跨座式单轨交通各部门间进行公务通话及业务联系。公务电话系统由程控电话交换机、自动电话机及其附属设备组成。程控电话交换机宜设置在负荷集中、便于管理的地点，程控交换机间通过数字中继线相连。

在有条件的地方也可不建公务电话系统，将业务纳入城市公用电话网。

17.3.2 公务电话交换网与公用电话网本地电话局的连接方式宜采用全自动呼出、呼入中继方式，并可纳入本地公用电话网的统一编号。中继线的数量，应根据话务量大小和相关规定确定。

17.3.3 公务电话交换设备应具备综合业务数字网络（ISDN）功能。

17.3.4 对特种业务呼叫应能自动转接到市话网的"110"、"119"、"120"等。

17.3.5 公务电话交换网宜设置计费管理系统。

17.3.6 公务电话交换设备应具备完善的监控管理接口和功能，并设置维护终端。在控制中心宜设置集中网络管理设备，对全网内的公务电话交换设备进行统一管理。

17.3.7 公务电话交换机的容量应按下列原则确定：

1 近期容量应根据机构设置、定员、通信业务及日益增长的电话普及率或有关的基础数据及经济技术比较等因素确定；

2 远期容量应考虑发展的需要，当无资料可循时，可采用近期容量的2倍。

17.3.8 公务电话交换机至所管辖范围内的地区用户线传输衰耗不宜大于7dB。

17.3.9 采用全自动呼出、呼入中继方式的公务电话应采用统一用户编号，在交换网中宜采用：

"0"或"9"为呼叫市话电话的首位；

"1"为特种业务、新业务首位号码；

"2~8"为跨座式单轨交通用户的首位号码。

17.4 专用电话系统

17.4.1 专用电话系统是为控制中心调度员、车站、车辆基地、停车场的值班员组织指挥行车、运营管理及确保行车安全而设置的专用电话系统设备。

17.4.2 专用电话系统主要包括调度电话、站间行车电话、区间电话、车站和车辆基地及停车场内直通电话。

17.4.3 调度电话系统是供控制中心调度员与各车站、车辆基地、停车场值班员以及与办理行车业务直接有关的工作人员进行调度通信之用。调度电话系统包括行车、电力、防灾、环境与设备监控系统等调度电话。

17.4.4 调度电话系统由中心调度专用主控设备,车站、车辆基地、停车场专用主控设备,调度电话操作台,调度电话分机,多轨迹录音装置及维护终端等组成。调度电话操作台设置在控制中心各调度台上。

17.4.5 行车调度电话分机应设置在各车站行车值班员、车辆基地信号楼行车值班员等地点。

17.4.6 电力调度电话分机应设置在各变电所的主控制室和低压配电室及其他特殊需要的地点。

17.4.7 防灾、环境与设备监控系统调度电话分机应设置在各车站、车辆基地行车值班室或综合控制室以及车辆基地和控制中心的消防控制室等地点。

17.4.8 调度电话应满足如下要求:

　　1 调度电话操作台具有选呼、组呼、全呼分机和电话会议功能,任何情况下均不能发生阻塞;

　　2 调度电话分机可对调度电话操作台进行一般呼叫和紧急呼叫;

　　3 控制中心各调度电话操作台之间应有台间联络等功能;

　　4 调度电话系统应具有录音功能,其性能应保证实时记录通话用户名、双方通话内容、时间,并具有检索和监听功能。

17.4.9 车站专用直通电话供行车值班室或站长与本站内运营业务有关人员进行通话联系之用。车辆基地专用直通电话,可根据车辆基地作业性质设置:行车指挥电话、乘务运转电话、基地内调度指挥电话、车辆检修电话等。

　　车站、车辆基地、停车场专用直通电话采用辐射式直通电话方式。

17.4.10 站间行车电话是保证安全行车的专用电话设备,供相邻车站值班员间办理有关行车业务联系。

　　站间行车电话应设在各车站行车值班室或车站综合控制室,在其回线上不得连接其他电话。

17.4.11 区间电话是供列车司机和区间维修人员与邻站值班员及相关部门联系通话使用。可根据需要在信号机、道岔、接触网开关柜、通风机房、隔断门等处设置电话机箱。在隧道内的一般区段每隔150～200m设一处。

17.4.12 在选用的公务电话系统能满足专用电话以上功能时,专用电话系统也可纳入公务电话系统。

17.5 无线通信系统

17.5.1 跨座式单轨交通应设置无线通信系统为控制中心调度员、车辆基地调度员、车站值班员等固定用户与列车司机、防灾、维修、公安等移动用户之间提供通信手段。无线通信系统必须满足行车安全、应急抢险的需要。

17.5.2 无线通信系统采用的制式应符合现行国家有关技术标准,所采用的工作频段及频点应由当地无线电管理部门批准。无线通信系统根据业务需求应尽可能采用技术先进、功能齐全的数字集群移动通信方式,也可采用专用频道方式。

17.5.3 无线通信系统应采用有线、无线相结合的传输方式。中心无线设备通过光数字传输系统或光纤与车站、车辆基地、停车场的无线基站连接,各基站通过天线空间波传播或经漏缆的辐射构成与移动台的通信。

17.5.4 无线通信系统可根据运营需要设置行车调度、防灾调度、综合维修、公安、车辆基地调度等系统。

17.5.5 应按国家有关要求考虑地方公安、消防无线通信系统的设置。

17.5.6 无线通信系统应具有选呼、组呼、全呼、紧急呼叫、呼叫优先级权限等调度通信功能,并应具有录音和存储功能、监测功能等。

17.5.7 在紧急状态下控制中心应能通过无线通信系统的车载设备直接向列车内的乘客进行广播。

17.6 广播系统

17.6.1 广播系统应保证控制中心调度员和车站值班员向乘客通告列车运行以及安全、引导等服务信息,向工作人员发布作业命令和通知。

17.6.2 广播系统由控制中心设备和车站广播设备组成。控制中心和车站均应设置行车和防灾广播控制台。控制中心广播控制台可以对全线选站、选路广播;车站广播控制台可对本站管区内选路广播。广播设备应兼有自动和人工两种播音方式。

17.6.3 行车广播和防灾广播的区域应统一设置,并应符合现行国家标准《火灾自动报警系统设计规范》GB50116的规定。防灾广播应优先于行车广播。

17.6.4 广播系统在车站站台宜设置供客运服务人员可随时加入本站广播系统对站台作定向广播的装置。

17.6.5 广播系统负荷区宜按站台(侧式站分成上、下行站台)、站厅与行车直接有关的办公区域等进行划分。车站公共区扬声器布置应采用小功率密布方式,声场强度不论室内、室外均应大于噪声级10dB。负荷区各点的声场均匀度及混响指标应保证广播声音清晰、稳定。

17.6.6 广播系统功放设备总容量应按照所有广播负

荷区额定功率总和及线路的衰耗确定。功率放大器应按照 N+1 的方式进行热备用，系统应有功放自动检测倒换功能。

17.6.7 列车上应设置列车广播设备。列车广播设备应兼有自动和人工两种播音方式，同时可接收控制中心调度员通过无线通信系统对运行列车中乘客的语音广播。

17.6.8 车辆基地广播系统供车辆段行车调度指挥人员向与行车直接有关的车辆段内生产人员发布作业命令及有关安全信息等。

17.7 时钟系统

17.7.1 时钟系统应为各线、各车站提供统一的标准时间信息，为其他各系统提供统一的定时信号。时钟系统由中心一级母钟、车站和车辆基地的二级母钟、时间显示单元的子钟组成。

17.7.2 一级母钟设置在控制中心，二级母钟设置在各车站和车辆基地，子钟设置在中心调度室、车站行车值班室、变电所值班室、站厅、站台层及其他与行车直接有关的办公室等处所。

17.7.3 当设有数字同步网设备时，一级母钟应能接收外部全球卫星定位系统（GPS）基准信号并对一级母钟进行校准，一级母钟定时向二级母钟、控制中心的子钟及其他需提供统一时间信息的各系统发送时间编码信号用以校准；二级母钟产生时间信号提供给本站的子钟。母钟应具有万年历功能并具有年、月、日、时、分、秒输出与显示。子钟应能显示时、分、秒。

17.7.4 一级母钟自走时精度应在 10^{-7} 以上，二级母钟自走时精度应在 10^{-6} 以上。

17.7.5 一级母钟、二级母钟应配置数字式及指针式多路输出接口，一级母钟应配置数据接口，以便向其他各系统提供定时信号。

17.7.6 设置乘客信息系统的车站，当设有显示时间显示屏的地点可不设子钟。

17.8 闭路电视系统

17.8.1 闭路电视系统应为控制中心调度员、各车站值班员、列车司机、公安人员等提供有关列车运行、防灾、救灾及乘客疏导等方面的视频信息。

17.8.2 闭路电视系统应由中心控制设备、车站控制设备、图像摄取、图像显示、录制及视频信号传输等部分组成。

17.8.3 闭路电视系统在下列场所应设监视摄像机：售检票大厅、乘客集散厅、上下行站台、自动扶梯、出入口等公共场所，以及设置变电、道岔等重要设备的场所，根据需要也可在车辆客室及轨道线路两旁设置摄像机。摄像机安装位置宜为能摄取乘客正面图像处。

17.8.4 闭路电视系统应在控制中心行车调度员、防灾调度员、车站行车值班员、车站防灾值班员等场所设置控制、监视装置。在上下行站台列车停车位置设置监视装置，或把站台列车位置摄像信号送至司机室内监视器。车站及车上应对监视图像进行录像，控制中心可对各车站及车上的录像进行调放。

17.8.5 闭路电视系统的摄像机、监视器采用彩色或黑白 PAL/D 制式。室外摄像机应设全天候防护罩，并应适应最低 0.2 lx 的照度；室内摄像机应适应最低 2 lx 的照度。在室外及高架站的摄像机要考虑到光线的变化和阳光直射的影响。

17.8.6 闭路电视系统应具备监视、控制优先级、循环显示、任意定格与锁闭、图像选择、随时录像、摄像范围控制、字符叠加、远程电源控制等功能。

17.8.7 闭路电视系统视频信号的远距离传输可采用模拟或数字传输方式，本地视频传输信号宜采用视频同轴电缆传输。

17.8.8 公安闭路电视系统的建设，应按国家主管部门有关要求实施。

17.9 乘客信息系统

17.9.1 全线各车站及车辆客室内宜设置乘客信息系统。

17.9.2 乘客信息显示内容应包括列车到达动态信息、时间信息、乘客乘车须知、时事、新闻及其他内容，并在 FAS 系统报警时具有联动功能。

17.9.3 乘客信息系统传上列车的视频信号和列车内摄像机的视频信号传至控制中心的无线通道宜合建。

17.9.4 在站厅、站台及车辆客室内适宜位置宜设置乘客信息显示设备。

17.10 电源及接地系统

17.10.1 通信电源系统应保证对通信设备不间断、无瞬变地供电，并具有集中监控管理功能。通信电源设备应满足通信设备对电源的要求。

17.10.2 **通信设备供电应采用一级负荷。**

17.10.3 对要求直流供电的通信设备，应采用集中方式供电。直流电源基础电压为 48V，其他种类的直流电源电压应通过直流变换器供电。

17.10.4 对要求交流不间断供电的通信设备，应采用交流不间断电源（UPS）供电方式。

17.10.5 电源设备容量满足期限应符合下列要求：

　1　直流配电设备的容量应按远期负荷配置；

　2　整流器、直流变换器、逆变器、交流不间断电源设备的容量应按近期配置；

　3　蓄电池组的容量应按近期负荷配置，并应保证连续供电不少于 2h。

　蓄电池一般设置两组并联，每组容量应为总容量的 1/2。

交流不间断电源设备的蓄电池一般只设一组。

17.10.6 通信设备的接地系统设计，应做到确保人身、通信设备安全和通信设备的正常工作。

17.10.7 通信设备应采用综合接地方式，综合接地电阻值要求全年内不应大于 1Ω，分设室外接地体的保护接地及防雷接地的电阻值要求全年内不应大于 10Ω。

17.10.8 按分设地方式设置的不同接地体间的距离均应大于 20m。

17.11 通信用房技术要求

17.11.1 通信设备用房应根据设备合理布置的原则，确定机房、生产辅助及公共通信引入等用房的面积。通信设备用房可单建，也可与其他弱电系统合建。

17.11.2 通信机房的位置安排，除应做到经济合理、运转安全外，在技术上尚应考虑线缆引入方便、配线最短、楼层的承载能力和便于维修等方面的因素。

17.11.3 通信机房的面积均应按远期容量确定。

17.11.4 通信机房应满足通信设备的要求，应做到防尘、防潮、隔声。当通信设备有防静电要求时，应采取防静电措施。

17.11.5 在通信机房的设计中，应根据通信设备及布线的要求合理预留沟、槽、管、孔。

17.11.6 通信机房的室内最小净高应不小于 2.8m，其他辅助用房按一般办公用房工艺要求设计。

18 信 号

18.1 一般规定

18.1.1 跨座式单轨交通信号系统结构及设备配置应满足运营管理模式和行车组织方式的要求。

18.1.2 信号系统应由行车指挥和列车运行控制设备组成，并应设必要的故障监测和报警设备。

18.1.3 信号系统采用的器材、设备和技术指标应符合国家现行相关标准的规定。

18.1.4 信号系统宜采用配线简单、轨旁设备较少的列车自动控制系统。

18.1.5 涉及行车安全的设备及电路应符合"故障-安全"原则。

18.1.6 信号系统应具有高可靠性和高可用性。

18.1.7 信号车载设备不得超出车辆轮廓线，信号地面设备不得侵入设备限界。

18.1.8 信号系统必须满足环保要求并具有良好的电磁兼容性。

18.1.9 信号工程设计应满足现代化维护管理的需求。信号设备应便于维修、测试及更换。

18.1.10 设于高架线路或地面线路的信号设备应与城市景观相协调。

18.1.11 信号系统宜按远期设计年限设计，宜采用完整的 ATC 系统。

18.2 列车自动控制（ATC）系统

18.2.1 信号系统可采用下列闭塞制式的列车自动控制（ATC）系统：

  1 固定闭塞式 ATC 系统；

  2 准移动闭塞式 ATC 系统；

  3 移动闭塞式 ATC 系统。

18.2.2 ATC 系统应包括下列主要子系统：

  1 列车自动监控（ATS）系统；

  2 列车自动防护（ATP）系统；

  3 列车自动运行（ATO）系统。

18.2.3 ATC 系统选择应符合下列规定：

  1 ATC 系统应采用安全、可靠、成熟、先进的技术装备，并应具有较高的性价比；

  2 ATC 系统应满足运行能力，能实现故障弱化处理。当部分设备发生故障，在保障基本行车安全的前提下，可继续维持运行。

18.2.4 ATC 系统设计能力应符合下列要求：

  1 ATC 系统的监控范围应按所确定的建设规模设计，系统监控能力应与线路远期条件相适应；

  2 列车通过能力应按最大客流设计，折返能力应适应最大客流的要求；

  3 ATC 系统应能与车辆、通信、电力监控、防灾报警、环境监控、乘客向导、屏蔽门（或安全门）、道岔和车辆段设备等系统接口。

18.2.5 ATC 系统应能具备下列控制功能：

  1 控制中心自动控制；

  2 控制中心人工控制；

  3 车站自动控制；

  4 车站人工控制。

18.2.6 列车运行应具有下列驾驶模式：

  1 无人驾驶的全自动运行（ATO）模式；

  2 司机监督驾驶的列车自动运行（ATO）模式；

  3 司机人工驾驶的 ATP 自动防护模式；

  4 限制人工驾驶模式（限制列车低速运行，司机随时准备停车）；

  5 非限制人工驾驶模式（ATP 切除，完全由司机保障安全）。

18.2.7 车辆段及停车场宜部分纳入 ATC 监控范围，其纳入部分的系统和设备应与信号系统正线设备相同。

18.3 列车自动监控（ATS）系统

18.3.1 列车自动监控（ATS）系统应具有下列主要功能：

  1 列车自动识别、跟踪、车次号显示；

2 列车运行和设备状态自动监视；

3 自动进路和自动信号的控制；

4 运行图编制及管理；

5 列车运行自动调整（ATR）；

6 操作与数据记录、输出及统计处理；

7 计划与实际运行图的描绘；

8 系统故障时降级使用及故障复原处理；

9 列车运行模拟及培训、培训和运行数据回放。

18.3.2 列车自动监控（ATS）系统应符合下列基本要求：

1 ATS 系统可监控一条或多条运营线路。监控多条运营线路时，应保证各条线路具有独立运营和混合运营的监控能力；

2 ATS 计算机系统及网络系统应采用冗余技术，控制中心应设调度员工作站、调度长工作站、运行图编辑工作站、培训/模拟工作站、维护工作站以及其他必要的设备；调度员工作站的设置数量，应根据在线列车对数、线路长度和车站数量等因素合理配置；

3 控制中心宜采用背投显示屏、液晶显示器与鼠标的组合设备，车站宜采用液晶显示器与鼠标的组合设备；

4 对行车组织无折返交路要求但可形成折返进路的有道岔车站，应按折返站处理；

5 列车出入车辆段及停车场的能力应与正线行车能力相适应；

6 列车进路控制应以联锁表为依据，根据运行图和列车识别号等条件实现自动控制；

7 在车站端头应设置用以提示发车时刻的发车表示器，发车表示器应采用数字显示方式；

8 ATS 系统数据传输应满足下列要求：

　　1） 系统容量、传输速率和传输距离应满足系统实时监控的需要、满足行车指挥的要求；

　　2） 数据传输应具有差错控制能力；

　　3） 数据传输网络应具有冗余措施，主备通道应能实现自动和人工切换；

　　4） ATS 子系统宜采用通信的传输通道进行数据传输。

9 ATS 系统应从通信时钟系统获取标准时钟信息。

18.4 列车自动防护（ATP）系统

18.4.1 列车自动防护（ATP）系统应具有下列基本功能：

1 检测列车位置，实现列车间隔控制和进路的正确排列；

2 监督列车运行速度，实现列车超速防护控制；

3 防止列车误退行等非预期的移动；

4 为列车车门、站台屏蔽门和安全门的开闭提供安全监控信息；

5 记录司机的操作和设备运行状况。

18.4.2 在车辆段和停车场，为了防止列车司机误认信号闯入道岔端梁，应设置"误出发"控制设备。

18.4.3 列车自动防护（ATP）系统应符合下列规定：

1 ATP 系统应由列车自动防护的轨旁设备、车载设备和控制区域内的联锁设备组成；

2 ATP 系统应按双方向运行设计；

3 闭塞分区的划分或列车运行安全间隔，应通过列车运行模拟确定。在安全防护地点运行方向的后方应设安全防护距离并留有余量，安全防护距离应通过计算确定；

4 ATP 系统应采用连续式速度控制方式，信息传输和列车位置检测可采用环线、无线、应答器等方式实现；

5 根据线路运行和维护的需要，可对特定范围设置临时限速；

6 在车站站台上或车站控制室应设置紧急停车按钮，当启动紧急按钮时，应切断车站一定范围内的全部速度命令，且应切断地面信号机的信号开放电路，以确保列车在一定范围内的紧急停车。

18.4.4 ATP 车载设备应符合下列规定：

1 应以导致列车停车为最高的安全准则，任何地对车通信中断、列车超速、列车的非预期移动等均应导致安全性制动；

2 执行紧急制动时，应切断列车牵引，列车停车过程中不得中途缓解；

3 车门控制应在满足列车正确停站后才允许发出只有靠站台侧车门的开门命令；

4 车载设备应具有自检功能，一旦发现有危及行车安全的故障，立即给出紧急制动指令。

18.4.5 联锁设备应符合下列基本要求：

1 车站、车辆段和停车场应采用计算机联锁，计算机联锁设备应能实现站控；

2 联锁设备必须符合"故障—安全"的原则，应采用必要的冗余和安全技术，并应具有故障诊断和报警能力；

3 确保进路上的道岔、信号机和区段的联锁正确，一旦联锁条件不符时，禁止进路开通。敌对进路必须相互照查，不得同时开通；

4 联锁设备应能实现进路锁闭、区段锁闭及人工锁闭。并能实现道岔的单独操纵和进路选动。影响行车效率的联动道岔宜采用同时启动方式；

5 有引导信号的信号机当信号不能开放时，应能通过引导信号实现列车的引导作业；

6 进路控制宜采用进路的始终端控制方式，根据需要联锁设备可实现车站有关进路、端站折返进路的自动排列；

7 联锁设备的操纵宜选用显示器加键盘鼠标，也可采用单元控制台。

18.4.6 联锁与道岔的接口应满足下列要求：

1 信号系统与道岔的接口分界点在道岔手动控制柜的外线端子；

2 信号联锁设备提供控制道岔的目标转辙信号，道岔系统提供与实际相符的道岔位置表示、道岔设备故障信号；

3 信号系统负责提供道岔现场办理条件及其他必要的道岔接口信息；

4 信号系统与道岔的接口电路应相互协调，满足与道岔接口电路的要求，道岔动作、表示电路接口采用安全型继电接口。

18.4.7 地面信号机设置和显示应符合下列原则：

1 设置原则应符合以下规定：

1）信号机宜采用 LED 光源构成的色灯式信号机；

2）信号机应设置在列车运行方向的右侧，若右侧安装确有困难时可设在左侧；

3）车站根据需要可设出站信号机，道岔应设信号机防护，站间可不设区间通过信号机；

4）车辆基地、停车场应设进、出车辆段或停车场的信号机，有调车作业的区域应设调车信号机；

5）进站、进车辆段和停车场的信号机及道岔防护的信号机应设引导信号机。

2 信号机显示方式应符合下列规定：

红灯——进路未开通，禁止通过该架信号机；

黄灯——准许列车按车内限速要求通过该信号机，并准备停车。信号系统降级运用时，按照有关行车规定速度的限速要求通过该信号机，并准备停车。

绿灯——准许列车按车内限速要求通过该信号机。信号系统降级运用时，按照有关行车规定速度的限速要求通过该信号机。

红灯+黄灯——引导信号，准许列车在该信号机前方不停车，以不超过 15km/h 速度运行，并随时准备停车；

月白灯——允许调车。按照有关行车规定速度的限速要求通过该信号机。

18.5 列车自动运行（ATO）系统

18.5.1 列车自动运行（ATO）系统应具有下列主要功能：

1 站间自动运行；

2 车站定点停车；

3 在折返站或线路进行有人或无人驾驶自动折返；

4 列车运行自动调整；

5 列车运行节能控制；

6 列车车门开关的自动监控。

18.5.2 列车自动运行（ATO）系统应具有下列基本要求：

1 ATO 系统必须在已装备有 ATP 系统的条件下安装使用；

2 根据线路条件、道岔状态、前方列车位置等实现列车速度自动控制；列车在区间停车后，在条件具备的情况下实现列车的自动启动；列车在车站停站后，发车时间到，列车可自动启动或由司机操作启动；

3 ATO 应能提供多种区间运行模式，满足不同行车间隔的运行要求，适应列车运行调整的需要；

4 ATO 应能自动精确对位停车，停车精度应满足停站、折返和存车作业的要求；安装有屏蔽门或安全门的车站列车停车精度宜为±0.3m；

5 ATO 控制过程应满足舒适度和快捷性的要求；

6 ATO 应能控制列车实现车站通过作业。

18.6 车辆基地及停车场信号系统

18.6.1 车辆基地及停车场的信号系统应包括下列主要设备：

1 车辆基地停车场 ATS 分机；

2 计算机联锁设备；

3 试车线信号设备；

4 信号培训设备；

5 日常维修和检查设备。

18.6.2 车辆基地及停车场信号系统应满足以下基本要求：

1 车辆基地设进、出车辆基地信号机，根据需要设调车信号机；进、出车辆基地信号机以显示禁止信号为定位；停车场各种信号机的设置，应根据其运营要求和控制方式等确定；

2 进车辆基地信号机应由车辆基地控制，出车辆基地信号机应由控制中心监控；根据车辆基地和停车场的运行模式和作业特点，可部分或全部纳入ATC 的控制范围；全部纳入 ATC 控制时，可实现自动出入车辆基地和停车场；

3 试车线信号系统地面设备的布置，应满足信号车载设备等双向试车的需要，其地面设备应与正线信号系统的设备相同。

18.7 信 号 供 电

18.7.1 信号系统供电应为一级负荷。

18.7.2 信号系统采用集中电源和分路馈电方式，其专用交、直流电源应对地绝缘。

18.7.3 电源电压波动超过用电设备正常工作范围

时，应采取稳压和滤波等措施。

18.7.4 车载设备电源应采用车上直流电源或经变流设备供电，并应设过压和过流保护。

18.7.5 信号系统应采用专用的电源屏及配电屏供电，并应具有主、副电源自动和手动切换装置，切换时不得影响用电设备正常工作。

18.7.6 计算机系统应采用不间断电源，并由专用的电源屏供电。行车指挥中心系统、车站及轨旁设备子系统的不间断电源、后备电源供电时间不应小于30min。

18.8 电磁兼容与防护

18.8.1 电磁兼容应满足下列要求：

1 信号系统及设备应保证电磁干扰不影响其安全性和可靠性，并应采用屏蔽、滤波、接地、隔离、平衡以及其他技术措施，保证设备具有良好的电磁兼容性能；

2 消除电磁辐射、感应、传导和静电释放等干扰因素对信号设备的正常工作产生影响；信号设备及部件也应防止对其他系统、运营范围内以及附近系统的正常工作产生电磁干扰；

3 信号设备在正常工作时间向设备外部可能发射的电磁干扰，应符合电源和机箱端口试验项目有关规定的电磁发射限值要求。

18.8.2 信号系统防护应符合下列规定：

1 信号设备与供电接触轨之间应留有安全距离。信号电缆线路与强电线路应分开敷设，当有交叉时宜相互垂直交叉敷设，必要时应采取防护措施，动力电缆与信号电缆的最小平行间距宜大于0.5m；

2 室外信号设备与外线连接的室内设备应具有雷电防护措施，并应保证设备受雷电干扰时不得错误动作。

18.8.3 信号设备应设工作地线、保护地线和防雷地线，并宜采用综合接地系统，其接地电阻值不应大于1Ω。

18.8.4 信号设备室应设主接地板，并通过主接地板接地。

18.8.5 车载设备的地线应经车辆的接地装置接地。

18.9 其 他

18.9.1 信号系统电缆应满足下列要求：

1 地下区间、车站电缆应采用无卤、低烟、阻燃型电缆；地面、高架区间、车站宜采用低烟、防紫外线、难燃型电缆；

2 电缆芯线或芯对应有一定的备用量。

18.9.2 信号设备用房应满足下列要求：

1 信号设备室面积应留有适当余量，以备设备增加、更新倒换；

2 信号设备室适应设备运行环境的要求，应

设置空调和防静电地板；

3 信号设备室应按无人值守设计；

4 信号设备室内最小净高不应小于2.8m。

19 自动售检票系统

19.1 一 般 规 定

19.1.1 跨座式单轨交通应设自动售检票（AFC）系统。

19.1.2 自动售检票系统的设计能力应满足远期超高峰客流量的需要。自动售检票设备的初期配置容量及数量应按近期超高峰客流量计算确定，并应按远期超高峰客流量预留位置与安装条件。

19.1.3 自动售检票系统宜按封闭式多级计程计时票价方式设计。售票可采用自动和人工两种方式，检票应采用自动方式。

19.1.4 自动售检票系统设计应结合城市轨道交通线网规划考虑线路间付费区换乘及清分，系统设计应符合城市轨道交通自动售检票系统有关的国家现行标准，并应适应线网发展的要求。

19.1.5 城市轨道交通线网清分系统的原始数据宜采取异地容灾措施。

19.1.6 自动售检票系统的设计应以可靠性、安全性、开放性、可维护性和扩展性为原则，并应考虑经济性。

19.1.7 自动售检票系统应预留系统功能升级和外接设备数量扩展的软、硬件接口。系统升级和扩容不应影响已运营系统的正常使用。

19.1.8 自动售检票系统应具备多级别用户权限管理功能，防止非法操作。

19.1.9 自动售检票系统应能实现与车站建筑、通信、供电、FAS等相关系统的接口。

19.1.10 自动售检票系统应能满足跨座式单轨交通各种运营模式和票务模式的要求。

19.1.11 自动售检票系统应具备抗电磁干扰的能力和适应车站环境条件。

19.1.12 自动售检票系统应选用操作方便、快速的设备，并应有清晰的提示提醒功能。车站售检票设备还应操作简单，使用安全。设备对人的不规范操作应有一定容错能力，不能因操作错误导致设备不能正常工作。

19.1.13 需乘客身体接触的售检票设备，其所有金属接触部分应充分考虑漏电保护及可靠接地措施，保证乘客安全使用。

19.1.14 自动售检票系统的设备应具有24h不间断工作的能力。

19.2 自动售检票系统的构成

19.2.1 自动售检票系统应由城市轨道交通线网清分

系统、线路中央计算机系统、车站计算机系统、车站售检票设备、各种车票和传输系统等组成，并宜与城市"一卡通"清算系统相连接。

19.2.2 城市轨道交通线网清分系统应设置在城市轨道交通运营清分中心，并应由通信服务器、系统服务器、数据库服务器、编码分拣机、网络设备、各种功能的工作站、不间断电源（UPS）和高速打印机等构成。

19.2.3 线路中央计算机系统可设置于控制中心、车站或车辆基地，应由通信服务器、系统服务器、数据库服务器、编码分拣机、网络设备、各种功能的工作站、不间断电源（UPS）和高速打印机等构成。

19.2.4 车站计算机系统应由车站计算机、网络设备、各种工作站、紧急按钮、不间断电源和打印机等组成。

19.2.5 车站自动售检票系统设备应由半自动售票机、自动售票机、自动充值机、自动（进出站）检票机、验票机等组成。

19.2.6 车票宜采用非接触式集成电路卡，主要有单程票和储值票两种基本类型。

19.3 自动售检票系统的功能

19.3.1 城市轨道交通线网清分系统应具备下列主要功能：

1 接受城市"一卡通"清算系统下发的储值票、系统运行参数、交易结算数据、账务清分数据及黑名单等；

2 向城市"一卡通"清算系统上传"一卡通"储值票原始交易数据；

3 接受线路中央计算机系统上传的车票原始交易数据；

4 对系统参数进行统一设置、维护和管理。向线路中央计算机系统下发系统运行参数、运营模式、交易结算数据、账务清分数据、黑名单及票卡调配管理指令等；

5 对系统密钥和各用户权限进行统一管理及密钥下载；

6 对流通于城市轨道交通各线路的专用车票统一进行初始化、赋值、使用和库存管理，满足在城市轨道交通线网内"一票换乘"的要求，完成对各线路及不同运营商交易数据和收益的清分。

19.3.2 线路中央计算机系统应具备下列主要功能：

1 接受城市轨道交通线网清分系统下发的系统运行参数、运营模式、交易结算数据、账务清分数据、黑名单及票卡调配管理指令等；

2 向城市轨道交通线网清分系统上传单程票、储值票原始交易数据；

3 接受车站计算机系统上传来的车站售检票设备的数据，包括设备状态数据、车票交易数据、设备维修数据等；

4 向车站计算机系统和车站售检票设备下发系统运行参数、运营模式及黑名单等；

5 对所采集数据按类型和用途进行分类处理，以满足系统监控、运营管理及运营部门决策分析的需要；

6 对重要数据应具有自动备份和恢复功能；

7 对车票进行跟踪管理，能提供车票交易历史数据、车票余额等信息的查询及黑名单管理功能；

8 对不同人员的操作权限能进行设置和管理；

9 具有集中设备维护和网络管理功能。

19.3.3 车站计算机系统应具备下列主要功能：

1 接受线路中央计算机系统下发的系统运行参数、运营模式及黑名单等，并下传给车站售检票设备；

2 采集车站售检票设备原始交易数据和设备状态数据，并上传给线路中央计算机系统；

3 对车站售检票设备的运行状况进行实时监控，并能显示设备的工作状态及故障状态等信息；

4 完成车站各种票务管理工作，自动处理当天的所有数据和文件，并能生成定期的统计报表；

5 当线路中央计算机系统发生故障或通信中断时能独立工作。

19.3.4 车站售检票设备应具备下列主要功能：

1 接受车站计算机系统下发的系统运行参数、运营模式及黑名单等；

2 向车站计算机系统上传原始交易数据和设备状态数据；

3 具有正常运行、故障停用、测试、检修、停止服务以及紧急运行模式等；

4 当与车站计算机间的数据传输通道中断时，能独立运行，并保存信息。中断恢复后，能自动将保存的信息发送到车站计算机；

5 自动售票机应根据乘客所选到站地点或票价自动进行计费、收费、发售车票，并应预留城市轨道交通线网线路增加时的相关接口和扩展条件；

6 半自动售票机应具有权限登录功能，可通过人工收费和操作设备出售车票，以及为乘客办理退票、补票、验票和更换车票等服务；

7 进出站自动检票机应能检验车票的有效性控制阻挡装置动作，出站应扣除相应车费或回收指定类型车票；当车站处于紧急状态或设备失电时，自动检票机应能通过车站计算机、FAS、紧急按钮、就地操作或自动控制，将其置于放行状态；

8 自动充值机应能根据乘客所选定的充值金额自动进行收费，对储值票进行充值和查验；

9 验票机应能检查车票的合法性、有效性，显示余值、乘次等信息；查询储值票最近历史交易记录,提供购票流程、票价表、运营时间、线路图等运营和票务信息。

19.3.5 车票应符合下列规定:

　　1 车票宜采用非接触式集成电路卡车票,卡的选型应符合城市轨道交通自动售检票联网收费卡技术标准或规范,并与城市"一卡通"卡技术标准相兼容;

　　2 宜根据城市轨道交通线网规划对单程票和储值票进行规划及卡选型。

19.4　自动售检票系统与相关系统的接口

19.4.1 城市轨道交通线网清分系统应设有与城市"一卡通"清算系统的通信接口,其接口应符合城市"一卡通"清算系统相关技术标准或规定。

19.4.2 城市轨道交通线网清分系统宜通过城市轨道交通专用通信传输通道或电信网与线路中央计算机系统进行数据通信。

19.4.3 线路中央计算机系统应通过线路通信专用通道与车站计算机系统进行通信。

19.4.4 线路中央计算机系统应能接受通信提供的标准时间信号,实现本系统与其他系统的时间同步。

19.4.5 车站计算机系统应能接收防灾报警信号,控制车站售检票设备转入紧急运行模式。

19.4.6 **城市轨道交通线网清分系统、线路中央计算机系统及各车站自动售检票系统的供电应采用一级负荷。**

19.4.7 自动售检票系统设计时,应提供对车站和相关建筑预理管线、箱、盒等的安装和敷设要求及设备和票务管理等用房要求。

19.4.8 车站售检票设备的外形、尺寸、重量及安装条件应符合车站总体要求,并应与车站协调一致。

19.4.9 系统接地宜采用综合接地方式,接地电阻值不应大于1Ω。

20　环境与设备监控系统

20.1　一般规定

20.1.1 跨座式单轨交通应针对其特点、城市的气候环境和其他相关条件,设置不同规模、水平的环境与设备监控系统(BAS)。

20.1.2 BAS的设置应遵循集中监控管理、分散检测控制、资源共享的基本原则。

20.1.3 BAS应满足运营管理和各设备系统的要求。

20.1.4 地面及高架车站设置的BAS可简化配置,监控对象主要为车站照明、电梯和自动扶梯、空调、给排水泵等。

20.2　系统设计原则

20.2.1 BAS宜采用分布式计算机系统,由中央监控管理级、车站监控管理级、现场控制级及相关传输网络组成。

20.2.2 火灾自动报警系统(FAS)与BAS独立设置时,系统之间应设置高可靠性通信接口,防排烟系统与正常的通风系统合用的设备由BAS统一监控,火灾工况应由FAS发布火灾模式指令,BAS优先执行相应的控制程序。

20.2.3 FAS、BAS综合集成时,集成平台宜为车站级及以上平台。

20.2.4 BAS纳入综合监控系统时,宜从车站级构建综合集成系统平台。BAS应主要通过工业级控制器实行对现场相关机电设备的监控,车站级、中央级的功能应由综合监控系统实现。

20.2.5 BAS监控对象应包括下列系统:

　　1 通风空调;

　　2 车站环境;

　　3 给排水设备;

　　4 照明系统及导向指示;

　　5 自动扶梯、自动人行道、电梯;

　　6 安全门、屏蔽门、防淹门等。

20.3　系统运行模式及基本功能

20.3.1 BAS应能提供设备运行状态、环境参数,并将有关数据集中存储、分析,实现设备运行管理自动化。

20.3.2 BAS按照线路的运行模式应分为正常模式、阻塞模式、故障模式、灾害模式。

20.3.3 BAS监控内容应满足运营实际需要,并应符合现行国家标准《地铁设计规范》GB 50157、《智能建筑设计标准》GB/T 50314等有关规定。

20.4　硬件设备配置

20.4.1 BAS设备应选择具备可靠性、可用性、可维护性的工业级控制产品;地下车站及区间事故通风系统与防排烟系统的监控宜采用冗余措施。

20.4.2 中央级硬件应按下列要求配置:

　　1 配置两台操作工作站,并列运行或采用冗余热备技术;

　　2 配置一台维护工作站,监视全线BAS运行情况;

　　3 配置一台实时数据库服务器,一台历史数据库服务器,且两台服务器可互为冗余;

　　4 至少配置一台事件信息打印机及一台报表打印机;

　　5 配置在线式不间断电源,后备时间不应小于1h;

　　6 配置模拟屏或大屏幕投影系统,其设计应与相关系统协调一致,统一设置;

　　7 与时钟系统实现时间同步。

20.4.3 车站级硬件应按下列要求配置：

1 配置工控计算机作为车站级工作站，地下车站可考虑冗余配置；

2 配置在线式不间断电源，后备时间不应小于30min；

3 配置一台打印机，兼作事件和报表打印机；

4 配置车站手动应急控制盘（IBP 盘），作为BAS灾害工况自动控制的后备措施，其操作权限高于车站和中央工作站，盘面应以火灾工况操作为主，操作程序应力求简便、直接；根据需要也可增加其他系统的紧急手动控制按钮；

5 操作工作站不应兼有网关功能；

6 若设置综合监控系统，上述设备由综合监控系统实现，BAS应提供功能需求和技术支持。

20.4.4 现场设备、硬件的配置应符合下列要求：

1 BAS现场监控设备应选用具有工业级标准的可编程逻辑控制器；

2 控制器宜采用可扩展性、易维修的模块化结构，并具有远程编程功能；

3 输入输出模块可具备带电插拔功能及必要的隔离措施；

4 传感器的输出应选用标准电信号；

5 系统应具有抑制变频器谐波及防噪声干扰的措施。

20.5 软件基本要求

20.5.1 软件系统应与硬件系统配置相适应，应在成熟、可靠、开放的监控系统软件平台的基础上，按照跨座式单轨交通功能需求开发应用软件。

20.5.2 软件系统应采用模块化结构，应具有良好的开放性和扩展性。

20.5.3 系统软件应具有良好的组态功能，应能根据运营模式需要，可集成如FAS等相关系统的监控工作站软件功能。

20.5.4 应用软件应按照中央级、车站级、现场控制级三层次编制。

20.5.5 软件体系应具备完整的系统维护和诊断功能，以及良好的人机界面。

20.6 系统网络结构与功能

20.6.1 网络结构应符合下列规定：

1 BAS系统网络应包括中央级监控局域网、车站级监控局域网、现场总线控制网络，以及连接中央级与车站级、车站级与现场级的传输网络；

2 中央级局域网、车站级局域网以及现场总线控制网络可冗余设置；

3 中央级与车站级之间的传输网络应由通信系统提供；

4 车站级监控局域网与现场总线控制网络应通过车站主控制器连接。

20.6.2 中央级网络应具备以下功能：

1 中央级监控网络应通过通信传输网与车站级监控网络相连；在任一车站工作站和中央工作站的故障或退出，均不应造成网络通信中断；

2 通信传输网为BAS数据传输提供所需的传输通道。

20.6.3 车站级网络应具备下列功能：

1 车站级局域网主要负责连接车站工作站、主控制器以及其他通信设备及外围设备，并应保证数据传输实时可靠，以及具备良好的开放性和采用标准通信协议；

2 车站级局域网应具备良好的抗电磁干扰能力。

20.6.4 现场级总线控制网络应具备下列功能：

1 现场总线控制网络应将车站主控制器与从控制器、远程I/O模块、智能仪表等设备联系起来；

2 现场总线可实现系统的分散控制；

3 现场总线控制网络传输协议应符合相关国家标准的规定；

4 适应跨座式单轨交通现场环境及具有抗电磁干扰能力。

20.6.5 系统网络的技术指标应满足下列要求：

1 各级监控网络冗余热备设备的切换时间不应大于2s；

2 画面刷新时间不应大于2s；

3 系统平均无故障时间应大于10000h；

4 系统单台设备平均修复时间不应大于0.5h。

20.7 系统布线及接地

20.7.1 BAS管线布置应具有安全可靠性、开放性、灵活性、可扩展性及实用性。

20.7.2 BAS布线应考虑周围环境电磁干扰的影响。

20.7.3 BAS的信号线与电源线不应共用一条电缆，也不应敷设在同一根金属套管内。

20.7.4 采用屏蔽布线系统时，应保持系统中屏蔽层的连续性，以满足系统接地的可靠性。

20.7.5 BAS的电缆屏蔽层宜采用一点接地。

20.7.6 所有BAS现场机柜均应接地。

20.7.7 BAS的控制器和计算机设备宜根据相应产品或系统的要求采用一点接地或浮空地。

20.7.8 接地电阻值不应大于1Ω。

21 运营控制中心

21.1 一般规定

21.1.1 为确保跨座式单轨交通列车安全、可靠和高效地运行，对运营过程实施全面的集中监控和管理，应建立运营控制中心（OCC）。

21.1.2 控制中心应具有对跨座式单轨交通全线的列车运行、电力供给、环境状况及车站设备、票务运行等全过程进行集中监控、统一调度指挥和管理的功能。

21.1.3 控制中心应设置信号、火（防）灾自动报警、环境与设备监控、电力监控、自动售检票和通信等系统中央级设备；也可根据需要配备其他与跨座式单轨交通运营、管理和安全有关的系统和设备。

21.1.4 控制中心应由中央控制室、上述各系统中央级设备用房及其维护管理用房、附属设备用房、运营管理及生活用房等组成。

21.1.5 控制中心可单条线路建设，也可多条线路合建或与城市其他的轨道交通线路合建。

21.1.6 控制中心的总体布置应考虑安全可靠，操作、维修及管理方便，运营成本低廉等，并应根据运营管理模式、控制线路的数量及线路长度、系统配置、设备类型及设备数量等，经济合理地确定控制中心的规模及装修标准，且应适当预留未来发展的余地。

21.1.7 控制中心的位置宜选择在靠近城市道路干线、跨座式单轨交通车站附近和接近监控对象的中心地带，以方便运营管理及各系统的连接。当与其他轨道交通线路合建时，宜选择在能兼顾多条线路的地方。

21.1.8 控制中心应具有高度的安全性和可靠性，宜单独修建，当与其他用房合建时，应满足其安全性和可靠性的要求。

21.1.9 控制中心的建筑、装修及辅助设备等应满足各系统设备的工艺要求，为上述系统和设备、调度及运营管理人员提供良好的运行环境和工作环境。

21.2 功能分区与总体布置

21.2.1 控制中心按功能可划分为运营操作区、设备区、运营管理区、维修区及辅助设备区。各功能区的设置应与运营管理体制和运行模式相适应。

21.2.2 运营操作区应靠近设备区和运营管理区，设备区和维修区宜相邻设置。

21.2.3 中央控制室和设备区不宜设在建筑物的顶层和地下。

21.2.4 根据运营需要可设置参观室，参观室应与中央控制室相邻设置，宜设在中央控制室后方、后上方夹层或楼层上。参观室与中央控制室之间宜用玻璃隔断。

21.2.5 运营操作区设中央控制室，并应作为独立的安全分隔区，进入中央控制室前应设缓冲区，并宜配置保安设施。中央控制室各系统设备的布置及设计应满足下列要求：

　　1 室内只设置与运营有关的系统和设备，与运营、管理和安全无关的系统和设备不宜进入，并不得安装大功率的电器设备及其他动力设备；

　　2 室内设备布置应整齐、紧凑，便于观察、操作和维修，并便于调度人员行动和疏散。调度台的布置不能遮挡住正常观察模拟屏的视线；

　　3 室内总体布置应以行车指挥为核心进行各调度台和模拟显示屏的布置，应便于行车调度、电力调度、环控调度、防灾调度、维修调度和总调度之间的信息沟通；

　　4 中央控制室应具备紧急事件指挥中心的功能，宜在中央控制室设置运营决策和应急处理工作区域或在中央控制室邻近设置应急事件指挥室；

　　5 各系统模拟屏宜统一考虑，调度台和模拟屏宜呈弧形布置，模拟屏的屏前和屏后、调度台的台前和台后应留有足够的操作和维护作业空间，并预留近期和远期发展位置；调度台距模拟屏的通道宽度宜大于2.5m，模拟屏后侧与墙壁之间的距离宜大于1.2m；

　　6 当中央控制室的规模按多条线路设计时，可按线路进行划分，将每条线路的行车调度、电力调度和环控调度台等集中布置；

　　7 当按扇形方式分层展开布置设备时，在扇形的中间位置，向上展开的角度按15°考虑，向左右展开的角度按120°考虑。

21.2.6 设备区各系统设备用房的布置和设备房内设备的布置及设计应满足下列要求：

　　1 设备区设备房的布置，根据运营管理模式，可按系统划分或按线路划分，采用封闭式布置或通透开放式布置；

　　2 设备区各系统设备房的布置楼层宜以方便运营管理、体现安全性和重要性为原则；

　　3 设备区设备房的室内布置应力求整齐、紧凑，便于观察、操作和维修；

　　4 设备布置应使设备之间的连线短，外部管线进出方便；

　　5 大功率的强电设备不得与弱电设备混合安装和布置；各电气系统设备用房不得有水管穿过，风管穿过时应安装防火阀。

21.2.7 运营管理区宜根据跨座式单轨交通中央级运营管理的需要配置相应的运营管理用房，设置必要的办公、管理和生活设施。

21.2.8 维修区宜设置系统维修、测试、备品备件及工器具等用房，以及系统维修机构办公、值班室等。维修区上述用房各系统可共用或分设。

21.2.9 辅助设备区各系统设备用房的布置及设计应满足下列要求：

　　1 辅助设备区宜设置供电和低压配电、通风和空调、水消防和自动灭火系统、给排水等系统设施用房；

　　2 供电和低压配电、空调、水消防及给排水等辅助系统设施宜设置在地下层，通风系统和自动灭火系统等宜设置在各层距用户较近的场所。

21.3 建筑与装修

21.3.1 控制中心的建筑布局应符合下列规定：

1 控制中心的建筑应满足工艺设计要求，并力求实用、经济、简洁、美观；

2 控制中心建筑分类为多（高）层一类公共建筑，耐火等级为一级，屋面防水为二级；

3 中央控制室室内的净高应结合房间面积大小及视线的要求进行设计，不宜低于4m；其他设备用房净高不应低于3m；

4 中央控制室内各调度台之间应设有通道，当距门最远的调度台通道距离超过10m以上时，应设两个出入口与外部相连，至少有一个门的宽度为1.2m、高度为2.3m，并应符合国家现行消防规范的有关规定；

5 控制中心与其他建筑合建时，应具有独立性、安全性和可靠性，同时应设置独立的进出口通道，并满足紧急情况下的疏散要求。

21.3.2 控制中心的建筑装修在满足工艺要求的同时应符合下列规定：

1 建筑装饰装修工程所用材料应符合国家现行有关建筑装饰装修材料有害物质限量标准的规定；

2 建筑装饰装修工程所使用的材料应按设计要求进行防火、防腐和防虫处理，并应符合现行国家标准《建筑内部装修设计防火规范》GB 50222 的有关规定；

3 中央控制室宜设吊顶，以满足敷设通风管道和管线的要求；

4 地面应装设防静电活动地板，并应考虑各调度台的系统管线接口及电源插座，设备不应直接安装在活动地板上；

21.3.3 控制中心结构设计除应满足国家现行规范外，对特殊设备荷载应根据要求单独计算确定，并应考虑设备运输、安装时的最不利情况。结构安全等级应按一级设计。

21.3.4 控制中心建筑和结构设计应满足建筑节能标准的要求。

21.4 布 线

21.4.1 电缆通道、电缆间宜靠近相关的设备用房，且强、弱电系统应分别设置。

21.4.2 电缆的选择和管线的敷设除应满足各自系统的要求外，还应符合消防和电气等现行规范的规定。管线敷设应尽量做到线路短、交叉少。

21.4.3 竖向布线宜采用电缆井敷线方式。

21.4.4 水平布线宜采用电缆夹层敷线方式（电缆楼层夹层、吊顶夹层、活动地板夹层），并应根据夹层的具体情况，分层分区设置电缆桥架或汇线槽，将动力电缆和弱电电缆分开敷设。

21.4.5 中央控制室和设备房内不宜外露电线、电缆和管线；无关管线不宜穿过中央控制室和设备房。

21.4.6 控制中心楼层间、房间之间的各种管线孔洞设计应便于严密封堵。

21.5 供电、防雷与接地

21.5.1 控制中心宜单独设置降压变电所，降压变电所应设两台动力照明变压器，分别引入两路相对独立的电源供电，满足控制中心一、二、三级负荷的需要。当一台变压器退出运行时，另一台变压器至少可满足全部一、二级负荷的需要。

21.5.2 需要不间断电源供电的系统设备，宜根据各系统设备的供电要求集中设置。

21.5.3 控制中心应根据电气等现行规范的规定设置防雷接地。

21.5.4 控制中心宜设置综合接地装置，接地电阻值不应大于1Ω。通信、信号、防灾报警、环境与设备监控等弱电系统设备接地应从综合接地装置上单独接引，并应与强电系统接地装置分开设置。

21.6 照明与应急照明

21.6.1 控制中心应设置一般照明与应急照明，照明的控制宜采用集中控制方式。照明灯具宜选择节能型、散射效果好、使用寿命长且维修更换方便的灯具。灯具布置宜与建筑装修和设备布置相协调。

21.6.2 中央控制室的照明设计应满足下列要求：

1 中央控制室的照明应柔和均匀，无眩光；灯具布置要美观、合理，并应考虑模拟屏和操作台面最大照度的需要。灯具应嵌入吊顶内，组成光带；操作台面上应无阴影，室内照明均匀度不宜低于0.7，照明应采用调光控制及分区控制；

2 当中央控制室采用马赛克式模拟屏时，模拟屏前区和操作台面距地面0.8m处的照度宜为150～200lx；

3 当中央控制室采用投影式模拟屏时，模拟屏前区和操作台面距地面0.8m处的照度宜为150lx，并应考虑局部照明。

21.6.3 设备房、维修用房、办公管理用房及其他各部位的照明照度应执行国家现行建筑电气规范的规定。

21.6.4 应急照明包括安全疏散照明、事故照明和指示照明，应急照明的照度不应小于正常照度的10%；应急照明的备用电源容量应包括整个控制中心及远期预留房间不低于1h的使用容量。

21.7 通风、空调与采暖

21.7.1 控制中心应采用通风和空调系统进行室内环

境控制。中央控制室及有温、湿度控制要求的工艺设备房，均应设置通风和空调系统，对环境温度、湿度及空气的洁净度与新鲜度进行调节和控制，为各系统设备及工作人员提供适宜的运行环境和工作环境。

21.7.2 通风和空调系统应按控制中心远期的要求设计，并考虑分期实施。

21.7.3 当与其他建筑合建时，控制中心通风和空调系统应独立设置。

21.7.4 使用要求不同的空气调节区，不宜划分在同一个空气调节系统中。

21.7.5 与设备用房无关的管道不宜穿过设备用房，设备上方不宜敷设任何水管。

21.7.6 控制中心、中央控制室及重要机房在正常情况下应保持正压。

21.8 消防与安全

21.8.1 控制中心应设置火灾自动报警、环境与设备监控、火灾事故广播、自动灭火、水消防、防排烟等消防系统。

21.8.2 控制中心应设置消防控制室。

21.8.3 控制中心宜根据需要设置闭路电视监视系统和安保门禁系统等保安系统。对各分区出入口、房间和主要通道应进行监视和自动录像。

21.8.4 控制中心宜设置保安值班室。保安值班室宜与消防控制室合并设置。

21.8.5 控制中心给排水系统和消防设施，由给水、排水、水消防，以及配置的灭火器与自动灭火等系统组成。给排水系统宜利用城市既有设施。各系统的设计应符合国家现行有关规范的规定。

22 车 辆 基 地

22.1 一 般 规 定

22.1.1 跨座式单轨交通的车辆基地应包括车辆段、综合维修中心、物资总库、培训中心和必要的办公生活等设施。

22.1.2 车辆基地的功能、布局和各项设施的配置应根据城市轨道交通线网规划、既有设备的状况和工程具体情况综合研究确定。

一座城市第一条跨座式单轨交通线路的车辆基地应具有较为完善的功能。

22.1.3 车辆基地的设计应初期、近期、远期结合，统一规划，分期实施。车辆的配备应按初期运营需要配置。站场线路、房屋建筑和机电设备等应按近期需要设计；用地范围应按远期规模并在远期线路和房屋布置规划的基础上确定。

22.1.4 车辆基地选址应符合下列要求：

1 符合城市总体规划要求；

2 靠近正线，并与车站有良好的接轨条件；

3 宜避开工程地质和水文地质不良地段；

4 具有良好的自然排水条件；

5 便于城市电力线路、给排水等市政管道的引入和道路的连接；

6 具有足够的有效用地面积及远期发展余地。

22.1.5 车辆基地总平面布置应以车辆运用、检修设施为主体，根据地形条件，充分考虑综合维修中心、物资总库和其他设备、设施的功能要求和工作性质，按有利生产和方便管理的原则统筹安排。各项设备、设施宜分区布置，并充分考虑远期发展条件。

22.1.6 车辆基地的设计应节约用地、节约能源。

22.1.7 车辆基地应有完善的消防设施。总平面布置、房屋设计和材料、设备的选用等应符合国家现行防火规范的有关规定。

22.1.8 车辆基地设计应对所产生的废气、废液、废渣和噪声等进行综合治理，并应符合国家现行有关规范的规定。

22.1.9 车辆基地内应有运输道路及消防道路，并应有不少于两个与外界道路相连通的出口。

22.1.10 车辆基地应设围蔽设施，其设计宜结合当地的环境和要求，选用安全、实用、美观的结构型式和材料。

22.2 车辆基地的功能、规模及总平面设计

22.2.1 车辆基地应根据其在线网中的地位和集中检修的原则，合理确定车辆及其他系统设备检修范围及功能。独立设置的停车场应隶属于相关车辆基地，根据需要可增加日常维修功能。

22.2.2 车辆检修宜采用日常维修和定期检修相结合的预防性检修制度，并宜实行换件修。修程和检修周期应根据车辆和线路的技术条件以及车辆制造商的建议制订，设计时可按表22.2.2的规定确定。

表 22.2.2　车辆检修周期表

类 别	检修种类	检修周期		检修时间
		里程（万公里）	时间	
定期检修	全面检修	60	6 年	40 天/列
	重点检修	30	3 年	30 天/列
	换 轮	10	1 年	20 天/列
日常维修	三月检	2.5	3 月	3 天/列
	列 检	—	3 天	4h/列

注：表中检修时间是按每列车6辆编组，并按部件换件修确定。

22.2.3 车辆段各修程工作量计算时应考虑检修不平衡系数，检修不平衡系数宜采用下列数值：

1 三月检修取1.2；

2 定期检修取1.1。

22.2.4 车辆段应按下列作业范围设计：

1 列车停放、编组和日常维修、一般故障处理、清扫洗刷及定期消毒等日常维护保养；

2 车辆的定期检修；

3 车辆的临时性故障检修；

4 车辆段检修设备、机具的维修和调车机车、工作车等的整备及维修；

5 根据运营管理模式要求，必要时负责列车的乘务作业。

22.2.5 停车场作业范围宜按本规范第22.2.4条第1款与第5款的规定设计。

22.2.6 车辆段及综合维修中心维修设备的大修宜就近外委专业工厂或单位承担。

22.2.7 车辆段出入段线的设计应满足下列要求：

1 出入段线应在车站接轨，接轨站宜选在线路的终点站或折返站；

2 出入段线宜按双线双向运行设计；

3 出入段线应根据行车和信号的要求，留有必要的信号转换作业长度；

4 停车场出入线应根据通过能力要求，决定设计为双线或单线。

22.2.8 车辆段（停车场）规模，应根据列车对数、列车编组、管辖范围内配属列车数、车辆技术参数、检修周期和检修时间计算确定。

22.2.9 车辆基地的总平面布置应根据车辆段的作业要求，并考虑综合维修中心、物资总库和培训中心等设施的布局及道路、管线、绿化、消防、环保等要求合理设计。

22.2.10 车辆段生产房屋的布置应以运用及检修厂房为核心，各辅助生产房屋应根据生产性质按系统布置；与运用和检修作业关系密切的辅助生产房屋宜分别布置在相关厂房的侧跨内或附近，性质相同或相近的房屋宜合建；生活、办公房屋宜集中布置。

22.2.11 车辆基地的空气压缩机间、变配电所、给水所和锅炉房等动力房屋，应设置在相关的负荷中心附近。

22.2.12 产生噪声、冲击振动或易燃、易爆的车间宜单独设置；检修车间排出的有害气体、粉尘、废液等应符合环境保护及卫生标准。

22.2.13 车辆段生产机构应根据运营管理模式确定，可设运用车间、检修车间和设备车间。

22.3 车辆运用整备设施

22.3.1 车辆运用整备设施包括停车库（棚）、列检、月检库和列车清洁洗刷设备及相应线路等设施，并根据生产需要配备办公、生活房屋。

22.3.2 停车库（棚）和列检、月检库宜合建成运用库；根据总平面布置的具体情况，列检、月检库也可单独设置或与其他厂房合建。

22.3.3 运用库的规模应按近期需要确定，并预留远期发展的条件。近、远期规模变化不大或厂房扩建困难时，其厂房可按远期规模一次建成。

运用库设计时，停车列位数应按配属列车数在扣除每天在修车列数后计算确定（设有独立停车场的线路，还应扣除其停车场的停车列数）。列检、月检列位数应按列检、月检工作量计算确定，并适当留有余地。在列检、月检库内应单独设临修列位。

22.3.4 停车库（棚）应根据当地气象条件和运营要求设计。炎热多雨地区宜设棚，寒冷地区或风沙地区宜设库，当露天停车对运营作业无影响时可按露天设计。

22.3.5 运用库各库线的列位设置应根据车库型式确定。

停车库（棚）和列检、月检库宜为尽端式，每条库线停车不宜大于两列位。

22.3.6 **运用库各种库线的供电接触轨在库内应加装安全防护设施，库前应设置隔离开关或分段器，并应设有送电时的声响警示及醒目的信号灯显示。**

22.3.7 月检库的线路应设车辆车顶作业平台，并设安全防护设施。作业平台面高度和结构尺寸应根据车辆结构和作业要求确定。根据作业需要，可设置起重设备。

22.3.8 各车库的长度应分别按下列相应公式计算，并应结合厂房组合情况和建筑、结构设计要求作适当调整，但不宜小于下列公式计算值。

1 停车库（棚）计算长度：

$$L_{tk} = (L+2) \times N_t + (N_t-1) \times 6 + 12$$

$$(22.3.8-1)$$

式中 L_{tk}——停车库（棚）计算长度（m）；

L——列车长度（m）；

N_t——每条线停车列位数；

2——停车误差（m）；

6——两列位之间距离（m）；

12——为前端列车距端墙（3m）、后端列车至车挡安全距离（3m）、车挡距端墙（6m）之和。

2 列检、月检库计算长度：

$$L_{ly} = (L+2) \times N_j + (N_j-1) \times 6 + 21$$

$$(22.3.8-2)$$

式中 L_{ly}——列检、月检库长度（m）；

N_j——每条线列检、月检列位数；

2——停车误差（m）；

6——列检（或月检）列位之间距离（m）；

21——为前端列车距端墙（3m）、后端列车至车挡安全距离（3m）、车挡距端墙（15m）之和。

22.3.9 车辆段应设机械洗车设施，配属列车超过12列的独立停车场可设置机械洗车设施。机械洗车

设施应包括洗车机、洗车线和生产房屋,其设计应满足下列要求:

1 洗车机应采用通过式,其功能宜满足车辆两侧和端部(驾驶室)清洗及化学洗涤剂的洗刷要求;

2 洗车线宜采用贯通式布置在入段线上的适当位置,当地形受限制时,洗车线可按尽端式布置;

3 寒冷地区及风沙地区应设洗车库,其他地区洗车机宜按露天设置,必要时可加棚;洗车库的长度、宽度和高度应根据洗车设备的技术要求确定;寒冷地区的洗车库应有采暖设施;洗车线在洗车机前后一辆车长度范围应为直线;

4 洗车线有效长度应按下列公式计算确定:

1) 尽端式洗车线有效长度

$$L_{sj} = 2L + L_s + 10 \qquad (22.3.9\text{-}1)$$

式中 L_{sj}——尽端式洗车线有效长度(m);

$2L$——洗车机设备前后各一列车长度(m);

L_s——洗车机长度(包括联锁设备)(m);

10——线路终端安全距离10m。

2) 贯通式洗车线有效长度

$$L_{st} = 2L + L_s + 12 \qquad (22.3.9\text{-}2)$$

式中 L_{st}——贯通式洗车线有效长度(m);

$2L$——洗车机设备前后各一列车长度(m);

L_s——洗车机长度(包括联锁设备)(m)

12——信号设备设置附加长度12m。

5 洗车线应根据洗车设备的要求配备辅助生产房屋;

6 洗车线宜在适当的位置设人工洗车台,人工洗车台设置在洗车线两侧,高度宜与列车客室地板面一致,长度宜按不小于1/2列车长度设计;

7 洗车线洗车台位的供电接触轨应加装安全防护设施;洗车台位列车进入端前应设隔离开关或分段器,并应设有送电时的信号显示或声响警示。

22.3.10 车辆段应根据其布置和作业需要设牵出线,其数量应根据作业量确定。

牵出线的有效长度应按下列公式计算:

$$L_q = L_{qc} + L_n + 10 \qquad (22.3.10)$$

式中 L_q——牵出线有效长度(m);

L_{qc}——通过牵出线列车总长度(m);

L_n——调车机车长度(m);

10——牵出线终端安全距离10m。

22.3.11 车辆段各种车库内的通道宽度和车库大门等部位的最小尺寸宜符合表22.3.11的规定。

表 22.3.11 车辆段各种车库有关部位最小尺寸(m)

车库种类 / 项目名称	停车棚	列检月检库	检修库	油漆库	工作车库
车体之间通道宽度(无柱)	1.8	5.0	5.0	2.5	2.0

续表 22.3.11

车库种类 / 项目名称	停车棚	列检月检库	检修库	油漆库	工作车库
车体与侧墙之间的通道宽度	1.5	2.0	4.0	2.5	1.7
车体与柱边通道宽度	1.3	1.8	3.2	2.2	1.5
库内后部通道净宽	6.0	15.0	15.0	15.0	6.0
车体至库前大门距离	3.0	3.0	3.0	3.0	3.0
车库大门净宽	B+0.6	B+0.6	B+0.6	B+0.6	B+0.6
车库大门净高	H_1+H_2 +0.4	H_1+H_2 +0.4	H_1+H_2 +0.4	H_1+H_2 +0.4	H_1+H_2 +0.4

注:1 B—车辆限界的宽度;

2 H_1—轨面高度;

3 H_2—轨面上车体高度。

22.3.12 运用库应根据列车日常运用维修和列检、月检作业的需要,在其边跨内或邻近地点设置车辆车载设备检修、列车内部清扫、洗刷、消毒、工具存放、备品储存和工作人员更衣休息等生产、办公、生活房屋。

22.3.13 车辆段内列车运转调度、检修调度与防灾调度宜合并设置。

22.3.14 在列检、月检库横向地下通道内两侧宜设动力及安全照明插座。地下通道内固定照明灯具不应影响作业。

22.3.15 车辆段内宜设乘务员公寓,其规模可根据早晨发车后2h和晚上收车前2h内运行列车乘务员人数确定。

22.3.16 独立设置停车场的运用整备设施的设计可按本节相应条款执行。

22.4 车辆检修设施

22.4.1 车辆段检修车间可根据其功能和检修工艺要求设置下列主要的生产厂房和房屋:

1 检修库、转向架间、电机间、电子电器间、车钩缓冲器间、制动空压机间、空调器间、车门窗间、车体电气管材间及相应的辅助生产房屋;

2 换轮库;

3 油漆库(根据需要设置)。

22.4.2 检修库规模应根据检修工作量和检修时间计算确定,其设计应符合下列规定:

1 车辆检修宜采用定位作业,并以列位为计算单位,列位的长度可按列车解钩的作业设计;

2 检修库宽度应符合本规范表 22.3.11 的有关规定；

3 检修库长度可按下列公式计算确定：

$$L_{jk} = L + (N_1 - 1) \times 1 + 34 \quad (22.4.2)$$

式中 L_{jk}——检修库长度（m）；

N_1——列车编组辆数；

1——为列车解钩后车钩检修作业所需距离（m）；

34——为前端车头距端墙（3m）、后端脱轨梁（6m）、水平轮压力检测梁（4m）、附加梁（3m）、车挡（1m）、车挡距端墙（17m）之和。

22.4.3 检修库应设电动桥式或梁式起重机和必要的搬运设备；起重机的起重量应满足工艺和检修作业的要求；起重机走行轨的高度应根据车辆分解起吊高度和起重机的结构尺寸计算确定。

22.4.4 各种车库的库前股道宜有一段平直线路，其长度应保证车辆安全进出库门。

22.4.5 换轮库及其线路的设计应符合下列规定：

1 换轮线的有效长度应满足列车所有车辆的轮对换修作业的要求；

2 换轮库应结合工艺流程和厂房组合情况合理布置，可单独设置，也可与检修厂房合并设置；

3 换轮库应设专用起重设备、轮胎拆装设备和充气设备，换轮库的面积应满足设备安装和换轮作业的需要。

22.4.6 车辆段应配备调车机车和车库。调车机车库内应有必要的检修设施。

22.4.7 车辆段应设试车线。试车线的设计应满足下列要求：

1 试车线应为平直线路，困难条件下允许在线路端部设曲线；试车线应有配套的信号和供电设备，试车线的其他技术标准宜与正线标准一致；

2 试车线的有效长度应根据车辆性能、技术参数以及试车综合作业要求计算确定，试车线尽端应设车挡；

3 应在试车线的适当位置设置试车设备房屋；

4 地面试车线应有一段不小于一列车长度的硬化地面，便于维修人员作业。

22.4.8 转向架间一般在检修库内设置，也可毗邻检修库。转向架间规模和检修台位应根据转向架检修任务量、作业方式和检修时间计算确定。转向架间应设有转向架检修及零部件的检修、清洗、试验及探伤设备和轮胎拆装、充气及存放设备。

22.4.9 电机间应邻近转向架间设置，间内应根据作业需要配置电机检测、清扫设备，以及起重运输设备。

22.4.10 蓄电池间宜独立设置，蓄电池间的规模应满足车辆蓄电池检修和充电需要，并宜兼顾调车机

车、工作车和蓄电池运搬车的检修和充电。蓄电池间应设有电源室、蓄电池检修室、充电室、电解液储存室和值班室。检修室和充电室应有良好的通风、排水和防腐措施；酸性蓄电池充电室应采用防爆电器。

22.4.11 油漆库可根据需要按一辆车或一个列车单元设置，库内应设通风、给排水设施和压缩空气管路，并应有环保措施。库内电气设备均应采取防爆措施。油漆库的尺寸应根据工艺要求确定。

22.4.12 车辆段应设材料、备品间。当物资总库不设在基地内时，应设独立物资库，并配备必要的起重和运输设备。

22.5 车辆段设备维修和动力设施

22.5.1 车辆段设备车间包括设备维修间和相应管理部门，其工作范围应包括下列内容：

1 承担全段机电设备的管理和中、小修程的检修工作；

2 承担全段各种生产工具的维修和管理工作。

22.5.2 生产设备应采用统一管理、集中检修的原则。设备的大修宜对外委托或与有关单位协作进行。

22.5.3 设备维修间应根据基地内机电设备和动力设施维护、检修的需要配备必要的电焊、气焊设备，电器检测设备，管道维修设备和起重运输设备等。检修车间的通用机加工设备与设备车间的通用机加工设备应合并设置。

22.5.4 空压机站的空压机应选择节能型的低噪声产品，其压力和容量应根据用气设备的要求确定。空压机数量不应少于两台。

22.5.5 乙炔用气应采用瓶装乙炔气供气。

22.5.6 各种室外管线应根据管线的性质和走向，结合总平面的布置进行管线综合设计，力求安全、经济、合理和便于管理维修。

22.6 综合维修中心

22.6.1 综合维修中心是跨座式单轨交通系统各种设备和设施的维修和管理单位，其功能应满足全线轨道梁、路基、涵洞、隧道、房屋建筑和道路等设施的维修、保养工作，以及供电、通信、信号、道岔、机电设备和自动化设备的维修和检修工作的需要，同时结合所在城市的具体情况，逐步实行社会化服务，最大限度地实现资源共享。

22.6.2 轨道梁、房屋等设施和机电设备的大修宜对外委托专业队伍或工厂承担，并宜逐步实现维修工作专业化、社会化。

22.6.3 综合维修中心宜根据各专业的性质分设工务建筑、供电、通信、信号、道岔、机电和自动化车间。

22.6.4 综合维修中心应根据生产的需要配备生产房屋、仓库和必要的办公、生活房屋。各类房屋应根据

作业性质结合总平面布局的具体情况合理布置，其生产房屋宜合并建成综合维修楼。

22.6.5 设于车辆基地内的综合维修中心，其供电、供风、供热和供水设施宜与车辆段相关设备和设施统一设置。

22.6.6 综合维修中心应根据各专业的作业内容和工作量配备必要的设备，同时，尚应根据需要配备信号检测设备，供电检修设备，轨道梁检修设备和工作车、平板车等工程车辆。

22.6.7 综合维修中心应设置工作车库，供工作车的存放和日常维修保养。工作车库的股道数量和面积应根据配属工作车的台数来确定。

22.7 物资总库

22.7.1 跨座式单轨交通系统应设物资总库，担负材料、配件、设备和机具，以及劳保用品等的采购、存放、发放和管理工作。

22.7.2 物资总库应设有各种仓库、材料棚和必要的办公、生活房屋，以及材料堆放场地。

22.7.3 各种仓库的规模应根据所需存放材料、配件和设备的种类和数量确定，材料堆放场地应采用硬化地面。根据需要可设自动化立体仓库。

不同性质的材料、设备宜分库存放，其中存放易燃品的仓库宜单独设置，并应符合现行国家标准《建筑设计防火规范》GB 50016的有关规定。

22.7.4 物资总库应配备材料、配件和设备的装卸起重设备和汽车、蓄电池车等运输车辆。

22.7.5 物资总库应考虑对外运输条件，应有道路连接基地内主要道路及外界道路。

22.8 培训中心

22.8.1 培训中心负责组织和管理职工的技术教育和培训工作，应根据轨道交通系统的实际需要设置，当系统内已设有培训中心，应考虑共用。

22.8.2 培训中心宜设于车辆基地范围内的适当地点，必要时也可设于其他地区。

22.8.3 培训中心应设教室、实验室、图书室、阅览室和教职员工办公和生活用房，以及必要的教学设备和配套设施。

22.9 救援设施

22.9.1 车辆基地内应有救援办公室，受跨座式单轨交通控制中心指挥，救援人员由车辆基地人员兼职。

22.9.2 救援办公室应设值班室。值班室应配置电钟、自动电话和无线通信设备，以及直通控制中心的防灾调度电话。

22.9.3 救援用的轨道车辆宜利用车辆段和综合维修中心的车辆，并应根据救援需要设置地面工程车和指挥车。

22.10 其 他

22.10.1 车辆基地线路的配备应满足功能及工艺要求，并应做到安全、方便、经济合理。线路平面及纵断面设计应按本规范第6章的有关规定执行。

22.10.2 车辆基地的场坪高程应按百年一遇洪水频率设计。

22.10.3 所有车辆基地线路、道岔区的外侧均应设安全防护栏栅，安全防护栏栅的高度不应低于1.2m。

22.10.4 各车库内和库前线路下面，根据作业和安全的需要，应设置横向地下人行通道。

22.10.5 车辆基地的给水和排水设计应符合本规范第13章的有关规定。

22.10.6 车辆基地应根据供电系统的要求、车辆基地的规模及布置及生产工艺需要等，设置牵引变电所和降压变电所及动力、照明设施。

牵引供电系统应根据作业和安全要求实行分区供电。

22.10.7 车辆基地供电系统和动力、照明系统的设计，应符合本规范第14章的有关规定。

22.10.8 车辆基地生产、办公房屋的采暖、空调和通风设计，应根据工艺要求和办公的需要，结合当地气候条件，合理选择设备类型，并符合有关规范的规定。

22.10.9 车辆基地应根据生产、生活的需要设置完善的通信系统，其设计应符合本规范第17章的有关规定。

22.10.10 车辆基地应根据作业要求设置完善的信号系统，其设计应符合本规范第18章的有关规定。

22.10.11 车辆基地应根据本规范第23章的有关规定，配套设置有关防灾报警设备和设施。

22.10.12 车辆基地内应设置计算机信息管理系统，综合管理车辆运用、维护、检修、人员和设备等各种信息，并留有与控制中心的传输通道。

23 防 灾

23.1 一 般 规 定

23.1.1 跨座式单轨交通应具有防火灾、冰雪、水淹、风灾、地震、雷击和事故停车等灾害的设施。

23.1.2 防火灾应贯彻"预防为主，防消结合"的方针。同一条线路按同一时间内发生一次火灾考虑。两条及两条以上线路的换乘站应按同一时间内发生一次火灾考虑。

23.1.3 地下车站站厅的乘客疏散区域、站台及疏散通道内不得设置商业用房。车站内的商店及车站周边连体开发的商业服务设施等公共场所的防火灾设计，应符合现行国家标准《建筑设计防火规范》GB 50016

的有关规定。

23.1.4 与跨座式单轨交通相连接的商业等建筑物，必须采取防火分隔设施。

23.1.5 车站及区间应配备防灾救护设施，车辆基地应配备防灾救援设施。

23.1.6 控制中心应具备全线防灾及救援的调度指挥，以及和上一级防灾指挥中心联网通信的功能。

23.2 建筑防火

23.2.1 地下车站、地下区间、出入口、通风井的耐火等级应为一级，地面车站、高架车站及高架区间结构的耐火等级不应低于二级。

23.2.2 控制中心、车站控制室、变电所、配电室、通信及信号机房、通风及空调机房、消防泵房、气体灭火剂室、蓄电池室、安全门和屏蔽门的设备控制室等重要设备管理用房，应采用耐火极限不低于 2h 隔墙和耐火极限不低于 1.5h 楼板与其他部位隔开，隔墙上的门应采用乙级防火门。

23.2.3 车站内楼梯、自动扶梯和疏散通道的通过能力，应保证在远期高峰小时客流量时发生火灾情况下，6min 内将一列车乘客和站台上候车的乘客及工作人员全部撤离站台层。

23.2.4 地下车站站台和站厅公共区应划为一个防火分区，其他部位的每个防火分区的最大允许使用面积不应大于 1500m²。地上车站不应大于 2500m²。两个相邻防火分区之间应采用耐火极限不低于 3h 的防火墙和甲级防火门分隔。在防火墙设有观察窗时，应采用 C 类甲级防火玻璃。

23.2.5 换乘车站内的站台层和站厅层公共区宜划为一个防火分区。换乘通道和楼梯应作防火分隔，并在门洞处设防火卷帘。

23.2.6 穿过防火墙的管道、电缆、风管空隙处应采用防火封堵材料填塞密实。当风管穿越防火墙时应设防火阀。

23.2.7 车站公共区防烟分区的建筑面积不宜大于 2000m²，在站台与站厅公共区楼梯洞处，必须设置挡烟垂壁。车站的设备及管理用房每个防烟分区的建筑面积不宜大于 750m²，且防烟分区不得跨越防火分区。挡烟垂壁在吊顶面下突出高度不应小于 0.5m，其下缘至楼梯踏步面的垂直距离不应小于 2.3m，且其上部应升到结构顶板底部，挡烟垂壁的耐火极限不应小于 0.5h。

23.2.8 车站的主要设备及管理用房内应设宽度不小于 1.2m 直通地面消防专用出口。

23.2.9 车站的站厅、站台、出入口楼梯、疏散通道、封闭楼梯间等乘客集散部位，其墙、地及顶面的装修材料应采用 A 级防火材料，使用架空地板时，材料防火等级不应低于 B1 级。广告灯箱、座椅、电话亭、售检票亭等固定设施应采用不低于 B1 级防火材

料。装修材料不得采用石棉、玻璃纤维制品和塑料类制品。

23.2.10 地面、高架车站应设置消防车道，并应符合现行国家标准《建筑设计防火规范》GB 50016 的规定。

23.3 安全疏散

23.3.1 地下车站每个防火分区安全出入口设置应符合下列规定：

1 地下车站站台和站厅防火分区的安全出口的数量不应少于两个，并应直通外部空间；

2 其他各防火分区安全出入口的数量也不应少于两个，并应有一个为直通外部空间的安全出口，相邻的防火分区的防火门应作为第二安全出口；

3 防火分区安全出口应按不同方向分散设置，两个出口间的距离不应小于 10m；

4 对于地下一层侧式站台车站，过轨通道不得作为安全出口通道；

5 竖井爬梯和电梯不得作为安全出口；

6 消防专用通道不得作为乘客安全出口；

7 换乘车站内的换乘通道和楼梯不得作为安全出口。

23.3.2 地下车站管理用房区域宜集中一端布置，其区域内沟通各层的疏散楼梯应采用封闭楼梯间。

23.3.3 事故疏散时间应按下式计算，通行能力应符合本规范第 7 章的规定。

$$T = 1 + \frac{Q_1 + Q_2}{0.9[A_1(N-1) + A_2 B]} \leqslant 6\text{min}$$

$$(23.3.3)$$

式中 Q_1——该站一列车高峰小时断面客流通过量（人）；

Q_2——站台上候车乘客和站台上工作人员（人）；

A_1——自动扶梯通过能力[人/(min·台)]；

A_2——人行楼梯通过能力[人/(min·m)]；

N——自动扶梯台数；

B——人行楼梯总宽度(m)；

1——人的反应时间(min)。

23.3.4 设于公共区的付费区与非付费区的栏栅应设疏散门，疏散门的总宽度按下列公式计算：

$$L \geqslant \frac{0.9[A_1(N-1) + A_2 B] - A_3}{A_4} \quad (23.3.4)$$

式中 L——疏散门的总宽度(m)；

A_3——门式自动检票机通行能力(人/min)；

A_4——疏散门通行能力[人/(min·m)]；

其余符号同前。

当采用二杆式自动检票机时，其通行能力应按门式自动检票机的50%计算。

23.3.5 站台、站厅公共区任一点距疏散楼梯、自动

扶梯或通道口的距离应小于50m。

23.3.6 地下出入口通道宜少设弯道，疏散通道内不能设置门槛和有碍疏散的构筑物。长度大于100m的通道中应加设消防疏散口，通道内最远一点到疏散口距离应小于50m，当加设消防疏散口困难时，也可采取保证人员安全疏散的其他措施。

23.3.7 地下区间及高架区间宜设宽度不小于600mm纵向疏散通道。

23.3.8 两条单线区间隧道的连贯长度大于600m时，应设横向联络通道，联络通道内应并列设置双扇反向开启的甲级防火门。

23.3.9 当长区间隧道设中间风井时，井内应设直通地面的疏散梯，宽度应满足通过2股人流宽度的要求。

23.3.10 防灾疏散的自动扶梯应符合下列规定：

1 按一级负荷供电；

2 有逆向运转的功能。

23.3.11 安全出口、楼梯和疏散通道的设置应符合下列规定：

1 供人员疏散的出口楼梯和疏散通道宽度，应按本规范第7章有关规定计算；

2 有人值班的车站设备及管理用房的门至最近安全出口的距离不应大于40m，位于袋形通道两侧或尽端房间，其最大距离不应大于上述距离的1/2。

23.3.12 当地下车站站内上、下全部采用自动扶梯时，应增设一处人行楼梯，在侧式站台车站，每侧应设一处人行楼梯。

23.4 消防给水

23.4.1 消防给水系统的水源应优先采用城市自来水。当无城市自来水时，应选用其他可靠的水源。

23.4.2 车站消火栓给水系统应和生产、生活给水系统分开设置，但区间隧道冲洗用水宜和消防用水共用。

23.4.3 消火栓给水系统设计应符合下列规定：

1 地下车站消火栓用水量车站不小于20L/s，地下区间、人行通道及折返线不小于10L/s；

2 消火栓设置场所应为站厅层、站台层、设备及管理用房区域、地下区间隧道、超过20m的人行通道。除空调及冷冻机房消火栓箱和区间消火栓口明装外，其他场所消火栓箱宜暗装。

23.4.4 消火栓设置应满足以下要求：

1 消火栓的布置应保证每一个防火分区同层有两支水枪的充实水柱同时到达室内任何部位，水枪充实水柱不应小于10m，消火栓间距应按计算确定，但单口单阀消火栓间距不应大于30m，双口双阀消火栓间距不应大于50m；

2 消火栓的口径为DN65，水枪喷嘴为φ19，每

根水带长为25m，栓口距地面为1.1m。出水方向宜向下或垂直于墙面；

3 除站台设单口消火栓有困难时可设双口双阀消火栓外，其他场所均应设单口消火栓；

4 车站站厅、站台和人行通道内宜设大型消火栓箱，箱内宜设自救消防卷盘一套和灭火器；

5 双口双阀消火栓箱内可配一根25m的水龙带；

6 地下区间的消火栓间距为50m，应按单口设置，不设消火栓箱，水龙带及水枪设在相邻车站站台端部的专用消防器材箱内；

7 消火栓栓口的静水压不应大于1.00MPa，当大于1.00MPa时，应采取分区给水系统，消火栓栓口的出水压力大于0.50MPa时，应采取减压措施；

8 设有消防泵的消火栓给水系统的消火栓箱内或区间消火栓口处应设水泵启动按钮。

23.4.5 消火栓给水系统构成应符合下列要求：

1 消火栓给水系统在车站及地下区间应设置为环状管网；

2 车站及沿线附属建筑物应由城市自来水管引入两路消防给水管和车站或附近建筑物环状管网相接；

3 地下车站及区间按水力计算确定消防给水系统供水区段。供水区段的两端宜设电动、手动阀门，发生火灾事故时应将两端相应阀门根据消防给水要求开启或关闭。

23.4.6 当城市自来水的供水量满足生产、生活和消防用水量的要求，而压力不能满足消防要求时，应设消防泵增压并宜直接从市政管网抽水，不设消防水池，但应得到当地自来水公司及消防部门认可，自来水压力能满足稳压要求则不设稳压装置。

23.4.7 地面或高架车站，消防给水系统的设置应按现行国家标准《建筑设计防火规范》GB 50016的规定执行，并应满足下列规定：

1 车站室外消防用水量：

车站建筑体积≤1500m³时，为10L/s；

车站建筑体积1501m³～5000m³时，为15L/s；

车站建筑体积为5001m³～20000m³时，为20L/s；

车站建筑体积为20001m³～50000m³时，为25L/s；

车站建筑体积>50000m³时，为30L/s。

2 车站室内消防用水量：

车站建筑体积为5001m³～25000m³时，为10L/s；

车站建筑体积为25001m³～50000m³时，为15L/s；

车站建筑体积>50000m³时，为20L/s。

3 市政给水管道为枝状或只有一条水管，而且

车站内外消防用水量之和超过 25L/s 时，应设消防泵和消防水池；消防水池的容积应满足火灾延续时间内的室内外消防用水总量的要求；

4 车站内消火栓超过 10 个，且站内消防用水量大于 15L/s 时，站内消防给水管至少有两条引入管和站外城市自来水管网相接，车站内也宜设置为环状管网。

23.4.8 地下车站的消防给水系统在车站地面适宜地点应设消防水泵接合器，并在 15～40m 范围内应有相对应的室外消火栓。

23.4.9 水泵接合器和室外消火栓设置可为地上式或地下式。

23.4.10 地面或高架车站水泵接合器的设置，应按现行国家标准《建筑设计防火规范》GB 50016 的规定执行；

23.4.11 寒冷地区的室外消火栓和水泵接合器及消防水池的设置应采取防冻措施。

23.4.12 消火栓给水系统火灾延续时间不应小于 2h。

23.5 灭火装置

23.5.1 地下车站的变电所、通信设备室和信号设备室应设置气体灭火系统。

23.5.2 地面及高架车站设置在地下的重要电气设备室，按地下车站的规定执行。

23.5.3 地面控制中心、车辆基地、主变电所、地面或高架车站的灭火装置的设置应按现行国家标准《建筑设计防火规范》GB 50016 和《高层民用建筑设计防火规范》GB 50045 的规定执行。

23.5.4 气体灭火系统的设计应按现行国家标准《气体灭火系统设计规范》GB 50370 的规定执行。

23.5.5 跨座式单轨交通应按现行国家标准《建筑灭火器配置设计规范》GB 50140 的规定配置灭火器。车站公共场所宜配置磷酸铵盐灭火器，变电所及综合控制室等电气房间宜配置二氧化碳灭火器，但不得选用装有金属喇叭筒的二氧化碳灭火器，人行通道宜配置水型或磷酸铵盐干粉灭火器。

23.6 消防设备配置与监控

23.6.1 消防泵的设置应符合下列要求：

1 两台消防泵，一台工作一台备用；

2 由车站控制室远程控制、就地控制；消火栓按钮控制；消防泵可自动和手动切换。设稳压装置时能自动控制，消防泵启动后停止时用手动控制。

23.6.2 气体灭火系统应有自动控制、手动控制和机械应急手动控制三种控制方式；控制盘可采用独立控制或集中控制方式。

23.6.3 消防泵、消防管道上的电动阀门及气体灭火系统的工作状态应在控制中心和车站控制室显示。

23.7 防烟、排烟与事故通风

23.7.1 跨座式单轨交通必须设置有效的防烟、排烟与事故通风系统。

23.7.2 地面和高架车站宜采用自然排烟方式，当无条件采用自然排烟方式时，应设置机械排烟系统。

23.7.3 地下线路应设置机械防烟、排烟系统，并应具有下列功能：

1 当区间隧道发生火灾时，应能背向乘客疏散方向排烟，迎向乘客疏散方向送新风；

2 当地下车站的站厅、站台、设备及管理用房发生火灾时，应具备防烟、排烟、通风功能；

3 当列车阻塞在区间隧道时，应能对阻塞区间进行有效通风。

23.7.4 地下线路的下列场所应设置机械防烟、排烟系统：

1 地下车站的站厅和站台；

2 地下区间隧道。

23.7.5 地下线路的下列场所应设置机械排烟系统：

1 同一个防火分区内的地下车站设备及管理用房的总面积超过 200m²，或面积超过 50m² 且经常有人停留的单个房间；

2 最远点到地下车站公共区的直线距离超过 20m 的内走道；连续长度超过 60m 的长通道和出入口通道。

23.7.6 当防烟、排烟系统和事故通风、正常通风空调系统合用时，通风空调系统应符合防烟、排烟系统的要求，并应具备发生火灾事故时能够快速转换至防烟、排烟功能。

23.7.7 地面和高架车站采用自然排烟方式时，可开启外窗的面积应不小于地面面积的 2%。

23.7.8 地下车站站台、站厅火灾时的排烟量，应根据一个防烟分区的建筑面积按 $60m^3/(m^2 \cdot h)$ 计算。当排烟设备负担两个防烟分区时，其设备能力应按同时排除 2 个防烟分区的烟量配置。当车站站台发生火灾时，应保证站厅到站台的楼梯和扶梯口处具有不小于 1.5m/s 的向下气流。

23.7.9 地下车站设备及管理用房、内走道、地下长通道和出入口通道需设置机械排烟时，其排烟量应根据一个防烟分区的建筑面积按 $60m^3/(m^2 \cdot h)$ 计算，排烟房间的补风量不应小于排烟量的 50%。当排烟设备负担两个防烟分区时，其设备能力应根据最大防烟分区的建筑面积按 $120m^3/(m^2 \cdot h)$ 计算的排烟量配置。

23.7.10 区间隧道火灾的排烟量应按单洞区间隧道断面的排烟流速高于计算的临界风速确定，但最低不应小于 2m/s 计算，排烟流速不应大于 11m/s。

23.7.11 地下车站站厅、站台和车站设备及管理用房排烟风机应保证在 250℃ 时能连续有效工作 1h，烟气流经的辅助设备如风阀及消声器等应与风机耐高温等级相同。

23.7.12 地面及高架车站站厅、站台和车站设备及管理用房排烟风机应保证在280℃时能连续有效工作0.5h，烟气流经的辅助设备如风阀及消声器等应与风机耐高温等级相同。

23.7.13 区间隧道事故，排烟风机应保证在150℃时能连续有效工作1h，烟气流经的辅助设备如风阀及消声器等应与风机耐高温等级相同。

23.7.14 列车阻塞在区间隧道时的送风量应按区间隧道断面风速不小于2m/s计算，并应按控制列车顶部最不利点的隧道温度低于45℃校核确定，但风速不得大于11m/s。

23.7.15 排烟口的风速不宜大于10m/s。

23.7.16 当排烟干管采用金属管道时，管道内的风速不应大于20m/s，采用非金属管道时不应大于15m/s。

23.8 防灾用电与疏散指示标志

23.8.1 消防用电设备应按一级负荷供电，并应在末级配电箱处设置自动切换装置，当发生火灾切断生产、生活用电时，应能保证消防设备正常工作。

23.8.2 防灾用电设备的配电设备应有明显标志。

23.8.3 应急照明的连续供电时间不应少于1h，且其最低照度不应低于0.5lx。

23.8.4 下列部位应设置疏散应急照明：

　　1 站厅、站台、自动扶梯、自动人行道及楼梯口；

　　2 疏散通道及安全出口；

　　3 区间隧道。

23.8.5 应急照明和疏散指示灯用的电缆应采用耐火型或矿物电缆。

23.8.6 应急照明以及疏散指示标志的供电电源，宜采用直流电源供电。

23.8.7 应急照明以及疏散指示标志的供电电源采用UPS方式供电时，UPS的工作状态应由火灾报警系统（FAS）或设备监控系统（BAS）对其进行远程监视。

23.8.8 下列部位应设置醒目的疏散指示标志：

　　1 站厅、站台、自动扶梯、自动人行道及楼梯口；

　　2 人行疏散通道拐弯处、交叉口及安全出口；沿通道长向每隔不大于20m处；

　　3 疏散通道和疏散门均应设置灯光疏散指示标志，并设有玻璃或其他不燃烧材料制作的保护罩；

　　4 疏散指示标志距地面应小于1m；

　　5 地下车站的站台、站厅、疏散通道等人员密集部位的地面，应设置保持视觉连续的发光疏散指示标志。

23.9 防灾通信

23.9.1 跨座式单轨交通公务电话系统程控交换机的分机应具有能自动拨号到市话网"119"的功能。同时，应配备在发生灾害时供救援人员进行地上、地下联络的无线通信设施。

23.9.2 控制中心应设置防灾无线控制台，列车司机室应设置无线通话台，车站控制室、站长室、保安室及车辆基地值班室应设置无线通信设备。

23.9.3 控制中心应设置防灾广播控制台，车站控制室、车辆基地值班室应设置广播控制台。在设有公共广播的车站区域，消防广播的功能应由通信系统广播子系统提供。

23.9.4 控制中心和车站控制室应设置监视器和控制键盘。

23.9.5 跨座式单轨交通应设消防专用调度电话。防灾调度电话系统应在控制中心设调度电话总机，在车站控制室及车辆基地设分机。

23.9.6 车站应设消防对讲电话。

23.9.7 通信系统应具备火灾时能迅速转换为防灾通信的功能。

23.10 火灾报警系统

23.10.1 车站、区间隧道、变电所、控制中心、车辆基地及停车场应设置火灾自动报警系统（FAS）。保护等级应为一级。

23.10.2 控制中心兼作全线防灾控制中心，火灾报警系统中央级应设在控制中心中央控制室；车站或车辆基地设防灾控制室，组成控制中心、车站两级管理，控制中心、车站、就地三级的控制模式。火灾报警系统的全线传输网络可利用公共通信传输网络，不宜单独配置。

23.10.3 火灾报警系统（FAS）应包括火灾报警装置、消防联动装置及与防灾相关的其他设备。

23.10.4 FAS应可直接操作联动控制消防设施和防烟、排烟系统设备，或通过环境与设备监控系统（BAS）联动控制防烟、排烟系统设备，当火灾工况排烟风机兼作正常运行工况时，通风空调系统回、排风机等设备应由BAS系统控制；仅用于火灾工况排烟设备应由FAS控制。

23.10.5 下列场所应设置火灾自动报警装置：

　　1 控制中心楼的各种设备机房、配电室（间）、电缆通道、电缆竖井、电缆夹层、走廊、会议室、办公室、控制室及其他管理用房；

　　2 地下车站的公共区、通道、各种设备机房、配电室（间）、电缆通道、电缆竖井、电缆夹层、走廊、办公室、控制室等管理用房；

　　3 地面和高架车站的各种设备机房、配电室（间）、电缆通道、电缆竖井、电缆夹层、控制室等重要管理用房；

4 主变电所、牵引变电所、降压变电所、混合变电所；

5 车辆基地与停车场的停车库、检修库、变电所、信号楼及火灾危险性较大的场所。

23.10.6 区间隧道应设手动报警按钮。手动报警按钮间距为50m，应靠区间消火栓设置。

23.10.7 车站级防灾控制应具有下列功能：

1 接收本车站及其所辖区间的火灾报警信号，显示火灾报警、故障报警部位，并将本站管辖区域的灾害信息及设备状态信息传送至控制中心；

2 接收与本站联建的物业火灾报警信号，统一协调疏散、救灾；

3 对室内消火栓系统、自动喷水灭火系统、气体自动灭火系统、防排烟系统和防火卷帘等进行控制和显示；

4 防灾控制室在确认火灾后应具备下列功能：

　1）启动消防广播，接通警报装置，接通应急照明和疏散指示灯，将电梯全部停于首层；

　2）手动将疏散用的自动扶梯强切于疏散方向运行；

　3）手动控制屏蔽门、安全门的开或关，手动或自动开启所有自动检票机闸门，切断相关区域非消防电源；

　4）消防水泵、防排烟风机的启、停，除自动控制外，还应能手动直接控制。

5 显示被控设备的工作状态，显示系统供电电源的工作状态；

6 显示保护对象的部位、疏散通道及消防设备所在位置的平面图或模拟图；

7 接收控制中心命令，强制BAS系统将防排烟风机按火灾工况运行。

23.10.8 控制中心控制室应具有下列功能：

1 接收并显示全线各车站和车辆基地送来的火灾报警和相关防灾设备的工作状态信号；

2 地下区间隧道火灾时，协调相邻两座车站的控制工况，向车站发布控制命令；

3 对全线相关消防设施进行监控；

4 对全线火灾事件、历史资料进行存档和管理。

23.10.9 防灾控制室应结合其他控制系统综合设置，并应符合下列规定：

1 控制中心的防灾控制室宜设于全线的中央控制室内；

2 车站防灾控制宜与BAS、通信及信号等系统同设于车站控制室内；

3 车辆基地防灾控制室宜设于信号楼的调度值班室内；

4 FAS系统的专用面积不应小于6m²，在该区

域内不应有与其无关的管线穿过。

23.10.10 FAS系统的时钟应与全线时钟系统同步。

23.10.11 FAS应设主电源和直流备用电源。FAS主电源应由一级负荷或相当于一级负荷的电源供电；FAS直流备用电源宜采用火灾报警控制器的专用蓄电池或集中设置蓄电池组供电，其容量应保证主电源断电后供电1h。采用集中设置蓄电池时，消防报警控制器供电回路应单独设置，保证控制器可靠工作。

23.10.12 FAS系统布线应采用无卤、低烟、阻燃或耐火电线电缆。

23.10.13 FAS系统设计除应执行本规范规定外，尚应符合现行国家标准《火灾自动报警系统设计规范》GB 50116的相关规定。

23.11 救援保障

23.11.1 跨座式单轨交通应设置对高架线路或其上行驶的列车发生故障或遭遇灾害时实施救援所需的设备和设施。

23.11.2 控制中心应能对所有紧急状态下的应急预案和操作程序进行监控管理。发布相关消防设施的控制命令，负责全线防灾、救灾的指挥和协调；控制中心负责灾害情况下的对外联络及协调工作，应能通过电话或网络通信快速地同本地区的消防、公安、医疗救护部门建立联系；控制中心应具备接收本地区气象预报部门、地震预报部门的电话报警或网络通信报警功能。

23.11.3 当列车遭遇暴风雨、冰雪、雷电等气候灾害时，应能根据车辆的性能要求作出减速或停运的决定。

23.11.4 当列车发生事故停车时，应由控制中心进行调度。

23.11.5 当从车辆中撤离所有乘客时，列车驾驶员应按控制中心的统一安排，通过广播通知乘客实施撤离。

23.11.6 各车站控制室应设综合后备控制盘，在火灾或紧急情况下，在综合后备盘上能够执行各监控系统的关键控制功能并采用手动按键操作实现。

23.11.7 车站及沿线的各排水站、排雨站、排污水泵站应设危险水位报警装置。

24 环境保护

24.1 一般规定

24.1.1 环境保护设计应遵循"统一规划、合理布局、预防为主、综合治理"的原则。

24.1.2 跨座式单轨交通环境保护工程设计应符合国家现行相关规范的要求。

24.1.3 环境保护措施及其防护对象应根据环境保护主管部门批复的环境影响报告书所确定的环境保护目标及核准的污染防治措施来确定。

24.1.4 跨座式单轨交通配置的环境保护设施,其功能要求、设置位置、结构形式、景观效果应与主体工程及周围环境相互协调,并应与主体工程同时设计、同时施工、同时投入使用,并应符合环境保护措施竣工验收的要求。

24.1.5 环境保护设施的设计标准、服务范围、设计规模应满足预测的远期客流和最大通过能力要求,按近期设置、远期预留实施。环保设施的主体部位或不易改、扩建的土建工程应按远期需要实施。对拟建的环境保护目标应考虑采取环保措施并预留实施的条件。

24.1.6 跨座式单轨交通工程应与城市发展规划、交通规划、环境规划相符合,并应从环境保护角度论证工程选线、车站和车辆基地选址、设备选型的环境合理性以及建设方案的工程可行性。跨座式单轨交通环境保护工程应与城市轨道交通规划环评相符合。对于未建成区,应结合城市发展规划及城市环境功能区划,留出要求的控制距离。

24.1.7 环境保护措施应包括轨道梁桥、车辆、环控设备及各种动力设备的减振、降噪措施、车站建筑的声学处理等,还包括车站、车辆基地的生活污水、生产废水处理、大气污染防治和电磁辐射防护等。

24.1.8 环境保护措施,应首先采用清洁生产工艺和技术,采用高效节能型设备,严禁使用对环境产生严重污染的设备和材料。

24.2 噪　声

24.2.1 跨座式单轨交通噪声污染的防治,应遵循《中华人民共和国环境噪声污染防治法》,应符合现行国家标准《声环境质量标准》GB 3096、《工业企业厂界噪声标准》GB 12348 的规定。

24.2.2 车站环境噪声应符合下列规定:

　　1 地下车站站台列车进、出站平均等效声级及混响时间应符合现行国家标准《城市轨道交通车站站台声学要求和测量方法》GB 14227 的规定;

　　2 产生噪声污染的动力设备应设于专用机房内,并与车站站厅、站台层公共区有效分隔;

　　3 风机、水泵等动力设备应根据其噪声特点,在设备机座或基础下设置隔振垫或减振器等,并在与设备直接连接的管道上设置柔性接头或弹性支吊架,避免刚性连接。

24.2.3 车辆基地环境噪声应符合下列规定:

　　1 车辆基地边界噪声应符合现行国家标准《工业企业厂界噪声标准》GB 12348 的规定;

　　2 车辆基地内各维修车间应根据各自不同的作用状况采用相应的噪声防治措施;空压机房宜单独设置,并应对空压机房进行隔声处理,必要时还需对空压机房内壁进行吸声处理。

24.3 振　动

24.3.1 列车运行振动有可能造成环境振动严重影响时,宜适当调整线路平面位置。

24.3.2 列车运行所引起的环境振动污染防治设计应符合现行国家标准《城市区域环境振动标准》GB 10070 中相应振动限值的规定。

24.3.3 应根据跨座式单轨交通结构振动辐射噪声影响,在振动和噪声敏感的路段,对轨道走行部位及桥梁结构采取有效的减振措施。

24.4 空　气

24.4.1 跨座式单轨交通环境空气污染防治设计应遵循《中华人民共和国大气污染防治法》的规定,并应符合现行国家标准《恶臭污染物排放标准》GB 14554、《锅炉大气污染物排放标准》GB 13271 和《饮食业油烟排放标准》GB 18483 的规定。

24.4.2 车站内部建筑装修材料的有害物质释放量应符合国家现行有关标准的规定。

24.4.3 地下车站风井的设置应按本规范第 7 章规定执行。

24.4.4 车辆设施与综合基地的热源应遵循清洁生产的原则,优先采用太阳能、电能、人工煤气或天然气等热源。

24.5 水

24.5.1 跨座式单轨交通水污染防治设计应遵循《中华人民共和国水污染防治法》的规定,并应符合现行国家标准《污水综合排放标准》GB 8978 和地方水污染物排放标准的规定。

24.5.2 车站及车辆基地的生活污水、生产废水,包括已经处理后的生活污水、生产废水均不得排入水源保护水域。

24.5.3 当车站或车辆基地附近无市政污水排水系统时,应对生活污水、生产废水进行处理,并应符合《污水综合排放标准》GB 8978 和地方水污染物排放标准的规定。

24.5.4 车辆基地生产废水宜经处理后回收循环使用。

24.6 电磁辐射

24.6.1 变电所和列车运行中产生的电磁辐射,对公众环境生物效应的影响应符合现行国家标准《电磁辐射防护规定》GB 8702 的规定。

24.6.2 列车在地面和高架线路行驶时所产生的电磁辐射对收听、收看广播、电视的影响,可按国际无线电咨询委员会推荐的评价标准,当电视信号接收场强达到规定值时，信噪比不应低于 35dB（uv/m）。

24.6.3 临近敏感建筑区域的 35kV、110kV 主变电所宜设于地下。

24.6.4 地面变电所应考虑电磁辐射影响，宜采用金属屏蔽式开关设备，外壳应有效接地。

24.7 日照与景观

24.7.1 跨座式单轨交通地面和高架线路、车站的设置应考虑对线路两侧建筑物日照环境的影响。

24.7.2 地面和高架线路、车站及其他地面建筑物的设置应与城市景观协调。

24.7.3 高架桥梁线形应连续、流畅、简洁，色调适宜。

24.8 其 他

24.8.1 跨座式单轨交通选线应符合文物保护单位、自然保护区、风景名胜区和其他需要特殊保护地区的保护要求。

24.8.2 跨座式单轨交通选线、车辆基地的选址应节约、集约用地。

24.8.3 地面和高架的区间、车站和车辆基地等区域应按有关规定进行绿化。

附录 A 曲线地段设备限界计算方法

A.0.1 曲线地段设备限界应在直线地段设备限界的基础上加宽。

A.0.2 曲线地段设备限界应按平面曲线几何偏移量引起的设备限界加宽量和车辆参数变化引起的设备限界加宽量计算确定。

A.0.3 平面曲线的设备限界几何偏移量按下列公式确定：

1 车体

　1）曲线外侧：$T_a = [4n(n+a) - p^2]/8R$

$$(A.0.3-1)$$

　2）曲线内侧：$T_i = [4n(a-n) + p^2]/8R$

$$(A.0.3-2)$$

2 转向架

　1）曲线外侧：$T_{ba} = m(m+p)/2R$

$$(A.0.3-3)$$

　2）曲线内侧：$T_{bi} = m(p-m)/2R$

$$(A.0.3-4)$$

式中　n——车体计算断面至相邻中心销距离（mm）；
　　　a——转向架中心距，9600mm；
　　　p——导向轮距，2500mm；
　　　m——转向架计算断面至相邻轴距离（mm）；

R——曲线半径（m）。

A.0.4 车辆参数变化引起的设备限界加宽量：

1 曲线外侧：$\Delta X_{ca} = \Delta_{wq}$　　　　(A.0.4-1)

2 曲线内侧：$\Delta X_{ci} = \Delta_{wq}$　　　　(A.0.4-2)

式中　Δ_{wq}——车辆二系弹簧的横移量在曲线与直线上的差值，高架线及地面线取 5mm，地下线取 10mm。

A.0.5 设备限界加宽量总和：

1 曲线外侧：$\Delta X_a = T_a + \Delta X_{ca}$　　(A.0.5-1)

2 曲线内侧：$\Delta X_i = T_i + \Delta X_{ci}$　　(A.0.5-2)

A.0.6 直线地段设备限界各点 X 坐标值加上 ΔX_a（或 ΔX_i）值后，形成曲线地段设备限界。

附录 B 限 界 图

B.0.1 高架线及地面线车辆轮廓线、车辆限界、直线地段设备限界与坐标值见图 B.0.1 和表 B.0.1-1～表 B.0.1-3。

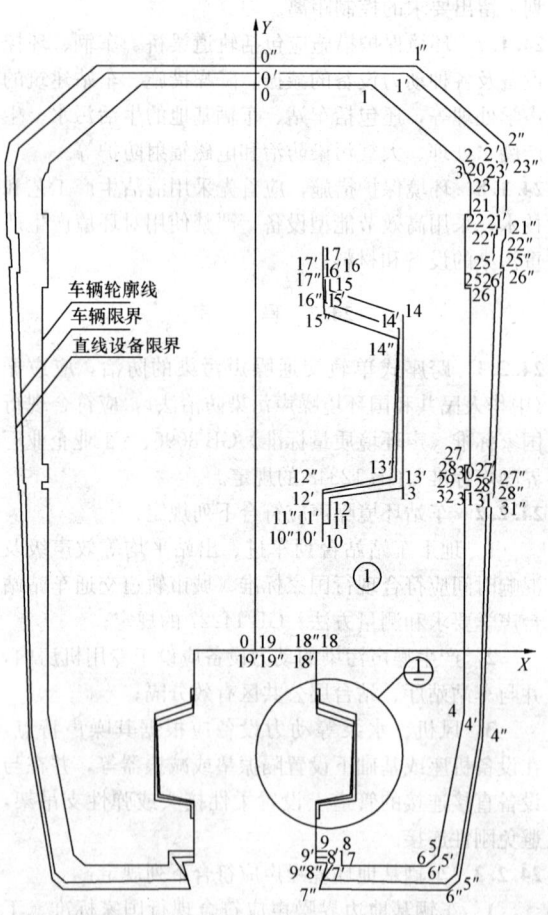

图 B.0.1 高架线及地面线车辆轮廓线、
车辆限界、直线地段设备限界图

表 B.0.1-1　车辆轮廓线坐标值（mm）

点号	0	1	2	3	20	23	21	22	25	26	27
X	0	800	1435	1450	1465	1488	1488	1450	1450	1488	1488
Y	3840	3840	3305	3245	3235	3178	2958	2958	2460	2460	1260
点号	28	29	30	31	32	4	5	6	7	8	9
X	1450	1450	1490	1490	1450	1450	1268	1188	603	603	425
Y	1260	1140	1140	1090	1090	−430	−1392	−1460	−1460	−1363	−1363
点号	10	11	12	13	14	15	16	17	18	19	—
X	425	448	448	700	700	448	448	425	425	0	—
Y	−1141	−1141	−1055	−1020	−432	−350	−264	−264	0	0	—

注：1　不含集电装置、接地装置轮廓；
　　2　点3、20、21、22为侧门逃生支架控制点；点23、21、22为车侧灯控制点；点25～28为司机门扶手控制点；点29～32为客室车门踏板控制点。

表 B.0.1-2　高架线及地面线车辆限界坐标值（mm）

点号	0′	1′	2′	23′	21′	22′	25′	26′	27′	28′
X	0	1040	1652	1680	1671	1652	1643	1664	1615	1605
Y	3919	3919	3404	3275	2830	2826	2560	2560	1128	1128
点号	4′	5′	6′	7′	8′	9′	10′	11′	12′	13′
X	1560	1400	1322	469	570	425	425	425	425	676
Y	−562	−1514	−1579	−1560	−1408	−1403	−1126	−1125	−1039	−998
点号	14′	15′	16′	17′	18′	19′	—	—	—	—
X	687	435	433	425	425	0	—	—	—	—
Y	−479	−391	−305	−304	0	0	—	—	—	—

表 B.0.1-3　高架线及地面线直线地段设备限界坐标值（mm）

点号	0″	1″	2″	23″	21″	22″	25″	26″	27″	28″
X	0	1109	1715	1741	1729	1711	1697	1717	1653	1640
Y	3969	3969	3445	3307	2803	2777	2600	2598	1085	1083
点号	4″	5″	6″	7″	8″	9″	10″	11″	12″	13″
X	1577	1417	1340	451	504	425	425	425	425	663
Y	−611	−1558	−1625	−1620	−1442	−1441	−1115	−1114	−1028	−982
点号	14″	15″	16″	17″	18″	19″	—	—	—	—
X	684	430	428	425	425	0	—	—	—	—
Y	−513	−428	−342	−342	0	0	—	—	—	—

B. 0. 2 地下区间车辆轮廓线、车辆限界、直线地段设备限界与坐标值见图 B. 0. 2 和表 B. 0. 2-1～表 B. 0. 2-3。

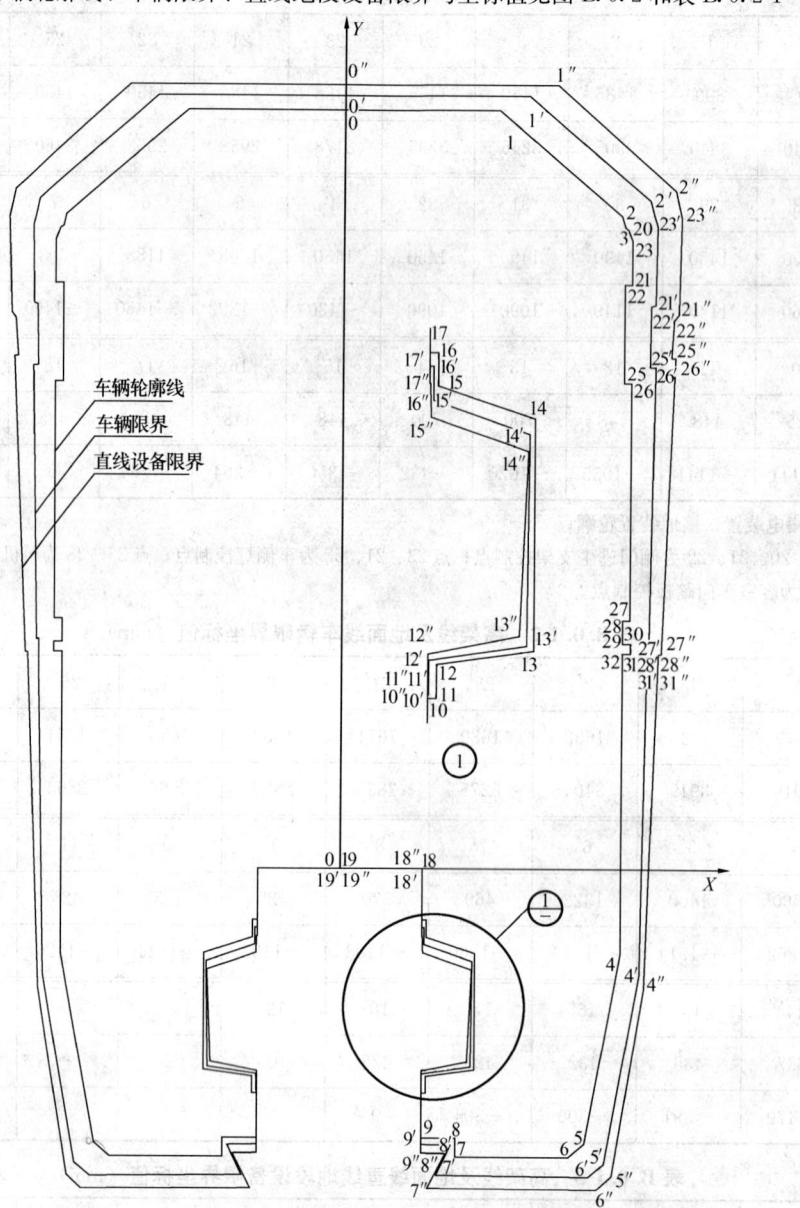

图 B. 0. 2　地下区间车辆轮廓线、车辆限界、直线地段设备限界图

表 B. 0. 2-1　地下区间车辆轮廓线坐标值（mm）

点号	0	1	2	3	20	23	21	22	25	26	27
X	0	800	1435	1450	1465	1488	1488	1450	1450	1488	1488
Y	3840	3840	3305	3245	3235	3178	2958	2958	2460	2460	1260
点号	28	29	30	31	32	4	5	6	7	8	9
X	1450	1450	1490	1490	1450	1450	1268	1188	603	603	425
Y	1260	1140	1140	1090	1090	−430	−1392	−1460	−1460	−1363	−1363
点号	10	11	12	13	14	15	16	17	18	19	—
X	425	448	448	700	700	448	448	425	425	0	—
Y	−1141	−1141	−1055	−1020	−432	−350	−264	−264	0	0	—

注：1　不含集电装置、接地装置轮廓；

　　2　点 3、20、21、22 为侧门逃生支架控制点；点 23、21、22 为车侧灯控制点；点 25～28 为司机门扶手控制点；点 29～32 为客室车门踏板控制点。

表 B.0.2-2　地下区间车辆限界坐标值（mm）

点号	0'	1'	2'	23'	21'	22'	25'	26'	27'	28'
X	0	954	1577	1611	1607	1586	1582	1609	1586	1574
Y	3912	3912	3384	3252	2856	2849	2539	2538	1152	1152
点号	31'	4'	5'	6'	7'	8'	9'	10'	11'	12'
X	1573	1546	1369	1290	501	578	425	425	426	427
Y	988	−539	−1495	−1561	−1554	−1402	−1399	−1130	−1129	−1043
点号	13'	14'	15'	16'	17'	18'	19'	—	—	—
X	680	687	436	436	425	425	0			
Y	−1005	−472	−387	−301	−300	0	0			

表 B.0.2-3　地下区间直线地段设备限界坐标值（mm）

点号	0″	1″	2″	23″	21″	22″	25″	26″	27″	28″
X	0	1101	1707	1736	1724	1703	1689	1710	1646	1633
Y	3965	3965	3435	3295	2808	2780	2589	2587	1088	1086
点号	4″	5″	6″	7″	8″	9″	10″	11″	12″	13″
X	1569	1410	1334	457	549	425	425	425	425	663
Y	−608	−1555	−1623	−1619	−1443	−1441	−1115	−1114	−1028	−982
点号	14″	15″	16″	17″	18″	19″	—	—	—	—
X	684	430	428	425	425	0				
Y	−513	−428	−342	−342	0	0				

B.0.3　高架车站车辆轮廓线、车辆限界、直线地段设备限界与坐标值见图 B.0.3 和表 B.0.3-1～表 B.0.3-3。

表 B.0.3-1　高架车站车辆轮廓线坐标值（mm）

点号	0	1	2	3	20	23	21	22	25	26	27
X	0	800	1435	1450	1465	1488	1488	1450	1450	1488	1488
Y	3840	3840	3305	3245	3235	3178	2958	2958	2460	2460	1260
点号	28	29	30	31	32	4	5	6	7	8	9
X	1450	1450	1490	1490	1450	1450	1268	1188	603	603	425
Y	1260	1140	1140	1090	1090	−430	−1392	−1460	−1460	−1363	−1363
点号	10	11	12	13	14	15	16	17	18	19	—
X	425	448	448	700	700	448	448	425	425	0	—
Y	−1141	−1141	−1055	−1020	−432	−350	−264	−264	0	0	—

注：1　不含集电装置、接地装置轮廓；
　　2　点 3、20、21、22 为侧门逃生支架控制点；点 23、21、22 为车侧灯控制点；点 25～28 为司机门扶手控制点；点 29～32 为客室车门踏板控制点。

表 B.0.3-2　高架车站车辆限界坐标值（mm）

点号	0'	1'	2'	23'	21'	22'	25'	26'	27'	28'
X	0	980	1597	1632	1624	1600	1594	1618	1578	1567
Y	3910	3910	3390	3261	2844	2842	2546	2546	1144	1144
点号	4'	5'	6'	7'	8'	9'	10'	11'	12'	13'
X	1534	1374	1296	495	576	425	425	425	427	679
Y	−546	−1501	−1567	−1552	−1403	−1400	−1129	−1128	−1042	−1003
点号	14'	15'	16'	17'	18'	19'	—	—	—	—
X	687	436	435	425	425	0				
Y	−474	−388	−302	−301	0	0				

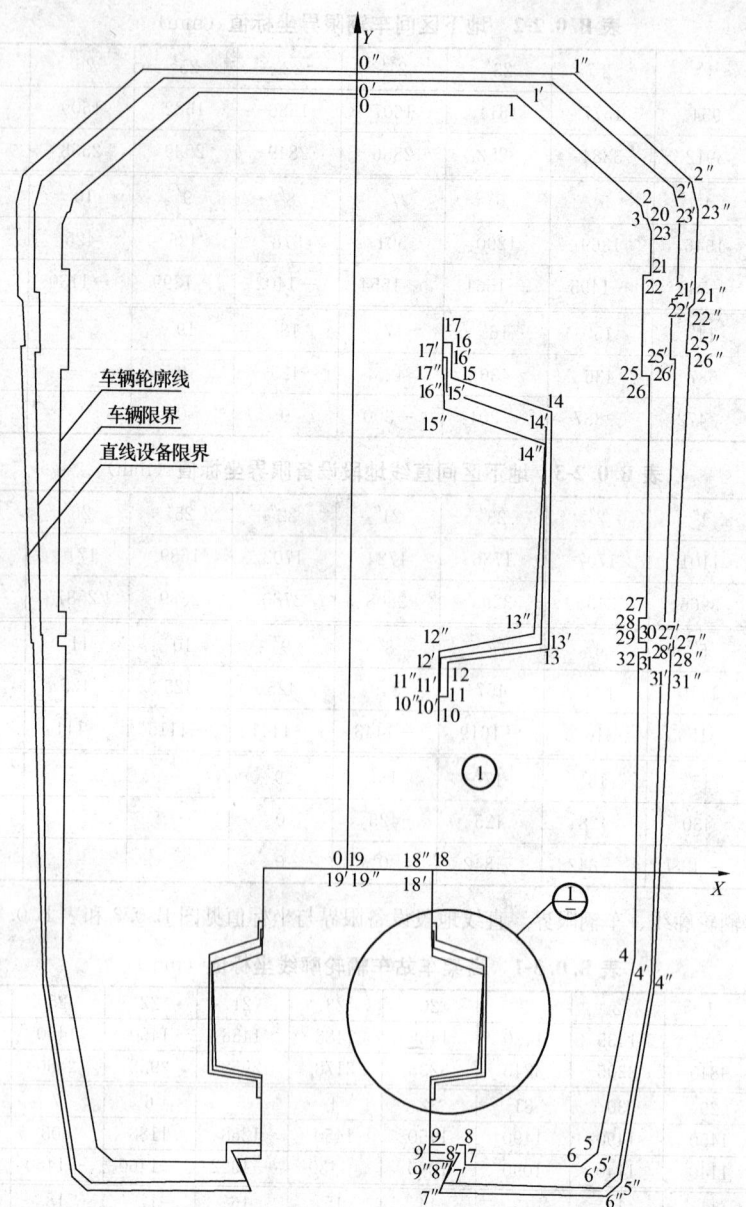

图 B.0.3　高架车站车辆轮廓线、车辆限界、直线地段设备限界图

表 B.0.3-3　高架车站直线地段设备限界坐标值（mm）

点号	0″	1″	2″	23″	21″	22″	25″	26″	27″	28″
X	0	1087	1692	1724	1711	1687	1672	1694	1627	1614
Y	3950	3950	3422	3282	2821	2797	2576	2574	1105	1103
点号	4″	5″	6″	7″	8″	9″	10″	11″	12″	13″
X	1547	1392	1316	475	540	425	425	425	425	663
Y	−591	−1538	−1606	−1599	−1443	−1441	−1115	−1114	−1028	−982
点号	14″	15″	16″	17″	18″	19″	—	—	—	—
X	684	430	428	425	425	0				
Y	−513	−428	−342	−342	0	0				

B.0.4　地下车站车辆轮廓线、车辆限界、直线地段设备限界与坐标值见图 B.0.4 和表 B.0.4-1～表 B.0.4-3。

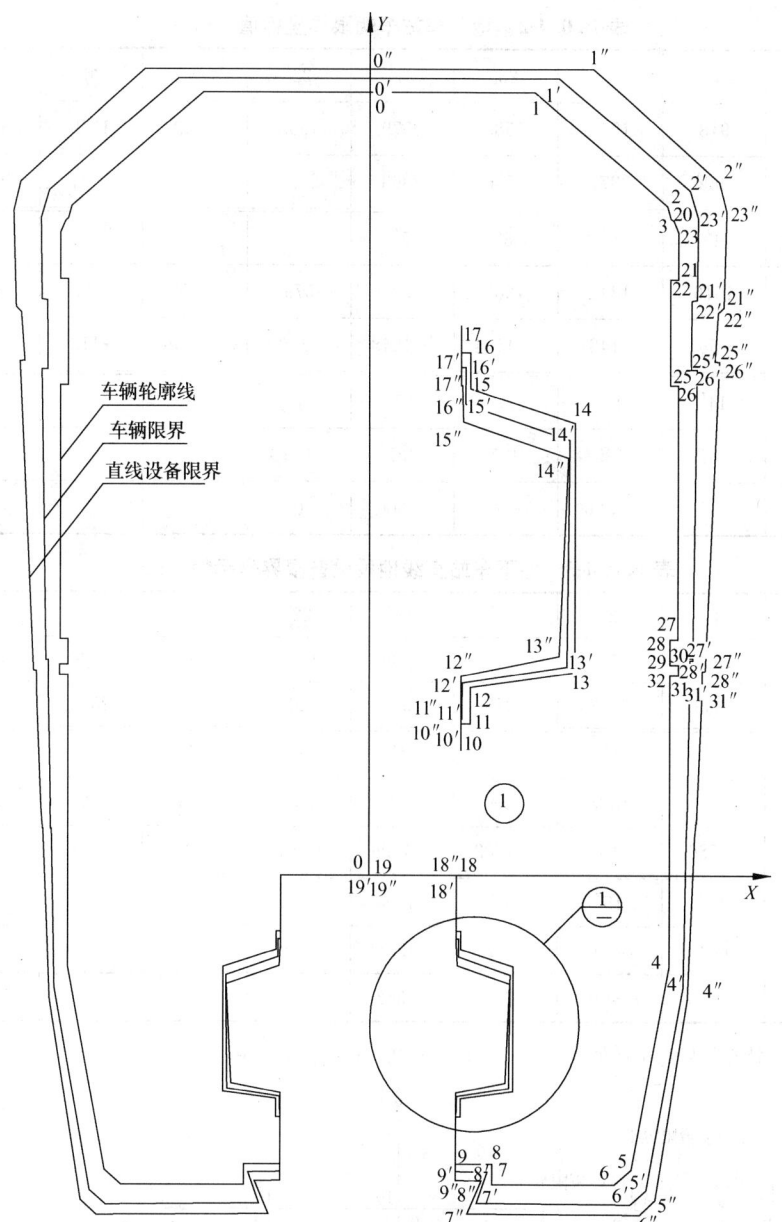

图 B.0.4 地下车站车辆轮廓线、车辆限界、直线地段设备限界图

表 B.0.4-1 地下车站车辆轮廓线坐标值 (mm)

点号	0	1	2	3	20	23	21	22	25	26	27
X	0	800	1435	1450	1465	1488	1488	1450	1450	1488	1488
Y	3840	3840	3305	3245	3235	3178	2958	2958	2460	2460	1260
点号	28	29	30	31	32	4	5	6	7	8	9
X	1450	1450	1490	1490	1450	1450	1268	1188	603	603	425
Y	1260	1140	1140	1090	1090	−430	−1392	−1460	−1460	−1363	−1363
点号	10	11	12	13	14	15	16	17	18	19	—
X	425	448	448	700	700	448	448	425	425	0	—
Y	−1141	−1141	−1055	−1020	−432	−350	−264	−264	0	0	—

注：1 不含集电装置、接地装置轮廓；

2 点 3、20、21、22 为侧门逃生支架控制点；点 23、21、22 为车侧灯控制点；点 25～28 为司机门扶手控制点；点 29～32 为客室车门踏板控制点。

表 B.0.4-2　地下车站车辆限界坐标值（mm）

点号	0′	1′	2′	23′	21′	22′	25′	26′	27′	28′
X	0	918	1543	1583	1579	1552	1549	1579	1558	1545
Y	3906	3906	3377	3246	2863	2858	2532	2531	1161	1160
点号	31′	4′	5′	6′	7′	8′	9′	10′	11′	12′
X	1544	1516	1342	1263	528	579	425	425	427	428
Y	995	−530	−1487	−1554	−1548	−1400	−1399	−1130	−1130	−1044
点号	13′	14′	15′	16′	17′	18′	19′	—	—	—
X	681	687	436	437	425	425	0	—	—	—
Y	−1007	−470	−386	−300	−300	0	0	—	—	—

表 B.0.4-3　地下车站直线地段设备限界坐标值（mm）

点号	0″	1″	2″	23″	21″	22″	25″	26″	27″	28″
X	0	1079	1684	1719	1706	1679	1664	1686	1620	1606
Y	3949	3949	3418	3278	2827	2802	2572	2570	1110	1107
点号	31″	4″	5″	6″	7″	8″	9″	10″	11″	12″
X	1604	1539	1385	1309	482	549	425	425	425	425
Y	959	−586	−1535	−1602	−1599	−1443	−1441	−1115	−1114	−1028
点号	13″	14″	15″	16″	17″	18″	19″	—	—	—
X	663	684	430	428	425	425	0	—	—	—
Y	−982	−513	−428	−342	−342	0	0	—	—	—

B.0.5　轨道梁周围特殊限界与坐标值见图 B.0.5 和表 B.0.5-1～表 B.0.5-4。

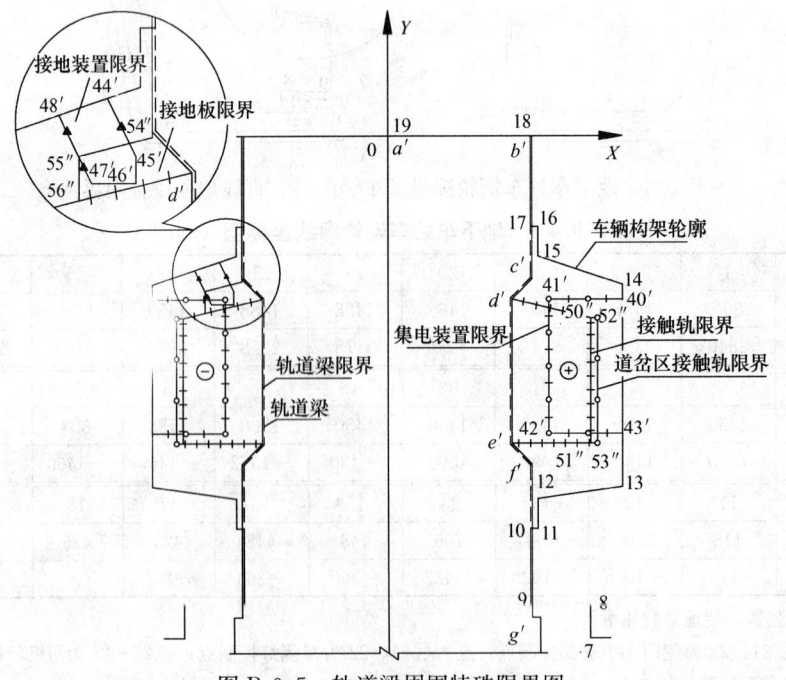

图 B.0.5　轨道梁周围特殊限界图

表 B.0.5-1 轨道梁周围车辆轮廓线坐标值（mm）

点号	7	8	9	10	11	12	13	14	15
X	603	603	425	425	448	448	700	700	448
Y	−1460	−1363	−1363	−1141	−1141	−1055	−1020	−432	−350
点号	16	17	18	19	—	—	—	—	—
X	448	425	425	0	—	—	—	—	—
Y	−264	−264	0	0	—	—	—	—	—

表 B.0.5-2 轨道梁限界坐标值（mm）

点号	a'	b'	c'	d'	e'	f'	g'
X	0	430	430	370	370	430	430
Y	0	0	−415	−475	−895	−955	−1400

表 B.0.5-3 集电装置、接地板限界坐标值（mm）

点号	$40'$	$41'$	$42'$	$43'$	$44'$	$45'$	$46'$	$47'$	$48'$
X	700	480	480	700	−498	−455	−455	−521	−571
Y	−475	−475	−865	−865	−366	−450	−490	−490	−390

表 B.0.5-4 接触轨、道岔区接触轨限界坐标值（mm）

点号	$50''$	$51''$	$52''$	$53''$	$54''$	$55''$	$56''$
X	605	605	625	625	−430	−540	−540
Y	−530	−895	−530	−895	−423	−450	−515

本规范用词说明

1 为便于在执行本规范条文时区别对待，对要求严格程度不同的用词说明如下：

1）表示很严格，非这样做不可的用词：

正面词采用"必须"，反面词采用"严禁"。

2）表示严格，在正常情况下均应这样做的用词：

正面词采用"应"，反面词采用"不应"或"不得"。

3）表示允许稍有选择，在条件许可时首先应这样做的用词：

正面词采用"宜"，反面词采用"不宜"；

表示有选择，在一定条件下可以这样做的用词，采用"可"。

2 本规范中指明应按其他有关标准、规范执行的写法为"应符合……的规定"或"应按……执行"。

中华人民共和国国家标准

跨座式单轨交通设计规范

GB 50458—2008

条 文 说 明

目　次

1 总　　则

1.0.2 目前国内已建成一条跨座式单轨交通线路并已投入正式运营，尚有新的线路正在建设。根据跨座式单轨交通系统的特点，在结合我国工程建设和运营过程中积累的经验，以及充分吸收国外同类工程建设与运营经验的基础上，制定了本规范技术条文，其适用范围为中运量城市轨道交通以高架线路为主的跨座式单轨交通新建工程。对于改建和扩建工程可根据情况参照执行。

1.0.4 跨座式单轨交通客运量具有随城市发展逐步增长的规律，为保证在建成后不致长期欠负荷运营或频繁扩容改造，并节约初期投资，参照我国现行国家标准《地铁设计规范》GB 50157 和国外的实践经验，将设计年限划分为初、近、远三期，使工程经济合理地分阶段进行投资建设。

1.0.5 为保证跨座式单轨交通正常、安全运行，必须采用全封闭的双线线路。同时为提高服务水平，应科学合理地提高行车密度，减少乘客候车时间，并采用安全防护和监控设备系统保障列车安全、高效地运行。

1.0.6 跨座式单轨交通的建设规模和设备容量是按远期设计年限的预测客流量和列车通过的运输能力确定的，为节省初期投资，除后期实施难度很大或再次施工对运营和周边环境会带来很大不利影响的土建工程应一次建成外，对于可分期建设的工程和配置的设备，应考虑分期建设和增容。

1.0.7 跨座式单轨交通线路与城市其他交通共同组成城市交通网，但轨道交通作为城市交通主干线，对城市客运起非常重要的作用，因此在城市交通规划时应以轨道交通车站为中心，合理布局其他交通站点，方便乘客换乘，使城市各种交通有机结合，互相补充。

1.0.10 设计使用年限 100 年是指在一般维护条件下，能保证主体结构及因无法更换或因更换会严重影响运营的土建工程正常使用的最低时段，如地下车站、地下区间隧道、高架梁桥及运营控制中心等。

1.0.13 由于客流随着城市发展逐步增加的特点，跨座式单轨交通的客流量也在逐步增加，配置的列车数量和编组方式相应采用初期、近期和远期的不同方式与客流量相适应。列车编组车辆数，根据预测的各期的高峰小时单向最大断面客流量和车辆的定员数及设定的行车密度确定。

本规范表 4.1.3 推荐的车辆定员数量是根据跨座式单轨交通特点、国产车辆特性，以及现行国家标准《地铁设计规范》GB 50157，并参照国外同类型交通的车辆定员数确定的。

1.0.14 车辆基地、停车场、主变电所、控制中心

的设置，应根据城市轨道交通线网规划统一考虑，在有技术经济依据时，可以几条线路合建一座主变电所、车辆基地，一个控制中心可管几条线，以充分实现轨道交通运营维修机电设备的资源共享达到节约投资，集中管理的目的。

1.0.17 跨座式单轨交通是城市的主要交通形式之一，客流量较大，关系到城市正常的活动秩序和维系乘客和周边居民的生命安全，因此要求采用的车辆、设备都应是满足功能要求、安全要求的可靠产品，其技术经济特性合理并经过相关方法验证符合要求的产品。为降低新建项目造价和维护维修的方便，应尽可能选用已有的标准产品。同时，应考虑立足国内生产，实现国产化。

1.0.20 本规范与其他规范和标准的关系是：凡本规范有规定的，在设计跨座式单轨交通中应按本规范执行，本规范未作规定的，应符合国家现行有关强制性标准的规定，或参照其他有关的国家现行标准和规范的规定执行。

2 术　　语

本章收编的主要是跨座式单轨交通系统特有的专用术语，一般轨道交通常用的术语未作收编。跨座式单轨交通专用术语的表达和解释，参照了国内和国外类似常用的说明和中英文词汇，同时，各技术专业的术语在编写中注意了与相关专业相似术语表达的一致性。

3 行车组织与运营管理

3.1 一般规定

3.1.3 跨座式单轨交通主要适用于地形地貌比较复杂的城市。若线路平纵断面条件均较差时，列车旅行速度难以达到 30km/h，但为了保证一定的运营效率，本条规定较一般的钢轮钢轨系统要求有所降低。

3.2 系统运能设计

3.2.2 本系统运输能力主要受到信号系统、道岔转辙时间、信息传输时间、列车过岔速度等因素控制。按目前重庆轻轨较新线系统配置验算，系统最大设计能力已能达到 24 对/h，因此，本规范规定系统远期设计最大行车密度不应少于每小时 24 对列车，意在不排除当改进了信号系统、道岔转辙等技术后，进一步提高能力的可能。

3.3 行车组织

3.3.2 在行车密度较低的路段（一般在线路尾段），可根据线网需要，设置与其他线路共线运营的条件，

以充分发挥系统的运营效率。

3.3.4 跨座式单轨交通主要适用于线路采用高架形式，为降低对景观的影响，建议最大列车编组长度不宜大于 100m，当需采用大于 100m 的车站长度时，应作充分的车站景观影响分析。

3.4 行 车 速 度

3.4.2 跨座式单轨交通发生事故需列车救援时，若事故列车未发生爆胎状况，对救援列车推送救援方式的限速为 25km/h；当事故列车一个轴上的两个轮胎均爆胎时，推送限速宜为 7km/h；当只有一个轮胎爆胎时，推送限速宜为 15km/h。

3.4.3 列车在曲线上的运行速度：

1 限界条件允许的情况下，轨道梁的超高设置应满足列车通过曲线的限速要求，若线路控制条件较多，影响正常的超高设置时，应根据实设超高对速度进行限制。

2 曲线限速按下式计算：

超高、运行速度、曲线半径间的关系公式：

$$(V/3.6)^2 \times 1/R - gh_{max} = gh_{qy}$$

式中 V——列车通过曲线的运行速度（km/h）；

R——曲线半径（m）；

g——重力加速度（m/s²）；

h_{max}——允许最大超高（%），取 12%；

h_{qy}——允许最大欠超高（%），取 5%；

则 $V = \sqrt{3.6^2 \times 9.8 \times (12\% + 5\%)R} \approx 4.65\sqrt{R}$。

3.5 辅 助 线 设 置

3.5.2 跨座式单轨交通由于道岔设置的特殊性以及道岔造价高等因素，造成了辅助配线的设置密度低于钢轮钢轨交通系统，对运营的影响是列车发生故障时救援时间的增长。根据现有经验，正线上两相邻事故列车停车线的距离不大于 10km 较为经济合理。

3.6 运 营 管 理

3.6.2 对跨座式单轨交通运营管理人员总额的规定较现行国家标准《地铁设计规范》GB 50157 低，意在与第 3.6.4 条规定采用的管理及维修模式相适应。中心站管理模式是车站管理发展的方向，当车站不设任何运营控制设备时，车站管理定员将大大降低或最终实现无人值守。

4 车 辆

4.1 一 般 规 定

4.1.3 表 4.1.3 的注解中所说明的有效站立面积计算方法是用于计算车辆定员人数和超员人数的。计算车辆强度时应符合国家现行标准《跨座式单轨交通车

辆通用技术条件》CJ/T 287 有关车体的章节中的有效站立面积计算方法的规定。

4.2 安全与应急设施

4.2.2 本条提到的"缓降装置"是指在紧急情况下把停在高架轨道梁上的车辆中的乘客缓撤退到地面的装置。它类似在火灾时消防队用的把乘客从高楼缓降到地面的装置。

4.3 车辆与相关系统

4.3.1 为实现车辆主保护系统与变电站保护系统"保护协调"，应根据供电系统设计部门提供的短路参数和变电站保护的方案选择车辆主保护系统技术规格，并与供电系统设计部门协商和进行必要的调整。

5 限 界

5.1 一 般 规 定

5.1.2 车辆轮廓线和车辆有关技术参数是设计跨座式单轨交通限界的基础资料。限界计算中有关车辆参数包括：行车速度，车辆制造公差，转向架走行部各部件（包括集电装置和接地装置）的安装位置，空气弹簧、走行轮、导向轮、稳定轮刚度和挠度变化值，车辆检修周期规定等；轨道梁参数包括制造和安装精度，静荷载和活荷载造成的各种弹性变形量。轨行区安装的设备和管线将影响建筑限界的设计。

5.1.3 本规范只定义直线地段车辆限界。

车辆限界是车辆在平直线路上正常运行状态下的最大动态包络线。所谓正常运行状态，是指空气弹簧、走行轮、导向轮、稳定轮等充气元件在正常弹性范围内、易损件磨耗不超限、车辆各部无故障等。

车辆限界分为高架线及地面线车辆限界和地下线车辆限界两种。高架线及地面线只是桥墩高度不同。高架线及地面线车辆限界受风荷载影响，因而比地下线车辆限界的偏移量要大。

1 车辆限界计算方法：

1） 车辆限界的计算应符合下列原则：

①车辆限界的计算应以列车在平直线上，以额定速度运行为基本条件；根据线路环境不同，分为高架线及地面线车辆限界和地下线车辆限界两种基本类型；

②曲线地段增加的附加因素，不应在车辆限界内考虑，应在设备限界曲线加宽内考虑加高、加宽；

③车辆限界的计算参数，按其概率性质应分成两大类，即随机因素和非随机因素。对非随机因素按线性相加合

成；对按概率分布的随机因素应采取均方根合成，将两大类相加形成车辆的偏移量；

④对高架线（或地面线）、地下线两类车辆限界均采用统一的计算公式；计算时应根据不同的外部条件合理选用不同的计算参数。

2）车辆限界计算考虑的因素：

①线路轨道梁的几何偏差（含维护限度）及弹性变形；

②车辆不同部位的横向及垂向制造误差（AW0 状态下）及维护限度；

③车辆正常运行状态下（无悬挂元件及各类橡胶轮失效）的各类振动（含振动加速度）；

④空重车挠度变化；

⑤乘客偏载引起的车辆偏斜；

⑥侧风载荷影响。

3）车辆限界计算公式：

①车体部分：

A. 横向：

$$\Delta X_{BP} = (\Delta X_{dw} + \Delta W)\frac{2n+a}{a} + \Delta_e$$

$$+ \Delta\theta_{t2} \cdot Y \cdot (1+S) + 100m_z g(1+S)$$

$$\left(\frac{|Y-h_{cp}|}{K_{\phi p}} + \frac{|Y-h_{cs}|}{K_{\phi s}}\right) + \Delta M_{BX}$$

$$+ \sqrt{\Delta C^2 + [\Delta\theta_{t1} \cdot Y \cdot (1+S)]^2 + [A_w \cdot P_w(1+S)C_h]^2 + [m_B \cdot a_B(1+S)C_h']^2}$$

式中

$$C_h = |Y-h_{cp}| \cdot \frac{h_{sw}-h_{cp}}{k_{\phi p}} + |Y-h_{cs}| \cdot \frac{h_{sw}-h_{cs}}{k_{\phi s}}$$

$$C_h' = |Y-h_{cp}| \cdot \frac{h_{sc}-h_{cp}}{k_{\phi p}} + |Y-h_{cs}| \cdot \frac{h_{sc}-h_{cs}}{k_{\phi s}}$$

B. 垂直向上：

$$\Delta Y_{BPu} = \Delta M_{BY} + f_2 + \Delta M_{qc} + \Delta\theta_{t2}(1+S)X$$

$$+ 100m_z \cdot g(1+S)X\left(\frac{1}{k_{\phi p}} + \frac{1}{k_{\phi s}}\right)$$

$$+ \sqrt{\begin{array}{l}\delta_c^2 + \left[\Delta f_p \cdot \frac{2n+a}{a}\right]^2 + \left[\Delta f_s \cdot \frac{2n+a}{a}\right]^2 \\ + [\Delta\theta_{t1} \cdot X(1+S)]^2 \\ + \left[A_w \cdot P_w(1+S)X\left(\frac{h_{sw}-h_{cp}}{k_{\phi p}} + \frac{h_{sw}-h_{cs}}{k_{\phi s}}\right)\right]^2 \\ + \left[m_B \cdot a_B(1+S)X\left(\frac{h_{sc}-h_{cp}}{k_{\phi p}} + \frac{h_{sc}-h_{cs}}{k_{\phi s}}\right)\right]^2\end{array}}$$

C. 垂直向下：

$$\Delta Y_{BPd} = f_1 + f_2 + \Delta M_{BY} + \delta_e + \delta_w + \Delta\theta_{t2}(1+S)X$$

$$+ 100m_z g(1+S)\left(\frac{1}{k_{\phi p}} + \frac{1}{k_{\phi s}}\right)X$$

$$+ \sqrt{\begin{array}{l}\left(\Delta f_p \frac{2n+a}{a}\right)^2 + \left(\Delta f_s \frac{2n+a}{a}\right)^2 + \delta_c^2 + [\Delta\theta_{t1}(1+S)X]^2 \\ + \left[(A_w \cdot P_w)(1+S)X\left(\frac{h_{sw}-h_{cp}}{k_{\phi p}} + \frac{h_{sw}-h_{cs}}{k_{\phi s}}\right)\right]^2 \\ + \left[(m_B \cdot a_B)(1+S)X\left(\frac{h_{sc}-h_{cp}}{k_{\phi p}} + \frac{h_{sc}-h_{cs}}{k_{\phi s}}\right)\right]^2\end{array}}$$

②构架部分：

A. 横向：

$$\Delta X_t = \Delta X_{dw} + 100m_z g(1+S)\frac{|Y-h_{cp}|}{k_{\phi p}}$$

$$+ \Delta\theta_{t2} \cdot |Y-h_{cp}| \cdot (1+S) + \Delta M_{tX}$$

$$+ \sqrt{\begin{array}{l}[\Delta\theta_{t1} \cdot Y \cdot (1+S)]^2 \\ + \left[A_w \cdot p_w(1+S)(Y-h_{cp})\frac{h_{sw}-h_{cp}}{k_{\phi p}}\right]^2 \\ + \left[m_B \cdot a_B(1+S)(Y-h_{cp})\frac{h_{sc}-h_{cp}}{k_{\phi p}}\right]^2\end{array}}$$

B. 垂向向上：

$$\Delta Y_{tu} = \Delta M_{tY} + \Delta\theta_{t2} \cdot (1+S)X$$

$$+ 100m_z g(1+S)\frac{X}{k_{\phi p}}$$

$$+ \sqrt{\begin{array}{l}\Delta f_p^2 + [\Delta\theta_{t1} \cdot (1+S)X]^2 \\ + \left[(A_w \cdot P_w)(1+S)X\left(\frac{h_{sw}-h_{cp}}{k_{\phi p}}\right)\right]^2 \\ + \left[(m_B \cdot a_B)(1+S)X\left(\frac{h_{sc}-h_{cp}}{k_{\phi p}}\right)\right]^2\end{array}}$$

C. 垂向向下：

$$\Delta Y_{td} = \delta_w + f_1 + \Delta M_{tY} + \Delta\theta_{t2} \cdot (1+S)X$$

$$+ 100m_z g(1+S)\frac{X}{k_{\phi p}}$$

$$+ \sqrt{\begin{array}{l}\Delta f_p^2 + [(\Delta\theta_{t1} \cdot (1+S)X]^2 \\ + \left[A_w \cdot P_w(1+S)X\frac{h_{sw}-h_{cp}}{k_{\phi p}}\right]^2 \\ + \left[m_B \cdot a_B(1+S)X\frac{h_{sc}-h_{cp}}{k_{\phi p}}\right]^2\end{array}}$$

2 限界计算参数定义及取值表

序号	符号	说　明	参　数
1	ΔX_{dw}	构架相对于轨道梁动态横移量	区间 5mm 车站 5mm
2	ΔM_{BX}	车体部分横向制造误差（按相应部位取值）	±15mm 门踏板±10mm
3	ΔM_{BY}	车体部分垂向制造误差（按相应部位取值）	±15mm
4	ΔW	二系弹簧横向弹性变形	高架车站 20mm 地下车站 15mm 地下区间 25mm 高架区间 30mm
5	δ_w	走行轮磨耗	8mm
6	f_1	走行轮空重车挠度变化	17mm

序号	符号	说明	参数
7	f_2	二系高度调整误差	±3mm
8	Δf_p	走行轮动挠度	5mm
9	Δf_s	二系垂向动挠度	区间 20mm 车站 15mm
10	ΔM_{qc}	车体销外上翘/下垂	3mm
11	m_z	定员载客的 2/3 重量	6080kg
12	Δ_c	轨道梁中心线横向偏差	区间 ±25mm 车站 ±10mm
13	δ_c	轨道梁中心线垂向偏差	+30mm -15mm
14	$\Delta\theta_{t1}$	轨道梁公差换算倾斜角	0.5°/57
15	Δ_e	轨道梁横向弹性变形	3mm
16	δ_e	轨道梁垂向弹性变形	15mm
17	$\Delta\theta_{t2}$	轨道梁弹性倾斜角	0
18	a	车辆定距（中心销距）	9600mm
19	n	计算断面至相邻中心销距离（销内均取 0）	车体点 2650mm 车灯、支架、踏板 0mm 扶手 2000mm 裙板 1400mm
20	A_w	车体受风面积	车站 20m² 区间 60m²
21	P_w	风作用压强	高架 500N/m² 地下 0N/m²
22	m_B	2/3 定员车体计算重量	26440kg
23	a_B	横向振动加速度	0.5m/s² 0.25m/s²
24	h_{sc}	车体重心距轨面高	1555mm（AW3） 1390mm（AW2）
25	h_{sw}	高架线车体受风面积形心距轨面高	车站 2950mm 区间 1563mm
26	h_{cp}	构架回转中心低于轨面	正常 -520mm 故障 -700mm
27	h_{cs}	二系弹簧上支承面距轨面高	928mm
28	$k_{\phi p}$	整车构架当量侧滚刚度（绕回转中心）= $K_{\phi p1}$ + $K_{\phi p2}$ + $K_{\phi p3}$ $K_{\phi p1}$—由导向轮引起的抗侧滚刚度 $K_{\phi p2}$—由稳定向轮引起的抗侧滚刚度 $K_{\phi p3}$—由走行轮引起的抗侧滚刚度 一个水平轮横向刚度：0.98MN/m 一个走行轮垂向刚度：1.18MN/m 稳定轮中心与导向轮中心垂向距离：1085mm 导向轮中心距轨面垂向（AW0）：160mm 走行轮中心距轨面垂向（AW0）：470mm 走行轮中心距轨面中心横向：200mm	正常刚度 3.46×10⁹N·mm/rad 失气刚度取 3.46×10¹⁵ N·mm/rad
29	$k_{\phi s}$	车体相对构架侧滚刚度 = $0.5 n_s c_s b_s^2$ n_s—车辆一侧二系弹簧并列数：2 c_s—每一侧二系弹簧垂向刚度：正常 450N/mm，故障 11000N/mm（一侧） b_s—二系弹簧间距：2050mm	正常刚度 1.890×10⁹N·mm/rad 过充刚度 1.890×10¹⁵ N·mm/rad 失气刚度 2.406×10¹⁰ N·mm/rad
30	ΔM_{tX}	构架部分横向制造误差	±3mm
31	ΔM_{tY}	构架垂向制造误差	±3mm
32	R	正线、辅助线最小曲线半径（m）	100m
33	R_v	最小竖曲线半径（m）	区间 1000m
34	θ_{ac}	轨道梁超高率最大值	区间 0.12 车站 0.02
35	v	车辆最高运行速度	80km/h
36	S	重力倾角附加系数 $S = m_B g[(h_{sc} - h_{cp})/k_{\phi p} + (h_{sc} - h_{cs})/k_{\phi s}]$	$g = 9.81$m/s²

续表

序号	符号	说　明	参　数
37	f_{01}	稳定轮失气高度（mm）	$23+8=31\text{mm}$
38	f'_1	走行轮失气高度（mm）	$60+11=71\text{mm}$
39	f_{02}	空气簧失气高度（mm）	30mm
40	f'_{02}	空气簧过充高度（mm）	45mm
41	$\Delta\theta_{q1}$	稳定轮失气时最大倾角（弧度）	$T_g=31/935$
42	$\Delta\theta_{q2}$	空气簧失气时最大倾角（弧度）	$T_g=30/2050$

5.1.4　设备限界是车辆在运行途中由于空气弹簧（过充或失气）、走行轮（失气）、导向轮（失气）、稳定轮（失气）四类部件中瞬间失效影响车辆偏移量最大的一种故障产生的动态控制线，不考虑失效组合。经分析：轨道梁一侧稳定轮失气（并含辅助轮磨耗8mm）产生的车体侧滚角最大（此侧滚角增大了车体肩部的横向位移量）；走行轮失气（并含辅助轮磨耗11mm）加上因 $R1000\text{m}$ 竖曲线造成的车体向下增量16mm 产生的车体下沉量为最大值；由于空气弹簧过充造成的车端上升量加上 $R1000\text{m}$ 竖曲线产生的车体向上增量16mm 为车体升高最大值。以上三种工况形成的动态控制线为直线地段设备限界。

5.1.5　在设备和设备限界之间，宜留出50mm 安全间隙，其原因有二：一为设备安装误差；二为限界检测车检测误差。

根据轨道交通主体结构工程设计使用年限为100年的规定，建筑限界和设备限界之间的间隙，当无设备和管线时，不宜小于200mm，以弥补隧道变形、内衬喷锚所缩减的空间。当隧道壁上装有设备和管线时，若设备和管线占用空间加50mm 安全间隙小于200mm 时，按200mm 间隙设置。

困难条件下不得小于100mm 是指车站设备用房墙体至设备限界之间的最小间隙。

5.1.6　高架线两相邻线路中心线间距按高架线设备限界加不小于100mm 的间隙计算；地下线单洞双线无中隔墙的两相邻线路中心线，其线间距按地下区间设备限界加不小于100mm 的间隙计算。实际情况，列车在交会时，不可能发生两列车同时发生一系、二系弹簧损坏的故障，但存在一列车瞬时发生一系、二系弹簧损坏故障可能，通常情况是两列车在正常运行状态下的交会。因此，线间距的确定原则，可保障列车的安全运行。

在贯彻本条款时，应注意：直线地段线间距采用直线设备限界计算；曲线地段线间距采用曲线设备限界计算，还要注意轨道梁的超高率因素。

5.1.7　建筑限界是不包括各种误差因素的，所以，

结构设计应在限界规定值上另加施工余量，其数值应根据施工水平、施工条件、结构沉降和变形等外部条件，由结构设计人员自行确定。

5.2　制定限界的主要技术参数

5.2.1　车辆基本参数由长春轨道客车股份有限公司提供。其中计算车辆长度是按带驾驶室的控制动车确定的，自转向架中心线至车头距离3050mm，车头圆弧半径400mm，车辆定距9600mm。故计算车辆长度为 $2\times(3050-400)+9600=14900\text{mm}$。

5.2.2　线路、轨道梁各项参数取自本规范相关章节，风荷载按8级风列车缓行，9级风列车停运的原则，限界计算采用的侧向风力 500N/m^2，相当于9级风。

5.3　制定建筑限界的原则

5.3.2　建筑限界坐标系与设备限界的基准坐标系是两种不同的坐标系。基准坐标系是垂直于直线轨道梁中心线的二维平面直角坐标，横坐标轴（X 轴）与轨道梁顶面相切，纵坐标轴（Y 轴）垂直于轨道梁顶面，坐标原点为轨道梁顶面的中点。

5.3.3　轨道梁顶面距轨道梁桥墩盖梁面的距离应不小于2100mm，是综合考虑下部的设备限界、轨道梁及轨道梁支座的结构尺寸，以及电缆从桥墩盖梁面上通过时所需的最小空间和安全间隙。

线路自高架进入隧道之前，一般都有一段过渡段，该过渡段往往做成 U 形槽断面，U 形槽宽度采用矩形隧道宽度。

5.3.4　矩形隧道直线地段建筑限界以直线地段设备限界为计算依据，曲线地段建筑限界是在曲线设备限界基础上再考虑轨道梁超高率进行计算。马蹄形隧道建筑限界参照矩形隧道建筑限界设计原则办理。

隧道侧壁有设备或管线安装时，应考虑其安装误差、测量误差及隧道永久变形量所需的空间。

在设计矩形隧道建筑限界曲线地段加高时，应按本规范公式（5.3.4-8）、（5.3.4-9）计算出轨道梁顶面以上或以下的加高（降低）值，并根据矩形隧道顶部和下部管线布置情况，核算限界后确定。

5.3.6　本条第1款站台建筑限界高度，是重庆市轨道交通二号线已经采用的参数；第2款站台建筑限界宽度，重庆市轨道交通二号线采用的参数为1575mm，经计算，高架车站在车门踏板处的车辆限界为1566mm，本规范站台建筑限界宽度取1570mm。在计算高架车站车辆限界时，风载荷是以安全门（高1.3m）以上的车体侧面积为受风面积，取 20m^2，并计算出相应的形心高度。若高架车站的安全门高度有变化，应重新核算高架车站车辆限界。

安全门高度：广州地铁采用1.5m、重庆市轨道交通二号线采用1.3m，国内尚未统一标准。故安全

门高度较低时，为防止乘客将头、手伸出安全门外碰到车体，应另加安全距离。

站台计算长度外的站台建筑限界应按设备限界制定，这与站台计算长度内按车辆限界制定站台建筑限界的设计原则是不同的，因为在站台计算长度外，列车运行速度提高，按区间运行状态处理。

车站设备区邻近轨行区的设备用房外墙，应按有无管线区分建筑限界宽度。

5.3.8 站台计算长度内允许最小平面曲线半径应与本条相匹配。站台边缘与车门踏板处最大间距不应大于180mm，按凹形站台和凸形站台分别进行计算，经计算凹形站台对应的车站平面曲线半径不得小于300m，凸形站台对应的车站平面曲线半径不得小于200m。在工程设计时，还应考虑安全门、屏蔽门的安装条件确定车站最小平面曲线半径。

5.3.9 本条是针对隧道内道岔区有墙、柱等建筑物时，必须进行加宽量计算。

5.3.10 轨道梁周围的特殊限界参照重庆市轨道交通二号线的相关参数制定。

转向架两侧有集电装置，轨道梁两侧各架设正极和负极接触轨，正极接触轨向集电装置授电，负极接触轨回流。为了保证乘客在车站上下车时的安全，车站内轨道梁负极接触轨侧设接地板，列车停站时，车辆上的接地装置与接地板连通，形成接地回路。车辆基地检修库不安装接触轨的地段，集电装置和接地装置均呈自由状态，不得侵入轨道梁限界（横断面）。

接触轨限界和接地板限界均应满足车辆上集电装置和接地装置处于良好工作状态。

5.3.11 车库内高架检修平台建筑限界按车辆轮廓加安全余量制定，主要考虑车辆入库时速度很低。有条件缩小间隙，以利工人上下安全。

6 线 路

6.1 一般规定

6.1.1 跨座式单轨交通线路的类别主要根据其在运营中的地位和作用来划分，正线为载客运营的线路，行车速度高、密度大，且要保证行车安全和舒适，因此线路标准较高；辅助线是为保证正线运营而配置的线路，一般不行驶载客车辆，速度要求较低，故线路标准也较低；车场线是场区作业的线路，行车速度低，故线路标准只要能满足场区作业即可。规范按不同类别线路制定相应的技术标准，以达到既能保证运营要求又能降低工程造价的目的。

6.1.2 线路走向应根据城市总体规划在轨道交通线网规划的基础上进行研究，应符合城市主客流流向，串联主要客流集散点，方便与其他交通线路的换乘。

线路平面位置和高程应综合考虑城市现状与规划

的道路、地面建筑物、管线和其他构筑物、文物古迹和环境保护要求，使其相互影响降至最低程度，并争取得到良好的结合。跨座式单轨交通应以高架线为主，对环境和景观、地形地貌的要求较高，影响较大；工程地质和水文地质、采用的结构类型对施工方法的确定有重要的影响，而施工方法又会影响线路平面的布置和地下线路埋置深度；并需考虑运营管理的要求。因此，线路设计时应综合考虑诸多方面因素，使确定的方案既经济合理又有利于使用和运营管理。

6.1.3 由于跨座式单轨交通的特殊性，即使在地下线或地面线段，仍然需架设轨道梁作列车走行的轨道，所以采用地下线不经济，而地面线对道路、地块等具有分割性，在城区不宜选择，故一般应选定高架线。只有在特殊地段经技术经济比较后，方宜采用地下线或地面线。

跨座式单轨交通牵引供电接触轨布置于轨道梁梁腰部分，必须设置安全防护围栏。地下线和高架线本身不易靠近，而地面线、地面线和高架线的过渡段、地下线和地面线的过渡段、地下线和高架线的过渡段本身不具备隔离性，故必须设置安全防护围栏。

6.1.8 地面和高架线路及车站外边缘距现状建筑物的距离宜不小于10m；距新建、改建、扩建的居住建筑物的距离宜不小于15m，困难地段为12m。

6.1.9 为了列车安全运行，利于行车操作、运营管理、维修及公共安全，应在全线区间、车站及车场等处设置必要的线路、信号等标志及标线，除特殊规定外，线路标志及标线可参照表1设置。

表1 线路标志及标线

序号	标志标线名称	设置位置	备 注
1	公里标	轨道梁内侧下部	标 线
2	半公里标	轨道梁内侧下部	标 线
3	车站中心标	轨道梁内侧下部	标 线
4	坡度标	轨道梁内侧下部坡段起终点处	标 线
5	曲线标	轨道梁内侧下部曲线起终点处	标 线
6	闭塞分区分界标	轨 面	标 线
7	限速标	轨 面	标 线
8	限速解除标	轨 面	标 线
9	站内标	轨 面	标 线
10	出发标	轨 面	标 线
11	停车位置标	轨 面	标 线
12	列车停车标	站台端部	标 志
13	折返线停车位置标	轨 面	标 线
14	车挡标	固定丁车挡上方	标 志
15	车辆停止标	轨 面	标 线
16	平面、高程控制点	地面、盖梁	标志、标线

6.2 线 路 平 面

6.2.1 为提高乘客舒适度，减小轮胎磨耗，提高正线线形标准，正线上的平面曲线希望尽量采用大半径曲线。曲线半径的选定与线路性质、车辆性能、行车速度、地形地物等条件有关，其选定是否合理会直接对城市轨道交通的工程造价、运行速度、乘客舒适度及运营成本等产生很大影响。

由于通过道岔区的设计速度一般为 25km/h 左右，而该区段设计超高为零，若运行时欠超高为 5‰，按超高、曲线半径、速度关系计算最小平面曲线半径：

$$R_{min} = V^2/[1.27 \times (h_{max} + h_{qy})]$$
$$R_{min} = 25^2/(1.27 \times 5) \approx 100\text{m}$$

式中 R_{min}——满足欠超高要求的最小曲线半径（m）；

V——道岔区侧向设计速度（km/h）；

h_{max}——道岔区最大超高（0）；

h_{qy}——道岔区欠超高（5‰）。

从重庆轻轨较新线运营情况看，正线 100m 小半径地段轮胎磨耗较严重，因此规定正线尽量选取大半径。

按道岔对岔后连接曲线的要求和车辆构造的限制，车场线上曲线半径不得小于 50m。

6.2.3 直线与曲线之间，为避免随曲率变化的超高急骤变化，需要在曲线段和直线段间设置缓和曲线。而在曲线半径大于或等于 2000m 时，按最高速度 80km/h 计算，超高仅为 2‰，不设缓和曲线时，相当于欠超高为 2‰，对舒适性影响不大，故规定曲线半径大于 2000m 时，可不设缓和曲线。

另外在道岔区设置缓和曲线有一定困难，且列车过岔速度较低，故可不设置。

再者，出入线及车场线，能设缓和曲线是较为理想的，但可能会由于工程、环境等条件的限制难以实现，且这些线路并不是载客线路，车辆走行速度较低，故也可省略。

缓和曲线长度通常是越长越好，若太短，则给乘车舒适度带来显著的影响。为使乘客乘坐舒适，故设定的离心加速度变化率 β 为 0.03g/s，按其圆曲线半径及车辆运行速度来规定缓和曲线最小长度，参照圆曲线有关规定，采用不小于 20m 的缓和曲线长度。若条件允许，最好与轨道梁长度协调一致，避免一片轨道梁跨越三种线形，对结构设计不利。

以下为缓和曲线长度公式：

$$L = V^3/[0.3 \times (3.6)^3 \times R] \approx V^3/(14R)$$

式中 L——缓和曲线长度（m），按三次抛物线考虑；

V——列车设计运行速度（m/s）；

R——曲线半径（m）。

α：离心加速度，$\alpha = V^2/R$；

β：离心加速度变化率，$\beta = \alpha/t = V^3/(R \cdot L)$；

t：列车通过缓和区段时间（s），$t = L/V$；

故： $L = V^3/(\beta \cdot R)$

取 $\beta = 0.03g/s \approx 0.3m/s^3$

一般情况下，缓和曲线长度算式中的速度是指在其曲线区段车辆的运行速度。但是，在项目前期方案设计阶段，可能还未进行牵引计算，暂不能确定列车通过曲线的速度，则一般以各种曲线所分别具有的最高允许速度（曲线限制速度）计算缓和曲线长度。

6.2.4 由于选线条件限制，在同方向的两个圆曲线十分接近，而不能设置各个圆曲线独立的缓和曲线时，则往往采用与两个圆曲线相适应的一段缓和曲线与之衔接，即设计成复曲线形式。

但复曲线存在下列缺点：

1 增加线路勘测设计和轨道梁设计、制作的难度；

2 由于复曲线上曲线阻力不同，短时间内改变列车受力情况，降低了列车运行的平稳性；

3 复曲线上不同半径的曲线产生的离心力不同，超高不一致，半径变更时，作用在列车上的横向力（或横向加速度）改变，降低了乘客舒适条件。

因此，一般不采用复曲线线形，规范中仅作为有此情况而列入。

6.2.5 车站希望尽可能设置于直线上，但是在困难地段车站站台需设置于曲线上时，由于车辆偏移致使车辆车门与站台边缘间距加大，会使乘客感到不安全，且间距加大往往会发生危险，另外，站台的通视条件也不好，故车站应避免采用过小的曲线半径。限界设计规定车辆车门踏板处与站台边缘之间的距离最大不超过 180mm，按跨座式单轨交通车辆参数计算，车站段线路曲线半径应不小于 300m。

6.2.6 跨座式单轨交通大部分区段均在城市既有道路上走行，由于既有道路标准可能与单轨标准不一致，线路完全走到道路中央难度较大，故选定线路受到很大制约，曲线长度也往往受到限制。

一方面，由于圆曲线上曲率半径不变，车辆摇摆不大，故一定程度上圆曲线长点为好，参照地铁有关规定，采用不小于 20m 的圆曲线长度。若条件允许，最好大于一片轨道梁长度，避免一片轨道梁跨越三种线形，减少轨道梁设计与制作难度。

同样夹直线最小长度也参照圆曲线长度设置。

6.2.7 曲线地段为保证车辆在曲线上稳定运行而设置超高，用以平衡离心力的作用。

普通铁路是按车辆倾翻安全度决定超高最大值。跨座式单轨交通车辆不存在翻车的情况，因而可以设置较大的超高值。但是，在曲线上也有临时停车的可能，考虑到临时停车时乘客的舒适度，参照日本已建线路及重庆轻轨较新线设置情况，超高最大值暂定为12‰。

按满足乘客舒适度设置超高最为理想。但是不同车次列车在同一曲线上运行速度是有变化的，故就会产生过超高或欠超高。为了使这种过超高及欠超高尽量不影响乘客乘车舒适度，故规定最大允许过超高不大于3‰，最大允许欠超高不大于5‰，但应尽量不按过超高设置。

道岔区及道岔后连接曲线，由于速度较低，不设置超高。

6.2.8 根据限界要求，计算出直线上两条轨道中心间距值不小于 3.7m，在设置单渡线地段还需根据道岔相关要求加宽线间距。

车辆通过曲线时，车体会产生偏移和倾斜，增加了水平移动量。因而曲线区段与车辆水平移动相对应，需加宽线间距。在半径小于等于 300m 曲线区段，按车辆水平移动量加宽线间距。

线间距加宽值可按下式计算：

$$E = (28000/R) + 3700(1 - \cos\alpha) + 10$$

式中 E——线间距加宽值（mm）；
R——曲线半径（m）；
α——曲线轨道梁超高角度，若上、下行线超高不等时取大值（度）；
10——车辆二系弹簧的横移量在曲线与直线上的差值。

通常情况下，在同一曲线地段，上、下行线速度差异不大，即使按各自的速度计算超高，也相差不大。若取同一速度计算超高，过超高或欠超高也很小，并不影响舒适性，因此一般上、下行线在同一曲线地段可采用相同的设计速度。

条文中表 6.2.8 即是按以上公式计算后，并考虑设备限界间的安全间隙不小于 100mm 的要求，按50mm 级差取整列表而成。

6.3 线路纵断面

6.3.1～6.3.4 坡度：

1 跨座式单轨交通车辆使用的是橡胶车轮，粘着力大，爬坡能力强，可设置较大的纵坡以适应地形的需要。

然而，采用陡坡过大，往往对车辆运行性能提出很高要求，且不安全，故考虑与车辆运行性能的匹配，以及与城市道路坡度相适应等情况，参照国外已建线路的相关标准，并依据重庆轻轨较新线运营情况确定允许最大纵坡为 60‰ 是合适的。

2 国铁轨道上的曲线半径通常较大，曲线阻力影响较小。但是，城市内的轨道交通曲线较多，故当采用最大坡度的坡道上有曲线时，应根据曲线阻力进行折减计算，修正坡度。计算上采用经验公式 $\Delta i =$

800/R 进行折减。

3 地面车站和高架车站排水较易处理，为使车站停车平稳，便于安全门等设备的安装，车站站台段应尽量设在平道上，只有在困难地段才可设在不大于3‰的坡道上。

地下车站坡度应尽量平缓，现行国家标准《地铁设计规范》GB 50157 规定宜采用为 2‰，但考虑到隧道内排水畅通以及跨座式单轨交通轮轨粘着力大的特点，可将车站设在 2‰～3‰ 的坡道上。

6.3.5 为缓和竖向变坡点坡度的急剧变化，使列车通过变坡点产生的附加加速度不超过允许值，相邻坡度代数差等于、大于5‰时，应以竖曲线连接。

参照有关标准，设变坡点冲击的大小，由折角（i）与速度（V）的乘积来表示，不使乘客感到不适的最大冲击极限值通常按下式计算：

$$i \cdot V \leqslant 1$$

设 $V = 80$km/h，则 $i \leqslant 0.0125$rad。

允许轨道梁折角施工误差为 0.007rad 时，折角富余值为：

$$0.0125 - 0.007 = 0.0055 > 0.005 = 5‰$$

因而，纵坡变化率小于 5‰（0.005rad）时，即使不设置竖曲线，对乘车舒适度影响也不大。

6.3.6 纵坡大于 30‰ 时，连续坡长应小于由图 1 "坡度与坡长之关系图"中所计算出的值。此外，各种同向陡坡区段有连续坡度时，应按这些连续陡坡区间的平均坡度计算连续坡长，并需进行安全性论证。

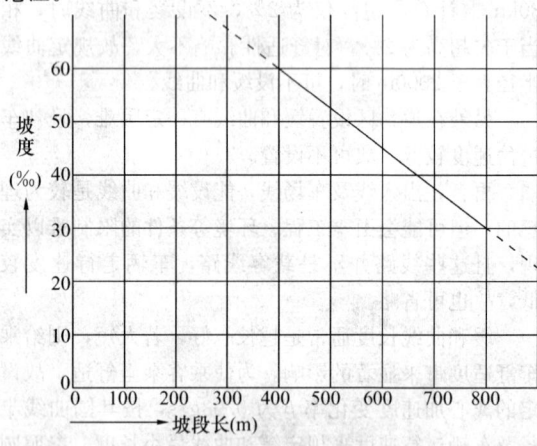

图 1 坡度与坡长之关系图

6.4 辅助线、车场线及道岔

6.4.3 由于道岔结构特殊，一般由 4 节或 5 节钢箱梁组成，并分别由移动台车支撑，若安装在坡道上，势必对道岔的受力状况及安装精度提出更高的要求，因此规定当线路条件能满足时应尽可能地将道岔设置在平坡上，当受地形条件影响确有困难时，宜设在不大于3‰的坡道上。

7 车站建筑

7.1 一般规定

7.1.3 超高峰设计客流量是指该站高峰小时客流量乘以 1.1～1.4 的系数，主要考虑高峰小时内进出站客流量存在不均匀性。1.1～1.4 系数相当于高峰 20min 内将通过 37%～47% 的高峰小时客流量。

本条中的"或客流控制时期的高峰小时客流量"是指建设中的线路近期预测高峰小时客流量有可能出现大于全网建成后的远期预测高峰小时客流量，在设计中应考虑这一因素。

7.1.8 跨座式单轨交通一般以高架、地面站为主，由于其特殊的构造形式，站台面距轨道区底板面较深，站台必须设安全门或安全栏栅，以策安全。至于地下车站根据通风空调制式的需要，可设安全门（安全栏栅）或屏蔽门。

7.2 车站平面

7.2.1 停车误差的确定与人工驾驶时司机操作的熟练程度或采用自动停车设备的先进程度有关。一般采用停车不准确距离为1～2m，当采用屏蔽门或安全门时的停车误差应控制在±0.30m内。

7.3 车站出入口

7.3.1 本条规定"每个出入口宽度应按远期分向设计客流量乘以 1.1～1.25 的不均匀系数"，此系数与出入口数量有关，出入口数量多取上限值，出入口少取下限值。

7.4 人行楼梯、自动扶梯、电梯

7.4.2 当设计中在上、下行自动扶梯旁并列设置备用楼梯时，其梯宽最小可取 1.2m，倾角可取 30°，以利建筑布置。

7.4.5 此条规定自动扶梯设置标准是最低标准，必须满足。随着经济的发展，可根据各城市的财力相应提高标准。

7.4.6 为增加乘客使用自动扶梯的舒适度和安全，规定了自动扶梯上、下两端水平运行梯级不得小于三块平级梯的最低标准。目前有些城市采用了上四、下三或上、下均四，则效果更佳，但自动扶梯水平投影长度加长，投资也有所增加。

7.5 安全门与屏蔽门

7.5.6 屏蔽门不应作为车站防火分隔设施，就目前屏蔽门的气密性、材料的耐火性等来看，还达不到作为防火隔断的要求。

7.5.8 目前国内外所采用的屏蔽门均采用金属框和

安全玻璃构成，为了乘客使用方便和安全，通常在安全玻璃上标识此门是活动门、应急门和固定门。

7.6 无障碍设施

7.6.2 为了充分利用供残疾人使用的电梯，合理的设计应兼顾一般乘客使用，在此种使用工况下，电梯应设于付费区内。

7.6.3 位于站台上的电梯门一般情况下不应正对轨道向。当正对轨道向布置时，则门前应设栏栅遮挡。但栏栅不得侵入侧站台宽度内。

7.7 车站环境设计

7.7.2～7.7.6 这几条总的要求是：高架车站如何从城市景观角度考虑，尽可能减少车站的体量和具有良好的通透性；充分利用站台板下夹层空间，减少设于站台层的设备、管理用房；减少设于路中高架车站站厅层的面积；改善高架站台层的乘客候车环境；雨篷形式应根据城市的不同气候条件而采取半敞开和封闭式，分别达到遮阳、隔热、避雨、防寒等目的。

7.8 最小高度、最小宽度、最大通过能力

7.8.3 由于跨座式单轨交通适用于中运量客流，为了适应客流量较小车站的需要，表 7.8.3 列出了 0.6m 宽的自动扶梯。

表 7.8.3 所列的售检票机通过能力，仅供设计中参考，随着乘客使用熟练程度，通过能力也会相应提高。当地有实测数据，建议优先采用。

8 轨道梁桥

8.1 一般规定

8.1.2 轨道梁为单线梁，是列车行驶轨道和承受列车荷载的承重结构，线路的平、纵、竖曲线以及横向超高都直接在梁体上实现。轨道梁上部截面尺寸直接受列车走行面控制。

轨道梁是系统设备的载体，是因为轨道梁梁体表面、腰部两侧均安装有供电系统接触轨；高架轨道梁的梁底均安装有电缆桥架，左线下为供电系统缆线，右线下为信号系统缆线。梁体内，梁顶面下两侧安装有信号系统 ATP/TD 环线；部分轨道梁内安装有从电缆桥架上引入接触轨的馈线上网管道。

8.1.3 为满足轨道梁的安装要求，轨道梁桥和组合桥上需要预埋支座锚箱及锚箱排水管道。由于轨道梁支座为抗拉力支座，在预埋支座锚箱时应布置抗拉力钢筋，部分轨道梁桥上要布置机电控制柜和信号盒，区间的避雷接地也需要在轨道梁桥上预埋管道。

道岔桥一般采用预应力混凝土连续结构，道岔区应保证布置在一联内，道岔桥竖向刚度应保证道岔系

统不均匀沉降要求。

　　道岔桥和道岔平台上应根据道岔要求预留道岔和控制机柜安装凸台基坑或预留连接钢筋，并应根据道岔要求布置供电及通信、信号系统电缆沟槽。

8.1.4　重庆市轨道交通二号线正线除钢轨道梁和现场制作的预应力混凝土连续梁外，均采用特制工场预制的预应力混凝土轨道梁和等跨简支结构，采用单轨架桥机结合汽车吊架设。在车辆基地咽喉区曲线半径小于100m地段的轨道梁采用现浇钢筋混凝土梁，梁长为10m。

8.1.5　重庆市轨道交通二号线一期工程预制预应力混凝土轨道梁最大梁长为22m，梁高1.5m。二期工程预制简支梁在梁高不变的情况下直线梁梁长做到了25m，并采用了3×30m预应力混凝土连续梁。跨度大于30m时采用了跨度40m的钢轨道梁、33m的T构和V撑组合桥、60m的连续钢构组合桥。

8.1.8　日本跨座式单轨交通《单轨构造设计指南》中动载（不包括冲击荷载）引起的轨道梁最大挠度控制值为$L/800$（L—轨道梁桥跨度）。根据2000年12月完成的《重庆市跨座式轨道交通较新线工程PC轨道梁及支座系统静载、疲劳、破坏及解剖试验分析成果报告》和2003年10月完成《重庆跨座式轻轨25m直线PC轨道梁静载、疲劳、动态特性、破坏试验成果分析报告》，最大荷载作用下22m直线轨道梁实测挠跨比为$L/1584$，竖向自振频率为7.062Hz；而25m直线轨道梁在梁高不变的情况下，挠跨比为$L/1122$，竖向自振频率为5.18Hz。因此轨道梁竖向挠度不超过跨度的1/800的规定，应是安全的。

8.1.9　关于轨道梁桥的横向刚度控制，日本跨座式单轨交通《单轨构造设计指南》中没有相应控制条款。

　　由于采用抗拉力支座，轨道梁横向与轨道梁桥是固结的，因此，对于跨座式单轨桥梁来说，横向刚度应该是对于轨道梁桥，而非仅仅是轨道梁。根据2000年12月《重庆市跨座式轨道交通较新线工程PC轨道梁及支座系统静载、疲劳、破坏及解剖试验分析成果报告》，在轨道梁、支座和台座形成横向固结体系的前提下，22m直线轨道梁横向自振频率为3.875Hz，20m跨径半径为100m的曲线PC梁横向自振频率为3.937Hz，随疲劳次数的增加横向频率有所减低。2003年10月《重庆跨座式轻轨25m直线PC轨道梁静载、疲劳、动态特性、破坏试验成果分析报告》，25m直线轨道梁横向自振频率为2.83Hz。因此，$70/L$的轨道梁桥横向自振频率控制值应该是合理的，只是这里的L应该是轨道梁桥的跨径。

8.2　荷　载

8.2.1　本章节与国家现行标准《铁路桥涵设计基本规范》TB 10002.1和现行国家标准《地铁设计规范》

GB 50157不同之处，在于增加了车挡的影响，这是跨座式单轨交通结构所特有的。重庆轨道交通二号线一期工程折返线、故障车线以及车辆基地中试车线和各库线均设置了车挡，其中试车线和停车线车挡是在轨道梁上设置的。

8.2.3　本章节与国家现行标准《铁路桥涵设计基本规范》TB 10002.1和现行国家标准《地铁设计规范》GB 50157不同之处，在于增加了车挡的荷载组合及容许应力提高系数。

8.2.5　重庆轨道交通二号线满员状态列车轴重为110kN，列车重心位置在轨面上1.3m处；定员状态列车轴重为90kN，列车重心位置在轨面上1.2m处；空车状态列车轴重为80kN。

8.2.7　跨座式单轨交通与其他轮轨系统不同，其静动载比小，动荷载影响较大，但因为其走行面比较光滑，并且使用了橡胶轮胎，所以冲击力减小。根据日本跨座式单轨交通实测结果，本公式中计算出的值已偏于安全，但日本跨座式单轨交通设计仍在采用本公式。本规范暂套用日本单轨交通的相关参数，待国内具备足够的试验数据后，再进行调整。

8.2.8　为保证车辆行驶安全，跨座式单轨交通在曲线轨道梁上设置了超高以平衡离心力。对于轨道梁，作用的离心力只考虑欠超高时即可，并且该值须考虑乘以冲击系数。

8.2.9　跨座式单轨交通由于不存在轨距加宽，所以车辆蛇行运动非常小，并且因为水平轮采用橡胶轮胎，所以，水平力的冲击作用也很小。日本跨座式单轨交通以跨度20m的梁测定结果，对连接起来的一列列车，车辆横向荷载最大值是各轴重的10%，而且发生频率非常小，换算成集中荷载，相当单轴重的22.2%。考虑安全起见，其大小取一列车辆设计荷载轴重的25%。本规范暂套用日本单轨交通的相关参数，待国内具备足够的试验数据后，再进行调整。

8.2.10　跨座式单轨交通列车启动和制动时，对应其加速度的反作用力作用于轨道梁上形成列车纵向力，力的大小取决于制动或启动的加速度。日本跨座式单轨交通上的加速度以3.5km/h/s为标准，紧急制动时其值为4.5km/h/s。加速度最大的紧急制动情况对应的荷载是车辆荷载的12.7%，考虑运行操作上20%的变动取15%。本规范暂套用日本单轨交通的相关参数，待国内具备足够的试验数据后，再进行调整。另外由于车辆是全轴驱动、全轴制动，因此，计算时最好将这些荷载分散在全轴上。

8.2.18　国外跨座式单轨交通轨道梁一般采用汽车吊架设，重庆轨道交通二号线轨道梁除采用了汽车吊外，由于地形条件和架设高度等原因，需要采用专门制作的架桥机，因此需要考虑这两种架设方式的施工荷载。采用单轨架桥机架设时，除应注意控制架桥机和运梁车轴重、轴距和运梁车的车辆重心高度外，曲线轨道梁还应对运梁车运输反向曲线轨道梁时的运梁车重心横向偏心值进行控制。

8.2.19 跨座式单轨交通列车设有自动停车装置，故一般不会对车挡产生冲撞，发生冲撞的可能性是在列车调车、入库时以及从站台驶向车挡的时候。这时列车速度一般在 4～3km/h 甚至以下，同时列车通常又处于空车状态，冲撞力不会太大。车挡装置通过弹簧的压缩位移也会吸收列车一部分冲撞力。

8.2.20 重庆轨道交通二号线轨道梁桥上、组合桥和道岔桥上轨道梁支座台座上均设置有定位钢支架，支座锚箱与定位钢支架焊接，同时轨道梁桥上、组合桥和道岔桥的轨道梁支座台座上均布置了抗拉力钢筋。

8.4 构 造 要 求

8.4.1 重庆轨道交通二号线采用指形板式伸缩缝，国外跨座式单轨交通除采用指形板式伸缩缝外，也有采用楔形板式等伸缩缝形式的例子。伸缩缝规格形式的选择除保证伸缩量和整体平坦性、耐久性等要求外，还应考虑加工和成本。

8.4.2 轨道梁走行面是钢结构时，当被雨淋湿或积有冰雪后，列车的橡胶轮胎和钢结构走行面之间粘着力下降，成为车辆产生滑动的原因，特别是位于坡道上，滑动危险性更高。因而，当轨道梁采用钢结构时，应根据需要在其列车走行面上进行适当的防滑处理。同理，对于轨道梁间接头的钢制配件表面也应进行防滑处理。

8.4.5 轨道梁桥和组合桥顶面要通过电缆桥架，部分轨道梁桥上要布置机电控制柜和信号盒，道岔桥表面布置有供电及通信、信号系统电缆沟槽，以上设备和缆线不能长期被水浸泡。因此，轨道梁桥、组合桥和道岔桥必须设置性能良好的排水系统。桥墩盖梁顶面有排水设施，可防止顶面积水四溢，污染柱体影响景观。

9 高架车站结构

9.3 设 计 原 则

9.3.4 城市轨道交通车站设计使用年限按 100 年考虑，故抗震设防类别应划为乙类。

9.3.5～9.3.6 "建桥合一"结构形式是指轨道梁直接支承在车站横梁上，支承轨道梁的横梁、支承横梁的墩柱及基础受到列车动荷载很大影响的车站结构形式；"桥建分离"结构形式是指高架区间桥在车站范围内连续，并与车站结构（站台和站厅的梁、板、柱及基础）完全脱开，各自形成独立的结构受力体系的车站结构形式。

9.4 构 造 要 求

9.4.4 高架车站的纵向柱距取 10～15m，主要为方便设计、简化构造考虑，当柱距大于 20m 时，站台、站厅的纵向梁设计相当困难。

9.4.8 高架车站一般位于城市道路中央，车站屋面雨水排放需高度重视，规定须采用有组织排水。

9.4.10 站台层、站厅层板厚取不小于 120mm，主要考虑到板通常采用上下双层双向通长配筋，方便施工。

10 地 下 结 构

10.1 一 般 规 定

10.1.1 由于跨座式单轨交通的技术特点，已建的工程中一般很少选用地下结构，即使建成的地下结构也基本选用明挖或矿山法施工，而用盾构法、沉管法等施工方法建造跨座式单轨交通尚无工程实践。因此，本条明确适用以明挖和矿山法两种施工方法为主的地下结构。

10.1.2 跨座式单轨交通中的地下结构与地铁等其他地下工程的结构设计和施工，在技术上是基本相似或相近的，设计时要按照工程和水文地质条件，根据确定的施工方法和选择的计算理论，吸收相近规范的规定，全面、准确、合理地提出工程勘察要求。

10.1.3 地下结构的设计要满足施工、使用、城市发展等不同阶段的要求，其中确保工程建设过程的安全、可靠已成为地下工程设计工作的主要内容。

10.1.4 由于地下结构形式和施工方法的复杂性，完全按照目前可靠度方法进行设计还存在一些问题。因此，在国家现行标准《公路隧道设计规范》JTGD 70 和《铁路隧道设计规范》TB 10003 中保留或部分保留了按破损阶段法设计的规定。设计中采用与实际工作特点相符的设计方法和规范是确保工程安全、可靠的重要保证。

10.1.5 结构设计时对构件以及构件之间的净空尺寸因为结构变形、施工误差、后期沉降等因素影响而产生的变化，要予以充分的考虑，并留出必要的余量。

10.1.6 由于支承轨道梁结构的不同形式，在车站或区间的结构沉降时会对轨道梁的变形造成不同程度的影响。设计中必须准确计算、判断可能产生的变形，采取措施确保列车运行的安全。

10.1.8 地下结构施工过程的安全，是地下工程设计中的主要内容，监控量测要纳入设计中，并结合当地类似工程的监控标准和经验，制定出合理有效的监控量测措施。

10.2 荷 载

10.2.1 本条对地下结构上的荷载作出规定。由于地下工程的复杂性和多变性，设计时必须根据实际情况，根据所选用规范中有关荷载分类和组合的规定，对结构整体或局部作用可能出现的最不利组合进行设计计算。

10.2.2 地层压力、水压力等荷载是地下结构承受的主要荷载，其作用形式与工程和水文地质、结构特征、施工方法紧密相关，除按勘察资料进行理论计算外，更重要的是与类似工程的经验进行类比综合确定。

10.3 设 计 原 则

10.3.1 明挖施工的基坑护壁有锚喷支护、土钉墙、重力式挡墙、桩和墙式围护结构等多种形式。在我国众多轨道交通的土建工程明挖施工中，常将桩和墙式围护结构作为主体结构侧墙的一部分，形成复合墙和叠合墙形式。当地下连续墙和钻孔咬合桩作围护结构，而主体结构又不设置外包防水层时，可选用叠合墙形式。此外，利用地下连续墙既作为围护结构，又作为主体结构的侧墙，不再另筑参与受力的内衬墙的单一墙形式，由于对泥浆中浇筑的地下墙混凝土的耐久性能否确保使用寿命达到 100 年还存在一定的疑义，因此，采用时应慎重考虑。

10.3.2 在国内城市地铁建设中，采用矿山法施工的地下结构一般均采用复合式衬砌，二次衬砌也基本选用钢筋混凝土结构。工程实践经验证明，这样的衬砌形式对确保工程的安全和质量是必须的，也是合理的。

10.3.3 采用矿山法施工的结构，考虑完全按照概率极限状态法进行设计在目前条件下还存在一些困难。在我国现行标准《铁路隧道设计规范》TB 10003 和《公路桥涵设计通用规范》JTG D60 都作出了一些相应的规定，对此，在设计计算中可参照这些规定执行。

10.3.4 地下结构施工过程中荷载的变化、结构特征的不断转变，以及施工阶段与使用阶段在控制标准时存在的差异，使得地下结构必须进行施工阶段和正常使用阶段两阶段设计。

10.3.5 本条只对一般环境中钢筋混凝土结构构件的最大计算裂缝宽度作出规定，设计中还应当根据环境的具体特点和耐久性要求，制定相应计算标准。

10.3.6 本条对明挖施工的结构从施工阶段到使用阶段的支护结构和主体结构计算的主要内容提出基本要求。其中，对基坑变形和稳定性验算必须结合当地的工程经验，满足地方规范和规程的要求，力求既安全、可靠，又经济、合理。

10.3.7 本条对矿山法施工结构的设计计算提出基本要求。复合衬砌中初期支护设计时既要作为施工期间的主要承载结构进行计算，又应当根据围岩环境等条件合理利用围岩自承能力，达到围岩和支护的稳定，二次衬砌的设计应根据围岩条件、施工中受载变化过

程，以及使用过程可能面临的实际工作条件，综合确定计算的各项内容。

10.4 构 造 要 求

10.4.1 变形缝一般包括沉降缝和伸缩缝，其中设置温度变形缝成为现行国家标准《地铁设计规范》GB 50157 中强制性条文。但是由于近年来施工工艺、施工材料、计算理论和方法的不断进步，施工时少设或不设变形缝的情况越来越多。因此，可根据工程的具体情况，结合各地经验执行本条规定。

10.4.2 本条采用现行国家标准《地铁设计规范》GB 50157 规定的数值，但增加了明挖施工的结构的"侧墙"、"侧墙采用叠合结构形式"，以及"钻孔咬合桩"的混凝土保护层厚度。

10.4.3 本条规定采用现行国家标准《混凝土结构设计规范》GB 50010 的相关规定。

10.4.4 明挖施工的地下结构中分布筋应考虑承受适应结构变形和温度影响的作用，一般选用 HRB335 级钢筋。

11 工 程 防 水

11.1 一 般 规 定

11.1.3 关于地下工程防水等级的规定，在现行国家标准《地下工程防水技术规范》GB 50108 中是作为强制性条文，所以本条的写法应与其中防水一级、防水二级相关工程的要求一致。同时，根据跨座式单轨交通的特点，强调了"顶部不应滴水，底部不应积水"。关于隧道渗漏水量的比较和检测，国内外的专家早已建立的共识是规定单位面积的量（或再包括单位时间）如：$L/(m^2 \cdot d)$、湿渍面积×湿渍数/$100m^2$，这样撇开了工程断面和长度，可比性强。

关于防水等级二级原国标中只从湿渍来反映，也较量化，但考虑到国外的有关隧道等级标准（包括二级）都与渗漏量[$(L/m^2 \cdot d)$]挂钩，也较合理。鉴于此，现行国家标准《地下工程防水技术规范》GB 50108［修订］防水等级二级的隧道工程也引入渗漏量[$L/(m^2 \cdot d)$]。隧道工程总湿渍面积不应大于总防水面积的 2‰，与任意 $100m^2$ 内防水面积的湿渍不超过 3 处，单个湿渍最大面积不大于 $0.2m^2$ 的说法是合理的。本条文以上的写法与现行国家标准《地下工程防水技术规范》GB 50108［修订］的相关要求是一致的。

11.1.4 虽然在重庆跨座式单轨交通建设中具体规定了钢结构的防腐蚀年限，但是本条文中不作定量要求，这是为了与各地具体的环境条件、运营特点相适应。

11.2 混凝土结构自防水

11.2.2 现行国家标准《地下工程防水技术规范》GB 50108、《地下防水工程质量验收规范》GB 50208 中都规定地下连续墙要采用防水混凝土，因而对地下连续墙混凝土有抗渗等级要求。由于在施工实践中发现，若不考虑地下连续墙与内墙的不同构造关系，仅按埋深要求地下连续墙混凝土的抗渗等级是不适当的。本条文的规定是与现行国家标准《地下工程防水技术规范》GB 50108 修订后的规定相一致。

11.2.4 目前，轨道交通地下车站和区间隧道施工缝设置的距离也是与结构形式和施工方法密切相关，差别也较大。

11.2.5 关于胶凝材料用量与水胶比有一定的对应关系，更与环境作用等级相关。因此，若离开不同的环境条件来谈胶凝材料用量，则欠妥当。故在条文中未予量化，而是用"严格控制"来表述。本条与混凝土结构耐久性、安全性直接有关，故作为强制性条文。

11.2.6 本条中具体规定的编写，除了参照中国土木工程学会制订的《混凝土结构耐久性设计与施工指南》CCES01 外，还参考了一些相关的标准；如《铁路混凝土结构耐久性设计暂行规定》[铁建设（2005）157 号]、《混凝土结构耐久性设计规范》（征求意见稿）。由于对混凝土中的水泥、矿物掺合料、混凝土配合比都是结合具体设计使用年限、环境类别及作用等级、混凝土耐久性指标等分别以众多表格提出了要求，本条仅提出主要材料的通常使用范围可按相关规范执行。

11.3 附加防水层

11.3.2 关于地下车站与区间隧道是否设置全包外防水层，一直很有争议。这里将容易获得共识的要求，即"在处于腐蚀性介质地层中，必须全包柔性附加防水层，地下水丰富的地层宜全包柔性附加防水层"，予以规定。

11.3.3 采用矿山法施工的车站或隧道的复合式衬砌，其夹层防水层尽管有多种防水材料在使用，但历史长久、技术成熟的还是塑料防水板。

"塑料防水板背后应设置相应的分区注浆系统"、"防水层的接头应双缝热风焊、并进行真空检漏"等规定是改善空铺防水板一旦渗漏窜水难以堵止、焊接接头与封边不可靠等缺点的重要措施，目前技术已较成熟。

11.3.4 近十年来尤其近几年的工程实践表明：膨润土防水卷材、预铺法自粘性防水卷材等新型防水材料有与现浇混凝土能咬合的特点。只要加强材料性能检测与完善施工方法，严格控制包括搭接等节点的处

理，可允许用于明挖地下车站与区间隧道工程防水。

11.4 细部构造防水

11.4.1、11.4.2 对基坑中间桩、基坑支撑窗洞等容易忽视及往往会发生漏水的基坑节点的防水特别予以规定。水泥基渗透结晶型防水材料虽然不属于混凝土界面处理剂，但它也有混凝土界面处理剂加强接头施工缝防水相似的功效，也在现行国家标准《地下工程防水技术规范》GB 50108 中得到确定。遇水膨胀止水条、密封胶使用时，应兜绕成圈密闭，实践表明缝面的密封止水也以遇水膨胀止水条与密封胶为好。

11.4.3 本条第 1 款的水平施工缝止水带（条）有多种，有许多组合使用的方式；包括用遇水膨胀密封胶，注浆管等，在条文中不一一列举了。

本条第 3 款关于水平施工缝与浇筑混凝土前的防水措施；如凿毛的功效、接水泥净浆与砂浆的差异、混凝土界面剂与水泥基渗透结晶型防水涂料各自的防水、密封机理以及作业顺序，一直有诸多不同的提法，本条规定与现行国家标准《地下工程防水技术规范》GB 50108 [修订]相一致。

11.4.4 变形缝防水是从设防的要求、止水带的选用、止水带的设置三方面规定的。在止水带的选用上明确首选中埋式止水带，其次为外贴式止水带，后选内装式止水带，这是以有关规范与实践为依据的。

11.4.5 由于不同的地下结构的构造有较大的差异，变形缝设置距离的差异随之也很大（甚至可以不设变形缝），若规定的幅度过于大，就失去实际意义，故本条不作定量规定，仅要求根据第 10.4.1 条的原则确定。同时，强调地下车站与区间结构应严格控制的相对沉降变形，这是因为跨座式单轨交通车辆不允许在相对沉降大的轨道梁上运行。

变形缝的衬垫材料采用泊桑比较小的材料，可避免较大的剪应力，防止结构混凝土在暑天等温度较高的场合下被剪损。

尽管地下车站与区间顶板要求不滴水，但长期运营后渗漏仍难免，而一旦顶部铺排了管道、装好吊顶，堵漏就很困难。因此，预留疏排水管槽是需要的，但也不硬性规定。

11.4.6 所谓"大开孔"一般指直径大于 6m 的圆孔、5m×5m 的方孔（或面积大于 24m² 的长方形孔）。

12 通风、空调与采暖

12.1 一般规定

12.1.1 跨座式单轨交通与地铁、轻轨等交通方式都属于快速轨道交通系统，承担了大量乘客的快速运输职责，因此必须保证其内部空气环境满足乘客和工

作人员的需要，并确保为运营服务的各项设施正常运转所需的空气环境条件。

12.1.2 跨座式单轨交通在不同线路上建筑构成情况不尽相同，一般由以下几个方面组成：地下车站（站厅、站台、设备及管理用房、出入口通道、换乘通道）、地下区间（区间、渡线、折返线、存车线、尽端线隧道等）、地面及高架车站以及控制中心、车辆基地、主变电所等相关地面建筑。这些也就是通风空调系统所应涵盖的范围。

12.1.3 每条线路的建筑构成不会相同，其内部热负荷的变化规律也随着建筑形式的不同而呈现不同的特点，通风空调系统应根据各种具体情况采取相应的对策，灵活应用通风（含自然通风和机械通风）、空调、采暖等各种手段，以科学合理地达到既满足系统需求又经济节能的目的，跨座式单轨交通对通风空调系统的需求就是应保证内部空气环境的空气质量、温度、湿度、气流组织、气流速度和噪声等均能满足人员的生理及心理条件要求和设备正常运转的需要。

12.1.4 本条明确了跨座式单轨交通在正常运营、阻塞状况和火灾事故状况下对车站和区间隧道的要求，在此需要同时明确的是对于高架区间在任何情况下都应具备自然通风和自然排烟的条件。

12.1.6 地下车站是人流密集、设备集中的场所，产热量很大，列车进、出车站，以及在车站停留的时候，都会产生大量的热量，同时，人员也会散发大量的湿量，周围的土壤也通过围护结构产生大量的渗湿量，这些热湿负荷对地下车站的热环境产生严重影响，将导致车站温度上升，湿度加大，人员舒适性下降，不利于交通运输。因此，必须采取有效的手段排除地下车站内的余热余湿，为人员营造一个良好的内部空气环境。从降低造价、节约能源的前提出发，首先应考虑采用活塞通风、机械通风等手段，但当夏季当地气温较高，用通风方式不能达到内部空气环境的标准或代价很大时，可以采用空气调节的方式。现行国家标准《地铁设计规范》GB 50157 规定："在夏季当地最热月的平均温度超过 25℃，且地铁高峰时间内每小时的行车对数和每列车车辆数的乘积大于 180 时，可采用空调系统"；"在夏季当地最热月的平均温度超过 25℃，全年平均温度超过 15℃，且地铁高峰时间内每小时的行车对数和每列车车辆数的乘积大于 120 时，可采用空调系统"，跨座式单轨交通为中运量轨道交通，运输能力介于地铁与地面公共电、汽车之间，因此不能像地铁系统那样完全按照气候和运力条件就可以确定是否采用空调系统，应根据当地的气候条件和运力情况，经过技术经济综合比较，论证合理的前提下，才应采用空调系统，故本条规定了采用空调系统的两个基本的前提条件，一是在夏季当地近20年最热月月平均温度的平均值超过 25℃，另一个则要求结合实际情况进行综合的技术经济比较。

12.2　地面及高架线路

12.2.1 地面和高架线路（含车站和区间）应在建筑形式上考虑与周围大气的相通性，以充分利用自然通风排除余热和余湿，从而达到简化通风与空调系统，降低造价，并节省能源的目的。

12.3　地　下　线　路

12.3.2 单轨交通列车的运行会产生大量的热量，地下车站的众多乘客也会产生很大的热负荷，同时地下车站的围护结构和周围土壤是一个巨大的容热体，具有极强的热窖效应，热季吸进大量的热量，冷季释放出来加热地下车站的空气，而且在冷季乘客的着装也相应增加，几个因素综合考虑，只要制定合理的通风空调系统冷季运营模式，就能够保证乘客的温度要求，因此地下车站不必考虑设置采暖系统。

从北京地铁 30 多年的实际运行情况来看，其地下车站不设采暖，冬季温度都在 12℃以上。

12.3.10 单轨交通列车停靠在车站时有两大发热部位，一个是列车顶部的空调散热，另一个则是列车摩擦、刹车等的产热通过被加热了的元件的散发，因此系统上都是通过在列车的集中发热部位设置局部排风的方式达到高效排热的目的，一般是在车站停车道的顶部和站台底部设置排热风道来排除列车停靠时的散热。但单轨交通列车的制动电阻有设置在列车底部和设置在车站用房内两种方式，当单轨交通列车的制动电阻设置在车站用房内，列车停靠在站台边时，其底部的发热量不是很大，此处可不视为主要发热部位，车站可不设置站台下排风系统。

12.3.14 地下通道和出入口通道的设置情况多种多样，但基本上可概括为车站到车站、车站到地下商业区、车站到地面建筑以及车站到地面出入口等几种形式。

在此需要明确通道长度的计算标准，对于前三种形式应计算从通道与车站公共区连接的口部至与另一车站、地下商业区或地面建筑公共区域相连接的口部之间的连续长度，其间如有坡道或楼、扶梯，则应计算其斜线长度。

对于出入口通道，则应计算从通道与车站公共区连接的口部至出入口计算点的连续长度，其间如有坡道或楼、扶梯，则应计算其斜线长度。所谓出入口的计算点是指直达出入口的楼、扶梯与通道的汇合点。

12.4　空调冷源及水系统

12.4.4、12.4.5 冷冻水泵与冷却水泵的配置应充分考虑与冷水机组在运营模式上的协调性，从而为制定和实施灵活有效的系统运行模式提供基础条件，达到既有利于随着系统热负荷的变化规律调节冷源的冷负荷，又保证节能运行的目的。在此需要指出的是，这里所讲的——匹配是指为确保系统设备配置的协调性所要求的设备容量和设备数量上的对应关系。

12.5 通风与空调系统控制

12.5.2 跨座式单轨交通的地下车站公共区的通风与空调系统一般设置就地控制、车站控制、中央控制的三级控制，但地下车站数量很少的情况下，也可以只设置就地控制、车站控制的二级控制。连续三座（含）以上地下车站的通风与空调系统应设置就地控制、车站控制、中央控制的三级控制。

12.5.4 地下区间通风系统一般设置就地控制、车站控制、中央控制的三级控制，但区间数量很少、长度很小的情况下，也可以只设置就地控制、车站控制的二级控制。连续两座（含）以上地下车站的地下区间通风系统应设置就地控制、车站控制、中央控制的三级控制。

12.6 其 他

12.6.1 控制中心、车辆基地、主变电所等建筑都是跨座式单轨交通的地面建筑，其内部空气环境都应在满足工艺要求的前提下，按照地面建筑现行有关设计规范的规定执行。如确因工艺需要，也可采用相应的特殊措施和标准。

13 给水与排水

13.1 一般规定

13.1.1 生产用水主要为车辆基地的洗车、转向架车间冲洗、吹扫用水和寒冷地区的采暖锅炉房的补水，生活用水为生活饮用水和生活杂用水，生活饮用水为饮用、淋浴用水和洗涤用水，生活杂用水为冲洗便器、汽车、浇洒道路、浇灌绿化、补充空调循环用水的非饮用水。

消防用水主要为消火栓给水系统及自动喷水灭火系统的用水。

水压首先应满足消防水压要求，满足卫生器具的最低工作压力要求，满足设备冲洗用水及冷却系统补水的水压要求。

水质应满足现行国家标准《生活饮用水卫生标准》GB 5749 的要求及生产工艺对水质的要求。

13.1.2 为降低工程造价，供水可靠，保证水质，应优先选用城市自来水。当无城市自来水时，结合当地的情况可以自建深井水源，也可在沿线铺设专用给水管道作为供水水源，但应取得当地规划局及自来水公司的认可。我国北京城铁在无自来水的车站采取自建深井和蓄水池，保证生产、生活和消防用水。八通线在无城市自来水的车站，区间沿线铺设给水管道，保证生产、生活、消防用水。

13.1.5 排水设计除厕所粪便污水应单独排放外，其他冲洗和消防废水及雨水均可按合流制排放。如果城市有污水排水系统，而且有污水处理厂时，车站内的厕所粪便污水可和当地排水及环保部门协商，直接排入城市污水排水系统，不需要设化粪池。如果城市无污水排水系统，则应根据国家及地方有关规定设污水处理装置，达到国家排放标准后排放。

13.1.6 给排水设备一般都可按自动化设计，带有稳压装置的消火栓给水系统和自动喷水灭火系统，在技术上、功能上都要求有自动控制的功能。所有的排水泵都应按自动化设计和管理。

13.2 给水系统

13.2.1 我国当前轨道交通工程的给水系统设计，一般为生产与生活给水系统、消火栓给水系统、自动喷水灭火系统。为保证工作人员的饮用水质，应采用生产、生活和消防分开的给水系统。因消防用水量大，而生活用水量很少，如果生产、生活和消防给水系统共用，饮用水质不能保证，又因消防管道一般采用热镀锌钢管，这种管材已不能用于生活给水管，另外消防用水压力较高，生活用水压力较低，如果共用管道，在发生火灾事故消防供水时，会对生产、生活给水造成不利影响，而且也不易保证消防用水的水量和水压。

区间隧道不宜设生活给水系统，冲洗用水给水栓可以设在消火栓处和消防给水系统共用。

13.2.4 给水系统的水质和防水质污染。

生活饮用水水源的选择，必须符合现行国家标准《生活饮用水卫生标准》GB 5749 的规定。

因消防管道中的水长期不流动，水质会恶化，一旦倒流入城市自来水管网，容易污染城市自来水水质，故由城市自来水管引入的消防给水管上应设倒流防止器。但倒流防止器的设置位置应避免雨水等杂物将泄水口淹没或堵塞。倒流防止器工作压力为 0.4～2.5MPa，开启压力为 0.06～0.1MPa，公称通径为 10～400mm。

13.2.6 给水管道布置和敷设规定，基本上和现行国家标准《地铁设计规范》GB 50157 的规定相同，但主要说明以下几点：

风亭或出入口均设在马路红线以外的绿地或人行道上，给排水管道由此处进出，一方面不必专设较深的检查井，另外便于施工对城市交通不造成影响。

车站和区间的给水管如果处在 3℃以下环境时，必须采取防冻保温措施，对于经常不流动的消防给水管宜采用电伴热保温。对于有可能结露的给水管和压力排水管，应采取防结露保温措施。寒冷地区的进风道、洞口、出入口通道的给水管，有可能处在 3℃以下环境时，应考虑防冻保温。

设在车站范围内的刚性接口的金属管道，其补偿器的设置应根据计算确定。但穿过结构伸缩缝、沉降缝和变形缝时应设置剪切变形装置，宜采用工作压力不小于 1.0MPa 的不锈钢软管。

13.2.7 根据北京地铁一、二期工程运行 30 多年的经验，当时地下区间隧道采用灰铸铁给水管，胶圈接口，这种管材防腐性能好，而且可以防止杂散电流的影响，据检测还可继续使用，而选用的钢管早已腐蚀，更换多次。本条规定采用球墨铸铁给水管，胶圈接口，其质量性能比灰铸铁更好。但根据北京地铁经验管卡间距为 2m，否则水压试验容易出现脱扣，但在管道转弯处和线路曲线段，应采用球墨铸铁给水管的法兰接口。

为保证工作人员生活饮用水水质，国家已不允许生活给水管采用镀锌钢管，而应采用符合生活饮用水卫生标准的管材。南京 1 号线地铁的生活给水管采用紫铜管，这种管材性能质量好但造价较高，因用量较少，南京地铁公司为了工作人员的健康，决定采用这种管材，不锈钢管性能质量也好，但造价也偏高，现在地铁生活给水管材采用较多的是钢塑复合管材，在镀锌管内衬符合生活饮用水卫生标准的塑料材料。但消防给水管及管件应采用内外热镀锌钢管。

根据轨道交通工程的消防要求，消防给水管宜设水表及相关阀门，而且阀门必须常开，否则在地下车站发生火灾时会造成无水事故。

为了站厅、站台及区间隧道的冲洗，设置的冲洗水栓（区间隧道冲洗水栓可设在消火栓支管上）平时并不经常使用，所以设置数量较少。根据国内地铁运营情况，站厅及站台平时拖地保持清洁很少用水冲洗，区间隧道相隔一定时期，可以用水冲洗。北京地铁配备了隧道冲洗专用车。

13.3 排 水 系 统

13.3.4 地面及高架车站、控制中心和车辆基地，均为重要公共建筑物，为保证安全，故参照现行国家标准《建筑给水排水设计规范》GB 50015 的规定，雨水汇水区域的设计重现期按 5～10 年最大暴雨强度计算。

13.3.5 为了排除冲洗和消防废水，规定地下车站站厅层边墙处及站台层每隔 50m 设地漏及排水立管。为了保证车站站台侧道床的环境卫生，站厅层地漏的排水立管接入道床排水沟时，应埋入道床内，不宜将立管的废水排至道床上。如站台层设屏蔽门或安全门下沿紧贴站台面时，则站台两侧也应设排水地漏。

13.4 车辆基地给排水及消防系统

13.4.2 如车辆基地附近无城市自来水管网，则应和当地规划等部门协商，采用基地可靠的供水水源，如北京八通线车辆基地单独铺自来水管网供水。北京城市铁路车辆基地自建深井取水。

13.4.3 为了保证车辆基地的消防用水，我国当前轨道交通工程均设置消防水池：消防水池的有效容积应包括室内外消防用水量之和，消防泵的流量也应按室内外消防流量考虑，因车辆基地面积较大，基地内消防环状管网，均由消防泵加压供给室外及室内的消防用水，所以在消防时消防车也可在基地内的室外消火栓取水灭火。

消防稳压方式，我国采用的有水塔、高位水箱和稳压装置。如果基地内有较高的建筑物，宜采用高位水箱稳压更为安全可靠。

13.4.5 我国北京市属于缺水地区，所以车辆基地均设置中水系统，南京地区不缺水，车辆基地未设置中水系统。

13.4.8 车辆基地转向架车间冲洗作业的含油废水，一般都超过国家排放标准，必须经过处理达标后排放。如果含酸及含碱废水超过国家排放标准也应经过处理达标后排放。

13.4.10 对于雨水量充足的地区，有条件时，可收集雨水储存，用于绿化、浇洒马路和冲洗用水。

13.5 排水设备配置与监控

13.5.1 根据现行国家标准《地铁设计规范》GB 50157 的规定，区间隧道主排水泵站，洞口排水泵站和地下车站端部排水泵房排水泵的控制方式为：自动控制、就地控制和车站控制室远程控制三种方式，其水泵工作状态及各种水位信息应在车站控制室显示，也可在控制中心显示。

集水池的停泵水位具体设置高度应根据潜污泵性能要求确定。为了防止水泵电机被烧坏，应设置最低水位报警信号。

13.5.2 条文中的三种排水泵房的排水泵控制方式为：自动和就地两种控制方式，其工作状态及水位信号在车站控制室显示。集水池的停泵水位距池底的距离应根据潜污泵性能要求确定。为防止烧坏水泵电机也应设最低水位报警信号。

14 供　　电

14.1 一 般 规 定

14.1.1 主变电所适用于集中式供电，电源开闭所适用于分散式供电。

14.1.2 对于大城市尤其是特大城市，城市轨道交通的远期建设将呈网络状，因而外部电源方案的确立，应结合轨道交通线网及城市电网进行统筹考虑，做到资源共享。

14.1.3 与城市电力部门所确定的内容，是供、用电双方所必须明确的，并相互提供有关资料，经双方确认的内容，作为设计及运营的依据。

外部供电方案经双方技术人员研究确定后，征求相关主管部门意见，最后以协议、纪要或公函的形式确定下来。

供电系统的一次接线方案与城市电网相互连接，与双方安全运行都有着密切的关系，因此此一次接线方案必须征得供电部门的同意。

14.1.4 跨座式单轨交通系统的高架区段，中压环网电缆一般情况下只能敷设在轨道梁下的电缆桥架或中间所设检修通道上，空间有限，成为确定中压供电网络的必须考虑的一个因素。

14.1.6 同一降压变电所的两个非并列运行变压器的两段低压母线，可以作为动力照明一级负荷的双电源。

14.1.7 对二级负荷的供电方式，因其停电影响还是比较大的，故宜由双回线路供电。对电梯及其他用电负荷，距变电所较近不超过半个站台有效长度时，考虑到故障概率比较低，因而可采用双电源单回路专线供电。

14.1.9 应急电源应是与电网在电气上独立的各式电源，例如：蓄电池、柴油发电机等。供电网络中有效地独立于正常电源的专用馈电线路，是指与正常电源不可能同时中断供电的线路。

14.1.10 供电系统中各类变电所均应有两个电源。当城市供电部门为主变电所提供两路专线电源比较困难时，主变电所进线电源应至少有一个为专线电源。

14.1.11 中压供电网络一般采用电缆，为保证供电可靠性，中压电缆线路平时采用互为备用方案，以确保一回线路故障后的用电需要。中压电缆线路正常运行时属轻载，绝缘老化慢、使用寿命长，而分阶段敷设既不经济也不方便，因此，中压电缆应按远期供电负荷设计并一次敷设。

14.1.15 谐波对电力系统的危害一般有：

 1 交流发电机、变压器、电动机、线路等增加损耗；

 2 电容器、电缆绝缘损坏；

 3 计算机失控，电子设备误触发，电子元件测试无法进行；

 4 继电保护误动作或拒动；

 5 感应型电度表计量不准确；

 6 电力系统干扰通信线路。

为了减少谐波的上述危害，对直流牵引系统及非线性用电设备所产生的谐波引起的电网电压正弦波形畸变率应予以控制，具体指标按现行国家标准《电能质量公用电网谐波》GB/T 14549 执行。

14.1.16 由于单轨交通车辆上不能设置列车再生制动能量吸收电阻，供电系统设计中应考虑设置列车再生制动能量吸收装置。为保证散热，列车再生制动能量吸收装置应尽量设置在靠近牵引变电所的通风良好的地面。

14.2 变 电 所

14.2.1 对于从本车站变电所引入中压电源独立设置的车站降压变电所、从相邻车站变电所引入中压电源独立设置的区间降压变电所及从停车场、车辆段变电所引入中压电源独立设置的停车场、车辆段降压变电所，可统称为跟随式降压变电所。设置在车站的牵引变电所，降压变电所以及由两者混合的牵引降压变电所，可统称为车站变电所。主变电所是指外部电源采用集中式供电时，接收城市电网 35kV 及以上电压等级的电源，经过降压，为跨座式单轨交通的牵引变电所、降压变电所等提供中压电源的高压（或中压）变电所。

14.2.2 城市轨道交通有其特殊性，每天有上下班交通高峰，因而牵引负荷计算应以高峰小时的运行情况为依据。对于独立设置的变电所应尽量设置在靠近车站和区间线路正常的征地红线范围内。

14.2.5 为节省初期投资及降低运行成本，在工程初期，主变压器的数量与容量可按近期负荷确定，但主变电所的相关土建设计应根据远期负荷确定的主变压器数量与容量确定。

14.2.6 如果根据近、远期计算负荷确定的牵引整流机组的数量与容量相差较大，则牵引机组可按近、远期分期实施；反之，牵引机组数量与容量可按远期实施。

14.2.7 这样规定既能满足供电的可靠性要求，又可降低一次性投资，平时配电变压器的负荷功率可提高，使运营更为经济。

14.2.9 主变电所电源侧设置谐波监测装置既是电力系统的要求，又可为运行积累技术经验。

14.2.11 把列车再生制动能量吸收装置放置在地面既有利于通风散热、节省能源又可减轻地下车站环控系统的负担。再生制动能量吸收装置放置在牵引变电所中，主要是考虑到再生制动能量吸收装置放置的控制系统较复杂且需要遥测遥控，与变电所联系密切。

14.2.12 要求切断回路中可能出现的任何电流。在牵引网中，根据实测的参数，短路电流大时其线路 L/R（电感与电阻之比）的值小，因而在灭弧条件不变的情况下，有利于直流电弧的熄灭；短路电流小时其 L/R 的值大，同样在灭弧条件不变的情况下，直流电弧的熄灭比较困难。因而提出本条要求是必要的。

14.2.13 直流负母线经电阻接地是跨座式单轨交通车辆接地保护的特殊要求。变电所的直流接地保护应与之配合。

14.2.27 牵引网的非永久性故障和牵引负荷特性引起的短时过负荷情况，在保护启动中所占概率较大，故采用自动重合闸装置能减少不必要的停电。

14.2.29 变电所的计量功能宜根据运行部门运行管

理、成本考核设置。

14.3 接触网

14.3.1 跨座式单轨交通接触网采用负极接触轨为负极回流电路，由牵引变电所直流快速断路器柜至正极接触轨间的直流电缆称为上网电缆，由负极接触轨至牵引变电所负极柜间的直流电缆称为回流电缆。

14.3.2 侧接触式接触轨，是指车辆受流器在接触轨侧面滑动接触取流；下接触式接触轨，是指车辆受流器在接触轨下底面滑动取流。

14.3.8 单边供电方式仅作为特定条件下的使用，不作为设计推荐。

14.3.15 当车辆基地牵引变电所故障解列时，可由正线支援供电。

14.3.18 防护板的设置可有效防止站场等处人员无意中触及带电的接触轨。

14.3.19 车体接地板可有效释放车体静电，保证人员上、下车时的安全。

14.4 电 缆

14.4.1 电力电缆与控制电缆，在地下敷设时采用无卤、低烟、阻燃电缆，其目的主要是考虑火灾时减少有害烟气对人身的侵害。直流上网电缆及回流电缆，其型号选择应充分考虑弯曲半径小的特点。

14.4.2 城市轨道交通中压供电网多采用 35kV 系统。由于 35kV 三芯电缆比较粗，其弯曲半径大，在城市轨道交通电缆敷设空间小的环境内较难敷设，同时给电缆运行维护带来较大的困难，因此在设计中不推荐使用。

14.4.3 高架区间供电电缆敷设于轨道梁下时，如果电缆多，应对轨道梁进行荷载校核。

14.4.4 中压电缆中间接头设置在车站时不应设置在站台板下，站台板下各种维修活动相对多些，且中压电缆中间接头设在车站站台板下，容易受到损坏，尤其是电缆接头的故障概率较电缆本身大。

14.4.10 顺序排列的原则便于运行维护管理，有利于降低弱电缆回路的电气干扰强度，有利于实施防火分割措施。

14.4.11 本条规定是为了确保巡视维修人员等接触电缆金属护层时的安全。

14.4.17 与通信管线的距离为平行 0.15m，交叉 0.05m，是根据跨座式单轨交通高架区间电缆敷设在轨道梁下狭小的空间内，电缆敷设困难的条件下而确定的。根据重庆轻轨较新线运行经验，同时参考有关标准，与通信专业商定了本条标准。

14.5 动力与照明

14.5.3 用电设备的需要系数根据设备工作特点和运行方式确定，同时系数根据已经开通的类似工程运

行情况确定。

14.5.5 供、配电系统大量使用电缆，工程开通初期负荷较小，系统高压侧表现为容性负载，因此设置于变电所内的容性无功补偿装置可以不投入。

14.5.12 避免光线强度突然变化影响司机的视觉。

14.6 电力监控系统

14.6.1 自动化系统发展很快，为适应这种发展，电力监控系统在设计时，在设备选型、系统容量和功能配置方面，应充分考虑发展的需要。

14.6.2~14.6.6 条文明确了电力监控系统的设计内容，主要划分为电力监控系统总体方案设计、电力监控系统主站的设计、电力监控系统子站的设计、电力监控系统通道的设计要求。电力监控系统设计，应根据供电系统的特点、运营要求、通信系统的通道条件，提出系统构成、监控对象、功能要求的意见，确定系统设备配置和设备选型，明确设备功能、形式和要求。

14.6.7 遥控对象包括遥调对象。

14.6.8~14.6.10 条文规定的监控对象为监控的基本内容，设计中可根据实际情况增加监控对象。

14.6.18 主要技术指标为基本要求，设计时可根据产品情况具体确定。

15 车站其他机电设备

15.1 电梯、自动扶梯和自动人行道

15.1.1 因跨座式单轨交通车站环境条件限制，尽量不采用液压电梯。

15.1.4 本条规定主要考虑了使用的安全性和超高峰客流量以及客流量的不均衡等情况，设置适应性和安全性能高的输送乘客设备。公共交通型自动扶梯和自动人行道与普通自动扶梯和自动人行道的设计使用要求不同，它是属于一个公共交通系统的组成部分，包括公共交通系统的入口处和出口处。它在设计使用的时间上比普通自动扶梯和自动人行道要求要高，即适应每周运行时间约 140h，且在任何 3h 的间隔内，持续重载时间不少于 0.5h，其载荷应达 100% 的制动载荷。

对公共交通型自动扶梯，有条件时宜安装附加制动器。

15.1.7 电梯驱动主机及其附属设备和滑轮应设置在一个专用房间内，该房间应有实体的墙壁、房顶、门和（或）活板门，只有经过批准的人员（维修、检查和营救人员）才能接近。机房或滑轮间不应用于电梯以外的其他用途，也不应设置非电梯用的线槽、电缆或装置。这些房间可设置：

1 杂物电梯或自动扶梯的驱动主机；

2 该房间的通风空调或采暖设备，但不包括以蒸汽和高压水加热的采暖设备；

3 火灾探测器和灭火器。具有高的动作温度，适用于电气设备，有一定的稳定期且有防意外碰撞的合适保护。

15.1.9 考虑到车站客流的不均匀性，各城市可根据财力在自动扶梯和自动人行道设置自动节能运行装置。

15.2 安全门与屏蔽门

15.2.6 综合荷载应按可能出现的荷载的合理组合最大值进行设置，确保既保证门体强度要求，又满足门体轻量化的要求。

15.2.7 非正常状态包括活动门开关门故障、列车未准确停车等。

15.2.9 气候环境条件包括使用地区温度、湿度、海拔等自然条件。

15.2.16 跨座式单轨交通系统安全门和屏蔽门门体不考虑与车站的绝缘。

16 道　岔

16.1 一般规定

16.1.2 道岔是跨座式单轨交通系统安全、正常运营的关键设备，因此本标准对道岔系统的安全可靠性提出较高要求，即符合故障导向安全原则。

16.1.3 为保证道岔设备的安装精度要求，规定设置于高架段的道岔应安装在道岔桥上，设置于地面线路段的道岔应安装在道岔专用平台上。

16.1.6 道岔一般设置于室外或隧道内，因此规定道岔设备应满足高温、高湿等的使用条件，在寒冷地区使用的道岔，为防止行走轮和关节及活动机构冻结，还应配置防冻加热设施。

16.1.8 为了保证跨座式单轨交通的安全、稳定运行，需定期对道岔设备进行检查维护、修理和零部件更换等工作，因此道岔设备的结构形式应便于进行以上工作。

16.1.11 为保证人身和设备安全，道岔系统应有可靠的工作接地和保护接地，道岔设备接地电阻值应小于4Ω，防雷接地电阻值为10Ω是参照室外电气设备标准制订的。

16.1.12 道岔一般由信号系统集中控制，当集中控制系统发生故障时，在获得信号系统授权后，可使用现场控制；当道岔控制电路故障时，操作人员可使用现场控制柜的道岔解锁按钮、道岔转辙按钮、道岔锁闭按钮分别进行控制，即手动控制；当电源、控制装置、驱动电动机等设备发生故障不能用电动转辙道岔时，由现场操纵人员切断驱动电源，并通过人工转辙机构完成道岔的解锁、转辙和锁定。

控制系统应具备安全保护功能是指过电压、断相、过电流保护和相序检测等。

16.1.13 各型道岔的转辙时间及相关技术参数是根据国外跨座式单轨交通系统的运营经验以及道岔设备国产化研制成果确定的，并通过国内跨座式单轨交通运营证明是切实可行的。

16.1.14 对于关节可挠型道岔，当其处于曲线状态时，曲线半径约为100m，为简化道岔结构复杂，道岔区段不设超高，根据计算容许的列车通过速度应不大于25km/h。对于关节型道岔，当其处于折线状态时，列车运行至道岔梁关节转角处会发生冲击振动，根据空车时车辆转向架横向容许载荷计算出列车通过速度应不大于15km/h。道岔处于直线状态时，列车可以最高行驶速度通过。

16.2 道岔类型

16.2.1 关节型道岔是由数根道岔梁依次铰接组合成，转辙后道岔梁成折线状态，由于列车通过折角部位时冲击力较大，因而只适宜空车通过。该类型道岔适用于车辆基地调车作业和站后折返线路。

关节可挠型道岔是在道岔梁上增设导向及稳定面挠曲装置，由数根道岔梁依次铰接组合成，转辙后道岔梁成设定的曲线状态，因列车沿曲线行驶，冲击力小，运行平稳，舒适性好，故适用于正线载客运行。

单开、对开、三开、五开道岔是道岔的基本型式，单渡线、双渡线、交叉渡线等是单开道岔的组合型式。

表16.2.1中各型道岔的主要技术参数是以轨道梁宽为850mm为基础确定的，对于其他宽度轨道梁的跨座式单轨交通系统，其各型道岔技术参数应根据相应的车辆、限界和线路条件等确定，可参照表16.2.1中的参数选取。

16.2.3 渡线道岔设于线间距为3700mm的线路上时，由于其转辙距离仅为1850mm，转辙成曲线或折线状态时，不能满足车辆限界要求，因此应在道岔活动端的轨道梁一侧设置可动式避让梁。避让梁的结构和主要参数与单开道岔类似，其转辙时间与道岔转辙同步。主要技术参数按表16.2.1选取，其他未定参数根据设置条件确定。

16.3 道岔设备

16.3.1 道岔的驱动形式有气动、液动和电动等方式，但现在都选用电力驱动，结合我国跨座式单轨交通道岔设备国产化研制情况，宜采用电力驱动形式。

16.3.4 接缝板是道岔梁与道岔梁、道岔梁与相邻的轨道梁的连接过渡装置，安装在道岔梁与轨道梁的走行面、两侧的导向面、稳定面端部间，以保证列车安全平稳地通过。

固定式接缝板安装在道岔梁间、道岔固定端和活动端两侧的导向面、稳定面端部。活动式接缝板安装在道岔活动端梁的走行面端部，与相邻的轨道梁走行面端的固定式接缝板配对接缝。

16.3.5 根据国内及国外跨座式单轨交通道岔的设计制造经验，道岔的两相邻道岔梁间共同采用单台车承载时（即单台车形式），一般采用T形轴连接两相邻道岔梁；而两相邻道岔梁分别采用独立台车承载时（即双台车形式），一般采用十字铰轴连接两相邻道岔梁。本条规定"宜采用T型轴形式"，主要是考虑简化道岔结构及便于运用维修，同时降低工程造价。

16.3.6 道岔设置人工手动驱动装置，主要考虑因电源、电动机、控制装置发生故障，不能利用电力驱动时，可利用设置的人工手动装置驱动道岔，完成道岔转辙而不影响运营。

16.3.7 锁定装置是在各道岔梁被驱动到位后使其牢固锁紧的装置，分别安装在每节道岔梁的前端台车上，其可靠性直接影响行车安全。所以规定"应定位准确，锁定牢固，并能承受车辆通过道岔时产生的离心力和冲击力"。

锁定装置采用电动驱动，当驱动装置或自动控制故障时，各锁定装置可切换为用人工手动操作，完成解锁和锁定，以实现道岔的人工转辙。

16.3.9 走行轨是道岔各台车的行走轨道，为确保道岔安装精度，规定走行轨应牢固安装在道岔底板上。

16.4 道岔系统设计原则

16.4.4 车辆有关技术条件和参数是指：车辆轴重、轴距、运行速度、最高速度、加速度、重心位置等。

16.4.6 单开、单渡线、三开、五开的端面间距值和误差为道岔安装时应确保的尺寸，否则将影响道岔系统的正常运行。

16.4.7 表16.4.7所列道岔精度参数是根据国外及重庆跨座式单轨交通道岔的设计、制造和运用经验提出的。

16.5 道岔安装原则

16.5.1 为满足单轨交通道岔设备很高的安装精度要求，同时考虑道岔的驱动装置是安装于道岔平台上的，因此规定"道岔区应有良好的排水设施，道岔平台上不应有积水"。

16.5.2 道岔区设置的照明设施，其照度应满足检修人员的检修及维护作业需要，一般不小于50～100lx。对设置有视屏监视设施的道岔区其照度应满足视屏监视设施在夜间能清晰监视道岔转辙工况和接口工况的要求。

16.5.5 道岔区设置视频监视设施的主要目的是监视道岔转辙状态、导向面板及稳定面板挠曲状态及道岔区全貌等。

16.5.6 道岔区设置专用电话主要是考虑在道岔维修时供维修人员使用，一处道岔区一般设置一部专用电话机，电话机应安装在电话柜中。

17 通 信

17.1 一般规定

17.1.4 跨座式单轨交通在发生事故和灾害时需要迅速及时的通信联系，但如果在常规通信系统之外再设置一套防灾救护通信系统，势必要增加很多投资，而且长期不使用的设备难以保持良好状态。所以，通信系统设计应在正常情况下为运营管理、指挥、监控提供迅速及时的联系，为乘客提供周密的服务；在突发灾害或事故的情况下应作为应急处理、抢险救灾的手段。

17.1.6 因通信系统与其他系统的接口关系较多，接口工程界面的划分也较复杂，所以应在设计中划分好系统之间的接口和工程界面。

17.2 传输系统

17.2.2 因目前宽带光数字传输系统容量较大，也比较可靠，所以在没有特殊要求时，为了节省投资，跨座式单轨交通和其公安宽带光数字传输系统设备可合建。

17.2.3 为了传输网络的安全性，采用两条光缆并敷设在不同的径路，在隧道区间宜上、下行侧各敷设一条光缆，在高架区间弱电电缆桥架内敷设一条光缆，另一条光缆可敷设在强电电缆桥架的低压电缆侧。

17.2.8 光纤本身不受外界强电磁场的影响，且光缆金属护套均为厚度小于0.3mm的钢外套，对电磁波的屏蔽作用很小。为保证金属加强件及金属护套上的感应电势不积累，故要求光缆接头两侧的金属护套和金属加强件应相互绝缘。为保证感应电流不进入车站影响设备及人身安全，当用光缆引入时，应做绝缘接头。

17.3 公务电话系统

17.3.1 根据具体情况并经过技术经济比较后，本系统可租用市内电话构成虚拟专网，以减少初期投资及运营后的维护工作量。

17.4 专用电话系统

17.4.12 因目前程控交换机的功能很强，能满足专用电话系统的要求，所以专用电话系统也可纳入公务电话系统。

17.6 广播系统

17.6.5 现场扬声设备的选择应考虑建筑布局和装

修条件。车站公共区的装修材料一般吸声差，所以采用小功率密布方式较好。一般具有装修吊顶的处所宜设吸顶式扬声器；没有装修吊顶或空间较高的处所，宜设壁挂或吊挂式音箱；室外露天处所宜设扬声式声柱或音箱。

17.6.6 广播系统的功放与负荷之间通过切换控制柜连接，负荷与功放不固定接续，根据实际工程情况，可按照每 N 台功放设置一台备用机（N 小于等于4）、自动切换方式设计。功放 N 备一是指在一台标准的19英寸机架上，设置 N 台主用功放、一台备用功放及自动检测切换装置。自动检测切换装置实时监测机架上功放设备的工作状态，发现故障自动倒换主、备功放。

17.8 闭路电视系统

17.8.3 摄像机的安装位置、数量及安装方式应根据乘客流向、乘客聚集地，并在车辆客室、道岔区、轨道线路两旁、设备易受破坏等场所综合考虑。因公安取证要求正面图像，所以摄像机摄取的图像应为乘客正面图像。

17.10 电源及接地系统

17.10.5 因轨道交通电网供电可靠性较高，即使供电电源故障，恢复时间也较短，所以蓄电池组的容量定为：保证连续供电不少于2h。

17.10.6 明确指出接地系统设计的意义和作用。

17.10.8 按分设接地方式设置的接地体之间应保持一定距离，防止产生地线之间的串扰所造成的不安全因素。

17.11 通信用房技术要求

17.11.3 由于车站内安装的设备不易更换和搬迁，故通信机房的面积均应满足通信业务发展的远期要求。

18 信 号

18.1 一 般 规 定

18.1.4 跨座式单轨交通大部分是高架线路，在线路上维修难度较大，采用配线简单、轨旁设备较少的列车自动控制系统便于更好地维护管理，宜采用基于通信（CBTC）的列车自动控制系统。

18.2 列车自动控制（ATC）系统

18.2.5 该条控制优先级，应以车站人工控制优先于控制中心人工控制；控制中心人工控制优先于控制中心自动控制。

18.2.6 列车自动驾驶模式和无人驾驶模式可以提高行车效率，减少驾驶员劳动强度和人员配备的

数量。

18.3 列车自动监控（ATS）系统

18.3.2 随着计算机技术及网络控制技术的发展，并考虑到轨道交通线路同时建设或改、扩建的可能，ATS 系统可考虑多条营运线路的共用和实现相关线路的统一指挥，有利于实现资源共享。

18.4 列车自动防护（ATP）系统

18.4.3 第2款，为充分考虑跨座式单轨交通运营的灵活性，ATP 系统应按单线双方向运行设计。

第4款，由于跨座式单轨交通采用胶轮系统，列车位置检测不能采用轨道电路方式，宜采用环线、无线及应答器方式。

第5款，临时限速是指列车运行线路上，一个或几个闭塞分区内，根据运行和维护的需要，人为设置预先规定的速度命令，对列车的运行速度进行限制。

第6款，跨座式单轨交通车站大多采用侧式站台，一旦有人掉下，两边来车均有可能导致二次伤害，因此紧急停车按钮的操作将切断车站上下行一定范围内的信号发码，确保列车在车站外停车。

18.4.5 随着计算机软、硬件技术的飞速发展，以及其可靠性、稳定性、安全性的提高，可取代原有的继电器联锁。

18.4.6 鉴于跨座式单轨交通的道岔与联锁分属两个不同系统，道岔的控制安全应由道岔与联锁系统共同保证，因此，信号联锁与道岔系统的接口界面应明确并相互协调。

18.5 列车自动运行（ATO）系统

18.5.2 第1款，主要指车载 ATO 设备，它是替代驾驶员实现列车自动驾驶，为保证列车运行安全，必须在装备有 ATP 系统，且在工作正常的条件下才能运用 ATO 方式运行。

第2款，列车自动启动主要指的是无人驾驶系统，在客流比较大的城市主要干线上，宜采用由司机操作关车门并按压启动按钮的列车自动驾驶系统。

18.9 其 他

18.9.2 信号设备用房面积是依据信号制式、系统结构、设备配置等因素来确定。设备布置应尽可能做到合理紧凑，并应留有适当余量，以备设备增加、更换和倒换。

19 自动售检票系统

19.1 一 般 规 定

19.1.2 计算车站售检票终端设备数量时可参考以

下数据：

　　自动售票机为 4～6 张/min；

　　半自动售票机为 4～6 张/min；

　　自动检票机为 20～25 张/min。

　　其中，计算出站检票设备数量时，还应考虑乘客集中出站等因素。

　　车站售检票终端设备宜按以下原则布置：

　　自动售票机、半自动售票机、自动充值机等宜在非付费区内相对集中布置；

　　每一个付费区应设置至少 1 台半自动售票机，作为出站补票用；

　　每一个检票口应至少设置 1 个无障碍通道；

　　每一个检票口检票机数量不应少于 2 台；

　　对于不同时段进出站客流相差较大的车站宜设置一定数量的双向检票机。

19.1.4　轨道交通线路间换乘主要应从车票的规划设计、售检票设备的规划设计和清分软件的规划设计等方面考虑，换乘应在各线路付费区内完成。

19.1.5　异地容灾地点的选择应满足当主系统所处位置发生火灾、水灾等灾害情况时所选位置不受影响。

19.1.10　"各种运营模式"主要指正常情况时乘客能快速购票和进出车站；列车堵塞时对站内乘客全部放行；未进站使用的单程票可延期使用；紧急情况时，可通过车站值班员控制或 FAS 控制或就地控制，使站内所有进出站检票机处于开放状态，引导乘客快速疏散。

　　"各种票务模式"主要指除基本的单程票和储值票外，根据运营管理需要，还可设置计次票、计时票、优惠票、纪念票、老人票、学生票、出站票、员工票、测试票等其他票种。

19.2　自动售检票系统的构成

19.2.1　由于各城市"一卡通"管理模式、经营模式以及涵盖的范围和名称等不尽相同，条文中统称为城市"一卡通"。城市"一卡通"泛指由政府授权统一发行的小额付费卡，一般可用于公交、轻轨、地铁、出租等交通领域，有的还可用于停车场、餐饮、超市、用水、用电、用气等小额消费领域。

19.2.2　首次建设轨道交通线路的城市可不设轨道交通线网清分系统，但应规划和预留系统建设及接口条件。

19.3　自动售检票系统的功能

19.3.1　"一票换乘"指乘客使用单程票或储值票由一条线路进站后在换乘站付费区内换乘其他线路列车，不用出站，也不用另外购票。轨道交通线网清分系统能根据其在各线路乘坐距离、站数或票价等条件，对相关线路应获取的票款收益进行清分。

19.4　自动售检票系统与相关系统的接口

19.4.1　轨道交通线网清分系统与城市"一卡通"清算系统间的数据通信，根据具体情况，既可设置专用通信通道，也可利用电信等其他通信运营商通信网络的数据传输通道。

20　环境与设备监控系统

20.1　一般规定

20.1.2　跨座式单轨交通环境与设备监控系统（BAS），按照国家现行标准《民用建筑电气设计规范》JGJ 16 的规定应采用集散型系统。与过去传统的计算机控制方式相比，它的控制功能尽可能分散，管理功能相对集中，提高了控制系统的可靠性，结构灵活，布局合理，组态方便，降低了系统成本。

20.2　系统设计原则

20.2.3　独立设置的 FAS、BAS 是指当跨座式单轨交通不采用综合集成方案时，FAS 和 BAS 的监控平台是独立的。

20.2.4　综合监控系统简称 MCS，也称作主控系统或自动化集成系统。其为国内城市轨道交通工程近年来新增的、旨在方便车务人员日常操作的一个综合层面的管理系统。由于跨座式单轨交通以高架站为主，车站规模相对较小，因此应就具体工程的投资环境、系统设置的必要性等因素作全面的经济技术比较后，才可对是否采用以及怎样采用综合监控系统作出选择。

20.3　系统运行模式及基本功能

20.3.1　从系统功能分析，BAS 具有中央和车站二级管理；中央、车站、就地三级控制功能；从控制系统结构分析，BAS 应该由中央管理级、车站监控级、就地（现场）控制级以及受控设备四层结构组成。

20.3.3　BAS 监控内容，可参照以下说明配置：

　　1　BAS 监控内容应包括下列基本功能：

　　　1）　正常运营模式的判定及转换；

　　　2）　消防排烟模式和列车区间阻塞模式的联动；

　　　3）　设备顺序启停；

　　　4）　风路和水路的联锁保护；

　　　5）　大功率设备启停的延时配合；

　　　6）　主、备设备运行时间平衡；

　　　7）　车站公共区和重要设备房的温度调节；

　　　8）　节能控制；

　　　9）　运行时间、故障停机、启停、故障次数等统计；

10）配置数据接口以获取冷水机组和水系统相关信息。

2 如果冷水机组带有联动控制功能，则空调水系统冷冻水泵、冷却水泵、冷却塔、风机、电动蝶阀的程序控制应由冷水机组承担，BAS 可仅控制冷水机组的投切、监测空调系统的参数和状态、冷量实时运算、记录及累计。

3 跨座式单轨交通各系统设备监控点的基本配置可参见《地铁设计规范》GB 50157 相关条文说明。

20.4 硬件设备配置

20.4.3 第 5 款，BAS 的设计应保证当操作员工作站退出时 BAS 能正常运行。

20.4.4 第 1 款，现代 PLC 具有逻辑判断、定时、计数、记忆和算术运算、数据处理、联网通信及 PID 回路调节等功能，更加适合工业现场的要求，具有高可靠性、强抗干扰能力，编程安装简便，输入和输出端更接近现场设备，因此，宜优先选用 PLC 作为 BAS 的主要控制设备。

20.5 软件基本要求

20.5.1 除操作系统软件外，应用软件主要包括下列软件：

中央级应用软件；

车站级应用软件；

PLC 应用软件；

通信接口软件；

数据库生成与管理软件；

人机接口软件；

系统组态软件；

系统维护与诊断软件；

通信管理和网管软件。

21 运营控制中心

21.1 一 般 规 定

21.1.1 随着跨座式单轨交通现代化和自动化技术的发展，运营管理水平的不断提高，运营过程中被监控对象之间的关系越来越复杂，运营过程中的监视、控制、操作和管理渐趋集中，运营的安全性、可靠性越来越受到重视。为了确保列车和各系统安全、可靠和高效的运行，方便运营操作人员对运营过程实施全面的集中监控和管理，在建设时需要建立一个具有适当环境、条件及规模的运营指挥、调度和控制的运营控制中心，简称控制中心。

21.1.3 为实现控制中心的功能，控制中心应设置信号、火（防）灾自动报警、环境与设备监控、电力监控、自动售检票和通信等系统中央级设备。为了提

高服务质量和管理水平，也可配置综合监控系统、门禁系统、跨座式单轨交通信息管理系统等与运营、管理和安全有关的系统和设备。为便于控制中心的管理，提高控制中心的安全性和可靠性，与运营、管理和安全无关的系统和设备不宜纳入控制中心。

21.1.5 随着城市轨道交通向网络化建设的发展，为方便轨道交通网的运营管理、节约城市土地资源，在满足控制中心功能要求的前提下，根据城市轨道交通线网规划，控制中心可按一条跨座式单轨交通线路单独建造，也可多条线路合建或跨座式单轨交通线路与地铁、轻轨等其他城市轨道交通线路合建。

21.1.6 跨座式单轨交通控制中心的设计应与工程条件和运营需求相适应，总体布置应考虑安全可靠、操作方便、维修方便、管理方便及运营成本低廉等。在工程实施时应从工程的实际出发，根据运营管理体制、控制线路的数量及线路长度、系统配置、设备类型及设备数量等，经济合理地确定控制中心的规模及装修标准。考虑到线路延伸、投入运营后可能出现新的运营需求以及新系统、新设备的推广应用等，控制中心宜适当预留将来发展的余地，以适应可能的发展和变化。

21.1.7 控制中心的位置宜选择在靠近城市道路干线、离线路较近、靠近车站、接近监控管理对象的中心地带，方便全线运营管理及各系统的连接，方便与城市其他线网连接，并能兼顾多条线路的场所，缩短与线路的距离，降低工程和管线投资及运营管理费用，便于在紧急情况下组织事故抢修及事件的处理。

21.1.8 控制中心是跨座式单轨交通运营管理最为重要的生产用房，必须具有高度的安全性和可靠性。考虑到控制中心的整体安全，宜将其设置为独立专用建筑，不宜与其他功能的建筑合用，以保证其安全；当确实需要与其他功能的房屋合建时，应保证控制中心相关用房及管理上的独立性，满足其安全性和可靠性的要求。

21.2 功能分区与总体布置

21.2.2 运营操作区应靠近设备区和运营管理区，以便设备间的电气连接、减少管线敷设的距离、便于运营管理；设备区和维修区宜相邻设置，以便设备的维护管理。

21.2.3 考虑到防止雷电干扰等，中央控制室和设备区不宜设在建筑物的最顶层，也不宜设置在地下。

21.2.5 运营操作区应具有全线运营监视、操作、控制、协调、指挥、调度、管理及值班等功能，宜设中央控制室、紧急事件指挥室、总调度长室、值班主任室、值班休息室及男女卫生间等功能房间。其中总调度长室、值班主任室、值班休息室为一般的办公室；运营操作区应作为独立的安全分隔区，宜考虑配置保安设施；在安全分隔区内，宜考虑单独设置男女

卫生间，减少调度人员中途离岗时间；进入中央控制室应设缓冲区。中央控制室各系统设备的布置及设计应满足下列要求：

第 1 款，中央控制室内应只设置与运营有关的系统和设备（模拟显示屏、监视器、操作终端和电话机等），应设置行车、电力、环控、防灾和值班主任调度台，也可根据需要设置维修调度台、客运调度台、网络信息管理调度台和总调度台。通过各调度台的调度员，对跨座式单轨交通运行的全过程进行运行管理和安全管理。

第 2 款，室内设备布置和造型应力求整齐、紧凑、美观大方，便于观察、操作和维修，有利于通风、采光，为操作人员和运行设备创造一个良好的工作和运行环境，并便于调度人员行动和疏散。设备布置还应使设备之间的连线短，外部管线进出方便。

调度工作台的设计应便于操作人员观察，降低操作人员的工作强度，提高工作效力，减少失误，顶部不能遮挡正常观察模拟显示屏的视线。

第 5 款，各系统模拟屏宜统一考虑，调度台和模拟屏宜呈弧形布置，模拟屏的屏前和屏后、调度台的台前和台后应留有足够的操作和维护作业空间，并预留近期和远期发展位置。通道宽度应满足工作人员进出、联络、维修设备进出的需要。调度台距模拟屏的通道宽度宜大于 2.5m；调度台与调度台前后净距离宜大于 2.0m；模拟屏后侧与墙壁之间的距离宜大于 1.2m，当通道长度大于 10m 小于 20m 时，通道宽度宜大于 1.5m；当通道长度大于 20m 时，通道宽度宜大于 1.8m；模拟屏两侧进入模拟屏后的通道宽度宜大于 1.5m，确保人员和设备的进出方便；模拟屏后面也可以作为独立分区进行设置。

21.2.6 第 1 款，设备区设备房有多种布置方式，可按系统划分或按线路划分，可采用封闭式布置或通透开放式布置，集中式布置或分散式布置，也可上述各种方式的混合式布置，具体布置方式需根据管理体制、运营模式等情况确定。

1) 当控制中心的规模按一条线路设计、设备区按分散式布置时，应分别设置各系统的设备室、电源室等用房；

2) 当控制中心的规模按一条线路设计、设备区各系统设备按集中式布置时，应设置各系统设备集中布置的设备室、电源室等用房，辅助系统设备应根据实际进行布置；

3) 当控制中心的规模按多条线路设计、各线各系统的中央级设备按相互独立的方式设计、设备区各系统设备按分散方式布置时，不同线路的同一系统设备房应布置在同一楼层或同一区域内，以方便专业的运营维护和管理；

4) 当控制中心的规模按多条线路设计、中央级按线路设置综合集成自动化系统时，设备区应按集中方式布置，同一线路的不同系统设备应布置在同一设备房内，以方便运营维护和管理；设备与通道之间宜采用玻璃幕墙相隔，便于观察和管理；

5) 按专业划分可方便专业管理，但不便于分期实施和节能运作，按线路划分便于分期实施和节能运作，但不利于专业管理；封闭式设备布置设备房间单元划分相对较小，防火隔离安全性高，但不便于管理，开放式布置设备房间单元划分相对较大，设备与通道之间用玻璃幕墙相隔，便于观察和管理，灾害处理较为迅速，但防火隔离安全性较差；集中布置设备房间单元划分相对较大，便于观察和管理，灾害处理较为迅速，但防火隔离安全性较差，分散布置设备房间单元划分相对较小，防火隔离安全性高，但不便于管理。

第 2 款，设备区各系统设备房的布置楼层或位置宜以方便运营管理、体现安全性和重要性为原则，即直接为行车指挥服务的信号系统设备房，包括 ATS 设备室、运行图编辑室和打印室应靠近中央控制室，其次为通信系统设备室、电力监控系统设备室、火（防）灾自动报警系统及环境与设备监控系统房，最后是通信电缆引入室和其他系统设备用房。

21.2.7 运营管理区应具有跨座式单轨交通中央级运营技术管理和生产管理等功能，宜设置主任室、运营管理技术室、运行图编辑室、运营生产管理室等管理功能房间，配置必要的办公、管理和生活设施。上述用房可根据实际需要设置或合并设置。

21.2.9 第 1 款，辅助设备区应具有供电、通风、空调、消防、自动灭火、给排水等辅助设施及相应功能，宜设置管理、办公、操作、工器具、维修及值班用房等管理和办公用房，这些用房可以根据需要分开设备或合并设置。

第 2 款，辅助设备区宜设置供电系统和低压配电系统、通风系统和空调系统、水消防系统和自动灭火系统、给排水等辅助设施用房；供电系统、低压配电系统、空调系统、水消防系统及给排水等辅助设施宜设置在地下一层或地下二层；通风系统和自动灭火系统等宜设置在各层距用户较近的场所。供电系统和低压配电系统用房不得有通风风管和水管穿过，各系统应根据实际需要设置用房，水系统应设置独立的管道井。

21.3 建筑与装修

21.3.1 控制中心的建筑布局应满足工艺要求，同时应符合以下规定：

第1款，控制中心作为运营管理核心，建筑布局应满足工艺要求，以功能、安全、节能、环保为控制要素。从实际出发，经济合理地确定规模水平及装修标准，建筑装修应简洁、实用，色彩与光环境应适应操作人员日常工作舒适、轻松的要求。

第4款，中央控制室应设两个出入口与外部相连，门的大小应考虑操作人员和室内设备及维修设备的进出搬运方便，一般至少有一个门的宽度为1.2m、高度为2.3m，门扇应向外开，不设门槛，要严密防尘防鼠，并符合现行消防规范、规定的要求。

第5款，控制中心与其他建筑合建时，控制中心应设独立的进出口通道（包括电梯等）以及消防通道。中央控制室和各系统设备房不宜与不明使用功能的建筑用房直接相邻，其间应有一定的隔离形成缓冲带或者隔离带，必须设置可靠的防火防爆隔离设施，确保控制中心的独立性、安全性和可靠性。

21.4 布　线

21.4.2 建筑物常用的布线方式和敷线方式有明管布线、汇线槽布线、墙体和地面埋线、电缆井布线、电缆走廊或电缆通道布线、架空布线、夹层布线、电缆沟布线、电缆隧道布线等敷线方式，采用何种敷线方式，应视具体情况而定。电缆的选择和管线的敷设过程应符合消防规范和防火要求。管线敷设应尽量做到线路短、交叉少、敷设整齐美观，便于调试、查线和补线，方便维护管理；管线敷设应把不同用途种类的电缆和管线分别敷设在不同层次的支架上，强电电缆和弱电电缆应分开敷设，防止强电对弱电的干扰或互相干扰。

21.4.3 控制中心不同楼层之间采用竖向布线，竖向布线宜采用电缆井敷线方式，强电和弱电电缆宜分别使用不同的电缆井分开敷设，并相隔一定的距离。每层的电缆井都应该满足人员进入、工程施工、维修检查、防火隔离及火灾自动报警系统探头安装、维护工作的要求。

21.4.4 控制中心同层之间采用水平布线，水平布线宜采用电缆夹层敷线方式（电缆楼层夹层、吊顶夹层、活动地板夹层），应根据夹层的具体情况，分层分区设置电缆桥架或汇线槽，将强电动力电缆和弱电电缆分开敷设，并相隔一定的距离。当采用电缆（楼层）夹层布线时，宜将通风系统、自动灭火系统等辅助系统设备设置在电缆夹层内。

21.4.6 控制中心楼层间、房间之间的各种管线孔洞，在电缆敷设完工后，应采用防火封堵材料或产品进行防火封堵，以确保防火分区的完整性，防止火灾时火势和烟雾经电缆孔洞蔓延。各种管线孔洞的设计应便于严密封堵，采用的防火封堵材料或产品应符合国家相关标准。

21.5 供电、防雷与接地

21.5.1 控制中心内信号、电力监控、火（防）灾自动报警、环境与设备监控、自动售检票、自动灭火等系统设备用电以及中央控制室和重要设备房屋照明、应急照明、防排烟设备、消防电梯用电应纳入一级负荷；一般房屋照明、货物电梯为二级负荷；其他为三级负荷。

21.5.2 需要不间断电源供电的系统设备，应根据各系统设备的供电要求确定。也可设置综合的UPS供电系统，其输出功率应大于所供用电设备总和的1.5倍，并确保不低于2h的后备用电；综合UPS电源室的位置应尽量接近用电负荷设备和中央控制室，并有利于进出线。

21.6 照明与应急照明

21.6.1 控制中心应设置一般照明与应急照明，宜采用集中控制方式控制。中央控制室、设备房屋及管理用房应多设电源插座，以解决检修、检修局部照明等临时用电；照明灯具宜选择节能型、散射效果良好、使用寿命长及维修更换方便的灯具；灯具的布置宜与建筑装修和设备布置相协调。

21.7 通风、空调与采暖

21.7.3 主要考虑到运营控制中心与物业合建时两者的建设周期往往不一致，且以后两者的运行的时间也不相同，将空调冷热源和管路系统分开设置便于今后维修和管理。

21.7.4 控制中心各类设备和管理用房性质不一，室内环境要求不同，为减少调节和运行管理的困难，同时为减少空调能耗，强调应根据使用要求来划分空调系统。

21.8 消防与安全

21.8.1 控制中心应设置火（防）灾自动报警装置、环境与设备监控、火灾事故广播、自动灭火、水消防、防排烟等消防系统；宜根据需要设置自动水喷淋灭火系统；重要的电器设备房宜使用自动灭火系统，不得使用自动水喷淋灭火系统；防排烟自动联动宜由环境与设备监控系统实现。

21.8.2 控制中心应设置消防控制室，将火（防）灾自动报警系统、环境与设备监控系统及火灾事故广播系统等的操作台或工作站设置在消防控制室，24小时值班，对大楼消防安全进行监控管理。消防控制室宜设置在控制中心首层主要出入口，并与中央控制室设专用的消防电话。

21.8.3 控制中心作为城市轨道交通的重要场所，宜根据需要设置闭路电视监视系统和安保门禁系统等保安系统；对各分区出入口、房间和主要通道进行监视和自动录像；宜设置不同形式的自动门，通过身份钥匙或密码开启；重要房间宜设置报警检测装置，以防非法闯入。

21.8.4 控制中心宜根据需要设置保安值班室。将闭路电视监视系统和安保门禁系统等的操作台或工作站设置在保安值班室，24小时值班，对大楼安全进行监控管理。保安值班室宜与消防控制室合并设置。

22 车 辆 基 地

22.1 一 般 规 定

22.1.1 本条规定将跨座式单轨交通的车辆段、综合维修中心、物资总库、培训中心等通常集中设置在一起的机构称为车辆基地，以统一和简化机构名称。

22.1.2 城市轨道交通线网规划是跨座式单轨交通工程设计的重要依据，线网规划中对车辆基地的分布和功能有明确的规定，车辆基地用地范围较大是得到规划部门的认可并加以控制的，所以车辆基地的设计应以城市轨道交通线网规划为依据。

"一座城市第一条跨座式单轨交通线路的车辆基地应具有较为完善的功能"，其目的是保证跨座式单轨交通的正常运营，并为其提供较为完整的服务体系。所谓较为完善的功能，是指车辆基地应包括车辆段、综合维修中心、物资总库、培训中心和必要的生活设施，其中车辆段应包括停车、列检、三月检、临修、换轮、车辆洗刷等日常运用维修设施以及重点检修、全面检修等定期检修设备。综合维修中心应包括轨道梁、供电、通信、信号、环控等系统的维修设备，只有这些设施、设备配套齐全，才能保证跨座式单轨交通的正常运营。

22.1.3 车辆基地属大型建设工程，总投资和占地都较大。为合理安排工程投资和征用土地，条文强调车辆基地应统一规划，分期实施，其轨道、房屋建筑和机电设备等按近期需要设计，用地范围按远期规模确定。由于车辆基地近、远期工艺联系较为密切，条文要求远期用地范围应按远期规模并在远期轨道和房屋布置规划的基础上确定。此外，由于车辆的全面检修一般在6年以后才进行，车辆段的全面检修设备和厂房可根据工艺布置的情况，在今后扩建不影响正常生产和周围环境的条件下，在完成总平面布置的基础上可分期实施，以避免该部分设施多年搁置不用，造成浪费。

车辆的配备应按初期运营需要配置，主要是考虑车辆单价较高，为提高车辆的利用率，初期车辆的配备数量应按初期设计年限用车数配置。

22.1.5 明确要求车辆基地总平面布置应以车辆运用、检修设施为主体，是因为车辆基地的总平面布置应在满足车辆出入段、运用、检修工艺要求的前提下，

进行设计，并按功能要求和有利生产、方便管理的原则统筹安排其他设施。

22.2 车辆基地的功能、规模及总平面设计

22.2.1 本条规定车辆基地应根据其在线网中的地位和集中检修的原则，合理确定车辆及其他系统设备检修范围及功能，是指在可能的条件下，实行车辆大部件的集中检修，以提高检修质量和检修设备利用率。

独立设置的停车场应隶属于相关车辆基地，以便统一管理，若跨座式单轨交通线路较长，停车场停车数较多，可根据需要在停车场设置三月检的维修设备。

22.2.2 本条规定的车辆日常维修和定期检修周期是根据重庆轻轨较新线和日本单轨交通运营经验、车辆制造厂建议等综合因素考虑制定的。车辆走行轮胎暂按10万公里进行更换，以及1列车（6辆编组）的转向架换轮作业时间暂按20天计，设计时可根据线路条件、运营经验作合理调整。跨座式单轨交通车辆轮胎更换作业工作量较大，设计时应注意检查换轮库的能力。车辆的换轮还可与车辆的定期检修相结合，利用定期检修时进行换轮，以减轻换轮库的作业量。

22.3 车辆运用整备设施

22.3.3 设计时列、月检列位和临修列位宜综合考虑，统一设置，临修列位一般设在列、月检库内，可不固定具体位置。当单独设置时，也可设在检修库内。

22.3.6 因运用库内轨道梁两侧均有接触轨，高度在人可接触到的范围内，为保证库内作业人员安全，必须加装安全防护设施，库前均应设置隔离开关或分段器，并均应设有送电时的信号显示或音响。

22.3.7 三月检作业需进行车顶空调器的检查，所以在月检库宜设置车顶作业平台或移动式升降平台。考虑有空调器需从车顶吊下检修，在月检库的1～2条月检线上可设置起重设备。

22.3.8 停车库（棚）和列、月检库计算长度公式说明：

1 停车列位之间通道宽度6m是考虑了信号安装要求的间距。

2 停车库（棚）横向通道宽度前端3m，后端6m。库前端由于有轨道梁，地面形不成通道，列车停留位置距离库前端3m是考虑司机在司机室可以观察端墙上的信号，同时留出库前端设地下通道的位置。停车库（棚）后端6m是考虑通行运输车辆、存放部分设备的需要。

3 列检月检库后端15m是考虑通行运输车辆、存放部分台架、工具和临时存放从车上卸下需检修的部件（如空调器）等。整个车库长度还应结合房屋

建筑模数的柱距要求和车库检修工艺要求一并考虑。15m 长度根据以上因素可适当调整。

22.3.14 库内因轨道梁隔断了车库的横向通道，列、月检库中部不靠墙的列月检列位检查时需要动力插座时不方便，在轨道梁横向地下通道内两侧宜设动力插座，以方便作业。横向地下通道较窄，考虑作业人员携带工具通过时不碰上固定照明灯具，所以固定照明灯具安装应嵌入墙内。

22.4 车辆检修设施

22.4.2 为检修库设计附加长度，库后端 17m 是考虑在股道后面可设置部分检修设备或存放备品备件。同时还应结合房屋建筑模数的柱距和检修库检修工艺要求一并考虑。库后端 17m 根据以上因素可适当调整。

22.4.4 库前股道宜设有一段平直线路，是保证列车进入库内时列车与股道平行，满足车库大门限界要求。平直线路长度一般不应小于一辆车的长度。

22.4.5 换轮库设专用起重设备，一是换轮需要，二是考虑必要时在换轮库也可作列车临修作业。起重设备吨位应能吊起一台未解体的转向架。换轮设备不宜少于一线二台位。

22.4.8 转向架间设在检修库内，最大好处是减少大部件的运输。在检修库设计时，除考虑车体检修场地外，还应考虑转向架清洗、检修、试验及转向架备品存放场地。

22.4.11 车辆在全面检修后才进行油漆，这时列车已分解成单辆或单元，故油漆库油漆台位长度可按一辆车或一个列车单元长度设置。

22.5 车辆段设备维修和动力设施

22.5.3 车辆基地的机械加工量较少，故车辆段和设备维修车间的通用机械加工设备应统一设置。具体设在车辆段的检修车间还是设备维修车间，可视具体情况而定。

22.6 综合维修中心

22.6.2 轨道梁、房屋等设施和机电设备的大修工作专业性较强，需要工种配套齐全的专业队伍完成，且这部分工作周期又较长，所以在综合维修中心设计时，该部分工作应优先考虑对外委托，实现维修工作专业化、社会化，达到节省费用的目的。

22.8 培训中心

22.8.2 培训中心宜设于车辆基地内，主要是考虑培训中心靠近车辆基地，教学人员相对集中，可利用现场的设备、设施，实现现场直观教学，培训中心的生活设施可利用车辆段的设施，方便管理节省投资。

22.10 其 他

22.10.3 因为车辆基地的室外线路、道岔均设有高压接触轨，且轨道梁一般设在地面，接触轨距地面只有 1m 左右，人很容易接触到，所以车辆基地的线路及道岔区的外侧均应设安全防护栏栅。

22.10.4 由于轨道梁高 1.5m，车间的横向通道被隔断，影响库内车辆维修作业。

故根据作业和安全的需要在车库内应设置横向地下人行通道。对联合车库，有必要在库前设置横向地下人行通道，以方便各车间工作人员的联系。

23 防 灾

23.1 一般规定

23.1.1 根据有关资料统计，城市轨道交通可能发生的灾害事故有火灾、水淹、地震、冰雪、风灾、雷击、停电、事故停车及人为事故等十几种灾害，但以发生火灾情况最多，而且人员伤亡和经济损失最严重。所以跨座式单轨交通防灾把防止火灾放在首要地位，采用比较全面、先进和可靠的防火灾设施。

23.1.2 "预防为主，防消结合"是主动积极的消防工作方针，要求设计、建设和消防监督部门的人员密切配合，在工程设计中积极采用先进的灭火技术，正确处理好运营与安全的关系，合理设计与建立科学的防火管理体制，做到防患于未然，从积极的方面预防火灾的发生及其蔓延扩大。这对减少火灾损失，保障人员生命的安全，保证跨座式单轨交通的安全运营，具有极其重要的作用。

同一条线路按同一时间内发生一次火灾考虑。两条及两条以上线路的换乘站应按同一时间内发生一次火灾考虑，是根据我国 40 多年城市轨道交通的建设及运营经验，并参照国外有关资料确定的。

23.1.3 根据国外城市轨道交通发生火灾事故造成的重大损失和人员伤亡情况，考虑到车站一旦发生火灾事故时灭火的难度，故规定车站站厅的乘客疏散区域、站台层及乘客疏散通道内不得设置商业场所，这样一旦发生火灾事故时，乘客可以迅速地疏散到安全区域。如果为方便乘客，在车站内设置临时活动性售报摊、饮食亭，在取得当地消防部门认可的情况下，不属上述规定的限制范围。

23.1.5 根据国内外城市轨道交通发生灾害的情况，可能有人员伤亡，所以车站应配备一定的医务救护设施。不同灾害事故的发生，有可能造成运行车辆的破坏，所以车辆基地应配备救援车辆等设备。

23.1.6 控制中心一般设有行车调度中心、电调中心、环控及防灾调度中心，当跨座式单轨交通发生灾害事故时，根据灾害的性质及灾害情况，控制中心的总调度或防灾调度中心，应发出防灾指令，由有关车站及部门进行救灾活动及救护求援行动。

23.2 建筑防火

23.2.2、23.2.4 此两条为车站重要设备用房应采用耐火极限不低于 2h 隔墙和耐火极限不低于 1.5h 楼板与其他部位隔开，隔墙上应采用乙级防火门，以及两个相邻防火分区之间应采用耐火极限不低于 3h 的防火墙和甲级防火门。以上均参照现行国家标准《建筑设计防火规范》GB 50016 的规定采用。

23.2.9 本条规定了车站内部装修材料和固定设施燃烧性能等级。至于地面与高架车站的地面及隔断装修材料可参照现行国家标准《建筑内部装修设计防火规范》GB 50222 允许采用不低于 B_1 级的规定办理。

23.3 安 全 疏 散

23.3.3 随着以人为本理念的落实，站台层至站厅层采用自动扶梯的比例越来越高。为了控制车站规模，应把自动扶梯纳入事故疏散用，并应采用一级负荷供电和具有逆向运转功能，即下行自动扶梯改为上行（高架车站上行能改为下行）。在计算中，应考虑某一台自动扶梯损坏或正在保养不能运行的几率即以（$N-1$）台计算自动扶梯和人行楼梯通过能力按 90% 折减。

23.3.7 列车有可能在区间发生火灾或其他灾害事故而又不能牵引至车站，由于跨座式单轨交通构造特点，列车上乘客疏散困难。在综合考虑各种情况后，本条提出宜设置纵向疏散平台，便于乘客从车辆侧门下到疏散平台上疏散逃生。

23.4 消 防 给 水

23.4.2 我国当前轨道交通工程的给水系统设计，一般为生产生活给水系统、消火栓给水系统、自动喷水灭火系统和空调循环冷却水系统。为保证工作人员的饮用水质，轨道交通工程应采用生产生活和消防分开的给水系统。因消防用水量大，而生活用水量很少，如果生产生活和消防给水系统共用，饮用水质不能保证，又因消防管道一般采用热镀锌钢管，这种管材已不能用于生活给水管，另外消防用水压力较高，生活用水压力较低，如果共用管道，在发生火灾事故消防供水时，会对生产、生活给水造成不利影响，而且也不易保证消防用水的水量和水压。

区间隧道不宜设生活给水系统，冲洗用水给水栓可以设在消火栓处和消防给水系统共用。

23.4.3 第 1 款，消火栓用水量及设置场所和现行国家标准《地铁设计规范》GB 50157 相同。但人行通道的消防用水量定为 10L/s。

第 2 款，消火栓设置场所和现行国家标准《地铁设计规范》GB 50157 相同，地铁设计规范规定人行通道超过 30m 应设消火栓，宜改为 20m 应设消火栓。

第 3 款，消火栓设置规定。

第 4 款，考虑到跨座式单轨交通工程的重要性，规定车站站厅、站台及人行通道按大型消火栓箱设置，内设消防卷盘和灭火器，为了不影响乘客通行，站厅、站台和人行通道应将灭火器设在箱内。消火栓箱应设玻璃门，不宜采用封闭的铁皮门，以便在万一情况下敲碎玻璃使用消火栓。

第 5 款，为便于管理和使用，每条消防水龙带不应超过 25m，因水带太长在火灾现场使用不便。

第 6 款，地下区间应设置消火栓口不设消火栓箱，是根据我国地铁运营实践确定的。上海地铁 1 号线曾设置消火栓箱，由于平开门锁不牢固，在行车中发生消火栓箱门撞车事故。北京地铁复-八线也设消火栓箱，专门设置侧拉门，但由于侧拉门固定不牢，为了避免发生撞车事故，将门拆除，水龙带移走。

第 7 款，工程设计时，应由业主向自来水公司索取沿线车站自来水管网的最低压力，如果最低压力和供水量能满足消防用水要求时，车站消防给水系统可以不设消防增压泵，直接由城市自来水供水，我国广州及南京地铁 1 号线地下车站都是这样设计的。如果城市自来水的供水量能满足消防要求而压力不能满足消防压力的要求时，则可设消防泵直接抽水，不设消防水池，如自来水压力能满足稳压要求可不设稳压装置，但应和自来水公司和消防部门协商确定。如果城市自来水管道管径很小，不能满足消防用水量时，则应设消防泵和消防水池及稳压装置。

23.5 灭 火 装 置

23.5.1 我国已于 2006 年 5 月 1 日实施国家标准《气体灭火系统设计规范》GB 50370，该规范编入下列三种气体灭火系统：①七氟丙烷（HFC-227ea）灭火系统；②IG541 惰性气体灭火系统；③热气溶胶预制灭火系统。

气体灭火系统的设置场所是参照现行国家标准《地铁设计规范》GB 50157，并结合国内城市轨道交通建设情况，以及听取有关专业工程师和有关部门的意见确定的。因地下车站变电所均为无油型设备，开关柜为气体开关不易失火，故对变压器及开关柜不列为气体保护房间，24h 有人值班的车站控制室也不列入气体保护房间。主变电所宜按现行国家标准《建筑设计防火规范》GB 50016 的规定选用灭火方式，主变电所一般由当地供电局设计，灭火方式应由供电局确定。

地下车站气体灭火系统的设置场所，其设备容量及保护房间的面积，按国家现行标准规范的规定，都达不到设置气体火火系统的设置标准，但考虑到城市轨道交通安全的重要性，又因地下车站电器等设备失火灭火难度较大，故规定地下车站的重要电器设备房间设置气体灭火系统。

23.5.5 按现行国家标准灭火器配置设计规范的规定，应按严重危险级配置灭火器，为了灭火后对变电所等电气设备房间的设备不造成污染，灭火后便于清扫，所以规定在变电所及综合控制室等电器设备房间应采用二氧化碳灭火器，但不得选用装有金属喇叭喷筒的二氧化碳灭火器，因电气设备在带电状态下，采用装有金属喇叭筒的灭火器，有触电危险，故不宜采用。因人行通道比较狭窄，如果用干粉灭火器造成乘客能见度低，影响乘客安全疏散，故有的消防部门意见宜采用水型灭火器，但按灭火器规范规定，城市轨道交通应按严重危险级配置灭火器，而水型灭火器达不到严重危险级级别，故规定人行通道宜配置水型和磷酸铵盐两种灭火器。

23.7 防烟、排烟与事故通风

23.7.1 跨座式单轨交通与地铁、轻轨等均为大容量、快速城市轨道交通系统，其客流量巨大，各种电气设备众多，一旦发生火灾事故，烟气将是造成人员伤亡的最大危害因素，对于跨座式单轨交通的地下线路而言，这种情况就更加突出，因此必须强调跨座式单轨交通要具备有效的防烟、排烟和事故通风系统。

23.7.2 自然排烟是一种经济、有效、易操作的排烟方式，它无需专门的排烟设备，火灾时不受电源中断的影响，构造简单、经济，根据我国目前的经济水平，从降低造价、简化管理的原则出发，地面及高架车站宜优先考虑采用此种排烟方式。

23.7.6 地面和高架车站是地面的交通建筑，本条是参照现行国家标准《高层民用建筑设计防火规范》GB 50045 的有关规定而制定。

23.7.8 地下车站设备及管理用房非常闭塞，仅有极少的部位与区间隧道和车站公共区相连接，如排烟时没有同时进行补风，将无法有效的排除烟气，因此，本条规定排烟房间的补风量不应小于排烟量的50%。

23.8 防灾用电与疏散指示标志

23.8.2 为了避免误操作而影响灾情的施救，防灾用电设备的配电设备应有紧急情况下方便操作的明显标志。

23.8.4 本条的疏散应急照明，主要指疏散照明灯，疏散照明灯的设置对于人员安全快速疏散具有重要作用。

23.8.8 本条的疏散指示标志，主要指指向标志灯及出口标志灯。设置疏散指示标志的作用是，火灾初期浓烟滚滚，会严重妨碍人们在紧急疏散时辨认方向，而疏散指示标志会使人们在烟雾弥漫的情况下，沿着灯光、发光疏散指示标志顺利疏散。

23.9 防灾通信

23.9.7 单轨交通越是在发生事故和灾害时越是需要迅速及时的通信联系，但如果在常规通信系统之外再设置一套防灾救护通信系统，势必造成重复建设，更主要的是长期不使用的设备难以保持良好状态。所以，通信系统设计应能在突发灾害或是事故的情况下，迅速转换为应急处理、抢险救灾的通信系统。

23.10 火灾报警系统

23.10.1 本规范把车站、区间隧道、变电所、控制中心、车辆基地等建筑划为一级保护对象，除了考虑疏散和扑救难度外，还考虑到跨座式单轨交通突出的社会影响。

23.10.3 火灾报警系统（FAS）涉及范围较广。火灾时，除了报警外，还有大量的必须依托相关专业设备才能完成的模式联动，因此本规范明确火灾报警系统（FAS）包括火灾报警装置、消防联动装置及与防灾相关的其他设备。

23.10.6 有关区间隧道是否需要设置火灾探测器，地铁规范未作规定，本规范也不作强制规定，各地应根据工程具体情况由工程建设单位、当地消防等有关部门结合工程实际情况共同研究确定。

23.10.7 本条规定车站级防灾控制室对消防控制设备除自动控制外，对重要的与消防有关的设备还应能手动直接控制和手动模式控制。

23.10.8 本条规定防灾控制中心的功能，即应实时掌握管辖区内任意点的火灾信息，并下达所有指令，以实现火灾早期发现、及时组织并协调救援。

23.10.9 跨座式单轨交通为大型综合性工程，专业与系统很多，在运营中相互关联，尤其是灾害事故的处理，必须与行车、BAS等专业共同合作才能完成全面的救灾工作。为救灾方便，本条提出了结合的设置要求。

23.11 救 援 保 障

23.11.2 地震是地区性灾害，波及面较广，造成损失较大，是跨座式单轨交通防灾内容之一。国家于全国各地设有若干地震监测中心，提供地震预报信息，跨座式单轨交通应具备接收本地区地震预报部门的电话报警的功能；若当地地震预报已组成网络，跨座式单轨交通应采用联网方式接收地震灾害信息，不另设地震预报装置。

23.11.7 为防止各种原因发生的水淹灾害，本条规定各种集水池设置危险水位报警信号。

24 环 境 保 护

24.1 一 般 规 定

24.1.1 跨座式单轨交通设计各阶段、各专业应充分考虑工程建设可能对周边环境带来的污染和影响，始终贯彻"统一规划、合理布局、预防为主、综合治理"的环境保护设计原则。

24.1.2 国家的各类环境保护设计标准、法规、规范是根据我国现有的环境状况、科技及经济发展的总体水平制定的。一般来说，国家和地方环境保护质量标准、污染物限值标准在不同发展阶段会有所变化；同时，地方标准在国家标准的基础上会根据当地环境条件有所发展和提高。因此，设计在执行现有国家标准、法规和规范的同时，尚应严格执行地方政府制定的有关标准、法规和规范。

24.1.3 建设项目环境影响报告书针对建设项目在建设过程中以及建成投入使用后，对周围环境乃至区域总体环境可能产生的影响，依据国家及地方政府现行的相关标准，进行全面的预测、评价，其评价意见和结论、污染防治的对策措施以及相关管理部门的审批意见，同样是设计依据和必须执行的内容。

24.1.5 由于跨座式单轨交通工程环保设施的建筑和构筑物布置与工程结构联系一般比较紧密，今后改、扩建会有一定的困难，同时这些建、构筑物的改、扩建工程量大，施工周期又较长，因此，环保设施不易改、扩建的土建工程，以及附设于跨座式单轨交通主体工程上的预埋件必须按远期需要与近期工程同步实施。

24.2 噪 声

24.2.1 跨座式单轨交通噪声污染防治，应符合现行国家标准《声环境质量标准》GB 3096、《工业企业厂界噪声标准》GB 12348 的规定。

各种不同声环境功能类别、不同时段的噪声限值标准见表 2。

表 2 城市各类区域环境噪声限值标准〔dB（A）〕

声环境功能类别	限 值	
	昼 间	夜 间
0 类	50	40
1 类	55	45
2 类	60	50
3 类	65	55
4 类	70	55

注：表中声环境功能类别适用区域由当地政府相关部门划定。

24.2.2 第 1 款，地下车站站台噪声及混响时间限值见表 3 与表 4。

表 3 地下车站站台噪声限值〔dB（A）〕

限值等级	限 值
一级	80
二级	85

表 4 地下车站站台 500Hz 混响时间（T60）限值（s）

限值等级	限 值
一级	1.5
二级	2.0

表中限值等级：一级限值指在车辆技术性能达到一定要求，并对车站建筑采取特殊声学处理后方能达到的平均等效（A）声级和混响时间的限值。二级限值指目前我国大多数城市的地下车站站台均可达到的平均等效（A）声级和混响时间的限值。

24.3 振 动

24.3.2 跨座式单轨交通振动污染防治，应符合现行国家标准《城市区域环境振动标准》GB 10070 的规定。

各类区域、不同时段的振动限值标准见表 5。

表 5 环境振动铅垂向 Z 振级限值标准〔dB〕

适用地带范围	限 值	
	昼 间	夜 间
特殊住宅区	65	65
居民、文教区	70	67
混合区、商业中心区	75	72
工业集中区	75	72
交通干线道路两侧	75	72
铁路干线两侧	80	80

注：表 5 中适用地带范围由当地政府相关部门划定。

24.4 空 气

24.4.1 饮食业油烟排放标准，见表 6。

表 6 油烟最高允许排放浓度和油烟净化设施最低去除率

规 模	小型	中型	大型
最高允许排放浓度（mg/m³）	20		
净化设施最低去除率（%）	60	75	85

24.5 水

24.5.2 本条所指水源保护水域包括饮用水水源地一级、二级保护区及其他特殊保护区的水域及陆域。

24.6 电磁辐射

24.6.1 变电所或供电系统中开关动作时及车辆运行时出现电弧，瞬时可能产生高频辐射，故要求其电磁辐射污染应符合现行国家标准《电磁辐射防护规定》GB 8702 的规定。

24.7 日照与景观

24.7.1 高架区间、车站的设置应保证其两侧住宅建筑在冬至日满窗日照时间不少于1h。

24.8 其 他

24.8.3 车辆基地等区域的绿化率应满足所在城市规定的指标要求。

中华人民共和国国家标准

油气输送管道跨越工程施工规范

Code for construction of oil and gas transmission pipeline
aerial crossing engineering

GB 50460—2008

主编部门：中 国 石 油 天 然 气 集 团 公 司
批准部门：中华人民共和国住房和城乡建设部
施行日期：２ ０ ０ ９ 年 ６ 月 １ 日

中华人民共和国住房和城乡建设部
公　告

第 199 号

关于发布国家标准《油气输送管道
跨越工程施工规范》的公告

现批准《油气输送管道跨越工程施工规范》为国家标准，编号为 GB 50460—2008，自 2009 年 6 月 1 日起实施。其中，第 5.1.1、7.2.2、13.3.2、13.3.3 条为强制性条文，必须严格执行。

本规范由我部标准定额研究所组织中国计划出版社出版发行。

中华人民共和国住房和城乡建设部

二〇〇八年十二月十五日

前　言

本规范是根据建设部"关于印发《2006 年工程建设标准规范制订、修订计划（第二批）》的通知"（建标〔2006〕136 号）的要求，由四川石油天然气建设工程有限责任公司会同有关单位共同编制完成。

本规范共分 17 章和 1 个附录，主要内容包括：总则，术语，基本规定，施工准备，材料、配件供应及检验，测量与放线，基础施工，塔架施工，悬索式跨越施工，斜拉索式跨越施工，桁架式跨越施工，其他形式跨越施工，跨越管道安装就位、焊接及检验，管道清管和试压，防腐和保温，健康、安全与环境，工程交工等。

本规范在编制过程中，编制组总结了多年油气输送管道跨越工程的施工经验，借鉴了国内已有的标准和国外发达工业国家的相关标准，吸收了近年来国内油气管道跨越工程的科研成果和生产管理经验，广泛征求了全国各相关单位、专家的意见，经反复研究、讨论和修改，最后经审查定稿。

本规范中以黑体字标志的条文为强制性条文，必须严格执行。

本规范由住房和城乡建设部负责管理和对强制性条文的解释，由四川石油天然气建设工程有限责任公司负责具体技术内容的解释。本规范在执行过程中，请各单位认真总结经验、注意积累资料，如发现需要修改和补充之处，请将意见和建议寄交四川石油天然气建设工程有限责任公司安全环保质量部（地址：四川省成都市华阳镇华阳大道四段 198 号油建苑，邮政编码：610213），以供今后修订时参考。

本规范主编单位、参编单位和主要起草人：

主 编 单 位： 四川石油天然气建设工程有限责任公司

参 编 单 位： 中国石油集团工程设计有限责任公司西南分公司

新疆石油工程建设有限责任公司

主要起草人： 何　睿　杨胜金　周剑琴　李　卫

郑玉刚　黄　正　陈　麦　孟贵林

张　龙　朱钢坚　张　松　朱莉渊

杨守聪　胡道华　吴克信　杨成刚

目　　次

1 总　则

1.0.1　为提高油气输送管道跨越施工水平，保证施工质量，使建设工程达到技术先进、经济合理、安全可靠，制定本规范。

1.0.2　本规范适用于新建或改、扩建的油气输送管道跨越人工或天然障碍物工程的施工；不适用于沿既有桥梁敷设管道。

1.0.3　工程施工过程中的职业健康与安全、环境保护、文物保护等方面的要求应符合国家、地方法规的规定。

1.0.4　油气输送管道跨越工程施工除应执行本规范外，尚应符合国家现行有关标准的规定。

2 术　语

2.0.1　管道跨越工程　pipeline aerial crossing engineering

管道从天然或人工障碍物上部架空通过的建设工程。

2.0.2　斜拉索式跨越　obliquely-cable stayed type pipeline aerial crossing

输送管道结构用多根斜向张拉钢索连结于塔架上的跨越结构型式。

2.0.3　悬索式跨越　suspension cable type pipeline aerial crossing

输送管道吊挂在承重主索上的跨越结构型式。

2.0.4　桁架式跨越　truss type pipeline aerial crossing

桁架作为管道承重结构的跨越结构型式。

2.0.5　轻型托架跨越　light truss type pipeline aerial crossing

以管道作为上弦，与钢索或型钢构成的下伸式组合梁的跨越结构型式。

2.0.6　梁式直跨　girder pipeline aerial crossing

用输送管道或套管作为梁的跨越结构型式。

2.0.7　清孔　clearing-out hole

在钻孔灌注桩钻孔深度达设计标高或往孔内吊放钢筋笼后，对桩孔底部沉渣进行清理的施工过程。

2.0.8　锚固墩　anchor block

用于克服钢丝绳的拉力并锚固钢丝绳的钢筋混凝土结构。

3 基本规定

3.0.1　跨越工程等级划分应符合表3.0.1的规定。

表 3.0.1　跨越工程等级划分

工程等级	总跨长度（m）	单跨最大长度（m）
大型	≥300	≥150
中型	100～300	50～150
小型	<100	<50

注：划分跨越工程等级时，按满足总跨长度或单跨最大长度条件之一确定。

3.0.2　承担中型及中型以上管道跨越工程施工的企业，应具有相应的工程施工总承包资质。

3.0.3　施工单位应具有健全的质量、职业健康安全和环境管理体系，并应取得相应的体系认证证书。

3.0.4　施工作业主要工种人员应具有相应资格证，施工中应严格执行安全操作规程。

3.0.5　用于施工的计量、试验器具应经具有相应资格的机构检定合格且在有效期内使用。

4 施 工 准 备

4.0.1　跨越工程开工前，应调查施工区域内建（构）筑物、水利设施、通信及电力线路等设施的影响及拆迁数量；施工场地布置与相邻工程、农田水利、道路交通、征地等的关系；施工的自然气候条件，雨季和洪水对施工的影响；洪水位及年洪水频率、最高洪水位及凌汛情况。

4.0.2　施工单位应编制并报批施工组织设计或施工方案、措施，并应完成技术交底。

4.0.3　施工单位应配备满足工程需要的人员，并应对员工进行岗前培训。

4.0.4　施工单位应设置现场物资临时储存库房，并应做好物资采购、验证、现场保管工作。

4.0.5　施工单位应配备满足施工需要的完好的机具、设备，并应制作专用施工机具。

4.0.6　施工单位应按施工组织设计完成现场水、电、讯、路等临时设施和场地平整，同时应做好施工总平面布置。

5 材料、配件供应及检验

5.1 一 般 规 定

5.1.1　用于跨越工程的材料、管件和配件必须符合设计要求，产品质量应符合国家现行有关标准的规定，并应具有出厂合格证和质量证明书。

5.1.2　用于跨越工程的弯头、热煨弯管和冷弯管技术指标应符合表5.1.2的规定。

表 5.1.2　弯头、热撮弯管和冷弯管技术指标

种　　类		曲率半径	外观和主要尺寸	其他规定
弯头		<4D	不应有褶皱、裂纹、重皮、机械损伤；两端椭圆度应小于或等于1.0%，其他部位的椭圆度不应大于2.5%	—
热撮弯管		≥4D	不应有褶皱、裂纹、重皮、机械损伤；两端椭圆度应小于或等于1.0%，其他部位的椭圆度不应大于2.5%	应满足清管器和探测仪器顺利通过；端部应保留不小于0.5m的直管段
冷弯管 DN (mm)	≤300	≥18D	不应有褶皱、裂纹、重皮、机械损伤；两端椭圆度应小于或等于2.5%	端部应保留2m的直管段
	350	≥21D		
	400	≥24D		
	450	≥27D		
	≥500	≥30D		

注：D 为管道外径，DN 为公称直径。

5.2　材料、管件及配件检验

5.2.1 钢管的外径、壁厚、椭圆度等钢管尺寸偏差，应按钢管制造标准检验。钢管表面不得有裂纹、结疤、折叠以及其他深度超过公称壁厚偏差的缺陷。

5.2.2 钢管如有凿痕、槽痕、凹陷、变形等有害缺陷，应按下列方法修复或消除后使用：

　　1 凿痕、槽痕可用砂轮磨去，输油管道也可同时选用焊接方式修复，但磨剩的厚度不得小于材料标准允许的最小厚度。否则，应将受损部分整段切除。

　　2 凹陷的深度不得超过公称管径的 2%，且不得大于 6mm（尖底凹陷不得大于 3mm）。凹陷位于纵向焊缝或环向焊缝处影响管子曲率者，应将凹陷处管子受损部分整段切除。

　　3 变形的管段超过钢管制造标准时，应废弃。

5.2.3 弯头或弯管端部应标注弯曲角度、钢管外径、壁厚、曲率半径及材质型号等参数。凡标注不明或不符合设计要求的不得使用。

5.2.4 型钢使用前应进行外观检查，其表面质量应符合下列规定：

　　1 不应有裂纹、夹层、夹渣、重皮、折痕、扭曲等缺陷。

　　2 表面锈蚀、麻点或划痕深度不得超过其厚度允许负偏差的 1/2。

5.2.5 焊条不应有破损、发霉、油污、锈蚀现象；焊丝不应有锈蚀和折弯现象；焊剂不应有变质现象。

5.2.6 对属于下列情况之一的材料，应进行抽样复验，其复验结果应符合国家现行产品标准和设计要求：

　　1 国外进口钢材（具有国家进出口质量检验部门复验商检报告的除外）。

　　2 钢材混批。

　　3 中型及以上跨越的大跨度钢结构中主要受力构件所采用的钢材。

　　4 设计要求复验的材料和配件。

　　5 对质量有疑义的钢材。

　　6 国家现行标准规定需要复验的材料。

6　测量与放线

6.1　一般规定

6.1.1 施工测量除应符合本规范规定外，尚应符合现行国家标准《工程测量规范》GB 50026 的有关规定。

6.1.2 对设计或建设单位交付的跨越中线桩、控制网基点桩、水准桩应进行复测，并应对复测资料与设计图进行核对。

6.1.3 测量应以中误差作为衡量测量精度的标准，以二倍中误差作为极限误差。

6.1.4 对中型及以上跨越应建立施工测量平面控制网和高程控制网。

6.1.5 控制点选点应符合相应精度等级对观测的要求。控制桩宜埋设水泥标桩，并应采取保护控制桩的措施。

6.2　平面控制

6.2.1 平面控制网的建立可采用三角控制网、三边控制网和导线控制网。

6.2.2 平面控制网的控制等级划分，应符合下列规定：

　　1 三角网、三边网应采用四等和一、二级小三角、小三边。

　　2 导线网应采用四等和一、二、三级导线。

6.2.3 平面控制网应利用现有控制点建立，坐标系统应采用设计选用的坐标系。大型跨越的首级控制网精度不应低于一级，中型跨越的首级控制网精度不应低于二级。

6.2.4 当利用已有控制点构成施工控制网起始边，其相对中误差不能满足相应等级控制网对起始边的要求时，可采用一个控制点作为基点、另一控制点作为起始方向的独立网。

6.2.5 当采用三角测量网作首级控制网时，宜布设为近似等边三角形网。其三角形的内角不宜小于30°。

6.2.6 三角测量的主要技术要求应符合表 6.2.6 的

规定。

表 6.2.6 三角测量的主要技术要求

等级		平均边长(km)	测角中误差(")	起始边边长相对中误差	最弱边长相对中误差	三角形最大闭合差(")
四等	首级	2	2.5	≤1/100000	≤1/40000	9
	加密			≤1/70000		
一级小三角		1	5	≤1/40000	≤1/20000	15
二级小三角		0.5	10	≤1/20000	≤1/10000	30

6.2.7 当导线网用作首级控制时,应布设成环形网。相邻边边长宜近似相等,其长度之比不宜小于1:3。

6.2.8 导线测量的主要技术要求应符合表6.2.8的规定。

表 6.2.8 导线测量的主要技术要求

等级	导线长度(km)	平均边长(km)	测角中误差(")	测距中误差(mm)	测距相对中误差	方位角闭合差(")	相对闭合差
四等	9	1.5	2.5	18	≤1/80000	$5\sqrt{n}$	≤1/35000
一级	4	0.5	5	15	≤1/30000	$10\sqrt{n}$	≤1/15000
二级	2.4	0.25	8	15	≤1/14000	$16\sqrt{n}$	≤1/10000
三级	1.2	0.1	12	15	≤1/7000	$24\sqrt{n}$	≤1/5000

注:n为测站数。

6.2.9 采用三边测量控制网时,各等级三边网的起始边至最远边之间的三角形个数不宜多于10个。各等级三边网的边长宜近似相等,其组成的各内角宜为30°～100°。距离测量应采用对向观测。

6.2.10 三边测量的主要技术要求应符合表6.2.10的规定。

表 6.2.10 三边测量的主要技术要求

等 级	平均边长(km)	测距中误差(mm)	测距相对中误差
四等	2	15	≤1/100000
一级小三边	1	20	≤1/40000
二级小三边	0.5	20	≤1/20000

6.2.11 当观测数据超限时,应重测整个测回。当观测数据出现分群时,应分析原因,并应采取相应措施重新观测。

6.3 高 程 控 制

6.3.1 高程系统宜采用1985国家高程系。在已有高程控制网的地区测量时,可沿用原高程系统;当与已有高程系统联测有困难时,亦可采用假定高程系统。

6.3.2 高程控制测量,可采用水准测量和光电测距三角高程测量。

6.3.3 高程控制测量等级应依次划分为三、四、五

等。大型跨越的首级高程控制不应低于四等,中型跨越不应低于五等。

6.3.4 水准测量的主要技术要求应符合表6.3.4的规定。

表 6.3.4 水准观测的主要技术要求

等级	水准仪型号	视线长度(m)	前后视较差(m)	前后视累积差(m)	视线最低高度(m)	黑红面读数较差(mm)	往返较差、附合或闭合差	观测次数
三等	DS1	100	3	6	0.3	1.5	$4\sqrt{L}$	往一次
	DS3	75				3.0	$12\sqrt{L}$	往返各一次
四等	DS3	100	5	10	0.2	5.0	$20\sqrt{L}$	往返一次
五等	DS3	100	大致相等	—	—	—	$30\sqrt{L}$	往一次

注:L为水准线路长度。

6.3.5 光电测距三角高程测量的主要技术要求应符合表6.3.5的规定。

表 6.3.5 光电测距三角高程测量的主要技术要求

等级	仪器	测回数		指标差较差(")	垂直角较差(")	对向观测高差较差(mm)	附合或环形闭合差(mm)
		三丝法	中丝法				
四等	DJ2	2	3	≤7	≤7	$40\sqrt{D}$	$20\sqrt{\sum D}$
五等	DJ2	1	3	≤10	≤10	$60\sqrt{D}$	$30\sqrt{\sum D}$

注:D为电磁波测距边长度。

6.3.6 光电测距三角高程测量的仪器高度、反射镜高度或觇牌高度,应在观测前后量测,四等量测值应精确至1mm,当较差不大于2mm时,应取用平均值;五等量测值应精确至1mm,当较差不大于4mm时,应取用平均值。

6.3.7 当三角高程测距边边长大于1km时,应计算地球曲率和折光差的影响。

6.4 施工测量放线

6.4.1 应测定跨越基础和锚固墩中心位置,并应根据设计要求和地质情况放出基坑开挖线。

6.4.2 跨越基础和锚固墩的定位可采用前方交会法、后方交会法、光电测距极坐标法等。小型跨越也可采用导线定位法。

6.4.3 跨越基础和锚固墩中心定位测量,应符合下列要求:

1 中型及以上跨越桥墩和锚固墩中心点应由不少于3个控制点按三角法交会测设,或由不少于2个控制点按光电测距极坐标法测设。小型跨越可采用导线法测设。

2 交会法测设桥墩中心点时,当一个方向为跨越轴线,误差三角形的最大边长或两交会方向与跨越轴线交会点间长度不大于15mm时,应以交会点投影至跨越轴线的交点作为桥墩中心点;当各方向均不包

括跨越轴线时，应以交会的误差三角形的重心作为桥墩中心。

3 极坐标法测设桥墩中心点时，如两测设点间误差大于 3mm，应增加测量测设点，并应按交会法的误差三角形方法确定桥墩中心点。

6.4.4 钢桩测量应符合下列要求：

1 桩位应按跨越桥墩中心十字线与桩的相对位置测设，测设限差为 20mm。斜桩应按设计倾斜度推算至地面高程后再测设。

2 钢桩打入过程中应随时检查倾斜度，每根桩打入一半桩长和接桩时应测量一次，直桩倾斜度不得超过 1‰桩长，斜桩不得超过 15‰ $\tan\theta$（θ 为设计桩纵轴线与垂直线间夹角）。

3 每根桩打完后应测定桩顶高程。

6.4.5 挖（钻）孔灌注桩测量应符合下列要求：

1 桩位应按设计桩位与跨越桥墩中心十字线与桩的相对位置测设，平面位置测设限差应为 10mm。

2 挖（钻）孔内混凝土灌注完毕，导管提出混凝土面后，应测量混凝土面高程，混凝土凝固后应再复测桩顶面高程。

3 灌注混凝土后应测定桩中心位置。

6.4.6 基础及锚固墩、钢塔架安装或钢筋混凝土塔架浇注施工完毕后，应复测塔架安装中心距，以及基顶标高、锚固点标高、塔架安装中心至锚固点的距离，并应按设计单位的要求反馈复测结果。

6.4.7 跨越塔架安装中心及锚固点的复测应符合下列要求：

1 基础浇注养护完毕后，应在基础顶部测设跨越中心点和纵横轴线。

2 中心点的测设应符合本规范第 6.4.3 条的要求。

3 中心点定位完成后应复测跨越中心距，测量宜采用对向观测。测量的相对中误差不应低于 1/10000，与设计中心点长度较差不应大于 1/10000，且不应大于 20mm。

7 基础施工

7.1 基坑开挖

7.1.1 跨越工程的基础和锚固墩基坑开挖，应根据工程地质、施工季节、机具设备能力、工期和设计要求进行施工，宜采取明挖法施工，并应符合现行国家标准《建筑地基基础工程施工质量验收规范》GB 50202 的有关规定。

7.1.2 基坑开挖应符合开槽支撑、先撑后挖、分层开挖、严禁超挖的原则。

7.1.3 基坑施工时应对支护结构、周围环境进行观察和监测，如出现异常情况应及时处理，并应待恢复

正常后继续施工。

7.1.4 基坑挖至设计标高后，应对坑底进行保护，并应进行垫层施工。对复杂地质条件基坑，宜分区分块挖至设计标高，并应分区分块及时浇筑垫层。

7.1.5 基坑开挖遇岩石时，可采用人工凿石和控制边线爆破相结合的方法进行施工。

7.1.6 基坑开挖尺寸应满足基础施工的要求，锚固墩开挖尺寸应按设计要求进行，其他基础的开挖尺寸宜比设计基础的平面尺寸各边增宽 0.5～1.0m 操作空间，对有渗水的基坑坑底的开挖尺寸，可根据基坑排水的需要适当加宽。

7.1.7 基坑坑壁坡度，应结合工程地质和水文条件、基坑深度和载荷情况确定，并应符合下列规定：

1 基坑深度在 5m 以内、基坑底在地下水位以上、基壁地质构造均匀、不加支撑时，基坑坑壁最陡边坡坡度可按表 7.1.7 确定。

2 基坑深度大于 5m 时，应将坑壁坡度适当放缓，并应加支撑或采取阶梯式开挖措施，其台阶设置高度不宜大于 3m。

3 地下水位在基坑底以上时，地下水位以上部分可放坡开挖；地下水位以下部分，可采用集水坑或降水法排水进行施工。

表 7.1.7 基坑坑壁最陡边坡坡度

土质类别	最陡边坡坡度		
	基坡顶缘无荷载	基坡顶缘有静载	基坡顶缘有动载
中密砂土	1:1	1:1.25	1:1.5
中密碎、卵石类土（填充物为砂土）	1:0.75	1:1	1:1.25
硬塑的粉土	1:0.67	1:0.75	1:1
中密碎、卵石类土（填充物为黏性土）	1:0.5	1:0.67	1:0.75
硬塑粉质黏土、黏土	1:0.33	1:0.5	1:0.67
老黄土	1:0.1	1:0.25	1:0.33
软土（经井点降水）	1:1	—	—
极软岩	1:0.25	1:0.33	1:0.67
软质岩	1:0	1:0.1	1:0.25
硬质岩	1:0	1:0	1:0

7.1.8 基坑开挖完成后，应对基坑平面尺寸、标高、轴线、基底平整度等进行检查，检查结果应符合下列要求：

1 基坑底的地质情况应符合设计要求。基坑验收应由建设单位或监理单位、勘察与设计单位、施工单位共同进行，并应形成记录。

2 基坑平面尺寸、标高、轴线允许偏差应符合

表 7.1.8 的规定。

表 7.1.8　基坑平面尺寸、标高、轴线允许偏差

项　目	允许偏差（mm）
基坑底平整度	≤50
轴线偏移	≤50
基底平面标高	−50
长度、宽度	+200 −50

7.2　钢筋混凝土基础施工

7.2.1　钢筋混凝土基础施工应符合设计要求，并应符合现行国家标准《混凝土结构工程施工质量验收规范》GB 50204 的有关规定。

7.2.2　用于钢筋混凝土基础的钢筋的品种、级别、规格和数量等，必须符合设计要求。

7.2.3　钢筋施工应符合下列要求：

1　钢筋应平直、无损伤，表面不得有裂纹、油污、颗粒状或片状老锈。

2　钢筋调直宜采用机械方法，也可采用冷拉方法。当采用冷拉方法调直钢筋时，HPB235 级的钢筋的冷拉率不宜大于 4%，HRB335 级、HRB400 级和 RRB400 级钢筋的冷拉率不宜大于 1%。

3　钢筋的布置、连接方式、接头分布、弯钩形式等若无设计要求时，应符合现行国家标准《混凝土结构工程施工质量验收规范》GB 50204 的有关规定。

4　钢筋安装位置的允许偏差应符合表 7.2.3 的规定。

表 7.2.3　钢筋安装位置的允许偏差

项　目		允许偏差（mm）
绑扎钢筋网	长、宽	±10
	网眼尺寸	±20
绑扎钢筋骨架	长	±10
	宽、高	±5
受力钢筋	间距	±10
	排距	±5
	保护层厚度	±10
预埋件	中心线位置	5
	水平高差	+3 0

注：检查预埋件中心线位置时，应沿纵、横两个方向量测，并取其较大值。

7.2.4　模板及支架施工应符合下列要求：

1　结构和构件各部分形状尺寸和相互位置应正确。

2　构造应简单，装拆应简便，模板的刚度和稳定性应能承受浇注混凝土的重量、侧压力以及施工荷载；应便于钢筋的绑扎、安装；应满足混凝土的浇注、养护等要求。

3　应严密堵塞模板的缝隙和孔洞。

4　塔架基础、锚固墩出土部分的模板应采取加固措施。

5　模板与混凝土的接触面应清理干净并涂刷不影响结构性能的隔离剂；木模板在浇注混凝土前应浇水湿润，板内不应有积水。

6　对清水混凝土工程，应按设计要求选用模板。

7　模板安装的允许偏差应符合表 7.2.4 的规定。

表 7.2.4　模板安装的允许偏差

项　目		允许偏差（mm）
轴线位置		5
垫层上表面标高		±5
基础截面尺寸		±10
垂直度	不大于 5m	6
	大于 5m	8
表面平整度		3

注：轴线位置偏差值是指沿纵、横两个方向量测，取其中的较大值。

7.2.5　无模板基坑混凝土浇注前应将坑壁周围清理干净，不得有松动岩石、浮土等杂物；有模板基础浇注混凝土前，应清理干净模板内的杂物。

7.2.6　混凝土强度等级应满足设计要求，并应按现行国家标准《混凝土强度检验评定标准》GBJ 107 的有关规定分批检验评定。当混凝土中掺入其他矿物掺和料时，其混凝土强度龄期的确定可按相关现行国家标准《混凝土结构工程施工质量验收规范》GB 50204 的有关规定执行。

7.2.7　混凝土塔架基础的位置、外形尺寸及预埋件允许偏差应符合表 7.2.7 的规定。

表 7.2.7　混凝土塔架基础位置、外形尺寸及预埋件允许偏差

序号	项　目		基础 （mm）	承台 （mm）	塔基础 （mm）
1	几何尺寸		±50	±20	±15
2	垂直或倾斜度		—	—	0.001H 且≤30
3	底面标高		±50	—	±50
4	顶面标高		±30	±15	±10
5	轴线偏移		30	15	10
6	预埋件位置		—	—	5
7	塔基础螺栓位置		—	—	5
8	跨度	中、小型	—	—	±20
		大型	—	—	±L/10000 且≤20

注：L 为设计跨度，H 为结构高度。

7.2.8　基础的预埋件、预留孔和预留洞均不得遗漏，且位置应正确，安装应牢固。

7.2.9 塔架基础为大体积混凝土，施工时应采取降低水化热的措施，并应按附录 A 的要求控制混凝土内外温度差在 25℃以内。

7.2.10 施工缝应按设计要求的位置和方式留置，施工缝的处理应按设计规定执行。

7.2.11 混凝土浇筑完毕后，应根据环境条件制订并采取养护措施。

7.2.12 当室外日平均环境温度连续 5d 稳定低于5℃时，应采取冬期施工措施。混凝土的冬期施工应符合国家现行标准《建筑工程冬期施工规程》JGJ 104 的有关规定。

7.3 钢桩基础施工

7.3.1 钢桩施工时除应执行本规范的规定外，尚应符合现行国家标准《建筑地基基础工程施工质量验收规范》GB 50202 和国家现行标准《建筑桩基技术规范》JGJ 94 的有关规定。

7.3.2 施工前应检查进入现场的成品钢桩，成品钢桩的质量检验标准应符合表 7.3.2 的规定。

表 7.3.2　成品钢桩质量检验标准

序号	检查项目		允许偏差或允许值（mm）
1	钢桩外径或断面尺寸	桩端	±0.5%d
		桩身	±1%d
2	弯曲矢量		≤L/1000
3	长度		10
4	端部平整度		≤2
5	端部平面与桩中心线的倾斜值		≤2

注：d 为外径或边长，L 为桩长。

7.3.3 打桩施工工艺和设备应根据施工地质条件选择。打桩可选用锤击法或振动法等。

7.3.4 打桩顺序应符合下列规定：

1 可根据桩的密集程度按下列顺序进行：
　1）由一侧向单一方向进行；
　2）自中间向两个方向对称进行；
　3）自中间向四周进行。

2 可根据基础的标高进行，宜先深后浅。

3 可根据桩的规格进行，宜先大后小、先长后短。

7.3.5 锤击打桩时，应由第一锤开始至预定深度或规定锤击贯入量为止，不宜中途停止。若因故中途停止，再恢复打桩时，应至少先打入 300mm 深度后，方可恢复贯入量记录。

7.3.6 锤击打桩的停止锤击要求应符合设计要求。对停止锤击要求可采用打入地层最后 300mm 之锤击数或最后 10 锤之平均贯入量确定。

7.3.7 钢桩桩位的允许偏差应符合表 7.3.7 的规定。

表 7.3.7　钢桩桩位的允许偏差

序号	项目		允许偏差
1	桩中轴线偏斜率	竖直桩	1%L
		斜桩倾斜度	15%tanθ
2	承台底群桩平面位置（mm）	边桩	0.25d
		中间桩	0.5d
3	帽梁底排架桩平面位置（mm）	沿帽梁轴线	50
		垂直帽梁轴线	40
4	承台边缘至边桩净距（mm）	桩径小于或等于1m	≥0.5d 且≥250
		桩径大于 1m	≥0.3d 且≥500
5	桩顶标高（mm）		50

注：d 为桩的直径或短边尺寸，θ 为桩纵轴线与垂直线间夹角，L 为桩长。

7.3.8 钢桩接长时应清除端部的浮锈、油污等脏物，并应保持干燥；经锤击后桩顶的变形部分应割除；上下节桩组对时应校正垂直度，组对间隙宜为 2～3mm。接长组对允许偏差应符合表 7.3.8 的要求。

表 7.3.8　接长组对允许偏差

序号	项目	允许偏差（mm）
1	错边　桩外径大于或等于 700mm	≤3
	桩外径小于 700mm	≤2
2	接点弯曲矢量	<1/1000L

注：L 为桩长。

7.3.9 钢桩的接长可采用焊接、法兰等方式连接。采用焊接时，焊缝质量应符合表 7.3.9 的规定。

表 7.3.9　焊缝质量

序号	项目	允许偏差或允许值（mm）
1	咬边深度	≤0.5
2	加强层高度	2
3	加强层宽度	2
4	焊缝外观	焊缝饱满，无气孔、夹渣、焊瘤、裂纹

7.3.10 焊缝探伤应采用超声波，探伤比例应为20%，合格等级应为现行国家标准《钢焊缝手工超声波探伤方法和探伤结果分级》GB 11345 的Ⅱ级。

7.3.11 焊接接桩完毕后至少应停歇 10min 方可进行打桩作业。

7.3.12 钢管桩内混凝土的浇注宜采用直伸导管法。浇注前应将钢管内部清洗干净。

7.3.13 施工结束后应做承载力检验。若设计无要求时，可根据工程具体情况采用静压试验方法进行检验。承载力试验应符合国家现行标准《建筑基桩检测技术规范》JGJ 106 的有关规定。

7.4 灌注桩基础施工

7.4.1 灌注桩施工时除应执行本规范的规定外，尚应符合国家现行标准《建筑地基基础工程施工质量验收规范》GB 50202 和《建筑桩基技术规范》JGJ 94 的有关规定。

7.4.2 灌注桩施工时宜先作试验桩，试验桩应根据施工区域的地质情况由设计确定。

7.4.3 成孔施工工艺和设备应根据施工地质和水文条件选择。成孔可采用钻孔或人工挖孔法，施工工艺可选择干作业成孔、泥浆护壁成孔、套管成孔或人工挖孔等工艺。

7.4.4 人工挖孔过程中，应检查桩的孔径、平面位置和竖轴线倾斜情况，对出现的偏差应及时纠正。挖孔达到设计深度后，应进行孔底处理，孔底表面不得有松渣、沉淀土。

7.4.5 人工挖孔桩终孔时，应检查桩端持力层岩性特征。当岩性特征与设计不一致时，应由勘察单位重新补勘地质资料。

7.4.6 泥浆护壁成孔施工时所使用的泥浆应根据施工方法配置。

7.4.7 泥浆护壁成孔法若需设置护筒时，护筒中心竖直线应与孔中心线重合，护筒埋置深度应根据设计要求或桩位的水文地质情况确定。

7.4.8 钻孔深度达到设计标高后，应对成孔质量进行检查，并应在符合要求后清孔。

7.4.9 成孔孔径和垂直度允许偏差应符合表 7.4.9 的要求。

表 7.4.9 成孔孔径和垂直度允许偏差

序号	成孔工艺		孔径允许偏差（mm）	垂直度允许偏差（%）
1	泥浆护壁	$D \leqslant 1000mm$	$\leqslant 50$	1
		$D > 1000mm$	-50	1
2	套管成孔灌注桩	$D \leqslant 500mm$	-20	1
		$D > 500mm$	-20	1
3	干成孔灌注桩		-20	1
4	人工挖孔桩	混凝土护壁	$+50$	0.5
		钢套管护壁	$+50$	1

注：1 D 为孔径。
2 桩径允许偏差的负值指个别断面。
3 采用复打、反插法施工的桩，其孔径允许偏差不受本表限制。

7.4.10 成孔质量应符合表 7.4.10 的要求。

表 7.4.10 成孔质量要求

序号	项目	质量要求
1	孔的中心位置（mm）	群桩：100；单排桩：50
2	孔径（mm）	应符合本规范第 7.4.9 条的规定
3	垂直度	应符合本规范第 7.4.9 条的规定
4	孔深	摩擦桩：不应小于设计规定。端承桩：应比设计深度超深大于或等于50mm
5	沉淀厚度（mm）	摩擦桩：应符合设计要求，当设计无要求时，对于直径小于或等于1.5m 的桩，沉淀厚度应小于或等于300mm；对桩径大于1.5m 或桩长大于40m 或土质较差的桩，沉淀厚度应小于或等于500mm。端承桩：不应大于设计规定
6	清孔后泥浆指标	相对密度：1.03～1.10；黏度：17～20pa·s；含砂率小于2%；胶体率大于98%

注：清孔后泥浆指标，是从桩孔的顶、中、底部分别取样检验的平均值。本项指标的测定，限指大直径桩或有特定要求的钻孔桩。

7.4.11 清孔方法应根据设计要求、钻孔方法、机具设备条件和地层情况决定。在清孔排渣时，应保持孔内水头的高度不变。

7.4.12 清孔后应从孔底提出泥浆试样进行性能指标试验，试验结果应符合表 7.4.10 的规定。

7.4.13 钢筋骨架的制作、运输及吊装就位应符合下列要求：

1 钢筋骨架的制作应符合设计要求和本规范第7.2 节的有关规定。

2 长桩骨架宜分段制作，分段长度应根据吊装条件确定，不应变形，接头应错开。

7.4.14 混凝土灌注桩钢筋骨架的制作和吊放允许偏差，应符合表 7.4.14 的要求：

表 7.4.14 混凝土灌注桩钢筋骨架的制作和吊放允许偏差

序号	项目	允许偏差（mm）
1	主筋间距	± 10
2	箍筋间距	± 20
3	骨架外径	± 20
4	骨架倾斜度	$\pm 0.5\%$
5	骨架保护层厚度	± 20
6	骨架中心平面位置	20
7	骨架顶端高程	± 20
8	骨架底面高程	± 50

7.4.15 在吊入钢筋骨架后，灌注混凝土前，应再次

检查孔内泥浆性能指标和孔底沉淀厚度，如超过表7.4.10的规定，宜进行第二次清孔。

7.4.16 混凝土灌注桩宜采用泵送混凝土连续灌注。水下混凝土应采用钢导管灌注，导管内径应根据桩径大小确定。

7.4.17 首批灌注混凝土的数量应能满足导管首次埋置深度和填充导管底部的需要，导管首次埋置深度不宜小于1.0m。在灌注过程中，导管的埋置深度宜为2～6m，应经常测探井孔内混凝土面的位置。

7.4.18 灌注桩的浇注高度宜高出设计标高0.5～1.0m。

7.4.19 混凝土灌注桩的桩位允许偏差应符合表7.4.19的要求。

表7.4.19 混凝土灌注桩桩位允许偏差

序号	项目		允许偏差
1	中心位置(mm)	群桩	≤100
		单排桩	≤50
2	倾斜度(%)	直桩	<1
		斜桩	<±2.5设计倾斜度

7.4.20 桩基施工完毕并具备检测条件后应进行检验。桩基的检验应符合设计要求，设计无要求时，应符合国家现行标准《建筑桩基技术规范》JGJ 94 的有关规定。

8 塔 架 施 工

8.1 钢塔架制作

8.1.1 下料前应对变形钢材进行矫正，钢材矫正后的允许偏差应符合现行国家标准《钢结构工程施工质量验收规范》GB 50205 的有关规定。

8.1.2 塔架各主肢接长的对接焊缝不应在同一截面上，其相互错开间距应大于300mm。

8.1.3 塔架放样宜采用计算机放样，也可采用放样平台放样。放样平台应稳固、平整，表面不得有妨碍放线的焊瘤、附着物及杂物。放样时应按制造工艺要求预留切割量、加工余量或焊接变形量，放样工作完成后应进行复查。放样样板的允许偏差应符合下列规定：

　　1 样板的长、宽误差不应大于0.5mm，对角线长度误差不应大于1mm，相邻孔中心距误差不应大于0.5mm。

　　2 塔架杆件长度误差不应大于0.5mm，对角线长度误差不应大于1mm，各节间距不应大于2mm，杆件汇交点的点偏离不应大于2mm。

8.1.4 钢结构塔架型钢腹杆接长时，接长长度不宜小于1m。腹杆长度小于12m时，接头不宜多于1处。

8.1.5 切割后的钢材切割面不应有裂纹和夹渣、分层和大于1mm的缺棱，切割后构件长度、宽度尺寸允许偏差应为1mm。切割后拼装前应对钢管进行管内清理。

8.1.6 用于塔体预拼装的支撑件或平台应测量找平。塔体拼装应采取减小塔体焊接变形的措施，塔架用螺栓连接时，应保证螺栓孔位的准确性，严禁在预制好的联结件上割孔。塔架主肢为钢管时，其对接焊缝应避开节点板，开口处应进行焊接封堵。塔架各面预拼装完毕后，应检查其结构几何尺寸，允许偏差应符合下列规定：

　　1 同平面对角线长度差不应大于长度的1‰，且不应大于5mm。

　　2 空间对角线长度差不应大于长度的1‰，且不应大于5mm。

8.1.7 钢塔架的构件安装不得强力组装，安装螺栓孔不得用火焰切割扩孔。

8.1.8 钢塔架焊接前，应依据焊接工艺评定报告编制焊接工艺规程或焊接作业指导书。钢塔架焊接应由具有相应资质的焊工，按焊接作业指导书进行施焊，焊前预热及焊后热处理应符合焊接工艺规定。

8.1.9 焊接材料应符合下列要求：

　　1 焊条不应有破损、发霉、油污、锈蚀、药皮发红等现象；焊丝不应有锈蚀和折弯现象；焊剂不应有变质现象；保护气体的纯度和干燥度应满足焊接工艺规程（或作业指导书）的要求。

　　2 焊条焊前应烘干，酸性焊条烘干温度应为100～150℃、低氢型焊条烘干温度应为350～400℃，恒温时间应为1～2h，烘干后应在100～150℃条件下保存。焊接时应随用随取，并应放入焊条保温筒内，但时间不宜超过4h。当天未用完的焊条应回收存放，重新烘干后应首先使用。重新烘干的次数不得超过两次。

　　3 未受潮情况下，纤维素焊条不宜烘干。受潮后，纤维素焊条烘干温度应为80～100℃，烘干时间应为0.5～1h。

　　4 在焊接过程中，如出现焊条燃烧或严重偏弧时，应立即更换焊条。

8.1.10 施焊时应采取对称焊接方式等措施控制钢结构变形，且不得冲击和振动焊缝。

8.1.11 焊接过程中应采取避免风、雨、雪侵袭的措施。在下列任何一种环境中，如未采取防护措施，不得进行焊接：

　　1 雨雪天气。

　　2 大气相对湿度大于90%。

　　3 低氢型焊条电弧焊，风速大于5m/s。

　　4 酸性焊条电弧焊，风速大于8m/s。

　　5 自保护药芯焊丝半自动焊，风速大于8m/s。

　　6 气体保护焊，风速大于2m/s。

7 环境温度低于焊接工艺规程中规定的温度。

8.1.12 焊接过程中及拆除工卡具时应避免钢材电弧损伤。对钢材电弧损伤应进行打磨，其打磨深度不得大于钢材壁厚允许偏差值的下限。

8.1.13 在跨越塔架的连接板焊接及塔架支座焊接过程中，应采取减小焊接变形的措施。

8.1.14 焊缝质量检验应符合下列规定：

1 所有焊缝应冷却到环境温度后进行外观检查，Ⅱ、Ⅲ类钢的焊缝应以焊接完成 24h 后检查结果作为验收依据，Ⅳ类钢应以焊接完成 48h 后的检查结果作为验收依据。

2 焊缝外观质量应满足下列要求：

1）焊缝外观成型应均匀一致，焊缝及其热影响区表面上不得有裂纹、未熔合、气孔、夹渣、飞溅、焊接回路电缆工卡具电弧灼伤等缺陷。

2）一级焊缝不得咬边；二级焊缝咬边深度不得超过0.5mm，长度不得超过焊缝长度的10%，累计长度不得超过 100mm；三级焊缝咬边深度不得超过 0.5mm。

3）对接焊缝表面宽度每侧应比坡口表面宽0.5～2mm，焊缝余高和错边允许偏差应符合表 8.1.14-1 的规定。

4）角焊缝焊角尺寸允许偏差应符合表 8.1.14-2 的规定。

表 8.1.14-1　焊缝余高和错边允许偏差

序号	项目	示意图	允许偏差（mm）	
			一级	二级
1	对接焊缝余高 C		$B<20$ 时，C 为 $0\sim3$；$B\geqslant20$ 时，C 为 $0\sim4$	$B<20$ 时，C 为 $0\sim3.5$；$B\geqslant20$ 时，C 为 $0\sim5$
2	对接焊缝错边 d		$d<0.1t$，且$\leqslant2.0$	$d<0.15t$，且$\leqslant3.0$
3	角焊缝余高 C		$h_f\leqslant6$ 时，C 为 $0\sim1.5$；$h_f>6$ 时，C 为 $0\sim3.0$	

表 8.1.14-2　角焊缝焊角尺寸允许偏差

序号	项目	示意图	允许偏差（mm）
1	一般全焊透的角接与对接组合焊缝		$h_f\geqslant\left\{\begin{array}{l}t/4\\6\end{array}\right._{\ 0}^{+4}$ 且$\leqslant10$
2	需经疲劳验算的全焊透角接与对接组合焊缝		$h_f\geqslant\left\{\begin{array}{l}t/2\\10\end{array}\right._{\ 0}^{+4}$ 且$\leqslant10$

3 焊缝的无损检测方法和检测比例应符合设计文件规定。

4 当焊缝出现超标缺陷时，应对出现超标缺陷焊工所焊焊缝进行加倍抽查，仍有超标缺陷时应对该焊工所焊焊缝全部检查。

5 焊缝同一部位返修不应超过两次，当超过两次返修时应制订返修工艺并经技术负责人同意报监理批准后方可返修。

6 一、二级焊缝应在钢结构焊缝分布图上进行标注。

8.1.15 塔架两相交腹杆在同一平面上其位置偏移不应大于4mm，组装后各杆件轴线交汇节点的偏差不应大于5mm。分段塔架平面对角线长度差不应大于对角线长度的 1‰，且不应大于10mm；空间对角线长度差不应大于对角线长度的 1‰，且不应大于15mm；塔架分段高度允许偏差不应大于 5mm；铰支座两中心孔间距误差不应大于5mm。

8.2　钢塔架安装

8.2.1 柱角底板及铰支座不得采用二次灌浆的方法进行安装。

8.2.2 塔架吊装前，应由建设或监理单位组织设计、施工单位对基础进行全面检查，达到设计要求后吊装。

8.2.3 吊装作业应根据现场施工条件和机具设备能力确定吊装方法，并应编制吊装方案。

8.2.4 用于吊装的夹具和索具应符合国家现行标准《工程建设安装工程起重施工规范》HG 20201 的有关要求，用于吊装的设备完好率应为100%，且应具有良好的适用性，并应满足塔架吊装的技术质量要求和工期要求。

8.2.5 吊装前应对吊点进行强度验算，并应根据验算结果采取对吊点处进行加固的措施。塔架吊装准备工作结束后应进行试吊。

8.2.6 塔架防腐工作宜在地面完成。塔架吊装前应清除塔体表面的油污、疤痕和泥沙等。同时应采取防止吊装过程中防腐层受到破坏的措施，如有损坏应及时修补。

8.2.7 塔架高空焊接时应采取防止焊接飞溅损伤防腐层的措施。

8.2.8 分段式塔架吊装后应按设计要求检验其安装精度，当设计无要求时，塔架安装允许偏差应符合表8.2.8的规定。

表 8.2.8 塔架安装允许偏差

序号	项 目	允许偏差（mm）
1	轴线偏移	10
2	横截面对角线差值	15
3	塔身垂直度	$H/1500$，且＜30
4	塔身横向挠曲	$H/1000$，且≤15
5	塔身高度	±10
6	主索锚固点标高	±10

注：H 为塔架总体高度。

8.3 钢筋混凝土塔架施工

8.3.1 钢筋混凝土施工应符合本规范第7章有关规定，且应符合现行国家标准《混凝土结构工程施工质量验收规范》GB 50204 的有关规定。

8.3.2 钢筋混凝土塔架，可采用分段立模浇筑或滑升模板法浇筑。

8.3.3 塔架横梁施工时，模板和支撑系统应根据塔架结构、重量及支撑高度设置。

8.3.4 斜塔柱施工时，横撑应根据施工需要设置。应对各施工阶段塔柱模板及支撑的强度和变形进行计算，并应使斜塔架线形、应力、倾斜度满足设计要求。

8.3.5 塔架混凝土现浇可选用吊斗提送或输送泵输送施工。当采用输送泵施工，且泵口高度超过一台泵的工作高度时，可接力泵送。

8.3.6 塔架施工中宜设置劲性固结件。

8.3.7 塔架施工过程中，应加强测量监控，并应采取及时纠偏的措施。

8.3.8 钢筋混凝土塔架施工精度应符合表8.3.8的规定。

表 8.3.8 钢筋混凝土塔架施工精度

序号	项 目	规定值或允许偏差（mm）
1	轴线偏移	±10
2	倾斜度	塔高的1/1500，且不大于30
3	断面尺寸	±20
4	塔顶标高	±10
5	索鞍底板面标高	+10，0
6	预埋螺栓位置	±2

8.4 索鞍或塔顶连接板安装

8.4.1 索鞍或者塔顶连接板宜在塔架吊装前进行安装。

8.4.2 索鞍及塔顶连接板安装完毕，经现场监理检查符合设计要求后，应根据安装方法不同进行塔顶加固，加固后可进行施工临时承重工具或系的安装。

8.4.3 索鞍或塔顶连接板安装精度应符合表8.4.3的规定。

表 8.4.3 索鞍或塔顶连接板安装精度

序号	项 目	规定值或允许偏差（mm）
1	纵向最终偏差（相对于塔顶）	符合设计要求或±10
2	横向偏位（相对于塔顶）	10
3	四角高差	2

9 悬索式跨越施工

9.1 一 般 规 定

9.1.1 通航河流应设置警戒设施。

9.1.2 悬索式跨越施工应编制施工技术措施，且应确定发送道、牵引道的几何尺寸，并应进行施工场地平面布置。

9.1.3 施工测量应符合本规范第6章的要求，并应标定跨越中心轴线和跨越点中心位置。

9.1.4 进行吊装施工前，应针对吊装施工方法进行受力计算，并应将计算结果上报监理单位批准后方可实施。

9.1.5 凡是未能一次发送完成的，且发送构件的临时停留位置低于设计高度时，均应在构件上设置夜间警示灯光。

9.1.6 钢丝绳锚固头与锚固墩的锚固螺栓连接时，应采取措施防止锚固头灌入过程中损坏锚固螺栓的螺纹。

9.1.7 高空作业人员应穿戴符合高空作业的劳保用品。

9.2 钢丝绳的制备

9.2.1 中型及以上跨越工程的钢丝绳和钢丝绳锚固件，应在专业生产厂家制备，设计单位、施工单位、建设单位应派专人到厂家检验，用于大型跨越工程的钢丝绳和钢丝绳连接件的制备建设单位应派驻监造人员。

9.2.2 用于跨越工程的钢丝绳，在下料前应按规定程序进行预拉伸，预拉伸宜由生产厂家进行。预拉力不得超过钢丝绳最小破断拉力的45%，施加载荷应分别为钢丝绳最小破断拉力的10%、20%、30%、45%，停留时间应分别为10min、30min、60min、6h。

9.2.3 钢丝绳下料应在设计应力条件下做标记，并应在放松状态下料。

9.2.4 工厂制备钢丝绳时，钢丝绳丈量工作不应在烈日下进行，钢丝绳丈量时的温差不宜超过5℃，且每根钢丝绳的丈量次数不应少于2次。

9.2.5 钢丝绳预拉伸及下料切割后，应进行标识，并应顺直摆放，不得折曲和扭绞，且应由专业生产厂家在钢丝绳上标记明显的防扭转色线。

9.2.6 钢丝绳上的所有标记材料应牢固可靠、不易脱落，与钢丝绳本色应区别明显。

9.2.7 钢丝绳锚固头宜在生产厂家制作，且应符合下列规定：

1 在离绳端套筒长度处，应用钢丝向绳端反方向缠200～300mm，然后将钢丝绳穿入套筒，再松开缠绕的铁丝并拨开钢丝，逐根拉直。

2 应先用无铅汽油清洗掉钢丝表面油膜，再用盐酸除去钢丝表面镀锌层，经用碱水中和后，最后用清水冲洗擦干。

3 应将灌注锚头用的各种合金配料用坩埚按设计要求分先后次序加热，并应使其熔化融合。灌注前，套筒应根据要求预热。

4 应将钢丝均布在套筒内，钢丝端部应折成弯勾状，钢丝与套筒内壁应保持5mm以上的间隙。浇灌合金材料时，应用小铁锤轻敲套筒外壁使熔料浇灌密实。

5 批量生产前，应制作2个锚固头进行拉力试验。当拉力达到设计最大负荷的1.5倍时，应以钢丝绳不滑脱为合格。

9.2.8 吊索应由生产厂家在工厂内进行标识，吊索长度应符合设计要求，可调长度的吊索应在工厂装箱前对螺母位置进行标定并固定螺母。

9.2.9 风索应在生产厂家进行索夹安装位置的标定，并应标记防扭转色线。

9.2.10 其他类型的钢索制备应符合设计要求或相应的国家现行标准的有关规定。

9.3 主索安装

9.3.1 主索发送、吊装过程中，应采取防止临时吊装工具损坏主索钢丝绳以及钢丝绳的防腐层的措施。

9.3.2 主索发送时，对于通航河段应根据要求采取安全措施。

9.3.3 主索发送过河可采用下列方法：

1 对于不通航河流、虽通航但可断航的河流、干枯河流、冰冻河流，宜采用小绳牵大绳方法，直接牵引主索过河。

2 当河床地形复杂、流速较大，主索不宜水中拖拉过河时，可利用塔顶预先设置的施工临时承重索，以适宜的间距吊起主索，用小直径钢丝绳作牵引绳，牵拉过河。

3 对于不允许封航的河流，可采用半幅封航方式进行牵引。

9.3.4 当主索一端就位后，另外一端就位时应做好防止主索滑脱的防护措施。

9.3.5 主索和塔顶连接板连接时，应根据主索上的防扭转色线确认主索是否在发送过程中出现扭转，如出现扭转应及时修正。

9.3.6 塔架的临时拉索应确保不会对塔架造成损坏或者永久性变形。

9.4 其他索系安装

9.4.1 索夹安装位置应根据设计要求在工厂内进行标定，在钢丝绳预张拉下料时，应按设计间距标定安装位置，标定位置的标记应在安装索夹过程中便于安装人员查看。

9.4.2 索夹在工厂装箱时应根据所做标识装箱，在运输和安装过程中应防止碰伤表面及损坏索夹。

9.4.3 索夹的安装方法应根据索夹结构型式和施工设备确定。紧固同一索夹螺栓时，应对称紧固，并应保证螺栓受力均匀。有特殊紧固要求时，应按设计或钢丝绳生产厂家的特殊要求进行紧固。

9.4.4 吊索在运输安装过程中，应采取确保吊索不受损伤的措施。

9.4.5 风索应对称发送。

9.4.6 在利用卷扬机等动力设备张拉风索到锚固墩时，风索系应同时张拉。

9.4.7 共轭索的安装要求应符合本规范第9.4.5条和第9.4.6条的规定。

9.4.8 吊索安装前，应根据标定的位置确定吊索安装长度。

9.4.9 桥面结构上同一位置的2根吊索应对称安装。

9.5 桥面结构的制作与安装

9.5.1 跨越的桥面结构安装，应根据跨越工程等级、跨越结构形式及施工现场具体情况选择吊装方法或发送方法。

9.5.2 当在组焊或拼装的桥面结构上设置吊点时，吊点间距应确保桥面结构不产生永久性变形，并应采取防止桥面结构在发送过程中发生扭转的措施。

9.5.3 发送桥面结构的发送道（架）应牢固、可靠，施工临时承重索及锚固件，应进行安全计算校核。

9.5.4 桥面结构吊装过程中，应在两岸进行测量监控，并应采取纠偏措施。

9.5.5 桥面结构安装时，应预留能调节因温度变化造成位移的间隙。桥面结构吊装就位后，应按设计要求对钢丝绳进行调整。

9.5.6 桥面附属工程的安装顺序及方法，应根据吊装方法及施工工序确定。

9.5.7 桥面结构上如设计有滚筒时，应保证滚筒转动灵活，不应有阻滞现象；位于滚筒处管道防腐层的保护套的安装位置，应以滚筒轴线为中心位置；当进行桥面附属结构螺栓安装时，宜使紧固螺母朝上。

9.5.8 与跨越管段连接的构件，宜在跨越管道组焊及试压合格后进行安装，构件安装位置允许偏差应为±2mm；桥面结构的栏杆走道板宜采用标准化、工厂化制造。

9.5.9 当桥面栏杆等构件在管道试压前进行安装时，应根据试压介质和输送介质采取防止桥面结构及附件在管道试压过程中损坏或变形的措施。

9.5.10 桥面钢结构以及桥面附属工程小型钢构件的制作，应符合现行国家标准《钢结构工程施工质量验收规范》GB 50205 的有关规定。

9.5.11 钢平台、钢梯和防护栏杆安装，应符合现行国家标准《固定式钢直梯安全技术条件》GB 4053.1、《固定式工业防护栏杆安全技术条件》GB 4053.3 和《固定式工业钢平台》GB 4053.4 的有关规定。安装的允许偏差应符合表 9.5.11 的规定。

表 9.5.11　钢平台、钢梯和防护栏杆安装的允许偏差

序号	项　目	允许偏差（mm）
1	平台高度	±15
2	平台梁水平度	$L_1/1000$，且不大于 20
3	平台支柱垂直度	$H/1000$，且不大于 15
4	承重平台梁侧向弯曲	$L_1/1000$，且不大于 10
5	承重平台梁垂直度	$H/250$，且不大于 15
6	直梯垂直度	$L_2/1000$，且不大于 15
7	栏杆高度	±15
8	栏杆立柱间距	±15

注：L_1 为梁长度，L_2 为直梯长度，H 为栏杆高度。

9.6　锚　固　墩

9.6.1 重力式锚固墩模板、钢筋、混凝土和预埋件等施工中的相关部分应按本规范第 7 章有关规定执行。

9.6.2 重力式锚固墩基坑开挖时，宜采用沿等高线自上而下分层开挖的方式。开挖应保证基坑侧壁和基底不受破坏。

9.6.3 重力式锚固墩的锚固体系应符合下列规定：

1 所有钢构件安装应按本规范第 8 章的要求执行。

2 锚杆安装前应对其连接进行试安装，试安装应包括锚杆与固定板、锚杆与支架。

9.6.4 锚杆安装时应采取控制固定板、支架和锚杆的中心位置及锚杆角度的措施，锚杆、固定板及支架安装的允许偏差应符合表 9.6.4 的要求。

表 9.6.4　锚杆、固定板及支架安装允许偏差

序号	项　目		规定值或容许偏差（mm）
1	固定板、支架	中心线偏差	±5
		中心点位置	±5
		水平高差	−2，+5
2	锚杆端点坐标	X	±10
		Y	±5
		Z	±5
3	锚杆之间	中心偏差	2

9.6.5 锚固墩混凝土施工偏差应符合表 9.6.5 的要求。

表 9.6.5　锚固墩混凝土施工偏差

序号	项　目		允许偏差（mm）
1	轴线偏移		10
2	几何尺寸		±30
3	基础底面高程	土质	±50
		石质	+50，−200
4	墩顶高程		±20
5	表面平整度		5

10　斜拉索式跨越施工

10.1　一　般　规　定

10.1.1 斜拉索式跨越施工的一般规定应符合本规范第 9.1 节的要求。

10.2　钢丝绳制备

10.2.1 钢丝绳制备应符合本规范第 9.2 节的要求。

10.3　临时承重索安装

10.3.1 施工临时承重索安装应根据施工现场地形、施工机具设备、河水流速、通航条件等因素选择。

10.3.2 施工临时承重索架设完毕，应在塔顶锁固。

10.3.3 施工临时承重索架设宜采用小绳引大绳的方法。

10.4　桥面结构的制作与安装

10.4.1 桥面结构的制作应符合本规范第 9.5 节的规定。

10.4.2 桥面结构安装时，宜采用分节吊装，吊装件应为预制构件，且能螺栓连接或卡插连接。

10.4.3 桥面结构的吊装及安装可利用架设的临时平台、施工临时承重索等，但桥面结构在吊装、发送过程中不得产生应力损坏和永久性变形。

10.4.4 在桥面结构吊装及发送、拉索安装过程中，均应采取控制桥面结构线型的措施，并应使桥面结构线型符合设计要求。

10.5 拉索安装

10.5.1 拉索安装可根据塔高、布索方式、索长、索径、索的刚柔程度、起重设施等选择架设方法。拉索的牵引安装可通过架设的临时施工绳等临时吊装结构进行。

10.5.2 施工中不得损伤拉索索体保护层和索端锚头及螺纹，不得堆压弯折索体。

10.5.3 不得采用对拉索产生集中应力的吊具直接挂扣拉索，宜采用带胶垫的夹具、尼龙吊带，也可设置多吊点起吊。

10.5.4 拉索张拉的顺序和级次数应符合设计要求。

10.5.5 塔架顺桥面结构向两侧的拉索（组）和桥面结构横向对称的拉索（组）应对称同步张拉。

11 桁架式跨越施工

11.1 下料与组装

11.1.1 桁架的放样及下料应符合本规范第8.1.1～8.1.5条的有关规定，弦杆长度允许偏差为±5mm。桁架同一平面0.5m范围内，弦杆对接接头根数不得超过2根。

11.1.2 桁架的组装均应对称进行，应根据设计文件要求预先计算出弦杆的均匀起拱值，并应采取重点控制桁架弦杆的起拱高度的措施。

11.1.3 桁架组装应在组装平台上进行，组装时应采取减小桁架焊接变形的措施。采用螺栓连接时，应保证螺栓孔位的准确性，严禁在预制好的联结件上割孔。弦杆对接焊缝应避开节点板，开口处应及时进行焊接封堵。

11.1.4 桁架结构组装及安装的允许偏差应符合表11.1.4的规定。

表 11.1.4 桁架结构组装及安装的允许偏差

序号	项　　目	允许偏差（mm）
1	对口错边	2
2	空间对角线长度差	$L_1/1000$，且≤20
3	节点处杆件轴线错位	4
4	跨中垂直度	15
5	起拱高度	$L_2/5000$，且≤10
6	桁架侧向弯曲矢高	$L_2/1000$，且≤30

注：L_1 为对角线长度，L_2 为桁架长度。

11.2 桁架的焊接与检验

11.2.1 焊接工艺评定应符合国家现行标准《建筑钢结构焊接技术规程》JGJ 81 的有关规定，并应依据评定合格的焊接工艺编制焊接作业指导书，焊接作业指导书中应明确桁架焊接顺序，且应有降低焊接应力、减小焊接变形措施。对于弦杆采用钢管的桁架，焊接作业指导书应体现"T"、"Y"、"K"型等相贯焊缝的坡口加工要求。

11.2.2 焊接及检验应符合本规范第8.1.14条的规定，弦杆对接焊缝返修不得超过2次。

11.3 桁架安装

11.3.1 桁架安装应编制施工技术方案，方案中应有应急技术措施，同时应保证吊装结构的稳定性和不导致永久性变形。吊装过程中损坏的涂层以及安装连接部位的涂层应及时修补。

11.3.2 当桁架组焊完毕后，应进行全面检查验收，并应达到下列要求后吊装施工：

　　1 吊装前应对吊点进行强度验算，并应根据验算结果对吊点处采取加固措施。

　　2 桁架与基础采用螺栓连接时，在桁架吊装前应对桥墩的定位轴线、基础轴线和标高、地脚螺栓位置等进行检查。支承面、地脚螺栓的允许偏差应符合本规范第7章的有关规定。

　　3 桁架吊装前桁架上的支座应焊接安装完毕。

11.3.3 桁架安装时，桁架的弦杆不得下挠，安装允许偏差应符合表11.3.3的规定。

表 11.3.3 桁架安装允许偏差（mm）

序号	项　　目	允许偏差（mm）
1	轴线偏移	10
2	桁架管道支座轴线偏移	10
3	多跨桁架间距	±10
4	桁架及其受压弦杆的侧向弯曲矢高 f	50

12 其他形式跨越施工

12.0.1 单管或多管组合拱式跨越管拱的轴线曲率半径、跨度、两拱脚基础标高应符合设计要求。其允许偏差，当设计有规定时应按设计规定执行；当设计无规定时，管拱的轴线曲率半径允许偏差为±20mm，跨度允许偏差为±20mm，两拱脚基础标高允许偏差为±20mm。多管组合管拱的多根管道宜同时预制和安装。

12.0.2 梁式直跨的钢结构应符合本规范第8章的有关规定。

12.0.3 托架跨越施工应符合下列规定：

1 托架制作应符合下列规定：

1）托架制作应按设计要求进行起拱。

2）如下弦采用钢索，则应根据设计要求施加预应力。

3）钢丝绳下料应在预张拉后进行，张拉和下料应符合本规范第 9.2 节的要求，下料长度允许偏差为±5mm。

2 托架安装应符合下列规定：

1）托架预制好后应先将托架吊装到位，然后再同两端的线路管道进行连接。如托架上弦没有采用管道，应先安装托架，并在托架定位固定后安装管道。

2）安装偏差应符合表 12.0.3 的规定。

表 12.0.3　托架安装偏差

序号	项　目	允许偏差（mm）
1	托架跨中高度	±5
2	托架长度偏差	±L/2500 且±10
3	起拱偏差	设计无要求时：±L/5000 且$^{+10}_{-5}$

注：L 为托架长度。

12.0.4 小型跨越工程采用砌体基础时，砌体基础施工应符合现行国家标准《砌体工程施工质量验收规范》GB 50203 的有关规定。

13　跨越管道安装就位、焊接及检验

13.1　管段加工与组装

13.1.1 管段加工前，应对管段的长度、管径和壁厚进行选配，每根钢管最小长度不宜小于 8m。

13.1.2 管道坡口型式应符合设计文件和焊接工艺规程的规定。

13.1.3 坡口宜采用机械加工。当材质允许采用火焰切割时，切割后应除去氧化层、溶渣等。坡口表面不得有裂纹、夹层、气孔等缺陷。当发现坡口表面有裂纹时，应切除并重新加工坡口。

13.1.4 管道组对应符合表 13.1.4 的要求。

表 13.1.4　管道组对

序号	检查项目	要　求
1	管内清扫	无污物
2	管口清理（10mm 范围内）	管口完好无损、无铁锈、油污、油漆、毛刺，打磨出金属光泽
3	管端螺旋焊缝或直缝余高	端部 10mm 范围内余高打磨掉，并平缓过渡
4	两管口螺旋焊缝或直缝间距	错开间距大于或等于 100mm

续表 13.1.4

序号	检查项目	要　求
5	错边和错边校正要求	当壁厚 t≤14mm 时，不大于 1.6mm；当 14mm＜t≤17mm 时，不大于 2mm；当 17mm＜t≤21mm 时，不大于 2.2mm；当 21mm＜t≤26mm 时，不大于 2.5mm；当 t＞26mm 时，不大于 3mm。错边量宜沿周长均匀分布
6	钢管短节长度	不应小于管子外径值且不应小于 0.5m

注：t 为壁厚。

13.1.5 对口器的使用应符合下列要求：

1 管道组对应选用对口器。

2 使用内对口器时，应在根焊完成后拆卸和移动对口器。移动对口器时，管子应保持平衡。

3 使用外对口器时，应在根焊完成不少于管周长 50%后拆卸，所完成的根焊应分为多段，且应均匀分布。

13.2　管道焊接

13.2.1 管道焊接应符合设计要求。

13.2.2 焊接工艺规程或焊接作业指导书应根据合格的焊接工艺评定编制。

13.2.3 焊接工艺评定和焊接工艺规程宜符合国家现行标准《石油天然气金属管道焊接工艺评定》SY/T 0452 的有关规定。

13.2.4 焊接材料应符合焊接工艺评定的要求和本规范第 8.1.9 条的规定。

13.2.5 焊接的环境条件应符合本规范第 8.1.11 条的规定。

13.2.6 焊工应具有相应的资格证书。

13.2.7 焊接过程中，管材和防腐层保护应符合下列要求：

1 施焊时不应在坡口以外的管壁上引弧。

2 焊机地线与管子连接应采用专用卡具。

3 对于防腐（保温）管，焊前应在焊缝两端的管口各缠绕一周耐热材料保护层。

13.2.8 焊口应有标志，标志可用记号笔书写在距焊口（油、气流动方向下游）1m 处防腐层表面，并应同时做好焊接记录。

13.3　焊缝质量检验

13.3.1 焊缝外观检查应符合下列规定：

1 焊缝外观成型应均匀一致，焊缝及其热影响区表面上不得有裂纹、未熔合、气孔、夹渣、飞溅等缺陷。

2 焊缝表面不应低于母材表面，焊缝余高不应超过 3mm。余高超过 3mm 时，应进行打磨。打磨时不得伤及母材，打磨后的焊缝应与母材圆滑过渡。

3 焊缝表面宽度每侧应比坡口表面宽 0.5～2mm。

4 接头错边量应符合表 13.1.4 的规定。

5 咬边的最大允许尺寸应符合表 13.3.1 的规定。

表 13.3.1 咬边的最大允许尺寸

深　度	长　度
$\delta \geqslant 0.8mm$ 或 $\delta \geqslant 12.5\%t$，取二者中的较小值	任何长度均不合格
$6\%t < \delta < 12.5\%t$ 或 $0.4mm < \delta < 0.8mm$，取二者中的较小值	在焊缝任何 300mm 连续长度上不超过 50mm 或焊缝长度的 1/6，取二者中的较小值
$\delta \leqslant 0.4mm$ 或 $\delta \leqslant 6\%$ t，取二者中的较小值	任何长度均为合格

注：δ 为深度，t 为管道壁厚。

6 电弧烧痕应打磨掉，打磨后不应使剩下的管壁厚度减少到小于材料标准允许的最小厚度。否则，应将含有电弧烧痕的这部分管子整段切除。

13.3.2 外观检查合格后，应进行焊缝无损检测。从事无损检测人员应具有与其工作相适应的资格证书。

13.3.3 焊缝无损检测应符合下列规定：

1 无损检测应符合国家现行标准《石油天然气钢质管道无损检测》SY/T 4109 的有关规定，射线检测及超声波检测的合格等级应符合设计要求，当设计无要求时，射线检测合格级别应为Ⅱ级，超声波检测合格级别应为Ⅱ级。

2 跨越管道的环向焊缝应进行全周长 100% 超声波检测和 100% 射线检测。

13.3.4 焊缝返修应符合下列规定：

1 焊缝返修应使用评定合格的返修焊接工艺规程。

2 焊缝不得有裂纹，裂纹焊缝应从管线上切除。

3 焊缝在同一部位的返修，不得超过 2 次。根部只允许返修 1 次，否则应将该焊缝切除。返修后，应按原标准检测。

13.4 弯管的组装焊接

13.4.1 弯管应符合国家现行标准《油气输送用钢制弯管》SY/T 5257 的有关规定。

13.4.2 中心组焊长度应根据设计要求确定。

13.4.3 焊接完成并检测合格后的弯管应按设计要求预埋安装，并应采取控制弯管水平、标高、轴向三维方向偏移的措施。

13.4.4 混凝土浇注前和浇注过程中，预埋的弯管安装位置检验不应少于 2 次。在浇注混凝土时，振捣棒不得接触弯管及其固定支撑。

13.4.5 弯管与跨越管段对接时，两管端中心轴线水平误差应小于 2mm。

13.5 补偿器制作及安装

13.5.1 用于制作补偿器的弯管应符合国家现行标准《油气输送用钢制弯管》SY/T 5257 的有关规定。

13.5.2 跨越管道补偿器的弯管规格，应符合下列要求：

1 弯管椭圆度不应大于 2%；

2 弯管椭圆度应按式 13.5.2 计算：

$$椭圆度 = \frac{最大外径 - 最小外径}{弯管理论外径} \times 100\%$$

(13.5.2)

3 弯曲中心角度允许偏差为 $\pm 0.5°$。

4 弯管曲率半径允许偏差应为该弯管曲率半径的 $\pm 3\text{‰}$。

13.5.3 补偿器应由弯管和直管段组焊制作，直管段长度不得小于管外径的 1.5 倍，且不得小于 500mm。用于补偿器的弯管和直管段，宜按设计要求进行预制。

13.5.4 补偿器安装前，应按设计要求进行预张拉或预压，其允许偏差为 $\pm 10mm$。

13.6 跨越管道的发送和就位

13.6.1 跨越管道的发送应根据跨越结构形式和桥面结构形式等选择。

13.6.2 跨越管道发送过程中应采取防止管道外防腐层被损伤的措施，如有损伤应及时修补。

13.6.3 跨越管道环焊缝与支座的距离宜大于 100mm。

14 管道清管和试压

14.1 一般规定

14.1.1 跨越管道试压前应编制试压方案，并应待建设单位或监理单位批准后实施。

14.1.2 大中型跨越工程在组装、焊接、无损检测合格后，应进行一次清管和整体强度、严密性试压。

14.1.3 试压装置应经试压检验后使用。现场开孔和焊接应符合现行国家标准《钢制压力容器》GB 150 的有关规定。

14.1.4 试压用的压力表应经检定合格，并应在有效期内使用。压力表精度不应低于 0.4 级，量程应为被测最大压力的 1.5～2 倍，表盘直径不应小于 150mm，最小刻度应能显示 0.05MPa。试压时的压力表不应少于2块，应分别安装在试压管段的两端。稳压时间应在管段两端压力平衡后开始计算。试压管段的两端应各安装1支温度计，且应避免阳光直射，温度计的最小刻度不应大于1℃。

14.1.5 排放口不得设在人口居住稠密区和公共设施集中区。

14.1.6 清管和试压过程中应符合下列规定：

    1 通信、交通、消防、救护车辆、工具、人员应准备齐全。

    2 吹扫清管作业严禁在夜间进行。

    3 试压区应设置明显标志，试压区严禁无关人员、车辆及牲畜进入。

    4 在通航河流上试压时，应采取保证通行安全的措施。

    5 在进行强度和严密性试压过程中，任何人员不得上跨越管桥从事任何作业，且不得带压修理缺陷。

14.2 清管及试压

14.2.1 大型跨越管道试压前，应清除管内泥土、铁锈等杂物，中小型跨越的清管应根据现场情况确定。

14.2.2 跨越管段试压介质应选用洁净水；采用空气作试压介质时，应报建设单位或监理单位批准后实施。

14.2.3 进行水压试验时，应在环境温度5℃以上进行，否则应采取防冻措施。

14.2.4 试压充水宜加入防止空气存于管内的隔离球，隔离球可在试压后取出。严禁在跨越管段高点开孔排气。

14.2.5 试压充水应缓慢进行，在充水过程中应随时对桥面结构和跨越管道进行检查。

14.2.6 油气跨越管道水压试验的压力值、稳压时间及合格标准，应符合表14.2.6的规定。

表14.2.6 水压试验压力值、稳压时间及合格标准

序号	项目	强度试验	严密性试验
1	压力值	$1.5p_s$	$1.0p_s$
2	稳压时间	4h	24h
3	合格标准	无爆裂	压降不大于1%试验压力值，且不大于0.1MPa

注：p_s为设计压力。

14.2.7 试压时应均匀缓慢升压，当压力升至0.3倍和0.6倍强度试验压力时，应分别停止升压，并应稳压30min，同时应检查系统，如无异常情况可继续升压。

14.2.8 试压中如有泄漏，应泄压后修补，修补合格后应重新试压。

14.2.9 强度试验合格后，应将管道内压力降至严密性试验压力，待管道内介质温度与管道周围环境温度均衡后应按表14.2.6的规定进行严密性试验。

14.2.10 试压合格后，应将管段内积水和污物排出并清扫干净。试压水和污物应排放到规定区域。清扫应以不再排出游离水时为合格。

14.2.11 排水完成后应对跨越结构的整体外观、索系的紧固度进行检查，并应测量塔倾斜度、管桥（桁架）挠度、支座高度、中心线偏移、基础标高。

15 防腐和保温

15.1 防 腐

15.1.1 跨越工程的防腐施工，应符合设计要求。

15.1.2 防腐施工前应清除管道及钢结构单件表面的锈蚀、油污、灰尘、水汽等。

15.1.3 防腐施工前，应按产品说明书要求配置防腐材料，底漆、中间漆和面漆应根据设计要求或产品说明书配套使用，并应搅拌均匀，施工应在试涂色标合格后进行。

15.1.4 液态防腐涂料施工宜采用刷涂、滚涂或喷涂，涂层应完整、均匀、黏结牢固，不得漏涂、透底、起皮和返锈，且不应有针孔、气泡、皱皮、流坠和裂纹等缺陷。

15.1.5 分层涂刷的防腐涂料，应在前一遍防腐材料检查合格后，再涂刷下一遍防腐涂料。

15.1.6 钢丝绳在防腐前应进行表面清理，清理时不得损伤钢丝绳表面。钢丝绳防腐应在安装前完成，安装调试后，对损伤部位应及时修补。

15.2 保 温

15.2.1 跨越管道保温施工，应符合设计要求，并应符合下列规定：

    1 保温材料及其制品应采取防潮、防水、防雪、防冻、防挤压变形措施。

    2 保温施工环境温度应满足相关材料的施工要求，不得在雨雪中施工。

15.2.2 保温施工可采用捆扎法、充填法、粘贴法、浇注法或喷涂法等。

15.2.3 当保温层厚度大于80mm时，应分为两层或多层施工，每层厚度宜接近。采用两层或多层施工时，相邻两层间的纵横缝应错开，不得重缝，其接缝间隙不得大于5mm。

15.2.4 采用硬质无机保温瓦块时，接缝宜采用高弹无机泡沫材料或专用料嵌缝。多层组合时，应分层捆扎，内层宜采用薄胶带固定，外层宜采用镀锌铁丝、包装钢带等绑扎。

15.2.5 无机保温材料结构应黏结可靠、绑扎结实，每块保温材料的绑扎不得少于2道，绑扎间距应符合

下列要求：

    1 硬质保温材料不应大于 400mm。

    2 半硬质保温材料不应大于 300mm。

    3 软质保温材料不应大于 200mm。

    4 不得采用螺旋式缠绕绑扎。

15.2.6 有机保温结构应孔径均匀、充填密实，不应有孔洞、发酥、发脆和发软以及开裂现象。

15.2.7 采用有机保温材料现场发泡时，施工环境温度和原材料温度宜控制在 15～30℃，并应有熟化时间。施工前宜在现场同条件进行试验，并应观测发泡速度、孔径大小、颜色变化、裂纹和变形情况等。

15.2.8 防水层施工前应清理保温层的外表面，不得有突角、凹坑及起砂现象，并应保持干燥。

15.2.9 防水层材料配方应按设计文件或产品说明书的规定执行。

15.2.10 采用金属外保护层时，环向活动缝应按设计要求留置，水平施工接缝应搭向低处，垂直施工接缝应上搭下，并应按规定嵌填密封剂或在接缝处包缠密封带。

15.2.11 采用玻璃钢外保护层时，施工环境温度不宜低于 18℃，相对湿度不宜大于 80%；缠绕时应控制好展带和缠绕速度及搭接间距，并应控制压实度，同时应消除可见气泡；并应按设计要求留置搭接伸缩缝。

15.2.12 毡、箔、布类保护层包缠施工前应对黏结剂做试样检验，包缠搭接缝应粘贴严密，环缝及纵缝搭接尺寸不应小于 50mm。

15.2.13 保温层两端的封口应密实、无漏缝。

15.2.14 对已防腐、保温的管段和构件，应妥善保护，局部磨损处应及时修补。

16 健康、安全与环境

16.0.1 管道跨越工程施工前应编制健康、安全与环境管理的作业指导书和作业计划书。

16.0.2 施工中应对影响员工健康的营区建设、疾病防治、人身保险与防护等进行管理与控制。

16.0.3 对管道跨越工程施工各环节及工序的危害风险应进行分析评价，并应提出预防控制措施。

16.0.4 基坑作业、塔架施工、吊装作业、防腐保温作业应编制安全预案。

16.0.5 高空作业人员应进行体检。高空作业时，应做好班前安全交底工作；高空作业人员应穿戴好劳保用品、系好安全带，登高防护设施应符合要求。

16.0.6 水上作业人员应进行体检。水上作业时，应做好班前安全交底工作，并应配齐各种防护救护设施，同时应做好应急抢险救援监护工作；应设置明显的施工作业警示带。

16.0.7 管道跨越工程施工时，应采取保护航道安全

的措施。

16.0.8 管道跨越工程施工应做好地貌恢复等环境保护工作。

17 工 程 交 工

17.0.1 施工单位按合同规定的范围，完成跨越工程全部项目后，应及时向建设单位或监理单位报送交工报告，并应由建设单位或监理单位审核、批准。

17.0.2 工程交工时，施工单位应提供下列资料：

    1 跨越工程竣工图、设计修改通知单、施工联络单、材料改代单。

    2 开工报告。

    3 交工报告。

    4 质量验收记录。

    5 隐蔽工程验收记录。

    6 强度和严密性试验报告。

    7 原材料质量证明文件。

    8 无损检测综合报告。

    9 其他有关资料。

17.0.3 工程交工前，施工单位应组织有关人员按设计和施工规范要求对其施工工程进行全面的检查，如有不符，应立即进行整改。对建设单位或监理单位组织的预验收提出的施工问题，施工单位应在建设单位或监理单位规定的期限内整改完毕。

附录 A 大体积混凝土控制温度措施

A.1 水泥水化热

A.1.1 混凝土应选用低水化热或中水化热的水泥品种配制。对于普通硅酸盐水泥应经过水化热试验比较后方可使用。

A.1.2 可采用加入缓凝剂减少水化热。采用缓凝剂时，应符合现行国家标准《混凝土外加剂应用技术规范》GB 50119 的有关规定，应根据环境温度选择品种并调节掺量，并应满足工程要求使用。

A.1.3 应利用混凝土的后期强度减少每立方米混凝土中水泥用量。应根据试验每增减 10kg 水泥，其水化热将使混凝土的温度相应升降 1℃。

A.1.4 应使用粗骨料，宜选用粒径较大、级配良好的粗细骨料；应控制砂石含泥量。

A.1.5 可在基础内部预埋冷却水管，并应通入循环冷却水。

A.1.6 在厚大无筋或少筋的大体积混凝土中，可掺加总量不超过 25% 的大石块。石料粒径不得大于 250mm，强度不得低于 20MPa，且不应有风化和裂隙缺陷。加入的块石应清洁干净。相邻石块间或与模

板间的净距不得小于 100mm。

A.1.7 在拌和混凝土时，可掺入微膨胀剂或膨胀水泥。

A.1.8 每个浇注层上下均应有温度筋，温度筋宜分布细密，宜采用双向配筋。

A.1.9 当大体积混凝土平面尺寸过大时，可设置后浇缝。

A.2 混凝土温度差

A.2.1 大体积混凝土应选择较适宜的环境温度浇注，宜避开炎热天气浇注。夏季可采用低温水或冰水搅拌混凝土，可对骨料喷冷水雾或冷气进行预冷，或设置遮阳设施避免日光直晒，运输工具如具备条件也应搭设避阳设施，并应降低混凝土拌和物的入模温度。

A.2.2 混凝土搅拌时，可掺加相应的缓凝型减水剂。

A.2.3 在混凝土入模时，应采取改善和加强模内通风的措施。

A.3 施工中的温度控制

A.3.1 在混凝土浇注之后，应做好混凝土的保湿养护。夏季应注意避免曝晒，并应注意保湿；冬期应采取保温覆盖的措施。

A.3.2 大体积混凝土应采取长时间的养护，并应规定合理的拆模时间，同时应延缓降温时间和速度。

A.3.3 混凝土内的温度变化应通过加强测温和温度监测与管理控制，内外温度差应控制在 25℃ 以内，基面温差和基底面温差均应控制在 20℃ 以内。应及时调整保温及养护措施，并应控制有害裂缝的出现。

A.3.4 应控制混凝土在浇注过程中均匀上升，并应避免混凝土拌和物堆积过大高差。当需保温时，在结构完成后应及时回填土。

A.4 约束条件和温度应力

A.4.1 采取分层或分块浇注大体积混凝土时，应合理设置水平或垂直施工缝，或在适当的位置设置施工后浇带。

A.4.2 采用分层方法施工时，应根据混凝土浇注能力和降温措施确定每层混凝土的浇注厚度，每层厚度不应超过 1m。

A.4.3 对大体积混凝土基础与岩石地基，或基础与混凝土垫层之间可设置滑动层，滑动层可采用平面浇沥青胶铺砂、刷热沥青或铺卷材。

A.5 混凝土的极限拉伸强度

A.5.1 混凝土粗骨料应级配良好，并应控制粗骨料的含泥量。

A.5.2 浇注时，应加强混凝土的振捣，并应提高混凝土密实度和抗拉强度。

A.5.3 混凝土浇注应采取二次投料法和二次振捣法，浇注后应及时排除表面积水，并应加强早期养护，同时应提高混凝土早期或相应龄期的抗拉强度和弹性模量。

本规范用词说明

1 为便于在执行本规范条文时区别对待，对要求严格程度不同的用词说明如下：

1）表示很严格，非这样做不可的用词：
正面词采用"必须"，反面词采用"严禁"。

2）表示严格，在正常情况下均应这样做的用词：
正面词采用"应"，反面词采用"不应"或"不得"。

3）表示允许稍有选择，在条件许可时首先应这样做的用词：
正面词采用"宜"，反面词采用"不宜"；
表示有选择，在一定条件下可以这样做的用词，采用"可"。

2 本规范中指明应按其他有关标准、规范执行的写法为"应符合……的规定"或"应按……执行"。

油气输送管道跨越工程施工规范

GB 50460—2008

条 文 说 明

目 次

1 总 则

1.0.1 本条文指出了制定本规范的宗旨。

1.0.2 公路、铁路桥梁车辆行驶频繁、振动大，对管道造成不利影响，一旦管道遭到破坏，油品和天然气的泄漏将会危及桥梁和车辆行人的安全，本规范未对在这些设施上敷设石油天然气管道时所采取的不同种类的安全设施施工作出规定。

1.0.3 根据近几年国家对职业、健康、安全和环境保护的日益重视，特提出本条。

1.0.4 跨越工程施工综合性强、牵涉面广，不仅有原材料方面的内容（如水泥、钢筋等），尚有半成品、成品方面的内容（如构配件、预应力锚具等），也与其他施工技术和质量评定方面的标准密切相关。因此，凡本规范有规定者，应遵照执行；凡本规范无规定者，尚应按照有关现行标准的规定执行，并且应符合国家现行法律、法规的规定。

2 术 语

2.0.1～2.0.8 本规范给出了8个有关跨越工程施工及验收方面的特定术语，以上术语都是从跨越工程施工及验收的角度赋予其含义的，但含义不一定是术语的定义。本规范给出了相应的推荐性英文术语，该英文术语不一定是国际上的标准术语，仅供参考。工程测量术语参见《工程测量基本术语标准》GB/T 50228，建筑工程术语参见《建筑工程施工质量验收统一标准》GB 50300、《建筑结构设计术语和符号标准》GB/T 50083、《混凝土结构工程施工质量验收规范》GB 50204，钢结构工程术语参见《钢结构结构施工质量验收规范》GB 50205。

3 基 本 规 定

3.0.1 本条是依据国家现行标准《石油天然气管道跨越工程施工及验收规范》SY 0470 的跨越工程等级划分制定的。

3.0.2 本条是依据国家建筑法规提出的，施工企业应具有相应资质等级和施工范围，必须按照资质等级承担相应的工程。

3.0.3 本条是根据近年的施工管理提出的，也是国际工程的通用要求。

3.0.4 本条强调人员资质对保证工程质量、确保施工安全的重要性。主要工种指电焊工、管工、起重工、测量工、铆工、电工、探伤工、脚手架工。

3.0.5 本条依据国家相关计量法规提出。

4 施 工 准 备

4.0.1～4.0.6 根据以往的施工经验和跨越工程特点，施工易受征地、汛期、材料供应、气候等因素的制约，提出了为了保证施工质量、工期、降低消耗，实现文明、安全施工的六条准备要求。

工程施工前应结合现场实际情况，依据设计和施工规范要求编制切实可行的工程施工方案，用于技术交底和指导施工，有利于保证工程施工的安全、质量及工期。

5 材料、配件供应及检验

5.1 一 般 规 定

5.1.1 工程所用材料、管件和配件必须符合设计要求，其质量应符合现行国家或行业标准要求，并应具有出厂合格证、质量证明书。有关标准如下：

1 钢管标准：

《石油天然气工业输送钢管交货技术条件 第1部分：A级钢管》GB/T 9711.1

《输送流体用无缝钢管》GB/T 8163

美国《管线管规范》API Spec 5L

2 管件标准：

《钢板制对焊管件》GB/T 13401

《大直径碳钢管法兰》GB/T 13402

《钢制对焊管件》SY/T 0510

《油气输送用钢制弯管》SY/T 5257

3 焊接材料标准：

《碳钢焊条》GB/T 5117

《低合金钢焊条》GB/T 5118

《埋弧焊用碳钢焊丝和焊剂》GB/T 5293

《气体保护电弧焊用碳钢、低合金钢焊丝》GB/T 8110

4 防腐材料标准：

《钢质管道单层熔结环氧粉末外涂层技术规范》SY/T 0315

《涂装前钢材表面预处理规范》SY/T 0407

《埋地钢质管道聚乙烯防腐层技术标准》SY/T 0413

《钢质管道聚乙烯胶粘带防腐层技术标准》SY/T 0414

《管道无溶剂聚氨酯涂料内外防腐层技术规范》SY/T 4106

《辐射交联聚乙烯热收缩带（套）》SY/T 4054

5.2 材料、管件及配件检验

5.2.6 在工程实际中，对哪些材料需要复验，不是太明确，本条规定了6种情况应进行复验，且应是见证取样、送样的试验项目。

1 对国外进口的钢材，应进行抽样复验；当具有国家进出口质量检验部门的复验商检报告时，可以不再进行复验。

2 由于钢材经过转运、调剂等方式供应到用户后容易产生混炉号，而钢材是按炉号和批号发材质合格证，因此对于混批的钢材应进行复验。

3 对大跨度钢结构来说，弦杆或梁用钢材为主要受力构件，应进行复验。

4 当设计提出对钢材的复验要求时，应进行复验。

5 对质量有疑义主要是指：

1）对质量证明文件有疑义的钢材。

2）质量证明文件不全的钢材。

3）质量证明书中的项目少于设计要求的钢材。

6 当属于国家现行标准规定需要复验的材料时，应进行复验。

6 测量与放线

6.1 一般规定

6.1.1 本规范仅规定了控制测量和施工放样测量的精度要求，对控制点的选择、造标埋石、控制网的布设、内业计算、变形测量、地形测量及成图、土石方方格网测量等未作规定，应按照现行国家标准《工程测量规范》GB 50026 的要求执行。

6.1.2 由于在耕作区或交通便利地区容易发生桩位被移动的现象，故制定本条。同时本条也是为了复核已有控制桩的数据精度能否满足施工控制网建立要求。当复测数据与设计图不符或误差超限时，应及时向设计单位反馈情况，与设计重新复测或由设计单位确定现场可用控制桩位和相关坐标及高程数据。

6.1.3 精度评定的标准通常有3种：(1) 中误差 m；(2) 平均误差 θ；(3) 偶然误差 ρ。在或然率理论中可以证明，当观测次数 n 趋于 ∞ 时，三种标准之间的关系如下：

$$\theta = 0.7979m \approx \frac{4}{5}m \qquad (1)$$

$$\rho = 0.6745m \approx \frac{2}{3}m \qquad (2)$$

即

$$m \approx \frac{5}{4}\theta \approx \frac{3}{2}\rho \qquad (3)$$

以上3种标准，当观测次数 n 相当大时，用来评定精度是同样可靠，但当 n 不大时，用中误差评定精度比较可靠。因为中误差能明显的反映出测量中较大误差的影响，因此，本条规定"测量应以中误差作为衡量测量精度的标准"。

根据或然理论及多次实验的统计证明，大于两倍中

误差的偶然误差出现的可能性约为5%，大于3倍中误差的出现的可能性为0.3%，在实际工作中，由于观测次数有限，取2倍中误差作为极限误差是合理的。

6.1.4 由于中型及中型以上跨越施工周期长，精度要求高，跨越测量视线长，水域上部大气波动大、对测量精度影响大，建立控制网实现跨越两岸联测并通过内业平差可有效提高测量精度，并保证施工各阶段测量起始数据的准确性。仅采用轴线控制时控制桩易被破坏，临时引测的精度不易控制，不能保证各阶段测量起始数据的精度。为了跨越各阶段测量的精度，特制本条。

6.1.5 采取下列方法选择控制点位，可以降低测量误差：

1 相邻点之间应通视良好，其视线距障碍物的距离，三角网四等不宜小于1.5m；一级及一级以下，宜保证便于观测，以不受旁折光等影响为原则。

2 测距边位置的选择，应满足相应测距方法对地形等因素的要求。测距边的选择应符合下列要求：

1）测距边宜选在地面覆盖物相同的地段，不宜选在烟囱、散热塔、散热池等发热体的上空；

2）视线上不应有树枝、电线等障碍物，四等及以上的测线，应离开地面或障碍物1.3m以上；

3）视线应避开高压线等强电磁场的干扰；

4）测距边的视线倾角不宜太大。

3 觇标的高度应合理，作业应安全。

4 控制点应便于长期保存、加密、扩展和寻找。

5 跨越两岸应各布设不少于3个平面控制点（包括跨越桥墩点）。

6.2 平面控制

6.2.1、6.2.2 这两条与现行国家标准《工程测量规范》GB 50026 的规定相适应。由于跨越控制的区域相对较小，第6.2.2条取消了四等以上的要求。

6.2.3 坐标系统应采用设计选用的坐标系是为了保证施工与设计测量数据的一致。大型跨越控制范围大，采用不低于一级精度的控制网便于施工时进行加密或插网控制，中型跨越控制范围相对较小，一般不需要加密或插网控制，二级控制网精度能满足施工控制要求。

6.2.5 当受地形限制时，个别角可放宽，但不应小于25°。

加密的控制网，可采用插网、线形网或插点等形式。各等级的插点宜采用符合坚强图形条件布设。当受条件限制时，一、二级小三角插点的内外交会方向数不应少于4个或外交会方向数不应少于3个。

6.2.6～6.2.8 这三条与现行国家标准《工程测量规范》GB 50026 的规定一致。

6.2.9 当受条件限制时，个别角可放宽，但不应小于25°；当图形条件欠佳时，应增测对角线边。距离测量应采用对向观测。

6.2.10、6.2.11 这两条与现行国家标准《工程测量

规范》GB 50026 的规定一致。

6.3 高程控制

6.3.1~6.3.7 本节条文与现行国家标准《工程测量规范》GB 50026 的规定一致。

6.4 施工测量放线

6.4.3 本条参考了国家现行标准《新建铁路工程测量规范》TB 10101中对复杂特大桥和重要大桥测量放线的要求。说明如下：

　　1 跨越基础和锚固墩为跨越测量放线的关键控制点，在放线时应增加多余观测方向，以复核放样数据的准确性，交会法要求不少于 3 个控制点，极坐标法不少于 2 个控制点。

　　2 如图 1 所示的示误三角形的边长不得大于15mm。根据跨越基础和锚固墩的大小不同，在基础施工时将采取分层浇注，每浇注一层后需交会放样一次基础十字线，作为该层复测和上一层的立模和检查，每个基础需多次交会放样。由于观测时各种条件的影响，每次交会放样的中心点均存在一定误差。

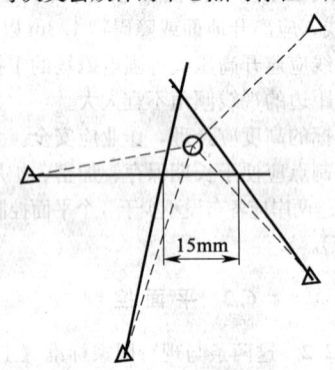

图 1　示误三角形
实线为交会方向，虚线为测角复测方向

　　根据实际资料计算，由于交会产生的误差约为 ±20mm，可以认为基础中心位置的最大误差在 40mm以内，计算其中误差为 $40mm/\sqrt{2} = 28mm$，采用 30mm，相当于误差值 15mm。

6.4.4 桩打入过程中防偏、纠偏是一项不可忽视的工作。坚持按规定要求做才能随时掌握下沉偏移、倾斜等的情况，及时提供数据，指导施工。桩的倾斜度测量可采用建筑检查尺等工具测量。

6.4.6 反馈给设计以便复核确认或修正跨越工程上部结构的下料尺寸。

7　基础施工

7.1　基坑开挖

7.1.1 基坑开挖方法应视地质情况、现场施工条件、

工期以及现行国家标准《建筑地基基础工程施工质量验收规范》GB 50202 的有关规定而确定，本条未做具体规定。基坑明挖是较为便利的施工方法。

7.1.2、7.1.3 基坑工程支撑安装的及时性极为重要，基坑变形与施工时间有很大关系。因此，施工过程应尽量缩短工期，特别是在支撑体系未形成情况下的基坑暴露时间应予以减少，应重视基坑变形的时空效应。"十六字原则"对确保基坑开挖的安全是必要的。

7.1.4 基坑开挖至设计标高后，应由设计、监理和施工单位对坑底进行验槽，合格后方可进行垫层施工。工程实际中，基坑开挖与垫层或基础施工往往存在一定的时间间隔，尤其在雨季易受雨水浸泡，降低承载力，故在此期间应对基槽底进行保护，避免坑底被雨水浸泡或扰动。

7.1.5 爆破技术发展很快，爆破方法也很多，但无论采用什么方法都应保护坑壁不受破坏、坑底基岩保持完整。

7.1.6 由于管桥跨越河流，基础多处于河漫滩，其地下水位较高，考虑排水需要故作本条规定。若水中挖基坑，应另行编制技术方案。

7.1.7 基坑坑壁坡度可参照本条坡度比例，按现场工程地质实际情况放坡度。

7.2　钢筋混凝土基础施工

7.2.1 塔架基础所用材料的品种、规格、型号应符合设计要求。材料的检验和复验，钢筋制作、安装，模板及其支架安装，混凝土的配制、搅拌、运输、浇注、养护等施工中属常规性做法和要求的内容，依照现行国家标准《混凝土结构工程施工质量验收规范》GB 50204的规定执行。

7.2.2 钢筋的品种、级别、规格和数量、布置、连接方式、接头分布、弯钩形式对基础的受力性能有重要影响，必须符合设计要求。

7.2.4 模板及支架的选择应根据工程结构形式、荷载大小、地基土类别、施工设备和材料供应等条件确定，以防止浇筑混凝土时模板及支架在混凝土重力、侧压力及施工荷载等作用下胀模（变形）、跑模（位移）、甚至坍塌的情况发生。跨越工程塔架基础混凝土体积较大，对模板及支撑系统在刚度和稳定性上应进行验算，可以采用对拉螺栓等加固措施来增加模板的刚度。

7.2.6 混凝土掺和料的种类主要有粉煤灰、粒化高炉矿渣粉、沸石粉、硅灰和复合掺和料等，有些目前尚没有产品质量标准。对各种掺和料，均应提出相应的质量要求，并通过试验确定其掺量。工程应用时，应符合国家现行标准《粉煤灰在混凝土和砂浆中应用技术规程》JGJ 28 及现行国家标准《用于水泥与混凝土中的粒化高炉矿渣粉》GB/T 18046、《粉煤灰混

土应用技术规范》GBJ 146等的规定。

7.2.7 表7.2.7中的要求系根据国家现行标准《石油天然气管道跨越工程施工及验收规范》SY 0470和西气东输、忠武线的跨越施工要求提出。

7.2.8 由于塔架基础体积较大，预埋螺杆、锚固板时要求安装支撑架和固定架，在混凝土浇注和振捣时易使预埋件发生位移，为保证预埋件位置准确、牢固而作此规定。

7.2.9 根据国家现行标准《普通混凝土配合比设计规程》JGJ 55，大体积混凝土是指结构物实体最小尺寸等于或大于1m，或预计会因水泥水化热引起混凝土内外温差过大（超过25℃）而导致裂缝的混凝土。为防止大体积混凝土的开裂，施工前应制定有效措施降低水化热，控制混凝土内外温度差在25℃以内。控制措施参见本规范附录A"大体积混凝土控制温度措施"。

7.2.10 在无特殊要求的情况下，大体积混凝土浇注时，宜在高度方向上分段浇注，有利于水化热的释放。由此，将出现施工缝的问题，因此，施工前应有相应的处理施工缝的施工方案。

7.2.11 大体积混凝土的养护很重要，应根据环境条件制定切实可行的养护措施，确保混凝土得以正确养护。混凝土的养护时间应随环境、气温、空气干燥程度等条件确定，冬期养护可采取蓄热法、电热法、暖棚法等。

7.2.12 混凝土冬期施工时应控制材料温度、出盘温度、浇注温度。冬期施工时根据气候条件可采取热水法、暖棚法等方法。

7.3 钢桩基础施工

7.3.1 本节主要对钢桩施工的相关检测指标作出了规定，其他施工要求还应符合现行国家标准《建筑地基基础工程施工质量验收规范》GB 50202和国家现行标准《建筑桩基技术规范》JGJ 94的相关规定。

7.3.2 钢桩包括钢管桩、型钢桩等。成品桩一般是在工厂生产，有一套质检标准，但也会因运输堆放造成桩的变形、损坏，因此，进场后需再做检验。

7.3.3 选择合适的施工方法和设备能有效保证工期、提高质量、降低成本。锤击法是最常用的打桩方法，静力压桩法主要用于软土地基和邻近有怕振动的建（构）筑物或设备，振动法多用于砂土地基和钢板桩，水冲法是锤击法的一种补充方法。

7.3.4 打桩顺序合理与否，影响打桩速度和质量，当桩的中心间距小于4倍桩径时，打桩顺序尤为重要。打桩顺序决定挤土方向，打桩向哪个方向推进，则土向哪个方向移动。第一种打桩方式的推进方向宜逐排改变，以免朝一个方向挤压，必要时可采用间隔跳打。对大面积群桩，宜采用后两种打桩顺序，以免土壤受到严重挤压，使桩难以打入或使已打入桩受挤

压而倾斜、移位。

7.3.5 打桩时应尽量避免中途停顿，以免因土壤固化而造成打桩困难。

7.3.7 表7.3.7中的要求是根据国家现行标准《石油天然气建设工程施工质量验收规范 管道穿跨越工程》SY 4207制定。跨越工程一般采用大直径疏桩且桩数较少，而现行国家标准《建筑地基基础工程施工质量验收规范》GB 50202和国家现行标准《建筑桩基技术规范》JGJ 94主要针对小直径密集桩，表7.3.7中要求更适合现场控制。

7.3.8 表7.3.8中的要求同国家现行标准《建筑桩基技术规范》JGJ 94的规定。

7.3.9 表7.3.9中的要求同国家现行标准《建筑桩基技术规范》JGJ 94的规定。

7.4 灌注桩基础施工

7.4.2 当施工区域地质条件单一，且当地又有类似工程实践、施工单位有同类施工经验时，可不做试验桩。

7.4.4 在无地下水或仅有少量地下水的情况下，可采用人工挖孔的方法进行施工。挖孔施工应根据地质和水文情况选择孔壁支护方式，且应具有保证施工安全的措施。孔壁一般采用混凝土支护。人工挖孔时应特别注意孔内空气质量，若自然通风不能满足要求时，应采取措施，对孔内进行通风，确保孔内施工安全。

7.4.5 人工挖孔桩一般对持力层有要求，而且到孔底察看土性是有条件的。

7.4.6 泥浆的选择应根据钻孔的工程地质情况、孔位、钻机性能、泥浆材料条件等确定。

7.4.9 表7.4.9中的要求同国家现行标准《建筑桩基技术规范》JGJ 94的规定。

7.4.10 由于跨越工程采用的灌注桩均为大直径桩，与公路和铁路桥梁桩基相近，而现行国家标准《建筑地基基础工程施工质量验收规范》GB 50202和国家现行标准《建筑桩基技术规范》JGJ 94主要针对房建工程的小直径桩，对成孔质量要求不详，表7.4.10中的要求综合了上述两个规范及国家现行标准《公路桥涵施工技术规范》JTJ 041的规定而提出。

7.4.11 保持水头是为了防止坍孔。

7.4.14 表7.4.14在国家现行标准《建筑桩基技术规范》JGJ 94要求的基础上进行了细化，增加了检查项目，更有利于大直径桩的质量控制。

7.4.15 放钢筋笼、混凝土导管都会造成土体跌落，增加沉渣厚度，因此沉渣厚度应在钢筋笼放入后，混凝土浇注前再次检查，必要时应进行二次清孔，并注意二次清孔的泥浆指标，符合要求后方可灌注水下混凝土。当出现轻微超标时，可由设计代表现场确定是否进行二次清孔。

7.4.16 水下混凝土一般用钢导管灌注，导管内径一般为200～350mm，工程上可视桩径大小而定。

7.4.18 高出设计标高是因为桩头浇注混凝土的密实度和强度可能达不到设计混凝土标号的要求，桩基施工时一般均采用将桩顶部混凝土切除一定高度，以满足设计混凝土标号的要求。

7.4.19 表7.4.19中的要求同国家现行标准《石油天然气建设工程施工质量验收规范　管道穿跨越工程》SY 4207的规定。

7.4.20 声波透射法检验通常在成桩7d后，低应变动测法检验应在桩头条件具备后，钻芯取样检验应在试桩静载检验完成后。

8　塔架施工

8.1　钢塔架制作

8.1.2 规定塔架各主肢接长的对接焊缝不应在同一截面上是从焊接结构的安全性方面考虑，尽量减少焊接量，减少焊接变形。

8.1.6 在施工中由于下料考虑不周，产生主肢杆焊缝和节点板焊缝在同一部位，这种十字缝应避免，尤其对于高强钢更应避免。开口处封堵是为了防止雨水泥沙等进入杆件内，造成钢管内部腐蚀，也是文明施工的需要。

本条规定的控制空间对角线长度差是为了保证钢结构整体尺寸。

8.1.8 各单位根据自身所有的钢结构焊接工艺评定报告是否满足工程需要，避免重复工作，并符合国家现行标准《建筑钢结构焊接技术规程》JGJ 81中规定。

8.1.9 焊条烘干主要应依据厂家说明书进行。低氢焊条烘干到规定温度是必要的，而纤维素焊条由于药皮中存在有机物，因此，一般情况下不宜烘干。

8.1.11 跨越施工的周期长，气候因素的影响较大，在未采取有效措施保证焊接施工必备的条件时不应施焊。

8.1.12 结合实践经验，参照国际上有关对母材烧伤的规定，同时考虑高强钢的母材电弧损伤应高度重视，必须打磨后并经无损探伤合格后方可使用。

8.1.13 塔架支座的焊缝分布较为密集，支座变形严重影响到塔架的重力分布及安装质量，实践证明仅靠对称施焊无法解决支座的变形，焊接过程中应采用较小的焊接线能量等有效技术措施降低热能量输入引起的结构变形。

8.1.14 本条的规定和现行国家标准《钢结构工程施工质量验收规范》GB 50205的规定一致。国内目前尚无专门针对钢结构焊缝的无损检测标准，在有关国标及行业标准中也只是引用锅炉压力容器及长输管道的无损检测标准，其针对性较差。塔架的钢结构焊缝所要求的机械性能与承受压力的焊缝有所差异，设计单位根据焊缝的结构形式采用相应的无损检测标准来满足工程施工的需要。钢材分类划分应符合国家现行标准《建筑钢结构焊接技术规程》JGJ 81的规定。

表8.1.14-2中的允许偏差计算为计算公式产生数据后的0～4mm允许偏差范围。

8.1.15 空间对角线的允许偏差参照了其他钢结构施工规范的尺寸规定。

8.2　钢塔架安装

8.2.6 高空施工安全性差，工作质量不易保证。为了控制施工质量，地面能做完的工作应全部完成，此举同时也是为了提高施工效率。塔架吊装前应清理塔体表面的油污、疤痕、泥沙等。

8.2.7 塔架高空焊接施工极易对下部防腐层造成损伤，同时这种不经意的行为容易被忽视，使得后期的补涂工作困难且具有较大的危险性。

8.2.8 表8.2.8中的数据参照了相关行业的施工规范数据，结合工程实际情况制定。

8.3　钢筋混凝土塔架施工

8.3.2 本条为推荐浇筑方法。

8.3.3 由于塔架横梁较高、重量较大，其模板和支撑系统将受到弹性和非弹性变形、支承下沉、温度及日照等的影响，因此，在施工前应充分考虑模板和支撑系统的变形和稳定。

8.3.6 设置劲性固结件是为了提高索管空间定位精度和钢筋架立的精度。

8.3.7 采用测量仪器监控施工过程，防止塔架偏移。塔架施工完成后，塔架的倾斜度、跨距和塔顶标高都存在一定的偏差，应测定偏差值，以调整主缆线形和主缆下料长度等。

8.3.8 钢筋混凝土塔架施工的允许偏差主要控制倾斜度、塔顶标高和预理螺栓。

8.4　索鞍或塔顶连接板安装

8.4.1 吊装前安装可免去高空作业，减小施工难度，降低安全风险。

8.4.2 索鞍和塔顶连接板安装完毕后，根据施工方法不同，架设的施工临时承重工具在塔顶处应进行必要的加固，不应妨碍索系与索鞍或者塔顶连接板的连接。

9　悬索式跨越施工

9.1　一般规定

9.1.1 考虑到施工对通航船只的安全有影响，故制定本条。

9.1.2 跨越的施工方法很多，即使相同的跨越结构也有不同施工方法，发送道、牵引道一般针对桥面结构、跨越管道设置，在进行施工平面布置时应提前进行预留。

9.1.3 跨越中心轴线确定了跨越的具体位置，非常重要，同时为了和跨越两头的线路工程正确对接，故指定本条。

9.1.4 跨越设计时，不可能将所有的施工方法进行考虑，为了防止施工方法不正确对建成的跨越有损坏，故制定本条。

9.1.5 大型跨越工程的钢丝绳吊装耗时较长，为防止悬在空中的吊具及构件在低于设计高度时对通过的船只造成阻挡或者挂碰伤害，故作此项规定。当吊具及构件高于设计高度时，不会对通行船只造成影响。

9.2 钢丝绳的制备

9.2.1 为了控制跨越钢丝绳的质量，故作此条规定。

9.2.2 预拉力数值和稳定时间是根据设计要求和施工经验规定的。施工现场条件差，预拉伸的效果不好，此条规定预拉伸宜由生产厂家进行。

9.2.4 丈量时温差过大，会造成同类钢丝绳长短差异无法满足设计要求甚至无法安装。进行 2 次丈量可以防止人为错误。

9.2.5 钢丝绳按照施工图对号下料及挂牌标识。钢丝绳的扭转一般无法觉察，而这种扭转会造成安装后钢丝绳无法满足设计力学要求，这里要求厂家标注防扭转色线，在安装时根据色线及时调整。

9.2.6 标记材料的颜色同钢丝绳本色区别明显才能保证安装人员能清楚地进行识别。

9.2.7 本条推荐了钢丝绳锚固头的经验做法，但无论生产厂家采用何种方法制作，都必须进行拉力试验。采用反向缠绕是为了防止绳股松散。

9.2.8 吊索长度符合设计要求后，对螺母安装位置进行标定能确保在运输和安装过程中，即使螺母松动也能根据标定的位置复位。

9.2.9 有些跨越的风索也有索夹，这里强调标定以及防逆转色线的重要性。

9.2.10 有些跨越工程的索系使用了平行钢丝束，平行钢丝束及锚固头等的制备应参照现行国家标准《斜拉桥热挤聚乙烯高强钢丝拉索技术条件》GB/T 18365 有关条款执行。如有其他类型的，且同常用的钢丝绳材料及类型不同的钢索应执行相应的国家标准，没有国家标准的也应执行设计指定的其他标准。虽然有其他类型的钢索，但是本节中的基本要求也对其适用。

9.3 主索安装

9.3.2 主索长度较长，垂度在发送过程中会产生变

化，发送时可能阻挡或者挂碰船只而作此规定。

9.3.4 一端就位后，另外一端即将就位时的主索轴线方向受力是发送过程中受力最大的，发送主索的临时夹具应能有效防止主索滑脱，安装人员不宜使用撬杠等工具进行辅助就位操作，以免造成安装人员受到伤害以及主索锚固头受损。

9.3.6 塔架临时拉索应根据施工方法及受力结构确定安装位置。

9.4 其他索系安装

9.4.1 索夹的标定位置按照设计要求执行。设计施工图中钢丝绳上标注的安装位置一般是索夹轴线中点，如果钢丝绳生产厂家按照设计图上标注的位置在钢丝绳上进行位置标注则可能阻碍安装人员的视线，或者由于视差造成安装位置偏差较大。按照以往经验，生产厂家应根据索夹的轴向长度，将索夹轴向端面线作为钢丝绳上的索夹安装位置，这样能够方便安装人员快速准确地确定索夹的安装位置。

9.4.2 装箱时应按照先前做好的标识进行装箱，便于施工单位开箱时清点和归类存放。

9.4.3 索夹的安装方法同跨越的施工方法紧密相联，无论采用什么方法和程序，均应确保索夹的安装符合设计要求。

9.4.5 对称发送能防止已安装索系、桥面结构等重要构件由于受力不平衡而损坏。

9.4.6 风索安装时，一般主索、桥面结构等已经安装完毕，非同时张拉有可能在张拉过程中对已经形成的跨越结构造成损坏。

9.4.7 某些跨越具有共轭索，一般在风索安装后进行，安装方法同风索。

9.4.8 某些跨越的吊索带有调整螺丝，由于一些原因可能造成螺丝位置移动，这时应根据在工厂中标定的位置将螺丝复位。

9.4.9 桥面结构上同一节吊点处都是 2 根吊索，同时安装可防止桥面结构受力不均匀而损坏。

9.5 桥面结构的制作与安装

9.5.1 桥面结构的安装同跨越主体的施工方法紧密相连，施工前应根据具体情况制订吊装施工方案，本条不作具体规定。

9.5.2 吊点设置不当和发送方法不当均能造成桥面结构的扭转，从而损坏桥面结构，并有可能对发送的桥面结构上的施工人员造成伤害，故制定本条。

9.5.3 发送道（架）一般采用框架结构，既作为发送道使用，同时也作为管道组焊、检测、防腐等作业平台，故规定发送道（架）必须牢固、可靠。

9.5.5 桥面结构就位后，虽然还未安装跨越主管道，但是跨越雏形已经形成，这时根据各处标定位置和施工图设计要求进行调整，确保在管道安装后和试压的

情况下仍然符合设计要求。

9.5.6 桥面附属工程根据不同的情况可以在桥面结构发送前安装也可以发送后安装，或者先安装一部分，本条不作具体规定。

9.5.7 滚筒转动不灵活会影响跨越管道的正常位移；防腐层的保护套如果安装位置偏移滚筒轴线中线过多，有可能造成跨越管道移动时使滚筒直接接触管道防腐层，故制定本条。

9.5.8 管道焊接和试压前后的差异有可能造成跨越外形的变化，从而引起早期安装的构件受到损坏；标准化和工厂化制造的栏杆走道板外观质量很好，抗腐蚀能力也大大优于现场制作。

9.5.9 管道的试压介质如果采用液体，则管道灌注液体前后，跨越桥面结构拱度会产生较大变化，这种变化有可能是整体焊接的栏杆构件无法承受，必须制定措施防止损坏。

9.5.10 桥面钢结构以及桥面附属工程的小型构件的制作要求与一般钢结构的制作是相同的，这里规定按照国家标准执行即可。

9.6 锚 固 墩

9.6.1 重力式锚固墩是较为规则的普通钢筋混凝土几何体构件，其模板、钢筋、混凝土施工工艺属常规性做法，故对其要求按本规范第7章有关规定执行。

9.6.2 重力式锚固墩基坑采用沿等高线自上而下分层开挖，便于开挖时可根据基坑的地质情况调整施工方法、基坑工作面宽度等，特别是在遇页岩时，在设计许可的情况下，可利用基岩作模板，在绑扎钢筋后，可直接往基坑内灌注混凝土。

9.6.3 为了保证锚杆与固定板、锚杆与支架在正式安装时能顺利进行，正式安装前宜进行试安装。

10 斜拉索式跨越施工

10.3 临时承重索安装

10.3.1 临时承重索安装是吊装的关键工序，需要施工人员根据多种因素进行综合考虑，这里特别进行强调说明。

10.3.2 临时承重索在塔顶的锁固是施工安全的重要保证。

10.3.3 这里推荐临时承重索过江（河）的一般方法。

10.4 桥面结构的制作与安装

10.4.1 一般设计人员在设计过程中也考虑了桥面结构的安装方法，这里根据施工经验作出进一步的建议。

10.4.2、10.4.3 桥面结构的吊装方法较多，这里推荐几种施工方法，但前提是不能损坏桥面结构。

10.4.4 斜拉索跨越的索具系统安装较悬索跨越复杂，桥面结构的线型应通过施工临时承重索等吊装工具随时对桥面结构的线型进行调整。

10.5 拉索安装

10.5.1 拉索安装受各种因素制约，施工方法较多，本条不作具体规定。

10.5.2 索体的过度弯折会降低强度。

11 桁架式跨越施工

11.1 下料与组装

11.1.2 桁架组装时的重点控制是弦杆的起拱，起拱值的偏差及连续性是桁架结构符合设计的关键。

11.2 桁架的焊接与检验

11.2.1 由于跨越桁架结构件连接的方式为节点板型和钢管对钢管，"T"、"Y"、"K"型焊缝比较集中，需明确焊接顺序和方法来减小变形和焊接应力。

11.2.2 弦杆对接焊缝返修不超过2次，是为了保证焊缝的力学性能，与塔架的对接焊缝相比，此条规定更为严格。

11.3 桁架安装

11.3.2 根据现场施工的经验总结，为防止下弦杆件受力变形，应当采取稳固措施，通常在吊点处采用弧型钢板或钢管加固，吊具一般捆绑在桁架节点上。

根据现场施工的经验总结，为防止下弦杆件受力变形，应当采取稳固措施，地脚螺栓中心线偏移量规定是为了满足桁架间由于温度应力变化造成的自由伸缩符合设计要求。

12 其他形式跨越施工

12.0.1～12.0.4 其他跨越形式很多，常用的有拱式、梁式、托架管道跨越等，一般跨度都不大，管道管径也比较小，结构简单，管道的组装、焊接、清管试压除执行本规范规定外，钢结构的制作还应参照现行国家标准《钢结构工程施工质量验收规范》GB 50205 的规定进行施工和验收。

13 跨越管道安装就位、焊接及检验

13.1 管段加工与组装

13.1.1 为防止产生组装错口大，并尽量减少跨越段环焊缝数量，跨越段管道应选配管，故作此规定。

13.1.3 坡口表面有裂纹、夹层时应切除，并重新加工坡口，裂纹不得补焊。

13.1.4 本条依据现行国家标准《油气长输管道工程施工及验收规范》GB 50369—2006 中第 10.2.2 条的规定制定。

13.1.5 为防止定位焊产生裂纹，故规定管道组装应采用对口器。定位焊长度、厚度达到规定值，才能撤除对口器。

13.2 管道焊接

13.2.2 焊接工艺评定、焊接规程和作业指导书是指导焊接作业、保证焊接质量的必要前提，在施工前必须作好焊接工艺评定，并根据合格的焊接工艺评定编制焊接工艺规程和焊接作业指导书。

13.2.3 虽然现行国家标准《现场设备、工业管道焊接工程施工及验收规范》GB 50236 中编入了焊接工艺评定的内容，但不能完全满足油气管道焊接的要求，而国家现行标准《石油天然气金属管道焊接工艺评定》SY/T 0452 是油气管道的专业标准，所以推荐采用此标准进行工艺评定。

13.2.5 焊接作业时，可根据气候条件和焊接工艺选择适合的防风、防雨和防潮措施，确保焊接质量。

13.2.6 焊工资质和焊工能力是焊接质量的基本保证。焊工属特殊工种，本条按照国家对特殊工种从业要求提出。

13.2.7 管道焊接时应使用专用的卡具，防止地线与钢管外壁碰撞、接触产生的电火花烧伤母材。焊接时采用耐热材料保护的目的是防止焊接飞溅对外防腐层的灼伤。

13.2.8 严禁采用打钢印的方法做焊缝标志，这将造成钢材壁厚局部减小。

13.3 焊缝质量检验

13.3.1 本条参照了国家现行标准《钢质管道焊接及验收》SY/T 4103 的相关要求。

13.3.2 对无损检测人员的资格作出规定，是根据国家主管部门的强制要求提出的，也是目前国内的一致做法。

13.3.3 本条是根据国内近年建设的多项重点工程实践制定的。全自动焊时建议采用全自动超声波检测（AUT），大中型跨越推荐采用数字超声波检测。

13.3.4 本条依据现行国家标准《油气长输管道工程施工及验收规范》GB 50369 第 10.3.7 条的规定制定。焊接过程中的弧坑裂纹在未进行无损检测前可以修补，但无损检测中发现的裂纹必须割除。

13.4 弯管的组装焊接

13.4.3、13.4.4 预埋弯管与跨越管道对接时，若预埋弯管偏移，将影响跨越管道安装。为此，必须严格

控制弯管的位置。

13.5 补偿器制作及安装

13.5.1 补偿器的外观质量检查也应采用国家现行标准《油气输送用钢制弯管》SY/T 5257 的规定。

13.5.2 跨越补偿器用的弯管应符合所列规定。

13.5.3 直管段长度参考了现行国家标准《工业金属管道工程施工及验收规范》GB 50235 的规定。

13.5.4 设计有要求才执行预张拉或者预压。

14 管道清管和试压

14.1 一般规定

14.1.2 为减少多次重复试压对管材造成疲劳损伤，参考国内外相关施工规范的要求，跨越设计结构形式的变化，跨越施工由分段组装发送转变为单根组焊发送或在桥面结构上直接组焊，且焊口"双百检测"，宜采用整体组焊完成后一次性试压的方法。对单独进行施工的小型跨越和设计要求单独试压的小型跨越，应进行单独试压；与线路工程一同进行施工的小型跨越，宜与线路一起试压。

14.1.3 清管和试压用临时装置，如临时收发球筒、试压封头等，现场制作完成后，应经试压合格，方可用于跨越段管道清管和试压。

14.1.4 本条依据现行国家标准《油气长输管道工程施工及验收规范》GB 50369 第 14.4.2 条的规定制定。

14.1.6 出于安全的需要，考虑施工人员及附近公众与设施的安全，作出了清管及试压的安全规定。

14.2 清管及试压

14.2.1 中小型跨越由于管道长度小，施工时易采取措施保证管内的清洁，可不进行清管作业。但当管道的内腐蚀较重或在施工过程中管内进入较多杂物时需要清管。

14.2.3 本条依据现行国家标准《油气长输管道工程施工及验收规范》GB 50369 第 14.3.7 条的规定制定。

14.2.4 本条依据西气东输管道、忠武输气管道等工程施工经验制定。

14.2.6 试验压力、稳压时间及合格标准按国家现行标准《原油和天然气输送管道穿跨越工程设计规范跨越工程》SY/T 0015.2 的规定。

14.2.10 水压试验后的扫水，因一般情况下跨越段管道还将参加线路管道分段试压，除非设计有特殊要求，否则清扫以不再排出游离水为合格，不进行深度扫水。

15 防腐和保温

15.1 防 腐

15.1.1 跨越管道、钢丝绳、塔架及桥面系统等所处的工作环境甚差，长期悬于空中，因空气中污染物质和雨水的侵蚀，易发生腐蚀，直接危及管道的使用寿命；维修时高空作业难度大、风险高。为了提高跨越工程的使用寿命、减少生产成本、保证外观美观大方，应对跨越工程的钢管、钢丝绳、塔架及桥面系统的金属结构等，采用不易龟裂脱皮、附着力强、耐水性好、色调均匀的材料进行防腐。

15.1.2 清除表面的锈蚀、油污、灰尘、水汽，可以保证防腐涂层在构件表面的附着力，确保防腐质量。钢制索塔的油漆宜先单根涂刷底漆，组对、焊接、吊装就位完成并经检查合格后再按设计要求整体油漆，这样可以避免一些死角部位防腐不到位。

15.1.3 由于不同的防腐材料在不同地区的适应性、不同防腐材料在施工配比方面的不同要求，以及不同生产厂家的同种防腐材料在性能和使用要求上的差异，因而提出本条。要求在防腐施工前做好试配，试验数据与标准或厂家的说明数据相符后才能正式施工。

15.1.4 刷涂或滚涂时层间采取纵横交错，每层往复进行，可以使涂层刷纹通顺或无刷纹。喷涂时，推荐采取喷嘴与被喷面的距离平面为 250～350mm、圆弧面为 400mm，并与被喷面成 $70°\sim80°$ 的夹角，压缩空气压力为 0.3～0.6MPa，可以得到较好的喷涂质量。

15.1.6 钢丝绳的防腐与防护，宜在安装前完成，安装调试合格后经检查若有损伤，对损伤部位按同样的质量标准进行修补。

15.2 保 温

15.2.1 跨越建设在不同的自然地理环境中，环境温度变化不一，输送介质的工作温度不同。为了保证输送畅通、不冻结、不降低输送能力、不增加能量消耗、提高社会和经济效益，应按设计要求选用保温性能好、重量轻的材料对管道保温。

15.2.2～15.2.14 由于保温形式的多样性，仅列出了保温施工的基本要求，施工时还应符合设计要求及施工选用的相关规范标准的要求。

16 健康、安全与环境

16.0.1 管道跨越工程施工编制的健康、安全与环境管理的作业指导书和作业计划书至少应包括以下内容：

1 健康、安全与环境管理作业指导书：
1）岗位任职条件；
2）岗位职责；
3）岗位操作规程；
4）巡回检查及主要检查内容；
5）应急处置程序。

2 健康、安全与环境管理作业计划书：
1）项目概况、作业现场及周边情况；
2）人员能力及设备状况；
3）项目新增危害因素辨识与主要风险提示；
4）风险控制措施；
5）应急预案。

17 工 程 交 工

17.0.1 本条阐明施工单位应按照合同完成全部工作量后向建设单位（监理）提交交工验收申请，根据工程的组织形式不同，在合同中应明确交工报告的接收单位。

17.0.2 本条提出了工程交工时，施工单位应提交的基本技术资料，可以根据工程实际情况和档案管理的要求，在此基础上补充增加相关内容。

中华人民共和国国家标准

石油化工静设备安装工程施工质量
验 收 规 范

Code for quality acceptance of static equipment
installation in petrochemical engineering

GB 50461—2008

主编部门：中国石油化工集团公司
批准部门：中华人民共和国住房和城乡建设部
施行日期：２００９年５月１日

中华人民共和国住房和城乡建设部
公 告

第 163 号

住房和城乡建设部关于发布国家标准
《石油化工静设备安装工程施工质量
验收规范》的公告

现批准《石油化工静设备安装工程施工质量验收规范》为国家标准，编号为 GB 50461—2008，自 2009 年 5 月 1 日起实施。其中，第 4.3.4、5.4.3、6.1.3、7.0.2 条为强制性条文，必须严格执行。

本规范由我部标准定额研究所组织中国计划出版社出版发行。

中华人民共和国住房和城乡建设部
二〇〇八年十一月十二日

前 言

本规范是根据建设部建标函〔2005〕124 号文件《2005 年工程建设标准规范制订、修订计划（第二批）的通知》，由中国石油化工集团公司组织中国石化集团第四建设公司，会同中国石化集团第二建设公司、南京扬子石油化工工程有限责任公司、石油化工工程质量监督总站扬子石化分站等单位共同编制。

在编制过程中，编制组开展了专题研究，进行了比较广泛的调研，总结了近几年来石油化工工程建设的实践经验，坚持了"验评分离、强化验收、完善手段、过程控制"的指导原则，并以多种形式征求了有关设计、施工、监理等方面的意见，对其中主要问题进行了多次讨论，最后经审查定稿。

本规范的主要内容有：静设备安装的基本规定；基础复测及处理、地脚螺栓、垫铁的规定；静设备安装质量验收标准；静设备现场组焊的质量验收标准；试验要求；工程交工要求。

本规范以黑体字标志的条文为强制性条文，必须严格执行。

本规范由住房和城乡建设部负责管理和对强制性条文的解释，由中国石油化工集团公司负责日常管理工作，由中国石化集团第四建设公司负责具体技术内容的解释。本规范在执行过程中，请各单位结合工程实践，认真总结经验，注意积累资料，随时将意见或建议反馈给中国石化集团第四建设公司（地址：天津市大港区世纪大道 180 号，邮政编码：300270，E-mail：pfccjsc@126.com）。

本规范主编单位、参编单位和主要起草人：

主编单位：中国石化集团第四建设公司

参编单位：中国石化集团第二建设公司
南京扬子石油化工工程有限责任公司
石油化工工程质量监督总站扬子石化分站

主要起草人：肖 然 张瑞环 吴承均 葛春玉
陈亚新 郑祥龙 孙桂宏 郭书诠
梅宝祥

目　次

1 总 则

1.0.1 为加强石油化工建设工程质量管理，统一石油化工静设备（以下简称设备）安装工程施工质量验收的要求，保证设备安装质量，制定本规范。

1.0.2 本规范适用于石油化工建设工程整体安装设备和现场组焊设备及其专用内件、安全附件、设备附属梯子、平台等安装工程施工质量的验收。

本规范不适用于立式圆筒形储罐、气柜和非金属设备施工质量的验收。

1.0.3 本规范各条款除注明检查数量外，均应全数检查。

1.0.4 设备安装工程施工质量验收除应符合设计文件和本规范外，尚应符合国家现行有关标准的规定。

2 术 语

2.0.1 石油化工静设备 petrochemical static equipment

石油化工生产装置、辅助设施和公用工程的反应设备、分离设备、换热设备、储存设备的统称，分为压力容器和非压力容器两类。石油化工静设备包括本体及本体与外管道连接的第一道环向焊缝的焊接坡口、螺纹连接的第一个螺纹接头、法兰连接的第一个法兰密封面及开孔的封闭元件、紧固件及补强元件等。

2.0.2 方位线 orientational reference line

为检验设备制造和安装质量，在设备内壁或外壁用 0°、90°、180°、270°标识的纵向母线。

2.0.3 基准圆周线 base circumferential line

为检验设备制造和安装质量，在设备内壁或外壁特定位置给出的垂直于轴线的平面与器壁的交线。

3 基 本 规 定

3.1 资质要求

3.1.1 从事设备安装、现场组焊和无损检测等施工单位应具有与所承担工程内容相应的专业资质。

检验方法：检查企业资质证书。

3.1.2 从事设备焊接的焊工、无损检测人员应按国家现行有关标准和规定考试取得合格证，且只能从事与资格相应的作业。

检验方法：检查人员资格证书。

3.2 计量器具

3.2.1 计量器具应经过检定、校准或验证，处于合格状态，并在有效检定期内使用。

检验方法：检查计量器具检定标志。

3.2.2 周期检定的计量器具调转时，应有检定、校准合格证书。

检验方法：检查计量器具检定证书。

3.3 压力容器安装工程的监督检验

3.3.1 从事压力容器现场组焊、安装的施工单位在施工前应书面告知工程所在地特种设备安全监督管理部门。

检验方法：检查"特种设备现场组焊、安装告知书"。

3.3.2 从事压力容器现场组焊、安装的施工单位应接受工程所在地有资质的检验检测机构的监督检验。

检验方法：检查"锅炉压力容器安装质量证明书"、"锅炉压力容器产品安全性能监督检验证书"。

3.4 设备安装技术文件

3.4.1 设备安装应具有下列技术文件：

1 设计文件。

2 设备质量证明文件。

3 标准规范。

4 施工技术文件。

检验方法：检查相关文件。

3.4.2 设备质量证明文件应符合下列规定，压力容器质量证明文件尚应符合《压力容器安全技术监察规程》的要求：

1 内容与特性数据符合设计文件。

2 有复验要求的材料应有复验报告。

检验方法：检查相关资料。

3.5 设备开箱检验

3.5.1 设备、内件和安全附件应符合设计文件和订货合同的要求。

检验方法：检查相关资料。

3.5.2 开箱检验应在有关人员参加下按照装箱单清点并检查下列项目：

1 箱号、箱数及包装。

2 设备名称、型号及规格。

3 设备质量证明文件。

4 设备内件及安全附件的规格、型号、数量。

检验方法：检查设备开箱检验记录。

3.5.3 设备外观质量应符合下列要求：

1 无表面损伤、变形及锈蚀。

2 工装卡具的焊疤已清除。

3 设备管口封闭。

4 不锈钢及复合钢板制设备的防腐蚀面、低温设备表面不应有刻痕和各类钢印标记。

5 奥氏体不锈钢制设备、钛和钛合金制设备、锆和锆合金制设备、铝和铝合金制设备表面应无铁离子污染。

6 防腐蚀涂料无流坠、脱落和返锈。

7 充氮设备处于有效保护状态。

检验方法：对设备实体进行检查。

3.5.4 现场组焊设备组装元件尚应按本规范第 5 章的规定进行检查。

3.5.5 设备的方位线标记、重心标记及吊挂点等标记应清晰。

检验方法：对设备实体进行检查。

3.6 设备安装测量基准的确认及标识

3.6.1 设备安装测量基准应符合下列规定：

1 设备支座的底面作为安装标高的基准。

2 立式设备任意两条相邻的方位线作为设备垂直度测量基准。

3 卧式设备两侧水平方位线作为水平度的测量基准。

4 套管式换热器以顶层换热管的上表面作为水平度的测量基准，以支架底板的底面作为安装标高的测量基准，以一根支架柱的外侧面作为单排管垂直度的测量基准。

5 球形储罐以赤道线作为水平度的测量基准，以支柱在球形储罐径向和周向两个方向纵向母线作为垂直度的测量基准。

6 对相互衔接的设备，还应按衔接的要求确定测量基准。

检验方法：对设备实体进行检查。

3.6.2 现场装配内件的立式设备，其内壁的基准圆周线作为水平度的测量基准。

检验方法：检查设备内壁基准圆周线。

3.7 成品及半成品保护

3.7.1 奥氏体不锈钢制设备、钛和钛合金制设备、锆和锆合金制设备、铝和铝合金制设备应与碳钢隔离，并采取防止铁离子污染的措施。

检验方法：观察检查。

3.7.2 钛和钛合金制设备、锆和锆合金制设备、铝和铝合金制设备及低温设备不得有表面擦伤。

检验方法：观察检查。

3.7.3 设备管口或开口应封闭。

检验方法：观察检查。

3.7.4 空冷式换热器，管束翅片不得损伤。

检验方法：观察检查。

3.7.5 已进行热处理的设备不得有电弧损伤。

检验方法：观察检查。

3.7.6 氮气保护的设备应保持规定的氮气压力。

检验方法：观察检查。

3.7.7 内壁抛光的设备应有油脂保护。

检验方法：观察检查。

4 设 备 安 装

4.1 基础复测及处理

4.1.1 当基础交付安装时，基础混凝土强度不得低于设计强度的 75%。基础施工单位应提交测量记录及技术资料，安装单位应按本规范第 4.1.3 条的要求进行相关数据的复测。

检验方法：检查基础质量检验记录和同条件混凝土试块检验报告。

4.1.2 基础施工单位应在交付的基础上画出标高基准线和纵、横中心线；有沉降观测要求的基础，应有沉降观测点。

检验方法：检查基础实体。

4.1.3 块体式混凝土基础质量应符合表 4.1.3-1～表 4.1.3-3 的规定。

表 4.1.3-1　块体式混凝土基础质量标准（mm）

项次	检 查 项 目		允许偏差值	检验方法
1	基础坐标位置（纵、横轴线）		20	全站仪或经纬仪、钢尺实测
2	基础各不同平面的标高		0 −20	水准仪、钢尺实测
3	基础上平面外形尺寸		±20	钢尺实测
	凸台上平面外形尺寸		0 −20	
	凹穴尺寸		+20 0	
4	基础平面度（包括地坪上需要安装设备的部分）	每米	5	水准仪或水平尺、钢尺实测
		全长	10	
5	侧面垂直度	每米	5	经纬仪或吊线坠、钢尺实测
		全高	10	
6	预埋地脚螺栓	标高（顶端）	+10 0	水准仪或水平尺、钢尺实测
		螺栓中心圆直径	±5	
		相邻螺栓中心距（在根部和顶部两处测量）	±2	
		垂直度	2	

项次	检查项目		允许偏差值	检验方法
7	地脚螺栓预留孔	中心位置	10	吊线坠、钢尺实测
		深度	+20 0	
		孔中心线垂直度	10	
8	预埋件	标高(平面)	+5 0	水准仪或水平尺、钢尺实测
		中心线位置	10	
		水平度	10	

表 4.1.3-2 框架式混凝土基础质量标准 (mm)

项次	检查项目		允许偏差值	检验方法
1	基础坐标位置(纵、横轴线)	基础	15	全站仪或经纬仪、钢尺现场实测
		柱、梁	8	
2	垂直度	每层	5	吊线坠、经纬仪、钢尺实测
		全高	$H/1000$且不大于20	
3	标高	层高	0 −10	水准仪、钢尺实测
		全高	0 −20	
4	截面尺寸		+8 −5	钢尺实测
5	平面度		8	用2m钢直尺检查
6	预埋设施中心线位置	预埋件	10	拉线、钢尺测量
		预埋地脚螺栓	2	
		预埋管	5	
7	预留孔中心线位置		10	拉线、钢尺测量
8	预埋管垂直度		$3h_1/1000$	吊线坠、钢尺测量

注:H_1 为结构全高;h_1 为预埋管高度。

表 4.1.3-3 钢构架式基础质量标准 (mm)

项次	检查项目		允许偏差值	检验方法
1	立式设备支撑梁式基础	基础坐标位置(纵、横轴线)	20	全站仪或经纬仪、钢尺现场实测
		基础上平面的标高	±3	钢尺实测
		基础上平面的水平度	$L_1/1000$且不大于5	水准仪、水平尺和钢尺实测
		地脚螺栓孔 中心距	+2	吊线坠、钢尺实测
		孔中心线垂直度	$h_2/250$且不大于15	

项次	检查项目		允许偏差值	检验方法
2	卧式设备支座式基础	基础坐标位置(纵、横轴线)	20	全站仪或经纬仪、钢尺现场实测
		基础上平面的标高	±3	钢尺实测
		基础上平面的水平度	$L_2/1000$且不大于5	水准仪
		基础的垂直度	$H_2/1000$	吊线坠
		地脚螺栓孔中心距	±2	钢尺实测

注:L_1 为梁的长度;h_2 为上、下两地脚螺栓孔间的距离;L_2 为支座的长度;H_2 为支座高度。

4.1.4 卧式设备滑动端基础预埋板的上表面应光滑平整,不得有挂渣、飞溅物。水平度为 2mm/m。混凝土基础抹面不得高出预埋板的上表面。

检验方法:用水准仪、水平尺现场测量。

4.1.5 球形储罐基础各部位(图 4.1.5)施工质量偏差应符合表 4.1.5 的规定。

表 4.1.5 球形储罐基础质量标准

项次	检查项目		允许偏差值 单位	允许偏差值 数值	检验方法
1	基础中心圆直径 D_1	球形储罐容积<1000m³	mm	±5	
		球形储罐容积≥1000m³	mm	$±D_1/2000$	
2	基础方位		(°)	1	
3	相邻支柱基础中心距 S		mm	±2	
4	支柱基础上的地脚螺栓中心与基础中心圆的间距 S_1		mm	±2	
5	支柱基础上的地脚螺栓预留孔中心与基础中心圆的间距 S_2		mm	±8	
6	基础标高	采用地脚螺栓固定的基础 各支柱基础上表面的标高		$−D_1/1000$且不低于−15	钢尺实测
		相邻支柱的基础标高差		4	
		采用预埋地脚板固定的基础 各支柱基础地脚上表面标高		0 −6	
		相邻支柱基础地脚板标高差	mm	3	
7	单个支柱基础上表面的水平度	采用地脚螺栓固定的基础	mm	5	水准仪、水平尺和钢尺实测
		采用预埋地脚板固定的基础地脚板	mm	2	

注:D_1 为球形储罐内直径。

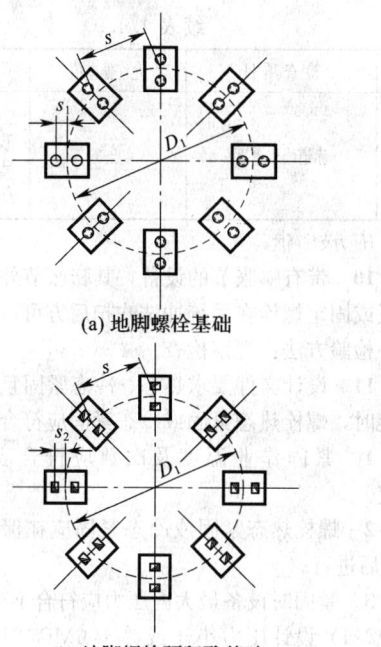

(a) 地脚螺栓基础

(b) 地脚螺栓预留孔基础

图 4.1.5 球形储罐基础各部位尺寸检查示意

4.1.6 基础混凝土表面不得有油渍及疏松层,并符合以下规定:

1 放置垫铁处应铲平。

2 放置垫铁处以外应凿成麻面,以 100mm×100mm 面积内有 3～5 个深度不小于 10mm 的麻点为宜。

检验方法:观察检查,现场用钢尺实测。

4.2 地脚螺栓

4.2.1 地脚螺栓的螺纹应无损坏、无锈蚀,且应有保护措施。

检验方法:观察检查。

4.2.2 预留孔地脚螺栓的埋设应符合以下规定:

1 地脚螺栓在预留孔中应垂直。

2 地脚螺栓任一部位与孔壁的距离不应小于 15mm,与孔底的距离应大于 50mm。

检验方法:观察检查和用钢尺现场实测。

4.2.3 预留孔中的混凝土达到设计强度后,方可拧紧地脚螺栓。

检验方法:检查灌浆试块强度报告。

4.2.4 地脚螺栓的螺母和垫圈齐全,锁紧螺母与螺母、螺母与垫圈、垫圈与设备底座间的接触应良好。紧固后螺纹露出螺母不应少于 2 个螺距。螺纹外露部分应涂防锈脂。

检验方法:观察检查和锤击检查。

4.3 垫 铁

4.3.1 设备采用垫铁组找正、找平时,垫铁规格宜按本规范附录 A 选用,并按下列规定设置垫铁组:

1 裙式支座每个地脚螺栓近旁应至少设置 1 组垫铁;鞍式支座、耳式支座每个地脚螺栓应对称设置 2 组垫铁;球形储罐支柱式支座,每个地脚螺栓近旁应对称设置 2 组垫铁;其他支柱式支座每个地脚螺栓近旁宜放置 1 组垫铁。

2 有加强筋的设备支座,垫铁应垫在加强筋下。

3 相邻两垫铁组的中心距不应大于 500mm。

4 垫铁组高度宜为 30～80mm。

检验方法:现场观察和用钢尺现场实测。

4.3.2 设备找正后,各组垫铁均应被压紧,垫铁之间和垫铁与支座之间应均匀接触,垫铁应露出设备支座底板外缘 10～30mm,垫铁组伸入支座底板长度应超过地脚螺栓。垫铁组层间应进行焊接固定。

检验方法:用 0.25kg 手锤锤击检查。

4.3.3 支柱式设备每组垫铁的块数不应超过 3 块,其他设备每组垫铁的块数不应超过 5 块;斜垫铁下面应有平垫铁,放置平垫铁时,最厚的放在下面,薄的放在中间;斜垫铁应成对相向使用,搭接长度不应小于全长的 3/4。

检验方法:观察检查及用尺检查。

4.3.4 焊后进行整体热处理的球形储罐,在支柱底板与垫铁组之间应设置滑动底板。

检验方法:观察检查。

4.3.5 安装在钢构架基础上的设备找正后,其垫铁与钢构架基础应焊牢。

检验方法:观察检查。

4.4 安 装 通 则

4.4.1 立式设备安装质量应符合表 4.4.1 的规定。

表 4.4.1 立式设备安装质量标准 (mm)

项次	检查项目		允许偏差值	检验方法
1	支座纵、横中心线位置	$D_0 \leq 2000$	5	用吊线坠、经纬仪、钢尺现场实测
		$D_0 > 2000$	10	
2	标高		±5	
3	垂直度	$H \leq 30000$	$H/1000$	
		$H > 30000$	$H/1000$ 且不大于 50	
4	方位	$D_0 \leq 2000$	10	
		$D_0 > 2000$	15	

注:1 D_0 为设备的外直径,H 为立式设备两端部测点间的距离。

2 高度超过 20m 的设备,其垂直度的测量工作不应在一侧受阳光照射或风力大于 4 级的条件下进行。

3 方位线沿底座圆周测量。

4.4.2 分段法兰连接的立式设备,组装时筒体法兰密封面应清理干净。组装成整体后筒体的直线度应符合本规范表 5.2.9-3 的规定,安装质量应符合本规范表 4.4.1 的规定。

4.4.3 卧式设备安装质量应符合表 4.4.3 的规定。

表 4.4.3 卧式设备安装质量标准（mm）

项次	检查项目		允许偏差值	检验方法
1	支座纵、横中心线位置		5	用水准仪或U形管水平仪、钢尺现场实测
2	标高		±5	
3	水平度	轴向	$L/1000$	
		径向	$2D_0/1000$	

注：1 L 为卧式设备两端测点间的距离，D_0 为设备的外径。

　　2 轴向水平低点宜与设备的排液方向一致；有坡度要求的设备，其坡度按设计文件要求执行。

4.4.4 卧式设备滑动端地脚螺栓宜处于支座长圆孔的中间，位置偏差应偏向补偿温度变化所引起的伸缩方向；支座滑动表面清理干净，并涂润滑剂；设备配管结束后，松动滑动端支座地脚螺栓螺母，使其与支座板面间留有 1~3mm 间隙，并紧固锁紧螺母。

　　检验方法：观察检查和用塞尺检查。

4.4.5 直连式设备安装应控制造厂的标识进行组装，其安装质量应符合本规范表 4.4.3 的规定。设备支座间的调整垫板应焊在下层设备的支座上。

　　检验方法：观察检查。

4.4.6 套管式换热器安装应保证整体水平，其安装质量应符合本规范表 4.4.3 的规定。

4.4.7 板片式换热器上、下导杆滑动表面和夹紧螺杆表面应清洗干净，并涂润滑脂。压紧板上的滚动轴承应清洁、转动灵活，并加润滑脂；在防爆环境中，应加防爆润滑脂。

　　夹紧螺杆安装应交错对称均匀拧紧，管片侧面板边端处应平齐，压紧板安装后平行度应符合下列要求：

　　1 压紧板夹紧尺寸小于 1000mm 时为 2mm。

　　2 压紧板夹紧尺寸大于或等于 1000mm 时为 4mm。

　　检验方法：观察检查和用钢尺实测。

4.4.8 空冷式换热器安装后应松开管箱与侧梁连接的滑动螺栓。空冷式换热器管束安装质量应符合表 4.4.8 的规定。空冷式换热器构架施工质量应符合本规范附录 B 的有关规定。

表 4.4.8 空冷器管束安装质量标准（mm）

项次	检查项目	允许偏差值	检验方法
1	管束纵、横向中心位置	10	用钢尺检查
2	空冷器的漏气间隙	≤10	

4.4.9 球形储罐安装质量应符合表 4.4.9 的规定。

表 4.4.9 球形储罐安装质量标准（mm）

项次	检查项目		允许偏差值	检验方法
1	支柱垂直度	$H_3 \leqslant 8000$	12	在球形储罐径向和周向两个方向用线坠、钢尺或经纬仪测量
		$H_3 > 8000$	1.5H_3/1000 且不大于 15	

续表 4.4.9

项次	检查项目	允许偏差值	检验方法
2	赤道线水平度	±3	用水准仪或U形管水平仪、钢尺现场实测，测点不少于6点

注：H_3 为支柱高度。

4.4.10 带有膨胀节的设备，其膨胀节外部壳体上固定板或固定螺栓在系统冲洗吹扫后方可拆除或松开。

　　检验方法：观察检查。

4.4.11 设计文件要求热态、冷态紧固且设计文件无规定时，螺栓热态紧固或冷态紧固应符合下列规定：

　　1 紧固作业温度及次数应符合表 4.4.11 的规定。

　　2 螺栓热态紧固或冷态紧固应在保持操作温度 24h 后进行。

　　3 紧固时设备最大内压力应符合下列规定：

　　　　1）设计压力小于或等于 6MPa 时，热态紧固最大内压力为 0.3MPa。

　　　　2）设计压力大于 6MPa 时，热态紧固最大内压力为 0.5MPa。

　　　　3）冷态紧固应卸压。

表 4.4.11 螺栓热态紧固、冷态紧固作业温度及次数（℃）

设备操作温度	一次紧固温度	二次紧固温度
250~350	操作温度	—
>350	350	操作温度
−20~−70	操作温度	—
<−70	−70	操作温度

4.5 灌　浆

4.5.1 灌浆前应用水将基础表面冲洗干净，保持湿润不应少于 24h。地脚螺栓孔灌浆前 1h 应吸干积水，清除预留孔中的杂物。二次灌浆应在设备找正、找平、隐蔽工程检验合格后进行。

　　检验方法：观察检查及隐蔽工程记录。

4.5.2 采用垫铁安装的设备二次灌浆材料宜采用细石混凝土，其强度等级应比基础混凝土强度等级高一级。无垫铁安装的设备二次灌浆材料应采用微胀混凝土，并制作同条件试块。

　　检验方法：观察检查及试块。

4.5.3 地脚螺栓预留孔或二次灌浆层灌浆应一次完成。立式设备裙座内部灌浆面应与底座环上表面齐。设备支座底板外缘的灌浆层应压实抹光，上表面应略向外的坡度，高度应略低于设备支座底板边缘的上表面。

　　检验方法：观察检查。

4.5.4 无垫铁安装的二次灌浆层达到设计强度的

75%以上时，方可松开顶丝或取出临时支撑件，并复测设备水平度，检查地脚螺栓的紧固程度，将支撑件的空隙用与二次灌浆同样的灌浆料填实。

检验方法：检查试件强度试验报告。

4.6 内件安装

4.6.1 设备内件安装前应清除表面油污、焊渣、铁锈、泥沙、毛刺等杂物。设备内部应清扫干净。

检验方法：观察检查。

4.6.2 塔类设备内件的复验及安装质量应符合本规范附录C的有关规定。

4.6.3 催化裂化装置反应再生系统设备内件安装质量应符合本规范附录D的有关规定。

4.7 安全附件安装

4.7.1 安全阀安装前，应按设计文件规定进行调试。调试后的安全阀应加铅封，并封堵端口。

检验方法：观察检查和检查安全阀调试报告。

4.7.2 压力表液位计、流量计、测量仪表等安装前应经校验合格并加封印。安全附件安装应朝向便于观察的位置。

检验方法：观察检查和检查检定报告。

4.8 平台、梯子安装

4.8.1 焊接要求预热的设备，与其相焊的平台、梯子连接件焊前应按设备焊接工艺要求进行预热。

检验方法：观察检查。

4.8.2 焊后进行热处理的设备，与其相焊的平台、梯子的连接件应在热处理之前焊接完。

检验方法：观察检查。

4.8.3 平台、梯子安装质量应符合表4.8.3的规定。

表4.8.3 平台、梯子安装质量标准（mm）

项次	检查项目	允许偏差值	检验方法
1	平台标高	±10	钢尺检查
2	平台梁水平度	$3L_1/1000$且不大于10	水平尺检查
3	承重平台梁侧向弯曲	$L_1/1000$且不大于10	钢尺检查
4	平台表面平面度	±5	用1m钢直尺检查
5	梯子宽度	+5 0	钢尺检查
6	梯子纵向挠曲矢高	$L_1/1000$	拉线、钢尺检查
7	梯子踏步间距	±5	钢尺检查
8	直梯垂直度	$3h_3/1000$且不大于15	吊线坠、钢尺检查
9	斜梯踏步水平度	5	水平尺检查

续表4.8.3

项次	检查项目	允许偏差值	检验方法
10	栏杆高度	±5	钢尺检查
11	栏杆立柱间距	±10	钢尺检查

注：L_1为梁的长度，h_3为直梯高度。

检查数量：按平台、梯子总数10%抽查，且不少于1个。

4.8.4 与设备本体相焊的焊缝，其外观质量应符合设备本体焊缝质量要求；其他焊缝外观质量不得低于本规范表5.6.2-2的要求。

4.9 清洗、清理与封闭

4.9.1 设备酸洗、钝化处理后质量检验方法和合格标准应符合下述规定：

1 酸洗和钝化并用水冲洗后，用0.01%甲基橙精溶液滴于设备酸洗钝化后的表面，以不出现红色为合格。

2 钝化膜的检验在同条件下进行表面处理的试板上进行，将赤血盐10g溶于500mL水中，加10mL浓硫酸和20mL浓盐酸，稀释至1000mL作为试液滴于被清洗的表面，0.5～1min内不出现深蓝色为合格。

检验方法：观察检查。

4.9.2 奥氏体不锈钢设备水冲洗用水的氯离子含量不应超过25mg/L。

检验方法：检查水质氯离子含量报告。

4.9.3 设备脱脂质量检验方法和合格标准应符合下述规定：

1 直接法：

1）用清洁干燥的白滤纸擦拭设备内壁及其内件，纸上应无油脂痕迹。

2）用波长为320～380nm的紫外线灯照射，脱脂表面应无紫蓝色荧光。

2 间接法：

1）蒸汽吹扫脱脂时，盛少量蒸汽冷凝液于器皿内，放入一粒直径不大于1mm的纯樟脑，以樟脑粒不停旋转为合格。

2）用有机溶剂或浓硝酸脱脂时，取脱脂后的溶液或酸分析所含油或有机物不应超过0.03%。

4.9.4 铝和铝合金制设备化学清洗后不得有水迹或碱迹。

检验方法：观察检查。

4.9.5 钛和钛合金制设备化学清洗后用铁氰化钾或菲绕啉($C_{12}H_3N_2$)溶液涂敷（或喷涂）或用含上述溶液的滤纸贴在设备表面上，溶液或滤纸应无变色。

4.9.6 设备封闭前内部应进行清理，不得有附着物及杂物。

检验方法：观察检查。

4.9.7 设备清洗或清理合格后应进行封闭。充氮保护的设备，氮气压力不应小于 0.02MPa。

检验方法：观察检查和检查"隐蔽工程记录"。

5 设备现场组焊

5.1 一般规定

5.1.1 设备现场组焊除符合本规范第 3.5 节规定外，尚应具有下列资料：

1 焊接工艺评定报告和焊接工艺文件。

2 焊接材料质量证明文件。

3 设备排板图。

检验方法：检查相关资料。

5.1.2 压力容器焊接工艺评定应按国家现行标准《钢制压力容器焊接工艺评定》JB 4708 的规定执行，非压力容器焊接工艺评定可按现行国家标准《现场设备、工业管道焊接工程施工及验收规范》GB 50236 的规定执行。低温压力容器焊接工艺评定应按现行国家标准《钢制压力容器》GB 150 的规定执行，并增加焊缝和热影响区的低温夏比（V型缺口）冲击试验。

检验方法：检查焊接工艺评定报告。

5.1.3 组装元件上的材料代号、组装（排板）编号等标识应与排板图相一致。

检验方法：按排板图现场检查。

5.1.4 若在基础上组装设备，混凝土基础应符合本规范第 4.1.1 条和第 4.1.6 条的规定。

5.1.5 焊条使用前应按说明书或焊接工艺文件要求进行烘烤。

检验方法：检查焊条烘烤记录。

5.1.6 球形储罐采用焊条电弧焊时，焊条应按批号进行熔敷金属扩散氢含量复验和药皮含水量测定，并应符合表 5.1.6 的要求。扩散氢含量试验应符合现行国家标准《电焊条熔敷金属中扩散氢测定方法》GB/T 3965 的有关规定。

**表 5.1.6 低氢型焊条熔敷金属扩散氢含量
和药皮含水量质量标准**

焊条型号	扩散氢含量（mL/100g）		药皮含水量（%）
	甘油法	气相色谱法或水银法	
E4315 E4316	≤4	—	≤0.35
E5015 E5016	≤4	≤10	≤0.35
E5015-X E5016-X	≤4	—	≤0.25
E5515-X E5516-X	≤3	≤10	≤0.2
E6015-X E6016-X	≤2	≤7	≤0.15
E7015-X E7016-X	≤2	≤4	≤0.15
E8016-C1 J607RH	≤2	≤4	≤0.15

检验方法：检查"焊条扩散氢含量复验报告"。

5.1.7 低温设备受压元件组装过程中不得有导致产生缺口效应的刻痕。

检验方法：观察检查。

5.2 组装元件检验

5.2.1 球形封头瓣片、椭圆形与碟形封头瓣片、锥形封头瓣片以及球壳板外形尺寸，应符合下列要求：

1 球形封头瓣片、球壳板的曲率（图 5.2.1-1）应符合表5.2.1-1的规定。

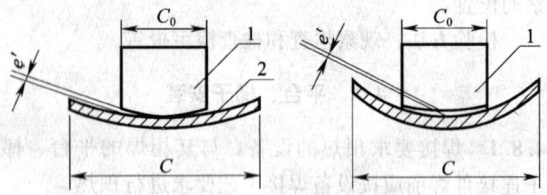

图 5.2.1-1 球形封头瓣片、球壳板曲率检查示意
1—样板；2—球形封头瓣片、球壳板

**表 5.2.1-1 球形封头瓣片、球壳板曲
率质量标准 （mm）**

瓣片弦长 C	样板弦长 C_0	允许间隙 e'	检验方法
<1500	1000		样板、钢尺检查
1500≤C<2000	1500	≤3	
≥2000	2000		

2 锥形封头瓣片用 300mm 钢板尺沿母线检查，其局部平面度为 1mm。

3 球壳板（图 5.2.1-2）、球形封头瓣片（图

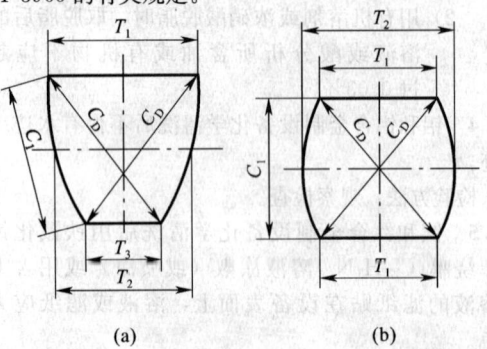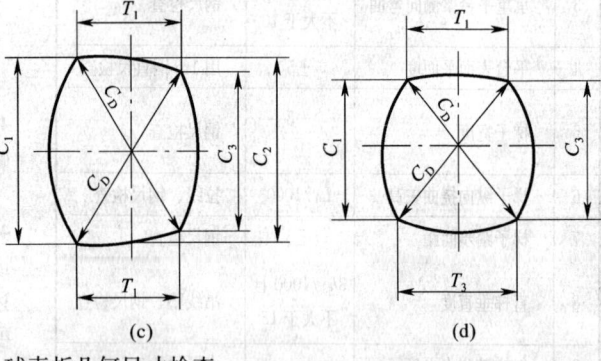

(a)   (b)   (c)   (d)

图 5.2.1-2 球壳板几何尺寸检查

5.2.1-3)、椭圆形与碟形封头瓣片（图 5.2.1-4）、锥形封头瓣片（图 5.2.1-5）的尺寸偏差应符合表 5.2.1-2 的规定。

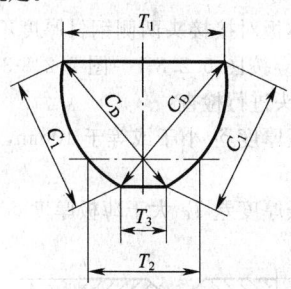

图 5.2.1-3　球形封头瓣片几何尺寸检查示意

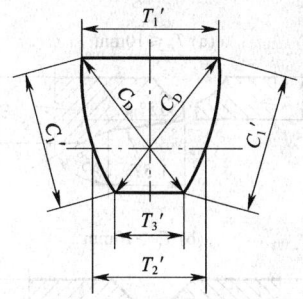

图 5.2.1-4　椭圆形与碟形封头瓣片几何尺寸检查示意

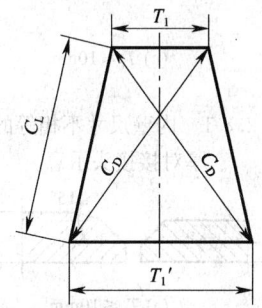

图 5.2.1-5　锥形封头瓣片几何尺寸检查示意

表 5.2.1-2　球壳板、封头瓣片几何尺寸质量标准（mm）

测量项目	允许偏差值				检验方法
	球壳板	封头瓣片			
		球形封头	椭圆形与碟形封头	锥形封头	
长度方向弦长 C_1、C_2、C_3	±2.5	±2.5	—	—	钢尺、拉线检查
任意宽度方向弦长 T_1、T_2、T_3	±2.0	±2.0	—	—	
对角线弦长 C_D	±3.0	±3.0	±3.0	±3.0	
对角线间的垂直距离	5	—	—	—	
弧长 C'_1	—	—	—	±2.5	
弧长 T'_1、T'_2、T'_3	—	—	—	±2.0	
母线长 C_L	—	—	—	±2.5	
弧长 T'_1	—	—	±2.5		

5.2.2　椭圆形、碟形、折边锥形封头的直边不得存在纵向皱折，直边高度 h_f（图 5.2.5）允许偏差为 $-5\%h_f \sim +10\%h_f$。直边倾斜度应符合表 5.2.2 的规定，测量时不应计入直边增厚部分。

表 5.2.2　封头直边倾斜度质量标准（mm）

封头公称直径 DN	直边高度 h_f	倾斜度		检验方法
		向外	向内	
≤2000	25	1.5	1.0	在封头直径方向拉一根钢丝，用直角尺的一直角边与拉紧的钢丝重合，另一直角边与封头直边靠紧，测量直角尺与封头间的最大距离
>2000	40	2.5	1.5	
—	>40	6%h_f 且不大于 5	4%h_f 且不大于 3	

5.2.3　椭圆形、碟形、折边锥形及球形封头几何尺寸应符合以下规定：

1　封头外圆周长偏差应符合表 5.2.3 的规定。

表 5.2.3　封头质量标准（mm）

公称直径 DN	钢材厚度 δ_S	外圆周长允许偏差值	检验方法
3000≤DN<5000	12≤δ_S<22	+12 −9	用钢尺在封头直边部分测量
	22≤δ_S<60	+18 −12	
	δ_S≥60	+24 −15	
5000≤DN<6000	16≤δ_S<60	+18 −12	
	δ_S≥60	+24 −15	
6000≤DN<7800	16≤δ_S<60	+21 −15	
	δ_S≥60	+27 −18	
≥7800	16≤δ_S<60	+24 −18	
	δ_S≥60	+30 −21	

2　封头圆度为 $0.5\%D_i$，且不大于 25mm；当 δ_S/D_i 小于 0.005，且 δ_S 小于 12mm 时，圆度为 $0.8\%D_i$，且不大于 25mm。

检验方法：用钢尺在封头端口实测内直径，取最大值与最小值之差值。

3　封头总高度允许偏差为 $-0.2\%D_i \sim +0.6\%D_i$。

检验方法：在封头任意两直径位置上拉紧钢丝，在钢丝交叉处垂直测量封头总高度。

5.2.4 无折边锥形封头几何尺寸应符合以下规定：

1 封头直径偏差应符合表 5.2.4-1 的规定。

表 5.2.4-1 无折边锥形封头直径质量标准（mm）

公称直径	<800	800～1200	1300～1600	1700～2500	2600～3100	3200～4200	4300～6000	6100～10000	>10000
封头直径允许偏差	2	3	4	5	6	6	8	8	10

检验方法：用钢尺在封头端口实测等距离分布的 4 个内直径。

2 封头圆度为 $0.5\%D_i$，且不大于 15mm。

检验方法：用钢尺在封头端口实测内直径，取最大值与最小值之差值。

3 封头总高度允许偏差应符合表 5.2.4-2 的规定。

表 5.2.4-2 无折边锥形封头总高度质量标准（mm）

公称直径	<800	800～1200	1300～1600	1700～2500	2600～3100	3200～4200	4300～6000	6100～10000	>10000
封头高度允许偏差	4	6	8	12	16	20	24	25	25

检验方法：在封头任意两直径位置上拉紧钢丝，在钢丝交叉处垂直测量封头总高度。

5.2.5 椭圆形、碟形、球形封头内表面形状偏差（图 5.2.5），外凸不得大于 $1.25\%D_i$；内凹不得大于 $0.625\%D_i$。

检验方法：用弦长 L 等于封头内直径 $3D_i/4$ 的内样板垂直于待测表面，测量样板与封头内表面间的最大间隙。对拼接制成的封头，允许样板避开焊缝进行测量。

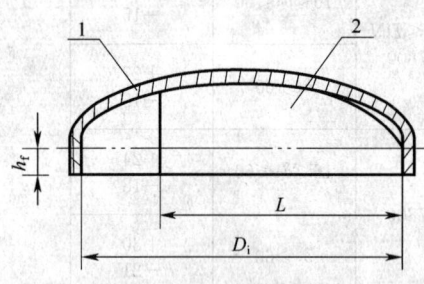

图 5.2.5 封头形状偏差检查示意
1—封头；2—样板

5.2.6 碟形封头、折边锥形封头过渡区转角内半径不得小于设计文件的规定值。

检验方法：用样板、钢尺现场检查。

5.2.7 分片到货的筒体板片应用弦长等于设计直径的 1/4 且不小于 1000mm 的样板检查板片的弧度，间

隙不得大于 3mm。

检验方法：将筒体板片立置在平台上，用样板和钢尺检查。

5.2.8 筒体板对接接头两侧钢材厚度不等并符合下列条件时，应按图 5.2.8-1～图 5.2.8-3 所示型式之一对焊接接头进行检查：

1 薄板厚度 δ_1 小于或等于 10mm，两板厚度差 T_C 大于 3mm。

2 两板厚度差 T_C 大于薄板厚度 δ_1 的 30% 或超过 5mm。

(a) $T_C \leqslant 10mm$

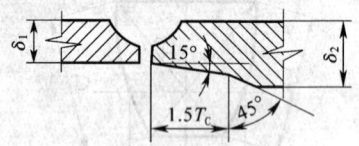

(b) $T_C > 10mm$

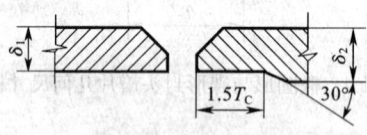

(c) $T_C < 10mm$

图 5.2.8-1 内壁尺寸不相等的不等厚对接接头示意

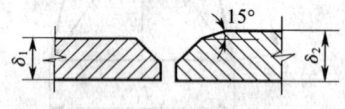

(a) $T_C \leqslant 10mm$

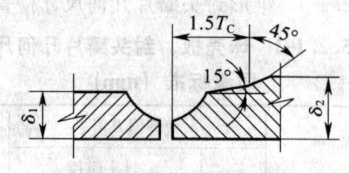

(b) $T_C > 10mm$

图 5.2.8-2 外壁尺寸不相等的不等厚对接接头示意

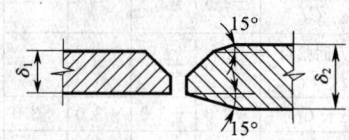

图 5.2.8-3 内外壁尺寸均不相等的不等厚对接接头示意

5.2.9 分段到货的设备筒体应符合下列要求：

1 分段处的圆度应符合表 5.2.9-1 的规定。

表 5.2.9-1　筒体圆度质量标准　（mm）

设备受压形式	允许偏差值
内压	$\leqslant 1\%D_i$ 且不大于 25
外压	$\leqslant 0.5\%D_i$ 且不大于 25

注：1　测量筒体圆度时应避开焊缝、附件或其他隆起部位；有开孔补强时，测量位置距补强圈距离应大于 100mm。

　　2　D_i 为设备筒体内直径。

2　筒体的凹凸处应平滑过渡，其凹入深度以母线为基准测量，不超过该处长度或宽度的 1%。

3　分段处外圆周长偏差应符合表 5.2.9-2 的规定，且对接接头两侧外圆周长差应符合本规范第 5.3.1 条环向焊缝对口错边量要求。

表 5.2.9-2　外圆周长质量标准　（mm）

公称直径	<800	800～1200	1300～1600	1700～2400	2600～3000	3200～4000	4200～6000	6200～7600	>7600
允许偏差值	±5	±7	±9	±11	±13	±15	±18	±21	±24

4　分段处端面不平度不应大于 $D_i/1000$，且不大于 2mm。

5　每段筒体高度及各段筒体累计高度偏差应符合本规范表 5.8.1 的规定。

6　每段筒体直线度应符合表 5.2.9-3 的规定。

表 5.2.9-3　筒体直线度质量标准　（mm）

检查项目		允许偏差值
任意 3000 长度		3
全长	$H\leqslant 15000$	$H/1000$
	$H>15000$	$0.5H/1000+8$

注：H 为筒体高度。

检验方法：用钢尺、拉线测量。

5.2.10　压制成形的封头瓣片、球壳板，其最小厚度不应小于名义厚度减钢板厚度负偏差。

检验数量：每一封头瓣片检测 3 点；球壳板按数量的 20% 抽检，且每带不少于 2 块，上、下极各不少于 1 块，所检每张球壳板的检测点数不少于 5 点。

检验方法：用测厚仪复验，检查检测报告。

5.2.11　分片或分段到货设备坡口表面不得有裂纹、分层、夹渣等缺陷。低温钢、标准抗拉强度下限值大于或等于 540MPa 钢及铬钼钢经火焰切割的坡口表面，应进行磁粉检测或渗透检测。

检查数量：分片到货的壳体 20% 抽查。

检验方法：观察检查和进行磁粉检测或渗透检测。

5.2.12　球壳板周边 100mm 范围内应进行全面积超声检测。现场复测检测方法和结果判定应符合国家现行标准《承压设备无损检测　第 3 部分：超声检测》

JB/T 4730.3 Ⅱ级的规定。

检查数量：不少于球壳板总数的 20%（厚度大于 20mm 的低温球形储罐为 40%），且每带不少于 2 块，上、下极各不少于 1 块。

检验方法：超声检测或检查检测报告。

5.2.13　球形储罐支柱及支柱组焊质量应符合下列规定：

1　支柱全长 L_S 长度允许偏差为 ±3mm。

2　支柱全长直线度为 $L_S/1000$，且不大于 10mm。

3　支柱与底板应垂直（图 5.2.13），其允许偏差为 2mm。

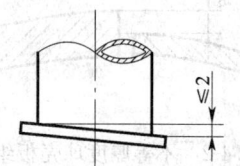

图 5.2.13　支柱与底板垂直偏差示意

4　支柱轴线位置偏移不应大于 2mm。

检验方法：测量或检查检验报告。

5.2.14　随设备到货的零部件不应有变形及锈蚀，并符合下列规定：

1　法兰、接管、人孔和螺栓等应有材质标记。

2　法兰、人孔的密封面不得有影响密封的损伤。

3　焊缝不得有裂纹。

检验方法：观察检查。

5.3　组　装

5.3.1　筒体板组对错边量应符合表 5.3.1 的规定。

表 5.3.1　组对错边量质量标准　（mm）

母材厚度 δ	允许偏差值		检验方法
	纵向焊缝	环向焊缝	
$\delta\leqslant 12$	$\leqslant 1/4\delta$	$\leqslant 1/4\delta$	用焊缝检验尺测量
$12<\delta\leqslant 20$	$\leqslant 3$	$\leqslant 1/4\delta$	
$20<\delta\leqslant 40$	$\leqslant 3$	$\leqslant 5$	
$40<\delta\leqslant 50$	$\leqslant 3$	$\leqslant 1/8\delta$	
$\delta>50$	$\leqslant 1/16\delta$ 且不大于 10	$\leqslant 1/8\delta$ 且不大于 20	

5.3.2　单面焊接的焊缝内壁错边量不应大于 2mm。

检验方法：用焊缝检验尺检查。

5.3.3　复合钢板组对应以复层表面为基准，错边量不应大于复层厚度的 50%，且不大于 2mm。

检验方法：用焊缝检验尺检查。

5.3.4　球壳板组对错边量 b 不应大于球壳板厚度的 1/4，且不得大于 3mm（图 5.3.4-1）；当两板厚度不等时，不计入两板的差值（图 5.3.4-2）。

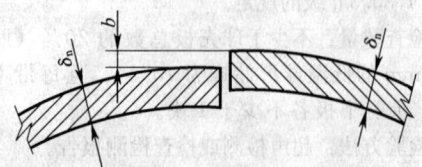

图 5.3.4-1 等厚度球壳板组装时
的对口错边量示意

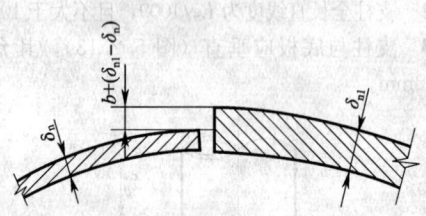

图 5.3.4-2 不等厚度球壳板组装时的
对口错边量示意

5.3.5 筒体板对接纵焊缝棱角度 E（图 5.3.5-1）和环焊缝棱角度 E（图 5.3.5-2），均不应大于（$\delta_n/10$ +2）mm，且不应大于 5mm。

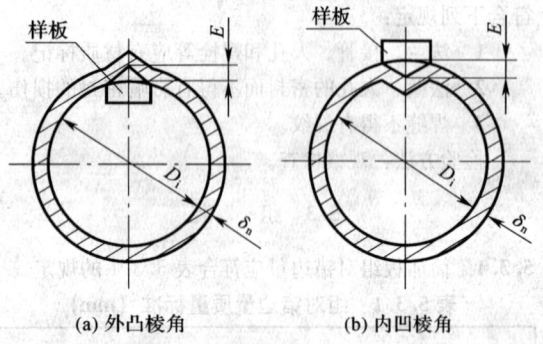

图 5.3.5-1 对接纵焊缝棱角度检查示意

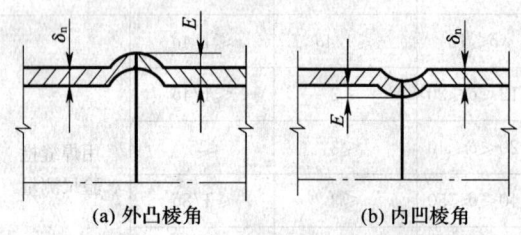

图 5.3.5-2 对接环焊缝棱角度检查示意

检验方法：纵缝棱角用弦长等于 $D_i/6$ 且不小于 300mm 的内样板或外样板和钢尺检查；环缝棱角用 300mm 钢直尺检查。

5.3.6 球壳板组装后的棱角度 E（图 5.3.6）不应大于 7mm。棱角度应按下式（5.3.6-1）和（5.3.6-2）计算。

$$E = l_1 - l_2 \qquad (5.3.6-1)$$

$$l_2 = |R_i - R_0| \qquad (5.3.6-2)$$

式中 E——棱角度（mm）；

l_1——最大棱角处球壳板与样板的实测径向距离（mm）；

l_2——标准球壳与样板的半径差的绝对值（mm）；

R_i——球壳的设计内（外）半径（mm）；

R_0——样板的设计内（外）半径（mm）。

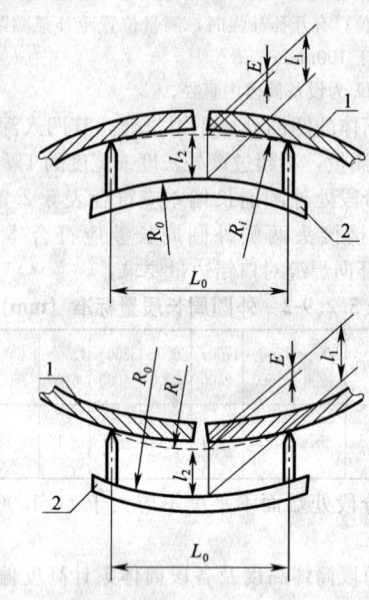

图 5.3.6 球壳板组装后棱角度检查示意
1—样板；2—球壳

检查数量：焊缝每 500mm 检查一点。

检验方法：用弦长 L_0 不小于 1m 的样板测量或检查检验报告。

5.3.7 下列相邻焊缝间距离不应小于 3 倍壁厚，且不小于 100mm：

1 相邻筒节的纵焊缝或封头拼接焊缝与相邻筒节纵焊缝。

2 球形储罐相邻两带的纵焊缝或球形储罐极带拼接焊缝与温带纵焊缝。

3 球形储罐支柱和球壳的角焊缝与球壳板的对接焊缝。

4 球形储罐人孔、接管、补强圈、连接板等与球壳的连接焊缝与球壳板的对接焊缝。

检验方法：按排板图用钢尺检查。

5.3.8 设备内件与筒体焊接的焊缝边缘至筒体环焊缝边缘的距离不应小于该处筒体壁厚，且不小于 50mm。

检验方法：按排板图用钢尺检查。

5.3.9 被内件、密封结构覆盖的焊缝应打磨至与母材平齐。

检验方法：观察检查。

5.3.10 设备开口、接管安装质量应符合表 5.3.10 的规定。

表 5.3.10 设备开口、接管安装质量标准 (mm)

检查项目		允许偏差值	检验方法
开口中心标高及位置	接管	±5	钢尺、拉线现场检查
	人孔	±10	
接管法兰面至设备外壁距离		±2.5	钢尺现场检查
接管法兰面与接管或筒体中心线的垂直度	$D_i \leq 200$	±1.5	
	$D_i > 200$	±2.5	
液面计	接口中心标高	±3	角尺、钢尺现场检查
	对应接口周向位置	±1.5	
	对应接口间的距离	±1.5	
	对应接管外伸长度差	1.5	
	法兰面垂直度	$0.5\% D_L$	
	对应法兰平面度	2	

注：D_i 为法兰内直径，D_L 为法兰外缘直径。

5.3.11 开孔补强圈与壳体紧密贴合，开孔补强圈若与壳体变截面交界处的焊道相碰时，可以割除部分补强圈，保留补强圈的宽度不应小于设计宽度的 2/3。补强圈覆盖的焊缝应磨平。信号孔不得堵塞。

检验方法：观察检查。

5.3.12 支座、裙座的组装应符合下列要求：

1 分片到货的底座环组焊后平面度为 3mm；接口处地脚螺栓孔中心距允许偏差为 ±2mm；地脚螺栓孔中心圆直径允许偏差为 ±2mm。

2 底座环、裙座与设备本体轴线允许偏差为 5mm。

3 裙座与设备本体相接处，如遇到拼接焊缝时，应在裙座上开出豁口。

检验方法：按排板图用钢尺现场检查。

5.3.13 球形储罐组装后壳体最大内径与最小内径之差应小于球形储罐设计内径的 3%，且不应大于 50mm。其他设备组装后壳体最大直径与最小直径之差应符合下列规定：

1 壳体同一断面上最大内径与最小内径之差不应大于该断面内径的 1%，且不大于 25mm。

2 当被检断面位于开孔中心一倍开孔内径范围内时，则该断面最大内径与最小内径之差不应大于该断面内径的 1% 与开孔内径的 2% 之和，且不大于 25mm。

检验方法：拉线测量或检查检验报告。

5.4 焊 接

5.4.1 焊接环境出现下列任一情况时，未采取防护措施不得施焊：

1 焊条电弧焊时风速大于 8m/s。

2 气体保护焊时风速大于 2m/s。

3 相对湿度大于 90%。

4 雨、雪环境。

5 焊件温度低于 −20℃。

检验方法：用风速仪、电子点温计、湿度计现场检查或检查记录。

5.4.2 当焊件温度为 −20～0℃ 时，应在始焊处 100mm 范围内预热到 15℃ 以上。

检验方法：用点温计测量。

5.4.3 现场组焊的压力容器必须按照《压力容器安全技术监察规程》的要求制备产品焊接试板。产品焊接试板的尺寸、试样截取和数量、试验项目、合格标准和复验要求应符合国家现行标准《钢制压力容器产品焊接试板的力学性能检验》JB 4744 的规定。

检验方法：检查产品焊接试板试验报告。

5.4.4 定位焊缝焊接应采用评定合格的焊接工艺，并由合格焊工施焊。定位焊缝的长度、厚度和间距宜符合表 5.4.4 的规定。

表 5.4.4 定位焊缝质量标准 (mm)

焊件厚度 δ	定位焊缝厚度	定位焊长度	定位焊间距	检验方法
$\delta \leq 20$	≤6	≥30	300～400	用钢尺检查
$\delta > 20$	≤8	≥50	400～500	

5.4.5 焊接热输入应根据焊接工艺确定，下列材料的焊接应控制热输入：

1 低温钢。

2 标准抗拉强度下限值大于或等于 540MPa 钢。

3 厚度大于 38mm 的碳素钢。

4 厚度大于 25mm 的低合金钢。

检验方法：观察检查或检查焊接记录。

5.4.6 要求焊前预热的焊缝，预热温度及层间温度应符合焊接工艺文件的规定。预热时加热范围应符合下列规定：

1 碳素钢和低合金钢对口中心线两侧，每侧不小于三倍壁厚。

2 标准抗拉强度下限值大于或等于 540MPa 钢及铬钼钢对口中心线两侧，每侧不小于 3 倍壁厚，且不小于 100mm。

检验方法：观察检查。

5.4.7 与设备壳体焊接的吊耳、工卡具等工件，应符合以下规定：

1 材质应与设备壳体相同或同一类别号。

2 采用正式焊接工艺或经评定合格的焊接工艺。

3 连接板与设备壳体的角焊缝是连续焊缝时，应在雨水不易流入的部位留出通气孔。

4 设备壳体焊接有预热要求的，工件焊接应进行预热，预热温度取上限值，预热范围为工件周边 150mm。

5 热处理及耐压试验后，不得在设备本体上焊接工件。

6 工件拆除时不应损伤母材，拆除后应对其焊缝的残留痕迹进行打磨修整，修磨的深度不应大于该部位钢材厚度的5%，且不应大于2mm。

检验方法：检查相关资料。

5.4.8 焊缝返修应符合以下规定：

1 焊缝返修应按评定合格的焊接工艺进行。

2 焊缝表面缺陷修磨深度不应大于该部位钢材厚度的5%，且不应大于2mm，并应打磨平滑或修磨成具有1:3及以下的缓坡。

3 焊接修补时如需预热，预热温度应取上限。

4 返修焊缝质量要求与原焊缝相同。

检验方法：检查相关资料。

5.4.9 压力容器同一部位焊缝返修次数不超过两次；超过两次的，返修措施应经单位技术总负责人批准，返修次数、部位和返修情况应记入设备的质量证明文件。

检验方法：检查相关资料。

5.5 热 处 理

5.5.1 现场组焊设备的整体或分段采用在炉内加热方法进行热处理应符合现行国家标准《钢制压力容器》GB 150 的规定。

检验方法：按 GB 150 的规定现场检查。

5.5.2 现场组焊设备的焊缝可采用局部热处理方法进行。热处理的加热范围以焊缝中心为基准，对接接头焊缝每侧不应小于钢材厚度的2倍；角接接头焊缝每侧不应小于钢材厚度的6倍。加热区以外100mm范围应进行保温。

检验方法：现场检查，实测实量。

5.5.3 测温点应均匀布置在热处理设备表面，测温点的间距不宜大于4.5m，且每组产品试板上应设一个测温点。

检验方法：现场检查，实测实量。

5.5.4 球形储罐采用内燃法进行热处理时，测温点应沿经线和纬线均匀布置，相邻两纬线测温点宜在经线方向上错开，测温点的总数应不少于表5.5.4的规定，其布置除应符合本规范第5.5.3条规定外，还应符合下列规定：

1 在上、下人孔与极板环焊缝200mm范围内应各设1个测温点。

2 烟气出口处应设置1个测温点。

检验方法：现场检查，实测实量。

表 5.5.4　球形储罐测温点数

球罐容积（m³）	50	120	200	400	650	1000	1500
测温点数（个）	8	10	10	14	22	25	36
球罐容积（m³）	2000	2500	3000	4000	5000	6000	8000
测温点数（个）	47	48	51	64	75	82	100

注：表中测温点数未包括产品试板上和烟气出口处的测温点。

5.5.5 影响球形储罐整体热处理的零部件，应在热处理后再与球形储罐连接固定。

检验方法：现场检查。

5.5.6 热处理操作应符合下列规定，温度曲线记录应采用自动记录仪记录：

1 升温至300℃后，升温速度不得超过80℃/h，最小可为50℃/h。

2 300℃以上升温和降温时，任意两点的温差不得大于120℃。

3 恒温时，任意两点的温差不宜大于65℃。

4 300℃以上时，降温速度不得超过50℃/h，最小可为30℃/h。

5 300℃以下出炉或拆除保温时，应在静止空气中冷却。

检验方法：现场检查，实测和检查热处理报告。

5.6 焊接接头形状尺寸和外观质量

5.6.1 压力容器焊接接头外观质量应符合以下规定：

1 不得有裂纹、气孔、夹渣、未焊透、未熔合、未填满、弧坑和熔合性飞溅物。

检验方法：观察检查。

2 A、B类焊接接头焊缝余高 e_1、e_2（图 5.6.1）应符合表5.6.1的规定。

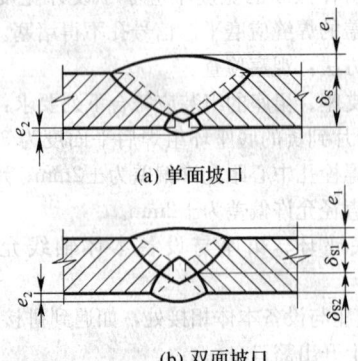

(a) 单面坡口

(b) 双面坡口

图 5.6.1　A、B类焊接接头焊缝
余高 e_1、e_2 示意

表 5.6.1　焊缝余高质量标准（mm）

低温钢标准抗拉强度下限值大于或等于540MPa钢铬钼钢				其他钢材				检验方法
单面坡口		双面坡口		单面坡口		双面坡口		
e_1	e_2	e_1	e_2	e_1	e_2	e_1	e_2	
$0\sim0.1$ δ_S 且≤3	$0\sim1.5$	$0\sim0.1$ δ_{S1} 且≤3	$0\sim0.1$ δ_{S2} 且≤3	$0\sim0.15$ δ_S 且≤4	$0\sim1.5$	$0\sim0.15$ δ_{S1} 且≤4	$0\sim0.15$ δ_{S2} 且≤4	钢尺或焊缝检验尺测量

注：**1** δ_S 为焊接接头处钢材厚度；δ_{S1}、δ_{S2} 为焊接接头处坡口钝边两侧的钢材厚度。

2 表中百分数计算值小于1.5时，按1.5计算。

3 C、D类焊接接头的焊脚高度，设计文件无规定时，取焊件中较薄者之厚度。补强圈厚度大于或等于 8mm 时，其焊脚高度不应小于补强圈厚度的 70%，且不应小于 8mm。

检验方法：用焊缝检验尺检查。

4 下列设备焊缝表面不得有咬边，其他设备焊缝表面咬边深度不得大于 0.5mm，咬边连续长度不得大于 100mm，焊缝两侧咬边的总长度不得超过该焊缝长度的 10%：

1）用标准抗拉强度下限值大于或等于 540MPa 钢制造的设备。

2）铬钼钢制造的设备。

3）奥氏体不锈钢制、钛和钛合金制设备、锆和锆合金制设备。

4）球形储罐。

5）低温设备。

6）焊接接头系数 ϕ 取为 1 的设备。

检验方法：观察检查，用钢尺、焊缝检验尺检查。

5.6.2 非压力容器焊接接头外观质量应符合下列规定：

1 设计文件要求进行局部射线检测或超声检测的焊缝，其外观质量应符合表 5.6.2-1 的规定。

2 设计文件不要求进行局部射线检测或超声检测的焊缝，其外观质量应符合表 5.6.2-2 的规定。

表 5.6.2-1 局部无损检测的焊缝外观质量标准（mm）

检验项目	质 量 标 准	检验方法
裂纹	不允许	观察检查，钢尺、焊缝检验尺检查
表面气孔	每 50 焊缝长度内允许直径不大于 0.3δ，且不大于 2 的气孔 2 个，孔间距不小于 6 倍孔径	
表面夹渣	深不大于 0.1δ，长不大于 0.1δ，且不大于 10	
咬边	深不大于 0.05δ，且不大于 0.5，连续长度不大于 100，且焊缝两侧咬边总长不大于 10%焊缝全长	
未焊透	不加垫单面焊允许值不大于 0.15δ，且不大于 1.5。缺陷总长在 6δ 焊缝长度内不超过 δ	
根部收缩	不大于 0.2+0.02δ，且不大于 1，长度不限	
角焊缝厚度不足	不大于 0.3+0.05δ，且不大于 1，每 100 焊缝长度内缺陷总长度不大于 25	
角焊缝焊脚不对称	不大于 2+0.15a	
余高	不大于 1+0.2d，且最大为 5	

注：δ 为母材厚度；a 为设计焊缝厚度；d 为焊缝宽度。

表 5.6.2-2 不进行无损检测的焊缝外观质量标准（mm）

检验项目	质 量 标 准	检验方法
裂纹	不允许	观察检查，钢尺、焊缝检验尺检查
表面气孔	每 50 焊缝长度内允许直径不大于 0.4δ，且不大于 3 的气孔 2 个，孔间距不小于 6 倍孔径	
表面夹渣	深不大于 0.2δ，长不大于 0.5δ，且不大于 20	
咬边	深不大于 0.1δ，且不大于 1，连续长度不限	
未焊透	不大于 0.2δ，且不大于 2.0，每 100 焊缝内缺陷总长不大于 25	
根部收缩	不大于 0.2+0.04δ，且不大于 2，长度不限	
角焊缝厚度不足	不大于 0.3+0.05δ，且不大于 2，每 100 焊缝长度内缺陷总长度不大于 25	
角焊缝焊脚不对称	不大于 2+0.2a	
余高	不大于 1+0.2d，且最大为 5	

注：δ 为母材厚度；a 为设计焊缝厚度；d 为焊缝宽度。

5.7 无 损 检 测

5.7.1 现场组焊设备焊接接头无损检测应在形状尺寸及外观检验合格后进行，有延迟裂纹倾向的材料应在焊接完成 24h 后进行；有再热裂纹倾向的材料应在热处理后再增加 1 次，并符合下列规定：

1 压力容器壁厚小于或等于 38mm 时，其对接接头宜采用射线检测；当不能采用射线检测时，也可采用超声检测。

2 压力容器壁厚大于 38mm 或壁厚大于 20mm 且材料标准抗拉强度下限值大于或等于 540MPa 的对接接头，当采用射线检测，每条焊缝还应附加进行 20%的超声检测；当采用超声检测，每条焊缝还应附加进行 20%的射线检测；附加局部检测应包括所有焊缝交叉部位。

3 采用射线检测时，其检测技术等级不应低于国家现行标准《承压设备无损检测 第 2 部分：射线检测》JB/T 4730.2 规定的 AB 级；采用超声检测时，其检测技术等级不应低于国家现行标准《承压设备无损检测 第 3 部分：超声检测》JB/T 4730.3 的 B 级。

检验方法：检查无损检测报告。

5.7.2 凡符合下列条件之一的压力容器及受压元件，应对其 A 类和 B 类焊接接头进行 100%射线或超声检测：

1 钢材厚度 $δ_s$ 大于 30mm 的碳素钢、Q345R。

2 钢材厚度 δ_s 大于 25mm 的 20MnMo 和奥氏体不锈钢。

3 钢材厚度 δ_s 大于 16mm 的 15CrMoR、15CrMo；其他任意厚度的铬钼钢。

4 标准抗拉强度下限值大于或等于 540MPa 钢。

5 进行气压试验的容器。

6 盛装毒性为极度危害或高度危害介质的容器。

7 第三类压力容器。

8 第二类压力容器中易燃介质的反应压力容器和储存压力容器。

9 设计压力大于 5.0MPa 的压力容器。

10 设计选用焊缝系数为 1.0 的压力容器。

11 符合下列条件之一的钛和钛合金、锆和锆合金、铝和铝合金制造的压力容器：

　1）介质为易燃或毒性程度为极度、高度、中度危害。

　2）设计压力大于或等于 1.6MPa。

12 使用后无法进行内、外部检验或耐压试验的压力容器。

13 设计文件要求 100% 射线或超声检测的容器。

检验方法：检查无损检测报告。

5.7.3 除本规范第 5.7.2 条规定以外的压力容器，对其 A 类和 B 类焊接接头应进行局部射线或超声检测。检测方法按设计文件执行。检测长度不得少于各焊接接头长度的 20%，且不小于 250mm；铁素体钢制低温容器局部无损检测的比例应大于或等于 50%。下列部位的焊接接头应全部检测，其检测长度可计入局部检测长度之内：

1 焊缝交叉部位。

2 被补强圈、支座、垫板、内件等覆盖的焊接接头。

3 以开孔中心为圆心，1.5 倍开孔直径为半径的圆中所包容的焊接接头。

4 嵌入式接管与圆筒或封头对接连接的焊接接头。

检验方法：检查无损检测报告。

5.7.4 压力容器公称直径大于或等于 250mm 或壁厚大于 28mm 的接管与长颈法兰、接管与接管对接连接的 B 类焊接接头，其无损检测比例及合格级别应与压力容器壳体主体焊缝要求相同；公称直径小于 250mm 且壁厚小于或等于 28mm 的接管与长颈法兰、接管与接管对接连接的 B 类焊接接头，可进行磁粉检测或渗透检测。

检验方法：检查无损检测报告。

5.7.5 凡符合下列条件之一的部位，应对其表面进行 100% 磁粉检测或渗透检测：

1 堆焊表面。

2 符合本规范第 5.7.2 条第 3、4、6、7 款压力容器上的 C 类和 D 类焊接接头表面。

3 低温钢、标准抗拉强度下限值大于或等于 540MPa 钢及铬钼钢制设备的缺陷修磨或补焊处的表面、卡具和拉肋等拆除处的焊痕表面。

检验方法：检查无损检测报告。

5.7.6 球形储罐在耐压试验前应对现场焊接接头表面进行 100% 磁粉检测或渗透检测，耐压试验后进行 20% 磁粉检测或渗透检测复验。

检验方法：检查无损检测报告。

5.7.7 非压力容器焊接接头内部质量检验应符合设计文件的要求。

检验方法：检查无损检测报告。

5.7.8 无损检测应按国家现行标准《承压设备无损检测》JB/T 4730.1～JB/T 4730.5 的规定进行质量评定，并应符合下列规定：

1 按本规范第 5.7.2 条要求（第 8、9 款除外）进行无损检测的压力容器，当采用射线检测时合格级别为Ⅱ级；当采用超声检测时合格级别为Ⅰ级。

2 除本条第 1 款规定外的压力容器，当采用射线检测时合格级别为Ⅲ级；当采用超声检测时合格级别为Ⅱ级。

3 磁粉检测和渗透检测的合格级别为Ⅰ级。

4 钛和钛合金制设备、锆和锆合金制设备、铝和铝合金制设备合格级别按设计文件规定。

检验方法：检查无损检测报告。

5.7.9 对焊接接头无损检测时发现的不允许缺陷，应清除干净后进行补焊，并对补焊处用原规定的方法进行检验，直至合格。对规定进行局部无损检测的压力容器焊接接头，当发现有不允许的缺陷时，应在该缺陷两端的延伸部位增加检查长度，增加的长度为该焊接接头长度的 10%，且不小于 250mm。若仍有不允许的缺陷时，则对该焊接接头做 100% 检测。

检验方法：检查焊缝返修记录和无损检测报告。

5.8 设备总体形状尺寸检验

5.8.1 设备现场组对焊接完毕后应对设备总体形状尺寸进行下列检验：

1 设备筒体圆度应符合本规范表 5.2.9-1 的规定。

2 设备筒体直线度应符合本规范表 5.2.9-3 的规定。

3 设备筒体高度偏差应符合表 5.8.1 的规定。

表 5.8.1　筒体高度允许偏差（mm）

检查项目		允许偏差值	检验方法
上、下两封头焊缝之间的距离 H	≤30000	±1.3H/1000 且不超过±20	钢尺实测
	>30000	±40	
底座环底面至筒体下封头与筒体连接焊缝的距离 H_4		±2.5H₄/1000 且不超过±6	

4 设备筒体棱角度应符合本规范第 5.3.5 条的

规定。

5 设备接管安装质量应符合本规范表5.3.10的规定。

5.8.2 球形储罐焊接后形状尺寸检查应符合以下规定：

1 棱角度不得大于10mm。

检验方法：用弦长不小于1m的样板测量或检查检验报告。

2 两极间的内直径、赤道截面的最大内直径和最小内直径三者之间相互之差，应小于设计内径的7/1000，且不大于80mm。

检验方法：钢尺或激光测距仪测量，检查检验报告。

3 两极间的内直径、赤道截面的最大内直径和最小内直径与设计内直径之差，应小于设计内径的7/1000，且不大于80mm。

检验方法：钢尺或激光测距仪测量，检查检验报告。

4 对支柱垂直度进行复测，应符合本规范第4.4.9条的规定。

6 试 验

6.1 一般规定

6.1.1 现场组焊的设备进行耐压试验前，应对下列条件进行确认：

1 设备本体及与本体相焊的焊接和检验工作全部完成。

2 需要进行焊后热处理的设备，热处理工作已完成。

3 设备开孔补强圈焊缝用0.4～0.5MPa的压缩空气检查焊接接头质量合格。

4 已安装的设备找正、找平工作已完成。

5 基础二次灌浆达到设计强度要求。

6 施工质量资料完整。

7 试压方案已经批准。

检验方法：检查相关资料，观察检查。

6.1.2 下列设备现场安装后可不再进行耐压试验：

1 同时符合以下条件的整体到货设备：

1）质量证明文件证明已做过耐压试验。

2）在运输过程中无损伤和变形。

3）有气体保护要求的设备，处于有效保护状态。

2 符合本条第1款的规定，且使用正式紧固件和垫片的换热设备。

3 非金属衬里设备。

检验方法：检查相关资料，观察检查。

6.1.3 耐压试验应采用液压试验，若采用气压试验代替液压试验时，必须符合下列规定：

1 压力容器的焊接接头进行100%射线或超声检测，执行标准和合格级别执行原设计文件的规定。

2 非压力容器的焊接接头进行25%射线或超声检测，合格级别射线检测为Ⅲ级、超声检测为Ⅱ级。

3 有本单位技术总负责人批准的安全措施。

4 试压系统设置安全泄放装置。

检验方法：检查相关资料，观察检查。

6.1.4 试验用压力表应符合下列规定：

1 应在设备最高处和最低处各设置一块量程相同并经检定合格的压力表。

2 设备设计压力小于1.6MPa时，压力表的精度等级不应低于2.5级；设计压力大于或等于1.6MPa时，不应低于1.5级。

3 压力表的量程不应小于1.5倍且不应大于3倍的试验压力；压力表的直径不应小于100mm。

检验方法：检查压力表检定报告，观察检查。

6.1.5 真空设备和外压设备应以内压进行耐压试验，差压设备耐压试验时应检查压差，其值均不得超过设计文件的规定值。

检验方法：检查试验报告。

6.1.6 试验压力应符合表6.1.6的规定。试验压力读数应以设备最高处的压力表为准。

表6.1.6 设备耐压试验和气密性试验压力（MPa）

设计压力	耐压试验压力		气密性试验压力	检验方法
	液压试验	气压试验		
$p \leqslant -0.02$	$1.25p$	$1.15p(1.25p)$	p	观察检查或查看"设备耐压和气密性试验报告"
$-0.02 < p < 0.1$	$1.25p \cdot [\sigma]/[\sigma]^t$ 且不小于0.1	$1.15p \cdot [\sigma]/[\sigma]^t$ 且不小于0.07	$p \cdot [\sigma]/[\sigma]^t$	
$0.1 \leqslant p < 100$	$1.25p \cdot [\sigma]/[\sigma]^t$	$1.15p \cdot [\sigma]/[\sigma]^t$	p	

注：1 表中$[\sigma]$表示设备元件材料在试验温度下的许用应力（MPa）；$[\sigma]^t$表示设备元件材料在设计温度下的许用应力（MPa）。

2 设备受压元件（圆筒、封头、接管、法兰及紧固件等）所用材料不同时，应取受压元件$[\sigma]/[\sigma]^t$比值中较小者。

3 括号内的数值1.25p仅适用于钢制真空塔式容器。

6.1.7 立式设备以卧置进行液压试验时，试验压力应为立置时的试验压力加液柱静压力，并应对设备顶部进行应力校核。

6.2 液压试验

6.2.1 试验介质宜采用工业用水。奥氏体不锈钢设备用水作介质时，水质氯离子含量不得超过25mg/L。试验介质也可采用不会导致发生危险的其他液体。

检验方法：检查水质检定报告或其他液体化学成分分析和物理性能报告。

6.2.2 试验介质的温度应符合下列规定：

1 碳素钢、Q345R、Q370R制设备液压试验时，液体温度不得低于5℃；其他低合金钢制设备液压试验时，液体温度不得低于15℃。

2 由于板厚等因素造成材料无延性转变温度升高及其他材料制设备液压试验时，液体的温度按设计文件规定执行。

检验方法：用测温仪测量。

6.2.3 液压试验时，设备外表面应保持干燥，当设备壁温与液体温度接近时，缓慢升压至设计压力；确认无泄漏后继续升压至规定的试验压力，保压时间不少于30min；然后将压力降至规定试验压力的80%，对所有焊接接头和连接部位进行全面检查，符合下列规定为合格：

1 无渗漏。

2 无可见的变形。

3 试验过程无异常的响声。

检验方法：观察检查或检查试验报告。

6.2.4 对在基础上作液压试验且容积大于100m³的设备，液压试验的同时，在充液前、充液1/3时、充液2/3时、充满液后24h时、放液后，应作基础沉降观测。基础沉降应均匀，不均匀沉降量应符合设计文件的规定。

检验方法：检查基础沉降观测报告。

6.2.5 换热设备耐压试验程序及检验见附录E。

6.3 气 压 试 验

6.3.1 气压试验所用气体应为干燥、洁净的空气、氮气或惰性气体。

6.3.2 气压试验时的气体温度应符合如下规定：

1 碳素钢和低合金钢制设备，气压试验时气体温度不得低于15℃。

2 其他材料制设备，气压试验时气体温度按设计文件规定。

检验方法：用温度计或测温仪测量。

6.3.3 气压试验时，应按下列程序进行升压和检查：

1 缓慢升压至规定试验压力的10%，且不超过0.05MPa，保压5min，对所有焊缝和连接部位进行初次泄漏检查。

初次泄漏检查合格后，继续缓慢升压至规定试验压力的50%，观察有无异常现象。

3 如无异常现象，继续按规定试验压力的10%逐级升压，直至达到试验压力止，保压时间不少于30min，然后将压力降至规定试验压力的87%，对所有焊接接头和连接部位进行全面检查。

4 试验过程无异常响声，设备无可见的变形，焊缝和连接部位等用检漏液检查，无泄漏为合格。

检验方法：观察检查或检查试验报告。

6.4 气密性试验

6.4.1 气密试验应在耐压试验合格后进行。对进行气压试验的设备，气密试验可在气压试验压力降到气密试验压力后一并进行。

检验方法：检查试验报告。

6.4.2 气密试验时的气体温度应符合本规范第6.3.2条的规定。

6.4.3 气密试验时应将安全附件装配齐全。

检验方法：观察检查。

6.4.4 气密试验时，压力应缓慢上升，达到试验压力后，保压时间不应少于30min，同时对焊缝和连接部位等用检漏液检查，无泄漏为合格。

检验方法：观察检查或检查试验报告。

6.5 充水试漏或煤油试漏

6.5.1 充水试漏应符合下列规定：

1 充水试漏前应将焊接接头的外表面清理干净，并使之干燥。

2 试漏的持续时间应根据检查所需时间决定，但不得少于1h。

3 焊接接头无渗漏为合格。

检验方法：观察检查或检查试验报告。

6.5.2 煤油试漏应符合下列规定：

1 煤油试漏前应将焊接接头能够检查的一面清理干净，涂以白垩粉浆，晾干后，在焊接接头的另一面涂以煤油，使表面得到足够的浸润。

2 30min后以白垩粉上没有油渍为合格。

检验方法：观察检查或检查试验报告。

7 工 程 交 工

7.0.1 建设工程项目按合同规定完成设备安装全部工程后，应及时办理工程验收。本规范第7.0.3条和第7.0.4条规定的记录各栏目内容应填写清楚、完整，字迹端正，各签章栏内应有签名或盖上质检人员的印记。

检验方法：检查相关资料。

7.0.2 施工过程中应及时进行工序检查确认，并审查相关资料；被后一工序覆盖的部位必须进行隐蔽工程验收。

检验方法：检查隐蔽工程记录。

7.0.3 工程验收时，应对下列资料检查确认：

1 竣工图。

2 设备基础复测记录。

3 开箱检验记录。

4 立式设备安装检验记录。

5 卧式设备安装检验记录。

6 塔盘安装检验记录。

7 设备填充检验记录。

8 催化反应/沉降器附件安装检验记录。

9 催化再生器附件安装检验记录。

10 隐蔽工程记录。

11 空冷式换热器构架安装记录。

12 安全阀调整试验记录。

13 垫铁隐蔽记录。

14 设备耐压/严密性试验报告。

15 基础沉降观测记录。

16 工程变更一览表。

17 工程联络单。

检验方法：检查相关资料。

7.0.4 现场组焊设备尚应确认下列资料：

1 合格焊工登记表。

2 无损检测人员登记表。

3 排板图。

4 现场组焊压力容器焊接材料一览表。

5 现场组装记录。

6 设备开孔接管检查记录。

7 现场组焊设备焊接工作记录。

8 压力容器外观及几何尺寸检验报告。

9 设备热处理报告。

10 设备无损检测报告。

11 球形储罐焊后几何尺寸检查记录。

12 焊接接头表面质量检查记录。

13 压力容器产品试板力学性能和弯曲性能检验报告。

14 焊工分布图。

检验方法：检查相关资料。

7.0.5 压力容器安装单位应出具"锅炉压力容器安装质量证明书"。

检验方法：检查相关资料。

7.0.6 现场组焊的压力容器应取得工程建设项目所在地"锅炉压力容器产品安全性能监督检验证书"。

检验方法：检查相关资料。

7.0.7 设备安装工程交工验收应按国家现行标准《石油化工建设工程项目交工技术文件规定》SH/T 3503 的有关规定，由责任单位编制工程交工技术文件，并向建设单位移交。

检验方法：检查交工技术文件。

附录 A 平垫铁与斜垫铁

A.0.1 设备垫铁按下式计算所需面积，垫铁规格按表 A.0.1、图 A.0.1 选用。

$$A \geqslant K \frac{(Q_1 + Q_2) \times 10^4}{nR} \quad (A.0.1)$$

式中 A——每一组垫铁的面积（mm^2）；

K——安全系数，取 2.3；

Q_1——设备试验时的总重量（N）；

Q_2——地脚螺栓拧紧所施加在该垫铁组上的压力（N）；

n——垫铁组数；

R——基础混凝土抗压强度，可取混凝土设计强度（MPa）。

表 A.0.1 平垫铁与斜垫铁的规格（mm）

项次	平垫铁		斜垫铁			
	L_c	L_k	L_c	L_k	h_c	g
1	100	50	110	45	$\geqslant 3$	4
2	100	60	110	50	$\geqslant 3$	4
3	120	50	130	45	$\geqslant 3$	6
4	120	65	130	55	$\geqslant 3$	6
5	140	65	150	55	$\geqslant 4$	8
6	160	65	170	55	$\geqslant 4$	8
7	180	65	200	55	$\geqslant 4$	8
8	180	75	200	65	$\geqslant 5$	10
9	200	75	220	65	$\geqslant 5$	10
10	250	75	270	65	$\geqslant 6$	12
11	300	100	320	80	$\geqslant 6$	12
12	340	100	360	80	$\geqslant 8$	14
13	400	100	420	80	$\geqslant 8$	14

注：1 如有特殊要求，可采用其他规格或加工精度的垫铁。

2 选用垫铁时以表中平垫铁面积为准。

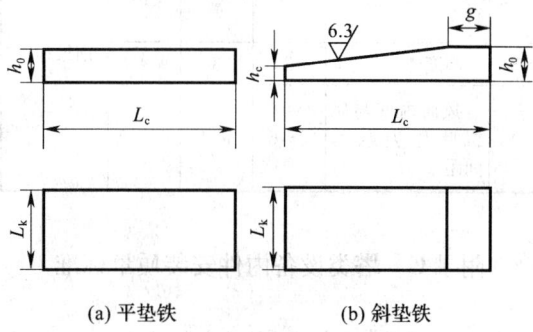

(a) 平垫铁　　　　　(b) 斜垫铁

图 A.0.1 垫铁规格

A.0.2 垫铁厚度 h_0 可按实际需要及材料情况决定。斜垫铁的斜度宜为 $1/10 \sim 1/20$。

A.0.3 斜垫铁与项次相同的平垫铁配合使用。

A.0.4 地脚螺栓拧紧所分布在垫铁组上的压力按下式计算。

$$Q_2 = \frac{\pi D_b^2 [\sigma]}{4} N \quad (A.0.4)$$

式中 D_b——地脚螺栓螺纹的小径（mm）；

$[\sigma]$——地脚螺栓材料的许用应力（MPa）；

N——地脚螺栓数量。

附录 B　空冷式换热器构架安装质量标准

B.0.1 空冷式换热器构架安装质量应符合以下规定：

1　构架的平面对角线之差不应大于 10mm。

2　立柱安装质量应符合表 B.0.1 的规定。

表 B.0.1　立柱安装质量标准　（mm）

项次	检查项目	允许偏差值	检验方法
1	柱脚底座中心线与定位轴线的偏差	5.0	钢尺检查
2	立柱基准点标高	$+5.0$ -8.0	钢尺检查
3	立柱挠曲矢高	$H_5/1000$ 且不大于 15	拉线检查
4	立柱垂直度	$H_5/1000$	吊线坠或经纬仪、钢尺检查

注：H_5 为立柱高度。

B.0.2 风筒安装质量应符合表 B.0.2 的规定。

表 B.0.2　风筒安装质量标准　（mm）

序号	检查项目	风机叶轮直径			检验方法
		1800～2000	2000～3000	3000～5000	
		允许偏差值			
1	直径	±2	±3	±4	钢尺检查
2	两端法兰盘平行度	4	5	6	
3	圆度	2	3	4	
4	风筒内壁与风机叶片尖端的间距	2～6	3～8	4～12	

附录 C　塔类设备内件安装质量标准

C.0.1 塔类设备（以下简称塔）内部支撑件（图 C.0.1）安装质量应符合表 C.0.1 的规定。

表 C.0.1　塔内部支撑件安装质量标准

项次	检查项目（mm）		允许偏差值（mm）	每层最少测量点数量	检验方法
1	支撑圈和支撑梁水平度	$D_1 \leqslant 1600$	3	6	U形管水平仪、钢尺、拉线均布检查
		$1600 < D_1 \leqslant 4000$	5	8	
		$4000 < D_1 \leqslant 6000$	6	12	
		$6000 < D_1 \leqslant 8000$	8	12	
		$8000 < D_1 \leqslant 10000$	10	12	
		$D_1 > 10000$	12	12	

续表 C.0.1

项次	检查项目（mm）		允许偏差值（mm）	每层最少测量点数量	检验方法
2	支撑圈间距	相邻两层之间 $D_1 \leqslant 4000$	±3	4	U形管水平仪、钢尺、拉线均布检查
		$D_1 > 4000$		6	
		20层中任意两层之间 $D_1 \leqslant 4000$	±10	4	
		$D_1 > 4000$		6	
3	支撑梁	平面度 300范围内	1	任意	
		全长范围内	$L_1/1000$ 且不大于 5	—	
		中心线位置	2	—	
4	降液板的支持板	螺栓孔水平间距 T	$\leqslant 3$		
		支持板安装部位 M	$\pm 2M/100$		
		支持板倾斜度 Q	$\pm 2G/100$		
		支持板安装位置 R_1	$\pm 5R_1/1000$ 且不大于 ± 6	4	
		支持板安装位置 R_2	$\pm 5R_2/1000$ 且不大于 ± 12		
5	填料支撑结构件水平度		$2D_1/1000$ 且不大于 4	—	

注：1　D_1 为塔内直径；L_1 为支撑梁（件）全长；G 表示降液板支持板的宽度。

2　支撑梁在全长范围内的平面度和中心线位置应每件检验。

3　填料支撑结构件的水平度应每件检验。

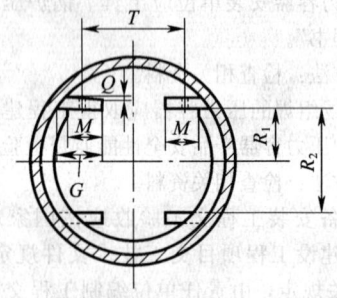

(a) 单溢流塔盘

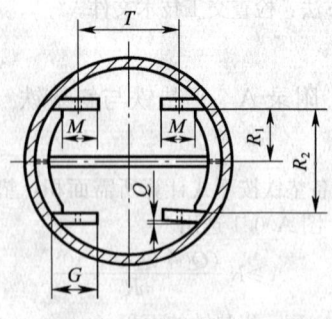

(b) 双溢流塔盘

图 C.0.1　降液板的支持板安装检查示意

检验数量：按内件总层数的 20% 检查。

C.0.2 降液板、塔盘支撑件（图 C.0.2-1、图 C.0.2-2）安装质量应符合表 C.0.2 的规定。

表 C.0.2 降液板、塔盘支撑件安装质量标准

项次	检查项目	允许偏差值(mm)	每层最少测量点数量	检验方法
1	降液板底部与受液盘上表面距离 F	±3	6	U形管水平仪或水准仪、钢尺检查
2	降液板底部立边与受液盘立边的距离 W	+5 −3	6	
3	中间降液板间距 Y	±6	2	
4	降液板上部立边至塔内壁的径向最大距离 U	±6	1	
5	固定在降液板上的塔盘支撑件与支持圈的水平度	+1 −0.5	4	
6	固定在降液板上的塔盘支撑件间的距离 J	±3	4	

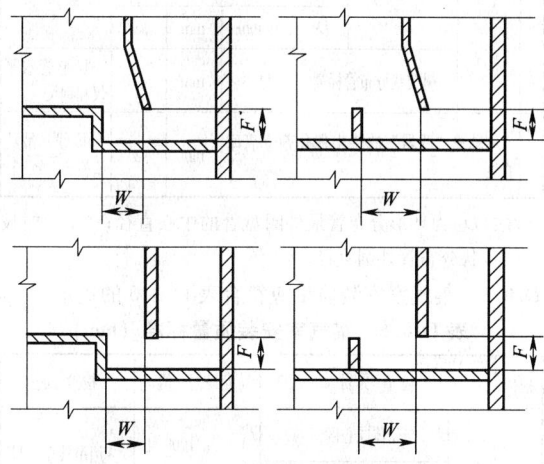

图 C.0.2-1 降液板安装检查示意

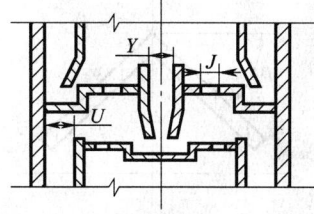

图 C.0.2-2 降液板、塔盘支撑件安装检查示意

检查数量：按内件总层数的 20％检查。

C.0.3 塔内件表面不得有油污、挂渣、铁锈、泥沙及毛刺等杂物。

检查数量：按内件层数 20％抽查；

检验方法：观察检查。

C.0.4 塔盘安装质量应符合表 C.0.4 的规定。

表 C.0.4 塔盘安装质量标准

项次	检查项目(mm)		允许偏差值(mm)	每层最少测量点数量	检验方法
1	塔盘板 受液盘	300 范围内的平面度	2	任意	水准仪、钢尺、拉线均布检查
2	塔盘上表面水平度	$D_i \leqslant 1600$	4	6	U形管水平仪或水准仪、钢尺、拉线均布检查
		$1600 < D_i \leqslant 4000$	6	10	
		$4000 < D_i \leqslant 6000$	9	10	
		$6000 < D_i \leqslant 8000$	12	10	
		$8000 < D_i \leqslant 10000$	15	10	
		$D_i > 10000$	17	10	
3	溢流堰	堰高 $D_i \leqslant 3000$	±1.5	6	
		堰高 $D_i > 3000$	±3	6	
		上表面水平度 $D_i \leqslant 1500$	3	4	
		$1500 < D_i \leqslant 2500$	4.5	6	
		$D_i > 2500$	6	8	
4	浮动喷射塔盘	梯形孔底面的水平度	2D/1000	4	
		托板、浮动板平面度	1	4	
5	圆形、条形泡罩	与升气管同心度	3	10	
		齿根到塔盘上表面距离	±1.5	10	

注：1 塔盘板包括筛板塔盘、浮阀塔盘、泡罩塔盘、舌形塔盘等。

2 D_i 为塔内直径。

C.0.5 塔盘固定螺栓应紧固，卡子安装位置应准确，密封垫片搭接应均匀。

检验方法：观察检查，0.25kg 小锤锤击检查和钢尺检查。

C.0.6 塔盘安装应符合以下规定：

1 浮阀、浮舌、浮动喷射塔板的浮动板应上、下活动灵活。

2 浮舌、舌片方向符合设计文件规定。

3 浮动喷射塔板的浮动板应闭合严密。

4 同一层塔盘板的泡罩位置应在同一水平面上并紧贴均匀、牢固。

检验方法：观察检查及用手托动检查。

C.0.7 丝网波纹填料安装质量应符合表 C.0.7 的规定。

表 C.0.7　丝网波纹填料安装质量标准

项次	检查项目	允许偏差值	检验方法
1	丝网波纹填料波纹片的波纹方向	设计文件要求	观察检查
2	丝网波纹填料与塔中心线的夹角	5°	用粉线拉出轴线后用角度尺检查
3	液体分布装置的溢流支管开口下缘水平偏差	±2mm	U形管水平仪检查
4	网块与筒体内壁、网块与网块要相互紧贴	无缝隙	观察检查

C.0.8　填料填充质量应符合以下规定：

1　填料应干净，排列方式、高度和充填的体积符合设计文件要求。

2　规则排列的填料应按规定排列整齐，乱堆的颗粒填料松紧度适当，表面平整。

检验方法：观察检查。

附录 D　催化裂化装置反应再生系统设备内件安装质量标准

D.0.1　反应/沉降器和再生器(以下简称"两器")内固定料腿的拉杆应焊牢，每层拉杆中心线应在同一平面上。

检验方法：现场拉线检查。

D.0.2　翼阀的安装角度、出口方向、折翼板与固定板间隙应正确，翼阀折翼板与固定板两对口面应平整，吊环的接口应磨光且圆滑，阀板开启灵活、能自由下落闭合。

检验方法：根据翼阀冷态试验报告测量及用手拨动折翼板试开启灵度。

D.0.3　主风分布管的主管与再生器壳体接口处的角焊缝应熔透焊，并进行百分之百磁粉检测或渗透检测，应无裂纹、无夹渣。分布主管与支管的连接焊缝应进行煤油试漏。

检验方法：现场观察及检查试验报告。

D.0.4　与设备壳体焊接的内件、附件应在衬里施工前全部组焊完毕。旋风分离器系统、分布管、同轴式两器的待生催化剂立管安装质量应符合表 D.0.4 的规定。

表 D.0.4　内件/附件安装质量标准

项次	检查项目	允许偏差值 单位	允许偏差值 数值	检验方法
1　旋风分离器系统	一级旋风分离器入口标高	mm	±5	钢尺检查
	拉杆水平度	mm/m	2	水平尺检查
	旋风分离器的垂直度	mm	5	吊线坠检查
	旋风分离器本体组装同轴度	mm	4	
	料腿下端的位置	mm	±20	钢尺检查
	翼阀安装角度	°	±0.5	特制角度水准仪

续表 D.0.4

项次	检查项目	允许偏差值 单位	允许偏差值 数值	检验方法
1　旋风分离器系统	翼阀或防倒锥至分布管（板）的距离	mm	±10	钢尺检查
	吊挂安装方位	mm	5	钢尺检查
	吊挂安装标高	mm	±5	U形管水平仪和钢尺
	吊挂安装垂直度	mm	1	吊线坠检查
	防倒锥底面安装水平度	mm/m	4	U形管水平仪和钢尺
2　分布管	环形分布管水平度	mm	$D_2/1000$ 且不大于10	水平尺检查
	树枝状分布管水平度　$D_3 \leqslant 1600mm$	mm	3	
	$1600mm < D_3 \leqslant 3200mm$	mm	4	
	$D_3 > 3200mm$	mm	5	
	树枝状分布管标高	mm	±10	U形管水平仪和钢尺
3	同轴式"两器"的待生催化剂立管垂直度	mm	2	拉线、吊线坠检查

注：D_2 为环形分布管最外圈盘管的中心直径；D_3 为树枝状分布管外圆直径。

D.0.5　集气室安装质量应符合表 D.0.5 的规定。

表 D.0.5　集气室安装质量标准　（mm）

项次	检查项目	允许偏差值	检验方法
1　内集气室	与壳体同心度	$1.5D_4/1000$ 且不大于5	用吊线坠、U形管水平仪进行检查
	水平度		
	开孔中心位置	3	
2　外集气室	与设备的同轴度	10	吊线坠检查
	方位	15	

注：D_4 为集气室直径。

D.0.6　挡板（图 D.0.6）安装质量应符合表 D.0.6的规定。

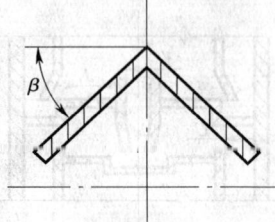

图 D.0.6　人字挡板安装角度示意

表 D.0.6 挡板安装质量标准

项次	检查项目		允许偏差值		检验方法
			单位	数值	
1	人字挡板	水平距离 相邻	mm	±5	用钢尺、水准仪、角度水准仪检查
		水平距离 累计	mm	±10	
		垂直距离 相邻	mm	±5	
		垂直距离 累计	mm	±10	
		同一标高人字挡板顶端水平度	mm	5	
		安装角度β	°	±2.5	
2	环形挡板	安装间距	mm	±5	用钢尺检查
		累计安装间距	mm	±10	
		挡板内口与提升管外壁间距	mm	+10 0	
		内环形挡板外口与汽提段壳体内壁间距	mm	+10 0	

D.0.7 油气阻挡圈安装质量应符合下列要求：

1 水平度为 5mm。

2 位置应错开环向焊缝 50mm。

3 中间不允许间断，遇到开孔接管时，把油气阻挡圈断开再与接管焊成一体。

检查数量：按全数的 20％抽查。

检验方法：观察及用水准仪、钢尺检查。

D.0.8 蒸汽盘管水平度为其中心直径的 1/1000，立管的垂直度为立管高度的 1/1000，且不大于 10mm。

检验方法：用 U 形管水平仪、吊线坠及钢尺检查。

D.0.9 立管式三级旋风分离器上、下隔板安装时方位允许偏差为 5mm，上、下隔板间对应管孔同轴度为 2mm。

检验方法：用线坠、钢尺检查。

D.0.10 立管式三级旋风分离器分离单管垂直度为 3mm，两相邻分离单管导向叶片方向正确，排气管与单管的同轴度为 1mm。

检验方法：用线坠、钢尺检查。

D.0.11 卧管式三级旋风分离器分离单管的定位点应在同一水平面内，水平度为 5mm；相邻分离单管夹角允许偏差为±0.25°，分离单管与水平面的倾角允许偏差为±0.25°。

检验方法：用水准仪、角度尺检查。

D.0.12 分离单管安装位置应符合下列要求：

1 相邻单管压降相近。

2 对于立管式三旋，其压降大的分离管布置在内圈，压降小的分离管布置在外圈。

3 对于卧管式三旋，其压降大的分离管布置在上层，压降小的分离管布置在下层。

检验方法：按压降试验值现场观察检查。

D.0.13 三旋内的膨胀节预拉伸应符合设计文件要求。

检验方法：测量检查。

D.0.14 烟气入口中心管与筒体以及吊筒与筒体的同轴度为三旋筒体内径的 1/1000。

检验方法：现场拉尺检查。

D.0.15 整体到货的三旋就位后，分离单管复测要求应符合本规范第 D.0.10 和第 D.0.11 条的规定。

检验方法：检查分离单管复测记录。

附录 E 管式换热设备耐压试验

E.0.1 管式换热设备应按下列程序进行耐压试验和检查：

1 固定管板式、U 形管式换热器先试壳程，后试管程：

　1）试壳程时，检查壳体、换热管及其与管板连接接头。

　2）试管程时，检查管箱和管箱法兰密封。

2 浮头式换热设备先试管束，后试管程，再试壳程：

　1）试管束时，检查管板连接接头及管束。

　2）试管程时，检查管箱、管箱法兰密封、小浮头密封。

　3）试壳程时，检查外头盖及外头盖法兰密封。

3 釜式重沸器（浮头式管束）先试管束，后试管程，再试壳程：

　1）试管束时，检查管板连接接头及管束。

　2）试管程时，检查管箱及其与管板的密封，检查小浮头及其与管板的密封。

　3）试壳程时，检查壳体、管箱法兰及其与管板密封。

4 当管程试验压力高于壳程试验压力时，管束与管板连接接头耐压试验应执行设计文件规定或按供需双方商定的方法进行。

5 重叠换热设备检查管束及其与管板连接接头试验可单台进行。管程及壳程耐压试验应在组装后进行。

检验方法：检查试验报告。

E.0.2 换热设备耐压试验合格标准应符合本规范第 6.2.3 条的规定。

本规范用词说明

1 为便于在执行本规范条文时区别对待，对要求严格程度不同的用词说明如下：

1）表示很严格，非这样做不可的用词：

正面词采用"必须"，反面词采用"严禁"。

2）表示严格，在正常情况下均应这样做的用词：

正面词采用"应",反面词采用"不应"或"不得"。

3）表示允许稍有选择，在条件许可时首先应这样做的用词：

正面词采用"宜"，反面词采用"不宜"；

表示有选择，在一定条件下可以这样做的用词，采用"可"。

2　本规范中指明应按其他有关标准、规范执行的写法为："应符合……的规定"或"应按……执行"。

中华人民共和国国家标准

石油化工静设备安装工程施工质量
验 收 规 范

GB 50461—2008

条 文 说 明

目　次

3 基本规定

3.1 资质要求

3.1.1 为加强设备安全管理，防止和减少事故，保障人民群众生命和财产安全，促进经济发展，国家相继制定了《建设工程安全生产管理条例》、《建设工程质量管理条例》、《特种设备安全监察条例》等行政法规，其中均对生产经营单位的执业范围做了规定，生产经营单位必须取得相应的资质，并在资质等级许可的范围内从事生产经营活动。

《特种设备安全监察条例》第十四条，锅炉、压力容器、电梯、起重机械、客运索道、大型游乐设施及其安全附件、安全保护装置的制造、安装、改造单位，应当经国务院特种设备安全监督管理部门许可，方可从事相应的活动，并具有下列条件：（一）有与特种设备制造、安装、改造相适宜的专业技术人员和技术工人；（二）有与特种设备制造、安装、改造相适宜的生产条件和检测手段；（三）有健全的质量管理制度和责任制度。

从事压力容器安装的单位必须是取得相应的制造资格的单位或者是经安装单位所在地的省级安全监察机构批准的安装单位。

无损检测单位必须是经国家质量监督检验总局核准，取得特种设备检验检测机构核准证，并在核准的项目范围内从事特种设备检验检测活动的单位。

3.1.2 《安全生产法》第23条规定，生产经营单位的特种作业人员必须按照国家有关规定经专门的安全作业培训，取得特种作业操作资格证书，方可上岗作业。

《特种设备安全监察条例》第三十九条规定，锅炉、压力容器、电梯、起重机械、客运索道、大型游乐设施的作业人员及其相关管理人员（以下统称特种设备作业人员），应当按照国家有关规定经特种设备安全监督管理部门考核合格，取得国家统一格式的特种作业人员证书，方可从事相应的作业和管理工作。

本条规定了特种设备作业人员中的焊工和无损检测人员必须经专业培训和考核，取得地、市级以上质量技术监督行政部门颁发的特种设备作业人员资格证书后，方可从事相应工作。

3.3 压力容器安装工程的监督检验

3.3.1 压力容器的现场组焊、安装、改造必须由依照《锅炉压力容器制造监督管理办法》、《压力容器安装改造维修许可规则》取得许可的单位进行。

3.3.2 特种设备安装、改造、维修应事先书面告知直辖市或者设（特）区的市的特种设备安全监督管理部门，告知后方可施工。

3.5 设备开箱检验

3.5.2 设备开箱检验应在有关人员参加下进行，有关人员包括建设单位、采购单位、设计单位、监理单位、总承包单位、施工单位、制造单位、供应商等。

3.6 设备安装测量基准的确认及标识

设备安装找正基准点（线）应选择设备制造时的基准母线，若制造单位没有将基准母线移植到到货的设备上，安装前必须补充安装基准。

设备支座包括裙式支座、鞍式支座、耳式支座、支架式支座等。

3.7 成品及半成品保护

3.7.2 钛和钛合金对表面缺陷敏感性大，钛和钛合金制设备储存过程中应严格控制表面缺陷。钛和钛合金与铁、碳钢、低合金钢接触，特别是与钢丝刷接触和摩擦造成表面缺陷，有铁污染时，在电解质作用下，铁与钛形成微电池，使钛的氧化膜遭到破坏，降低了钛的耐腐蚀能力。铝和铝合金的耐磨性较差，当有电解质存在时，受伤害处的铝材表面容易形成浓差电池，从而加速腐蚀，并造成应力集中，储存过程中应避免表面擦伤。

3.7.4 空冷器翅片受损影响热效率，对于安装过程中的损伤应予调整。

3.7.6 有氮气保护的设备，到货时其氮气压力应符合制造文件的规定。

4 设备安装

4.1 基础复测及处理

4.1.2 本条要求设备基础实体具有相应标识。

4.1.6 设备混凝土基础表面除放置垫铁处以外应凿成麻面，以保证基础二次灌浆的质量。

4.3 垫 铁

4.3.4 热处理对储罐的整体尺寸影响较大，其膨胀量必须予以充分考虑。滑动底板的厚度、材质以及地脚螺栓孔尺寸应经计算确定。

4.4 安装通则

4.4.6 套管式换热器由间距相同的单排套管、双排套管、多排套管组成。保证整体水平是非常重要的。测定套管纵向水平度均以顶层换热管的上表面为准进行。对于双排套管、多排套管组成的换热器，测定横向水平度也应以顶层换热管的上表面为准进行。对于单排套管换热器，垂直度应以一根支架柱的外侧面来测量。外侧面是指平行于排管的一面。

4.7 安全附件安装

安全附件指压力容器上用于控制温度、压力、容量、液位等技术参数的测量、控制仪表或装置，包括安全阀、爆破片压力表、液位计、流量计、测量仪表等及其数据采集处理装置。

5 设备现场组焊

5.2 组装元件检验

5.2.5 本条要求样板必须达到一定长度，以保证测量值的准确。

5.2.8 一般情况下设计文件应规定不等厚钢板对接的形式，本条是对设计文件中未规定时作的要求。

5.4 焊 接

5.4.2 《钢制压力容器》GB 150 和《承压设备焊接工艺评定》JB 4708 中按焊件温度（−20℃）控制，《球形储罐施工及验收规范》GB 50094 中按环境温度（−5℃）控制，本规范统一为按焊件温度控制。

5.4.3 为确保现场组焊压力容器的焊接质量，按《压力容器安全技术监察规程》的规定制备产品焊接试板，检验焊接接头的力学性能。

5.4.4 定位焊缝过短、过薄，定位焊缝在焊接过程中易被撕裂，使焊缝上存在缺陷可能性增大，这些缺陷在焊接过程中常常是不能全部被熔化，而保留在新的焊缝中，形成根部缺陷。

5.4.9 压力容器焊缝某一位置的内侧与外侧各作为一个部位。

5.5 热 处 理

5.5.3 测温点的布置应尽可能真实地反映球壳面上的温度分布，本条对球形储罐采用内燃法进行整体热处理时，测温点的设置和测温点的数量作出了规定。

5.6 焊接接头形状尺寸和外观质量

5.6.1 A 类、B 类、C 类、D 类焊接接头按《钢制压力容器》GB 150 的第 10.1.6 条划分，以下描述相同。

6 试 验

6.1 一般规定

6.1.1 试验包括：耐压试验（液压试验和气压试验）、泄漏试验（气密性试验、充水试漏或煤油试漏）。

6.1.3 耐压试验的目的是检验设备承压部件的强度，试验时有破裂的可能性。由于相同体积、相同压力的气体爆炸时所释放出的能量要比液体大得多，为减轻耐压试验时破裂所造成的危害，所以试验介质应选用液体。本条对用气压试验代替液压试验时，对制造质量的检验、制定安全措施、设置安全装置等事项进行了规定。

本条第 3 款规定的"本单位技术总负责人"是指具有法人资格的总承包单位或施工承包单位的技术总负责人。

6.1.6 试验压力应按照设计文件的规定执行。当设计文件未作规定时，试验压力应符合规范表 6.1.6 的规定。

6.2 液压试验

6.2.5 整体安装的换热设备现场压力试验的程序和检查方式不是唯一的，可由建设单位、监理单位和施工单位在现场协商确定。

7 工 程 交 工

7.0.2 由于隐蔽工程在被覆盖后，难以检验其质量状态，为避免质量隐患造成大的损失，国家相关法律、法规均要求隐蔽工程必须经验收合格后，方可进行下一工序的施工。

7.0.5 根据国质检国〔2003〕207 号文《锅炉压力容器使用登记管理办法》第七条要求，该表应由压力容器安装单位提供。

中华人民共和国国家标准

电子信息系统机房施工及验收规范

Code for construction and acceptance
of electronic information system room

GB 50462—2008

主编部门：中华人民共和国工业和信息化部
批准部门：中华人民共和国住房和城乡建设部
施行日期：２００９年６月１日

中华人民共和国住房和城乡建设部
公　告

第 160 号

关于发布国家标准
《电子信息系统机房施工及验收规范》的公告

现批准《电子信息系统机房施工及验收规范》为国家标准，编号为 GB 50462—2008，自 2009 年 6 月 1 日起实施。其中，第 3.1.5、5.2.2、6.3.4、6.3.5、12.7.3 条为强制性条文，必须严格执行。

本规范由我部标准定额研究所组织中国计划出版社出版发行。

中华人民共和国住房和城乡建设部
二○○八年十一月十二日

前　言

本规范是根据建设部"关于印发《2005 年工程建设标准规范制订、修订计划（第二批）》的通知"（建标函〔2005〕124 号）的要求，由中国机房设施工程有限公司会同中国电子工程设计院等单位共同编制而成的。

本规范在编制过程中，编制组在调查研究的基础上，总结了国内最新的实践经验，吸收了符合我国国情的国外先进技术。经广泛征求意见，反复修改，最后审查定稿。

本规范共分为 14 章和 9 个附录，主要内容包括总则、术语、基本规定、供配电系统、防雷与接地系统、空气调节系统、给水排水系统、综合布线、监控与安全防范、消防系统、室内装饰装修、电磁屏蔽、综合测试、工程竣工验收与交接等。

本规范中以黑体字标志的条文为强制性条文，必须严格执行。

本规范由住房和城乡建设部负责管理和对强制性条文的解释，由工业和信息化部负责日常管理，由中国机房设施工程有限公司负责具体技术内容的解释。

请各单位在执行本规范过程中注意总结经验，积累数据，随时将需要修改和补充的意见寄至中国机房设施工程有限公司（地址：天津市河西区友谊路西园道 10 号，邮编：300061），以便今后修订时参考。

本规范主编单位、参编单位和主要起草人：

主 编 单 位：中国机房设施工程有限公司

参 编 单 位：中国电子工程设计院
北京长城电子工程技术有限公司
太极计算机股份有限公司
公安部天津消防研究所
北京科计通电子工程有限公司
常州长城屏蔽机房设备有限公司
上海华宇电子工程有限公司

主要起草人：徐宗弘　钟景华　王元光　姬倡文
黄群骥　余　雷　姚一波　宋旭东
周乐乐　杨丙杰　周启彤　项　颢
高大鹏　张　彧　宋玉明　杨永生
薛长立

目　次

目　录

1 总　则

1.0.1 为加强各类电子信息系统机房工程质量管理，统一施工及验收要求，保证工程质量，制定本规范。

1.0.2 本规范适用于建筑中新建、改建和扩建的电子信息系统机房工程的施工及验收。

1.0.3 电子信息系统机房施工及验收除应执行本规范外，尚应符合国家现行有关标准、规范的规定。

2 术　语

2.0.1 电子信息系统机房　electronic information system room

主要为电子信息系统设备提供运行环境的场所，可以是一幢建筑物或建筑物的一部分，包括主机房、辅助区、支持区和行政管理区等。

2.0.2 隐蔽工程　concealed project

指地面下、吊顶上、活动地板下、墙内或装饰材料所遮挡的不可见工程。

2.0.3 电磁屏蔽室　electromagnetic shielding enclosure

专门用于衰减、隔离来自内部或外部的电场、磁场能量的建筑空间体。

3 基本规定

3.1 施工基本要求

3.1.1 施工单位应按审查合格的设计文件施工，设计变更应有原设计单位的设计变更通知。

3.1.2 施工中的安全技术、劳动保护、防火措施及环境保护等应符合国家有关法律法规和现行有关标准的规定。

3.1.3 在施工现场不宜进行有水作业，无法避免时应做好防护。作业结束时应及时清理施工现场。

3.1.4 对有空气净化要求的房间，在施工时应采取保证材料、设备及施工现场清洁的措施。

3.1.5 对改建、扩建工程的施工，需改变原建筑结构时，应进行鉴定和安全评价，结果必须得到原设计单位或具有相应设计资质单位的确认。

3.1.6 在室内堆放的施工材料、设备及物品不得超过楼板的荷载。

3.1.7 室内隐蔽工程应在装饰工程施工前进行。隐蔽工程应在检验合格后进行封闭施工，并应有现场施工记录或相应数据。

3.1.8 在施工过程中或工程竣工后，应做好设备、材料及装置的保护，不得污染和损坏。

3.2 材料、设备基本要求

3.2.1 工程所用材料应有产品合格证，进场应检验，并应做记录。特殊材料必须有国家主管部门认可的检测机构出具的检测报告或认证书。

3.2.2 工程所要安装的设备和装置均应开箱检验，应检查设备和装置的外观、名称、品牌、型号和数量，附件、备件及技术档案应齐全，并应做检查记录。建设单位代表应参与检查。

3.2.3 工程所用材料、设备和装置的装运方式及储存环境应符合产品说明书的规定。在现场对其应分类存放、进行标识，并应做记录。

3.3 分部分项工程施工验收基本要求

3.3.1 各分部、分项工程应按本规范进行随工检验和交接验收，并应做记录。

3.3.2 交接检验应由施工单位、建设单位代表或监理工程师共同进行，并应在验收记录上签字。

3.3.3 交接验收时，施工单位应提供下列文件：

　1　竣工验收申请报告；

　2　竣工图、设计变更通知或相关文件；

　3　设备和主要材料的出厂合格证、说明书等技术文件；

　4　设备、主要材料的检验记录；

　5　工程验收记录。

3.3.4 项目经理应填写交接记录，施工单位代表、建设单位代表、监理工程师等相关人员应确认签字。

4 供配电系统

4.1 一般规定

4.1.1 电子信息系统机房供配电系统的施工及验收应包括电气装置、配线及敷设、照明装置的安装及验收。

4.1.2 电子信息系统机房供配电系统的施工及验收除应执行本规范外，尚应符合现行国家标准《建筑电气工程施工质量验收规范》GB 50303 的有关规定。

4.1.3 用于电子信息系统机房供配电系统的电气设备和材料，必须符合国家有关电气产品安全的规定及设计要求。

4.2 电气装置

4.2.1 电气装置的安装应牢固可靠、标志明确、内外清洁。安装垂直度偏差宜小于 1.5‰；同类电气设备的安装高度，在设计无规定时应一致。

4.2.2 电气接线盒内应无残留物，盖板应整齐、严密，暗装时盖板应紧贴安装工作面。

4.2.3 开关、插座应按设计位置安装，接线应正确、牢固。不间断电源插座应与其他电源插座有明显的形状或颜色区别。

4.2.4 隐蔽空间内安装电气装置时应留有维修路径

和空间。

4.2.5 特种电源配电装置应有永久的、便于观察的标志，并应注明频率、电压等相关参数。

4.2.6 落地安装的电源箱、柜应有基座。安装前，应按接线图检查内部接线。基座及电源箱、柜安装应牢固，箱、柜内部不应受额外应力。接入电源箱、柜电缆的弯曲半径宜大于电缆最小允许弯曲半径。电缆最小允许弯曲半径宜符合表4.2.6的要求。

表 4.2.6 电缆最小允许弯曲半径

序号	电缆种类	最小允许弯曲半径
1	无铅包钢铠护套的橡皮绝缘电力电缆	$10D$
2	有钢铠护套的橡皮绝缘电力电缆	$20D$
3	聚氯乙烯绝缘电力电缆	$10D$
4	交联聚氯乙烯绝缘电力电缆	$15D$
5	多芯控制电缆	$10D$

注：D为电缆外径。

4.2.7 不间断电源及其附属设备安装前应依据随机提供的数据，检查电压、电流及输入输出特性等参数，并应在符合设计要求后进行安装。安装及接线应正确、牢固。

4.2.8 蓄电池组的安装应符合设计及产品技术文件要求。蓄电池组重量超过楼板载荷时，在安装前应按设计采取加固措施。对于含有腐蚀性物质的蓄电池，安装时应采取防护措施。

4.2.9 柴油发电机的基座应牢靠固定在建筑物地面上。安装柴油发电机时，应采取抗振、减噪和排烟措施。柴油发电机应进行连续12h负荷试运行，无故障后可交付使用。

4.2.10 电气装置与各系统的联锁应符合设计要求，联锁动作应正确。

4.2.11 电气装置之间应连接正确，应在检查接线连接正确无误后进行通电试验。

4.3 配线及敷设

4.3.1 线缆端头与电源箱、柜的接线端子应搪锡或镀银。线缆端头与电源箱、柜的连接应牢固、可靠，接触面搭接长度不应小于搭接面的宽度。

4.3.2 电缆敷设前应进行绝缘测试，并应在合格后敷设。机房内电缆、电线的敷设，应排列整齐、捆扎牢固、标志清晰，端接处长度应留有适当富裕量，不得有扭绞、压扁和保护层断裂等现象。在转弯处，敷设电缆的弯曲半径应符合本规范表4.2.6的规定。电缆接入配电箱、配电柜时，应捆扎固定，不应对配电箱产生额外应力。

4.3.3 隔断墙内穿线管与墙面板应有间隙，间隙不宜小于10mm。安装在隔断墙上的设备或装置应整齐固定在附加龙骨上，墙板不得受力。

4.3.4 电源相线、保护地线、零线的颜色应按设计要求编号，颜色应符合下列规定：

1 保护接地线（PE线）应为黄绿相间色；

2 中性线（N线）应为淡蓝色；

3 A相线应用黄色，B相线应用绿色，C相线应用红色。

4.3.5 正常均衡负载情况下保护接地线（PE线）与中性线（N线）之间的电压差应符合设计要求。

4.3.6 电缆桥架、线槽和保护管的敷设应符合设计要求和现行国家标准《建筑电气工程施工质量验收规范》GB 50303的有关规定。在活动地板下敷设时，电缆桥架或线槽底部不宜紧贴地面。

4.4 照明装置

4.4.1 吸顶灯具底座应紧贴吊顶或顶板，安装应牢固。

4.4.2 嵌入安装灯具应固定在吊顶板预留洞（孔）内专设的框架上。灯具宜单独吊装，灯具边框外缘应紧贴吊顶板。

4.4.3 灯具安装位置应符合设计要求，成排安装时应整齐、美观。

4.4.4 专用灯具的安装应按现行国家标准《建筑电气工程施工质量验收规范》GB 50303的有关规定执行。

4.5 施工验收

4.5.1 检验及测试应包括下列内容：

1 检查应包括下列内容：

  1）电气装置、配件及其附属技术文件是否齐全；

  2）电气装置的型号、规格、安装方式是否符合设计要求；

  3）线缆的型号、规格、敷设方式、相序、导通性、标志、保护等是否符合设计要求，已经隐蔽的应检查相关的隐蔽工程记录；

  4）照明装置的型号、规格、安装方式、外观质量及开关动作的准确性与灵活性是否符合设计要求。

2 测试应包括下列内容：

  1）电气装置与其他系统的联锁动作的正确性、响应时间及顺序；

  2）电线、电缆及电气装置的相序的正确性；

  3）电线、电缆及电气装置的电气绝缘电阻应达到表4.5.1的要求；

  4）柴油发电机组的启动时间，输出电压、电流及频率；

  5）不间断电源的输出电压、电流、波形参数及切换时间。

4.5.2 本规范第4.5.1条的检验及测试合格后，可进行施工交接验收,并应按附录 A 填写《供配电系统验收记录表》。

表 4.5.1　电气绝缘电阻要求

序号	项目名称	最小绝缘电阻值（MΩ）
1	开关、插座	5
2	灯具	2
3	电线电缆	0.5
4	电源箱、柜二次回路	1

4.5.3 施工交接验收时,施工单位所提供的文件应符合本规范第 3.3.3 条的规定。

5　防雷与接地系统

5.1　一般规定

5.1.1 电子信息系统机房应进行防雷与接地装置和接地线的安装及验收。

5.1.2 电子信息系统机房防雷与接地系统施工及验收除应执行本规范外,尚应符合现行国家标准《建筑物电子信息系统防雷技术规范》GB 50343 和《建筑电气工程施工质量验收规范》GB 50303 的有关规定。

5.2　防雷与接地装置

5.2.1 浪涌保护器安装应牢固,接线应可靠。安装多个浪涌保护器时,安装位置、顺序应符合设计和产品说明书的要求。

5.2.2 **正常状态下外露的不带电的金属物必须与建筑物等电位网连接。**

5.2.3 接地装置焊接应牢固,并应采取防腐措施。接地体埋设位置和深度应符合设计要求。引下线应固定。

5.2.4 接地电阻值无法满足设计要求时,应采取物理或化学降阻措施。

5.2.5 等电位联接金属带可采用焊接、熔接或压接。金属带表面应无毛刺、明显伤痕,安装应平整、连接牢固,焊接处应进行防腐处理。

5.3　接地线

5.3.1 接地线不得有机械损伤;穿越墙壁、楼板时应加装保护套管;在有化学腐蚀的位置应采取防腐措施;在跨越建筑物伸缩缝、沉降缝处,应弯成弧状,弧长宜为缝宽的 1.5 倍。

5.3.2 接地端子应做明显标记,接地线应沿长度方向用油漆刷成黄绿相间的条纹进行标记。

5.3.3 接地线的敷设应平直、整齐。转弯时,弯曲半径应符合本规范表 4.2.6 的规定。接地线的连接宜采用焊接,焊接应牢固、无虚焊,并应进行防腐处理。

5.4　施工验收

5.4.1 验收检测应包括下列内容:

　1 检查接地装置的结构、材质、连接方法、安装位置、埋设间距、深度及安装方法应符合设计要求;

　2 对接地装置的外露接点应进行外观检查,已封闭的应检查施工记录;

　3 验证浪涌保护器的规格、型号应符合设计要求,检查浪涌保护器安装位置、安装方式应符合设计要求或产品安装说明书的要求;

　4 检查接地线的规格、敷设方法及其与等电位金属带的连接方法应符合设计要求;

　5 检查等电位联接金属带的规格、敷设方法应符合设计要求;

　6 检查接地装置的接地电阻值应符合设计要求。

5.4.2 本规范第 5.4.1 条的验收检测项目合格后,可进行施工交接验收,并应按附录 B 填写《防雷与接地装置验收记录表》。

5.4.3 施工交接验收时,施工单位提供的文件应符合本规范第 3.3.3 条的规定。

6　空气调节系统

6.1　一般规定

6.1.1 电子信息系统机房的空气调节系统应包括分体式空气调节系统设备与设施的安装、风管与部件制作及安装、系统调试及施工验收。

6.1.2 电子信息系统机房其他空气调节系统的施工及验收,应按现行国家标准《通风与空调工程施工质量验收规范》GB 50243 的有关规定执行。

6.2　空调设备安装

6.2.1 分体式空调机组基座或基础的制作应符合设计要求,并应在空调机组安装前完成。

6.2.2 室内机组安装时,在室内机组与基座之间应垫牢靠固定的隔震材料。

6.2.3 室外机组的安装位置应符合设计要求,并应满足设备技术档案对空气循环空间的要求。

6.2.4 室外空调冷风机组安装在地面时,应设置安全防护网。

6.2.5 连接室内机组与室外机组的气管和液管,应按设备技术档案要求进行安装。气管与液管为硬紫铜管时,应按设计位置安装存油弯和防震管。

6.2.6 空气设备管道安装完成后,应进行检漏和压力测试,并应做记录;合格后应进行清洗。

6.2.7 管道应按设计要求进行保温。当设计对保温材料无规定时,可采用耐热聚乙烯、保温泡沫塑料或玻璃纤维等材料。

6.3 其他空调设施的安装

6.3.1 空气调节系统其他设施应包括新风系统、管道防火阀、排烟防火阀、空调系统及排风系统的风口。

6.3.2 新风系统设备与管道应按设计要求进行安装,安装应便于空气过滤装置的更换,并应牢固可靠。

6.3.3 管道防火阀和排烟防火阀应符合国家现行有关消防产品标准的规定。

6.3.4 管道防火阀和排烟防火阀必须具有产品合格证及国家主管部门认定的检测机构出具的性能检测报告。

6.3.5 管道防火阀和排烟防火阀的安装应牢固可靠、启闭灵活、关闭严密。阀门的驱动装置动作应正确、可靠。

6.3.6 手动单叶片和多叶片调节阀的安装应牢固可靠、启闭灵活、调节方便。

6.4 风管、部件制作与安装

6.4.1 用镀锌钢板制作风管时应符合下列规定:

1 表面应平整,不应有氧化、腐蚀等现象;加工风管时,镀锌层损坏处应涂两遍防锈漆;

2 刷油漆时,明装部分的最后一遍应为色漆,宜在安装完毕后进行;

3 风管接缝宜采用咬口方式。板材拼接咬口缝应错开,不得有十字拼接缝;

4 风管内表面应平整光滑,安装前应除去内表面的油污和灰尘;

5 风管法兰制作应符合设计要求,并应按现行国家标准《通风与空调工程施工质量验收规范》GB 50243 的有关规定执行;法兰应涂刷两遍防锈漆;

6 风管与法兰的连接应严密,法兰密封垫应选用不透气、不起尘、具有一定弹性的材料;紧固法兰时不得损坏密封垫。

6.4.2 用普通薄钢板制作风管前应除去油污和锈斑,并应预涂一遍防锈漆,同时应符合本规范第 6.4.1 条的规定。

6.4.3 下列情况的矩形风管应采取加固措施:

1 无保温层的边长大于 630mm;

2 有保温层的边长大于 800mm;

3 风管的单面面积大于 1.2m²。

6.4.4 金属法兰的焊缝应严密、熔合良好、无虚焊。法兰平面度的允许偏差为±2mm,孔距应一致,并应具有互换性。

6.4.5 风管与法兰的铆接应牢固,不得脱铆和漏铆。管道翻边应平整、紧贴法兰,其宽度应一致,且不应小于 6mm。法兰四角处的咬缝不得开裂和有孔洞。

6.4.6 风管支架、吊架的防腐处理应与普通薄钢板

的防腐处理相一致,其明装部分应增涂一遍面漆。

6.4.7 风管及相关部件安装应牢固可靠,并应在验收后进行管道保温及涂漆。

6.5 空气调节系统调试

6.5.1 空气调节系统进行调试时,宜有建设单位代表在场。

6.5.2 空调设备安装完毕后,应首先对系统进行检漏及保压试验,其技术指标应符合设计要求。设计无明确要求时,应按设备技术档案执行。

6.5.3 空调设备、新风设备应在保压试验合格后进行开机试运行。

6.5.4 空调系统的调试应在空调设备、新风设备试运行稳定后进行。空调系统调试应做记录。空调系统验收前,应按附录 C 的内容对系统进行测试,并应按附录 C 填写《空调系统测试记录表》。

6.6 施工验收

6.6.1 空气调节系统施工验收内容及方法应按现行国家标准《通风与空调工程施工质量验收规范》GB 50243 的有关规定执行。

6.6.2 施工交接验收时,施工单位提供的文件除应符合本规范第 3.3.3 条的规定外,尚应按附录 C 提交《空调系统测试记录表》。

7 给水排水系统

7.1 一般规定

7.1.1 给水排水系统应包括电子信息系统机房内的给水和排水管道系统的施工及验收。

7.1.2 电子信息系统机房给水与排水的施工及验收,除应执行本规范外,尚应符合现行国家标准《建筑给水排水及采暖工程施工质量验收规范》GB 50242 的有关规定。

7.2 管道安装

7.2.1 管径不大于 100mm 的镀锌管道宜采用螺纹连接,螺纹的外露部分应做防腐处理;管径大于 100mm 的镀锌管道应采用焊接或法兰连接。

7.2.2 需弯制钢管时,弯曲半径应符合现行国家标准《建筑给水排水及采暖工程施工质量验收规范》GB 50242 的有关规定。

7.2.3 管道支架、吊架、托架的安装,应符合下列规定:

1 固定支架与管道接触应紧密,安装应牢固、稳定;

2 在建筑结构上安装管道支架、吊架,不得破坏建筑结构及超过其荷载。

7.2.4 水平排水管道应有 3.5‰~5‰的坡度，并应坡向排泄方向。

7.2.5 机房内的冷热水管道安装后应首先进行检漏和压力试验，然后进行保温施工。

7.2.6 保温应采用难燃材料，保温层应平整、密实，不得有裂缝、空隙。防潮层应紧贴在保温层上，并应封闭良好；表面层应光滑平整、不起尘。

7.2.7 机房内的地面应坡向地漏处，坡度应不小于3‰；地漏顶面应低于地面 5mm。

7.2.8 机房内的空调器冷凝水排水管应设有存水弯。

7.3 施工验收

7.3.1 给水管道应做压力试验，试验压力应为设计压力的 1.5 倍，且不得小于 0.6MPa。空调加湿给水管应只做通水试验，应开启阀门、检查各连接处及管道，不得渗漏。

7.3.2 排水管应只做通水试验，流水应畅通，不得渗漏。

7.3.3 施工交接验收时，施工单位提供的文件除应符合本规范第 3.3.3 条的规定外，还应提交管道压力试验报告和检漏报告。

8 综合布线

8.1 一般规定

8.1.1 综合布线应包括电子信息系统机房内的线缆敷设、配线设备和接插件的安装与验收。

8.1.2 综合布线施工及验收除应执行本规范外，尚应符合现行国家标准《建筑与建筑群综合布线系统工程验收规范》GB/T 50312 的有关规定。

8.1.3 保密网布线的施工单位与人员的资质应符合国家有关保密的规定。

8.2 线缆敷设

8.2.1 线缆的敷设应符合下列规定：

1 线缆敷设前应对线缆进行外观检查；

2 线缆的布放应自然平直，不得扭绞，不宜交叉，标签应清晰；弯曲半径应符合表 8.2.1-1 的规定；

表 8.2.1-1 线缆弯曲半径

线 缆 种 类	弯曲半径与电缆外径之比
非屏蔽 4 对对绞电缆	≥4
屏蔽 4 对对绞电缆	6~10
主干对绞电缆	≥10
光缆	≥15

3 在终接处线缆应留有余量，余量长度应符合表 8.2.1-2 的规定；

表 8.2.1-2 线缆终接余量长度（mm）

线缆种类	配线设备端	工作端
对绞电缆	500~1000	10~30
光缆	3000~5000	

4 设备跳线应插接，并应采用专用跳线；

5 从配线架至设备间的线缆不得有接头；

6 线缆敷设后应进行导通测试。

8.2.2 当采用屏蔽布线系统时，屏蔽线缆与端头、端头与设备之间的连接应符合下列要求：

1 对绞线缆的屏蔽层应与接插件屏蔽罩完整可靠接触；

2 屏蔽层应保持连续，端接时宜减少屏蔽层的剥开长度，与端头间的裸露长度不应大于 5mm；

3 端头处应可靠接地，接地导线和接地电阻值应符合设计要求。

8.2.3 信号网络线缆与电源线缆及其他管线之间的距离应符合设计要求，并应符合表 8.2.3-1 和表 8.2.3-2 的规定。

表 8.2.3-1 对绞电缆与电力线最小净距（mm）

条　件	范　围		
	380V <2kV·A	380V 2.5~5kV·A	380V >5kV·A
对绞电缆与电力电缆平行敷设	130	300	600
有一方在接地的金属槽道或钢管中	70	150	300
对绞电缆与电力线均在接地的金属槽道或钢管中	*	80	150

注：＊当对绞电缆与电力线均在接地的金属槽道或钢管中，且平行长度小于 10m 时，最小间距可为 10mm；对绞电缆如采用屏蔽电缆时，最小净距可适当减少，并应符合设计要求。

表 8.2.3-2 电缆、光缆暗管敷设与其他管线最小净距（mm）

管线种类	平行净距	垂直交叉净距
避雷引下线	1000	300
保护底线	50	20
热力管（不包封）	500	500
热力管（包封）	300	300
给水管	150	20
煤气管	300	20
压缩空气管	150	20

8.2.4 在插座面板上应用颜色、图形、文字按所接终端设备类型进行标识。

8.2.5 对绞线在与 8 位模块式通用插座相连时，应按色标和线对顺序进行卡接。插座类型、色标和编号应符合表 8.2.5 的规定，接线标号顺序应符合图

8.2.5的规定。两种双绞线线序在同一布线工程中不得混用。

表 8.2.5　插座类型、色标和编号

T568A 线序	1	2	3	4	5	6	7	8
	绿白	绿	橙白	蓝	蓝白	橙	棕白	棕
T568B 线序	1	2	3	4	5	6	7	8
	橙白	橙	绿白	蓝	蓝白	绿	棕白	棕

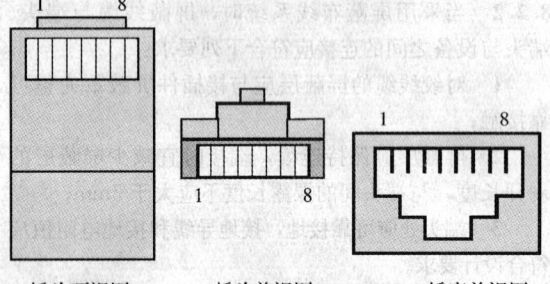

插头顶视图　　插头前视图　　插座前视图

图 8.2.5　信息插座插头接线

8.2.6 走线架、线槽和护管的弯曲半径不应小于线缆最小允许弯曲半径，敷设应符合现行国家标准《建筑电气工程施工质量验收规范》GB 50303 的有关规定。对于上走线方式，走线架的敷设除应符合现行国家标准《建筑电气工程施工质量验收规范》GB 50303 的有关规定和设计要求外，还应符合下列规定：

　　1 走线架内敷设光缆时，对尾纤应用阻燃塑料设置专用槽道，尾纤槽道转角处应平滑、呈弧形；尾纤槽两侧壁应设置下线口，下线口应做平滑处理；

　　2 光缆的尾纤部分应用棉线绑扎；

　　3 走线架吊架应垂直、整齐、牢固。

8.2.7 在水平、垂直桥架和垂直线槽中敷设线缆时，应对线缆进行绑扎。对绞电缆、光缆及其他信号电缆应根据线缆的类别、数量、缆径、线缆芯数分束绑扎。绑扎间距不宜大于 1.5m，间距应均匀，松紧应适度。垂直布放线缆应在线缆支架上每隔 1.5m固定。

8.2.8 配线机柜、机架安装应符合设计要求，并应牢固可靠，同时应用色标表示用途。

8.3　施工验收

8.3.1 验收应包括下列内容：

　　1 配线柜的安装及配线架的压接；

　　2 走线架、槽的安装；

　　3 线缆的敷设；

　　4 线缆的标识；

　　5 系统测试。

8.3.2 系统检测，应包括下列内容：

　　1 检查配线柜的安装及配线架的压接；

　　2 检查走线架、槽的规格、型号和安装方式；

　　3 检查线缆的规格、型号、敷设方式及标识；

　　4 进行电缆系统电气性能测试和光缆系统性能测试，各项测试应做详细记录，并应按附录 D 填写《电缆及光缆综合布线系统工程电气性能测试记录表》。

8.3.3 施工交接验收时，施工单位提供的文件除应符合本规范第 3.3.3 条的规定外，尚应按附录 D 提交《电缆及光缆综合布线系统工程电气性能测试记录表》。

9　监控与安全防范

9.1　一般规定

9.1.1 电子信息系统机房内的监控与安全防范应包括环境监控系统、场地设备监控系统、安全防范系统的安装与验收。

9.1.2 环境监控系统应包括对机房正压、温度、湿度、漏水报警等环境的监视与测量。

9.1.3 场地设备监控系统应包括对机房不间断电源、精密空调、柴油发电机、配电箱（柜）等场地设备的监视、控制与测量。

9.1.4 安全防范系统应包括视频监控系统、入侵报警系统和出入口控制系统。

9.1.5 监控与安全防范系统工程施工及验收除应执行本规范外，尚应符合现行国家标准《建筑电气安装工程施工质量验收规范》GB 50303 和《安全防范工程技术规范》GB 50348 的有关规定。

9.2　设备与设施安装

9.2.1 所有设备在安装前应进行技术复核。

9.2.2 设备与设施的安装应按设计确定的位置进行，并应符合下列规定：

　　1 应留有操作和维修空间；

　　2 环境参数采集设备应安装在能代表被采集对象实际状况的位置上。

9.2.3 读卡器、开门按钮等设施的安装位置应远离电磁干扰源。

9.2.4 信号传输设备和信号接收设备之间的路径和距离应符合设计要求，设计无规定时应满足设备技术档案的要求。

9.2.5 摄像机的安装应符合下列规定：

　　1 应对摄像机逐个通电、检测和粗调，并应在一切正常后安装；

　　2 应检查云台的水平及垂直转动角度，并应根据设计要求确定云台转动起始点；

　　3 摄像机与云台的连接线缆的长度应满足摄像机转动的要求；

　　4 对摄像机初步安装后，应进行通电调试，并应检查功能、图像质量、监视区范围，应在符合要求后固定；

5 摄像机安装应牢固、可靠。

9.2.6 监视器的安装位置应符合设计要求，并应符合下列规定：

1 监视器安装在机柜内时，应采取通风散热措施；

2 监视器的屏幕不得受外来光线直射；

3 监视器的外部调节部分，应便于操作。

9.2.7 控制箱（柜）、台及设备的安装应符合下列规定：

1 控制箱（柜）、台安装位置应符合设计要求，安装应平稳、牢固，并应便于操作和维护；

2 控制箱（柜）、台内应采取通风散热措施，内部接插件与设备的连接应牢固可靠；

3 所有控制、显示、记录等终端设备的安装应平稳，并应便于操作。

9.2.8 设备接地应符合设计要求。设计无明确要求时，应按产品技术文件要求进行接地。

9.3 配线与敷设

9.3.1 线缆敷设应按设计要求进行，并应符合本规范第 8.2 节的规定。

9.3.2 同轴电缆的敷设应符合现行国家标准《民用闭路监视电视系统工程技术规范》GB 50198 的有关规定。

9.3.3 电力电缆、走线架（槽）和护管的敷设应符合现行国家标准《建筑电气安装工程施工质量验收规范》GB 50303 的有关规定。

9.3.4 传感器、探测器的导线连接应牢固可靠，并应留有适当余量，线芯不得外露。

9.3.5 电力电缆应与信号线缆、控制线缆分开敷设，无法避免时，对信号线缆、控制线缆应进行屏蔽。

9.4 系 统 调 试

9.4.1 系统调试应由专业技术人员根据设计要求和产品技术文件进行。

9.4.2 系统调试前应做好下列准备：

1 应按本规范第 9.2 节和第 9.3 节的要求检查工程的施工质量；

2 应按设计要求查验已安装设备的规格、型号、数量；

3 通电前应检查供电电源的电压、极性、相序；

4 对有源设备应逐个进行通电检查。

9.4.3 环境监控系统功能检测及调试应包括下列内容：

1 机房正压、温度、湿度测量；

2 查验监控数据准确性；

3 检测漏水报警的准确性。

9.4.4 场地设备监控系统功能检测及调试应包括下列内容：

1 检测采集参数的正确性；

2 检测控制的稳定性和控制效果、调试响应时间；

3 检测设备连锁控制和故障报警的正确性。

9.4.5 安全防范系统调试应包括下列内容：

1 机房出入口控制系统调试应包括下列内容：

　1）调试卡片阅读机、控制器等系统设备，应能正常工作；

　2）调试卡片阅读机的开门、关门、提示、记忆、统计、打印等判别与处理；

　3）调试出入口控制系统与报警等系统间的联动。

2 视频监控系统调试应包括下列内容：

　1）检查、调试摄像机的监控范围，聚焦，图像清晰度，灰度及环境照度与抗逆光效果；

　2）检查、调试云台及镜头的遥控延迟，排除机械冲击；

　3）检查、调试视频切换控制主机的操作程序，图像切换，字符叠加；

　4）调试监视器、录像机、打印机、图像处理器、同步器、编码器、译码器等设备；

　5）对于具有报警联动功能的系统，应检查与调试自动开启摄像机电源、自动切换音视频到指定监视器及自动实时录像，检查与调试系统叠加摄像时间、摄像机位置的标识符及显示稳定性及打开联动灯光后的图像质量；

　6）检查与调试监视图像与回放图像的质量，在正常工作照明环境条件下，应能辨别人的面部特征。

3 入侵报警系统调试应包括下列内容：

　1）检测与调试探测器的探测范围、灵敏度、误报警、漏报警、报警状态后的恢复及防拆保护等功能与指标；

　2）检查控制器的本地与异地报警、防破坏报警、布防与撤防等功能。

9.4.6 系统调试应做记录，并应出具调试报告，同时应由调试人员和建设单位代表确认签字。

9.5 施 工 验 收

9.5.1 验收应包括下列内容：

1 设备、装置及配件的安装；

2 环境监控系统和场地设备监控系统的数据采集、传送、转换、控制功能；

3 入侵报警系统的入侵报警功能、防破坏和故障报警功能、记录显示功能和系统自检功能；

4 视频监控系统的控制功能、监视功能、显示功能、记录功能和报警联动功能；

5 出入口控制系统的出入目标识读功能、信息处理和控制功能、执行机构功能。

9.5.2 系统检测应按附录 E 进行，并应按附录 E 填写《监控与安全防范系统功能检测记录表》。

9.5.3 施工交接验收时，施工单位提供的文件除应符合本规范第 3.3.3 条的规定外，尚应按附录 E 提交《监控与安全防范系统功能检测记录表》。

10 消防系统

10.0.1 火灾自动报警与消防联动控制系统施工及验收应符合现行国家标准《火灾自动报警系统施工及验收规范》GB 50166 的有关规定。

10.0.2 气体灭火系统施工及验收应符合现行国家标准《气体灭火系统施工及验收规范》GB 50263 的有关规定。

10.0.3 自动喷水灭火系统施工及验收应符合现行国家标准《自动喷水灭火系统施工及验收规范》GB 50261 的有关规定。

11 室内装饰装修

11.1 一般规定

11.1.1 电子信息系统机房室内装饰装修应包括吊顶、隔断、地面处理、活动地板、内墙和顶棚及柱面处理、门窗制作安装及其他作业的施工及验收。

11.1.2 室内装饰装修施工宜按由上而下、从里到外的顺序进行。

11.1.3 室内环境污染的控制及装饰装修材料的选择应按现行国家标准《民用建筑工程室内环境污染控制规范》GB 50325 的有关规定执行。

11.1.4 各工种的施工环境条件应符合施工材料说明书的要求。

11.2 吊 顶

11.2.1 吊点固定件位置应按设计标高及安装位置确定。

11.2.2 吊顶吊杆和龙骨的材质、规格、安装间隙与连接方式应符合设计要求。预埋吊杆或预设钢板，应在吊顶施工前完成。未做防锈处理的金属吊挂件应进行涂漆。

11.2.3 吊顶上空间作为回风静压箱时，其内表面应按设计做沉尘处理，不得起皮和龟裂。

11.2.4 吊顶板上铺设的防火、保温、吸音材料应包封严密，板块间应无缝隙，并应固定牢靠。

11.2.5 龙骨与饰面板的安装施工应按现行国家标准《住宅装饰装修工程施工规范》GB 50327 的有关规定执行，并应符合产品说明书的要求。

11.2.6 吊顶装饰面板表面应平整、边缘整齐、颜色一致，板面不得变色、翘曲、缺损、裂缝和腐蚀。

11.2.7 吊顶与墙面、柱面、窗帘盒的交接应符合设计要求，并应严密美观。

11.2.8 安装吊顶装饰面板前应完成吊顶上各类隐蔽工程的施工及验收。

11.3 隔 断 墙

11.3.1 隔断墙应包括金属饰面板隔断、骨架隔断和玻璃隔断等非承重轻质隔断及实墙的工程施工。

11.3.2 隔断墙施工前应按设计划线定位。

11.3.3 隔断墙主要材料质量应符合下列要求：

1 饰面板表面应平整、边缘整齐，不应有污垢、缺角、翘曲、起皮、裂纹、开胶、划痕、变色和明显色差等缺陷；

2 隔断玻璃表面应光滑、无波纹和气泡，边缘应平直、无缺角和裂纹。

11.3.4 轻钢龙骨架的隔断安装应符合下列要求：

1 隔断墙的沿地、沿顶及沿墙龙骨位置应准确，固定应牢靠；

2 竖龙骨及横向贯通龙骨的安装应符合设计及产品说明书的要求；

3 有耐火极限要求的隔断墙板安装应符合下列规定：

1）竖龙骨的长度应小于隔断墙的高度 30mm，上下应形成 15mm 的膨胀缝；

2）隔断墙板应与竖龙骨平行铺设，不得沿地、沿顶龙骨固定；

3）隔断墙两面墙板接缝不得在同一根龙骨上，安装双层墙板时，面层与基层的接缝亦不得在同一根龙骨上；

4 隔断墙内填充的材料应符合设计要求，应充满、密实、均匀。

11.3.5 装饰面板的非阻燃材料衬层内表面应涂覆两遍防火涂料。粘接剂应根据装饰面板性能或产品说明书要求确定。粘接剂应满涂、均匀，粘接应牢固。饰面板对缝图案应符合设计规定。

11.3.6 金属饰面板隔断安装应符合下列要求：

1 金属饰面板表面应无压痕、划痕、污染、变色、锈迹，界面端头应无变形；

2 隔断不到顶棚时，上端龙骨应按设计与顶棚或梁、柱固定；

3 板面应平直，接缝宽度应均匀、一致。

11.3.7 玻璃隔断的安装应符合下列要求：

1 玻璃支撑材料品种、型号、规格、材质应符合设计要求，表面应光滑、无污垢和划痕，不得有机械损伤；

2 隔断不到顶棚时，上端龙骨应按设计与顶棚或梁、柱固定；

3 安装玻璃的槽口应清洁，下槽口应衬垫软性材料。玻璃之间或玻璃与扣条之间嵌缝灌注的密封胶应饱满、均匀、美观；如填塞弹性密封胶条，应牢固、严密，不得起鼓和缺漏；

4 应在工程竣工验收前揭去骨架材料面层保护膜；

5 竣工验收前应在玻璃上应粘贴明显标志。

11.3.8 防火玻璃隔断应按设计要求安装，除应符合本规范第 11.3.7 条的规定外，尚应符合产品说明书的要求。

11.3.9 隔断墙与其他墙体、柱体的交接处应填充密封防裂材料。

11.3.10 实体隔断墙的砌砖应符合现行国家标准《砌体工程施工质量验收规范》GB 50203 的有关规定，抹灰及饰面应符合现行国家标准《住宅装饰装修工程施工规范》GB 50327 的有关规定。

11.4 地面处理

11.4.1 地面处理应包括原建筑地面处理及不安装活动地板房间的地面砖、石材、地毯等地面面层材料的铺设。

11.4.2 地面铺设宜在隐蔽工程、吊顶工程、墙面与柱面的抹灰工程完成后进行。

11.4.3 潮湿地区应按设计要求铺设防潮层，并应做到均匀、平整、牢固、无缝隙。

11.4.4 地面砖、石材、地毯铺设应符合现行国家标准《住宅装饰装修工程施工规范》GB 50327 的有关规定。

11.4.5 在水泥地面上涂覆特殊材料时，施工环境和施工方法应符合产品技术文件的要求。

11.5 活 动 地 板

11.5.1 活动地板的铺设应在机房内其他施工及设备基座安装完成后进行。

11.5.2 铺设前应对建筑地面进行清洁处理，建筑地面应干燥、坚硬、平整、不起尘。

活动地板下空间作为送风静压箱时，应对原建筑表面进行防尘涂覆，涂覆面不得起皮和龟裂。

11.5.3 活动地板铺设前，应按设计标高及地板布置准确放线。沿墙单块地板的最小宽度不宜小于整块地板边长的 1/4。

11.5.4 活动地板铺设时应随时调整水平；遇到障碍物或不规则墙面、柱面时应按实际尺寸切割，并应相应增加支撑部件。

11.5.5 铺设风口地板和开口地板时，需现场切割的地板，切割面应光滑、无毛刺，并应进行防火、防尘处理。

11.5.6 在原建筑地面铺设的保温材料应严密、平整，接缝处应粘接牢固。

11.5.7 在搬运、储藏、安装活动地板过程中，应注意装饰面的保护，并应保持清洁。

11.5.8 在活动地板上安装设备时，应对地板面进行防护。

11.6 内墙、顶棚及柱面的处理

11.6.1 内墙、顶棚及柱面的处理应包括表面涂覆、壁纸及织物粘贴、装饰板材安装、墙面砖或石材等材料的铺贴。

11.6.2 新建或改建工程中的抹灰施工应符合现行国家标准《住宅装饰装修工程施工规范》GB 50327 的有关规定。

11.6.3 表面涂覆、壁纸或织物粘贴、墙面砖或石材等材料的铺贴应在墙面隐蔽工程完成后、吊顶板安装及活动地板铺设之前进行。表面涂覆、壁纸或织物粘贴应符合现行国家标准《住宅装饰装修工程施工规范》GB 50327 的有关规定。施工质量应符合现行国家标准《建筑装饰装修工程质量验收规范》GB 50210 的有关规定。

11.6.4 金属饰面板安装应牢固、垂直、稳定，与墙面、柱面应保留 50mm 以上的间隙，并应符合本规范第 11.3.6 条的规定。

11.6.5 其他饰面板的安装应按本规范第 11.3.5 条执行，并应符合现行国家标准《建筑装饰装修工程质量验收规范》GB 50210 的有关规定。

11.7 门窗及其他

11.7.1 门窗及其他施工应包括门窗、门窗套、窗帘盒、暖气罩、踢脚板等制作与安装。

11.7.2 安装门窗前应进行下列各项检查：

1 门窗的品种、规格、功能、尺寸、开启方向、平整度、外观质量应符合设计要求，附件应齐全；

2 门窗洞口位置、尺寸及安装面结构应符合设计要求。

11.7.3 门窗的运输、存放、安装应符合下列规定：

1 木门窗应采取防潮措施，不得碰伤、玷污和暴晒；

2 塑钢门窗安装、存放环境温度应低于 50℃；存放处应远离热源；环境温度低于 0℃时，安装前应在室温下放置 24h；

3 铝合金、塑钢、不锈钢门窗的保护贴膜在验收前不得损坏；在运输或存放铝合金、塑钢、不锈钢门窗时应竖直、稳定排放，并应用软质材料相隔；

4 钢质防火门安装前不应拆除包装，并应存放在清洁、干燥的场所，不得磨损和锈蚀。

11.7.4 门窗安装应平整、牢固、开闭自如、推拉灵活、接缝严密。

11.7.5 玻璃安装应按本规范第 11.3.7 条执行。

11.7.6 门窗框与洞口的间隙应填充弹性材料，并应用密封胶密封。

11.7.7 门窗安装除应执行本规范外，尚应符合现行国家标准《建筑装饰装修工程质量验收规范》GB 50210 的有关规定。

11.7.8 门窗套、窗帘盒、暖气罩、踢脚板等制作与安装应符合现行国家标准《建筑装饰装修工程质量验收规范》GB 50210 的有关规定。其表面应光洁、平整、色泽一致、线条顺直、接缝严密，不得有裂缝、翘曲和损坏。

11.8 施工验收

11.8.1 吊顶、隔断墙、内墙和顶棚及柱面、门窗以及窗帘盒、暖气罩、踢脚板等施工的验收内容和方法，应符合现行国家标准《建筑装饰装修工程质量验收规范》GB 50210 的有关规定。

11.8.2 地面处理施工的验收内容和方法，应符合现行国家标准《建筑地面工程施工质量验收规范》GB 50209 的有关规定。防静电活动地板的验收内容和方法，应符合国家现行标准《防静电地面施工及验收规范》SJ/T 31469 的有关规定。

11.8.3 施工交接验收时，施工单位提供的文件应符合本规范第 3.3.3 条的规定。

12 电磁屏蔽

12.1 一般规定

12.1.1 电子信息系统机房电磁屏蔽工程的施工及验收应包括屏蔽壳体、屏蔽门、各类滤波器、截止通风波导窗、屏蔽玻璃窗、信号接口板、室内电气、室内装饰等工程的施工和屏蔽效能的检测。

12.1.2 安装电磁屏蔽室的建筑墙地面应坚硬、平整，并应保持干燥。

12.1.3 屏蔽壳体安装前，围护结构内的预埋件、管道施工及预留空洞应完成。

12.1.4 施工中所有焊接应牢固、可靠；焊缝应光滑、致密，不得有熔渣、裂纹、气泡、气孔和虚焊。焊接后应对全部焊缝进行除锈防腐处理。

12.1.5 安装电磁屏蔽室时不宜与其他专业交叉施工。

12.2 壳体安装

12.2.1 壳体安装应包括可拆卸式电磁屏蔽室、自撑式电磁屏蔽室和直贴式电磁屏蔽室壳体的安装。

12.2.2 可拆卸式电磁屏蔽壳体的安装应符合下列规定：

1 应按设计核对壁板的规格、尺寸和数量；

2 在建筑地面上应铺设防潮、绝缘层；

3 对壁板的连接面应进行导电清洁处理；

4 壁板拼装应按设计或产品技术文件的顺序

进行；

5 安装中应保证导电衬垫接触良好，接缝应密闭可靠。

12.2.3 自撑式电磁屏蔽室壳体的安装应符合下列规定：

1 焊接前应对焊接点清洁处理；

2 应按设计位置进行地梁、侧梁、顶梁的拼装焊接，并应随时校核尺寸；焊接宜为电焊，梁体不得有明显的变形，平面度不应大于 $3/1000^2$；

3 壁板之间的连接应为连续焊接；

4 在安装电磁屏蔽室装饰结构件时应进行点焊，不得将板体焊穿。

12.2.4 直贴式电磁屏蔽室壳体的安装应符合下列规定：

1 应在建筑墙面和顶面上安装龙骨，安装应牢固、可靠；

2 应按设计将壁板固定在龙骨上；

3 壁板在安装前应先对其焊接边进行导电清洁处理；

4 壁板的焊缝应为连续焊接。

12.3 屏蔽门安装

12.3.1 铰链屏蔽门安装应符合下列规定：

1 在焊接或拼装门框时，不得使门框变形，门框平面度不应大于 $2/1000^2$；

2 门框安装后应进行操作机构的调试和试运行，并应在无误后进行门扇安装；

3 安装门扇时，门扇上的刀口与门框上的簧片接触应均匀一致。

12.3.2 平移屏蔽门的安装应符合下列规定：

1 焊接后的变形量及间距应符合设计要求。门扇、门框平面度不应大于 $1.5/1000^2$，门扇对中位移不应大于 1.5mm。

2 在安装气密屏蔽门扇时，应保证内外气囊压力均匀一致，充气压力不应小于 0.15MPa，气管连接处不应漏气。

12.4 滤波器、截止波导通风窗及屏蔽玻璃的安装

12.4.1 滤波器安装应符合下列规定：

1 在安装滤波器时，应将壁板和滤波器接触面的油漆清除干净，滤波器接触面的导电性应保持良好；应按设计要求在滤波器接触面放置导电衬垫，并应用螺栓固定、压紧，接触面应严密；

2 滤波器应按设计位置安装；不同型号、不同参数的滤波器不得混用；

3 滤波器的支架安装应牢固可靠，并应与壁板有良好的电气连接。

12.4.2 截止波导通风窗安装应符合下列规定：

1 波导芯、波导围框表面油脂污垢应清除，并

应用锡钎焊将波导芯、波导围框焊成一体；焊接应可靠、无松动，不得使波导芯焊缝开裂；

2 截止波导通风窗与壁板的连接应牢固、可靠、导电密封；采用焊接时，截止波导通风窗焊缝不得开裂；

3 严禁在截止波导通风窗上打孔；

4 风管连接宜采用非金属软连接，连接孔应在围框的上端。

12.4.3 屏蔽玻璃安装应符合下列规定：

1 屏蔽玻璃四周外延的金属网应平整无破损；

2 屏蔽玻璃四周的金属网和屏蔽玻璃框连接处应进行去锈除污处理，并应采用压接方式将二者连接成一体。连接应可靠、无松动，导电密封应良好；

3 安装屏蔽玻璃时用力应适度，屏蔽玻璃与壳体的连接处不得破碎。

12.5 屏蔽效能自检

12.5.1 电磁屏蔽室安装完成后应用电磁屏蔽检漏仪对所有接缝、屏蔽门、截止波导通风窗、滤波器等屏蔽接口件进行连续检漏，不得漏检，不合格处应修补。

12.5.2 电磁屏蔽室的全频段检测应符合下列规定：

1 电磁屏蔽室的全频段检测应在屏蔽壳体完成后，室内装饰前进行；

2 在自检中应分别对屏蔽门、壳体接缝、波导窗、滤波器等所有接口点进行屏蔽效能检测，检测指标均应满足设计要求。

12.6 其他施工要求

12.6.1 电磁屏蔽室内的供配电、空气调节、给排水、综合布线、监控及安全防范系统、消防系统、室内装饰装修等专业施工应在屏蔽壳体检测合格后进行，施工时严禁破坏屏蔽层。

12.6.2 所有出入屏蔽室的信号线缆必须进行屏蔽滤波处理。

12.6.3 所有出入屏蔽室的气管和液管必须通过屏蔽波导。

12.6.4 屏蔽壳体应按设计进行良好接地，接地电阻应符合设计要求。

12.7 施工验收

12.7.1 验收应由建设单位组织监理单位、设计单位、测试单位、施工单位共同进行。

12.7.2 验收应按附录 G 的内容进行，并应按附录 G 填写《电磁屏蔽室工程验收表》。

12.7.3 电磁屏蔽室屏蔽效能的检测应由国家认可的机构进行；检测的方法和技术指标应符合现行国家标准《电磁屏蔽室屏蔽效能测量方法》GB/T 12190 的有关规定或国家相关部门制定的检测标准。

12.7.4 检测后应按附录 F 填写《电磁屏蔽室屏蔽效能测试记录表》。

12.7.5 电磁屏蔽室内的其他各专业施工的验收均应按本规范中有关施工验收的规定进行。

12.7.6 施工交接验收时，施工单位提供的文件除应符合本规范第 3.3.3 条的规定外，还应按附录 F 和附录 G 提交《电磁屏蔽室屏蔽效能测试记录表》和《电磁屏蔽室工程验收表》。

13 综合测试

13.1 一般规定

13.1.1 电子信息系统机房综合测试条件应符合下列要求：

1 测试区域所含分部、分项工程的质量均应验收合格；

2 测试前应对整个机房和空调系统进行清洁处理，空调系统运行不应少于 48h；

3 电子信息系统机房竣工后信息系统设备应未安装。

13.1.2 测试项目和测试方法应符合现行国家标准《电子计算机场地通用规范》GB/T 2887 和本规范的有关规定。

13.1.3 测试仪器、仪表应符合下列要求：

1 测试仪器、仪表应符合现行国家标准《电子计算机场地通用规范》GB/T 2887 和本规范的有关规定；

2 测试仪器、仪表应通过国家认定的计量机构鉴定，并应在有效期内使用。

13.1.4 电子信息系统机房综合测试应由建设单位主持，并应会同施工、监理等单位或部门进行。

13.1.5 电子信息系统机房综合测试后应按附录 H 填写《电子信息系统机房综合测试记录表》，参加测试人员应确认签字。

13.2 温度、湿度

13.2.1 测试仪表应符合下列要求：

1 温度测试仪表的分辨率应为 0.5℃；

2 相对湿度测试仪表的分辨率应为 3%。

13.2.2 测点布置的面积不大于 50 m² 时，应对角线 5 点布置，并应符合图 13.2.2 的规定。每增加 20~50 m² 应

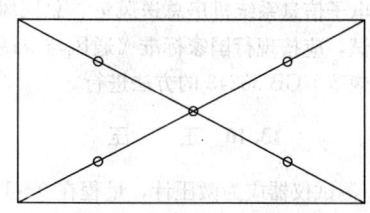

图 13.2.2 测点布置示意

增加 3~5 个测点。测点距地面应为 0.8m，距墙不应小于 1m，并应避开送回风口处。

13.3 空气含尘浓度

13.3.1 测试仪器应为尘埃粒子计数器，流量在 0.1ctm 时，分辨率应为 1 粒。

13.3.2 测点布置应符合本规范第 13.2.2 条的规定。

13.4 照 度

13.4.1 测试仪器应为照度计，量程在 20/200/2000 lx 时，分辨率应为 1lx。

13.4.2 在工作区内应按 2~4m 的间距布置测点。测点距墙面应为 1m，距地面为 0.8m。

13.5 噪 声

13.5.1 测试仪器应为声级计，量程在 30~130dB 时，分辨率应为 0.1dB。

13.5.2 测点布置，在主要操作员的位置上距地面应为 1.2~1.5m。

13.6 电磁屏蔽

13.6.1 屏蔽效能的检测方法应按现行国家标准《屏蔽室屏蔽效能测量方法》GB/T 12190 或建设单位所指定国家相关部门制定的检测方法执行。

13.7 接地电阻

13.7.1 测试仪表应为接地电阻测试仪，量程在 0.001~100Ω 时，精度应为±（2%读数+2 个数）。

13.7.2 测试前应将设备电源的接地引线断开。

13.8 供电电源电压、频率和波形畸变率

13.8.1 测试仪器应符合下列要求：

   1 电压测试仪表精度应为±0.1V；

   2 频率测试仪表精度应为±0.15Hz；

   3 波形畸变率测试使用失真度测量仪，精度应为±3%~±5%（满刻度）。

13.8.2 电压、频率和波形畸变率应在计算机专用配电箱（柜）的输出端测量。

13.9 风 量

13.9.1 测试仪器应为风速仪，量程在 0~30m/s 时，精度应为±0.3%。

13.9.2 电子信息系统机房总送风量、总回风量、新风量的测试，应按现行国家标准《通风与空调工程施工及验收规范》GB 50243 的方法进行。

13.10 正 压

13.10.1 测试仪器应为微压计，量程在 0~1kPa 时，精度应为±5%。

13.10.2 测试方法应符合下列要求：

   1 测试时应关闭室内所有门窗；

   2 微压计的界面不应迎着气流方向；

   3 测点位置应在室内气流扰动较小的地方。

14 工程竣工验收与交接

14.1 一般规定

14.1.1 各项施工内容全部完成并已自检合格后，施工单位应向建设单位提出工程竣工验收申请报告。

14.1.2 工程竣工验收应由建设单位组织设计单位、施工单位、监理单位、消防及安全等部门进行。

14.1.3 电子信息系统机房工程竣工验收，应按现行国家标准《建筑工程施工质量验收统一标准》GB 50300 划分分部工程、分项工程和检验批，并应按检验批、分项工程、分部工程顺序依次进行。

14.1.4 电子信息系统机房工程文件的整理归档和工程档案的验收与移交，应符合现行国家标准《建设工程文件归档整理规范》GB/T 50328 的有关规定。

14.2 竣工验收的程序与内容

14.2.1 竣工验收应进行综合测试，并应按本规范附录 H 填写《电子信息系统机房综合测试记录表》。

14.2.2 施工单位应提交需审核的竣工资料。竣工资料应包括下列内容：

   1 工程承包合同；

   2 施工图、竣工图、设计变更文件；

   3 本规范及相关专业的施工验收规范和质量验收标准；

   4 场地设备移交清单；

   5 场地设备、主要材料的技术文件和合格证；

   6 隐蔽工程记录及施工自检记录；

   7 工程施工质量控制数据；

   8 消防工程、电磁屏蔽工程等特殊工程的验收报告；

   9 电子信息系统机房综合测试报告。

14.2.3 现场验收应按本规范附录 J 的内容进行，并应符合现行国家标准《建筑工程施工质量验收统一标准》GB 50300 的有关规定。参加验收的单位在检查各种记录、资料和检验电子信息系统机房工程的基础上对工程质量应做出结论，并应按附录 J 填写《工程质量竣工验收表》。

14.2.4 参与竣工验收各单位代表应签署竣工验收文件，建设单位项目负责人与施工单位项目负责人应办理工程交接手续。

附录 A 供配电系统验收记录表

表 A 供配电系统验收记录表

工程名称			编号	
施工单位			项目经理	
施工质量验收内容			结论（记录）	
通用	1	线缆、电气装置及设备的型号、规格是否符合设计要求		
	2	线缆、电气装置及设备的电气绝缘是否符合设计要求		
	3			
电气装置	1	电气装置、配件及其附属技术文件是否齐全		
	2	电气装置的安装方式是否符合设计要求		
	3	电气装置与其他系统的联锁动作的正确性、响应时间及顺序		
	4			
电缆	1	线缆的敷设方式、标志、保护等是否符合设计要求		
	2	电线、电缆及电气装置的相序是否正确		
	3			
照明	1	照明装置的外观质量是否符合设计要求		
	2	照明装置的安装方式、开关动作是否符合设计要求		
	3			
其他	1	柴油发电机组的启动时间，输出电压、电流及频率是否符合设计要求		
	2	不间断电源的输出电压、电流、波形参数及切换时间		
	3			
验收结论				
参加验收人员（签字）				

附录 B 防雷与接地装置验收记录表

表 B 防雷与接地装置验收记录表

工程名称			编号	
施工单位			项目经理	
施工质量验收内容			验收结论（记录）	
防雷系统	1	浪涌保护器的规格、型号		
	2	浪涌保护器安装位置		
	3	浪涌保护器安装方式		
	4			
	5			
接地系统	1	接地装置的规格、型号、材质		
	2	接地电阻值测试		
	3	防雷接地的人工接地装置的接地干线埋设		
	4	接地装置的埋设深度、间距和基坑尺寸		
	5	接地装置与干线的连接和干线材质选用		
	6	与等电位带的连接		
	7	零地电位检测		
	8			
验收结论				
参加验收人员（签字）				

附录 C 空调系统测试记录表

表 C 空调系统测试记录表

工程名称			编　　号		
施工单位			项目经理		
空调型号			工程单位地址		
室内机组型号			空调序号		

	新风量（m³/h）		设计值						实测值			

下表为空调参数检测：

	房间号	进风口温度（℃）		回风口温度（℃）		进风口相对湿度（%）		回风口相对湿度（%）		室内外压力差（Pa）		测试结论
		设计	实测	设计	实测	设计	实测	设计	实测	设计	实测	
空调参数检测												

系统测试结论	
参加测试人员（签字）	

注：电参数检测资料与压机检测数据应与产品技术手册中要求的资料对照，确定其运行情况是否正常。

附录 D 电缆及光缆综合布线系统工程电气性能测试记录表

表 D 电缆及光缆综合布线系统工程电气性能测试记录表

工程名称					工程编号		
施工单位					项目经理		

线缆编号			电 缆 系 统 测 试 项 目					光缆系统测试项目	测试结论

序号	地址号	线缆号	设备备号	接线图	衰减（db）	近端线线串扰	电缆屏蔽层连通情况				衰减（db）	

测试仪器仪表	
测 试 方 法	
系统测试结论	
参加测试单位人员（签字）	

附录 E 监控与安全防范系统功能检测记录表

表 E 监控与安全防范系统功能检测记录表

工程名称			编 号	
施工单位			项目经理	
序号	系统	检测项目	检测结果	检测结论
1	环境监控系统	温度、湿度监控准确性		
2		漏水报警准确性		
3	设备监控系统	设备参数采集正确性		
4		报警响应时间		
5		联动功能		
6	视频监控系统	系统控制功能检测		
7		监视功能		
8		显示功能		
9		记录功能		
10		回放功能		
11		联动功能		
12		其他功能项目检测		
13	入侵报警系统	入侵报警功能检测 探测器报警功能		
14		入侵报警功能检测 报警恢复功能		
15		记录显示功能 显示信息、记录内容		
16		记录显示功能 管理功能		
17		系统自检功能检测 系统自检功能		
18		系统自检功能检测 布防/撤防功能		
19		系统报警响应时间		
20	出入口控制系统	出入目标识读装置功能		
21		信息处理/控制功能		
22		异常报警功能		
系统检测结论				
参加检测人员（签字）				

附录 F 电磁屏蔽室屏蔽效能测试记录表

表 F 电磁屏蔽室屏蔽效能测试记录表

工程名称		编 号	
施工单位		项目经理	
测试项目	磁场测试	电场测试	
测试频率（Hz）			
模拟场强（db）			
测试部位		测 试 数 据	
门	1		
	2		
壁板	1		
	2		
	3		
	4		
滤波器	1		
	2		
	3		
	4		
	5		
信号接口板	1		
	2		
波导窗	1		
	2		
	3		
	4		
屏蔽效能			
测试仪器			
测试方法			
测试结论			
参加测试人员（签字）			

表 G　电磁屏蔽室工程验收表

工程名称			编　号	
型号规格			项目经理	
施工单位				
序号	验收项目	技术要求	验收结论（记录）	
1	电磁屏蔽室外形			
2	屏蔽门			
3	截止通风波导窗			
4	电源滤波器			
5	信号滤波器			
6	信号接口板			
7	屏蔽玻璃			
8	屏蔽波导管			
9	屏蔽效能			
10	接地			
11	内部装饰			
12	室内电气			
验收结论				
参加验收人员（签字）				

附录 H　电子信息系统机房综合测试记录表

表 H　电子信息系统机房综合测试记录表

工程名称													编　号					
施工单位													项目经理					
测试项目													测试时间					
测试内容／数据／测试场所	指标	实测值	结论	指标	实测值	结论	指标	实测值	结论	指标	实测值	结论	指标	实测值	结论	指标	实测值	结论
测试仪器	（应注明仪器仪表的名称、型号、编号、有效性）																	
测试结论																		
参加测试人员（签字）																		

表 J　工程质量竣工验收表

工程名称		投资额		建筑面积	
建设单位		开工日期		竣工日期	
施工单位		项目经理		项目技术负责人	
序号	验收项目		验收结论		备注
1	竣工图				
2	设备和主要器材合格证、说明书				
3	供配电系统				
4	防雷与接地系统				
5	空气调节系统				
6	给水排水系统				
7	综合布线				
8	监控与安全防范				
9	消防系统				
10	室内装饰装修				
11	电磁屏蔽				
12	综合测试				
工程验收结论					
参加验收人员（签字）	建设单位（负责人） 年 月 日	施工单位（项目负责人） 年 月 日	设计单位（负责人） 年 月 日	监理单位（总监理工程师） 年 月 日	

本规范用词说明

1 为便于在执行本规范条文时区别对待，对要求严格程度不同的用词说明如下：

1）表示很严格，非这样做不可的用词：

正面词采用"必须"，反面词采用"严禁"。

2）表示严格，在正常情况下均应这样做的用词：

正面词采用"应"，反面词采用"不应"或"不得"。

3）表示允许稍有选择，在条件许可时首先应这样做的用词：

正面词采用"宜"，反面词采用"不宜"；

表示有选择，在一定条件下可以这样做的用词，采用"可"。

2 本规范中指明应按其他有关标准、规范执行的写法为"应符合……的规定"或"应按……执行"。

中华人民共和国国家标准

电子信息系统机房施工及验收规范

GB 50462—2008

条 文 说 明

目　　次

1 总　则

1.0.1 电子信息系统机房不同于工业生产厂房和一般建筑，在供配电、静电防护、电磁屏蔽、使用环境、智能化程度、接地特性等方面有特殊要求。所以，有必要制定电子信息系统机房施工及验收规范，统一施工及验收要求，保证施工质量。

1993 年由原电子工业部颁布了《电子计算机机房施工及验收规范》SJ/T 30003，在过去的十余年中，对保证机房工程质量发挥了重要作用。随着我国科学技术的飞速发展，机房的设计、施工、材料发生了很大变化，建设单位对机房的质量和功能提出了更高的要求。在《电子计算机机房施工及验收规范》SJ/T 30003 的基础上编制了本规范。

1.0.2 建筑物内的机房是指在陆地上包括地上、地下建筑物内的机房。

2 术　语

2.0.2 隐蔽工程的概念在不同行业的施工中有不同的含义，本条只是对应电子信息系统机房施工这一特定行业的解释。对单独安装室外接地体的施工也包括在内。

2.0.3 本条解释仅限于电子信息系统机房内的具有电磁屏蔽功能的房间。

3 基本规定

3.1 施工基本要求

3.1.3 电子信息系统机房要安装各种贵重的电子设备，为防止电子设备的霉变腐蚀，对房间的湿度有较严格的要求。因此尽量避免在施工现场进行有水作业，这也是实现机房技术要求的必要措施。

3.1.5 本条款主要指改建、扩建工程而言。工程中会发生拆墙、打洞、楼板开口等可能改变原建筑结构的施工，这些必须由原建筑设计单位或相应资质的设计单位核查有关原始资料，在对原建筑结构进行必要的核验后确定施工方案。严禁建设单位和施工单位随意更改。该条必须强制执行。

3.1.6 原建筑的地面也常存在承重满足不了建筑材料的堆放、设备码放及安装或蓄电池的堆放要求的问题。因此施工前，应详细了解建筑地面荷载。安装的设备或蓄电池超载时，应按设计采取加固措施。

3.1.7 做好隐蔽工程记录和会签，是工程验收、质量事故分析和维修的重要依据。隐蔽工程的相应资料是指工程记录、检验记录、照片、录像等。

3.1.8 工程竣工后与建设单位交接验收之前，由于

未做保护或保护措施不得力，会造成机房、设备、装置的外观污染或破损（尤其装饰性的玻璃、地面、墙面、设备外表面），直接影响工程顺利验收交接。

3.2 材料、设备基本要求

3.2.1、3.2.2 工程所用材料和设备的质量与安全性能是影响工程质量的决定因素。认真的进场检验是施工准备的不可忽视的重要环节。根据多年实践经验，国家对消防、电气等特殊材料的检验有强制性要求，必须出具国家认可的检测机构的检测报告或认证书，以保证工程质量。

3.3 分部分项工程施工验收基本要求

3.3.1 为实现施工现场的过程控制，顺利进行工序交接，保证工程的内在质量，要求按照施工组织设计，依据本规范的技术条款进行自检及交接检查是必须的。

3.3.3、3.3.4 规定了施工交接验收时应向建设单位提交所有资料的种类，这些是建设单位以后进行管理和维修的原始资料。要求施工单位代表、监理工程师及建设单位代表在相关记录上签字，是为保证资料的权威性。

4 供配电系统

4.1 一般规定

4.1.3 电气设备、材料本身质量和可靠性的优劣以及其型号、规格等各种参数的选择是否正确，会影响供配电系统运行的安全性和功能的可靠性，有时甚至会造成严重的事故，所以国家陆续颁布了许多关于电气产品安全的标准和规定。这些标准和规定是电子信息系统机房电气建设的基础，必须严格遵守。

4.2 电气装置

4.2.1 为使机房内安装的电气设备美观和便于使用，提出了设备安装垂直度和同类电气设备安装高度应一致的要求。对于其他电气设备的安装高度也宜保持一致。各类电气插座，无论是电气插座还是信息插座、电视插座，安装高度也应保持一致，且安装高度要便于使用并符合设计要求。

4.2.2 安装工作面除墙面外，还有地面、地板面和桌面等。

4.2.4 在吊顶等隐蔽空间内安装的电气装置应考虑便于以后的维修。在不便拆卸的顶板、墙板等隐蔽处的电气装置附近应留有检查口、维修通道和维修空间。检查口和通道的尺寸应满足维修人员进出的需求。

4.2.5 特种电源配电装置是指符合如下条件之一的、

同时由于特殊需要必须安装在机房内的配电装置和设备：

1 交流频率不是 50Hz；

2 交流频率是 50Hz，但额定电压超过 1000V；

3 直流额定电压超过 1500V。

这些装置和设备无法与机房内通常的低压装置和设备互换使用，误用有可能损坏设备，甚至发生严重事故，所以这些电源装置和设备应有明显标志，并注明频率、电压等相关参数，以避免误用。

4.2.6 对接入电源箱、柜电缆的弯曲半径提出限定要求的目的就是避免箱、柜内部设备和器件及电缆本身受到额外应力，影响安装工程质量，有时甚至会损坏设备、器件和电缆。

4.2.7 不间断电源及附属设备包括整流装置、逆变装置、静态开关和蓄电池组等 4 个功能单元。由于设备到达现场时已经做过出厂检测，所以安装前只要检查设备随机携带的资料是否完整、设备参数是否符合设计要求即可。因为不间断电源设备出厂检测一般都使用电阻性负载作为试验对象，所以在有条件且现场负载主要是电感性或电容性的场合，宜在安装前进行整个不间断电源设备的检测。对运输过程有可能损坏或影响不间断电源设备的场合，也宜进行这种检测。

4.2.8 蓄电池的种类有很多，对于铅酸电池一类含有腐蚀性液体的电池，在安装时要格外小心，应配戴防护装具，以免在腐蚀性液体泄漏时对安装人员造成伤害或对设备、装置造成损坏。蓄电池组的重量很大，在摆放时要充分考虑该处楼板的承重问题，否则可能造成严重的事故。

4.2.9 对于存在长时间停电（大于 8h）可能的机房，采用柴油发电机作为持续后备电源是一种很好的解决方案。在柴油发电机投入备用状态前，进行可靠的负荷试运行是非常重要的。只有通过负荷试运行，才能确认柴油发电机安装的正确性、发电的品质因数和馈电线路的导通性。柴油发电机在带上设计负荷连续运行 12h 后，无漏油、漏水和漏气等不正常现象，才能认为其作为后备电源是可靠的。柴油发电机的噪声、振动和排烟问题主要靠合理的设计方案解决，但良好的安装工艺可以很好地抑制柴油发电机的噪声和振动问题。

4.3 配线及敷设

4.3.1 在电源箱、柜与外部接线进行压接时，应对电源箱、柜安装位置、线缆进入位置进行调整，尽量减少压接所带来的应力。无法消除的，应采取措施，不使电源箱、柜内部的电气设备及装置受到额外应力，避免电气设备及装置因长期受应力作用而导致损坏。机房内的设备一般都是不宜中断供电的设备，应避免线路中断给设备和系统带来的意外损害。保证接线端子与导线之间的接触可靠，是非常重要的关键环节之一。搪锡或镀银主要是为了增加接线端子与导线的接触面，减小接触电阻，同时也有固定多芯线头的目的。一般场合都使用搪锡，重要场合可使用镀银工艺。

4.3.2 电源线的捆扎固定，既要考虑电源线的散热和自重问题，也要考虑对电源箱、柜内部的电气设备及装置带来的额外应力问题，还要考虑便于事后的维护。

4.3.3 为了不使隔断墙面和安装在隔断墙上的设备、设施受力损坏，应在墙体结构上设置专用的框架，用以安装设备、设施。为了电缆散热，确保运行的安全，规定了动力电缆穿管要与隔断墙板留有 10mm 间隙。

4.3.6 当电缆桥架、线槽的敷设采用上走线方式时，线槽的深度不宜大于 150mm，敷设路线应避免位于空调出风口、灯具、探测器等设备的正下方。当电缆桥架、线槽敷设在地板下时，桥架、线槽底部与地面保持一定距离，可以防水防潮，同时应尽量远离空调出风口，无法远离的，宜顺着风向，避免重叠敷设。

4.4 照明装置

4.4.2 嵌入式灯具用吊杆单独吊装是为了不使吊顶龙骨受到灯具载荷而造成吊顶的变形。

4.4.4 机房专用灯具主要包括：应急照明灯、疏散标志灯和消防指示灯。

4.5 施工验收

4.5.1 在本条第 2 款"测试"内容中，进行电气绝缘阻值测量时，测量用的兆欧表电压等级应符合现行国家标准《电气装置安装工程电气设备交接试验标准》GB 50150 的要求，详见表 1。

表 1 兆欧表电压等级

序号	负载电压范围	兆欧表电压等级（V）
1	100V 以下	250
2	100～500V	500
3	500～3000V	1000
4	3000～10000V	2500

5 防雷与接地系统

5.2 防雷与接地装置

5.2.1 浪涌保护器有火花间隙型保护器（B 级）和基于压敏电阻类型的保护器（C、D 级）等几种，它们的性能各不相同，所以安装时一般都是多级并联配合使用的，B级在前，C、D级在后。当由雷电形成一个浪涌过电压时，浪涌保护器（B级）会首先响应，将大部分高能量的电流通过接地线泻入大地，以避免由于过载而使其后的C、D级浪涌保护器失效，造成机房内的设备损坏。以不同方式工作的保护器之间的线缆长度小于某个数值时，要在两级之间加装退耦补偿装置。两级之间的线缆长度具体是多少，应参考产品说明书，但一般不应少于5m。

5.2.2 在正常状态下外露的不带电的金属物是指：吊顶的金属结构、隔断墙的金属框架、金属活动地板、金属门窗、设备设施金属外壳等。与建筑的等电位网连接，可将产生的静电和外壳的漏电立即引入地下，防止人员触电和静电的伤害，保证设备的安全。

5.2.3、5.2.4 接地装置的形式包括：单接地体、接地网、接地环、特殊接地体等几种。接地环就是把金属导体沿水平挖开的地沟敷设，它适用于对接地要求不高且地域开阔处。特殊接地体是针对某些特殊地理环境，用常规方法很难达到接地电阻阻值要求或普通金属很容易腐蚀的区域。特殊接地体采用化学方法通常是添加降阻剂；物理方法是采用增加接地体根数或增加接地体埋设深度来降低土壤的电阻率。

5.2.5 等电位的连接通常采用焊接，当使用铜或其他有色金属焊接困难或无法焊接时，可以采用熔接或压接。

5.3 接 地 线

5.3.3 接地线通常采用焊接方式连接，但有些情况下可以采用螺栓连接，如有色金属接地线不能采用焊接和接至电气设备上不允许焊接等情况。螺栓连接处的接触面应按现行国家标准《建筑电气工程施工质量验收规范》GB 50303 的规定处理。

6 空气调节系统

6.1 一 般 规 定

本节内容仅适用于电子信息系统机房中的空气调节系统施工和验收。由于电子信息系统机房的规模相差甚远，大的机房有几万平方米，小的还不到十平方米，空调系统的设计也大不相同。本章不可能涵盖所有的机房空气调节系统，只能对机房常用的空调系统的施工质量验收提出相应的规定。因此，其他空气调节系统如组合式空调机组的集中空调系统的施工及验收，应执行《通风与空调工程施工质量验收规范》GB 50243 的相关规定。

6.2 空调设备安装

6.2.1 本条是指两种分体式空调机组的情况，一是机房专用精密风冷式空调（如用于A、B类机房的空调），一是商用舒适性空调（主要用于C类机房）。

室内机组需要制作安装基座的空调，主要指运转时有较大振动的落地式空调，如机房专用精密风冷式空调，或制冷量大于8kW的分体式空调，其他小型落地式空调、吸顶式空调、壁挂空调均不适用，室外机组情况与上述类似。

6.2.2 室内机组安装于基座上时，在室内机组与基座之间垫一层隔震材料，其目的是为了衰减室内机组的振动。隔震材料可以选用橡胶板，其厚度与弹性应根据室内机组的重量与振动特性选定。

6.2.3 室外机组安装时，距离墙面的距离应根据室外机对空气循环空间的要求及室外机维修空间的需要而定。

6.2.5 当室外机安装高度高于室内机组时（压缩机在室内机组），为了防止压缩机停机时机油经排气管道返回压缩机，避免压缩机再次发动时发生油液冲缸事故，要求设置存油弯。同样，液体管道设反向存油弯以防止停机时制冷剂倒流。存油弯安装的数量与距离在产品说明书中都有规定。若设计及产品说明书无规定时，应在室外机出口处的液体管道上设一个反向存油弯，在竖向气体管道上每隔8m设一个存油弯。8m距离的规定引自《制冷工程设计手册》（1988年5月建筑工业出版社出版）。

6.2.6 空调设备液管与气管安装完后，应对管道进行检漏，确认无泄漏后再对管道内的水分、灰尘和杂质进行清除，一般采用压力为0.6MPa干燥压缩空气或氮气对管路系统吹扫排污，其目的是控制管内的流速不致过大，并能满足管路清洁要求。

6.3 其他空调设施的安装

6.3.2 由于新风系统的设计随机房规模的大小而变化，因此，设计文件是新风系统安装的主要依据。为了保证设计新风量，新风系统运行一定时间后，要清洗或更换空气过滤装置。因此新风系统安装位置应便于空气过滤装置盖板打开。

6.3.4、6.3.5 管道防火阀、排烟防火阀属于消防产品，符合消防产品的相关技术标准并具有消防检测中心的性能检测报告及消防管理部门颁发的产品生产许可证是保证达到消防产品技术标准的可靠依据。安装的牢固可靠、启闭灵活、关闭严密及联动控制的准确有效保证了发生火灾后，减少对人员和机房设施的伤害。因此这两条款款必须强制执行。

6.4 风管、部件制作与安装

6.4.1 由于电子信息系统机房对空气含尘浓度有限制，因此要求空调风管表面耐腐蚀、不生锈、不起尘。镀锌钢板具有这种特性，在设计无明确规定时应选用镀锌钢板制作空调风管。

1 风管加工过程中有时镀锌层遭到损坏，有可能产生锈蚀，因此，应在损坏处涂两遍防锈漆，目前用得较多的有锌黄环氧底漆。

3～6 镀锌风管及风管法兰的制作按现行国家标准《通风与空调工程施工质量验收规范》GB 50243 执行。

6.4.2 本条文规定了用普通薄钢板制作风管前的防腐处理，其目的是预防风管内部生锈，加工完成后再作防腐处理。

6.4.3 本条文规定需要采取加固措施的风管尺寸。对大口径风管进行加固，可以减小送、回风引起风管的震动和产生的噪声。

6.4.4、6.4.5 这两条规定法兰焊接制作要求及风管与法兰铆接时的技术要求。

6.4.7 本条文规定风管安装应牢固可靠。通常情况下，风管支、吊架的安装应按设计图纸标注的尺寸进行。在设计图纸无标注安装尺寸的情况下，对于水平安装，在直径或边长尺寸不大于 400mm 时，支架、吊架的间距应小于 4m；直径或边长尺寸大于 400mm 时，应小于 3m。对于风管垂直安装，间距不应大于 4m，其他应按现行国家标准《通风与空调工程施工质量验收规范》GB 50243 的相关规定执行。

6.5 空气调节系统调试

6.5.2 空调系统调试前应先对系统进行渗漏检查。常规的做法是对系统进行保压，其保压参数及允许压力变化率应按空调设备产品说明书的要求进行。

6.5.3 经过系统检查无渗漏时，对空调设备、新风设备分别开机试运行。空调设备运行的调试，压缩机的液体参数、气体参数、压缩机运转时的电流参数等应符合空调设备的要求；空调风机应运行正常，其参数应符合设计要求。当空调设备的参数调试完成后进行空调设备的试运行。

新风系统的调试，主要包括新风机的试运行、风管及连接部件的密封性、空气过滤器四周的密封性检查及各种阀门的动作检查。

上述工作完成后，对空调系统进行系统试运行。

6.5.4 空调系统试运行前，应对机房灰尘、杂物进行清除。空调系统稳定性试运行，其运行时间随系统的规模不同而不同，C 类机房的空调系统建议小于 8h，A、B 类机房的空调系统建议长于 24h。空调系统运转稳定后进行系统综合调试，调试内容包括温度、相对湿度、风量、风压、各类阀门的调试，以满足设计文件要求。

6.6 施工验收

6.6.2 本条文规定了交接验收时，施工单位应提供的资料。

7 给水排水系统

7.2 管道安装

7.2.1～7.2.4 这几条规定了管道连接和安装各环节的技术要求，本规范未作规定的应全部按现行国家标准《建筑给水排水及采暖工程质量验收规范》GB 50242 的规定执行。

7.2.5 电子信息系统机房内吊顶上、地板下铺设各种电器管线，安装各类接线盒及插座箱等，为避免冷热水管道对电器管线、装置和设备可能造成的故障和损害，必须对冷、热水管道进行压力试验和检漏，保证管道不渗水、不漏水。

7.2.8 电子信息系统机房专用空调器内部处于负压状态，为了使表冷器下部积存的冷凝水顺利排除，防止空气通过冷凝水排水管倒流，特做此规定。

7.3 施工验收

7.3.1、7.3.2 空调给水管的水压试验、空调加湿管的通水试验及排水管的灌水试验是保证水管不渗、不漏、流水通畅的必要步骤。其试验方法及判定准则均按现行国家标准《通风与空调工程施工质量验收规范》GB 50243 的规定执行。

8 综合布线

8.2 线缆敷设

8.2.1 本条规定了线缆敷设应满足的技术要求。

1 线缆外观检查包括：检查线缆型式、规格应符合设计要求；线缆所附标志、标签内容应齐全、清晰；外护套应完整无损，应有出厂质量检验合格证；

2 屏蔽对绞电缆有总屏蔽和线对屏蔽加上总屏蔽两种方式，为此，在屏蔽电缆敷设时的弯曲半径应根据屏蔽方式的不同，在 6～10 倍于电缆外径中选用；

3 本款规定是对线缆终接余量的一般要求，如有特殊要求的应按设计要求预留长度；

4 设备跳线经常作插拔等机械动作，对线缆、模块之间的连接强度及其传输性能要求较高，应采用综合布线专用的插接跳线，各类跳线长度应符合设计要求。

8.2.2 本条规定了采用屏蔽布线系统时，对绞线缆的屏蔽层与接插件屏蔽罩连接的具体要求。

1、2 对绞线缆的屏蔽层与端接设备接插件的屏蔽罩 360°的圆周面应全部可靠接触，这是达到良好的端接、满足屏蔽要求的必要措施；

3 当采用屏蔽布线系统时，线缆、配线架、模块和跳线等，均为屏蔽产品；为了保证屏蔽效果，端接处的接地导线截面和接地电阻值应符合有关标准。

8.2.4 机房内计算机设备、网络设备数量多，模块式信息插座排列密集，以不宜脱落和磨损的标识表述不同的信息插座，便于施工和以后的维护工作。

8.2.6 线槽和护管截面利用率的要求在《建筑与建筑群综合布线系统工程验收规范》GB/T 50312 中有明确的规定，可以直接引用。

8.2.8 机柜、机架不应直接安装在活动地板上，应制作底座。机柜、机架固定在底座上，底座直接固定在地面。

8.3 施 工 验 收

8.3.2 本条是关于系统检测的说明：

4 附录 D 的测试记录表中电缆系统的测试项目是规定的基本测试项目。其他的项目可根据工程具体情况和用户的要求及现场测试仪器的功能选择测试。

附录 D 的测试记录表主要强调的是测试项目，如用户同意，可采用专业电缆测试设备，也可用专业测试软件直接打印的表格来代替。

9 监控与安全防范

9.1 一 般 规 定

9.1.3 设备监控是指对场地设备的运行参数进行采集和控制，包括不间断电源（UPS）、精密空调、柴油发电机、配电箱（柜）等，不包括对信息系统设备如网络设备等的监控。

9.2 设备与设施安装

9.2.1 本条所讲的技术复核主要指外观检查，产品无损伤、无瑕疵，品种、数量、产地符合设计要求。设备的安全性、可靠性等项目可参考生产厂家出具的产品合格证和检测报告。

9.2.2 设备密集区附近，环境会与其他区域有很大不同。靠近设备密集区更能准确反映被测对象监控数据。

报警探测器的安装，应根据所选产品的性能、环境影响及警戒范围要求等确定安装位置。

9.2.3 感应式读卡器灵敏度受外界磁场的影响大，所以安装位置不得靠近高频磁场和强磁场。

9.2.4 传输设备和接收设备之间的距离是否合适，主要是看信号的衰减程度，看信号接收的效果。如温湿度探测、得到的信号质量的好坏，与设备的选择、设备的匹配、线缆的匹配、布线的结构、设备接入的数量等多种因素有关。因此安装应按设计或设备的技术文件要求进行。

9.3 配线与敷设

9.3.5 电力线缆通电时会产生感应磁场，对通信讯号和控制指令造成干扰，影响监控效果。因此，电力线缆不能与信号、控制线缆敷设在同一桥架或线槽内，也不得交叉。否则，应采取屏蔽措施。

9.4 系 统 调 试

9.4.1 安全防范和自控系统调试工作是专业技术非常强的工作，国内外不同厂家的产品不仅型号不同，外观各异，而且系统组成也不同。软件技术的应用，特别是现场的编程只有熟悉系统的专门人员才能胜任。所以本条明确规定了调试负责人必须由有资格的专业技术人员担任。一般应由厂家的工程师（或厂家委托的经过训练的人员）担任。

10 消 防 系 统

10.0.1～10.0.3 这几条规定了本规范与有关国家现行强制性标准、规范的关系。电子信息系统机房消防系统的施工及验收没有特殊的要求和规定，应该完全执行现行的国家标准《火灾自动报警系统施工及验收规范》GB 50166、《气体灭火系统施工及验收规范》GB 50263 及《自动喷水灭火系统施工及验收规范》GB 50261，在此直接引用。

11 室内装饰装修

11.1 一 般 规 定

11.1.2 机房施工是一个多专业、多工种复杂的系统工程。室内装修施工只有解决好与空调送回风管道、消防管道、供配电桥架、等电位接地、综合布线等隐蔽工程的交叉和施工作业顺序，才能保证施工质量，提高施工效率。

11.1.3 为了防止施工后对室内的环境污染，避免对人员的伤害，应采用无毒或低毒的装饰材料。根据用户的要求，可按现行国家标准《民用建筑工程室内环境污染控制规范》GB 50325 的要求对室内环境污染物进行检测。

11.2 吊 顶

11.2.2 对于新建机房，吊顶的吊点预埋位置的设计应与建筑施工设计同步进行，预埋吊点由土建施工单位完成。为保证吊点、吊杆的强度，防止锈蚀，对金属件应进行必要的除锈、防腐处理。

11.2.3 机房内的气流组织形式一般采取地板下送风，吊顶上回风的循环方式。因此，为了保证循环风的清洁，保证机房内的洁净度，延长专用空调设备的使用寿命，应保持吊顶上空间的清洁，防止积尘或产尘。

11.2.4 吊顶内的防火、保温、吸音材料，大多是岩棉或玻璃纤维，其材质松散、易脱落。散落的颗粒既对人员造成伤害，也会影响机房的空气洁净度。所以，对其包封要严密，板块之间无缝隙。

11.2.8 吊顶内的所有施工皆为隐蔽工程，应在安装吊顶板前完成并进行交接验收，以免工程返工或在竣工验收时拆装吊顶。不管由何种原因引起反复拆装吊顶板面，都会造成顶板材料的损害，也对吊顶整体的平整度产生不良影响。

11.3 隔 断 墙

11.3.1 目前机房内根据需要和功能不同常用金属板材隔断、骨架隔断和玻璃隔断等非承重轻质隔断。同时为了防火、防爆、防噪声的需要新建砌砖墙体。

11.3.4 本条对轻钢龙骨架的隔断墙安装提出了具体的要求。

1、2 隔断墙沿地、沿顶及沿墙龙骨的位置准确牢固和竖向龙骨的垂直固定是保证隔断墙平整和垂直度的关键，一旦固定就难以调整。

3 这是根据国内多年施工经验，为防止发生火灾后的火势蔓延而提出来的。

11.3.5 本条是根据《建筑内部装修防火施工及验收规范》GB 50354 的规定提出的防火要求。

11.3.7 本条对玻璃隔断的安装提出了具体的施工要求。

4 骨架材料如不锈钢板、铝合金或塑钢型材表面均贴有保护膜。为了预防在运输、储存、加工、安装时对其表面造成损害，只能在竣工验收前揭下保护膜。

5 施工经验证明，未加明显标识的清洁剔透的玻璃隔断，极易发生碰破玻璃伤人事故，故提出要求。

11.3.10 实体墙的砌砖，抹灰与饰面施工分别在现行国家标准《砌体工程施工质量验收规范》GB 50203 和现行国家标准《住宅装饰装修工程施工规范》GB 50327中已有详尽的规定，这里不作重复。

11.4 地 面 处 理

11.4.4 根据机房设施安装的需要，地面砖、石材、地毯的铺装在《住宅装饰装修工程施工规范》GB 50327中已有详尽的规定，这里不作重复。

11.4.5 按设计要求涂覆在水泥地面特殊材料的性能不尽相同，其成分、用途、特点、施工环境和方法也有差异，因此规定要按照具体产品说明书的要求施工。

11.5 活 动 地 板

11.5.1 机房内活动地板下要铺设保温材料，安装供

配电管线、桥架、插座箱等，进行网络、安防及自控的布线，铺设接地金属带和静电泄漏地网，进行室内固定设备的基座和设备安装。在以上各类施工完成交接验收并清理地面后再安装活动地板，是为了防止反复拆装地板而影响活动地板整体的稳定和平整。

11.5.2 机房空调气流组织多为地板下送风、吊顶上回风的循环方式。为保证机房内的洁净度，延长空调设备的使用寿命，常采用涂覆的方法达到地板下的空间清洁、不起尘、不积尘的效果。

11.5.3 本条考虑到机房活动地板的整体牢固和美观，同时兼顾活动地板的损耗特作该规定。

11.5.7、11.5.8 经验证明，因疏于对活动地板饰面在搬运、堆放及安装完成后的保护，往往造成板面的污染、划伤、破边、掉角等损伤，从而影响了交接验收。因此强调应有保护措施。

11.6 内墙、顶棚及柱面的处理

11.6.1 不同材料的施工方法不同。本节列出的材料是目前常用的材料类型和机房内墙、顶棚及柱面的装饰装修施工内容。以后将会出现新材料、新工艺，对机房的装饰装修也会提出新的要求。

11.6.3～11.6.5 墙面、顶棚及柱面的涂覆、壁纸或织物粘贴、各种饰面板的施工及墙面砖或石材等材料铺贴的施工方法及验收标准，分别在《住宅装饰装修工程施工规范》GB 50327 和《建筑装饰装修工程质量验收规范》GB 50210 中有详尽的规定，完全可以直接使用。

建筑物内墙面或柱面的平整度常有偏差，金属饰面板等成品板材紧贴墙面、柱面安装，无法保证板面的垂直度，也增加了安装和调整的难度。与墙面和柱面保留 50mm 以上的距离这是多家施工单位的经验数据。

11.7 门窗及其他

11.7.2、11.7.3 这两条是对各类门窗在安装前普遍要遵循的统一规定，是确保各类门窗内在和外观质量，避免在储运、安装中造成损伤，实现安装、施工质量标准的必要措施。

11.7.7、11.7.8 各类门窗安装及机房其他细部工程的施工方法及验收标准，在《建筑装饰装修工程质量验收规范》GB 50210 中有详尽的规定。本规范可以直接使用。

11.8 施 工 验 收

11.8.1 在吊顶、隔断墙、地面处理、活动地板、墙面和顶棚及柱面处理、门窗及其他施工的各工序完成了自检和转序检验的基础上，对机房室内装饰装修分部工程进行整体验收。而各分项工程的施工质量标准和检验方法在《建筑装饰装修工程质量验收规范》

GB 50210中有详尽的规定，本规范可以直接使用。

12 电磁屏蔽

12.1 一 般 规 定

12.1.2 安装电磁屏蔽室前，要求建筑室内的顶棚和墙壁一般要刷好白乳胶漆；地面一般为水泥砂浆地坪；表面作防尘处理；地面应平整，无凹凸现象。

12.1.4 电磁屏蔽室的屏蔽效能主要靠金属壳体、屏蔽门、截止通风波导窗、屏蔽玻璃及滤波器的安装质量来保证。焊接是安装的主要手段，焊缝的质量和防腐是直接决定着屏蔽室有无电磁波泄漏的关键。因此对焊接焊缝的质量必须提出严格的要求。

12.1.5 在进行屏蔽室壳体安装时，为保证其施工质量及产品的性能指标，要尽量减少土建、水电等专业的交叉施工。

12.2 壳 体 安 装

12.2.2 本条明确了可拆卸式电磁屏蔽室的安装要求。

    4 可拆卸式电磁屏蔽室其安装顺序一般为：
      1）安装地板时量好对角线，将紧固件拧紧；
      2）安装两侧的墙板，同时安装与墙板相连的顶板；
      3）最后安装对角的两块墙板。

12.2.3 本条明确了自撑式电磁屏蔽室的安装要求。

    4 安装室内其他结构件时也采用焊接，一般用点焊。应特别控制焊接电流的大小，严防焊穿壳体。如有漏点，必须用相同材质的金属板补漏。

12.3 屏 蔽 门 安 装

12.3.1 本条提出了铰链屏蔽门的安装要求。

    1 门框平面度超过 $2/1000^2$ 后，门框的变形将直接影响门与门框的合装精度，导致屏蔽门的屏蔽指标下降。

    3 门扇上的刀口与门框上的簧片接触压力如果不均匀，长时间使用会造成个别触点断开，产生电磁波的泄漏。

12.3.2 本条提出了平移屏蔽门的安装要求。

    1 门框平面度超过 $1.5/1000^2$，门扇对中位移超过 1.5mm，将直接影响门与门框的合装精度，导致屏蔽门的屏蔽指标下降。

    2 平移屏蔽门框簧片内气囊电动充气后，门框内外簧片顶至门扇内外面，至一定压力后，气囊停止充气，使簧片和门扇紧密接触，达到电磁屏蔽作用。为了保持设定的压力，要求各连接管道不得漏气。

12.4 滤波器、截止波导通风窗及屏蔽玻璃的安装

12.4.1 本条规定了滤波器安装的要求。

    1 如滤波器与壁板的固定处导电密封不良，则电磁波会从滤波器的螺杆与壁板孔的间隙处泄漏，从而将直接影响屏蔽室的屏蔽性能。

12.4.2 安装截止波导通风窗是基于电磁场中的波导原理：当电磁波通过一定口径、一定深度的金属密封管时其电磁波的能量会大大衰减。因此 1～3 款规定了在安装截止波导通风窗时保证其不被损坏必须遵守的原则。

12.4.3 玻璃窗的屏蔽功能是靠玻璃中的金属网来实现的。金属网通过玻璃框与屏蔽壳体连接，因此金属网与玻璃框的压接质量及金属框与金属壳体的焊接质量是决定屏蔽玻璃窗安装是否造成电磁波泄漏的关键。

12.5 屏 蔽 效 能 自 检

12.5.1 任何一处焊穿的孔洞及漏焊点都会造成电磁泄漏。因此在屏蔽效能的检测过程中应及时对影响其屏蔽效能的薄弱处及焊接缺陷进行重点检漏和补漏。

12.6 其 他 施 工 要 求

12.6.2 对引入电磁屏蔽室的信号电缆和进出管线不经过屏蔽滤波处理，就会使电磁屏蔽室内部电磁信号泄漏，使外部无用电磁场干扰电磁屏蔽室内部信号，所以必须进行屏蔽滤波处理。如引入电磁屏蔽室的信号电缆和进出管线不经过屏蔽滤波处理，则电磁屏蔽室的屏蔽效能就以该进出点的性能指标为准。

12.6.3 进出屏蔽室的金属管道，如空调的给、排水管和气管及液管必须经过波导管，否则电磁波将会从穿孔出处泄漏。

12.7 施 工 验 收

12.7.3 屏蔽性能指标是电磁屏蔽室最关键的性能指标，用不同的检测仪器、检测方法，其检测结果大不相同。所以，为保证其检测的正确性和公正性，必须由国家认定的权威机构进行检测，该条款必须强制执行。

13 综 合 测 试

13.1 一 般 规 定

13.1.1 本条对机房的综合测试条件提出了明确的规定。

    2 机房的清洁和空调系统内的清洁是保证机房洁净度的前提。实践证明空调系统运行 48h 后，才能使室内环境达到动态稳定，测试的数据才会真实、可靠。

    3 通常在工程承包合同中明确这一条款。这样可以避免建设单位的电子信息设备安装和调试迟迟未

能完成而影响电子信息系统机房工程竣工验收与交接。

13.2 温度、湿度～13.10 正压

测试项目、测试仪器仪表和测试方法的依据是现行国家标准《电子计算机场地通用规范》GB/T 2887。测试仪器仪表的精度是根据多年来的实践经验和机房性能指标的要求，并参考国家电子计算机质量监督检验中心机房测试的实际情况提出来的。

14 工程竣工验收与交接

14.1 一般规定

14.1.3 工程项目质量的评定与验收，是工程项目施工管理的重要内容。结合工程项目的内容对项目组成部分进行合理的划分是及时发现并纠正施工过程中可能出现的质量问题、确保工程整体质量的重要环节之一。

14.2 竣工验收的程序与内容

14.2.1 综合测试可在竣工验收前进行，由建设单位与施工单位协商确定。在竣工验收前进行综合测试，可对不合格项分析原因及时整改，使工程质量验收与交接顺利进行。

14.2.2 对本条所列出验收时需审核的资料，可根据建设单位和施工单位商定增加或减项。

中华人民共和国国家标准

隔振设计规范

Code for design of vibration isolation

GB 50463—2008

主编部门：中 国 机 械 工 业 联 合 会
批准部门：中华人民共和国住房和城乡建设部
施行日期：２ ０ ０ ９ 年 ６ 月 １ 日

中华人民共和国住房和城乡建设部
公　告

第 169 号

住房和城乡建设部关于发布国家标准
《隔振设计规范》的公告

现批准《隔振设计规范》为国家标准，编号为 GB 50463—2008，自 2009 年 6 月 1 日起实施。其中，第3.2.1（2）、3.2.5、8.2.8 条（款）为强制性条文，必须严格执行。

本规范由我部标准定额研究所组织中国计划出版社出版发行。

中华人民共和国住房和城乡建设部

二○○八年十一月二十七日

前　言

本规范是根据建设部建标〔2003〕102 号文《关于印发"二○○二～二○○三年工程建设国家标准制定、修订计划"的通知》的要求，由中国中元国际工程公司会同有关设计、科研、生产和教学单位共同编制而成。

本规范在编制过程中，编制组开展了专题研究，进行了广泛的调查分析，总结了近年来我国在隔振设计方面的实践经验，与相关标准进行了协调，与国际先进标准进行了比较和借鉴，充分考虑了我国的经济条件和工程实践，在此基础上以多种方式广泛征求全国有关单位的意见，并经过反复讨论、修改、充实和试设计，最后经审查定稿。

本规范共分 8 章 1 个附录，主要内容包括：总则，术语、符号，基本规定，容许振动值，隔振参数及固有频率，主动隔振，被动隔振，隔振器与阻尼器等。

本规范以黑体字标志的条文为强制性条文，必须严格执行。

本规范由住房和城乡建设部负责管理和对强制性条文的解释，由中国中元国际工程公司负责具体内容解释。请在执行本规范的过程中，注意总结经验，积累资料，并将意见和建议寄至中国中元国际工程公司国家标准《隔振设计规范》管理组（北京市西三环北路 5 号，邮政编码：100089），以供今后修订时参考。

本规范主编单位、参编单位和主要起草人：

主 编 单 位：中国中元国际工程公司

参 编 单 位：中国机械工业集团公司
北方设计研究院
中国电子工程设计研究院
中国汽车工业工程公司
南昌大学
国电华北电力设计院
中联西北工程设计研究院
北京市劳动保护研究所
合肥工业大学
隔而固青岛振动控制有限公司
中国联合工程公司
湖南大学
中工国际工程股份有限公司
北京振冲安和隔振技术有限公司
中国铁道科学研究院
江南大学

主要起草人：徐　建　　刘纯康　　黎益仁　　俞渭雄
杨先健　　杨国泰　　翟荣民　　易干明
何成宏　　张维斌　　孙家麒　　尹学军
柳炳康　　徐　辉　　高志尧　　唐驾时
高象波　　杨宜谦　　虞仁兴

目　次

1 总　则

1.0.1 为使隔振设计依据振源及隔振对象的特性，合理地选择有关动力参数、支承结构形式和隔振器等，做到技术先进、经济合理，确保正常生产和满足环境要求，制定本规范。

1.0.2 本规范适用于下列情况的隔振设计：

　　1 对生产、工作及建筑物的周围环境产生有害振动影响的动力机器的主动隔振。

　　2 对周围环境振动反应敏感或受环境振动影响而不能正常使用的仪器、仪表或机器的被动隔振。

1.0.3 本规范不适用于隔离由地震、风振、海浪和噪声等引起的振动，不适用于古建筑的隔振设计。

1.0.4 隔振设计除应执行本规范外，尚应符合国家现行的有关标准的规定。

2　术语、符号

2.1　术　语

2.1.1 主动隔振　active vibro-isolation
　　为减小动力机器产生的振动，而对其采取的隔振措施。

2.1.2 被动隔振　passive vibro-isolation
　　为减小振动敏感的仪器、仪表或机器受外界的振动影响，而对其采取的隔振措施。

2.1.3 隔振体系　vibration isolating system
　　由隔振对象、台座结构、隔振器和阻尼器组成的体系。

2.1.4 隔振对象　vibration isolated object
　　需要采取隔振措施的机器、仪器或仪表等。

2.1.5 容许振动值　allowable vibration value
　　所要求的点或面处的最大振动限值。

2.1.6 传递率　transmissibility
　　对于主动隔振为隔振体系在扰力作用下的输出振动线位移与静位移之比；
　　对于被动隔振为隔振体系的输出振动线位移与受外界干扰的振动线位移之比；
　　对于地面屏障式隔振为屏障设置后地面振动线位移与屏障设置前地面振动线位移之比。

2.1.7 隔振器　isolator
　　具有衰减振动功能的支承元件。

2.1.8 阻尼器　damper
　　用能量损耗的方法减小振动幅值的装置。

2.2　符　号

2.2.1 作用和作用效应

P_{ox}——作用在隔振体系质量中心处沿 x 轴向的扰力值；

P_{oy}——作用在隔振体系质量中心处沿 y 轴向的扰力值；

P_{oz}——作用在隔振体系质量中心处沿 z 轴向的扰力值；

M_{ox}——作用在隔振体系质量中心处绕 x 轴旋转的扰力矩值；

M_{oy}——作用在隔振体系质量中心处绕 y 轴旋转的扰力矩值；

M_{oz}——作用在隔振体系质量中心处绕 z 轴旋转的扰力矩值；

A——干扰振动线位移；

A_x——隔振体系质量中心处沿 x 轴向的振动线位移；

A_y——隔振体系质量中心处沿 y 轴向的振动线位移；

A_z——隔振体系质量中心处沿 z 轴向的振动线位移；

$A_{\varphi x}$——隔振体系质量中心处绕 x 轴旋转的振动角位移；

$A_{\varphi y}$——隔振体系质量中心处绕 y 轴旋转的振动角位移；

$A_{\varphi z}$——隔振体系质量中心处绕 z 轴旋转的振动角位移；

A_{ox}——支承结构或基础处产生的沿 x 轴向的干扰振动线位移；

A_{oy}——支承结构或基础处产生的沿 y 轴向的干扰振动线位移；

A_{oz}——支承结构或基础处产生的沿 z 轴向的干扰振动线位移；

$A_{o\varphi x}$——支承结构或基础处产生的绕 x 轴旋转的干扰振动角位移；

$A_{o\varphi y}$——支承结构或基础处产生的绕 y 轴旋转的干扰振动角位移；

$A_{o\varphi z}$——支承结构或基础处产生的绕 z 轴旋转的干扰振动角位移。

2.2.2 计算指标

K_x——隔振器沿 x 轴向的总刚度；

K_y——隔振器沿 y 轴向的总刚度；

K_z——隔振器沿 z 轴向的总刚度；

$K_{\varphi x}$——隔振器绕 x 轴旋转的总刚度；

$K_{\varphi y}$——隔振器绕 y 轴旋转的总刚度；

$K_{\varphi z}$——隔振器绕 z 轴旋转的总刚度；

ω——干扰圆频率；

ω_{nx}——隔振体系沿 x 轴向的无阻尼固有圆频率；

ω_{ny}——隔振体系沿 y 轴向的无阻尼固有圆频率；

ω_{nz}——隔振体系沿 z 轴向的无阻尼固有圆频率；

$\omega_{n\varphi x}$——隔振体系绕 x 轴旋转的无阻尼固有圆频率；

$\omega_{n\varphi y}$——隔振体系绕 y 轴旋转的无阻尼固有圆频率;

$\omega_{n\varphi z}$——隔振体系绕 z 轴旋转的无阻尼固有圆频率;

ω_{n1}——双自由度耦合振动时的无阻尼第一振型固有圆频率;

ω_{n2}——双自由度耦合振动时的无阻尼第二振型固有圆频率;

ζ_x——隔振器沿 x 轴向振动时的阻尼比;

ζ_y——隔振器沿 y 轴向振动时的阻尼比;

ζ_z——隔振器沿 z 轴向振动时的阻尼比;

$\zeta_{\varphi x}$——隔振器绕 x 轴旋转振动时的阻尼比;

$\zeta_{\varphi y}$——隔振器绕 y 轴旋转振动时的阻尼比;

$\zeta_{\varphi z}$——隔振器绕 z 轴旋转振动时的阻尼比;

E_{st}——隔振材料的静弹性模量;

E_d——隔振材料的动弹性模量;

$[A]$——容许振动线位移;

$[V]$——容许振动速度;

$[\tau]$——容许剪应力;

m——隔振体系的总质量。

2.2.3 几何参数

z——隔振器刚度中心或吊杆下端至隔振体系质量中心的竖向距离;

J_x——隔振体系 x 轴旋转的转动惯量;

J_y——隔振体系 y 轴旋转的转动惯量;

J_z——隔振体系 z 轴旋转的转动惯量。

3 基 本 规 定

3.1 设计条件和隔振方式

3.1.1 隔振设计应具备下列资料:

1 隔振对象的型号、规格及轮廓尺寸。

2 隔振对象的质量中心位置、质量及其转动惯量。

3 隔振对象底座外轮廓图,附属设备、管道位置及坑、沟、孔洞的尺寸,灌浆层厚度、地脚螺栓和预埋件的位置。

4 与隔振对象及基础连接有关的管线图。

5 当隔振器支承在楼板或支架上时,需有支承结构的设计资料。当隔振器支承在基础上时,应有工程勘察资料、地基动力参数和相邻基础的有关资料。

6 当动力机器为周期性扰力时,应有频率、扰力、扰力矩及其作用点的位置和作用方向;若为冲击性扰力时,应有冲击质量、冲击速度及两次冲击的间隔时间。

7 对于被动隔振应具有隔振对象支承处的干扰振动幅值和频率。

8 隔振对象的环境温度和有无腐蚀性介质。

9 隔振对象的容许振动值。

3.1.2 隔振方式的选用,宜符合下列规定:

1 支承式隔振(图 3.1.2a、b),隔振器宜设置在隔振对象的底座或台座结构下,可用于主动隔振或被动隔振。

2 悬挂式隔振(图 3.1.2c、d),隔振对象宜安置在由两端铰接刚性吊杆悬挂的刚性台座上,或将隔振对象的底座悬挂在刚性吊杆上,可用于隔离水平振动。

3 悬挂兼支承式隔振(图 3.1.2e、f),隔振器宜设置在悬挂式的刚性吊杆上端或下端,可用于同时隔离竖向和水平振动。

4 地面屏障式隔振及隔振沟,可作为隔振的辅助措施。地面屏障式隔振的设计,宜符合本规范附录 A 的规定。

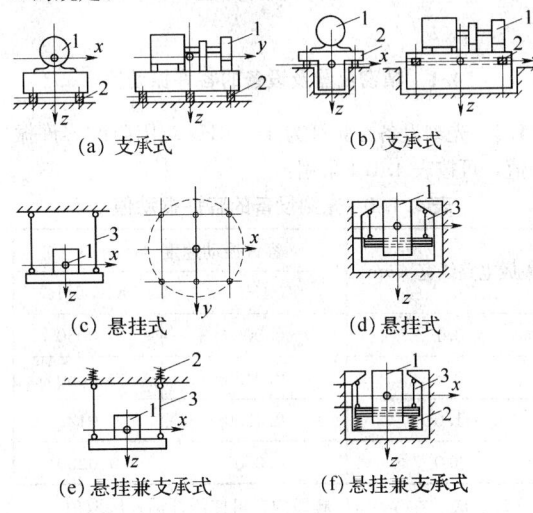

(a) 支承式 (b) 支承式

(c) 悬挂式 (d) 悬挂式

(e) 悬挂兼支承式 (f) 悬挂兼支承式

图 3.1.2 隔振方式
1—隔振对象;2—隔振器;3—刚性吊杆

3.2 设计原则

3.2.1 隔振设计应符合下列要求:

1 隔振方案的选用,应经多方案比较后确定。

2 隔振器或阻尼器的采用,应经隔振计算后确定。

3.2.2 隔振对象下宜设置台座结构;当隔振对象的质量和底座的刚度满足设计要求时,可不设置台座结构。

3.2.3 隔振体系的固有圆频率,不宜大于干扰圆频率的 0.4 倍。

3.2.4 弹簧隔振器布置在梁上时,弹簧的压缩量不宜小于支承梁挠度的 10 倍;当不能满足要求时,应计入梁与隔振体系的耦合作用。

3.2.5 隔振对象经隔振后的最大振动值,不应大于容许振动值。

3.2.6 隔振对象的容许振动值,宜由试验确定或由制造部门提供，亦可按本规范第 4 章的规定采用。

3.2.7 隔振器和阻尼器的布置，应符合下列要求：

1 隔振器的刚度中心与隔振体系的质量中心宜在同一铅垂线上，隔振体系宜为单自由度体系；当不能满足要求时，应计入耦合作用，但不宜超过 2 个自由度体系。

2 应减小隔振体系的质量中心与扰力作用线之间的距离。

3 隔振器宜布置在同一水平内。

4 应留有隔振器的安装和维修所需要的空间。

3.2.8 隔振对象与管道等宜采用柔性连接。

3.2.9 当水平位移有限制要求时，宜设置水平限位装置，并应与隔振对象和台座结构完全脱离。

4 容许振动值

4.1 精密仪器及设备的容许振动值

4.1.1 光刻设备在频域为 4～80Hz 范围内的容许振动值，可按表 4.1.1 采用：

表 4.1.1 光刻设备的容许振动值

集成电路线宽（μm）	容许振动速度（mm/s）	
	4Hz	8～80Hz
0.1	0.0060	0.0030
0.3	0.0125	0.0060
1.0	0.0250	0.0125
3.0	0.0500	0.0250

注：频域在 4～8Hz 频段内，可按线性插入法取值。

4.1.2 精密仪器与设备在时域范围内的容许振动值，可按表 4.1.2 采用。

表 4.1.2 精密仪器与设备的容许振动值

精密仪器与设备	容许振动线位移（μm）	容许振动速度（mm/s）
每毫米刻 3600 条的光栅刻线机	—	0.01
每毫米刻 2400 条的光栅刻线机	—	0.02
每毫米刻 1800 条的光栅刻线机、自控激光光波比长仪及光栅刻线检刻机、80 万倍电子显微镜、精度 0.03μm 光波干涉孔径测量仪、14 万倍扫描电镜、精度 0.02μm 干涉仪、精度 0.01μm 的光管测角仪	—	0.03
表面粗糙度为 0.012μm 的超精密车床、铣床、磨床等		

续表 4.1.2

精密仪器与设备	容许振动线位移（μm）	容许振动速度（mm/s）
每毫米刻 1200 条的光栅刻线机、6 万倍以下的电子显微镜、精度为 0.025μm 干涉显微镜、表面粗糙度为 0.025μm 测量仪、光导纤维拉丝机、胶片和相纸挤压涂布机	—	0.05
表面粗糙度为 0.025μm 的丝杠车床、螺纹磨床、高精度刻线机、高精度外圆磨床和平面磨床等	1.50	0.10
每毫米 600 条的光栅刻线机、立体金相显微镜、检流计、0.2μm 分光镜（测角仪）、高精度机床装配台、超微粒干板涂布机		
表面粗糙度为 0.05μm 的丝杠车床、螺纹磨床、精密滚齿机、精密辊磨床		
精度为 1×10⁻⁷ 的一级天平		
精度为 1μm 的立式（卧式）光学比较仪、投影光学计、测量计、硬质金属毛坯压制机	—	0.20
加工精度 1～3μm、表面粗糙度为 0.1～0.2μm 的精密磨床、齿轮磨床、精密车床、坐标镗床等	3.00	
精度为 1×10⁻⁵～5×10⁻⁷ 的单盘天平和三级天平		
精度为 1μm 的万能工具显微镜、精密自动绕线机、接触式干涉仪	—	0.30
加工精度 3～5μm、表面粗糙度 0.1～0.8μm 的精密卧式镗床、精密车床、数控车床、仿形铣床和磨床等	4.80	
六级天平、分析天平、陀螺仪摇摆试验台、陀螺仪偏角试验台、陀螺仪阻尼试验台		
卧式光度计、大型工具显微镜、双管显微镜、阿贝测长仪、电位计、万能测长仪	10.00	0.50
台式光点反射检流计、硬度计、色谱仪、湿度控制仪		
表面粗糙度为 0.8～1.6μm 的精密车床及磨床等		
卧式光学仪、扭簧比较仪、直读光谱分析仪		0.70
示波检线器、动平衡机、表面粗糙度 1.6～3.2μm 的机床		1.00
表面粗糙度大于 3.2μm 的机床	—	1.50

注：表内同时列有容许振动线位移和容许振动速度的精密仪器与设备，两者均应满足。

4.2 动力机器基础的容许振动值

4.2.1 汽轮发电机组和电机基础的容许振动值，可按表 4.2.1 采用：

表 4.2.1 汽轮发电机组和电机基础的容许振动值

机器工作转速（r/min）	3000	1500	1000	750	≤500
容许振动线位移（mm）	0.02	0.04	0.08	0.12	0.16

4.2.2 破碎机基础顶面的水平向容许振动值，可按表 4.2.2 采用：

表 4.2.2 破碎机基础顶面水平向的容许振动值

机器转速（r/min）	容许振动线位移（mm）
$n \leqslant 300$	0.25
$300 < n \leqslant 750$	0.20
$n > 750$	0.15

注：n 为机器转速。

4.2.3 锻锤基础的容许振动值，宜符合下列规定：

1 当块体基础下设有隔振装置时，块体基础竖向容许振动线位移取宜 8mm。

2 当砧座下设有隔振装置时，砧座竖向容许振动线位移宜取 20mm。

4.2.4 压力机基础的容许振动值，宜符合下列规定：

1 压力机基础控制点的容许振动值，可按表 4.2.4 采用：

表 4.2.4 压力机基础控制点的容许振动值

基组固有频率（Hz）	容许振动线位移（mm）
$f_n \leqslant 3.6$	1.0
$3.6 < f_n \leqslant 6.0$	$3.6/f_n$

注：f_n 为基组固有频率。

2 压力机基组的固有频率，可按下列公式计算：

1）确定水平容许振动线位移时：

$$f_n = \omega_{n1}/2\pi \qquad (4.2.4\text{-}1)$$

2）确定竖向容许振动线位移时：

$$f_n = \omega_{n2}/2\pi \qquad (4.2.4\text{-}2)$$

式中 ω_{n1}——无阻尼第一振型固有频率（Hz）；

ω_{n2}——无阻尼第二振型固有频率（Hz）。

4.2.5 发动机等动力机器基础的容许振动值，可按表 4.2.5 采用：

表 4.2.5 发动机等动力机器基础的容许振动值

机 器 名 称	容许振动速度（mm/s）
发动机普通试验台	6
水泵、离心机、风机	10
活塞式压缩机和发动机	22

5 隔振参数及固有频率

5.1 隔 振 参 数

5.1.1 隔振的基本参数，应包括下列内容：

1 隔振体系的质量。

2 隔振体系的转动惯量。

3 隔振体系的传递率。

4 隔振器的刚度。

5 隔振器的阻尼比。

5.1.2 隔振体系的传递率，宜符合下列规定：

1 被动隔振的传递率，宜符合下列公式的要求：

1）当容许振动值为容许振动线位移时：

$$\eta \leqslant \frac{[A]}{A} \qquad (5.1.2\text{-}1)$$

2）当容许振动值为容许振动速度时：

$$\eta \leqslant \frac{[V]}{A\omega} \qquad (5.1.2\text{-}2)$$

式中 η——隔振体系的传递率；

$[A]$——容许振动线位移（m）；

$[V]$——容许振动速度（m/s）；

A——干扰振动线位移（m）；

ω——干扰圆频率（rad/s）。

2 主动隔振的传递率，可取不大于 0.1。

5.1.3 隔振体系的固有圆频率，可按下式计算：

$$\omega_n = \omega \sqrt{\frac{\eta}{1+\eta}} \qquad (5.1.3)$$

式中 ω_n——隔振体系的固有圆频率（rad/s）。

5.1.4 主动隔振时，台座结构的质量，宜符合下式的要求：

$$m_2 \geqslant \frac{P_{oz}}{[A]\omega^2} - m_1 \qquad (5.1.4)$$

式中 m_1——隔振对象的质量（kg）；

m_2——台座结构的质量（kg）；

P_{oz}——作用在隔振体系质量中心处沿 z 轴向的扰力值（N）。

5.1.5 隔振器的总刚度，可按下列公式计算：

$$K = m\omega_n^2 \qquad (5.1.5\text{-}1)$$

$$m = m_1 + m_2 \qquad (5.1.5\text{-}2)$$

式中 K——隔振器的总刚度（N/m）；

m——隔振对象与台座结构的总质量（kg）。

5.1.6 隔振器的数量，可按下式计算：

$$n = \frac{K}{K_i} \qquad (5.1.6)$$

式中 n——隔振器的数量；

K_i——所选用的单个隔振器的刚度（N/m）。

5.1.7 单个隔振器的承载力，宜符合下式的要求：

$$P_i \geqslant \frac{mg + 1.5P_{oz}}{n} \qquad (5.1.7)$$

式中 g——重力加速度；

P_i——单个隔振器的承载力（N）。

5.1.8 通过调整隔振体系的质量和总刚度，其振动计算值不应大于容许振动值；主动隔振时，尚应符合环境振动的要求。

5.1.9 主动隔振体系阻尼比的确定，宜符合下列

规定：

1 脉冲振动的阻尼比，可按下列公式计算：

$$\zeta=\frac{1}{\omega_n t}\ln\frac{A_p}{A_a} \quad (5.1.9\text{-}1)$$

$$\zeta_\varphi=\frac{1}{\omega_{n\varphi} t}\ln\frac{A_{p\varphi}}{A_{a\varphi}} \quad (5.1.9\text{-}2)$$

式中 ζ——隔振器沿 x、y、z 轴向振动时的阻尼比；

ζ_φ——隔振器绕 x、y、z 轴旋转振动时的阻尼比；

$\omega_{n\varphi}$——隔振体系 x、y、z 轴旋转的无阻尼固有圆频率（rad/s）；

A_p——受脉冲扰力作用下产生的最大振动线位移（m）；

$A_{p\varphi}$——受脉冲扰力作用下产生的最大振动角位移（rad）；

A_a——受脉冲扰力作用产生的经时间 t 后衰减的线位移值（m）；

$A_{a\varphi}$——受脉冲扰力作用产生的经时间 t 后衰减的角位移值（rad）；

t——振动衰减时间（s）。

2 其他振动的阻尼比，可按下列公式计算：

$$\zeta=\frac{P_{ov}}{2A_{kt}K}\left(\frac{\omega_{nv}}{\omega}\right)^2 \quad (5.1.9\text{-}3)$$

$$\zeta_\varphi=\frac{M_o}{2A_\varphi K_\varphi}\left(\frac{\omega_{nv}}{\omega}\right)^2 \quad (5.1.9\text{-}4)$$

式中 P_{ov}——在工作转速时，作用在隔振体系质量中心处沿 x、y、z 轴向的扰力值（N）；

M_o——作用在隔振体系质量中心处绕 x、y、z 轴旋转的扰力矩值（N·m）；

A_{kt}——机器在开机和停机过程中，共振时要求控制的最大振动线位移（m）；

A_φ——机器在开机和停机过程中，共振时要求控制的最大振动角位移（rad）；

K——隔振器沿 x、y、z 轴向的总刚度（N/m）；

K_φ——隔振器绕 x、y、z 轴旋转的总刚度（N·m）；

ω_{nv}——隔振体系沿 x、y、z 轴的固有圆频率（rad/s）。

5.2 隔振体系的固有频率

5.2.1 隔振体系固有圆频率的确定，宜符合下列规定：

1 单自由度体系时的固有圆频率，可按下列公式计算：

$$\omega_{nx}=\sqrt{\frac{K_x}{m}} \quad (5.2.1\text{-}1)$$

$$\omega_{ny}=\sqrt{\frac{K_y}{m}} \quad (5.2.1\text{-}2)$$

$$\omega_{nz}=\sqrt{\frac{K_z}{m}} \quad (5.2.1\text{-}3)$$

$$\omega_{n\varphi x}=\sqrt{\frac{K_{\varphi x}}{J_x}} \quad (5.2.1\text{-}4)$$

$$\omega_{n\varphi y}=\sqrt{\frac{K_{\varphi y}}{J_y}} \quad (5.2.1\text{-}5)$$

$$\omega_{n\varphi z}=\sqrt{\frac{K_{\varphi z}}{J_z}} \quad (5.2.1\text{-}6)$$

式中 ω_{nx}——隔振体系沿 x 轴向的无阻尼固有圆频率（rad/s）；

ω_{ny}——隔振体系沿 y 轴向的无阻尼固有圆频率（rad/s）；

ω_{nz}——隔振体系沿 z 轴向的无阻尼固有圆频率（rad/s）；

$\omega_{n\varphi x}$——隔振体系绕 x 轴旋转的无阻尼固有圆频率（rad/s）；

$\omega_{n\varphi y}$——隔振体系绕 y 轴旋转的无阻尼固有圆频率（rad/s）；

$\omega_{n\varphi z}$——隔振体系绕 z 轴旋转的无阻尼固有圆频率（rad/s）；

K_x——隔振器沿 x 轴向的总刚度（N/m）；

K_y——隔振器沿 y 轴向的总刚度（N/m）；

K_z——隔振器沿 z 轴向的总刚度（N/m）；

$K_{\varphi x}$——隔振器绕 x 轴旋转的总刚度（N·m）；

$K_{\varphi y}$——隔振器绕 y 轴旋转的总刚度（N·m）；

$K_{\varphi z}$——隔振器绕 z 轴旋转的总刚度（N·m）；

J_x——隔振体系绕 x 轴旋转的转动惯量（kg·m）；

J_y——隔振体系绕 y 轴旋转的转动惯量（kg·m）；

J_z——隔振体系绕 z 轴旋转的转动惯量（kg·m）。

2 双自由度耦合振动时的固有圆频率，可按下列公式计算：

$$\omega_{n1}^2=\frac{1}{2}\left[(\lambda_1^2+\lambda_2^2)^2-\sqrt{(\lambda_1^2-\lambda_2^2)^2+4\gamma\lambda_1^4}\right] \quad (5.2.1\text{-}7)$$

$$\omega_{n2}^2=\frac{1}{2}\left[(\lambda_1^2+\lambda_2^2)^2+\sqrt{(\lambda_1^2-\lambda_2^2)^2+4\gamma\lambda_1^4}\right] \quad (5.2.1\text{-}8)$$

式中 ω_{n1}——双自由度耦合振动时的无阻尼第一振型固有圆频率（rad/s）；

ω_{n2}——双自由度耦合振动时的无阻尼第二振型固有圆频率（rad/s）；

λ_1、λ_2、γ——计算系数。

5.2.2 隔振器刚度的确定，宜符合下列规定：

1 对于支承式，可按下列公式计算：

$$K_x=\sum_{i=1}^n K_{xi} \quad (5.2.2\text{-}1)$$

$$K_y=\sum_{i=1}^n K_{yi} \quad (5.2.2\text{-}2)$$

$$K_z = \sum_{i=1}^{n} K_{zi} \quad (5.2.2-3)$$

$$K_{\varphi x} = \sum_{i=1}^{n} K_{yi} z_i^2 + \sum_{i=1}^{n} K_{zi} y_i^2 \quad (5.2.2-4)$$

$$K_{\varphi y} = \sum_{i=1}^{n} K_{xi} z_i^2 + \sum_{i=1}^{n} K_{zi} x_i^2 \quad (5.2.2-5)$$

$$K_{\varphi z} = \sum_{i=1}^{n} K_{xi} y_i^2 + \sum_{i=1}^{n} K_{yi} x_i^2 \quad (5.2.2-6)$$

式中　K_{xi}——第 i 个隔振器沿 x 轴向的刚度（N/m）；

K_{yi}——第 i 个隔振器沿 y 轴向的刚度（N/m）；

K_{zi}——第 i 个隔振器沿 z 轴向的刚度（N/m）；

x_i——第 i 个隔振器的 x 轴坐标值（m）；

y_i——第 i 个隔振器的 y 轴坐标值（m）；

z_i——第 i 个隔振器的 z 轴坐标值（m）。

2　对于悬挂式和悬挂兼支承式，可按下列公式计算：

$$K_x = \frac{mg}{L} \quad (5.2.2-7)$$

$$K_y = \frac{mg}{L} \quad (5.2.2-8)$$

$$K_{\varphi z} = \frac{mgR^2}{L} \quad (5.2.2-9)$$

式中　L——刚性吊杆的长度（m）；

R——刚性吊杆按圆形排列时，圆的半径（m）。

5.2.3　计算系数的确定，宜符合下列规定：

1　支承式隔振，计算系数 λ_1、λ_2 可按下列公式计算：

1）当 $x-\varphi_y$ 耦合振动时：

$$\lambda_1 = \sqrt{\frac{K_x}{m}} \quad (5.2.3-1)$$

$$\lambda_2 = \sqrt{\frac{K_{\varphi y}}{J_y}} \quad (5.2.3-2)$$

2）当 $y-\varphi_x$ 耦合振动时：

$$\lambda_1 = \sqrt{\frac{K_y}{m}} \quad (5.2.3-3)$$

$$\lambda_2 = \sqrt{\frac{K_{\varphi x}}{J_x}} \quad (5.2.3-4)$$

2　悬挂式和悬挂兼支承式隔振，计算系数 λ_1、λ_2 可按下列公式计算：

$$\lambda_1 = \sqrt{\frac{g}{L}} \quad (5.2.3-5)$$

1）当 $x-\varphi_y$ 耦合振动时：

$$\lambda_2 = \sqrt{\frac{\sum_{i=1}^{n} K_{zi} x_i^2 + \frac{mgz^2}{L}}{J_y}} \quad (5.2.3-6)$$

式中　z——隔振器刚度中心或吊杆下端至隔振体系质量中心的竖向距离（m）。

2）当 $y-\varphi_x$ 耦合振动时：

$$\lambda_2 = \sqrt{\frac{\sum_{i=1}^{n} K_{zi} y_i^2 + \frac{mgz^2}{L}}{J_x}} \quad (5.2.3-7)$$

3　计算系数 γ，可按下列公式计算：

1）当 $x-\varphi_y$ 耦合振动时：

$$\gamma = \frac{mz^2}{J_y} \quad (5.2.3-8)$$

2）当 $y-\varphi_x$ 耦合振动时：

$$\gamma = \frac{mz^2}{J_x} \quad (5.2.3-9)$$

6　主 动 隔 振

6.1　计 算 规 定

6.1.1　当隔振体系为单自由度时，质量中心处的振动位移，可按下列公式计算：

$$A_x = \frac{P_{ox}}{K_x} \eta_x \quad (6.1.1-1)$$

$$A_y = \frac{P_{oy}}{K_y} \eta_y \quad (6.1.1-2)$$

$$A_z = \frac{P_{oz}}{K_z} \eta_z \quad (6.1.1-3)$$

$$A_{\varphi x} = \frac{M_{ox}}{K_{\varphi x}} \eta_{\varphi x} \quad (6.1.1-4)$$

$$A_{\varphi y} = \frac{M_{oy}}{K_{\varphi y}} \eta_{\varphi y} \quad (6.1.1-5)$$

$$A_{\varphi z} = \frac{M_{oz}}{K_{\varphi z}} \eta_{\varphi z} \quad (6.1.1-6)$$

式中　A_x——隔振体系质量中心处沿 x 轴向的振动线位移（m）；

A_y——隔振体系质量中心处沿 y 轴向的振动线位移（m）；

A_z——隔振体系质量中心处沿 z 轴向的振动线位移（m）；

$A_{\varphi x}$——隔振体系质量中心处绕 x 轴旋转的振动角位移（rad）；

$A_{\varphi y}$——隔振体系质量中心处绕 y 轴旋转的振动角位移（rad）；

$A_{\varphi z}$——隔振体系质量中心处绕 z 轴旋转的振动角位移（rad）；

P_{ox}——作用在隔振体系质量中心处沿 x 轴向的扰力值（N）；

P_{oy}——作用在隔振体系质量中心处沿 y 轴向的扰力值（N）；

P_{oz}——作用在隔振体系质量中心处沿 z 轴向的扰力值（N）；

M_{ox}——作用在隔振体系质量中心处绕 x 轴旋转的扰力矩值（N·m）；

M_{oy}——作用在隔振体系质量中心处绕 y 轴旋转的扰力矩值（N·m）；

M_{oz}——作用在隔振体系质量中心处绕 z 轴旋转的扰力矩值（N·m）；

η_x——单自由度隔振体系沿 x 轴向的传递率；

η_y——单自由度隔振体系沿 y 轴向的传递率；

η_z——单自由度隔振体系沿 z 轴向的传递率。

6.1.2 当隔振体系为双自由度耦合振动时，质量中心处的振动位移，可按下列公式计算：

1 当 $x-\varphi_y$ 耦合振动时，可按下列公式计算：

$$A_x = \rho_1 A_{\varphi 1}\eta_1 + \rho_2 A_{\varphi 2}\eta_2 \qquad (6.1.2\text{-}1)$$

$$A_{\varphi y} = A_{\varphi 1}\eta_1 + A_{\varphi 2}\eta_2 \qquad (6.1.2\text{-}2)$$

$$A_{\varphi 1} = \frac{P_{ox}\rho_1 + M_{oy}}{(m\rho_1^2 + J_y)\ \omega_{n1}^2} \qquad (6.1.2\text{-}3)$$

$$A_{\varphi 2} = \frac{P_{ox}\rho_2 + M_{oy}}{(m\rho_2^2 + J_y)\ \omega_{n2}^2} \qquad (6.1.2\text{-}4)$$

$$\rho_1 = \frac{K_x z}{K_x - m\omega_{n1}^2} \qquad (6.1.2\text{-}5)$$

$$\rho_2 = \frac{K_x z}{K_x - m\omega_{n2}^2} \qquad (6.1.2\text{-}6)$$

2 当 $y-\varphi_x$ 耦合振动时，可按下列公式计算：

$$A_y = \rho_1 A_{\varphi 1}\eta_1 + \rho_2 A_{\varphi 2}\eta_2 \qquad (6.1.2\text{-}7)$$

$$A_{\varphi x} = A_{\varphi 1}\eta_1 + A_{\varphi 2}\eta_2 \qquad (6.1.2\text{-}8)$$

$$A_{\varphi 1} = \frac{P_{oy}\rho_1 + M_{ox}}{(m\rho_1^2 + J_x)\ \omega_{n1}^2} \qquad (6.1.2\text{-}9)$$

$$A_{\varphi 2} = \frac{P_{oy}\rho_2 + M_{ox}}{(m\rho_2^2 + J_x)\ \omega_{n2}^2} \qquad (6.1.2\text{-}10)$$

$$\rho_1 = \frac{K_y z}{K_y - m\omega_{n1}^2} \qquad (6.1.2\text{-}11)$$

$$\rho_2 = \frac{K_y z}{K_y - m\omega_{n2}^2} \qquad (6.1.2\text{-}12)$$

式中 $A_{\varphi 1}$——隔振体系耦合振动第一振型的当量静角位移（rad）；

$A_{\varphi 2}$——隔振体系耦合振动第二振型的当量静角位移（rad）；

ρ_1——隔振体系耦合振动第一振型中的水平位移与转角的比值（m/rad）；

ρ_2——隔振体系耦合振动第二振型中的水平位移与转角的比值（m/rad）；

η_1——双自由度隔振体系第一振型的传递率；

η_2——双自由度隔振体系第二振型的传递率。

6.1.3 隔振体系传递率的确定，宜符合下列规定：

1 扰力、扰力矩为简谐函数时，传递率可按下列公式计算：

$$\eta_x = \frac{1}{\sqrt{\left[1 - \left(\dfrac{\omega}{\omega_{nx}}\right)^2\right]^2 + \left(2\zeta_x\dfrac{\omega}{\omega_{nx}}\right)^2}}$$
$$(6.1.3\text{-}1)$$

$$\eta_y = \frac{1}{\sqrt{\left[1 - \left(\dfrac{\omega}{\omega_{ny}}\right)^2\right]^2 + \left(2\zeta_y\dfrac{\omega}{\omega_{ny}}\right)^2}}$$
$$(6.1.3\text{-}2)$$

$$\eta_z = \frac{1}{\sqrt{\left[1 - \left(\dfrac{\omega}{\omega_{nz}}\right)^2\right]^2 + \left(2\zeta_z\dfrac{\omega}{\omega_{nz}}\right)^2}}$$
$$(6.1.3\text{-}3)$$

$$\eta_{\varphi x} = \frac{1}{\sqrt{\left[1 - \left(\dfrac{\omega}{\omega_{n\varphi x}}\right)^2\right]^2 + \left(2\zeta_{\varphi x}\dfrac{\omega}{\omega_{n\varphi x}}\right)^2}}$$
$$(6.1.3\text{-}4)$$

$$\eta_{\varphi y} = \frac{1}{\sqrt{\left[1 - \left(\dfrac{\omega}{\omega_{n\varphi y}}\right)^2\right]^2 + \left(2\zeta_{\varphi y}\dfrac{\omega}{\omega_{n\varphi y}}\right)^2}}$$
$$(6.1.3\text{-}5)$$

$$\eta_{\varphi z} = \frac{1}{\sqrt{\left[1 - \left(\dfrac{\omega}{\omega_{n\varphi z}}\right)^2\right]^2 + \left(2\zeta_{\varphi z}\dfrac{\omega}{\omega_{n\varphi z}}\right)^2}}$$
$$(6.1.3\text{-}6)$$

$$\eta_1 = \frac{1}{\sqrt{\left[1 - \left(\dfrac{\omega}{\omega_{n1}}\right)^2\right]^2 + \left(2\zeta_1\dfrac{\omega}{\omega_{n1}}\right)^2}}$$
$$(6.1.3\text{-}7)$$

$$\eta_2 = \frac{1}{\sqrt{\left[1 - \left(\dfrac{\omega}{\omega_{n2}}\right)^2\right]^2 + \left(2\zeta_2\dfrac{\omega}{\omega_{n2}}\right)^2}}$$
$$(6.1.3\text{-}8)$$

$$\zeta_x = \frac{\sum\limits_{i=1}^{n}\zeta_{xi}K_{xi}}{K_x} \qquad (6.1.3\text{-}9)$$

$$\zeta_y = \frac{\sum\limits_{i=1}^{n}\zeta_{yi}K_{yi}}{K_y} \qquad (6.1.3\text{-}10)$$

$$\zeta_z = \frac{\sum\limits_{i=1}^{n}\zeta_{zi}K_{zi}}{K_z} \qquad (6.1.3\text{-}11)$$

$$\zeta_{\varphi x} = \frac{\zeta_y\dfrac{\omega_{n\varphi x}}{\omega_{ny}}\sum\limits_{i=1}^{n}K_{yi}z_i^2 + \zeta_z\dfrac{\omega_{n\varphi x}}{\omega_{nz}}\sum\limits_{i=1}^{n}K_{zi}y_i^2}{K_{\varphi x}}$$
$$(6.1.3\text{-}12)$$

$$\zeta_{\varphi y} = \frac{\zeta_z\dfrac{\omega_{n\varphi y}}{\omega_{nz}}\sum\limits_{i=1}^{n}K_{zi}x_i^2 + \zeta_x\dfrac{\omega_{n\varphi y}}{\omega_{nx}}\sum\limits_{i=1}^{n}K_{xi}z_i^2}{K_{\varphi y}}$$
$$(6.1.3\text{-}13)$$

$$\zeta_{\varphi z} = \frac{\zeta_x\dfrac{\omega_{n\varphi z}}{\omega_{nx}}\sum\limits_{i=1}^{n}K_{xi}y_i^2 + \zeta_y\dfrac{\omega_{n\varphi z}}{\omega_{ny}}\sum\limits_{i=1}^{n}K_{yi}x_i^2}{K_{\varphi z}}$$
$$(6.1.3\text{-}14)$$

式中 ζ_x——隔振器沿 x 轴向振动时的阻尼比；

ζ_y——隔振器沿 y 轴向振动时的阻尼比;

ζ_z——隔振器沿 z 轴向振动时的阻尼比;

$\zeta_{\varphi x}$——隔振器绕 x 轴旋转振动时的阻尼比;

$\zeta_{\varphi y}$——隔振器绕 y 轴旋转振动时的阻尼比;

$\zeta_{\varphi z}$——隔振器绕 z 轴旋转振动时的阻尼比;

ζ_1——双自由度隔振体系第一振型的阻尼比;

ζ_2——双自由度隔振体系第二振型的阻尼比;

ζ_{xi}——第 i 个隔振器沿 x 轴向振动时的阻尼比;

ζ_{yi}——第 i 个隔振器沿 y 轴向振动时的阻尼比;

ζ_{zi}——第 i 个隔振器沿 z 轴向振动时的阻尼比。

2 当扰力、扰力矩为矩形或等腰三角形脉冲作用时,传递率可按表 6.1.3 确定:

表 6.1.3 脉冲作用时的传递率

脉冲形状	t_o/T_{nk}										
	0.00	0.05	0.10	0.15	0.20	0.25	0.30	0.35	0.40	0.45	0.50
矩形脉冲	0.000	0.313	0.618	0.908	1.176	1.414	1.618	1.782	1.902	1.975	2.000
等腰三角形脉冲	0.000	0.157	0.312	0.463	0.608	0.746	0.875	0.993	1.100	1.193	1.273

注:1 t_o 为作用时间;

　　2 T_{nk} 为隔振体系的固有周期;

　　3 当 t_o/T_{nk} 为表中中间值时,传递率可采用插入法取值;

　　4 T_{nk} 脚标中的 k,单自由度体系时代表 x、y、z 或 φ_x、φ_y、φ_z;双自由度耦合振动时代表振型 1 和 2。

6.1.4 双自由度隔振体系第一、第二振型的阻尼比的确定,宜符合下列规定:

　1 当 $x-\varphi_y$ 耦合振动时,宜符合下列规定:

　　1)第一振型的阻尼比,可取隔振器沿 x 轴向振动时的阻尼比与隔振器绕 y 轴向旋转振动时的阻尼比二者较小值;

　　2)第二振型的阻尼比,可取隔振器沿 x 轴向振动时的阻尼比与隔振器绕 y 轴向旋转振动时的阻尼比二者较大值。

　2 当 $y-\varphi_x$ 耦合振动时,宜符合下列规定:

　　1)第一振型的阻尼比,可取隔振器沿 y 轴向振动时的阻尼比与隔振器绕 x 轴向旋转振动时的阻尼比二者较小值;

　　2)第二振型的阻尼比,可取隔振器沿 y 轴向振动时的阻尼比与隔振器的绕 x 轴向旋转振动时的阻尼比二者较大值。

6.1.5 任意点处振动线位移的确定,宜符合下列规定:

　1 当作用在隔振体系质量中心处沿各轴向的简谐扰力和绕各轴旋转的简谐扰力矩的工作频率均相同、且在作用时间上没有相位差时,任意点处的振动线位移,可按下列公式计算:

$$A_{xL} = A_x + A_{\varphi y} z_L - A_{\varphi z} y_L \quad (6.1.5-1)$$

$$A_{yL} = A_y + A_{\varphi z} x_L - A_{\varphi x} z_L \quad (6.1.5-2)$$

$$A_{zL} = A_z + A_{\varphi x} y_L - A_{\varphi y} x_L \quad (6.1.5-3)$$

式中 A_{xL}——隔振体系任意点处沿 x 轴向的振动线位移(m);

A_{yL}——隔振体系任意点处沿 y 轴向的振动线位移(m);

A_{zL}——隔振体系任意点处沿 z 轴向的振动线位移(m);

x_L——任意点的 x 轴坐标值(m);

y_L——任意点的 y 轴坐标值(m);

z_L——任意点的 z 轴坐标值(m)。

　2 当作用在隔振体系质量中心处沿各轴向的简谐扰力和绕各轴旋转的简谐扰力矩的工作频率均相同、且在作用时间上有相位差时,任意点处的振动线位移,应按各轴向振动的相位差计算。

　3 当作用在隔振体系质量中心处沿各轴向的简谐扰力和绕各轴旋转的简谐扰力矩的工作频率均不相同时,任意点处各轴向的最大振动线位移,可按下列公式计算:

$$A_{xL,max} = |A_x| + |A_{\varphi y} z_L| + |A_{\varphi z} y_L|$$
$$(6.1.5-4)$$

$$A_{yL,max} = |A_y| + |A_{\varphi z} x_L| + |A_{\varphi x} z_L|$$
$$(6.1.5-5)$$

$$A_{zL,max} = |A_z| + |A_{\varphi x} y_L| + |A_{\varphi y} x_L|$$
$$(6.1.5-6)$$

式中 $A_{xL,max}$——隔振体系任意点处沿 x 轴向的最大振动线位移(m);

$A_{yL,max}$——隔振体系任意点处沿 y 轴向的最大振动线位移(m);

$A_{zL,max}$——隔振体系任意点处沿 z 轴向的最大振动线位移(m)。

　4 当扰力、扰力矩为脉冲作用时,任意点处的振动线位移,可按公式(6.1.5-1)～(6.1.5-3)计算。

6.2 旋转式机器

6.2.1 旋转式机器的隔振,宜采用支承式。隔振器的选用和设置,宜符合下列规定:

　1 汽轮发电机、汽动给水泵基础的隔振,可采用圆柱螺旋弹簧隔振器,隔振器宜设置在柱顶或台座下梁的顶面。

　2 离心泵、离心通风机基础的隔振,可采用圆柱螺旋弹簧隔振器或橡胶隔振器,隔振器宜设置在梁顶或底板上。

　3 圆柱螺旋弹簧隔振器应具有三维隔振功能。

4 在汽轮发电机、汽动给水泵的隔振体系中，隔振器应与阻尼器一起使用。

6.2.2 汽轮发电机、汽动给水泵的隔振，可采用钢筋混凝土台座结构；台座结构可采用板式、梁式或梁板混合式；台座结构应按多自由度体系进行动力分析，并应计入台座弹性变形的影响。

离心泵、离心通风机的隔振，可采用钢筋混凝土板或具有足够刚度的钢支架作为台座结构；台座结构可按刚体进行动力分析。

6.2.3 汽轮发电机、汽动给水泵在工作转速时，振动线位移的计算宜取在工作转速±25%范围内的最大振动线位移；对于小于75%工作转速范围内的计算振动线位移，应小于容许振动线位移的1.5倍。

6.2.4 旋转式机器的隔振设计，当缺乏扰力资料时，扰力的确定，宜符合下列规定：

1 工作转速大于3000r/min高转速机组的扰力，可按下列公式计算：

$$P_{zi} = 0.25W_{gi} \ (n/3000)^{3/2} \qquad (6.2.4\text{-}1)$$
$$P_{xi} = 0.25W_{gi} \ (n/3000)^{3/2} \qquad (6.2.4\text{-}2)$$
$$P_{yi} = 0.125W_{gi} \ (n/3000)^{3/2} \qquad (6.2.4\text{-}3)$$

式中　P_{zi}——作用在隔振体系第i点沿竖向的机器扰力（N）；

　　　P_{xi}——作用在隔振体系第i点沿横向的机器扰力（N）；

　　　P_{yi}——作用在隔振体系第i点沿纵向的机器扰力（N）；

　　　W_{gi}——作用在隔振体系第i点的机器转子重力荷载（N）；

　　　n——机器的工作转速（r/min）。

2 汽轮发电机组的扰力，可按表6.2.4-1确定：

表6.2.4-1　汽轮发电机组的扰力

机器工作转速（r/min）		3000	1500
第i点的扰力（N）	竖向、横向	$0.20W_{gi}$	$0.16W_{gi}$
	纵向	$0.10W_{gi}$	$0.08W_{gi}$

3 电机的扰力，可按表6.2.4-2确定：

表6.2.4-2　电机的扰力

机器工作转速（r/min）	<500	500~750	>750
第i点的扰力（N）	$0.10W_{gi}$	$0.15W_{gi}$	$0.20W_{gi}$

4 其他旋转式机器的扰力，可按下式计算：

$$P = m_x e \omega^2 \qquad (6.2.4\text{-}4)$$

式中　P——作用在隔振体系质量中心处沿竖向或横向的机器扰力（N）；

　　　m_x——机器旋转部件的总质量（kg）；

　　　e——机器旋转部件的当量偏心距（m），可按表6.2.4-3确定。

6.2.5 对汽轮发电机、汽动给水泵弹簧隔振体系进

行振动测试时，应进行频谱分析，振动线位移应按各个频段的振动线位移分量进行换算叠加。

表6.2.4-3　机器旋转部件的当量偏心距

机器名称	机器转动部件	工作转速(r/min)	偏心距(mm)
风机	叶轮	—	0.50~1.00
水泵	叶轮	$n \geq 1500$	0.10
		$1000 \leq n < 1500$	0.20
		$n < 1000$	0.25~0.50
风扇磨煤机	叶轮		1.00~2.00
反击式碎煤机	转子		1.00~2.00
锤击式碎煤机	转子		1.00
环式碎煤机	转子		0.60~1.00

注：1　机器处在腐蚀性环境时，偏心距宜取上限值；
　　2　n为工作转速。

6.3　曲柄连杆式机器

6.3.1 曲柄连杆式机器隔振方式的选用，宜符合下列规定：

1 试验台和大、中型机器，宜采用图3.1.2b。

2 中小型活塞式压缩机和柴油发电机组，宜采用图3.1.2a，台座结构应采用钢筋混凝土厚板或刚性支架，隔振器可直接支承在刚性地面上。

6.3.2 曲柄连杆式机器的隔振设计，其台座结构或试验台的平面尺寸应由工艺条件确定，台座的最小质量应满足容许振动值的要求；隔振器的选用，应符合下列要求：

1 宜采用竖向和水平向刚度接近、配有竖向和水平向阻尼的圆柱螺旋弹簧隔振器或空气弹簧隔振器；当用于工作转速不低于1000r/min的机器隔振时，亦可采用水平刚度与竖向刚度相差较小的橡胶隔振器。

2 隔振体系的阻尼比不应小于0.05，四冲程发动机最低工作转速所对应的频率与固有频率之比不宜小于4。

3 隔振器的刚度和阻尼性能，应符合使用环境要求，隔振器的使用寿命不宜低于机器的使用寿命。

6.3.3 曲柄连杆式机器的扰力，应计入运动部件质量误差和汽缸内压力变化等因素对扰力的增值影响。当缺乏扰力值资料时，应符合下列规定：

1 机器的一谐、二谐扰力值和扰力矩值，应按有关理论公式计算，并应按下列规定取值：

1）计算值应乘以综合影响系数，综合影响系数可取1.1~1.35；

2）当计算值很小时，可取计算值与由运动部件质量误差和汽缸内压力变化等综合因素产生的附加扰力相叠加。

2 发动机的扰力值，应计入扭转反作用力矩。

3 扰力作用点可取曲轴中心。

6.3.4 隔振设计时，应分别计算在单一扰力或扰力矩作用下，隔振体系质量中心点和验算点的振动位移和振动速度，总振动位移和振动速度的计算，应符合下列规定：

1 一谐竖向扰力和扰力矩所产生的振动值，与一谐水平扰力和扰力矩所产生的振动值，应按平方和开方叠加，但当具有下列情形之一时，宜按绝对值相加：

　　1）隔振体系质量中心至刚度中心的距离，大于隔振器至主轴中心线的水平距离；

　　2）管道连接未全采用柔性接头。

2 竖向和水平向二谐扰力和扰力矩所产生的振动值，可按同相位相加。

3 各谐扰力和扰力矩所产生的振动值，宜按绝对值相加，有效值应按平方和开方叠加。

6.3.5 验算机器基础的容许振动值时，验算点可取基座板角点外的试验台顶面或台座结构顶面的角点上；当隔振体系质量中心点的回转振动角位移在数值上大于水平振动线位移时，应取水平振动第二验算点在主轴端部。

6.3.6 试验台的隔振设计，应符合下列要求：

1 隔振体系的刚度中心与质量中心宜在同一铅垂线上；当不能满足时，刚度中心与质量中心在旋转轴方向产生的偏心，不应大于试验台该方向边长的 1.5%。

2 隔振计算应采用扰力最大机型所对应的参数，隔振器的选择应符合最大负荷的承载要求。

3 试验台应根据安装工具和操作要求，预留安装隔振器的操作空间。

4 试验台与周边结构之间应设置隔振缝，缝宽不应小于 50mm，当超过 60mm 时，缝的顶部应加活动盖板。

5 隔振器的弹簧和阻尼元件应避免与水、油、烟气接触，当排烟管从地下室或基础箱中通过时，应采取隔热或降温措施，或选用能适应该环境要求的隔振器和阻尼器。

6 试验台周边及地下室或基础箱底面，应设排水沟并与外部排水管道连接，管道与试验台的连接处应采用柔性接头，发动机的排烟管应采用金属波纹管连接，压缩机的排气管宜采用金属软管连接。

6.4 冲击式机器

6.4.1 锻锤基础的隔振设计，应符合下列要求：

1 基础和砧座的最大竖向振动位移不应大于容许振动值。

2 锻锤在下一次打击时，砧座应停止振动。

3 锻锤打击后，隔振器上部质量不应与隔振器分离。

6.4.2 锻锤隔振后振动分析模型的采用，应符合下列规定：

1 分析砧座振动时，可假定基础为不动体，宜采用有阻尼单自由度振动模型（图 6.4.2-1）。

2 分析基础振动时，扰力可取隔振器作用于基础的动力荷载，宜采用无阻尼单自由度振动模型（图 6.4.2-2）。

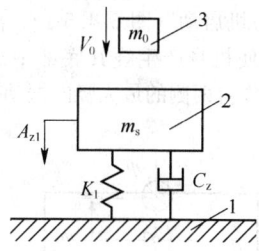

图 6.4.2-1　有阻尼单自由度振动模型
1—基础；2—砧座；3—锤头

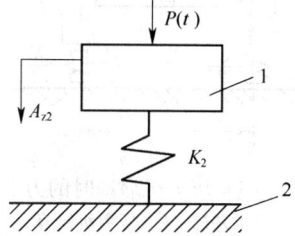

图 6.4.2-2　无阻尼单自由度振动模型
1—基础；2—地基

6.4.3 隔振锻锤砧座的最大竖向振动位移（图 6.4.2-1），可按下列公式计算：

$$A_{z1} = \frac{(1+e_1)\, m_0 V_0}{(m_0+m_s)\,\omega_n} \exp\left[-\zeta_z\,\frac{\pi}{2}\right]$$

$$(6.4.3\text{-}1)$$

$$\omega_n = \sqrt{\frac{K_1}{m_s}} \qquad (6.4.3\text{-}2)$$

$$\zeta_z = \frac{C_z}{2\sqrt{m_s K_1}} \qquad (6.4.3\text{-}3)$$

式中　A_{z1}——砧座最大竖向振动位移（m）；

m_0——锻锤落下部分质量（kg）；

m_s——隔振器上部的总质量（kg）；

V_0——落下部分的最大冲击速度（m/s）；

e_1——回弹系数，模锻锤取 0.5，自由锻锤取 0.25，锻打有色金属时取 0；

K_1——隔振器的竖向刚度（N/m）；

ζ_z——隔振体系的阻尼比；

C_z——隔振器的竖向阻尼系数（N·s/m）。

6.4.4 隔振锻锤基础的最大竖向振动位移（图 6.4.2-2），可按下列公式计算：

$$A_{z2} = \frac{K_1}{K_2}\,\frac{(1+e_1)\, m_0 V_0}{(m_0+m_s)\,\omega_n}\sqrt{1+4\zeta_z^2}\,\exp$$

$$\left[-\zeta_z\left(\frac{\pi}{2}-\tan^{-1}2\zeta_z\right)\right] \qquad (6.4.4\text{-}1)$$

$$K_2 = 2.67K_z \qquad (6.4.4\text{-}2)$$

式中 A_{z2}——基础最大竖向振动位移（m）；

K_2——基础底部的折算刚度（N/m）；

K_z——基础底部地基土的抗压刚度（N/m），应符合现行国家标准《动力机器基础设计规范》GB 50040 的有关规定。

6.4.5 压力机隔振参数的确定，宜符合下列规定：

1 当压力机启动（图6.4.5-1），离合器结合产生的冲击力矩使机身产生绕其底部中点的摇摆振动时，压力机工作台两侧的最大竖向振动位移，可按下列公式计算：

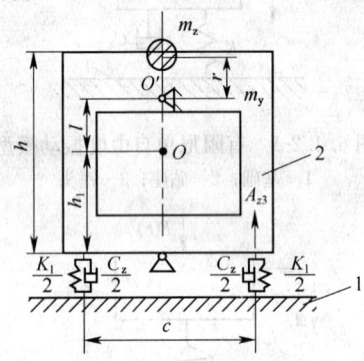

图 6.4.5-1 压力机启动时的力学模型
1—基础；2—压力机机身

$$A_{z3} = \frac{cm_z r n_y}{2m_y \omega_k} \frac{(l+h_1)}{(R_1^2+h_1^2)} \exp\left(-\zeta_{z1}\frac{\pi}{2}\right)$$
$$(6.4.5\text{-}1)$$

$$R_1 = \sqrt{\frac{J}{m_y}} \qquad (6.4.5\text{-}2)$$

$$\omega_k = \sqrt{\frac{c^2 K_1}{4(R_1^2+h_1^2)m_y}} \qquad (6.4.5\text{-}3)$$

$$\zeta_{z1} = \frac{C_z c}{4\sqrt{(R_1^2+h_1^2)m_y K_1}} \qquad (6.4.5\text{-}4)$$

式中 A_{z3}——压力机工作台两侧的最大竖向振动位移（m）；

m_y——压力机质量（kg）；

m_z——主轴偏心质量与连杆折合质量之和（kg），连杆折合质量可取连杆质量的1/3；

r——曲柄半径（m）；

h——压力机顶部至隔振器的距离（m）；

h_1——压力机质心 O 至隔振器的距离（m）；

l——主轴轴承 O' 至压力机质心 O 的距离（m）；

c——隔振器之间的距离（m）；

R_1——压力机绕质心轴的回转半径（m）；

J——压力机绕质心轴的质量惯性矩（kg·m²）；

n_y——压力机主轴的额定转速（rad/s）；

ω_k——压力机作摇摆振动的固有圆频率

（rad/s）；

ζ_{z1}——隔振体系的摆动阻尼比。

2 压力机冲压工作时（图6.4.5-2），工作台的最大竖向振动位移，可按下列公式计算：

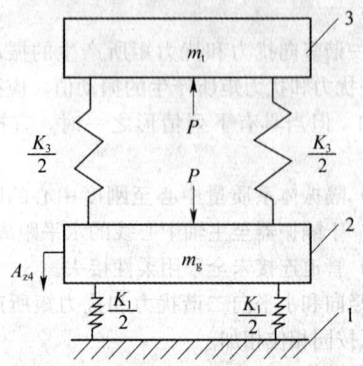

图 6.4.5-2 压力机冲压工件时的力学模型
1—基础；2—压力机工作台；3—压力机头部

$$A_{z3} = \frac{2Pm_t}{K_3(m_t+m_g)} \qquad (6.4.5\text{-}5)$$

$$K_3 = \frac{E_1 F_1}{L_1} + \frac{E_2 F_2}{L_2} \qquad (6.4.5\text{-}6)$$

式中 A_{z4}——压力机工作台的最大竖向振动位移（m）；

P——压力机额定工作压力（N）；

m_t——压力机头部的质量（kg）；

m_g——压力机工作台的质量（kg）；

K_3——压力机立柱及拉杆的刚度（N/m）；

E_1——压力机立柱的弹性模量（N/m²）；

E_2——压力机拉杆的弹性模量（N/m²）；

F_1——压力机立柱的平均截面积（m²）；

F_2——压力机拉杆的平均截面积（m²）；

L_1——压力机立柱的工作长度（m）；

L_2——压力机拉杆的工作长度（m）。

3 压力机冲压工件时，其基础的竖向位移可按下式计算：

$$A_{z5} = A_{z4}\frac{K_1}{K_2} \qquad (6.4.5\text{-}7)$$

式中 A_{z5}——冲压工件时压力机基础的竖向位移（m）。

6.4.6 锻锤的隔振设计，应符合下列要求：

1 锻锤砧座质量较大时，可直接对砧座进行隔振；砧座质量较小时，可在砧座下增设钢筋混凝土台座。

2 砧座或钢筋混凝土台座底面积较大、砧座重心与砧座底面距离较小时，可采用支承式隔振；砧座底面积较小、砧座重心与砧座底面距离较大、且不采用钢筋混凝土台座时，可采用悬挂式隔振。

3 锻锤的打击中心、隔振器的刚度中心和隔振器上部的质量中心，宜在同一铅垂线上。

4 砧座或钢筋混凝土台座，宜设置导向或防偏摆的限位装置。

5 采用圆柱螺旋弹簧隔振器时,应配置阻尼器;采用迭板弹簧隔振器时,可不配置阻尼器。

6 锻锤隔振系统的阻尼比,不应小于 0.25。

6.4.7 压力机的隔振设计,应符合下列要求:

1 闭式多点压力机,宜将隔振器直接安装在压力机底部。

2 闭式单点压力机和开式压力机,可在压力机下部设置台座,隔振器宜安置在台座下部。

3 压力机隔振系统的竖向阻尼比,宜取 0.10～0.15。

7 被动隔振

7.1 计算规定

7.1.1 当隔振体系支承结构或地基处产生简谐干扰位移时,隔振体系质量中心处的振动位移的确定,宜符合下列规定:

1 当隔振体系为单自由度时,可按下列公式计算:

$$A_x = A_{ox} \eta_x \qquad (7.1.1-1)$$

$$A_y = A_{oy} \eta_y \qquad (7.1.1-2)$$

$$A_z = A_{oz} \eta_z \qquad (7.1.1-3)$$

$$A_{\varphi x} = A_{o\varphi x} \eta_{\varphi x} \qquad (7.1.1-4)$$

$$A_{\varphi y} = A_{o\varphi y} \eta_{\varphi y} \qquad (7.1.1-5)$$

$$A_{\varphi z} = A_{o\varphi z} \eta_{\varphi z} \qquad (7.1.1-6)$$

式中 A_{ox}——支承结构或地基处产生的沿 x 轴向的干扰振动线位移（m）;

A_{oy}——支承结构或地基处产生的沿 y 轴向的干扰振动线位移（m）;

A_{oz}——支承结构或地基处产生的沿 z 轴向的干扰振动线位移（m）;

$A_{o\varphi x}$——支承结构或基础处产生的绕 x 轴旋转的干扰振动角位移（rad）;

$A_{o\varphi y}$——支承结构或基础处产生的绕 y 轴旋转的干扰振动角位移（rad）;

$A_{o\varphi z}$——支承结构或基础处产生的绕 z 轴旋转的干扰振动角位移（rad）;

$\eta_{\varphi x}$——单自由度隔振体系绕 x 轴旋转的传递率;

$\eta_{\varphi y}$——单自由度隔振体系绕 y 轴旋转的传递率;

$\eta_{\varphi z}$——单自由度隔振体系绕 z 轴旋转的传递率。

2 当隔振体系为双自由度耦合振动时,可按下列公式计算:

1) 当 $x-\varphi_y$ 耦合振动时:

$$A_x = \rho_1 A_{\varphi 1} \eta_1 + \rho_2 A_{\varphi 2} \eta_2 \qquad (7.1.1-7)$$

$$A_{\varphi y} = A_{\varphi 1} \eta_1 + A_{\varphi 2} \eta_2 \qquad (7.1.1-8)$$

$$A_{\varphi 1} = \frac{K_x(\rho_1 - z)A_{ox} + (K_{\varphi y} - \rho_1 K_x z)A_{o\varphi y}}{(m\rho_1^2 + J_y)\omega_{n1}^2} \qquad (7.1.1-9)$$

$$A_{\varphi 2} = \frac{K_x(\rho_2 - z)A_{ox} + (K_{\varphi y} - \rho_2 K_x z)A_{o\varphi y}}{(m\rho_2^2 + J_y)\omega_{n2}^2} \qquad (7.1.1-10)$$

2) 当 $y-\varphi_z$ 耦合振动时:

$$A_y = \rho_1 A_{\varphi 1} \eta_1 + \rho_2 A_{\varphi 2} \eta_2 \qquad (7.1.1-11)$$

$$A_{\varphi x} = A_{\varphi 1} \eta_1 + A_{\varphi 2} \eta_2 \qquad (7.1.1-12)$$

$$A_{\varphi 1} = \frac{K_y(\rho_1 - z)A_{oy} + (K_{\varphi x} - \rho_1 K_y z)A_{o\varphi x}}{(m\rho_1^2 + J_x)\omega_{n1}^2} \qquad (7.1.1-13)$$

$$A_{\varphi 2} = \frac{K_y(\rho_2 - z)A_{oy} + (K_{\varphi x} - \rho_2 K_y z)A_{o\varphi x}}{(m\rho_2^2 + J_x)\omega_{n2}^2} \qquad (7.1.1-14)$$

7.1.2 隔振体系的传递率,可按下列公式计算:

$$\eta_x = \frac{\sqrt{1 + \left(2\zeta_x \dfrac{\omega}{\omega_{nx}}\right)^2}}{\sqrt{\left[1 - \left(\dfrac{\omega}{\omega_{nx}}\right)^2\right]^2 + \left(2\zeta_x \dfrac{\omega}{\omega_{nx}}\right)^2}} \qquad (7.1.2-1)$$

$$\eta_y = \frac{\sqrt{1 + \left(2\zeta_y \dfrac{\omega}{\omega_{ny}}\right)^2}}{\sqrt{\left[1 - \left(\dfrac{\omega}{\omega_{ny}}\right)^2\right]^2 + \left(2\zeta_y \dfrac{\omega}{\omega_{ny}}\right)^2}} \qquad (7.1.2-2)$$

$$\eta_z = \frac{\sqrt{1 + \left(2\zeta_z \dfrac{\omega}{\omega_{nz}}\right)^2}}{\sqrt{\left[1 - \left(\dfrac{\omega}{\omega_{nz}}\right)^2\right]^2 + \left(2\zeta_z \dfrac{\omega}{\omega_{nz}}\right)^2}} \qquad (7.1.2-3)$$

$$\eta_{\varphi x} = \frac{\sqrt{1 + \left(2\zeta_{\varphi x} \dfrac{\omega}{\omega_{n\varphi x}}\right)^2}}{\sqrt{\left[1 - \left(\dfrac{\omega}{\omega_{n\varphi x}}\right)^2\right]^2 + \left(2\zeta_{\varphi x} \dfrac{\omega}{\omega_{n\varphi x}}\right)^2}} \qquad (7.1.2-4)$$

$$\eta_{\varphi y} = \frac{\sqrt{1 + \left(2\zeta_{\varphi y} \dfrac{\omega}{\omega_{n\varphi y}}\right)^2}}{\sqrt{\left[1 - \left(\dfrac{\omega}{\omega_{n\varphi y}}\right)^2\right]^2 + \left(2\zeta_{\varphi y} \dfrac{\omega}{\omega_{n\varphi y}}\right)^2}} \qquad (7.1.2-5)$$

$$\eta_{\varphi z} = \frac{\sqrt{1 + \left(2\zeta_{\varphi z} \dfrac{\omega}{\omega_{n\varphi z}}\right)^2}}{\sqrt{\left[1 - \left(\dfrac{\omega}{\omega_{n\varphi z}}\right)^2\right]^2 + \left(2\zeta_{\varphi z} \dfrac{\omega}{\omega_{n\varphi z}}\right)^2}} \qquad (7.1.2-6)$$

$$\eta_1 = \frac{\sqrt{1 + \left(2\zeta_1 \dfrac{\omega}{\omega_{n1}}\right)^2}}{\sqrt{\left[1 - \left(\dfrac{\omega}{\omega_{n1}}\right)^2\right]^2 + \left(2\zeta_1 \dfrac{\omega}{\omega_{n1}}\right)^2}} \qquad (7.1.2-7)$$

$$\eta_2 = \frac{\sqrt{1+\left(2\zeta_2\dfrac{\omega}{\omega_{n2}}\right)^2}}{\sqrt{\left[1-\left(\dfrac{\omega}{\omega_{n2}}\right)^2\right]^2+\left(2\zeta_2\dfrac{\omega}{\omega_{n2}}\right)^2}}$$

$$(7.1.2-8)$$

7.2 精密仪器及设备

7.2.1 设有精密仪器及设备厂房的建设场地应进行环境振动测试。厂房中的精密仪器及设备除应远离振源布置外，尚应采取下列措施：

1 减弱建筑物地基基础和结构的振动。

2 振源设备的主动隔振。

3 精密仪器及设备的被动隔振。

7.2.2 精密仪器及设备的隔振计算，应包括下列内容：

1 隔振体系固有频率的计算。

2 在支承结构干扰振动位移作用下，隔振体系振动响应的计算。

3 隔振体系受精密设备内部振动源影响的振动计算。

4 本条第 2 款和第 3 款计算结果的叠加值，不应大于精密仪器及设备的容许振动值。

7.2.3 隔振体系各向的阻尼比，不宜小于 0.10。

7.2.4 大型及超长型台座隔振计算时，宜计入台座的弹性影响。

7.2.5 采用商品隔振台座时，应根据隔振台座的特性参数验算支承结构干扰振动位移作用下隔振体系的振动响应。

7.3 精密机床

7.3.1 精密机床的隔振设计，应根据环境振动测试结果优选精密机床工作场地，其隔振计算应包括下列内容：

1 隔振体系固有频率的计算。

2 隔振体系在外部干扰作用下的振动响应的计算。

3 当机床本身有内部较大扰力时，应验算机床因内部扰力产生的振动响应。

4 本条第 2 款和第 3 款计算结果的叠加值，不应大于机床的振动容许值。

7.3.2 当机床有慢速往复运动部件时，机床质量中心变化产生的倾斜度应按下式计算，其值不应大于该机床倾斜度的容许值：

$$q = \frac{m_{\mathrm{j}}gl_{\mathrm{v}}}{\sum K_{\mathrm{gi}}x_{\mathrm{gi}}^2} \qquad (7.3.2)$$

式中 q——机床的倾斜度；

m_{j}——机床慢速往复运动部件的质量（kg）；

l_{v}——移动部分质心相对于初始状态的移动距离（m）；

K_{gi}——各支承点的竖向刚度（N/m）；

x_{gi}——各支承点距刚度中心的坐标（m）。

7.3.3 当机床有内部扰力时，台座结构的一阶弯曲固有频率不宜小于机床最高干扰频率的 1.25 倍；台座结构的一阶弯曲固有频率，可按下式计算：

$$f_{\mathrm{b1}} = 3.56\sqrt{\frac{EI}{ml_1^3}} \qquad (7.3.3)$$

式中 f_{b1}——台座结构的一阶弯曲固有频率（Hz）；

E——台座材料的弹性模量（N/m²）；

I——台座结构的截面惯性矩（m⁴）；

l_1——台座结构的长度（m）。

7.3.4 当机床台座为大块式台座时，在下列情况，可不计算机床内部扰力引起的振动响应：

1 当内部扰力仅有不平衡质量产生的扰力，且最大转动质量小于机床和台座总质量的 1/100 时。

2 当内部最大扰力小于机床和台座总重量的 1/1000 时。

7.3.5 下列情况的机床，应设置台座结构：

1 机床采用直接弹性支承，不能满足机床的刚度要求时。

2 机床由若干个分离部分组成，需将各部分连成整体时。

3 机床的内部扰力产生的振动值大于机床的振动容许值，需增加机床的刚度和配重时。

4 机床有慢速往复运动部件使机床产生过大倾斜，需增加配重时。

7.3.6 台座结构可采用钢筋混凝土台座、钢板台座或钢架台座。

7.3.7 精密机床隔振器的阻尼比不应小于 0.10；当机床有加速度较大的回转部件或快速往复运动部件时，不宜小于 0.15。

7.3.8 精密机床隔振采用的隔振器，应设有高度调节元件。

8 隔振器与阻尼器

8.1 一般规定

8.1.1 隔振器和阻尼器，应符合下列要求：

1 应具有较好的耐久性，性能应稳定。

2 隔振器应弹性好、刚度低、承载力大，阻尼应适当。

3 阻尼材料应动刚度小、不易老化，粘流体材料的阻尼系数变化应较小。

4 当使用环境有腐蚀性介质时，隔振器和阻尼器与腐蚀性介质的接触面应具有耐腐蚀能力。

5 隔振器和阻尼器应易于安装和更换，当隔振器或阻尼器的内部材料易受污染时，应设置防护装置。

8.1.2 隔振器和阻尼器的选用，应具备下列参数：

1 用于竖向隔振时，应具有承载力、竖向刚度、竖向阻尼比或阻尼系数等性能参数。

2 用于竖向和水平向隔振时，应具有承载力、竖向和水平向刚度、阻尼比或阻尼系数等性能参数。

3 当动刚度和静刚度不一致时，应具有动静刚度比或动、静刚度性能参数。

4 当产品性能随温度、湿度等变化时，应具有随温度或湿度等变化的特性参数。

8.1.3 隔振设计时，隔振器和阻尼器宜选用定型产品；当定型产品不能满足设计要求时，可另行设计。

8.2 圆柱螺旋弹簧隔振器

8.2.1 圆柱螺旋弹簧隔振器的选用，宜符合下列规定：

1 动力设备的主动隔振和精密仪器及设备的被动隔振，可采用支承式隔振器。

2 动力管道的主动隔振和精密仪器的悬挂隔振，可采用悬挂式隔振器。

8.2.2 圆柱螺旋弹簧隔振器，应配置材料阻尼或介质阻尼器，阻尼器的行程、侧向变位空间和使用寿命应与弹簧相匹配。

8.2.3 圆柱螺旋弹簧的选材，宜符合下列规定：

1 用于冲击式机器隔振时，宜选择铬钒弹簧钢丝或热轧圆钢，亦可采用硅锰弹簧钢丝或热轧圆钢。

2 用于其他隔振对象隔振、且弹簧直径小于8mm时，宜采用优质碳素弹簧钢丝或硅锰弹簧钢丝；直径为8～12mm时，宜采用硅锰弹簧钢丝或铬钒弹簧钢丝；直径大于12mm时，宜采用热轧硅锰弹簧钢丝或圆钢。

3 有防腐要求时，宜选择不锈钢弹簧钢丝或圆钢。

8.2.4 圆柱螺旋弹簧设计时，其材料的力学性能，应符合国家现行有关标准的规定；容许剪应力的取值，宜符合下列规定：

1 用于被动隔振时，可按弹簧材料Ⅲ类载荷的88%取值。

2 用于除冲击式机器外的主动隔振时，可按弹簧材料Ⅱ类载荷取值。

3 用于冲击式机器的主动隔振时，可按弹簧材料Ⅰ类载荷取值或进行疲劳强度验算取值。

4 成品圆柱螺旋弹簧在试验负荷下压缩或压并3次后产生的永久变形，不得大于其自由高度的3‰。

8.2.5 圆柱螺旋弹簧的动力参数的确定，应符合下列规定：

1 圆柱螺旋弹簧的承载力和轴向刚度，应按下列公式计算：

$$P_j = \frac{\pi d_1^2 [\tau]}{8 k c_1} \qquad (8.2.5\text{-}1)$$

$$K_{zj} = \frac{G d_1}{8 n_1 c_1^3} \qquad (8.2.5\text{-}2)$$

$$k = \frac{4 c_1 - 1}{4 c_1 - 4} + \frac{0.615}{c_1} \qquad (8.2.5\text{-}3)$$

$$c_1 = \frac{D_1}{d_1} \qquad (8.2.5\text{-}4)$$

式中 P_j——圆柱螺旋弹簧的承载力（N）；

K_{zj}——圆柱螺旋弹簧的轴向刚度（N/m）；

G——圆柱螺旋弹簧线材的剪切模量（N/m²）；

$[\tau]$——圆柱螺旋弹簧线材的容许剪应力（N/m²）；

d_1——圆柱螺旋弹簧的线径（m）；

D_1——圆柱螺旋弹簧的中径（m）；

c_1——圆柱螺旋弹簧的中径与线径的比值；

n_1——圆柱螺旋弹簧的有效圈数；

k——圆柱螺旋弹簧的曲度系数。

2 圆柱螺旋弹簧的横向刚度，可按下列公式计算：

$$K_{xj} = \frac{1 - \xi_p}{0.384 + 0.295 \left(\frac{H_p}{D_1}\right)^2} K_{zj} \qquad (8.2.5\text{-}5)$$

$$\xi_p = 0.77 \frac{\Delta_1}{H_p} \left[\sqrt{1 + 4.29 \left(\frac{D_1}{H_p}\right)^2} - 1 \right]^{-1} \qquad (8.2.5\text{-}6)$$

$$\Delta_1 = \frac{P_g}{K_{zj}} \qquad (8.2.5\text{-}7)$$

$$H_p = H_o - \Delta_1 - d \qquad (8.2.5\text{-}8)$$

式中 K_{xj}——圆柱螺旋弹簧的横向刚度（N/m）；

P_g——圆柱螺旋弹簧的工作荷载（N）；

ξ_p——圆柱螺旋弹簧的工作荷载与临界荷载之比；

H_p——圆柱螺旋弹簧在工作荷载作用下的有效高度（m）；

H_o——圆柱螺旋弹簧的自由高度（m）；

Δ_1——圆柱螺旋弹簧在工作荷载作用下的变形量（m）。

3 圆柱螺旋弹簧的外圈弹簧的横向刚度不宜小于其轴向刚度的一半，内圈弹簧的工作荷载与临界荷载之比不宜大于1，当大于1时应取1，并应设置导向杆或调整弹簧参数。

4 圆柱螺旋弹簧的一阶颤振固有频率应大于干扰圆频率的2倍，一阶颤振固有频率可按下列公式计算：

1）压缩弹簧：

$$f = 356 \frac{d_1}{n_1 D_1^2} \qquad (8.2.5\text{-}9)$$

2）拉伸弹簧：

$$f = 178 \frac{d_1}{n_1 D_1^2} \qquad (8.2.5\text{-}10)$$

8.2.6 圆柱螺旋弹簧隔振器的性能参数的确定，宜符合下列规定：

1 圆柱螺旋弹簧隔振器的承载力，可取单个弹簧承载力之和，除冲击式机器隔振外，其承载力可按静荷载验算。

2 圆柱螺旋弹簧隔振器的竖向动刚度，应按下式验算：

$$K_{zi} = \sum K_{zj} + K_{zc} \quad (8.2.6-1)$$

式中 K_{zi}——圆柱螺旋弹簧隔振器的竖向动刚度（N/m）；

K_{zc}——阻尼材料或阻尼器产生的竖向动刚度（N/m），当不超过圆柱螺旋弹簧刚度的容许误差时，可不计入。

3 圆柱螺旋弹簧隔振器的横向动刚度，可按下式计算：

$$K_{xi} = \sum K_{xj} + K_{xc} \quad (8.2.6-2)$$

式中 K_{xj}——圆柱螺旋弹簧隔振器的横向动刚度（N/m）；

K_{xc}——阻尼材料或阻尼器产生的横向动刚度（N/m），当不超过圆柱螺旋弹簧刚度的容许误差时，可不计入。

4 圆柱螺旋弹簧隔振器的变形量和工作高度，应按下列公式计算：

$$\Delta = \frac{P_i - P_o}{K_{zs}} \quad (8.2.6-3)$$

$$H_1 = H_c - \Delta \quad (8.2.6-4)$$

式中 Δ——圆柱螺旋弹簧隔振器的变形量（m），压缩取正值，拉伸取负值；

P_i——圆柱螺旋弹簧隔振器的工作荷载（N）；

P_o——圆柱螺旋弹簧隔振器的预压荷载或预拉荷载（N）。

K_{zs}——圆柱螺旋弹簧隔振器的竖向静刚度（N/m），可取圆柱螺旋弹簧轴向刚度之和；

H_1——圆柱螺旋弹簧隔振器的工作高度（m）；

H_c——圆柱螺旋弹簧隔振器的初始高度（m）。

8.2.7 圆柱螺旋弹簧隔振器的弹簧配置和组装，应符合下列要求：

1 隔振器应采用同一规格的弹簧或同一匹配的弹簧组，弹簧组的内圈弹簧与外圈弹簧的旋向宜相反，弹簧之间的间隙不宜小于外圈弹簧内径的5%，其参数匹配应符合下式的要求：

$$\frac{d_1 c_1^2 n_1 [\tau_1]}{G_1 k_1} = \frac{d_2 c_2^2 n_2 [\tau_2]}{G_2 k_2} \quad (8.2.7)$$

式中 d_1——弹簧组外圈圆柱螺旋弹簧的线径（m）；

d_2——弹簧组内圈圆柱螺旋弹簧的线径（m）；

c_1——弹簧组外圈螺旋弹簧的中径与线径的比值；

c_2——弹簧组内圈螺旋弹簧的中径与线径的比值；

n_1——弹簧组外圈圆柱螺旋弹簧的有效圈数；

n_2——弹簧组内圈圆柱螺旋弹簧的有效圈数；

k_1——弹簧组外圈圆柱螺旋弹簧的曲度系数；

k_2——弹簧组外圈圆柱螺旋弹簧的曲度系数；

G_1——弹簧组外圈圆柱螺旋弹簧线材的剪切模量（N/m²）；

G_2——弹簧组内圈圆柱螺旋弹簧线材的剪切模量（N/m²）；

$[\tau_1]$——弹簧组外圈圆柱螺旋弹簧线材的容许剪应力（N/m²）；

$[\tau_2]$——弹簧组内圈圆柱螺旋弹簧线材的容许剪应力（N/m²）。

2 压缩圆柱螺旋弹簧的两端应磨平并紧，在容许荷载作用下，圆柱螺旋弹簧的节间间隙不宜小于弹簧线径的10%和最大变形量的2%。

3 圆柱螺旋弹簧两端的支承板应设置定位挡圈或挡块，其高度不宜小于弹簧的线径。

4 圆柱螺旋弹簧隔振器组装时，应对圆柱螺旋弹簧施加预应力预紧，当预应力超过工作荷载时，其预紧螺栓在隔振器安装后应予放松。

5 圆柱螺旋弹簧隔振器应设保护外壳和高度调节、调平装置，支承式隔振器的上下支承面应平整、平行，其平行度不宜大于3mm/m，并宜设置柔性材料制作的垫片。

6 圆柱螺旋弹簧隔振器的金属零部件应做防锈、防腐等表面处理。

8.2.8 拉伸式圆柱螺旋弹簧隔振器，应设置过载保护装置。

8.3 碟形弹簧与迭板弹簧隔振器

Ⅰ 碟形弹簧隔振器

8.3.1 具有冲击及扰力较大设备的竖向隔振，可采用无支承面式或有支承面式碟形弹簧（图8.3.1）。

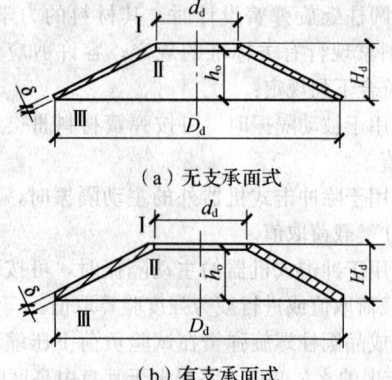

（a）无支承面式

（b）有支承面式

图8.3.1 碟形弹簧

8.3.2 碟形弹簧的材料，可采用60Si2MnA或50CrVA弹簧钢，其容许应力可按下列规定取值：

1 当承受静荷载或循环次数小于10^4的动荷载，碟形弹簧变形量不大于加载前碟片内锥高度的0.75

倍时，图 8.3.1 中Ⅰ点的容许应力可取 $2 \times 10^9\,\text{N/m}^2$。

 2 当承受动荷载，碟形弹簧预压变形量为加载前碟片内锥高度的 0.25 倍时，图 8.3.1 中Ⅱ点和Ⅲ点疲劳强度容许应力可取 $9 \times 10^8\,\text{N/m}^2$。

8.3.3 碟形弹簧安装时的预压变形量，不宜小于加载前碟片内锥高度的 0.25 倍。

8.3.4 无支承面单片碟形弹簧受压后，Ⅰ、Ⅱ、Ⅲ点的应力，可按下列公式计算，其计算值不应大于本规范第 8.3.2 条中规定的容许应力：

$$\sigma_\text{I} = \alpha_\text{I}\,\frac{h_\text{o}\delta}{D_\text{d}^2} \qquad (8.3.4\text{-}1)$$

$$\sigma_\text{II} = \alpha_\text{II}\,\frac{h_\text{o}\delta}{D_\text{d}^2} \qquad (8.3.4\text{-}2)$$

$$\sigma_\text{III} = \alpha_\text{III}\,\frac{h_\text{o}\delta}{D_\text{d}^2} \qquad (8.3.4\text{-}3)$$

式中 h_o——加载前碟片内锥高度（m）；

   δ——碟片厚度（m）；

   D_d——碟片外径（m）；

  σ_I、σ_II、σ_III——无支承面碟形弹簧Ⅰ、Ⅱ、Ⅲ点的应力（N/m²）；

  α_I、α_II、α_III——计算系数，可按表 8.3.4 采用。

表 8.3.4 计算系数 α_I、α_II、α_III 值（×10¹²）

Δ_2/h_o			0.25			0.50			0.75		
h_o/δ			0.40	0.75	1.30	0.40	0.75	1.30	0.40	0.75	1.30
	1.6	α_I	0.65	0.79	1.00	1.25	1.49	1.86	1.81	2.11	2.57
		α_II	0.33	0.19	0.02	0.71	0.47	0.10	1.13	0.84	0.37
		α_III	0.42	0.52	0.68	0.81	0.98	1.26	1.17	1.38	1.73
	1.8	α_I	0.61	0.74	0.94	1.18	1.40	1.75	1.71	1.98	2.42
		α_II	0.32	0.19	0.01	0.68	0.46	0.11	1.08	0.80	0.37
D_d/d_d		α_III	0.36	0.44	0.58	0.69	0.83	1.07	0.99	1.17	1.46
	2.0	α_I	0.60	0.72	0.92	1.16	1.37	1.71	1.68	1.94	2.36
		α_II	0.32	0.19	0.00	0.67	0.46	0.13	1.07	0.80	0.39
		α_III	0.32	0.40	0.52	0.63	0.76	0.98	0.91	1.07	1.34
	2.2	α_I	0.60	0.72	0.92	1.16	1.37	1.70	1.68	1.95	2.37
		α_II	0.32	0.20	0.01	0.68	0.47	0.16	1.08	0.82	0.41
		α_III	0.29	0.36	0.48	0.56	0.68	0.88	0.81	0.96	1.20
	2.4	α_I	0.61	0.73	0.93	1.17	1.39	1.72	1.71	1.97	2.38
		α_II	0.33	0.21	0.01	0.70	0.49	0.16	1.11	0.84	0.43
		α_III	0.27	0.34	0.45	0.52	0.64	0.83	0.75	0.90	1.13

注：1 Δ_2 为单个碟片的变形量（m）；

  2 d_d 为碟片内径（m）。

8.3.5 单片碟形弹簧的承载力和竖向刚度的确定，宜符合下列规定：

 1 无支承面单片碟形弹簧的承载力和竖向刚度，可按下列公式计算：

$$P_\text{dz} = \beta_1\,\frac{h_\text{o}\delta^3}{D_\text{d}^2} \qquad (8.3.5\text{-}1)$$

$$K_\text{dz} = \gamma_1\,\frac{\delta^3}{D_\text{d}^2} \qquad (8.3.5\text{-}2)$$

式中 P_dz——单片碟形弹簧的承载力（N）；

  K_dz——单片碟形弹簧的竖向刚度（N/m）；

  β_1、γ_1——计算系数，可按表 8.3.5-1 和表 8.3.5-2 采用。

 2 有支承面单片碟形弹簧的承载力可按式 (8.3.5-1) 的计算值提高 10%；竖向刚度可按式 (8.3.5-2) 的计算值提高 10%。

表 8.3.5-1 计算系数 β_1 值（×10¹²）

Δ_2/h_o		0.25			0.50			0.75		
h_o/δ		0.40	0.75	1.30	0.40	0.75	1.30	0.40	0.75	1.30
	1.6	0.44	0.55	0.85	0.85	0.97	1.31	1.24	1.31	1.53
	1.8	0.40	0.50	0.76	0.76	0.87	1.17	1.10	1.17	1.36
D_d/d_d	2.0	0.37	0.46	0.70	0.70	0.81	1.09	1.02	1.08	1.26
	2.2	0.35	0.44	0.67	0.67	0.77	1.04	0.97	1.03	1.20
	2.4	0.34	0.43	0.65	0.65	0.74	1.00	0.94	1.00	1.16

表 8.3.5-2 计算系数 γ_1 值（×10¹²）

Δ_2/h_o		0.25			0.50			0.75		
h_o/δ		0.40	0.75	1.30	0.40	0.75	1.30	0.40	0.75	1.30
	1.6	1.70	1.92	2.54	1.58	1.50	1.27	1.50	1.24	0.50
	1.8	1.51	1.71	2.26	1.41	1.33	1.13	1.34	1.10	0.45
D_d/d_d	2.0	1.40	1.59	2.10	1.30	1.24	1.05	1.24	1.03	0.42
	2.2	1.34	1.51	2.00	1.24	1.18	0.98	1.18	0.98	0.40
	2.4	1.30	1.47	1.94	1.20	1.14	0.97	1.15	0.95	0.38

8.3.6 当需要增大碟形弹簧隔振器承载力时，可采用叠合式组合碟形弹簧（图 8.3.6a）；当需要降低碟形弹簧刚度时，可采用对合式组合碟形弹簧（图 8.3.6b）；当既要增大承载力又要降低刚度时，可采用复合式组合碟形弹簧（图 8.3.6c）；碟形弹簧各种组合方式的特性线和计算公式，宜符合表 8.3.6 的规定。

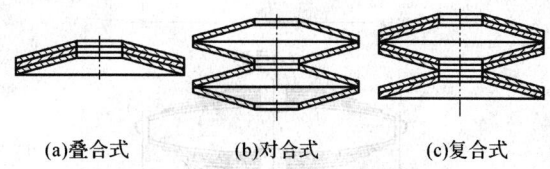

 (a)叠合式   (b)对合式   (c)复合式

图 8.3.6 组合碟形弹簧

8.3.7 组合弹簧的阻尼比宜由试验确定；当无条件试验时，无油污的组合弹簧的阻尼比，可取 0.05～0.10。

表 8.3.6 碟形弹簧各种组合方式的
特性线和计算公式

组合方式	特性线	载荷与变形计算	自由高度 H_{dz}
弹簧	P_{dx} / Δ_{dx}	$P_{dx}=p$ $\Delta_{dx}=\Delta_2$	$H_{dz}=H_d$
对合式组合	P_{dx} / Δ_{dx}	$P_{dx}=p$ $\Delta_{dx}=n_t\Delta_2$	$H_{dz}=n_tH_d$
叠合式组合	P_{dx} / Δ_{dx}	$P_{dx}=n_t\mu p$ $\Delta_{dx}=\Delta_2$	$H_{dz}=H_d$ $+(n_t-1)\delta$
复合式组合	P_{dx} / Δ_{dx}	$P_{dx}=n_t\mu p$ $\Delta_{dx}=i\Delta_2$	$H_{dz}=i[H_d$ $+(n_t-1)\delta]$

注：1 μ 为摩擦系数，当 2 片叠合时取 0.85，3 片叠合时取 0.75；

2 p 为单个碟片承受的荷载；

3 n_t 为弹簧的片数；

4 i 为叠合弹簧的组数；

5 H_d 为碟片高度；

6 H_{dz} 为碟形弹簧的自由高度。

Ⅱ 迭板弹簧隔振器

8.3.8 承受冲击荷载设备的竖向隔振，宜采用迭板弹簧。迭板弹簧的结构可采用弓形和椭圆形（图 8.3.8），板簧材料可采用 $60Si_2Mn$ 或 $50CrVA$ 弹簧钢。

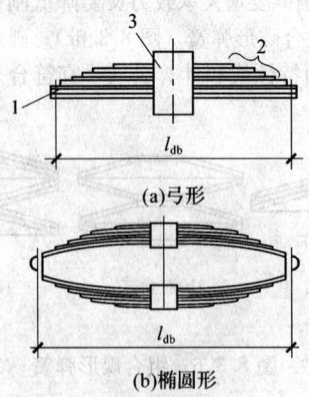

(a)弓形

(b)椭圆形

图 8.3.8 迭板弹簧隔振器

1—主板；2—副板；3—簧箍

8.3.9 迭板弹簧的刚度的确定，宜符合下列规定：

1 弓形迭板弹簧的刚度，可按下式计算：

$$K_{db}=\frac{Eb_1\delta_1^3(3n_{dz}+2n_{df})}{6\left[\dfrac{l_{db}}{2}-\dfrac{b_2}{6}\right]^3} \quad (8.3.9)$$

式中 K_{db} ——迭板弹簧的刚度（N/m）；

E ——材料的弹性模量（N/m^2）；

b_1 ——板簧的宽度（m）；

δ_1 ——每片板簧的厚度（m）；

l_{db} ——板簧的弦长（m）；

b_2 ——簧箍的长度（m）；

n_{dz} ——迭板弹簧主板片数；

n_{df} ——迭板弹簧副板片数。

2 椭圆形迭板弹簧的刚度，可取相同尺寸弓形迭板弹簧刚度的一半。

8.3.10 迭板弹簧应进行疲劳验算，最大和最小应力可按下列公式计算：

$$\sigma_{max}=\frac{3P_{max}l_{db}}{2(n_{dz}+n_{df})b_1\delta_1^2} \quad (8.3.10\text{-}1)$$

$$\sigma_{min}=\frac{3P_{min}l_{db}}{2(n_{dz}+n_{df})b_1\delta_1^2} \quad (8.3.10\text{-}2)$$

式中 σ_{max} ——迭板弹簧验算的最大应力（N/m^2）；

σ_{min} ——迭板弹簧验算的最小应力（N/m^2）；

P_{max} ——迭板弹簧所承受的最大荷载（N）；

P_{min} ——迭板弹簧所承受的最小荷载（N）。

8.3.11 迭板弹簧的刚度的确定，宜符合下列规定：

1 加荷载时，迭板弹簧的刚度可按下列公式计算：

$$K_{db1}=(1+\varphi)K_{db} \quad (8.3.11\text{-}1)$$

$$\varphi=\frac{2(n_{dz}+n_{df}-1)\mu\delta_1}{l_{db}} \quad (8.3.11\text{-}2)$$

式中 K_{db1} ——加荷载时迭板弹簧的刚度（N/m）；

φ ——当量摩擦系数；

μ ——摩擦系数，可取 0.5～0.8；当板面粗糙时取大值，当板面光滑时取小值。

2 卸荷载时，迭板弹簧的刚度可按下式计算：

$$K_{db2}=(1-\varphi)K_{db} \quad (8.3.11\text{-}3)$$

式中 K_{db2} ——卸荷载时迭板弹簧的刚度（N/m）。

8.3.12 迭板弹簧的当量粘性阻尼系数，可按下式计算：

$$C_\varphi=\frac{4\varphi P_{db}}{\pi\omega A} \quad (8.3.12)$$

式中 C_φ ——迭板弹簧的当量粘性阻尼系数（N·s/m）；

P_{db} ——迭板弹簧振动时所承受的压力（N）；

A ——振动线位移（m）。

8.4 橡胶隔振器

8.4.1 橡胶隔振器的橡胶材料，应根据隔振对象、使用要求、振动频率、工作荷载及蠕变、疲劳和老化等特性综合确定。

8.4.2 橡胶隔振器的选型，应符合下列规定：

1 当橡胶隔振器承受的动力荷载较大，或机器转速大于 1600r/min，或安装隔振器部位空间受限制时，可采用压缩型橡胶隔振器。

2 当橡胶隔振器承受的动力荷载较大且机器转速大于 1000r/min 时，可采用压缩—剪切型橡胶隔振器。

3 当橡胶隔振器承受的动力荷载较小，或机器转速大于 600r/min，或要求振动主方向的刚度较低时，可采用剪切型橡胶隔振器。

8.4.3 橡胶隔振器的容许应力与容许应变，可按表 8.4.3 采用：

表 8.4.3　橡胶隔振器的容许应力与容许应变

橡胶隔振器的受力类型	容许应力×10⁴（N/m²）		容许应变	
	静态	动态	静态	动态
压缩型	300	100	0.15	0.05
剪切型	150	40	0.28	0.10

注：表中数值是橡胶的肖氏硬度在 $40H_s$ 以上的指标。

8.4.4 压缩型橡胶隔振器的设计，应符合下列规定：

1 压缩型橡胶隔振器的竖向固有圆频率和总刚度，可按本规范第 5 章的有关规定计算。

2 压缩型橡胶隔振器的截面面积，可按下式计算：

$$S_{ys} = \frac{P_{ys}}{[\sigma]} \qquad (8.4.4-1)$$

式中　S_{ys}——橡胶隔振器的截面面积（m²）；

P_{ys}——橡胶隔振器承受的荷载（N）；

$[\sigma]$——橡胶隔振器的容许应力（N/m²）。

3 压缩型橡胶隔振器的有效高度，可按下式计算：

$$H_{yso} = \frac{E_d S_{ys}}{K_{ys}} \qquad (8.4.4-2)$$

式中　H_{yso}——橡胶隔振器的有效高度（m）；

K_{ys}——橡胶隔振器的刚度（N/m）；

E_d——橡胶的动态弹性模量（N/m²），可按图 8.4.4 确定。

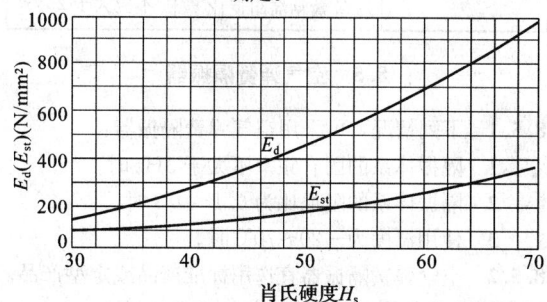

图 8.4.4　橡胶硬度与动、静弹性模量的关系曲线

4 隔振器的横向尺寸，不宜小于橡胶隔振器的有效高度，且不宜大于橡胶隔振器有效高度的 1.5 倍。

5 隔振器的总高度，可按下式计算：

$$H_{ys} = H_{yso} + \frac{B}{8} \qquad (8.4.4-3)$$

式中　H_{ys}——压缩型橡胶隔振器的总高度（m）；

B——压缩型橡胶隔振器的横向尺寸（m）。

8.4.5 剪切型橡胶隔振器的静刚度，可按下列规定确定：

1 一般剪切型橡胶隔振器（图 8.4.5-1）的静刚度，可按下列公式计算，当受压面积与自由侧面积之比很小时，橡胶的静弹性模量可取剪切模量的 3 倍：

$$K_{st} = \frac{2G_j H_{jq} b_j}{\delta_2} \qquad (8.4.5-1)$$

$$G_j = 11.9 \times 10^{-4} e^{0.034 H_s} \qquad (8.4.5-2)$$

式中　K_{st}——隔振器的静刚度（N/m）；

δ_2——橡胶厚度（m）；

H_{jq}——橡胶剪切面的高度（m）；

b_j——橡胶剪切面的宽度（m）；

G_j——橡胶的剪切模量（N/m²）。

H_s——橡胶的肖氏硬度。

2 衬套结构的剪切型橡胶隔振器（图 8.4.5-2）的静刚度，可按下列公式计算：

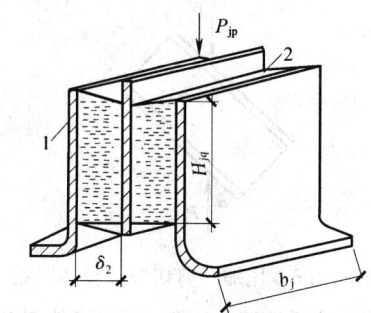

图 8.4.5-1　一般剪切型橡胶隔振器
1—钢板；2—橡胶

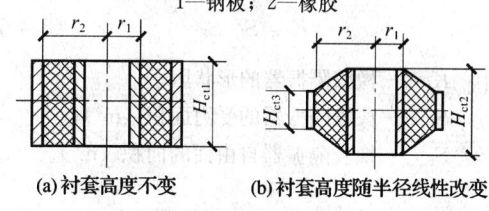

(a)衬套高度不变　　(b)衬套高度随半径线性改变

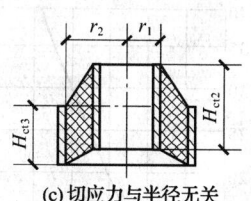

(c)切应力与半径无关

图 8.4.5-2　衬套结构的剪切型橡胶隔振器

1）衬套高度不变的隔振器（图 8.4.5-2a）：

$$K_{st} = \frac{2\pi H_{ct1} G_j}{\ln(r_2/r_1)} \qquad (8.4.5-3)$$

2）衬套高度随半径线性改变的隔振器（图 8.4.5-2b）：

$$K_{st} = \frac{2\pi(H_{ct2}r_2 - H_{ct3}r_1)G_j}{(r_2 - r_1)\ln(H_{ct2}r_2/H_{ct3}r_1)} \quad (8.4.5\text{-}4)$$

3) 切应力与半径无关的隔振器（图8.4.5-2c）：

$$K_{st} = \frac{2\pi H_{ct3}r_2 G_j}{r_2 - r_1} \quad (8.4.5\text{-}5)$$

式中　H_{ct1}——剪切型橡胶隔振器衬套高度（m）；

　　　H_{ct2}——剪切型橡胶隔振器衬套高度（m）；

　　　H_{ct3}——剪切型橡胶隔振器衬套高度（m）；

　　　r_1——圆柱型衬套结构中心轴线至内层衬套外壁的距离（m）；

　　　r_2——圆柱型衬套结构中心轴线至外层衬套外壁的距离（m）。

8.4.6 压缩—剪切型橡胶隔振器（图8.4.6）的静刚度，可按下列公式计算：

$$K_{st} = \frac{S_{ys}}{H_j}(G_j\sin^2\alpha + E_a\cos^2\alpha) \quad (8.4.6\text{-}1)$$

$$E_a = G_j K_m \quad (8.4.6\text{-}2)$$

式中　E_a——橡胶的表现模量（N/m²）；

　　　K_m——橡胶的弹性模量转换因子；

　　　α——剪切角；

　　　H_j——橡胶体的高度（m）。

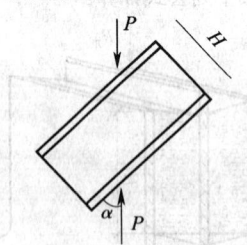

图8.4.6　压缩—剪切型橡胶隔振器

8.4.7 橡胶的弹性模量转换因子，可按图8.4.7采用。橡胶隔振器的形状因子，可按下式确定：

$$K_f = S_L/S_F \quad (8.4.7)$$

式中　K_f——橡胶隔振器的形状因子；

　　　S_L——橡胶隔振器的受力面积（m²）；

　　　S_F——橡胶隔振器自由面的面积（m²）。

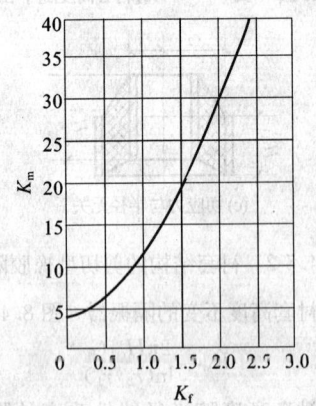

图8.4.7　橡胶的弹性模量转换因子

8.4.8 竖向极限压应力和竖向刚度的变化率不应大于30％。

8.4.9 橡胶隔振器的阻尼比宜取0.07～0.10。

8.4.10 橡胶隔振器的老化、蠕变、疲劳等耐久性能，应符合表8.4.10的规定：

表8.4.10　橡胶隔振器的老化、蠕变、疲劳的性能要求

序号	项	目	性能要求
1	老化	竖向刚度	变化率不应大于20％
		水平刚度	
		等效粘滞阻尼比	
		水平极限变形能力	
		支座外观	目视无龟裂
2	蠕变		蠕变量不应大于橡胶层总厚度的5％
3	疲劳	竖向刚度	变化率不应大于20％
		水平刚度	
		等效粘滞阻尼比	
		支座外观	目视无龟裂

8.4.11 橡胶隔振器的各种相关性能，应符合表8.4.11的规定：

表8.4.11　橡胶隔振器的各种相关性能的要求

项	目	性能要求
竖向应力	水平刚度	最大变化率不应大于15％
	等效粘滞阻尼比	
大变形	水平刚度	最大变化率不应大于20％
	等效粘滞阻尼比	
加载频率	水平刚度	最大变化率不应大于10％
	等效粘滞阻尼比	
温度	水平刚度	最大变化率不应大于25％
	等效粘滞阻尼比	

8.5 空气弹簧隔振器

8.5.1 下列情况，可采用空气弹簧隔振器：

1 隔振体系的固有频率不大于3Hz时。

2 隔振体系的阻尼比为0.1～0.3时。

3 使用温度为－20～70℃时。

8.5.2 空气弹簧隔振器宜选用标准产品或定型产品。当有特殊要求时，可按本规范的规定进行设计。

8.5.3 空气弹簧隔振器的选择，宜符合下列要求：

1 空气弹簧，可用于动力机器的主动隔振。

2 空气弹簧隔振装置，可用于精密仪器及设备的被动隔振。

3 空气弹簧隔振台座，可用于小型精密仪器的被动隔振。

8.5.4 空气弹簧的胶囊形式，可根据隔振设计的要求，按下列规定选择：

1 当要求横向刚度小于竖向刚度时，胶囊宜选择滚膜式或多曲囊式，但多曲囊式不宜大于 3 曲。

2 当要求竖向刚度小于横向刚度时，胶囊宜选择约束膜式或单曲囊式。

3 当要求横向与竖向刚度相近时，胶囊宜选择自由膜式。

8.5.5 隔振设计时，空气弹簧隔振器应具备下列资料：

1 采用空气弹簧时，应具备下列资料：

1）外形尺寸、质量及安装要求；

2）有效直径；

3）工作压力范围及容许使用最大压力等气压参数；

4）承载力及其范围；

5）工作高度；

6）竖向及横向容许最大位移；

7）24h 气压下降量等气密性参数，不宜大于 0.02MPa；

8）不同工作气压时竖向和横向的动刚度及动刚度曲线；

9）x、y、z 轴向刚度中心的位置；

10）竖向的阻尼及其变化范围；

11）使用的环境条件。

2 采用空气弹簧隔振装置时，除本条第 1 款规定的各项资料外，尚应具备下列资料：

1）高度控制阀的灵敏度；

2）横向阻尼器的阻尼及其变化范围；

3）气源设备的供气压力及气体洁净度等级。

3 采用空气弹簧隔振台座时，除本条第 2 款规定的各项资料外，尚应具备下列资料：

1）台座承载力及容许配置的被隔振设备的质量、质心位置和安装要求；

2）隔振性能。

8.5.6 空气弹簧隔振器的气源设备配置，应符合下列要求：

1 采用空气弹簧时，可采用人力充气设备。

2 采用小型空气弹簧隔振装置和小型空气弹簧隔振台座时，可采用氮气瓶供气。

3 采用大、中型空气弹簧隔振装置或大、中型空气弹簧隔振台座时，可采用空气压缩设备。

8.5.7 安装于洁净厂房内的空气弹簧隔振器，对气源应进行净化处理，气源的洁净度等级应与洁净厂房要求相同。

8.5.8 空气弹簧的竖向刚度，可按下列公式计算：

$$K_{v}=C_{kt}(p_{kt}+p_{a})\frac{S_{kt}^{2}}{V_{kt}}+\alpha_{kt}\,p_{kt}\,S_{kt} \quad (8.5.8\text{-}1)$$

$$S_{kt}=\pi R_{n}^{2} \quad (8.5.8\text{-}2)$$

式中 K_{v}——空气弹簧的竖向刚度（N/m）；

p_{kt}——空气弹簧的内压力（N/m²）；

p_{a}——大气压力，可取 1.0×10^{5} N/m²；

V_{kt}——空气弹簧的容积，可取空气弹簧胶囊容积与附加气室容积之和（m³）；

S_{kt}——空气弹簧的有效面积（m²）；

α_{kt}——竖向形状系数（1/m）；

C_{kt}——多变指数，在等温过程：$C_{kt}=1$；在绝热过程：$C_{kt}=1.4$；一般动态过程：$1<C_{kt}\leqslant1.4$。

R_{n}——空气弹簧胶囊的有效半径（m）。

8.5.9 竖向形状系数，可按下列公式计算：

1 囊式空气弹簧胶囊（图 8.5.9-1），可按下式计算：

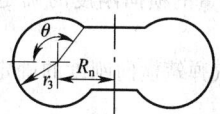

图 8.5.9-1　囊式空气弹簧胶囊

$$\alpha_{kt}=\frac{1}{n_{q}R_{n}}\cdot\frac{\cos\theta+\frac{\pi\theta}{180}\sin\theta}{\sin\theta-\frac{\pi\theta}{180}\cos\theta} \quad (8.5.9\text{-}1)$$

式中 n_{q}——胶囊曲数；

θ——胶囊圆弧角度的一半（°）。

2 自由膜式空气弹簧胶囊（图 8.5.9-2），可按下式计算：

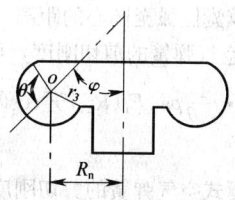

图 8.5.9-2　自由膜式空气弹簧胶囊

$$\alpha_{kt}=\frac{1}{R_{n}}\cdot\frac{\sin\theta\cos\theta+\frac{\pi\theta}{180}(\sin^{2}\theta-\cos^{2}\varphi)}{\sin\theta\left(\sin\theta-\frac{\pi\theta}{180}\cos\theta\right)}$$

$$(8.5.9\text{-}2)$$

式中 φ——胶囊圆弧（过圆心的）平分线与空气弹簧中心线的夹角（°）。

3 约束膜式空气弹簧胶囊（图 8.5.9-3），可按下式计算：

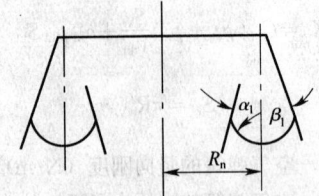

图 8.5.9-3 约束膜式空气弹簧胶囊

$$\alpha_{kt} = -\frac{1}{R_n} \cdot$$

$$\frac{\sin(\alpha_1+\beta_1) + \left[\pi + \dfrac{\pi(\alpha_1+\beta_1)}{180}\right]\sin\alpha_1\sin\beta_1}{1+\cos(\alpha_1+\beta_1) + \dfrac{1}{2}\left[\pi + \dfrac{\pi(\alpha_1+\beta_1)}{180}\right]\sin(\alpha_1+\beta_1)}$$

(8.5.9-3)

式中 α_1——内约束环与平分胶囊胶圆弧的垂直线的夹角（°）；

β_1——外约束环与平分胶囊胶圆弧的垂直线的夹角（°）。

8.5.10 空气弹簧的横向刚度的确定，宜符合下列规定：

1 囊式空气弹簧横向刚度的确定，宜符合下列规定：

1）囊式空气弹簧的弯曲刚度，可按下列公式计算：

$$K_b = \frac{1}{2}\alpha_{nk}\pi p_{kt} R_n^3 (R_n + r_3\cos\theta) \quad (8.5.10-1)$$

$$\alpha_{nk} = \frac{1}{R_n} \cdot \frac{\cos\theta + \dfrac{\pi\theta}{180}\sin\theta}{\sin\theta - \dfrac{\pi\theta}{180}\cos\theta} \quad (8.5.10-2)$$

式中 K_b——囊式空气弹簧的弯曲刚度（N·m）；

α_{nk}——竖向形状系数（1/m）；

r_3——胶囊圆弧至圆心的距离（m）。

2）囊式空气弹簧的剪切刚度，可按下式计算：

$$K_s = \frac{45}{4} \cdot \frac{1}{r_3\theta}\rho n_{lx} E_f (R_n + r_3\cos\theta)\sin^2 2\psi$$

(8.5.10-3)

式中 K_s——囊式空气弹簧的剪切刚度（N/m）；

ρ——帘线密度（1/m）；

n_{lx}——帘线的层数，宜取偶数；

E_f——一根帘线的断面面积和其弹性模量的乘积（N）；

ψ——帘线与径线间的角度（°）。

3）囊式空气弹簧的横向刚度，可按下式计算：

$$K_h = \left\{\frac{n_{lx}}{K_s} + \frac{\left[(n_{lx}-1)\left(h_2+h_3+\dfrac{P_{kt}}{K_s}\right)\right]^2}{\left(2K_b + \dfrac{p_{kt}}{2K_s}\right) - P_{kt}(n_{lx}-1)\left(h_2+h_3+\dfrac{P_{kt}}{K_s}\right)}\right\}^{-1}$$

(8.5.10-4)

式中 K_h——囊式空气弹簧的横向刚度（N/m）；

h_2——曲胶囊的高度（m）；

h_3——中间腰环的高度（m）；

P_{kt}——空气弹簧承受的竖向荷载（N）。

2 自由膜式空气弹簧的横向刚度，可按下列公式计算：

$$K_{zk} = \alpha_{zk} p_{kt} S_{kt} + K_r \quad (8.5.10-5)$$

$$\alpha_{zk} = \frac{1}{2R_n} \cdot \frac{\sin\theta\cos\theta + \dfrac{\pi\theta}{180}(\sin^2\theta - \sin^2\varphi)}{\sin\theta\left(\sin\theta - \dfrac{\pi\theta}{180}\cos\theta\right)}$$

(8.5.10-6)

式中 K_{zk}——自由模式空气弹簧的横向刚度（N/m）；

α_{zk}——横向形状系数（1/m）；

K_r——胶囊的横向膜刚度（N/m），应由试验确定。

3 约束膜式空气弹簧的横向刚度，可按式（8.5.10-5）计算；约束膜式空气弹簧的横向形状系数，可按下式计算：

$$\alpha_{zk} = \frac{1}{2R_n} \cdot \frac{-\sin(\alpha_1+\beta_1) + \left[\pi + \dfrac{\pi(\alpha_1+\beta_1)}{180}\right]\cos\alpha_1\cos\beta_1}{1+\cos(\alpha_1+\beta_1) + \dfrac{1}{2}\left[\pi + \dfrac{\pi(\alpha+\beta)}{180}\right]\sin(\alpha_1+\beta_1)}$$

(8.5.10-7)

8.5.11 空气弹簧的下列参数，宜由试验验证：

1 竖向及横向刚度。

2 竖向阻尼比及其变化范围。

3 横向阻尼比。

4 气密性参数。

8.6 粘流体阻尼器

8.6.1 隔振体系中阻尼器的结构选型，应根据粘流体材料的运动粘度和隔振对象等综合因素，按下列规定选择：

1 旋转式及曲柄连杆式稳态振动机器的主动隔振，可采用单、多片型或多动片型阻尼器，亦可选用活塞柱型阻尼器。

2 冲击式或随机振动隔振，可采用活塞柱型或多片型阻尼器。

3 水平振动主动隔振，可采用锥片型或多片型阻尼器。

4 被动隔振，可采用锥片型或片型阻尼器。

5 当粘流体 20℃ 且运动粘度等于或大于 20m²/s 时，可采用片型阻尼器。

8.6.2 片型阻尼器的阻尼系数的确定，应符合下列规定：

1 单片型阻尼器（图 8.6.2-1）的阻尼系数，可按下列公式计算：

$$C_{zx} = 2\frac{\mu_n \delta_s S_n^2}{L_s t^3} \quad (8.6.2-1)$$

$$C_{zy} = 2\frac{\mu_n S_n}{d_s} \quad (8.6.2-2)$$

$$C_{zz} = 2\frac{\mu_n S_n}{d_s} \quad (8.6.2-3)$$

式中 C_{zx}——阻尼器沿 x 轴向振动时的阻尼系数
（N·s/m）；

C_{zy}——阻尼器沿 y 轴向振动时的阻尼系数
（N·s/m）；

C_{zz}——阻尼器沿 z 轴向振动时的阻尼系数
（N·s/m）；

t——单片型阻尼器动片在粘流体中的侧面
与定片三面的间隙（m）；

δ_s——单片型阻尼器动片的厚度（m）；

L_s——单片型阻尼器动片在粘流体中的三边
边长（m）；

μ_n——粘流体材料的动力粘度（N·s/m²）；

S_n——单片型阻尼器动片与粘流体接触面的单
侧面积（m²）；

d_s——单片型阻尼器动片与定片之间距离
（m）。

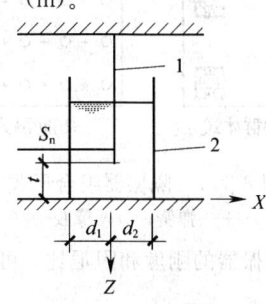

图 8.6.2-1 单片型阻尼器
1—动片；2—定片

2 多片型阻尼器（图 8.6.2-2）的阻尼系数，可
按下列公式计算：

$$C_{zx} = 2\mu_n \sum_{i=1}^{n} \frac{\delta_{mi} S_{ni}^2}{L_{mi} t_i^3} \quad (8.6.2-4)$$

$$C_{zy} = 2\mu_n \sum_{i=1}^{n} \frac{S_{ni}}{d_{mi}} \quad (8.6.2-5)$$

$$C_{zz} = 2\mu_n \sum_{i=1}^{n} \frac{S_{ni}}{d_{mi}} \quad (8.6.2-6)$$

式中 t_i——多片型阻尼器动片在粘流体中的侧面与
定片三面的间隙（m）；

δ_{mi}——多片型阻尼器动片的厚度（m）；

L_{mi}——多片型阻尼器动片在粘流体中的三边
边长（m）；

S_{ni}——多片型阻尼器动片与粘流体接触面的单
侧面积（m²）；

d_{mi}——多片型阻尼器动片与定片之间的距离
（m）。

3 多动片型阻尼器（图 8.6.2-3）的阻尼系数，
可按下列公式计算：

$$C_{zx} = 2\mu_n \frac{\delta_s S_{ni}^2 \sum_{i=1}^{n} \beta d_{mi}}{L_{mi} t^3} \quad (8.6.2-7)$$

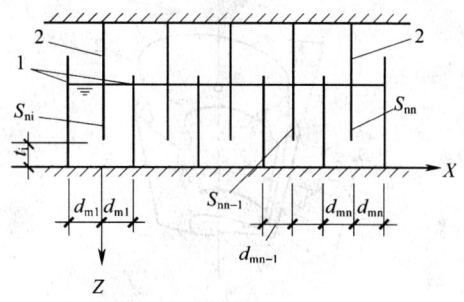

图 8.6.2-2 多片型阻尼器
1—定片；2—动片

$$C_{zy} = 2\mu_n \frac{\sum_{i=1}^{n} S_{ni}}{d_{mi}} \quad (8.6.2-8)$$

$$C_{zz} = 2\mu_n \frac{\sum_{i=1}^{n} S_{ni}}{d_{mi}} \quad (8.6.2-9)$$

式中 β——计算系数，可按表 8.6.2 采用；

L_{mi}——多动片型阻尼器动片在粘流体中的三边
边长（m）。

表 8.6.2 计算系数 β 值

运动粘度	β
≤10	1.5
20	2.0
>20	由试验确定

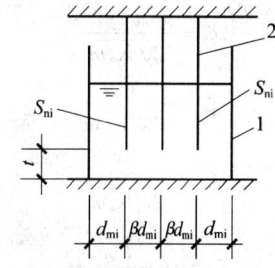

图 8.6.2-3 多动片型阻尼器
1—定片；2—动片

4 内锥不封底的圆锥片型阻尼器（图 8.6.2-4）的阻
尼系数，可按下列公式计算：

$$C_{zx} = \frac{2\mu_n l_n^3 r_n}{d_{mi}^3} \sin^2 \alpha_2 \quad (8.6.2-10)$$

$$C_{zz} = \frac{2\pi\mu_n l_n^3 r_n}{d_{mi}^3} \cos^2 \alpha_2 \quad (8.6.2-11)$$

式中 r_n——内锥壳平均半径（m）；

α_2——锥壁与水平线间的夹角；

l_n——内锥壳边长（m）。

8.6.3 活塞柱型阻尼器（图 8.6.3）的阻尼系数，
可按下式计算：

$$C_{zz} = 12 \frac{\mu_n h_{hs} S_{hs}^2}{\pi d_{hs} d_h^3} \quad (8.6.3)$$

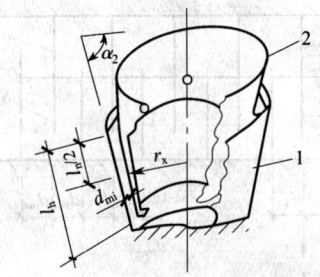

图8.6.2-4 圆锥片型阻尼器
1—定片；2—动片

式中 d_{hs}——活塞柱直径（m）；

h_{hs}——活塞高度（m）；

S_{hs}——活塞底面面积（m²）；

d_h——活塞动片与静片之间的距离（m）。

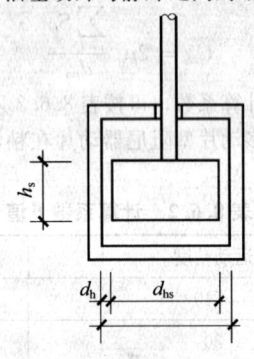

图8.6.3 活塞柱型阻尼器

8.6.4 隔振体系的阻尼比，可按下列公式计算：

$$\zeta_x = \frac{C_{zx}}{2\sqrt{K_x m}} \qquad (8.6.4\text{-}1)$$

$$\zeta_y = \frac{C_{zy}}{2\sqrt{K_y m}} \qquad (8.6.4\text{-}2)$$

$$\zeta_z = \frac{C_{zz}}{2\sqrt{K_z m}} \qquad (8.6.4\text{-}3)$$

$$\zeta_{\varphi x} = \frac{C_{\varphi x}}{2\sqrt{K_{\varphi x} J_x}} \qquad (8.6.4\text{-}4)$$

$$\zeta_{\varphi y} = \frac{C_{\varphi y}}{2\sqrt{K_{\varphi y} J_y}} \qquad (8.6.4\text{-}5)$$

$$\zeta_{\varphi z} = \frac{C_{\varphi z}}{2\sqrt{K_{\varphi z} J_z}} \qquad (8.6.4\text{-}6)$$

8.6.5 粘流体材料的动力粘度，可按下式计算：

$$\mu_n = V_n \rho_n \qquad (8.6.5)$$

式中 V_n——粘流体的运动粘度（m²/s）；

ρ_n——粘流体的密度（N·s²/m⁴）。

8.6.6 阻尼器的设计，应符合下列要求：

1 阻尼器体积较小时，阻尼器可在隔振器箱体内与弹簧并联设置；阻尼器体积较大时，阻尼器可与隔振器相互独立并联设置。

2 阻尼器应沿隔振器刚度中心对称设置，其位置应靠近竖向或水平向刚度最大处。

3 独立设置的阻尼器，阻尼器底部应与隔振台座可靠连接。

4 片型阻尼器，可设计成矩形，也可设计成以定片为内、外圆圈的圆柱形。

8.7 组合隔振器

8.7.1 当采用钢弹簧隔振器不能满足隔振体系阻尼或变形要求，且采用橡胶隔振器不能满足隔振体系低固有频率的设计要求时，可采用圆柱螺旋弹簧与橡胶组合隔振器，也可采用其他不同材料的组合隔振器。

隔振器的组合形式，可采用群体式或间隔式（图8.7.1）。

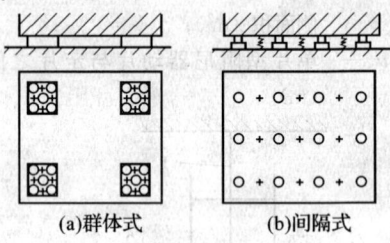

图 8.7.1 隔振器组合形式
+—弹簧；○—橡胶

8.7.2 组合隔振器的刚度和阻尼比，可按下列公式计算：

1 并联组合隔振器（图 8.7.2a、b），可按下列公式计算：

$$K_{Zh} = K_{ZR} + K_{ZS} \qquad (8.7.2\text{-}1)$$

$$\zeta_{Zh} = \frac{\zeta_S K_{ZS} + \zeta_R K_{ZR}}{K_{ZS} + K_{ZR}} \qquad (8.7.2\text{-}2)$$

2 串联组合隔振器（图 8.7.2c），可按下列公式计算：

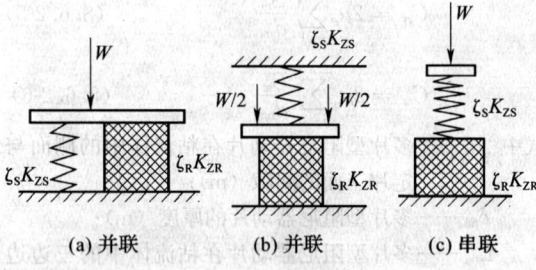

图 8.7.2 并联、串联组合隔振器示意

$$K_{Zh} = \frac{K_{ZS} K_{ZR}}{K_{ZS} + K_{ZR}} \qquad (8.7.2\text{-}3)$$

$$\zeta_{Zh} = \frac{\zeta_S K_{ZR} + \zeta_R K_{ZS}}{K_{ZR} + K_{ZS}} \qquad (8.7.2\text{-}4)$$

式中 K_{Zh}——组合隔振器竖向总刚度（N/m）；

ζ_{Zh}——组合隔振器阻尼比；

K_{ZS}——圆柱螺旋弹簧隔振器的刚度（N/m）；

K_{ZR}——橡胶隔振器的刚度（N/m）；

ζ_S——圆柱螺旋弹簧的阻尼比；

ζ_R——橡胶的阻尼比。

8.7.3 并联组合隔振器中，圆柱螺旋弹簧隔振器与橡胶隔振器的自由高度不同时，应在较低高度的隔振器下设置支垫（图 8.7.3），支垫的高度可按下列公式计算：

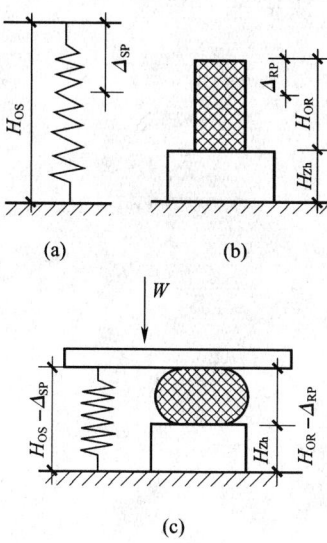

(a)

(b)

(c)

图 8.7.3 并联组合联振器原件的支垫高度示意

$$H_{Zh} = H_{OS} - H_{OR} - \Delta_{SP} + \Delta_{RP} \quad (8.7.3\text{-}1)$$

$$\Delta_{SP} = \frac{P_S}{K_{ZS}} \quad (8.7.3\text{-}2)$$

$$\Delta_{RP} = \frac{P_R}{K_{ZR}} \quad (8.7.3\text{-}3)$$

$$P_S = 1.5 \, [A] \, K_{ZS} \quad (8.7.3\text{-}4)$$

$$P_R = W - P_S \quad (8.7.3\text{-}5)$$

式中 H_{Zh}——支垫的高度；

H_{OS}——圆柱螺旋弹簧隔振器的自由高度（m）；

H_{OR}——橡胶隔振器的自由高度（m）；

Δ_{SP}——圆柱螺旋弹簧隔振器的静力变形；

Δ_{RP}——橡胶隔振器的静力变形（m）；

P_S——圆柱螺旋弹簧隔振器承受的压力；

P_R——橡胶隔振器承受的压力；

W——隔振体系的总重力（N）。

附录 A 地面屏障式隔振

A.0.1 屏障可采用排桩（图 A.0.1a）或隔板（图 A.0.1b）；当隔振要求较高时，可采用屏障并联隔振（图 A.0.1c）。排桩屏障可用于干扰频率为 10Hz 以上时的屏障式隔振，隔板屏障与屏障并联隔振可用于干扰频率为 0～100Hz 时的屏障式隔振。

A.0.2 排桩屏障的隔振设计，应符合下列要求：

1 当屏障至波源距离不大于地基土面波波长 2

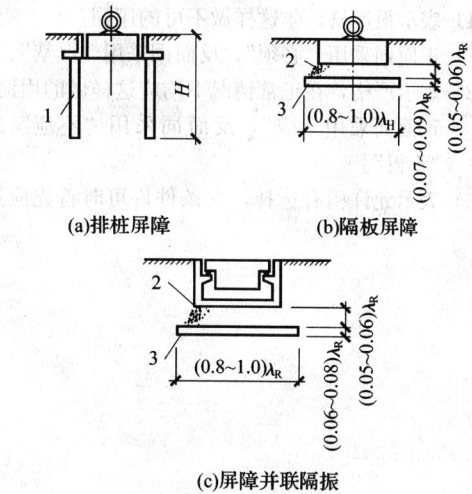

(a)排桩屏障　　　(b)隔板屏障

(c)屏障并联隔振

图 A.0.1　屏障隔振方式

1—排桩或排孔；2—粗砂砾
石填实；3—混凝土隔板

倍时，排桩长度可取地基土面波波长的 0.8～1.0 倍；当屏障至波源距离大于地基土面波波长 2 倍时，排桩长度可取地基土面波波长的 0.7～0.9 倍。

2 排桩可采用单排、双排或多排，桩距宜为桩直径的 1.5 倍；当排桩为双排和多排时，两排之间的距离可取桩直径的 2.5 倍。

3 排桩式屏障用于主动隔振时，宜计入其固有频率的提高对于淤泥质土或饱和粉细砂地基的影响。

A.0.3 当符合下列公式之一时，屏障可采用隔板：

$$f_z < \left[1.1/(1-\mu_b) \right] \frac{V_s}{4h_g} \quad (A.0.3\text{-}1)$$

$$f_x < \frac{V_s}{4h_g} \quad (A.0.3\text{-}2)$$

式中 f_z——竖向振动频率（Hz）；

f_x——水平向振动频率（Hz）；

V_s——粗砂砾石填实层的剪切波速（m/s）；

h_g——隔振屏障顶面至基础底面的土层厚度（m）；

λ_R——地基土面波波长（m）；

μ_b——粗砂砾石填实层的泊松比。

A.0.4 当采用屏障并联隔振时，隔振体系的计算可不计入隔板的振动耦合。

A.0.5 排桩及隔板材料，可采用强度等级不低于 C20 的钢筋混凝土。

A.0.6 地面屏障式隔振的传递率，可采用 0.5～0.6。

本规范用词说明

1 为便于在执行本规范条文时区别对待，对要求严格程度不同的用词说明如下：

1) 表示很严格，非这样做不可的用词：

正面词采用"必须"，反面词采用"严禁"。

2) 表示严格，在正常情况下均应这样做的用词：

正面词采用"应"，反面词采用"不应"或"不得"。

3) 表示允许稍有选择，在条件许可时首先应这样做的用词：

正面词采用"宜"，反面词采用"不宜"；

表示有选择，在一定条件下可以这样做的用词，采用"可"。

2 本规范中指明应按其他有关标准、规范执行的写法为"应符合……的规定"或"应按……执行"。

中华人民共和国国家标准

隔振设计规范

GB 50463—2008

条 文 说 明

目　次

1 总　　则

1.0.1 本条阐明了本规范的指导思想，根据隔振的特点，要求合理地选择有关动力参数、支承结构形式和隔振器等。在隔振设计中，有关动力参数如频率、刚度等，若取值不当，可能会造成浪费，甚至会产生相反的效果，因此，合理地选择有关动力参数和隔振方案有其重要意义。

1.0.2 明确了本规范的适用范围。

1.0.3 设计隔振体系时，除应按本规范执行外，尚应符合国家现行的有关标准和规范的规定。

2　术语、符号

2.1　术　　语

2.1.1~2.1.8 所列术语均是按现行国家标准《机械振动与冲击名词术语》的规定和本规范的专用名词编写的。

2.2　符　　号

2.2.1~2.2.3 本节中采用的符号系按现行国家标准《建筑结构设计通用符号、计量单位和基本术语》的规定，并结合本规范的特点编写的。

3　基　本　规　定

3.1　设计条件和隔振方式

3.1.1 本条规定了设计隔振体系时所需要的资料。

3.1.2 本条规定了常用几种隔振方式供设计者选用。在隔振装置中最普遍应用的是支承式隔振方式。隔振沟的隔振效果并不明显，也无法估算，只能作为隔离冲击振动或频率较高振动的附加措施，隔振沟不宜用于隔离频率小于 30Hz 的地面振动。

3.2　设计原则

3.2.1 隔振体系设计时，有多种方案可供选择。实际工作中，应根据工程具体情况和经济因素，进行多方案比较，从中选择出经济合理的最优方案。

3.2.2 若被隔振设备的质量较大时，一般要在底部设置刚性台座，尽量使其成为单质点的刚体单元。如果被隔振对象本身具有单质量刚体单元的性能，且其底部面积能设置所需的隔振器数量，则可不设置刚性台座。

3.2.3 本条规定是对隔振设计的基本要求，否则就

难以达到较好的隔振效果。

3.2.4 当弹簧隔振器布置在梁上时，弹簧压缩量宜大于支承梁挠度的 10 倍，这主要是为了避免耦合振动，在进行弹簧隔振体系动力分析时可不考虑梁的挠度。

3.2.5 本条规定了隔振对象经隔振后，其振动幅值应满足要求。

3.2.6 仪器、设备及动力机器的容许振动值是一个较复杂的问题。由于其种类繁多，工作原理、构造及制造精度各异，所以对振动的敏感程度差别很大。一个完善的隔振设计，必须在了解该设备容许振动值及振源的前提下才能进行，容许振动值最好是通过试验确定或制造部门提供，这更符合单项设计的具体情况。规范第 4 章所提出的容许振动值，是在收集和整理国内外有关资料的基础上，并对一些重要设备进行了实测和分析而确定的。当无试验条件时，可按第 4章规定采用。

3.2.7 本条规定了要缩短隔振体系的质心与扰力作用线之间的距离，目的是尽量减小由扰力引起的偏心距。同时还要求隔振器的刚度中心与隔振体系质量中心宜在同一竖直线上，这也是为了避免偏心振动。总之，隔振体系最好能设计成为单自由度振动体系。

3.2.8 管道与被隔对象连接时，宜采用柔性接头，以避免接头损坏或破裂。

4　容许振动值

4.1　精密仪器及设备的容许振动值

4.1.1、4.1.2 本节规定的容许振动值，是指保证精密仪器与设备在正常工作或生产条件下，其台座结构或设备基础的容许振动值。

振动对精密仪器的影响表现为：

1 影响仪器的正常运行，过大的振动会直接损害仪器，使之无法应用。

2 影响对仪器仪表刻度阅读的准确性和阅读速度，有时根本无法读数，对于自动打印和描绘曲线，有时无法正常进行工作。

3 对于某些精密和灵敏的电器，如灵敏继电器等，过大的振动甚至使其产生误动作，从而引起较大事故。

振动对精密设备的影响或危害表现在：

1 振动会影响精密设备的正常运行，降低机器的使用寿命，严重时可使设备的某些零件受到损害。

2 对精密加工机床，振动会使工件的加工面、光洁度和精度下降，并会降低其使用寿命。

容许振动值是衡量精密仪器与设备抵抗振动的能力。容许振动数值越大，抵抗振动的能力就越强，反

之就越小。如果提出的容许振动量能反映仪器或设备本身的实际情况，就能为隔振设计提供可靠依据，收到明显的经济效果。

光刻设备对环境振动的要求很严格。由于其制造厂不同，所提出的环境要求不同，控制及表达的物理量也不同。美国某公司在 $0\sim120\mathrm{Hz}$ 范围内用加速度来控制，荷兰某公司按集成电路的线宽在 $1\sim100\mathrm{Hz}$ 范围内用加速度功率谱密度来控制，还有大部分制造厂是用速度来控制的。控制点在光刻设备安装底座处。本条所规定的光刻设备容许振动值，是结合国外常用的光刻设备容许振动标准，总结国内一些实践和设计经验，考虑到国内精密设备容许振动值的表达习惯来确定的。

精密仪器与设备的容许振动值，大多数是通过试验和应用随机函数平稳化理论来确定，有些是通过长期工作实践和普查得到的。试验中采用有代表性的设备，对其 x、y、z 三个方向进行不同频率下的激振，激振波多是单一的正弦波形，试验结果采用随机函数平稳化理论进行分析确定。所以控制测试点应是仪器及设备台座结构上表面四周的角点，并且 x、y、z 三个方向均应满足要求。

表 4.1.1 给出的光刻设备的容许振动值为 1/3 倍频程频域容许振动速度均方根值，表 4.1.2 给出的精密仪器与设备容许振动位移与容许振动速度均为峰值。

4.2　动力机器基础的容许振动值

4.2.1~4.2.5 本节规定的容许振动值，是指不影响动力机器的正常生产时，动力机器基础在时域范围内的容许振动值，其容许振动线位移和容许振动速度均为峰值。

某些动力机器在运行时会产生很大的振动，有时对建筑物、周边环境或动力机器本身产生较大影响。容许振动值确定的原则主要是基础的振动不影响机器的正常运转和生产，其次是基础的振动不应对机器本身及操作人员造成不良影响，从生产和环境保护的角度出发，需对动力机器运行时基础上的振动加以限制。其控制测试点在动力机器基础上表面的四周角点上，除注明外，x、y、z 三个方向均应满足。本规范所指的峰值为单峰值。

第 4.2.4 条的基组为压力机基础上的机器、附属设备和填土的总称。ω_{n1} 为基组水平回转耦合振动第一振动的固有频率；ω_{n2} 为基组水平回转耦合振动第二振型的固有频率。

5　隔振参数及固有频率

5.1　隔　振　参　数

5.1.1 本条列出了隔振设计中所采用的基本参数。

5.1.2~5.1.8 提供了隔振基础设计时，基本参数的选择方法和步骤。选择隔振体系的基本参数时，假定隔振体系为无阻尼单自由度体系。

5.1.9 主动隔振中，阻尼起到重要作用；特别是在机器启动和停机过程中，通过共振区时，为了防止出现过大的振动，隔振体系必须具有足够的阻尼。在冲击作用下，如锻锤基础中，其隔振体系必须要有阻尼的作用，其目的要在一次冲击后，振动很快衰减，在下一次冲击之前，应使砧座回复到平衡位置或振动位移很小的状态，以避免锤头与砧座同相运动而使打击能量损失。为此本条给出阻尼的计算公式。

按规范计算振动位移公式：

$$A_v=\frac{P_{ov}}{K_v}\eta_v \qquad (V=x、y、z) \qquad (1)$$

在共振时：$\eta=\dfrac{1}{2\zeta_v}$；P_{ov} 为工作转速（即圆频率为 ω）时的扰力，当圆频率为 ω_{nv} 时的扰力 $P_v=P_{ov}\left(\dfrac{\omega_{nv}^2}{\omega^2}\right)$，将 P_v 代入式（1）中的 P_{ov}，将 $\dfrac{1}{2\zeta_v}$ 代入式（1）中的 η_v，即得规范公式（5.1.9-3），当为扰力矩时，只要将 M_{ov}、ζ_v、$K_{\varphi v}$、$\omega_{n\varphi v}$ 分别取代公式（5.1.9-1）中的 P_{ov}、ζ、K_v 和 ω_{nv}，即得规范公式（5.1.9-4）。

冲击振动所产生的位移—时间曲线，由于阻尼作用，其振动波形呈衰减曲线，由冲击振动最大位移 A_{ov} 经过时间 t 后衰减为 A_v，其峰值比应为 $\dfrac{A_{ov}}{A_v}=e^m$，式中 m 为阻尼系数，即 $n=\zeta_v\omega_{nv}$，此时式（1）变为：

$$\frac{A_{ov}}{A_v}=e^{\zeta_v\omega_{nv}t} \qquad (2)$$

将式（2）的两边取自然对数即可得到公式（5.1.9-1），当为冲击力矩时，将 $\zeta_{\varphi v}$、$\omega_{n\varphi v}$、$A_{\varphi v}$、$A_{a\varphi v}$ 分别取代公式（5.1.9-3）中的 ζ_v、ω_{nv}、A_v、A_{av} 即得公式（5.1.9-2）。

5.2　隔振体系的固有频率

5.2.1 本条给出了隔振体系固有频率的计算公式。

1 在各类隔振公式中，其振型的独立与耦合可分为下列情况：

1）支承式（图 3.1.2a）：当隔振体系的质量中心 C_g 与隔振器刚度中心 C_s 在同一铅垂线上，但不在同一水平轴线上时，z 与 φ_z 为单自由度体系，x 与 φ_y 相耦合，y 与 φ_x 相耦合。

当隔振体系的质量中心 C_g 与隔振器刚度中心 C_s 重合于一点时（图 3.1.2b），x、y、z、φ_x、φ_y、φ_z 均为单自由度体系。

2）悬挂式（图 3.1.2c、d）：当刚性吊杆的平面位置在半径为 R 的圆周上时，x、y 与 φ_z 为单自由度体系，其余均受约束。

3）悬挂兼支承式（图 3.1.2e、f）：隔振体系的

质量中心 C_g 与隔振器刚度中心 C_s 在同一铅垂线上，当刚性吊杆与隔振器的平面位置在半径为 R 的圆周上时，z 与 φ_z 为单自由度体系，x 与 φ_y 相耦合；y 与 φ_x 相耦合，当吊杆与隔振器的平面位置不全在半径为 R 的圆周上时，z 轴向为单自由度体系，x 与 φ_y 相耦合；y 与 φ_x 相耦合，φ_z 受约束。

2 独立振型。如图 1 所示的体系，沿 x 轴向自由振动的微分方程为：

$$\left.\begin{array}{l} m_x\ddot{x}+C_x\dot{x}+K_x\cdot x=0 \\ \text{或 } \ddot{x}+2n_x\dot{x}+\omega_{nx}^2x=0 \end{array}\right\} \tag{3}$$

式中 C_x——体系沿 x 轴向总的阻尼系数(kN·s/m)。

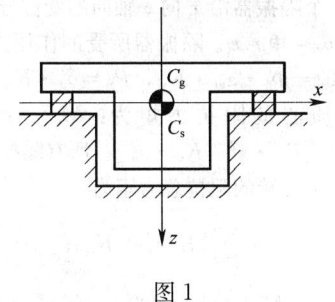

图 1

$$C=2m\cdot n \tag{4}$$

式中 n_x——体系沿 x 轴向总的阻尼特征系数(red/s)；

K_x——体系沿 x 轴向总的弹簧刚度(kN/m)；

m_x——隔振体系沿 x 轴向参加振动总的质量(t)。

设式（3）的解为： $x=Ae^{rt}$ (5)

代入式（3）得：

$$A(r^2+2n_xr+\omega_{nx}^2)e^{rt}=0$$

由于 $e^{rt}\neq0$，$A\neq0$，故：$(r^2+2n_xr+\omega_{nx}^2)=0$

$$r=-n_x\pm\sqrt{n_x^2-\omega_{nx}^2}=-n_x\pm i\sqrt{\omega_{nx}^2-n_x^2}$$
$$=-n_x\pm i\cdot\omega_{nx}\sqrt{1-\zeta_x^2}=-n_x\pm i\omega_{dx} \tag{6}$$

式中 ω_{nx}——体系沿 x 向无阻尼固有圆频率：

$$\omega_{nx}=\sqrt{\frac{K_x}{m_x}} \tag{7}$$

ω_{dx}——体系沿 x 向有阻尼固有圆频率：

$$\omega_{dx}=\omega_{nx}\sqrt{1-\zeta_x^2} \tag{8}$$

ζ_x——体系沿 x 向的阻尼比：

$$\zeta_x=\frac{n_x}{\omega_{nx}}=\frac{C_x}{2m\omega_{nx}} \tag{9}$$

将式（6）代入式（5）得式（3）的解为：

$$x=A\cdot e^{rt}=A_1\cdot e^{(-nx+i\omega_{dx})t}+A_2\cdot e^{(-nx-i\omega_{dx})t}$$
$$=e^{-n_et}[A_1\cdot e^{i\omega_{dx}t}+A_2\cdot e^{-i\omega_{dx}t}]$$
$$=e^{-n_et}[(A_1+A_2)\cos\omega_{dx}t$$
$$+i(A_1-A_2)\cdot\sin\omega_{dx}t]$$
$$=e^{-n_et}[B_1\cos\omega_{dx}t+B_2\sin\omega_{dx}t] \tag{10}$$

式（10）中 $B_1=A_1+A_2$，$B_2=i(A_1-A_2)$ 为根据初始条件确定的待定系数。

$$\dot{x}=-n_x\cdot e^{-n_xt}[B_1\cos\omega_{dx}t+B_2\cdot\sin\omega_{dx}t]$$

$$+e^{-n_xt}\omega_{dx}[B_1\sin\omega_{dx}t+B_2\cdot\cos\omega_{dx}t] \tag{11}$$

由式（10）和式（11）得：

当 $t=0$ 时，若 $X=x_o$ 得 $B_1=x_o$

当 $t=0$ 时，若 $X=x_o$ 得 $B_2=\dfrac{\dot{x}+n_xx_o}{\omega_{dx}}$

代入式（10）则得该体系自由振动时的位移方程为：

$$x=e^{-n_xt}\left[x_o\cdot\cos\omega_{dx}t+\frac{\dot{x}+nx_o}{\omega_d}\cdot\sin\omega_{dx}t\right] \tag{12}$$

式（12）中 $A_o=\sqrt{x_o^2+\left(\dfrac{\dot{x}+n_x\cdot x_o}{\omega_{dx}}\right)^2}$；$\tan\theta_x$

$$=\frac{x_o\cdot\omega_{dx}}{\dot{x}+n_xx_o}$$

同理，对沿 y、z 轴的单自由度体系的自由振动，可将上述有关式中的位移和标脚 x，改为 y、z 即可，对绕 φ_x、φ_y、φ_z 轴回转的单自由度体系的自由振动，可将位移和标脚的符号 x，分别改为 φ_x、φ_y、φ_z，另外将惯量 m_x 分别改为 J_x、J_y、J_z 即可。

根据式（7）～式（9）可得：

$$\omega_{nv}=\sqrt{\frac{K_v}{m_v}}；\quad\omega_{n\varphi v}=\sqrt{\frac{K_{\varphi v}}{J_v}}\quad(v\text{ 分别为 }x、y、z)$$
$$\tag{13}$$

3 双自由度耦合振动。图 2 所示 x 轴向与绕 y 轴旋转轴的两个自由度水平回转耦合振动体系上，作用水平扰力 $P_x(\tau)=P_xg_{(\tau)}$ 和扰力矩 $M_{y(\tau)}=M_yg(\tau)$，其中 $g_{(\tau)}$ 为扰力和扰力矩的时间函数。

隔振体系质心处的运动微分方程为：

$$mx\ddot{x}+c_x(\dot{x}-h_2\dot{\varphi}_y)+K_x(x-h_2\varphi_y)$$
$$=P_x(\tau)=P_x\cdot g(\tau) \tag{14}$$
$$J_y\ddot{\varphi}_y+C_{\varphi y}\dot{\varphi}_y+K_{\varphi y}\varphi_y-C_z\dot{x}h_2-K_xxh_2$$
$$=M_{oy}g(\tau)=P_xh_3+M_yg(\tau)$$

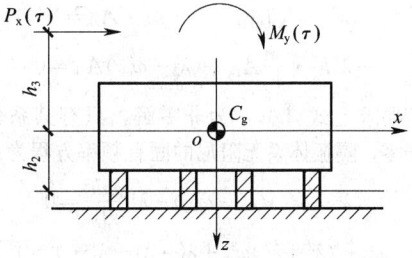

图 2

式（14）中有一项自由重产生的 $mgh_2\varphi_y$ 因其数量相对很小，故忽略不计，公式中的 h_2 即为规范正文中的 z。

将上式写成矩阵形式。可简化为：

$$[M]\{\ddot{\Delta}\}+[C]\{\dot{\Delta}\}+[K]\{\Delta\}=\{g_o\}\cdot g(\tau) \tag{15}$$

式（15）中 $[M]=\begin{bmatrix} m & o \\ o & J_y \end{bmatrix}$；

$$[C] = \begin{bmatrix} C_x & -C_x h_2 \\ -C_x h_2 & C_{\varphi y} \end{bmatrix};$$

$$[K] = \begin{bmatrix} K_x & -K_x h_2 \\ -k_x h_2 & k_{\varphi y} \end{bmatrix}$$

$$\{\Delta\} = \begin{Bmatrix} x \\ \psi_y \end{Bmatrix}; \quad \{g_o\} = \begin{Bmatrix} P_x \\ P_x h_3 + M_y \end{Bmatrix} = \begin{Bmatrix} P_{ox} \\ M_{oy} \end{Bmatrix}$$
(16)

式（16）中 P_{ox} 和 M_{oy} 分别为作用在隔振体系质心 o 点处的沿 x 轴向的扰力幅值和绕 y 轴旋轴的扰力矩幅值。当扰力和扰力矩的时间函数不同时，则扰力所产生的振幅和扰力矩所产生的振幅，应分别计算，然后再进行叠加（或线性组合）。

此时的运动微分方程为：

$$[M]\{\ddot{\Delta}\} + [C]\{\dot{\Delta}\} + [K]\{\Delta\} = \{g_1\}g_1(\tau) \quad (17)$$

$$[M]\{\ddot{\Delta}\} + [C]\{\dot{\Delta}\} + [K]\{\Delta\} = \{g_2\}g_2(\tau) \quad (18)$$

式（17）和式（18）中

$$\{g_1\} = \begin{Bmatrix} P_x \\ P_x h_3 \end{Bmatrix}; \quad \{g_2\} = \begin{Bmatrix} o \\ M_y \end{Bmatrix}$$

对于无阻尼体系，$[C] = 0$；自由振动时，$\{g\} = \{0\}$。

此时体系的运动微分方程为：

$$[M]\{\ddot{\Delta}\} + [K] \cdot \{\Delta\} = \{0\} \quad (19)$$

设其解为：$\{\Delta\} = \{A_k\} \cdot e^{j(\omega_{nx} t + \alpha_k)}$

其中标脚 k 为第 k 振型，代入式（19），则得：

$$(-\omega_{nk}^2 [M]\{A_k\} + [K]\{A_k\}) \cdot e^{j(\omega_{nx} t + \alpha_k)} = \{0\}$$

由于 $e^{j(\omega_{nx} t + \alpha_k)} \neq 0$ 故只有：

$$[K]\{A_k\} - \omega_{nk}^2 [M]\{A_k\} = \{0\} \quad (20)$$

将上式展开，经简化，并令：

$$\lambda_1^2 = \frac{K_x}{m}; \quad \lambda_2^2 = \frac{K_{\varphi x}}{J_y}; \quad \gamma = \frac{mh_2^2}{J_y}$$

可得：$(\lambda_1^2 - \omega_{nk}^2)A_{1k} - \lambda_1^2 \cdot h_2 \cdot A_{2k} = 0$

$$-\lambda_1^2 h_2 \cdot \frac{m}{J_y} A_{1k} + (\lambda_2^2 - \omega_{nk}^2)A_{2k} = 0 \quad (21)$$

若要求上式 $\{A_k\}$ 为非零解，只有其系数行列式等于零，隔振体系无阻尼的固有频率方程为：

$$(\lambda_1^2 - \omega_{nk}^2)(\lambda_2^2 - \omega_{nk}^2) - \lambda_1^4 \frac{mh_2^2}{J_y} = 0$$

$$\omega_{nk}^4 - (\lambda_1^2 + \lambda_2^2)\omega_{nk}^2 + \lambda_1^2 \cdot \lambda_2^2 - \lambda_1^4 \cdot \gamma = 0$$

求解上式，得隔振体系无阻尼固有圆频率 ω_{nk} 为：

$$\omega_{n_1^2}^2 = \frac{1}{2}\left[(\lambda_1^2 + \lambda_2^2) \mp \sqrt{(\lambda_1^2 - \lambda_2^2)^2 + 4\lambda_1^4 \gamma}\right] \quad (22)$$

由式（21）的第一式，可求得振型 K 的幅值比为：

$$\rho_{1k} = \frac{A_{1k}}{A_{2k}} = \frac{\lambda_1^2 h_2}{(\lambda_1^2 - \omega_{nk}^2)} = \frac{K_x h_2}{K_x - m\omega_{nk}^2}; \quad \rho_{zk} = \frac{A_{zk}}{A_{zk}} = 1$$
(23)

5.2.2 本条给出隔振器刚度的计算公式：

1 当 n 个隔振器并联时，在外力 P_z 作用线通过刚度中心时，所有隔振器的变位 δ_{zi} 相同，即 $\delta_{zi} = \delta_z$

如果隔振动器的刚度不同分别为 K_{zi}，则 n 个隔振器的受力将不同，分别为 P_{z1}、P_{z2} …P_{zi} …P_{zN}。故有：

$$P_z = P_{z1} + P_{z2} + \cdots + P_{zN} = \sum_{i=1}^n P_{zi} = \delta_z K_{z1}$$

$$+ \delta_z \cdot K_{z2} + \cdots + \delta_i K_{zn} = \delta_z \sum_{i=1}^n \cdot K_{zi}$$

$$K_z = \frac{P_z}{\delta_z} = \sum_{i=1}^n K_{zi}$$

$$K_x = \sum_{i=1}^n K_{xi}; \quad K_y = \sum_{i=1}^n K_{yi} \Bigg\}$$
(24)

当外力矩 M_y 绕通过质心的 y 轴旋转时，设转角为 Φ_y，第 i 个隔振器沿 x 向 z 轴向的变位分别为：$\delta_{xi} = \Phi_y \cdot z_i$，$\delta_{xi} = \Phi \cdot x_i$。隔振器所受的作用力分别为：$P_{xi} = \delta_{xi} \cdot K_{xi} = \Phi_y \cdot z_{i0} \cdot K_{xi}$，$P_{zi} = \delta_{zi} \cdot K_{zi} = \Phi_y \cdot x_1 \cdot K_{xi}$，对质心的阻抗力矩为：$M_{yi} = P_{xi} \cdot z_i + P_{zi} \cdot x_i = \Phi_y [P_{xi} \cdot z_i^2 + K_{zi} \cdot x_i^2]$。所有隔振器对绕通过质心的 y 轴旋转的阻抗总力矩为：

$$M_y = \varphi_y \cdot \sum_{i=1}^n [K_{xi} z_i^2 + K_{zi} x_i^2]$$

$$K_{\varphi y} = \frac{M_y}{\varphi_y} = \sum_{i=1}^n K_{zi} x_i^2 + \sum_{u=1}^n K_{xi} z_i^2$$

$$K_{\varphi x} = \frac{M_x}{\varphi_x} = \sum_{i=1}^n K_{yi} z_i^2 + \sum_{u=1}^n K_{zi} y_i^2$$

$$K_{\varphi z} = \frac{M_z}{\varphi_z} = \sum_{i=1}^n K_{xi} y_i^2 + \sum_{u=1}^n K_{yi} x_i^2 \Bigg\}$$
(25)

2 对于按本规范中图 3.2.1c、d 排列时的悬挂式隔振装置，当在 x 轴向或 y 轴向产生位移为 δ 时的作用力为 $P = W\sin\theta$，$\delta = L\sin\theta$，如图 3 所示。根据刚度的定义：$K_x = K_y = \frac{P}{\delta} = \frac{W\sin\theta}{L\sin\theta} = \frac{W}{L}$，同理可得 $K_{\varphi z} = \frac{WR^2}{L}$。

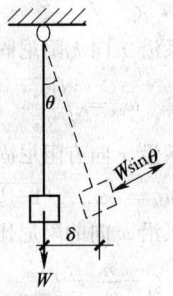

图 3

6 主 动 隔 振

6.1 计 算 规 定

6.1.1 干扰力为简谐时间函数（稳态振动）时，如图 4 所示的主动隔振体系，在扰力 $P_{z(t)} = P_z \sin\omega t$ 作用下，其运动微分方程为：

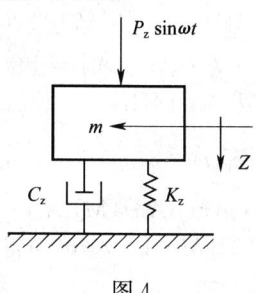

图 4

$$m\ddot{z} + c_z\dot{z} + k_z \cdot z = p_z \cdot \sin\omega t \quad (26)$$

即：

$$\ddot{z} + 2n_z\dot{z} + \omega_{nz}^2 \cdot z = \frac{p_z}{m} \cdot \sin\omega t \quad (27)$$

设其解为：

$$z = a_{zo}e^{j\omega t} \quad (\text{取虚部}) \quad (28)$$

代入式（27）得：

$$(-a_{zo}\omega^2 + j2n_z \cdot a_{zo}\omega + \omega_{nz}^2 \cdot a_{zo})e^{j\omega t} = \frac{p_z}{m} \cdot e^{j\omega t}$$

$$a_{zo} = \frac{p_z}{m(\omega_{nz}^2 - \omega^2) + j(2n_z\omega)}$$

$$= \frac{p_z}{m\sqrt{(\omega_{nz}^2 - \omega^2)^2 + (2n_z\omega)^2} \cdot e^{j\theta_z}}$$

代入式（28）得位移方程：

$$z = \frac{p_z}{m \cdot \omega_{nz}^2} \cdot \frac{1}{\sqrt{\left(1 - \frac{\omega^2}{\omega_{nz}^2}\right)^2 + \left(2\zeta_z\frac{\omega}{\omega_{nz}}\right)^2}}e^{j(\omega t \cdot \theta_2)}$$

$$= a_z \cdot e^{j(\omega t - \theta_z)} = a_z \cdot \sin(\omega t - \theta_z) \quad (29)$$

式（29）中 $a_z = \frac{p_z}{m \cdot \omega_{nz}^2} \cdot \frac{1}{\sqrt{\left(1 - \frac{\omega^2}{\omega_{nz}^2}\right)^2 + \left(2\zeta_z\frac{\omega}{\omega_{nz}}\right)^2}}$;

$\tan\theta_z = \frac{2n_z\omega}{\omega_{nz}^2 - \omega^2}$; $\zeta_z = \frac{n_z}{\omega_z}$; $m\omega_{nz}^2 = K_z$;

当 $\sin(\omega t - \theta_z) = 1$ 时，振动最大，此时振幅值为：

$$a_z = \frac{p_z}{k_z} \cdot \eta_{z \cdot max} ;$$

$$\eta_{z \cdot max} = \frac{1}{\sqrt{\left(1 - \frac{\omega^2}{\omega_{nz}^2}\right) + \left(2\zeta_z\frac{\omega}{\omega_{nz}}\right)^2}} \quad (30)$$

同理，对沿和绕其他各轴向的振动幅值，可用通用公式表示为：

$$a_v = \frac{p_{ov}}{k_v} \cdot \eta_{vmax} ; \quad a_{\varphi v} = \frac{M_{ov}}{K_{\varphi v}} \cdot \eta_{\varphi v \cdot max} \quad (31)$$

$$\eta_{vmax} = \frac{1}{\sqrt{1 - \left(\frac{\omega}{\omega_{nv}}\right)^2 + \left(2\zeta_v\frac{\omega}{\omega_{nv}}\right)^2}} ;$$

$$\eta_{\varphi vmax} = \frac{1}{\sqrt{1 - \left(\frac{\omega}{\omega_{n\varphi v}}\right)^2 + \left(2\zeta_{\varphi v}\frac{\omega}{\omega_{n\varphi v}}\right)^2}}$$

式（31）中 v 分别代表 x、y、z。

阻尼比的计算：

并联阻尼器的阻尼系数。当 n 个阻尼器并联时

（图 5），其阻尼系数分别为：c_{z1}、$c_{z2}\cdots c_{zN}$，在外力 P_z 作用线通过刚度中心时，设块体的运动速度为 $\dot{z}$，则：

$$P_z = P_{z1} + P_{z2} + \cdots + P_{zn} = \dot{z}\sum_{i=1}^{n} c_{zi} \quad (32)$$

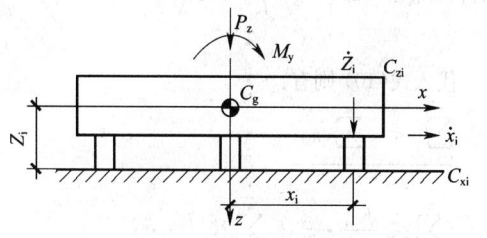

图 5

并联阻尼器的阻尼系数为：

$$c_z = \frac{P_z}{\dot{z}} = \sum_{i=1}^{n} c_{zi} \quad (33)$$

即：

$$c_v = \frac{P_y}{v} = \sum_{i=1}^{n} c_{vi} \quad (34)$$

当外力矩 M_y 绕通过质心的 y 轴旋转时，设转角速度为 ϕ_y，第 i 阻尼器上端沿 x 和 z 轴向的变位速度分别为：$\dot{\delta}_{xi} = \phi_y z_i$，$\dot{\delta}_{zi} = \phi_y x_i$。阻尼器所受的阻力分别为：$p_{xi} = \dot{\delta}_{xi}c_{xi} = \phi_y c_{xi} z_i$；$p_{zi} = \dot{\delta}_{zi}c_{zi} = \phi_y c_{zi} x_i$。对质心的阻力矩为：$M_{yi} = p_{xi}z_i + p_{zi}x_i = \phi[c_{xi}z_i^2 + c_{zi}x_i^2]$

所有阻尼器对绕通过质心的 y 轴旋转的总阻力为：

$$M_y = \dot{\varphi}_y\sum_{i=1}^{n}[c_{xi}z_i^2 + c_{zi}x_i^2] \quad (35)$$

可得：

$$c_{\varphi y} = \frac{M_y}{\dot{\varphi}_y} = \sum_{i=1}^{N} c_{xi}z_i^2 + \sum_{i=1}^{N} c_{zi}x_i^2 \quad (36)$$

$$c_{\varphi x} = \frac{M_x}{\dot{\varphi}_x} = \sum_{i=1}^{N} c_{yi}z_i^2 + \sum_{i=1}^{N} c_{zi}y_i^2 \quad (37)$$

$$c_{\varphi z} = \frac{M_z}{\dot{\varphi}_z} = \sum_{i=1}^{N} c_{xi}y_i^2 + \sum_{i=1}^{N} c_{yi}x_i^2 \quad (38)$$

$$\zeta_x = \frac{\sum_{i=1}^{N} c_{xi}}{2m\omega_{nx}} ; \zeta_y = \frac{\sum_{i=1}^{N} c_{yi}}{2m\omega_{ny}} ; \zeta_z = \frac{\sum_{i=1}^{N} c_{zi}}{2m\omega_{nz}} \quad (39)$$

$$\zeta_{\varphi x} = \frac{\sum_{i=1}^{N} c_{yi}z_i^2 + \sum_{i=1}^{N} c_{zi}y_i^2}{2J_x \cdot \omega_{n\varphi x}} ; \zeta_{\varphi y} = \frac{\sum_{i=1}^{N} c_{zi}y_i^2 + \sum_{i=1}^{N} c_{xi}z_i^2}{2J_y \cdot \omega_{n\varphi y}} ;$$

$$\zeta_{\varphi z} = \frac{\sum_{i=1}^{N} c_{xi}y_i^2 + \sum_{i=1}^{N} c_{yi}x_i^2}{2J_z \cdot \omega_{n\varphi z}} \quad (40)$$

当每个隔振器的特性均相同时：

$$\omega_{nv} = \sqrt{\frac{K_v}{m}} = \sqrt{\frac{n \cdot k_{vi}}{m}} = \sqrt{\frac{K_{vi}}{m_i}} (v = x、y、z) \quad (41)$$

$$\zeta_v = \frac{c_v}{2m\omega_{nv}} = \frac{Nc_{vi}}{2m\omega_{nv}} = \frac{c_{vi}}{2m_i\omega_{nv}} = \zeta_{vi} \quad (42)$$

$$c_{vi} = \zeta_v \cdot 2m_i\omega_{nv} = 2\zeta_v \cdot m_i\sqrt{\frac{k_{vi}}{m_i}}$$

$$= 2\zeta_v \cdot \sqrt{\frac{m_i}{k_{vi}}} \cdot k_{vi} = 2\zeta_v \frac{k_{vi}}{\omega_{nv}} \quad (43)$$

$$m_i = \frac{m}{N}$$

$$2J_v \cdot \omega_{n\varphi v} = 2J_v \cdot \sqrt{\frac{k_{\varphi v}}{J_v}} = 2\sqrt{\frac{J_v}{k_{\varphi v}}} \cdot k_{\varphi v} = 2\frac{K_{\varphi v}}{\omega_{n\varphi v}} \quad (44)$$

代入式（40）则有：

$$\zeta_{\varphi x} = \frac{\sum_{i=1}^{n} c_{yi} z_i^2 + \sum_{i=1}^{n} c_{zi} y_i^2}{2J_x \cdot \omega_{n\varphi x}}$$

$$= \frac{\sum_{i=1}^{n} 2\zeta_y \frac{K_{yi}}{\omega_{ny}} \cdot z_i^2 + \sum_{i=1}^{n} 2\zeta_z \frac{k_{zi}}{\omega_{nz}} \cdot y_i^2}{2\frac{k_{\varphi x}}{\omega_{n\varphi x}}}$$

$$= \frac{\zeta_y \frac{\omega_{n\varphi x}}{\omega_{ny}} \sum_{i=1}^{n} K_{yi} z_i^2 + \zeta_z \frac{\omega_{n\varphi x}}{\omega_{nz}} \sum_{u=1}^{n} K_{zi} \cdot y_i^2}{K_{\varphi x}} \quad (45)$$

同理：$\zeta_{\varphi y} = \dfrac{\zeta_z \frac{\omega_{n\varphi y}}{\omega_{nz}} \sum_{i=1}^{n} K_{zi} x_i^2 + \zeta_x \frac{\omega_{n\varphi y}}{\omega_{nx}} \sum_{u=1}^{n} K_{xi} \cdot z_i^2}{K_{\varphi x}} \quad (46)$

$$\zeta_{\varphi z} = \frac{\zeta_x \frac{\omega_{n\varphi z}}{\omega_{nx}} \sum_{i=1}^{n} K_{xi} y_i^2 + \zeta_y \frac{\omega_{n\varphi z}}{\omega_{ny}} \sum_{u=1}^{n} K_{yi} \cdot x_i^2}{K_{\varphi x}} \quad (47)$$

本规范中所有的扰力值和扰力矩值均为幅值。

6.1.2 双自由度耦合振动时的振动位移。

对于有阻尼的强迫振动，其微分方程为：

$$[M]\{\ddot{\Delta}\} + [C] \cdot \{\dot{\Delta}\} + [K]\{\Delta\}$$
$$= \{g_0\}g(\tau) = [M][M]^{-1}\{g_0\}g(\tau) \quad (48)$$

可设其解和将扰力项中的 $[M]^{-1}\{g_0\}$ 为振型的线性组合：

$$\{\Delta\} = \sum_{i=1}^{2}\{A_k\} \cdot q_k(t) \quad (49)$$

$$[M]^{-1}\{g_0\} = \sum_{k=1}^{2}\beta_k \cdot \{A_k\} \quad (50)$$

根据式（50）可求得：

$$\beta_k = \frac{p_{ox}\rho_{1k} + M_{oy}}{A_{2k}(m\rho_{1k}^2 + J_y)} \quad (51)$$

将式（49）和式（50）代入式（48）得：

$$\sum_{k=1}^{2}\ddot{q}_k(t)[M]\{A_k\} + \sum_{k=1}^{2}\dot{q}_k(t)[c]\{A_k\}$$
$$+ \sum_{k=1}^{2}q_k(t)[K]\{A_k\} = [M]\sum_{k=1}^{2}\beta_k\{A_k\}g(\tau) \quad (52)$$

$$\sum_{k=1}^{2}\{\ddot{q}(t) + q_k(t)[M]^{-1}[c]$$
$$+ q_k(t)[M]^{-1}[k] - \beta_k g(\tau)\}\{A_k\} = \{0\} \quad (53)$$

由：$[K]\{A_k\} = \omega_{nk}^2[M]\{A_k\}$

得：$[M]^{-1}[K] \cdot \{A_k\} = \omega_{mk}^2\{A_k\}$
$$[M]^{-1}[C]\{A_k\} = \alpha[M]^{-1}[K]\{A_k\}$$
$$= \alpha\omega_{nk}^2\{A_k\} = 2n_k\{A_k\} \quad (54)$$

$$\sum_{k=1}^{2}[\ddot{q}_k(t) + 2n_k\dot{q}_k(t) + \omega_{nk}^2 q_k(t)$$
$$- \beta_k \cdot g(\tau)]\{A_l\} = \{0\} \quad (55)$$

等式两侧均乘以 $\{A_l\}^T[M]$：

$$\sum_{k=1}^{2}[\ddot{q}_k(t) + 2n_k\dot{q}_k(t) + \omega_{nk}^2 q_k(t)$$
$$- \beta_k \cdot g(\tau)]\{A_l\}^T[M]\{A_k\} = \{0\}$$

当 $k = l$ 时，$\{A_l\}^T[M]\{A_l\} \neq \{0\}$ 可得：

$$q_l(t) + 2n_l\dot{q}_l(t) + \omega_{nl}^2 \cdot q_l(t) = \beta_l \cdot g(t)$$

对第 k 振型：

$$\ddot{q}_k(t) + 2n_k\dot{q}_k(t) + \omega_{nk}^2 \cdot q_k(t)$$
$$= \frac{p_{0x}\rho_{1k} + M_{0y}}{A_{2k}(m\rho_{1k}^2 + J_y)} \cdot g(t) \quad (56)$$

与式（27）对比，上式与单自由度有阻尼强迫振动的运动微分方程的表达形式是一样的，只不过其中系数包含的内容不同，故求解的方法也相同。

当扰力时间函数为简谐时，$g(t) = \sin\omega t$，其解为：

$$\ddot{q}_k(t) = \frac{p_{0x}\rho_{1k} + M_{0y}}{A_{2k}(m\rho_{1k}^2 + J_y)\omega_{nk}^2}$$
$$\cdot \frac{\sin(\omega t - \theta_k)}{\sqrt{\left(1 - \frac{\omega^2}{\omega_{nk}^2}\right)^2 + \left(2\zeta\frac{\omega}{\omega_{nk}}\right)^2}} \quad (57)$$

代入式（49），即求得式（48）的解为：

$$\{\Delta\} = \left\{\begin{matrix} x(t) \\ \varphi_t(t) \end{matrix}\right\} = \sum_{k=1}^{2}\left\{\begin{matrix} A_{1k} \\ A_{2k} \end{matrix}\right\}q_k(t) = \sum_{k=1}^{2}\left\{\begin{matrix} \rho_{1k} \\ 1 \end{matrix}\right\}A_{2k}q_k(t)$$
$$= \begin{bmatrix} \rho_{11} & \rho_{12} \\ 1 & 1 \end{bmatrix}$$

$$\times \left\{\begin{matrix} \dfrac{P_{ox}\rho_{11} + M_{oy}}{(m\rho_{11}^2 + J_y)\omega_{nl}^2} \cdot \dfrac{\sin(\omega t - \theta_1)}{\sqrt{\left[1 - \left(\frac{\omega}{\omega_{nl}}\right)^2\right]^2 + \left(2\zeta_1\frac{\omega}{\omega_{nl}}\right)^2}} \\[2em] \dfrac{P_{ox}\rho_{12} + M_{oy}}{(m\rho_{12}^2 + J_y)\omega_{n2}^2} \cdot \dfrac{\sin(\omega t - \theta_2)}{\sqrt{\left[1 - \left(\frac{\omega}{\omega_{n2}}\right)^2\right]^2 + \left(2\zeta_2\frac{\omega}{\omega_{n2}}\right)^2}} \end{matrix}\right\} \quad (58)$$

由于是稳态振动，虽然在任意时间 t：$\sin(\omega t - \theta_1) = 1$ 时，$\sin(\omega t - \theta_2)$ 并不一定等于 1，为安全考虑，假设均等于 1，此时振幅值最大，故上式可写为：

$$x_{(t\,max)} = \alpha_x = \sum_{k=1}^{2}\rho_{1k} \cdot \frac{p_{ox}\rho_{1k} + M_{oy}}{(m \cdot \rho_{1k} + J_y)\omega_{nk}^2} \cdot \eta_{k \cdot max}$$

$$\varphi_{y(t\,max)} = \alpha_{\varphi y} = \sum_{k=1}^{2}\frac{p_{ox}\rho_{1k} + M_{oy}}{(m \cdot \rho_{1k} + J_y)\omega_{nk}^2} \cdot \eta_{k \cdot max} \quad (59)$$

式中 $\eta_{k \cdot max} = \dfrac{1}{\sqrt{\left[1 - \left(\frac{\omega}{\omega_{nk}}\right)^2\right]^2 + \left(2\zeta_k \cdot \frac{\omega}{\omega_{nk}}\right)^2}}$ (60)

6.1.5 在隔振基础上任意点的振动幅值的计算方法，特别是扰力（扰力矩）的工作频率均不相同时，或作用时间有相位时，均采用振动幅值绝对值之和，这是既简便又比较安全的。

6.2 旋转式机器

6.2.1 旋转式机器的种类很多，汽轮发电机组系火力发电厂、核电站的主机，为典型的旋转式机器；国际上，一些国家于 20 世纪 70 年代在大型汽轮发电机组，特别是在核电站的汽轮发电机组比较多地采用弹簧隔振基础，目前，采用弹簧隔振基础的火电机组的最大功率为 1300MW、核电机组的最大功率为 1600MW；我国于 20 世纪 70 年代后期开展了汽轮发电机组弹簧隔振基础的试验研究，并在河南某电厂建成了我国第一台 6MW 汽轮发电机组弹簧隔振基础；20 世纪 80 年代随着从国外引进汽轮发电机组，河南鸭河口电厂（2×350MW）、北京第一热电厂（2×200MW）和合肥第二电厂（2×350MW）汽轮发电机组和田湾核电站（2×1000MW）核电机组均成功地采用弹簧隔振基础。国内外工程实践都证明汽轮发电机弹簧隔振基础具有很大的优越性。

火力发电厂的其他旋转式机器，如汽动（电动）给水泵、风扇磨煤机、引（送）风机、碎煤机等，从 20 世纪 80 年代起，逐步在我国工程中应用，近几年有了很大的发展。

汽轮发电机、汽动给水泵采用弹簧隔振基础后，可避免将振动传递给周围环境，有利于改善机器的振动情况，并给机组轴系进行快速找中调平提供了方便条件。在高烈度地震区还可以显著提高其抗震性能。

适用于工业与民用建筑的离心式通风机、离心泵、空调冷水机组等比较普遍的采用弹簧隔振基础，并编制了相应的全国通用建筑标准设计图集。

本条文将旋转式机器分成二类，对其隔振基础的隔振方式、隔振器的选择主要依据工程实践经验作了一般性的规定。

本条文强调弹簧隔振器应具有三维隔振性能，同时对汽轮发电机、汽动给水泵等大型旋转式机器的弹簧隔振基础强调隔振器应与阻尼器一起使用，这些规定都是为了能控制各向的振动线位移。

6.2.2 本条涉及台座型式，台座结构的动力计算。

对汽轮发电机、汽动给水泵等大型旋转式机器，根据工程实践经验，通常都采用钢筋混凝土台座，同时为了满足设备布置的要求，往往需将台座设计成梁式、板式或梁板混合式。

对离心泵、离心通风机等旋转式机器，目前在工程中存在钢筋混凝土板和钢支架两种型式，所以条文按此作了规定，但强调如采用钢支架台座时、应具备足够刚度，避免出现钢支架台座振动过大，对这些机组根据工程经验，可将台座结构假定为刚体进行动力分析。

过去有的工程，机器设备较大，采用钢制台座后，由于参振质量小，使得台座振动过大，而不得不采取改造措施，因此，对其他较大型的旋转式机器台

座型式、由于涉及机器类型较多、条文中没有具体规定，但根据工程实践中出现的问题，一般亦宜采用钢筋混凝土台座。

对汽轮发电机、汽动给水泵采用钢筋混凝土台座结构，如何进行动力分析将涉及很多问题，规范对此明确规定：台座结构应分别计算工作转速时的振动线位移及起动过程中的振动线位移；计算振动线位移时应将台座结构作为弹性体，按多自由度体系进行，这些计算原则与现行国家标准《动力机器基础设计规范》GB 50040 完全一致。通过大量的工程实践，说明现行国家标准《动力机器基础设计规范》GB 50040 大体上是能满足工程建设的需要，但随着汽轮发电机组单机容量的不断加大，目前将发展 1000MW 等级的机组，以及随着基础动力计算技术、动力测试的技术发展，现行国家标准《动力机器基础设计规范》GB 50040 理应作相应的修改和补充，显然这些修改和补充亦都应建立在大量研究工作的基础上，这些工作都有待于现行国家标准《动力机器基础设计规范》GB 50040 的修订时考虑，因此制定《隔振设计规范》宜将其有关的计算原则与现行国家标准《动力机器基础设计规范》GB 50040 取得一致比较好，有利于当前工程建设的需要。

6.2.4 高转速机组、汽轮发电机组、电机的扰力值沿用现行国家标准《动力机器基础设计规范》GB 50040 的规定；其他旋转式机器的扰力参照《火力发电厂土建结构设计技术规定》DL 5022 的规定。这里需要说明的，其他旋转式机器包括机器种类很多，规范中只给出扰力值的一定范围，因此设计者使用的根据机器的具体情况、结合设计经验加以选取。

6.2.5 汽轮发电机、汽动给水泵采用弹簧隔振基础，其基频较常规框架式基础明显降低，频谱特性有所不同，这是弹簧隔振基础其动力特性优于常规基础的特征之一；这个明显的特征，有时亦会带来一些新的情况，当存在低频激振源时（有时与汽轮机连接的管道，在特定条件下可能产生低频随机振动），就会产生较大的低频振动线位移，实际上计算其速度分量很小。对机器振动影响很小；这些现象只能在对基础进行振动实测时才能出现，如将低频振动线位移与高频振动线位移直接叠加，将此数值与允许振动线位移进行对比，显然是不合理的。因此，本条文特别强调在进行振动实测时应进行频谱分析，区别对待各个频段的振动线位移分量。

6.3 曲柄连杆式机器

6.3.1 曲柄连杆式机器的扰力和振动较大，选择合适的隔振方式可以充分利用材料，减小振动，提高经济效益。试验台要求高、大中型机器扰力大时，采用规范图 3.1.2b 所示的支承式可以降低质心，减小回转振动。中小型活塞式压缩机和柴油发电机组量大面

广，隔振要求比试验台低，在满足容许振动值的前提下，采用规范图 3.1.2a 所示的支承式，可以使设备布置和移动方便，有利于推广应用。

6.3.2 针对曲柄连杆式机器的特点，提出一些方案设计的特殊要求。曲柄连杆式机器的水平扰力或回转力矩一般较大，至少 3 个以上的振型都会产生较大振动，按单自由度估算的最小质量往往偏小很多，应以满足基础容许振动值的要求来确定基础的最小质量。同时，发动机的转速是可调的，压缩机在充气与空转之间经常切换，阻尼比不仅要满足启动和停机时通过共振的需要，还应保证正常运转时的平稳，因此隔振体系的最小阻尼比要求，不仅竖向应当满足，其他隔振方向也应当满足。研究和实测结果表明：四冲程发动机的基频与转速的 1/2 对应，且其振动较大，规定其最低工作转速所对应的频率与固有频率之比不宜小于 4，以保证隔振效果。曲柄连杆式机器的自身价值较高，试验台管道多、连接复杂，更换隔振器很困难，采用使用寿命长的优质产品是经济合理的。

6.3.3 曲柄连杆式机器是旋转运动与往复运动相互转化的动力设备，不仅运动部件会产生很大的离心力和惯性力及其力矩，直接作用于基础，而且汽缸内压力的剧烈变化，也会以以下两种主要方式作用于基础：一是以内扰力方式使机器自身产生振动传给基础；二是根据机械的不同支承条件，扭振反作用力矩的部分乃至全部会以外扰力方式直接作用于基础。因此，这类设备的振动强烈，其扰力较其他动力设备复杂得多，一般设计人员难以计算和取值，应由机器制造厂提供。

机器制造厂提供的扰力包括一谐扰力或扰力矩、二谐扰力或扰力矩，方向上分为竖向和水平向，其理论值都有公式可以计算。但二谐扰力，可采用 2 倍于转速的装置予以平衡，应减去它所平衡的部分。理论公式计算得出的扰力或扰力矩值，只是一种理想状况，并未考虑质量误差、汽缸内压力变化等其他因素的影响。因此，隔振设计采用的扰力值，当仅为理论计算值时，需要乘以综合影响系数进行调整，否则可能偏小。因此规范规定：机器的一谐、二谐扰力值和扰力矩值应取计算值乘以综合影响系数 1.1～1.35，当理论计算值较小时取大值，理论计算值较大时取小值。这种情况仅适用于曲柄连杆式机器的缸数较少、平衡性能较差、扰力或扰力矩的理论计算值仍较大的机型。但对于多缸的曲柄连杆式机器，当平衡性能设计得很好时，不仅一谐扰力和扰力矩已平衡，二谐扰力和扰力矩也已平衡，扰力的理论计算值为 0 或很小，致使运动部件的质量误差等综合因素产生的扰力上升至主导地位，这就需要取扰力值为理论计算值与运动部件的质量误差等综合因素产生的扰力值相叠加。运动部件质量误差产生扰力的计算公式，可以

采用误差理论从扰力计算公式推出。规范编制过程中，对此问题做了研究，推导出了由运动部件质量误差等因素产生的综合一谐扰力值计算公式，但由于未经充分的试验验证，暂不列入规范。隔振设计时应要求机器制造厂提供的扰力值包含该部分扰力，当不能提供时，可对有关资料进行分析或经过试验取扰力值。

由于发动机气缸内的压力变化比压缩机剧烈得多，所产生的扭振也大得多，且因曲轴输出端的减振、隔振作用，使扭振的输出力矩与其反作用力矩对基础的作用不对称，即使发动机与测功器或发电机设置在同一刚性基础上，该扰力矩的一部分或绝大部分仍会以外扰力方式作用到基础上。扭振反作用力矩不仅包含与扭振主频率对应的部分，还应包含自基频始低于扭振主频率的低谐波部分，以及内扰力使机器振动传来的等效扰力。隔振设计时应充分注意这一点。当机器制造厂提供这些扰力矩有困难时，可通过对有关资料的分析或试验取等效扰力值。对于 8 缸以上的发动机，由于扭矩不均匀度大大减小，与扭振主频率对应的反作用力矩对基础的振动影响已很小，隔振设计时主要应计入扭振反作用力矩中低于扭振主频率的低谐波部分。

当曲柄连杆式机器与电机或测功器或发电机不设置在同一基础上时，伴随扭振力矩还有一个与功率相对应的静力矩作用在各自的基础上，但所产生的变位一般较小，且为静态的，调速和启动、停机时则为低频或超低频波动，隔振设计时可以不予考虑。

6.3.4 曲柄连杆式机器的隔振计算时，由于扰力的作用方向、相位和干扰频率的不同，适宜以单一扰力或扰力矩作用下，按第 6.1 节的基本公式计算质心点和验算点的振动位移，然后再考虑各扰力的频率和相位差，将计算所得的振动位移和速度叠加，计算总的振动位移和速度。一谐水平扰力与竖向扰力相位差为 90°，采用平方和开方叠加是适合的。但当隔振体系的质心至刚度中心的距离大于隔振器至主轴中心线的水平距离、管道连接未完全采用柔性接头时，隔振体系的实际模型会偏离其计算假定，系统将产生较大的附加振动，此时按平方和开方叠加计算总振动值偏于不安全，应取绝对值相加。当活塞到达其行程的上死点时，一谐扰力与二谐扰力同时达到最大值，因此最大幅值应按绝对值相加。二谐水平扰力与竖向扰力的相位差与汽缸中心线的夹角有关，有的同时达到最大值，有的有相位差，可以都按同相位相加。根据实测波形的频谱图分析，以上规定是合适的。测功器的扰力比发动机的要小得多，计算中可以不计；配套电机的扰力比测功器大，不能忽略，可以按 6.2 节的方法计算或将按本节计算的振动位移和速度乘以增大系数 1.1～1.2 作适当提高，机器的平衡性能好时取大值，平衡性能差时取小值。

6.3.5 试验台根据用途不同，容许振动值也不同，而普通机器隔振，则只要满足机器自身的振动要求就可以了。验算点的位置，比第 4 章的规定更具体，其原因有二：一是试验台有时台面很大，台面角点离设备很远，代表性差；二是曲柄连杆式机器的回转振动大，当回转振动角较大时，台座结构顶面的水平振动可能比主轴处小得多，为避免基础摇摆过大，要求取水平振动的第二验算点在主轴端部。新产品尚未成熟，影响振动的一些因素尚在摸索中，振动比已定型的产品大一些是正常的。计算值与容许振动值之间需要留较大余地。

6.3.6 试验台需有较好的通用性，要适应多种机型的安装和试验要求，需要对试验台采取平衡措施，使无论哪种机型安装，都能满足隔振体系的质量中心与刚度中心处在同一铅垂线上的计算假定。一般情况下，测功器的位置是固定的，不同机器的质量和质心位置各不相同，这就会在旋转轴方向导致隔振体系的质量中心偏离刚度中心。在此方向上，如要求所有机型安装时都不产生偏心，有时是困难的，或给使用带来很大不便，经试算，当偏心不超过试验台该方向边长的 1.5%时，隔振器的最大应力与最小应力之比在 1.14 左右，与平均值偏差约 7%，台面两端高差 7～10mm。与计算假定基本相符，对试验台的隔振性能和隔振器使用寿命影响不大，将其规定为最不利情况下试验台的容许偏心极限值；另一方向应按无偏心设计。

试验台是一种特殊的隔振基础，因此构造上也有特殊要求。首先，它的质量很大，设计要考虑隔振器安装时，操作方便与安全和支承结构的受力与稳定，否则易造成事故；其次，由于高温、潮湿、油多、水多、环境较恶劣等，台面经常要用水冲洗，管道软接头也要考虑这些因素的影响；再次，它要通风、散热，管道多，设计中应与工艺、暖通和水道专业密切配合。

6.4 冲击式机器

6.4.1 锻锤隔振后应满足下列基本要求：

1 "基础和砧座的最大竖向振动位移不应大于容许振动值"，是指隔振后基础和砧座的竖向振动位移值应小于用户提出的容许振动值或有关规范标准规定的容许值。若用户或规范规定的容许值是距锻锤一定距离处的容许值，则应根据具体地质条件和振动在地基中的传播规律，换算出锻锤基础的竖向容许振动值，通过控制基础的振动值来控制距锻锤一定距离处振动容许值。砧座的最大竖向振动位移容许值，在本规范 4.2 节已有规定；国内外大量的锻锤隔振实践已经证明，砧座振幅接近 20mm 时，既不影响生产操作，也不影响打击效率，并可有效地节省投资；而在砧座下设置钢筋混凝土台座，即设有浮动的块体式基

础时，砧座与块体基础一起运动，因运动部分质量增大，其竖向振动位移很容易达到小于 8mm 的要求，从而使砧座运动更为平稳。

2 "锻锤在下一次打击时，砧座应停止振动"和"锻锤打击后，隔振器上部质量不应与隔振器分离"，都是锻锤生产操作的实际需要。

为满足以上要求，锻锤隔振系统的阻尼比通常在 0.25～0.30 的范围内较为合理。

6.4.2 锻锤隔振后砧座最大竖向位移值的计算，采用单自由度模型是因为锻锤隔振后砧座的振幅均在 10mm 左右，而其基础的振幅均在 0.5mm 以下，二者相差一个数量级以上，计算砧座振幅时认为基础不动，不会带来多大误差。

6.4.3、6.4.4 砧座与基础的最大位移值计算。

1 规范中图 6.4.2-1 所示单自由度振动模型，受锤头 m_0 以速度 V_0 冲击后，按质心碰撞理论，砧座 m_s 将获得初始速度 V_1：

$$V_1 = \frac{(1+e_1)\ m_0 V_0}{(m_s + m_0)} \tag{61}$$

式（61）中 e_1 为无量纲的回弹系数。

按单自由度有阻尼系统振动理论，受初始速度 V_1 激励后，质量 m_s 将按图 6 所示曲线作为衰减的自由振动，即砧座的位移随时间变化的规律可由下式描述：

$$X_1 = \frac{V_1}{\omega_n} \sin\omega_n t \cdot \exp\left[-\zeta_z \omega_n t\right] \tag{62}$$

式（62）中，$\omega_n = \sqrt{\dfrac{K_1}{m_s}}$，是系统的固有频率；$\zeta_z = \dfrac{C_z}{2\sqrt{m_s K_1}}$，是隔振系统的阻尼比；$C_z$ 是隔振器的阻尼系数。

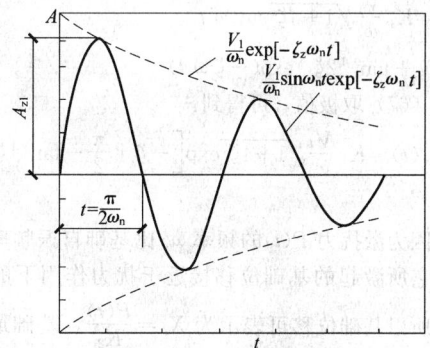

图 6　砧座位移随时间变化曲线

当砧座振动 1/4 周期时，即 $t = \dfrac{\pi}{2\omega_n}$ 时，其位移达到最大值 A_{z1}，按式（62）计算。

$$A_{z1} = \frac{V_1}{\omega_n}\sin\frac{\pi}{2}\exp\left[-\zeta_z\frac{\pi}{2}\right] = \frac{V_1}{\omega_n}\exp\left[-\zeta_z\frac{\pi}{2}\right] \tag{63}$$

隔振锻锤砧座位移的最大值为：

$$A_{z1} = \frac{m_0 V_0}{(m_0 + m_s)} \frac{(1+e_1)}{\omega_n} \exp\left[-\zeta \frac{\pi}{2}\right] \quad (64)$$

2 计算隔振后基础最大竖向位移采用规范图 6.4.2-2 所示单自由度强迫振动模型,是因为:隔振后砧座振动频率 $\omega_n = \sqrt{\dfrac{K_s}{m_s}}$ 比基础自振频率小得多,二者耦合的影响很小,隔振系统对基础的激扰,可以近似看成按规范图 6.4.2-1 所示砧座单自由度振动模型计算出的砧座位移与速度引起的隔振器中弹性力与阻尼力对基础的激扰,规范图 6.4.2-2 中 $P(t)$ 为隔振器施加给基础的动载荷,包括弹性力与阻尼力。图中所示地基刚度 K_2 为折算刚度,是按现行国家标准《动力机器基础设计规范》GB 50040 中的有关规定查出地基抗压刚度系数 C_z 乘以基础底面积计算出地基的抗压刚度 K_z 之后,乘以修正系数 2.67 后得到的。修正系数 2.67,实际上是综合考虑了基础侧面回填土的影响和地基土阻尼作用得到的,因而 K_z 也反映了地基阻尼的影响。力学模型中未直接表示出阻尼,则可以使计算大为简化。

通过隔振器作用于基础的动载荷 $P(t)$ 包括两部分:与砧座位移成比例的弹性力 $P_1(t)$ 和与砧座速度成比例的阻尼力 $P_2(t)$。其中:

$$P_1(t) = K_1 X_1(t) = K_1 \frac{V_1}{\omega_n} \sin\omega_n t \exp[-\zeta_z \omega_n t] \quad (65)$$

$$P_2(t) = C_1 \dot{X}_1(t) = 2\zeta_z m \omega_n V_1 \cos\omega_n t \exp[-\zeta_z \omega_n t]$$
$$= 2\zeta_z \frac{K_1 V_1}{\omega_n} \cos\omega_n t \exp[-\zeta_z \omega_n t] \quad (66)$$

弹性力与阻尼力之和:
$$P(t) = P_1(t) + P_2(t)$$
$$= \left(K_1 \frac{V_1}{\omega_n}\sin\omega_n t + 2\zeta_z \frac{K_1 V_1}{\omega_n}\cos\omega_n t\right)\exp[-\zeta_z\omega_n t]$$
$$= K_1 \frac{V_1}{\omega_n}\sqrt{1+4\zeta_z^2}\sin(\omega_n t + \tan^{-1}2\zeta_z)\exp(-\zeta_z\omega_n t) \quad (67)$$

对式(67)取极值,可得到:
$$P_{\max}(t) = K_1 \frac{V_1}{\omega_n}\sqrt{1+4\zeta_z^2}\exp\left[-\zeta_z\left(\frac{\pi}{2}-\tan^{-1}\zeta_z\right)\right] \quad (68)$$

因为激励力 $P(t)$ 的频率 ω_n 比基础自振频率小得多,它所激起的基础位移接近于扰力作用下的静位移,所以基础位移可表示为 $X_2 = \dfrac{P(t)}{K_2}$,基础最大位移 A_{z2} 可表示为:

$$A_{z2} = \frac{P_{\max}(t)}{K_2} = \frac{K_1(1+e_1)m_0 V_0}{K_2\omega_n(m_s + m_0)}$$
$$\sqrt{1+4\zeta_z^2}\exp\left[-\zeta_z\left(\frac{\pi}{2}-\tan^{-1}\zeta_z\right)\right] \quad (69)$$

6.4.5 压力机隔振参数的计算。

压力机隔振参数的计算是指机械压力机隔振参数的计算。机械压力机传动系统中因设有离合器与制动器,运行时离合器结合、制动器制动以及冲压工件都

会激起振动。离合器结合与制动器制动激起的振动,性质与强度相同,只是方向相反,因而可以只计算离合器结合时的振动,而不再计算制动器制动时的振动。冲压工件时激起的振动,因性质不同而需单独计算。由于压力机隔振后其基础振动远小于压机自身的振动,分析压机自身振动时近似认为基础不动;分析基础振动时则把因压机振动引起隔振器伸缩而作用于基础的动载荷看作基础振动的扰力。

1 离合器结合时,曲柄连杆机构突然加速的惯性力,通过轴承水平地作用在机身上,激起压力机作摇摆振动,其力学模型见规范中的图 6.4.5-1。因为离合器结合过程时间很短,作用于轴承处的冲击力的大小难以计算,但结合过程中通过主轴轴承作用于机身的冲量 N 正好等于曲柄连杆机构所获得的动量,可用下式表示:

$$N = m_z r n_y \quad (70)$$

式中 N——通过主轴由轴承 O' 作用于机身的冲量;
m_z——主轴偏心质量与连杆折合质量之和,连杆折合质量可取连杆质量的 1/3;
r——曲柄半径;
n_y——压力机主轴的额定转速。

因为压力机主轴轴承 O' 的位置较高,在此冲量作用下,压力机将产生摇摆振动。

由于设在压力机机脚处的隔振器的横向刚度通常都远大于竖向刚度,振动时压力机机脚处的横向位移趋近于零,可近似认为隔振器横向刚度为无穷大。

压力机绕质心的回转半径 R_1:

$$R_1 = \sqrt{\frac{J}{m_y}} \quad (71)$$

式(71)即规范中的公式(6.4.5-2)。

在水平扰力激励下,按规范中图 6.4.5-1 所示力学模型,压力机将绕底部中点作单自由度摆动,其微分方程为:

$$(J + h_1^2 m_y)\ddot{\phi} + \left(\frac{C}{2}\right)^2 C_z \phi + \left(\frac{C}{2}\right) K_1 \phi = 0$$

$$(R_1^2 + h_1^2)m_y \ddot{\phi} + \left(\frac{C}{2}\right)^2 C_z \phi + \left(\frac{C}{2}\right)^2 K_1 \phi = 0 \quad (72)$$

式(72)中第 1 项是压力机的摆动惯性力矩,第 2 项是压力机承受的来自隔振器的阻尼力力矩,第 3 项是压力机承受来自隔振器的弹性反力矩。摆动的固有频率 ω_k 为:

$$\omega_k = \sqrt{\frac{C^2 K_1}{4 (R_1^2 + h_1^2) m_y}} \quad (73)$$

系统的阻尼比为 $\zeta_{z1} = \dfrac{C_z C}{4 \sqrt{(R_1^2 + h_1^2) m_y K_1}}$

利用初始条件 $t=0$ 时,压力机获得的动量矩等于冲量矩,可求出压力机摇摆的初角速度 $\dot{\phi}$:

$$\phi=\frac{(l+h_1)\,N}{J+h_1^2 m_y}=\frac{(l+h_1)\,m_p r\omega}{(R_1^2+h_1^2)\,m_y} \tag{74}$$

按此初始条件解微分方程（72），可以得到离合器结合后压力机摇摆振动 1/4 周期引起的顶部最大水平位移：

$$A_{yh}=\frac{hm_z rn_y\,(l+h_1)}{m\omega_k\,(R_1^2+h_1^2)}\exp\left(-\zeta\,\frac{\pi}{2}\right) \tag{75}$$

压力机工作台两侧的最大竖向位移为：

$$A_{z3}=\frac{cm_z rn_y\,(l+h_1)}{2m_y\omega_k\,(R_1^2+h_1^2)}\exp\left(-\zeta_z\,\frac{\pi}{2}\right) \tag{76}$$

2 冲压工件时，忽略掉基础的振动，则隔振压力机的力学模型如规范中图 6.4.5-2 所示，图中 m_t 为压力机头部的质量，m_g 为压力机工作台的质量，K_4 是压力机机身的刚度，（包括立柱刚度和拉杆刚度），K_1 是隔振器的刚度，P 是压力机工作压力。

因为冲压工艺力一般是从小到大，然后突然消失，而最典型的工况是冲裁：当冲裁力达到最大值时，工件断裂使机身突然失去载荷而引起振动。压力机最严重的振动发生在以额定压力冲裁工件时，为使分析简化，可以近似认为冲裁加载阶段只引起机身静变形 $X_1=p/K_4$，突然失荷时，机身因弹性恢复而产生自由振动。按规范图 6.4.5-2 所示双自由度振动模型，其自由振动微分方程为：

$$\begin{cases} m_t\ddot{X}_1+K_4(X_1-X_2)=0 \\ m_g\ddot{X}_2-K_4(X_1-X_2)+K_1 X_2=0 \end{cases} \tag{77}$$

按初始条件：

$$\begin{cases} X_1(0)=-P/K_4 \\ X_2(0)=\dot{X}_2(0)=\dot{X}_1(0)=0 \end{cases} \tag{78}$$

可得出压力机头部与工作台的位移表达式：

$$\begin{cases} X_1=\dfrac{\dfrac{P}{K_4}\left(\dfrac{K_4}{m_t}-\omega_1^2\right)}{\omega_1^2-\omega_2^2}\cos\omega_2 t-\dfrac{\dfrac{P}{K_4}\left(\dfrac{K_4}{m_t}-\omega_2^2\right)}{\omega_1^2-\omega_2^2}\cos\omega_1 t \\[4mm] X_2=\dfrac{\dfrac{P}{K_4}\left(\dfrac{K_4}{m_t}-\omega_2^2\right)\left(\dfrac{K_4}{m_t}-\omega_1^2\right)}{\dfrac{K_4}{m_t}(\omega_1^2-\omega_2^2)}(\cos\omega_2 t-\cos\omega_1 t) \end{cases} \tag{79}$$

式（79）中 ω_1、ω_2 为系统的一阶和二阶固有频率。

对式（79）的分析表明，当刚度比 $K_4/K_1>10$ 以后，压力机头部和压力机工作台的最大位移，就几乎与隔振器的刚度 K_1 无关，而只是机身刚度 K_4 与质量比 m_1/m_2 的函数，可表示为：

$$\begin{cases} X_{1max}=\dfrac{2pm_g}{K_4(m_t+m_g)} \\[3mm] X_{2max}=\dfrac{2pm_t}{K_4(m_t+m_g)} \end{cases} \tag{80}$$

实际上压力机隔振器的刚度 K_1 远小于机身刚度 K_4，比值 K_4/K_1 均在 50 以上，用式（80）计算冲压时压力机头部与工作台的最大竖向位移，有足够的可信度。

3 冲压工件时基础竖向位移的计算。将隔振压力机基础的振动，看成是通过隔振器作用于基础的动载荷激起的振动，忽略隔振器的阻尼力，可得到图 7 所示力学模型，图中 P_2 是隔振器作用于基础的载荷，K_1 是隔振器的刚度，$X_2(t)$ 是压力机工作台即机座的位移，m_3 是基础质量，K_2 是基础底部地基土的抗压刚度。

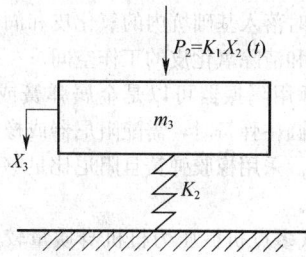

图 7 压力机基础振动时的力学模型

因为隔振器刚度 K_1 远小于地基土抗压刚度 K_2，隔振器的伸缩频率，即扰力 P_2 的频率远小于基础 m_3 的自振频率，按单自由度强迫振动理论，此时基础的位移可近似看成扰力 P_2 作用下基础的静位移，即：

$$X_3(t)=\frac{P_{2(t)}}{K_2}=\frac{K_1 X_2(t)}{K_2} \tag{81}$$

由于压机工作台即机座的最大位移 $X_2(t)_{max}=A_{z4}$，所以基础的最大竖向位移 A_{z5} 可表示为：

$$A_{z5}=X_3(t)_{max}=\frac{X_2(t)_{max}\cdot K_1}{K_2}=\frac{A_{z4}K_1}{K_2} \tag{82}$$

6.4.6 设计锻锤隔振装置应注意以下几点：

1 当锻锤砧座质量较大，依靠砧座质量能有效承载振动能量、控制砧座振幅时，可以只对砧座隔振（称砧下直接隔振），以减少隔振工程量；当砧座质量相对较小时，可在砧座下增设钢筋混凝土台座（称惯性块），或通过钢筋混凝土台座将砧座与锤身结为一体，将隔振器设在钢筋混凝土台座下部，对砧座——惯性块实行整体隔振（称有惯性块式隔振），以控制打击后的砧座振幅。

2 锻锤的打击中心、隔振器的刚度中心和隔振器上部质量的质心，应尽可能布置在同一铅垂线上，若对砧座与锤身实行整体式隔振，设计单臂锻锤联结砧座与锤身的钢筋混凝土台座（即惯性块）时，应使惯性块的重心置于与锤身对称的一侧，使砧座—锤身—惯性块的整体重心尽量与砧座重心即锻锤的打击中心重合。

3 当砧座或惯性块底面积较大，且重心与底面之间的距离较小时，可直接将隔振器置于砧座或惯性块的下部，构成支承式隔振结构；当砧座底面积较小，砧座重心的位置相对于砧座底面较高，又不采用钢筋混凝土台座（惯性块）时，可将整个砧座悬吊在隔振器下部，隔振器则布置在砧座旁与砧座重心高度相近的水平面上，构成悬吊式隔振结构，以增加砧座运行的稳定性。

4 锻锤隔振后，砧座将产生幅度 10mm 左右的振动位移，为防止打击后砧座侧向晃动，宜对砧座或惯性块设置导向或防偏摆的限位装置。

5 锻锤的砧座和惯性块结构庞大，起吊困难，通常应在安装隔振器的基础坑内留出便于工人维修和调整隔振器的空间，并预设放置千斤顶的位置。为清除锻锤工作时落入基础坑内的氧化皮和润滑液，坑内应有积液池和清除氧化皮的工作空间。

6 锻锤用隔振器可以是金属弹簧或橡胶弹簧。采用钢螺旋圆柱弹簧时，需配阻尼器或橡胶，以保证足够的阻尼。采用橡胶弹簧且阻尼比足够大时，可不另配阻尼器。

6.4.7 闭式多点机械压力机机身质量较大，工作台面宽，通常可将隔振器直接装在机脚处而不另设钢筋混凝土台座。

对于动力系统在机身上部、工作台面较窄的闭式单点压力机，可在机身下设置钢制台座，在台座下安装隔振器，以加大隔振器之间的距离，提高压力机的稳定性。

开式压力机工作台的中心与机身重心不在一条铅垂线上，需在机身下设置台座，在台座下再安装隔振器，以调整隔振器上部质量重心的位置，使其尽可能靠近工作台中心线，并拉开隔振器之间的距离，使隔振器刚度中心靠近工作台中心，避免压机工作时摇晃。

7 被动隔振

7.1 计 算 规 定

7.1.1、7.1.2 被动隔振仅考虑支承结构（或地基）作用的简谐干扰位移 $a_{ov}(t) = a_{ov}\sin\omega t$ 和简谐干扰转角 $a_{ov}\phi_v(t) = a_{ov}\phi_v\sin\omega t$（如图 8），而不考虑作用有脉冲干扰位移和脉冲干扰转角的情况，这种情况对支承结构（或地基）来说是不会发生的。

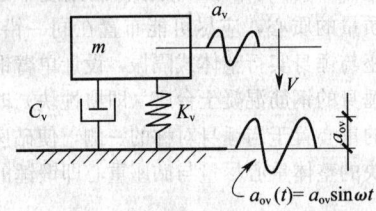

图 8

图 8 所示的隔振体系，质点 m 的运动微分方程为：

$$
\left.
\begin{aligned}
& m\ddot{V}(t) + C_v\left[\dot{V}(t) - \dot{a}_{nv}(t)\right] \\
& + K_v[V(t) - a_{ov}(t)] = 0 \\
& \ddot{V}(t) + 2n_v\dot{V}(t) + \omega_{nv}^2 V(t) \\
& = 2n_v\dot{a}_{ov}(t) + \omega_{nv}^2 a_{ov}(t)
\end{aligned}
\right\}
\tag{83}
$$

式中
$$
2n_v = \frac{C_v}{m} \quad ; \quad \omega_{nv}^2 = \frac{K_v}{m}
\tag{84}
$$

令　$a_{ov}(t) = a_{ov}\cdot\sin\omega t = a_{ov}\cdot e^{j\omega t}$（取虚部）

则：　$V(t) = V_o\cdot e^{j\omega t}$（取虚部）
$\tag{85}$

代入式(83)则得：

$$
\left.
\begin{aligned}
V_o &= \left[(\omega_{nv}^2 - \omega^2) + j2n_v\cdot\omega\right]e^{j\omega t} \\
&= a_{ov}(\omega_{nv}^2 + j2n_v\cdot\omega)\cdot e^{j\omega t} \\
V_o &= a_{ov}\frac{\sqrt{(\omega_{nv}^2)^2 + (2n_v\omega)^2}\cdot e^{j\delta_v}}{\sqrt{(\omega_{nv}^2 - \omega^2)^2 + (2n_v\omega)^2}\cdot e^{j\theta_v}}
\end{aligned}
\right\}
\tag{86}
$$

式中　$\tan\delta_v = \dfrac{2n_v\cdot\omega}{\omega_{nv}^2}$；$\tan\theta_v = \dfrac{2n_v\cdot\omega}{\omega_{nv}^2 - \omega^2}$

代入式(85)则得式(83)的解为：

$$
\begin{aligned}
V(t) &= a_{ov}\cdot\frac{\sqrt{1 + \left(2\zeta_v\dfrac{\omega}{\omega_{nv}}\right)^2}}{\sqrt{\left[1 - \left(\dfrac{\omega}{\omega_{nv}}\right)^2\right]^2 + \left(2\zeta_v\dfrac{\omega}{\omega_{nv}}\right)^2}} \\
&\quad \cdot\sin(\omega t + \delta_v - \theta_v) \\
&= a_v\cdot\sin(\omega t + \delta_v - \theta_v)
\end{aligned}
\tag{87}
$$

上式当 $\sin(\omega t + \delta_v - \theta_v) = 1$ 时，得最大振幅值为：

$$
\left.
\begin{aligned}
a_v &= a_{ov}\cdot\eta_{v\cdot max} \\
a_{\psi v} &= a_{o\psi v}\cdot\eta_{\psi v\cdot max}
\end{aligned}
\right\}
\tag{88}
$$

式中　
$$
\eta_{v\cdot max} = \frac{\sqrt{1 + \left(2\zeta_v\cdot\dfrac{\omega}{\omega_{nv}}\right)^2}}{\sqrt{\left[1 - \left(\dfrac{\omega}{\omega_{nv}}\right)^2\right]^2 + \left(2\zeta_v\cdot\dfrac{\omega}{\omega_{nv}}\right)^2}} ; \quad \zeta_v = \frac{n_v}{\omega_{nv}}
$$

$$
\eta_{\psi v\cdot max} = \frac{\sqrt{1 + \left(2\zeta_{\psi v}\cdot\dfrac{\omega}{\omega_{n\psi v}}\right)^2}}{\sqrt{\left[1 - \left(\dfrac{\omega}{\omega_{n\psi v}}\right)^2\right]^2 + \left(2\zeta_v\cdot\dfrac{\omega}{\omega_{n\psi v}}\right)^2}} ; \quad \zeta_v = \frac{n_{\psi v}}{\omega_{n\psi v}}
$$

$\tag{89}$

对于双自由度耦合振型的被动隔振系统的计算公式同样可参照上述方法和主动隔振的计算公式进行推导而得，这里不再详述。

7.2 精密仪器及设备

7.2.1 减弱环境振动对精密设备仪器及设备的影响，应是一项综合措施，综合措施一般包括：减弱建筑物地基基础和建筑结构振动、振源设备隔振及对精密仪器及设备隔振，对于要求较高的精密仪器及设备，往往不可能只采取单一的措施就能达到目的，采取综合措施尤为重要，而对精密仪器及设备进行隔振，仅是其中的一项措施。由于精密仪器及设备感受的是一个十分微量的振动，而这样微量的振动，其影响因素及传递途径都较复杂，因此在工程设计中，对它采取的综合措施，常分阶段实施，其间还需要进行分阶段实测微振动，为下一步措施提供数据。

7.2.2 精密仪器及设备的隔振设计，除应按本条规定进行外，还有必要进行多方案比较，其中包括选择不同的隔振器、阻尼器以及不同的台座形式等，从中选择优化方案，特别对于防微振要求较高的或大型的精密仪器及设备，隔振工程的投资量较大，在满足要求的前提下，尚应节省投资，更需要进行方案比较。

7.2.3 隔振体系应具有恰当的阻尼比，根据实践经验，阻尼比不宜小于 0.10。

7.2.4 对于大型及超长型台座，在隔振计算时不能将台座视为刚体，需要计算台座本身的固有频率，进行模态分析，并考虑外部干扰振动位移作用下的振动响应。

7.2.5 隔振设计中采用商品隔振器时，要求供应商提供隔振器刚度、刚度中心坐标值、阻尼比、承载力及安装尺寸等数据，以便于进行隔振计算。

对于商品隔振台座，特别如配置空气弹簧隔振装置的隔振台座，要求供应商提供隔振体系固有频率、阻尼比、隔振台座承载力及高度控制阀的灵敏度等有关数据，以便于进行振动响应计算。

7.3 精密机床

本节的精密机床是指精度较高的加工机床或类似的精密机器，如轧辊磨床、加工中心、精密磨床、铣床和三坐标测量机等。

7.3.1 本条列出了机床被动隔振设计应考虑的内容。

精密机床对环境振动要求较高，不同场地的环境振动相差可达 10 倍以上，选择好的场地可以减少消极隔振的难度，以最低的成本达到事半功倍的效果。设计前应对候选场地进行环境振动测试，并根据测试结果优选精密机床工作场地。

隔振体系在外部干扰力作用下的振动响应的计算见 7.1 节"计算规定"，主要计算隔振体系质心处或参考点处的振动位移或速度。

上述两项振动叠加后应满足机床的容许振动值，不满足时可降低隔振体系固有频率或加大台座质量，仍不满足时应考虑其他辅助措施，如对振源采取主动隔振措施。

7.3.2 当机床采用固定基础时，机床上慢速往复运动的部件不会使机床产生可见的倾斜。但在弹性基础的情况下，移动部件如轧辊磨床的移动砂轮工作台会使机床质量重心变化而使机床稍微倾斜，这是采用弹性基础无法避免的特点，但大多数情况下并不影响机床的功能和精度。只有倾斜度过大，或某些机床对重力较敏感时，才有必要控制。采用式（7.3.2）可快速方便地计算机床的倾斜度及变化。

式（7.3.2）既适用于绝对倾斜度的计算（相对于床身为水平时的初始状态），也适用于移动质量质心任意两位置之间的相对倾斜度变化的计算。

7.3.3 计算机床内部干扰力产生的振动响应时，按框架式台座计算要比按大块式台座复杂得多，参见现行国家标准《动力机器基础设计规范》GB 50040。多数情况下机床和台座的刚度及质量相对于内部干扰力较大，按大块式台座计算已足够准确，亦即将台座结构视作刚体。为了既能简化计算又不失原则性，本条

借鉴德国工业标准 DIN 4024，推荐了频率控制方法和相应算式，按此方法可以较快地确定台座结构的尺寸，并避免台座与内部干扰源产生共振，使满足该条件的台座可按大块式台座计算。

如果台座结构的一阶弯曲固有频率不能满足不小于机床最高干扰频率的 1.25 倍时，可加大台座结构的质量或厚度使之满足，仍不满足时，应按框架式台座计算台座的振动响应。

7.3.4 当机床台座为大块式，且产生的振动响应也很小时，可不必计算内部扰力引起的振动响应，本条借鉴德国工业标准 DIN 4024 给出了量化的判据。

7.3.5 本条列出了应设台座结构的情况及用途。设置台座结构增加隔振体系的质量可以减少机床内部扰力产生的振动；对于同等的移动质量，设置台座结构增加隔振体系的质量可以降低机床的倾斜度。

7.3.7 阻尼的作用是当机床受到振动干扰时，吸收振动能量，抑制系统振幅，使机床迅速恢复平稳，但阻尼太大会降低隔振效率。由于精密机床一般扰力不大，隔振系统的阻尼比取 0.10 已足够。当机床有加速度较大的回转部件或快速移动部件时，如精密加工中心，应适当加大阻尼比，以保证机床的稳定性，此时应取 0.15。

7.3.8 高度调节元件能方便设备安装调平，并可以在基础沉降发生后的重新调平。

8 隔振器与阻尼器

8.1 一般规定

8.1.1 本条规定了隔振器和阻尼器应有的性能。

8.1.2 本文给出了隔振器和阻尼器的选用应具备的参数。

8.1.3 本条要求在隔振设计时，尽可能选用定型产品的隔振器。

8.2 圆柱螺旋弹簧隔振器

8.2.1 本条为圆柱螺旋弹簧隔振器的分类和适用范围。鉴于市场上已有配阻尼的圆柱螺旋弹簧隔振器可供选用，且隔振器厂家的产品质量更有保证，隔振设计时，设计、制造非标准弹簧和隔振器的必要性已不大，因此，本节仅对隔振器的设计、选用和阻尼配置作出规定。弹簧设计已有国家标准，除与隔振器性能参数的确定直接有关的内容外，不再列入规范。

8.2.2 圆柱螺旋弹簧隔振器是一种性能稳定、使用最广泛的隔振器。由于它自身的阻尼很小，为了保证其隔振性能，就应根据隔振方向的不同配置阻尼，可以是材料阻尼，也可以是介质阻尼器。材料阻尼或介质阻尼器适宜配置于隔振器内，这样才能节约空间、便于布置和安装。配置于隔振器外的阻尼器，只有与

隔振器并联，且上部和下部都分别与台座结构和支承结构固定牢靠，才能发挥作用。为了保证阻尼特性与弹簧的性能相匹配，除应符合第8.1节的要求外，对阻尼器的构造和材料的使用寿命也提出了相应要求，以免因阻尼器的运动体与固定体之间的间隙过小，以及材料易老化、性能欠稳定等缺陷影响隔振器的整体性能和使用寿命。

8.2.3、8.2.4 根据不同用途和使用环境选用弹簧材料，有利于充分发挥材料性能、保证产品质量。弹簧线材的机械性能相关标准有规定，应直接采用。主动隔振和被动隔振的容许剪应力较 JBJ 22—91 都作了较大提高。这是由于：被动隔振为静荷载，弹簧的容许剪应力应以静荷载控制，考虑到隔振器所用弹簧要求弹性稳定、不允许塑性变形、寿命长、不便更换的特殊要求，规定被动隔振时，可按Ⅲ类弹簧降低12%取值，以避免超过产生塑性变形的应力极限；除冲击式机器以外的主动隔振时，由于容许振动值的控制，弹簧的最大应力与最小应力之比也接近 1.0，基本仍为静荷载起控制作用，但毕竟长期处于振动环境中，可按Ⅱ类弹簧取值；用于冲击式机器隔振的弹簧，剪应力为疲劳控制，容许剪应力值应予降低，降低的幅度与变负荷的循环特征等因素有关，因此可按Ⅰ类弹簧取值或进行疲劳强度验算取值。为保证弹簧的弹性、韧性和可靠性，规定弹簧在试验负荷下压缩或压并 3 次后，产生的永久变形不得大于其自由高度的 3‰。

8.2.5 钢螺旋圆柱弹簧的动力参数有承载力、轴向刚度、横向刚度、一阶颤振固有频率。除横向刚度外，计算公式与国家标准《圆柱螺旋弹簧设计计算》GB/T 1239.6 一致。横向刚度的计算，采用原行业标准《隔振设计规范》JBJ 22—91 的公式，并与德国标准 DIN 2089 的计算公式作了对比。通过计算及与试验结果的对比分析发现：弹簧横向刚度计算公式的误差比轴向刚度计算公式的要大一些，且决定横向刚度的主要因素是弹簧的高径比，压缩量的变化对横向刚度的影响较小，当横向刚度不小于轴向刚度的 45% 时，在工作荷载范围内的计算结果，与取工作荷载的中值计算所得的弹簧横向刚度相比，误差均不超过±5%，小于公式自身带来的计算误差和制造误差，是工程所允许的。当需要更为精确的横向刚度时，应通过试验确定。这样修改后，隔振器提出横向刚度参数就有了依据。考虑到大荷载、大直径弹簧的一阶颤振固有频率较低，且只要求避免共振，因此只要求一阶颤振固有频率应大于干扰频率的 2 倍，以利于大荷载、大直径弹簧的推广应用。

8.2.6 圆柱螺旋弹簧的轴向动刚度与静刚度基本一致，横向动刚度比静刚度稍人，计算隔振器的动刚度时，通常可以不考虑这些差别。隔振器的弹簧和阻尼器为并联装置，除自身带弹性回位元件外，阻尼器一

般无静刚度，但都产生一定的动刚度，这是计算隔振器动刚度时应予考虑的，尤其带水平阻尼的隔振器，阻尼器对横向动刚度和轴向动刚度都将产生较大影响。隔振器的动刚度计算中计入阻尼器产生的动刚度，不仅可使隔振器的动刚度更准确，也有利于阻尼器的推广应用。

8.2.7 本条是隔振器的构造要求。为了保证隔振器的质量，保证弹簧的受力均匀，便于安装调平，能适应使用环境的要求，维持其正常使用寿命，作了这些规定。

8.2.8 本条是为了保证拉伸弹簧制作的隔振器，不致因弹簧的破坏而使被隔振设备跌落，造成损失和安全事故。

8.3 碟形弹簧与迭板弹簧隔振器

Ⅰ 碟形弹簧隔振器

8.3.1 本条简述碟形弹簧特点及其适用范围，作为隔振元件一般应选用国家标准《碟形弹簧》GB/T 1972 中规定的定型产品，只在有特殊要求时才自行设计。因为国家标准中规定的碟簧定型产品覆盖面比较宽，且定型产品质量稳定、性能可靠；而自行设计的专用碟簧，不仅计算复杂，而且要经历新产品研发的各种工艺问题，一般应予避免。

8.3.3 "碟形弹簧安装时的预压变形量，不宜小于加载前碟片内锥高度的 0.25 倍。"因为必要的预压变形量可防止碟形弹簧断面中点Ⅰ（见规范中的图8.3.1）附近产生径向裂纹，以提高碟形弹簧的疲劳寿命；而且也可防止在冲击激励或较大变荷载激励下，碟簧上部质量跳离碟形弹簧。

8.3.4 碟形弹簧受压后截面内Ⅰ、Ⅱ、Ⅲ各点的应力计算公式是参照国家标准《碟形弹簧》GB/T 1972得出的简化计算公式，可用于计算出与任何变形量对应的 $\sigma_{Ⅰ}$、$\sigma_{Ⅱ}$、$\sigma_{Ⅲ}$ 值；为避免规范过于繁琐，规范中只写出了适用于无支承面碟形弹簧的形式。

对于承受静载荷或小于 10^4 次变荷载碟形弹簧，只需校核点Ⅰ处的应力，是因为点Ⅰ是碟形弹簧中最大压应力位置。而对于承受较高次数变载荷的蝶形弹簧，因Ⅱ、Ⅲ两点是出现疲劳裂纹可能性最大的地方，本规范中采用国家标准《碟形弹簧》GB/T 1972中推荐的办法校核其强度，取疲劳容许应力为 $9×10^8 N/m^2$。

8.3.5 本条给出无支承面单片碟形弹簧的载荷 P 与变形量 δ 之间的关系。有支承面碟形弹簧因支承条件改变，刚度有所提高，所以实际承载能力与刚度都比无支承面式的碟形弹簧高 10% 左右。

Ⅱ 迭板弹簧隔振器

8.3.8 本条对迭板弹簧特性、结构型式和使用范围作了扼要说明。

8.3.9 规范中图 8.3.8（a）所示弓形迭板弹簧若开

展在平面上，并分别将其主板部分与副板部分拼接在一起，就会得到图 9（a）所示的等截面梁和近似得到图 9（b）所示变截面梁。

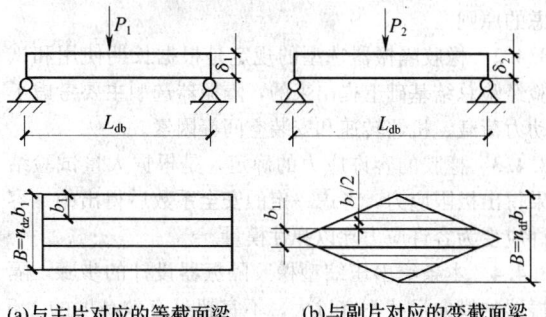

(a)与主片对应的等截面梁　　**(b)与副片对应的变截面梁**

图 9　迭板弹簧展开后的等效梁

根据材料力学的分析，图 9（a）所示两端自由支承的矩形等截面板簧的变形 f 与载荷 P_1 之间的关系为：

$$f = \frac{P_1 L_{db}^3}{48EI_0} = \frac{P_1 L_{db}^3}{4En_{dz}b_1\delta_1^3} \tag{90}$$

$$K_1 = \frac{P_1}{f} = \frac{4En_{dz}b_1\delta_1^3}{L_{db}^3} \tag{91}$$

图 9（b）所示两端自由支承矩形断面变截面梁变形 f 与载荷 P_2 之间的关系为：

$$f = \frac{P_2 L_{db}^3}{32En_{df}I_0} = \frac{3P_2 L_{db}^3}{8En_{df}b_1\delta_1^3} \tag{92}$$

$$K_2 = \frac{P_2}{f} = \frac{8En_{df}b_1\delta_1^3}{3L_{db}^3} \tag{93}$$

式中　δ_1——板厚；

$\quad\quad b_1$——板宽；

$\quad\quad n_{dz}$——主板数；

$\quad\quad n_{df}$——副板数；

$\quad\quad E$——弹性模量；

$\quad\quad I_0$——截面惯性矩，$I_0 = \dfrac{b_1\delta_1^3}{12}$。

迭板弹簧的刚度 K_{db} 是主板刚度 K_1 与副板刚度 K_2 之和：

$$K_{db} = K_1 + K_2 = \frac{4En_{dz}b_1\delta_1^3}{L_{db}^3} + \frac{8En_{df}b_1\delta_1^3}{3L_{db}^3}$$

$$= \frac{E\left(4n_{dz} + \dfrac{8}{3}n_{df}\right)b_1\delta_1^3}{L_{db}^3} \tag{94}$$

考虑迭板弹簧中部长度为 b_2 的簧箍使一部分板簧长度弹性失效，将式（94）中的跨度 L_{db} 改为 $\left(L_{db} - \dfrac{b_2}{3}\right)$，可得：

$$K_{db} = \frac{Eb_1\delta_1^3\left(4n_{dz} + \dfrac{8}{3}n_{df}\right)}{\left(L_{db} - \dfrac{b_z}{3}\right)^3} = \frac{Eb_1\delta_1^3(3n_{dz} + 2n_{df})}{6\left(\dfrac{L_{db}}{2} - \dfrac{b_2}{6}\right)^3} \tag{95}$$

椭圆形迭板弹簧由两个弓形弹簧对合组成，在相同载荷作用下其变形量较弓形弹簧增加一倍，因而其

刚度是弓形弹簧的一半。

8.3.10　迭板弹簧因承受变载荷需进行疲劳强度验算。迭板弹簧中的危险应力出现在中间断面，用于计算疲劳强度的对应于板簧所承受的最大载荷 P_{max} 与最小载荷 P_{min} 的危险点最大最小应力分别为：

$$\sigma_{max} = \frac{M_{max}}{W} = \frac{\dfrac{P_{max}}{2}\cdot\dfrac{L_{db}}{2}}{\dfrac{1}{6}(n_{dz}+n_{df})b_1\delta_1^2} = \frac{3P_{max}L_{db}}{2(n_{dz}+n_{df})b_1\delta_1^2} \tag{96}$$

$$\sigma_{min} = \frac{M_{min}}{W} = \frac{\dfrac{P_{min}}{2}\cdot\dfrac{L_{db}}{2}}{\dfrac{1}{6}(n_{dz}+n_{df})b_1\delta_1^2} = \frac{3P_{min}L_{db}}{2(n_{dz}+n_{df})b_1\delta_1^2} \tag{97}$$

式（96）和式（97）中　M_{max}、M_{min} 分别为板簧中间断面所承受的最大与最小弯矩，W 是中间断面的抗弯截面系数。

8.3.11　迭板弹簧的板间摩擦力加载时阻碍变形发展，使迭板弹簧刚度增大，卸载时阻碍弹性恢复，使迭板刚度下降，在一个工作循环中形成滞回曲线。

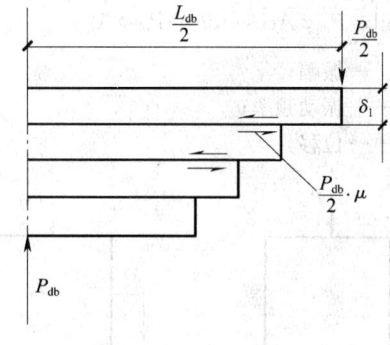

图 10　板间摩擦力

设板间摩擦系数为 μ，则在载荷 P_{db} 作用下板间摩擦力为 $\dfrac{P_{db}}{2}\mu$，如图 10 所示，除上下两层外，中间各片板簧承受的摩擦力矩为 $\dfrac{P_{db}}{2}\mu\delta_1$，上下两层因为只有单面摩擦，承受的摩擦力矩为 $\dfrac{1}{2}\cdot\dfrac{P_{db}}{2}\mu$，因而整个迭板弹簧承受的摩擦阻力矩为：

$$M_\mu = (n_{dz}+n_{df}-2)\frac{P_{db}}{2}\mu\delta_1 + 2\frac{P_{db}}{2}\mu\frac{\delta_1}{2}$$

$$= (n_{dz}+n_{df}-2)\frac{P_{db}}{2}\mu\delta_1 \tag{98}$$

式中　μ——板间摩擦系数。

为克服板间摩擦所形成的摩擦阻力矩，需增加外力 ΔP 形成与之相平衡的外力矩，即满足：

$$M_\mu = \frac{\Delta P}{2}\cdot\frac{1}{2} = (n_{dz}+n_{df}-1)\frac{P_{db}}{2}\mu\delta_1 \tag{99}$$

由此得到迭板弹簧的当量摩擦系数：

$$\varphi = \frac{\Delta P}{P_{db}} = 2(n_{dz}+n_{df}-1)\mu\delta_1/L_{db} \tag{100}$$

利用迭板弹簧的板间摩擦，可以耗散振动系统的能量，发挥阻滞作用。通过调节板簧片数、板厚和跨度来调节当量摩擦系数 φ，可以获得希望的阻尼值。

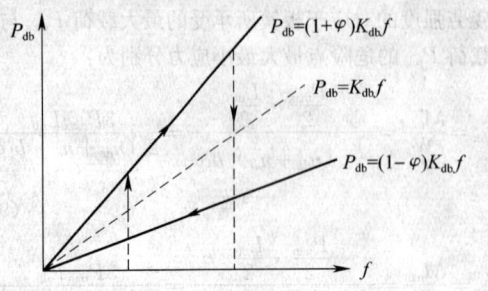

图 11 $P\text{-}f$ 关系曲线

8.3.12 迭板弹簧的当量摩擦系数 φ 是以库仑摩擦系数的形式出现的，在载荷 P_{db} 作用下其相应的摩擦力 $F_d = P_{db}\varphi$。如图 12（a）所示作简谐运动有库仑阻尼的单自由度振动系统，所耗散的功为摩擦力与位移之积，一个周期中耗散的功为：

$$\Delta\mu = \int_0^T F_d \mathrm{d}x = \int_0^T P_{db}\varphi \mathrm{d}x$$

$$= 4\int_0^{\frac{\pi}{2}} P_{db}\varphi A\cos\omega t\,\mathrm{d}t = 4P_{db}\varphi A \qquad (101)$$

式中 A——振幅；

ω——振动频率；

x——位移。

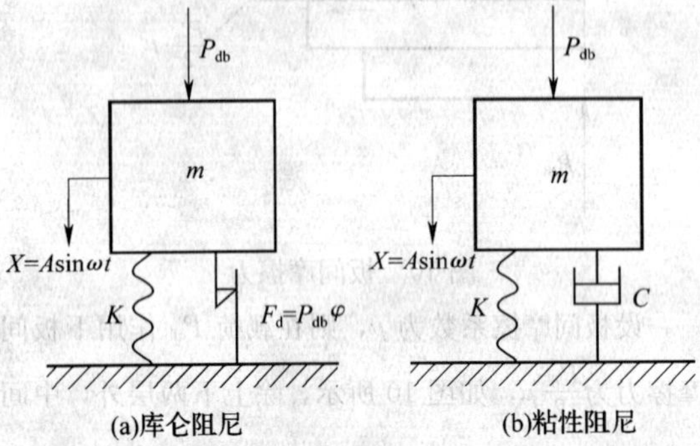

以同样振幅 A、同样频率 ω 作单自由度简谐振动的粘性阻尼系统如图 12（b）所示，则其一周期中所耗散的能量为：

$$\Delta U = \int_0^T X \mathrm{d}x = \int_0^T CA\cos\omega t \cdot \omega\cos\omega t\,\mathrm{d}t$$

$$= \pi A^2 C\omega \qquad (102)$$

式中 C——系统的粘性阻尼系数。

按照一个周期中耗散能量相等的原则，令式（101）与式（102）相等，可以得到与迭板弹簧当量摩擦系数 φ 对应的当量粘性阻尼系数 C_φ：

$$4P_{db}\varphi A = \pi A^2 C_\varphi \omega$$

$$C_\varphi = \frac{4\varphi P_{db}}{\pi\omega A} \qquad (103)$$

（图中：P_{db}，m，$X = A\sin\omega t$，K，$F_d = P_{db}\varphi$，C）

(a)库仑阻尼　　(b)粘性阻尼

图 12 库仑阻尼的当量粘性阻尼系数

8.4 橡胶隔振器

8.4.1 本条给出橡胶隔振器所用橡胶材料选择应考虑的原则。

8.4.2 橡胶隔振器选型的规定是根据长期使用和试验经验总结基础上提出来的，隔振器选型主要考虑了动力荷载、机器转速和安装空间等因素。

8.4.3 橡胶的容许应力的确定，是根据大量试验结果得出极限应力，考虑一定的安全系数后得出的。容许应变为容许应力除以弹性模量。

8.4.4 本条给出压缩型橡胶隔振器设计的步骤，隔振器的横向尺寸不宜过大，不宜超过有效高度的 1.5倍，隔振器的总高度略大于有效高度。

8.4.5 剪切型橡胶隔振器可分为一般剪切型和衬套结构剪切型，一般剪切型隔振器的静刚度可按静力学方法计算，衬套结构剪切型隔振器的静刚度则应考虑不同结构形式，通过理论分析得出。

8.4.6 压缩—剪切型橡胶隔振器的静刚度是由剪切刚度和压缩刚度两部分组成，表现弹性模量是针对某一种橡胶隔振器，在压缩变形状态下的弹性模量。

8.5 空气弹簧隔振器

8.5.1 由于空气弹簧（与其他隔振材料或隔振器相比）具有较低的刚度，且有较高的阻尼值，能获得较好的隔振效果，已成为精密仪器及设备隔振的主要隔振元件。

8.5.2 空气弹簧隔振器由于构造复杂、加工难度大，非专业工厂生产难以保证质量，因此宜选用市场供应的由专业工厂生产、技术上成熟的标准产品或定型产品。有特殊要求者，可以进行专门设计和制造。

8.5.3 空气弹簧隔振器按其组成分三大类，适用于不同场合。

1 空气弹簧。其构造较简单，可采用人力充气设备充气，适用于动力机器的主动隔振。

2 空气弹簧隔振装置。由空气弹簧、横向阻尼器、高度控制阀、控制柜、气源设备和管线等组成。当精密仪器及设备运行过程中产生质量或质量中心位置变化时，由于高度控制阀的作用，可改变空气弹簧的刚度，使支承台座的各空气弹簧的刚度值改变，由此改变了刚度中心的位置，实现隔振体系刚度中心对质量中心位置移动的跟踪，保持了台座的水平，它适用于精密仪器及设备的隔振。

3 空气弹簧隔振台座。由空气弹簧、横向阻尼器、高度控制阀、台座、气源设备及管路等组成，多为商品隔振台座。由于台座平面尺寸较小，承载力较小，移动及安装方便，适用于小型精密仪器隔振。

由于空气弹簧的横向阻尼值较小，因此用于精密仪器及设备隔振的空气弹簧隔振装置或空气弹簧隔振台座，应另加横向阻尼器，使隔振体系具有恰当的横向阻尼比。

8.5.4 在容积不变的条件下，空气弹簧的刚度因胶囊结构形式不同而变化，常用的胶囊结构形式有 4 种，即自由膜式、约束膜式、囊式及滚膜式。其中自由膜式及约束膜式最为常用，多曲囊式当大于 3 曲时，会由于横向刚度过小而产生横向不稳定现象，因此不宜使用；滚膜式不常使用。

8.5.5 本条给出隔振设计时，要求空气弹簧隔振器制造商提供的资料，其中空气弹簧气密性参数为当充气气压达 0.5MPa 后保压（即不充、不排），经 24h 后气压下降值不大于 0.02MPa 时，认为气密性是良好的。高度控制阀的灵敏度由 2 个指标衡量，即：被隔振体由倾斜到调平的时间，一般不大于 10s；被隔振体调平的精度一般不大于 0.1mm/m。

8.5.6 对于空气弹簧隔振装置和空气弹簧隔振台座，其气源配置，应根据使用状况不同来选择，例如，对于耗气量大的大中型隔振台座，应使用专用气源，一般为空压设备，而耗气量小的小型隔振装置可使用瓶装惰性气体，如氮气、氩气等，严禁使用氢气、氧气等可燃、易燃气体作为气源。

8.5.7 由于空气弹簧隔振装置的高度控制阀在调整台座高度时需将空气弹簧内的部分压缩空气（或惰性气体）排出，排入室内，当这类隔振装置位于清净厂房的洁净室内时，要求从高度控制阀排出的压缩气体的洁净度不低于洁净室内空气的洁净度，如低于该等级，则排出压缩气体将对洁净室产生污染。洁净厂房空气洁净度等级的规定可参见现行国家标准《洁净厂房设计规范》GB 50073。

8.5.8~8.5.10 条文中提供了囊式、自由膜式及约束膜式空气弹簧竖向、横向刚度的计算公式，由于影响空气弹簧刚度的不确定因素较多，胶囊的膜刚度，需经试验确定。因此空气弹簧刚度的计算宜用试验数据来加以验证。

8.6 粘流体阻尼器

粘流体阻尼器曾以"油阻尼器"命名该类型阻尼器。目前一般用于阻尼器的阻尼材料，均为具有较高粘度为粘流体，即使运动粘度很小的油脂类液体，亦具有一定粘度，故称"粘流体阻尼器"。同时亦明确与常用摩擦阻尼器区分。

8.6.1 隔振体系中阻尼器结构选型系按隔振对象的振动性能、振动幅值（线位移、速度）的控制值，选用相应适合型式的阻尼器，例如冲击式设备振动较大，采用活塞柱型、多片型阻尼器较好。水平振动主动隔振，则宜采用锥片型或多片型。其余可按具体情况选型，如 8.6.2 条阻尼剂的运动（或动力）粘度与阻尼器型式的匹配等。

试验显示粘流体材料在 20℃时的运动粘度等于或大于 20m²/s 时，采用活塞型阻尼器，其运动稳定

性较差，而片型阻尼器稳定性较好。

8.6.2 最简单的片型粘流体阻尼器如图 13，系由两个内夹粘流体阻尼剂平行钢片组成，其面积为 S，在其平面内的速度分别与 $V_1 - V_2 = V$ 成正比，为：

$$F = C\frac{\mathrm{d}z}{\mathrm{d}t} = \frac{\mu_n S_n}{d_s}V \qquad (104)$$

$$C = \frac{\mu_n S_n}{d_s} \qquad (105)$$

式中 C——阻尼系数（N·s/m）；

z——隔振体系竖向线位移（m）；

t——时间（s）；

S_n——钢片单侧面积（m²）；

μ_n——粘流体材料动力粘度（N·s/m²）。

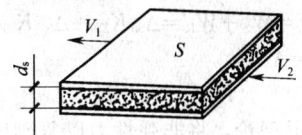

图 13 作相对运动钢片之
间粘流体剪切阻尼模型

1 由图 8.6.2-1 动片与粘流体接触面为两侧面积，故其阻尼系数为：

$$C_{zz} = C_{zy} = 2\frac{\mu_n S_n}{d_s} \qquad (106)$$

另由流体力学中的 Stoke's 定律，一面积为 S_n 的物体在粘流体中作侧向（x 向）运动时，其阻尼系数为：

$$C_{2x} = \frac{6\mu_n \delta_s S_n^2}{3t^3 L_s} = 2\mu_n \frac{\delta_s S_n^2}{L_s t^3} \qquad (107)$$

2 多片型阻尼器，图 8.6.2-1 叠加。

3 多动片型阻尼器，图 8.6.2-3，当动片之间的距离 βd_{mi}，满足规范要求时，其 C_{zy} 式（8.6.2-8）、C_{zz} 式（8.6.2-9）、C_{zx} 式（8.6.2-7），在阻尼器中相当于增加了设计所需的动片。

4 内锥不封底的锥片型阻尼器，C_{zz} 式（8.6.2-11）、C_{zx} 式（8.6.2-10）原理与式（8.6.2-1）及式（8.6.2-2）相同，只是圆锥壳片的面积与角度有变化。

8.6.3 活塞柱型阻尼器，由式（8.6.2-2）相同原理活塞型阻尼器阻尼系数为：

$$C_{zz} = 6\frac{\mu_n h_{ns} S_{ns}^2}{\pi R d_n^3} = 12\frac{\mu_n h_{ns} S_{ns}^2}{\pi d_{ns} d_n^3} \qquad (108)$$

8.6.4 隔振体系的阻尼比。

1 式（8.6.4-1）～式（8.6.4-9）中阻尼系数 C_v 系为常数，设置阻尼器的隔振体系中的阻尼比，还应由该体系中的质量 m 与刚度 K_v 相互作用形成，为：

$$\zeta_v = \frac{C_v}{C_c} \qquad (109)$$

$$c_c = 2m\omega_{nv}$$

故 $\zeta_v = \dfrac{c_v}{2\sqrt{K_v m}}$ $(V=x、y、z)$ (110)

2 同理：

$$\zeta_{\phi v} = \frac{c_{\phi v}}{2\sqrt{K_{\phi v} J_v}} \quad (111)$$

8.7 组合隔振器

8.7.1 本条规定了组合隔振器的适用条件。

8.7.2 本条规定了组合隔振器刚度和阻尼比的计算方法：

1 并联组合隔振器（图 8.7.2a、b）。按每个弹性元件承受的荷载 W_i 与其刚度成正比，且其竖向位移相等，则：

$$W = W_S + W_R = \Delta_{SP} K_{ZS} + \Delta_{RP} K_{ZR}$$

当：$W = \Delta_Z K_{Zh}$

即：$\quad K_{Zh} = K_{ZR} + K_{ZS}$ (112)

按复阻尼理论，将非弹性力以复刚度代入 $(1+i\zeta_S)K_{ZS}+(i\zeta_R)K_{ZR}=(1+i\zeta_Z)K_{Zh}$

化简后：$\zeta_S K_{ZS} + \zeta_R K_{ZR} = \zeta_Z K_{Zh}$

即：$\quad \zeta_Z = \dfrac{\zeta_S K_{ZS} + \zeta_R K_{ZR}}{K_{ZS} + K_{ZR}}$ (113)

2 串联组合隔振器（图 8.7.2c）。按每个弹性元件承受的传递力相等，总变形为各元件弹性变形之和：

$$\Delta_Z = \Delta_{SP} + \Delta_{RP}$$

即：$\quad \dfrac{W}{K_{Zh}} = \dfrac{W}{K_{ZS}} + \dfrac{W}{K_{ZR}}$

化简后：$\quad K_{Zh} = \dfrac{K_{ZS} \cdot K_{ZR}}{K_{ZS} + K_{ZR}}$ (114)

以复刚度代入上式：

$$
\begin{aligned}
K_{Zh}(1+i\zeta_Z) &= \frac{K_{ZS}(1+i\zeta_S)\cdot K_{ZR}(1+i\zeta_R)}{K_{ZS}(1+i\zeta_S)+K_{ZR}(1+i\zeta_R)} \\
&= \frac{K_{ZS}\cdot K_{ZR}(1+i\zeta)\cdot(1+i\zeta_R)}{(K_{ZS}+K_{ZR})+i(K_{ZS}\zeta_S+K_{ZR}\zeta_R)} \\
&= \frac{A}{B}
\end{aligned}
$$

其中：

$$
\begin{aligned}
A &= K_{ZS}\cdot K_{ZR}\{K_{ZS}(1+\zeta_S^2)+K_{ZR}(1+\zeta_R^2) \\
&\quad +i[K_{ZS}\zeta_R(1+\zeta_S^2)+K_{ZR}\zeta_S(1+\zeta_R^2)]\} \\
B &= K_{ZS}^2(1+\zeta_S^2)+K_{ZR}^2(1+\zeta_R^2) \\
&\quad +2K_{ZS}\cdot K_{ZR}(1+\zeta_S\zeta_R)
\end{aligned}
$$

因：ζ_S，$\zeta_R \ll 1$

故：$1+\zeta_S^2 = 1+\zeta_R^2 = 1+\zeta_S\zeta_R \approx 1$

化简后：

$$K_{Zh}(1+i\zeta_{Zh})$$
$$= \frac{K_{ZS}\cdot K_{ZR}[K_{ZS}+K_{ZR}+i(K_{ZS}\zeta_R+K_{ZR}\zeta_S)]}{K_{ZS}+K_{ZR}}$$

实部与虚部相等：

$$\zeta_{Zh} = \frac{\zeta_S K_{ZR} + \zeta_R K_{ZS}}{K_{ZR} + K_{ZS}} \quad (115)$$

8.7.3 本条规定了隔振器下设置支垫时的计算方法：

1 公式（8.7.3-1）中系数 1.5，系考虑弹性元件动力疲劳影响系数。

2 图 8.7.3c 中，令弹簧元件与橡胶元件加支垫 h 后，其高度相等：

$$H_{OS} - \Delta_{SP} = H_{Zh} + H_{OR} - \Delta_{RP} \quad (116)$$

故：$\quad H_{Zh} = H_{OS} - \Delta_{SP} - H_{OR} + \Delta_{RP}$

中华人民共和国国家标准

视频显示系统工程技术规范

Code for technical of video
display system engineering

GB 50464—2008

主编部门：中华人民共和国工业和信息化部
批准部门：中华人民共和国住房和城乡建设部
施行日期：２００９年６月１日

中华人民共和国住房和城乡建设部
公　告

第 210 号

关于发布国家标准
《视频显示系统工程技术规范》的公告

现批准《视频显示系统工程技术规范》为国家标准，编号为GB 50464—2008，自 2009 年 6 月 1 日起实施。其中，第4.1.5（4）、4.2.3（5）、5.2.3（1、5、6）条（款）为强制性条文，必须严格执行。

本规范由我部标准定额研究所组织中国计划出版社出版发行。

中华人民共和国住房和城乡建设部
二〇〇八年十二月十五日

前　言

本规范是根据建设部"关于印发《2005 年工程建设标准规范制订、修订计划（第二批）》的通知"（建标函〔2005〕124 号）的要求，由中国电子科技集团公司第三研究所会同中国电子工程设计院、中国建筑设计研究院和北京建筑设计研究院等单位共同编制完成的。

本规范在编制过程中，编制组进行了广泛的调查研究，认真总结实践经验，并参考国内外有关的标准，广泛吸取全国有关单位和专家的意见，在统一思想的基础上，制定了本规范。

本规范共 7 章和 3 个附录，主要内容包括总则，术语，视频显示系统工程的分类和分级，视频显示系统工程设计，视频显示系统工程施工，视频显示系统试运行和视频显示系统工程验收。

本规范中以黑体字标志的条文为强制性条文，必须严格执行。

本规范由住房和城乡建设部负责管理和对强制性条文的解释，由工业和信息化部负责日常管理，由中国电子科技集团公司第三研究所负责具体技术内容的解释。在执行本规范过程中，请各单位认真总结经验，并将意见和有关资料寄至中国电子科技集团公司第三研究所（地址：北京市朝阳区酒仙桥北路乙七号，邮政编码：100015），以供今后修订时参考。

本规范主编单位、参编单位和主要起草人：

主 编 单 位：中国电子科技集团公司第三研究所
　　　　　　　北京奥特维科技开发总公司

参 编 单 位：中国电子工程设计院
　　　　　　　中国建筑设计研究院
　　　　　　　北京市建筑设计研究院
　　　　　　　北京世纪伟臣科技发展有限公司
　　　　　　　宁波 GQY 视讯股份有限公司
　　　　　　　北京彩讯科技有限公司
　　　　　　　北京巴可利亚德电子科技有限公司
　　　　　　　北京利亚德电子科技有限公司
　　　　　　　广东威创视讯科技股份有限公司

主要起草人：刘　芳　钟景华　张　旭　张文才
　　　　　　　陈　琪　黄　春　张雁鸣　潘凯群
　　　　　　　朱保华　谢　宏　林　松　谭连起
　　　　　　　华　明　徐文学　郑典勇

目　次

1 总 则

1.0.1 为规范视频显示系统工程的设计、施工和验收，保证工程质量，促进技术进步，获得良好的社会效益、经济效益和环境效益，制定本规范。

1.0.2 本规范适用于视频显示系统工程的设计、施工及验收。

1.0.3 视频显示系统工程的设计、施工及验收，应遵循国家有关法律、法规和政策，密切结合自然条件，合理利用资源，兼顾使用和维修，做到技术先进、经济合理、安全适用。

1.0.4 视频显示系统工程中应选用技术先进、经济适用的定型和经检测合格的产品。

1.0.5 视频显示系统工程的设计、施工及验收除应执行本规范外，尚应符合国家现行有关标准的规定。

2 术 语

2.1 术 语

2.1.1 视频显示系统 video display system

由视频显示屏系统、传输系统、控制系统和辅助系统组成，可实现一路或多路视频信号同时、部分或全屏显示。

2.1.2 视频显示屏单元 video display screen unit

在视频显示屏系统中可独立完成画面显示功能的基本单位，一般为矩形。

2.1.3 视频拼接显示屏（墙） video display screen together（wall）

由显示屏单元物理拼接而成，是图像显示区域的总称。显示屏单元间依靠适当的电气连接（包括信号传输路径），由控制系统进行控制，可单独显示视频画面，或显示画面的某一部分，还可与系统中的其他单元配合组成完整的画面。

2.1.4 传输系统 transmission system

在视频显示系统中，将需显示的信号传输至各显示屏单元的信号传输部分。

2.1.5 控制系统 control system

用于视频信号的调度管理，包括图像分割和拼接、图像显示参数（如位置、色彩、亮度、均匀性、对比度等）的设置和调整、视频信号的分配和切换。

2.1.6 辅助系统 auxiliary system

用于支持视频显示系统工作的配套工程，包括控制室、设备间、供配电和防雷接地系统等。

2.1.7 发光二极管（LED） light emitting diode

由Ⅲ-Ⅳ族化合物等半导体材料制成，加电压后会发光的半导体器件。

2.1.8 LED 视频显示屏 LED video display screen（panel）

通过一定的控制方式，由 LED 器件阵列组成，用于显示视频的屏幕。

2.1.9 阴极射线管显示屏（CRT display） cathode ray tube display

由电子束器件构成，从电子枪发射电子束轰击涂有荧光粉的玻璃面（荧光屏）实现电光转换，重现图像的显示屏。

2.1.10 液晶显示屏（LCD） liquid crystal display

外加电压使液晶分子取向改变，以调制透过液晶的光强度，产生灰度或彩色图像的显示屏。

2.1.11 等离子体显示屏（PDP） plasma display panel

利用气体放电产生的等离子体引发紫外线，来激发红、绿、蓝荧光粉，发出红、绿、蓝三种基色光，在玻璃平板上形成彩色图像的显示屏。

2.1.12 数字光学处理器（DLP） digital light processor

采用半导体数字光学微镜阵列作为光阀的成像装置。

2.1.13 前投影（正投影） front screen projection

图像被投影在光反射屏的观众一侧的投影方式。

2.1.14 背投影 rear screen projection

图像投影通过透射屏到达观众一侧的投影方式。

2.1.15 像素 pixel/picture element

组成一幅图像的全部可能亮度和色度的最小成像单元。

2.1.16 像素中心距 pixel pitch

相邻像素中心之间的距离。

2.1.17 像素中心距相对偏差 relative deviation of pixel pitch

像素中心距的实测值与标称值之差的绝对值与标称值之比。

2.1.18 平整度 level up degree

视频显示屏法线方向的凹凸偏差。

2.1.19 LED 像素失控率 ratio of out-of-control pixel

发光状态与控制要求的显示状态不相符的 LED 像素占总像素的比率。

2.1.20 灰度等级 gray scale

显示屏同一级亮度中从最暗到最亮之间能区别的亮度级数。

2.1.21 换帧频率 frame refresh frequency

视频显示屏画面更新的频率。

2.1.22 刷新频率 refresh frequency

视频显示屏显示数据每秒钟被重复的次数。

2.1.23 图像分辨力 picture resolution

表征图像细节的能力。对图像信号，常称为信源分辨力，由图像格式决定，通常用水平和垂直方向的像素数表示。对成像器件而言，CRT 通常用中心节距表示，面阵 LED、CCD、LCD、PDP、DLP、LCOS、OLED 等固有分辨力成像器件，通常用水平和垂直方向的像素数表示。

2.1.24　图像清晰度　picture definition

人眼能察觉到的图像细节清晰程度，用电视线表示。

2.1.25　显示屏亮度　luminance

在显示屏法线方向观测的任一表面单位投射面积上的发光强度。

2.1.26　LED 显示屏最大亮度　maximum luminance of LED screen

在一定环境照度下，LED 视频显示屏各基色在最高灰度级、最高亮度时的亮度。全彩色 LED 视频显示屏还包括白平衡状态下的亮度。

2.1.27　色度　chromaticity

关于颜色的定量描述，用亮度、色调和色饱和度来表征。

2.1.28　照度　illuminance

入射于表面上的光通量密度。当表面积上的照射均匀时，照度等于光通量除以表面积所得的商。

2.1.29　对比度　contrast ratio

对于背投影方式，是同一图像画面中亮区与暗区平均亮度的比。对于正投影方式，是同一图像画面中亮区与暗区平均照度的比。

2.1.30　LED 显示屏最高对比度　maximum contrast ratio

在一定环境照度下，LED 显示屏最大亮度和背景亮度的比。

2.1.31　亮度均匀性　luminance uniformity

显示屏各区域相互之间亮度一致性的程度。

2.1.32　色度均匀性　chromatic uniformity

视频显示屏的色度一致性。

2.1.33　水平视角　horizontal viewing angle

当显示屏水平方向的亮度为其水平方向法线处亮度的一半时，该观察方向与其法线的夹角为水平左视角或水平右视角，水平左视角和水平右视角夹角之和表示水平视角。

2.1.34　垂直视角　vertical viewing angle

当显示屏垂直方向的亮度为其垂直方向法线处亮度的一半时，该观察方向与其法线的夹角为垂直上视角或垂直下视角，垂直上视角和垂直下视角夹角之和表示垂直视角。

2.1.35　视角　viewing angle

包括水平视角和垂直视角。

2.1.36　视距　viewing distance

在正常使用条件下，可以清楚地观看 LED 视频显示屏显示内容的观看距离。

2.1.37　信噪比　signal noise ratio

信号有效值与噪声有效值之比。

2.2　缩　略　语

2.2.1　MTBF（Mean Time Between Failure）：平均无故障时间。

2.2.2　CCD（Charge Coupled Device）：电荷耦合器件图像传感器。

2.2.3　LCOS（Liquid Crystal on Silicon）：硅基液晶。

2.2.4　OLED（Organic Light-Emitting Diode）：有机发光二极管。

2.2.5　TCP/IP（Transmission Control Protocol/Internet Protocol）：传输控制协议/网络协议。

2.2.6　CATV（Community Antenna Television）：有线电视。

2.2.7　DVI（Digital Visual Interface）：数字视频接口。

2.2.8　RGB（Red Green Blue）：红、绿、蓝信号。

2.2.9　RGBHV（Red Green Blue horizontal vertical）：红、绿、蓝信号外加上水平、垂直信号。

2.2.10　XGA（Extended Graphics Array）：分辨力为 1024×768。

2.2.11　SXGA（Super Extended Graphics Array）：分辨力为 1280×1024。

3　视频显示系统工程的分类和分级

3.1　LED 视频显示系统的分类和分级

3.1.1　LED 视频显示系统的分类，应符合下列规定：

1　可根据使用环境分为室内型显示系统和室外型显示系统。

2　可根据显示颜色分为单基色显示系统、双基色显示系统和全彩色（红、绿、蓝三基色）显示系统。

3.1.2　LED 视频显示系统可分为甲、乙、丙三级。各级 LED 视频显示系统的性能和指标应符合表 3.1.2 的规定。

表 3.1.2　各级 LED 视频显示系统的性能和指标

项　目		甲级	乙级	丙级
系统可靠性	基本要求	系统中主要设备应符合工业级标准，不间断运行时间 7d×24h		系统中主要设备符合商业级标准，不间断运行时间 3d×24h
	平均无故障时间（MTBF）	MTBF>10000h	10000h≥MTBF>5000h	5000h≥MTBF>3000h
	像素失控率 P_Z 室内屏	$P_Z \leqslant 1 \times 10^{-4}$	$P_Z \leqslant 2 \times 10^{-4}$	$P_Z \leqslant 3 \times 10^{-4}$
	像素失控率 P_Z 室外屏	$P_Z \leqslant 1 \times 10^{-4}$	$P_Z \leqslant 4 \times 10^{-4}$	$P_Z \leqslant 2 \times 10^{-4}$

续表 3.1.2

项 目		甲级	乙级	丙级
光电性能	换帧频率(F_H)	$F_H \geq 50Hz$	$F_H \geq 25Hz$	$F_H < 25Hz$
	刷新频率(F_C)	$F_C \geq 300Hz$	$300 > F_C \geq 200Hz$	$200 > F_C \geq 100Hz$
	亮度均匀性(B)	$B \geq 95\%$	$B \geq 75\%$	$B \geq 50\%$
机械性能	像素中心距相对偏差(J)	$J \leq 5\%$	$J \leq 7.5\%$	$J \leq 10\%$
	平整度(P)	$P \leq 0.5mm$	$P \leq 1.5mm$	$P \leq 2.5mm$
图像质量		>4级		4级
接口、数据处理能力		1. 输入信号：兼容各种系统需要的视频和PC接口；2. 模拟信号：达到10bit精度的A/D转换；3. 数字信号：能够接收和处理每种颜色10bit信号	1. 输入信号：兼容各种系统需要的视频和PC接口；2. 模拟信号：达到8bit精度的A/D转换；3. 数字信号：能够接收和处理每种颜色8bit信号	输入信号：兼容各种系统需要的视频和PC接口

3.2 投影型视频显示系统的分类和分级

3.2.1 投影型视频显示系统的分类应符合下列规定：

1 可根据投影机工作方式分为背投影显示系统和正投影显示系统。

2 可根据投影机数量分为拼接显示系统和非拼接（单台）显示系统。

3.2.2 投影型视频显示系统可分为甲、乙、丙三级。各级投影型视频显示系统的性能和指标应符合表3.2.2的规定。

3.3 电视型视频显示系统的分类和分级

3.3.1 电视型视频显示系统的分类应符合下列规定：

1 可根据显示器件的种类分为 CRT、LCD、PDP 等显示系统。

2 可根据显示屏的组成数量分为单屏电视显示系统和拼接显示系统。

3.3.2 电视拼接视频显示系统可按本规范第3.2.2条的规定分级。

表 3.2.2 各级投影型视频显示系统的性能和指标

	项 目	甲级	乙级	丙级
系统可靠性	基本要求	系统中主要设备应符合工业级标准，不间断运行时间 7d×24h		系统中主要设备符合商业级标准，不间断运行时间 3d×24h
	平均无故障时间（MTBF）	MTBF>40000h	MTBF>30000h	MTBF>20000h
显示性能	拼接要求	各个独立的视频显示屏单元应在逻辑上拼接成一个完整的显示屏，所有显示信号均应能随机实现任意缩放、任意移动、漫游、叠加覆盖等功能	各个独立的视频显示屏单元可在逻辑上拼接成一个完整的显示屏，所有显示信号均应能随机实现任意缩放、任意移动、漫游、叠加覆盖等功能	无
	信号显示要求	任何一路信号应能实现整屏显示、区域显示及单屏显示	任何一路信号宜实现整屏显示、区域显示及单屏显示	无
	同时实时信号显示数量	$\geq M$（层）×N（列）×2	$\geq M$（层）×N（列）×1.5	$\geq M$（层）×N（列）×1
	计算机信号刷新频率	$\geq 25f/s$		$\geq 15f/s$
显示性能	视频信号刷新频率	$\geq 24f/s$		
	任一视频显示屏单元同时显示信号数量	≥ 8路信号	≥ 6路信号	无
	任一显示模式间的显示切换时间	$\leq 2s$	$\leq 5s$	$\leq 10s$
	亮度与色彩控制功能要求	应分别具有亮度与色彩锁定功能，保证显示亮度、色彩的稳定性	宜分别具有亮度与色彩锁定功能，保证显示亮度、色彩的稳定性	无
机械性能	拼缝宽度	≤ 1倍的像素中心距或1mm	≤ 1.5倍的像素中心距	≤ 2倍的像素中心距
	关键易耗品结构要求	应采用冗余设计与现场拆卸式模块结构	宜采用冗余设计与现场拆卸式模块结构	无
	图像质量	>4级		4级
	支持输入信号系统类型	数字系统		无

4 视频显示系统工程设计

4.1 一般规定

4.1.1 视频显示系统设计应满足实用性、先进性、经济性、可靠性和可维护性的要求。

4.1.2 视频显示系统的显示制式应支持模拟视频信号和数字视频信号的播放。

4.1.3 视频显示系统可由视频显示屏系统、传输系统、控制系统（含图像处理及显示软件）及辅助系统四个主要系统或其中部分系统组成，各部分应符合下列规定：

1 LED视频显示屏系统应由显示屏幕、屏体控制单元、电源模块、金属屏体框架等组成。

2 投影型视频显示屏系统应由 M（层）$\times N$（列）个独立的投影幕布单元组成。

3 电视型视频显示屏系统应由 M（层）$\times N$（列）个独立的 CRT、PDP 或 LCD 视频显示屏单元组成。

4 传输系统应将需显示的计算机网络信号、计算机显卡输出信号和视频信号按照设计的技术指标要求传输至各显示屏单元。

5 控制系统应满足视频信号调度管理需要，对视频信号进行分配、切换、处理，对图像显示参数进行设置和调整，对图像进行分割、拼接。

6 辅助系统应包括支持视频显示系统工作的控制室、设备间、供配电和防雷接地系统等配套工程。

4.1.4 视频显示系统工作环境温度应符合下列要求：

1 LED视频显示系统的室外工作环境温度应为 −10～55℃；其他应为 −40～55℃。

2 室内工作环境温度应为 10～35℃。

4.1.5 视频显示系统的设备、部件和材料选择应符合下列规定：

1 系统应采用技术成熟、性能先进、使用可靠的定型产品。

2 系统采用设备和部件的模拟视频输入和输出阻抗以及同轴电缆的特性阻抗均应为 75Ω。

3 系统选用的各种配套设备的性能、指标及技术要求应协调一致。

4 **系统设备应满足防潮、防火、防雷等要求。**

4.1.6 视频显示系统的各路模拟视频信号，在设备输入端的电平值应为 1Vp−p±0.3V。

4.1.7 视频显示系统的设计方案应符合下列要求：

1 系统组成及设备配置应根据系统的技术、功能要求确定。

2 系统各部分设备的设置地点应根据使用场所、使用环境确定。

3 传输系统设备、传输介质及传输路由应根据系统各部分设备及其信号源的分布与周围环境条件确定。

4.2 视频显示屏系统设计

4.2.1 LED视频显示屏系统的安装现场设计应符合下列规定：

1 显示屏发光面应避开强光直射。

2 显示屏图像分辨力应大于等于 320×240。

3 视距和像素中心距应按下式计算：

$$H = k \cdot P \qquad (4.2.1)$$

式中 H ——视距（m）；

k ——视距系数，最大视距宜取 5520，最小视距宜取 1380；

P ——像素中心距（m）。

4.2.2 LED视频显示屏系统的设计应符合下列规定：

1 像素中心距应根据合理或最佳视距计算。

2 显示屏的水平左右视角分别不宜小于 ±50°，垂直上视角不宜小于 10°，垂直下视角不宜小于 20°。

3 显示屏亮度应符合表 4.2.2 的规定，在重要的公共场所亮度应可调节。

表 4.2.2 视频显示屏的亮度（cd/m²）

场所	种类		
	三基色（全彩色）	双色	单色
室外	≥5000	≥4000	≥2000
室内	≥800	≥100	≥60

4 背景照度小于 20 lx 时，全彩色室外LED显示屏最高对比度不应小于 800∶1，室内不应小于 200∶1。

5 显示屏的白场色坐标，在色温 5000～9500K 应可调，允许误差应为 |Δx| ≤0.030，|Δy| ≤0.030。

6 显示屏的色度不均匀性不应大于 0.14。

7 显示屏的每种基色应具有 256 级（8bit）的灰度处理能力。

4.2.3 LED视频显示屏系统的安全性设计应符合下列规定：

1 安全性设计应符合国家现行标准《LED显示屏通用规范》SJ/T 11141 的有关规定。

2 显示屏应有完整的接地系统。

3 室外LED视频显示屏应有防雷系统。

4 显示屏的外壳防护等级应符合现行国家标准《外壳防护等级（IP代码）》GB 4208 的有关规定。室内LED显示屏屏体不应低于 IP20，室外LED显示屏屏体外露部分不应低于 IP65。

5 **处于游泳馆、沿海地区等腐蚀性环境的LED视频显示屏应采取防腐蚀措施。**

6 安装工程设计应符合现行国家标准《钢结构设计规范》GB 50017、《建筑结构荷载规范》GB

50009 和《混凝土结构设计规范》GB 50010 的有关规定。

4.2.4 投影型视频显示屏系统的设计应符合下列规定：

1 显示屏应具有较大的水平视角、垂直视角，应保证观看人员在设定的范围内能清晰地观看屏幕显示内容。观看人员观看显示屏的范围应按现行国家标准《中国成年人人体尺寸》GB 10000 的有关规定执行。

2 显示屏与观看人员间应无遮挡。

3 显示屏表层应具有抗环境光干扰能力。在正常工作环境光线下观看时，显示屏应无反射、眩光等现象。

4 对显示屏的 X 射线、紫外线等有害射线和噪声应采取屏蔽、降噪等措施。

5 屏前图像色温宜为 6500K。

6 显示屏单元物理分辨力不应低于主流显示信号的显示分辨力。

7 显示屏单元亮度不应小于 80cd/m²。

8 在环境光照度 200 lx 时，显示屏单元的对比度不应小于 30:1。

9 显示屏各显示单元的亮度均匀性均不应小于 60%。

10 显示屏各显示单元的色度不均匀性均不应大于 0.02。

11 显示屏各相邻显示单元的亮度均匀性不应小于 80%。

12 显示屏各相邻显示单元的色度均匀性不应大于 0.03。

13 视频显示屏单元的每种基色应具有 256 级 (8bit) 的灰度处理能力。

4.2.5 电视型视频显示屏系统的设计应符合下列规定：

1 视频显示屏单元宜采用 CRT、PDP 或 LCD 等显示器，并应符合下列要求：

1) 应具有较好的硬度、质地和较小的热膨胀系数。

2) 应能清晰显示分辨力较高的图像，并应保证图像失真小、色彩还原真实。

3) 亮度应均匀，显示画面应稳定、无闪烁。

4) 应保证使用安全、维护方便。

2 显示屏与工作人员间应无遮挡，并应保持适当距离，工作人员观看显示屏的范围应符合现行国家标准《中国成年人人体尺寸》GB 10000 的有关规定。

3 对显示屏的 X 射线、紫外线和噪声应采取屏蔽、降噪等措施。

4 显示质量应符合下列规定：

1) 应保证显示色彩的还原性。

2) 视频显示屏单元物理分辨力不应低于主流显示信号的显示分辨力。

3) CRT 显示屏单元对角线尺寸不小于 56cm 时，亮度不应低于 60cd/m²；小于 56cm 时，亮度不应低于 80cd/m²。PDP 显示屏单元对角线尺寸不大于 127cm 时，亮度不应低于 60cd/m²；大于 127cm 时，亮度不应低于 40cd/m²。LCD 显示屏单元亮度不应低于 350cd/m²。

4) CRT 视频显示屏各显示单元的对比度不应低于 150:1。

4.3 传输系统设计

4.3.1 计算机网络信号、计算机显卡输出信号及视频信号的接入与传输应满足数据、图形、图像等显示质量的设计要求。

4.3.2 传输系统传输信号应稳定、准确、安全、可靠。

4.3.3 传输系统采用计算机网络信号为主用的显示方式时，不应影响应用系统的正常运行，并应符合兼容性、安全性等的规定。

4.3.4 传输系统应选用有线传输方式。

4.3.5 传输线缆的防护层应适合敷设方式及使用环境的要求。

4.3.6 计算机显卡输出信号的传输方式与布线应根据信号分辨力与传输距离确定，并宜符合表 4.3.6 的规定。

4.3.7 模拟视频信号应采用视频同轴电缆传输。

4.3.8 数字视频信号（IP 网络）应采用超 5 类或以上等级 4 对对绞电缆。

4.3.9 光缆应根据网络传输速率确定。选用单模光缆时，传输距离不宜大于 10000m；选用多模光缆时，传输距离宜小于 2000m。

4.3.10 传输电缆与其他线路共沟敷设时，其最小间距应符合表 4.3.10 的规定。

表 4.3.6 计算机显卡输出信号的传输方式与布线要求

信号分辨率	传输距离	传输方式	传输线缆
XGA 及以下	≤15m	模拟或数字传输方式	屏蔽铜芯 RGBHV 电缆或 DVI 电缆
	>15m	数字传输方式	屏蔽铜芯 DVI 电缆或光缆
SXGA 及以上	≤10m	模拟或数字传输方式	屏蔽铜芯 RGBHV 电缆或 DVI 电缆
	>10m	数字传输方式	屏蔽铜芯 DVI 电缆或光缆

表 4.3.10　传输电缆与其他线路共沟的最小间距

种　　类	最小间距（m）
220V 交流供电线	0.5
通讯电缆	0.1

4.3.11　室内线缆的敷设应符合下列规定：

1　在新建的建筑物内要求管线隐蔽的电（光）缆，应采用暗管敷设。

2　改、扩建工程使用的电（光）缆，可采用沿墙明敷。

3　视频传输信号电缆和电力线缆平行或交叉敷设时，其间距不应小于 0.3m，交叉敷设宜成直角；与通信线缆平行或交叉敷设时，其间距不应小于 0.1m。

4　建筑物内传输电（光）缆暗管敷设时，传输电（光）缆与电力电缆的间距应符合现行国家标准《综合布线系统工程设计规范》GB 50311 的有关规定。

5　建筑物内传输电（光）缆暗管敷设时，传输电（光）缆与其他管线最小净距应符合表 4.3.11 的规定。

表 4.3.11　传输电（光）缆暗管敷设与其他管线最小净距

管 线 种 类	平行净距（mm）	垂直交叉净距（mm）
避雷引下线	1000	300
保护地线	50	20
热力管（不包封）	500	500
热力管（包封）	300	300
给水管	150	20
煤气管	300	20
压缩空气管	150	20

4.3.12　室外线缆的敷设应符合下列规定：

1　当采用通信管道敷设时，不得与通信电缆共用管孔。

2　线缆在沟道内敷设时，应敷设在支架上或线槽内。当线缆进入建筑物后，线缆沟道与建筑物间应隔离密封。

4.3.13　信号线路与具有强磁场、强电场的电气设备之间的净距离，应符合下列规定：

1　采用非屏蔽线缆穿金属保护管或在封闭的金属线槽内敷设时，应为 0.8m；直接敷设时应大于 1.5m。

2　采用屏蔽线缆宜大于 0.8m。

4.3.14　敷设电缆时，多芯电缆的最小弯曲半径应大于其外径的 6 倍；同轴电缆的最小弯曲半径应大于其外径的 15 倍；光缆的最小弯曲半径应大于其外径的 20 倍。

4.3.15　线缆槽敷设截面利用率不应大于 50%，线缆穿管敷设截面利用率不应大于 40%。

4.3.16　电缆沿支架或在线槽内敷设时，应符合下列规定：

1　电缆垂直排列或倾斜坡度超过 45°时，电缆应牢固固定在每个支架上。

2　电缆水平排列或倾斜坡度不超过 45°时，电缆应每隔 1～2 个支架牢固固定。

3　在引入接线盒及分线箱前 150～300mm 处，电缆应牢固固定。

4.3.17　下列情况应加装接线盒或拉线盒，加装位置应便于穿线：

1　对于无弯管路，管路长度每超过 30m 时加装一个。

2　两个拉线点之间有一个转弯，管路长度每超过 20m 时加装一个。

3　两个拉线点之间有两个转弯，管路长度每超过 15m 时加装一个。

4　两个拉线点之间有三个转弯，管路长度每超过 8m 时加装一个。

4.3.18　在管线转弯处或直线距离每隔 1.5m 处，应设固定线夹。

4.3.19　垂直敷设的线管，应按穿入导线截面积的大小，每隔 10m 加装一个固定穿线的接线盒，并应用绝缘线夹将导线固定在盒内。

4.4　控制系统设计

4.4.1　控制系统应具有下列功能：

1　可任意编辑屏幕图像。

2　对屏幕的显示状态应进行控制和记忆。

3　应能制作所需预案效果，并可进行效果调用。

4　应为用户提供相关的接口和通信协议。

4.4.2　控制系统可由专用的图像处理设备、控制用计算机硬件和软件，以及各类数据信号转换装置等部分组成。

4.4.3　专用的图像处理设备应具备足够的图像拼接和信号处理能力，并应采用模块化结构，信号源输入接口应满足使用要求。

4.4.4　计算机信号接入方式应根据兼容性和安全性的要求确定。

4.4.5　控制系统的软件应先进、成熟，并应为中文界面，且应能在人机交互的操作系统环境下运行。

4.4.6　控制系统的管理软件应具备下列基本功能：

1　对于 TCP/IP 协议的多用户应实时操作软件，并应具有密码权限设置功能，同时应能实现多用户分级管理。

2　可实现信号源定义、调度和管理，并应能任意定义、编辑和调用信号源窗口模式组合。

3　可对信号源窗口任意缩放和移动，并可对其亮度、对比度、色度进行调整。

4 可对各设备进行参数的设置、修改、存取及开关机等的操作管理。

5 可对各设备进行故障管理，并应具备故障定位、故障日志等功能。

4.5 辅助系统设计

4.5.1 辅助系统应包括控制室、设备间、供配电和防雷接地系统等。

4.5.2 控制室设计应符合下列规定：

1 控制室设计应根据具体需求为视频显示系统提供预留终端信息点及设备接口。

2 控制室内部空间的几何尺寸应满足系统控制设备的布置与安装需要，一般室内使用面积不应小于 $9m^2$，梁下净高不宜小于 2.5m。

3 控制室宜铺设架空地板。

4 线缆宜采用线槽敷设。

5 控制室温度应为 20～26℃，湿度应为 45%～60%。

6 控制室应处于系统线路的中间部位，宜靠近弱电竖井，上下四周不应与卫生间、燃气间、变电所、水泵房等具有潜在危害的房间相邻。体育场馆的控制室应能观看到显示屏。

7 照明设计应按现行国家标准《建筑照明设计标准》GB 50034的有关规定执行。

8 视频显示系统与灯光、广播、电视转播、会议、数据发布、同声传译等系统宜设置综合性的控制室。

4.5.3 控制室内的设备及布置应符合下列规定：

1 控制室内的设备布置应满足安全、防火的要求，并应便于操作和维护。

2 系统的运行控制和功能操作宜通过控制台实现，其操作部分应方便、灵活、可靠。控制台容量应根据工程需要留有扩展余地。

3 控制台布局、尺寸和台面及座椅的高度应符合现行国家标准《电子设备控制台的布局、型式和基本尺寸》GB/T 7269的有关规定。

4 机架和机柜应符合现行国家标准《电子设备机械结构》GB/T 19520的有关规定。

5 控制台正面与墙或其他障碍物的净距不应小于 1.2m；侧面与墙或其他设备的净距不应小于 0.8m。

6 机架或机柜前面、背面的净距不应小于 0.8m，侧面距离墙的净距不应小于 0.6m。

4.5.4 设备间设计应符合下列规定：

1 设备间应按普通机房标准设计，其内部的几何尺寸应满足视频显示系统设备的尺寸、安装位置及安装方式的要求。

2 投影系统设备间应确保通风、干燥，工作环境温度应为10～35℃，视频显示屏前后温度差宜小于5℃；相对湿度宜为 80% 以下，并不应有冷凝。

3 设备间空气洁净度等级为 6 级或更高标准时，周围应无酸、碱性或其他有害气体。

4 设备间地面应平整，荷载不应小于 1.5kN/m^2；地面不应安装通风管、插座等装置，应设置防静电架空地板。

5 设备间照度应满足检修工作要求，最低照度值应为 100 lx。

6 设备间应配置检修用局部照明、电动工具及测试仪表的电源装置。

4.5.5 供配电、防雷及接地应符合下列规定：

1 用电负荷等级和供配电要求应按现行国家标准《供配电系统设计规范》GB 50052 的有关规定执行。

2 供配电设计应为系统的扩展、升级预留备用容量。

3 当电力系统的电能质量和产品使用的技术条件不符时，应采取满足产品使用要求的措施。

4 防雷与接地设计应按现行国家标准《建筑物电子信息系统防雷技术规范》GB 50343 的有关规定执行。

5 视频显示系统工程施工

5.1 施工准备

5.1.1 施工进场应符合下列要求：

1 施工对象已基本具备进场条件，作业场地、安全用电等均应符合施工要求。其中施工现场供用电应符合现行国家标准《建设工程施工现场供用电安全规范》GB 50194 的有关规定。

2 预留管道、孔洞、线槽及预埋件应符合设计要求。

3 影响施工的各种障碍物和杂物应已被清除。

5.1.2 施工准备应符合下列要求：

1 设计文件、施工方案、施工进度计划和施工图纸应齐全，并应已会审和批准。

2 施工人员应熟悉施工图纸及所有包括工程特点、施工方案、工艺要求、施工质量及验收标准的相关资料。

3 组织机构应健全，岗位责任应清楚，并应制定工程保障措施。

4 设备、器材、辅材、工具、机械以及通讯联络工具等，应满足连续施工和阶段施工的要求。

5.1.3 工程设备器材应符合下列规定：

1 设备、材料的进场应填写本规范附录 A 中的表 A.0.1-1 或由监理单位提供的设备材料进场报验单。并应按施工设备、材料表对材料进行清点和分类。

2 开箱检验时，设备名称、型号、规格、数量、产地应符合设计要求，外观应完好无损，技术资料及配件应齐全，并应有出厂合格证。

3 应通电检查设备功能、性能，检测应按相应的现行国家产品标准进行；国家无标准的，应按合同规定或设计要求进行；对不具备现场检测条件的设备，可要求工厂检测或委托有检验能力的机构检测，并应出具检测报告。

4 硬件设备及材料的质量检查内容应包括安全性、可靠性及电磁兼容性等项目。

5 软件产品质量应按下列内容检查：

1）操作系统、数据库管理系统、应用系统软件、信息安全软件和网管软件等商业化的软件，应进行使用许可证及使用范围的检查。

2）由系统承包商编制的用户应用软件、用户组态软件等应用软件，除应进行功能测试和系统测试之外，还应根据需要进行容量、可靠性、安全性、可恢复性、兼容性、自诊断等多项功能测试，程序结构说明、安装调试说明、使用和维护说明书等软件资料应齐全。

6 进口产品除应执行本条第1~5款的规定外，尚应提供原产地证明和商检证明；产品合格证明、检测报告及安装、使用、维护说明书等文件资料宜为中文文本或附中文译文。

5.2 施 工

5.2.1 施工应按正式设计文件和施工图纸进行，不得随意更改。确需局部调整和变更时，应填写本规范附录A中的表A.0.1-2，经批准后方可施工。

5.2.2 LED显示屏的安装应符合下列规定：

1 安装方式应根据现场实际情况确定，安装结构应采用钢结构或钢筋混凝土结构。应预留维修空间。安装结构应牢固、可靠、整洁、美观。

2 显示屏安装结构的施工与验收除应执行本规范外，尚应符合现行国家标准《混凝土结构工程施工质量验收规范》GB 50204、《钢结构工程施工质量验收规范》GB 50205、《建筑装饰装修工程施工质量验收规范》GB 50210和《建筑工程施工质量验收统一标准》GB 50300的有关规定。

3 安装室外显示屏单元前，应对基层的结构、面层平整度、装修、装饰面的防水防腐等进行验收，并应在符合要求后进行安装。

4 安装显示屏单元前应检查竖向构件的安装尺寸，可采用挂线和吊线锤相结合的方法进行。

5 安装显示屏单元过程中，不应触动单元内的控制板卡，随意松动内部线缆，严禁在箱体内堆存施

工用具和其他物料。

5.2.3 PDP、LCD、CRT显示屏和投影幕的安装应符合下列规定：

1 显示屏应安装在牢靠、稳固、平整的专用底座或支架上；无底座、支架时，应设置牢固的支撑或悬挂装置。底座应安装在坚固的地面或墙面上，安装于地面时，每个支撑腿应用地脚螺栓固定；安装于墙面时，应与墙面牢固联结；不得安装在防静电架空的地板、墙面装饰板等表面。

2 拼接结构的显示屏应采用组合式支撑结构，结构刚度和强度应满足上面屏体不对下面屏体造成压力的要求。

3 投影屏幕应安装牢固、平整，并应采取防止热胀冷缩造成的变形的措施。

4 所有组件加工精度应保证影像完整的边缘匹配，所有组件表面应经处理，并应消除反射现象。

5 在搬动、架设显示屏单元过程中应断开电源和信号联结线缆，严禁带电操作。

6 在高压带电设备附近架设显示屏时，安全距离应根据带电设备的要求确定。

7 显示屏初步安装后，应通电试看、调试、检查各项功能，并应在单元拼接的外观质量和显示区域的图像质量符合要求后进行固定。

8 显示屏幕的水平与垂直平整度分别不应大于显示屏水平与垂直尺寸的0.2%。

5.2.4 背投影显示屏的安装应符合下列要求：

1 安装背投影箱体前，应检查底架的结构牢固性及承受能力，背投影屏幕底架应可调。

2 背投影箱体间应有足够强度的连接装置。

3 应使用水平管调整底架的水平度或连同第一层投影箱体一起调整基础水平，并应对每一层箱体进行水平校正。

4 整个显示屏应横平竖直，上下、左右安装误差应小于整个显示屏幕对应尺寸的5/10000。

5 投影屏幕与箱体间应使用配件连接，并可上、下、左、右微调。

6 显示单元间的物理拼接缝宽度应小于图像拼缝宽度的设计值。

7 显示屏安装完成后，"十"字物理拼接应无明显错位现象。

8 安装投影机的过程中，应防止灰尘侵入，投影机镜头应加防护措施。

5.2.5 传输管、线、槽敷设和电缆桥架安装应符合下列规定：

1 应符合现行国家标准《建筑电气工程施工质量验收规范》GB 50303和《综合布线系统工程验收规范》GB 50312的有关规定。

2 建筑物内电（光）缆暗管敷设与其他管线最小净距应符合设计要求。

3 当传输线缆与其他线路共沟敷设时，应满足设计要求。

4 当线路附近有电磁场干扰时，非屏蔽线缆应在金属管内穿过，并应做好屏蔽。

5 线缆穿管前，应检查保护管是否畅通，管口应加护圈。

6 线缆的两端应贴有标签，并应标明编号，标签书写应清晰、端正和正确。标签应选用不易损坏的材料。

7 线缆的布放应自然平直，不应有接头和扭结等现象，不应受到外力的挤压和损伤。

8 所有信号线缆应一线到位，中间不应有接头。

9 在不进入盒（箱）的垂直管口穿入导线后，应将管口做密封处理。

10 对暗管或线槽，在线缆敷设完毕后，应对端口用填充材料封堵。

5.2.6 隐蔽工程施工中，建设单位或监理单位应会同设计、施工单位进行随工验收，并应填写本规范附录 A 中的表 A.0.1-3 或监理单位提供的隐蔽工程随工验收单。

5.2.7 控制室的施工应符合下列要求：

1 控制室的施工应符合设计要求，并应符合现行国家标准《电子信息系统机房施工及验收规范》GB 50462 的有关规定。

2 机柜、机架的安装应符合现行国家标准《智能建筑工程质量验收规范》GB 50339 的有关规定。

3 各类跳线、线缆的终接应符合现行国家标准《综合布线系统工程验收规范》GB 50312 的有关规定。

4 控制台的安装应符合下列规定：

1）控制台的安装应符合设计要求。

2）控制台应安放在水平的地面上，并应平稳、牢固。

3）附件应完整，不应有损伤；台面应整洁，不应有划痕。

4）控制台内接线应布置合理、整齐；接插件接触应可靠，安装应牢固。

5 控制室的接地，应满足设计要求。

5.2.8 系统的防雷和接地应满足设计要求，并应符合现行国家标准《电气装置安装工程接地装置施工及验收规范》GB 50169 和《建筑电气工程施工质量验收规范》GB 50303 的有关规定。

5.3 系 统 调 试

5.3.1 系统调试应符合下列要求：

1 显示屏系统的调试应在设备安装与线缆敷设完毕，且施工质量符合要求后进行。

2 应检查通讯连接线路及供电线路连接是否牢固可靠，不应有虚接、错接现象。

3 系统通电前，应检查供电设备的电压、相位、显示屏接地、机房设备工作接地是否满足要求。

4 调试前应编制完成机房设备平面布置图、显示屏系统连线图、显示屏尺寸图、板位图、接线表及调试大纲，并应经建设方或监理方批准后进行调试。调试工作应由专业技术工程师主持。

5.3.2 通电试验应符合下列要求：

1 各视频显示屏单元与控制器等设备应分区接通电源，不得同时通电。应在分区调试合格后再进行系统联调。

2 设备运行不正常时，应立即断电、检查和修复，然后重新调试，直至设备运行正常，并应做文字记录。

5.3.3 系统控制软件的安装应符合下列要求：

1 应采用通用性、兼容性好的操作系统。

2 应按安装手册要求进行软件安装。

3 应用软件基本配置应符合显示屏平面布置图、显示屏系统连线图、显示屏尺寸图、板位图、接线表等使用要求。

5.3.4 LED 显示系统的调试应符合下列要求：

1 各视频显示屏单元的显示图像应无几何失真。

2 显示内容应充满各视频显示屏单元。

3 LED 显示屏调试内容与步骤，应符合下列规定：

1）分别显示红、绿、蓝三基色及白色，检查显示屏像素的失控率，记录失控点精确位置。像素替换，直至满足设计要求。

2）分别显示红、绿、蓝三基色及白场，检查显示屏显示颜色的均匀性。

3）显示灰度级测试图表，检查显示屏幕灰度级。

4）测试显示屏 γ 曲线，测试、校正色温与亮度。

4 LED 显示屏控制系统测试内容与步骤，应符合下列规定：

1）测试控制设备是否正常工作，能否控制显示屏启动与关闭。

2）测试控制设备对信号源切换的控制。

3）图像切换功能测试。

4）输出功能测试。

5）与其他系统连接的测试。

5 显示系统软件的测试内容与步骤，应符合下列规定：

1）软件运行开启关闭的测试。

2）软件每个功能点操作测试。

3）软件稳定性操作测试。

4）软件兼容性测试。

6 系统联调（与其他系统联机调试）测试内容与步骤，应符合下列规定：

1) 测试其他系统与显示屏系统数据输入输出是否正常。

2) 测试其他系统与显示屏系统控制功能是否正常。

5.3.5 投影型和电视型显示系统的调试应符合下列规定：

1 显示屏系统的调试应符合下列规定：

1) 视频显示屏单元显示图像的边缘应横平竖直并充满整个屏幕，不应有明显的几何失真。

2) 各相邻显示屏单元间的光学拼接不应有明显错位。

3) 各视频显示屏单元间的图像拼缝宽度应符合设计要求。

4) 各视频显示屏单元的色温、像素、灰度等级等应符合设计要求，并应逐一测量，同时应做文字记录。

5) 各视频显示屏单元的显示屏亮度、色度均匀性、对比度应调整到设计要求。

6) 测试各显示单元屏幕的视角，应符合设计要求。

7) 相邻屏幕之间不应出现遮挡像素的现象。

8) 整屏不应出现漏光现象。

2 控制系统的调试应符合下列规定：

1) 系统应能正常协调工作，各类接口特性应达到设计要求。

2) 系统拼接能力、显示能力及刷新频率应达到设计要求。

3 系统软件调试应符合下列规定：

1) 信号源组群控制应能对各类信号源进行分类、分组管理，选取信号应方便、直观。

2) 显示屏上显示的图像窗口位置及大小应能在系统控制软件上实时显示，系统控制软件应能在终端实时管理显示屏上的所有显示窗口。

3) 系统控制软件应能对每个显示窗口的显示属性进行各项参数的调整。

4) 显示预案预置、调用调试，系统控制软件应能方便地将当前的显示状况设置为预案，并应包括图像窗口的大小、位置、信号源及相关显示参数；同时也应能方便地调用所有预置的预案，应包括所有相关的参数。

5) 系统控制软件应具备对操作人员分级管理的功能。

6) 远程多用户应能按预授的权限在大屏幕上分区域操作，网络用户不应相互干扰。

4 信号显示联调应符合下列要求：

1) 网络信号的显示：显示的信号数量应能满足设计要求，并应能完全显示工作站显示

内容，可使用大屏幕的鼠标或远程鼠标直接控制网络工作站。

2) 计算机信号的显示：应能显示的信号数量满足设计要求；清晰显示工作站内容，无拖尾、重影等现象；可局部放大显示计算机工作站的内容；可自动识别并显示计算机工作站的分辨力。

3) 视频信号的显示数量满足设计要求，自动识别信号源的类型并显示，可显示 16：9 和 4：3 模式。

5.3.6 视频显示系统应能为其他系统提供通用接口，且系统间不应相互干扰。

5.3.7 系统调试结束后，应根据调试记录并按本规范附录 A 中的表 A.0.1-4 填写系统调试报告。

6 视频显示系统试运行

6.0.1 系统应在调试合格，且调试报告经建设单位认可后进行试运行。试运行期间，应按本规范附录 A 的表 A.0.1-5 的要求做好试运行记录。

6.0.2 系统试运行时间宜为一个月或 240h。

6.0.3 系统试运行期间，设计、施工单位应配合建设单位建立系统值勤、操作和维护管理制度。

6.0.4 系统试运行应达到设计要求。

6.0.5 系统试运行结束，建设单位应根据试运行记录写出系统试运行报告。系统试运行报告内容应包括试运行起止日期，试运行过程是否有故障，故障产生的日期、次数、原因和排除状况，以及系统功能是否符合设计要求及综合评述。

7 视频显示系统工程验收

7.1 一 般 规 定

7.1.1 工程竣工应符合下列要求：

1 工程项目按设计任务书的规定内容全部完工，经试运行达到设计要求，并为建设单位认可，可视为竣工。对于非主要项目未按规定全部完工，由建设单位与设计、施工单位协商，对遗留问题作出明确的处理方案，经试运行基本达到设计、使用要求，并为建设单位认可，也可视为竣工。

2 工程竣工后，应由施工单位出具工程竣工报告。工程竣工报告内容应包括工程概况、对照设计文件安装的主要设备、依据设计任务书或工程合同所完成的工程质量自我表现评估、维修服务条款及竣工核算报告等。

7.1.2 工程项目竣工，并已出具系统试运行报告，可进行工程初步验收。初步验收合格，施工单位提出工程竣工验收申请报告后应进行工程竣工验收。

7.1.3 视频显示系统工程验收应按先产品、后系统的顺序进行。

7.2 初步验收

7.2.1 初步验收组织应由建设单位、监理单位组织设计、施工单位组成，并应根据设计任务书和工程合同提出的设计、使用要求对工程进行初步验收。

7.2.2 初验内容应包括对系统试运行报告进行审查；对照设计任务书和正式设计文件，对安装设备的数量、型号、原产地进行核对；对隐蔽工程随工验收单进行复核；对系统功能、效果进行检查。

7.2.3 初验后验收组应出具初验报告。初验报告的内容应包括系统试运行概况，对安装设备的数量、型号、原产地进行核对的结果，对隐蔽工程随工验收单的复核结果，对系统功能、效果的主观评价。

7.3 工程竣工验收条件与验收组织

7.3.1 视频显示系统工程竣工验收应符合下列条件：

1 按正式设计文件施工的工程。

2 系统试运行达到设计要求，并经建设单位认可。

3 初验合格。

7.3.2 工程正式验收前，建设、设计、施工单位应向工程验收小组提交下列资料：

1 设计任务书。

2 工程合同。

3 工程初步设计论证意见及设计、施工单位与建设单位共同签署的深化设计意见。

4 正式设计文件、相关图纸资料和设计变更通知单。

5 系统试运行报告。

6 工程竣工报告。

7 系统使用说明书（含操作和日常维护说明）。

8 工程竣工核算报告。

9 工程初验报告（含隐蔽工程随工验收单）。

10 工程检验报告。

7.3.3 验收组织与职责应符合下列规定：

1 视频显示系统工程的验收应由建设单位会同其相关管理部门、监理、设计、施工单位及第三方验收机构，成立工程验收小组。

2 验收机构应对照设计任务书、合同、相关标准以及正式设计文件，对工程作出正确、公正、客观的验收结论。

3 验收通过或基本通过的工程，对设计、施工单位根据验收结论写出的并经建设单位认可的整改措施，验收机构应配合工程建设单位督促、协调落实；验收未通过的工程，验收机构应在验收结论中明确指出问题与整改要求。

7.4 工程竣工验收

7.4.1 工程验收小组应根据合同技术文件、设计任务书和国家现行有关标准与管理规定等相关要求，以及本规范规定的检测项目、检测数量和检测方法，进行验收检测。

7.4.2 施工验收应根据正式设计文件、图纸进行，施工有局部调整或变更的，应由施工方提供工程变更审核单。

7.4.3 工程设备安装验收应符合下列规定：

1 应对照竣工报告、初验报告，检查系统配置，包括设备数量、规格、型号、原产地及安装部位。

2 应按本规范附录 A 的表 A.0.1-6 列出的相关项目与要求，采用现场观察、核对施工图、抽查等方法，对工程设备的安装质量进行检查验收，并应做好记录。

7.4.4 管线敷设验收应按本规范附录 A 的表 A.0.1-6 列出的相关项目与要求进行，并应检查明敷管线及明装接线盒、线缆接头等的施工工艺，同时应做好记录。

7.4.5 隐蔽工程验收应对照本规范附录 A 的表 A.0.1-3，复核隐蔽工程验收单的检查结果。

7.4.6 系统性能技术指标的检测应对照设计任务书、合同相关技术条款的要求，进行逐项客观测试。并应按本规范附录 B 的表 B 填写，同时应做好记录。

7.4.7 系统功能的检测应对照设计任务书、合同相关技术条款的要求，进行逐项功能演示。

7.4.8 系统图像质量的主观评价应符合现行国家标准《彩色电视图像质量主观评价方法》GB/T 7401 的有关规定，可采用五级损伤制评定。五级损伤制评分分级应符合表 7.4.8 的规定。

7.4.9 图像质量的主观评价项目应符合表 7.4.9 的规定。

7.4.10 系统图像质量的主观评价方法和要求应符合下列规定：

表 7.4.8 五级损伤制评分分级

图像质量损伤的主观评价	评分分级
图像上不觉察有损伤或干扰存在	5
图像上稍有可觉察的损伤或干扰，但并不令人讨厌	4
图像上有明显的损伤或干扰，令人感到讨厌	3
图像上损伤或干扰较严重，令人相当讨厌	2
图像上损伤或干扰极严重，不能观看	1

表 7.4.9　主观评价项目

项　目	损伤的主观评价现象
随机信噪比	噪波，即"雪花干扰"
单频干扰	图像中纵、斜、人字形或波浪状的条纹，即"网纹"
电源干扰	图像中上、下移动的黑白间置的水平横条，即"黑白滚道"
脉冲干扰	图像中不规则的闪烁、黑白麻点或"跳动"
色/亮度时延差	色、亮信息没有对齐，即"彩色鬼影"

　1　主观评价应在系统正常工作状态下进行。

　2　观看距离宜为屏幕高度的 2～3 倍。

　3　评价人员不应少于 5 名，并应包括专业人员和非专业人员。评价人员应独立评价打分，并应取算术平均值为评价结果。

　4　主观评价项目的得分值均不应低于设计标准。

7.4.11　验收小组应审查报验资料的完整性、准确性及正确性。

7.4.12　验收工作完毕，应按本规范附录 C 填写验收结论。

附录 A　工程施工质量控制记录

A.0.1　工程施工质量控制过程记录应按表 A.0.1-1～表 A.0.1-6 的要求填写。

表 A.0.1-1　设备材料进场报验单

工程名称			编号		
施工单位名称					
现报上关于××××工程的设备材料进场检验记录，该批设备材料经我方检验符合设计、规范及合同要求，请予以批准使用。					
物资名称	规格型号产地	包装及外观	单位	数量	使用部位

附件：　　　　　　　　　　　　　　　　　　编号：
　□产品保修卡　　　　　　　　_____页
　□厂家质量检验报告　　　　　_____页
　□产品说明书　　　　　　　　_____页
　□商检证　　　　　　　　　　_____页
　□进场检查记录　　　　　　　_____页
　□原产地证明　　　　　　　　_____页
　□报关单　　　　　　　　　　_____页
　技术/质量负责人：　　　　　申报人：

施工单位签字：　年　月　日	监理单位签字：　年　月　日	建设单位签字：　年　月　日

表 A.0.1-2　工程变更审核单

工程名称			编号	
变更项目名称、内容	变更原因	原为	更改为	
申请单位（人）：　　年　月　日				分发单位
审核单位（人）：　　年　月　日				
批准单位（人）：　　年　月　日				
更改实施日期：　　年　月　日				

表 A.0.1-3　隐蔽工程验收单

工程名称：

建设单位/总包单位				
设计单位				
施工单位				
监理单位				

	序号	检查内容	检查结果		
			安装质量	安装部位	图号
隐蔽工程内容与检查结果	1				
	2				
	3				
	4				
	5				
	6				

验收意见			
设计单位	施工单位	监理单位	建设单位/总包单位
签字：	签字：	签字：	签字：
盖章：	盖章：	盖章：	盖章：
年　月　日	年　月　日	年　月　日	年　月　日

注：1　检查内容包括：（序号 1）管道排列、走向、弯曲处理、固定方式；（序号 2）管道搭铁、接地；（序号 3）管口安放护圈标识；（序号 4）接线盒及桥架加盖；（序号 5）线缆对管道及线间绝缘电阻；（序号 6）线缆接头处理等。

　　2　检查结果的安装质量栏内，按检查内容序号，合格的打"√"，不合格的打"×"，并注明对应的部位、图号。

　　3　综合安装质量的检查结果，填写在验收意见栏内，并扼要说明情况。

表 A.0.1-4 系统调试报告

工程名称			编号			
建设单位			联系人		电话	
调试单位			联系人		电话	
设计单位			施工单位			
主要设备	设备名称型号	数量	编号	出厂日期	生产厂	备注
系统功能	设计要求		调试方法			调试结果
施工有无遗留问题			施工单位负责人		电话	
调试情况						
设计单位负责人（签字）			施工单位负责人（签字）			
监理单位（签字）			建设单位人员（签字）			
填表日期						

表 A.0.1-5 系统试运行记录

工程名称		编号		
建设单位				
施工单位				
日期时间	试运行情况	备注		值班人

表 A.0.1-6 工程安装质量验收记录

工程名称				编号	
施工单位					
项目名称		要 求	方法	主观评价	检查结果 合格 不合格
显示设备	1. 安装位置	合理、有效	现场观察		
	2. 安装质量（工艺）	牢固、屏幕平整、美观、规范	现场观察		
	3. 线缆连接	信号线、控制线、电源线一线到位，接插件可靠，电源线与信号线、控制线分开，走向顺直，无扭绞	对照图纸复核、检查		
	4. 通电	工作正常	现场通电检查		
控制设备	5. 机架、控制台	安装平稳、合理、便于维护	现场检查		
	6. 控制设备安装	操作方便、安全	现场检查		
	7. 开关、按钮	灵活、方便、安全	实际操作		
	8. 机架、设备接地	接地规范、安全	现场检查		
	9. 接地电阻	应符合本规范第4.5.5条的相关规定	现场测量		
	10. 控制台、机架、电缆线扎及标识	整齐，有明显编号、标识并牢靠	检查		
	11. 电源引入线缆标识	引入线端标识清晰、牢靠	现场检查		
	12. 通电	工作正常	现场通电检查		
管线敷设质量	13. 明敷管线	牢固美观、与室内装饰协调，抗干扰	现场检查		
	14. 接线盒、线缆接头	垂直与水平交叉处有分线盒，线缆安装固定、规范	现场检查		
	15. 隐蔽工程随工验收复核	有隐蔽工程随工验收单并验收合格	复核表		
施工质量验收结论					
设计单位	施工单位		监理单位		建设单位
盖章： 签字： 年 月 日	盖章： 签字： 年 月 日		盖章： 签字： 年 月 日		盖章： 签字： 年 月 日

附录 B 工程检测记录

表 B 技术性能指标检测表

工程名称			编号		
施工单位					
序号	检查项目	检查要求	检查结果		
			合格	不合格	
1	光学性能测试				
	显示屏图像清晰度				
	显示屏亮度				
	显示屏对比度				
	视角				
	均匀性(亮度、色度)				
2	系统接口测试				
	接口1				
	接口2				
	接口3				
3	系统电性能检查				
	换帧频率（LED）				
	刷新频率				
	像素失控率（LED）				
	灰度等级				
	信噪比				
4	结构性能				
	平整度				
	像素中心距偏差				

检测结论	检测机构： 年 月 日

设计单位签字： 年 月 日	施工单位签字： 年 月 日	监理单位签字： 年 月 日	建设单位签字： 年 月 日

附录 C 工程验收记录

表 C 验收结论汇总表

工程名称		编号	
建设单位			
监理单位			
设计单位			
施工单位			
施工验收结论		验收人签字： 年 月 日	
技术性能、指标检测结论		检测人签字： 年 月 日	
资料审查结论		审查人签字： 年 月 日	
工程验收结论		验收人签字： 年 月 日	
建议与要求：			

设计单位	施工单位	监理单位	建设单位
盖章： 签字： 年 月 日	盖章： 签字： 年 月 日	盖章： 签字： 年 月 日	盖章： 签字： 年 月 日

本规范用词说明

1 为便于在执行本规范条文时区别对待，对要求严格程度不同的用词说明如下：

　1) 表示很严格，非这样做不可的用词：
　　正面词采用"必须"，反面词采用"严禁"。

　2) 表示严格，在正常情况下均应这样做的用词：
　　正面词采用"应"，反面词采用"不应"或"不得"。

　3) 表示允许稍有选择，在条件许可时首先应这样做的用词：
　　正面词采用"宜"，反面词采用"不宜"；
　　表示有选择，在一定条件下可以这样做的用词，采用"可"。

2 本规范中指明应按其他有关标准、规范执行的写法为"应符合……的规定"或"应按……执行"。

中华人民共和国国家标准

视频显示系统工程技术规范

GB 50464—2008

条 文 说 明

目　次

1 总　　则

1.0.2 本规范适用于工程项目中的发光二极管（LED）显示屏、阴极射线管显示屏（CRT）、液晶显示屏（LCD）、等离子体显示屏（PDP）、数字光学处理器（DLP）、反射式液晶（LCOS）正投或背投产品的单屏、拼接屏视频显示系统工程的设计、施工和验收，例如展览会馆、机场、运动场馆、公安、交通、电力、水利指挥调度中心、电信监控中心、新闻中心、证券公司、购物中心、银行、大型娱乐活动等场所安装的 LED、DLP、PDP、LCD 视频显示屏。

2 术　　语

2.1 术　　语

2.1.2 显示单元也可以是环型幕、球型幕等。

2.1.27 国际发光照明委员会（CIE）规定彩色的色度用色度坐标表示；CIE（1931 年）的标准色度坐标系统的 x，y 也可以是 CIE（1976 年）均匀度系统的 u'，v' 坐标。

3 视频显示系统工程的分类和分级

3.1 LED 视频显示系统的分类和分级

3.1.1 该条给出了 LED 视频显示系统按使用环境和按显示颜色分类最基本的两种分类方法。LED 视频显示系统还可按使用功能、基本发光点直径或像素中心距、LED 封装形式、安装结构等分类。

3.1.2 根据不同用户的需要，构成系统的机械性能、光电性能达到的指标参考《LED 显示屏测试方法》SJ/T 11281 中的 LED 显示屏测试方法，本条制定了分级条件。

3.2 投影型视频显示系统的分类和分级

3.2.1 该条给出了投影型视频显示系统最基本的两种分类方法，实际应用中通常有背投影拼接显示系统、正投影拼接显示系统、单台背投影系统和单台正投影系统四种方式。

3.2.2 根据使用性质、系统规模、功能要求、建设投资等划分为甲、乙、丙三级。

　　1 系统中主要设备是指投影机和专用图像控制器，但不包括灯泡、滤网、色轮、硬盘等易损件以及厂家特别标明的其他辅助部件。

　　2 数字系统是指信号从信号源输出到最终显示，经过源信号传输、控制器处理、拼接信号传输和信号显示四个部分均采用数字技术。目前，控制器处理与信号显示两部分基本上都采用数字技术。

　　3 任一视频显示屏单元同时显示信号数量，是用于规定拼接显示系统的显示能力。甲级拼接显示系统的使用寿命通常为 5～10 年，其拼接能力应按长远期需求和发展的眼光设计，故要求系统中任一视频显示屏单元应能至少同时显示任意 8 路信号。乙级拼接显示系统（包括 $M=1$ 与 $N=1$ 时的单台显示系统）的使用寿命通常为 5 年左右，其拼接能力要求系统中任一视频显示屏单元应能至少同时显示任意 6 路信号。对于丙级系统，任一视频显示屏单元能同时显示的信号数量没有做要求。

　　4 同时实时信号显示数量是用于规定拼接显示系统的拼接能力。甲级拼接显示系统要求 $M \times N \times 2$，其中 $M \times N \geqslant 2$，M 和 N 均为大于或等于 1 的整数。甲级拼接显示系统（包括 $M=1$ 与 $N=1$ 时的单台显示系统）的使用寿命通常为 5～10 年，其显示能力应按长远期需求设计，故要求系统至少能同时实时显示 2 倍单屏数量的应用信号。乙级拼接显示系统要求 $M \times N \times 1.5$，其中 $M \times N \geqslant 2$，M 和 N 均为大于或等于 1 的整数，要求系统至少能同时实时显示 1.5 倍单屏数量的应用信号。丙级拼接显示系统要求 $M \times N \times 1$，其中 M 和 N 均为大于或等于 1 的整数，包括 $M=1$ 与 $N=1$ 时的单台显示系统。

　　5 视频显示屏单元投影机的亮度与色彩参数锁定功能，可以抑制因拼接显示系统在使用一段时间后，由于投影机光电器件的指标漂移、投影灯的光衰减、个别投影灯的更换等使各投影机的光学特性产生较大的差异，从而使显示屏各视频显示屏单元的亮度与色彩一致性大大下降，进而严重影响显示屏的显示质量。亮度与色彩控制功能要求视频显示屏单元的投影机具有亮度与色彩参数锁定功能，就是为了有效抑制视频显示屏单元的亮度与色彩的漂移，这一点对大型拼接显示系统尤为重要。

3.3 电视型视频显示系统的分类和分级

3.3.1 电视视频拼接显示系统又可细分为带边框的电视视频拼接显示系统和不带边框的无缝电视视频拼接显示系统。

3.3.2 不带边框的无缝电视视频拼接显示系统可参照本规范第 3.2.2 条中乙级标准的相关条款，其他电视视频拼接显示系统可参照本规范第 3.2.2 条中丙级标准的相关条款。

4 视频显示系统工程设计

4.1 一　般　规　定

4.1.1 由于视频显示系统工作的特殊需求，整个视频显示系统应具有高可靠性、高稳定性的特点，以保证系统的连续正常运行。合理的性能价格比也是系统设计中应当考虑的重要内容，选用的设备在兼顾优良性能的基础上应充分考虑经济性，包括系统的建设费用和长期运行的成本。

4.1.3

2 M 和 N 均为大于或等于1的整数。其中 $M×N=1$ 时，即为单台投影视频显示系统。

3 M 和 N 均为大于或等于1的整数。其中 $M×N=1$ 时，即为单台电视视频显示系统。

4 LED 视频显示系统软件宜采用通用性、兼容性较好的计算机网络操作系统，应配备防病毒系统。显示软件可根据 LED 显示系统的特殊需求而设计。

4.1.4 系统工作环境温度超出要求范围时，可考虑增加空调、暖风机等附加设施。

4.2 视频显示屏系统设计

4.2.1 LED 视频显示屏系统首先应确定是室内屏还是室外屏，全面考虑各项因素，确定其安装方式、安装位置、像素密度、屏体尺寸。

1 室外屏应尽量避免发光面朝南，不得已时应考虑遮挡。由于 LED 发光二极管存在一定的视角，显示屏安装时宜向下倾斜 $5°$。

2 320（W）×240（H）是视频显示屏播放视频图像所需的最少像素数。

3 视距和像素中心距 $H=k \cdot P$ 公式来源：已公布的《体育场馆设备使用要求及检验方法 第一部分：LED 显示屏》TY/T 1001.1—2005 给出了最大视距和字符高度的公式：

$$H=k \cdot d$$

式中　H——最大视距（m）；

k——视距系数，一般取 345；

d——字符高度（m），字符为 16 点阵汉字。

因此 $H=k \cdot P=345×16P=5520P$；$P$ 为像素中心距（m），k 为视距系数，最大视距系数 k 一般取 5520，根据经验数据：

理想视距=1/2 最大视距，理想视距系数 k 一般取 2760；

最小视距=1/2 理想视距，最小视距系数 k 一般取 1380；

合理视距范围：最小视距（=1/2 理想视距）≤合理视距≤最大视距（=2×理想视距）。

在选取像素中心距时，一般采用理想视距值。

4.2.2

3 室内 LED 视频显示屏亮度要求考虑到许多大众场合还在使用普通模块显示屏，因此要求的亮度值比有些特定场合的数值低。

4.2.4

1 视角又称 1/2 增益角，包括水平视角和垂直视角。视角越大，则人们能清晰地观看到的屏幕内容就越多，或屏幕内容可让更多的人从不同角度清晰地观看到；反之，视角越小，人们清晰地观看到的屏幕内容就越少，或屏幕内容只能让少数的人从较小的角度清晰地观看到。观看人员的位置应符合人体工程学的原理，保证人们观看显示屏的舒适性。

3 在人们需一边工作一边观看显示屏的处所，往往设置有大量的照明灯具或具备充足的采光，这些环境光线可能会产生强烈的反射、眩光，致使人们根本看不清显示屏的部分显示内容，因此屏幕表层具有较强的抗环境光干扰能力，对有效避免反射、眩光等现象影响观看效果非常重要。

7 该款为最低亮度要求，显示屏单元的亮度可由下列公式得出：亮度＝投影机亮度×屏幕亮度增益×箱体光利用率÷屏幕面积÷π。对于人们需长时间认真观看的处所，当环境光线较暗时，显示屏单元的亮度以 100～200cd/m² 为宜；当环境光线较亮时，显示屏单元的亮度以 150～250cd/m² 为宜。其他处所如有需要，可选择更高的亮度，但应评估视角、使用成本、显示效果等因素。

8 该款为最低对比度要求。显示屏单元的对比度由于受环境光线及屏幕漫反射的制约，往往远低于投影机输出的对比度，实际应用中，视频显示屏单元屏前的对比度以接近投影机输出的对比度为最好。

7～10 款给出了单元屏体亮度、对比度、亮度均匀性、色度均匀性的基本指标要求，实测值高于此指标要求越多越好。

11、12 款给出了相邻屏体的亮度均匀性、色度均匀性的基本指标要求，实测值高于此指标要求越多越好。

4.3 传输系统设计

由于该领域技术发展日新月异，在各种接口设计时，应能满足新技术应用的要求。

4.4 控制系统设计

4.4.2 不同的设备其系统的组成也不尽相同，但应满足使用要求。

4.4.4 计算机信号接入方式应采用网络信号与显卡输出信号接入方式，计算机网络信号与显卡输出信号接入方式对比表见表1，设计中应根据兼容性和安全性的要求、对应用系统的影响、显示质量、实时性、经济性等方面综合考虑确定。

表 1　计算机信号的网络信号与显卡输出信号接入方式对比

信号接入方式	网络信号	显卡输出信号	
		模拟系统	数字系统
兼容性	支持 Windows 操作系统，对其他操作系统的支持存在缺陷或不支持	与操作系统无关	

续表1

信号接入方式	网络信号	显卡输出信号	
		模拟系统	数字系统
安全性	对于多网络的接入，不能实现物理隔离 存在受网络攻击或病毒感染的可能 需在应用工作站上加装抓屏软件，可能会造成软件冲突	信号从应用工作站的显卡接入，无安全隐患	
对应用系统的影响	需在应用工作站上加装抓屏软件，会部分占用计算机资源 显示信号通过应用系统的网络传送，将挤占部分网络带宽	对应用系统无影响	
显示质量	数字处理、数字传输，抗电磁干扰能力强，信号信噪比高，显示质量好	模拟处理、模拟传输、抗电磁干扰能力差，信号信噪比较低，距离长时显示质量较差	数字处理、数字传输，抗电磁干扰能力强，信号信噪比高，显示质量好
显示实时性	显示信号通过应用系统的网络传送，需与应用系统抢占网络带宽，刷新率不能保证	能确保10帧/s以上的刷新率	
传输距离	100m	15m，大于15m宜采用光纤传输，否则信号显示会出现严重拖尾、模糊、抖动等现象	100m以上

4.5 辅助系统设计

4.5.2

1 为实现视频播放、电视转播、公共信息的接收、转送和播发等功能，宜设置专用的控制室。终端信息点及设备接口包括：计算机网络接口、电话接口、公共信息接口、CATV系统接口、音频接口、电视转播接口等。

2 因为控制室内部某些机柜高度2.2m，因此建议室内净高不宜小于2.5m。

3 控制室内的音视频、控制以及电源电缆的敷设宜设置地面线槽；改建工程或控制室不宜设置地面线槽时，也可敷设在电缆线槽、电缆沟内，或采用网络地板。

4 应根据机柜、控制台等设备的相应位置，设置电缆线槽和进线孔，电缆线槽的高度和宽度应满足敷设电缆的容量和电缆弯曲半径的要求。

4.5.4

2 在开始安装和随后使用的时间内，设备的温度和湿度条件需要被控制在本款规定范围之内。

4 视频显示屏系统设备间由于装设显示设备和金属支架，有一定的承重要求；地面上安装如通风管，无关的水、电、气管道等将影响设备运输和检修工作，在设计时应避免。

5 视频显示系统工程施工

5.2 施 工

5.2.2

1 首先应由工程技术人员勘查现场，根据屏体的重量，选择能承重的载体，如承重墙、屋顶钢梁、钢筋混凝土基础等，最终确定采用钢结构还是钢筋混凝土结构。

3 安装在室外的显示屏一般由于面积较大、环境复杂，安装结构需考虑防水、防尘、防腐蚀、防紫外线、抗风、抗震等环境因素以及维修空间（如设置维修平台等）。

5.3 系 统 调 试

5.3.5

1 投影型视频显示屏投射图像几何失真校正是用专用调整平台，从三维角度调整投射图像的形状，使其达到"矩形"的效果，"矩形"应充满整个屏幕，不应有明显的缺损，且不应有"黑边"现象。

6 视频显示系统试运行

6.0.2 对于交通管理局等需要系统不间断连续运行的场所，建议系统试运行时间为一个月；对于一些信息中心、应急指挥中心等不需要全天连续工作的场所，建议按8h/d，30d来计算，即240h为系统试运行时间。

中华人民共和国国家标准

煤炭工业矿区总体规划规范

Code for general planning of mining
area of coal industry

GB 50465—2008

主编部门：中 国 煤 炭 建 设 协 会
批准部门：中华人民共和国住房和城乡建设部
施行日期：２００９年８月１日

中华人民共和国住房和城乡建设部
公　　告

第 204 号

关于发布国家标准
《煤炭工业矿区总体规划规范》的公告

现批准《煤炭工业矿区总体规划规范》为国家标准，编号为GB 50465—2008，自 2009 年 8 月 1 日起实施。其中，第3.1.6、3.3.6、3.7.1、3.7.2、3.7.3、3.7.4、3.7.5、3.7.6、4.1.3（2）、5.1.6（3、4）、5.3.6、6.2.1、6.2.3、6.6.3（1、2、3）、8.0.3（1、2）、11.1.3、11.1.5、11.1.13 条（款）为强制性条文，必须严格执行。

本规范由我部标准定额研究所组织中国计划出版社出版发行。

中华人民共和国住房和城乡建设部
二〇〇八年十二月十五日

前　　言

本规范是根据建设部"关于印发《2005 年工程建设标准规范制订、修订计划（第二批）》的通知"（建标函〔2005〕124 号）的要求，由中国煤炭建设协会勘察设计委员会会同有关单位共同完成的。

本规范在编制过程中，规范编制组认真贯彻落实科学发展观，总结了改革开放以来煤炭工业矿区总体规划的经验，分析研究了我国市场经济进一步发展和煤炭工业科技进步给矿区总体规划带来的新的发展变化和要求。通过多次以多种形式征求有关部门和全国煤炭系统各有关单位和专家的意见，经多次讨论，反复研究和修改，最后经审查定稿。

本规范共分 12 章和 2 个附录，主要内容包括：总则，资源评价，矿区开发，煤炭分选加工与综合利用，矿区地面总布置及防洪，矿区辅助企业和设施，矿区地面运输，矿区供电，矿区信息网，矿区给水、排水、供热与燃气，环境保护和水土保持，技术经济等。

本规范中以黑体字标志的条文为强制性条文，必须严格执行。

本规范由住房和城乡建设部负责管理和对强制性条文的解释，由中国煤炭建设协会负责日常管理工作，由中国煤炭建设协会勘察设计委员会负责具体内容的解释。本规范在执行过程中，请各单位结合工程实践，认真总结经验，如有意见和建议请寄交中国煤炭建设协会勘察设计委员会（地址：北京市西城区安德路 67 号，邮政编码：100011），以便今后修订时参考。

本规范主编单位、参编单位和主要起草人：
主 编 单 位：中国煤炭建设协会勘察设计委员会
参 编 单 位：煤炭工业济南设计研究院有限公司
中煤国际工程集团北京华宇工程有限公司
中煤国际工程集团沈阳设计研究院
煤炭工业合肥设计研究院
煤炭工业太原设计研究院
中煤西安设计工程有限责任公司
中煤国际工程集团南京设计研究院
主要起草人：何国纬　康忠佳　郭钧生　戴少康
伍育群　冯景涛　曾　涛　李　安
张振文　高建国　蒋洪元　李燮纳
谈丛熙　麦方代　曹淮明

目　次

1 总 则

1.0.1 为贯彻执行国家和煤炭工业的法律、法规、方针、政策，在矿区总体规划中全面落实科学发展观和适应市场经济的需要，制定本规范。

1.0.2 本规范适用于煤炭工业的矿区总体规划。

1.0.3 矿区煤炭资源开发应先编制矿区总体规划。

1.0.4 矿区总体规划应在经评审备案的矿区资源普查和必要的详查地质报告基础上进行。对决定矿区井（矿）田划分、建设规模和煤炭利用方向的主要勘查区域应达到详查程度。对于达不到井（矿）田划分等要求的勘查区域应提出进一步补充勘查的意见。

1.0.5 矿区总体规划应符合下列原则：

　　1 坚持依靠科技进步，走资源利用率高、安全有保障、经济效益好、环境污染少的煤炭工业可持续发展道路。

　　2 统筹考虑煤炭工业与相关产业协调发展，煤炭开发与生态环境协调发展，矿山经济与区域经济协调发展的要求。

　　3 体现统一规划、合理布局、综合开发、有效利用和规模经济的原则。

1.0.6 矿区总体规划应包括下列内容：

　　1 阐明矿区开发的目的、必要性、规划编制的依据、指导思想和原则。

　　2 对矿区煤炭资源进行综合评价，提出煤炭资源进一步勘查的区块划分以及补充勘查的意见。

　　3 论证矿区开发对全国和地区经济社会发展的作用和意义；分析煤炭市场前景和产品竞争力。

　　4 合理划分井（矿）田范围，拟定矿区建设规模、矿井（露天矿）生产能力和开发顺序。

　　5 对生产和在建矿区应调查核实现有煤炭企业生产建设情况，提出合理利用或扩建的方案。已建的中、小型煤矿应整顿、改造和提高，整合煤炭资源，实行集约化开发经营。

　　6 论证矿区资源的合理利用，规划矿区煤炭分选加工与综合利用设施，提出煤炭深加工及煤炭转化的意见。

　　7 对矿区共生、伴生资源，提出综合开发和利用的意见。

　　8 提出矿区地面运输、供水、供电、通信、服务等规划方案。

　　9 提出矿区安全、环境保护、水土保持、水资源、土地利用和节能减排等规划方案。

　　10 估算矿区劳动定员的在籍人数和估算矿区静态总投资。

1.0.7 矿区总体规划应符合国家的煤炭产业政策和煤炭工业发展规划，应与所在地区和城镇的各方面发展规划相协调，并应与相邻矿区协作配合。公用工程、生活服务和居住区宜依托地方。

1.0.8 矿区总体规划应贯彻"安全第一、预防为主、综合治理"的方针，制订全矿区安全综合措施和对各矿、各企业的原则要求，建立全矿区可靠的安全监测、监控网络和完善的矿山救护及消防设施。规划应对矿区的瓦斯、煤尘、水、火和矿压等自然灾害进行分析评价，并应对矿区重点灾害提出治理意见。

1.0.9 矿区总体规划应贯彻发展循环经济的方针，按照"减量化、再利用、资源化"的原则，大力推进节能、节水、节地、节材，加强资源综合利用和再生资源回收，提高资源采出率和利用效率，全面推行清洁生产，加大环境保护和治理的力度，切实保护好自然生态，实现经济、环境和社会效益相统一，建设资源节约型和环境友好型的矿区。促进人与矿区和谐发展。

1.0.10 煤炭工业矿区总体规划，除应符合本规范外，尚应符合国家现行有关标准的规定。

2 资 源 评 价

2.1 煤炭资源储量

2.1.1 矿区总体规划应对矿区勘查程度、资源可靠性和开采条件等进行分析，并应作出评价。

2.1.2 矿区总体规划对矿区煤炭资源量统计和估算，应符合下列规定：

　　1 矿区煤炭地质资源量应为经评审备案的勘查地质报告提供的查明煤炭资源量的总和。

　　2 矿区规划能利用煤炭资源量应等于矿区煤炭地质资源量减去近期不宜开采的煤炭资源量。

　　3 煤炭资源量统计和估算应按本规范附录A和附录B进行。

2.1.3 矿区总体规划可根据矿区查明煤炭资源量结合矿区潜在煤炭资源量论述评价矿区煤炭资源的丰富程度，以及分析预测矿区的远景规模。并应对规划区内预测区的煤炭资源作进一步勘查的区块划分，同时应提出意见。

2.1.4 矿区总体规划对井（矿）田煤炭资源储量的分类和计算，应符合下列规定：

　　1 在规划区内，生产、在建矿井和露天矿的煤炭资源储量的分类和计算，应符合现行国家标准《煤炭工业矿井设计规范》GB 50215、《煤炭工业小型矿井设计规范》GB 50399 和《煤炭工业露天矿设计规范》GB 50197 的有关规定。

　　2 新规划的矿井计算井田规划煤炭资源量时，应从井田规划能利用煤炭资源量中减去断层、防水、井田境界、地面建（构）筑物等永久煤柱煤量及因法律、社会、环境保护等因素影响不得开采的煤柱煤量；计算井田规划可采储量时，应从井田规划煤炭资源量中减去工业场地、井筒、井下主要巷道等保护煤柱煤量，并应乘以采区采出率。

新规划的露天矿计算矿田规划可采储量时，应从矿田规划能利用煤炭资源量中减去采区过渡时端帮煤柱煤量，并应乘以采区采出率。

2.2　煤层赋存和开采条件

2.2.1　矿区总体规划应对规划区内下列地质现象进行分析和评价：

　1　主要断裂和褶皱对煤层产状影响的程度和范围。

　2　岩浆岩侵入、古河床冲刷、古隆起、陷落柱等地质现象，对煤层赋存状态和稳定性的影响程度和范围。

　3　岩浆岩侵入对煤层煤质、煤类变化的影响程度和范围。

2.2.2　矿区总体规划应对煤层结构、稳定性和可采性进行分析和评价。

2.2.3　矿区总体规划应分析主要可采煤层顶底板条件、瓦斯赋存状况、煤尘爆炸危险性、煤层自燃倾向、地温、冲击地压、煤（岩）与瓦斯（二氧化碳）突出危险性和其他危害安全的因素。

2.2.4　矿区总体规划应分析区域水文地质特征和含水层的含水空间特征；在水文地质条件复杂的矿区，对严重威胁煤层开采的含水层或水体，应进行分析和评价。

2.3　煤层的煤类、煤质和工业利用方向

2.3.1　矿区总体规划应对勘查区内煤类分布情况、煤质特征及其变化规律进行分析和评价。

2.3.2　矿区总体规划应根据煤层的煤类、煤质特征和工艺性能，以及国家、区域经济发展和市场的需要，提出区内各种煤炭资源的利用方向。

2.4　对其他有益矿床的工业价值评价

2.4.1　在规划区内，煤层的瓦斯含量较高时，矿区总体规划应根据经评审备案的地质报告提供的有关瓦斯资源量、质量、赋存状态和分布情况等资料或邻近类似条件矿井的有关资料，评价其开发和利用前景。

2.4.2　矿区总体规划应对矿区地下水资源的综合利用前景和途径进行预测和评价。

2.4.3　对规划区内，有工业价值、经济效益好的共生、伴生的其他矿床，矿区总体规划应提出利用的意见。

3　矿区开发

3.1　一般规定

3.1.1　矿区开发规划应分析论述矿区开发的必要性；

应对矿区井（矿）田划分、矿区内各井（矿）田的规划生产能力与开拓方式、矿区建设规模、矿区均衡生产服务年限、矿区开发顺序等进行技术经济论证，并应择优确定方案。

3.1.2　矿区开发规划应贯彻集约化和现代化原则，采用高新技术和先进适用技术，优化矿区开发布局，改革矿井（露天矿）开拓部署，保证矿区开发规划的合理性和科学性。在大型整装煤田和资源富集地区宜建设大型和特大型现代化煤矿。

3.1.3　矿区开发规划应根据地质构造、煤层赋存条件和开采技术条件，选择采煤方法和开采工艺。

3.1.4　对具有工业价值的共生、伴生矿产及煤层气、矿井水等资源，应综合开发。

3.1.5　对国家的特殊和稀缺煤类，应按国家规定实行保护性开采。矿区开发应限制高硫、高灰煤炭资源开发。

3.1.6　矿区开发规划应限制在地质灾害高发易发区、重要地下水资源补给区和生态环境脆弱区内开采煤炭，严禁在自然保护区、重要水源保护区和地质灾害危险区等禁采区内开采煤炭。

3.2　市场预测与矿区开发的必要性

3.2.1　矿区总体规划应进行市场预测，并应分析矿区开发对社会的影响，同时应论述矿区开发的必要性。

已确定其产品全部在矿区内转化，不向外提供商品煤的矿区，应说明作为矿区产品用户的下游企业的规划、建设情况与市场前景，并应对矿区煤炭用户的可靠性与市场风险进行分析。

3.2.2　市场预测的内容应包括市场调查、市场供需预测和市场竞争力分析。

3.2.3　市场调查应侧重于市场容量调查和市场竞争力调查。市场调查的时间跨度，应从矿区总体规划编制的前一年起算，不宜少于3年。

3.2.4　进行市场供需预测时，矿区的目标市场应根据矿区的煤类与煤质、区位特点、交通运输条件等因素确定。预测的范围应包括国内市场和国际市场。销售半径小，其销售区内无煤炭进口可能的小型矿区，市场预测的范围可不包括国际市场。

3.2.5　矿区总体规划应从资源条件、开发建设条件、交通运输条件和区位条件等方面分析矿区的竞争力，并应提出提高竞争力的建议。

3.2.6　矿区总体规划应符合以人为本和可持续发展的原则，并应分析矿区开发对社会的影响和矿区与所在地区的互适性，同时应提出减少或消除负面影响、提高矿区与所在地区互适性的措施。

3.2.7　矿区总体规划论述矿区开发的必要性，应包括下列内容：

　1　符合国家煤炭产业政策和相关规划的要求。

2 合理开发利用资源，提供能源和化工原料，满足国民经济和社会发展的需要。

3 促进地区经济和社会可持续发展的需要。

3.3 矿区井（矿）田划分

3.3.1 矿区井（矿）田划分，应根据地质构造形态、煤层赋存条件、资源/储量与煤质分布状况、开采技术条件、水文地质条件、地形地貌和地物特征，以及外部建设条件，并结合矿井（露天矿）规划生产能力及开拓方式等因素，综合分析比较确定。

3.3.2 下列情况宜利用自然境界和重要建、（构）筑物划分井（矿）田：

1 当有地质构造、河流、地形地貌分界线等可作为井（矿）田自然境界时。

2 地面有铁路、高速公路、大型水库等重要建（构）筑物可作为井（矿）田境界时。

3.3.3 井（矿）田的划分，应利于集约化开发、井（矿）田开拓部署与初期采区布置、各矿井的井口和工业场地位置选择、矿区铁路和公路选线接轨，以及矿井（露天矿）建设施工。

3.3.4 井（矿）田尺寸及资源/储量应与矿区开发强度、矿井（露天矿）规划生产能力及服务年限相适应。

3.3.5 有条件的矿区，当技术可行、经济合理时，宜留设一部分井（矿）田或勘查区作为后备区。

3.3.6 矿区内国家规定的重要风景区，国家重点保护的不能移动的历史文物和名胜古迹所在地，未经国务院授权的有关主管部门同意，不得划分为井（矿）田进行开采。

3.4 矿井（露天矿）规划生产能力及开拓方式

3.4.1 矿井（露天矿）的规划生产能力，应根据地质构造、资源/储量、开采技术条件、合理的开采程序、煤层产出能力、技术装备、外部建设条件、市场需求和经济效益等因素，综合分析确定。

3.4.2 矿井（露天矿）的开拓方式，应根据地形、地貌、井田地质及水文地质条件、煤层赋存条件、开采技术条件、规划生产能力、技术装备、外部建设条件、施工技术与设备条件、生态环境及经济效益等因素，综合分析确定。

3.4.3 当矿区自然条件、煤层赋存条件及围岩性质适宜，经济合理时，宜采用露天开拓方式。

3.4.4 矿区开发规划，应对各矿井的井口位置、第一水平高程、初期采区位置和露天矿的拉沟位置、首采区位置、开采程序的选择提出规划意见。

3.5 矿区建设规模和服务年限

3.5.1 矿区建设规模，应根据资源条件、外部建设条件、环境承载能力、国民经济和区域经济发展需

要、市场需求、投资效果和矿区服务年限等因素，经技术经济分析论证确定。

3.5.2 矿区建设规模可按表3.5.2划分。

表 3.5.2 矿区建设规模划分

矿区类型	矿区建设规模（Mt/a）
大型	>10
中型	2～10
小型	<2

3.5.3 矿区应有适当的均衡生产服务年限。各类建设规模的矿区均衡生产服务年限，不应小于表3.5.3的规定。

表 3.5.3 矿区均衡生产服务年限

矿区类型	矿区建设规模（Mt/a）	服务年限（a）
大型	>30	90
	>10～30	80
中型	>5～10	70
	2～5	60
小型	<2	30～50

注：1 露天开采或以露天开采为主的矿区，其均衡生产服务年限可适当缩短，并应充分论证、合理确定。

2 留有后备区或附近有接续区的矿区、缺煤地区的矿区，其均衡生产服务年限可适当缩短，但不宜小于表中规定的85%。

3 开采特殊和稀缺煤类的矿区，其均衡生产服务年限宜大于表中规定的15%以上。

3.5.4 生产矿区经整合、改造、扩建后的矿区服务年限，可根据本矿区投产年限长短、保有资源/储量多少，结合经济发展和市场需要，区分情况，经技术经济分析确定。投产不久的新矿区的服务年限可按表3.5.3扣除已生产年限确定；生产多年的老矿区，矿区内的新建、改建、扩建煤矿的服务年限，应符合现行国家标准《煤炭工业矿井设计规范》GB 50215和《煤炭工业露天矿设计规范》GB 50197的有关规定。

3.5.5 矿区各矿井（露天矿）年工作日宜按330d计。

3.5.6 计算矿区各矿井（露天矿）的服务年限时，资源/储量备用系数应根据地质条件及勘查程度确定，矿井宜取1.4～1.6，露天矿宜取1.1～1.3。

3.6 矿区开发顺序

3.6.1 矿区开发顺序，应根据国民经济和区域经济发展需要、市场需求、外部建设条件、矿井（露天矿）开采条件、矿区勘查程度及勘查工作安排顺序、矿区和矿井（露天矿）的综合经济效益等因素，综合分析确定。

3.6.2 同一矿区内有露天矿和矿井时，宜先开发露天矿，后开发矿井。当煤田沿倾斜方向划分为数个井田时，宜先开发浅部矿井，后开发深部矿井。

3.6.3 同一矿区内有平硐、斜井和立井开拓方式时，宜先开发平硐、斜井，后开发立井。

3.6.4 同一矿区内，应先开发地质构造简单、煤层赋存稳定、开采技术条件简单、外部建设条件好、施工条件简单的矿井（露天矿），后开发地质条件复杂、外部建设条件差、施工条件复杂的矿井（露天矿）。

3.6.5 矿区内有不同的煤类和煤质时，应先开发具有国家和市场急需的煤类、煤质的矿井（露天矿）。对国家规定实行保护性开采的特殊和稀缺煤类，应实行有计划的开采。

3.7 矿山安全

3.7.1 矿区开发规划，对地质勘查报告中涉及矿山安全的开采技术条件，应进行分析评价，并应对其不足部分提出补充或进一步勘查意见。

3.7.2 矿区开发规划，应根据开采技术条件，特别是瓦斯、煤与瓦斯突出、煤尘爆炸和突水等危害严重的不安全因素，以及当前的灾害防治技术水平，确定矿井（露天矿）规划生产能力和矿区建设规模。

3.7.3 在规划矿区建设顺序和建设周期时，应执行安全设施"三同时"制度，并应为瓦斯预抽、开采保护层、矿井水疏放降压等灾害防治工程安排必要的时间。

3.7.4 高瓦斯和有煤与瓦斯突出危险的矿区，应根据本矿区的瓦斯赋存特点和涌出规律，在矿区开发规划中，对瓦斯的综合防治提出规划意见。

3.7.5 有地表水和地下水水害威胁的矿区，应分析本矿区可能发生的水害形成特点，在矿区开发规划中，对水害综合防治提出规划意见。

3.7.6 矿区开发规划，应对矿区及各矿井（露天矿）制定防范生产安全事故发生的措施和应急处理预案，并应对建立健全安全生产隐患排查、治理和报告制度，提出原则要求。

4 煤炭分选加工与综合利用

4.1 煤炭分选加工

4.1.1 矿区的原煤应进行加工处理，矿区总体规划应统筹规划全矿区的煤炭分选加工设施，并应与规划的矿井或露天矿同步建设、协调投产。

4.1.2 矿区的煤炭产品方向应根据矿区赋存的煤类和煤质特性，结合市场需求和发展趋势合理定位。

4.1.3 煤的分选加工方法及分选深度，应符合下列规定：

1 分选加工方法应根据煤类、煤质、煤的可选性以及定位的产品方向和目标市场要求，综合比较后确定。

2 对属于国家稀缺的煤类资源应实行保护性加工利用。

3 炼焦用煤、高炉喷吹用煤的分选深度宜为 0mm。

4 化工用煤、动力用煤的分选深度可根据煤质、煤的可选性、用户要求，以及选后经济效益综合论证确定。

4.1.4 矿区的选煤厂或分选加工设施应合理布局。其规划生产能力应与矿区规模相适应，并应符合下列规定：

1 大、中型矿井（露天矿）应配套建设与其生产能力相适应的选煤厂、筛选厂或其他加工设施。经技术经济比较后，亦可建设生产能力相适应的群矿型或矿区型选煤厂。

2 小型矿井（露天矿）应根据具体条件建设集中或分散的煤炭加工设施。

4.2 综合利用

4.2.1 矿区总体规划应按减量化、再利用、资源化的原则，统筹规划与煤炭相关的其他资源的综合利用项目，或提出规划意见。

4.2.2 矿区洗选加工的副产品和洗选矸石，应就地消化，并应符合下列要求：

1 规划与资源总量相匹配的低热值煤资源综合利用电厂，应实行热电联产。

2 不能用于发电的煤矸石以及矿区内电厂排弃的粉煤灰、炉渣，可用于生产建材、铺路、回填沉陷区等。

4.2.3 矿区总体规划应对石煤、风化煤、天然焦、油页岩等低热值资源，因地制宜地加以利用。

4.2.4 矿区总体规划应对有提取价值的与煤共生的元素和有开采价值的煤层共生、伴生矿物，因地制宜地分选和回收。

4.2.5 矿区抽采的瓦斯应合理利用。

4.2.6 矿井、露天矿的排水和疏干水应充分利用。

4.3 煤炭深加工及煤炭转化

4.3.1 矿区总体规划应对矿区的煤炭深加工和煤炭转化统筹规划和合理安排。在符合国家煤炭大区规划、地方经济总体发展规划和相关行业规划的前提下，可发展煤炭深加工和煤炭转化等高附加值产业。

4.3.2 矿区可规划适合本矿区煤质特性和市场需求的配煤、型煤、水煤浆、超低灰高纯度精煤、碳素制品等煤炭加工及深加工项目。

4.3.3 矿区总体规划可根据矿区煤质特性、水资源、环境容量和市场需求等条件，提出大型坑口火力发电、焦化、煤炭气化、煤炭液化、以煤制合成气为原料的煤基化工等煤炭转化产业的规划意见。

4.3.4 有条件的矿区，可在单项煤炭转化产业的基础上，按循环经济的要求，提出延伸产业链，发展煤基多联产系统或煤电化、煤电冶、煤电铝、煤电建材等联产结合的产业，实现更高层次的综合煤炭转化，逐步建成资源节约型和环境友好型矿区的规划建议。

5 矿区地面总布置及防洪

5.1 矿区地面总布置

5.1.1 矿区地面总布置应对矿区内规划的各矿井、露天矿、选煤厂、筛选厂及其排矸场、排土场，资源综合利用电厂及其灰场、矿区辅助企业及设施、供电系统、供水系统、地面运输设施，行政中心、居住区或规划的新兴城镇、工业园区，规划和已列项的相关企业进行统筹安排、合理布局，并应与当地土地利用总体规划和城镇总体规划相协调。

5.1.2 矿区地面总布置应根据地形、工程地质和煤田地质条件、井田划分、井田开拓、外部运输方式等，合理处理地面与井下、矿区内部与外部、集中与分散、近期与远期等关系。

5.1.3 矿区地面总布置宜与邻近矿区、地方或相关的工业规划相协调，有条件时，辅助企业及设施和生活设施应相互协作，并应避免重复建设。

5.1.4 矿区地面总布置应利于分步实施，初期建设的工程项目宜集中布置，对可能发展的项目应留有发展余地。

5.1.5 矿区行政生产管理机构、矿区辅助企业及设施、居住区，宜集中布置形成矿区中心区，并应位于交通方便的地点；有条件时，宜靠近或位于城镇。

5.1.6 矿区内各工矿企业及设施和居住区等场地选择，应满足生产、运输、场地总平面布置和土地利用、环保及生态建设等要求，并应符合下列规定：

　　1 应充分利用荒山坡地，应不占或少占基本农田、良田、果园，应不拆迁或少拆迁村庄。

　　2 应不压或少压可采煤层，特别是初期开采的煤层和其他有开采价值的资源。

　　3 应避开矿区内国家规定的重要风景区，国家重点保护的不能移动的历史文物和名胜古迹。

　　4 应避开滑坡、崩塌、岩溶、泥石流、采空区和开采可能形成的不良工程地质地段。

　　5 宜选择在不受洪、涝威胁的地段，并应避开抗震不利地段。

5.1.7 矿区的各工程项目建设用地面积应符合现行的各工程项目建设用地指标的规定。

5.2 矿区行政、文教、卫生设施和居住区

5.2.1 行政生产管理机构及附属设施建筑面积可按

表5.2.1的规定，并结合矿区建设具体情况确定，其附属设施宜依托地方，不设置或少设置。

表 5.2.1　行政生产管理机构及附属设施建筑面积

项　目	矿区规模（Mt/a）					备　注
	<2.0	2.0~5.0	>5.0~10.0	>10.0~30.0	>30.0	
行政生产管理办公楼（m²/管理人员）	20~24	20~24	26~30	26~30	26~30	—
调度通信站（m²）	按采用设备情况确定					—
环境监测站（m²）	150~300	300~500	500~800	800~1000	1000	当由地方承担监测时可不列此项
汽车库（m²）	按配备汽车辆数计算					—
食堂（m²/座）	按行政生产管理机构在籍职工总数1/3~1/2计算座位，每座3m²					—
招待所（m²/床）	19~22					当离城市较远时可设置，否则可依托城市

5.2.2 矿区内文教、卫生设施、居住区及其公共服务设施宜依托邻近城镇布置。当确无城镇可依托时，可按本规范第5.1.5条的规定布置；矿区医院规模可根据需要按矿区职工总数每千人18~20床位确定，矿区医院用地及建筑面积应按国家现行有关标准执行。

5.2.3 集中居住区宜统一规划，宜分期与矿、厂同步或提前建设。其居住建筑、公共服务设施项目和面积指标宜按国家或所在地现行有关标准的规定执行。

5.2.4 矿井工业场地距离居住区较远时，可就近设置职工公寓。

5.3 防　洪

5.3.1 矿区防洪排涝规划，应符合下列规定：

　　1 应以矿区内的建设规划为依据，并应与当地防洪规划、城镇规划、流域治理规划和农田水利规划相协调，综合治理、统筹兼顾、防治结合、以防为主。

　　2 应以矿区开采可能引起的地形变化和防洪工程可能产生的对环境和煤炭开采的影响为依据。

　　3 不应轻易改变行洪河道的自然形态，确需改变时，应有技术、经济的依据，大、中河流还应得到有关部门同意。

5.3.2 矿区内各防护对象的防洪标准，应符合下列规定：

　　1 矿井、选煤厂和矿区辅助企业防洪标准，应

按表 5.3.2 确定。

2 露天矿防洪标准，应按现行国家标准《煤炭工业露天矿设计规范》GB 50197 的有关规定执行。

3 矿区内其他企业和设施的防洪标准，应按国家现行有关标准的规定执行。

4 位于城镇的职工居住区的防洪标准，应与所在城镇规划的防洪标准一致。单独设置的职工居住区的防洪标准，应按重现期 50～20a 规划。

5 当防护区内有两种以上的防护对象，且不能分别进行防护时，防洪标准应按要求较高者确定。

表 5.3.2 矿井、选煤厂和矿区辅助企业防洪标准

防护对象	防洪标准重现期(a)	
	规划	校核
大、中、小型矿井井口	100	300
大、中、小型矿井，大型选煤厂工业场地	100	—
中、小型选煤厂，矿区辅助企业工业场地	50	—

注：当观测洪水高于表中所列规划重现期时，应按观测洪水规划。

5.3.3 洪水流量应根据资料情况及地区特点，选用适宜的方法计算或用多种方法计算比较确定。大、中河流应充分利用已有实测资料，并应重视运用历史洪水资料；小流域洪水计算，宜采用推理公式或地区经验公式。

5.3.4 洪水位的计算图式，应符合下列要求：

1 当计算断面上下游有足够长度范围内河道顺直、断面规整、河底纵坡均一、河床糙率变化不大，河段上下游也无卡口变水或跌落等情况，且无较大支流汇入或分流时，可将该段河道近似地按稳定均匀流计算确定水位。

2 当计算段河道特点不符合稳定均匀流时，宜按稳定非均匀流计算水面曲线、推求水位。

5.3.5 水库地区的防洪规划，应符合下列规定：

1 矿区各场地应按水库修建后对河道水文要素、岸坡稳定和泥沙淤积、冲刷的影响采取相应措施。

2 规划场地位于水库下游，当水库防洪标准低于场地的防洪标准时，应与有关部门协商采取措施，否则应按溃坝规划。

3 规划场地位于水库上游时，应布置在水库回水曲线范围以外。

5.3.6 **防洪规划高程应按规划洪水重现期计算水位（包括壅水和风浪袭击高度）加安全高度确定，安全高度在平原地区应采用 0.5m，山区应采用 1.0m。矿井井口规划高程还应以校核标准检验，并应取两者中的大值。**

5.3.7 在受洪水和内涝威胁的矿区，当地区性防洪堤的防洪标准与矿区防洪标准相符时，可按防洪堤内内涝水进行防洪规划，其防洪标准应符合本规范第

5.3.2 条的规定。当地区性的防洪堤标准低于矿区防洪标准时，其各单项工程的防洪排涝设计应经有关审批部门审定。

6 矿区辅助企业和设施

6.1 一般规定

6.1.1 矿区辅助企业和设施，应根据矿区生产和建设的需要、所在地区国家大型煤炭基地规划、社会协作条件统筹规划，并应区别新老矿区，同时应充分利用社会化、市场化和协作化模式。

6.1.2 矿区辅助企业和设施，应直接为矿区煤炭生产服务。矿山救护和消防设施、机电设备修理设施、机电设备租赁站、中心试验站、器材供应等设施，可根据矿区需要规划。

6.2 矿山救护和消防设施

6.2.1 煤矿矿区应设立矿山救护队。

6.2.2 矿山救护队的组织机构，应符合下列规定：

1 矿山救护大队不应少于 2 个救护中队。

2 矿山救护中队不应少于 3 个救护小队。

3 每个救护小队不应少于 9 人。

6.2.3 矿山救护队的位置和数量，应根据矿井的分布和矿区的交通条件确定。矿山救护队与服务矿井的距离，应保证行车时间不超过 30min。

6.2.4 矿山救护队的建设规模指标，应符合表 6.2.4 的规定。矿山救护队的救护装备应符合现行《煤矿安全规程》的规定。

表 6.2.4 矿山救护队建设规模指标

项目	救护大队(附直属中队)	中队(3个小队)	备注
职工人数（人）	65～85	35～50	—
建筑面积（m²）	2400～2800	1300～1500	含培训人员宿舍
占地面积（m²）	11000～15000	3300～5000	含培训场地

6.2.5 消防站的设置，应根据地面设施布置和矿区交通条件确定，并应征得当地公安部门的同意。

6.3 机电设备修理设施

6.3.1 矿区机电设备修理设施规划，应符合下列要求：

1 应根据矿区建设规模和主要设备类型的要求，并综合矿区所在地区或相邻矿区的机电设备修理能力和制造厂协作条件规划。

2 矿区宜建一个矿区机电设备修理厂，矿区规模较小时，可与适中的矿井修理厂合并建设。

3 对修理难度大、专业性强的机电设备，宜委托企业、主机制造厂或定点修理厂承担。当拥有一定数量时，也可在矿区设专业修理厂或车间。

4 应充分运用市场竞争机制论证比选机电设备修理经营模式，并应结合矿区具体需要确定矿区机电设备修理设施。

6.3.2 矿区机电设备修理厂的建设规模，应根据新老矿区规模及发展、开采工艺和主要设备类型及数量确定。

矿区机电设备修理厂的建设规模指标，可按表6.3.2选取。

表 6.3.2　矿区机电设备修理厂建设规模指标

项　目	矿区建设规模（Mt/a）				
	<2	2~5	>5~10	>10~30	>30
全厂职工总数（人）	100~250	250~400	400~550	550~750	>750
厂区建筑面积（m²/kt）	3.5~3.0	3.0~2.5	2.5~2.0	2.0~1.5	<1.5
厂区占地面积（m²/kt）	14~12	12~10	10~8	8~6	<6

注：kt 为矿区建设规模单位。

6.4　机电设备租赁站

6.4.1 矿区机电设备租赁站的组成及任务，应符合下列要求：

1 应负责租赁设备的验收、出租、更新、配件和油脂供应，并应对用户进行技术服务。

2 租赁设备的大修和一般修理，宜由租赁站负责外委、用户负责设备的保养。

3 可按设备库、配件库、油脂库、油脂分析室、设备故障诊断室等生产、技术服务设施规划。租赁站的设备库、配件库、油脂库，应与矿区总器材库明确分工。

6.4.2 矿区机电设备租赁站的规划，应符合下列规定：

1 有条件的矿区，宜根据租赁设备的种类和数量，组建国家大型煤炭基地区域性专业租赁站；无条件的矿区，宜设置矿区机电设备租赁站。

2 矿区机电设备租赁站，宜与矿区机电设备修理厂统一规划、邻近设置。

6.4.3 矿区机电设备租赁站的建设规模，应根据矿区租赁设备的规格和数量确定，可按表6.4.3选取。

表 6.4.3　矿区机电设备租赁站建设规模指标

项　目	矿区建设规模（Mt/a）				
	<2	2~5	>5~10	>10~30	>30
职工总数（人）	15~20	20~35	35~55	55~75	>75
站区建筑面积（m²/kt）	1.8~1.5	1.5~1.2	1.2~0.8	0.8~0.6	<0.6
站区占地面积（m²/kt）	4.2~3.8	3.8~3.5	3.5~2.8	2.8~2.2	<2.2

6.5　中心试验站

6.5.1 矿区中心试验站，应根据矿区的计量和检测项目的要求进行规划，并应符合下列规定：

1 应负责矿区煤质、水质、井下气体、部分矿用材料的分析和鉴定。

2 应负责电工、热工、压力和矿用安全仪表的检修及校验。

3 应负责部分电气设备的检测和性能试验。

4 当利用国家大型煤炭基地、本地区的专职机构或由矿区机电设备修理等部门承担部分任务时，矿区中心试验站可减少计量、检测项目。

5 矿区中心试验站，可由化验室、电气试验室、计量鉴定室等组成。

6.5.2 矿区中心试验站的建设规模，应根据计量、检测项目的内容确定，可按表6.5.2选取。

表 6.5.2　矿区中心试验站建设规模指标

项　目	矿区建设规模（Mt/a）				
	<2	2~5	>5~10	>10~30	>30
职工总数（人）	<30	30~50	50~70	70~120	>120
站区建筑面积（m²/Mt）	500~420	420~300	300~220	220~150	<150
站区占地面积（m²/Mt）	1400~1200	1200~850	850~600	600~400	<400

6.6　器材供应设施

6.6.1 矿区器材供应设施，应根据矿的规模及开采工艺确定，并应综合本地区协作情况统一规划。

6.6.2 矿区总器材库的规划，应符合下列规定：

1 应负责本矿区生产所需的各种设备、器材（不包括租赁设备及其备件和油脂）、金属材料、化工橡胶制品（不包括爆炸材料）及有关建材、物资的贮存和供应。

2 矿区器材和设备的贮存和供应，宜集中设置在矿区总器材库。各矿或厂可设供应站。

3 矿区总器材库的规划，应根据先进的仓贮工艺和设备确定。

4 矿区总器材库建设规模，应根据矿区规模及开采工艺的需要确定，可按表6.6.2选取。

表 6.6.2　矿区总器材库建设规模指标

项　目	矿区建设规模（Mt/a）				
	<2	2~5	>5~10	>10~30	>30
职工总数（人）	<20	20~50	50~80	80~120	>120
库区建筑面积（m²/kt）	1.6~1.5	1.5~1.4	1.4~1.2	1.2~1.1	<1.1
库区占地面积（m²/kt）	8.5~8.0	8.0~7.5	7.5~7.0	7.0~6.5	<6.5

6.6.3 矿区爆炸材料库的设置，应符合下列规定：

1 矿区爆炸材料总库及分库的位置、总库区的外部和内部安全距离，以及矿区爆炸材料库内的建筑，必须符合现行《煤矿安全规程》及国家标准《民用爆破器材工程建设设计安全规范》GB 50089 的有关规定。

2 矿区爆炸材料库的布置，应根据地形和环境条件确定。矿区爆炸材料库的防护屏障应符合现行国家标准《民用爆破器材工程建设设计安全规范》GB 50089 的有关规定。

3 矿区爆炸材料总库内爆炸材料的贮存量应符合下列规定：

1) 建有爆炸材料制造厂的矿区爆炸材料总库，所有库房贮存各种炸药的总容量不得超过该厂 1 个月的生产量，雷管的总容量不得超过该厂 3 个月的生产量；

2) 无爆炸材料制造厂的矿区爆炸材料总库，所有库房贮存各种炸药的总容量不得超过由该库所供应的矿井 2 个月的计划需要量，雷管的总容量不得超过 6 个月的计划需要量；

3) 矿区爆炸材料总库单个库房的最大容量，炸药不得超过 200t，雷管不得超过 500 万发。

4 各种爆炸材料的每一品种都应专库贮存；当条件限制时，应按国家的有关同库贮存的规定贮存。

5 矿区爆炸材料总库建设规模，应根据矿区炸药年消耗量确定，可按表 6.6.3 选取。

表 6.6.3　矿区爆炸材料总库建设规模指标

项　　目	矿区爆炸材料年消耗量				
炸药（t）	500～1500	1500～2500	2500～3500	3500～5000	>5000
雷管（万发）	120～350	350～600	600～840	840～1200	>1200
职工总数（人）	100～140	140～160	160～180	180～200	>200
库区建筑面积（m²/t）	6.5～5.0	5.0～4.5	4.5～4.0	4.0～3.5	<3.5
库区占地面积（m²/t）	200～140	140～105	105～90	90～80	<80

6.6.4 矿区可不规划木材加工厂。当地木材供应困难时，可根据需要量规划矿区木材加工厂。木材贮存量，可按矿区 60～90d 的木材消耗量规划。

7　矿区地面运输

7.0.1 矿区地面运输规划，应从全局出发、统筹兼顾，并应正确处理与矿区井（矿）田开发、地面布置、城乡规划、农田水利规划、工农业发展及地方客货运输等关系，同时应选择矿区与煤炭用户或销煤地区之间经济合理的运输路径，并应与铁路路网、公路路网、水运系统的发展规划相适应。矿区地面运输系统宜减少压煤。当矿区附近有尚待开发的煤田时，应为煤田发展创造运输条件。

7.0.2 矿区煤炭对外运输方式，应根据运量、运距、服务年限等条件，经综合技术经济比较确定，宜采用标准轨距铁路；有条件时，可采用水运或水陆联运；运量较小时，可经技术经济比较采用公路等其他运输方式。

7.0.3 大（中）型矿井、露天矿和选煤厂的煤炭，宜采用标准轨距铁路直接装车外运。当地形复杂、井口附近选择装车场地困难，且集中装车较为经济合理时，可采用标准轨距铁路集中装车外运；小型矿井的煤炭，宜采取标准轨距铁路集中装车外运。

7.0.4 集中装车站的位置，可在就近的铁路路网车站、矿区铁路运输系统中的车站或矿井装车站中比较确定。

7.0.5 煤炭集运方式，应根据运量、运距、地形、地质等条件，并结合开拓和提升方式，经技术经济比较确定，可采用公路或窄轨铁路、架空索道、带式输送机运输。

7.0.6 当矿区设有集中选煤厂、电厂、化工厂或其他辅助企业时，其内部运输方式可根据厂址、来煤矿井个数、运量、运距以及矿区标准轨距铁路运输系统布局，经方案比较确定，可采用带式输送机、公路、窄轨铁路或标准轨距铁路等运输。

7.0.7 矿区机电设备修理厂、总器材库、总木材场，宜设在矿区铁路集配站或其他车站附近，可采用标准轨距铁路联通。

7.0.8 矿区的旅客运输和职工通勤，宜采用公路运输；当客流量较大、利用矿区铁路运输条件方便时，可采用铁路运输。

7.0.9 矿区标准轨距铁路，宜由矿区企业管理（自营），条件适宜时，也可由铁路部门代管或统管，并应符合下列规定：

1 由矿区企业管理（自营）时，应自成系统，并应设置有关车站、线路和辅助、附属设施等。

2 由铁路部门代管或统管时，不应设交接站（场、线）。当有可能改为矿区企业管理（自营）时，应预留增设交接站（场、线）和机车车辆维修等有关设施的位置。

7.0.10 矿区标准轨距铁路宜与国家路网铁路集中接

轨，应设一个接轨点；当路网铁路与矿区煤田紧邻、平行分布或穿过煤田，或因其他因素与路网铁路集中接轨有困难时，可经方案论证并与铁路主管部门协商后采用数个接轨点。

7.0.11 矿区标准轨距铁路，宜与路网铁路的区段站或中间站接轨；特殊情况时，经与铁路主管部门协商后，可在区间与正线接轨，但应在接轨地点设置车站或辅助所。

7.0.12 矿区铁路集配站的设置，应根据矿区装车站分布、矿区地面总布置、煤炭运量、流向、行车组织、路网铁路机车交路及接轨站性质和条件，结合地形、地质等条件确定，并应符合下列规定：

1 矿区铁路运输系统中各装车站装煤外运不能全部按路网铁路列车牵引质量整列装车，而需进行集配作业时，应设集配站。

2 矿区铁路运输系统中各装车站装煤外运均按路网铁路列车牵引质量整列装车或采用重载单元列车装车时，可不设集配站。

3 大型矿区铁路在路网万吨重载列车专线铁路上接轨时，可在矿区铁路接轨站前适当位置设万吨重载列车组合站（线），其站线有效长度应满足组织万吨重载列车长度的需要。

7.0.13 矿区集配站的位置应设置在重车车流汇合的出口处，并宜靠近矿区，但应不压煤或少压煤，有条件时，集配站可与装车站或接轨站合并。

7.0.14 矿区企业管理（自营）的标准轨距铁路与路网铁路及车辆交接作业，应设置交接站（场、线），其地点应经综合技术经济比较确定，条件允许时，宜与接轨站或集配站合并设置。

7.0.15 各种运输方式的工作制度，应符合下列规定：

1 标准轨距铁路，应符合下列规定：

  1）矿区铁路应与路网铁路一致，采用365d；

  2）煤矿铁路应与所服务的煤矿企业一致，采用330d。

2 其他运输方式应与所服务的煤矿企业一致。

7.0.16 矿井年运量应按年生产能力计算，日运量应按年运量除以矿井年工作天数，并乘以下列不均衡系数计算：

1 标准轨距铁路为1.1～1.2。

2 窄轨铁路为1.15～1.25。

3 公路为1.15～1.25。

4 架空索道为1.1～1.2。

7.0.17 矿区铁路应按矿区运量计算需要的通过能力，并应预留与路网铁路相同的储备能力，单线应采用20%，双线应采用15%，煤矿铁路可不预留储备能力。

7.0.18 矿区标准轨距铁路运输，应根据衔接的路网铁路近、远期的技术条件，进行车流组织规划，并应

符合下列规定：

1 煤炭外运量大、流向固定、到站集中，在路网重载单列车或万吨重载组合列车专线铁路上接轨的大型矿井、露天矿、选煤厂、集中装车站，宜按路网重载单元列车牵引质量规划。

2 矿区铁路在一般路网铁路上接轨，车流组织规划应符合下列规定：

  1）矿区铁路由铁路部门代管或统管时，大型矿井、露天矿、选煤厂、集中装车站，宜按路网铁路列车牵引质量整列车规划，按整列车规划工程艰巨时，经方案比较论证，可采用半列车。中小型矿井、露天矿、选煤厂装车站，受条件限制不能集中装车时，可采用半列车；

  2）矿区铁路由矿区企业管理（自营）时，装车站可按路网铁路列车牵引质量整列车或半列车规划，个别困难的可采用1/3列车；

  3）因受条件限制，装车站不能按路网铁路列车牵引质量整列车规划时，宜在集配站组成符合路网铁路列车牵引质量整列车要求的列车；

  4）单个装车站或小型矿区的集配站，其铁路直接与路网铁路接轨，无条件组织符合路网铁路列车牵引质量整列车的要求时，应经方案比较论证，并与铁路主管部门协商后，确定其列车组成。

7.0.19 矿区内集中选煤厂、电厂或化工厂等标准轨距铁路内部运输的车流组织，应按固定车底循环列车规划。

7.0.20 矿区公路应根据矿区客货运输的需要，并按现行国家标准《厂矿道路设计规范》GBJ 22 的有关规定规划。矿区道路（公路），应设置相应的养路机构。

8 矿区供电

8.0.1 矿区供电规划应根据矿区煤炭生产和分类加工企业、辅助企业和其他非煤企业电力负荷的性质、分布、大小和发展情况，并结合地区电力系统的现状及规划，合理确定供电电源点、电源电压等级、供电系统和建设顺序。

8.0.2 矿区供电规划应利于分期建设，并应远近期结合、以近期为主确定供电方案；宜不建或少建临时性工程。

8.0.3 矿区用电单位的供电电源和电源线路应符合下列规定：

1 矿井应由双重电源供电；当一个电源故障时，另一电源不应同时受到损坏。

2 向矿井供电的配电系统应采用双回路放射式

为主的配电方式，两回电源线路均不得分接其他负荷；两回或多回电源线路中的一回电源线路中断供电时，其余电源线路应能保证供给全部负荷。

3 露天矿、大（中）型选煤厂宜由两回电源线路供电；同时供电的两回或多回电源线路中的一回电源线路中断供电时，其余电源线路应能满足露天矿全部负荷或选煤厂至少75％负荷供电要求。

8.0.4 矿区用电单位供电电源可由地区电力系统的变电所、矿区变电所或矿区（矿井、露天矿）自备电厂取得。当难以从上述电源点取得电源，在条件适宜时，亦可从邻近企业变电所取得电源。

8.0.5 矿区（矿井、露天矿）自备电厂的设置，应经技术经济比较确定，并应符合下列条件之一：

1 矿区有足量的可供发电的煤矸石、煤泥等低热值燃料或煤层气等采煤副产品用于兴建资源综合利用电厂。

2 矿区有可靠的热负荷，具备集中供热条件，适合发展热电联产工程。

3 矿区所处位置远离电力系统，短期内延伸电力网为矿区取得电源或第二电源有困难或技术经济不合理时。

8.0.6 矿区内的自备电厂的电力系统规划和厂址选择，应符合下列规定：

1 自备电厂宜与地区电力系统并网运行，并应符合自发自用多余电量上网原则。

2 自备电厂宜靠近矿山或选煤厂等燃料供给处。

8.0.7 矿区变电所可根据电力系统变电所和矿区用电单位的分布情况设置，并应经技术经济比较确定。

8.0.8 矿区变电所位置的选择，应符合下列要求：

1 应节约用地，不压或少压地下资源。

2 应靠近负荷中心，并应远离污秽及火灾、爆炸危险环境，同时应便于进出线。

3 应具有适宜的地质、地形和地貌条件，并应避开断层、滑坡、沉陷区等不良工程地质地带。

4 所址高程应在百年一遇的洪水位之上，并应避免山洪危害。

5 条件适宜时，可与用户变电所或矿区内的自备电厂的高压配电装置联合建设。

8.0.9 矿区变电所主变压器的台数、电压等级、容量，应经技术经济论证确定。主变压器台数不得少于二台，当断开一台变压器时其余变压器应能保证维持正常煤炭生产所需电力负荷，且不得少于全部负荷的75％。

8.0.10 矿区内部配电电压宜采用6～110kV。当有两种电压可供选择时，应做技术经济比较确定；当技术可行、经济指标相差不大时，宜采用较高电压。

8.0.11 矿区供电系统应简单可靠，同一电压等级的配电级数不宜超过二级。

8.0.12 矿区用电单位的架空电源线路的路径选择，应符合下列要求：

1 不应架设在爆破作业区和未稳定的排废区内，并应与爆破作业区和未稳定的排废区保持适当安全距离。

2 宜利用井田境界、断层煤柱或其他煤柱；当无煤柱可利用时，线路宜减少通过煤田地表的路段长度，并宜避免通过初期沉陷区。

3 通过沉陷区的两回电源线路之间应有足够的安全距离，并应采取其他必要的安全措施；在电源线路有可能通过产生沉陷的地区和尚未稳定的沉陷地区，矿井电源线路不宜同杆（塔）架设。

9 矿区信息网

9.1 矿区信息网的主要内容

9.1.1 矿区总体规划应根据矿区的具体情况和国家及所处地区信息网的发展状况，对矿区信息网进行统筹安排。

9.1.2 矿区信息网应由通信网、数据通信网及电视网构成。

9.1.3 矿区信息网应包括下列内容：

1 行政通信网，包括行政电话和会议电话等。

2 调度通信网，包括生产、电力、安全、消防、救护、运销、经营、铁路专用线等调度系统。

3 移动通信网和备用应急通信网。

4 数据通信网，包括管理和安全、生产监控数据通信网。

5 矿区电视网，包括广播电视、会议电视和工业电视等。

9.2 矿区信息网的传输网

9.2.1 构建矿区信息传输专用网或利用当地公用传输网应进行综合技术经济比较确定。有条件的地区，矿区信息传输网的建设宜与本地公用网的建设相结合；条件不具备的地区，可建设矿区专用信息传输网，但应留有与公用传输网的接入方式。

9.2.2 矿区信息传输网的骨干网应选择光纤传输系统，对传输距离较远、光缆敷设困难的地区可采用微波传输系统。条件适宜时，可采用卫星通信系统。

9.3 矿区行政通信网

9.3.1 矿区行政通信网应结合本地公用电话网的建设情况经方案论证后确定。交换机可采用程控数字交换机或公用网虚拟交换机。

9.3.2 矿区行政电话局（站）宜集中设置。

9.3.3 矿区行政电话局（站）的接入方式，应符合下列规定：

1 单局制矿区行政电话局（站），应作为公用电话网的一个端局接入当地公用电话网。

2 多局制矿区行政电话局（站），宜设置汇接局接入当地公用电话网，有特殊需要时，矿（厂）级交换机也就近接入当地公用电话网。

3 矿区行政通信网与当地公用电话网联网时，宜只设置1个出口，大容量跨地区的矿区电话网宜设置2个出口。

9.3.4 矿区电话局（站）之间、矿区电话局（站）与本地公用电话网之间，宜采用数字中继方式。

9.3.5 矿区行政电话用户应包括矿区机关和矿区内邻近企业的生产、管理、物业及辅助部门，单身公寓以及其他需要装设电话的场所。矿区行政电话交换机的容量宜按矿区在籍员工人数的70%～100%配置，并应留有一定的扩展容量。

9.3.6 矿区电话局（站）中继线的容量，应符合下列要求：

1 矿区电话汇接局与矿区内各矿（厂）电话站间的中继线容量，宜按该矿（厂）电话交换机容量的5%～10%设置。

2 矿区电话汇接局（端局）与本地公用电话网汇接局之间的中继线容量，可按矿区电话汇接局（端局）容量的5%～10%设置。

9.4 矿区调度通信网

9.4.1 矿区总调度室宜设置矿区生产调度总机。矿区生产调度总机应选用程控数字调度交换机，调度交换机应具有综合业务数字网功能，且应与行政电话交换机联网，并应与当地安全监察部门通信。

9.4.2 矿区调度通信应包括调度电话和非话业务。

9.4.3 矿区内各企业的调度交换机的功能应与矿区调度总机相兼容。

9.4.4 矿区生产调度总机与矿区内各矿（厂）、辅助部门、附属企业调度交换机之间，宜采用数字中继方式；当条件受限时，应至少设置2对模拟中继线路。

9.5 矿区移动通信和应急通信网

9.5.1 矿区无线移动通信和应急通信宜利用当地公用移动通信系统。当条件不具备时，可建设企业专用无线集群通信系统。

9.5.2 矿区总调度室与矿区救护大队和消防队之间应设置专用的无线通信系统。

9.6 矿区管理数据通信网

9.6.1 大、中型矿区宜建设独立的管理数据通信网。

9.6.2 矿区管理数据通信主干网的传输速率不宜低于1000Mbit/s，并应满足传输语音、数据、文字和图像等综合数字业务的需要。有条件的矿区，宜设置远程视频会议系统。

9.6.3 矿区管理数据通信网应根据矿区的规模以及各矿（厂）的地理分布情况确定，并应统筹规划各矿（厂）局域网的布局；各矿（厂）的局域网宜经矿区信息中心接入当地公用数据网，当情况特殊时，各矿（厂）的局域网也可就近接入当地公用数据网。

9.6.4 矿区信息中心的管理数据通信网的核心交换机应采用具有三层交换功能的网络交换机，并宜设置路由器、Web服务器及数据库服务器等。系统应采取网络安全措施。

9.7 矿区安全、生产监控数据通信网

9.7.1 矿区宜建设统一的安全、生产监控中心。矿区安全、生产监控中心宜与矿区信息中心合建。

9.7.2 矿区安全、生产监控中心应接入矿区管理数据通信网。有条件的矿区，宜建设独立的矿区安全、生产监控数据通信网，并应与矿区管理数据通信网联网。

9.7.3 矿区内各矿（厂）的安全、生产监控中心应通过矿区管理数据通信网或矿区安全、生产监控数据通信网接入矿区安全、生产监控中心；条件不具备时，矿区内各矿（厂）的安全、生产监控中心可通过当地公用传输网接入矿区安全、生产监控中心。

9.7.4 矿区安全、生产监控中心应设置独立的网络交换机、服务器和网络安全设备，并应采取保证监控数据安全的措施。

9.7.5 矿区安全、生产监控中心宜通过公用传输网与当地安全监察部门联网。

9.8 矿区电视网

9.8.1 矿区广播电视系统应具有双向传输功能，并宜采用光纤和同轴电缆混合网组网。

9.8.2 矿区的广播电视用户宜接入当地公用有线广播电视网。条件不具备时，也可设置矿区卫星电视接收系统。

9.8.3 矿区工业电视系统应能将矿区内各矿（厂）工业电视视频监控信息传送至矿区安全、生产监控中心。

10 矿区给水、排水、供热与燃气

10.1 给　水

10.1.1 矿区水源选择应根据用水量、水质要求，以及可能供作水源的水量等情况，并结合矿区实际和水资源管理部门的意见，经技术经济综合比较确定。

10.1.2 矿区水源工程规划，当以地下水为水源时，应有普查水文地质资料；当以地表水为水源时，应有实测的水文资料。枯水流量的保证率不得小于90%。

10.1.3 矿区水源工程规划，应按远近结合、以近为主的原则进行。

10.1.4 矿区宜采取分散、就近的给水方式，当不能就近取水或分散给水不合理时，可采用集中或部分集中的给水方式。

10.1.5 矿区各企业、生产、生活用水量定额，应符合下列规定：

    1 居住区综合生活用水定额，可按表 10.1.5-1 选用。

表 10.1.5-1 居住区综合生活用水定额（L/人·d）

分区＼城市规模	中等城市	小城市
一区	240～390	220～370
二区	170～260	150～240
三区	150～250	130～230

注：1 中等城市指市区和近郊区非农业人口大于 20 万且小于 50 万的城市；小城市指市区和近郊区非农业人口小于 20 万的城市。

    2 分区划分：

      1）一区包括：湖北、湖南、江西、浙江、福建、广东、广西、海南、上海、江苏、安徽、重庆；

      2）二区包括：四川、贵州、云南、黑龙江、吉林、辽宁、北京、天津、河北、山西、河南、山东、宁夏、陕西、内蒙古河套以东和甘肃黄河以东的地区；

      3）三区包括：新疆、青海、西藏、内蒙古河套以西和甘肃黄河以西的地区。

    3 当居住区规划有中水作为冲厕用水时，用水定额应相应减少。

    4 该指标为规划最高日用水指标，当矿区所在地区有明确用水指标时应以当地规定为依据。

    2 企业生活用水定额可按 65～95L/人·班估算。

    3 煤炭企业生产用水指标，可按现行国家标准《煤炭工业矿井设计规范》GB 50215、《煤炭工业小型矿井设计规范》GB 50399、《煤炭工业露天矿设计规范》GB 50197 和《煤炭洗选工程设计规范》GB 50359 的有关规定执行。

    4 矿区辅助企业综合用水定额可按表 10.1.5-2 选用。

表 10.1.5-2 矿区辅助企业综合用水定额（m³/100m²·d）

分区＼城市规模	中等城市	小城市
一区	0.6～1.0	0.4～0.8
二区	0.4～0.7	0.3～0.6
三区	0.3～0.6	0.25～0.5

注：本表指标已包括管网漏失水量。

10.1.6 矿区给水系统应满足水量、水质、消防和安全给水的要求。

10.1.7 矿区给水系统的调蓄水量宜为给水规模的 10%～20%。

10.1.8 消防用水量、水压及延续时间等应按现行国家标准《建筑设计防火规范》GB 50016、《高层民用建筑设计防火规范》GB 50045（2005 年版）和《自动喷水灭火系统设计规范》GB 50084（2005 年版）的有关规定执行。

10.2 排 水

10.2.1 矿区内的排水系统，应根据矿区和企业规划，当地雨量情况和排放标准，以及地形、水体条件等因素确定。矿区的排水系统宜采用分流制。

10.2.2 矿区内的排水量可按居民生活污水、井下排水、工业生产废水和雨水进行估算。

10.2.3 在规划污水处理厂时，进厂污水水质可按当地污水水质资料参比估算，并应同时对污泥进行处理。

10.2.4 污水处理工艺应采用技术先进、流程简单、运行安全、出水水质可靠的工艺。处理后的出水水质应达到国家及地方有关水质的要求，排出口位置的设置应征求当地有关部门的意见。

10.3 供热与燃气

10.3.1 矿区宜采取集中供热方式；当建筑物布置分散、地形复杂、管道连接困难、管网投资过大时，也可采取分区供热方式。

10.3.2 对于缺电地区，宜采用热电联供锅炉房。锅炉能力应按总能量要求确定。

10.3.3 容量较大的热电联供锅炉房，特别是燃煤锅炉，应适当远离居住区。

10.3.4 燃煤锅炉宜采用循环流化床锅炉。

10.3.5 矿区民用燃料宜使用气体燃料，并宜使用矿井抽采瓦斯，也可根据当地条件，使用煤炭气化炉煤气、炼油厂副产油制备轻烃燃气或罐装石油液化气。

10.3.6 当矿区瓦斯资源量大时，分区供热锅炉可使用瓦斯燃气。

11 环境保护和水土保持

11.1 环境保护

11.1.1 矿区总体规划必须贯彻"预防为主、防治结合"的指导方针，遵循国家和地方现行有关环境保护法律、法规、政策和规定，坚持煤炭工业可持续发展和循环经济原则，合理开发和充分利用国家煤炭资源，严格控制环境污染和生态破坏，建设资源节约型和环境友好型矿区。

11.1.2 矿区总体规划的建设项目宜采用资源利用率高、能耗物耗小、污染物产生量少的清洁生产技术、工艺及装备。

11.1.3 矿区各类污染物排放必须达到国家和地方规定的排放标准，并应符合国家重点污染物总量控制指标的要求。

11.1.4 矿区规划环境保护目标应与当地政府制定的区域环境保护目标相协调。矿区总体规划应根据规划内容和所在区域的环境特征，并按全面保护环境和利于生态建设的要求，对矿区发展规模、产业结构以及建设项目的选址和布局的环境可行性进行分析。

11.1.5 矿区内国家规定的重要风景区，国家重点保护的不能移动的历史文物和名胜古迹、自然保护区及重要水源地等，应根据国家和地方相关法律、法规提出保护要求。

11.1.6 矿井排水和露天矿疏干水应作为水资源进行重复利用。选煤、水力采煤、防火灌浆、井下消防洒水、露天矿洒水降尘、绿化等用水，应使用经处理后达到水质要求的矿井水和露天矿疏干水，重复利用率应达到国家现行环保技术政策的要求。选煤厂和水力采煤矿井用水应实行闭路循环，并应达到零排放。

11.1.7 在有条件的矿区宜使用瓦斯等洁净燃料；矿区宜采用封闭式储煤仓（场）或挡风抑尘网。开放式的露天储煤场应采取洒水抑尘措施，周围应设置围挡和隔尘绿化带。

11.1.8 矿区总体布局应根据所在区域声环境功能区划合理规划布局。

11.1.9 矿区规划应按"减量化、再利用、资源化"的原则进行煤矸石、煤泥的综合利用。矿区不应设置永久排矸场，周转排矸场应采取防止水土流失和矸石自燃的措施。

11.1.10 矿区规划应根据国家和地方土地复垦的有关规定，实施矿区土地复垦和生态恢复，并应边开采、边复垦，破坏土地的复垦率应达到国家现行环保技术政策的要求。露天矿排土场应进行边坡整治、覆土绿化。

11.1.11 矿区绿化规划应结合当地农林和环保部门的发展规划，并应符合适用、经济、美观的原则。

11.1.12 矿区应设置环境保护管理机构，并应根据矿区的规模、监测任务和监测范围，设置必要的监测机构与相应的监测手段。

11.1.13 矿区总体规划阶段应依法进行环境影响评价，并应编制环境影响报告书。

11.2 水土保持

11.2.1 矿区总体规划应贯彻"预防为主、全面规划、综合防治、因地制宜、加强管理、注重效益"的方针，结合地方水土保持规划和生态建设规划，编制矿区水土保持规划，制定矿区水土流失防治目标。

11.2.2 矿区的废弃矸石、剥离物、灰渣等应规划专门的堆放周转场地，严禁向江河、湖泊、运河、渠道、水库及其最高水位线以下的滩地和岸坡等法律、法规规定禁止倾倒、堆放废弃物的地点倾倒、堆放固体废物。

11.2.3 矿区建设应减少植被破坏，矿区铁路、公路两侧地界内的山坡地应修建护坡或采取其他防止滑坡和水土流失的整治措施；取土场、弃土场应统一规划，并应采取控制水土流失的措施。

11.2.4 煤炭开采破坏的土地应进行复垦。矿区总体规划应根据矿区自然条件、采煤工艺及采后对土地的破坏程度，制定因地制宜的土地复垦规划。在规划布局上应处理好与生态建设和土地利用总体规划、煤炭开采规划、当地农村经济发展规划、矿区生产建设进度的协调关系。

12 技术经济

12.0.1 矿区总体规划劳动定员应包括达到规划生产能力时所需的各单项工程的全部生产工人、管理人员、服务人员和其他人员。

12.0.2 矿区总体规划劳动定员应根据各单项工程的规划生产能力、开拓开采条件、机械化装备水平等因素，经综合分析类比估算确定，并应符合下列要求：

1 矿井（露天矿）和选煤厂劳动定员可按同类项目，结合本矿区具体条件类比分析估算。

2 矿区辅助企业劳动定员可按企业的类型和规模并按同类项目估算。

3 矿区行政福利设施劳动定员可根据管理体制估算。

12.0.3 矿区总体规划劳动定员的在籍人数，可按各类人员的出勤人数乘以各类人员的在籍系数确定。在籍系数宜采用下列系数：

1 管理人员、服务人员、其他人员在籍系数可取 1.0。

2 井下工人在籍系数可取 1.4～1.5。

3 地面工人在籍系数可取 1.3～1.4。

12.0.4 矿区总体规划应按下式估算矿区原煤生产人员综合全员效率：

$$综合效率 = \frac{矿区规划年原煤产量（t）}{全部原煤生产人员出勤人数 \times 年工作日（工日）}$$

(12.0.4)

12.0.5 矿区总体规划投资估算应按单项工程列出静态投资估算汇总表。估算的项目静态投资准确率应控制在 ±30% 以内。

12.0.6 矿区总体规划生产成本和煤炭销售价格，可根据当地或周边的市场状况进行预测。

12.0.7 矿区总体规划应根据矿区资源和外部建设条件、市场调查与分析等，对矿区建设的必要性和合理性进行论证。

12.0.8 矿区总体规划应对社会效益进行初步评价。

附录 A　固体矿产资源分类

表 A　固体矿产资源/储量分类

分类、类型　经济意义　地质可靠程度	查明矿产资源			潜在矿产资源
	探明的	控制的	推断的	预测的
经济的	可采储量 (111)	—		
	基础储量 (111b)	—		
	预可采储量 (121)	预可采储量 (122)		
	基础储量 (121b)	基础储量 (122b)		
边际经济的	基础储量 (2M11)	—		
	基础储量 (2M21)	基础储量 (2M22)		
次边际经济的	资源量 (2S11)	—		
	资源量 (2S21)	资源量 (2S22)		
内蕴经济的	资源量 (331)	资源量 (332)	资源量 (333)	资源量 (334)?

注：1　表中所用编码（111～334）：
　　　第 1 位数表示经济意义：1＝经济的，2M＝边际经济的，2S＝次边际经济的，3＝内蕴经济的，?＝经济意义未定的；
　　　第 2 位数表示可行性评价阶段：1＝可行性研究，2＝预可行性研究，3＝概略研究；
　　　第 3 位数表示地质可靠程度：1＝探明的，2＝控制的，3＝推断的，4＝预测的，b＝未扣除设计、采矿损失的可采储量。
　　2　本表引自国家行业标准《固体矿产资源/储量分类》GB/T 17766。

附录 B　煤炭资源量估算指标

表 B　煤炭资源量估算指标

指标　项目		煤　类	炼焦用煤	长焰煤、不粘煤、弱粘煤、贫煤	无烟煤	褐煤
煤层厚度 (m)	井采	倾角 <25°	≥0.7	≥0.8		≥1.5
		25°～45°	≥0.6	≥0.7		≥1.4
		>45°	≥0.5	≥0.6		≥1.3
	露天开采		≥1.0			≥1.5
最高灰分 A_d（%）			40			
最高硫分 $S_{t·d}$（%）			3			
最低发热量 $Q_{net·d}$（MJ/kg）			—	17.0	22.1	15.7

注：本表引自国家行业标准《煤、泥浆地质勘查规范》DZ/T 0215。

本规范用词说明

1　为便于在执行本规范条文时区别对待，对要求严格程度不同的用词说明如下：
　　1）表示很严格，非这样做不可的用词：
　　　正面词采用"必须"，反面词采用"严禁"。
　　2）表示严格，在正常情况下均应这样做的用词：
　　　正面词采用"应"，反面词采用"不应"或"不得"。
　　3）表示允许稍有选择，在条件许可时首先应这样做的用词：
　　　正面词采用"宜"，反面词采用"不宜"；
　　　表示有选择，在一定条件下可以这样做的用词，采用"可"。

2　本规范中指明应按其他有关标准、规范执行的写法为"应符合……的规定"或"应按……执行"。

中华人民共和国国家标准

煤炭工业矿区总体规划规范

GB 50465—2008

条 文 说 明

前　言

为便于各单位和有关人员在使用本规范时能正确理解和执行本规范，特按章、节、条的顺序编制了本规范的条文说明，供执行时参考。在执行中如发现本条文说明有不妥之处，请将意见和建议寄交中国煤炭建设协会勘察设计委员会。

本规范主要审查人： 魏鹏远　严天科　赵先良
张延庆　郭大同　毕孔耜
陈建平　田　会　吴文彬
李庚午　孟　融　邓晓阳
倪　斌　刘兴禄　段锡章
王结义　王煜明　王荣相
沈　涓　刘　毅　马壤生
鲍魏超

目 次

1 总 则

1.0.1 本条阐明了制定本规范的目的。

1.0.2 本条阐明了本规范适用范围。

根据《国家发展改革委关于规范煤炭矿区总体规划审批管理工作的通知》（发改能源〔2004〕891 号）的规定：

"八、生产、在建和待勘探开发的煤炭矿区，均要按照本通知规定，编制矿区总体规划。尚未编制总体规划的矿区要加紧开展规划工作，并尽快完成规划编制和报批。

九、煤炭矿区总体规划实行动态管理，已批准总体规划的矿区，根据资源勘探和生产开发的变化，需要调整矿区范围、井田划分、建设规模等主要规划内容的，要及时编制矿区总体规划（修改版），按上述程序报批"。

根据上述规定，煤炭工业的矿区总体规划，包括新建、生产、在建、待勘探开发和修改版的规划。

1.0.3 本条明确了总体规划的作用和定位。主要依据以下文件制定。

1 《国家发展改革委关于规范煤炭矿区总体规划审批管理工作的通知》（发改能源〔2004〕891 号）："一、依据《中华人民共和国煤炭法》等有关法律法规的规定，煤炭资源勘查开发必须先编制矿区总体规划。经批准的矿区总体规划，是矿区内煤炭勘查开发和生产经营活动的基本依据"。

2 《国家发展改革委办公厅、国土资源部办公厅关于做好煤炭资源开发规划管理工作的通知》（发改办能源〔2005〕1999 号）："煤炭资源勘查成果是编制矿区总体规划的重要依据，煤炭生产开发规划以矿区总体规划为基础，煤炭生产开发规划、矿区总体规划是编制矿业权设置方案的重要依据"。

1.0.4 本条阐明的总体规划依据的资源勘查报告，是根据下列政府文件和国家标准制定的。

1 《国务院关于促进煤炭工业健康发展的若干意见》（国发〔2005〕18 号）的二、（六）加大煤炭资源勘探力度中明确："由国家投资完成煤炭资源的找煤、普查和必要的详查，统一管理煤炭资源一级探矿权市场，在此基础上编制矿区总体开发规划和矿业权设置方案"。

2 《国家发展改革委关于规范煤炭矿区总体规划审批管理工作的通知》（发改能源〔2004〕891 号）："二、煤炭矿区总体规划……以找煤、普查和必要的详查等地质资料为基础编制"。

"四、（一）对矿区煤炭资源进行综合评价，提出煤炭资源进一步勘查的区块划分以及补充勘探的意见"。

3 《国家发展改革委关于大型煤炭基地建设规划的批复》（发改能源〔2006〕352 号）中指出："八、大型煤炭基地范围内煤炭资源普查和必要的详查地质勘查工作，由国家出资完成。在此基础上，编制矿区总体规划及矿业权设置方案"。

4 国家现行标准《煤、泥炭地质勘探规范》DZ/T 0215—2002："5.3.1 普查的任务是对工作区煤炭资源的经济意义和开发建设可能性做出评价，为煤矿建设远景规划提供依据"。

"5.4.1 详查的任务是为矿区总体发展规划提供地质依据。凡需要划分井田和编制矿区总体发展规划的地区，应进行详查；凡不涉及井田划分的地区、面积不大的单个井田，以及不需编制矿区总体发展规划的地区，均可在普查的基础上直接进行勘探，不出现详查阶段。"

"5.4.2 详查工作程度一般要求：

a) 基本查明勘查区构造形态，控制勘查区的边界和勘查区内可能影响井田划分的构造……

b) 基本查明可采煤层层位、层数、厚度和可采范围，基本确定可采煤层的连续性，控制主要可采煤层露头位置，了解对破坏煤层连续性和影响煤层厚度的岩浆侵入、古河流冲刷、古隆起等，并大致查明其范围"。

在本条的 c）～g）款分别对煤质煤类及工业利用方向、水文地质、地下水资源、其他有益矿产都提出了要求，最后要求估算各可采煤层的控制的、推断的、预测的资源/储量，其中控制的资源/储量分布应符合矿区总体规划的要求。

根据上述文件和规范，本规范拟订了 1.0.4 条。国务院文件中明确要求"保障矿区井田的科学划分和合理开发"。为科学划分井田，应查明影响井田划分的构造，确定煤层的连续性，控制主采层露头、岩浆侵入、古河流冲刷、古隆起等范围。这些保障科学划分井田的主要地质条件，一般只能在详查工作中达到要求。因此，总体规划中进行井田划分的主要勘查区应达到详查程度。在总体规划中对未查明影响井田划分主要地质条件的区域应提出进一步勘查的要求。

编制矿区总体规划所依据的矿区勘查地质报告应通过国土资源部评审部门评审并有国土资源部的矿产资源储量评审备案证明。

确定矿区建设规模和矿井生产能力所依据的资源/储量应是经评审备案的普查和详查报告中的查明矿产资源（探明的、控制的、推断的）。潜在的矿产资源（预测的）（334）只能用作预测矿区的远景规模。详见本规范第 2.1 节。

1.0.5 本条阐明了矿区总体规划应遵循的指导思想和原则，是依据国务院和国家发展改革委有关文件精神制定的。

1.0.6 本条是矿区总体规划应包括的内容，主要依据为《国家发展改革委关于规范煤炭矿区总体规划审批管理工作的通知》发改能源〔2004〕891号第四条的规定。

1.0.7 《国家发展改革委关于大型煤炭基地建设规划的批复》（发改能源〔2006〕352号）中的第五条明确指出："国家通过制定和实施煤炭工业发展规划，合理安排大型煤炭基地建设项目，调控建设总规模，优化煤炭生产力布局，规范生产开发秩序。通过矿区总体规划，合理确定井田境界、建设规模和相关配套工程，保障大型煤炭基地资源合理开发利用"。矿区总体规划应贯彻国家煤炭工业发展规划的要求，并与大型煤炭基地建设规划相衔接。

矿区与地方的关系，多年来实践证明矿区的发展与所在地区城镇的发展密不可分。近年来根据国家关于分离企业办社会职能的有关政策，加快分离煤炭企业办社会的职能，过去总体规划中煤炭企业办社会的各种项目，宜依托地方，与地方规划相结合，协调发展。

相邻矿区的协作配合如铁路运输、供电、供水、设备租赁、矿山救护等方面已有成功的经验。在大型煤炭基地建设中，相邻矿区的各种设施协作配合更是必要的。

1.0.8 在总体规划的规范中首次提出要求总体规划在全矿区贯彻"安全第一，预防为主"的方针，提出在全矿区需要采取的安全措施。

1.0.9 制定本条的依据是《国务院关于加快发展循环经济的若干意见》（国发〔2005〕22号）。

2 资源评价

2.1 煤炭资源储量

2.1.1 勘查地质报告是编制矿区总体规划的基础资料和主要依据。地质资料的准确与否，直接影响到矿区总体规划正确性和合理性，影响到矿区建设的投资效果和抗风险能力。因此，矿区总体规划应对地质勘查报告认真分析研究，作出评价。

2.1.2 本条对矿区煤炭资源统计、估算内容和要求作了明确的规定。对条文的主要说明有以下几点：

1 矿区煤炭地质资源量是经评审备案的勘查地质报告提供的查明煤炭资源量的总和，包括探明的煤炭资源量（331）、控制的煤炭资源量（332）、推断的煤炭资源量（333）。

2 近期不宜开采的煤炭资源量是指因地质和水文地质条件及其他开采技术条件特别复杂等原因，近期内在技术和安全上难以开采的煤炭资源量。

2.1.3 经评审备案的勘查地质报告提供的预测资源区，地质勘查控制极低，只是对煤层层位、煤层厚度、煤类、煤质、煤层产状和构造等作了大致的了解。预测区的资源量（334）？属于潜在的煤炭资源，

有无经济意义尚不确定。因此，不能作为矿区总体规划进行井（矿）田划分、确定矿区建设规模和煤炭资源利用方向的基础资料和依据，只能作为矿区资源丰富程度评价的参考，分析、预测矿区远景规模的依据。

2.1.4 本条规定了在总体规划阶段井（矿）田煤炭资源储量的分类和计算方法，主要有以下内容：

1 当对老矿区进行总体规划时，客观存在的生产、在建矿井和露天矿，已经按照现行国家标准《煤炭工业矿井设计规范》GB 50215、《煤炭工业小型矿井设计规范》GB 50399 和《煤炭工业露天矿设计规范》GB 50197 有关规定进行了煤炭资源储量的类型划分和计算；并且，煤炭资源勘查程度高，通过可行性研究的综合评价，资源储量的分类和计算可靠，经核对无误就可直接采用。

2 在矿区总体规划阶段，对井（矿）田资源储量按经济意义分类的研究和评价，仍属概略研究，没有条件按经济意义分类、计算井（矿）田规划能利用煤炭资源储量。

2.2 煤层赋存和开采条件
2.3 煤层的煤类、煤质和工业利用方向
2.4 对其他有益矿床的工业价值评价

各节中，比较全面地规定了资源评价的内容和要求。资源评价是矿区总体规划中的重要内容之一。对矿区开发建设的必要性和可行性论证，矿业权设置和转让都具有重要作用。

2.2.4 本条所指水文地质特征，包括含水层、隔水层分布发育情况及其变化规律。含水层的含水空间特征是指富水性、导水性、水头压力、补给排泄条件等。

3 矿区开发

3.1 一般规定

3.1.1 本条依据《国家发展改革委关于规范煤炭矿区总体规划审批管理工作的通知》（发改能源〔2004〕891号）要求，结合煤炭行业矿区总体规划类文件的通常编制习惯，规定了矿区开发规划应具备的主要内容，其中重点内容是矿区井（矿）田划分和矿区建设规模。

3.1.2 本条规定了矿区开发规划中，确定矿区开发布局和矿井（露天矿）开拓部署时应当贯彻的原则和要求，以保证矿区开发规划的合理性和科学性。

3.1.3 本条规定矿区开发规划选择采煤方法和开采工艺时，应高度重视煤矿安全、资源利用、生态环境保护和经济效益。

3.1.4 本条规定除对具有工业价值的共生、伴生矿

产应综合开发外，还明确了煤层气、矿井水等作为资源，也应实行综合开发。

3.1.5 本条是依据《中华人民共和国煤炭法》第二十八条、《中华人民共和国矿产资源法》第十七条、《国务院关于促进煤炭工业健康发展的若干意见》（国发〔2005〕18号），以及《煤炭产业政策》第十三条的规定制定的。

3.1.6 本条是依据《煤炭产业政策》第三十九条的规定制定的。

3.2 市场预测与矿区开发的必要性

3.2.1 矿区总体规划属政府行为。在矿区总体规划中，政府关注矿区的市场前景，以及矿区的开发对煤炭市场的供需状况和对经济与社会可持续发展的影响。要回答这些问题，矿区总体规划就应进行市场预测，分析矿区开发对社会的影响，并论述矿区开发的必要性。

已确定其产品全部在矿区内转化，不向外提供商品煤的矿区，其目标市场已经确定。为确保矿区规划建立在可靠的基础上，矿区规划应说明作为矿区目标市场的下游企业的规划、建设情况与市场前景，并对其作为矿区煤炭用户的可靠性与市场风险进行分析。这实际上是在矿区目标市场已经确定的条件下，针对矿区目标市场进行的特定的市场预测。

3.2.2 由于矿区规划属政府行为，政府所关心的主要问题是矿区开发的市场前景以及矿区的开发对煤炭市场的供需平衡和经济与社会可持续发展的影响，而不是矿区开发的微观经济效益。因此，矿区总体规划中的市场预测应侧重于与宏观经济相关的问题，即市场调查、市场供需预测和市场竞争力分析。主要与微观经济相关的价格预测与风险分析可以不涉及。

3.2.3 市场容量调查和市场竞争力调查与宏观经济相关，是矿区总体规划市场调查必需的内容；在矿区总体规划中，主要与微观经济相关的价格调查可以不涉及。市场调查的时间跨度长一些，有利于提高市场预测的准确性，但工作量大，影响矿区总体规划编制的周期；市场调查的时间跨度过短，虽然可以加快矿区总体规划编制的进度，但是会影响市场预测的准确性。综合考虑，市场调查的时间跨度，从矿区总体规划编制的前一年起算，不宜少于3年。

3.2.4 不同的用户对煤炭的品种和质量有不同的要求，任何一个矿区所生产的煤炭，只能满足部分用户的部分需求。因此，在矿区总体规划时，应明确矿区的目标市场，即对市场进行细分，根据矿区煤层的赋存条件、煤类、煤质、开发条件、区位特点和交通运输条件等，明确矿区的目标市场在何处，市场容量有多大，矿区可能占有的市场份额有多少。

经济全球化使煤炭的供需关系和价格已不仅仅决定于一国或某一区域的经济与市场状况。因此，市场预测的范围应包括国内和国际两个市场。但销售半径小，其销售范围内无煤炭进口可能的小型矿区，国际煤炭市场对其市场影响小，市场预测的范围可以不包括国际市场。

3.2.5 矿区的竞争力主要决定于矿区的资源条件、开发建设条件、交通运输条件和区位条件，同时也与矿区建设方案有关。因此，矿区总体规划应从资源条件、开发建设条件、交通运输条件和区位条件等方面分析矿区的竞争力，并提出提高竞争力的建议。

3.2.6 矿区的开发涉及矿区所在地的土地利用、水资源供给、环境与生态状况、电力市场、交通运输、产业结构、城镇规划、市政建设、移民安置、社会就业等诸多方面，对矿区所在地及其周边地区的经济与社会发展产生长期而深远的影响，甚至从根本上改变矿区所在地的经济结构和社会面貌。这些影响既有正面的，如促进矿区所在地的经济发展与社会进步；也有负面的，如破坏自然环境与原有的生态系统，增加水资源的消耗、占用土地和移民安置引发的社会问题等。同时，矿区开发的社会影响还产生一个矿区与所在地区的互适性问题，即矿区能否为当地的社会环境、经济环境和人文条件所接纳，当地政府、居民对矿区开发的支持程度如何。矿区开发和矿区与所在地区的互适性，是政府关注的问题，当然也是矿区规划应考虑的问题。因此，应对矿区开发对社会的影响进行分析，并采取必要的应对措施减少或消除负面影响，提高矿区与所在地区的互适性。

3.2.7 矿区开发的必要性，可以从矿区本身和国民经济与社会发展两个层次进行论述。由于矿区总体规划是政府行为，矿区开发必要性的论述主要应在国民经济与社会发展的层次进行。即从国民经济全局和对矿区所在地区社会经济发展的影响角度，分析矿区开发对国民经济全局和矿区所在地区社会经济发展的影响，论证开发矿区的理由是否充分。

3.3 矿区井（矿）田划分

3.3.1 矿区井（矿）田划分是矿区开发规划的首要任务。本条规定了井（矿）田划分应依据的因素。针对不同的矿区，诸因素的主、次影响不同，应抓住主要因素，兼顾其他因素，遵循技术先进、经济合理、安全高效和保护资源等原则，综合分析比较确定矿区井（矿）田划分。

3.3.2 本条规定尽量利用自然境界和地面重要建（构）筑物划分井（矿）田，可减少以人为境界划分井（矿）田，减少境界煤柱损失，避免井（矿）田划分不合理；尤其是可避免人为过度分割和肢解完整、连续的井（矿）田，浪费资源，浪费投资，降低效益。

3.3.3 本条规定既是在以人为境界划分井（矿）田时应当贯彻的原则，也是在以自然境界和地面重要建

（构）筑物划分井（矿）田时应当兼顾的原则。

3.3.4 本条规定应理解为相互适应。如属以自然境界和地面重要建（构）筑物划分的井（矿）田，其尺寸是既定的，要使其服务年限符合规定，只能调整矿区开发强度和矿井（露天矿）的规划生产能力。

沿走向延展的井田，必须有适当的走向长度。经验表明，大型矿井的井田走向长度不宜小于 8km，中型矿井的井田走向长度不宜小于 4km。沿倾斜延展的井田，同样也必须有适当的倾斜宽度。

3.3.5 为了适应地质条件变化或矿区生产发展，本条提倡有条件的矿区，当技术可行、经济合理时，宜留设后备区。其规划生产能力和开采年限不计入编制规划时的矿区建设规模和矿区服务年限之中。有条件的矿区，通常指矿区范围较大，矿区资源/储量较丰富，矿区内有的勘查区勘探程度较低，规划矿区有较适当的近期建设规模和服务年限。

3.3.6 本条依据《中华人民共和国矿产资源法》第二十条，规定非经国务院授权的有关主管部门同意，不得将矿区内国家规定的自然保护区、重要风景区和国家重点保护的不能移动的历史文物、名胜古迹所在地划分井（矿）田进行开采。

3.4 矿井（露天矿）规划生产能力及开拓方式

3.4.1 矿区开发规划，对达到矿区建设规模时的各矿井（露天矿）的规划生产能力的确定，应根据本条所阐明的因素，进行充分论证。对接续矿井（露天矿）的规划生产能力，可视地质勘查程度，提出规划意见。

3.4.2 矿区开发规划，对达到矿区建设规模时的各矿井（露天矿）的开拓方式的确定，应根据本条所阐明的因素，进行必要论证，以保证矿区建设规模的实现，并满足矿区基础设施和公共设施建设规划的需要。对接续矿井（露天矿）的开拓方式，可视地质勘查程度，提出规划意见。

3.4.3 本条规定在条件适宜、经济合理时，宜优先采用露天开拓方式，提高我国露天开采的比例。自然条件，包括生态和环境条件是否允许。

3.4.4 本条明确了矿区开发规划中矿井（露天矿）开拓方式规划的基本内容。地下开采时，应对井口（和工业场地）位置、第一水平高程及初期采区位置的选择提出规划意见；露天开采时，应对拉沟位置、首采区位置及开采程序的选择提出规划意见。

3.5 矿区建设规模和服务年限

3.5.1 矿区建设规模是矿区开发规划的重要内容。本条规定了矿区建设规模的确定因素和要求。

矿区建设规模，系指矿区均衡生产的规模，均衡生产期间其矿区产量波动幅度不宜大于 15%。

3.5.2 按矿区建设规模将矿区划分为三种类型，以

规范和统一对矿区类型的称谓。大型矿区定位于 10Mt/a 以上，小型矿区定位于 2Mt/a 以下，其间为中型矿区。

3.5.3 为了保障国家的能源安全和煤炭工业的健康、稳定发展，本条规定了各类矿区的均衡生产服务年限的最低值。

因为相同规模的露天矿服务年限一般比矿井服务年限短，对露天开采或以露天开采为主的矿区，其服务年限可比表 3.5.3 的规定适当缩短，但应进行技术经济充分论证，合理确定其服务年限。

对留设了后备区的矿区、规划矿区附近有接续区的矿区、缺煤地区的矿区，本规定对其服务年限适当放宽。

对开采属于国家的特殊和稀缺煤类的矿区，应按国家批准的开采计划，适当延长其服务年限。

鉴于我国小型矿区量多面广，各地资源条件和经济状况差异较大，其均衡生产服务年限的最低值规定为 30～50 年。在编制矿区开发规划时，可根据矿区及其所在地的具体情况，参照表 1 确定。

表 1 小型矿区均衡生产服务年限

矿区建设规模（Mt/a）	服务年限（a）
1～<2	50
0.5～<1	40
<0.5	30

3.5.4 投产不久的生产矿区经整合、改造、扩建后的服务年限，可按新规划矿区对待，参照表 3.5.3 的规定，扣除已生产年限，合理确定。生产多年的老矿区，剩余服务年限可以短一些，但矿区内的新建、改建、扩建煤矿的服务年限，应符合现行矿井和露天矿设计规范的规定。

3.5.5 矿区总体规划中，矿井和露天矿的工作制度，系按照矿井和露天矿设计规范的规定确定的。

3.5.6 资源/储量备用系数的选取，不仅应根据地质条件，还应根据地质勘查程度。不同的矿区，同一矿区内不同的矿井（露天矿），应选取不同的备用系数。地质条件简单、勘查程度高的取小值，反之取大值。

3.6 矿区开发顺序

3.6.1 本条明确了矿区开发顺序的确定因素和要求，其中外部建设条件、矿井（露天矿）开采条件、矿区勘查程度是主要因素。

3.6.2～3.6.4 这三条明确了在一般情况下确定开发顺序的基本原则，即先露天后矿井，先浅部后深部，先平硐、斜井后立井，先简单后复杂等先易后难的开发顺序。不论一个矿区内有几个业主，这些基本原则都是适用的。但在编制开发规划时，应针对矿区的具体条件，应用上述原则。

3.6.5 本条规定应先开发具有国家和市场急需的煤类、煤质的矿井（露天矿），以适应国民经济发展和市场需求，保证矿区开发的经济效益和社会效益。同时还规定，对国家实行保护性开采的特殊和稀缺煤类，应按国家规定实行有计划的开采，不能为追求企业短期经济效益而损害国家的长远利益。

3.7 矿山安全

3.7.1 涉及矿山安全的开采技术条件，主要包括井（矿）田水文地质条件、煤层瓦斯、煤与瓦斯突出危险性、煤尘爆炸危险性、煤的自燃趋势、地温变化、冲击地压、可采煤层顶底板工程地质特征等；在某些特殊矿区，还应包括危害矿山安全的其他开采技术条件。矿区开发规划应对地质报告提供的上述开采技术条件进行分析评价，以明确其危害程度，采取相应的防治措施。对开采技术条件的勘查不能满足总体规划和工程设计要求的地质报告，应提出补充勘查或进一步勘查的意见。

3.7.2 本条规定矿区开发规划应根据开采技术条件及当前的灾害防治技术水平，科学合理地确定矿井（露天矿）规划生产能力和矿区建设规模。特别强调瓦斯、煤与瓦斯突出、煤尘爆炸和突水等危害严重的不安全因素，对矿井（露天矿）规划生产能力和矿区建设规模的制约，避免片面根据资源/储量或煤层产出能力，使规划的矿井（露天矿）生产能力和矿区建设规模过大。

3.7.3 本条规定在规划矿区建设顺序和建设周期时，应执行安全设施"三同时"制度，并为矿区的灾害防治工程，包括瓦斯预抽、开采保护层、矿井水疏放降压等工程，安排必要的时间。安全设施"三同时"制度，指安全设施与主体工程同时设计、同时施工、同时投入使用。

3.7.4 本条规定在高瓦斯和有煤与瓦斯突出危险的矿区，其矿区开发规划应根据本矿区的瓦斯赋存特点和涌出规律，借鉴邻近矿区或条件类似矿区行之有效的防治技术和措施，对瓦斯的综合防治提出规划意见。

3.7.5 本条规定在有地表水和地下水水害威胁的矿区，其矿区开发规划应分析矿区可能发生的水害形成特点，有针对性地提出水害综合防治规划意见。

3.7.6 本条规定的依据是《国务院关于预防煤矿生产安全事故的特别规定》（国务院令第446号）第八条和第九条。第八条规定："煤矿的通风、防瓦斯、防水、防火、防煤尘、防冒顶等安全设备、设施和条件应当符合国家标准、行业标准，并有防范生产安全事故发生的措施和完善的应急处理预案"。第九条规定："煤矿企业应当建立健全安全生产隐患排查、治理和报告制度"。

4 煤炭分选加工与综合利用

4.1 煤炭分选加工

4.1.1 《中华人民共和国大气污染防治法》第二十四条规定："国家推行煤炭洗选加工，降低煤的硫分和灰分……新建的所采煤炭属高硫分、高灰分的煤矿，必须建设配套的煤炭洗选设施，使煤炭中的含硫分、含灰分达到规定的标准"。

根据上述精神，本规范制定了本条规定。条文强调了国家对煤炭洗选加工的基本方针。下面进一步作两点说明：

1 条文明确了对煤炭的最低加工要求，即不允许直销原煤。对动力煤的分选加工往往被忽视。动力用煤主要指工业锅炉和发电用煤。据初步统计，动力用煤占我国煤炭产量的80%左右。由于各类型锅炉对煤炭产品的质量要求不同，供煤单位尚未完全按用户炉型要求的品种和质量供煤，导致锅炉的热效率比国外先进水平低15%～20%。这种状况不但造成能源浪费，还产生严重的环境污染。中国煤炭的特点是高硫、高灰煤的比重大，全国原煤平均灰分含量17.6%左右，平均硫分含量1.1%，其中13%的原煤硫分含量高于2%，西南地区煤炭中含硫量大于2%的占60%。据国家环保总局2001年公告，全国SO_2的排放总量已达1995万t，烟尘1165万t，这其中的90%和80%是燃煤造成的。为了国民经济的可持续发展，应实行发展与环境保护、节能并重的原则。因此，动力煤也应该进行分选加工，为用户提供品种和质量合格的煤炭产品。

发展煤炭洗选加工，应以市场为导向，力求做到经济效益和环境保护的统一。要根据煤类、煤质特征、市场需求和最大效益原则，优化产品结构和加工模式。根据环保和节能要求，提高原煤加工比例，努力提高商品煤质量，向市场提供适销对路的商品煤品种。

2 矿井（露天矿）选煤厂应与矿井（露天矿）同步建设，但因大型矿井（露天矿）从投产至达到设计生产能力还有一段过程，故要求有条件的大型选煤厂应按分期建设，分期投产原则，与矿井（露天矿）"同步建设，协调投产"。

4.1.2 矿区煤炭产品方向的确定，是一个十分重要的问题。

首先，它直接关系到不可再生的煤炭资源能否得到合理的利用。国家有关法规、文件也强调对煤炭资源的合理利用：《中华人民共和国矿产资源法》第三条规定："矿产资源属国家所有……国家保障矿产资源的合理开发利用"；《国务院关于促进煤炭工业健康发展的若干意见》（国发〔2005〕18号）第（三）条

"基本原则"中指出:"坚持煤炭开发与地方经济和社会发展相结合的原则,合理开发利用煤炭资源"。所以应从合理利用资源的高度对待煤炭产品方向的确定。

其次,在市场经济日趋成熟的情况下,煤炭产品方向也关系到煤炭产品在市场上是否适销对路,关系到企业经济效益好与坏的重要问题。所以要重视对市场特别是目标市场的分析论证。

另外,煤炭产品方向也是正确合理地确定选煤工艺的科学依据之一。

所以本条文强调了合理确定煤炭产品方向的两类主要相关因素:(1)根据矿区赋存的煤炭种类和煤质特性;(2)结合市场需求和发展趋势。在矿区总体规划中应慎重考虑。

4.1.3 下面对本条规定作了四点说明:

1 在矿区总体规划阶段,确定选煤工艺的重点是分选加工方法及分选深度。分选加工方法应根据煤类、煤质、煤的可选性以及定位的产品方向和目标市场要求,本着充分利用资源的原则,经多方案综合比较后确定。

2 对属于国家稀缺的煤类资源应实行保护性加工利用,这是一个应该引起重视的问题。国家相关的法律、政策、文件在这方面都有类似的规定。

《中华人民共和国矿产资源法》第十七条规定:"国家对国家规划矿区、对国民经济有重要价值的矿区和国家规定实行保护性开采的特定矿种,实行有计划开采"。

《中华人民共和国煤炭法》第二十八条规定:"对国民经济具有重要价值的特殊煤种或者稀缺煤种国家实行保护性开采"。

《国务院关于促进煤炭工业健康发展的若干意见》(国发〔2005〕18号)第(四)条"加强对煤炭资源的规划管理"中规定:"建立煤炭资源战略储备制度,对特殊和稀缺煤种实行保护性开发"。

作为煤炭的洗选加工利用产业,也应与上述国家法律、政策、文件精神保持一致,对属于国家稀缺的煤类资源应实行保护性加工利用。这里包括两层含义:其一,适当增加国家稀缺煤类选后精煤产品的灰分,以相应提高精煤产率。其二,在确定矿区煤炭产品方向时,不应将国家稀缺的煤类资源挪作他用。例如,将宝贵稀缺的炼焦煤资源(焦煤、肥煤、瘦煤)挪作水煤浆原料或动力电煤烧掉。

对稀缺煤类的定义,国家尚无明确规定。一般理解为储量较少、利用价值高的煤种为稀缺煤类,例如:主焦煤、肥煤、瘦煤、适合高炉喷吹的优质无烟煤和贫煤、适合作煤炭直接液化原料的优质高阶褐煤和优质低阶高挥发分烟煤等。但储量的多少具有相对性,同一种煤在不同地区的储量有很大的差异。例如,1/3焦煤在华东地区储量少,比较稀缺宝贵。但在山西省因焦煤、肥煤储量较多,则1/3焦煤一般不作为稀缺煤类对待。所以对稀缺煤类不能一概而论,应因地制宜进行具体分析判断。

3 条文明确了炼焦用煤、高炉喷吹用煤应尽可能降低分选下限多入选,分选深度原则上宜为0mm。若原煤不属于稀缺煤种,且选煤厂以生产动力煤为主,生产配焦煤或高炉喷吹用煤为辅时,应以市场为导向,根据最大效益原则灵活掌握合理的分选深度。

4 条文对化工用煤、动力用煤的分选深度未作硬性规定,可根据煤质、煤的可选性、用户要求以及选后经济效益综合论证确定。当选煤厂以生产动力煤为主,生产化工用煤、配焦煤或高炉喷吹用煤为辅时,应以市场为导向,根据最大效益原则灵活掌握合理的分选深度,向市场提供适销对路的商品煤品种。

4.1.4 国家发展改革委公告(2007年第80号)发布的经国务院批准的《煤炭产业政策》第十二条规定:"新建大中型煤矿应当配套建设相应规模的选煤厂,鼓励在中小型煤矿集中矿区建设群矿选煤厂"。

鉴于多数群矿型选煤厂入厂原煤存在短途倒运问题,经济上不一定合理。故本条规定,经技术经济比较后,方可建设群矿型选煤厂。

4.2 综合利用

4.2.1 对各类资源的综合利用,将废弃物资源化是发展循环经济的一项基本要求。国家相关的法规、政策、文件在这方面也都有明确规定。

《国家发展改革委关于规范煤炭矿区总体规划审批管理工作的通知》(发改能源〔2004〕891号)对煤炭矿区总体规划说明书主要内容第(五)项明确要求"规划矿区煤炭洗选加工与综合利用设施"。

《国务院关于促进煤炭工业健康发展的若干意见》(国发〔2005〕18号)第(二十)条中更进一步规定:"在煤炭生产开发规划和建设项目申报中,必须提出资源综合利用方案,并将其作为核准项目的条件之一"。

《国务院关于加快发展循环经济的若干意见》(国发〔2005〕22号)第(六)条规定:"大力推进尾矿、废石综合利用"。第(十一)条规定:"组织开发共伴生矿产资源和尾矿综合利用技术"。

国家发展改革委公告(2007年第80号)发布的经国务院批准的《煤炭产业政策》第七条规定:"加强煤炭资源综合利用,推进洁净生产,发展循环经济"。第十二条规定,"优先发展循环经济和资源综合利用项目"。

所以,在矿区总体规划中,统筹规划与煤炭相关的其他资源的综合利用项目是不可或缺的内容。但考虑到在矿区总体规划阶段,地质勘查程度总体较低,仅有部分井(矿)田达到详查深度,一部分井(矿)田只达到普查或预查深度,缺少许多必要的化验项目和内容。例如：（1）煤质化验指标不齐全，可选性资料少且代表性不足，无法预测选后矸石的灰分和热值，不能准确判断能否用于发电。（2）缺少顶、底板及夹矸岩性和化学成分分析；对煤层共生、伴生矿物的赋存状况和储量不清。所以不能科学、准确地对矸石和共生、伴生矿物进行资源评价，因而也就无法对矸石和共生、伴生矿物的综合利用项目作出正式规划。

故本条款规定在地质勘查程度较低的矿区，其综合利用规划深度只要求提出规划意见，指出综合利用的途径和方向。

4.2.2 《国务院关于促进煤炭工业健康发展的若干意见》（国发〔2005〕18号）第（二十）条中规定："按照就近利用的原则，发展与资源总量相匹配的低热值煤发电、建材等产品的生产……鼓励对废弃物进行资源化利用，无害化处理"。

《国家发展改革委关于燃煤电站项目规划和建设有关要求的通知》（发改能源〔2004〕864号）第八条规定："对拥有大量煤矸石资源的矿区，在满足国家环保及用水要求等条件下，可建设适当规模的燃用煤矸石的电站项目。煤矸石电厂必须以燃用煤矸石为主，一般应与洗煤厂配套建设，其燃料低位发热量应不大于12550千焦/千克。鼓励建设单机20万千瓦及以上机组，鼓励建设国产高效大型循环流化床锅炉的煤矸石电厂"。

原国家经贸委和国家科技部联合发布的《煤矸石综合利用技术政策要点》（国经贸资源〔1999〕1005号）规定："当煤矸石的低位发热量大于6270 kJ/kg时，可直接用作煤矸石电厂循环流化床锅炉的燃料，但煤矸石发电燃料热值应在12550 kJ/kg以下。当煤矸石的低位发热量在4500～6270 kJ/kg之间时，宜与煤炭洗选加工的副产品（中煤、煤泥）混烧发电"。

为此，矿区总体规划应按照上述国家要求，尽可能优先考虑就地消化本矿区有一定热值的洗选矸石和煤炭洗选加工的副产品（中煤、煤泥）用以发电，积极规划建设与资源总量相匹配的低热值煤资源综合利用电厂。

本条款强调了实行分质综合利用的原则。当煤矸石的低位发热量小于4500kJ/kg时，不能用于发电，可考虑其他综合利用途径。

原国家经贸委和国家科技部联合发布的《煤矸石综合利用技术政策要点》（国经贸资源〔1999〕1005号）中还指出，煤矸石的性质（岩石种类、岩石成分中的铝硅比、煤矸石中的碳含量）是确定煤矸石综合利用途径、选择其工业利用方向的依据。

例如：高岭石泥岩、伊利石泥岩可生产多孔烧结料、煤矸石砖、建筑陶瓷；砂质泥岩、砂岩可生产建筑工程用的碎石、混凝土密实骨料；石灰岩可生产胶凝材料、建筑工程用的碎石、改良土壤用的石灰。

又如：铝硅比大于0.5的煤矸石，铝含量高，硅含量较低，其矿物成分以高岭石为主，可塑性好，有膨胀现象，可作为制造高级陶瓷、煅烧高岭土及分子筛的原料。

再如：碳含量在6%～20%之间属三类煤矸石（发热量在2090～6270kJ/kg之间），可用作生产水泥、砖等建材制品；碳含量小于6%的一、二类煤矸石（发热量在2090kJ/kg以下），可作为水泥的混合料、混凝土骨料和其他建材制品的原料。

长期以来我国的煤矿企业在煤矸石综合利用方面积累了许多可借鉴的有益经验和教训。在做矿区总体规划时应首先对本矿区煤矸石资源化利用方向进行科学评价，然后再合理选择综合利用的途径和拟建项目，做到物尽其用，产品适销对路。

4.2.3～4.2.6 《中华人民共和国矿产资源法》第三十条规定："在开采主要矿产的同时，对具有工业价值的共生、伴生矿产应当统一规划，综合开采，综合利用，防止浪费"。

《中华人民共和国煤炭法》第三十五条规定："国家鼓励煤矿企业发展煤炭洗选加工，综合开发利用煤层气、煤矸石、煤泥、石煤和泥炭"。

《国务院关于促进煤炭工业健康发展的若干意见》（国发〔2005〕18号）第（二十）条中规定："按照高效、清洁、充分利用的原则，开展煤矸石、煤泥、煤层气、矿井排放水以及与煤共伴生资源的综合开发与利用"。

《国家发展改革委关于规范煤炭矿区总体规划审批管理工作的通知》（发改能源〔2004〕891号）对煤炭矿区总体规划说明书主要内容第（六）项明确要求"对矿区共伴生资源，提出综合开发和利用的意见"。

根据上述国家法律、法规、政策、文件精神，本规范制定了对矿区存在的石煤、风化煤、天然焦、油页岩等低热值燃料，与煤共生的元素，煤层共生、伴生矿物，煤层气，矿井、露天矿的排水和疏干水等均应实行综合利用的相关条款。

4.3 煤炭深加工及煤炭转化

4.3.1 《中华人民共和国煤炭法》第三十五条规定："国家提倡和支持煤矿企业和其他企业发展煤电联产、炼焦、煤化工……进行煤炭的深加工和精加工"。

《国务院关于促进煤炭工业健康发展的若干意见》（国发〔2005〕18号）第（一）条中指出："按照统筹煤炭工业与相关产业协调发展，统筹煤炭开发与生态环境协调发展，统筹矿山经济与区域经济协调发展的要求，构建与社会主义市场经济体制相适应的新型煤炭工业体系"。

根据上述国家法律、政策、文件精神，本规范制定了本条内容以及本节有关煤炭深加工及煤炭转化的其他条文规定。要求矿区总体规划应对矿区的煤炭深加工和煤炭转化实行统筹规划，合理安排。逐步构建以煤炭产业为基础，同时发展煤炭深加工和煤炭就地转化等高附加值产业的新型煤炭工业体系。

4.3.2 煤炭深加工是中国洁净煤技术的重要组成部分。《国务院关于促进煤炭工业健康发展的若干意见》（国发〔2005〕18号）第（十九）条中指出："大力发展洗煤、配煤和型煤技术，提高煤炭洗选加工程度"。煤炭深加工产业包括的形式、内容较多，本条仅列出其中常用的几种主要形式。下面对部分煤炭深加工产业内容分别说明如下：

1 配煤。动力配煤就是利用煤质指标的可加性，将原本不适合单烧的各个单种煤的煤质特点，取长补短，经过合理配制，形成一个新煤类，使其煤质指标与锅炉特点相适应，并能保证配煤质量相对稳定的过程。所以从广义上讲，配煤也是改善煤炭质量的一种其他类型的煤炭加工方式。

过去动力配煤技术多用在港口和电厂对来煤进行配制。现在逐步发展扩大到对选煤厂的副产品——洗中煤、煤泥和矸石进行配制以及对煤化工原料煤的配制上，使煤炭资源得到了更加合理的利用。

例如：古交配煤厂（生产规模 6.0Mt/a，日最大的配煤量 20000t）作为古交电厂的配套工程已于 2004 年 12 月投入试运转。其主要作用是利用古交矿区选煤厂的副产品——洗中煤、煤泥和洗矸按比例混配后，使其达到煤质互补，保证燃煤特性与电厂锅炉设计参数相匹配，达到提高燃煤效率，减少污染物排放，使企业成本最低化，为电厂提供稳定、均质的燃料的目的。

又如：宁夏煤业集团宁东煤化工基地的规划中，为保证向基地内拟建的 6 个煤化工、煤液化项目统筹供料，特地规划一座特大型均质化配煤中心，其配煤能力将达到 4.5Mt/a 以上。

2 型煤。型煤生产及应用是中国洁净煤技术的重要组成部分之一。与直接燃烧散煤相比，烟尘排放量可减少 60 %，SO_2 排放量可减少 50 %左右，所以推广使用型煤是治理我国煤烟型大气污染的有效途径之一。

国家相关法律、法规、政策在这方面也有明确要求。

《中华人民共和国大气污染防治法》第七条规定："国务院有关部门和地方各级人民政府应当采取措施推广成型煤和低污染燃烧技术，逐步限制散烧煤"。

国务院环委会《城市控制区烟尘管理办法》第四条第六款指出："大力推广民用型煤，积极发展工业型煤"。

国务院环委会《关于防治煤烟型污染技术政策的规定》中明确指出："煤炭销售前要进行筛选，粉煤要加工成型煤出售，以提高热效率和减少二次扬尘"。

型煤主要分为民用型煤、工业燃料型煤和工业气化型煤三大类。多年以来国内型煤的成型技术主要以冷压成型工艺为主。但随着技术的进步，目前已从单一的无烟煤粉添加黏结剂冷压成型工艺，发展出一些新的粉煤成型技术。例如：（1）将无烟煤或贫煤与烟煤按比例混合后，热压成"似焦气化型煤"；（2）将上述混合料添加黏结剂冷压成型后入干馏炉结焦成型焦；（3）采用有黏结剂冷压成型高温炭化工艺生产气化型煤等。这些新技术改善了型煤的抗碎、防水、气化性能，大大提高了型煤的质量，为推广工业型煤的使用提供了有利条件。

国产单机、单线生产能力最大的型煤厂是山西晋煤集团古书院矿工业型煤示范厂（生产规模为 10 万 t/a），利用引进的德国魁伯恩滚压机制造公司 30 万 t/a 型煤加工成套设备。最近在山西阳泉建成了目前我国最大的型煤厂，年产型煤 30 万 t。此外，山西还有 5 座年产 20～30 万 t 型煤厂正在筹建中。这说明了我国型煤已开始逐步走向大型产业化的发展道路。

3 水煤浆。是一种以煤代油的新型煤基流体燃料，也可作为德士古（Texaco）气流床加压气化工艺生产合成气的原料。燃烧水煤浆与直接燃煤相比，具有燃烧效率高、负荷易调控、节能环保、效益好等显著优点。所以也是洁净煤技术的重要组成部分。

由于我国在制浆关键技术方面取得了突破，使我国水煤浆生产规模、产品质量均跃居国际前列。规模在 3 万 t/a 以上的水煤浆厂有 20 座，50 万 t/a 以上的大型水煤浆厂有白杨河、大同、胜利、大庆、茂名、青岛、南海等 7 座，全国共形成水煤浆生产能力 620 万 t/a。

制备水煤浆最重要的条件是要求原料煤具有良好的成浆性。然而，不同煤种的成浆性存在很大差异。因此，规划建设水煤浆厂的首要条件是选择具有良好的成浆性的煤源。其次是宜尽量靠近用户，以便于运输和储存，降低成本。矿区规划拟建水煤浆厂时应全面考虑上述建厂条件。

4 碳素制品。因碳素制品具有许多独特性质，如：耐热性、良好的热传导性、热膨胀率小、电阻各向异性、耐腐蚀、自润滑性、耐磨性等，所以它们是工业生产和科技发展中不可缺少的一类非金属材料。

目前，碳素工业不论在国外还是国内都已成为具有相当规模和水平的重要工业部门。碳素制品的种类很多，应用甚广，其中产量最大的是电极炭。其他还有：高炉和炼钢炉用作炉衬的碳砖；轴承材料；结构材料，包括用碳素纤维生产的高级复合材料；活性炭；碳分子筛；生物碳制品等。

1）电极炭。是碳素工业的最主要产品，用于电炉炼钢、熔炼有色金属、生产电石和碳化硅等电加热用电极；电解食盐的电极；电动机和发电机用的电刷；电气机车、无轨电车取用电流的滑板和滑块等。

制电极炭的原材料包括：用作骨料的固体原料，如沥青焦、石油焦、冶金焦、无烟煤和天然石墨等；用作黏结剂的液体原料，如煤沥青、煤焦油等。

无烟煤经 1100~1350℃ 热处理后，是生产高炉炭块和碳素电极等制品的主要原料之一，要求灰分小于 10%，含硫少，耐磨性好。适用块煤而不用粉煤，并且要与冶金焦或沥青焦掺和使用。

2）活性炭。是一种多孔性含碳吸附剂，它具有巨大的比表面积，发达的孔隙结构和较强的吸附能力，被广泛应用于工业、农业、医药、环保和国防等领域。制活性炭常用的原料有煤、木材与果壳、石油焦、合成树脂等。经磨粉、混捏成型、烘干、炭化、活化等工序加工而成。其中煤基活性炭因其原料来源广泛，产品价格低廉，吸附性能优良，已成为中国目前发展最快、产量最大的活性炭产品，具有良好的发展前景。

总的讲，各类煤都可作为煤基活性炭的原料。煤化程度较高的煤（从气煤~无烟煤）制成的活性炭微孔发达，适用于气相吸附、净化水和作为催化剂载体；煤化程度较低的煤（弱粘煤、不粘煤和一部分低阶长焰煤、褐煤）制成的活性炭过渡孔较发达，适用于液相吸附（脱色）、气体脱硫等。

因为在炭化、活化中，煤的重量大幅度降低，灰分成倍浓缩，所以它要求原料煤的灰分、硫分越低越好，碳含量越高越好。生产优质活性炭的原料煤灰分应小于 10%，最好是用超低灰（小于 3%）高纯度精煤做原料。

中国活性炭的产量和消费量逐年增加，目前中国活性炭总产量超过 21 万 t，居世界第一。出口量 15 万 t，居世界首位。其中煤基活性炭的产量约占 70%。我国宁夏太西矿、大同矿区、神东矿区、榆神矿区、准格尔矿区、阳泉矿区的优质煤炭均是国内生产优质活性炭的良好原料煤，在这些地区活性炭工业生产技术被广泛应用，大多建有活性炭生产厂。

4.3.3 煤炭是我国的重要能源，也是重要的化工原料。在我国油气资源相对缺乏，资源前景不容乐观的情况下，如何发挥我国丰富的煤炭资源优势，开拓煤炭转化利用的新途径，将成为解决中国石油资源短缺和能源安全供应的重要手段之一，具有战略意义。

全国垂深 2000m 以浅的预测煤炭资源总量为55679.49 亿 t，已发现的煤炭储量/资源量为10176.45 亿 t，居世界第三位，按目前煤炭年产量计算，储采比约为 500∶1，资源潜力巨大。我国丰富的煤炭资源为稳步发展煤炭转化产业奠定了可靠的资源基础，也为替代石油、实现石油化工与煤化工产品相互补充开辟了多元化渠道。

国家一些相关的法规、政策、文件在这方面也都有明确规定。例如，《国务院关于促进煤炭工业健康发展的若干意见》（国发〔2005〕18 号）第（十）条

中指出："鼓励煤电一体化发展，加快大型坑口电站建设，缓解煤炭运输压力。鼓励大型煤炭企业与冶金、化工、建材、交通运输企业联营。火力发电、煤焦化工、建材等产业发展布局，要优先安排依托煤炭矿区的项目，促进能源及相关产业布局的优化和煤炭产业与下游产业协调发展"。

国家发展改革委公告（2007 年第 80 号）发布的经国务院批准的《煤炭产业政策》第十二条规定："鼓励建设坑口电站，优先发展、电一体化项目"；第十三条规定："在水资源充足、煤炭资源富集地区适度发展煤化工，限制在煤炭调入区和水资源匮乏地区发展煤化工，禁止在环境容量不足地区发展煤化工"。

借助国家对依托煤炭矿区的项目优先安排的优惠政策，在矿区总体规划中应准确把握发展煤炭转化产业的政策方向，积极落实煤炭转化项目的规划意见。

煤炭转化包括的内容较多，本条仅列出其中几种主要形式。下面对部分新兴的煤炭转化形式作如下说明：

1 大型坑口火力发电。就近利用矿区煤炭资源，积极建设大型坑口火力发电厂或矿区发电厂，实行煤电联营和煤电一体化，既可节省燃煤运输费用，降低电厂生产成本，又可缓解铁路运输负荷，协调煤炭、电力两个行业的运营矛盾。是当前国家大力提倡的能源运营模式。目前在我国实行煤电联营，规划建设大型坑口电厂或矿区电厂的项目越来越多，规模越来越大。其中神东矿区建成投产的锦界电厂与锦界煤矿是国内实现煤电一体化的范例。

建设大型坑口电厂或矿区电厂必须与电力行业在本地区的规划相适应。

2 焦化。炼焦和以煤焦油为原料的焦炭化工是传统的煤炭转化产业。然而，焦炉煤气也是炼焦的副产品，通常对焦炉煤气的利用重视不够。焦炉煤气传统的利用途径是：在钢铁厂主要将焦炉煤气用作高炉燃料或还原剂；在城市附近大多用于城市煤气。更多的独立焦化厂由于没有合适的用途，不得不将焦炉煤气放空（俗称点天灯），不仅造成资源浪费，而且也引起严重的环境污染。

焦炉煤气是大吨位能源资源和化工原料。一般每吨焦炭因煤类差异，大约能产生 470 m³ 左右焦炉煤气，2004 年全国焦炭产量达 2.0873 亿 t，焦炉煤气资源总产量达 980 亿 Nm³。其中钢铁企业附属焦化厂、城市煤气气源焦化厂所产煤气基本上为已利用资源；独立焦化厂机焦产量约 1.0064 亿 t，产焦炉煤气426.5 亿 Nm³。除约 48% 的煤气用于焦炉自身加热外，大约还剩 52% 的焦炉煤气（221.5 亿 Nm³）能向外输送，用做燃料或化工原料。

近年来，发展了一些新的焦炉煤气利用途径，如利用焦炉煤气发电（蒸汽轮机方式、燃气轮机方式、

内燃机方式）、回收高纯度氢等。而以焦炉煤气为原料，生产合成氨和多种化工产品（甲醇、二甲醚等）的化工产业，应是今后焦炉煤气最重要的利用途径之一。

粗略估算一座年产焦炭 100 万 t 的焦炉，每年大约有 4.7 亿 Nm^3 的焦炉煤气可供作化工原料或发电燃料，可生产甲醇约 10 万 t/a。

目前我国已建成投产的焦炉煤气制甲醇项目还不太多，生产规模也不大，多在年产甲醇 10 万 t 以下。主要有云南的曲靖焦化厂、河北的建滔焦化厂、山东滕州的煤焦化厂、陕西韩城的黑猫焦化公司、山西孝义的天浩化工公司等配套建设的焦炉煤气制甲醇项目。此外山西潞安环能煤焦化工公司、山西交城大洋公司还有一批生产规模更大的利用焦炉煤气制甲醇项目（年产甲醇 60 万 t）正在拟建中。说明我国利用焦炉煤气制甲醇的发展势头强劲，前景可观。

矿区总体规划若拟建设焦化厂，宜集中布置，形成规模化生产。以便集中利用炼焦的副产品——煤焦油和焦炉煤气做原料，有选择地规划建设相应规模的化工项目。

3 煤炭气化。 煤的气化工艺是在一定温度、压力下，用气化剂（又称气化介质，主要有空气、氧气、水蒸气、二氧化碳或氢气）对煤进行热化学加工（即经过部分氧化和还原反应），将煤中有机质转化为煤气（以一氧化碳、氢、甲烷等可燃组分为主的气体）的过程。

气化煤气可作为工业燃料、城市煤气和化工原料气。用途不同，对煤气的有效组成成分要求也不同，因而所采用的气化工艺、气化炉型和气化剂种类也就不同。

已工业化的气化方式，通常有四种，以下仅介绍其中最常用的三种：

1）移动床（固定床）气化——是煤料靠重力下降与气流接触，或气化剂以较低速度（5～6m/s）由下而上穿过炽热的煤粒（6～50mm）床层间的孔隙而相互反应，产生煤气的方法。主要代表有：常压混合煤气发生炉；常压水煤气发生炉；常压两段式气化炉；加压鲁奇气化炉。

2）流化床（沸腾床）气化——是用流态化技术来生产煤气的方法。气化剂通过粉煤层，使燃料处于悬浮状态，固体颗粒的运动如沸腾的液体一样。流化床的特点是气化用煤粒度小（0～10mm），相应的传热面积大，传热效率高，气化效率和气化强度明显提高。比较适合高挥发分、高活性、高灰融温度的年轻煤。主要代表有：常压温克勒气化炉；加压高温温克勒气化法（HTW）；灰熔聚气化法。

3）气流床气化——气化剂流速超过某一数值时，床层不再能保持流态化，气体介质夹带煤粉或煤浆，并使其分散悬浮在气流中，此时的床层称气流床。气流床气化过程的最大特点是：反应温度高；反应速度快；煤粒的干燥、热解、气化在瞬间（1～10s）完成；产物不含焦油、甲烷，合成气中有效气体（CO＋H_2）占 85%～90% 以上。是煤基化工、煤制油的理想原料气。主要代表炉型有：常压柯柏斯-托切克炉（简称 K-T 炉）；德士古（Texaco）水煤浆气流床加压气化炉；谢尔（Shell）煤粉加压气流床气化炉；GSP 炉顶喷干煤粉加压气流床气化炉。

以前气化煤气多用作工业燃料和城市煤气，近年来气化煤气开始大量作为化工原料气，成为煤化工、煤制油的重要"源头"。

4 煤炭液化。 煤炭液化是把固体状态的煤炭经过一系列化学加工过程，使其转化为液体产品的洁净煤技术。根据化学加工过程的不同工艺路线，煤炭液化可分为直接液化和间接液化两大类。

（1）直接液化。是把固体状态的煤炭在高压和一定温度下直接与氢反应（加氢），使煤炭直接转化成液体油品的工艺技术。直接液化对原料煤的煤种、显微煤岩组分以及相关煤质指标要求比较严格。通常选用优质高挥发分年轻烟煤和高阶褐煤作为直接液化用煤。

目前在世界范围内尚无煤炭直接液化工业应用的实例，我国神华集团拟建的大型煤炭直接液化项目（先期规模为年产油品 100 万 t）已经完成了中试，正处于起步建设阶段。

（2）间接液化。是先把固体状态的煤炭在更高温度下与氧气和水蒸气反应，使煤炭全部转化成合成气（CO＋H_2），然后再在催化剂的作用下合成为液体燃料的工艺技术（F-T 合成）。间接液化对原料煤的煤种、显微煤岩组分及相关煤质指标要求相对比较宽松。从技术角度讲，尽管从褐煤至无烟煤各种变质程度的煤炭均可作为间接液化的原料。但是，生产煤制合成气时为达到最佳技术经济工况条件，依据采用的气化工艺不同，对相关煤质指标的要求也是有所差别的。主要相关煤质指标的好与坏，直接关系到煤制合成气产气率和生产成本的高低。所以，在选择间接液化的原料煤时，也必须从技术、经济多方面综合权衡利弊，慎重选择煤源。

南非 SASOL 公司建设的 3 座合成油厂，年耗煤炭 4600 万 t，生产油品 460 万 t，化学品 308 万 t，是世界上煤炭间接液化成功的范例。我国神华集团、宁夏煤业集团、兖州煤业集团、潞安矿业集团均在筹建不同规模的大型煤炭间接液化项目，全是以矿区煤炭企业为主体，其他行业参股建设的大型煤炭转化项目，代表了未来煤炭液化项目的发展建设模式。

5 煤基化工产业。 一般指以煤制合成气为原料生产化学制品的产业。主要有三条合成工艺路线：

1）在一定温度条件下，经加压、催化、变换，生产甲醇、二甲醚等基础化工原料（也是最简单的人工合成液体燃料)。

2) 生产各类低碳烯烃 (乙烯、丙烯、聚乙烯、聚丙烯)。

3) 生产其他含氧化合物，如醋酸、醋酐、草酸等，以及它们的下游产品。

煤基化工产业在我国起步时间不长，但发展速度较快。目前以煤为原料生产甲醇的厂较多，生产规模多在年产甲醇 20 万 t 以下。最近拟建的神华集团包头煤业公司煤制烯烃项目、宁夏煤业集团煤基烯烃项目其生产规模均为世界之最 (年产甲醇 180 万 t，烯烃 60 万 t)，将开启我国煤基化工产业发展的新时代。

需要特别指出本条仅要求矿区总体规划对煤炭转化项目提出合理规划意见，不必做正式规划。这主要基于以下两点考虑：

1) 鉴于坑口发电、焦化、煤基化工、煤炭液化等煤炭转化产业大多是过去矿区总体规划中所不熟悉的产业，其中煤基化工、煤炭液化是新兴产业，在我国尚处于起步发展阶段，主要工艺技术、生产经验还不够十分成熟和完善。目前，欲在矿区总体规划中对煤炭转化项目做出足够深度的正式规划，尚存在一定困难。

2) 坑口发电、焦化、煤基化工、煤炭液化等煤炭转化项目均是耗水量大、对环境影响大的产业。而且对煤类、煤阶、煤质特性也有不同要求。在矿区总体规划中，要综合考虑煤资源、水资源、当地环境容量和市场需求等条件是否允许发展煤炭转化产业。这里涉及的条件比较复杂，相关因素较多，有许多条件和相关因素在短时间内难以落实。所以，欲在矿区总体规划阶段对煤炭转化项目做出科学合理的规划，也存在一定难度。

《国务院关于促进煤炭工业健康发展的若干意见》(国发〔2005〕18 号) 第 (十九) 条中也指出："积极开展液化、气化等用煤的资源评价，稳步实施煤炭液化、气化工程带动以煤炭为基础的新型能源化工业发展"。

由此可见，国家强调的重点是稳步实施、对煤化工产业强调的是在水资源充足、煤炭资源富集地区适度发展。所以，在矿区总体规划中对煤炭转化产业不宜急于求成，一哄而上。在条件适宜的矿区，一定要慎重地有选择性地对上述煤炭转化项目提出合理规划意见。

例如，内蒙鄂尔多斯万利矿区尽管煤质优良，是较理想的气化、化工、发电用煤。但是，鉴于该矿区水资源贫乏，环境容量有限。故在评估该《矿区总体规划》时，专家组认为不宜在该矿区内建设耗水量大、对环境影响大的发电、煤化工、煤炭液化等煤炭转化项目。

矿区总体规划在提出有关煤炭转化产业的规划意见时，应能满足以下最低深度及内容要求：

1) 论述在本矿区规划煤炭转化产业的必要性。

2) 论述规划煤炭转化产业的煤炭资源条件、水资源条件、当地环境容量条件、市场条件和外部建设条件，即可行性。

3) 规划煤炭转化产业的规模。

4) 规划煤炭转化产业的主要工艺路线概貌。

5) 规划煤炭转化产业的厂址选择；占地面积；原料、产品运输方式。

如果矿区规划的煤炭转化产业项目多、规模大，也可采用单独编制《矿区煤化工项目总体规划》，另行报批的方式。

例如，伊犁州直矿区地处我国西部边境，交通运力有限，煤炭外运销售可能性不大。所以《矿区总体规划》利用本矿区丰富的煤炭资源和水资源，就地发展煤炭转化产业，生产附加值高的煤基化工产品，减少了运输量。规划思路比较符合当地客观情况，也符合发展循环经济的大方向。但是，该矿区规划的煤化工项目多、规模大、产品数量多，除需要占用大量煤资源外，对水、电、运输、环境的需求和影响也都比较大，需要规划的内容较多。故在评估该《矿区总体规划》时，专家组就推荐采用单独编制《伊犁州直矿区煤化工项目总体规划》，另行报批的方式。

4.3.4 《国务院关于加快发展循环经济的若干意见》(国发〔2005〕22 号) 中明确指出："本世纪头 20 年，我国将处于工业化和城镇化加速发展阶段，面临的资源和环境形势十分严峻。为抓住重要战略机遇期，实现全面建设小康社会的战略目标，必须大力发展循环经济"。

《国务院关于促进煤炭工业健康发展的若干意见》(国发〔2005〕18 号) 第 (一) 条中指出："再用 5 年左右时间，形成……以煤炭加工转化、资源综合利用和矿山环境治理为核心的循环经济体系"。

循环经济是一种以资源的高效利用和循环利用为核心，以 "减量化、再利用、资源化" 为原则，以低消耗、低排放、高效率为基本特征，符合可持续发展理念的经济增长模式。

循环经济的实质是以尽可能少的资源消耗和尽可能小的环境代价，取得最大的经济产出和最少的废物排放，力求把经济社会活动对自然资源的需求和生态环境的影响降低到最低程度。

循环经济是我国国民经济可持续发展的最佳经济模式。也是煤炭行业可持续发展的最佳经济模式。所以，本条提出了规划建设循环经济矿区的长期目标。煤炭行业要建设循环经济矿区，除应积极推行煤炭洗选加工和深加工等洁净煤技术，对煤炭洗选的副产品 (中煤、煤泥)、固体废弃物 (煤矸石)、煤的共生元素、煤系共生、伴生矿物、煤层气、矿井水、疏干水等资源实行综合利用外，还需向高技术、高附加值的煤炭转化产业链延伸，最终建成具有循环经济特征的煤基多联产系统。

煤基多联产系统是以煤气化技术为"龙头"，把两大系统——化工产品生产系统和动力生产系统连接起来进行物质与能量交换的复杂的系统工程。通过对多种煤炭转化技术优化组合集成在一起，可同时获得多种高附加值的化工产品（包括脂肪烃、芳香烃）和多种洁净的二次能源（气体燃料、液体燃料、电力等）。多联产的思路是先利用煤炭生产高附加值的化工产品和洁净的气体、液体燃料，然后再利用前面各生产环节产生的尾气、余热等低品位能源进行发电（IGCC循环发电技术），对各生产环节产生的残渣进行综合利用。它不仅实现了煤炭资源价值从高到低逐次梯级利用，而且能够达到煤炭资源价值提升，使利用效率和经济效益最大化。同时还能做到污染物集中、综合治理，以废治废，变废为宝，从而实现煤炭利用过程对环境最友好的结果。所以，煤基多联产系统可以弥补正在开发的煤炭发电和煤炭转化等多种单项新技术难以同时满足效率、成本和环境等多方面要求的不足。它比各自单独转化生产，工艺流程更简化，基建投资和运行费用更低，是煤炭转化的最佳模式。

《国务院关于加快发展循环经济的若干意见》（国发〔2005〕22号）第（十一）条中规定："组织开发……能源节约和替代技术、能量梯级利用技术、废物综合利用技术、循环经济发展中延长产业链技术、'零排放'技术"。

上述国家政策、文件精神为煤炭矿区发展煤基多联产系统提供了依据，指明了方向。

以煤为原料集燃料、化工产品和电力为一体的多联产技术，必将是21世纪洁净煤技术最重要的发展方向，也是中国煤化工今后的发展方向。有条件的大型、特大型矿区，可通过建设单项煤化工项目起步，并继续延伸产业链，扩大联产内容，向多联产、多品种转变，最终建成煤基多联产系统，是具有重大的战略意义和现实意义的举措。

《国务院关于促进煤炭工业健康发展的若干意见》（国发〔2005〕18号）第（三）条中指出："促进煤炭、电力、冶金、化工等相关产业的联合和煤炭就地转化，带动地方经济和社会协调发展"。所以规划建设煤电化、煤电冶、煤电铝、煤电建材等多种产业联产结合等多种模式，符合国家有关政策规定，当然也属循环经济的范畴。

例如，准格尔能源有限公司正计划利用本矿区劣质煤灰分中富含Al_2O_3的资源优势，在用劣质煤建设矿区坑口发电厂的同时，利用电厂废弃的粉煤灰和炉渣为原料，发展电解铝产业，实现煤电铝联产结合。这一思路正是因地制宜发展矿区循环经济的有益尝试，具有典型意义。

虽然发展煤基多联产系统或煤电化、煤电冶、煤

电铝、煤电建材等联产结合的产业，实现更高层次的综合煤炭转化，是逐步建成资源节约型和环境友好型矿区的远景发展方向。但是，因其涉及面广，相关因素复杂，技术层面还有待逐步完善。为此，本条仅要求有条件的矿区，提出规划建议，不必作具体规划。

5 矿区地面总布置及防洪

5.1 矿区地面总布置

5.1.1 本条明确了矿区地面总布置的工作要求。为实施国家严格土地管理的精神，矿区地面总布置应符合当地土地利用总体规划，但规划的矿区建设用地往往不能符合已批准的当地土地利用总体规划。因此，需与当地土地管理部门协商，征得其同意，将矿区总体规划纳入其修编的土地利用总体规划。当占地涉及城市用地，应符合当地城市总体规划，如不符合时，也需与城市规划部门协商，征得其同意，将其纳入到修编的城市总体规划。

5.1.2 本条规定了矿区地面总布置的原则。要根据地形、地质条件、井田划分、井田开拓、外部运输方式等统筹考虑，合理处理下述几方面相关问题：

地面与井下是一个整体，不能强调一个方面。在一定条件下，特别是在地形条件复杂的情况下，地面条件往往是影响井田开发的主要因素。

内部与外部是指矿区内的煤炭企业和煤炭系统以外的城镇、乡村及工矿企业，正确处理内部与外部的关系，就是要充分利用外部已有设施，搞好协作配合。

集中与分散是指矿区的行政生产管理机构、辅助企业、文教卫生设施、居住区等要集中布置或靠近城镇集中布局，形成一个功能比较齐全的矿区中心区。但有的矿区范围比较大，矿井位置分散，地形复杂狭窄，要完全集中在一起有一定困难，所以适当分散，分片布置也是可行的。

近期与远期是指矿区建设在时间上的分期。一个矿区建设需几年或几十年，这样自然会出现分期建设的问题，相应的矿区辅助企业及设施也随之出现分期建设问题，在地面总布置中要合理处理近、远期建设项目的布局。

5.1.3 矿区地面总布置宜与邻近矿区、地方或相关的工业（如电力、煤化工和煤炭产业链相关的非煤行业）规划相协调，当条件适宜时，其辅助企业及设施和生活设施应相互协作，避免重复建设。

5.1.4 由于矿区形成有一个建设和发展的过程，在全面规划基础上，要有利于分期实施。为减少初期建设投资及运营费用，初期建设项目宜集中布置，但又不要使项目今后发展受到制约。因此，有可能发展的

项目其规划用地要留有余地。

5.1.5 由于投资体制的改革，目前一些新规划的矿区其矿井、选煤厂等项目，往往由多个企业主分别投资，不一定设置矿区级行政、生产管理机构；机电设备的大、中修和器材供应各企业主也分别依托地方、邻近矿区或企业主所在原有矿区，也不一定形成辅助生产区。根据国家发展改革委公告（2007 年第 80 号）发布的《煤炭产业政策》第十一条规定："在大型煤炭基地内，一个矿区原则上由一个主体开发，一个主体可以开发多个矿区"。因此，本条仍对上述矿区项目布局提出要求。

5.1.6 本条除按以往场地选择的原则规定外，为适应当前国家加强土地管理和保护生态要求，条文中提出了土地利用及生态建设等要求。鉴于国家土地管理法规定了保护耕田的原则，严格控制占用基本农田，占用基本农田、占用耕田超过 35 公顷、其他土地超过 70 公顷需由国务院批准。而煤矿受地下资源赋存条件和地形所限，井口及工业场地有时不得不占用基本农田、良田、果园，但仍应从严控制。因此，本条强调不占或少占基本农田、良田和果园。由于矿区内往往存在大量地质构造断裂带，按现行国家标准《建筑抗震设计规范》GB 50011 规定，在一定条件下应避让发震断裂。因此，条文中提出了"避开抗震不利地段"的要求。

5.1.7 为严格控制建设用地，本条特别强调"列出矿区各工程项目建设用地汇总表"的要求。由于科学技术的不断发展，管理体制的改革，劳动效率的提高，建筑向联合、多层发展，很多工业企业及设施的工业场地占地面积不断减少。而本规范编制前的各工程项目建设用地指标不可能随之修改减少。例如，从 2001 年至 2005 年由 12 个煤炭设计院分别编制的 45 部矿井设计文件，其中 33 个矿井工业场地围墙内占地面积小于 1996 年编制的现行《煤炭工业工程项目建设用地指标》规定，平均减少占地为规定指标的 31%，井型越大占地面积减少的比例越大。因此，本条虽规定"按现行工程项目建设用地指标规定执行"，但在实施过程中占地应尽量减少，小于本规范编制前制定的各工程项目建设用地指标，如其指标为近期刚修订的，则可按照其规定执行。

5.2 矿区行政、文教、卫生设施和居住区

5.2.1 行政生产管理机构的建筑中，本规范没有列入以往矿区总体规划中有的技工学校和文化宫，这两项目均应依托社会。由于安全高效的现代化矿井，使矿区职工及管理人员大大减少，当今社会的建筑标准均在提高。因此，对所列建筑项目的建筑面积指标均适当提高，其中行政生产管理机构办公楼，是参照原国家计委《党政机关办公用房建设标准》（计投资〔1999〕2250 号）中央部委、省级（一级）标准和

地、市级（二级）标准确定的；环境监测站是按《煤炭工业环境保护设计规范》（能源基〔1992〕第 1229 号）的规定制定的；食堂指标考虑目前各单位在食堂中均设有用餐小间，因此，建筑面积指标适当放宽，参照二类餐馆标准制定的；招待所按原建设部、国家计委批准的《招待所建设标准》（建标〔1993〕852 号）一级标准制定的，即招待所中有 45%～50% 的标准间，其余为多人间，其建筑面积接近五、六级旅馆建筑。

由于上述项目均由业主投资，因此，其指标均仅供参考。具体项目需结合矿区建设具体情况，调查研究，并征求业主意见确定。

5.2.2 由于现代化矿区在籍职工大大减少，往往难以单独形成一定规模的居住区和矿区文教、卫生设施。为提高矿区职工及其家属的居住水平和居住环境质量，贯彻住房体制改革和矿区文教、卫生设施逐步移交地方的精神，强调职工居住及其公共服务设施（含文教、卫生等设施）依托邻近城镇。为便于城市规划部门参考，需提供居住户数、居住人口总数及用地面积。当偏远地区矿区确无城镇可依托时，应将居住区、矿区行政生产管理机构、辅助企业集中布置，形成矿区中心区，以有利于新兴城镇的形成。分散设置居住区达不到一定的人口规模，难以配置完善的公共服务设施，居民的生活质量很难保证。因此，不再提倡分散布局。当偏远地区矿区确无城镇可依托，其中心区的居住区卫生设施规模满足不了需要时，可按矿区职工数确定建设矿区医院的规模，医院的用地及建筑面积按现行国家相关标准执行。

5.2.3 矿区集中居住区不可能随各矿、厂建设分散规划。因此，需统筹规划，合理布置，并要有利于分期与矿、厂同步或提前建设。

5.2.4 由于矿工井下作业的特点，除有地面的上班路程外，从井口到井下工作面还需路程时间。因此，规定矿井工业场地离居住区较远时，可就近设置职工公寓，供单身职工居住或在籍全部职工工作日居住，节假日可回城镇居住区居住。每一床位可按 15～18m² 建筑面积计算，相当于每间住 2 人，每间设简单的卫生间。距离较远是按乘坐的不同交通工具 30min 的行程计算考虑。如乘汽车，车速 30km/h 时，则 30min 行程为 15km，步行按 5km/h 时则 30min 行程为 2.5km。

5.3 防 洪

5.3.1 本条是对矿区防洪排涝规划作出的原则性规定。矿区总体规划阶段，防洪排涝应作为一个整体来规划，并充分考虑煤炭矿区的特点，即矿井开采和露天矿采掘会引起地形的变化，而地面蓄水设施也会影响矿井开采，甚至使地表水体溃入井下。不应轻易对矿区内属于国家、省、市水利部门管辖的河流改变其

自然形态（改道、压缩河道宽度⋯⋯），确需改变时应征得河流主管部门的同意，并取得书面同意文件作为规划依据。

5.3.2 矿区内各防护对象的防洪规划标准，应根据其性质、规模、受淹损失大小和恢复难易程度等因素综合考虑。以往矿区总体规划中采用的防洪标准经实践证明是基本适宜的，本条进一步细化，并对个别防护对象的标准进行了修改：

1 根据现行国家标准《防洪标准》GB 50201—94 规定，20 万人口以下的一般城镇，防洪标准为 50～20a 一遇。居住区防洪标准修改为按重现期 50～20a。职工生活区当规模较大、需要防御的洪水持续时间较长、受洪水威胁较严重时，可取标准的上限。

2 根据现行国家标准《煤炭工业小型矿井设计规范》GB 50399 的有关规定，本规范对小型矿井井口防洪标准重现期，分别修改为规划为 100a、校核为 300a；矿井工业场地防洪标准重现期修改为规划 100a。

5.3.3 本条对洪水流量计算，只作原则性规定。实际工作中要根据具体情况，选用适宜的计算方法。矿区总体规划洪水流量计算应尽量利用当地已有的洪水计算成果或计算方法，但应分析这些成果的可靠性和使用条件。小流域洪水计算宜采用各地区编制的《水文手册》所载的计算办法和铁路、公路、水利部门的当地经验公式。煤田地质报告资料中，一般在地质地形图上标注调查得到的大、中河流洪水泛滥线，但没有洪水高程和重现期，只能供规划时参考，不能作为规划洪水位的主要依据。

5.3.4 不能把所有河段都近似地按照稳定均匀流计算。河段形态不同，水流流态不同，计算方法要与流态适应，否则将造成计算结果的错误。

5.3.5 本条没有明确水库的防洪标准是按设计标准，还是校核标准。实际上在校核标准的洪水下，库内水位达到校核洪水位，这时洪水经溢道溢出，而不允许漫过大坝坝顶，大坝还是安全的，水库下游的场地自然不会受溃坝威胁，只是水库处于非正常运行状态。铁路和公路的规范，均规定用水库的校核标准与水库下游所设桥梁的设计标准比较。但考虑到煤矿的特殊性，本条仍未明确是按水库防洪的设计标准，还是校核标准，在规划中可根据各场地的具体情况确定。但当水库设计标准低于场地防洪标准，校核标准高于场地防洪规划标准（或校核标准）时，仍应请水利部门详细分析水库运用情况及其对场地防洪安全性的影响程度，据此进行场地防洪规划，以确保场地安全。

规划场地位于水库下游时应考虑水库修建对下游河道的计算流量、岸坡稳定、河床冲淤的影响。水库设计标准高于（或等于）场地（井口）防洪标准时，场地防洪流量应考虑对应于场地规划重现期的水库下泄流量以及坝下至场地的区间来水量；水库防洪标准低于场地（井口）防洪规划标准（校核标准）时，应与有关部门协商加固水库、提高其防洪标准，以符合场地（井口）防洪的要求，否则应按溃坝考虑，即除按河流天然状态计算外，还应按溃坝后的流量验算。

5.3.6 防洪规划高程应按规划洪水重现期计算水位（包括壅水和风浪袭击高度）加安全高度。安全高度在平原地区采用 0.5m，在山区采用 1.0m。由于矿井井口防洪要求高，还应以校核标准检验防洪规划高程，这时不考虑安全高度，按两者中的较大值确定井口防洪高程。工业场地规划高程可以低于防洪高程，但应采用修筑防洪堤或其他可靠的防洪措施。

5.3.7 在受洪水和内涝威胁的矿区，必须洪涝兼治。防洪是治涝的前提。当地区性防洪堤的防洪标准不能满足矿区规划场地的防洪标准时，可采取提高场地规划高程或修筑防洪堤等防洪措施，其单项工程的防洪、排涝设计应经审批部门审定。内涝防治规划主要是内涝水的排涝措施。排涝设计标准采用与场地防洪标准相同重现期的暴雨量。

6 矿区辅助企业和设施

6.1 一般规定

6.1.1 矿区辅助企业和设施，不仅要根据矿区的规模和采用的开采工艺设置，而且应综合考虑所在地区煤炭基地规划及本地区协作条件，充分利用社会力量和煤炭基地条件，合理进行规划。矿区规划时应区别新老矿区的实际情况，根据本矿区需要和社会效益，可采取多种形式向社会开放，充分利用社会协作条件，避免重复建设，减少投资。

6.1.2 矿区辅助企业和设施，系指直接为矿区煤炭生产服务的企业和设施，如矿山救护、消防、机电设备修理、机电设备租赁站等矿区生产所不可缺少的设施。

矿区建设的水泥厂、煤矸石砖厂、热电厂等矿区附属企业和设施，随着煤炭基地和社会协作条件的提高，应充分利用本地区协作能力，本规范不作具体规定。

6.2 矿山救护和消防设施

6.2.1 煤矿企业应设矿山救护队，是根据现行《煤矿安全规程》（2006 年版）"井工部分"，关于煤矿救护的规定制定的。原煤炭工业部 1995 年颁发的《煤矿救护规程》规定"各省区煤炭管理机构将本省的产煤地区，以 100km 为服务半径，合理规划为若干区域。在每个区域选择一个交通位置适中、战斗力较强的矿山救护队，作为重点建设的矿山救护中心，即区域矿山救护大队"。现行《煤矿安全规程》（2006 年版）的"井工部分"，关于煤矿救护中规定："矿山救护队是处理矿井火、瓦斯、煤尘、水、顶板等灾害的专业队伍"，矿山救护大队是本矿区的救护指挥中心和演习训练、培训中心。"所有煤矿必须有矿山救护队为其服务。煤矿企业应设立矿山救护队"。本条为强制性条文，规定煤矿企业应设立矿山救护队。

6.2.2 矿山救护队的组织机构，系根据现行《煤矿安全规程》（2006年版）的规定制定的。

6.2.3 矿山救护队的位置，应保证矿山救护队至服务矿井的行车时间不超过30min。该条系根据现行《煤矿安全规程》（2006年版）的规定制定的。

6.2.4 矿山救护队的劳动定员、建筑和占地面积指标，是参考了国家现行标准《煤炭工业矿区总体设计规范》MT 5006—94的规定制定的。根据实际需要，对矿山救护队的建筑面积和占地面积作了适当调整。

6.2.5 《煤炭工业矿区总体设计规范》MT 5006—94规定："矿区消防站的设置按现行《城镇消防站布局与技术装备标准》执行"，由于该标准无适用于煤炭矿区的具体条款，绝大部分矿区的地面设施和矿井工业场地达不到"工业区"的标准，难以按该标准执行。因此，本规范规定矿区消防站的设置，应根据矿区具体条件确定，并征得矿区所在地公安消防部门的同意。

6.3 机电设备修理设施

6.3.1 矿区机电设备修理设施，一般包括矿区机电设备修理厂、矿区机电设备修理专业厂或车间。随着设备质量的不断提高和制造厂服务范围增大及地区协作能力的增强，机电设备的维修机制和设施的规模发生了较大变化。在规划矿区机电设备修理设施时，应根据机电设备实际维修量，并充分利用煤炭基地或相邻矿区的机电设备修理设施的协作条件，制造厂、机电设备维修公司协作条件确定。当外部协作条件较好时，矿区机电设备修理厂可只按由矿区进行维修的工作量进行规划。

6.3.2 矿区机电设备修理厂的规模，应区别新老矿区的不同情况及不同类型的矿山及其设备规格差异等情况，并应根据矿区规模、开采工艺、机电设备的种类及数量综合确定。新矿区或以新矿井为主的矿区，可按表6.3.2的建设规模指标选取。老矿区及边缘地区的矿区，可根据实际需要进行调整。对露天开采或以露天开采为主的矿区，开采工艺及主要设备类型对矿区机电设备修理厂的规模有较大的影响，露天开采工艺的职工人数、厂区建筑及占地指标，一般比井工开采的小，可根据实际情况进行调整。

6.4 机电设备租赁站

6.4.1 矿区租赁设备的修理，宜由租赁站负责委托矿区机电设备修理厂、设备制造厂或其他机械行业进行大修和一般修理。租赁设备的日常保养，由用户负责。

6.4.2 矿区机电设备租赁站，应根据矿区的实际需要规划。对于规格大、专业性强、数量少、利用率低或仅限于一定条件下的采煤机、掘进机、液压支架等设备，宜建区域性专业租赁站；对有一定数量，规格少，无区域性专业租赁站，宜建矿区机电设备租赁站；当矿区仅有少量通用可移动设备时，亦可不建矿区机电设备租赁站，由矿区总器材库管理。

租赁站与矿区机电设备修理厂邻近设置，有利于租赁设备的运输、节约库房面积。

6.4.3 矿区机电设备租赁站的建设规模，不包括租赁站自己配备汽车运输车辆时所需建筑面积和占地面积。

6.5 中心试验站

6.5.1 矿区中心试验站是矿区计量、检测中心。除承担矿区的检测项目外，还应承担矿区的基层试验部门的业务指导、技术培训等工作。

当矿区可利用煤炭基地或本地区的专职机构承担部分任务时，可简化矿区中心试验站的设置。

6.5.2 矿区中心试验站，由于目前新建矿区的生产规模都较大，而且社会专职机构的增加，建设规模在减少。另外，由于有些矿区将矿区中心试验站的部分功能放在矿区机电设备修理厂等部门，使矿区中心试验站的计量、检测项目减少。建设规模，在参照矿区生产规模同时，还应区别新老矿区等具体情况，根据实际需要确定。

6.6 器材供应设施

6.6.1 矿区器材供应设施，主要有器材库、爆炸材料库等。矿区总器材库、爆炸材料库，是矿区重要的和不可缺少的库存设施，应按照物流理论，优化配送系统，统一进行规划。

6.6.2 矿区总器材库，主要负责矿区所需的机电设备、材料和物资的贮存和供应。矿区集中设置总器材库，有利于器材管理和调配。

矿区总器材库，应根据先进仓储工艺，根据器材的种类、尺寸、重量和贮存周期，进行合理的布置，采用仓储、库房、库棚和露天贮存的方式。

矿区总器材库的建设规模，与矿区规模及开采工艺有关。由于矿区规模及开采工艺不同，对矿区总器材库建设规模的要求有较大的差异，应根据实际情况确定。

6.6.3 矿区爆炸材料库、分库的爆炸材料的贮存量的规定，系根据现行《煤矿安全规程》的有关规定制定的。

矿区爆炸材料总库的建设规模，应根据矿区炸药年消耗总量确定。由于目前矿井的采掘机械化程度和能力不同，炸药消耗量差异较大，仅从规模难以确定统一的炸药消耗量。因此，应根据矿区开采工艺等因素确定炸药消耗量，进而确定矿区爆炸材料总库建设规模。

关于"爆炸材料"的用语，在现行国家标准《民用爆破器材工厂设计安全规范》GB 50089 中，用"爆破材料"。而现行国家标准《煤矿科技术语爆炸材料和爆破技术》GB/T 15663.9 的规定，用"爆炸材料"。本规范统一为"爆炸材料"。

6.6.4 随着煤矿采掘工艺及设备技术的发展，井下大量采用金属支柱和液压支架，坑木和生产用木材大量减少，随着社会配套能力的增强，矿区所用木材可由地区木材加工厂解决。当地区配套能力较差时，可根据需要规划矿区木材加工厂，总人数不宜超过 35人，建筑面积不超过 3500m²，占地面积不超过 12000m²。

7 矿区地面运输

7.0.1 矿区地面运输与国家铁路路网、公路路网、航运系统是网络关系。矿区产煤不仅要通过矿区地面运输系统，而且要经国家铁路路网、公路路网、航运系统运往用户。特别是在目前我国运输能力尚较紧张的情况下，矿区地面运输规划不仅应考虑矿区内运输系统如何与国家铁路路网、公路路网、航运系统合理衔接，而且要根据国家铁路路网、公路路网、航运系统的现状与规划，考虑选择矿区与用户或销煤地区之间的经济合理的运输路径，同时还要适应铁路路网、公路路网、航运系统规划的发展。如矿区附近有尚待开发的煤田，在运输系统中应考虑其发展条件。

7.0.2 矿区煤矿对外运输应根据运量、运距、服务年限等条件，经综合技术经济比较确定。考虑到一般水运运能较大、运费低，为了减轻铁路路网负担，降低运输成本，故有水运条件时可采用水运或水陆联运。另外，在一般情况下修建标准轨距铁路的投资较大，为此，在运量较小时，也可采用公路等其他运输方式，以减少初期投资。在煤炭运输方式多样化的发展趋势中，矿区煤炭对外运输一般情况下仍宜采用标准轨距铁路。

7.0.3 集中装车可以满足铁路局对整列装车的要求，以解决或缓和运量与运能的矛盾，并适应重载运输的发展。煤的洗选加工、机修、仓库等可以集中设置，减少矿井工业场地用地面积，集中装车符合煤矿地面总布置改革的精神。

大（中）型矿井、露天矿和选煤厂的煤炭，宜采用标准轨距铁路直接装车外运。当地形复杂，在井口附近选择装车场地困难，或修建标准轨距铁路困难，工程浩大，宜采用集中装车外运。当两个或两个以上大型矿井相距较近，集中装车比各自单独装车更为经济合理时，也可采用集中装车外运。小型矿井一般宜采用集中装车外运。

7.0.6 由于煤矿要实行一业为主、多种经营方针，规划煤电联营、煤化联营，以及矿区设置集中选煤厂等，矿区内部运输方式，需根据厂址、来煤矿井个数、运量、运距以及标准轨距铁路运输系统的布局，经方案比较选择带式输送机、公路、窄轨铁路或标准轨距铁路等运输方式。厂址尽可能靠近矿井，而以带式输送机或公路取代标准轨距铁路。

7.0.7 根据煤矿地面总体布置改革，对矿区机修和材料供应体制改革的规定，考虑矿区机电设备修理厂、总器材库、总木材场之外来的设备、材料大部分为标准轨距铁路运进，所以这些厂（场）址宜设在集配站或其他车站附近，采用标准轨距铁路岔线与之连接，修建铁路短、投资少、取送车方便。

7.0.8 矿区旅客运输和职工通勤，当客流量较大，矿区中心和居住区靠近标准轨距铁路车站，而矿井、选煤厂等工业场地分布较远时，可利用铁路设施的有利条件，开办旅客运输和职工通勤。改革开放以来，公路交通运输发展较快，对旅客运输和职工通勤有机动灵活、方便及时的有利条件，故矿区旅客运输和职工通勤一般宜采用公路运输。

7.0.9 由于煤炭企业要提高经济效益，实行以煤为主，多种经营的方针，规划煤电联营、煤化联营，以及设置集中选煤厂等，矿区铁路内部运输频繁复杂，路、矿（厂）间需密切配合、统一领导，为此矿区铁路一般宜由矿区企业管理（自营）。小型矿区铁路内部运输简单，也可由铁路部门代管或统管。

1 当矿区铁路由企业管理（自营）时，应自成系统，配有自备机车和进行车辆交接作业，以及负担全矿区铁路机车等维修和养路等业务，故应设置交接站、线路和辅助附属设施等系统。

2 由铁路部门代管或统管时，不设交接站（场、线），当有可能改为矿区企业管理（自营）时，应预留增设交接站（场、线）和机车车辆维修等有关设施的位置。

7.0.10 我国煤矿现有矿区标准轨距铁路，基本上都是树枝形系统，多数与路网铁路接轨是集中在一个接轨点，有的由于路网线路与矿区煤田紧邻、平行，或穿过煤田，以及矿区规模大，外运量超过单线输送能力，需要疏解分流，或煤流不是一个方向等因素，与路网铁路集中接轨有困难，经方案论证并与铁路主管部门协商后，可考虑采用数个接轨点。

7.0.11 矿区铁路系统与路网铁路接轨问题是矿区总体规划中的重要问题，应根据矿区煤田与路网铁路分布关系、通过路网铁路区段的输送能力、接轨站的性质、煤流方向、车流组织、线路主要技术条件及机车交路等因素，经方案比选确定接轨点，一般宜与路网铁路的区段站或中间站接轨。在特殊情况下，路网铁路运营条件许可，经与铁路主管部门协商后，可考虑在区间与正线接线，但为了行车安全和管理方便，在接轨处应开设车站或设置辅助所。为提高运输效率，缩短煤流运程，满足矿区运输需要，接轨方向宜使主要方向的整列车，无需改变运输方向通过集配站或接轨站，避免折角和迂回运输，以便减少对路网铁路产生的干扰改造工程。

7.0.12 矿区铁路是否需要设置集配站，关键在于是否有集配作业。重载单元列车是固定机车、车辆循环列车，故不需设集配站。大型矿区铁路在路网万吨重载列车专线铁路上接轨，不能用集配站的方式集配万吨重载整列车的要求，可在矿区铁路接轨站前适当位置设万吨重载列车组合站（线），其站线有效长度应满足组织万吨重载列车长度的要求。

7.0.15 矿区标准轨距铁路，其工作制度应与其运输性质相适应。

矿区铁路与路网铁路是网络关系，因此工作制度要与路网铁路相一致，铁路部门工作制度与运营工作制度是一致的，全年 365d 运输，所以矿区铁路的工作制度也为 365d。

煤矿工作制度现改为 330d，为使煤矿日产量与煤矿铁路的日运量保持平衡，故煤矿铁路工作制度采用 330d。

煤矿标准轨距铁路系统的构成，按其服务对象划分为：

矿区铁路：为整个矿区运输服务的铁路，包括区间线路、中间站、集配站和交接站等。

煤矿铁路：为煤矿运输服务的铁路，包括区间线路、中间站和装卸站。

工厂铁路：为矿区集中选煤厂、电厂、化工厂等工厂企业运输服务的铁路，包括区间线路、中间站和装卸站。

辅助企业岔线：为矿区机电设备修理厂、总材料库、总木材场等企业运输服务的铁路岔线和装卸站。

7.0.16 各种运输方式的货运量不均衡系数（又称货运量波动系数），以往采用的系数经过煤炭设计部门的多年应用，认为是可行的，故仍沿用该数据。

7.0.17 路网铁路是依据现行国家标准《铁路线路设计规范》GB 50090—2006第 1.0.12 条规定"各项通过能力按照运量计算时，应预留一定的储备能力，单线采用 20%，双线采用 15%"。矿区铁路是为整个矿区服务的主要铁路，是矿区煤炭外运的主要通道，其计算的通过能力，应预留与路网铁路一样的储备能力，即单线采用 20%，双线采用 15%。考虑到煤矿铁路的重要性次于矿区铁路，发生自然灾害的可能性也较矿区铁路小等因素，再加上煤矿铁路因工作制度采用 330d，实际运输全年为 365d，已含有相当的储备能力，故煤矿铁路可不再预留储备能力。

7.0.18 为解决、缓和铁路运量与运能的矛盾，我国铁路在加速建设、推广先进技术、革新运输组织、提

高列车重量、积极发展重载单元列车和万吨重载组合列车，做出了显著成绩，大秦线已成为万吨重载组合列车专用铁路。大同矿区、平朔矿区、准格尔矿区和北同蒲线上的集运站，均开通了重载单元列车，在大同铁路枢纽内将重载单元列车组合成万吨重载列车，经大秦线运往秦皇岛港码头。神（木）—黄（骅）铁路也开通了重载单元列车，大大提高了铁路的运输能力。有条件的矿区，运量大、流向固定、到站集中，在路网重载单元列车或万吨重载组合列车专线铁路上接轨，大型矿井、露天矿、选煤厂、集中装车站，宜按路网重载单元列车规划。

7.0.20 改革开放以来，公路交通运输发展较快，在矿区运输中起了重要作用，矿区公路（道路）应根据客货运输的需要，按照现行国家标准《厂矿道路设计规范》GBJ 22 并参照其他有关规范进行全面统一的规划。为保持矿区道路（公路）技术标准经常处于良好状态，确保运行畅通，本条强调要加强道路维修，应设置养路机构。

8 矿区供电

8.0.1 矿区供电电源泛指向矿区变电所供电的电源以及直接向矿区用电单位供电的电源，如地区变电所、矿区变电所、自备电厂等。

8.0.3 双重电源是指分别来自不同电网的电源，或来自同一电网但在运行时电路互相之间联系很弱，或者来自同一个电网但其间的电气距离较远，一个电源系统任意一处出现异常运行时或发生短路故障时，另一个电源仍能不中断供电，这样的电源都可视为双重电源。双重电源可同时工作，亦可一用一备。

8.0.4 从地区电力系统的变电所、矿区变电所取得电源有较高供电可靠性。如需较高等级电压电源，亦可从上述变电所高压母线转供。当难以从上述电源点取得电源，经过协商并征得供电部门同意，在符合第 8.0.3 条和第 8.0.11 条条件时，用电单位的电源亦可从邻近企业变电所取得，以便节省建设投资。

8.0.5 利用煤矸石、煤泥等低热值燃料或煤层气发电是资源综合利用的重要形式，国家对此给予了积极的鼓励和扶持政策。一般说来，可按照就近利用的原则，发展与资源总量相匹配的资源综合利用电厂。这可有效地减少采煤废物排放，改善矿区及其周边环境；以低成本发电，获取较好的企业和社会效益。但兴建此类电厂应经省级政府有关部门核准，应具有为相关地区制定的完整、可行的煤矸石等综合利用规划并将资源综合利用发电项目与电力规划中各类电源项目统筹安排。

煤矸石电厂必须以燃用煤矸石为主，其燃烧热值不小于 5000kJ/kg，煤矸石（包括煤泥）在入炉燃料中的重量比不低于 60%，入炉燃料的热值不大于

12550kJ/kg，且应使用循环流化床锅炉。在煤矸石、煤泥资源和技术条件许可的情况下，鼓励建单机容量135MW 及以上的高效循环流化床锅炉机组。

在热负荷可靠基础上，可以建设热电联产工程，按照以热定电的方式运行。

各类资源综合利用电厂必须严格执行国家环境保护政策和水资源保护政策。

8.0.7 必要时可在矿区内设置一座或多座矿区变电所，用做汇集电源、变压和矿区内部电力分配。当所建矿区距地区电力系统变电所较远，设立矿区变电所有时可以缩短矿区较低配电电压的供电线路长度，有便于矿区电力统一调度，节省运行费用，节省矿区供电投资等优点。

由于矿区地区电力网发展程度差别较大，投资主体趋于多元化，矿区管理体制可能较复杂，是否在矿区内设置矿区变电所及矿区变电所数量需经技术经济比较确定。

8.0.10 矿区内部配电电压系指各用电单位的供电电压。除个别情况，其电压等级一般在 6～110kV 范围内。矿区变电所电源电压可超过 110kV。

矿区负荷相对较分散，采用较高配电电压等级有利于节省有色金属消耗、减少电压和电能损失，且可留有较大的发展余地。

9 矿区信息网

9.1 矿区信息网的主要内容

9.1.1 随着计算机网络技术的飞速发展，世界已进入了信息化社会。国家发展和改革委 2007 年第 80 号公告颁布的《煤炭产业政策》和国家安全监管总局颁布的《"十一五"安全生产科技发展规划》，提出了构建矿区信息网和建设煤矿安全数字化监测监控网络的要求，为贯彻《煤炭产业政策》和实现《"十一五"安全生产科技发展规划》的目标，本节规定了在矿区总体规划中构建矿区信息网。

9.1.2 条文中的"通信网"是指行政通信网和调度通信网，"数据通信网"是指计算机通信网，"电视网"包括无线电视网和有线电视网。

9.1.3 目前的主流程控数字交换机或虚拟交换机都具有传真机的功能，因此条文中没有就传真作专门规定。

涉及铁路专用线的管理权限和铁路运营的特殊性，矿区铁路专用线的调度通信一般都单独设置。

移动通信系统主要用于生产、电力、安全、消防、救护、运销、经营等调度移动通信，也可用于行政管理移动通信。备用应急通信系统主要用于救灾、救护等的应急通信，方便与指挥人员联系。

数据通信系统应具有同时传输语音、数据、图像

的功能。

9.2 矿区信息网的传输网

9.2.1 在"十五"期间，各矿务局（矿业集团）纷纷建设矿区信息传输专网，促进了企业管理信息化的迅速普及，至今仍在发挥着重要的作用。同时，国家近些年来投入巨资建设信息传输网络，主干网络已能覆盖我国大部分地区。因此，在规划矿区信息网时，宜充分利用现有的信息传输网资源。

9.2.2 由于光纤传输具有其他传输媒介无法比拟的优点，在规划矿区信息传输网时，应优先采用光缆线路。考虑到主干光缆线路已能覆盖我国大部分地区，在矿区各企业相距较远时，各企业与矿区信息中心之间的信息传输网宜尽量利用已建成的光纤传输网。

近年来卫星通信发展很快，受到了人们广泛的关注，卫星通信也是未来全球信息高速公路的重要组成部分。

9.3 矿区行政通信网

9.3.1 大、中型矿区，宜构建矿区专用的行政电话通信网。对于小型矿区，矿区行政电话通信可利用当地公用通信网，矿区管理中心和各矿（厂）电话可就近接入当地电信局。

目前，集团电话用户一般采用程控数字交换机或虚拟交换机两种方式。虚拟专用网与独立的专用网和完全利用公用电话网都不同，它是通过公用网来提供专用网的特性及功能，对用户而言，它可以节省建设维护费用，不需专人维护和操作，由网络经营者（电信部门）提供服务，设备可安装在电信局，或者由用户提供安装场所，初期投资费用较低，从而节省了人力、物力和平时的运行管理费用。但是，采用虚拟专用网与采用程控数字交换机相比，虚拟专用网会增加用户的通话费用，降低内部用户功能设置的灵活性。

9.3.3 当矿区行政电话局（站）作为本地网的一个端局进网时，应与本地网内所隶属的汇接局之间建立低呼损直达中继线路。并根据话务流向的需要，与本地网内其他端局间设置直达电路。若本地网内不设分区汇接局时，宜与本地网内端局间设置直达电路。

当矿区行政电话局（站）作为本地网的汇接局进网时，该汇接局与本地网中其他汇接局之间应设置低呼损直达中继电路。根据话务流向的需要，还可与其他端局间设置直达中继电路，以疏通本地网中的本矿区专用汇接局范围内用户对公用网的各类业务。

9.3.4 对于通信线路较长及中继线数量较多的用户，若两端的电话局（站）都为数字程控交换机，采用数字中继不但经济，还可以提升系统功能，减少传输损耗。

9.3.5 本条没有考虑居住区的电话用户。由于新建矿区不再考虑兴建职工住宅。因此,一般情况下,居住区的电话由当地的电信部门统一考虑。

以往矿区行政电话交换机的容量主要取决于矿区建设规模,在当时是合理的。目前由于矿井的工效大大提高,职工人数与矿井规模已没有直接的关系,再按矿井规模决定矿区行政电话交换机的容量已不能反映矿区的现状。本条在征求有关单位意见的基础上,采用按矿区在籍员工人数确定矿区行政电话交换机的容量。矿井邻近城镇且交通方便的矿区,交换机的容量可取下限,反之,则取上限。交换机的扩展容量一般按初装容量的 15%~20% 考虑。

9.3.6 局间中继线数量的计算,应根据矿区规划本期装机容量和安装用户数,配备相应的局间中继电路。首先根据规划的本局中继方式,出、入局向数及所计算的平均每户忙时各局向话务量,以及规定的相应呼损值和爱尔兰公式,计算中继线数量,然后再计算各局向中继线群总话务量。由于计算过程中,有些数据统计较困难,因此,一般可根据信息产业部的规定设置。这方面的内容,可参考有关资料。

9.4 矿区调度通信网

9.4.1~9.4.3 为方便矿区的安全生产调度,条文规定矿区的调度总机应选用程控数字调度交换机,并对程控数字调度交换机功能作了原则性的规定。调度交换机与行政电话交换机联网,可提升矿区生产指挥的快速性和灵活性。调度交换机与行政电话交换机宜采用 2M 数字中继方式联网。

9.5 矿区移动通信和应急通信网

9.5.2 矿区指挥调度中心与矿区救护大队和消防队之间设置的专用无线通信系统主要是用作备用应急通信。

9.6 矿区管理数据通信网

9.6.1 大、中型矿区建设独立的管理数据通信网,主要是为了矿区内各企业之间的业务联系和信息资源共享,保证网络安全。管理数据传输网可优先考虑租用电信运营商的线路,条件不具备时可建设专用网等技术方案。

9.6.2 矿区管理数据通信网是指计算机通信网。由于光纤主干网的宽带光端设备技术发展较快,因此本条规定光纤主干网的传输速率不宜低于 1000Mbit/s。考虑到有的集团总部远离矿区,为了生产经营管理的需要,可设置远程视频会议系统,将集团总部与矿区的企业在网上联系在一起,在网上举行网络会议,共享集团信息资源等。

9.6.3 在矿区各企业相距较近时,宜采用经矿区信息中心接入当地公用网的方案,可以降低风险和各企业的运行维护费用。

9.6.4 三层网络交换机可在各个层次提供线速性能,它不仅使第二层与第三层相互关联起来,而且还提供流量优先化处理、安全以及多种灵活功能,性价比也较高。虽说三层网络交换机具有路由器的功能,但目前还不能完全取代路由器,因此在要求较高的场合,宜配置路由器。

为保证矿区计算机互联网稳定可靠运行,在构建计算机网络时,网络安全措施应按体系建立。网络安全体系结构由物理安全、网络安全、系统安全、信息安全、应用安全和安全管理等几个方面构成。

9.7 矿区安全、生产监控数据通信网

9.7.1 矿区安全、生产监控中心宜与矿区信息中心合建,可以有效地利用资源,便于矿区安全、生产的统一调度和指挥。

9.7.4 矿区安全、生产监控中心独立设置网络交换机、服务器和网络安全设备的目的是便于将矿区安全、生产监控网络与矿区行政管理网络进行物理隔离,确保安全、生产监控网络的安全。

采取安全防范措施的目的是:防止未经授权的数据被修改和泄露;防止未经发现的数据遗漏或重复;确保数据发送和接受的正确无误。同时在条件允许时,宜做到:能够根据保密要求和数据来源对数据进行标记;能够保证信息的发送和接收仅对信息的接受者和发送者可见;能够提供安全审查的网络通信记录。

9.7.5 矿区安全、生产监控中心与当地安全监察部门联网可便于在紧急情况下的调度指挥,便于安全监察部门及时了解矿区各企业的安全生产状况,便于矿区企业及时获得安全监察部门对安全生产的指导和建议。

9.8 矿区电视网

9.8.1 视频、音频双向传输功能可提供诸如图像、语音、数据和 VOD 点播等多种增值服务。

9.8.2 在有线广播电视网还未覆盖的边远偏僻地区,可考虑建设地面卫星电视接收系统,但应取得当地主管部门的批准。

10 矿区给水、排水、供热与燃气

10.1 给 水

10.1.1 本条提出了开源节流,走资源利用率高、经济效益好、环境污染少的路子。凡是可用作矿区各种用途的水均可为矿区水资源。

10.1.2 本条是根据多年生产实践的总结制定的。

10.1.3 近期规划按 5~10a,远期规划按 10~20a。

10.1.4 有的矿区地形起伏大，规划给水范围广时，可利用分区或分压给水系统。

10.1.5 本条将用水量指标分为居民生活用水，企业生活用水，煤炭企业生产用水和矿区其他企业用水三部分，对用水量作了原则规定。

10.1.6 本条对矿区给水系统要求作了原则规定。

10.1.7 本条对矿区给水系统中调蓄设施提出了容量要求。

10.1.8 本条对矿区消防用水量，水压及延续时间等作了原则规定。

10.2 排　水

10.2.1 本条规定在区域排水系统上为雨水利用和污水的处理及回用创造条件。对雨水稀少的地区可采用合流制排水系统。

10.2.2 排水量可按给水等估算水量乘以各类污水排放系数。

　　1 生活污水：$K=0.8\sim0.9$；

　　2 工业废水：$K=0.7\sim0.9$；

　　3 雨　水：$K=0.2\sim0.45$。

10.2.3 煤炭系统各矿区污水水质各不相同。经查阅若干个煤炭矿区及城镇有关资料和考虑今后发展，提出以下在无当地资料时的估算数据，除 BOD_5、SS 外增加了 NH_3-N 和 TP，目的是防止地表水富营养化。同时也便于环保专业估算污染物的排放总量。

　　1 生活污水：BOD_5 60～150mg/L；

　　　　　　　　SS 120～200mg/L；

　　　　　　　　NH_3-N 20～30mg/L；

　　　　　　　　TP 4.5～9mg/L。

　　2 井下排水：SS 500～2000mg/L。

　　提出对污泥进行妥善处理的目的是贯彻执行循环经济、变废为宝、综合利用、保护环境。

10.2.4 要求处理后的水循环使用和外排时不污染水体。主要依据以下四项标准：

　　1 煤炭企业生活污水，按现行国家标准《城镇污水处理厂污染物排放标准》GB 18918 执行。

　　2 煤炭企业生产废水，按现行国家标准《煤炭工业污染物排放标准》GB 20426 执行。

　　3 辅助企业工业废水和医院污水，按现行国家标准《污水综合排放标准》GB 8978 执行。

　　4 回用水，按现行国家标准《城市污水再利用、城市杂用水水质标准》GB/T 18920 执行。

10.3 供热与燃气

10.3.1 集中供热可以减少锅炉房对环境污染，但如果因此而造成供热网复杂、热损失大、水力平衡控制困难、管网投资过大，在综合比较下，亦可采取分区供热。

10.3.2 对于缺电地区矿区可以自建坑口电厂，实行热电联供，原则只能与电力部门洽商，由电力部门配合建设。

10.3.3 由于较大型锅炉燃煤及灰渣贮运量大，有可能污染周围环境且噪声对周边也有影响，故要求适当远离居住区。

10.3.4 过去煤矿都将锅炉改造成沸腾炉，以燃烧劣质煤增加优质煤外销量，现在经锅炉行业产品发展已有专燃劣质煤的循环流化床锅炉，本条为此作了规定。

10.3.5 对于无烟煤矿区，瓦斯贮量较大，如山西阳泉、晋城已有多年瓦斯抽放使用经历。

　　如今国家环保政策为了减轻大气污染，不少城市限制使用煤炭燃料，故在矿区要求居民使用燃气燃料。现在使用的罐装石油液化气由于贮运不安全，特别是今后高层住户越来越多，使用石油液化气更是不安全、不方便，故在矿区首先推行煤炭气化炉制造煤气供居民使用，煤炭科学研究院煤化工研究分院专门研究推行了煤炭气化炉，在华北地区已有不少用户使用实例。

　　另外，目前全国已有许多省市使用轻烃燃气的实例。据考察，利用炼油厂副产廉价油现场自制轻烃燃气，1t 废油可生产 3～4 万 m³ 燃气，油罐设备均装在地下，地面有一间控制操作间。在矿区如有购废油条件时，亦可推广使用。

10.3.6 对于分区供热锅炉，一般可能靠近居住地区，故建议在瓦斯抽放量大的矿，瓦斯可供分区供热锅炉使用。

11 环境保护和水土保持

11.1 环境保护

11.1.1 本条提出了关于矿区环境保护规划的指导思想和要求。

　　为了实现矿产资源开发与生态环境保护协调发展，提高矿产资源开发利用率，避免和减少矿区生态环境破坏和污染，矿区总体规划中的环境保护章节主要根据以下有关的法律、法规和技术政策制定：

　　《中华人民共和国环境保护法》、《中华人民共和国环境影响评价法》、《中华人民共和国水污染防治法》、《中华人民共和国大气污染防治法》、《中华人民共和国固体废物污染环境防治法》、《中华人民共和国清洁生产促进法》、《建设项目环境保护管理条例》、《全国生态环境保护纲要》、《矿山生态环境保护与污染防治技术政策》、《建设项目环境保护设计规定》、《煤炭工业环境保护设计规范》等环境保护法律、法规和有关的技术政策。

11.1.2 本条提出了关于清洁生产要求。

　　《中华人民共和国清洁生产促进法》已于 2003 年

1月1日起实施。清洁生产是我国政府积极提倡的环境保护政策。清洁生产以"节能、降耗、减污、增效"为目标，以技术和管理为手段，强调生产全过程管理，从源头削减污染。因此，矿区规划环境保护章节引入了清洁生产的概念，从节约能源、提高工艺技术水平、采用少废无废生产技术、实施各种节能技术措施、降低单位产品能耗、优先考虑在污染物发生之前控制其产生，从而减少末端处理负担等方面综合提出矿区清洁生产要求，为矿区可持续发展奠定良好的基础。

11.1.3 本条提出了关于达标排放要求。

根据《国务院关于环境保护若干问题的决定》（国发〔1996〕31号）的规定，要求到2000年全国所有的工业污染源排放污染物要达到国家或地方规定的标准。因此，在矿区总体规划中必须提出对规划中各项目污染源均应实现达标排放的总体要求。

11.1.4、11.1.5 提出了关于与地方规划的协调及总体布局的环境可行性的规定。

矿区总体规划是以煤炭产业为主体的经济开发区规划，该总体规划应符合所在地区政府制定的工业和社会经济发展总体规划、环境功能区划的要求，矿区总体规划的环境保护应结合以上各类规划和矿区环境承载能力分析，从环境保护的角度对矿区总体规划中拟定的建设规模、产业结构、建设项目的选址和布局进行环境可行性论证。特别要重视对国家重点风景名胜区、自然保护区、文化遗产、重要水源地的保护。

11.1.6、11.1.7、11.1.9 提出了关于资源的合理综合利用。

根据《煤炭产业政策》（国家发展改革委公告〔2007〕第80号）、《国务院关于促进煤炭工业健康发展的若干意见》（国发〔2005〕18号）、《矿山生态环境保护与污染防治技术政策》（环发〔2005〕109号），按照高效、清洁、充分利用的原则，开展煤矸石、煤泥、瓦斯、矿井水以及与煤共生伴生资源的综合开发与利用、实现集中供热等是建立资源节约型和环境友好型矿区、促进煤炭工业走新型工业化道路、推广清洁生产和循环经济的重要途径。矿区总体规划应根据国家的有关产业政策要求，提出矿区资源综合利用的途径，利用煤矸石、低热值煤发电、供热，不能用于发电的煤矸石可用于生产建材、井下充填、铺路、回填沉陷区等。

11.1.10 本条提出了关于土地复垦的要求。

这些要求是根据《国务院关于促进煤炭工业健康发展的若干意见》（国发〔2005〕18号）、《矿山生态环境保护与污染防治技术政策》（环发〔2005〕109号）要求制定的。煤炭开采沉陷或露天采坑、排土场将破坏和占用土地，造成耕地、植被的破坏，进行破坏土地的复垦是煤炭工业环境保护的重要任务。

11.1.12 提出了关于矿区环境管理及环境监测机构

的设置。

矿区环境保护管理机构、监测机构的设置规模和定员应参照原能源部颁发的《煤炭工业环境保护设计规范》（能源基〔1992〕第1229号）第十章的要求执行。

11.1.13 本条提出了关于开展矿区总体规划环境影响评价的要求。

此条是根据《中华人民共和国环境影响评价法》第七条、第八条和第九条的要求制定的。该法第八条规定："国务院有关部门、设区的市级以上地方人民政府及其有关部门，对其组织编制的工业、农业、畜牧业、林业、能源、水利、交通、城市建设、旅游、自然资源开发的有关专项规划，应当在该专项规划草案上报审批前，组织进行环境影响评价，并向审批该专项规划的机关提出环境影响报告书"。

11.2 水 土 保 持

根据《建设项目环境保护管理条例》（国务院令第253号）和《开发建设项目水土保持方案管理办法》（水利部令第16号）规定，本规范增加了水土保持一节。

12 技 术 经 济

12.0.1 本条规定了矿区总体规划劳动定员范围。关于服务人员和其他人员的范围进一步说明如下：

生产工人应包括井下工人和地面工人，管理人员应包括行政人员和技术人员，生产工人和管理人员均属原煤生产人员。服务人员包括食堂、浴室、卫生、保健、警卫、消防、招待所、物业管理人等；其他人员包括矿（厂）外铁路专用线的维修、处理劣质煤、修旧利废、小型综合利用、环境保护等人员。

12.0.2 本条规定了矿区总体规划劳动定员确定的原则，对不同类型的项目提出了相应的要求。

1 主要针对矿区总体规划中的矿井和选煤厂项目，"劳动定员可参照同类项目"，这里的同类项目是指规模、地质条件、地理位置都类似的项目。"结合本矿区具体条件类比分析估算"，要求规划、设计部门可以根据具体条件经过分析后进行估算。

3 由于矿区行政福利设施劳动定员的多少大都与企业的管理体制有关，因此提出了这样的要求。

12.0.3 关于矿区劳动定员的在籍系数问题。在籍系数的确定与年工作日、劳动制度和出勤率有关，而劳动制度与节假日、法定休息日的天数有关，出勤率又与病假、事假、轮休等因素有关。本条选定的系数参考了现行矿井设计规范。

12.0.4 本条主要提供了编制矿区总体规划时，原煤生产人员综合全员效率（简称综合效率）的计算公式。式中全部原煤生产人员出勤人数是指矿区总体规划内各单项工程原煤生产人员之和。

由于矿区总体规划深度所限，参与计效的原煤生产人员难以确定（按照原煤炭部有关规定：原煤生产人员应划分出参与计效的原煤生产人员和不参与计效的原煤生产人员。参与计效的原煤生产人员是指在原煤生产过程中直接从事生产活动的工人和部分管理人员）。因此规范只提出了矿区总体规划原煤生产人员综合全员效率（简称综合效率）的计算公式，没有作其他要求。

12.0.5 矿区总体规划是政府行为，论证的侧重点不同，项目开发的准确时间和业主大都不确定，这就给投资估算带来一定的难度。本条只提出了"投资估算应按单项工程列出静态投资估算汇总表。估算的项目静态投资准确率应控制在±30％以内。"的规定。未

作其他要求。

12.0.6 矿区总体规划不确定的因素太多，生产成本和煤炭销售价格难以计算，但这两个指标又是矿区总体规划的论述或评价必不可少的，所以只能根据当地或周边的市场状况进行预测。

12.0.7 本条规定的"矿区总体规划应根据矿区资源和外部建设条件、市场调查与分析等"，这些内容包括井田勘查（详查）地质报告提供的资源条件、外部建设条件和有关批文、区域煤炭产品市场情况等，主要是对矿区建设的必要性和合理性进行论证。

12.0.8 本条要求"矿区总体规划应对社会效益进行初步评价"。由于矿区总体规划是政府行为，对社会的影响很大，因此，这也是矿区建设的必要性重要内容之一。

中华人民共和国国家标准

煤炭工业供热通风与空气调节
设计规范

Code for design of heating ventilation and
air conditioning of coal industry

GB/T 50466—2008

主编部门：中 国 煤 炭 建 设 协 会
批准部门：中华人民共和国住房和城乡建设部
施行日期：２ ０ ０ ９ 年 ６ 月 １ 日

中华人民共和国住房和城乡建设部
公　告

第 170 号

关于发布国家标准《煤炭工业供热通风与空气调节设计规范》的公告

现批准《煤炭工业供热通风与空气调节设计规范》为国家标准，编号为 GB/T 50466—2008，自 2009 年 6 月 1 日起实施。

本规范由我部标准定额研究所组织中国计划出版社出版发行。

中华人民共和国住房和城乡建设部
二〇〇八年十一月二十七日

前　　言

本规范是根据建设部《关于印发"2005 年工程建设国家标准制订、修订计划（第二批）"的通知》（建标〔2005〕124 号）的要求，由中煤国际工程集团北京华宇工程有限公司会同有关单位共同编制完成的。

本规范在编制过程中，编制组在结合十年来煤炭行业的发展，并参照相关专业和国家现行标准的基础上，征求了全国煤炭行业有关单位和专家的意见，多次开会研究和修改，最后经审查定稿。

本规范共 8 章，1 个附录。主要内容有总则、采暖、通风与除尘、空气调节、生活供热、井筒防冻、热源、室外供热管道等。

本规范由住房和城乡建设部负责管理，由中国煤炭建设协会负责日常管理工作，由中煤国际工程集团北京华宇工程有限公司负责具体技术内容的解释。本规范在执行过程中如发现需要修改和补充之处，请将意见寄往中煤国际工程集团北京华宇工程有限公司（地址：北京市西城区安德路 67 号，邮政编码：100011），以供今后修订时参考。

本规范主编单位、参编单位和主要起草人：

主 编 单 位：中煤国际工程集团北京华宇工程有限公司

参 编 单 位：中煤国际工程集团沈阳设计研究院

主要起草人：李海芸　赵晓燕　张　健　孙洪津

目　次

1 总 则

1.0.1 为保证和提高设计质量，统一煤炭行业供热通风与空气调节设计原则和标准，制定本规范。

1.0.2 本规范适用于新建、改建及扩建的矿井、露天矿、选煤厂及矿区辅助和附属企业的供热通风与空气调节设计。

1.0.3 本规范不适用于位于湿陷性黄土、滑坡以及其他地质条件特殊地区的供热通风与空气调节设计。

1.0.4 煤炭工业的供热通风与空气调节设计，除应符合本规范外，尚应符合国家现行有关标准的规定。

2 采 暖

2.0.1 采暖设计应符合国家和地方节能的有关规定。

2.0.2 采暖地区的划分，应符合下列规定：

1 累年日平均温度稳定低于或等于 5℃ 的日数大于或等于 90d 的地区应为采暖地区；

2 累年日平均温度稳定低于或等于 5℃ 的日数为 60～89d 的地区；或小于 60d，但稳定低于或等于 8℃ 的日数大于或等于 75d，应为过渡采暖地区；

3 采暖地区或过渡采暖地区，经常有人工作、休息或生产对室温有一定要求的建筑物，均应设置集中采暖。

2.0.3 采暖室外空气计算参数，宜按当地气象站提供的近 20 年的气象数据采用。

2.0.4 行政福利建筑及民用建筑采暖宜采用 95℃ 热水，工业建筑采暖宜采用 110℃ 以上热水，采暖与供热的热媒参数应符合表 2.0.4 的规定。

表 2.0.4 采暖与供热热媒参数

采暖项目		热媒参数		备 注
		热水(℃)	蒸汽(MPa)	
生产及辅助厂房	热风、辐射采暖	≥110	≤0.3	火灾危险性等级为甲、乙类的生产厂房除外
	散热器采暖	95～130	≤0.2	
民用及公共建筑采暖		≤95	—	—

注：表中所列蒸汽压力为相对压力。

2.0.5 室内采暖计算温度应符合表 2.0.5 的规定。

表 2.0.5 室内采暖计算温度

序号	建 筑 物	室内温度(℃)	备注
1	生产系统		
	井塔提升大厅、选煤厂主厂房、重介车间、浮选车间	18	井塔其他楼层18℃

续表 2.0.5

序号	建 筑 物	室内温度(℃)	备注
	脱水车间、翻车机房、准备车间、选矸楼、干燥车间、绞车房、井口房	15	准备车间和选矸楼的手选地点为18℃
	受煤坑、筛分楼及装车仓、输送机转载点	10	
	运湿煤的输送机栈桥（封闭）	8	
	运干煤的输送机栈桥（封闭）、运煤地道	5	
2	厂房		
	热加工车间	10～16	—
	冷加工车间、电气设备修理间、清洗间	16	
	变电所控制室及值班室、化验室	18	
	木模间、木材加工房、煤样间、锅炉房的辅助间、通风机房、机车修理库、汽车修理间、蓄电池机车库、制氧车间、机车保养间、机车检修间、轮胎更换及修补间	15	
	油脂库、油泵房、车间库房、汽车库、水泵房、井塔大厅、汽油柴油库、油品洗桶间、发放间、综采设备库	10	
	空气压缩机房	5	
	材料库	—	根据存放材料确定
3	行政福利建筑		
	浴室、更衣室	25	
	包扎室、诊疗室	20～22	
	办公室、阅览室、宿舍、小卖部、餐厅	18～20	
	任务交代室、会议室、药品发放室、矿灯房、洗衣房	16	
3	行政福利建筑		
	厨房、食品加工间	8～16	—
	食堂储藏室	5	—

2.0.6 对于大空间建筑，当采用散热器布置有困难时，宜采用与暖风机采暖相结合的方式。

2.0.7 对于人均占用建筑面积超过 100m² 的厂房，宜在固定工作地点设置局部采暖，当工作地点不固定时，应设置取暖室。

2.0.8 位于严寒或寒冷地区的建筑，当作业人员逗留时间短，仅需保证设备、器材不冻时，应按 5℃ 设值班采暖。

2.0.9 蒸汽采暖外网压力高于室内采暖所需压力时，应在引入口处设减压装置。对于热负荷小于100kW、蒸汽压力低于0.4MPa、压差为0.1～0.2MPa的小型系统，可采用双截止阀代替减压阀。

2.0.10 距离供热热源远且用热负荷少的建筑，单建锅炉房不经济时，宜采用电热等其他方式采暖。

2.0.11 对每天使用2h以上排风的建筑，应对补风进入的空间计算冷空气渗入的耗热量。

3 通风与除尘

3.1 通 风

3.1.1 产生余热、余湿以及有害气体的建筑物应有良好的自然通风，当自然通风达不到卫生或生产要求时，应采用机械通风。

3.1.2 产生有害气体的设备，宜分别设置局部排风系统。

3.1.3 对产生有害气体的房间应设全面通风，当采用自然通风达不到安全生产要求时，应采用机械通风。建筑物的换气次数可按表3.1.3计算。

表3.1.3 建筑物换气次数

序号	项 目	房间换气次数（次/h）
1	酸性开口式蓄电池室	15
2	瓦斯抽放机房	12
3	矿灯房、电液室、加氯消毒室	10
4	电整流室、防酸隔爆式蓄电池室、化验室、煤样室	6
5	酸品库	5
6	易燃油库、电石库、乙炔库、矿灯及电瓶车库充电室、洗选油泵房	3
7	化学品存放库	2
8	润滑油库	1

注：1 酸性开口式蓄电池室上排风应为1/3，下排风应为2/3；防酸隔爆式蓄电池室上排风应为2/3，下排风应为1/3。

2 易燃油库宜采用下排风，排风口离地面应为300～500mm。

3 瓦斯抽放机房排风口应高出瓦斯泵站屋顶3m以上。

3.1.4 对于排送带有蒸汽或腐蚀性气体的风管和风机，宜选用无机阻燃、防腐蚀产品。对于排除含有易爆物质气体的风机，应选用防爆产品。

3.1.5 输煤地道应设置机械排风、自然进风的通风

系统，通风量可按换气次数15次/h计算，输煤地道断面风速应为0.3～4m/s。

3.1.6 当输煤地道有安全通道时，输煤地道的自然进风口宜利用安全通道的安全出口。

3.1.7 受煤坑内应设机械通风，通风量可按换气次数12次/h计算。

3.1.9 受煤坑及输煤地道的通风机与风管宜选用金属制品。

3.2 除 尘

3.2.1 当原煤的外在水分小于7%时，对散发粉尘的生产设备或生产环节应采取防尘、喷雾降尘或机械除尘措施。

3.2.2 当喷雾降尘措施能满足要求时，应采用喷雾降尘，但喷水量不应影响煤的输送及筛分效果。

3.2.3 每路原煤输送系统宜单独设置除尘系统，当两路输送系统合用一个除尘系统时，其除尘风量应按一路输送系统运行所需风量附加15%～20%计算，此时风管上应设切换阀门。

3.2.4 排除煤尘的管道，水平管道风速不应小于13m/s，垂直管道风速不应小于15m/s。除尘器后管道的风速不宜小于8m/s。

3.2.5 除尘系统风管宜选用圆形钢制风管，钢板厚度不宜小于2mm，风管直径不宜小于120mm。

3.2.6 除尘系统风管宜明装。在风管易积尘的部位应设置密闭清扫孔。

3.2.7 生产系统除尘宜选用干式除尘方式。当选用湿式除尘方式时应设置煤泥水回收及处理设施，在寒冷地区及严寒地区还应采取防冻措施。

3.2.8 除尘器宜布置在生产设备的上方且位于除尘系统的负压段，除尘器收集的煤尘应返回到生产流程，并应防止二次起尘。

3.2.9 通风除尘装置应与工艺设备电气联锁，并应比工艺设备提前启动、滞后停止。

3.2.10 地面生产系统的筛分破碎及带式输送机的通风除尘风量，可按本规范附录A选取。

4 空气调节

4.1 一般规定

4.1.1 建筑物及工艺设备对室内温度、湿度及洁净度有要求，且采用采暖通风方式不能满足要求时，应设置空气调节装置。

4.1.2 生产调度指挥中心、集中控制室、电教室、网络通信中心及主副井提升机房司机操作间，应设空调设备。

4.1.3 空气调节室外气象参数，宜按当地气象台站提供的近20年的气象数据采用。

4.1.4 空气调节室内计算参数除应满足人体舒适度及工艺要求外，尚应符合现行国家标准《公共建筑节能设计标准》GB 50189 和《采暖通风与空气调节设计规范》GB 50019 的有关规定。

4.2 系统设计

4.2.1 空气调节系统冷热源的选取，应符合现行国家标准《采暖通风与空气调节设计规范》GB 50019 的有关规定。

当矿井有瓦斯或有瓦斯、泥煤等发电机组余热可利用时，应选择溴化锂吸收式冷水机组。

4.2.2 空气调节的冷负荷应对空气调节区进行逐项逐时的计算。

4.2.3 有消声要求的通风与空气调节系统，其风管内的风速宜按表 4.2.3 选用。

表 4.2.3 风管内的风速（m/s）

室内允许噪声级 dB（A）	主管风速	支管风速
25～35	3～4	≤2
35～50	4～7	2～3
50～65	6～9	3～5
65～85	8～12	5～8

注：通风机与消声器之间的风管，其风速可采用 8～10m/s。

4.2.4 舒适性空气调节冷水供回水温度应为 7～12℃，热水供回水温度应为 60～50℃。

4.2.5 选择冷水机组时，冷水机组台数宜为 2～4 台，不宜设备用。冷水机组、循环水泵、冷却水泵宜对应设置。

4.2.6 对于全年空气调节两管制的水系统，循环水泵宜按冬、夏季水量不同分别选择。

4.2.7 冷水循环泵不应少于 2 台，不宜设备用泵，热水循环泵不应少于 2 台，宜设备用泵。

4.2.8 冷、热水循环泵、补水泵宜变频控制。

4.2.9 空气调节水系统的补水应经软化处理，仅夏季供冷的系统可采用静电除垢的水处理设施。

4.2.10 空气调节水系统的补水，宜设在循环水泵的吸入段，补水泵流量应取补水量的 2.5～5 倍，扬程应附加 30～50kPa，补水泵应设备用泵。

4.2.11 空气调节水系统的补水量宜按循环水量的 1%计算。

4.2.12 空气调节冷水系统的定压最低水位，应高于系统最高点 0.5m 以上。

5 生活供热

5.0.1 浴水热水温度应符合下列规定：

　1　浴池水应为 40℃；

　2　双管淋浴水应为 65℃，单管淋浴水应为 40℃。

5.0.2 浴水加热时间应符合下列规定：

　1　浴池水应 2h 加热，当淋浴水加热后储存在水箱中时，淋浴水应 3h 加热；

　2　当浴水采用容积式热交换器换热且直流式供给时，浴池及淋浴水均应 1h 加热。

5.0.3 生活热水宜采用间接加热方式。热媒宜采用高温水，当热媒为蒸汽时，凝结水应回收利用。

5.0.4 洗衣房的日洗衣量应按井下工人四班总人数的 125%计算，并应按每人每日洗衣一次计算。洗衣用水量应按每 kg 干衣 80L、每套工作服干衣重 1.5kg 计算。

5.0.5 洗衣房应设洗衣烘干设备，设备的选择应按每日 3 班、4h/班计算。

5.0.6 洗衣机耗热量可按其容水量加热到 50℃，加热时间可按 0.25h 计算。当洗衣机为 1～2 台时，可按 1 台耗热量计算，超过 2 台时可按 2 台耗热量计算。

5.0.7 井下工人开水供应按最大班每人 3L 计算，当采用换热方式制备时，耗热量宜按 2h 加热至 100℃计算。

5.0.8 食堂炊事耗热及冷藏应符合现行国家标准《煤炭工业矿井设计规范》GB 50215 的有关规定。

6 井筒防冻

6.0.1 采暖室外计算温度等于或低于−4℃地区的进风立井、等于或低于−5℃地区的进风斜井和等于或低于−6℃地区的进风平硐，当有淋帮水、排水管或排水沟时，应设置井筒防冻设施。

6.0.2 井筒防冻空气加热的室外计算温度应符合下列规定：

　1　立井与斜井应取当地历年极端最低气温的平均值；

　2　平硐应取当地历年极端最低气温的平均值与采暖室外计算温度二者的平均值。

6.0.3 对于抽出式通风矿井，当进风采用冷热风在井口房混合时，宜采用无风机方式，并应采取下列措施：

　1　井口房应密闭，经常打开的大门，应及时自动关闭；

　2　空气加热系统的风流阻力，不宜大于 50Pa；

　3　空气加热器上方的隔断墙，应设调节风阀。

6.0.4 当热风入井采用有风机方式时，其风机的安装位置和选择应符合下列规定：

　1　离心风机宜布置在空气加热器的热风侧，轴流风机宜布置在空气加热器的冷风侧；

2 采用轴流风机时,风机与电机宜直联传动;

3 热风侧的离心风机,风机与风管应保温。

6.0.5 空气通过加热器后的热风计算温度应符合下列规定:

1 冷热风在井口房混合时,应符合下列规定:

1) 压入式热风,可取 30～35℃;

2) 吸入式热风,可取 20～30℃。

2 冷热风在井筒内混合时,应符合下列规定:

1) 进入立井的热风,可取 60～70℃;

2) 进入斜井与平硐的热风,可取 40～50℃。

6.0.6 井筒防冻入井风的耗热量计算,除入井风量应由采矿确定外,其余计算参数应符合下列规定:

1 入井风量应按 2℃时的风量计算;

2 富余系数应取 1.1;

3 入井风混合温度应取 2℃;

4 空气的容重与比热容,应取 2℃时的容重与比热容。

6.0.7 空气通过加热器的质量速度,应符合下列规定:

1 离心风机,宜采用 6～10kg/m² · s;

2 轴流风机,宜采用 4～8kg/m² · s;

3 无风机方式加热时,宜采用 2～4kg/m² · s。

6.0.8 空气加热系统的热媒,宜采用高温水,其供回水温度应为 130～70℃或 110～70℃。当采用蒸汽热媒,其压力不应低于0.3MPa。

6.0.9 选定空气加热器的散热面积的富余系数与空气加热机组,应符合下列规定:

1 绕片式空气加热器,应取 1.15～1.25;

2 串片式空气加热器,应取 1.25～1.35;

3 空气加热机组,不得少于 2 组,可不设备用机组。

6.0.10 蒸汽热媒的空气加热系统应符合下列规定:

1 选用的空气加热器高度不宜大于 1750mm;

2 疏水器及配管宜布置在空气加热器的热风侧;

3 凝结水余热应回收利用。

6.0.11 空气加热器并列布置时,片与片之间的空隙应密闭。

6.0.12 空气加热器的冷热风侧、热媒管道系统应设温度或压力监测仪表。

6.0.13 有风机方式的热风口位置应符合下列规定:

1 立井的热风口,宜设置在井口地面下 2～3m 处,并宜设置在罐道的侧面;

2 斜井、平硐的热风口,宜设置在距井口 3～4m 处,并宜设置在人行道侧,热风口底缘宜靠近井筒底板。

6.0.14 空气加热室的进风百叶窗下缘距室外地面宜为 1.2～1.5m,百叶窗的室内侧应设关闭门。

6.0.15 当井筒防冻采用热风炉时,应符合下列规定:

1 应设在远离主工业场地、采暖热负荷很少的进风井;

2 应设在缺水地区或供水困难的进风井。

6.0.16 热风炉的选择及辅助设施,应符合下列规定:

1 应选择矿用型定型产品;

2 热风炉不得少于 2 台,当其中 1 台出现故障时,其余热风炉应能满足井筒防冻需要;

3 热风炉的燃料、灰渣运输,应按现行国家标准《锅炉房设计规范》GB 50041 的有关规定执行。

6.0.17 热风炉房的位置和热风道,应符合下列规定:

1 热风炉房距进风井口不得小于 20m;

2 热风道应采取防水和保温措施;

3 靠近热风炉房的热风道内,应设烟气监控设施。

6.0.18 热风道应采用不燃性材料砌筑,并应设置防火装置。

7 热　源

7.1 一般规定

7.1.1 矿井供热应根据矿区总体规划,利用附近电厂余热,选择热、电、冷联产系统,不具备以上条件时,可设计独立的锅炉房。

7.1.2 矿井有瓦斯可以利用时,应选择燃瓦斯气锅炉;有瓦斯发电站时,可利用瓦斯余热锅炉供热;当无瓦斯利用时,应采用燃煤锅炉。

7.1.3 当矿区规划中有电厂,并能提供用热负荷时,锅炉房应按临时设计,锅炉房选址应有利于电厂供热管道衔接。

7.2 锅炉选型及布置

7.2.1 锅炉选型应能适应本矿生产的燃料,应有较高的热效率,并应使锅炉的出力、台数和其他性能适应热负荷变化的需要。

7.2.2 结焦性强的烟煤,不宜采用链条炉排锅炉;低位发热量小于等于 12550kJ/kg、粒度不适合层燃炉燃烧的燃料,宜选择循环流化床锅炉。

7.2.3 锅炉布置与其围护结构之间的距离,应满足操作、检修和布置辅助设备的需要,并应符合下列规定:

1 锅炉房开间尺寸应按 1 台炉占据 1 个柱距设计;

2 燃煤锅炉的前、后端及两侧与围护结构之间的净距,应符合表 7.2.3 的要求;

3 锅炉最高操作点到梁下净空高度不应小于 2m,并应满足起吊设备操作高度的要求。当锅炉顶部不需要操作和通行时，锅炉最高操作点到梁下净空高度不应小于0.7m。

表7.2.3　锅炉与围护结构之间的净距（m）

热水锅炉（MW）	0.7～2.8	4.2～14.0	29.0
蒸汽锅炉（t/h）	1～4	6～20	35
炉前	≥3.0	≥4.0	≥5.0
炉后、炉侧	≥0.8	≥1.5	≥1.8

注：1　需在炉前清扫烟管时，应满足清扫操作的要求。
　　2　炉侧需吹灰、拨火或安装、检修螺旋出渣机时，应满足需要。
　　3　当炉前设置控制室时，锅炉前端至控制室的净距可为3m。

7.2.4　锅炉房的辅助间和生活间应符合下列规定：

1　单台蒸汽锅炉额定蒸发量为1～20t/h和单台热水锅炉额定热负荷为0.7～14MW的锅炉房，宜贴邻锅炉间固定端布置；

2　单台蒸汽锅炉额定蒸发量大于20t/h和单台热水锅炉额定热负荷大于14MW的锅炉房，可贴邻锅炉间固定端布置或单独布置。

7.2.5　锅炉房运煤系统的布置应使煤自固定端进入锅炉房的上煤间。

7.3　锅炉辅助设备

7.3.1　锅炉房上煤系统应根据单台锅炉容量及耗煤量确定。常用运煤系统可按表7.3.1选取。

表7.3.1　常用运煤系统

锅炉房规模		锅炉房耗煤量（t/h）	推荐运煤方式
单台蒸发量（t/h）	台数		
≥4	1～3	1～2	(1)手推车＋翻斗上煤机 (2)手推车＋电动葫芦吊煤罐
≥4	3～4	2～3	(1)手推车＋电动葫芦吊煤罐 (2)埋刮板输送机
6	2～5	3～6	(1)埋刮板输送机 (2)单轨抓斗输送机 (3)多斗提升机＋带式输送机
10	1～3		
20	1～3		
20	2～4	＞6	(1)多斗提升机＋带式输送机 (2)固定皮带输送机

7.3.2　链条锅炉除渣系统，应根据单台锅炉容量确

定。当单台锅炉容量为1～4t/h，锅炉台数不超过2台时，宜采用锅炉自带除渣机方式；当单台锅炉容量为6～20t/h，锅炉台数超过2台时，宜采用连续运输的联合除渣方式。

7.3.3　循环流化床锅炉除渣系统，应根据锅炉容量及渣量、渣的特性等条件确定。当炉内加石灰石进行烟气脱硫时，不宜采用水力除灰渣系统。

7.3.4　锅炉除渣应为湿式，对于缺水地区或不适于湿式除渣时，应对锅炉除渣口采取密封措施。

7.3.5　除尘器的选择应根据环保部门的环评要求确定。

7.3.6　鼓风机、引风机风量，宜采用变频调节，出口方向及角度应顺向烟道、风道，不应反向拐弯或急拐弯。几台引风机共用烟道时，每台引风机出口应加设烟道闸门。

7.3.7　锅炉采取机械引风时，烟囱出口直径宜按锅炉额定总能力运行时烟速为12～20m/s确定，并应校核锅炉低负荷运行时的烟速，烟速宜大于当地当季的室外平均风速。

7.3.8　每个新建燃煤锅炉房应只设1根烟囱，锅炉房烟囱最低允许高度应按表7.3.8选取。

表7.3.8　锅炉房烟囱最低允许高度

锅炉总容量	MW	＜0.7	0.7～＜1.4	1.4～＜2.8	2.8～＜7	7～＜14	14～＜28
	t/h	＜1	1～＜2	2～＜4	4～＜10	10～＜20	20～≤40
烟囱最低高度	m	20	25	30	35	40	45

7.3.9　当锅炉总容量大于28MW（40t/h）时，锅炉烟囱高度应按批准的环境影响报告书要求确定，但不得低于45m。当新建锅炉房烟囱周围半径200m距离内有建筑物时，其烟囱应高于最高建筑物3m以上。

7.3.10　锅炉水处理设备的选择应根据原水水质情况确定。经处理后的锅炉给水应符合现行国家标准《低压锅炉水质标准》GB 1576的有关规定。

7.3.11　锅炉给水泵应按锅炉工作压力与锅炉对应选配。当锅炉台数多于3台时，给水泵应统一设置。

7.3.12　循环水泵宜采用变频控制，并应减少循环泵的台数。当设置3台或3台以下循环水泵时，应设备用泵；当设置4台以上循环水泵时，可不设备用泵。

7.4　热交换站

7.4.1　热交换站宜靠近热负荷中心布置，可单独建造，也可附在建筑物内或锅炉房内。

7.4.2 单独建造的热交换站，应根据其规模大小，设置热交换站、水处理间、控制室、化验室和工作人员必要的生活用房等。

7.4.3 热交换站的净高，应能满足安装和检修时起吊设备的需要，但最低高度不宜小于 3.0m。

7.4.4 热交换器周围应有净宽不小于 0.8m 的通道，热交换站内各种设备的布置，应留出操作、检修和抽管所需的空间。

7.4.5 热交换站门的开启方向和安装洞预留，应与锅炉房的设计要求相同。

7.4.6 热交换站应有良好的通风，当自然通风不能满足通风排热要求时，应设置机械排风。

7.4.7 热交换器的设置不应少于 2 台，当其中 1 台停止运行时，其余热交换器的供热量，应满足总计算供热负荷 75% 的需要。

7.4.8 当加热的热媒为蒸汽时，换热系统宜符合下列规定：

　　1 宜选用凝结水出水温度较低的汽-水热交换器；

　　2 可串联汽-水和水-水两级换热设备，水-水热交换器后的凝结水温度不宜超过 80℃，并应设置防止凝结水倒空的装置。

7.4.9 凝结水应回收利用，并应符合下列要求：

　　1 宜采用凝结水罐的闭式系统；

　　2 当凝结水温度确能控制在 80℃ 以下、且无除氧要求时，宜采用开式系统。

7.4.10 热交换器一次热媒与二次热媒之间的温差，应符合下列规定：

　　1 汽-水热交换器不应小于 5℃；

　　2 水-水热交换器不应小于 10℃。

8　室外供热管道

8.0.1 当采用蒸汽供热时，煤矿的浴室、井筒防冻的空气加热室宜设专管供热。

8.0.2 管道材料的选定应符合现行国家标准《锅炉房设计规范》GB 50041 的有关规定。

8.0.3 当采用不通行地沟和直埋敷设时，供热管道应采用无缝钢管；当采用架空、半通行、通行地沟敷设时，供热管道可采用无缝钢管或焊接钢管。

8.0.4 供热管道敷设方式应根据地质、地形、施工、运行、管理、经济比较等因素确定。在条件允许时，热水的供热管道宜采用直埋敷设方式。

8.0.5 蒸汽供热管道或多于 2 根的热水供热管道宜采用地沟或架空的敷设方式，当采用直埋敷设方式时，应作经济比较后采用。

8.0.6 室外供热管道地下敷设且经过不允许开挖地段时，应采用通行地沟。

8.0.7 直埋敷设管道沿途宜少装阀门，当必须装设时，阀门处应装设补偿器或加固定支墩。对沿途设置的泄水阀及放气阀等各类阀门应设检查井。

8.0.8 架空热力管道可按不同情况采用低、中、高支架敷设。在不妨碍交通的地段宜采用低支架敷设；通过人行道地段宜采用中支架敷设；在车辆通过地段宜采用高支架敷设。

8.0.9 架空供热管道与地面净距，应符合下列规定：

　　1 低支架敷设，不宜小于 0.5m；

　　2 中支架敷设，不宜小于 2.5m；

　　3 高支架敷设，穿越公路时不应小于 5m，穿越铁路时不应小于 5.5m。

8.0.10 半通行地沟的净高宜为 1.2～1.4m，通道净宽宜为 0.5～0.6m；通行地沟的净高不宜小于 1.8m，通道净宽不宜小于 0.7m。

8.0.11 地沟内管道的外壁与沟壁、沟底、沟顶的净距，宜符合下列规定：

　　1 与沟壁净距宜为 100～150mm；

　　2 与沟底净距宜为 100～200mm；

　　3 不通行地沟与沟顶净距宜为 50～100mm；半通行和通行地沟与沟顶净距宜为 200～300mm。

8.0.12 地下敷设热力管道的阀门、仪表等附件处应设检查井，并应符合下列要求：

　　1 检查井的大小和井内管道、附件的布置，应满足安装、操作和维修的要求，检查井净高不应小于 1.8m；

　　2 检查井面积大于或等于 4m² 时，人孔不应少于 2 个，人孔直径不应小于 0.7m，人孔口高出地面不应小于 0.15m；

　　3 检查井内应设置集水坑，集水坑尺寸不宜小于 0.4m×0.4m×0.4m，并宜设置在人孔之下。

8.0.13 通行地沟的人孔间距不宜大于 200m，设有蒸汽管道时，不宜大于 100m；半通行地沟的人孔间距不宜大于 100m，设有蒸汽管道时，不宜大于 60m。人孔口高出地面不应小于 0.15m。

8.0.14 直埋敷设管道宜采用无补偿敷设方式。

8.0.15 热力管道应设有不小于 2‰ 的坡度，地沟敷设时，沟底的坡向与坡度应与管道一致，不间断运行的蒸汽管道架空敷设时，可不设坡度。

附录 A　常用设备的抽风量

A.0.1 常用设备的抽风量应符合表 A.0.1-1～表 A.0.1-7 的规定。

表 A.0.1-1　颚式破碎机上部抽风量

设备规格	250×400	400×600	600×900	900×1200	1200×1500	1500×2100
抽风量（m³/h）	1200	1500	2000	2500	3000	4000

表 A.0.1-2 辊式破碎机上部抽风量

设备规格	对辊 D600×400 齿辊 D450×500 四辊 D750×500	对辊 D750×500 齿辊 D600×750 四辊 D900×700	对辊 D1200×1000 齿辊 D900×900
抽风量 （m³/h）	1000	1500	2000

表 A.0.1-3 可逆式锤式破碎机上部抽风量

设备规格	D600×400	D1000×800	D1000×1000	D1430×1300
抽风量（m³/h）	6000	8000	10000	15000

表 A.0.1-4 不可逆式锤式破碎机下部抽风量

设备规格	D600×400	D800×600	D1000×800	D1300×1000
抽风量 （m³/h）	4000	5000	6000	9000

表 A.0.1-5 反击式破碎机下部抽风量

设备规格	D500×400	D1000×800	D1250×1000	D1250×1250
抽风量 （m³/h）	8000	10000	12000	14000

表 A.0.1-6 每平方米筛子上部抽风量

筛子规格	振动筛	滚动筛
抽风量（m³/h）	1200	500

表 A.0.1-7 TD75 带式输送机转载点机械除尘抽风量 （m³/h）

带宽（mm）	落煤溜槽角度	落煤溜槽垂高（m）	$V_j=1.6$ L_1	$V_j=1.6$ L	$V_j=2.0$ L_1	$V_j=2.0$ L	$V_j=2.5$ L_1	$V_j=2.5$ L
500	55°	2.0	365	1090	440	1165	535	1262
		3.0	540	1430	660	1550	805	1695
		4.0	725	1750	880	1905	1075	2100
		5.0	905	2055	1100	2250	1340	2490
		6.0	1085	2335	1320	2570	1605	2855
	60°	2.0	405	1175	495	1265	600	1370
		3.0	610	1550	740	1680	905	1845
		4.0	815	1900	990	2075	1205	2290
		5.0	1015	2230	1235	2450	1505	2720
		6.0	1220	2550	1485	2815	1810	3140
650	55°	2.0	550	1370	675	1855	315	1995
		3.0	820	1865	1010	2055	1220	2265
		4.0	1100	2765	1350	3015	1630	3295
		5.0	1370	3235	1685	3550	2035	3900
		6.0	1645	3685	2020	4060	2440	4480
	60°	2.0	615	1865	755	2005	915	2165
		3.0	925	2455	1135	2665	1370	2900
		4.0	1235	3000	1515	3280	1830	3595
		5.0	1540	3510	1895	3865	2285	4255
		6.0	1850	4010	2275	4435	2740	4900

带宽（mm）	落煤溜槽角度	落煤溜槽垂高（m）	$V_j=1.6$ L_1	$V_j=1.6$ L	$V_j=2.0$ L_1	$V_j=2.0$ L	$V_j=2.5$ L_1	$V_j=2.5$ L
800	55°	2.0	845	2390	1035	2585	1255	2800
		3.0	1260	3150	1545	3435	1875	3765
		4.0	1685	3860	2070	4245	2505	4680
		5.0	2105	4545	2580	5020	3125	5565
		6.0	2520	5185	3095	5760	3745	6410
800	60°	2.0	945	2575	1160	2970	1405	3035
		3.0	1415	3415	1740	3740	2105	4105
		4.0	1890	4195	2320	4625	2810	5115
		5.0	2630	4940	2900	5480	3510	6090
		6.0	2835	5655	3480	6300	4215	7035
1000	55°	2.0	1035	2930	1265	3160	1535	3430
		3.0	1545	3865	1895	4215	2290	4610
		4.0	2070	4740	2535	5205	3070	5740
		5.0	2580	5575	3610	6155	3825	6820
		6.0	3090	6360	3785	7055	4585	7855
	60°	2.0	1160	3165	1420	3425	1720	3725
		3.0	1740	4195	2130	4585	2580	5035
		4.0	2323	5150	2840	5670	3440	6270
		5.0	2900	6065	3550	6715	4300	7465
		6.0	3475	6940	4260	7725	5160	8625
1200	55°	2.0	1315	3675	1565	3925	1950	4310
		3.0	1965	4855	2335	5225	2915	5805
		4.0	2625	5855	3130	6360	3900	7130
		5.0	3275	7010	3900	7635	4865	8600
		6.0	3925	8005	4675	8755	5830	9910
	60°	2.0	1470	3970	1755	4255	2185	4685
		3.0	2210	5270	2630	5690	3280	6340
		4.0	2945	6740	3505	7030	4370	7895
		5.0	3680	7260	4380	8320	5465	9425
		6.0	4415	8735	5260	9580	6560	10880
1400	55°	2.0	1655	4560	2030	4935	2455	5360
		3.0	2475	6035	3030	6590	3670	7230
		4.0	3310	7410	4055	8155	4915	9015
		5.0	4310	8725	5060	9655	6130	11045
		6.0	4950	9975	6060	11085	7345	12370
	60°	2.0	1866	4935	2275	5355	2755	5835
		3.0	2785	6550	3410	7175	4130	7895
		4.0	3710	8050	4545	8885	5510	9850
		5.0	4640	9500	5685	10545	6885	11745
		6.0	5565	10885	6820	12140	8260	13580

续表 A.0.1-7

带宽 (mm)	落煤溜槽角度	落煤溜槽垂高 (m)	$V_j=1.6$		$V_j=2.0$		$V_j=2.5$	
			L_1	L	L_1	L	L_1	L
1800	55°	2.0	2993	7044	3525	7592	4068	8135
		3.0	4472	9441	5083	10063	6048	11027
		4.0	5692	41698	6825	12830	8095	14101
		5.0	7445	13845	8504	14904	10102	16502
		6.0	8943	15957	10188	17202	12109	19123
	60°	2.0	3654	7954	3832	8132	4520	8820
		3.0	5023	10268	5720	10965	6795	12040
		4.0	6697	12750	7660	13712	9068	15120
		5.0	8394	15193	9551	16349	11363	18161
		6.0	10045	17464	11443	18865	13638	21060
2000	55°	2.0	3536	8265	3897	8626	4620	9349
		3.0	5286	11119	5770	11603	6843	12676
		4.0	7031	14193	7761	14923	9168	16630
		5.0	8788	16264	9664	17140	11444	18920
		6.0	10575	18776	11577	19778	13721	21922
2000	60°	2.0	4447	9473	4624	9650	4790	9816
		3.0	5930	12058	6493	12621	7688	13816
		4.0	7908	14982	8717	15791	10264	17338
		5.0	9925	17882	10853	18810	12882	20839
		6.0	11859	20535	12991	21667	15461	24137

注：表中 V_j——带式输送机速度（m/s）；L_1——诱导风量（m³/h）；L——抽风量（m³/h）。

本规范用词说明

1 为便于在执行本规范条文时区别对待，对要求严格程度不同的用词说明如下：

1）表示很严格，非这样做不可的用词：

正面词采用"必须"，反面词采用"严禁"。

2）表示严格，在正常情况下均应这样做的用词：

正面词采用"应"，反面词采用"不应"或"不得"。

3）表示允许稍有选择，在条件许可时首先应这样做的用词：

正面词采用"宜"，反面词采用"不宜"；

表示有选择，在一定条件下可以这样做的用词，采用"可"。

2 本规范中指明应按其他有关标准、规范执行的写法为"应符合……的规定"或"应按……执行"。

煤炭工业供热通风与空气调节

设 计 规 范

GB/T 50466—2008

条 文 说 明

前　言

为便于各单位和有关人员在使用本规范时能正确理解和执行，特按章、节、条顺序编制了本规范的条文说明，供使用者参考。在使用中如发现本条文说明有不妥之处，请将意见函告中煤国际工程集团北京华宇工程有限公司。

本规范条文说明主要审查人：

吴亚菲　白　灵　朱　杰　郭永香

鲍巍超　陶良忠　李建功　阎复志

余庆利　朱正己　刘　毅

目　次

1 总　　则

1.0.1 本条阐述了制定本规范的宗旨和目的。

1.0.2 本条规定了本规范的适用范围。

2 采　　暖

2.0.1 本条强调建筑节能。当建筑围护结构热工指标不符合节能要求时，应要求建筑专业按节能规范进行修改。

2.0.3 采暖热负荷计算中，室外计算温度的确定是一个相当重要的问题，定得太低会使采暖运行期的大部分时间采暖设备富余太多，造成浪费，反之可能长时间不能保持室内温度，达不到采暖的要求。因此，正确地确定和合理地采用室外计算温度是一个技术与经济统一的问题。

2.0.4 现在矿井民用建筑越来越少，矿井工业场地的行政办公楼、联合建筑、单身宿舍都应算民用建筑。矿灯房、变电所、木模间、油泵房、油脂库、木材加工房等建筑并入生产及辅助厂房里。

2.0.5 本条根据现行国家标准《采暖通风与空气调节设计规范》GB 50019—2003 中的有关规定并考虑煤矿企业的特殊性，制订了各个单体建筑的采暖室内计算温度。

2.0.6 煤矿大空间建筑保温及密闭条件差的很多，如井口房、翻车机房、煤仓等，不适合对流方式采暖。

2.0.9 对于小管径、小压差的小供热系统，通过高阻力双阀门减压，实践证明能够满足使用要求。

2.0.10 本条是根据煤矿的风井、爆破材料库等多布置远离工业场地，且需要采暖的建筑物很少，单独设置热源，从经济和技术上比较都不合理的情况制定的。近几年，电热采暖设备发展很快，在电力能保证的情况下，完全能满足室内采暖的要求。

2.0.11 冷空气渗入的耗热量可按下式计算：

$$V = n \cdot V_p / 24 \qquad (1)$$

式中　V——冷空气渗入的耗热量，m^3；

　　　n——每天排风小时数，h；

　　　V_p——排风量，m^3/h。

3 通风与除尘

3.1 通　　风

3.1.2 本条是根据现行国家标准《煤炭工业矿井设计规范》GB 50215—2005 第13.7.9条的内容制定。

3.1.3 本条根据现行国家标准《煤炭工业矿井设计规范》GB 50215—2005 第13.7.8条规定制订，并作

了如下修改：把氯气库与化学品库合并为化学品存放库，增加了化验室、煤样室和洗选油泵房的室内换气次数。经过调查，太阳光室现在已不使用，故取消。

本条只规定了矿井常用的蓄电池室的排风方式，此外，当有害气体的相对密度大于 0.75 时，也应分上下同时排气。

3.1.5 地下输煤地道增加通风是出于提高工作环境卫生标准角度考虑的。断面风速的设定依据是现行国家标准《采暖通风与空气调节设计规范》GB 50019—2003 第3.1.2条。当输煤地道断面风速高于 4m，会吹起煤粉，污染环境。

3.1.7 受煤坑多为尽头式地下建筑，内部空间较小，平时空气难以流通，如果给煤机落料槽与输送机导料槽之间连接处密封不好，生产时含煤尘气体将会从连接口处逸出，造成受煤坑内的工作环境难以满足要求。设排风系统将内部受污染环境的空气排出有利于改善内部工作环境，保护操作人员的身体健康。在经济条件许可的情况下对排出气体可实施净化处理后排放。事故通风量按现行国家标准《采暖通风与空气调节设计规范》GB 50019—2003 第5.4.3条设置。

3.1.8 输煤地道、受煤坑排出的气体有的含有煤尘，为防止排风系统风管及风机的磨损，排风系统的风管及风机宜选用钢制。

3.2 除　　尘

3.2.1 据对多座选煤厂的调查反映，煤的外在水分大于 7% 时很少有煤尘产生。另外，从国家标准《煤炭工业矿井设计规范》、《煤炭洗选工程设计规范》执行多年来的情况看，按此指标设计能够符合环境保护的要求。因此，以煤的外在水分 7% 作为设计除尘装置的分界线是合适的。

3.2.2 喷雾除尘的原理是将水用喷嘴以雾状喷洒在煤的表面，以增加煤的外在水分，使之不易起尘。

3.2.3 本条是参照国家现行标准《火力发电厂采暖通风与空气调节设计技术规程》DL/T 5035—2004 第7.3.14条制定的。每路带式输送机单独设置除尘系统，运行管理方便且效果好。对于双路带式输送机合用一套除尘系统时，管路需设切换阀，但其漏风量大且维护繁琐，也影响除尘器的效率，一般不推荐合用系统。

3.2.4 本条规定了煤尘的最低风速，其目的是避免粉尘沉积。

3.2.6 本条规定主要是便于安装与维护。

3.2.7 干式除尘器主要分为旋风式、布袋过滤式、静电除尘器。旋风式除尘器效率低主要用于 $10\mu m$ 以上的粉尘，常作为多级除尘器的第一级除尘器使用。静电除尘器具有除尘效率高的特点，但静电除尘器存在着价位高、体积大、运行维护费用高等显著缺点，不太适合于煤炭工业生产过程中使用，而布袋过滤式

除尘器是利用纤维织物的过滤作用进行除尘。因此，它的除尘效率高，特别是对 1μm 的粉尘的过滤效率高达 98%～99%。对于煤炭行业中的筛分、破碎、转运等冷工艺除尘系统中比较适用。湿式除尘器也是一种除尘效率比较高的除尘器，为防止煤泥水二次污染，要有煤泥水处理系统及补充水系统。在冬季如果除尘器停止工作，除尘器水系统中的水如不能及时排除可能有水管冻裂的现象发生，故提出除尘器的防冻问题。

3.2.8 本条将除尘器布置在生产设备的上方有利于除尘器所收集的煤尘回收。除尘器所收集到的煤尘可由除尘器的卸料阀，经管道排放到生产设备上加以回收。将除尘器放在除尘系统的负压段，其目的在于保护风机。

3.2.9 本条根据现行国家标准《煤炭洗选工程设计规范》GB 50359—2005 制定。

3.2.10 TD75 带式输送机落煤点机械除尘抽风量，根据国家现行标准《火力发电厂采暖通风与空气调节设计技术规程》DL/T 5035—2004 制定。

4 空气调节

4.1 一般规定

4.1.1 随着煤矿建设的发展和人民生活水平的提高，当设置空气调节设施后，对改善矿工的作业环境，提高工作效率，保护作业人员的身体健康，从而提高经济效益都大有好处，但是考虑到煤矿的特殊性，规范强调首先应采用采暖通风的方式，当达不到要求时再设置空气调节装置。

4.1.2 本条根据现行国家标准《煤炭工业矿井设计规范》GB 50215—2005 第 13.7.12 条制定，并补充了新内容。

4.2 系统设计

4.2.1 现行国家标准《采暖通风与空气调节设计规范》GB 50019—2003 "空气调节冷热源" 部分对冷源的选择有具体规定。当矿井有瓦斯或有瓦斯、泥煤等发电机组余热可利用时，应选择溴化锂吸收式冷水机组。因为溴化锂直燃机组可以利用矿井的瓦斯气，热水单效机组可以利用发电厂产生的 85～140℃ 的废热。

4.2.3 本条根据现行国家标准《采暖通风与空气调节设计规范》GB 50019—2003 第 9.1.5 条的内容制定。

4.2.6 当机房较小，设备布置有困难时，循环水泵选择变频控制时，也可按夏季水量选择循环水泵，冬季不再单设。

4.2.7 冷、热水循环泵各不少于 2 台，当一台发生

故障时，另一台还可以勉强维持。冷水不设备用泵，主要考虑夏季最热的时间短，一般不会影响生产和造成事故。

4.2.8 空调循环水由于水的温差小，循环水量大，循环水泵电功率大，夏季机组在满负荷运行的时间短，大部分时间是 "大马拉小车"，从节能考虑，变频控制特别重要。补水泵变频控制一方面节能，另一方面稳定系统压力。

5 生活供热

5.0.1 本条根据现行国家标准《煤炭工业矿井设计规范》GB 50215—2005 第 13.7.13 条制定。

5.0.2 本条第 1 款内容根据现行国家标准《煤炭工业矿井设计规范》GB 50215—2005 第 13.7.13 条制定，本条第 2 款由于直流系统管理简单，中间环节少，节约能源，越来越受用户青睐。

5.0.3 本条目的在于从节能和经济上考虑，提倡换热器换热，限制采用喷汽加热；强调用高温水，是提倡用高温热水锅炉代替蒸汽锅炉；强调凝结水加压回收，是提倡凝结水回收利用，节约用水。

5.0.4 除井下工人，矿井其他人员的工作服虽然不用每天洗，但也要经常洗，所以需要考虑一定的日洗衣量系数。

5.0.5 现行国家标准《煤炭工业矿井设计规范》GB 50215—2005 规定矿井工作班制为 4 班，所以洗衣相应调为 3 班。

5.0.6 本条根据现行国家标准《煤炭工业矿井设计规范》GB 50215—2005 13.7.17 条制定。

5.0.7 本条文规定了井下作业人员的饮用水量和耗热量计算。

6 井筒防冻

6.0.1 本条根据现行国家标准《煤炭工业矿井设计规范》GB 50215—2005 第 13.8.1 条制定。

6.0.2 本条规定井筒防冻，空气加热前的室外空气计算温度，符合现行国家标准《煤炭工业矿井设计规范》GB 50215—2005 的规定。

6.0.3 本条推荐立井进风冷热风在井口房混合，采用无风机输送热风方式。此方式在北方矿井经多年使用，效果良好。

为防止热风上浮外逸采取的三条措施非常重要。首先，井口房大门打开后应及时关闭；减少通过空气加热器的重量流速，减少风流阻力；设置调节风阀，根据室外气温设调节加热风量也很重要，而且由空气加热器上面进入的冷风，防止热风上浮也有作用。

6.0.4 本条规定不密闭的矿井进风，输送热风应设风机。并提出风机宜安装的位置，采用轴流风机，推

荐采用直联传动。如果用皮带传动，皮带受热易松动，降低风机效率。离心风机及风管保温利于节能。

6.0.5 本条规定的空气通过加热器的热风计算温度根据现行国家标准《煤炭工业矿井设计规范》GB 50215—2005 第 13.8.3 条制定。

6.0.6 井筒防冻入井风的耗热量可按下式计算：

$$Q = 3.6aG \cdot \gamma \cdot c_P (2 - t_w) \qquad (2)$$

式中　Q——入井风耗热量，kW；

　　　a——富余系数；

　　　G——入井风量，m³/s；

　　　γ——空气容重，kg/m³；

　　　c_P——空气比热容，W/kg·℃；

　　　t_w——空气加热前的室外计算温度。

6.0.7 本条推荐的空气质量速度为经济流速。

6.0.8 本条推荐空气加热热媒采用高温水，在严寒地区宜采用 130～70℃高温水，在寒冷及采暖过渡区宜用 110～70℃高温水。

6.0.9 本条选定空气加热器散热面积的富余系数，符合现行国家标准《煤炭工业矿井设计规范》GB 50215—2005 的规定。

6.0.10 本条规定蒸汽热媒的空气加热器高度不要过高，过高不利于疏水，容易冻管。疏水装置及其配管布置在热风侧为防止冻害。凝结水余热予以利用，节约能源。

6.0.11 空气加热器的并列布置之间会有空隙，本条规定封闭的目的是防止冷风短路。

6.0.12 本条规定空气加热器及配管冷热风两侧各设监测仪表，为管理提供依据。

6.0.13 本条规定确定井筒内热风口的位置很重要。它涉及采矿、土建和机械等专业，应协商确定。

6.0.14 本条规定的空气加热室进风百叶窗距室外地面的高度应依照房间外面环境而定，当室外有绿化带，窗台高度可取 1.2m；当室外为易起尘地面，窗台高度宜取 1.5m。

另外百叶窗内设关闭门，用于当供热系统出现故障时切断冷风流，保护空气加热设备不冻坏。

6.0.15 本条是根据国家煤矿安全监察局关于煤矿用热风炉的精神以及黑龙江省、山西省等北方矿井几年来使用热风炉的实际情况制定的。但由于热风炉使用年限短，容易出安全事故，慎用。

6.0.16 本条强调煤矿应使用矿用定型热风炉产品，其目的为了确保使用安全。热风炉由于用在矿井的重要部位，应考虑备用。

6.0.17 本条规定热风炉房的位置和热风道的建造，其目的是为了节能和使用安全。

6.0.18 《煤矿安全规程》上要求热风道必须用不燃性材料砌筑，并应装设至少 2 道防火门。但当热风道为地下设置时，可以考虑在进入热风道的地面上金属风管处设置防火阀等措施。

7 热　源

7.1 一般规定

7.1.1 本条规定了选择热源的原则，在有电厂的情况下，优先考虑利用电厂的余热，在没有其他热源的情况下，才建独立的锅炉房。

7.1.2 本条对锅炉房的燃料作了规定，对高瓦斯矿井，有瓦斯可利用时，一定考虑选择能燃烧瓦斯气的锅炉。

7.1.3 燃煤锅炉是在没有其他热源和瓦斯的情况下选用，当矿区规划中有电厂并能提供供热负荷，只是不同步时，考虑建临时锅炉房。

7.2 锅炉选型及布置

7.2.1 一般锅炉按冬季最大用热负荷选用，当冬、夏季单台锅炉吨位相差悬殊时，需要按夏季用热负荷选择夏季用锅炉。当冬、夏季单台锅炉吨位相差不悬殊时，夏季也可以用冬季锅炉，靠变频循环水泵、变频鼓、引风机按夏季热负荷调节，锅炉的燃烧对负荷的变化应有很好的适应性。

7.2.2 对发热量、挥发分均较低的煤如Ⅰ、Ⅱ类无烟煤、石煤、碎屑煤、煤矸石、煤泥或高硫分煤均适合选用循环流化床锅炉；对矿井选煤厂出来的粒度小于 30mm 以下不适合层燃炉燃烧的煤，也应选用循环流化床锅炉。

循环流化床锅炉作为一种先进的燃烧方式，在我国经过十几年的发展，技术已经成熟。它可以在炉内加入石灰石进行脱硫，更由于它的低温燃烧方式使 NO_x 排放很低，这一特点是其他燃烧方式做不到的。如果采用层燃炉，若煤的含硫高，要想达标排放，需要烟气脱硫，目前各地采用的脱硫均为湿式脱硫方式。所以选择循环流化床锅炉不管是配以除尘效率高的静电除尘器或布袋除尘器，还是配以水膜除尘器，均能很好的解决脱硫、除尘问题。

当循环流化床锅炉在炉内加入石灰石进行脱硫时，不能用水膜除尘器进行除尘。

对于结焦性强的烟煤如采用链条炉排锅炉时，需要与锅炉制造厂协商，在锅炉本体上采取措施的情况下才能采用。

7.2.3 本条第 1 款规定锅炉房开间尺寸按 1 台炉占据 1 个柱距设计，主要是考虑锅炉布置整齐，不容易碰柱子。本条其他内容根据现行国家标准《锅炉房设计规范》GB 50041—92 第 5.4.3 条制定。

7.2.4 锅炉房侧墙布置辅助间和生活间管理方便，节约占地，当锅炉吨位较大，锅炉房侧墙布置有困难时，再考虑分开布置。

7.2.5 本条规定锅炉房运煤系统的布置应使煤自固

定端进入锅炉上煤间，主要考虑锅炉房扩建，当锅炉房考虑预留锅炉位置时，锅炉房运煤系统主要考虑上煤方便。

7.3 锅炉辅助设备

7.3.1 本条规定锅炉房上煤系统是常用运煤系统，设计中应根据实际情况灵活掌握。

7.3.2 连续运输的联合除渣方式通常为湿式，但对于缺水和严寒的地区更适合干式。

7.3.3 循环流化床锅炉当炉内加石灰石进行烟气脱硫时，如采用湿式除灰渣会堵塞相关设备而影响系统运行，所以不宜采用水力除灰渣系统。

7.3.4 湿式锅炉出渣口处的密封比较容易解决，干式锅炉出渣口处的密封，当锅炉为双层布置时，可采用插班阀等方式解决。

7.3.5 锅炉除尘器的选择与所在矿井的煤质有关，当煤的含硫量低时，一般 10t/h 以上考虑湿式除尘器。

7.3.6 锅炉鼓引风机出口方向及角度应顺向烟风道，避免反向拐弯或急拐弯的目的是减少阻力、振动和噪声。几台引风机共用烟道时，每台引风机出口应加闸门的目的是当锅炉运行期间某台锅炉需要检修或不同时运行时，关掉闸门，避免倒烟。

7.3.7 本条规定校核锅炉低负荷运行时的烟速大于当地当季的室外平均风速，是因为当锅炉冬夏季热负荷变化太大时，烟速有时会低于当地的室外平均风速，这时会造成锅炉燃烧时倒烟，影响锅炉燃烧。

7.3.8、7.3.9 这两条均根据现行国家标准《锅炉污染物排放标准》GB 13271—2001 制定。

7.3.11 本条规定的目的是避免给水泵设置太多。

7.3.12 本条规定的目的是当设置 4 台以上循环水泵时，因为每台水泵均有余量，当有一台循环水泵发生故障时，其他循环水泵可以满足锅炉需要，故可以不设备用泵。

7.4 热交换站

7.4.7 虽然换热器事故率较低，为了减少投资，可不设备用，但为保证供热的可靠性，作此规定。

7.4.8 本条的目的是降低凝结水的温度，减少二次蒸发，充分利用热能。加装防止凝结水倒空的装置的目的，在于保证凝结水管道充满水，减少管道和设备的氧腐蚀。

7.4.9 本条目的是尽量采用凝结水罐的闭式系统，这样凝结回水温度可以高一些，一般二次蒸发的闪蒸可再利用，如热力除氧等，开式系统要求凝结回水温度低，是因为闪蒸无法利用，尽量减少闪蒸量，减少热能损失。

8 室外供热管道

8.0.1 本条根据现行国家标准《煤炭工业矿井设计规范》GB 50215—2005 第 13.9.9 条制定。

8.0.2、8.0.3 这两条根据现行国家标准《锅炉房设计规范》GB 50041—92 第 14.5.1 条制定。

8.0.4、8.0.5 这两条强调在条件允许的情况下，当地质地下水位高、大孔性土壤、回填土、淤泥类软土、沉陷区等地质条件不适合直埋。当管道多于 2 根、热水温度超过 120℃、管径超过 500mm 都应作经济比较。因为直埋管道与地沟敷设都是在 2 根管的条件下作经济比较的，超过 2 根时，经济上不显著；因为在热水供热管道介质温度超过 120℃时，就超过了普通硬质聚氨酯泡沫塑料预制保温管（钢管、保温层、保护外壳结合成一体）的耐热性。虽然目前蒸汽系统用的耐煮沸聚氨酯泡沫塑料可以耐 150℃以上的高温，但是由于此管为复合结构，与普通硬质聚氨酯泡沫塑料比，结构复杂造价高，所以应作经济比较后采用。

8.0.7 本条限制装设阀门的目的是从经济上考虑，由于直埋管道受周围土壤的约束，热位移时产生极大摩擦力，这些轴向力直接作用在阀门上往往引起阀门漏水甚至破裂，因此在阀门处的管道上应设补偿器，或加固定支墩将阀门与管道隔开起到卸载的作用。

8.0.8、8.0.9 这两条根据现行国家标准《锅炉房设计规范》GB 50041—92 第 14.4.7 条制定。当室外供热管道遇到以下情况时应采用架空敷设：

1 厂区地形复杂，如遇到河流、铁路、公路等；

2 厂区地质为湿陷性黄土；

3 地下管道稠密复杂，难以再敷设热力管道；

4 厂区有其他管道可考虑与热力管道共架。

8.0.10~8.0.12 这几条根据现行国家标准《锅炉房设计规范》GB 50041—92 第 14.4.9 条、第 14.4.10 条和第 14.4.14 条的内容制定。

8.0.13 本条是根据现行国家标准《锅炉房设计规范》GB 50041—92 第 14.4.15 条的内容制定。

通行和半通行地沟检查井之间的间距超过本条文规定的距离时应设置人孔，便于检修人员通行。

8.0.14 本条根据现行国家标准《锅炉房设计规范》GB 50041—92 第 14.6.12 条制定。当供热管道温度在 95℃以下时，直埋管道宜采用无补偿敷设方式，当供热管道温度在 110℃以上时，直埋管道宜采用有补偿敷设方式。

8.0.15 本条是根据现行国家标准《锅炉房设计规范》GB 50041—92 第 14.4.21 条的内容制定。

中华人民共和国国家标准

微电子生产设备安装工程
施工及验收规范

Code for construction and acceptance of micro-electronics
manufacturing equipment installation engineering

GB 50467—2008

主编部门：中华人民共和国工业和信息化部
批准部门：中华人民共和国住房和城乡建设部
施行日期：２００９年７月１日

中华人民共和国住房和城乡建设部
公　告

第 202 号

关于发布国家标准《微电子生产
设备安装工程施工及验收规范》的公告

现批准《微电子生产设备安装工程施工及验收规范》为国家标准，编号为 GB 50467—2008，自 2009 年 7 月 1 日起实施。其中，第 3.10.15、3.10.16、3.10.17、3.10.18、3.11.1、3.11.4、3.11.10、5.4.2 条为强制性条文，必须严格执行。

本规范由我部标准定额研究所组织中国计划出版社出版发行。

中华人民共和国住房和城乡建设部
二〇〇八年十二月十五日

前　言

本规范是根据建设部"关于印发《2005 年工程建设标准规范制订、修订计划（第二批）》的通知"（建标函〔2005〕124 号）的要求，由中国电子系统工程第二建设有限公司会同有关单位共同编制而成。

本规范在编制过程中，编制组对我国 6 英寸集成电路生产线工艺设备、8 英寸集成电路生产线工艺设备及部分集成电路工艺设备生产厂家所生产设备，就储存、搬运、安装的要求进行了调研，根据多年来设备使用单位、设备生产单位、设备安装单位对微电子工艺设备安装技术的经验积累，借鉴国外当前符合我国国情的技术，在广泛征求意见的基础上，进行了反复讨论和修改，最后经审查定稿。

本规范共分 5 章和 5 个附录。主要内容包括：总则、术语、基本规定、单机调试及试运转和工程验收等。

本规范中以黑体字标志的条文为强制性条文，必须严格执行。

本规范由住房和城乡建设部负责管理和对强制性条文的解释，由工业和信息化部负责日常管理，由中国电子系统工程第二建设有限公司负责具体技术内容解释。本规范在执行过程中，请各单位注意总结经验，积累资料，如发现需要修改或补充之处，请将意见和建议寄送给中国电子系统工程第二建设有限公司（地址：江苏省无锡市钱荣路 160 号，邮政编码：214151），以供今后修订时参考。

本规范主编单位、参编单位和主要起草人：

主 编 单 位：中国电子系统工程第二建设有限公司

参 编 单 位：中国电子科技集团公司第四十五研究所

中国电子科技集团公司第五十八研究所

中国电子科技集团公司第二研究所

中国电子工程设计院

信息产业电子第十一设计研究院有限公司

北京七星华创电子股份有限公司

江南大学

主要起草人：王开源　邓顺志　严　军　蒋迪宝

晁宇晴　沈贤平　王兴旺　于宗光

杨光明　李　骥　王焰文

目　　次

1 总　则

1.0.1 为规范微电子生产设备安装工程施工，确保微电子生产设备安装质量和可靠运行，促进微电子生产设备安装技术的发展，制定本规范。

1.0.2 本规范适用于集成电路、半导体分立器件生产设备安装工程的施工及验收。本规范不包括集成电路及半导体分立器件生产设备联动调试及试生产。

1.0.3 微电子生产设备安装工程施工中采用的工程技术文件、承包文件对施工及质量验收的要求不得低于本规范的规定。

1.0.4 微电子生产设备安装就位应按批准的设计图纸施工，修改设计应有原设计单位的变更通知。

1.0.5 用于检测的仪器仪表应经国家法定计量检定机构检定合格，并应在检定有效期内使用。

1.0.6 微电子生产设备安装工程的施工及验收除应执行本规范外，尚应符合国家现行有关标准的规定。

2 术　语

2.0.1 微电子生产设备　micro-electronics manufacturing equipment

制造集成电路、半导体分立器件所需的生产设备及装置。

2.0.2 二次配管配线　hook-up

洁净厂房一次管线系统至生产设备接口之间的连接管线。

2.0.3 大宗气体　bulk gas

生产集成电路使用的氢气、氧气、氮气、氩气、氦气、压缩空气等用量大的气体的统称。

2.0.4 技术夹层　technical mezzanine

洁净厂房中用于安装辅助设备和公用动力设施及管线的空间。以水平构件分隔成的空间，有上下技术夹层之分。

2.0.5 气闸室　air lock

设置在洁净区出入口，阻断室外或邻室污染气流并控制其压差而设置的缓冲间，有一定的洁净要求，也称前室。

2.0.6 空态　as-built

洁净厂房设施已建成，所有动力源已接通运行，但厂房内无生产设备、材料和人员。

2.0.7 特殊基础　special foundation

安装在洁净室的高精密设备所需的隔振、减振基础及重大设备所需的独立基础的统称。

3 基本规定

3.1 施工条件

3.1.1 设备中转库及储存应符合下列要求：

1 微电子生产设备中转库应清洁、干燥、通风，有效空间高度、门的高度及宽度应能满足单体设备最大外包装箱搬入的要求，地面应平整且能满足叉车搬运最重设备的荷载要求。

2 当微电子生产设备储存有恒温恒湿要求时，中转库除应满足本条第1款的要求外，还应满足特定的温湿度要求。

3 设备储存应符合下列要求：

1) 设备存放宜按行、列有序排列，严禁倒置，堆叠高度不得超过4.5m，并应留有设备出库时叉车的通道；

2) 存放设备数量多时，宜绘制设备放置平面图，在图上应标出设备名称、型号及存放位置编号；

3) 小型精密设备应存放在器材架上；

4) 严禁存放腐蚀、易燃、易爆物品，严禁火种接近。

3.1.2 生产设备安装应具备下列文件：

1 生产设备平面布置图。

2 设备清单及设备装箱单。

3 设备搬运路线图。

4 建设单位或设备制造商提供的设备安装、运行、维护技术文件及设备安装技术参数。其中，设备安装技术参数内容应符合本规范附录A的要求。

5 设备防微振基础、独立基础制作图。

6 活动地板承载能力参数及设备搬运路径上固定地板承载能力参数。

7 生产设备二次配管配线图。

8 施工组织及施工方案。

3.1.3 安装生产设备前洁净厂房应空态验收合格，空调系统应连续正常运行24h以上，且照明系统应正常工作。

3.1.4 人员净化室应启用，并应有专人按洁净厂房管理制度进行管理。

3.1.5 施工人员应经净化厂房设备安装作业培训，并应取得进入洁净区的通行证。

3.1.6 起重工、焊工、电工等特殊工种应按有关规定持证上岗。

3.2 施工准备

3.2.1 微电子生产设备安装工艺流程应符合本规范附录B的要求。

3.2.2 施工人员进入洁净区应在更衣室穿好洁净服、

洁净鞋，并应戴好内置式安全帽、一次性洁净口罩和一次性洁净手套，经风淋后进入洁净区，严禁从物流通道进入，进出洁净区流程应符合本规范附录 C 的要求。

3.2.3 临时设备搬入平台的搭建应符合下列规定：

1 设计载荷应按最重设备、最多作业人数、机具的总载荷及作业时产生的振动确定。

2 平台边长应大于最大设备包装箱长边，并应留有适当的操作场地。

3 平台整体上应略向室内倾斜，并应与室内地坪同高，且表面应平整。

4 平台上应设置高度为 1.2m 的安全护栏，吊运设备跨越护栏时宜设置栅门。

3.2.4 用于洁净室（区）安装设备的材料应符合下列规定：

1 应无尘、无锈、无油脂，且在使用过程中不应产尘埃。

2 设备垫板应按设计或设备技术文件要求制作。若无要求时，可用不锈钢板制作；对重量轻、无需调节水平度的非精密设备，也可采用厚度不小于 6mm 的硬 PVC 板制作。

3 不锈钢膨胀螺栓应有产品合格证书；不锈钢化学锚固螺栓除应有产品合格证书外，还应有使用说明书。

4 用于制作独立基础和地板加固的碳钢型材应经过热镀锌处理。

5 用于嵌缝的弹性密封材料的化学成分应经建设单位批准，材料应有注明成分、品种、出厂日期、储存有效期和施工方法的说明书及产品合格证书，不得使用过期产品。

6 用于管道氩弧焊的保护气体、压力试验的气体以及用于管道吹扫的气体，其纯度不得低于管网本底输送气体的纯度。

3.2.5 用于洁净区安装的机具应符合下列要求：

1 洁净区使用的机具不得在非洁净区使用，非洁净区使用的机具也不得在洁净区使用。

2 机具外露部分不应产尘埃，或具有防止尘埃污染环境的措施。

3 机具搬入洁净区前应在室外擦洗干净，然后通过设备搬入口搬入气闸室或相当的场所进行最后的清洁处理，应达到无尘、无锈、无油垢的要求，并应在经检查合格后贴上"洁净"或"洁净区专用"标识搬入。

3.2.6 用于室外搬运的机具应符合下列要求：

1 应选用性能良好、安全可靠的机具，机具规格、参数应能满足设备运输负荷及外形尺寸的要求。

2 用于起吊设备的吊索应有足够的强度和韧性，在能够满足负荷时，应采用尼龙吊带或锦纶吊带。

3 当尼龙吊带或锦纶吊带的承载能力不能满足起吊设备荷载要求时，应采用较柔软的钢丝绳外套尼龙软管的吊索。

3.3 定位放线

3.3.1 设备定位放线应按工程设计图纸（生产设备平面布置图）进行，机柜正面与其相对的最近物体外表面或障碍物的最小距离应大于最深的抽屉或最宽的门的宽度 200mm；带有减振器的设备与其相邻的墙壁或障碍物距离不得小于 400mm。

3.3.2 设备的平面定位尺寸宜以设备配置房间的墙面为基准放出设备的平面轮廓线。轮廓线的标识应使用水性记号笔，并应经复核无误后在轮廓线转角处贴上醒目的单面粘胶带。

3.4 设置特殊基础

3.4.1 有微振控制要求的设备，在设备就位前应先制作、安装防微振基础；对于重型设备，当安装场所的活动地板采用一般加固仍不能满足荷载要求时，应设置独立基础；有悬挑梁的地方应进行荷载计算和确认，需要时应进行加固。

3.4.2 安装防微振基础前应复查洁净厂房环境振动测试记录，并应与设备安装要求比对，应符合设备安装要求。

3.4.3 当安装场所为活动地板时，基础应设置在下技术夹层地坪上；当活动地板设置在钢筋混凝土井字梁上时，基础应设置在钢筋混凝土井字梁上。

3.4.4 当防微振基础、独立基础为金属框架结构时，应采用碳钢热镀锌材料或不锈钢材料制作；外露焊缝应打磨平整，对碳钢镀锌框架的外露焊缝还应进行防锈处理；腔内填混凝土应捣实，外露表面应平整，上平面平整度不应大于 2mm。

3.4.5 独立基础安装水平不应大于 2‰，最大不应超过 3mm。独立基础上平面应与活动地板的地平面齐平，允许偏差应为 0～3mm。防微振基础安装水平不应大于 1.5‰。

3.4.6 安装特殊基础前，应拆除基础范围内的活动地板，并应在支承结构上划出结构切割线，同时应用手持电锯切除基础范围内的钢结构。切割时应用中央真空清扫系统吸除锯末。对切割后端头悬空的钢结构应事先进行加固，加固后的承载能力不应低于原承载能力。

3.4.7 拆除活动地板后不能及时安装基础时，应设置安全护栏及危险警示标识。

3.4.8 特殊基础施工完成后应弥补基础周围的活动地板，基础边沿与活动地板之间的间隙宜小于 10mm，并应采用柔性胶条嵌缝。胶条应符合本规范第 3.2.4 条第 5 款的规定。

3.5 壁板开洞

3.5.1 设备安装穿越壁板时，应在壁板的适当位置开洞，开洞作业不得划伤或污染需保留的壁板表面。

3.5.2 设备穿越壁板安装结束后，应采用铝合金型材和微孔泡沫带密封壁板洞口的缝隙，其材质应与该厂房内装修所用材质一致，且应满足下列要求：

1 密封后，设备与密封组件之间应柔性接触。

2 密封组件与壁板的连接应紧密、牢固。

3 密封面应平整、美观。

4 微孔泡沫密封带的厚度不应小于5mm，且应紧贴设备，不应有缺损和漏风现象。

3.5.3 壁板开洞前的准备，应符合下列规定：

1 应测量设备周边尺寸及装修洞口的铝型材断面相关尺寸，并应增加防止铝型材直接接触设备而需放大的量，同时应计算出壁板开洞尺寸。

2 应选择合适的铝型材，必要时应作断面组装试验。

3 应在需开洞的壁板上划切割线，经复核无误后应在紧靠切割线的外侧粘贴适当宽度的彩色胶带。

3.5.4 需切割的壁板应取下，并应搬至临时加工场所进行切割。切割后可使用中央真空清扫系统或无尘室专用吸尘器吸去切屑，并应用擦布擦去灰尘。对板芯易散发尘埃的壁板应先用洁净铝箔单面胶带密封切口，并应在达到清洁要求后搬入洁净室（区）。

3.5.5 设备应按本规范第3.9节的要求安装，并应将切割加工好的壁板组装复位。

3.5.6 施工人员应用事先选定的密封材料进行密封、固定，密封作业质量应符合本规范第3.5.2条的要求。

3.6 室外搬运

3.6.1 设备搬运前，建设方、发包方和承包方的责任人员应共同对设备进行检查和确认，对设有监视倾斜装置的箱体还应检查装置是否出现异常，检查后应做好设备开箱检查记录。

3.6.2 设备自厂区中转库或临时存放点至设备搬入平台的室外搬运，应符合下列规定：

1 室外搬运道路应平坦、畅通。

2 吊车支脚不得立在道路外的虚土上，支脚下应无暗沟、埋地管线。

3 捆绑吊索应按箱体上标示的位置进行。

4 使用机械从集装箱深处取出较重设备时，宜采用低速卷扬机将设备拖至箱口，再用叉车取出。

5 用叉车搬运设备时，全过程应平稳，不得产生冲击现象，设备距路面高度应确保不触及路面障碍。

6 用汽车运输时，起步、停车时不得出现冲击现象，不得采用急刹车，车速应均匀，行进应平稳。

7 用手动液压搬运车搬运设备时，起步、停车应缓慢，行车速度应均匀，不得产生太大的振动；两侧应有搬运人员全程扶持和监视设备位移。

8 超精密设备应采用恒温恒湿运输车运输，装卸应迅速，在厂房设备搬入口取出后应迅速搬入洁净室（区），并应符合本规范第3.7和3.8节的有关规定。

9 遇雨、雪及风力五级以上天气时不得进行室外搬运作业。

10 当搬运设备过程中遇雨、雪时应中止搬运，并应用防雨布保护设备。

11 设备搬运除应执行本规范的规定外，尚应符合国家现行标准《工程建设安装工程起重施工规范》HG 20201的有关规定。

3.7 设备开箱及吊装

3.7.1 设备开箱应有建设方、设备制造厂家、发包方和承包方的责任人员共同参加，进口设备还应有海关商检代表参加。

3.7.2 设备开箱拆除外包装应在设备搬入平台上进行，且应完整保留内包装。

3.7.3 设备开箱应使用专用开箱器械按开箱程序进行，不得用大锤敲击箱体，在不了解箱体内部情况时不得将撬杠等器械插入箱内，拆下的包装材料应及时收集运离现场。

3.7.4 拆除设备外包装箱后，应及时检查内包装是否完好，对有监视振动装置的精密设备应及时检查其装置，并应按表D.0.1记录。如发现异常情况还应立即进行影像记录。

3.7.5 起吊有内包装的设备时，应符合下列规定：

1 用于起吊的吊索应根据设备重量按本规范第3.2.6条规定选用。

2 吊索捆绑位置应避开仪表及结构脆弱部位。

3 设备起吊不宜过高，以能顺利拆除外包装底盘为宜。

4 起吊时应防止设备倾斜、跌落，升降速度应均匀，不得产生冲击、碰撞现象。

5 液压搬运车运载设备时，放置应平稳，不得偏向一侧。

6 起吊设备除应执行本规范的规定外，尚应符合国家现行标准《工程建设安装工程起重施工规范》HG 20201的有关规定。

3.7.6 设备内包装宜在气闸室拆除。拆除前应先用中央真空清扫系统或无尘室专用吸尘器、洁净布清除内包装表面的尘埃。拆除内包装后，应立即由参加开箱的各方代表共同进行设备的检查和清点，并应按表D.0.1记录。经检查无异常的设备应迅速搬入洁净室（区）就位。当发现异常时应及时做影像记录并提出处理意见。

3.7.7 在拆除内包装后的作业过程中不得损坏设备的表面及密封面。

3.8 室内搬运

3.8.1 设备从搬入平台经气闸室至洁净室（区）安装就位的搬运，应符合下列规定：

1 洁净厂房设备搬入口的尺寸应满足最大件设备搬入要求，入口位置宜靠近最大、最重设备安装处，选用入口数量宜少。

2 沿搬运路线的墙壁、墙角、门框应临时敷设3mm厚的硬PVC板保护，当采用5mm厚的胶合板时应采取防止尘埃产生和扩散的措施。

3 在活动地板上用手动液压搬运车搬运设备时，宜在搬运路线的地板上铺2mm厚的PVC透明软板；也可先铺塑料薄膜后，再铺设3mm厚不锈钢板或4~5mm厚合金铝板。

4 当搬运设备重量超过活动地板的承载能力时，应根据现场实际情况制订加固方案，并应经建设单位确认后加固。加固方案应满足下列要求：

　1) 加固材料应为不产尘材料；
　2) 严禁破坏和改变原结构；
　3) 不得在洁净室（区）采取焊接的方式进行加固；
　4) 加固过程中不可避免产生微量尘埃时，应在作业前作好围护，在作业时应用中央真空清扫系统或无尘室专用吸尘器清除尘埃；
　5) 当加固结构妨碍空气垂直层流流型时，应在设备搬运完成后拆除。

5 设备搬入期间所有房门应为关闭状态，在设备搬入过程中，需通过某一门时，可开启该门，设备通过后应立即关闭。当无闭门器时，人员出入应随手关门。

6 厂房设备搬入口的门应只在设备进出的短时间内开启，设备通过后应立即关闭。迎风大于3级时应启用防风门帘，迎风大于5级时应中断作业。

3.8.2 室内搬运较轻或普通设备时宜采用手动液压搬运车，起步、停放应缓慢，行车速度应均匀，不得产生冲击、振动现象，不得碰撞壁板、门框及其他设施。宜根据设备的重量和体积采取下列搬运工具和方法：

1 搬运重量小于2t时，宜使用3t手动液压搬运车。

2 搬运重量在2~4t时，宜使用5t手动液压搬运车。

3 搬运重量在4~8t或重量轻体积大的设备时，可使用两台3t或5t手动液压搬运车组合共同运载，但两车应固定牢靠。

3.8.3 搬运重大、精密设备时，宜采用气垫搬运装置。采用气垫搬运装置时应满足下列要求：

1 操作人员应经过培训并取得特殊作业操作证。

2 路面应平坦无缝。

3 在活动地板上搬运设备，当单个气垫承载荷重大于地板的承载能力时，应对活动地板加固，加固活动地板应按本规范第3.8.1条第4款的规定执行。

4 在搬运的路线上应本规范第3.8.1条第3款保护活动地板，并应用粘胶带密封不锈钢板或合金铝板的拼缝。

5 气垫应放在设备底部的承重横梁下。设备底部空间不足时，可用千斤顶将设备平稳托起，然后再将气垫放在设备底部的承重横梁下。每台设备配置的气垫不得少于4个，严禁使用单个气垫搬运设备。

6 气垫充气后距地（板）面宜为2mm，行进中不得大起大落。

3.9 设备安装就位

3.9.1 在自流坪地面安装设备时，对地面的保护措施应按本规范第3.8.1条第3款的规定执行。

3.9.2 在活动地板上吊装设备应编制吊装技术方案。

3.9.3 设备在基础或地板上的固定方法应符合设备技术文件的规定，若无明确规定时宜按下列方式实施：

1 有调整支脚，且不需设置防位移、防倾倒固定装置的设备，可只在支脚下设置不锈钢垫板。

2 无调整支脚，且不需设置防位移、防倾倒固定装置的设备，应设置四组以上平垫板。每组宜用1块，最多不得超过3块。每组多块垫板时，厚板应在下面，薄板应在上面，最薄的应在中间。

3 有脚轮和可调支承脚的设备，就位后应在支承脚下准确放置垫板，并应调整支承脚找平设备。

4 需设置固定装置的设备，其设置点和安装方向应符合设备技术文件的规定。当未给出固定装置的形式时，宜用Z形或L形不锈钢开口压板压住设备支脚。

5 设有荷重分散板的设备，就位前应先核对固定设备的孔和管线连接用孔的位置及孔径，并应在荷重分散板上开孔，然后在规定位置安装荷重分散板，设备就位后应及时用螺栓固定。

6 在独立基础上或自流坪地面上安装需固定的设备时，宜采用膨胀螺栓固定。

7 在基础或地板上开孔时，应用中央真空清扫系统或无尘室专用吸尘器吸除所产生的尘埃，并应吸尽孔内的尘埃。

8 安装在防酸碱基础或防酸碱环氧地面上的设备，应采用不锈钢化学锚固螺栓固定。

3.9.4 需吊装就位的设备，宜采用龙门架、手动葫芦等起重装置。龙门架支脚应设置荷重分散板，并应核对活动地板的承载能力，活动地板的承载能力不能满足要求时应进行加固，加固应按本规范第3.8.1条第 4 款的规定执行。

3.9.5 设备定位的基准面、基准线或基准点，对安装基准线的平面位置允许偏差应符合下列规定：

    1 与其他设备无机械联系的设备应为±10mm。

    2 与其他设备有机械联系的设备应为±1mm。

    3 成排同型号同规格的设备，其操作面应在同一直线上，安装偏差不应大于3mm。

3.9.6 设备找正调平的测量基准面、基准线或基准点，在设备技术文件无规定时，宜在下列部位选择：

    1 设备的主要工作面。

    2 支承滑动部件的导向面。

    3 精度较高的表面。

    4 设备水平或铅垂的主要轮廓面。

3.9.7 设备找正调平的基准面、基准线或基准点确定后，设备找正、调平应在选定的测量位置上进行测量，复查、检验时不得改变原测量的基准位置。

3.9.8 设备找正调平的水平度或铅垂度应符合设备技术文件的要求。

3.9.9 设备安装完成后，应按表D.0.2记录。

3.10 二次配管配线

3.10.1 二次配管配线应包括下列内容：

    1 从各种给水、排水系统的一次管道至设备接口之间的配管。

    2 从各种大宗气体系统的一次管道至设备接口之间的配管。

    3 从各种排风、排气系统的一次管道至设备接口之间的配管。

    4 从生产动力终端配电盘至设备电源接口之间的配管配线。

3.10.2 二次配管不应包括特种气体系统、化学品供给与回收系统的一次管道至设备接口之间的配管。

3.10.3 设备二次配管配线作业应在设备找正调平并验收合格后进行。

3.10.4 二次配管配线除应执行本规范的规定外，属于压力管道的施工还应符合现行《特种设备安全监察条例》的有关规定。

3.10.5 二次配管的主材应符合设计要求。当设计有规定时应按设计采用垫料、填料等辅材；当设计无规定时应采用符合工艺要求、密封性能好、不产尘的垫料、填料等辅材。

3.10.6 用于二次配管的管材、管件、阀门应有产品合格证及材质证明书，自出厂至安装地点的储运应采用符合气体纯度要求的双层密封包装。

3.10.7 配管预制作业应在专用的洁净小室内进行，加工件应经洁净处理后搬入洁净室（区）进行安装。洁净小室的洁净度等级不应低于5级。

3.10.8 二次配管配线应按施工图施工，管线排列应整齐、美观，走向应合理，维修应方便，不得在设备操作面布设管线。

3.10.9 当管线穿越吊顶、壁板、地板需开洞时，开洞位置应避开梁、柱、主龙骨、风口。活动地板的管线洞口边线与单块活动地板边沿的距离应大于40mm。开洞应用开孔器，严禁凿或火焰切割。开洞过程中应用中央真空清扫系统或洁净室专用吸尘器不间断地吸除切屑及粉尘。

3.10.10 管线安装完成后，可采用不锈钢、铝、硬PVC或镀锌密封件封堵洞口空隙，并应用硅胶密封。

3.10.11 碳钢支架、吊架应采用镀锌材料，切割端面应作防锈处理，安装应牢固可靠，管卡应与管子直径相匹配；不锈钢管与碳钢支架、管卡之间应分别设置隔离垫和隔离套管，隔离垫宜用软质聚四氟乙烯板，套管宜用聚乙烯软管。

3.10.12 从上技术夹层引下的管线，应敷设在生产设备附近的管道竖井内。无竖井时应增设竖井，井壁宜用C形钢做框架，框架应外贴装饰不锈钢板，面板上可安装电气插座、开关箱及气体快速接头。

3.10.13 输送大宗气体、非腐蚀性溶剂的不锈钢管，当采用焊接连接时，应采用钨极氩弧自动焊，钨极氩弧自动焊使用的保护气体纯度应符合本规范第3.2.4条第6款的规定。

3.10.14 进行二次配管配线时，不得在洁净室（区）内进行锯、锉、钻、凿等产尘作业。

3.10.15 生产设备、电气配管、氢气配管、氧气配管的接地必须与专用接地线可靠连接。

3.10.16 当微电子生产设备的生产和安装同时进行时，二次配管配线应符合下列规定：

    1 施工中进行焊接等产烟明火作业时，必须取得建设单位签发的动火许可证及动用消防设施许可证。

    2 生产区与安装区之间应采取临时隔离措施。

    3 垂直作业时，应采取安全隔离措施，并应设置危险警示标志。

    4 洁净度等级高于等于5级的洁净室（区）的人员密度不应大于0.1人/m²，洁净度等级低于5级的洁净室（区）的人员密度不应大于0.25人/m²。

3.10.17 管子从在用配管连接到新安装设备时，必须从一次配管上预留阀门后接至设备相应接口，严禁在一次配管上新开三通接管。

3.10.18 管子从停用配管连接到新安装设备时，应排尽阀门后所有管内介质，其中可燃、易爆和助燃介质应排至室外安全场所。

3.11 二次配管压力试验

3.11.1 二次配管工作压力不小于0.1MPa的管道应进行压力试验，其中可燃、易爆和助燃性气体管道应进行气密性试验；气密性试验合格后，再次拆卸过的管道必须再次做气密性试验。

3.11.2 压力试验介质应采用气体，不得采用水压试验，并应符合下列规定：

1 非可燃气体、无毒气体管道的试验介质可采用与一次管网相同的气体或惰性气体。

2 可燃、易爆和助燃性气体管道试验介质应采用惰性气体。

3 试验气体纯度不得低于一次管网气体的纯度。

3.11.3 二次配管气压试验的试验压力应符合下列规定：

1 管道设计压力不大于 0.6MPa 时，试验压力应为设计压力的 1.15 倍。

2 管道设计压力大于等于 0.6MPa 时，应按设计文件规定试压，并应采取安全措施。

3 真空管道试验压力应为 0.2MPa。

3.11.4 二次配管压力试验开始时应测量试验温度，试验温度严禁接近材料脆性转变温度。

3.11.5 进行压力试验时应缓慢升压，达到 0.2MPa 时应暂停升压，并应进行检查，无异常后可继续缓慢升压到试验压力，稳压 10min 后应将压力降到设计压力。应用中性发泡剂检查，无损坏、无泄漏应判为合格。

3.11.6 气密性试验可在压力试验后连续进行，试验压力应为设计压力，试验时间应持续 24h。应用中性发泡剂检查，并应重点检查阀门填料函、法兰及螺纹连接处，无压降、无泄漏应判为合格。

3.11.7 泄漏性试验可结合吹洗一并进行，试验压力应为设计压力，并应重点检查阀门填料函、法兰及螺纹连接处，无泄漏应判为合格。

3.11.8 当设计文件规定以卤素、氨气或其他方法进行泄漏性试验时，应符合现行国家标准《氦泄漏检验》GB/T 15823 及相关的技术规定。

3.11.9 二次配管压力试验完成后应脱开设备用惰性气体进行冲（吹）洗。冲（吹）洗气体的纯度不应低于管网输送介质的纯度。除输送介质为可燃、易爆和助燃的管网外，可用管网输送的介质进行冲（吹）洗。

3.11.10 输送介质为可燃、易爆和助燃的管道应采用惰性气体进行冲（吹）洗，冲（吹）洗气体的纯度不应低于管网输送介质的纯度。

3.11.11 二次配管施工完成后，应进行质量检验，并应按表 D.0.3 记录；二次配管压力试验和冲洗时，应按表 D.0.4 记录。

4 单机调试及试运转

4.0.1 设备单机调试及试运转应在设备安装和二次配管配线完成，并应经检验合格后进行。设备单机调试及试运转应由建设单位组织实施。当设备安装与单机调试非同一安装单位时，单机调试应由生产厂或供货方进行；当设备安装与单机调试为同一安装单位时，单机调试应由施工单位进行。

4.0.2 设备试运转应具备下列条件：

1 设备安装完毕，验收合格。

2 设备所需各种气体动力配管配线已与设备接通，各种介质的各项参数（包括纯度）符合设备使用要求。

3 给水、排水、排气、排风已与设备接通。

4 电气线路相位正确，接线端子连接牢固、可靠，绝缘电阻测试合格。

5 接地正确，连接牢固、可靠。

6 房间洁净度、温湿度、照度指标测试合格。

7 室内各项安全设施和消防设施满足使用要求，且运行正常。

4.0.3 典型国产集成电路生产设备单机试运转及验收，应按本规范附录 E 的要求进行。进口设备应按设备采购合同技术服务条款执行。

5 工程验收

5.1 一般规定

5.1.1 微电子生产设备安装工程验收可分为交接验收与竣工验收。

5.1.2 微电子生产设备二次配管配线工程完成后，应对各系统进行检验，合格后应进行交接验收。

5.1.3 微电子生产设备交接验收后应进行单机试运转。经调试、试运转，达到设备技术指标后应进行竣工验收。

5.1.4 微电子生产设备安装工程质量验收应按现行国家标准《建筑工程施工质量验收统一标准》GB 50300 的有关规定执行。设备交接验收应按每台设备的安装工程及每台设备的配管配线工程各划为一个检验批，并按设备安装工程及设备配管配线工程各划为一个分项工程进行设备交接验收。

5.2 交接验收

5.2.1 建设单位接到安装单位按表 D.0.5 填写的《微电子生产设备安装工程交接（竣工）验收报告》后，应组织施工单位、设计单位组成验收组，并应根据施工合同、本规范及设备技术文件的规定进行交接验收。

5.2.2 交接验收应在下列阶段进行：

1 设备找正、调平后，进行设备安装交接验收。

2 设备配管配线完成后，进行配管配线交接验收。

5.2.3 交接验收时安装单位应提交下列资料：

1 微电子生产设备安装工程施工合同。

2 主要材料合格证或质量保证书。

3 设备开箱检查记录。

4 设备安装检验批质量记录及分项工程质量验收记录。

5 设备配管配线检验批质量记录及分项工程质量验收记录。

6 管道焊接检验记录。

7 设备二次配管压力试验、冲（吹）洗记录。

8 竣工图及设计变更文件。

9 工程质量事故处理记录。

10 设备随机技术文件。

5.2.4 微电子生产设备安装工程质量主控项目，应按下列要求和方法检查：

1 设备安装的平面坐标位置应符合设计要求。

检验方法：对照图纸用钢皮尺检查。

2 垫板安装位置应准确、接触应紧密、无松动现象。

检验方法：目测和用小榔头轻击垫板检查。

3 防位移、防倾倒的压板设置方向应正确、紧固牢靠。

检验方法：对照设备安装使用说明书目测和用小榔头轻击压板检查。

4 特殊基础上平面不平度、安装水平度应符合要求，调整水平度的螺脚均应与垫板紧密接触。

检验方法：用水平尺和塞尺测量基础上平面不平度；用水平仪测量基础水平度，抽拉垫板检查接触紧密度。

5 设备安装的水平度、垂直度应符合设备安装使用说明书的要求。

检查办法：用水平仪测量。

6 二次配管的管材、阀门应符合设计要求，并应有产品合格证和产品质量证明书。

检验方法：查看设计图纸、产品合格证和产品质量证明书。

7 管线布置和走向应符合设计要求。

检验方法：对照图纸检查。

8 管道的对接焊缝处及曲管处严禁焊接支管；焊缝距起弯点、支吊架边缘应大于 50mm。

检验方法：目测或尺量。

9 管道支吊架间距应符合设计要求。

检验方法：观察或尺量。

10 二次配管压力试验应符合本规范第 3.11.5～3.11.7 条的合格要求。

检测方法：查看试验记录。

11 二次配管冲（吹）洗应按本规范第 3.11.9 条的规定进行，并应用洁净白绸布检查，无污染物应判为合格。

检测方法：查看记录。

12 二次配线的电线电缆规格、型号应符合图纸要求；绝缘、相序应符合设备技术文件或现行国家标准《建筑电气工程施工质量验收规范》GB 50303 的有关规定。

检验方法：对照图纸检查，用相应电压等级的兆欧表检查。

13 接地连接应正确可靠，并应符合现行国家标准《电气装置安装工程接地装置施工及验收规范》GB 50169 的有关规定。

检验方法：目测或测试电阻。

5.2.5 微电子生产设备安装工程质量一般项目，可按下列要求和方法检查：

1 设备安装用的垫板表面应无尘无油，每组不应超过 3 块。

检验方法：观察或用白绸布擦拭检查。

2 设备跨壁板安装的密封应严密。

检验方法：目测，必要时进行夜间漏光检查。

3 防微振基础周围与活动地板之间应柔性接触，嵌入的柔性胶条应牢固。

检验方法：目测与手触检查。

4 有坡度要求的管道，其坡度应符合设计规定。

检验方法：用水准仪测量。

5 管材、附件和阀门用螺纹连接时，其螺纹应清洁规整、无断丝乱丝；镀锌件的镀锌层应无损伤、无锈斑；螺纹接口填料应无外露。

检验方法：目测。

6 法兰连接应符合下列规定：

1）对接应同心、平行、紧密并与管中心垂直；

2）衬垫的材质应符合设计要求，且不应超过 1 层；螺栓露出螺母的长度应一致，宜为露出 3 个螺距。

检验方法：目测。

7 不锈钢管与碳钢支吊架、管卡之间的隔离无遗漏。

检验方法：目视。

8 阀门安装应符合下列规定：

1）型号、规格应符合设计要求；

2）进出口方向应正确；

3）手轮朝向应合理。

检验方法：对照图纸检查型号、规格，目测检查安装的正确性。

5.2.6 验收组应对工程质量进行评价，并应提出验收结论。参加验收单位代表应在表 D.0.6 上签字。

5.3 竣 工 验 收

5.3.1 建设单位接到微电子生产设备调试单位按表 D.0.5 填写的《微电子生产设备安装工程交接（竣工）验收报告》后，应组织施工单位、供货单位、设计单位组成验收组，并应根据施工合同、设计文件、本规范及设备技术文件进行微电子生产设备安装工程竣工验收。

5.3.2 设备安装工程竣工验收时，调试单位应提供每台设备的单机试运转记录。

5.3.3 验收组应对微电子生产设备安装工程的所有工程内容进行全面审核、检查，检查时应作好记录，各项指标符合设计要求应判为合格。审查内容应包括设备安装、配管配线和设备技术指标。

5.3.4 验收组应对工程质量进行评价，并应提出验收结论，同时应填写表 D.0.7，参加验收各单位代表应签字。

5.3.5 微电子生产设备安装工程验收合格后，应竣工验收。

5.4 验收不合格处置

5.4.1 当微电子生产设备安装工程、设备二次配管配线安装工程不符合质量要求或设备工艺技术指标不符合要求时，应按下列要求处理：

　　1 经返工后的设备，安装检验批、二次配管配线检验批应重新进行验收。

　　2 经返修后的检验批仍能满足安全和使用性能要求时，可按技术处理方案和协商文件进行验收。

5.4.2 经返修后仍不能满足安全使用和性能要求的分项工程不得进行验收。

附录 A　设备安装技术参数

A.0.1 设备安装技术参数应符合表 A.0.1 的要求。

表 A.0.1　设备安装技术参数

设备名称		型号		
用途				
包装箱尺寸		毛重(kg)		
		毛重(kg)		
		毛重(kg)		
主体尺寸		主要部件尺寸		
维修空间	前(mm)	后(mm)	左(mm)	右(mm)
地基要求	水平度	微振		
电源	电源性质	电压(V)	相数	功率(kW) 接地电阻(Ω)
纯水	电阻率 MΩ·cm (25℃)	温度(℃)	压力(MPa)	流量(L/min)
冷却水	电阻率 MΩ·cm (25℃)	温度(℃)	压力(MPa)	流量(L/min)

续表 A.0.1

大宗气体	纯度(%)	压力(MPa)	流量(L/min)	管道接口形式
特种气体				
化学品				
环境要求	温 度(℃)	湿 度(%)	洁净度	
排风	材质	接口(mm)	抽速(m/s)	
排气	气质	接口(mm)	抽速(m/s)	
通信接口				
其他特殊要求				

附录 B　微电子生产设备安装工艺流程

B.0.1 微电子生产设备安装工艺流程应符合图 B.0.1 的要求。

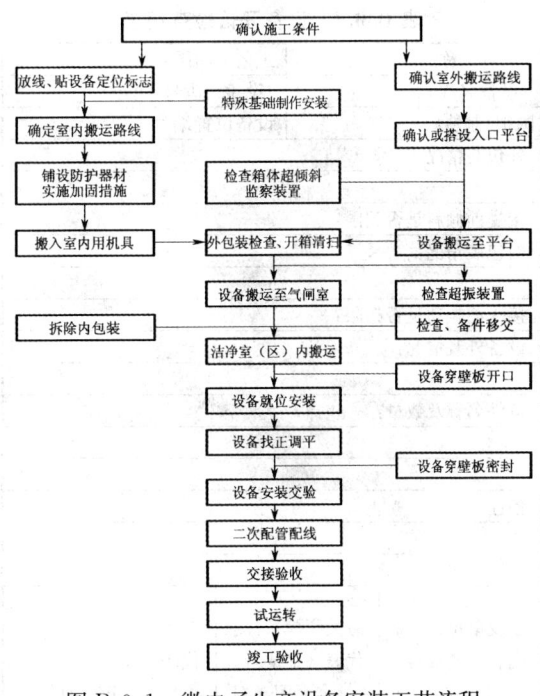

图 B.0.1　微电子生产设备安装工艺流程

附录 C 人员进出洁净区流程

C.0.1 人员进出洁净区应符合图 C.0.1 所示流程。

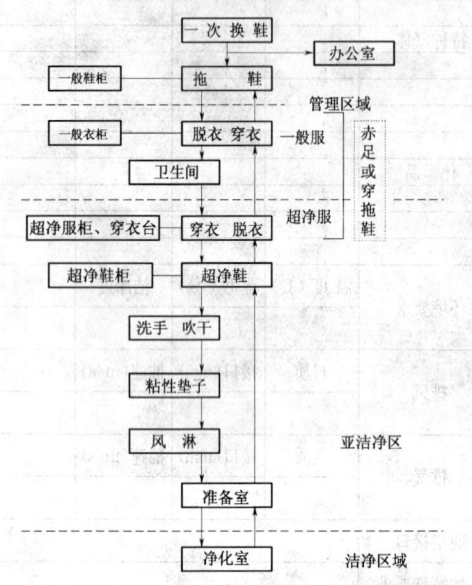

图 C.0.1 人员进出洁净区流程

附录 D 工程质量验收记录用表

D.0.1 设备开箱检查记录的内容及格式应符合表 D.0.1 的规定。

表 D.0.1 设备开箱检查记录

工程名称		工艺平面图号	
设备名称		设 备 型 号	
国别/制造厂		设备位置编号	
外包装情况：			
接受前倾斜是否超限：			
内包装情况：			
接受前振动是否超限：			
设备外观情况：			
备件名称及数量：			
备注：			
建设单位： 代表（签章）： 年 月 日	海关商检： 代表（签章）： 年 月 日	施工单位： 代表（签章）： 年 月 日	

D.0.2 设备安装检验批质量验收记录内容及格式应符合表 D.0.2 的规定。

表 D.0.2 设备安装检验批质量验收记录

工程名称			生产设备平面布置图号		
设备名称型号			设备位置编号		
施工单位		专业技术负责人		项目经理	
执行标准及编号					
		质量验收规范的规定	施工单位检查评定记录	建设单位验收记录	
主控项目	1	平面位置			
	2	垫板安装			
	3	底脚固定			
	4	特殊基础上平面不平度			
	5	特殊基础水平度			
	6	特殊基础稳定性			
	7	特殊基础与活动地板洞口接触			
	8	设备水平度			
	9	设备垂直度			
一般项目	1	特殊基础防锈			
	2	特殊基础标高			
	3	垫板洁净状况			
	4	每组垫板块数			
	5	设备跨壁安装密封			
	6	其他			
施工单位检查结果评定		项目专业质量检验员： 年 月 日			
建设单位验收结论		项目专业技术负责人： 年 月 日			

D.0.3 设备配管配线检验批质量验收记录内容及格式应符合表 D.0.3 的规定。

表 D.0.3 设备配管配线检验批质量验收记录

工程名称			设备配管图号	
设备名称型号			设备位置编号	
施工单位		项目经理	专业技术负责人	
执行标准及编号				
	质量验收规范的规定		施工单位检查评定记录	建设单位验收记录
主控项目	1	配管材料、材质		
	2	管线布置、走向		
	3	管道焊接		
	4	支架、焊缝位置		
	5	支吊架间距		
	6	管道压力试验		
	7	配管冲（吹）洗		
	8	电线电缆规格、材质		
	9	电气线路绝缘		
	10	设备、管道接地		
一般项目	1	管道坡度		
	2	螺纹连接		
	3	法兰连接		
	4	不锈钢管与碳钢隔离		
	5	阀门安装		
	6			
施工单位检查结果评定			项目专业质量检验员：　　　年 月 日	
建设单位验收结论			项目专业技术负责人：　　　年 月 日	

D.0.4 设备二次配管压力试验、冲（吹）洗记录内容及格式应符合表 D.0.4 的规定。

表 D.0.4 设备二次配管压力试验、冲（吹）洗记录

工程名称			设备配管图号	
设备名称型号			设备位置编号	
施工单位		项目经理	专业技术负责人	
执行标准及编号				

序号	管道系统名称（介质）	压力试验	气密性试验	泄漏性试验	吹（冲）洗	施工单位检查评定记录	建设单位验收记录
1							
2							
3							
4							
5							
6							
7							
8							
9							
10							
11							
12							
13							
14							
15							
16							
17							
18							
19							
20							
施工单位检查结果评定			项目专业质量检验员：　　　年 月 日				
建设单位验收结论			项目专业技术负责人：　　　年 月 日				

D.0.5 微电子生产设备安装工程交接（竣工）验收报告内容及格式应符合表 D.0.5 的规定。

表 D.0.5 微电子生产设备安装工程交接（竣工）验收报告

工程名称			合同编号	
建设单位		开工日期		交接日期（竣工日期）
施工单位		项目技术负责人		项目专业质量检验员
设备安装完成情况				
二次配管完成情况				
工程质量验收资料状况				
质量控制资料状况				
施工单位意见		项目经理：　　　　年 月 日		
建设单位审批意见		项目负责人：　　　　年 月 日		

D.0.6 设备安装（配管配线）分项工程质量验收记录内容及格式应符合表 D.0.6 的规定。

表 D.0.6 设备安装（配管配线）分项工程质量验收记录

工程名称		生产设备平面布置图号	
施工单位		项目经理	项目技术负责人
序号	检验批部位	施工单位检查评定结果	验收结论
1			
2			
3			
4			
5			
6			
7			
8			
9			
10			
11			
12			
13			
14			
15			
16			
17			
验收单位	建设单位（公章）项目负责人：年 月 日	施工单位（公章）项目技术负责人：项目经理：年 月 日	设计单位（公章）项目负责人：年 月 日

D.0.7 微电子生产设备安装工程竣工验收记录内容及格式应符合表 D.0.7 的规定。

表 D.0.7 微电子生产设备安装工程竣工验收记录

工程名称			生产设备平面布置图号	
施工单位		项目经理		项目技术负责人
分包单位		分包单位负责人		分包单位技术负责人
序号	分项工程名称	检验批数	施工单位检查评定	验收意见
1				
2				
3				
4				
5				
6				
7				
8				
9				
10				
11				
12				
质量控制资料				
安全和功能检验（检测）报告				
感观质量验收				
验收单位	建设单位（公章）项目负责人： 年 月 日	设备供货方（公章）代表： 年 月 日	施工单位／施工单位（公章）单位负责人： 年 月 日／分包单位（公章）单位负责人： 年 月 日	设计单位（公章）项目负责人： 年 月 日

附录 E 典型国产集成电路生产设备单机试运转及验收范例

E.1 曝 光 机

E.1.1 试运转前应检查下列项目，并应在符合要求后进行单机试运转：

1 环境温度应为 22℃±2℃，相对湿度应为 40%～60%，洁净度等级应为 5 级，室内光线应为黄色。

2 单相交流电源电压应为 220V±10%，频率应为 50±1Hz。

3 机壳应有良好的接地。

4 压缩空气压力应为 0.5～0.7MPa。

5 真空压力应为 −0.04～−0.08MPa。

6 安装间内不得有腐蚀性气体、电磁辐射，振动频率大于等于 10Hz 时，安装机器周围的振动幅度应小于 $3\mu m$，振动频率小于 10Hz 时，安装机器周围的振动幅度应小于 $1.5\mu m$。

7 开机前按钮均应处在关闭状态。

E.1.2 验收项目应符合下列要求：

1 设备验收应符合表 E.1.2 的规定。

表 E.1.2　设备验收要求

序号	项目	数值	验收方法	允许偏差	实际偏差	备注
1	曝光面积	$150mm^2 \times 150mm^2$	卡尺测量	只许大于	—	
2	曝光不均匀性	技术指标内均匀性	先测量再计算	≤±15%		指标和检测对应
3	曝光能量	$\geqslant 10mW/cm^2$	光强计检测	$\geqslant 10mW/cm^2$	—	—
4	基片 X 向行程	X±5mm	卡尺测量	±0.5mm	—	—
5	基片 Y 向行程	Y±5mm	卡尺测量	±0.5mm	—	—
6	承片台 θ 向行程	±5°	角规测量	±1°	—	—
7	显微镜扫描范围	$150mm^2 \times 150mm^2$	卡尺测量	±1mm	—	—
8	承片台 Z 行程	10mm	深度尺测量	±0.5mm	—	—
9	整机绝缘电阻	$\geqslant 2M\Omega$	1000 伏兆欧表	—	—	—

注：1 检测范围应小于基片直径 10mm。

　　2 曝光均匀性的检验方法应先按图 E.1.2-1 测出曝光范围内的光强，并应按式 E.1.2-1 计算：

$$U = \pm \frac{E_{max} - E_{min}}{E_{max} + E_{min}} \times 100\% \qquad (E.1.2-1)$$

式中　U ——测范围内光强均匀（%）；

E_{max} ——测范围内测量点中最大光强值（mW/cm^2）；

E_{min} ——测范围内测量点中最小光强值（mW/cm^2）。

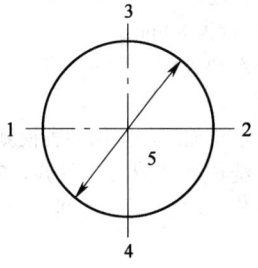

图 E.1.2-1　光强均匀性
测量点示意

2 曝光分辨率检查应在特定的工艺条件保证下，将涂有 1000～1200nm 光致抗蚀剂的基片用分辨率版曝光、显影、腐蚀，用线宽测量仪按图 E.1.2-2 检测基片上线条的宽度，按式 E.1.2-2 计算线宽变化率，其线宽变化率小于 10% 的最小线宽应为曝光分辨率。

$$B = \frac{\mid b_0 - b_i \mid}{b_0} \times 100\% \qquad (E.1.2-2)$$

式中　B ——线宽变化率（%）；

b_0 ——分辨率版标称线宽（μm）；

b_i ——基片上 3 处线宽值的最大值或最小值（μm）。

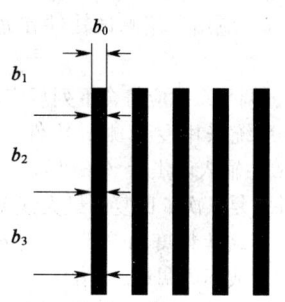

图 E.1.2-2　线条宽度测量示意

E.2　分步投影曝光机

E.2.1 试运转前应检查下列项目，并应在符合要求后进行单机试运转：

1 环境室温应为 22℃±2℃，相对湿度应为 40%～60%，净化等级应为 5 级。

2 三相交流电源电压应为 380V±5%，频率应为 50±1Hz。

3 冷却水压力应为 0.5～0.6MPa，水温应为 16～28℃，流量应大于 30L/min。

4 压缩空气或氮气压力应为 0.5～0.6MPa，流量应为 5L/min，末端过滤精度不应大于 $0.1\mu m$，露点温度应为 −10℃ 以下。

5 真空压力应为 0.02～0.04MPa，流量应为 240L/min。

6 地面振动振幅不应大于 $8\mu m$，振动分析仪的拾振装置应放置于工作台机座附近测试。

7 整机应设置接地螺钉和明显的接地标志，且接地电阻不得大于 1Ω，动力电路和控制电路对机壳绝缘电阻不应小于 2MΩ。

8 交流 1500V 耐压试验 1 min，初级电路与机壳间不应被击穿且不产生放电，漏电电流不应大于 1mA。

9 开机前应检查按钮均处在关闭状态。

E.2.2 验收项目应符合下列要求：

1 传动机构应灵活、平稳，动作应准确、协调。

2 工作台速度应用专用测试软件测量，速度不得低于 50mm/s；用直尺测量工作台的行程不应大于160mm。

3 镜头验收应选取一定尺寸的硅片多片，并应确定好工艺条件，同时应进行曝光显影，应用扫描电镜、线宽测量仪检测投影镜头的分辨率。镜头的分辨率应根据不同的曝光谱线确定，并应符合下列规定：

1) g线曝光机：$2\sim0.8\mu m$；

2) i线曝光机：$0.8\sim0.35\mu m$；

3) DUV线曝光机：$0.35\sim0.18\mu m$。

4 曝光系统应符合下列规定：

1) 光源调节方便灵活、准确可靠；

2) 曝光系统曝光均匀性根据分辨率要求确定，不得大于2.5%，应用专用测试软件和光强检测仪进行检测。

5 调焦、调平系统应符合下列规定：

1) 调焦系统采用专用测试软件、电感测微仪（$0.1\mu m$）检测。输入调焦量（随机），启动自动调焦系统，回复并重复5次。回复的最大误差不应超过规定的调焦精度，调焦精度为$0.5\sim0.1\mu m$。曝光机应对硅片进行整片或逐场调焦。

2) 用本款第1项的方法检测调平精度。当线宽设计不大于$1\mu m$时，应采用精度为$0.5\sim0.1\mu m$的调平系统；当线宽设计不大于$0.5\mu m$时，应采用逐场调平系统。

6 掩膜光栏系统应用目测、手动检查。掩膜光栏的四块遮板可在任意位置对任意尺寸进行调节。

7 减振装置的自动找平功能应用气动传感器测量，应保证曝光机的各种运行精度。

8 对准系统的对准方式可采用同轴对准或离轴对准，并应对照实物验收。

9 整机验收应符合下列规定：

1) 确定好工艺条件，将万能游标测试版对准，选取具有零层标记的硅片两届，自动上片，自动对准硅片，曝一定数量的图形阵列，自动下版，自动下硅片，将X、Y工作台移动一定距离以后重复以上过程并显影。在显微镜下读出每个图形的X、Y游标偏差，计算出套刻误差，以两片中精度最低的作为曝光机的套刻精度，曝光机的套刻精度为设计线宽的1/3 $\sim$1/5；

2) 用粒子计数器检测净化等级。

10 整机噪声验收应在空载运转状态下进行，并应按现行国家标准《声学 声压法测定噪声源 声功率级 反射面上方采用包络测量表面的简易法》GB 3768规定的试验方法验收。

11 可靠性应按现行国家标准《恒定失效率假设下的失效率与平均无故障时间的验证试验方案》GB 5080.7规定的试验方法验收。

E.3 内圆切片机

E.3.1 试运转前应检查下列项目，并应在符合要求后进行单机试运转：

1 环境温度应为$15\sim30$℃，相对湿度应小于80%。

2 整机对地绝缘应用1000伏兆欧表检测，电阻应大于$2M\Omega$。

3 开机前电源开关应在关闭状态。

E.3.2 验收项目应符合下列要求：

1 刀盘跳动应用杠杆式千分表检测，端面跳动不应大于$8\mu m$，径向跳动不应大于0.015mm。

2 工作台运动轨迹同刀盘回转平面的平行度应用千分表检测，不应大于0.001/220。

3 主轴带刀盘连续运转2h后，用半导体点温计检测其滚动轴承温升不应大于环境温度30℃。

4 空载运转状态下，应用声级计检测噪声，主机前方1m处应小于76dB（A）。

E.4 硅片清洗机

E.4.1 试运转前应检查下列项目，并应在符合要求后进行单机试运转：

1 环境洁净度等级应为6级。

2 去离子水管应采用UPVC管，接口外径应为20mm，去离子水压力应为$0.25\sim0.3MPa$，流量不应小于15L/min。

3 排水管应采用PP管，管口外径应为60mm。

4 氮气管应采用PP管，接口外径应为10mm，氮气压力应为$0.25\sim0.35MPa$，流量不应小于18L/min。

5 去离子水注入应能自动进行。

6 去离子水排放应畅通。

7 液位检测功能应完好。

8 故障报警状态提示应准确。

9 设备接地应正确、可靠。

10 排风装置应能正常运行。

11 开机前按钮均应处在关闭状态。

E.4.2 验收项目应符合下列要求：

1 排风口直径应为200mm，每个排风口排风量不应小于8500L/min。

2 交流电源单相应为220V±10%，功率应为3.8kW。

3 机械手抖动频率应为$30\sim60$次/min，可分段设定，抖动行程宜为30mm。

4 去离子水快速注入时间，用秒表检测不应大于150s。

5 去离子水排放时间，用秒表检测不应大于6s。

6 石英清洗槽加热温度应可调，应用点温计检测，温度应为室温至80℃之间，允许偏差应为±3℃。

E.5 旋转冲洗甩干机

E.5.1 试运转前应检查下列项目，并应在符合要求后进行单机试运转：

1 环境洁净度等级应为 5 级。

2 整机对地绝缘电阻应大于 2MΩ。

3 设备接地应可靠。

4 去离子水进设备前应装有 0.1μm 的过滤器，去离子水电阻率应大于 17MΩ，细菌数不应大于 1 个/ml，微粒数应小于 10 个/ml，压力应符合设备使用要求，水源流动应无脉动。

5 氮气压力及流量应符合设备使用要求。

6 压缩空气进入设备前应装精度为 0.003μm 的过滤器，且应干燥无油。

7 开机前按钮均应处在关闭状态。

E.5.2 验收项目应符合下列要求：

1 甩干速度可分 5 级，用转速表检测应为 300～2800 r/min，允许偏差应为 ±3%。

2 应用点温计检测氮气温度，温度应为腔室温度至 80℃ 之间，允许偏差应为 5℃。

3 清洗片架应为无污染的可熔性聚四氟乙烯/特氟隆材料。

4 测试样片应为亲水性表面，颗粒测试仪检测微粒数不应大于 0.2 个/cm^2。

5 碎片率应为 1/10000。

6 平均无故障时间不应少于 500h。

E.6 扩散、氧化、退火、CVD 设备

E.6.1 试运转前应检查下列项目，并应在符合要求后进行单机试运转：

1 环境洁净度等级应为 6 级，温度应为 22.5℃±2.5℃，相对湿度应为 40%～70%。

2 湿度传感器、室内温度传感器、风压传感器、空气质量传感器应避开气体放空口及出风口处。

3 接地电阻不应大于 1Ω。

4 不间断三相交流电源电压应为 380V±10%，频率应为 50Hz，功率应为 40kW。

5 冷却水压力应为 0.5MPa，流量应为 5～10L/min。

6 压缩空气压力应为 0.4MPa，流量应为 10～20L/min。

7 设备气柜风量应为 10～15m^3/min，排毒箱排风量应为 8～12m^3/min。

E.6.2 验收项目应符合下列要求：

1 设备的温度传感器、压力传感器、水流开关、水流量计、真空规管工作应显示正常。

2 加热炉升降温度应正常。

3 机械手、推拉舟应工作正常。

E.7 刻蚀机

E.7.1 试运转前应检查下列项目，并应在符合要求后进行单机试运转：

1 环境应符合下列规定：

1）洁净度等级应为 6 级，温度应为 22.5℃±2.5℃，湿度不应大于 60%；

2）地面应有防静电措施。

2 动力系统应符合下列规定：

1）三相交流电源电压应为 380±10V，频率应为 50Hz；

2）冷却水压力应为 0.3～0.4MPa，流量应为 5～8L/min；

3）压缩空气压力应为 0.5MPa，流量应为 5L/min；

4）排风管接口直径应为 150mm，风量应为 5～8L/min。

3 设备系统内部检查应符合下列规定：

1）片盒位置对外接口正确；

2）机械手运动范围无异物；

3）反应室内对外连接管道（包括真空、化学气体）和电路应连接无误。

4 设备系统检查应符合下列规定：

1）电缆接线应正确、可靠；

2）绝缘电阻不应小于 5MΩ；

3）接地应正确可靠；

4）4RF 接入检查；

5）真空泵运转方向应正确；

6）所有运动部件的动作确认；

7）检查冷却水、高压空气、保护氮气阀门应开启。

E.7.2 验收项目应符合下列要求：

1 接通电源主机应显示电源接通。

2 反应室门应关闭并有返回信号。

3 打开冷却水阀门时，水流开关应开。

4 打开压缩空气阀门时，减压器应显示气体压力。

E.8 注 入 机

E.8.1 试运转前应检查下列项目，并应在符合要求后进行单机试运转：

1 环境洁净度等级应为 6 级，温度应为 22℃±2℃，相对湿度应为 35%～65%。

2 动力条件应符合下列规定：

1）三相交流电源电压应为 380V±10%，频率应为 50Hz；

2）冷却水压力应为 0.3～0.5MPa；

3）工艺气体管道应连接到设备相应接口，压力应符合工艺要求，且应标有明显的化学分子式；

4）压缩空气压力应为 0.7～0.8MPa；

5）排风管接口直径应大于 150mm；

6）排风、尾气处理具备工作条件。

3 设备系统内部应符合下列规定：

1）片盒位置对外接口正确；

2）机械手运动范围不能有异物；

3）各高压自动短路放电棒运动灵活、无阻碍；

4）设备内部循环制冷系统具备工作条件；

5）各电缆接线连接正确、可靠；

6）确认电源引入没有短路；

7）接地正确、可靠；

8）真空泵运转方向正确；

9）所有运动部件的动作确认；

10）冷却水、高压空气、氮气阀门开启，压力显示均处于正常工作范围，冷却水无渗漏、水温符合要求。

E.8.2 验收项目应符合下列要求：

1 接通电源时，主机应显示电源接通。

2 应检查各安全联锁是否工作正常。

3 传片系统各运动部件应初始化。

本规范用词说明

1 为便于在执行本规范条文时区别对待，对要求严格程度不同的用词说明如下：

1）表示很严格，非这样做不可的用词：

正面词采用"必须"，反面词采用"严禁"。

2）表示严格，在正常情况下均应这样做的用词：

正面词采用"应"，反面词采用"不应"或"不得"。

3）表示允许稍有选择，在条件许可时首先应这样做的用词：

正面词采用"宜"，反面词采用"不宜"；

表示有选择，在一定条件下可以这样做的用词，采用"可"。

2 本规范中指明应按其他有关标准、规范执行的写法为"应符合……的规定"或"应按……执行"。

中华人民共和国国家标准

微电子生产设备安装工程
施工及验收规范

GB 50467—2008

条 文 说 明

目 次

1 总　　则

1.0.1 20 世纪 70 年代初,我国集成电路微细加工技术从无到有,集成电路生产企业纷纷上马,20 世纪 80 年代初开始建设大规模集成电路生产线,并得到了较快发展。集成电路生产设备多数为微细加工设备,对储存、搬运、安装、动力配置、工艺环境控制的要求都有别于通用设备和其他专用设备。设备的安装工程质量直接影响集成电路产品的质量和产量,进而影响电子整机的质量和使用寿命。同样一台设备,安装人员技术高,安装调试得好,生产出来的产品废品率就小,产品性能好,用到整机上整机质量也好。影响安装质量的因素包括施工企业的技术水平和管理水平、施工人员技术水平、施工环境、施工方法和检测水平等。所以,为了规范微电子生产设备安装工程市场秩序,保证微电子设备安装质量,提高生产效率、经济效益和社会效益,促进技术进步和电子工业的发展,制定本规范。根据多年来设备使用单位、设备生产单位、设备安装单位所掌握的安装技术和经验制定的本规范将会达到此目的。

1.0.2 微电子技术是指设计、制造和使用微小型电子元件和集成电路的新型技术,是 20 世纪下半叶才发展起来的。其核心和代表是集成电路技术。微电子生产设备是指制造集成电路及半导体分立器件的工艺设备,本规范是按此范围制定的。

1.0.4 微电子生产设备是按生产流程布置,其位置由工艺决定,不能任意更改,故规定应按批准的设计图纸施工,修改设计应有设计单位的变更通知。

1.0.5 本条所指的法定计量检定机构是指质量技术监督部门依法设置或者授权建立并经质量技术监督部门组织考核合格的计量检定机构。

3 基本规定

3.1 施工条件

3.1.1 对设备中转库提出要求。

　　1 对微电子生产设备中转库的结构、库内环境要求作出规定。

　　2 规定当设备储存有恒温恒湿要求时,中转库除满足第 1 款要求外还应满足其特定的温湿度要求,这类设备包括曝光设备、刻蚀设备、电子扫描仪等对温度特别敏感及设备制造商对设备仓库温湿度有明确要求的设备。

　　3 对设备存放作出的这些规定,目的在于保证设备出库时不致因设备存放混乱而造成倒库,增加设备损坏的风险,浪费设备出库的时间,这也是保证设备安装进度的措施之一。在第 4 项中明确规定禁止存

放具有腐蚀性、易燃易爆的物品,严禁火种接近的要求,其目的不仅是为了保证人身安全,也是为了保证设备的安全。因为微电子生产设备特别昂贵,所以在设备安装的任何一个环节,对设备的安全都是重点考虑的问题。

3.1.2 本条列出了微电子生产设备安装工程施工应具备的技术文件,其中第 1～7 款的技术文件应由建设单位提供给施工单位,设备安装技术参数由设备制造商提供。附录 A 给出了提供设备安装技术参数的表式,其中所列项目不尽齐全,实际使用时可根据实际情况补充内容,制造商应提供每台设备的详细技术参数。表内要求提供的特种气体参数及化学品参数虽然本规范不涉及,但设备生产商提供这些安装技术参数对于设备安装和试运行是必要的。

3.1.3 提出洁净厂房空态验收合格,且空调系统连续正常运行 24h 以上,目的是保证各洁净室的洁净度、温湿度、房间压差等环境参数达到设计要求,从而满足微电子生产设备对环境的要求,也是保证试生产成功的前提,所以以将这一条定为微电子生产设备搬入安装的基本条件。

3.1.4 安装生产设备时,人流已进入受控阶段。为确保洁净室(区)净化指标不被破坏,人员进入洁净区应经过已启用的人员净化室,其他临时入口一概封堵。故在条文中作出人员净化室应启用并有专人按洁净厂房管理制度进行管理的规定。

3.1.5 为增强设备安装施工人员洁净意识,了解建设单位制订的洁净厂房管理制度,确保洁净室(区)环境参数不致因施工人员的不规范行为遭到破坏而做出的规定。

3.2 施工准备

3.2.1 微电子生产设备安装工艺流程是生产设备安装施工组织设计的重要内容之一。附录 B 是近几十年来从事微电子生产设备安装人员总结出来的工艺流程,可供施工单位参照使用。

3.2.2 本条对施工人员进出洁净区的着装及有关事项作出规定。附录 C 是人员进出洁净区的流程示例。在实施中,当建设单位已建立人员进出洁净区管理制度时,应遵守建设单位的规定,这些规定都是为了洁净室的净化指标不受破坏而设置的。

3.2.3 为防止在垂直搬运中发生人身及设备事故,并使开箱作业顺利进行,条文对搬入平台的搭设提出了具体要求。在护栏适当部位设置门扇的目的,是当吊车提升高度稍有不足时可将门扇打开,设备从护栏的这个缺口部位吊上平台,这样对吊车的提升高度要求可降低一个护栏的高度,确保吊装作业顺利进行。实践证明这是非常有效的措施。在作业时此门通常处于关闭状态,只有需要时才能开启,此时应有防止人员从高空坠落的措施。

3.2.4 进入洁净室的材料不得附着尘埃、铁锈、铜锈、油腻，并要求所用材料在使用过程中不生锈、不散发尘埃，避免破坏工艺环境。使用的紧固件、密封材料应有产品合格证都是为了同一目的。第6款规定用作管道氩弧焊的保护气体、压力试验用气体、吹扫气体，其纯度不得低于管网本底气体的纯度，是为了保证焊接质量，防止对管道内腔造成污染。

3.2.5 为防止对洁净室（区）和开箱后的设备被污染，对在洁净室（区）内使用的机具需提出洁净要求。

3.2.6 本条对室外搬运用机具从可靠性及吊具的强度、索具的柔软性方面提出了要求，防止在捆绑、吊装、运输过程中对人员和设备造成伤害。

3.3 定位放线

3.3.1 本条规定的尺寸为设备布置时不影响设备使用、维修的最小极限尺寸。

3.3.2 以设备配置房间的墙或间壁的内侧面作为设备定位的基准，在微电子生产设备平面布置图中普遍采用，这与一般机械设备的平面定位基准是不一样的，因此有必要写入条文。放线也不能用一般机械设备安装所采用的弹墨线方法，而是采用水性记号笔画线及贴标记的方法，目的是为了不污染工艺环境，容易擦除。

3.4 设置特殊基础

3.4.1~3.4.8 微电子制造业中的全息照相设备、激光设备、精密测试设备、电子显微镜、电子曝光设备及其他与半导体有关的各种制造及检查等精密设备，安装时是否采取良好的防微振措施，对其性能影响很大，是能否充分发挥设备所具特性的关键。设备基础是防微振和安全的根本措施之一，所以条文就精密设备的防微振基础和重型设备的独立基础的制作、安装作出基本规定。

3.5 壁板开洞

3.5.1 壁板开洞是供设备跨壁板安装用。壁板被划伤不仅会降低观感质量，更严重的是会导致生锈、产尘，因此规定不得划伤壁板表面。不得污染板面是指经切割加工的板面不应留有粉尘、油腻等污染物。虽然在加工过程中难免不受到污染，但必须在搬入洁净室（区）前清除干净，对油污可用长纤维擦布沾中性溶剂清除。

3.5.2 壁板两侧房间的洁净度级别不同，气压也不同，为了保证压差和不破坏房间的洁净度，就必须在设备跨壁板安装后对壁板密封。

3.5.3 对壁板开洞前的准备工作作出规定，是防止开洞位置、尺寸发生错误而造成壁板报废，也是为了便于设备安装及壁板密封。

3.5.4 壁板的切割加工会产生切屑和粉尘。为避免对洁净室（区）和设备造成污染，所以不得在洁净室（区）进行切割作业，应在专设场所进行切割加工，并经洁净处理后才能搬回洁净室（区）组装复原。

3.6 室外搬运

3.6.1 大多数微电子生产设备价格昂贵，为分清责任，在设备搬运前要由有关方面共同对设备进行检查，确认设备箱号、件数、外包装有无破损及破损程度，确认设备名称、型号和规格及精密设备超倾斜监视装置的状态，检查后作的设备开箱检查记录（含影像记录）有法律依据作用。

3.6.2 本条文为防止微电子生产设备在室外搬运过程中发生撞击和遭遇强烈振动而损坏设备，对影响设备安全的各个环节应注意的事项作出规定。大部分微电子生产设备对振动很敏感，过强振动会损坏设备，影响使用，所以在吊装过程中捆绑要牢靠，起落要平稳、缓慢，不得有较大震动，搬运速度一定要均匀。精密的微电子生产设备在室外搬运过程中不得进雨水和尘埃，所以平常应该作好防雨应急保护措施。在风力5级以上的风、雨、雾天，很难作好防护，并且容易发生撞击事故，所以应停止室外搬运作业。

3.7 设备开箱及吊装

3.7.1 本条明确了开箱责任人员的组成，开箱中发现有异常时，及时分析原因，分清责任，共同作出正确的处理意见。

3.7.2、3.7.3 对拆除外包装的场所及开箱过程的注意事项作出规定，并明确要求保留完整的内包装，这是针对微电子生产设备的特殊性采取的做法，与普通设备拆除外包装后只要未发现异常情况就可以拆除内包装的做法是完全不一样的。

3.7.4 本条规定了拆除设备外包装箱以后要检查的内容。如果内包装破损、监视振动装置异常，应留下法律认可的证据，这是决定是否对这台设备作进一步检查和分清责任的重要依据。

3.7.5 在拆除外包装的情况下起吊、搬运设备时，对设备造成损伤的可能性增大，条文对其作业过程提出了必要的要求，防止起吊设备过程中出现事故，造成重大经济损失。

3.7.6、3.7.7 这两条规定了拆除内包装的场所，同时规定拆除内包装后应立即由参加开箱的各方代表共同进行设备的检查和清点。应将检查无异常的设备迅速搬入洁净室（区），因为精密设备裸露以后不允许长时间置于亚洁净区域。对检查时发现有异常的设备，条文提出了处置方法，并提示施工人员不得损坏设备表面及密封面。

3.8 室内搬运

3.8.1 本条提出了室内搬运设备应遵守的规定。

1 提出了设备入口的选择应确保能将所有设备搬入到位，最好只选用一个入口，只有当某些部位的设备经此入口无法搬运到位时才能适当增设入口的规定，其目的是尽可能减小对洁净室（区）造成污染的几率。如设备无法通过必经的门洞时，可保护性拆除门框、洁净室部分壁板，并应在设备搬入后及时将所拆部分恢复到原有状态。

2、3 这两条规定了保护建筑物的措施。在搬运过程中，极易刮伤通道的墙、地、门的表面，所以必须采取铺垫等防护措施。

4 规定当运输设备重量超过活动地板承载能力时应对活动地板进行加固。这是因为微电子生产厂房所用活动地板的承载能力都是有限的，而且是架空状态，超过其荷载就会损坏活动地板，并因此可能造成设备的损坏。为确保设备安全地搬运到位，在设备和搬运机具对地板的共同压力超过荷载时，就必须对该类地板加固。已知活动地板荷载能力的，按地板荷载能力进行计算，决定加固方案；对荷载不详的，应先作试验，确定荷载后再确定加固方案。

5 规定设备搬入期间，所有房门均应为关闭状态，需要时才开门，对未设闭门器的门，设备搬入、人员出入应随手关门。这是因为不同洁净级别的房间，室内的气压是不同的，相互之间具有压差，施工期间要力求不破坏压差，确保精密设备和高洁净区的空气免受污染。

6 本款是为防止因搬入设备而使室外空气进入洁净室（区）破坏其环境参数和污染已搬入设备而作出的规定。

3.8.2 为了防止在搬运中产生大的振动，影响设备精度，对行进速度作出一般性要求。目前施工，多用3~5t的手动液压搬运车搬运。搬运车应留有负荷余量。为防止超载搬运，本条对常用搬运机具的使用作出一般性规定。

3.8.3 从平稳性和省力的角度考虑，气垫搬运法是在平地搬运精密、重型设备较理想的方法。但由于其装置价格相对昂贵，且利用率低，使用尚不普遍。为了安全使用这种装置，本条提出了应注意的事项。

3.9 设备安装就位

3.9.1 自流坪地面具有很好的光亮度，洁净室（区）固定地面大多做成自流坪，是目前营造洁净室（区）地面的主要方式。为使地面不受损坏，在这种地坪上搬运、安装设备时，要事先对地面采取保护措施。

3.9.2 由于活动地板的承载能力有限，在活动地板上吊装设备，应根据设备重量和地板结构情况编制安全可靠的吊装技术方案。

3.9.3 本条阐明设备安装时的支承、固定方法；提出钻膨胀螺栓底孔时的除尘措施；强调在防酸基础和防酸碱环氧地面上安装设备时，需要固定的设备应采用不锈钢化学螺栓锚固。

3.9.5 设备定位的平面位置允许偏差尚无借鉴资料，所列偏差是中国电子系统工程第二建设有限公司近十几年来在施工实践中控制的偏差值。

3.9.6 条文中列出了4种设备找正调平的测量部位，当设备技术文件无规定时，可根据设备的具体情况选择采用。

3.10 二次配管配线

3.10.1、3.10.2 这两条规定了二次配管配线的范围，其中第3.10.2条阐明二次配管不包括特种气体和化学品管道系统至设备接口之间的配管。不包括这两类管道的原因有二：一是这两类管道将另行设立规范；二是这两类管道大多为危险介质，施工工艺要求十分严格，为降低潜在的泄漏风险，管道的安装施工原则是应尽可能地以连续、无接口的方式进行，即尽可能减少接头的数量。所以这两类管道的安装，一般由一个施工单位自特气室（化学品站）一次性安装配管到设备接口，无一次配管和二次配管之分。

3.10.4 二次配管配线与一次管线工程的施工要求有很多相同之处，本规范对二次管线工程与一次管线工程施工的相同要求未列入。但有少量二次配管可能属压力管道安装范围，所以本条规定属压管的安装还应执行国务院颁发的《特种设备安全监察条例》。

3.10.5、3.10.6 这两条是为保证工艺气体纯度对二次配管用材料而提出的要求。

3.10.7 二次配管应先在专设的防尘、防静电的洁净小室内预制成组件，再搬入洁净厂房安装，其目的是将洁净厂房内的焊接施工作业减至最少。为使组件在预制过程中不受到污染，要求洁净小室具有必要的洁净等级，严格地讲，洁净小室的洁净等级应与其安装场所的洁净等级相同。但目前国内条件尚不成熟，不可能为一个洁净厂房的不同洁净等级安装场所用的管道组件分别设置不同洁净级别的洁净小室。因此，本规范采取适中的做法，取洁净小室的洁净度等级不宜低于5级。

3.10.8 二次配管配线明配较多，设备周围管线布置得不合理，将给设备的操作和维修带来不便，还可能占用操作人员的空间。为避免这类情况的发生，规定管线的走向和排列应按二次配管配线设计图施工。当设计图只有原理图或系统图，而无具体走向时，应由原设计单位补充施工图或进行现场二次设计。

3.10.9 因为有些洞处于设备的底部，设备就位后无法开洞，而且先开洞可避免对设备造成污染，故二次配管的开洞应在设备就位前进行。为了不破坏建筑结构，保证安全，开洞应避开梁、柱、主龙骨、风口。为防止破坏活动地板强度，规定洞边至单块地板边沿的最小距离为40mm。

3.10.10 封堵管与洞口间的缝隙并打硅胶密封，是为了防止室与室之间气流串通影响压差和洁净度。至于采取什么材料，应根据实际情况和建设单位要求进行，原则是不起尘、与洞边材料一致、颜色协调。

3.10.11 为防止碳钢支（吊）架生锈污染洁净室，所以碳钢支吊架应采用镀锌材料。制作支吊架时，经常忽视对切割面作防锈处理，故在条文中明确规定切割面应作防锈处理。为防止不锈钢管被渗碳，应在不锈钢管与碳钢支架、管卡之间设置隔离垫和隔离套管，隔离垫宜用软质聚四氟乙烯板，套管宜用聚乙烯软管。

3.10.12 当技术夹层设置在生产层的上方时，给二次配管配线带来不小的困难，特别是远离墙壁的设备，二次配管配线难度更大。这种建造布局时有采用，在这种情况下，最直接的布管布线方式是直上直下，但管线不便于固定，观感质量也差。在生产设备附近增设竖井，由上技术夹层引下的管线在竖井内敷设，就可以解决这个问题。这是一个行之有效的方法，本规范予以采用。

3.10.13 微电子生产用的大宗气体（制程用气和非制程用气）为高纯度气体，如被污染，对电子产品质量影响很大，甚至不能生产出合格的产品。其输送管道的连接采用钨极氩弧自动焊焊接，不仅使焊缝成型好，又能确保管子焊缝内外壁不被氧化，是目前较普遍使用的理想的焊接方式。故在条文中规定输送大宗气体、非腐蚀性溶剂的不锈钢管，当采用焊接连接时，应采用钨极氩弧自动焊机。

3.10.14 二次配管配线是在已经达到生产要求的工艺环境内进行的，这时环境不允许再受到污染，所以不允许在洁净室进行锯、锉、钻等发尘作业。

3.10.15 因为接地是确保人身与设备安全的措施，所以将此条列为强制性条款，要求施工人员必须严格执行。

3.10.16 由于设备分期到货而间隔时间较长，先期到达的设备已安装调试完成并已投入生产，或已生产的车间需要调整生产线或更换设备，这时的安装配管就处于生产安装同时进行状态。本条对在这种条件下进行二次配管配线作出规定。

　　1 规定施工中进行焊接等产烟明火作业时，应取得建设单位签发的动火许可证及动用消防设施许可证。这是因为建设单位要针对动火区域截断火灾报警系统，避免火灾报警器在这种情况下报警及启动一系列联锁保护动作，如停止空调送风及排风、告知工作人员紧急疏散等，避免造成产品报废的重大损失。动火期间建设方和施工方组织专人监视动火作业全过程，动火作业完成并经检查万无一失后，再恢复报警系统。

　　2、3 规定在生产区与施工区之间应采取隔离措施，是为了避免伤害生产人员、损坏生产设备。

　　4 要求控制进入洁净室的人数，是为了将环境污染减到最低程度。所提出的人员密度为一般情况下的指标，当某工序按该指标规定的人数无法进行作业时，可与建设单位商讨增加必要的人数，但应适时撤出。

3.10.17、3.10.18 提出了在用管线与新安装管线连接时应注意的要点。但现场情况是错综复杂的，施工前，施工单位应会同建设单位认真商讨，明确节点，制订出双方认可的施工方案。在节点、阀门处应挂防止误操作的安全警示牌。施工期间双方应有专人全程监视。

3.11 二次配管压力试验

3.11.1 本条规定了哪些二次管道要进行压力试验。对此作过一些调查，多数被调查对象（工程项目）只对有焊接、螺纹、法兰等连接接头的危险介质管道作压力试验。压力试验是与安全紧密相关的一道重要工序，必须对此道工序进行规范。根据多年工作实践经验、安全要求和管道的介质性质，条文规定：工作压力不小于0.1MPa的管道应进行压力试验，其中可燃、易爆和助燃性气体管道还应进行气密性试验；气密性试验合格后，又拆卸过的管道必须作泄漏性试验。关于0.1MPa的提出，是基于这一参数是界定压力管道的参数之一。实际上除真空管、重力排水管和排气管外，生产设备二次管道的工作压力都在0.1MPa以上。

3.11.2 本条对试验介质作出规定。规定试验介质应采用气体，不得采用水压试验，这是基于微电子洁净厂房的禁水要求和管内纯度要求而作出的选择。第2款规定可燃、易爆和助燃性气体管道的试验介质应采用惰性气体，这是从安全角度考虑的。第3款规定试验气体纯度不得低于一次管网气体的纯度，这是从保障管网将要输送介质的纯度角度考虑的。

3.11.3、3.11.4 根据实践经验，气压试验的试验压力为1.15倍设计压力，0.6MPa是个重要界限。当设计压力超过0.6MPa时，应按设计文件规定进行试压，或拟定安全技术措施经建设单位同意后进行。气压试验的最大风险在于温度太低，特在3.11.4条规定试验时应先测量试验温度，严禁试验温度接近材料韧脆性转变温度。

3.11.5 本条规定了压力试验方法和验收标准。进行管道压力试验，应该缓慢升压和稳压，防止升压过快使管道因受力不均产生有害振动或发生爆裂。

3.11.6 本条规定了气密性试验的试验压力、试验持续时间、检查方法和验收标准。保证试验持续时间是进行气密性试验的前提，其所以确定为24h，是根据经验和进行气密性试验的目的确定的。当试验气体升到规定压力后保持24h，然后进行检测，这样就完全可以检查出管道的密闭性。持续时间短于24h，对于细微的缝隙可能检查不出来；长于24h，对于检查质量没有意义，且会增加不必要的人力和物力，造成浪费。

3.11.7 本条规定了泄漏性试验的试验压力、查漏重点及验收标准。

3.11.8 目前我国泄漏检测现行国家标准只有《氦泄漏检验》GB/T 15823，卤素检测还没有国家标准。在实施中可按《国防科技工业无损检测人员资格鉴定与认证》的相关内容进行。

3.11.9 二次配管的压力试验合格后，除排风排气管外应脱开设备进行冲（吹）洗。对于无毒、非可燃气体管道，可用管网本底气体进行冲（吹）洗。所谓管网本底气体，是指管网要输送的气体介质。

3.11.10 对输送介质为可燃、易爆和助燃的管道应用惰性气体进行吹洗，是为了保护环境和安全，避免发生火灾；对惰性气体纯度提出要求，这是为了保证管网不被试验介质污染，进而达到输送介质的纯度要求。

4 单机调试及试运转

4.0.1 本条规定设备单机调试及试运转的组织和分工，是根据现实情况沿用目前普遍的做法制定的。因为微电子生产设备安装、二次配管配线及设备单机试运转专业性特别强，往往需要几个单位来共同完成，主要是由生产厂或设备供货方进行生产设备调试，安装单位配合进行，所以由建设单位组织生产厂或设备供货方为主进行较好。

4.0.2 本条列出设备单机试运转应具备的环境、动力、安全设施等必备条件，只有这些条件均具备方可进行单机试运转。

5 工程验收

5.1 一般规定

5.1.1 本条规定微电子设备安装工程分为交接验收和竣工验收两个阶段进行，交接验收是指对生产设备安装及二次配管配线的质量进行检测和评定。竣工验收是在设备单机试运转后对生产设备技术性能进行检验、评定。因为微电子生产设备安装、二次配管配线及设备单机试运转专业性特别强，往往需要几个单位来共同完成，需要分阶段进行验收。

5.1.2 本条阐明交接验收应具备的条件。

5.1.3 本条阐明竣工验收应具备的条件。

5.1.4 设备单机试运转后的竣工验收，以每个供货合同设备作为一个竣工验收单元，是为便于设备安装工程竣工验收所作出的规定。因为微电子生产设备品种多、数量多，这些设备来自不同的生产厂家，而设备单机试运转工作是以设备生产厂家为主的，所以这样划分更具有操作性。

5.2 交接验收

5.2.1 微电子生产设备安装工程交接验收是安装单位按本规范要求将质量合格的工程移交给建设单位的过程。主要工作是建设单位及时组织验收组核实安装单位提交的安装工程交接验收报告的符合性。

5.2.3 规定了施工单位应向建设单位提交的技术资料，当有两个以上施工单位分别承担设备安装及二次管线安装时，由各施工单位提交其施工范围的相关技术资料。

5.2.4、5.2.5 提出生产设备安装工程质量主控项目和一般项目的质量要求和检验方法，这并不是在办理交接验收时对所列检查项目都要一一进行检查，而是要求施工单位按此要求在施工过程中作的工序质量检查，并应作好质量记录。交接验收时，主要是查看检查记录；当有必要抽验时，或怀疑记录的真实性时，应用相同的检查方法对怀疑项目进行复查；检查与复测后办理交接手续。

5.3 竣工验收

5.3.2 对于分为二阶段验收的竣工项目，设备调试单位应提供设备试运转记录。采取一阶段验收的竣工项目，施工单位除应提供设备试运转记录外，还应提供本规范第5.2.3条规定的资料。

5.4 验收不合格处置

5.4.1 本条规定了当质量不符合要求时的处理办法。

1 本款是指检验批验收时，其主控项目不能满足本规范验收要求或设备技术文件的要求时应进行整改。应允许施工单位采取相应措施，重新验收。重新验收符合原验收标准应认为该检验批合格。

2 本款指检验批验收时发现严重缺陷，经整改虽不能完全达到设计或设备技术文件的全部要求，但能满足安全和使用功能，为避免更大的损失，在不影响安全和主要功能的条件下，可按处理技术方案和协议文件进行验收，责任方应承担经济责任。

5.4.2 分项工程存在严重缺陷，经返修后仍不能满足安全使用要求的，严禁验收。

中华人民共和国国家标准

焊管工艺设计规范

Code for design of welded-pipe process

GB 50468—2008

主编部门：中 国 冶 金 建 设 协 会
批准部门：中华人民共和国住房和城乡建设部
施行日期：２ ０ ０ ９ 年 ７ 月 １ 日

中华人民共和国住房和城乡建设部
公　告

第 166 号

关于发布国家标准
《焊管工艺设计规范》的公告

现批准《焊管工艺设计规范》为国家标准，编号为 GB 50468—2008，自 2009 年 7 月 1 日起实施。其中，第 6.4.5（2）、6.4.17 条（款）为强制性条文，必须严格执行。

本规范由我部标准定额研究所组织中国计划出版社出版发行。

中华人民共和国住房和城乡建设部
二〇〇八年十一月二十七日

前　言

本规范是根据建设部"关于印发《2006 年工程建设标准规范制订、修订计划（第二批）》的通知"（建标〔2006〕136 号）的要求，由中冶赛迪工程技术股份有限公司会同有关单位编制而成。

本规范在编制过程中，编制组深入进行调查研究，并根据近年来我国焊管生产工艺技术水平，在总结我国焊管工艺设计经验的基础上，广泛征求了国内焊管生产厂家、焊管研究设计单位和高等院校、焊管原料供应厂家、焊管用户、焊管设备制造单位、行业协会等单位和业内专家的意见，研究和吸收了国内外多年的成熟经验，结合我国现阶段工程实际，经反复讨论和认真修改，最后经审查定稿。

本规范共分 12 章，主要内容有：总则，术语，一般规定，焊管机组生产用原料，焊管生产工艺，焊管机组设备选择，工作制度、工作时间和设计负荷率，机组生产能力的计算，平面布置和车间设计，焊管生产工具，机组主要技术经济指标，环境保护、劳动安全和工业卫生。

本规范中以黑体字标志的条文为强制性条文，必须严格执行。

本规范由住房和城乡建设部负责管理和对强制性条文的解释，由中冶赛迪工程技术股份有限公司负责技术内容的解释。请各单位在执行本规范过程中，注意总结经验，积累资料，并及时将意见和有关资料反馈给主编单位中冶赛迪工程技术股份有限公司（地址：重庆市渝中区双钢路 1 号，邮政编码：400013），以供今后修订时参考。

本规范主编单位、参编单位和主要起草人：

主 编 单 位： 中冶赛迪工程技术股份有限公司

参 编 单 位： 中冶京诚工程技术有限公司
番禺珠江钢管有限公司
浙江久立不锈钢管股份有限公司

主要起草人： 曾良平　穆　东　张海军　曹志樑
冯钊棠　吉　海　兰兴昌　刘世泽
黄克坚　曹　勇　陈本伦　陈宝林
钟剑雄　李瑞华　王　茵

目　次

1 总 则

1.0.1 为规范焊管机组工艺设计，保证焊管机组工艺设计质量，促进我国焊管机组工艺技术和装备水平的提高，推进焊管生产技术进步，制定本规范。

1.0.2 本规范适用于高频直缝焊管、直缝埋弧焊管、螺旋埋弧焊管、工业用不锈钢焊管机组的新建、改建和扩建工艺设计。

1.0.3 新建、改建和扩建的焊管机组应符合国家产业政策，应做到优质、高效、低耗、环保。

1.0.4 焊管机组工艺设计除应执行本规范外，尚应符合国家现行有关标准的规定。

2 术 语

2.0.1 点焊 spot welding

以电弧为热源将工件焊接接头熔化形成点状或不连续焊缝的焊接方法。

2.0.2 高频直缝焊管 longitudinally high frequency welded pipe

指沿管体母线方向上有一条用高频焊接工艺形成的纵焊缝的焊接钢管。

2.0.3 管端处理 pipe end treating

指对焊管端部进行非塑性变形加工，使之达到产品标准规定的光管管端要求。包括管端缺陷切除、去毛刺、平端面、倒坡口等，不包括对管端进行的加厚、定径、车丝、上接箍等加工。

2.0.4 焊管 welded pipe

用钢板或带钢弯曲成管状并沿管体上有贯通管体全长的纵焊缝或螺旋焊缝的钢管。

2.0.5 机组 mill set

为生产产品大纲规定的产品所需要的，从原料准备到成品收集全过程的工艺设备的集合。

2.0.6 机组的年规定工作时间 annual scheduled operation time of mill set

按年日历时间扣除大修、中修、小修及正常的交接班时间以后的时间。

2.0.7 机组的年有效工作时间 annual available production time of mill set

在年规定工作时间基础上再扣除换辊、换工具、换规格及故障停机以后的时间。

2.0.8 机组的年实际工作时间 annual necessary production time of mill set

完成产品大纲规定的年产量所需要的实际生产时间。

2.0.9 机组的负荷率 duty ratio of mill set

机组的年实际工作时间占机组的年有效工作时间的百分比。

2.0.10 金属消耗系数 weight ratio of plate or strip to product

完成机组产品大纲全部规格产量所消耗的金属原料质量与全部产品的质量之比。

2.0.11 离线 off line

相对于连续运行焊管生产线的某一工序，需要借助起重运输设备或人力运输，工件（包括原料和焊管半成品）才能从该焊管生产线到达该工序或从该工序到达焊管生产线的运行方式。

2.0.12 螺旋埋弧焊管 spiral submerged-arc welded pipe

沿管体上有一条用埋弧焊工艺形成的螺旋焊缝的焊管。

2.0.13 人工检查 manual inspection

用肉眼或借助低倍数放大镜、内窥镜、量规等简易工具检查焊管内外表面质量及形状、尺寸的方法。

2.0.14 在线 on line

相对于连续运行焊管生产线的某一工序，无需借助起重运输设备或人力运输，工件（包括原料和焊管半成品）就能从该焊管生产线到达该工序或从该工序到达该焊管生产线的运行方式。

2.0.15 直缝埋弧焊管 longitudinally submerged arc welded pipe

沿管体上有采用埋弧焊接工艺形成的纵焊缝的焊管。

2.0.16 自动对焊机 automatic butt welder

除参数设定和设备的启动、停止外，钢带头尾的对焊动作均可由设备自动完成的对焊机。

2.0.17 自动焊缝内毛刺清除装置 automatic inside flash trimmer

除设备启动、停止和调整外，清除焊缝内毛刺的动作均可由设备自动完成的装置。

2.0.18 自动焊缝外毛刺清除装置 automatic outside flash trimmer

除设备启动、停止和调整外，清除焊缝外毛刺的动作均可由设备自动完成的装置。

2.0.19 自动埋弧焊机 automatic submerged-arc welder

除参数设定和设备的启动、停止外，埋弧焊接的动作均可由设备自动完成的装置。

2.0.20 自动气体保护电弧焊机 automatic gas shielded arc welder

除参数设定和设备的启动、停止外，进行气体保护电弧焊接的动作均可由设备自动完成的装置。

3 一般规定

3.0.1 高频直缝焊管机组、螺旋埋弧焊管机组和不锈钢连续成型焊管机组规格宜按表3.0.1选择。

表 3.0.1 高频直缝焊管、螺旋埋弧焊管和不锈钢
连续焊管机组规格系列

ERW		SSAW		EFW	
机组规格代号	焊管直径范围（mm）	机组规格代号	焊管直径范围（mm）	机组规格代号	焊管直径范围（mm）
42	14～42	508	219～508	25	8～25
60	20～60	720	325～720	63	21～63
76	25～76	920	406～920	76	25～76
114	33～114	1220	406～1220	89	32～89
168	60～168	1420	508～1420	114	38～114
219	73～219	2030	720～2030	168	60～168
273	90～273	2540	760～2540	219	89～219
325	114～325	2850	1200～2850	325	114～325
406	140～406	3050	1420～3050	406	140～406
508	168～508	—	—	508	168～508
610	219～610	—	—	610	219～610

注：ERW 表示高频直缝焊管机组系列；SSAW 表示螺旋埋弧焊管机组系列；EFW 表示不锈钢连续成型焊管机组系列。

3.0.2 直缝埋弧焊管机组宜建设在有原料供应条件的宽厚板机组附近。

4 焊管机组生产用原料

4.0.1 高频直缝焊管机组、螺旋埋弧焊管机组宜选用钢带卷作原料。直缝埋弧焊管机组宜选用单张定尺钢板作原料。不锈钢连续成型焊管机组应选用钢带卷作原料；不锈钢单支成型焊管机组宜选用单张定尺钢板作原料。

4.0.2 高频直缝焊管机组、螺旋埋弧焊管机组和不锈钢连续成型焊管机组，宜选用大卷重的钢带卷或经过纵切的钢带卷作原料。高频直缝焊管机组、螺旋埋弧焊管机组选用的热轧钢带卷单位宽度重量不宜小于16kg/mm，选用的冷轧钢带卷单位宽度重量不宜小于8kg/mm；不锈钢连续成型焊管机组选用的热轧不锈钢钢带卷单位宽度重量不宜小于10kg/mm，选用的冷轧不锈钢钢带卷单位宽度重量不宜小于8kg/mm。

4.0.3 用作焊管机组原料的钢带卷内径宜采用762mm 或 508mm 规格。

5 焊管生产工艺

5.1 高频直缝焊管机组生产工艺

5.1.1 高频直缝焊管机组应包括钢带准备、成型焊接、焊缝处理、定径切断和焊管精整部分。

5.1.2 钢带准备应包括上卷、开卷、矫平、切头尾、接料处理、边部加工和钢带探伤工序，可根据产品品种的要求增设其他工序。

5.1.3 成型焊接应包括成型和焊接工序。

5.1.4 焊缝处理应包括焊缝内毛刺清除、焊缝外毛刺清除、成型焊接后的焊缝超声波探伤、在线焊缝热处理和焊缝冷却工序。

5.1.5 定径切断应包括定径矫正和定尺切断工序。

5.1.6 焊管精整应包括取样、管端处理、管内清洁、水压试验、探伤、人工检查、标记和焊管收集工序，可根据品种需要增设其他工序。

5.2 直缝埋弧焊管机组生产工艺

5.2.1 直缝埋弧焊管机组生产工艺应包括上料、引/熄弧板焊接、板边加工、成型、预焊、内焊、外焊、焊缝探伤、扩径、水压试验、水压试验后焊缝探伤、平端面倒棱、管端坡口探伤、人工检查、称重/测长/标记和焊管收集工序，可根据品种需要增设其他工序。

5.2.2 原料钢板均应经过无损检验。当能够保证原料钢板已经过无损检验时，则本机组内可不设钢板无损检验工序。

5.2.3 引/熄弧板焊接工序宜设在板边加工工序前。

5.2.4 主成型工序前宜设置板边预弯边工序。

5.2.5 预焊应采用连续焊工艺，不应采用点焊工艺。

5.3 螺旋埋弧焊管机组生产工艺

5.3.1 螺旋埋弧焊管机组应包括钢带准备、成型焊接和焊管精整部分。

5.3.2 钢带准备应包括上卷、开卷、矫平、切头尾、接料处理和边部加工工序，可根据需要增设钢带探伤工序。

5.3.3 成型焊接应包括成型、焊接和定尺切断工序。焊接可采用在线内焊、在线外焊工艺，也可采用在线预焊加在线外焊、内焊工艺，还可采用在线预焊加离线内焊、外焊工艺。

5.3.4 焊管精整应包括焊缝修补、管端处理、管内清洁、取样、焊缝无损检验、人工检查、称重/测长/标记和焊管收集工序，可根据品种的需要增设管端定径、水压试验、管体探伤等工序。

5.4 不锈钢连续成型焊管机组生产工艺

5.4.1 不锈钢连续成型焊管机组生产工艺应包括钢带准备、成型焊接、焊缝处理、定径切断和焊管精整部分。

5.4.2 钢带准备应包括上卷、开卷、矫平、切头尾、对焊、活套存储、钢带清洗工序。

5.4.3 成型焊接应包括成型和焊接（内焊、外焊）工序。

5.4.4 焊缝处理应包括外焊缝余高清除、内焊缝余

高清除及焊缝冷加工工序。

5.4.5 定径切断应包括在线定径、矫正、无损检验、测径和定尺切断工序。

5.4.6 焊管精整应包括取样、管端处理、人工检查、水压试验、无损检验、标记和包装工序。采用非光亮热处理时，焊管精整部分应设置酸洗钝化工序。

5.4.7 不锈钢连续成型焊管机组应设置焊管清洗和热处理工序。清洗和热处理工序可在线布置，也可离线布置。在线清洗和热处理应设置在定径工序后。规格为 76 以下生产奥氏体不锈钢的机组热处理宜选用光亮热处理。

5.4.8 生产奥氏体不锈钢焊管的机组不应选用盐酸酸洗工艺。

5.4.9 机组可根据品种需要增设其他工序。

5.5 不锈钢单支成型焊管机组生产工艺

5.5.1 不锈钢单支成型焊管机组生产工艺应包括备料、钢板定尺切割、引/熄弧板焊接、板边加工、成型、预焊、焊接、管端处理、热处理、酸洗钝化、矫直、水压试验、焊缝无损检验、人工检查、称重/测长/标记和成品包装工序。选择 RB 成型方式时，在焊接工序后还应设置整圆工序。

5.5.2 原料钢板均应经过无损检验。当能够保证原料钢板已经过无损检验时，本机组内可不设钢板无损检验工序。

5.5.3 主成型工序前宜设置板边预弯边工序。

5.5.4 生产奥氏体不锈钢焊管的机组不应选用盐酸酸洗工艺。

5.5.5 机组可根据品种需要增设其他工序。

6 焊管机组设备选择

6.1 高频直缝焊管机组设备选择

6.1.1 高频直缝焊管机组应具备全线基础自动化控制。

6.1.2 上卷工序应选择具备钢带卷位置自动定位、钢带卷中心标高定位的备卷设备。

6.1.3 开卷工序设备选择应符合下列规定：

1 应设置机械式或液压式开卷机。

2 开卷机应具有直头功能，并宜配置钢带卷余量检测装置和对中装置。

3 开卷机应具有张紧功能，张紧力的大小应能保证钢带头部在进入矫平机或活套装置后钢带卷不散卷。

4 开卷机不应导致对钢带表面的划伤。

6.1.4 矫平工序应设置钢带矫平机。钢带矫平机应选择 5 辊或 5 辊以上的辊式矫平机。

6.1.5 切头尾工序应设置钢带头尾切断机。钢带头尾切断机前后应设置钢带对中装置。

6.1.6 接料处理工序可选择对焊加钢带活套接料方式，也可选择卷对卷接料方式。当选择对焊加钢带活套接料方式时，其设备选择应符合下列规定：

1 钢带头尾的对焊应选择自动对焊机，并宜选用带保护气体的自动对焊机。

2 活套装置内的钢带存储长度应能保证在钢带卷开卷、矫平、切头切尾和对焊期间，活套装置内有足够的钢带长度输出给后部工序，保证成型焊接工序按正常速度连续作业。

3 不应选用可能会导致钢带产生屈服变形或表面划伤缺陷的钢带活套装置。

6.1.7 边部加工工序的设备选择应符合下列规定：

1 机组所用钢带两边已全部经过纵切，且钢带边部满足焊接要求时，该工序可不设置专门的钢带边部加工设备，否则应设置钢带边部加工设备。

2 在选用铣边机或刨边机作为钢带边部加工设备时，铣边机和刨边机应具有能自动适应标准允许的钢带镰刀弯的功能。

6.1.8 钢带探伤工序的设备选择应符合下列规定：

1 钢带探伤工序应配置超声波探伤装置，超声波探伤装置应能在线连续地对钢带边部进行探伤。

2 超声波探伤装置应具有缺陷标记和记录功能。

6.1.9 成型工序的设备选择应符合下列规定：

1 成型设备应能稳定连续地将钢带弯曲成焊接所需要的形状。成型设备在将钢带弯曲成焊接所需形状的过程中，成型工具不应损伤钢带表面和边缘。

2 成型设备在将钢带弯曲成焊接所需要形状的过程中，钢带边缘和钢带中部不应出现纵向塑性变形。

3 成型设备的结构型式应符合调整方便、灵活、工具适应范围大、更换容易、快速的要求。

4 宜选钢带边部先成型、中部后成型的成型机。

6.1.10 焊接工序的设备选择应符合下列规定：

1 焊机应选用固态高频焊机。

2 高频焊机可选用感应焊焊机，也可选用接触焊焊机。机组规格代号小于或等于 406 时，宜选用感应焊焊机。

3 选用接触焊焊机时，应保证焊接导电块与钢带表面接触良好，不应产生打火现象，且焊接导电块不应造成对焊管表面的渗铜。

4 高频焊机应配备焊接温度自动测定和输出功率自动控制系统。

5 机组规格代号大于 76 的高频直缝焊管机组，宜选择具有 3 个或 3 个以上挤压辊的挤压机架；机组规格代号小于或等于 76 的高频直缝焊管机组，可选择 2 个挤压辊的挤压机架。

6 挤压机架宜配置快速更换装置。

6.1.11 焊缝内毛刺清除工序的设备选择应符合下列规定：

1 焊缝内毛刺清除工序应配备自动焊缝内毛刺清除装置。焊缝内毛刺清除装置应能在线、连续地清除焊管内表面的焊缝毛刺，且清除部位应光洁。

2 焊缝内毛刺清除装置及其清除工具以及清除下来的内毛刺不应损伤焊管内表面。清除下来的内毛刺应能方便地被清出。

6.1.12 焊缝外毛刺清除工序的设备选择应符合下列规定：

1 焊缝外毛刺清除工序应配备自动焊缝外毛刺清除装置。焊缝外毛刺清除装置应能在线、连续地清除焊管外表面的焊缝毛刺，且应能将焊缝修整至与焊管外表面基本平齐。

2 焊缝外毛刺清除装置及其清除工具以及清除下来的毛刺不应损伤焊管外表面。

3 焊缝外毛刺清除装置应配备外毛刺收集装置。

6.1.13 焊缝超声波探伤工序的设备选择应符合下列规定：

1 焊缝超声波探伤工序应配备在线焊缝超声波探伤装置。焊缝超声波探伤装置应能在线、连续地检测焊缝及与焊缝两侧熔合线相邻的 2mm 母材的缺陷，并应具有检测内焊缝余高的功能。

2 焊缝超声波探伤装置应具有焊缝自动跟踪、缺陷标记和记录功能。

6.1.14 在线焊缝热处理工序的设备选择应符合下列规定：

1 在线焊缝热处理工序应配备在线焊缝热处理装置。在线焊缝热处理装置应能连续地对焊缝进行热处理。

2 在线焊缝热处理装置中的加热应选用中频感应加热方式。

3 焊缝热处理装置应配置焊缝自动跟踪和自动测温装置。

6.1.15 焊缝冷却工序的设备选择应符合下列规定：

1 冷却介质和冷却装置可根据机组生产的品种选择，但应保证在进入定径工序之前的焊管温度不大于 100℃。

2 当在定径工序前选择水冷装置时，在焊管进入水冷装置前，焊缝应经过足够时间的空冷，焊缝组织在水冷过程中不应再发生变化。焊管在进入水冷装置前，其焊缝温度应低于 450℃。

6.1.16 定径矫正工序的设备选择应符合下列规定：

1 定径矫正工序应设置对焊管进行在线定径、矫直的定径机和矫正头。经定径和矫正的焊管，其外径偏差、不圆度和直度应符合相应产品标准的规定。

2 定径机宜配置快速更换装置。

6.1.17 定尺切断工序的设备选择应符合下列规定：

1 定尺切断工序应设置可在线将定径矫正后的焊管进行定尺分段的设备，设备的类型可根据机组生产的品种和规格选择，但应保证因分段造成的焊管管端损伤长度不大于 5mm。

2 定尺分段设备应配置自动定尺系统。自动定尺系统的定尺允许偏差应在±5mm 范围内。

3 定尺分段设备产生的噪声应符合现行国家标准《工业企业噪声控制设计规范》GBJ 87 的有关规定。

6.1.18 管端处理工序宜配置平头倒棱机。

6.1.19 管内清洁工序可选择适当的设备，逐根非人工地清除焊管内表面存留的内毛刺和其他残渣，但应保证能完全清除焊管内表面存留的内毛刺和残渣。

6.1.20 取样工序可选择适当的取样设备，但取样设备的能力应满足相应产品标准对取样数量和取样位置的规定。

6.1.21 人工检查工序应设置方便人工检查的设备。人工检查设备应能使检查人员方便地逐根对焊管内外表面、焊缝、管端和尺寸进行检查。

6.1.22 标记和焊管收集工序应设置适当的设备。标记应符合相应产品标准的规定。产品外径小于或等于 219mm 时，宜在焊管收集工序设置打捆设备。

6.1.23 水压试验工序的设备选择应符合下列规定：

1 水压试验机应具有试验压力和稳压时间自动检测、记录和显示装置。

2 水压试验机的最大试验压力和最大轴向力应满足产品大纲中需要试验的全部品种规格的水压试验要求。

6.1.24 精整部分探伤工序应设置焊缝超声波探伤装置，也可增设管体无损检验设备。焊缝超声波探伤装置和管体无损检验设备均应具有缺陷标记和记录功能。

6.1.25 除本节中已规定的检验和试验设备外，建设单位还应根据机组产品品种和相应的标准要求，配置适当的机械性能和工艺性能试验设备、检验化验设备。建设单位已有本规范第 6.1.23 条和本条中规定的设备时，可不为本机组单独配置机械性能和工艺性能试验设备、检验化验设备。

6.2 直缝埋弧焊管机组设备选择

6.2.1 直缝埋弧焊管机组应具备基础自动化控制功能。

6.2.2 上料工序的设备应选用真空吸盘吊车或电磁吸盘吊车。

6.2.3 引/熄弧板焊接工序应选用气体保护电弧焊机。

6.2.4 板边加工工序可选用铣边机，也可选用刨边机。

6.2.5 主成型设备前宜设置预弯边设备。

6.2.6 预焊工序应选用连续焊接设备。

6.2.7 内焊和外焊工序应选用埋弧焊机，且焊机应配备焊剂自动输送和回收装置。内焊焊机应选用3丝或3丝以上焊机；外焊焊机应选用4丝或4丝以上焊机。

6.2.8 扩径工序可选用机械扩径机，也可选用水压扩径机。

6.2.9 水压试验工序的设备选择应符合本规范第6.1.23条的规定。

6.2.10 焊缝探伤工序应配备超声波探伤装置、X射线拍片装置和X射线实时成像检测装置。焊缝超声波探伤装置和X射线实时成像检测装置应具有焊缝跟踪功能。

6.2.11 平端面倒棱工序应配置平头倒棱机。

6.2.12 平端面倒棱后应设置管端坡口探伤装置。管端坡口探伤装置应选择超声波探伤装置、磁粉探伤装置。

6.2.13 取样、人工检查工序的设备选择应分别符合本规范第6.1.20条和第6.1.21条的规定。

6.2.14 称重/测长/标记工序应设置自动称重、测长和标记装置。对焊管所做的标记应符合相应产品标准的规定。

6.2.15 除本节中已规定的检验和试验设备外，建设单位还应根据机组产品品种和相应的标准要求，配置适当的机械性能和工艺性能试验设备、检验化验设备。建设单位已有本条中规定的设备时，则可不为本机组单独配置机械性能和工艺性能试验设备、检验化验设备。

6.3 螺旋埋弧焊管机组设备选择

6.3.1 螺旋埋弧焊管机组应具备全线基础自动化控制功能。

6.3.2 上卷工序的设备可采用小车方式，也可采用支架托起方式，但均应具备将钢带卷平稳地输送到开卷机的功能。

6.3.3 开卷、矫平、切头尾工序的设备选择应分别符合本规范第6.1.3~6.1.5条的规定。

6.3.4 接料处理工序宜选择对焊加钢带活套接料方式或飞焊车接料方式，并应符合下列规定：

　　1 当选择对焊加钢带活套接料方式时，应符合下列规定：

　　　1) 钢带头尾的对焊应选择自动埋弧焊机或自动气体保护电弧焊机。

　　　2) 可选用地坑式活套装置。活套装置的钢带存储长度应能保证在钢带卷开卷、矫平、切头切尾和对焊期间，活套装置内有足够的钢带长度输出给后部工序，保证成型焊接工序按正常速度连续作业。

　　2 当选择飞焊车接料方式时，应符合下列规定：

　　　1) 飞焊车上对焊机应符合本条第1款第1项的规定。

　　　2) 飞焊车应能保证成型焊接工序按正常速度连续作业。

6.3.5 边部加工工序应配置铣边机。

6.3.6 成型工序的设备选择应符合下列规定：

　　1 成型工序应选用外控式或内承式成型机。成型机应能连续稳定地将钢带弯曲成所需的形状。成型机在将钢带弯曲成焊接所需要形状的过程中，不应损伤钢带表面和边缘。

　　2 成型机钢带递送装置应具有无级调速功能和夹紧力调节功能。

6.3.7 焊接工序的设备选择应符合下列规定：

　　1 对于机组规格代号等于或大于720的机组，当采用在线内焊、在线外焊工艺时，应选用2丝或2丝以上的自动埋弧焊机，且焊机应具备焊缝跟踪功能，并应配置焊剂自动输送和回收装置。

　　2 当采用在线预焊加在线外焊、内焊工艺或在线预焊加离线内焊、外焊工艺时，在线预焊应选用自动气体保护焊机，外焊焊机应选用3丝或3丝以上的自动埋弧焊机，内焊焊机应选用2丝或2丝以上的自动埋弧焊机，且焊机应配置焊剂自动输送和回收装置。

6.3.8 定尺切断工序应选用等离子弧切割装置。

6.3.9 水压试验工序的设备应符合本规范第6.1.23条的规定。

6.3.10 管端处理工序应配置平头倒棱机。

6.3.11 取样、人工检查工序的设备选择应分别符合本规范第6.1.20条和第6.1.21条的规定。

6.3.12 无损检验工序应配置焊缝超声波探伤装置。机组的产品大纲中有管线钢管品种时，该工序还应配备X射线拍片装置和X射线实时成像检测装置。焊缝超声波探伤装置和X射线实时成像检测装置应具有焊缝跟踪功能。

6.3.13 称重/测长/标记工序应设置对焊管进行逐根称重、测长和标记的设备。对焊管所做的标记应符合相应产品标准的规定。

6.3.14 除本节中已规定的检验和试验设备外，建设单位还应根据机组产品品种和相应的标准要求，配置适当的机械性能和工艺性能试验设备、检验化验设备。建设单位已有本条及第6.3.9条和第6.3.12条中规定的设备时，则可不为本机组单独配置机械性能和工艺性能试验设备、检验化验设备。

6.4 不锈钢连续成型焊管机组设备选择

6.4.1 开卷工序的设备选择应符合本规范第6.1.3条的规定。

6.4.2 矫平工序的设备选择应符合本规范第6.1.4条的规定。

6.4.3 对焊工序应设置钢带头尾自动剪切对焊机。

其前后应设置钢带对中装置。

6.4.4 活套存储工序的设备选择应符合本规范第6.1.6条第2、3款的规定。活套装置不宜采用螺旋式结构。

6.4.5 钢带清洗工序的设备选择应符合下列规定：

1 钢带清洗工序应配备清洗和烘干设备。清洗设备应选用有机溶剂或水作介质的超声波清洗装置。烘干设备可选用热风吹干装置或红外线烘干装置。

2 当选用有机溶剂作介质的超声波清洗装置时，必须配置有机溶剂再生装置。

6.4.6 成型工序的设备选择应符合本规范第6.1.9条的规定。

6.4.7 焊接工序的焊机可选用惰性气体保护电弧焊机、等离子弧焊机、钨极氩弧焊加等离子弧焊加钨极氩弧焊组合焊机、激光焊机或高频感应焊机。焊机应具有恒电压自动控制系统和管内气体保护装置，并宜配置焊缝自动跟踪装置。惰性气体保护电弧焊机、等离子弧焊机、钨极氩弧焊加等离子弧焊加钨极氩弧焊组合焊机还宜配置电弧磁偏转装置。

6.4.8 外焊缝余高清除工序的设备可选用在线磨削清除装置，也可选用机械刮削式清除装置。外焊缝余高清除装置应能将外焊缝修整至与焊管外表面基本平齐。

6.4.9 焊缝冷加工工序的设备可选用辊轧式焊缝冷加工装置，也可选用锤击式焊缝冷加工装置。焊缝冷加工装置应具有焊缝纠偏功能。

6.4.10 内焊缝余高清除工序应配备内焊缝余高清除装置。采用高频感应焊生产铁素体不锈钢焊管的机组，应配置刮削式内焊缝余高清除装置。

6.4.11 定径切断部分的无损检验工序应至少选用焊缝超声波探伤装置、涡流探伤装置或X射线实时成像检测装置中的一种。探伤装置应具有焊缝跟踪、缺陷标记和记录功能。

6.4.12 在线测径工序可选用激光测径装置，也可选用电磁测径装置。

6.4.13 焊管精整部分的无损检验工序应配备管体涡流探伤装置或管体超声波探伤装置。

6.4.14 水压试验工序的设备选择应符合本规范第6.1.23条的规定。

6.4.15 管端处理工序可配置平头倒棱机，也可配置其他型式的管端毛刺去除装置，但应保证经过该工序设备处理后的管端满足产品标准的要求或后续加工的要求。

6.4.16 热处理工序的加热炉可选用电加热炉或燃气加热炉。

6.4.17 酸洗钝化工序的设备必须配备环保处理装置。

6.4.18 定尺切断工序的定尺分段设备应配置自动定尺系统，自动定尺系统的定尺允许偏差在±1mm范围内。定尺切断工序的设备选择还应符合本规范第6.1.17条第1、3款的规定。

6.4.19 取样、人工检查工序的设备选择应分别符合本规范第6.1.20条和第6.1.21条的规定。

6.4.20 标记和包装工序的设备选择应符合本规范第6.1.22条的规定。

6.4.21 所有设备上与不锈钢钢带、钢管接触的部位，均应选用尼龙、橡胶或不锈钢材料。

6.4.22 除本节中已规定的检验和试验设备外，建设单位还应根据机组产品品种和相应的标准要求，配置适当的机械性能和工艺性能试验设备、检验化验设备。建设单位已有本条及第6.4.13条和第6.4.14条中规定的设备时，则可不为本机组单独配置机械性能和工艺性能试验设备、检验化验设备。

6.5 不锈钢单支成型焊管机组设备选择

6.5.1 上料工序的设备应选用真空吸盘吊车。

6.5.2 钢板定尺切割工序应选用宽板剪切机、水下等离子弧切割装置、高压水刀切割装置、激光切割装置或等离子弧切割装置。

6.5.3 钢板无损检验工序应选用超声波探伤装置。

6.5.4 板边加工工序应选用刨边机或铣边机。

6.5.5 成型工序设备宜选用 RB、JCO 或 UO 成型机。

6.5.6 预焊工序宜选用压力整型加点焊的装置。点焊宜采用氩弧焊。

6.5.7 焊接工序的焊机可选用惰性气体保护电弧焊机、等离子弧焊机或钨极氩弧焊加等离子弧焊加钨极氩弧焊组合焊机。焊机应具有恒电压自动控制系统和管内气体保护装置，并宜配置焊缝自动跟踪装置和电弧磁偏转装置。

6.5.8 整圆工序宜选用具有矫直功能的模压整圆设备。

6.5.9 酸洗钝化工序的设备配置应符合本规范第6.4.17条的规定。

6.5.10 水压试验工序的设备选择应符合本规范第6.1.23条的规定。

6.5.11 焊缝无损检验工序应配置X射线拍片和X射线实时成像检测装置。X射线实时成像检测装置应具有焊缝跟踪功能。

6.5.12 管端处理工序应配置平头倒棱机。

6.5.13 取样、人工检查工序的设备选择应符合本规范第6.1.20条和第6.1.21条的规定。

6.5.14 称重/测长/标记工序的设备选择应符合本规范第6.2.14条的规定。

6.5.15 所有设备上与不锈钢钢板、钢管接触部位的材料选择应符合本规范第6.4.21条的规定。

6.5.16 除本节中已规定的检验和试验设备外，建设单位还应根据机组产品品种和相应的标准要求，配置适当的机械性能和工艺性能试验设备、检验化验设备。建设单位已有本条中及第 6.5.10 条和第 6.5.11 条中规定的设备时，则可不为本机组单独配置机械性能和工艺性能试验设备、检验化验设备。

7 工作制度、工作时间和设计负荷率

7.0.1 高频直缝焊管机组、直缝埋弧焊管机组、螺旋埋弧焊管机组和不锈钢焊管机组的工作制度应按连续工作制设计。

7.0.2 机组的年规定工作时间、年有效工作时间和年实际工作时间的设计应符合表 7.0.2 的规定。

表 7.0.2 机组的年规定工作时间、年有效工作时间和年实际工作时间

序号	机 组	年规定工作时间 (h)	年有效工作时间 (h)	年实际工作时间 (h)
1	高频直缝焊管机组	≥7200	≥6200	5300～6000
2	直缝埋弧焊管机组		≥6000	4600～5500
3	螺旋埋弧焊管机组		≥6000	4800～5500
4	不锈钢连续成型焊管机组		≥6000	5100～5800
5	不锈钢单支成型焊管机组		≥5500	4200～5200

7.0.3 机组的设计负荷率应符合下列规定：

1 高频直缝焊管机组不应低于 85%。

2 直缝埋弧焊管机组不应低于 75%。

3 螺旋埋弧焊管机组不应低于 80%。

4 不锈钢连续成型焊管机组不应低于 85%。

5 不锈钢单支成型焊管机组不应低于 75%。

8 机组生产能力的计算

8.0.1 在初步设计阶段应对机组和机组内各主要工艺设备的生产能力进行计算。机组生产能力的计算应包括机组的小时生产能力计算和机组的年实际工作时间计算。

8.0.2 机组和机组内各主要工艺设备的生产能力计算应符合下列规定：

1 应根据机组的产品大纲，选择有代表性的品种规格编制成代表品种规格产品大纲进行计算。

2 机组的小时生产能力应为机组内在线的各主要工艺设备小时生产能力的最小值。

3 高频直缝焊管机组、不锈钢连续成型焊管机组和螺旋埋弧焊管机组的小时生产能力，可按下列公式计算：

1) 高频直缝焊管机组、不锈钢连续成型焊管机组的小时生产能力，可按下式计算：

$$A_n = \frac{60V_n q_n K_n}{1000} \qquad (8.0.2-1)$$

式中 A_n——按品种规格计算的小时产量（t/h）；

V_n——按品种规格确定的机组焊接速度（m/min）；

q_n——按品种规格计算的成型焊接工序后的焊管单重（kg/m）；

K_n——按品种规格的成材率（%）；

n——阿拉伯数字序号，表示不同的品种规格。

2) 螺旋埋弧焊管机组的小时生产能力可按下式计算：

$$A_n = \frac{60V_n q_n K_n B_n}{1000\pi D_n} \qquad (8.0.2-2)$$

式中 B_n——经边部加工工序后的钢带宽度（mm）；

D_n——成型后的焊管直径（mm）。

4 机组的年实际工作时间应按下式计算：

$$T_y = \frac{P_1}{A_1} + \frac{P_2}{A_2} + \cdots + \frac{P_n}{A_n} \qquad (8.0.2-3)$$

式中 T_y——机组的年实际工作时间（h）；

P_n——按品种规格分配的产品大纲中的年产量（t）。

9 平面布置和车间设计

9.0.1 车间设备布置应紧凑、顺畅，并应为工艺设备、其他设施及管路系统的安全操作和维护留有合适空间。

9.0.2 车间内应设置运输备品备件、操作替换件、工具、生产消耗材料的运输通道和供生产、操作人员通行的人行通道。车间内的运输、人行通道应安全畅通。在车间生产和检修过程中需要跨越设备的地方，应设置人行安全桥。人行通道和人行安全桥的设计应符合国家现行标准《轧钢安全规程》AQ 2003 的有关规定。

9.0.3 车间设计应留有合适的工具堆放场地、设备检修场地、废次品处理或堆放场地。

9.0.4 车间内原料仓库和成品仓库的大小不宜超过机组生产 10d 所需原料量和成品量的堆放。可根据需要在车间外设置原料和成品堆场，堆场内应配置起重运输设备。

9.0.5 车间操作室的设计应符合现行国家标准《生产设备安全卫生设计总则》GB 5083 的有关规定。

9.0.6 焊管车间厂房内每一跨均应配置电动桥式起重机。起重机的吊运能力，包括起重量、起升高度和起重机的负荷率应满足生产、检修和故障处理时对原料、成品、废次品、切头、切尾、废渣和设备检修件的吊运要求。

9.0.7 除特殊情况外，机组工艺设备均应布置在车间起重机能够吊运的范围内，其他辅助设备及系统可布置在车间起重机吊钩极限范围之外。

9.0.8 机组中设置有酸洗工序时，酸洗工序设备应布置在单独的酸洗间内。酸洗间宜布置在厂区内常年主导风向的下风侧，并宜与主厂房脱开。

10 焊管生产工具

10.0.1 机组设计时应同时设计生产工具的加工和修复设施。

10.0.2 需要为机组专用生产工具的加工或修复配置加工设备时，应在初步设计阶段对加工设备的加工能力进行核算。专用生产工具加工设备的加工能力应能满足机组生产的需要。

11 机组主要技术经济指标

11.0.1 高频直缝焊管机组、直缝埋弧焊管机组、螺旋埋弧焊管机组的技术经济指标应符合表 11.0.1 的规定。

表 11.0.1 高频直缝焊管机组、直缝埋弧焊管机组、螺旋埋弧焊管机组的技术经济指标

序号	技术经济指标	机 组		
		高频直缝焊管机组	直缝埋弧焊管机组	螺旋埋弧焊管机组
1	金属消耗系数	≤1.15	≤1.08	≤1.15
2	生产每吨成品管的电耗量（kW·h/t）	≤85	≤90	≤40
3	生产每吨成品管的新水耗量（m³/t）	≤0.5	≤0.65	≤0.2

注：表中指标不包括钢带纵切和管体热处理工序的消耗。

11.0.2 不锈钢焊管机组的技术经济指标应符合表 11.0.2 的规定。

表 11.0.2 不锈钢焊管机组的技术经济指标

序号	技术经济指标	机 组	
		不锈钢连续成型焊管机组	不锈钢单支成型焊管机组
1	金属消耗系数	≤1.10	≤1.13
2	生产每吨成品管的电耗量（kW·h/t）	≤750	≤500
3	生产每吨成品管的新水耗量（m³/t）	≤1.0	≤1.5

注：表中指标不包括热处理工序的消耗。

12 环境保护、劳动安全和工业卫生

12.0.1 焊管车间的环境保护设计应符合现行国家标准《钢铁工业环境保护设计规范》GB 50406 的有关规定。

12.0.2 焊管车间的劳动安全和工业卫生设计应符合国家现行标准《轧钢安全规程》AQ 2003 和《工业企业设计卫生标准》GBZ 1 的有关规定。

12.0.3 焊管机组的焊机、感应加热装置所产生的电磁辐射、X 射线拍片和 X 射线实时成像检测装置的设计，应符合现行国家标准《电离辐射防护与辐射源安全基本标准》GB 18871 的有关规定。

12.0.4 焊管车间的防火设计应符合现行国家标准《钢铁冶金企业设计防火规范》GB 50414 的有关规定。

本规范用词说明

1 为便于在执行本规范条文时区别对待，对要求严格程度不同的用词说明如下：

1）表示很严格，非这样做不可的用词：
正面词采用"必须"，反面词采用"严禁"。

2）表示严格，在正常情况下均应这样做的用词：
正面词采用"应"，反面词采用"不应"或"不得"。

3）表示允许稍有选择，在条件许可时首先应这样做的用词：
正面词采用"宜"，反面词采用"不宜"；
表示有选择，在一定条件下可以这样做的用词，采用"可"。

2 本规范中指明应按其他有关标准、规范执行的写法为"应符合……的规定"或"应按……执行"。

中华人民共和国国家标准

焊管工艺设计规范

GB 50468—2008

条 文 说 明

目　次

1 总 则

1.0.1 本条说明制定本规范的目的。

1.0.2 本条规定了本规范适用的焊管机组类型。其中不锈钢焊管部分仅适用于工业用不锈钢焊管机组。

1.0.3 本条规定了新建、改建和扩建焊管机组应遵循的原则

1.0.4 本条规定了与国家现行有关标准的关系。

2 术 语

本章规定了本规范中所使用术语的定义。在现行国家标准中已有统一规定的术语，未在本规范中定义。本规范涉及较多的焊接术语，已在现行国家标准《焊接术语》GB/T 3375—1994 中做了规定。

3 一般规定

3.0.1 焊管机组的系列化，有利于降低焊管机组设备和工具的生产周期和生产成本。

本规范中，焊管机组的规格代号以焊管机组设计生产的最大规格焊管外径取整后的阿拉伯数字表示，外径的单位为 mm。

为统一命名方式，本规范中焊管机组的名称表示为"φ××××XXXX（不锈钢）焊管机组"。其中"××××"表示焊管机组的规格代号，"XXXX"表示焊管机组的类型代号。不锈钢焊管机组在类型代号后增加"不锈钢"字样。

焊管机组的代号按如下方式表示：高频直缝焊管机组用 ERW 表示；螺旋埋弧焊管机组用 SSAW 表示；不锈钢连续成型焊管机组用 EFW 表示；直缝埋弧焊管机组、不锈钢单支成型焊管机组用描述其成型方式的英文大写字母表示。如果在成型后有扩径工序，则类型代号末尾加大写字母 E。例如：用 UO、JCO、RB 成型方式生产但没有扩径工序的机组分别用 UO、JCO、RB 表示；用 UO、JCO、RB 成型方式生产且成型后有扩径工序的机组则分别用 UOE、JCOE、RBE 表示。

3.0.2 直缝埋弧焊管机组宜建在有条件的宽厚板机组后，一方面可保证直缝焊管机组原料质量，另一方面，从运输的角度讲，宽度大于 3m 的宽厚板运输较为困难，而运钢管则较容易。

4 焊管机组生产用原料

4.0.1 本条对高频直缝焊管机组、螺旋埋弧焊管机组推荐采用钢带卷作原料；对直缝埋弧焊管机组推荐选用单张定尺钢板作原料；不锈钢单支成型焊管机组推荐选用单张定尺钢板作原料；但对不锈钢连续成型焊管机组则强调应选用钢带卷作原料。

4.0.2 使用大卷重的钢带卷可以减少头尾焊接，提高生产率，并减少头尾对焊可能造成的焊接质量波动，提高产品质量，因此推荐高频直缝焊管机组、螺旋埋弧焊管机组和不锈钢连续成型焊管机组采用大卷重的钢带卷作原料。

4.0.3 本条规范钢带卷内径，一方面符合目前钢带卷的供应状况，另一方面也有利于设备制造和钢带卷供应。

5 焊管生产工艺

5.1 高频直缝焊管机组生产工艺

5.1.1 本条规定了高频焊管机组应具有的基本组成部分。

5.1.2～5.1.6 这几条规定了高频焊管机组各组成部分至少应具有的生产工序。通过对高频直缝焊管机组每一部分应具有的工序的规定，规定了机组应当达到的工艺技术水平。

5.2 直缝埋弧焊管机组生产工艺

5.2.1 规定了直缝埋弧焊管机组应当采用的生产工艺和所包含的生产工序，从而规定了机组应当达到的工艺技术水平。允许机组采用的工序比规定的多，以保证机组的水平。

5.2.2 原料供货固定、原料供货厂已设有成品无损探伤工序，原料出厂前已全部进行了钢板无损探伤，并能提供无损探伤合格的证明书，可以视为原料钢板均经过无损探伤。

5.2.3 将引/熄弧板焊接工序设在板边加工工序前，板边加工时，引/熄弧板与钢板板边一同加工，使引/熄弧板坡口与钢板边部坡口相同，保证焊接工艺稳定。

5.2.4 在成型前对钢板边部进行预成型，解决主成型时钢板边部难以成型的问题，保证高质量焊管的生产。

5.2.5 采用连续预焊，将开口缝连续焊接，并且焊缝均匀，能够防止内焊时出现漏焊现象，防止空气吸入焊接区而形成气孔，保证埋弧焊缝均匀，从而保证钢管的整个焊缝质量。

5.3 螺旋埋弧焊管机组生产工艺

5.3.1 本条规定了螺旋焊管机组生产工艺应具有的基本组成部分。

5.3.2～5.3.4 这几条规定了螺旋焊管机组各组成部分应当具备的生产工艺和所包含的工序，从而规定了

机组应当达到的工艺技术水平。

5.4 不锈钢连续成型焊管机组生产工艺

5.4.1 本条规定了不锈钢连续成型焊管机组生产工艺应具备的基本组成部分。

5.4.2~5.4.5 这几条分别规定了不锈钢连续成型焊管机组钢带准备、成型焊接、焊缝处理、定径切断部分应当具备的工序。其中，定径切断部分除定径和定尺切断工序外，还应有矫正、无损检验和测径等工序，以保证不锈钢产品的质量。

5.4.6 本条规定了焊管精整部分应具有的生产工序。根据不锈钢焊管生产的特点，规定选用了非光亮热处理的不锈钢焊管机组应在焊管精整部分设置酸洗钝化工序，而对于选用了光亮处理的不锈钢焊管机组是否需要设置酸洗钝化工序则不作规定。

5.4.7 具体选用离线热处理方式还是在线热处理方式，可以根据机组生产的品种确定，但机组应当设置热处理工序，并在热处理工序前设置清洗工序以清除表面污渍。对于生产冷凝器、低压加热器用不锈钢焊管等小规格的机组宜选用光亮热处理。

5.4.8 不锈钢盐酸酸洗效果差，不易控制，且对环境污染大。美国标准 ASTM A380《不锈钢零件、设备和系统清洗、去氧化皮及钝化的标准做法》规定的不锈钢酸洗工艺中也排除了盐酸酸洗工艺。

5.4.9 工业用不锈钢焊管品种较多，对于生产一些特殊用途的不锈钢焊管品种的机组，除了本节规定的工序外，还可根据这些品种的要求增设相应的工序。

5.5 不锈钢单支成型焊管机组生产工艺

5.5.1 本条根据不锈钢焊接钢管的特点，规定了不锈钢单支成型焊管机组生产工艺应具备的生产工序，从而规定了机组应达到的工艺技术水平。

5.5.2 同第 5.2.2 条。

5.5.3 同第 5.2.4 条。

5.5.4 同第 5.4.8 条。

5.5.5 同第 5.4.9 条。

6 焊管机组设备选择

6.1 高频直缝焊管机组设备选择

6.1.1 本条规定焊管机组的自动化控制水平。提高机组的自动化水平，有利于提高机组的劳动生产率、提高产品质量、降低消耗。

6.1.2 本条规定的目的是提高上料工序的自动化水平，减少对钢带卷的损伤。

6.1.3 本条规定主要目的是限制人工开卷，并提高开卷机的自动化水平。

6.1.4 本条规定的目的是保证矫平效果和质量。

6.1.5 本条没有规定切头切尾工序设备的具体型式，但要求设置钢带头尾切断机且在其前后应设置钢带对中装置。

6.1.6 对于对焊机强调的是自动对焊，以减少人工操作造成的质量不稳定和对焊时间延长；对于活套装置，则限制了有可能导致钢带产生屈服变形或表面划伤缺陷的钢带活套装置的使用。

6.1.7 对于生产薄规格焊管的机组，纵切后的钢带边部质量可以满足焊接要求。

6.1.8 本规范只规定钢带超声波探伤装置能检测钢带边部的缺陷。是否需要同时检测钢带其他部位的缺陷，本规范不做规定，设计时可根据需要选择。另外，由于需要连续生产，探伤检出的缺陷不能立即被清除，因此探伤机对所探测到的缺陷进行标记就很重要。

6.1.9 本条规定了成型机的装备水平。其中第 2 款参考了《新编焊接钢管生产技术与质量检测标准汇编实用全书》（主编：赵子瑜，北京工业大学出版社出版，2006 年 3 月第 1 版。下同）第 290 页相关内容。规定第 1 款、第 2 款和第 4 款的目的是保证焊管成型质量；第 3 款主要是为了提高机组生产率。

6.1.10 本条规定了焊接工序的装备水平。

1 固态高频焊机具有电弧稳定、节能、焊缝质量好等优点，因此，规定应选用固态高频焊机。

2 感应焊具有质量好、效率高等优点，在生产中小规格焊管时优势明显。因此，推荐 406 以下机组宜选用感应焊。

3 接触焊焊接过程中的打火现象会导致焊接过程的不稳定，影响焊缝质量。特别是薄壁管容易出现打火现象。另外，焊管表面的铜污染会造成焊管在随后的加热过程中产生热裂纹。因此，对这两方面进行了规定。

4 规定有利于对焊缝质量的控制。

5 规定参考了《新编焊接钢管生产技术与质量检测标准汇编实用全书》第 306 页相关内容，目的是提高焊缝质量。

6 主要是为了减少更换工具的时间，提高机组作业率。

6.1.11 本条第 1 款的规定参考了《新编焊接钢管生产技术与质量检测标准汇编实用全书》第 312 页相关内容、API Spec 5CT-2001 第 9.9.3 条和国内某 $\phi 610mm$ ERW 焊管机组等项目。第 2 款的规定是为了保证焊管内表面质量，同时在一定程度上限制某些落后的内毛刺清除方式。

6.1.12 该条规定参考了石油管等产品标准的要求。

6.1.13 该条规定参考了国内某些工程项目的装备水平。其中，对标记要求规定的原因与第 6.1.8 条相同；规定具备内焊缝余高检测能力的原因是可以根据检测结果适时对焊缝内毛刺清除装置进行调整。

6.1.14 感应加热是目前在线焊缝热处理加热最好的方式，具有加热速度快，能耗低，被加热管体氧化少等优点。

6.1.15 本条参考了《新编焊接钢管生产技术与质量检测标准汇编实用全书》第322页相关内容及相关金属学与热处理资料。第1款规定主要是为了保证焊管经定径矫正后的平直度，第2款规定目的是为了保证焊管的内部组织符合质量要求。

6.1.16 为减少换辊时间，提高作业率，推荐配置快速更换装置。

6.1.17 目前分段切断的设备类型有很多种，不同类型的定尺分段设备在不同规格机组上的优缺点不同。因此，本规定对类型不做规定，但规定了对管端损伤的质量要求。这里的管端损伤应包括变形、表面损伤及热影响区等。

6.1.18 平头倒棱机既可以平端面，又可以对管端倒坡口、去除管端毛刺。因此，推荐管端处理工序选用平头倒棱机。

6.1.19 本条主要是限制用人工方式清除管内毛刺和残渣。

6.1.20 本条对取样工序设备不做具体规定，但对取样数量和位置进行了规定，即应当满足产品标准的要求。

6.1.21 本条对人工检查工序设备不做具体规定。

6.1.22 在焊管收集工序推荐对产品外径（不是机组规格代号）小于或等于219mm的钢管设置打捆设备。

6.1.23 本条规定了水压试验机的装备水平和选用规则。水压试验机要满足产品大纲规定的各种产品水压试验压力的要求。另外，应结合第6.1.25条规定执行。如果建设单位在其他工程或机组，如热处理、管加工工程中已有相应的水压试验机，则本机组可以不配置水压试验机。

6.1.24 本条只要求设置焊缝超声波探伤装置，是否设置管体无损检测则可根据需要确定。

6.1.25 机械性能、工艺性能试验设备和检验化验设备很多可以共用，且生产能力较大，可以集中设置，无须为每一个机组单独设置，但应当有且满足生产要求，如拉伸试验、压扁试验等。另外，对水压试验，如果建设单位在其他工程或机组，如热处理或管加工工程中已配置有相应的水压试验机，则可以不为本机组单独配置。

6.2 直缝埋弧焊管机组设备选择

6.2.1 同第6.1.1条。

6.2.2 采用真空吸盘或电磁吸盘吊车吊运钢板，避免采用夹具吊运时人工劳动强度大、安全性差、吊运薄壁宽板困难的缺点，保证生产线的装备水平。

6.2.3 本条规定引/熄弧板焊接设备的种类，保证引/熄弧板焊接的质量。

6.2.4 直缝埋弧焊管机组边部加工设备目前主要有两种：即铣边机和刨边机。设计时可根据机组生产品种选用。

6.2.5 预弯边设备用于在成型前对钢板边部进行预成型，解决主成型时钢板边部难以成型的问题，保证生产线能生产出高质量的产品。

6.2.6 采用连续预焊有利于焊缝质量。

6.2.7 本条规定机组焊接工序设备的装备水平。实际生产时，可以根据钢管壁厚的不同，采用不同的焊丝数。

6.2.8 扩径设备目前主要有两种：机械扩径机和水压扩径机。设计时可根据机组生产品种选用。

6.2.9 本条规定了水压试验机的装备水平和选用规则，其中最重要的是水压试验机要满足产品大纲规定的各种产品水压试验压力的要求。

6.2.10 目前应用广泛的直缝埋弧焊管产品标准和规范对直缝埋弧焊管产品焊缝无损探伤的规定并不完全一致。API标准规定可以采用焊缝超声波探伤和管端焊缝X射线拍片的联合探伤方式，也可以采用对全长焊缝进行X射线探伤的方式；国内用户一般都要求对全长焊缝进行X射线探伤；为适应不同用户的要求，新建、改建项目应该配备完整的超声波和X射线探伤设备。

6.2.11 直缝埋弧焊管机组生产的焊管品种主要是高质量的油气管线钢管，管线钢管需要对管端倒坡口。因此，机组应配置平头倒棱机。

6.2.12 本条规定了管端坡口应当配置的探伤装置及其种类，以保证管端坡口质量。

6.2.13 同第6.1.20条、第6.1.21条。

6.2.14 直缝埋弧焊管机组生产的焊管规格较大，需要对焊管进行逐支称重、测长和标记。

6.2.15 机械性能、工艺性能试验设备和检验化验设备很多可以共用，且生产能力较大，可以集中设置，无须为每一项机组单独设置，但应当有且满足生产要求，如拉伸试验、压扁试验等。

6.3 螺旋埋弧焊管机组设备选择

6.3.1 同第6.1.1条。

6.3.2 本条规定的目的是提高上料工序的自动化水平，减少钢带卷的损伤。采用小车上料方式，主要优点是：可节省上料时间，利于连续生产。

6.3.3 同第6.1.3～6.1.5条。

6.3.4 带有钢带活套装置或飞焊车的螺旋焊管机组可连续运行，减少停机时间，并能消除因焊接停机产生的焊接缺陷。因此，本规范推荐选用。活套装置的型式可以是地坑式，也可以选择别的型式，但地坑式较经济，用得也较普遍。

6.3.5 可以在铣边机前同时配置纵切机。在生产薄壁管时，如果已用纵切机剪边，可以不使用铣边机。

采用铣边机加工坡口的主要优点是：可降低材料消耗，保证坡口质量。

6.3.6 外控式或内承式成型质量好，且技术很成熟。

6.3.7 本条规定的目的主要是为了提高生产效率和焊缝质量并减少焊剂材料损失等。

6.3.8 采用等离子切割方式的主要优点是：切口质量好、金属损耗小。

6.3.9 同第6.1.23条。

6.3.10 螺旋焊管多需要平头倒棱。

6.3.11 同第6.1.20条、第6.1.21条。

6.3.12 本条规定目的是要确保产品质量。

6.3.13 不规定称重/测长/标记工序具体的装备水平，但要求可对焊管进行逐支称重、测长和标记。

6.3.14 机械性能、工艺性能试验设备和检验化验设备很多可以共用，且生产能力较大，可以集中设置，无须为每一个机组单独设置，但应当有且满足生产要求，如拉伸试验、压扁试验等。另外，对水压试验和无损检验设备，如果建设单位在其他工程或机组中已配置有相应的水压试验机或无损检验设备，则可以不为本机组单独配置。

6.4 不锈钢连续成型焊管机组设备选择

6.4.1 同第6.1.3条。

6.4.2 同第6.1.4条。

6.4.3 规定对焊工序应设置钢带对中装置的目的是提高对焊质量。

6.4.4 根据不锈钢焊管生产的特点和螺旋活套装置的性能特点，本规范不推荐不锈钢连续成型焊管机组配置螺旋活套装置。

6.4.5 不锈钢焊管的焊接质量要求较高，焊接前应对钢带进行清洁以保证焊接部位干净，从而保证焊缝质量。超声波清洗装置是目前效果较好的清洗方式。

6.4.6 同第6.1.9条。

6.4.7 生产奥氏体不锈钢焊管的机组可选用惰性气体保护电弧焊机、等离子弧焊机、钨极氩弧焊加等离子弧焊加钨极氩弧焊组合焊机、激光焊机；生产铁素体不锈钢焊管的机组可选用高频感应焊机。具体如何选用应根据机组所生产产品品种确定，本规范不做规定，但本规范规定了所有焊机都应配置恒电压自动控制系统和管内气保护装置，并推荐配置焊缝自动跟踪装置，同时针对惰性气体保护电弧焊机、等离子弧焊机、钨极氩弧焊加等离子弧焊加钨极氩弧焊组合焊机，还推荐配置电弧磁偏转装置。

6.4.8 根据不锈钢焊管生产的特点，生产奥氏体不锈钢焊管的机组外焊缝清除设备宜选用在线磨削式装置，生产铁素体不锈钢焊管的机组外焊缝清除设备宜选用机械刮削式装置。选择哪种型式的外焊缝清除设备可根据机组生产的品种确定。

6.4.9 辊轧式和锤击式焊缝冷加工装置各有优缺点，

适合不同的品种，设备选择时应根据机组生产的产品品种确定，但至少应配置具有焊缝纠偏功能的焊缝冷加工装置。规定具有焊缝纠偏功能的目的是保证焊缝冷加工的质量。

6.4.10 本条只规定对采用高频焊生产铁素体不锈钢焊管的机组应选用刮削式装置清除内焊缝余高，对其他类型的不锈钢焊管机组不规定选用哪种型式的内焊缝余高清除装置，但至少应配置有内焊缝余高清除装置。

6.4.11 本条规定了定径切断部分的无损检验应配置的设备类型和应具有的功能。规定的目的是为了保证焊缝质量，生产时可根据检测结果及时对焊接过程进行调节，减少生产过程中的质量缺陷。

6.4.12 激光测径和电磁测径装置可以在线连续测出不锈钢焊管的外径尺寸，以便根据测量结果对定径工序及时进行调整，减少定径误差，提高机组的产品质量和工艺技术水平。

6.4.13 本条规定了焊管精整部分应配置的无损检验设备。为保证产品质量，在精整部分应至少配置本条规定的管体探伤装置的一种。

6.4.14 同第6.1.23条。

6.4.15 本条没有具体规定管端处理工序应配置的设备类型，但要求经过该工序处理后的管端要满足产品标准规定的要求或后续加工的要求，包括管端毛刺、管端端面和端部坡口等。

6.4.16 热处理工序的主要设备是加热炉，加热炉对热处理的质量，包括表面质量和性能都有重要影响。

6.4.17 本条规定酸洗钝化装置配备环保处理装置的目的是防止酸洗钝化装置产生的酸雾、废液等对环境的污染。

6.4.18 同第6.1.17条。

6.4.19 同第6.1.20条、第6.1.21条。

6.4.20 同第6.1.22条。

6.4.21 不锈钢具有特殊性，在生产过程中与不锈钢带、钢管接触的部位应选用尼龙、橡胶或不锈钢等材料进行隔离。

6.4.22 同第6.3.14条。

6.5 不锈钢单支成型焊管机组设备选择

6.5.1 采用真空吸盘吊运单张钢板。避免采用夹具吊运，防止钢板划伤、铁离子污染的缺点，以保证生产线的装备水平。另外，奥氏体不锈钢属于无磁性材料，也不适宜用电磁吸盘吊车。

6.5.2 可用于不锈钢钢板定尺切割的装置很多。为保证切割质量，本条明确了可选的定尺切割装置类型。

6.5.3 超声波探伤装置既可以检测钢板的内部缺陷，也可检测钢板的表面缺陷，是目前较好的钢板无损检验装置之一，用得也较普遍。

6.5.4 大多数不锈钢易粘钢，因此板边加工宜选用刨边机。但对于部分不锈钢品种，也可选用铣边机。

6.5.5 不同的成型方式各有优缺点，设计时可根据机组生产的品种规格和产量选用。RB 成型适合品种规格多、批量小的生产，但在生产高强度（如双相不锈钢）、厚壁钢管时，成型质量不如 UO 和 JCO。JCO 成型采用压力机压制成型，可以在压模的全部长度范围内实施补偿，补偿时通过传感器对压模的变形进行自动检测，并通过反馈构成闭环对变化量进行补偿，整个压制过程可以实现智能化控制，成型质量优于 RB 成型。相对于 RB 和 JCO 方式，UO 方式的成型质量最好。但从设备投资来看，UO 成型的投资最高，JCO 成型次之，RB 成型最少。根据不锈钢焊管机组生产具有品种规格多、批量小的特点，多选用 RB 成型。

6.5.7 惰性气体保护电弧焊机、等离子弧焊机、钨极氩弧焊加等离子弧焊加钨极氩弧焊组合焊机各有特点，具体如何选用应根据机组所生产品种确定，本规范不做规定，但本规范规定了所有焊机都应配置恒电压自动控制系统和管内气体保护装置，并推荐配置焊缝自动跟踪装置和电弧磁偏转装置。

6.5.8 模压整圆具有整圆质量好，整圆后内应力小等优点。因此，本规范推荐选用模压整圆设备。

6.5.9 本条规定配备环保处理装置的目的是防止酸洗钝化装置产生的酸雾、废液等对环境的污染。

6.5.10 同第 6.1.23 条。

6.5.11 根据客户需要和现行的产品标准要求，单支成型不锈钢焊管需要对焊缝进行 X 射线拍片或 X 射线实时成像检测。但机组配置应满足不同产品标准和客户的要求。因此，本条规定这两种设备都应配置。

6.5.12 单支成型不锈钢焊管机组生产的高质量焊管在去除引/熄弧板后均需要平端面，部分品种还需要倒坡口。因此，本条规定了在该工序应配置平头倒棱机，以保证管端质量。

6.5.13 同第 6.1.20 条、第 6.1.21 条。

6.5.14 同第 6.2.14 条。

6.5.15 同第 6.4.21 条。

6.5.16 同第 6.3.14 条。

7 工作制度、工作时间和设计负荷率

7.0.1 本条规定了焊管机组的工作制度。在设计时，焊管机组都应按连续工作制设计。全年除必要的检修、换工具、故障等停车时间外，都应考虑作业。

7.0.2 本条规定了机组的年规定工作时间、年有效工作时间和年实际工作时间指标。这些指标在一定程度上可以反映机组的复杂程度和装备水平。其中，年规定工作时间主要反映机组大中修、小修所需要的时间，其数据在一定程度上可以反映机组的复杂程度和

装备水平；年有效工作时间主要反映了机组换辊、换工具及故障停机所需要的时间，其数据可以反映机组装备水平。

7.0.3 本条规定了机组的负荷率。机组的负荷率是根据年工作时间进行计算的。因此，该指标也在一定程度上反映了机组的装备水平。

8 机组生产能力的计算

8.0.1 本条规定了在初步设计阶段需要对机组生产能力进行详细计算。对其他设计阶段的计算在本规范中不做规定。

8.0.2 本条规定了机组生产能力详细计算的方法和要求，以统一计算方法。

9 平面布置和车间设计

9.0.1 本条规定了工艺布置需要遵循的一般原则。

9.0.2 本条规定了车间设计需要考虑的安全因素。

9.0.3 本条规定了车间设计考虑工具堆放场地、设备检修场地、废次品处理或堆放场地的原则。

9.0.4 本条规定的目的是在满足生产要求的前提下，尽量减少车间内原料仓库和成品仓库的面积，减少不必要的厂房或土地占用，节约投资和土地资源。

9.0.5 本条规定的目的是改善工人的生产操作环境。

9.0.6 本条是对车间起重机设置的规定。车间起重机的设置，既是为了满足生产的需要，也可在一定程度上降低工人的劳动强度。

9.0.7 本条规定的目的是保证设备检修和维护时的吊运作业，以尽量降低工人的劳动强度。辅助设施的吊运可采用其他措施，如葫芦吊、叉车、汽车吊等方式。

9.0.8 本条规定的目的是尽量减少酸洗间对车间其他部分的影响，保障生产环境。

10 焊管生产工具

10.0.1 生产工具的加工和修复是保证机组建成后能否正常生产的重要环节。因此，在设计时应当重视。

10.0.2 本条规定的目的是确保机组不会因专用生产工具的加工而影响生产。

11 机组主要技术经济指标

本规范规定了部分技术经济指标值。过去由于焊管机组（特别是高频直缝焊管机组）生产的产品主要是质量不高、规格相对较小的产品。因此，一些技术经济指标较低。本规范在原《焊管车间工艺设计若干原则规定（试行）》YBJ 62—91 的基础上，根据目前

国内机组的实际生产情况，对部分技术经济指标做了适当调整。

安全生产、防火、环保和劳动保护方面的规定，并保证工作人员的安全和健康。

12 环境保护、劳动安全和工业卫生

本章规定的目的是要求项目建设必须符合国家对

中华人民共和国国家标准

橡胶工厂环境保护设计规范

Code for design of environmental protection
of rubber factory

GB 50469—2008

主编部门：中国工程建设标准化协会化工分会
批准部门：中华人民共和国住房和城乡建设部
施行日期：２００９年７月１日

中华人民共和国住房和城乡建设部
公　告

第 197 号

关于发布国家标准
《橡胶工厂环境保护设计规范》的公告

现批准《橡胶工厂环境保护设计规范》为国家标准，编号为 GB 50469—2008，自 2009 年 7 月 1 日起实施。其中，第 4.0.1、4.0.3、6.2.6 条为强制性条文，必须严格执行。

本规范由我部标准定额研究所组织中国计划出版社出版发行。

中华人民共和国住房和城乡建设部
二〇〇八年十二月十五日

前　　言

本规范是根据建设部"关于印发《2006 年工程建设标准规范制订、修订计划（第二批）》的通知"（建标函〔2006〕136 号）的要求，由中国石油和化工勘察设计协会、全国橡胶塑料设计技术中心会同中国化学工业桂林工程公司、昊华工程有限公司、上海橡胶制品研究所、西北橡胶塑料研究设计院共同编制而成。

本规范在编制过程中，编制组进行了广泛的调查研究，认真总结了我国橡胶工业多年来在环境保护设计、运行方面的经验，结合国内、外橡胶工厂环境保护的先进技术和先进理念，广泛征求了国内橡胶行业的工程设计、工程施工、科研和橡胶制品、轮胎生产单位的意见，并进行了多次整理及讨论，最后经审查定稿。

本规范共分 10 章，主要内容包括：总则，术语，设计内容，厂址选择与总图布置，废气、粉尘防治，废水防治，噪声防治，固体废物处置，事故应急措施，环境监测等。

本规范中以黑体字标志的条文为强制性条文，必须严格执行。

本规范由住房和城乡建设部负责管理和对强制性条文的解释，由全国橡胶塑料设计技术中心负责具体内容的解释。本规范在执行过程中，请各单位结合工程实践，认真总结经验，注意积累资料，随时将意见和建议寄送全国橡胶塑料设计技术中心（地址：北京市朝阳区小营路 15 号院 1 号楼中乐大厦 408 室，邮政编码：100101，传真：010—51372780，E-mail：China. crpi@yahoo. com. cn），以供今后修订时参考。

本规范主编单位、参编单位和主要起草人：

主 编 单 位：中国石油和化工勘察设计协会
全国橡胶塑料设计技术中心

参 编 单 位：中国化学工业桂林工程公司
昊华工程有限公司
上海橡胶制品研究所
西北橡胶塑料研究设计院

主要起草人：邹仁杰　程一祥　王东明　郑玉胜
苏　志　顾卫民　卢国宇　梁富积
张清宇　吴　江　尹启旺　邓小健
杨彩兰　周　毅　臧庆立　李贵君
胡祖忠　齐国光　罗燕民　陈宏年
李　东　虞钟华　潘国栋　乐贵强
曹元礼　何　道　邓　蓉　魏文英
崔政梅

目　次

1 总 则

1.0.1 为防止废气、废水、噪声、固体废物等对环境造成污染及危害，规范橡胶工厂建设项目环境保护设计，达到清洁生产，合理开发和综合利用资源、节能减排，保持生态平衡的目的，依据国家有关法律、法规、法令、标准，制定本规范。

1.0.2 本规范适用于橡胶工厂新建、改建和扩建工程项目的环境保护设计。

1.0.3 橡胶工厂建设项目的环境保护设计，应从全局出发，统筹兼顾，做到安全适用、技术先进、经济合理。

1.0.4 橡胶工厂建设项目所选用的原材料、辅助材料、设备、器材等，应符合国家环境保护和清洁生产的有关规定。

1.0.5 橡胶工厂建设项目的环境保护设计除应执行本规范外，尚应符合国家现行有关标准的规定。

2 术 语

2.0.1 炭黑粉尘 carbon black dust

指纯炭黑（含白炭黑）粉尘或以炭黑为主的粉尘（其中含有少量橡胶配合剂），在炭黑的贮存、解包、输送、称量、投料及混炼过程中因其逸散而悬浮、飞扬在生产车间空气中的生产性粉尘。

2.0.2 热胶烟气 milling fume

橡胶加工过程中，在机械剪切和加工温度作用下，橡胶和各种配合剂中的低沸点物质和水分以混合气（汽）的形式从胶料中逸出而形成的热烟气。

2.0.3 硫化烟气 curing fume

指硫化过程中残留的橡胶单体以及橡胶配合剂在高温下的热分解产物，在硫化过程中散发的热烟气。

2.0.4 有机溶剂挥发气 volatile gas of organic solvent

指在胶浆制备和刷浆过程中使用的胶浆或有机溶剂，在半成品的干燥过程中产生的溶剂挥发气。

3 设计内容

3.0.1 项目建议书的环境保护篇，应包括下列主要内容：

1 建设项目概况；

2 建设项目所在地区的环境现状；

3 可能造成的生态环境影响及防治对策；

4 当地环境保护部门的意见和要求；

5 存在的问题。

3.0.2 可行性研究报告的环境保护篇，应包括下列主要内容：

1 建设项目概况；

2 建设项目所在地区的环境现状；

3 设计采用的环境保护标准；

4 主要污染源及主要污染物；

5 对污染物采取的防治措施；

6 分析、预测项目投产后对生态环境可能造成的影响；

7 环境保护设施投资估算；

8 存在的问题及建议。

3.0.3 初步设计的环境保护篇（专篇），应包括下列主要内容：

1 环境保护设计依据；

2 设计采用的环境保护法规、标准；

3 主要污染源及主要污染物的种类、名称、数量、浓度及排放方式；

4 对污染物采取的防治措施及预期效果；

5 分析、评价项目投产后对生态环境造成的影响；

6 环境保护管理机构、人员配备；

7 环境监测机构、人员配备及设施；

8 绿化用地面积及绿化率；

9 环境保护设施的投资概算；

10 存在的问题及建议。

3.0.4 施工图设计必须符合项目环境影响评价报告书（表）批复文件的要求。

4 厂址选择与总图布置

4.0.1 橡胶工厂建设项目的选址必须符合地区环境影响评价和区域规划的要求。

4.0.2 厂址选择应根据建设地区的自然环境和社会环境，并结合拟建项目的性质、规模和排污特征，以及地区环境容量进行综合分析论证后，优选对地区环境影响最小的厂址方案。

4.0.3 厂址严禁选择在城市规划确定的生活居住区、文教卫生区、水源保护区、名胜古迹、风景游览区，温泉、疗养区和自然保护区等界区内。

4.0.4 厂址应布置在生活居住区等环境保护目标全年最小频率风向的上风侧，并应满足卫生防护距离要求。

4.0.5 橡胶工厂的行政管理和生活设施，应布置在靠近生活居住区的一侧，并应布置在全年最小频率风向的下风侧。

4.0.6 总平面布置在满足生产需要的前提下，应防止或减少废气、粉尘、废水、噪声对环境的污染。污染源宜布置在对环境影响最小的位置。

4.0.7 橡胶工厂的建设应有绿化规划设计。

4.0.8 对于较大的噪声源，应布置在对厂界外环境影响较小的地带。

5 废气、粉尘防治

5.1 一般规定

5.1.1 橡胶工厂生产工艺设计宜采用不产生污染或少产生污染的清洁生产新工艺、新技术和新设备，宜采用无毒无害或无污染的原材料和辅助材料。

5.1.2 选择废气治理方案时，应避免产生二次污染。

5.2 污染源控制

5.2.1 产生废气、粉尘等污染物的橡胶加工设备宜选用密闭式，对无法密闭的设备应配设污染物的收集、治理设施。

5.3 废气治理

5.3.1 对橡胶加工过程下列污染源产生的非甲烷总烃和其他废气（复合臭气除外），宜采取有组织排放措施，并应符合现行国家标准《大气污染物综合排放标准》GB 16297 的有关规定。

   1 胶浆制备、浸胶浆和胶浆喷涂等工序的有机溶剂挥发气体；

   2 橡胶加工过程产生的热胶烟气和硫化烟气；

   3 橡胶加工酸洗过程产生的酸雾；

   4 再生胶脱硫罐产生的废气。

5.3.2 复合臭气的排放应按现行国家标准《恶臭污染物排放标准》GB 14554 的有关规定执行。有组织排放的复合臭气的排放速率不得超过按排气筒高度规定的最高排放速率值；无组织排放的复合臭气的排放浓度不得超过厂界浓度控制值。

5.3.3 锅炉烟气中的二氧化硫及氮氧化物排放浓度应符合现行国家标准《锅炉大气污染物排放标准》GB 13271 的有关规定，热电联产配用锅炉烟气中的二氧化硫及氮氧化物排放浓度应符合现行国家标准《火电厂大气污染物排放标准》GB 13223 的有关规定。

5.4 粉尘治理

5.4.1 对产生粉尘的污染源应设计除尘排风系统，排放口的粉尘浓度应符合现行国家标准《大气污染物综合排放标准》GB 16297 的有关规定。

5.4.2 除尘排风系统的管路设计及除尘器的选择，应按现行国家标准《采暖通风与空气调节设计规范》GB 50019 的有关规定执行。

5.4.3 锅炉烟气中的烟尘排放浓度应符合现行国家标准《锅炉大气污染物排放标准》GB 13271 的有关规定，热电联产配用锅炉烟气中的烟尘排放浓度应符合现行国家标准《火电厂大气污染物排放标准》GB 13223 的有关规定。

6 废水防治

6.1 一般规定

6.1.1 生产过程中应减少废水排放。排出的废水，应采取清污分流、重复利用或一水多用等处理措施。

6.1.2 橡胶工厂的排水可划分为生产废水系统、生活污水系统和雨水排水系统。

6.1.3 橡胶工厂排出的生产废水和生活污水，其水质应符合现行国家标准《污水综合排放标准》GB 8978 的有关规定。

6.1.4 排入农田灌溉沟渠的废水，水质应符合现行国家标准《农田灌溉水质标准》GB 5084 的有关规定。

6.2 污染源控制

6.2.1 供水设计应在满足生产用水的前提下节约用水。

6.2.2 排水设计应根据排水量、水质、复用率或处理方法等因素，并按清污分流原则，对不同水质合理地划分排水系统。

6.2.3 生产过程产生的废水，生产设备、工作场所的墙面、地面等有污染的冲洗水，以及受污染的雨水，应进行处理。

6.2.4 设备的冷却用水应循环使用，循环水系统宜配置水质稳定处理设施，循环利用率应达到 95％ 以上，不得用增加排水量维持循环水水质。

6.2.5 输送含有腐蚀性物质的废水的沟渠、地下管道、检查井等，应采取防渗漏和防腐蚀措施。

6.2.6 废水排放严禁采用渗井、渗坑、溶洞、废矿井或用净水稀释等方式。

6.2.7 露天堆场应有防止由于雨水冲刷引起物料流失而造成污染的措施。

6.3 废水处理

6.3.1 橡胶加工过程的生产废水、生活污水、受污染雨水应进行综合治理。

6.3.2 废水在处理或重复利用过程中应采取防治措施。

6.3.3 对受纳水体造成热污染的排水，应采取防止热污染的措施。

6.3.4 厂区废水排出口应设置计量及监控采样装置。

7 噪声防治

7.0.1 噪声防治应按声源控制、噪声传播途径控制的顺序综合防治。

7.0.2 设备选型宜选用噪声较低、振动较小的设备。

7.0.3 柴油发电机排气口应设排气消声器。

7.0.4 活塞空压机吸气管应加装消声器。

7.0.5 压缩空气吸附干燥器的再生气排放口应配装消声器。

7.0.6 水泵、离心风机、活塞式空压机等的安装应采取减振措施，进出口管道应装柔性接头。

7.0.7 有强烈振动的管道与建筑物、构筑物或支架，不应采用刚性连接。

7.0.8 管道设计应正确选择流体的流速，管道截面不宜突变；阀门宜选用低噪声的产品。

7.0.9 带压气（汽）体的放空应选择适用于该气（汽）体特征的放空消声设备。

7.0.10 在厂区周边宜种植多层次的常绿乔木和灌木。

7.0.11 在总平面布置上，宜将噪声较大的站房集中布置。站房周围宜布置对噪声较不敏感、高大、朝向有利于隔声的建筑物、构筑物和堆场等。

7.0.12 厂界噪声应按现行国家标准《工业企业厂界噪声标准》GB 12348的有关规定执行。

8 固体废物处置

8.1 一般规定

8.1.1 固体废物防治应符合减量化、资源化、无害化的原则。固体废物的处置应根据固体废物的数量、性质并结合地区特点等进行综合比较确定。

8.1.2 固体废物在综合利用或其他处理过程中，应采取避免产生二次污染的防治措施。

8.2 污染源控制

8.2.1 生产过程中应采用先进的生产工艺和设备，并应合理选择和利用原材料、能源和其他资源。

8.3 存放、运输及处置

8.3.1 固体废物应设置堆场存放，不得任意堆放，堆场应根据排出量、运输方式、利用或处理能力等情况设置。

8.3.2 固体废物的输送，应采取防止污染环境的措施。

8.3.3 燃煤锅炉排出的灰、渣应采取综合利用措施。

8.3.4 废胶料、废橡胶产品、废包装材料等固体废物应采取综合利用措施。

8.3.5 焚烧炉焚烧过程中产生的残渣及除尘灰应设置专门堆放场地。

9 事故应急措施

9.0.1 建设项目设计应有应急处理措施。

9.0.2 对突发事故的废水应排入应急事故池，并应进行监测，同时应符合下列规定：

   1 符合排放标准的废水可直排；

   2 不符合排放标准的废水应进行处理。

10 环境监测

10.0.1 废气、粉尘监测项目宜包括下列内容：

   1 炼胶车间除尘排风系统排风口的炭黑粉尘、其他粉尘、非甲烷总烃等的排放浓度及排放速率；

   2 胶浆房、生产加工车间排风系统排风口的非甲烷总烃排放浓度及排放速率；

   3 酸洗排气口的氯化氢排放浓度及排放速率；

   4 锅炉烟气中的烟尘、二氧化硫、氮氧化物排放浓度；

   5 复合臭气的厂界排放浓度。

10.0.2 废水监测项目宜包括下列内容：

   1 废水总排口的 pH 值、总悬浮物、生化需氧量、化学需氧量、石油类、动植物油、氨氮、流量；

   2 雨排口的 pH 值、总悬浮物、生化需氧量、化学需氧量、石油类、流量。

10.0.3 噪声监测项目宜包括厂界周围昼间、夜间平均等效声级。

10.0.4 橡胶工厂建设项目可设立环保管理机构或环保监测站。

本规范用词说明

1 为便于在执行本规范条文时区别对待，对要求严格程度不同的用词说明如下：

  1）表示很严格，非这样做不可的用词：

     正面词采用"必须"，反面词采用"严禁"。

  2）表示严格，在正常情况下均应这样做的用词：

     正面词采用"应"，反面词采用"不应"或"不得"。

  3）表示允许稍有选择，在条件许可时首先应这样做的用词：

     正面词采用"宜"，反面词采用"不宜"；

     表示有选择，在一定条件下可以这样做的用词，采用"可"。

2 本规范中指明应按其他有关标准、规范执行的写法为"应符合……的规定"或"应按……执行"。

中华人民共和国国家标准

橡胶工厂环境保护设计规范

GB 50469—2008

条 文 说 明

目　次

1 总　　则

1.0.1 根据《中华人民共和国环境保护法》，结合橡胶工厂建设项目的特点，制定本规范。制定本规范的目的是在正确的设计思想指导下，力求使新建、扩建、改建及技术改造项目对环境的污染程度减至最小，并符合国家及地方对建设项目环境保护的有关规定。

1.0.3 本条规定了橡胶工厂建设项目环境保护设计的原则，明确规定从全局出发，统筹兼顾，结合橡胶工厂具体工程的实际情况进行环境保护、防治污染设施的设计，在工程中积极采用先进处理技术和防治措施，优化设计方案，综合考虑节约能源、节约用地、经济合理。

2 术　　语

本章是针对橡胶工厂环境保护设计工作的实际情况而编写的。

随着科学技术的进步，很多新的用语、名词和概念不断出现，并具体反映在设计过程中，为避免对设计造成概念混淆，需对此类名词术语进行统一的定义，以规范其正确的应用。

3 设计内容

本章规范了橡胶建设项目在设计工作各阶段环境保护设计应做的工作及具体内容要求。

3.0.2 项目申请报告环境保护有关内容可参照本条编制。

3.0.3 本条规范了初步设计中环境保护篇的内容，在这一阶段，要具体落实环境影响评价的结论及其审批意见。环境保护设计依据应包括：建设项目环境影响报告书（表）及其审批意见。

4 厂址选择与总图布置

4.0.1 各地区对于区域的功能都在进行规划，国家也开始对产业布局进行宏观指导，随着社会的进步和人们对环境质量的要求不断提高，以往的产业布局也需不断地调整。因此，在选择厂址时，首先应考虑当地的各类规划和环境保护要求，一般来讲，有工业园区的区域，在厂址选择时应首先选择在工业园区内。

4.0.2 橡胶工厂建设项目在前期工作中，不仅要考虑项目自身的环境影响问题，而且还要考虑拟选厂址的自然环境和社会环境。确定厂址前，一定要对其地理位置、地形地貌、地质、水文气象、城市规划、工农业布局、资源分布、自然保护区及其发展规划等进行充分的调查研究，并收集建设地区的大气、水体、土壤等环境要素背景资料。

4.0.3 中华人民共和国建设部《风景名胜区管理暂行条例》中规定："具有观赏、文化科学价值，自然景物、人文景物比较集中，环境优美，具有一定规模和范围，可供人们游览、休息或进行科学、文化活动的地区应列为风景名胜区"，《中华人民共和国自然保护区条例》规定："……自然保护区是指对有代表性的自然生态系统、珍稀濒危野生动植物物种的天然集中分布区，有特殊意义的自然遗迹等保护对象所在的陆地、陆地水体或者海域……"。《中华人民共和国文物保护法》规定，文物系指"具有历史、艺术、科学价值的古文化遗址、古墓葬、古建筑、石窟寺和石刻、壁画；与重大历史事件、革命运动或者著名人物有关的以及具有重要纪念意义、教育意义或者史料价值的近代现代重要史迹、实物、代表性建筑"。

4.0.4 在厂址选择中，应充分考虑到风的影响，因此，本条规定了橡胶工厂的建设项目应布置在最小频率风向的上风侧，以尽量减少对环境造成的影响。卫生防护距离根据环评报告的数据确定。

4.0.5 工厂的行政管理和生活设施一般不产生废气、粉尘、废水和噪声，将其布置在靠生活区的一侧，则相对的加大污染源与生活区之间的距离，有利于改善生活区的环境条件。

4.0.6 厂区的总图布置除应满足工艺要求之外，还应有利于环境保护，使污染物对环境的影响降到最小。而且，还要考虑污染物质之间的相互作用。对产生污染较大的生产设施应尽量安排在对环境影响最小的区域。

4.0.7 在厂区和车间附近栽植树木花草，不仅能美化环境，而且还可以减少粉尘、噪声对环境的影响。绿化率应结合橡胶建设项目所在地的有关绿化要求执行。

4.0.8 为了减少生产设施噪声对外界环境的影响，对于产生较大噪声的设施（如空压站）应布置在对厂外影响较小的地带。

5 废气、粉尘防治

5.1 一般规定

5.1.1 橡胶加工过程所使用的粉状配合剂，用量最多的是炭黑，其次是大粉料（即用量较多的碳酸钙、陶土等），再次是小粉料（即用量极少的促进剂、防老剂等）。这些粉料在操作过程中易造成粉尘污染。粉尘污染的大小与选用的技术和设备有关，造成危害程度的大小与选用配合剂的品种有关。因此，橡胶工厂建设的设计应采用清洁生产工艺，选择技术先进、经济合理的流程和设备，使粉料的解包、输送、称量、投料和混炼整个过程自动化、密闭化，减少粉尘对环境的污染。

5.2 污染源控制

5.2.1 无法密闭的设备,如采用开炼机进行混炼时,应配设除尘排风系统。

5.3 废气治理

5.3.1、5.3.2 橡胶工厂排放的废气主要是指在炼胶、压延、挤出过程中产生的热胶烟气和在硫化过程产生的硫化烟气,这些烟气通常是间断排放。目前已鉴定出在烟气中应控制的主要污染物有非甲烷总烃及复合臭气(橡胶工厂排放的恶臭污染物中,没有单项恶臭,只有复合臭气)。为减轻烟气对环境的污染,橡胶工厂的废气排放方式宜根据厂房的实际条件采用有组织排放,少用或不用无组织排放。

关于"无组织排放"的定义,在现行国家标准《大气污染物综合排放标准》GB 16297 中规定为:"无组织排放指大气污染物不经过排气筒的无规则排放",因此,不论排气筒的高度如何,不论是机械还是自然排气筒,只要是经过排气筒的有规则排放,均属于有组织排放。而在现行国家标准《恶臭污染物排放标准》GB 14554 中规定为:"无组织排放源指没有排气筒或排气筒高度低于 15m 的排放源"。以上两个标准对"无组织排放"的定义并不相同,应按大气污染物种类的不同而执行相应的标准,即排放非甲烷总烃执行现行国家标准《大气污染物综合排放标准》GB 16297,排放复合臭气执行现行国家标准《恶臭污染物排放标准》GB 14554。

按照上述两个标准对"无组织排放"的定义解释,橡胶工厂废气中非甲烷总烃的排放只要是经过排风管、屋面排风机和屋面自然排风器,均属于有组织排放,其排气口的排放浓度应执行有组织排放的最高允许排放浓度控制值。非甲烷总烃的排放速率则应按标准所列的不同排气筒高度执行相应的排放速率控制值。对于低于 15m 的排气筒的排放速率则应执行更严格的排放速率控制值,其值应按标准规定的计算方法进行计算得出。对于橡胶工厂废气中的复合臭气的排放,由于炼胶车间各排气筒高度通常均高于 15m,可实现有组织排放,即仅控制其排放速率,不需控制排放浓度;而压延压出、硫化车间所设的屋面排气筒高度通常均低于 15m,为无组织排放,则应执行复合臭气厂界浓度控制值。

5.4 粉尘治理

5.4.1 橡胶加工过程中产生粉尘的污染源主要有:

1 炭黑及大粉料的解包部位;
2 炭黑输送至日用吗斗的尾气排放部位;
3 密炼机投料口及排料口部位;
4 炭黑及大粉料的自动称量部位;
5 小粉料配料称量部位;

6 涂抹滑石粉、碳酸镁等粉状隔离剂部位;
7 制品打磨产生粉尘飞扬部位;
8 再生胶生产的废胶粉碎工序;
9 翻胎的削磨工序;
10 其他产生粉尘污染的部位。

对于以炭黑为主、含有少量配合剂的混合粉尘,应按现行国家标准《大气污染物综合排放标准》GB 16297 中炭黑粉尘的排放标准执行;对除炭黑粉尘外的各种粉尘则应按现行国家标准《大气污染物综合排放标准》GB 16297 中的其他粉尘排放标准执行。

6 废水防治

6.1 一般规定

6.1.1 重复利用、一水多用是节约水资源、减少排污的有效措施。具体实施按现行国家标准《城市再生水利用》系列标准、《建筑中水设计规范》GB 50336、《橡胶工厂节能设计规范》GB 50376 执行。

6.1.2 本条是对橡胶工厂排水系统的基本划分,在橡胶工厂设计时,可根据实际情况及经济比较后确定排水系统。由于各种排水水质和处理要求不同,上述排水系统也可适当合并或增设其他排水系统。

6.2 污染源控制

6.2.1 我国是严重缺水的国家,水危机已成为我国社会经济可持续发展的主要制约因素,因此在工程设计中,应提高水资源的利用率,严格控制新鲜水量,节约用水,减少污水排放量。

6.2.3 清洗设备和生产过程产生的废水、车间地面及初期受污染的雨水应排入废水系统,橡胶工厂炼胶车间是全厂污染最严重的区域,该车间清洗设备、地面的排水汇入生产废水后应进行处理。

6.2.4 橡胶工厂大量的用水是设备冷却用水,设备冷却使用后的水主要是水温升高,冷却水可循环使用。为提高冷却循环水的利用率,减少新鲜水的补充量,循环水系统宜做水质稳定处理,其水质稳定处理宜选用无毒、污染较轻的水质稳定剂,以减少排污量。

6.2.5 废水排水管的漏、渗会产生如下危害:污染地下水、地下水位高时地下水渗入废水管、降雨时雨水渗入废水管,因此应采取防渗漏、防腐蚀措施。

6.3 废水处理

6.3.1 废水处理应根据水质、水量及其变化幅度和处理后的水质要求,结合地区特点,选用物理、化学、生物等方法,通过技术经济比较后,确定优化处理方案。有条件的地区应设计中水系统,减少污水的排放量。中水回用是提高水资源重复利用率、节约用水的有效措施。中水原水收集率按现行国家标准《橡胶工厂节能设计规范》GB 50376 执行。

6.3.3 橡胶工厂锅炉排污、硫化热水排放等，应采取措施防止热污染水体。

6.3.4 为了更好地掌握废水对环境的影响，监测人员要经常取样。

7 噪 声 防 治

7.0.7、7.0.8 振动和噪声是两种不同的概念，但它们有着密切的联系。许多噪声是由振动诱发产生的，因此在对声源进行控制时，必须同时考虑隔振减振。控制振动的目的不仅在于降低因振动而激发的噪声，而且还在于降低振动本身对周围环境造成的有害影响。

7.0.9 高压放空排气噪声是排气喷流噪声的一种。排气喷流噪声的特点是声级高、频带宽、传播远。排气喷流噪声是由高速气流冲击和剪切周围静止的空气，引起剧烈的气体扰动而产生的。尤其是锅炉超压放空时，放空位置高，且时间长，高压放空噪声的控制方法是在排气管上安装消声器。

8 固体废物处置

8.1 一 般 规 定

8.1.1 国家对固体废物污染环境的防治，实行减少固体废物的产生量和危害性、充分合理利用固体废物和无害化处置固体废物的原则，促进清洁生产和循环经济发展。对有利用价值的，应考虑采取回收或综合利用措施；对没有利用价值的，可采取无害化堆置或焚烧等处理措施。对污染物的运输、储存、使用、回收，应执行相关现行国家标准。

8.1.2 固体废物在处理过程中，有可能产生二次污染，如固体废物在焚烧过程中，由于不完全燃烧，会产生臭味、一氧化碳气体、二噁英等污染物质，造成二次污染。因此，在设计中应同时考虑防治措施，达到国家有关规定的要求。

8.2 污染源控制

8.2.1 为了从源头控制污染的产生，工艺设计应采用无毒无害或低毒低害的原料，采用不产生或少产生污染的新技术、新工艺、新设备，最大限度地提高资源、能源利用率，在生产过程中把污染物减少到最低限度。

8.3 存放、运输及处置

8.3.1 固体废物的贮存应设置专用堆场，并且应具备足够的贮存能力，避免乱堆乱放，污染环境。

8.3.2 固体废物在输送过程中，不应污染环境。如输送含水量大的废渣时，应采取措施避免沿途滴洒；易扬尘废灰的装卸和运输，应采取密闭或增湿等措施，防止发生污染事故。

8.3.3 燃煤锅炉排出的灰、渣，可以用于制造建筑材料等。

8.3.4 废胶料、废橡胶产品等可以再利用，如用于生产再生胶等；废包装材料也有再利用的方法，如纸质包装袋碎解后可以重新制成包装纸。

8.3.5 焚烧炉焚烧过程中产生的残渣及除尘灰，归属《国家危险废物名录》中编号为 HW18 的固体废物，应根据相关要求设专人管理，建立防渗漏的临时存放场地，并设置明显标牌和围护墙。残渣及除尘灰应定期送至有资质的部门统一处理。

9 事故应急措施

9.0.1 建设项目设计必须科学规划，应执行有关标准和规范，防止环境污染事故发生。

9.0.2 事故发生污染事件的区域一般是炭黑库和硫黄库，应急事故池的容积按区域面积产生的废水计算。

10 环 境 监 测

10.0.1～10.0.3 根据橡胶工厂常有的污染物而提出的主要环境监测项目，可按工厂的具体情况或当地环保部门的要求做出调整。

10.0.4 环境监测在环境保护工作中占有主要的地位，是环境保护工作的基础，也是防治环境污染的依据。为了及时准确地反映污染状况，掌握原因及危害程度，本条提出橡胶工厂可设置环境监测站，根据需要对污染物排放实施随机监测，为环保设施是否正常运行提供依据。对不具备设环保监测站的工厂，可委托当地的环保监测部门开展环境监测工作。

中华人民共和国国家标准

油气输送管道线路工程
抗震技术规范

Seismic technical code for oil and gas
transmission pipeline engineering

GB 50470—2008

主编部门：中 国 石 油 天 然 气 集 团 公 司
批准部门：中华人民共和国住房和城乡建设部
施行日期：２ ０ ０ ９ 年 ７ 月 １ 日

中华人民共和国住房和城乡建设部
公 告

第 168 号

关于发布国家标准《油气输送
管道线路工程抗震技术规范》的公告

现批准《油气输送管道线路工程抗震技术规范》为国家标准,编号为GB 50470—2008,自 2009 年 7 月 1 日起实施。其中,第4.1.1、4.1.2、6.1.1条为强制性条文,必须严格执行。

本规范由我部标准定额研究所组织中国计划出版社出版发行。

中华人民共和国住房和城乡建设部
二○○八年十一月二十七日

前 言

本规范是根据建设部"关于印发《2006 年工程建设标准规范制订、修订计划(第二批)》的通知"(建标〔2006〕136 号)的要求,由中国石油天然气管道局会同有关单位共同编制完成。

本规范共分 9 章和 6 个附录,主要内容包括:总则,术语和符号,一般规定,抗震设防要求,工程勘察及场地划分,管道抗震设计,管道抗震措施,管道抗震施工和管道线路工程抗震验收。

本规范在编制过程中,编制组总结了多年油气输送管道抗震设计、施工和验收的经验,借鉴了国内已有的标准以及国外先进规范,并广泛征求了国内有关单位、专家的意见,经反复修改,最后经审查定稿。

本规范中以黑体字标志的条文为强制性条文,必须严格执行。

本规范由住房和城乡建设部负责管理和对强制性条文的解释,由中国石油天然气管道局负责具体技术内容解释。本规范在执行过程中,请各单位结合工程实践,总结经验,积累资料,如发现需要修改或补充之处,请将意见和建议反馈给中国石油天然气管道局质量安全环保部(地址:河北省廊坊市广阳道 87 号,邮政编码:065000),以便今后修订时参考。

本规范主编单位、参编单位和主要起草人:

主 编 单 位:中国石油天然气管道局

参 编 单 位:中国海洋大学
中国石油天然气股份有限公司管道分公司
中国石油天然气管道工程有限公司
中国地震局工程力学研究所
中国地震局地球物理研究所
中国石油集团工程设计有限责任公司西南分公司
中油朗威监理有限责任公司
中油中州工程监理有限公司

主要起草人:马 骅　冯启民　高泽涛　王锦生
张怀法　刘根友　刘爱文　于尔捷
王玉洲　何莉娟　吴建中　佟 雷
孟国忠　杨晓秋　胡道华　高惠英
续 理　郭恩栋　戚雪疆　鲍 宇
蔡晓悦

目　次

1 总 则

1.0.1 为贯彻《中华人民共和国防震减灾法》,保障油气输送管道线路工程安全,达到经济、适用的目的,满足使用功能要求,制定本规范。

1.0.2 本规范适用于地震动峰值加速度大于或等于 $0.05g$ 至小于或等于 $0.40g$ 地区的陆上钢质油气输送管道线路工程的新建、扩建和改建工程的抗震勘察、设计、施工及验收。

1.0.3 油气输送管道线路工程勘察、设计、施工及验收,除应执行本规范外,尚应符合国家现行有关标准的规定。

2 术语和符号

2.1 术 语

2.1.1 管道场地 pipeline site

以管道轴线为中心每侧 200m 宽的范围。

2.1.2 重要区段 important section for pipeline

输气干线管道经过的四级地区的区段以及在所经过的河流、湖泊、水库和人口密集区设置的管道两端截断阀之间的输油气干线管道区段。

2.1.3 一般区段 general section for pipeline

除重要区段以外的油气输送管道区段。

2.1.4 危险地段 dangerous area

全新世活动断层及地震时可能发生地裂、滑坡、崩塌、严重液化、地陷等地段。

2.1.5 管道线路工程设计地震动参数 seismic design parameters of ground motion for oil and gas pipeline

管道线路工程抗震设计所采用的对应于 50 年超越概率 10%、5% 或 2% 的设计地震动峰值加速度、峰值速度、反应谱特征周期、地震动时间过程曲线等参数。

2.2 符 号

A——管道横断面面积;

a——设计地震动峰值加速度;

C_i——第 i 块滑坡体沿滑动面岩土的粘聚力;

c——土的粘聚力;

D——管道外径;

D_L——土弹簧间距;

d——场地土层计算深度;

d_0——液化土特征深度;

d_b——管道底部埋置深度;

d_i——场地土层计算深度范围内第 i 十层的厚度;

d_i^l——i 点所在土层厚度;

d_s——饱和土标准贯入试验点深度;

d_{si}——第 i 个标准贯入点的深度;

d_u——上覆盖非液化土层厚度;

d_w——地下水位深度;

E——管道材料的弹性模量;

E_1——管道应力-应变简化折线中弹性区的材料模量;

E_2——管道应力-应变简化折线中弹塑性区的材料模量;

E_i——第 i 块滑坡体的剩余下推力;

E_{i-1}——第 $i-1$ 块滑坡体的剩余下推力;

F——作用于等效非线性弹簧的外力;

F_i——滑坡体第 i 土条的地震水平力;

f_u——沿管轴方向管土之间的滑动摩擦力;

f_{ak}——由载荷试验等方法得到的地基承载力特征值;

f_s——沿管轴方向土壤与管道外表面之间单位长度上的摩擦力;

g——重力加速度;

H——管道轴线至管沟上表面之间的埋深;

I——管道横断面惯性矩;

I_{lE}——液化指数;

I_P——塑性指数;

K_s——地基反力模量;

K_{sl}——滑坡体稳定系数;

k——滑坡体安全系数;

k_0——土壤压力系数;

k_s——地基弹簧常数;

L——摩擦力 t_u 作用的有效长度;

L_i——滑坡体每条土的滑动弧的长度;

L_i'——土体滑动的长度;

L_t——断层一侧的管道滑动长度;

L_y——管道在液化域中的长度;

N_0——液化判别标准贯入锤击数基准值;

$N_{63.5}$——饱和土标准贯入锤击数实测值;

N_c——管道开始失稳时的临界轴向力;

N_{ch}——水平横向考虑土体粘聚力的计算参数;

N_{cr}——液化判别标准贯入锤击数临界值;

N_{cri}——i 点标准贯入锤击数的临界值;

N_{cvd}——垂直向下土弹簧的计算参数;

N_{cvu}——垂直向上考虑土体粘聚力的计算参数;

N_i——滑坡体每条土的法向重力;

N_i^l——i 点标准贯入锤击数的实测值;

N_i'——作用于第 i 块段滑动面上的法向分力;

N_q——计算管道法向土壤压力的参数;

N_{qh}——水平横向与土体内摩擦角有关的计算参数;

N_{qvd}——垂直向下土弹簧的计算参数;

N_{qvu}——垂直向上与土体内摩擦角有关的计算参数;

N_r——垂直向下土弹簧的计算参数；

n——场地土层计算深度范围内土层的分层数；

n_t——7m 深度范围内每一个钻孔标准贯入试验点的总数；

P_u——埋设场地土沿水平横向对管道的压力；

p_u——场地土屈服抗力；

q_u——垂直向上土对管道的压力；

q_{ul}——垂直向下土对管道的压力；

r——弹性敷设的弯曲半径；

S_{GE}——重力荷载代表值的效应；

S_K——跨越结构构件内力组合的标准值，包括组合的弯矩、轴向力和剪力标准值；

S_{LK}——横向地震作用标准值的效应；

S_{PK}——纵向地震作用标准值的效应；

S_{TK}——温度作用标准值的效应；

S_{VK}——竖向地震作用标准值的效应；

S_{WK}——风荷载标准值的效应；

S_{YK}——内压作用标准值的效应；

T_g——设计地震动反应谱特征周期；

T_i——滑坡体每条土的切向重力；

T'_i——作用于第 i 块段滑动面上的滑动分力；

t——剪切波在地面至计算深度之间的传播时间；

t_u——土壤作用在管道上的单位长度的摩擦力；

V_s——土层剪切波速；

V_{se}——场地土层等效剪切波速；

V_{si}——场地土层计算深度范围内第 i 土层的剪切波速；

v——设计地震动峰值速度；

W——管道上表面至管沟上表面之间的土壤单位长度上的重力；

W_i——滑坡体第 i 土条的重量；

W'_i——第 i 块段岩土的重量；

W_p——管道和内部介质的自重；

w_i——i 土层考虑单位土层厚度的层位影响权函数；

X_u——水平横向土弹簧的屈服位移；

Y_u——垂直向上土弹簧的屈服位移；

Y_{ul}——垂直向下土弹簧的屈服位移；

y_0——场地震陷量；

y_u——土壤屈服位移；

Z_u——管轴方向土弹簧的屈服位移；

Z_{0i}——第 i 层土中点的深度；

β——活动断层带与管道轴线的夹角；

θ_i——滑坡体第 i 土条滑动面与水平的夹角；

θ'_i,θ'_{i-1}——分别是第 i 块和第 $i-1$ 块滑坡体的滑动面与水平面的夹角；

δ——管道壁厚；

λ——模量系数；

ϕ——土的内摩擦角；

ϕ_1——管道与土壤之间的内摩擦角；

ϕ_i——第 i 块滑坡体沿滑动面岩土的内摩擦角；

ϕ_F——滑动面土体的内摩擦角；

φ_{et}——拉伸应变承载系数；

μ——土壤与管道外表面之间的摩擦系数；

ρ——输送介质的密度；

ρ_m——管道材料的密度；

ρ_s——回填土的密度；

ρ_{sl}——管道周围场地土的密度；

ρ_c——粘粒含量百分率；

ε——由于内压和温度变化产生的管道轴向应变；

ε_1——管道应力-应变简化折线中弹塑性变形起点处的应变；

ε_2——管道应力-应变简化折线中弹塑性区与塑性区交点处的应变；

ε_{Lmax}——管道在上浮位移反应最大时的附加应变；

ε_{max}——地震动引起管道的最大轴向拉、压应变；

ε_{new}——管道内的拉伸应变；

ε_e——弹性敷设时管道的轴向应变；

ε_n——轴向力引起的弯管轴向应变；

ε_m——弯矩引起的弯管最大弯曲应变；

ε_s——管材屈服极限对应的应变；

ε_{Smax}——管道在场地竖向震陷位移作用下的最大附加弯曲应变；

ε_{max}^b——地震动引起的弯管最大轴向应变；

ε_{max}^F——断层位移引起的管道最大拉伸应变；

ε_{max}^t——断层位错引起管道内的最大拉伸应变；

ε_{max}^c——断层位错引起管道内的最大压缩应变；

ε_t^{crit}——钢管及组焊管段的极限拉伸应变；

$[\varepsilon_t]_V$——埋地管道抗震设计轴向容许拉伸应变；

$[\varepsilon_c]_V$——埋地管道抗震设计轴向容许压缩应变；

$[\varepsilon_t]_F$——埋地管道抗断的轴向容许拉伸应变；

$[\varepsilon_c]_F$——埋地管道抗断的轴向容许压缩应变；

σ_0——管道应力-应变简化折线中弹塑性段延长线与应力轴相交处的应力；

σ_1——管道应力-应变简化折线中弹塑性变形起点处的应力；

σ_2——管道应力-应变简化折线中弹塑性区与塑性区交点处的应力；

σ_a——由于内压和温度变化产生的管道轴向应力；

σ_b——拉伸强度极限；

σ_N——组合的轴向应力；

σ_h——组合的环向应力；

σ_s——管道材料的标准屈服强度；

σ_t——管道由温度引起的初始轴向压应力；

σ_ε——由地震动产生的管道应力；

$[\sigma_c]$——管道在地震等组合荷载作用下的容许压应力；

$\triangle$——管道在液化土层中最大上浮位移；

ΔL——在外力作用下等效非线性弹簧的伸长量；

ΔL_1——断层位错引起的管道几何伸长；

ΔL_2——管道内轴向应变引起的物理伸长；

ΔH——水平方向的断层位移；

ΔX——平行于管道轴线方向的断层位移；

ΔY——管道法线方向的断层位移；

ΔZ——垂直方向的断层位移；

ψ——滑坡体各块之间的传递系数；

ψ_{LK}——横向地震作用组合值系数；

ψ_{PK}——纵向地震作用组合值系数；

ψ_T——温度作用组合值系数；

ψ_{VK}——竖向地震作用组合值系数；

ψ_W——风荷载组合值系数；

ψ_Y——内压作用组合值系数；

3 一般规定

3.0.1 油气输送管道线路工程设计文件中,应提出工程抗震设防依据和设防标准。

3.0.2 油气输送管道线路工程抗震设计应符合下列要求:

  1 抗震设计应技术先进、安全可靠、经济合理。

  2 应采取防止和减少地震时次生灾害发生的措施。

3.0.3 抗震措施应根据管道线路工程的重要性、设计地震动参数、场地类型、工程地质情况以及发生地震灾害的影响程度进行综合分析对比后提出。

3.0.4 当管道穿越场地在设计地震动参数下具有中等或严重液化潜势时,应分析液化对管道的影响。

3.0.5 油气输送管道线路工程勘察选址时,应收集沿线地震活动性和地震构造的有关资料,应对抗震有利、不利和危险地段做出综合评价。

3.0.6 场地地段划分应符合本规范附录 A 的规定,应选择对抗震有利的场地,宜避开不利地段和危险地段,对绕避不开的地段,应按本规范采取抗震措施,并应防止或减少地震时次生灾害的发生。

3.0.7 管道穿跨越位置应选择在良好的地基和稳定地段,滑坡体的稳定性可按本规范附录 B 进行验算。当无法避开液化土和软土地基时,管道宜选择短距离跨越。

3.0.8 在油气输送管道线路工程设计文件(图件)中,应明确抗震措施;对抗震专用材料和构件、配件应提出

材质、规格、数量及安装要求。

4 抗震设防要求

4.1 抗震设防标准

4.1.1 一般区段管道抗震设计采用的地震动参数应符合现行国家标准《中国地震动参数区划图》GB 18306 的规定,已进行了地震安全性评价工作的,应按审定的50 年超越概率 10%的地震动参数结果进行抗震设计。

4.1.2 重要区段管道抗震设计采用的地震动参数,应按地震安全性评价或经专门研究审定后的文件确定。采用 50 年超越概率 5%的地震动参数进行抗震设计,其中大型跨越及埋深小于 30m 的大型穿越管道,应按50 年超越概率 2%的地震动参数进行抗震设计。

4.2 地震安全性评价

4.2.1 地震安全性评价宜在可行性研究阶段进行,其结果应包括下列内容:

  1 管道沿线场地地震活动性评价。

  2 管道沿线近场区主要断层活动性评价及其对管道的影响。

  3 管道沿线地震动峰值加速度和峰值速度。

  4 重要工程场地的地震动反应谱和时程曲线。

  5 地震地质灾害的类型、程度及其分布。

4.2.2 油气输送管道通过全新世活动断层或位于其附近时,应分析断层对管道的工程影响,并应符合下列要求:

  1 管道通过地震动峰值加速度为 $0.10g \sim 0.30g$ 的地区,且管底至基岩土层厚度大于或等于 60m 时;管道通过地震动峰值加速度大于 0.30g 以上地区,且管底至基岩土层厚度大于或等于 90m 时。可不分析断层潜在地表断错的影响。

  2 不符合本条第 1 款规定的情况时,应确定下列内容和参数:

  1)断层的性质和产状、最新活动年代、滑动速率、破裂带的宽度和长度;

  2)断层与管道交汇的位置和交角,或断层与管道的距离;

  3)断层覆盖土层厚度以及断层两侧和破裂带的土体粘聚力、内摩擦角和平均剪切波速;

  4)断层在地表引起的最大同震水平和竖向位错量。

5 工程勘察及场地划分

5.1 工程勘察

5.1.1 一般区段可利用搜集已有地质资料、踏勘和

适当的补充钻孔工作，确定土层的等效剪切波速和场地类别。

5.1.2 对于重要区段，初勘阶段可按一般区段的管道场地进行勘察，详勘阶段应结合线路工程地质勘察，勘探点间距宜为 200～300m，勘探深度宜为 15～20m，应查明场地土的工程地质特性，并应确定场地类别。

5.1.3 当地震动峰值加速度大于或等于 0.10g，场地分布初步判定有可能液化土层时，应再进一步判别。液化判别可按本规范附录 C 的规定执行，并应评价对管道的危害。

5.1.4 对岩土体滑坡、崩塌、地陷、高陡边坡、地下采空区以及液化层倾向水面或临空面的倾斜场地，宜进行在地震作用下地基的稳定性评价。

5.1.5 对地震动峰值加速度大于或等于 0.20g 的厚层软土分布区，宜判别软土震陷的可能性和估算震陷量，并应评价对管道的危害。

5.1.6 对线路通过或伴行的活动断裂勘察，应在已有成果和资料的基础上进行。对其中影响管道安全的活动断裂应进行详细勘察，并应评价活动断裂对管道建设可能产生的影响，同时应进行抗震分析，并应提出处理建议。

5.1.7 全新世活动断裂的勘察宜根据断裂评价报告，并宜通过工程地质调查与分析，查明下列地形地貌、地震地质特征：

1 山区或高原不断上升剥蚀或长距离的平滑分界线；非岩性影响的陡坡、峭壁，深切的直线形河谷，一系列滑坡、崩塌和山前叠置的洪积扇；定向断续分布的残丘、洼地、沼泽、芦苇地、盐碱地、湖泊、跌水、泉、温泉等；水系定向展布或同向扭曲错动等地形地貌特征。

2 断裂活动留下的第四系错动；地下水和植被特征；断裂带的破碎和胶结特征；断裂最新的活动时代；与地震有关的断层、地裂缝、崩塌、滑坡、地震湖、河流改道和砂土液化等地震地质特征。

5.1.8 与全新世活动断裂平行的线路，管道应敷设在断裂带 500m 以外；与断裂带相交的管道，应提供活动断裂的走向、与管道交汇的位置及交角、覆盖层的厚度、断层附近场地的平均剪切波速、可能发生的水平和竖向位错以及活动速率等资料；以上线路并应预测滑坡、滑塌、崩塌、地陷、泥石流等对管道可能造成的影响。

5.1.9 管道穿跨越工程场地的勘察与选址，应符合现行国家标准《岩土工程勘察规范》GB 50021 的有关规定。

5.2 管道场地划分

5.2.1 管道场地应按本规范附录 A 划分为抗震有利、不利和危险的地段。

5.2.2 土层剪切波速的测量，应符合下列要求：

1 重要区段，每段用于测量土层剪切波速的钻孔数量不宜少于 2 个，数据变化较大时可适量增加。

2 一般区段，当无实测剪切波速时，土的类型划分和剪切波速范围可按表 5.2.2 确定。

表 5.2.2 土的类型划分和剪切波速范围

土的类型	岩土名称和性状	土层剪切波速范围（m/s）
坚硬土或岩石	稳定岩石，密实的碎石土	$V_s > 500$
中硬土	中密、稍密的碎石土，密实、中密的砾、粗、中砂，$f_{ak} > 200$ 的粘性土和粉土，坚硬黄土	$250 < V_s \leqslant 500$
中软土	稍密的砾、粗、中砂，除松散外的细、粉砂，$f_{ak} \leqslant 200$ 的粘性土和粉土，$f_{ak} > 130$ 的填土，可塑黄土	$140 < V_s \leqslant 250$
软弱土	淤泥和淤泥质土，松散的砂，新近沉积的粘性土和粉土，$f_{ak} \leqslant 130$ 的填土，流塑黄土	$V_s \leqslant 140$

注：f_{ak} 为由载荷试验等方法得到的地基承载力特征值（kPa），V_s 为土层剪切波速（m/s）。

5.2.3 管道场地覆盖层厚度应符合下列规定：

1 一般情况下，应按地面至剪切波速大于 500m/s 的土层顶面的距离确定。

2 当地面 5m 以下存在剪切波速大于相邻上层土剪切波速 2.5 倍的土层，且其下卧岩土的剪切波速均不小于 400m/s 时，可按地面至该土层顶面的距离确定。

3 剪切波速大于 500m/s 的孤石、透镜体，应视同周围土层。

4 土层中的火山岩硬夹层应视为刚体，其厚度应从覆盖土层中扣除。

5.2.4 管道场地土层的等效剪切波速应按下列公式计算：

$$V_{se} = d/t \qquad (5.2.4\text{-}1)$$

$$t = \sum_{i=1}^{n} \frac{d_i}{V_{si}} \qquad (5.2.4\text{-}2)$$

式中 V_{se}——场地土层等效剪切波速（m/s）；

d——场地土层计算深度（m），取覆盖层厚度和 20m 的较小值；

t——剪切波在地面至计算深度之间的传播时间（s）；

d_i——场地土层计算深度范围内第 i 土层的厚度（m）；

V_{si}——场地土层计算深度范围内第 i 土层的剪

切波速（m/s）；

  n——场地土层计算深度范围内土层的分层数。

5.2.5 管道的场地类别，应根据土层等效剪切波速和场地覆盖层厚度确定，可按表 5.2.5 划分。当有可靠的剪切波速和覆盖层厚度且其值处于表 5.2.5 所列场地类别的分界线附近时，可按插值方法确定地震作用计算所需的设计特征周期。

表 5.2.5 各类管道场地覆盖层厚度（m）

等效剪切波速（m/s）	场 地 类 别			
	Ⅰ类	Ⅱ类	Ⅲ类	Ⅳ类
$V_{se}>500$	0	—	—	—
$250<V_{se}\leqslant500$	<5	≥5	—	—
$140<V_{se}\leqslant250$	<3	3~50	>50	—
$V_{se}\leqslant140$	<3	3~15	15~80	>80

6 管道抗震设计

6.1 一般埋地管道抗震设计

6.1.1 位于设计地震动峰值加速度大于或等于 0.20g 地区的管道，应进行抗拉伸和抗压缩校核。

6.1.2 地震作用下管道截面轴向的组合应变计算，应将地震动引起的管道最大轴向应变与操作条件下荷载（内压、温差）引起的轴向应变进行组合，并应按下列公式校核：

  当 $\varepsilon_{max}+\varepsilon\leqslant0$ 时：

$$|\varepsilon_{max}+\varepsilon|\leqslant[\varepsilon_c]_V \quad (6.1.2\text{-}1)$$

  当 $\varepsilon_{max}+\varepsilon>0$ 时：

$$\varepsilon_{max}+\varepsilon\leqslant[\varepsilon_t]_V \quad (6.1.2\text{-}2)$$

$$\varepsilon=\frac{\sigma_a}{E} \quad (6.1.2\text{-}3)$$

式中 ε_{max}——地震动引起管道的最大轴向拉、压应变，按第 6.1.4 条计算；对于直埋弯头，按式 6.1.5-1 计算；

  ε——由于内压和温度变化产生的管道轴向应变；

  $[\varepsilon_t]_V$——埋地管道抗震设计轴向容许拉伸应变，按第 6.1.3 条计算；

  $[\varepsilon_c]_V$——埋地管道抗震设计轴向容许压缩应变，按第 6.1.3 条计算；

  σ_a——由于内压和温度变化产生的管道轴向应力（MPa），应按现行国家标准《输油管道工程设计规范》GB 50253 或《输气管道工程设计规范》GB 50251 的有关规定进行计算；

  E——管道材料的弹性模量（MPa）。

6.1.3 埋地管道抗震设计轴向容许应变，应符合下列规定：

  1 组焊管道材料的容许拉伸应变，可按表 6.1.3 选取。

表 6.1.3 组焊管道材料容许拉伸应变

拉伸强度极限 σ_b（MPa）	容许拉伸应变
$\sigma_b<552$	1.0%
$552\leqslant\sigma_b<793$	0.9%
$793\leqslant\sigma_b<896$	0.8%

  2 各等级钢材的容许压缩应变，应按下列公式取值：

  X65 及以下钢级：$[\varepsilon_c]_V=0.35\times\dfrac{\delta}{D}$ (6.1.3-1)

  X70 和 X80 钢级：$[\varepsilon_c]_V=0.32\times\dfrac{\delta}{D}$ (6.1.3-2)

式中 $[\varepsilon_c]_V$——容许压缩应变；

  δ——管道壁厚（m）；

  D——管道外径（m）。

6.1.4 埋地直管道在地震动作用下所产生的最大轴向应变，可按下列公式计算，并应取较大值：

$$\varepsilon_{max}=\pm\frac{\alpha T_g}{4\pi V_{se}} \quad (6.1.4\text{-}1)$$

$$\varepsilon_{max}=\pm\frac{v}{2V_{se}} \quad (6.1.4\text{-}2)$$

式中 a——设计地震动峰值加速度（m/s²）；

  v——设计地震动峰值速度（m/s）；

  T_g——设计地震动反应谱特征周期（s）；

  V_{se}——场地土层等效剪切波速（m/s），可按表 5.2.2 或实测数据选取。

6.1.5 埋地弯管在地震动作用下的最大轴向应变，可按下列公式计算：

$$\varepsilon_{max}^b=\varepsilon_n+\varepsilon_m \quad (6.1.5\text{-}1)$$

$$\varepsilon_n=\frac{t_u L}{2AE}\times10^{-6} \quad (6.1.5\text{-}2)$$

$$\varepsilon_m=\frac{\varepsilon_n AD}{6\lambda I} \quad (6.1.5\text{-}3)$$

$$t_u=\frac{\pi}{2}D\rho_s gH(1+k_0)\tan\phi_1 \quad (6.1.5\text{-}4)$$

$$L=\frac{4AE\lambda}{3K_s}\left[\sqrt{1+\frac{3K_s\varepsilon_{max}}{2t_u\lambda}\times10^6}-1\right]$$

$$(6.1.5\text{-}5)$$

$$\lambda=\sqrt[4]{\frac{K_s}{4EI}} \quad (6.1.5\text{-}6)$$

$$K_s=\frac{p_u}{0.15y_u\times10^6} \quad (6.1.5\text{-}7)$$

  软弱场地：$y_u=0.07~0.10(H+D)$

$$(6.1.5\text{-}8)$$

  中硬、中软场地：$y_u=0.03~0.05(H+D)$

$$(6.1.5\text{-}9)$$

坚硬场地：$y_u = 0.02 \sim 0.03(H+D)$

$$(6.1.5-10)$$

$$p_u = \rho_s g H N_q D \qquad (6.1.5-11)$$

$$N_q = 0.38 \frac{H}{D} + 3.68 \qquad (6.1.5-12)$$

式中 ε_{max}^b——地震动引起的弯管最大轴向应变；

ε_n——轴向力引起的弯管轴向应变；

ε_m——弯矩引起的弯管最大弯曲应变；

A——管道横断面面积（m^2）；

t_u——土壤作用在管道上的单位长度的摩擦力（N/m）；

g——重力加速度，取 $9.8 m/s^2$；

L——摩擦力 t_u 作用的有效长度（m）；

I——管道横断面惯性矩（m^4）；

λ——模量系数（m^{-1}）；

ρ_s——回填土的密度（kg/m^3）；

y_u——土壤屈服位移（m）；

p_u——场地土屈服抗力（N/m）；

N_q——计算管道法向土壤压力的参数；

K_s——地基反力模量（MPa）；

H——管道轴线至管沟上表面之间的埋深（m）；

k_0——土壤压力系数，宜取 0.5；

ϕ_1——管道与土壤之间的内摩擦角（°）。

6.2 通过活动断层的埋地管道抗震设计

6.2.1 通过活动断层的管道抗震计算应符合下列要求：

1 管道材料应符合现行国家标准《输油管道工程设计规范》GB 50253 或《输气管道工程设计规范》GB 50251 的有关规定。通过断层区的管道，应做出材料的应力-应变关系曲线。

2 通过活动断层的管道，当符合下列情况时，应采用有限元方法进行抗震计算：

1）位于设计地震动峰值加速度大于或等于 0.30g 地区的管道；

2）通过人口稠密地区、水源保护地区的管道；

3）在断层错动作用下管道受压缩的情况，包括管道通过逆冲断层和管道与断层交角大于 90°两种情况。

3 不符合本条第 2 款规定的情况时，可按本规范第 6.2.3 条对通过活动断层的管道进行抗震计算。

4 对通过活动断层的管道应进行抗拉伸和抗压缩校核。

6.2.2 管道通过活动断层的容许应变应满足下列要求：

1 埋地管道抗断的轴向容许拉伸应变，应按下式计算：

$$[\varepsilon_t]_F = \varphi_{\varepsilon t} \varepsilon_{\varepsilon t}^{crit} \qquad (6.2.2-1)$$

式中 $[\varepsilon_t]_F$——埋地管道抗断的轴向容许拉伸应变；

$\varphi_{\varepsilon t}$——拉伸应变承载系数，取 0.7；

$\varepsilon_{\varepsilon t}^{crit}$——钢管及组焊管段的极限拉伸应变，按实测值或经验公式确定。

2 埋地管道抗断的轴向容许压缩应变，应按下列公式计算，并应取较小值：

$$[\varepsilon_c]_F = 0.3\delta/D \qquad (6.2.2-2)$$

$$[\varepsilon_c]_F = \varepsilon_s \qquad (6.2.2-3)$$

式中 $[\varepsilon_c]_F$——埋地管道抗断的轴向容许压缩应变；

ε_s——管材屈服极限对应的应变。

6.2.3 通过活动断层的管道抗震计算，宜符合下列规定：

1 沿管轴方向土壤与管道外表面之间单位长度上的摩擦力，可按下列公式计算：

$$f_s = \mu(2W + W_p) \qquad (6.2.3-1)$$

$$W = \rho_s D H g \qquad (6.2.3-2)$$

$$W_p = \left[\pi(D-\delta)\delta\rho_m + \frac{\pi}{4}(D-2\delta)^2\rho \right]g$$

$$(6.2.3-3)$$

式中 f_s——沿管轴方向土壤与管道外表面之间单位长度上的摩擦力（N/m）；

W——管道上表面至管沟上表面之间的土壤单位长度上的重力（N/m）；

W_p——管道和内部介质的自重（N/m）；

μ——土壤与管道外表面之间的摩擦系数，应按实测值或经验确定；

ρ_m——管道材料的密度（kg/m^3）；

ρ——输送介质的密度（kg/m^3）。

2 由断层错动引起的管道几何伸长，可按下列公式计算：

$\varepsilon_{new} \leqslant \varepsilon_1$ 时：$\Delta L_1 = \Delta X + \dfrac{(\Delta Y^2 + \Delta Z^2)f_s}{4\pi D\delta E_1 \varepsilon_{new}}$

$$(6.2.3-4)$$

$\varepsilon_{new} > \varepsilon_1$ 时：

$$\Delta L_1 = \Delta X + \frac{(\Delta Y^2 + \Delta Z^2)f_s}{4\pi D\delta[E_1\varepsilon_1 + E_2(\varepsilon_{new} - \varepsilon_1)]}$$

$$(6.2.3-5)$$

$$\Delta X = \Delta H \cos\beta \qquad (6.2.3-6)$$

$$\Delta Y = \Delta H \sin\beta \qquad (6.2.3-7)$$

式中 ΔL_1——断层位错引起的管道几何伸长（m）；

ΔX——平行于管道轴线方向的断层位移（m）；

ΔY——管道法线方向的断层位移（m）；

ε_{new}——管道内的拉伸应变；

ΔH——水平方向的断层位移（m），应由地震地质工程勘察确定；

ΔZ——垂直方向的断层位移（m），应由地震地质工程勘察确定；

β——活动断层带与管道轴线的夹角（°），应由地震地质工程勘察确定；

ε_1——管道应力-应变简化折线中弹塑性变形起点处的应变；

E_1——管道应力-应变简化折线中弹性区的材料模量（Pa），按本规范附录D选取；

E_2——管道应力-应变简化折线中弹塑性区的材料模量（Pa），按本规范附录D选取。

3 管道内轴向应变引起的物理伸长可按下列公式计算：

$\varepsilon_{new} \leqslant \varepsilon_1$ 时：$\Delta L_2 = \dfrac{\pi D \delta E_1 \varepsilon_{new}^2}{f_s}$ (6.2.3-8)

$\varepsilon_{new} > \varepsilon_1$ 时：$\Delta L_2 = \dfrac{\pi D \delta \left[E_1 \varepsilon_1^2 + E_2 \left(\varepsilon_{new}^2 - \varepsilon_1^2 \right) \right]}{f_s}$

(6.2.3-9)

式中 ΔL_2——管道内轴向应变引起的物理伸长（m）。

4 管道内的拉伸应变可采用迭代法按下式计算：

$$\Delta L_1 = \Delta L_2 \qquad (6.2.3\text{-}10)$$

5 由断层位错引起的管道最大拉伸应变应按下式计算：

$$\varepsilon_{max}^F = 2\varepsilon_{new} \qquad (6.2.3\text{-}11)$$

式中 ε_{max}^F——断层位移引起的管道最大拉伸应变。

6 抗震校核应符合下列规定：

1）$\varepsilon_{max}^F \leqslant [\varepsilon_t]_F$ 时，可不采取抗震措施；

2）$\varepsilon_{max}^F > [\varepsilon_t]_F$ 时，应采取抗震措施。

6.2.4 当采用有限元方法进行通过活动断层的管道抗震计算时，应合理确定有限单元的类型和数目，并应符合下列规定：

1 应采用能分析几何大变形和材料非线性的有限元方法。

2 管道可采用梁单元、管单元或壳单元建立有限元模型；可能发生大变形的管道部分，管道单元的长度不应大于管道的直径。

3 有限元模型分析管道的长度应符合下列要求：

1）当采用固定边界时，分析管道的长度应满足管道在两个固定端的应变接近于0；

2）当采用等效边界时，应对在断层附近发生大变形、长度不少于60倍管径的管段进行有限元分析，可按本规范附录E建立等效非线性弹簧替代离断层较远的管道变形反应。

4 管土之间的相互作用宜采用管轴方向土弹簧、水平横向土弹簧和垂直方向土弹簧进行模拟。土弹簧的参数宜根据土的力学特性通过现场试验或采用计算方法确定，初步计算时可采用本规范附录E。

5 有限元分析得到的管道轴向最大拉伸应变和最大压缩应变，应与管道容许拉伸应变和容许压缩应

变进行抗震校核，并应符合下列规定：

1）$\varepsilon_{max}^t \leqslant [\varepsilon_t]_F$ 且 $\varepsilon_{max}^c \leqslant [\varepsilon_c]_F$ 时，可不采取抗震措施；

2）$\varepsilon_{max}^t > [\varepsilon_t]_F$ 或 $\varepsilon_{max}^c > [\varepsilon_c]_F$ 时，应采取抗震措施。

6.3 液化区埋地管道抗震设计

6.3.1 当管道穿越场地在设计地震动参数下具有中等或严重液化潜势时，可通过计算液化场地中管道的上浮反应及其引起的管道附加应变对管道的抗液化能力进行校核。

6.3.2 液化土层中管道的最大上浮位移，可按下式计算：

$\Delta = -1.0545 + 0.0254L_y + 0.00327\sigma_t + 0.13\,(L_y-85)$
$\tan\,(10D-420)$ (6.3.2)

式中 Δ——管道在液化土层中最大上浮位移（m）；

L_y——管道在液化域中的长度（m），当 $30 \leqslant L_y \leqslant 180$，管道一端或两端与建筑物相连接时，应将实际管道长度（至墙外皮）分别乘以修正系数0.9或0.8；

σ_t——管道由温度变化引起的初始轴向压应力（MPa），应按现行国家标准《输油管道工程设计规范》GB 50253或《输气管道工程设计规范》GB 50251的有关规定进行计算，且 $80 \leqslant \sigma_t \leqslant 180$；

D——管道外直径（m），$D \geqslant 0.289$。

6.3.3 液化区管道附加应变应按下式计算：

$\varepsilon_{Lmax} = [-1422.7 + 7835.5L_y /\,(0.167L_y^2$
$-8.36L_y + 282.4)$
$+ 0.1465D + 6.16\sigma_t] \times 10^{-6}$ (6.3.3)

式中 ε_{Lmax}——管道在上浮位移反应最大时的附加应变。

6.3.4 将管道附加应变与本规范第6.1.2条由地震动、内压和温度变化引起的轴向应变组合后，应按下列公式校核管道的应变状态，当不满足下列公式时，应采取抗震措施：

当 $\varepsilon_{max} + \varepsilon + \varepsilon_{Lmax} < 0$ 时：

$| \varepsilon_{max} + \varepsilon + \varepsilon_{Lmax} | \leqslant [\varepsilon_c]_v$ (6.3.4-1)

当 $\varepsilon_{max} + \varepsilon + \varepsilon_{Lmax} > 0$ 时：

$\varepsilon_{max} + \varepsilon + \varepsilon_{Lmax} \leqslant [\varepsilon_t]_v$ (6.3.4-2)

6.3.5 管道的上浮反应状态应按下式校核，当不满足下式时应采取抗液化措施：

$$H - D/2 - \Delta \geqslant 0.5 \qquad (6.3.5)$$

6.4 震陷区埋地管道抗震设计

6.4.1 对穿过场地具有竖向震陷情况的管道，其抗震设计可通过计算管道由于震陷产生的最大附加弯曲应变对管道进行校核。

6.4.2 管道在场地竖向震陷位移作用下的最大附加

弯曲应变，可按下式计算：

$$\varepsilon_{Smax}=0.648y_0D\sqrt{k_s D/4E_1 I}\qquad(6.4.2)$$

式中　ε_{Smax}——管道在场地竖向震陷位移作用下的最大附加弯曲应变；

　　　y_0——场地震陷量（m）；

　　　k_s——地基弹簧常数（MPa/m），需通过土样实验确定。

6.4.3 管道的应变状态应按本规范第 6.3.4 条校核。当不满足要求时，应采取抗震陷措施。

6.5 穿越管道抗震设计

6.5.1 穿越管道抗震设计应符合下列要求：

1 当大中型穿越管道位于设计地震动峰值加速度大于或等于 0.10g 地区时，应进行抗拉伸和抗压缩校核，并应按本规范附录 D 对边坡、土堤等进行抗震稳定性校核。

2 穿越管道应避开活动断裂带，可局部调整线位。确需通过活动断裂带时，宜采用管桥跨越方式通过。

6.5.2 直埋式穿越管道的应变应按埋地管道的规定组合。对弹性敷设管道，应计入弹性弯曲应变，并应按下式计算：

$$\varepsilon_e=\pm\frac{D}{2r}\qquad(6.5.2)$$

式中　ε_e——弹性敷设时管道的轴向应变；

　　　r——弹性敷设的弯曲半径（m）。

6.5.3 直埋式穿越管道的容许应变值应按埋地管道选用，并应按本规范第 6.1.2 条校核。

6.5.4 洞埋式穿越管道，有支墩时应按跨越梁式管桥进行抗震计算；无支墩时应按地面敷设进行抗震计算。

6.5.5 洞埋式穿越管道承受自重、输送介质重量、内压、温差及地震荷载产生的轴向应力、环向应力与弯曲应力，应分别进行叠加组合计算。

6.5.6 地震作用下洞埋式穿越管道的各项应力的组合应力，应按下式验算：

$$\sqrt{\sigma_N^2+\sigma_h^2-\sigma_N\sigma_h}\leqslant 0.9\sigma_s\qquad(6.5.6)$$

式中　σ_N——组合的轴向应力（MPa）；

　　　σ_h——组合的环向应力（MPa）；

　　　σ_s——管道材料的标准屈服强度（MPa）。

6.5.7 洞埋式穿越管道产生轴向压应力时，轴向压应力应小于容许压应力。容许压应力应按下式计算：

$$[\sigma_c]=\frac{N_c}{A}\qquad(6.5.7)$$

式中　$[\sigma_c]$——管道在地震等组合荷载作用下的容许压应力（MPa）；

　　　N_c——管道开始失稳时的临界轴向力，应按现行国家标准《输油管道工程设计规范》GB 50253 的有关规定计算

（MN）。

6.5.8 穿越管道在地震动作用下的计算，应符合下列规定：

1 直埋式穿越管道最大轴向应变应按本规范第 6.1.4 条计算。

2 采用套管带支撑块穿越管道的最大轴向应变应按本规范第 6.1.4 条计算，管道的应力可按下式计算：

$$\sigma_\varepsilon=E\varepsilon_{max}\qquad(6.5.8)$$

式中　σ_ε——由地震动产生的管道应力（MPa）；

　　　ε_{max}——地震动引起管道的最大轴向拉、压应变。

3 洞埋式穿越管道采用支墩方式敷设时，地震动产生的应力计算宜按连续梁式跨越管桥计算。洞身的抗震设计应按现行国家标准《铁路工程抗震设计规范》GB 50111 和国家现行标准《公路工程抗震设计规范》JTJ 004 的有关规定执行。

4 洞埋式穿越采用无支墩贴地敷设输送管道时，地震动产生的轴向应力可采用有限元方法进行计算。

6.6 管道跨越工程抗震设计

6.6.1 管道跨越工程抗震设计应符合下列要求：

1 当管道跨越场地地震动峰值加速度大于或等于 0.05g 时，应进行抗震设计；当场地地震动峰值加速度等于 0.05g 时，可不进行地震作用计算。

2 管道跨越工程一般区段应按本地区的地震动参数等级进行抗震设计，大型管道跨越工程应按提高一个地震动参数等级采取抗震措施，当场地地震动峰值加速度等于 0.40g 时，可适当提高抗震措施；重要区段应按地震安全性评价确定的地震动参数进行抗震设计。

3 管道跨越工程的结构体系应根据场地的地震动参数等级、场地类别、水文与工程地质条件、跨度、管径、材料和施工条件等因素，经技术经济综合比较确定。

4 管道跨越工程的结构体系应符合下列要求：

1）结构应有明确的计算简图和合理的地震作用传递途径；

2）宜设置多道抗震防线；

3）应具备必要的强度、良好的变形能力和耗能能力；

4）应具有合理的刚度和强度分布，并应避免局部产生过大的应力集中或塑性变形集中；对可能出现的薄弱部位，应采取提高抗震能力的措施。

5 管道跨越工程的塔架基础、支墩、锚固墩宜设置在地质条件一致的稳定坚硬土层或基岩上；应避开地震时可能发生滑动的岸坡、地形突变的不稳定地段或软弱、可液化土层，当不能避开时，应采取相应

的抗震措施。

6.6.2 管道跨越工程使用的材料应符合下列要求:

1 输送管道使用钢管、附件应根据场地地震动参数、跨度、管径、介质压力、使用要求等因素,经技术经济综合比较确定。采用的钢管和其他钢材,除应符合现行国家标准《油气输送管道跨越工程设计规范》GB 50460 的有关规定外,尚应具有良好的冲击韧性和可焊性。

2 钢结构的钢材应采用镇静钢,宜采用 Q235 B、C、D 级的碳素结构钢,Q345 B、C、D、E 级的低合金高强度结构钢。钢材的屈服强度与极限强度的比值不应大于 0.85,伸长率应大于 20%。

3 混凝土强度等级,塔架基础和锚固墩不应低于 C25,钢筋混凝土塔架、支墩不应低于 C30,且不宜大于 C60。

4 钢筋混凝土结构中的钢筋宜采用延性、韧性和可焊性较好的钢筋;纵向受力钢筋宜选用 HRB335 级和 HRB400 级热轧钢筋,箍筋宜选用 HPB235 级和 HRB335 级热轧钢筋;钢筋代换应按钢筋受拉承载力设计值相等进行,并应满足正常使用极限状态和抗震构造措施的要求。

6.6.3 管道跨越工程抗震计算应符合下列要求:

1 对悬索、斜拉索等跨越结构进行抗震计算时,应采用能够分析几何非线性影响的模型。

2 在抗震计算中,应分析非结构构件、介质的附加质量对跨越结构抗震性能的影响。

3 跨越结构的地震作用应按沿跨越管道横向、竖向以及纵向三个方向分别计算地震作用。对地震动峰值加速度小于或等于 $0.20g$ 的地区,小型跨越结构可不计算竖向和纵向地震作用。

4 当管道作为跨越结构的受力构件时,在地震作用下,应对跨越结构整体进行内力和位移计算。

5 当跨越结构仅作为管道的支承结构时,管道可视为支承在支座上的多跨连续梁,在横向、竖向地震作用下,管道与支座之间可视为无滑移;在纵向地震作用下,宜分析管道在支座上纵向滑移的影响。

6 跨越结构抗震计算软件所采用的模型和计算方法,除应满足本规范及国家现行有关标准的规定外,尚应对计算结果进行分析判断,并应确认其合理、有效性后用于工程设计。

6.6.4 管道跨越工程的抗震计算应符合下列规定:

1 一般的跨越结构宜采用反应谱振型分解法。

2 小型跨越以及质量和刚度分布比较均匀的中型跨越,可采用单质点简化模型进行计算。

3 复杂的大型跨越结构,宜采用时程分析法进行抗震计算,可取多组时程曲线计算结果的平均值,并应与反应谱振型分解法计算结果相比较,应取两者的较大值作为设计依据。应根据地震安全性评价结果选择地震加速度记录,并应将所选地震加速度记录的

峰值调整到与场地设防地震动水准相应的设计加速度峰值,作为时程分析的设计地震加速度时程。

6.6.5 计算地震作用时,管道跨越工程的重力荷载代表值应取结构、配件以及输送介质自重标准值和可变荷载组合值之和。可变荷载的组合值系数,应按表 6.6.5 采用。

表 6.6.5 可变荷载组合值系数

可变荷载种类	组合值系数
雪荷载	0.5
覆冰荷载	0.5

6.6.6 跨越结构构件的地震作用效应和其他荷载效应的基本组合标准值,应按下式计算:

$$S_K = S_{GE} + \psi_{LK} S_{LK} + \psi_{VK} S_{VK} + \psi_{PK} S_{PK}$$
$$+ \psi_W S_{WK} + \psi_Y S_{YK} + \psi_T S_{TK} \qquad (6.6.6)$$

式中 S_K——跨越结构构件内力组合的标准值,包括组合的弯矩、轴向力和剪力标准值;

S_{GE}——重力荷载代表值的效应;

S_{LK}——横向地震作用标准值的效应;

ψ_{LK}——横向地震作用组合值系数,见表 6.6.6;

S_{VK}——竖向地震作用标准值的效应;

ψ_{VK}——竖向地震作用组合值系数,见表 6.6.6;

S_{PK}——纵向地震作用标准值的效应;

ψ_{PK}——纵向地震作用组合值系数,见表 6.6.6;

S_{WK}——风荷载标准值的效应;

ψ_W——风荷载组合值系数,可取 0.0,风荷载起控制作用的大型跨越结构可取 0.2;

S_{YK}——内压作用标准值的效应;

ψ_Y——内压作用组合值系数,可取 1.0;

S_{TK}——温度作用标准值的效应;

ψ_T——温度作用组合值系数,可取 0.2。

表 6.6.6 不同工况的地震作用组合值系数

地震作用工况	ψ_{LK}	ψ_{VK}	ψ_{PK}
仅计算横向地震作用	1.0	0.0	0.0
仅计算竖向地震作用	0.0	1.0	0.0
仅计算纵向地震作用	0.0	0.0	1.0
同时计算横向与竖向地震作用(横向为主)	1.0	0.5	0.0
同时计算横向与竖向地震作用(竖向为主)	0.5	1.0	0.0
同时计算横、竖、纵向地震作用	1.0	0.5	0.5

6.6.7 跨越结构构件的抗震验算,应采用抗震增大系数对结构构件的承载能力进行调整,承载力抗震增大系数应按表 6.6.7 采用。当仅计算竖向地震作用

时，各类跨越结构构件抗震增大系数宜采用 1.0。

表 6.6.7　承载力抗震增大系数

跨越结构构件	抗震增大系数
各类构件	1.25
节点板件、连接螺栓	1.15
连接焊缝	1.10

6.6.8　管道和构件的应力（内力）应符合现行国家标准《油气输送管道跨越工程设计规范》GB 50460 的有关规定。

7　管道抗震措施

7.1　通用抗震措施

7.1.1　当管道按本规范计算的应变值大于本规范第 6.1.3 条规定的轴向容许应变值时，可选用大应变钢管，应经对口焊接试验，采用满足变形要求的组焊管段。

7.1.2　现场对接焊口应通过 100％ 射线检测，并应达到国家现行标准《石油天然气钢质管道无损检测》SY/T 4109 规定的 II 级。

7.1.3　抗震设防的埋地管道宜采用宽浅沟敷设；回填土宜采用疏松无粘性的土料。

7.1.4　在需抗震设防的埋地管段，不宜设置弯头，应采用弹性敷设，且曲率半径不得小于 1000D。当需设置热揻弯管时，其曲率半径不得小于 6D。当需设置冷弯管时，其曲率半径不得小于 30D。

7.1.5　敷设于地震危险地段的管道，宜设置预警系统。

7.1.6　在管道穿过截水墙或水工保护构筑物基础时，穿管处管道周边应预留不小于 25mm 的空隙，并应采用柔性减振材料填塞。

7.1.7　通过全新世活动断层带的埋地管道，抗震验算不满足要求时，宜适当增加钢管壁厚。

7.1.8　管道通过全新世活动断层或设计地震动峰值加速度不小于 0.20g 的埋地管道，在大中型城市和大型穿跨越的两侧应设截断阀。

7.2　专项抗震措施

7.2.1　对通过全新世活动断层的管道，宜采取下列抗震措施：

　　1　应选择断层位移和断裂宽度较小的地段通过。

　　2　管道与断层错动方向的交角宜为 30°～70°，不得大于 90°。

　　3　以水平走滑为主的活动断层和正断层，在断裂带及其两侧 400m 内应增大管沟宽度，管沟宽度宜大于沿管道法线方向的断层水平位移，管沟坡度不宜

大于 30°，并应采用疏松砂土浅埋。逆冲断层应专门研究。

　　4　在设固定墩时，固定墩与活动断层的距离应为同侧管道滑动长度的 1.5～2.0 倍。

　　在滑动长度内，不应采用不同直径或壁厚的管道，不应设三通、旁通和阀门等部件。断层一侧的管道滑动长度宜按下式计算：

$$L_t = \frac{\pi D \delta \sigma_2}{f_s} \qquad (7.2.1)$$

式中　L_t——断层一侧的管道滑动长度（m）；
　　　σ_2——管道应力-应变简化折线中弹塑性区与塑性区交点处的应力（Pa），按本规范附录 D 选取。

　　5　通过断层的管道采用埋地敷设不能满足抗震要求时，宜将管道敷设于地上或架空，并应保证管道在轴向与横向上自由滑移，同时应采取相应的安全保护措施。

7.2.2　通过沉陷区的管道，有条件时可采用地面或地上（跨越）敷设。

7.2.3　敷设于严重液化区的管道可采取换填非液化土并夯实、抗浮桩及衬铺垫土等措施。

7.2.4　埋设于液化区较长的管道，可分段采取抗液化措施。

7.2.5　确需在难以绕避的滑坡区内敷设管道时，控制滑坡可采取减载、支挡、锚固及排水措施。

7.2.6　采用直埋式穿越水域或沟壑的管道，其斜坡角不应大于 30°（图 7.2.6）。

7.2.7　洞埋式穿越管道采用支墩方式敷设时，应设置防止管道侧向滑落的管卡。

7.2.8　洞埋式穿越管道贴地敷设时，应保证地震发生时管道轴向与横向自由位移，并不得失稳。

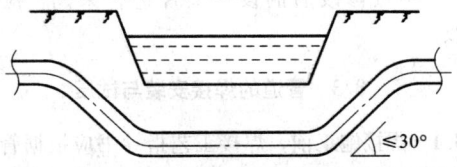

图 7.2.6　直埋式穿越管道示意

7.2.9　位于墩台上的跨越结构应采取限位措施。在跨越结构上应固定或限制管道的相对位置，可采用挡块、钢夹板、U 形螺栓等连接件。

7.2.10　位于软弱粘性土层、液化土层和严重不均匀地层上的刚性跨越结构，不宜采用高次超静定结构。

7.2.11　跨越结构下部墩台应避免布设在软弱粘性土层、液化土层和不稳定的河岸上，在难以避开时，应采取其他处理措施。

7.2.12　在管道或支承结构与支墩之间可设置隔震部件，该部件应提供必要的竖向承载力、侧向刚度和阻尼，并应便于检查和维护。隔震部件可按现行国家标准《建筑抗震设计规范》GB 50011 等有关规定进行

设计。

7.2.13 对出入锚固墩部位的管道宜局部加强或采用柔性连接。

8 管道抗震施工

8.1 一般规定

8.1.1 管道线路工程抗震施工应符合现行国家标准《油气长输管道工程施工及验收规范》GB 50369 的有关规定。

8.1.2 管道抗震施工除应符合本规范的规定外，尚应按批准后的抗震设计文件施工。有变更时，应征得原抗震设计部门的确认，并应出具设计更改文件。

8.1.3 管道线路工程抗震施工应在施工方案中明确抗震施工措施。

8.1.4 施工前，准备工作应包括下列内容：

   1 在管道线路工程设计交底及图纸会审工作中，设计部门应对设计图纸中有关抗震规定部分进行专项交底，并应做好会审记录。

   2 承担管道线路抗震施工的单位应对参加施工的各级人员进行专项作业培训。

8.2 材料检查与验收

8.2.1 管道抗震工程施工所采用的管材、管件等材料的材质、规格应符合设计要求，其质量应符合国家现行有关标准的规定。

8.2.2 管道线路工程抗震施工所使用的专项材料需代用时，应经原设计部门进行复核，经复核符合抗震设计要求后，原设计部门应重新出具抗震设计修改文件，并应按修改后的设计文件进行采购、检查和验收。

8.3 管道的焊接安装与试压

8.3.1 焊接施工前，焊接工艺指导书应根据管道抗震设计文件提出的钢管等级、壁厚、焊接材料、焊接方法和工艺要求制订。

8.3.2 在抗震管段施工区域内，应减少连头焊口数量，连头短管的长度应大于 $2D$ 且不应小于 0.5m。对抗震管段的焊口应逐一进行外观检查。

8.3.3 焊缝外观检查合格后应进行 100% 的超声波和射线检测，射线和超声波检测的合格等级应达到国家现行标准《石油天然气钢质管道无损检测》SY/T 4109 规定的 Ⅱ 级标准。采用自动焊接的管段可只进行 100% 全自动超声波检测。

8.3.4 同一处的非裂纹缺陷的焊缝返修次数不宜超过 1 次。裂纹缺陷和超过返修次数的焊缝应割口重焊。

8.3.5 管道在抗震设防地段应单独试压，试压介质宜采用洁净水，试验段的强度试验压力应使该试验段最低点的管道环向应力不超过相应钢级规定的最低屈服强度的 95%。

8.4 埋地管道抗震施工

8.4.1 管道下沟时，管底应与沟底贴合，其缝隙应采用砂土回填。

8.4.2 滑坡地段的施工及验收，应满足下列要求：

   1 应根据设计要求削坡或卸去坡顶部荷载。地下水与地面水的排水措施，应按设计要求执行。

   2 施工过程中应设置观测点进行观测和记录。

   3 抗滑挡墙、抗滑桩、锚固设施等固坡构筑物应按设计要求修筑。其中，基础工程应符合现行国家标准《建筑地基基础工程施工质量验收规范》GB 50202 的有关规定；边坡工程应符合现行国家标准《建筑边坡工程技术规范》GB 50330 的有关规定；锚杆喷射混凝土支护工程应符合现行国家标准《锚杆喷射混凝土支护技术规范》GB 50086 的有关规定；砌体工程应符合现行国家标准《砌体工程施工质量验收规范》GB 50203 的有关规定；混凝土结构工程应符合现行国家标准《混凝土结构工程施工质量验收规范》GB 50204 的有关规定。

8.4.3 液化层地段的施工及验收应满足下列要求：

   1 管沟下部液化层的地质条件应根据设计要求改良，可采用下列方法：

   1) 清除液化土层，回填非液化土；

   2) 设置挤压砂桩或碎石桩；

   3) 对液化层注入粘土泥浆。

   2 对施工过程应进行检查，应按设计要求做好规定的试验，宜更换非液化土，并应取土源土样分析检验，同时应达到抗液化要求。

   3 挤压桩、更换土、注泥浆施工后应按管道方向每 100m 做一次随机抽检，不足 100m 时应做一次随机抽检，抽检要求应符合表 8.4.3-1 的规定。

表 8.4.3-1 挤压桩、更换土、注泥浆的检查要求

序号	检查项目	要　　求	备注
1	挤压砂桩或碎石桩（震动或震冲型）	钻孔取样检验	$N_{63.5} > N_{cr}$
2	更换非液化土	钻孔取样检验	—
3	注入粘土泥浆	粉土的粘粒（小于 0.005mm）含量大于 16%	土样分析

注：$N_{63.5}$ 为饱和土标准贯入锤击数实测值，N_{cr} 为液化判别标准贯入锤击数临界值。

   4 在设置抗浮卡桩时应先按图纸要求设置锚固桩，并应在桩的上部安装管卡。抗浮卡桩的检查项目应符合表 8.4.3-2 的规定。

表 8.4.3-2　抗浮卡桩的检查要求

序号	检查项目	要求	备注
1	桩顶高度偏差（m）	<0.1	—
2	桩顶位置偏差（m）	<0.1	—
3	桩的长度偏差（m）	<1	—
4	桩的垂直度偏差（%）	<1	—
5	桩径偏差（mm）	−50	—
6	管卡焊接安装	符合设计	—
7	管道电火花检查	无漏点	根据防腐等级确定检查电压
8	管卡与管道的绝缘衬垫	符合设计	检查材料厚度和尺寸

5 地上应敷设覆土保护，并应保证设计要求的覆土厚度、宽度和几何形状，以及覆土的密实度。在遇到河流或道路穿越时，应符合现行国家标准《油气输送管道穿越工程施工规范》GB 50424 的有关规定。

8.4.4 管道通过活断层的施工及验收，应满足下列要求：

1 管沟回填宜采用疏松材料。

2 当采用疏松砂土回填施工时，应符合下列要求：

1）疏松砂土的塑性指数应小于或等于 3，且 0.1mm 以下的颗粒不应超过 15%；

2）应对选用的每处土源进行一次实验室检验；

3）应在管底下预填 300mm 疏松砂土，二次回填应全部为疏松砂土；

4）管顶至地面回填高度应符合设计要求，不应超过 1.1m；

5）回填的沉陷余量应超过自然地面以上 300mm，宽度应超过管沟上开口宽度 300mm。

3 当管道通过逆冲断层时，管道与断层成斜角相交的角度应符合设计要求，施工单位应对斜角角度进行测量和记录，监理应对斜角角度进行复核和认签。与设计图纸规定的角度偏差应小于 3°。

8.4.5 管线上所有特殊安装位置应进行检查，并应符合表 8.4.5 的规定。

表 8.4.5　管线特殊安装位置检查要求

序号	管线设置	检查内容	备注
1	热煨弯管（限制使用）	曲率半径大于或等于 6D	其他要求见设计文件要求
2	弯管（限制使用）	曲率半径大于或等于 30D	其他要求见设计文件要求
3	弹性敷设（推荐）	曲率半径大于或等于 1000D	—

续表 8.4.5

序号	管线设置	检查内容	备注
4	固定墩	开槽位置和尺寸管件组装焊接防腐和电火花检测钢筋混凝土隐蔽工程检查混凝土墩的防腐绝缘	固定墩与活动断层的距离应为管道滑动长度的 1.5～2 倍
5	截水墙穿管处	穿管处保证 25mm 以上的缝隙，填塞柔性减震材料保护管线防腐层无损坏	推荐一层 4mm 厚橡胶板，外填塞聚氨酯硬质泡沫块
6	水工保护构筑物	按现行国家标准《建筑地基基础工程施工质量验收规范》GB 50202、《混凝土结构工程施工质量验收规范》GB 50204、《砌体工程施工质量验收规范》GB 50203 等检查	—

8.5　穿跨越管道抗震施工

8.5.1 抗震段穿越管道施工除应符合现行国家标准《油气输送管道穿越工程施工规范》GB 50424 的有关规定外，尚应符合下列规定：

1 大开挖管道穿越时，穿越前施工单位应对管沟的成型进行一次自检，沟长、沟直、沟深、沟宽、边坡坡度和曲线变化等情况应符合设计和施工设计的有关要求。

2 穿越管线管沟回填前，应对回填土质、深度进行检查，并应符合设计要求。

3 采用套管穿越时，应检查内管的支撑和防腐绝缘，套管两端应按设计要求进行密封，并应检测内管与套管的电绝缘性能。

4 采用洞埋式穿越时，钢筋混凝土施工质量应符合设计要求，管线构件应处于正确装配状态。当采用支墩式敷设时，防滑落管卡等结构的施工及验收应符合现行国家标准《构筑物抗震设计规范》GB 50191 的有关规定。

8.5.2 抗震段跨越管道施工除应符合现行国家标准《油气输送管道跨越工程施工规范》GB 50460 的有关规定外，尚应符合下列规定：

1 当跨越管道与支承结构之间采用隔震部件时，设计应提供详细的结构安装图纸。采用的隔震部件应附有竖向承载力、侧向刚度、阻尼系数等技术性能指标说明书。

　　2 跨越工程所有钢结构和管线构件的材料选择与焊接应符合现行国家标准《钢结构工程施工质量验收规范》GB 50205 的有关规定，管线构件装配应处于正确状态。

　　3 跨越工程钢结构焊接应制定专项焊接工艺规程，设计应给定要求焊缝检测的检测要求，设计要求全焊透的一、二级焊缝应采用超声波进行内部缺陷的检验，超声波不能对缺陷进行判断时，应进行射线检验。其内部缺陷分级及探伤方法应符合现行国家标准《钢焊缝手工超声波探伤方法和探伤结果分级》GB 11345 的有关规定；焊缝射线探伤验收标准应符合现行国家标准《金属熔化焊焊接接头射线照相》GB/T 3323 的有关规定；一级二级焊缝的质量等级及缺陷分级应符合表 8.5.2 的规定。对不能采用射线和超声波探伤检验的部位应进行磁粉、渗透检验；一级、二级焊缝探伤比例的计数方法应按下列原则确定：

　　　1）对工厂制作焊缝应按每条焊缝计算百分比，探伤长度不应小于 200mm，当焊缝长度不足 200mm 时，应对整条焊缝进行探伤；

　　　2）对现场安装焊缝应按同一类型同一施焊条件的焊缝条数计算百分比，探伤长度不应小于 200mm，并不应少于 1 条焊缝。

表 8.5.2　一级二级焊缝的质量等级及缺陷分级要求

焊缝质量等级		一级	二级
超声波探伤	合格等级	Ⅱ	Ⅲ
	探伤比例	100%	20%
射线探伤	合格等级	Ⅱ	Ⅲ
	探伤比例	100%	20%

　　4 T 形接头、十字接头、角接接头等要求熔透的对接和角对接组合焊缝，其焊脚尺寸不应小于壁厚 δ 的 1/4。（图 8.5.2）。

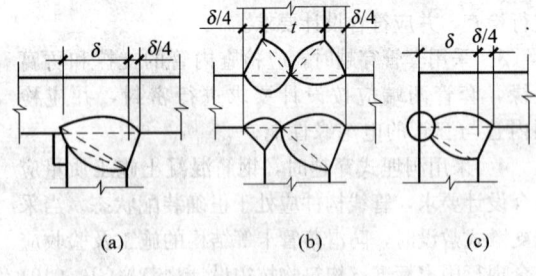

图 8.5.2　焊脚尺寸示意

　　5 跨越管道用于抗震的柔性连接部件、管道与支承结构之间的隔震部件安装，应符合设计和安装技术要求。

　　6 跨越管线和钢结构的防腐绝缘、管道保温工程应符合现行国家标准《油气输送管道跨越工程设计规范》GB 50460 的有关规定。

9　管道线路工程抗震验收

　　9.0.1 当施工单位按合同规定的范围完成工程项目后，应由建设单位组织施工单位、设计单位和监理单位共同对管道线路工程抗震施工进行检查和验收，验收合格后，应及时与建设单位办理交接手续。

　　9.0.2 交工技术资料应按现行国家标准《建设工程文件归档整理规范》GB/T 50328 等有关规定编制。

　　9.0.3 管道线路工程场地地震安全性评价的验收资料，应符合下列内容：

　　1 管道沿线地震危险性分析结论。

　　2 管道沿线主要断层评价结果。

　　3 重要工程场地的地震动反应谱和时程曲线。

　　4 设计地震动参数对管道沿线分区的结果。

　　5 管道沿线地震地质灾害预测结果。

　　9.0.4 工程交工验收除应符合现行国家标准《油气长输管道工程施工及验收规范》GB 50369 的有关规定外，施工单位尚应符合下列资料：

　　1 图纸会审涉及抗震问题的记录。

　　2 抗震措施实施项目所涉及材料、构配件等的抗震性能检（试）验结果。

　　3 防滑坡工程检查报告。

　　4 更换液化土施工报告。

　　5 标准贯入试验记录。

　　6 回填疏松砂土施工报告。

　　7 管道柔性接头、管道隔震部件安装记录。

　　8 钢结构和管线构件检查记录。

　　9 通过活动断层的管道与断层交角记录。

　　10 大中型穿越工程纵断面图。

　　11 管道线路工程抗震施工竣工图。

　　12 管道线路工程抗震施工检查表，表格样式见本规范附录 F。

附录 A　管道场地地段划分

　　A.0.1 管道场地地段划分应按表 A.0.1 的规定。

表 A.0.1　管道抗震场地地段的划分

地段划分	地质、地形、地貌
有利地段	一般是指无全新世活动断裂、边坡稳定条件较好、场地属于坚硬场地或密实均匀的中硬场地等地段
不利地段	一般是指地质构造比较复杂，有全新世以来活动性断裂，场地属于软弱场地、条状突出的山脊、高耸孤立的山丘、非岩质（其中包括胶结不良的第三纪沉积）的陡坡，采空区、河岸和边坡边缘、软硬不均的场地（如故河道、断层破碎带、暗埋的塘浜沟谷及半填半挖地基等）等地段

续表 A.0.1

地段划分	地质、地形、地貌
危险地段	一般是指地质构造复杂,有全新世活动性断裂及地震时可能发生断裂、滑坡、崩塌、地陷、地裂等地段

附录 B 滑坡体的稳定性验算

B.0.1 均质斜坡体的稳定性可采用下列方法验算:

1 滑动面为圆弧形或近于圆弧形,可用条分法进行验算。通过坡脚任选一个可能的圆柱滑动面,其半径为 R(图 B.0.1)。将滑坡体分成若干等宽的铅直土条(可分为 8~12 条)。将各土条(宽度为 b_i,高度为 h_i)的重量分解为圆弧的切向力和法向力,计及水平地震力,滑坡体 ABC 的稳定系数应按下列公式计算:

$$K_{sl} = \frac{\sum_{i=1}^{n}(N_i \tan\phi_F + cL_i + F_i)}{\sum_{i=1}^{n}T_i} \quad (B.0.1-1)$$

$$N_i = W_i \cos\theta_i \quad (B.0.1-2)$$

$$T_i = W_i \sin\theta_i \quad (B.0.1-3)$$

式中 K_{sl}——滑坡体稳定系数;

N_i——滑坡体每条土的法向重力(kN/m);

T_i——滑坡体每条土的切向重力(滑动方向与滑动力方向相反时,取负值)(kN/m);

L_i——滑坡体每条土的滑动弧的长度(m);

ϕ_F——滑动面土体的内摩擦角(°);

θ_i——滑坡体第 i 土条滑动面与水平的夹角(°);

W_i——滑坡体第 i 土条的重量(kN/m);

c——土的粘聚力(kPa);

F_i——滑坡体第 i 土条的地震水平力,宜取 $F_i = W_i \times a/g$(kN/m)。

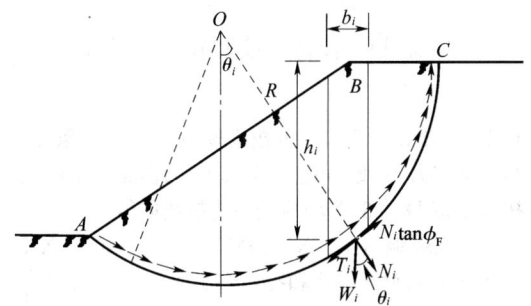

图 B.0.1 受地震作用的均质斜坡

2 对于不同的假定滑动圆心及滑动面,应依次按式 B.0.1-1、式 B.0.2-2 和式 B.0.2-3 计算,最危险的滑动面应为具有最小稳定系数的滑动面。最小稳定系数应根据工程的重要性选取,可取大于等于 1.2,重要区段可取大于等于 1.5,特别重要区段安全系数应专门研究。不满足时,则应采取抗滑措施。

B.0.2 非均质斜坡的滑动面可为折线形,滑动面为折线形的滑坡,可采用分段计算方法验算。可沿折线的转折处条分成若干块段(图 B.0.2),从上至下逐块计算推力。每块滑坡体向下滑动的力与岩土体阻挡下滑的力之差,也即剩余下滑力,逐级向下传递,应按下列公式计算:

$$E_i = kT'_i - N'_i \tan\phi_i - C_i L'_i + E_{i-1}\psi \quad (B.0.2-1)$$

$$\psi = \cos(\theta'_{i-1} - \theta'_i) - \sin(\theta'_{i-1} - \theta'_i)\tan\phi_i \quad (B.0.2-2)$$

式中 E_i——第 i 块滑坡体的剩余下推力(kN/m);

ψ——滑坡体各块之间的传递系数;

E_{i-1}——第 $i-1$ 块滑坡体的剩余下推力(kN/m),负值时不计入;

T'_i——作用于第 i 块段滑动面上的滑动分力(kN/m);

N'_i——作用于第 i 块段滑动面上的法向分力(kN/m);

W'_i——第 i 块段岩土的重量(kN/m);

ϕ_i——第 i 块滑坡体沿滑动面岩土的内摩擦角(°);

C_i——第 i 块滑坡体沿滑动面岩土的粘聚力(kPa);

L'_i——土体滑动的长度(m);

θ'_i,θ'_{i-1}——分别是第 i 块和第 $i-1$ 块滑坡体的滑动面与水平面的夹角(°);

k——滑坡体安全系数,取 1.2。

对于不同的假定滑动面,应依次按式 B.0.2-1、式 B.0.2-2 计算,具有最大剩余下滑力的滑动面即是最危险的滑动面。在计算中,当任何一块剩余下滑力为零或负值时,说明该块对下一块不存在滑动推力。若当最终一块土体的剩余下滑力为负值或零时,表示整个土体是稳定的;如为正值,则不稳定,应当按此剩余下滑力设计支挡结构。对于重要区段,按剩余推力的 110% 设计支挡结构。对于非常重要区段,应专门研究。

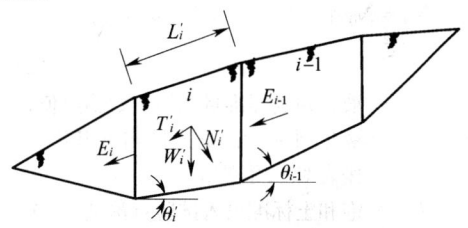

图 B.0.2 受地震作用的非均质斜坡

附录C 管道沿线饱和砂土和饱和粉土的地震液化判别

C.0.1 饱和的砂土或粉土，当符合下列条件之一时，可初步判别为不液化或不分析液化影响：

1 地质年代为第四纪晚更新世（Q3）及其以前时，Ⅶ、Ⅷ度时可判为不液化土。

2 粉土的粘粒（粒径小于0.005mm的颗粒）含量百分率，Ⅶ度、Ⅷ度和Ⅸ度区分别不小于10%、13%和16%时，可判为不液化土。

注：用于液化判别的粘粒含量应采用六偏磷酸钠作分散剂测定；采用其他方法时应按有关规定换算。

3 当上覆非液化土层厚度和地下水位深度符合下列公式之一时，可不分析液化影响：

$$d_u > d_0 + d_b - 2 \quad (C.0.1-1)$$
$$d_w > d_0 + d_b - 3 \quad (C.0.1-2)$$
$$d_u + d_w > 1.5 d_0 + 2 d_b - 4.5 \quad (C.0.1-3)$$

式中 d_u——上覆盖非液化土层厚度（m），计算时宜将淤泥和淤泥质土层扣除；

d_w——地下水位深度（m），宜按设计基准期内年平均最高水位采用，也可按近期年内最高水位采用；

d_b——管道底部埋置深度（m），不超过2m时应采用2m；

d_0——液化土特征深度（m），可按表C.0.1采用。

表C.0.1 液化土特征深度（m）

饱和土类别	Ⅶ度	Ⅷ度	Ⅸ度
粉土	6	7	8
砂土	7	8	9

C.0.2 当初步判别认为需进一步进行液化判别时，应采用标准贯入试验判别法判别地面下7m深度范围内的液化；当饱和土标准贯入锤击数（未经杆长修正）小于液化判别标准贯入锤击数临界值时，应判为液化土。当有成熟经验时，也可采用其他判别方法。

在地面下7m深度范围内，液化判别标准贯入锤击数临界值可按下式计算：

$$N_{cr} = N_0 \left[0.9 + 0.1 \left(d_s - d_w\right) \right] \sqrt{\frac{3}{\rho_c}}$$

$$(C.0.2)$$

式中 N_{cr}——液化判别标准贯入锤击数临界值；

N_0——液化判别标准贯入锤击数基准值，应按表C.0.2选用；

d_s——饱和土标准贯入试验点深度（m）；

ρ_c——粘粒含量百分率，当小于3或为砂土

时，均应采用3。

表C.0.2 标准贯入锤击数基准值

设计地震分组	Ⅶ度	Ⅷ度	Ⅸ度
第一组	6（8）	10（13）	16
第二、三组	8（10）	12（15）	18

注：括弧内数值用于设计基本地震加速度为0.15g和0.30g的地区。

C.0.3 凡经判定为可液化的土层，应探明各液化土层的深度和厚度，并应按下列公式计算液化指数：

$$I_{1E} = \sum_{i=1}^{n} \left(1 - \frac{N_i^l}{N_{cri}}\right) d_i^l w_i \quad (C.0.3-1)$$

$$w_i = \begin{cases} 10 & d_{si} \leqslant 5 \\ 15 - Z_{0i} & 5 < d_{si} \leqslant 7 \end{cases} \quad (C.0.3-2)$$

式中 I_{1E}——液化指数；

w_i——i 土层考虑单位土层厚度的层位影响权函数（m^{-1}）；

n_t——7m深度范围内每一个钻孔标准贯入试验点的总数；

N_i^l——i 点标准贯入锤击数的实测值，当实测值大于临界值时应取临界值的数值；

N_{cri}——i 点标准贯入锤击数的临界值；

d_i^l——i 点所在土层厚度（m），可采用与该标准贯入试验点的相邻的上、下两标准贯入试验点深度差的一半，但上界不小于地下水位深度，下界不大于液化深度，中间的非液化土层应扣除；

d_{si}——第 i 个标准贯入点的深度（m）；

Z_{0i}——第 i 层土中点的深度（m）。

C.0.4 存在液化土层的场地，液化等级应根据其液化指数按表C.0.4划分。

表C.0.4 液化等级划分

液化指数	$0 < I_{1E} \leqslant 3.5$	$3.5 < I_{1E} \leqslant 10$	$I_{1E} > 10$
液化等级	轻微	中等	严重

附录D 管材性能和拉伸应变

D.0.1 初步设计阶段，可按本规范第D.0.2条和第D.0.3条应力-应变简化折线取值；详细设计阶段，应按本规范D.0.3应力-应变简化折线取值。

D.0.2 常用钢材B、X42、X52、X56、X60、X65、X70和X80的材料性能和拉伸应变见表D.0.2。

D.0.3 管材的应力-应变简化折线可由实际的应力-应变曲线等效取得，等效的原则应符合下列规定：

1 E_1 等于实际应力-应变曲线中弹性阶段模量；

2 在容许拉伸应变 ε_2 前，实际应力-应变曲线与坐标轴围成的面积等于应力-应变简化折线与坐标轴

围成的面积（图 D.0.3）。

表 D.0.2　常用钢材的材料性能和拉伸应变

序号	钢号	弹性区				弹塑性区		
		应变 ε_1	模量 E_1（MPa）	应力 σ_0（MPa）	应力 σ_1（MPa）	应变 ε_2	模量 E_2（MPa）	应力 σ_2（MPa）
1	B、X42	0.0018	2.1×10^5	369	370	0.069	647	414
2	X52	0.0019	2.1×10^5	406	407	0.069	711	455
3	X56	0.0021	2.1×10^5	436	438	0.056	962	490
4	X60	0.0022	2.1×10^5	458	461	0.040	1485	517
5	X65	0.0023	2.1×10^5	471	474	0.040	1518	531
6	X70	0.0024	2.1×10^5	498	503	0.030	2246	565
7	X80	0.0026	2.1×10^5	528	544	0.015	6210	621

注：ε_1、σ_1 分别为管道应力-应变简化折线中弹塑性变形起点处的应变和应力；ε_2、σ_2 分别为管道应力-应变简化折线中弹塑性区与塑性区交点处的应变和应力；E_1、E_2 分别为管道应力-应变简化折线中弹性区和弹塑性区的材料模量；σ_0 为管道应力-应变简化折线中弹塑性段延长线与应力轴相交处的应力。

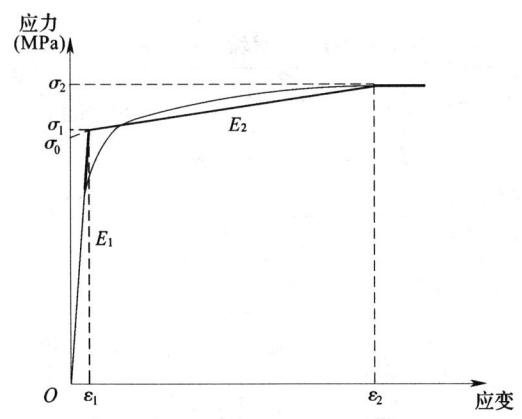

图 D.0.3　应力-应变简化折线示意

D.0.4　国产钢材与 API 5L 钢材对应关系见表 D.0.4。

表 D.0.4　国产钢材与 API 5L 钢材对应关系

API	A	B	X42	X46	X52	X56	X60	X70	X80
GB/T 9711	L210	L245	L290	L320	L360	L390	L415	L485	L555

附录 E　通过活动断层埋地管道有限元方法的弹簧参数

E.0.1　当有限元方法采用等效边界进行分析时，等效非线性弹簧的外力与伸长量关系式可按下式计算：

$$F=\sqrt{2f_s AE\Delta L} \qquad (\text{E.0.1})$$

式中　F——作用于等效非线性弹簧的外力（N）；

ΔL——在外力作用下等效非线性弹簧的伸长量（m）；

f_s——沿管轴方向土壤与管道外表面之间单位长度上的摩擦力（N/m），可按式 6.2.3-1 计算；

E——管道材料的弹性模量（Pa），按本规范附录 D 选取。

E.0.2　当采用有限元方法进行通过活动断层的管道抗震的初步计算时，土弹簧的设置和模型见图 E.0.2-1 和图 E.0.2-2，其参数可按下列公式计算：

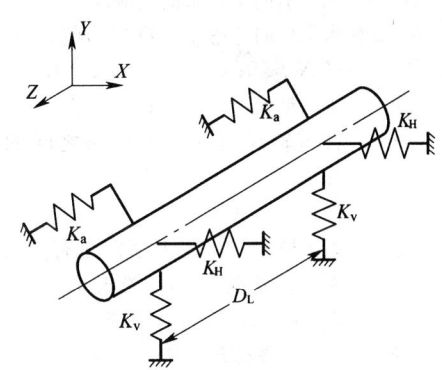

图 E.0.2-1　埋地管道的有限元模型

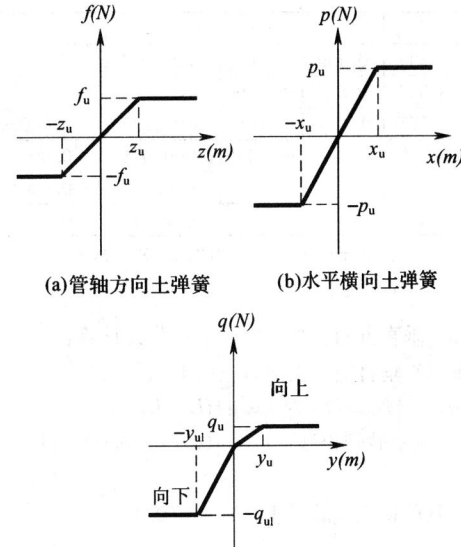

(a)管轴方向土弹簧　　(b)水平横向土弹簧

(c)垂直方向土弹簧

图 E.0.2-2　土弹簧的非线性模型（三个方向）

1　管轴方向土弹簧 K_a 可按下式计算：

$$f_u=f_s\cdot D_L \qquad (\text{E.0.2-1})$$

式中　f_u——沿管轴方向管土之间的滑动摩擦力（N）；

D_L——土弹簧间距（m）。

对于密砂、松砂、硬粘土和软粘土，管轴方向土弹簧的屈服位移 Z_u 分别取值为 0.003m，0.005m，0.008m 和 0.01m。

2 水平横向土弹簧 K_H 可按下列公式计算：

$$P_u = (N_{ch}cD + N_{qh}\rho_{sl}gHD)D_L \quad \text{(E.0.2-2)}$$

$$X_u = 0.04(H + D/2) \quad \text{(E.0.2-3)}$$

$$N_{ch} = 6.752 + 0.065H/D$$
$$-\frac{11.063}{(H/D+1)^2} + \frac{7.119}{(H/D+1)^3} \quad \text{(E.0.2-4)}$$

$$N_{qh} = C_0 + C_1(H/D) + C_2(H/D)^2$$
$$+ C_3(H/D)^3 + C_4(H/D)^4 \quad \text{(E.0.2-5)}$$

式中 P_u——埋设场地土沿水平横向对管道的压力（N）；

X_u——水平横向土弹簧的屈服位移（m）；

N_{ch}——水平横向考虑土体粘聚力的计算参数，且 $N_{ch} \leqslant 9$，$c = 0$ 时，$N_{ch} = 0$；

c——土的粘聚力（kPa）；

H——管道轴线至管沟上表面之间的埋深（m）；

D——管道外径（m）；

N_{qh}——水平横向与土体内摩擦角有关的计算参数，系数 $C_0 \sim C_4$ 按表 E.0.2 取值；$\phi = 0°$ 时，$N_{qh} = 0$。

ϕ——土的内摩擦角（°）；

ρ_{sl}——管道周围场地土的密度（kg/m³）。

表 E.0.2 N_{qh} 的系数取值

ϕ	C_0	C_1	C_2	C_3	C_4
20°	2.399	0.439	−0.030	0.001059	−0.0000175
25°	3.332	0.839	−0.090	0.005606	−0.0001319
30°	4.565	1.234	−0.089	0.004275	−0.0000916
35°	6.816	2.019	−0.146	0.007651	−0.0001683
40°	10.959	1.783	0.045	−0.005425	−0.0001153
45°	17.658	3.309	0.048	−0.006443	−0.0001299

注：可以采用插值方法得到其他内摩擦角 ϕ（20° ≤ ϕ ≤ 45°）的系数值。

3 垂直方向土弹簧应按下列公式计算：

1）垂直向上土弹簧应按下列公式计算：

$$q_u = (N_{cvu}cD + N_{qvu}\rho_{sl}gHD)D_L \quad \text{(E.0.2-6)}$$

从密砂到松砂：$Y_u = (0.01 \sim 0.02)H$
$$\text{(E.0.2-7)}$$

从硬粘土到软粘土：$Y_u = (0.1 \sim 0.2)H$
$$\text{(E.0.2-8)}$$

$$N_{cvu} = 2(H/D) \quad \text{(E.0.2-9)}$$

$$N_{qvu} = (\phi/44)(H/D) \quad \text{(E.0.2-10)}$$

式中 q_u——垂直向上土对管道的压力（N）；

Y_u——垂直向上土弹簧的屈服位移（m）；

N_{cvu}——垂直向上考虑土体粘聚力的计算参数，$N_{cvu} \leqslant 10$；

N_{qvu}——垂直向上与土体内摩擦角有关的计算参数，$N_{qvu} \leqslant N_{qh}$。

2）垂直向下土弹簧应按下列公式计算：

$$q_{ul} = (N_{cvd}cD + N_{qvd}\rho_{sl}gHD + N_r\rho_{sl}gD^2/2)D_L$$
$$\text{(E.0.2-11)}$$

砂土：$Y_{ul} = 0.1D \quad \text{(E.0.2-12)}$

粘土：$Y_{ul} = 0.2D \quad \text{(E.0.2-13)}$

$$N_{cvd} = [\cot(\phi + 0.001)]$$
$$\left\{e^{\pi\tan(\phi+0.001)}\left[\tan\left(45 + \frac{\phi+0.001}{2}\right)\right]^2 - 1\right\}$$
$$\text{(E.0.2-14)}$$

$$N_{qvd} = e^{\pi\tan\phi}\left[\tan\left(45 + \frac{\phi}{2}\right)\right]^2 \quad \text{(E.0.2-15)}$$

$$N_r = e^{0.18\phi - 2.5} \quad \text{(E.0.2-16)}$$

式中 q_{ul}——垂直向下土对管道的压力（N）；

Y_{ul}——垂直向下土弹簧的屈服位移（m）；

N_{cvd}——垂直向下土弹簧的计算参数；

N_{qvd}——垂直向下土弹簧的计算参数；

N_r——垂直向下土弹簧的计算参数。

附录 F 管道抗震施工检查报告表

F.0.1 管道抗震施工检查报告表见表 F.0.1-1～表 F.0.1-6。

表 F.0.1-1 防滑坡工程检查报告

资料编号 F.0.1-1	防滑坡工程检查报告	单位工程名称： 单位工程编号：		
施工承包商：	分部工程名称和编号：			
防滑坡地段起止桩号				
抗滑坡措施	检查内容			
削坡工程	削坡前坡度	削坡后坡度	削坡面积	削坡土石方量
护坡工程	护坡形式	砌筑或喷护质量	护坡面积	砌筑工程量
抗滑挡墙	挡墙外形尺寸	砌筑或混凝土质量	挡墙数量	砌筑或混凝土工程量
抗滑桩	混凝土质量	桩的垂直度	桩的尺寸	桩的数量
锚固设施	锚固结构	锚固段尺寸	拉索规格	锚固设施质量
排水措施	排水流畅程度	排水沟截面尺寸	砌筑质量	排水沟长度
防渗措施	防渗结构	防渗效果	砌筑质量	防渗面积
位移观测	位移观测数量	观测点原标高	施工后观测点原标高	
主要断面示意图				
平面示意图				
质量评价				
施工单位			监理单位	
记录人： 技术员： 技术负责人： 　　　　年 月 日			现场代表： 　　　　年 月 日	

表 F.0.1-2　更换液化土施工报告

资料编号 F.0.1-2	更换液化土施工报告	单位工程名称: 单位工程编号:
施工承包商:	分部工程名称和编号:	

更换液化土 起止桩号和长度	
非液化土土源地点	
非液化土土样试验单位	
分散剂名称	
粉土的粘粒 (小于 0.005mm) 含量	
更换土截面尺寸	
更换土数量	
分层夯实状况	
断面示意图	
平面示意图	
质量评价	

施工单位	监理单位
记录人: 技术员: 技术负责人: 　　　　年 月 日	现场代表: 　　　　年 月 日

表 F.0.1-3　标准贯入试验记录

资料编号 F.0.1-3	标准贯入试验记录	单位工程名称: 单位工程编号:
施工承包商:	分部工程名称和编号:	

起止桩号和长度	
标准贯入器型号和规格	
测试深度	

贯入点位置	实测锤击数 (锤进30cm)	是否合格	贯入点位置	实测锤击数 (锤进30cm)	是否合格

平面示意图	
质量评价	

施工单位	监理单位
记录人: 技术员: 技术负责人: 　　　　年 月 日	现场代表: 　　　　年 月 日

表 F.0.1-4　回填疏松砂土施工报告

资料编号 F.0.1-4	回填疏松砂土施工报告	单位工程名称: 单位工程编号:
施工承包商:	分部工程名称和编号:	

回填疏松砂土起止桩号和长度			
疏松砂土土样试验单位			
疏松砂土土源地点	土的塑性指数 I_p	0.1mm 以下的颗粒的含量%	是否符合要求
管底疏松砂土回填厚度			
管顶至地面疏松砂土厚度			
地面以上回填宽度和厚度			
管沟断面示意图			
质量评价			

施工单位	监理单位
记录人: 技术员: 技术负责人: 　　　　年 月 日	现场代表: 　　　　年 月 日

表 F.0.1-5　管道柔性接头、管道隔震部件安装记录

资料编号: F.0.1-5	管道柔性接头、管道隔震部件安装记录	单位工程名称: 单位工程编号:
施工承包商:	分部工程名称和编号:	

管道柔性接头						
管道柔性接头生产单位						
柔性接头型号和数量						
管道柔性接头编号	安装位置	压力等级	预强度试验压力(MPa)	预严密试验压力(MPa)	安装检查结果	管线试压时的检查结果
管道隔震部件						
管道隔震部件生产单位						
隔震部件型号和数量						
管道隔震部件编号	安装位置	安装标高偏差(mm)	安装位置偏差(mm)	安装角度偏差(mm)	绝缘检查结果	机械安装检查结果
质量评价						

施工单位	监理单位
记录人: 技术员: 技术负责人: 　　　　年 月 日	现场代表: 　　　　年 月 日

**表 F.0.1-6　通过活动断层的管道与断层
交角及施工记录**

资料编号： F.0.1-6	通过活动断层管道与 断层交角及施工记录		单位工程名称： 单位工程编号：		
施工承包商：	分部工程名称和编号：				
管道通过活动 断层的断层 情况记录	断层名称	断层两侧 场地土类型	断层周围 地形情况	断层的 方位角	管的 方位角	管道与 断层交角
管道通过活 动断层施工 的情况记录	管道外径 和壁厚	管道 埋设深度	管沟回填 土的土性 描述	管沟底 部宽度	管沟 深度	管沟 坡度
管沟断面示 意图						
管道与断层相 交情况示意图						
施工质量评价						
施工单位	设计单位：		监理单位：		
记录人：	现场代表：		监理工程师：		
技术员：					
技术负责人： 　年 月 日	年 月 日		年 月 日		

本规范用词说明

1　为便于在执行本规范条文时区别对待，对要求严格程度不同的用词说明如下：

1）表示很严格，非这样做不可的用词：

正面词采用"必须"，反面词采用"严禁"。

2）表示严格，在正常情况下均应这样做的用词：

正面词采用"应"，反面词采用"不应"或"不得"。

3）表示允许稍有选择，在条件许可时首先应这样做的用词：

正面词采用"宜"，反面词采用"不宜"；

表示有选择，在一定条件下可以这样做的用词，采用"可"。

2　本规范中指明应按其他有关标准、规范执行的写法为"应符合……的规定"或"应按……执行"。

中华人民共和国国家标准

油气输送管道线路工程
抗震技术规范

GB 50470—2008

条 文 说 明

目　次

1 总 则

1.0.1 油气输送管道遍布我国大地，它是我国经济建设和社会发展的能源大动脉，是重要的生命线工程。我国地处环太平洋地震带与喜马拉雅-地中海地震带之间，是世界上地震灾害频发的国家之一。在我国国土上，每年都会有多次六、七级地震发生。油气输送管道常常受到地震的威胁，保障油气输送管线工程的抗震安全，是非常重要的。在制定本规范时，我们不仅考虑到油气输送管道线路工程的功能要求，经济适用，而且着重考虑了保障其抗震安全性。特别把线路工程分成重要区段和一般区段。对重要区段给出了明确的定义，写入术语中，定义为：输气管道通过的四级地区的区段，以及在所通过的河流、湖泊、水库和人口密集区设置的管道两端截断阀之间的输油气干线管道区段。对位于重要区段的管线工程的抗震设计，提高了设防标准，从而延长重要区段管道的使用寿命，减少维修量和维修成本，保障人民生命财产的安全，保护环境。

另外，根据历次大地震的管道震害经验，位于不良地震地质区的管道最易遭受破坏。因此，本规范给出了管道通过断层、液化以及不良地质区的抗震设计方法及施工规范，以便保障这些薄弱环节的安全性。

1.0.2 由于现行国家标准《中国地震动参数区划图》GB 18306 对全国区划的地震动峰值加速度上限为 $0.40g$，没有给出大于 $0.40g$ 的区划范围，因此本规范仅适用于地震动峰值加速度为 $0.05g$ 至 $0.40g$ 地区的管线工程。

2 术语和符号

2.1 术 语

2.1.1 管道敷设呈带状，其场地范围应为管道轴线两侧各 200m 的带状区域。

2.1.2 对于输油气管道而言，重要区段的划分主要考虑环境保护的要求。原油和天然气管道的泄漏可能造成所经过的河流、湖泊、水库的污染，并对人口密集区造成污染和形成易燃易爆环境。所以将其经过的河流、湖泊、水库或人口密集区所设的管道两端截断阀内的区段划为重要区段。

对于输气管道而言，重要区段的划分主要考虑气体可能泄漏或爆炸等安全因素。输气管道工程设计规范从安全角度，将输气管道工程通过的地区根据沿线居民数和建筑物密集程度，划分为四个地区等级，其中四级地区建筑、人口密集，交通频繁和地下设施多。

2.1.5 本规范中提及的管线工程包括埋地管线、跨越管线、穿越管线三种类型管道。埋地管线工程或穿越管线抗震设计主要用的地震动参数有地震动峰值加速度或者峰值速度等，而跨越管线工程抗震设计主要用的地震动参数有峰值加速度，反应谱特征周期等，有时也需要地震动时程曲线，视需要而定。这些参数都和 50 年超越概率值相对应，是取 50 年超越概率 10%还是取 50 年超越概率 5%或 2%相对应的值，在本规范各章中均有明确规定，可以查阅选取。

3 一 般 规 定

3.0.1 本规范要求在工程设计文件中，说明地震动设计参数取值的依据和标准，例如，取自现行国家标准《中国地震动参数区划图》GB 18306 的某章节的规定，或者取自"××工程场地地震安全性评价报告"的审定结果，将审定的结论作为设计的依据。

3.0.4 根据本规范第 5.1.3 条的规定，进行了场地液化判别后，当管道场地在设计地震动参数条件下可能具有中等或严重液化潜势时，应利用本规范第 6.3 节规定的方法对管道进行液化验算，并采取相应措施。在第 5.1.3 条中规定：在场地地震动峰值加速度大于或等于 $0.10g$ 的地区，应进行液化判别。对场地地震动峰值加速度小于 $0.10g$ 的地区，可不进行液化判别，因为地震动参数较小时，场地往往不会发生中等或严重液化潜势。

4 抗震设防要求

4.1 抗震设防标准

4.1.1 长输油气管道本身属柔性结构，具有一定的抗变形能力。例如：1976 年唐山大地震时，秦-京输油管线沿线遭遇了相当Ⅵ～Ⅷ度不同等级的震害，但在一般直埋地段基本完好，在滦河桥跨越部位却遭到了锯齿性的严重毁坏，通过液化区的管道产生了屈曲。因此，在一般地段的管道抗震设防，采用现行国家标准《中国地震动参数区划图》GB 18306 确定的地震动参数即 50 年超越概率 10%的国际通用风险水准，以地震动峰值加速度和地震动反应谱特征周期为指标，利用《中国地震动峰值加速度区划图》和《中国地震动反应谱特征周期区划图》的参数进行抗震验算，已基本能够满足管道抗震设防要求及管道的抗震能力。对于已进行了地震安全性评价工作的地区，应按给出的本地区 50 年超越概率 10%的地震动峰值加速度和地震动反应谱特征周期参数进行抗震设计。

4.1.2 抗震设防标准是关系到工程安全与工程造价的关键因素，考虑到管道使用年限一般为 30～50 年，在此期间管线一旦遭遇地震破坏，不但会造成周围的环境污染，而且输送介质含有硫化氢的管道气体外溢，会给周围人民的生命财产带来严重威胁。因此，在重要区段为提高其抗震能力，应按通过地震安全性评价或经专门研究后给定的参数进行抗震计算和采取抗震措施。本条提出采用按 50 年超越概率 5%的地震动参数进行抗震设计，目的是为提高管道的抗震设防能力，防止管道在地震动作用下出现较大的变形而产生破坏。

大型跨越结构和埋深小于 30m 的大型穿越管道，一般情况下都敷设在我国重要的江河、水域或冲沟地段，这些特殊的部位，除了需要特别考虑地震后的安全和环境污染等次生灾害的影响问题，而且考虑到其震后修复困难，所以必须进一步提高其抗震设防的水准，要求按地震安全性评价确立的 50 年超越概率 2%的地震动参数进行抗震设计，从而具备较强的抗变形能力。

通过比较世界各国现行的管道抗震设计规范，本规范所规定的抗震设防水准与国际上同类规范是一致的。目前保证震后管道维持其服务功能的抗震设计理念已经得到了全世界范围的认可。1995 年日本阪神地震之后，日本管道协会对规范进行了修订，将埋地供水管道按两级地震动水平设计，其第二级地震动水平规定为直接发生在管道场地的 M6.8 地震，相当于阪神地震的情况。

4.2 地震安全性评价

4.2.1 在可行性研究阶段进行地震安全性评价工作，为下一步的管道线路选线和抗震设防提供科学依据、为项目进行社会和经济效益分析提供基础依据。

本条规定了地震安全性评价应给定的 1～5 款内容，是依据现行国家标准《工程场地地震安全性评价》GB 17741—2005 和本规范第 6 章管道抗震设计的需要而确定的。根据现行国家标准《工程场地地震安全性评价》GB 17741—2005，管道沿线的地震动参数（峰值加速度或者峰值速度）分区属于地震安全性评价的Ⅲ级工作；管线重要工程场地的地震动反应谱和加速度时程属于地震安全性评价的Ⅱ级工作；当管道线路工程通过活动断层时，还应给出本规范第 4.2.2 条规定的内容和参数。鉴于活动断层对管道的危害性，管道沿线近场区主要断层活动性的鉴定及对工程场地的影响性评价是地震安全性评价工作的重要内容之一。

对于通过地震动峰值加速度大于 0.10g 以上区段的管道建设工程，提出地震地质灾害评价和损失评估的目的，是因管道沿线场地的地震地质灾害，由于地震动或断层错动可能影响到管道场地的失效。震害经验表明：具不良地质条件的场地，常诱发产生各种地质灾害。地震地质灾害主要包括三大类：①由于地震动作用导致的对工程有直接影响的工程地基基础失效，包括饱和砂土液化、软土震陷等；②由于地震动作用导致的对工程有可能间接影响的工程场地失效，包括岩体崩塌、岩体开裂、岩土滑坡等；③由地震断层作用导致的地表错动、地裂缝与地面变形等地质灾害。通过进行地震地质灾害评估，可对管道沿线场分别标明给定概率水平地震作用下的不同类型地质灾害程度指标，勾画出严重、中等、轻微和无变化四种不同等级灾害的分区界限，以图的形式表示。如地震地质灾害，将砂土液化、软土震陷、地震断层等都在一幅图中表示出来，也可以是单一类型的地震地质灾害小区划图，如砂土液化分布图等。

4.2.2 国内研究资料表明：当地震动峰值加速度为 0.10g～0.30g 且地表土层厚度至基岩土大于等于 60m，或地震动峰值加速度大于 0.30g 以上且地表土层厚度至基岩大于等于 90m 时，由于土壤吸收地震波能的原理，活动断裂对地面的破坏影响不大，将不会对地表管道设施产生破坏。但对于不符合上述条件的，应评价活动断层对所建设管道的影响，并按本条款规定，给出相应的数据和结论，以便于为管道抗震设计提供理论依据。

当不符合本条第 1 款规定的情况，要求给出第 2 款第 1）项的内容和参数的目的是为了更准确和详细地了解沿线的地震地质情况，特别是了解破裂带的宽度和长度，以使勘察选址时确定是否通过此地段，若避让不开，则为设计提供了采取措施的依据。本条第 2 款第 2）项要求给出断层与管道交汇的位置和交角，或断层与管道的距离，是因断层位移的大小和断裂带宽度，在同一条断层上并不相同。由于断层附近地表运动十分复杂，形成宽度不一的错乱地带，因而管道铺设方向不得与断层线并行，当明确断层位移和断裂带宽度后，设计选线时可通过断裂带宽度最小的地方埋设管道，同时也为采取抗震措施提供基础依据。正确选择断层平面与管轴之间的夹角 β，使管线在断层运动时受拉，避免受压，这是因为管材的耐拉伸性能优于耐压缩性能。第 2 款第 3）项要求给出断层的覆盖土层厚度，是为设计是否考虑断层潜在地表断错的影响提供基础依据。要求给出断层两侧和破裂带的土体粘聚力、内摩擦角和平均剪切波速，是因为计算地震动作用下的最大轴向应力时，土壤作用在管道上的单位长度摩擦力涉及管道与土壤之间的内摩擦角。

经国内研究结果表明，对于隐伏正断层，地表破裂带位错量峰值随埋深线性递减，在其他参数不变的情况下，隐伏正断层倾角越小，地表破裂带越偏向下盘，并且地表破裂带的宽度也变小。而隐伏走滑断层，地表位移差随埋深衰减更快，随着隐伏活动断层面上位错量的增加，地表破裂带宽度会显著变宽，位错量也随之增大。当明确给出第 2 款第 4）项规定的断层的地表最大水平和竖向位错量以及错动方向，即可根据本规范第 6.2 节进行分析计算，得到管道在断层位移引起的管道最大拉伸应变、最大压缩应变，从而进一步验算是否超过管道的容许拉伸应变和轴向容许压缩应变，为管道通过断层的抗震设防和采取相应的抗震措施提供了基础依据。

5 工程勘察及场地划分

5.1 工 程 勘 察

5.1.1 钢质管道所通过各区段有关地震地质、地震活动性、工程地质、水文地质等状况差异很大。管道应选择地震活动性弱、地震地质条件好的地区建设。在同样的地震活动性和地震地质条件的地区，应选择场地条件好的场址。一般来说，场地条件包括地形地貌、地震地质灾害（滑坡、塌陷、液化、断裂等），以及地下土层的性质及特性。这三条特性是相互关联、相互影响的。

地形地貌条件对震害的影响主要是指地表形态不同对震害有不同的影响。如突出的山脊、高耸孤立的山丘、非岩质的陡坡及河岸的高边坡、土堤等地段，对地震波均有放大效应，而加剧表面的振动，甚至会产生陡坎崩塌。多次震害调查也证实了局部地形变化对震害有明显的影响。凡是在孤立、突出的山包、山梁部位，其山顶的振动加速度大于山底与山脚的振动加速度；山顶的振动持续时间也较长，幅值显著增大。发震断层是工程建设应该避开的危险地段。对于埋地管道无法绕过的断层，就必须进行详细抗震研究设计并采取相应措施。在河道两岸边坡地带，大多是新近沉积物组成，常含有饱和砂土、粉土层或软弱粘性土层。在地震时，往往由于饱和砂土或粉土产生液化，或抗剪强度大为削弱，导致两岸土体失稳向河心滑移或产生较大较长的裂缝，致使管道破坏。这方面的震害在海城、唐山等地震中是有实例的。在含有淤泥、草炭、泥炭、盐渍土、有机土和地势低平的河流新近沉积区、河流故道以及被掩埋河、湖、沟、坑等地区，受震时易产生显著沉陷，导致工程设施严重震害，应作为抗震的不利地段。

不同埋深以及软、硬程度不同的地表地层，地震波传播速度不同，地震波的放大作用不同，产生的地表地应变和位移值均不同。强震观测结果及理论分析说明：硬场地，地震波的传播速度大，加速度放大作用大，位移幅值小，地应变小；软场地，地震波传播速度小，加速度放大作用小，位移幅值大，地应变大。位于软场地的管道地震反应大，破坏也较重。应调查和收集各方面的资料进行综合研究分析，划分出对管道抗震有利、不利和危险地段，以便在工程设计时尽量选择对工程抗震有利的地段，避开危险地段进行建设。

5.1.2 此条规定的勘探点间距与国家现行标准《油气田及管道岩土工程勘察规范》SY/T 0053—2004 中线路岩土工程勘察等级为甲级的勘探点间距一致。勘探深度主要从确定场地类别的角度来考虑的。

5.1.3 关于管道沿线地基土液化判别，是引用国家现行标准《油气田及管道岩土工程勘察规范》SY/T 0053—2004 的判别方法。对地震峰值加速度大于或等于 $0.10g$ 并存在可液化土的区段，应根据初判条件进行初判，对初步判定可能液化土层，应再进一步判别，并评价对管道的危害。

5.1.5 震陷是指地震作用下软弱土层塑性区的扩大或强度降低而使地面产生的附加下沉。在地震动加速度值为 $0.10g \sim 0.15g$ 时可不考虑震陷问题，当满足下表中任一条件时，也可不考虑震陷影响，否则应采取必要的抗震措施。

表 1　不考虑软土震陷影响的条件

地震动峰值加速度	地基承载力特征值（kPa）	软弱土层厚度（m）	平均剪切波速（m/s）
0.20g（0.30g）	≥80	≤10	≥120
0.40g	≥100	≤2	≥150

5.1.6 当前国内外地震地质研究成果和工程实践经验都较为丰富，在工程中勘察与评价活动断裂一般通过搜集、查阅文献资料，进行工程地质测绘和调查就可以满足要求，只有在必要的情况下，才进行专门的勘探和测试工作。搜集和研究管道所在地区的地质资料和有关文献档案是鉴别活动断裂的第一步，也是非常重要的一步，在许多情况下，只要搜集、分析、研究已有的丰富的文献资料，就能基本查明和解决有关活动断裂的问题。

在充分搜集已有文献资料和进行航空相片、卫星、相片解译的基础上进行野外调查，开展工程地质测绘是目前进行断裂勘察、鉴别活动断裂的最重要、最常用的手段之一。活动断裂都是在老构造的基础上发生新活动的断裂，一般说来它们的走向、活动特点、破碎带特性等断裂要素与构造有明显的继承性。因此，在对一个工程地区的断裂进行勘察时，应首先对本地区的构造格架有清楚的认识和了解。野外测绘和调查可以根据断裂活动引起的地形地貌特征、地质地层特征和地震迹象等鉴别活动特征。

5.1.7 初步勘察应尽量收集已有资料进行综合分析，才能圈定具有地震地质灾害背景的区域。评价每种地震地质灾害需要综合很多因素，涉及的已有资料也较多，应包括：

　1 不同大小比例尺的地形图，从 1：5 万到 1：11 万均可做参考或实际应用。

　2 遥感资料的搜集与解译。不同比例尺的遥感图件与照片，尤其是一些大比例尺的航照会给活断层地表遗迹以及中新、老滑坡段的研究提供许多信息。

3 收集埋地管道沿线区域历史地震地质灾害资料，因为地震地质灾害往往有惊人的重复性。

4 区域地质图、地貌图，其比例尺应根据管线规模而定，一般为1∶5万到1∶150万。地貌应包括山地、平原、古河道、古湖泊、古沼泽分布。在河流区应标出河流阶地、漫滩等；对黄土区，应将黄土地貌类型、沟谷侵蚀分布表示出来。老地层分布、地质构造特点，均可从区域地质图中得到总体了解。

5 收集地层资料，尤其是第四纪松散地层分布资料，包括土层厚度、岩性和已有的土质、土力学分析资料。

6 沿线区域内已有测量资料，如跨断层位移测量、跨断层探槽、钻孔断层错动测量、断层活动年代等。

7 基岩埋深以上浅层地震波波速测定资料。

8 地震活动性、地震小区划、地震动峰值加速度划分等资料。

9 工程地质勘察资料。

10 地下水位的深度分布、地下水等位线图等资料。

在收集以上资料的基础上，分析研究地震地质灾害背景的危险区段、枯水期与丰水期地下水位埋深，圈定具有发生地震地质灾害背景的危险区段。

5.1.8 此条是参照现行国家标准《建筑抗震设计规范》GB 50011—2001中应避开主断裂带距离的规定制定的，建筑抗震设防类别是按乙类、地震动峰值加速度为0.40g考虑的，应该偏于安全。正确选择管道通过活动断层的位置是非常重要的，在同一条断裂上，其位移的大小和断裂带宽度并不都是一样的，在确定管道穿越活动断层的位置时，应尽可能选择断层位移和断裂带宽度最小的位置。

5.2 管道场地划分

5.2.1 抗震有利、不利和危险地段的划分是沿用了目前现行有关规范的规定。本条中地形、地貌和岩土特性的影响是综合在一起加以评价的，这是因为不同岩土构成的同样地形条件的地震影响是不同的。本条中只列出了抗震有利、不利和危险地段的划分，其他地段视为可进行建设的一般地段。

5.2.2 为了和现行有关规范统一，场地的类别划分进一步考虑了覆盖层厚度的影响，从而形成了以平均剪切波速和覆盖层厚度作为评定指标的双参数分类方法。土的类型系表层土刚度（软硬）的表征。对于重要地段提出进行剪切波速的实测；对其他地段，无条件实测剪切波速，且无法收集到邻近地点实测数据的情况时，也可根据岩土名称和性状按表5.2.2估算剪切波速。

5.2.3 覆盖层厚度的确定分两种情况：一是当某层面以下各土层的剪切波速皆大于500m/s，按地面至

该土层顶面的距离确定，薄的硬夹层和孤石应包括在覆盖层之内。二是当地下某一下卧土层的剪切波速大于或等于400m/s且不小于相邻的上土层的剪切波速的2.5倍时，覆盖层厚度可按地面至该下卧层顶面的距离取值。需要指出的是，第二种情况只适用于当下卧层硬土层顶面的埋深大于5m时的情况。

5.2.4 土层剪切波速的平均值采用更富有物理意义的等效剪切波速的公式计算，即：

$$V_{si} = \frac{d_0}{t} \tag{1}$$

式中 d_0——场地评定用的计算深度（m），取覆盖层厚度和20m两者中的较小值；

t——剪切波在地表与计算深度之间传播的时间（s）。

当有充分依据时，允许使用插入方法确定边界线附近（指相差15%的范围）的T_g值。图1给出了一种连续化插入方案，可将原有场地分类及修订方案进行比较。该图在场地覆盖层厚度d_{ov}和等效剪切波速V_{se}平面上用等步长和按线性规则改变步长的方案进行连续插入，相邻等值线的T_g值均相差0.01s。

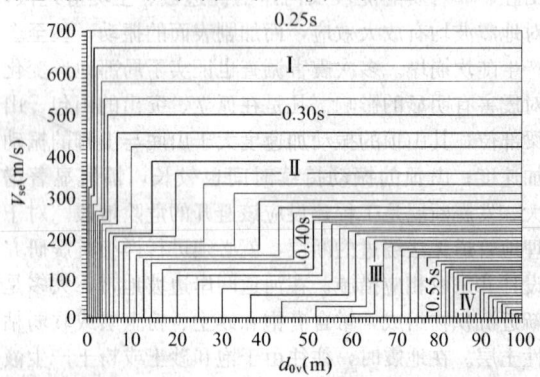

图1 在d_{ov}-V_{se}平面上的T_g等值线

注：用于设计地震分组第一组，图中相邻T_g等值线的差值均为0.01s。

5.2.5 本条中规定的场地分类方法主要适用于剪切波速随深度呈递增趋势的一般场地，对于有较厚软夹层的场地土层，由于其对短周期地震动具有抑制作用，可以根据分析结果适当调整场地类别和设计地震动参数。

6 管道抗震设计

6.1 一般埋地管道抗震设计

6.1.1 根据大量震害统计资料，一般场地的地下直埋管道地震动峰值加速度大于或等于0.30g时才开始破坏。为了安全起见，地震动峰值加速度大于或等于0.20g时，直埋管道应进行地震振动抗拉伸和抗压缩

的校核。

6.1.2 组合应变：因为地震波引起的随机震动，没有破坏土壤的完整性和连续性。地震时，管道仍处于土壤的嵌固状态，操作状态下的全部荷载仍由管道来承受。故地震波引起的拉、压应变 ε_{max} 应与操作条件下（内压、温差）引起的管道轴向应变 ε 组合。

6.1.3 本条是对埋地管道抗震设计轴向应变的规定。对本条说明如下：

输油输气管道的特点是，作为母材的管子具有高强度、高抗挠刚度、高耐冲击性，并且采用优良的焊接技术将管子焊接成没有接头的整体结构，因此具有良好的抗震性。

钢结构的破坏，一般分为屈服点以下的破坏和屈服点以上的塑性破坏。屈服点以下的破坏还可细分为弹性屈服破坏、脆性破坏及疲劳破坏。

由于周围土层对埋地管道有足够的约束，因此，埋地管道不可能产生弹性屈曲。另外，脆性破坏需要有龟裂或有裂纹缺陷或在钢管脆转温度以下才能发生，以现在的钢管质量和焊接质量而言，一般不存在引起脆性破坏的缺陷。

此外，疲劳破坏是材料在屈服点以下经 1×10^7 次以上应力反复作用而发生的，远远大于地震中埋地管道的应力反复次数（日本根据 19 次强烈地震记录得到的振动反复次数为 10~100 次）。

管道在地震波振动中所造成的破坏，是由于材料抵抗不了土壤传来的振动变形，管道在地震中所受到的是短期反复荷载，即应变控制型的周期荷载，由此造成管材在屈服点以上的塑性破坏。

ASME（美国机械工程师协会）锅炉和压力容器第Ⅲ部分规定的设计疲劳曲线如图 2 所示。

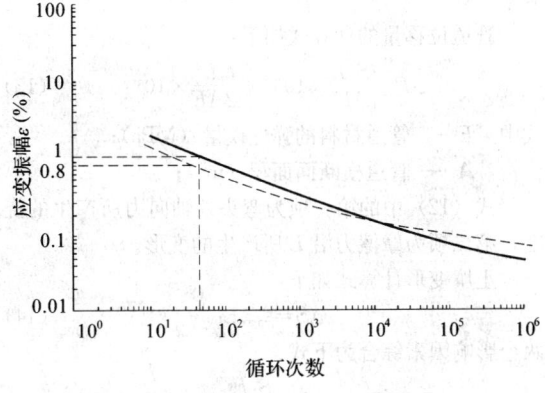

图 2　设计疲劳曲线

考虑已埋地管段不是独立的压力容器，而是连续组焊的管段，我们取相当于设计疲劳曲线应变循环总数为 40~50 次的应变值作为管段在地震中的容许应变，见式（2）：

$$[\varepsilon_c]_v \text{ 或 } [\varepsilon_t]_v = 0.8\% \sim 1.0\% \qquad (2)$$

此外，由于埋地直管段在地震中所产生的应变是

全截面均匀地拉伸或压缩，故有可能当应变值小于低周疲劳容许值时，在管子的塑性区产生轴向压缩屈曲。因此，对直管段管道还应该进行屈曲校核。压缩屈曲开始的应变如下式所示：

$$\varepsilon_b = \frac{4}{3}\sqrt{n}\frac{\delta}{D} \qquad (3)$$

式中　ε_b——压缩屈曲应变；

　　　n——硬化参数，X65 及以下钢级取 0.11，X70 和 X80 钢级取 0.09；

　　　δ——管道壁厚（m）；

　　　D——管道外径（m）。

采用安全系数为 1.25 时，压缩屈曲的容许应变值 $[\varepsilon_c]_v$ 如下式：

$$[\varepsilon_c]_v = \begin{cases} 0.35 \times \dfrac{\delta}{D} & \text{X65 及以下钢级} \\ 0.32 \times \dfrac{\delta}{D} & \text{X70 和 X80 钢级} \end{cases} \qquad (4)$$

6.1.4 该条适用于土壤嵌固的地下直埋管道在地震波作用下所产生的最大轴向应变的计算。

目前，对地下管道在地震波作用下产生的应力应变分析的方法大致有三种观点：第一种观点认为剪切波是产生埋地管道最大轴向应变的主要波，我国陈冠卿教授持这一观点。第二种观点认为不可能预见哪一种地震波将起主要作用，应对各种形式的波进行单独分析，然后再综合考虑。美国的《油气管道地震设计指南》就分别计算了剪切波、膨胀波和雷利波产生的轴向应变，然后按这三种波产生的应力组合综合考虑。第三种观点认为不可能预见哪一种地震波将起主要作用，应对各种形式的波进行单独分析，两种波并不同时发生作用，应单独考虑各自的影响，这种观点得到了 Newmark 和 Rosenblueth 的认同。他们通过对剪切雷利波的地震记录观察得出这样的结论："在破坏性地震的加速度记录中，与雷利波相关的加速度通常很小，雷利波通常被剪切波的后部所掩盖。"

不管是哪种分析方法，都做出了如下的假定：

1 土壤是线弹性的，是均质的。

2 除周围土壤之外，管道没有任何其他外部支撑。

3 当地震波作用时，管道相对于周围土壤没有滑动，即管道的轴向应变等于土壤的轴向应变。

根据上述假定，当地震波通过土壤时，将产生土壤质点运动，通常可用一位移矢量 f 表示，该矢量的特性将随其位置和时间而变化。如果我们只考虑一维运动，设地震波为剪切谐和波，其波动方程如下式：

$$f = A\sin 2\pi\left(\frac{t}{T_g} - \frac{x}{L}\right) \qquad (5)$$

式中　A——地震波的振幅（m）；

　　　T_g——地震动反应谱特征周期，查现行国家标准《中国地震动参数区划图》GB 18306 获取（s）；

L——地震波的波长（m）；

V_{se}——地震波的传播速度，取场地剪切波速（m/s）；

t——时间（s）；

x——地震波传播方向的位移（m）。

倾斜的剪切波对管道轴线方向 x' 波动的影响如图 3 所示，视波长为 $L'=\dfrac{L}{\cos\phi}$。剪切波的位移使管道在轴线方向产生纵向位移 u 及横向位移 w，其算式如下：

$$u=A\sin\phi\sin 2\pi\left(\frac{t}{T_g}-\frac{x'}{L'}\right) \qquad (6)$$

$$w=A\cos\phi\sin 2\pi\left(\frac{t}{T_g}-\frac{x'}{L'}\right) \qquad (7)$$

一些中外学者认为直埋管道地震时产生的弯曲应变远小于轴向应变，因此我们只考虑剪切波对直埋管道的轴向应变。管道轴线方向应变算式如下：

$$\frac{\partial f}{\partial x}=\frac{2\pi A}{L'}\sin\phi\cos 2\pi\left(\frac{t}{T_g}-\frac{x'}{L'}\right)$$

$$=-\frac{2\pi A}{L}\cos\phi\sin\phi\cos 2\pi\left(\frac{t}{T_g}-\frac{x'}{L'}\right) \qquad (8)$$

管道最大轴线方向应变算式如下：

$$\varepsilon_{\max}=\left(\frac{\partial f}{\partial x'}\right)_{\max}=\pm\frac{\pi A}{L} \qquad (9)$$

$$L=V_{se}T_g \qquad (10)$$

$$A=\frac{aT_g^2}{4\pi^2} \qquad (11)$$

将式（10）式（11）代入式（9）得：

$$\varepsilon_{\max}=\pm\frac{aT_g}{4\pi V_{se}} \qquad (12)$$

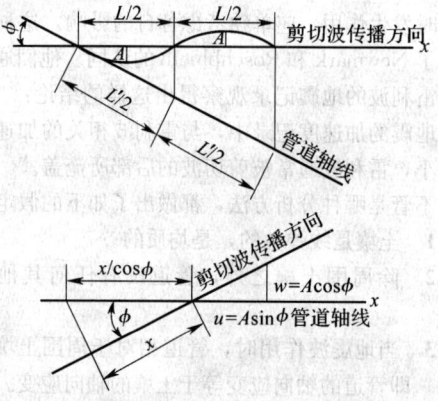

图 3　倾斜的剪切波对管道轴线方向波动的影响

6.1.5　该条适用于地下直埋刚性弯管在地震波作用下的最大轴向应变的计算。

图 4 表示作用在弯头附近的力。每一管段和弯头都用自由体表示。S_1 为弯头处过渡段的剪力，也是纵向管段在弯头处的轴向力。同样，S_2 为弯头处纵向管段的剪力，也是横向管段在弯头处的轴向力。力矩 M 作用在弯头上。长度 L 是管道轴向摩擦力 t_u 作用的有效滑动长度。L 的计算是基于弹性基础上梁的

理论。L 的值将依赖于过渡段的长度和纵向段的长度，与每一管段相关的土壤特性和两管段相应的刚度有关。

公式（6.1.5-1）假定土壤是均匀的，两条管道有相同的刚度且两条管子长度大于 $\dfrac{3\pi}{4\lambda}$（λ 为模量系数）。对其他情况，应使用弹性基础上无限长梁的精确表达式来计算 L。

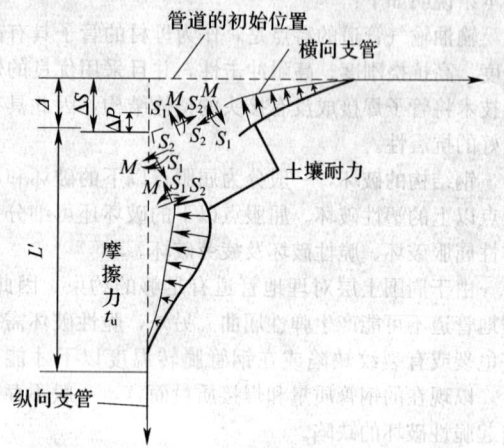

图 4　作用在弯头附近的力

该分析方法是由 Shah 和 Chu 在 1974 年提出来的，Iqbal 和 Goodling 于 1975 年又对该方法进行了论证，他们保守地将进入弯头前和离开弯头后的管段看做柔性件，但把弯头本身看成非柔性件，即因为弯矩作用，进入弯头和离开弯头的切线点之间没有相对转动。

滑动引起的位移量 Δ（m），可用弯头处管单元的位移量 ΔP（m）和土壤位移量 ΔS（m）之间的差值来计算。

管道位移量的计算式如下：

$$\Delta P=\frac{S_1 L}{AE}\times 10^{-6}+\frac{t_u L^2}{2AE}\times 10^{-6} \qquad (13)$$

式中　E——管道材料的弹性模量（MPa）；

A——管道横断面面积（m^2）；

式（12）中的第一项为弯头处轴向力所产生的挠度，第二项为摩擦力沿 L 所产生的变形。

土壤变形计算式如下：

$$\Delta S=\varepsilon_{\max}L \qquad (14)$$

两个影响因素综合为下式：

$$\Delta=\Delta S-\Delta P=\varepsilon_{\max}L-\frac{S_1 L}{AE}\times 10^{-6}$$

$$-\frac{t_u L^2}{2AE}\times 10^{-6} \qquad (15)$$

从纵向管段的平衡表达式，可以得到合力和剪力之间的关系如下式：

$$S_1=\varepsilon_{\max}AE\times 10^6-t_u L \qquad (16)$$

图 5 所示的相对挠度可表示为：

$$\Delta=\frac{S_1}{K}\times10^{-6} \qquad (17)$$

式中　K——与横向管段在刚性弯头处沿轴向位移相关的弹簧常数，可按弹性基础上梁的理论计算。

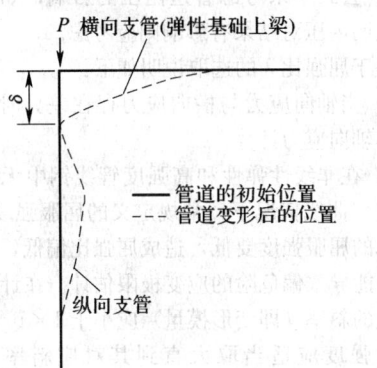

图 5　弯头处力-变形的关系

如果 L_1 和 L_2 大于 $\frac{3\pi}{4\lambda}$ 且两管段的管道横断面惯性矩值 I 相同，K 可用下式表达：

$$K=\frac{3K_0}{4\lambda} \qquad (18)$$

否则，K 应用弹性基础上无限长梁的精确表达式代替式（18）。其余参数可由以下公式计算，这也是基于弹性基础上梁的理论：

$$M=\frac{S_1}{3\lambda} \qquad (19)$$

$$S_2=\frac{S_1}{3} \qquad (20)$$

弯头中最大轴向应力 σ_a 可以通过下式计算：

$$\sigma_a=\frac{S_1}{A} \qquad (21)$$

最大弯曲应力 σ_b 可由下式计算：

$$\sigma_b=\frac{MR}{I} \qquad (22)$$

式中　R——管子外半径（m）；
　　　I——管道横断面惯性矩（m⁴）。

6.2　通过活动断层的埋地管道抗震设计

6.2.1　本条规定了通过活动断层的管道抗震计算应遵照的要求。

强烈地表震动是造成地面结构和城市工程中承插式埋地管道破坏的主要原因，但不是埋地油气管道（焊接钢管）破坏的主要原因。根据大量震害统计资料，埋地油气管道地震破坏一般发生在活动断层。例如，我国秦京输油管道在唐山地震中Ⅵ～Ⅸ度地震烈度区内的 4 处破坏，均发生于埋地管道与活动断层相交的部位。河北省香河段的皱折破坏，发生于该管道与夏垫断裂带相交的部位。天津宝坻县以西 6km 处的震害，发生于该管道与沧东断裂带相交的部位。昌黎站内管道的震害，则发生于该管道与昌黎—蓟县东

西向活动断裂带相交的部位。跨越滦河大桥的管段，因该公路桥倒塌，致使固定于桥上的管段破坏成锯齿形，该处也有多条断裂带纵横交叉，如唐山—山海关断裂，双松门—南堡断裂，赵店子—姜各庄断裂等。又如 1971 年美国圣费尔南多（San Fernando）地震，使通过或接近沿美国太平洋西海岸圣费尔南多大断层的管道有 25% 遭到了破坏。而在该次地震中出现地面断裂的面积仅为受强烈地面震动面积的 0.5%。故断层错动仅使一小部分地面结构遭受破坏，说明埋地管道在地震中因断层错动所造成的震害比例超过了地面结构，表现出埋地管道对断层错动的敏感性。1999 年我国台湾集集地震，车笼埔断层位错引起的地表破裂绵延 105 公里，最大的垂直方向断层位错达 8m。从北到南该断层经过丰原市、太平市、雾峰乡、草屯镇、竹山镇等大小城镇，造成大量的埋地管道破坏，再次证明了管道受活动断层的影响显著。

输油管道设计基础规范是《输油管道工程设计规范》GB 50253，管材也应符合该规范的材料要求；输气管道的设计基础规范是《输气管道工程设计规范》GB 50251，管材也应符合该规范的材料要求。鉴于对通过断层区的管段的延性有一定的要求，对这部分管材则应作出材料的应力-应变曲线。

断层沿管轴的纵向运动会使管道产生拉伸或压缩。管道受拉伸超过极限，管道就会破坏；而当管道受压缩时，则会由于薄壳失稳而造成屈曲破坏。所以，管道通过活动断层应进行抗拉伸和抗压缩失稳校核。

为了利用钢质管道抗拉性能较好而抗压性能较差的特点，埋地管道与断层位错方向的交角一般应小于 90°。根据管道的重要性和断层位错性质，本节采用不同的方法进行管道的抗震计算。在断层位错量较小且断层位错使管道受拉的情况下，可按 6.2.3 条对通过活动断层的管道进行抗震计算。由于 6.2.3 条采用的方法忽略了横向土压对管道的作用，为了保证管道的安全，对于重要区段输油气管道、位于设计地震动峰值加速度大于等于 $0.3g$ 地区的一般区段管道以及受压情况下的一般区段管道，应采用有限元方法对通过活动断层的管道进行抗震计算。

6.2.2　钢管及组焊管段的极限拉伸应变 ε_t^{crit} 应根据可靠的断裂力学分析和物理试验确定，并应考虑裂纹、缺欠、焊缝及热影响区对力学性能的影响，以及温度、应变速率、初始应变、应变时效等这些常规因素对力学性能的影响。在资料缺乏时，可采取以下公式（偏保守）估算：

表面型缺欠时：

$$\varepsilon_t^{crit}=\delta^{(2.36-1.58\lambda-0.101\xi\lambda)}(1+16.1\lambda^{-4.45})$$
$$(-0.157+0.239\xi^{-0.241}\eta^{-0.315}) \qquad (23)$$

深埋型缺欠时：

$$\varepsilon_t^{crit}=\delta^{1.08-0.612\eta-0.0735\xi+0.364\psi}(12.3-4.65\sqrt{t}+0.495t)$$

$$(11.8-10.6\lambda)\,(-5.14+\frac{0.992}{\psi}+20.1\psi)$$

$$(-3.63+11.0\sqrt{\eta}-8.44\eta)$$

$$(-0.836+0.733\eta+0.0483\xi$$

$$+\frac{3.49-14.6\eta-12.9\psi}{1+\xi^{1.84}})\qquad(24)$$

式中 ε_t^{crit}——极限拉伸应变（%）；

δ——表观 CTOD 韧性，$0.1\leqslant\delta\leqslant0.3$（mm）；

λ——屈强比，$0.7\leqslant\lambda\leqslant0.9$；

ξ——缺欠长度与壁厚比率，$2c/t$，$1\leqslant\xi\leqslant10$；

η——缺欠深度与壁厚比率，a/t（表面缺欠时）或 $2a/t$（深埋缺欠时），$\eta\leqslant0.5$；

ψ——缺欠深度与壁厚比率，d/t；

t——管道壁厚（mm），$t\leqslant D/32$。

表面型缺欠和深埋型缺欠的典型示意图见图 6 和图 7。

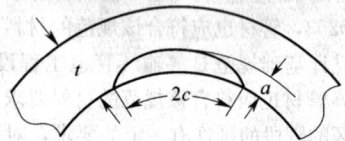

图 6　管壁表面型缺欠尺寸示意

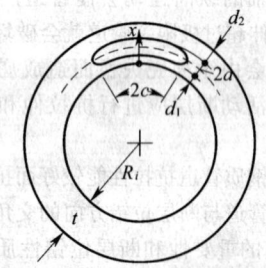

图 7　管壁深埋型缺欠尺寸示意

公式（23）和公式（24）应用的基本条件：

1）材料性能参数 λ 和 δ 的选取状态应与假定材料失效时的材料状态一致，应考虑温度、应变速率和应变时效等影响；

2）极限拉伸应变 ε_t^{crit} 不应超过 1/3 倍的均匀延伸率；

3）不应存在焊缝强度低匹配；

4）最小和平均夏比冲击功分别不低于 30J 和 45J。

公式（23）和公式（24）的补充说明：

1）对于小缺欠（$\eta<0.15$ 且 $\xi<2$）公式估计的值可能过于保守；

2）输入缺欠尺寸的精度对结果的精度有一定的影响；

3）应确定实际材料的应力-应变曲线，一般不宜采用规定的拉伸参数；

4）应进行足够的试验，涵盖材料性能可能的

变化；

5）热影响区的过软化可能导致应变集中，热影响区软化应保证强度降低不超过母管强度的 10%，软化区宽度不超过管道壁厚的 15%；

6）公式中未考虑管道内压的影响，如果试验或检测表明内压对结果有影响则应考虑。

关于屈强比 λ 的选取说明如下：

1）当轴向应力与横向应力存在差异时，应采用全壁厚轴向应力计算。

2）在非线性弹性和高强度管线钢中无明显平台应力应变曲线情况下，常规定义的屈服强度 $\sigma_{0.5}$ 可能比实际的屈服强度要低，造成屈强比偏低，过低的屈强比可能导致偏危险的应变极限估计。在计算时屈服点对应的斜率（即变形模量）应小于 1×10^4 MPa，否则屈服强度应适当取大直到其对应斜率不大于 1×10^4 MPa。

关于表观韧性 CTOD 的选取说明如下：

表观韧性是在"低约束"条件下试验取得或者在"高约束"条件下试验并校正取得，"低约束"条件下的值代表了轴向受拉管道的典型荷载状态。在只有"高约束"条件下数值时（如只有标准三点弯曲试验数值），表观韧性 CTOD 值可通过如下方法取得：

1）标准三点弯曲试验数值中选取有效样本，条件如下式：

$$\delta_{max}^{HC}\leqslant0.04X\left[3.69\left(\frac{1}{n}\right)^2-3.19\left(\frac{1}{n}\right)+0.882\right]\quad(25)$$

式中 δ_{max}^{HC}——标准三点弯曲试验数值中最大有效 CTOD 韧性（mm）；

X——试样厚度和韧带的较小值（mm）；

n——Ramberg-Osgood 应力应变关系中应变强化指数。

2）去除数值大于 δ_{max}^{HC} 的数据；

3）在保留数据中确定表观 CTOD 韧性，取 3 倍最小值和 2 倍平均值之中的较小值；

4）根据夏比冲击功检查表观 CTOD 韧性，不应超过 $\frac{0.2}{30}CVN_{min}$ 和 $\frac{0.2}{45}CVN_{avg}$ 之中的较小值。

当管道遭受压缩时，由于局部屈服，管壁会起皱褶。薄壳起皱褶理论上开始于由下式给出的压缩应变 ε_c：

$$\varepsilon_c=1.2\delta/D\qquad(26)$$

Wilson 和 Newmark 经试验后指出，实际圆柱体会在理论应变的 1/2～1/4 时开始起皱，但是起皱并不意味着破坏。在无严重应力集中或焊缝缺陷的情况下，管道能够承受 4～6 倍的理论应变值而在压缩褶皱处不发生破裂。但是应该看到，当褶皱发生后，进一步的应变将曲线集中于褶皱区域，所以我们取实际薄壁管道开始起皱的压缩应变值，即：

$$[\varepsilon_c]_F=\frac{1}{4}\times1.2\delta/D=0.3\delta/D\qquad(27)$$

再考虑到管材自身的屈服极限应变 ε_s，因此，管道的容许压缩应变 $[\varepsilon_c]_F$ 应按式（6.2.2-1）计算，取两者的较小值。

6.2.3 本条通过活动断层的管道抗震计算的方法与国家现行标准《输油（气）钢质管道抗震设计规范》SY/T 0450 的方法在原理上相同的，即采用的都是 Newmark-Hall 在 1975 年提出的分析在断层作用下管道变形反应的方法。SY/T 0450 通过比较断层错动引起管道的长度变化与管道最大容许的长度变化，也即校核在断层的错动作用下管道的长度变化，判断是否需要采取抗震措施。本规范的方法与原规范 SY/T 0450 的方法有两点不同：①管道校核的方式改为直接校核由断层错动引起的管道最大应变，与管材的容许应变进行比较，这样与目前管道的应变设计理念更一致；②因为 Newmark -Hall 方法没有考虑横向土压的作用，该方法得到的管道应变结果比实际的管道应变值小，因此从安全设计的角度考虑必须进行修正，即将 Newmark-Hall 结果的 2 倍作为断层错动引起的管道最大应变反应值，再与管材的容许拉伸应变进行比较。其实由于管道埋设场地土的不确定性，即使用 2 倍的方法修正 Newmark-Hall 结果也不一定能够保证设计的管道安全。另外 Newmark-Hall 方法还存在其他的局限性。因此，对于重要区段的管道和位于强震区的一般区段管道，本规范规定应使用有限元方法进行管道的抗震校核。

Newmark-Hall 方法的基本假设包括：经过断层的管段，在地震前是被土壤嵌固着的。无地震时，管子中的轴向应力为由操作温度与回填时温度之差而引起的温度应力和由于内压引起的波桑应力之代数和；地震时，管子在断层处产生较大的位移，原先管子中的轴向应力由于管子变形而得到释放，该处管子成了新的自由端。在断层处由于地震产生的管子应变和应力均为最大值，从断层到两侧锚固点之间的管段（每侧长度为 L_A）则为地震时管子新产生的过渡段。由于断层运动，管子在断层两侧过渡段长度内相对于周围土壤作纵向运动，管子和土壤间的纵向摩擦力则阻止这种运动，假设该摩擦力在过渡段上保持为常量，管子的纵向位移由断层处的最大值逐渐被土壤与管子间的摩擦力所抵消，到锚固点处纵向位移为零。所谓锚固点，不一定有实际的锚固物体，而是指管子的纵向位移为零处。不论地表断裂的宽度如何，将断层运动近似地考虑为两个平面的错动，忽略了断层带的宽度。

1 管道的滑动和管土间的摩擦力。

由于断层运动使管道相对周围土壤作纵向位移运动，周围土壤与管道间的摩擦力则阻止这种运动，摩擦力与土压力成正比关系。土压力沿管壁的分布大致如图 8（a）所示，为方便计算，通常按图 8（b）简化。

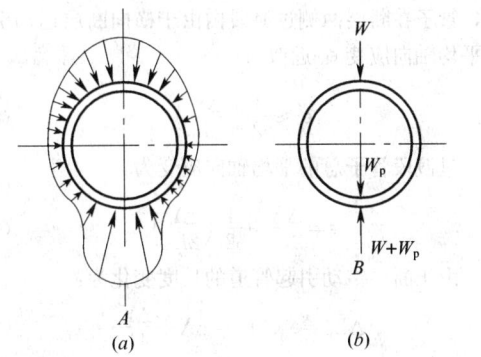

图 8　土压力分布及简化计算图

土壤与管道外表面之间单位长度上的纵向摩擦力可按下式来计算：

$$f_s = \mu (2W + W_p) \tag{28}$$

为简化计算，式（28）可写为如下形式：

$$f_s = \mu \left[2\rho_s DH + \pi (D-\delta) \delta \rho_m + \frac{\pi}{4} (D-2\delta)^2 \rho \right] g \tag{29}$$

式中　f_s——纵向摩擦力（N/m）；

μ——土壤与管道外表面之间的摩擦系数，与管壁粗糙情况和土壤种类及其湿度有关，应按实测值或经验确定；

W——管道上表面至管沟上表面之间的土壤单位长度上的重力（N/m）；

W_p——管道和内部介质的自重（N/m）；

ρ_m——管道材料的密度（kg/m³）。

2 由断层错动引起的管道几何伸长。

设走滑断层运动如图 9 所示，管道与断层间的夹角为 β。断层的水平错动总位移为 ΔH。将其分解为两个分量。

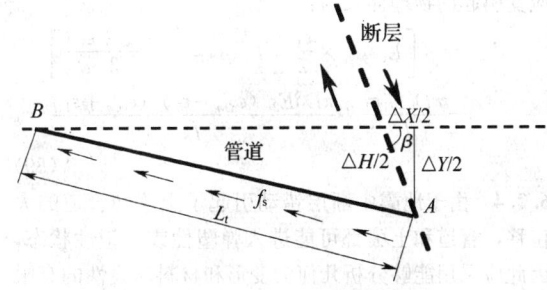

图 9　断层位移对管道的影响

平行与管轴线的位移分量：

$$\Delta X = \Delta H \cos\beta \tag{30}$$

垂直于管轴的位移分量：

$$\Delta Y = \Delta H \sin\beta \tag{31}$$

ΔX 使管子产生轴向应变，平均应变量为：

$$\varepsilon_a = \frac{\Delta X}{2L_t} \tag{32}$$

式中　L_t——断层一侧过渡段的管长（m）。

横向断层运动，即垂直于管轴的位移分量 ΔY 和 ΔZ，除了引起管子弯曲外，也会使管子产生纵向应变，管子在断层两侧过渡段内由于横向断层运动引起的平均轴向应变 ε_b 近似为：

$$\varepsilon_b \approx \frac{1}{2}\left(\frac{\Delta Y}{\Delta L_t}\right)^2 \tag{33}$$

过渡段管子总的平均轴向应变为：

$$\varepsilon = \frac{\Delta X}{2L_t} + \frac{1}{2}\left(\frac{\Delta Y}{2L_t}\right)^2 \tag{34}$$

由于断层错动引起管道的长度变化为：

$$\Delta L_1 = \varepsilon \times 2L_t = \Delta X + \frac{\Delta Y^2}{4L_t} \tag{35}$$

在管道与断层相交的 A 点，设管道内的应变为 ε_{new}，根据管材的应力应变关系，其应力 σ_{new} 为：

$$\sigma_{new} = \begin{cases} E_1\varepsilon_{new} & \varepsilon_{new} \leqslant \varepsilon_1 \\ E_1\varepsilon_1 + E_2(\varepsilon_{new} - \varepsilon_1) & \varepsilon_{new} > \varepsilon_1 \end{cases} \tag{36}$$

由管道的力学平衡方程 $f_s L_t = \sigma_{new} A = \sigma_{new} \pi D\delta$，可以得到计算断层错动引起的管道几何伸长 ΔL_1 的公式：

$$\Delta L_1 = \begin{cases} \Delta X + \dfrac{\Delta Y^2 f_s}{4\pi D\delta E_1 \varepsilon_{new}} & \varepsilon_{new} \leqslant \varepsilon_1 \\ \Delta X + \dfrac{\Delta Y^2 f_s}{4\pi D\delta[E_1\varepsilon_1 + E_2(\varepsilon_{new} - \varepsilon_1)]} & \varepsilon_{new} > \varepsilon_1 \end{cases} \tag{37}$$

3 管道内轴向应变引起的物理伸长。

假设 A 点管道内的应变 $\varepsilon_{new} \leqslant \varepsilon_1$，整个管道处于弹性状态，则管道内轴向应变引起的物理伸长为：

$$\Delta L_2 = 2 \times L_t \times \frac{\varepsilon_{new}}{2} = \frac{\pi D\delta E_1 \varepsilon_{new}^2}{f_s} \tag{38}$$

假设 A 点管道内的应变 $\varepsilon_{new} > \varepsilon_1$，则部分管道处于弹性状态，其余管道处于弹塑性状态，管道内轴向应变引起的物理伸长为：

$$\begin{aligned}\Delta L_2 &= 2 \times \left[L_{t-弹性} \times \frac{\varepsilon_1}{2} + L_{t-弹塑性} \times \frac{(\varepsilon_{new} + \varepsilon_1)}{2}\right] \\ &= \frac{\pi D\delta E_1 \varepsilon_1^2}{f_s} + \frac{\pi D\delta E_2(\varepsilon_{new} - \varepsilon_1)(\varepsilon_{new} + \varepsilon_1)}{f_s}\end{aligned} \tag{39}$$

6.2.4 由于地震中断层错动引起了土壤和管道的大位移，管道和土壤都可能进入弹塑性或者塑性状态，因此应采用能够分析几何大变形和材料非线性的有限元方法。采用有限元方法进行通过活动断层的管道抗震计算时，应合理确定有限单元的类型和数目，以保证有限元分析结果的精度。根据工程实际要求，管道可采用梁单元、管单元或者壳单元建立有限元模型，无论采用哪种单元模型，要求对可能发生大变形的管道部分管道单元的长度不应大于管道的直径。

建立分析在断层错动作用下的管道有限元模型应注意管道两端边界的处理。目前有两种处理方式：①当采用固定边界时，应注意模型分析管道的长度足够长，满足管道在两个固定端的应变为 0 的要求，如果分析的管道不够长，则会造成分析结果的误差；②当

采用等效边界时，要求模型分析的管道长度必须能够包括断层附近土壤和管道发生较大位移的部分。根据埋地管道跨断层的抗震实验结果，管道可以分成两部分：靠近断层的管土大变形段和远离断层的管土小变形段。Kennedy 曾经指出：在断层作用下管土之间存在较大相对位移的范围为十几米到三十米。为了保证结果的可靠性，要求模型分析管道的长度不少于 60 倍管径。

在断层的错动作用下，管道和周围场地土之间存在相互作用。一般采用三个方向的土弹簧进行模拟：管轴方向土弹簧、水平横向土弹簧和垂直方向土弹簧。管轴方向的土弹簧描述的是沿管轴方向土对管道的摩擦阻力，其参数主要由管沟内的回填土决定。水平横向土弹簧和垂直方向土弹簧描述的是管道在管轴横向受到的周围土压。垂直方向土弹簧又可分为垂直向上土弹簧和垂直向下土弹簧，其参数主要由断层附近的场地土决定。土弹簧参数的确定比较复杂，宜根据土的力学特性通过现场试验确定，可用以下抗震算例进行初步确定。

例：一条材料为进口钢材 X60 的 529×6 钢管通过活动断层带（断层为正断层，预测的最大错动量为：水平向 $\Delta H = 2m$，垂直向 $\Delta Z = 0.5m$，错动总量为 $2.062m$，管道与断层错动方向的交角为 $\beta = 30°$（如图 10 所示）。管道轴线至地表的埋深为 2m。断层带覆盖土层为密实的干粘土，土的密度 $\rho_s = 1800$ kg/m³，内摩擦角 $\phi = 20°$；粘聚力 $c = 10kPa$。计算该管道是否需要抗震加固，并分别采用三种方法进行比较：①采用 SY/T 0450—97 规范 6.4 节推荐的方法；②采用本规范 6.2.3 条推荐的方法；③采用本规范 6.2.5 推荐的有限元方法。

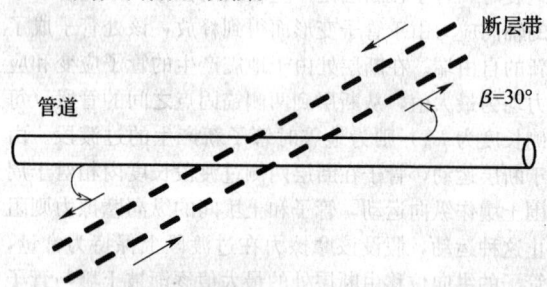

图 10　断层带与管道在平面上的相对位置

此例题与《输油（气）钢质管道抗震设计规范》SY/T 0450—97 中的例题类似，注意这里将断层的位移减小了（原例题为水平向 $\Delta H = 3m$，垂直向 $\Delta Z = 1.5m$）。

1 SY/T 0450—97 的方法。

1）计算沿管轴方向的单位长度管土间摩擦力 f_s：

$$\begin{aligned}W &= \rho_s DHg = 1800 \times 0.529 \times 2 \\ &\quad \times 9.81 = 18682 \ (N/m)\end{aligned}$$

$$W_P = \left[\pi (D-\delta) \delta\rho_m + \frac{\pi}{4} (D-2\delta)^2 \rho \right] g$$
$$= 2827 \text{ (N/m)}$$
$$f_s = \mu (2W+W_p) = 0.6 \times (2 \times 18682 + 2827)$$
$$= 24115 \text{ (N/m)}$$

2) 计算断层一侧管道的滑动长度

$$L_t = L_e + L_p = \frac{\pi D \delta \sigma_1}{f_s} + \frac{\pi D \delta (\sigma_2 - \sigma_1)}{f_s}$$
$$= 213.36 \text{ (m)}$$

3) 计算管道最大容许的长度变化:

$$[\Delta L_t] = 2 (L_e \varepsilon_e + L_p \varepsilon_p) = 1.31 \text{ (m)}$$

4) 计算由断层引起管道的长度变化:

$$\Delta X = \Delta H \cos\beta = 2 \times \cos 30° = 1.732 \text{ (m)}$$
$$\Delta Y = \Delta H \sin\beta = 2 \times \sin 30° = 1 \text{ (m)}$$
$$\Delta Z = 0.5 \text{ (m)}$$

$$\Delta L = \Delta X + \frac{\Delta Y^2 + \Delta Z^2}{4L_t} = 1.7335 \text{ (m)}$$

5) 结论:

因为 $\Delta L > [\Delta L_t]$,需采取抗震措施。

2 本规范 6.2.3 条的方法。

1) 计算沿管轴方向的单位长度管土间摩擦力 f_s:

$$W = \rho_s DHg = 1800 \times 0.529$$
$$\times 2 \times 9.81 = 18682 \text{ (N/m)}$$

$$W_p = \left[\pi (D-\delta) \delta\rho_m + \frac{\pi}{4} (D-2\delta)^2 \rho \right] g$$
$$= 2827 \text{ (N/m)}$$

$$f_s = \mu (2W+W_p) = 0.6$$
$$\times (2 \times 18682 + 2827) = 24115 \text{ (N/m)}$$

2) 由断层错动引起的管道几何伸长 ΔL_1:

$$\Delta L_1 = \begin{cases} \Delta X + \dfrac{(\Delta Y^2 + \Delta Z^2) f_s}{4\pi D \delta E_1 \varepsilon_{new}} & \varepsilon_{new} \leqslant \varepsilon_1 \\ \Delta X + \dfrac{(\Delta Y^2 + \Delta Z^2) f_s}{4\pi D \delta [E_1 \varepsilon_1 + E_2 (\varepsilon_{new} - \varepsilon_1)]} & \varepsilon_{new} > \varepsilon_1 \end{cases}$$

$$= \begin{cases} 1.732 + \dfrac{(1^2+0.5^2) \times 24115}{4\pi \times 0.529 \times 0.006 \times 2.1 \times 10^{11} \times \varepsilon_{new}} & \varepsilon_{new} \leqslant \varepsilon_1 \\ 1.732 + \dfrac{(1^2+0.5^2) \times 24115}{\begin{aligned} & 4\pi \times 0.529 \times 0.006 \\ & \times [2.1 \times 10^{11} \times 0.0024 \\ & +1.36 \times 10^9 \times (\varepsilon_{new} - 0.0024)] \end{aligned}} & \varepsilon_{new} > \varepsilon_1 \end{cases}$$

注:这里若令 $\varepsilon_{new} = \varepsilon_2 = 0.04$,本规范 ΔL_1 的计算公式和结果则与原 SY/T 0450—97 规范是一致的。

3) 计算管道内轴向应变引起的物理伸长 ΔL_2:

$$\Delta L_2 = \begin{cases} \dfrac{\pi D \delta E_1 \varepsilon_{new}^2}{f_s} & \varepsilon_{new} \leqslant \varepsilon_1 \\ \dfrac{\pi D \delta [E_1 \varepsilon_1^2 + E_2 (\varepsilon_{new}^2 - \varepsilon_1^2)]}{f_s} & \varepsilon_{new} > \varepsilon_1 \end{cases}$$

$$= \begin{cases} \dfrac{\pi \times 0.529 \times 0.006 \times 2.1 \times 10^{11} \times \varepsilon_{new}^2}{24115} & \varepsilon_{new} \leqslant \varepsilon_1 \\ \dfrac{\begin{aligned} & \pi \times 0.529 \times 0.006 \times [2.1 \times 10^{11} \\ & \times 0.0024^2 + 1.36 \times 10^9 \times (\varepsilon_{new}^2 - 0.0024^2)] \end{aligned}}{24115} & \varepsilon_{new} > \varepsilon_1 \end{cases}$$

4) 因为管道的物理伸长等于断层位错引起的几何伸长,应变 ε_{new} 可采用迭代法求解变形协调方程 $\Delta L_1 = \Delta L_2$ 得到:

$$\begin{cases} 86833 \times \varepsilon_{new}^2 = 1.732 + \dfrac{3.598 \times 10^{-6}}{\varepsilon_{new}} & \varepsilon_{new} \leqslant \varepsilon_1 \\ 562.3 \times \varepsilon_{new}^2 + 0.497 = 1.732 + \dfrac{3.014}{1997 + 5424 \times \varepsilon_{new}} & \varepsilon_{new} > \varepsilon_1 \end{cases}$$

用迭代的方法求解上面的方程,例如利用办公软件 EXCEL 的"单变量求解"工具,得到 $\varepsilon_{new} = 0.0469$。

5) 如上文所述,考虑到 Newmark-Hall 方法的局限性,需要对其结果进行修正,在断层错动作用下管道的最大应变为:

$$\varepsilon_{max} = 2 \times \varepsilon_{new} = 0.0938$$

6) 结论:

因为 $\varepsilon_{max} > [\varepsilon_t]_F$(管材的容许拉伸应变为 0.04),固需要采取抗震措施。

3 有限元方法。

与上述方法比较,有限元方法要求输入更多有关断层附近场地土的参数,包括场地土的平均密度、粘聚力和内摩擦角等,因此需要对管道穿越的断层附近进行细致详细的地震地质勘探。场地土参数可以通过在断层附近钻孔取得土样,进行三轴剪切试验或者其他试验方法得到。对于无粘性土(砂土),粘聚力 c 为 0 kPa,内摩擦角 ϕ 为 20°~45°(从松砂到密砂);对于粘土,粘聚力 c 为 10~100 kPa 甚至更高,内摩擦角 ϕ 为 0°~30°。

1) 三个方向土弹簧参数的确定。

在断层的错动作用下,管道和周围场地土之间存在相互作用,一般采用三个方向的土弹簧进行模拟:管轴方向土弹簧、水平横向土弹簧和垂直方向土弹簧。管轴方向的土弹簧描述的是沿管轴方向土对管道的摩擦阻力,其参数主要由管沟内的回填土决定。水平横向土弹簧和垂直方向土弹簧描述的是管道在管轴横向受到的周围土压,又分为水平方向和垂直方向(垂直向上/垂直向下),其参数主要由断层附近的场地土决定,如图 11 所示。在本规范附录 E 中给出了确定这些土弹簧参数的公式和方法。这里以本题为例,介绍如何使用这些公式。

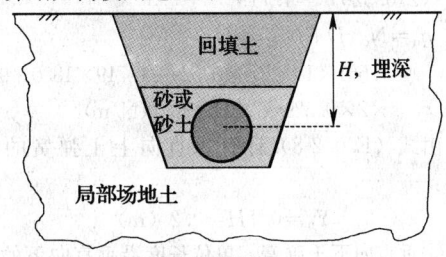

图 11　埋地管道的横向剖面图

在以下的计算中,求出的是单位长度上三个方向土对管道的最大作用力(N/m),在有限元模型中再

与土弹簧的间距 D_L 相乘得到输入弹簧单元的最大作用力。

①管轴方向土弹簧。单位长度沿管轴方向的摩擦力由式（6.2.3-1）计算，与上文相同：

$$f_s = \mu\,(2W + W_p) = 24115\ (\text{N/m})$$

按式（E.0.2-2）选取密实干粘土的屈服位移 $Z_u = 0.008$ (m)。

②水平横向土弹簧。单位长度沿水平横向的土压由下列公式计算：

$$N_{ch} = 6.752 + 0.065 H/D - \frac{11.063}{(H/D+1)^2}$$
$$+ \frac{7.119}{(H/D+1)^3} = 6.752 + 0.065$$
$$\times \frac{2}{0.529} - \frac{11.063}{(2/0.529+1)^2}$$
$$+ \frac{7.119}{(2/0.529+1)^3}$$
$$= 6.579$$

根据 $\phi = 20°$，由表 E.0.2 选取计算 N_{qh} 的 5 个系数得到：

$$N_{qh} = C_0 + C_1\,(H/D) + C_2\,(H/D)^2$$
$$+ C3\,(H/D)^3 + C_4\,(H/D)^4$$
$$= 2.399 + 0.439\left(\frac{H}{D}\right) - 0.03\left(\frac{H}{D}\right)^2$$
$$+ 1.059 \times 10^{-3}\left(\frac{H}{D}\right)^3 - 0.175$$
$$\times 10^{-4}\left(\frac{H}{D}\right)^4 = 3.684$$

$$P_u = N_{ch}cD + N_{qh}\rho_{sl}gHD$$
$$= 6.759 \times 10 \times 10^3 \times 0.529 + 3.684$$
$$\times 1800 \times 9.81 \times 2 \times 0.529$$
$$= 1.036 \times 10^5\ (\text{N/m})$$

由式（E.0.2-4）计算水平横向土弹簧的屈服位移：

$$X_u = 0.04\,(H + D/2) = 0.091\ (\text{m})$$

③垂直向上土弹簧。单位长度沿垂直向上的土压由下列公式计算：

$$N_{cv} = 2\,(H/D) = 7.561$$
$$N_{qv} = (\phi/44)\,(H/D) = (20/44)$$
$$\times (2/0.529) = 1.719$$
$$q_u = N_{cv}cD + N_{qv}\rho_{sl}gHD$$
$$= 7.561 \times 10 \times 10^3 \times 0.529 + 1.719 \times 1800 \times 9.81$$
$$\times 2 \times 0.529 = 7.211 \times 10^4\ (\text{N/m})$$

由式（E.0.2-8）计算垂直向上土弹簧的屈服位移：

$$Y_u = 0.1H = 0.2\ (\text{m})$$

④垂直向下土弹簧。单位长度沿垂直向下的土压由下列公式计算：

$$N_c = [\cot\,(\phi+0.001)]\left\{e^{\pi\tan(\phi+0.001)}\left[\tan\left(45+\frac{\phi+0.001}{2}\right)\right]^2 - 1\right\}$$
$$= 14.8$$

$$N_q = e^{\pi\tan\phi}\left[\tan\left(45+\frac{\phi}{2}\right)\right]^2 = 6.4$$
$$N_r = e^{0.18\phi - 2.5} = 3.0$$
$$q_{ul} = N_c cD + N_q\rho_{sl}gHD + N_r\rho_{sl}gD^2/2$$
$$= 14.8 \times 10^4 \times 0.529 + 6.4 \times 1800 \times 9.81 \times 2$$
$$\times 0.529 + 3 \times 1800 \times 9.81 \times \frac{0.529^2}{2}$$
$$= 2.055 \times 10^5\ (\text{N/m})$$

由式（E.0.2-12）计算垂直向下土弹簧的屈服位移：

$$Y_{ul} = 0.2D = 0.106\ (\text{m})$$

总结本例题三个方向土弹簧参数的确定结果如表 2 所示。

表 2 三个方向土弹簧参数汇总表

土弹簧参数	管轴方向	水平横向	垂直向上	垂直向下
最大作用力（N/m）	$f_s = 2.411$ $\times 10^4$	$P_u = 1.036$ $\times 10^5$	$q_u = 7.211$ $\times 10^4$	$q_{ul} = 2.055$ $\times 10^5$
屈服位移（m）	$Z_u = 0.008$	$X_u = 0.091$	$Y_u = 0.2$	Y_{ul} $= 0.106$

2）有限元方法介绍及其分析结果。

采用有限元方法进行通过活动断层的管道抗震计算，可以充分考虑管道在断层错动作用下的实际情况，缺点是过程比较复杂。管道在断层错动作用下材料将进入非线性状态且在断层附近管土之间会发生几何相对大变形，所以有限元方法应采用能够分析几何大变形和材料非线性的有限元解法。

管道可采用梁单元、管单元或者壳单元建立有限元模型，其中梁单元和管单元模型相对简单，而壳单元模型相对复杂，但是能够更好模拟管道作为一个中空薄壳结构的实际反应情况，特别是管道受压的情况。

这里以壳有限元方法为例，说明有限元分析的过程。

根据埋地管道跨断层的抗震实验结果，管线可以分成两部分：靠近断层的管土大变形段和远离断层的管土小变形段。在断层附近，管土之间的相对位移较大，管体破坏也是发生在这一管段，但是这一段管道并不太长。远离断层的部分，管土之间的相对位移较小，管内的应变值并不大，但是比较长，比管土大变形部分长许多。因此，建议建立如图 12 所示的壳有限元分析模型，即只需对将发生大变形的管段进行壳有限元分析。整个模型包括 6 种单元：分析管道的壳单元、管轴方向土弹簧单元、水平横向土弹簧单元、垂直向上土弹簧单元、垂直向下土弹簧单元和等效非线性弹簧单元。

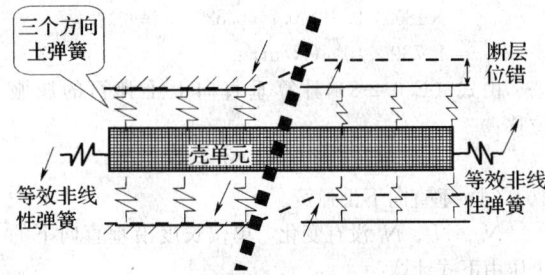

图 12　壳有限元模型分析简图

Kennedy 曾经指出：在断层作用下，管土之间存在较大相对位移的范围虽然只有十几米到三十米左右，但是从断层相交处到管内应变降为零的整个受影响管段范围比较长，需要分析长度至少为 300m 的管道才可以满足精度的要求。如果把整个 300m 长的管段都用壳单元模型进行分析将耗费大量的机时。这里引进的等效非线性弹簧单元的作用是：在保证精度的情况下代替距离断层较远的管道变形反应，从而可以简化有限元模型并节约分析的机时。等效非线性弹簧的外力与伸长量关系式采用式（E.0.1）计算。

在对管道划分为壳单元网格建模时，应至少以两种不同的方式进行网格划分，当分析得到的结果趋于稳定时，才能够确定为有限元分析的最后结果。一般而言，沿管轴方向壳单元的长度选取为 0.3 倍的管径可以达到分析精度的要求。

在有限元模型中输入由上文确定的三个方向土弹簧参数、管道的相关参数、断层的位错量，进行分析得到管道应变以拉伸应变为主，沿管轴方向最大的拉伸应变为 16.45%，大于管道的容许拉伸应变，需要采取抗震措施。

壳有限元方法得到的管道轴向拉伸应变与 Newmark 方法的结果、本规范修正 Newmark 方法的结果比较如图 13 所示。

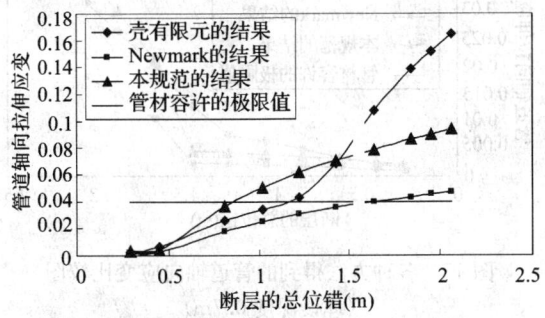

图 13　各种方法得到的管道轴向应变比较图
（交角 30°）

4　抗震措施。

由于在上述情况下不能满足管道的抗震要求，需要采取抗震措施。管道的抗震措施一般包括：更改管道通过活动断层的角度、更改管道的埋设深度。

1）改变管道通过活动断层的角度。

将管道通过活动断层的角度改为 70°，用上述的三种方法重新进行抗震验算。

①SY/T 0450—97 推荐的方法。

重新计算 $\Delta L = \Delta X + \dfrac{\Delta Y^2 + \Delta Z^2}{4L_t} = 0.688$（m），小于管道最大容许的长度变化 1.31（m）。满足抗震要求。

②本规范 6.2.3 推荐的方法。

重新计算 $\varepsilon_{new} = 0.0185$，于是得到在断层错动作用下管道的最大应变为 $\varepsilon_{max} = 2 \times \varepsilon_{new} = 0.037$，小于管材的容许拉伸应变为 0.04，满足抗震要求。

③有限元方法。

改变交角为 70°，壳有限元方法得到管道应变以拉伸应变为主，管轴方向最大拉伸应变为 0.0385，小于管材的容许拉伸应变为 0.04，满足抗震要求。

壳有限元方法得到的管道轴向拉伸应变与 Newmark 方法的结果、本规范修正 Newmark 方法的结果比较如图 14 所示。

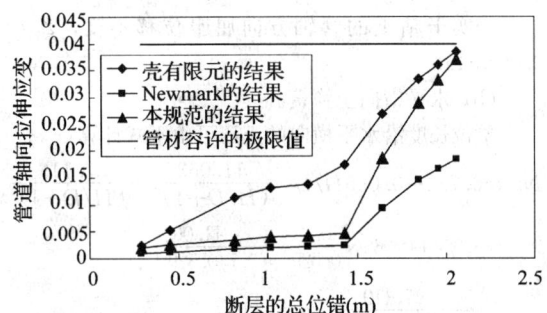

图 14　各种方法得到的管道轴向应变比较图
（交角 70°）

2）改变管道的埋设深度。用上述的三种方法重新进行抗震验算。

①SY/T 0450—97 的方法。

将管道的埋设深度改为 0.9m，进行重新校核。

（a）重新计算沿管轴方向的单位长度管土间摩擦力 f_s：

$$W = \rho_s DHg = 1800 \times 0.529 \times 0.9 \times 9.81$$
$$= 8398.4\ (N/m)$$
$$f_s = \mu\ (2W + W_p) = 0.6 \times\ (2 \times 8398.4 + 2827)$$
$$= 11774.3\ (N/m)$$

（b）重新计算断层一侧管道的滑动长度：

$$L_t = L_e + L_p = \frac{\pi D\delta\sigma_1}{f_s} + \frac{\pi D\delta\ (\sigma_2 - \sigma_1)}{f_s} = 437.0\ (m)$$

（c）计算管道最大容许的长度变化：

$$[\Delta L_t] = 2\ (L_e\varepsilon_e + L_p\varepsilon_p) = 0.9451\ (m)$$

（d）计算由断层引起管道的长度变化：

$$\Delta L = \Delta X + \frac{\Delta Y^2 + \Delta Z^2}{4L_t} = 0.6862\ (m)$$

（e）结论：按上述方法验算结果，$\Delta L < [\Delta L_t]$，所以将管道的埋设深度改为 0.9m 即可满足抗震

要求。

② 本规范 6.2.3 推荐的方法。

(a) 将管道的埋设深度改为 0.9m，重新计算 $\varepsilon_{new}=0.025$，于是得到在断层错动作用下管道的最大应变为 $\varepsilon_{max}=2\times\varepsilon_{new}=0.05$，大于管材的容许拉伸应变 0.04，不满足抗震要求。

(b) 重新更改管道的埋设深度为 0.7m，重新计算 $\varepsilon_{new}=0.01835$，于是得到在断层错动作用下管道的最大应变为 $\varepsilon_{max}=2\times\varepsilon_{new}=0.0367$，小于管材的容许拉伸应变 0.04，满足抗震要求。

(c) 结论：按本规范 6.2.3 推荐的方法，将管道的埋设深度改为 0.7m 后才满足抗震要求。

③ 有限元方法。

将管道的埋设深度更改为 0.7m，需要重新计算三个方向的土弹簧参数。

(a) 管轴方向土弹簧。

单位长度沿管轴方向的摩擦力：

$$f_s=\mu\,(2W+W_p)=9542.7\ \text{(N/m)}$$

密实干粘土的管轴方向屈服位移不变，$Z_u=0.008$ (m)

(b) 水平横向土弹簧。

单位长度沿水平横向的土压可由下式计算：

$$N_{ch}=6.752+0.065H/D-\frac{11.063}{(H/D+1)^2}+\frac{7.119}{(H/D+1)^3}$$

$$=6.752+0.065\times\frac{0.7}{0.529}-\frac{11.063}{(0.7/0.529+1)^2}$$

$$+\frac{7.119}{(0.7/0.529+1)^3}=5.356$$

根据 $\phi=20°$，由表 E.0.2 选取计算 N_{qh} 的 5 个系数得到：

$$N_{qh}=C_0+C_1\,(H/D)+C_2\,(H/D)^2$$
$$+C_3\,(H/D)^3+C_4\,(H/D)^4$$
$$=2.399+0.439\left(\frac{H}{D}\right)-0.03\left(\frac{H}{D}\right)^2+1.059$$
$$\times10^{-3}\left(\frac{H}{D}\right)^3-0.175\times10^{-4}\left(\frac{H}{D}\right)^4$$
$$=2.93$$

$$P_u=N_{ch}cD+N_{qh}\rho_{sl}gHD$$
$$=5.356\times10\times10^3\times0.529+2.93\times1800\times9.81$$
$$\times0.7\times0.529$$
$$=4.749\times10^4\ \text{(N/m)}$$

水平横向土弹簧的屈服位移为：

$$X_u=0.04\,(H+D/2)=0.039\ \text{(m)}$$

(c) 垂直向上土弹簧。

单位长度沿垂直向上的土压可由下列公式计算：

$$N_{cv}=2\,(H/D)=2.647$$
$$N_{qv}=(\phi/44)\,(H/D)$$
$$=(20/44)\times(2/0.529)=0.601$$
$$q_u=N_{cv}cD+N_{qv}\rho_{sl}gHD$$
$$=2.647\times10\times10^3\times0.529+0.601$$

$$\times1800\times9.81\times0.7\times0.529$$
$$=1.739\times10^4\ \text{(N/m)}$$

由式（E.0.2-8）计算垂直向上土弹簧的屈服位移：

$$Y_u=0.1H=0.07\ \text{(m)}$$

(d) 垂直向下土弹簧。

N_c、N_q、N_r 没有变化，单位长度沿垂直向下的土压由下式计算：

$$q_{ul}=N_ccD+N_q\rho_{sl}gHD+N_r\rho_{sl}gD^2/2$$
$$=14.8\times10^4\times0.529+6.4\times1800\times9.81\times0.7$$
$$\times0.529+3\times1800\times9.81\times\frac{0.529^2}{2}$$
$$=1.227\times10^5\ \text{(N/m)}$$

垂直向下土弹簧的屈服位移没有改变：

$$Y_{ul}=0.2D=0.106\ \text{(m)}$$

埋深更改为 0.7m 时，三个方向土弹簧参数汇总如表 3 所示。

表 3　埋深为 0.7m 时三个方向土弹簧参数汇总表

土弹簧参数	管轴方向	水平横向	垂直向上	垂直向下
最大作用力（N/m）	$f_s=9.543\times10^3$	$P_u=4.749\times10^4$	$q_u=1.739\times10^4$	$q_{ul}=1.277\times10^5$
屈服位移（m）	$Z_u=0.008$	$X_u=0.07$	$Y_u=0.07$	$Y_{ul}=0.106$

(e) 有限元方法的结果。

当埋深更改为 0.7m，壳有限元方法得到管道应变以拉伸应变为主，管轴方向最大拉伸应变为 0.03197，小于管材的容许拉伸应变 0.04，满足抗震要求。

壳有限元方法得到的管道轴向拉伸应变与 Newmark 方法的结果、本规范修正 Newmark 方法的结果比较如图 15 所示。

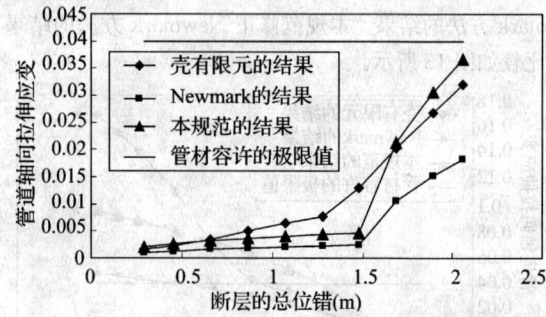

图 15　各种方法得到的管道轴向应变比较图
（埋设深度 0.7m）

6.3　液化区埋地管道抗震设计

6.3.1 当管道穿越场地发生液化时，会使管道产生上浮反应，当管道距地表过浅或已经出露地表时，其正常使用功能就会受到影响。另外，由于管道的上浮变形，也会在管道中产生附加应力，因此要对管道的应力状态进行校核。轻微液化土层不会形成全层液化，不会对管道产生显著影响，因此，在管道抗震设计中不需要考虑场地轻微液化的情况。

6.3.2 液化场地中管道的上浮反应的影响因素很多，其中液化域的长度、初始轴向压应力、管道直径、土性以及管道埋藏深度等是主要影响因素。本规范给出的液化区管道最大上浮位移和附加应变简化计算公式，是由侯忠良、蔡建原和刘学杰等人采用 FROP-2 程序对 180 个有代表性的液化区管道参数工况进行计算分析，并以计算结果为样本进行统计回归得到的《地下管线抗震——计算方法与工程应用》。因此，简化公式中的有关参数均有取值范围的限制。

6.3.5 本条主要是考虑管线埋深一般在 1.5～2.0m，以及要同时满足保温、耕作和不发生整体静力失稳的最小覆土深度（地表至管道距离一般不小于 0.65m）等要求确定的。

6.4 震陷区埋地管道抗震设计

6.4.1 管道在砂土液化和软土震陷等因素导致的场地竖向沉陷作用下的抗震设计可按本节通过计算场地中管道的附加弯曲应变反应对管道的抗沉陷能力进行校核。

6.4.2 震陷位移对管道的影响研究相对较少，还没有简便实用的计算方法。本规范给出的计算公式主要参考了日本学者高田至郎的实验研究成果（侯忠良. 地下管线抗震［M］. 北京：学术书刊出版社，1990）。计算公式中场地土的弹簧常数 k_s 对管道抵抗震陷能力的影响很大，由于土参数的离散性非常大，对于具体工程场地，需进行场地土样实验以尽可能准确地取得所需参数。

6.4.3 按本标准第 6.3.4 条的规定校核管道的抗沉陷能力，若不满足要求，应采取抗沉陷措施。

6.5 穿越管道抗震设计

6.5.1 本条对穿越管道提出两条基本要求：

1 穿越水域（河、湖、沟、渠）的管道埋设方式有直埋式（含沟埋与定向钻）和洞埋式（含涵洞与隧道等）。只有当地震动峰值加速度大于或等于 $0.10g$（即过去规范中地震烈度在Ⅶ度及Ⅷ度以上）的地区，大中型穿越管道应进行抗拉伸与抗压缩校核，并提出对堤防与边坡等进行抗震稳定校核。对于小型的穿越管道，由于其破坏性较小，较易于抢修，因此可按一般埋地管道要求进行抗震设计。穿越公路铁路的管段，可参照考虑。

2 本款提出穿越管道应避开活动断裂带。原因是地震时活动断裂带的位移错动比较大，管道要满足大位移的变形，必须具备足够长的轴向位移过渡段。这就要求直埋式的穿越段管周土体松散，洞埋式的洞身结构有抗大位错的能力。实际上直埋穿越管段为了抗水流冲刷，保持管道在水中的稳定，必须保证管周

土体密实，因而较难保证足够长的轴向位移过渡段。洞埋式的洞身结构在地下，受周围土体的约束，也难满足大位错要求。另外，穿越管段在管线中是局部很短的一段，适当调整局部线位是可行的。再者，穿越管段一旦发生事故，抢修很困难，比一般埋地管道不受水流或行车干扰而言，穿越管道抢修耗时、耗物，甚至会发生影响环境的次生灾害。因此，本条规定管道穿越应避开活动断裂带。参照俄罗斯标准《干线输送管道》及美国阿拉斯加管道工程的经验，建议用地面敷设或管桥跨越方式通过活动断裂带，以空间三维可动来适应大的错位位移。

6.5.2 直埋式穿越管段是受管周土壤约束的，如同埋地管道一样，允许管道在地震时出现塑性变形，但不得超过极限允许的变形。实际上由于应变的自限性，也不可能无限变形，保证管道有足够延性就可安全运行。因此，本条规定按埋地管道的规定进行应变组合。在穿越管段设计中，多数采用了弹性敷设方式，因而增加了弹性弯曲应变，这点不同于埋地的直管段，故本条规定应变组合应入弹性弯曲应变。式（6.5.2-1）是根据弹性敷设产生的弯曲应力推演出的应变值，钢管弹性弯曲产生的应力为：

$$\sigma_e = \pm \frac{ED}{2r} \tag{40}$$

由 σ_e 引起的弹性应变为：

$$\varepsilon_e = \frac{\sigma_e}{E} = \pm \frac{D}{2r} \tag{41}$$

6.5.3 既然直埋式穿越管段如同埋地管道，因此本条规定其容许应变值按埋地管道取用，核算式见本规范第 6.1.2 条。

6.5.4 洞埋式穿越管段在大洞内（如隧道）往往设有支墩将管段支于其上，有时也有将管段搁置于洞中的，因此应根据实际情况进行抗震计算。本条规定了在有支墩的穿越管道按梁式跨越管桥计算，在无支墩搁置于洞底面上的穿越管段按地面敷管进行抗震计算。

6.5.5 本条规定了洞埋式穿越管段所承受的各种荷载产生的各项应力，要分别进行叠加组合计算。

6.5.6 按现行国家标准《输气管道工程设计规范》GB 50251—2003 与《输油管道工程设计规范》GB 50253—2003，埋地管道允许产生延性变形，用第三强度理论核算当量应力。而架空管道或地面管道不允许发生过大变形，因此采用第四强度理论核算当量应力，本条以式（6.5.6）作为核算式，以屈服强度 σ_s 的 0.9 倍为容许值。

6.5.7 埋地式管段由于温度升高（例如，加热输送的原油管道）会使管道轴向受压，造成穿越管道可能的轴向失稳。在地震作用于管道产生压缩时，考虑其为短暂的、偶发的，允许管道处于临界失稳状态，因此本条规定按临界轴向失稳的压力除以管截面积作为

容许的压应力。在使用现行国家标准《输油管道工程设计规范》GB 50253—2003 附录 K 的计算式时，注意去除土壤的约束作用，如压重。

6.5.8 穿越管段在地震动作用下的计算：

1 直埋式穿越管道实际上与埋地管道承受的环境作用是一样的，均直接受到管周土壤的约束，故本条规定直埋式穿越管段的抗震计算应按本规范第 6.1 节的方法执行。

2 输送管道用支撑块（架）置于套管中时，当地震动引起套管变形，输送管也会发生变形，从而产生输送管的地震应力。如果套管与输送管紧固在一起，通过剪力传递，两者变形是一致的；如果套管与输送管不是紧固的，输送管与套管的变形不可能一致。本条规定是从偏于安全的角度取变形一致来计算钢管应变的。

3 在洞内采用支墩架设输送管道，实际上是在洞内作了一个梁式管桥，因此本条规定宜按梁式跨越管桥计算。需要指出的是，地震动峰值加速度随地面下的深度渐减。前苏联《地震区建筑法规》СНиПⅡ-7-81 中规定，地面下 100m 深处设计地震加速度可取为地面的 50%；印度《结构抗震设计规范》IS：1893—1984 规定，地面下 30m 深处设计地震加速度可减少 50%；日本冈本舜三教授建议在地下几十米深处的设计地震加速度可取为地面的 1/2~1/3。因此，在计算洞中梁式管桥时，地震动峰值加速度可根据深度适当折减，建议 50m 深处取 50%，以上按内插法取用。

对于洞身的抗震设计，国内交通部与铁道部均编制了隧道的抗震设计规范。本条据此提出应按相关的标准执行。

4 敷设于洞内地面上的输送管道，相当于弹性地基梁。当地震动发生时，管道是随地面而动，而不考虑粘滞滑动，地震动产生的轴向应力用动力分析程序进行计算。

6.6 管道跨越工程抗震设计

6.6.1 本条是对跨越管道抗震设计的基本要求：

1 管道跨越结构属地面构筑物，应与现行建、构筑物抗震设计规范一致，对应于起始设防烈度Ⅵ度的地震动峰值加速度为 0.05g，因此，当跨越管道场地地震动峰值加速度大于或等于 0.05g 时，应进行抗震设计；对于地震动峰值加速度等于 0.05g（Ⅵ度）的地区，参照对乙类构筑物的抗震设计要求可不计算地震作用，但应采取相应的抗震措施。

2 油气管道跨越工程大多为柔性结构，抗震性能较好，考虑其重要性，但又不增加过多投资，对一般区段的管道跨越工程可不提高地震动参数等级。大型跨越工程因地震作用破坏产生次生灾害的危害性较大，故参照乙类构筑物进行抗震设计，按提高一个地

震动参数等级采取抗震措施也是必要的；但当场地地震动峰值加速度等于 0.40g 时，地震反应增幅较大，可适当提高抗震措施。对重要区段的管道跨越工程，特别是大型跨越工程遭遇地震作用破坏时可能产生严重的次生灾害，影响较大且修复困难，为确保发生地震时油气管道跨越工程的安全，应按批准的地震安全性评价结果进行抗震设计。为便于在工程中的应用，将地震动峰值加速度值与抗震设防烈度的对应关系在表 4 中列出，此处地震动峰值加速度值，为 50 年超越概率 10% 的地震动参数。

表 4　地震动峰值加速度值与抗震设防烈度的对应关系表

地震动峰值加速度（g）	0.05	0.10(0.15)	0.20(0.30)	0.40
抗震设防烈度	Ⅵ	Ⅶ	Ⅷ	Ⅸ

3 管道跨越工程结构体系的选择应考虑多方面因素，综合比较后确定。

4 对管道跨越工程结构体系的要求是概念设计内容，参照现行建、构筑物抗震设计规范的要求制定。

5 在选择建设场地时，应对抗震有利、不利和危险地段作出综合评价。宜避开不利地段，当无法避开时应采取有效措施；不应在危险地段建设管道跨越工程。

6.6.2 本条是从抗震角度对跨越结构材料选用提出的基本要求：

1 对钢管、钢材的一般要求，冲击韧性良好是对抗震结构的要求。管道跨越结构采用的钢管和其他钢材，在现行国家标准《油气输送管道跨越工程设计规范》GB 50460 中有较详细的要求。

2 钢结构采用的钢材，应保证抗拉强度、屈服强度、冲击韧性合格及硫、磷、碳含量的限值；因沸腾钢脱氧不充分，含氧量较高，内部组织不够致密，硫、磷的偏析大，氮是以固溶氮的形式存在，故冲击韧性较低，冷脆性和时效倾向也大，在地震动力作用下易发生脆断，因此不应采用沸腾钢；Q235A、Q345A 不保证冲击韧性及延性的基本要求，故不宜采用。

钢材抗拉强度是决定结构安全储备的关键，伸长率反映钢材承受残余变形及塑性变形的能力，钢材的屈服强度不宜过高，并应有明显的屈服台阶，伸长率应大于 20%，以保证构件具有足够的塑性变形的能力。

3 对混凝土强度等级的要求。过低，强度不足；过高，脆性增加。

4 为保证钢筋混凝土构件的变形和耗能能力，应优先采用韧性、延性较好的热轧钢筋。钢筋代换应按等强原则，以避免薄弱部位转移和发生脆性破坏。

6.6.3 本条是跨越管道抗震计算应符合的一般规定：

1 通过对跨越结构的抗震性能的研究，以及借鉴国内外大跨度桥梁抗震性能的研究成果，对于几何非线性效应明显的跨越结构如悬索、斜拉索结构，应采用考虑几何非线性效应的计算分析模型。

2 非结构构件、介质的附加质量对跨越结构的自振周期与模态的影响较大，从而影响跨越结构的地震效应，为了更合理地反映结构的地震特性，应考虑附加质量的作用。

3 跨越结构的抗震性能研究表明，大跨度跨越结构在竖向地震动作用下的位移反应和内力反应几乎与横向地震动作用下的反应在同一个数量级上。对地震动峰值加速度小于或等于 0.20g 的地区，小型跨越结构以横向地震作用的影响为主，计算地震作用时可不计算竖向和纵向地震作用。

4 对小型跨越工程，油气输送管道可作为跨越结构的受力构件，在地震作用下，应对跨越结构整体进行内力和位移计算。

5 对大中型跨越工程，或当管道工作压力较高时，为确保油气输送管道的安全，跨越结构仅作为管道的支承结构，管道由多个支座支承在其上，管道一般由管卡限位，考虑温度作用，管道在纵向可滑动。因此在地震作用下，管道可视为支承在支座上的多跨连续梁，在横向、竖向地震作用下，管道与支座之间可视为无滑移；在纵向地震作用下，宜考虑管道在支座上纵向滑移的影响。

6 计算机技术发展很快，对推动跨越结构工程技术的发展起了很重要的作用。在用计算机进行跨越结构抗震计算时，合理的计算模型和边界条件非常重要，对计算结果也应进行分析、判断，对此应予以高度重视。

6.6.4 各类跨越结构的抗震计算，根据工程建设的规模以及跨越结构的特性，提出了可以采用简化方法、反应谱振型分解法以及时程分析法来计算与分析。

采用时程分析法时，宜按场地类别和跨越结构的基本自振周期所处的频段选用不少于二组的实际强震记录和一组人工模拟的加速度时程曲线。对复杂的大型跨越结构，合理选择地震动参数十分重要，应能使结构的反应在这样的地震动作用下处于最不利的状况。

6.6.5 参照现行建、构筑物抗震设计规范的要求，并根据油气输送管道跨越工程的特殊性，计算地震作用时，给出了重力荷载代表值中可变荷载的组合值系数，按表 6.6.5 采用。

6.6.6 跨越结构构件的地震作用组合，是一个较复杂的问题。本条文根据油气输送管道跨越工程的特点，综合考虑后，给出了地震作用效应和其他荷载效应的基本组合标准值表达式。

所谓的风荷载起控制作用，指风荷载引起的内力与地震作用引起的内力相当的情况。风荷载组合值系数的取值根据经验并参照现行建、构筑物抗震设计规范制定的。

6.6.7 采用抗震增大系数对结构构件的承载能力进行放大调整，主要考虑跨越结构承受的地震作用是短暂的、瞬时的，跨越结构承载力可以适当放大。系数的取值是参照现行建、构筑物抗震设计规范制定的。

6.6.8 管道和跨越结构构件在地震作用下的应力（内力）通过本规范计算得出后，其应力和内力的校核还应满足现行国家标准《油气输送管道跨越工程设计规范》GB 50460 的要求。

7 管道抗震措施

7.1 通用抗震措施

7.1.1 埋地管道是个柔性弹性地基上的长梁，如果在地震作用下其应变能够满足地基变形产生的管道应变，可不设防而保证管道安全。钢管的钢材应变能力很强，但受限于制管与管组对焊接的影响，使管道应变能力减弱。如果根据管材应变要求，选用大应变钢管，并经屈强比的选取及合理的焊材匹配试验，就可满足地基沉陷、变形的要求。目前国内外已作了大量研究，能实现此要求，故本条作此规定。

7.1.2 为保证焊口满足强度、韧性、变形的要求，本条规定了焊口采用 100% 射线检测及达到的标准要求。

7.1.3 为保证地震时埋地管道良好的受力条件和变形，制定了本条规定。

7.1.4 埋地管道中，弯管适应变形能力满足功能要求较差，故作出不宜设置弯管，应采用弹性敷设的规定。规定 6D 弯曲半径的弯管可改善弯管处的受力。

7.1.5 本条是根据美国阿拉斯加管道与我国冀宁管道的抗震措施提出的，执行时可依据现有条件决定。

7.1.6 为避免管道嵌固在墙或基础中，特制定本条规定。执行时，可使用沥青麻丝填塞。

7.1.7 全新世活动断层错动时，管道受压缩的可能性很大，特别是逆断层或逆冲断层发生错动，管道受压后可能发生失稳。本规范第 6.1.3 条规定的轴向容许压缩应变是与钢管壁厚成正比的，因此本条规定了适当增加钢管壁厚，以提高容许压缩应变。另外，考虑到钢管相邻管段的壁厚相差过大，不利于施工组焊对接，需增加过渡壁厚的管段，且在管道周期清管，特别是机械清管时，管壁厚度相差过大，难以达到清管目的。故只能适当增加钢管壁厚。

7.1.8 为了防止管道因断层错动或强地震发生事故时，可能对城市与环境产生次生灾害，特制定本条措施。

7.2 专项抗震措施

7.2.1 本条规定了通过活动断裂带管道常采取的抗震措施。

1 正确选择管道穿越活动断层的位置：在同一条断裂带上，活动断层位移的大小和断裂带宽度并不一样。在确定管道穿越活动断层的位置时，应根据历史记载，尽可能选择在找断层位移和断裂宽度最小的地方埋设管道。

2 正确选择管道与断裂带错动方向的角度：采用适当的斜角相交可以最大限度避免管道在断裂带错动时产生压屈破坏。

3 在管道通过断裂带附近采取较为宽松的管沟和疏松质的填土，有利于断层错动时管道的自由位移，从而改善管道的受力状态。

4 固定墩在嵌固管道后，会使管道失去变形能力，因此本条规定固定墩设置在管道滑动长度之外。

5 浅埋：管道适应断层运动的能力和埋深成反比。埋深越浅，作用于管子上的土压力产生纵向摩擦力越小，管子在地震时，就容易变形，免遭破坏。埋深 1m 的管子为埋深 3m 管子的抵抗断层运动能力的 3.0 倍左右。因此，在断层区管子覆盖层的厚度最好不超过 1.0m。对于预期在地震中会产生很大位移的断层，宜将该部分埋地管道改为地面敷设或地上铺设，并且使管子在地震时，可以自由地三维方向移动。

7.2.2 本条是结合美国阿拉斯加输油管道抗震措施，并经 2002 年 11 月阿拉斯加 7.9 级大地震考验，证明实用有效而制定的。由于国情不同，我国不可能都施行地面敷设或架空敷设，故提出有条件时采用。

7.2.3 由于地震时基土的液化会造成管道上浮失稳，故制定本措施来防止事故发生。衬铺压土管沟即在管道下沟后管沟回填前，衬铺一层透水、耐久的布质材料，如土工布等（如图 16 所示），以形成一种经济有效的压重措施。

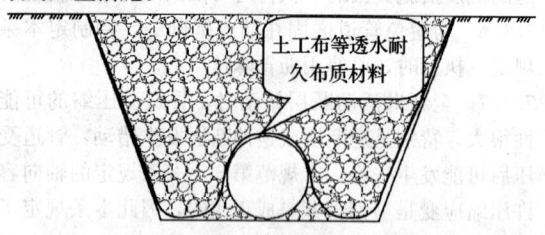

图 16　衬铺压土管沟示意图

7.2.4 本条是为液化区内长距离管道节省处理费用、保证管道不失稳而制定的。中国地震局工程力学研究所林均岐、李祚华米用数值模拟分析方法对场地土液化引起的地下管线的上浮反应特性进行了研究，得到的研究结果表明：当液化区长度小于 40m 时，管线

上浮反应很小。因此，对于较长的液化区，可以采用分段处理的方法减小液化区的长度，这样既可以保证管道不失稳，又可以节省处理费用。

7.2.5 由于各种客观环境条件，管道必须在局部边坡非稳定区段通过时，采取本条措施，可以防止发生滑坡造成管道断裂。如有条件，管道应尽量绕避滑坡或在滑坡范围上端以外通过。

7.2.6 穿越管段应尽可能采用弹性埋地敷设，若由于埋深与两侧场地限制采用了弯头埋地敷设，为保安全提出本条规定。

7.2.7、7.2.8 洞埋式管道为防止因地震造成管段滑落损坏，或变位移动受限而致受损，制定这两条措施，设计时应注意。

7.2.9 本条是防止地震发生时结构从支承的墩台上、管道从支承结构上滑落的措施。其他附属于跨越结构上的非结构构件，如栏杆、桥面板等也应与主体结构有可靠的连接。

7.2.10 位于软弱粘性土层、液化土层和严重不均匀地层上的刚性跨越结构（如梁、桁架等），若采用高次超静定结构，当其支座发生不均匀沉降时，结构将产生较大的附加应力。

7.2.11 跨越结构的墩台基础若布置在软弱粘性土层、液化土层和不稳定的岸坡上，当发生地震时，会因地基土的过大变形、失效或失稳，危及跨越结构的安全。

7.2.12 管道跨越结构的管道或支承结构与支墩之间设置隔震部件，如橡胶垫或其他弹性衬垫可减少结构的地震反应。由于管道的隔震是油气管道跨越工程减轻地震灾害的新技术，经验不多，在管道或桁架、塔架等支承结构与支墩之间设置隔震部件时，应慎重对待，取得可靠的设计参数后进行设计。隔震部件在使用过程中需要检查和维护，因此其安装位置应便于维护人员操作。

7.2.13 跨越结构的管道在出入锚固墩部位，发生地震时是应力集中处，因此宜局部加强或采用柔性连接。

8　管道抗震施工

8.1　一般规定

8.1.1 管道工程抗震施工涉及多方面内容，其基础工作应在现行国家标准《油气长输管道工程施工及验收规范》GB 50369 和国家现行标准《钢质管道焊接及验收》SY/T 4103、《石油天然气钢质管道无损检测》SY/T 4109 及国家有关建筑施工验收规范的基础上，遵循有关抗震的专项规定。

8.1.2 本条是依据多年来施工管理和变更管理提出的，是施工管理的通用要求。管道抗震必须强调以本规范为依据，并按批准后的抗震设计文件进行施工和验收，不得擅自更改。当对管道抗震措施必须变更时，必须征得原抗震设计部门的同意，并出具设计更改文件。

8.1.3 强调用有抗震内容的施工方案来指导抗震工作的实施。

8.1.4 本条根据以往施工经验提出施工准备的基本要求。在管道工程设计交底及图纸会审工作中强调对有关抗震施工部分进行专项交底，以防止此方面的疏漏。强调对有关抗震施工部分进行专项交底和对施工人员的专项作业培训，有利于掌握技术和质量要求。

8.2 材料检查与验收

8.2.1 本条强调管道抗震工程施工所采用的管材、管件等材料的材质、规格必须符合设计要求，其质量应符合国家或行业现行有关标准的规定。例如钢管标准、管件标准和焊接材料标准等。主要内容是各种材料质量证明文件的复验，外观检验及有怀疑时应进行材料的检验。

8.2.2 本条是对抗震材料的代用的严格规定，是保证施工质量的最基本的程序和措施。

8.3 管道的焊接安装与试压

8.3.1 与一般地区的管道焊接施工比较，抗震管道使用的钢材等级、焊接材料、焊接方法有其特殊性。因此，应针对其特殊性进行专项焊接工艺评定，制订相应的焊接工艺规程、作业指导书并严格执行。这些措施是保证抗震管道焊接质量的基础条件。

8.3.2 对抗震施工区域内管道安装限定连头短管的长度，并应尽量减少连头，以连续焊接为宜。

8.3.3 本条是在近年来建设的多项重点管道工程工程实践基础上提出的。增加无损检测的比率，有利于焊口焊接质量更可靠。全自动超声波检测在西气东输自动焊的管段中得到了广泛应用，其可靠性得到了证实。Ⅱ级标准稍微严于美国 API 1104 标准的要求，可以满足抗震要求。

8.3.4 "割口重焊"涉及材料和管件的损失，"返修"涉及材质的变化，两者应兼顾。在管件价格高，订货少，没有备用件时，焊缝返修次数经业主同意可适当放宽。

8.3.5 目前管线试压最高压力依据设计规范规定，试验压力应使该试验段最低点的管道环向应力不超过相应钢级规定的屈服强度的 95%。

8.4 埋地管道抗震施工

8.4.1 砂土回填时，应保证缝隙填满，以减少抗震管道的附加应力，提高地震时的安全性。

8.4.2 本条依据现行国家标准《建筑边坡工程技术规范》GB 50330 等相关规范的规定对滑坡地段的施工及验收做出要求。

8.4.3 本条依据国家现行标准《建筑地基处理技术规范》JGJ 79 的规定对液化层地段的施工及验收做出要求。

8.4.4 对管道通过活断层的施工及验收的要求，以保证地震时管道的蠕动变形能力。

8.4.5 依据有关设计标准（例如，现行国家标准《输油管道工程设计规范》GB 50253），对管线上热煨弯管、冷弯管、弹性敷设、固定墩、截水墙穿管以及水工保护构筑物的安装施工提出检查要求。

8.5 穿跨越管道抗震施工

8.5.1 本条对抗震段穿越管道施工强调了管沟开挖、回填、套管穿越、绝缘性能检查验收以及开挖管沟和管道穿越后的特殊检查要求。

8.5.2 本条对抗震段跨越管道工程的隔震部件、柔性连接部件、基础施工、钢结构预制和安装、管道安装以及防腐绝缘制定了要求。跨越段的塔架基础、塔架制作及安装桥面钢结构制作及安装应符合现行国家标准《油气输送管道跨越工程施工规范》GB 50460 的要求。特别是对钢结构的制作提出了特殊要求，主要内容是在塔架和桥面制作中，设计要对焊缝进行分级，以保证关键焊缝的质量可靠性，并应符合现行国家标准《钢焊缝手工超声波探伤方法和探伤结果分级》GB 11345 的规定；焊缝射线探伤验收应符合《金属熔化焊焊接接头射线照相》GB/T 3323 的规定。对 T 形接头、十字接头、角接接头等要求熔透的对接和角对接组合焊缝的焊脚尺寸进行了规定，这些措施可以有效控制抗震段跨越管道工程的质量要素。磁粉和渗透探伤是否合格可按国家现行标准《承压设备无损检测》JB 4730 判定。

9 管道线路工程抗震验收

9.0.1 本条规定施工单位按合同规定完成工程项目后，应由建设单位组织施工、设计和监理单位共同对管道工程的抗震施工项目的质量及符合性进行检查和验收，并按合同规定向建设单位办理交接手续。

9.0.2 本条规定了编制交工技术资料的依据。

9.0.3 根据《中华人民共和国防震减灾法》和石油天然气管道竣工验收的有关规定，应对管道工程场地地震安全性评价结果进行验收。建设单位应组织有关专家对管道工程地震地质安全性评价结果进行验收，主要考虑到评价结果应符合委托合同的规定和要求，并对是否符合现行国家标准《工程场地地震安全性评价》GB 17741 的要求进行确认。

本条规定了管道线路工程场地地震安全性评价验收资料应包括的内容。而要求给出这些内容的目的，是为下一步地质勘察和选线及初步设计文件中明确抗震设防标准和抗震措施提供基础依据、为施工图设计进行抗震验算提供准确的计算参数。

9.0.4 本条规定了抗震施工验收记录应包括的内容。目前国内用于长输油气管道施工的有关抗震施工和验收用表还不太完善，施工经验不足，考虑到在工程实施过程中可能遇到有关抗震专项施工记录和有关专项数据的填报问题，本条统一规定了记录表格的形式和内容，以便于施工时统一使用。